HERRN
PROFESSOR DR. EMIL LEHNARTZ
DIREKTOR DES PHYSIOLOGISCH-CHEMISCHEN INSTITUTES
DER WESTFÄLISCHEN WILHELMS-UNIVERSITÄT
DANKBARST ZUGEEIGNET

BIOCHEMISCHES TASCHENBUCH

HERAUSGEGEBEN VON

PROFESSOR DR. H. M. RAUEN

MÜNSTER/WESTF.

MIT EINEM GELEITWORT VON

PROFESSOR DR. RICHARD KUHN

HEIDELBERG

ZWEITE VÖLLIG NEUBEARBEITETE AUFLAGE

UNTER REDAKTIONELLER MITARBEIT VON

MARIANNE RAUEN-BUCHKA

ERSTER TEIL

MIT 151 ABBILDUNGEN

SPRINGER-VERLAG BERLIN HEIDELBERG GMBH

ISBN 978-3-642-85768-3 ISBN 978-3-642-85767-6 (eBook)
DOI 10.1007/978-3-642-85767-6

Ursprünglich erschienen bei Springer-Verlag, Berlin/Göttingen/Heidelberg 1964
Softcover reprint of the hardcover 2nd edition 1964

Library of Congress Catalog Card Number: 64-12601

Titel Nr. 1030

Geleitwort

Dem „Taschenbuch für Chemiker und Physiker" ein Taschenbuch für Biochemiker an die Seite zu stellen, entspricht einem Bedürfnis unserer Zeit. Man kann es zwar nicht in die Tasche seines Rockes stecken, und es wendet sich auch nicht allein an diejenigen, welche die Biochemie als Lehrfach vertreten oder sich selbst als Biochemiker bezeichnen. Sein Titel wird ungeachtet dessen weithin verständlich sein.

Der Hauptwert dieses Taschenbuches liegt meines Erachtens einerseits darin, daß es in Laboratorien, die vorzugsweise biochemische bzw. physiologisch-chemische Fragen bearbeiten, am Arbeitstisch zur Hand ist und damit in zahllosen Fällen den Weg in die Bibliothek zu den großen Handbüchern und Nachschlagewerken ersparen kann; andererseits darin, daß es auch zu Hause und in Bibliotheken, die über keine einschlägigen großen Nachschlagewerke verfügen, eine erste Unterrichtung leicht macht.

Möge das vorliegende Werk die chemische Erforschung des Lebendigen fördern und darüber hinaus ein Ratgeber werden für die Vielen, welche im Rahmen unseres Wirtschaftslebens mit Pflanzen, Tieren und Mikroorganismen zu tun haben und deren Produkte weiter verarbeiten. Möge es nicht zuletzt auch seinen Weg in die Kliniken nehmen, den Arzt beraten und damit den Kranken helfen.

Mit der vorliegenden zweiten Auflage hat das Biochemische Taschenbuch den Fortschritten der Wissenschaft Rechnung getragen. Die Erweiterung des Umfangs und viele neue Kapitel werden den Biochemikern willkommen sein. In seiner neuen Gestalt wird dieses Taschenbuch, noch mehr als bisher, auch allen denjenigen „das erste Nachschlagen" erleichtern, die auf den Gebieten der Organischen Chemie, der Physiologie, Pharmakologie, der Pharmazie und Inneren Medizin sowie der biologischen Wissenschaften tätig sind und auf biochemische Probleme stoßen.

Heidelberg, den 1. April 1964

Richard Kuhn

Vorwort zur zweiten Auflage

Die dem Aufbau des Buches zugrunde liegende Konzeption (vgl. Vorwort zur ersten Auflage) hat sich nach fast übereinstimmenden Äußerungen in- und ausländischer Fachkollegen so gut bewährt, daß grundsätzliche Änderungen in der zweiten Auflage nicht notwendig erschienen. Die Fortschritte der Forschung in den letzten fünf bis zehn Jahren bedingten allerdings einen sehr erheblichen Materialzufluß, der durch Straffungen im alten Bestand auch nicht entfernt ausgeglichen werden konnte. Der Umfang des Taschenbuches hat sich infolgedessen in der zweiten Auflage gut um die Hälfte vermehrt. Demnach erschien die Teilung des Werkes in zwei Bände im Interesse der Handlichkeit unabweisbar. Der erste Band, der zum Nachschlagen wohl am eifrigsten gebraucht wird, enthält mit den drei umfangreichsten ersten Kapiteln des Werkes die gesamten „Stoffwerte". Im zweiten Band sind die übrigen Tabellen und die Abhandlungen zusammengefaßt.

Schon die technische Bewältigung des angeschwollenen Stoffes stellte die Ausführenden und nicht zuletzt den Herausgeber vor gesteigerte Anforderungen. Es kann daher nicht wundernehmen, daß zwischen Inangriffnahme der zweiten Auflage und deren Erscheinen mehr als zwei Jahre vergangen sind.

Mein Dank gilt allen Fachkollegen, die durch Anregungen und fördernde Kritik einen Anteil an der Entwicklung und Ausgestaltung des Biochemischen Taschenbuches genommen und zum Gelingen der Neuauflage beigetragen haben. Er gilt ferner allen Mitarbeitern, die sich der Mühe der Materialsichtung und -verarbeitung und der Neufassung ihrer Beiträge unterzogen haben. Schließlich habe ich auch dieses Mal dem Springer-Verlag für sorgfältige Arbeit und geduldiges Eingehen auf alle bei der Neubearbeitung auftretenden berechtigten Wünsche zu danken.

Möge das Taschenbuch in der zweiten Auflage viele neue Freunde in aller Welt hinzugewinnen und sich auch den alten Freunden wieder als wertvolles Hilfsmittel bei der Forschungsarbeit bewähren.

Münster/Westf., Mai 1964

H. M. Rauen

Vorwort zur ersten Auflage

Der Plan dieses Taschenbuches ergab sich aus dem allgemeinen Bedürfnis nach einem handlichen Nachschlagewerk, das die hauptsächlichsten Daten und methodischen Angaben enthält, die der Biochemiker bei seiner experimentellen Arbeit braucht. Bei der Auswahl des Stoffes war dem Umstand Rechnung zu tragen, daß sich die Grenzen der Forschungsgebiete mehr und mehr verwischen, daß viele Chemiker, Physiologen, Pharmakologen, Pharmazeuten, Mediziner biochemisch arbeiten und sich dieses Buches bedienen werden; auf ihre Belange war Rücksicht zu nehmen. Andererseits mußte ein gewisser Maximalumfang eingehalten werden, wenn das Buch für den einzelnen erschwinglich sein sollte. Daher konnten nicht alle vermuteten Wünsche befriedigt werden. Es ist zu hoffen, daß sich die dargebotene Auswahl als ein Optimum erweist.

Der Aufbau des Buches ist folgender: An erster Stelle kommen die physikalischen und chemischen Daten der chemischen Verbindungen. Sie nehmen fast die Hälfte des Buches ein. Abweichend von ähnlichen Tabellenwerken sind die Stoffe nicht alphabetisch angeordnet, sondern in loser Anlehnung an das Beilstein-System nach Körperklassen zusammengestellt. Dies bietet dem Benutzer den Vorteil leichteren Vergleichs verwandter Substanzen. In einem folgenden kurzen Kapitel finden sich für eine Reihe biochemisch wichtiger Verbindungen maßstabgerechte Raumformeln. Obgleich physikalisch-chemische Gesetze in Lehrbüchern nachzulesen sind, schien es geboten, die wichtigsten von ihnen unter dem Gesichtspunkt ihrer Bedeutung für die biochemische Forschung in einem eigenen Kapitel zusammenzufassen. Es folgt nun der biologische Teil des Taschenbuches. Er enthält u. a. die Kapitel „Biologische Strukturen" mit einer Schilderung der histochemischen Methoden und der üblichen Methoden zur präparativen Trennung von Zellbestandteilen und „Biologische Funktionen", wo vor allem biologische Einheiten, Eigenschaften von Fermenten und Bestimmung ihrer Aktivität, mikrobiologische Methoden und pharmakologische Wirkungen abgehandelt sind. Schließlich gibt das Kapitel „Statistische Auswertungsmethoden" eine Anleitung zur mathematischen Sicherung von Versuchsergebnissen.

Vielen Fachkollegen weiß ich Dank für Anregungen und Diskussionen während der Vorbereitung des Taschenbuches. Ich freue mich, insbesondere Herrn Professor Dr. E. Lehnartz für seine aus reicher Erfahrung gegebenen Ratschläge sowie den Herren Dr. H. Mayer-Kaupp vom Springer-Verlag und Professor Dr. Hj. Staudinger danken zu dürfen. Bei der ungemein mühevollen redaktionellen Arbeit hat mich meine langjährige Mitarbeiterin Frau Marianne Buchka in besonders dankenswerter Weise unterstützt. Ferner danke ich dem Springer-Verlag für gute Zusammenarbeit und verständnisvolles Eingehen auf meine Wünsche. Für den Herausgeber wäre es der schönste Lohn, wenn das Taschenbuch eifrig benutzt würde und sich viele Freunde erwürbe, so daß es in künftigen Auflagen noch verbessert werden kann.

Münster/Westf., im November 1956

H. M. Rauen

Inhaltsverzeichnis

Zweiter Teil

Inhaltsübersicht:

Berichtigungen

S. 151, IV/75: Neogarobiose, muß heißen: Neoagarobiose

S. 281, 2/4: N-(α,γ-Dihydroxy-β,β-dimethylvaleryl)-β-amino-isobuttersaure, muß heißen: N-(α,γ-Dihydroxy-β,β-dimethylbutyryl)-β-amino-isobuttersàure

2/5: N-(α,γ-Dihydroxy-β,β-dimethylvaleryl)-β-amino-isobuttersaure, muß heißen: N-(α,γ-Dihydroxy-β,β-dimethylvaleryl)-β-alanin

S. 310, 3/2: β-Propriobetain, muß heißen: β-Propiobetain

S. 327, 10/6: Die Strukturformel von Herbipolin ist, wie auf S. 622, 1/29, richtig wiedergegeben:

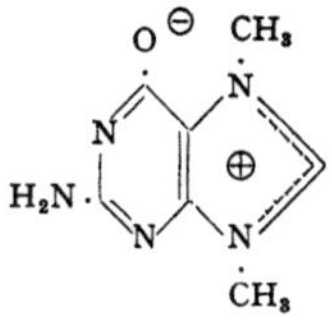

S. 390, 2/23: Heptadecatrien-(2,8,10)-dien-(4,6)-diol-(1,14), muß heißen: Heptadecatrıen-(2,8,10)-diin-(4,6)-diol-(1,14)

2/24: Heptadecatrien-(2,8,10)-dien-(4,6)-diol-(1,14), muß heißen: Heptadecatrien-(2,8,10)-diin-(4,6)-ol-(1)

S. 494, 5/24: unter „Pythocholsaure" bei *V.*: Phyton molurus . . . Phyton sebae, muß es heißen: Python . . .

S. 500, 6a/30: . . . Reichsteins Substanz, muß heißen: Reichsteins Substanz J

S. 558, 3b/18: (Trigenollin), muß heißen: (Trigonellin)

S. 846: Laminaribose, muß heißen: Laminaribiose

S. 847: L-Leukovorin, muß heißen: L-Leucovorin (da ursprunglich angelsachsische Wortprägung, obgleich griechischer Wortstamm zugrunde liegt)
Lysocym, muß heißen: Lysozym
Glycocollpuffer, muß heißen: Glykokollpuffer
Palmitoyl-glycollecithin, muß heißen: Palmitoyl-glykollecithin
Stearoyl-glycollecithin, muß heißen: Stearoyl-glykollecithin

S. 850: Salicinerin, muß heißen: Salicinerein

Erstes Kapitel

International vereinbarte Regelungen für Abkürzungen und Nomenklatur in der Biochemie

Von **O. Hoffmann-Ostenhof**, Wien

I. Abkürzungen

Die Kommission für biochemische Nomenklatur der Internationalen Union für reine und angewandte Chemie (IUPAC, International Union for Pure and Applied Chemistry) arbeitete in den Jahren 1958 bis 1961 Regeln aus, welche für die Verwendung von Abkürzungen in der biochemischen Literatur maßgeblich sein sollen [*1*]. Der vorliegende Beitrag gibt im wesentlichen diese Regeln in einer etwas gekürzten Form wieder; einige wenige Vorschriften sind auch dem Bericht der Internationalen Enzym-Kommission entnommen [*2*].

Für die Verwendung von Abkürzungen in biochemischen Arbeiten postuliert die Kommission die folgenden Regeln:

Grundsätzlich sollen Titel und Zusammenfassung von Arbeiten frei von Abkürzungen sein. In Ausnahmefällen, wo die Verwendung einer Abkürzung in der Zusammenfassung notwendig erscheint, muß diese nicht nur im Text der Arbeit, sondern auch in der Zusammenfassung definiert werden.

Abkürzungen und Symbole sollen im Text möglichst sparsam und nur dann, wenn auch tatsächlich dadurch dem Leser eine Erleichterung geschaffen wird, verwendet werden. In chemischen Gleichungen, die ja traditionell aus Symbolen bestehen, dürfen Kurzbezeichnungen für Substanzen verwendet werden, wenn diese im nebenstehenden Text erklärt werden.

Nicht-standardisierte Abkürzungen dürfen nicht ohne exakte Definition in der betreffenden Arbeit verwendet werden; dabei ist besonders darauf zu achten, daß diese neugeschaffenen Abkürzungen mit keinen bereits üblichen Abkürzungen verwechselt werden können und auch sonst den hier niedergelegten Regeln entsprechen.

Die Namen von Enzymen sollen grundsätzlich nicht abgekürzt werden [*2*]; zur Kurzbezeichnung von Enzymen sollen die von der Enzymkommission empfohlenen Trivialnamen bzw. die im Bericht dieser Kommission festgelegte Ordnungsnummer dienen. Besonders in letzter Zeit haben verschiedene Firmen Enzympräparationen unter abgekürzten Namen (z. B. ADH für Alkohol-Dehydrogenase) auf den Markt gebracht; auch in klinischen Laboratorien waren solche Abkürzungen sehr verbreitet.

In manchen Fällen erscheint es notwendig, für bestimmte wichtige Substanzen zwei Abkürzungen bzw. Symbole zu schaffen. So werden die meisten Biochemiker auch in Zukunft die Bezeichnung Adenosindiphosphat benützen und dafür die allgemein eingeführte Abkürzung ADP anwenden. Für den organischen Chemiker, der sich für die Struktur und die Synthese dieser und analoger Verbindungen interessiert, ist die korrekte Bezeichnung Adenosin-5′-pyrophosphat, welcher das systematische Symbol Ado-5′-*P*-*P* entspricht. Sowohl die Abkürzung als auch das systematische Symbol sind notwendig und ihre Verwendung deshalb gestattet.

Es ist unbedingt wünschenswert, daß die Abkürzungen und Symbole in allen Sprachen identisch sind. Deshalb sind solche Abkürzungen standardisiert worden, die der Sprache entstammen, in welcher die Abkürzung zuerst verwendet wurde.

Beispiel: Ribonucleinsäure wird als RNA abgekürzt, entsprechend dem englischen „ribonucleic acid"; die im deutschen Sprachbereich bisher übliche Abkürzung RNS soll ebenso wie die französische Abkürzung ARN („acide ribonucléique") nicht mehr verwendet werden.

Die in den folgenden speziellen Abschnitten behandelten Abkürzungen und Symbole lassen sich grundsätzlich in zwei Klassen einteilen:

Symbole für monomere Bestandteile von Makromolekülen

Diese Symbole werden vor allem dazu verwendet, abgekürzte Strukturformeln zu schreiben; Beispiel: Gly-Val-Thr für das Tripeptid Glycylvalylthreonin. Es gibt drei Gruppen von solchen Symbolen, nämlich diejenigen für Aminosäuren, Monosaccharide und Mononucleoside. Für alle drei Gruppen werden dieselben Prinzipien angewandt, was zwar kleine Änderungen gegenüber dem bisherigen Gebrauch mit sich bringt, aber den Vorteil hat, daß auch gemischte Substanzen, die aus Monomeren verschiedener Art aufgebaut sind, bezeichnet werden können. Solche „Hybride", wie z. B. die Nucleotidpeptide aus *Staphylococcus aureus* [*3, 4*] sind zur Zeit nur in geringer Anzahl bekannt; es muß aber damit gerechnet werden, daß es weitaus mehr gibt, weshalb ein Bedarf für eine standardisierte Symbolisierung in der Zukunft vorausgesehen werden kann.

Abkürzungen für semisystematische oder triviale Bezeichnungen

Beispiele: ATP für Adenosintriphosphat, FAD für Flavin-Adenin-dinucleotid. Diese Abkürzungen werden allgemein aus drei oder vier Großbuchstaben gebildet. Hier ist Kürze wichtiger als Systematik; allerdings ist es gerade diese Art von Abkürzungen, welche am leichtesten zu Mißverständnissen führt.

A. Aminosäuren und Polypeptide

Die folgenden Symbole werden angewandt, um die üblichen Aminosäuren und deren Reste in Polypeptiden und Proteinen zu symbolisieren:

Alanin	Ala	Leucin	Leu
Arginin	Arg	Lysin	Lys
Asparaginsäure	Asp	Methionin	Met
Cystin (Halbmolekül)	CyS	Ornithin	Orn
Cystein	CySH	Phenylalanin	Phe
Glutaminsäure	Glu	Prolin	Pro
Glykokoll	Gly	Serin	Ser
Histidin	His	Threonin	Thr
Hydroxylysin	Hylys oder (OH)Lys[1]	Tryptophan	Try
Hydroxyprolin	Hypro oder (OH)Pro[1]	Tyrosin	Tyr
Isoleucin	iLeu oder Ileu[1]	Valin	Val

Für die freien Aminosäuren ist die Verwendung dieser Abkürzungen nur in Tabellen, Listen und Abbildungen erlaubt, nicht aber im Text von Arbeiten und Büchern.

Aminosäure-Derivate, wie z. B. Asparagin oder Glutamin, können durch $Asp(NH_2)$ und $Glu(NH_2)$ bzw. Asp und Glu symbolisiert werden.

$$\underset{\substack{|\\ NH_2}}{\text{Asp}} \qquad \underset{\substack{|\\ NH_2}}{\text{Glu}}$$

Wenn die Sequenz der Aminosäure-Reste in einem Peptid oder Protein bekannt ist, sollen die Symbole in der entsprechenden Reihenfolge geschrieben und durch kurze Bindestriche verbunden werden. Wenn hingegen die Sequenz unbekannt ist, sollen die Symbole in Klammer gestellt und mit Kommas getrennt werden.

[1] Beide Abkürzungen sind erlaubt.

Bei der Darstellung von Peptidketten bezeichnet das Symbol am linken Ende der Sequenz denjenigen Aminosäure-Rest, welcher eine freie Aminogruppe trägt, während das Symbol am rechten Ende den Aminosäure-Rest darstellt, der eine freie Carboxylgruppe trägt.

Beispiel: Die Formel

Gly—Glu—Arg—Gly—Phe—(Phe, Tyr, Thr, Pro)—Lys—Ala

bezeichnet ein Peptid, bei welchem die Reihenfolge der ersten fünf Aminosäure-Reste geklärt ist; Glykokoll trägt die freie Aminogruppe. Die Sequenz der folgenden vier Reste ist noch unbekannt, während die Reihung der letzten zwei Reste wiederum bekannt ist, wobei der Alanylrest die freie Carboxylgruppe trägt.

Wenn nicht speziell darauf hingewiesen wird, bedeutet der Bindestrich, daß polyfunktionelle Aminosäuren wie Asparaginsäure, Glutaminsäure und Lysin durch normale α-Peptidbindungen verbunden sind. Andersartige Bindungen, wie z. B. γ-Peptidbindungen, müssen entsprechend gekennzeichnet werden.

Beispiel:

Glu-γ-CySH-Gly oder Glu
|γ
CySH-Gly für die reduzierte Form des Glutathions.

Anstelle des einfachen Bindestriches darf auch ein kleiner Pfeil zur Bezeichnung der Bindung verwendet werden, wobei die Spitze des Pfeils das Stickstoffatom der Peptidbindung darstellt. Diese Bezeichnungsweise ist besonders bei ringförmigen Peptiden zu bevorzugen.

B. Kohlenhydrate

Zur Bezeichnung von Monosaccharid-Einheiten in Oligosacchariden und Polysacchariden sollen die folgenden Symbole verwendet werden:

Glucose	Glc[1]	Fructose	Fru
Galaktose	Gal	Ribose	Rib
Mannose	Man		

Andere Monosaccharid-Einheiten können analog durch die drei ersten Buchstaben ihres Namens abgekürzt werden, wenn dadurch keine Verwechslung mit einem anderen Symbol entstehen kann. (Demgemäß darf z. B. Threose nicht durch Thr abgekürzt werden, da Thr bereits das Symbol für Threonin ist.)

Wenn erforderlich, sollen die Furanose- und Pyranose-Formen durch die Suffixe *f* und *p* bezeichnet werden.

Die Konfigurations-Symbole D und L (Kapitälchen) sollen, wenn nötig, als Präfixe angefügt werden.

Beispiele:	eine D-Glucopyranose-Einheit	D-Glc*p*
	eine D-Fructofuranose-Einheit	D-Fru*f*.

Die Bindung kann wiederum durch kurze Bindestriche bezeichnet werden, wobei die Stellung und Natur der Bindung durch Zahlen und durch die anomeren Symbole α und β dargestellt werden soll.

Beispiele:	Maltose	Glc*p*α1-4Glc
	Lactose	Gal*p*β1-4Glc
	Stachyose	Gal*p*α1-6Gal*p*α1-6Gal*p*α1-2βFru*f*
	ein verzweigtes Tetrasaccharid	Glcβ1-3Galβ1-4Glc 2 | 1αFuc

[1] Das früher übliche Symbol G für Glucose soll nicht mehr verwendet werden (Gefahr der Verwechslung mit Guanosin).

Zur Bezeichnung der Richtung der glykosidischen Bindung können aber auch Pfeile verwendet werden, wobei der Pfeil vom Halbacetal-Kohlenstoff der Bindung weg zeigt.

Beispiel:	Lactose	Gal*p*β1→4Glc

Desoxyzucker werden durch das Präfix de- gekennzeichnet.

Beispiele:	2-Desoxyribose	deRib
	3-Desoxyglucose	3-deGlc

Die hier angegebenen Symbole sollen außer in Listen, Tabellen und Abbildungen niemals für die Monosaccharide selbst verwendet werden.

C. Phosphorylierte Verbindungen

(außer Nucleotiden und Nucleinsäuren)

Phosphorylierte Verbindungen können durch den Namen der unphosphorylierten Verbindung oder dessen Abkürzung verbunden mit kursiven Großbuchstaben *P* als Präfix oder Suffix dargestellt werden. *P* wird als Präfix verwendet, wenn es „Phospho-" am Anfang eines Namens bedeutet; als Suffix stellt es „-phosphorsäure" oder „-phosphat" am Ende des Namens dar.

Bei Verbindungen, in welchen mehrere Möglichkeiten einer Phosphorylierung bestehen, sollen die Stellungen durch Zahlen oder griechische Buchstaben bezeichnet werden.

Wenn *P* nur an einem Rest gebunden ist, stellt es -$PO(OH)_2$ bzw. ein davon abgeleitetes Ion dar; an zwei Resten gebunden symbolisiert es -PO(OH)- oder ein entsprechendes Ion.

Die Pyrophosphatgruppe wird durch -*P*-*P*- dargestellt[1].

Zwei Phosphatgruppen, die an verschiedenen Stellen des Moleküls gebunden sind, können durch P_2 dargestellt werden.

Beispiele:	Glucose-6-phosphat	Glucose-6-*P* oder Glc-6-*P*
	3-Phosphoglycerinsäure	3-*P*-Glycerinsäure
	Phosphoenolpyruvat	*P*-Enolpyruvat
	Fructose-1,6-diphosphat	Fructose-1,6-P_2 oder Fru-1,6-P_2

D. Nucleotide und Nucleinsäuren

Für die Substanzklassen sind zwei verschiedene Systeme erlaubt, von denen das eine Drei-Buchstaben-Abkürzungen für die Nucleoside vorsieht und somit den bei den Aminosäuren und Monosacchariden verwendeten Systemen analog ist, während das andere die Nucleoside durch einzelne Großbuchstaben darstellt.

1. Drei-Buchstaben-Systeme

Der Phosphatrest wird hier durch *P* bezeichnet; die Stellung der Phosphatgruppe soll immer spezifiziert werden.

Die Ribonucleoside werden durch die folgenden Symbole dargestellt:

Adenosin	Ado	Ribosylthymin	Tho
Cytidin	Cyd	Uridin	Urd
Guanosin	Guo	Xanthosin	Xao
Inosin	Ino	Ribosylnicotinamid	Nir

[1] Die Abkurzung DP soll nicht fur Pyrophosphatgruppen verwendet werden. Hier gibt es allerdings Ausnahmen (vgl. ADP).

Die 2-Desoxyribonucleoside werden durch die Symbole für die entsprechenden Ribonucleoside mit dem Präfix de- dargestellt.

Beispiel: 2-Desoxyadenosin deAdo

Die Stellungen der Phosphatbindungen zum Zuckerrest werden durch Zahlen mit Apostroph bezeichnet und die Bindungen zwischen den Resten durch Bindestriche charakterisiert.

Beispiele: Nucleosidmonophosphate: Ado-2′-*P*, Guo-3′-*P*, deAdo-5′-*P*
Dinucleotide: *P*-5′-Ado-3′-*P*-5-Guo, Ado-3′-*P*-5′-Guo-3′-*P*
Ein Trinucleotid: Ado-3′-*P*-5′-Guo-3′-*P*-5′-Urd-3′-*P*

Eine cyclische Phosphatgruppe wird durch die Nummern beider Hydroxylgruppen, die verestert sind, bezeichnet; z. B. Ado-2′,3′-*P*.

Die sogenannten Nucleosid-diphosphat-Zucker, welche in Wahrheit Pyrophosphate sind, lassen sich folgendermaßen darstellen:

Urd-5′-*P*-*P*-Glc	Uridindiphosphatglucose[1]
Urd-5′-*P*-*P*-Gal	Uridindiphosphatgalaktose[1]

2. Ein-Buchstaben-System

Dieses System wird vornehmlich für Polynucleotide angewandt. Die üblichen Ribonucleoside werden in diesem System auf folgende Weise bezeichnet:

Adenosin	A	Ribosylthymin	T
Cytidin	C	Uridin	U
Guanosin	G		

2-Desoxyribonucleoside können durch dieselben Buchstaben mit dem Präfix „de" dargestellt werden.

Beispiel: deA 2-Desoxyadenosin

In diesem System wird die Phosphatgruppe durch den Kleinbuchstaben *p* dargestellt, wodurch die Anhäufung von Großbuchstaben vermieden werden soll. Die Position der Bindung wird wie im Drei-Buchstaben-System angezeigt.

3. Weitere Konventionen

Wenn die Bindung zwischen den Nucleotidresten regulär ist, wie das allgemein bei den bekannten Polynucleotiden der Fall ist, können die Symbole weiter abgekürzt werden. Man setzt die Zahlensymbole, welche die Position der Bindung darstellt, an den Anfang. Die Symbole 3′,5′- am Anfang einer Sequenz bedeuten somit, daß jede Phosphatgruppe über die 3′-Hydroxylgruppe des Nucleosids auf seiner linken Seite und über die 5′-Hydroxylgruppe des Nucleosids auf seiner rechten Seite gebunden ist. Ebenso kann auch das Präfix „de" an den Anfang der Sequenz gestellt werden, womit angezeigt wird, daß alle Zucker im Molekül Desoxyzucker sind. Diese Konventionen können sowohl im Drei-Buchstaben-System als auch im Ein-Buchstaben-System angewandt werden.

Beispiel: Ein Ribotrinucleotid mit 3′,5′ Bindung:

Volles Drei-Buchstaben-Symbol: Ado-3′-*P*-5′-Guo-3′-*P*-5′-Urd-3′-*P*
Dasselbe abgekürzt: 3′,5′-(Ado-*P*-Guo-*P*-Urd-*P*)
Dasselbe, abgekürzt im Ein-Buchstaben-System: 3′,5′-(ApGpUp).

Die 5′-Mono-, Di- und Triphosphate der üblichen Nucleoside dürfen durch die altgewohnten Abkürzungen bezeichnet werden.

[1] Die Abkurzung DP soll nicht fur Pyrophosphatgruppen verwendet werden. Hier gibt es allerdings Ausnahmen (vgl. ADP).

Beispiele: AMP, ADP und ATP

Adenosin, Cytosin, Guanosin, Inosin und Uridin werden durch die Großbuchstaben A, C, G, I, U abgekürzt, dementsprechend CMP, GDP, ITP, UDP usw. Diese Abkürzungen sollen ausschließlich in rein biochemischen Arbeiten verwendet werden, während für mehr „chemiscbe" Publikationen die Symbole des Drei-Buchstaben-Systems vorzuziehen sind.

Beispiele: Ado-5'-*P*, Ado-5'-*P*-*P*, Ado-5'-*P*-*P*-*P*

Flavinmononucleotid (Riboflavinphosphat) wird herkömmlicherweise mit FMN abgekürzt.

Für Ribonucleinsäure (Ribonucleate) gilt international die Abkürzung RNA (von englisch „ribonucleic acid"), für Desoxyribonucleinsäure DNA.

E. Coenzyme

Die *Nicotinamid-Coenzyme* sollen nach der neuen Regelung [*1, 2*] durch folgende Abkürzungen symbolisiert werden:

Nicotinamid-Adenindinucleotid (früher Diphosphopyridinnucleotid, DPN, Coenzym I, CoI): NAD,
Nicotinamid-Adenindinucleotidphosphat (früher Triphosphopyridinnucleotid, TPN, Coenzym II, CoII): NADP.

[Die neuen Abkürzungen haben den Vorteil, daß sie die wichtige Analogie zu den Flavin-Coenzymen deutlich hervorheben. Nicotinmononucleotid (Abkürzung: NMN) — Flavinmononucleotid (Abkürzung: FMN); Nicotin-Adenindinucleotid (Abkürzung: NAD) — Flavin-Adenindinucleotid (Abkürzung: FAD).]

Es ist oft erforderlich, durch Abkürzungen die oxydierten und reduzierten Formen dieser Coenzyme zu unterscheiden. Dafür sind zwei Methoden zulässig, welche als Grundabkürzungen NAD und NADP verwenden:

	Oxydierte Form	Reduzierte Form
I	NAD	$NaDH_2$
	NADP	$NADPH_2$
II	NAD^+	NADH
	$NADP^+$	NADPH

Diese Abkürzungen können in Gleichungen auf folgende Weise angewandt werden:

$$\text{I} \quad NAD + XH_2 \rightleftharpoons NADH_2 + X$$

$$\text{II} \quad NAD^+ + XH_2 \rightleftharpoons NADH + H^+ + X$$

Die beiden Methoden dürfen aber keineswegs untereinander vermischt werden, d. h. wenn in einer Arbeit das Symbol NAD für die oxydierte Form des Coenzyms verwendet ist, muß die reduzierte Form durch $NADH_2$ (nicht durch NADH) bezeichnet werden.

Für die weiteren Coenzyme werden die folgenden Abkürzungen empfohlen:

FAD, $FADH_2$	Flavin-Adenindinucleotid bzw. seine reduzierte Form
FMN, $FMNH_2$	Flavinmononucleotid bzw. seine reduzierte Form
GSH, GSSG	Glutathion bzw. seine oxydierte Form
CoA oder CoASH	Coenzym A
Acetyl-CoA oder CoASAc	Acetylcoenzym A
UQ, UQH_2	Ubichinon bzw. seine reduzierte Form; die Anzahl der Prenoylreste kann in den Index gesetzt werden: UQ_{10}, UQ_9H_2. Die Abkürzung CoQ ist zu vermeiden.

Andere Coenzyme. Für die Bezeichnung Coenzym A (Abkürzung: CoA) gibt es zur Zeit keine Alternative, weshalb diese trotz der Bedenken gegen Namen vom Typus „Coenzym X" beibehalten wird. Wenn es erwünscht ist, das Vorliegen der freien Thiogruppe speziell zu betonen, wie das manchmal in Reaktionsgleichungen der Fall ist, darf man auch die Abkürzung CoASH verwenden.

Obwohl darüber kein Kommissionsbeschluß vorliegt, ist es wohl klar ersichtlich, daß auch für die übrigen Coenzyme die chemischen Trivialnamen gegenüber Bezeichnungen, welche von der Funktion abgeleitet sind, vorzuziehen sind. Dies gilt für Thiaminpyrophosphat (nicht Cocarboxylase), Pyridoxalphosphat (nicht Co-Transaminase oder Co-Decarboxylase) usw.

F. Verschiedene Verbindungen

Die Verwendung folgender Standardabkürzungen gilt als erlaubt; obwohl die meisten von ihnen allgemein bekannt sind, wird empfohlen, sie trotzdem zu definieren, wenn angenommen werden kann, daß die Leser einer Arbeit sie nicht verstehen könnten.

ACTH	Adrenocorticotropin, adrenocorticotrophes Hormon oder Corticotrophin
BAL	„British Anti-Lewisite", 2,3-Dimercaptopropanol
CM-Cellulose	Carboxymethylcellulose
DDT	1,1,1-Trichlor-2,2-bis(*p*-chlorphenyl)äthan
DEAE-Cellulose	Diäthylaminoäthylcellulose
DFP	Di-isopropylphosphofluoridat
DNP-	2,4-Dinitrophenyl-
DOC	11-Desoxycorticosteron
DOCA	11-Desoxycorticosteronacetat
EDTA	Äthylendiamintetraacetat
FDNB	1-Fluor-2,4-dinitrobenzol
Hb	Hämoglobin
HbCO	„Carboxyhämoglobin", d. h. Hämoglobin + CO
HbO_2	Oxyhämoglobin
MetHb	Methämoglobin
Mb	Myoglobin ohne Sauerstoff (kann genauso abgewandelt werden wie Hb)
MSH	Melanocyten-stimulierendes Hormon
TEAE Cellulose	Triäthylaminoäthylcellulose
Tris	Tris(hydroxymethyl)aminomethan; 2-Amino-2-hydroxymethyl-propan-1,3-diol

G. Regeln für neue Abkürzungen

Es wird auch in Zukunft die Notwendigkeit auftreten, neue Abkürzungen für besonders häufig genannte Substanzen zu schaffen. Dabei sollten folgende Regeln beachtet werden: Neue Abkürzungen sollen nur verwendet werden, wenn ein tatsächlicher Bedarf dafür besteht. Symbole, die aus drei Buchstaben bestehen, sind vorzuziehen. Dabei muß immer darauf gesehen werden, daß keine Verwechslung mit irgendeiner bereits gebräuchlichen Abkürzung möglich ist. Wenn eine Anzahl von Derivaten, Salzen oder Additionsverbindungen entstehen können, soll der Name der gemeinsamen Grundsubstanz so abgekürzt werden, daß andere Symbole daran gehängt werden können.

II. Nomenklatur biochemisch wichtiger Verbindungen

Für die Bezeichnung einiger wichtiger Substanzklassen hat die Kommission für Nomenklatur in der Biochemie der Internationalen Union für Reine und Angewandte Chemie (IUPAC) kürzlich definitive Regeln aufgestellt [*5*]. Wenn nicht außergewöhnliche Gründe für ein Abweichen von diesen Regeln vorliegen, müssen diese als verbindlich angesehen werden.

A. Aminosäuren

1. Die Konfiguration des asymmetrischen α-C-Atoms einer Aminosäure wird durch ein vorangestelltes Symbol angegeben, wenn es sich nicht aus dem Zusammenhang klar ergibt, um welches Enantiomorph es sich handelt. Eine solche Kennzeichnung kann also unterbleiben, wenn z. B. eine aus einem Protein isolierte Aminosäure vorliegt; hier ist die L-Konfiguration unzweifelhaft. Dasselbe gilt für synthetische Aminosäuren, wenn keine Racemattrennung vorgenommen wurde, und auch bei Angaben, welche für beide Enantiomorphe einer Aminosäure zutreffen.

2. Zur Kennzeichnung nach 1 dienen die Präfixe D und L („Kapitälchen"), womit die Konfigurationsfamilie, zu welcher das α-C-Atom gehört, festgelegt wird. Diese Präfixe haben nichts mit dem Drehungssinn zu tun; eine Angabe des Drehungssinns (z. B. durch ein in Klammern gesetztes Plus- oder Minuszeichen) ist nicht notwendig. *Beispiele:* L-Leucin, D-Valin.

Die optisch inaktive Mischung oder eine racemische Verbindung zweier Enantiomorphe wird durch das Präfix DL (ohne Komma dazwischen) gekennzeichnet. *Beispiel:* DL-Leucin.

3. Die Präfixe D und L legen fest, daß die betreffende Substanz in ihrer Konfiguration mit dem entsprechenden Enantiomorph von Glycerin in Beziehung steht. In Fällen, wo Unklarheit darüber bestehen könnte, ob das Präfix die Konfiguration am α-C-Atom der Aminosäure oder am C-Atom mit der höchsten Positionszahl in einem Kohlenhydrat kennzeichnet, wird ein Index zum Präfix hinzugefügt. Wenn das Präfix im Sinne der Aminosäure-Nomenklatur verwendet wird, wird der Index s (von Serin) verwendet; im anderen Falle der Index g (von Glycerinaldehyd). *Beispiele:* L_s-Threonin; der entsprechende Name nach der Kohlenhydratnomenklatur wäre 2-Amino-2,4-didesoxy-D_g-threonsäure. D_s-Threonin (Synonym nach der Kohlenhydratnomenklatur: 2-Amino-2,4-didesoxy-L_g-threonsäure); L_s-Allothreonin (nach der Kohlenhydratnomenklatur: 2-Amino-2,4-didesoxy-L_g-erythronsäure); D_s-Allothreonin (nach der Kohlenhydratnomenklatur: 2-Amino-2,4-didesoxy-D_g-erythronsäure).

Aminosäuren, welche von Aminozuckern abgeleitet werden, sollen allgemein nach der Kohlenhydratnomenklatur bezeichnet werden, wobei aber der entsprechende Index verwendet werden soll. *Beispiele:* D_g-Glucosaminsäure für 2-Amino-2-desoxy-D_g-gluconsäure, deren α-C-Atom dieselbe Konfiguration hat wie dasjenige von D-Serin; D_g-Mannosaminsäure für 2-Amino-2-desoxy-D_g-mannonsäure, deren α-C-Atom dieselbe Konfiguration hat wie dasjenige von L-Serin.

4. Wenn die Konfiguration noch nicht klargestellt ist oder wenn bei bekannter Konfiguration der Drehungssinn besonders betont werden soll, sind die Präfixe *dextro-* oder *laevo-* (in Kursivbuchstaben) oder (+)- bzw. (−)- zu verwenden. *Beispiel: dextro*-Glutaminsäure oder (+)-Glutaminsäure für die in Wasser rechtsdrehende L-Glutaminsäure.

5. Das Präfix *meso-* (Kursivbuchstaben) oder abgekürzt *ms-* wird bei solchen Aminosäuren angewendet, bei welchen durch innere Kompensation die optische Aktivität fehlt. *Beispiele: meso*-Lanthionin, *ms*-Cystin.

6. Bei Aminosäuren, welche zwei Asymmetriezentren besitzen, die intern nicht kompensierbar sind, sind zwei diastereomere Formen möglich, welche L_s-Konfiguration besitzen. Von diesen soll diejenige, welche zuerst beschrieben wird, als L-Form, ihr Enantiomorph als D-Form bezeichnet werden. Die zweite diastereomere Form mit L_s-Konfiguration am α-C-Atom wird durch das Präfix allo- zusätzlich zu L gekennzeichnet; ihr Enantiomorph wird durch die Präfixe D und allo- bezeichnet. Wenn der Name der Aminosäure ein oder mehr Präfixe zur Kennzeichnung von Substitutionen enthält, wird L oder D vor denjenigen Teil des Namens gesetzt, der eine asymmetrische Konfiguration um das α-C-Atom an-

deutet, also gewöhnlich vor den Trivialnamen der ursprünglichen Aminosäure. *Beispiele:* L-Threonin, L-Isoleucin für Aminosäuren aus Proteinen, welche Trivialnamen tragen; D-Threonin, D-Isoleucin für deren Enantiomorphe. Dagegen: Hydroxy-L-prolin, Hydroxy-DL-glutaminsäure, 5-Hydroxy-L-lysin.

Bezüglich des Präfixes allo- werden L oder D vor dieses Präfix gesetzt, wenn es sich um einen einfachen Trivialnamen handelt. *Beispiele:* L-Allothreonin, L-Alloisoleucin bzw. D-Allothreonin und D-Alloisoleucin für deren Enantiomorphe. Wenn hingegen die Namen Bezeichnungen einer Substitution enthalten, wird folgende Form angewandt: Allo-4-hydroxy-L-prolin, Allo-5-hydroxy-L-lysin. In gleicher Weise werden auch systematische Namen gebildet: Allo-3-hydroxy-L-2-aminobuttersäure für L-Allothreonin, Allo-4-hydroxy-L-2-pyrrolidincarbonsäure für Allohydroxy-L-prolin.

Bei in der Natur nicht vorkommenden diastereomeren α-Aminosäuren, welche Namen als Derivate natürlich vorkommender Aminosäuren tragen, werden L und D nach folgenden Kriterien zugeordnet: 1. Es wird versucht, eine direkte Korrelation mit Substanzen bekannter Konfiguration herzustellen. 2. Es wird eine Zuordnung auf Grund biologischer Eigenschaften oder auf Grund von Veränderung der optischen Drehung bei Änderung der Beobachtungsbedingungen oder auf Grund beider genannten Kriterien *vorläufig* vorgenommen. Entsprechend finden auch die Regeln für die Kennzeichnung durch das Präfix allo- bei derartigen Verbindungen mit zwei nicht intern kompensierbaren Asymmetriezentren ebenso wie oben beschrieben Anwendung. *Beispiel:* Von den vier theoretisch möglichen optisch aktiven Isomeren der Hydroxyasparaginsäure sollten zwei bei der Reduktion L-Asparaginsäure ergeben und sollten deshalb Hydroxy-L-asparaginsäure und Allohydroxy-L-asparaginsäure genannt werden, wobei der erste Name vorläufig derjenigen Verbindung zuerkannt wird, die zuerst beschrieben wird. Die entsprechenden Enantiomorphe erhalten analoge Namen mit dem Präfix D.

7. Salze und Derivate der Aminosäuren sowie Peptide werden ebenfalls durch L und D bezeichnet, um die Konfigurationsfamilie der α-C-Atome zu kennzeichnen. Dabei sollen L und D grundsätzlich vor den Namen der ursprünglichen Aminosäure oder deren Radikal gesetzt werden. *Beispiele:* L-Histidinmonochloridmonohydrat, Kupfer-L aspartat, D-Ornithindihydrochlorid, Acetyl-L-tryptophan, 3-Hydroxy-DL-glutaminsäure, L-Leucyl-D-valin, Glycyl-DL-leucin. Namen, in welchen Präfixe eine Aminosäurekonfiguration symbolisieren, werden in gleicher Weise behandelt: *S*-(D-2-Amino-2-carboxyäthyl)-D-homocystein für D-Cystathionin.

In der biochemischen Literatur sind folgende Ausnahmen von dieser Regel zugelassen: L-Phenylalanin, L-Hydroxyprolin, L-Dijodtyrosin, L-Hydroxylysin. Die korrekteren Formen wären: 3-Phenyl-L-alanin, 4-Hydroxy-L-prolin, 3,5-Dijod-L-tyrosin, 5-Hydroxy-L-lysin; diese Formen sollten in mehr chemisch orientierten Arbeiten bevorzugt verwendet werden.

8. Wenn ein Trivialname für eine Verbindung angewandt wird, welche zwei α-Aminosäuregruppen in einer unsymmetrischen Kohlenstoffkette enthalten, erfolgt die Konfigurationsbezeichnung entsprechend dem α-C-Atom der kürzeren der beiden Aminosäureketten. *Beispiele:* D-Cystathionin für *S*-(D-2-Amino-2-carboxyäthyl)-D-homocystein, L-Allocystathionin für *S*-(L-2-Amino-2-carboxyäthyl)-D-homocystein. In solchen Fällen soll aber die Einführung neuer derartiger Trivialnamen nach Möglichkeit vermieden werden.

9. Das Wort inaktiv oder das Präfix (±) soll für inaktive Aminosäuren und deren Derivate dann verwendet werden, wenn es bekannt ist, daß zwei oder mehr asymmetrische Zentren im Molekül vorhanden sind, aber der sterische Grund für die Inaktivität unbekannt ist, weiter auch für die inaktive Form einer Aminosäure, von welcher eine aktive Form mit noch unbekannter Konfigurationsbeziehung beschrieben wurde. *Beispiele:* Inaktive 3-Hydroxyglutaminsäure, (±)-Hydroxytryptophan.

10. Die Aminosäure-Radikale sollen nach den von der Kommission für Nomenklatur in der Organischen Chemie der Internationalen Union für Reine und Angewandte Chemie aufgestellten Regeln benannt werden [6]. Eine Zusammenstellung findet sich in Tabelle 1.

Tabelle 1. **Aminosäure-Radikale**

Aminosäure	Name des Radikals	Formel
Alanin	Alanyl	$CH_3CH(NH_2)CO-$
Arginin	Arginyl	$H_2NC(:NH)NH[CH_2]_3CH(NH_2)CO-$
Asparagin	Asparginyl	$H_2NCOCH_2CH(NH_2)CO-$
Asparaginsäure	Aspartoyl	$-COCH_2CH(NH_2)CO-$
Asparaginsaure	α-Aspartyl	$HOOCCH_2CH(NH_2)CO-$
Asparaginsaure	β-Aspartyl	$-COCH_2CH(NH_2)COOH$
Cystein	Cysteinyl	$HSCH_2CH(NH_2)CO-$
Cystin	Cystyl	$-COCH(NH_2)CH_2SSCH_2CH(NH_2)CO-$
Glutamin	Glutaminyl	$H_2NCOCH_2CH_2CH(NH_2)CO-$
Glutaminsäure	Glutamoyl	$-COCH_2CH_2CH(NH_2)CO-$
Glutaminsäure	α-Glutamyl	$HOOCCH_2CH_2CH(NH_2)CO-$
Glutaminsäure	β-Glutamyl	$-COCH_2CH_2CH(NH_2)COOH$
Glykokoll	Glycyl	H_2NCH_2CO-
Histidin	Histidyl	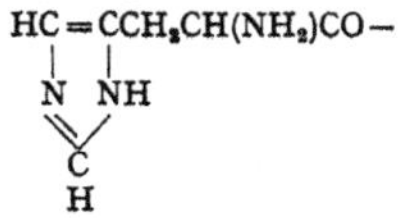
Isoleucin	Isoleucyl	$CH_3CH_2CH(CH_3)CH(NH_2)CO-$
Leucin	Leucyl	$(CH_3)_2CHCH_2CH(NH_2)CO-$
Lysin	Lysyl	$H_2N[CH_2]_4CH(NH_2)CO-$
Methionin	Methionyl	$CH_3SCH_2CH_2CH(NH_2)CO-$
Norleucin	Norleucyl	$CH_3[CH_2]_3CH(NH_2)CO-$
Ornithin	Ornithyl	$H_2N[CH_2]_3CH(NH_2)CO-$
Prolin	Prolyl	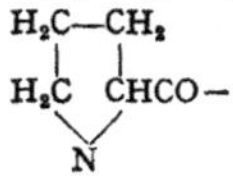
Serin	Seryl	$HOCH_2CH(NH_2)CO-$
Taurin	Tauryl	$H_2NCH_2CH_2SO_2-$
Threonin	Threonyl	$CH_3CH(OH)CH(NH_2)CO-$
Thyronin	Thyronyl	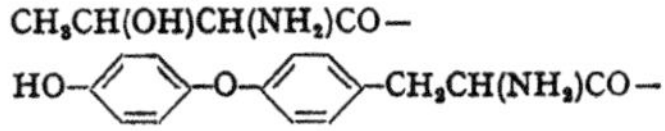
Tryptophan	Tryptophyl	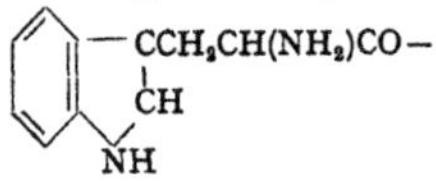
Tyrosin	Tyrosyl	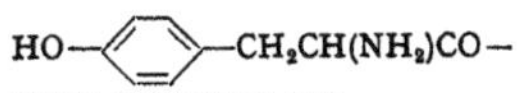
Valin	Valyl	$(CH_3)_2CHCH(NH_2)CO-$

B. Steroide

1. Die Numerierung der Kohlenstoffatome des Steroidskeletts soll in der Weise vorgenommen werden, wie es in Formel I gezeigt wird.

2. Soweit irgendwie möglich sollen alle Namen eine spezifische stereochemische Konfiguration darstellen. Wenn das Molekül derart orientiert ist, wie das in

Formel I dargestellt ist, liegt die Methylgruppe in Stellung 10 vor der allgemeinen Ebene des tetracyclischen Systems, d. h. oberhalb der Papierebene. Zur Kennzeichnung der α-Konfiguration für die Bindung von Atomen oder Gruppen an das Kernsystem, d. h. wenn das Atom oder die Gruppe hinter der allgemeinen Ebene des tetracyclischen Systems liegt, wird eine gebrochene Linie verwendet, während eine ungebrochene Linie die β-Konfiguration, d. h. die Stellung des Atoms oder der Gruppe vor der allgemeinen Ebene des Systems, darstellt. Wenn die Konfiguration unbekannt ist, wird eine Wellenlinie benützt; im Namen der betreffenden Verbindung wird dies durch den griechischen Buchstaben ξ (xi) bezeichnet, dem die entsprechende Positionsnummer vorausgesetzt wird.

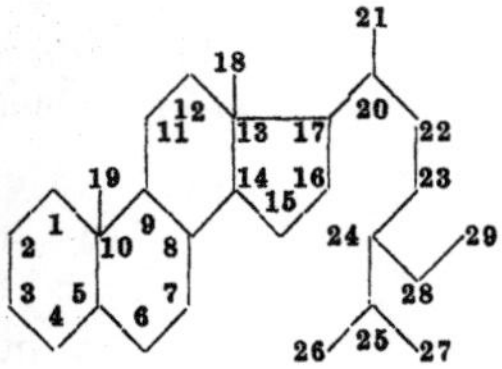

I

3. Der zugrunde liegende Kohlenwasserstoff ohne Methylgruppen in den Positionen 10 und 13 wird als *Gonan* bezeichnet.

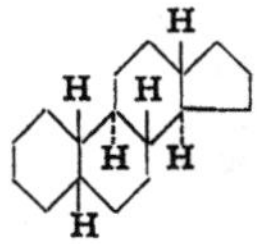
5β-Gonan

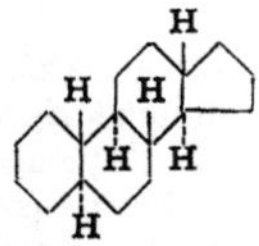
5α-Gonan

Der Kohlenwasserstoff mit einer Methylgruppe in der Stellung 13 wird *Östran* im amerikanischen Englisch „estrane“) genannt.

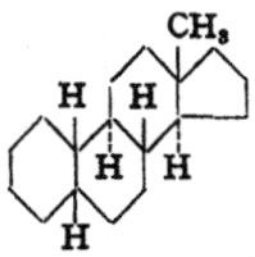
5β-Östran

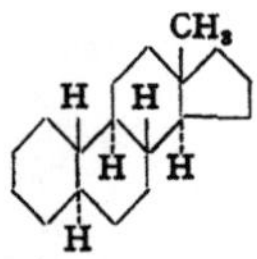
5α-Östran

Für die Kohlenwasserstoffe II und III sollen je nach den Substituenten folgende Namen gebraucht werden:

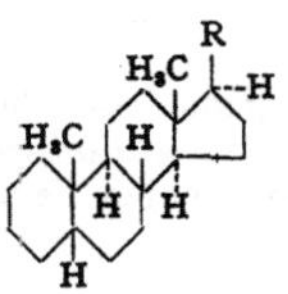
II

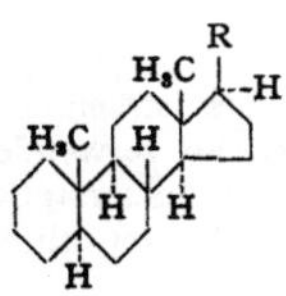
III

R	5β-Serie	5α-Serie
H	5β-Androstan	5α-Androstan
C_2H_5	5β-Pregnan	5α-Pregnan
$CH(CH_3)CH_2CH_2CH_3$	5β-Cholan	5α-Cholan
$CH(CH_3)[CH_2]_3CH(CH_3)_2$	5β-Cholestan	5α-Cholestan

Die Namen teilweise ungesättigter oder aromatischer Steroide leiten sich von den Namen der gesättigten Verbindungen derart ab, daß systematische Suffixe, nämlich -en und -yn angehängt werden.

Beispiele:

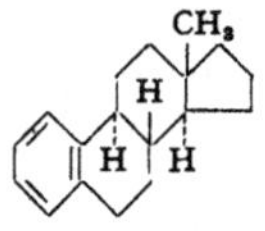

Östra-1,3,5(10)-trien

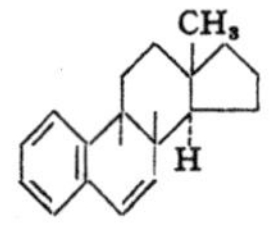

Östra-1,3,5(10),6,8-pentaen

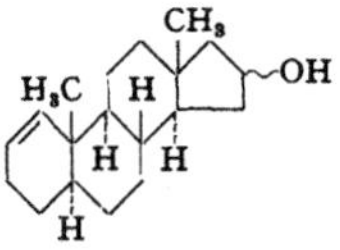

5α-Androst-1-en-16ξ-ol

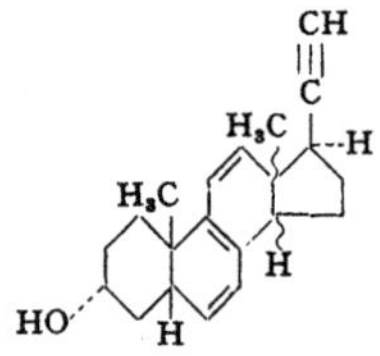

5β,13ξ,14ξ-Pregna-6,8,11-trien-20-yn-3α-ol

Namen von Steroiden, welche innerhalb der Kernstruktur einen dreigliedrigen Ring enthalten, werden durch das Präfix cyclo- bezeichnet, wobei die entsprechenden Positionszahlen und notwendigen stereochemischen Symbole hinzugesetzt werden. Der allgemeine Name für derartige Verbindungen ist *Cyclosteroide.*

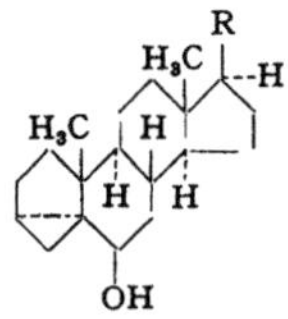

3α,5-Cyclo-5α-cholestan-6β-ol

Ein vollkommen gesättigtes System von digitaloiden Lactonen, in welchem die Konfiguration an C-20 die gleiche ist wie im Cholesterin, soll als *Cardanolid* bezeichnet werden.

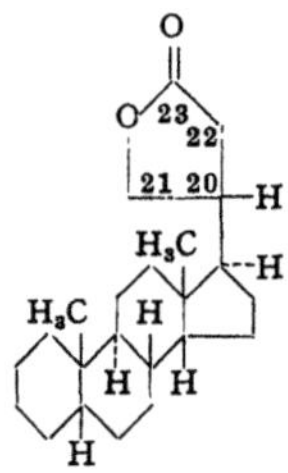

5β-Cardanolid

Für natürlich vorkommende ungesättigte Lactone dieses Typus sollen Namen wie Card-20(22)-enolid verwendet werden. Verbindungen desselben Typs, welche eine 14,21- oder 16,21-Sauerstoffbrücke enthalten, werden die Namen 14,21- oder 16,21-Epoxycardanolid verwendet.

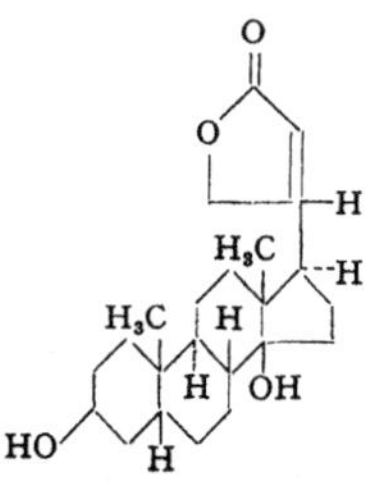

3β,14-Dihydroxy-5β-card-20(22)-enolid
(Trivialname: Digitoxigenin)

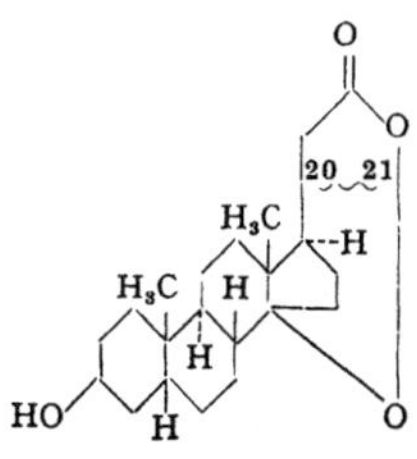

3β-Hydroxy-14,21-epoxy-5β,20ξ-cardanolid
(alter, nicht empfohlener Trivialname: Isodigitoxigenin)

Der Name *Bufanolid* soll für das völlig gesättigte System der Lactone der Krötengift- und Meerzwiebelgiftgruppe, in welcher die Konfiguration an C-20 dieselbe ist wie im Cholesterin, verwendet werden. Ungesättigte Derivate davon sollen dadurch benannt werden, daß das Suffix -anolid durch enolid-, -adienolid usw. ersetzt wird; daher wird der Name Bufa-20,22-dienolid für die natürlich vorkommenden, doppelt ungesättigten Lactone verwendet.

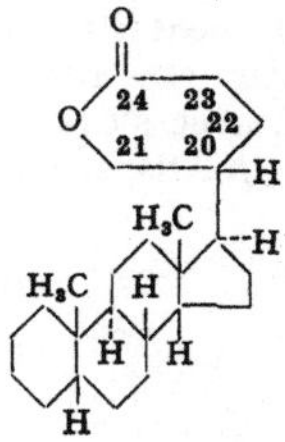

5β-Bufanolid

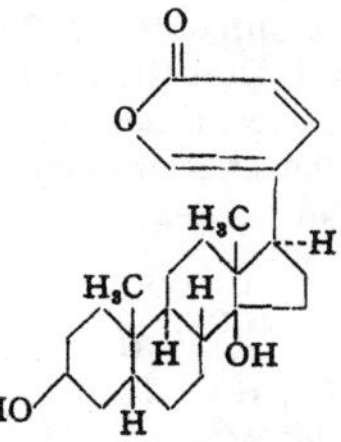

3β,14-Dihydroxy-5β-bufa-20,22-dienolid
(Trivialname: Bufalin)

Verbindungen vom Typus der unten angegebenen Formel, in welchen die Konfiguration bei C-17 und C-20 dieselbe ist wie im Cholesterin und diejenige bei C-16 dieselbe wie im Sarsasapogenin, d. h. α-H in Stellung 17, α-CH_3 in Stellung 20 und α-H in Stellung 16, sollen als *Spirostane* bezeichnet werden. In den Strukturformeln sollen die Konfigurationen in den Stellungen 16, 17 und 20 durch gebrochene bzw. ungebrochene Linien, entsprechend Regel 2, bezeichnet werden; die Konfiguration bei C-22 soll mit α oder β versehen werden, wobei dieser Buchstabe die Richtung der Bindung zwischen C-22 und C-23 symbolisiert.

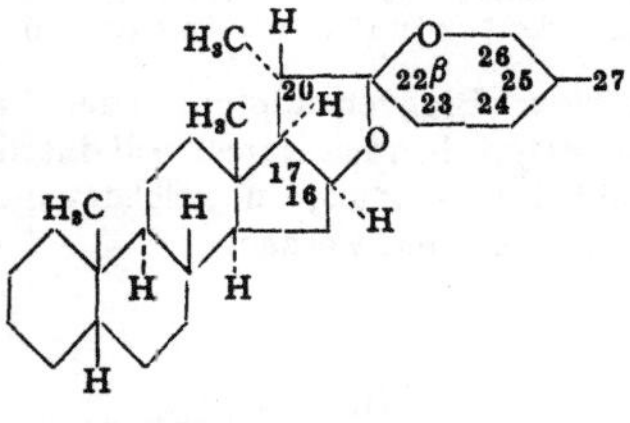

5β,22β-Spirostan

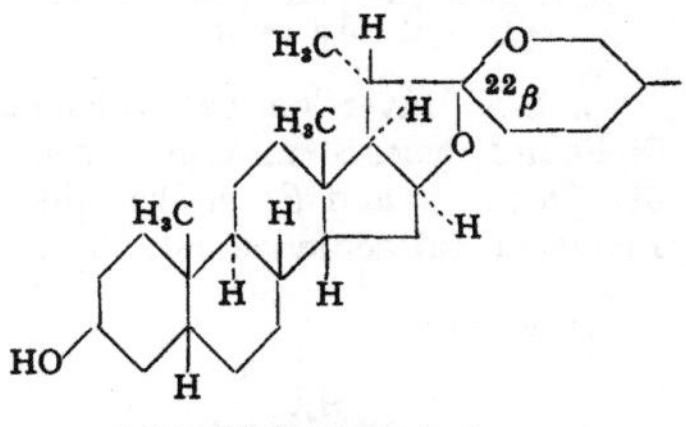

5β,22β-Spirostan-3β-ol
(Trivialname: Sarsasapogenin)

Verbindungen vom Typus der unten angegebenen Formel, in welchen die Konfigurationen bei C-17 und C-20 dieselben sind wie im Cholesterin, d. h. α-H in Stellung 17, α-CH_3 in Stellung 20, und welche α-H in Stellung 16 haben, sollen als *Furostane* bezeichnet werden. Weitere Bezeichnungen wie bei den Spirostanen.

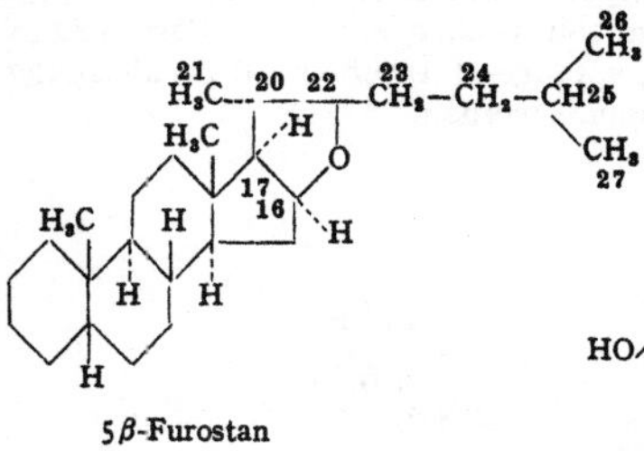

5β-Furostan

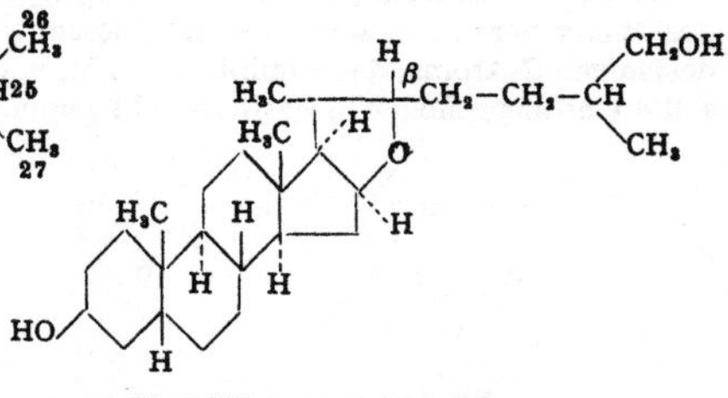

5β,22β-Furostan-3β,26-diol
(Trivialname: Dihydrosarsasapogenin)

4. Folgende Trivialnamen fur Steroidhormone und nahe verwandte Verbindungen werden beibehalten: Östron, Aldosteron, 17β-Östradiol, 17α-Östradiol, Östriol, Testosteron, Progesteron, Corticosteron, Desoxycorticosteron (für die 11-Desoxyverbindung), Cortison (für das freie 17,21-Diol) und Cortisol (für das 11β-Hydroxyderivat, welches dem Cortison entspricht). Bei Benützung dieser Trivialnamen in einer wissenschaftlichen Arbeit ist es aber vorgeschrieben, für jede so benannte Verbindung zumindest einmal den systematischen Namen anzugeben. Die aufgezählten Trivialnamen dürfen nicht als Grundlage für die Bezeichnung von Derivaten oder Stereoisomeren benützt werden.

Als Alternative zu den bevorzugt zu verwendenden systematischen Namen dürfen die unten angegebenen Verbindungen als 5β-Ätiansäure und 5α-Ätiansäure bezeichnet werden.

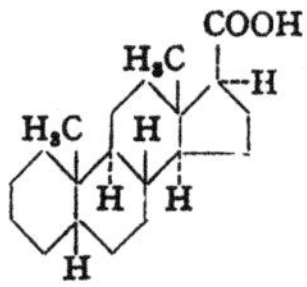

5β-Androstan-17β-carbonsäure (systematisch) oder 5β-Ätiansäure (trivial)

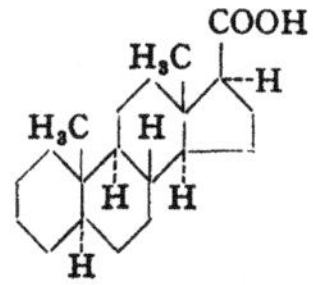

5α-Androstan-17β-carbonsáure (systematisch) oder 5α-Ätiansäure (trivial)

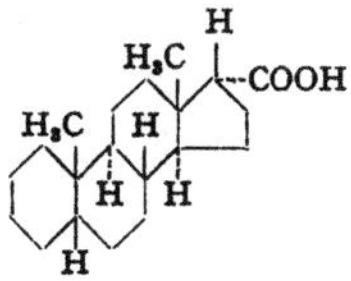

5β-Androstan-17α-carbonsäure (systematisch) oder 5β,17α-Ätiansäure (trivial)

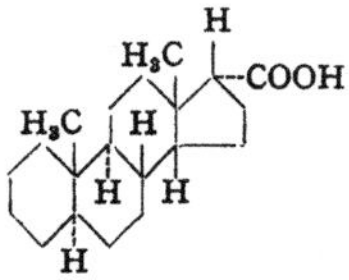

5α,14β-Androstan-17α-carbonsäure (systematisch) oder 5α,14β,17α-Ätiansäure (trivial)

5. Eine Inversion der Konfiguration an einer Ringverknüpfung oder in Stellung 17 eines Steroids mit einem den Regeln entsprechenden Namen soll durch die Präfixe α und β, welchen die Positionszahl des C-Atoms, an welchem die Inversion stattgefunden hat, vorausgesetzt wird, bezeichnet werden.

Beispiele:

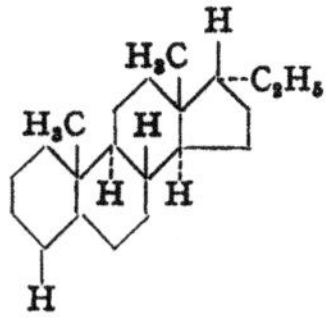

5β,17α-Pregnan

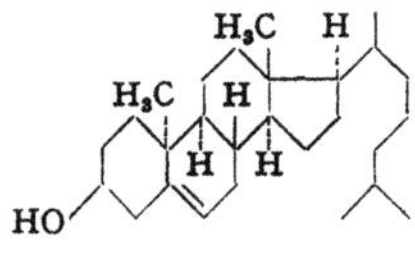

10α-Cholesterin = 10α-Cholest-5-en-3β-ol

6. Die Eliminierung einer Methylengruppe aus einer Alkylgruppe soll durch das Präfix nor- bezeichnet werden. Diesem soll in allen Fällen die Positionszahl desjenigen C-Atoms, das eliminiert wurde, vorangesetzt werden; in Zweifelsfällen soll die höchste mögliche Positionszahl genannt werden.

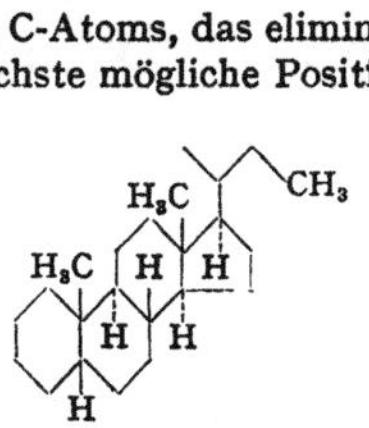

24-Nor-5β-cholan

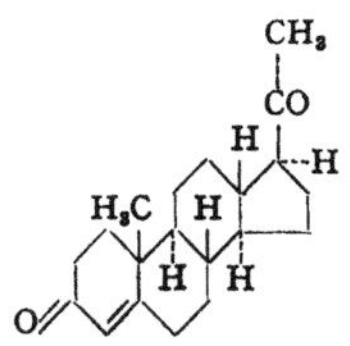

18-Norpregn-4-en-3,20-dion = 18-Norprogesteron

7. Ringverengungen oder Ringerweiterungen sollen durch die Präfixe nor- bzw. homo- bezeichnet werden; diesen Präfixen wird ein Großbuchstabe vorangestellt, der den Ring kennzeichnet, an welchem Verengung oder Erweiterung erfolgt ist.

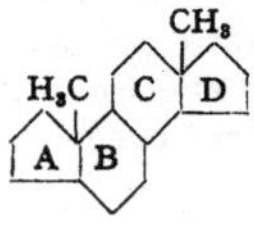
A-Nor

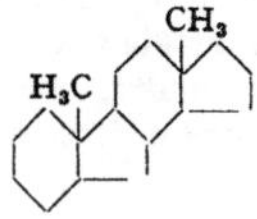
B-Nor

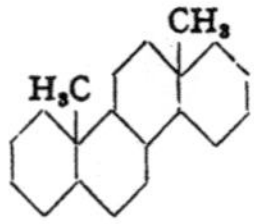
D-Homo

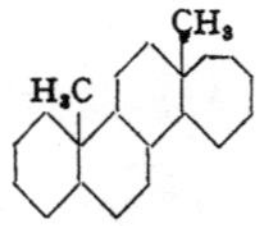
D-Dihomo

Bei Ringverengerung wird die ursprüngliche Numerierung des Steroids beibehalten und die höchste Positionszahl im Ring — abgesehen von den Verknüpfungsstellen — ausgelassen.

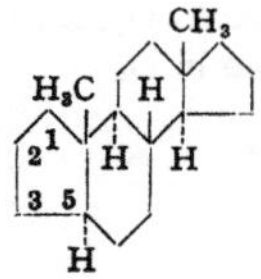
A-Nor-5α-androstan

Bei Ringerweiterung wird der Buchstabe a (und b usw., wenn erforderlich) zu der höchsten Positionszahl im Ring — abgesehen von den Verknüpfungsstellen — hinzugefügt.

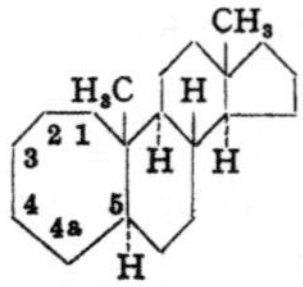
A-Homo-5α-androstan

Bei Ringspaltung unter Hydrierung der so entstandenen Endgruppen erfolgt die Bezeichnung durch das Präfix Seco-. Die ursprüngliche Numerierung des Steroids wird beibehalten.

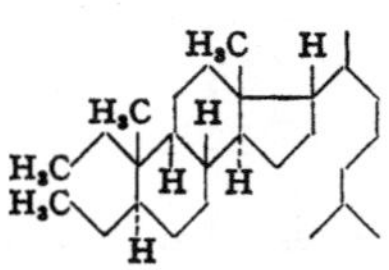
2,3-Seco-5α-cholestan

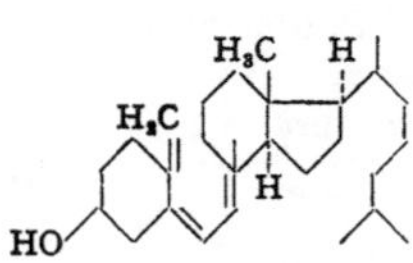
9,10-Secocholesta-5,7,10(19)-trien-3β-ol = Cholecalciferol

Wenn Heteroatome im Ringsystem eines Steroids vorkommen, wird das „Oxa-Aza"-System der Nomenklatur für die Steroidnamen mit der entsprechenden Numerierung angewandt.

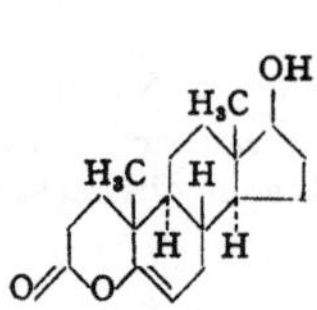
17β-Hydroxy-4-oxaandrost-5-en-3-on

C. Vitamine

Obwohl auch heute noch sehr üblich, soll nach den Beschlüssen der genannten Nomenklatur-Kommission die Verwendung von Großbuchstaben zur Bezeichnung von Vitaminen möglichst vermieden werden. Auch eine Anzahl von bisher gebräuchlichen Trivialnamen soll nicht mehr verwendet werden, da sie zu Mißverständnissen Anlaß geben können. Im folgenden ist eine Gegenüberstellung der alten, nicht mehr zu verwendenden Bezeichnungen, mit der neuen Nomenklatur gegeben.

Alte Bezeichnung	Neue Bezeichnung
	1. Fettlösliche Vitamine
a) Vitamin A_1, Axerophthol	Retinol
Retinen	Retinal
Vitamin A-Säure	Retinoinsäure
Vitamin A_2	3-Dehydroretinol
Retinen-2	3-Dehydroretinal
b) Vitamin D_2, Calciferol	Ergocalciferol
Vitamin D_3	Cholecalciferol
	Andere Vitamine D, welche sich von 7-Dehydrosterinen ableiten, können durch Vorsetzen eines entsprechenden Präfixes vor -calciferol benannt werden.
c) Vitamine E, Tokopherole	α-Tokopherol, β-Tokopherol, γ-Tokopherol
d) Vitamin K_1, Phyllochinon	2-Methyl-3-phytyl-1,4-naphthochinon; Trivialname: Phyllochinon
Vitamine K_2	noch kein Beschluß über die Nomenklatur
	2. Wasserlösliche Vitamine
a) Vitamin B_1, Aneurin, Thiamin	Thiamin
b) Vitamin B_2, Lactoflavin, Riboflavin	Riboflavin
c) Vitamin B_6, Pyridoxin-Gruppe	Gruppenname: Pyridoxin; davon leiten sich durch Substitution am C-4 des Pyridinringes ab: Pyridoxol = $-CH_2OH$; Pyridoxal = $-CHO$; Pyridoxamin = $-CH_2NH_2$.
d) Vitamin PP, Niacinamid, Nicotinamid	Nicotinamid
e) Pantothensäure	Panthothensäure
f) Biotin	Biotin
g) meso-Inosit	meso-Inosit (vorläufiger Beschluß; eine Revision der Nomenklatur der Cyclite ist in Ausarbeitung)
h) p-Aminobenzoesäure	p-Aminobenzoesäure
i) Cholin	Cholin
k) Vitamin C, Ascorbinsäure	Ascorbinsäure

l) Folsäure-Gruppe: Der Name Pteroinsäure soll die in der Formel dargestellte Verbindung bezeichnen:

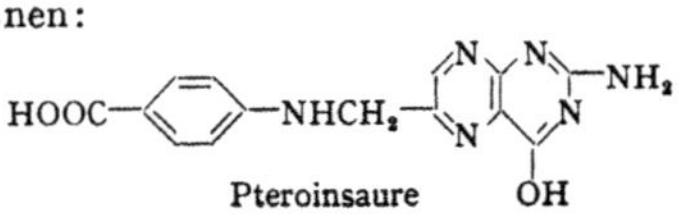

Pteroinsaure

Die Pteroylglutaminsäuren erhalten den Gruppennamen Folsäuren; die bisher als Folsäure (im Deutschen manchmal Folinsäure), Folacin oder Vitamin B_c bekannte Substanz erhält den Namen Pteroylmonoglutaminsäure. Analoge Verbindungen, welche mehr Glutaminsäurereste enthalten, welche durch Amidbindungen verknüpft sind, werden dementsprechend Pteroyltriglutaminsäure, Pteroylheptaglutaminsäure usw. genannt.

m) Vitamin B_{12}-Gruppe: In dieser Gruppe werden die in den Formeln dargestellten Verbindungen und Ionen wie folgt bezeichnet:

(I)	Corrin
(II)	Cobyrinsäure
(III a)	Cobinsäure
(III b)	Cobinamid
(IV a)	Cobaminsäure
(IV b)	Cobamid

Der Sammelname für Verbindungen welche den Corrin-Kern enthalten, ist Corroinoide. Die Numerierung für die einzelnen Atome des Corrin-Kern ist in der Formel dargestellt; zur Angleichung an das Numerierungssystem des Porphyrinkernes ist die Nummer 20 ausgelassen.

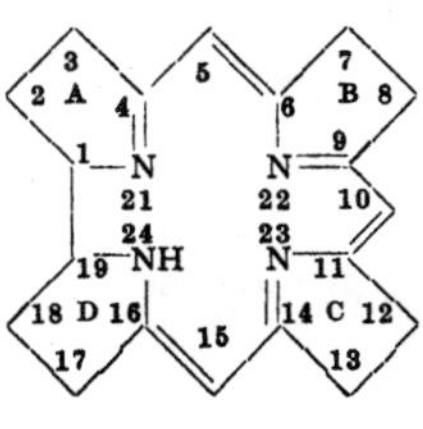

Corrin (I)

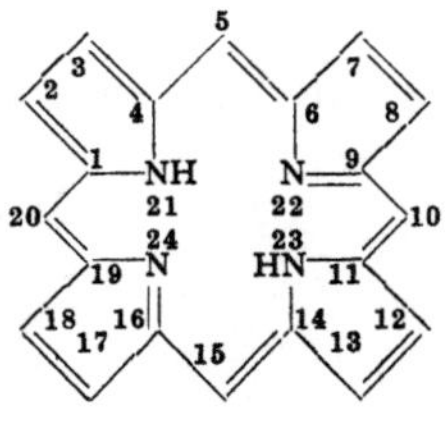

Porphyrin-Kern

Die endständigen Carboxylgruppen oder modifizierten Carboxylgruppen in den Verbindungstypen (II), (III) und (IV) werden durch die Buchstaben a bis g derart bezeichnet, wie das in Formel II gezeigt wird.

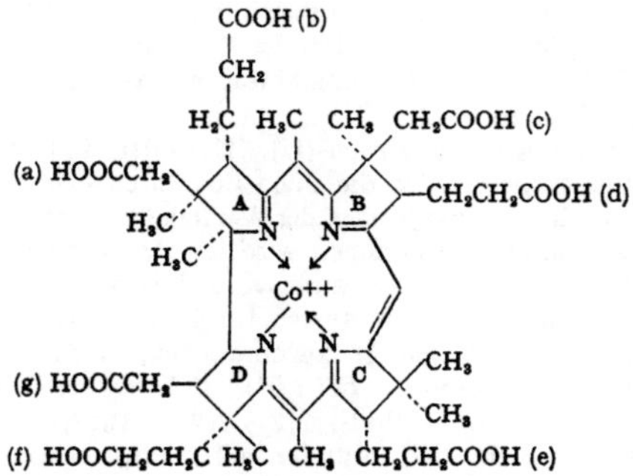

Cobyrinsäure (II)

Bei Nucleotiden dieser Gruppe wird der Name des zusätzlichen heterocyclischen Radikals dem Namen des entsprechenden Ions vorangesetzt. *Beispiele:* α-(5,6-Dimethylbenzimidazolyl)cobamidcyanid (Vitamin B_{12}); α-(2-Methyladenylyl)cobamidcyanid (Faktor A); α-(5-Hydroxybenzimidazolyl)cobamidcyanid (Vitamin $B_{12\,III}$).

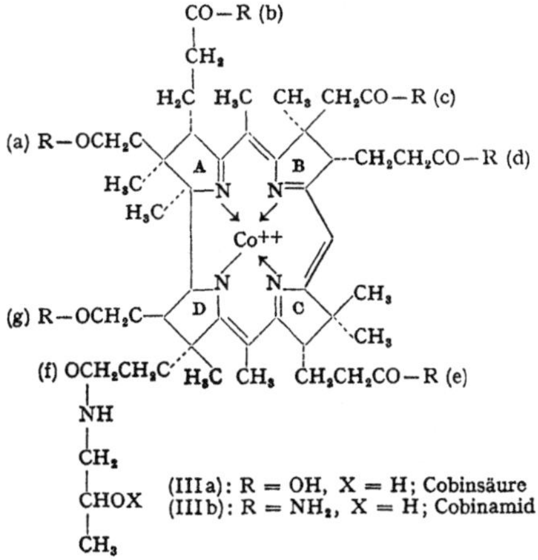

(IIIa): R = OH, X = H; Cobinsäure
(IIIb): R = NH_2, X = H; Cobinamid

(IVa): R = OH, X =

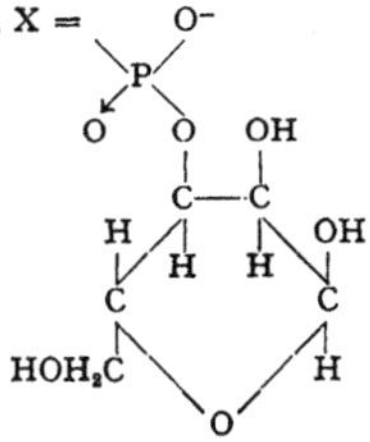

Cobaminsäure

(IVb): R = NH_2, X wie in Cobaminsäure; Cobamid

Bei Molekülen, welche aus den Ionen, die zu Anfang dieses Abschnittes genannt wurden, gebildet sind, wird der Ligand am Metall auf eine in der anorganischen Chemie übliche Weise bezeichnet, d. h. nicht durch ein Präfix, welches Substitution im organischen Teil des Moleküls bedeuten würde. *Beispiele:* Cobaminsäure-dichlorid; Dinitritocobaminsäure; α-(5,6-Dimethylbenzimidazolyl)aquocobamid (Vitamin B_{12b}).

Wenn in Verbindungen der Typen (II), (III) oder (IV) anstelle des Kobalts ein anderes Metall vorliegt, wird die Silbe Co- durch den Namen des anderen Metalles gefolgt durch -o oder -i je nach der Wertigkeit ersetzt. Wenn die Stelle des Kobalts von Wasserstoff eingenommen wird, ersetzt Hydrogeno- die Silbe Co-. *Beispiele:* Ferrobaminsäure; Nickelibaminsäure; Hydrogenobaminsäure.

Andere Abkömmlinge werden systematisch aus den Bezeichnungen der größten unter (I) bis (IV) genannten Verbindungen, welche in dem betreffenden Derivat enthalten ist, benannt. *Beispiele:* Cobyrin-*abcdeg*-hexamid-*f*-2-hydroxyäthylamid; 3,8,13,17-Tetraäthyl-1,2,2,5,7,7,12,12,15,17,18-undecamethylcobalticorrin-dichlorid (für das Dichlorid der vollständig decarboxylierten Cobyrinsäure); 12,1′-Carboxycobyrinsäure (für Cobyrinsäure, in der die in Position 12 stehende Methylgruppe durch $-CH_2COOH$ ersetzt ist).

Cyanocobalamin ist ein erlaubter Trivialname für Vitamin B_{12}, Aquocobalamin für Vitamin B_{12b} und Nitritocobalamin für Vitamin B_{12c}. Der Name Cobalamin darf aber in keinem anderen Sinne gebraucht werden.

D. Carotinoide

1. Carotin ist ein Gruppenname für die Carotinoid-Kohlenwasserstoffe. Substitutionsprodukte der Carotine werden Carotinderivate genannt.

2. Ein neues Carotin wird durch das Wort Carotin bezeichnet, dem entweder ein griechischer Buchstabe oder ein Präfix vorangesetzt wird, welches die Herkunft der betreffenden Substanz charakterisiert.

3. Ein Carotin-Molekül besteht aus zwei ähnlichen Teilen; die sich gegenseitig entsprechenden Kohlenstoffatome der beiden Teile sollen dieselben Nummern erhalten, wobei diejenigen in einem Teil mit Apostroph versehen werden. Die Numerierung erfolgt nach dem in der Formel gegebenen System.

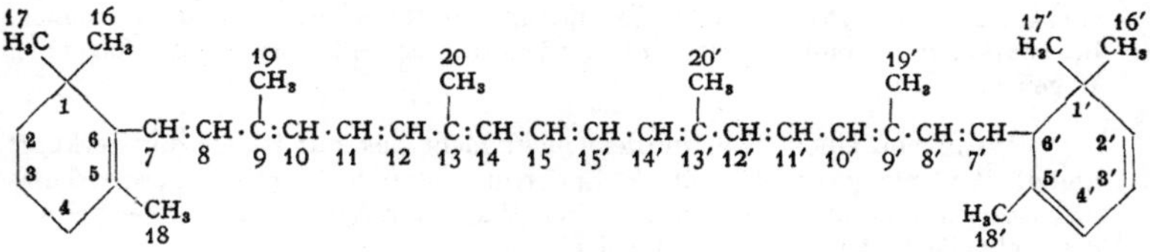

Wenn das Carotin-Molekül asymmetrisch ist, sollen bei der Numerierung folgende Regeln beachtet werden:

Das Molekül enthält:	Zahlen ohne Apostroph:
Den β-Iononring und den α-Iononring	β-Iononring
Den β-Iononring und eine offen endende Kette	β-Iononring
Den α-Iononring und eine offen endende Kette	α-Iononring

4. Die Carotinoid-Alkohole, Ketone, Aldehyde und Säuren werden durch die Suffixe -ol, -on, -al und -oinsäure oder durch die Präfixe Hydroxy-, Oxo-, Aldo- und Carboxy- charakterisiert.

5. Der Name Lutein soll Dihydroxy-α-carotin, das wichtigste Dihydroxycarotin der Blätter, bezeichnen. Der Name Xanthophyll ist erlaubt für natürlich vorkommende, alkohollösliche und nicht verseifbare Carotin-Derivate.

6. Neuentdeckte Carotinoide, welche Sauerstoff enthalten und deren Struktur noch unbekannt ist, sollen durch Namen benannt werden, die mit -xanthin enden, wobei ein Präfix den Ursprung oder eine besondere Eigenschaft der Verbindung bezeichnen soll. Eine Modifikation von -xanthin zu -xanthol, -xanthon usw., um die Natur der Sauerstoffatome zu charakterisieren, ist aber nicht erlaubt.

7. Abbauprodukte von Carotinoiden, welche Aldehyd-, Keton- oder Säurecharakter haben, sollen durch das Präfix Apo- und die Endungen -al, -on oder -oinsäure bezeichnet werden; die Nummer des Kohlenstoffatoms, an dem die Aldehyd-, Keto- oder Carboxylgruppe sitzt, wird in jedem Fall vor Apo- gestellt.

8. Bei der Bezeichnung von Carotinoid-epoxyden soll die Nummer der Kohlenstoffatome, welche durch den Oxydsauerstoff gebunden sind, bezeichnet werden. *Beispiel:* Xanthophyll-5,6-epoxyd.

9. Das Präfix Neo- soll für Carotinoide gebraucht werden, welche labile Isomere sind und ineinander überführbar sind.

E. Coenzyme

Die wichtigsten Regeln für die Nomenklatur der Coenzyme wurden bereits bei der Besprechung der Abkürzungen (S. 6) abgehandelt.

F. Cytochrome

Als Cytochrome werden grundsätzlich nur Hämoproteine bezeichnet, deren wesentlichste biologische Funktion in einem durch den Valenzwechsel ihres Hämeisens bedingten Elektronen- bzw. Wasserstofftransport besteht. Demnach sollen die folgenden Hamoproteine nicht als Cytochrome bezeichnet werden: 1. Hämoglobin und analoge Hamoproteine, welche reversibel Sauerstoff aufnehmen, ohne daß dabei eine Oxydation stattfindet; 2. Katalasen; 3. Peroxydasen.

Eine kürzlich neueingeführte Nomenklaturregelung [2] unterscheidet zwischen temporären Namen, mit welchen noch nicht völlig charakterisierte Körper dieser Klasse bezeichnet werden sollen, und permanenten Namen fur ausreichend charakterisierte Cytochrome; diese endgültigen Namen dürfen nur von einem internationalen Komitee bestimmt werden. Im einzelnen gelten die folgenden Regeln:

1. Wenn von einem Hämoprotein nicht mehr bekannt ist als die Herkunft und die Wellenlänge der α-Bande des Spektrums der reduzierten Form, wird dieses provisorisch z. B. als „Hämoprotein 560 (Bacterium X)“ bezeichnet, wobei 560 die Wellenlänge der α-Bande in mμ ist.

2. Wenn ihre Cytochrom-Natur eindeutig festgelegt ist, erhält die Substanz den provisorischen Namen „Cytochrom 560 (Bacterium X)“.

3. Wenn nach der Reinigung die Untersuchung eine wahrscheinliche Zugehörigkeit zu einer der vier Gruppen der Cytochrome ergibt, erhält das Cytochrom einen Namen der Form „Cytochrom B (560, Bacterium X)“; die Gruppe wird hier mit einem Großbuchstaben bezeichnet.

4. Wenn diese Zugehörigkeit schließlich eindeutig mit Hilfe chemischer Analysenmethoden festgelegt ist, erhält das Cytochrom von der dazu von der Internationalen Union für Biochemie autorisierten Stelle seinen endgültigen Namen mit einem kursiven Kleinbuchstaben und einem Index, z. B. „Cytochrom b_1“.

Wie aus Tab. 3 zu ersehen ist, bleiben auf diese Weise die Namen der bereits gut erforschten Cytochrome durchwegs unverändert.

In den seltenen Fällen, wo ein Cytochrom zwei Hämgruppen verschiedener Natur an einem spezifischen Protein gebunden enthält, werden beide Gruppen im Namen angezeigt, z. B. Cytochrom CD (Pseudomonas aeruginosa).

Auf welche Weise die Herkunft genannt wird, ist dem Autor überlassen; in manchen Fällen kann die Art des Gewebes oder auch das Zellelement, woher das Cytochrom stammt, wie z. B. Herzmuskel, Mitochondrien, Mikrosomen, Chloroplasten, für die Charakterisierung wesentlicher sein als die Species.

Bestimmung der Spektren. Wenn die Wellenlänge einer Absorptionsbande fur Identifizierungszwecke herangezogen werden soll, mussen die Bedingungen der Messung exakt definiert werden. Es soll bei Zimmertemperatur und nicht bei der Temperatur der flüssigen Luft gemessen werden; weiter sollen absolute Spektren, nicht aber Differentialspektren verwendet werden, da die Maxima bei Differentialspektren nicht unbedingt mit der Lage der tatsachlichen Banden übereinstimmen mussen.

Methoden für die Zuteilung zu den vier Gruppen der Cytochrome. Es werden die folgenden vier Gruppen von Cytochromen unterschieden:

A. *Cytochrome A.* Cytochrome mit Formylporphyrin-Eisen als prosthetische Gruppe. Die Ham-Komponente ist somit Ham A oder ein verwandtes Häm mit einer Formyl-Seitenkette.

B. *Cytochrome B.* Prosthetische Gruppe: Protoham.

C. *Cytochrome C.* Cytochrome mit covalenten Bindungen zwischen Häm und Protein. Die prosthetische Gruppe ist ein substituiertes Mesohäm.

D. *Cytochrome D.* Cytochrome mit Dihydroporphyrin-Eisen als prosthetischer Gruppe.

Eine Unterteilung der Gruppen A bis D wird zur Zeit nicht vorgenommen.

Für die provisorische Zuteilung eines Cytochroms in eine der vier Gruppen gelten folgende Kriterien: 1. Stellung der α-Bande des Pyridin-Ferrohämochroms, das aus dem Hämoprotein in alkalischer Lösung entsteht; und 2. die Ätherlöslichkeit des Hämins, das aus dem Cytochrom nach Behandlung mit Aceton-HCl entsteht (Tab. 2).

Tabelle 2

	α-Bande des Pyridin-Ferrohämochrom in Alkali	Ätherlöslichkeit des Produktes, das aus dem Cytochrom bei Behandlung mit Aceton-HCl entsteht
Gruppe A	580—590 mμ	löslich
Gruppe B	556—558 mμ	löslich
Gruppe C	549—551 mμ	unlöslich
Gruppe D	600—620 mμ	löslich

Es wird dabei empfohlen, daß die Position der α-Bande der Pyridin-Ferrohämochrome der Gruppen A, B und D erst dann bestimmt wird, nachdem das angesäuerte acetongespaltene Hämin zuerst mit Äther extrahiert und dann aus dem Äther mit verdünnter NaOH ausgezogen wurde.

Für die weitere Festlegung der Gruppenzugehörigkeit, die schließlich zur endgültigen Klassifikation führen soll, existieren einige chemische Reaktionen, die auch mit kleinen Substanzmengen durchgeführt werden können. Eine Oximbildung aus dem isolierten Hämin mit Hydroxylamin beweist die Anwesenheit eines Formyl-Häms und erlaubt die Zuordnung zur Gruppe A. Die Reduzierbarkeit der ungesättigten Seitenketten mit Hydrazin-HJ oder PtH_2 zeigt, daß es sich um ein Protohäm handelt (Gruppe B). Als Test für Gruppe C dient die Spaltbarkeit der Thioätherbindungen mit Hilfe von Silbersulfat. Gruppe D läßt sich durch das Vorhandensein einer Bande des Hämins in Essigsäure bei 605 mμ und durch die Bildung eines Chlorins mit starker Absorption im Roten, wenn man das Eisen bei Zimmertemperatur entfernt, charakterisieren.

Weitere Regelungen. Wenn ein Cytochrom auf Grund seiner katalytischen Funktionen auch als Enzym klassifiziert und in die Enzymliste aufgenommen wurde, wie z. B. Cytochrom b_2, das als Lactat-Dehydrogenase (systematischer Name: L-Lactat : Cytochrom-*c*-Oxydoreductase; EC 1.1.2.3) auch in der Enzymliste erscheint, kann es sowohl mit seinem Enzym- als auch mit seinem Cytochrom-Namen bezeichnet werden. Bei der Diskussion seiner katalytischen Eigenschaften wird man normalerweise den Enzymnamen benützen, während für seine Charakterisierung als Hämoprotein der Cytochrom-Name verwandt werden sollte.

Hämoproteine mit einem hämoglobinartigen Spektrum und einem Reaktionsvermögen mit Liganden, welche nicht mit Cytochrom *c* reagieren, sollen *Cytochromoide* genannt werden, wie z. B. Cytochromoid C (Rhodospirillum rubrum) für das sogenannte „RHP". Diese Substanz ist wohl kein Cytochrom C und könnte auch „Hämoprotein C" genannt werden; dieser Name würde aber nicht ihre sehr nahe Verwandtschaft mit den Cytochromen aufzeigen.

Anstelle der Bezeichnungen „Hämochromogen" und „Parahämatin" sollen in Zukunft *Ferrohämochrom* und *Ferrihämochrom* verwendet werden.

Tabelle 3. **Offizielle Liste der Cytochrome**

Cytochrom a	weit verbreitet
a_1	E. coli usw.
a_3	Vorkommen ähnlich wie bei a; es besteht keine Einigkeit darüber, ob a und a_3 identisch sind
b	weit verbreitet
b_1	E. coli
b_2	Hefe; identisch mit Lactat-Dehydrogenase
b_3	höhere Pflanzen
b_5	Mikrosomen
b_6	Chloroplasten der Pflanzen
b_7	Arum spadix
B (559, Streptomyces)	
c	weit verbreitet
c_1	weit verbreitet
c_2	Rhodospirillum rubrum
c_3	Desulphovibrio
c_4	Azotobacter usw.
c_5	Azotobacter
C (555, Chloroplasten der Pflanzen); früherer Name: Cytochrom f	
C (556, Helix pomatia); früherer Name: Cytochrom h	
C (554, halotolerante Bakterien); früherer Name: Cytochrom b_4	
C (552, Chromatium)	
C (554, Chlorobium)	
C (550, Rhodospheroides)	
C (550, Rhodopseudomonas)	
CD (625, 553, 548, Pseudomonas aeruginosa); früherer Name: Cytochrom GB	
d	E. coli usw.; früherer Name : Cytochrom a_2
d_1	Acetobacter peroxydans; früherer Name: Cytochrom a_4

G. Enzyme

1. Allgemeine Regeln

Enzymnamen, welche auf -ase enden, dürfen grundsätzlich nur für Einzelenzyme verwendet werden. Systeme, welche mehr als ein Enzym enthalten, werden nicht auf diese Weise bezeichnet. Wenn es wünschenswert ist, ein solches System auf Grund der von ihm katalysierten Gesamtreaktion zu benennen, so wird das Wort System in den Namen eingebaut.

Beispiel: Das Enzymsystem, das die Oxydation von Bernsteinsäure durch O_2 katalysiert und aus mehreren Enzymen und Überträger-Katalysatoren besteht, wird nicht Succinat-Oxydase, sondern Succinatoxydase-System genannt.

Für die Klassifikation und Nomenklatur der Enzyme wird die Natur der von ihnen katalysierten Reaktionen zur Grundlage genommen. Der Typus der katalysierten Reaktion bestimmt die Klassifikation der Enzyme in verschiedene Gruppen; diese Klassifikation gemeinsam mit den Namen der Substrate stellen die Basis für die Namensgebung dar. Dabei wird nur die Gesamtreaktion, wie sie in der formalen Reaktionsgleichung ausgedrückt ist, berücksichtigt. Nur in solchen Fällen, wo verschiedene Möglichkeiten der Klassifikation und damit verschiedene Namen zur Auswahl stehen, wird ein eventuell bekannter Mechanismus in Betracht gezogen. Somit erhalten auch nur solche Enzyme einen systematischen Namen, von denen die Gleichung der Reaktion, welche sie katalysieren, genau bekannt ist. Dies schließt z. B. eine systematische Benennung von Enzymen aus, von denen bisher nur bekannt ist, daß sie einen Isotopenaustausch bewirken, während man über die zugrundeliegende chemische Reaktion noch nichts weiß.

Allgemein soll bei verschiedenen Möglichkeiten der Klassifikation (und der daraus folgenden Namensgebung) diejenige Alternative ausgewählt werden, welche am besten in das unten dargestellte Klassifikationssystem paßt. Dies gilt z. B. für die bisher als Phosphorylasen bezeichneten Enzyme. Dieser Name wurde in Analogie zu Hydrolase gebildet; andererseits kann man die katalysierte Reaktion auch als Transferase-Wirkung auffassen. Die Enzym-Kommission [2] schreibt die Klassifikation dieser Enzyme als Transferasen vor; demnach ist die systematische

Nomenklatur ebenfalls darauf aufzubauen. Für die Trivialnomenklatur werden allerdings die Bezeichnungen Phosphorylase und Pyrophosphorylase weiterhin zugelassen.

2. Klassifikation und Numerierung der Enzyme

Nach dem Bericht der Enzymkommission [2] erfolgt die Klassifikation nach einem System, das gleichzeitig eine Grundlage für eine Numerierung bietet (Tab. 4). Jedes Enzym erhält eine Code-Nummer, die aus vier Teilen besteht, welche durch Punkte voneinander getrennt werden. Die Zuteilung der Code-Nummern erfolgt nach folgenden Prinzipien:

1. Die erste Zahl kennzeichnet die Hauptgruppe der Enzyme, welcher das betreffende Enzym zugeordnet werden muß. Die Enzyme können in sechs Hauptgruppen eingeteilt werden:

I. Oxydoreductasen
II. Transferasen
III. Hydrolasen
IV. Lyasen
V. Isomerasen
VI. Ligasen (Synthetasen)

Lyasen sind Enzyme, welche auf nicht-hydrolytische Weise Atomgruppierungen aus ihren Substraten abspalten, wobei eine Doppelbindung im zurückbleibenden Rest des Substratmoleküls entsteht, oder welche den umgekehrten Prozeß, die Anlagerung von Atomgruppierungen an Doppelbindungen, bewirken. Unter Ligasen bzw. Synthetasen werden Enzyme verstanden, welche zwei Moleküle unter gleichzeitiger Spaltung einer Pyrophosphatbindung in ATP oder in einem ähnlichen Triphosphat verknüpfen.

2. Die zweite Zahl bezeichnet die Gruppe. Bei den Oxydoreductasen zeigt sie den Typus der Atomgruppierung in den Donatoren, welche der Oxydation unterliegt (1 bedeutet eine —CHOH-Gruppe, 2 eine Aldehyd- oder Ketogruppe, usw.; vgl. Tab. 4); bei den Transferasen legt sie die Atomgruppierung fest, die übertragen wird; bei den Hydrolasen symbolisiert sie den Bindungstypus, der hydrolysiert wird; bei den Lyasen zeigt sie die Bindungsart zwischen dem abgespaltenen Teil und dem Rest des Substrates an; bei den Isomerasen wird die Art der Isomerisierung festgelegt; bei den Ligasen schließlich bezeichnet sie die Art der Bindung, die entsteht.

3. Die dritte Zahl bezeichnet die Untergruppe. Im Falle der Oxydoreductasen legt sie für jeden Fall eines Donors den Typus des Akzeptors fest (1 bedeutet ein Coenzym, NAD oder NADP, 2 ein Cytochrom, 3 molekularen Sauerstoff usw.). Damit kennzeichnen die drei ersten Teile der Enzymnummer eindeutig die Natur des Enzyms; 1.2.3 bedeutet z. B. eine Oxydoreductase mit einem Aldehyd als Donator und O_2 als Akzeptor. In den anderen Gruppen gibt die dritte Zahl ebenfalls eine weitergehende Präzisierung über die Spezifität.

4. Die vierte Zahl in der Enzymnummer ist schließlich die Seriennummer des Enzyms in seiner Untergruppe.

In einigen wenigen Fällen ist es notwendig, das Wort „andere" in der Bezeichnung von Gruppen oder Untergruppen aufzunehmen. In allen diesen Fällen wird die Zahl 99 eingesetzt, damit genügend Möglichkeiten für neue Unterteilungen gelassen werden.

Diese Methode der Numerierung stellt ein System der Klassifikation dar und zeigt exakt die Natur der von einem Enzym katalysierten Reaktion an. Daneben hat sie auch noch den Vorteil, daß die Entdeckung eines neuen Enzyms einer bereits bekannten Klasse nicht die gesamte Numerierung stört, wie das bei einer fortlaufenden Numerierung der Fall wäre. Man wird in solchen Fällen das neue Enzym an das Ende derjenigen Untergruppe stellen, zu welcher es gehört, und ihm die erste freie Nummer geben. Damit ist es zwar meist nicht möglich, es genau neben das Enzym zu stellen, dem es am meisten ähnlich ist; es wird aber auf jeden Fall richtig klassifiziert sein. Ebenso wird es bei Bedarf möglich sein, neue Hauptgruppen, Gruppen und Untergruppen zu schaffen, ohne die bisherige Systematik zu verändern.

Die von der Kommission den einzelnen Enzymen zugeteilten Nummern sollen immer denselben Enzymen als ein Mittel der Identifizierung zugeordnet bleiben.

3. Systematische und triviale Nomenklatur

In Analogie zu anderen Wissenschaftszweigen, wie z. B. der Botanik oder der Zoologie, werden die Enzyme mit zwei Arten von Namen bezeichnet. Von diesen ist der eine ein systematischer Name und der andere ein Trivialname. Der systematische Name eines Enzyms ist nach ganz bestimmten Regeln gebildet; er gibt eine exakte Angabe über die Natur der katalysierten Reaktion und erlaubt somit eine komplette Identifizierung. Diese systematischen Namen sind allerdings in vielen Fällen von einer unhandlichen Länge; außerdem würde ihre alleinige Einführung bewirken, daß fast alle bekannten Enzyme umbenannt werden müßten. Zur Vermeidung dieser Schwierigkeiten wurde eine Trivialnomenklatur geschaffen; diese gibt kürzere Namen, welche nicht immer sehr systematisch oder exakt, aber in den meisten Fällen mit den bisher üblichen Namen identisch sind. Nur wenn die Gefahr von Mißverständnissen besteht oder ein anderer wichtiger Grund vorliegt, hat die Kommission bei der Trivialnomenklatur Änderungen der üblichen Bezeichnungen vorgenommen. Eine Liste dieser Änderungen findet sich in Tab. 5.

Bezüglich der Verwendung der beiden Nomenklatur-Reihen wird folgendes bestimmt: In einer Arbeit, die sich mit einem bestimmten Enzym befaßt, sollen bei der ersten Erwähnung dieses Enzyms seine Code-Nummer, sein systematischer Name (wo ein solcher existiert) und seine Herkunft genannt werden; bei späteren Nennungen im Text kann dann der Trivialname verwendet werden. In Arbeiten, die sich nicht vorwiegend mit einem Enzym befassen, können Enzyme bei ihrer ersten Nennung durch ihre Code-Nummer identifiziert werden.

Es wird als besonders wichtig angesehen, daß die systematische Nomenklatur in Kurzreferaten Verwendung findet, da hier die Gefahr der Verwechslung die größte ist und wesentliche Folgen haben kann. Es wird somit empfohlen, daß in allen Kurzreferaten („Abstracts") die Enzyme durch ihre Code-Nummer, den systematischen Namen und die Herkunft genau identifiziert werden.

Neuentdeckte Enzyme und Enzyme, welche noch nicht in der Liste der Enzymkommission enthalten sind, können vom Entdecker entsprechend den unten gegebenen Regeln sowohl mit einem systematischen als auch mit einem Trivialnamen benannt werden; hingegen soll keine Code-Nummer zugeteilt werden.

4. Die Regeln für die systematische und die triviale Nomenklatur

Systematische Nomenklatur	Triviale Nomenklatur
a) Regeln für alle Enzyme	
1. Die Namen von Substraten, die Teile der Enzymnamen bilden, werden so präzis wie irgend möglich angegeben; dabei sind allgemein die offiziellen Regeln der IUPAC-Kommissionen zu beachten.	Allgemein bekannte Trivialnamen von Substraten können benutzt werden. D- kann fur normale Zucker, L- fur normale Aminosäuren ausgelassen werden. Eine Bezeichnung der Stellungen von Substituenten in den Trivialnamen ist nur dort vorzunehmen, wo Verwechslungen möglich sind.

2. Wenn das Substrat normalerweise in Anionform vorliegt, wird der Name des Salzes (auf -at) verwendet. *Beispiel:* Lactat-Dehydrogenase (nicht Lacticodehydrogenase). *Ausnahme:* 2-Oxosäure-Carboxy-lyase.

Systematische Nomenklatur | **Triviale Nomenklatur**

3. Allgemein übliche Abkürzungen von Substratnamen, welche für den Chemiker trivial sind (z. B. ATP), werden in den systematischen Enzymnamen verwendet; es soll aber keine Neuschaffung solcher Abkürzungen vorgenommen werden.

Enzymnamen sollen keinesfalls abgekürzt werden (z. B. LDH).

4. In der deutschen Sprache ohne Belang.

5. Die Bezeichnung von Enzymen mit beschreibenden Namen, wie z. B. „condensing enzyme", „Zwischenferment", „Acetat-aktivierendes Enzym", „p_H-5-Enzym", „malic enzyme", ist nur so lange zugelassen, bis die vom Enzym bewirkte Reaktion bekannt ist. Das Wort „aktivierend" sollte nicht im Sinne einer Umformung des Substrats in eine Substanz, die dann weiter reagieren kann, verwendet werden. In Wahrheit aktivieren ja alle Enzyme ihre Substrate, weshalb die Verwendung des Wortes in einem anderen Sinn zu Mißverständnissen Anlaß geben könnte.

6.

In denjenigen Fällen, in welchen der systematische Name genügend kurz ist, um auch als Trivialnamen gebraucht zu werden, besteht kein Bedarf nach einem gesonderten Trivialnamen.

7.

Wenn es irgendwie vermieden werden kann, soll ein Trivialname eines Enzyms nicht auf dem Namen einer Substanz basieren, die selbst kein Substrat des Enzyms ist. (*Beispiel:* Der Name „Crotonase" ist abzulehnen). Dasselbe gilt auch für die meisten Trivialnamen; allerdings genügt eine weniger exakte Bezeichnungsweise. Die Mehrzahl der Trivialnamen ist mit den bisher allgemein üblichen Enzymnamen identisch. In Einzelfällen wird ein Trivialname auch für mehrere Enzyme verwendet.

8. Ein systematischer Enzymname besteht grundsätzlich aus zwei Teilen, von denen der erste der Name des Substrates bzw. bei bimolekularen Reaktionen die Namen der beiden Substrate getrennt durch ein Kolon (Doppelpunkt) ist. Der zweite Teil, der auf -ase endet, bezeichnet die Natur des katalysierten Vorgangs[1] (vgl. auch Regel 13).

9. Die Endung -ese (wie z. B. in Rhodanese) soll nicht verwendet werden.

10. Der systematische Name enthält immer eine der folgenden Bezeichnungen, welche die Art der katalysierten Reaktion erkennen lassen: *Oxydoreductase*, *Racemase*, *Isomerase*, *Epimerase*, *Lyase*, *Ligase*, *Hydrolase*, *Transferase*, *Mutase*. Die Endung -ase wird grundsätzlich niemals an den Namen des Substrats angehängt.

Trivialnamen können unter Verwendung dieser und noch weiterer Bezeichnungen gebildet werden; hier sind auch *Tautomerase*, *Kinase*, *Reductase*, *Oxydase*, *Dehydrogenase*, *Peroxydase*, *Decarboxylase*, *Carboxylase*, *Dehydratase*, *Hydratase*, *Aldolase* erlaubt. Die direkte Anhängung der Nachsilbe -ase an den Substratnamen erfolgt nur bei Hydrolasen. *Ausnahmen:* Thiaminase, Ribonucleinase.

---

[1] Hier besteht im Deutschen eine Schwierigkeit der Rechtschreibung, die in anderen Sprachen nicht auftritt. Der Referent ist der Auffassung, daß in einem systematischen Enzymnamen der bzw. die beiden Namen der Substrate ebenso wie der zweite Teil des Enzymnamens mit Großbuchstaben beginnen sollten und daß die Verbindung der zwei Teile des Enzymnamens durch einen Bindestrich erfolgen sollte. *Beispiel:* L-Aspartat: 2-Oxoglutarat-Aminotransferase.

Systematische Nomenklatur	Triviale Nomenklatur
11.	Der Name „Dehydrase", der in verschiedenen Sprachen sowohl für dehydrogenierende als auch für dehydratisierende Enzyme gebraucht wurde, wird nicht mehr verwendet. Für die zuerstgenannten Enzyme wird Dehydrogenase, für die zuletzt genannten Dehydratase vorgeschrieben.
12. Bei reversiblen Reaktionen wird für alle Enzyme einer bestimmten Klasse dieselbe Reaktionsrichtung zur Grundlage für die Nomenklatur gemacht, selbst wenn in einem speziellen Falle diese Richtung experimentell noch niemals beobachtet wurde. Systematische Namen werden somit unter Umständen auf Grund einer Reaktionsgleichung gebildet, die bisher nur in der umgekehrten Richtung bekannt ist.	Trivialnamen werden im allgemeinen nach der Reaktionsrichtung gebildet, die tatsächlich beobachtet wurde. *Beispiele:* Dehydrogenase oder Reductase; Decarboxylase oder Carboxylase.
13. Wenn die von einem Enzym katalysierte Reaktion gleichzeitig zwei voneinander verschiedene Veränderungen des Substrats bewirkt — z. B. eine oxydative Demethylierung —, wird die zweite Funktion durch Zusatz eines entsprechenden Partizips in Klammern bezeichnet. *Beispiele:* Sarcosin:O_2-Oxydoreductase (demethylierend); D-Aspartat:O_2-Oxydoreductase (desaminierend). Andere Partizipien dieser Art sind: (decarboxylierend), (cyclisierend), (Akzeptor-acylierend), (isomerisierend).	
14. Wenn ein Enzym mehr als einen Reaktionstypus katalysiert oder auf mehr als ein Substrat bzw. ein Substratpaar einwirkt, kann sich der Name in der Regel nur auf ein Substrat bzw. Substratpaar und auf eine Reaktion beziehen. Eine allgemeine Regel für solche Fälle konnte nicht aufgestellt werden. Jeder dieser Fälle wurde nach den besonderen Gegebenheiten beurteilt, und die getroffene Wahl ist immer bis zu einem gewissen Grad willkürlich. In manchen Fällen ist es möglich, einen Begriff für die Enzymnomenklatur zu benützen, welcher eine ganze Gruppe von Substraten umfaßt.	

Systematische Nomenklatur | **Triviale Nomenklatur**

b) Regeln für die einzelnen Klassen der Enzyme

I. Hauptklasse

15. Alle Enzyme, welche Oxydoreduktionen katalysieren, werden in der systematischen Nomenklatur als *Oxydoreductasen* bezeichnet; die kompletten Namen werden nach dem Schema Donator: Akzeptor-Oxydoreductase gebildet.

Die Bezeichnungen *Dehydrogenase* und *Reductase* werden im selben Sinn wie bisher angewandt; Reductase somit in denjenigen Fällen, wo eine Wasserstoffübertragung von derjenigen Substanz, die in der systematischen Nomenklatur als Donator bezeichnet wird, nicht oder nur schwer nachweisbar ist. Der Name *Transhydrogenase* wird für die bisher so benannten Enzyme beibehalten. *Oxydase* darf nur dann verwendet werden, wenn O_2 als Akzeptor fungiert, und *Oxygenase* nur in denjenigen Fällen, wenn das O_2-Molekül — zumindest teilweise — in das Substrat eingebaut wird. *Peroxydase* wird für Enzyme verwendet, bei welchen H_2O_2 den Akzeptor darstellt; der Name *Katalase* wird beibehalten. In der Trivialnomenklatur wird allgemein nur eines der beiden Substrate im Enzymnamen genannt.

16. Bei Oxydoreductasen, bei deren Reaktionen NAD oder NADP beteiligt sind, wird das Coenzym grundsätzlich als Akzeptor im Enzymnamen genannt; als Ausnahme zu dieser Regel gelten die Enzyme der Untergruppe 1.6. Wenn das Enzym für beide Nicotinamid-Coenzyme spezifisch ist, wird diese durch die Bezeichnung NAD(P) angezeigt.

17. Wenn bei einer Oxydoreductase der natürliche Akzeptor noch nicht bekannt ist, die Aktivität des Enzyms also bisher nur mit zugesetzten künstlichen Akzeptoren gemessen werden kann, wird das Wort (Akzeptor) in Klammern anstelle der Nennung des Akzeptors gesetzt.

Beispiel: Succinat: (Akzeptor)-Oxydoreductase.

18. Für die Enzyme, welche ihre Substrate in Gegenwart von $NADH_2$ oder $NADPH_2$ und O_2 hydroxylieren, existieren bisher keine systematischen Namen. Diese Reaktionen sind zur Zeit noch nicht genügend erforscht, um dabei die Beteiligung zweier Enzyme auszuschließen.

In der Trivialnomenklatur können diese Enzyme nach dem Schema „Substrat-n-Hydroxylase“ bezeichnet werden; hier ist n eine Zahl, die angibt, in welcher Stellung des Substrats Hydroxylierung erfolgt.

Systematische Nomenklatur

II. Hauptklasse

19. Enzyme, welche die Übertragung von Atomgruppen katalysieren, werden *Transferasen* genannt. Ihre Namen werden nach dem Schema „Donator: Akzeptor-übertragene Gruppe-Transferase" gebildet.

Beispiel: ATP:Acetat-Phosphotransferase. Eine Zahl kann eingesetzt werden, um die Stellung im Akzeptormolekül, an welche die Gruppe übertragen wird, zu kennzeichnen.

Beispiel: ATP:D-Fructose-1-Phosphotransferase.

20. Bei allen Phosphotransferasen, bei welchen ATP als eines der Substrate bzw. Reaktionsprodukte fungiert, wird es grundsätzlich als Donator genannt. Bei den Aminotransferasen mit 2-Oxoglutarat (α-Ketoglutarat) als Reaktionsteilnehmer wird diese Substanz immer als Akzeptor genannt.

21. Der Teil des Namens, welcher die Natur der übertragenen Gruppe bezeichnet, wird so gewählt, daß daraus keine Rückschlüsse auf den möglichen Mechanismus gezogen werden können (z. B. *Phospho-*, *nicht* aber „Phosphat" oder „Phosphoryl"!).

III. Hauptklasse

22. Hydrolysierende Enzyme werden nach dem Muster *Substrat-Hydrolase* benannt. Wenn das Enzym für die Abspaltung einer bestimmten Gruppe spezifisch ist, wird der Name dieser Gruppe vor Hydrolase gesetzt. *Beispiel:* Adenosin-Aminohydrolase. Diese Gruppe kann in vielen Fällen vom Enzym auch auf andere Moleküle als Wasser übertragen werden; die Hydrolyse kann somit als Sonderfall der Übertragung auf Wasser angesehen werden.

Triviale Nomenklatur

In der Trivialnomenklatur dürfen die Namen Aminotransferase usw. durch Transaminase usw. ersetzt werden. Weiter gibt es einige spezielle Begriffe, um Reaktionstypen zu kennzeichnen, z. B. *Kinase*, wodurch ein Enzym bezeichnet wird, das eine Phosphatübertragung von ATP auf ein genanntes Substrat bewirkt (z. B. Acetokinase); *Pyrophosphokinase* für den analogen Transfer eines Pyrophosphatrestes; *Phosphomutase* für eine scheinbar intramolekulare Phosphatübertragung. Die Namen *Phosphorylase* und *Pyrophosphorylase* passen, wie oben (S. 22, 23) ausgeführt wurde, *nicht* in das von der Kommission zugrunde gelegte Schema der Enzymklassifikation; manche dieser Namen sind aber so allgemein verbreitet, daß ihr Gebrauch in der Trivialnomenklatur erlaubt werden muß.

Die allgemeine Bezeichnungsweise der Hydrolasen in der Trivialnomenklatur besteht in der Anhängung des Suffixes -ase an den Substratnamen. Nur wenn dies schwierig ist, soll das Wort Hydrolase verwendet werden. *Beispiel:* Acetyl-CoA-Hydrolase. Es gibt einige spezielle Namen, die für bestimmte Hydrolasetypen verwendet werden dürfen, z. B. Phosphatase, Desaminase. Normalerweise sollen Enzyme nicht auf Grund der optimalen Bedingungen für ihre Aktivität benannt werden; die „alkalischen" und „sauren" Phosphatasen sowie die ATPasen müssen als Spezialfälle gewertet werden. Eine gleichartige Benennung soll aber in der Zukunft vermieden werden.

Systematische Nomenklatur / **Triviale Nomenklatur**

23. Eine systematische Nomenklatur der Peptidhydrolasen (eiweißspaltenden Enzyme) ist zur Zeit wegen des Überschneidens der Spezifität nicht möglich.

Die zur Zeit üblichen Namen der Peptidhydrolasen können weiter als Trivialnamen gebraucht werden. Trivialnamen neuer Enzyme dieser Gruppe sollen nach dem Muster „Ursprung-Peptidase“ gebildet und zur Unterscheidung von anderen Enzymen desselben Ursprungs mit Buchstaben versehen werden. *Beispiel:* Aspergillopeptidase A. Namen, welche auf bestimmten Proteinsubstraten basieren (z. B. „Kollagenase“, „Elastase“), oder Namen wie Koagulase, „Paratrypsin“ und „Homotrypsin“ sollen nicht mehr verwendet werden.

IV. Hauptklasse

24. Enzyme, welche auf nichthydrolytische Weise Atomgruppierungen aus ihren Substraten abspalten, wobei Doppelbindungen zurückbleiben, sowie Enzyme, welche die inverse Reaktion katalysieren, werden in der systematischen Nomenklatur als *Lyasen* bezeichnet. Präfixe wie *Hydro-*, *Ammoniak-*, dienen dazu, die Natur der Reaktion zu charakterisieren. *Beispiel:* L-Malat-Hydro-lyase. *Decarboxylasen* werden als Carboxy-lyasen bezeichnet. Vor „-lyase“ wird immer ein Bindestrich gesetzt, damit Verwechslungen mit Hydrolasen, Carboxylasen usw. vermieden werden.

Die Namen *Decarboxylase*, *Aldolase* und *Dehydratase* werden beibehalten. „Synthetase“ soll nicht für Enzyme dieser Hauptklasse verwendet werden; in solchen Fällen, wo das bisher üblich war, soll, um die synthetische Wirkung der Reaktion zu betonen, *Synthase* gebraucht werden. Dies gilt auch für diejenigen Enzyme, welche gleichzeitig mit der Anlagerung eine Spaltung einer Thioesterbindung katalysieren.

25. Im Enzymnamen wird das komplette Substratmolekül und nicht einer der Teile, in welche es gespalten wird, genannt.

In der Trivialnomenklatur kann, wenn das bisher gebräuchlich war oder wenn die Gleichgewichtslage der Reaktion stark auf Seite der Synthese ist, die synthetisierende Reaktionsrichtung zur Grundlage der Namen genommen werden, man spricht demnach von *Hydratasen*, *Carboxylasen* usw. *Beispiel:* Fumarat-Hydratase (nicht Fumarase, was ein Enzym bedeuten würde, das Fumarat hydrolytisch spaltet!). *Carbonat-Anhydrase* ist ein Sonderfall; dieser Name wird beibehalten.

V. Hauptklasse

26. Der allgemeine Name für Enzyme dieser Klasse ist *Isomerase*.

Die Mehrzahl der Trivialnamen der Isomerasen ist mit den systematischen Namen identisch; in einigen Fällen werden kleine Vereinfachungen vorgenommen.

Systematische Nomenklatur | **Triviale Nomenklatur**

27. Der Typus der Isomerisierung wird durch Präfixe festgelegt; z. B. Maleat-*cis, trans*-Isomerase; Phenylpyruvat-keto-enol-Isomerase; 3-Ketosteroid-Δ^4-Δ^5-Isomerase. Enzyme, welche eine Aldose-Ketose-Umwandlung bewirken, werden als *Ketolisomerasen* bezeichnet, z. B. L-Arabinose-Ketolisomerase. Wenn die Isomerisierung eine intramolekulare Gruppenübertragung darstellt, wird das Enzym als *Mutase* bezeichnet; ein Enzym, dessen Wirkung als intramolekulare Lyase-Reaktion aufgefaßt werden kann, wird *Lyase* (*decyclisierend*) genannt, z. B. 4-Carboxymethyl-4-hydroxyisocrotonolacton-Lyase (decyclisierend).

28. Isomerasen, welche Inversionen asymmetrischer Gruppen katalysieren, werden als *Racemasen* oder *Epimerasen* bezeichnet, je nachdem ob das Substrat ein oder mehr Asymmetriezentren enthält. Eine Zahl vor dem Wort Epimerase kennzeichnet die Stellung im Substratmolekül, an der Inversion erfolgt.

VI. Hauptklasse

29. Enzyme, welche der Verbindung von zwei Substraten unter gleichzeitiger Spaltung einer Pyrophosphatbindung in einem Nucleosidtriphosphat katalysieren, werden als *Ligasen* bezeichnet. Diese Enzyme wurden bisher Synthetasen genannt; dieser Name wurde aber auch für synthetisierende Enzyme gebraucht, bei welchen keine Spaltung eines Nucleosidtriphosphats erfolgt.

Für die Trivialnomenklatur wird die Bezeichnung dieser Enzyme als *Synthetasen* beibehalten, um eine allzu weitgehende Änderung der bestehenden Nomenklatur zu vermeiden. Synthetase darf nicht für Enzyme benützt werden, bei deren Reaktion kein Nucleosidtriphosphat gleichzeitig gespalten wird (vgl. dazu auch Regel 24).

30. Die systematischen Namen der Ligasen werden nach dem Schema „X:Y-Ligase (ADP)“ gebildet, wobei X und Y die beiden Moleküle sind, welche miteinander verbunden werden. Die Substanz, welche in Klammer angeführt ist (in den meisten Fällen ADP oder AMP), ist das Produkt, das aus dem Triphosphat entsteht. Dementsprechend steht der Ausdruck (AMP) für (AMP-freisetzend); es zeigt an, daß ATP das an der Reaktion beteiligte Triphosphat ist und daß die mittlere Pyrophosphatbindung gespalten wird. Die Reaktion ist somit

$$X + Y + ATP = X - Y + AMP + PP.$$

Die Trivialnamen werden nach dem Schema „X-Y-Synthetase“ gebildet; X-Y ist dabei das Produkt, das durch die Verbindung von X und Y entsteht. Wenn Y CO_2 ist, darf der Name „X-Carboxylase“ verwendet werden. Namen des Typus „X-aktivierendes Enzym“ sollen nicht mehr gebraucht werden.

31. In dem Spezialfall, wo Glutamin als Ammoniak-Donator fungiert, darf der Name *Amidoligase* verwendet werden.

5. Die Terminologie der Enzymbildung

Auch die Bezeichnung der Begriffe, welche bei der Beschreibung der sogenannten adaptiven Enzymbildung Verwendung finden, bedurfte einer Regelung. Es wurde allgemein empfunden, daß der Begriff „enzymatische Adaptation" nicht sehr glücklich gewählt ist, weil das Wort Adaptation in der Biologie eine spezifische Bedeutung hat; es bezeichnet Modifikationen der Struktur oder der Funktion, welche dem betreffenden Organismus oder der Zelle eine verbesserte Anpassung an gegebene Umstände verleihen. Dementsprechend wäre eine „enzymatische Adaptation" eine Modifikation der Enzymausrüstung, welche dem betreffenden Organismus oder der Zelle die Möglichkeit einer besseren Anpassung an die Lebensumstände verleiht; dies ist aber nicht immer der Sinn, in dem der Begriff gebraucht wird.

Dem Vorschlag einer Reihe von Forschern auf diesem Gebiet [7] folgend, hat die Enzymkommission festgelegt, daß anstelle von Adaptation *Induktion* der Leitbegriff bei der Behandlung dieser Phänomene sein soll, worauf die gesamte Terminologie aufgebaut wird.

Somit wird eine erhöhte Synthese eines spezifischen Enzymproteins unter dem Einfluß einer Substanz als *Induktion eines Enzyms* bezeichnet; die Substanz, welche diesen Vorgang bewirkt (*induziert*), ist der *Induktor*. Ein enzymbildendes System, welches auf diese Weise aktiviert werden kann, wird *induzierbar* genannt und das so entstehende Enzym als *induzierbar* bezeichnet.

Viele Enzyme werden auch in Abwesenheit eines exogenen Induktors gebildet; für diese wird der Begriff *konstitutiv* beibehalten. Ein einziger Induktor, welcher gleichzeitig ein Substrat ist, kann in manchen Fällen die Bildung einer ganzen Reihe von Enzymen induzieren, was dadurch zustande kommt, daß der ursprüngliche exogene Induktor in eine Reihe von Stoffwechselprodukten verwandelt wird, von denen jedes wieder als Induktor für dasjenige Enzym fungieren kann, das seine Umsetzung zum nächsten Glied der Stoffwechselkette bewirkt. Diese Erscheinung wird als *sequentielle Induktion* (nicht simultane oder successive Adaptation) bezeichnet.

Enzymvorstufen wurden bisher nach zwei verschiedenen Prinzipien benannt. In vielen Fällen wurde an den Enzymnamen das Suffix -ogen angehängt; z. B. Trypsinogen, Pepsinogen. Aber auch die Vorsilbe Pro- wurde für denselben Zweck benützt; z. B. Prorennin, Prothrombin. Für künftige Fälle wird festgelegt, daß die Vorsilbe Prä- zur Anwendung gelangen soll; die bereits eingeführten Namen sollen allerdings nicht verändert werden.

Tabelle 4. **Schema der Numerierung und Klassifikation der Enzyme**

I. Oxydoreductasen

1.1 Auf die >CH—OH Gruppen von Donatoren wirkend

- 1.1.1 Mit NAD oder NADP als Akzeptoren
- 1.1.2 Mit einem Cytochrom als Akzeptor
- 1.1.3 Mit O_2 als Akzeptor
- 1.1.99 Mit anderen Akzeptoren

1.2 Auf Aldehyd- oder Ketogruppen von Donatoren wirkend

- 1.2.1 Mit NAD oder NADP als Akzeptoren
- 1.2.2 Mit einem Cytochrom als Akzeptor
- 1.2.3 Mit O_2 als Akzeptor
- 1.2.4 Mit Lipoat als Akzeptor
- 1.2.99 Mit anderen Akzeptoren

1.3 Auf >CH—CH< Gruppen von Donatoren wirkend

- 1.3.1 Mit NAD oder NADP als Akzeptoren
- 1.3.2 Mit einem Cytochrom als Akzeptor
- 1.3.3 Mit O_2 als Akzeptor
- 1.3.99 Mit anderen Akzeptoren

1.4 Auf $\rangle CH-NH_2$ Gruppen von Donatoren wirkend

- 1.4.1 Mit NAD oder NADP als Akzeptoren
- 1.4.3 Mit O_2 als Akzeptor

1.5 Auf $-\overset{|}{\underset{|}{C}}-\underset{|}{N}H$ Gruppen von Donatoren wirkend

- 1.5.1 Mit NAD oder NADP als Akzeptoren
- 1.5.3 Mit O_2 als Akzeptor

1.6 Auf $NADH_2$ oder $NADPH_2$ als Donatoren wirkend

- 1.6.1 Mit NAD oder NADP als Akzeptoren
- 1.6.2 Mit einem Cytochrom als Akzeptor
- 1.6.4 Mit einer Disulfidverbindung als Akzeptor
- 1.6.5 Mit einem Chinon oder einer verwandten Verbindung als Akzeptor
- 1.6.6 Mit einer stickstoffhaltigen Gruppe als Akzeptor
- 1.6.99 Mit anderen Akzeptoren

1.7 Auf andere stickstoffhaltige Verbindungen als Donatoren wirkend

- 1.7.3 Mit O_2 als Akzeptor
- 1.7.99 Mit anderen Akzeptoren

1.8 Auf Schwefelgruppen von Donatoren wirkend

- 1.8.1 Mit NAD oder NADP als Akzeptoren
- 1.8.3 Mit O_2 als Akzeptor
- 1.8.4 Mit einer Disulfidverbindung als Akzeptor
- 1.8.5 Mit einem Chinon oder einer verwandten Verbindung als Akzeptor
- 1.8.6 Mit einer stickstoffhaltigen Gruppe als Akzeptor

1.9 Auf Hamgruppen von Donatoren wirkend

- 1.9.3 Mit O_2 als Akzeptor
- 1.9.6 Mit einer stickstoffhaltigen Gruppe als Akzeptor

1.10 Auf Diphenole und verwandte Stoffe als Donatoren wirkend

- 1.10.3 Mit O_2 als Akzeptor

1.11 Auf H_2O_2 als Donator wirkend

1.98 Enzyme, welche H_2 als reduzierendes Agens benutzen

1.99 Enzyme, welche O_2 als oxydierendes Agens benutzen

- 1.99.1 Hydroxylasen
- 1.99.2 Oxygenasen

II. Transferasen

2.1 C_1-Transferasen

- 2.1.1 Methyltransferasen
- 2.1.2 Hydroxymethyl-, Formyl- und verwandte Transferasen
- 2.1.3 Carboxyl- und Carbamoyltransferasen

2.2 Transferasen fur Aldehyd- oder Ketonreste

2.3 Acyltransferasen

- 2.3.1 Acyltransferasen
- 2.3.2 Aminoacyltransferasen

2.4 Glykosyltransferasen

- 2.4.1 Hexosyltransferasen
- 2.4.2 Pentosyltransferasen

2.5 Transferasen fur Alkylgruppen und verwandte Gruppen

2.6 Transferasen fur stickstoffhaltige Gruppen

- 2.6.1 Aminotransferasen
- 2.6.2 Amidinotransferasen
- 2.6.3 Oximinotransferasen

2.7 Transferasen fur phosphorhaltige Gruppen

- 2.7.1 Phosphotransferasen mit einer Alkoholgruppe als Akzeptor
- 2.7.2 Phosphotransferasen mit einer Carboxylgruppe als Akzeptor
- 2.7.3 Phosphotransferasen mit einer stickstoffhaltigen Gruppe als Akzeptor
- 2.7.4 Phosphotransferasen mit einer Phosphogruppe als Akzeptor
- 2.7.5 Scheinbar intramolekular wirkende Phosphotransferasen
- 2.7.6 Pyrophosphotransferasen
- 2.7.7 Nucleotidyltransferasen
- 2.7.8 Transferasen fur anders substituierte Phosphogruppen

2.8 Transferasen für Schwefel enthaltende Gruppen
- 2.8.1 Schwefeltransferasen
- 2.8.2 Sulfotransferasen
- 2.8.3 CoA-Transferasen

III. Hydrolasen

3.1 Auf Esterbindungen wirkend
- 3.1.1 Carboxylester-Hydrolasen
- 3.1.2 Thiolester-Hydrolasen
- 3.1.3 Phosphomonoester-Hydrolasen
- 3.1.4 Phosphodiester-Hydrolasen
- 3.1.5 Triphosphomonoester-Hydrolasen
- 3.1.6 Schwefelsäureester-Hydrolasen

3.2 Auf glykosidische Bindungen wirkend
- 3.2.1 Glykosid-Hydrolasen
- 3.2.2 Hydrolasen für N-Glykosylverbindungen
- 3.2.3 Hydrolasen für S-Glykosylverbindungen

3.3 Auf Ätherbindungen wirkend
- 3.3.1 Thioäther-Hydrolasen

3.4 Peptid-Hydrolasen
- 3.4.1 α-Aminopeptid-Aminoacidohydrolasen
- 3.4.2 α-Carboxypeptid-Aminoacidohydrolasen
- 3.4.3 Dipeptid-Hydrolasen
- 3.4.4 Peptid-Peptidohydrolasen

3.5 Auf $-\overset{|}{\underset{|}{C}}-N\langle$ Bindungen wirkend
- 3.5.1 in geradkettigen Amiden
- 3.5.2 in cyclischen Amiden
- 3.5.3 in geradkettigen Amidinen
- 3.5.4 in cyclischen Amidinen
- 3.5.99 in anderen Verbindungen

3.6 Auf Säureanhydrid-Bindungen wirkend
- 3.6.1 in Phosphoryl-enthaltenden Anhydriden

3.7 Auf —C—C— Bindungen wirkend
- 3.7.1 in Ketonkörpern

3.8 Auf Halogen-Bindungen wirkend
- 3.8.1 in C-Halogen-Verbindungen
- 3.8.2 in P-Halogen-Verbindungen

3.9 Auf P—N Bindungen wirkend

IV. Lyasen

4.1 C—C-Lyasen
- 4.1.1 Carboxy-lyasen
- 4.1.2 Aldehyd-lyasen
- 4.1.3 Ketosäure-lyasen

4.2 C—O-Lyasen
- 4.2.1 Hydro-lyasen
- 4.2.99 Andere C—O-Lyasen

4.3 C—N-Lyasen
- 4.3.1 Ammoniak-lyasen
- 4.3.2 Amidin-lyasen

4.4 C—S-Lyasen

4.5 C-Halogen-Lyasen

V. Isomerasen

5.1 Racemasen und Epimerasen
- 5.1.1 auf Aminosäuren und ihre Derivate wirkend
- 5.1.2 auf Hydroxysäuren und ihre Derivate wirkend
- 5.1.3 auf Kohlenhydrate und ihre Derivate wirkend

5.2 *Cis-trans*-Isomerasen

5.3 Intramolekulare Oxydoreductasen

5.3.1 Aldose-Ketose-Isomerasen
5.3.2 Keto-Enol-Isomerasen
5.3.3 C=C-Bindungen verschiebend

5.4 Intramolekulare Transferasen

5.4.1 Acylgruppen übertragend
5.4.2 Phosphogruppen übertragend
5.4.99 Andere Gruppen übertragend

5.5 Intramolekulare Lyasen

VI. Ligasen

6.1 C—O-Ligasen

6.1.1 Aminosäure-RNA-Ligasen

6.2 C—S-Ligasen

6.2.1 Säure-Thiol-Ligasen

6.3 C—N-Ligasen

6.3.1 Säure-Ammoniak-Ligasen (Amid-Synthetasen)
6.3.2 Säure-Aminosäure-Ligasen (Peptid-Synthetasen)
6.3.3 Cycloligasen
6.3.4 Andere C—N-Ligasen
6.3.5 C—N-Ligasen mit Glutamin als N-Donator

6.4 C—C-Ligasen

Tabelle 5. **Enzymnamen, die nach der neuen Nomenklaturregelung nicht mehr verwendet werden sollten**

Bisheriger Name	EC-Nummer	Systematischer Name	Trivialname
Aconitase	4.2.1.3	Citrat-(Isocitrat)-Hydro-lyase	Aconitat-Hydratase
Adenylosuccinase	4.3.2.2	Adenylosuccinat-AMP-lyase	Adenylosuccinat-Lyase
Ali-esterase	3.1.1.1	Carboxylester-Hydrolase	Carboxylesterase
Alliinase	4.4.1.4	Alliin-Allylsulfenat-lyase	Alliin-Lyase
„Altes gelbes Ferment"	1.6.99.1	$NADPH_2$: (Akzeptor)-Oxydoreductase	$NADPH_2$-Diaphorase
Argininosuccinase	4.3.2.1	L-Argininosuccinat Arginin-lyase	Argininosuccinat-Lyase
Aspartase	4.3.1.1	L-Aspartat-Ammoniak-lyase	Aspartat-Ammoniak-lyase
α-Carboxylase	4.1.1.1	2-Oxosäure-Carboxy-lyase	Pyruvat-Decarboxylase
Citrat-kondensierendes Enzym („condensing enzyme")	4.1.3.7	Citrat-Oxalacetat-lyase (CoA-acetylierend)	Citratsynthase
Crotonase	4.2.1.17	L-3-Hydroxyacyl-CoA-Hydro-lyase	Enoyl-CoA-Hydratase
Diaphorase	1.6.4.3	$NADH_2$: Lipoamid-Oxydoreductase	Lipoamid-Dehydrogenase
Elastase	3.4.4.7		Pankreatopeptidase E
Enolase	4.2.1.11	D-2-Phosphoglycerat-Hydro-lyase	Phosphopyruvat-Hydratase
Enterokinase	3.4.4.8		Enteropeptidase
Farnesylpyrophosphat-Synthetase	2.5.1.1	Dimethylallylpyrophosphat: Isopentenylpyrophosphat-Dimethylallyltransferase	Dimethylallyltransferase, Prenyltransferase
Fibrinolysin	3.4.4.14		Plasmin
Fumarase	4.2.1.2	L-Malat-Hydro-lyase	Fumarat-Hydratase
Glutaminsäure-Oxalessigsäure-Transaminase	2.6.1.1	L-Aspartat: 2-Oxoglutarat-Aminotransferase	Aspartat-Aminotransferase, Aspartat-Transaminase
Glutaminsäure-Brenztraubensäure-Transaminase	2.6.1.2	L-Alanin: 2-Oxoglutarat-Aminotransferase	Alanin-Aminotransferase, Alanin-Transaminase
Glyoxalase I	4.4.1.5	*S*-Lactoylglutathion-Methylglyoxal-lyase	Lactoylglutathion-Lyase
Glyoxalase II	3.1.2.6	*S*-2-Hydroxyacylglutathion-Hydrolase	Hydroxyacylglutathion-Hydrolase

Bisheriger Name	EC-Nummer	Systematischer Name	Trivialname
Grenzdextrinase	3.2.1.10	Dextrin-6-Glucanohydrolase	Oligo-1,6-glucosidase
Histidin-α-Desaminase	4.3.1.3	L-Histidin-Ammoniak-lyase	Histidin-Ammoniak-lyase
Hyaluronidase	4.2.99.1	Hyaluronat-Lyase	Hyaluronat-Lyase
Invertase	3.2.1.26	β-D-Fructofuranosid-Fructohydrolase	β-Fructofuranosidase
Kollagenase	3.4.4.19		Clostridiopeptidase A
Laccase	1.10.3.2	p-Diphenol: O_2-Oxydoreductase	p-Diphenoloxydase
Lipoxydase	1.99.2.1		Lipoxygenase
Lysolecithin-Migratase	5.4.1.1	Lysolecithin-2,3-Acylmutase	Lysolecithin-Acylmutase
„malic enzyme"	1.1.1.38	L-Malat: NAD-Oxydoreductase (decarboxylierend)	Decarboxylierende Malat-Dehydrogenase
	1.1.1.39	L-Malat: NAD-Oxydoreductase (decarboxylierend)	
	1.1.1.40	L-Malat: NADP-Oxydoreductase (decarboxylierend)	
Parapepsin	3.4.4.2		Pepsin B
PR-Enzym	3.1.3.17	Phosphorylase-Phosphohydrolase	Phosphorylase-Phosphatase
Protaminase	3.4.2.2		Carboxypeptidase B
Pseudocholin-esterase	3.1.1.8	Acylcholin-Acylhydrolase	Cholinesterase
Rhodanese	2.8.1.1	Thiosulfat: Cyanid-Schwefel-transferase	Thiosulfat-Schwefel-transferase
Serindesaminase	4.2.1.13	L-Serin-Hydro-lyase (desaminierend)	L-Serin-Dehydratase
Subtilisin	3.4.4.16		Subtilopeptidase A
Sucrose-phosphorylase (Saccharose-phosphorylase)	2.4.1.7	Disaccharid-Glucosyltransferase (unspezifisch)	Saccharose-Glucosyl-transferase
Thioltrans-acetylase A	2.3.1.12	Acetyl-CoA: Dihydrolipoat-S-Acetyltransferase	Lipoat-Acetyltransferase
Thioltrans-acetylase B	2.3.1.11	Acetyl-CoA: Thioäthanolamin-S-Acetyltransferase	Thioäthanolamin-Acetyltransferase
„Zwischen-ferment"	1.1.1.49	D-Glucose-6-phosphat: NADP-Oxydoreductase	Glucose-6-phosphat-Dehydrogenase

6. Einheiten der Enzymwirkung

Eine verbindliche Definition der Enzymeinheit, welche für alle Enzyme anwendbar sein sollte, wurde kürzlich von der Enzymkommission der Internationalen Union für Biochemie aufgestellt [2]. Nach den Beschlüssen dieser Kommission ist eine Einheit (E) eines Enzyms diejenige Enzymmenge, welche unter festgelegten Bedingungen die Umsetzung eines Mikromols Substrat in der Minute katalysiert, oder, wenn mehr als eine Bindung jedes Substratmoleküls angegriffen wird, die Umsetzung eines Mikroäquivalentes der angegriffenen Gruppe pro Minute. Die Temperatur soll nach Möglichkeit 25 °C sein; die anderen Bedingungen, insbesondere p_H und Substratkonzentration, sollen möglichst optimal sein. Wenn dabei sehr große oder sehr kleine Zahlenwerte an Einheiten resultieren, können Ausdrücke wie Milli-Einheit (mE), Kilo-Einheit (kE), usw., verwendet werden. Es wird empfohlen, die Enzymbestimmung so durchzuführen, daß sie auf der Messung der Anfangsgeschwindigkeit der Reaktion beruht; dadurch werden Komplikationen vermieden, welche sich aus der Umkehrbarkeit der Reaktion oder aus der Bildung hemmender Reaktionsprodukte ergeben könnten. Wenn eine sub-optimale Substratkonzentration verwendet werden muß, was vor allem bei zu geringer Löslichkeit des Substrats der Fall sein kann, wird empfohlen, die *Michaelis-Konstante* zu bestimmen und über diese Größe die Geschwindigkeit bei Substratsättigung (V) zu berechnen: Wenn die beobachtete Reaktionsgeschwindigkeit bei der Substratkonzentration s gleich v ist, so ergibt sich für V der Ausdruck $V = v(1 + K_m/s)$. Wenn s im Vergleich zur Michaelis-Konstante sehr klein ist, stehen v und V zueinander in der Beziehung $v = (V/K_m)s$. In solchen Fällen war es bisweilen üblich, die Aktivität durch die Geschwindigkeitskonstante der Reaktion erster Ordnung k darzustellen, da nun $v = ks$ ist, läßt sich V durch Multiplikation von k mit K_m erhalten.

Die *spezifische Aktivität* eines Enzyms wird ausgedrückt in Einheiten pro mg Protein.

Der Begriff *Wechselzahl* („turnover number") soll nicht mehr verwendet werden, da für ihn mehrere, grundsätzlich verschiedene Definitionen existieren, was zu Mißverständnissen Anlaß gab. An seine Stelle tritt der aus dem Französischen übernommene Begriff der *molekularen Aktivität* („activité moléculaire"). Die molekulare Aktivität ist definiert als die Anzahl Einheiten pro Mikromol Enzym, d. h. die Anzahl an Substratmolekülen, welche unter den oben beschriebenen (optimalen) Bedingungen von 1 Enzymmolekül in 1 Minute umgesetzt werden. Besitzt das Enzym eine prosthetische Gruppe oder ein aktives Zentrum, deren Konzentration bestimmbar ist, kann auch der Begriff der Aktivität pro katalytisches Zentrum verwendet werden; er ist definiert als die Anzahl von Substratmolekülen, die pro katalytisches Zentrum in 1 Minute umgesetzt werden.

Die Konzentration eines Enzyms in Lösung soll in Einheiten pro Milliliter (E/ml) angegeben werden.

Literatur

[1] International Union of Pure and Applied Chemistry, Information Bulletin No. 12, Appendix B, 1961.
[2] Report of the Commission on Enzymes of the International Union of Biochemistry. Oxford: Pergamon Press. 1961.
[3] *Park, J. T.:* J. biol. Chem. **194**, 877, 885, 897 (1952).
[4] *Ito, E.*, and *J. L. Strominger:* J. biol. Chem. **235**, PC5 (1960).
[5] Definitive Rules for the Nomenclature of Amino Acids, Steroids, Vitamins, and Carotenoids, J. Amer. chem. Soc. **82**. 5575 (1960).
[6] IUPAC, Comptes rendus de la Seizième Conférence (Amsterdam, 1949). S. 124.
[7] *Cohn, M., J. Monod, M. R. Pollock, S. Spiegelman* u. *R. Y. Stanier:* Nature (London) **172**, 1096 (1953).

Zweites Kapitel

Mathematisch-physikalische Hilfsmittel

Von **R. K. Zahn**, Frankfurt/Main und **W. Stamm**, Basel (Schweiz)

I. Allgemeine Tabellen

Griechisches Alphabet

Griechischer Buchstabe		Griechischer Name	Römischer Buchstabe (deutsches Äquivalent)		Griechischer Buchstabe		Griechischer Name	Römischer Buchstabe (deutsches Äquivalent)	
A	*α*	Alpha	A	a	*N*	*ν*	Ny	N	n
B	*β*	Beta	B	b	*Ξ*	*ξ*	Xi	X	x
Γ	*γ*	Gamma	G	g	*O*	*ο*	Omikron	Ŏ	ŏ
Δ	*δ*	Delta	D	d	*Π*	*π*	Pi	P	p
E	*ε*	Epsilon	E	e	*P*	*ϱ*	Rho	R	r
Z	*ζ*	Zeta	Z	z	*Σ*	*σ*	Sigma	S	s
H	*η*	Eta	Ē	ē	*T*	*τ*	Tau	T	t
Θ	*ϑ*	Theta	Th	th	*Y*	*υ*	Ypsilon	Y	y
I	*ι*	Iota	I	i	*Φ*	*φ*	Phi	Ph	ph
K	*ϰ*	Kappa	K	k	*X*	*χ*	Chi	Ch	ch
Λ	*λ*	Lambda	L	l	*Ψ*	*ψ*	Psi	Ps	ps
M	*μ*	My	M	m	*Ω*	*ω*	Omega	Ō	ō

Bezeichnungen und Symbole von Vielfachen und Teilen

Symbol	Bezeichnung	Umrechnung	
T	Tera-	10^{12}	1000000000000
G	Giga-	10^{9}	1000000000
M	Mega-	10^{6}	1000000
k	Kilo-	10^{3}	1000
h	Hekto-	10^{2}	100
da* dk**	Deka-	10^{1}	10
d	Dezi-	10^{-1}	0,1
c	Zenti-	10^{-2}	0,01
m	Milli-	10^{-3}	0,001
μ	Mikro-	10^{-6}	0,000001
n	Nano-	10^{-9}	0,000000001
p	Pico-	10^{-12}	0,000000000001

* Schweiz, Frankreich, Belgien. ** England.

Dezimaläquivalente häufiger Brüche

	1/32	2/64 =	0,03125			17/32	34/64 =	0,53125	
1/16	2/32	4/64 =	,0625		9/16	18/32	36/64 =	,5625	
	3/32	6/64 =	,09375			19/32	38/64 =	,59375	
1/8	4/32	8/64 =	,125		5/8	20/32	40/64 =	,625	
	5/32	10/64 =	,15625			21/32	42/64 =	,65625	
3/16	6/32	12/64 =	,1875		11/16	22/32	44/64 =	,6875	
	7/32	14/64 =	,21875			23/32	46/64 =	,71875	
1/4	8/32	16/64 =	,25		3/4	24/32	48/64 =	,75	
	9/32	18/64 =	,28125			25/32	50/64 =	,78125	
5/16	10/32	20/64 =	,3125		13/16	26/32	52/64 =	,8125	
	11/32	22/64 =	,34375			27/32	54/64 =	,84375	
3/8	12/32	24/64 =	,375		7/8	28/32	56/64 =	,875	
	13/32	26/64 =	,40625			29/32	58/64 =	,90625	
7/16	14/32	28/64 =	,4375		15/16	30/32	60/64 =	,9375	
	15/32	30/64 =	,46875			31/32	62/64 =	,96875	
1/2	16/32	32/64 =	,50						

Mathematische Konstanten

$\pi = 3{,}1415926536$ $\log_{10}\pi = 0{,}4971498727$ $\log_e \pi = 1{,}1447298858$

	Zahl	Logarithmus		Zahl	Logarithmus
π	3,141 5927	0,4971	π^2	9,8696044	0,9943
2π	6,2831 853	0,7982	$2\pi^2$	19,7392088	1,2953
3π	9,4247 780	0,9743	$4\pi^2$	39,4784 176	1,5963
4π	12,5663 706	1,0992	$1/\pi^2$	0,1013 212	9,0057−10
8π	25,1327412	1,4002	$1/(2\pi^2)$	0,0506606	8,7047−10
$\pi/2$	1,5707963	0,1961	$1/(4\pi^2)$	0,0253303	8,4036−10
$\pi/3$	1,0471 976	0,0200	$\sqrt{\pi}$	1,7724 539	0,2486
$\pi/4$	0,7853982	9,8951−10	$\sqrt{\pi/4}$ oder		
$\pi/6$	0,5235988	9,7190−10	$1/2\sqrt{\pi}$	0,8862269	9,9475−10
$\pi/8$	0,3926991	9,5940−10	$1/4\sqrt{\pi}$	0,4431 135	9,6465−10
$2\pi/3$	2,0943951	0,3210	$\sqrt{\pi/2}$	1,2533141	0,0980
$4\pi/3$	4,1887902	0,6221	$\sqrt{2/\pi}$	0,7978846	9,9019−10
$1/\pi$	0,3183099	9,5028−10	π^3	31,0062767	1,4914
$2/\pi$	0,6366198	9,8039−10	$\sqrt[3]{\pi}$	1,4645919	0,1657
$4/\pi$	1,2732395	0,1049	$1/\sqrt[2]{\pi}$	0,6827841	9,8343−10
$1/(2\pi)$	0,1591 549	9,2018−10	$\sqrt[3]{\pi^2}$	2,1450294	0,3314
$1/(4\pi)$	0,0795775	8,9008−10	$1/\sqrt{\pi}$	0,5641 896	9,7514−10
$1/(6\pi)$	0,0530516	8,7247−10	$2/\sqrt{\pi}$ oder		
$1/(8\pi)$	0,0397887	8,5998−10	$\sqrt{4/\pi}$	1,1283792	0,0524

$e = 2{,}7182818285$ $M = \log_{10} e = 0{,}4342944819$
$1/e = 0{,}3678794412$ $1/M = \log_e 10 = 2{,}3025850930$
$\log_e 2 = 0{,}6931471806$ $\log_{10} M = \log_{10}\log_{10} e = 9{,}6377843113$
$\log_{10} 2 = 0{,}3010299957$

Basiswechsel beim Logarithmus

$\log_a x = \log_b x/\log_b a$ $\log_{10} x = \log_e x/\log_e 10$ $\log_e x = \log_{10} x/\log_{10} e$
$\log_e x = 1/M \log_{10} x = 2{,}3025850930 \log_{10} x$ $\log_{10} x = M \log_e x = 0{,}4342944819 \log_e x$

Physikalische Konstanten

Konstante	Symbol	Größe
Allgemeine physikalische Konstanten		
Gravitationskonstante	f	$= 6{,}670 \times 10^{-11}\,\mathrm{m^3kg^{-1}s^{-2}}$
Kosmologische Gravitationskonstante	$\varkappa$	$= 1{,}865 \times 10^{-26}\,\mathrm{mkg^{-1}s}$
Normfallbeschleunigung	g_n	$= 9{,}80665\,\mathrm{ms^{-2}}$
Molnormvolumen idealer Gase	v_0	$= 22{,}414\,\mathrm{m^3kmol^{-1}_{Ch.\,Sk.}}$
		$= 22{,}421\,\mathrm{m^3kmol^{-1}_{Ph.\,Sk.}}$
Eispunkt	T_0	$= 273{,}16\,°\mathrm{K}$
Gaskonstante, universelle	R_0	$= 8{,}3144 \times 10^3\,\mathrm{Jgrad^{-1}kmol^{-1}_{Ch.\,Sk.}}$
		$= 8{,}3167 \times 10^3\,\mathrm{Jgrad^{-1}kmol^{-1}_{Ph.\,Sk.}}$
Loschmidt-Konstante	N_L	$= 6{,}023 \times 10^{26}\,\mathrm{kmol^{-1}_{Ch.\,Sk.}}$
		$= 6{,}025 \times 10^{26}\,\mathrm{kmol^{-1}_{Ph.\,Sk.}}$
Avogadrosche Zahl	n	$= 2{,}687 \times 10^{19}$
Faraday-Konstante	F	$= 9{,}6498 \times 10^7\,\mathrm{Ckval^{-1}_{Ch.\,Sk.}}$
		$= 9{,}6525 \times 10^7\,\mathrm{Ckval^{-1}_{Ph.\,Sk.}}$
Vakuumlichtgeschwindigkeit	c_0	$= 2{,}9979 \times 10^8\,\mathrm{ms^{-1}}$
	c_0^2	$= 8{,}9874 \times 10^{16}\,\mathrm{m^2s^{-2}}$
Elektrische Feldkonstante (Influenzkonstante, Dielektrizitätskonstante des Vakuums)	ε_0	$= 8{,}8543 \times 10^{-12}\,\mathrm{Fm^{-1}}$
Magnetische Feldkonstante (Induktionskonstante, Permeabilitätskonstante des Vakuums)	μ_0	$= 1{,}256637 \times 10^{-6}\,\mathrm{Hm^{-1}}$ $(= 4\pi \times 10^{-7}\,\mathrm{Hm^{-1}})$
Wellenwiderstand des Vakuums ($\Gamma_0 = \mu_0 c_0$)	Γ_0	$= 376{,}727\,\Omega$

Physikalische Konstanten (Forts.).

Konstante	Symbol	Größe
Atomare Konstanten		
Smythe-Faktor*	k_A	$= 1{,}000279$
Atomgewichte (Physikalische Skala)		
Elektron	M_e	$= 5{,}487 \times 10^{-4}$
Neutron	M_n	$= 1{,}008981$
Leichtes Wasserstoffatom	M_H	$= 1{,}008141$
Proton	M_p	$= 1{,}007592$
Schweres Wasserstoffatom	M_D	$= 2{,}014732$
Deuteron	M_d	$= 2{,}014183$
Helium	M_{He}	$= 4{,}00386_0$
α-Teilchen	M_α	$= 4{,}00276_3$
Masse eines hypothet. Teilchens vom Atomgewicht $M = 1$	m_1	$= 1{,}6597 \times 10^{-27}$ kg
Elektronenmasse	m_0	$= 9{,}107 \times 10^{-31}$ kg; $m_1/m_0 = 1822{,}_8$
Neutronenmasse	m_n	$= 1{,}675 \times 10^{-27}$ kg; $m_n/m_0 = 1838{,}_3$
Masse eines leichten Wasserstoffatoms	m_H	$= 1{,}673 \times 10^{-27}$ kg; $m_H/m_0 = 1837{,}_3$
Protonenmasse	m_p	$= 1{,}672 \times 10^{-27}$ kg; $m_p/m_0 = 1836{,}_3$
Masse eines schweren Wasserstoffatoms	m_D	$= 3{,}344 \times 10^{-27}$ kg; $m_D/m_0 = 3671{,}_8$
Deuteronenmasse	m_d	$= 3{,}343 \times 10^{-27}$ kg; $m_d/m_0 = 3670{,}_8$
Heliummasse	m_{He}	$= 6{,}645 \times 10^{-27}$ kg; $m_{He}/m_0 = 7296{,}_9$
α-Teilchenmasse	m_α	$= 6{,}643 \times 10^{-27}$ kg; $m_\alpha/m_0 = 7294{,}_9$
Energieäquivalente der ruhenden Masse		
Hypothet. Teilchen vom Atomgewicht $M = 1$	$m_1 c_0^2$	$= 1{,}4917 \times 10^{-10}$ J $\triangleq 9{,}311 \times 10^2$ MeV
Elektron	$m_0 c_0$	$= 8{,}81_8 \times 10^{-14}$ J $\triangleq 5{,}109 \times 10^{-1}$ MeV
Neutron	$m_n c_0^2$	$= 1{,}5050 \times 10^{-10}$ J $\triangleq 9{,}39 \times 10^2$ MeV
Proton	$m_p c_0^2$	$= 1{,}5030 \times 10^{-10}$ J $\triangleq 9{,}38 \times 10^2$ MeV
Deuteron	$m_d c_0^2$	$= 3{,}0044 \times 10^{-10}$ J $\triangleq 1{,}875 \times 10^3$ MeV
α-Teilchen	$m_\alpha c_0^2$	$= 5{,}9707 \times 10^{-10}$ J $\triangleq 3{,}727 \times 10^3$ MeV
Spezifische Elektronenladung	e/m_0	$= 1{,}759 \times 10^{11}$ Ckg^{-1}
Spezifische Protonenladung	e/m_p	$= 9{,}5797 \times 10^7$ Ckg^{-1}
Spezifische Deuteronenladung	e/m_d	$= 4{,}7922 \times 10^7$ Ckg^{-1}
Spezifische α-Teilchen-Ladung	$2e/m_\alpha$	$= 4{,}8229 \times 10^7$ Ckg^{-1}
Elementarlänge (nach *Finkelnburg*)	l'	$= 1{,}321 \times 10^{-15}$ m
Elementarzeit	τ	$= 4{,}408 \times 10^{-24}$ s
Elementarladung	e	$= 1{,}602 \times 10^{-19}$ C
Plancksches Wirkungsquantum	h	$= 6{,}625 \times 10^{-34}$ Js
	h/e	$= 4{,}135 \times 10^{-15}$ Wb
Boltzmann-Konstante	k	$= 1{,}380 \times 10^{-23}$ Jgrad^{-1}
Einheit des quantenmechanischen Drehimpulses	$\hbar = h/2\pi$	$= 1{,}054 \times 10^{-34}$ Js
	$\hbar/4\pi$	$= 8{,}390 \times 10^{-36}$ Js
	$\hbar^2/2$	$= 5{,}558 \times 10^{-69}$ J^{2}s^2
	$\hbar/4\pi c_0$	$= 2{,}799 \times 10^{-44}$ Js^{2}m^{-1}
Bohrsches Magneton	μ_B	$= 1{,}165 \times 10^{-29}$ Wbm
Kernmagneton	μ_K	$= 6{,}346 \times 10^{-33}$ Wbm
Bohrscher Wasserstoffradius	a_0	$= 5{,}292 \times 10^{-11}$ m
Elektronenradius	r_0	$= 2{,}818 \times 10^{-15}$ m
Compton-Wellenlänge des Elektrons	$\Delta\lambda_e$	$= 2{,}426 \times 10^{-12}$ m
Rydberg-Konstante	R_∞	$= 10973731$ m^{-1}
Sommerfeldsche Feinstrukturkonstante	$1/\alpha$	$= 137{,}03$
Erste Strahlungskonstante } Plancksche Strahlungskonstanten	c_1	$= 5{,}954 \times 10^{-17}$ Wm^2
Zweite Strahlungskonstante } Plancksche Strahlungskonstanten	c_2	$= 1{,}438_8 \times 10^{-2}$ mgrad
Konstante des Wienschen Verschiebungsgesetzes	A	$= 2{,}898 \times 10^{-3}$ mgrad
Stefan-Boltzmann-Konstante	σ	$= 5{,}662 \times 10^{-8}$ Wm^{-2}grad^{-4}
Curie-Konstante	C	$= 1{,}975 \times 10^{-12}$ $g^2 J(J+1)$ Hm^{2}grad
Dispersionskonstante	D	$= 26{,}87$ m^{2}s^{-2}
Konstanten der Röntgenstreuung		
Streuquerschnitt des Elektrons	σ_{str}	$= 6{,}65 \times 10^{-29}$ m^2
Konstante des Massenabsorptionskoeffizienten	K	$= 4{,}01 \times 10^{-2}$ m^{2}kg^{-1}

* Dieser Faktor ist das Verhaltnis der physikalischen Atomgewichtsskala zu der chemischen Atomgewichtsskala. Die erstere basiert auf dem Sauerstoffisotop ^{16}O, während die letztere auf dem „natürlichen" Luftsauerstoff aufgebaut ist. Das Verhältnis beider ist 16,00446 : 16,00000.

II. Maßeinheiten

A. Allgemeine Maßsysteme

1. Länge

Der Längenstandard ist gegeben durch den Abstand zweier Linien auf einem Platin-Iridium-Barren, der in Sèvres im Internationalen Büro für Maße und Gewichte bei 0°C aufbewahrt wird. 1 m = 1 650 763,73 Vakuumwellenlängen der Strahlung entsprechend dem Übergang zwischen den Niveaus $^2P_{10}$ und $^5D_5$ (orange Strahlung des Atoms ^{86}Kr), s. *Terrien, J.*: Le changement de la définition du mètre, Paris, Palais de la Découverte No. A 268 (1960).

Name		Symbol oder Abkürzung	MKS-Äquivalent m	CGS-Äquivalent cm	Bemerkungen und weitere Äquivalente
Röntgenspektroskopische Einheit					
X-Einheit (*Siegbahn*)		XE	$1{,}00202 \times 10^{-13}$	$1{,}00202 \times 10^{-11}$	
Metrische Einheiten					
Mikro-Mikron		μμ	10^{-12}	10^{-10}	0,1 Å; 10^{-9} mm
Ångström		Å	10^{-10}	10^{-8}	
Millimikron		mμ	10^{-9}	10^{-7}	10 Å; 10^{-6} mm
Mikron		μ	10^{-6}	10^{-4}	10^4 Å; 0,001 mm
Millimeter		mm	10^{-3}	10^{-1}	10^7 Å; 1000 μ
Zentimeter		cm	10^{-2}	1	10^8 Å; 10^4 μ
Dezimeter		dm	10^{-1}	10	10^9 Å; 10^5 μ
Meter		m	1	10^2	10^{10} Å; 10^6 μ
Dekameter		dam	10^1	10^3	
Hektometer		hm	10^2	10^4	
Kilometer		km	10^3	10^5	
Brit. und US-Einheiten					
Mil	(Brit)		$2{,}539998 \times 10^{-5}$	$2{,}539998 \times 10^{-3}$	0,001 inch.
	(US)		$2{,}540005 \times 10^{-5}$	$2{,}540005 \times 10^{-3}$	
Inch	(Brit)	in.	$2{,}539998 \times 10^{-2}$	2,539998	$^1/_{12}$ foot; $^1/_{36}$ yard; $^1/_{198}$ rod
	(US)		$2{,}540005 \times 10^{-2}$	2,540005	
Foot	(Brit)	ft.	$3{,}047997 \times 10^{-1}$	$3{,}047997 \times 10$	12 inches; $^1/_3$ yard
	(US)		$3{,}048006 \times 10^{-1}$	$3{,}048006 \times 10$	
Yard	(Brit)	yd.	$9{,}143992 \times 10^{-1}$	$9{,}143992 \times 10$	36 inches; 3 feet
	(US)		$9{,}144018 \times 10^{-1}$	$9{,}144018 \times 10$	
Rod	(Brit)	rd.	5,02919	$5{,}02919 \times 10^2$	198 inches; 5,5 yards
	(US)		5,029210	$5{,}029210 \times 10^2$	
Mile (statute)	(Brit)	mi.	$1{,}609341 \times 10^3$	$1{,}609341 \times 10^5$	Landmeile
	(US)		$1{,}609347 \times 10^3$	$1{,}609347 \times 10^5$	
Mile (nautical)	(Brit)	n. mi.	$1{,}853181 \times 10^3$	$1{,}853181 \times 10^5$	Seemeile
	(US)		$1{,}85329 \times 10^3$	$1{,}85329 \times 10^5$	

2. Fläche

Name		Symbol oder Abkürzung	MKS-Äquivalent m^2	CGS-Äquivalent cm^2	Bemerkungen und weitere Äquivalente
Metrische Einheiten					
Quadratmikron		μ^2	10^{-12}	10^{-8}	
Quadratmillimeter		mm^2	10^{-6}	10^{-2}	0,001 5500 sq. inch.
Quadratzentimeter		cm^2	10^{-4}	1	10^{-4} Quadratmeter; 0,15500 sq. inch.; 0,0010764 sq. foot; 1,1960 × 10^{-4} sq. yards
Quadratdezimeter		dm^2	10^{-2}	10^2	15,500 sq. inch.
Quadratmeter		m^2	1	10^4	10^{-6} Quadratkilometer; 10^{-4} Hektare; 10,763 sq. feet (Brit. und US); 1,1959 sq. yards (Brit. und US)
Are (Quadratdekameter)		a (dam^2)	10^2	10^6	119,59 sq. yards (Brit. und US)
Hektare (Quadrathektometer)		ha (hm^2)	10^4	10^8	100 Ar
Quadratkilometer		km^2	10^6	10^{10}	0,386100 sq. mile (US)
Brit. und US-Einheiten					
Square Mil	(Brit und US)		6,4516 × 10^{-10}	6,4516 × 10^{-6}	10^{-6} sq. inch. (Brit. und US)
Square Inch	(Brit)	sq. in.	6,451589 × 10^{-4}	6,451589	0,000771 sq. yard; 1/144 oder 0,00694 sq. foot
	(US)	od. in.^{2}	6,451625 × 10^{-4}	6,451625	
Square Foot	(Brit)	sq. ft.	9,29027 × 10^{-2}	9,29027 × 10^2	144 sq. inch.; 1/9 sq. yard
	(US)	od. ft.^{2}	9,29034 × 10^{-2}	9,29034 × 10^2	
Square Yard	(Brit)	sq. yd.	8,36124 × 10^{-1}	8,36124 × 10^3	1296 sq. inch.; 9 sq. feet; 3,22831 × 10^{-7} sq. mile
	(US)	od. yd.^{2}	8,36131 × 10^{-1}	8,36131 × 10^3	
Centare (metric)		ca.	1	10^4	
Square Rod	(US)	sq. rd. od. rd.^{2}	2,5293 × 10	2,5293 × 10^5	1/160 acre
Acre	(Brit)	A. (ac.)	4,046842 × 10^3	4,046842 × 10^7	840 sq. yards
	(US)		4,046873 × 10^3	4,046873 × 10^7	
Square Mile (statute)	(Brit)	sq. mi.	2,589979 × 10^6	2,589979 × 10^{10}	3,0976 × 10^6 sq. yards; 640 acres
	(US)	od. mi.^{2}	2,589998 × 10^6	2,589998 × 10^{10}	

3. Volumen

Name	Symbol oder Abkürzung	MKS-Äquivalent m^3	CGS-Äquivalent ml	Bemerkungen und weitere Äquivalente
Metrische Einheiten				
Kubikmillimeter	mm^3	10^{-9}	10^{-3}	0,01623 minim (US); 0,01689 minim (Brit)
Mikroliter	μl	1,000028 × 10^{-9}	1,000028 × 10^{-3}	siehe Bemerkungen bei Liter

Volumen (Forts.).

Name	Symbol oder Abkürzung	MKS-Äquivalent m^3	CGS-Äquivalent ml	Bemerkungen und weitere Äquivalente
Kubikzentimeter	cm^3 od. ccm	10^{-6}	1	
Milliliter	ml	$1{,}000028 \times 10^{-6}$	1,000028	siehe Bemerkungen bei Liter. 0,2705179 dram (fluid, US)
Zentiliter	cl	$1{,}000028 \times 10^{-5}$	$1{,}000028 \times 10$	siehe Bemerkungen bei Liter
Deziliter	dl	$1{,}000028 \times 10^{-4}$	$1{,}000028 \times 10^{2}$	siehe Bemerkungen bei Liter
Kubikdezimeter	dm^3	10^{-3}	10^{3}	
Liter	l od. L	$1{,}000028 \times 10^{-3}$	$1{,}000028 \times 10^{3}$	Das Liter ist festgelegt als das Volumen von 1 kg luftfreiem Wasser bei 760 Torr und 3,98 °C. Diese Maßangabe ist 1,000028mal größer als ein Kubikdezimeter. Das Liter — als international vereinbartes Hohlmaß — soll überall dort verwendet werden, wo eine Ausmessung von geometrisch nicht mehr einfach geformten Gebilden notwendig wird.
Kubikmeter (Ster)	m^3	1	10^{6}	m^3-Äquivalente = ml-Äquivalente $\times 10^6$
Hektoliter	hl	1,000028	$1{,}000028 \times 10^{6}$	siehe Bemerkungen bei Liter

4. Masse

Die Masse ist durch ein Kilogrammnormal, das im Internationalen Büro für Maße und Gewichte in Sèvres aufbewahrt wird, definiert.

Name	Symbol oder Abkürzung	MKS-Äquivalent kg	CGS-Äquivalent g	Bemerkungen und weitere Äquivalente
Kernphysikalische Masseneinheit	ME	$1{,}6597_1 \times 10^{-27}$	$1{,}6597_1 \times 10^{-24}$	Die ME stellt die Masse eines hypothetischen Atoms vom MG ≡ 1 in der physikalischen Atomgewichtsskala dar. Sie ergibt sich über die Loschmidtsche Zahl L. 1 ME = $1/k_A$ Dalton. k_A stellt den Smythe-Faktor (vgl. diesen) dar.
Atomphysikalische Masseneinheit	Dalton	$1{,}6601_8 \times 10^{-27}$	$1{,}6601_8 \times 10^{-24}$	Das Dalton ist als die Masse eines hypothetischen Atoms vom MG ≡ 1 in der chemischen Atomgewichtsskala festgelegt.
Metrische Einheiten				
Mikrogramm oder Gamma	µg od. γ	10^{-9}	10^{-6}	
Milligramm	mg	10^{-6}	10^{-3}	
Zentigramm	cg	10^{-5}	10^{-2}	
Dezigramm	dg	10^{-4}	10^{-1}	
Karat	c	2×10^{-4}	2×10^{-1}	
Gramm	g	10^{-3}	1	
Kilogramm	kg	1	10^{3}	
Tonne	t	10^{3}	10^{6}	

B. Angelsächsische Maßsysteme

1. Amerikanische Maßeinheiten

Volumen

Cubic inches (cu. in.)	Cubic feet (cu. ft.)	Cubic yards (cu. yd.)	Metrisches Maßsystem	
1	0,000578704 ($^1/_{1728}$)	2,143347 × 10^{-5}	16,3872	ml
1728	1	0,0370370 ($^1/_{27}$)	0,0283170	m^3
46656	27	1	0,764559	m^3

Hohlmaße, Flüssigkeitsmaße

Gills (gi.)	Pints (pt.)	Quarts (qt.)	Gallons (gal.)	Cubic inches (cu. in.)		
1	0,25 ($^1/_4$)	0,125 ($^1/_8$)	0,03125 ($^1/_{32}$)	7,21875	118,292	ml
4	1	0,5 ($^1/_2$)	0,125 ($^1/_8$)	28,875	0,473167	L
8	2	1	0,25 ($^1/_4$)	57,749	0,946333	L
32	8	4	1	231	3,785332	L

Hohlmaße, Trockenmaße

Pints (pt.)	Quarts (qt.)	Pecks (pk.)	Bushels (bu.)	Cubic inches (cu. in.)		
1	0,5 ($^1/_2$)	0,0625 ($^1/_{16}$)	0,015625 ($^1/_{64}$)	33,6003	0,550599	L
2	1	0,125 ($^1/_8$)	0,03125 ($^1/_{32}$)	67,2006	1,101198	L
16	8	1	0,25 ($^1/_4$)	537,695	8,80958	L
64	32	4	1	2150,42	35,2383	L

Münzgewichte

Grains (gr.)	Pennyweights (dwt.)	Ounces (oz. t.)	Pounds (lb. t.)		
1	0,041667 ($^1/_{24}$)	0,0020833 ($^1/_{480}$)	0,0001736111 ($^1/_{5760}$)	64,798918	mg
24	1	0,05 ($^1/_{20}$)	0,0041667 ($^1/_{240}$)	1,555174	g
480	20	1	0,083333 ($^1/_{12}$)	31,103481	g
5760	240	12	1	373,24177	g

2. Englische und amerikanische Raum- und Hohlmaße

Englisches Maßsystem	Amerikanisches Maßsystem	Metrisches Maßsystem
1 minim (♏ od. min.)		0,059 ml
	1 minim (♏ oder min.)	0,061613 ml
1 fluid drachm (fʒ od. fl. drm.) = 60 min.		3,552 ml
	1 fluid drachm (fʒ od. fl. drm.) = 60 min	3,697 ml
1 fluid ounce (f℥ od. fl. oz.) = 8 fl. drm.		28,412 ml
	1 fluid ounce (f ℥ od. fl. oz.) = 8 fl. drm.	29,573 ml
1 pint (O) = 20 fl. oz.		0,568 l
	1 pint (O) = 16 fl. oz.	0,4732 l
1 gallon (C) = 8 pints		4,546 l
	1 gallon (C) = 8 pints	3,7854 l
16,9 min. 1,69 min. 0,169 min.	16,2 min. 1,62 min. 0,162 min.	1 ml (millilitre) 0,1 ml (decimil) 0,01 ml (centimil)

Längenmaße

Inches (in.)	Feet (ft.)	Yards (yd.)	Rods (rd.)	Miles (mi.)	Metrisches Maßsystem
1	0,083333 (1/12)	0,027778 (1/36)	0,00505051 (1/198)	0,0000157828	2,54001 cm
12	1	0,333333 (1/3)	0,0606061	0,000189394	0,304801 m
36	3	1	0,181818	0,000568182	0,914402 m
198	16,5	5,5	1	0,003125	5,029210 m
63360	5280	1760	320	1	1,60935 km

Flächenmaße

Square inches (sq. in.)	Square feet (sq. ft.)	Square yards (sq. yd.)	Square rods (Sq. rd.)	Acres (A.)	Square miles (sq. mi.)	
1	0,0069444 (1/144)	0,0007716 (1/1296)	...	...	...	6,451626 cm^2
144	1	0,1111 (1/9)	0,0036731	$2{,}29568 \times 10^{-5}$	$3{,}58701 \times 10^{-5}$	0,092903 m^2
1296	9	1	0,03305785	$2{,}06612 \times 10^{-4}$	$3{,}22831 \times 10^{-7}$	0,8361307 m^2
39204	272,25	30,25	1	0,00625 (1/16)	$9{,}765625 \times 10^{-6}$	25,29295 m^2
627264	43560	4840	160	1	0,0015625	40,46873 dm^2
$4{,}0154 \times 10^9$	27878400	3097600	102400	640	1	2,589998 km^2

Gewicht, Avoirdupois

Grains (gr.)	Drams (dr. av.)	Ounces (oz. av.)	Pounds (lb. av.)	Tons (short) (tn. sh.)	
1	0,03657143	0,0022857	0,00014286 (1/7000)	...	0,064798918 g
27,34375	1	0,0625 (1/16)	0,00390625 (1/256)	...	1,771845 g
437,5	16	1	0,0625 (1/16)	0,00003125	28,349527 g
7000	256	16	1	0,0005	453,5924 g
...	572000	32000	2000	1	907,18486 kg

Apothekengewichte

Grains (gr.)	Scruples (℈ or s. ap.)	Drams (Brit.: Drachms) (ʒ or dr. ap.)	Ounces (℥ or. oz. ap.)	Pounds (lb. ap.)	
1	0,05 (1/20)	0,016667 (1/60)	0,0020833 (1/480)	0,0001736111 (1/5760)	64,798918 mg
20	1	0,333333 (1/3)	0,041667 (1/24)	0,0034722 (1/288)	1,2959784 g
60	3	1	0,125 (1/8)	0,0104167 (1/96)	3,8879351 g
480	24	8	1	0,083333 (1/12)	31,103481 g
5760	288	96	12	1	373,24177 g

C. Zeit

Die Zeiteinheit wird aus der Erdrotation – gegenüber der Sonne als Fixpunkt – abgeleitet: *Sonnenzeit*. Für astronomische Bedürfnisse wird der Fixsternhimmel (Widderpunkt) als Fixpunkt gewählt: *Sternenzeit*.

Wegen der Schiefe der Ekliptik und der Ellipsenform der Erdbahn ergibt sich eine ungleichförmige Bewegung der „wahren" Sonne. Man ersetzt deshalb die „wahre" Sonne durch eine „mittlere" Sonne, die während eines Jahres gleichförmig den Himmelsäquator durchläuft, sich von der wahren Sonne möglichst wenig entfernt und gleichzeitig mit einer in der Ekliptik gleichförmig bewegten Sonne durch den Widderpunkt geht.

Die wahre Sonne ist definiert als der Durchgang der Sonne durch den Meridian des Beobachters.

Der mittlere Sonnentag (d) ergibt sich aus dem Durchgang der mittleren Sonne. Die Differenz zwischen mittlerer Sonnenzeit minus wahrer Sonnenzeit (Rektascension der wahren Sonne minus Rektascension der mittleren Sonne) ist die sogenannte Zeitgleichung. Man findet sie in allen nautischen oder astronomischen Jahrbüchern.

Der Sternentag (d^*) ergibt sich aus der Zeit, die zwischen zwei Durchgängen des Widderpunktes durch den Beobachtermeridian vergeht.

Das Jahr (a) ist als die Zeit definiert, die ein Bahnumlauf der Erde um die Sonne benötigt. Man kennt in der Astronomie 3 Bezugssysteme: Das *siderische Jahr*, das die Zeit umfaßt, während der die Sonne auf ihrer scheinbaren Bahn von einem bestimmten Fixstern aus wieder bis zu diesem zurückkehrt. Das *astronomische Jahr* ist der Zeitraum zwischen zwei Durchgängen der mittleren Sonne durch den Widderpunkt. Das *anomalistische Jahr* wird durch die Zeitspanne zwischen zwei aufeinanderfolgenden Periheldurchgängen auf der Erdbahnellipse definiert.

Die Umrechnungsbeziehungen zum mittleren Sonnentag sind:

$$1\ a_{astr} = 365\ d\ 5\ h\ 48\ min\ 46{,}0\ s = 365{,}24220\ d = 3{,}1556928 \times 10^7\ s$$
$$1\ a_{sid} = 365\ d\ 6\ h\ 9\ min\ 9{,}5\ s = 365{,}25636\ d = 3{,}1558150 \times 10^7\ s$$
$$1\ a_{anom} = 365\ d\ 6\ h\ 13\ min\ 53{,}0\ s = 365{,}25964\ d = 3{,}1558433 \times 10^7\ s.$$

Name	Symbol oder Abkürzung	Äquivalente in allen Maßsystemen (mittlere Sonnenzeit, gesetzliche Zeit)	
		Sekunden (s)	Stunden (h)
Sternsekunde	s^*	$9{,}972696 \times 10^{-1}$	$2{,}77019 \times 10^{-4}$
Mittlere Sonnensekunde	s	1	$2{,}77777 \times 10^{-4}$
Mittlere Sonnenminute	min	6×10	$1{,}66666 \times 10^{-2}$
Mittlere Sonnenstunde	h	$3{,}6 \times 10^3$	1
Sterntag	d^*	$8{,}616409 \times 10^4$	$2{,}3934 \times 10$
Mittlerer Sonnentag	d	$8{,}640000 \times 10^4$	$2{,}4000 \times 10$
Millisekunde	ms	10^{-3}	$2{,}77777 \times 10^{-7}$
Mikrosekunde	μs	10^{-6}	$2{,}77777 \times 10^{-10}$

D. Temperatur

Die Fixpunkte der Temperaturskala sind der Eispunkt des Wassers (0°C) und der Siedepunkt des Wassers (100°C) bei 760 Torr. Der Abstand zwischen beiden Punkten beträgt 100°C. Die Fahrenheitskala bedient sich der gleichen Fixpunkte, denen hier aber die Werte +32 bzw. +212 zugeordnet sind. Der Fundamentalabstand beträgt hier demnach 180° Fahrenheit.

Name	Symbol	Umrechnung in	
		° Celsius	° Fahrenheit
° Fahrenheit	° F	$x\,°F = \frac{5}{9}(x - 32)\,°C$	1

Name	Symbol	Umrechnung in ° Celsius	Umrechnung in ° Fahrenheit
Grad Rankine	° Rank.	x°Rank. $= \frac{5}{9}(x - 491{,}69)$°C	x°Rank. $= (x - 459{,}69)$°F
Grad Celsius (Centigrade)	° C	1	x°C $= \left(\frac{9}{5}x + 32\right)$°F
Grad Kelvin	° K	x°K $= (x = 273{,}16)$°C	x°K $= \left[\frac{9}{5}(x - 273{,}16) + 32\right]$°F
Grad Réaumur	° R	x°R $= \frac{5}{4}x$°C	x°R $= \left(\frac{9}{4}x + 32\right)$°F

Siehe Diagramm zur Umrechnung Grad Celsius in Grad Fahrenheit S. 59.

E. Spezifisches Gewicht, Dichte

Das spezifische Gewicht ist das Verhältnis des Gewichtes eines Körpers zum Gewicht des gleichen Raumes Wasser und ist deshalb als Verhältnis zweier gleicher Dimensionen dimensionslos. Praktisch ist das spezifische Gewicht gleich der Dichte.

Die Dichte ist das Verhältnis der Masse eines Körpers zu seinem Rauminhalt.

F. Entropie

Name	Symbol oder Abkürzung	MKS-Äquivalent	CGS-Äquivalent	Bemerkungen und weitere Äquivalente
Joule pro Grad Celsius	J °C^{-1}	m^{2}kgs^{-2}°C^{-1} 10^7 erg°C^{-1}	1 J°C^{-1}	0,2389 Cl
Erg pro Grad Celsius	erg °C^{-1}		cm^{2}kgs^{-2}°C^{-1} 10^{-7} J°C^{-1}	
Meterkilopond pro Grad Celsius	mkp °C^{-1}		9,80665 J°C^{-1}	
Die spezielle Entropie-Einheit Clausius	1 Cl	4,1854 × 10^7 erg °C^{-1}	4,1854 J°C^{-1}	15° Kalorie pro Grad Celsius, cal$_{15}$ °C^{-1}

G. Dynamische Viscosität

Name	Symbol oder Abkürzung	MKS-Äquivalent kg	CGS-Äquivalent g	Bemerkungen und weitere Äquivalente
Newton mal Sekunde pro Quadratmeter	Nsm^{-2}	m^{-1}kgs^{-1}		10 Poise
Dyn mal Sekunde pro Quadratzentimeter, Poise	P		cm^{-1}gs^{-1}	dynscm^{-2}, 0,1 Nsm^{-2}

H. Einheiten des radioaktiven Zerfalls

Internationale Einheit: Curie (c) = 10^{-3} Millicurie (mc) = 10^{-6} Mikrocurie (μc). Ursprünglich bezeichnete man mit Curie (C) diejenige Menge Radon, die sich mit 1 g Radium im Gleichgewicht befand. Hierbei entsprach das Curie (C) einer Aktivität von $3{,}71 \cdot 10^{10}$ zerfallenden Atomen/sec.

1950 wurde eine neue, international anerkannte Definition vereinbart, damit auch für künstlich radioaktive Substanzen die Aktivität angegeben werden kann. Das neue Curie (c) wird definiert als diejenige Menge eines Nuklids[1], in dem in der Sekunde $3{,}700 \cdot 10^{10}$ Zerfallsakte stattfinden.

I. Dosiseinheiten für Röntgen-, Gamma- und Korpuskularstrahlung

Röntgen- und Gammastrahlen. Mit dem Röntgen bezeichnet man eine Strahlenmenge, die in 0,001293 g Luft (1 ml Luft unter Normalbedingungen) eine Ionenmenge beiderlei Vorzeichens von je 1 esE (elektrostatischen Einheit) erzeugt. Bei dieser Bestimmung müssen die Wandeinflüsse der Ionisationskammer und alle Sekundärstrahlen voll erfaßt werden. Wellenlänge, Bestrahlungszeit und Intensität gehen in die Definition nicht ein.

Eine vorteilhaftere Definition — auf Grund obiger Festlegungen — ergibt sich aus folgenden Überlegungen: Eine Ionenladung beiderlei Vorzeichens von je 1 esE/1 ml Luft entspricht $2{,}08 \cdot 10^{9}$ Ionenpaaren (IP)/1 ml Luft. Die Bildung eines Ionenpaares mit harten Röntgenstrahlen erfordert eine Energie von 32,5 eV = $50{,}065 \cdot 10^{-12}$ Erg. Hieraus ergibt sich:

CGS-System: $1\ \mathrm{r} \mathrel{\hat{=}} 83{,}8\ \mathrm{erg/g_{Luft}} \mathrel{\hat{=}} 1{,}61 \times 10^{12}\ \mathrm{IP/g_{Luft}} = 774\ \mathrm{esE/g_{Luft}}$

MKS-System: $1\ \mathrm{r} \mathrel{\hat{=}} 83{,}8 \times 10^{-4}\ \mathrm{J/kg_{Luft}} \mathrel{\hat{=}} 1{,}61 \times 10^{15}\ \mathrm{IP/kg_{Luft}}$
$= 2{,}580 \times 10^{-4}\ \mathrm{C/kg_{Luft}}$

Bei exakten Dosisberechnungen muß noch berücksichtigt werden, daß die Energieabsorption in Luft und in nassem Gewebe (= Wasser) nicht dieselbe ist:

$1\ \mathrm{r_{harte\ Röntgenstrahlen}} \mathrel{\hat{=}} 93\ \mathrm{erg/g_{Gewebe}} = 93 \times 10^{-4}\ \mathrm{J/kg_{Gewebe}}$

Die effektive Strahlungsleistung kann in r/s, r/min oder r/h angegeben werden;

$1\ \mathrm{r/s} = 60\ \mathrm{r/min} \equiv 3600\ \mathrm{r/h} \mathrel{\hat{=}} 83{,}8\ \mathrm{erg\,s^{-1}/g_{Luft}} = 83{,}8 \times 10^{-4}\ \mathrm{W/kg_{Luft}}$
$\mathrel{\hat{=}} 93\ \mathrm{erg\,s^{-1}/g_{Gewebe}} = 93 \times 10^{-4}\ \mathrm{W/kg_{Gewebe}}$

$1\ \mathrm{r/min} \equiv 60\ \mathrm{r/h} = 0{,}0166\ \mathrm{r/s} \mathrel{\hat{=}} 1{,}396\ \mathrm{erg\,s^{-1}/g_{Luft}} = 1{,}396 \times 10^{-4}\ \mathrm{W/kg_{Luft}}$
$\mathrel{\hat{=}} 1{,}550\ \mathrm{erg\,s^{-1}/g_{Gewebe}} = 1{,}550 \times 10^{-4}\ \mathrm{W/kg_{Gewebe}}$

$1\ \mathrm{r/h} = 0{,}000277\ \mathrm{r/s} = 0{,}0166\ \mathrm{r/min} \mathrel{\hat{=}} 0{,}0231\ \mathrm{erg\,s^{-1}/g_{Luft}} = 2{,}31 \times 10^{-6}\ \mathrm{W/kg_{Luft}}$
$\mathrel{\hat{=}} 0{,}0258\ \mathrm{erg\,s^{-1}/g_{Gewebe}} = 2{,}58 \times 10^{-6}\ \mathrm{W/kg_{Gewebe}}$

Medizinische Einheiten für Röntgen- und Gammastrahlen. Einzige international anerkannte Einheit ist das Röntgen (r). Daneben wurden und werden zum Teil noch die Hauteinheitsdosis und die Zentimeter-Milligramm-Elementstunde verwendet.

---

[1] Unter Nuklid versteht man eine radioaktive Substanz, bei der ausgeschlossen wird, daß sie eine beliebige Anzahl verschiedener natürlicher oder künstlicher radioaktiver Stoffe enthalt.

K. Druck

Name	Symbol oder Abkurzung	MKS-Äquivalent $N\,m^{-2}$	CGS-Äquivalent ($dyn\,cm^{-2}$) µb	Weitere Äquivalente mm WS	Torr	atm	at
Mikrobar (Dyn pro Quadratzentimeter)	µb ($dyn\,cm^{-2}$)	10^{-1}	1	$1{,}01974 \times 10^{-2}$	$7{,}50062 \times 10^{-4}$	$9{,}86923 \times 10^{-7}$	$1{,}01972 \times 10^{-6}$
Newton pro Quadratmeter	$N\,m^{-2}$	1	10	$1{,}01974 \times 10^{-1}$	$7{,}50062 \times 10^{-3}$	$9{,}86923 \times 10^{-6}$	$1{,}01972 \times 10^{-5}$
Kilopond pro Quadratmeter (Kilogrammgewicht pro Quadratmeter)	$kp\,m^{-2}$	9,80665	$9{,}80665 \times 10$	1,000028	$7{,}35556 \times 10^{-2}$	$9{,}6784 \times 10^{-5}$	10^{-4}
Technische Atmosphare (≡ 10^4 kpm^{-2})	at	$9{,}80665 \times 10^4$	$9{,}80665 \times 10^5$	$1{,}000028 \times 10^4$	$7{,}35556 \times 10^2$	$9{,}6784 \times 10^{-1}$	1
Bar (≡ 10^4 dyn cm^{-2})	b oder bar	10^5	10^6	$1{,}01974 \times 10^4$	$7{,}50062 \times 10^2$	$9{,}86923 \times 10^{-1}$	1,01972
Druck von 1 mm Wassersaule	mm WS oder mm H_2O	9,80638	$9{,}80638 \times 10$	1	$7{,}3554 \times 10^{-2}$	$9{,}6781 \times 10^{-5}$	$9{,}99972 \times 10^{-5}$
Druck von 1 mm Quecksilbersäule (Torricelli)	Torr	$1{,}33322 \times 10^2$	$1{,}33322 \times 10^3$	$1{,}359548 \times 10$	1	$1{,}3158 \times 10^{-3}$	$1{,}35951 \times 10^{-3}$
Physikalische Atmosphäre (≡ 760 Torr)	atm	$1{,}01325 \times 10^5$	$1{,}01325 \times 10^6$	$1{,}033257 \times 10^4$	$7{,}6000 \times 10^2$	1	1,033227

L. Energie (Arbeit, Wärmemenge)

Name	Symbol oder Abkurzung	MKS-Äquivalent J	CGS-Äquivalent erg	Weitere Äquivalente eV	cal_{15}	kWh
Metrische Einheiten						
Erg	erg	10^{-7}	1	$\triangleq 6{,}242_9 \times 10^{11}$	$2{,}3892_9 \times 10^{-8}$	$2{,}77672 \times 10^{-14}$
Joule	J	1	10^7	$\triangleq 6{,}242_9 \times 10^{18}$	$2{,}3892_9 \times 10^{-1}$	$2{,}77672 \times 10^{-7}$
Kilowattstunde	kWh	$3{,}6000 \times 10^6$	$3{,}6000 \times 10^{13}$	$\triangleq 2{,}247_4 \times 10^{25}$	$8{,}601 \times 10^5$	1
Weitere internationale Einheiten						
15°-Kalorie[1]	cal_{15}	4,1854	$4{,}1854 \times 10^7$	$\triangleq 2{,}612_9 \times 10^{19}$	1	$1{,}1621_6 \times 10^{-6}$
Pferdestärkenstunde	PSh	$2{,}64779 \times 10^6$	$2{,}64779 \times 10^{13}$	$\triangleq 1{,}653 \times 10^{25}$	$6{,}326^3 \times 10^5$	0,836

Energie (Forts.)

Name	Symbol oder Abkürzung	MKS-Äquivalent J	CGS-Äquivalent erg	Weitere Äquivalente eV	cal$_{15}$	kWh
Britische und US-Einheiten						
Food-pound$_{wt}$	ft. Lb.	1,35582	$1{,}35582 \times 10^{7}$	$\triangleq 8{,}464 \times 10^{18}$	$3{,}2394 \times 10^{-1}$	$3{,}7647 \times 10^{-7}$
British Thermal Unit$_{mean}$[2]	BTU$_{mean}$	$1{,}0557_5 \times 10^{3}$	$1{,}0557_5 \times 10^{10}$	$\triangleq 6{,}590_9 \times 10^{21}$	$2{,}5225 \times 10^{2}$	$2{,}9315 \times 10^{-4}$
Horse Power hour	HP. hr.	$2{,}68452 \times 10^{6}$	$2{,}68452 \times 10^{13}$	$\triangleq 1{,}675_9 \times 10^{25}$	$6{,}414 \times 10^{5}$	$7{,}4542 \times 10^{-1}$

[1] Nach internationaler Übereinkunft ist als Einheit für die Wärmemenge das Joule zu benutzen. Damit ist das Verhältnis von Kalorien zu Joule — das sogenannte Wärmeäquivalent — überflüssig geworden. Überall dort, wo noch der Ausdruck „Kalorie" unvermeidlich ist, sollten stets alle Angaben gemacht werden, die zur Umrechnung in das Joule erforderlich sind.

[1] 1 BTU$_{mean}$ $\equiv \left(\int_{32°F}^{212°F} c^{\vartheta}_{p_0} (H_2O) \times d\vartheta \right) 180$; $\left(c^{\vartheta}_{p_0} (H_2O) \right)$ = spezifische Wasserwärme bei physikalischem Normaldruck $p_0 \equiv 1$ atm und der Temperatur ϑ, bezogen auf 1 pound Wasser.

M. Leistung

Name	Symbol oder Abkürzung	MKS-Äquivalent W	CGS-Äquivalent erg s^{-1}	Weitere Äquivalente mkps^{-1}	cal$_{15}$ s^{-1}
Metrische Einheiten					
Erg/Sekunde	erg s^{-1}	10^{-7}	1	$1{,}019716 \times 10^{-8}$	$2{,}3892_9 \times 10^{-8}$
Watt	W	1	10^{7}	$1{,}019716 \times 10^{-1}$	$2{,}3892_9 \times 10^{-1}$
Meterkilopond pro Sekunde	mkp s^{-1}	9,80665	$9{,}80665 \times 10^{7}$	1	$2{,}3430_9$
Poncelet		$9{,}80665 \times 10^{2}$	$9{,}80665 \times 10^{9}$	10^{2}	$2{,}3430_9 \times 10^{2}$
Kilowatt	kW	10^{3}	10^{10}	$1{,}019716 \times 10^{2}$	$2{,}3892_9 \times 10^{2}$
Spezielle Leistungseinheiten					
Kalorie 15° pro Sekunde	cal$_{15}$ s^{-1}	4,1854	$4{,}1854 \times 10^{7}$	$4{,}2679 \times 10^{-1}$	1
Pferdestärke	PS	$7{,}35499 \times 10^{2}$	$7{,}35499 \times 10^{9}$	$7{,}50000 \times 10$	$1{,}7573_2 \times 10^{2}$
Brit. und US-Einheiten					
Foot-pound$_{wt}$ per second	ft. Lb. sec.$^{-1}$	1,35582	$1{,}35582 \times 10^{7}$	$1{,}382549 \times 10^{-1}$	$3{,}2394 \times 10^{-1}$
Horse Power	HP od. h.p.	$7{,}45700 \times 10^{2}$	$7{,}45700 \times 10^{9}$	$7{,}60402 \times 10$	$1{,}7816_9 \times 10^{2}$
British Thermal Unit$_{mean}$ per second	BTU sec.$^{-1}$	$1{,}0557_5 \times 10^{3}$	$1{,}0557_5 \times 10^{10}$	$1{,}07657 \times 10^{2}$	$2{,}5225 \times 10^{2}$

N. Wirkung

Name	Symbol oder Abkürzung	MKS-Äquivalent Js	CGS-Äquivalent ergs	Weitere Äquivalente: mkps	Weitere Äquivalente: Wirkungsquantum *h*
Einheiten der Quanten- und Atomphysik					
Plancksches Wirkungsquantum	*h*	$6{,}624_6 \times 10^{-34}$	$6{,}624_6 \times 10^{-27}$	$6{,}75_4 \times 10^{-34}$	1
Elektronenvolt mal Sekunde	eVs	$\triangleq 1{,}601_8 \times 10^{-19}$	$\triangleq 1{,}601_8 \times 10^{-12}$	$\triangleq 1{,}633_4 \times 10^{-20}$	$\triangleq 2{,}418_5 \times 10^{14}$
Metrische Einheiten					
Erg mal Sekunde ($\equiv 10^{-7}$ J s)	ergs	10^{-7}	1	$1{,}0197 \times 10^{-8}$	$1{,}509_9 \times 10^{26}$
Joule mal Sekunde ($\equiv 10^{7}$ erg s)	Js	1	10^{7}	$1{,}0197 \times 10^{-1}$	$1{,}509_9 \times 10^{33}$
Meterkilopond mal Sekunde	mkps	9,80665	$9{,}80665 \times 10^{7}$	1	$1{,}480_7 \times 10^{34}$
Spezielle Einheit					
15°-Kalorie mal Sekunde	$cal_{15}s$	4,1854	$4{,}1854 \times 10^{7}$	$4{,}2679 \times 10^{-1}$	$6{,}319_0 \times 10^{20}$

O. Elektrische und magnetische Maßeinheiten

Elektrische oder magnetische Qualität (*Symbol*) Maßsystem	Einheit	Symbol oder Abkürzung	Äquivalente ($\triangleq$ besagt: entspricht zahlenwertmäßig, aber nicht in den Dimensionen. c = Vakuumlichtgeschwindigkeit in Zentimeter pro Sekunde; $c = 2{,}9978 \times 10^{10}$)
Elektrische Spannung (*U*)			
Absol. elektr. Maßsystem m-s-V-A	Volt	V	$\triangleq 10^{8}$ emE $\triangleq 10^{8}/c$ esE ($= 3{,}3358 \times 10^{-3}$ esE)
Elektromagnet. CGS-System	$cm^{3/2}g^{1/2}s^{-2}$	emE	$\triangleq 10^{-8}$ V $\triangleq 1/c$ esE ($= 3{,}3358 \times 10^{-11}$ esE)
Elektrostatisches CGS-System	$cm^{1/2}g^{1/2}s^{-1}$	esE	$\triangleq 10^{-8}\,c$ V ($= 2{,}9978 \times 10^{2}$ V) $\triangleq c$ emE ($= 2{,}9978 \times 10^{10}$ emE)
Elektrische Stromstärke (*I*)			
Absol. elektr. Maßsystem m-s-V-A	Ampere	A	$\triangleq 10^{-1}$ emE $\triangleq 10^{-1}\,c$ esE ($= 2{,}9978 \times 10^{9}$ esE)
Elektromagnet. CGS-System	$cm^{1/2}g^{1/2}s^{-1}$	emE	$\triangleq 10$ A $\triangleq c$ esE ($= 2{,}9978 \times 10^{10}$ esE)
Elektrostatisches CGS-System	$cm^{3/2}g^{1/2}s^{-2}$	esE	$\triangleq 10/c$ A ($= 3{,}3358 \times 10^{-10}$ A) $\triangleq 1/c$ emE ($= 3{,}3358 \times 10^{-11}$ emE)
Elektrische Stromdichte (*S*)			
Absol. elektr. Maßsystem m-s-V-A	Ampere/Quadratm.	Am^{-2}	$\triangleq 10^{-5}$ emE $\triangleq 10^{-5}\,c$ esE ($= 2{,}9978 \times 10^{5}$ esE)
Elektromagnet. CGS-System	$cm^{-3/2}g^{1/2}s^{-1}$	emE	$\triangleq 10^{5}$ Am^{-2} $\triangleq c$ esE ($= 2{,}9978 \times 10^{10}$ esE)
Elektrostatisches CGS-System	$cm^{-1/2}g^{1/2}s^{-2}$	esE	$\triangleq 10^{5}/c$ Am^{-2} ($= 3{,}3358 \times 10^{-6}$ Am^{-2}) $\triangleq 1/c$ emE ($= 3{,}3358 \times 10^{-11}$ emE)

Elektrische und magnetische Maßeinheiten (Forts.)

Elektrische oder magnetische Qualität (*Symbol*) Maßsystem	Einheit	Symbol oder Abkürzung	Äquivalente (≙ besagt: entspricht zahlenwertmäßig, aber nicht in den Dimensionen. c = Vakuumlichtgeschwindigkeit in Zentimeter pro Sekunde; $c = 2{,}9978 \times 10^{10}$)
Elektrische Feldstärke (E)			
Absol. elektr. Maßsystem m-s-V-A	Volt/Meter	Vm^{-1}	≙ 10^6 emE ≙ $10^6/c$ esE (= $3{,}3358 \times 10^{-5}$ esE)
Elektromagnet. CGS-System	$cm^{1/2}g^{1/2}s^{-2}$	emE	≙ 10^{-6} Vm^{-1} ≙ $1/c$ esE (= $3{,}3358 \times 10^{-11}$ esE)
Elektrostatisches CGS-System	$cm^{-1/2}g^{1/2}s^{-1}$	esE	≙ $10^{-6}c$ Vm^{-1} (= $2{,}9978 \times 10^4$ Vm^{-1}) ≙ c emE (= $2{,}9978 \times 10^{10}$ emE)
Elektrische Verschiebung (D)			
Absol. elektr. Maßsystem m-s-V-A	Coulomb/Quadratm.	Cm^{-2}	≙ $4\pi/10^5$ emE (= $1{,}25663 \times 10^{-4}$ emE) ≙ $4\pi c/10^5$ esE (= $3{,}7671 \times 10^6$ esE)
Elektromagnet. CGS-System	$cm^{-3/2}g^{1/2}$	emE	$10^5/4\pi$ Cm^{-2} (= $7{,}9577 \times 10_4$ Cm^{-2}) ≙ c esE (= $2{,}9978 \times 10^{10}$ esE)
Elektrostatisches CGS-System	$cm^{-1/2}g^{1/2}s^{-1}$	esE	$10^5/4\pi c$ Cm^{-2} (= $2{,}6545 \times 10^{-7}$ Cm^{-2}) ≙ $1/c$ emE (= $3{,}3358 \times 10^{-11}$ emE)

P. Chemische Maßeinheiten

1. Masse von L Molekülen bzw. Atomen eines chemisch homogenen Stoffes

(L = Loschmidtsche Zahl[1])

Sie ist gleich Molekular- bzw. Atomgewicht des betrachteten Stoffes mal Masseneinheit.

Einheiten in den dazugehörenden Maßsystemen:

CGS-System: Mol (mol) ≡ (Molekular- bzw. Atomgewicht des betrachteten Stoffes) × Gramm.

MKS-System: Kilomol (kmol) ≡ (Molekular- bzw. Atomgewicht des betrachteten Stoffes) × Kilogramm; 1 mol ≡ 10^{-3} kmol ≡ 10^3 mmol ≡ 10^6 µmol; 1 kmol ≡ 10^3 mol ≡ 10^6 mmol = 10^6 µmol.

Auf Grund des Unterschiedes zwischen physikalischer und chemischer Atomgewichtsskala ergeben sich zwei leicht differierende mol:

$mol_{Chem. Skala}$	entspricht der Masse von L Atomen[1], L =	ist gleich $mol_{Physikalische Skala}$	entspricht der Masse von L Atomen[1], L =
$mol_{Ch. Sk.}$	$6{,}023 \times 10^{23}$	1,000279 $mol_{Ph. Sk.}$	$6{,}025 \times 10^{23}$
$kmol_{Ch. Sk.}$	$6{,}023 \times 10^{26}$	1,000279 $kmol_{Ph. Sk.}$	$6{,}025 \times 10^{26}$

2. Masse von L/z Ionen eines chemisch homogenen Stoffes

(L = Loschmidtsche Zahl[1],
z = Wertigkeit der betrachteten Ionen)

Sie ist gleich [(Molekular- bzw. Atomgewicht der betrachteten Ionen)/Wertigkeit] mal Masseneinheit.

Einheiten in den dazugehörenden Maßsystemen:

CGS-System: Grammäquivalent oder Äquivalent (val; englisch equ. oder equiv. oder g. equiv.) ≡ (Molekular- bzw. Atomgewicht der betrachteten Ionen/Wertigkeit) × Gramm ≡ mol/Wertigkeit.

MKS-System: Kilogrammäquivalent (kval) ≡ (Molekular- bzw. Atomgewicht der betrachteten Ionen/Wertigkeit) × Kilogramm ≡ kmol/Wertigkeit.

1 val = 10^{-3} kval ≡ 10^3 mval;
1 kval ≡ 10^3 val ≡ 10^6 mval.

Auf Grund des Unterschiedes zwischen physikalischer und chemischer Atomgewichtsskala ergeben sich zwei leicht differierende Äquivalente:

[1] Die Loschmidtsche Zahl wird in den angelsächsischen Ländern oft Avogadrosche Zahl genannt.

Äquivalent$_{\text{Chemische Skala}}$	ist Träger einer elektrischen Ladung von	ist gleich Äquivalent$_{\text{Physikalische Skala}}$	ist Träger einer elektrischen Ladung von
1 val$_{\text{Ch. Sk.}}$	$9{,}6498 \times 10^4$ C $\hat{=} 2{,}8929 \times 10^{14}$ esE	1,000279 val$_{\text{Ph. Sk.}}$	$9{,}6525 \times 10^4$ C $\hat{=} 2{,}8937 \times 10^{14}$ esE
1 kval$_{\text{Ch. Sk.}}$	$9{,}6498 \times 10^7$ C $\hat{=} 2{,}8929 \times 10^{17}$ esE	1,000279 kval$_{\text{Ph. Sk.}}$	$9{,}6525 \times 10^7$ C $\hat{=} 2{,}8937 \times 10^{17}$ esE

3. Chemische Bezugseinheiten

Bezeichnung	Symbol	Definition
		Feste Stoffe
Masseprozent	% (Gew.-%)	Gramm des Stoffes in 100 Gramm Gesamtmasse
Milligramm-prozent	mg-%	Milligramm des Stoffes in 100 Gramm Gesamtmasse
Molprozent	mol-%	Vor allem bei Angaben isomorpher Mischungen, Schmelzen usw.
		Lösungen
Masseprozent	% (Gew.-%)	Gramm des gelösten Stoffes in 100 Gramm Losung
	g/100 g Lm.	Gramm des gelösten Stoffes in 100 Gramm Lösungsmittel
	mg-%	Milligramm des gelösten Stoffes in 100 Gramm Lösung
	mol/100 g Lsg. g-atom/100 g Lsg. val/100 g Lsg. usw.	Mol bzw. g-atom bzw. val des gelösten Stoffes auf 100 g Lösung usw.
	mol/100 g Lm. g-atom/100 g Lm. val/100 g Lm. usw.	Mol bzw. g-atom bzw. val des gelösten Stoffes auf 100 Gramm Lösungsmittel usw.
Molverhältnis	mol-%	Mol des gelösten Stoffes auf 100 Mol Lösung
	mol-‰	mmol des gelösten Stoffes auf 1 mol bzw. mol des gelösten Stoffes auf 1000 mol Lösung
	mol/100 mol Lm.	Mol des gelösten Stoffes auf 100 mol Lösungsmittel
	mol/1000 mol Lm.	Mol des gelösten Stoffes auf 1000 mol Lösungsmittel
	g Lm./1 g gel.	Gramm Lösungsmittel auf 1 Gramm gelösten Stoff
	mol Lm./1 mol gel.	Mol Lösungsmittel auf 1 mol gelösten Stoff
Verdünnung	g/100 ml Lsg.	Gramm des gelösten Stoffes in 100 ml Lösung
	mg-%	Milligramm des gelösten Stoffes in 100 ml Lösung
	g/l	Gramm des gelösten Stoffes in 1 Liter Lösung
	g/100 ml	Gramm des gelösten Stoffes in 100 ml Lösung
	g/100 ml Lm.	Gramm des gelosten Stoffes in 100 ml Lösungsmittel
Molar	mol/l g-atom/l	mol } des betrachteten Stoffes in 1 Liter g-atom } Losung (0,1 m, 0,01 m usw.)
Normal	n (engl. N) val/l	Grammaquivalent des gelosten Stoffes in 1 Liter Losung (0,1 n, 0,01 n usw.)
Volumenprozent	vol-%	1 ml gelösten Stoffes in 100 ml Lösung oder 1 ml Gas in 100 ml Losung oder 1 ml Gas in 100 ml Gasmischung
		Gase
Masseprozent	% (Gew.-%)	Gramm des betreffenden Gases in 100 g der Gasmischung
Molprozent	mol-%	Mol des betreffenden Gases in 100 mol aller Komponenten

Q. Energieäquivalente

Durch das Grundgesetz der Quantentheorie $\Delta E = E_1 - E_2 = h \cdot \nu$ bzw. durch die Lichtquantenvorstellung ist jeder Strahlungswellenlänge λ bzw. der entsprechenden Schwingungszahl $\nu = c/\lambda$ und Wellenzahl $\nu^* = 1/\lambda$ ein Energiebetrag (ein Energiequantum) $E = h \cdot \nu$ zugeordnet, den man häufig allein durch Angabe von λ, ν oder ν^* kennzeichnet. Die kinetische Energie $\frac{m v^2}{2}$ eines Materieteilchens bekannter Masse m kann auch durch seine Geschwindigkeit v angegeben werden (in der Skala für Elektronen), bei Elektronen außerdem durch die Spannung (Volt), mit der ein ruhendes Elektron beschleunigt werden muß, um die Geschwindigkeit v zu erhalten. Nach *de Broglie* ist ferner durch die Gleichung $\lambda_B = \frac{h}{m_0 \cdot v}$ (m_0 = Masse des Elektrons) jedem Wert der Elektronenenergie eine Materiewelle der Wellenlänge λ_B zugeordnet. Alle diese quantenhaften Energiebeträge lassen sich auch durch die Temperatur ausdrücken, auf der sich ein Gas befindet, wenn die mittlere kinetische Energie seiner Teilchen $= \frac{m v^2}{2}$ (in der Skala diese Temperatur für ein Elektronengas) beträgt, oder durch die auf ein Mol bezogene Energie (in kcal).

Zwischen den einzelnen Skalen bestehen also die folgenden Beziehungen, wobei h und E in praktischen elektromagnetischen Einheiten ausgedrückt sind ($h = 6{,}62 \cdot 10^{-34}\, W \cdot s^2$) und auch alle Zahlenfaktoren für dieses Maßsystem gelten:

$$\lambda = \frac{h \cdot c}{E}; \quad \nu^* = \frac{1}{\lambda} = \frac{E}{h \cdot c}; \quad \nu = \frac{E}{h}; \quad h \cdot \nu = E,$$

$$V = E/e \text{ (Elementarladung } e = 1{,}602 \cdot 10^{-19}\,\text{C}),$$

$$T = \frac{2E}{3k} \text{ [Boltzmann-Konstante } (k) = 1{,}3807 \cdot 10^{-23}\, W \cdot s\, (^\circ\text{K})^{-1} \cdot \text{mol}^{-1}],$$

$$v = \sqrt{\frac{2E \cdot 10^7}{m_0}} \text{ (Masse des Elektrons } m_0 = 9{,}108 \cdot 10^{-28}\,\text{g}),$$

$$\lambda_B = \frac{h}{\sqrt{2 m_0 E \cdot 10^7}} = \frac{h}{\sqrt{2 m_0 \frac{m_0 v^2}{2} \cdot 10^7}} = \frac{h}{m_0 v \cdot \sqrt{10^7}},$$

$$\frac{\text{kcal}}{\text{mol}} = f \cdot E \cdot L \text{ (} L = \text{Loschmidtsche Zahl} = 6{,}0227 \cdot 10^{23}\,\text{mol}^{-1},\ f = 2{,}39 \cdot 10^{-4}$$
= Umrechnungsfaktor von $W \cdot s$ auf kcal).

III. Hilfsmittel

A. Temperaturkorrektur von Barometerablesungen an der Messingskala in Millimetern

Um die Ablesungen eines Quecksilberbarometers mit Messingskala auf 0°C zu reduzieren, ist der in der Tabelle ermittelte Wert vom Ablesewert abzuziehen. Die Tabellenwerte sind auf den Ausdehnungskoeffizienten des Quecksilbers $(181\,792 + 0{,}175t + 0{,}035116t^2) \times 10^{-9}$ und den des Messings (0,0000184 pro Grad Celsius) bezogen.

Temp. °C	620	630	640	650	660	670	680	690	700	710	720	730	740	750	760	770	780	790
0	0,00	0,00	0,00	0,00	0,00	0,00	0,00	0,00	0,00	0,00	0,00	0,00	0,00	0,00	0,00	0,00	0,00	0,00
1	,10	,10	,10	,11	,11	,11	,11	,11	,11	,12	,12	,12	,12	,12	,12	,13	,13	,13
2	,20	,21	,21	,21	,22	,22	,22	,23	,23	,23	,24	,24	,24	,25	,25	,25	,25	,26
3	,30	,31	,31	,32	,32	,33	,33	,34	,34	,35	,35	,36	,36	,37	,37	,38	,38	,39
4	,40	,41	,42	,42	,43	,44	,44	,44	,46	,46	,47	,48	,48	,49	,50	,50	,51	,52
5	0,51	0,51	0,52	0,53	0,54	0,55	0,56	0,56	0,57	0,58	0,59	0,60	0,60	0,61	0,62	0,63	0,64	0,64
6	,61	,62	,63	,64	,65	,66	,67	,68	69	,70	,71	,71	,72	,73	,75	,75	,77	,77
7	,71	,72	,73	,74	,75	,77	,78	,79	,80	,81	,82	,83	,85	,86	,87	,88	,89	,90
8	,81	,82	,84	,85	,86	,87	,89	,90	,91	,93	,94	,95	,97	,98	,99	1,01	1,02	1,03
9	,91	,92	,94	,95	,97	,98	1,00	1,01	1,03	1,04	1,06	1,07	1,09	1,10	1,12	1,13	1,15	1,16
10	1,01	1,03	1,04	1,06	1,08	1,09	1,11	1,13	1,14	1,16	1,17	1,19	1,21	1,22	1,24	1,26	1,27	1,29
11	1,11	1,13	1,15	1,17	1,18	1,20	1,22	1,24	1,26	1,27	1,29	1,31	1,33	1,35	1,36	1,38	1,40	1,42
12	1,21	1,23	1,25	1,27	1,29	1,31	1,33	1,35	1,37	1,39	1,41	1,43	1,45	1,47	1,49	1,51	1,53	1,55
13	1,31	1,24	1,36	1,38	1,40	1,42	1,44	1,46	1,48	1,50	1,53	1,55	1,57	1,59	1,61	1,63	1,65	1,67
14	1,41	1,44	1,46	1,48	1,51	1,53	1,55	1,57	1,60	1,62	1,64	1,67	1,69	1,71	1,73	1,76	1,78	1,80
15	1,52	1,54	1,56	1,59	1,61	1,64	1,66	1,69	1,71	1,74	1,76	1,78	1,81	1,83	1,86	1,88	1,91	1,93
16	1,62	1,64	1,67	1,69	1,72	1,75	1,77	1,80	1,82	1,85	1,88	1,90	1,93	1,96	1,98	2,01	2,03	2,06
17	1,72	1,74	1,77	1,80	1,83	1,86	1,88	1,91	1,94	1,97	1,99	2,02	2,05	2,08	2,10	2,13	2,16	2,19
18	1,82	1,85	1,88	1,91	1,93	1,96	1,99	2,02	2,05	2,08	2,11	2,14	2,17	2,20	2,23	2,26	2,29	2,32
19	1,92	1,95	1,98	2,01	2,04	2,07	2,10	2,13	2,17	2,20	2,23	2,26	2,29	2,32	2,35	2,38	2,41	2,44
20	2,02	2,05	2,08	2,12	2,15	2,18	2,21	2,25	2,28	2,31	2,34	2,38	2,41	2,44	2,47	2,51	2,54	2,57
21	2,12	2,15	2,19	2,22	2,26	2,29	2,32	2,36	2,39	2,43	2,46	2,50	2,53	2,56	2,60	2,63	2,67	2,70
22	2,22	2,26	2,29	2,33	2,36	2,40	2,43	2,47	2,51	2,54	2,58	2,61	2,65	2,69	2,72	2,76	2,79	2,83
23	2,32	2,36	2,40	2,43	2,47	2,51	2,54	2,58	2,62	2,66	2,69	2,73	2,77	2,81	2,84	2,88	2,92	2,96
24	2,42	2,46	2,50	2,54	2,58	2,62	2,66	2,69	2,73	2,77	2,81	2,85	2,89	2,93	2,97	3,01	3,05	3,08
25	2,52	2,56	2,60	2,64	2,68	2,72	2,77	2,81	2,85	2,89	2,93	2,97	3,01	3,05	3,09	3,13	3,17	3,21
26	2,62	2,66	2,71	2,75	2,79	2,83	2,88	2,92	2,96	3,00	3,04	3,09	3,13	3,17	3,21	3,26	3,30	3,34
27	2,72	2,77	2,81	2,85	2,90	2,94	2,99	3,03	3,07	3,12	3,16	3,20	3,25	3,29	3,34	3,38	3,42	3,47
28	2,82	2,87	2,91	2,96	3,00	3,05	3,10	3,14	3,19	3,23	3,28	3,32	3,37	3,41	3,46	3,51	3,55	3,60
29	2,92	2,97	3,02	3,06	3,11	3,16	3,21	3,25	3,30	3,35	3,39	3,44	3,49	3,54	3,58	3,63	3,68	3,72
30	3,02	3,07	3,12	3,17	3,22	3,27	3,32	3,36	3,41	3,46	3,51	3,56	3,61	3,69	3,71	3,75	3,80	3,85
31	3,12	3,17	3,22	3,27	3,32	3,37	3,43	3,48	3,53	3,58	3,63	3,68	3,73	3,78	3,83	3,88	3,93	3,98
32	3,22	3,28	3,33	3,38	3,43	3,48	3,54	3,59	3,64	3,69	3,74	3,79	3,85	3,90	3,95	4,00	4,05	4,11
33	3,32	3,38	3,43	3,48	3,54	3,59	3,64	3,70	3,75	3,81	3,86	3,91	3,97	4,02	4,07	4,13	4,18	4,23
34	3,42	3,48	3,53	3,59	3,64	3,70	3,75	3,81	3,87	3,92	3,98	4,03	4,09	4,14	4,20	4,25	4,31	4,36
35	3,52	3,58	3,64	3,69	3,75	3,81	3,86	3,92	3,98	4,03	4,09	4,15	4,21	4,26	4,32	4,38	4,43	4,49

B. Höhenkorrektur von Barometerablesungen
Reduktion auf Meereshöhe

Temperatur-Höhenfaktor

Höhe in Metern	Temperatur der Luftsäule									
	−16°	−8°	0°	+4°	+8°	+12°	+16°	+20°	+24°	+28°
10	1,2	1,1	1,1	1,1	1,0	1,0	1,0	1,0	1,0	1,0
50	5,8	5,6	5,4	5,3	5,2	5,2	5,1	5,0	4,9	4,9
100	11,5	11,2	10,8	10,7	10,5	10,3	10,2	10,0	9,9	9,7
150	17,3	16,7	16,2	16,0	15,7	15,5	15,3	15,0	14,8	14,6
200	23,0	22,3	21,6	21,3	21,0	20,7	20,3	20,0	19,7	19,5
250	28,8	27,9	27,0	26,6	26,2	25,8	25,4	25,0	24,7	24,3
300	34,5	33,5	32,5	32,0	31,5	31,0	30,5	30,1	29,6	29,2
350	40,3	39,0	37,9	37,3	36,7	36,2	35,6	35,1	34,6	34,0
400	46,0	44,6	34,3	42,6	42,0	41,3	40,7	40,1	39,5	38,9
450	51,8	50,2	48,7	47,9	47,2	46,5	45,8	45,1	44,4	43,8
500	57,5	55,8	54,1	53,3	52,4	51,6	50,9	50,1	49,4	48,6
550	63,3	61,4	59,5	58,6	57,7	56,8	55,9	55,1	54,3	53,5
600	69,0	66,9	64,9	63,9	62,9	62,0	61,0	60,1	59,2	58,3
650	74,8	72,5	70,3	69,2	68,2	67,1	66,1	65,1	64,2	63,2
700	80,6	78,1	75,7	74,6	73,4	72,3	71,2	70,1	69,1	68,1
750	86,3	83,7	81,1	79,9	78,7	77,5	76,3	75,1	74,0	72,9
800	92,1	89,2	86,5	85,2	83,9	82,6	81,4	80,1	79,0	77,8
850	97,8	94,8	92,0	90,5	89,2	87,8	86,4	85,2	83,9	82,7
900	103,6	100,4	97,4	95,9	94,4	93,0	91,5	90,2	88,8	87,5
950	109,3	106,0	102,8	101,2	99,6	98,1	96,6	95,2	93,8	92,4
1000	115,1	111,5	108,2	106,5	104,9	103,3	101,7	100,2	98,7	97,3
1050	120,8	117,1	113,6	111,8	110,1	108,4	106,8	105,2	103,6	102,1
1100	126,6	122,7	119,0	117,2	115,4	113,6	111,9	110,2	108,6	107,0
1150	132,3	128,3	124,4	122,5	120,6	118,8	117,0	115,2	113,5	111,8
1200	138,1	133,8	129,8	127,8	125,9	123,9	122,0	120,2	118,4	116,7
1250	143,8	139,4	135,2	133,1	131,1	129,1	127,1	125,2	123,4	121,6
1300	149,6	145,0	140,6	138,5	136,3	134,3	132,2	130,2	128,3	126,4
1350	155,3	150,6	146,0	143,8	141,6	139,4	137,3	135,2	133,2	131,3
1400	161,1	156,2	151,4	149,1	146,8	144,6	142,4	140,2	138,2	136,2
1450	166,8	161,7	156,8	154,5	152,1	149,7	147,5	145,3	143,1	141,0
1500	172,6	167,3	162,3	159,8	157,3	154,9	152,5	150,3	148,0	145,9
1550	178,3	172,9	167,7	165,1	162,6	160,1	157,6	155,3	153,0	150,7
1600	184,1	178,5	173,1	170,4	167,8	165,2	162,7	160,3	157,9	155,6
1650	189,8	184,0	178,5	175,7	173,0	170,4	167,8	165,3	162,8	160,5
1700	195,6	189,6	183,9	181,1	178,3	175,6	172,9	170,3	167,8	165,3
1750	201,4	195,2	189,3	186,4	183,5	180,7	178,0	175,3	172,7	170,2
1800	207,1	200,8	194,7	191,7	188,8	185,9	183,1	180,3	177,6	175,0
1850	212,9	206,3	200,1	197,0	194,0	191,0	188,1	185,3	182,6	179,9
1900	218,6	211,9	205,5	202,4	199,3	196,2	192,3	190,3	187,5	184,8
1950	224,4	217,5	210,9	207,7	204,5	201,4	198,3	195,3	192,4	189,6
2000	230,1	223,0	216,3	213,0	209,7	206,5	203,4	200,3	197,4	194,5
2050	235,9	228,6	221,7	218,3	215,0	211,7	208,5	205,3	202,3	199,3
2100	241,6	234,2	227,1	223,7	220,2	216,8	213,5	210,4	207,2	204,2
2150	247,4	239,8	232,5	229,0	225,5	222,0	218,6	215,4	212,2	209,1
2200	253,1	245,4	237,9	234,3	230,7	227,2	223,7	220,4	217,1	213,9
2250	258,9	250,9	243,4	239,6	235,9	232,3	228,8	225,4	222,0	218,8
2300	264,6	256,5	248,8	245,0	241,2	237,5	233,9	230,4	227,0	223,6
2350	270,4	262,1	254,2	250,3	246,4	242,7	239,0	235,4	231,9	228,5
2400	276,1	267,7	259,6	255,6	251,7	247,8	244,0	240,4	236,8	233,4
2450	281,9	273,2	265,0	260,9	256,9	253,0	249,1	245,4	241,8	238,2
2500	287,6	278,8	270,4	266,2	262,2	258,1	254,2	250,4	246,7	243,1
2550	293,4	284,4	275,8	271,6	267,4	263,3	259,3	255,4	251,6	247,9
2600	299,1	290,0	281,2	276,9	272,6	268,5	264,4	260,4	256,6	252,8
2650	304,9	295,5	286,6	282,2	277,9	273,6	269,5	265,4	261,5	257,7
2700	310,6	301,1	292,0	287,5	283,1	278,8	274,5	270,4	266,4	262,5
2750	316,4	306,7	297,4	292,9	288,4	283,9	279,6	275,4	271,4	267,4
2800	322,1	312,3	302,8	298,2	293,6	289,1	284,7	280,4	276,3	272,2
2850	327,9	317,8	308,2	303,5	298,8	294,3	289,8	285,4	281,2	277,1
2900	333,6	323,4	313,6	308,8	304,1	299,4	294,9	290,4	286,2	282,0
2950	339,4	329,0	319,0	314,2	309,3	304,6	299,9	295,5	291,1	286,8
3000	345,1	334,5	324,4	319,5	314,6	309,7	305,0	300,5	296,0	291,7

Ermittlung des additiven Korrekturfaktors

Temperatur-Höhenfaktor aus Tab. S. 55	Barometerablesung 780 mm	760 mm	740 mm	720 mm	700 mm
1	0,9	0,9	0,9	0,8	0,8
5	4,5	4,4	4,3	4,2	4,0
10	9,0	8,8	8,6	8,3	8,1
15	13,6	13,2	12,9	12,5	12,2
20	18,2	17,7	17,2	16,8	16,3
25	22,8	22,2	21,6	21,0	20,4
30	27,4	26,7	26,0	25,3	24,6
35	...	31,2	30,4	29,6	28,8

Temperatur-Höhenfaktor aus Tab. S. 55	760 mm	740 mm	720 mm	700 mm	680 mm	660 mm
40	35,8	34,9	33,9	33,0	32,0	31,1
45	40,4	39,3	38,3	37,2	36,2	35,1
50	45,0	43,8	42,7	41,5	40,3	39,1
55	49,7	48,4	47,1	45,8	44,5	43,1
60	...	52,9	51,5	50,1	48,6	47,2
65	...	57,5	55,9	54,4	52,8	51,3
70	...	62,1	60,4	58,7	57,1	55,4
75	...	66,7	64,9	63,1	61,3	59,5

Temperatur-Höhenfaktor aus Tab. S. 55	720 mm	700 mm	680 mm	660 mm	640 mm
80	69,5	67,5	65,6	63,7	61,7
85	77,0	72,0	69,9	67,9	65,8
90	78,6	76,4	74,2	72,1	69,9
95	83,2	80,9	78,6	76,3	74,0
100	87,9	85,4	83,0	80,5	78,1
105	...	89,9	87,4	84,8	82,2
110	...	94,5	91,8	89,1	86,4
115	...	99,1	96,3	93,4	90,6
120	...	103,7	100,7	97,8	94,8
125	...	108,3	105,3	102,2	99,1

Temperatur-Höhenfaktor aus Tab. S. 55	680 mm	660 mm	640 mm	620 mm	600 mm
125	105,3	102,2	99,1	96,0	92,9
130	109,8	106,6	103,3	100,1	96,9
135	114,3	111,0	107,6	104,3	100,9
140	118,9	115,4	111,9	108,4	104,9
145	123,5	119,9	116,3	112,6	109,0
150	128,2	124,4	120,6	116,9	113,1
155	...	128,9	125,0	121,1	117,2
160	...	133,5	129,4	125,4	121,4
165	...	138,1	133,9	129,7	125,5
170	...	142,7	138,4	134,0	129,7

Temperatur-Höhenfaktor aus Tab. S. 55	Barometerablesung 640 mm	620 mm	600 mm	580 mm	560 mm
170	138,4	134,0	129,7	125,4	121,1
175	142,9	138,4	133,9	129,5	125,0
180	147,4	142,8	138,2	133,6	129,0
185	151,9	147,2	142,4	137,7	132,9
190	156,5	151,6	146,7	141,8	136,9
195	161,1	156,1	151,0	146,0	141,0
200	165,7	160,5	155,4	150,2	145,0
205	170,4	165,0	159,7	154,4	149,1
210	...	169,6	164,1	158,6	153,2
215	...	174,1	168,5	162,9	157,3

Temperatur-Höhenfaktor aus Tab. S. 55	620 mm	600 mm	580 mm	560 mm	540 mm
215	174,1	168,5	162,9	157,3	151,7
220	178,7	172,9	167,2	161,4	155,7
225	183,3	177,4	171,5	165,6	159,7
230	188,0	181,9	175,8	169,8	163,7
235	192,6	186,4	180,2	174,0	167,8
240	...	191,0	184,6	178,2	171,9
245	...	195,5	189,0	182,5	176,0
250	...	200,1	193,4	186,8	180,1
255	...	204,7	197,9	191,1	184,3
260	...	209,4	202,4	195,4	188,4

Temperatur-Höhenfaktor aus Tab. S. 55	580 mm	560 mm	540 mm	520 mm
260	202,4	195,4	188,4	181,5
265	206,9	199,8	192,6	185,5
270	211,5	204,2	196,9	189,6
275	216,0	208,6	201,1	193,7
280	220,6	213,0	205,4	197,8
285	225,2	217,5	209,7	201,9
290	229,9	222,0	214,0	206,1
295	...	226,5	218,4	210,3
300	...	231,0	222,8	214,5

Temperatur-Höhenfaktor aus Tab. S. 55	560 mm	540 mm	520 mm	500 mm	480 mm
305	235,6	227,2	218,8	210,3	201,9
310	240,2	231,6	223,0	214,4	205,9
315	244,8	236,0	227,3	218,6	209,8
320	249,4	240,5	231,6	222,7	213,8
325	254,1	245,0	236,0	226,9	217,8
330	...	249,6	240,3	231,1	221,8
335	...	254,1	244,7	235,3	225,9
340	...	258,7	249,1	239,6	230,0
345	...	263,3	253,6	243,8	234,1

C. Relative Luftfeuchtigkeit. Taupunkt

Die Tabelle gibt die relative Luftfeuchtigkeit bei der Temperatur t und dem Taupunkt τ an.

Taupunkts-depression $t-\tau$	τ −10	0	+10	+20	+30	Taupunkts-depression $t-\tau$	τ −10	0	+10	+20	+30
0,0	100%	100%	100%	100%	100%	8,0	54	57	60	62	64
0,2	98	99	99	99	99	8,2	54	56	59	61	63
0,4	97	97	97	98	98	8,4	53	56	58	60	63
0,6	95	96	96	96	97	8,6	52	55	57	60	62
0 8	94	94	95	95	96	8,8	51	54	57	59	61
1,0	92	93	94	94	94	9,0	51	53	56	58	61
1,2	91	92	92	93	93	9,2	50	53	55	58	60
1,4	90	90	91	92	92	9.4	49	52	55	57	59
1,6	88	89	90	91	91	9,6	48	51	54	56	59
1,8	87	88	89	90	90	9,8	48	51	53	56	58
2,0	86	87	88	88	89	10,0	47	50	53	55	57
2,2	84	85	86	87	88	10,5	45	48	51	54	
2,4	83	84	85	86	87	11,0	44	47	49	52	
2,6	82	83	84	85	86	11,5	42	45	48	51	
2,8	80	82	83	84	85	12,0	41	44	47	49	
3,0	79	81	82	83	84	12,5	39	42	45	48	
3,2	78	80	81	82	83	13,0	38	41	44	46	
3,4	77	79	80	81	82	13,5	37	40	4[illegible]	45	
3,6	76	77	79	80	82	14,0	35	38	41	44	
3,8	75	76	78	79	81	14,5	34	37	40	43	
4,0	73	75	77	78	80	15,0	33	36	39	42	
4,2	72	74	76	77	79	15,5	32	35	38	40	
4,4	71	73	75	77	78	16,0	31	34	37	39	
4,6	70	72	74	76	77	16,5	30	33	36	38	
4,8	69	71	73	75	76	17,0	29	32	35	37	
5,0	68	70	72	74	75	17,5	28	31	34	36	
5,2	67	69	71	73	75	18,0	27	30	33	35	
5,4	66	68	70	72	74	18,5	26	29	32	34	
5,6	65	67	69	71	73	19,0	25	28	31	33	
5,8	64	66	69	70	72	19,5	24	27	30	33	
6,0	63	66	68	70	71	20,0	24	26	29	32	
6,2	62	65	67	69	71	21,0	22	25	27		
6,4	61	64	66	68	70	22,0	21	23	26		
6,6	60	63	65	67	69	23,0	19	22	24		
6,8	60	62	64	66	68	24,0	18	21	23		
7,0	59	61	63	66	68	25,0	17	19	22		
7,2	58	60	63	65	67	26,0	16	18	21		
7,4	57	60	62	64	66	27,0	15	17	20		
7,6	56	59	61	63	65	28,0	14	16	19		
7,8	55	58	60	63	65	29,0	13	15	18		
						30,0	12	14	17		

D. Korrektionswerte für Ablesung eines Thermometers bei um n° herausragendem Faden. Hg in Jenaer Thermometerglas

ϑ_a abgelesene Temperatur, ϑ_f mittlere Temperatur des herausragenden Fadens

$\vartheta_a-\vartheta_f$ \ n	10°	20°	40°	50°	60°	80°	100°	120°
10	0,02	0,03	0,06	0,08	0,10	0,13	0,16	0,19
20	0,03	0,06	0,13	0,16	0,19	0,26	0,32	0,37
40	0,06	0,12	0,26	0,32	0,38	0,51	0,64	0,77
60	0,10	0,19	0,38	0,48	0,58	0,76	0,96	1,15
80	0,13	0,26	0,51	0,64	0,77	1,02	1,28	1,54
100	0,16	0,32	0,64	0,80	0,96	1,28	1,60	1,92
120	0,19	0,38	0,77	0,96	1,15	1,54	1,92	2,30
140	0,22	0,45	0,90	1,12	1,34	1,79	2,24	2,69
160	0,26	0,51	1,02	1,28	1,54	2,05	2,56	3,07
180	0,29	0,58	1,15	1,44	1,73	2,30	2,88	3,46
200	0,32	0,64	1,28	1,60	1,92	2,56	3,20	3,84

Der aus der Tabelle entnommene Korrekturwert wird zu der abgelesenen Temperatur addiert.

E. Umrechnung von Aräometer-(Hydrometer)skalen

m = Dichtegrad der Araometerskalen
ϱ = Dichte
T = Normaltemperatur der Araometerskalen

Name	T	$\varrho > 1$	$\varrho < 1$
Balling	17,5	$\varrho = \frac{200}{200 - m}$	$\varrho = \frac{200}{200 + m}$
Baumé (rationell) (in Deutschland gebrauchlich)	15	$\varrho = \frac{144,3}{144,3 - m}$	$\varrho = \frac{144,3}{144,3 + m}$
Baumé (National Bureau of Standards) (in Amerika gebrauchl.)	15,56 (60°F)	$\varrho = \frac{145}{145 - m}$	$\varrho = \frac{140}{130 + m}$
Baumé (Holland)	12,5	$\varrho = \frac{144}{144 - m}$	$\varrho = \frac{144}{145 + m}$
Baumé (*Gerlach*)	17,5	$\varrho = \frac{146,3}{146,3 - m}$	$\varrho = \frac{146,3}{146,3 + m}$
Beck	12,5	$\varrho = \frac{170}{170 - m}$	$\varrho = \frac{170}{170 + m}$
Brix	15,625	$\varrho = \frac{400}{400 - m}$	$\varrho = \frac{400}{400 + m}$
Cartier	12,5	$\varrho = \frac{136,8}{126,1 - m}$	$\varrho = \frac{136,8}{126,1 + m}$
Stoppani	15,625	$\varrho = \frac{166}{166 - m}$	$\varrho = \frac{166}{166 + m}$
Twaddell (England)	15,56 (60°F)	$\varrho = 1 + \frac{m}{200}$	nicht gebrauchlich

Dichte größer als 1

Dichte	° Baumé Bu.St.Sc.	Twaddell	Dichte	° Baumé Bu.St.Sc.	Twaddell	Dichte	° Baumé Bu.St.Sc.	Twaddell
1,00	0,00	0	1,35	37,59	70	1,70	59,71	140
1,01	1,44	2	1,36	38,38	72	1,71	60,20	142
1,02	2,84	4	1,37	39,16	74	1,72	60,70	144
1,03	4,22	6	1,38	39,93	76	1,73	61,18	146
1,04	5,58	8	1,39	40,68	78	1,74	61,67	148
1,05	6,91	10	1,40	41,43	80	1,75	62,14	150
1,06	8,21	12	1,41	42,16	82	1,76	62,61	152
1,07	9,49	14	1,42	42,89	84	1,77	63,08	154
1,08	10,74	16	1,43	43,60	86	1,78	63,54	156
1,09	11,97	18	1,44	44,31	88	1,79	63,99	158
1,10	13,18	20	1,45	45,00	90	1,80	64,44	160
1,11	14,37	22	1,46	45,68	92	1,81	64 89	162
1,12	15,54	24	1,47	46,36	94	1,82	65,31	164
1,13	16,68	26	1,48	47,03	96	1,83	65,77	166
1,14	17,81	28	1,49	47,68	98	1,84	66,20	168
1,15	18,91	30	1,50	48,33	100	1,85	66,62	170
1,16	20,00	32	1,51	48,97	102	1,86	67,04	172
1,17	21,07	34	1,52	49,60	104	1,87	67,46	174
1,18	22,12	36	1,53	50,23	106	1,88	67,87	176
1,19	23,15	38	1,54	50,84	108	1,89	68,28	178
1,20	24,17	40	1,55	51,45	110	1,90	68,68	180
1,21	25,16	42	1,56	52,05	112	1,91	69,08	182
1,22	26,15	44	1,57	52,64	114	1,92	69,48	184
1,23	27,11	46	1,58	53,23	116	1,93	69,87	186
1,24	28,06	48	1,59	53,80	118	1,94	70,26	188
1,25	29,00	50	1,60	54,38	120	1,95	70,64	190
1,26	29,92	52	1,61	54,94	122	1,96	71,02	192
1,27	30,83	54	1,62	55,49	124	1,97	71,40	194
1,28	31,72	56	1,63	56,04	126	1,98	71,77	196
1,29	32,60	58	1,64	56,58	128	1,99	72,14	198
1,30	33,46	60	1,65	57,12	130	2,00	72,50	200
1,31	34,31	62	1,66	57,65	132			
1,32	35,15	64	1,67	58,17	134			
1,33	35,98	66	1,68	58,69	136			
1,34	36,79	68	1,69	59,20	138			

F. Umrechnung Grad Celsius in Grad Fahrenheit

– 50°C bis 150°C: – 58°F bis 302°F
1 Teilstrich entspricht 1°C bzw. 1°F

30°C bis 45°C : 86°F bis 113°F
1 Teilstrich entspricht $^1/_{10}$°C bzw. $^1/_{10}$°F

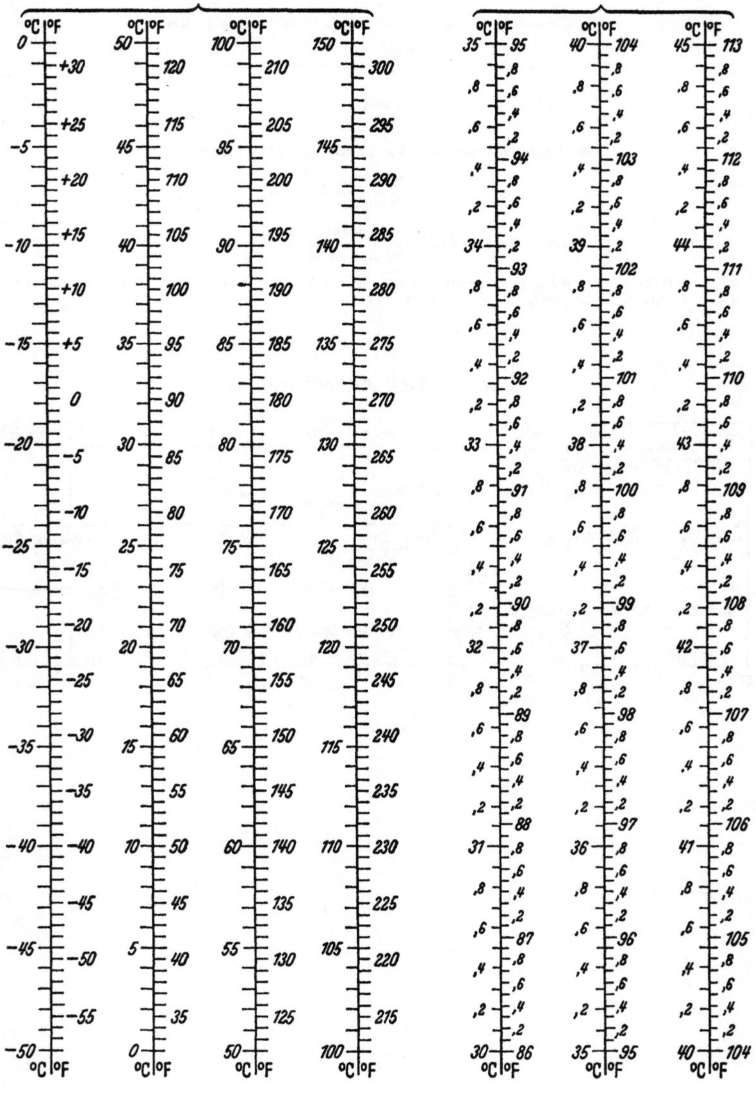

Abb. 1

Umrechnung von mg/100 ml in Millimol und umgekehrt

$$\text{mmol/L} = \frac{10 \times \text{mg/100 ml}}{\text{Molekulargewicht}} = \frac{10000 \times \text{g/100 ml}}{\text{Molekulargewicht}}$$

$$\text{mg/100 ml} = \frac{\text{mmol} \times \text{Molekulargewicht}}{10}$$

Umrechnung von ml-Gase/100 ml in Millimol pro Liter

$$\text{mmol/L} = \frac{\text{ml/100 ml}}{2{,}24} \quad (2{,}24 = \text{Millimolar-Volumen})$$

$$\text{ml/100 ml} = 2{,}24 \times \text{mmol/l}$$

Umrechnung von mg/100 ml in Millival pro Liter und umgekehrt

$$\text{mval/l} = \frac{10 \times \text{mg/100 ml} \times \text{Valenz}}{\text{Molekulargewicht}}$$

$$\text{mg/100 ml} = \frac{\text{mval/l} \times \text{Molekulargewicht}}{10 \times \text{Valenz}}$$

$n/_{1000} = 0{,}001\,n = 1$ ml $n/_{10}$ pro 100 ml = 1 ml n pro 1 Liter = 1 mval pro Liter = 1 mmol pro Liter/Valenz = Äquivalentgewicht in mg pro Liter.

Längen-Größenordnungen

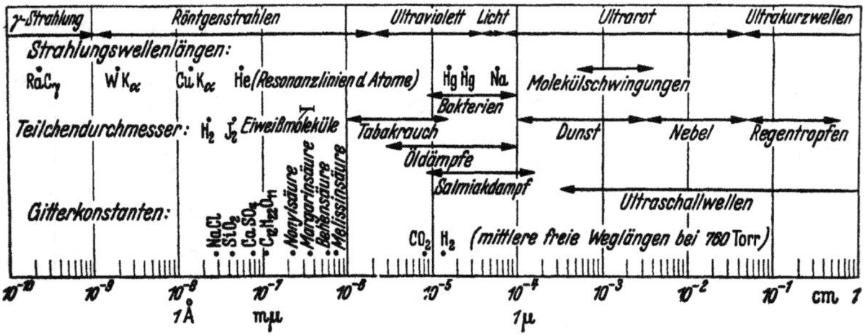

Abb. 2

Drittes Kapitel

Stoffwerte

I. Atomgewichte[1]

(bezogen auf den genauen Wert 12 fur die relative Atom-Masse des Kohlenstoffisotops ^{12}C)

Name	Symbol	Ordnungszahl	Atomgewicht	Name	Symbol	Ordnungszahl	Atomgewicht
Aluminium	Al	13	26.9815	Neodym	Nd	60	144.24
Antimon	Sb	51	121.75	Neon	Ne	10	20.183
Argon	Ar	18	39.948	Nickel	Ni	28	58.71
Arsen	As	33	74.9216	Niob	Nb	41	92.906
Barium	Ba	56	137.34	Osmium	Os	76	190.2
Beryllium	Be	4	9.0122	Palladium	Pd	46	106.4
Blei	Pb	82	207.19	Phosphor	P	15	30.9738
Bor	B	5	10.811 a)	Platin	Pt	78	195.09
Brom	Br	35	79.909 b)	Praseodym	Pr	59	140.907
Cadmium	Cd	48	112.40	Quecksilber	Hg	80	200.59
Calcium	Ca	20	40.08	Rhenium	Re	75	186.2
Cäsium	Cs	55	132.905	Rhodium	Rh	45	102.905
Cer	Ce	58	140.12	Rubidium	Rb	37	85.47
Chlor	Cl	17	35.453 b)	Ruthenium	Ru	44	101.07
Chrom	Cr	24	51.996 b)	Samarium	Sm	62	150.35
Dysprosium	Dy	66	162.50	Sauerstoff	O	8	15.9994 a)
Eisen	Fe	26	55.847 b)	Scandium	Sc	21	44.956
Erbium	Er	68	167.26	Schwefel	S	16	32.064 a)
Europium	Eu	63	151.96	Selen	Se	34	78.96
Fluor	F	9	18.9984	Silber	Ag	47	107.870 b)
Gadolinium	Gd	64	157.25	Silicium	Si	14	28.086 a)
Gallium	Ga	31	69.72	Stickstoff	N	7	14.0067
Germanium	Ge	32	72.59	Strontium	Sr	38	87.62
Gold	Au	79	196.967	Tantal	Ta	73	180.948
Hafnium	Hf	72	178.49	Tellur	Te	52	127.60
Helium	He	2	4.0026	Terbium	Tb	65	158.924
Holmium	Ho	67	164.930	Thallium	Tl	81	204.37
Indium	In	49	114.82	Thorium	Th	90	232.038
Iridium	Ir	77	192.2	Thulium	Tm	69	168.933
Jod	J	53	126.9044	Titan	Ti	22	47.90
Kalium	K	19	39.102	Uran	U	92	238.03
Kobalt	Co	27	58.9332	Vanadin	V	23	50.942
Kohlenstoff	C	6	12.01115 a)	Wasserstoff	H	1	1.00797 a)
Krypton	Kr	36	83.80	Wismut	Bi	83	208.980
Kupfer	Cu	29	63.54	Wolfram	W	74	183.85
Lanthan	La	57	138.91	Xenon	Xe	54	131.30
Lithium	Li	3	6.939	Ytterbium	Yb	70	173.04
Lutetium	Lu	71	174.97	Yttrium	Y	39	88.905
Magnesium	Mg	12	24.312	Zink	Zn	30	65.37
Mangan	Mn	25	54.9381	Zinn	Sn	50	118.69
Molybdan	Mo	42	95.94	Zirkonium	Zr	40	91.22
Natrium	Na	11	22.9898				

a) Die mit diesem Zeichen versehenen Atomgewichte haben etwas schwankende Werte infolge der natürlichen Schwankungen ihrer Isotopen-Zusammensetzung. Die beobachteten Schwankungsbereiche sind:

Bor	± 0.003	Sauerstoff	± 0.0001	Schwefel	± 0.003
Kohlenstoff	± 0.00005	Silicium	± 0.001	Wasserstoff	± 0.00001

b) Für die mit diesem Zeichen versehenen Atomgewichte werden die folgenden experimentellen Fehlergrenzen angenommen:

Brom	± 0.002	Chrom	± 0.001	Silber	± 0.003
Chlor	± 0.001	Eisen	± 0.003		

[1] Aus Chem. Ber. 95, IV (1962).

II. Haupttabellen biochemischer Verbindungen

Erläuterungen

Die biochemisch wichtigen organischen Verbindungen sind in diesem Werk nicht, wie meist üblich, fortlaufend alphabetisch angeordnet, sondern zu Stoffgruppen zusammengefaßt. Naturgemäß zeigt die Auswahl der Verbindungen ebenso wie deren Zuordnung zu bestimmten Stoffgruppen bis zu einem gewissen Grad subjektiven Charakter. Der mögliche Nachteil geringerer Übersichtlichkeit im Vergleich zu dem starren alphabetischen System wird durch ein ausführliches Sachregister ausgeglichen.

Den Laufnummern folgen die halbfett gedruckten Hauptnamen (Trivialnamen oder genaue chemische Nomenklaturen), unter denen die Verbindungen am bekanntesten sind. In Klammern stehen die Synonyma.

Die Konstitutionsformeln wurden stets möglichst ausführlich und in einigen Rubriken der komplizierter aufgebauten Verbindungen auch die Summenformeln gebracht.

MG = Molekulargewicht. Dieses ist nach den neuesten, von der Internationalen Union für Reine und Angewandte Chemie herausgegebenen Atomgewichtstabellen (s. S. 61) berechnet. Als Atomgewicht des Kohlenstoffs gilt der Wert 12,01. Die Molekulargewichte beziehen sich auf die angeführten Konstitutionsformeln und nur wenn ausdrücklich vermerkt, auf deren kristallwasserhaltigen Verbindungen, Hydrochloride usw.

D = Dichte. Der obere Index gibt die Meßtemperatur, der untere die Temperatur des Wassers an, auf die die Dichte bezogen wird. Bei den wahren Dichten (Bezugstemperatur +4°C) ist der untere Index zuweilen weggelassen worden. D_4^{21} 1.0492 bzw. D^{21} 1.0492 heißt, die Dichte der Substanz beträgt bei +21°C, bezogen auf Wasser von +4°C, 1.0492. Einige Autoren lassen auch den oberen Index weg, wenn die Meßtemperatur +20°C beträgt. *D* 1.2649 heißt dann, daß die Dichte der Substanz bei +20°C, bezogen auf Wasser von +4°C, 1.2649 ist. Bei Gasen ist das Litergewicht bei 0°C und 760 Torr angegeben. 2,345 g/L bedeutet, daß unter den Normalbedingungen von 0°C und 760 Torr das Gewicht eines Liters Gas 2,345 g beträgt.

F = Schmelzpunkt (Fusionspunkt) in Celsiusgraden bei Atmospharendruck. Besondere Meßbedingungen, z. B. in zugeschmolzenen Röhrchen, sind besonders vermerkt. Zersetzt sich die Substanz beim Schmelzen, so ist dies durch (Z.) gekennzeichnet. *F* 181—182 (Z.) bedeutet, daß die Substanz bei +181 bis 182°C unter Zersetzen schmilzt. Zersetzt sich die Verbindung ohne vorher zu schmelzen, so steht *F* (Z.). Ist der Zersetzungspunkt für die Substanz charakteristisch, so ist *ZP* vermerkt, z. B. *ZP* 218. *F* > 250 heißt, daß die Substanz bis +250°C nicht geschmolzen ist.

Die Werte sind meist unkorrigiert. Liegen korrigierte Schmelzpunkte vor, so folgt der Temperatur ein (korr.).

Kp = Kochpunkt (Siedepunkt) in Celsiusgraden. Ist kein Index angegeben, so bezieht sich die Temperaturangabe auf 760 Torr. Andere Drucke sind als untere Indizes besonders vermerkt. Kp_{20} 145 besagt, daß die Flüssigkeit unter 20 mm Torr bei +145°C siedet. Tritt Zersetzung ein, so ist wie bei den Schmelzpunkten dies durch ein (Z.) vermerkt. Auch hier sind die meisten Angaben nicht korrigiert (siehe unter *F*).

FlP = Flammpunkt. Mit Ausnahme der ätherischen Öle sind alle Flussigkeiten mit einem Flammpunkt unterhalb 55°C durch das Wort „brennbar" unter „Charakteristik" gekennzeichnet. Diese Flussigkeiten sind feuersicher aufzubewahren.

Charakteristik: Diese Rubrik ist die ausfuhrlichste. Zunächst sind Farbe, Habitus, Aggregatzustand, Geschmack und Geruch angegeben. Fehlt die Farbangabe, ist die Verbindung farblos bzw. weiß. Hinter dem Habitus bzw. Kennzeichnung der Kristallform steht meist in Klammern, aus welchem Lösungsmittel die Substanz kristallisiert erhalten wurde. Rote Nadeln (W.) besagt, daß diese Verbindung aus Wasser in roten Nadeln kristallisiert zu erhalten ist. Die hierbei gebrauchten Abkürzungen verstehen sich von selbst.

n = Brechungsindex. Der obere Index von n gibt die Meßtemperatur (meist +20°C) in Celsiusgraden und der untere Index die Wellenlänge, bei der gemessen wurde, an. Meist steht hier D. Ist diese Bezeichnung weggelassen, dann gilt der angegebene Wert für die Fraunhofersche Linie D des Spektrums.

Löslichkeitsangabe: Da die allgemeinen Löslichkeitsangaben meist relative Bedeutung besitzen, wurde versucht, stets exakte Angaben zu erhalten. Dies ist nicht in allen Fällen gelungen. Die angeführten Zahlen sind bei festen und flüssigen Substanzen stets bezogen auf Gramm wasserfreie Substanz in 100 Gramm Lösungsmittel.

Danach bedeutet: 13.8 A. 16°, daß bei +16°C 100 Gramm Äthanol 13,8 Gramm Substanz lösen. Bei Gasen wurde als Löslichkeit die Anzahl ml des Gases bei *t*° und 760 Torr, die sich in 100 ml des Lösungsmittels bei *t*° lösen, angegeben. 240 ml Ae. 10° heißt demnach: bei +10°C und 760 Torr lösen 100 ml Diäthyläther 240 ml des betreffenden Gases.

Spezifische Drehung: Sie wird meist als $[\alpha]_D^{20}$ verzeichnet und die Schichtdicken sowie die Konzentrationen der zu den Messungen verwendeten Lösungen oder auch deren p_H-Werte in Klammern beigegeben. Werden andere Wellenlängen als die D des Natriumlichtes, z. B. die Cd-Linie, verwendet, so ist dies ausdrücklich vermerkt. Genauere Angaben über $[\alpha]$ als Charakteristikum der Stoffe findet man im Abschnitt III dieses Kapitels sowie im Abschnitt „Optische Drehung und Rotationsdispersion" von *R. Jaenicke* des 2. Bandes.

Extinktion: Bei vielen Verbindungen sind auch die Absorptionsmaxima bzw. -minima im sichtbaren oder im ultravioletten Spektralbereich als Charakteristika angegeben. Theoretische Ausführungen und Definitionen hierzu s. Abschnitt IV dieses Kapitels. Charakteristische chemische Reaktionen sind kurz skizziert, z. B. + W. → Benzaldehyd.

Abkürzungen der Lösungsmittel:

A.	= Äthanol (Äthylalkohol, Alkohol)	Eg.	= Eisessig
Ac.	= Aceton	H_2SO_4	= konzentrierte Schwefelsaure
Ae.	= Äther (Diäthyläther)	Lg.	= Ligroin
Alkali	= Alkalilauge	Me.	= Methanol
An.	= Anilin	PAe.	= Petrolather
Bzl.	= Benzol	Py.	= Pyridin
Bzn.	= Benzin	W.	= Wasser
Chlf.	= Chloroform		

Andere weniger gebrauchte Lösungsmittel sind unabgekürzt angefuhrt.

Allgemeine Löslichkeitsangaben:

∞	= in allen Verhältnissen mischbar	wl.	= wenig löslich
sll.	= sehr leicht löslich	zwl.	= ziemlich wenig löslich
zll.	= ziemlich leicht löslich	swl.	= sehr wenig löslich
ll.	= leicht löslich	unl.	= praktisch unlöslich
l.	= löslich		

Allgemeine Temperaturangaben:

k.	= kalt	h.	= heiß
w.	= warm	sd.	= siedend

Weitere Abkürzungen:

V.	= Vorkommen	Verwend.	= Verwendung
B.	= Bildung	Wi.	= physiologische bzw. pharmakologische Wirkung
Biol. Bed.	= Biologische Bedeutung		

Abkurzungen der englischsprachigen Beitrage:

a.	acid	eth.	ether	s.	soluble
ac. a.	acetic acid	et.	ethyl	sl.	slightly
acet.	acetone	f.	from	sp.	sparingly
al.	alcohol	h.	hot	subl.	sublimes
alk.	alkali(ne)	i.	insoluble	synth.	synthesis
aq.	aqueous	lig.	ligroin	tol.	toluene
b.p.	boiling point	meth.	methyl	vac.	vacuum
bz.	benzene	org.	organic	w.	water
c.	cold	m.p.	melting point	xy.	xylene
chl.	chloroform	m.	molecular weight	>	above
conc.	concentrated	pet.	petrol		
d.	decomposes	pyr.	pyridine		

In den französischsprachigen Beitragen werden die oben erwahnten Abkurzungen gebraucht.

A. Niedermolekulare organische Verbindungen

Aliphatische Kohlenwasserstoffe

1 Methan (Sumpfgas, Grubengas)

MG 16.04 *F* −182.6 *Kp* −161.4
D_4^0 0.554 (Luft = 1) oder 0.7168 g/L CH_4

Charakteristik: Farbl., geruchl., nichtgiftiges, brennbares Gas, bildet explosive Mischgn. mit Luft, starkste Explosionswirkg.: 1 Vol. + 10 Vol. Luft oder 2 Vol. Sauerstoff. 3,5 ml/100 ml H_2O 17°; l. in A., Ae. u. a. organ. Lsgm. — *V.:* In Erdatm. 0,00022 Vol.-%, in Leuchtgas, „schlagende Wetter" der Kohlegruben. — *B.:* z. B. durch Bact. metanigenes. — *Wi.:* Einfaches Erstickungsmittel, Narkoticum in hohen Konzz. bei Abwesenheit v. O_2. C-Quelle fur Methanobacterium.

2 Äthylen

MG 28.05 *F* −181 *Kp* −103
F −169.4 (monoklin. Prismen)
$D_4^{6,5}$ 0.30342 (Fluss.) $CH_2{:}CH_2$

Charakteristik: Farbl., brennbares Gas; 1 Vol. in ∼4 Vol. W. 0°, ∼9 Vol. W. 25°, ∼0,5 Vol. A. 25°, ∼0,05 Vol. Ae., 15,5°; l. in Ac., Bzl. — *V.:* Penicillium digitatum, Blastomyces dermatidis, B. brasiliensis, Histoplasma capsulatum, Hauptbestandteil der flüchtigen Olefine, die wahrend der Reifung vieler Fruchte, insbes. Äpfel, entstehen. — *Verwend.:* Zur Farbbildungsbeschleunigung reifender Citrusfruchte; Inhalationsnarkoticum.

3 2-Methyl-2-buten

MG 70.13 *Kp* 35.4 Kp_{760} 37.2 D^0 0.6783
$D^{18,1}$ 0.6678 D_4^{19} 0.6627—0 6630 C_5H_{10} $(CH_3)_2C{:}CH{\cdot}CH_3$

Charakteristik: Farbl. Fluss.; $n_\alpha^{13,1}$ 1.38037; ll. in Gemisch aus 2 Vol. H_2SO_4 u. 1 Vol. W. — *V.:* Puccinia graminis Pers. var. tritici Erikas. u. Henn. (Uredosporen).

4 Octacosan

MG 394.74 *F* 61 (64—5) Kp_0 173.5
Kp_{40} 316—18 *D* 0.7792 (fluss.) $C_{28}H_{58}$ $CH_3{\cdot}[CH_2]_{26}{\cdot}CH_3$

Charakteristik: Farbl. Krist.; n_D^{65} 1.43539, n_D^{80} 1.42971. — *V.:* Amanita phalloides.

Halogen-, Mercapto- und Sulfoderivate aliphatischer Kohlenwasserstoffe

1. Halogenderivate

1/1 Methylchlorid (Chlormethan, Chlormethyl)

MG 50.49 D^{-25} 0.991, 2.3073 g/L
F −97.7 *Kp* −24.22 CH_3Cl

Charakteristik: Farbl. Gas, brennt mit grungesäumter Flamme, zu farbl. Flüss. komprimierbar, mit ätherähnl. Geruch u. süßem Geschmack; 400 ml W., 3500 ml A.; ∞ Chlf., Ae., Eg.; erzeugt b. Verdampfen Temp. v. −23°C, mit Luftstrom sogar −50°C. Giftig! — *Verwend.:* Lokalanaestheticum. — *Wi.:* Vergiftungserscheinungen in Leber, Niere u. Zentralnervensystem.

1/2 Methylendichlorid (Methylenchlorid, Dichlormethan)

MG 84.94 *Kp* 40–41 D_4^0 1.36174, D_4^{15} 1.33479
D_4^{20} 1.3255 D_4^{30} 1.30777 *F* –97° C CH_2Cl_2

Charakteristik: Farbl. Flüss., deren Dampf nicht brennbar, Mischg. mit Luft nicht explosiv; ∞ A., Ae., Dimethylformamid; 1 T. in 50 T. W. — *Verwend.:* Fettlösungsmittel, Inhalationsnarkoticum b. kleiner Chirurgie (bes. Zahnheilkunde). — *Wi.:* Relativ toxisch! Bewirkt Herzarrhythmie, Schwindel u. Erbrechen; gefährlicher als Äthylchlorid.

1/3 Chloroform (Trichlormethan)

MG 119.39 *Kp* 61.26 (58–61.5) D_4^{15} 1.49845
D_{20}^{20} 1.484 $CHCl_3$

Charakteristik: Farbl., schwere, sehr flücht., nicht brennbare, süß schmeckende Flüss. mit charakterist. Geruch; n_D^{18} 1.44643, n_D^{20} 1.4476; azeotrop mit 7% A.; mit *Kp* 59, *D* 1.474–1.478; ∞ A., Bzl., Ae., PAe., CCl_4, CS_2, Ölen; 1 ml in 200 ml W. 25°. — Ist in reiner Form lichtempfindlich, explodiert mit Alkalimetallen; gewöhnliches Chlf. enthält 0,75% A. als Stabilisator. — Kühl u. dunkel aufbewahren! — *Verwend.:* Lösungsmittel f. Fette, Öle, Gummi, Alkaloide, Wachse, Guttapercha, Harze, Reinigungsmittel. — Inhalationsnarkoticum, bes. in Veterinärmedizin b. Pferden, intern als Antitussiv, Carminativ, Anthelminticum u. Geschmackskorrigens. — *Wi.:* Bei Überdosierung Hypotension, Atmungshemmung, ventriculäre Arrhythmie, Nieren- u. Leberstörung (im Experiment fettige Degeneration), zuweilen Hyperglykämie, Schwindel, Erbrechen.

1/4 Tetrachlorkohlenstoff (Tetrachlormethan, Perchlormethan, Benzinoform)

MG 153.84 *F* –22.8 *Kp* 76.8 D_4^0 1.63195
D_4^{20} 1.595 D_{25}^{25} 1.589 CCl_4

Charakteristik: Farbl., klare, nicht brennbare schwere Flüss. mit charakterist. Geruch; ∞ A., Bzl., Chlf., Ae., PAe., Ölen; 1 ml in 2000 ml H_2O, 0.08 W. 20°. — n_D^{15} 1.46305, n_D^{20} 1.4607; Achtung: bildet an brennenden Flammen oder heißem Metall Phosgen! — *Verwend.:* Lösungsm., „Tetralöscher", gegen Holzwürmer u. a. Schadlinge, auch intern gegen Wurminfektionen (bes. in Veterinärmedizin Anthelminticum). — *Wi.:* Akut: Anorexie, Nausea, Erbrechen, Diarrhoe, Abdominalkrampfe, Kopfschmerzen, Herzödeme, Atmungsstörung; chronisch: Leber- u. Nierenschädigung, Lungenödem.

1/5 Dichlordifluormethan (Frigen 12, Freon 12, Isotron 12, Halon, Arcton 6)

MG 120.92 *Z* > 550 *F* –158 *Kp* –29.8,
$Kp_{2\,Atm.}$ –12.2 $Kp_{5\,Atm.}$ +16.1 $Kp_{10\,Atm.}$
+ 42.2 $Kp_{20\,Atm.}$ +74 $Kp_{30\,Atm.}$ +95.6 CCl_2F_2

Charakteristik: Farbl., fast geruchlos, nicht brennbares Gas mit schwachem ätherähnl. Geruch in hohen Konzz.; unl. in W.; l. in A., Ae.; nimmt weniger als 0,0025% Wasser auf. — *Verwend.:* Refrigerans, zur Herst. v. Aerosolen. — *Wi.:* Kaum anaesthetisierend, kaum toxisch, jedoch bilden sich toxische Prodd. an brennenden Flammen oder heißen Metalloberflachen.

1/6 Methylbromid (Brommethan)

MG 94.95 *F* –93 Kp_{760} +4.5 D_0^0 1.732
$D_{4\,fl.}^0$ 1.730 $D_{ges.}^0$ 3.9749/L CH_3Br

Charakteristik: Farbl., meist geruchloses oder süßliches, an $CHCl_3$ erinnerndes Gas mit brennendem Geschmack, nicht brennbar in Luft, aber in Sauerstoff; $n_{D\,fl.}^{-20}$ 1.4432; 0.09 W., ∞ A., Chlf., Ae., CS_2, CCl_4, Bzl. — *Verwend.:* Fettlösungsmittel, Insektenfumigans. — *Wi.:* Giftiger als Methylchlorid, in hohen Konzz. Lungenschädigung, in niedr. Konzz. Depression, sensorische u. psychische Störungen, oft über mehrere Wochen anhaltend.

1/7 Bromoform (Tribrommethan)

MG 252.77 *F* +7.5 *Kp* 149–50 D_4^{20} 2.8899
D_{15}^{15} 2.902 $CHBr_3$

Charakteristik: Farbl. schwere Flüss. mit an Chlf. erinnerndem Geruch u. sußl. Geschmack oder hexagon. Tafeln; n_D^{15} 1.6005, n_D^{19} 1.5980; 0.319 W. 30°, ∞ A., Bzl., Chlf., Ae., PAe., Ac., Ölen. — Zersetzt sich langsam unter Bildung gelber Farbe, durch Licht beschleunigt, gewöhnl. durch Zus. v. 3–4% Äthanol stabilisiert. — *Verwend.:* Sedativum, Antitussivum. — *Wi.:* Toxisch! Stupor, Coma, Hypotension.

1/8 Methyljodid (Jodmethan)

MG 141.95 *F* –66.5 *Z* 270 *Kp* 42.5
D_4^{20} 2.28 CH_3J

Charakteristik: Farbl. Flüss., wird an der Luft braun; n_D^{21} 1.5293; ∞ A., Ae.. 1.4 W. 20°. Vor Licht schützen. — *Verwend.:* Zu Methylierungen. — *Wi.:* Schwere Narkose.

1/9 Jodoform (Trijodmethan)

MG 393.78 *F* 120 D_4^{20} 4.008 $Kp_{subl.}$ 210 expl. CHJ_3

Charakteristik: Gelbe hexagon. Tafeln oder amorph. Pulver mit charakt. safranartigem Geruch; mit W.-Dampf flüchtig; n_D 1.800; ∞ Bzl., Ac.; 0.01 W.; 1.5 90%ig. A. 18°; ll. sd. A.; 18.5 Ae.; l. in Eg., Chlf., Glycerin, CS_2, Olivenöl; wl. in PAe. — *Verwend.:* Antisepticum u. Anaestheticum. — *Wi.:* Zu große Mengen parenteral: Dermatitis, peroral: Malaise, Anorexie, Kopfschmerzen, Tachycardie, Hypotension.

1/10 Äthylchlorid (Chloräthan)

MG 64.52 *F* −138.7 Kp_{760} 12.3 D_4^0 0.9214 D_6^6 0.9171 Dampfdruck 2.22 (Luft 1.00) $CH_3 \cdot CH_2 \cdot Cl$

Charakteristik: Brennbares Gas bei Raumtemp. u. Normaldruck, leicht bewegl. Flüss. bei nied. Temp. u. hoh. Druck, mit charakt. ätherartigem Geruch u. brennendem Geschmack; ∞ Ae., 0.574 W. 20°, 48.3 A. — Vor offener Flamme u. Sonne schützen, Gebrauch nur bei guter Raumbelüftung! — *Verwend.:* Solvens, Kühlmittel, zu Äthylierungsreaktt., Lokalanaestheticum, Inhalationsnarkose. — *Wi.:* Leberschädigung, Herz u. Atmungsstörung.

1/11 Äthylenchlorid (1,2-Dichloräthan, Äthylendichlorid, Glykoldichlorid)

MG 98.96 *F* −35.3 *Kp* 83.5—83.7 D_4^{20} 1.2569 $Cl \cdot CH_2 \cdot CH_2 \cdot Cl$

Charakteristik: Schwere, farbl. Fluss. mit angenehmem Geruch u. süßem Geschmack, brennt mit rauchender Flamme; n_D^{20} 1.44432; ∞ A., Ae., Chlf., 0.92 W. 0°, 0.869 W. 20°. — *Verwend.:* Solvens f. Fette, Öle, Wachse, Gummen, Harze. — *Wi.:* Dämpfe wirken erregend auf Atmungstrakt u. Conjunctiva u. narkotisierend, größere Mengen p.o. verursachen Leber- u. Nierenschädigungen.

1/12 Äthylbromid (Bromäthan)

MG 108.98 *F* −119 *Kp* 38.4 $CH_3 \cdot CH_2 \cdot Br$

Charakteristik: Farbl., flücht., brennbare Fluss. mit ätherischem Geruch u. brennendem Geschmack; n_D^{20} 1.42405; ∞ A., Ae., Chlf. u. a. organ. Lsgm., 1.08 W. 0°, 0.96 W. 17.5°, 0.91 W. 20°, Dämpfe explosiv! — *Verwend.:* Äthylierungsmittel, Gefriermittel, Inhalationsnarkoticum. — *Wi.:* Narkotisierend, jedoch Reizg. der Lungen.

2. Mercaptoderivate

2/1 Methylmercaptan (Methanthiol)

MG 48.10 *F* −123.1 (−121) Kp_{752} 5.8 D_4^{20} 0.868 D_4^{25} 0.8599 (D_4^0 0.8961) $CH_3 \cdot SH$

Charakteristik: Fluss. oder Gas; riecht nach faulendem Kohl; + W.: krist. Hydrat; ll. in A., Ae.; wl. in W. (Z.). — *V.:* In Exhalationsluft v. Leberkranken im fortgeschrittenen Stadium.

2/2 Äthylmercaptan (Äthanthiol, Äthylhydrosulfid, Äthylthioalkohol)

MG 62.13 *F* −121 Kp_{724} 33.4 (34.7—35.5) D_4^{28} 0.8454 $CH_3 \cdot CH_2 \cdot SH$

Charakteristik: Farbl. Flüss. mit penetrantem lauchart. Geruch; n_D^{25} 1.4351; ∞ A., Ae., 1.5 W. — *Na-Salz: MG* 84.12, weiße Krist.; l. in W., A. — *Wi.:* Narkotisierend in hohen Konzz.

3. Sulfoderivate

3/1 Dimethylsulfon $C_2H_6O_2S$

CH_3 · $CH_3 \cdot S:O$ ↓ O

MG 89.13 *F* 107—9 Kp_{250} 233.5 D_4^{110} 1.1702

Charakteristik: — *V.:* Cladonia deformis Hoffm.

3/2 Dimethylsulfoxyd C_2H_6OS

$CH_3 \cdot S \cdot CH_3$ ↓ O

MG 78.14 *F* 18.5 *FlP* 95 *Kp* 189 D_4^{20} 1.10

Charakteristik: Klare, farb- und geruchlose, hygroskop. Fluss. mit leicht bitterem Geschmack; n_D^{20} 1.4787; ∞ W., A., Ae., Bzl., Chlf., Ketonen; unl. in Kohlenwasserstoffen. — Leicht reduzierbar, beständig gegen Oxydationsmittel, wirkt nicht korrosiv. — *Verwend.:* Solvens für SO_2, NO_2, Acetylen, Äthylenoxyd, Benzolcarbonsauren, Campher, Harze, Fette, Farben u. a. — Gefrierschutzmittel anstelle v. Äthylenglykol. Im biochem. u. cytochem. Labor: Füllmaterial für Ampullen zum langsamen Einfrieren von Kulturzellen u. dgl.; s. *Nagington, J.*, u. *R. I. N. Graeves:* Nature **194**, 993 (1962).

3/3 **1,2-Äthandisulfosäure (Disulfätholsäure, Äthylendisulfosäure)**

MG 190.20 (wasserfrei) *F* 172–4 $HO_3S \cdot CH_2 \cdot CH_2 \cdot SO_3H$
Dihydrat: $\cdot 2H_2O$

Charakteristik: Sehr zerfließl. Krist. (aus Eg. u. Essigsäureanhydrid); ll. in W., A. — *Dihydrat:* Schwachgraues Pulver, *F* 111–12 (aus Eg. + Essigsäureanhydrid); ∞ W., A. — *Na-Salz:* $Na_2C_2H_4O_6 \cdot 2H_2O$, stabile, monokline Prismen; ∞ W.; unl. in A. — *Diäthylester:* $C_6H_{14}O_6S_2$, *F* 77.5, wird leicht verseift. — *Wi.:* Antagonist der Bernsteinsäure.

3/4 **Bis-(β-hydroxyäthyl)-sulfoxyd**

MG 138.18 *F* 112–14.5 $(HO \cdot CH_2 \cdot CH_2)_2S{:}O$

Charakteristik: Farbl. Krist.; ll. in W., A.; unl. in Ae. — *V.:* Im Rinderblut.

Einwertige Alkohole und ihre Derivate

Von **E. Hecker** und **W. Koch**, München

Zur Konfigurationsbezeichnung optisch aktiver Alkohole vgl. *Cahn, R.S., C.K. Ingold* u. *V. Prelog:* Experientia (Basel) **12**, 81 (1956).

1. Gesättigte, primäre, secundäre und tertiäre Alkohole

1/1 **Methylalkohol (Methanol)**

MG 32.04 *F* −97.8 *Kp* 64.65 *FlP* +6.5
D_4^0 0.81005 D_4^{10} 0.80074 D_4^{20} 0.79142
D_4^{30} 0.78208
n_D^{20} 1.32855 $n_D^{17.5}$ 1.32960 $CH_3 \cdot OH$

Charakteristik: Farbl., klare, leicht bewegl. Flüss.; ∞ W., A., Ae. unter Wärmebildung; mischbar mit den meisten organischen Lsgm.; swl. in PAe. (besseres Lsgm. als A.). — Giftig! — *B.:* Trockene Dest. des Holzes; synth. aus CO u. H_2. — *Verwend.:* Lsgm.; gut verschlossen und kuhl aufbewahren, vor Flammen schutzen.

1/2 **Äthylalkohol (Äthanol, Alkohol, Weingeist)**

MG 46.07 *F* −114.5 *Kp* 78.32 *FlP* +16
D_4^0 0.80631 D_4^{20} 0.78933 D_4^{25} 0.78506
n_D^{20} 1.36155 n_D^{25} 1.35941 $CH_3 \cdot CH_2 \cdot OH$

Charakteristik: Farbl., klare, leicht bewegl. Flüss.; in wasserfreiem Zustand hygroskop.; brennt mit blaßblauer, nichtleuchtender Flamme; ∞ W., Ae., Chlf.; mischb. mit den meisten organ. Lsgm. — Azeotrop m. W.: *Kp* 78.174; 4,0 Gew.-% W. — *B.:* Alkohol. Gärung von Zuckerarten. — *Verwend.:* Getränke; Brennstoff, Lösungsm.; gut verschlossen und kühl aufbewahren, vor Flammen schützen.

1/3 **n-Propylalkohol (Propanol-(1))**

MG 60.09 *F* −126.5 *Kp* 97.19 *FlP* +22
D_4^0 0.81926 D_4^{15} 0.80749 D_4^{20} 0.80330
D_4^{25} 0.7999
n_D^{20} 1.38533 n_D^{25} 1.38343 $CH_3 \cdot CH_2 \cdot CH_2 \cdot OH$

Charakteristik: Farbl. Flüss. von schwach betäubendem Geruch; mischbar mit W., A., Ae. — *V.:* In rohem Fuselöl. — *Verwend.:* Lösungsmittel f. Harze und Celluloseester.

1/4 **Isopropylalkohol (Propanol-(2))**

MG 60.09 *F* −89.5 *Kp* 82.4 *FlP* +15
D_4^0 0.80136 D_4^{15} 0.78916 D_4^{20} 0.78511 D_4^{30} 0.77690
n_D^8 1.3852 n_D^{15} 1.3802 n_D^{20} 1.3771 n_D^{25} 1.3750 $CH_3 \cdot CH(OH) \cdot CH_3$

Charakteristik: Farbl. Flüss., leicht entflammbar, Geruch schwach an Mischg. von A. u. Ae. erinnernd; schwach bitterer Geschmack (nicht genießbar); ∞ W., A., Ae., Chlf.; unl. in Salzlösungen. Kann aus wss. Lsg. durch Aussalzen mit NaCl, Na_2SO_4, NaOH usw. gewonnen werden. Azeotrop mit W.: *Kp* 80.37, 87,9 Gew.-% Isopropanol; *F* v. wss. Lsg. (Vol.-%): Isopropanol 15% = −3,3°; 25% = −6,7°; 30% = −8,3°; 35% = −11,1°; 40% = −13°; 45% = −17,8°; 50% = −23°; 60% = −32°. — *Verwend.:* Gefrierschutzmittel, Tiefkühlbad, Lösungsmittel f. Gummi, Schellack, ather. Öle, Kreosot, z. Extraktion von Alkaloiden, Denaturierung v. A., Gleitmittel, Kosmetika, lokales Antiseptikum. Nicht für inneren Gebrauch. Vorsicht!

1/5 **n-Butylalkohol (Butanol-(1), prim. Butylalkohol)**

MG 74.12 *F* −89.53 *Kp* 117.25−117.73 *FlP* 35−36
D_4^0 0.8246 D_4^{15} 0.8133 D_4^{20} 0.8095 D_4^{25} 0.8057−0.8060
n_D^{20} 1.3991 n_D^{30} 1.3956 $CH_3\cdot[CH_2]_2\cdot CH_2\cdot OH$

Charakteristik: Farbl., stark lichtbr. Flüss., Geruch schwach an Fuselöl erinnernd, Dämpfe hustenerregend; brennt mit stark leuchtender Flamme. — 7.4 W.; ∞ A., Ae. u. a. organische Lsgm.; azeotrop mit W.: *Kp* 92.3, 56 Gew.-% Butanol. — *B.:* Vergärung von Kohlenhydraten, synthetisch (BASF). — *Verwend.:* Lsgm. für Fette, Wachse, Harze, Schellack, Firnis, Gummi usw.; mit Paraffin mikroskopisches Einbettungsmaterial. — *V.:* In Melassefuselöl, schwarzem Tee, Shoyu (Gewürz, hergestellt durch Gärung aus Sojabohne und Weizen mit Aspergillus oryzae).

1/6 **Racemischer secundärer Butylalkohol ((±)-Butanol-(2), Methyläthylcarbinol)**

MG 74.12 *F* Erstarrt bei −114.7 glasig
Kp 99.5 *FlP* 24
D_4^0 0.82273 D_4^{15} 0.81089 D_4^{20} 0.8063 D_4^{25} 0.8029
n_D^{15} 1.39946 n_D^{20} 1.3973 n_D^{25} 1.39495 $CH_3\cdot CH_2\cdot CH(OH)\cdot CH_3$

Charakteristik: Farbl. Fluss. von weinähnlichem Geruch; ∞ A., Ae. — *Verwend.:* Lsgm. für natürliche Harze, Leinöl, Ricinusöl; zur Synthese von Netz- und Flotationsmitteln, kunstl. Aromen, Parfums und Farbstoffen; Farbentferner und Reinigungsmittel. — *V.:* In indischen Melassefuselölen, in französischen Weinen.

1/7 **Isobutylalkohol (2-Methyl-propanol-(1))**

MG 74.12 *Kp* 108.0 *FlP* 28−29
D_4^{20} 0.80178 D_4^{25} 0.79799
n_D^{20} 1.3955 n_D^{25} 1.3936 $CH_3\cdot CH(CH_3)\cdot CH_2\cdot OH$

Charakteristik: Farbl. Flüss.; ∞ A., Ae.; Azeotrop mit W.: *Kp* 89.9, 66,8 Gew.-% Isobutanol. — *B.:* Als Nebenprodukt bei der Gewinnung von Methanol aus Wassergas. — *V.:* In Himbeerfruchtöl, Citronellöl, ätherischen Ölen und Gärungsprodukten. — *Verwend.:* Als techn. Lsgm.

1/8 **tert.-Butylalkohol (tert. Butanol, 2-Methylpropanol-(2), Trimethylcarbinol)**

MG 74.12 *F* 25.5 *Kp* 82.5 Kp_{60} 28.3 *FlP* +9
D_4^{20} 0.78581−0.78670 D_4^{25} 0.78086 D_4^{30} 0.77620
n_D^{20} 1.3878 (1.38468) n_D^{25} 1.38231 $(CH_3)_3C\cdot OH$

Charakteristik: Tafeln und Prismen; Geruch nach Campher; ∞ W., A., Ae. — *Verwend.:* Zum Denaturieren von A.; Herst. v. Flotationsmitteln, künstl. Aromen, Parfums, Lsgm. in Farbentfernern.

1/9 **n-Pentylalkohol (n-Amylalkohol, Pentanol-(1))**

MG 88.15 *F* −78.5 *Kp* 138 *FlP* 58
D_4^0 0.8298 D_4^{15} 0.81837 D_4^{20} 0.8140 D_4^{25} 0.8107
n_D^{15} 1.41173 (1.4119) n_D^{20} 1.4100 n_D^{25} 1.4080 $CH_3\cdot[CH_2]_3\cdot CH_2\cdot OH$

Charakteristik: Farbl. Fluss. mit charakteristischem Geruch; 2.7 W. 22°; mischbar mit vielen organ. Lsgm. Azeotrop mit W.: *Kp* 95.95, 46,3 Gew.-% Pentanol. — *Verwend.:* Lsgm. und zu organ. Synthesen.

1/10 **DL-sec.-n-Amylalkohol ((±)-Pentanol-(2), Methyl-n-propyl-carbinol)**

MG 88.15 *Kp* 119.85 Kp_{60} 62 *FlP* 42
D_4^0 0.8247 D_4^{15} 0.8132 D_4^{25} 0.8053
n_D^{20} 1.4037 n_D^{25} 1.4043 (1.4048) $CH_3\cdot[CH_2]_2\cdot CH(OH)\cdot CH_3$

Charakteristik: Farbl. Fluss.; 5.3 W.; ∞ A., Ae.

1/11 **Pentanol-(3) (Diäthylcarbinol)**

MG 88.15 *Kp* 116 Kp_{60} 53 *FlP* 39
D_4^0 0.8368 D_4^{15} 0.8246 D_4^{20} 0.8218 D_4^{25} 0.8195
n_D^{20} 1.4104 n_D^{30} 1.4058 $CH_3\cdot CH_2\cdot CH(OH)\cdot CH_2\cdot CH_3$

Charakteristik: Farbl. Flüss. mit charakteristischem Geruch; l. in organ. Lsgm.; wl. in W. — *Verwend.:* Lsgm., Flotationsm. — *Phenylurethan:* *F* 48−49.

1/12 (−)(S)-2-Methyl-butanol-(1)
MG 88.15 *Kp* 129
D_4^{20} 0.8193 D_4^{25} 0.8158−0.8186
n_D^{20} 1.4102−1.4107 n_D^{25} 1.4077−1.4084
$[\alpha]_D^{20}$ −5,88° (unverdünnt) $[\alpha]_D^{25}$ −5,77° (unverdünnt)
$CH_3 \cdot CH_2 \cdot CH(CH_3) \cdot CH_2 \cdot OH$

Charakteristik: Farbl. Flüss.; ∞ A., Ae.; swl. in W. — *Phenylurethan: F* 30. — *V.:* In Fuselolen, besonders im „Garungsamylalkohol" (neben 3-Methyl-butanol-(1)), im Apfelsaft.

1/13 2-Methyl-butanol-(2) (Dimethyläthylcarbinol, tert.-Pentylalkohol, tert. Amylalkohol, Amylenhydrat)
MG 88.15 *F* −8.6 *Kp* 102 *FlP* 21
D_4^0 0.82718 D_4^{15} 0.81346 D_4^{25} 0.8059
n_D^{15} 1.4078 n_D^{20} 1.4042 n_D^{25} 1.4024
$CH_3 \cdot CH_2 \cdot C(OH)(CH_3)_2$

Charakteristik: Farbl., flücht. Flüss. mit charakterist. Geruch und brennendem Geschmack; 12.5 W.; 14 W. 30°; ∞ A., Ae.; l. in Bzl., Chlf., Glycerin, Ölen. — *Verwend.:* Schlafmittel „Amylenhydrat"; gut verschlossen halten und vor Licht schützen. — *V.:* In Reisbranntwein.

1/14 (±)-3-Methyl-butanol-(2) (Methylisopropyl-carbinol)
MG 88.15 *Kp* 111−113 Kp_{60} 61 *FlP* 39
D_4^{25} 0.8134
n_D^{20} 1.4092−1.4097 n_D^{25} 1.3858
$(CH_3)_2CH \cdot CH(OH) \cdot CH_3$

Charakteristik: Farbl. Flüss.; wl. in W.; ∞ A., Ae.

1/15 3-Methyl-butanol-(1) (Isoamylalkohol)
MG 88.15 *F* −117 *Kp* 132 *FlP* 48
D_4^{15} 0.81294 D_4^{20} 0.80919 D_4^{25} 0.80554
n_D^{25} 1.4046 n_D^{28} 1.4081
$(CH_3)_2CH \cdot CH_2 \cdot CH_2 \cdot OH$

Charakteristik: Farbl. Flüss. von stechendem abstoßendem Geschmack und charakterist. unangenehmem Geruch; Dämpfe reizen zum Husten und sind giftig! 2 W. 13°; l. in A., Bzl., Chlf., Ae., PAe., Eg., Ölen. Azeotrop mit W.: *Kp* 95.0, 57,6 Gew.-% Isoamylalkohol. — *Verwend.:* Lsgm. für Fette, Öle, Harze, Alkaloide usw. — *V.:* In Fuselölen, besonders im „Gärungsamylalkohol" (neben 2-Methyl-butanol(1)), in schwarzem Tee.

1/16 Neopentylalkohol (2,2-Dimethylpropanol-(1), Neopentanol)
MG 88.15 *F* 55−56 *Kp* 113−114
D 0.812
$(CH_3)_3C \cdot CH_2 \cdot OH$

Charakteristik: Farbl. Krist., Geruch nach Pfefferminz; Dampfdruck: 16 mm b. 20°, 50,5 mm b. 46°, 533,5 mm b. 100°; ll. in A., Ae.; swl. in W. — *Wi.:* Anaesthetisch.

1/17 n-Hexylalkohol (Hexanol-(1))
MG 102.17 *F* −46 (−52) *Kp* 157.5
D_4^{15} 0.8223 D_4^{20} 0.8186
n_D^{15} 1.41989 n_D^{20} 1.41790 n_D^{25} 1.4160
$CH_3 \cdot [CH_2]_4 \cdot CH_2 \cdot OH$

Charakteristik: Farbl. Flüss.; ∞ Ae.; l. in A.; wl. in W. — *Verwend.:* Herst. von Antiseptica u. Schlafmitteln. — *V.:* In Java-Citronellöl, Shoyu (Gewürz, hergestellt durch Gärung aus Sojabohne und Weizen mit Aspergillus oryzae), Erdbeersaft, Geraniumöl, Tee, Lavendelöl, Fuselölen; als Acetat in Samen und Früchten v. Heraclium spondylium u. H. giganteum.

1/18 (+)(S)-3-Methyl-pentanol-(1)
MG 102.17 Kp_{77} 80 Kp_{25} 72 Kp_9 52−54
D_4^{25} 0.8156
n_D^{25} 1.4178
$CH_3 \cdot CH_2 \cdot CH(CH_3) \cdot CH_2 \cdot CH_2 \cdot OH$

Charakteristik: Farbl. Flüss.; optisch nicht rein erhalten. — *V.:* In Reunion-Geraniumöl. — (−)(*R*)-*3-Methyl-pentanol-(1)*: $[\alpha]_D^{25}$ −3,2° (unverd.). — *α-Naphthylurethan: F* 96−97. — *V.:* Im Java-Citronellöl.

1/19 n-Heptylalkohol (n-Heptanol-(1))
MG 116.20 *F* −34 *Kp* 176.5 Kp_{40} 99.3 bis 99.5 Kp_9 76.7−76.8
D_4^{15} 0.8255 (0.82583) D_4^{20} 0.8219
n_D^{15} 1.4261 n_D^{20} 1.4241 (1.4234; 1.4245)
n_D^{25} 1.4222
$CH_3 \cdot [CH_2]_5 \cdot CH_2 \cdot OH$

Charakteristik: Farbl. Flüss.; 0.1 W. 18°, 0.285 W. 100°; wssr. Lsgn. sind kolloidal; ∞ A., Ae. — Azeotrop mit W.: *Kp* 98.7, 17 Gew.-% Heptanol. — *V.:* In Fuselölen.

1/20 (+)(S)-Heptanol-(2) (Methyl-n-pentyl-carbinol)

MG 116.20 *Kp* 158.7 Kp_{70} 95.8–96 Kp_{10} 65.4
D_4^{15} 0.8203 D_4^{20} 0.8167 D_4^{25} 0.8134
n_D^{20} 1.4210 (1.4214) n_D^{25} 1.4190 (1.4185) $CH_3\cdot[CH_2]_4\cdot CH(OH)\cdot CH_3$

Charakteristik: Farbl. Flüss. — *V.:* In einigen Fuselölen, besonders im Melassefuselöl.

1/21 n-Octylalkohol (n-Octanol-(1))

MG 130.23 *F* −15 *Kp* 195.3 Kp_{100} 135
Kp_{20} 100.7
D_4^{20} 0.8256 D_4^{25} 0.8224 (0.8221)
n_D^{20} 1.4295 (1.4291) n_D^{25} 1.4275 $CH_3\cdot[CH_2]_6\cdot CH_2\cdot OH$

Charakteristik: Farbl. Fluss. mit penetrantem aromatischem Geruch; ∞ A., Ae.; swl. in W., Chlf. — Azeotrop mit W.: *Kp* 99.5; 11 Gew.-% Octanol. — *Verwend.:* Herst. von Parfüms und Estern. — *V.:* Im ätherischen Öl aus grünem und schwarzem Tee, in Fuselölen, Grapefruchtschalenöl, kalifornischem Pomeranzenöl, im Tran des Spermwals.

1/22 (±)-Octanol-(2) (Methyl-n-hexyl-carbinol, 1-Methyl-n-heptylalkohol)

MG 130.23 *F* −31.6 *Kp* 180 Kp_{100} 120.5
Kp_{20} 87.6
D_4^{20} 0.8205 D_4^{25} 0.8168
n_D^{20} 1.4260 (1.4264) n_D^{25} 1.4238 (1.4244) $CH_3[CH_2]_5\cdot CH(OH)\cdot CH_3$

Charakteristik: Farbl. Flüss. mit aromat., doch unangenehm. Geruch, besonders bei Erwärmen; 0.15 W. 15°; ∞ A., Ae. — Azeotrop mit W.: *Kp* 98.7, > 19 Gew.-% Octanol-(2). — *Darst.:* Aus Ricinusöl. — *Verwend.:* Herst. von Parfüm und desinfizierenden Seifen, verhindert Schäumen. — *V.:* In Sake-Fuselöl, Reunion-Geraniumöl. — *Rechtsdrehende Form:* $[\alpha]_D^{20}$ +9,91° (unverd.), n_D^{20} 1.4264, D_4^{20} 0.8202.

1/23 (+)(S)-Octanol-(3) (Äthyl-n-pentyl-carbinol)

MG 130.23 Kp_{742} 172.5 Kp_{13} 74 $Kp_{2.2}$ 52–53
D_4^{20} 0.8246
n_D^{20} 1.4268
$[\alpha]_D^{20}$ +7,93° (unverd.) $CH_3[CH_2]_4\cdot CH(OH)\cdot CH_2\cdot CH_3$

Charakteristik: Farbl. Fluss. — *V.:* Im atherischen Öl von Mentha pulegium L.

1/24 n-Nonylalkohol (Nonanol-(1))

MG 144.25 *F* −5.5 *Kp* 213.5
D_4^{15} 0.8310 D_4^{20} 0.8274 (0.8271) D_4^{25} 0.8241 (0.8230)
n_D^{15} 1.4355 n_D^{20} 1.4335 n_D^{25} 1.4315 (1.4320) $CH_3\cdot[CH_2]_7\cdot CH_2\cdot OH$

Charakteristik: Farbl. Flüss., riecht nach Citronenol; ∞ A., Ae.; unl. in W. — *Verwend.:* Kunstl. Citronenöl. — *V.:* Im Fuselöl aus Kartoffelspiritus, Orangenöl, Öl aus süßen Pomeranzen.

1/25 (±)-Nonanol-(2) (Methyl-n-heptyl-carbinol)

MG 144.25 *Kp* 198.3 Kp_{10} 89.5–89.8
D_4^{0} 0.83723 D_4^{25} 0.81910
n_D^{25} 1.4290 (1.4275) $CH_3[CH_2]_6\cdot CH(OH)\cdot CH_3$

Charakteristik: Farbl. Fluss. — *V.*. In Fuselölen, im Kokosnußol. — *α-Naphthylurethan:* *F* 55.5.

1/26 n-Decylalkohol (Decanol-(1))

MG 158.28 *F* 6.88 *Kp* 229 (korr.)
Kp_{11} 111.5–113.5 $Kp_{3.5}$ 93
D_4^{15} 0.8327 D_4^{20} 0.8287 (0.8300) D_4^{25} 0.8259 $CH_3\cdot[CH_2]_8\cdot CH_2\cdot OH$

Charakteristik: Schwach viscoses, stark lichtbrech. Öl; unter +6,88° rechteckige Platten oder Blättchen bildend; ∞ Ae.; l. in A.; unl. in W. — *V.:* Im flüssigen Wachs aus den Samen von Simmondia californica Nuth.; im Tran des Spermwals. — *Wi.:* Geruch wirkt abstoßend auf Fliegen (Musca domestica).

1/27 (±)-3,7-Dimethyl-octanol-(1), (Dihydro-citronellol, Tetrahydrogeraniol)

MG 158.28 *Kp* 221–223 Kp_{12} 106
$Kp_{2.4}$ 81–82
D_4^{20} 0.8308
n_D^{20} 1.4367 (1.4360) $(CH_3)_2CH\cdot[CH_2]_3\cdot CH(CH_3)\cdot CH_2\cdot CH_2\cdot OH$

Charakteristik: Farbl. Flüss.; l. in A., Ae.; unl. in W.

1/28 n-Undecylalkohol (Undecanol-(1))

MG 172.30 *F* 16.5 Kp_{769} 243.5 (korr.)
Kp_{18} 140.13
D_4^{20} 0 8298
n_D^{20}1.4410 (1.4441; 1.4302)

$CH_3 \cdot [CH_2]_8 \cdot CH_2 \cdot OH$

Charakteristik: Farbl. Flüss.; ll. in Ae.; l. in A.; unl. in W. — *Wi.:* Geruch wirkt abstoßend auf Fliegen (Musca domestica).

1/29 (±)-Undecanol-(2) (Methyl-n-nonyl-carbinol)

MG 172.30 *F* 0 Kp_{27} 136 Kp_{11} 116
D^{20} 0.8302
n_D^{20} 1.4387

$CH_3 \cdot [CH_2]_8 \cdot CH(OH) \cdot CH_3$

Charakteristik: Farbl. Flüss. — *V.:* In Palmkern- und Kokosnußöl.

1/30 n-Dodecylalkohol (Dodecanol-(1), Laurylalkohol)

MG 186.33 *F* 23.5 *Kp* 263.2—264.4
Kp_{25} 153.5 Kp_{12} 138—139 Kp_4 117
$D_4^{20.8}$ 0.8345 D_4^{30} 0.8269
n_D^{20} 1.4455 n_D^{25} 1.4424 n_D^{30} 1.4400

$CH_3[CH_2]_{10} \cdot CH_2 \cdot OH$

Charakteristik: Blätt. (verd. A.); l. in Ae.; wl. in A. — *Verwend.:* Herst. von Schwefelsäureestern, die als Netzmittel wirken. — *V.:* Als Ester in den Früchten von Ligusticum acutilobum Sieb. et Zucc. und im destillierten Citronenöl. — *Wi.:* Geruch wirkt abstoßend auf Fliegen (Musca domestica).

1/31 Myristylalkohol (Tetradecanol-(1), n-Tetradecylalkohol)

MG 214.38 *F* 36.4 (37.7; 38.26) *Kp* 295.0 bis 295.8 Kp_{18} 170 $Kp_{0.1}$ 111—113
D_4^{38} 0.8236

$CH_3 \cdot [CH_2]_{12} \cdot CH_2 \cdot OH$

Charakteristik: Farbl. Krist. (A.); l. in A., Ae., Ac., Bzl.; unl. in W. — *Verwend.:* In Salben. — *V.:* In Früchten und Wurzeln von Ligusticum acutilobum, als Ester im Walrat.

1/32 n-Pentadecylalkohol (Pentadecanol-(1))

MG 228.41 *F* 43.9—44.0

$CH_3 \cdot [CH_2]_{13} \cdot CH_2 \cdot OH$

Charakteristik: Farbl. Krist. (PAe.). — *V.:* Im ätherischen Öl der Blätter von Cinnamomum micranthum.

1/33 Cetylalkohol (Hexadecanol-(1), n-Hexadecylalkohol, Palmitylalkohol)

MG 242.44 *F* 49.5 Kp_{10} 179—181
Kp_3 148—150
D_4^{50} 0.8176 $D_4^{56.3}$ 0.8143

$CH_3 \cdot [CH_2]_{14} \cdot CH_2 \cdot OH$

Charakteristik: Weiße Blätt. (A.); l. in Ae., Chlf.; unl. in W., 102 A., 97 Me. 20°. — *Verwend.:* Herst. von Schwefelsäureestern, Emulgatoren. — *V.:* Im Knollenblätterpilz, Fuselöl, in Fischölen, in den Geruchsdrüsen der Alligatorenarten, im Wollfett, in den Faeces von Menschen, Hunden, Katzen und Ratten; als Ester im Walrat, im Fichtennadelwachs.

1/34 n-Octadecylalkohol (Octanol-(1), Stearylalkohol, Stearinalkohol)

MG 270.49 *F* 57.6—57.75 Kp_{15} 211
Kp_{10} 202 Kp_2 170—171 Kp_1 159—161
D_4^{59} 0.8124

$CH_3 \cdot [CH_2]_{16} \cdot CH_2 \cdot OH$

Charakteristik: Weiße Blätt. (A.); l. in A., Ae., Bzl., Ac.; unl. in W. — *V.:* Im Extrakt von Eichenmoos, im Kawaharz, in der Rindenkoralle, im Öl aus den Eierstöcken von Mugil japonicus L., im Fleisch von Ruvettus pretiosus, in Fischölen, Wollfett, als Ester im Walrat. — *Acetat:* *F* 33.

1/35 (+)(S)-Octadecanol-(2) (Methyl-n-hexadecyl-carbinol)

MG 270.49 *F* 56
$[\alpha]_D^{25}$ +5,7° (Chlf.), +7,3° (Bzl.)

$CH_3 \cdot [CH_2]_{15} \cdot CH(OH) \cdot CH_3$

Charakteristik: Nadeln (Me.); ll. in warmem Me. — *V.:* In Tuberkelbazillen. — *3,5-Dinitrobenzoat:* *F* 71—72.

1/36 **n-Eicosylalkohol (Eicosanol-(1))**

MG 298.54 *F* 66.5—67.5 (korr.) Kp_8 220—225 $Kp_{0.4}$ 178 — $CH_3 \cdot [CH_2]_{18} \cdot CH_2 \cdot OH$

Charakteristik: Farbl. Kristalle (Chlf., A. oder Bzl.); l. in heißem Bzl.; in der Kalte swl. in den meisten organ. Lsgm. — *V.:* Im Plantagenkautschuk, in Holz und Rinde der Douglasfichte, in der Buchenrinde, im Fett der Ovarialdermoidcysten. — *Phenylurethan: F* 75—76.

1/37 **(+)-Eicosanol-(2) (Methyl-n-octadecyl-carbinol)**

MG 298.54 *F* 63—64 $[\alpha]_D$ +4,2° (Chlf.) $[\alpha]_D^{21}$ +6,9° (Ae.; $c = 3{,}6$) — $CH_3 \cdot [CH_2]_{17} \cdot CH(OH) \cdot CH_3$

Charakteristik: Farbl. Krist. (Me. oder Essigester); wl. in A. — *V.:* Im Wachs von Timothee-Bazillen (Mycobacterium phlei), im Wachs und in Lipoiden von Leprabazillen (Mycobacterium Leprae), von Vogeltuberkelbazillen (Mycobacterium avium). — *3,5-Dinitro-benzoat: F* 77.5—78.

1/38 **n-Docosylalkohol (Docosanol-(1))**

MG 326.59 *F* 70.5—71.5 (korr.) $Kp_{0.7}$ 191 $Kp_{0.22}$ 180 — $CH_3 \cdot [CH_2]_{20} \cdot CH_2 \cdot OH$

Charakteristik: Farbl. Kristalle (Ac. oder Chlf.); ll. in A., Me., heißem PAe. und Ae.; l. in Chlf. und kaltem PAe.; wl. in kaltem Ae.; swl. in W. — *V.:* In Holz und Rinde der Douglasfichte, im Unverseifbaren des Fettes von cystischen Ovarialtumoren.

1/39 **n-Tetracosylalkohol (Tetracosanol-(1))**

MG 354.64 *F* 76.5—77 (75.2—75.5) $Kp_{0.4}$ 210—210.5 — $CH_3 \cdot [CH_2]_{22} \cdot CH_2 \cdot OH$

Charakteristik: Farbl. Krist. (Ae. oder Ac.). — *V.:* Im Spinatfett, in Spuren im Wachs von Dactylis glomerata.

1/40 **Carnaubylalkohol**

MG 354.64 — $C_{24}H_{50}O$

Charakteristik: Krist. (A.); l. in Ae.; swl. in A. — Gemisch verschiedener Alkohole. — *V.:* Als Ester im Wollfett.

1/41 **Lignocerinalkohol (Lignocerylalkohol, Isotetracosanol)**

MG 354.64 — $C_{24}H_{50}O$

Charakteristik: Farbl. Krist. (Chlf. oder Ligroin); wl. in A.; unl. in W. — Gemisch verschiedener Alkohole. — Als Ester in natürlichen Wachsen.

1/42 **n-Hexacosylalkohol (Hexacosanol-(1))**

MG 382.70 *F* 79.5—79.8 (korr.) (77.5 korr.) Kp_{20} 305 — $CH_3 \cdot [CH_2]_{24} \cdot CH_2 \cdot OH$

Charakteristik: Farbl. Krist. (aus wasserhaltigem Essigester); unl. in W.; l. in Chlf., Bzl.; ll. in den meisten organ. Lsgm. bei Siedetemp. — *V.:* In vielen tierischen und pflanzlichen Wachsen (teilweise frei, teilweise als Ester), in der Rinde von Amelanchier vulgaris Moench.

1/43 **Cerylalkohol**

MG 382.70 *F* 79.5—79.8 Kp_{20} 305 — $C_{26}H_{54}O$

Charakteristik: Farbl. rhomb. Blätt.; l. in A., Ae.; unl. in W. — Gemisch verschiedener Alkohole. — *V.:* In vielen pflanzlichen und tierischen Wachsen.

1/44 **n-Octacosylalkohol (Octacosanol-(1))**

MG 410.75 *F* 83.2—83.4 (korr.) — $CH_3 \cdot [CH_2]_{26} \cdot CH_2 \cdot OH$

Charakteristik: Farbl. Krist. (Bzn. oder Ac.); sublimiert unter 1 mm Druck bei 200—250°. — *V.:* In Wachsen von zahlreichen Insekten und Pflanzen (Carnaubawachs, Apfelschalen, Weizenhalme, Blätter des Sandelholzbaums).

1/45 **Ginnol (Nonacosanol-(10), n-Nonyl-n-nonadecyl-carbinol) (optisch aktive Form)**

MG 424.77 *F* 82.5—83 (82.2 korr.) In Chlf. keine meßbare Rotation — $CH_3 \cdot [CH_2]_{18} \cdot CH(OH) \cdot [CH_2]_8 \cdot CH_3$

Charakteristik: Farbl. Krist.; l. in Chlf., Ae., Bzl.; wl in kaltem Me. und A. — *V.:* In Blättern von Ginkgo biloba L., in jungen Trieben von Tibus caribaea Morelet, in Apfelschalenwachs. — *Acetat: F* 44—46 (A.).

1/46 Nonacosanol-(15) (Di-tetradecyl-carbinol)

MG 424.77 *F* 83.6—83.8 (korr.) $(CH_3\cdot[CH_2]_{13})_2\cdot CH\cdot OH$

Charakteristik: Farbl. Krist. — *V.:* Im Wachs der Blätter des Rosenkohls, Feldkohls und Weißkohls.

1/47 n-Triacontylalkohol (Triacontanol-(1))

MG 438.80 *F* 86.5 (korr.) $CH_3\cdot[CH_2]_{28}CH_2\cdot OH$

Charakteristik: Farbl. Krist. (Ac., Bzl. oder Bzn.). Sublimiert unter 1 mm Druck bei 200—250°. — *V.:* Im Wachs vieler Insekten und Pflanzen (Blätter des Sandelholzbaums, Blätter der Luzerne, Apfelschalen).

1/48 Myricylalkohol (Melissylalkohol)

MG 438.80 *F* 88 $C_{30}H_{62}O$

Charakteristik: Farbl. Kristalle (Ae.); ll. in Ae., Bzl.; swl. in k., besser in h. A.; unl. in W. — *V.:* In vielen pflanzlichen Wachsen, als Palmitat im Bienenwachs.

1/49 n-Dotriacontylalkohol (Dotriacontanol-(1))

MG 466.85 *F* 89.3—89.5 (korr.) $CH_3\cdot[CH_2]_{30}\cdot CH_2\cdot OH$

Charakteristik: Farbl. Krist. (Bzn.). Sublimiert unter 1 mm Druck bei 200—250°. — *V.:* In Wachsen zahlreicher Pflanzen und Insekten.

1/50 Psyllostearylalkohol (Psyllaalkohol)

MG 480.87 *F* 69—69.5 $C_{33}H_{68}O$

Charakteristik: Farbl. Krist. (Ac.); ll. in h. Ac.; wl. in k. Ac. — Gemisch verschiedener Alkohole. — *V.:* Im Verseifungsprodukt des Psyllawachses.

1/51 n-Tetratriacontylalkohol (Tetratriacontanol-(1))

MG 494.90 *F* 91.9—92.2 $CH_3\cdot[CH_2]_{32}\cdot CH_2\cdot OH$

Charakteristik: Farbl. Krist. (Ac., Bzn.); sublimiert unter 1 mm Druck bei 200—250°. — *V.:* Als Ester in Wachsen zahlreicher Pflanzen und Insekten.

1/52 Incarnatylalkohol

MG 494.90 *F* 72—74 $C_{34}H_{70}O$

Charakteristik: Farbl. Nadeln (Essigester, Ac.). Gemisch verschiedener Alkohole. — *V.:* Im Wachs von Trifolium incarnatum.

1/53 Takakibylalkohol

MG 635.16 *F* 71—71.5 $C_{44}H_{90}O$

Charakteristik: Farbl. Krist. (A.). — *V.:* Im Öl aus Koryankorn (Andropogon sorghum var. vulgaris Hack).

1/54 Tarchonylalkohol

MG 719.32 *F* 82 $C_{50}H_{102}O$ (?)

Charakteristik: Farbl. Schuppen; ll. in h. A.; wl. in k. A.; unl. in W., Ae. — Gemisch verschiedener Alkohole. — *V.:* In den Blättern von Tarchonatus camphoratus (Kap der guten Hoffnung).

2. Alkohole mit einer Doppelbindung ($C_nH_{2n}O$)

2/1 Allylalkohol (Propen-(2)-ol-(1))

MG 58.08 *Kp* 96.9 *FlP* 22
D_4^{15} 0.85511 D_4^{20} 0.8520 D_4^{25} 0.8476
n_D^{20} 1.4135 n_D^{25} 1.4111 $CH_2:CH\cdot CH_2\cdot OH$

Charakteristik: Farbl. Flüss., stech. senfartiger Geruch; reizt Schleim- und Bindehäute. Giftig! ∞ W., A., Ae., Chlf., PAe. Azeotrop mit W.: *Kp* 88.05, 72,5 Gew.-% Allylalkohol. — *Phenylurethan:* *F* 70.

2/2 Crotonylalkohol (Crotylalkohol, Buten-(2)-ol-(1))

MG 72.10 $CH_3\cdot CH:CH\cdot CH_2\cdot OH$

cis-Isomeres: D_4^{20} 0.8662 *F* —90.15 *Kp* 123.6 n_D^{20} 1.4342 n_D^{25} 1.4330. — *3,5-Dinitrobenzoat* *F* 55.0—55.5 ((korr.), *Phenylurethan:* *F* 42.5—43 (korr.).
trans-Isomeres: D_4^{20} 0.8521 *Kp* 121.2 n_D^{20} 1.4288 n_D^{25} 1.4262. — *3,5-Dinitrobenzoat:* *F* 72 (korr.) *Phenylurethan:* *F* 79—80.

Charakteristik: Farbl. Flüss., charakt. Geruch; 16.6 W.; ∞ A., ll. in Ae. — *V.:* Entstehen bei der Holzverkohlung und finden sich in geringer Menge im Holzgeistöl.

2/3 **Hexen-(2)-ol-(1)**

MG 100.16 *Kp* 158 Kp_{15} 58–60
D_4^{20} 0.8472 n_D^{20} 1.4397 $CH_3 \cdot CH_2 \cdot CH_2 \cdot CH{:}CH \cdot CH_2 \cdot OH$

Charakteristik: Farbl. Flüss. — *V.:* In Maulbeerblättern (lockt Seidenspinnerlarven an); das *trans-Isomere* als Acetat im Lockstoff der Wasserwanze Bellostoma indica Vit.

2/4 **cis-Hexen-(3)-ol-(1) („Blätteralkohol")**

MG 100.16 *Kp* 156.1 Kp_{12} 58
D_4^{20} 0.8495 n_D^{20} 1.4380 $CH_3 \cdot CH_2 \cdot CH{:}CH \cdot CH_2 \cdot CH_2 \cdot OH$

Charakteristik: Farbl. Fluss. — *V.:* In den Blättern gruner Pflanzen, in vielen pflanzlichen atherischen Ölen (Thea sinensis L., Geraniumöl, Himbeerfruchtöl, Citronellöl). — *3,5-Dinitrobenzoat:* *F* 49; *α-Naphthylurethan:* *F* 68.

2/5 **Agorophylalkohol**

MG 128.21 Kp_{15} 94–95
D_4^{25} 0.8261 n_D^{25} 1.4414 $C_8H_{16}O$

Charakteristik: *V.:* Im Tran des Spermwals.

2/6 **Decen-(7)-ol-(1) (wahrscheinlich cis + trans)** $CH_3 \cdot CH_2 \cdot CH{:}CH \cdot [CH_2]_5 \cdot CH_2 \cdot OH$

MG 156.26 Kp_7 90 D_4^{25} 0.8526 n_D^{25} 1.4534

Charakteristik: Farbl. Flüss. — *V.:* In Halocynthia roretzi v. Drasche.

2/7 **Macrocephalylalkohol**

MG 156.26 Kp_{15} 100–102
D_4^{25} 0.8340 n_D^{25} 1.4417 $C_{10}H_{20}O$

Charakteristik: Farbl. Fluss. — *V.:* Im Tran des Spermwals.

2/8 **Odontocetylalkohol**

MG 184.31 Kp_{17} 156–158
D_4^{25} 0.8405 n_D^{25} 1.4440 $C_{12}H_{24}O$

Charakteristik: Farbl. Flüss. — *V.:* Im Tran des Spermwals.

2/9 **Tetradecen-(5)-ol-(1) (Physeterylalkohol)**
MG 212.36
D_4^{15} 0.8507 D_4^{20} 0.8473
n_D^{15} 1.4573 n_D^{20} 1.4553 $CH_3 \cdot [CH_2]_7 \cdot CH{:}CH \cdot [CH_2]_3CH_2 \cdot OH$

Charakteristik: Farbl. Fluss. — *V.:* Im Kopfol des Spermwals.

2/10 **Gyptol ((+)-10-Acetoxy-1-hydroxy-cis-7-hexadecen)**

MG 298.45 $Kp_{0.3}$ 169 $[\alpha]_D^{23}$ +7,9°

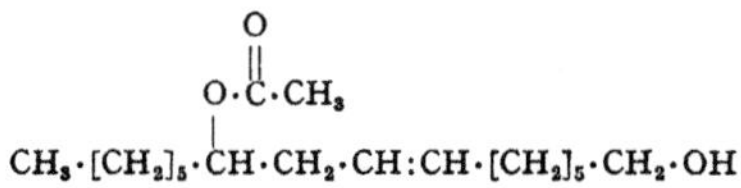

Charakteristik: Farbl. Flüss. — *V.:* Sexuallockstoff des weiblichen Schwammspinners (Lymantria dispar L., Porthetria dispar L.).

2/11 **Hexadecen-(9)-ol-(1) (Zoomarylalkohol)**

MG 240.42 Kp_{15} 188
D_4^{20} 0.8503 n_D^{20} 1.4584 $CH_3 \cdot [CH_2]_5 \cdot CH{:}CH \cdot [CH_2]_7 \cdot CH_2 \cdot OH$

Charakteristik: Farbl. Flüss. — *V.:* Im Kopfol und Körperöl des Spermwals, im chinesischen Schildkrötenöl, im Öl aus dem Eierstock von Mugil japonicus.

2/12 **Oleylalkohol (cis-Octadecen-(9)-ol-(1))**

MG 268.47 *F* 5.5–7.5 Kp_{30} 228 Kp_8 195
$Kp_{0.5}$ 145 D_4^{20} 0.849 D^{26} 0.842
n_D^{20} 1.4606 n_D^{27} 1.4582 $CH_3[CH_2]_7 \cdot CH{:}CH \cdot [CH_2]_7 \cdot CH_2 \cdot OH$

Charakteristik: Farbl. Öl; l. ın den meısten organ. Lsgm.; unl. in W. — *V.:* Im Wollfett, in Fischolen, im Öl aus dem Eierstock von Mugil japonicus, im chinesischen Schildkrötenol, in Honigwaben. — *Verwend.:* Herst. v. Schwefelsaureestern; als Reinıgungsmittel und Netzmittel; Schaumzerstörer.

2/13 **Eicosen-(11)-ol-(1)**

MG 296.52 *F* 25–26 $CH_3 \cdot [CH_2]_7CH{:}CH \cdot [CH_2]_9 \cdot CH_2 \cdot OH$

Charakteristik: *V.:* Wahrscheinlich im Samenwachs von Simmondsia calıfornica.

3. Alkohole mit zwei und mehr Doppelbindungen

3/1 **Hexadien-(2,4)-ol-(1)**

MG 98.14 $CH_3 \cdot CH:CH \cdot CH:CH \cdot CH_2 \cdot OH$

cis,cis-Isomeres: $Kp_{vac.}$ 80 n_D^{20} 1.4840—1.4850
λ_{max} 231 mμ. ε 16850. — *α-Naphthylurethan:* *F* 89—90
2-cis,4-trans-Isomeres: Kp_9 71 n_D^{20} 1.4955—1.4964
λ_{max} 229.5 mμ, ε 23100. — *α-Naphthylurethan:* *F* 98—99.5
2-trans,4-cis-Isomeres: Kp_{18} 86 n_D^{20} 1.4858—1.4872
λ_{max} 229,5 mμ, ε 23500. — *α-Naphthylurethan:* *F* 99—101
trans,trans-Isomeres: *F* 31 Kp_{14} 82
λ_{max} 228 mμ, ε 25400. — *α-Naphthylurethan:* *F* 100.5.

Charakteristik: Farbl. Flüssigkeiten. — *Wi.:* Unspezifische Erregungswirkung auf den mannlichen Seidenspinner (Bombyx mori L.).

3/2 **2-trans, 6-cis-Nona-dien-ol-(1) (Veilchenblätteralkohol)**

MG 140.22 Kp_{11} 96—100
D_4^{25} 0.8622 n_D^{25} 1.4631 $CH_3 \cdot CH_2 \cdot CH:CH \cdot CH_2 \cdot CH_2 \cdot CH:CH \cdot CH_2 \cdot OH$

Charakteristik: Farbl. Fluss. — *V.:* In Veilchenblättern und -blüten, in frischen Gurken.

3/3 **Lavandulol ((—)-2,6-Dimethyl-3-hydroxymethyl-heptadien-(1,5))**

MG 154.24 Kp_{13} 94—95
D_4^{17} 0.8785 D_4^{20} 0.876
n_D^{17} 1.4683 n_D^{20} 1.4668 $[\alpha]_D^{16}$ — 10,2° (unverd.), — 9,88° (unverd.)

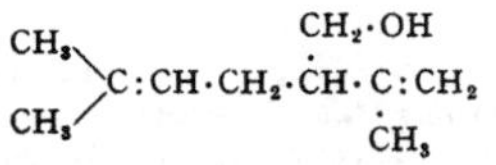

Charakteristik: Farbl. Flüss. — *V.:* Im französischen Lavendelöl (von Lavandula officinalis Chaix) und im Lavandin-Öl (von Lavandula hybrida).

3/4 **Bombykol (10-trans, 12-cis-Hexadeca-dien-ol-(1)) und seine geometrischen Isomeren**

$CH_3 \cdot CH_2 \cdot CH_2 \cdot CH:CH \cdot CH:CH \cdot [CH_2]_8 \cdot CH_2 \cdot OH$

MG 238.40

cis,cis-Isomeres: *F* 24.5—25.0 λ_{max} 235 mμ, ε 27500
4'-Nitro-azobenzol-carbonsäure-(4)-ester: *F* 96.5—97.0 (korr.)
10-cis,12-trans: n_D^{21} 1.4821 λ_{max} 232,5 mμ, ε 26200
4' Nitro azobenzol-carbonsäure-(4)-ester: *F* 85.5—86.5 (korr.)
10-trans,12-cis: n_D^{22} 1.4822 λ_{max} 232,5 mμ, ε 26800
4'-Nitro-azobenzol-carbonsäure-(4)-ester: *F* 92.0—93.0 (korr.)
trans,trans: *F* 36.0—36.5 λ_{max} 230,5 mμ, ε 31500
4'-Nitro-azobenzol carbonsäure-(4)-ester: *F* 112.5—113.5 (korr.)

Charakteristik: Farblose Flüssigkeiten bzw. Kristalle; ll. in den meisten organ. Lsgm.; unl. in W. — *V..* Das *10-trans,12-cis-Isomere* findet sich in den Duftdrüsen (sacculi laterales) der weiblichen Seidenspinner (Bombyx mori L.). — *Wi.:* Das *10-trans,12-cis-Isomere* lockt in äußerst geringen Konzentrationen Seidenspinnermännchen an; die anderen drei Isomeren sind um viele Zehnerpotenzen weniger wirksam.

3/5 **Bixol**

MG 262.42 D^{22} 0.8845 n_D^{22} 1.5078 $C_{18}H_{30}O$

Charakteristik: Blaßgrunes, ziemlich dunnflussiges, nach Petersilie schmeckendes, blütenartig riechendes Öl, mit Wasserdampf nicht flüchtig. Färbt sich mit Brom zunächst grun, dann blau (ebenso mit $SbCl_3$), gibt mit konz. Schwefelsäure eine blutrote Färbung. — *V.:* Im Samen von Bixa Orellana. — *3,5-Dinitro-benzoesäure-ester:* *F* 39—40.

4. Halogenderivate primärer und tertiärer Alkohole

4/1 **Äthylenchlorhydrin (2-Chlor-äthanol-(1), 2-Chlor-äthylalkohol)**

MG 80.52 *Kp* 128.66 Kp_{10} 38.5—39.0 *F* —69
D_4^{20} 1.20027 D_4^{25} 1.1947
n_D^{20} 1.44215 (1.44197) n_D^{25} 1.44012 $CH_2(Cl) \cdot CH_2 \cdot OH$

Charakteristik: Farbl. Fluss.; giftig! ∞ W., A., Ac.; 23 Ae. 15°. — *Verwend.:* Herst. von Insecticiden. — Azeotrop mit W.: *Kp* 97.8, 41—45 Gew.-% Äthylenchlorhydrin.

4/2 **Trichloräthylalkohol (2,2,2-Trichlor-äthanol-(1))**

MG 149.42 *F* 17.8 *Kp* 152.2 Kp_{125} 95—99
Kp_{25} 67—68 Kp_{18} 55.5
$D^{23.8}$ 1.550 — $Cl_3C \cdot CH_2 \cdot OH$

Charakteristik: Tafeln, sehr hygroskopisch; ∞ A., Ae.; wl. in W. Mit Wasserdampf flüchtig.

4/3 **Tribromäthylalkohol (2,2,2-Tribrom-äthanol-(1))**

MG 282.79 *F* 79—80 Kp_{10} 92—93 — $Br_3C \cdot CH_2 \cdot OH$

Charakteristik: Prismen (PAe.); mit Wasserdampf flüchtig; zersetzt sich beim Aufbewahren im Licht und in alkoholischen Lsgn. 3.5 W. 40°; ll. in A., Ae., Chlf.; l. in Bzl. Sublimierbar. — *Verwend.:* Rectalnarcoticum „Avertin". — *Carbamidsäureester: F* 86—87.

4/4 **Chloreton (1,1,1-Trichlor-2-methyl-propanol-(2), Acetonchloroform, Methaform, Chlorbutol)**

MG 177.47 *F* 95—96 (w.-frei) *Kp* 166 (168.2) — $(CH_3)_2 \cdot C(OH) \cdot CCl_3$

Charakteristik: Krist. mit Camphergeruch u. -geschmack, sublimiert leicht. Außerordentlich hygroskopisch; bildet wahrscheinlich kein bestimmtes Hydrat, doch haben alle wasserhaltigen Präparate den gleichen *F* 77. — 100 A.; 125 Glycerin; l. in Chlf., Ae. Ac., PAe., Eg., Ölen. — *Wi.:* Antiseptisch und anästhetisch, hemmt biologische Oxydationen, aktiviert Vitamin-C-Bildung im Rattenorganismus sowie in isolierten Geweben.

Äther

1. Einfache Äther

1/1 **Methyläther (Dimethyläther)**

MG 46.07 *F* —138.5 *Kp* —23.65 *FlP* —41 — $CH_3 \cdot O \cdot CH_3$

Charakteristik: Farbl. Gas mit äther. Geruch, brennt mit schwach leuchtender Flamme; 3700 ml W. 18°; l. in A., Ae.; $+ HCl \rightarrow CH_3Cl + H_2O$. — *Verwend.:* Gefriermittel. — *Wi.:* Narkoticum in höheren Konzz.

1/2 **Äthyläther (Diäthyläther, Schwefeläther, Äther)**

MG 74.12 *F* *α*: —114.3 (stabile Krist.)
β: —123.3 (metastabile Krist.)
Kp 34.60 (azeotrop mit W., 1,3%, *Kp* 34.70)
D^{15} 0.71925 D_4^{20} 0.7135 *FlP* —41 — $C_2H_5 \cdot O \cdot C_2H_5$

Charakteristik: Farbl., leicht bewegl., flücht., leicht entflammbare Flüss. mit charakt. süßlich-stechend. Geruch u. brennendem Geschmack, Dämpfe schwerer als Luft, bildet a. d. Luft u. besonders beim Belichten explosive Peroxyde; n_D^{15} 1.35555, $n_D^{24,8}$ 1.3497; ∞ A., Chlf., Bzl., PAe.; 7.5 W. 20°; durch Zus. v. HCl wird Löslichk. in W. erhöht; l. in konz. HCl u. konz. H_2SO_4. — *Verwend.:* Solvens f. Fette, Wachse, Öle, Alkaloide, Hormone u. a. aus pflanzl. u. tier. Materialien. — Inhalationsnarkoticum, Antisepticum. — *Wi.:* Narkoticum, bei Überdosierung zahlreiche Störungen: Schwindel, Erbrechen, cerebrale Hämorrhagien durch Hypertension, Krampfe u. a. — Peroxydfreien Äther durch Schutteln mit 5%iger wssr. Lsg. v. Eisen(II)-sulfat.

1/3 **n-Propyläther (Di-n-Propyläther, 1-Propoxy-propan)**

MG 102.17 *F* —122 *Kp* 90.6 D_4^{20} 0.7360 — $CH_3 \cdot [CH_2]_2 \cdot O \cdot [CH_2]_2 \cdot CH_3$

Charakteristik: Farbl., bewegl., sehr leicht entflammbare Flüss.; n_D^{20} 1.3807; ∞ A., Ae., 0.25 W. 25°; bildet bes. im wasserfr. Zustand leicht explosive Peroxyde, nicht bis nahe zur Trockne verdampfen! — *Verwend.:* Solvens zur Papierchromatographie.

1/4 **Isobutyläther (2-Methyl-(β-methoxy-propoxy)-propan, Di-isobutyläther)**

MG 130.22 *Kp* 122.5 D_4^{15} 0.7616 — $(CH_3)_2 \cdot CH \cdot CH_2 \cdot O \cdot CH_2 \cdot CH(CH_3)_2$

Charakteristik: Farbl. Flüss. mit charakterist. Geruch; ∞ A., Ae.; wl. in W.

1/5 **Isoamyläther (3-Methyl-1(γ-methyl)-butoxy)-butan, Di-isoamyläther)**

MG 158.28 *Kp* 172.5—73.0 D_4^{12} 0.783
D_{15}^{15} 0.78073 — $(CH_3)_2CH \cdot [CH_2]_2 \cdot O \cdot [CH_2]_2 \cdot CH(CH_3)_2$

Charakteristik: Farbl. Flüss. mit angenehm fruchtart. Geruch; n_D^{20} 1.408; ∞ A., Ae., Chlf.; unl. in W. — *Verwend.:* Lösungsm. f. Grignard-Reagens, Metallhydride, Gummi.

2. Cellosolve-Reihe

2/1 Äthylenglykol-monomethyläther (2-Methoxyäthanol, Methylcellosolve)

MG 76.09 *Kp* 124.3 D_4^{20} 0.9660 D_{15}^{15} 0.975 $CH_3 \cdot O \cdot [CH_2]_2 \cdot OH$

Charakteristik: Farbl. Flüss., giftig! n_D^{20} 1.4028; ∞ W., A., Ae., Ac., Dimethylformamid, Glycerin. — *Verwend.:* Solvens f. schwachviscose Celluloseacetate, natürl. u. einige synthet. Harze u. einige alkohollösl. Farbstoffe. — *Wi.:* Erzeugt Anämie, Makrocytosis u. Ausschuttung v. jungen Granulocyten ins Blut, Störungen des Zentralnervensystems.

2/2 Äthylenglykol-monomethyl-äther-acetat (Methylcellosolve-acetat)

MG 118.13 *F* −70 *Kp* 143 D_{20}^{20} 1.0054 $CH_3 \cdot O \cdot [CH_2]_2 \cdot O \cdot OC \cdot CH_3$

Charakteristik: Farbl. Flüss., giftig! ∞ W., Ölen, den meisten organ. Lsgm. — *Verwend.:* Solvens f. Harze, Gummi. — *Wi.:* Wie Methylcellosolve.

2/3 Äthylenglykol-monoäthyläther (2-Äthoxyäthanol)

MG 90.12 *Kp* 135.1 D_4^{20} 0.9311 $CH_3 \cdot CH_2 \cdot O \cdot [CH_2]_2 \cdot OH$

Charakteristik: Farbl., praktisch geruchlose Flüss.; n_D^{25} 1.406; ∞ W., A., Ae., Ac., flüss. Ester. — *Verwend.:* Solvens f. Öle, Harze, Wachse, Nitrocellulose, Haltbarkeitserhöhung v. Emulsionen.

2/4 Äthylenglykol-monoäthyläther (β-Äthoxyäthylacetat)

MG 132.16 *Kp* 156.2 D_4^{20} 0.9749 $CH_3 \cdot CH_2 \cdot O \cdot [CH_2]_2 \cdot O \cdot OC \cdot CH_3$

Charakteristik: Farbl., angenehm esterart. riechende Flüss., ∞ A., Ae.; 22 W.

2/5 Äthylenglykol-monobutyläther (2-Butoxyäthanol, Butylcellosolve)

MG 118.17 *F* −13.8 *Kp* 170.6 (171−72)
Kp_4 50 D_4^{20} 0.9027 D_{15}^{15} 0.9011 $CH_3 \cdot [CH_2]_3 \cdot O \cdot [CH_2]_2 \cdot OH$

Charakteristik: Farbl. Fluss.; ∞ in den meisten organ. Lsgm. u. Mineralölen; 5 W. — *Verwend.:* Solvens f. Nitrocellulose, Harze, Fette, Öle, Albumin.

2/6 Äthylenglykol-monophenyläther (2-Äthoxyphenyläther, Phenylcellosolve)

MG 138.16 *Kp* 245.2 D_{20}^{20} 1.1094 $C_6H_5 \cdot O \cdot [CH_2]_2 \cdot OH$

Charakteristik: Farbl., ölige Flüss. mit schwach aromat. Geruch u. brennendem Geschmack; n_D^{20} 1.534; 2.6 W.; l. in A., Ae. — *Verwend.:* In Verbindg. mit quart. Ammoniumverbb. baktericid, Insektenrepellens.

2/7 Äthylenglykol-monobenzyläther (2-Benzyloxyäthanol, Benzylcellosolve)

MG 152.19 *F* −75 Kp_{760} 256 Kp_{15} 132−35
D 1.068 $C_6H_5 \cdot CH_2 \cdot O \cdot [CH_2]_2 \cdot OH$

Charakteristik: Farbl. Fluss.; 0.4 W., ∞ A., Ae.

3. Carbitol-Reihe

3/1 Diäthylenglykol-monomethyläther (Methylcarbitol)

MG 120.5 *Kp* 207.1 D_{20}^{20} 0.9586 $CH_3 \cdot O \cdot [CH_2]_2 \cdot O \cdot [CH_2]_2 \cdot OH$

Charakteristik: Farbl. Flüss.; n_D^{27} 1.4264; ∞ W. u. organ. Lsgm. — *Verwend.:* Solvens f. Harze, Bor- u. Aluminiumhydride.

3/2 Diäthylenglykol-monoäthyläther (Carbitol)

MG 134.17 *Kp* 201.9 D_{20}^{20} 0.9902 $CH_3 \cdot CH_2 \cdot O \cdot [CH_2]_2 \cdot O \cdot [CH_2]_2 \cdot OH$

Charakteristik: Schwach hygroskop. Flüss., mit mildem, angenehm. Geruch; n_D^{26} 1.4244: ∞ W. u. meist organ. Lsgm. — *Verwend.:* Solvens für viele Wachse u. Harze.

3/3 **Diäthylenglykol-monoäthylätheracetat (Carbitol-acetat)**

MG 176.22 *F* −25 *Kp* 218 D_{20}^{20} 1.0125 $C_2H_5·O·[CH_2]_2·O·[CH_2]_2·O·OC·CH_3$

Charakteristik: Flüss.; n_D^{30} 1.418; ∞ W., A., Ae. u. den meist. organ. Lsgm. — *Verwend.:* Solvens für Gummen u. Harze.

3/4 **Diäthylenglykol-monobutyläther (Butylcarbitol)**

MG 162.22 *Kp* 231.2 D_4^{20} 0.9553 $CH_3·[CH_2]_3·O·[CH_2]_2·O·[CH_2]_2·OH$

Charakteristik: Farbl. Flüss.; n_D^{27} 1.4290; ∞ W., Ölen; sll. in A., Ae. — *Verwend.:* Solvens fur Nitrocellulose, Harze u. Lithiumaluminiumhydrid.

3/5 **Diäthylenglykol-monobutylätheracetat (Butylcarbitol-acetat)**

MG 204.26 *Kp* 245 D_4^{20} 0.985 $CH_3·[CH_2]_3·O·[CH_2]_2·O·[CH_2]_2·O·OC·CH_3$

Charakteristik: Farbl. Flüss.; ∞ W. u. vielen organ. Lsgm.

Derivate anorganischer Säuren

1. Ester der salpetrigen Säure und der Salpetersäure

1/1 **Äthylnitrit (Salpetrigsäure-äthylester)** $C_2H_5·O·NO$

MG 75.07 *FlP* <4 *Kp* 17 D_4^{15} 0.901

Charakteristik: Farbl., flüchtige Flüss. mit charakt. ätherischem Geruch u. süßem, brennendem Geschmack; ∞ A., Ae.; swl. in W., darin Zers. unter Sauerwerden u. Bildg. v. N-Oxyden. — *Verwend.:* Geschmackskorrigens, Reagens auf Phenol u. Santonin.

1/2 **iso-Amylnitrit (Salpetrigsäure-iso-amylester)** $(CH_3)_2CH·[CH_2]_2·O·NO$

MG 117.15 *FlP* −3 *Kp* 99 D_4^{20} 0.872 $C_5H_{11}O_2N$

Charakteristik. Farbl., sehr flücht. Flüss. mit fruchtart. Geruch u. würzigem brennendem Geschmack; n_D^{20} 1.387; ∞ A., Ae., Chlf.; swl. in W., darin Zers. — *Verwend.:* Vasodilator bei Angina pectoris; krampflösend bei Asthma, Migrane, Epilepsie, Tetanus, Bleikolik u. Vergiftungen, z. B. durch Strychnin.

1/3 **iso-Amylnitrat (Salpetersäure-iso-amylester)** $(CH_3)_2CH·[CH_2]_2·O·NO_2$

MG 133.15 *FlP* 48 *Kp* 148 D_4^{20} 0.996 $C_5H_{11}O_3N$

Charakteristik: Farbl., brennbare Flüss.; n_D^{20} 1.412; sll. in A., Ae.; swl. in W.

2. Ester der Schwefelsäure

2/1 **Methylschwefelsäure (Monomethylsulfat, Methylsulfonsäure, Methansulfonsäure)** CH_4O_4S

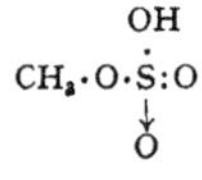

MG 96.10 *F* 20 Kp_1 122 Kp_{10} 167 D^{15} 1.4844

Charakteristik: Feste Masse; L. bei 26—28° in Gew.-%: 0 Hexan, 0 Methylcyclopentan, 1.50 Bzl., 0.38 Toluol, 0.23 o-Chlortoluol, 0.47 Äthyldisulfid; wird nicht durch sied. W. oder sied. wssr. Alkalilsgn. hydrolysiert. — *Verwend.:* Katalysator fur Polymerisationen, Alkylierungen u. Veresterungen. Solvens.

2/2 **Dimethylsulfat (Schwefelsäure-dimethylester)** $C_2H_6O_4S$

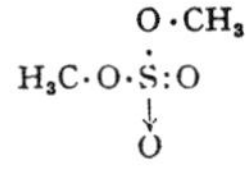

MG 126.13 *F* −32 *FlP* 83 *Kp* 187−8 Kp_{15} 76 D_5^{20} 1.3278

Charakteristik: Farbl., ölige Flüss. mit pfefferminzart. Geruch; Dampfe sind giftig! n_D^{20} 1.3874; sll. in A., Ae.; unl. in W., darin Zers. — *Verwend.:* Alkylierungsmittel; Reagens auf Eiweiß, Hydroxycholesterin, Vitamin B_6. — *Wi.:* Stark atzend auf Haut u. Schleimhaute, wirkt mutagen. -- Sehr gefährlich, da keine Warnreaktion u. erste Vergiftungserscheinungen verzögert auftreten!

2/3 **Diäthylsulfat (Schwefelsäure-diäthylester)** $C_4H_{10}O_4S$

MG 154.19 *F* −24.5 *Kp* 208 (Z.)
Kp_{15} 96 D_4^{20} 1.180

$$CH_3 \cdot CH_2 \cdot O \cdot \overset{O \cdot CH_2 \cdot CH_3}{\dot{S}} : O \quad (S \rightarrow O)$$

Charakteristik: Farbl., ölige Flüss. mit pfefferminzart. Geruch; n_D^{18} 1.4010; ∞ A., Ae.; Bzl., unl. in W. — Mit h. W. → Äthylschwefelsäure u. Äthanol. — *Verwend.:* Äthylierungsmittel. — *Wi.:* Starkes Mutagen mit hoher Mutantenfrequenz bei hoher Überlebensrate der behandelten Populationen, niedrige Frequenz an sichtbaren Chromosomenaberrationen. — Hydrolysengeschw., Temperaturkoeff. u. Aktivierungsenergie s. *Heiner, R. E., C. F. Konzak, R. A. Nilan* u. *H. Bartels:* Nature **194**, 788 (1962).

3. Ester der Fluorphosphorsäure

3/1 **Isopropoxy-methylphosphorylfluorid (Isopropyl-methylphosphorofluoridat, Methylfluorphosphorsäure-isopropylester, Sarin)** $C_4H_{10}O_2PF$

MG 140.10 *F* −57 Kp_{16} 56 Kp_{21} 78—84.8
Kp_{760} 147 D_4^{20} 1.10

$$H_3C \cdot \overset{O \cdot CH(CH_3)_2}{\dot{P}} \cdot F \quad (\ddot{P} = O)$$

Charakteristik: Farbl. geruchlose Flüss.; giftig! ∞ W., darin hydrolysiert, schnell hydrolysiert durch. verd. wssr. NaOH- oder Na_2CO_3-Lsg. Durch W. wird auch F-Atom entfernt, → $CH_3 \cdot PO \cdot OCH(CH_3)_2 \cdot OH$, das nichttoxisch ist. — *Wi.:* Nervengas extremer Toxizität! Letaldosis fur d. Menschen: 0,01 mg/kg, Letalkonz.: 2 mg/m³ Luft. — Starker Cholinesterase-Inhibitor.

3/2 **Pinacoloxy-methylphosphorylfluorid (Pinacolyl-methylphosphorofluoridat, Soman)** $C_7H_{16}O_2PF$

MG 182,18

$$H_3C \cdot \overset{O \cdot \overset{CH_3}{\dot{C}H} \cdot C(CH_3)_3}{\dot{P}} \cdot F \quad (\ddot{P} = O)$$

Charakteristik: — *Wi.:* Cholinesterase-Inhibitor; Letaldosis f. d. Menschen: 0,01 mg/kg.

3/3 **Diisopropyl-fluorophosphat (Isopropyl-fluorophosphat, Diisopropylfluorophosphonat, Diisopropyl-phosphorofluoridat, DFP, Floropryl, Diflupyl, Dyflos)** $C_6H_{14}FPO_3$

MG 208,17 *F* −82 *Kp* 46 Kp_9 62 Kp_{760} 183

$$(CH_3)_2CHO \cdot \overset{O \cdot CH(CH_3)_2}{\dot{P}} \cdot F \quad (P \rightarrow O)$$

Charakteristik: Flüss. Sehr giftig! n_D^{25} 1.3830; 1,54% in W. 25° (Zers. b. pH ~2.5); l. in vegetabilen Ölen; wl. in Mineralölen; schnelle Hydrolyse durch wssr. Alkalilsgn. — *Diammoniumsalz:* Farbl. Krist. (Me.-W.), Subl. b. ca. 230°. — *Wi.:* Inhibitor parasympath. Enzyme.

4. Ester der Thiophosphorsäure und Cyanophosphorsäure

4/1 **O,O-Diäthyl-thiophosphorsäure-O(β-S-äthyl)-äthylester (Diäthyl-thionophosphorsäure-(β-äthylmercapto)-äthylester; E 1059; Bayer 8169; Demeton; Systox)** $C_8H_{19}O_3PS_2$

MG 258.34 $Kp_{0,4}$ 106 D^{21} 1.119

$$H_5C_2O \cdot \overset{O \cdot [CH_2]_2 \cdot S \cdot CH_2 \cdot CH_3}{\underset{O \cdot C_2H_5}{\dot{P}}} \rightarrow S$$

Charakteristik: Farbl., ölige Flüss. mit esterart. Geruch; ll. in organ. Lsgm.; swl. in W. — Lagert sich b. Erwärmen oder längerem Stehen in wssr. Lsg. in die energiearme isomere Thiolverbindung (Isosystox) um:

$$(H_5C_2 \cdot O)_2 P(\rightarrow O) \cdot S \cdot [CH_2]_2 \cdot S \cdot CH_2 \cdot CH_3$$

$Kp_{0,25}$ 100, Kp_1 137—41; D_4^{21} 1.132, n_D^{18} 1.500; swl. in W. — *Verwend.:* Insekticid. — *Wi.:* Die Thiolverb. zeigt ~5mal größere Toxizität u. hemmt die Cholinesterase 10—30mal stärker als die Ausgangsverb. Auch ist die percutane Toxizität stärker als die v. E 605.

4/2 **O,O-Diäthyl-thiophosphorsäure-S-(β-diäthylamino)-äthylester (R 5158, Amiton, Tetram)** $C_{10}H_{24}NO_3PS$

MG 269.35 $Kp_{0,2}$ 97

$$(H_5C_2 \cdot O)_2 \ddot{P}(O) \cdot S \cdot [CH_2]_2 \cdot N(C_2H_5)_2$$

Charakteristik: Farbl. Flüss.; bildet mit Säuren gut krist. wasserlösl. Salze: *Hydrogenoxalat:* *F* 98—9. — *Dihydrogencitrat:* *F* 94—5. — *Tosylat:* *F* 105. — Giftig! — *Verwend.:* Insekticid.

4/3 O,O-Diäthyl-O-p-nitrophenyl-thiophosphat (Diäthyl-p-nitrophenyl-monothiophosphat, Thiophos 3422, E 605, Niran, DNTP, Paraphos, Aphamit, Etibon, Alkron, Parathion) $C_{10}H_{14}NO_5PS$

$O \cdot C_6H_4 \cdot NO_2$
$H_5C_2 \cdot O \cdot P \rightarrow S$
$O \cdot C_2H_5$

MG 291.27 *Kp*$_{0,6}$ 157–62 *Kp*$_{760}$ 375 D_4^{25} 1.26

Charakteristik: Gelbl. Flüss. Giftig; n_D^{25} 1.5370; ∞ Alkoholen, Estern, Äthern, Ketonen, aromat. Kohlenwasserstoffen, PAe., Ölen. — *Verwend.:* Insecticid. — *Wi.:* Stark toxisch, kumulative Wirkg. Hautkontakt u. Inhalation verhindern!

4/4 Dimethylphosphoramidocyanidsäure-äthylester (Äthyl-N-dimethylphosphoramidocyanidat, Dimethyl-amidoäthoxyphosphorylcyanid, Tabun) $C_5H_{11}N_2O_2P$

$N(CH_3)_2$
$H_5C_2O \cdot P \cdot CN$
$\downarrow$
O

MG 162–13 *F* –50 *Kp*$_9$ 100–108 *Kp*$_{10}$ 120 *Kp*$_{760}$ 240

Charakteristik: Fluss. mit fruchtart., an bittere Mandeln erinnernden Geruch; giftig! n_D^{20} 1.4250; ∞ W., dann jedoch schnell hydrolysiert; ll. in organ. Lsgm. — *Wi.:* Nervengas extremer Toxizität. Letaldosis f. d. Menschen: 0,01 mg/kg. Cholinesterase-Inhibitor.

5. Derivate der Arsonsäure und Arsinsäure

5/1 Methylarsonsäure (Monomethyl-arsonsäure, Methan-arsonsäure) CH_5O_3As

OH
$H_3C \cdot As \rightarrow O$
OH

MG 139.96 *F* 161

Charakteristik: Monoklin., lanzenform. Krist. (abs. A.) mit angenehm saurem Geschmack. Starke dibasische Saure; ∞ W.; l. in A. — *Na-Salz:* $CH_3AsO_3Na_2 \cdot 5$ oder $6H_2O$: 1 g in ~1 ml H_2O; wl. in A.; verbindet sich mit aquimolarer Menge Hg-Salicylat.

5/2 Dimethylarsinsäure, Na-Salz (Natriumkakodylat, Natriumdimethylarsinat) $C_2H_6AsNaO_2 + 3H_2O$

CH_3
$H_3C \cdot As \rightarrow O + 3H_2O$
ONa

MG 214.02 (w.frei: 159.97)

Charakteristik: Weißes, krist., geruchl., hygroskop. Pulver mit anfängl. mild salzigem, später knoblauchart. Geschmack; ll. in W. (1 g in 0,5 ml W.), A. (1 g in 2,5 ml A.), liquefiziert im Kristall-W. bei 60°, wird w.frei bei ~120°. Wssr. Lsg. pH 8–9. — *Verwend.* u. *Wi.:* Tonikum in Human- u. Veterinarmedizin, wird im Organismus nur z. T. in As(III)-Verbindungen umgewandelt, und zwar weniger bei parenteraler als bei oraler Verabreichung.

Cyanwasserstoff, Cyansäure, Thiocyansäure und Derivate

1 Cyanwasserstoff (Blausäure, Hydrogencyanid)

MG 27.03 *F* –13.2 *FlP* –18 *Kp* 25.7
D_4^{20} 0.687 (fluss.) *D* 0.941 (Gas; Luft = 1) $H \cdot C \vdots N$

Charakteristik: Farbl., leicht flucht., mit violetter Farbe brennbare, explosive Fluss. oder Gas mit charakterist. Bittermandelgeruch. Sehr giftig! — n_D^{20} 1.2675; ∞ W., A., Ae.; wl. in Ae. — *Verwend.:* Ungeziefervertilgung. — *Na-Salz* NaCN: *MG* 49.02 (Handelsware 95–98% rein), weißes farbl. Salz, geruchlos in trockner, nach HCN riechend in feuchter Luft; *F* 563; ∞ W.; wl. in A.; wssr. Lsg. stark alkalisch u. zersetzt sich schnell. — *Verwend.:* Solvens f. Gold u. Silber, z. Bedampfung v. Citrus- u. a. Fruchten. — *K-Salz* KCN: *MG* 65.11. weißes, farbl. Salz, Geruch wie Na-Salz, zersetzt sich an feuchter u. CO_2-halt. Luft; *F* 634, *D* 1.52. L. in 2 T. kaltem u. 1 T. sied. W.; 2 T. Glycerin; 100 T. A.; 25 T. Me.; wssr. Lsg. ist stark alkalisch u. zersetzt sich schnell. — *Verwend.:* wie Na-Salz. — *Ca-Salz* $Ca(CN)_2$: *MG* 92.12, rhomboedr. Krist., Zers. in feucht. Luft u. W. unter Bildung v. HCN. — *Verwend.:* Ungezieferbekampfung.

2 Cyansäure (Hydrogencyanat)

MG 43–03 *F* –86 *Kp*$_{760}$ 23.5 D_4^{-20} 1.156
D_4^{20} 1.140 $HO \cdot C \vdots N$

Charakteristik: Flüss. mit beißendem, zu Tränen reizendem Geruch, bei schnellem Erhitzen explodierend, polymerisiert sich beim Stehen unter Bildg. v. Cyamelid u. Cyanursaure; l. in W. (Zers. → CO_2 u. NH_3); verd. Lsgn. in W. mehrere Stdn., verd. Lsgn. in Ae., Bzl. u. Toluol mehrere Wochen haltbar. — *Wi.:* Reizwirkg. auf Augen, Haut, Schleimhäute u. Atemwege.

3 Isocyansäure

MG 43.03 H·N:C:O

Charakteristik: Freie Säure in Dampfphase oder äther. Lsg. in obiger Struktur, dagegen in wssr. Lsg. neben Cyansäure HOCN vorhanden.

4 Thiocyansäure (Rhodanwasserstoffsäure)

MG 59.09 *F* 5 *Kp* > 5 (Z.) H·N:C:S oder H·S·C⋮N

Charakteristik: Farbl. Gas oder weiße Kristallmasse, je nach Polymerisationsgrad; ∞ W. (Z.); bis 5%ige Lsg. im Kühlschrank einige Wochen haltbar; ll. in A., Ae. — Mit $FeCl_3$ → blutrote Farbe. — *Allylester:* *MG* 99.14, D^{15} 1.056, *Kp* 161, Öl; ∞ A., Ae.; swl. in W. — *Phenylester:* *MG* 135.18, D^{23} 1.1228, *Kp* 232, Fl.; l. in A., Ae.; unl. in W. — *Na-Salz* NaSCN: *MG* 81.08, farbl. weiße Krist., *F* ~300; l. in ~6 T. W.; ∞ A., Ac. — *K-Salz* KSCN: *MG* 97.18, farbl. Krist.; *D* 1.89; *F* ~137; 1 g in 0,5 ml Ac.; 12 ml A.; 8 ml sied. A. — *NH_4-Salz* NH_4SCN: *MG* 76.12, weiße oder schwach gelbe Krist.: *F* ~160; Zers. b. 170; 1 g in 0,6 ml W.; ∞ A. — *Hg-Salz* $Hg(SCN)_2$: *MG* 316.79, weißes Pulver, giftig; wl. in kalt., l. in sied. W. mit Zers.; l. in verd. HCl, Lsgn. v. Alkalicyaniden u. -chloriden.

5 Cyanamid (Carbodiimid, Carbimid, Cyanogenamid)

MG 42.04 *F* 42 Kp_{10} 140 (Z.) *D* 1.083
D^{48} 1.0729 HN:C:NH

Charakteristik: Farbl. Nadeln, flücht. mit W.-Dampf, Zers. bei 150°; n_D^{48} 1.4418; ∞ Bzl., Chlf., ll. in W., A., Ae. — *Ca-Salz* Ca:N·C⋮N: *MG* 80.11, grauschwarzes Pulver (Handelsware enth. $Ca(OH)_2$, $CaCO_3$ u. C) bzw. glänzende hexagonale Krist. (rein), *F* 1190, Zers. durch W. — *Verwend.:* Düngemittel.

6 Flaveanwasserstoff (Thiooxamidsäure-nitril)

MG 86.11 *F* 88 N⋮C·C(:S)·NH_2

Charakteristik: Gelbe Krist. (Chlf.), unbeständig; ll. in Ae.; l. in W., A., Chlf.

7 Chlorcyan (Cyanogenchlorid)

MG 61.48 *F* −6 *Kp* 13.8 *D* 1.186 Cl·C⋮N

Charakteristik: Fluss., Dämpfe sind stark reizend u. hochgiftig; l. in W., A., Ae. — *Verwend.:* Zu organ. Synthesen, Kampfgas.

8 Bromcyan (Cyanogenbromid)

MG 105.93 *F* 52 *Kp* 61—2 D_4^{20} 2.015 Br·C⋮N

Charakteristik: Leicht flücht., nadel- oder würfelförm. Krist. Dämpfe stark reizend u. giftig! ∞ W., A., Ae. — In wssr. Alkali → Alkalicyanat + Alkalibromid. — *Verwend.:* Zu organ. Synthesen, z. Spaltung tertiärer Amine.

9 Jodcyan (Cyanogenjodid)

MG 152.94 *F* 146—7 J·C⋮N

Charakteristik: Weiße Nadeln mit sehr stechendem Geruch u. beißendem Geschmack, sehr giftig; l. in W., A., Ae., flücht. Ölen. — *Verwend.:* Zur Vernichtung aller niederen Lebewesen.

Lauchöle

Von **P. H. List**, Marburg/Lahn

Lauchöle sind Thioäther, deren Vorkommen sich fast nur auf Lauchgewächse beschränkt. Sie zeichnen sich durch einen widerlichen, stark anhaftenden Geruch aus. In der Pflanze liegen sie häufig als geruchlose Verbindungen höherer Oxydationsstufe vor, aus denen sie durch enzymatische Vorgänge entstehen.

Literatur. *Paech, K.,* u. *M. V. Tracey:* „Moderne Methoden der Pflanzenanalyse", Bd. IV, 692ff. Berlin-Göttingen-Heidelberg 1955.

1 Dimethylsulfid

MG 63.13 *Kp* 38 D^{21} 0.846 $CH_3·S·CH_3$

Charakteristik: Leicht flüchtiges Öl, ätherisch und nach Meerrettich riechend. — Pt-Salz: $[(CH_3)_2S]_2PtCl_4$, *F* 218 (Z). — *V.:* In amerikanischem Pfefferminzöl.

2 **Dimethyldisulfid**

MG 94.20 *Kp* 116–118 $Kp_{743,8}$ 112.1
D^{0} 1.06358 D^{18} 1.046 n_D^{16} 1.52192 $CH_3 \cdot S \cdot S \cdot CH_3$

Platinsalz: $2C_2H_6S_2 + PtCl_2$ tief orangefarb. Plättchen. – Ag-Salz: $C_2H_6S_2 + AgNO_3$ Kristalle aus A., zers. sich explosionsartig. – *V.:* In Pfefferminzöl und Geraniumöl.

3 **Divinylsulfid**

MG 86.15 *Kp* 101 (85–86) *D* 0.9125
D_4^{15} 0.9174 $CH_2{:}CH \cdot S \cdot CH{:}CH_2$

Charakterisik: Farbl. Öl mit ätherischem Geruch; wl. in W.; ∞ A., Ae. – Ag-Salz: $(C_2H_3)_2S \cdot (AgNO_3)_2$ *F* 87. – *V.:* In Allium ursinum.

4 **Diallylsulfid**

MG 114.21 *Kp* 140 $D_4^{26,8}$ 0.88765 $n_D^{26,8}$ 1.48770 $CH_2{:}CH \cdot CH_2 \cdot S \cdot CH_2 \cdot CH{:}CH_2$

Charakteristik: Farbl. Öl, riecht nach Knoblauch; wl. in W. – *Lit.:* [*1*].

5 **Diallyldisulfid**

MG 146.27 Kp_{16} 78–80 D^{15} 1.010 $CH_2{:}CH \cdot CH_2 \cdot S \cdot S \cdot CH_2 \cdot CH{:}CH_2$

Charakteristik: Nach Knoblauch riechende Fluss.; ll. in A.; unl. in W. – *V.:* Hauptbestandteil des Knoblauchöls.

6 **Propylallyldisulfid**

MG 148.29 Kp_{16} 66–69 D^{15} 1.0231 $CH_3 \cdot [CH_2]_2 \cdot S \cdot S \cdot CH_2 \cdot CH{:}CH_2$

Charakteristik: Nach Küchenzwiebeln riechende Fluss. – *V.:* Im Knoblauchöl.

7 **iso-Butyl-propenyl-disulfid**

MG 162.31 *Kp* 82–84 $[\alpha]_D$ –17,62° $CH_3 \cdot CH_2 \cdot CH(CH_3) \cdot S \cdot S \cdot CH{:}CH \cdot CH_3$

Charakteristik: Unangenehm riechendes Öl. – *V.:* Im ätherischen Öl von Asa foetida.

8 **Diallyltrisulfid**

MG 178.34 Kp_{16} 112–122 D^{15} 1.0845 $CH_2{:}CH \cdot CH \cdot [S]_3 \cdot CH_2 \cdot CH{:}CH_2$

Charakteristik: Nach Knoblauch riechende Fluss. – *V.:* Im Knoblauchöl.

9 **Diallyltetrasulfid**

MG 210.40 $CH_2{:}CH \cdot CH_2 \cdot [S]_4 \cdot CH_2 \cdot CH{:}CH_2$

Charakteristik: Fluss. von penetrantem Geruch; nicht unzersetzt destillierbar. – *V.:* Im Knoblauchöl.

10 **Methionol (γ-Methylmercaptopropanol)**

MG 106.19 Kp_{23} 99–101 $CH_3 \cdot S \cdot CH_2 \cdot CH_2 \cdot CH_2OH$

V.: Im ätherischen Öl von japan. Suppenwürze „Shoyu".

11 **β-Methyl-thiopropionsäure-methylester**

MG 134.20 Kp_{11} 69 $CH_3 \cdot S \cdot CH_2 \cdot CH_2 \cdot COOCH_3$

V.: In Ananas sativus. – *Lit.:* [*2*].

12 **Allicin (Diallyldisulfid-oxyd)**

MG 162.27 $CH_2{:}CH \cdot CH_2 \cdot S(O) \cdot S \cdot CH_2 \cdot CH{:}CH_2$

Charakteristik: Farbl., unbeständiges Öl; kann nicht unzersetzt destilliert werden. – *Lit.:* [*3*].

13 **Alliin ((+)-S-Allyl-L-cystein-sulfoxyd)**

$C_6H_{11}O_3NS \cdot {}^1/_2 H_2O$ $CH_2{:}CH \cdot CH_2 \cdot S(O) \cdot CH_2 \cdot CH(NH_2) \cdot$
MG 186.23 *F* 163–165 (Z.) $[\alpha]_D^{21}$ +62,8° (in W.) $\cdot COOH \cdot {}^1/_2 H_2O$

Charakteristik: Farbl., sehr feine, lange Nadeln, oft büschelig. – *V.:* Im Knoblauch. – *Lit.:* [*3*].

Literatur

[*1*] *Semmler, F. W.:* Arch. Pharmaz. **230**, 434 (1892).

[*2*] *Haagen-Smit, A. J., J. G. Kirchner, C. L. Deasy* u. *A. N. Prater:* J. Amer. chem. Soc. **67**, 1651 (1945).

[*3*] *Stoll, A.,* u. *E. Seebeck:* Helv. Chim. Acta **34**, 481 (1951).

Senföle und Senfölglykoside

Von **P. H. List**, Marburg/Lahn

Senföle sind Ester der Isothiocyansäure mit der allgemeinen Formel R·N:CS. Die meisten von ihnen besitzen scharfen Geruch, reizen die Schleimhäute und erzeugen auf der Haut Blasen. In der Pflanze liegen sie vorwiegend als Glykoside vor und werden erst im Laufe der Aufarbeitung oder durch enzymatischen Abbau freigesetzt.

Literatur. „Senföle und Senfölglykoside" in *Paech, K.*, u. *M. V. Tracey*: „Moderne Methoden der Pflanzenanalyse", Bd. IV, 703ff. Berlin-Göttingen-Heidelberg 1955. — *Kjaer, A.*: „Naturally Derived *iso*Thiocyanates (Mustard Oils) and Their Parent Glucosides" in *Zechmeister, L.*: Fortschr. Chem. organ. Naturstoffe, Bd. XVIII, 122ff. Wien 1960.

1 **Rhodanwasserstoff**

MG 59.09 H·N:CS

Charakteristik: Farbl. Kristalle, die sich oberhalb 0° rasch zersetzen, mit scharf atzendem Geruch. — *V.*: Frei in frisch ausgepreßtem Saft von Allium cepa.

2 **Methylsenföl (Methylisothiocyanat)**

MG 73.11 *F* 36 *Kp* 119
D_4^{37} 1.0691 n_D^{40} 1.5245 $CH_3 \cdot N:CS$

Charakteristik: Kristalle, flüchtig mit W.Dampf, riecht stechend nach Meerrettich. — *N-Methylthioharnstoff:* *F* 121. — *V.*: In der Natur als Glykosid Glucocapparin in Capparidaceen. — *Lit.*: [*1*].

3 **Äthylsenföl (Äthylisothiocyanat)**

MG 87.14 *F* −5.9 *Kp* 130−132
$D_4^{28,4}$ 0.99525 D_4^{15} 1.004 n_D^{18} 1.5142 $CH_3 \cdot CH_2 \cdot N:CS$

Charakteristik: Farbl. bis gelbl. tränenreizende Flüss., riecht stechend; l. in A., Ae.; wl. in W. — *N-Äthylthioharnstoff:* *F* 110−111. — *V.*: Als Glykosid in Lepidium Menziesii DC. — *Lit.*: [*2*].

4 **iso-Propylsenföl (iso-Propyl-isothiocyanat)**

MG 101.17 *Kp* 137−137.5 $(CH_3)_2CH \cdot N:CS$

Charakteristik: Stechend riechende Flüss. — *N-iso-Propylthioharnstoff:* *F* 169−170. — *V.*: In Samen von Cochlearia officinalis, Cochlearia danica, Matthiola annua, Cheiranthus cheiri sowie Putranjiva roxburghii, einer Euphorbiacee. — *Lit.*: [*3*].

5 **n-Butylsenföl (n-Butyl-isothiocyanat)**

MG 115.19 *Kp* 167
D_4^{20} 0.9463 $CH_3 \cdot [CH_2]_3 \cdot N:CS$

Charakteristik: Riecht stechend; ll. in A., Ae.; wl. in W. — *N-n-butylthioharnstoff:* *F* 79.

6 **D-sec. Butylsenföl (D-sec. Butyl-isothiocyanat)**

MG 115.19 *Kp* 159.5 (159−163)
D_4^{20} 0,943 $[\alpha]_D^{20}$ +61,88° $CH_3 \cdot CH(CH_3) \cdot CH_2 \cdot N:CS$

Charakteristik: Riecht stechend; l. in A., Ae.; wl. in W. — *sec. Butylthioharnstoff:* *F* 137; $[\alpha]_D$ +33,97° (in ges. wäßr. Lsg.). — *Lit.*: [*4*].

7 **iso-Butylsenföl (iso-Butyl-isothiocyanat)**

MG 115.19 *Kp* 162
D^{14} 0.9638 D_4^{20} 0.943 n_D^{14} 1.5005 $(CH_3)_2CH \cdot CH_2 \cdot N:CS$

Charakteristik: Farbl. Flüss. mit stechendem Geruch; ∞ Ae.; unl. in W.; l. in A. — *Isobutylthioharnstoff:* *F* 93.5.

8 **tert. Butylsenföl (tert. Butyl-isothiocyanat)**

MG 115.19 *F* 10.5 Kp_{770} 140 (Z.) D_4^{10} 0.9187 $(CH_3)_3C \cdot N:CS$

Charakteristik: Angenehm aromatisch riechendes Öl; l. in A., Ae.; swl. in W. — *N-tert. Butylthioharnstoff:* *F* 165.

9 **n-Amylsenföl (n-Amyl-isothiocyanat)**

MG 129.23 *Kp* 193.4 $CH_3 \cdot [CH_2]_4 \cdot N:CS$

Charakteristik: Hellgelbes Öl mit stechendem Geruch; ll. in A., Ae.; swl. in W.

10 **iso-Amylsenföl (iso-Amyl-isothiocyanat)**

MG 129.23 *Kp* 182 D_4^{20} 0.942 $(CH_3)_2CH \cdot [CH_2]_2 \cdot N:CS$

Charakteristik: Gelbl. Flüss.; ll. in A., Ae.; swl. in W. — *Isoamylthioharnstoff:* *F* 93.

11 **n-Hexylsenföl (n-Hexyl-isothiocyanat)**

MG 143.24 *Kp* 212 $CH_3 \cdot [CH_2]_5 \cdot N:CS$

Charakteristik: Gelbes Öl mit an Rettich erinnerndem Geruch; l. in A.; wl. in W. — *N-n-Hexylthioharnstoff:* *F* 83.

12 **Allylsenföl (Allyl-isothiocyanat)**

MG 99.15 *F* —100 *Kp* 150.7
D_4^{15} 1.0155 D^{24} 1.0057 n_D^{24} 1.52212 $CH_2:CH \cdot CH_2 \cdot N:CS$

Charakteristik: Farbl. Öl, riecht stechend, 0,2 W.; ∞ A., Ae. — *Wi.:* Reizt zu Tränen, wirkt blasenziehend. Giftig! — *V.:* Als Bestandteil des Glykosids Sinigrin in zahlreichen Cruciferen. — *Allylthioharnstoff:* rhombische Prismen *F* 74.

13 **Sinigrin (Glykosid des Allylsenföls)**

MG 415.48 *F* 127—128 (Z.) mit 1 H_2O $F_{\text{wasserfrei}}$ 179 $[\alpha]_D$ —17,42° (in 82—83%ig. A.)

$CH_2:CH \cdot CH_2 \cdot \underset{\ddot{N} \cdot O \cdot SO_3K}{C} \cdot S \cdot C_6H_{11}O_5 + H_2O$

Charakteristik: Sll. in W.; wl. in A.; unl. in Ae., Bzl. — *V.:* In Samen von Sinapis nigra, Rhizomen von Cochlearia armoracia, in vielen anderen Cruciferen.

14 **Crotonylsenföl (Buten-(3)-yl-isothiocyanat)**

MG 113.18 *Kp* 174 (geringe Z.) Kp_{26} 79.5
n_D^{26} 1.5236 $CH_2:CH \cdot [CH_2]_2 \cdot N:CS$

Charakteristik: Stark lichtbrechende Flüss. von senfölartigem Geruch. — *Crotonylthioharnstoff:* *F* 67. — *V.:* Als Glykosid Gluconapin in Brassica-Arten. — *Lit.:* [*5*].

15 **Benzylsenföl (Benzyl-isothiocyanat)**

MG 149.21 *Kp* 243 Kp_{17} 140—141 D^{16} 1.1246 $C_6H_5 \cdot CH_2 \cdot N:CS$

Charakteristik: Farbl. Fluss. von scharfem Kressengeruch; l. in A., Ae., Chlf.; unl. in W. — *Benzylthioharnstoff:* *F* 162. — *V.:* Tropaeolum majus, Lepidium sativum, Sisymbrium alliarium, Isatis tinctoria, Raphanus sativus u. a.

16 **Phenyläthylsenföl (2-Phenyläthyl-isothiocyanat)**

MG 175.25 Kp_{18} 141—142 D^{16} 1.0997 $C_6H_5 \cdot CH_2 \cdot CH_2 \cdot N:CS$

Charakteristik: Dickflussiges Öl, riecht rettichartig. — *Phenyläthylthioharnstoff:* *F* 137. — *V.:* In Wurzeln von Reseda-Arten, in Nasturtium officinale, Brassica rapa u. a.

17 **p-Hydroxybenzylsenföl (p-Hydroxybenzyl-isothiocyanat)**

MG 165.21 *F* (Z.) $HO \cdot C_6H_4 \cdot CH_2 \cdot N:CS$

Charakeristik: Gelbes Öl, schmeckt sehr scharf; sll. in A., Ae.; l. in Alkalien; unl. in W. — *Phenyl-p-hydroxybenzyl-thioharnstoff:* *F* 170—171.

18 **4-Pentenylsenföl (4-Pentenyl-isothiocyanat)**

MG 127.21 Kp_{12} 75 n_D^{25} 1.5118 $CH_2:CH \cdot [CH_2]_3 \cdot N:CS$

Charakteristik: Farbl. Öl mit charakt. Senfölgeruch. — *N-(4-Pentenyl)-thioharnstoff:* *F* 43.5—44. — *V.:* In Samen von Brassica napus als Glykosid Glucobrassicanapin. — *Lit.:* [*6*].

19 **Erypestrin (Methyl-4-isothiocyanatobutyrat)**

MG 159.21 $Kp_{0,2}$ 70 n_D^{25} 1.5066 $CH_3 \cdot O \cdot CO \cdot CH_2 \cdot CH_2 \cdot CH_2 \cdot N:CS$

Charakteristik: Fast farbl. Öl. — *Methyl-4-thioureatobutyrat:* *F* 93. — *V.:* In Samen von Erysimum-Arten als Glykosid Glucoerypestrin. — *Lit.:* [*7*].

20 **Ibervirin (3-Methylthiopropylsenföl)**

MG 147.26 Kp_{12} 120.5—122 $CH_3 \cdot S \cdot [CH_2]_3 \cdot N:CS$

Charakteristik: Farbl. Flüss. mit Rettichgeruch. — *3-Methylthiopropylthioharnstoff:* *F* 66—67. — *V.:* Als Glucoibervirin in Iberis sempervirens. — *Lit.:* [*1b*].

21 **Erucin (4-Methylthiobutylsenföl)**

MG 161.29 Kp_{12} 136 $CH_3 \cdot S \cdot [CH_2]_4 \cdot N:CS$

Charakteristik: Flüss. mit charakt. Rettichgeruch. — *4-Methylthiobutylthioharnstoff:* *F* 53 (55—56) — *V.:* Als Glykosid Glucoerucin in Eruca sativa und Iberis sempervirens. — *Lit.:* [*8*].

22 **Berteroin (5-Methylthiopentylsenföl)**

MG 175.31 Kp_{10} 155 n_D^{25} 1.5422 $CH_3 \cdot S \cdot [CH_2]_5 \cdot N:CS$

Charakteristik: Farbl. Öl. — *5-Methylthiopentylthioharnstoff: F* 67.5. — *V.:* Als Glucoberteroin in Berteroa incana u. a. Cruciferen. — *Lit.:* [9].

23 **Iberin (3-Methylsulfinylpropylsenföl)**

MG 163.25 $CH_3 \cdot SO \cdot [CH_2]_3 \cdot N:CS$

Charakteristik: 1-Phenyl-3-(3'-methylsulfinylpropyl)-thioharnstoff: F 137—137.5. — *V.:* Als Glucoiberin in Samen der Schleifenblume, Iberis amara. — *Lit.:* [10, 11].

24 **Sulforaphan (4-Methylsulfinylbutylsenföl)**

MG 177.29 $Kp_{0,08}$ 130—135 $[\alpha]_D^{22}$ —79,3° (c = 1,223; Chlf.) $CH_3 \cdot SO \cdot [CH_2]_4 \cdot N:CS$

Charakteristik: Farbl. Flüss. — *V.:* In Species von Brassica, Eruca, Iberis u. a. — *Lit.:* [14].

25 **Sulforaphen (4-Methylsulfinyl-3-butenyl-isothiocyanat)**

MG 175.26 $Kp_{0,015}$ 125—130 $[\alpha]_D^{18}$ —108° (in Chlf.) $CH_3 \cdot S(O) \cdot CH:CH \cdot CH_2 \cdot CH_2 \cdot N:CS$

Charakteristik: Farbl. Öl; sll. in W.; l. in Me.; wl. in Ae.; unl. in PAe. — *4-Methylsulfinyl-3-butenylthioharnstoff: F* 219—220 (Z.). — *Lit.:* [12, 13, 14].

26 **Alyssin (5-Methylsulfinylpentylsenföl)**

MG 191,31 $[\alpha]_D^{24}$ —69° (c=4,06 in Chlf.) $CH_3 \cdot SO \cdot [CH_2]_5 \cdot N:CS$

Charakteristik: Farbl., blasenziehendes Öl. — *5-Methylsulfinylpentylthioharnstoff: F* 106—106.5 (112). — *V.:* In Samen von Alyssum argenteum als Glykosid Glucoalyssin. — *Lit.:* [11, 15]

27 **Hirsutin (8-Methylsulfinyloctylsenföl)**

MG 233.39 $CH_3 \cdot SO \cdot [CH_2]_8 \cdot N:CS$

Charakteristik: Bisher nur in Derivaten isoliert. — *1-(8-Methylsulfinyloctyl)-3-phenyl-thioharnstoff: F* 121; $[\alpha]_D^{28}$ —59,7° (c = 1,32 in A.). — *8-Methylsulfinyloctylthioharnstoff: F* 88; $[\alpha]_D^{23}$ —76° (c = 1,0 in A.). — *V.:* Als Glucohirsutin in Arabis hirsuta. — *Lit.:* [16].

28 **Arabin (9-Methylsulfinylnonylsenföl)**

MG 247.42 $CH_3 \cdot SO \cdot [CH_2]_9 \cdot N:CS$

Charakteristik: Isoliert in Form von Derivaten. — *9-Methylsulfinylnonylthioharnstoff: F* 103.5 bis 104.5; $[\alpha]_D^{24,5}$ —66° (c = 2,1 in A.). — *9-Methylsulfinylnonylthioharnstoff: F* 121—122; $[\alpha]_D^{24}$ —54° (c = 0,84 in A.). — *V.:* Als Glykosid Glucoarabin in Arabis-Arten. — *Lit.:* [17, 18].

29 **Camelinin (10-Methylsulfinyldecylsenföl)**

MG 261.44 $CH_3 \cdot SO \cdot [CH_2]_{10} \cdot N:CS$

Charakteristik: Isoliert in Form von Derivaten. — *10-Methylsulfinyldecylthioharnstoff: F* 92—92.5; $[\alpha]_D^{24}$ —65° (c = 1,03 in A.). — *1-(10-Methylsulfinyldecyl)-3-phenylthioharnstoff: F* 139; $[\alpha]_D^{24}$ —46° (c = 0,43 in A.). — *V.:* Als Glucocamelinin in Camelina-Arten. — *Lit.:* [19].

30 **Cheirolin (γ-Methylsulfon-n-propyl-isothiocyanat)**

MG 179.25 *F* 47—48 Kp_3 ~200 $CH_3 \cdot SO_2 \cdot [CH_2]_3 \cdot N:CS$

Charakteristik: Rechteckige, flache Tafeln; l. in W., Me., h. Ae. — *Wi.:* Reizt die Schleimhaute stark. — *γ-Methylsulfon-n-propylthioharnstoff: F* 116. — *N-γ-Methylsulfon-n-propyl-N'-phenylthioharnstoff: F* 136. — *V.:* In Samen von Cheiranthus cheiri, Erysimum arkansanum u. E. nanum compactum aureum in Form des Glykosids Glucocheirolin.

31 **Glucocheirolin (Glykosid des Cheirolins)**

MG 495.59 *F* 158—160 $[\alpha]_D^{20}$ +21,5°

$$CH_3 \cdot SO_2 \cdot [CH_2]_3 \cdot \underset{\ddot{N} \cdot O \cdot SO_3K}{C} \cdot S \cdot C_6H_{11}O_5 + H_2O$$

Charakteristik: Farbl. Nädelchen; ohne Geschmack; sll. in W. — *V.:* Wie Cheirolin.

32 **Erysolin (δ-Methylsulfon-n-butyl-isothiocyanat)**

MG 193.28 *F* 59—60 $CH_3 \cdot SO_2 \cdot [CH_2]_4 \cdot N:CS$

Charakteristik: Farbl. Prismen; ll. in A., Chlf.; l. in W.; wl. in h. Ae. — *Wi.:* Reizt Schleimhaute stark. — *δ-Methylsulfon-n-butyl-thioharnstoff: F* 143—144. — *V.:* Als Glykosid Glucoerysolin in Samen von Erysimum perowskianum.

33 **Aubrietin (p-Methoxybenzylsenföl)**

MG 179.30 $Kp_{0,7}$ 133 n_D^{25} 1.5935 $CH_3O \cdot C_6H_4 \cdot CH_2 \cdot N:CS$

Charakteristik: Farbl. Fluss. mit schwachem Geruch, aber scharfem aromat. Geschmack. — *p-Methoxybenzylthioharnstoff:* *F* 105. — *V.:* Als Glucoaubrietin in Aubrietia-Arten. — *Lit.:* [*20*].

34 **Limnanthin (m-Methoxybenzylsenföl)**

MG 179.30 $Kp_{0,45}$ 105—106 $n_D^{28,4}$ 1.5867 $CH_3O \cdot C_6H_4 \cdot CH_2 \cdot N:CS$
D^{30} 1,145 g/ml

Charakteristik: — *m-Methoxybenzylthioharnstoff:* *F* 100. — *V.:* Als Glykosid in Limnanthus douglasii. — *Lit.:* [*21*].

35 **Malcolmiin (3-Benzoyloxypropylsenföl)**

MG 221.34 $Kp_{0,4}$ 144 n_D^{25} 1.5687 $C_6H_5 \cdot COO \cdot CH_2 \cdot CH_2 \cdot CH_2 \cdot N:CS$

Charakteristik: Farbl. Öl. — 1-(*3-Benzoyloxypropyl*)*-thioharnstoff:* *F* 162. — *V.:* Als Glykosid Glucomalcolmiin in Malcolmia maritima. — *Lit:* [*22*].

36 **Sinalbin**

MG 734.78 *F* 84 (wasserfrei 138—140) $[\alpha]_D$ −8° (−8,23°)

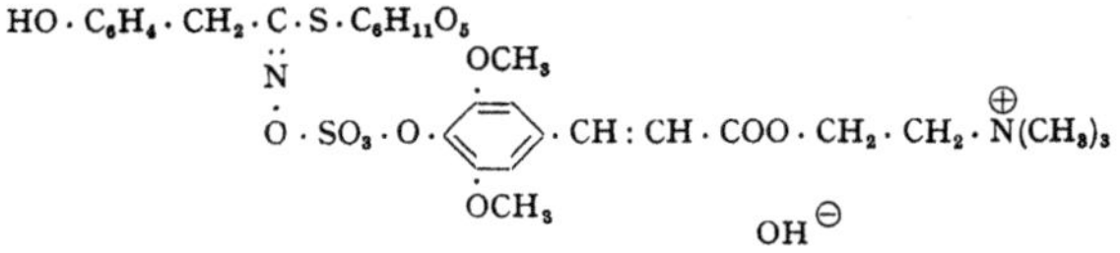

Charakteristik: — *V.:* In Samen von Sinapis alba. — *Lit:* [*23, 24*].

37 **Glucocapangulin** $CH_3 \cdot CH_2 \cdot CH_2 \cdot CO \cdot CH_2 \cdot CH_2 \cdot CH_2 \cdot C:N \cdot O \cdot SO_2 \cdot OK$
MG 469.54 $\dot{S} \cdot C_6H_{11}O_5$

Charakteristik: Nur als *Tetraacetat-monohydrat* rein isoliert. Formel des Tetraacetats $C_{22}H_{32}O_{14}NS_2K, H_2O$; *F* 168—169; $[\alpha]_D^{22}$ −16,5° ($c = 0{,}85$, CH_3OH); $[\alpha]_D^{22}$ −19,0° ($c = 1{,}2$, H_2O). — *V.:* in Samen von Capparis angulata. — *Lit.:* [*25*].

Literatur

[*1*] *Kjaer, A., R. Gmelin* u. *I. Larsen:* a) Acta Chem. Scand. **9**, 857 (1955); b) Acta Chem. Scand. **9**, 1143 (1955).
[*2*] *Kjaer, A.,* u. *I. Larsen:* Acta Chem. Scand. **8**, 699 (1954).
[*3*] *Kjaer, A.,* u. *J. Conti:* Acta Chem. Scand. **7**, 1011 (1953).
[*4*] *Gadamer, J.:* Arch. Pharmaz. **237**, 92 (1899).
[*5*] *Ettlinger, M. G.,* u. *J. E. Hodgkins:* J. Amer. chem. Soc. **77**, 1831 (1955).
[*6*] *Kjaer, A.,* u. *R. B. Jensen:* Acta Chem. Scand. **10**, 1365 (1956).
[*7*] *Kjaer, A.,* u. *R. Gmelin:* Acta Chem. Scand. **11**, 577 (1957).
[*8*] *Kjaer, A.,* u. *R. Gmelin:* Acta Chem. Scand. **9**, 542 (1955).
[*9*] *Kjaer, A., I. Larsen* u. *R. Gmelin:* Acta Chem. Scand. **9**, 1311 (1955).
[*10*] *Schultz, O. E.,* u. *R. Gmelin:* Arch. Pharmaz. **287/59**, 404 (1954).
[*11*] *Kjaer, A.,* u. *R. Gmelin:* Acta Chem. Scand. **10**, 1100 (1956).
[*12*] *Schmid, H.,* u. *P. Karrer:* Helv. Chim. Acta **31**, 1017 (1948).
[*13*] *Schmid, H.,* u. *P. Karrer:* Helv. Chim. Acta **31**, 1087 (1948).
[*14*] *Schmid, H.,* u. *P. Karrer:* Helv. Chim. Acta **31**, 1497 (1948).
[*15*] *Schultz, O. E.,* u. *W. Wagner:* Z. Naturforsch. **11b**, 417 (1956).
[*16*] *Kjaer, A.,* u. *B. Christensen:* Acta Chem. Scand. **12**, 833 (1958).
[*17*] *Kjaer, A.,* u. *R. Gmelin:* Acta Chem. Scand. **10**, 1358 (1956).
[*18*] *Kjaer, A.* u. *B. Christensen:* Acta Chem. Scand. **11**, 1298 (1957).
[*19*] *Kjaer, A., R. Gmelin* u. *R. B. Jensen:* Acta Chem. Scand. **10**, 1614 (1956).
[*20*] *Kjaer, A., R. Gmelin* u. *R. B. Jensen:* Acta Chem. Scand. **10**, 26 (1956).
[*21*] *Ettlinger, M. G.,* u. *A. J. Lundeen:* J. Amer. chem. Soc. **78**, 1952 (1956).
[*22*] *Kjaer, A.,* u. *R. B. Jensen:* Acta Chem. Scand. **12**, 1746 (1958).
[*23*] *Gadamer, J.:* Arch. Pharmaz. **235**, 83 (1897).
[*24*] *Gadamer, J.:* Chem. Ber. **30**, 2328 (1897).
[*25*] *Kjaer, A., H. Thomsen* u. *S. E. Hansen:* Acta Chem. Scand. **14**, 1226 (1960).

N-Lost-Verbindungen

Von **H. Arnold**, Brackwede

1 **Bis-(β-chloräthyl)-amin (2,2-Dichlordiäthylamin, NH-Lost)**

MG 140.01 $(Cl\cdot CH_2\cdot CH_2)_2NH$

Charakteristik: Freie Base nicht bestandig. — *Hydrochlorid: MG* 176.48 *F* 210, 216—217 (Ac.); ll. in W.; l. in A., Me.; swl. in Ac. — *Pikrat: F* 111—112 (A.), goldgelbe Krist. — *Darst.:* 1. Aus Di-β-oxyäthyl-amin u. HCl; 2. Aus Diathanolamin u. $SOCl_2$ in CHlf. — *Wi.:* LD_{50}: 100 mg/kg (i. v., Ratte), cytostatische Wirkung.

2 **N-Methyl-N,N-bis-(β-chloräthyl)-amin (Di-(chloräthyl)methylamin, β(2),β'(2')-Dichlordiäthyl-N-methylamin, 2,2'-Dichlor-N-methyl-diäthylamin, N-Methyl-2,2'-dichlordiäthylamin, Caryollysine, Chloramin, Chlorethazine, Chlormethine, Ciba 6866, Dichloren, Dimitan, Embichin, Embikhine, Erasin, Erasol, HN2, MBA, Mechlorethamine Hydrochloride, Mustargen, Mustine, Nitol, Nitrasin, Nitrogranulogen, N-Yperit, Stickstofflost, Stickstoffsenfgas, T 1024)**

MG 156.06 *F* —60 Kp_{18} 87 Kp_{10} 75
D_4^{25} 1.118 $(Cl\cdot CH_2\cdot CH_2)_2N\cdot CH_3$

Charakteristik: Bewegliches Öl, riecht nach Heringslake, freie Base nicht haltbar; l. in CS_2, CCl_4; wl. in W. — *Hydrochlorid: MG* 192.53 *F* 109—111, 116—117 (Ac., Chlf.); ll. in W.; l. in A., Me.; swl. in Ac.; hygroskopisch, bis zu 40°C beständig. — *Pikrat: F* 133.5 (Bzl.), goldgelbe Nadeln. — *Darst.:* Aus Di(β-oxyäthyl)-methylamin mittels $SOCl_2$. — *Wi.:* Stark ätzende Wrkg. auf die Haut u. Atmungsorgane. LD_{50}: 1,1 mg/kg (i. v., Ratte). — *Verwend.:* Cytostaticum.

3 **N-Methyl-N,N-bis-(β-chloräthyl)-amin-N-oxyd-hydrochlorid (Bis-(2-chloräthyl)-methylamin-N-oxyd, 2,2'-Dichlor-N-methyldiäthylamin-N-oxyd-hydrochlorid, N-methyl-2,2'-dichlordiäthylamin-N-oxyd-hydrochlorid, Methylbis-(β-chloräthyl)amin-N-oxyd-hydrochlorid, MBAO, Mitomen, N.M.O., Nitromin, N-Lost-N-Oxyd, N-Oxyd-Lost-HCl, Oxychlorin, Mustron, Stickstofflost-N-oxyd, XA-2)**

MG 208.53 *F* 108—112 (Ac., A. abs.)

$(Cl\cdot CH_2\cdot CH_2)_2\cdot N\cdot CH_3\cdot HCl$
↓
O

Charakteristik: Farbl. Stabchen (Ac., A. abs.); sll. in Ac.; ll. in W., Me.; begrenzte Haltbarkeit. — *Pikrat: F* 121 (Ac./PAe.), gelb-amorph. — *Darst.:* Aus Methyl-bis-(β-chlorathyl)-amin d. Oxydation mit Benzopersäure in Chlt. u. Fallen mit Ae./HCl. — *Wi.:* LD_{50}: 50 mg/kg (Ratte). — *Verwend.:* Cytostaticum.

4 **Tris-(β(2)-chloräthyl)-amin, (β,β',β''-Trichlortriäthylenamin, Sinalost, Stickstoffyperit, Tris-Lost, Trillekamin, Trimitan, T.S. 160, HN3)**

MG 204.54 Kp_{15} 144 $(Cl\cdot CH_2\cdot CH_2)_3N$

Charakteristik: Freie Base = schwach gelbliches Öl von unangenehmem Geruch nach Fisch oder Seife; l. in Dimethylformamid, CS_2, CCl_4; swl. in W.; begrenzte Haltbarkeit. — *Hydrochlorid: MG* 241.00 *F* 131—132.3 (Ac./A.); ll. in W.; l. in A. — *Pikrat: F* 136—137, goldgelbe Nadeln (Ac.). — *Darst.:* Aus Triathanolaminhydrochlorid u. $SOCl_2$. — *Wi.:* Atmungsgift; zellteilungshemmende Wrkg. auf Pflanzen- u. Hefezellen, Hemm. d. in vitro-Synth. d. Hamoglobins. — *Verwend.:* Cytostaticum.

5 **β-Chlorpropyl-bis-β-chloräthyl-aminhydrochlorid (2-Chlorpropyl-di-(2-chloräthyl)-amin-hydrochlorid, Novoembichin)**

MG 122.56

$(Cl\cdot CH_2\cdot CH_2)_2N\cdot CH_2CH\cdot Cl\cdot HCl$
CH_3

Charakteristik: Hydrochlorid: F 78—79.4 (Chlf./A.), Krist. — *Darst.:* Aus β-Oxypropyl-β,β'-diathanolamin u. $SOCl_2$ in Chlf. bei 0—10°C. — *Wi.:* Stark atzende Wrkg. auf die Haut und Atmungsorgane. — *Verwend.:* Cytostaticum.

6 **1,6-Bis(2-chloräthylamino)-1,6-didesoxy-D-mannitol-dihydrochlorid (1,6-Di(β-chloräthyl-amino)-1,6-didesoxy-D-mannit, 1,6-dideoxy-1,6-di-(2-chloräthylamino)-D-mannitol-dihydrochlorid, 1,6-di-(2-chloräthylamino)-1,6-dideoxy-D-mannitol-dihydrochlorid, BCM, Degranol, Mannomustine)**

MG 305,20 *F* 250 (Sint.) 278 (Z.)

HCl
$Cl\cdot CH_2\cdot CH_2NH\cdot CH_2$
$H\cdot C\cdot OH$
$H\cdot C\cdot OH$
$HO\cdot C\cdot H$
$HO\cdot C\cdot H$
$Cl\cdot CH_2\cdot CH_2\cdot NH\cdot CH_2$
HCl

Charakteristik: $C_{10}H_{22}Cl_2N_2O_4 \cdot 2HCl$: *MG* 378.13; *F* 239—241 (Z.) (80% A.); $[\alpha]_D^{20}$ +18,46°, (c = 1,812; W.); l. in W.; wl. in A. — *Darst.:* Aus 1,6-Didesoxy-1,6-bis-(äthylenimino)-3,4-O-isopropyliden-D-mannit u. konz. HCl in Me. bei 0°C. Freie Verbdg. aus Dihydrochlorid u. 2 n NaOH bei 0°C. — *Wi.:* LD_{50}. 100 mg/kg (Ratte). — *Verwend.* Cytostaticum.
Entspr. Br-Verbdg.: *MG* 394.12. — *Dihydrobromid:* *MG* 555.97; *F* 204—205 (Z.), $[\alpha]_D^{20}$ +10,6 (c = 1,0; W.). — *Wi.:* Wirksameres Cytostaticum als d. analoge Cl-Verbdg.

7 **4-[p-Bis-(2-chloräthyl)amino-phenyl]-buttersäure (γ-[p-(Bis-β-chloräthylamino)-phenyl]-buttersäure, N,N-di-(2-chloräthyl)-γ-p-aminophenylbuttersäure, C.B. 1348, Chlorambucil, Chloraminophene, Leukeran, Leukoran, Linfolysin)**

MG 304.21 *F* 64—66 (PAe.)

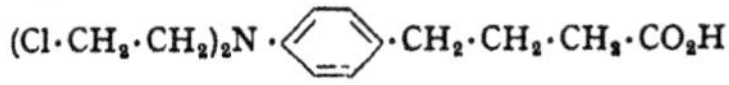

Charakteristik: Flache Nadeln; ll. in W.; l. in Ae.; Arachisöl; swl. in Ac. — *Darst.:* Durch Umsetzung v. Äthylenoxyd mit γ-[p-Aminophenyl]-buttersäuremethylester in Eg. u. Behandlg. mit $POCl_3$. — *Wi.:* LD_{50}: 18,5 mg/kg (Ratte). — *Verwend.:* Cystostaticum.

8 **p-Di-(2-chloräthyl)-aminophenylalanin (DL-4(p)-Bis-(2(β)-chloräthyl)-amino-phenylalanin, Alkeran, Melph(f)alan, PAM, Sarcoclorin(a), Sarcolysine, CB 3025)**

MG 305.20 + 1 Mol Krist.-Me. 337.24
F 178—182 (Z) (Me.) (DL-Form)

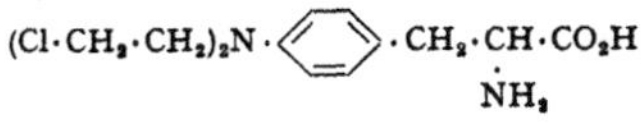

Charakteristik: Winzige Nadeln; swl. in Me. — *Hydrochlorid:* *MG* 341.20 *F* 182—185 (95% A.); l. in W. physiol. NaCl-Lsg. — *L-Form:* *F* 182—183 (Z.) (Me.); $[\alpha]_D^{22}$ 7,5° (c = 1,33 in 1.0 n HCl), $[\alpha]_D^{22}$ −31,5° (c = 0,67 in Me.). — *D-Form:* *F* 181.5—182 (Z.) (Me.); $[\alpha]_D^{21}$ −7,5° (c = 1,26 in 1.0 n HCl). — *Darst.:* 1. Aus 4-Amino-N$^{\alpha}$-phthalyl-DL-phenylalaninäthylesterhydrochlorid in Eg. u. Äthylenoxyd in W., 2. durch Kochen von N$^{\alpha}$-Acetyl-p-bis-[2-oxyäthyl]-amino-DL-phenylalaninäthylester mit abs. Bzl. oder Chlf. u. $POCl_3$, 3. aus p-Amino-L-phenylalanin u. Äthylenoxyd, Chlorierung, Hydrolyse. — *Wi.:* LD_{50}: 18. — *Verwend.:* Cytostaticum.

9 **4-[Bis-(2(β)-chloräthyl)-amino]-azobenzol (Azo-N-Lost)**

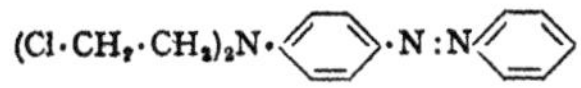

MG 322.23 *F* 73—75

Charakteristik: Orange Platten; Absorptions-Max. 397 mμ (95% wssr. A.); 530 mμ (0,5 n HCl in 75% wssr. A.). — *Darst.:* Durch Diazotierung v. Anilin in ca. 10% HCl mit $NaNO_2$ u. Einfügung von N,N-Bis-(2-chlorathyl)-anilin.

10 **N,N-Bis-(2′-chloräthyl)-naphthyl-(2)-amin (Dichloräthyl-β-naphthylamin, β-Naphthyl-di-(2-chloräthyl)amin, Aleukon, C.B. 1048, Chlornaphthazin, Chlornaphtina, Chlornaftina, Erysan, Nafticlorina, R48)**

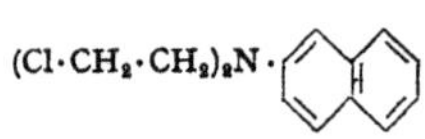

MG 268.20 *F* 54—56 (PAe.) Kp_5 210

Charakteristik: Platten; l. in PAe., A., Olivenöl, Ae., Ac., Bzl.; swl. in W. — *Pikrat:* Rote Nadeln, *F* 102 (Me.). — *Darst.:* Aus N,N-Bis-(2′-oxyathyl)-naphthyl-(2)-amin u. $POCl_3$. — *Verwend.:* Cytostaticum.

11 **5-[Bis-(2-chloräthyl)amino]-uracil (5-[di-(β-chloräthyl)amino]-uracil, 2,6-Dihydroxy-5-bis-[2-chloräthyl]-aminopyrimidin, Demethyldopan, Desmethyldopan, U-8344)**

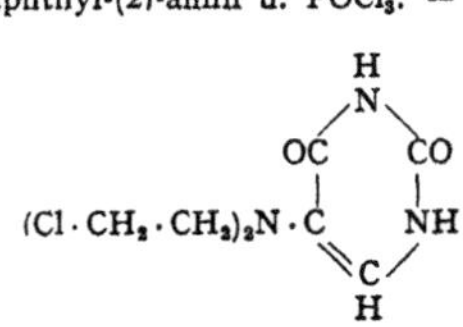

MG 252.09 *F* 206 (Z.)

Charakteristik: Krist.; sll. in W.: Absorptions-Max.: 257 mμ α_M 5.675 (0.01 n H_2SO_4 in 95% A.); Prod. II.: *F* 166—168; Absorptions-Max. 258 mμ α_M 5,600; 204 mμ · α_M 8.25 (0.01 n H_2SO_4 in 95% A.). — *Darst.:* Aus 5-Aminouracil u. Aethylenoxyd in wssr. Eg. u. Chlorierung mit $SOCl_2$ in Glykoldimethylather. — *Wi.:* LD_{50}: 2,8 mg/kg (Ratte). — *Verwend.:* Cytostaticum.

12 **5-[Bis-(2-chloräthyl)amino]-6-methyluracil (6-Methyl-5-[bis-(2-chloräthyl)amino]-uracil, 4-Methyl-5-[bis-(β-chloräthyl)amino]-uracil, 2,6-Dihydroxy-4-methyl-5-bis-[2-chloräthyl]-aminopyrimidin, Dopan)**

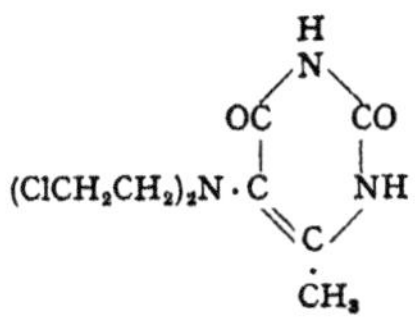

MG 266.12 *F* 178—179

Charakteristik: Schneeweiße Kristalle; wl. in A.; unl. in W., Ac., Bzl. — *Verwend.:* Cytostaticum.

13 N,N-Bis-(β-chloräthyl)-phosphorsäureamid-dichlorid (N,N-Bis-(β-chloräthyl)-phosphamiddichlorid)

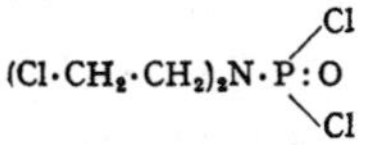

MG 258.92 *F* 54—56 $Kp_{0.8}$ 123—125

Charakteristik: Farbl. Prismen (PAe.) oder farbl. Öl. — *Darst.:* Aus Bis-(β-chloräthyl)-amin. Hydrochlorid u. $POCl_3$. — *Wi.:* Wirkt ätzend auf Haut- und Schleimhäute; LD_{50}: 30 mg/kg.

14 N,N-Bis-(β-chloräthyl)-N',O-äthylenphosphor(säureesterdiamid (B 485-Asta)

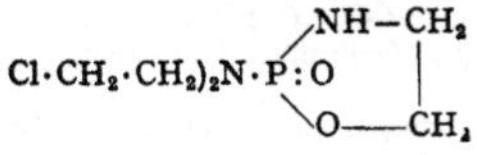

MG 247.07 *F* 99.4

Charakteristik: Schneeweiße Kristalle (W., A.); 50 g/L W.; l. in A., Chlf., Bzl., Dioxan; wl. in Ae. Ac. — IR-Spektrum: v_{max} in CH_2Cl_2: 3442 cm^{-1} (NH). — *Darst.:* Aus N,N-Bis-(β-chloräthyl)-phosphorsäureamiddichlorid u. Aminoäthanol und Triäthylamin in Dioxan. — *Wi.:* LD_{50}: 350 mg/kg (Ratte), cytostatische Wirkg.

15 N,N-Bis-(β-chloräthyl)-N',O-propylenphosphorsäureesterdiamid (N,N-bis-(β-chloräthyl)-N', O-trimethylenphosphorsäureesterdiamid, Bis-(2-chloräthyl)phosphamid-cyclischer Propanolaminester, 1-Bis[2-chloräthyl]-amino-1-oxo-2-aza-5-oxaphosphoridin, 2H-1,3,2-Oxazaphosphorine, 2-[bis-(2-chloräthyl)amino]-tetrahydro-2-oxyd, B 518-Asta, Cyclophosphamid, Cytoxan, Endoxan, N-Lost-Phosphamid, NSC-26271, Procytox, R. A. 3, Endoxana, Genoxal, Enduxan, Sendoxan)

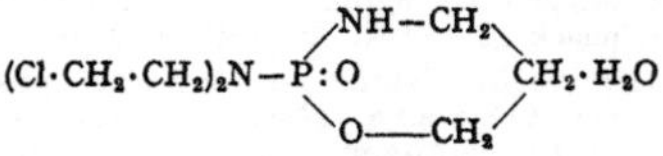

MG 261.72 + 1 Mol H_2O = 279.73 *F* 45—49

Charakteristik: Schneeweiße Kristalle (W., Ae.); 40 g/L in W.; sl. in A., Chlf., Bzl., Dioxan; wl. in Ae., Ac.; *IR-Spektrum:* v max in CH_2Cl_2: 3385 cm^{-1} (NH). — *Darst.:* Aus N,N-Bis-(β-chloräthyl)-phosphorsäureamiddichlorid u. Aminopropanol-1,3 u. Triäthylamin in Dioxan. — *Wi.:* LD_{50}: 160 mg/kg (Ratte). — *Verwend.:* Cytostaticum.

Kohlensäure und ihre Derivate

1 Kohlendioxyd (Kohlensäureanhydrid)

MG 44.01 $F_{5,2\,Atm.}$ —56,6 $Subl._{760}$ —78.48 CO_2

D_{Gas} 1.527 (Luft = 1) D_{Gas} 1.557 (N_2 = 1)

D^0_{Gas} 1,976 g/L (760) $D^0_{Flüss}$ 0.914 (34,3 Atm.)

D_{Fest} 1.512

Dampfdruck bei —120°: 10,5 mm; bei —100°: 104,2 mm; bei —82°: 569,1 mm.

Charakteristik: Farbl., geruchl., nichtbrennb. Gas mit schwach saurem Geschmack; l. in W.: bei 0° 171 ml CO_2/100 ml, bei 20° 88 ml CO_2/100 ml, bei 60° 36 ml CO_2/100 ml, löslicher bei höheren Drucken; wl. in A. oder anderen neutralen organ. Lsgm.; absorbiert durch alkalische Lsgn. unter Bildg. v. Carbonaten. — *Li-Carbonat*, Li_2CO_3: *MG* 73.89, weißes, leichtes, alkal. Pulver, *F* 618; 1 g in 78 ml k. W., 140 ml sied. W.; unl. in A. — *Na-Hydrogencarbonat* (*Na-Bicarbonat*), $NaHCO_3$: *MG* 84.00, weißes Kristallpulver, verliert bei ~50° CO_2 u. gibt bei 100° → Na_2CO_3; leicht zers. durch verd. Säuren, in wssr. Lsg. → CO_2 + Na_2CO_3 bei ~20° u. vollst. beim Kochen. L. in 10 T. W. 25°, 12 T. W. ~18°; unl. in A.; wssr. Lsg. mit k. W. u. ohne Schütteln hergest. ist nur schwach alkalisch, beim Stehen oder Temperaturerhöhung steigt Alkalität. p_H einer frisch hergest. 0.1 m wssr. Lsg. bei 25° 8.3. — *Na-Carbonat* (w.-frei), Na_2CO_3: *MG* 106.00, weißes, geruchloses, hygroskop. Pulver mit alkal. Geschmack, *F* 851, verliert schon bei 40° CO_2. An d. Luft Absorption bis zu 1 Mol H_2O. L. in 3,5 T. W. 20°, 2,2 T. W. 35°; l. in Glycerin; unl. in A. Durch Säuren zersetzt. Wssr. Lsgn. p_H 11.6. — *Na-Carbonat* (*Monohydrat*), $Na_2CO_3 \cdot H_2O$: *MG* 124.02, weißes, geruchloses Kristallpulver mit alkal. Geschmack, bei Raumtemp. stabil, verliert über 50° schnell u. bei warmer, trockner Raumluft sein Kristallw., völlig w.-frei bei 100°. L. in 3 T. W. 20°, 1,8 T. sied. W., 7 T. Glycerin; unl. in A. — *Na-Carbonat* (*Dekahydrat*), $Na_2CO_3 \cdot 10H_2O$: *MG* 286.16, farbl., durchscheinende Krist., die sich an d. Luft schnell truben, *F* 34, l. in 2 T. k. W. u. 0,25 T. sied. W.; l. in Glycerin; unl. in A. Wssr. Lsg. stark alkalisch. — *K-Carbonat* (*w.-frei*), K_2CO_3: *MG* 138.20, weißes, hygroskop., geruchl. Pulver, *F* 891, l. in 1 T. k. W., 0,7 T. sied. W.; unl. in A.; wssr. Lsg. p_H 11.6. — *K-Carbonat* (*Sesquihydrat*), $K_2CO_3 \cdot 1^1/_2H_2O$: *MG* 165.23, farbl. oder weiße kleine Krist., nicht hygroskop., wenn es die ganze Kristallwassermenge (16,36%) enthält; l. in < als 1 T. W. 20°; unl. in A.; wssr. Lsg. p_H 11.6. — *Mg-Carbonat*, $(MgCO_3)_4 \cdot Mg(OH)_2 \cdot 5H_2O$ mit 40—42% MgO: weißes, voluminöses Pulver, bei ~700° → MgO; l. in ~3330 T. CO_2-freiem W.; mehr l. in CO_2-halt. W.; l. in verd. Säuren unter Zers.; unl. in A.; wssr. Lsg. schwach alkalisch. — *Ca-Carbonat*, $CaCO_3$: *MG* 100.09, weißes, geruchl., geschmackl. Pulver, bei ~825° → CaO + CO_2; l. in verd. Säuren unter Zers.; wl. in mit CO_2-gesätt. W. (1 : 4000); Lösungserhöhung in W. durch Ammoniumsalze; unl. in W. — *Ba-Carbonat*, $BaCO_3$: *MG* 197.37, weißes, schweres Pulver, giftig! Bei ~1300° → BaO + CO_2; l. in verd. HCl, HNO_3 oder Essigsäure; swl. in CO_2-halt. W. (1 : 1000); fast unl. in W. (0,024 g/L.).

2 **Phosgen (Carbonylchlorid, Chlorameisensäurechlorid)**

MG 98.92 *F* −118 *Kp* 8.3 D_4^0 1.432 — $COCl_2$

Charakteristik: Farbl., stark giftiges Gas mit erstickendem, in starker Verdünnung nur manche Menschen an faulendes Heu erinnerndem Geruch, stark Augen reizend; kondensiert bei etwa 0° zu einer klaren, farbl. rauchbildenden Flüss.; ∞ Bzl., Toluol, Eg. u. d. meisten flüss. Kohlenwasserstoffen; wl. in W.; in wssr. Lsg. langsame Hydrolyse. — Warnreaktion: Herstellung einer 10%igen Mischg. gleicher Teile p-Dimethylaminobenzaldehyd u. farblosem Diphenylamin in Äthanol oder CCl_4, damit Filterpapier getränkt u. getrocknet. In Atmosphäre mit MAK: Farbänderung v. Gelb nach Tieforange.

3 **Carbaminsäure (Aminomethansäure, Aminoameisensäure)** — $H_2N{\cdot}CO_2H$

MG 61.04 — CH_3NO_2

Charakteristik: Nicht in freier Form bekannt. — *V.:* Salze in Blut u. Harn v. Säugetieren. — *NH_4-Salz,* $H_2N{\cdot}CO{\cdot}NH_4$: *MG* 78.08, weiße krist. Masse; ll. in W. Gibt b. Raumtemp. a. d. Luft allmählich NH_3 ab → Harnstoff + H_2O. — (Siehe Carbamylphosphat.)

4 **Carbaminsäure-äthylester (Äthylurethan, Äthylcarbamat)** — $H_2N{\cdot}CO{\cdot}O{\cdot}C_2H_5$

MG 89.09 *F* 49 *Kp* 184 D_4^{21} 0.9862 D_{20}^{20} 1.11 — $C_3H_7NO_2$

Charakteristik: Farbl., durchscheinende Krist. mit salzig-kühlendem, dann brennendem Geschmack. n_D^{20} 1.4144. Sll. in W., A.; ll. in Ae., Bzl.; l. in Chlf., Glycerin, Olivenol; wl. in Lg.; wssr. Lsg. reagiert neutral. — *Verwend.:* Cytostaticum, Hypnoticum, Sedativum, Solvens versch. organ. Substanzen, Lösungsvermittler, Cosolvens f. Pesticide. Vorsicht beim Umgang! Wirkt carcinogen! Daher Verwend. als Hypnoticum u. Narkoticum nur bei Versuchstieren.

5 **Methylcarbaminsäure-äthylester** — $H_3C{\cdot}NH{\cdot}CO{\cdot}O{\cdot}C_2H_5$

MG 103.12 *Kp* 170 D^{19} 1.009 — $C_4H_9N_1O_2$

6 **Äthylcarbaminsäure-äthylester** — $H_5C_2{\cdot}NH{\cdot}CO{\cdot}O{\cdot}C_2H_5$

MG 117.15 *Kp* 176 D_4^{20} 0.981 — $C_5H_{11}N_1O_2$

Charakteristik: Farbl. Flüss.; 63.2 W. 15,1°.

7 **Harnstoff (Carbamid, Carbonyldiamid, Kohlensäurediamid)**

MG 60.06 *F* 132.7 *Kp* (Z.) D_4^{18} 1.32 D_4^{20} 1.335 — $H_2N{\cdot}CO{\cdot}NH_2$

D_4^{18} wssr. Lsgn.: 10% 1.027; 20% 1.054; 50% 1.145 — CH_4ON_2

Charakteristik: Farbl., tetragonale Prismen mit kühlendem, salzigem Geschmack u. Ammoniakgeruch. Subl. im Vakuum. Wssr. 10%ig. Lsg. p_H 7.2. Bei langsamem Erhitzen auf 150—160° → Isocyansäure + NH_3, dann + Harnstoff Biuret (s. d.). Bei raschem Erh. auf höhere Temp. Polymerisation d. intermediär gebildeten Cyansäure zu Cyanursäure $(HOCN)_3$. Durch Kochen mit Laugen od. Säuren → NH_3 + CO_2. — n_D 1.484. — 1 g in 1 ml W., 10 ml 95%ig. A., 1 ml sied. 95%ig. A., 20 ml abs. A., 6 ml Me., 2 ml Glycerin; l. in konz. HCl; fast unl. in Ae., Chlf. — Fast alle Harnstoffprap. des Handels, auch die analysenreinen, geben positive Biuretreaktion, die dem reinen Harnstoff als solchem nicht zukommt. — *V.:* Endprodukt des Aminosäurenmetabolismus der höheren Säugetiere u. a. „ureotelen" Tiere. — *Verwend.:* Innerlich als Diureticum u. zur Nierenfunktionsprüfung, äußerlich als 10%ige Lsg. zur Wundbehandlung, z. Wirkungssteigerung v. Sulfonamiden, Düngemittel, Herst. v. Harzen u. Plastiken. — *Hydrochlorid,* $CH_4N_2O{\cdot}HCl$: *MG* 96.52, weiße bis schwach gelbe Krist., *Z.* bei 145°; l. in W. — *Nitrat,* $CH_4N_2O{\cdot}HNO_3$: *MG* 123.07, weiße, geruchlose Blättchen. *F* 152 (Z.); l. in heißem W., A.; wl. in k. W., HNO_3. — *Oxalat,* $CH_4N_2O{\cdot}C_2H_2O_4{\cdot}H_2O$: *MG* 168.11; weiße Krist., l. in W. — *Peroxyd,* $CH_4N_2O{\cdot}H_2O_2$ (*Perhydrol-Harnstoff, Perhydrit, Hyperol*): *MG* 94.07, weiße Krist. oder Kristallpulver; Zers. in Luft → Harnstoff, O_2 u. H_2O; l. in 2,5 T. W.; teilw. Zers. d. A. u. Ae. in H_2O_2 u. Harnstoff. — *Verwend.:* Zur H_2O_2-Herstellung, zur Behandlg. v. Augen-, Ohr-, Mund- u. Hautinfektionen. — *Calciumbromid-Doppelverbindung,* $4\,CH_4N_2O{\cdot}CaBr_2$: *MG* 440.14; schwach hygroskop. Krist.; ∞ W., A.; unl. in Ae., Chlf.

8 **Hydroxyharnstoff** — $H_2N{\cdot}C(OH){:}NOH$ bzw. $H_2N{\cdot}CO{\cdot}NH{\cdot}OH$

MG 76.06 *F* 139—40 *Kp* (Z.) — $CH_4N_2O_2$

Charakteristik: Nadeln (A.); bildet Metallsalze, wirkt reduzierend, wird durch Säuren zersetzt, mit $FeCl_3$ → blauviolette Färbung; sll. in W.; ll. in h. A.; wl. in k. A. — *Wi.:* Inhibitor der Urease.

9 **Nitroharnstoff** — $H_2N{\cdot}CO{\cdot}NH{\cdot}NO_2$

MG 105.06 *F* 158.6 (Z.) *Kp* expl. — $CH_3N_3O_3$

Charakteristik: Weiße Krist. (A. od. Ae.); ll. in A., Ae.; wl. in k. W.

10 **Methylharnstoff** $H_2N \cdot CO \cdot NH \cdot CH_3$

MG 74.08 *F* 101 *Kp* (Z.) *D* 1.204 $C_2H_6N_2O$

Charakteristik: Farbl., rhomb. Prismen (W. oder A.); ll. in W., A.; 0.073 Ae. — *Wi.:* Inhibitor der Urease. — *Acetylderivat: MG* 116.12; *F* 180, monoklin. Krist. (W.); l. in h. W.; wl. in k. W., A.; swl. in Ae.

11 **Acetylharnstoff** $CH_3 \cdot CO \cdot NH \cdot CO \cdot NH_2$

MG 102.09 *F* 217 *Kp* (Z.) $C_3H_6N_2O_2$

Charakteristik: Rhomb. Krist., 2.7 k. W.; 11 h. W.; 1.18 k. A.; 10 h. A.; wl. in Ae. — *Wi.:* Inhibitor der Urease.

12 **Chloracetylharnstoff** $Cl \cdot CH_2 \cdot CO \cdot NH \cdot CO \cdot NH_2$

MG 136.54 *F* Z. ab 160 $C_3H_5N_2O_2Cl$

Charakteristik: Nadeln (A.); unl. in k. W.; wl. in h. W. — *Wi.:* Inhibitor der Urease.

13 **Biuret (Carbamylharnstoff, Carbonylharnstoff, Ureidoformamid, Allophanamid)** $H_2N \cdot CO \cdot NH \cdot CO \cdot NH_2$ (A.)

MG 103.09 *F* ~193 (Z.) D_4^{-5} 1.467 $C_2H_5N_3O_2$

Charakteristik: Hygroskop. lange Platten (A.). Aus W. $5 C_2H_5N_3O_2 \cdot 4 H_2O$; w.-frei bei 110°. Pyrolyse bei höherer Temp. → Melanin. 2,01 g/100 g Lsg. W. 25°, 7 g/100 g Lsg. W. 50°, 20 g/100 g Lsg. W. 75°, 53,5 g/100 g Lsg. W. 105,5°; ∞ A.; swl. in Ae. — *B.:* Trocknes Erhitzen von Harnstoff zur Schmelze unter Abspaltung von NH_3. — *Verwend.:* Zur Demonstration der „Biuret-Reaktion“: Bildung eines rotviolett gefärbten Cu-II-Komplexes mit 1%iger $CuSO_4$-Lsg. bei alkal. Reakt. — *Wi.:* Schwach bacteriostatisch.

14 **Thioharnstoff (Thiocarbamid)** $H_2N \cdot CS \cdot NH_2$

MG 76.12 *F* 176—8 *Kp* (Z.) D_4^{20} 1.405 CH_4N_2S

Charakteristik: Rhomb. Prismen (A.); l. in 11 T. W.; l. in h. A.; wl. in k. A., Ae. Wssr. Lsg. reagiert neutral. Bildet Additionsverbb. mit Metallsalzen. — *Verwend.:* Fallungsreagens für Pb, Se, Te, Tl, Nachweis für Os, Ru, Bi. — *Wi.:* Stimulans für Granulationsgewebe u. zur Ulcustherapie.

15 **N-Methylthioharnstoff** $H_2N \cdot CS \cdot NH \cdot CH_3$

MG 90.14 *F* 118 $C_2H_6N_2S$

Charakteristik: Prismen; ll. in W.; l. in A.; wl. in Ae.

16 **Semicarbazid-hydrochlorid (Aminoharnstoff-hydrochlorid, Carbamylhydrazin-hydrochlorid)** $H_2N \cdot NH \cdot CO \cdot NH_2 \cdot HCl$

MG 111.54 *F* 175—85 (Z.) $CH_5N_3O \cdot HCl$

Charakteristik: Prismen (verd. A.); K_b $2.9 \cdot 10^{-11}$ (20°), K_a $1.6 \cdot 10^{-11}$ (20°); ∞ W. mit saurer Reakt.; swl. in k. A.; unl. in w.-freiem Ae. — *Verwend.:* Reagens auf Aldehyde u. Ketone. Semicarbazone besitzen charakteristische *F*.

17 **Thiosemicarbazid (Aminothioharnstoff)** $H_2N \cdot NH \cdot CS \cdot NH_2$

MG 91.14 *F* 182—4 CH_5N_3S

Charakteristik: Weißes Kristallpulver (Nadeln, W.); l. in W., A. — *Hydrochlorid: F* 186—90. — *Verwend.:* Reagens auf Metalle.

18 **Xanthogensäure (Äthoxymethanthionothiolsäure)** $H_5C_2 \cdot O \cdot CS \cdot SH$

MG 122.20 *F* —53 *Kp* 24 *D* >1 $C_3H_6OS_2$

Charakteristik: Öl, mit knoblauchähnl. Geruch; 0.24 W. 0°, durch A. zersetzt. — *K-Salz = K-Äthyldithiocarbonat, K-Äthylxanthogenat oder K-Xanthat*, $KC_2H_5O \cdot CS_2$: *MG* 160.30; weißes bis schwachgelbes Kristallpulver; sll. in W.; l. in A.; swl. in Ae. Wssr. Lsg. reagiert stark alkalisch. — *Verwend.:* Bildet purpurrote Komplexverbb. mit sechswert. Molybdaten.

19 **Allantoinsäure (Diureidoessigsäure)**

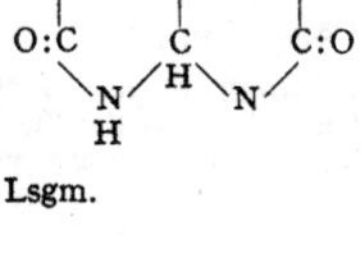

MG 176.14 *F* 173 (Z.) $C_4H_8N_4O_4$

Charakteristik: Blättchen (Me.); swl. in k. W., organ. Lsgm.

20 **Tetraäthylthiuram-disulfid (Bis-(diäthylthiocarbamoyl)-disulfid, Bis-(diäthylthiocarbamyl)-disulfid, Disulfiram, TTP, Antadix, Antiäthanol, Antabus, Etalus u. a.)**

$(H_5C_2)_2N \cdot \underset{\underset{S}{\cdot\cdot}}{C} \cdot S \cdot S \cdot \underset{\underset{S}{\cdot\cdot}}{C} \cdot N(C_2H_5)_2$

MG 296.54 *F* 70 *D* 1.30 $C_{10}H_{20}N_2S_4$

Charakteristik: Gelbe Krist.; unl. in W. (0,02 g in 100 ml); l. in A. (3,82 g in 100 ml), Ae. (7,14 g in 100 ml), l. in Ac., Bzl., Chlf., CS_2. — *Verwend.:* Fungicid, Samendesinficiens, zur Behandlg. von chron. Alkoholismus.

Aliphatische mehrwertige Alkohole und ihre Derivate

Von **W. Walter**, Hamburg

1. Zweiwertige Alkohole

1/1 **Glykol (Äthylenglykol, Äthandiol-(1,2), [α,β-Dioxyäthan])**

MG 62.07 D_4^0 1.2763 D_4^{15} 1.11710 D^{20} 1.1131, D_4^{50} 1.10664 *F* —12.88 Kp_{760} 197.85, Kp_4 96.5

$HO \cdot CH_2 \cdot CH_2 \cdot OH$

Charakteristik: Süß schmeckende Fl.; ∞ W. A.; fl. SO_2 (oberhalb —20°) 1.1 Ae.; n_D^{15} 1.43312, n_D^{20} 1.4314. — *V.:* Im Tabakrauch. — *Verwend.:* Lösungsm. f. Wachse, Harze, Farbst.; Frostschutzmittel, giftig! — *p-Nitrobenzoesäureester:* *F* 146; — *Phenylurethan:* *F* 157; — *Naphthylurethan* *F* 176.

1/2 **Trimethylenglykol (α,γ-Dioxypropan, Propandiol-(1,3))**

MG 76.09 D_4^{20} 1.0538 D_4^{25} 1.0503 *F* —32 Kp_{760} 214.7 Kp_{33} 127 Kp_{11} 108—108.2

$HO \cdot [CH_2]_3 \cdot OH$

Charakteristik: Farbl. bis schw. gelbe, süß schmeckende, dicke Fl.; n_D^{20} 1.4389, n_D^{25} 1.4385; ∞ W., A.; l. in Ae.; — *V.:* Im Tabakrauch.

1/3 **(±)-Propylenglykol ((±)-Propandiol-1,2))**

MG 76.09 D_4^0 1.0508 D_4^{20} 1.0364 D_4^{40} 1.0217 Kp_{760} 188,2 Kp_{759} 185—186 Kp_{32} 104 Kp_9 82—82.5

CH₂OH		CH₂OH
H · C · OH	+	HO · C · H
CH₃		CH₃
(—) (R)		(+) (S)

Charakteristik: Dickes, süßschmeckendes Öl, mischbar mit W., A.; wl. in Ae.; n_D^{20} 1.4323, n_D^{25} 1.4314; + Kaninchenleber-Alkoholdehydrogenase → Lactaldehyd. — *V.:* Leberhomogenate nach Inkubation mit Aceton; -phosphat in Leber u. Gehirn. — *Verwend.:* Lösungsm. für wasserunlösliche Pharmaka; (+)(S)-*Propandiol* (1.2) — *B.:* Aus (±)-Milchsäurealdehyd mit gärender Hefe. — (—)(R)-*Propandiol* (1.2) aus (±)-Propandiol durch Aspergillus niger u. aus Hydroxyaceton bei Einw. von gärender Hefe. — *-Bis-triphenylmethyläther:* *F* 176.5—177.5. — *-Bis-[4-nitrobenzoat]:* *F* 124 bzw. 126—7. — *-Bis-[3-nitrophenylurethan]:* *F* 166—7.

1/4 **α-Butylenglykol (Äthyl-äthylenglykol, [1,2-Dioxybutan], Butandiol-(1,2))**

MG 90.12 D_4^0 1.8194 *Kp* 192

$CH_3 \cdot CH_2 \cdot CH(OH) \cdot CH_2 \cdot OH$

Charakteristik: Farbl. Fl.; ∞ A.; ll. in W. — *Verwend.:* Lösungsm. — *B.:* Schwach rechtsdrehendes Präparat bei der Einw. von Aspergillus niger, schwach linksdrehendes Präparat bei der Einwirkung einer infizierten Aspergillus niger-Kultur auf α-Butylenglykol.

1/5 **meso-2,3-Butylenglykol (1,4-Didesoxyerythrol (engl.), meso-Butandiol-(2,3))**

MG 90.12 *F* 25 (34.4) Kp_{742} 181.7

	OH	OH	
CH₃ ·	C —	C ·	CH₃
	H	H	

Charakteristik: *Pentahydrat:* *F* 16.8; ∞ W., A.; n^{25} 1.4384. — *V.:* Im Nährmedium von Aerobacter aerogenes (aus Glucose), Bacillus subtilis, Serratia marcescens, Aeromonas hydrophila (aus Glucose oder Xylose), Aerobacter faeni (aus Xylose u. Saccharose), Aerobacter pectinovorum (aus Saccharose).

1/6 **D-(−)-2,3-Butylenglykol ((−)-(2R:3R)-Butandiol-(2,3), (−)-threo-Butandiol-(2,3), 1,4-Didesoxy-D-threitol (engl.), Butandiol-(2,3))**

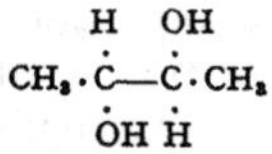

MG 90.12 D_4^{25} 0.9869 D_{15}^{26} 0.9880 *F* 19
Kp 178−81

Charakteristik: ∞ W., Ae.; n^{25} 1.4307. − *V.:* Im Nährmedium von Bact. polymyxa (aus Maische), Bacillus subtilis, Bacillus mesentericus fuscus, Bacillus natto (aus Glucose), Aeromonas hydrophila (aus Glucose oder Xylose).

1/7 **L-(+)-2,3-Butylenglykol ((+)-(2S:3S)-Butandiol-(2,3), (+)-threo-Butandiol-(2,3))**

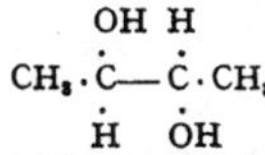

MG 90.12 D^{25} 0.9872 *Kp* 179−82

Charakteristik: n_D^{25} 1.4306. − *V.:* Im Nährmedium von Aerobacter aerogenes (aus Glucose), Serratia marcescens, Aerobacter faeni (aus Xylose und Saccharose), Aerobacter pectinovorum.

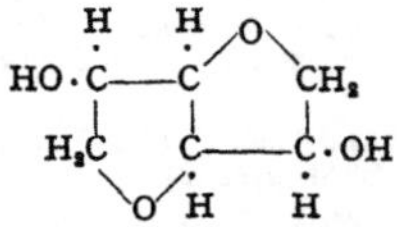

1/8 **Isosorbit (1,4−3,6-Dianhydro-D-glucit, 1,4, 3,6-Dianhydrosorbit)**

Mg 146.15 D^{25} 1.43

Charakteristik: Krist.; l. in W., A., Me., Ac., Benzylalkohol, Butylcellosolve, Cyclohexanol, Cyclohexanon, Diäthylenglykol, Dioxan, Äthylenglykol, Glycerin, Isopropylalkohol, Methyläthylketon; wl. in Ae., Bzl., CCl_4, Äthylacetat, PAe.

2. Dreiwertige Alkohole

2/1 **Glycerin (Propantriol-(1,2,3), [α,β,γ-Trioxypropan], Glycerol, Glyceritol (engl.))**

MG 92.09 D_4^{15} 1.26443 D_4^{20} 1.26134
D_4^{30} 1.25512 *F* 18.18 Kp_{760} 290.5 (Z)
Kp_{400} 263.0 Kp_{200} 240.0 Kp_{100} 220.1
Kp_{60} 208.0 Kp_{40} 198.0 Kp_{20} 182.2
Kp_{11} 161 Kp_{5} 153.8 $Kp_{0.14}$ 136 $Kp_{0.07}$ 120

$HO \cdot CH_2 \cdot CH(OH) \cdot CH_2 \cdot OH$

Charakteristik: Sirupöse, farbl., warm u. süß schmeckende Fl., relative Süßkraft (Rohrzucker = 1) 0,48. − ∞ W., A.; l. in 11 T. Ae.; unl. in Bzl., CCl_4, CS_2, PAe., Ölen, Chlf.; hygroskop., absorbiert auch H_2S, HCN, SO_2, wird bei läng. Abkühlen auf 0° fest, bildet durchscheinende, orthorhombische Krist.; n_D^{15} 1.47547, n_{667}^{15} 1.47275, n_α^{15} 1.47319, $n_{587,56}^{15}$ 1.47563, $n_{501,6}^{15}$ 1.48009, n_β^{15} 1.48126, $n_{447,1}^{15}$ 1.48450, n_D^{20} 1.47399, n_D^{25} 1.4730; leuchtet beim Durchgang von γ-Strahlen blau-violett; therm. Z→ Acrolein (dessen Nachweis mit Nitroprussidnatrium oder o-Dianisidin). − *V.:* Alkoholische Komponente der Fette; in Tabak und im Tabakrauch; frei in Meeresalgen (z. B. Porphyra umbilicalis), in Rotalgen (z. B. Gigartina leptorhychnos), im Saft der reifen Olive. − *B.:* Bei der alkohol. Gärung, bes. in Ggw. von Sulfiten, durch verschiedene Aspergillusarten u. Bacillus subtilis, Helminthosporium geniculatum, Clasterosporium, Fumago vagans, Lactobacillus lycopersici aus Glucose, aus Cellulose durch thermophile Bodenbakterien, aus 1,3-Dihydroxyaceton durch Bact. coli. − *Verwend.:* *F* v. wss. Lsgn. (Gew./Gew.): 10%: −1.7°, 20%: −4.8°, 30%: −9.4°, 35%: −12.3°, 40%: −15.6°, 45%: −19.4°, 50%: −25.8°, 55%: −30.10°, 60%: −37.90°, 66.7%: −46.5°, 70%: −38.9°, 80%: −20.3°, 85%: −10.9°, 90%: −1.6°. − *Tribenzoat:* *F* 71−72. − *Tris-phenylurethan:* *F* 180−182. − *Tris-[4-nitrobenzoat]:* *F* 188−189.

2/2 **(+)-(S)-Glycerin-1-n-hexadecyläther (Chimylalkohol, „Testriol")**

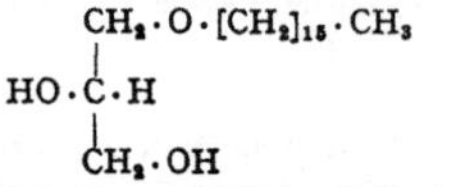

MG 316.51 *F* 64

Charakteristik: Blättchen (Ac. + Hexan). − *V.:* Im Leberöl verschiedener Haifisch-, Rochen- u. Chimärenarten (primär in verësterter Form), Stiertestes, Schweinetestes u. Schweinemilz. − *Bis-[4-nitrobenzoat]:* *F* 59−60. − *Bis-phenylurethan:* *F* 97.5−98.5.

2/3 **(+)-(S)-Glycerin-1-n-octadecyläther (Glycerin-α-n-octadecyläther, Batylalkohol, „Astrol")**

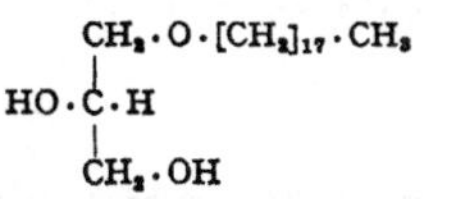

MG 344.56 *F* 64.5−65.5

Charakteristik: Krist. (Ac., Essigester oder Bzn.); wl. in k. Ae.; $[\alpha]_D^{21}$ +5,3 ± 1,5° (1,3 in Chlf.). − *V.:* Im Leberöl verschiedener Haifisch-, Rochen- u. Chimärenarten (primär vorwiegend verestert), Thunfischleberöl, Seesterne, im gelben Knochenmark von Rindern, Schweinemilz, in arteriosklerotischen Aorten des Menschen.

2/4 (−)-(S)-Glycerin-1-[octadecen-(9)-yl-äther] (Glycerin-α-oleyläther, Selachylalkohol)

$CH_2 \cdot O \cdot [CH_2]_8 \cdot CH{=}CH \cdot [CH_2]_7 \cdot CH_3$
HO · C · H
$CH_2 \cdot OH$

MG 342.55 $D^{22.5}$ 0.923 *F* 17.6–19 Kp_5 242

Charakteristik: Krist. (Ac.); n_D^{22} 1.4713; Hydrierung → Batylalkohol. — *V.:* In Leberöl verschied. Haifisch-, Rochen- und Chimarenarten (primar vorwiegend verestert).

2/5 Glycerintrinitrat ([Trinitroglycerin], [Nitroglycerin], [Trinitrin])

MG 227.09 D_{15}^{15} 1.601 *F* 13.5 Kp_{50} 180
Kp_{15} 160 Kp_2 125 $Kp_{0.003}$ 50

$O_2N \cdot O \cdot CH_2 \cdot CH(O \cdot NO_2) \cdot CH_2 \cdot O \cdot NO_2$

Charakteristik: Suß u. brennend schmeckendes Öl; kristallisiert in zwei Formen: 1. labile Form, *F* +2.8; 2. stabile Form, *F* +13.5; 0.14 in W. 12°, 0.15 in W. 20°, 0.16 in W. 30°, 0.19 in W. 40°, 25.0 in A. 15°, 41.4 in A. 40°; ∞ Ae., Ac., Eg., Äthylacetat, Bzl., Nitrobenzol, Py., Chlf., Äthylenbromid, Dichlorathylen; wl. in CS_2, PAe.; $n_D^{12.5}$ 1.4786, n_D^{15} 1.474; — explodiert durch Stoß, Schlag oder Erhitzen. — *Verwend.:* Herst. v. Dynamit (75% Nitroglycerin, 24.5% Diatomeenerde, 0.5% Natriumcarbonat); in der Medizin: Vasodilatator m. kurzer Wirkungszeit.

2/6 BAL (British Anti-Lewisit) (2,3-Dimercapto-propanol-1, 1,2-Dithioglycerin)

MG 124.21 D_4^{20} 1.2463 D_4^{25} 1.2385 $Kp_{0.2}$ 60
$Kp_{0.8}$ 82–84 $Kp_{1.7}$ 91.5–92 $Kp_{1.9}$ 80
$Kp_{3.4}$ 90 $Kp_{5.6}$ 100 $Kp_{9.7}$ 110 Kp_{15} 120
Kp_{25} 130 Kp_{40} 140

$HO \cdot CH_2 \cdot CH \cdot (SH)CH_2 \cdot SH$

Charakteristik: Viscos. fbl. ölige Fl.; n_D^{15} 1.5730, n_D^{20} 1.5733, 1.5741, n_D^{25} 1.5720, n_α^{20} 1.5698, n_β^{20} 1.5845, n_γ^{20} 1.5934; 6.8 W. 20°, 7.8 W. 25° (Z.); ll. in organ. Lsgm.; l. in Speiseölen. — Empfehlenswert ist Zusatz v. 20% Benzylbenzoat z. Stabilisierung; z. Fermentvers. wird Lsg. in Äthylenglykolmonoathyläther empfohlen. — *Verwend.:* Verhindert die toxische Wirkg. v. Lewisit auf d. Pyruvatoxydase d. Gehirns, b. Vergiftg. mit As, Bi, Hg, Au (Dosis: i. m. 2.5 bis 3 mg/kg Körpergew.).

2/7 Phthiocerol (wahrscheinlich identisch mit „Phthioglykol")

$CH_3 \cdot [CH_2]_{22} \cdot CH(OH) \cdot CH(OH) \cdot [CH_2]_4 \cdot C(CH_3)(O \cdot CH_3) \cdot CH_2 \cdot C_2H_5$
oder
$CH_3 \cdot [CH_2]_{22} \cdot CH(OH) \cdot CH_2 \cdot CH(OH) \cdot [CH_2]_4 \cdot C(CH_3)(OCH_3) \cdot CH_2 \cdot C_2H_5$

MG 500.93 bzw. 514.95 *F* 73–74

Charakteristik: Nadeln (Essigester oder Aceton). — *V.:* Tuberkelbacillen vom Menschen u. Rind.

3. Vierwertige Alkohole

3/1 Erythrit (meso-Erythrit, Anti-1,2,3,4-Butantetrol, Phycitol (engl.), i-Erythrol (engl.), Erythroglucin, Phycit)

$HO \cdot CH_2 \cdot C(H)(OH) \cdot C(H)(OH) \cdot CH_2 \cdot OH$ (beide OH oben, beide H unten)

MG 122.12 *D* 1.451 *F* 119.5; 126 *Kp* 331

Charakteristik: Tetragonale Prismen, etwa doppelt so suß wie Rohrzucker; 61 W. 20°; wl. in A.; unl. in Ae. — *V.:* In Grasern, Algen (z. B. im Erythrin) und Flechten, in foetalem Rindergewebe; im menschlichen Urin. — Wird durch verschiedene Mikroorganismen, z. B. Acetobacter suboxydans oder Acetobacter xylinum zu L-Erythrulose oxydiert. — *Tetraacetat:* *F* 85; 89. — *Dibenzylidenderivat:* *F* 201–2.

3/2 D-Threit (L-Erythrit, L-Threit = D-Erythrit)

$HO \cdot CH_2 \cdot C(H)(OH) \cdot C(OH)(H) \cdot CH_2 \cdot OH$ (oben H, OH; unten HO, H)

MG 122.12 *F* 90–91

Charakteristik: Prismen (W.); sll. in W.; l. in A. — *B.:* Bei Vergarung von Glucose mit Armillaria mellea. — *Dibenzylidenderivat:* *F* 231.

3/3 1,4-Anhydro-D-sorbit (Arlitan, 1,4-Sorbitan)

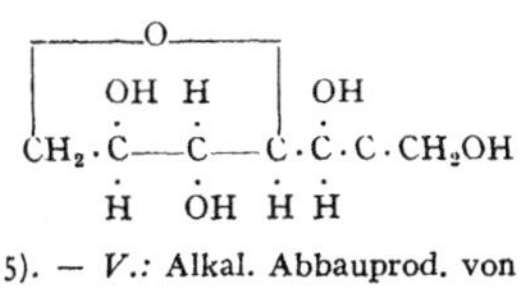

MG 164.16 *F* 116–7

Charakteristik: Krist. (A.); $[\alpha]_D^{27}$ −21,9° (W.; *c* = 2,5). — *V.:* Alkal. Abbauprod. von Cellobiit, Lactit u. Maltit.

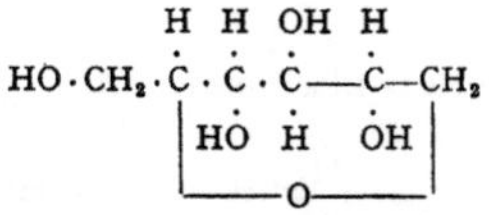

3/4 **1,5-Anhydro-D-Sorbit (Polygalit(ol) „Acerit", 1,5-Anhydro-D-sorbitol)**
MG 164.16 *F* 142.7 (geschl. Rohr)

Charakteristik: Prismen oder Nadeln, (A.) fast unzersetzt destillierbar; $[\alpha]_D^{19}$ +39° (W.; c = 1); wl. in A.; swl. in Essigester; gibt mit alkohol. $FeCl_3$ Lsg. eine leicht gelbe Farbung. — *V.:* In Polygala amara, P. Tenuifolia, P. vulgaris, in alkalischen u. Phosphatasehydrolysaten aus Teichosäure. — *Tetraacetat: F* 74—5.

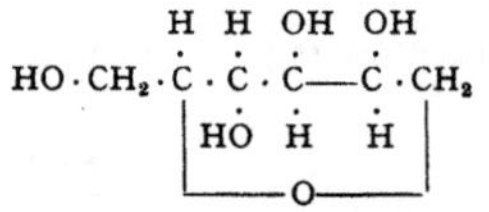

3/5 **Styracit (1,5-Anhydro-D-mannit(ol))**
MG 164.16 *F* 155—7

Charakteristik: Hygroskop. Prismen (W. oder A.), anfangs süß, später bitter; ll. in W.; l. in konz. H_2SO_4, konz. HNO_3; swl. in k. A.; unl. in Ae., Bzl., Ac. — Reduziert Fehlingsche Lsg. nicht, reduziert ammoniakal. $AgNO_3$-Lsg. in der Wärme. — *V.:* In der Fruchtschale von Styrax obassia. — *Tetrabenzoat: F* 142.

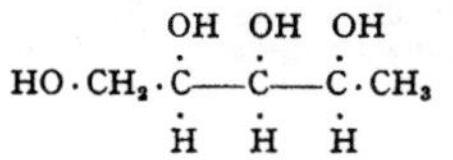

3/6 **5-Desoxy-D-ribit**
MG 136.16 *F* 65—9, 77—80

Charakteristik: Krist. (Essigester + Me.); lösungsmittelhaltig. — $[\alpha]_D^{25}$ —10.6° (c = 1.7).

4. Fünfwertige Alkohole

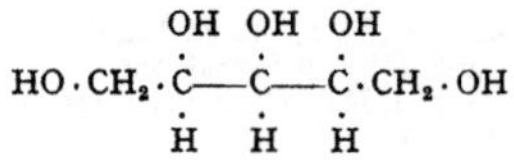

4/1 **Adonit (Ribit, Ribitol (engl.))**
MG 152.14 *F* 102

Charakteristik: Prismen (W.); Nadeln (A.); sll. in W.; l. in h. A.; unl. in Ae., Ligroin; $n^{111-112}$ 1.4937. — *V.:* In Adonis vernalis, in der Wurzel von Bapleurum-Arten (Chinesische Droge Chei-Hou), Bestandteil des Lactoflavins, im spezifischen Polysaccharid Typ 6. — *Dibenzylidenderivat: F* 164—5.

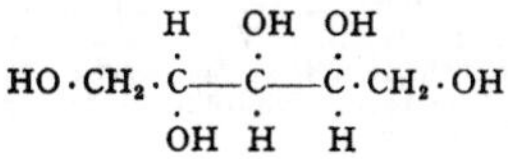

4/2 **D-Arabit (D-Lyxitol (engl.), D-Lyxit, 1,2,3,4,5-Pentanpentol)**
MG 152.14 *F* 103

Charakteristik: Süß schmeckende warzenförm. Krist.; sll. in W., sd. 80%ig. A., 2.18 90%ig. A. 12°; unl. in Ae. — *V.:* Fistulina hepatica, Boletus bovinus, in den Flechten Lobaria pulmonaria, Ramalina scopulorum, Parmelia latissima, im Urin bei Pentosurie. — *Pentaacetat: F* 76.

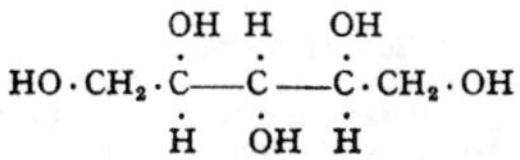

4/3 **Xylit**
MG 152.14 *F* 61—61.5 (metastabil), 93—4.5 (stabil)

Charakteristik: Süß schmeckende Krist. (W. + A.), hygroskop. (metastabil); 64.2 in W. 25°, etwa 6 Me. 25°, 1.2 A. 25°. — *Tetraacetat: F* 62.

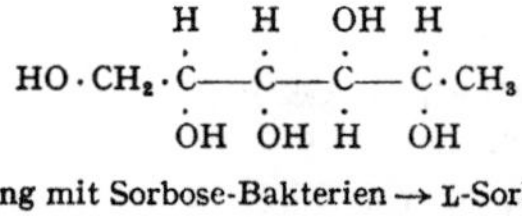

4/4 **L-Gulomethylit (1-Desoxy-D-glucit, 1-Desoxysorbit)**
MG 166.17 *F* 131—132 *Kp* Subl. (Hochvakuum)

Charakteristik: Krist. (A. + Ae.). — Oxydative Garung mit Sorbose-Bakterien → L-Sorbomethylose. — *Pentaacetat: F* 105.

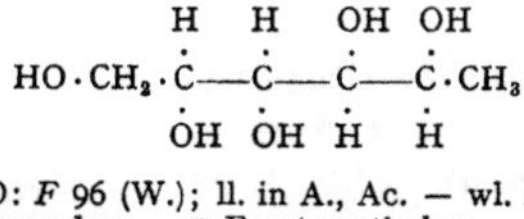

4/5 **D-Rhamnit (1,2,3,4,5-Hexanpentol, 1-Desoxy-D-mannit)**
MG 166.17 *F* 102 (frische Präparate) 123—4 (ältere Praparate)

Charakteristik: Trikline Prismen (A. + Ae.); +$3H_2O$: *F* 96 (W.); ll. in A., Ac. — wl. in Essigester, Chlf.; swl. in Ae.; Einwirkg. v. Acetobacter suboxydans → D-Fructomethylose.

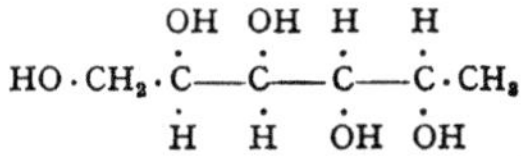

4/6 **L-Rhamnit (1-Desoxy-L-mannit)**
MG 166.17 *F* 123

Charakteristik: Suß schmeckende Prismen (Ac.); ll. in W., A.; unl. in Ae. — Wird durch Sorbosebakterien nicht oxydiert.

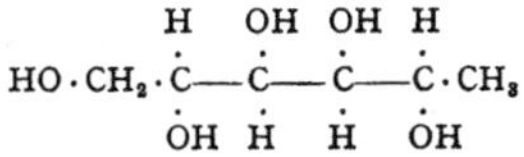

4/7 **L-Fucit (1-Desoxy-D-galaktit)**
MG 166.17 *F* 152—3

Charakteristik: Krist. (A.). — Wird durch Acetobacter suboxydans oxydiert.

5. Sechswertige Alkohole

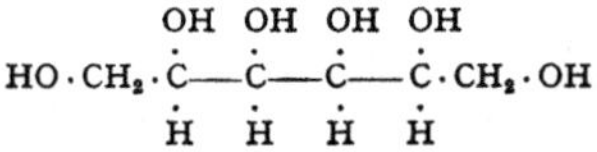

5/1 **Allit (Allodulcit)**
MG 182.17 *F* 150—1

Charakteristik: Süß schmeckende Krist. (verd. A.); sll. in W.; wl. in A.; unl. in Ae. — Wird durch Bacterium xylinum zu L-Psicose oxydiert. — *Hexaacetat:* *F* 61.

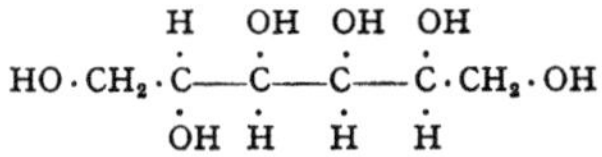

5/2 **D-Altrit (D-Talit)**
MG 182.17 *F* 87—88

Charakteristik: Krist. (Me.). — Wird durch Acetobacter suboxydans zu D-Tagatose oxydiert.

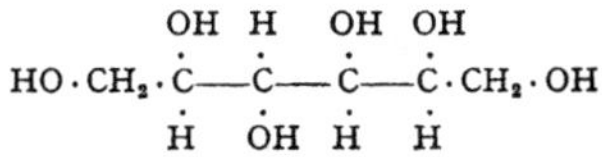

5/3 **D-Glucit (1,2,3,4,5,6-Hexanhexol, L-Gulit, „d-Sorbit", D-Sorbol, Sorbit, Glucitol (engl.), Handelsnamen: Sionon, Karion, Sorbo)**
MG 182.17 $D^{0.5}$ 1.472 *F* 93 (labile Form) 97.5 (stabile Form) $Kp_{0.001-0.002}$ ca. 200

Charakteristik: Nadeln; (A. oder 90% A. oder Essigester) $+{}^1/_2H_2O$: *F* 75; $+1H_2O$: *F* 55; — sll. in W.; ll. in h. A.; swl. in k. A.; rel. Sußkraft (Rohrzucker = 1) 0.48. — *V.:* In Vogelbeeren, Kirschen, Pflaumen, Datteln, Rosinen, Korinthen, Birnen, Meeresalgen (Bostrychia scorpioides), Tabakblattern, Wein. — Wird durch verschiedene Acetobacter-Arten zu L-Sorbose oxydiert. — Diabetikerzucker. — *Wi.:* Spezifische Sparwirkung fur mehrere Vitamine der B-Gruppe, z. B.: Thiamin, Riboflavin, Pantothensaure, Pyridoxin, Biotin. — *Hexaacetat:* *F* 101—2. — *Hexabenzoat:* *F* 216—7.

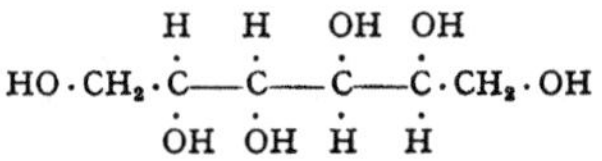

5/4 **D-Mannit**
MG 182.17 D_4^{20} 1.489 $D_4^{180.2}$ 1.3433 *F* 166 Kp_3 290

Charakteristik: Süß schmeckende rhombische Nadeln; 15.6 W. 18°, 0.07 A. 14°, 0.03 Dioxan 20°, 0.11 sd. Dioxan; unl. in Ae. — *V.:* In Manna u. vielen anderen Pflanzen. — *B.:* Aus Glucose durch Aspergillusarten, aus Fructose durch Escherichia coli u. a. Wird durch Bierhefe im Luftstrom vergoren; wird durch verschiedene Bakterien z. B. Acetobacter gluconicum zu D-Fructose, durch Acetobacter pasteurianum zu D-Mannose u. D-Fructose, durch Acetobacter kuetzingianum zu D-Mannose oxydiert. — *Wi.:* Hemmt die Bildung von Fibrin aus Fibrinogen bei Einwirkung von Thrombin. — *Hexaacetat:* *F* 126.

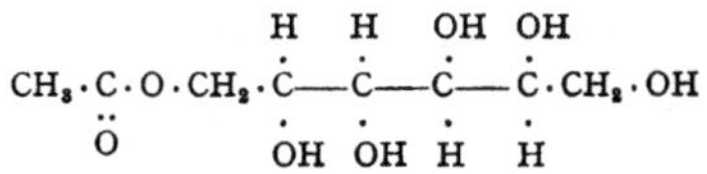

5/5 **1-D-Mannit-monoacetat**
MG 224.21 *F* 124—5

Charakteristik: Krist.; $[\alpha]_D^{20}$ +4° (W. *c* = 2). — *V.:* In der Braunalge Fucus vesiculosus.

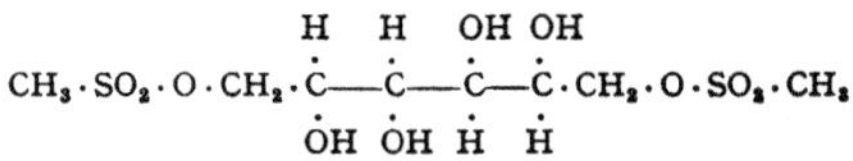

5/6 **1,6-Dimethylsulfonyl-D-mannit**
MG 338.4 *F* 134—6

Charakteristik: Nadeln (A.); ll. in W.; $[\alpha]_D^{20}$ +4.5° (W.; *c* = 2.0). — *Wi.:* Tumoraffine Substanz mit tumorhemmender u. cytostat. Wirkung.

5/7 **Galaktit (Dulcit, Galactitol (engl.), Melampyrin, Melampyrit, Evonymit, [Dulcose], [Dulcin])**

OH H H OH
$HO \cdot CH_2 \cdot C$—C—C—$C \cdot CH_2 \cdot OH$
H OH OH H

MG 182.17 D^{15} 1.466 *F* 188.5–9 Kp_3 290

Charakteristik: Süß schmeckende Prismen; 3.2 W. 15°, 59 sd. W., 0.073 A. 15°; wl. in sd. Py.; unl. in Ae. – *V.:* Im Pflanzenreich verbreitet; bes. reichlich in Torulahefen (auf Holzhydrolysaten gezüchtet) u. Madagaskar-Manna.

5/8 **L-Idit („Sorbiérite, Sorbierit")**

H OH H OH
$HO \cdot CH_2 \cdot C$—C—C—$C \cdot CH_2 \cdot OH$
OH H OH H

MG 182.17 *F* 75.7–76.7

Charakteristik: Monokline zerfließliche Prismen (A.). – *V.:* In Mutterlaugen der Fermentation von Sorbus aucuparia nach Abtrennung des Sorbits.

6. Siebenwertige Alkohole

6/1 **D-Glycero-D-guloheptit (L-Glycero-L-guloheptit, D-Gluco-α-heptit)**

OH OH H OH OH
$HO \cdot CH_2 \cdot C$—C—C—C—$C \cdot CH_2 \cdot OH$
H H OH H H

MG 212.20 *F* 134-5

Charakteristik: Prismen (Me.); 46.4 in W. 15°, 17 in sd. 90%ig. A., 1.7 in 80%ig. A. 10°, 0.7 in Me. 37°. – Wird durch Acetobacter xylinum zu L-Glucoheptulose oxydiert. – *Heptaacetat:* *F* 118.

6/2 **Volemit (D-Glycero-D-taloheptit, D-Glycero-D-mannoheptit, α-Sedoheptit, D-Manno-β-heptit, D-Altro-D-mannoheptit, D-Manno-D-taloheptit, [d-Manno-β-heptit])**

H H H OH OH
$HO \cdot CH_2 \cdot C$—C—C—C—$C \cdot CH_2 \cdot OH$
OH OH OH H H

MG 212.20 *F* 153–4

Charakteristik: Nadeln (Essigester); süßer Geschmack; 22 W. 14°; wl. in A.; unl. in Ae. – *V.:* Im Hutpilz Lactarius volemus u. a. Pflanzen u. Flechten; wird durch Acetobacter suboxydans zu D-Altroheptulose u. D-Mannoheptulose oxydiert. – *Heptaacetat:* *F* 63.

6/3 **Perseit (L-Glycero-D-mannoheptit, D-Glycero-D-galaktoheptit, D-Mannoheptit, D-Manno-D-galaheptit)**

OH H H OH OH
$HO \cdot CH_2 \cdot C$—C—C—C—$C \cdot CH_2 \cdot OH$
H OH OH H H

MG 212.20 *F* 188

Charakteristik: Nadeln; 5.5 W. 18°; swl. in k. A. – *V.:* In Laurus persia L., im Avocado-Samen. Durch Acetobacter suboxydans → Perseolose.

6/4 **β-Sedoheptit (D-Glycero-D-glucoheptit, L-Glycero-D-taloheptit, D-Altro-D-glucoheptit, L-Gulo-D-taloheptit)**

OH H OH OH OH
$HO \cdot CH_2 \cdot C$—C—C—C—$C \cdot CH_2 \cdot OH$
H OH H H H

MG 212.20 *F* 128–9

Charakteristik: Prismen (W. + A.).

6/5 **D-Glycero-D-altroheptit (D-Glycero-L-alloheptit)**

H OH OH OH OH
$HO \cdot CH_2 \cdot C$—C—C—C—$C \cdot CH_2 \cdot OH$
OH H H H H

MG 212.20 *F* 125–8

Charakteristik: Nadeln; $[\alpha]_D^{20}$ +53.2° (5% Ammoniummolybdat; c = 0.4). – Wird durch Acetobacter suboxydans zu D-Taloheptulose oxydiert.

6/6 **meso-Glycero-alloheptit**

OH OH OH OH OH
$HO \cdot CH_2 \cdot C$—C—C—C—$C \cdot CH_2 \cdot OH$
H H H H H

MG 212.20 *F* 144.5–146

Charakteristik: Prismatische Stäbchen (90% A.). – Wird durch Acetobacter suboxydans zu L-Alloheptulose oxydiert.

6/7 **D-Gluco-D-idoheptit (D-Ido-L-guloheptit)**

H OH H OH OH
$HO \cdot CH_2 \cdot C$—C—C—C—$C \cdot CH_2 \cdot OH$
OH H OH H H

MG 212.20 *F* 128–9

Charakteristik: Orthogonale Plättchen (W. + viel Me.); $[\alpha]_D^{20}$ +1.20° (W.; c = 13.8). – Wird durch Acetobacter suboxydans zu D-Idoheptulose oxydiert.

6/8 Castanit (Castagnit)

MG 226.23 $C_8H_{18}O_7$

Charakteristik: Nadeln; $+1H_2O$: *F* 164 (W.); sll. in W.; l. in sd. A.; unl. in Ae., Bzn., Bzl., Ac., Chlf. — *V.:* In Samen der Edelkastanie. — *Heptaacetat:* *F* 121.

7. Polyoxyverbindungen

7/1 Polyäthylenglykol (Polyäthylenoxyd, Handelsbezeichnungen: Polyglykole, Polywachse, Cremolan, Syntharlesin, Carbowachs, Carbowax, Postonal)

MG 200—7500 *D* 1.12—1.19 *F* —25 bis +65 $HO \cdot [CH_2]_2 \cdot O \cdot [CH_2 \cdot CH_2 \cdot O]_n \cdot [CH_2]_2 \cdot OH$

Charakteristik: Fl., ab *MG* 1000 wachsartig; l. in W., A., Estern, Glykolen, Ac., Chlf., Bzl.; wl. in Ae., PAe., CS_2, Terpentinöl, Fetten, Ölen. — *Verwend.:* Zur Herst. v. Zapfchen, Salben, Histochemie (s. d.).

Oxydationsprodukte aliphatischer ein- und mehrwertiger Alkohole und ihre Derivate

Von **W. Walter**, Hamburg

1. Monoaldehyde

1/1 Formaldehyd (Methanal, Oxomethan, wss. Lsg.: Formol, Formalin)

MG 30.03 D^{-20} 0.815 *F* —118.3 bis —117.8 Kp_{760} —19.3 HCHO

Charakteristik: Stechend riechendes Gas; ll. in W.; l. in A., wss. Lsgn.; polymerisiert zu Paraformaldehyd u. Polyoxymethylen. — *V.:* Im Öl von Pinus jeffreyi u. a. ätherischen Ölen, im Tabakrauch. — *Verwend.:* Desinfektionsmittel. — 2,4-*Dinitrophenylhydrazon:* *F* 166. — *p-Nitrophenylhydrazon:* *F* 182.

1/2 Acetaldehyd (Äthanal, Oxoäthan, Essigsäurealdehyd)

MG 44.05 D_0^0 0.8054 D^{18} 0.7883 D_0^{25} 0.7720 *F* —123.5 Kp_{760} 20.2 $CH_3 \cdot CHO$

Charakteristik: Entflammb. Fl. m. charakt. stech. Geruch; ∞ W., A., Ae.; n_D^0 1.3437, n_D^{20} 1.3316. — *Wi.:* Dampf giftig, reizt Schleimhäute! Besitzt narkot. Wirgk., große Dosen lähmen die Atemtätigkeit. Symptome d. chron. Intoxikation ähnlich denen des chron. Alkoholismus. Polymerisiert zu Metaldehyd u. Paraldehyd. — *V.:* Verbreitet im Tier- und Pflanzenreich; in den flüchtigen Röstprodukten des Kaffees u. der Zichorie, im Tabakrauch. — 2,4-*Dinitrophenylhydrazon:* *F* 168. — *p-Nitrophenylhydrazon:* *F* 129. — *Semicarbazon:* *F* 163.

1/3 Propionaldehyd (Propanal, α-Oxopropan)

MG 58.08 D_4^{20} 0.8058 D_4^0 0.838 D_4^{-61} 0.905 D^{-195} 1.089 *F* —81 Kp_{760} 47.93 $C_2H_5 \cdot CHO$

Charakteristik: Fl.; riecht erstickend; 20 W. 20°, 30.6 W. 25°; ∞ A., Ae.; $n_{580}^{16,6}$ 1.3695, n_D^{20} 1.3639, n_D^{25} 1.3601. — *V.:* In der Alge Ulva pertusa, im Acetonol, im Tabakrauch. — 2,4-*Dinitrophenylhydrazon:* *F* 155. — *p-Nitrophenylhydrazon:* *F* 155. — *Semicarbazon:* *F* 89.

1/4 n-Butyraldehyd (Butanal, α-Oxobutan)

MG 72.10 D_4^{20} 0.8040 *F* —99 $Kp_{759.7}$ 74.7—74.9 $CH_3 \cdot CH_2 \cdot CH_2 \cdot CHO$

Charakteristik: Fl.; 3.7 W.; ∞ A., Ae.; n_D^{20} 1.3819, n_D^{25} 1.3788. — *V.:* In ätherischen Ölen, im Tabakrauch. — 2,4-*Dinitrophenylhydrazon:* *F* 123. — *p-Nitrophenylhydrazon:* *F* 91—92. — *Semicarbazon:* *F* 96.

1/5 Isobutyraldehyd (2-Methylpropanal, α-Oxo-β-methylpropan)

MG 72.10 D_4^{20} 0.7904 *F* —65.9 Kp_{760} 64.2—6 Kp_{754} 63.5 $(CH_3)_2CH \cdot CHO$

Charakteristik: Fl., riecht stechend; 8,8 W. 20°; ∞ A., Ae.; n_D^{20} 1.3730; an d. Luft → Isobuttersäure. — *V.:* In ätherischen Ölen u. Terpentinöl, im Tabak, im Tabakrauch. — *p-Nitrophenylhydrazon:* *F* 132 — 2,4-*Dinitrophenylhydrazon:* *F* 187. — *Semicarbazon:* *F* 126.

1/6 n-Valeraldehyd (n-Pentanal)

MG 86.13 D_4^{20} 0.8105 (0.80952) Kp_{766} 102.5 $CH_3 \cdot [CH_2]_3 \cdot CHO$

Charakteristik: Fl.; n_D^{20} 1.3947. — *V.:* In ätherischen Ölen; wird durch gärende Hefe bzw. durch Schweineleberbrei zu n-Amylalkohol reduziert. — *Oxim: F* 52. — *2,4-Dinitrophenylhydrazon: F* 108—9 (98).

1/7 Racemischer Methyläthylacetaldehyd („DL-Valeraldehyd")

MG 86.13 D_4^{20} 0.80291 *Kp* 92—3 Kp_{200} 54 $C_2H_5 \cdot CH(CH_3) \cdot CHO$

Charakteristik: Fl.; n_D^{20} 1.38960. — *V.:* Im Tee. — *Semicarbazon: F* 103. — *2,4-Dinitrophenylhydrazon: F* 126.

1/8 Isovaleraldehyd (γ-Oxo-β-methylbutan, 2-Methyl-butanal-(4), Isopropylacetaldehyd, Valeral)

MG 86.13 D_4^{20} 0.79770 $Kp_{765.5}$ 91.9—92.1 $(CH_3)_2 \cdot CH \cdot CH_2 \cdot CHO$

Charakteristik: Fl.; n_D^{20} 1.3904, 1.38930. + W. → Hydrat; *Kp* 82. — *V.:* In atherischen Ölen, bes. Eukalyptusarten u. Tee. — *2,4-Dinitrophenylhydrazon: F* 123. — *p-Nitrophenylhydrazon: F* 110. — *Semicarbazon: F* 107.

1/9 Hexanal (Capronaldehyd)

MG 100.16 D_4^{20} 0.81392 $Kp_{760.6}$ 128.0—128.2 $CH_3 \cdot [CH_2]_4 \cdot CHO$

Charakteristik: Leicht bewegliche Fl. von durchdringendem Geruch; n_D^{20} 1.40390. — *V.:* In ätherischen Ölen (Tee, Eukalyptus), im Latschenkieferöl. — *4-Nitrophenylhydrazon: F* 83—85. — *2,4-Dinitrophenylhydrazon: F* 104.

1/10 Oenanthaldehyd (Enanthaldehyde (engl.), Heptaldehyd, n-Heptanal-(1), [n-Heptylaldehyd], Önanthol)

MG 114.18 D_4^{0} 0.8342 D_4^{15} 0.8252 D_4^{20} 0.8219
F —43.71 Kp_{760} 152.4 Kp_{30} 59.6 $CH_3 \cdot [CH_2]_5 \cdot CHO$

Charakteristik: Fl.; ∞ Ae.; l. in A.; wl. in W.; riecht stark aromatisch; n_D^{20} 1.4113. — *V.:* Im Ylang-Ylang-Öl. — *B.:* Bei Destillation von Ricinusöl. — *Oxim: F* 57—8.

1/11 Octanal ([Octylaldehyd], Caprylaldehyd)

MG 128.21 D_{20}^{20} 0.8258 Kp_{760} 167—70
Kp_{33} 77 Kp_{11} 65 $CH_3 \cdot [CH_2]_6 \cdot CHO$

Charakteristik: Fl. von kräftigem, zitronenartigem Geruch; n_D^{20} 1.4217; mit Wasserdampf flüchtig. — *V.:* In ätherischen Ölen. — *Semicarbazon: F* 101. — *2,4-Dinitrophenylhydrazon: F* 106.

1/12 Pelargonaldehyd (n-Nonanal-(1), [Nonylaldehyd])

MG 142.23 D^{16} 0.8280 D_4^{22} 0.8264 *Kp* 185
Kp_{22} 91—2 Kp_{12} 80.4—80.6 Kp_2 50—52
$Kp_{0.1}$ 40—42 $CH_3 \cdot [CH_2]_7 \cdot CHO$

Charakteristik: Fl.; ∞ A., Ae.; unl. in W.; $n_D^{17.5}$ 1.4276. — *V.:* In äther. Ölen. — *Oxim: F* 64. — *Semicarbazon: F* 101.5. — *2,4-Dinitrophenylhydrazon: F* 106.5.

1/13 Decanal (Caprinaldehyd, [Decylaldehyd], Capraldehyd)

MG 156.26 D_4^{20} 0.839 Kp_{760} 207—210
Kp_{13} 90.4—91.4 Kp_4 75—77 $CH_3 \cdot [CH_2]_8 \cdot CHO$

Charakteristik: Fl., riecht angenehm; n_D^{20} 1.4340; l. in A., Ae.; unl. in W. — *V.:* In ather. Ölen. — *Oxim: F* 69. — *Semicarbazon: F* 100—1. — *2,4-Dinitrophenylhydrazon: F* 104.

1/14 Laurinaldehyd (Lauraldehyd, Laurylaldehyd, n-Dodecanal-(1))

MG 184.31 D_4^{15} 0.8352 *F* 11—12 Kp_{100} 185
$Kp_{3.5}$ 99.5—100 $CH_3 \cdot [CH_2]_{10} \cdot CHO$

Charakteristik: Blättchen; l. in A., Ae.; unl. in W. — *V.:* In ather. Ölen. — *Semicarbazon: F* 105.5 bis 106.5. — *Oxim: F* 73. — *4-Nitrophenylhydrazon: F* 90. — *2,4-Dinitrophenylhydrazon: F* 107—8.

1/15 Myristinaldehyd (n-Tetradecanal-(1), Myristaldehyd)

MG 198.25 *F* 23 Kp_{10} 155 $CH_3 \cdot [CH_2]_{12} \cdot CHO$

Charakteristik: Krist. — *V.:* In äther. Ölen. — *Oxim:* *F* 82.

1/16 Pentadecanal (Pentadecylaldehyd)

MG 226.39 *F* 24—5 Kp_{25} 185 Kp_{15} 172—6 Kp_{12-14} 155—60 $CH_3 \cdot [CH_2]_{13} \cdot CHO$

Charakteristik: Nadeln. — *V.:* Im äther. Öl der Blätter von Cinnamomum micranthum Hay. — *Semicarbazon:* *F* 108—9. — *4-Nitrophenylhydrazon:* *F* 94—5. — *2,4-Dinitrophenylhydrazon:* *F* 107.5.

1/17 Palmitinaldehyd (n-Hexadecanal-(1), α-Oxohexadecan, Palmitaldehyd)

MG 240.42 *F* 34 Kp_{29} 200—2 $CH_3 \cdot [CH_2]_{14} \cdot CHO$

Charakteristik: Tafeln (Ae.); ll. in A., Ae.; unl. in W. — *V.:* In Gehirn- und Muskelphosphatiden. — *Oxim:* *F* 89.5. — *Thiosemicarbazon:* *F* 109. — *2,4-Dinitrophenylhydrazon:* *F* 105—7.

1/18 Stearinaldehyd (n-Octadecanal-(1), α-Oxooctadecan, Stearaldehyd)

MG 268.47 *F* 38 Kp_{100} 261 Kp_{22} 212—3 $CH_3 \cdot [CH_2]_{16} \cdot CHO$

Charakteristik: Bläulich schillernde Blatter (Ae.), Nadeln (Bzn.); ll. in Ae., A.; unl. in W. — *V.:* In Acetalphosphatiden des Gehirns, in ather. Öl (Campherbaum). — *Semicarbazon:* *F* 108—9. — *4-Nitrophenylhydrazon:* *F* 101. — *Oxim:* *F* 89. — *2,4-Dinitrophenylhydrazon:* *F* 105.

1/19 Acrolein (Propenal, γ-Oxopropylen)

MG 56.06 D^{20} 0.8389 *F* 86.95 Kp_{760} 52.69 $CH_2{:}CH \cdot CHO$

Charakteristik: Fl.; 26.7 W. 20°; l. in A., Ae.; n_D^{15} 1.4048, n_D^{20} 1.4017. — *Wi.:* Unbest., giftig, greift die Schleimhaute an. — *B.:* Aus Glycerin durch bakterielle Garung, daher *V.:* in Obstbranntwein. — *2,4-Dinitrophenylhydrazon:* *F* 165. — *p-Nitrophenylhydrazon:* *F* 151. — *Semicarbazon:* *F* 171.

1/20 Methacrolein (2-Methylacrolein, Methacrylaldehyd, α-Methylacrolein, „Artemisal")

MG 70.09 D_4^{20} 0.837 (0.830) D_4^{25} 0.8138 *Kp* 68.4 (73.5) Kp_{752} 66.5 $CH_2{:}C(CH_3) \cdot CHO$

Charakteristik: Durchdringend riechende Fl. n_D^{20} 1.4144 (1.4191), n_D^{25} 1.4098; 6 W. 20°. — *V.:* Im ather. Öl der Blatter von Artemisia tridentata. — *Semicarbazon:* *F* 197.5—198. — *4-Nitrophenylhydrazon:* *F* 161—3. — *2,4-Dinitrophenylhydrazon:* *F* 206—206.5.

1/21 Crotonaldehyd (Buten-(2)-al-(1), α-Oxo-β-butylen, β-Methylacrolein)

MG 70.09 D^{21} 0.8477 *F* —76.6 Kp_{760} 104 Kp_{760} 102.6—102.8 $CH_3 \cdot CH{:}CH \cdot CHO$

Charakteristik: Fl.; riecht zuerst obstartig, spater sehr stechend; n_D^{20} 1.4366; ll. in W., ∞ A., Ae.; flüchtig mit W.-Dampf. — *V.:* Im Tabakrauch. — *2,4-Dinitrophenylhydrazon:* *F* 190. — *p-Nitrophenylhydrazon:* *F* 185. — *Semicarbazon:* *F* 144. — *Oxim:* *F* 119—20.

1/22 trans-Hexen-(2)-al-(1) (3-Propylacrolein, Blätteraldehyd)

MG 98.14 D_4^{13} 0.861 D_4^{20} 0.8491 Kp_{760} 146 Kp_{65} 80 Kp_{12} 43 $CH_3 \cdot CH_2 \cdot CH_2 \cdot CH{:}CH \cdot CHO$

Charakteristik: Fl.; n_D^{13} 1.4470, n_D^{18} 1.4462; riecht nach grunem Laub. — *V.:* In den Blattern wahrscheinlich aller grunen Pflanzen. — *Wi.:* Als „Luftphytoncid". — *Semicarbazon:* *F* 179 (175—6). — *4-Nitrophenylhydrazon:* *F* 139. — *2,4-Dinitrophenylhydrazon:* *F* 144, 145.

1/23 Hepten-(2)-al-(1) (β-Butylacrolein)

MG 112.17 D_4^{17} 0.864 *Kp* 165—7 (geringe Z.) Kp_{14} 80—5 $CH_3 \cdot [CH_2]_3 \cdot CH{:}CH \cdot CHO$

Charakteristik: Angenehm riechende Fl.; n_D^{17} 1.4468; verändert sich beim Aufbewahren. — *V.:* In äther. Sojabohnenöl. — *Semicarbazon:* *F* 169. — *4-Nitrophenylhydrazon:* *F* 115.5—116. — *2,4-Dinitrophenylhydrazon:* *F* 131—2.

1/24 Octen-(2)-al-(1)

MG 126.19 Kp_{14} 83 — $CH_3\cdot[CH_2]_4\cdot CH:CH\cdot CHO$

Charakteristik: Aromatisch riechende Fl. — *V:* Im ather. Öl von Achasma walang Val. — *Semicarbazon: F* 163.

1/25 Decen-(2)-al-(1) (3-Heptylacrolein)

MG 154.24 $D_4^{17.5}$ 0.846 *Kp* 229—31 Kp_{13} 104 $Kp_{11.5}$ 107—107.5 — $CH_3\cdot[CH_2]_6\cdot CH:CH\cdot CHO$

Charakteristik: Fl.; riecht, wenn frisch, nach Orangen, später stearinartig; n_D^{19} 1.4538. — *V.:* In äther. Ölen (Hauptbestandteil des äther. Öls am Achasma walang Val.). — *Semicarbazon: F* 167.8. — *2,4-Dinitrophenylhydrazon: F* 128.8.

1/26 Dodecen-(2)-al-(1)

MG 182.30 Kp_1 108—9 — $CH_3\cdot[CH_2]_8\cdot CH:CH\cdot CHO$

Charakteristik: Fl. — *V.:* In ather. Ölen. — *Semicarbazon: F* 165.5—166.

1/27 Tridecen-(2)-al-(1)

MG 196.32 $D_4^{19.6}$ 0.8476 D_{20}^{20} 0.8662 $Kp_{0.33}$ 106—8 — $CH_3\cdot[CH_2]_9\cdot CH:CH\cdot CHO$

Charakteristik: Fl.; n_D^{20} 1.4596. — *V.:* Äther. Samenöl der „Schungulipflanze" aus Turkmenistan. — *Semicarbazon: F* 158—9.

1/28 2-Methyldodecen-(2)-al-(1)

MG 196.32 D_{20}^{20} 0.8658 — $CH_3\cdot[CH_2]_8\cdot CH:C(CH_3)\cdot CHO$

Charakteristik: Fl.; n_D^{20} 1.4596. — *V.:* Äther. Samenöl der „Schungulipflanze" aus Turkmenistan. — *Semicarbazon: F* 158.

1/29 Veilchenblätter-aldehyd (Nonadien-(2,6)-al-(1), Nonadien (2t·6c)-al-(1))

MG 138.20 D_4^{20} 0.8678 Kp_{12} 89—90 Kp_{11} 85—7

H·C·C₂H₅ ⋮ H·C·[CH₂]₂·C·H ⋮ HC·CHO

$H\cdot C\cdot C_2H_5$ ¨ $H\cdot \ddot{C}\cdot[CH_2]_2\cdot C\cdot H$ ¨ $H\ddot{C}\cdot CHO$

Charakteristik: Öl mit Gurkengeruch, (die natürlich vorkommende Verb. ist sterisch nicht einheitlich); n_D^{20} 1.4660. — *V.:* In Veilchenblütenöl, Veilchenblätteröl, frischen Gurken. — *Semicarbazon: F* 157.5. — *4-Nitrophenylhydrazon: F* 97.5—98.5. — *2,4-Dinitrophenylhydrazon: F* 113.

1/30 Decadien-(2,4)-al-(1)

MG 146.23 *Kp* 64—5 — $CH_3\cdot[CH_2]_4\cdot CH:CH\cdot CH:CH\cdot CHO$

Charakteristik. Fl. — *V.:* Im Sojabohnenol, Erdnußöl. — *Semicarbazon: F* 181—2. — *2,4-Dinitrophenylhydrazon: F* 142—3.

1/31 Tridecadien-(2,4)-al-(1)

MG 194.31 D_{20}^{20} 0.8662 Kp_{10} 135—7 — $CH_3\cdot[CH_2]_7\cdot CH:CH\cdot CH:CH\cdot CHO$

Charakteristik: Fl.; n_D^{20} 1.4618. — *V.:* Im ather. Samenöl der „Schungulipflanze" aus Turkmenistan. — *Semicarbazon: F* 160.

1/32 Pentadecadien-(5,10)-al-(1)

MG 222.36 D^{20} 0.8530 — $CH_3\cdot[CH_2]_3\cdot CH:CH\cdot[CH_2]_3\cdot CH:CH\cdot$ $\cdot[CH_2]_3\cdot CHO$

Charakteristik: Fl.; n_D^{20} 1.4501. — *V.:* Im Terpentin der Weißtanne (Abies pectinata DC.). — *Oxim: F* 76. — *Semicarbazon: F* 88—89.

2. Monoketone

2/1 Aceton (Propanon, β-Oxopropan, Dimethylketon, Essiggeist)

MG 58.08 D_4^{0} 0.81248 D_4^{15} 0.79597 D_4^{20} 0.79081 D_4^{25} 0.7851 *F* —95 Kp_{765} 56.27 Kp_{760} 56.1 $Kp_{507.5}$ 44.81 $Kp_{315.5}$ 32.55 — $CH_3\cdot CO\cdot CH_3$

Charakteristik: Charakterist. riech. Fl.; ∞ W., A., Ae.; n_D^{20} 1.3583. — *V.:* In Pflanzen, Baustein des Linamarins (Acetoncyanhydrin-β-glucosid), in äther. Ölen, Tabak, Tabakrauch, Blut und Harn von Diabetikern. — *2,4-Dinitrophenylhydrazon: F* 128. — *Semicarbazon: F* 187. — *Oxim: F* 61. — *p-Nitrophenylhydrazon: F* 148.

2/2 Methyläthylketon (Butanon-(2), β-Keto-butan, β-Oxobutan)

MG 72.10 D^0 0.8274 D_4^{15} 0.8101 D_4^{20} 0.8058
D_4^{25} 0.8002 $D_4^{42.3}$ 0.7838 *F* −86.9 bis
−87.3 Kp_{760} 79.53 Kp_{755} 79.4
$Kp_{315.5}$ 54.29 $Kp_{123.8}$ 31.84 $CH_3 \cdot CO \cdot C_2H_5$

Charakteristik: Äther. riech. Fl.; 29.2 W. 20°, 18 W. 90°; ∞ A., Ae., Bzl. u. a. organ. Lsgm.; n_D^{15} 1.38101, n_D^{20} 1.3785, n_D^{25} 1.3761. — *V.:* In ätherischen Ölen (z. B. schwarzer Tee, Saké), im Tabakrauch, Baustein des Lotaustralins (Methyläthylketoncyanhydrin-glucosid) aus Lotus arabicus u. a. Pflanzen. — *B.:* Bei Einwirkung von Penicillium glaucum auf Methyläthylessigsäure. — *Verwend.:* Lösungsm. — *2,4-Dinitrophenylhydrazon: F* 117. — *p-Nitrophenylhydrazon: F* 129. — *Semicarbazon: F* 135—143.

2/3 Pentanon-(2) (Methylpropylketon)

MG 86.13 D_4^{15} 0.81130 D_4^{20} 0.8089
F −83.5 Kp_{758} 102.3 $CH_3 \cdot CH_2 \cdot CH_2 \cdot CO \cdot CH_3$

Charakteristik: Fl.; swl. in W., ∞ A., Ae.; n_D^{15} 1.39229, n_D^{20} 1.3902. — *V.:* Im Holzgeistöl u. Acetonöl. — *Verwend.:* Lösungsm. — *2,4-Dinitrophenylhydrazon: F* 144. — *p-Nitrophenylhydrazon: F* 117. — *Semicarbazon: F* 106.

2/4 Diäthylketon (Pentanon-(3), Propion)

MG 86.13 D_4^{15} 0.81907 D_4^{20} 0.81138
D_4^{30} 0.80461 *F* −39.5 Kp_{760} 101.7.
$Kp_{507.5}$ 88.91 $Kp_{315.5}$ 75.04 $Kp_{75.9}$ 36.36 $C_2H_5 \cdot CO \cdot C_2H_5$

Charakteristik: Fl.; 4.6 W. 20°, 3.7 W. 100°; ∞ A., Ae.; n_D^{20} 1.3924, n_D^{25} 1.3900. — *V.:* Im Tabakrauch. — *2,4-Dinitrophenylhydrazon: F* 156. — *p-Nitrophenylhydrazon: F* 144. — *Semicarbazon: F* 139.

2/5 Hexanon-(2) (Methylbutylketon)

MG 100.16 D_4^{10} 0.8198 D_4^{20} 0.81162
D_4^{30} 0.8025 *Kp* 128.2—4 Kp_{727} 124.5—8 $CH_3 \cdot [CH_2]_3 \cdot CO \cdot CH_3$

Charakteristik: Fl.; n_D^{20} 1.40072, n_D^{30} 1.39661; wl. in W. — *V.:* Im Acetonöl u. Holzspritol. — *4-Nitrophenylhydrazon: F* 88—89. — *2,4-Dinitrophenylhydrazon: F* 108.5.

2/6 2-Methyl-pentanon-(3) (Äthylisopropylketon)

MG 100.16 D_0^{19} 0.8034 Kp_{740} 111—113 $CH_3 \cdot CH_2 \cdot CO \cdot CH(CH_3)_2$

Charakteristik: Fl.; n_D^{20} 1.3975. — *V.:* Im Holzspritöl. — *4-Nitrophenylhydrazon: F* 133.5. — *2.4-Dinitrophenylhydrazon: F* 111—13 bzw. 109—109.5.

2/7 2-Methylpentanon-(4) (Methylisobutylketon)

MG 100.16 D_4^{10} 0.8094 D_4^{30} 0.7922
F −83.5 Kp_{760} 116—116.2 Kp_{16} 35—40 $CH_3 \cdot CO \cdot CH_2 \cdot CH(CH_3)_2$

Charakteristik: Fl. mit Geruch nach Amylacetat u. Campher; n_D^{20} 1.3967; ll. in A., Ae., Bzl.; 1,82 in W. 25°. — *V.:* Im Acetonöl. — *2,4-Dinitrophenylhydrazon: F* 95.

2/8 Heptanon-(2) (Methylpentylketon, [Methyl-n-amylketon])

MG 114.18 D_4^{15} 0.81966 D_4^{20} 0.8111
F −35.5 Kp_{760} 150.40 Kp_{15} 50 $CH_3 \cdot [CH_2]_4 \cdot CO \cdot CH_3$

Charakteristik: Fl. von durchdringendem Fruchtgeruch; n_D^{20} 1.4086; 0.44 in W. 20°, 0.43 in W. 25°, 0.40 W. 30°. — *V.:* In äther. Ölen (z. B. Nelkenöl), in Käse vom Roqueforttyp. — *Wi.:* Wirkt in Konz. >0,2% wachstumshemmend auf Penicillium palitans, in Konz. >0.1% auf Oidium lactis.

2/9 Heptanon-(4) (Dipropylketon, Butyron)

MG 114.18 D_4^{15} 0.8212 D_4^{20} 0.8175 *F* −34
Kp_{760} 144.5—144.12 Kp_{16} 47—9 Kp_{12} 36 $CH_3 \cdot CH_2 \cdot CH_2 \cdot CO \cdot CH_2 \cdot CH_2 \cdot CH_3$

Charakteristik: Fl. von durchdringendem Geruch m. brennendem Geschmack; n_D^{20} 1.4072; 0.43 W. 20°. — *V.:* Im Tabakrauch. — *Semicarbazon: F* 135.5. — *2,4-Dinitrophenylhydrazon: F* 75.

2/10 Octanon-(2) (Methylhexylketon)

MG 128.21 D_4^{0} 0.83547 D_4^{15} 0.82332
D_4^{20} 0.8190 *F* −21.5 Kp_{760} 173.5
Kp_{11} 59−60 $CH_3 \cdot CO \cdot [CH_2]_5 \cdot CH_3$

Charakteristik: Fl.; n_D^{15} 1.4172, n_D^{20} 1.4154. — *V.:* Im äther. Öl von Ruta montana L. — *2,4-Dinitrophenylhydrazon:* *F* 58.

2/11 Octanon-(3) (Äthyl-n-amylketon)

MG 128.21 D_4^{11} 0.828 D_4^{20} 0.8211
$D_4^{34,85}$ 0.8103 $D_4^{50,15}$ 0.7947 $Kp_{746.1}$ 167.0
bis 167.1 Kp_{752} 169−169.5 Kp_{30} 76−7 $CH_3 \cdot CH_2 \cdot CO \cdot [CH_2]_4 \cdot CH_3$

Charakteristik: Fl.; n_D^{20} 1.4154. — *V.:* Im Lavendelöl u. Braunkohlenteeröl. — *Semicarbazon:* *F* 117−117.5. — *4-Phenylsemicarbazon:* *F* 121.5−122.

2/12 Nonanon-(2) (Methyl-n-heptylketon, β-Oxononan)

MG 142.24 D_4^{15} 0.82605 D_4^{22} 0.8188
D_4^{30} 0.81440 Kp_{760} 195.3 Kp_{10} 73.8 $CH_3 \cdot CO \cdot [CH_2]_6 \cdot CH_3$

Charakteristik: Fl., riecht angenehm rautenartig; l. in A., Ae.; unl. in W.; n_D^{20} 1.4110, n_D^{30} 1.4168. — *V.:* In äther. Ölen, bes. im Rautenöl. — *Semicarbazon:* *F* 119−20.

2/13 Decanon-(2) (Methyloctyl-keton)

MG 156.26 D_4^{15} 0.8277 D_4^{30} 0.8158 *F* 3.1
Kp_{750} 215.5 Kp_{10} 92 (89) Kp_8 86 $CH_3 \cdot [CH_2]_7 \cdot CO \cdot CH_3$

Charakteristik: Nadeln von rautenartigem Geruch; n_D^{20} 1.4255 (1.4267). — *V.:* Im Rautenöl aus Ruta montana L. — *Semicarbazon:* *F* 126.

2/14 Undecanon-(2) (Methyl-n-nonylketon, Enodyl, Luparon)

MG 170.29 D_4^{15} 0.8295 D_4^{20} 0.8180 *F* 13.5
Kp_{752} 231.5−2.5 Kp_{20} 120 Kp_{10} 106.1 $CH_3 \cdot CO \cdot [CH_2]_8 \cdot CH_3$

Charakteristik: Ölige Fl., riecht apfelsinenartig; l. in A., Ae.; unl. in W.; n_D^{15} 1.4309, n_D^{20} 1.4291. — *V.:* In äther. Ölen, im Palmkern- u. Kokosnußöl. — *Semicarbazon:* *F* 122. — *2,4-Dinitrophenylhydrazon:* *F* 63.

2/15 Tridecanon-(2) (Methyl-undecyl-keton)

MG 192.34 D_4^{30} 0.82168 *F* 30.5 (28.1)
Kp 260−65 Kp_{10} 133.6 $Kp_{8.5}$ 127.7 $CH_3 \cdot [CH_2]_{10} \cdot CO \cdot CH_3$

Charakteristik: Krist.; n_D^{30} 1.43175. — *V.:* In Palmkern und Kokosnußöl. — *Semicarbazon:* *F* 123. — *2,4-Dinitrophenylhydrazon:* *F* 69.

2/16 Tricosanon-(12) (Diundecylketon, Lauron)

MG 338.60 D_4^{69} 0.8086 D_4^{90} 0.7888
F 69.5−69.8 $CH_3 \cdot [CH_2]_{10} \cdot CO \cdot [CH_2]_{10} \cdot CH_3$

Charakteristik: Schuppen; unl. in k. A.; 1.2 Bzl. 10°, 20.3 Bzl. 30°; ∞ sd. Bzl.; 1.6 Cyclohexan 10°, 12.7 Cyclohexan 30°, ∞ sd. Cyclohexan; 0.4 Essigester 10°, 2.2 Essigester 30°, ∞ sd. Essigester; 0.5 Ac. 10°, 1.1 Ac. 30°, 144 sd. Ac.; 0.5 Me 30° ≈ 23 sd. Me.; 0.2 A. 10°, 0.6 A. 30°, ∞ sd. A. — *V.:* Im Haarmoos Polytrichum juniperinum. — *Oxim:* *F* 39−40.

2/17 Nonacosanon-(15) (Di-n-tetradecylketon, Dimyristylketon)

MG 422.75 *F* 80.5−81 $CH_3 \cdot [CH_2]_{13} \cdot CO \cdot [CH_2]_{13} \cdot CH_3$

Charakteristik: Platten (Bzl. + A.). — *V.:* Im Wachs der Kohlblätter. — *Oxim:* *F* 52.5 (57.5).

2/18 Hentriacontanon-(16) (Dipentadecylketon, Palmiton, Äthalon)

MG 450.81 *F* 83.7 $Kp_{0.1}$ 250 $CH_3 \cdot [CH_2]_{14} \cdot CO \cdot [CH_2]_{14} \cdot CH_3$

Charakteristik: Tafeln (Bzl. + A.); 0.2 A. 50°, 2.7 A. 65°, 69.5 sd. A.; 0.9 sd. Me.; 1.0 sd. Ac.; 2.5 Essigester 50°, 380 sd. Essigester; 1.3 CCl_4 30°, 18.2 CCl_4 50°, 260 sd. CCl_4; 1.4 Cyclohexan 30°, 20 Cyclohexan 50°, 1390 sd. Cyclohexan; 1.7 Bzl. 30°, 27.7 Bzl. 50°, 1200 sd. Bzl. — *V.:* Im Wachs der Blätter von Santalum album L., im Tabakrauch. — *Oxim:* *F* 59−60.

2/19 2-Methyl-hepten-2-on-(6) (gewöhnliches Methylheptenon)

MG 126.19 D^{10} 0.8691 *F* −67.3
Kp_{760} 173.1 Kp_{16} 68.2—68.8 Kp_{11} 60—61

$CH_3 \cdot CO \cdot CH_2 \cdot CH_2 \cdot CH : C(CH_3)_2$

Charakteristik: Nach Amylacetat riechende Fl.; n_D^{20} 1.4433. — *V.:* In Lemongrasöl, Citronellöl, Geraniumöl, Lavendelöl, Verbenaöl u. a. — *2,4-Dinitrophenylhydrazon: F* 125 (85).

2/20 2,6-Dimethylocten-(7)-on-(4)

MG 154.24 $D^{15.5}$ 0.8354 Kp_{760} 185—6
Kp_{80} 88—9

$(CH_3)_2CH \cdot CH_2 \cdot CO \cdot CH_2 \cdot CH(CH_3) \cdot$
$\cdot CH : CH_2$

Charakteristik: Fl.; n_D^{20} 1.4295; $[\alpha]_D$ +1.5°. — *V.:* Im äther. Öl von Tagetes glandulifera. — — *Semicarbazon: F* 92.5.

2/21 Undecen-(1)-on-(10)

MG 168.27 $D^{11.5}$ 0.848 *F* −7 *Kp* 235

$CH_3 \cdot CO \cdot [CH_2]_7 \cdot CH : CH_2$

Charakteristik: — *V.:* Im äther. Öl der Blätter von Litesa odorifera.

2/22 Palmitenon (Hentriaconten-(7)-on-(16))

MG 448.79 *F* 40

$CH_3 \cdot [CH_2]_{14} \cdot CO \cdot [CH_2]_7 \cdot CH : CH \cdot$
$\cdot [CH_2]_5 \cdot CH_3$

Charakteristik: Krist. — *V.:* In Lipoiden aus Corynebacterium diphtheriae.

2/23 Tageton (2-Methyl-6-methylenocten-(7)-on-(4)

MG 152.23 $D^{15.5}$ 0.8803 Kp_{760} 205—10
Kp_{30} 102

Gemisch aus:

$CH_2 : CH \cdot C(:CH_2) \cdot CH_2 \cdot CO \cdot CH_2 \cdot CH(CH_3)_2$

+

$CH_2 : CH \cdot C(CH_3) : CH \cdot CO \cdot CH_2 \cdot CH(CH_3)_2$

Charakteristik: Hellgelbe Fl.; n_D^{20} 1.4895. — *V.:* Im äther. Öl aus Tagetes glandulifera.

2/24 Artemisiaketon (2,5,5-Trimethyl-heptadien-(1,6)-on-(4))

MG 152.23 D_4^{14} 0.8906 (0.882) D_{20}^{20} 0.8755
Kp_{760} 182

$(CH_3)(CH_2{=})C \cdot CH_2 \cdot CO \cdot C(CH_3)_2 \cdot CH : CH_2$

Charakteristik: Fl.; n_D^{14} 1.4699, n_D^{20} 1.4702; $[\alpha]_D$ −2.04°. — *V.:* Im äther. Öl aus Artemisia annua L. — *Semicarbazon: F* 95—6.

2/25 Isoartemisiaketon

MG 152.23 D_4^{17} 0.8711 *Kp* 182—3

$(CH_3)_2C : CH \cdot CO \cdot C(CH_3)_2 \cdot CH : CH_2$

Charakteristik: Fl.; n_D^{17} 1.4688. — *V.:* Im äther. Öl von Artemisia annua L. — *Semicarbazon: F* 103—4 (wasserhaltig: *F* 70—2).

2/26 Oenantheton (Heptadecatrien-(7,9,15)-diin-(11,13)-on-(4));

MG 240.3 *F* 46

$CH_3 \cdot CH : CH \cdot (C \vdots C)_2 \cdot (CH : CH)_2 \cdot$
$\cdot (CH_2)_2 \cdot CO \cdot C_3H_7$

Charakteristik: Platten (Pentan). — V.: In der Wurzel von Oenanthe crocata.

2/27 Tetradecatriin-(2,4,6)-en-(8)-on-(12)

MG 198.2 *F* 57.5

$CH_3 \cdot (C \vdots C)_3 \cdot CH : CH \cdot CH_2 \cdot CH_2 \cdot CO \cdot$
$\cdot CH_2 \cdot CH_3$

Charakteristik: Nadeln (PAe.). — *V.:* In den Wurzeln von Artemisia vulgaris. — *p-Carboxyphenylhydrazon: F* 170.

3. Dialdehyde, Diketone und Aldehydketone

3/1 Glyoxal (Äthandial, Diformyl, Dioxoäthan)

MG 58.04 D_{28}^{20} 1.26 *F* 15 Kp_{776} 51

OHC·CHO

Charakteristik: Gelbe Prismen; mischbar mit W.; ll. in A., Ae.; reduziert Neßlers Reagens in der Kälte; Dampf ist grün; brennt mit violetter Flamme; + Luft → detonierendes Knallgas; polym. leicht. — *V.:* Im Tabak. — *Dioxim: F* 178. — *Bis-2,4-dinitrophenylhydrazon: F* 318 (329). — *Bis-phenylbenzylhydrazon: F* 197.

3/2 **Methylglyoxal (Brenztraubenaldehyd, α,β-Dioxopropan, 2-Oxo-propanal, Acetylformaldehyd)**

MG 72.06 D^{24} 1.0455 Kp_{760} 72 $CH_3 \cdot CO \cdot CHO$

Charakteristik: Gelbe Fl.; l. in W., A. unter Erwärmung u. Entfärbung; $n_D^{17.5}$ 1.4002, n_D^{25} 1.3327; polymerisiert leicht; Dampf ist gelbgrün. — *V.:* In Zuckerrohrmelasse, Humussubstanzen, Blut, Harn, Tabak, Tabakrauch. — *Dioxim: F* 157. — *Diphenylhydrazon: F* 147—8. — *Bis-p-nitrophenylhydrazon: F* 302—4. — *Bis-2,4-dinitrophenylhydrazon: F* 299—300 (312 (Z.)).

3/3 **Diacetyl (Butandion, Dimethylglyoxal, β,γ-Dioxobutan)**

MG 86.09 D_{15}^{15} 0.9904 D_4^{25} 0.980 *F* —2.4
Kp_{756} 88.8 $CH_3 \cdot CO \cdot CO \cdot CH_3$

Charakteristik: Gelbgrüne Fl.; 25 in W. 15°; ∞ A., Ae. — *V.:* Butter, äther. Öle, Röstkaffee Rinderblut, menschl. Harn, Tabakrauch. — *Verwend.:* Butteraroma. — *Dioxim: F* 245. — *Bis-4-nitrophenylhydrazon: F* 332 (Z.). — *Bis-2,4-dinitrophenylhydrazon: F* 327 (346—9). — *Disemicarbazon: F* 279.

3/4 **Pentandion-(2,3) (Acetylpropionyl, Methyläthylglyoxal)**

MG 100.11 D_4^{19} 0.9565 *Kp* 110—12 $CH_3 \cdot CH_2 \cdot CO \cdot CO \cdot CH_3$

Charakteristik: Dunkelgelbe Fl., riecht chinonartig stechend u. zugleich süßlich; Dampf gelb gefärbt; n_4^{19} 1.40135; l. in 15 Tln. W. mit gelber Farbe. — *V.:* In den Aromastoffen der gerösteten Zichorie, im Tabakrauch.

3/5 **Soyanal (γ-Acetyl-butyraldehyd)**

MG 114.14 Kp_{18} 94—5 $CH_3 \cdot CO \cdot [CH_2]_3 \cdot CHO$

Charakteristik: Fl., riecht nicht nach Sojabohnen. — *V.:* Eine der Geruchskomponenten der Sojabohne. — *Mono-2,4-dinitrophenylhydrazon: F* 107—8 (Z.). — *Bis-2,4-dinitrophenylhydrazon: F* 142—3 (Z.).

3/6 **3-Oxo-dodecanal**

MG 198.30 *F* 6—8 $CH_3 \cdot [CH_2]_8 \cdot CO \cdot CH_2 \cdot CHO$

Charakteristik: Gelbl. Öl, polymerisiert sich rasch. — *V.:* Äther. Öl von Houttuynia cordata. — *Disemicarbazon: F* 172—3.

3/7 **Propanondial (Mesoxaldialdehyd)**

MG 86.05 $OHC \cdot CO \cdot CHO$

Charakteristik: Sirup (Hydrat); polymerisiert bei 65°; Polymerisat ll. in W. (monomer). — *V.:* Im Tabak. — *1,3-Bisphenylhydrazon: F* 176. — *Trisphenylhydrazon: F* 166. — *Tris-p-nitrophenylhydrazon: F* 297 (Z.).

4. Aldehyd-alkohole und Keton-alkohole (Monoalkohole)

4/1 **Glykolaldehyd (Äthanolal, Hydroxyacetaldehyd, [Oxyacetaldehyd])**

MG 60.05 D^{100} 1.366 *F* 95—98 (sintert bei 74)
Kp_{12} 110—120 $Kp_{4.5}$ 90—98 $HO \cdot CH_2 \cdot CHO$

Charakteristik: Schiefe Platten (dimer) von süßem Geschmack; n_D^{19} 1.4703 (Anfangswert), 1.4772 (Endwert nach 5 Stdn.); ll. in W., h. A.; swl. in Ae.; reduziert Fehlingsche Lsg. bei Zimmertemp. — *V.:* Im Tabakrauch. — *2,4-Dinitrophenylhydrazon: F* 155—156. — *p-Nitrophenylosazon: F* 311. — *Diphenylosazon: F* 207. — *Monoacetat: F* 157—8. — *Phenylhydrazon: F* 162.

4/2 **DL-Milchsäurealdehyd (rac. 2-Hydroxypropionaldehyd, Propanol-(2)-al-(1), Lactaldehyd)**

MG 74.08 *F* 105—6 (dimer) $CH_3 \cdot CH(OH) \cdot CHO$

Charakteristik: Monomer flüssig; n_D^{25} 1.437; dimer Krist. (A. u. Bzn.); wird durch Oberhefe zu (+)-(S)-Propylenglykol-(1,2), durch Unterhefe zu (±)-Propylenglykol-(1,2) reduziert. — *4-Nitrophenylhydrazon: F* 127—8.

4/3 **Hydroxyaceton (Propanol-(1)-on-(2), Acetol, Acetylcarbinol, [α-Oxy-β-oxopropan], Acetonylalkohol, [Oxyaceton], Brenztraubenalkohol)**

MG 74.08 D^{20}_{20} 1.082 *F* −17 *Kp* 145−6 Kp_{15} 47−49 Kp_{11} 43−4 — $CH_3 \cdot CO \cdot CH_2 \cdot OH$

Charakteristik: Angenehm riech. Fl.; ∞ W.; ll. in A.; wl. in Ae.; polymerisiert, haltbar in methanol. Lsg.; + Alkali → Methyläthendiol. — *V.:* In den Destillaten frisch gerösteter Zichorie. — *4-Nitrophenylhydrazon: F* 189. — *Oxim: F* 71. — *Semicarbazon: F* 199. — *2,4-Dinitrophenylhydrazon: F* 127.5−129.5.

4/4 **Aldol (Butanol-(3)-al-(1), ([β-Oxybutyraldehyd], Acetaldol, [γ-Oxy-α-oxobutan])**

MG 88.10 D^{16} 1.109 Kp_{20} 83 Kp_{10-11} 59−60 — $CH_3 \cdot CH(OH) \cdot CH_2 \cdot CHO$

Charakteristik: Dicke Fl.; n^{20}_D 1.4238; ∞ W., A.; l. in Ae. — *V.:* In Kulturen von Tuberkelbacillen, geringe Mengen im Diabetikerharn. — *4-Nitrophenylhydrazon: F* 115.5−116.

4/5 **D-(−)-Acetoin ((−)-(R)-3-Hydroxybutanon-(2), Butanol-(3)-on-(2), Dimethylketol, D-(−)-Methylacetylcarbinol, [γ-Oxy-β-oxobutan]).**

MG 88.10 D^{20}_4 1.0126 (30 Min. nach Destillation) D^{20}_4 1.0164 (5 Tage nach Destillation) *F* 15 *Kp* 142.7−143.2 Kp_{20} 49.2

$CO \cdot CH_3$
$H \cdot C \cdot OH$
CH_3

Charakteristik: Angenehm riech. Fl.; n^{20}_D 1.4135 (5 Tage nach Destillation); ∞ W.; ll. in A.; wl. in Ae. Beim Stehenlassen → Dimerisierung; + Alkali → Butendiol. — *V.:* In Weinessig, in Butter, Blut, in geröstetem Kaffee, Tabakrauch (wahrscheinlich meist teilweise racemisiert). — *B.:* Bei zahlreichen Hefegärungen u. bakteriellen Gärungen. — *Semicarbazon: F* 200.2 (schnelles Erhitzen).

4/6 **L-(+)-Acetoin ((+)-(S)-Butanol-(3)-on-(2), L-(+)-Methylacetylcarbinol)**

MG 88.10 D^{15}_4 1.0133−1.0186 (60 Min. nach Destillation) *Kp* 142−4 Kp_{23} 51.0−51.2

$CO \cdot CH_3$
$HO \cdot C \cdot H$
CH_3

Charakteristik: n^{15}_D 1.4192, n^{20}_D 1.4169. — *B.:* Einw. von Bierhefe auf racem. Acetoin, aus meso-Butandiol durch Acetobacter suboxydans bzw. Bacterium xylinum.

4/7 **(±)-Acetoin (Inakt. 3-Hydroxybutanon-(2), (±)-Methylacetyl-carbinol)**

MG 88.10 *F* −72 Kp_{760} 144 Kp_{23} 51.0 bis 51.2 Kp_{11} 36−37 — $CH_3 \cdot CH(OH) \cdot CO \cdot CH_3$

Charakteristik: + Vanillin + H_2SO_4 → violette Färbung; + $FeCl_3$ → Diacetyl.

4/8 **10-Hydroxy-hentriacontanon-(16), („10-Hydroxypalmiton," [10-Oxypalmiton])**

MG 465.8 *F* 96.4−6 — $CH_3 \cdot [CH_2]_{14} \cdot CO \cdot [CH_2]_5 \cdot CH(OH) \cdot [CH_2]_8 \cdot CH_3$

Charakteristik: Platten (Ac.); wl. in organ. Lsgm. — *V.:* Wachs der Blätter von Santalum album L. — *Oxim: F* 63.4−63.6.

Kohlenhydrate

Von **W. Walter**, Hamburg

Literatur. *Micheel, F.:* Chemie der Zucker und Polysaccharide, Leipzig 1956. — *Pigman, W. W.:* The Carbohydrates, Chemistry, Biochemistry, Physiology, New York 1957. — *Tollens-Elsner:* Kurzes Handbuch der Kohlenhydrate, Leipzig 1935. — Adv. Carbohydrate Chemistry, New York ab 1945. — *Ploetz, Th.:* in Hoppe-Seyler/Thierfelder III/1, Berlin-Göttingen-Heidelberg 1955. — *Paech, K.*, u. *M. V. Tracey:* Moderne Methoden der Pflanzenanalyse II 1−111, Berlin-Göttingen-Heidelberg 1955. — *Karrer, W.:* Konstitution und Vorkommen der organischen Pflanzenstoffe, Basel 1958. — *Ruhland, W.:* Handbuch der Pflanzenphysiologie VI. Aufbau, Speicherung, Mobilisierung und Umbau der Kohlenhydrate, 1−84, 345−412, 479−494, Berlin-Göttingen-Heidelberg 1958. — *Staněk, J., M. Černy, J. Kocourek* u. *J. Pacák:* Monosacharidy, Prag 1960. — *Staněk, J., M. Černy* u. *J. Pacák:* Oligosacharidy, Prag 1962.

Vorbemerkungen. Außer den auf S. 62ff. verzeichneten Definitionen und Abkürzungen gelten für diese Abschnitte noch die folgenden:

In [ ] gesetzte Synonyma sind entweder falsch zugeordnet oder falsch gebildet.

In „ " gesetzte Synonyma sind veraltet oder wenig gebräuchlich. „(e)" in Konformationsformeln: Substituent hat äquatoriale Konformation.

Im VI. Abschnitt (Tetrasaccharide und höhere Oligosaccharide) werden folgende Abkürzungen verwendet:

Xy = D-Xylose	Ar = L-Arabofuranose
Gal = D-Galaktopyranose	Ra = L-Rhamnopyranose
M = Metallion	Mgs = 4-Monomethyl-D-galakturonsaure
Mann = D-Mannopyranose	Gl = Glucopyranose
Gls = D-Glucuronsäure	

I. Monosaccharide

1. Aldo- und Ketotriosen

D: OHC·C(OH)(H)·CH_2OH

L: OHC·C(H)(OH)·CH_2OH

1/1 **DL-Glycerinaldehyd (Propandiol-(2,3)-al-(1), 2,3-Dihydroxypropanal, 2,3-Dihydroxy-propionaldehyd, [β,γ-Dioxy-α-oxopropan], DL-Glycero-triose, DL-Glycerose)**

MG 90.08 D^{18} 1.593 *F* 142

Charakteristik: Nadeln (W. + Me.); 3 W. 18°; wl. in A., Ae.; unl. in Bzl., Bzn.; reduziert Fehlingsche Lsg. in der Kälte. — *V.:* Phosphorsaureester als Zwischenstufen des Zellstoffwechsels, Bezugssubstanz für die sterische Zuordnung der Kohlenhydrate. — *Phenylosazon: F* 132. — *p-Bromphenylosazon: F* 168. — *Dibenzoat: F* 231. — *Di-p-nitrobenzoat: F* 247. — *Semicarbazon: F* 160. — *2,4-Dinitrophenylhydrazon: F* 166—7.

1/2 **Dihydroxyaceton ([Dioxyaceton], 1,3-Dihydroxypropan-2-on, Oxantin, Propandiol-(1,3)-on-(2))**

MG 90.08 *F* ca. 80 (Gleichgewichtsgemisch zwischen Monomerem u. Dimerem)

HO·CH_2·CO·CH_2·OH

Charakteristik: (Dimolekulare) Krist. (Ac.); monomer *F* 65—71, dimer 117; ll. in W., h. A., Me., Ac.; wl. in k. Ae., A. ,Ac., Bromoform, Essigester; schmeckt süß und kühlend; + Alkali → Reduktol. — *V.:* In Kulturfl. von Bact. xylinum, Acetobacter acetigenum u. Acetobacter suboxydans (aus Glycerin). — *Verwend.:* Antidot bei Cyanidvergiftung; Hautbräunungsmittel. — *Phenylosazon: F* 132. — *4-Nitrophenylhydrazon: F* 160. — *2,4-Dinitrophenylhydrazon: F* 163—4. — *Phenylhydrazon: F* 115. — *Diacetat: F* 46—7. — *Dibenzoat: F* 84. — *Di-p-nitrobenzoat: F* 198.

1/3 **Hydroxybrenztraubenaldehyd (Propanolonal, Hydroxymethylglyoxal, Glycerinaldehyd-oson)**

MG 88.06 *F* 99 (trimer)

HO·CH_2·CO·CHO

Charakteristik: Gelbes Öl; l. in A., W.; polymerisiert. — *4-Nitrophenylosazon: F* 228—30. — *Osazon: F* 132. — *Disemicarbazon: F* 221. — *2,4-Dinitrophenylosazon: F* 277—8 (Z.).

1/4 **Triose-redukton (Redukton, Enoltartronaldehyd, [2,3-Dioxyacrylaldehyd], Propen-(1)-diol-(1,2)-al-(3))**

MG 88.06 *F* 200—220 (Z. im geschl. Rohr, Bräunung ab ca. 140)

HO·CH:CH(OH)·CHO

Charakteristik: Nadeln; ll. in W., Me., A., Ac.; wl. in Ae., Bzl.; fast unl. in PAe., Ligroin; + $FeCl_3$ → schnell verschwind. blaue Färb. — *V.:* Im Tabak. — *B.:* Beim Erhitzen verschiedener Kohlenhydrate mit Sauren oder Basen; wird durch Ascorbinsäureoxydase in Ggw. von O_2 oxydiert.

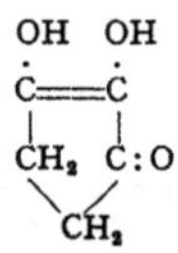

1/5 **Reduktinsäure (Cyclopentendiolon)**

MG 112.08 *F* 213—3.5 $Kp_{0.2}$ subl. 150

Charakteristik: Gelbe Krist.; ll. in W., Me., A.; wl. in Essigester, Ae., Ac.; swl. in Bzl., Bzn; reduziert Fehlingsche Lsg. i. d. Kälte. — *V.:* Im Tabakrauch. — *B.:* Beim Erhitzen verschiedener Kohlenhydrate (z. B. Pektine) mit Säuren oder Basen. — *Osazon: F* 245 (Z.).

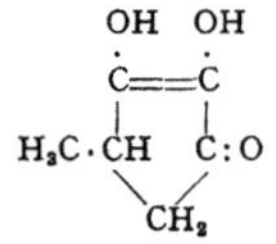

1/6 **Methylreduktinsäure**

MG 128.12 *F* 70 bzw. 90 Kp_2 175 $Kp_{0.1}$ 134

Charakteristik: Krist. (Bzl.); + H_2O: *F* 48; + Bzl.: *F* 71; luft- u. feuchtigkeitsempfindlich; + $AgNO_3$ (in verd. HNO_3-Lsg.) → Ag-Ausscheidg.; reduziert Fehlingsche Lsg. i. d. Kälte. — *V.:* In herzaktiven Glykosiden afrikanischer Pfeilgifte. — *2,4-Dinitrophenylosazon: F* 228—9.

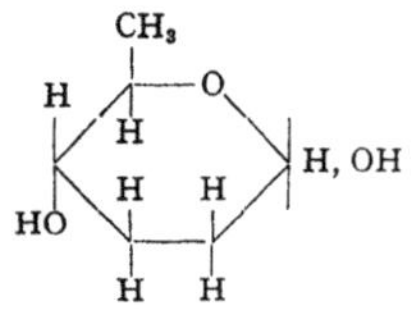

1/7 **Amicetose (D-Erythro-2,3,6-tridesoxyhexopyranose)**

MG 132.16

Charakteristik: — *V.:* Baustein des Amicetins.

2. Aldo- und Ketotetrosen

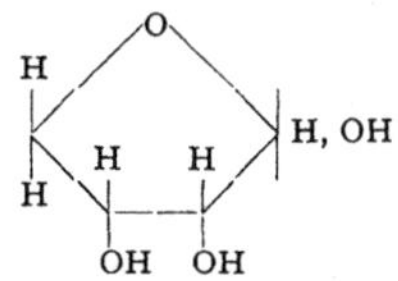

2/1 **D-Erythrose (D-Erythro-tetrose)**

MG 120.10

Charakteristik: Sirup; ll. in W., A.; D-Erythrose-4-phosphat: Akzeptor fur „aktiven Glykolaldehyd" bei der Transketolase Reaktion. — *Osazon: F* 164 (Z.). — *Benzylphenylhydrazon: F* 105—6. — *Phenylhydrazon: F* 116. — *p-Bromphenylosazon: F* 195.

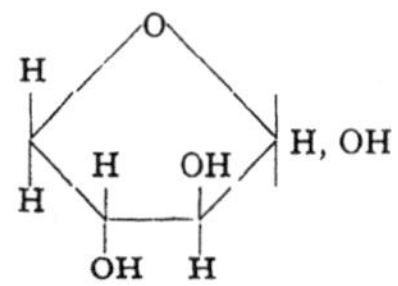

2/2 **D-Threose (D-Threo-tetrose)**

MG 120.10 *F* 126—32

Charakteristik: Nadeln (A. + PAe.), sehr hygroskopisch; ll. in W.; swl. in A.; unl. in Ae., PAe. — *Osazon: F* 164 (Z.). — *Benzylphenylhydrazon: F* 194. — *Triacetat: F* 113—4.

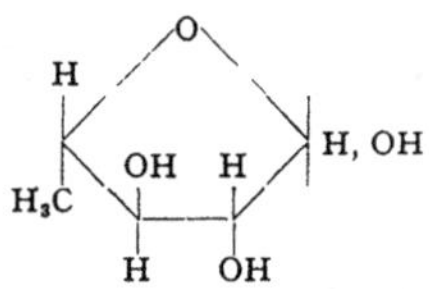

2/3 **L-Arabomethylose (5-Desoxy-L-arabinose, Methyltetrose)**

MG 134.13

Charakteristik: Gelber Sirup, suß. — *Osazon: F* 172—4. — *Benzylphenylhydrazon: F* 96—7.

2/4 **L-Erythrulose (L-Glycero-tetrulose, L-Threulose)**

$HO \cdot CH_2 \cdot CO \cdot CH(OH) \cdot CH_2 \cdot OH$

MG 121.10

Charakteristik: Sirup; l. in A. — *V.:* Im Nahrmedium von Sorbosebacterium (aus Erythrit); Donator für „aktiven Glykolaldehyd" bei der Transketolase-Reaktion. — *Osazon: F* 164 (Z.). — *p-Bromphenylosazon: F* 195.

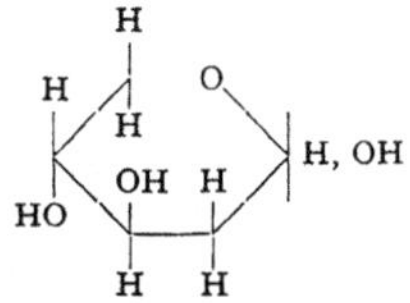

2/5 **2-Desoxy-D-xylose (2-Desoxy-D-lyxose, 2-Desoxy-L-threopentose, „Metasaccharopentose")**

MG 134.13 *F* 93

Charakteristik: Krist. (Me. + Ae.) — *Oxim: F* 136. — *Benzylphenylhydrazon: F* 117—8

2/6 β-2-Desoxy-D-ribose (2-Desoxy-D-erythropentose, Desoxyarabinose, Ribodesose, Arabodesose, Thyminose)

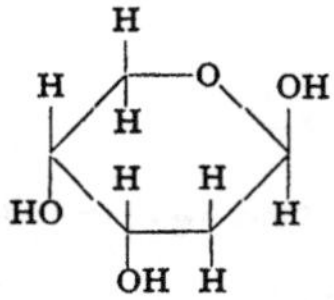

MG 134.13 *F* 90 (sintert ab 75)

Charakteristik: Krist. (Essigester; Isopropanol + Ae.). — *V.:* In Desoxyribonucleinsren. — *Benzylphenylhydrazon:* *F* 129. — *2,4-Dinitrophenylhydrazon:* *F* 127—8. — *N-2-Desoxy-D-ribosylanilin:* *F* 171.5—173.

2/7 D-Digitoxose (2,6-Didesoxy-D-ribohexose, 2-Desoxy-D-altromethylose, 2,6-Didesoxy-D-allose, 2,6-Didesoxy-D-altrose)

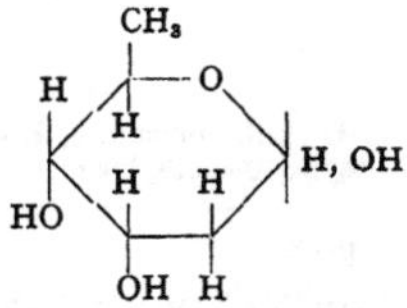

MG 148.16 *F* 110

Charakteristik: Prismen oder Tafeln (Essigester + Ac.); ll. in W., Ac. — *V.:* In Digitalis-Glykosiden. — *Oxim:* *F* 102. — *Phenylhydrazon:* *F* 204—9.

2/8 Corchsularose wahrscheinlich:

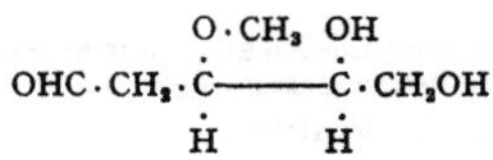

MG 148.16

Charakteristik: Sirup. — *V.:* Zuckerkomponente des Corchsularins aus Corchorus capsularis u. C. olitorius Linn. — *Phenylhydrazon:* *F* 109—10. — *Diacetat:* *F* 123—4. — *Dibenzoat:* *F* 209—10.

2/9 L-Oleandrose (2-Desoxy-L-glucomethylose-3-methyläther, 2,6-Didesoxy-3-O-methyl-L-arabinohexose, 2,6-Didesoxy-3-O-methyl-L-glucose, 2-Desoxythevetose, 2-Desoxy-L-rhamnose-3-methyläther)

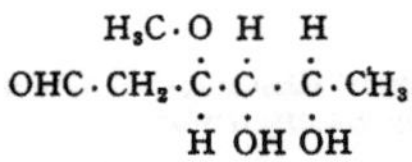

MG 162.18 *F* 63 $Kp_{0,01}$ 100—5 (Bad)

Charakteristik: Nadeln (Ae. + Pentan); l. in W., Ae., Ac. — *V.:* In Glykosiden von Nerium oleander, Baustein des Oleandromycins; D-Oleandrose im Lanafolein aus Digitalis. — *L-Oleandronsäurephenylhydrazid:* *F* 135—6. — *S-Benzylthiuroniumsalz:* *F* 130.

2/10 D-Sarmentose (2,6-Didesoxy-3-O-methyl-D-xylohexose, 2-Desoxy-D-xylohexamethylose-3-methyläther)

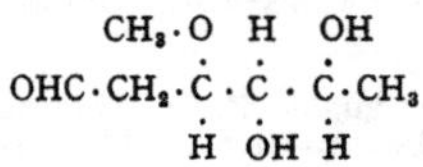

MG 162.18 *F* 78 $Kp_{0,1}$ 70—100 (Bad)

Charakteristik: Prismen oder Platten (Ae. + PAe.); l. in W., Ae., Ac. — *V.:* In herzwirksamen Glykosiden.

2/11 D-Cymarose (D-Digitoxose-3-methyläther, 2,6-Didesoxy-3-O-methyl-D-ribohexose, 3-O-Methyl-2,6-Didesoxy-D-allose, 3-Methyl-D-digitoxose)

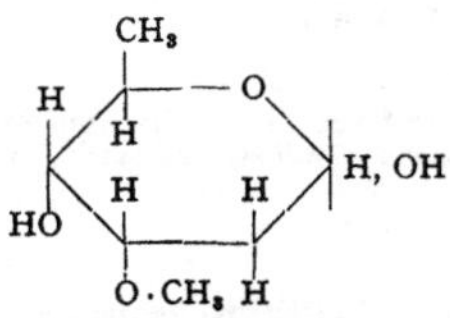

MG 162.18 *F* 93—4 $Kp_{0.001}$ 50—70

Charakteristik: Prismen oder Nadeln (Ae. + PAe.); ll. in W., A., Ac.; wl. in Ae., Chlf.; unl. in PAe., Bzl.; sehr bitter; reduziert Fehlingsche Lsg. — *V.:* Im Cymarin des kanadischen Hanfs, Strophantus u. anderen Glykosiden, in den Bitterstoffen Kondurangin u. Vincetoxin.

2/12 D-Diginose (2,6-Didesoxy-3-O-methyl-D-lyxohexose, 2-Desoxydigitalose, 2-Desoxy-D-fucose-3-methyläther)

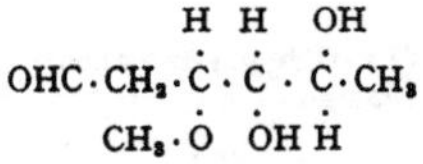

MG 161.17 *F* 90—2

Charakteristik: Krist. (Ae. + Pentan); l. in W., Ae. — *V.:* In Strophanthus- u. Digitalis-Glykosiden, z. B. in Diginin (Digitalis purpurea).

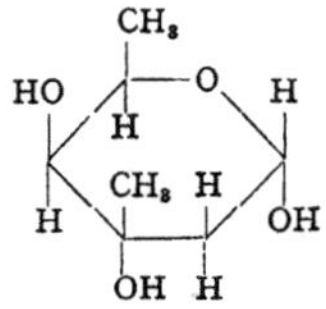

2/13 Mycarose (2,6-Didesoxy-3-C-methyl-hexose)

MG 162.18 *F* 128–9

Charakteristik: Reduziert Fehlingsche Lsg. sehr langsam. – *V.:* In Antibioticis Magnamycin u. Erythromycin C.

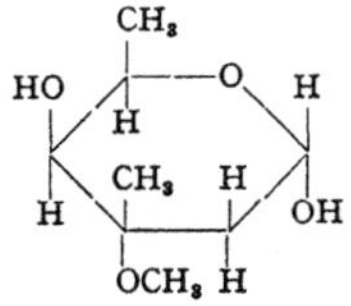

2/14 Cladinose (3-O-Methylmycarose, 2,6-Di-desoxy-3-C-methyl-3-O-methylhexose, Ancanose)

MG 176.21 *F* 96–8

Charakteristik: Krist. (Ae.), subl. im Vacuum; reduziert Fehlingsche Lsg.; $[\alpha]_D$ –19.2° → 20.9° (15 Min. → 20 Std. $c = 4.56$ in A.). – *V.:* Im Erythromycin als 4-O-Acetylarcanose im Lankamycin.

2/15 Boivinose (2,6-Didesoxy-D-xylo-hexose, D-Xylo-2-desoxy-hexamethylose)

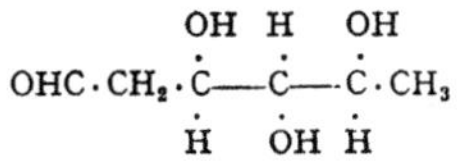

MG 148.16 *F* 98, 100–3

Charakteristik: Prismen (Ac. + Ae.); l. in W., Ac.; swl. in Ae. – *V.:* In Strophantus-Glykosiden.

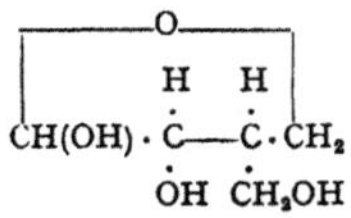

2/16 Cordycepose (3-Desoxy-3-C-(hydroxy-methyl)-D-glycero-aldotetrose)

Charakteristik: Gelber Sirup. – *V.:* Zuckerkomponente des Cordycepins aus Cordyceps militaris (Linn.) Link. – *p-Nitrophenylosazon: F* 259–60. – *2,4-Dinitrophenylhydrazon: F* 254–6.

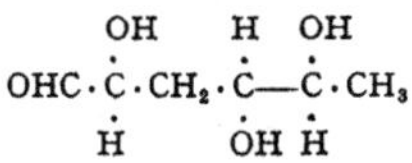

2/17 Abequose (3,6-Didesoxy-D-galaktose)

MG 148.16

Charakteristik: Sirup. – *V.:* In Hydrolysaten von Antigenen aus S. Abortus equi. – *p-Nitro-diphenyl-p'-sulfonylhydrazon: F* 140. – *3,6-Didesoxyhexit: F* 93–4.

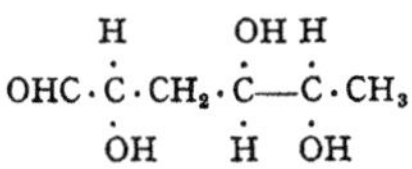

2/18 Colitose (3,6-Didesoxy-L-galaktose, 3-Desoxy-L-fucose)

MG 148.16

Charakteristik: Sirup. – *V.:* In Hydrolysaten von Antigenen aus S. adelaide, E. coli 0111. – *p-Nitro-diphenyl-p'-sulfonylhydrazon: F* 141. – *Didesoxyhexit: F* 93–94.

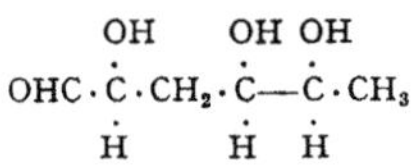

2/19 Paratose (3,6-Didesoxy-D-glucose)

MG 148.16

Charakteristik: Sirup. – *V.:* In Hydrolysaten von Antigenen aus S. paratyphi A. – *3,6-Di-desoxyhexit: F* 67–8.

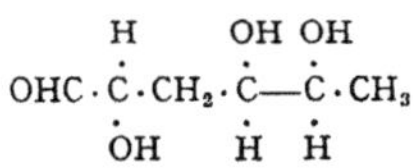

2/20 Tyvelose (3,6-Didesoxy-D-mannose, 3-Desoxy-D-rhamnose)

MG 148.16

Charakteristik: Sirup. – *V.:* In Hydrolysaten von Antigenen aus S. typhi *O.* 901. – *p-Nitro-diphenyl-p'-sulfonylhydrazon: F* 144. – *3,6-Didesoxyhexit: F* 113.

2/21 Ascarylose (3,6-Didesoxy-L-mannose, 3-Desoxy-L-rhamnose)

MG 148.16

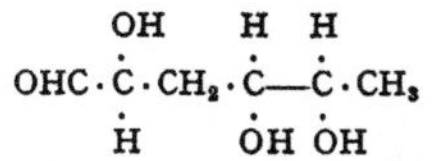

Charakteristik: Sirup. — *V.:* In den Membranglykolipoiden von Ascariseiern (Parascaris equorum). — *p-Nitro-diphenyl-p'-sulfonylhydrazon:* *F* 144. — *3,6-Didesoxyhexit:* *F* 114—15.

2/22 Chalcose (3-Methoxy-4,6-didesoxyhexose, Lankavose)

MG 162.18 *F* 96—9

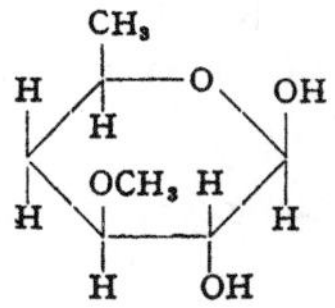

Charakteristik: Kristalle. Subl.$_{0,01}$ 60—70; $[\alpha]_D^{24}$ +120° → +76° (W., *c* = 1.5; 2 Min. → 3 Std.); reagiert mit Fehlingscher Lösung. — *V.:* Bausteine der Antibiotica Chalcomycin u. Lankamycin. — *Methylchalcosid:* *F* 101.5—2.

3. Aldo- und Ketopentosen

3/1 D-Ribose (α-D-Ribofuranose, α-D-Ribopyranose, Carnose)

MG 150.13 *F* 95 (87)

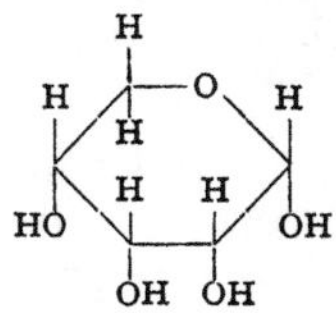

bzw.

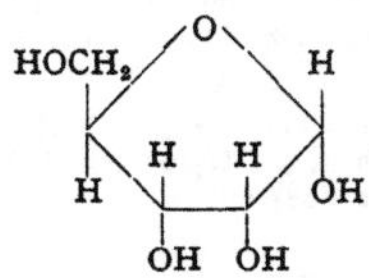

Charakteristik: Platten (A.); l. in W.; wl. in A. — *V.:* In Ribonucleinsrn., Cofermenten, Glykosiden. — *Phenylosazon:* *F* 163—4. — *2,4-Dinitrophenylhydrazon:* *F* 165—6. — *p-Bromphenylosazon:* *F* 180—185. — *Toluol-p-sulfonylhydrazon:* *F* 164. — *Benzylphenylhydrazon:* *F* 127.

3/2 β-L-Arabinose u. β-D-Arabinose (β-Arabopyranose u. β-D-Arabopyranose, Aloinose, Aloinzucker)

MG 150.13 D_4^{20} 1.585 *F* 159.5

β-L:

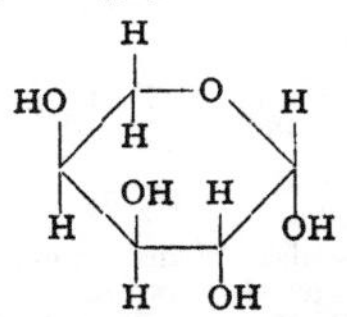

β-D:

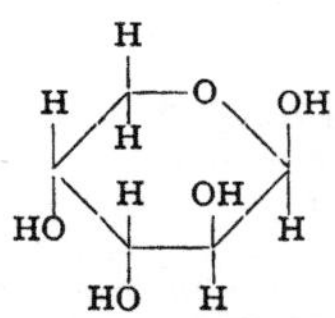

Charakteristik: Rhomb. Prismen (A.), süß; 59.4 W. 10°; 0.42 90%ig. A. 9°; unl. in Ae.; mit Hefe nicht vergarbar. — *V.:* In Pflanzengummen, Hemicellulosen, Pektinstoffen, Bakterien, Glykosiden. — *Osazon:* *F* 162—3. — *p-Nitrophenylhydrazon:* *F* 182. — *2,4-Dinitrophenylhydrazon:* *F* 182. — *Benzylphenylhydrazon:* *F* 174. — *Toluol-p-sulfonylhydrazon:* *F* 153—4. — *D-Arabinose:* *V.:* In Glykosiden aus Aloe (z. B. Barbaloin, Nataloin, Tuberkelbazillen (als Furanose)), in den Nucleosiden Spongothymidin u. Spongouridin aus Schwämmen; DL-Arabinose = Pectinose.

3/3 α-D-Xylose (α-D-Xylopyranose, Holzzucker [L-Xylose])

MG 150.13 D^{20} 1.525 D^0 1.535 *F* 153 (145)

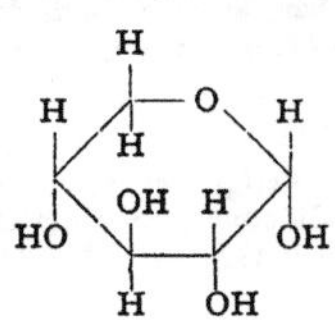

Charakteristik: Nadeln, sehr süß; 117 W. 20.3°, 6.2 80% A. 20°; swl. in Ae.; l. in Ameisensre., Py.; n_α 1.517, n_β 1.544, n_γ 1.546; wird nicht von Backerhefe vergoren, jedoch von Torula u. Monilia-Hefen, führt bei Verfütterung an junge Ratten zu Katarakten der Augenlinse. — *V.:* In Xylan (auch aus Mikroorganismen z. B. Cryptococcus neoformans) Hemicellulosen, Pflanzengummen, Glykosiden. — *Osazon:* *F* 164. — *p-Nitrophenylhydrazon:* *F* 158. — *2,4-Dinitrophenylhydrazon:* *F* 162—3. — *Toluol-p-sulfonylhydrazon:* *F* 149. — *p-Bromphenylhydrazon:* *F* 128.

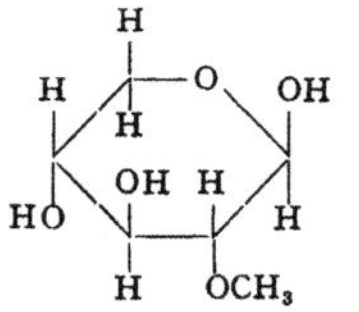

3/4 **2-O-Methyl-β-D-xylose**

MG 146.16 *F* 133—5 (137—8)

Charakteristik: Krist. (A. + PAe.). — *V.:* Baustein der Hemicellulose aus Pflaumenblättern.

3/5 **D-Lyxose**

MG 150.13 D_4^{20} 1.545 *F* α: 106—7, β: 120

α: 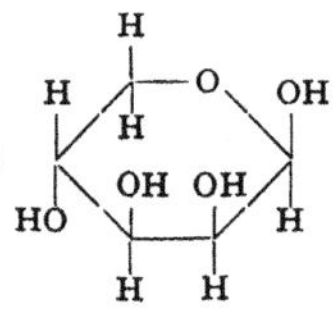 β: 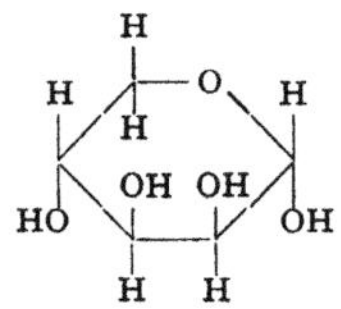

Charakteristik: Hygroskop. monoklin. biaxiale Krist. (A.), sehr süß; ll. in W.; 2.1 A. 17°; n_α^{20} 1.532, n_β^{20} 1.541, n_γ^{20} 1.549; nicht vergärbar. — *V.:* In Hefenucleinsäuren, im menschlichen Herzmuskel. — *Phenylosazon: F* 164. — *p-Nitrophenylhydrazon: F* 172. — *p-Bromphenylhydrazon: F* 162 (156—7). — *Benzylphenylhydrazon: F* 116 (Hydrat), 128 (wasserfrei).

3/6 **D-Apiose (3-bis-(C-Hydroxymethyl)-D-glycerin-aldehyd, 3-C-Hydroxymethyl-D-glycero-aldotetrose)**

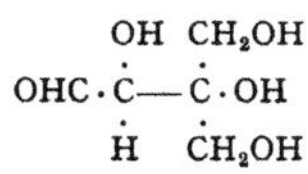

MG 150.13

Charakteristik: Sirup; durch Hefe nicht vergärbar; $[\alpha]_D^+$ +6.40. — *V.:* Im Apiin der Petersilie u. Graveobiosid aus Selleriesamen, in den Blättern von Posidonia australis, in der Rinde von Hevea brasiliensis. — *4-Bromphenylhydrazon: F* 212. — *Phenylosazon: F* 156. — *p-Bromphenylosazon: F* 206—8. — *Benzylphenylhydrazon: F* 137.

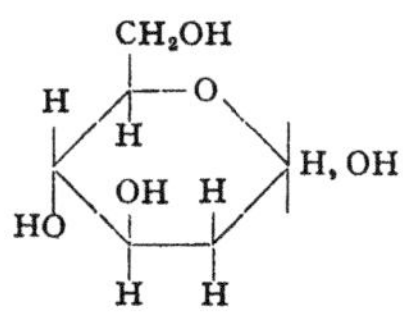

3/7 **2-Desoxy-D-glucose (D-Glucodesose, 2-Desoxy-D-arabo-hexose)**

MG 164.16 *F* 148

Charakteristik: Krist. — *V.:* In dem Cardenolid Perofskosid aus Erysinum perofskianum. *Wi.:* Antimetabolit für Krebszellen, Wachstumsantagonist für Hefe, verhindert Glykolyse u. Wachstum kultivierter menschl. Zellen. — *α-Tetrabenzoat: F* 148. — *Methylphenylhydrazon: F* 157. — *Benzylphenylhydrazon: F* 158.

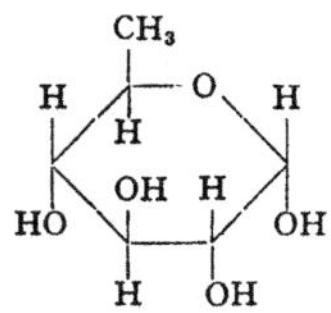

3/8 **6-Desoxy-D-glucose (α-D-Chinovose, Glucomethylose, D-Isorhamnose, Isorhodeose, D-Epi-rhamnose, D-Chinovose, D-Quinovose (engl.))**

MG 164.16 *F* 139—40

Charakteristik: Krist. (Essigester); schmeckt suß; ll. in W., A.; swl. in Ae., Ac., Essigester. — *V.:* In Convolvulin, Chinovin, Holothurlin A, dem Gift der Seegurke Actinopygar agassizi. — *Phenylosazon: F* 186—7, 193—4. — *Tetraacetat: F* 144—5. — *β-Methylisorhamnosid: F* 133.

3/9 **L-Thevetose (3-O-Methyl-6-desoxy-L-glucose, L-Glucomethylose-3-methyläther, Cerberose, L-Chinovose-3-methyläther)**

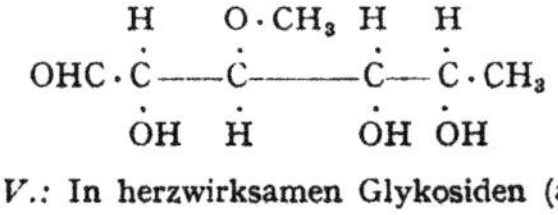

MG 178.18 *F* 126.5—29

Charakteristik: Nadeln (Ac. + Ae.); l. in W., Ac. — *V.:* In herzwirksamen Glykosiden (auch D-Thevetose; *F* 120). — *Osazon: F* 120, 138—42.

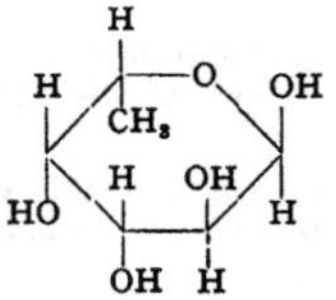

3/10 **α-L-Fucose (2,3,4,5-Tetrahydroxyhexanol, α-L-Fucopyranose, L-Galaktomethylose, L-Rhodeose, 6-Desoxy-L-galaktose)**

MG 164.16 *F* 145

Charakteristik: Nadeln (A.); ll. in W. — *V.:* In Frauenmilch, Algen, Seetang, Pflanzengummen, herzwirksamen Glykosiden, in blutgruppenspezifischen Polysacchariden, in Seeigeleiern, im Mucin des Froschlaichs. — *Phenylosazon: F* 177—8. — *p-Toluolsulfonylhydrazon: F* 169. — *Benzylphenylhydrazon: F* 178. — *Diphenylhydrazon: F* 198. — *2,5-Dichlorphenylhydrazon: F* 205. — D-*Fucose, V.:* In Glykosiden z. B. Convolvulin, Jalapin, in den Saponinen von Gypsophila-Arten.

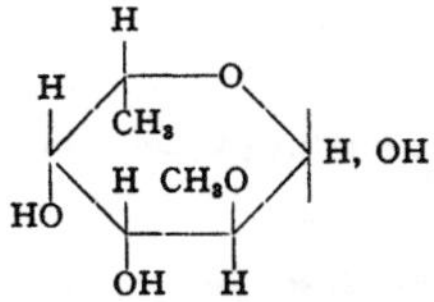

3/11 **2-O-Methyl-L-fucose**

MG 178.18 *F* 149—50

Charakteristik: Krist. (W. + A. + Ac.). — *V.:* In den Polysacchariden aus Pflaumenbaumblättern.

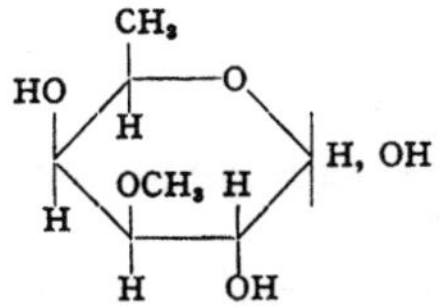

3/12 **D-Digitalose (3-O-Methyl-D-fucose, 6-Desoxy-3-O-methyl-D-galaktose)**

MG 178.18 *F* 106—19

Charakteristik: Nadeln (Essigester). — *V.:* In Digitalinum verum. — *Phenylosazon: F* 178—9.

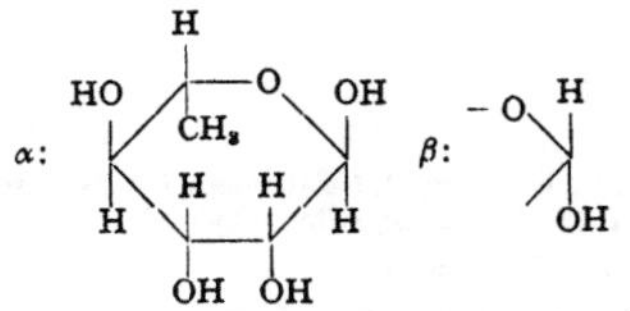

3/13 **L-Rhamnose (α-L-Rhamnopyranose, L-Mannomethylose [Isodulcit], 6-Desoxy-L-mannose)**

MG 164.16 D_4^{20} 1.4708 *F* α: 105, β: 126
Kp subl.

Charakteristik: Säulen (W., A.), sehr suß. + H_2O: *F* 93—4 (α); 57 W. 18°, 109 W. 40°, 54 Me.; l. in A.; unl. in Ae.; gärt nicht mit Hefe. — *V.:* In Pflanzengummen u. -schleimen, Glykosiden, in Tabak, in Immunpolysacchariden aus Bakterien. — *Osazon: F* 222 (185). — *p-Nitrophenylosazon: F* 190. — *Semicarbazon: F* 183. — *α-Methylphenylhydrazon: F* 124. — *p-Bromphenylosazon: F* 222. — *β-Tetraacetat: F* 98.

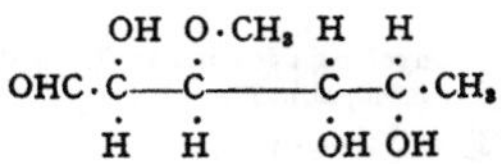

3/14 **L-Acofriose (L-Rhamnose-3-methyläther, 6-Desoxy-3-O-methyl-L-mannose)**

MG 178.18 *F* 113—5

Charakteristik: Krist. $[\alpha]_D$ +39,1° (W.). — *V.:* In Acofriosid, Acolongiflorosid, Schwarzfichten-Hemicellulose. — *Osazon: F* 118—22, 137—42.

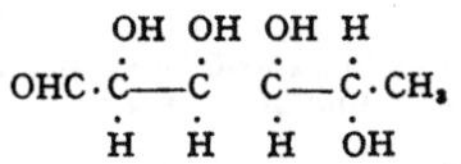

3/15 **L-Talomethylose (6-Desoxy-L-talose, Epifucose)**

MG 164.16 *F* 119—21

Charakteristik: Nadeln (Ac. + Ae.); l. in W., Ac.; $[\alpha]_D$ —19°. — *V.:* In herzaktiven Glykosiden (Sarmentosid A), in Hydrolysaten der Zellwände von Actinomyces bovis. — *Methylenphenylhydrazon: F* 136—7. — *p-Bromphenylhydrazon: F* 145—7 (203).

3/16 L-Acovenose (L-Talomethylose-3-methyläther, 6-Desoxy-3-O-methyl-L-talose)

MG 178.18

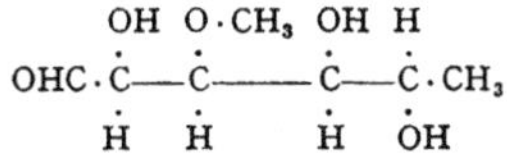

Charakteristik: Sirup, reduziert Fehlingsche Lsg. — *V.:* In Acovenosid A u. B aus Samen von Acokanthera venenata G. Don. — *Osazon: F* 182—3. — *Acovenonsaurelacton: F* 167—8.

3/17 2-Desoxy-D-gulose (D-Xylo-2-desoxyaldohexose)

MG 164.16

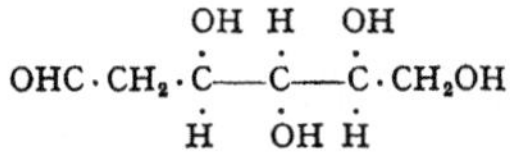

Charakteristik: Sirup; [α] + 12,0° ± 2° (W.; *c* = 1,01); liegt in saurer Lsg. im Gleichgewicht mit D-Xylo-2-desoxy-aldohexosan (*F* 65—80) vor. — *V.:* In einem Glykosid der Samen von Erysimum perofskianum. — *p-Toluidid: F* 74—6 bzw. 141—2. — D-*Xylo-2-desoxyhexonsaurephenylhydrazid: F* 124—6.

3/18 D-Gulomethylose (Anitarose, 6-Desoxy-D-gulose)

MG 164.16 *F* 130—1

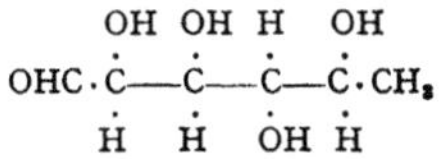

Charakteristik: Krist. (Essigsre.); schwach süß; l. in W., A.; unl. in Ac. — *V.:* In herzaktiven Glykosiden.

3/19 D-Allomethylose (6-Desoxy-D-allose)

MG 164.16 *F* 151

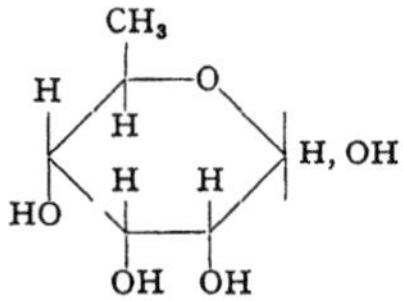

Charakteristik: Nadeln (A. oder Ac.); $[\alpha]_D$ — 85° → + 1,2° (W., 4 Min. → 35 Min. Endwert). *V.:* In herzaktiven Glykosiden. — *Osazon: F* 182. — *p-Bromphenylhydrazon: F* 145. — *p-Bromphenylosazon: F* 198 (184).

3/19a 6-Desoxy-2,3-di-O-methyl-β-D-allose (2,3-Di-O-methylallomethylose)

MG 146.16 *F* 102—6

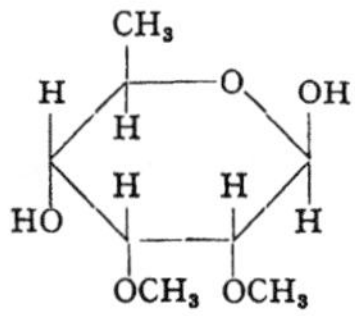

Charakteristik: Krist.; $[\alpha]_D^{25}$ — 46° → — 29° (Endwert, W.; *c* = 1,56%). — *V.:* Baustein des Chalcomycins.

3/19b Methylmycinosid (6-Desoxy-2,3-di-O-methyl-β-D-methylallosid)

MG 206.23 *F* 88—88.5

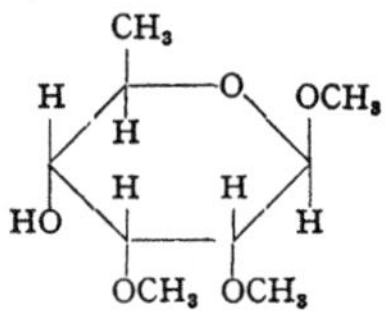

Charakteristik: Krist.; $[\alpha]_D^{27}$ — 36° (Chlf.; *c* = 1,6%). — *V.:* Baustein des Chalcomycins.

3/20 Streptose (5-Desoxy-3-C-formyl-L-lyxose, 3-Formyl-2,3,4-trihydroxypentanal)

MG 162.15

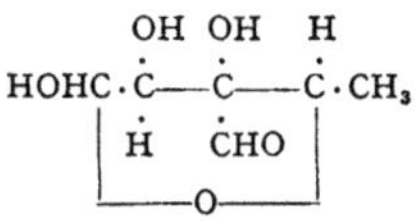

Charakteristik: V.: Baustein des Streptomycins (5-Hydroxystreptose aus Oxystreptomycin.) — L-*Streptosonsäuremonolacton: F* 146—8. — *Diacetyl-*L-*streptosonsauremonolacton: F* 186—8. — *Didesoxydihydro-*L-*streptose: F* 90—1. — *Di-p-nitrobenzoyldidesoxydihydro-*L-*streptose: F* 141—2.

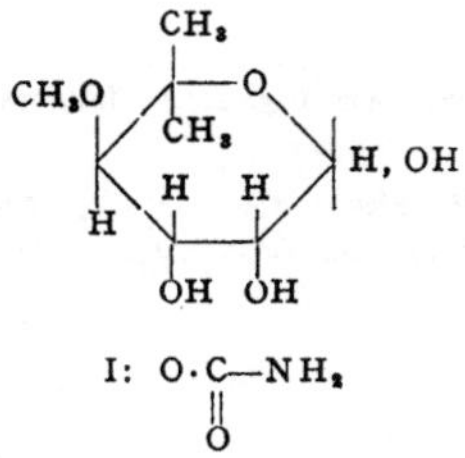

3/21 Noviose ([Novibiose], [4-O-Methyl-monobiose], 4-O-Methyl-5,5-didesoxydimethyl-L-lyxose)

MG 192.22

Charakteristik: V.: 3-O-Carbamyl-noviose (*F* 124—6): (I), Baustein des Antibioticums Novobiocin. — *N-Benzyl-p-methoxyphenylhydrazon: F* 111—13 (107—8). — *I-methylglucosid: F* 191—2.

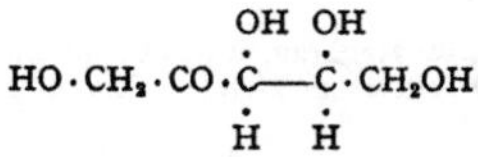

3/22 D-Ribulose (D-erythro-Pentulose, D-Riboketose, D-Adonose, D-Arabulose)

MG 150.13

Charakteristik: Sirup; $[\alpha]_D$ —16,3° (W.). — *V.:* Im Urin (geringe Mengen). 1,5-Diphosphat ist Zwischenstufe der Photosynthese u. des Kohlenhydratstoffwechsels. *B.:* Durch Acetobacter acetigenum aus Glycerin. — *o-Nitrophenylhydrazon: F* 168.

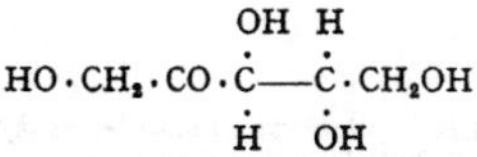

3/23 L-Xylulose (L-threo-Pentulose, L-Xyloketose, L-Lyxoketose, Urinpentose, L-Threoketopentose, L-Lyxulose)

MG 150.13

Charakteristik: Sirup. — *V.:* Im Harn bei Pentosurie. — *Osazon: F* 160—3. — *p-Bromphenylhydrazon: F* 130—1. — D-*Xylulose: B.:* Durch Acetobacter suboxydans aus D-Arabit.

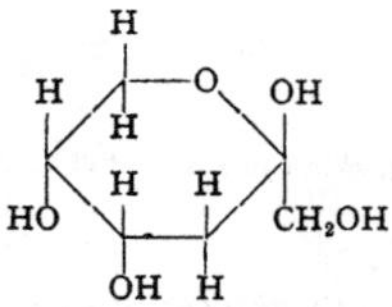

3/23a 3-Desoxy-D-fructose

MG 164.2 *F* 112—4

Charakteristik: Krist. (A.); $[\alpha]_D^{24}$ —69° → —43,4° (W.; c = 1; 4 Min. → 40 Min.; Endwert). — *Phenylosazon: F* 246—7. — *Tetrabenzoat: F* 130—1.

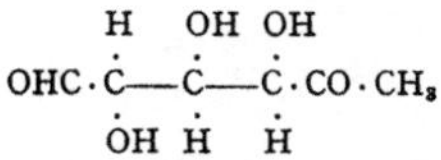

3/24 6-Desoxy-5-keto-D-arabinohexose (6-Desoxy-D-arabinohexos-5-ulose)

Charakterisiert als 2,5-Didesoxy-D-arabohexose: *F* 108—9. — *V.:* Baustein des Hygromycins.

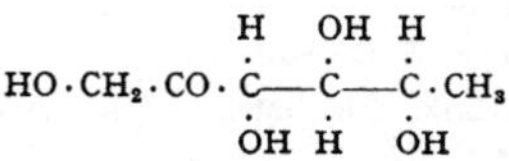

3/25 6-Desoxy-L-sorbose (Sorbomethylose)

MG 164.16 *F* 88

Charakteristik: Krist. (Ac.+PAe.); ll. in W., A.; l. in Ac.; swl. in Essigester; unl. in Ae.; $[\alpha]_D^{22}$ —25° (W.; c = 0,72). — *B.:* Durch Sorbosebakterien aus L-Gulomethylit.

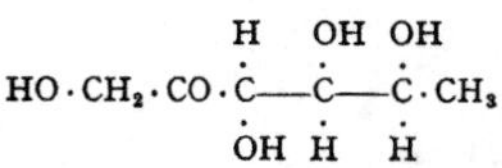

3/26 D-Fructomethylose (6-Desoxy-D-fructose)

MG 164.16

Charakteristik: Sirup; $[\alpha]_D^{22}$ —13° ± 2° (W.; c = 1,8); reduziert Fehlingsche Lsg. bei Zimmertemp. — *B.:* Aus D-Rhamnit durch Acetobacter suboxydans. — *Phenylosazon: F* 183. — *o-Nitrophenylhydrazon: F* 136—7.

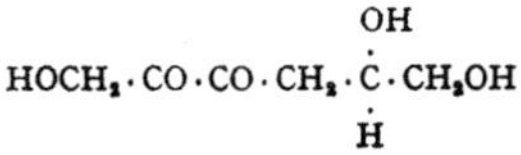

3/27 **4-Desoxy-3-oxo-D-glycero-2-hexulose**
MG 162.14

Charakteristik: Sirup; $[\alpha]_D^{25}$ +11° (W.; *c* = 0,7). — *B.:* Zwischenprodukt bei der Bildung von Isosaccharinsäure aus Cellobiose in alkal. Lsg. — *Bis-2,4-dinitrophenylhydrazon: F* 240 (Z.).

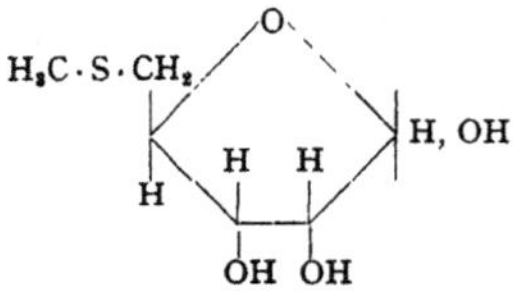

3/28 **5-Thiomethylribosid (5-Thiomethylribose, 5-Desoxy-5-mercaptomethyl-D-ribose)**
MG 182.23

Charakteristik: Hellbrauner Sirup; süß mit bitterem Nachgeschmack; l. in W. — *V.:* In Adenylthiomethylpentose aus Hefe. — *Osazon: F* 159—60.

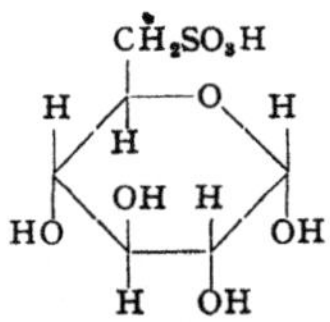

3/29 **6-Sulfochinovose (6-Sulfo-6-desoxy-D-glucose)**
MG 244.22

Charakteristik: Cyclohexylaminonium-methylglycosid: F 173—4. — *V.:* Baustein eines Sulfolipoides aus photosynthetisierenden Geweben.

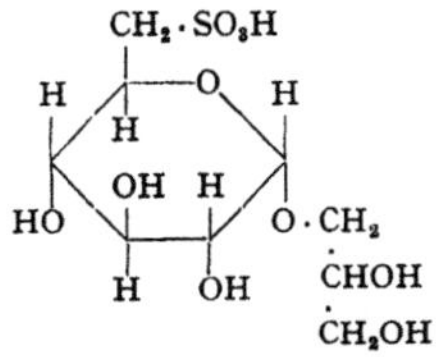

3/30 **6-Sulfo-α-D-chinovopyranosyl (1 → 1')-glycerin**
MG 317.29

Charakteristik: —. *Cyclohexylammoniumsalz: F* 191—3. — *V.:* Baugruppe eines Sulfolipoids aus photosynthetisierenden Geweben.

4. Aldo- und Ketohexosen

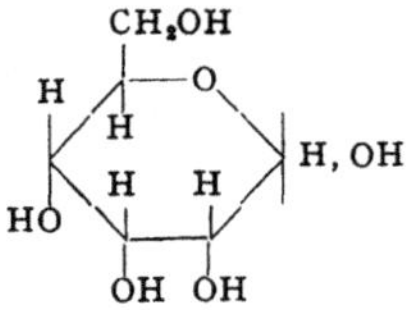

4/1 **D-Allose**
MG 180.16 *F* 128—8.5

Charakteristik: Krist. (Me. + W.); l. in W.; wl. in A. — *Osazon: F* 173—4. — *p-Bromphenylhydrazon: F* 145.

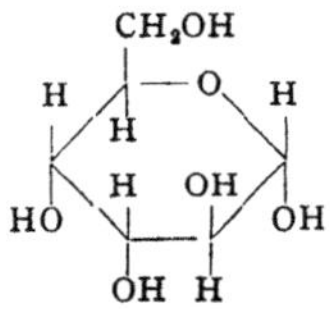

4/2 **β-D-Altrose**
MG 180.16 *F* 105—10

Charakteristik: Prismen (A. + W.); unl. in A. — *Osazon: F* 178. — *Benzylphenylhydrazon: F* 151. — *Dibenzylmercaptal: F* 121—2. — *Oxim: F* 143—4.

4/3 **α-D-Glucose (α-D-Glucopyranose, Cerelose, Dextrose, Traubenzucker, grape sugar, blood sugar, corn sugar)**

MG 180.16 α: D^{25} 1.544 β: D^{18}_4 1.5620 *F* α: 146, β: 150 *Kp* Z. > 200

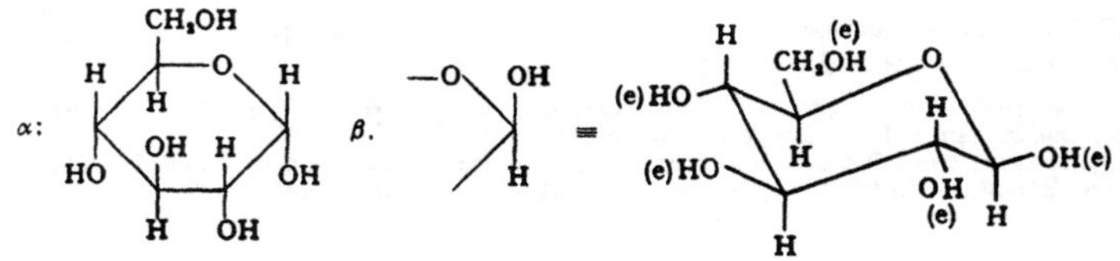

Charakteristik: β: Nadeln (A. oder Eg., W. oberhalb 115°); α: Tafeln + 1 H_2O (W. unterhalb 50°), α (wasserfrei) (W. 50—115°) *F* ca. 83—86. — α: 32,3 W. 0°, 82,0 W. 25°, 120,5 W. 30°, 243,8 W. 50°; l. in A.; unl. in Ae. — β: 154 W. 15°; 4,9 (Anfangswert) 9,1 (Endwert) 80%ig. A. 20°. — Gleichgewicht in W.: 34% α, 66% β. — L. des Gleichgewichtsgemisches: 4,5 80%ig. A. 20°, 0,25 A. 17,5°, 1,42 sd. A., 1,25 Me. 17,5°, 3,19 sd. Me.; wl. in Ac., wl. in Essigsre. 50—60°; ll. in sd. Essigsre., ll. in Anilin; rel. Süßkraft (Rohrzucker = 1): 0,5—0,6. — *V.:* In Pflanzen und Tieren weitverbreitet. *B.:* Durch Acetobacter acetigenum aus Glycerin. — *Osazon:* *F* 210. — *α-Pentaacetat:* *F* 113. — *β-Pentaacetat:* *F* 132—4. — *α-Phenylhydrazon:* *F* 159—60. — *β-Phenylhydrazon:* *F* 140—1. — *p-Nitrophenylhydrazon:* *F* 189—95. — *Oxim:* *F* 137. — *2,4-Dinitrophenylhydrazon:* *F* 122—4.

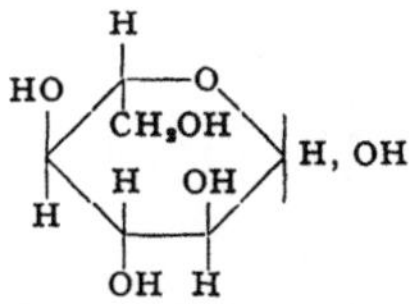

4/4 **L-Glucose**

MG 180.16 *F* 141—3

Charakteristik: Prismen (Me. + A.); ll. in W.; swl. in A.; schmeckt süß; gärt nicht mit Bierhefe. — *Phenylosazon:* *F* 208. — *Diphenylhydrazon:* *F* 162. — DL-*Glucose:* *V.:* Im Capsularin aus Jeteblättern, vergärt mit Bierhefe zu 50%.

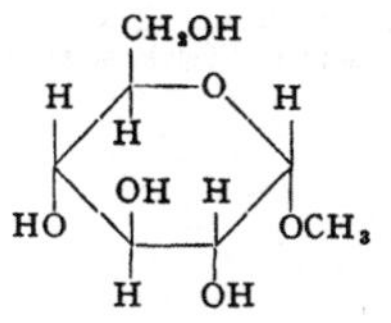

4/5 **Methyl-α-D-glucopyranosid (α-Methylglucosid)**

MG 194.18 *F* 165—6 $Kp_{0.2}$ 200

Charakteristik: Rhomben (W.); 63 W. 17°, 0,5 A.; 1,6 90%ig. A. 17°; unl. in Ae. — *Wi.:* Wird durch Maltase gespalten.

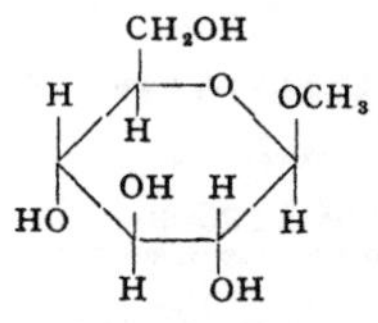

4/6 **Methyl-β-D-glucopyranosid (β-Methylglucosid)**

MG 194.18 *F* 108—10

Charakteristik: Tetragonale Tafeln + $^1/_2H_2O$ (A.); 58 W. 17°; 1,5 A., 4,2 90%ig. A. 17°; unl. in Ae.; schmeckt anfangs süß, dann bitter. — *V.:* In Dipsacus arvensis u. den Blättern von Scabiosa Succisa L. — *B.:* Aus D-Glucose u. Me. durch Emulsin.

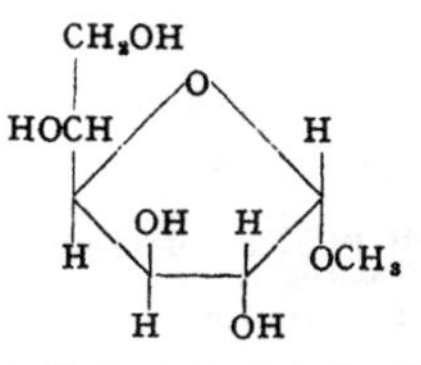

4/7 **Methyl-α-D-glucofuranosid (γ-Methylglucosid, h-Methylglucosid, am-Methylglucosid)**

MG 194.18 $Kp_{0.2}$ 200—15

Charakteristik: Sirup, schmeckt süß; ll. in W., Me., A.; wl. in k. Essigester; swl. in Ae., PAe.

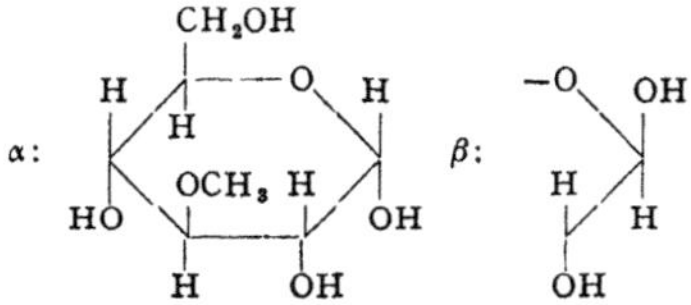

4/8 **3-O-Methyl-α-D-glucose**

MG 194.18 *F* α: 162—7 β: 133.5—135

Charakteristik: Krist. α (Ac.). — *V.:* α: In Holothurin, dem Gift der Seegurke Actinopyga agassizi, kann durch E. coli an Stelle von Glucose als Energiequelle verwertet werden. — *Phenylosazon:* *F* 178 (185). — *β-Tetraacetat:* *F* 95—6. — *β-Tetrabenzoat:* *F* 198—9.

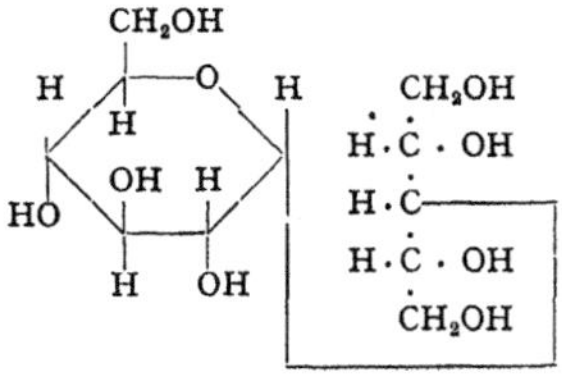

4/8a **3-O-(α-D-Glucopyranosyl)-D-ribit (-ol (engl.))**

MG 314.29

Charakteristik: Amorph; $[\alpha]_D^{20}$ +78° ± 20°. — *V.:* Baugruppe der Teichosäure aus L. arabinosus.

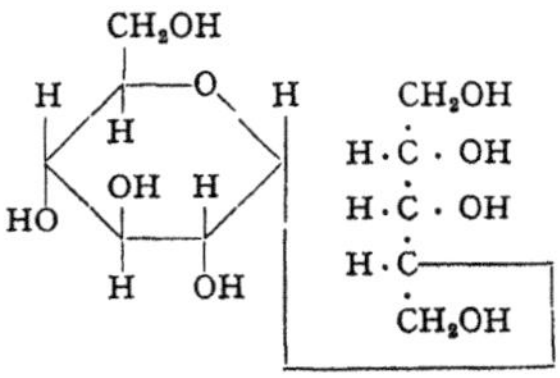

4/8b **4-O-(α-D-Glucopyranosyl)-D-ribit (-ol engl.))**

MG 314.29

Charakteristik: Farbl., zu Rosetten vereinigte Nadeln (+H_2O); $[\alpha]_D^{22}$ +106° (W.; *c* = 1,2). — *V.:* Baugruppe der Teichosaure aus L. arabinosus.

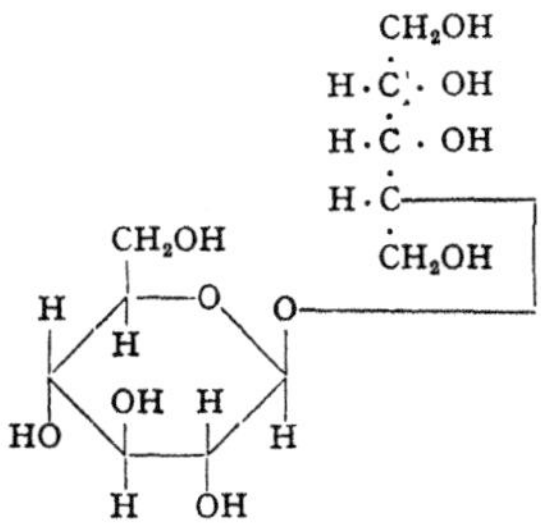

4/8c **4-O-(β-D-Glucopyranosyl)-D-ribit (-ol (engl.))**

MG 314.29 *F* 137—8

Charakteristik: Zu Rosetten vereinigte Nadeln (A.); $[\alpha]_D^{21}$ −28,6° (W.; *c* = 1,0). — *V.:* Baugruppe der Teichosäure aus B. subtilis. — *Octaacetat:* *F* 100.

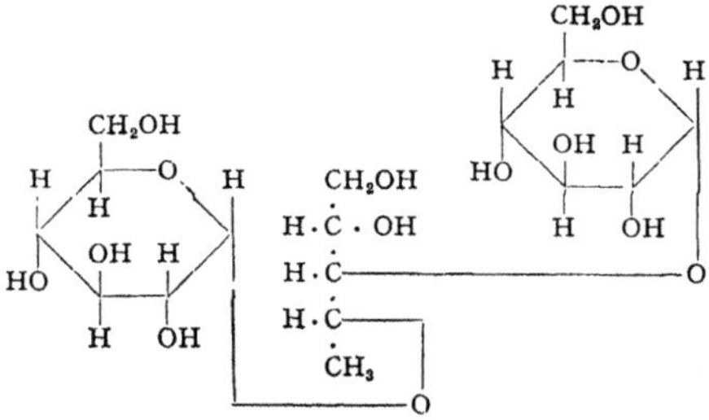

4/9 **3,4-Di-O-(α-D-glucopyranosyl)-D-ribit (-ol(engl.))**

MG 476.4 *F* 118—21

Charakteristik: Mikrokrist. (+6H_2O); $[\alpha]_D^{22}$ +137° (W.; *c* = 1,08).

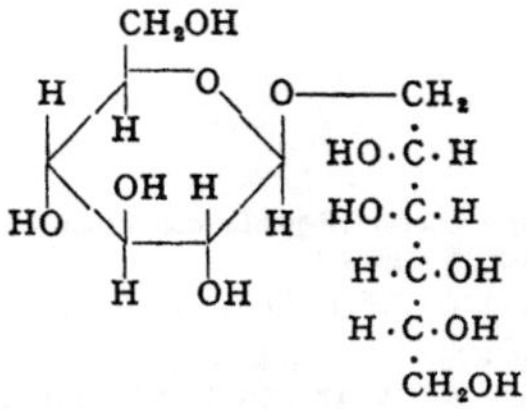

4/10 Mannit-monoglucosid (1-O-β-D-Glucopyranosyl-D-mannit, 1-D-Mannit-β-D-glucosid)

MG 344.31 *F* 141–2

Charakteristik: Krist. (Me). — *V.:* In der Braunalge Fucus vescilosus, Baugruppe des Laminarins.

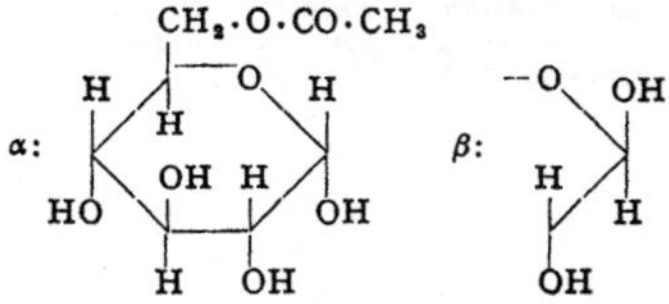

4/11 6-O-Acetyl-α-D-glucopyranose

MG 222.19 *F* α: 150–2 β: 148–50

Charakteristik: Krist. (A.). — *V.:* Gemisch aus α- u. β-Form (*F* 133): Stoffwechselprod. aus Bacillus megatherium. — *Phenylhydrazon: F* 134–6.

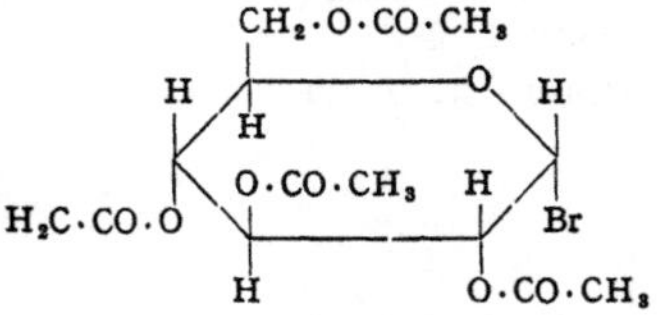

4/12 2,3,4,6-Tetraacetyl-α-D-glucose-l-bromid (α-Acetobromglucose, Tetraacetyl-α-D-glucopyranose-l-bromid)

MG 411.21 *F* 88–89

Charakteristik: Nadeln (Ae.); etwa 4 A. 20°; l. in Me.; ll. in Ae., Chlf., Ac., Essigester, Bzl.; wl. in k. Ligroin; fast unl. in W.

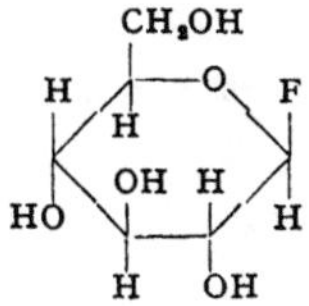

4/13 β-1-Fluorglucose

MG 182.2 *F* 99–102 (Aufschäumen)

Charakteristik: Krist. (A. + Ae.); ll. in W., Py.; wl. in k. A.

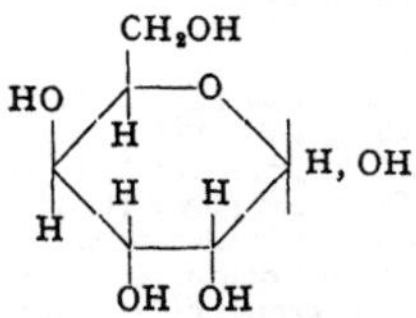

4/14 D-Gulose

MG 180.16

Charakteristik: Sirup; l. in W.; wl. in A.; schmeckt süß; wird nicht von Hefe vergoren. — *Phenylhydrazon: F* 143. — *Tetraacetat: F* 66–7. — *Phenylosazon: F* 168. — *p-Bromphenylosazon: F* 186. — *Benzylphenylhydrazon: F* 124. — *β-Methylgulosid: F* 176.

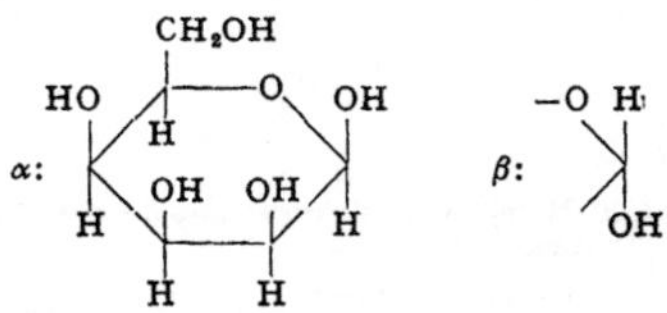

4/15 D-Talose

MG 180.16 *F* α: 131–4, β: 121–3

Charakteristik: Krist. (A.); β wird nicht von Hefe vergoren. — *V.:* Baustein des Antibioticums Hygromycin B. — *Phenylosazon: F* 201 (197). — *p-Bromphenylosazon: F* 205. — *Phenylhydrazon: F* 178. — *Benzylphenylhydrazon: F* 199. — *Methylphenylhydrazon: F* 155–6. — *α-Pentaacetat: F* 106–7.

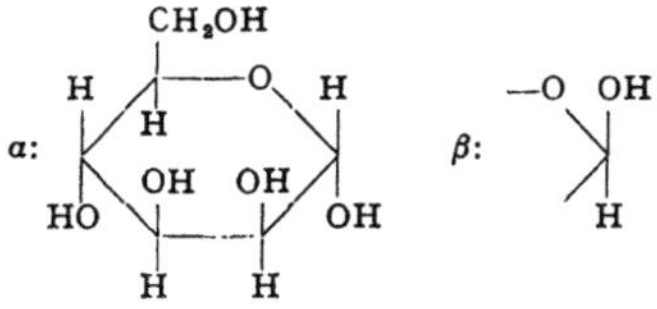

4/16 **D-Mannose (β-D-Mannopyranose, Carubinose, Seminose)**

MG 180.16 D^{20} 1.539 *F* α: 133, β: 132

Charakteristik: Rhombische Prismen (A.); süß (β mit bitterem Nachgeschmack); Gleichgewichtsgemisch: 248 W. 17°; 0,4 A 17,5°; unl. in Ae.; etwa 30 in Py. 20—22°. — *V.:* Weit verbreitet im Pflanzenreich als Baustein von Polysacchariden (Mannane, Hemicellulosen); Baustein des Glykosidasemoleküls, des Ovomucoids, von Blutserumglobulinen u. Tuberkelbazillen; wird durch Hefe vergoren. — *Phenylosazon: F* 210. — *Phenylhydrazon: F* 199—200. — *Tetraacetat: F* 65. — *α-Methyl-D-mannopyranosid: F* 190. — *β-Methyl-D-mannopyranosid: F* 378. — *p-Nitrophenylhydrazon: F* 202. — *2,4-Dinitrophenylhydrazon: F* 180—1.

Wahrscheinliche Struktur:

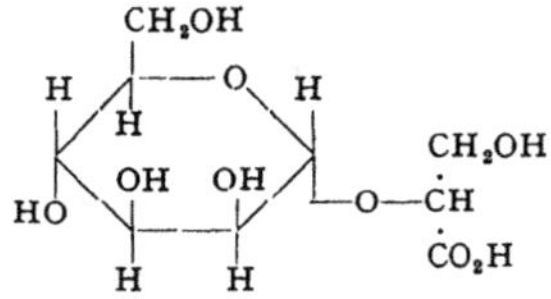

4/17 **Glycerinsäure-mannosid**

MG 268.22 *F* 255 (Z.)

Charakteristik: Na-Salz, Platten (A. + W.). — *V.:* In Rotalgen.

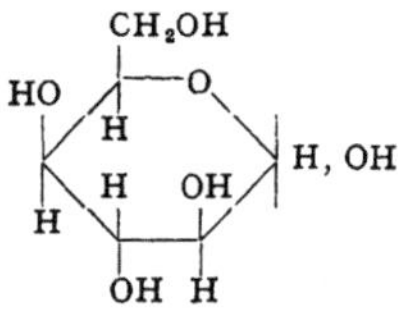

4/18 **D-Idose**

MG 180.15

Charakteristik: Sirup; neigt zu Abspaltung von W. → D-Idosan. — *Osazon: F* 168. — *α-Methyl-D-idopyranosid: F* 67.

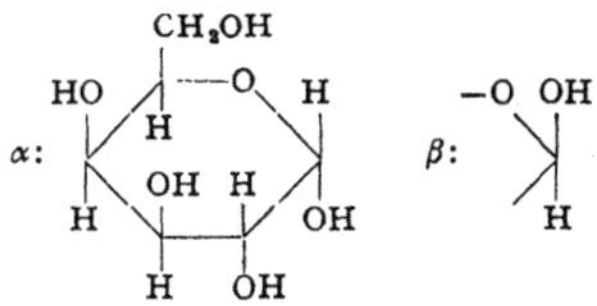

4/19 **D-Galaktose (α-D-Galaktopyranose, Cerebrose, brain sugar)**

MG 180.16 *F* α: 167

Charakteristik: α: Hexagonale Tafeln (A.); Prismen + 1 H_2O (W.); *F* 118—20; Tafeln (A.); ll. in h. W.; 1,1 60%ig. A. 20°, 0,27 80%ig. A. 20°; swl. in Me. — Gleichgewichtsgemisch: 68 W. 20—5°, 5,45 Py. 26°, 3,1 60%ig. A. 20°, 0,65 80%ig. A. 20°. — *V.:* Frei in Epheubeeren, weitverbreitet als Baustein von Oligo- und Polysacchariden (Milchzucker, Galaktane, Pflanzengummen u. -schleime (auch L-Galaktose)) von Glucosiden u. Cerebrosiden. Fuhrt zu Katarakten der Augenlinse u. zu Spasmen bei Verfütterung in großen Mengen an junge Tiere oder zur Störung des Galaktose-Stoffwechsels bei Menschen. — *Phenylhydrazon: F* 160—2 (Z.). — *p-Nitrophenylhydrazon: F* 196. — *Pentapyranoacetat:* α: *F* 96, β: *F* 142. — *Pentafuranoacetat:* α: *F* 87, β: *F* 98. — *Osazon: F* 196. — *2,4-Dinitrophenylhydrazon: F* 178—9 (154). — *Benzylphenylhydrazon: F* 157—8. — *α-Methylphenylhydrazon + H_2O: F* 190. — *L-Galaktose: V.:* Chagual Gummi, Agar-Agar, Schleim aus Flachssauren, Galaktogen aus Schnecken.

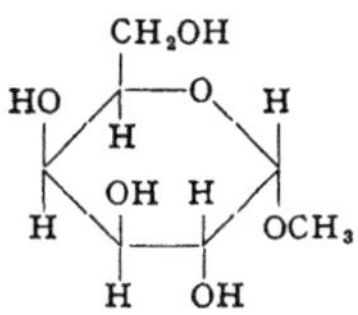

4/20 **Methyl-α-D-galaktopyranosid (α-Methyl-D-galaktosid)**

MG 194.18 *F* 114—6

Charakteristik: Krist.; + 1 H_2O: *F* ca. 110; ll. in W.; wl. in k. A.; unl. in Ae. — *B.:* Aus Melibiose bzw. Raffinose bzw. Stachyose u. Me. durch α-Galaktosidase aus grünem Kaffee, Spaltg. durch α-Galaktosidase (aus Aspergillus niger).

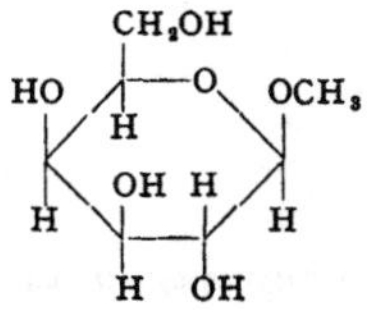

4/21 **Methyl-β-D-galaktopyranosid (β-Methyl-D-galaktosid)**

MG 194.18 *F* 178—80

Charakteristik: Nadeln (A.); schwach süß; l. in W., A.; unl. in Essigester; $[\alpha]_D$ −0,4°; — Spaltung durch β-Galaktosidase (aus rohem Emulsin).

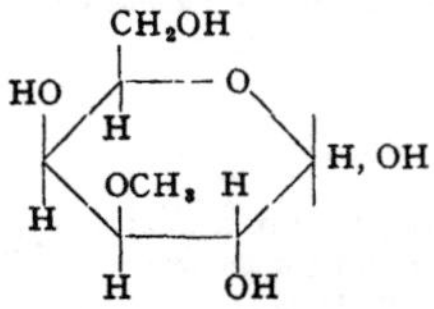

4/22 **3-O-Methyl-D-galaktose**

MG 194.18 *F* 144—7

Charakteristik: Krist. (Ac. + Me.). — *V.:* Im Pflanzenschleim aus Ulmus fulva.

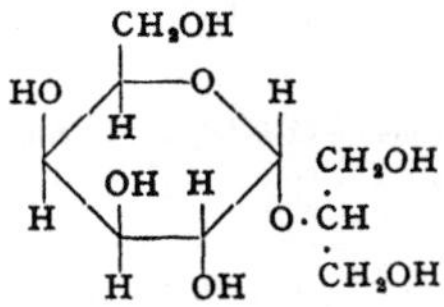

4/23 **Floridosid (Glycerin-α-D-monogalaktosid, O-α-D-Galactopyranosyl-(1 → 2)-glyceritol (engl.))**

MG 254.23 *F* 128.5

Charakteristik: Nadeln (A.); Prismen (W.); $+1H_2O$: *F* 86—7; sll. in W.; wl. in k. A.; swl. in h. Essigester; unl. in Ae., Ac., Me., Chlf. — *V.:* In zahlreichen Rotalgen. — *Hexaacetat: F* 101.

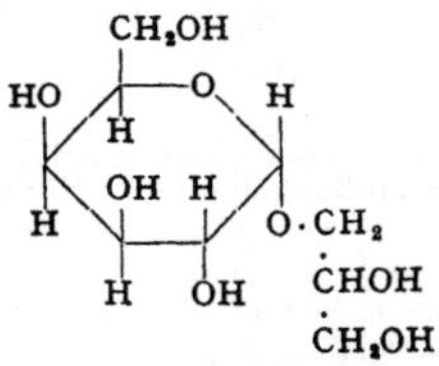

4/24 **Isofloridosid (O-α-D-Galaktopyranosyl-(1 → 1)-glycerin, -glycerol bzw. -glyceritol (engl.))**

MG 254.23 *F* 134—5

Charakteristik: Krist. (A.). — *V.:* In Rotalgen (z. B. Porphyra umbilicalis). — *O-α-D-Galakto-(pyranosyl-(1 → 1)-D-glycerin: F* 150—2; $[\alpha]_D^{20}$ +155°. — *O-α-D-Galaktopyranosyl-(1 → 1)-L-glycerin: F* 131.5—33; $[\alpha]_D^{20}$ +159°.

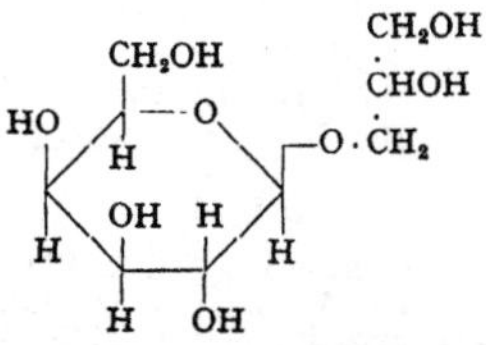

4/25 **Glycerin-β-D-monogalaktosid (O-β-D-Galaktopyranosyl-(1 → 1)-glycerin, (glycerol bzw. -glyceritol (engl.))**

MG 254.23 *F* 139—40

Charakteristik: Krist. (Me + Ae.); $[\alpha]_D^{27}$ +3,77°. — *V.:* In Lipopolysacchariden aus Weizenmehl. *O-β-D-Galaktopyranosyl-(1 → 1)-D-glycerin: F* 140.5—41.5; $[\alpha]_D^{20}$ −7°. — *O-β-D-Galaktopyranosyl-(1 → 1)-L-glycerin: F* 104—7; $[\alpha]_D^{20}$ +2°.

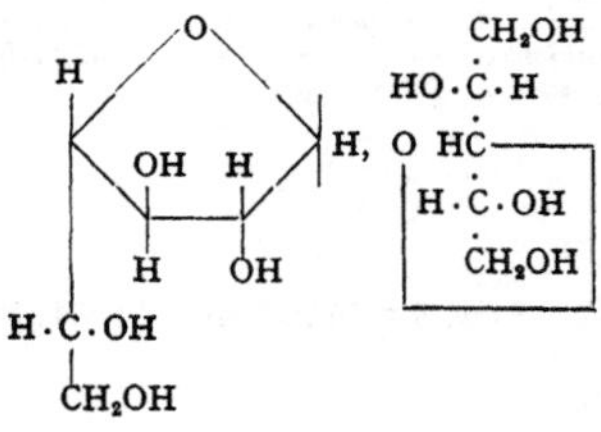

4/26 **Umbilicin (3-D-Arabit-β-D-galaktofuranosid, 3-O-β-D-Galaktofuranosyl-D-arabit)**

MG 314.29 *F* 138—9

Charakteristik: Krist. — *V.:* In Flechten der Ordnung Gymnocarpeae. — *Octaacetat: F* 84—5.

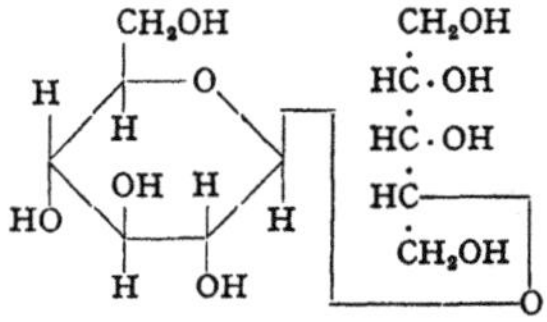

4/27 **4-O-(β-D-Glucopyranosyl)-D-ribit**
MG 314.29 *F* 137—8

Charakteristik: Kristalle (A. + Ae.). $[\alpha]_D^{21}$ —28,6° (W.; *c* = 1,0). — *V.:* Baugruppe der Teichosäure aus den Zellwänden von Bacillus subtilis. — *Octaacetat: F* 100.

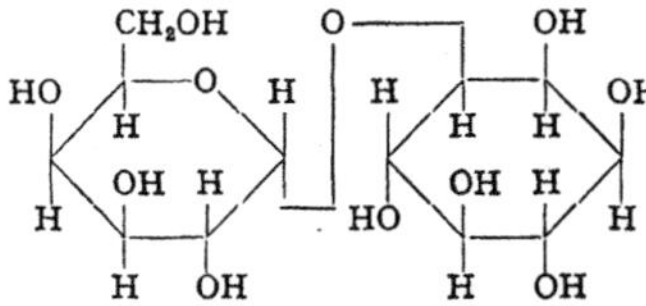

4/28 **Galaktin(ol) (4-O-α-D-Galaktopyranosyl-mesoinosit, O-α-D-Galaktopyranose-(1 → 1)-D-myoinositol (engl.))**
MG 378 *D* 220—2

Charakteristik: Krist.; + $2H_2O$: *F* 113—4; ll. in W.; $[\alpha]_D$ +135,5° (W.; *c* = 2). — *V.:* Im Saft der Zuckerrübe.

4/29 **Hamamelose (2-C-(Hydroxymethyl)-D-ribose, 2-C-Formyl-D-arabit)**
MG 180.16

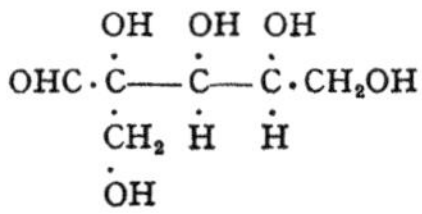

oder

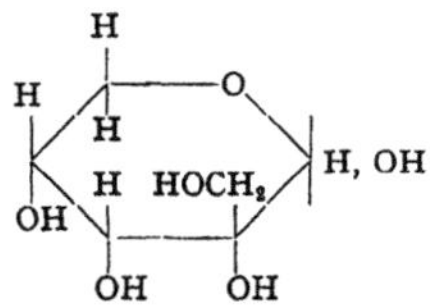

Charakteristik: Sirup; sehr empfindlich gegen Mineralsren; reduziert Fehlingsche Lsg. stark. — *V.:* In Hamamelis virginia. — *p-Nitrophenylhydrazon: F* 162—3. — *Tolaol-p-sulfonylhydrazon: F* 155—6.

4/30 **D-Fructose (D-Fructopyranose bzw. β(?)-D-Fructofuranose, D-Arabino-hexulose, Lävulose, Fruchtzucker)**
MG 180.16 D_4^{20} 1.598 *F* 105

β: 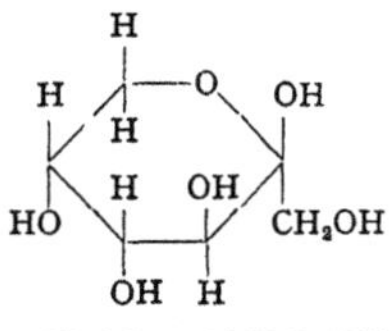 bzw. β: 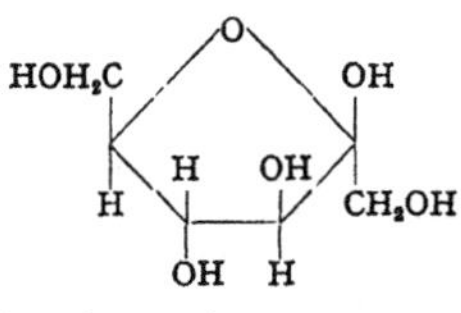

Charakteristik: Nadeln + $^1/_2H_2O$ (W.); rel. Süßkraft (Rohrzucker = 1): 1.0—1.5; 355 W. 20°, 6.71 A. 18°; l. in Ae.; ll. in sd. Ac.; swl. in k. Ac.; swl. in Bzl., Chlf.; ll. in Ameisensre., 18.5 Py. 26°; l. in Methylamin; + verd. $CoCl_2$-Lsg. (erwärmen) nach Abkühlung, verd. NH_3-Lsg. → violette bis purpurfarbige Lsg. — *V.:* Weitverbreitet im Pflanzenreich, im Honig, im Harn bei Lävulosurie, im Blut (Spuren). *B.:* Durch Acetobacter acetigenum aus Glycerin. — D-*Fructopyranose-1,3,4,5-tetrabenzoat: F* 174—5. — D-*Fructofuranose-1,3,4,6-tetrabenzoat: F* 124—5. — D-*Fructofuranose-p-nitrophenylhydrazon: F* 181. — *Pentabenzoat: F* 79. — *Pentaacetat:* α: *F* 70, β: *F* 109. — *2,5-Dichlorphenylhydrazon: F* 154. — *Methylphenylhydrazon: F* 118—9 u. 170. — *Methyl-β-*D*-fructopyranosid: F* 119—20.

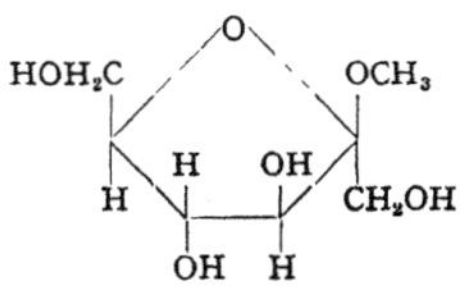

4/31 **Methyl-β-D-fructofuranosid (γ-Methyl-fructosid)**
MG 194.18

Charakteristik: Sirup; $[\alpha]^{26}$ —49.95°. — *B :* Durch Hefeinvertase auf Saccharose in Ggw. von Me.

4/32 ***α*(?)-L-Sorbose (1,3,4,5,6-Pentahydroxy-2-hexanon, *α*(?)-L-Sorbopyranose, 2-Keto-L-xylohexose, D-Xylohexulose, [D-Sorbose], „Sorbin", Sorbinose)**

MG 180.16 D^{17} 1.612 *F* 164

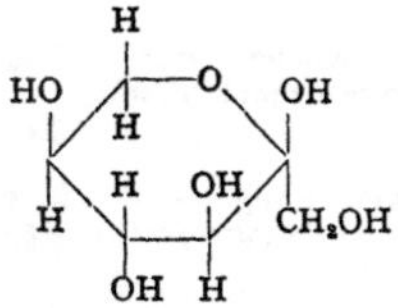

Charakteristik: Rhomben; 55 W. 17°, 0.26 A. 17°; swl. in h. A.; unl. in Ae.; schmeckt süß, wird nicht von Bierhefe vergoren. — *V.:* Stoffwechselprod. versch. Bakterien (aus Sorbit). — *Osazon:* *F* 169—70. — *2,5-Dichlorphenylhydrazon:* *F* 117. — *p-Bromphenylosazon:* *F* 181. — *Pentaacetat:* *F* 97. — *β-Methylglykosid:* *F* 120—2. — DL-Sorbose = *β*-Acrose.

4/33 **D-Tagatose (*α*(?)-D-Tagatopyranose, D-Lyxo-hexulose)**

MG 180.16 *F* 134—5

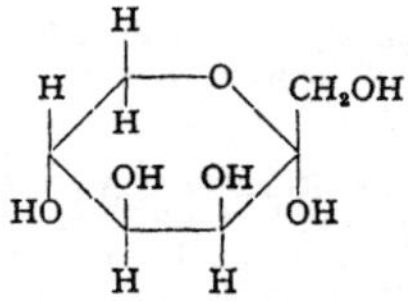

Charakteristik: Krist. (verd. A.); ll. in W.; swl. in Me., A.; ziemlich süß; nicht vergärbar. — *V.:* (?) In Gummi aus Sterculia setigera, in der Flechte Roccella linearis. — *B.:* Durch Oxydation von D-Talit mit Acetobacter suboxydans. — *Phenylosazon:* *F* 196—7 (102). — *p-Bromphenylosazon:* *F* 180—2. — *Osazon:* *F* 186.

4/34 **D-Psicose (D-Pseudofructose, Allulose, D-Ribohexulose)**

MG 180.16

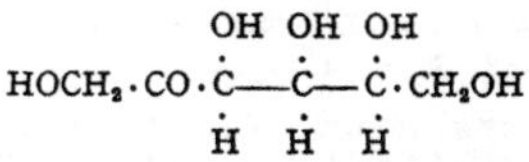

Charakteristik: Fbl. Sirup; durch Bierhefe nicht vergärbar. — *V.:* Im Rückstand vergorener Melasse, in einem purinhaltigen Antibioticum aus Streptomyces hygroscopicus var. decoyinine. — *p-Bromphenylosazon:* *F* 206. — *Osazon:* *F* 162—3 (Z.).

4/35 **DL-Xylo-3-hexulose**

MG 180.16 *F* 123—4 (Z.)

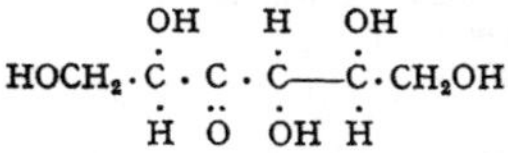

Charakteristik: Krist. (A.).

4/36 **D-Thioglucose (1-Thio-D-glucose, Glucothiose)**

MG 196.22 *F* 105 (Z.)

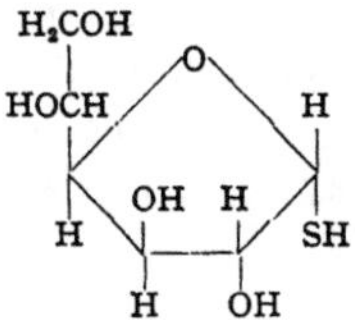

bzw.

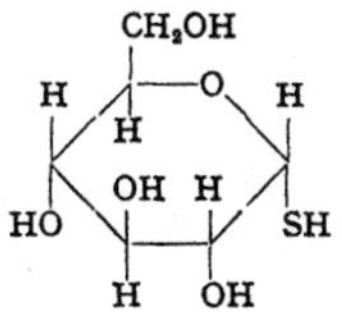

Charakteristik: Stark hygroskop. Pulver. — *V.:* Abbauprodukt des Sinigrins, Sinalbins, Merosinigrins u. a.

4/37 **6-Aldo-D-fructose**

MG 178.14 *F* 158

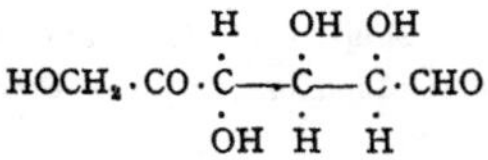

Charakteristik: Krist.; $[\alpha]_D^{20}$ −86.6° (W.; keine Mutarotation); wird nicht vergoren; reduziert Fehlingsche Lsg. stark; katalyt. Reduktion → D-Fructose. — *B.:* Durch Acetobacter suboxydans var. mucifrarum aus D-Fructose. — *Bis-phenylhydrazon:* *F* 123—4.

5. Aldo- und Ketoheptosen

5/1 **D-Manno-D-gala-heptose (D-Glycero-D-galaheptose, *α*-Mannoheptose)**

MG 210.18 *F* 134—5

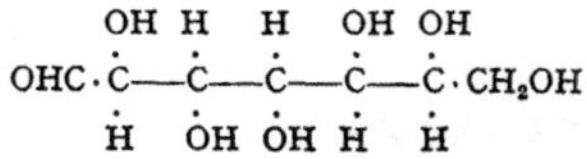

Charakteristik: Nadeln (A.); süß; sll. in W.; wl. in A., Red. → Perseit. — *V.:* In somatischen Bakterienantigenen (z. B. aus Shigella flexneri u. Chromobacterium violaceum (BN). — *Phenylosazon:* *F* 205—10. — *Phenylhydrazon:* *F* 197—200. — *4-Bromphenylhydrazon:* *F* 207—8,

5/2 **L-Gala-D-mannoheptose (Coliheptose, L-Glycero-D-mannoheptose)**
MG 210.18

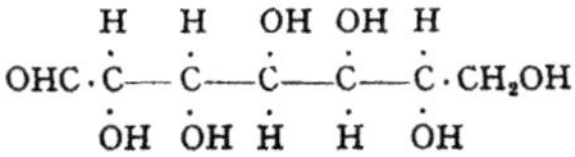

Charakteristik: Sirup. — *V.:* In einer Lipopolysaccharidkomponente der Zellmembran von E. Coli B. — *Äthylmercaptal: F* 180—196. — *Äthylmercaptalhexaacetat: F* 144—5.

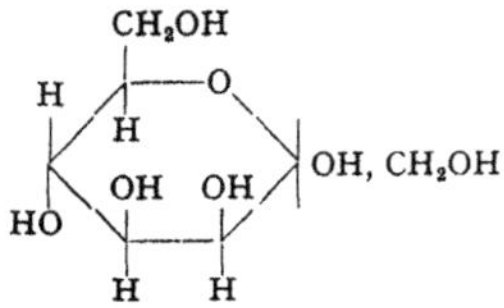

5/3 **D-Mannoheptulose (D-Mannoketoheptose, D-Manno-D-tagatoheptose, „Volemose")**
MG 210.18 *F* 152, 162

Charakteristik: Krist. (W. + A.); ll. in W.; wl. in A.; $+H^{\oplus} \rightarrow$ D-Mannoheptulosan (s. d.); durch Hefe nicht vergärbar; wird von Kaninchen im Stoffwechsel verwendet, von Ratten nicht. — *V.:* In Früchten von Persea gratissima, im Harn nach Genuß der Früchte. — *B.:* Durch Acetobacter suboxydans aus Volemit. — *Osazon: F* 199—200. — *p-Bromphenylhydrazon: F* 179.

5/4 **L-Perseulose (L-Gala-D-fructoheptose, L-Galaheptulose, L-Galacto-heptulose)**
MG 210.18 *F* ca. 110—5

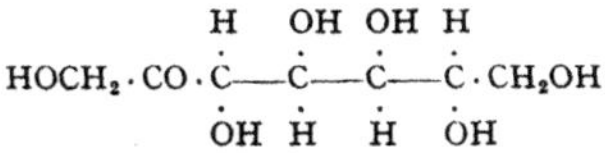

Charakteristik: Nadeln, (W.); swl. in k. A.; durch Hefe nicht vergärbar. — *V.:* Im Nährmedium von Acetobacter suboxydans bzw. Bact. xylinum (aus Perseit). — *B.:* In Blättern bei Impfung mit L-Sorbose.

5/5 **Sedoheptulose (D-Altroheptulose, Sedoheptose)**
MG 210.18

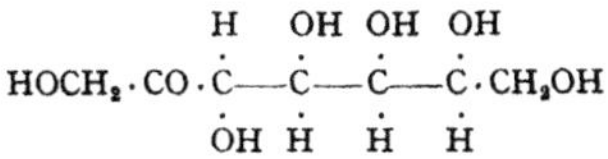

Charakteristik: Sirup; nicht vergärbar; $+H^{\oplus} \rightarrow$ Sedoheptulosan (s. d.). — *V.:* In Sedum spectabile. — *B.:* Durch Acetobacter suboxydans aus Volemit. — *Biol. Bed.:* Frühes Zwischenprodukt der Photosynthese. — *Osazon: F* 194—5.

5/6 **D-Idoheptulose**
MG 210.18

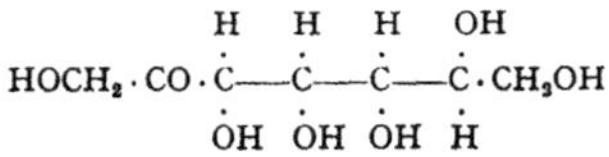

Charakteristik: Sirup; $+H^{\oplus} \rightarrow$ D-Idoheptulosan (s. d.). — *B.:* Durch Acetobacter suboxydans aus D-Gluco-D-idoheptit. — *Phenylosazon: F* 178—9.

5/7 **L-Guloheptulose**
MG 210.18

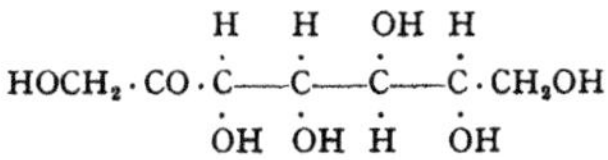

Charakteristik: Sirup. — *V.:* Im Nährmedium von Acetobacter suboxydans (aus β-Sedoheptit). $+H^{\oplus} \rightarrow$ L-Guloheptulosan (s. d.). — *Osazon: F* 197—200. — *Phenylosotriazol: F* 122—23.

5/8 **D-Taloheptulose**
MG 210.18 *F* 135—7

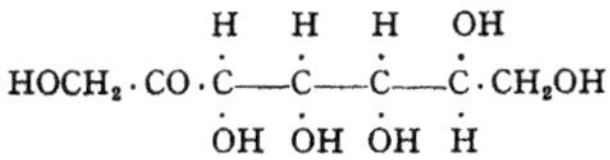

Charakteristik: Prismatische Stäbchen (90% A.); $[\alpha]_D^{20}$ 47,4° → + 12,9° (W.; *c* + 1,6; 2 Min. → 6 Std.). — *B.:* Durch Acetobacter suboxydans aus D-Glycero-D-altroheptit.

5/9 **L-Allo-heptulose**
MG 210.18 *F* 130.2

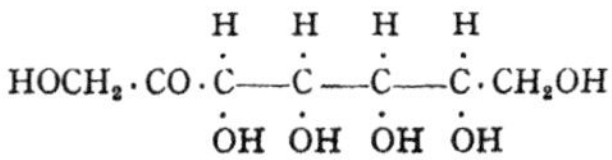

Charakteristik: Krist. (W.); $+H_2O$: *F* 74—6; $[\alpha]_D^{20}$ — 52,1° (W.; *c* = 1,5). — *B.:* Durch Acetobacter suboxydans aus Mesoglycero-allo-heptit.

6. Ketooktosen

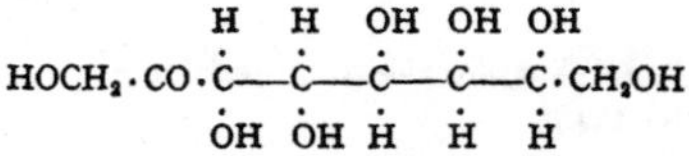

6/1 **D-Glycero-D-manno-octulose**
MG 240.21

Charakteristik: Sirup; $[\alpha]_D^{20}$ +20° (Me.). — *V.:* In der Californischen Avocadobirne. — *2,5-Dichlorphenylhydrazon:* *F* 169—70.

7. Ketononosen

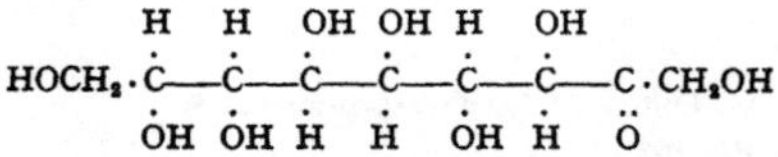

7/1 **D-Erythro-L-glucononulose (D-Arabino-L-sorbo-nonose)**
MG 270.23

Charakteristik: Amorph, schmeckt süß; l. in W., Me., Eg.; unl. in A., Ac.; $[\alpha]_D^{23}$ −47,2° (W.; *c* = 1,24); reduziert Benedicts Reagens in der Hitze, gibt positive Molisch-Reaktion u. negative Seliwanoff-Reaktion. — *V.:* In der Avocadobirne.

8. Anhydrozucker

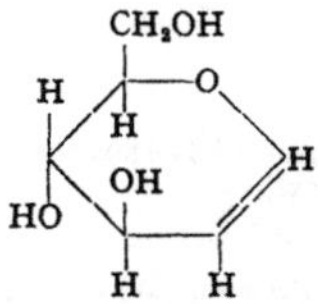

8/1 **D-Glucal (1,2-Glucosan)**
MG 162.14 *F* ca. 60

Charakteristik: Nadeln (Chloressigsäureäthylester); schmeckt schwach kühlend bitter; ll. in W., Me., A., Isoamylalkohol, Propanol, Acetaldehyd, Ac., h. Phenol, Essigsre. Py.; swl. in Ae., Chlf., Bzl., PAe., CCl_4, CS_2. — *Tetraacetat:* *F* 68.

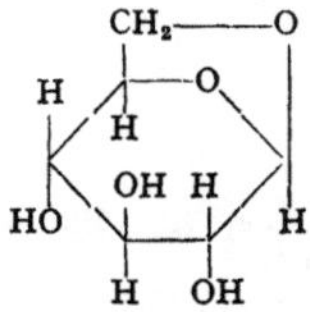

8/2 **1,6-Anhydro-β-D-glucopyranose („Lävoglucosan", β-Glucosan)**
MG 162.14 *F* 179.5—80

Charakteristik: Schmeckt bittersüß; ll. in W., A., Ac.; l. in Eg., Py.; swl. in Ae., Chlf., Amylalkohol, PAe., Bzl. — *V.:* Im Hydrolysat von Pyrodextrin, thermisches Abbauprodukt der Cellulose, Reversionsprod. der Glucose (Einwirkg. v. Sren.). — *Triacetat:* *F* 110. — *Tribenzoat:* *F* 199.5—200.

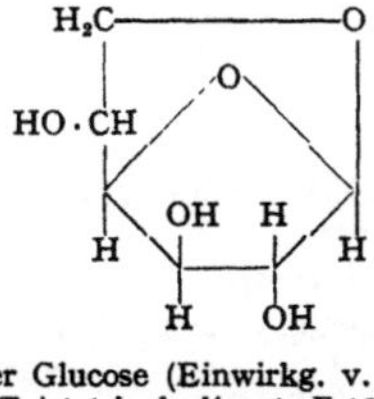

8/3 **1,6-Anhydro-β-D-glucofuranose (D-Glucosan-[1,4]-β-[1,6])**
MG 162.14 *F* 110.5—11.5

Charakteristik: Nadeln (A.). — *V.:* Reversionsprod. der Glucose (Einwirkg. v. Sren.). — *Triacetat:* *F* 82.5—3.5. — *Tri-p-nitrobenzoat:* *F* 231—2. — *Tri-p-toluolsulfonat:* *F* 127—8.

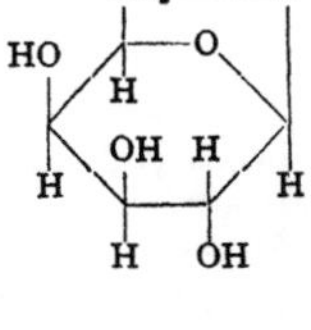

8/4 **1,6-Anhydro-D-galaktose (D-Galaktosan)**
MG 162.14 *F* 220—1

Charakteristik: Krist. (A.). — *Tribenzoat:* *F* 89—90.

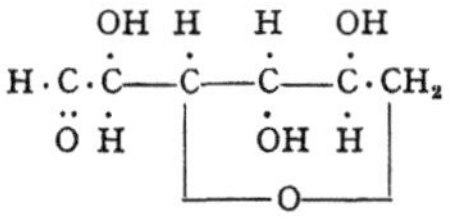

8/5 **3,6-Anhydro-aldehydo-D-galaktose**

MG 162.14

Charakteristik: Sirup; reduziert Fehlingsche Lsg. bei 25°. — *V.:* Als Pyranose-Baustein in Agar, Porphyran (nach Sulfatabspaltung), Carrageenin, Agarobiose, Neoagarobiose. — *Diäthylmercaptal: F* 112—3. — *Phenylosazon: F* 216—17. — *Methyl-3,6-anhydro-α-D-galaktopyranosid: F* 139—40.

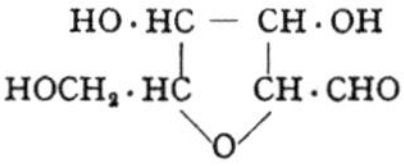

8/6 **Chitose (2,5-Anhydro-D-mannose)**

MG 162.14

Charakteristik: Flocken (A. + Ae.); unbest. an der Luft; Prod. der Einw. von HNO_2 auf Glucosamin-HCl.

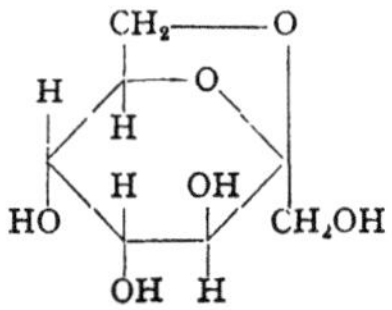

8/7 **Sedoheptulosan (2,7-Anhydro-β-D-altro-heptulopyranose)**

MG 192.17 *F* 155—6

Charakteristik: Prismen (Me.); l. in W., Me.; (90%ig. A.) + 1 H_2O: *F* 101—2. — *Tetrabenzoat: F* 166.

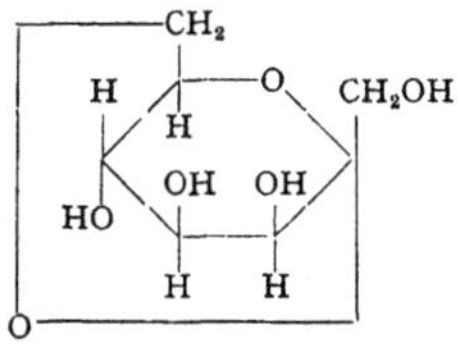

8/8 **L-Guloheptulosan (2,7-Anhydro-β-L-gulo-heptulopyranose)**

MG 192.17 *F* 113—5

Charakteristik: Prismen (Me. + Ac.); l. in W.; Säulen + $^1/_2 H_2O$ (W. + A.): *F* 82—5.

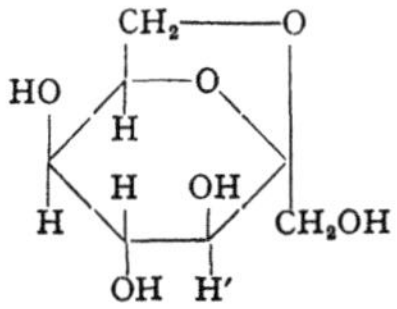

8/9 **D-Idoheptulosan (2,7-Anhydro-β-D-ido-heptulopyranose)**

MG 192.17 *F* 172—3

Charakteristik: Prismen. — *Tetra-p-toluolsulfonat: F* 96—100.

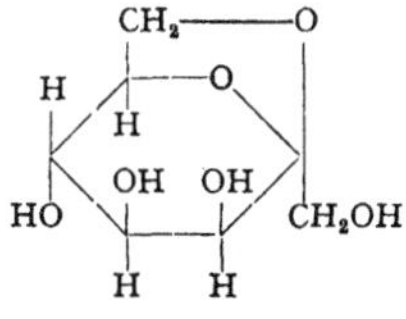

8/10 **D-Mannoheptulosan (2,7-Anhydro-β-D-mannoheptulopyranose)**

MG 192.17 *F* 159—60

Charakteristik: Prismen (A., W.); $[\alpha]_D^{20}$ —80.4° (W.; $c = 2$).

II. Oxydationsprodukte von Kohlenhydraten

1. Monocarbonsäuren und Derivate mit 5 C-Atomen in der Hauptkette

1/1 2-Keto-3-desoxy-D-arabonsäure
MG 148.12

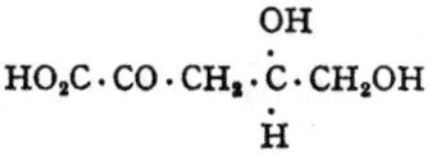

Charakterisiert als 2,4-Dinitrophenylhydrazon: *F* 163. — *B.*: Aus D-Arabinose durch Pseudomonas saccharophila. Das L-Isomere (L-2-Keto-4,5-dihydroxyvaleriansäure) ist Zwischenprod. bei der Oxydation von L-Arabinose zu α-Ketoglutarsäure durch Pseudomonas saccharophila.

1/2 D-Ribonsäure
MG 166.13 *F* 104

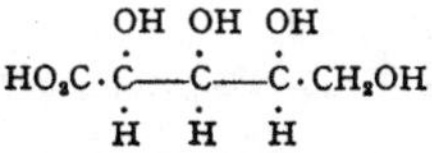

Charakteristik: Krist. (Essigester). — *Hydrazid: F* 150. — *Phenylhydrazid: F* 162. — *γ-Lacton: F* 80. — *Tetraacetat: F* 136—8.

1/3 L-Arabonsäure-γ-lacton ([α-β-Dioxy-γ-oxymethyl-butyrolacton], [α-β-δ-Trioxy-γ-valerolacton])
MG 148.11 *F* 98—101

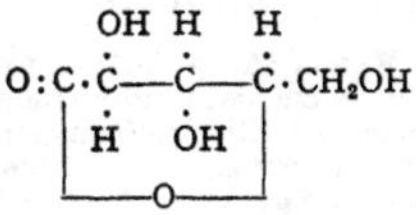

Charakteristik: Nadeln (Ac.). — *δ-Lacton: F* 118.

1/4 D-Xylonsäure
MG 166.13

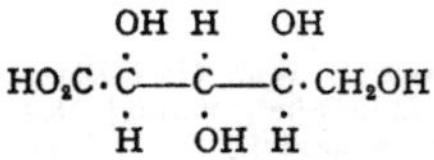

Charakteristik: Sirup (→ γ-Lacton). — *V.*: In Sulfitablaugen. — *Amid: F* 81—2. — *Benzimidazol: F* 141—3. — *Phenylhydrazid: F* 129. — *γ-Lacton:* 99—103. — *Cinchoninsalz: F* 180 (Z.). — *Brucinsalz: F* 172—4. — L-Xylonsäure: *B.*: Aus L-Ascorbinsäure durch Rattennierenhomogenat (Ascorbinsäureoxydase). — *Brucinsalz: F* 177—8.

1/5 D-Lyxonsäure
MG 166.13

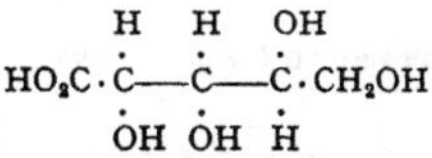

Charakteristik: Sirup; $[\alpha]_D^{20}$ + 7° → + 55°. — *Phenylhydrazid: F* 164 (142). — *γ-Lacton: F* 114. — *Chininsalz: F* 169. — *Brucinsalz: F* 174—6. — *L-Lyxonsäure: B.*: Aus L-Ascorbinsäure durch Rattennierenhomogenat (Ascorbinsäureoxydase). — *Lacton: F* 163.

2. Monocarbonsäuren und Derivate mit 6 C-Atomen in der Hauptkette

2/1 D-Glucomethylonsäure (Isorhodeonsäure, D-Isorhamnonsäure)
MG 180.16

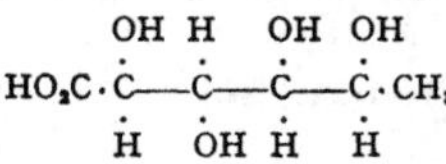

Charakteristik: Sirup; sll. in W. — *Brucinsalz: F* ca. 167. — *Lacton: F* 151—2.

2/2 L-Isorhamnonsäure-γ-lacton ([α-β-Dioxy-(α-oxäthyl)-butyrolacton], [α,β,δ-Trioxy-γ-caprolacton])
MG 162.14 *F* 152—4

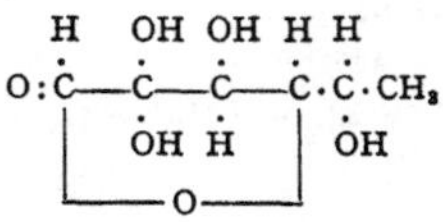

Charakteristik: Krist. (Ac.); sll. in W. (teilw. Hydrolyse); l. in Me.; unl. in Ae.

2/3 L-Rhamnonsäure („Isodulcitonsäure")
MG 180.16

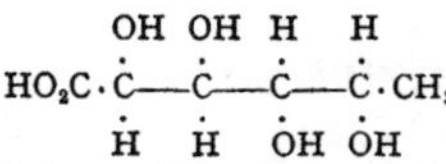

Charakteristik: Amorph, geht leicht in das Lacton über. — *Hydrazid: F* 155—6. — *Phenylhydrazid: F* 195—6.

2/4 L-Rhamnonsäure-γ-lacton ([α,β-Dioxy-γ-(α-oxyäthyl)-butyrolacton], [α,β,δ-Trioxy-γ-caprolacton])

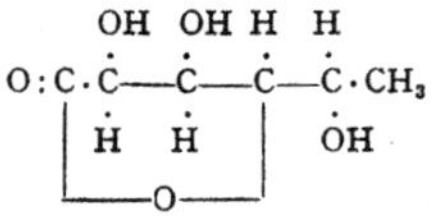

MG 162.14 *F* 150—1

Charakteristik: Nadeln (W.); ll. in W., A.; wl. in Ae.; 3,85 Ac. 20°. — *δ-Lacton: F* 172—81.

2/5 L-Fuconsäure-γ-lacton ([α,β-Dioxy-γ-(α-oxyäthyl)-butyrolacton], [α,β,δ-Trioxy-γ-caprolacton])

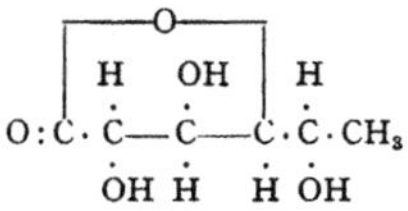

MG 162.14 *F* 106—7

Charakteristik: Krist. — *Phenylhydrazid: F* 203—4.

2/6 D-Gluconsäure („Dextronsäure", „Maltonsäure", „Glykogensäure", Glyconic acid, Maltonic acid)

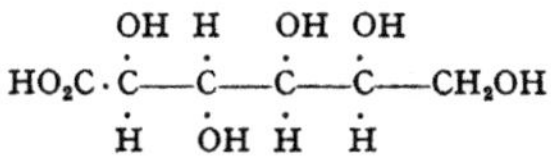

MG 196.16 *F* 131 (sintert 110—2)

Charakteristik: Nadeln (A. + Ae.); ll. in W.; wl. in A., Ae.; unl. in organ. Lsgm. — *B.:* Aus Glucose durch Pseudomonas u. Phytomonas, sowie durch zahlreiche Aspergillus-, Penicillium- u. Cytromyces-Arten bei Stickstoffmangel; aus Maltose durch Acetobacter melanogenum. — *Hydrazid: F* 142—4 (geringe Z.). — *Phenylhydrazid: F* 199—200. — *Amid: F* 143. — *Benzimidazol: F* 210. — *Ca-Salz:* Ca($C_6H_{11}O_7$)$_2$; *MG* 430.38; Nadeln (W.); 3,5 W. 25°; unl. in A., Ae., Me.; therapeutische Anwendg. bei Ca-Mangel.

2/7 D-Gluconsäure-γ-lacton ([α,β-Dioxy-γ-(α,β-dioxyäthyl)-butyrolacton], [α,β,δ,ε-Tetraoxy-γ-caprolacton])

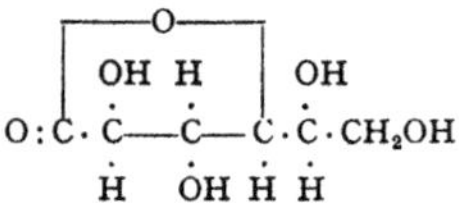

MG 178.14 *F* 134—6

Charakteristik: Nadeln (W.); ll. in h. A.; schmeckt süß. — δ-Lacton: *F* 153.

2/8 D-Mannonsäure (D-Mannonic acid)

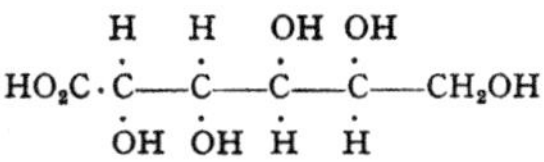

MG 196.16

Charakteristik: V.: In Sulfitablaugen. — *Amid: F* 176. — *Hydrazid: F* 161. — *Benzimidazol: F* 224. — *Phenylhydrazid: F* 214—6. — *γ-Lacton: F* 151—2. — *δ-Lacton: F* 162—3.

2/9 L-Gulonsäure-γ-lacton ([α,β,δ,ε-Tetraoxy-γ-caprolacton], [α,β-Dioxy-γ-(α,β-dioxyäthyl)-butyrolacton])

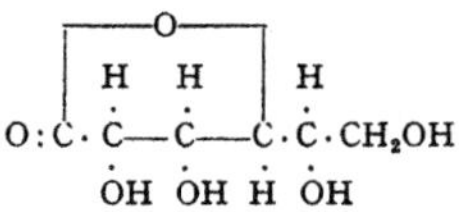

MG 178.14 *F* 182—5

Charakteristik: Prismen (W.); ll. in W.; swl. in k. A.; $[\alpha]_D$ + 56,1°. — *Phenylhydrazid: F* 147—9. — *Amid: F* 122.

2/10 D-Talonsäure

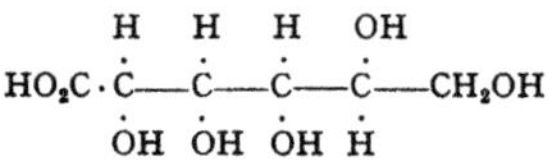

MG 196.16 *F* 138

Charakteristik: Krist.; + ½H_2O: *F* 125. — *γ-Lacton: F* 132—4. — *Phenylhydrazid: F* 159.

2/11 α-D-Isosaccharinsäure

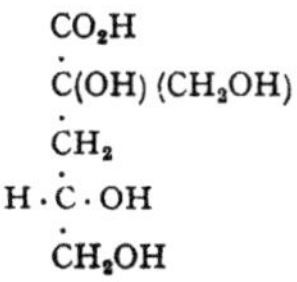

MG 180.16

Charakteristik: Brucinsalz: F 164. — *B.:* Produkt der alkal. Zers. von Kohlenhydraten. — *Amid: F* 86—9. — *Anilid: F* 169—71. — *Lacton: F* 95—6. — *Phenylhydrazid: F* 120—2. — *Chininsalz: F* 191—2.

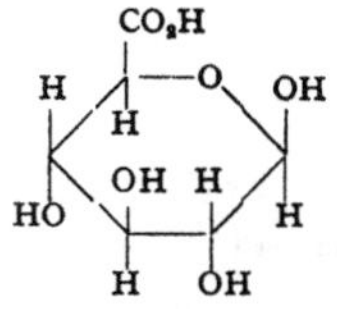

2/12 β-D-Glucuronsäure

MG 194.14 *F* 165 (155)

Charakteristik: Nadeln (A. oder Essigester); ll. in W., A.; + CuO → Cu; + sd. W. → Glucuronsäurelacton; durch Hefe nicht vergarbar. — *V.:* In Harn, Polysacchariden der Bindegewebe. Heparin, Chondroitinschwefelsäure, Hyaluronsäure, spezifischen Polysacchariden von Mikroorganismen u. Cytophagen; Gummi arabicum, Stroh, Saponinen, Glycosiden; in verschied. Hölzern als Monomethyläther. — *2,5-Dichlorphenylhydrazon:* *F* 168—9. — *p-Nitrophenylhydrazon:* *F* 225. — *Semicarbazon:* *F* 188.

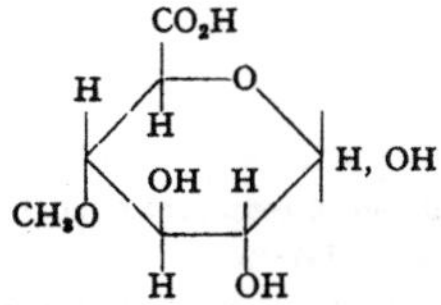

2/13 4-O-Methyl-D-glucuronsäure

MG 208.17

Charakteristik: Sirup. — *V.:* Baustein der Gummen aus Mesquite-, Myrrhen-, Espen- und Eukalyptusholz u. a. Pflanzengummen, in der Hemicellulose aus Asclepias syriaca, Stoffwechselprodukt in den Blattern rollkranker Reben. — *Amid:* *F* 236. — *Methyl-β-glucosid-amid:* *F* 232.

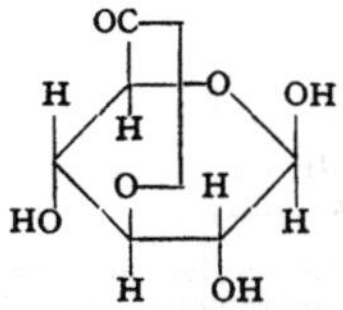

2/14 D-Glucuronsäurelacton (D-Glucuron)

MG 176.12 *F* 180 (Z.)

Charakteristik: Krist. (W.); ll. in W.; unl. in A.; schmeckt süß. — *Semicarbazon:* *F* 188. — *Phenylhydrazon:* *F* 160. — *Oxim:* *F* 150.

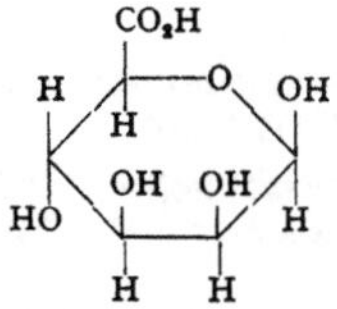

2/15 β-D-Mannuronsäure

MG 194.14 *F* 165—7

Charakteristik: Krist. + $^1/_2 H_2O$. — *V.:* Baustein der Alginsäuren. — *α-Methylmannuronosid:* *F* 108 (+ H_2O).

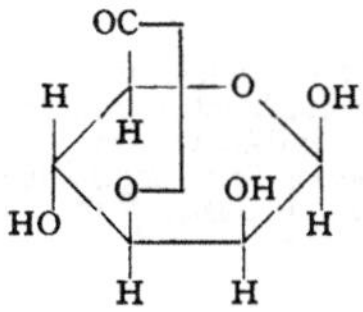

2/16 β-D-Mannuronsäurelacton (β-D-Mannuronolacton)

MG 176.12 *F* 143—4

Charakteristik: Krist. (A.); l. in W.

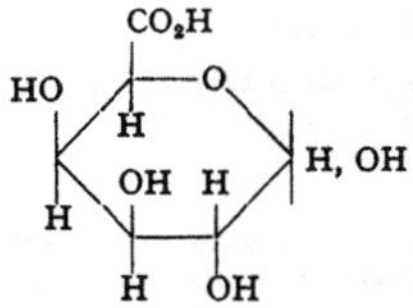

2/17 D-Galakturonsäure

MG 194.14 *F* 159—60 (Z.)

Charakteristik: Nadeln (α- + β-Form + 1 H_2O); l. in W., h. A.; unl. in Ac.; lactonisiert schwer, + α-Naphthol + H_2SO_4: blauviolett. — *V.:* In Pektinstoffen, in Pflanzenschleimen u. Pflanzengummen, in Pneumococcen, spezifischen Polysacchariden u. Limacortinsulfat. — *2,5-Dichlorphenylhydrazon:* *F* 180—81. — *p-Bromphenylhydrazon:* *F* 151. — *Phenylhydrazon:* *F* 180.

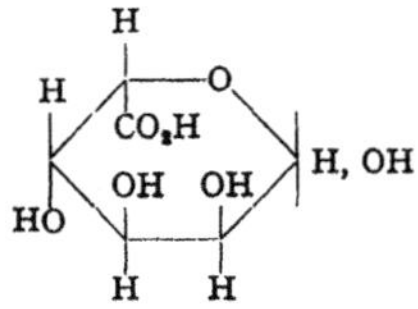

2/18 L-Guluronsäure
MG 194.14

Charakteristik: Sirup. — *V.:* Baustein der Alginsäuren. — *Phenylhydrazinsalz des Phenylhydrazons:* *F* 120—2.

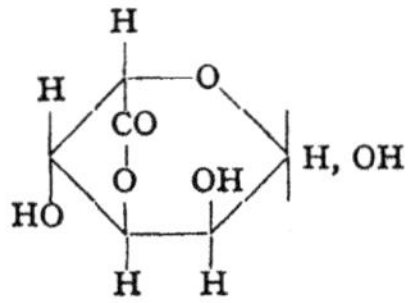

2/19 L-Guluron (L-Gulupyranurono-3,6-lacton)
MG 176.12 *F* 141—2

Charakteristik: Krist. (A.); $[\alpha]_D^{22}$ +81.7° (W; *c* = 2.25).

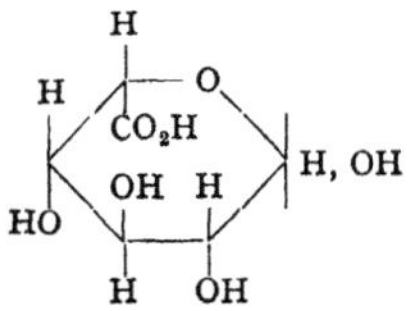

2/20 L-Iduronsäure
MG 194.14 *F* 131—2

Charakteristik: Krist. (Me., Essigester). — *V.:* Baustein des β-Heparins. — *2,3,4-Tri-O-acetyl-1,6-anhydro-L-idopyranose:* *F* 85.5—87.

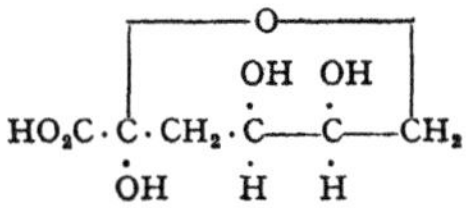

2/21 3-Desoxy-2-keto-D-gluconsäure
MG 178.15 *F* 119.5—20

Charakteristik: Krist.; $[\alpha]_D^{22}$ −45.2° (W.; *c* = 2.0). — *V.:* Zwischenprodukt des Stoffwechsels von Glucose u. Gluconsäure in Pseudomonas-Stämmen, sowie von Uronsäuren in Escherichia coli.

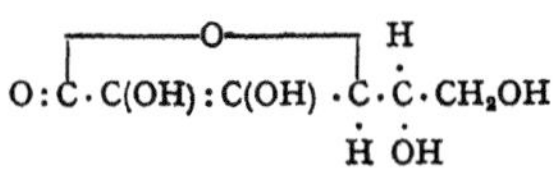

2/22 L-Ascorbinsäure (Vitamin C, Cevitamic acid, Antiscorbutin, L-Threooxytetronsäure, Hexuronsäure, L-Xyloascorbinsäure)
MG 176.12 *F* 192

Charakteristik: Kristallpulver (Dioxan); 33 W., 2 A., 1 Glycerin; unl. in Ae., PAe., Chlf., Bzl.; empfindlich gegen Licht, Luftsauerstoff i. d. Hitze; wird durch Cu und Ag zerstört; stark reduzierend; wirkt antiskorbutisch. — *V.:* Wahrscheinlich in allen höheren Pflanzen, besonders in Zitronen, Orangen, Tomaten, Hagebutten, Kartoffeln u. a. — *p-Nitrophenyl-di-hydrazon:* *F* 262. — *p-Bromphenyl-di-hydrazon:* *F* 170. — *Di-2,4-dinitrophenylhydrazon:* *F* 282.

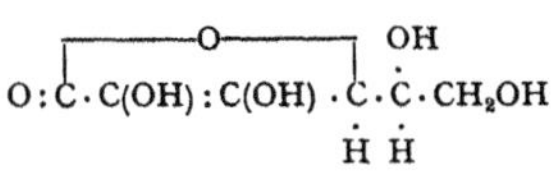

2/23 D-Araboascorbinsäure (D-Erythrooxytetronsäure)
MG 176.12 *F* 174

Charakteristik: Glänzende Körner (W.); $[\alpha]_D$ −17° (0.01 n HCl; *c* = 1.8). — *B.:* Von Penicillium notatum 1026 aus D-Glucose, D-Gluconat, D-Glucono-γ-lacton, D-Glucono-δ-lacton, Saccharose, Maltose, Starke.

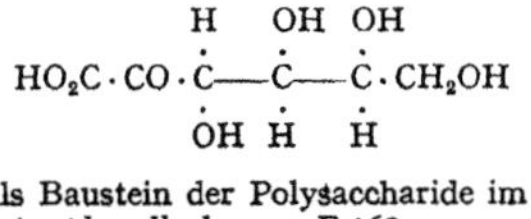

2/24 2-Keto-D-gluconsäure (D-Arabohexulonsäure, α-Ketogluconsäure, Fructuronsäure)
MG 194.14

Charakteristik: Freie Säure nicht bekannt. — *V.:* Als Baustein der Polysaccharide im Irischen Moos, in Rotalgen. — *Methylester:* *F* 173. — *Methylester-phenylhydrazon:* *F* 163.

2/25 **2-Keto-L-gulonsäure (α-Ketogulonsäure L-Xylo-2-ketohexonsäure, L-Xylohexulonsäure)**

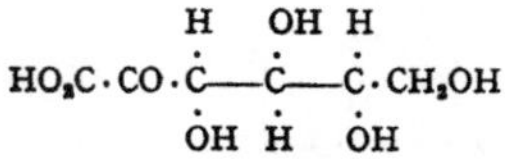

MG 194.14 *F* 171 (Z.)

Charakteristik: Krist.; + h. W. → L-Ascorbinsäure.

2/26 **D-Fructuronsäure (5-Keto-D-mannonsäure, 5-Keto-L-gulonsäure, D-Lyxo-5-hexulosonsäure)**

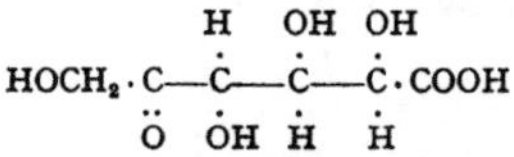

MG 194.14

Charakteristik: Sirup. — *B.:* Aus D-Glucuronsäure durch E. coli. — *Brucinsalz: F* 195—7.

2/27 **D-Tagaturonsäure (5-Keto-D-altronsäure, 5-Keto-L-galaktonsäure, D-Arabino-5-hexulosonsäure)**

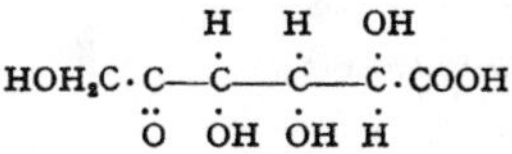

MG 194.14 *F* 108 (Z., sintert b. 107°)

Charakteristik: Nadeln (A. + Ae.); sll. in W., Me.; ll. in A.; l. in Ac., Dioxan; swl. in Essigester. — $[\alpha]_D^{21}$ −14.5° → −9.8° (Enddrehung nach 10 Min., W.; *c* = 2.3), reduziert Fehlingsche Lsg. — + α-Naphthol + konz. H_2SO_4 → kirschrote Färbung; durch Hefe nicht vergarbar. — *B.:* Aus D-Galacturonsaure durch E. coli. — *Brucinsalz: F* 149 (Z., sintert b. 107°).

2/28 **5-Keto-D-gluconsäure (L-Sorbo-6-uronsäure)**

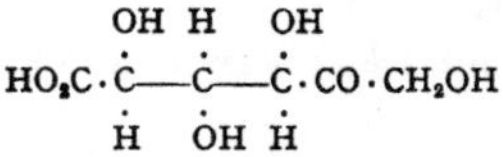

MG 194.14

Charakteristik: Brucinsalz: F 174—5. — *B.:* Aus D-Glucose durch bakterielle Oxydation.

2/29 **Dehydroascorbinsäure (2,3-Diketo-L-threohexonsäure-γ-lacton)**

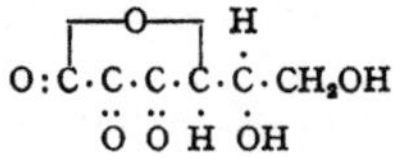

MG 174.11 *F* 225 (Z.)

Charakteristik: Krist. (A.). — *V.:* Begleiter der Ascorbinsäure in Pflanzen. — *2,4-Dinitrophenylhydrazon: F* 282 (Z.). — *Diacetat: F* 246—7.

3. Dicarbonsäuren und Derivate mit 5C-Atomen in der Hauptkette

3/1 **D-Arabo-trihydroxyglutarsäure (D-Arabic acid, Arabinsäure)**

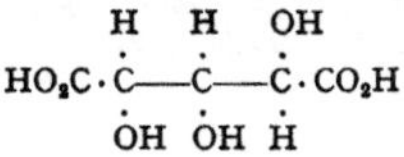

MG 180.11 *F* 128

Charakteristik: Krist. (Ac.); sll. in W.; ll. in A. u. h. Ac.; $[\alpha]_D^{20}$ +22.2° (W.; *c* = 4).

3/2 **Xylotrihydroxyglutarsäure (Xylaric acid)**

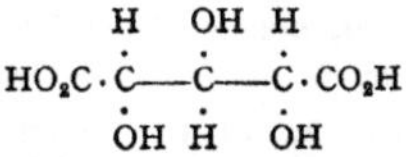

MG 180.11 *F* 152

Charakteristik: Platten (W.). — *Phenyl-di-hydrazid: F* 210.

3/3 **Ribotrihydroxyglutarsäurelacton**

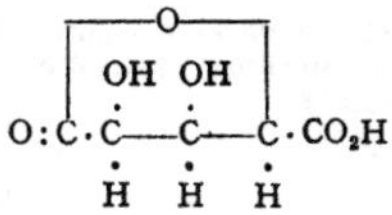

MG 162.10 *F* 184—5 (170—1)

Charakteristik: Krist. (Essigester); $[\alpha]_D$ +12° (W.; *c* = 4.8).

4. Dicarbonsäuren und Derivate mit 6C-Atomen in der Hauptkette

4/1 **D-Zuckersäure (2,3,4,5-Tetrahydroxyhexandisäure, Gluco-saccharic acid, D-Saccharic acid, L-Gularic acid, D-Glucaric acid)**

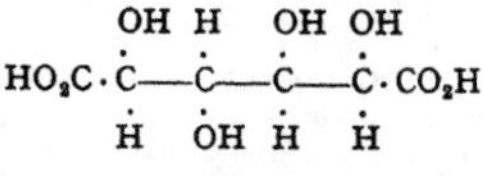

MG 210.14 *F* 125—6

Charakteristik: Nadeln (A.); ll. in W., A.; wl. in Ae. — *V.:* Als Mg-Salz im Milchsaft von Ficus elastica. — *B.:* Aus D-Glucose durch Aspergillus niger. — *Monoamid: F* 135. — *Benzimidazol: F* 243. — *Phenyldihydrazid: F* 210. — *Diamid: F* 172. — *Diphenylhydrazid: F* 210.

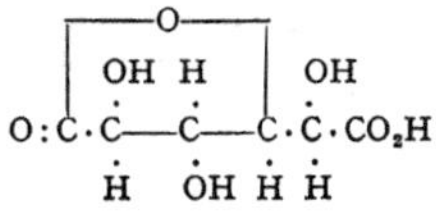

4/2 **D-Zuckersäure-1,4-lacton**
MG 192.12 *F* 133
Charakteristik: Krist. (Ac.); $+1H_2O$: *F* 98.

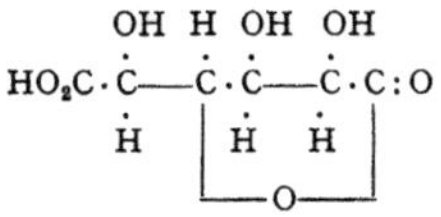

4/3 **D-Zuckersäure-3,6-lacton**
MG 192.12 *F* 149
Charakteristik: Krist. (Ac. + PAe.).

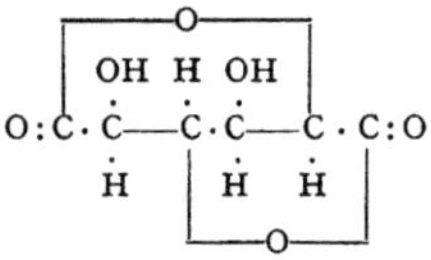

4/4 **D-Zuckersäure-3,6-1,5-dilacton**
MG 174.11 *F* 134—5
Charakteristik: Prismatische Nadeln (A.); reduziert Fehlingsche Lsg.

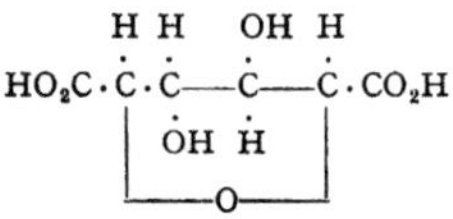

4/5 **α,α′-Anhydro-D-zuckersäure**
MG 192.12 *F* 163
Charakteristik: Platten (Ac.) $+1H_2O$; wl. in Ae., Amylalkohol; $[\alpha]_D^{20}$ +39.7° (W.; *c* = 8).

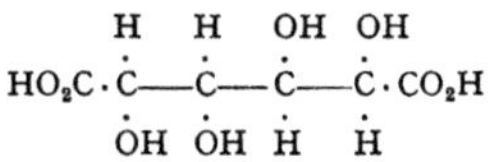

4/6 **D-Mannozuckersäure (Mannaric acid)**
MG 210.14 *F* 128
Charakteristik: ll. in W.. — *Diamid:* *F* ca. 189. — *Benzimidazol:* *F* 250. — *Monophenylhydrazid.* *F* 128. — *Phenyl-di-hydrazid:* *F* 212.

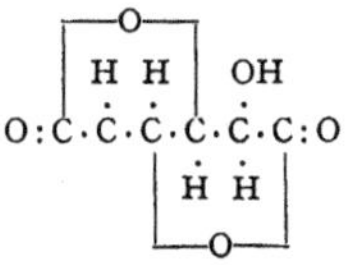

4/7 **D-Mannozuckersäure-1,4-3,6-dilacton**
MG 174.11 *F* 189
Charakteristik: Nadeln (A.); sll. in h. W.; wl. in k. W.; $[\alpha]_D^{23}$ +201.8° (W.; *c* = 4); reduziert Fehlingsche Lsg. — *Phenylhydrazid:* *F* 190—2.

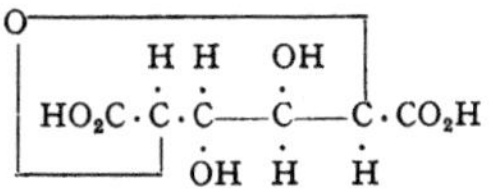

4/8 **2,5-Anhydro-D-manno-zuckersäure („Isozuckersäure“,3,4-Dihydroxytetrahydrofurandicarbonsäure-(2,5))**
MG 192.12 *F* 185
Charakteristik: Rhomben; ll. in W., A.; wl. in Ae.

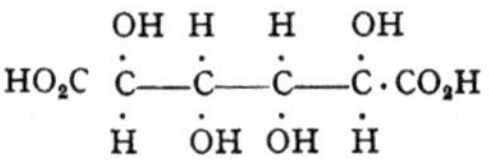

4/9 **Schleimsäure (2,3,4,5-Tetrahydroxyhexandisäure, Galactosaccharic acid, Acidum mucicum, Mucic acid, Mucinsäure, Galactaric acid)**
MG 210.14 *F* 213—4[1] *Kp* 255
Charakteristik: Prismen; 0.33 W. 14°, 167 W. 100°; unl. in A. — *V.:* In Fruchten, in Meeresalgen, z. B. Alaria crassifolia u. Undaria distans. — *Benzimidazol:* *F* 298. — *Monoamid:* *F* 192. — *Diamid:* *F* 220. — *p-Phenylphenacylester:* *F* 149.5 (Z.). — *Phenylhydrazid:* *F* 194—5. — *Phenyl-di-hydrazid:* *F* 240.

[1] Bei längerem Aufbewahren steigt *F* auf 213—7 (Z.).

4/10 Alloschleimsäure (Allaric acid, Allomucic acid)

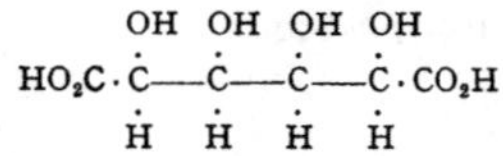

MG 210.14 *F* 188 (Z.)

Charakteristik: Nadeln (W.); etwa 10 W. 100°; swl. in A. — *Monoamid: F* 175—5.5.

4/11 D-Taloschleimsäure (D-Altroschleimsäure, D-Altaric acid, D-Talaric acid, D-Talomucic acid)

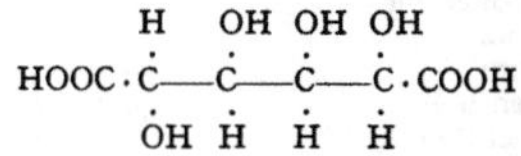

MG 210.14 *F* 158 (Z.)

Charakteristik: Blättchen (Ac.); sll. in k. W., h. A.; wl. in Ac.; swl. in Ae., Chlf., Bzl. — *Phenyl-di-hydrazid: F* 185—90.

Aus dem Harn isolierte Glucuronide

Phenole:

Phenol
p-Acetamidophenol
p-Acetamidomethylphenol
Brenzkatechin
Resorcin
Hydrochinon
p-Hydroxybenzaldehyd
o-, m- u. p-Aminophenol
Hydroxyazobenzol
o-, m- u. p-Bromphenol
o-, m- u. p-Hydroxybenzamid
p-Hydroxybenzoesaure (als Diglucuronid)
o-, m- u. p-Chlorphenol
o-, m- u. p-Cyanphenol
p-Äthoxyphenol
p-Methylaminophenol
o- u. p-Fluorphenol
o- u. p-Jodphenol
o-, m- u. p-Methoxyphenol
o-, m- u. p-Kresol
o-, m- u. p-Nitrophenol
o- u. p-Hydroxydiphenyl
p-Hydroxydiphenyläther
N,N-Dimethyl-p-hydroxybenzolsulfonamid
p-Ureidophenol
Thyroxin
Thyroxinhydantoin
3-Amino-4-hydroxybenzolsulfonamid
5-Amino-2-hydroxybenzolsulfonamid
4-Chlorbrenzkatechin
4-Chlorresorcin
Chlorchinol
2,3-, 2,4-, 2,5-, 2,6-, 3,4- u. 3,5-Dimethylphenol
2,4-Dinitrophenol
3,4-Dihydroxybenzaldehyd
3,4-Dihydroxyacetophenon
Phloroglucin
Orcin
Benzolazoresorcin
Vanillin
Vanillinsäure
Vanillinsäuremethylester
L-Adrenalin
D-Adrenalin
3-Chlor-4-methoxyphenol
4-Chlor-2-methoxyphenol
4-Chlor-3-methoxyphenol
Thymol
Phloretin
Phloricidin
2,6-Dichlorthymol
Syringasaure
N-Acetyl-6-amino-4-nitro-p-kresol
Diathylstilböstrol
Hexöstrol
Dienöstrol
Hydroxypyridin
α- u. β-Naphthol
2- u. 8-Hydroxychinolin
Indoxyl
Euxanthon
2-(3-Hydroxyphenyl)-benzoxazol
Hydroxybenzoxazol
Hydroxyantipyrin
2-Hydroxyfluoren
3-Hydroxycumarin
Phenolphthalein
Hydroxysulfapyridin
3,7-Phenothiazindiol
Protokatechualdehyd, Protokatechusäure
Salicylamid
Trijodthyronin
Umbelliferon

Aliphatische und araliphatische Alkohole:

Viele aliphatische Alkohole, z. B. Äthanol, tert. Butanol
Propylenglykol
2,3-Butandiol
Pinakon
2,2,2-Trichlorathanol
2,2,2-Tribromathanol
Dichlorisopropylalkohol
2,2,3-Trichlorisobutylalkohol
α-Methylbenzylalkohol
α-Äthylbenzylalkohol
α-Phenylbenzylalkohol
α,α-Dimethylbenzylalkohol
o-Nitrobenzylalkohol
o-Amino-α-methylbenzylalkohol
Chloramphenicol

Carbonsäuren:

Benzoesaure
Anthranilsaure
p-Aminobenzoesaure
p-Methylaminobenzoesäure
p-Dimethylaminobenzoesäure
p-Methoxybenzoesäure
3,4-Dimethoxybenzoesaure
Diphenylessigsaure
α-Äthylbuttersäure
2-Äthylhexansäure
Gallussäure
Phenylessigsäure

Hydroaromatische Alkohole:

1,2-Dihydroxy-1,2-dihydroanthracen
1,2-Dihydroxy-1,2-dihydronaphthalin
Pregnan-3(α)-20-diol
Pregnan-3(α)-ol-20-on

Pregnan-3(α)-17-diol-20-on
Östriol
D-Borneol
L-Borneol
DL-Borneol
DL-Isoborneol
1,8-Menthandiol
D-Menthol
L-Menthol
D-Isomenthol
D-Neomenthol
Thujylalkohol
4-Hydroxycaron
Dihydroxycarveol
Camphenilol
Camphenglykol
5-Hydroxycampher
L-Fenchylalkohol
L-Isofenchylalkohol
Hydroxycineol
p-Menthanol
3,8-p-Menthandiol
2,4-p-Menthandiol
4-p-Menthanol-2-on
D-5-Hydroxycampher
3-Hydroxycampher
2-Hydroxyepicampher
Sabinol
α-Santenol
β-Santenol
α-Santenonal
Tetrahydronaphthol
Cyclohexanol

Verschiedene Verbindungsgruppen:

Chloralhydrat
Bromalhydrat
Morphin
Acetanilid
Anilin
Phenetedin
Halogenbenzole
Antipyrin
Bilirubin
Chinolon
Pyramidon
Acetoin
Acetophenon
Campher
17-Ketosteroide
Progesteron
Methyläthylketon
Azobenzol
Nitrobenzol

III. Cyclite

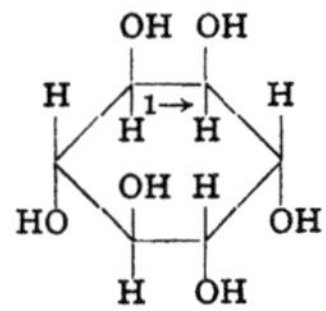

III/1 D-Inosit (β-Inosit, Matezodambose)

MG 180.15 *F* 247–8

Charakteristik: Krist. (wss. A.); etwa 40 W. 13°, wl. in A.; unl. in Ae. — *V.:* Im Kernholz der Californischen Zuckerkiefer (Pinus lambertiana Dougl.). — ***Hexabenzoat:*** *F* 253.

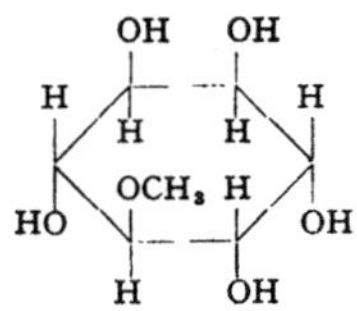

III/2 Pinit (D-Inosit-monomethyläther, (+)-Pinitol, 3(5)-O-Methyl-D-inosit, Sennit, Matezit)

MG 194.18 *D* 1.52 *F* 186 *Kp* subl. oberhalb 200

Charakteristik: Süß schmeckende Prismen (A.); sll. in W.; wl. in sd. A.; unl. in Chlf. — *V.:* In zahlreichen Pflanzen, bes. in Coniferen. — ***Pentaacetat:*** *F* 98.

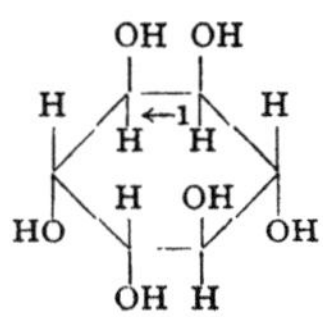

III/3 L-Inosit

MG 180.15 *F* 247

Charakteristik: Nadeln (W.), Platten (A.). — *V.:* Im Latex aus Hevea brasiliensis u. a. Pflanzen.

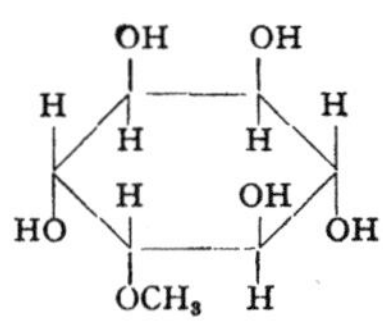

III/4 Quebrachit ((–)-Quebrachitol (engl.), 2-O-Methyl-L-inosit, L-Inosit-monomethyläther)

MG 194.18 *D* 1.54 *F* 190–2

Charakteristik: Prismen (60%ig. A.); 59 W. 10°; l. in sd. A.; unl. in Ae. — *V.:* In Hevea brasiliensis, Quebrachorinde u. a. Pflanzen. — ***Pentaacetat:*** *F* 91.

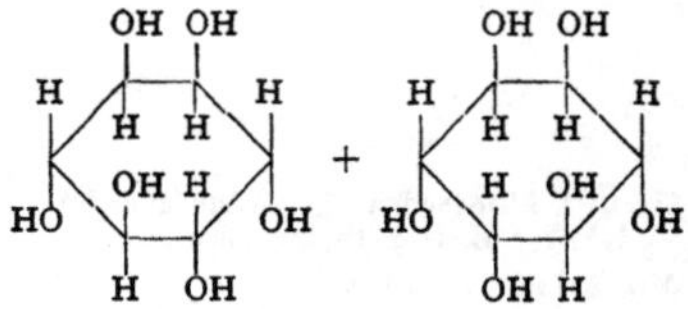

III/5 DL-Inosit

MG 180.15 *F* 253

Charakteristik: Krist. (W.). — *V.:* In den Beeren der Mistel. — *Hexaacetat: F* 112. — *Hexabenzoat: F* 217.

III/6 myo-Inosit (1,2,3,4,5,6-Cyclohexanhexol, 1,2,3,5-Inosit, Inosit, Bios. I, meso-Inosit, i-Inositol, Dambose, Phaseomannit, Nucit)

MG 180.15 D^{15} 1.752, $+2H_2O$ D_4^{15} 1.524 *F* 225—7 Kp_{15} 319

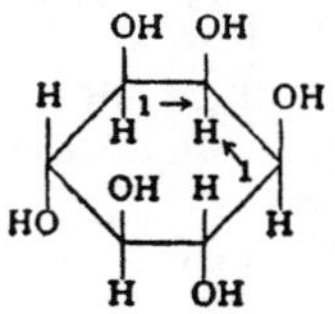

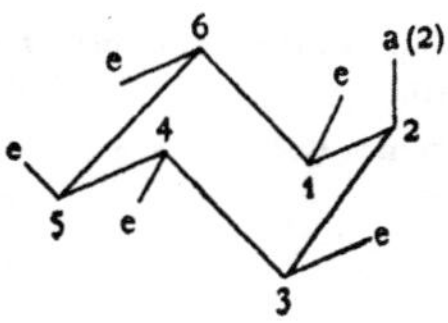

Charakteristik: Monokline Krist. $+2H_2O$ (W. + A. unterhalb 50°); 10 W. 12°, 0.04 sd. A., 0.089 sd. Me., 0.53 sd. Essigsre. — *V.:* Im Pflanzen- und Tierreich sowie in Mikroorganismen, weit verbreitet; im Harn bei Inositurie, liegt in den Pflanzen meist als Phytin (s. d.) vor. — *Biol. Bed.:* Vitamin B-Faktor. — *Hexaacetat: F* 212 (subl.), 216—17. — *Hexabenzoat: F* 258. — *Hexa-p-nitrobenzoat: F* 310—15.

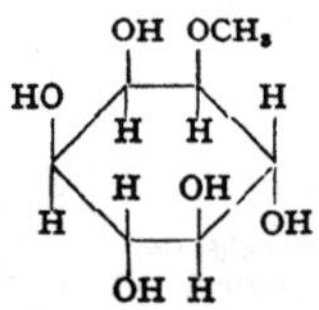

III/7 L-Bornesit ((—)-Bornesitol (engl.), 1-O-Methyl-myoinosit, Monomethyl-mesoinosit)

MG 194.18 *F* 199—203 *Kp* subl. 205

Charakteristik: Prismen; ll. in W.; wl. in A. — *V.:* In Wildkautschukpflanzen, in Opepe-Holz Sarcocephalus diderichii). — *Pentaacetat: F* 141, 154.

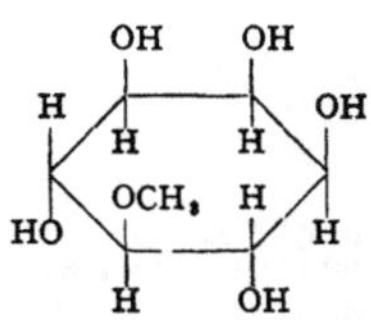

III/8 Sequoyit (5-O-Methyl-myo-inosit, Mesoinosit-monomethyläther)

MG 194.18 *F* 234—5

Charakteristik: Prismen (W. + A.); schmeckt suß; ll. in W.; wl. in h. A.; unl. in Ae., Bzl., CCl_4. — *V.:* Im Kernholz von Sequoia sempervirens, im Pollen von Pinus montana.

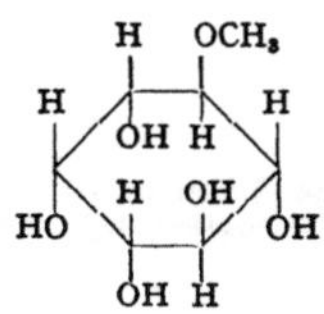

III/9 D-Ononit ((+)-Ononitol, 4-O-Methyl-myo-inosit)

MG 194.18 *F* 172 (subl.)

Charakteristik: Glänzende Prismen; schwach süß; l. in W.; wl. in k. A.; unl. in Ae., Bzl., Chlf.; $[\alpha]_D$ +6.6° (W.; *c* = 2). — *V.:* In Ononis natrix L. u. a. Pflanzen. — *Pentaacetat: F* 122, 131.

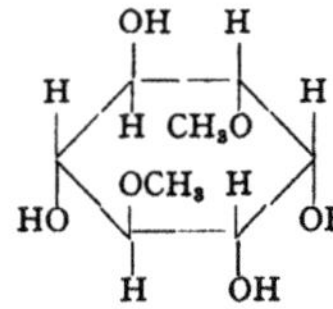

III/10 **L-Liriodendrit ((−)-Liriodendritol, (1,5)-1,4-Di-O-methylmyoinosit)**

MG 208.20 *F* 224 (subl.)

Charakteristik: Prismen (A.); süß; l. in W.; wl. in k. A.; unl. in Ae., Bzl., Chlf.; $[\alpha]_D$ −25° (W.; $c = 2$). — *V.:* In den Blattern von Liliodendron. — *Tetraacetat: F* 139.

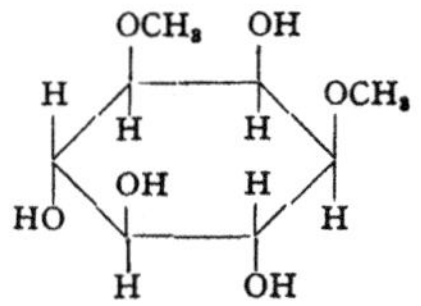

III/11 **Dambonit (1,3-Di-O-methylmyoinosit)**

MG 208.20 *F* 210

Charakteristik: Prismen (95% A.), suß. — *V.:* In Gabon Latex u. a. Naturkautschukarten. — *Tetraacetat: F* 195.

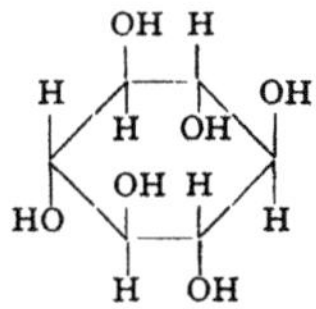

III/12 **Scyllit (scyllo-Inositol (engl.) Cocosit, Quercin)**

MG 180.15 D^{19} 1.659 *F* 353 (Z.)

Charakteristik: Krist.; 1.02 W. 18°; swl. in k. A.; unl. in Ae. — *V.:* In einigen Pflanzen, z. B. Eicheln, u. Seetieren, z. B. Hai, Rochen; im menschlichen Urin. — *Hexaacetat: F* 301.

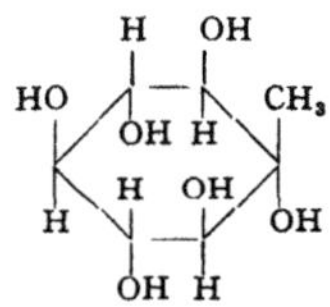

III/13 **Mytilit (1-Methyl-cyclohexanol-(1,2,3,4,5,6), C-Methyl-scyllo-inosit, Mytilitol)**

MG 194.18 *F* 268

Charakteristik: Krist.; ll. in h. W.; unl. in organ. Lsgm. — *V.:* In Schließmuskeln der Miesmuschel und in Cionia intestinalis.

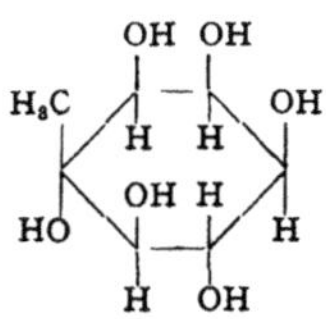

III/14 **Laminit (4-C-Methyl-myo-inosit, C-Methyl-6-ms-inositol (engl.), Laminitol)**

MG 194.18 *F* 266−269 (Z.)

Charakteristik: Krist. +2H_2O; $[\alpha]_D$ −3°. — *V.:* In der Alge Laminaria cloustoni u. a. — *Hexaacetat: F* 151−2. — (±)-*Laminit: F* 248.5.

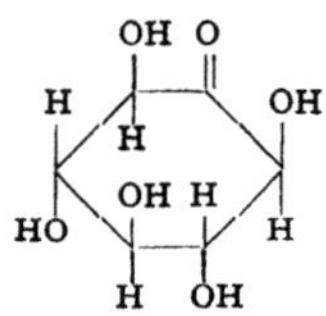

III/15 **Scyllo-meso-Inosose (2-Keto-myo-inositol, Bioinosose, myo-Inosose-(2))**

MG 178.14 *F* 200 (Z.)

Charakteristik: Krist.; wl. in W.; unl. in A., Ae. — *B.:* Aus myo-Inosit durch Enzyme von Acetobacter suboxydans. — *Pentaacetat: F* 147 u. 211. — *Pentabenzoat: F* 188 u. 286. — *Phenylhydrazon: F* 184 (Z.).

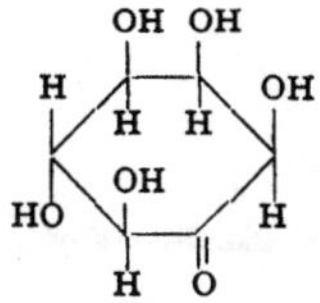

III/16 DL-epi-meso-Inosose (DL-epi-Inosose-(2))

MG 178.14 *F* 198—200

Charakteristik: Krist.; 12.5 sd. W., 0.8 W. 10°; wl. in Essigsre.; unl. in A., Ae., Ac., Py. — *Pentaacetat: F* 106—8. — *2,4-Dinitrophenylhydrazon: F* 270. — *Phenylhydrazon: F* 185—94, 220—2 (Z.). — *Pentabenzoat: F* 144.

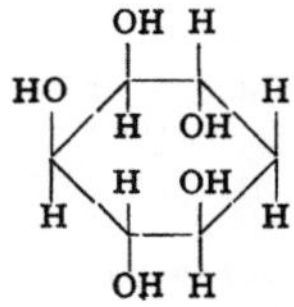

III/17 D-Quercit (rechtsdrehendes Cyclopentanol-(1,2,3,4,5), Dextro-quercitol (engl.), (+)-proto-Quercitol, 1-Desoxy-muco-inositol, Eichelzucker)

MG 164.15 D^{18} 1.5845 *F* 235—7

Charakteristik: Prismen (W.); l. in W.; wl. in h. A.; swl. in k. A.; unl. in Ae. — *V.:* In Eicheln, Eichenrinde u. a. Pflanzen. — *Pentabenzoat: F* 155.

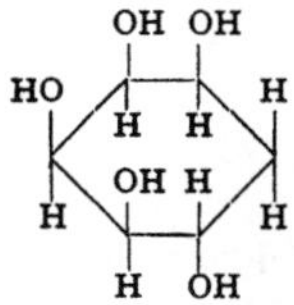

III/18 allo-Quercit (DL-$\frac{1234}{5}$-Quercit(ol), 1,2,3,4,5-Cyclohexapentanol)

MG 164.15 *F* 261—2 (Z.)

Charakteristik: (Krist. A.).

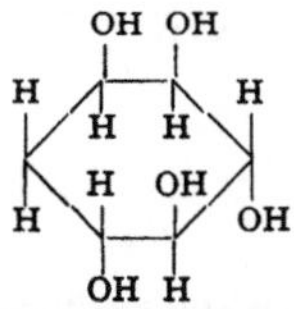

III/19 L-Viburnit (D-1-Desoxy-myo-inosit, L-Viburnitol, L-Quercit, Vibo-Quercitol (engl.))

MG 164.15 *F* 180—81

Charakteristik: Nadeln (A.). — *V.:* In Blättern der Wolfsmilch, in Viburnum Sinus L. — *Pentaacetat: F* 124—5. — *Pentabenzoat: F* 158.5.

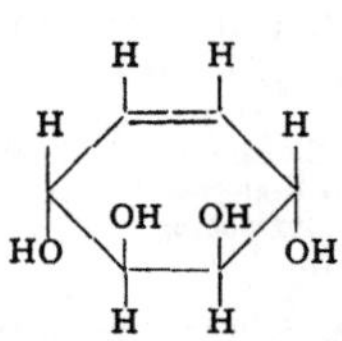

III/20 Condurit

MG 146.14 *F* 142—3

Charakteristik: Prismen (h. A.); süß; ll. in W.; l. in Ac.; wl. in A. — *V.:* In der Rinde des Condurangobaumes.

IV. Disaccharide

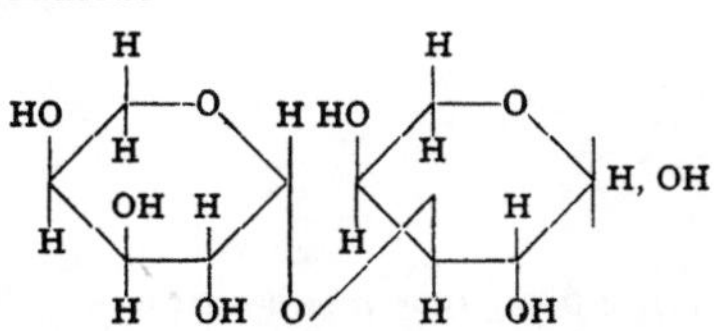

IV/1 3-O-β-L-Arabopyranosyl-L-arabinose

MG 282.24

Charakteristik: $[\alpha]_D$ +220° (W.; $c = 3.4$); + Anisidinhydrochlorid → carminrote Farbg. — *V.:* Als Baugruppe im Lärchen-ε-galaktan, in Gummi-arabicum, im Pfirsichgummi u. a. Gummen, Reversionsprodukt der L-Arabinose in saurer Lsg. — *Osazon: F* 235 (240).

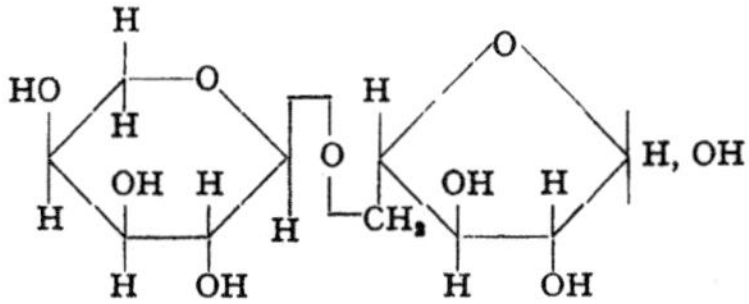

IV/2 5-O α-L-Arabopyranosyl-L-arabofuranose
MG 282.24

Charakteristik: Amorph $[\alpha]_D^{20}$ −14° (W.; *c* = 1.5). — *V.:* In Partialhydrolysaten der Gummen aus der Rinde von Virgilia oroboides u. V. divaricata Adamson. — *Phenylosazon: F* 198—200.

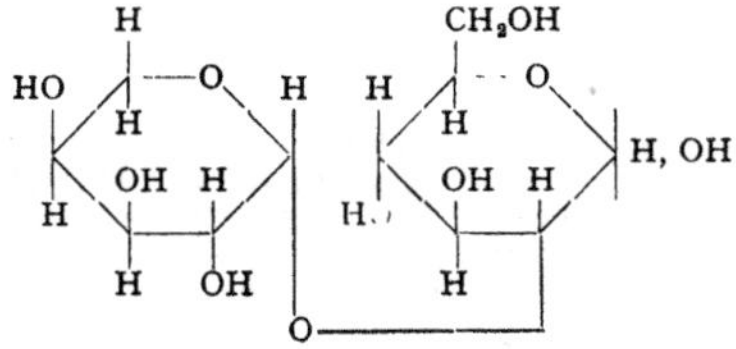

IV/3 2-[β-L-Arabinosido]-D-glucose
MG 312.27 *F* 210—20

Charakteristik: Drusenförmig angeordnete Nadeln; $[\alpha]_D^{24}$ +165° → 151° (W.).

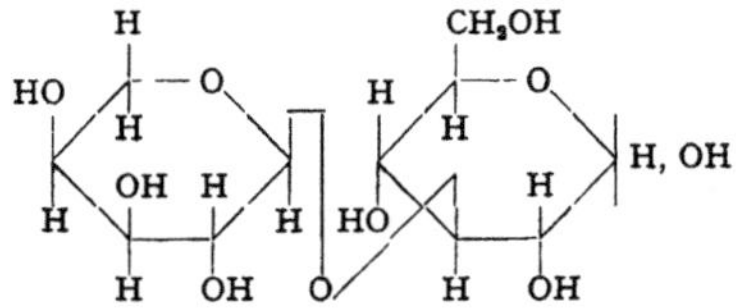

IV/4 3-[α-L-Arabinosido]-D-glucose
MG 312.27 *F* 176.5—8.5

Charakteristik: Prismen (Eg.); $[\alpha]_D^{25}$ +85° → 54.4° (W.; *c* = 1.95). — *B.:* Durch β-Galaktosidase aus Escherichia coli, aus D-Glucose u. o-Nitrophenyl-α-L-arabinosid.

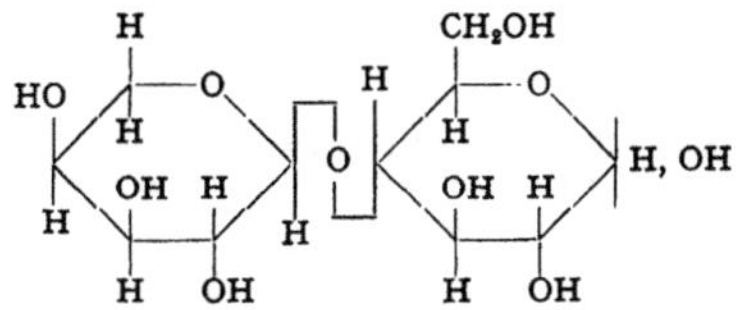

IV/5 4-[α-L-Arabinosido]-D-glucopyranose
MG 312.27

Charakteristik: Amorph; $[\alpha]_D^{20}$ +41.9° (W.; *c* = 0.9). — *B.:* Durch β-Galaktosidase aus Escherichia coli, aus D-Glucose u. o-Nitrophenyl-α-L-arabinosid. — *Azobenzolsulfonylhydrazon: F* 170—2.

IV/6 Vicianose (6-D-Glucose-α-L-arabinosid, 6-O-α-L-Arabinosyl-D-glucose, 6-α-L-Arabinosido-D-glucopyranose)
MG 312.27 *F* ca. 210

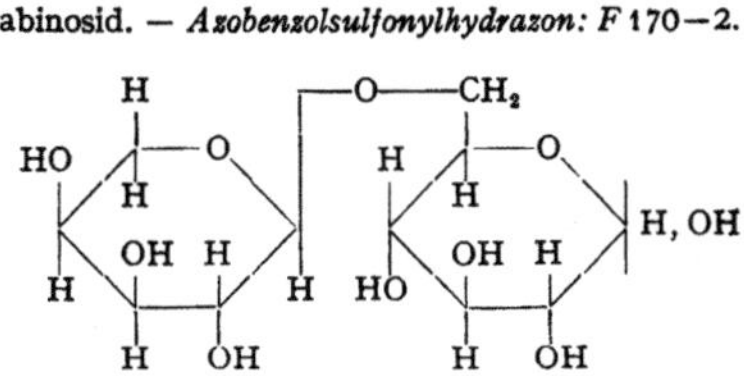

Charakteristik: Nadeln (75%ig. A.); schwach süß; ll. in W.; swl. in A.; reduziert Fehlingsche Lsg.; durch Hefe nicht vergarbar. — *V.:* In den Glykosiden Vicianin, Gein, Violutosid u. a. — *B.:* Durch β-Galaktosidase aus Escherichia coli, aus D-Glucose u. o-Nitrophenyl-α-L-arabinosid. — *Heptaacetat: F* 158—60.

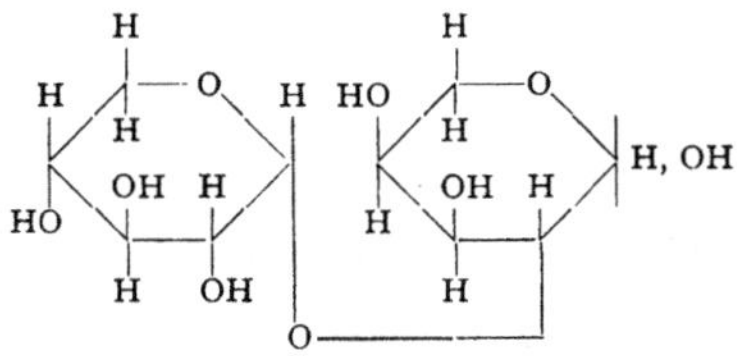

IV/7 2-O-α-D-Xylopyranosyl-L-arabinose
MG 282.24 *F* 167—8

Charakteristik: Krist. (A. + W.); $+H_2O$: *F* 80—81; $[\alpha]_D^{25}$ +32.9° (W.; *c* = 0.97). — *V.:* Hemicellulosen von Maiskolben.

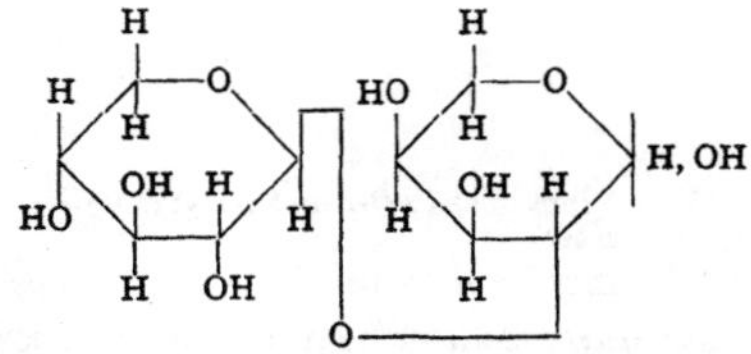

IV/8 2-O-β-D-Xylopyranosyl-L-arabinose

MG 282.24 *F* 96–8

Charakteristik: Krist. (A. + W.) + 3 H_2O; $[\alpha]_D$ + 55° → + 31.5° (W.; *c* = 1.5). — *V.:* In Partialhydrolysaten von Esparto-Hemicellulose, Maiskolben-Hemicellulose oder der Hemicellulose aus Gerstenspreu.

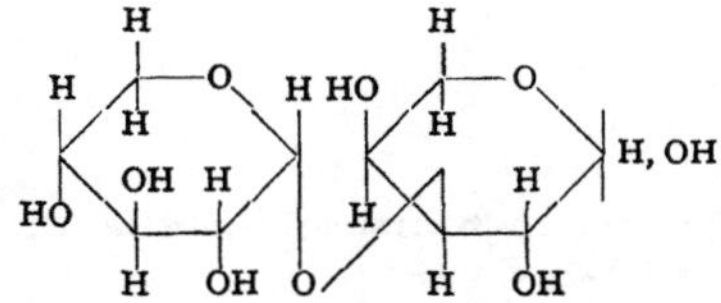

IV/9 3-O-α-Xylopyranosyl-L-arabinose

MG 282.24 *F* 123

Charakteristik: Krist.; $[\alpha]_D$ + 173° (W.; *c* = 3.5). — *V.:* Baugruppe des Gummis aus Spondias cytheria. — *Phenylosazon: F* 226.

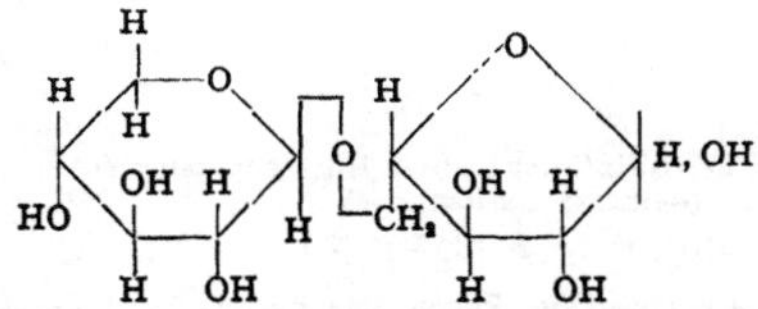

IV/10 5-O-β-D-Xylopyranosyl-L-arabinose

MG 282.24

Charakteristik: Sirup; $[\alpha]_D$ − 14° (*c* = 1.5). — *V.:* Im Hydrolysat aus Cholla-Gummi, Pfirsich-Gummi und Kirsch-Gummi. — ***Heptaacetyl-5-O-β-D-xylopyranosyl-L-arabit:*** *F* 96–96.5. — ***Osazon:*** *F* 216.

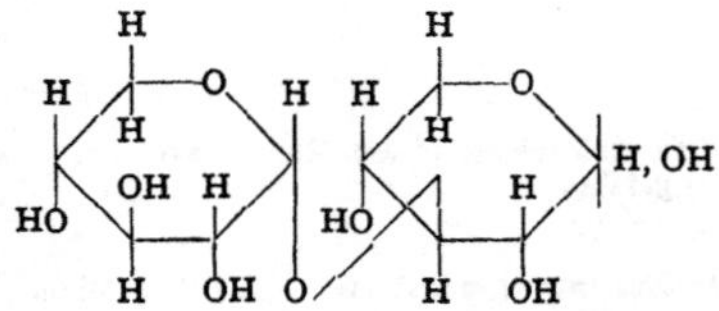

IV/11 3-O-α-D-Xylopyranosyl-D-xylose

MG 282.24 *F* 178

Charakteristik: Krist. (Me.); $[\alpha]_D$ + 106° → + 118° (W.; *c* = 1). — *V.:* Reversionsprodukt der D-Xylose in saurer Lsg.

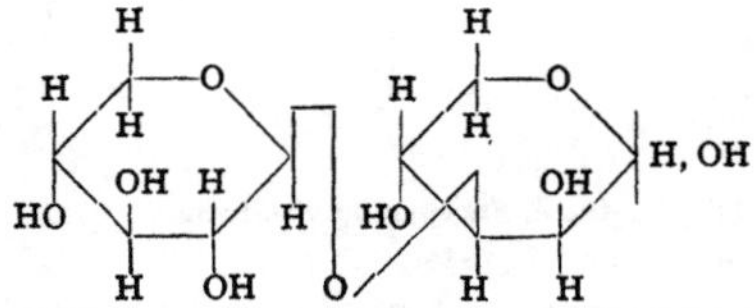

IV/12 3-O-β-D-Xylopyranosyl-D-xylose (Rhodymenabiose)

MG 282.24 *F* 192–3

Charakteristik: Krist. (Me.); $[\alpha]_D$ −35° → 22°. — *Phenylosazon: F* 194–6.

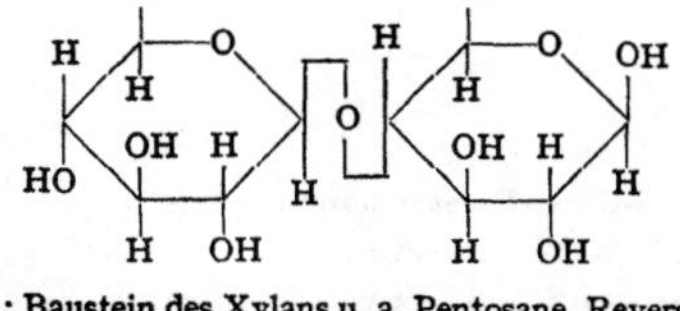

IV/13 Xylobiose (4-O-β-D-Xylopyranosyl-β-D-xylopyranose)

MG 282.24 *F* 195–7, 185–6

Charakteristik: Krist.; l. in W.; wl. in Me. — *V.:* Baustein des Xylans u. a. Pentosane, Reversionsprodukt der D-Xylose in saurer Lsg. — ***Hexaacetat:*** *F* 155–6. — *Phenylosazon: F* 210–3.

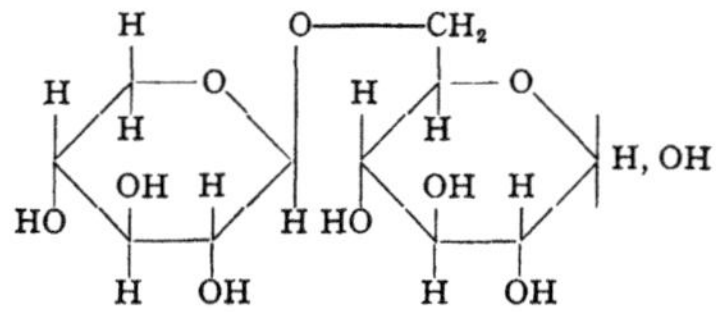

IV/14 **Primverose (6-O-β-D-Xylopyranosyl-D-glucose)**

MG 312.27 *F* 209–10

Charakteristik: Krist. (Me.); l. in W., Me., 80%ig. A.; reduziert Fehlingsche Lsg.; durch Hefe nicht vergärbar; wird durch Invertin und Emulsin nicht gespalten. – *V.:* Im Johannisbrot, Glykoside in der Krappwurzel, in Primula officinalis. – *Phenylosazon:* *F* 224–6. – *β-Heptaacetat:* *F* 216–7.

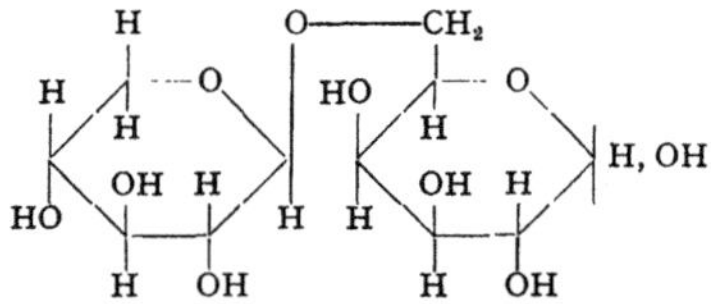

IV/15 **6-O-β-D-Xylopyranosyl-D-galaktose**

MG 312.27 *F* 194–6

Charakteristik: Krist. (feuchtes Me.); $[\alpha]_D$ −23.6° → −3.6° (W.; *c* = 2.5; 5 Min. → 2 Std. const.).

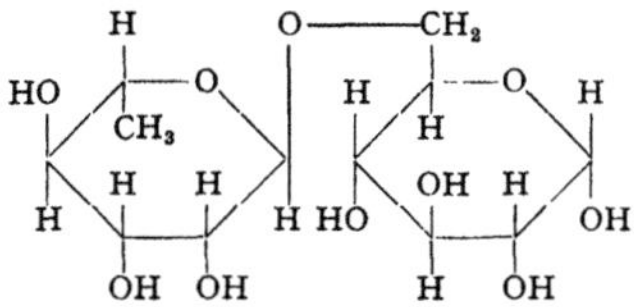

IV/16 **Rutinose (6-(α-L-Rhamnopyranosido)-D-glucose, Lusitanicose)**

MG 326.29 *F* 189–92 (Z.)

Charakteristik: Pulver, sehr hygroskopisch (A. + Ae.); ll. in W.; l. in A.; reduziert Fehlingsche Lsg. – *V.:* In Rutin u. a. Glykosiden, im Tabak.

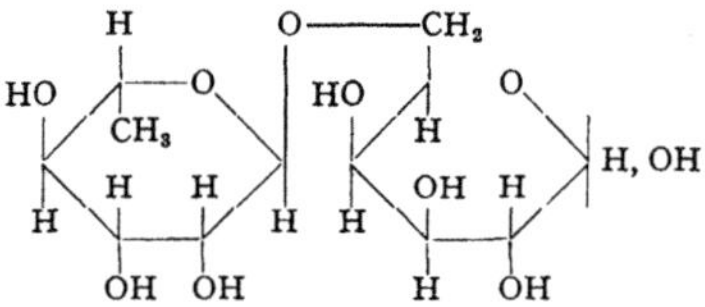

IV/17 **Robinobiose (6-α-L-Rhamnosido-D-galaktose)**

MG 326.29

Charakteristik: Amorph (W. + A.); hygroskop.; ll. in W.; wl. in A. – *V.:* Im Robinin.

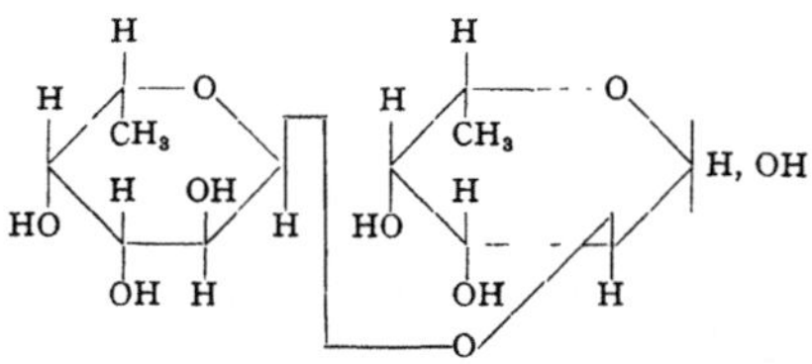

IV/18 **2-O-α-L-Fucopyranosyl-L-fucose**

MG 310.30 *F* 185–90 (Z.)

Charakteristik: Krist. (Me. feucht); $[\alpha]_D$ −160° → −169° (*c* = 1); + Benzidin → Gelbfärbung; reagiert nicht mit Triphenyltetrazoliumchlorid. – *V.:* Baugruppe des Fucoidins aus Seetang.

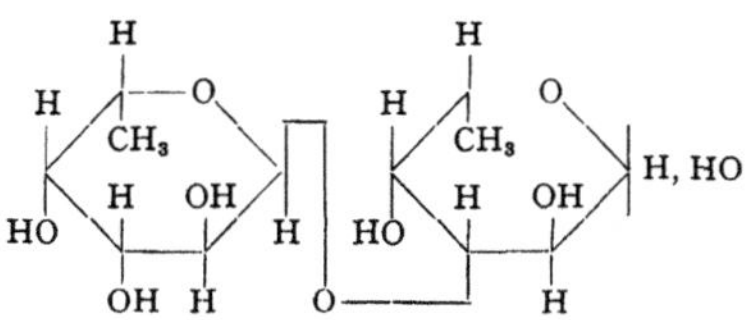

IV/19 **3-O-α-L-Fucopyranosyl-L-fucose**

MG 310.30 *F* 198–200

Charakteristik: Krist. (A.); $[\alpha]_D$ −200° → −191° (*c* = 1); + Benzidin → gelbbraune Färbung; reagiert mit Triphenyltetrazoliumchlorid. – *V.:* Baugruppe des Fucosidins aus Seetang.

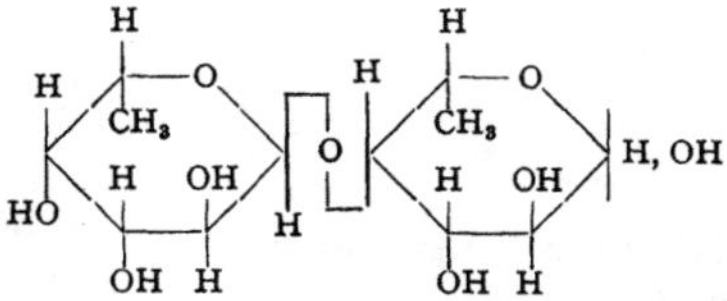

IV/20 **4-O-α-L-Fucopyranosyl-L-fucose**
MG 310.30

Charakteristik: Teilweise amorphe Masse; $[\alpha]_D$ −170° (*c* = 1); + Benzidin → hellgelbe Farbung; reagiert mit Triphenyltetrazoliumchlorid. — *V.:* Baugruppe des Fucosidins aus Seetang.

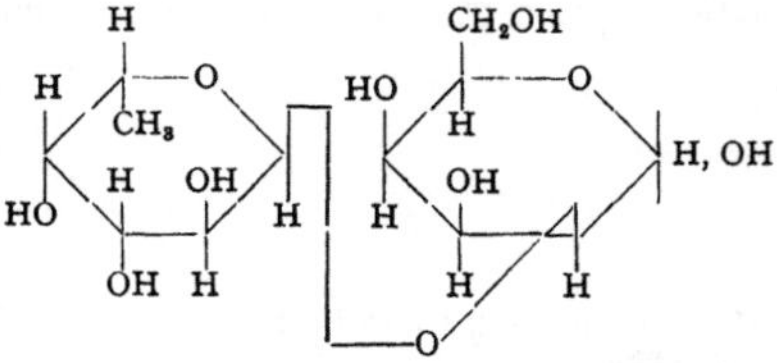

IV/21 **2-O-α-L-Fucopyranosyl-D-talose**
MG 226.3

Charakteristik: Amorph; $[\alpha]_D^{23}$ −120.2 (W.; *c* = 1.03). — *V.:* In den alkal. Hydrolysaten von Fucosidolactose (s. d.) (Epimerisierungsprodukt).

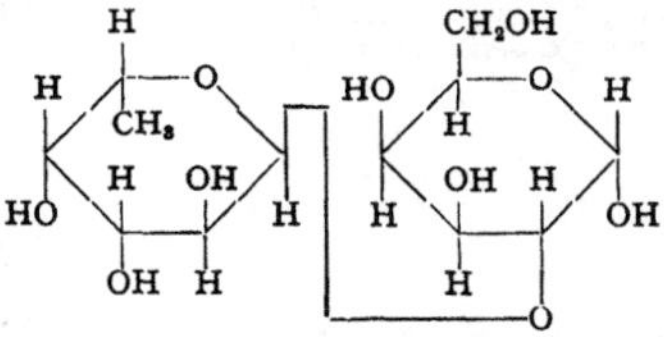

IV/22 **2-O-α-L-Fucopyranosyl-D-galakto-pyranose**
MG 226.3

Charakteristik: Amorph; schwach bitter; $[\alpha]_D^{23}$ −56.5° (W.; *c* = 1). — *V.:* Baugruppe von Oligosacchariden der Frauenmilch. — *Benzylphenylhydrazon: F* 163.5

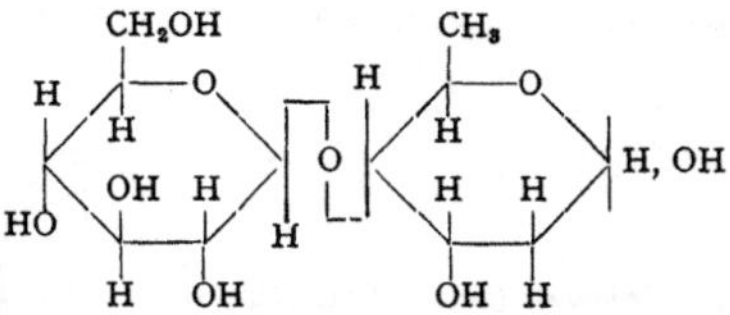

IV/23 **Digilanidobiose (4-O-β-D-Gluco-pyranosyl-D-digitoxose)**
MG 310.30 *F* 229−30

Charakteristik: Krist. (W. + A.); $[\alpha]_D^{20}$ +29.5° (W.; *c* = 0.511). — *V.:* Lantanoside, Purpurea-glykoside, Erysimosid aus Erysinium perofskiarium. — *Hexaacetat: F* 200−1.

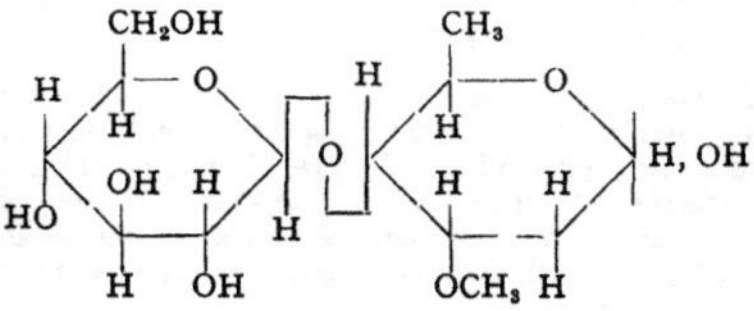

IV/24 **Strophanthobiose (4-O-β-D-Gluco-pyranosyl-D-cymarose, Periplobiose)**
MG 324.32 *F* 208, 144−6

Charakteristik: Krist. (Me. + Ac.); reduziert Fehlingsche Lsg. — *V.:* In der Zuckerkomponente des k-Strophantins u. des Periplocins. — *Pentaacetat: F* 174−5.

IV/25 **3-[α-D-Glucopyranosido]-L-arabo-pyranose**
MG 312.27

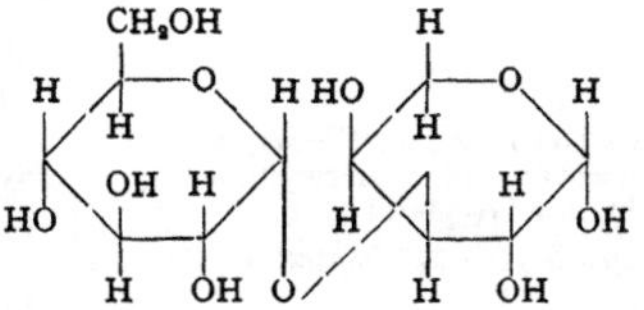

Charakteristik: Süß schmeckende Krist. + $2H_2O$; hygroskopisch; sll. in W.; $[\alpha]_D$ +156° (W.; *c* = 2); reduziert Fehlingsche Lsg.; wird durch Hefeinvertase nicht angegriffen. — *B.:* Aus Glucose-1-phosphat u. L-Arabinose durch Enzyme aus Pseudomonas saccharophila. — *Phenylosotriazol: F* 126.5.

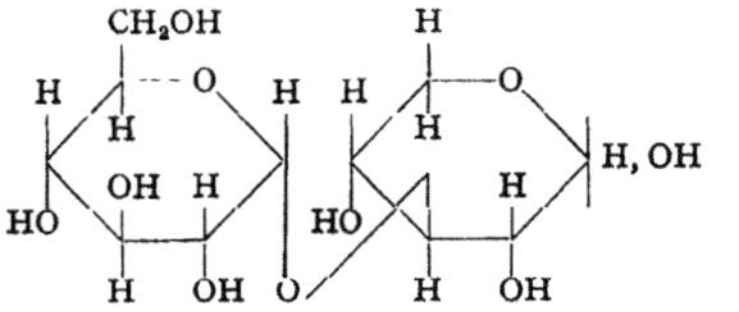

IV/26 **3-O-β-D-Glucopyranosyl-D-xylose**
MG 312.27

Charakteristik: Amorph; $[\alpha]_D^{19}$ −0.6° (W.; *c* = 0.35). — *B.:* Aus Cellobiose + D-Xylose durch zellfreien Extrakt aus Aspergillus niger. — *Osazon: F* 213—5. — *3-O-α-D-Glucopyranosyl-D-xylose:* $[\alpha]_D^{14}$ +87.5°. — *B.:* Aus Maltose durch Penicillium liacinum.

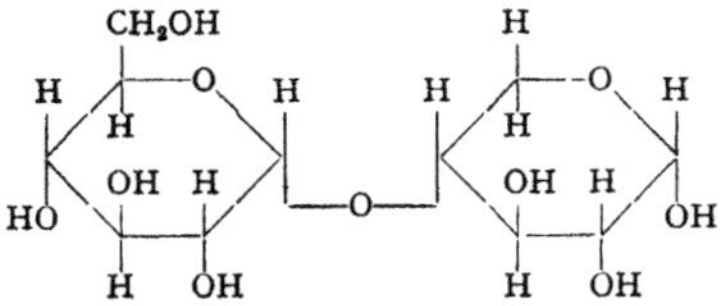

IV/27 **4-α-D-Glucopyranosyl-α-D-xylopyranose**
MG 312.27 *F* 78 (sintert ab 58)

Charakteristik: Krist. +2H_2O; l. in W.; $[\alpha]_D$ +97.5 → 94.5 (W.; *c* = 1.88; Endwert nach 100 Min.); reduziert Fehlingsche Lsg. — *B.:* Aus β-D-Glucose-1-phosphat u. D-Xylose durch Enzym aus Neisseria meningitidis.

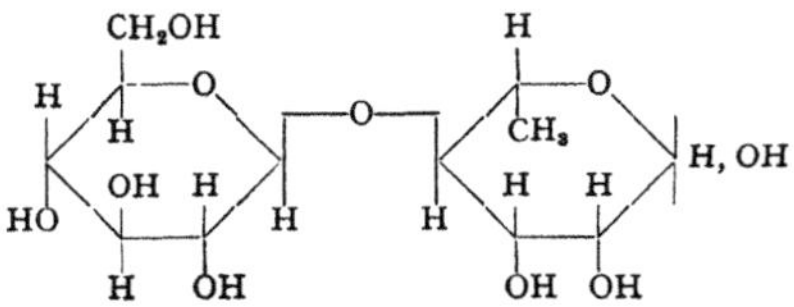

IV/28 **Scillabiose (4-O-β-D-Glucopyranosyl-L-rhamnose)**
MG 326.29

Charakteristik: Amorph; $[\alpha]_D^{20}$ −24.8. — *V.:* Glucosid aus Scilla maritima. — *Phenylosazon: F* 165.

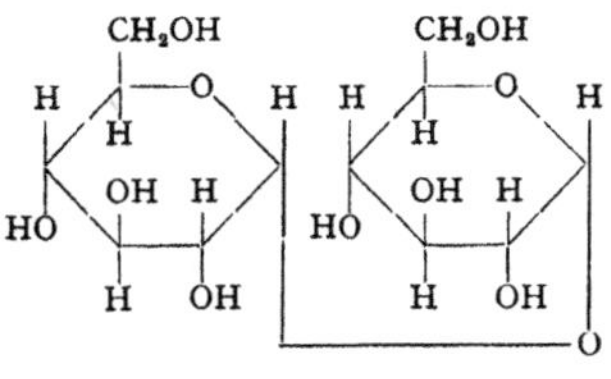

IV/29 **Trehalose (1-(α-D-Glucosido)-α-D-glucopyranosid, α-D-Glucopyranosyl-α-D-glucopyranose, „Mycosid", D-Trehalose, α,α-Trehalose, Mutterkornzucker, Mykose, Pilzzucker)**
MG 342.29 *F* 203 (210)

Charakteristik: Krist.; +2H_2O (verd. A.): *F* 97; suß; ll. in W.; l. in h. A.; wl. in k. A.; unl. in Ae.; reduziert Fehlingsche Lsg. nicht; wird durch die meisten Hefen vergoren. — *V.:* Im Mutterkorn, in jungen Pilzen, in Trehala manna, in Larven von Porrocaecum decipens, im Blut von Antheraea polyphemus u. a. Insekten, in Heuschrecken, in Cord-Faktor aus Mycobacterium tuberculosis; Reversionsprodukt der D-Glucose in saurer Lsg.; wird durch Fermente aus den Pilzen, in denen Trehalose vorkommt, in D-Mannit umgewandelt.

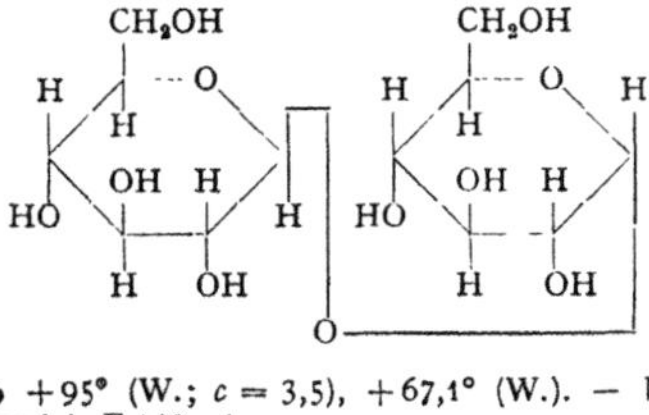

IV/30 **Neo-Trehalose (α-D-Glucopyranosyl-β-D-glucopyranosid, α-Glucosidyl-β-Glucosid, α,β-Trehalose)**
MG 342.29 *F* 195—210 (sintert ab 141—5), 85—8

Charakteristik: Krist. (90% A.) +1H_2O; $[\alpha]_D$ +95° (W.; *c* = 3,5), +67,1° (W.). — *V.:* In Kojiextrakt. — *Heptaacetat: F* 155—6. — *Octaacetat: F* 140—1.

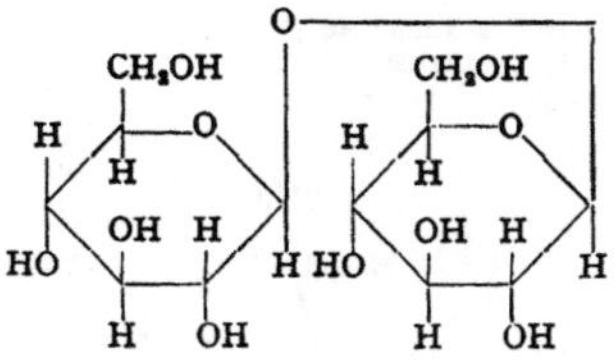

IV/31 **Isotrehalose (β-D-Glucopyranosyl-β-D-glucopyranosid, β-β-Trehalose)**

MG 342.29 *F* 130–5

Charakteristik: Krist. (A.); ll. in W.; l. in Me. u. A.; unl. in Ae. — *V.:* Reversionsprodukt der D-Glucose in saurer Lsg. — *Octaacetat: F* 181.

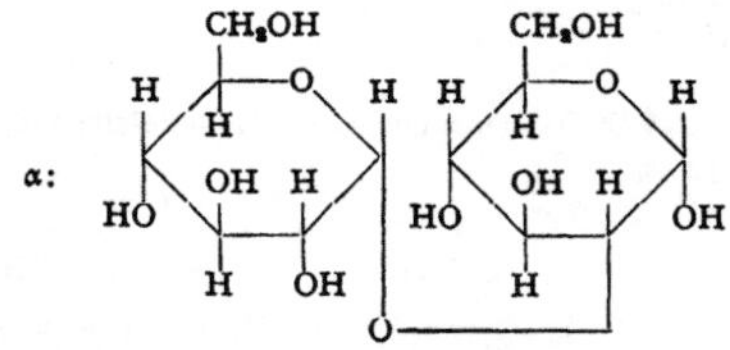

IV/32 **Kojibiose (2-O-α-D-Glucopyranosyl-D-glucose)**

MG 342.29

Charakteristik: Amorph. — *V.:* In Säurehydrolysat der Stärke der Süßkartoffel, im Bienenhonig, in Kulturlösungen von Leuconostoc mesenteroides (aus Saccharose + Lactose). — *α-Octaacetat: F* 166. — *β-Octaacetat: F* 118.

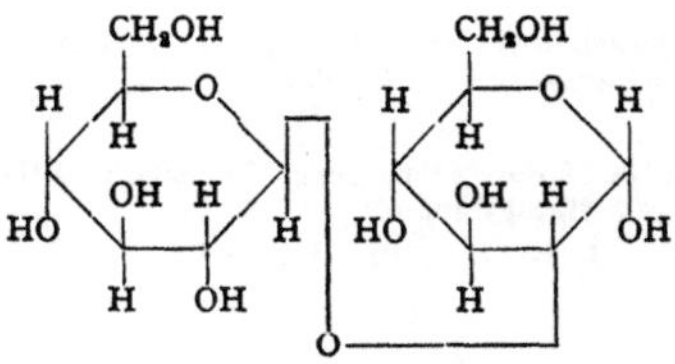

IV/33 **Sophorose (2-O-β-D-Glucopyranosyl-α-D-glucopyranose)**

MG 342.29 *F* 195–6

Charakteristik: Nadeln; + 1 H_2O (90%ig. A.): *F* 180. — *V.:* In Sophora japonica L., Zuckerkomponente des Steviosids aus Stevia Mibandiana (Bertone), Reversionsprod. aus Glucose (Einwirkung von Säure). — *α-Octaacetat: F* 111. — *β-Octaacetat: F* 193–4.

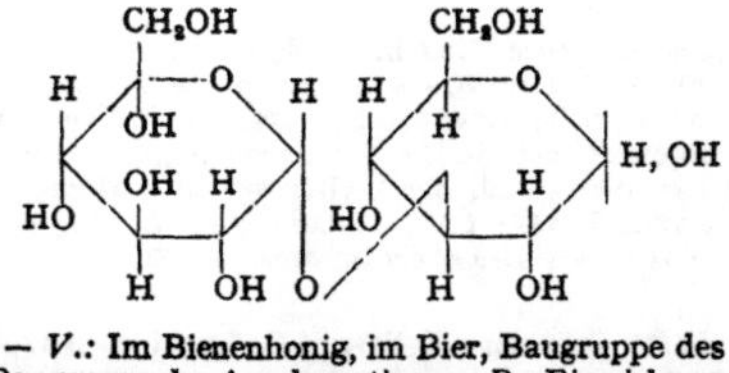

IV/34 **Nigerose (3-O-α-D-Glucopyranosyl-D-glucopyranose, „Sakebiose")**

MG 342.29 *F* 162

Charakteristik: Sirup; $[\alpha]_D$ + 135° (+ 145°) (W.). — *V.:* Im Bienenhonig, im Bier, Baugruppe des Nigerans (aus Aspergillus niger auf Saccharose), Baugruppe des Amylopectins. — *B.:* Einwirkung von Koji-Extrakt auf Glucose, Reversionsprod. der Glucose (Säureeinwirkung). — *Osazon: F* 204–6. — *β-Octaacetat: F* 155–7. — *Phenylosotriazol: F* 190–1.

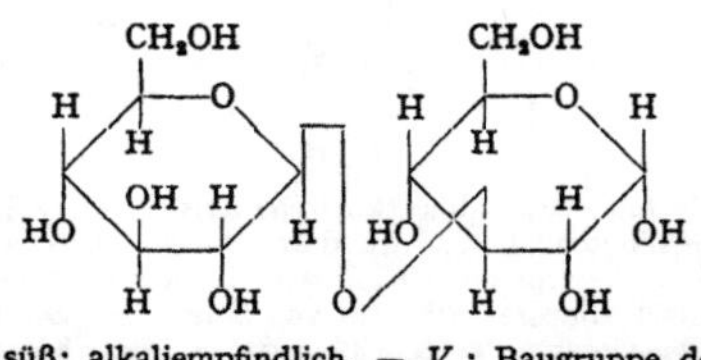

IV/35 **Laminaribiose (3-O-β-D-Glucopyranosyl-D-glucopyranose, 3-(β-Glucosido)-glucose)**

MG 342.29 *F α:* 205–8, *β:* 188–92

Charakteristik: Prismen; l. in W., Me., h. A.; süß; alkaliempfindlich. — *V.:* Baugruppe des Laminarins und des Glucans der Hefe, im Hydrol, im Gärungsrückstand von Gerstenhydrolysaten. — *Phenylosazon: F* 199–201. — *α-Octaacetat: F* 77–8 (+ 1 A.). — *β-Octaacetat: F* 160–1.

IV/36 **1-O-β-Laminaribiosyl-D-mannit (O-β-D-Glucopyranosyl (1 → 3) β-D-glucopyranosyl-(1 → 1)-D-mannit)**

MG 506.4

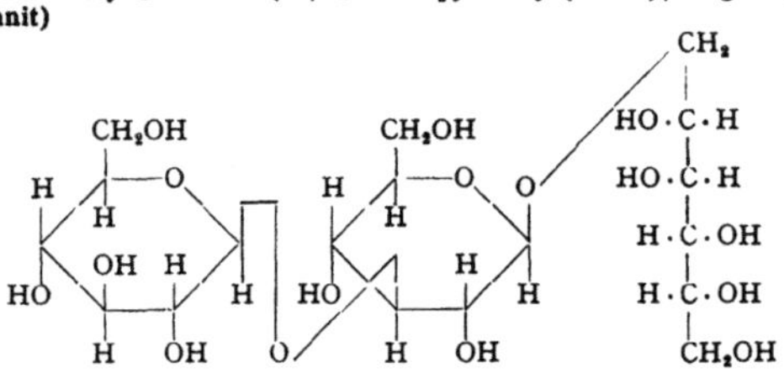

Charakteristik: Amorph; $[\alpha]_D$ −24.8° (W.). — *V.:* Baugruppe des Laminarins. — *β-Acetat: F* 144—5.

IV/37 **1,6-Di-O-β-glucosylmannit (Mannitdiglucosid, Mannitoldiglucosid)**

MG 506.4

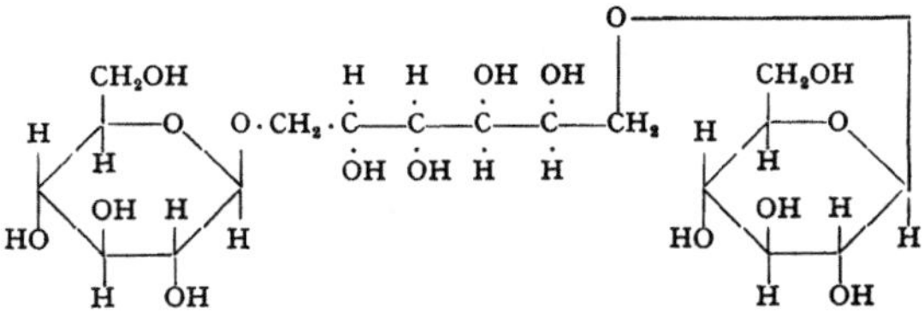

Charakteristik: Amorph; $[\alpha]_D$ −23.5° (W.). — *V.:* In der Braunalge Fucus vesculosus, Baugruppe des Laminarins. — *Dodekaacetat: F* 136—8.

IV/38 **Maltose (Malzzucker, Maltobiose, 4-O-α-D-Glucopyranosyl-D-glucopyranose, 4-D-Glucose-α-D-glucopyranosid)**

MG 342.39 *D* 1.540 *F* 160—5, 108

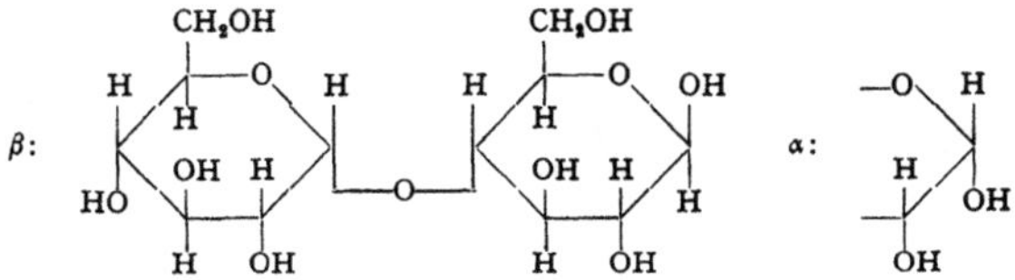

Charakteristik: Nadeln; $+H_2O$ (W.): *F* 102—3 (β); rel. Süßkraft (Rohrzucker = 1) 0.60; 108 W. 20—5°, 98 Py. 20—5°; wl. in A.; unl. in Ae.; wird durch α-Glucosidase gespalten u. durch Hefe vergoren (in Ggw. von Glucose). — *V.:* Frei in verschied. Wurzeln u. Knollen, in der Zuckerrübe, Baustein der Stärke, im Bienenhonig. — *B.:* Durch enzymat. Kondensation von D-Glucose, Reversionsprod. der D-Glucose (Einwirkung von Säure). — *Phenylosazon: F* 210. — *β-Octaacetat: F* 159—60. — *α-Octaacetat: F* 125. — *Phenylhydrazon: F* 130. — *p-Nitrophenylosazon: F* 261. — *p-Bromphenylosazon: F* 198.

IV/39 **Cellobiose (Cellose, 4-O-β-D-Gluco-pyranosyl-β-D-glucopyranose, „Cellulose")**

MG 342.29 *F* 225 (Z.)

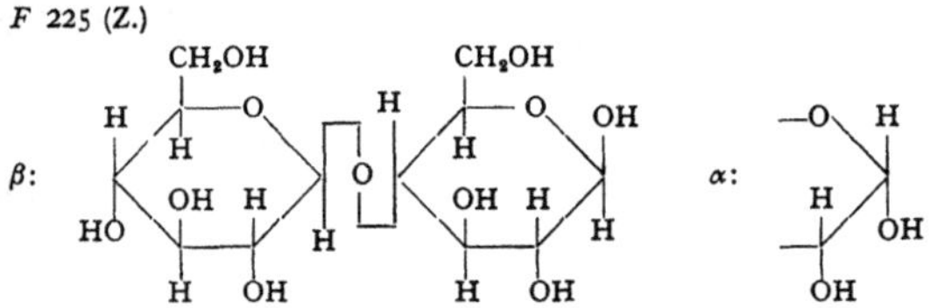

Charakteristik: Mikroskopische Krist. (verd. A.); ll. in h. W.; l. in k. W.; swl. in A., Ae.; reduziert Fehlingsche Lsg.; wird durch β-Glucosidase gespalten; wird nicht von Bierhefe vergoren. — *V.:* Baustein von Cellulose u. Lichenin, Zuckerkomponente der Ustalginsäure, Reversionsprod. aus D-Glucose (Einwirk. von Saure). — *B.:* Durch Acetobacter acetigenum aus Glycerin. — *Phenylosazon: F* 208—10 (198). — *Phenylhydrazon: F* 90. — *Octaacetat* (α); *F* 229—30. — *Octaacetat* (β): *F* 192 (202). — *Semicarbazon: F* 183—5. — *Oxim: F* 123—5. — *Phenylosotriazol: F* 164—5.

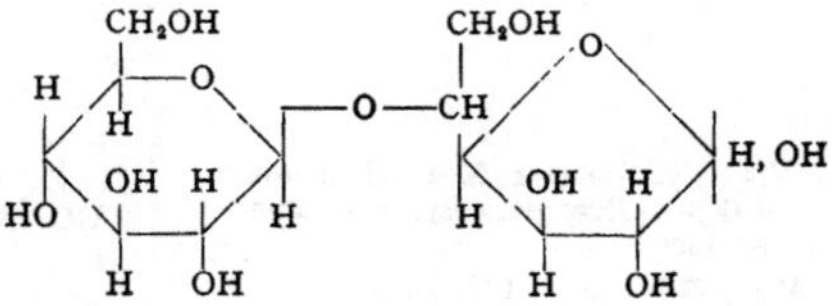

IV/40 5-O-β-D-Glucopyranosyl-D-glucose

MG 342.29

Charakteristik: Sirup; $[\alpha]_D^{20}$ −23.7° (0.1 n H_2SO_4). — *V.:* Reversionsprodukt der D-Glucose in saurer Lsg. — *Tosylhydrazon: F* 193−4.

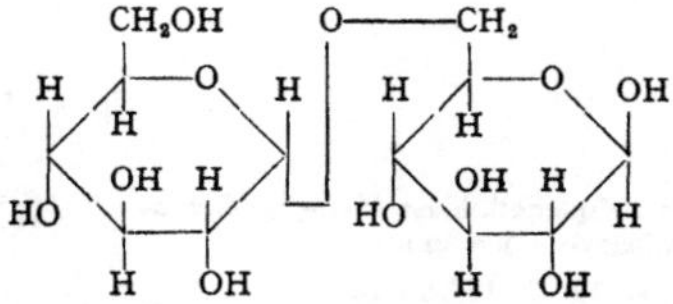

IV/41 Isomaltose (Brachiose [engl.], 6-O-α-D-Glucopyranosyl-D-glucopyranose)

MG 342.29 *F* 225 (Z.)

Charakteristik: Krist. (A.); l. in W.; nicht vergärbar. — *V.:* In den Mutterlaugen der Glucoseherstellung aus Starke (Hydrol), in Dextranen von Leuconostoc dextranicum u. L. mesenteroides, im Bienenhonig, Reversionsprod. der D-Glucose (Einwirkung von Sauren). — *B.:* Aus Maltose durch enzymat. Transglykosidierung. — *Octaacetat: F* 193−5, 146−7 (β). — *α-Methylglykosid: F* 110−1.

IV/42 Gentiobiose („Amygdalose", Amygdalinbiose, 6-O-β-D-Glucopyranosyl-D-glucopyranose, 6-Glucose-β-D-glucopyranose)

MG 342.29 *F* 190−5 (β)

β: 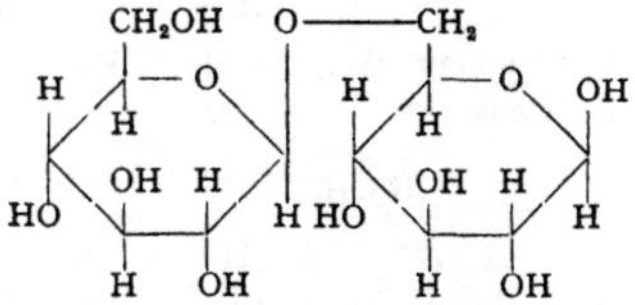 α: 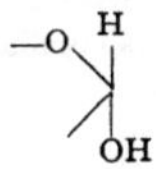

Charakteristik: Krist.; + 2 Me. (Me.): *F* 85−6 (α); wasserfrei (Äthylenglykolmonomethylather) 80°; schmeckt bitter; l. in W., h. Me., h. 90%ig. A.; swl. in A.; reduziert Fehlingsche Lsg.; wird durch β-Glucosidase gespalten. — *V.:* In Amygdalin, Crocin, Spaltprodukt der Gentianose, Reversionsprodukt der D-Glucose (Einwirkung von Sauren). — *Phenylosazon: F* 170−3. — *β-Octaacetat: F* 193. — *α-Octaacetat: F* 188−9.

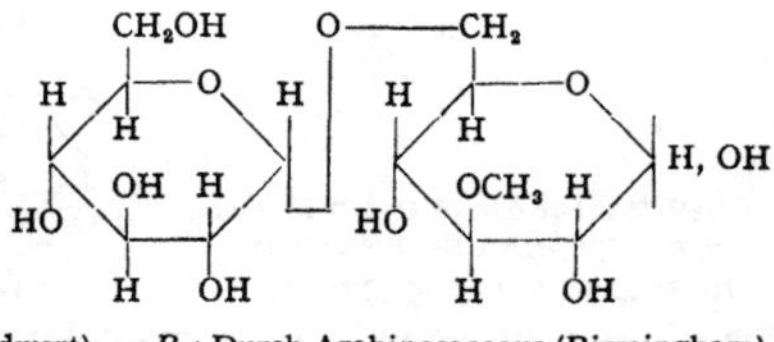

IV/43 6-O-α-D-Glucopyranosyl-3-O-methyl-D-glucose

MG 356.32

Charakteristik: $[\alpha]_D^{20}$ + 121° (W.; *c* = 9.15; Endwert). — *B.:* Durch Arabinosaceous (Birmingham) aus Saccharose + 3-O-Methylglucose.

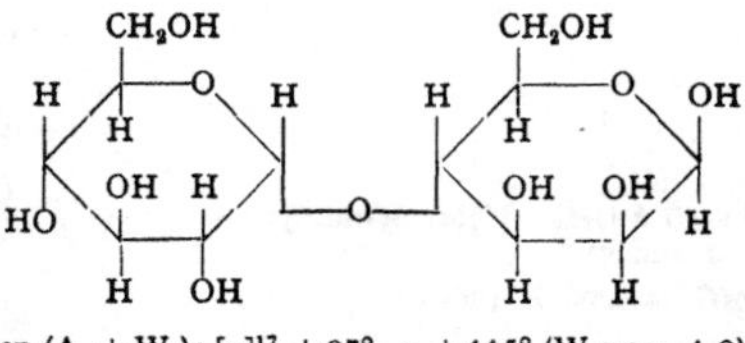

IV/44 Epimaltose (4-O-α-D-Glucopyranosyl-D-mannose)

MG 342.29 *F* 216 (Z.)

Charakteristik: Kurze dicke zugespitzte Stabchen (A. + W.); $[\alpha]_D^{17}$ +97° → +115° (W.; *c* = 1.0). — *α-Octaacetat: F* 157. — *β-Octaacetat: F* 158.

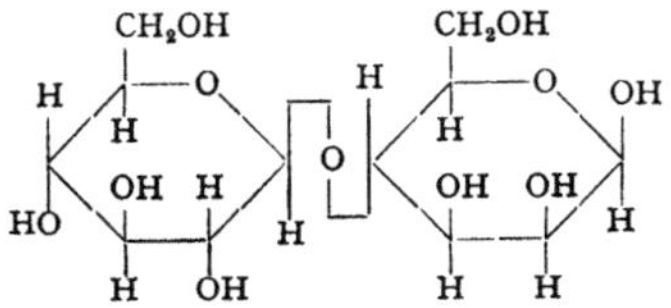

IV/45 **Epicellobiose (Glucosidomannose, 4-O-β-D-Glucopyranosyl-α-D-mannopyranose)**

MG 342.29 *F* α: 176, β: 205

Charakteristik: Krist. (A. + W.), + 1 H_2O, *F* 136—8; $[\alpha]_D^{25}$ + 14.5 → 5.9 (W.). — *V.:* Baugruppe der Glucomannane, der Hemicellulosen aus Pinus taeda u. Larix decidua. — *B.:* Durch Epimerisierung von Cellobiose. — *Octaacetat:* *F* 203—4.

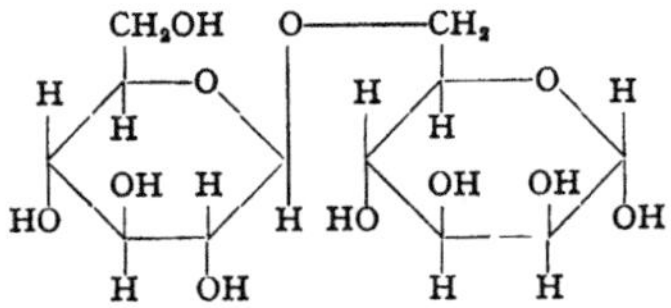

IV/46 **α-Epigentiobiose (6-O-β-D-Glucopyranosyl-α-D-mannose)**

MG 342.29 *F* 167.5—168

Charakteristik: Dreieckige Prismen (A. + W.), + 1 H_2O: *F* 137—8 (geschl. Rohr). — $[\alpha]_D^{20}$ — 5.09° → — 11.06° (W.). — *Octaacetat:* *F* 114, 142—3.

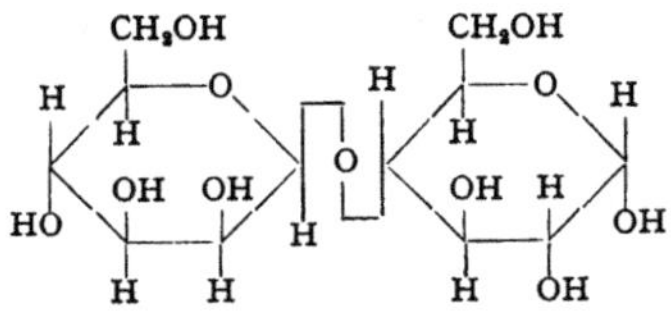

IV/47 **Mannosidoglucose (4-O-β-D-Mannopyranosyl-α-D-glucopyranose)**

MG 342.29 *F* 202—3

Charakteristik: Nadeln (A.); $[\alpha]_D^{20}$ + 30° → + 19° (W.; *c* = 1). — *V.:* Baugruppe der Glucomannane, der Hemicellulosen aus Pinus taeda.

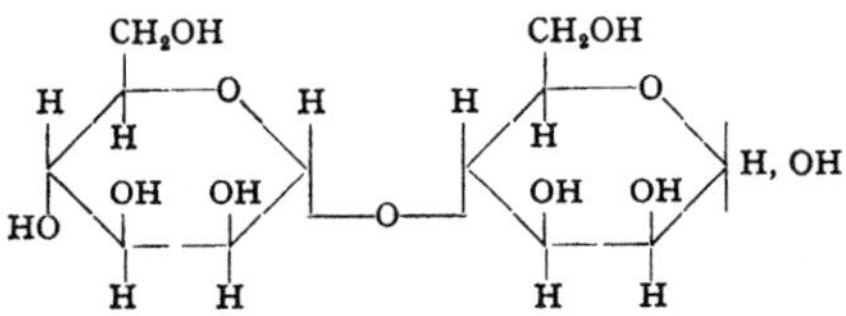

IV/48 **2-O-α-D-Mannopyranosyl-D-mannose**

MG 342.29

Charakteristik: $[\alpha]_D$ + 40° (W.). — *V.:* Baugruppe des Mannanes aus Saccharomyces monxii.

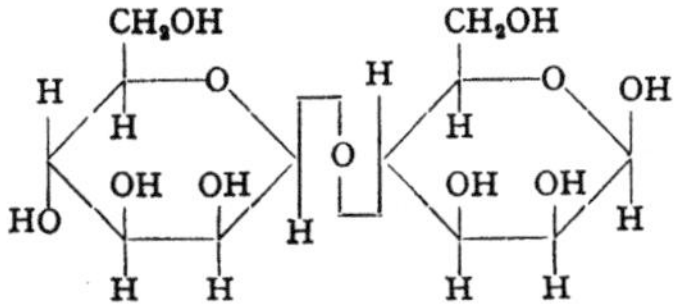

IV/49 **Mannobiose (4-O-β-D-Mannopyranosyl-β-D-mannopyranose)**

MG 342.29 *F* 193—4 (208—9)

Charakteristik: Krist. (W. + Me. + Butanol); l. in W., Me.; swl. in Butanol; $[\alpha]_D^{25}$ — 7.7° (W.); reduziert Fehlingsche Losung. — *V.:* Baugruppe des Guaran-Polysaccharides u. der Hemicellulosen aus Pinus taeda u. Larix decidua. Reversionsprodukt der D-Mannose in saurer Lsg.

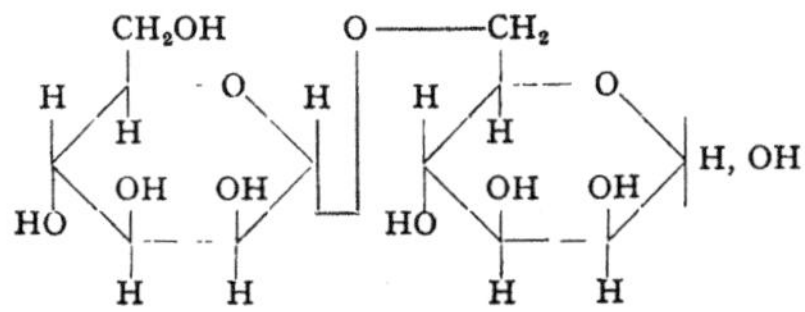

IV/50 **6-O-α-D-Mannopyranosyl-D-mannose**

MG 342.29 *F* 196—7

Charakteristik: Krist. (Me. + n-Butanol); $[\alpha]_D^{16}$ + 57° (W.; *c* = 1.99). — *V.:* Reversionsprodukt der D-Mannose in saurer Lsg.

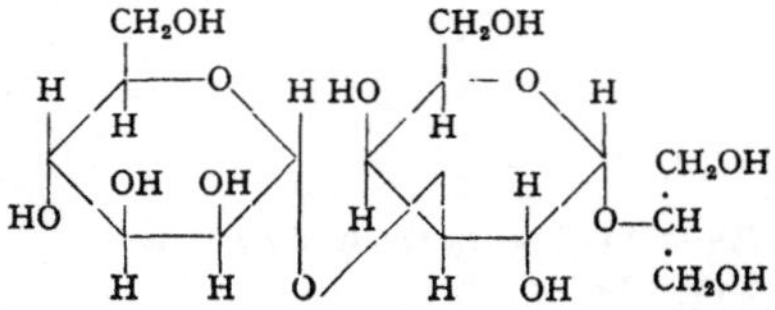

IV/51 **3-Floridosid-α-D-mannopyranosid (O-α-D-Mannopyranosyl-(1→3), O-α-D-galaktopyranosyl-(1→2)-glyceritol)**

MG 416.37

Charakteristik: Amorph; $[\alpha]_D^{20}$ 103° (Chlf.); reduziert nicht. — *V.:* In Rotalgen z. B. Furcellaria fastigiata, Florideae. — *Nonaacetat: F* 153—4.

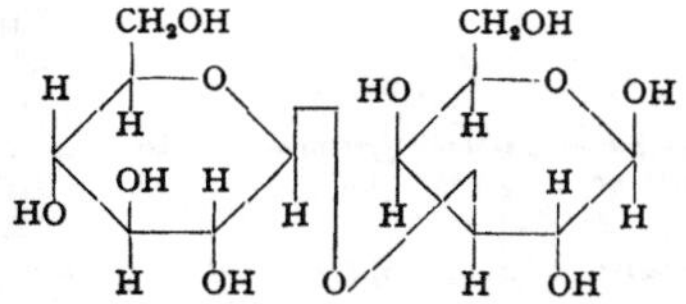

IV/52 **Solabiose (3-O-β-Glucopyranosyl-galaktopyranose, β-D-Glucopyranosyl-(1→3)-β-D-galaktose)**

MG 342.3 *F* 200 unter Aufschäumen, nach Sintern ab 175

Charakteristik: Krist. (Me. + A.). — *V.:* Zuckerkomponente des β-Solanins. — *Osazon: F* 235 (Z.).

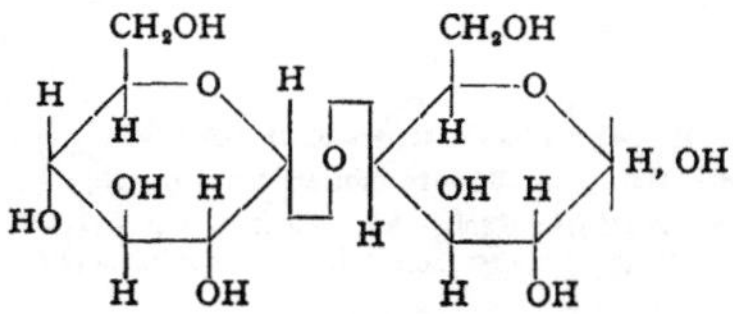

IV/53 **4-O-α-D-Glucopyranosyl-D-galaktopyranose**

MG 343.29

Charakteristik: Amorph; $[\alpha]_D$ +140° (W.; c = 1,1). — *V.:* Im Partialhydrolysat des spezifischen Pneumococcen-Polysaccharides Typ VIII.

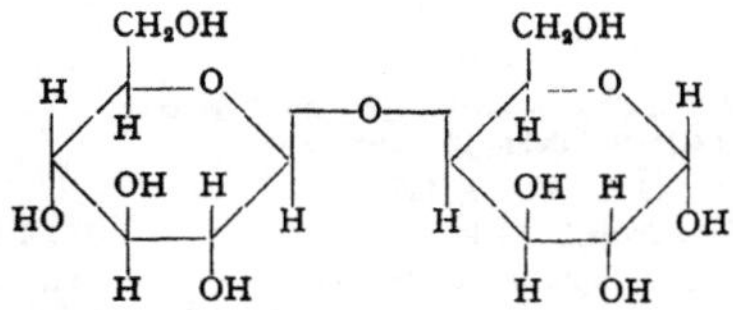

IV/54 **Lycobiose (4-O-β-D-Glucopyranosyl-D-galaktopyranose, β-D-Glucopyranosyl-(1→4)-D-galaktose)**

MG 342.29 *F* 246—7 (Z.)

Charakteristik: Blättchen (W. + Me.); wl. in W.; wird durch Emulsin gespalten; wird nicht von Bäckerhefe vergoren. — *V.:* In Tomatin aus wilden Tomatenarten. — *Osazon: F* 205—10 (Z., sintert bei 140). — *Octaacetylverb.: F* 165—6.

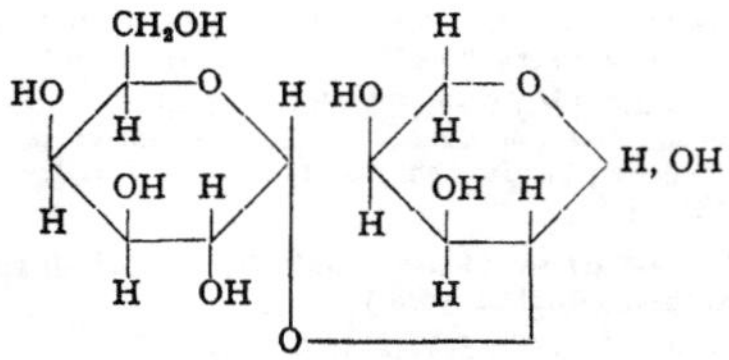

IV/55 **2-O-α-D-Galaktopyranosyl-L-arabinose (2[-α-D-Galaktosido]-D-glucose)**

MG 312.27 *F* 155

Charakteristik: Nadeln (Me.); $[\alpha]_D^{24}$ +161° → +157° (W.). — *Octaacetat: F* 176—8.

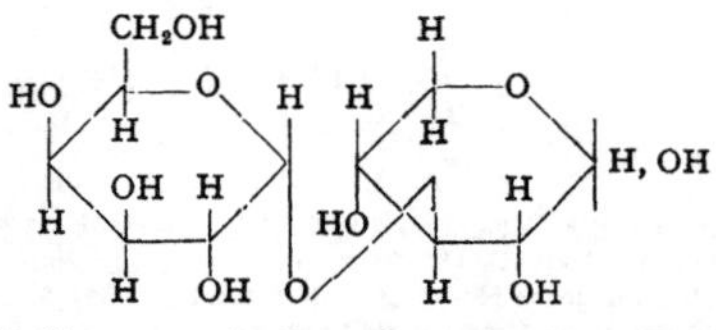

IV/56 **3-O-α-D-Galaktopyranosyl-L-arabinose**

MG 312.27

Charakteristik: Amorph; $[\alpha]_D$ +152 (W.). — *V.:* Baugruppe des Gummis aus Acacia cyanophylla. — *Phenylosazon: F* 240.

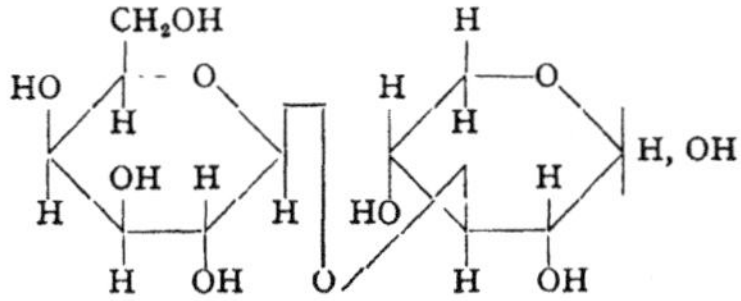

IV/57 **3-O-Galaktopyranosyl-L-arabinose**

MG 312.27 *F* 204–5

Charakteristik: Krist. (A. + W.); $[\alpha]_D$ +97° → +67° (c = 0.45; 2 Min. → 2 Stdn. Gleichgewicht). — *V.:* Im Gummi aus Anoglissus schimperi.

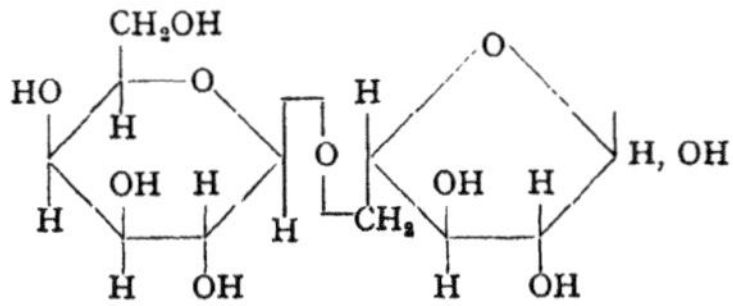

IV/58 **5-O-β-D-Galaktopyranosyl-L-arabofuranose**

MG 312.27

Charakteristik: Sirup; $[\alpha]_D^{25}$ −13° (W.; c = 1). — *V.:* Hemicellulosen aus Mais-Hulsen.

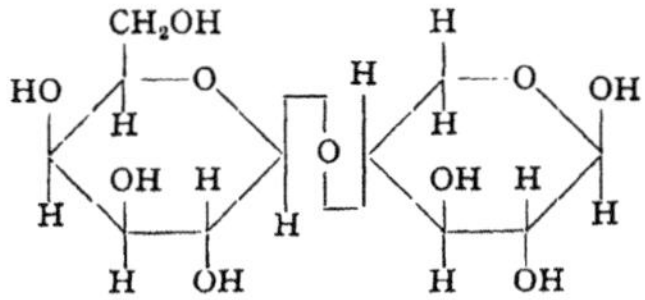

IV/59 **4-O-β-D-Galaktopyranosyl-β-D-xylose**

MG 312.27 *F* 210–11 (sintert bei 110–20)

Charakteristik: Rechteckige Platten + 2 H_2O (W. + A.); $[\alpha]_D^{25}$ −1° → +15° (W.; c = 1.5). — *V.:* Baugruppe der Hemicellulosen aus Mais-Hulsen.

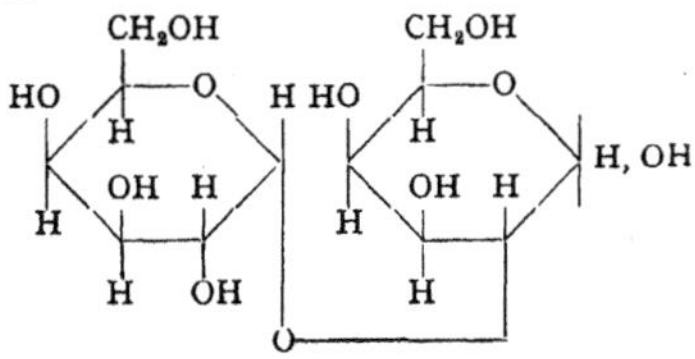

IV/60 **2-O-α-D-Galaktopyranosyl-D-glucose (2-[α-D-Galaktosido]-D-glucose)**

MG 342.29 *F* 155, 118–20

Charakteristik: Nadeln; $[\alpha]_D^{24}$ +161° → +153° (W.); $[\alpha]_D^{20}$ +145° (W.; c = 2, Gleichgewicht). — *V.:* Baugruppe der Umbelliferose. — *Octaacetat:* *F* 176–8.

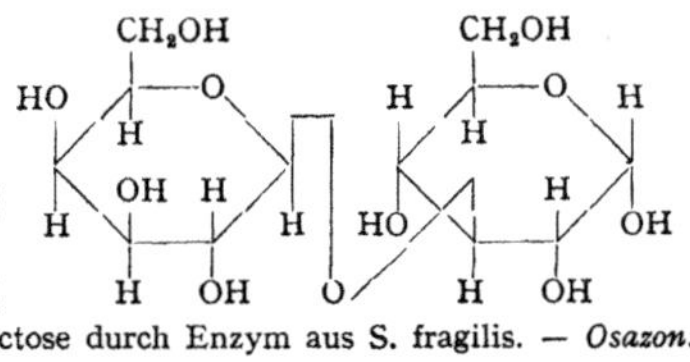

IV/61 **3-O-β-D-Galaktopyranosyl-D-glucopyranose**

MG 342.29 *F* 202–4

Charakteristik: Nadeln + 1 H_2O (W. + Me.); *F* 202–4; weniger suß als Milchzucker; $[\alpha]_D^{22}$ +76.7° → +4.21° (W.; 0 → 300 Min., Endwert); m. Emulsin bzw. Coli-Lactase spaltbar, → Galaktose + Glucose; in alk. Lsg. instabil. — *B.:* Aus Lactose durch Enzym aus S. fragilis. — *Osazon:* *F* 184–5.

IV/62 **α-Lactose (4-O-β-D-Galaktopyranosido-D-glucopyranose; Hydrat: gewöhnlicher Milchzucker, α-Lactosehydrat)**

MG 342.29 D^{20} 1.525 *F* α: 223, β: 252

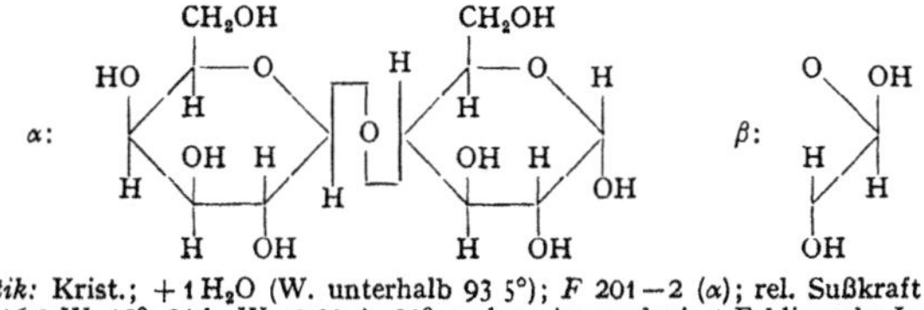

Charakteristik: Krist.; + 1 H_2O (W. unterhalb 93.5°); *F* 201–2 (α); rel. Sußkraft (Rohrzucker = 1) 0.27; 16.9 W. 15°, 24 h. W., 0.09 A. 20°; unl. in Ae.; reduziert Fehlingsche Lsg.; vergarbar durch adaptierte Hefe; Lsg. + β-Lactosidase → Glucose + Galaktose. — *V.:* In Frauenmilch, Milch der Säugetiere. — *α-Octaacetat:* *F* 152. — *Phenylosazon:* *F* 200 (210–2). — *p-Nitrophenylosazon:* *F* 258. — *Benzylphenylhydrazon:* *F* 128. — *Phenylosotriazol:* *F* 180–81.

IV/63 β-Melibiose (6-Glucose-α-D-galaktopyranose, 6-O-α-D-Galaktopyranosyl-D-glucopyranose, O-α-D-Galaktopyranosyl-(1→6)-D-glucose, Eucalyn)

MG 342.29 *F* 179—81 (Monohydrat)

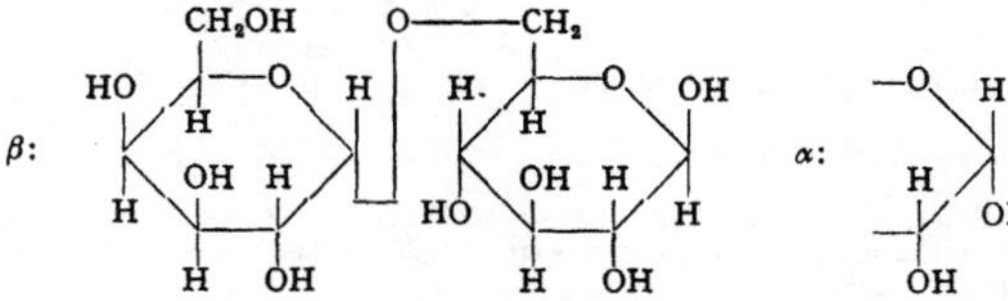

Charakteristik: Krist.; $+ 2 H_2O$ (W.): *F* 84—5 (β); $+ 1 H_2O$ (Eg.); süß; ll. in W.; l. in Me.; wl. in A.; reduziert Fehlingsche Lsg.; durch untergärige Hefen vergärbar. — *V.:* In Exsudaten aus Esche u. Malve, in Kakaobohnen, Bestandteil der Raffinose. — *Phenylosazon: F* 190—2 (176—8). — *β-Octaacetat: F* 177. — *p-Bromphenylosazon: F* 181—2. — *Phenylhydrazon: F* 145 (160). — *Oxim: F* 186. — *Melibiit: F* 176—7. — *Phenylosotriazol: F* 153—4.

IV/64 Allolactose (6-O-β-D-Galaktopyranosyl-D-glucopyranose, Isolactose)

MG 342.29 *F* 174—6 (Z.)

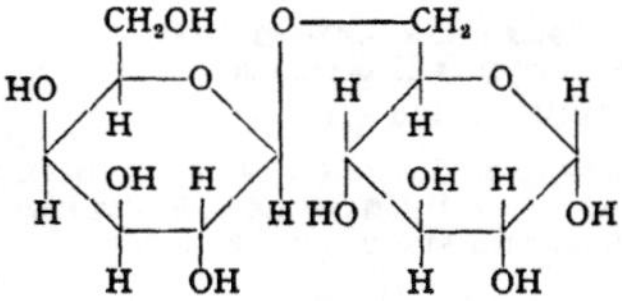

Charakteristik: Nadeln (W. + Me. + A.). — *B.:* Aus Lactose durch ein Enzym aus S. fragilis. — *Osazon: F* 192—4 (185 Z.). — *β-Octaacetat: F* 165—6.

IV/65 Epilactose (4-O-α-D-Galaktopyranosyl-D-mannose)

MG 342.29 *F* β: 196—197

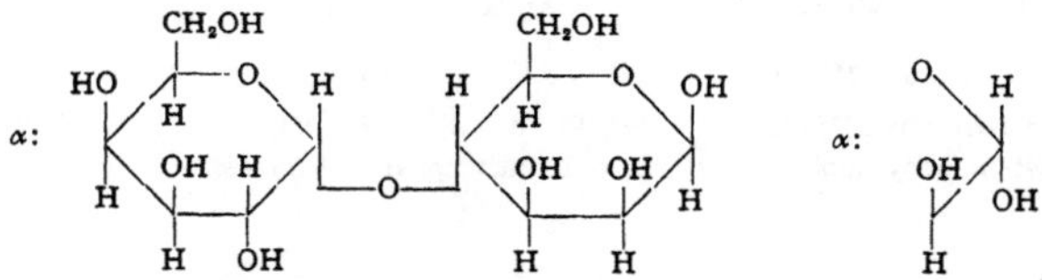

Charakteristik: α: Sternförmig angeordnete Nadeln (W. + Me.); $+ H_2O$: *F* 150—60; $[\alpha]_D^{20}$ + 38° → + 27° (W.). — β: Feine Nadeln (W. + Me.); $[\alpha]_D$ + 17° → + 27° (W.). — *α-Octaacetat: F* 96—7.

IV/66 Epimelibiose (6-O-α-D-Galaktopyranosyl-β-D-mannopyranose, O-α-D-Galaktopyranosyl-(1→6)-D-mannose)

MG 342.29 *F* 201

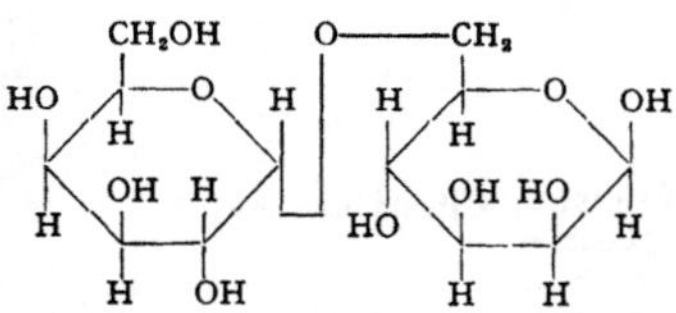

Charakteristik: Krist. (W. + Me. + Butanol); l. in W., Me.; swl. in Butanol; $[\alpha]_D^{25}$ + 120,9° → + 124,6° (W., *c* = 2). — *V.:* Als Baugruppe in Guaran. — *Osazon: F* 175—6. — *Epimelibiit: F* 157—8.

IV/67 3-O-α-D-Galaktopyranosyl-D-galaktose

MG 342.29

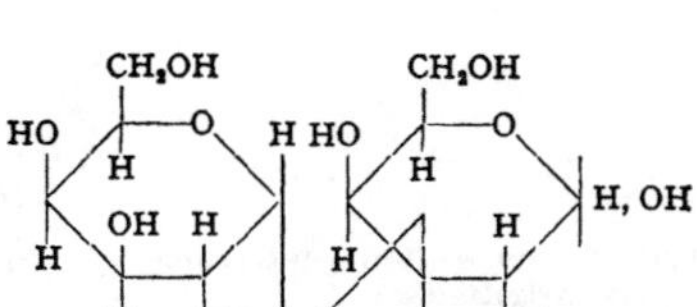

Charakteristik: Amorph; $[\alpha]_D^{25}$ + 155,0° (W., *c* = 3,0). — *V.:* Baugruppe des λ-Carrageenins. — *β-Octaacetat: F* 157,5—158,5. — *Phenylosazon: F* 227—9.

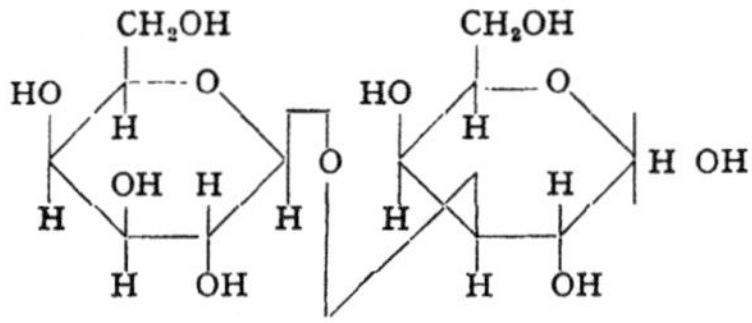

IV/68 **3-O-β-D-Galaktopyranosyl-D-galaktopyranose**

MG 342.29 *F* 169—70, 203 (156—9)

Charakteristik: Krist. (Me. + W.); $[\alpha]_D$ +84° → +60° (W., c = 2). — *V.:* Baugruppe der Gummen aus Acacia pycnantha u. Spondias cytheria Sonner u. des Galaktogens. — *B.:* Durch Einwirkung von Emulsin auf D-Galaktose.

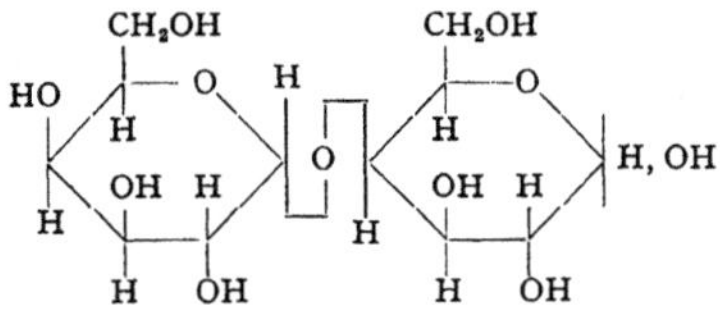

IV/69 **Galaktobiose (4-O-α-D-Galaktopyranosyl-D-galaktopyranose)**

MG 342.29 *F* 210—11

Charakteristik: Krist. (W. + Me. + Butanol); $[\alpha]_D$ +186° → +173° (W., c = 1.2); reduzierend. — *V.:* Hydrolysenprodukt des Pflanzenschleimes aus Hibiscus esculentus. — *B.:* Beim enzymatischen Abbau von Pektinsaure.

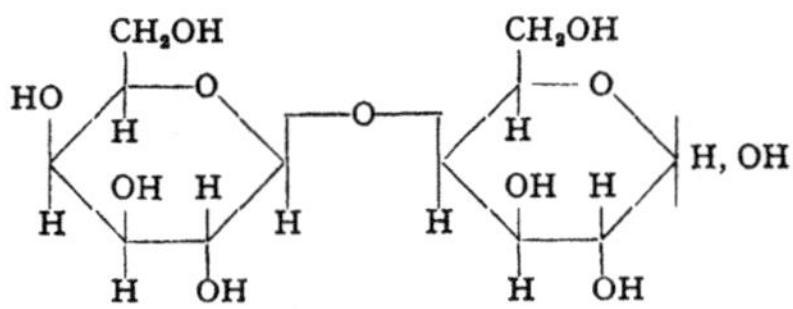

IV/70 **4-O-β-D-Galaktopyranosyl-D-galaktose**

MG 342.29 *F* 204, 210—12

Charakteristik: Krist. (Me.); $[\alpha]_D^{20}$ +68° (W.; c = 1). — *V.:* Baustein der α-Cellulose der Weißbirke (Betula papyrifera) u. des Galaktans aus norwegischem Fichtendruckholz (Picea abies Karst.).

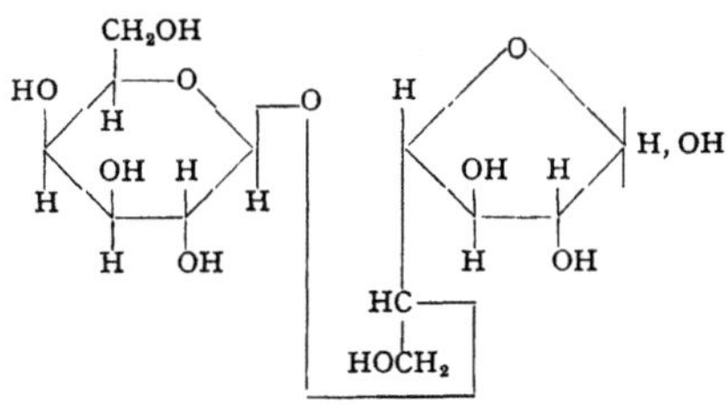

IV/71 **5-O-D-Galaktofuranosyl-D-galaktose**

MG 342.29

Charakteristik: Sirup; $[\alpha]_D$ −65° (W.; c = 3.8). — *V.:* Baugruppe der Galaktocaralose aus Penicillium charlesii. — *5-O-D-Galaktofuranosyl-D-galaktit: F* 149—51.

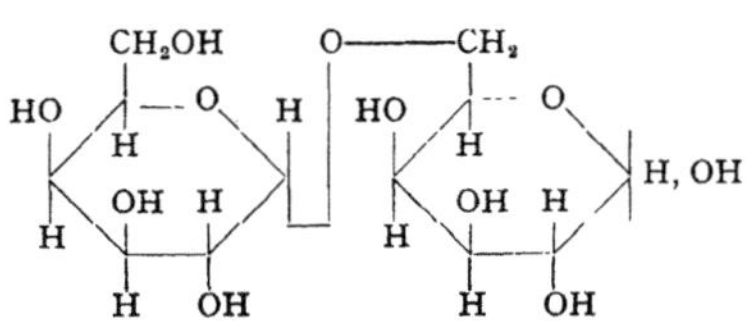

IV/72 **Swietenose (6-O-α-D-Galaktopyranosylgalaktose)**

MG 342.29

Charakteristik: Hygroskop. Pulver; $[\alpha]_D^{28}$ +142.5° (W.; c = 0.5). — *V.:* In Mokha Gummi aus Scherbera swietenoides. — *B.:* Reversionsprodukt der D-Galaktose mit Sauren.

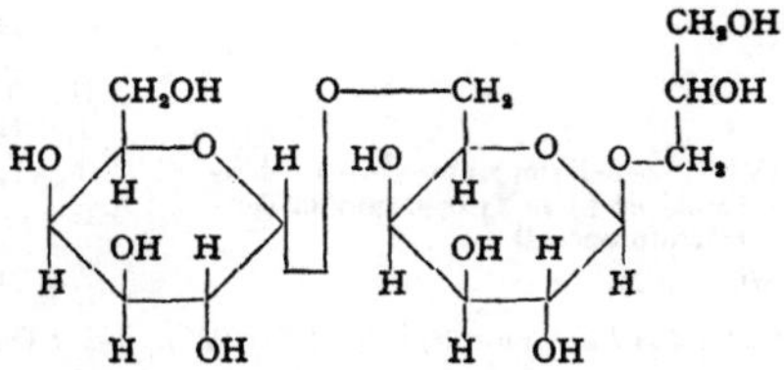

IV/73 **O-α-D-Galaktopyranosyl-(1→6)-O-D-β-galaktopyranosyl (1→1)-D-L-glyceritol**

MG 416.37 *F* 182—4

Charakteristik: Nadeln (A. + W.); $[\alpha]_D$ +86.4°. — *V.:* In Lipoiden aus Weizenmehl, in Rotalgen, z. B. Polysiphonia fastigiata.

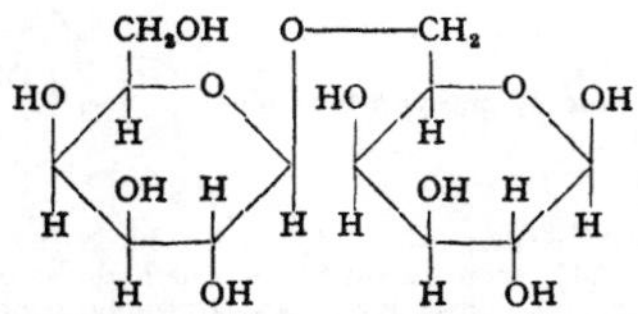

IV/74 **6-O-β-D-Galaktopyranosyl-D-galakto-pyranose (Galaktosido-β-6-galaktose)**

MG 342.29 *F* 136 (sintert b. 106°), 114

Charakteristik: Zerfließliche Nadeln (Me. + W.), lösungsmittelhaltig; $[\alpha]_D^{17}$ +23.2° → +34.1° (W.). — *B.:* Aus Lactose durch Enzym aus S. fragilis. — *V.:* Baustein des Gummis aus Spondias cytheria Sonner u. Ghatti sowie des Arabogalaktans aus Larix occidentalis u. des Galaktogens. — *B.:* Durch Einwirkung von Emulsin auf D-Galaktose. — *Osazon:* *F* 207 (Z.).

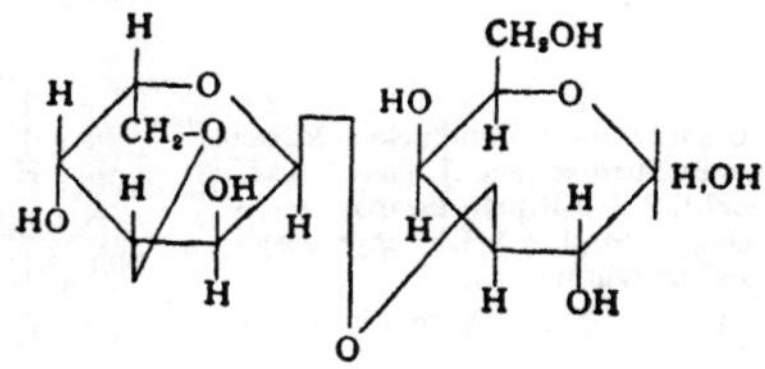

IV/75 **Neogarobiose (3-O-α-(3′,6′-Anhydro-α-L-galaktopyranosyl)-D-galaktopyranose)**

MG 324.27 *F* 207—8

Charakteristik: Krist.; $[\alpha]_D^9$ 34.4° → 20.3° (W., *c* = 2.0; 0 → 24 Std.); wird durch verd. wss. Oxalsäure hydrolysiert. — *V.:* Baugruppe der Agarose aus Agar. — *Phenylosazon:* *F* 199—200. — *Hexaacetat:* *F* 112.

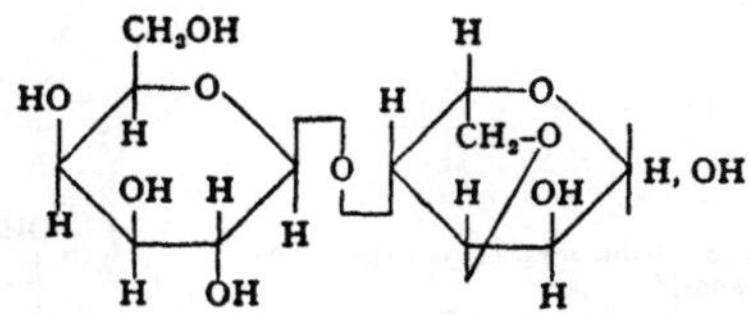

IV/76 **Agarobiose (4-O-β-D-Galaktopyranosyl-3,6-anhydro-L-galaktopyranose)**

MG 324.27

Charakteristik: Wirkt reduzierend. — *V.:* Im Partialhydrolysat von Gelidinum amansii. — *Disaccharid-glycit:* *F* 174.

IV/77 **4-O-β-D-Galaktopyranosyl-3,6-anhydro-D-galaktose**

MG 324.27 *F* 211—13

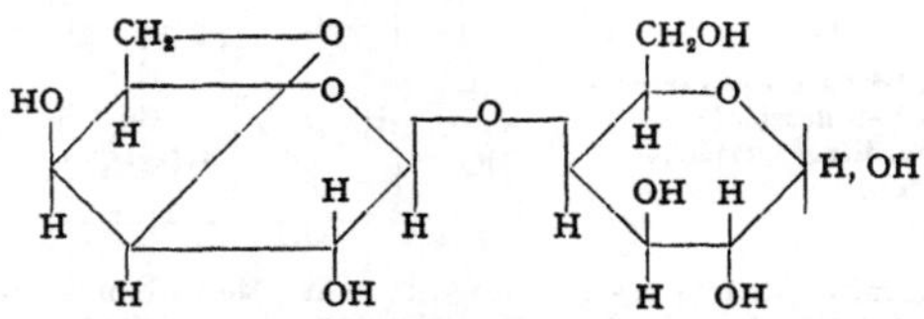

Charakteristik: Gelbe Krist. (A. + Ae.); $[\alpha]_D$ + 110° ± 8° (Me., *c* = 0.4). — *V.:* Baugruppe eines carrageeninähnlichen Polysaccharides aus Furcellaria fastigiata (Huds.).

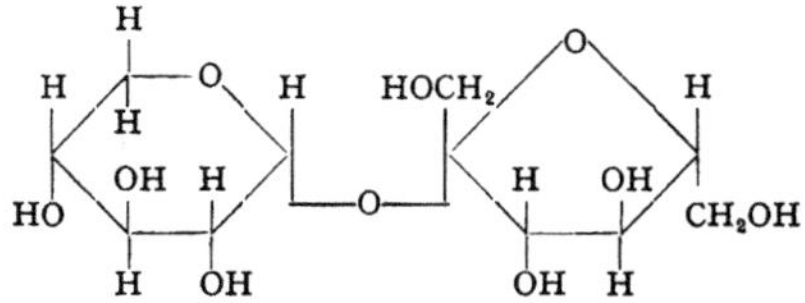

IV/77a α-D-Xylopyranosyl-β-D-fructofuranosid (α-D-Xylopyranosido-β-D-fructofuranosid)

MG 312.27

Charakteristik: Amorph; $[\alpha]_D$ +62° (W.). — *B.:* Durch Lavan-sucrase aus Lavan-D-xylose.

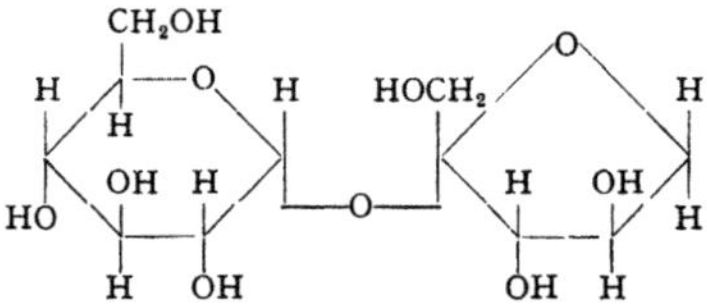

IV/78 α-D-Glucopyranosyl-β-D-xylulofuranosid

MG 312.27 *F* 156—7

Charakteristik: Krist.; $[\alpha]_D$ +43°; wird durch Invertase prakt. nicht angegriffen, aber durch Säuren etwa 30% schneller als Saccharose hydrolysiert, reduziert nicht. — *B.:* Aus α-D-Glucose-1-phosphat u. D-Xylulose durch Saccharose-phosphorylase. — *Heptaacetat:* *F* 180—1.

IV/79 α-D-Glucopyranosyl-β-D-rhamnulosid

MG 324.28 *F* 188—90 $C_{12}H_{20}O_{10}$

Charakteristik: Krist. (A. + Ae.); $[\alpha]_D$ +61.5° (W.); wird durch Invertase nicht, durch Sauren dagegen schnell, hydrolysiert. — *B.:* Aus Saccharose u. D-Rhamnose durch Mannoseisomerase u. Sucrosephosphorylase aus Pseudomonas saccharophila.

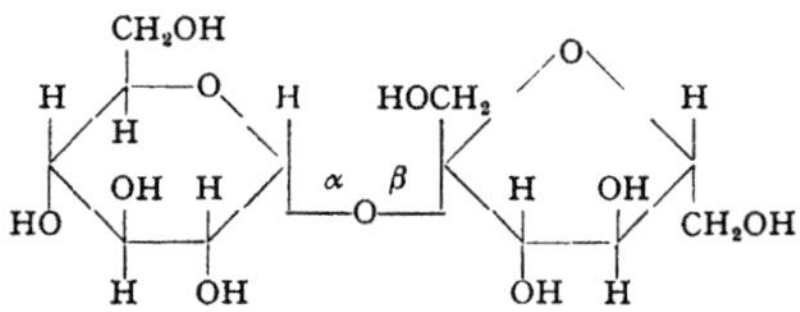

IV/80 Saccharose (Rohrzucker, Rübenzucker, Sucrose [engl.], Cane Sugar [engl.], 2-β-D-Fructo-furanosyl-α-D-glucopyranosid, α-D-Glucopyranosyl-β-D-fructofuranosid)

MG 342.29 D_4^{25} 1.5871 *F* 169—70, 185

Charakteristik: Krist. (Me. + A. oder W. + A.); 204 W. 20°, 487 W. 100°, 1.18 Me. 19°; unl. in Ae.; reduziert Fehlingsche Lsg. nicht; wird durch Hefe vergoren; + alkalische Lsg. von Diazouracil → grün (auch in Ggw. von Saccharose enthaltenden Oligosacchariden); wird durch α-Glucosidase gespalten. — *V.:* Im Pflanzenreich fast universell verbreitet, im Bienenhonig. — *Octaacetat* (dimorph.): *F* 69, 89. — *Isosaccharose* = *β-D-Glucopyranosido-α-D-fructofuranosid:* *F* 194.

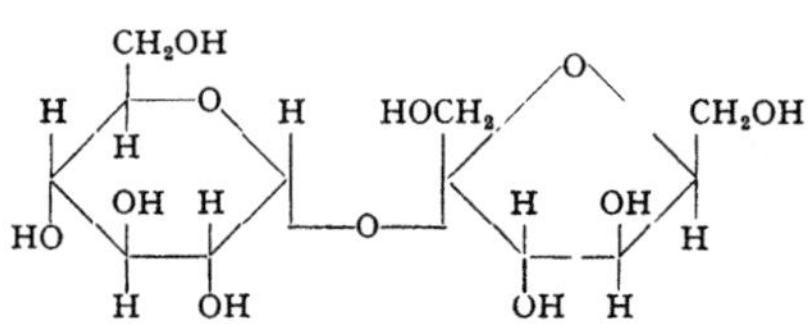

IV/81 α-D-Glucopyranosyl-α-D-sorbofuranosid

MG 342.29 *F* 178—80

Charakteristik: Krist.; suß; $[\alpha]_D$ +33°; wird durch Invertase sehr wenig angegriffen, durch Sauren aber leicht hydrolysiert; + Diazouracil → blaugrun; reduziert nicht. — *B.:* Aus α-D-Glucose-1-phosphat u. Sorbose durch Enzyme aus Pseudomonas saccharophila.

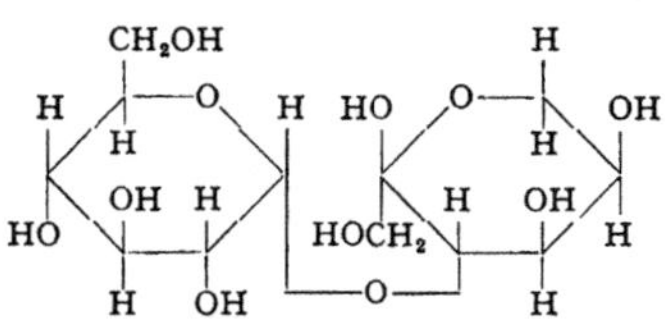

IV/82 Turanose (3-Fructose-α-D-glucopyranosid, 3-[α-D-Glucosido]-D-fructose, 3-O-α-D-Glucopyranosyl-D-fructopyranose)

MG 342.29 *F* 157

Charakteristik: Prismen; (Me.); + H_2O: *F* 60—5; ll. in W., Me.; wl. in A.; sehr suß; reduziert Fehlingsche Lsg., kann auch in der Furanoseform und in der Ketoform reagieren. — *V.:* Im Bienenhonig, Bruchstuck der Melizitose. — *Phenylosazon:* *F* 215—20 (Z.) (200—205). — *Phenylosotriazol:* *F* 193—4.

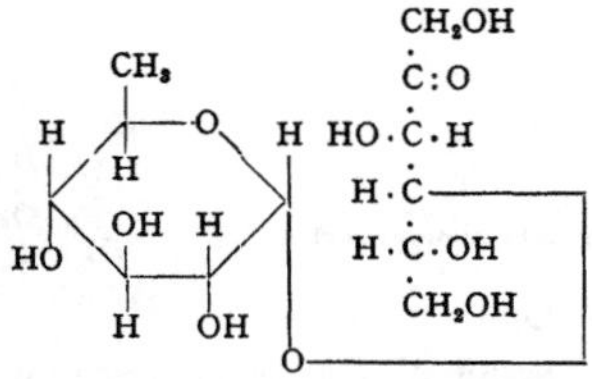

IV/83 **Maltulose (4-O-α-D-Gluco-pyranosyl-D-fructose)**
MG 342.29

Charakteristik: Krist. (Dioxan +Me.); +1 H_2O: *F* 113–5; $[\alpha]_D^{20}$ +58° → +64° (W.; *c* = 1.58; → Gleichgewicht). – *V.:* Im Honig, im Bier. – *B.:* Reversionsprodukt der Maltose bei Einwirkung von NH_3 bzw. Kalkwasser.

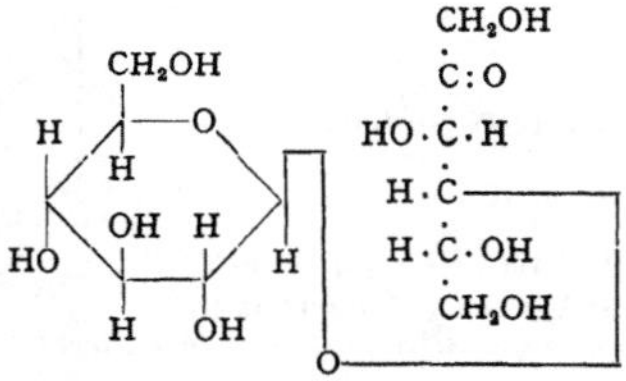

IV/84 **Cellobiulose (4-O-β-D-Gluco-pyranosyl-D-fructose)**
MG 342.29

Charakteristik: Amorph, hygroskopisch; $[\alpha]_D^{23}$ –60.1° (W.; *c* = 2.40). – *B.:* Reversionprodukt der Cellobiose mit Kalkwasser.

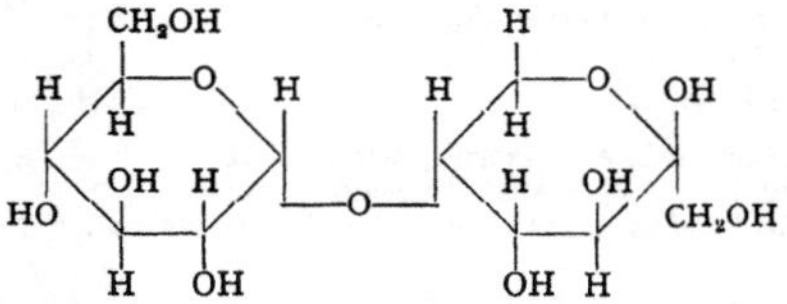

IV/85 **Leucrose (5-O-α-D-Gluco-pyranosyl-D-fructopyranose)**
MG 342.29 *F* 161–2

Charakteristik: Stabchen (Me. + Essigester, feucht); +1 H_2O; *F* 156–8; schwach süß; ll. in W.; wl. in h. Me.; swl. in h. A., Essigester. – *B.:* Aus Saccharose durch Dextran-saccharase aus Leuconostoc mesenteroides. – *Phenylosazon: F* 186–8.

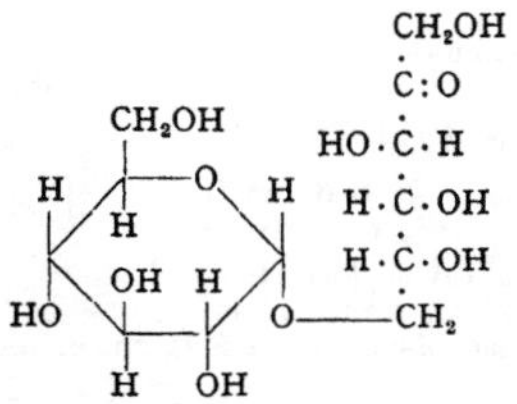

IV/86 **Palatinose (Isomaltulose, 6-O-α-D-Glucopyranosyl-D-fructose)**
MG 342.29

Charakteristik: Krist.; $[\alpha]_D^{25}$ +103° (W.; *c* = 1.9); weniger süß als Saccharose, wird durch Sauren schwer hydrolysiert; durch α-Glucosidase aus untergäriger Bierhefe: Spaltung mit etwas geringerer Geschwindigkeit als Maltose. – *B.:* Durch Enterobakterien aus Saccharose, durch Leuconostoc mesenteroides (NRRLB-512 F) bei der Dextranbildung aus Saccharose.

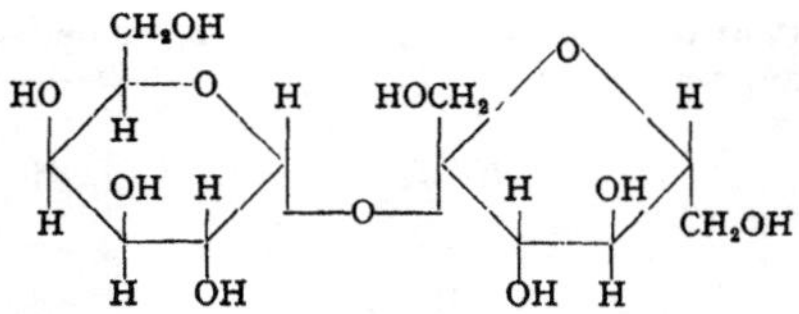

IV/87 **Galsucrose (α-D-Galakto-pyranosyl-β-D-fructofuranosid, Galsaccharose)**
MG 342.29 *F* 179 (sintert bei 170)

Charakteristik: Rechteckige Platten; $[\alpha]_D^{20}$ +81.5° (W.; *c* = 1.02); weniger süß als Saccharose; + Diazouracil → grüne Färbg. (dunkler als bei Saccharose). – *B.:* Aus Raffinose u. D-Galaktose durch Lävansaccharase aus Aerobacter lävanicum.

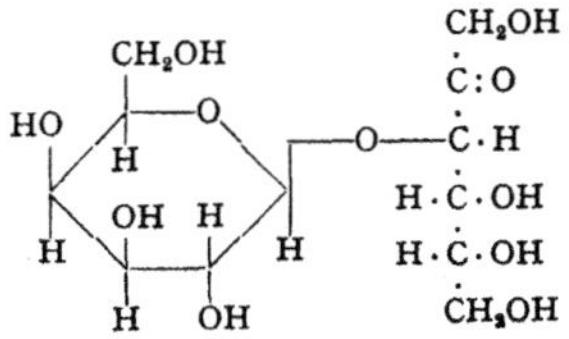

IV/88 3-O-β-D-Galaktopyranosyl-D-fructose

MG 324.29 *F* 197—9

Charakteristik: Prismen (W. + Me. + Eg.); schwach süß; + Coli-Lactase bzw. Emulsin → Fructose + Galaktose; in alkal. Lsg. instabil. — *Osazon:* *F* 184—5.

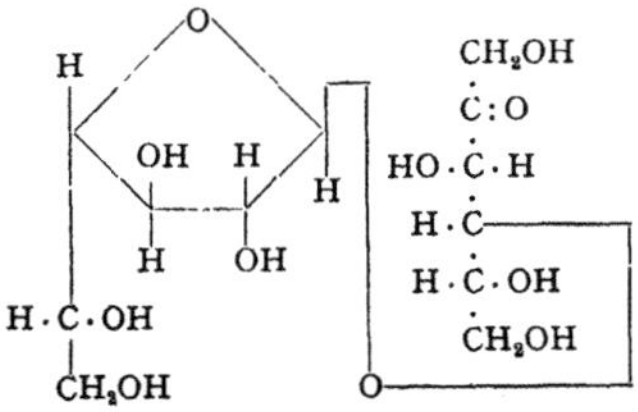

IV/89 Lactulose (4-O-β-D-Galaktosyl-D-fructose)

MG 342.29 *F* 163—5

Charakteristik: Krist. (Me.); $[\alpha]_D^{20}$ − 34.3° → − 49.8° (W., c = 1; Endwert nach 15 Stdn.); besitzt wahrscheinlich bifidogene Eigenschaften. — *Octaacetat:* *F* 136—7.

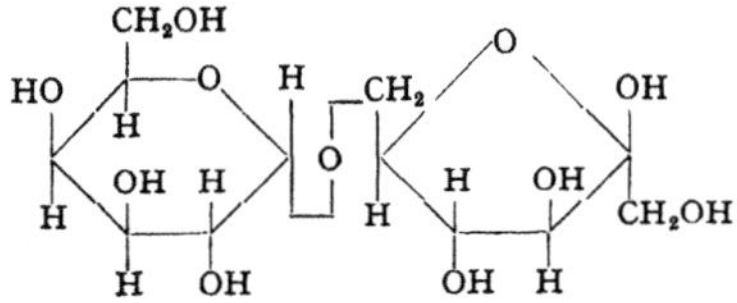

IV/90 Planteobiose (6-O-α-D-Galaktopyranosyl-D-fructofuranose, Melibiulose)

MG 342.29

Charakteristik: Amorph; wirkt reduzierend. — *B.:* Aus Epimelibiit durch Acetobacter suboxydans. — *Melibiitnonaacetat:* *F* 96—8. — *Epimelibiitnonaacetat:* *F* 122.

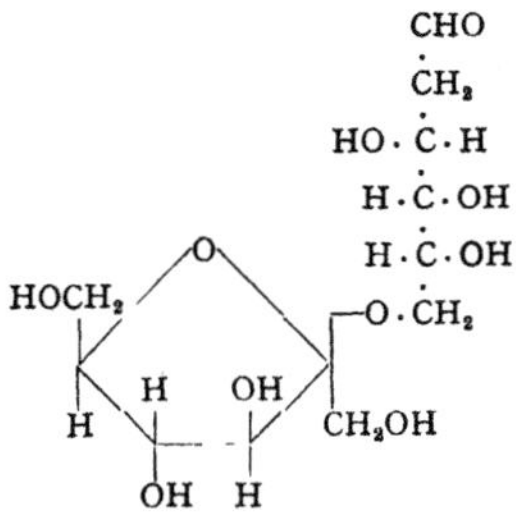

IV/91 6-O-β-D-Fructofuranosyl-2-desoxy-D-glucose

MG 326.29 *F* 85 (sintert bei 56)

Charakteristik: Krist. (A. + Butanol); $[\alpha]_D^{23}$ + 62° → + 26.8° (W.; *c* = 1.08). — *V.:* In Blättern von Tabak, Mais, Sorghum, Impatiens Sultani, sowie in Sämingen von Buchweizen, Mais, Weizen, Sorghum u. Gurken nach Infusion von 2-Desoxy-D-Glucose.

IV/92 Ceratose (Fructosido-glucose) $C_{12}H_{20}O_{10}$

MG 342.29

Charakteristik: Sirup; $[\alpha]_D^{23}$ + 21° (W., *c* = 2.8). — *V.:* In den Früchten von Ceratonia siliqua L. (Johannisbrot). — *Azobenzolsulfonylhydrazon:* *F* 160—3 (Z.). — *Octaazobenzolcarbonsäureester:* *F* 270—3 (Z.).

IV/93 Inulobiose (1-O-β-D-Fructofuranosyl-D-fructose)

MG 342.29

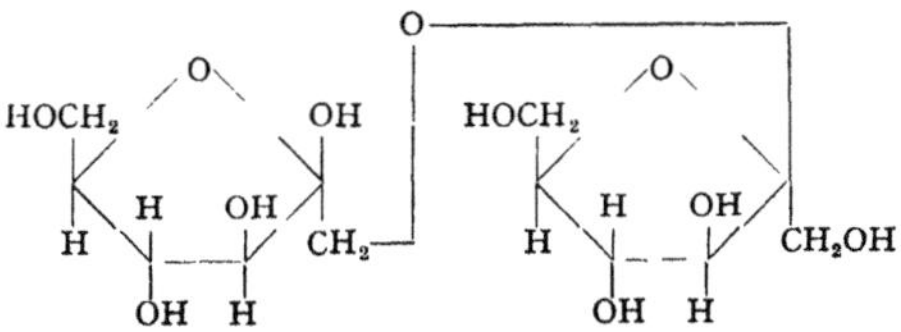

Charakteristik: $[\alpha]_D$ − 32.5° (W., *c* = 2.6); $[\alpha]_D^{20}$ − 72.4° (W., *c* = 2.75). — *V.:* Baugruppe des Inulins.

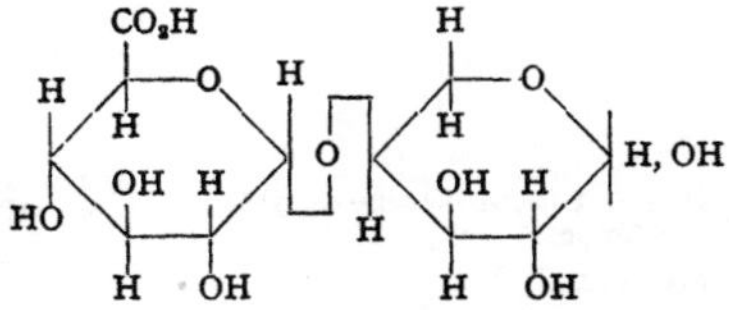

IV/94 **4-O-α-D-Glucuronosyl-L-arabopyranose**
MG 326.25

Charakteristik: Brucinsalz: *F* 187–8; $[\alpha]_D^{27}$ −14.7° → 15.7° (W., *c* = 1.5). — *V.:* Baugruppe der spezifischen Polysaccharide aus Pneumococcus Typ III u. VIII.

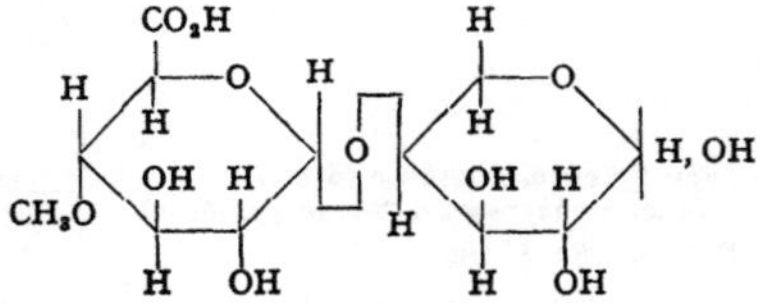

IV/95 **4-O-(4-O-Methyl-α-D-glucuronosyl)-L-arabopyranose**
MG 340.28

Charakteristik: $[\alpha]_D$ +134° (W., *c* = 4.3). — *V.:* Baugruppe des Apfelsinengummis.

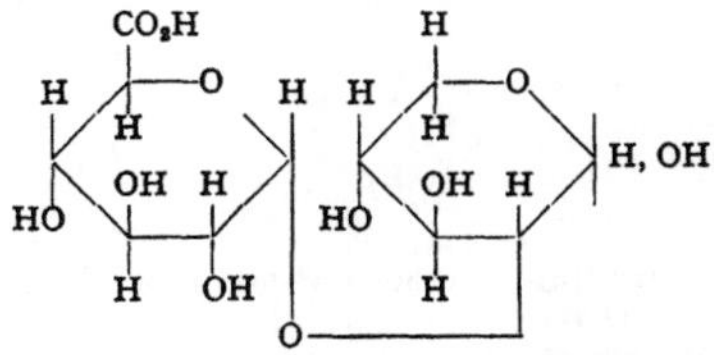

VI/96 **2-O-α-D-Glucopyranosyluronsäure-D-xylose (2-O-α-D-Glucuronosyl-D-xylose)**
MG 326.25
Charakteristik: Glasartig; $[\alpha]_D^{23}$ +95° (W.; *c* = 2). — *V.:* Baugruppe des Chagualgummis aus Puya chilensis u. a., Baugruppe der Hemicellulose aus Maishülsen u. aus Pinus taeda, in Erdnußschalen.

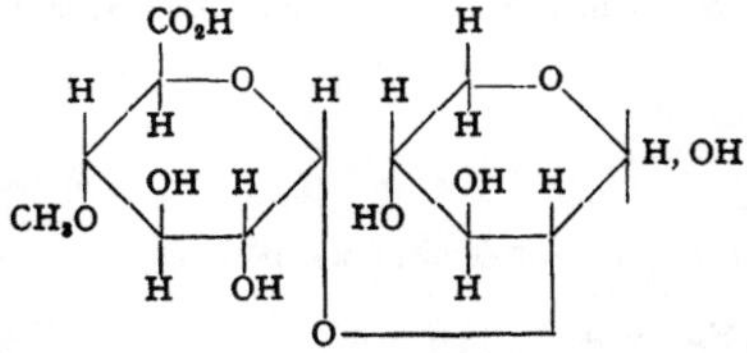

IV/97 **2-O-(4-O-Methyl-α-D-glucuronosyl)-D-xylose**
MG 340.28

Charakteristik: Sirup; $[\alpha]_D$ +83° (W., *c* = 3.5). — *V.:* Baugruppe in den Hemicellulosen der Weihrauchkiefer (Pinus taeda), von Tsuga heterophylla, Picea glauca u. Pinus elliottii, sowie von Maishülsen.

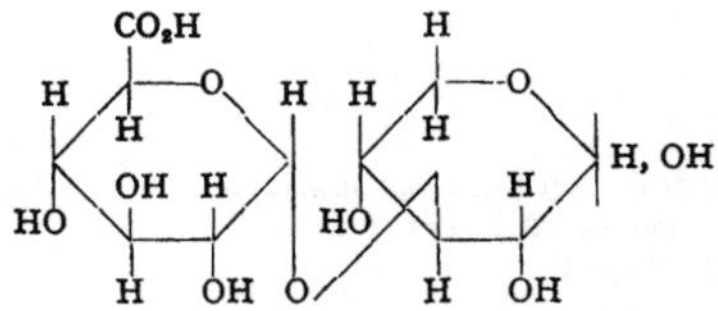

IV/98 **3-O-α-D-Glucuronosyl-D-xylose (3-(Xylopyranosyl-α-D-glucuronosid))**
MG 326.25

Charakteristik: Sirup, $[\alpha]_D^{27}$ +18.5° (W., *c* = 3.28) wirkt reduzierend. — *V.:* Baugruppe der Hemicellulose des Weizenstrohs.

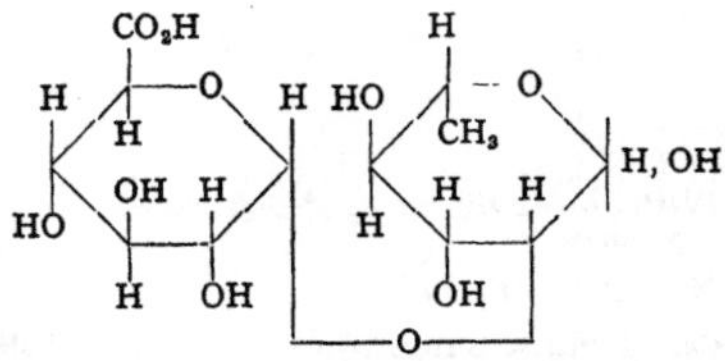

IV/99 **2-O-α-D-Glucuronosyl-L-rhamnose**
MG 340.28

Charakteristik: $[\alpha]_D$ +63° (W., *c* = 1.5). — *V.:* Im Hydrolysat des Gummis aus Brachychiton diversifolium.

IV/100 **4-O-β-D-Glucuronosyl-L-rhamnose**
MG 340.28

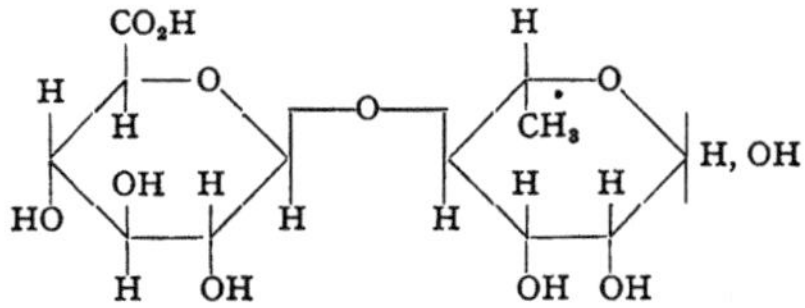

Charakteristik: Sirup; $[\alpha]_D$ −6° (W., c = 0.5). — *V.:* Baugruppe der wasserlöslichen Polysaccharide aus Acrosiphonia centralis (Spongomorpha arcta).

IV/101 **Cellobiuronsäure (4-O-β-D-Glucuronopyranosyl-D-glucopyranose)**
MG 356.28 *F* 189.5

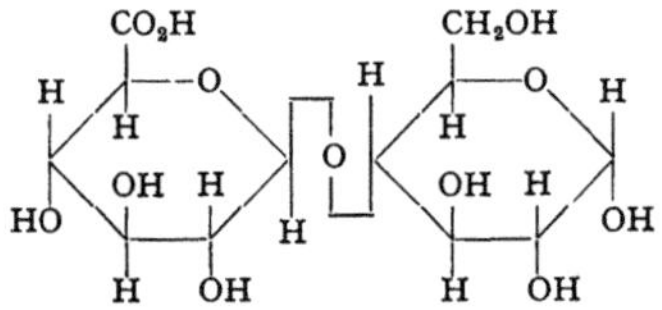

Charakteristik: Seeigelförmige Drusen (Eg.); $[\alpha]_D^{20}$ +14.7° → +7.6° (W., c = 5.2; 10 Min. → 30 Std., Endwert). — *V.:* Baugruppe des spezifischen Polysaccharides aus Pneumococcus Typ VIII. — *Heptaacetylmethylester:* *F* 254. — *Heptaacetat:* *F* 239 (Z.).

IV/102 **2-O-β-Glucuronosyl-D-mannopyranose**
MG 356.28

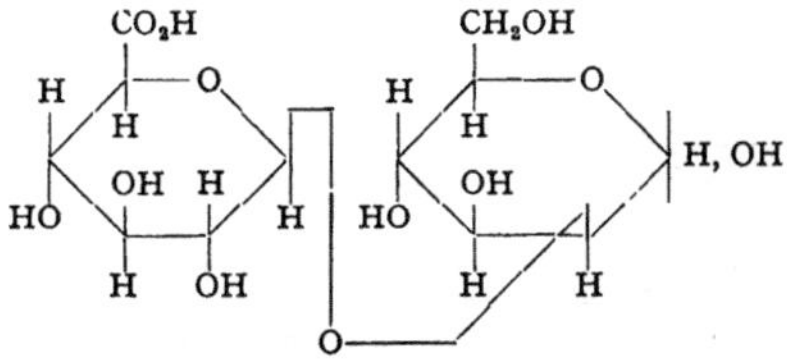

Charakteristik: Ba-Salz: $[\alpha]_D^{20}$ −16° (W., c = 3.6); resistent gegen Hydrolyse. — *V.:* Baugruppe der Gummen der Kirsche und der Damascenerpflaume (Damsonplum), sowie des Gummighatti.

IV/103 **4-O-α-D-Glucuronosyl-D-galaktopyranose**
MG 356.28

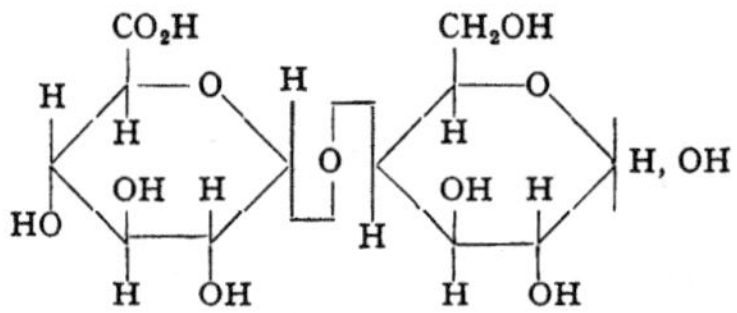

Charakteristik: Ba-Salz: $[\alpha]_D^{29}$ +12° (W., c = 2.0). — *V.:* Baugruppe des Acacia Karroo Gummis.

IV/104 **4-O-(4-O-Methyl-α-D-glucuronosyl)-D-galaktopyranose**
MG 370.31

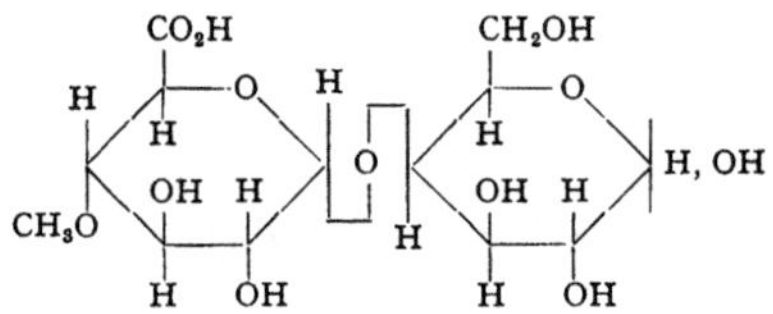

Charakteristik: Sirup; Ba-Salz: $[\alpha]_D^{16}$ +87° ± 4° (W., c = 0.98). — *V.:* Baugruppe des Myrrhen-Gummis, des Mesquite-Gummis u. des Gummis aus Fagara xanthoxylides (Lam.).

IV/105 **6-O-D-Glucuronosyl-D-galaktopyranose**
MG 356.28 *F* 116 (Z.)

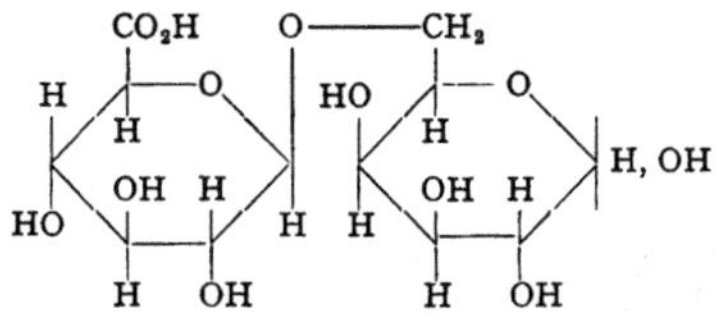

Charakteristik: Sirup; $[\alpha]_D$ −8.3° (W.); Ba-Salz: $[\alpha]_D^{20}$ +70°. — *V.:* In den Gummiexsudaten aus Acacia pycnantha, A. sundra, A. Karroo, A. mollissima, A. cyanophylla, A. catechu, A. senegal sowie im Gummighatti als Baugruppe. — *Heptaacetat:* *F* 203.

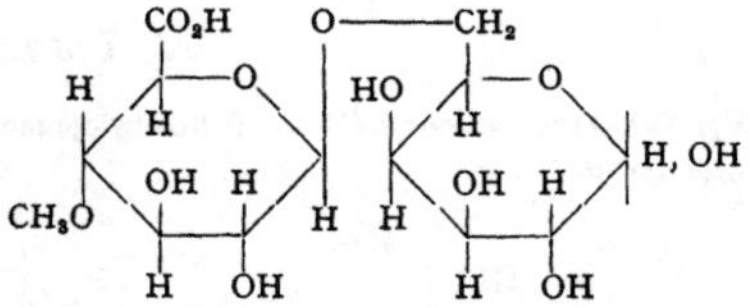

IV/106 **6-O-(4-O-Methyl-β-D-glucuronosyl)-D-galactopyranose**

MG 370.31

Charakteristik: Sirup; Ba-Salz: $[\alpha]_D^{16}$ +6° ± 4° (W., *c* = 0.9). — *V.:* Baustein des Myrrhen-Gummis.

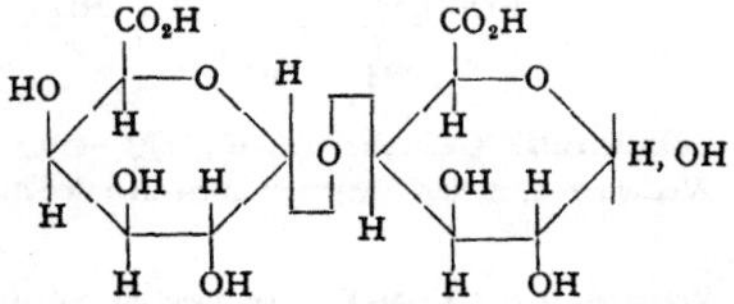

IV/107 **Digalakturonsäure (4-O-(α-D-Galaktopyranosyluronsäure)-D-galakturonsäure)**

MG 370.26 *F* 130 (Z.)

Charakteristik: Krist. (A.) + H_2O; Ca-Salz: Nadeln; $[\alpha]_D$ +119° (n HCl; *c* = 1.3). — *V.:* Baugruppe der Pectinsäure.

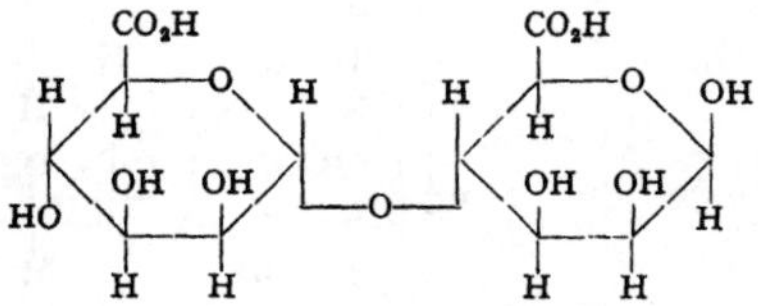

IV/108 **Dimannuronsäure (α-Mannopyranosidurono-β-(1→4)-mannopyranosiduronsäure)**

MG 370.26 *F* 182

Charakteristik: Sternförmig gruppierte Nadeln (Eg.); $[\alpha]_D^{19,5}$ −4.2° → −46.5° (W., *c* = 5.7; 10 Min. → 20 Std., Endwert). — *V.:* Baugruppe der Alginsäure.

IV/109 **Di-D-fructopyranose-1,2′-2,1′-dianhydrid (Diheterolävulosan I)**

MG 324.28 *F* 270—72 (Z.) (metastabile Form), 287—82

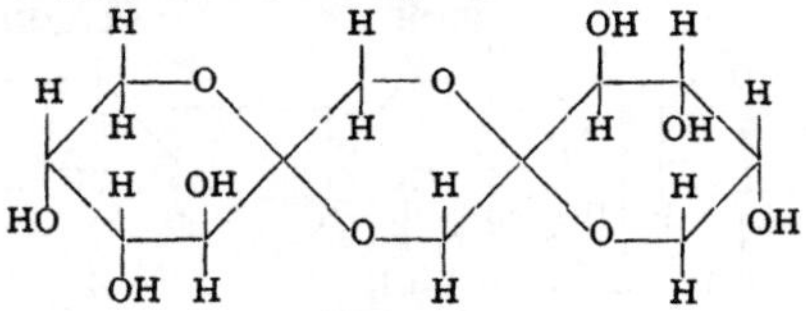

Charakteristik: $[\alpha]_D$ −45.8 (W.). — *Hexaacetat:* *F* 171—3.

IV/110 **D-Fructopyranose-D-fructofuranose-1,2′-2,1′-dianhydrid (Diheterolävulosan II)**

MG 324.28 *F* 258—61 (Z.)

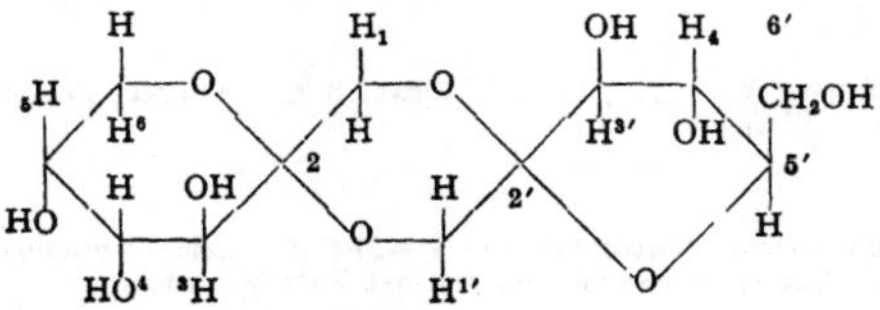

Charakteristik: Krist. (W. u. A.); $[\alpha]_D^{25}$ −35.4 (W.; *c* = 3.8).

IV/111 **1,2′:2,1′-Di-D-fructofuranose-dianhydrid (Difructoseanhydrid I)**

MG 324.28 *F* 163—4

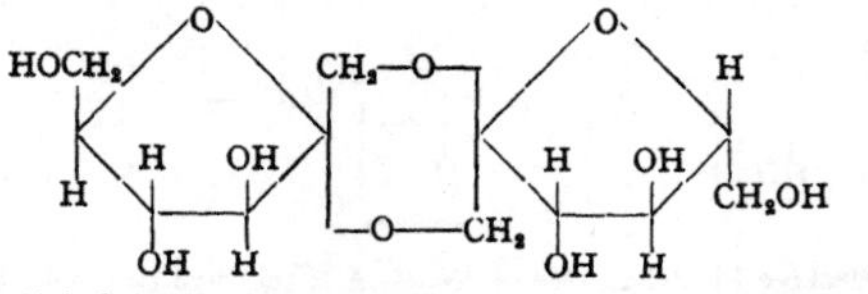

Charakteristik: Krist. (A.); l. in W.; $[\alpha]_D$ +26.9° (W.). — *V.:* Reversionsprodukt bei der sauren Hydrolyse von Inulin.

V. Trisaccharide

V/1 **O-L-Arabofuranosyl-(1→3)-O-β-D-xylopyranosyl-(1→4)-D-xylopyranose**
MG 414.36

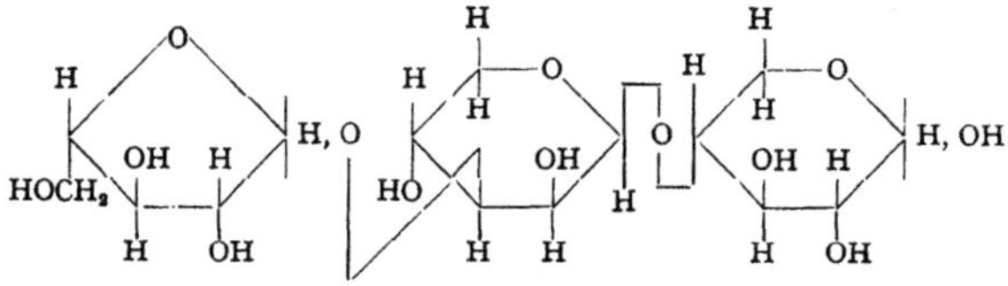

Charakteristik: Gelbliches Pulver; $[\alpha]^{25}_{\alpha}$ −19.3 (W.; c = 1). — *V.:* Baugruppe des Xylans aus Weizenstroh, in den Enzymhydrolysaten der Araboxylane aus Roggenmehl u. Knauelgras.

V/2 **Xylotriose (O-β-D-Xylopyranosyl-(1→4)-O-β-D-xylopyranosyl-(1→4)-β-D-xylopyranose)**
MG 414.36 *F* 205−206

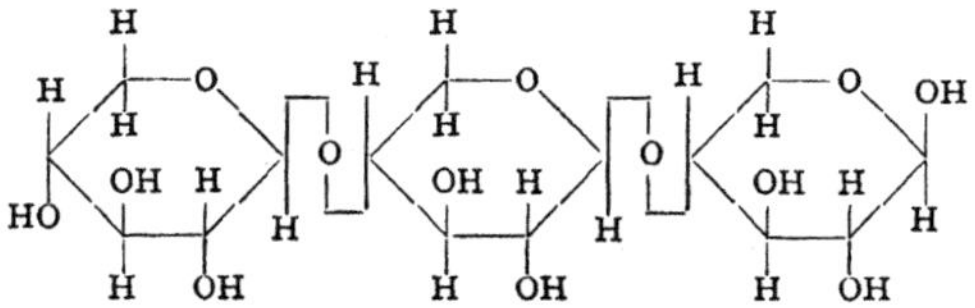

Charakteristik: Krist.; l. in W.; wl. in Me. — *V.:* Abbauprod. des Xylans.

V/3 **Lykotriose II (O-β-D-Xylopyranosyl-(1→3)-O-β-D-glucopyranosyl-(1→4)-D-galaktose**
MG 474.4 *F* 175−80 (sintert ab 145)

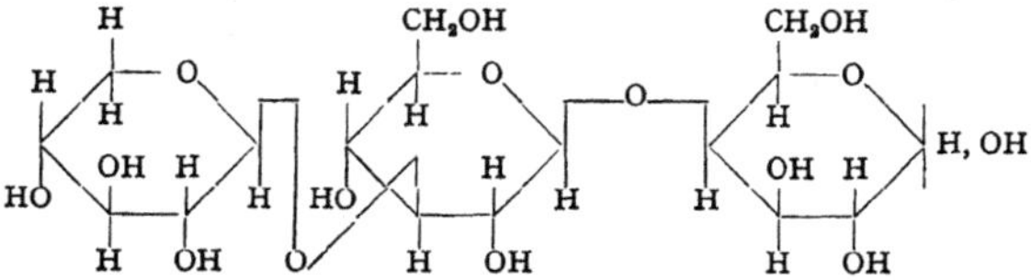

Charakteristik: Amorph; $[\alpha]^{21}_{D}$ +6° (W.). — *V.:* Baugruppe der Lycotetraose des Tomatins.

V/4 **Scillatriose (L-Rhamnose-Glucose-Glucose)**
MG 488.44 *F* 216

Charakteristik: Krist. (W. + A.); ll. in W.; swl. in A.; reduziert Fehlingsche Lösung. — *V.:* Im Glycosid Glucoscillaren A.

V/5 **Fucosido-lactose (O-α-L-Fucopyranosyl-(1→2)-O-β-D-galaktopyranosyl-(1→4)-α-D-glucopyranose, 2′-α-L-Fuco-pyranosyllactose, ₂Gal-α-L-Fucosyllactose)**
MG 488.44 *F* 230−1 (Z.)

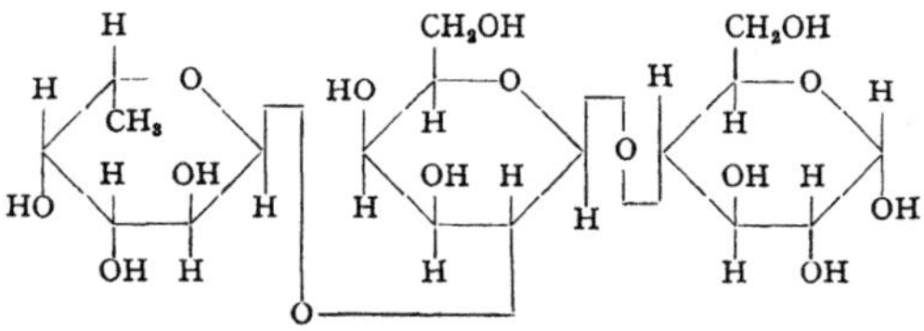

Charakteristik: Dreieckige Plättchen (Me. + W. + A.); schwach suß; sehr ll. in W.; $[\alpha]_D$ −57° (W.). — *V.:* In der Frauenmilch. — *Phenylosazon:* *F* 217−8. — *p-Toluolsulfonylhydrazon:* *F* 205−6.

V/6 **Laminaritriose (β-D-Glucopyranosyl-(1→3)-β-D-glucopyranosyl-(1→3)-D-glucopyranose)**
MG 504.44 *F* 121

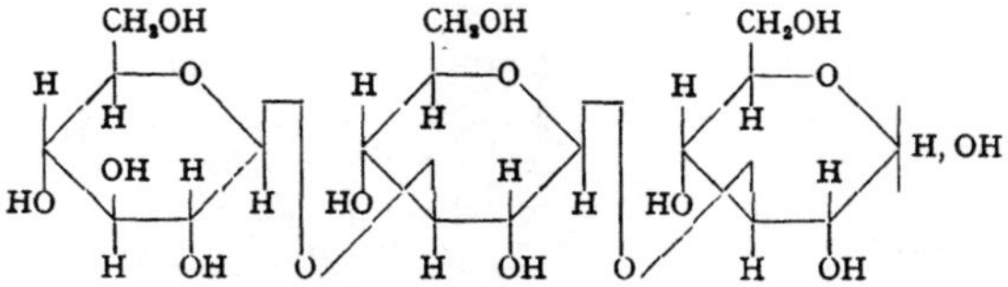

Charakteristik: Krist.; $[\alpha]_D$ +2.3° (W.). — *V.:* Baugruppe des Laminarins u. des Hefeglucans. — *β-Hendekaacetat:* *F* 121.

V/7 **O-α-D-Glucopyranosyl-(1→3)-O-α-D-glucopyranosyl-(1→4)-D-glucose**
MG 504.44

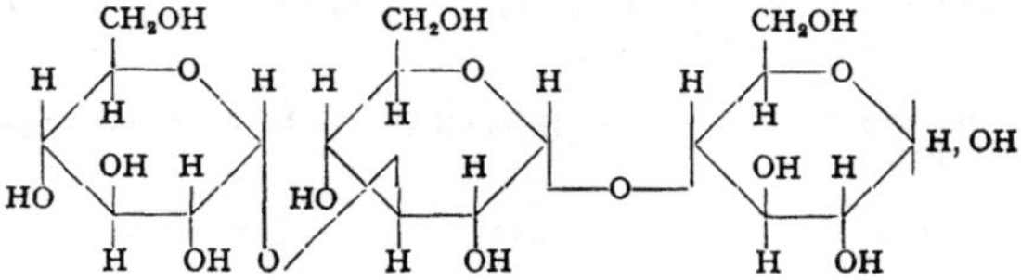

Charakteristik: Amorph; $[\alpha]_D$ +169.5° (W.; *c* = 1.25); reduziert Fehlingsche Lösung. — *V.:* Baugruppe des Nigerans.

V/8 **O-β-D-Glucopyranosyl-(1→3)-O-β-D-glucopyranosyl-(1→4)-α-D-glucopyranose**
MG 504.44 *F* 229—31

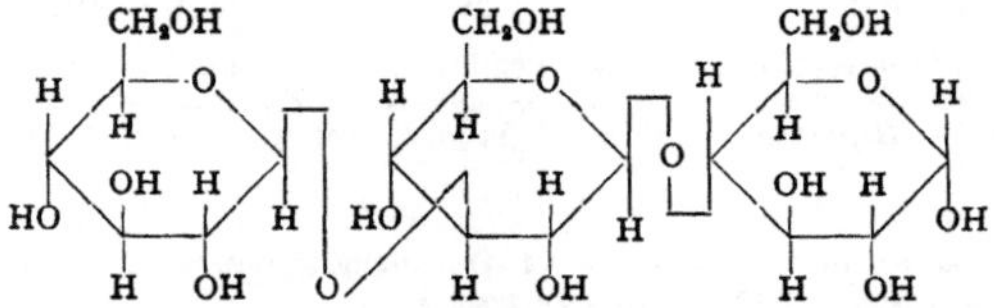

Charakteristik: Krist. (W. + A.); $[\alpha]_D$ 18.7° → 13.0° (W., *c* = 1.4). — *V.:* Baugruppe des Lichenins aus Cetraria islandica, Bildung bei Einwirkung von Cellulase. — *β-Hendekaacetat:* *F* 121—3.

V/9 **6-O-β-Laminaribiosylglucose (O-β-D-Glucopyranosyl-(1→3)-O-β-D-glucopyranosyl-(1→6)-D-glucose)**
MG 504.44 *F* 216—7

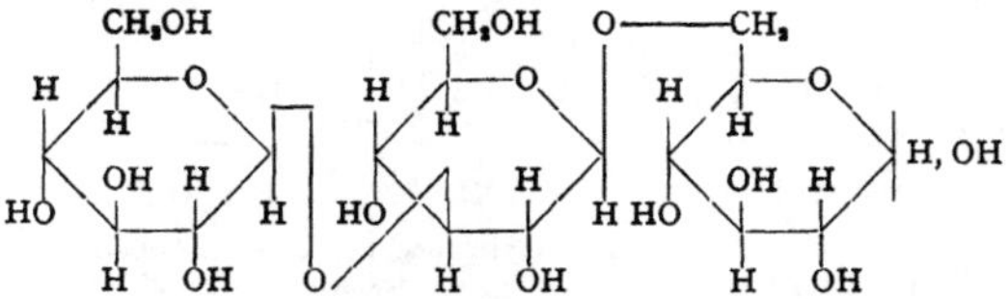

Charakteristik: $[\alpha]_D$ −6° (W.). — *V.:* Baugruppe des Laminarins u. des Hefeglucans. — *Hendekaacetat:* *F* 216—7.

V/10 **O-β-D-Glucopyranosyl-(1→4)-O-[α-D-glucopyranosyl-(1→2)]-D-glucopyranose, (2'-α-Glucosylcellobiose)**
MG 504.55

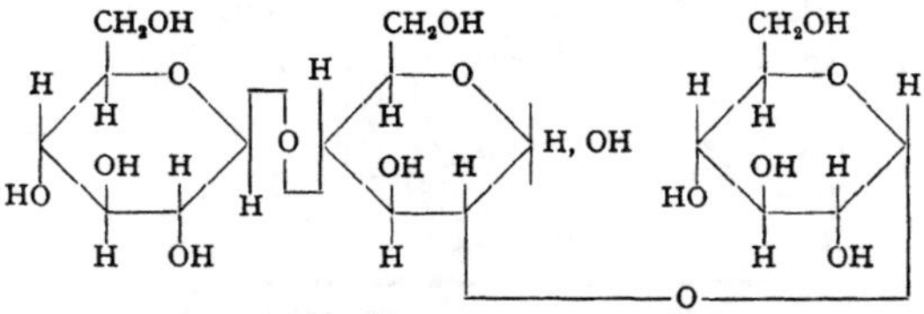

Charakteristik: Amorph; $[\alpha]_D^{18}$ +93° (Gleichgewicht, W.; *c* = 1). — *B.:* Aus Cellobiose u. Saccharose durch Betacoccus arabinosaceus (Birmingham).

V/11 **O-β-Glucopyranosyl-(1→4)-O-β-D-glucopyranosyl-(1→3)-α-D-glucose (3-O-β-Cellobiosyl-glucose)**

MG 504.44 *F* 236–9

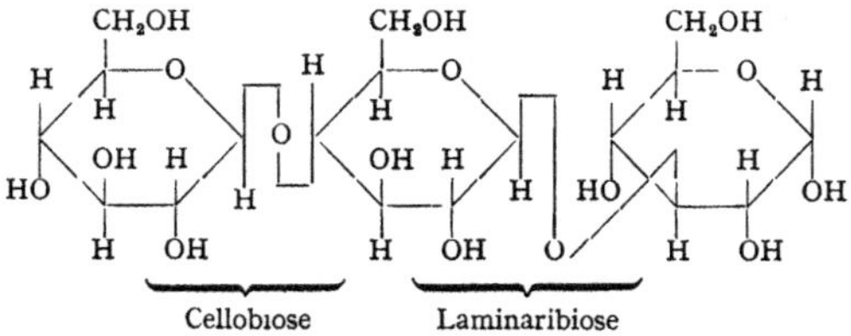

Charakteristik: Krist. (W. + A.); $[\alpha]_D$ + 16.5° → + 11.7° (W.; *c* = 1.5); reduziert Fehlingsche Lsg. — *V.:* Im Garungsruckstand von Hydrolysaten aus Gerste, Baugruppe des Lichenins. — *Hendekaacetat:* *F* 182.5–183.5, 108–10.

V/12 **Maltotriose (Amylotriose, O-α-D-Glucopyranosyl-(1→4)-O-α-D-glucopyranosyl-(1→4)-D-glucopyranose)**

MG 504.44

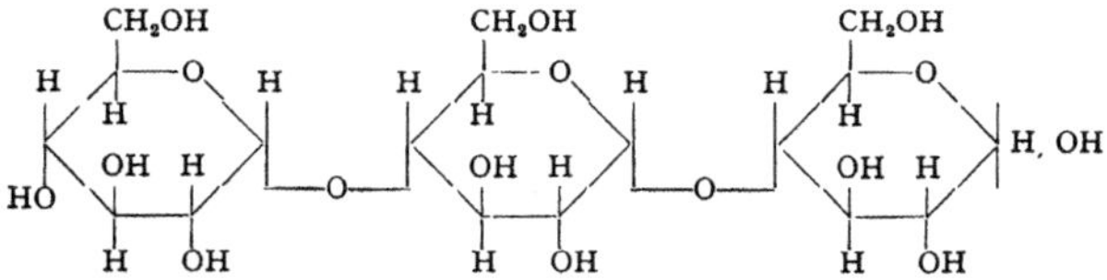

Charakteristik: Amorphes Pulver; reduziert Fehlingsche Lsg.; wird durch β-Amylase nicht abgebaut; + Amylase aus Speichel → Glucose + Maltose. — *V.:* Abbauprodukt der Starke, auch des Amylopektins. — *Hendekaacetat:* *F* 134–6 (Prod. d. Acetolyse d. Amylopektins). — *1-Phenylflavazol:* *F* 180–2.

V/13 **Cellotriose (O-β-D-Glucopyranosyl-(1→4)-O-β-D-glucopyranosyl-(1→4)-D-glucose, 4-[β-Cellobiosido]-D-glucopyranose, „Procellulose")**

MG 504.44 *F* 209–10 (Z.)

$$\mathrm{Gl}-\overset{\beta}{(1\rightarrow4)}-\mathrm{Gl}-\overset{\beta}{(1-4)}-\mathrm{Gl}$$ (vgl. Cellobiose) oder

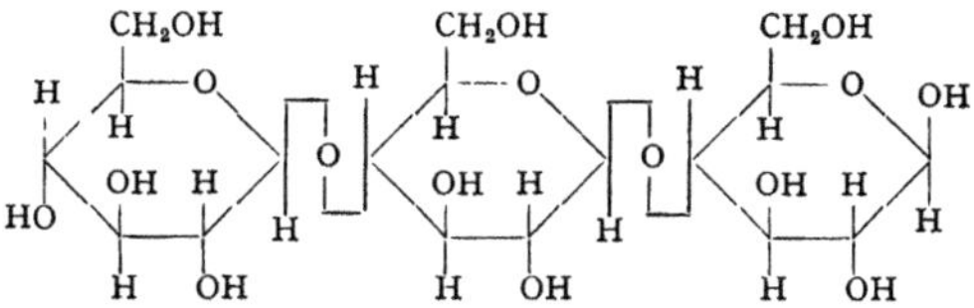

Charakteristik: Krist. (W. + A.); ca. 13 in k. W.; schmeckt suß. — *V.:* Abbauprod. d. Cellulose. — *B.:* Durch Acetobacter acetigenum auf Glucose. — *Hendekaacetat* (α): *F* 223–4. — *Osazon:* *F* 208.

V/14 **Strophanthotriose (O-β-D-Glucopyranosyl-(1→6)-β-D-glucopyranosyl-(1→4)-D-cymarose, 4-β-Gentiobiosyl-D-diginose)**

MG 486.46 *F* 222

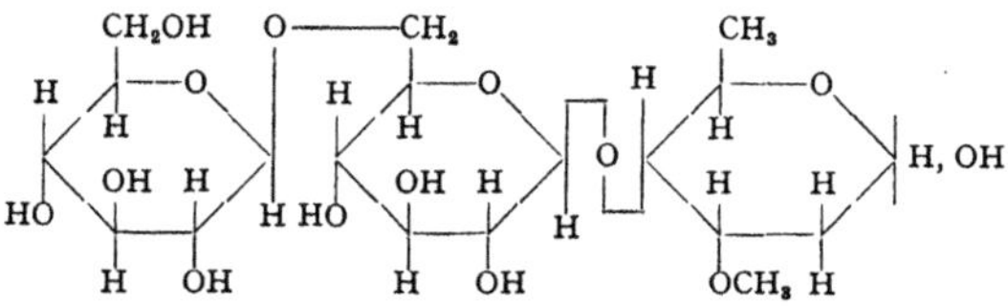

Charakteristik: Stabchen (Me. + W. + Ae.); ll. in W.; reduziert Fehlingsche Lsg. — *V.:* Zuckerkomponente des *h*-Strophanthosids u. des Echujins. — *Octaacetat:* *F* 190–2.

V/15 **3-α-Isomaltosylglucose (O-α-D-Glucopyranosyl-(1 → 6)-O-α-D-glucopyranosyl-(1 → 3)-D-glucose)**

MG 504.44

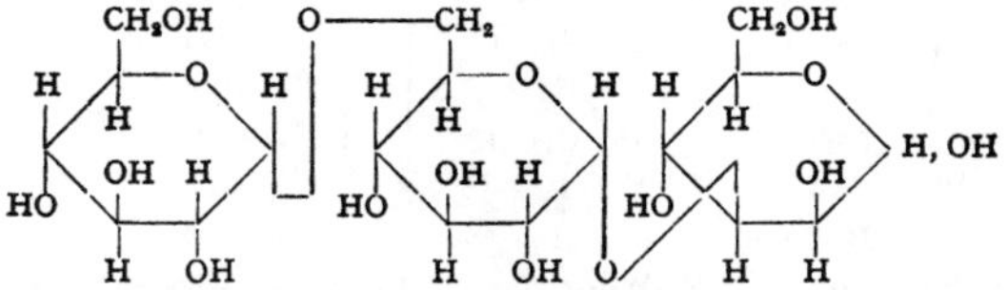

Charakteristik: Sirup; $[\alpha]_D^{20}$ +150° (W.; *c* = 0.83). — *V.:* Baugruppe eines Dextrans (NRRL 13555) aus Leuconostoc mesenteroides. — *B.:* Aus Nigerose durch Kartoffel-T-Enzym. — *Hendekaacetat:* *F* 117—9.

V/16 **3-O-β-Gentiobiosyl-D-glucose (O-β-D-Glucopyranosyl-(1→6)-O-β-D-glucopyranosyl-(1→3)-D-glucose)**

MG 504.44

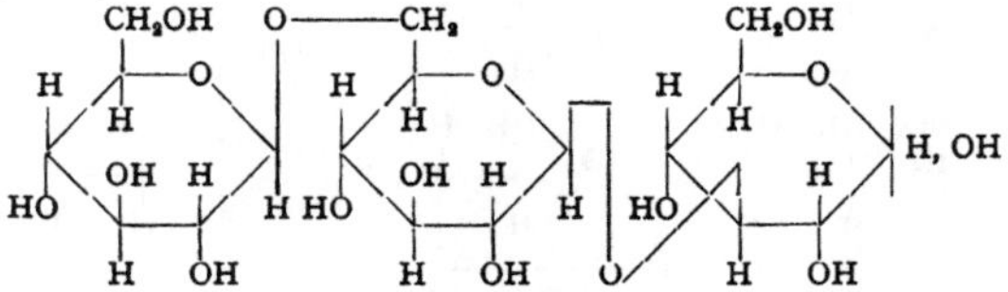

Charakteristik: $[\alpha]_D$ —4.2° (W.). — *V.:* Baugruppe des Laminarins u. des Hefeglucans.

V/17 **Panose (4-(α-Isomaltopyranosyl)-D-glucose, O-α-D-Glucopyranosyl-(1→6)-O-α-D-glucopyranosyl-(1→4)-α-D-glucose, 6²-α-D-Glucosylmaltose)**

MG 504.44 *F* 213 (Z.), 224—5.5

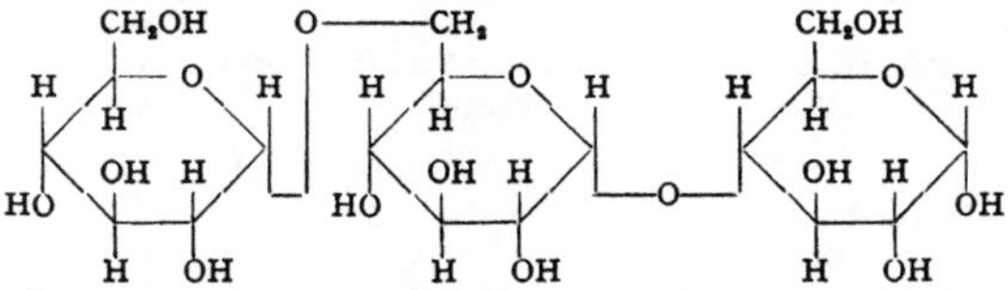

Charakteristik: Krist. (Me. + 15% W.); durch Backerei- bzw. Brauereihefe nicht vergärbar; vergärbar durch Schizosaccharomyces pombe. — *V.:* In Submerskulturen von Aspergillus niger (NRRL 337) u. im Bienenhonig. Baugruppe des Amylopektins. — *Panit-dodekaacetat:* *F* 148—50.

V/18 **Isomaltotriose (Dextrantriose, 6-α-Isomaltopyranosyl-D-glucose, 6-α-D-Glucosyl-isomaltose, O-α-D-Glucopyranosyl-(1→6)-O-α-D-glucopyranosyl-(1→6)-D-glucose)**

MG 504.44

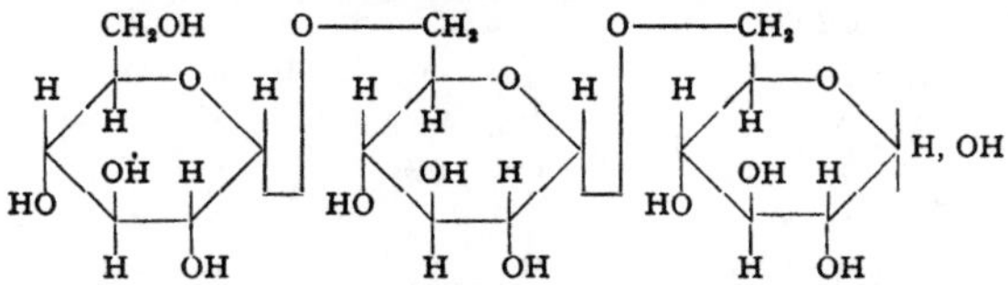

Charakteristik: Amorphes Pulver. — *V.:* Dextran aus Leuconostoc mesenteroides NRRL B 512, im Bienenhonig, in Partialhydrolysaten von Glykogen aus Rinderleber. — *β-Hendekabenzoat:* *F* 226—7. — *α-Methylglykosid:* *F* 232, 140—6.

V/19 **O-α-D-Glucopyranosyl-(1→6)-O-α-D-glucopyranosyl-(1→6)-3-O-methylglucose**

MG 518.47

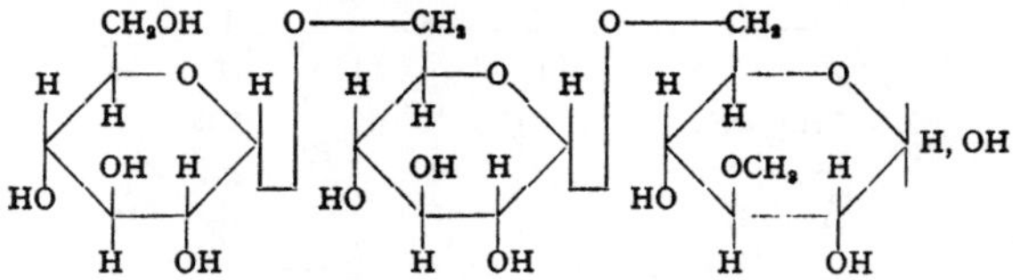

Charakteristik: $[\alpha]_D^{20}$ +130° (W.; *c* = 1.00, Endwert). — *B.:* Durch B. arabinosus (Birmingham) aus Saccharose + 3-O-Methylglucose.

V/20 **Gentiotriose (O-β-D-Glucopyranosyl-(1→6)-O-β-D-glucopyranosyl-(1→6)-D-glucose)**

MG 504.44

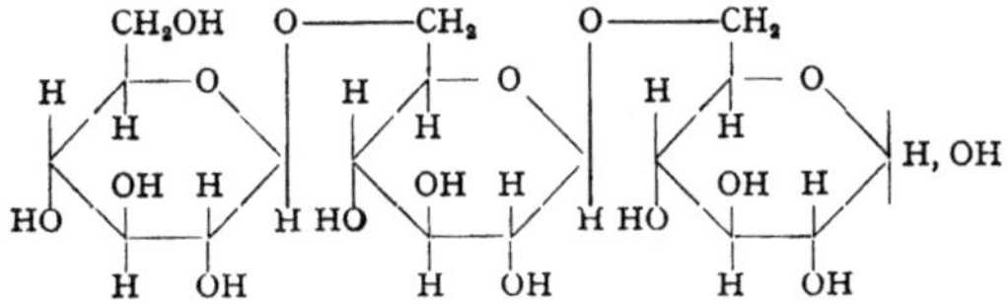

Charakteristik: Sirup; $[\alpha]_D$ −10.5° (W.). — *V.:* Baugruppe des Glucans aus Backerhefe u. des Polysaccharides aus Rhizobium japonicum. — *-β-Hendekaacetat: F* 214—15.

V/21 **Lycotriose I. (O-β-D-Glucopyranosyl-(1→2)-β-D-glucopyranosyl-(1→4)-α-D-galaktopyranose)**

MG 504.4 *F* 250—1 (Z.)

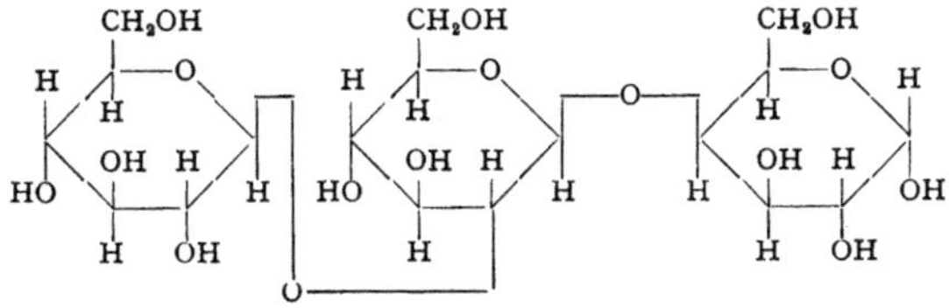

Charakteristik: Stabchen (W. + Me.); l. in W.; wird durch Emulsin nicht gespalten; wird nicht von Backerhefe vergoren. — *V.:* In Tomatin aus wilden Tomatenarten. — *Osazon: F* 220—2 (Z.). — *Hendekaacetylverb.: F* 120. — *Lycotriit I: F* 142.

V/22 **Solatriose (O-β-D-Glucopyranosyl-(1→3)-O-β-D-galaktopyranosyl-(1→2)-α-L-rhamnopyranose, 2-O-α-L-Rhamnosyl-3-O-β-D-glucopyranosyl-D-galaktose, L-Rhamnosido-solabiose, Solanose)**

MG 488.4 *F* 200 (Z., nach Aufschaumen ohne Verfärbung bei 160—70)

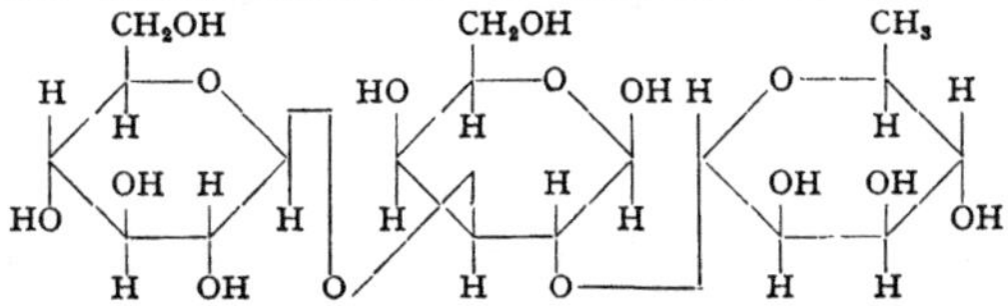

Charakteristik: Nadeln (A.); ll. in Me.; swl. in A. — *V.:* Zuckerkomponente des Solanins. — *Dekaacetat: F* 73—7.

V/23 **O-β-D-Mannopyranosyl-(1→4)-O-β-D-mannopyranosyl-(1→4)-D-glucose**

MG 504.44

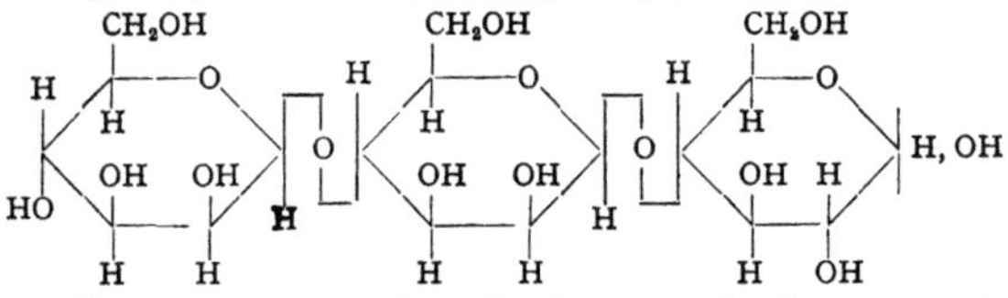

Charakteristik: $[\alpha]_D^{17}$ −7.0° (W.; *c* = 4.1). — *V.:* Baugruppe der Mannane aus der Steinnuß (Phytelephas macrocarpa).

V/24 **O-α-D-Mannopyranosyl-(1→2)-O-α-D-mannopyranosyl-(1→2)-D-mannose**

MG 504.44

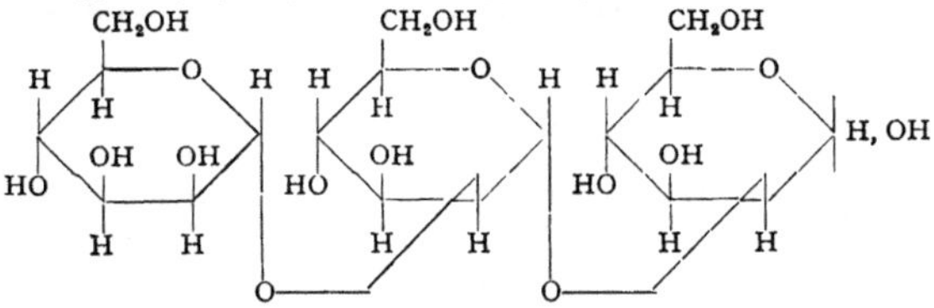

Charakteristik: Sirup; $[\alpha]_D^{27}$ +55° (W.; *c* = 1.5). — *V.:* Baugruppe eines Mannans aus Saccharomyces rouxii. — *Dodekabenzoat des Disaccharidmannits: F* 98.

V/25 **Mannotriose (O-β-D-Mannopyranosyl-(1→4)-β-D-mannopyranosyl-(1→4)-β-D-mannopyranose)**

MG 504.44 *F* 137−7.5

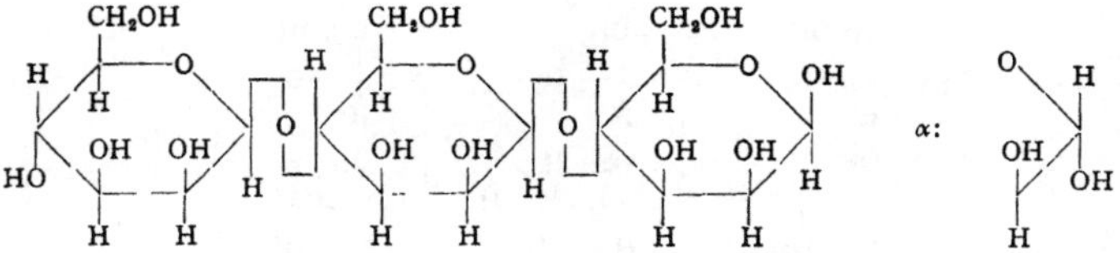

Charakteristik: Plattchen (A.) + $3 H_2O$; $[\alpha]_D^{21}$ −24.7°→23.3° (W.; *c* = 1.29); $[\alpha]_D$ −13.5° → −20.3° (Gleichgew. W.; *c* = 0.59). — *V.:* In enzymat. Hydrolysaten von Guaran. — *Dodekaacetat des Glycitols: F* 113.5−14. — α: *F* 155−6 (Z.); $[\alpha]_D$ −22°→ −25° (W.; *c* = 2.4). — *V.:* In Hemicellulosen der Weihrauchkiefer (Pinus taeda) als Baugruppe.

V/26 **O-L-Galaktopyranosyl-(1→4)-O-D-xylopyranosyl-(1→2)-L-arabinose**

MG 444.38 *F* 215

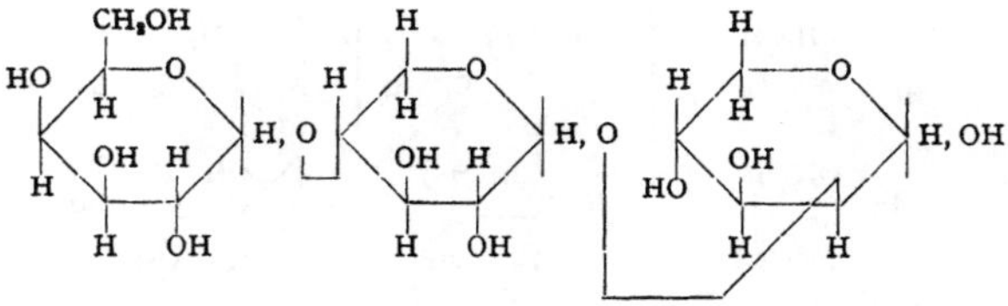

Charakteristik: Krist.; $[\alpha]_D^{25}$ −38.0° (W.; *c* = 0.89). — *V.:* Baugruppe der Hemicellulosen aus Maishülsen („corn fiber gum").

V/27 **O-β-D-Galaktopyranosyl-(1→4)-O-[α-D-glucopyranosyl-(1→2)]-D-glucopyranose (2G-α-Glucosyl-lactose)**

MG 504.44

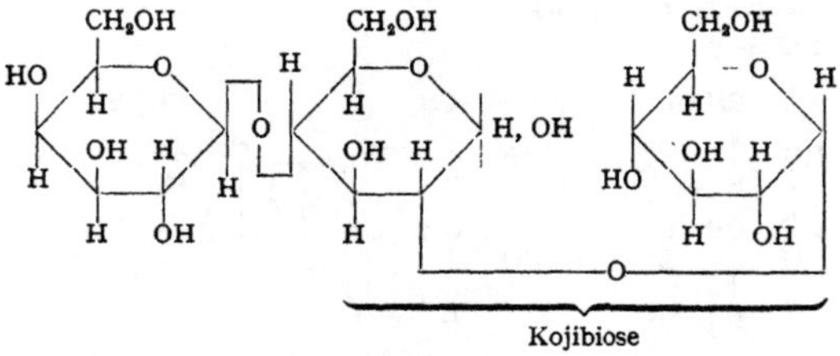

Charakteristik: Amorph; $[\alpha]_D^{18}$ +103° (Gleichgewicht, W.; *c* = 1). — *B.:* Aus Galaktose u. Saccharose durch Betacoccus arabinosaceus (Birmingham).

V/28 **O-β-D-Galaktopyranosyl-(1→6)-O-β-D-galaktopyranosyl-(1→3)-L-arabinose**

MG 474.41 *F* 190−2

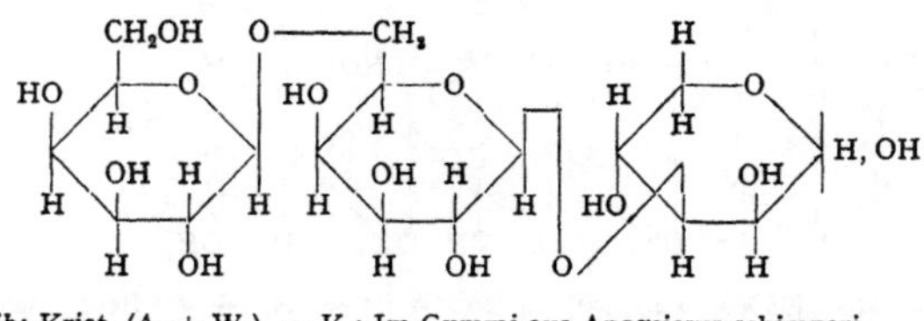

Charakteristik: Krist. (A. + W.). — *V.:* Im Gummi aus Anogeissus schimperi.

V/29 **O-β-D-Galaktopyranosyl-(1→6)-O-β-D-galaktopyranosyl-(1→4)-D-glucose (Galaktosyllactose)**

MG 504.44 *F* 187 (sintert b. 167) (Dihydrat)

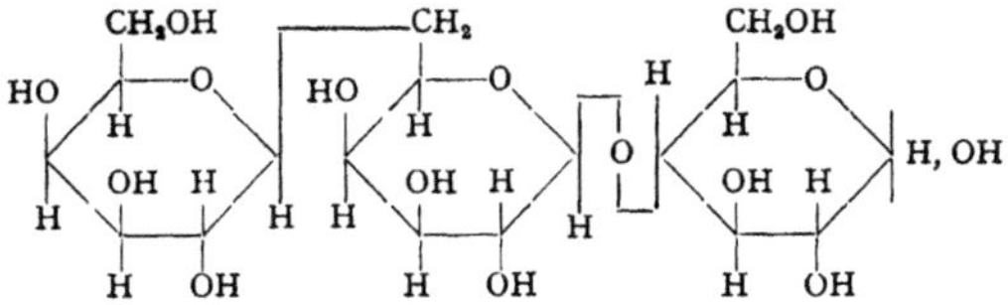

Charakteristik: Dihydrat (Me. u. Ac.); $[\alpha]_D^{20}$ +34° (W.; *c* = 1.0). — *B.:* Durch Transgalaktosylase (Penicillium chrysogenum) aus Lactose. — *Osazon: F* 229—31.

V/30 **Manninotriose (O-α-D-Galaktopyranosyl-(1→6)-O-α-D-galaktopyranosyl-(1→6)-α-D-glucose)**

MG 504.44 *F* etwa 150

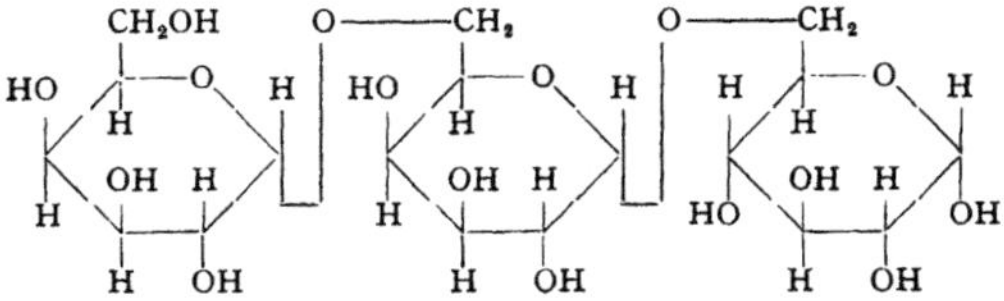

Charakteristik: Abgerundete Stäbchen (Me.); sehr hygroskopisch; schwach süß; $[\alpha]_D$ +167° (W.; *c* = 1.2); ll. in verd. A.; l. in Me.; wl. in A.; reduziert Fehlingsche Lsg.; wird durch Mandelemulsin gespalten u. durch Bierhefe langsam vergoren. — *V.:* In Manna, Spaltstück der Stachyose. — *B.:* Aus Galaktose u. Glucose durch ein Enzym aus Saccharomyces fragilis. — *Osazon: F* 122, 193—4. — *Manninotriit: F* 190—1.

V/31 **O-α-D-Galaktopyranosyl-(1→6)-O-β-D-mannopyranosyl-(1→4)-β-D-mannopyranose (Galaktopyranosyl-(1→6)-mannobiose)**

MG 504.44 *F* 228—9

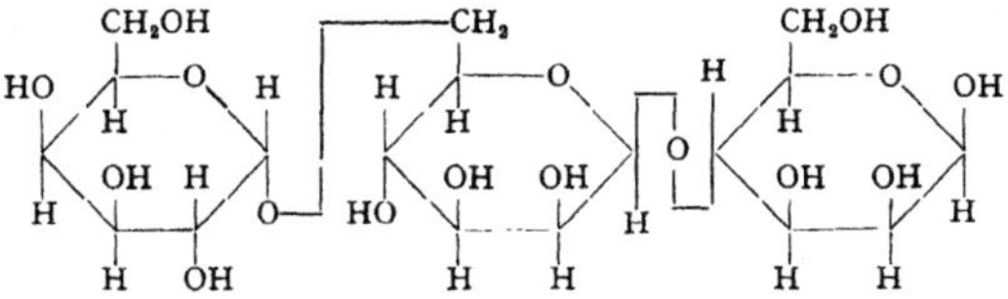

Charakteristik: Prismen +1 H_2O (85%ig. wss. A.); $[\alpha]_D$ +93.3°→98.4° (W.; *c* = 1.22). — *V.:* In Guaran.

V/32 **O-α-D-Galaktopyranosyl-(1→3)-O-α-D-galaktopyranosyl-(1→3)-D-galaktopyranose**

MG 504.44 *F* 237—9 (Z.)

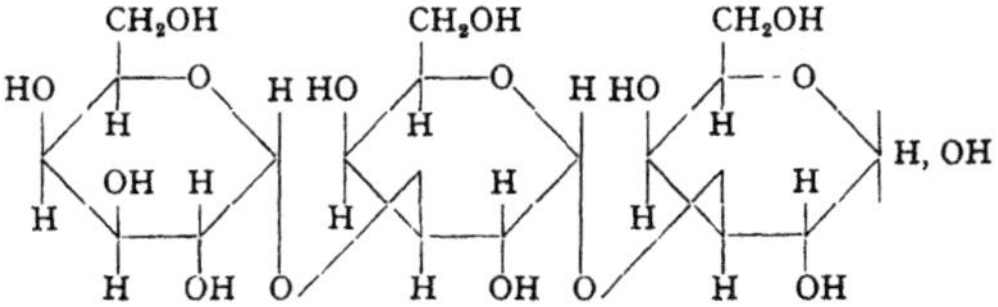

Charakteristik: Krist. (95%ig. Me.); $[\alpha]_D^{25}$ +146° (W.; *c* = 0.5). — *V.:* Baugruppe des λ-Carrageenins. — *β-Hendekaacetat: F* 275—7.

V/33 **O-β-D-Galaktopyranosyl-(1→3)-O-β-D-galaktopyranosyl-(1→3)-D-galaktose**
MG 504.44 *F* 115–20

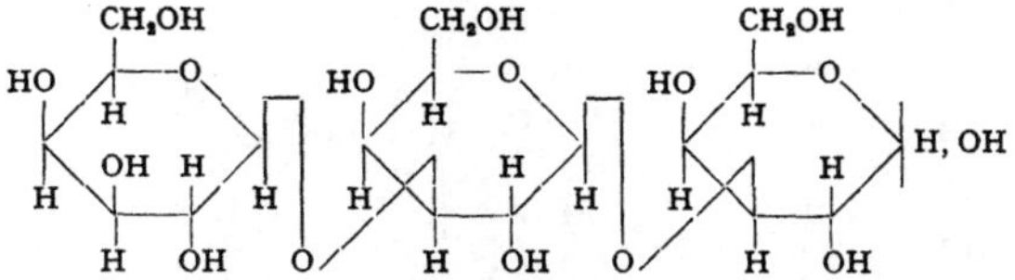

Charakteristik: [α]D +39.0° (W.). – *V.:* Baugruppe des Galaktogens aus den Eiern von Helix pomatia.

V/34 **Galaktotriose (vgl. Galaktobiose)**
MG 504.44 *F* 115–20

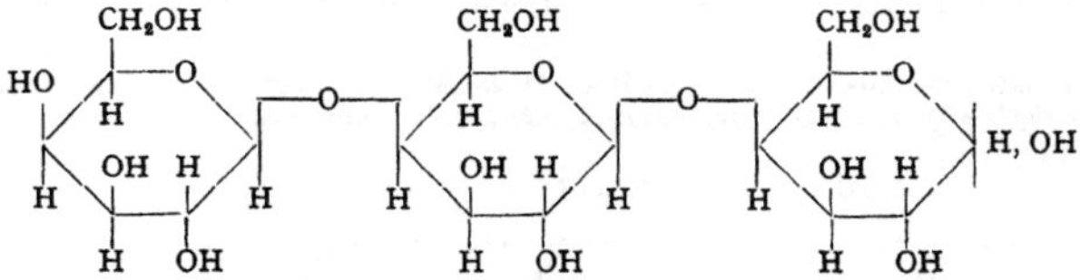

Charakteristik: Krist.; $[\alpha]_D^{25}$ + 58°. – *V.:* Im norwegischen Fichtendruckholz (Picea abies Karst.).

V/35 **O-β-D-Galaktopyranosyl-(1→6)-O-β-D-galaktopyranosyl-(1→6)-D-galaktose**
MG 504.44

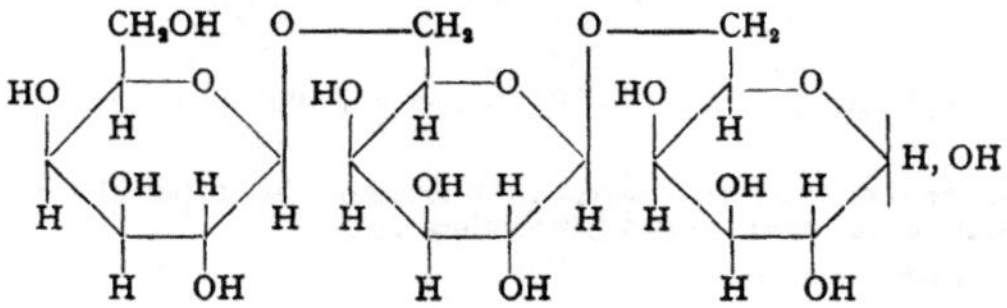

Charakteristik: Sirup; [α]D +20° (W.; *c* = 0.99). – *V.:* Baugruppe des Gummi Ghatti.

V/36 **Erlose (4G-α-Glucosylsucrose, Glucosaccharose, α-Maltosyl-β-D-fructofuranosid, O-α-D-Glucopyranosyl-(1→4)-O-α-D-glucopyranosyl-(1→2)-β-D-fructofuranosid)**
MG 504.44 *F* 118–24 (Z.)

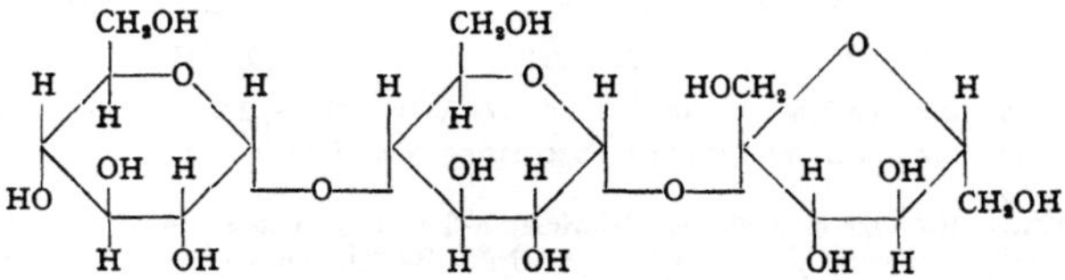

Charakteristik: Amorph; $[\alpha]_D^{25}$ +121.8° (W.; *c* = 2.3); reduziert Fehlingsche Lsg. nicht; Hefe-Invertase → Fructose + Maltose. – *B.:* Bei Einwirkung von Honig-Invertase auf Saccharose.

V/37 **O-α-D-Glucopyranosyl-(1→6)-O-α-D-glucopyranosyl-(1→2)-β-D-fructofuranosid (6G-α-Glucosyl-saccharose, Trisaccharid Z)**
MG 504.44 *F* 118–20

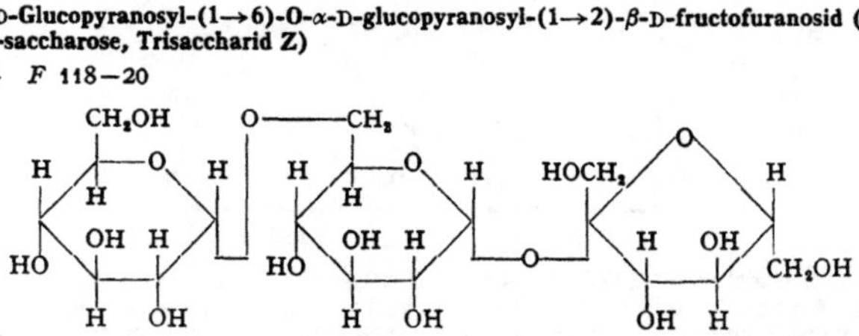

Charakteristik: Krist. (A.); $[\alpha]_D^{18}$ +102.5° (W.; *c* = 2). – *B.:* Aus Saccharose + Maltose durch zellfreien Extrakt aus Aspergillus niger.

V/38 **Gentianose (O-β-D-Glucopyranosyl-(1→2)-O-α-D-glucopyranosyl-(1→2)-β-D-fructofuranosid, 6G-β-Glucosyl-saccharose)**

MG 504.44 *F* 209–11

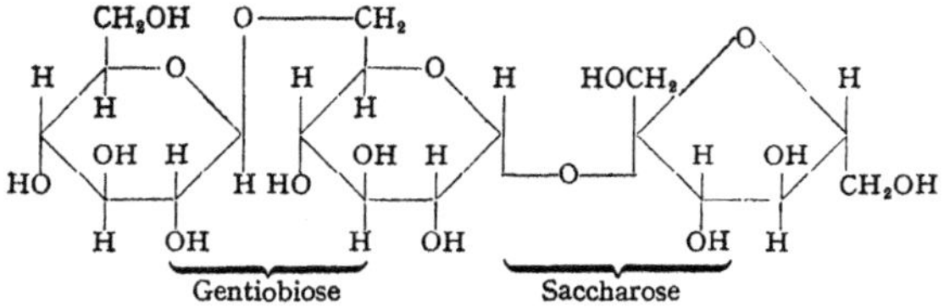

Charakteristik: Blattchen (95%ig. A.); kaum suß; ll. in W.; swl. in 95%ig. A.; reduziert Fehlingsche Lsg. nicht; wird durch Hefe vergoren; + Invertase → Gentiobiose + D-Fructose; + Emulsin → Saccharose + D-Glucose. – *V.:* In den Rhizomen der Gentianaarten.

V/39 **Umbelliferose (2G-α-Galaktosylsucrose, 2G-α-Galaktosyl-saccharose, O-α-D-Galaktopyranosyl-(1→2)-O-α-D-glucopyranosyl-(1→2)-β-D-fructofuranosid, Isoraffinose)**

MG 504.44

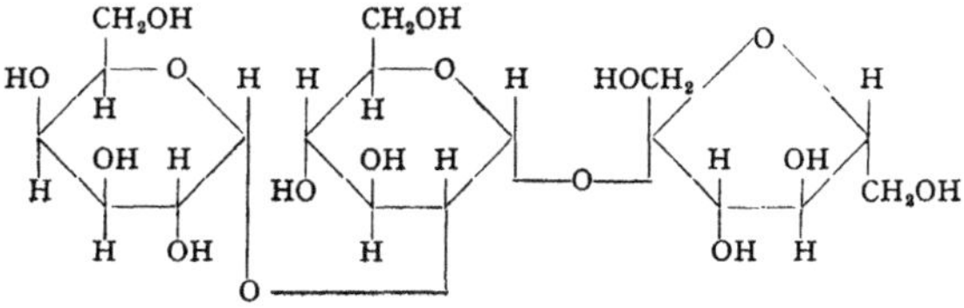

Charakteristik: Amorph; reduziert nicht. – *V.:* In den Wurzeln von Umbelliferen.

V/40 **Lactosaccharose (Lactosucrose, α-Lactosyl-β-D-fructosid, O-β-D-Galaktopyranosyl-(1→4)-O-α-D-glucopyranosyl-(1→2)-β-D-fructofuranosid)**

MG 504.44 *F* 181 (sintert ab 150)

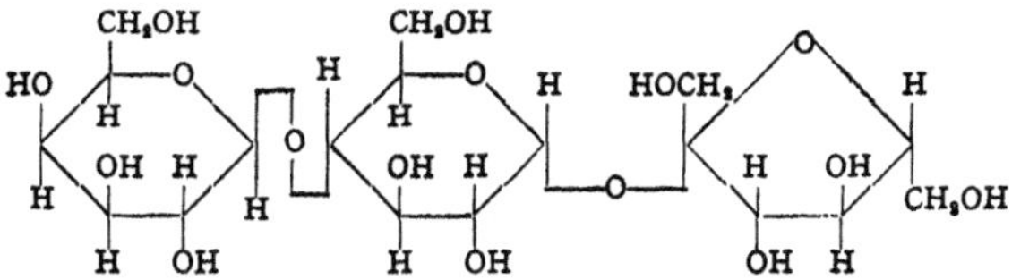

Charakteristik: Krist. (90%ig. A.); $[\alpha]_D^{20}$ +59° (W.; *c* = 3.8); + Diazouracil, Grünfärbg. – *B.:* Bei Einwirkung von Laevansucrase auf Saccharose + Lactose.

V/41 **Raffinose (Gossypose, Melitose, Melitriose, α-Galaktosylsucrose [engl.], O-α-D-Galaktopyranosyl-(1→6)-O-α-D-glucopyranosyl-(1→2)-β-D-fructofuranosid, 6G-α-Galactosyl-saccharose (bzw. -sucrose))**

MG 504.44 D^0 1.465 *F* 118–9

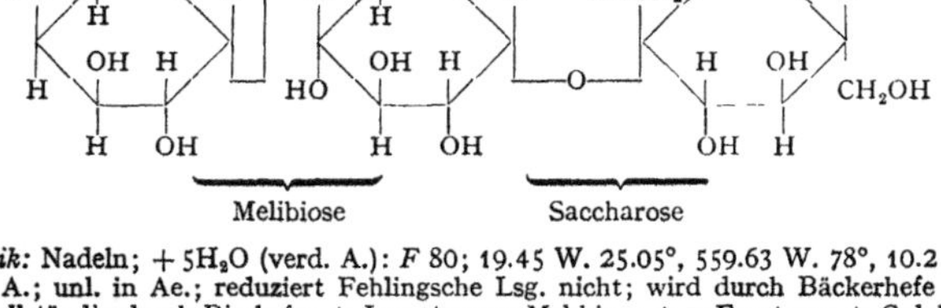

Charakteristik: Nadeln; + $5H_2O$ (verd. A.): *F* 80; 19.45 W. 25.05°, 559.63 W. 78°, 10.2 Me. 15°; wl. 90%ig. A.; unl. in Ae.; reduziert Fehlingsche Lsg. nicht; wird durch Bäckerhefe teilweise vergoren, vollständig durch Bierhefe; + Invertase → Melibiose + D-Fructose; + Galaktosidase → Saccharose + Galaktose. – *V.:* Weitverbreitet, z. B. in der Zuckerrube, angereichert in der Melasse, im Bienenhonig, im Tabak im Manna von Eukalyptus. – *Hendekaacetat:* *F* 99–101. – *α-Methylphenylhydrazon:* *F* 190.

V/42 **1-Kestose (Isokestose, O-α-D-Glucopyranosyl-(1→2)-O-β-D-fructofuranosyl-(1→2)-β-D-fructofuranosid, 1F-β-Fructosylsaccharose (bzw. -sucrose))**

MG 504.44 *F* 105—10; 189—190

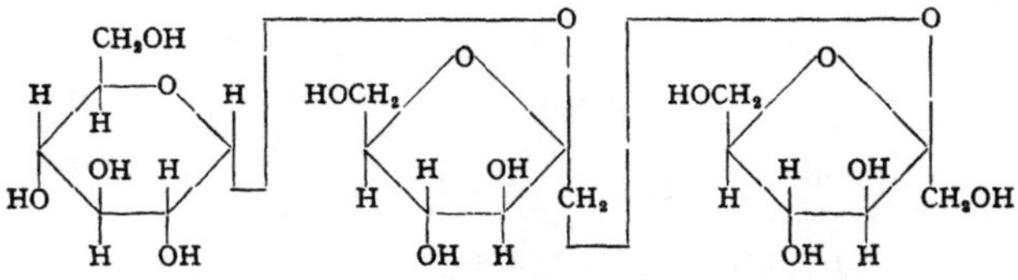

Charakteristik: Krist. (Me., A.); [α]D +29° (W.); reduziert Fehlingsche Lsg. nicht. — *V.:* Stoffwechselprod. durch Einwirkg. v. Aspergillus niger oder Takadiastase bzw. anderer Invertasen auf Rohrzucker.

V/43 **6-Kestose (Kestose, O-α-D-Glucopyranosyl-(1→2)-O-β-D-fructofuranosyl-(6→2)-β-D-fructofuranosid, 6F-Fructosyl-saccharose)**

MG 504.44 *F* 145

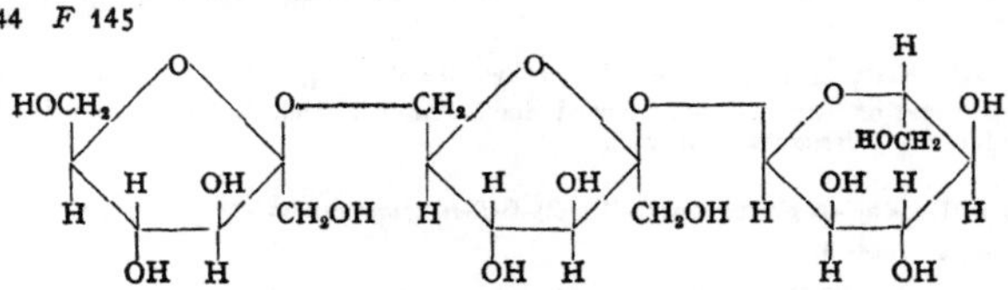

Charakteristik: Platten (A.); ll. in W.; reduziert Fehlingsche Lsg. nicht. — *V.:* Im Bienenhonig u. als Fermentationsprod. d. Einwirkg. v. Hefesaccharase auf Rohrzucker.

V/44 **Neo-kestose (O-β-D-Fructofuranosyl-(2→6)-O-α-D-glucopyranosyl-(1→2)-β-D-fructofuranosid, 6G-β-Fructosyl-saccharose)**

MG 504.44

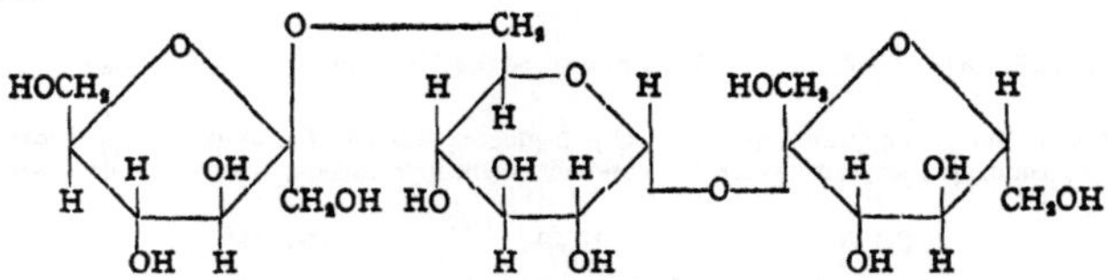

Charakteristik: Amorph; [α]D +22.2° (W.); reduziert Fehlingsche Lsg. nicht. — *V.:* Fermentationsprod. durch Einwirkg. von Invertase aus Hefe bzw. Beta vulgaris auf Rohrzucker.

V/45 **Melezitose (α-D-Glucosyl-sucrose [engl.], 3F-α-Glucosyl-saccharose, O-α-D-Glucopyranosyl-(1→3)-O-β-D-fructofuranosyl-(2→1)-α-D-glucopyranosid)**

MG 504.44 *F* 153—4, 148

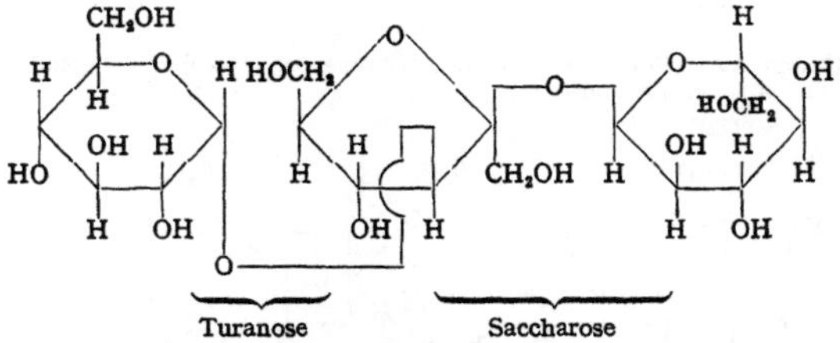

Charakteristik: Krist. $+2H_2O$ (W.); ll. in h. W.; l. in k. W.; wl. in 90%ig. A.; swl. in A.; unl. in Ae.; suß; reduziert Fehlingsche Lsg. nicht; wird durch Bäckerhefe nicht vergoren. + α-Glucosidase → Glucose + Fructose. — *V.:* In Manna und Nektar zahlreicher Pflanzen. — *Hendekaacetat: F* 117.

V/46 **Planteose (2-[6-(α-D-Galaktopyranosyl)-β-D-fructofuranosyl]-α-D-glucopyranosid, 6F-α-Galaktosyl-saccharose, O-α-D-Galaktopyranosyl-(1→6)-O-β-D-fructofuranosyl-(1→2)-α-D-glucopyranosid)**

MG 504.44 *F* 127

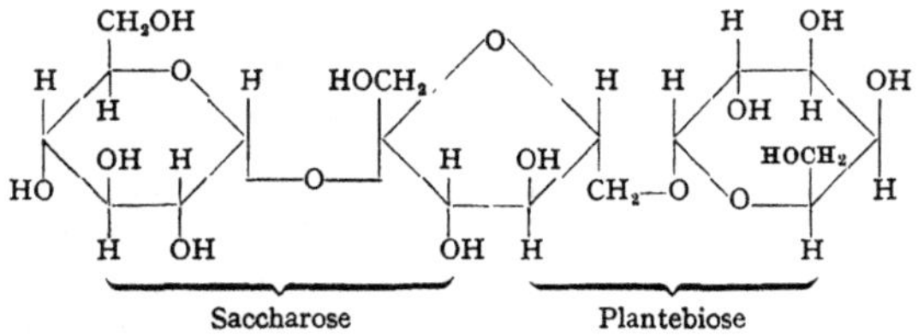

Charakteristik: Krist. $+2H_2O$ (85%ig. A.); sehr ll. in W.; wl. in A.; reduziert Fehlingsche Lsg. nicht; wird durch Hefeinvertase nicht gespalten. — *V.:* In Samen von Plantagoarten, in Tabaksamen. — *Hendekaacetat:* *F* 139, 135.

V/47 **Labiose (Difructosylgalaktosid)** $C_{18}H_{32}O_{16} + 3H_2O$

MG 504.44 *F* 126—8

Charakteristik: Krist. $+3H_2O$ (A. + W.); schwach suß; $[\alpha]_D^{20}$ +136.7°; reduziert nicht; liefert die Ketose-Reaktion von Seliwanoff; wird durch Emulsin nicht gespalten. — *V.:* In Eremostachys labiosa. — *Hendekaacetat:* *F* 88.

V/48 **O-α-4-O-Methyl-D-glucuronosyl-(1→2)-O-β-D-xylopyranosyl-(1→4)-D-xylose**

MG 472.39 *F* 180—3

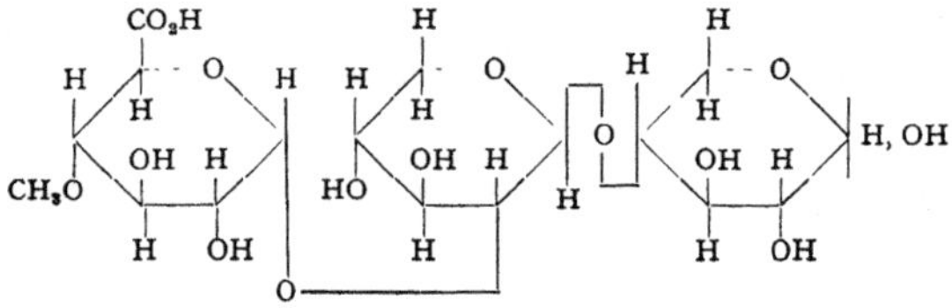

Charakteristik: $[\alpha]_D^{25}$ + 58° (W.). — *V.:* Baugruppe der Hemicellulose der Jutefaser.

V/49 **O-β-D-Glucuronopyranosyl-(1→4)-O-β-D-glucopyranosyl-(1→4)-D-glucopyranose (O-β-D-Glucopyranosyluronsäure-(1→4)-O-β-D-glucopyranosyl-(1→4)-D-glucopyranose)**

MG 516.70

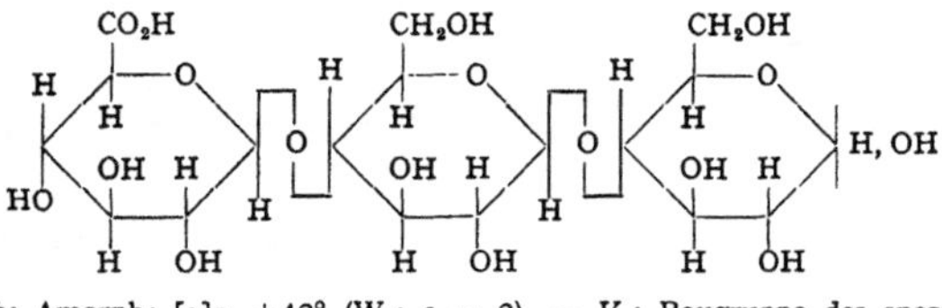

Charakteristik: Amorph; $[\alpha]_D$ +12° (W.; $c = 2$). — *V.:* Baugruppe des spezifischen Polysaccharides aus Pneumococcus Typ VIII.

V/50 **Trigalakturonsäure (O-α-D-Galaktopyranosyluronsäure-(1→4)-O-α-D-galaktopyranosyluronsäure-(1→4)-D-galakturonsäure)**

MG 548.40 *F* 150 (Z.)

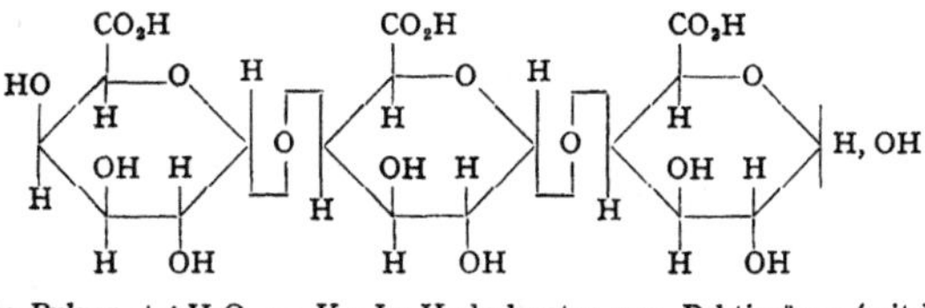

Charakteristik: Pulver $+1H_2O$. — *V.:* In Hydrolysaten von Pektinsäure (mit Pektinase aus Aspergillus).

VI. Tetrasaccharide und höhere Oligosaccharide

VI/1 Xylotetraose (vgl. Xylotriose)

MG 546.5 *F* 219–20

Xyl$-\overset{\beta}{(1-4)}-$Xyl$-\overset{\beta}{(1-4)}-$Xyl$-\overset{\beta}{(1-4)}-$Xyl oder

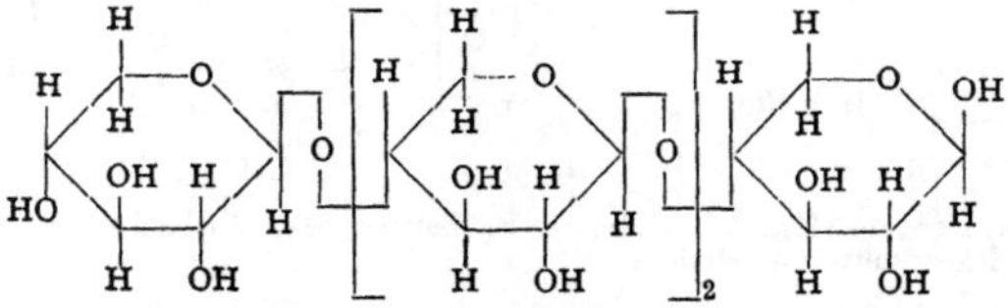

Charakteristik: Krist. (W. + Me. + Butanol). – Abbauprodukt d. Xylans. – *Dekaacetat* (*β*): *F* 201–2.

VI/2 Lactodifucotetraose (O-α-L-Fucopyranosyl-(1→2)-O-β-D-galaktopyranosyl-(1→4)-O-α-D-glucopyranosyl-(3→1)-α-L-fucosid, O-α-L-Fucopyranosyl-(1→2)-O-β-D-galaktopyranosyl-(1→4)-O-[α-L-fucopyranosyl-(1→3)]-D-glucopyranose)

MG 634.6

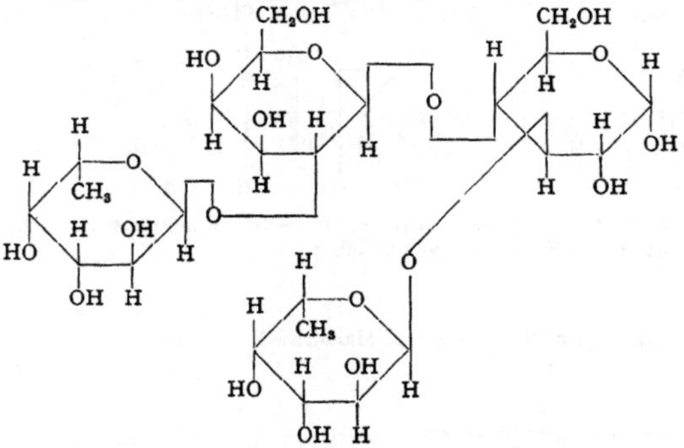

Charakteristik: $[\alpha]_D^{20}$ –106° (W.; *c* = 1). – *V.:* In Frauenmilch, weist in serologischen Hemmungsversuchen die Eigenschaften einer Blutgruppensubstanz Le[b] auf.

VI/3 Lycotetraose (β-D-Glucopyranosyl (1-2$_{glucose}$)-β-D-xylopyranosyl (1-3$_{glucose}$)-β-D-glucopyranosyl (1-4$_{galaktose}$)-α-D-galaktopyranose, O-β-D-Xylopyranosyl-(1→3)-O-[β-D-glucopyranosyl-(1→2)]-O-β-D-glucopyranosyl (1→4)-D-galaktose)

MG 636.5 *F* 188 (Z.)

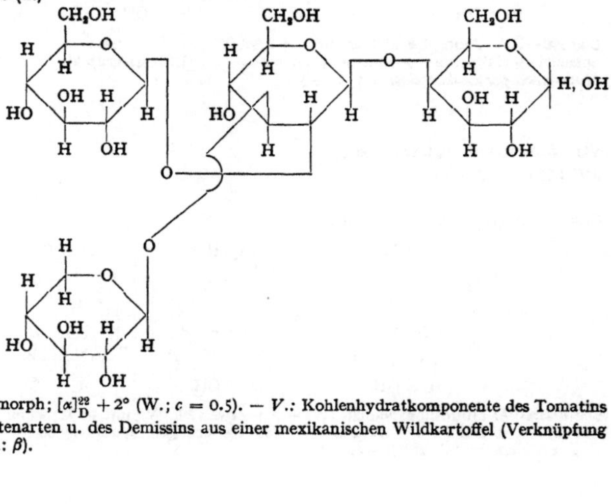

Charakteristik: Amorph; $[\alpha]_D^{22}$ +2° (W.; *c* = 0.5). – *V.:* Kohlenhydratkomponente des Tomatins aus wilden Tomatenarten u. des Demissins aus einer mexikanischen Wildkartoffel (Verknüpfung mit dem Aglykon: *β*).

VI/4 **O-β-D-Glucopyranosyl-(1→3)-O-β-D-glucopyranosyl-(1→4)-O-β-D-glucopyranosyl-(1→4)-β-D-glucopyranose**

MG 666.6 *F* 18'−8

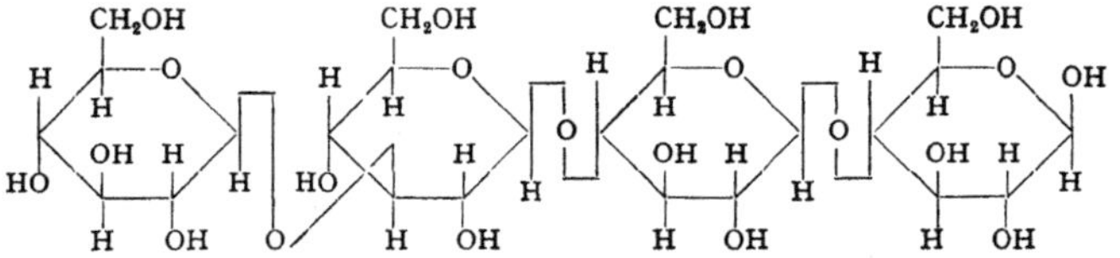

Charakteristik: Krist. + 2 H_2O (W. + Me.). — *V.:* Baugruppe des Lichenins aus Cetraria islandica, tritt auf bei Einwirkung von Cellulase.

VI/5 **O-β-D-Glucopyranosyl-(1→4)-O-β-D-glucopyranosyl-(1→3)-O-β-D-glucopyranosyl-(1→4)-D-glucopyranose**

MG 666.6 *F* 223−6

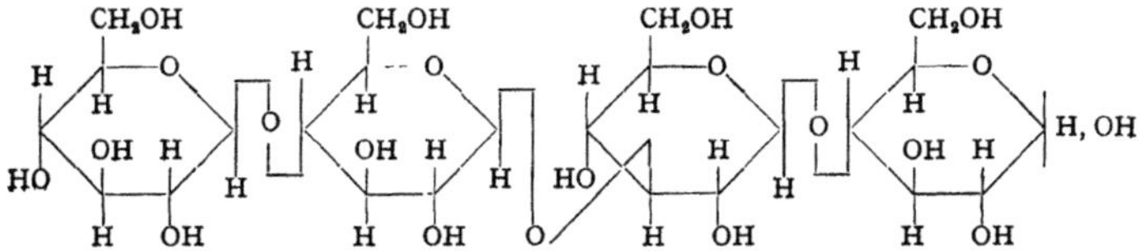

Charakteristik: Krist. (W. + Me.); $[\alpha]_D$ + 19.8°. — *V.:* Baugruppe des Lichenins aus Cetraria islandica, tritt auf bei Einwirkung von Cellulase.

VI/6 **Maltotetraose (Amylotetraose) (vgl. Maltotriose)**

MG 666.6

$Gl-(1\overset{\alpha}{-}[4-)-Gl-(1]_2\overset{\alpha}{-}4)-Gl$ oder

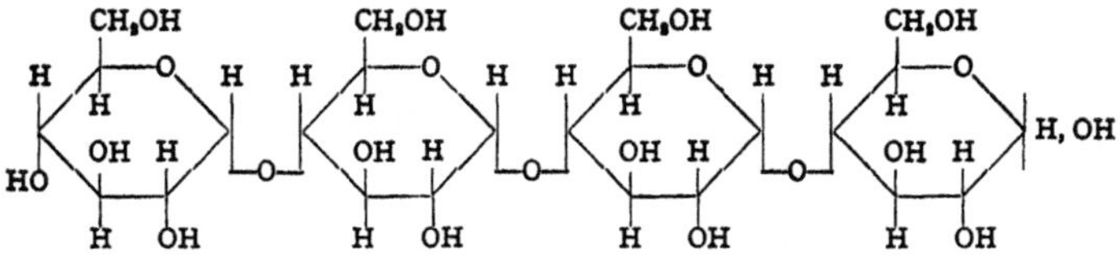

Charakteristik: Amorphes Pulver; $[\alpha]_D$ + 177° (W); + β-Amylase → Maltose; + Amylase aus Speichel → Maltotriose + Maltose + Glucose. — *V.:* In Kornsirup als Abbauprod. d. Stärke. — *Maltotetrait-pentadekaacetat:* *F* 133−3.5.

VI/7 **Cellotetraose (vgl. Cellotriose)**

MG 666.6 *F* 252-3 (Z.)

$Gl-(1\overset{\beta}{-}[4)-Gl-(1]_2\overset{\beta}{-}4)-Gl$ oder

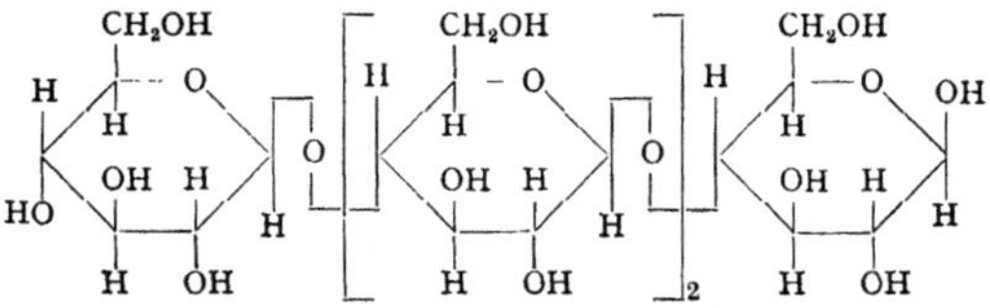

Charakteristik: Mikroskop. Nadeln (W. + A.); etwa 12 k. W.; unl. in A.; schmeckt süßlich. — *V.:* Abbauprod. d. Cellulose. — *B.:* Durch Acetobacter acetigenum auf Glucose. — *Osazon:* *F* 228 (Z.) — *Tetradekaacetat* (β): *F* 230−4.

VI/8 Isomaltotetraose (Dextrantetraose, vgl. Isomaltotriose)

MG 666.6

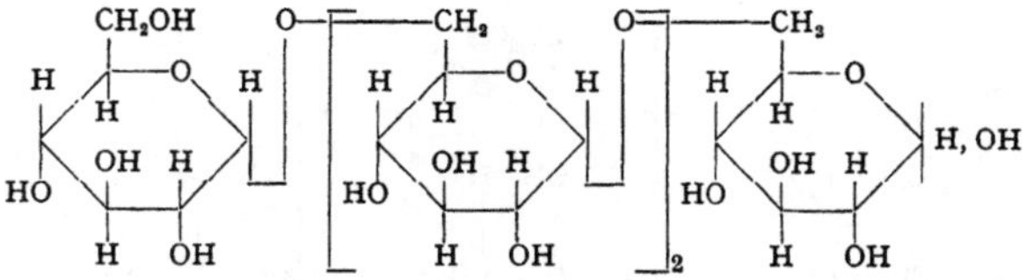

Charakteristik: Amorph; $[\alpha]_D$ +153° (W.). — *V.:* Baugruppe des Dextrans aus Leuconostoc mesenteroides. — *β-Tetradekabenzoat:* *F* 176—9. — *α-Methylglykosid:* *F* 162—7, 192—3.

VI/9 Gentiotetraose (vgl. Gentiotriose)

MG 666.6

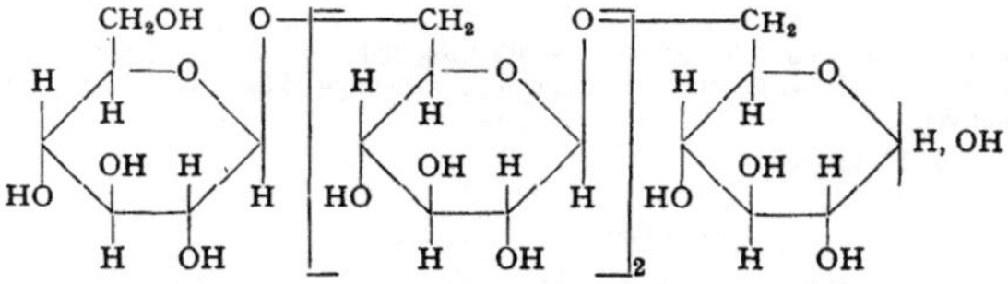

Charakteristik: $[\alpha]_D$ —19.5° (W.). — *V.:* Baugruppe des Glucans aus Bäckerhefe.

VI/10 O-α-D-Glucopyranosyl-(1→6)-O-α-D-glucopyranosyl-(1→6)-O-α-D-glucopyranosyl-(1→6)-3-O-methyl-D-glucose

MG 680.6

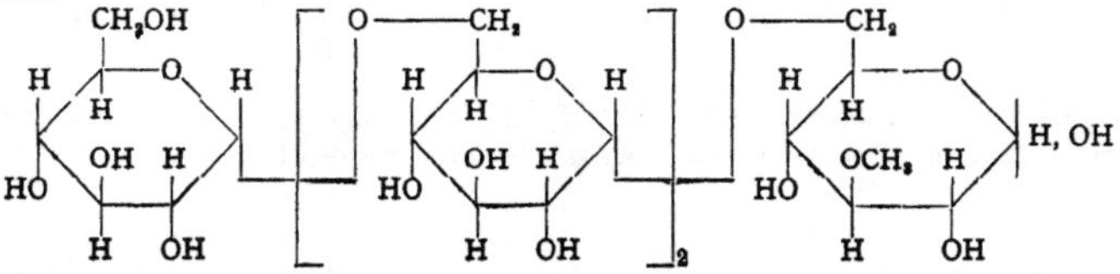

Charakteristik: $[\alpha]_D^{20}$ +129° (W.; *c* = 1.00). — *B.:* Durch B. arabinosaceus (Birmingham) aus Saccharose u. 3-O-Methyl-D-glucose.

VI/11 O-β-D-Mannopyranosyl-(1→4)-O-β-D-mannopyranosyl-(1→4)-O-β-D-mannopyranosyl-(1→4)-D-mannose

MG 666.6 *F* 235—50; 232—4

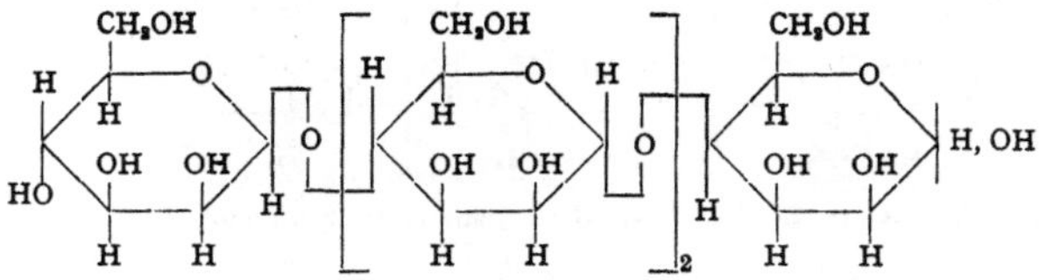

Charakteristik: Krist. (Me. + W.); $[\alpha]_D$ —31° (W.; *c* = 1.6). — *V.:* Baugruppe von Glucomannanen aus Picea abies Karst u. Picea glauca sowie des Steinnußmannanes aus Phytelephas macrocarpa.

VI/12 O-β-D-Galaktopyranosyl-(1→6)-O-β-D-galaktopyranosyl-(1→6)-O-β-D-galaktopyranosyl-(1→3)-L-arabinose

MG 636.6 *F* 167—72

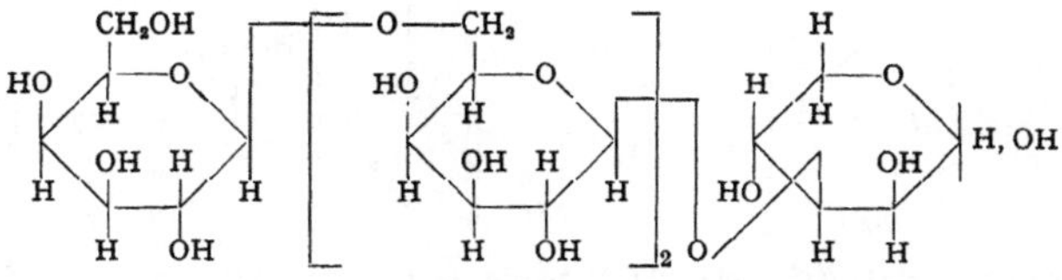

Charakteristik: Krist. (A. + W.). — *V.:* Im Gummi aus Anogeissus schimperi.

VI/13 **Galaktotetraose (vgl. Galaktobiose)**
MG 666.6

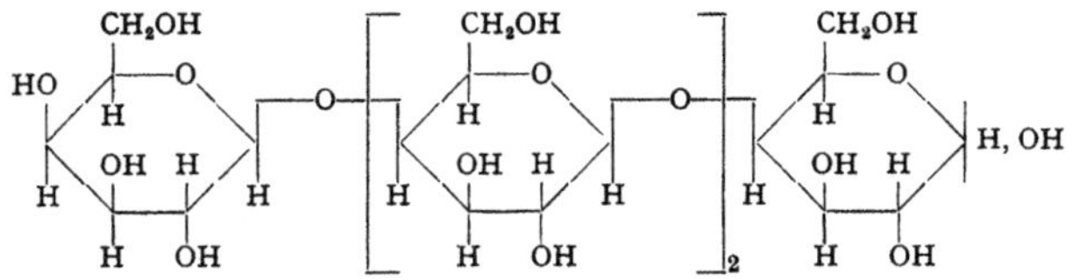

Charakteristik: Amorph; $[\alpha]_D^{25}$ +53°. — *V.:* Im norwegischen Fichtendruckholz (Picea abies Karst.)

VI/14 **Neoagarotetraose (O-3,6-Anhydro-α-L-galaktopyranosyl-(1→3)-O-β-D-galaktopyranosyl-(1→4)-O-3,6-anhydro-α-L-galaktopyranosyl-(1→3)-D-galaktose, 4-O-β-Neoagarobiosyl-neoagarobiose)**
MG 631.6 *F* 214—18 (Z.)

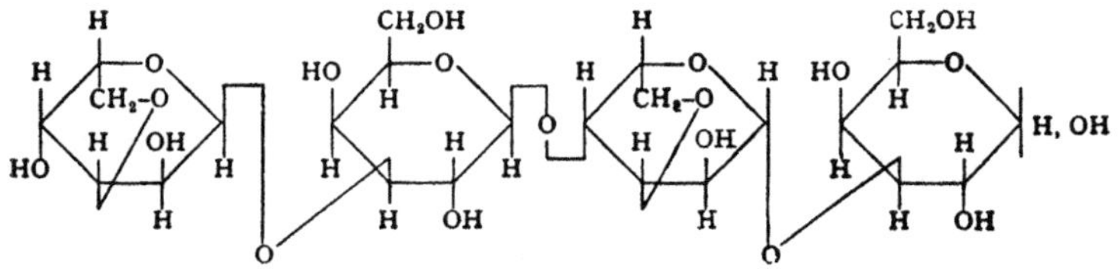

Charakteristik: Krist.; $+2H_2O$: *F* 104—7, $[\alpha]_D^{21}$ —3.9°; wird durch verd. wss. Oxalsaure hydrolysiert. — *V.:* Baugruppe der Agarose aus Agar. — *Dekaacetat* $+ 2H_2O$: *F* 121.

VI/15 **O-β-D-Galaktopyranosyl-(1→6)-O-β-D-galaktopyranosyl-(1→6)-O-β-D-galaktopyranosyl-(1→6)-D-galaktose**
MG 666,6

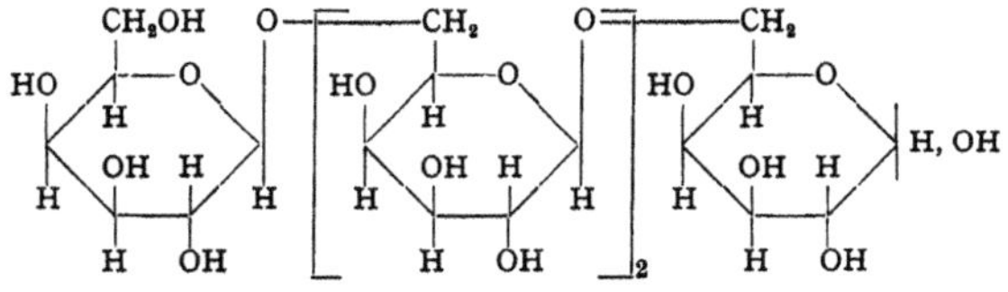

Charakteristik: $[\alpha]_D$ +14° (W.; *c* = 1.95). — *V.:* Baugruppe des Gummi Ghatti.

VI/16 **Fungitetraose (O-α-D-Glucopyranosyl-(1→2)-O-β-D-fructofuranosyl-(1→2)-O-β-D-fructofuranosyl-(1→2)-O-β-D-fructofuranosid)**
MG 666.6 *F* 110—15

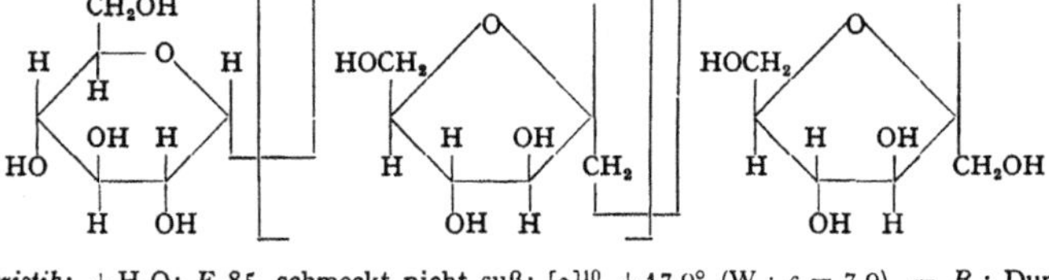

Charakteristik: $+H_2O$: *F* 85, schmeckt nicht suß; $[\alpha]_D^{10}$ +17.9° (W.; *c* = 7.9). — *B.:* Durch Aspergillus oryzae aus Saccharose.

VI/17 **Stachyose (Lupeose, β-Galaktan, Manneotetrose, Digalaktosyl-saccharose, O-α-D-Galaktopyranosyl-(1→6)-O-α-D-galaktopyranosyl-(1→6)-O-α-D-glucopyranosyl-(1→2)-β-D-fructofuranosid, 6G-α-Galaktobiosyl-saccharose (bzw. -sucrose))**

MG 666.6 *F* 167–70

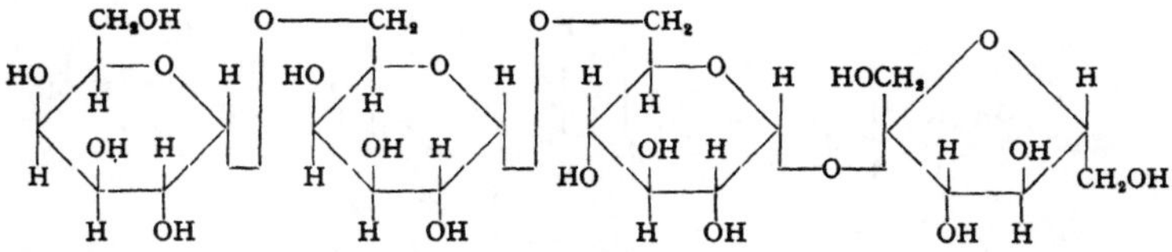

Charakteristik: Krist.; $+4H_2O$ (90%ig. A.): *F* 101–5 (geschl. Rohr); ll. in W.; wl. in 80%ig. A.; reduziert Fehlingsche Lsg. nicht; + Invertase → D-Fructose + Manninotriose. – *V.:* Im Pflanzenreich verbreitet, besonders reichlich in Rhizomen der japanischen Artischocke (Stachys tuberifera), Sojabohne, Rhizomen von Hippuris vulgaris. – *Tetraacetat: F* 95–6. – *Tetradeka-p-nitrobenzoat: F* 166.

VI/18 **Lychnose (O-α-D-Galaktopyranosyl-(1→6)-α-D-glucopyranosyl-(1→2)-β-D-fructofuranosyl-(1→1)-α-D-galaktopyranosid, 1F-α-Galaktosylraffinose)**

MG 666.6

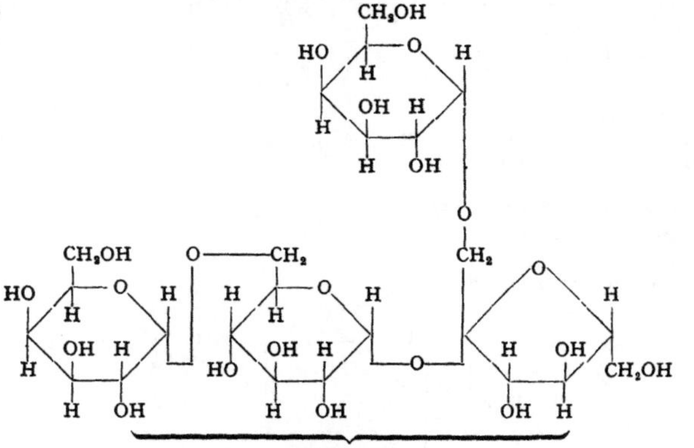

Raffinose

Charakteristik: Amorph; $[\alpha]_D^{20}$ +153–154° (W.; *c* = 2.5); Partialhydrolyse → Melibiose. – *V.:* In Wurzeln von Lychnis dioica, vergesellschaftet mit Isolychnose: O-α-D-Galaktopyranosyl-(1→6)-α-D-glucopyranosyl-(1→2)-β-D-fructopyranosyl-(3→1)-α-D-galaktopyranosid u. weiteren Penta- u. Hexasacchariden. Lychnosetyp überwiegt im Herbst, Isolychnosetyp im Juni.

VI/19 **Bifurcose (Bis-(2→1Fru, 2→6Fru)-D-fructofuranosylsaccharose)**

MG 666.6 *F* 156

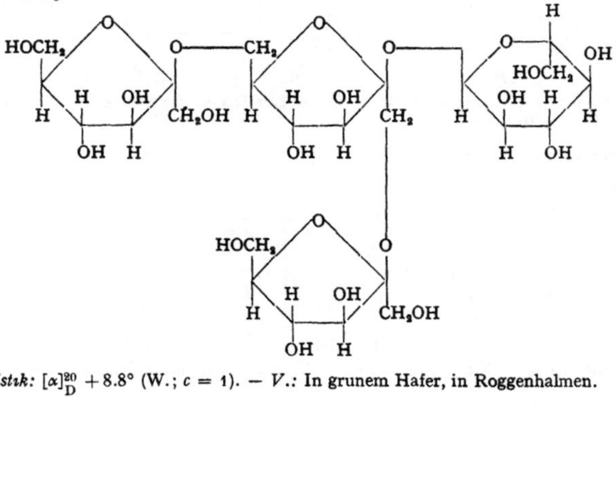

Charakteristik: $[\alpha]_D^{20}$ +8.8° (W.; *c* = 1). – *V.:* In grunem Hafer, in Roggenhalmen.

VI/20 **4-O-Methyl-α-D-glucosyluronsäure-(1→2)-O-β-D-xylopyranosyl-(1→4)-β-D-xylopyranosyl-(1→4)-D-xylose**

MG 604.5

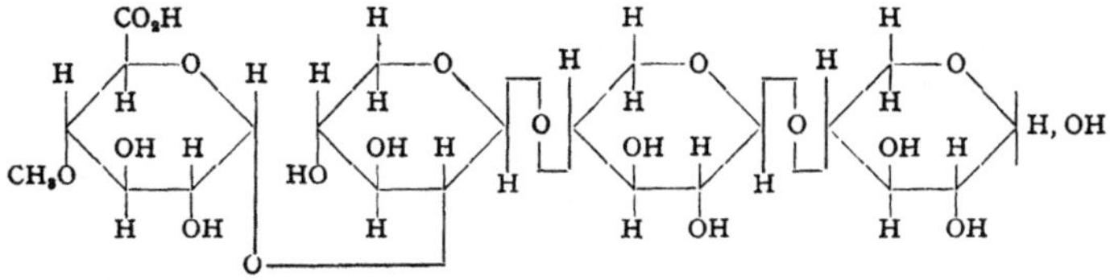

Charakteristik: Amorphes Pulver; $[\alpha]_D^{20}$ +23° (W.; *c* = 3.0). — *V.:* Baugruppe eines 4-O-Methylglucuronoxylans aus Birkenholz.

VI/21 **O-β-D-Glucopyranosyluronsäure-(1→4)-O-β-D-glucopyranosyl-(1→4)-O-α-D-glucopyranosyl-(1→4)-D-galaktopyranose**

MG 680.6

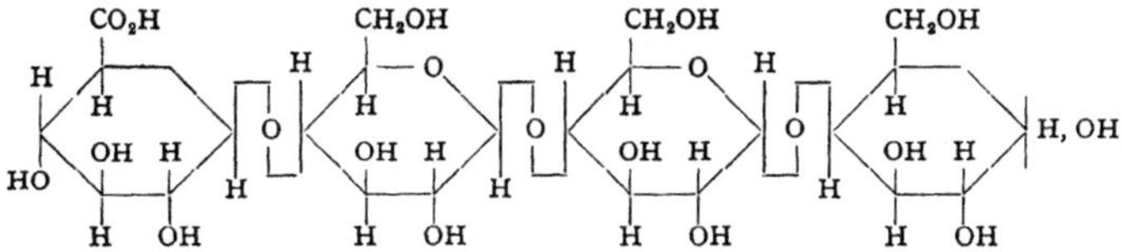

Charakteristik: Amorph; $[\alpha]_D$ +65° (W.; *c* = 1). — *V.:* Baugruppe des spezifischen Polysaccharides aus Pneumococcus Typ VIII.

VI/22 **Xylopentaose (vgl. Xylotriose)**

MG 678.59 *F* 231—2

Xyl—(1 $\overset{\beta}{—}$ [4)—Xyl—(1]$_3$ $\overset{\beta}{—}$ 4)—Xyl oder

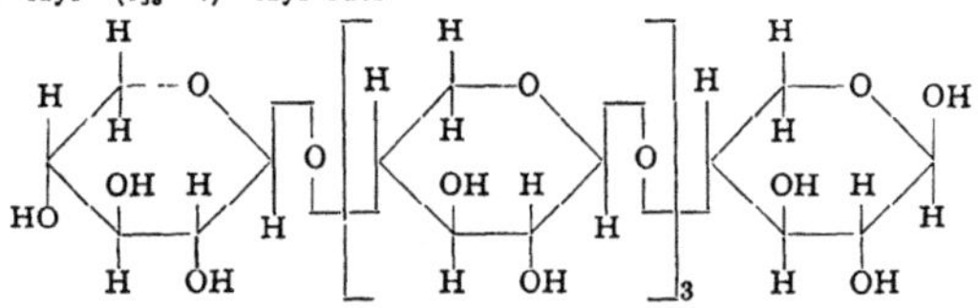

Charakteristik: Krist. + $^1/_2$ H_2O (W. + A.); Abbauprod. d. Xylans. — *Dodekaacetat* (β): *F* 248—9.

VI/23 **Maltopentaose (vgl. Maltotriose)**

MG 828.7

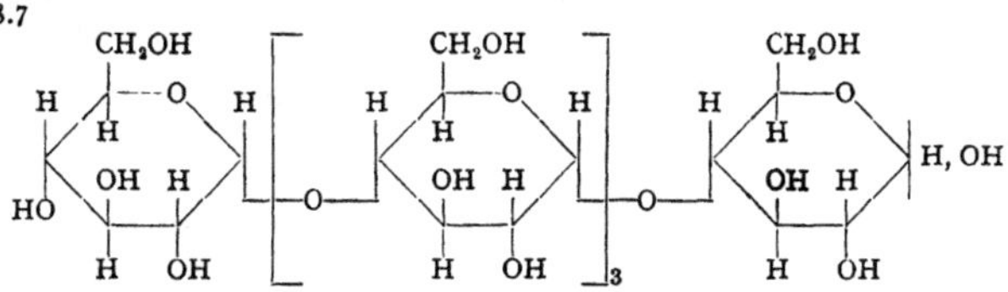

Charakteristik: Amorph; $[\alpha]_D$ +179.4°. — *V.:* Abbauprodukt der Stärke. — *Maltopentait-oktadekaacetat: F* 197—197.5.

VI/24 **Cellopentaose (vgl. Cellotriose)**

MG 828.7 *F* 266—8 (Z.)

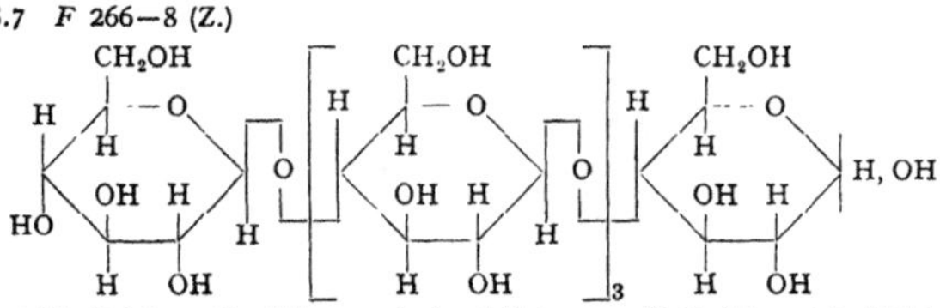

Charakteristik: Krist. — *V.:* Abbauprod. der Cellulose. — *Heptadekaacetat: F* 246—9.

VI/25 Isomaltopentaose (vgl. Isomaltotriose)
MG 828.7

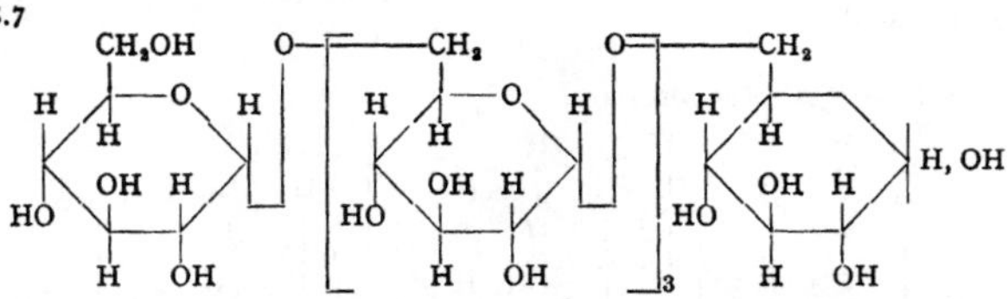

Charakteristik: Amorph; $[\alpha]_D$ + 160° (W.). — *V.:* In Dextran aus Leuconostoc mesenteroides. — *α-Methylglykosid:* *F* 161—4.

VI/26 O-β-D-Galaktopyranosyl-[(1→6)-O-β-D-galaktopyranosyl]$_3$-(1→3)-L-arabinose
MG 798.7 *F* 178—82

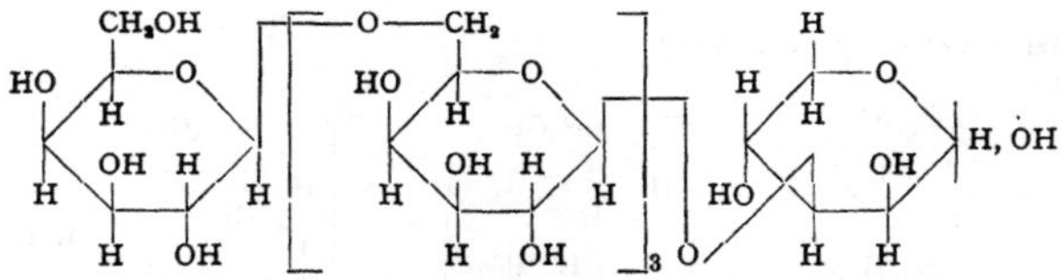

Charakteristik: Krist. (A. + W.). — *V.:* Im Gummi aus Anogeissus schimperi.

VI/27 Verbascose (O-α-D-Galaktopyranosyl-(1→6)-O-α-D-galaktopyranosyl-(1→6)-O-α-D-galaktopyranosyl-(1→6)-O-α-D-glucopyranosyl-(1→2)-β-D-fructofuranosid, 6G-Galaktotriosylsaccharose, Trigalaktosyl-saccharose)
MG 828.7 *F* 253

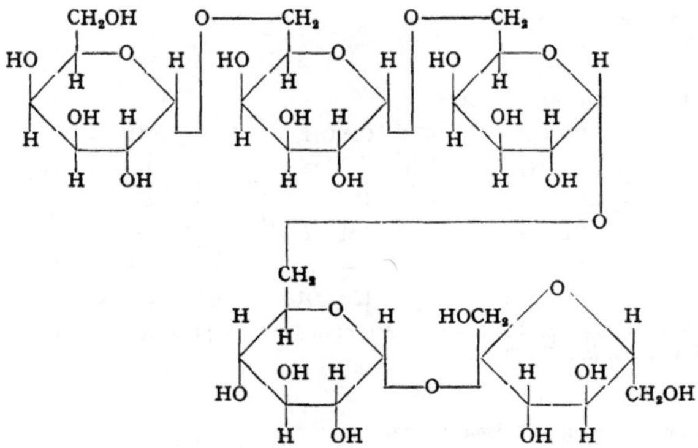

Charakteristik: Nadeln; $[\alpha]_D^{20}$ + 170.2° (W.); reduziert Fehlingsche Lsg. nicht. — *V.:* In Wurzeln des Wollkrautes Verbascum thapsus.

VI/28 O-(4-O-Methyl-α-D-glucosyluronsäure)-(1→2)-O-β-D-xylopyranosyl-(1→4)-O-β-D-xylosyl-(1→4)-O-β-D-xylosyl-(1→4)-D-xylose
MG 736.3

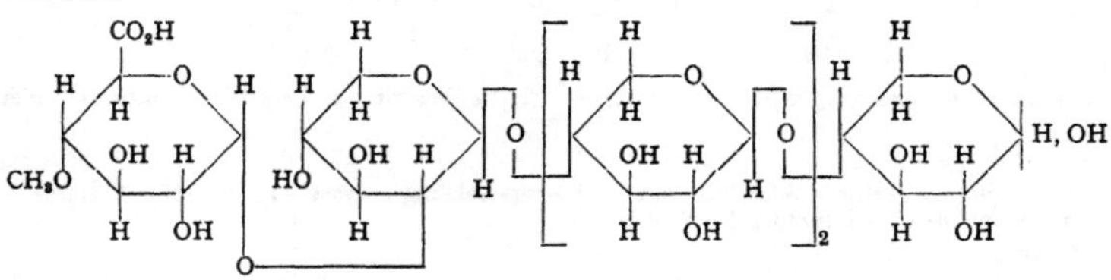

Charakteristik: Amorph; $[\alpha]_D$ + 0.63° (W.; *c* = 2.6). — *V.:* Baugruppe eines 4-O-Methylglucuronoxylans aus Birkenholz.

VI/29 **Xylohexaose (vgl. Xylotriose)**
MG 810.7 *F* 236–7

$\mathrm{Xyl{-}(1 \overset{\beta}{-} [4){-}Xyl{-}(1]_4) \overset{\beta}{-} Xyl}$ oder

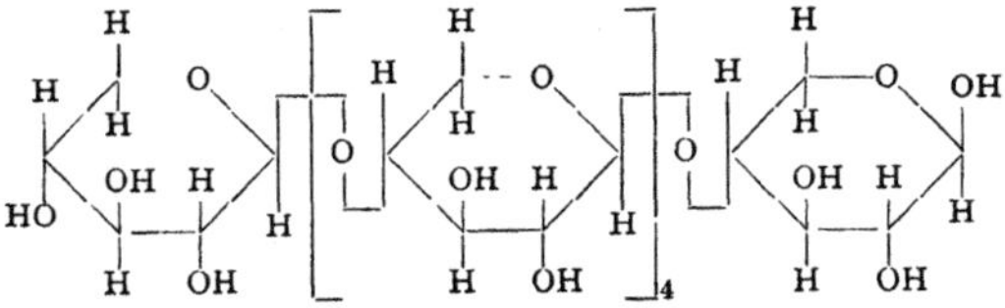

Charakteristik: Krist. + $2H_2O$ (W. + A.); Abbauprodukt d. Xylans. – *Tetradekaacetat: F* 260–1.

VI/30 **Maltohexaose (vgl. Maltotriose)**
MG 990.9

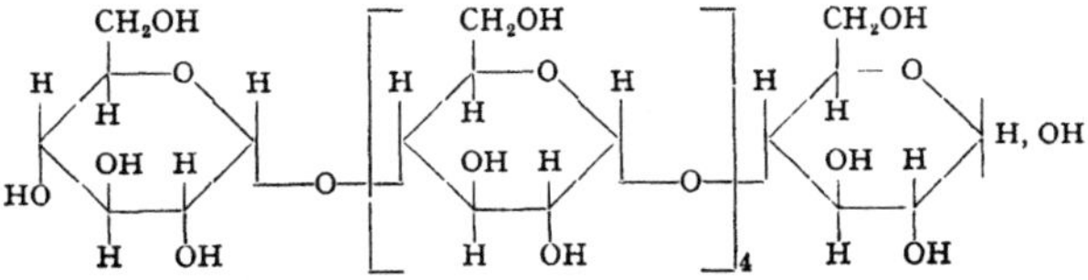

Charakteristik: Amorph; $[\alpha]_D$ + 184.7° (W.). – *V.:* Baugruppe der Amylose.

VI/31 **Cellohexaose (vgl. Cellotriose)**
MG 990.9 *F* 275–8

$\mathrm{Gl{-}(1 \overset{\beta}{-} [4){-}Gl{-}(1]_4 \overset{\beta}{-} 4){-}Gl}$ oder

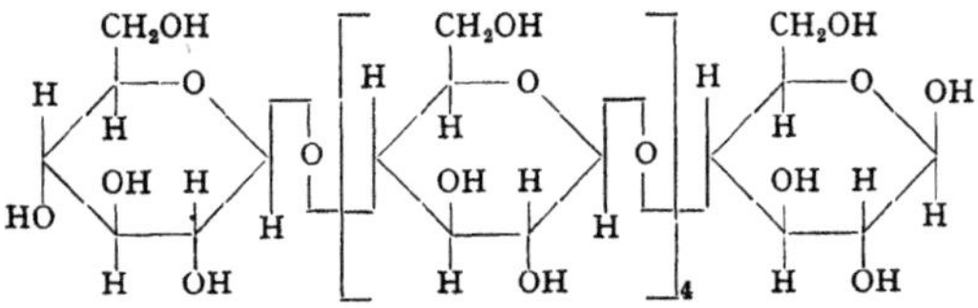

Charakteristik: Mikroskop. Nadeln (W. + A.); etwa 5 in k. W.; unl. in A. – Abbauprod. d. Cellulose. – *Eikosacetat* (α)*: F* 252–5.

VI/32 **Isomaltohexaose (vgl. Isomaltotriose)**
MG 990.9

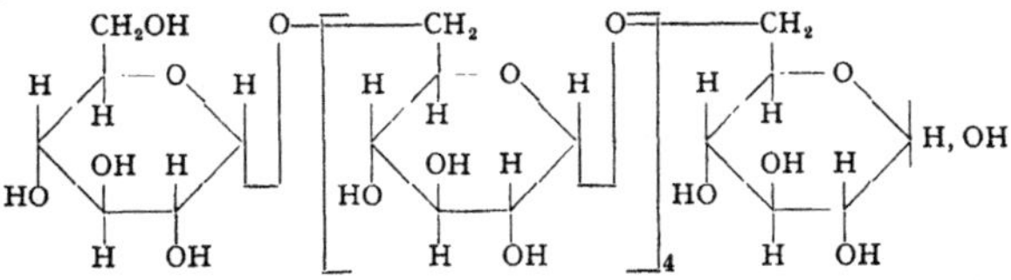

Charakteristik: Amorph; $[\alpha]_D$ +163° (W.). – *V.:* In Dextran aus Leuconostoc mesenteroides.

VI/33 **Ajugose (Tetragalaktosylsaccharose, [O-α-D-Galaktopyranosyl-(1→6)]₄-O-α-D-gluco-pyranosyl-β-D-fructofuranosid, vgl. Verbascose)**
MG 990.9

Charakteristik: $[\alpha]_D^{18}$ + 161.3° (W.). – *V.:* In den Wurzeln von Verbascum thapsiforme Schrad. u. in Ajuga nipponensis.

VI/34 **Xyloheptaose (vgl. Xylotriose)**
MG 942.8 *F* 240–2

$Xyl-(1\overset{\beta}{-}[4)-Xyl-(1]_5\overset{\beta}{-}4)-Xyl$ oder

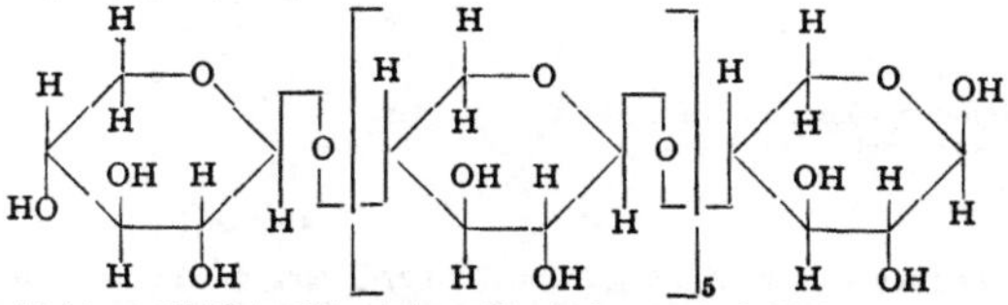

Charakteristik: Krist. $+2H_2O$ (75%ig. A.). — *V.:* Abbauprod. d. Xylans.

VI/35 **Maltoheptaose (vgl. Maltotriose)**
MG 1153.0

Charakteristik: Amorph; $[\alpha]_D$ +186.4° (W.). — *V.:* Baugruppe der Amylose.

VI/36 **Celloheptaose (vgl. Cellotriose)**
MG 1153.0 *F* 283–6 (Z.)

Charakteristik: Krist. — *V.:* Abbauprodukt der Cellulose. — *α-Acetat: F* 263–6.

VI/37 **Pentagalaktosylsaccharose (vgl. Ajugose und Verbascose)**
MG 1153.0

Charakteristik: $[\alpha]_D^{18}$ 169.1°. — *V.:* In den Wurzeln von Verbascum thapsiforme Schrad. Dort auch *Hexagalaktosidosaccharose:* $[\alpha]_D^{18}$ +168.7°.

VII. Cyclo-oligosaccharide

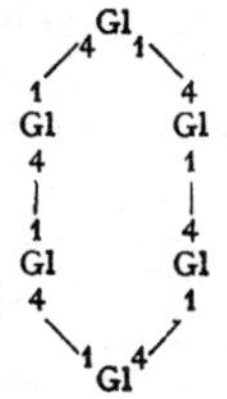

VII/1 **α-(Schardinger)-Dextrin ([α-Tetraamylose], Cyclohexaglucan-(α-1→4), Cyclohexaamylose, (6-ose)cyclo)**
MG $[162.14]_6$

Charakteristik: Krist. (W.) +5.1 W.; 14.5 W., 0.4–1.2 in 60%ig. 1-Propanol, 0.9 in p-Xylol, 3.3 in p-Cymol, 0.26 in Trichloräthylen, 0.08 in Tetrachloräthan, 0.7 in Tetrachloräthylen, 2.4 in Brombenzol; wl. in Py.; $+ J_2 \rightarrow$ dunkelblaue Sechsecke u. dunkelgrüne dichroitische Nadeln. — *B.:* Durch Einwirk. v. Bacillus macerans auf Stärke oder Glykogen. — *Acetat: F* 242–3. — *Methyläther: F* 208–10.
Gemeinsame Eigenschaften aller Schardinger-Dextrine: Fehlingsche Lsg. wird nicht reduziert, stabil gegen h. wss. Alkali, ziemlich widerstandsfähig gegen saure Hydrolyse u. gegen α-Amylasen (Ausnahmen: Enzyme aus Mikroorganismen), vollständig resistent gegen Hefe und β-Amylase. — Große Neigung zur Bildung kristalliner Komplexe mit organischen Verbb., bes. von organ. Flüss. mit geringer Löslichkeit in W. (Einschlußkomplexe). Desgleichen Bildung zahlreicher Komplexe mit anorgan. Neutralsalzen, Basen u. Halogenen.

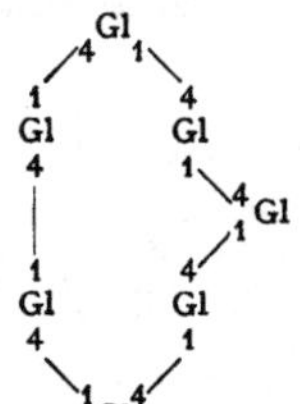

VII/2 **β-(Schardinger)-Dextrin ([β-Hexaamylose], [Cellulosin], Cycloheptaglucan-(α-1→4), Cycloheptaamylose, (7-ose)-cyclo)**
MG $[162.14]_7$

Charakteristik: Prismen $+9H_2O$ (W.); 1.85 in W., 0.54 in 60%ig. 1-Propanol, 0.02 in Xylol, 0.04 in p-Cymol, 0.03 in Trichloräthylen, 0.12 in Tetrachloräthan, 0.004 in Tetrachloräthylen, 0.03 in Brombenzol; ll. in Py.; $+ J_2 \rightarrow$ gelbbraune monokline Prismen. — *B.:* Siehe α-Dextrin. — *Acetat: F* 200. — *Methyläther: F* 156–8.

VII/3 γ-(Schardinger)-Dextrin (Cyclooctaglucan-(α-1→4), Cyclooctaamylose, (8-ose)-cyclo)
MG $[162.14]_8$

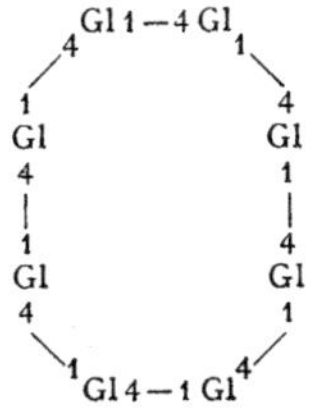

Charakteristik: Prismen $+11.7 H_2O$ (W.); 23 in W., 0.27 in 60%ig. 1-Propanol, 0.06 in p-Xylol, 0.17 in p-Cymol, 0.03 in Trichlorathylen, 0.03 in Tetrachlorathan, 0.01 in Tetrachlorathylen, 0.01 in Brombenzol; wl. in Py.; $+ J_2 \rightarrow$ hellgelbe Nadeln oder braune rechteckige Platten. — *B.:* Siehe α-Dextrin.

Aminozucker

Von **H. H. Baer**, Ottawa (Kanada)

Literatur. *Jeanloz, R. W.*, and *E. A. Balazs* (Ed.): The Amino Sugars, New York 1963 (im Druck). — *Foster, A. B.*, and *D. Horton:* Aspects of the Chemistry of the Amino Sugars, Adv. Carbohydrate Chemistry **14**, 213—281 (1959.) — *Horton, D.:* Tables of Properties of 2-Amino-2-deoxy Sugars and their Derivatives, Adv. Carbohydrate Chemistry **15**, 159—200 (1960). — *Baer, H. H.:* Chemie der Aminozucker, Fortschr. chem. Forsch. **3**, 822—910 (1958). — *Kuhn, R.:* Aminozucker, Angew. Chem. **69** 23—33 (1957). — *Kent, P. W.*, and *M. W. Whitehouse:* Biochemistry of the Amino Sugars, London, 1955. — *Gottschalk, A.:* The Chemistry and Biology of Sialic Acids and Related Substances, Cambridge, 1960. — *Zilliken, F.*, and *M. W. Whitehouse:* The Nonulosaminic Acids, Adv. Carbohydrate Chemistry **13**, 237—263 (1958).

Vorbemerkung. In diesem Kapitel sind Aminozucker und verwandte Verbindungen aufgeführt, die frei oder in Form von Derivaten in der Natur vorkommen, als Abbauprodukte aus Naturstoffen erhalten werden oder durch enzymatische Synthese oder Umwandlung zugänglich sind. Rein chemisch synthetisierte Grundkörper, von denen bisher keine Derivate in der Natur aufgefunden worden sind, fanden nur in wenigen Ausnahmefällen Aufnahme, jedoch sind manche physikalische Daten von Naturstoffen synthetischen Arbeiten entnommen.

I. Amino-monosaccharide

1. 2-Amino-2-desoxy-zucker

$C_6H_{13}O_5N$

1/1 D-Glucosamin (2-Amino-2-desoxy-D-glucose, Chitosamin)
MG 179.17
α: *F* 88 (Z.) $[\alpha]_D$ $+100 \rightarrow +47.5°$ (W.)
β: *F* 120 (Z.) $[\alpha]_D$ $+20 \rightarrow +47.5°$ (W.)

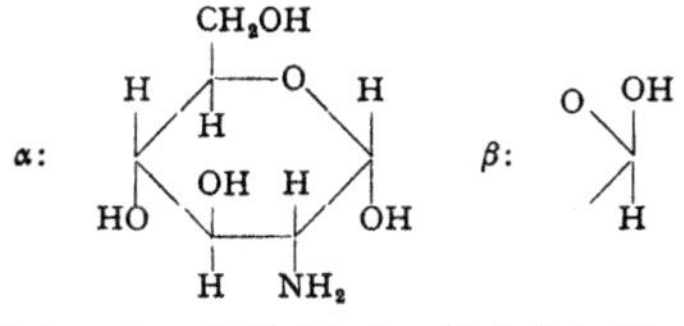

Charakteristik: α: Krist. (aus Hydrochlorid + Triathylamin). — β: Nadeln (aus Me.); ll. in W.; l. in sd. Me.; swl. in A., unl. in Ae.; gart nicht mit Hefe. — *V.:* N-substituiert weit verbreitet im Tierreich als Baustein von Chitin, Hyaluronsaure, Blutgruppensubstanzen, Milch-Oligosacchariden, Glykoproteiden (N-acetyliert); im Heparin (N-sulfatiert); in Pilzen u. Bakterien. — *Derivate: N-Benzyloxycarbonyl-: F* 214; $[\alpha]_D$ $-75.4°$ (Py.); — *N-(2-Hydroxynaphthyliden-1)-: F* 202—3; $[\alpha]_{5461}$ $+274 \rightarrow +217°$ (Me.); — *N-(2,4-Dinitrophenyl)-: F* 202—4; $[\alpha]_{5461}$ $+65°$ (W.-A.). — D-*Glucosamin-hydrochlorid: MG* 215.64. — α: monokline Krist. (aus W. od. W.-A.); *F* 190—210 (Z.); $[\alpha]_D$ $+100 \rightarrow +72.5°$ (W.); ll. in W.; wl. in A.; unl. in Ae. — β: hexagonale Blättchen (aus der Mutterlauge der α-Form + A. + Ae.); $[\alpha]_D$ $+25 \rightarrow +72.6°$ (W.). — D-*Glucosaminol* (*2-Amino-2-desoxy-*D*-glucitol, 2-Amino-2-desoxy-*D*-sorbit*): *MG* 181.19; *F* 131—2. Reduktionsprodukt des Glucosamins; Krist.; ll. in W.; swl. in A.; — *Hydrochlorid: F* 160—1; — *N-(2,4-Dinitrophenyl)-verb.: F* 163—4.

$C_8H_{15}O_6N$

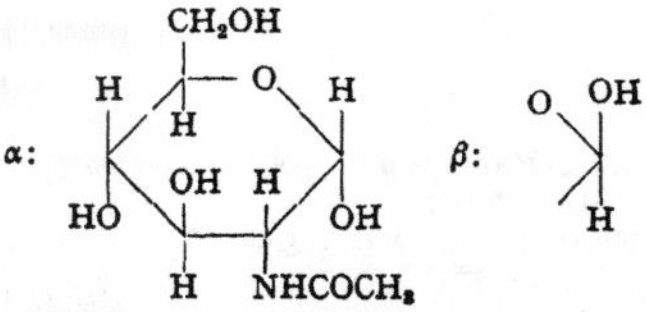

1/2 N-Acetyl-D-glucosamin (2-Acetamido-2-desoxy-D-glucose)

MG 221.21

α: *F* 205 (Z.) $[\alpha]_D$ +64 → +40.9° (W.)
β: *F* 182–3.5 (Z.) $[\alpha]_D$ –21.5 → +40.4° (W.)

Charakteristik: Prismen (α-Form aus W.); mikroskop. Krist. (β-Form aus Dimethylformamid); ll. in W.; wl. in h. Me.; swl. in A.; unl. in Ae. — ***V.:*** Als Baustein von Oligo- u. Polysacchariden, Glykoproteiden (siehe D-Glucosamin). — ***Methyl-β-pyranosid:*** *F* 204–4.5; $[\alpha]_D$ –44.3° (W.). — ***Äthyl-β-pyranosid:*** *F* 178–80; $[\alpha]_D$ –42.5° (W.); diese u. andere β-Glykoside sind Wuchsstoffe für Lactobacillus bifidus. — ***Methyl-α-pyranosid:*** *F* 187–8; $[\alpha]_D$ +131° (W.). — *N-Acetyl-D-glucosaminol (2-Acetamido-2-desoxy-D-glucitol, 2-Acetamido-2-desoxy-D-sorbit):* *F* 153; $[\alpha]_D$ –11° (W.).

1/3 D-Glucosamin-phosphate

	F (Z).	$[\alpha]_D$
α-D-Glucosamin-1-phosphat, K-Salz		+100° (W.)
D-Glucosamin-6-phosphat	160–7	+ 58.8° (W.)
Monohydrat	170–80	+ 54° (W.)
Dihydrat	165–75	
Ba-Salz		+ 53° (W., pH 2.5)
Hydrochlorid, Ba-Salz		+ 24° (W.)
3,4,6-Triacetyl-α-D-glucosamin-1-diphenylphosphat-hydrochlorid	137–8	+110° (Me.)
1,3,4-Triacetyl-D-glucosamin-6-diphenylphosphat-hydrochlorid	190–1	+ 49.6° (Me.)
1,3,4-Triacetyl-D-glucosamin-6-phosphat	166–7	+ 48.9° (n HCl)
N-Acetyl-α-D-glucosamin-1-phosphat, Ca-Salz	137–8	+107° (W.)
Di-K-Salz		+ 79° (W.)
Diphenylester		+110° (Me.)
N-Acetyl-D-glucosamin-6-phosphat		+ 29.5° (W., pH 3)
NH_4-Salz	146.5–7.5	
1,3,4-Triacetyl-N-acetyl-β-D-glucosamin-6-phosphat	166–8	+ 25° (W.)
1,3,4-Triacetyl-N-acetyl-D-glucosamin-6-diphenylphosphat	141–2	+ 20.7° (Chlf.)

$C_7H_{15}O_5N$

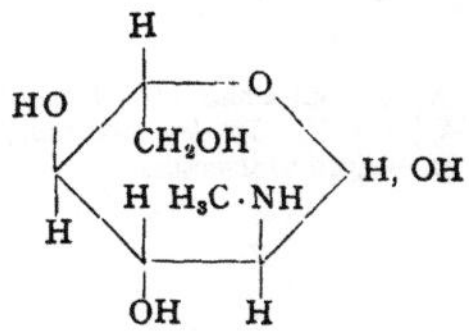

1/4 N-Methyl-L-glucosamin (2-Desoxy-2-methylamino-L-glucose)

MG 193.20 *F* 130–2 (Z.) $[\alpha]_D$ –64° (W.)

Charakteristik: Krist. (Me. + A. + Ae.); Baustein des Streptomycins. — ***Hydrochlorid:*** *F* 160–2 (Z.); $[\alpha]_D$ –106 → –89° (W.). — ***Pentaacetat(-β):*** *F* 153; $[\alpha]_D$ –16.5° (Chlf.); — (-α): *F* 160.5 bis 1.5; $[\alpha]_D$ –100° (Chlf.).

$C_6H_{13}O_5N$

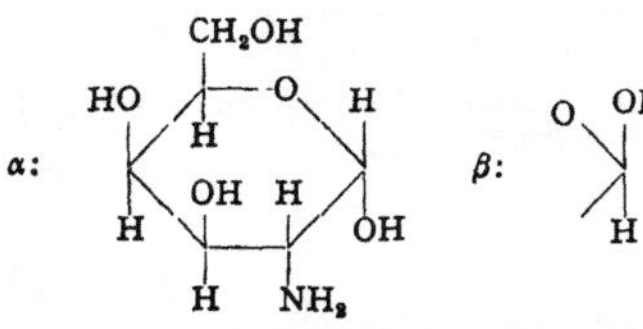

1/5 D-Galaktosamin (2-Amino-2-desoxy-D-galaktose, Chondrosamin)

MG 179.17

V.: In N-acetylierter Form verbreitet im Tierreich (Knorpel, Sehnen, Bindegewebe) als Baustein von Chondroitinsulfaten, Dermatansulfat; in Blutgruppensubstanzen u. Glykoproteiden; in bakteriellen Immunopolysacchariden. — ***Derivate:*** *N-Benzyloxycarbonyl-:* *F* 177–8; $[\alpha]_D$ +86.6 → +78.7° (Py.); — *N-(2-Hydroxynaphthyliden-1)-:* *F* 175–8; $[\alpha]_{5461}$ +287 → +258° (Me.); — *N-2,4-Dinitrophenyl-:* *F* 184–6; $[\alpha]_{5461}$ +84° (W.-A.). — *D-Galaktosamin-hydrochlorid:* *MG* 215.64 α: Nadeln; $[\alpha]_D$ +135 → +93° (W.). — β: Nadeln; *F* 178–80 (Z.); $[\alpha]_D$ +39 → +93° (W.). Gewöhnlich erhält man die schwerer lösl. β-Form. — *N-Acetyl-α-D-galaktosamin:* *MG* 221.21; Krist. (Me.-Äthylacetat); *F* 172–3; $[\alpha]_D$ +115 → +86° (W.); — *Monohydrat:* *F* 120. — *D-Galaktosamin-6-phosphat:* *F* 200 (Z.); $[\alpha]_D$ +57.8° (W.). — *N-Acetyl-α-D-galaktosamin-1-phosphat:* $[\alpha]_D$ +178° (W.). — *N-Acetyl-D-galaktosamin-6-phosphat:* $[\alpha]_D$ +48.4° (W.). — *N-Acetyl-D-galaktosaminol (2-Acetamido-2-desoxy-D-galaktitol):* *MG* 223.23; *F* 174–6; $[\alpha]_D$ –42° (W.); — *Peracetylverb.:* *F* 176–8; $[\alpha]_D$ +15° (Chlf.).

$C_6H_{13}O_5N$

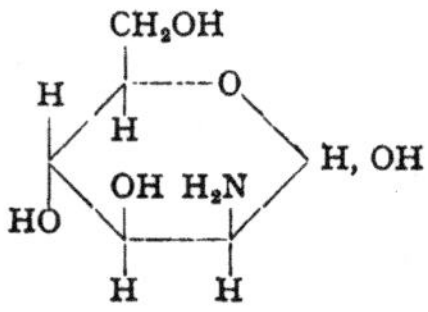

1/6 D-Mannosamin (2-Amino-2-desoxy-D-mannose)

Hydrochlorid: *MG* 215.64 *F* 178—80 (Z.)
[α]D —3° (W.)

Charakteristik: Krist. (aus Me.-Ac.). — *V.:* Abbauprodukt der Sialinsäuren (Neuraminsaure, Lactaminsäure; siehe diese). — *Derivate: N-(2-Hydroxy-naphthyliden-1)-: F* 196—9. — *β-Pentaacetat: F* 161; [α]D —19° (Chlf.). — *N-Acetyl-β-D-mannosamin-monohydrat: MG* 239.23; *F* 105—8; [α]D —21 → +10° (W.); ll. in W.; wl. in A.; Kristallw. wird beim Erhitzen i. Vak. nur schwer abgegeben. Wasserfr. Verb. hygroskop.; ll. in abs. A.

$C_6H_{13}O_5N$

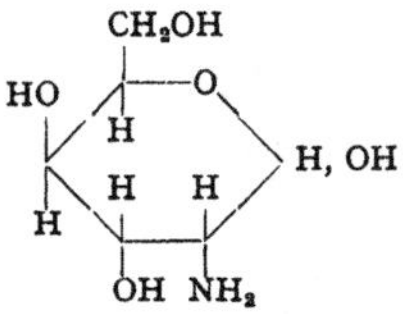

1/7 D-Gulosamin (2-Amino-2-desoxy-D-gulose)

Hydrochlorid: *MG* 215.64 *F* 165—70 (Z.)
[α]D +40→ —19° (W.)

Charakteristik: Stäbchen (W.-A.). — *V.:* Spaltstück der Streptomyces-Antibiotica Streptothricin u. Streptolin B. — *β-1,6-Anhydrid-hydrochlorid: F* 235—40 (Z.), 255—60 (Z.); [α]D +45, +42° (W.). — *N-Acetyl-D-gulosamin: MG* 221.21; [α]D — 59° (W.); amorph; — *β-1,6-Anhydrid: F* 182—3: [α]D +45° (Me.). — *α-Pentaacetat* (+1H₂O): *F* 80—1; [α]D +88° (Chlf.). — *β-Pentaacetat: F* 176 (Z. ab 150); [α]D —18.5° (Chlf.).

$C_6H_{13}O_4N$

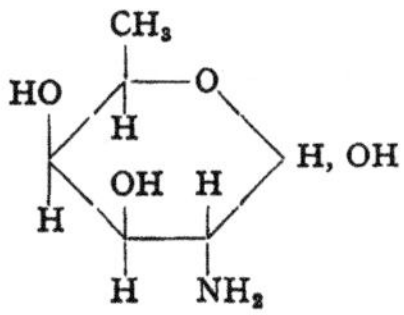

1/8 D-Fucosamin (2-Amino-2-desoxy-D-fucose, 2-Amino-2,6-didesoxy-D-galaktose)

Hydrochlorid: *MG* 199.64 *F* 170—5 (Z.)
[α]D +91° (W.)

Charakteristik: Stäbchen (Me.-Isopropanol). Synthet. L-Form: *F* 192—3 (Z.); [α]D —119 → —92° (W.). — *V.:* In der Kohlenhydratfraktion des Lipopolysaccharids einiger Stämme von Chromobacterium violaceum.

$C_6H_{13}O_4N$

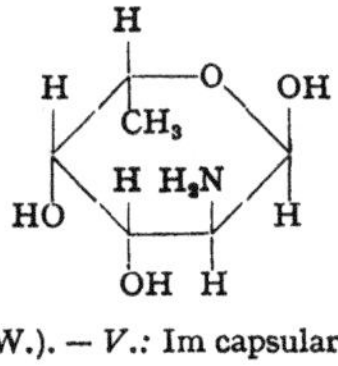

1/9 L-Fucosamin (2-Amino-2,6-didesoxy-L-galaktose)

Hydrochlorid: *MG* 199.64 *F* 192—3 (Z.)
[α]D —119→ —92° (W.)

Charakteristik: N-Acetyl-verb.: F 195—8; [α]D — 79° (W.). — *V.:* Im capsularen Polysaccharid von Pneumococcus Typ V.

2. 3-Amino-3-desoxy-zucker

$C_5H_{11}O_4N$

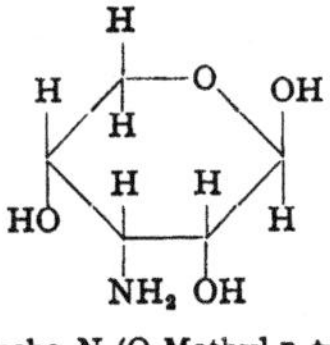

2/1 3-Amino-3-desoxy-β-D-ribose

Hydrochlorid: *MG* 185.61 *F* 159—60 (Z.)
[α]D —37.6→ —23° (W.)

Charakteristik: Krist. (W.-Eg.). — *V.:* Als furanosidische N-(O-Methyl-L-tyrosinyl)-verb. Baustein des Puromycins.

$C_6H_{13}O_5N$

2/2 Kanosamin (3-Amino-3-desoxy-D-glucose)
Hydrochlorid: *MG* 215.64
$[\alpha]_D$ +47.4 → 44.5° (W.)

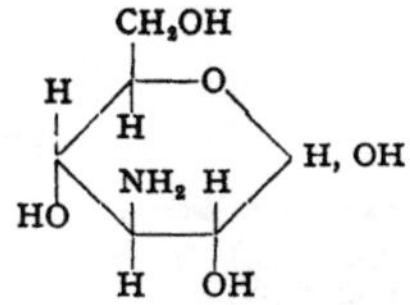

Charakteristik: Hygroskop. Pulver; ll. in W.; l. in Me.; wl. in A. — *V.:* Baustein des Kanamycins. — *β-N-Acetyl-verb.:* *F* 204—6; $[\alpha]_D$ +17 → +53° (W.). — *Methyl-β-pyranosid* (fr. Base): *F* 207—8 (Z.); $[\alpha]_D$ −34.3° (W.). — *Methyl-α-pyranosid-tetraacetat:* *F* 179—81; $[\alpha]_D$ +111° (Chlf.).

$C_6H_{13}O_4N$

2/3 Mycosamin (3-Amino-3,6-didesoxy-D-mannose)
MG 163.17

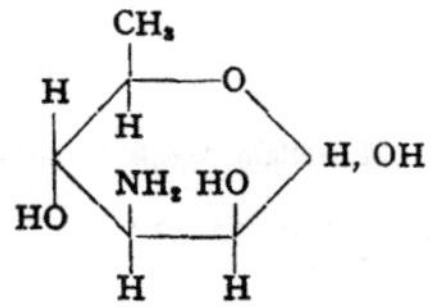

Charakteristik: *Tetraacetat:* *F* 159—61; $[\alpha]_D$ +39° (A.). — *N-Acetat:* *F* 191—2; $[\alpha]_D$ −46° (A.). — *N-Acetyl-methyl-α-pyranosid:* *F* 168—70; $[\alpha]_D$ +47° (A.). — *V.:* Baustein der Antibiotica Nystatin, Amphotericin B u. Pimaricin.

$C_8H_{17}O_4N$

2/4 Mycaminose (3,6-Didesoxy-3-dimethyl-amino-D-glucose)
Hydrochlorid-monohydrat: *MG* 245.69 *F* 116—8
$[\alpha]_D$ + 11 → +31° (W.)

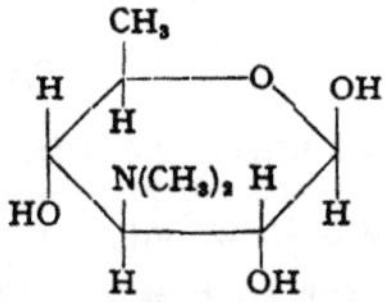

Charakteristik: Krist. — *V.:* Im Antibioticum Carbomycin (Magnamycin).

$C_8H_{17}O_3N$

2/5 Desosamin (Pikrocin)
Hydrochlorid: *MG* 211.68 *F* 191—3, 189—91
$[\alpha]_D$ +54.5, +49.5° (W.)

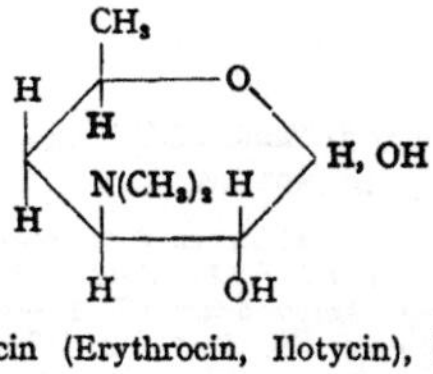

Charakteristik: *V.:* In den Antibiotica Erythromycin (Erythrocin, Ilotycin), Narbomycin, Methymycin, Pikromycin, Oleandomycin.

$C_8H_{17}O_3N$

2/6 Rhodosamin
Hydrochlorid: *MG* 211.68 *F* 152-3
$[\alpha]_D$ −48.2° (W.)

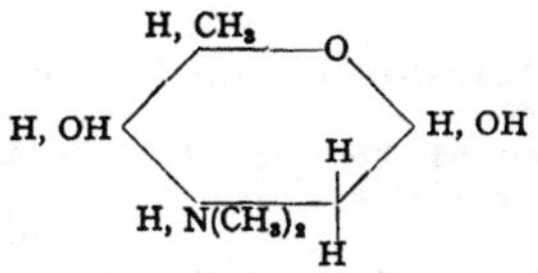

Charakteristik: *V.:* Am Bau der Rhodomycine von Streptomyces purpurascens beteiligt.

3. Weitere Amino- und Diamino-monosaccharide

$C_6H_{13}O_5N$

3/1 1-Amino-1-desoxy-D-fructose (D-Fructos-amin, D-Isoglucosamin)
MG 179.17

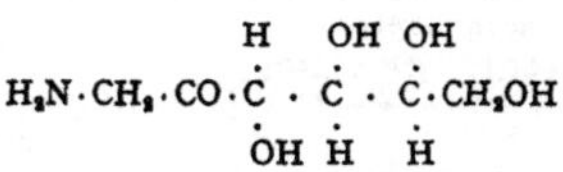

Charakteristik: *Essigsaures Salz:* feine Nadeln (W.-A.); *F* (Z.) 137—8; 145—6; $[\alpha]_D$ −69.8° (W.), −63 (Py.). — *Hydrochlorid:* *F* 120—1. — *V.:* N-(o-Carboxyphenyl)-verb. Zwischenprodukt bei der Tryptophan-Biosynthese.

$C_6H_{13}O_5N$

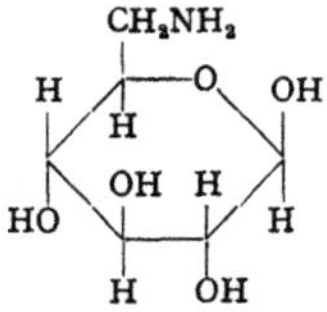

3/2 6-Amino-6-desoxy-β-D-glucose

Hydrochlorid: *MG* 215.64 *ZP* 161—2
[α]D +23→+50.1° (W.)

Charakteristik: *V.:* Baustein des Kanamycins. — *Pentaacetat* (-β): *F* 114—20; [α]D +9.9° (Chlf.); — (-α): *F* 141—2; [α]D +92.6° (Chlf.). — *N-Acetat:* *F* 196—8 (Z.); — [α]D +44 → +34.9° (W.). — *1,2-Isopropyliden-6-acetamido-6-desoxy-α-D-glucofuranose:* *F* 164—5; [α]D +4.7° (Me.).

$C_6H_{14}O_4N_2$

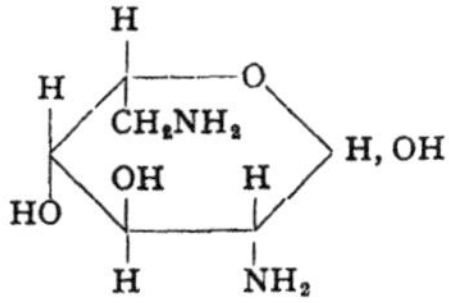

3/3 Neosamin B (2,6-Diamino-2,6-didesoxy-L-idose

Dihydrochlorid: *MG* 251.12 *ZP* 135—150
[α]D +17.5° (W.)

Charakteristik: Hygroskop. Krist. (aus Me.-Ae.). — *V.:* Baustein des Neomycins B (Framycetin, Streptothricin BI, Dextromycin). — *Dipikrat:* Krist. (W.); *F* 125—6.5; [α]D +13° (W.). — *N,N'-Bis-(2,4-dinitrophenyl)-verb.:* *F* 155—8; [α]D —44° (Me.).
Neobiosamin B = Neosamin B α-glykosid. an C-3 von D-Ribose gebunden; *Dihydrochlorid:* *ZP* 198—200; [α]D +34° (n HCl). — *N,N'-Bis-(2,4-dinitrophenyl)-verb.:* *F* 165—9; [α]D +30° (Me.).

$C_6H_{14}O_4N_2$

3/4 Neosamin C (2,6-Diamino-2,6-didesoxy-D-glucose)

Struktur vgl. 3/3

Dihydrochlorid: *MG* 251.12 [α]D +69° (W.)

Charakteristik: Amorph, hygroskop.; sintert bei 140°, verkohlt darüber ohne zu schmelzen. — *V.:* Baustein von Neomycin C. — *N,N'-Dibenzoylneosaminol C:* *F* 186—8.5.
Neobiosamin C = Neosamin C α-glykosid. an C-3 von D-Ribose gebunden; [α]D +104° (verd. HCl). — *N,N'-Dibenzoyl-neobiosaminol C:* *F* 217—27 (Z.).

$C_6H_{14}O_4N_2$

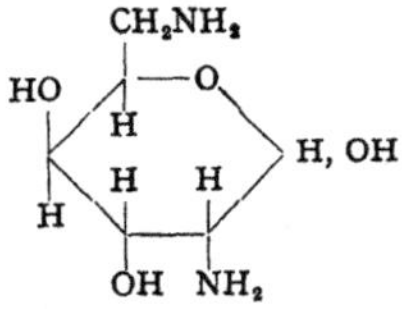

3/5 Paromose (2,6-Diamino-2,6-didesoxy-L-idose

MG 164.18 [α]D +19° (W.)

Charakteristik: — *V.:* Baustein des Paromomycins. — *Dipikrat:* Krist.; *F* 126—8 (Z.); [α]D +22° (W.). — *p-Nitrophenylhydrazon:* *F* 229—31 (Z.). — *N,N-Diacetyl-paromitol:* *F* 151—2; [α]D — 17.8° (Acetatpuffer pH 4.5). Paromobiosamin = Paromose glykosid. an C-3 von D-Ribose gebunden; *Dihydrochlorid:* Prismen (Me.); [α]D + 25.5° (W.).

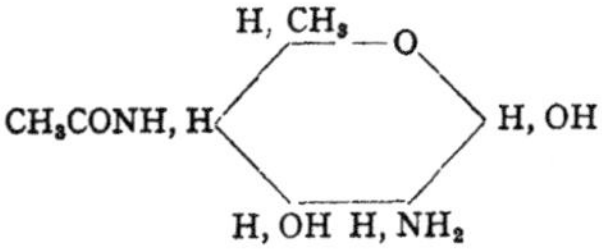

3/6 2-Amino-4-acetamido-2,4,6-tridesoxy-hexose

Hydrochlorid: *MG* 240.68 *F* 216—9 (Z.)
[α]D +115→ +94° (W.)

$C_8H_{16}O_4N_2$

Charakteristik: Prismat. Nadeln (W. + Me. + Ac.); l. in W., Me., A.; Elson-Morgan-positiv. Morgan-Elson-negativ. — *V.:* Spaltprodukt eines Polysaccharids aus Bacillus subtilis. — *N²-Acetyl-verb.:* *F* 262—4; [α]D +67° (W.-A.); l. in A.; wl. in W.

4. Aminozucker-carbonsäuren

4/1 D-Glucosaminsäure (2-Amino-2-desoxy-D-gluconsäure)

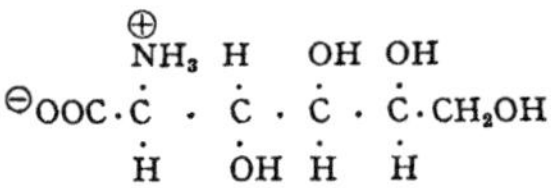

MG 195.17 *ZP* > 250
[α]D —16.5→ —14.6° (2,5% HCl)

$C_6H_{13}O_6N$

Charakteristik: Blättchen oder Nadeln (W.); ll. in sd. W.; ~37 W. 20°; wl. in A.; unl. in Ae. — *N-2,4-Dinitrophenyl-D-glucosaminsaure:* *F* 107—8. — *V.:* Stoffwechselprodukt des D-Glucosamins bei Pseudomonas fluorescens.

$C_6H_{11}O_6N$

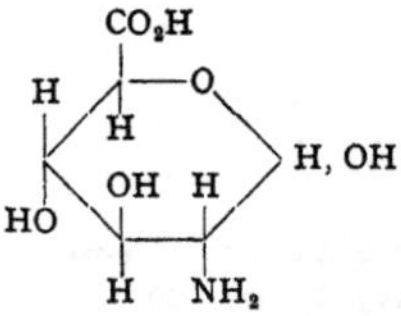

4/2 **D-Glucosaminuronsäure (2-Amino-2-desoxy-D-glucuronsäure)**

MG 229.2 (Dihydrat) *ZP* 172 (wasserfr. Subst.)
$[\alpha]_D$ + 55° (W.)

Charakteristik: Prismen (+ $2H_2O$); Entwässern d. Hydrats von leichter Zers. begleitet; sll. in Säuren u. Basen; wl. in W.; unl. in Alkoholen; wäßr. Lsg. hitzeempfindlich; in konz. HCl Huminbldg.; Elson-Morgan-positiv. — *N-Carbobenzyloxy-benzyl-α-glykosid:* Nadeln; *F* 186 (Z.); ll. in Me., A.; swl. in W.; $[\alpha]_D$ + 132.3° (Py.).

$C_6H_{11}O_6N$

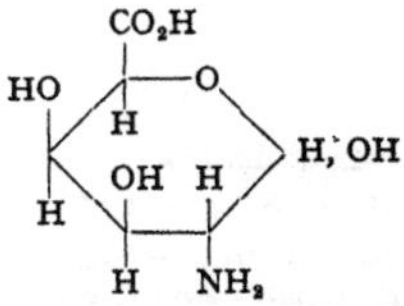

4/3 **D-Galaktosaminuronsäure (2-Amino-2-desoxy-D-galakturonsäure)**

MG 193.16 *ZP* 160 $[\alpha]_D$ + 84.5° (HCl, pH 2)

Charakteristik: Krist.; ll. in Säuren u. Basen; swl. in W.; stabil in HCl; gibt gut krist. Hydrochlorid aus konz. HCl; Elson-Morgan-positiv. — *V.:* In acetylierter Form Baustein des Vi-Antigens von Escherichia coli, Salmonella typhosa u. a.

$C_9H_{17}O_7N$

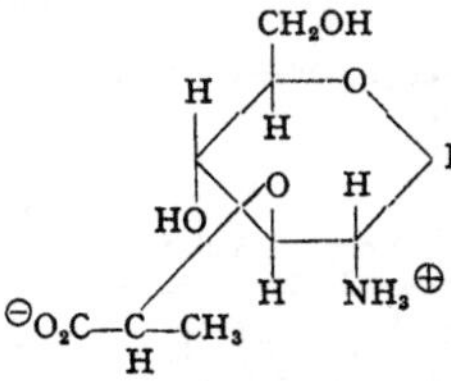

4/4 **Muraminsäure (2-Amino-2-desoxy-3-O-(α-D-carboxyäthyl)-D-glucose)**

MG 251.3 *F* 155 (w.frei)
wasserfrei: $[\alpha]_D$ + 165 → + 123° (W.)

Charakteristik: Nädelchen + $1H_2O$ (aus W.-A.); Elson-Morgan-positiv (lachsrot). — *V.:* Gebunden in Zellwänden u. Sporen vieler Bakterien.

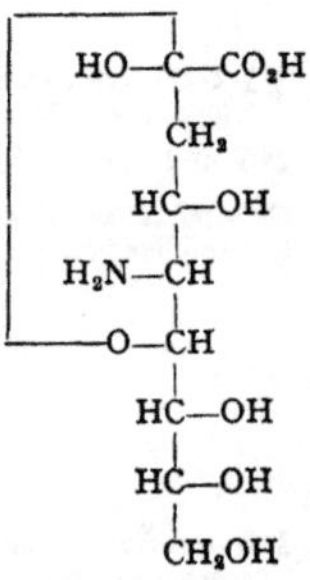

4/5 **Neuraminsäure** (D-*glycero*-D-*galacto*-**5-Amino-3,5-didesoxy-2-ketonononsäure)**

$C_9H_{17}NO_8$, noch nicht als solcher dargestellter Grundkörper der Sialinsäuren (siehe unten).

Methoxy-neuraminsäure (*Methylglykosid der Neuraminsäure*): $C_{10}H_{19}NO_8$; Krist., *F* ca. 200 (Z.); $[\alpha]_D$ − 55° (W.); ll. in W.; wl. in Me.; Bildung durch Methanolyse sialinsäurehaltiger Naturstoffe.

Sialinsäuren = Mono- u. Di-acyl-neuraminsäuren. Charakterist. Farbreaktionen: Ehrlich (direkt): rot; Bial-: purpur; Dische-: blauviolett; Tryptophan-$HClO_4$ n. Cohen: rotbraun. — *V.:* In gebundener Form sehr verbreitet im menschl. u. tierischen Organismus — in Gangliosiden, Lipopolysacchariden, Glykoproteiden, Milch-Oligosacchariden.

N-Acetyl-neuraminsäure (Schaf-Sialinsäure, Ovine Sialic Acid (engl.), Lactaminsäure, Gynaminsäure) $C_{11}H_{19}NO_9$; feine Prismen; *F* 183—5 (Z., sintert bei 179—80); $[\alpha]_D$ − 32° (W.), $[\alpha]_D$ − 115 → − 24° (Dimethylsulfoxyd); ll. in W. u. Me. — *Methylester:* Nadeln; *ZP* 183—5; ll. in W. u. Me.

N-Glykolyl-neuraminsäure (Schweine-Sialinsäure, Porcine Sialic Acid (engl.)): $C_{11}H_{19}NO_{10}$; *F* 185—7; $[\alpha]_D$ − 31° (W.)

O-Acetyl-N-acetyl-neuraminsäure (Pferde-Sialinsäure, Equine Sialic Acid (engl.)): $C_{13}H_{21}NO_{10}$; *F* 183—7; $[\alpha]_D$ − 59° (W.).

O-Acetyl-N-acetyl-neuraminsäure (Rinder-Sialinsäure, Bovine Sialic Acid (engl.)): $C_{13}H_{21}NO_{10}$; *F* 134—7; $[\alpha]_D$ + 8° (W.).

5. Aminocyclite

$C_6H_{13}O_5N$

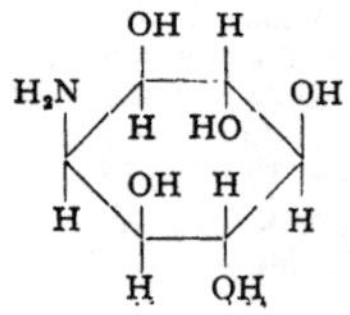

5/1 ***myo*-Inosamin-(2) („Inosamin SA", *meso*-Inosamin)**

MG 179.17

Charakteristik: Hexaacetat: F 255—6. — *N-Acetyl-verb.: F* 246—8.

$C_6H_{13}O_5N$

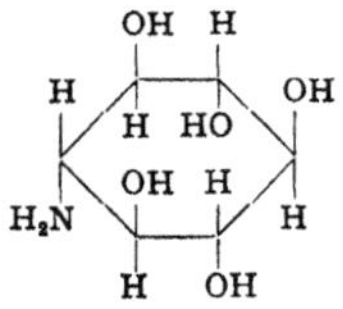

5/2 *scyllo*-**Inosamin („Inosamin SB")**

MG 179.17 *F* >300

Charakteristik: Krist. + $^1/_2$ H_2O (W.). — *N-Acetyl-verb.: F* 288—90.

$C_6H_{13}O_5N$

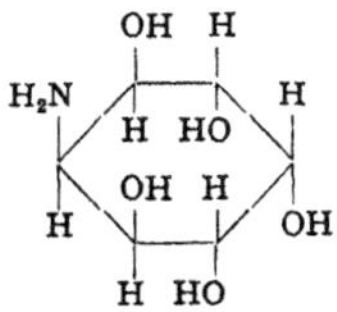

5/3 *neo*-**Inosamin-(2)**

MG 179.17 *F* 239—41 (Z.)

Charakteristik: Hydrochlorid: F 217—21 (Z.). — *N-Acetat: F* 238—42 (Z.). — *Hexaacetat: F* 277—8. — *N-Benzyliden-verb.: F* 209—11 (Z.). — *V.:* Baustein des Hygromycins.

$C_6H_{14}O_4N_2$

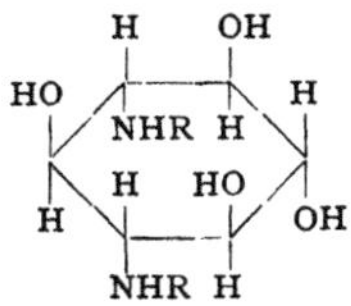

5/4 **Streptamin (1,3-Diamino-1,3-didesoxy-*scyllo*-inosit)**

R = H

MG 178.19

Charakteristik: Krist. als Sulfat. — *V.:* Abbauprodukt des Streptidins. — *Hexaacetat: F* 345—8 (Umwandlungspunkt 245—50). — *N,N-Bis-carbobenzyloxy-verb.: F* 248—50, deren *Tetra-O-acetat: F* 232—3.

Streptidin (R = —C(:NH)·NH_2) *MG* 262.27; krist. als Sulfat + H_2O. Baustein des Streptomycins. — *Oktaacetat: F* 259—61.

$C_6H_{14}O_3N_2$

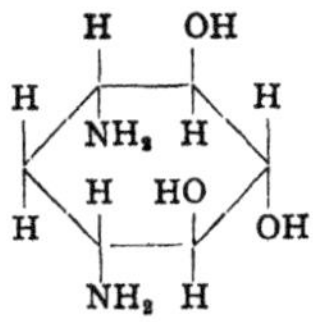

5/5 **2-Desoxystreptamin (1,3-Diamino-1,2,3-tridesoxy-*scyllo*-inosit)**

MG 162.13 *F* 225—8

Charakteristik: Krist.; ll. in W.; wl. in A. — *V.:* Baustein des Kanamycins, des Paromomycins u. der Neomycine. — *Dipikrat* (aus W.-Me.): Krist.; *F* 260 (Z.).

II. Amino-disaccharide

$C_{12}H_{23}O_{10}N \cdot HCl$

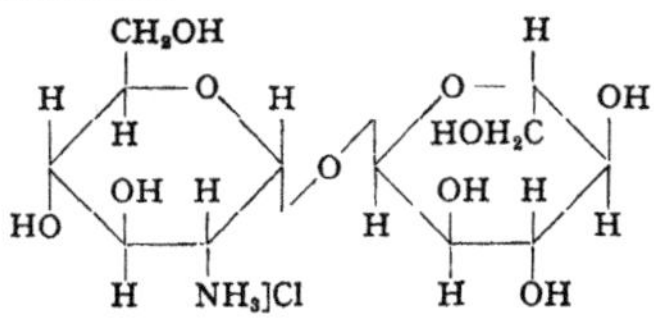

II/1 **α,α-Trehalosamin-hydrochlorid (2-Amino-2-desoxy-α-D-glucopyranosyl-(1→1)-α-D-glucopyranosid-hydrochlorid)**

MG 377.8 $[\alpha]_D$ +176° (W.)

Charakteristik: Krist. — *V.:* Im Kulturfiltrat eines Streptomycetenstammes. — *Oktaacetat: F* 100—2; $[\alpha]_D$ +163.5° (Chlf.).

$C_{16}H_{28}O_{11}N_2$

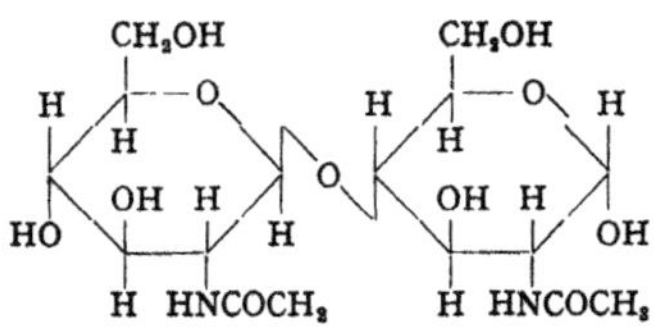

II/2 **Di-N-acetyl-chitobiose (2-Acetamido-2-desoxy-β-D-glucopyranosyl-(1→4)-2-acetamido-2-desoxy-α-D-glucopyranose)**

MG 424.4 *F* 245—7, 260—2 (Z.)
$[\alpha]_D$ +39.5 (t = 0)→ +18.5° (W.),
+25.2 (t = 3′)→ +17.2° (W.)

Charakteristik: Nadeln (W.-Me.); ll. in W.; wl. in Me., A.; Morgan-Elson-negativ. — *V.:* Bruchstück des Chitins. — *Hexa-O-acetat* (Oktaacetyl-chitobiose): *F* 305, 308—9; $[\alpha]_D$ +50.3°, +55.3° (Eg.).

$C_{14}H_{25}O_{11}N$

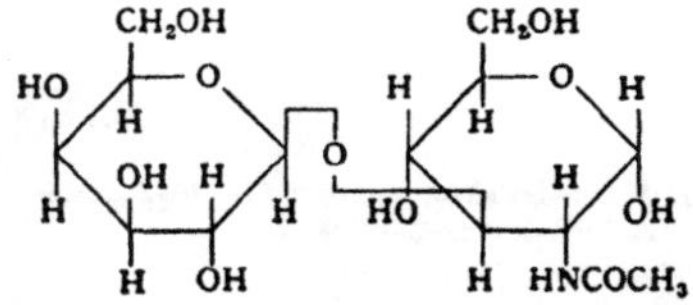

II/3 Lacto-N-biose I (β-D-Galaktopyranosyl-(1→3)-2-acetamido-2-desoxy-α-D-glucose)

MG 383.4 *F* 166–7 $[\alpha]_D$ +32→ +14° (W.)

Charakteristik: Krist. in Nadeln aus feuchtem Me. + A. als Dihydrat, geht beim Trocknen über Monohydrat in wasserfr. Substanz (hygroskop.) uber; ll. in W. u. in sd. Me.; wl. in k. Me.; fast unl. in A.; zerfällt sehr leicht mit schwachem Alkali; Morgan-Elson-positiv; liefert m. Phenylhydrazin 3-β-D-Galaktopyranosyl-D-glucosephenylosazon; *F* 184 (Z.). – *V.:* Spaltprodukt von Oligosacchariden der Frauenmilch u. von Blutgruppensubstanz A.

$C_{14}H_{25}O_{11}N$

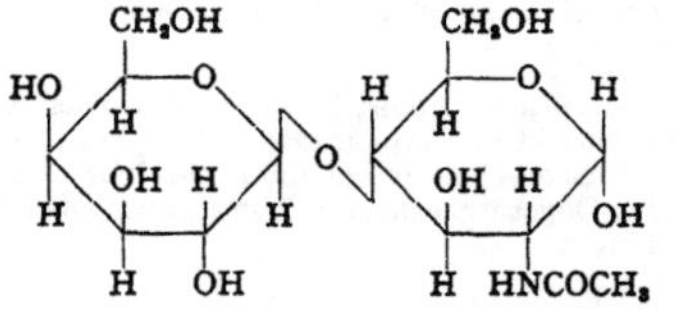

II/4 N-Acetyl-lactosamin (β-D-Galaktopyranosyl-(1→4)-2-acetamido-2-desoxy-α-D-glucose)

MG (+CH_3OH) 415.4 *F* 170–71
$[\alpha]_D$ +51.5→ +28.5° (W.)

Charakteristik: Quadrat. Täfelchen + 1 Me. (Me.); ll. in W.; wl. in Me.; swl. in A.; Morgan-Elson-negativ; liefert mit Phenylhydrazin Lactosephenylosazon, *F* 210–12; zeigt Wuchsstoffwirkung für Lactobacillus bifidus. – *V.:* Als Strukturelement in den Mucopolysacchariden des Meconiums, des Schweinemagenmucins, in menschl. Blutgruppensubstanz A, in höheren Sacchariden der Frauenmilch. – *Peracetyl-verb.:* *F* 222–3; $[\alpha]_D$ +61.5° (Chlf.). – *Lactosaminhydrochlorid* $[\alpha]_D$ +78.2→ +63.1° (W.). – *N-(2-Hydroxynaphthyliden-1)-verb.:* *F* 215 (Z.); $[\alpha]_D$ +115.6° (Dimethylformamid).

$C_{14}H_{25}O_{11}N$

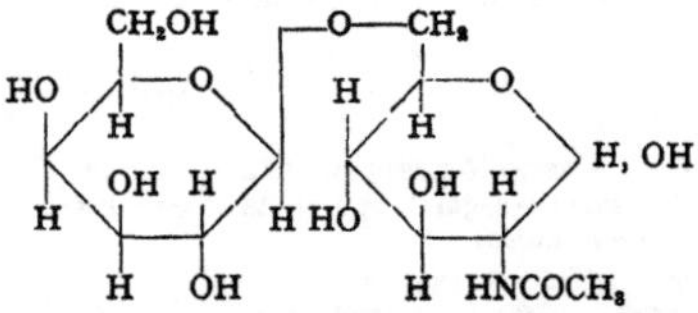

II/5 N-Acetyl-allolactosamin (β-D-Galaktopyranosyl-(1→6)-2-acetamido-2-desoxy-D-glucose)

MG 383.4 $[\alpha]_D$ +31° (W.), +33→ +29° (W.)

Charakteristik: Amorphes Pulver; ll. in W.; swl. in A.; Morgan-Elson-positiv; liefert mit Phenylhydrazin Allolactose-phenylosazon. *F* 190–2. – *B.:* Durch enzymat. Transgalaktosylierung sowie chem. Synthese. – *p-Aminobiphenyl-N-glykosid-hepta-O-acetat:* *F* 192-4 (aus CCl_4); $[\alpha]_D$ –64.5° (Chlf.).

$C_{14}H_{25}O_{11}N$

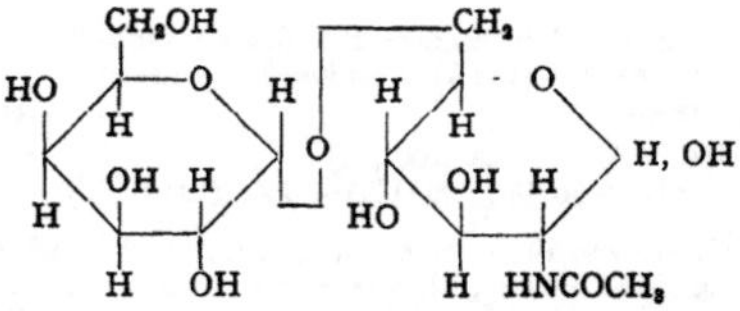

II/6 N-Acetyl-melibiosamin (α-D-Galaktopyranosyl-(1→6)-2-acetamido-2-desoxy-D-glucose)

MG 383.4 $[\alpha]_D$ +118° (W.)

Charakteristik: Amorph; Morgan-Elson-positiv. – *B.:* Durch Transgalaktosylierung mittels α-Galaktosidase aus Trichomonas foetus.

$C_{14}H_{25}O_{11}N$

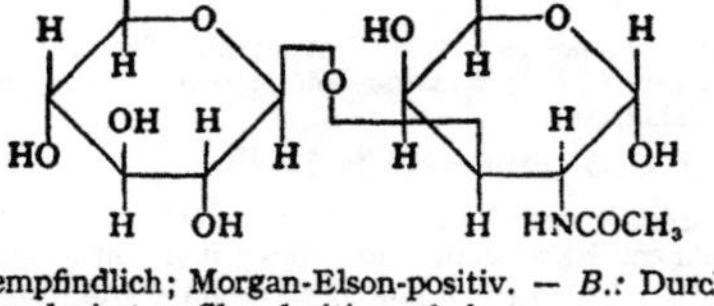

II/7 β-D-Glucopyranosyl-(1→3)-2-acetamido-2-desoxy-α-D-galaktose („Carboxyl-reduziertes N-Acetyl-chondrosin")

MG 419.4 (Dihydrat) *F* 155–7
$[\alpha]_D$ +47→ +19° (W.)

Charakteristik: Mikroskop. Nadeln; sehr alkaliempfindlich; Morgan-Elson-positiv. – *B.:* Durch Hydrolyse und N-Acetylierung von mit $NaBH_4$ reduziertem Chondroitinmethylester.

$C_{14}H_{25}O_{11}N$

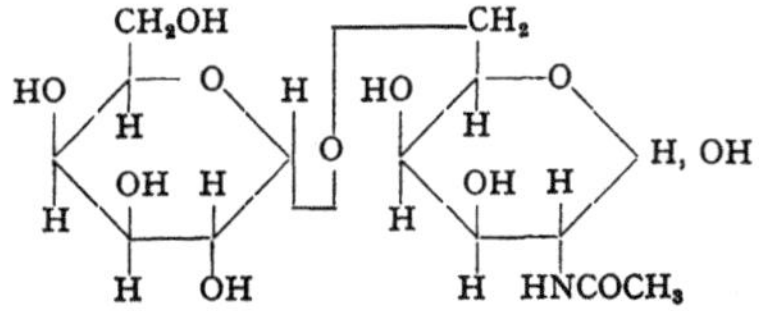

II/8 **α-D-Galaktopyranosyl-(1→6)-2-acetamido-2-desoxy-D-galaktose**

MG 383.4 [α]D +142° (W.)

Charakteristik: Amorph; Morgan-Elson-positiv. — *B.:* Durch Transgalaktosylierung mittels α-Galaktosidase aus Trichomonas foetus.

$C_{14}H_{35}O_{11}N$

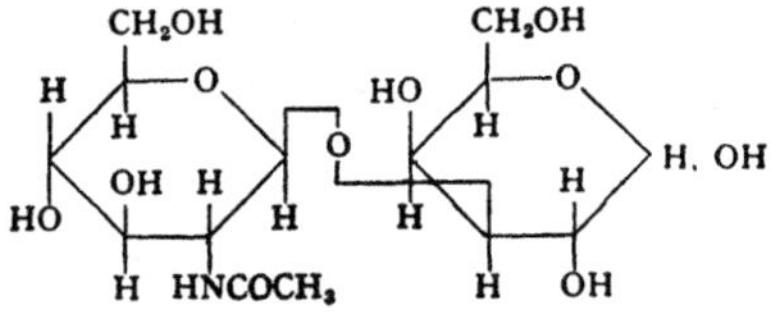

II/9 **Lacto-N-biose II (2-Acetamido-2-desoxy-β-D-glucopyranosyl-(1→3)-D-galaktose)**

MG 383.4

Charakteristik: Amorph; von den isomeren Disacchariden aus Galaktose u. Acetylglucosamin chromatographisch unterscheidbar; Morgan-Elson-positiv. — *V.:* Spaltprodukt von Frauenmilch-Oligosacchariden u. Blutgruppensubstanz A. — Zeigt Wuchsstoffwirkung fur Lactobacillus bifidus.

$C_{14}H_{25}O_{11}N$

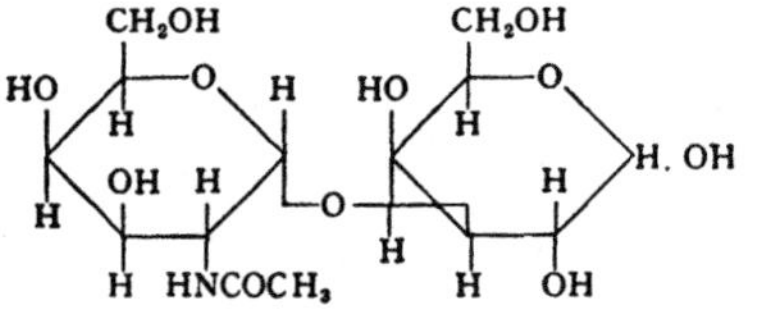

II/10 **2-Acetamido-2-desoxy-α-D-galaktopyranosyl-(1→3)-D-galaktose**

MG 383.4 [α]D +150° (W.)

Charakteristik: Amorph; Morgan-Elson-positiv. — *V.:* Spaltprodukt aus Blutgruppensubstanz A.

$C_{14}H_{25}O_{11}N$

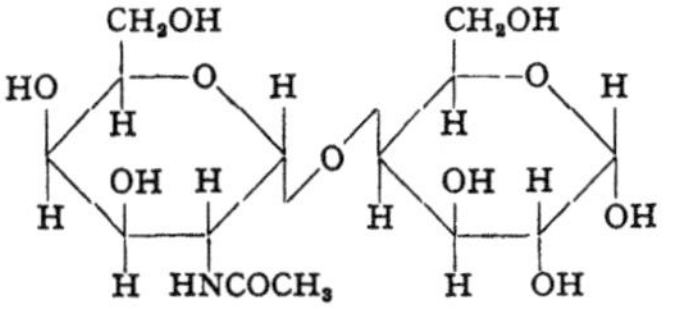

II/11 **Gastro-N-disaccharid (2-Acetamido-2-desoxy-α-D-galaktopyranosyl-(1→4)-α-D-galaktose)**

MG 383.4 *F* 186–7 (Z.)
[α]D +214→ +203° (W.)

Charakteristik: Nadeln. — *V.:* Abbauprodukt aus dem Mucopolysaccharid des Schweinemagens.

$C_{12}H_{21}O_{11}N$

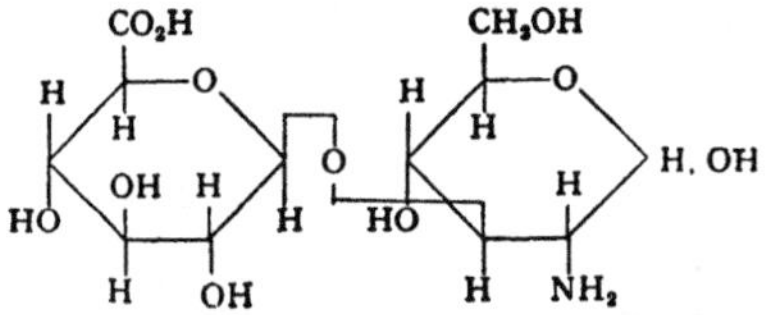

II/12 **Hyalobiuronsäure (β-D-Glucopyranosyluronsäure-(1→3)-2-amino-2-desoxy-D-glucose)**

MG 355.3 *F* ca. 200 (Z.)
[α]D +30.5 (0.1 m HCl), +22.5 (1.0 m HCl)

Charakteristik: Prismen; fast unl. in k. W.; wl. in h. W., verd. HCl, verd. $NaHCO_3$-Lsg.; unl. in Eg., Me., A., Py.; Elson-Morgan-positiv. — *V.:* Spaltprodukt der sauren Hydrolyse der Hyaluronsäure. — *N-Acetyl-verb.:* amorph; [α]D −32 (W.); leichter lösl. als NH_2-Verb.; Bauelementlu. Produkt der enzymat. Hydrolyse (Testes-Hyaluronidase) der Hyaluronsäure. — Krist. ***Hepta-acetyl-methylester:*** *F* 120; [α]D +24.5° (Chlf.).

$C_{12}H_{21}O_{11}N$

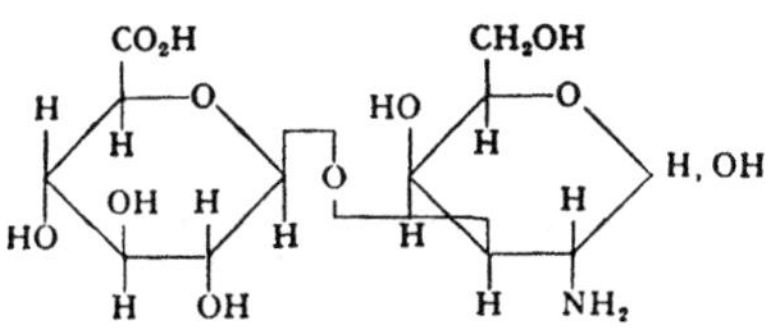

II/13 **Chondrosin (β-D-Glucopyranosyluronsäure-(1→3)-2-amino-2-desoxy-D-galaktose)**

MG 355.3 [α]D +40° (0.05 n HCl)

Charakteristik: Krist. — *V.:* Hydrolyseprodukt der Chondroitin-4- u. -6-sulfate aus Knorpel, Sehnen, Nabelschnur und des Chondroitins der Rinderhornhaut. — *Methylester-hydrochlorid:* *F* 159–61; [α]D +42° (W.). — *Heptabenzoyl-methylester:* *F* 126–9; [α]D +83° (Chlf.). — *N-Acetyl-chondrosin-äthylester:* *F* 175–6; [α]D +9.5→ −4.2° (W.).

$C_{12}H_{21}O_{11}N$

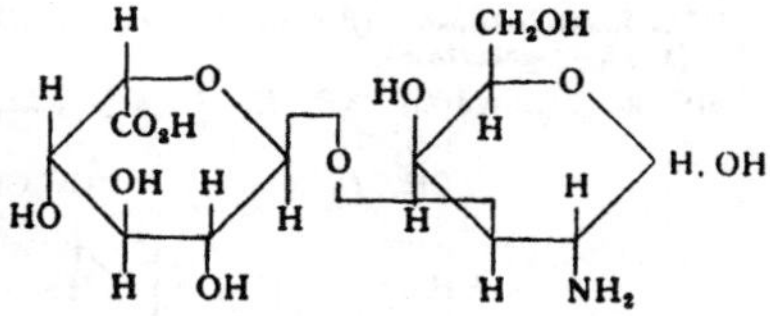

II/14 **α-L-Idopyranosyluronsäure-(1→3)-2-amino-2-desoxy-D-galaktose**

MG 355.3

Charakteristik: V.: Hydrolyseprodukt des Dermatansulfats (Chondroitinsulfats B) der Haut.

$C_{14}H_{21}O_{11}N$

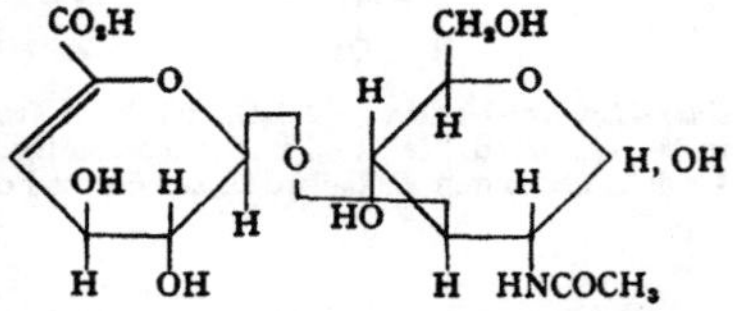

II/15 **α-L-*threo*-Δ4,5-Hexoseenpyranosyluronsäure-(1→3)-2-acetamido-2-desoxy-D-glucose (Δ4,5-β-D-Glucoseenpyranosyluronsäure-(1→3)-N-acetyl-D-glucosamin, „Bacterial Disaccharide" (engl.))**

MG 379.3 [α]D −20° (W., als Na-Salz)

Charakteristik: Amorph. — *B:* Aus Hyaluronsäure durch enzymat. Abbau mit bakteriellen Hyaluronidasen. — *Krist. Peracetylverb.: F* 190—2. — Ein analoges, Acetylgalaktosamin enthaltendes Disaccharid wird von bakteriellen Hyaluronidasen aus (desulfatiertem) Chondroitin gebildet.

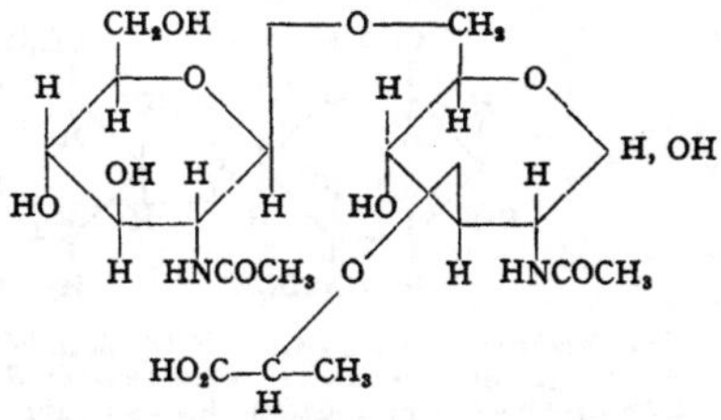

$C_{19}H_{32}O_{13}N_2$

II/16 **2-Acetamido-2-desoxy-β-D-glucopyranosyl-(1→6)-N-acetyl-muraminsäure**

MG 496.46

Charakteristik: V.: Struktureinheit von Bakterienzellwand-Polysacchariden, aus denen sie durch Abbau mit Lysozym entsteht (aus Micrococcus lysodeikticus, Bacillus megatherium, Sarcina lutea u. a.).

II/17 **α-D-Sialyl-(2→6)-2-acetamido-2-desoxy-D-galaktose (6-(N-Acetyl-α-neuraminyl)-N-acetyl-D-galaktosamin)**

MG 512.46 $C_{19}H_{32}O_{14}N_2$

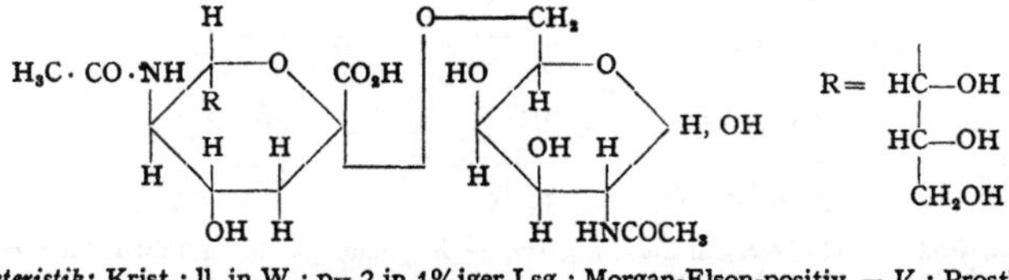

Charakteristik: Krist.; ll. in W.; pH 2 in 1%iger Lsg.; Morgan-Elson-positiv. — *V.:* Prosthetische Gruppe des Mucoproteins des Rinderspeichels.

III. Trisaccharide

III/1 **Chitotriose** $C_{18}H_{35}O_{13}N_3$

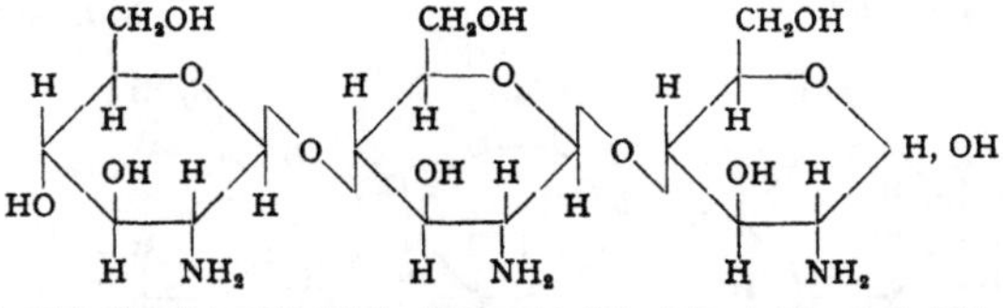

Charakteristik: Tris-N-acetat: MG 627.6; *F* 309—11 (Z.); [α]D +3,8→2,2° (W.). — *Hendekaacetat: F* ca. 315 (Z.); [α]D +33 (Eg.). — *V.:* Fragment des Chitins bzw. Chitosans. — Auch die N-Acetate der homologen Chitotetraose, Chitopentaose und Chitohexaose sind isoliert worden.

III/2 Lacto-N-triose I (β-D-Galaktopyranosyl-(1→3)-2-acetamido-2-desoxy-β-D-glucopyranosyl-(1→3)-D-galaktose)

MG 581.5 (Dihydrat) *ZP* 183–5 [α]D +21,5→+19,3° (W.) $C_{20}H_{35}O_{16}N$

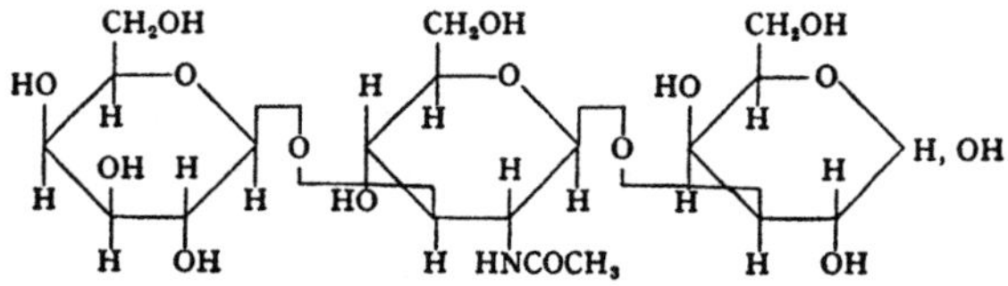

Charakteristik: Nadeln (+2H_2O), die beim Trocknen in hygroskop. Semihydrat übergehen; ll. in W.; wl. in sd. Me.; unl. in A.; Morgan-Elson-positiv. — *Phenylosazon: ZP* 267–8. — *V.:* Produkt der sauren Partialhydrolyse höherer Frauenmilch-Oligosaccharide.

III/3 Lacto-N-triose II (2-Acetamido-2-desoxy-β-D-glucopyranosyl-(1→3)-β-D-galaktopyranosyl-(1→4)-D-glucopyranose)

MG 581.5 (Dihydrat) *F* 201–2 (Z.) [α]D +40.7 (W.) $C_{20}H_{35}O_{16}N$

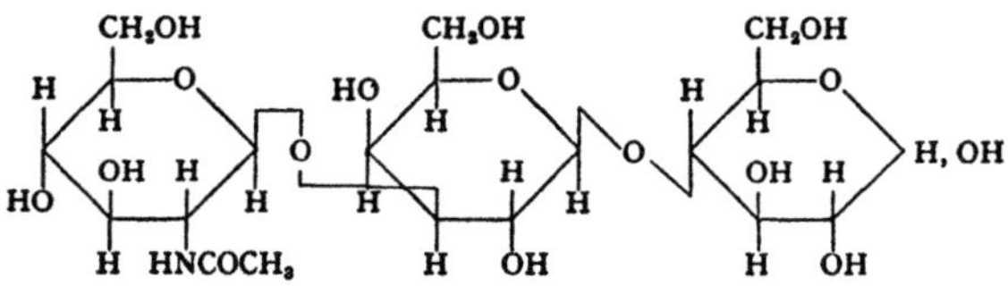

Charakteristik: Nadeln (+1.5–2H_2O); ll. in W.; l. in feuchtem sd. Me.; wl. in k. Me.; unl. in A.; Morgan-Elson-positiv. — *Phenylosazon: F* 230 (Z.). — *V.:* Produkt der sauren Partialhydrolyse höherer Frauenmilch-Oligosaccharide.

III/4 Gastro-N-trisaccharid (2-Acetamido-2-desoxy-α-D-galaktopyranosyl-(1→4)-β-D-galaktopyranosyl-(1→4)-2-acetamido-2-desoxy-D-glucopyranose)

MG 586.5 *F* 273–5 (Z.) [α]D +140.4 (W.) $C_{22}H_{38}O_{16}N_2$

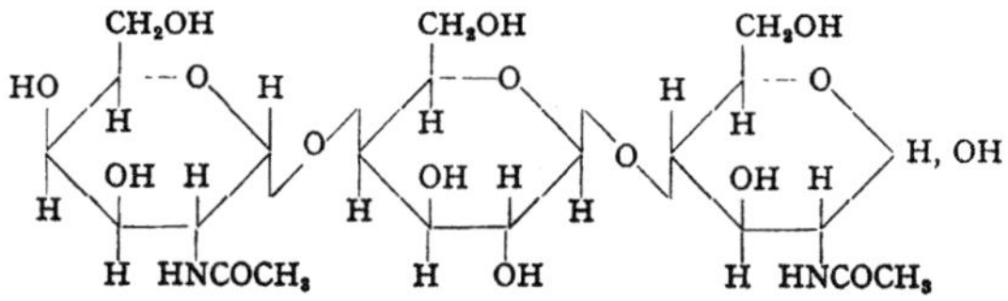

Charakteristik: Nadeln; Morgan-Elson-negativ. — *B.:* Beim partiellen Abbau des spezif. Polysaccharids von Schweinemagenmucin.

III/5 2-Acetamido-2-desoxy-β-D-glucopyranosyl-(1→4)-β-D-glucopyranuronosyl-(1→3)-2-acetamido-2-desoxy-D-glucose

MG 600.5 [α]D −16° (W.) $C_{22}H_{36}O_{17}N_2$

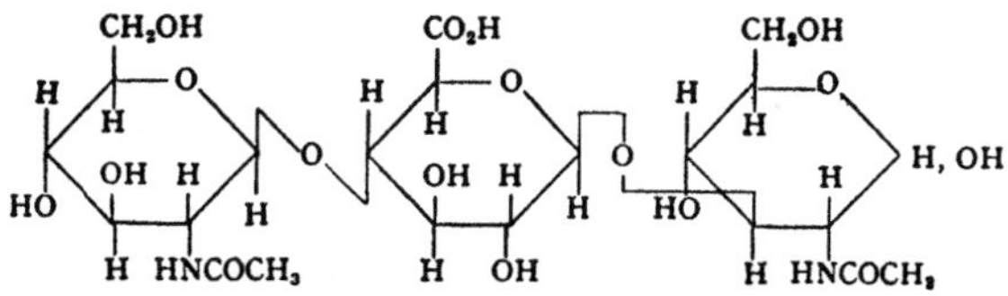

Charakteristik: Krist. — *V.:* Produkt eines enzymat. Hyaluronsäure-Abbaus.

III/6 **O-Acetyl-lactaminsäure-lactose (O,N-Di-acetyl-neuraminyl-(2→3)-β-D-galaktopyranosyl-(1→4)-D-glucopyranose)**

MG 675.3 [α]D +16° (W.) $C_{25}H_{41}O_{20}N$

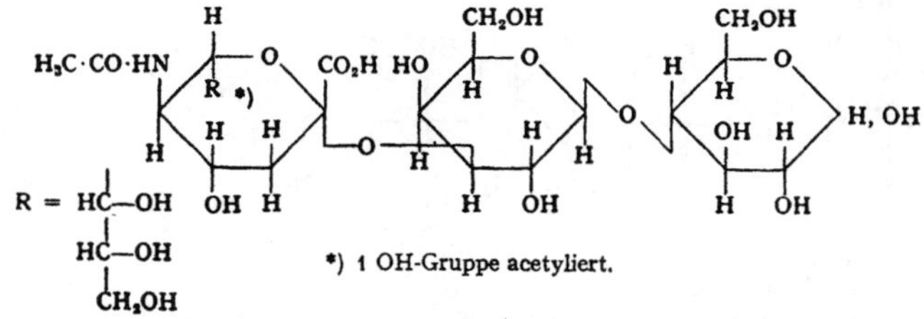

*) 1 OH-Gruppe acetyliert.

Charakteristik: Weißes Pulver; ll. in W. u. Me.; etwas weniger l. in A.; 1%ige wässr. Lsg. hat pH 2; autolysiert leicht zu CH_3CO_2H, Lactose u. Lactaminsäure (N-Acetyl-neuraminsäure); Bial- u. Ehrlich-positiv; reduziert Fehlingsche Lsg.; wird durch Neuraminidasen gespalten. — *V.:* Frei im Kuh-Colostrum.

IV. Tetrasaccharide und höhere Oligosaccharide

IV/1 **Lacto-N-tetraose**

MG 707.6 *ZP* 200—5 [α]D +38→+22,5° (W.) $C_{26}H_{45}O_{21}N$

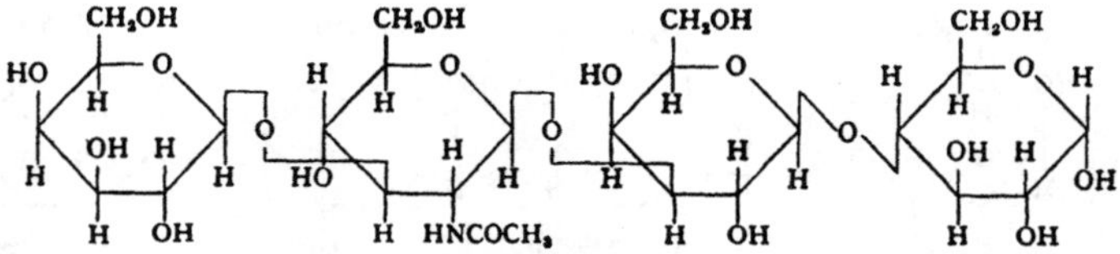

Charakteristik: Nadeln (+ ca. $3H_2O$); ll. in W.; unl. in A.; Morgan-Elson-positiv. — *Phenylosazon: ZP* 222—3; [α]D +34,5° (Py.). — *V.:* In Frauenmilch frei sowie mit Lactaminsäure verknüpft.

IV/2 **Lacto-N-neotetraose**

MG 707.6 *ZP* 214—18 [α]D + 33→+ 27 (W.) $C_{26}H_{45}O_{21}N$

Charakteristik: Nadeln ($+3H_2O$); ll. in W.; unl. in A.; Morgan-Elson negativ. — *Wi.:* serolog. wie Polysaccharid v. Pneumokokken Typ XIV. — *V.:* An Lactaminsäure gebunden in Frauenmilch. — *Konst.:* Wie Lacto-N-tetraose, jedoch endständige Galaktose β-1→4 an Acetylglucosamin gebunden.

IV/3 **Lacto-N-fucopentaose I**

MG 853.8 *F* 216 (Z.)* [α]D —11→—16,3° (W.)* $C_{32}H_{55}O_{25}N$

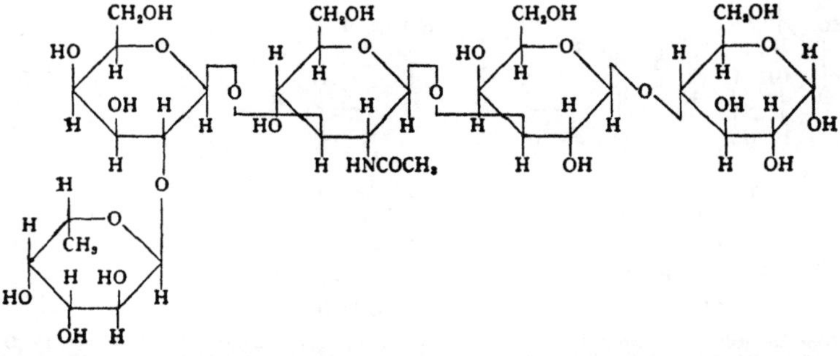

Charakteristik: * krist. Oktahydrat; ll. in W.; l. in sd. Me. + etwas W.; unl. in A.: Morgan-Elson-positiv. — *Wi.:* Wuchsstoff f. Lactobacillus bifidus. — *V.:* Frauenmilch.

IV/4 **Lacto-N-fucopentaose II**

MG 853.8 *F* 213–5 (Z.) $[\alpha]_D$ –28,4 → –30,4° (W.) $C_{32}H_{55}O_{25}N$

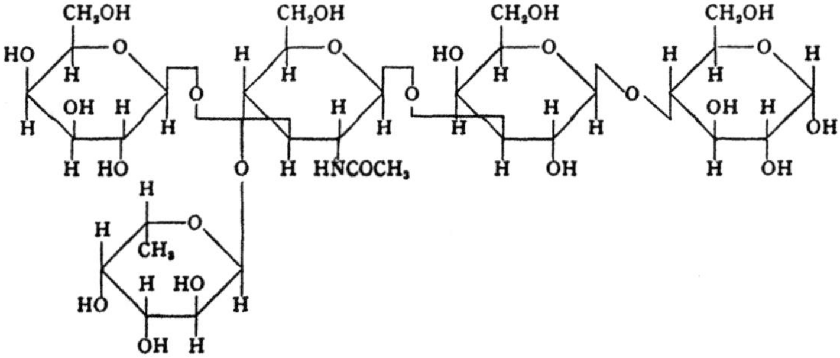

Charakteristik: Weißes Pulver; ll. in feuchtem sd. Me.; unl. in A.; Morgan-Elson-negativ. – *Wi.:* Zeigt erhebliche serolog. Aktivität im Le[a]-Blutgruppentest, im Gegensatz zur Pentaose I. – *V.:* Frauenmilch. – *Lacto-N-fucopentaitol II:* Stäbchen (+ 2 H_2O); *F* 205–10 (Z.); $[\alpha]_D$ –46° (W.).

IV/5 **Lacto-N-difucohexaose I**

MG 999.9 $[\alpha]_D$ –60° (W.) $C_{38}H_{65}O_{29}N$

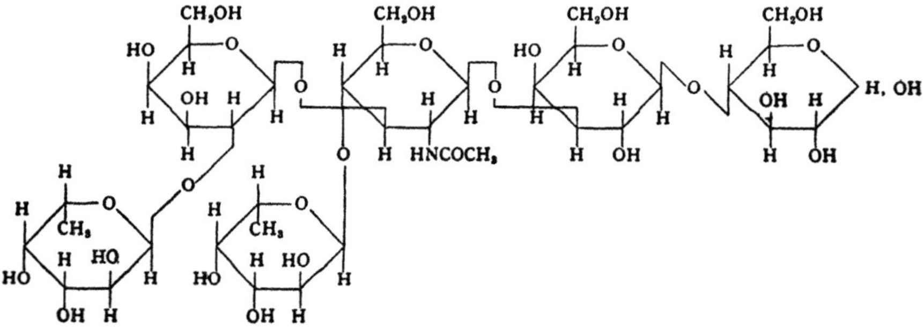

Charakteristik: Amorphes Pulver; Morgan-Elson-negativ. – *Wi.:* Im Le[b]-Blutgruppentest schwach serolog. wirksam. – *V.:* Haupt-Hexasaccharid der Frauenmilch.

IV/6 **Lacto-N-difucohexaose II**

MG 1072.0 (Tetrahydrat) *F* 218–20 (Z.) $[\alpha]_D$ –68,8° (W.) $C_{38}H_{65}O_{29}N$

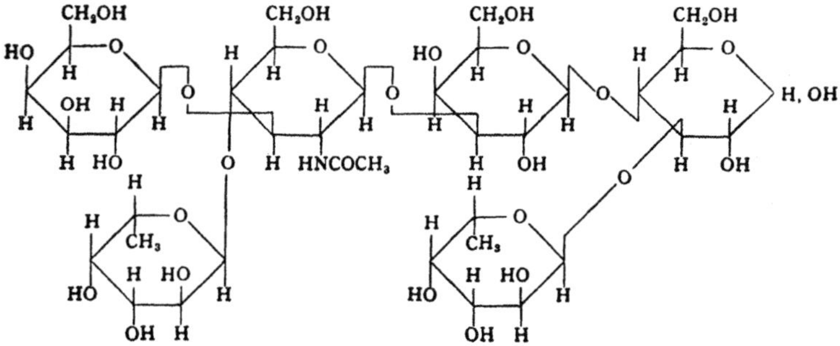

Charakteristik: Rechteckige Blättchen od. Stäbchen (+ 4 H_2O), halten beim Trocknen 1 H_2O zurück; ll. in W.; unl. in A.; Morgan-Elson-negativ. – *Wi.:* Zeigt beträchtl. serolog. Wirksamkeit im Le[a]-Blutgruppentest; inaktiv im Le[b]-Test (Unterschied zu Hexaose I). – *V.:* Nebenkomponente der Frauenmilch-Hexasaccharide.

Natürliche Phosphorsäureverbindungen

(Mit Ausnahme von Phosphatiden, Nucleotiden und nucleotidartigen Verbindungen z. B. Coenzymen)

Von **H. Weil-Malherbe**, Washington/USA

Literatur. Hoppe-Seyler/Thierfelder, Handbuch der physiologisch- und pathologisch-chemischen Analyse, 10. Aufl. Bd. III, 1955. Methoden der Pflanzenanalyse, Bd. 2, Berlin 1955. — *Leloir, L. F.*, in: Fortschr. Chem. organ. Naturst., VIII, 47, 1951. — *Foster, A. B.* u. *W. G. Overend:* Quart. Reviews (London), 11,61, 1957. — *McElroy, W. D.* u. *B. Glass:* Phosphorous Metabolism, Baltimore, Bd. 1, 1951; Bd. 2, 1952. — *Colowick, S. P.* u. *N. O. Kaplan:* Methods in Enzymology, Bd. 3, New York 1957. Biochemical Preparations, Bd. 1 ff., New York 1949—1960.

Einführung

Die nachfolgende Übersicht enthält im wesentlichen Naturprodukte und außerdem einige ausgewählte synthetische Verbindungen von biologischem Interesse. Verbindungen, von deren Eigenschaften und Konstanten keine Angaben vorlagen, wurden nicht berücksichtigt.

Optische Drehung. Wenn nicht anders vermerkt, beziehen sich die Zahlen auf die spezifische Drehung der freien Saure oder ihres Derivates in wäßriger Lösung. Wo Gemische von Wasser und organischen Lösungsmitteln angewandt wurden, ist dies durch Angabe des prozentualen Anteils des organischen Lösungsmittels angedeutet, z. B. 50% Pyridin = Mischung von 1 Teil Wasser mit 1 Teil Pyridin.

Reduktionskraft. Das mit verschiedenen Methoden gemessene Reduktionsvermögen ist angegeben in Prozenten des mit einer äquivalenten Glucosemenge erhaltenen Wertes.

Hydrolyse. Die Hydrolysenkonstante wurde nach folgender Formel berechnet:

$$k = \frac{1}{t} \ln \frac{100}{100 - x} = \frac{2 \cdot 303}{t} \log \frac{100}{100 - x},$$

wobei x der in der Zeit t [min] hydrolysierte prozentuale Anteil der Verbindung ist. Wenn möglich, wurde dem Werte von k das Mittel aus mehreren Messungen zugrunde gelegt. Vorausgesetzt, daß die Hydrolysengeschwindigkeit obiger Gleichung gehorcht und nicht durch sekundäre Reaktionen oder Umlagerungen beeinflußt wird, läßt sich die in einem bestimmten Zeitraum zu erwartende Hydrolyse und umgekehrt die für einen bestimmten Hydrolysengrad nötige Zeit mit Hilfe der Hydrolysenkonstante bestimmen. Am einfachsten geschieht dies unter Benutzung des in Abb. 3 wiedergegebenen Nomogramms. Wenn zwei der drei Größen k, t und x gegeben sind, so erhalt man die dritte dadurch, daß man die beiden gegebenen Punkte durch eine Gerade verbindet und die gesuchte Zahl am Schnittpunkt mit der entsprechenden Skala abliest. Fur den Fall, daß k und t gegeben sind, kann x mit größerer Genauigkeit aus Abb. 4 bestimmt werden; hier ist die prozentuale Hydrolyse als Ordinate auf das Produkt $t \cdot k \cdot 10^3$ projiziert.

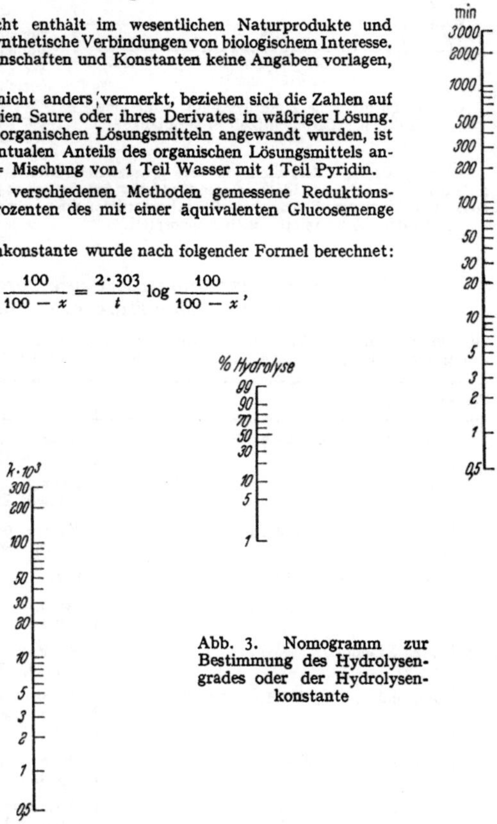

Abb. 3. Nomogramm zur Bestimmung des Hydrolysengrades oder der Hydrolysenkonstante

Dissoziationskonstanten. Die angegebenen Werte sind die scheinbaren Dissoziationskonstanten mit Ausnahme von pK_2 für Glucose-l-phosphorsäure; in diesem Fall handelt es sich um die wahre Dissoziationskonstante. Eingeklammerte Werte beziehen sich auf Nichtphosphatgruppen.

Aus der Dissoziationskonstante einer organischen Phosphorsaure ergibt sich ihr Dissoziationsgrad D im physiologischen p_H-Bereich (p_H 5–8) aus der Gleichung

$$D = \frac{\text{antilog}\,(p_H - pK_2')}{1 + \text{antilog}\,(p_H - pK_2')},$$

wo pK_2' die der 2. Dissoziationskonstante der Orthophosphorsäure entsprechende scheinbare Dissoziationskonstante der organischen Phosphorsaure ist.

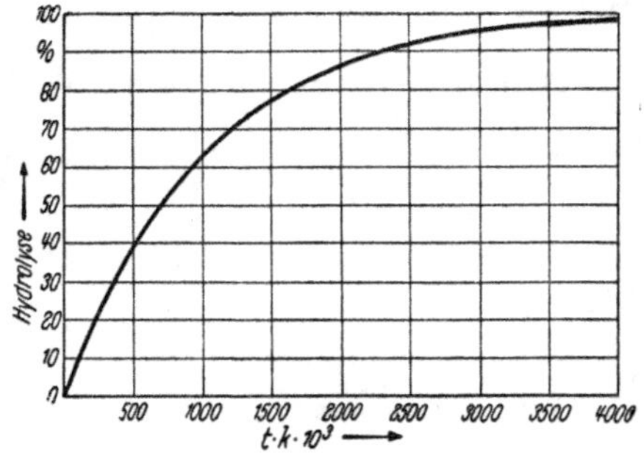

Abb. 4. Theoretische Hydrolysenkurve für eine Reaktion 1. Ordnung (Zeit in Minuten)

Farbreaktionen und andere Reaktionen, die erst nach der Spaltung der Phosphorsaureesterbindung auftreten, wurden nicht erortert.

Haworth-Formeln. Der Konstitutionsformel der Hexosephosphate wurde in der Regel die Pyranoseform zugrunde gelegt, da diese in Losung uberwiegt, sofern ihre Bildung überhaupt möglich ist.

Papierchromatographie. Die Retentionsfaktoren (R_F-Werte) sind in vielen Fällen angegeben. Die nach dem R_F-Wert folgende eingeklammerte Zahl bezieht sich auf das Lösungsmittelsystem. Wo Angaben uber verschiedene Lösungsmittelsysteme vorlagen, wurden diejenigen ausgewahlt, deren R_F-Werte möglichst verschieden sind. Obwohl der R_F-Wert nicht als eine physikalische Konstante aufzufassen ist, ist er doch nützlich für Zwecke der Identifizierung und zur Auswahl eines geeigneten Lösungsmittels. Vielfach ist er das einzige beschriebene Charakteristikum einer Substanz.

R_P ist der Faktor relativ zu Orthophosphat.

Lösungsmittelsysteme zur Papierchromatographie von Phosphorsäureverbindungen

Mischungsverhältnis in Volummaßeinheiten, wenn nicht anders bemerkt. HCOOH = 88–90% Ameisensaure, NH_3 = konz. Ammoniaklsg., spez. Gewicht ~0.88.

Nr.		Literatur
1	Methanol–HCOOH–H_2O, 80 : 15 : 5	*Bandurski, R. S.* u. *B. Axelrod:* J. biol. Chem. **193**, 405 (1951).
2	Methanol–Chloroform–10% HCOOH, 3 : 3 : 1	*Ames, B. N.* u. *H. K. Mitchell:* J. biol. Chem. **212**, 687 (1955).
3	Methanol–NH_3–H_2O, 70 : 15 : 15	*Kilgour, G. L,* u. *C. E. Ballou:* J. Amer. chem. Soc. **80**, 3956 (1958).
4	Methanol–NH_3–H_2O, 60 : 10 : 30	s. *1*.
5	Methanol–2 n NH_3, 70 : 30	*Sellinger, O Z.* u. *O. N. Miller:* Biochim. biophys. Acta **29**, 74 (1958).
6	77% Äthanol	*Paladini, A C.* u. *L. F. Leloir:* Biochem. J. **51**, 426 (1952).
7	Äthanol–HCOOH–H_2O, 70 : 10 : 20	*Ennor, A. H., H. Rosenberg, R. J. Rossiter, I. M. Beatty* u. *T. Gaffney*: Biochem. J. **75**, 179 (1960).
8	Äthanol–Eisessig–H_2O, 80 : 2 : 18	*De la Haba, G., I. G. Leder* u. *E. Racker:* J. biol. Chem. **214**, 409 (1955).
9	Äthanol–Eisessig–H_2O, 75: 1 :24	*Srinivasan, P. R., M. Katagiri* u. *D. B. Sprinson*: J. biol. Chem. **234**, 713 (1959).
10	80% Äthanol, enthaltend 0.64% Borsäure	*Cohen, S. S.* u. *D. B. M. Scott:* Science **111**, 543 (1950).
11	Äthanol–gesätt. Borsäurelsg.–H_2O, 80 : 20 : 20	s. *3*.
12	80% Äthanol, enthaltend 0.8% Acetat p_H 3.5	s. *10*.

Nr.		Literatur
13	Äthanol—0.1 m Acetat p_H 4.6, 75 : 50	*Kennedy, E. P.* u. *S. W. Smith:* J. biol. Chem. **207**, 153 (1954).
14	Äthanol—1 m NH_4-Acetat p_H 7.5, 75 : 30	s. *6*.
15	Äthanol—1 m NH_4-Acetat, p_H 7.0, 70 : 30	*Goldthwait, D. A.:* J. biol. Chem. **222**, 1051 (1956).
16	Äthanol—NH_3, 75 : 30	s. *6*.
17	Äthanol—NH_3—H_2O, 80 : 5 : 15	*Baer, E., D. Buchnea* u. *H. C. Stancer:* J. Amer. chem. Soc. **81**, 2166 (1959).
18	Äthanol—7.7% NH_4-Acetat p_H 5—1 m NH_4-versenat, 70 : 30 : 0.1 (bei 37°)	*Wawszkiewicz, E. J.:* Anal. Chem. **33**, 252 (1961).
19	Äthanol 32 ml, 1-Butanol 52.5 ml, 1 m NH_4-versenat p_H 5 0,1 ml, in 15.5 ml H_2O, Pikrinsaure, 2 g (bei 37°)	s. *18*.
20	1-Propanol—NH_3—H_2O, 60 : 30 : 10	*Hanes, C. S.* u. *F. A. Isherwood:* Nature Lond. **164**, 1107 (1949).
20a	1-Propanol—NH_3, 4:1	*Gessner, P. K., P. A. Khairallah, W. M. McIsaac* u. *I. H. Page:* J. Pharmacol. **130**, 126 (1960).
21	1-Propanol—NH_3—H_2O, 50 : 40 : 10	s. *3*.
22	1-Propanol—NH_3—H_2O, 60 : 25 : 15	*Rey, C.:* Biochim. biophys. Acta **19**, 300 (1956).
23	2-Propanol—2 m Monochloressigsaure—H_2O, 7 : 1 : 2	s. *5*.
24	2-Propanol—HCOOH—NH_3, 90 : 80 : 1	*Flavin, M.* u. *C. Slaughter:* J. biol. Chem. **235**, 1103 (1960).
25	2-Propanol—1% $(NH_4)_2SO_4$, 2 : 1	*Wright, R. S.* u. *H. G. Khorana:* J. Amer. chem. Soc. **78**, 811 (1956).
26	2-Propanol—NH_3—H_2O, 60 : 30 : 10	s. *3*.
27	2-Propanol—NH_3—H_2O, 70 : 10 : 20	*Moffat, J. G.* u. *H. G. Khorana:* J. Amer. chem. Soc. **79**, 1194 (1957).
28	2-Propanol—NH_3—H_2O, 50 : 40 : 10	*Desjobert, A.* u. *F. Petek:* Bull. Soc. chim. biol. **38**, 871 (1956).
29	2-Propanol—5 n NH_3, 2 : 1	*Ukita, T., N. A. Bates* u. *H. E. Carter:* J. biol. Chem. **216**, 867 (1955).
29a	1-Butanol, wassergesattigt	*Hofmann, A., R. Heim, A. Brack, H. Kobel, A. Frey, H. Ott, Th. Petrzilka* u. *F. Troxler:* Helv. chim. Acta **42**, 1557, (1959).
30	1-Butanol—Eisessig—H_2O, 2 : 2 : 1	s. *25*.
31	1-Butanol—Eisessig—H_2O, 35 : 10 : 25	*Ballou, C. E.* u. *R. Hesse:* J. Amer. chem. Soc. **78**, 3718 (1956).
32	1-Butanol—Eisessig—H_2O, 8 : 2 : 2	*Jones, E. E.* u. *D. Lipkin:* J. Amer. chem. Soc. **78**, 2408 (1956).
32a	1-Butanol—Eisessig—H_2O, 4 : 1 : 5	s. *20 a*.
33	1-Butanol—Propionsaure—H_2O, 142 : 71 : 100	*Maruo, B.* u. *A. A. Benson:* J. biol. Chem. **234**, 254 (1959).
34	1-Butanol-Propionsaure—H_2O, 100 : 50 : 70	*Benson, A. A.:* Methoden der Pflanzenanalyse, Bd. 2, S. 123.
35	1-Butanol—1-Propanol—Aceton—80% HCOOH—30% Trichloressigsaure, 40 : 20 : 25 : 25 : 15	*Gerlach, E., E. Weber* u. *H. J. Döring:* Arch. exp. Path. Pharmakol. **226**, 9 (1955).
36	1-Butanol (wassergesätt.)—1-Propanol—Diisopropylather—HCOOH, 25 : 5 : 45 : 20	s. *35*.
37	1-Butanol—Diisopropyläther—HCOOH, 30 : 30 : 20	s. *35*.

Nr.		Literatur
38	tert. Butylalkohol—HCOOH—H_2O, 40 : 10 : 16	*Bloch, K., S. Chaykin, A. H. Phillips* u. *A. De Waard:* J. biol. Chem. **234**, 2595 (1959).
39	tert. Butylalkohol—50% HCOOH, 7 : 3	s. *2.*
40	tert. Butylalkohol—10% Trichloressigsäure, 62 : 38	*Hawthorne, J. N.* u. *G. Hübscher:* Biochem. J. **71**, 195 (1959).
41	tert. Butylalkohol—Pikrinsaure—H_2O, 80 cm^3: 4 g : 20 cm^3	s. *20.*
42	Isoamylalkohol—Pyridin—H_2O, 4 : 8 : 7	*Hobson, G. E.* u. *K. R. Rees:* Biochem. J. **65**, 305 (1957).
43	tert. Amylalkohol—HCOOH—H_2O, 3 : 1 : 3	s. *20.*
44	tert. Amylalkohol—Eisessig—H_2O, 4 : 1 : 2	*Eggerer, H.* u. *F. Lynen:* Liebigs Ann. **630**, 58 (1960).
45	Aceton—15%Trichloressigsäure, 65 : 35	*Burrows, S., F. S. M. Grylls* u. *J. S. Harrison:* Nature Lond. **170**, 800 (1952).
46	Aceton—25% Trichloressigsäure, 75 : 25	s. *45.*
47	Aceton—35% Monochloressigsäure, 60 : 40	s. *45.*
48	Aceton—50% Monochloressigsäure, 70 : 30	s. *45.*
49	Aceton—Eisessig—H_2O, 4 : 4 : 2	s. *32.*
50	Aceton—Eisessig—H_2O, 4 : 2 : 2	s. *32.*
51	Methylcellosolve—Methyläthylketon—3 n NH_3, 7 : 2 : 3	*Mortimer, D. C.:* Canad. J. Chem. **30**, 653 (1952).
52	Essigester—Eisessig—H_2O, 3 : 3 : 1	s. *52.*
53	Essigester—Formamid—Pyridin, 6 : 4 : 1	s. *52.*
54	Phenol, wassergesättigt	*Ansell, G.B.* u. *R.M. C.Dawson:* Biochem. J. **50**, 241 (1951).
55	Phenol (wassergesättigt)—Eisessig—Äthanol 100 : 10 : 12	s. *17.*
56	Phenol, gesätt. mit 0.1% NH_3	*Dawson, R. M. C.:* Biochem. J. **60**, 325 (1955).
57	69% Buttersäure—0.85% NaOH	*Wade, H. E.* u. *D. M. Morgan:* Nature Lond. **171**, 529 (1953).
58	Isobuttersaure—0.5 n NH_3, 10 : 6	*Baddiley, J., J. G. Buchanan, B. Carss, A. P. Mathias* u. *A. R. Sanderson:* Biochem. J. **64**, 599 (1956).
59	Isobuttersäure—NH_3—H_2O, 66 : 3 : 30	s. *38.*
60	Äthanol—Kaliumborat, 0.25 m, p_H 8.2, 10 : 40	s. *15.*

1. Phosphorsäureester von Alkoholen

1/1 **1,2-Propandiol-1-phosphorsäure**

MG 156.08 $CH_3 \cdot CH(OH) \cdot CH_2 \cdot O \cdot PO_3H_2$

Charakteristik: Hydrolyse: $k = 0.012 \times 10^{-3}$ (1 n H_2SO_4, 100°) = 0.9×10^{-3} (5 n H_2SO_4; 100°). — R_F: 0.40 (*25*), 0.48 (*43*), 0.64 (*5*), 0.80 (*41*). — *V.:* In Extrakten tierischer Gewebe, Bestandteil der alkoholunlöslichen Bariumfraktion, obwohl das reine Ba-Salz in Alkohol löslich ist.

1/2 **Acetol-phosphorsäure**

MG 154.06 $CH_3 \cdot CO \cdot CH_2 \cdot O \cdot PO_3H_2$

Charakteristik: Hydrolyse: $k = 7.2 \times 10^{-3}$ (1 n HCl, 100°), 27×10^{-3} (1 n NaOH, Zimmertemp.). — R_F: 0.33 (*23*), 0.60 (*5*), 0.78 (*41*). — *Diäthylketal-Cyclohexylammoniumsalz:* $C_7H_{17}O_6P(C_6H_{13}N)_2 \cdot H_2O$; *F* 147—149.

1/3 **L-α-Glycerin-phosphorsäure**
MG 172.08

CH_2OH
$HOCH$
$CH_2 \cdot O \cdot PO_3H_2$

Charakteristik: $[\alpha]_D$ −1.45° (in 2 n HCl). — Hydrolyse: $k = 2.3 \times 10^{-3}$ (2.14 n HCl, 127°), 0.26×10^{-3} (2 n KOH, 125°). — Dissoziation: pK_1' 1.40, pK_2' 6.44. — Molare Verbrennungswarme: 1647 kJ. — Wird durch siedende Jodwasserstoffsäure in Isopropyljodid umgewandelt. Perjodsaure oxydiert zu Formaldehyd und Glykolaldehydphosphat (p_H 3, *20*). — Ba-Salz in h. Wasser schwerer losl. als in k. — R_F: 0.23 (*36*), 0.35 (*57*), 0.60 (*41*). — *Chininsalz:* $C_3H_9O_6P(C_{20}H_{24}O_2N_2)_2$, *F* 155. — *Strychninsalz:* $C_3H_9O_6P(C_{21}H_{22}O_2N_2)$, *F* 221. — *Diathylester des Diathylathers:* $[\alpha]_D^{19}$ − 5.76° (in abs. A.).

1/4 **β-Glycerin-phosphorsäure**
MG 172.08

CH_2OH
$CH \cdot O \cdot PO_3H_2$
CH_2OH

Charakteristik: Hydrolyse: $k = 2.6 \times 10^{-3}$ (2 n HCl, 124°). — Dissoziation: pK_1' 1.37, pK_2' 6.34. — Molare Verbrennungswarme: 1650 kJ. — Wird bei 100° und p_H 1.4 in α-Glycerinphosphorsäure umgewandelt. — Ba-Salz bildet schwer lösliches Doppelsalz mit $Ba(NO_3)_2$. — R_F: 0.27 (*25*), 0.38 (*57*).

1/5 **Cyclische 1,2-Glycerin-phosphorsäure**
MG 154.06

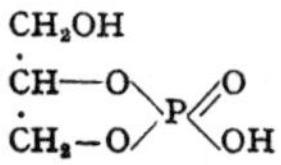

Charakteristik: Ringhydrolyse: $k = 69 \times 10^{-3}$ (0.1 n HCl, 24°). — Beständig bei p_H 3.5−8.0 und 20°. — R_F: 0.21 (*33*), 0.6 (*29*). — *Krist. Ba-Salz:* $(C_3H_6O_5P)_2Ba$.

1/6 **a) Imidazolglycerin-phosphorsäure** **b) Imidazolacetol-phosphorsäure** **c) Histidinol-phosphorsäure**

MG 238.14 *MG* 220.13 *MG* 221.15

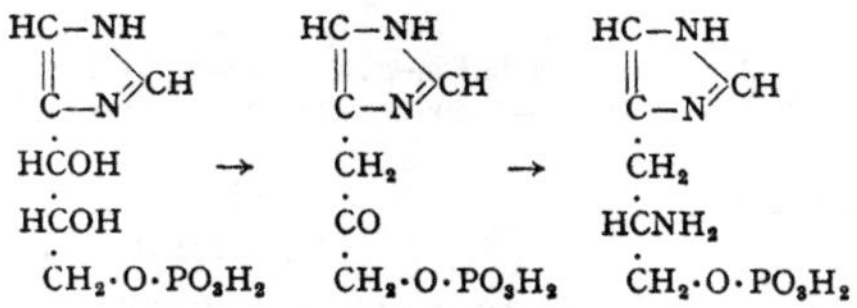

a b c

Charakteristik: R_F: 0.15 (*39*), 0.27 (*2*); 0.19 (*39*), 0.39 (*2*); 0.12 (*39*), 0.26 (*2*). — *B.:* Zwischenprodukte der Histidinsynthese. — *V.:* Aus Mycelien von Neurospora-Mutanten isoliert.

1/7 **Indol-3-glycerin-phosphorsäure**
MG 287.2

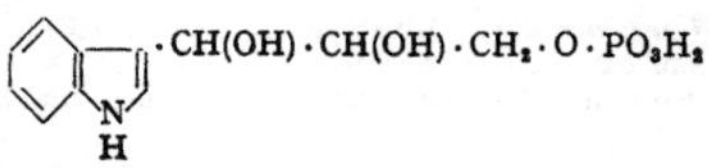

Charakteristik: Absorptionsmax. bei 283 mμ. — *Ba-Salz:* $C_{11}H_{12}O_6NPBa \cdot 2H_2O$. — *B.:* Zwischenprodukt der Tryptophansynthese. Bildet sich aus Anthranilsaure und Ribose-5-phosphat-1-pyrophosphat in Gegenwart eines aus Escherichia coli isolierten Enzyms.

1/8 **L-Erythrit-1-phosphorsäure**
(= D-Erythrit-4-phosphorsäure)
MG 202.1

H_2COH
$HCOH$
$HCOH$
$H_2C \cdot O \cdot PO_3H_2$

Charakteristik: $[\alpha]_D^{25}$ +2.6°. — R_F: 0.45 (*19*), 0.51 (*18*). — *Cyclohexylammoniumsalz:* $C_4H_{11}O_7P(C_6H_{13}N)_2$, *F* 183−186; $[\alpha]_D^{25}$ −2.3°.

1/9 **D-Erythrit-1-phosphorsäure**
(= L-Erythrit-4-phosphorsäure)
MG 202.1

H_2COH
$HOCH$
$HOCH$
$CH_2 \cdot O \cdot PO_3H_2$

Charakteristik: *Cyclohexylammoniumsalz:* *F* 186−190 (Z.); $[\alpha]_D^{23}$ +2.3°.

1/10 L-Mannit-1-phosphorsäure (= D-Mannit-6-phosphorsäure)
MG 262.16

CH_2OH
HOCH
HOCH
HCOH
HCOH
$CH_2{\cdot}O{\cdot}PO_3H_2$

Charakteristik: Hydrolyse: $k = 0.25 \times 10^{-3}$ (1 n HCl, 100°), 0.25×10^{-3} (0.1 n NaOH, 100°). — *Ba-Salz:* $C_6H_{13}O_9PBa{\cdot}{}^1/_2H_2O$. — R_F: 0.30 (*20*), 0.36 (*58*). — *B.:* Entsteht aus Fructose-6-phosphat durch bakterielle Enzyme.

1/11 Sorbit-6-phosphorsäure
MG 262.16

CH_2OH
HCOH
HOCH
HCOH
HCOH
$CH_2{\cdot}O{\cdot}PO_3H_2$

Charakteristik: — *B.:* Durch Reduktion von Glucose-6-phosphat.

1/12 Phytinsäure, Mesoinosit-hexaphosphorsäure
MG 660.1

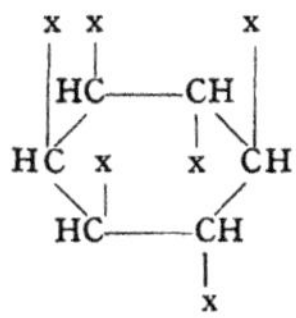

$x = OPO_3H_2$

Charakteristik: R_F: 0.09 (*28*). — Schwer lösliches Eisen-II-salz. — *V.:* In pflanzlichen Samen und in den roten Blutkörperchen der Vögel und Schildkröten, als Ca-Mg-Salz (Phytin).

1/13 Isopentenyl-phosphorsäure
MG 166.1

$H_2C{:}C(CH_3){\cdot}CH_2{\cdot}CH_2{\cdot}O{\cdot}PO_3H_2$

Charakteristik: R_F 0.82 (*44*). — *Cyclohexylammoniumsalz:* $C_5H_{11}O_4P(C_6H_{13}N)_2{\cdot}H_2O$, *F* 200.

1/14 Isopentenyl-pyrophosphorsäure
MG 246.1

$H_2C{:}C(CH_3){\cdot}CH_2{\cdot}CH_2{\cdot}O{\cdot}P_2O_6H_3$

Charakteristik: 7-Min-Hydrolyse in 1 n HCl bei 100° führt zu 3-Methyl-1,3-butandiol-1-Phosphorsäure und Phosphorsäure. — R_F 0.60 (*38*). — *Krist. Silbersalz:* $C_5H_9O_7P_2Ag_3{\cdot}H_2O$. — *V.:* „Aktives Isopren"; Zwischenprodukt der Terpen- und Steroidsynthese.

1/15 γγ-Dimethylallyl-pyrophosphorsäure
MG 246.1

$CH_3{\cdot}C(CH_3){:}CH{\cdot}CH_2{\cdot}O{\cdot}P_2O_6H_3$

Charakteristik: Spaltet in verdünnter Säure Pyrophosphorsäure ab ($k = 103 \times 10^{-3}$; 0.1 n HCl, 25°). — *B.:* Entsteht aus Isopentenylpyrophosphorsäure durch Isomerase-Wirkung.

1/16 Geranyl-pyrophosphorsäure
MG 314.22

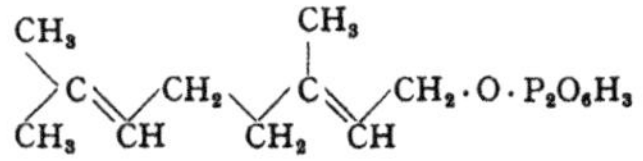

Charakteristik: Spaltet in verdünnter Säure Pyrophosphorsäure ab ($k = 408 \times 10^{-3}$; 0.1 n HCl, 25°). — *B.:* Entsteht aus Dimethylallyl-pyrophosphorsäure und Isopentenyl-pyrophosphorsäure in Gegenwart von Hefe-Synthetase und Mg^{2+}.

1/17 Farnesyl-pyrophosphorsäure
MG 382.3

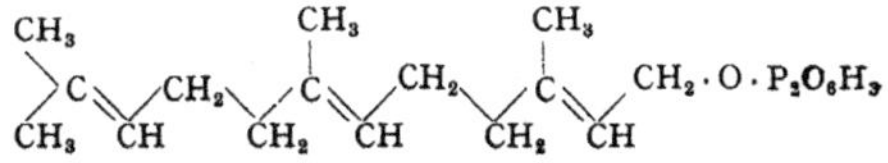

Charakteristik: Spaltet unterhalb p_H 5.5 Pyrophosphorsäure ab ($k = 1.9 \times 10^{-3}$; p_H 3, 22). — *B.:* Aus Geranyl-pyrophosphorsäure. Unmittelbare Vorstufe von Squalen.

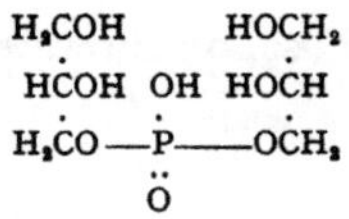

1/18 **Diglycerin-phosphorsäure**
MG 246.16
Charakteristik: R_F 0.58 (*20*).

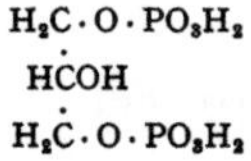

1/19 **Glycerin-1.3-diphosphorsäure**
MG 221.09
Charakteristik: R_F 0.13 (*20*).

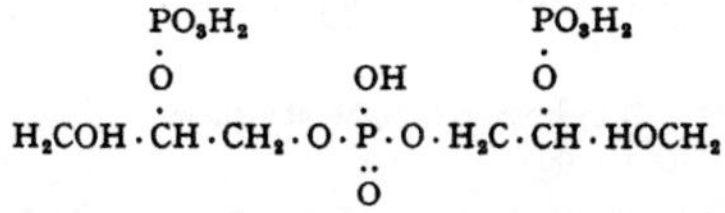

1/20 **Diglycerin-triphosphorsäure**
MG 406.14
Charakteristik: — *V.:* Die Verbindungen 1/18—1/20 entstehen bei der alkalischen Hydrolyse von Teichoïnsäure.

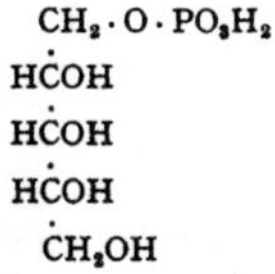

1/21 **Adonit ((Ribitol)-1-phosphorsäure)**
MG 232.14
Charakteristik: R_F 0.30 (*20*).

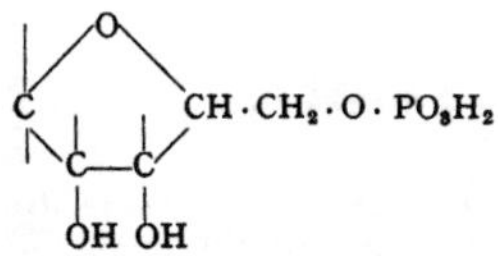

1/22 **1.4-Anhydro-adonit-(ribitol)-5-phosphorsäure**
MG 214.12
Charakteristik: R_F 0.29 (*20*).

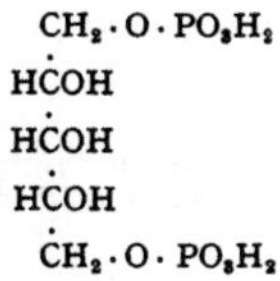

1/23 **Adonit-1:5-diphosphorsäure**
MG 312.12
Charakteristik: R_F 0.12 (*20*).

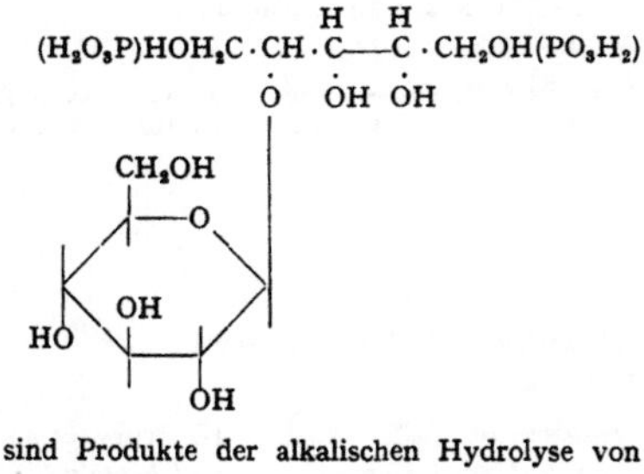

1/24 **4-O-(β-D-Glucopyranosyl)-D-adonit-phosphorsäuren:**

1-Phosphat } *MG* 394.29
2-Phosphat } R_F 0.28 (*20*)
1.5-Diphosphat } *MG* 474.28
2.5-Diphosphat } R_F 0.12 (*20*)

Charakteristik: — *V.:* Substanzen 1/21—1/24 sind Produkte der alkalischen Hydrolyse von Teichoïnsaure.

2. Phosphorsäureester von Monosacchariden

2/1 **Glykolaldehyd-phosphorsäure**
MG 140.04

CHO
$CH_2 \cdot O \cdot PO_3H_2$

Charakteristik: Hydrolyse: $k = 43 \times 10^{-3}$ (1 n H_2SO_4, 100°), 0.07 × 10^{-3} (1 nH_2SO_4, 37°). — *Ba-Salz:* $C_2H_3O_5PBa \cdot 4H_2O$ — R_F 0.13 (*57*), 0.40 (*41*). — *B.:* Entsteht aus Verbindungen der Formel $R \cdot CH(OH) \cdot CH(OH) \cdot CH_2 \cdot O \cdot PO_3H_2$ bei der Oxydation mit Perjodsaure.

2/2 D-**Glycerinaldehyd-3-phosphorsäure**
MG 170.06

CHO
HCOH
$CH_2 \cdot O \cdot PO_3H_2$

Charakteristik: $[\alpha]_D$ +19°. — Hydrolyse: $k = 74 \times 10^{-3}$ (1 n HCl, 100°), 414 × 10^{-3} (0.5 n NaOH, 20°). — Wird durch Jodlösung bei p_H 8 zu D-3-Phosphoglycerinsaure oxydiert. — R_F: 0.07 (*52*), 0.19 (*51*), 0.36 (*57*) 0.73 (*12*).

2/3 **Dihydroxyaceton-phosphorsäure**
MG 170.06

CH_2OH
CO
$CH_2 \cdot O \cdot PO_3H_2$

Charakteristik: Hydrolyse: $k = 78 \times 10^{-3}$ (1 n HCl, 100°). — Dissoziation: pK_1' 1.77, pK_2' 6.45. — Zerfällt in alkal. Lsg. in wenigen Min. bei Zimmertemperatur in Lactat und Phosphat — R_F 0.36 (*57*), 0.39 (*43*), 0.52 (*41*). — *Dimethylketal-Cyclohexylammoniumsalz:* *F* 183—185 (Z.).

2/4 L-**Erythrulose-1-phosphorsäure**
MG 200.09

$CH_2 \cdot O \cdot PO_3H_2$
CO
HOCH
CH_2OH

Charakteristik: Hydrolyse: $k = 22.8 \times 10^{-3}$ (1 n HCl, 100°) 114 × 10^{-3} (1 n KOH, 20°). — *B.:* Entsteht aus Dihydroxyaceton-phosphat und Formaldehyd durch Aldolasewirkung.

2/5 D-**Erythrose-2-phosphorsäure**
MG 200.09

CHO
$HC \cdot O \cdot PO_3H_2$
HCOH
CH_2OH

Charakteristik: R_F 0.26 (*41*). — *Brucinsalze:* $C_4H_9O_7P(C_{23}H_{26}O_4N_2) \cdot 2H_2O$, *F* 131—135 (Z.); $C_4H_9O_7P(C_{23}H_{26}O_4N_2)_2 \cdot 8H_2O$, *F* 111—113 (Z.).

2/6 D-**Erythrose-4-phosphorsäure**
MG 200.09

CHO
HCOH
HCOH
$CH_2 \cdot O \cdot PO_3H_2$

Charakteristik: Hydrolyse: Zerfällt in 1 n Säuren bei 100° und in 1 n Laugen bei Zimmertemperatur mit ähnlicher Geschwindigkeit wie die Triosephosphate.

2/7 D-**Threose-2:4-diphosphorsäure**
MG 280.08

CHO
$H_2O_3P \cdot O \cdot CH$
HCOH
$CH_2 \cdot O \cdot PO_3H_2$

Charakteristik: Unbeständig. — R_F 0.35—0.40 (*41*). — *B.:* Entsteht aus Glykolaldehyd-phosphat in alkal. Lsg. — *Wi.:* Spezifischer Inhibitor der Glycerinaldehydphosphat-dehydrogenase.

2/8 **Methyltetrose-1-phosphorsäure**
MG 214.12

$CH_2 \cdot O \cdot PO_3H_2$
CO
CHOH
CHOH
CH_3

Charakteristik: $[\alpha]_D^{20}$ +1.8°. — Hydrolyse: $k = 20.7 \times 10^{-3}$ (1 n HCl, 100°). — *B.:* Entsteht aus Dihydroxyaceton-phosphat und Acetaldehyd durch Aldolasewirkung.

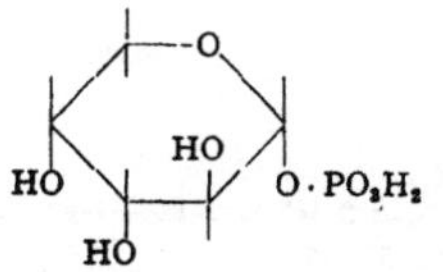

2/9 α-D-Arabinopyranose-1-phosphorsäure
MG 230.12
Charakteristik: R_F 0.10 (*27*). — *Cyclohexylammoniumsalz:* $[\alpha]_D^{21}$ −39.1°.

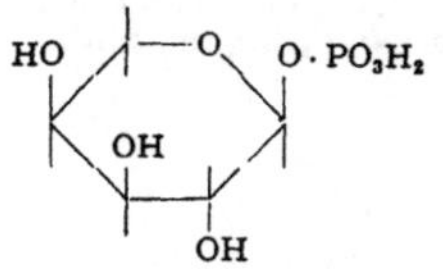

2/10 α-L-Arabinopyranose-1-phosphorsäure
MG 230.12
Charakteristik: R_F 0.41 (*18*). — *Cyclohexylammoniumsalz:* *F* 144—150; $[\alpha]_D^{26}$ +30.8°.

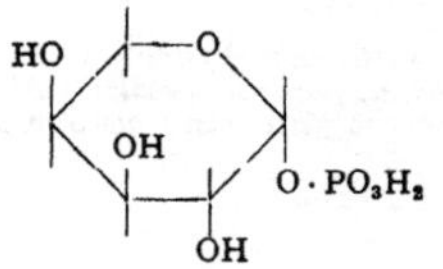

2/11 β-L-Arabinopyranose-1-phosphorsäure
MG 230.12
Charakteristik: R_F 0.43 (*18*). — *Cyclohexylammoniumsalz:* *F* 155—161; $[\alpha]_D^{26}$ +91.0°.

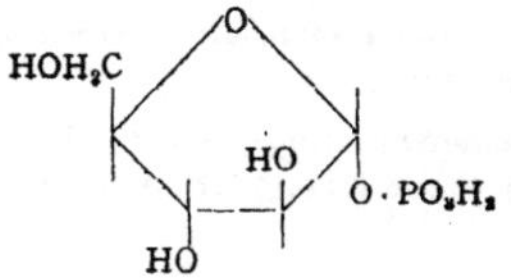

2/12 α-D-Arabinofuranose-1-phosphorsäure
MG 230.12
Charakteristik: $[\alpha]_D^{22}$ +6.4°.

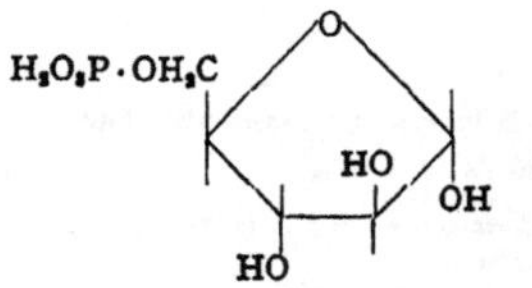
(α)

2/13 D-Arabinofuranose-5-phosphorsäure
MG 230.12
Charakteristik: $[\alpha]_D^{26}$ −18.8° (in 0.1 n HCl). — Hydrolyse: $k = 3.7 \times 10^{-3}$ (1 n H_2SO_4, 100°). — R_F 0.25 (*10*) 0.47 (*12*). — *Brucinsalz:* $C_5H_{11}O_8P(C_{23}H_{26}O_4N_2)_2$; $[\alpha]_D^{26}$ −48,6° (in 50% Py.).

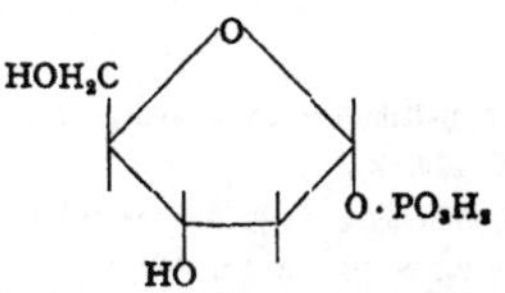
(α)

2/14 D-2-Desoxyribofuranose-1-phosphorsäure
MG 214.12
Charakteristik: Hydrolyse: $k = 47.2 \times 10^{-3}$ (p_H 4, 21°). — *Cyclohexylammoniumsalz:* $C_5H_{11}O_7P(C_6H_{13}N)_2$, *F* 152 (Z.). — *B.:* Entsteht aus Desoxynucleosiden bei der phosphorylatischen Spaltung.

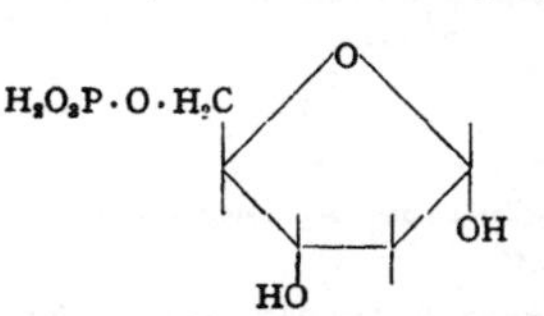
(α)

2/15 D-2-Desoxyribofuranose-5-phosphorsäure
MG 214.12
Charakteristik: Hydrolyse: $k = 133 \times 10^{-3}$ (1 n HCl, 100°). — Beständig in 1 n NaOH bei Zimmertemperatur für 20 Min. — R_F 0.47 (*8*).

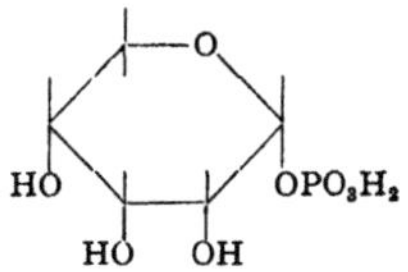

2/16 α-**D-Ribopyranose-1-phosphorsäure**
MG 230.12

Charakteristik: $[\alpha]_D^{23}$ $-47.1°$ (in 5% Essigsaure). — Hydrolyse: $k = 7.7 \times 10^{-3}$ (0.5 n H_2SO_4, 20°), 3.2×10^{-3} (0.1 n HCl, 20°) — Bestandig in 0.5 n NaOH bei 80° fur 1 Std. — R_F 0.27 (*30*). — *Ba-Salz:* $C_5H_9O_8PBa \cdot 4H_2O$.

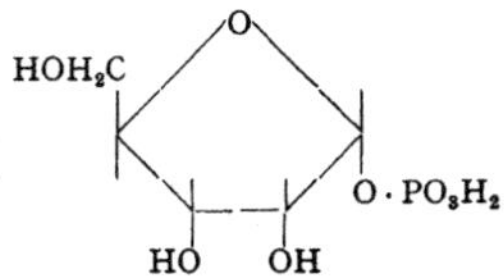

2/17 α-**D-Ribofuranose-1-phosphorsäure**
MG 230.12

Charakteristik: Hydrolyse: $k = 277 \times 10^{-3}$ (0.5 n H_2SO_4, 20°), 3.8×10^{-3} (0.01 n HCl, 20°). — *Cyclohexylammoniumsalz:* $C_5H_{11}O_8P(C_6H_{13}N)_2 \cdot H_2O$; $[\alpha]_D^{20}$ $+40.3°$. — *B.:* Entsteht bei der phosphorylatischen Nucleosidspaltung.

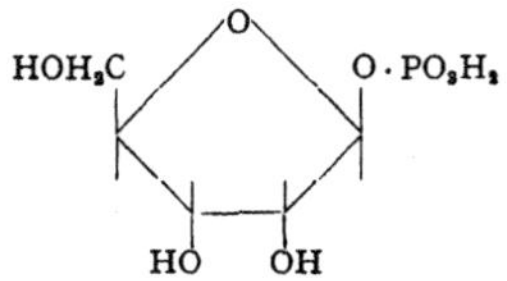

2/18 β-**D-Ribofuranose-1-phosphorsäure**
MG 230.12

Charakteristik: $[\alpha]_D^{23}$ $-9.28°$ (Ba-Salz). — Hydrolyse: $k = 1.44 \times 10^{-3}$ (0.01 n HCl, 20°). — R_F (α und β): 0.15 (*27*), 0.23 (*14*), 0.40 (*51*), 0.50 (*53*).

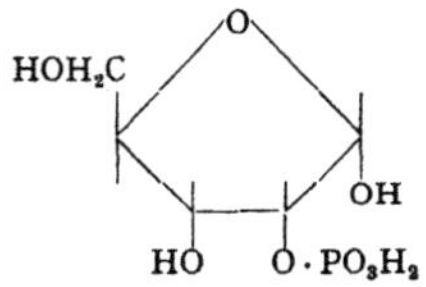

(α)

2/19 **D-Ribofuranose-2-phosphorsäure**
MG 230.12

Charakteristik: — *B.:* Aus Adenylsaure a durch kurze saure Hydrolyse (Dowex 50, H+-Form, 100°, 30 Sek.).

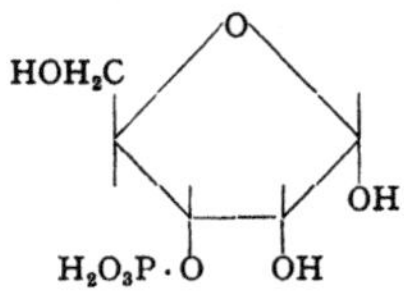

(α)

2/20 **D-Ribofuranose-3-phosphorsäure**
MG 230.12

Charakteristik: $[\alpha]_D^{23}$ $-9.73°$ (Na-Salz), $[\alpha]_D^{23}$ $+38.9°$ (in ½ gesatt. Boraxlsg.). — Hydrolyse: $k = 7.7 \times 10^{-3}$ (0.1 n HCl, 100°), 8.4×10^{-3} (0.25 n HCl, 100°), 274×10^{-3} (6 n HCl, 100°). — R_F 0.48 (*41*), 0.50 (*12*). — *Brucinsalz:* $C_5H_{11}O_8P(C_{23}H_{26}O_4N_2)_2$; $[\alpha]_D^{26}$ $-33.3°$ (in 50% Py.).

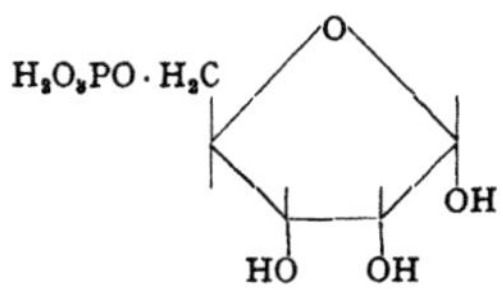

(α)

2/21 **D-Ribofuranose-5-phosphorsäure**
MG 230.12

Charakteristik: $[\alpha]_D^{20}$ $+22.8°$ (in 0.2 n HCl). — Hydrolyse: $k = 0.7 \times 10^{-3}$ (0.1 n HCl, 100°), 1.3×10^{-3} (0.25 n HCl, 100°), 5.75×10^{-3} (1 n HCl, 100°), 92×10^{-3} (6 n HCl, 100°). — R_F 0.18 (*19*), 0.27 (*57*), 0.46 (*47*), 0.54 (*12*).

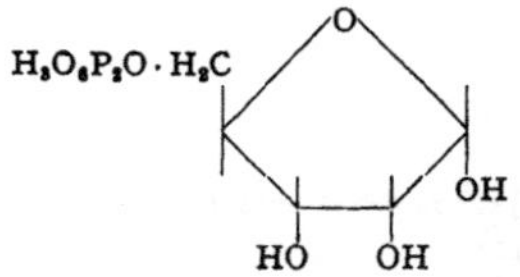

(α)

2/22 **D-Ribofuranose-5-pyrophosphorsäure**
MG 310.1

Charakteristik: Hydrolyse: Spaltet eine Phosphorsäuregruppe ab (1 n H_2SO_4, 100°, 10 Min.). — R_F 0.42 (*14*).

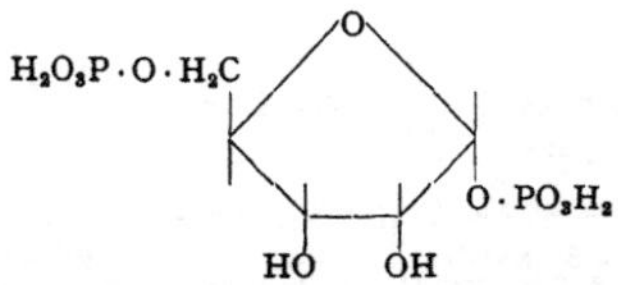

2/23 α-**D-Ribofuranose-1:5-diphosphorsäure**

Charakteristik: Hydrolyse: Die Phosphatgruppen werden annähernd mit der Geschwindigkeit der entsprechenden Monophosphate hydrolysiert. — *Cyclohexylammoniumsalz:* *F* 171—172 (Z.); $[\alpha]_D^{22}$ +20.8°; R_F 0.07 (*20*). — *V.:* Coenzym der Phosphoribomutase.

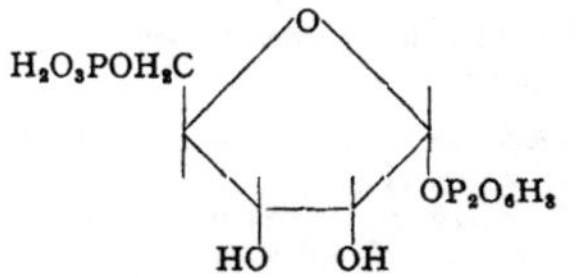

2/24 α-**D-Ribofuranose-1-pyrophosphorsäure-5-phosphorsäure**
MG 390.1

Charakteristik: Hydrolyse: Zerfallt bei milder Hydrolyse in Ribose 5-phosphat und Pyrophosphat: $k = 104 \times 10^{-3}$ (p_H 4, 65°). — *B.:* Entsteht aus Ribose-5-phosphat und ATP durch Kinasewirkung. — Bei der Nucleotidsynthese wird der Ribose-5-phosphatrest durch Pyrophosphorylase mit Purin- oder Pyrimidinbase kondensiert.

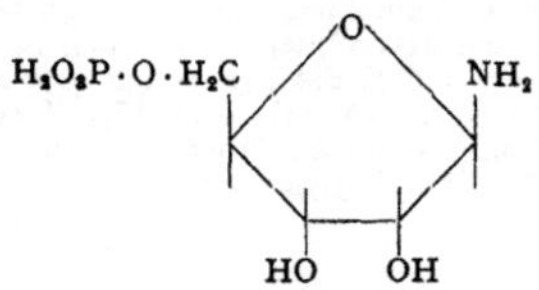

2/25 β-**D-Ribosylamin-5-phosphorsäure**
MG 229.14

Charakteristik: Hydrolyse: Die Aminogruppe ist leicht hydrolysierbar: 100% in 6 Min. bei 100° in 1 n HCl, 63% bei p_H 4.0 und 4% bei p_H 7.0 in 30 Min., 25°. — R_F 0.08 (*15*), 0.20 (*60*). — Bildet Hexosiminsäure-phosphorsäure bei Zugabe von NaCN und $CaCl_2$. — *B.:* Entsteht enzymatisch aus Ribose-5-phosphat-1-pyrophosphat und Glutamin. Intermediärprodukt der Nucleotidsynthese.

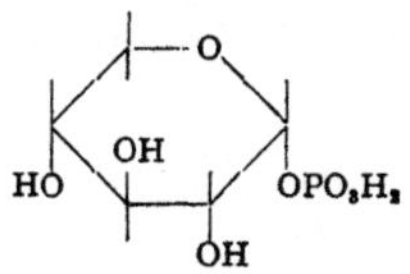

2/26 α-**D-Xylopyranose-1-phosphorsäure**
MG 230.12

Charakteristik: $[\alpha]_D^{25}$ +76° (K-Salz); $[\alpha]_D^{25}$ + 70,9° (Ba-Salz in 5% Essigsaure). — Hydrolyse: $k = 6.2 \times 10^{-3}$ (0.376 n HCl, 36°). — Dissoziation: pK_1' 1.25, pK_2' 6.15. — R_F 0.48 (*18*). *Cyclohexylammoniumsalz:* *F* 152—158; $[\alpha]_D^{26}$ +58.0°.

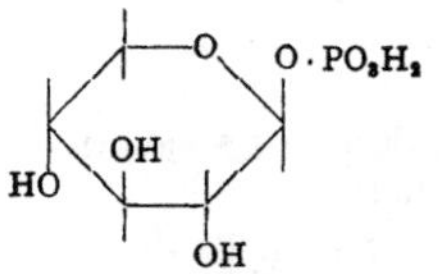

2/27 β-**D-Xylopyranose-1-phosphorsäure**
MG 230.12

Charakteristik: $[\alpha]_D^{25}$ −13.3° (Ba-Salz in 5% Essigsäure). — R_F 0.44 (*18*). — *Cyclohexylammoniumsalz:* *F* 144—150; $[\alpha]_D^{26}$ +0.8°.

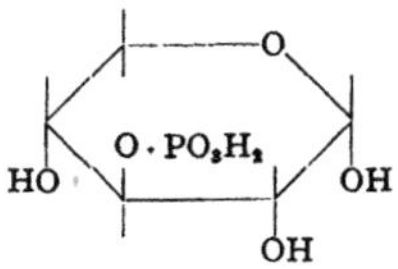

(α)

2/28 D-Xylopyranose-3-phosphorsäure
MG 230.12

Charakteristik: $[\alpha]_D^{22}$ +1.27° (Ba-Salz). — R_F 0.09 (*27*), 0.53 (*12*).

CHO
HĊOH
HOĊH
HĊOH
ĊH₂·O·PO₃H₂

2/29 D-Xylose-5-phosphorsäure
MG 230.12

Charakteristik: $[\alpha]_D^{20}$ +7.7° (Ba-Salz); $[\alpha]_D^{22}$ +4.0° (in 0.5 gesätt. Boraxlsg.). — Hydrolyse: $k = 8.7 \times 10^{-3}$ (1 n HCl, 100°). — Geht in neutraler Lsg. teilweise in D-Xylulose-5-phosphat über. — R_F 0.04 (*27*), 0.55 (*12*).

CH_2OH
ĊO
HĊOH
HĊOH
ĊH₂·O·PO₃H₂

2/30 D-Ribulose-5-phosphorsäure
MG 230.12

Charakteristik: $[\alpha]_D^{20}$ −40°. — Hydrolyse: $k = 12 \times 10^{-3}$ (1 n H_2SO_4, 100°). — Farbung in der Orcinreaktion = 60% des Ribosewerts. — R_F 0.26 (*12*), R_P 1.47 (*54*). — *B.:* Produkt der enzymatischen Phosphogluconsäureoxydation.

CH₂·O·PO₃H₂
ĊO
HĊOH
HĊOH
ĊH₂·O·PO₃H₂

2/31 D-Ribulose-1:5-diphosphorsäure
MG 310.11

Charakteristik: Unbeständig in alkal. Lsg. (Autoxydation und Hydrolyse). — Färbung in der Orcinreaktion = 57% des Ribosewerts (670 mμ). — R_F 0.08 (*54*), 0.19 (*18*), 0.34 (*19*); R_P 0.58 (*41*). — *Wi.:* Wichtig als Primärakzeptor von CO_2 in der Photosynthese: Ribulosediphosphat + CO_2 → 2 3-Phosphoglycerinsäure.

CH₂·O·PO₃H₂
ĊO
HOĊH
HĊOH
ĊH₂OH

2/32 D-Xylulose-1-phosphorsäure
MG 230.12

Charakteristik: Hydrolyse: $k = 198 \times 10^{-3}$ (1 n HCl, 100°).

CH_2OH
ĊO
HOĊH
HĊOH
ĊH₂·O·PO₃H₂

2/33 D-Xylulose-5-phosphorsäure
MG 230.12

Charakteristik: R_F 0.34 (*19*), 0.44 (*18*). — *B.:* Entsteht aus D-Ribulose-5-phosphat durch Phosphoketopento-epimerase-Wirkung.

CH₂·O·PO₃H₂
ĊO
HOĊH
HĊOH
ĊH₂OPO₃H₂

2/34 D-Xylulose-1,5-diphosphorsäure
MG 310.11

Charakteristik: $[\alpha]_D^{23}$ +10°. — Unbeständig in saurer und alkal. Lsg. — Hydrolyse: $k = 38.5 \times 10^{-3}$ (1 n NaOH, Zimmertemp.). — *B:* Entsteht aus Glykolaldehydphosphat und Dihydroxyacetonphosphat durch Aldolasewirkung.

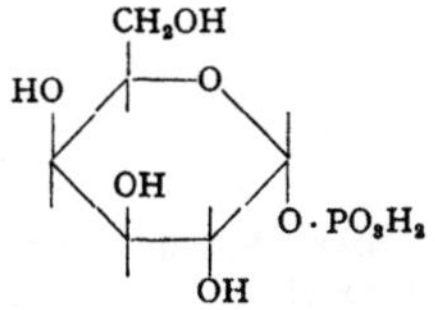

2/35 α-D-**Galaktopyranose-1-phosphorsäure**
MG 260.15

Charakteristik: $[\alpha]_D^{18}$ +148.5°. — Nicht reduzierend —. Hydrolyse: $k = 2.08 \times 10^{-3}$ (0.25 n HCl, 25°); 13.6×10^{-3} (0.25 n HCl, 37°); 49.6×10^{-3} (0.25 n HCl, 50°); 315×10^{-3} (0.1 n HCl, 100°) — Bestandig in alkalischer Lsg. — Dissoziation: pK_1' 1.00, pK_2' 6.17. — R_F 0.43 (*18*). — *Cyclohexylammoniumsalz:* *F* 147—153; $[\alpha]_D^{26}$ +78.5°.

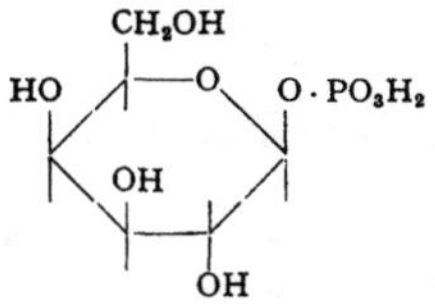

2/36 β-D-**Galaktopyranose-1-phosphorsäure**
MG 260.15

Charakteristik: $[\alpha]_D^{30}$ +31.2° (Ba-Salz). — Hydrolyse: $k = 12.5 \times 10^{-3}$ (0.25 n HCl, 37°). — R_F 0.41 (*18*). — *Cyclohexylammoniumsalz:* *F* 145—151; $[\alpha]_D^{26}$ +21.0°.

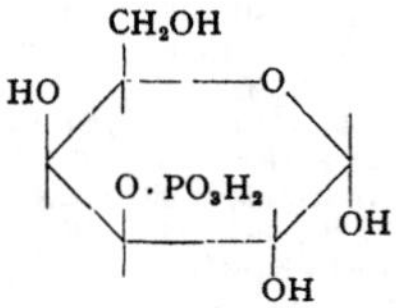

(α)

2/37 D-**Galaktopyranose-3-phosphorsäure**
MG 260.15

Charakteristik: $[\alpha]_D^{18}$ +25.2° (K-Salz). — Hydrolyse: $k = 0.44 \times 10^{-3}$ (0.1 n H_2SO_4, 100°). — *Acridinsalz:* $C_6H_{13}O_9P(C_{13}H_9N)$, *F* 180—185.

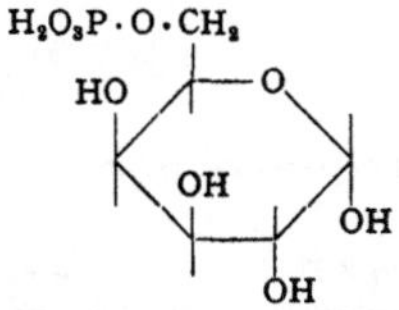

(α)

2/38 D-**Galaktopyranose-6-phosphorsäure**
MG 260.15

Charakteristik: $[\alpha]_D^{20}$ +36.5°. — Hydrolyse: $k = 0.23 \times 10^{-3}$ (0.1 n H_2SO_4, 100°). — R_F 0.19 (*57*), 0.26 (*41*).

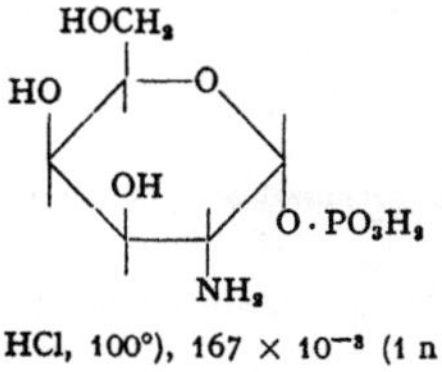

(α)

2/39 D-**Galaktosamin-1-phosphorsäure**
MG 259.16

Charakteristik: Hydrolyse: $k = 32.6 \times 10^{-3}$ (0.1 n HCl, 100°), 167×10^{-3} (1 n HCl 100°).

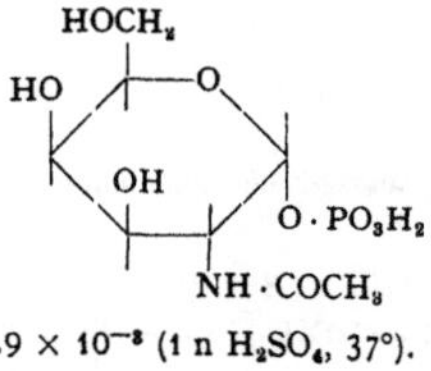

2/40 α-**N-Acetyl-**D-**galaktosamin-1-phosphorsäure**
MG 301.2

Charakteristik: $[\alpha]_D$ +178°. — Hydrolyse: $k = 21.9 \times 10^{-3}$ (1 n H_2SO_4, 37°).

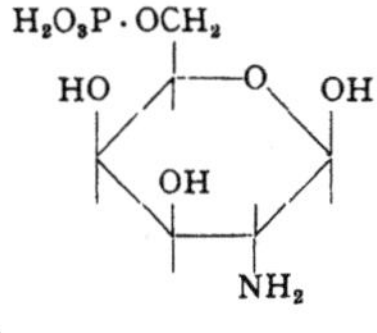

2/41 **β-D-Galaktosamin-6-phosphorsäure**
MG 259.16 *F* 200 (Z.)
Charakteristik: $[\alpha]_D^{25}$ + 57.8°. — Unbestandig oberhalb p_H 7.

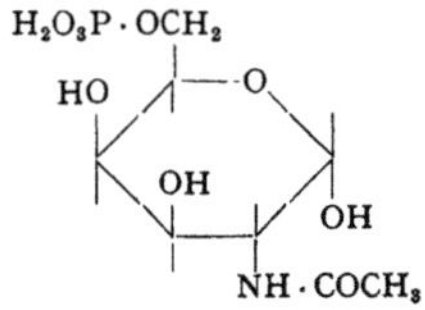

(α)

2/42 **N-Acetyl-D-galaktosamin-6-phosphorsäure**
MG 301.2
Charakteristik: $[\alpha]_D^{25}$ + 48.4° (in 0.05 m Na-Acetat, p_H 4.5). — Farbwert in der Morgan-Elson-Methode: 51% des N-Acetylgalaktosamin-Äquivalents.

2/43 **α-D-Glucopyranose-1-phosphorsäure**
MG 260.15

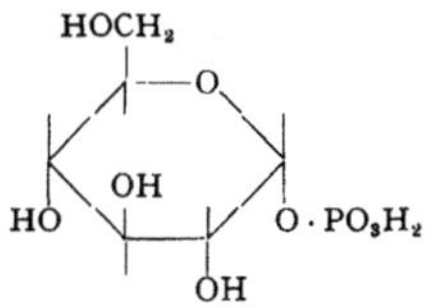

Charakteristik: $[\alpha]_D^{25}$ + 120°, nichtreduzierend. — Hydrolyse: $k = 0.46 \times 10^{-3}$ (0.25 n HCl, 25°), 2.65×10^{-3} (1 n H_2SO_4, 30°), 11.5×10^{-3} (1 n HCl, 33°), 4.36×10^{-3} (0.376 n HCl, 37°), 11.2×10^{-3} (0.25 n HCl, 50°), 0.312×10^{-3} (p_H 3.3, 70°). — Bestandig in alkal. Lsg. — Dissoziation: pK_1' 1.10, pK_2' 6.51. — R_F 0.14 (*52*), 0.22 (*46*), 0.31 (*47*), 0.44 (*53*), 0.60 (*4*). — *Krist. Kaliumsalz:* $C_6H_{11}O_9PK_2 \cdot 2H_2O$; $[\alpha]_D^{26}$ + 78.5°. — *Cyclohexylammoniumsalz:* *F* 163—169; $[\alpha]_D^{26}$ + 64.0°. — *B.*: Entsteht bei der Phosphorolyse von Starke.

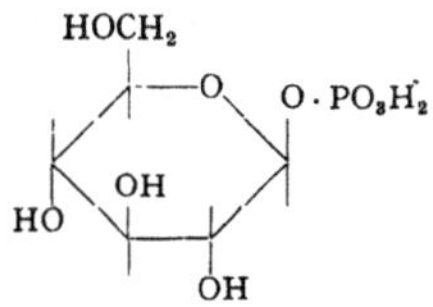

2/44 **β-D-Glucopyranose-1-phosphorsäure**
MG 260.15
Charakteristik: $[\alpha]_D^{21}$ + 8.7° (Ba-Salz). — Hydrolyse: $k = 34.5 \times 10^{-3}$ (1 n HCl, 33°). — Molare Verbrennungswarme (α- und β-Form): 2761 kJ. — R_F 0.42 (*18*). — *Cyclohexylammoniumsalz:* *F* 137—143; $[\alpha]_D^{26}$ + 7.3°. — *Brucinsalz:* *F* 162—166 (Z.); $[\alpha]_D^{29}$ — 20°. — *B.*: Entsteht aus Maltose durch bakterielle Phosphorylasen.

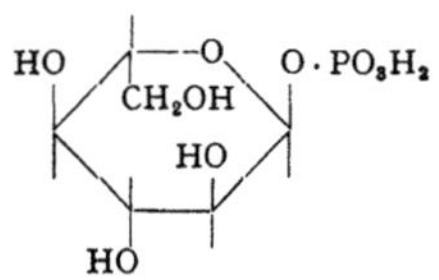

2/45 **α-L-Glucopyranose-1-phosphorsäure**
MG 260.15
Charakteristik: $[\alpha]_D$ — 73.2° (Ba-Salz); $[\alpha]_D$ — 78.2° (krist. K-Salz, $C_6H_{11}O_9PK_2 \cdot 2H_2O$).

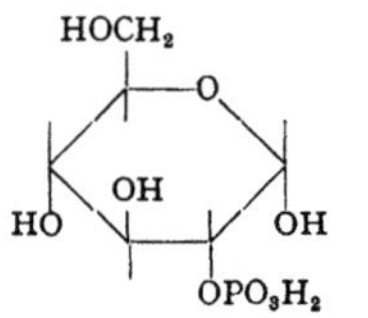

(α)

2/46 **D-Glucopyranose-2-phosphorsäure**
MG 260.15
Charakteristik: $[\alpha]_D^{17}$ + 15° (K-Salz). — Hydrolyse: $k = 4.3 \times 10^{-3}$ (0.1 n H_2SO_4, 100°) 6.7×10^{-3} (0.1 n NaOH, 100°). — R_F 0.17 (*16*), 0.22 (*14*).

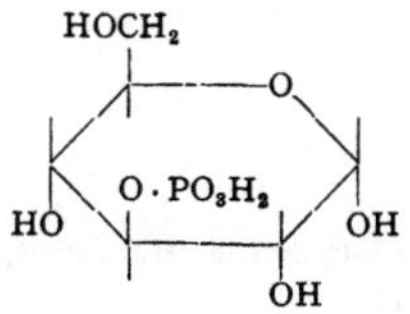

(α)

2/47 D-Glucopyranose-3-phosphorsäure
MG 260.15

Charakteristik: $[\alpha]_D^{27}$ +39.5°. — Dissoziation: pK_1' 0.84; pK_2' 5.67. — *Brucinsalz:* $C_6H_{13}O_9P(C_{23}H_{26}O_4N_2)_2$; $[\alpha]_D^{25}$ −42.3° (Py.).

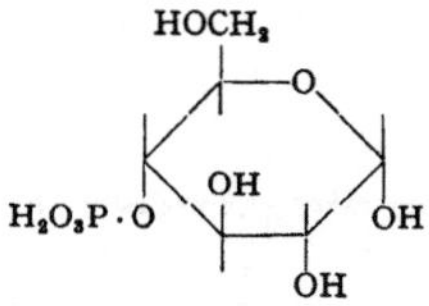

(α)

2/48 D-Glucopyranose-4-phosphorsäure
MG 260.15

Charakteristik: Hydrolyse: $k = 0.70 \times 10^{-3}$ (1 n HCl, 100°). — *Na-Salz: F* 155 (Z.); $[\alpha]_D^{20}$ +51.5°. — *Brucinsalz: F* 173—174 (Z.); $[\alpha]_D^{20}$ −43.3° (Py.). — R_F 0.45 (*12*).

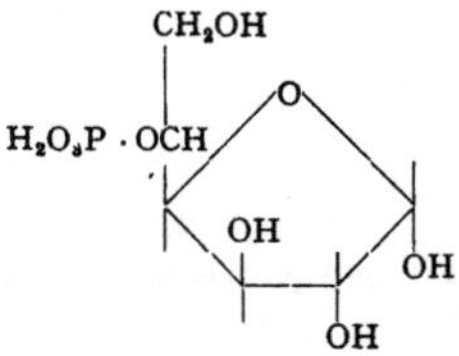

(α)

2/49 D-Glucofuranose-5-phosphorsäure
MG 260.15

Charakteristik: $[\alpha]_D^{20}$ +15.8° (Ba-Salz). — *Strychninsalz: F* 160 (Z.).

2/50 D-Glucopyranose-6-phosphorsäure
MG 260.15

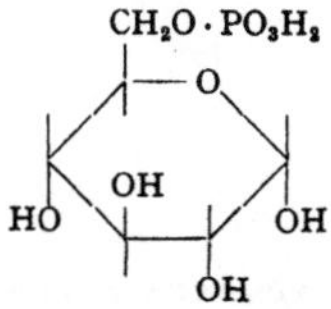

(α)

Charakteristik: $[\alpha]_D^{25}$ +34.2°. — Hydrolyse: $k = 0.56 \times 10^{-3}$ (1 n HCl, 100°), 12×10^{-3} (1 n NaOH, 100°), 0.15×10^{-3} (p_H 6.3, 80°). — Dissoziation: pK_1' 0.94, pK_2' 6.11. — Reduktionskraft: *Hagedorn-Jensen* 78%, *Nelson* 81%, *Willstätter-Schudel* 100%. — R_F 0.05 (*36*), 0.12 (*52*), 0.20 (*57*), 0.29 (*51*) 0.35 (*12*), 0.48 (*4*). — *Krist. Ba-Salz:* $C_6H_{11}O_9PBa \cdot 7H_2O$, swl. in W. ($2 \times 10^{-3}$ Mol/l bei 25°, 1×10^{-3} Mol/l bei 0°). — *Phosphohexosazon: F* 154. — *Brucinsalz:* $[\alpha]_{5461}^{20}$ +20.6°. — *B.:* Entsteht aus Glucose in Gegenwart von ATP und Hexokinase, aus Glucose-1-phosphat in Gegenwart von Phosphoglucomutase.

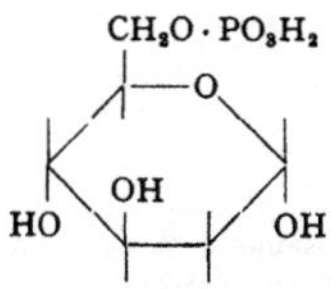

(α)

2/51 2-Desoxy-D-glucopyranose-6-phosphorsäure
MG 244.15

Charakteristik: R_F 0.78 (*41*), 1.3 (*20*). — *B.:* Aus 2-Desoxyglucose mit Hexokinase und ATP.

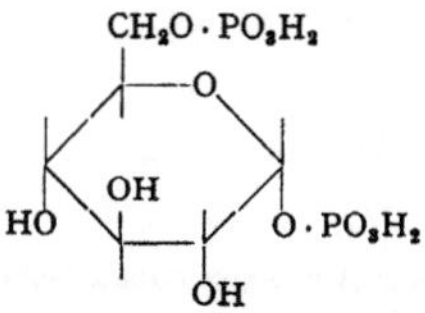

2/52 α-D-Glucopyranose-1,6-diphosphorsäure
MG 340.14

Charakteristik: $[\alpha]_D^{28}$ +83° (Na-Salz, p_H 8.0). — Die Phosphatgruppen werden annähernd mit der Geschwindigkeit der entsprechenden Monophosphate hydrolysiert. — R_F 0.26 (*54*). — *Brucinsalz:* $C_6H_{14}O_{12}P_2(C_{23}H_{26}O_4N_2)_4$, *F* 185 (Z.); $[\alpha]_D^{26}$ −16.3°. — *V.:* Coenzym der Phosphoglucomutase.

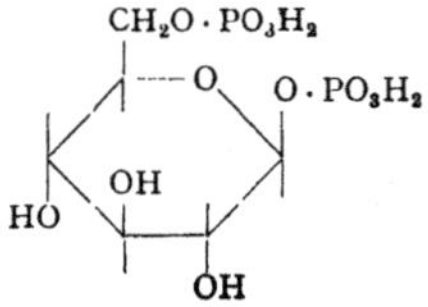

2/53 β-D-Glucopyranose-1,6-diphosphorsäure
MG 340.14
Charakteristik: $[\alpha]_D^{26}$ − 19° (Na-Salz, pH 8.0).

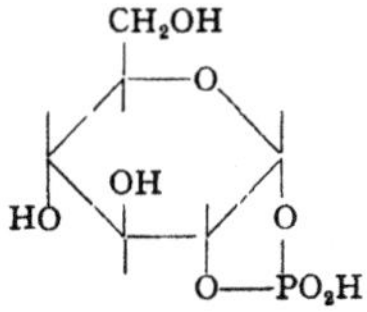

2/54 α-D-Glucopyranose-1,2-cyclische Phosphorsäure
MG 242.13
Charakteristik: R_F 0.29 (*6*), 0.55 (*14*). — *B.:* Entsteht aus Uridindiphosphat-Glucose bei milder alkalischer Hydrolyse (0°, konz. NH_3, 30 Min.). Bildet bei weiterer Hydrolyse eine Mischung von Glucose-1-phosphat und Glucose-2-phosphat.

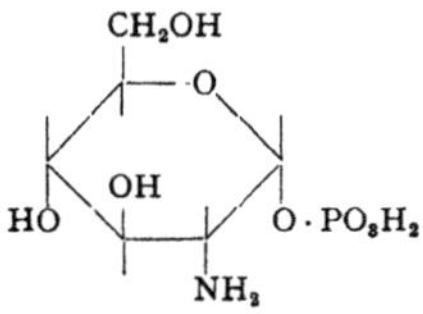

2/55 α-D-Glucosamin-1-phosphorsäure
MG 259.16
Charakteristik: $[\alpha]_D^{23}$ + 100° (K-Salz). — Hydrolyse: $k = 230 \times 10^{-3}$ (1 n HCl, 100°). — Dissoziation: pK_2' 5.5 (pK_3' 8.7).

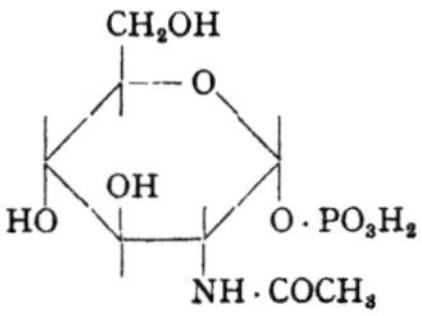

2/56 N-Acetyl-α-D-glucosamin-1-phosphorsäure
MG 301.2
Charakteristik: $[\alpha]_D^{23}$ + 79° (K-Salz). — Hydrolyse: $k = 3.7 \times 10^{-3}$ (1 n H_2SO_4, 37°). — Dissoziation: $pK_1' < 1.5$, pK_2' 6.1. — R_F 0.18 (*19*), 0.50 (*18*). — *Ca-Salz:* *F* 137—138.

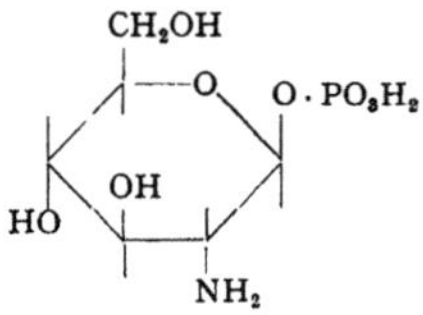

2/57 β-D-Glucosamin-1-phosphorsäure
MG 259.16 *F* 178—179 (Z.)
Charakteristik: R_F 0.09 (*14*), 0.15 (*20*), 0.26 (*25*).

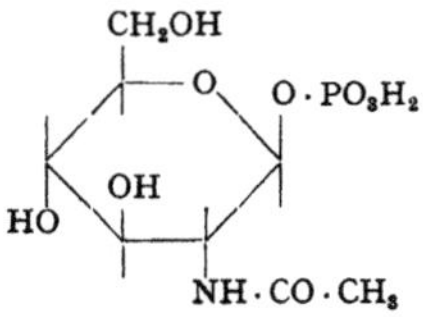

2/58 N-Acetyl-β-D-glucosamin-1-phosphorsäure
MG 301.2
Charakteristik: *Na-Salz:* *F* 170—171 (Z.). — $[\alpha]_D^{21}$ − 1.6°. — R_F 0.19 (*14*), 0.22 (*20*), 0.49 (*25*).

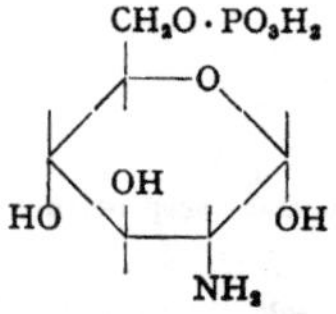

2/59 **α-D-Glucosamin-6-phosphorsäure**
MG 259.16 *F* 160–167 (Z.)

Charakteristik: $[\alpha]_D^{25}$ +58.8°. – Hydrolyse: $k = 0.50 \times 10^{-3}$ (1 n H_2SO_4, 100°). – Dissoziation: pK_2' 6.08, (pK_3' 8.10). – Unbestandig oberhalb p_H 7. – R_P 0.55 (*41*), 1.35 (*20*).

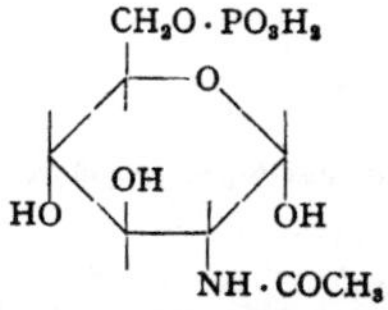

(α)

2/60 **N-Acetyl-D-glucosamin-6-phosphorsäure**
MG 301.2

Charakteristik: $[\alpha]_D^{25}$ +29.5° (in 0.5 m Na-Acetat, p_H 3.0). – *Ammoniumsalz: F* 146.5–147.5 (Z.). – Farbwert nach Morgan-Elson: 84% des N-Acetylglucosamin-Äquivalents.

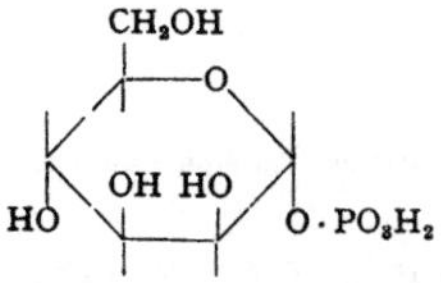

2/61 **α-D-Mannopyranose-1-phosphorsäure**
MG 260.15

Charakteristik: $[\alpha]_D^{25}$ +58°. – Hydrolyse: $k = 1.90 \times 10^{-3}$ (0.95 n H_2SO_4, 30°). – R_F 0.26 (*19*), 0.39 (*18*). – *Brucinsalz:* – *F* 179–182.

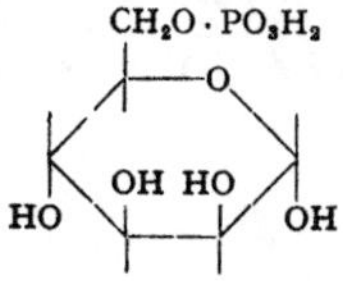

2/62 **α-D-Mannopyranose-6-phosphorsäure**
MG 260.15

Charakteristik: $[\alpha]_{5461}^{20}$ +15.1°; $[\alpha]_D^{22}$ +13.3° (in 0.1 n-HCl). – Hydrolyse: $k = 0.30 \times 10^{-3}$ (0.1 n H_2SO_4, 100°), 0.66×10^{-3} (1 n HCl, 100°). – Reduktionskraft: *Hagedorn-Jensen* 81%, *Willstätter-Schudel* 60%. – R_F 0.24 (*57*), 0.29 (*54*); R_P 0.54 (*41*). – *Phosphohexosazon: F* 154–155.

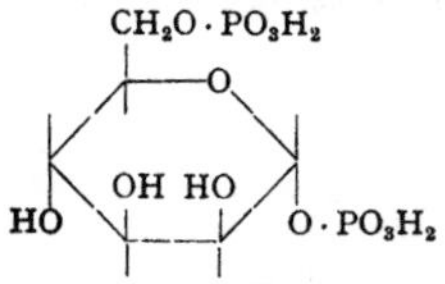

2/63 **α-D-Mannopyranose-1,6-diphosphorsäure**
MG 340.14

Charakteristik: $[\alpha]_D^{21}$ +29.9° (K-Salz).

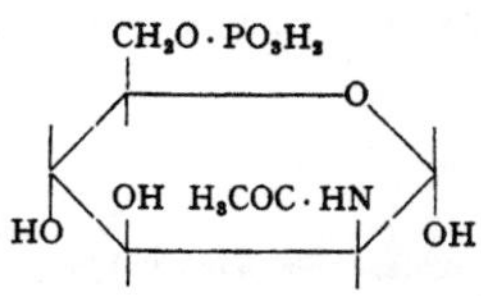

(α)

2/64 **N-Acetyl-D-mannosamin-6-phosphorsäure**
MG 301.2

Charakteristik: $[\alpha]_D^{23}$ +11.6°. – *B.:* Entsteht aus N-Acetyl-mannosamin und ATP in Gegenwart einer spezifischen Kinase. Vorstufe der Neuraminsäure.

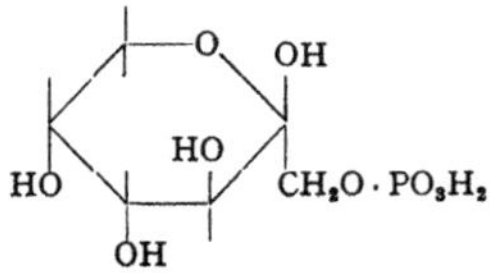

2/65 β-D-**Fructopyranose-1-phosphorsäure**
MG 260.15

Charakteristik: $[\alpha]_D^{26}$ −30.4°. — Hydrolyse: $k = 154 \times 10^{-3}$ (1 n HCl, 99°), 20.7×10^{-3} (0.1 n HCl, 100°). — Reduktionskraft: *Hagedorn-Jensen* 57%, *Nelson* 68%, *Willstatter-Schudel* 2%. — R_F 0.23 (*19*), 0.35 (*18*); R_P 0.40 (*41*). — *Brucinsalz:* $[\alpha]_D$ −39.2°.

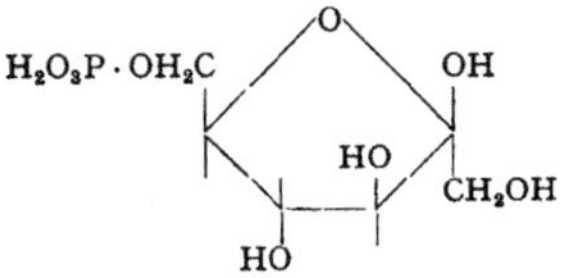

2/66 β-D-**Fructofuranose-6-phosphorsäure**
MG 260.15

Charakteristik: $[\alpha]_D^{19}$ +3.58° (Ba-Salz). — Hydrolyse: $k = 9.6 \times 10^{-3}$ (1 n HCl, 100°), 0.82×10^{-3} (p_H 5.8, 80°). — Dissoziation: pK_1' 0.97, pK_2' 6.11. — Reduktionskraft: *Hagedorn-Jensen* 77%, *Nelson* 81%, *Willstatter-Schudel* 3%. — R_F 0.08 (*36*), 0.15 (*48*), 0.26 (*20*) 0.36 (*51*), 0.54 (*53*). — *Phosphohexosazon: F* 154.

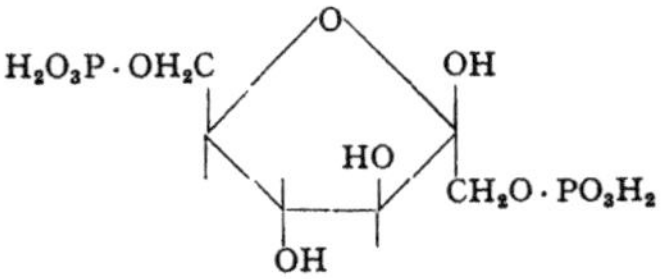

2/67 D-**Fructofuranose-1,6-diphosphorsäure**
MG 340.13

Charakteristik: $[\alpha]_D^{17}$ +4.1°. — Die Phosphatgruppen werden annahernd mit der Geschwindigkeit der entsprechenden Monophosphate hydrolysiert. — Dissoziation: pK_1' 1.48, pK_2' 6.1 (P_1), 6.5 (P_6). — Molare Verbrennungswarme: 2807 kJ. — Reduktionskraft: *Hagedorn-Jensen* 41%, *Fehling* 42% *Nelson* 59%, *Willstätter-Schudel* 5%. — Färbung in der Resorcinreaktion (Roe): 64—65% des Fructosewertes. Neutrale Ca- und Ba-Salze swl. in h. W. — R_F 0.08 (*52*), 0.13 (*53*), 0.24 (*4*), 0.40 (*1*), 0.67 (*45*). — *Phosphohexosazon: F* 154. — *Cyclohexylammoniumsalz:* $C_6H_{14}O_{12}P_2(C_6H_{13}N)_3 \cdot H_2O$, *F* 163—166 (Z.).

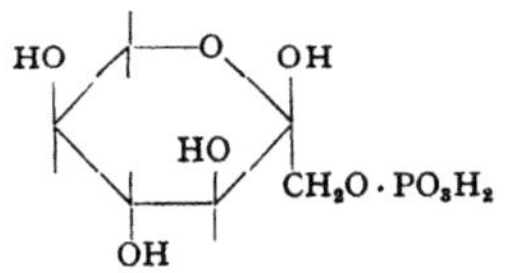

2/68 L-**Sorbopyranose-1-phosphorsäure**
MG 260.15

Charakteristik: $[\alpha]_D^{30}$ −16.5° (saures K-Salz). — Hydrolyse: $k = 89 \times 10^{-3}$ (1 n HCl, 100°). — R_F 0.05 (*36*), 0.28 (*35*); R_P 0.12 (*37*). — *B.:* Entsteht aus Dihydroxyaceton-phosphat und L-Glycerinaldehyd durch Aldolasewirkung. — *Wi.:* Wirksamer Hemmstoff der tierischen Hexokinase.

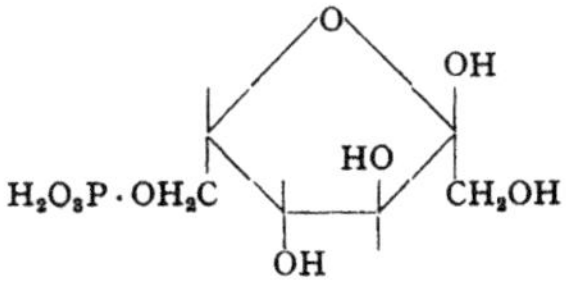

2/69 L-**Sorbofuranose-6-phosphorsäure**
MG 260.15

Charakteristik: $[\alpha]_D^{29}$ −12.0° (Ba-Salz). — Hydrolyse: $k = 11.2 \times 10^{-3}$ (1 n HCl, 100°).

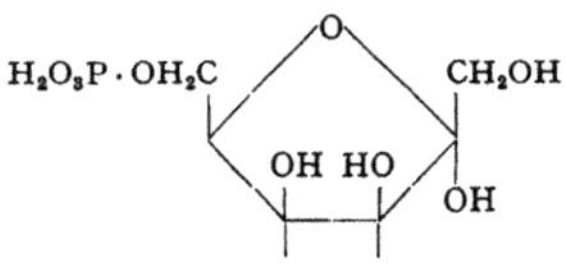

2/70 D-**Tagatofuranose-6-phosphorsäure**
MG 260.15

Charakteristik: $[\alpha]_D^{25}$ + 5.65° (Ba-Salz).

2/71 D-**Sedoheptulose-1-phosphorsäure**

MG 290.17

$CH_2O \cdot PO_3H_2$
CO
HOCH
HCOH
HCOH
HCOH
CH_2OH

Charakteristik: Hydrolyse: $k = 21.5 \times 10^{-3}$ (1 n H_2SO_4, 100°). — *B.:* Entsteht aus Dihydroxyacetonphosphat und D-Erythrose durch Aldolasewirkung.

2/72 D-**Sedoheptulose-7-phosphorsäure**

MG 290.17

CH_2OH
CO
HOCH
HCOH
HCOH
HCOH
$CH_2O \cdot PO_3H_2$

Charakteristik: $[\alpha]_{5461}$ +8° (Ba-Salz). — Hydrolyse: $k = 2.2 \times 10^{-3}$ (1 n H_2SO_4, 100°). — R_F 0.27 (*54*), 0.39 (*18*); R_P 0.40 (*34*). — *B.:* Entsteht aus D-Xylulose-5-phosphat und D-Ribose-5-phosphat durch Transketolasewirkung.

2/73 D-**Sedoheptulose-1,7-diphosphorsäure**

MG 370.16

$CH_2O \cdot PO_3H_2$
CO
HOCH
HCOH
HCOH
HCOH
$CH_2O \cdot PO_3H_2$

Charakteristik: Hydrolyse: Die Phosphatgruppen werden annähernd mit der Geschwindigkeit der entsprechenden Monophosphate hydrolysiert. — R_P 0.22 (*34*), 0.26 (*54*). — *B.:* Entsteht aus Dihydroxyaceton-phosphat und Erythrose-4-phosphat durch Aldolasewirkung.

2/74 D-**Octulose-1-phosphorsäure**

MG 320.2

$CH_2O \cdot PO_3H_2$
CO
HOCH
HCOH
HCOH
HCOH
HCOH
CH_2OH

Charakteristik: Hydrolyse: $k \sim 50 \times 10^{-3}$ (1 n HCl, 100°). — *B.:* Entsteht aus Dihydroxyacetonphosphat und Ribose durch Aldolasewirkung.

2/75 D-**Octulose-8-phosphorsäure**

MG 320.2

CH_2OH
CO
HOCH
HCOH
HCOH
HCOH
HCOH
$CH_2O \cdot PO_3H_2$

Charakteristik: Hydrolyse: $k = 1.9 \times 10^{-3}$ (1 n HCl, 100°). — *B.:* Aus Octulose-1,8-diphosphat durch saure Hydrolyse (1 n HCl, 100°, 1 Std.).

$CH_2O \cdot PO_3H_2$
CO
HOCH
HCOH
HCOH
HCOH
HCOH
$CH_2O \cdot PO_3H_2$

2/76 D-Octulose-1,8-diphosphorsäure
MG 400.2

Charakteristik: B.: Aus Dihydroxyaceton-phosphat und Ribose-5-phosphat durch Aldolasewirkung.

3. Phosphorsäureester von Disacchariden

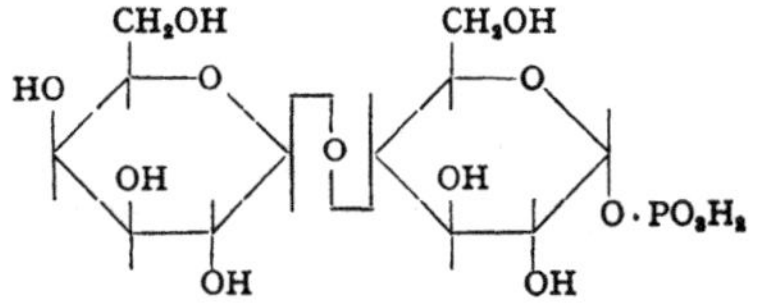

3/1 α-Lactose-1-phosphorsäure
MG 422.29

Charakteristik: $[\alpha]_D^{23}$ +99.5°. — Nicht reduzierend. — Leicht hydrolysierbar in saurer, beständig in alkal. Lsg. — R_F 0.06 (*19*), 0.24 (*18*). — *B.:* Aus UDP-Galaktose + α-Glucose-1-phosphat in der Brustdrüse.

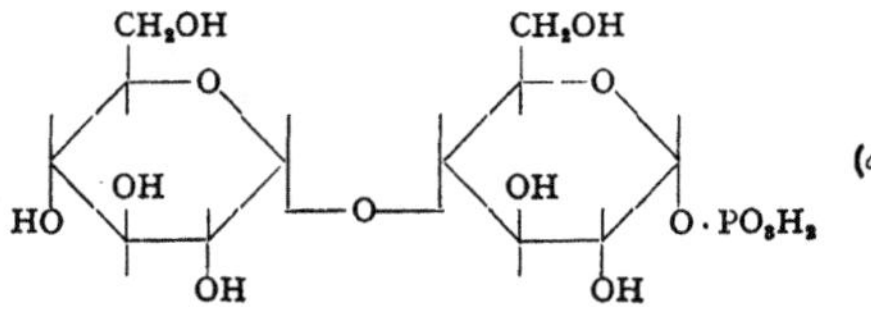

3/2 Maltose-1-phosphorsäure
MG 422.29

Charakteristik: $[\alpha]_D$ +107° (Ba-Salz). — Nicht reduzierend. — Hydrolyse der Phosphatbindung: $k = 3.21 \times 10^{-3}$ (0.376 n HCl, 36°). — Dissoziation: pK_1' 1.52, pK_2' 5.89.

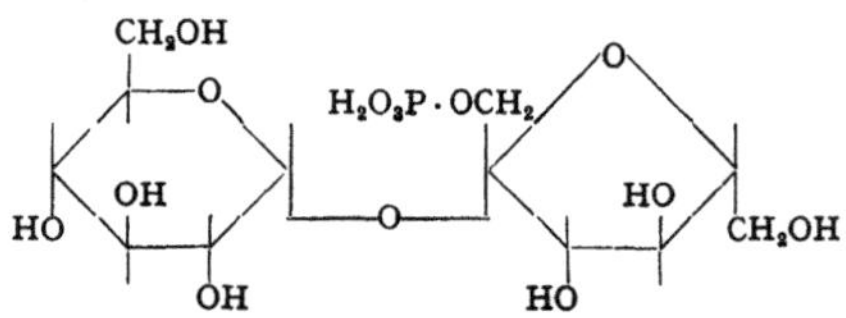

3/3 Saccharose-1-phosphorsäure
MG 422.29

Charakteristik: — *V.:* Isoliert aus Zuckerrübenblattern.

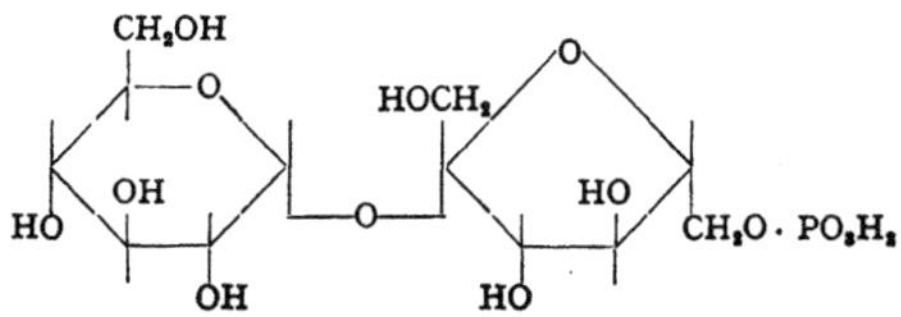

3/4 Saccharose-6-phosphorsäure
MG 422.29

Charakteristik: Nicht reduzierend. — Zerfällt in saurer Lsg. in Glucose und Fructose-6-phosphat. Beständig in alkal. Lsg. — R_F 0.32 (*41*), 1.13 (*54*). — *B.:* Aus UDP-Glucose und Fructose-6-phosphat mit pflanzlichen Enzymen.

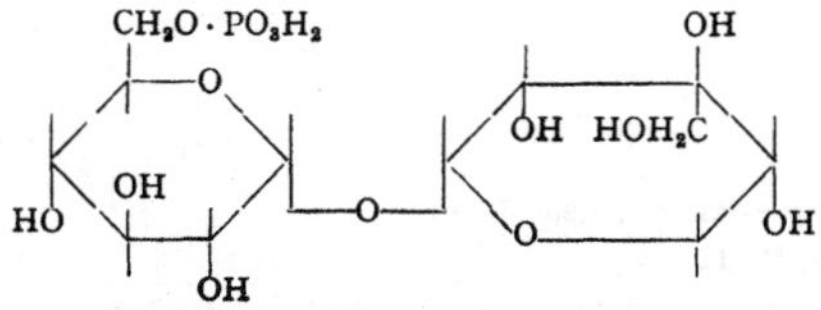

3/5 **Trehalose-phosphorsäure**
MG 422.29

Charakteristik: $[\alpha]^{20}_{5461}$ +185°. — Nicht reduzierend. — Zerfällt beim Erhitzen in saurer Lsg. in Glucose und Glucose-6-phosphat. — *B.*: Aus UDP-Glucose + Glucose-6-phosphat mit Hefeenzym.

4. Phosphorsäureester von Zuckersäuren

4/1 **Phospho-glykolsäure**
MG 156.04

CO_2H
$CH_2O \cdot PO_3H_2$

Charakteristik: Hydrolyse: $k = 0.60 \times 10^{-3}$ (1 n H_2SO_4, 100°), 1.78×10^{-3} (1 n CH_3COOH, 100°). — R_F 0.09 (*57*), 0.23 (*54*); R_P 1.06 (*41*). — *B.*: Entsteht aus Verbindungen der Formel $R \cdot CH(OH) \cdot CO \cdot CH_2O \cdot PO_3H_2$ bei der Oxydation mit Perjodsaure.

4/2 **D-2-Phospho-glycerinsäure**
MG 186.06

CO_2H
$HCO \cdot PO_3H_2$
CH_2OH

Charakteristik: $[\alpha]^{22}_D$ +12.9° (in 1 n HCl). — Hydrolyse: $k = 3.7 \times 10^{-3}$ (p_H 4–6, 100°). — Erhitzen in saurer Lsg. (1 n HCl, 100°) führt zur Bildg. von D-3-Phosphoglycerinsäure (Gleichgewichtsmischung enthält 80% der D-3-Phosphoglycerinsäure). — Dissoziation: pK'_1 1.8, (pK'_2 3.63), pK'_3 6.64; $[\alpha]^{22}_D$ in neutraler Ammoniummolybdatlsg. +5°. — R_F: 0.18 (*4*), 0.27 (*52*), 0.41 (*51*), 0.50 (*35*), 0.69 (*19*). — *Krist. Na-Salz:* $C_3H_4O_7PNa_3 \cdot 5H_2O$, Nadeln.

4/3 **D-3-Phospho-glycerinsäure**
MG 186.06

CO_2H
$HCOH$
$CH_2O \cdot PO_3H_2$

Charakteristik: $[\alpha]^{20}_D$ −14.5° (in 1 n HCl). — Hydrolyse[1]: $k = 3.56 \times 10^{-3}$ (1 n HCl, 125°). — Dissoziation[1]: pK'_1 1.42, (pK'_2 3.42), pK'_3 5.93. — $[\alpha]^{20}_D$ in neutraler Ammoniummolybdatlösung −745°. — R_F: 0.22 (*51*), 0.23 (*52*), 0.35 (*4*), 0.52 (*35*), 0.69 (*19*).

4/4 **D-1,3-Diphospho-glycerinsäure**
MG 266.05

$COO \cdot PO_3H_2$
$HCOH$
$CH_2O \cdot PO_3H_2$

Charakteristik: $[\alpha]^{20}_D$ −2.3°. — Hydrolyse: Die 1-Phosphatgruppe hat die Eigenschaften eines Säureanhydridphosphats (s. 10/2). — *Strychninsalz:* $C_3H_8O_{10}P_2(C_{21}H_{22}N_2O_2)_4$.

4/5 **D-2,3-Diphospho-glycerinsäure**
MG 266.05

CO_2H
$HCO \cdot PO_3H_2$
$CH_2O \cdot PO_3H_2$

Charakteristik: $[\alpha]^{20}_D$ +4.82° (Ba-Salz). — Hydrolyse: $k = 82 \times 10^{-3}$ (1. P), 3.86×10^{-3} (2. P) (1 n HCl, 125°). — Dissoziation: pK'_4 6.78, pK'_5 8.14. — R_F: 0.07 (*51*), 0.11 (*52*), 0.15 (*57*), 0.32 (*21*). — *Brucinsalz:* $C_3H_8O_{10}P_2(C_{23}H_{26}O_4N_2)_5$, *F* 170–178. — *V.*: In roten Blutzellen vieler Säugetiere. — *Wi.*: Coenzym der Phosphoglycerinsäure-Mutase.

4/6 **D-3-Phospho-ribonsäure**
MG 246.12

CO_2H
$HCOH$
$HCO \cdot PO_3H_2$
$HCOH$
CH_2OH

Charakteristik: $[\alpha]^{25}_{5461}$ −6.05°. — Hydrolyse: $k = 2.87 \times 10^{-3}$ (0.01 n HCl, 100°). — *Brucinsalz:* $C_5H_{11}O_9P(C_{23}H_{26}O_4N_2)_3$.

[1] Mischung von synthetischen DL-2- und -3-Phosphoglycerinsäuren.

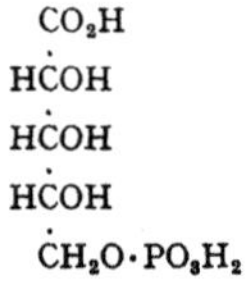

4/7 **D-5-Phospho-ribonsäure**
MG 246.12

Charakteristik: $[\alpha]^{25}_{5461}$ −10.42° (Drehung der Lsg. nimmt rasch ab infolge Lactonisierung). — Hydrolyse: $k = 0.96 \times 10^{-3}$ (0.01 n HCl, 100°).

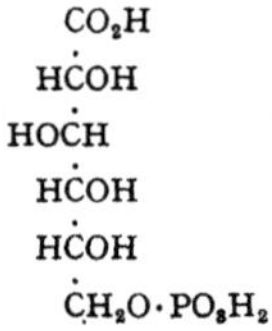

4/8 **D-6-Phospho-gluconsäure**
MG 276.15

Charakteristik: $[\alpha]^{20}_{5461}$ +0.2°. — Hydrolyse: $k \sim 0.6 \times 10^{-3}$ (1 n HCl, 100°). (Konstante nimmt rasch ab infolge Lactonisierung). — R_F: 0.19 (*57*), 0.32 (*1*), 0.89 (*12*).

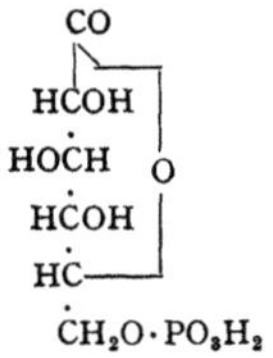

4/9 **D-6-Phospho-glucono-δ-lacton**
MG 258.13

Charakteristik: $[\alpha]^{20}_{5461}$ +21°. — Bildet Hydroxamsaure mit Hydroxylamin in alkal. Lsg. — Hydrolyse: $k = 0.28 \times 10^{-3}$ (1 n HCl, 100°).

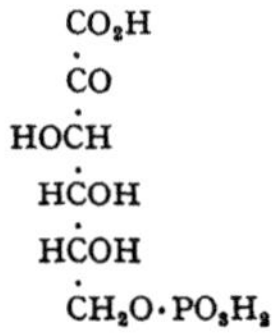

4/10 **2-Keto-D-6-phospho-gluconsäure**
MG 274.13

Charakteristik: $[\alpha]^{24}_{D}$ +3.3°. — Wirkt reduzierend. — Hydrolyse: $k = 7.1 \times 10^{-3}$ (1 n H_2SO_4, 94°). — Unbestandig bei Zimmertemp. — R_F: 0.36 (*4*).

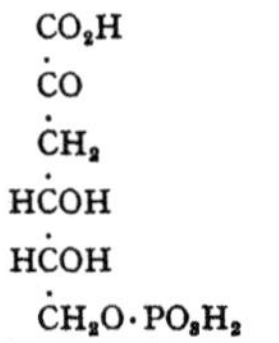

4/11 **2-Keto-3-desoxy-6-phospho-gluconsäure**
MG 258.14

Charakteristik: Hydrolyse: $k = 16.1 \times 10^{-3}$ (1 n HCl, 100°). — Dissoziation: $pK'_1 < 2.5$, (pK'_2 3.12), pK'_3 6.40. — Reduktionskraft: *Hagedorn-Jensen* 41%. — R_F : 0,43 (*4*). — *B.*: Entsteht aus Phosphogluconsaure in Pseudomonas Extrakten.

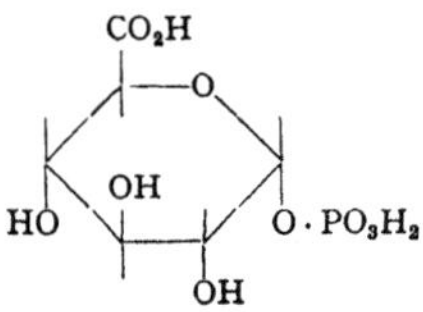

4/12 **α-D-1-Phospho-glucuronsäure**
MG 274.14 *F* > 150 (Z.)

Charakteristik: $[\alpha]^{19}_{D}$ +53.6°. — Hydrolyse: $k = 0.036 \times 10^{-3}$ (pH 1.5, 61°), 0.023×10^{-3} (pH 2.0, 61°). — *Kaliumsalz:* $C_6H_8O_{10}PK_3 \cdot 2H_2O$.

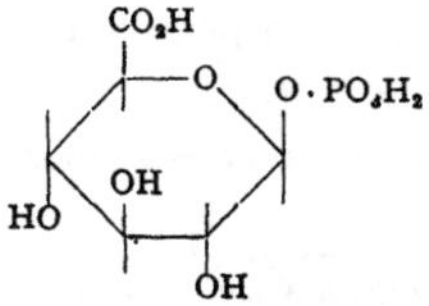

4/13 **β-D-1-Phospho-glucuronsäure**

MG 274.14

Charakteristik: Brucinsalz: $C_6H_{11}O_{10}P(C_{23}H_{26}O_4N_2)_2$, *F* 190 (Z.). – *Benzylaminsalz:* $C_6H_{11}O_{10}P(C_7H_9N)_2$, *F* 180–190; $[\alpha]^{20}_D$ $-14°$.

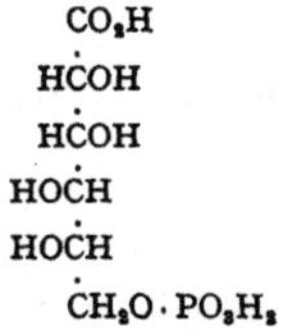

4/14 **D-6-Phospho-mannonsäure**

MG 276.15

Charakteristik: $[\alpha]_{5461}$ $+54.1°$. – Hydrolyse: $k = 0.46 \times 10^{-3}$ (1 n HCl, 100°). – (Konstante nimmt ab infolge Lactonisierung). – R_P 0.78 (*41*), 0.95–1.03 (*20*).

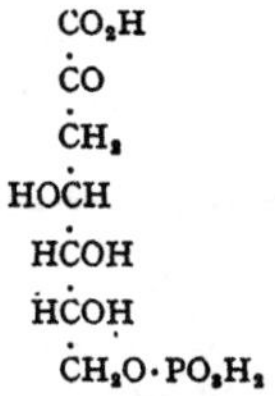

4/15 **2-Keto-3-desoxy-D-7-phospho-heptonsäure**

MG 288.16

Charakteristik: R_F 0.26 (*9*), 0.49 (*43*). – *B.:* Entsteht enzymatisch aus Erythrose-4-phosphat und Phosphoenolpyruvat. Vorstufe der Shikimisäure.

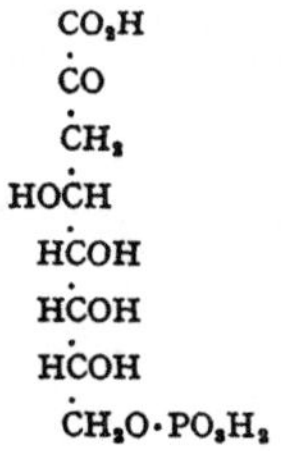

4/16 **2-Keto-3-desoxy-D-8-phospho-octonsäure**

MG 318.18

Charakteristik: R_F 0.51 (*9*). – *B.:* Aus Arabinose-5-phosphat und Phosphoenolpyruvat.

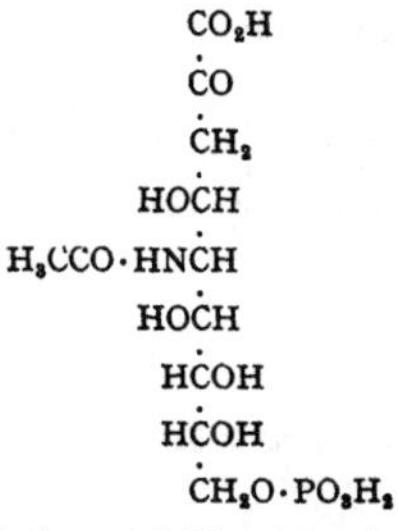

4/17 **N-Acetyl-9-phospho-neuraminsäure**

MG 389.26

Charakteristik: B.: Aus N-Acetyl-mannosamin-6-phosphat und Phosphoenolpyruvat (Rattenleber).

5. Phosphorsäureester von Hydroxyaldehyden

5/1 **Phospho-hydroxybrenztraubenaldehyd**
MG 168.05

CHO
·
CO
·
$CH_2O\cdot PO_3H_2$

Charakteristik: Hydrolyse: $k \sim 250 \times 10^{-3}$ (1 n H_2SO_4, 100°). — Geht in 0.1 n NaOH bei 30° in DL-3-Phosphoglycerat über. — Bildet Thiolester mit Glutathion in Gegenwart von Glyoxalase I.

6. Phosphorsäureester von Hydroxycarbonsäuren

6/1 **L-Phospho-milchsäure**
MG 170.07

$CH_3\cdot CH(OPO_3H_2)\cdot CO_2H$

Charakteristik: $[\alpha]_D$ −9.74° (pH 7). — Hydrolyse: $k = 6.0 \times 10^{-3}$ (2 n HCl, 122°).

6/2 **Phospho-hydroxybrenztraubensäure**
MG 184.05

$CH_2(OPO_3H_2)\cdot CO\cdot CO_2H$

Charakteristik: Hydrolyse: $k = 34 \times 10^{-3}$ (1 n HCl, 90°), 0.76×10^{-3} (1 n NaOH, 20°). — $\varepsilon = 240$ (bei 230 mμ). — R_F 0.32 (*31*). — *Wi.:* Wird mit Glutaminsäure zu Serin transaminiert.

6/3 a) **DL-2-Phospho-dihydroxyisobuttersäure** b) **DL-3-Phospho-dihydroxyisobuttersäure**
MG 200.09

a) CO_2H
·
$H_3C\cdot C\cdot O\cdot PO_3H_2$
·
CH_2OH

b) CO_2H
·
$H_3C\cdot C\cdot OH$
·
$CH_2O\cdot PO_3H_2$

Charakteristik: Hydrolyse: $k = 77 \times 10^{-3}$ (a), 0.57×10^{-3} (b) (pH 7.1, 100°), $\sim 0.1 \times 10^{-3}$ (a und b, 1 n H_2SO_4, 100°).

6/4 a) **D-Erythro-2-phospho-2,3-dihydroxybuttersäure** b) **D-Erythro-3-phospho-2,3-dihydroxybuttersäure**
MG 200.09

a) CO_2H
·
$HCO\cdot PO_3H_2$
·
HCOH
·
CH_3

b) CO_2H
·
HCOH
·
$HCO\cdot PO_3H_2$
·
CH_3

Charakteristik: a) *Cyclohexylammoniumsalz,* $[\alpha]_D$ +15° (in 1 n HCl). — R_F 0.66 (*41*). — Beim Erhitzen in 1 n HCl für 2 Std. entsteht (b). — b) $[\alpha]_D$ −14.5° (in 1 n HCl). — $[\alpha]_D$ in neutraler Molybdatlsg. −737°. — Vgl. das Verhalten von 2- und 3-Phosphoglycerinsäure.

6/5 **D-Erythro-2,3-dihydroxybuttersäure-2,3-diphosphorsäure**
MG 280.08

CO_2H
·
$HCO\cdot PO_3H_2$
·
$HCO\cdot PO_3H_2$
·
CH_3

Charakteristik: Cyclohexylammoniumsalz, $C_4H_{10}O_{10}P_2(C_6H_{13}N)_4$, *F* 188—190.

6/6 **5-Phospho-mevalonsäure**
MG 228.15

CO_2H
·
CH_2
·
$H_3C\cdot C\cdot OH$
·
CH_2
·
$CH_2O\cdot PO_3H_2$

Charakteristik: R_F 0.19 (*44*), 0.37 (*59*), 0.55 (*38*). — Hydrolyse: $k = 1.6 \times 10^{-3}$ (1 n HCl, 100°). — Dissoziation: $pK_1' = 1.7$, ($pK_2' = 4.6$), $pK_3' = 6.9$ — *Cyclohexylammoniumsalz:* $C_6H_{13}O_7P(C_6H_{13}N)_3$, *F* 152—154.

6/7 **5-Pyrophospho-mevalonsäure**
MG 308.14

CO_2H
·
CH_2
·
$H_3C\cdot C\cdot OH$
·
CH_2
·
$CH_2O\cdot P_2O_6H_3$

Charakteristik: R_F 0.09 (*44*), 0.20—0.25 (*59*), 0.34 (*38*). — *Wi.:* Vorstufe des Isopentenyl-pyrophosphats.

6/8 **L-Phospho-äpfelsäure**
MG 214.08

$CH_2 \cdot CO_2H$
$CH(OPO_3H_2) \cdot CO_2H$

Charakteristik: $[\alpha]_D$ −9.7°. — Hydrolyse: $k = 1.28 \times 10^{-3}$ (1 n H_2SO_4, 100°). — *Brucinsalz:* *F* 149—154 (Z.).

6/9 **Phospho-citronensäure**
MG 272.1

$CH_2 \cdot CO_2H$
$C(OPO_3H_2) \cdot CO_2H$
$CH_2 \cdot CO_2H$

Charakteristik: Hydrolyse: $k = 21.7 \times 10^{-3}$ (0.1 n H_2SO_4, 100°). — *Cyclohexylammoniumsalz:* $C_6H_6O_{10}P(C_6H_{14}N)_3$; *F* 138—140.

6/10 **5-Phospho-shikimisäure**
MG 254.14

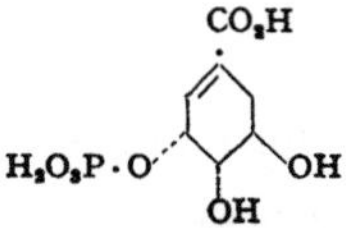

Charakteristik: $[\alpha]_D^{29}$ −107.6° (K-Salz). — Hydrolyse: $k = 8.8 \times 10^{-3}$ (0.1 n HCl, 120°). — R_F 0.09 (*54*). — *Kaliumsalz:* $C_7H_{10}O_8PK \cdot H_2O$. — *Biol. Bed.:* Bildet in Microorganismen mit Phosphoenolpyruvat Prephensäure, mit Glutamin Anthranilsäure.

7. Mit einer Phenolgruppe veresterte Phosphorsäure

7/1 **Psilocybin, O-Phosphoryl-4-hydroxy-ω-N,N-dimethyltryptamin**
MG 284.26 *F* 220—228

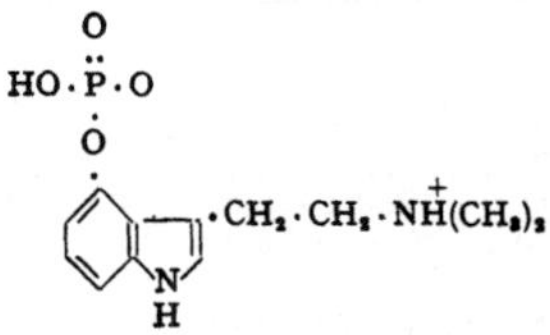

Charakteristik: UV-Maxima bei 220, 267 und 290 mμ. — Löslich bei Siedehitze in 20 Teilen H_2O, in 120 Teilen Me.; swl. in A.; unl. in Chlf., Bzl. — R_F 0.04 (*20a*), 0.1 (*29a*), 0.63 (*32a*). — *V.:* Psychotroper Wirkstoff aus mexikanischen Rauschpilzen (Gattung Psilocybe).

8. Mit einer Enolgruppe veresterte Phosphorsäure

8/1 **Phospho-enolbrenztraubensäure**
MG 168.05

$CH_2{:}C(OPO_3H_2) \cdot CO_2H$

Charakteristik: Hydrolyse: $k = 77 \times 10^{-3}$ (1 n HCl, 100°). — Wird durch NaJO zu Jodoform und Orthophosphat oxydiert. Hydrolyse wird durch Hg^{2+}-Ionen katalytisch beschleunigt. — R_F 0.26 (*54*), 0.35 (*57*), 0.46 (*4*), 0.52 (*1*), 0.63 (*35*). — *Krist. Ag-Ba-Salz:* $C_3H_2O_6PBaAg \cdot 2H_2O$.

9. Phosphorsäureester von Oxyaminosäuren

9/1 **L-Serin-phosphorsäure**
MG 185.09 *F* 166—167 (Z.)

$CH_2(OPO_3H_2) \cdot CH(NH_2) \cdot CO_2H$

Charakteristik: $[\alpha]_D^{29}$ +4.3° (H_2O), $[\alpha]_D^{20}$ +16.2° (in 2 n HCl). — Hydrolyse: $k = 0.50 \times 10^{-3}$ (1 n HCl, 100°). — Dissoziation: $pK_1' < 1$, pK_2' 2.65), pK_3' 5.9, (pK_4' 9.99). — R_F 0.12 (*54*), 0.24(*31*), 0.34 (*13*), 0.44 (*49*).

9/2 **D-Serin-phosphorsäure**
MG 185.09

$CH_2(OPO_3H_2) \cdot CH(NH_2) \cdot CO_2H$

Charakteristik: $[\alpha]_D^{29}$ −3.4°, $[\alpha]_D^{29}$ −15.4° (2 n HCl).

9/3 **L-Homoserin-phosphorsäure**
MG 199.11

$CH_2(OPO_3H_2) \cdot CH_2 \cdot CH(NH_2) \cdot CO_2H$

Charakteristik: R_F 0.10 (*54*), 0.30 (*24*). — *V.:* Vorstufe des Threonins.

9/4 **L-Threonin-phosphorsäure**
MG 199.1 *F* 194 (Z.)

$CH_3 \cdot CH(OPO_3H_2) \cdot CH(NH_2) \cdot CO_2H$

Charakteristik: $[\alpha]_D^{21}$ −7.37°. — Hydrolyse: $k = 0.65 \times 10^{-3}$ (1 n HCl, 100°).

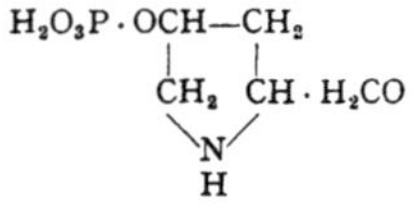

9/5 **L-Hydroxyprolin-phosphorsäure**
MG 211.12 *F* 130—131

Charakteristik: $[\alpha]_D^{25}$ −28.76°. — Hydrolyse: $k = 0.43 \times 10^{-3}$ (1 n HCl, 100°). — *Brucinsalz:* *F* 180—183.

9/6 **L-Tyrosin-phosphorsäure**
MG 261.19 *F* 227

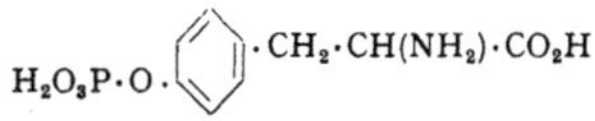

Charakteristik: $[\alpha]_D$ −8.8° (in 2 n HCl). — Hydrolyse: $k = 1.74 \times 10^{-3}$ (1 n HCl, 100°).

10. Säureanhydride der Phosphorsäure

10/1 **Carbamyl-phosphorsäure**
MG 141.03

$H_2N\cdot\overset{O}{\ddot{C}}\cdot OPO_3H_2$

Charakteristik: Wird bei Siedetemp. durch 0.01 n HCl in 1 Min., durch Wasser in 2 Min. hydrolysiert. — *Krist. Diammoniumsalz. Wi.:* Reagiert mit Ornithin in Gegenwart von Ornithin-Transcarbamylase unter Bildung von Citrullin.

10/2 **Acetyl-phosphorsäure**
MG 140.04

$CH_3\cdot\overset{O}{\ddot{C}}\cdot OPO_3H_2$

Charakteristik: Hydrolyse: $k = 3.7 \times 10^{-3}$ (pH 7.4, 38°), 7,43 × 10^{-3} (pH 5.3, 37,5°), 14.5 × 10^{-3} (pH 3.8, 37,5°), 3.17 × 10^{-3} (pH 3.3, 20°), 1.12 × 10^{-3} (pH 4.0, 0°), 64.0 × 10^{-3} (0.5 n-HCl, 40°). Beständigkeitsmaximum pH 5—7. — Säurehydrolyse wird durch Molybdat stark beschleunigt. — Bildet Hydroxamsäure mit Hydroxylamin in schwach saurer Lsg. — *Krist. Ag-Salz:* $C_2H_3O_5PAg_2$. — R_F 0.28 (*54*).

10/3 **Octanoyl-phosphorsäure**
MG 224.2

$CH_3\cdot[CH_2]_6\cdot CO_2\cdot PO_3H_2$

Charakteristik: Hydrolyse: $k = 9.4 \times 10^{-3}$ (pH 7.5, 37°). — Dissoziation: pK_1' 3.00, pK_2' 5.4.

10/4 **Palmityl-phosphorsäure**
MG 336.42

$CH_3\cdot[CH_2]_{14}\cdot CO_2\cdot PO_3H_2$

Charakteristik: Hydrolyse: $k = 9.4 \times 10^{-3}$ (pH 7.5, 37°). — Dissoziation: pK_1' 3.37, pK_2' 6.2.

10/5 **Benzyl-phosphorsäure**
MG 202.1

$C_6H_5\cdot CO_2\cdot PO_3H_2$

Charakteristik: Hydrolyse: $k = 0.26 \times 10^{-3}$ (pH 7.4, 37°).

11. Phosphagene

11/1 **Guanidin-phosphorsäure**
MG 139.06 *F* 132

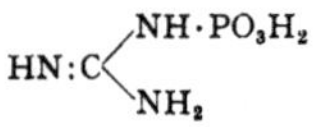

Charakteristik: Hydrolyse: $k = 0.16 \times 10^{-3}$ (1 n HCl, 18°). — Dissoziation: pK_2' 4.15. — *Cyclohexylammoniumsalz:* $CH_6O_3N_3P\cdot C_6H_9N\cdot H_2O$. — *Bariumsalz:* $(CH_5O_3N_3P)_2Ba\cdot 3H_2O$.

11/2 **Glykocyamin-phosphorsäure**
MG 197.09

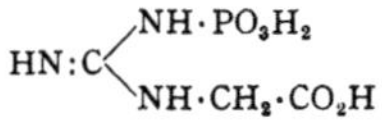

Charakteristik: Hydrolysiert in 2 Min. (1 n HCl, 100°). — R_F 0.09 (*42*), 0.19 (*20*). — *Krist. Ca-Salz:* $C_3H_6O_5N_3PCa\cdot 3H_2O$. — *V.:* In Anneliden.

11/3 **Taurocyamin-phosphorsäure**
MG 247.17

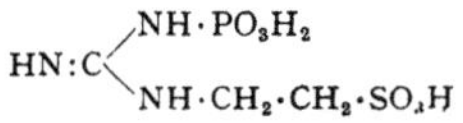

Charakteristik: R_F 0.18 (*42*), 0.23 (*20*). — *V.:* In Anneliden.

11/4 Kreatin-phosphorsäure
MG 211.12

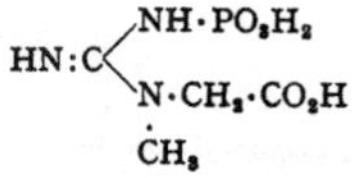

Charakteristik: Hydrolyse: $k = 5.5 \times 10^{-3}$ (1 n HCl, 18°), 6.25×10^{-3} (0.5 n HCl, 22°), 5.86×10^{-3} (0.1 n HCl, 22°), 0.40×10^{-3} (pH 2.5, 0°), 5.0×10^{-3} (pH 3.0, 22°), 4.03×10^{-3} (pH 4.2, 22°), 1.38×10^{-3} (pH 5.0, 22°), 0.50×10^{-3} (pH 5.4, 20.5°), 0.12×10^{-3} (pH 6.0, 20.5°), 0.05×10^{-3} (pH 6.5, 20.5°), 0.01×10^{-3} (pH 7.0, 20.5°), 1.05×10^{-3} (pH 6.0, 38°), 0.37×10^{-3} (pH 6.5, 38°), 0.15×10^{-3} (pH 7.0, 38°). — Bestandig in alkalischer Lsg.; Säurehydrolyse wird durch Molybdat katalysiert. — Dissoziation: (pK_1' 2.7), pK_2' 4.58. — R_F 0.30 (*20*), 0.39 (*41*). — *Krist. Natriumsalz:* $C_4H_8O_5N_3PNa_2 \cdot 6H_2O$.

11/5 L-Arginin-phosphorsäure
MG 254.27

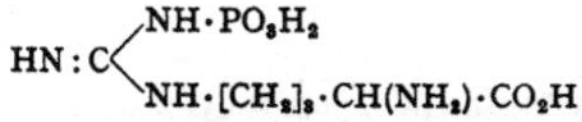

Charakteristik: $[\alpha]_D^{18}$ + 5°. — Hydrolyse: $k = 8.3 \times 10^{-3}$ (0.1 n HCl, 28°), 5.2×10^{-3} (1 n HCl, 28°), 10.2×10^{-3} (1 n HCl, 37°). — Säurehydrolyse wird durch Molybdat antikatalytisch verzögert. — Dissoziation: (pK_1' 2.8), pK_2' 4.5 (pK_3' 9.6). — R_F 0.27 (*20*). *Krist. Li-Salz*, $C_6H_{13}O_5N_4PLi_2$, *F* 180. — *V.:* Im Crustaceenmuskel.

11/6 D-Lombricin-phosphorsäure
MG 350.18

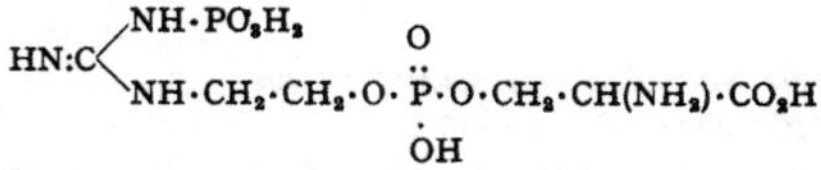

Charakteristik: Zerfällt beim Erhitzen in saurer Lsg. in Lombricin und Orthophosphat (0.1 n HCl, 100°, 1 Min.). — Dissoziation: (pK_1' ca. 2), pK_2' 4.6, (pK_3' 8.8). — R_F 0.13 (*41*), 0.14 (*22*). — *V.:* Im Regenwurm (Lumbricus terrestris).

11/7 D-Lombricin (N-Amidino-äthanolaminphosphoryl-D-serin)
MG 270.18 *F* 224 (Z.)

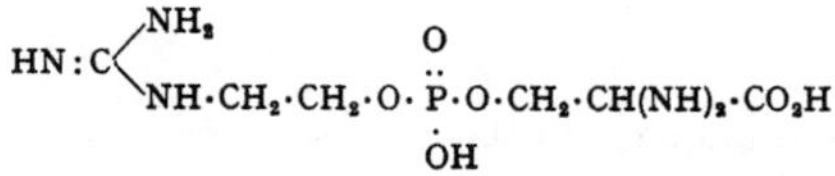

Charakteristik: $[\alpha]_D^{23.5}$ + 14.5°. — R_F 0.28 (*7*), 0.55 (*54*).

12. Wasserlösliche Spaltprodukte von Phosphatiden

12/1 Äthanolamin-phosphorsäure
MG 141.07 *F* 244 (Z.)

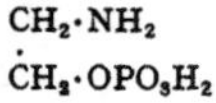

Charakteristik: Hydrolyse: $k = 0.16 \times 10^{-3}$ (1 n HCl, 100°). — R_F 0.17 (*43*), 0.20 (*20*), 0.39 (*56*), 0.54 (*41*).

12/2 Cholin-phosphorsäure (Chlorid)
MG 219.62

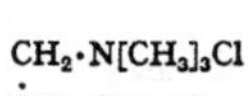

Charakteristik: Hydrolyse: $k = 0.30 \times 10^{-3}$ (1 n HCl, 100°), 2.67×10^{-3} (2 n HCl, 125°), 0.15×10^{-3} (2 n KOH, 125°). — *Bariumsalz:* l. in 80%ig. A. — R_F 0.19 (*43*), 0.23 (*20*), 0.49 (*41*), 0.93 (*56*). — *Chloroplatinat:* $(C_5H_{15}O_4NP)_2PtCl_6 \cdot 2H_2O$, *F* 207—208 (Z.). — *Reineckat:* $(C_5H_{15}O_4NP)_2C_4H_8N_8S_4Cr$. — *Aurochlorid: F* 176.5.

12/3 L-α-Glyceryl-phosphoryl-äthanolamin
MG 215.15 *F* 86—87

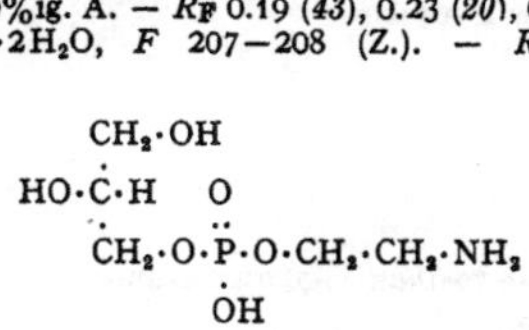

Charakteristik: $[\alpha]_D^{26}$ —2.9°. — Zerfällt bei 20min. Erhitzen in 1 n HCl in Äthanolamin und Glycerin-phosphorsaure. — Ll. in Me., Eg., W.; swl. in 95%ig. A. — R_F 0.42 (*20*), 0.62 (*56*).

12/4 L-α-Glyceryl-phosphoryl-cholin
MG 257.2 *F* 142.5—143

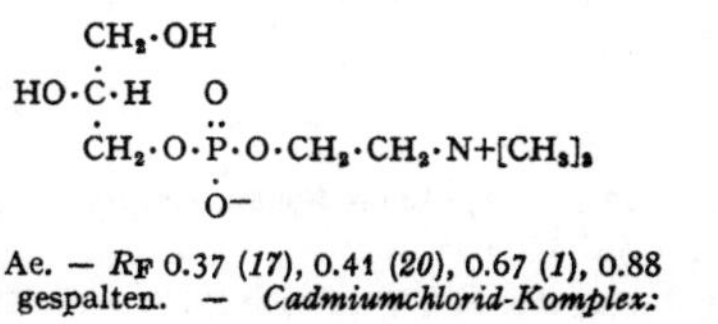

Charakteristik: $[\alpha]_D^{25}$ — 2.89°. — Zerfallt bei 20min. Erhitzen in 1 n HCl in Cholin und Glycerin-phosphorsäure. Ll. in W.; l. in 95%ig. A.; unl. in Ac., Ae. — R_F 0.37 (*17*), 0.41 (*20*), 0.67 (*1*), 0.88 (*56*). — Wird von Prostata-Phosphatase nicht gespalten. — *Cadmiumchlorid-Komplex:* $[C_8H_{22}O_7NP]CdCl_2$; $[\alpha]_D^{25}$ — 1.33°.

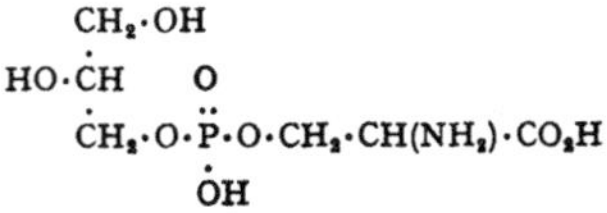

12/5 **L-α-Glyceryl-phosphoryl-L-serin**
MG 259.2

Charakteristik: $[\alpha]_D^{24}$ −2.0°; $[\alpha]_D^{24}$ +4.5° (in 1 n HCl). — Zerfällt in Serin und Glycerin-phosphorsäure (1 n HCl, 100°, 1 Std.). — Ll. in W.; swl. in Me.; unl. in A., Chlf., Ac., Ae., PAe. — R_F 0.21 (*17*), 0.30 (*55*), 0.50 (*1*).

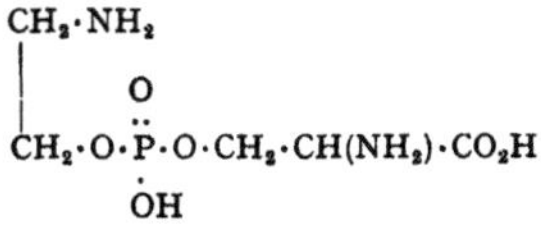

12/6 **Äthanolamin-phosphoryl-L-serin**
MG 228.15 *F* 139—141 (Z.)

Charakteristik: $[\alpha]_D^{23.5}$ −15.0°. — Bei saurer Hydrolyse entsteht Gemisch von Äthanolamin Serin, Äthanolamin-phosphat und Serin-phosphat. — R_F 0.18 (*32*), 0.24 (*49*), 0.31 (*54*), 0.85 (*50*). — *V.:* Aus Schildkröten-Muskelextrakt isoliert.

12/7 **Äthanolamin-phosphoryl-D-serin**
MG 228.15 *F* 144—145

Formel wie 12/6

Charakteristik: $[\alpha]_D^{28.5}$ +18.2°. — R_F 0.16 (*7*), 0.22 (*49*), 0.34 (*54*). — *V.:* Aus Regenwurmextrakt isoliert. Komponente von Lombricin (s. 11/7).

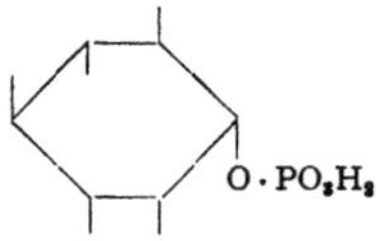

12/8 **L-myo-Inosit-1-phosphorsäure**
MG 260.1

Charakteristik: $[\alpha]_{589}^{25}$ +3.4° (p_H 9); $[\alpha]_{589}^{25}$ −9.8° (p_H 2). — Wird beim Erhitzen mit Säure teilweise in myo-Inosit-2-phosphorsäure verwandelt. — *Cyclohexylammoniumsalz:* *F* 197—209. — *B.:* Entsteht aus Soyabohnen- und Gehirnphosphoinositid bei basischer Hydrolyse.

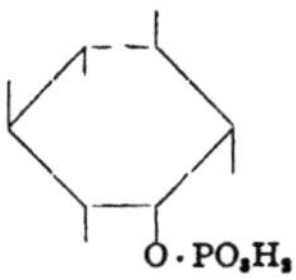

12/9 **myo-Inosit-2-phosphorsäure**
MG 260.1

Charakteristik: Optisch inaktiv. — R_F 0.27 (*3*), 0.37 (*21*). — *B.:* Aus Gehirn-Phosphoinositid bei basischer Hydrolyse.

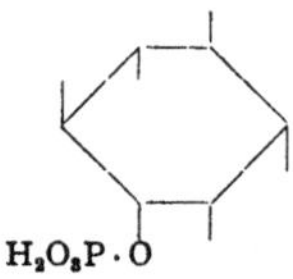

12/10 **L-myo-Inosit-3-phosphorsäure**
MG 260.1

Charakteristik: $[\alpha]_D^{25}$ −25.6°. — Dissoziation: pK_2' ~ 6.2. — R_F 0.10 (*26*), 0.32 (*3*), 0.37 (*21*), 0.53 (*11*).

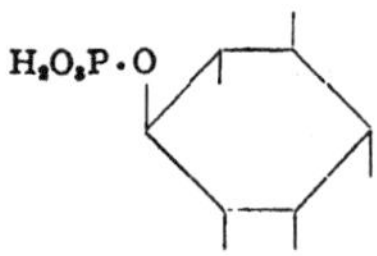

12/11 **L-myo-Inosit-4-phosphorsäure**
MG 260.1

Charakteristik: Wird beim Erhitzen mit Säure teilweise in myo-Inosit-1- und -2-phosphorsäuren verwandelt. — *B.:* Aus Gehirn-Phosphoinositid bei basischer Hydrolyse.

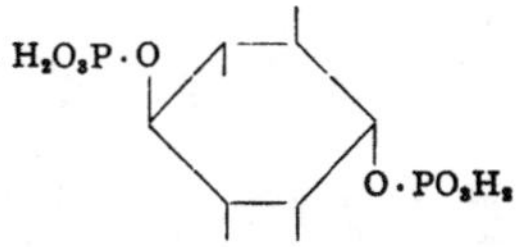

12/12 L-myo-Inosit-1,4-diphosphorsäure
MG 340.13

Charakteristik: — *B.:* Bei der basischen Hydrolyse von Gehirn-Phosphoinositid.

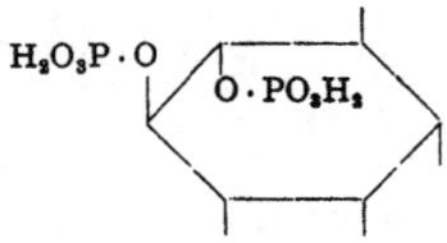

12/13 L-myo-Inosit-4,5-diphosphorsäure
MG 340.13

Charakteristik: — *B.:* Bei der basischen Hydrolyse von Gehirn-Phosphoinositid.

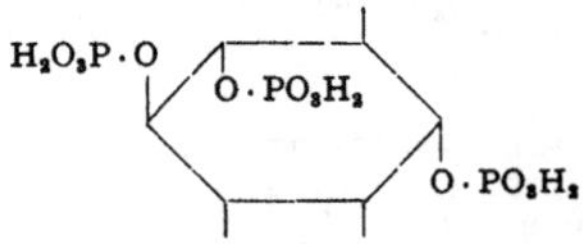

12/14 L-myo-Inosit-1,4,5-triphosphorsäure
MG 420.11

Charakteristik: — *B.:* Hauptprodukt der basischen Hydrolyse von Gehirn-Phosphoinositid.

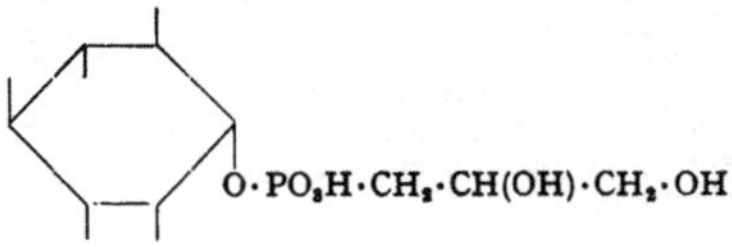

12/15 Glyceryl-phosphoryl-inosit
MG 334.23

Charakteristik: $[\alpha]_D^{20}$ —18°. — R_F 0.14 (*40*), 0.20 (*55*), 0.45 (*1*). — *Cyclohexylammoniumsalz:* *F* 124—126; $[\alpha]_D^{20}$ —14°.

Aliphatische Carbonsäuren und ihre Derivate

Von **D. Eberhagen** und **H. Debuch**, Köln (Rhein)

Literatur: *Ralston, A. W.:* Fatty acids and their derivatives. London 1948. — *Klenk, E.*, in: Hoppe-Seyler/Thierfelder: Bd. III/1. 413. Berlin-Göttingen-Heidelberg 1955. — Handbook of Chemistry and Physics. 41st Ed. Cleveland (Ohio) 1960.

Vorbemerkungen: Der Neutralisationswert *NW* ergibt sich aus dem Verbrauch mg KOH zur Neutralisation von 1 g Säure. Die Angaben über die Dichte *D* (g/ml) und den Brechungsindex n beziehen sich, soweit nicht anders vermerkt, in der Regel auf D_4^{20} bzw. n_D^{20}. Die verschiedentlich neben den Dissoziationskonstanten (Diss.-K.) aufgeführten *pK*-Werte bezeichnen in Analogie zu den p_H-Werten die negativen Logarithmen der Dissoziationskonstanten, die proportional zu der maximalen Nutzarbeit chemischer Reaktionen stehen.

1. Gesättigte, unverzweigte Monocarbonsäuren

1/1 Methansäure (Ameisensäure)

MG 46.03 *NW* 1219 *F* 8.6 *Kp* 100.8
D 1.220 n 1.3714 *Diss.-K.* $17.65 \cdot 10^{-5}$
pK 3.75

HCO_2H

Charakteristik: Farbl., schwach rauchende Flüss. v. stech. Geruch; ∞ W., A., Ae. — *V.:* Im Sekret d. Giftdrüsen einiger Ameisen u. a. Insekten. Im Harn, Blut, Schweiß, Pankreas, Thymus u. in Muskeln d. Menschen. Auch im Pflanzenreich (Brennesseln, Tannennadeln) u. einigen Mineralwässern. — *Wi.:* Hautätzend. — *2-Alkylbenzimidazol:* *F* 172.0—173.0. — *—Na-Salz:* HCO_2Na; *MG* 68.02; *F* 255; D^{fest} 1.919. — *—K-Salz:* HCO_2K; *MG* 84.11; *F* 167.5; D^{fest} 1.908. — *—Pb-Salz:* $(HCO_2)_2$:Pb; *MG* 297.25; *F* 190 (Z.); D^{fest} 4.57. — *—-methylester:* $HCO_2 \cdot CH_3$; *MG* 60.05; *F* —99.0; *Kp* 31.8; *D* 0.9742; n 1.344. — *—-äthylester:* $HCO_2 \cdot C_2H_5$; *MG* 74.08; *F* —80.5; *Kp* 54.1; *D* 0.9226; n 1.3597. — *Formamid:* $HCO \cdot NH_2$; *MG* 45.04; *F* 2.55; Kp_{10} 92—95; *D* 1.13339; n 1.44754. — *Formonitril* (*Cyanwasserstoff, Blausäure*): HC⋮N; *MG* 27.03; *F* —13.3; *Kp* 25.7; *D* 0.6876; n 1.26136

1/2 Äthansäure (Essigsäure)

MG 60.05 *NW* 934.2 *F* 16.5 *Kp* 118.1
D 1.0492 n 1.3718 *Diss.-K.* $1.76 \cdot 10^{-5}$
pK 4.75

$CH_3 \cdot CO_2H$

Charakteristik: Weiße, glänz., blättr. Krist. In W.-freiem Zust. farbl., sehr hygrosk. Fluss., stechend. Geruch; ∞ W., A., Ae. — *V.:* Im Fleischsaft v. Menschen u. einigen Saugetieren. In Sekreten (Schweiß, Harn, Galle), Faeces, Pflanzen. Normales Zwischenprod. d. Stoffw. des Menschen. — *Phenacylester: F* 40. — *p-Bromphenacylester: F* 85. — *2-Alkylbenzimidazol: F* 177.0 bis 177.5. — —*Na-Salz* (*wasserfrei*): $CH_3 \cdot CO_2Na$; *MG* 82.04; *F* 320; D^{fest} 1.529. — —-(*Trihydrat*): $CH_3 \cdot CO_2Na + 3H_2O$; *MG* 136.09; *F* 58.2 (unt. Wasserabspaltg.); *Kp* 123; D^{fest} 1.45. — —*K-Salz:* $CH_3 \cdot CO_2K$; *MG* 98.14; *F* 295. — —NH_4*-Salz:* $CH_3 \cdot CO_2NH_4$; *MG* 77.08; *F* 113 (Z.); D^{25} 1.171. — —*Ca-Salz:* $(CH_3 \cdot CO_2)_2$:Ca; *MG* 158.17; *F* (Z.) — —*Pb*(II)*-Salz* (*Trihydrat*): $(CH_3 \cdot CO_2)_2$:Pb$+3H_2O$; *MG* 379.35; *F* 75; D^{fest} 2.54. — —*Pb(IV)-Salz:* $(CH_3 \cdot CO_2)_4 \cdot$Pb; *MG* 443.39; *F* 175; D^{17} 2.228. — —*Hg(II)-Salz:* $(CH_3 \cdot CO_2)_2$:Hg; *MG* 318.70; *F* (Z.); D^{23} 3.286. — —*-methylester:* $CH_3 \cdot CO_2 \cdot CH_3$; *MG* 74.08; *F* —98.1; *Kp* 56.9; *D* 0.9244; n 1.35935. — —*-äthylester:* $CH_3 \cdot CO_2 \cdot C_2H_5$; *MG* 88.10; *F* —83; *Kp* 77.1; *D* 0.9010; n 1.37012. — *Essigsäureanhydrid* (*Acetanhydrid*): $CH_3 \cdot CO_2 \cdot CO \cdot CH_3$; *MG* 102.09; *F* —73; *Kp* 139.4; *D* 1.082; n 1.39038. — *Acetamid:* $CH_3 \cdot CO \cdot NH_2$; *MG* 59.07; *F* 81; *Kp* 222; D^{fest} 1.159; n^{110} 1.4158. — *Acetonitril:* $CH_3 \cdot CN$; *MG* 41.05; *F* —44.9; *Kp* 81.6; *D* 0.7822; n 1.3438.

1/3 Propansäure (Propionsäure)

MG 74.08 *NW* 757.3 *F* —22.0 *Kp* 140.9
D 0.9930 n 1.3874 *Diss.-K.* $1.32 \cdot 10^{-5}$
pK 4.88

$CH_3 \cdot CH_2 \cdot CO_2H$

Charakteristik: Stechend riech. Flüss.; ∞ W., A., Ae. — *V.:* In Sekreten wie Schweiß u. Galle. Entsteht b. Fäulnis v. Asparaginsaure, Asparagin, Glucosamin. — *p-Bromphenacylester: F* 59. — *2-Alkylbenzimidazol: F* 174.5. — —*-methylester:* $CH_3 \cdot CH_2 \cdot CO_2 \cdot CH_3$; *MG* 88.10; *F* —87.5; *Kp* 79.7; *D* 0.9151; n 1.3775. — —*-äthylester:* $CH_3 \cdot CH_2 \cdot CO_2 \cdot C_2H_5$; *MG* 102.13; *F* —73.9; *Kp* 99.1; *D* 0.8901; n 1.3839. — *Propionamid:* $CH_3 \cdot CH_2 \cdot CO \cdot NH_2$; *MG* 73.09; *F* 79; *Kp* 222.2; D^{110} 0.9262; n^{110} 1.4160. — *Propionitril:* $CH_3 \cdot CH_2 \cdot CN$; *MG* 55.08; *F* —91.9; *Kp* 97.1; *D* 0.78182; n 1.36585.

1/4 n-Butansäure (Buttersäure)

MG 88.10 *NW* 636.8 *F* —7.9 *Kp* 162.5
D 0.9587 n 1.39906 *Diss.-K.* $1.54 \cdot 10^{-5}$
pK 4.81

$CH_3 \cdot [CH_2]_2 \cdot CO_2H$

Charakteristik: Sehr unangenehm durchdringend riech. Fluss.; ∞ W., A., Ae. — *V.:* An Glycerin gebunden im Milchfett d. Säugetiere. In Blut, Milzsaft, Ovarialcystenflüss., Muskel, Schweiß, Sekret d. Laufkäfer; in Pflanzen kommt sie frei oder als Salz oder Ester vor. — *p-Bromphenacylester: F* 63.2. — *2-Alkylbenzimidazol: F* 157.0—157.5. — —*-methylester:* $CH_3 \cdot [CH_2]_2 \cdot CO_2 \cdot CH_3$; *MG* 102.13; *F* —84.8; *Kp* 102.7; *D* 0.8984; n 1.390. — —*-äthylester:* $CH_3 \cdot [CH_2]_2 \cdot CO_2 \cdot C_2H_5$; *MG* 116.16; *F* —93.3; *Kp* 120; *D* 0.879; n 1.3928. — *Butyramid* (*Buttersäureamid*): $CH_3 \cdot [CH_2]_2$ $CO \cdot NH_2$; *MG* 87.12; *F* 116; *Kp* 216; *D* 1.032. — *Butyronitril:* $CH_3 \cdot [CH_2]_2 \cdot CN$; *MG* 69.10; *F* —111.9; *Kp* 117.4; *D* 0.794; n^{24} 1.3816.

1/5 n-Pentansäure (Valeriansäure)

MG 102.13 *NW* 549.3 *F* —34.5 *Kp* 186.4
D 0.9397 n 1.4086 *Diss.-K.* $1.60 \cdot 10^{-5}$
pK 4.80

$CH_3 \cdot [CH_2]_3 \cdot CO_2H$

Charakteristik: Buttersaureahnlich riech. Fluss.; l. in W., 3.70 W. 16°. — *V.:* Bei Eiweißfäulnis. — *B.:* Aus Calciumlactat durch Spaltpilze. — *p-Bromphenacylester: F* 63.3. — *2-Alkylbenzimidazol: F* 155.0—155.5. — —*-methylester:* $CH_3 \cdot [CH_2]_3 \cdot CO_2 \cdot CH_3$; *MG* 116.16; *F* —91.0; *Kp* 127.3; D^0 0.9097; n^{15} 1.3993. — —*-äthylester:* $CH_3 \cdot [CH_2]_3 \cdot CO_2 \cdot C_2H_5$; *MG* 130.18; *F* —91.2; *Kp* 145.5; *D* 0.8765; n 1.40094. — *Valeramid:* $CH_3 \cdot [CH_2]_3 \cdot CO \cdot NH_2$; *MG* 101.15; *F* 106; D^{fest} 1.023. — *Valeronitril:* $CH_3 \cdot [CH_2]_3 \cdot CN$; *MG* 83.13; *F* —96; *Kp* 140.8; D^{15} 0.80348; n 1.39711.

1/6 n-Hexansäure (Capronsäure)

MG 116.16 *NW* 483.0 *F* —3.9 *Kp* 205
D 0.9220 n 1.41635 *Diss.-K.* $1.46 \cdot 10^{-5}$
pK 4.84

$CH_3 \cdot [CH_2]_4 \cdot CO_2H$

Charakteristik: Unangenehm riech., ölige Flüss.; ll. in A., Ae.; swl. in W., 0.8859 W. — *V.:* In Milchfetten, Käse, Faeces. — *B.:* Bei bakt. Zers. v. Milchsaure oder Glycerin. — *p-Bromphenacylester: F* 71.6. — *2-Alkylbenzimidazol: F* 163.0—163.5. — —*-methylester:* $CH_3 \cdot [CH_2]_4 \cdot CO_2 \cdot CH_3$; *MG* 130.18; *F* —71.0; *Kp* 151.5; D^{15} 0.88932; n^{15} 1.40699. — —*-äthylester:* $CH_3 \cdot [CH_2]_4 \cdot CO_2$ $\cdot C_2H_5$; *MG* 144.21; *F* —67.5; *Kp* 167.6; *D* 0.8710; n 1.40727. — *Capronamid:* $CH_3 \cdot [CH_2]_4 \cdot CO$ $\cdot NH_2$; *MG* 115.17; *F* 101; *D* 0.999. — *Capronitril:* $CH_3 \cdot [CH_2]_4 \cdot CN$; *MG* 97.16; *F* —79.4; *Kp* 163.9; *D* 0.809; n 1.40694.

1/7 n-Heptansäure (Önanthsäure)

MG 130.18 *NW* 431.0 *F* −7.5 *Kp* 223
D^{14} 0.9216 n 1.4230 *Diss.-K.* $1.46 \cdot 10^{-5}$
pK 4.84

$CH_3 \cdot [CH_2]_5 \cdot CO_2H$

Charakteristik: Schwach riech., ölige Flüss.; l. in A., Ae.; wl. in W., 0.2419 W. 15°. — *V.:* In Pflanzenwachsen, z. B. Veilchenblattern. — *2-Alkylbenzimidazol:* *F* 137.5—138. — *-methylester:* $CH_3 \cdot [CH_2]_5 \cdot CO_2 \cdot CH_3$; *MG* 144.21; *F* −55.8; *Kp* 173.8; D^{15} 0.88459; n 1.4114. — *-äthylester:* $CH_3 \cdot [CH_2]_5 \cdot CO_2 \cdot C_2H_5$; *MG* 158.23; *F* −66.3; *Kp* 188.6; D^{15} 0.87297; n 1.41296. — *Önanthamid:* $CH_3 \cdot [CH_2]_5 \cdot CO \cdot NH_2$; *MG* 129.20; *F* 96; *Kp* 255; D^{113} 0.8489. — *Önanthonitril:* $CH_3 \cdot [CH_2]_5 \cdot CN$; *MG* 111.18; *F* −64; *Kp* 183; *D* 0.815.

1/8 n-Octansäure (Caprylsäure)

MG 144.20 *NW* 389.1 *F* 16.3 *Kp* 239.3
D 0.90884 n 1.4285

$CH_3 \cdot [CH_2]_6 \cdot CO_2H$

Charakteristik: Schwach riech. (schweißahnl.) Blatt.; ll. in A., Ae., Bzl.; wl. in W., 0.079 W. 15°, 0.25 sd. W. — *V.:* In vielen Milchfetten, Käse, Schweiß, Fischtran, Cocosöl, Palmöl. — *p-Bromphenacylester:* *F* 65.5. — *2-Alkylbenzimidazol:* *F* 144.5—145.0. — *-methylester:* $CH_3 \cdot [CH_2]_6 \cdot CO_2 \cdot CH_3$; *MG* 158.23; *F* −34; *Kp* 193—194; *D* 0.887; n^{45} 1.4069. — *-äthylester:* $CH_3 \cdot [CH_2]_6 \cdot CO_2 \cdot C_2H_5$; *MG* 172.26; *F* −44.8; *Kp* 208.5; *D* 0.8667; n 1.41775. — *Caprylamid:* $CH_3 \cdot [CH_2]_6 \cdot CO \cdot NH_2$; *MG* 143.22; *F* 110; *Kp* >200 (Z.). — *Caprylonitril:* $CH_3 \cdot [CH_2]_6 \cdot CN$; *MG* 125.20; *F* −45.6; *Kp* 199; D^{13} 0.820.

1/9 n-Nonansäure (Pelargonsäure)

MG 158.23 *NW* 354.6 *F* 12.3 *Kp* 254
D 0.90552 n 1.4306

$CH_3 \cdot [CH_2]_7 \cdot CO_2H$

Charakteristik: Öl; l. in A., Ae., Essigsre.; wl. in W. — *V.:* Im Öl d. Raute, Japanwachs, in Fuselölen. — *2-Alkylbenzimidazol:* *F* 139.5—140.5. — *Amid:* *F* 99. — *-methylester:* $CH_3 \cdot [CH_2]_7 \cdot CO_2 \cdot CH_3$; *MG* 172.26; *Kp* 214; D^{17} 0.8765; n 1.4214. — *-äthylester:* $CH_3 \cdot [CH_2]_7 \cdot CO_2 \cdot C_2H_5$; *MG* 186.29; *F* −36.7; *Kp* 216—219; *D* 0.8657; n 1.42200.

1/10 n-Decansäure (Caprinsäure)

MG 172.26 *NW* 325.7 *F* 31.3 *Kp* 268.7
D^{40} 0.8858 n^{40} 1.42855

$CH_3 \cdot [CH_2]_8 \cdot CO_2H$

Charakteristik: Schwach riech. Nadeln; ll. in A., Ae. u. a. organ. Lsgm.; swl. in W., 0.1 sd. W. — *V.:* In Milchfetten bis zu 9%, Fischtran, pflanzl. Ölen, wie Cocosöl, Palmöl, Lorbeeröl. — *B.:* Bei Eiweißfäulnis. — *p-Bromphenacylester:* *F* 66. — *2-Alkylbenzimidazol:* *F* 127.0—127.5. — *Amid:* *F* 108. — *-methylester:* $CH_3 \cdot [CH_2]_8 \cdot CO_2 \cdot CH_3$; *MG* 186.29; *F* −18; *Kp* 224; n^{45} 1.4161. — *-äthylester:* $CH_3 \cdot [CH_2]_8 \cdot CO_2 \cdot C_2H_5$; *MG* 200.31; *F* −19.9; *Kp* 224.5; *D* 0.8650; n 1.42575.

1/11 n-Undecansäure (Undecylsäure)

MG 186.29 *NW* 301.2 *F* 29.3 Kp_{160} 228
D 0.8905 n^{70} 1.4203

$CH_3 \cdot [CH_2]_9 \cdot CO_2H$

Charakteristik: Krist. (Ac.); l. in A., Ae.; swl. in W. — *-methylester:* $CH_3 \cdot [CH_2]_9 \cdot CO_2 \cdot CH_3$; *MG* 200.31; Kp_{9-10} 123. — *-äthylester:* $CH_3 \cdot [CH_2]_9 \cdot CO_2 \cdot C_2H_5$; *MG* 214.34; *F* −14.7 (E); Kp_{20} 140.

1/12 n-Dodecansäure (Laurinsäure)

MG 200.31 *NW* 280.1 *F* 44—45 Kp_{100} 225
D^{50} 0.8690 n^{70} 1.4225

$CH_3 \cdot [CH_2]_{10} \cdot CO_2H$

Charakteristik: Schwach fettig riech. Nadeln (A.); ll. in A., Ae., Ac.; swl. in sd. W. — Wasserdampfflüchtig. — *V.:* In gr. Mengen in Pflanzenfetten, z. B. Cocosöl, Lorbeeröl. In kl. Mengen in tier. Depotfetten. Fischtran. Milchfett. — *2-Alkylbenzimidazol:* *F* 107.5. — *N-Acylcarbazol:* *F* 78—79. — *N-Acyl-p-toluolsulfonamid:* *F* 83—84. — *-methylester:* $CH_3 \cdot [CH_2]_{10} \cdot CO_2 \cdot CH_3$; *MG* 214.34; *F* 5; Kp_{18} 141; n^{45} 1.4220. — *-äthylester:* $CH_3 \cdot [CH_2]_{10} \cdot CO_2 \cdot C_2H_5$; *MG* 228.36; *F* −1.8; Kp_{25} 163; *D* 0.8615; n 1.4321.

1/13 n-Tridecansäure (Tridecylsäure)

MG 214.34 *NW* 261.8 *F* 51 Kp_{100} 236
n^{70} 1.4249

$CH_3 \cdot [CH_2]_{11} \cdot CO_2H$

Charakteristik: Krist. (A.); l. in Fettlsgm.; unl. in W. — *-methylester:* $CH_3 \cdot [CH_2]_{11} \cdot CO_2 \cdot CH_3$; *MG* 228.36. — *-äthylester:* $CH_3 \cdot [CH_2]_{11} \cdot CO_2 \cdot C_2H_5$; *MG* 242.39; *F* −4.8 (E); Kp_5 163—165.

1/14 n-Tetradecansäure (Myristinsäure)

MG 228.36 *NW* 245.7 *F* 58 Kp_{100} 250.5
D^{64} 0.8622 n^{70} 1.4273

$CH_3\cdot[CH_2]_{12}\cdot CO_2H$

Charakteristik: Geruchlos. Blatt.; l. in Fettlsgm.; unl. in W. — *V.:* In fast allen pflanzl. u. tier. Fetten (1—5%), besonders im Milchfett u. Fischöl. — *2-Alkylbenzimidazol:* *F* 105.0—105.5. — *N-Acylcarbazol:* *F* 81—82. — *N-Acyl-p-toluolsulfonamid:* *F* 89—90. — *Amid:* *F* 103; Kp_{12} 217. — — *-methylester:* $CH_3\cdot[CH_2]_{12}\cdot CO_2\cdot CH_3$; *MG* 242.39; *F* 18.5; Kp_7 155—157; n^{45} 1.4281. — — *-äthylester:* $CH_3\cdot[CH_2]_{12}\cdot CO_2\cdot C_2H_5$; *MG* 256.42; *F* 12.3 (10.5); Kp_4 139; *D* 0.8589; n 1.4362. — *V.:* In Veilchenwurzeln.

1/15 n-Pentadecansäure (Pentadecylsäure)

MG 242.39 *NW* 231.5 *F* 52.1 Kp_{100} 257
D^{80} 0.8423 n^{70} 1.4270

$CH_3\cdot[CH_2]_{13}\cdot CO_2H$

Charakteristik: Krist. (PAe.); l. in Fettlsgm.; unl. in W. — *V.:* In Spuren in vielen tier. u. pflanzl. Fetten. — — *-methylester:* $CH_3\cdot[CH_2]_{13}\cdot CO_2\cdot CH_3$; *MG* 256.42; *F* 18.5; Kp_{80} 199; D^{25} 0.8616. — — *-äthylester:* $CH_3\cdot[CH_2]_{13}\cdot CO_2\cdot C_2H_5$; *MG* 270.44; *F* 14; Kp_{15} 172—174.

1/16 n-Hexadecansäure (Palmitinsäure)

MG 256.42 *NW* 218.8 *F* 62.7 Kp_{100} 268.5
D^{62} 0.8527 n^{60} 1.4339

$CH_3\cdot[CH_2]_{14}\cdot CO_2H$

Charakteristik: Blätt., Nad.; l. in Fettlsgm., 3.087 A. 7.4°, 15.577 A. 24.6°, 81.110 A. 36.8°; unl. in W. — *V.:* Weit verbreitet. In Milchfett (25%), tier. Depotfett (30% u. m.), Phosphatiden, Galle, Wollfett, Waltran, Bienenwachs, pflanzl. Ölen. — *Phenacylester:* *F* 52.5. — *p-Bromphenacylester:* *F* 81.5. — *2-Alkylbenzimidazol:* *F* 96.5—97.0. — *N-Acylcarbazol:* *F* 85—86. — *N-Acyl-p-toluolsulfonamid:* *F* 93—94. — *Amid:* *F* 106; Kp_{12} 236. — —*Na-Salz:* $CH_3\cdot[CH_2]_{14}\cdot CO_2Na$; *MG* 278.40; *F* ~270. — —*Mg-Salz:* $(CH_3\cdot[CH_2]_{14}\cdot CO_2)_2$:Mg; *MG* 535.14; *F* 121.5. — —*Ca-Salz:* $(CH_3\cdot[CH_2]_{14}\cdot CO_2)_2$:Ca; *MG* 550.90; *F* sintert bei 110, 150—155 (Z.). — — *-methylester:* $CH_3\cdot[CH_2]_{14}\cdot CO_2\cdot CH_3$; *MG* 270.45; *F* 29.5; Kp_{12} 184; n^{45} 1.4317. — — *-äthylester:* $CH_3\cdot[CH_2]_{14}\cdot CO_2\cdot C_2H_5$; *MG* 284.47; *F* 24.2; Kp_{10} 184.5—185.5; D^{25} 0.8577; n^{50} 1.4278.

1/17 n-Heptadecansäure (Margarinsäure)

MG 270.44 *NW* 207.5 *F* 62.0 Kp_{100} 227
D^{60} 0.8579 n^{70} 1.4319

$CH_3\cdot[CH_2]_{15}\cdot CO_2H$

Charakteristik: Blätt.; l. in Fettlsgm. — *V.:* In Spuren in vielen pflanzl. u. tier. Fetten. — — *-methylester:* $CH_3\cdot[CH_2]_{15}\cdot CO_2\cdot CH_3$; *MG* 284.47; *F* 29.7. — — *-äthylester:* $CH_3\cdot[CH_2]_{15}\cdot CO_2$ C_2H_5; *MG* 298.49; *F* 25.7; Kp_5 185.

1/18 n-Octadecansäure (Stearinsäure)

MG 284.47 *NW* 197.2 *F* 70.1 Kp_{100} 291.0
D 0.9408 n^{70} 1.4332

$CH_3\cdot[CH_2]_{16}\cdot CO_2H$

Charakteristik: Blatt.; l. in Fettlsgm.; wl. in A., 0.770 A. 7.4°, 4.073 A. 24.6°, 22.51 A. 38.6°. — *V.:* Weit verbreitet, vor allem in tier. Fetten, Milchfett, Eiter, Faeces. In Bakterienwachsen (B. leprae, B. tuberculosis), weniger in pflanzlichen Fetten, Meeralgen, Fischölen. — *Phenacylester:* *F* 64. — *p-Bromphenacylester:* *F* 78.5. — *2-Alkylbenzimidazol:* *F* 93.5—94.5. — *N-Acylcarbazol:* *F* 91—92. — *N-Acyl-p-toluolsulfonamid:* *F* 98—99. — *Amid:* *F* 109; Kp_{12} 251. — —*Na-Salz:* $CH_3\cdot[CH_2]_{16}\cdot CO_2Na$; *MG* 306.46. — —*K-Salz:* $CH_3\cdot[CH_2]_{16}\cdot CO_2K$; *MG* 322.56; *F* 132. — — *-methylester:* $CH_3\cdot[CH_2]_{16}\cdot CO_2\cdot CH_3$; *MG* 298.49; *F* 38; Kp_{15} 215; n^{45} 1.4346. — — *-äthylester:* $CH_3\cdot[CH_2]_{16}\cdot CO_2\cdot C_2H_5$; *MG* 312.52; *F* 33.8; Kp_{10} 199—201; D^{36} 0.848; n^{50} 1.4320.

1/19 n-Nonadecansäure (Nonadecylsäure)

MG 298.49 *NW* 188.0 *F* 69.4 Kp_{100} 297—299

$CH_3\cdot[CH_2]_{17}\cdot CO_2H$

Charakteristik: Blätt. (A.). — *V.:* In Spuren in vielen tier. u. pflanzl. Fetten. — — *-methylester:* $CH_3\cdot[CH_2]_{17}\cdot CO_2\cdot CH_3$; *MG* 312.52; *F* 39.3. — — *-äthylester:* $CH_3\cdot[CH_2]_{17}\cdot CO_2\cdot C_2H_5$; *MG* 326.55; *F* 36.1; $Kp_{0.37}$ 166—168.

1/20 n-Eicosansäure (Arachinsäure)

MG 312.52 *NW* 179.5 *F* 76.3 Kp_1 203—205
D^{100} 0.8240 n^{100} 1.4250

$CH_3\cdot[CH_2]_{18}\cdot CO_2H$

Charakteristik: Blätt.; ll. in h. A., in Fettlsgm.; swl. in k. A. — *V.:* In Erdnußöl, in Spuren (1%) weit verbreitet, in Butter, tier. Fetten, Dermoidzysten. — *Amid:* *F* 108. — — *-methylester:* $CH_3\cdot[CH_2]_{18}\cdot CO_2\cdot CH_3$; *MG* 326.55; *F* 54.5; Kp_{100} 286. — — *-äthylester:* $CH_3\cdot[CH_2]_{18}\cdot CO_2\cdot C_2H_5$; *MG* 340.57; *F* 50; Kp_{100} 295—297.

1/21 n-Heneicosansäure

MG 326.55 *NW* 171.8 *F* 75.1

$CH_3\cdot[CH_2]_{19}\cdot CO_2H$

Charakteristik: Nadeln (Ac.); l. in Fettlsgm. — — *-methylester:* $CH_3\cdot[CH_2]_{19}\cdot CO_2\cdot CH_3$; *MG* 340.57; *F* 47.6. — — *-äthylester:* $CH_2\cdot[CH_2]_{19}\cdot CO_2\cdot C_2H_5$ *MG* 354.60; *F* 44.5.

1/22 n-Docosansäure (Behensäure)

MG 340.57 *NW* 164.7 *F* 80.7 Kp_{60} 306 $CH_3\cdot[CH_2]_{20}\cdot CO_2H$
D^{100} 0.8221 n^{100} 1.4270

Charakteristik: Blätt.; wl. in Ae., 1.922 Ae. 16°; swl. in A., 0.102 90%ig. A. 17°. — *V.:* In Spuren in versch. Samenfetten u. tier. Fetten. 50% der Gesamt-Fettsäuren der Cerebroside der Milz bei Morb. Gaucher. — *Amid:* *F* 111. — *-methylester:* $CH_3\cdot[CH_2]_{20}\cdot CO_2\cdot CH_3$; *MG* 354.60; *F* 54 bis 54.5; Kp_{15} 224—225. — *-äthylester:* $CH_3\cdot[CH_2]_{20}\cdot CO_2\cdot C_2H_5$; *MG* 368.62; *F* 54—54.5; $Kp_{0.2}$ 184.

1/23 n-Tricosansäure

MG 354.60 *NW* 158.2 *F* 79.6 $CH_3\cdot[CH_2]_{21}\cdot CO_2H$

Charakteristik: —. — *-methylester:* $CH_3\cdot[CH_2]_{21}\cdot CO_2\cdot CH_3$; *MG* 368.62; *F* 55.5—56. — *-äthylester:* $CH_3\cdot[CH_2]_{21}\cdot CO_2\cdot C_2H_5$; *MG* 382.65; *F* 51.4; $Kp_{0.27}$ 198—199.

1/24 n-Tetracosansäure (Lignocerinsäure)

MG 368.62 *NW* 152.2 *F* 84.2 D^{fest} 0.8207 $CH_3\cdot[CH_2]_{22}\cdot CO_2H$
n^{100} 1.4287

Charakteristik: Nad. (A.); l. in h. Bzl., CS_2, Eg.; wl. in A., Ae., Ac. — *V.:* Im Paraffin von Buchenholzteer zuerst gefunden. In einig. Pflanzenfetten. Im Tierreich: Baustein von Kerasin u. Sphingomyelin. In d. Cerebrosiden d. Milz bei Morbus Gaucher. In verschied. Insekten- u. Bakterienwachsen. — *-methylester:* $CH_3\cdot[CH_2]_{22}\cdot CO_2\cdot CH_3$; *MG* 382.65; *F* 58.4. — *-äthylester:* $CH_3\cdot[CH_2]_{22}\cdot CO_2\cdot C_2H_5$; *MG* 396.68; *F* 54.8; $Kp_{0.24}$ 198—199.

1/25 n-Pentacosansäure

MG 382.65 *NW* 146.6 *F* 84—85 $CH_3\cdot[CH_2]_{23}\cdot CO_2H$

Charakteristik: —. — *-methylester:* $CH_3\cdot[CH_2]_{23}\cdot CO_2\cdot CH_3$; *MG* 396.68; *F* 60.0. — *-äthylester:* $CH_3\cdot[CH_2]_{23}\cdot CO_2\cdot C_2H_5$; *MG* 410.70; *F* 57.15; $Kp_{0.5}$ 216—217.

1/26 n-Hexacosansäure (Cerotinsäure)

MG 396.68 *NW* 141.4 *F* 87.8—88.0 $CH_3\cdot[CH_2]_{24}\cdot CO_2H$
D^{100} 0.8198 n^{100} 1.4301

Charakteristik: Nad. (A.); l. in sd. A., Me., Ae. (20 Ae. 35°), Ac., Bzn., Chlf.; swl. in k. A. — *V.:* Als freie Sre. u. in veresterter Form in tier. u. pflanzl. Wachsen, z. B. im Wollfett, Bienenwachs, als Ester d. Cetylalkohols im chinesischen Wachs. Im Montanwachs. — *-methylester:* $CH_3\cdot[CH_2]_{24}\cdot CO_2\cdot CH_3$; *MG* 410.70; *F* 63.45. — *-äthylester:* $CH_3\cdot[CH_2]_{24}\cdot CO_2\cdot C_2H_5$; *MG* 424.73; *F* 60.2.

1/27 n-Heptacosansäure

MG 410.70 *NW* 136.6 *F* 87.5—87.7 $CH_3\cdot[CH_2]_{25}\cdot CO_2H$

Charakteristik: Nad. — *V.:* Im Montanwachs.

1/28 n-Octacosansäure (Montansäure)

MG 424.73 *NW* 132.1 *F* 90.8—91.1 $CH_3\cdot[CH_2]_{26}\cdot CO_2H$
D^{100} 0.8191 n^{100} 1.4313

Charakteristik: Wachsart., feste Subst.; l. in PAe., Bzl., Chlf., sd. A., Eg. — *V.:* Im Montanwachs, Bienenwachs, chines. Wachs. — *-methylester:* $CH_3\cdot[CH_2]_{26}\cdot CO_2\cdot CH_3$; *MG* 438.75; *F* 67.5. — *-äthylester:* $CH_3\cdot[CH_2]_{26}\cdot CO_2\cdot C_2H_5$; *MG* 452.78; *F* 64.6.

1/29 n-Nonacosansäure

MG 438.75 *NW* 127.9 *F* 90.6—90.8 $CH_3\cdot[CH_2]_{27}\cdot CO_2H$

Charakteristik: —. — *-methylester:* $CH_3\cdot[CH_2]_{27}\cdot CO_2\cdot CH_3$; *MG* 452.78; *F* 68.8. — *-athylester:* $CH_3\cdot[CH_2]_{27}\cdot CO_2\cdot C_2H_5$; *MG* 466.81; *F* 66.6.

1/30 n-Triacontansäure (Melissinsäure)

MG 452.78 *NW* 123.9 *F* 93.6 n^{100} 1.4323 $CH_3\cdot[CH_2]_{28}\cdot CO_2H$

Charakteristik: Krist.; l. in sd. A., Chlf., CS_2; wl. in Ae. — *V.:* In Insektenwachsen, bes. im Bienenwachs. — *-methylester:* $CH_3\cdot[CH_2]_{28}\cdot CO_2\cdot CH_3$; *MG* 466.81; *F* 71.7. — *-äthylester:* $CH_3\cdot[CH_2]_{32}\cdot CO_2\cdot C_2H_5$; *MG* 480.83; *F* 68.45.

1/31 n-Dotriacontansäure (Laccersäure)

MG 480.83 *NW* 116.7 *F* 96.2 $CH_3\cdot[CH_2]_{30}\cdot CO_2H$

Charakteristik: Blätt. (Bzl.); l. in Bzl., Ac., Chlf. — *V.:* Im Stocklackwachs.

1/32 n-Tetratriacontansäure (Gheddasäure)

MG 508.9 *NW* 110.2 *F* 98.3—98.5 $CH_3\cdot[CH_2]_{32}\cdot CO_2H$

Charakteristik: Nad.; sl. in Bzl., Ac., Chlf. — *V.:* Im Gheddawachs.

1/33 n-Hexatriacontansäure $CH_3\cdot[CH_2]_{34}\cdot CO_2H$

MG 536.9 *NW* 104.5 *F* 99.9

Siedetemperaturen der n-Monocarbonsäuren bei verschiedenen Siededrucken (Überrechnet und ergänzt von *H. Stage*, Köln)

C-Zahl	EP	0,1	0,5	1	2	4	8	10	16	20	32	40	64	100	128	200	256	400	512	600	760 mmHg
4	− 5,0	1,8	18,0	24,7	34,7	45,3	57,3	60,7	69,3	74,0	82,7	87,3	97,3	107,3	113,3	124,7	131,3	144,0	151,3	156,7	163,3
5	− 32,6	16,8	36,0	44,0	54,0	64,7	76,0	80,0	88,3	92,7	102,7	106,7	117,3	127,3	133,3	146,0	152,7	166,0	173,3	178,0	185,3
6	− 3,24	32,0	51,8	61,7	71,9	82,8	94,6	97,7	107,3	111,3	120,8	126,0	136,0	146,7	152,5	164,7	171,5	184,7	192,5	198,0	205,8
7	− 6,26	45,0	65,2	74,9	85,3	96,3	118,3	112,0	121,1	125,3	135,2	140,0	150,8	162,0	168,2	180,7	187,5	202,0	209,3	215,3	223,0
8	+ 16,3	57,2	77,9	87,5	97,9	109,1	121,3	125,3	134,6	139,3	149,2	153,3	165,3	174,7	183,3	194,7	203,0	216,7	225,6	230,7	239,7
9	12,25	69,0	89,2	98,9	109,6	121,2	134,0	138,7	147,5	152,0	162,4	167,3	178,8	190,0	196,9	210,0	217,4	232,7	240,9	246,7	255,6
10	31,24	79,3	99,6	110,3	121,1	132,7	145,5	148,7	159,4	163,3	174,6	178,7	191,3	202,0	209,8	222,7	230,6	246,7	254,9	261,3	270,0
11	28,13	89,2	110,0	119,8	131,1	143,3	156,5	161,3	170,8	176,0	186,1	192,0	203,1	216,0	222,2	236,7	243,8	260,0	268,7	274,7	284,0
12	43,92	98,1	119,6	130,2	141,8	154,1	167,4	172,0	181,8	186,7	197,4	202,7	214,6	226,7	234,3	247,3	256,6	272,7	282,5	289,3	298,9
13	41,76	107,3	128,7	139,9	151,5	164,2	177,8	182,7	192,2	197,3	207,9	214,0	225,8	238,7	245,9	260,7	268,6	286,0	295,4		
14	54,10	116,0	137,8	149,2	161,1	173,9	187,6	192,0	202,4	207,3	218,3	224,0	236,3	249,3	257,3	272,7	281,5	299,3			
15	52,54	124,1	146,3	157,8	169,7	182,8	196,8	202,0	212,0	217,3	228,1	234,7	246,4	261,3	268,0	284,7	292,7				
16	62,74	132,2	154,7	167,4	179,0	192,2	206,1	210,7	221,5	226,7	238,4	244,7	257,1	270,0	278,7	294,0					
17	60,94	140,1	163,1	175,1	187,6	200,8	214,9	220,7	230,7	236,7	247,9	254,7	266,6	282,0	288,4						
18	69,60	148,0	170,9	183,6	195,9	209,2	224,1	228,7	240,0	245,3	257,1	263,3	276,8	290,7	299,7						
19	69,5	156,0	179,2	192,0	205,3	219,3	234,7	239,3	249	255	267	274	287								
20	74,2	163,0	186,8	200,0	213,3	227,3	242,3	248,0	257,6	263,2	276	283	297								
21	75,2	170	194	207	220	234	250	255	266	272	286										
22	79,7	177	201	214	228	242	258	263	274	280	294										
23	78,7	184	209	223	236	250	266	272	282	289											
24	83,9	190	216	229	243	258	274	280	290	297											
25	82,9	197	223	236	250	265	281	287													
26	87,4	204	229	242	257	272	288														
27	87,0	210	236	250	264	279															
28	90,5	216	242	257	271	286															
29	90,3	222	248	263	277																
30	93,6	228	255	269	282																

Siedetemperaturen der n-Monocarbonsäuremethylester bei verschiedenen Siededrucken (*Stage, H.:* Fette u. Seifen **55**, 217, 375 (1953)).

mm	C-Atomzahl																	
	1	2	3	4	5	6	7	8	9	10	11	12	13	14	15	16	17	18
0,1	−92,3	−77,9	−62,8	−49,0	−34,8	−20,1	− 5,6	+ 8,0	+21,8	35,0	47,9	60,0	71,0	83,0	92,3	102,1	112,1	122,0
0,2	−85,9	−72,3	−57,0	−42,7	−28,6	−12,6	+ 1,4	+16,6	30,0	44,2	56,7	58,9	80,4	91,8	102,0	111,8	122,2	132,2
0,4	−81,8	−66,4	−50,1	−36,1	−20,8	− 5,4	+10,1	25,2	38,8	53,2	65,4	78,3	90,3	101,2	111,9	122,1	133,0	142,6
0,6	−78,3	−62,6	−46,3	−31,8	−16,8	− 0,5	15,3	30,3	44,6	58,5	71,6	84,2	96,6	107,5	119,0	128,5	139,7	149,0
1,0	−74,0	−57,1	−40,7	−25,1	− 9,0	+ 6,4	22,3	37,5	52,1	66,0	79,5	92,3	103,9	114,8	127,1	137,0	148,1	158,0
2	−67,2	−48,9	−32,5	−15,0	+ 0,9	+17,0	32,2	48,0	62,3	77,0	89,9	103,7	116,2	127,0	138,9	148,9	150,2	171,4
4	−59,3	−40,7	−23,4	− 6,5	+11,0	27,8	43,4	59,5	74,4	89,3	102,3	115,9	128,7	140,0	151,4	162,9	174,2	185,3
6	−54,5	−36,0	−18,0	− 0,2	16,9	34,1	50,7	66,6	81,9	96,2	110,2	121,6	137,1	148,8	160,0	172,0	183,0	194,3
10	−48,1	−29,3	−10,8	+ 6,9	24,3	42,1	59,8	76,0	91,8	106,6	120,8	134,0	148,3	160,8	171,8	183,8	194,6	206,0
20	−39,1	−19,3	− 0,9	+17,8	35,9	54,5	72,4	89,6	105,1	121,4	135,9	149,5	164,2	177,1	188,3	200,6	211,3	222,0
40	−28,6	− 8,0	+11,0	31,0	50,0	69,4	87,5	104,9	121,1	137,7	152,5	166,4	181,0	194,7	207,2			
60	−21,7	− 0,8	+18,7	39,5	59,0	79,3	97,4	114,9	131,4	147,6	163,9	177,3	192,9	206,2				
100	−12,8	+ 9,1	28,6	50,0	70,2	91,0	109,9	128,0	144,8	161,4	178,0	191,7	207,0	222,0				
200	+ 0,4	+23,7	44,3	67,3	88,3	109,3	129,3	147,8	165,2	181,0	197,4	213,8	229,7	244,7				
300	+ 9,0	32,8	53,9	77,3	99,0	120,2	141,1	161,1	177,8	193,2								
400	15,5	39,6	61,2	84,9	107,4	129,1	149,8	170,4	186,6	202,5								
500	20,9	45,1	67,1	91,1	114,1	136,4	156,9	177,8	194,0	210,0								
600	25,6	50,3	72,7	97,0	119,9	143,7	162,7	184,6	200,0	215,9								
760	31,9	57,3	80,0	104,1	127,8	151,1	170,9	193,0	208,5	223,9								
900	36,6	62,4	85,2	109,8	133,8	156,8	177,1	199,0	214,9	229,7								
1000	39,7	65,5	88,9	113,0	137,3	160,4	181,0	202,3	218,8	233,2								

2. Ungesättigte, unverzweigte Monocarbonsäuren

Die in tierischen und pflanzlichen Fetten und Lipoiden nachgewiesenen ungesättigten Fettsäuren besitzen in der Regel cis-Konfiguration der Doppelbindungen. Entsprechend der Lage der, vom Methylende her gesehen, ersten Doppelbindung im Kohlenstoffskelet lassen sich die meisten mehrfach ungesättigten Fettsäuren dem Palmitolein-, Öl-, Linol- oder Linolensäuretyp zuordnen.

a) Einfach ungesättigte Monocarbonsäuren

2a/1 **Propensäure (Acrylsäure)**

MG 72.06 *JZ* 352.2 *NW* 778.7 *F* 13
Kp 140—141 *Diss.-K.* $5.6 \cdot 10^{-5}$ *pK* 4.25
D 1.051 n 1.4224

$CH_2{:}CH \cdot CO_2H$

Charakteristik: Stechend riech. Fluss.; ∞ W.; polymerisiert bei Destillation. — —*-methylester:* $CH_2{:}CH \cdot CO_2 \cdot CH_3$; *MG* 86.09; *JZ* 294.8; *Kp* 80.5; D^{15} 0.9564; n 1.3984. — —*-äthylester:* $CH_2{:}CH \cdot CO_2 \cdot C_2H_5$; *MG* 100.11; *JZ* 253.5; *Kp* 99.8; *D* 0.924; n 1.405.

2a/2 **Butensäure (trans-) (Crotonsäure, feste Crotonsäure, α-Crotonsäure)**

MG 86.09 *JZ* 294.8 *NW* 651.7 *F* 72
Kp 189 D^{fest} 1.018 n^{80} 1.4228
Diss.-K. $2.0 \cdot 10^{-5}$ *pK* 4.70

$CH_3 \cdot CH{:}CH \cdot CO_2H$

Charakteristik: Nadeln (W.); l. in h. W., 8.28 W. 15°; swl. in k. Lg. — *Amid:* *F* 158. — —*-methylester:* $CH_3 \cdot CH{:}CH \cdot CO_2 \cdot CH_3$; *MG* 100.11; *JZ* 253.5; *Kp* 120.7; D^4 0.981. — —*-äthylester:* $CH_3 \cdot CH{:}CH \cdot CO_2 \cdot C_2H_5$; *MG* 114.14; *JZ* 222.4; *Kp* 138—139; *D* 0.921; n 1.4246.

2a/3 **Butensäure (cis-) (Isocrotonsäure, flüssige Crotonsäure, β-Crotonsäure)**

MG 86.09 *JZ* 294.8 *NW* 651.7 *F* 15.5
Kp 169—171 D^{15} 1.031 n^{15} 1.446
Diss.-K $4.2 \cdot 10^{-5}$ *pK* 4.38

$CH_3 \cdot CH{:}CH \cdot CO_2H$

Charakteristik: Nadeln (PAe.); 40 W.; l. in A.; oberhalb 100° teilw. → Crotonsre. — — *-äthylester:* $CH_3 \cdot CH{:}CH \cdot CO_2 \cdot C_2H_5$; *MG* 114.14; *JZ* 222.4; *Kp* 136; *D* 0.927; n 1.4246.

2a/4 **Δ^2-Hexensäure**

MG 114.14 *JZ* 222.4 *NW* 491.5 *F* 32
Kp 217 *D* 0.965 n^{40} 1.4467

$CH_3 \cdot [CH_2]_2 \cdot CH{:}CH \cdot CO_2H$

Charakteristik: Nadeln (A.); wl. in W. — *V.:* Im japanischen Pfefferminzol.

2a/5 **Δ^4-Decensäure (Obtusilinsäure)**

MG 170.24 *JZ* 149.1 *NW* 329.6
Kp_{13} 148—150 *D* 0.9197 n 1.4497

$CH_3 \cdot [CH_2]_4 \cdot CH{:}CH \cdot [CH_2]_2 \cdot CO_2H$

Charakteristik: Ölige Fluss.; l. in Ae., Bzl. — *V.:* Im Samenöl von Lindera obtusiloba, Tohakuöl.

2a/6 **Δ^9-Decensäure (Caproleinsäure)**

MG 170.24 *JZ* 149.1 *NW* 329.6
Kp_{15} 143—148 D^{15} 0.9238 n 1.4488

$CH_2{:}CH \cdot [CH_2]_7 \cdot CO_2H$

Charakteristik: Ölige Fluss., l. in Fettlsgm. — *V.:* Im Milchfett, Kopföl d. Pottwals.

2a/7 **Δ^{10}-Undecensäure (gewöhnl. Undecylensäure)**

MG 184.28 *JZ* 137.7 *NW* 304.4
Kp_{15} 165—167

$CH_2{:}CH \cdot [CH_2]_8 \cdot CO_2H$

Charakteristik: Ölige Fluss.; sll. in W. — *V.:* In geringer Menge im äther. Öl der Blätter von Thujopsis dolabrata Sieb. et Zucc. — *Amid:* *F* 87.

2a/8 **Δ^3-Dodecensäure (Denticetsäure)**

MG 198.30 *JZ* 128.0 *NW* 282.9

$CH_3 \cdot [CH_2]_7 \cdot CH{:}CH \cdot CH_2 \cdot CO_2H$

V.: Im Kopföl des Pottwals, im Zahnwalöl.

2a/9 **Δ^4-Dodecensäure (Lindersäure)**

MG 198.30 *JZ* 128.0 *NW* 282.9 *F* 1.0—1.3
Kp_{13} 170—172 *D* 0.9081 n 1.4529

$CH_3 \cdot [CH_2]_6 \cdot CH{:}CH \cdot [CH_2]_2 \cdot CO_2H$

Charakteristik: Ölige Fluss.; l. in Ae., A., Bzl., PAe. — *V.:* Im Samenöl von Lindera obtusiloba, Tohakuöl.

2a/10 Δ^5-Dodecensäure

MG 198.30 *JZ* 128.0 *NW* 282.9 D^{15} 0.9130 n^{15} 1.4535

$CH_3 \cdot [CH_2]_5 \cdot CH{:}CH \cdot [CH_2]_3 \cdot CO_2H$

Charakteristik: Ölige Flüss.; l. in Fettlsgm. — *V.:* Im Kopfol und Tran d. Pottwals, im Körperfett v. Hering u. Sardine.

2a/11 Δ^9-Dodecensäure (Lauroleinsäure)[1]

MG 198.30 *JZ* 128.0 *NW* 282.9

$CH_3 \cdot CH_2 \cdot CH{:}CH \cdot [CH_2]_7 \cdot CO_2H$

Charakteristik: Ölige Fluss.; l. in Fettlsgm. — *V.:* Im Milchfett, Larvenwachs d. Koschenillelaus.

2a/12 Δ^4-Tetradecensäure (Tsuzusäure)
(Ölsäuretyp)

MG 226.35 *JZ* 112.2 *NW* 247.9 *F* 18.0—18.5
Kp_{13} 185—188 *D* 0.9024 n 1.4557

$CH_3 \cdot [CH_2]_8 \cdot CH{:}CH \cdot [CH_2]_2 \cdot CO_2H$

Charakteristik: Krist.; l. in Fettlsgm. — *V.:* Im Tsuzuol-(Öl v. Tetradenia glauca). — *Phenyl-p-phenacylester: F* 61.3.

2a/13 Δ^5-Tetradecensäure (Physetersäure) (Ölsauretyp)

MG 226.35 *JZ* 112.2 *NW* 247.9
Kp_{15} 190—200 *D* 0.9046 n 1.4549

$CH_3 \cdot [CH_2]_7 \cdot CH{:}CH \cdot [CH_2]_3 \cdot CO_2H$

Charakteristik: Ölige Fluss.; l. in Fettlsgm. — *V.:* Im Kopföl des Pottwals und Delphins.

2a/14 Δ^9-Tetradecensäure (Myristoleinsäure)

MG 226.35 *JZ* 112.2 *NW* 247.9
D 0.9018 n 1.4549

$CH_3 \cdot [CH_2]_3 \cdot CH{:}CH \cdot [CH_2]_7 \cdot CO_2H$

Charakteristik: Ölige Fluss.; l. in Fettlsgm. — *V.:* In Milchfetten, Depot- u. Leberfetten vieler Land- u. Seetiere.

2a/15 Δ^3-Hexadecensäure (trans-)

MG 254.40 *JZ* 99.8 *NW* 220.5
F 53.5—55.0

$CH_3 \cdot [CH_2]_{11} \cdot CH{:}CH \cdot CH_2 \cdot CO_2H$

Charakteristik: Krist.; l. in Fettlsgm.; starke Absorptionsbande d. Transdoppelbindung bei 10.33 μ. — *V.:* Im Fett d. Süßwasseralge Scenedesmus obliquus, d. Spinats u. d. Löwenmauls.

2a/16 Δ^6-Hexadecensäure

MG 254.40 *JZ* 99.8 *NW* 220.5

$CH_3 \cdot [CH_2]_8 \cdot CH{:}CH \cdot [CH_2]_4 \cdot CO_2H$

Charakteristik: Ölige Fluss.; l. in Fettlsgm. — *V.:* Im Heringsöl.

2a/17 Δ^7-Hexadecensäure (Ölsauretyp)

MG 254.40 *JZ* 99.8 *NW* 220.5

$CH_3 \cdot [CH_2]_7 \cdot CH{:}CH \cdot [CH_2]_5 \cdot CO_2H$

Charakteristik: Ölige Fluss; l. in Fettlsgm. — *V.:* Im Körperfett d. Herings.

2a/18 Δ^8-Hexadecensäure

MG 254.40 *JZ* 99.8 *NW* 220.5

$CH_3 \cdot [CH_2]_6 \cdot CH{:}CH \cdot [CH_2]_6 \cdot CO_2H$

Charakteristik: Ölige Flüss.; l. in Fettlsgm. — *V.:* Im Heringsol.

2a/19 Δ^9-Hexadecensäure (Palmitoleinsäure, Zoomarinsäure, Physetölsäure)

MG 254.40 *JZ* 99.8 *NW* 220.5 *F* 1
Kp_{15} 218—220 D^{15} 0.9003 n 1.4586

$CH_3 \cdot [CH_2]_5 \cdot CH{:}CH \cdot [CH_2]_7 \cdot CO_2H$

Charakteristik: Ölige Fluss.; l. in Fettlsgm. — *V.:* In Fischtranen (15—20% d. Gesamt-Fettsäuren). In Depot- u. Milchfetten der Warmbluter, Leberglyceriden, Phosphatiden der Leber u. a. Organen. In pflanzl. Ölen u. Fetten.

2a/20 Δ^6-Heptadecensäure

MG 268.45 *JZ* 94.6 *NW* 209.0

$CH_3 \cdot [CH_2]_9 \cdot CH{:}CH \cdot [CH_2]_4 \cdot CO_2H$

V.: Im menschl. Haarfett.

2a/21 Δ^8-Heptadecensäure

MG 268.45 *JZ* 94.6 *NW* 209.0

$CH_3 \cdot [CH_2]_7 \cdot CH{:}CH \cdot [CH_2]_6 \cdot CO_2H$

V.: Im menschl. Haarfett.

---

[1] Nach der bisherigen Nomenklatur wurde die Δ^5-Dodecensäure als Lauroleinsäure bezeichnet.

2a/22 **Δ^9-Heptadecensäure**

MG 268.45 *JZ* 94.6 *NW* 209.0 *F* 13–13.5 $CH_3\cdot[CH_2]_6\cdot CH:CH\cdot[CH_2]_7\cdot CO_2H$

V.: Im Butterfett (0,06% d. Gesamt-Fettsauren).

2a/23 **Δ^6-Octadecensäure (Petroselinsäure, Taroleinsäure)**

MG 282.45 *JZ* 89.9 *NW* 198.6 *F* 32–33 *Kp*$_{18}$ 237–238 D^{40} 0.8794 n^{40} 1.4534 $CH_3\cdot[CH_2]_{10}\cdot CH:CH\cdot[CH_2]_4\cdot CO_2H$

Charakteristik: Blätt. (Me. od. 96%ig. A.); l. in A., Ae. — *V.:* Im Samenfett vieler Gewurzpflanzen (z. B. Petersilie, Sellerie, Kümmel, Fenchel, Kerbel).

2a/24 **Δ^9-Octadecensäure (cis-) (Ölsäure)**

MG 282.45 *JZ* 89.9 *NW* 198.6 *F* 13 *Kp*$_{1-2}$ 200–201 *D* 0.895 n 1.45823 $CH_3\cdot[CH_2]_7\cdot CH:CH\cdot[CH_2]_7\cdot CO_2H$

Charakteristik: Ölige Flüss.; l. in Fettlsgm. — *V.:* Am weitesten verbreitete ungesätt. Fettsäure. Findet sich in fast allen Depot- u. Milchfetten, Lecithinen u. a. Phosphatiden, Galle, Fischölen, sehr geringe Mengen im Menschenharn. — *Amid: F* 76. — *—Na-Salz:* $CH_3\cdot[CH_2]_7\cdot CH:CH\cdot[CH_2]_7\cdot CO_2Na$; *MG* 304.44; *F* 232–235. — *—K-Salz:* $CH_3\cdot[CH_2]_7\cdot CH:CH\cdot[CH_2]_7\cdot CO_2K$; *MG* 320.54; *F* 235–240. — *—-methylester:* $CH_3\cdot[CH_2]_7\cdot CH:CH\cdot[CH_2]_7\cdot CO_2\cdot CH_3$; *MG* 296.48; *JZ* 85.6; *Kp*$_{10}$ 189–191; D^{18} 0.879. — *—-äthylester:* $CH_3\cdot[CH_2]_7\cdot CH:CH\cdot[CH_2]_7\cdot CO_2\cdot C_2H_5$; *MG* 310.51; *JZ* 81.7; *Kp*$_{10}$ 205–208; D^{26} 0.8671.

2a/25 **Δ^9-Octadecensäure (trans-) (Elaidinsäure)**

MG 282.45 *JZ* 89.9 *NW* 198.6 *F* 51.5 (44–45) *Kp*$_{100}$ 288 D^{79} 0.851 n^{79} 1.440 $CH_3\cdot[CH_2]_7\cdot CH:CH\cdot[CH_2]_7\cdot CO_2H$

Charakteristik: Blatt. (A.); l. in Fettlsgm.; unl. in W.; starke Absorptionsbande d. Transkonfiguration b. 10,33 μ. — *B.:* Entsteht durch isomerisierende Mittel aus Ölsaure. — *—-methylester:* $CH_3\cdot[CH_2]_7\cdot CH:CH\cdot[CH_2]_7\cdot CO_2\cdot CH_3$; *MG* 296.48; *JZ* 85.6; *Kp*$_{18}$ 213.5; D^{15} 0.872. — *—-äthylester:* $CH_3\cdot[CH_2]_7\cdot CH:CH\cdot[CH_2]_7\cdot CO_2\cdot C_2H_5$; *MG* 310.51; *JZ* 81.7; *Kp*$_{15}$ 217–218.5; D^{18} 0.868.

2a/26 **Δ^{11}-Octadecensäure (trans-) (Vaccensäure)**

MG 282.45 *JZ* 89.9 *NW* 198.6 *F* 39 D^{70} 0.8560 n^{70} 1.4407 $CH_3\cdot[CH_2]_5\cdot CH:CH\cdot[CH_2]_9\cdot CO_2H$

Charakteristik: Krist. (Ac., Chlf.); starke Absorptionsbande d. Transkonfiguration b. 10,33 μ. — *V.:* Vor allem in Rinder-, Schaf- u. Butterfett. In kl. Mengen auch im Hammel- und Schweinefett sowie im Walöl.

2a/27 **Δ^9-Eicosensäure (Gadoleinsäure[1])**

MG 310.50 *JZ* 81.7 *NW* 180.7 *F* 24.5 $CH_3\cdot[CH_2]_9\cdot CH:CH\cdot[CH_2]_7\cdot CO_2H$

Charakteristik: Krist. (Ac.); l. in Fettlsgm. — *V.:* In vielen Fischölen, in Pflanzenölen. Diese Fettsaure oder ihre isomere Form in Glycerinphosphatiden des Gehirns.

2a/28 **Δ^{11}-Eicosensäure** (Ölsauretyp)

MG 310.50 *JZ* 81.7 *NW* 180.7 *F* 50 *Kp*$_{15}$ 267 $CH_3\cdot[CH_2]_7\cdot CH:CH\cdot[CH_2]_9\cdot CO_2H$

Charakteristik: Krist. (Ac.); l. in Fettlsgm. — *V.:* Im Jajoba-Öl.

2a/29 **Δ^{11}-Docosensäure (Cetoleinsäure)**

MG 338.55 *JZ* 74.9 *NW* 165.7 *F* 32–33 $CH_3\cdot[CH_2]_9\cdot CH:CH\cdot[CH_2]_9\cdot CO_2H$

Charakteristik: Nadeln od. Blatt. (PAe. od. 80%ig. A.). — *V.:* In vielen Fischölen.

2a/30 **Δ^{13}-Docosensäure (cis-) (Erucasäure)** (Ölsäuretyp)

MG 338.55 *JZ* 74.9 *NW* 165.7 *F* 33.5 *Kp*$_{10}$ 254.5 D^{55} 0.860 n^{44} 1.4480 $CH_3\cdot[CH_2]_7\cdot CH:CH\cdot[CH_2]_{11}\cdot CO_2H$

Charakteristik: Nadeln (A.); l. in Fettlsgm. — *V.:* In Pflanzenolen.

2a/31 **Δ^{13}-Docosensäure (trans-) (Brassidinsäure)**

MG 338.55 *JZ* 74.9 *NW* 165.7 *F* 60 *Kp*$_{30}$ 282 D^{57} 0.8585 n^{100} 1.4347 $CH_3\cdot[CH_2]_7\cdot CH:CH\cdot[CH_2]_{11}\cdot CO_2H$

Charakteristik: Blatt. (A.); l. in Ae.; wl. in W.; swl. in k. A.; starke Absorptionsbande d. Transkonfiguration b. 10,33 μ. — *B.:* Entsteht durch isomerisierende Mittel aus Erucasäure. — *Amid: F* 94.

---

[1] Die Bezeichnung Gadoleinsaure wird verschiedentlich fur die Δ^{11}-Eicosensäure verwendet.

2a/32 **Δ^{15}-Tetracosensäure (Nervonsäure, Selacholeinsäure)** (Ölsauretyp)

MG 366.61 *JZ* 69.2 *NW* 153.0 *F* 41.5–42

$CH_3 \cdot [CH_2]_7 \cdot CH:CH \cdot [CH_2]_{13} \cdot CO_2H$

Charakteristik: Blätt. (75%ig. A.), Krist. (Ac.); ll. in Ae., A., Ac. – *V.:* Im Leberöl vieler Knorpelfische, als Baustein d. Gehirncerebroside (Nervon). Ebenso als Fettsäurekomponente des Gehirnsphingomyelins.

2a/33 **Δ^{17}-Hexacosensäure (Ximensäure)** (Ölsauretyp)

MG 394.7 *JZ* 64.3 *NW* 142.2

$CH_3 \cdot [CH_2]_7 \cdot CH:CH \cdot [CH_2]_{15} \cdot CO_2H$

Charakteristik: Krist.; l. in Fettlsgm. – *V.:* Diese od. eine isomere Fettsäure in den Gehirncerebrosiden v. Menschen.

b) Mehrfach ungesättigte Monocarbonsäuren

2b/1 **$\Delta^{2,4}$-Hexadiensäure (Sorbinsäure)**

MG 112.12 *JZ* 452.8 *NW* 500.4 *F* 134.5 *Kp* 228 (Z.)

$CH_3 \cdot CH:CH \cdot CH:CH \cdot CO_2H$

Charakteristik: Nad. (A.); ll. in A., Ae., Lg.; l. in h. W.; swl. in k. W. – *V.:* Im Saft d. Vogelbeeren.

2b/2 **$\Delta^{6,9}$-Hexadecadiensäure** (Palmitoleinsäuretyp)

MG 252.39 *JZ* 201.1 *NW* 222.2

$CH_3 \cdot [CH_2]_5 \cdot CH:CH \cdot CH_2 \cdot CH:CH \cdot [CH_2]_4 \cdot CO_2H$

Charakteristik: Ölige Flüss.; l. in Fettlsgm. – *V.:* Im Körperfett des Herings, im Phytoplankton d. Meeres.

2b/3 **$\Delta^{7,10}$-Hexadecadiensäure** (Linolsäuretyp)

MG 252.39 *JZ* 201.1 *NW* 222.2

$CH_3 \cdot [CH_2]_4 \cdot CH:CH \cdot CH_2 \cdot CH:CH \cdot [CH_2]_5 \cdot CO_2H$

Charakteristik: Ölige Flüss.; l. in Fettlsgm. – *V.:* Im Körperfett d. Herings.

2b/4 **$\Delta^{9,12}$-Hexadecadiensäure**

MG 252.39 *JZ* 201.1 *NW* 222.2

$CH_3 \cdot [CH_2]_2 \cdot CH:CH \cdot CH_2 \cdot CH:CH \cdot [CH_2]_7 \cdot CO_2H$

Charakteristik: Ölige Flüss.; l. in Fettlsgm. – *V.:* Im Körperfett d. Herings, im Phytoplankton d. Meeres.

2b/5 **$\Delta^{4,7,10}$-Hexadecatriensäure** (Linolsäuretyp)

MG 250.37 *JZ* 304.0 *NW* 224.1

$CH_3 \cdot [CH_2]_4 \cdot CH:CH \cdot CH_2 \cdot CH:CH \cdot CH_2 \cdot CH:CH \cdot [CH_2]_2 \cdot CO_2H$

Charakteristik: Ölige Flüss.; l. in Fettlsgm. – *V.:* Im Körperfett d. Herings. Im Fett d. Süßwasseralge Scenedesmus obliquus.

2b/6 **$\Delta^{6,9,12}$-Hexadecatriensäure (Hiragonsäure[1])**

MG 250.37 *JZ* 304.0 *NW* 224.1 *D* 0.9288 n 1.4855

$CH_3 \cdot [CH_2]_2 \cdot CH:CH \cdot CH_2 \cdot CH:CH \cdot CH_2 \cdot CH:CH \cdot [CH_2]_4 \cdot CO_2H$

Charakteristik: Ölige Fluss.; l. in Fettlsgm. – *V.:* Im Körperfett von Sardine, Hering, im Rapsöl, im Phytoplankton d. Meeres. – *Hexabromid:* *F* 190.

2b/7 **$\Delta^{7,10,13}$-Hexadecatriensäure** (Linolensäuretyp)

MG 250.37 *JZ* 304.0 *NW* 224.1

$CH_3 \cdot CH_2 \cdot CH:CH \cdot CH_2 \cdot CH:CH \cdot CH_2 \cdot CH:CH \cdot [CH_2]_5 \cdot CO_2H$

Charakteristik: Ölige Fluss.; l. in Fettlsgm. – *V.:* Im Körperfett d. Herings. Im Fett d. Süßwasseralge Scenedesmus obliquus.

2b/8 **$\Delta^{9,12,15}$ Hexadecatriensäure**

MG 250.37 *JZ* 304.0 *NW* 224.1

$CH_2:CH \cdot CH_2 \cdot CH:CH \cdot CH_2 \cdot CH:CH \cdot [CH_2]_7 \cdot CO_2H$

Charakteristik: Ölige Flüss.; l. in Fettlsgm.; starke Absorptionsbande d. Vinylgruppe im IR bei 10^3 cm^{-1} (10 µ). – *V.:* Im Körperfett d. Herings.

---

[1] Hiragonsäure wurde ursprünglich eine $\Delta^{6,10,14}$-Hexadecatriensäure genannt, deren Vorkommen jedoch unwahrscheinlich ist.

2b/9 $\Delta^{4,7,10,13}$-Hexadecatetraensäure (Linolensäuretyp)
MG 248.36 *JZ* 408.5 *NW* 225.9

$CH_3 \cdot CH_2 \cdot CH:CH \cdot CH_2 \cdot CH:CH \cdot CH_2 \cdot CH:CH \cdot CH_2 \cdot CH:CH \cdot [CH_2]_2 \cdot CO_2H$

Charakteristik: Ölige Flüss.; l. in Fettlsgm. — *V.:* Im Körperfett von Hering u. Sardine, im Fett d. Süßwasseralge Scenedesmus obliquus.

2b/10 $\Delta^{6,9,12,15}$-Hexadecatetraensäure
MG 248.36 *JZ* 408.5 *NW* 225.9

$CH_2:CH \cdot CH_2 \cdot CH:CH \cdot CH_2 \cdot CH:CH \cdot CH_2 \cdot CH:CH \cdot [CH_2]_4 \cdot CO_2H$

Charakteristik: Ölige Fluss.; l. in Fettlsgm.; starke Absorptionsbande d. Vinylgruppe im IR bei 10^3 cm^{-1} (10 μ). — *V.:* Im Körperfett der Heringe u. südafrikan. Sardine, im Phytoplankton d. Meeres.

2b/11 $\Delta^{6,9}$-Octadecadiensäure (Ölsäuretyp)
MG 280.44 *JZ* 181.1 *NW* 200.1

$CH_3 \cdot [CH_2]_7 \cdot CH:CH \cdot CH_2 \cdot CH:CH \cdot [CH_2]_4 \cdot CO_2H$

Charakteristik: Ölige Fluss.; l. in Fettlsgm. — *V.:* Im Heringsöl.

2b/12 $\Delta^{9,12}$-Octadecadiensäure (Linolsäure)
MG 280.44 *JZ* 181.1 *NW* 200.1 *F* −5.8 bis −5.0 (−11) Kp_{14} 202 *D* 0.9025 n 1.4699

$CH_3 \cdot [CH_2]_4 \cdot CH:CH \cdot CH_2 \cdot CH:CH \cdot [CH_2]_7 \cdot CO_2H$

Charakteristik: Ölige Fluss.; l. in Fettlsgm. — *V.:* Reichlich in pflanzl. Ölen u. im Depotfett v. Land- u. Wassertieren, in den Glycerinphosphatiden tier. Organe, in d. Cholesterinestern. — *Tetrabromid:* *F* 114—115. — *—-methylester:* $CH_3 \cdot [CH_2]_4 \cdot CH:CH \cdot CH_2 \cdot CH:CH \cdot [CH_2]_7 \cdot CO_2 \cdot CH_3$; *MG* 294.46; *JZ* 172.4; Kp_{11} 207—208; D^{18} 0.889. — *—-äthylester:* $CH_3 \cdot [CH_2]_4 \cdot CH:CH \cdot CH_2 \cdot CH:CH \cdot [CH_2]_7 \cdot CO_2 \cdot C_2H_5$; *MG* 308.49; *JZ* 164.5; Kp_{180} 270—275; *D* 0.8865.

2b/13 $\Delta^{9,11,13}$-Octadecatriensäure (cis-) (α-Eläostearinsäure)
MG 278.42 *JZ* 273.3 *NW* 201.5 *F* 48—49 Kp_{12} 235 D^{56} 0.8980 n^{56} 1.5080

$CH_3 \cdot [CH_2]_3 \cdot [CH:CH]_3 \cdot [CH_2]_7 \cdot CO_2H$

Charakteristik: Blätt. od. Nadeln (A.); l. in Fettlsgm. Geht b. Belichtung od. Erhitzen leicht in d. trans-Form über. — *V.:* Im Chinaholzöl, in einig. Pflanzenölen.

2b/14 $\Delta^{9,11,13}$-Octadecatriensäure (trans-) (β-Eläostearinsäure)
MG 278.42 *JZ* 273.3 *NW* 201.5 *F* 72 D^{80} 0.8839 n^{74} 1.5000

$CH_3 \cdot [CH_2]_3 \cdot [CH:CH]_3 \cdot [CH_2]_7 \cdot CO_2H$

Charakteristik: Krist. (A., Me., CCl_4); l. in Fettlsgm. — *B.:* Aus α-Eläostearinsäure b. Belichtung od. Erhitzen.

2b/15 $\Delta^{6,9,12}$-Octadecatriensäure (Linolsäuretyp)
MG 278.42 *JZ* 273.3 *NW* 201.5

$CH_3 \cdot [CH_2]_4 \cdot CH:CH \cdot CH_2 \cdot CH:CH \cdot CH_2 \cdot CH:CH \cdot [CH_2]_4 \cdot CO_2H$

Charakteristik: Ölige Fluss.; l. in Fettlsgm. — *V.:* Im Heringsöl.

2b/16 $\Delta^{9,12,15}$-Octadecatriensäure (Linolensäure)
MG 278.42 *JZ* 273.3 *NW* 201.5 *F* −11.2 bis −11.0*, −14.5 bis −14.4** Kp_{17} 230 bis 232 *D* 0.9046 n 1.4780*, 1.4795**

$CH_3 \cdot CH_2 \cdot CH:CH \cdot CH_2 \cdot CH:CH \cdot CH_2 \cdot CH:CH \cdot [CH_2]_7 \cdot CO_2H$

Charakteristik: Ölige Fluss.; l. in Fettlsgm. — *V.:* In vielen pflanzl. Fetten, nur in kleinen Mengen im tier. Depotfett, in den Glycerinphosphatiden tier. Organe. — *Hexabromid:* *F* 180—181. — *—-äthylester:* $CH_3 \cdot CH_2 \cdot CH:CH \cdot CH_2 \cdot CH:CH \cdot CH_2 \cdot CH:CH \cdot [CH_2]_7 \cdot CO_2 \cdot C_2H_5$; *MG* 306.47; *JZ* 248.2; $Kp_{0,001}$ 123—133; *D* 0.8919.

2b/17 $\Delta^{6,9,12,15}$-Octadecatetraensäure (Moroctsäure[1], Stearidonsäure[1]) (Linolensäuretyp)
MG 276.41 *JZ* 367.3 *NW* 203.0 *D* 0.9297 n 1.4911

$CH_3 \cdot CH_2 \cdot CH:CH \cdot CH_2 \cdot CH:CH \cdot CH_2 \cdot CH:CH \cdot CH_2 \cdot CH:CH \cdot [CH_2]_4 \cdot CO_2H$

Charakteristik: Ölige Flüss.; l. in Fettlsgm. — *V.:* Im Körperfett v. Hering u. Sardine.

---

* Für das nach d. Krist.-Methode gewonnene Produkt.

** Für das aus d. Bromkörper regenerierte Produkt.

[1] Diese Bezeichnung gab man ursprünglich einer $\Delta^{4,8,12,15}$-Octadecatetraensäure, deren Vorkommen aber unwahrscheinlich ist.

2b/18 **$\Delta^{9,11,13,15}$-Octadecatetraensäure (Parinarsäure)**

MG 276.41 *JZ* 367.3 *NW* 203.0 *F* 85–86 $CH_3 \cdot CH_2 \cdot [CH:CH]_4 \cdot [CH_2]_7 \cdot CO_2H$

Charakteristik: Krist.; l. in Fettlsgm. — *V.:* Im Samenfett d. Parinarium laurinum.

2b/19 **$\Delta^{8,11}$-Eicosadiensäure** (Ölsäuretyp) $CH_3 \cdot [CH_2]_7 \cdot CH:CH \cdot CH_2 \cdot CH:CH \cdot [CH_2]_6 \cdot CO_2H$

MG 308.49 *JZ* 164.5 *NW* 181.9

Charakteristik: Ölige Flüss.; l. in Fettlsgm. — *V.:* Im Heringsöl, in d. Glycerinphosphatiden d. Leber (Rind).

2b/20 **$\Delta^{11,14}$-Eicosadiensäure** (Linolsäuretyp) $CH_3 \cdot [CH_2]_4 \cdot CH:CH \cdot CH_2 \cdot CH:CH \cdot [CH_2]_9 \cdot CO_2H$

MG 308.49 *JZ* 164.5 *NW* 181.9

Charakteristik: Ölige Flüss.; l. in Fettlsgm. — *V.:* In d. Glycerinphosphatiden d. Leber (Rind) u. d. Gehirns (Mensch), im Leberöl v. Hai, im Heringsöl.

2b/21 **$\Delta^{5,8,11}$-Eicosatriensäure** (Ölsäuretyp) $CH_3 \cdot [CH_2]_7 \cdot CH:CH \cdot CH_2 \cdot CH:CH \cdot CH_2 \cdot CH:CH \cdot [CH_2]_3 \cdot CO_2H$

MG 306.47 *JZ* 248.2 *NW* 183.1

Charakteristik: Ölige Flüss.; l. in Fettlsgm. — *V.:* Im Heringsöl, in d. Glycerinphosphatiden d. Gehirns (Mensch), d. Leber (Rind; bes. reichhaltig in fettfrei ernährten Ratten) u. d. Nebennieren (Rind).

2b/22 **$\Delta^{7,10,13}$-Eicosatriensäure** (Palmitoleinsäuretyp) $CH_3 \cdot [CH_2]_5 \cdot CH:CH \cdot CH_2 \cdot CH:CH \cdot CH_2 \cdot CH:CH \cdot [CH_2]_5 \cdot CO_2H$

MG 306.47 *JZ* 248.2 *NW* 183.1

Charakteristik: Ölige Flüss.; l. in Fettlsgm. — *V.:* In d. Glycerinphosphatiden der Leber fettfrei ernahrter Ratten.

2b/23 **$\Delta^{8,11,14}$-Eicosatriensäure** (Linolsauretyp) $CH_3 \cdot [CH_2]_4 \cdot CH:CH \cdot CH_2 \cdot CH:CH \cdot CH_2 \cdot CH:CH \cdot [CH_2]_6 \cdot CO_2H$

MG 306.47 *JZ* 248.2 *NW* 183.1

Charakteristik: Ölige Flüss.; l. in Fettlsgm. — *V.:* Im Heringsöl u. Hailebertran, in d. Glycerinphosphatiden d. Gehirns (Mensch), d. Leber (Rind), d. Nebennieren (Rind).

2b/24 **$\Delta^{5,8,11,14}$-Eicosatetraensäure (Arachidonsäure)** (Linolsäuretyp)

MG 304.46 *JZ* 333.5 *NW* 184.3 *F* −49.5 n 1.8482 $CH_3 \cdot [CH_2]_4 \cdot CH:CH \cdot CH_2 \cdot CH:CH \cdot CH_2 \cdot CH:CH \cdot CH_2 \cdot CH:CH \cdot [CH_2]_3 \cdot CO_2H$

Charakteristik: Ölige Flüss.; l. in Fettlsgm. — *V.:* In Fischtranen, in d. Glycerinphosphatiden u. Cholesterinestern tier. Organe. — *Octabromid: F* 242 (Z.). — *—methylester:* $CH_3 \cdot [CH_2]_3 \cdot [CH_2 \cdot CH:CH]_4 \cdot [CH_2]_3 \cdot CO_2 \cdot CH_3$; *MG* 318.49; *JZ* 318.9; $Kp_{0,0001}$ 125–127; n 1.4800.

2b/25 **$\Delta^{8,11,14,17}$-Eicosatetraensäure** (Linolensäuretyp) $CH_3 \cdot CH_2 \cdot CH:CH \cdot CH_2 \cdot CH:CH \cdot CH_2 \cdot CH:CH \cdot CH_2 \cdot CH:CH \cdot [CH_2]_6 \cdot CO_2H$

MG 304.46 *JZ* 333.5 *NW* 184.3

Charakteristik: Ölige Flüss.; l. in Fettlsgm. — *V.:* Im Heringsöl, in den Glycerinphosphatiden der Leber (Rind).

2b/26 **$\Delta^{5,8,11,14,17}$-Eicosapentaensäure (Timnodonsäure[1])** (Linolensauretyp) $CH_3 \cdot CH_2 \cdot CH:CH \cdot CH_2 \cdot CH:CH \cdot CH_2 \cdot CH:CH \cdot CH_2 \cdot CH:CH \cdot CH_2 \cdot CH:CH \cdot [CH_2]_3 \cdot CO_2H$

MG 302.44 *JZ* 419.3 *NW* 185.5 n 1.49865

Charakteristik: Ölige Flüss.; l. in Fettlsgm. — *V.:* Reichlich in Fischölen, in den Glycerinphosphatiden und Cholesterinestern tier. Organe. — *—methylester:* $CH_3 \cdot [CH_2 \cdot CH:CH]_5 \cdot [CH_2]_3 \cdot CO_2 \cdot CH_3$; *MG* 316.47; *JZ* 401.0; $Kp_{0,0001}$ 112–114; n 1.48995.

2b/27 **$\Delta^{10,13}$-Docosadiensäure** (Ölsäuretyp) $CH_3 \cdot [CH_2]_7 \cdot CH:CH \cdot CH_2 \cdot CH:CH \cdot [CH_2]_8 \cdot CO_2H$

MG 336.54 *JZ* 150.9 *NW* 166.7

Charakteristik: L. in Fettlsgm. — *V.:* In d. Glycerinphosphatiden d. Leber (Rind).

2b/28 **$\Delta^{11,14}$-Docosadiensäure** $CH_3 \cdot [CH_2]_6 \cdot CH:CH \cdot CH_2 \cdot CH:CH \cdot [CH_2]_9 \cdot CO_2H$

MG 336.54 *JZ* 150.9 *NW* 166.7

Charakteristik: L. in Fettlsgm. — *V.:* Im Hailebertran.

---

[1] Timnodonsäure wurde ursprünglich eine $\Delta^{4,8,12,15,18}$-Eicosapentaensäure benannt, deren Vorkommen aber unwahrscheinlich ist.

2b/29 $\Delta^{7,10,13}$-**Docosatriensäure** (Ölsauretyp)
MG 334.52 *JZ* 227.4 *NW* 167.7

$CH_3 \cdot [CH_2]_7 \cdot CH:CH \cdot CH_2 \cdot CH:CH \cdot CH_2 \cdot CH:CH \cdot [CH_2]_5 \cdot CO_2H$

Charakteristik: Ölige Flüss.; l. in Fettlsgm. — *V.:* In d. Glycerinphosphatiden d. Gehirns (Mensch) u. d. Leber (Rind).

2b/30 $\Delta^{8,11,14}$-**Docosatriensäure**
MG 334.52 *JZ* 227.4 *NW* 167.7

$CH_3 \cdot [CH_2]_6 \cdot CH:CH \cdot CH_2 \cdot CH:CH \cdot CH_2 \cdot CH:CH \cdot [CH_2]_6 \cdot CO_2H$

Charakteristik: Ölige Fluss.; l. in Fettlsgm. — *V.:* Im Hailebertran.

2b/31 $\Delta^{4,7,10,13}$-**Docosatetraensäure** (Ölsauretyp)
MG 332.51 *JZ* 305.4 *NW* 168.7

$CH_3 \cdot [CH_2]_7 \cdot CH:CH \cdot CH_2 \cdot CH:CH \cdot CH_2 \cdot CH:CH \cdot CH_2 \cdot CH:CH \cdot [CH_2]_2 \cdot CO_2H$

Charakteristik: Ölige Flüss.; l. in Fettlsgm. — *V.:* In d. Glycerinphosphatiden d. Gehirns (Mensch).

2b/32 $\Delta^{7,10,13,16}$-**Docosatetraensäure** (Linolsäuretyp)
MG 332.51 *JZ* 305.4 *NW* 168.7

$CH_3 \cdot [CH_2]_4 \cdot CH:CH \cdot CH_2 \cdot CH:CH \cdot CH_2 \cdot CH:CH \cdot CH_2 \cdot CH:CH \cdot [CH_2]_5 \cdot CO_2H$

Charakteristik: Ölige Fluss.; l. in Fettlsgm. — *V.:* In d. Glycerinphosphatiden d. Gehirns (Mensch), d. Leber (Rind) u. d. Nebenniere (Rind).

2b/33 $\Delta^{4,7,10,13,16}$-**Docosapentaensäure** (Linolsäuretyp)
MG 330.49 *JZ* 384.0 *NW* 169.8

$CH_3 \cdot [CH_2]_4 \cdot CH:CH \cdot CH_2 \cdot CH:CH \cdot CH_2 \cdot CH:CH CH_2 \cdot CH:CH \cdot [CH_2]_2 \cdot CO_2H$

Charakteristik: Ölige Flüss.; l. in Fettlsgm. — *V.:* In d. Gehirnglycerinphosphatiden d. Menschen, in vielen Fischölen.

2b/34 $\Delta^{7,10,13,16,19}$-**Docosapentaensäure** (Linolensäuretyp)
MG 330.49 *JZ* 384.0 *NW* 169.8

$CH_3 \cdot CH_2 \cdot CH:CH \cdot CH_2 \cdot CH:CH \cdot CH_2 \cdot CH:CH \cdot CH_2 \cdot CH:CH \cdot CH_2 \cdot CH:CH \cdot [CH_2]_5 \cdot CO_2H$

Charakteristik: Ölige Fluss.; l. in Fettlsgm. — *V.:* In den Glycerinphosphatiden d. Gehirns (Mensch), d. Leber (Rind) u. d. Nebennieren (Rind), im Körperfett d. Herings u. d. Sardine.

2b/35 $\Delta^{4,7,10,13,16,19}$-**Docosahexaensäure (Clupanodonsäure**[1]**)** (Linolensäuretyp)
MG 328.47 *JZ* 463.5 *NW* 170.8

$CH_3 \cdot CH_2 \cdot CH:CH \cdot CH_2 \cdot CH:CH \cdot CH_2 \cdot CH:CH \cdot CH_2 \cdot CH:CH \cdot CH_2 \cdot CH:CH \cdot CH_2 \cdot CH:CH \cdot [CH_2]_2 \cdot CO_2H$

Charakteristik: Ölige Flüss.; l. in Fettlsgm. — *V.:* In d. Glycerinphosphatiden d. Gehirns (Mensch) u. d. Leber (Rind, Ratte), in Fischtranen.

2b/36 $\Delta^{9,12,15,18}$-**Tetracosatetraensäure** (Linolsäuretyp)
MG 360.56 *JZ* 281.6 *NW* 155.6

$CH_3 \cdot [CH_2]_4 \cdot CH:CH \cdot CH_2 \cdot CH:CH \cdot CH_2 \cdot CH:CH \cdot CH_2 \cdot CH:CH \cdot [CH_2]_7 \cdot CO_2H$

Charakteristik: Ölige Flüss.; l. in Fettlsgm. — *V.:* In d. Gehirnglycerinphosphatiden v. Menschen.

Extinktionen der Polyenfettsäuren im ultravioletten Spektralbereich

In der Natur vorkommende, mehrfach ungesättigte n-Fettsäuren besitzen isolierte Doppelbindungen, die durch Behandlung im alkalischen Milieu bei höherer Temperatur wenigstens teilweise in konjugierte Doppelbindungen umgewandelt werden können. Hierdurch entstehen bestimmte Absorptionsbande im UV-Bereich, die nicht nur ihren spektroskopischen Nachweis, sondern auch eine Berechnung der Polyensaurenzusammensetzung von Fettsäuregemischen erlauben [*1*, *2*]; zusammenfassende Übersicht uber das Verfahren: [*3*].

Die in der folgenden Tabelle wiedergegebenen spezifischen Extinktionen der Gemische reiner Polyensauren sind von *E. Klenk* u. Mitarb. [*4*] durch Alkaliisomerisierung nach *Holman* und *Burr* [*5*] in der Modifikation von *Klenk* und *Lindlar* [*6*] erhalten worden.

[*1*] *Riemenschneider, R. W.:* J. Amer. Oil Chem. Soc. **31**, 517 (1954).
[*2*] *Leupold, F.* u. *D. Eberhagen:* Klin. Wschr. **36**, 484 (1958).
[*3*] *Holman, R. T.:* Measurement of polyunsaturated fatty acids, in: Methods of biochemical analysis, Bd. **IV**, New York 1957.

[1] Als Clupanodonsaure wurde fruher eine $\Delta^{4,7,12,15,19}$-Docosapentaensaure bezeichnet.

[4] *Klenk, E.* u. *F. Lindlar:* Z. physiol. Chem. **301**, 156 (1955). — *Klenk, E.* u. *H. Brockerhoff:* Z. physiol. Chem. **307**, 272 (1957). — *Klenk, E.* u. *H. J. Tomuschat:* Z. physiol. Chem. **308**, 165 (1957). — *Klenk, E.* u. *H. Brockerhoff:* Z. physiol. Chem. **310**, 153 (1958). — *Klenk, E.* u. *H. Steinbach:* Z. physiol. Chem. **316**, 31 (1959). — *Klenk, E.* u. *W. Knipprath:* Z. physiol. Chem. **317**, 243 (1959). — *Klenk, E.* u. *D. Eberhagen:* Z. physiol. Chem. **322**, 258 (1960). — *Klenk, E.* u. *W. Montag:* Liebigs Ann. **604**, 4 (1957); J. Neurochem. **2**, 233 (1958).
[5] *Holman, R. T.* u. *G. O. Burr:* Arch. Biochem. **19**, 474 (1948).
[6] *Klenk, E.* u. *F. Lindlar:* Z. physiol. Chem. **299**, 74 (1955).

	Spezifische Extinktionen $[E]^{1\%}_{1cm}$ bei den Wellenlängen (mμ)				
	234	268	300	346	374
C_{16}-Diensaure	975	—	—	—	—
-Triensäure	675	760	—	—	—
-Tetraensäure	415	550	1180	—	—
C_{18}-Diensäure	890	—	—	—	—
-Triensäure	535	870	—	—	—
-Tetraensäure	560	560	650	—	—
C_{20}-Diensäure	620	—	—	—	—
-Triensäure	614	665	—	—	—
-Tetraensäure	460	490	760	—	—
-Pentaensaure	410	350	510	700	—
C_{22}-Diensäure		—	—	—	—
-Triensäure	600	610	—	—	—
-Tetraensäure	375	400	470	—	—
-Pentaensäure	400	400	500	645	—
-Hexaensäure	645	580	520	488	350

3. Monocarbonsäuren mit einer Dreifachbindung

3/1 6-Octadecinsäure (Taririnsäure)
MG 280.44 *NW* 200.1 *F* 50.5 $CH_3 \cdot [CH_2]_{10} \cdot C \vdots C \cdot [CH_2]_4 \cdot CO_2H$

Charakteristik: Krist. (A.). — *V.:* An Glycerin gebunden im Fett v. Früchten d. Picramnia-Arten.

3/2 9-Octadecinsäure (Stearolsäure)
MG 280.44 *NW* 200.1 *F* 48.5 *Kp* 260 $CH_3 \cdot [CH_2]_7 \cdot C \vdots C \cdot [CH_2]_7 \cdot CO_2H$

Charakteristik: Prismen (A.); ll. in h. A., in Ae.; wl. in k. A.; unl. in W. — *Amid: F* 88.

3/3 13-Docosinsäure (Behenolsäure)
MG 336.54 *NW* 166.7 *F* 57.5 $CH_3 \cdot [CH_2]_7 \cdot C \vdots C \cdot [CH_2]_{11} \cdot CO_2H$

Charakteristik: Nadeln (A.); ll. in A., Ae.; unl. in W. — *Amid: F* 92.

4. Hydroxy- und Keto-monocarbonsäuren

4/1 Glykolsäure (Äthanolsäure, Oxyessigsäure)
MG 76.05 *NW* 737.7 *F* α: 63, β: 79 *Kp* (Z.) $CH_2(OH) \cdot CO_2H$

Charakteristik: Schw. hygroskop. Nadeln (W.), Blätt. (Ae.); l. in W., A., Ae. — *V.:* In Rohrzuckermelasse, unreifen Weintrauben. — —*-methylester:* $HOCH_2 \cdot CO_2 \cdot CH_3$; *MG* 90.08; *Kp* 151.2; D_4^{18} 1.168. — —*-äthylester:* $HOCH_2 \cdot CO_2 \cdot C_2H_5$; *MG* 104.10; *Kp* 160; D_4^{23} 1.0826.

4/2 Glyoxylsäure (Äthanalsäure, Oxoessigsäure)
MG 74.05 *NW* 757.7 *F* 98 (Z.) $OCH \cdot CO_2H$

Charakteristik: Krist.; + $^1/_2 H_2O$: *F* 70—75; a. d. Luft zerfließl.; sll. in W. (Lsg. blaßgelb); wl. in A., Ae., Bzl; + Indigolsg. + H_2SO_4 → rote Farbe. — *V.:* In unreifen Früchten zuweilen in größ. Mengen.

4/3 DL-Milchsäure (Gärungsmilchsäure, racem. Milchsäure, α-Oxypropionsäure)

MG 90.08 *NW* 622.8 *F* 18 Kp_{15} 122 (bei 760 Torr Z.) D^{15} 1.249 n 1.4414 *pK* 3.13 — $CH_3 \cdot CH(OH) \cdot CO_2H$

Charakteristik: Hygroskop. Krist.; flucht. mit uberhitzt. W.-Dampf v. 1,2 atu; ∞ in W., A., Glycerin; l. in Ae.; unl. in PAe., Chlf., CS_2. Wird Milchsaure uber 50% konzentriert, geht sie teilweise in d. Anhydrid uber. Die 85—90%ige d. Handels enthalt 10—15% Anhydrid. — *V.:* In saurer Milch, im Sauerkraut, im sauren Silofutter u. bei ahnlichen Gärungsvorgangen. — *Amid:* *F* 74. — —*-methylester:* $CH_3 \cdot CH(OH) \cdot CO_2 \cdot CH_3$; *MG* 104.10; *Kp* 144.8; D_4^0 1.118; n^{16} 1.4156. — —*-äthylester:* $CH_3 \cdot CH(OH) \cdot CO_2 \cdot C_2H_5$; *MG* 118.13; *Kp* 154.5; *D* 1.031; n 1.4125. — —*-nitril:* $CH_3 \cdot CH(OH) \cdot CN$; *MG* 71.08; *F* —40.0; *Kp* 183 (Z.); *D* 0.992; n^{18} 1.4058.

4/4 L-(+)-Milchsäure (Fleischmilchsäure)

MG 90.08 *NW* 622.8 *F* 25—26 *Kp* (Z.) — $CH_3 \cdot CH(OH) \cdot CO_2H$

Charakteristik: Zerfließl. Prismen; l. in W., A., Ac. — *V.:* Im Muskel, in saurer Milch, Stoffwechselprod. versch. Mikroorganismen.

4/5 D-(—)-Milchsäure

MG 90.08 *NW* 622.8 *F* 25—26 *Kp* (Z.) *D* 1.2485 $[\alpha]_D^{20}$ + 3.3° (W.; 5%ig. Lsg.) — $CH_3 \cdot CH(OH) \cdot CO_2H$

Charakteristik: Zerfließl. Prismen; l. in W., A., Ae.

4/6 Milchsäure-anhydrid

MG 162.14 *F* 260 (Z.) *Kp* Z. — $[CH_3 \cdot CH(OH) \cdot CO]_2O$

Charakteristik: Farbl. od. schw. gelbe, amorphe, leicht schmelzbare Masse od. sirupöse Fluss.; ll. in A., Ae.; wl. in k. W.; wird leicht hydrolysiert u. gelöst d. sd. W. — Beim Erh. von Milchsre. auf 180—220° u. unt. 25 Torr bildet sich das cyclische DL-Lactid.

4/7 Hydracrylsäure (Propanol-(3)-säure-(1), β-Oxyäthan-α-carbonsäure, β-Oxypropionsäure)

MG 90.08 *NW* 622.8 *Kp* (Z.) — $CH_2(OH) \cdot CH_2 \cdot CO_2H$

Charakteristik: Sirupöse Fluss.; ∞ in W.; l. in A. — Beim Erhitzen → Acrylsaure + H_2O. — *Zn-Salz* + 4H_2O: *F* 60. — —*-nitril:* $HOCH_2 \cdot CH_2 \cdot CN$; *MG* 71.08; Kp_{793} 221; D_4^0 1.059.

4/8 Brenztraubensäure

MG 88.06 *NW* 637.1 *F* 13.6 *Kp* 165 (Z.) D_{25}^{25} 1.2649 $n^{15.8}$ 1.43025 *pK* 2.25 — $CH_3 \cdot CO \cdot CO_2H$

Charakteristik: Farbl. Flüss.; nach Essigsre. riechend; ∞ W., A., Ae. — *V.:* Wichtiges Stoffwechselzwischenprodukt. — *Amid:* *F* 124—125. — —*-methylester:* $CH_3 \cdot CO \cdot CO_2 \cdot CH_3$; *MG* 102.09; *Kp* 137; D^0 1.154. — —*-äthylester:* $CH_3 \cdot CO \cdot CO_2 \cdot C_2H_5$; *MG* 116.11; *Kp* 155; D^{15} 1.060; $n^{15.6}$ 1.4083. — —*-nitril:* $CH_3 \cdot CO \cdot CN$; *MG* 69.06; *Kp* 93; *D* 0.975.

4/9 β-Hydroxybuttersäure

MG 104.10 *NW* 538.9 *F* 49—50 Kp_{12} 130 L-Form: $[\alpha]_D^0$ —24.9° (c = 5) D-Form: $[\alpha]_D^{10}$ +24.3° (c = 2.226) — $CH_3 \cdot CH(OH) \cdot CH_2 \cdot CO_2H$

Charakteristik: Hygroskop. monokline Krist.; ll. in W., A., Ae.; swl. in Bzl.; bei Erhitzen → Crotonsre. + H_2O. — *V.:* L-Form: Im normalen tier. Organismus, im Harn v. Diabetikern (~30 g pro Tag). D-Form: Bldg. durch Aspergillus niger aus DL-Form.

4/10 Acetessigsäure (3-Keto-buttersäure)

MG 102.09 *NW* 549.6 *Kp* b. 100 (Z.) — $CH_3 \cdot CO \cdot CH_2 \cdot CO_2H$

Charakteristik: Sirupöse Flüss., stark sauer, aber instabil; ∞ in W., A. Bei Erhitzen → Aceton + CO_2. — *V.:* Intermediärprodukt d. Fettsaureabbaus. Tritt gehauft bei Diabetes mellitus auf u. wird im Urin ausgeschieden. — *Anilid:* *F* 85. — —*-methylester:* $CH_3 \cdot CO \cdot CH_2 \cdot CO_2 \cdot CH_3$; *MG* 116.11; *F* —80; *Kp* 169—170 (Z.); *D* 1.077; n 1.41837. — —*-athylester:* $CH_3 \cdot CO \cdot CH_2 \cdot CO_2 \cdot C_2H_5$; *MG* 130.13; *F* —39; $Kp_{12.5}$ 71; *D* 1.020; n 1.4198. — *Enolform:* *F* —44.

4/11 Lävulinsäure (4-Oxopentansäure, γ-Ketovaleriansäure, Acetopropionsäure)

MG 116.11 *NW* 483.2 *F* 37.2 Kp_{10} 137—139 *D* 1.1395 n^{17} 1.4429 — $CH_3 \cdot CO \cdot CH_2 \cdot CH_2 \cdot CO_2H$

Charakteristik: Blatt.; ll. in W., A., Ae. — *Semicarbazon:* *F* 187 (Z.) — —*-athylester:* $CH_3 \cdot CO \cdot CH_2 \cdot CH_2 \cdot CO_2 \cdot C_2H_5$; *MG* 144.17; *Kp* 205.2; *D* 1.01346; $n^{18.2}$ 1.4242.

4/12 **10-Hydroxy-Δ^2-dec(yl)ensäure**
MG 186.24 *JZ* 136.3 *NW* 301.2 *F* 54–56 $CH_2(OH)\cdot[CH_2]_6\cdot CH:CH\cdot CO_2H$

Charakteristik: Krist. – *V.:* In freier Form im Kopfdrüsensekret d. Honigbiene (Weiselzellenfuttersaft, „Gelée royale").

4/13 **9-Keto-Δ^2-dec(yl)ensäure**
MG 184.23 *JZ* 137.8 *NW* 304.5 *F* 45–50 $CH_3\cdot CO\cdot[CH_2]_5\cdot CH:CH\cdot CO_2H$

Charakteristik: Krist. (A.). – *V.:* Im Sekret d. Bienenköniginnen (Koniginnensubstanz). – *Wi.:* Verhindert die Aufzucht neuer Königinnen.

4/14 **Sabininsäure (12-Hydroxylaurinsäure)**
MG 216.31 *NW* 259.5 *F* 84 $CH_2(OH)\cdot[CH_2]_{10}\cdot CO_2H$

Charakteristik: Krist. (Bzl.); ll. in A.; l. in h. Bzl., zu 10% in Ac.; swl. in k. Bzl. – *V.:* Im Wachs von Coniferen. – *Acetylsabininsaure:* *F* 43.

4/15 **Ipurolsäure (3,11-Dihydroxymyristinsäure)**
MG 260.2 *NW* 215.6 *F* 100–101 $CH_3\cdot[CH_2]_2\cdot CH(OH)\cdot[CH_2]_7\cdot CH(OH)\cdot CH_2\cdot CO_2H$

Charakteristik: Nad.; l. in Ae., Chlf. – *V.:* Im Jalapenharz (aus den Wurzeln von Ipomoea purga Hayne u. I. purpurea Roth).

4/16 **Convolvulinolsäure (11-Hydroxypentadecansäure)**
MG 258.2 *NW* 217.3 *F* 63.5–64 $CH_3\cdot(CH_2)_3\cdot CH(OH)\cdot(CH_2)_9\cdot CO_2H$

Charakteristik: Nadeln (A.); l. in Ae., PAe., Chlf., A. – *V.:* Im Convolvulinharz.

4/17 **Jalapinolsäure (11-Hydroxypalmitinsäure)**
MG 272.42 *NW* 206.0 *F* 68–69
$[\alpha]_D$ +0.98° (Chlf.) $CH_3\cdot[CH_2]_4\cdot CH(OH)\cdot[CH_2]_9\cdot CO_2H$

Charakteristik: Nadeln (verd. Essigsre.); ll. in A., Ae., PAe.; unl. in W. – *V.:* In Wurzeln v. Convolvulus scammonia u. Ipomoea oricabensis.

4/18 **Juniperinsäure (16-Hydroxypalmitinsäure)**
MG 272.42 *NW* 206.0 *F* 95 $CH_2(OH)\cdot[CH_2]_{14}\cdot CO_2H$

Charakteristik: Krist. (Bzl.); ll. in A.; wl. in h. Ae., Bzl.; swl. in W. 100°, 40 Ac., k. Ae., Bzl.; unl. in k. W. – *V.:* Im Wachs von Coniferen. – *Acetylderivat:* *F* 63.

4/19 **Dihydroxystearinsäure (9,10-Dihydroxyoctadecansäure)**
MG 316.47 *NW* 177.3 *F* cis 95, trans 131.5 $CH_3\cdot[CH_2]_7\cdot[CH(OH)]_2\cdot[CH_2]_7\cdot CO_2H$

Charakteristik: Blätt. (A.); wl. in W.; 0.59 A. 19°, 0.19 Ae. 18°. – *V.:* Im Ricinusöl.

4/20 **Ricinolsäure (12-Hydroxy-ölsäure)**
MG 298.45 *JZ* 85.0 *NW* 188.0 *F* α: 7.7, β: 16.0, γ: 5.5 Kp_{15} 250 $D^{27.4}$ 0.940 n 1.4716 $[\alpha]_D^{7.5}$ +6.25° (Ac.) $CH_3\cdot[CH_2]_5\cdot CH(OH)\cdot CH_2\cdot CH:CH\cdot[CH_2]_7\cdot CO_2H$

Charakteristik: Krist.; ∞ A., Ae.; l. in Chlf., Ac., PAe. – *V.:* Hauptbestandteil d. Ricinusöls. – *--methylester:* $CH_3\cdot[CH_2]_5\cdot CH(OH)\cdot CH_2\cdot CH:CH\cdot[CH_2]_7\cdot CO_2\cdot CH_3$; *MG* 312.48; *JZ* 81.2; Kp_{15} 225–227; D^{22} 0.9236; n^{22} 1.4588; $[\alpha]_D^{22}$ +5.05. – *--äthylester:* $CH_3\cdot[CH_2]_5\cdot CH(OH)\cdot CH_2\cdot CH:CH\cdot[CH_2]_7\cdot CO_2\cdot C_2H_5$; *MG* 326.50; *JZ* 77.7; Kp_{10} 227–230; D^{22} 0.9145; n^{22} 1.4618; $[\alpha]_D^{22}$ +5.28° (W.).

4/21 **Lactarinsäure (6-Ketostearinsäure)**
MG 298.45 *NW* 188.0 *F* 87 $CH_3\cdot[CH_2]_{11}\cdot CO\cdot[CH_2]_4\cdot CO_2H$

Charakteristik: Blätt.; l. in sd. A., Ae.; unl. in W.; 3 Ae. 25°, 4 Chlf., 0.75 Bzl. – *V.:* In Pilzen. – *--äthylester:* *F* 41.

4/22 **α-Licansäure (4-Keto-octadeca-$\Delta^{9,11,13}$-triensäure)**
MG 292.40 *JZ* 260.4 *NW* 191.9 *F* 74–75 $CH_3\cdot[CH_2]_3\cdot[CH:CH]_3\cdot[CH_2]_4\cdot CO\cdot[CH_2]_2\cdot CO_2H$

Charakteristik: Geht bei Anwesenheit von Schwefel oder Jod oder bei Lichtbestrahlung in die β-Form über (*F* 96.5). – *V.:* Im Samenfett d. Couepia grandiflora, im Oiticica-Öl aus Licania rigida.

4/23 **Phellonsäure (2-Hydroxybehensäure)**
MG 356.57 *NW* 157.3 *F* 88–91 — $CH_3\cdot[CH_2]_{19}\cdot CH(OH)\cdot CO_2H$

Charakteristik: l. in A., Chlf., Ae., Ac., Py., Eisessig. — *V.:* Im Kork, in Hirnlipiden. — — *-äthylester:* *F* 70–71.

4/24 **Cerebronsäure (2-Hydroxytetracosansäure)**
MG 384.62 *NW* 145.9 *F* 100–101
$[\alpha]_D^{17-20}$ +3.33–3.84° (Py.)
$[\alpha]_D^{50}$ −1.76° (Chlf.) — $CH_3\cdot[CH_2]_{21}\cdot CH(OH)\cdot CO_2H$

Charakteristik: Krist.; l. in Ae., Py.; wl. in A., Ac. (nur i. d. Wärme). — *V.:* Baustein d. Cerebroside (Cerebron). — *Acetylderivat:* *F* 65.5–66.

4/25 **Hydroxynervonsäure (Δ^{15}-2-Hydroxytetracosensäure)**
MG 382.5 *JZ* 66.3 *NW* 146.7 *F* 65
$[\alpha]_D^{20}$ +2.87° (Py.) — $CH_3\cdot[CH_2]_7\cdot CH{:}CH\cdot[CH_2]_{12}\cdot CH(OH)\cdot CO_2H$

Charakteristik: Nadeln (75%ig. A.); ll. in Chlf., Ae., A., Ac., Bzl. — *V.:* Baustein d. Cerebroside (Oxynervon). Daneben kommt i. d. Cerebrosiden die isomere Δ^{17}-2-Hydroxytetracosensäure vor.

5. Halogen-, Thio- und Sulfomonocarbonsäuren

5/1 **Fluoressigsäure**
MG 78.04 *NW* 718.9 *F* 33 *Kp* 165 — $CH_2F\cdot CO_2H$

Charakteristik: Flüss.; l. in W., A. — *Wi.:* Hemmst. d. Essigsäureoxydase.

5/2 **Chloressigsäure**
MG 94.50 *NW* 593.7 *F* α 63, β 55–56, γ 50 *Kp* 189 *D* 1.58 n^{65} 1.4297
Diss.-K. $1.4\cdot10^{-3}$ *pK* 2.85 — $CH_2Cl\cdot CO_2H$

Charakteristik: Farbl. Rhomben; 614 W. 30°; l. in A., Ae., Chlf., CS_2, Bzl. — *Wi.:* Ätzt die Haut.

5/3 **Bromessigsäure**
MG 138.96 *NW* 403.7 *F* 50 *Kp* 208
D 1.934 — $CH_2Br\cdot CO_2H$

Charakteristik: Hexaeder od. Rhomben; ∞ in W., A., Ae. — *Wi.:* Erzeugt auf der Haut Blasen.

5/4 **Jodessigsäure**
MG 185.96 *NW* 301.7 *F* 82 *Kp* (Z.) — $CH_2J\cdot CO_2H$

Charakteristik: Rhomb. Platten (W.); l. in W., A., Ae. — *Wi.:* Hemmst. für Phosphorylierungen.

5/5 **Dichloressigsäure**
MG 128.95 *NW* 435.1 *F* 5–6 *Kp* 194
D 1.5634 n 1.4659 *Diss.-K.* $3.3\cdot10^{-2}$
pK 1.40 — $CHCl_2\cdot CO_2H$

Charakteristik: Flüss.; 8.63 W.; ∞ in A., Ae.

5/6 **Trichloressigsäure**
MG 163.40 *NW* 343.4 *F* 57.5 *Kp* 197.5
D^{61} 1.6298 *Diss.-K.* $2.0\cdot10^{-1}$ *pK* 0.70 — $CCl_3\cdot CO_2H$

Charakteristik: Farbl., hygrosk. Rhomben; 120 W. 25°; l. in A., Ac. — *Wi.:* Ätzt u. zerstört die Haut, Eiweißfällungsmittel.

5/7 **Thioglykolsäure (Mercaptoessigsäure)**
MG 92.11 *NW* 609.1 *F* −16.5
Kp_{11} 104–106 *D* 1.3253 — $CH_2(SH)\cdot CO_2H$

Charakteristik: Flüss.; l. in W., A., Ae.; leicht oxydierbar.

5/8 **β-Sulfopropionsäure**
MG 154.14 *NW* 364.0 *F* 68–69 — $CH_2(SO_3H)\cdot CH_2\cdot CO_2H$

Charakteristik: Sehr hygroskop. Krist.; ∞ in W.; l. in A.; swl. in Ae.; unl. in CS_2, Chlf. — *Wi.:* Hemmst. d. Bernsteinsäureoxydase.

5/9 **ε-Sulfo-n-capronsäure**

MG 196.22 *NW* 285.9 $CH_2(SO_3H)\cdot[CH_2]_4\cdot CO_2H$

Charakteristik: Ba-Salz d. Äthylesters: feine Krist. (A.); 10 W.; *Na-Salz d. Äthylesters:* weiß. Pulver; l. in W., A.; unl. in Ae.— *Wi.:* Antagonist d. Biotins u. d. Pimelinsäure (Mikroorganismen).

5/10 **α-Liponsäure (Thioctsäure, Dithion-octylsäure)**

MG 206.31 *NW* 271.9 *F* 47.5—48

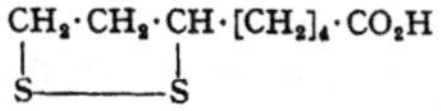

Charakteristik: Schwach gelbe Plättchen; ll. in org. Lsgm.; maßig l. in W. Nach Oxydation: Benzylthiouroniumsalz: *F* 143—144. — *Wi.:* Co-Ferment d. Brenztraubensäureoxydase. Wuchsstoff gewisser Bakterien- u. Protozoenarten („Protogen"). — *V.:* In Hefe, Leber u. a. tier. Geweben, Lebertran, Weizenkeimlingsöl.

5/11 **ω-Fluoro-cis-Δ^9-octadecensäure**

MG 300.44 *JZ* 84.5 *NW* 186.7 *F* 13.5 (18—22) $CH_2\cdot F\cdot[CH_2]_7\cdot CH{:}CH\cdot[CH_2]_7\cdot CO_2H$

V.: Im Samen d. Dichapetalum toxicarium (Sierra Leone). — *Wi.:* Toxische Verbdg. Hemmt Citratstoffwechsel von Meerschweinchennieren.

6. Verzweigte Monocarbonsäuren

6/1 **Isobuttersäure**

MG 88.10 *NW* 636.8 *F* —47 *Kp* 154.35 *D* 0.949 n^{15} 1.39646 $(CH_3)_2CH\cdot CO_2H$

Charakteristik: Unangenehm riech. Flüss.; 20 W. 20°; ∞ in A., Ae. — *V.:* In Faeces, bei Fäulnisprodukten d. Proteine, in Pflanzen z. T. als freie Säure (z. B. in Johannisbrot) oder als Ester.

6/2 **Methacrylsäure**

MG 86.09 *NW* 651.7 *F* 16 *Kp* 163 *D* 1.015 n 1.43143 $CH_2{:}C(CH_3)\cdot CO_2H$

Charakteristik: Prismen; ∞ in A., Ae.; ll. in h. W. — *V.:* Im Römisch-Kamillenol. — *—-methylester:* $CH_2{:}C(CH_3)\cdot CO_2\cdot CH_3$; *MG* 100.11; *F* ~—50; *Kp* 100; *D* 0.936; n 1.413. — *—-äthylester:* $CH_2{:}C(CH_3)\cdot CO_2\cdot C_2H_5$; *MG* 114.14; *Kp* 117; *D* 0.907; n 1.414.

6/3 **Isovaleriansäure**

MG 102.13 *NW* 549.3 *F* —51 (—37.6) *Kp* 176.7 D^{15} 0.937 n 1.4043 $(CH_3)_2CH\cdot CH_2\cdot CO_2H$

Charakteristik: Nach Baldrian riech. Flüss.; 4,24 W. 20°; ∞ in A., Ae.—*V.:* In Baldrianwurzeln, vielen atherischen Ölen, im Depotfett d. Delphine, als Glycerid in deren Kopfspeck, in d. Faeces d. Menschen. — *B.:* Bei Eiweißfäulnis aus Leucin. — *Amid:* *F* 135; *Kp* 230—232. — *p-Bromphenacylester:* *F* 68. — *—-methylester:* $(CH_3)_2CH\cdot CH_2\cdot CO_2\cdot CH_3$; *MG* 116.16; *Kp* 116—117; *D* 0.881. — *—-äthylester:* $(CH_3)_2CH\cdot CH_2\cdot CO_2\cdot C_2H_5$; *MG* 130.18; *F* —99.3; *Kp* 135; *D* 0.8657; $n^{18.3}$ 1.39671.

6/4 **Angelicasäure [α,β-Dimethylacrylsäure (cis-)]**

MG 100.11 *NW* 560.4 *F* 45—45.5 Kp_{12-13} 85.5—87.5 $D_4^{99.6}$ 0.9298 n_{He}^{100} 1.4200 $CH_3\cdot CH{:}C(CH_3)\cdot CO_2H$

Charakteristik: Nad.; l. in h. W. — *V.:* Als Ester im Römisch-Kamillenöl, in der Wurzel d. Angelica archangelica.

6/5 **Tiglinsäure [α,β-Dimethylacrylsäure (trans-)]**

MG 100.11 *NW* 560.4 *F* 64.5 *Kp* 198.5 *D* 0.872 n^{81} 1.4342 $CH_3\cdot CH{:}C(CH_3)\cdot CO_2H$

Charakteristik: Tafeln u. Säulen; l. in A., Ae.; wl. in k. W. — *V.:* An Glycerin gebunden im Crotonöl, im Römisch-Kamillenöl, in verschiedenen Geraniumölen.

6/6 **Seneciosäure (β,β-Dimethylacrylsäure)**

MG 100.11 *NW* 560.4 *F* 69 *Kp* 199 D^{24} 1.066 $(CH_3)_2C{:}CH\cdot CO_2H$

Charakteristik: Prismen (W.); ll. in A., Ae.; wl. in k. W. — *V.:* Im Rhizom d. Ligularia tussilaginea, als Ester im äther. Meisterwurzöl.

6/7 **Isocapronsäure**

MG 116.16 *NW* 483.0 *F* −35 *Kp* 199
D 0.925 n 1.4144

$(CH_3)_2CH \cdot [CH_2]_2 \cdot CO_2H$

Charakteristik: Unangenehm riech. Öl; l. in A., Ae.; swl. in W. — *Amid: F* 119.

6/8 **Mevalonsäure (3,5-Dihydroxy-3-methylvaleriansäure)**

MG 148.16 *NW* 378.7

$CH_2(OH) \cdot CH_2 \cdot C(OH)(CH_3) \cdot CH_2 \cdot CO_2H$

Charakteristik: Farbl. Öl; l. in W., A., Ae. — *V.:* Intermediarprod. b. d. Sterin-, Carotin- u. Phytolbiosynthese. — *Wi.:* Wuchsstoff gewisser Lactobacillusarten. — *Benzhydrylamid: F* 92—93; $[\alpha]_D^{20}$ −2,0° (c = 2%ig. Lsg. in A.). — *δ-Acetylderivat: F* 104—108; $[\alpha]_D^{20}$ +1.6° (c = 4,5%ig. Lsg. in Me.).

6/9 **Pantoinsäure (α,γ-Dihydroxy-β,β-dimethylbuttersäure)**

MG 148.16 *NW* 378.7 *F* 84—85 (als Lacton)
L-Form $[\alpha]_D^{22}$ — 50.5° (W.)

$CH_2(OH) \cdot C(CH_3)_2 \cdot CH(OH) \cdot CO_2H$

Charakteristik: Krist. (Lacton); l. in W., A. — *V.:* In Bakterien (Escherichia coli, Bacterium linens) durch Biosynthese aus α-Ketoisovaleriansäure. — *Wi.:* Biosynthese der Pantothensaure in Bakterien (E. coli, Brucella abortus). — *Chininsalz: F* 183—184.

6/10 **D-Citronellsäure (rechtsdrehende 3,7-Dimethyl-Δ^6-octensäure)**

MG 170.25 *NW* 329.6 Kp_{11} 142—143
D^{15} 0.9355

$(CH_3)_2C{:}CH \cdot [CH_2]_2 \cdot CH(CH_3) \cdot CH_2 \cdot CO_2H$

Charakteristik: Caprinsaureahnlich riechendes Öl. — *V.:* Frei u. verestert im ather. Öl d. Fruchte von Xanthoxylum piperitum, verestert in afrikan. Geraniumölen.

6/11 **Inaktive Citronellsäure (DL-Citronellsäure)**

MG 170.25 *NW* 329.6 Kp_3 116—118
D^{15} 0.9557 n 1.4606

$(CH_3)_2C{:}CH \cdot [CH_2]_2 \cdot CH(CH_3) \cdot CH_2 \cdot CO_2H$

V.: Im Campferöl.

7. Gesättigte, unverzweigte Dicarbonsäuren

7/1 **Oxalsäure (Äthandisäure)**

MG 90.04 *NW* 1246.2 *F* 189.5 *Kp* Subl.
*Diss.-K*₁ $5.9 \cdot 10^{-2}$ *Diss.-K.*₂ $6.4 \cdot 10^{-5}$
pK_1 1.23 pK_2 4.19

$HO_2C \cdot CO_2H$

Charakteristik: Nadeln (durch Subl.); 9.5 W. 20°, 120 W. 90°, 23.7 A. 15°, 23.6 Ae., 1.47 Hydrat Ae.; starke Saure; wird in wäss. Lsg. langsam durch Luftsauerstoff oxydiert. — *V.:* Im Pflanzen- u. Tierreich weit verbreitet. — *p-Phenylacylester: F* 165.5 (Z.). — —*Hydrat:* $HO_2C \cdot CO_2H + 2H_2O$; *MG* 126.07; *F* 101; *Kp* 150 (Subl.); *D* 1.653. — —*Mono-Na-Salz:* $HO_2C \cdot CO_2Na + H_2O$; *MG* 130.04. — —*Di-Na-Salz:* $NaO_2C \cdot CO_2Na$; *MG* 134.01; *D* 2.34. — —*Mono-K-Salz:* $HO_2C \cdot CO_2K$; *MG* 128.12; D 2.0; n 1.415 (1.545). — —*Di-K-Salz:* $KO_2C \cdot CO_2K + H_2O$; *MG* 184.23; *D* 2.08 n 1.440 (1.485, 1.550). — —*NH_4-Salz:* $NH_4 \cdot O_2C \cdot CO_2 \cdot NH_4 + H_2O$; *MG* 142.11; *D* 1.475. — —*Mg-Salz:* $(CO_2)_2{:}Mg + H_2O$; *MG* 148.37; *D* 2.45. — —*Ca-Salz:* $(CO_2)_2{:}Ca$; *MG* 128.10; *F* (Z); D^4 2.2. — —*-dimethylester:* $(CO_2 \cdot CH_3)_2$; *MG* 118.09; *F* 54; *Kp* 163.3; D^{54} 1.1479; n^{82} 1.379. — —*-diäthylester:* $(CO_2 \cdot C_2H_5)_2$; *MG* 146.14; *F* −40.6; *Kp* 185.4; *D* 1.0785; n 1.41011.

7/2 **Malonsäure (Methandicarbonsäure)**

MG 104.06 *NW* 1078.3 *F* 135.6 *Kp* (Z.)
D^{15} 1.631 *Diss.-K.*₁ $1.4 \cdot 10^{-3}$ *Diss.-K.*₂
$4.4 \cdot 10^{-6}$ pK_1 2.85 pK_2 5.36

$HO_2C \cdot CH_2 \cdot CO_2H$

Charakteristik: Krist.; 139.4 W. 15°; ll. in A.; wl. in Ae. (8,7 Ae. 15°). Bei 140—150° → Essigsre. + CO_2. — *V.:* In Zuckerrübe u. Luzerne. — *Wi.:* Hemmst. d. Bernsteinsaureoxydase. — —*-dimethylester:* $CH_3 \cdot CO_2 \cdot CH_2 \cdot CO_2 \cdot CH_3$; *MG* 132.11; *F* −62; *Kp* 181; *D* 1.1544; n^{17} 1.41490. — —*-diäthylester:* $C_2H_5 \cdot CO_2 \cdot CH_2 \cdot CO_2 \cdot C_2H_5$; *MG* 160.16; *F* −49.8; *Kp* 199; *D* 1.0553; n 1.41618.

7/3 **Bernsteinsäure (Äthandicarbonsäure)**

MG 118.09 *NW* 950.2 *F* 185 *Kp* 235 (Z.)
D^{15} 1.564 n 1.450 (1.534, 1.610)
Diss.-K.$_1$ 6,4 · 10^{-5} *Diss.-K.*$_2$ 4,5 · 10^{-6}
pK_1 4.19 pK_2 5.35

$HO_2C\cdot[CH_2]_2\cdot CO_2H$

Charakteristik: Monokline Prismen; 6.84 W. 20°, 60.4 W. 75°, 7.54 A. 15°, 0.35 Ae. 15°. Subl. (2.2 mm Hg) bei 156–157°. — *V.:* Im Bernstein, in vielen tier. Fluss., z. B. Harn, Blutserum, Liquor cerebrospinalis. — *B.:* Bei bakterieller Zers. d. Eiweißstoffe u. Kohlenhydrate, b. alkohol. Gärung v. Zucker. — *Bromphenacylester: F* 148. — *p-Phenylphenacylester: F* 208. — —*-dimethylester:* $CH_3\cdot CO_2\cdot[CH_2]_2\cdot CO_2\cdot CH_3$; *MG* 146.14; *F* 19.5; *Kp* 192.8; *D* 1.11398; $n^{18.3}$ 1.41976. — —*-diäthylester:* $C_2H_5\cdot CO_2\cdot[CH_2]_2\cdot CO_2\cdot C_2H_5$; *MG* 174.19; *F* −21; *Kp* 217.7; *D* 1.0402; *n* 1.42007.

7/4 **Glutarsäure (Propandicarbonsäure)**

MG 132.11 *NW* 849.4 *F* 97.5 *Kp* 302 (Z.)
D^{15} 1.429 $n^{106.4}$ 1.4188 *Diss.-K.*$_1$ 4.4 · 10^{-5}
Diss.-K.$_2$ 5.3 · 10^{-6} pK_1 4.36 pK_2 5.28

$HO_2C\cdot[CH_2]_3\cdot CO_2H$

Charakteristik: Krist.; 83.3 W. 14°, 64 W. 20°; ll. in A., Ae. — *V.:* Im Rübensaft, Wollschweiß, Eiter. — —*-diäthylester:* $C_2H_5\cdot CO_2\cdot[CH_2]_3\cdot CO_2\cdot C_2H_5$; *MG* 188.21; *F* −24.1; *Kp* 237; *D* 1.0250; n 1.4241.

7/5 **Adipinsäure (Butandicarbonsäure)**

MG 146.14 *NW* 767.8 *F* 152–153.1
Kp_{100} 265 *D* 1.366 *Diss.-K.*$_1$ 3.9 · 10^{-5}
Diss.-K.$_2$ 5.3 · 10^{-6} pK_1 4.41 pK_2 5.28

$HO_2C\cdot[CH_2]_4\cdot CO_2H$

Charakteristik: Prismen (Essigester); 1.44 W. 15°; ll. in A.; 0.63 Ae. 19°. — —*-diathylester:* $C_2H_5\cdot O_2C\cdot[CH_2]_4\cdot CO_2\cdot C_2H_5$; *MG* 202.25; *F* −21; *Kp* 239–241; *D* 1.009.

7/6 **Pimelinsäure (Pentandicarbonsäure)**

MG 160.17 *NW* 700.6 *F* 103 (105)
Kp_{100} 272 (Subl.) D^{15} 1.329
Diss.-K.$_1$ 3.3 · 10^{-5} *Diss.-K.*$_2$ 4.9 · 10^{-6}
pK_1 4.48 pK_2 5.31

$HO_2C\cdot[CH_2]_5\cdot CO_2H$

Charakteristik: Monokline Prismen (W.); 4.2 W. 20°; ll. in A., Ae. — —*-diäthylester:* $C_2H_5\cdot O_2C\cdot[CH_2]_5\cdot CO_2\cdot C_2H_5$; *MG* 216.27; *Kp* 256–257; D^{15}_{15} 0.999.

7/7 **Korksäure (Suberinsäure, Hexandicarbonsäure)**

MG 174.19 *NW* 644.2 *F* 140 Kp_{100} 279
Diss.-K.$_1$ 3.1 · 10^{-5} *Diss.-K.*$_2$ 4.7 · 10^{-6}
pK_1 4.51 pK_2 5.33

$HO_2C\cdot[CH_2]_6\cdot CO_2H$

Charakteristik: Nadeln (W.); 0.14 W. 15°, 0.81 Ae. 15°. — *B.:* Aus Ricinusöl u. Kork. — —*-diäthylester:* $C_2H_5\cdot O_2C\cdot[CH_2]_6\cdot CO_2\cdot C_2H_5$; *MG* 230.30; *Kp* 282–286; *D* 0.982.

7/8 **Azelainsäure (Heptandicarbonsäure)**

MG 188.22 *NW* 596.2 *F* 106.5 Kp_{100} 286.5
D 1.029 $n^{110.6}$ 1.4303 *Diss.-K.*$_1$ 2.8 · 10^{-5}
Diss.-K.$_2$ 4.6 · 10^{-6} pK_1 4.55 pK_2 5.34

$HO_2C\cdot[CH_2]_7\cdot CO_2H$

Charakteristik: Blatt. od. Nadeln; 0.212 W. 22°, 1.648 W. 55°; ∞ in W. 100°; ll. in A.; 268 Ae. 15°. — *V.:* Ricinusöl. — —*-diäthylester:* $C_2H_5\cdot O_2C\cdot[CH_2]_7\cdot CO_2\cdot C_2H_5$; *MG* 244.32; *Kp* 291.

7/9 **Sebacinsäure (Octandicarbonsäure)**

MG 202.24 *NW* 554.8 *F* 133 Kp_{100} 295
D^{25} 1.207 $n^{133.3}$ 1.422 *Diss.-K.*$_1$ 2.8 · 10^{-5}
Diss.-K.$_2$ 4.6 · 10^{-6} pK_1 4.55 pK_2 5.34

$HO_2C\cdot[CH_2]_8\cdot CO_2H$

Charakteristik: Blätt.; 0,1 W. 17°, 2 W. 100°; ll. in A., Ae. — —*-diäthylester:* $C_2H_5\cdot O_2C\cdot[CH_2]_8\cdot CO_2\cdot C_2H_5$; *MG* 258.35; *F* 1.3; *Kp* 308; *D* 0.9646.

7/10 **Dodecandisäure (Decandicarbonsäure)**

MG 230.30 *NW* 487.2 *F* 165–166

$HO_2C\cdot[CH_2]_{10}\cdot CO_2H$

Charakteristik: —

8. Ungesättigte, unverzweigte Dicarbonsäuren

8/1 Fumarsäure (Äthylendicarbonsäure, trans-)

MG 116.07 *NW* 966.7 *F* 286–287 [1] (293–295) *Kp* 290 (Subl. b. 200) *D* 1.635 *Diss.-K.*$_1$ 9.5 · 10^{-4} *Diss.-K.*$_2$ 4.8 · 10^{-5} pK_1 3.02 pK_2 4.32

$HO_2C·CH:CH·CO_2H$

Charakteristik: Monokline Nadeln od. Blatt.; 0.69 W. 17°, 9.8 W. 100°, 4.76 A. 17°; wl. in Ae.; swl. in Chlf., CCl_4. — *V.:* In den Saften vieler gruner Pflanzen u. Pilze. Im Extrakt v. Rindfleisch. — *B.:* Aus Bernsteinsre. d. Dehydrierung. — *—-dimethylester:* $CH_3·O_2C·CH:CH·CO_2·CH_3$; *MG* 144.12; *F* 102; *Kp* 192; D^{105} 1.0452; n^{110} 1.40625. — *—-diäthylester:* $C_2H_5·O_2C·CH:CH·CO_2·C_2H_5$; *MG* 172.18; *F* 0.55; *Kp* 217.8; *D* 1.054; $n^{20.4}$ 1.4410.

8/2 Maleinsäure (Äthylendicarbonsäure, cis-)

MG 116.07 *NW* 966.7 *F* 130.5 *Kp* 135 (Z.) *D* 1.590 *Diss.-K.*$_1$ 1.4 · 10^{-2} *Diss.-K.*$_2$ 0.9 · 10^{-6} pK_1 1.85 pK_2 6.05

$HO_2C·CH:CH·CO_2H$

Charakteristik: Monokline Prismen; 78.8 W. 25°, 392.6 W. 100°, 69.9 95%ig. A. 30°, 8.2 Ae. 25°; l. in Eg., Ac.; swl. in Bzl. Bei Belichten od. Erhitzen auf 135° → Fumarsaure. — *—-dimethylester:* $CH_3·O_2C·CH:CH·CO_2·CH_3$; *MG* 144.12; *F* 7.6; *Kp* 205; *D* 1.1605; n^{15} 1.44407. — *—-diäthylester:* $C_2H_5·O_2C·CH:CH·CO_2·C_2H_5$; *MG* 172.18; *F* −10.5; *Kp* 223; D^{20}_{20} 1.069; n 1.4426.

8/3 Glutaconsäure

MG 130.10 *NW* 862.5 *F* 138

$HO_2C·CH_2·CH:CH·CO_2H$

Charakteristik: Nadeln (Ae.); ll. in W., A., Ae.

8/4 Muconsäure (2,4-Hexadiendisäure, trans-, trans-)

MG 142.11 *NW* 789.6 *F* 298 (Z.) *Kp* ~320

$HO_2C·CH:CH·CH:CH·CO_2H$

Charakteristik: Nadeln (W.); 0.002 k. W., ca. 1 k. A.; l. in Eg. — *B.:* In Kaninchenorganen nach i.p. Inj. von Benzol.

8/5 Traumatinsäure (2-Dodecendisäure, trans-)

MG 228.28 *NW* 491.5 *F* 165–166

$HO_2C·[CH_2]_8·CH:CH·CO_2H$

Charakteristik: Krist. (A., Ac.); l. in A., Ae., Chlf., Bzl.; swl. in W. — *V.:* Wundhormon d. Pflanzen. Die natürl. vorkommende Form ist trans-, cis-Traumatinsre.: *F* 67–68.

9. Hydroxy- und Keto-dicarbonsäuren

9/1 Tartronsäure (2-Hydroxypropandisäure, Hydroxymalonsäure)

MG 120.06 *NW* 934.6 *F* 158 (Z.) *Kp* (Z.) Subl. b. 110–120

$HO_2C·CH(OH)·CO_2H$

Charakteristik: Farbl. Prismen (Ae.), Prismen + $^1/_2H_2O$ (W.); ll. in W., A.; wl. in Ae.

9/2 Mesoxalsäure (2-Oxopropandisäure, Ketomalonsäure)

MG 118.05 *NW* 950.5 *F* 121 (geringe Z.)

$HO_2C·CO·CO_2H$

Charakteristik: Zerfließl. Krist. + H_2O; ll. in W.; l. in A., Ae.; + KOH b. 150° → Oxalsaure + Ameisensaure. — *Phenylhydrazon:* *F* 164 (Z.). — *—-diathylester:* $C_2H_5·O_2C·CO·CO_2·C_2H_5$; *MG* 174.15; *F* ca. −30; *Kp* ca. 220; Kp_{29} 115; D^{20}_{20} 1.119.

9/3 L-Äpfelsäure (Hydroxybutandisäure, Hydroxybernsteinsäure, Desoxy-D-weinsäure)

MG 134.09 *NW* 836.8 *F* 100 *Kp* 140 (Z.) *D* 1.595

$HO_2C·CH_2·CH(OH)·CO_2H$

Charakteristik: Zerfließl. Nadeln; ll. in W., A.; 8.4 Ae. 15°. — *V.:* In vielen Pflanzen. — *—-dimethylester:* $CH_3·O_2C·CH_2·CH(OH)·CO_2·CH_3$; *MG* 162.14; *Kp* 242; *D* 1.2226; n 1.4425. — *—-diäthylester:* $C_2H_5·O_2C·CH_2·CH(OH)·CO_2·C_2H_5$; *MG* 190.19; *Kp* 253–255; D^{10} 1.128; n 1.4362.

---

[1] Im geschlossenen Rohr.

9/4 Weinsäure (meso-) (2,3-Dihydroxybutandisäure, Dihydroxybernsteinsäure)

MG 150.09 *NW* 747.6 *F* 159–160 *D* 1.737 $HO_2C\cdot CH(OH)\cdot CH(OH)\cdot CO_2H$

Charakteristik: Krist.; 120 W. 15°. — *–-diäthylester:* $C_2H_5\cdot O_2C\cdot CH(OH)\cdot CH(OH)\cdot CO_2\cdot C_2H_5$; *MG* 206.19; *F* 55.

9/5 D-Weinsäure (2,3-Dihydroxybutandisäure, Dihydroxybernsteinsäure)

MG 150.09 *NW* 747.6 *F* 170 *Kp* (Z.)
D 1.7598 n 1.4955, 1.5352, 1.6045
$[\alpha]_D^{20}$ + 14° (20%ig. Lsg. in W.) $HO_2C\cdot CH(OH)\cdot CH(OH)\cdot CO_2H$

Charakteristik: Krist.; 139 W. 20°, 343 W. 100°, 20 A. 15°, 0.44 Ae. — *V.:* In vielen Früchten, bes. in Weintrauben. — *–Mono-Na-Salz:* $NaO_2C\cdot CH(OH)\cdot CH(OH)\cdot CO_2H + H_2O$; *MG* 190.09; *F* 234 (Z.). — *–Di-Na-Salz:* $NaO_2C\cdot CH(OH)\cdot CH(OH)\cdot CO_2Na + 2H_2O$; *MG* 230.10; *D* 1.82. — *–Mono-K-Salz* (Weinstein): $KO_2C\cdot CH(OH)\cdot CH(OH)\cdot CO_2H$; *MG* 188.18; *D* 1.973. — *–Di-K-Salz:* $KO_2C\cdot CH(OH)\cdot CH(OH)\cdot CO_2K + \frac{1}{2}H_2O$; *MG* 235.27; *D* 1.984. — *–Na-K-Salz* (Seignettesalz): $NaO_2C\cdot CH(OH)\cdot CH(OH)\cdot CO_2K + 4H_2O$; *MG* 282.23; *D* 1.767. — *–K-Antimonyl-Salz* (Brechweinstein): $KO_2C\cdot CH(OH)\cdot CH(OH)\cdot CO_2SbO + \frac{1}{2}H_2O$; *MG* 333.90; *D* 2.607. — *–-dimethylester:* $CH_3\cdot O_2C\cdot CH(OH)\cdot CH(OH)\cdot CO_2\cdot CH_3$; *MG* 178.14; *F* 61.5; *Kp* 280; D_4^{50} 1.3046; $[\alpha]_D^{20}$ + 9.32° (Me.). — *–-diäthylester:* $C_2H_5\cdot O_2C\cdot CH(OH)\cdot CH(OH)\cdot CO_2\cdot C_2H_5$; *MG* 206.19; *F* 17; *Kp* 280; *D* 1.2036; n^{25} 1.4454; $[\alpha]_D^{20}$ + 7.45°, + 7.66°.

9/6 Dihydroxyweinsäure (Butantetroldisäure, Tetrahydroxybernsteinsäure)

MG 182.09 *NW* 616.2 *F* 114–115 (Z.) $HO_2C\cdot C(OH)_2\cdot C(OH)_2\cdot CO_2H$

Charakteristik: Krist.; ll. in W.; + sd. W. → Tartronsäure + CO_2.

9/7 Oxalessigsäure (Enol-Form)
a) Hydroxymaleinsäure, b) Hydroxyfumarsäure

MG 132.07 *NW* 849.6 *F* a) 152, b) 184 (Z.) $HO_2C\cdot C(OH){:}CH\cdot CO_2H$

Charakteristik: *a)* Feine Kristallaggregate (Ac. + Bzl.) (niedrigschmelz. Enol-Form); ll. in W., A., Ac., Essigester; wl. in Ae.; unl. in Lg., Chlf. — *b)* Weißes Kristallpulver (Ac. + Bzl.) (hochschmelz. Enol-Form); ll. in W., A., Ae.; unl. in Bzl., Chlf. Beim Erhitzen → CO_2 + Brenztraubensaure. — *–-diäthylester:* $C_2H_5\cdot O_2C\cdot C(OH){:}CH\cdot CO_2\cdot C_2H_5$; *MG* 188.18; Kp_{24} 132; *D* 1.159; $n^{14.6}$ 1.45614.

9/8 DL-Citramalsäure (DL-2-Hydroxy-2-methylbutandisäure, DL-α-Hydroxybrenzweinsäure, DL-α-Methyläpfelsäure)

MG 148.11 *NW* 757.6 *F* 119 *Kp* Subl. (Z.)
D-Form: $[\alpha]_D^{14}$ + 34.7° (W.) $HO_2C\cdot C(OH)(CH_3)\cdot CH_2\cdot CO_2H$

Charakteristik: Zerfließl. monokline Prismen (Essigester); ll. in A., Ac.; l. in W.; unl. in Bzl. — Bei Erhitzen → Citraconsäureanhydrid.

9/9 α-Hydroxyglutarsäure (2-Hydroxypentandisäure)

MG 148.11 *NW* 757.6 *F* 72–73 $HO_2C\cdot CH(OH)\cdot CH_2\cdot CH_2\cdot CO_2H$

Charakteristik: Krist.; l. in W., A.

9/10 Acetondicarbonsäure (β-Ketoglutarsäure)

MG 146.10 *NW* 768.0 *F* 135 (Z.) *Kp* (Z.) $HO_2C\cdot CH_2\cdot CO\cdot CH_2\cdot CO_2H$

Charakteristik: Nadeln (Ae., Essigester); ll. in W.; l. in A.; wl. in Ae.; unl. in Bzl., Chlf., Eg. — Bei Erhitzen → CO_2 + Aceton.

10. Verzweigte Dicarbonsäuren

10/1 Itaconsäure (Methylenbernsteinsäure)

MG 130.10 *NW* 862.5 *F* 165–166 (Z.)
D 1.632 $HO_2C\cdot C({:}CH_2)\cdot CH_2\cdot CO_2H$

Charakteristik: Rhomb. Krist.; 8.3 W. 20°; l. in A.; wl. in Ae.; swl. in Bzl. — Bei Erhitzen über d. *F* → Citraconsaureanhydrid.

10/2 **Mesaconsäure (Methylfumarsäure)**

MG 130.10 *NW* 862.5 *F* 202–204 *Kp* 250 (Z.) *D* 1.466 $HO_2C\cdot C(CH_3):CH\cdot CO_2H$

Charakteristik: Farbl. Nadeln (W., A.), Tafeln (Ae.); 2.7 W. 18°, 117.9 W. 100°, 30.6 90%ig. A. 17°, 95.7 sd. 90%ig. A.; swl. in PAe., Bzl., Chlf., CS_2. Geht b. Siedepunkt in Citraconsaureanhydrid über. — *V.:* In Kohlblättern. — —*-dimethylester:* $CH_3\cdot O_2C\cdot C(CH_3):CH\cdot CO_2\cdot CH_3$, *MG* 158.15; *Kp* 202.8; D^{15} 1.12541; n^{15} 1.45707.

10/3 **Citraconsäure (Methylmaleinsäure)**

MG 130.10 *NW* 862.5 *F* 92 (Z.) *Kp* (Z.) *D* 1.617 $HO_2C\cdot C(CH_3):CH\cdot CO_2H$

Charakteristik: Monokline Nadeln (A. u. Lg.); 360 W. 25°; l. in A., Ae.; wl. in Chlf.; swl. in Bzl., CS_2; hygroskop.; mit W.-Dampf fluchtig. Bei Erhitzen → Citraconsaureanhydrid. Bei Erhitzen mit H_2O b. 120° → Itaconsaure, b. 180° → Mesaconsaure. — —*-dimethylester:* $CH_3\cdot O_2C\cdot C(CH_3):CH\cdot CO_2\cdot CH_3$; *MG* 158.15; *Kp* 210.6; *D* 1.11531; n 1.44856.

11. Monohydroxy-tricarbonsäuren

11/1 **Citronensäure (2-Hydroxy-1,2,3-propan-tricarbonsäure)**

MG 192.12 *NW* 876.1 *F* 153 *Kp* (Z.) D^{18} 1.542 n 1.493, 1.498, 1.509 $HO_2C\cdot CH_2\cdot C(OH)(CO_2H)\cdot CH_2\cdot CO_2H$

Charakteristik: Krist. + H_2O; (W.); 73.3 W. 20°, 75.91 A. 15°, 2.26 Ae. 15°. Wirkt bactericid. — *V.:* In vielen pflanzl. u. tier. Geweben u. Fruchten, „Citronensaurecyclus". — *p-Phenylphenacylester:* *F* 146. — —*-trimethylester:* $CH_3\cdot O_2C\cdot CH_2\cdot C(OH)(CO_2\cdot CH_3)\cdot CH_2\cdot CO_2\cdot CH_3$; *MG* 234.20; *F* 79; *Kp* 287 (Z.). — —*-triathylester:* $C_2H_5\cdot O_2C\cdot CH_2\cdot C(OH)(CO_2\cdot C_2H_5)\cdot CH_2\cdot CO_2\cdot C_2H_5$; *MG* 276.28; *Kp* 294; *D* 1.1369.

11/2 **Isocitronensäure (1-Hydroxy-1,2,3-propan-tricarbonsäure, α-Hydroxytricarballylsäure)**

MG 192.12 *NW* 876.1 *F* 100 (Z.) $HO_2C\cdot CH(OH)\cdot CH(CO_2H)\cdot CH_2\cdot CO_2H$

Charakteristik: Prismen; swl. in W., A., Ae.

Glyceride und Wachse

Von **H. Debuch**, Köln/Rhein

A. Glyceride

Literatur: *Hilditch, T. P.:* The chemical constitution of natural fats, London 1956. — *Holman, R. T., W. O. Lundberg* u. *T. Malkin:* Progress in the chemistry of fats and other lipids, London, Vol. I, 1952, Vol. II, 1954. — *Ralston, A. W.:* Fatty acids and their derivatives, New York 1948.

Vorbemerkungen. Die Glyceride haben die Eigenschaft, unter verschiedenen Bedingungen verschiedene Kristallformen zu bilden. Man kennt außer der α-, β'- und β-Form (von denen die β-Form die stabilste ist) noch eine sogenannte glasige Form, weil sie nicht im strengen Sinn kristallin ist (im Englischen „vitreous", hier „glasig" = gl.). Fur diese Formen sind jeweils bei den Mono-, Di- und Triglyceriden die Schmelzpunkte in °C angegeben.

Unter *Charakteristik* stehen die sogenannten kurzen Abstande (hier: k. *A.*): „short spacings", und langen Abstande (hier: l. *A.*): „long spacings". Unter Abstanden sind bestimmte Ebenenabstande im Kristallgitter zu verstehen, die man durch Rontgenaufnahmen bestimmen kann. Die Abstande sind in A angegeben. Die verschiedenen Starken der Linien im Röntgenbild sind durch Abkurzungen hinter den Zahlen vermerkt, dabei heißt:

sst = sehr stark (very strong)
st = stark (strong)
m = mittelstark (moderate)
s = schwach (weak)
ss = sehr schwach (very weak)

Allgemeine Formel:
1 $CH_2O\cdot CO\cdot R_1$
2 $\dot{C}HO\cdot CO\cdot R_2$
3 $\dot{C}H_2O\cdot CO\cdot R_3$

1. Einsäurige Glyceride

1/1 **Glycerin-1-laurat (1-Monolaurin)**

MG 274.39 *F* α 44; β' 59.5; β 63 $C_{15}H_{30}O_4$

Charakteristik: l. *A.*: α 43.2; β' und β 37.3; k. *A.*: β' 3.86 m; 4.24 st; β 3.88 st; 4.12; 4.37, 4.58 st. — L-*1-Monolaurin:* $[\alpha]_D$ −3.76°.

1/2 Glycerin-2-laurat (2-Monolaurin)
MG 274.39 *F* 51 $C_{15}H_{30}O_4$

Charakteristik: n^{70} 1.44240; l. *A.*: 32.8; k. *A.*: 3.96; 4.40; 4.58.

1/3 Glycerin-1,3-dilaurat (1,3-Dilaurin)
MG 456.69 *F* α 49.5; β' 54; β 56.5 $C_{27}H_{52}O_5$

Charakteristik: l. *A.*: β' 35.7; β 37.4; k. *A.*: β' 4.66 st; 3.94 m; 3.73 st; 3.61 ss; β 4.6; 3.75.

1/4 Glycerin-1,2-dilaurat (1,2-Dilaurin)
MG 456.69 *F* α 20.0; β 39 $C_{27}H_{52}O_5$

Charakteristik: l. *A.*: α 39.2; β 34.1; k. *A.*: α 4.13; β 4.31 m; 4.01 sst; 3.79 st.

1/5 Glycerintrilaurat (Trilaurin)
MG 638.98 D^{20} 0.8944 *F* α 35.0; β 46.4; gl. 15.0 $C_{39}H_{74}O_6$

Charakteristik: n^{20} 1.44039; l. *A.*: α 35.6; β' 32.85; β 31.2; k. *A.*: α 4.2; β' 3.78 st; 4.18 sst; β 3.7 m; 3.9 m; 4.6 st; 5.3 m. — ll. in Ae., Chlf., Bzl., PAe. — *V.*: s. Laurinsäure.

1/6 Glycerin-1-myristat (1-Monomyristin)
MG 302.44 *F* α 56; β' 67.5; β 70.5 $C_{17}H_{34}O_4$

Charakteristik: l. *A.*: β' und β 41.5; k. *A.*: β' 3.86 m; 4.24 st; β 3.88 st; 4.12; 4.37; 4.58 st.

1/7 Glycerin-2-myristat (2-Monomyristin)
MG 302.44 *F* 61.3 $C_{17}H_{34}O_4$

Charakteristik: n^{70} 1.44420; l. *A.*: 36.2; k. *A.*: 3.92; 4.42; 4.60.

1/8 Glycerin-1,3-myristat (1,3-Dimyristin)
MG 512.79 *F* α 60; β' 63; β 65.5 $C_{31}H_{60}O_5$

Charakteristik: l. *A.*: β' 40.5; β 42.6; k. *A.*: β' 4.64 st; 3.88 m; 3.68 st; 3.53 ss; β 4.57; 3.73.

1/9 Glycerin-1,2-myristat (1,2-Dimyristin)
MG 512.79 *F* α 37.5; β 54 $C_{31}H_{60}O_5$

Charakteristik: l. *A.*: α 44.4; β 38.8; k. *A.*: α 4.12; β 4.31 m; 4.06 sst; 3.82 st.

1/10 Glycerintrimyristat (Trimyristin)
MG 723.18 D^{60} 0.8848 *F* α 46.5; β' 54.5; β 57.0; gl. 33.0 $C_{45}H_{86}O_6$

Charakteristik: n^{60} 1.44285; l. *A.*: α 41.2; β' 37.6; β 35.8; k. *A.*: α 4.2; β' 3.8 st; 4.22 st; β 3.7 m; 3.9 m; 4.6 st; 5.3 m. — ll. in Bzl., Ae., Chlf., PAe.; unl. in k. A. — *V.*: s. Myristinsäure.

1/11 Glycerin-1-palmitat (1-Monopalmitin)
MG 330.49 *F* α 66.5; β' 74; β 77 $C_{19}H_{38}O_4$

Charakteristik: l. *A.*: β' und β 45.8; k. *A.*: β' 3.86 m; 4.24 st; β 3.88 st; 4.12; 4.37; 4.58 st. — L-*1-Monopalmitin:* $[\alpha]_D$ −4.37°.

1/12 Glycerin-2-palmitat (2-Monopalmitin)
MG 330.49 *F* 69.0 $C_{19}H_{38}O_4$

Charakteristik: n^{70} 1.44605; l. *A.*: 40.4; k. *A.*: 3.88; 4.42; 4.60.

1/13 Glycerin-1,2-dipalmitat (1,2-Dipalmitin)
MG 568.89 *F* α 50.0; β 63.5 $C_{35}H_{68}O_5$

Charakteristik: l. *A.*: α 49.3; β 43.5; k. *A.*: α 4.10; β 4.27 m; 4.03 sst; 3.76 st.

1/14 Glycerin-1,3-dipalmitat (1,3-Dipalmitin)
MG 568.89 *F* α 68; β' 71.5; β 72.5 $C_{35}H_{68}O_5$

Charakteristik: l. *A.*: β' 44.7; β 47.5; k. *A.*: β' 4.6 st; 3.87 st; 3.65 st; β 4.6; 3.75.

1/15 Glycerintripalmitat (Tripalmitin)
MG 807.29 D^{80} 0.8657 *F* α 56.0; β' 63.5; β 65.5; gl. 45.0 $C_{51}H_{98}O_6$

Charakteristik: n^{80} 1.43807; l. *A.*: α 45.6; β' 42.6; β 40.6; k. *A.*: α 4.2; β' 3.8 st; 4.22 st; β 3.7 m; 3.9 m; 4.6 st; 5.3 m. — *V.*: s. Palmitinsaure.

1/16 **Glycerin-1-stearat (1-Monostearin)**
MG 358.55 *F* α 74; β' 79; β 81.5 $C_{21}H_{42}O_4$

Charakteristik: l. *A.*: α 58.3; β' und β 50.0; k. *A.*: β' 3.86 m; 4.24 st; β 3.88 st; 4.12; 4.37; 4.58 st. — L-1-*Monostearin:* $[\alpha]_D$ −3.58°.

1/17 **Glycerin-2-stearat (2-Monostearin)**
MG 358.55 *F* 75.2 $C_{21}H_{42}O_4$

Charakteristik: n^{70} 1.44770; l. *A.*: 43.9; k. *A.*: 3.86; 4.43; 4.60.

1/18 **Glycerin-1,3-distearat (1,3-Distearin)**
MG 625.00 *F* α 74; β' 77; β 78 $C_{39}H_{76}O_5$

Charakteristik: l. *A.*: β' 49.5; β 52.8; k. *A.*: β' 4.6 st; 3.88 st; β 4.6; 3.73.

1/19 **Glycerin-1,2-distearat (1,2-Distearin)**
MG 625.00 *F* α 59.5; β 71 $C_{39}H_{76}O_5$

Charakteristik: l. *A.*: α 54.5; β 48.3; k. *A.*: α 4.12; β 4.27 m; 4.05 sst; 3.81 st.

1/20 **Glycerintristearat (Tristearin)**
MG 891.45 D^{80} 0.8621 *F* α 65.0; β' 70.0; β 72.0; gl. 54.5 $C_{57}H_{110}O_6$

Charakteristik: n^{80} 1.4396; l. *A.*: α 50.6; β' 47.2; β 45.0; k. *A.*: α 4.2; β' 3.8 st; 4.22 st; β 3.7 m; 3.9 m; 4.6 st; 5.3 m. — ll. in Bzl., Chlf., h. A.; swl. in Ae., PAe., k. A. — *V.*: s. Stearinsaure.

1/21 **Glycerin-1-oleat (1-Monoolein)**
MG 356.54 *F* α 25; β' 32; β 35; gl. 12.5 $C_{21}H_{40}O_4$

Charakteristik: n^{40} 1.46262; l. *A.*: β 49.5; k. *A.*: β 3.58; 3.77; 4.05; 4.32; 4.58.

1/22 **Glycerin-1,3-oleat (1,3-Diolein)**
MG 620.97 *F* α 18; β 25 $C_{39}H_{72}O_5$

Charakteristik: l. *A.*: β 39.7; k. *A.*: β 3.64; 3.85 m; 4.06 m; 4.23; 4.44 m; 4.7 st.

1/23 **Glycerintrioleat (Triolein, Olein)**
MG 885.60 *F* α −12; β 4.9; gl. −32 $C_{57}H_{104}O_6$

Charakteristik: l. *A.*: α 45.2; β' 45.8; β 43.3; k. *A.*: β' 4.35; 3.87; β 5.28; 4.57 st; 3.97; 3.84; 3.71. — ll. in Ae.; wl. in A. — *V.*: s. Ölsaure.

1/24 **Glycerin-1-monolinolat (1-Monolinolein)**
MG 354.51 *F* β' −22.8; β 12.3 $C_{21}H_{38}O_4$

Charakteristik: Öl; ll. in Ae., Bzl., Chlf.; wl. in Me., A., Lg.

1/25 **Glycerin-1,3-dilinolat (1,3-Dilinolein)**
MG 616.93 *F* β −2.6 $C_{39}H_{68}O_5$

Charakteristik: l. *A.*: β 45.2; k. *A.*: β 4.2; 4.69. — Öl; ll. in Ae., Bzl., Chlf.; wl. in Me., A., Lg.

1/26 **Glycerintrilinolat (Trilinolein)**
MG 879.35 *F* α −43; β −12.9 $C_{57}H_{98}O_6$

Charakteristik: Öl; ll. in Ae., Bzl., Chlf.; wl. in Me. A., Lg. — *V.*: s. Linolsaure.

2. Gemischtsäurige Glyceride

2/1 **Glycerin-2-laurat-1,3-dimyristat (2-Lauro-1,3-dimyristin)**
MG 695.09 *F* α 35; β' 45; β 50; gl. 24 $C_{43}H_{82}O_6$

Charakteristik: n^{70} 1.43901; l. *A.*: α 39.6; β' 36.7; β 34.7; k. *A.*: α 4.19, β' 3.82 st; 4.05 s; 4.16 st; 4.35 s; β 3.84 m; 3.89 m; 4.61 st; 5.3 m.

2/2 **Glycerin-1-laurat-2,3-dimyristat (1-Lauro-2,3-dimyristin)**
MG 695.09 *F* α 37; β' 42; β 46.5; gl. 22 $C_{43}H_{82}O_6$

Charakteristik: l. *A.*: β' 35,3; β 36.5; k. *A.*: β' 3.83; 4.18; 4.35; β 3.67 m; 3.86 m; 4.6 st; 5.3 m.

2/3 Glycerin-2-myristat-1,3-dipalmitat
(2-Myristo-1,3-dipalmitin)

MG 779.24 *F* α 46; β' 55; β 60; gl. 37 $C_{49}H_{94}O_6$

Charakteristik: l. *A.*: α 44.4; β' 42.4; β 39.0; k. *A.*: α 4.19; β' 3.82 st; 4.05 s; 4.16 st; 4.35 s; β 3.74 m; 3.86 m; 4.61 st; 5.3 m.

2/4 Glycerin-1-myristat-2,3-dipalmitat
(1-Myristo-2,3-dipalmitin)

MG 779.24 *F* α 47.5; β' 52; β 57; gl. 36 $C_{49}H_{94}O_6$

Charakteristik: l. *A.*: α 43.9; β' 40.3; β 41.5; k. *A.*: α 4.19; β' 3.83; 4.18; 4.35; β 3.67 m; 3.86 m; 4.6 st; 5.3 m.

2/5 Glycerin-2-palmitat-1,3-distearat
(2-Palmito-1,3-distearin)

MG 863.40 *F* α 56; β' 64; β 68; gl. 50 $C_{55}H_{106}O_6$

Charakteristik: n^{70} 1.44374; l. *A.*: α 50.5; β' 47.5; β 44.2; k. *A.*: α 4.19; β' 3.82 st; 4.05 s; 4.16 st; 4.35 s; β 3.68 m; 3.86 m; 4.61 st; 5.3 m.

2/6 Glycerin-1-palmitat-2,3-distearat
(1-Palmito-2,3-distearin)

MG 863.40 *F* α 57; β' 61; β 65; gl. 50 $C_{55}H_{106}O_6$

Charakteristik: l. *A.*: α 48.8; β' 44.7; β 46.5; k. *A.*: α 4.19; β' 3.83; 4.18; 4.35; β 3.67 m; 3.86 m; 4.6 st; 5.3 m.

2/7 Glycerin-2-myristat-1,3-dilaurat
(2-Myristo-1,3-dilaurin)

MG 667.03 *F* α 37; β' 44; β 48; gl. 24 $C_{41}H_{78}O_6$

Charakteristik: n^{70} 1.43907; l. *A.*: β' 34.5; β 33.6; k. *A.*: β' 3.85 st; β 3.86 m; 4.06 s; 4.26 st; 4.45 s.

2/8 Glycerin-1-myristat-2,3-dilaurat
(1-Myristo-2,3-dilaurin)

MG 667.03 *F* α 33.5; β' 39; β 43.5; gl. 19 $C_{41}H_{78}O_6$

Charakteristik: n^{70} 1.43878; l. *A.*: β' 34.5; β 33.0; k. *A.*: β' 3.83; 4.18; 4.35; β 3.75 m; 3.86 m; 4.6 st; 5.3 m.

2/9 Glycerin-2-palmitat-1,3-dimyristat
(2-Palmito-1,3-dimyristin)

MG 751.19 *F* α 49; β' 55; β 58.5; gl. 38 $C_{47}H_{90}O_6$

Charakteristik: l. *A.*: α 45.0; β' 39.7; β 38.1; k. *A.*: α 4.19; β' 3.88 st; 4.13 st; 4.31 st; β 3.81 st; 4.13 m; 4.31 st.

2/10 Glycerin-1-palmitat-2,3-dimyristat
(1-Palmito-2,3-dimyristin)

MG 751.19 *F* α 45.5; β' 50.5; β 54; gl. 34 $C_{47}H_{90}O_6$

Charakteristik: l. *A.*: α 42.8; β' 39.5; β 37.7; k. *A.*: α 4.19; β' 3.83; 4.22; 4.35; β 3.67 m; 3.86 m; 4.6 st; 5.3 m.

2/11 Glycerin-2-stearat-1,3-dipalmitat
(2-Stearo-1,3-dipalmitin)

MG 835.35 *F* α 59; β' 65; β 68; gl. 49 $C_{53}H_{102}O_6$

Charakteristik: n^{70} 1.44325; l. *A.*: α 50.2; β' 44.7; β 43.2; k. *A.*: α 4.19; β' 3.81 st; 4.35; β 3.81 m; 4.03 s; 4. 2 st; 4.48 m.

2/12 Glycerin-1-stearat-2,3-dipalmitat
(1-Stearo-2,3-dipalmitin)

MG 835.35 *F* α 55; β' 59.5; β 62.5; gl. 46.5 $C_{53}H_{102}O_6$

Charakteristik: l. *A.*: α 47.8; β' 43.9; β 42.5; k. *A*: α 4.19; β' 3.83; 4.18; 4.35; β 3.67 m; 3.86 m; 4.6 st; 5.3 m.

2/13 Glycerin-2-laurat-1,3-dipalmitat
(2-Lauro-1,3-dipalmitin)

MG 751.19 *F* α 47; β' 50; β 53,5; gl. 34 $C_{47}H_{90}O_6$

Charakteristik: n^{70} 1.44044; l. *A.*: α 44.6; β' 77.0; β 59.0; k. *A.*: α 4.19; β' 3.81; 4.08; 4.36; β 3.84; 4.2 s; 4.6; 5.25 s.

2/14 Glycerin-1-laurat-2,3-dipalmitat (1-Lauro-2,3-dipalmitin)

MG 751.19 *F* α 45; β' 49.5; β 54,0; gl. 32 $C_{47}H_{90}O_6$

Charakteristik: l. *A*.: α 43.4; β' 38.5; β 39.8; k. *A*.: α 4.19; β' 3.78; 4.09 s; 4.26; 4.5 s; β 3.72; 3.9; 4.53; 4.67; 5.4.

2/15 Glycerin-2-myristat-1,3-distearat (2-Myristo-1,3-distearin)

MG 835.35 *F* α 56; β' 59; β 62.5; gl. 47 $C_{53}H_{102}O_6$

Charakteristik: n^{70} 1.44300; l. *A*.: α 49.5; β' 44.7; β 65.8; k. *A*.: α 4.19; β' 3.77; 4.12; 4.26; β 3.84; 4.2 s; 4.6; 5.25.

2/16 Glycerin-1-myristat-2,3-distearat (1-Myristo-2,3-distearin)

MG 835.35 *F* α 54; β' 57.5; β 62.0; gl. 44 $C_{53}H_{102}O_6$

Charakteristik: l. *A*.: α 48.5; β' 43.4; β 45.0; k. *A*.: α 4.19; β' 3.78; 4.09 s; 4.26; 4.5 s; β 3.72; 3.9; 4.53; 4.67; 5.4.

2/17 Glycerin-2-palmitat-1,3-dilaurat (2-Palmito-1,3-dilaurin)

MG 695.09 *F* α 35; β' 42.5; β 45.5; gl. 19 $C_{43}H_{82}O_6$

Charakteristik: n^{70} 1.43980; l. *A*.: β' 36.6; β 35.5; k. *A*.: α 4.19; β' 3.9 s; 4.09 s; 4.29; 4.44; β 3.85; 4.09 s; 4.29; 4.44 s.

2/18 Glycerin-1-palmitat-2,3-dilaurat (1-Palmito-2,3-dilaurin)

MG 695.09 *F* α 33; β' 43; β 46.5; gl. 20 $C_{43}H_{82}O_6$

Charakteristik: n^{70} 1.43965; l. *A*.: β' 36.2; β 54.6; k. *A*.: α 4.19; β' 3 78; 5.09 s; 4.26; β 3.84; 4.6; 4.84 s; 5.21 s.

2/19 Glycerin-l-stearat-2,3-dimyristat (1-Stearo-2,3-dimyristin)

MG 779,24 *F* α 46; β' 52; β 56; gl. 36 $C_{49}H_{94}O_6$

Charakteristik: l. *A*.: α 46,4; β' 41,7, β 61,4; k. *A*.: α 4,19; β' 3,8, 4,15; 4,27; β 3,84; 4,6; 4,84 s; 5,21 s.

2/20 Glycerin-2-stearat-1,3-dimyristat (2-Stearo-1,3-dimyristin)

MG 779.24 *F* α 47; β' 53; β 55.5; gl. 33 $C_{49}H_{94}O_6$

Charakteristik: l. *A*.: α 44.0; β' 41.0; β 40.0; k. *A*.: α 4.19; β' 3.88 s; 4.17; 4.34; β 3.82; 4.17; 4.34.

2/21 Glycerin-2-laurat-1,3-distearat (2-Lauro-1,3-distearin)

MG 807.29 *F* α 52; β' 58; β 60.5; gl. 36 $C_{51}H_{98}O_6$

Charakteristik: n^{70} 1.44222; l. *A*.: α 47.1; β' 42.4; β 63.7; k. *A*.: α 4.19, β' 3.82; 4.08; 4.31; β 3.84; 4.61; 5.32 s.

2/22 Glycerin-1-laurat-2,3-distearat (1-Lauro-2,3-distearin)

MG 807.29 *F* α 47; β' 52; gl. 36 $C_{51}H_{98}O_6$

Charakteristik: l. *A*.: α 47.4; β' 42.8, k. *A*.: α 4.19; β' 3.82; 4.18; 4.35.

2/23 Glycerin-2-stearat-1,3-dilaurat (2-Stearo-1,3-dilaurin)

MG 723.14 *F* α 38; β' 43; β 47; gl. 21 $C_{45}H_{86}O_6$

Charakteristik: n^{70} 1.44031; l. *A*.: α 40.8; β' 37.5; β 56.8; k. *A* : α 4.19, β' 3.83, 4.02 s; 4.2, 4.41 s; β 3.85; 4.3 ss; 4.58; 4.8 ss; 5.27 s.

2/24 Glycerin-1-stearat-2,3-dilaurat (1-Stearo-2,3-dilaurin)

MG 723.14 *F* α 31; β' 41.5; β 45; gl. 20 $C_{45}H_{86}O_6$

Charakteristik. l. *A* : β' 38 7; β 57.0, k. A.: α 4.19; β' 3.86, 4.11, 4.35; β 3.84, 4.27 s; 4.6; 4.85 s; 5.26 s.

B. Wachse

Literatur. *Deuel, jr., H. J.:* The Lipids, Vol. I, New York, 1951.

Vorbemerkungen. Die naturlichen Wachse (Gemische von verschiedenen Wachsestern, d. h. Estern von höheren Fettsäuren mit höheren Alkoholen) sind im Tier- und Pflanzenreich außerordentlich weit verbreitet. Die Gewinnung einheitlicher Substanzen stößt auf große Schwierigkeiten, so daß von den naturlichen Wachsen nur die Bausteine angegeben werden können. Drei Vertreter dieser Klasse seien aus der großen Anzahl hier als Beispiel angeführt.

1 Bienenwachs

F 64.0 n 1.4402
Saurezahl 17.0; Jodzahl 5.8; Verseifungszahl 84.4

Charakteristik: ll. in Ae., Chlf., CCl_4; l. in Bzl., CS_2; wl. in A.; unl. in W.; lost sich in Triglyceriden. — *Bestandteile:* Wachsester 72% (dessen Bausteine: an Alkoholen fast ausschließlich Myristylalkohol und kleine Mengen Laccerylalkohol ($CH_3 \cdot [CH_2]_{30} \cdot CH_2OH$); an Fettsäuren: Palmitin-, Palmitolein-, Hydroxypalmitin- und Cerotinsaure); freie Fettsauren 13% (Neocerotinsäure ($C_{25}H_{50}O_2$), Cerotin-, Montan- und Melissinsaure); Kohlenwasserstoffe 12% (Nonacosan- und Hentriacontan).

2 Wollfett (Schottisches Wollfett)

F 36—41 n^{40} 1.4781; $[\alpha]_D^{35}$ +6.70°
Säurezahl 0.5; Jodzahl 15—47; Verseifungszahl 82—127

Charakteristik: Fettgehalt, je nach Herkunft, 6,6% (russische Wolle) bis 16,6% (Wolle aus Neuseeland). Ebenso schwanken die Angaben der physikalischen Daten entsprechend ihrer Herkunft. — *Bestandteile:* Myristin-, Palmitin-, Stearin-, Arachin- und Cerotinsäure 7,1%; Monohydroxypalmitin-, -arachin- und -cerotinsaure 36,2%; Dihydroxycerotinsäure 2,5%; Cholesterin, Dihydrocholesterin und Hydroxycholesterin 10,5%; Decenol, Hendecenol, Docosenol (Lanolinalkohol) und Octadecanol 8,0%; Cetyl- und Carnaubylalkohol 8,0%; zweiwertige Alkohole 1,8%; freie Alkohole 25% (davon 5% Triterpene und 1% freies Cholesterin); Kohlenwasserstoffe 1 bis 2%. — *V.:* Wollwachs oder Lanolin ist das bedeutendste Wachs der Landtiere.

3 Wachse aus Fischtranen

Walrat: D^{15} 0,880—0,883
Jodzahl 81—84; Verseifungszahl 123—133

Charakteristik: Das bedeutendste Wachs von Seetieren ist Walrat, ein flussiges Wachs. — *V.:* Im Öl der Kopfhöhlen des Pottwals. — *Bestandteile:* Folgende Ester wurden gefunden: Myristyl-Caprinsaure 4,5%; Cetyl-Laurinsaure 20,0%; Hexadecenyl-Lauroleinsäure 7,0%; Oleyl-Myristinsäure 13,0%; Oleyl-Myristoleinsaure 18,0%; Cetyl-Palmitinsaure 9,0%; Hexadecenyl-Palmitoleinsaure 3,0%; Oleyl-Ölsäure 11,0%; Stearyl-Stearinsäure 2,5%; Eicosenyl-Eicosensaure 7,0%; Eicosenyl-Eicosadiensäure 2,0%.

Lipoide

Von **H. Debuch**, Köln/Rhein

Literatur. *Deuel, jr., H. J.:* The Lipids, Vol. 1, New York 1951. — *Klenk, E.:* Fette, Wachse, Phosphatide und Glykolipoide. In Hoppe-Seyler/Thierfelder: Physiologisch- und pathologisch-chemische Analyse, Bd. III, 2, Berlin, Göttingen, Heidelberg 1955. — *Hanahan, D. J.* u. *M. E. Jayko:* Dipalmitoleyl-L-α-Lecithin in: Biochemical Preparations, Vol. 4, New York 1955. — *Radin, N. S.* u. *J. R. Brown:* Cerebrosides in: Biochemical Preparations, Vol. 7, New York 1960. — *Scholfield, C. R.* u. *H. J. Dutton:* Phosphatidyl ethanolamine in: Biochemical Preparations, Vol. 5, New York 1957. *H. Debuch* in: *Graumann, H.* u. *K. Neumann*, Handbuch d. Histochemie, z. Z. i. Druck.

A. Glycerin-phosphatide

1. Stickstoffhaltige Glycerin-phosphatide

Allgemeine Charakteristik: Zusammensetzung: Glycerinphosphorsäure, höhere Fettsäuren und teilweise Fettaldehyde, stickstoffhaltige Base. — Im Gemisch sind sie stets amorph. — L. in Chlf., Ae., Bzl., CS_2; swl. in Ac., Methylacetat. Die Löslichkeit kann sich je nach den enthaltenen Fettsäuren andern. — Ausfällen durch Ac. aus konz. atherischen Lsgn. Quantitative Fällung durch Ac., das mit geringen Mengen von gesattigter alkohol. $MgCl_2$-Lsg. versetzt ist. — Quellen stark in W.

a) Lecithine (Cholinester der Diglyceridphosphorsäure)

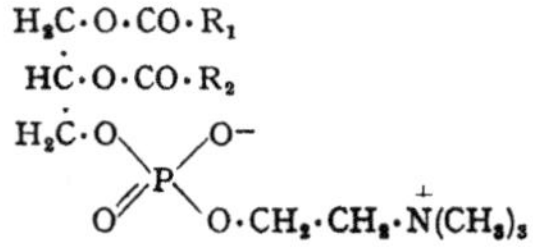

R₁ und R₂: Fettsäurereste

1 a/1 Lecithin

MG abhängig von der Natur der Fettsäuren, z. B.: 700 Dimyristyl-lecithin, 870 Arachidonyl-clupanodyl-lecithin. *F* bei natürlichen Lecithinen nicht definiert

Allgemeine Charakteristik: Farbl. bis schwach gelbe Subst.; wachsartig; hygroskop. — ll. in Ae., A.; unl. in Ac. Je mehr gesattigte Fettsren. im Gemisch, desto weniger l. in Ae. — Gehirnlecithin $[\alpha]_D^{20}$ + 5.36° (Chlf.). — *Fettsäurekomponenten:* gesattigte Fettsäuren: Vor allem Palmitin- u. Stearinsäure, in sehr kleinen Mengen auch Myristin- u. Arachinsäure; ungesättigte Fettsäuren: Vor allem Ölsäure, wenig Palmitoleinsäure. Je nach Herkunft des Lecithins kommen als Polyensäuren Linol- und Linolensäure, auch die hochungesättigten der C_{20}- und C_{22}-Reihe vor.

1 a/2 Dimyristyl-L-α-lecithin (synthet.)

MG 695.9 *F* 237—237.5
C 62.12%; H 10.72%; N 2.01%; P 4.45% $C_{36}H_{74}O_8NP$

Charakteristik: l. 24 in Me. 22—23°; 0.06 in Ac. 22—23°; 1.3 in Py. 22—23°; unl. in W., emulgierbar. — $[\alpha]_D$ + 7.0° (*c* = 3.9, Chlf.: Me 1:1); M_D + 48.7.

1 a/3 Dipalmityl-L-α-lecithin (synthet.)

MG 752.1 *F* 234—235
C 63.8%; H 10.99%; N 1.86%; P 4.12% $C_{40}H_{82}O_8NP$

Charakteristik: l. 1.4 in Me. 22—23°; 0,02 in Ac. 22—23°; 1.1 in Py. 22—23°; unl. in W.; emulgierbar. — $[\alpha]_D^{23}$ + 6.6° (*c* = 4.2, Chlf.:Me 1:1); M_D + 49.5.

1 a/4 Distearyl-L-α-lecithin (synthet.)

MG 808.2 *F* 230.5—231.5
C 65.39%; H 11.23%; N 1.73%; P 3.83% $C_{44}H_{90}O_8NP$

Charakteristik: l. 0.8 in Me. 22—23°; 0.01 in Ac. 22—23°; 0.5 in Py. 22—23°; unl. in W.; emulgierbar. — $[\alpha]_D^{26}$ + 6.1° (*c* = 4.2, Chlf.:Me. 1:1); M_D + 49.3.

1 a/5 Dipalmitoleyl-L-α-lecithin (synthet.)

MG 748.1 Jodzahl 67.0
C 64.22%; H 10.51%; N 1.87%; P 4.14% $C_{40}H_{78}O_8NP$

Charakteristik: sll. in A., Me., Chlf., 90%ig. Ac.; unl. in W., PAe.; emulgierbar. — $[\alpha]_D$ + 6.6° (*c* = 8.2, Chlf.:Me. 1:1); M_D + 49.5. — *V.:* In Bäckerhefe.

1 a/6 Dioleyl-L-α-lecithin (synthet.)

MG 804.1 Jodzahl 63.14
C 65.71%; H 10.78%; N 1.74%; P 3.85% $C_{44}H_{86}O_8NP$

Charakteristik: sll. in A., Me., Ae., 90%ig. Ac.; l. in w. PAe. — $[\alpha]_D^{25}$ + 6.2° (*c* = 5, Chlf.:Me. 1:1).

1 a/7 Hydrolecithin

F 150 (Z.) sintert bei 83—84

Charakteristik: Weiß, kristallin; durch katalyt. Hydrierung gewonnen. ll. in Chlf.; swl. in Ae., A. Me. — Aus h. A. umkristallisieren. — Hydrolecithin aus Gehirn; $[\alpha]_D$ + 5.5—6.0° (Chlf.).

b) Lysolecithine (Cholinester der Monoglyceridphophorsäure)

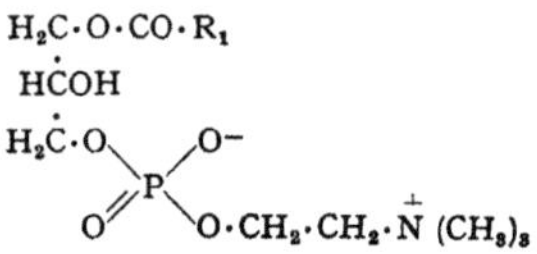

R₁: Fettsäurerest

1 b/1 Lysolecithin

Charakteristik: ll. in Gegenwart von Alkali; l. in W., A., Me., Chlf., Eg., Py.; unl. in Ae., Ac. — Durch Einwirkung von Phospholipase A (z. B. in Schlangen- und Bienengift) auf Lecithin wird aus dem Gesamtmolekul eine Fettsäure abgespalten. Enthielt das Ausgangslecithin 1 Mol gesättigte und 1 Mol ungesattigte Fettsauren, wird die ungesattigte abgespalten. — *V.:* In kleinen Mengen neben Lecithin. — *Wi.:* Stark hamolytisch.

1 b/2 **Palmityl-lysolecithin**

MG 513.7 *F* 195–196

C 56.11%; H 10.20%; N 2.73%; P 6.03% $C_{24}H_{52}O_{8}NP$

Charakteristik: $[\alpha]_D^{25}$ −2.2° (c = 10, Chlf.).

1 b/3 **Palmitoleyl-lysolecithin**

MG 511.6 Jodzahl 49.62

C 56.34%; H 9.85%; N 2.74%; P 6.06% $C_{24}H_{50}O_{8}NP$

Charakteristik: $[\alpha]_D^{25}$ −2.2°.

c) Cardiolipin

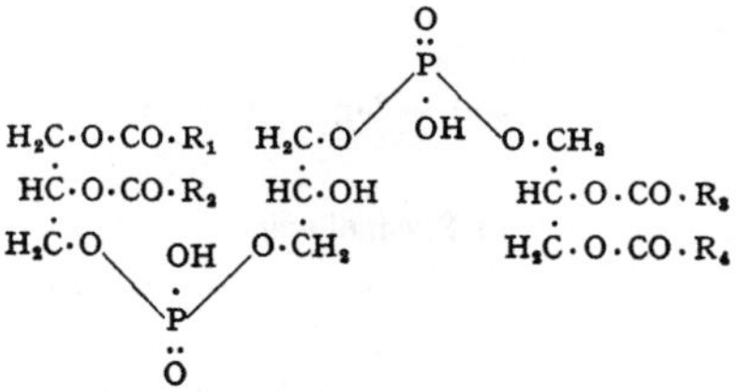

Charakteristik: —. *V.:* Im Herzmuskel. Ähnliche „Polyglycerin-phosphatide" in kleinen Mengen in Leber und Pflanzen nachgewiesen.

d) Kephaline

1 d/1 **Colamin-kephalin (Colaminester der Diglyceridphosphorsäure)**

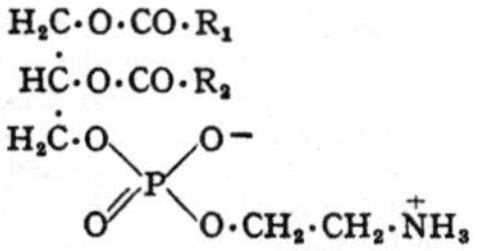

R₁ und R₂: Fettsäurereste

MG abhängig von der Art der Fettsäuren wie bei Lecithin, liegt im ganzen um 60,01 tiefer als bei diesem. *F* nicht definiert bei naturlichen Colamin-kephalinen

Charakteristik: Klebrige, weiße bis schwach gelb gefärbte Substanzen, die leicht oxydiert werden und sich verfärben; ll. in Ae., Chlf.; l. in A.; unl. in Ac. — Fettsäurenzusammensetzung: etwa die gleiche wie von Lecithin. Bei Gehirnkephalin überwiegen bei den gesättigten die Stearinsäure, bei den ungesättigten die hochungesättigten C_{20}- und C_{22}-Fettsäuren.

1 d/2 **Dimyristyl-L-α-colamin-kephalin** (synthet.)

MG 635.9 *F* 195–196 (bis 150° 15–20°/Min., dann 4–5°/Min. erhitzt)

C 62.33%; H 10.46%; N 2.20%; P 4.87% $C_{33}H_{66}O_{8}NP$

Charakteristik: sll. in Chlf.; l. in A., Py., Bzl., CCl_4; unl. in Ac., Ae., PAe., Äthylacetat. — $[\alpha]_D^{26}$ +6.7° (c = 8.4, Chlf.); M_D +42.5.

1 d/3 **Dipalmityl-L-α-colamin-kephalin** (synthet.)

MG 692.0 *F* 186–187 (bis 150° 15–20°/Min., dann 4–5°/Min. erhitzt)

C 64.21%; H 10.78%; N 2.02%; P 4.48% $C_{37}H_{74}O_{8}NP$

Charakteristik: sll. in Chlf.; l. in A., Py., Bzl., CCl_4; unl. in Ac., Ae., PAe., Äthylacetat. — $[\alpha]_D^{26}$ +6.4° (c = 7.8, Chlf.); M_D +43.5.

1 d/4 **Distearyl-L-α-colamin-kephalin** (synthet.)

MG 748.1 *F* 180–182 (bis 150° 15–20°/Min., dann 4–5°/Min. erhitzt)

C 65.82%; H 11.05%; N 1.87%; P 4.14% $C_{41}H_{82}O_{8}NP$

Charakteristik: sll. in Chlf.; l. in A., Py., Bzl., CCl_4; unl. in Ac., Ae., PAe., Äthylacetat. — $[\alpha]_D^{24}$ +6.0° (c = 4.4, Chlf.:Eg. 9:1); M_D +44.5.

1 d/5 **Dioleyl-L-α-colamin-kephalin** (synthet.)

MG 744.1 Jodzahl 68.23

C 66.18%; H 10.57%; N 1.88%; P 4.16% $C_{41}H_{78}O_{8}NP$

Charakteristik: sll. in Chlf., Ae., PAe.; 13.2 in A., 20.2 in Me., 2.6 in Ac.; unl. in W.; emulgierbar. — $[\alpha]_D$ +6.0° (c = 7, Chlf.).

1 d/6 Serin-kephalin (Serinester der Diglyceridphosphorsäure)

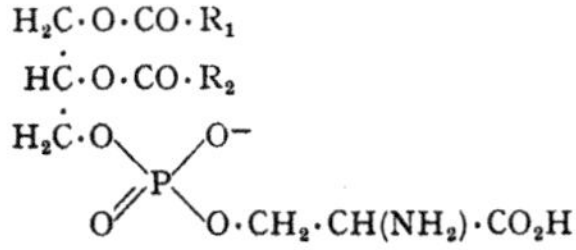

R_1 und R_2: Fettsaurereste

MG abhängig von der Art der Fettsauren. Da Stearin- und Ölsaure uberwiegen, wird mittleres *MG* von 790 angenommen. *F* nicht definierbar

Charakteristik: Leicht gelbl., pulversierbar; l. in Ae.; unl. in A., Ac. — Mit W. sehr schwer emulgierbar. Reagiert sauer. — *Na-Salz:* ll. in Chlf., Ae., PAe.; unl. in A., Me., Ac. In W. leicht emulgierbar. — *V.:* Als Alkalisalz im Gewebe; vorwiegend als K-Salz, weniger als Na-Salz.

1 d/7 Distearyl-L-α-serin-kephalin (synthet.)

MG 792.1 *F* 159—161
C 63.68%; H 10.42%; N 1.77%; P 3.91% $C_{42}H_{82}O_{10}NP$

Charakteristik: l. in w. Chlf., Bzl.; unl. in W. — $[\alpha]_D^{25}$ $-14°$ ($c = 3.5$, Chlf.); $[\alpha]_D^{26}$ $-23.2°$ ($c = 2.7$, Bzl.).

e) Plasmalogene

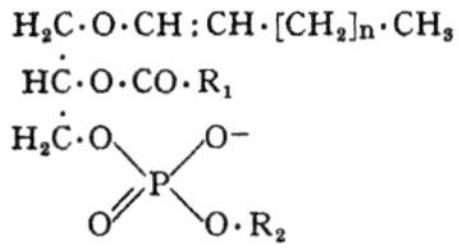

R_1: Fettsaurerest
R_2: Colamin-, Serin- oder Cholinrest

MG abhangig von der Aldehyd- und Fettsaurekomponente und ist damit ahnlich dem des Lecithins oder Kephalins. Es wurden bisher mit Sicherheit Hexadecanal, Octadecanal, Δ^9- und Δ^{11}-Octadecenal isoliert

Charakteristik: Plasmalogene enthalten die gleichen stickstoffhaltigen Bausteine wie Lecithine oder Kephaline. Entsprechend werden sie als Cholin-, Colamin- oder Serin-plasmalogene bezeichnet. — *Fettsäuregemisch:* Praktisch nur ungesättigte Fettsauren. — Durch milde Säurehydrolyse werden die Aldehyde abgespalten, durch Alkalibehandlung die Fettsauren. — Da Plasmalogene immer mit den entsprechenden Ester-phosphatiden (Lecithin und Kephalin) vergesellschaftet sind und sich in ihren physikalischen Eigenschaften von diesen kaum unterscheiden, ist ihre Reindarstellung bisher nicht gelungen. — *V.:* In vielen tierischen Geweben, besonders reichlich in Gehirn, Muskulatur, Ruckenmark und peripheren Nerven, auch in Ovar, Nebennieren, Sperma. In Leber und Huhnereiern nur in sehr kleinen Mengen.

2. Stickstofffreie Glycerin-phosphatide

a) Inosit-phosphatide

2a/1 Monophospho-inositid

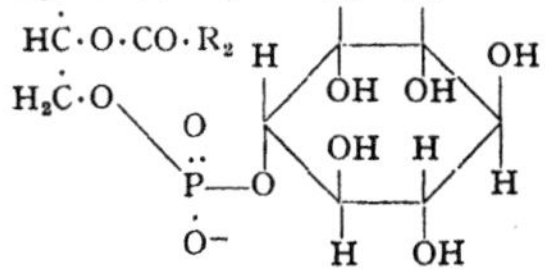

MG schwankt entsprechend den Fettsauren. Da deren mittleres *MG* um 270 liegt, ist das des Inosit-phosphatides nebenstehender Formel mit etwa 840 anzunehmen.

Charakteristik: Weiße, pulversierbare Substanz. — l. in Chlf., Bzl.; wl. in W., w.A.; wssr. Lsg. ist gelatinös. — *V.:* Inosit-phosphatide mit einer den ubrigen Glycerin-phosphatiden analogen Struktur sind sowohl im Pflanzen- als auch im Tierreich weit verbreitet. Vor allem: Herzmuskel, Leber von Rind, Pferd, Hund, Ratte; Weizenkeime, Sojabohne, Erdnuß.

2a/2 2,3-Distearyl-glyceryl-2-myo-inosit-phosphatid

MG 868.13 *F* 135—137
C 62.4%; H 10.0%; P 3.6% $C_{45}H_{88}O_{13}P$

Charakteristik: —

2a/3 Weitere Inosit-phosphatide

Neben dem oben beschriebenen inosithaltigen Glycerin-phosphatid wurden Substanzen gefunden, z. B. im Gehirn, aus denen man als Spaltstuck Inosit-metadiphosphat isolieren konnte. Moglicherweise existieren auch Inosit-phosphatide, die ein molares Verhaltnis von Inosit:P wie 1:3 oder mehr aufweisen.

b) Diglycerid-phosphorsäuren oder Phosphatidsäuren

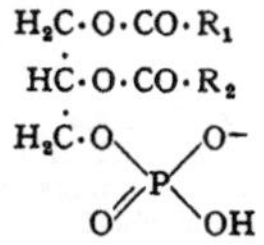

R_1 und R_2: Fettsäurereste

Charakteristik: — *V.:* Zwischenprodukte der Fett- und Phosphatidsynthese. In pflanzl. und tier. Geweben.

2b/1 **Dimyristyl-L-α-glycerin-phosphorsäure** (synthet.) $C_{31}H_{61}O_8P$
MG 592.8 *F* 61.5—62.5
C 62.81%; H 10.38%; P 5.23%

Charakteristik: sll. in A., Ac., Bzl., Ae., Eg. — $[\alpha]_D^{24}$ +4.4° (c = 11, Chlf.); M_D +26.1.

2b/2 **Dipalmityl-L-α-glycerinphosphorsäure** (synthet.)
MG 648.9 *F* 70—71
C 64.78%; H 10.73%; P 4.78% $C_{35}H_{69}O_8P$

Charakteristik: 2.5 in A. 21°; 1.6 in Ac. 21°; 1.5 in Ae. 21°; 4.2 in Bzl. 21°; 1.3 in Eg. 21°. — $[\alpha]_D^{26}$ +4.0° (c = 9.6, Chlf.); M_D +25.9.

2b/3 **Distearyl-L-α-glycerinphosphorsäure** (synthet.)
MG 705.0 *F* 75.5—76.5 $C_{39}H_{77}O_8P$

Charakteristik: 0.8 in A. 21°; 0.08 in Ac. 21°; 1.6 in Ae. 21°; 0.15 in Bzl. 21°; 0.35 in Eg. 21°; $[\alpha]_D^{26}$ +3.8° (c = 9.3, Chlf.); M_D +26.8.

2b/4 **Dioleyl-L-α-glycerinphosphorsäure** (synthet.)
MG 701.0 Jodzahl 72.43
C 66.82%; H 10.30%; P 4.42% $C_{39}H_{73}O_8P$

Charakteristik: sll. in Ac., Chlf., Ae., PAe., Bzl., 99%ig. A. — $[\alpha]_D$ +3.8° (c = 6, Chlf.); M_D +26.6.

B. Sphingolipoide

1. Phosphorhaltige Sphingolipoide

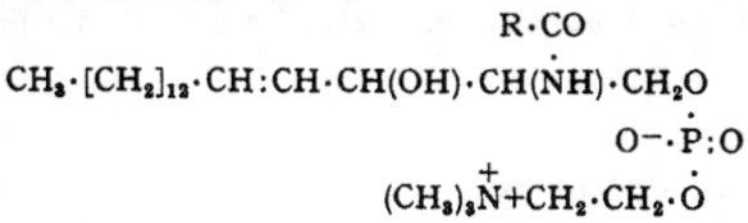

R: Fettsaurerest

1/1 **Sphingomyelin**
MG schwankt je nach der Fettsäurekomponente zwischen 721 (Palmitinsäure) und 859 (Hexacosensäure) *F* > 200 (unscharf)

Charakteristik: Rein weiß, spärolith. Krist. aus Py., etwas hygroskop. — l. in Chlf., Chlf.-Me., Me., in Lg. +10% A.; wl. in A., Py.; swl. in Ae., Ac. — $[\alpha]_D$ + 5.30 bis 5.35° (Chlf.: Me 1:1). In Wasser quillt die Substanz auf und bildet Myelinformen, fällt aus alkoholischer Lsg. mit Cadmiumchlorid als schwerlösliche Cadmiumchloridverbindung aus. Mit Reineckesaure fällt ein Reineckat, das aus 1 Mol Reineckesäure und 2 Molen Sphingomyelin besteht. — *V.:* Im Tierreich. Besonders reichlich in Gehirn- und Nervengewebe vorhanden, wenig auch in anderen Organen. Bei Niemann-Pickscher Krankheit: Speicherung in Gehirn, Milz, Leber und anderen Organen.

1/2 **Palmityl-sphingomyelin** (synthet.)
MG 721.1 *F* 209—211 $C_{39}H_{81}O_7N_2P$
C 64.91%; H 11.32%; N 3.89% P 4.30%

1/3 **Stearyl-sphingomyelin** (synthet.)
MG 749.1 *F* 209—210 $C_{41}H_{85}O_7N_2P$
C 65.74%; H 11.44%; N 3.74%; P 4.13%

1/4 **Lignoceryl-sphingomyelin** (synthet.)
MG 833.3 *F* 213—216 $C_{47}H_{97}O_7N_2P$
C 67.75%; H 11.73%; N 3.36%; P 3.72%

2. Zuckerhaltige Sphingolipoide

a) Cerebroside

Allgemeine Charakteristik: Neutral. — Bausteine: Zucker, Sphingosin und eine Fettsäure. Anstelle von Sphingosin kann auch Dihydrosphingosin vorhanden sein. — *V.:* Gehirn, Leber, Milz, Niere, Eigelb, Nebenniere, Lunge, Erythrocyten, Eiter, Fischsperma und Stierhoden. — Die einzelnen Cerebroside unterscheiden sich sowohl durch die Art der Zuckerreste als auch durch die Fettsauren.

2a/1 **Cerebron (Phrenosin)**

MG 828.23 *F* 212 Jodzahl 30.7

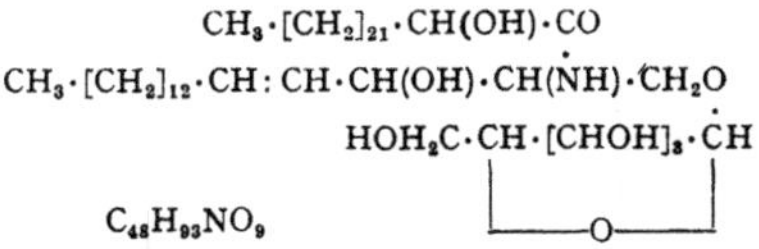

$C_{48}H_{93}NO_9$

Charakteristik: Weiße, sphàrolith. Krist., geben positive Gipsplattenprobe nach *Rosenheim*; quillt bei Kochen mit W.: ll. in Py. (besonders bei leichtem Erwärmen, fällt bei Zimmertemp. nicht aus), Chlf.; l. in h. A., Bzl., Eg.; swl. in Essigester, Ac.; unl. in Ae., PAe. — $[\alpha]_D$ +3.70 bis +4.30° (Py.); +7.6 bzw. +10.4° (5—10%ige Lsg. in Chlf./Me. 3:1). — Bausteine: D-Galaktose, Sphingosin, Cerebronsäure. — *V.:* Im Gehirn.

2a/2 **Kerasin**

MG 812.32 *F* 180 Jodzahl 31.3

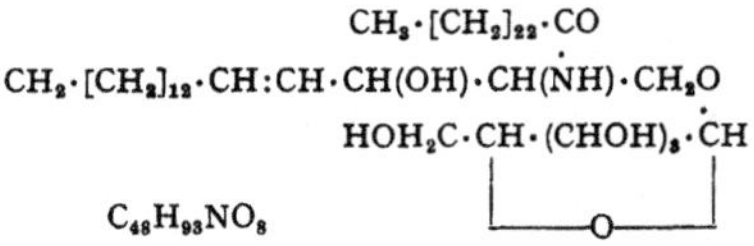

$C_{48}H_{93}NO_8$

Charakteristik: Weiße sphärolit. Krist., geben positive Gipsplattenprobe nach *Rosenheim*; Löslichkeitsverhaltnis wie bei Cerebron, im ganzen nur etwas leichter löslich. — $[\alpha]_D$ —2.74 bis —3.78° (Py.); $[\alpha]_D^{50}$ — 5.08° (10% Py. in Chlf.). — Bausteine: D-Galaktose, Sphingosin, Lignocerinsäure. — *V.:* Im Gehirn. — *Pentaacetylkerasin:* *F* 54—56; $[\alpha]_D^{20}$ — 16.46°. — *Pentamethylkerasin:* *F* etwa 73.

2a/3 **Nervon**

MG 810.22 *F* 180 Jodzahl 62.7

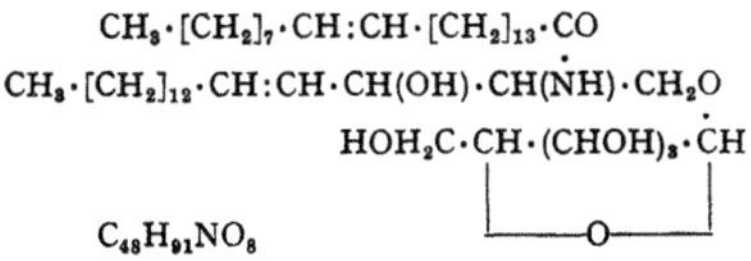

$C_{48}H_{91}NO_8$

Charakteristik: Krist. (Me.); Löslichkeitsverhältnis wie bei Kerasin. — $[\alpha]_D^{16}$ —4.33° (Py.). — Bausteine: D-Galaktose, Sphingosin, Nervonsäure. — *V.:* Im Gehirn. — *Tetrahydronervon* (durch Hydrierung): *F* 185; $[\alpha]_D$ +4.80 bzw. +5.58° (10- bzw. 5%ige Lsg. in Py.).

2a/4 **Hydroxynervon** $C_{48}H_{91}NO_9$

Charakteristik: Verbindung noch nicht isoliert. Indirekter Nachweis durch Isolieren von Hydroxynervonsäure aus reinen Cerebrosidfraktionen des Gehirns.

2a/5 **Cerebro-glucoside**

F 182—3, nach Übergang in flüss.-kristallinen Zustand

Charakteristik: Weiße Subst., dem Kerasin ahnlich, aber an Stelle der D-Galaktose eine D-Glucose. Löslichkeit s. Kerasin. — $[\alpha]_D$ —9.03 bis —10.66° (Py.). — Fettsauren: Vor allem Behen- und Lignocerinsäuren. — *V.:* Bei der Hepato-splenomegalie, Typus Gaucher, findet sich in Milz und Leber ein Cerebrosid, das dem Kerasin ahnlich ist, nur an Stelle der D-Galaktose eine D-Glucose hat. Wahrscheinlich liegt ein Teil der Cerebroside des Gehirns als Schwefelsäureester vor, und zwar befindet sich der Schwefelsaurerest an der primären Alkoholgruppe des Zuckerrestes.

b) Ganglioside

Allgemeine Charakteristik: Weiße spharolith. Krist. (A.); ll. in Gemisch von Bzl./A. oder Chlf./A., in Py., Eg., W.; l. in Me.; wl. in A.; unl. in Ae., Ac., Essigester. Die wssr. Lsg. reagiert sauer. — Mittleres *MG* 1500.

Ganglioside unterscheiden sich von den Cerebrosiden vor allem durch den Gehalt an Neuraminsäure ($C_9H_{17}O_8N$). Sie kommt in den Gangliosiden als N-Acetyl- oder N-Glykolyl-neuraminsaure, auch Sialinsäure genannt, vor. Am besten untersucht sind die Ganglioside des Gehirns, die in mindestens vier Verbindungen von monomolekularer Form vorliegen. In wssr. Lsg. sind sie, je nach p_H-Wert, mehr oder weniger aggregiert. — *V.:* Vor allem in der grauen Substanz des Gehirns, auch in Milz und Erythrocytenstroma von Rind, Pferd, Hund (Neuraminsaure als N-Glykolylderivat). Bei amaurotischer Idiotie (Typ Tay-Sachs) krankhafte Speicherung von Gangliosid in Ganglien- und Gliazellen.

2b/1 Gehirngangliosidfraktion

Z. 205

Charakteristik: $[\alpha]_D$ −2.79° (Py.). — Bausteine: Neuraminsäure (als Methylglykosid) 21.4 bis 21.6%; Reduktionswert 38.9—39.2%; Galaktosamin 6.9—7.1%; Glucose 7.7—7.8%; Stearinsaure 20.5%. — *Biol. Bed.:* Spaltbar durch verschiedene Stämme von Influenzavirus und durch ein Ferment der Choleravibrionen. Geht Verbindung mit Tetanustoxin ein.

2b/2 Milzgangliosidfraktion

Z. 250

Charakteristik: $[\alpha]_D$ 3.59° (Py.).

2b/3 Hexosaminhaltiges Gangliosid A

MG 1384.7

C 58.11%; H 8.81%; N 3.04%

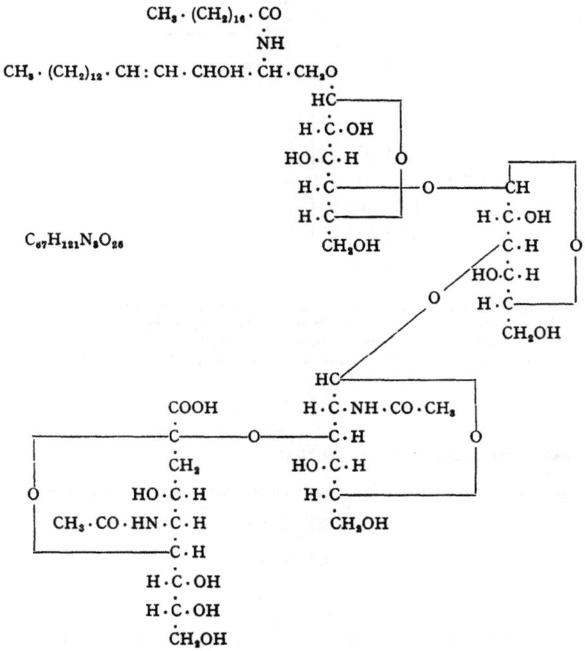

$C_{67}H_{121}N_3O_{26}$

Charakteristik: Weiße, spharolit. Krist. (Me./Chlf.). Löslichkeit siehe allgemeine Charakteristik d. Ganglioside; jedoch wl. in W. — *Bausteine:* Stearinsäure, Sphingosin, Glucose, Galaktose; N-Acetyl-galaktosamin, N-Acetyl-neuraminsäure im Verhältnis 1:1:1:1:1:1. Neuraminsäure (ber. als Methylglykosid): 20.0%; red. Zucker (ber. als Galaktose): 39%; Galaktosamin: 12,9%. — *V.:* Im Gehirn.

2b/4 Hexosaminhaltiges Gangliosid B_1

MG 1852

C 55.18%; H 8.16%; N 3.03%

$C_{85}H_{150}N_4O_{39}$

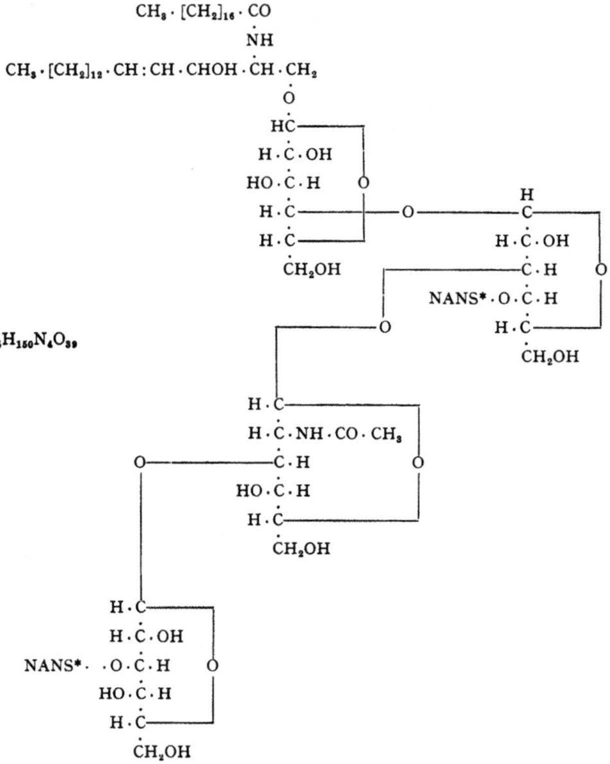

Charakteristik: Weiße spharolit. Krist. (Me./Chlf./A.). Löslichkeit siehe allgemeine Charakteristik d. Ganglioside, jedoch swl. in W. — *Bausteine:* Stearinsaure, Sphingosin, Glucose, Galaktose, N-Acetyl-galaktosamin, N-Acetyl-neuraminsaure im Verhaltnis 1:1:1:2:1:2. N-Acetyl-neuraminsäure: 33.4%; red. Zucker (ber. als Galaktose): 39.1%; Galaktosamin 9.9%. — *V.:* Im Gehirn.

2b/5 Hexosaminfreie Gangliosidfraktion (Gehirn)

Einem der beiden hexosaminfreien Ganglioside kommt wahrscheinlich folgende Struktur zu:

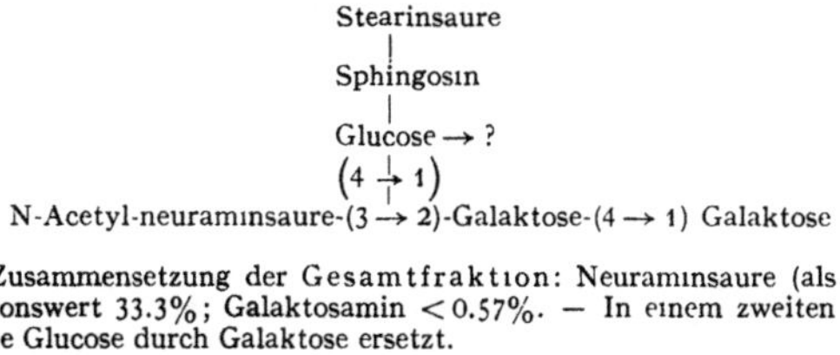

Charakteristik: Zusammensetzung der Gesamtfraktion: Neuraminsaure (als Methylglykosid) 19.4%; Reduktionswert 33.3%; Galaktosamin < 0.57%. — In einem zweiten hexosaminfreien Gangliosid ist die Glucose durch Galaktose ersetzt.

* NANS: N-Acetyl-neuraminsaure.

2b/6 **Hexosaminfreies Gangliosid**

MG 1281.6
C 60.91%; H 9.44%; N 2.19%

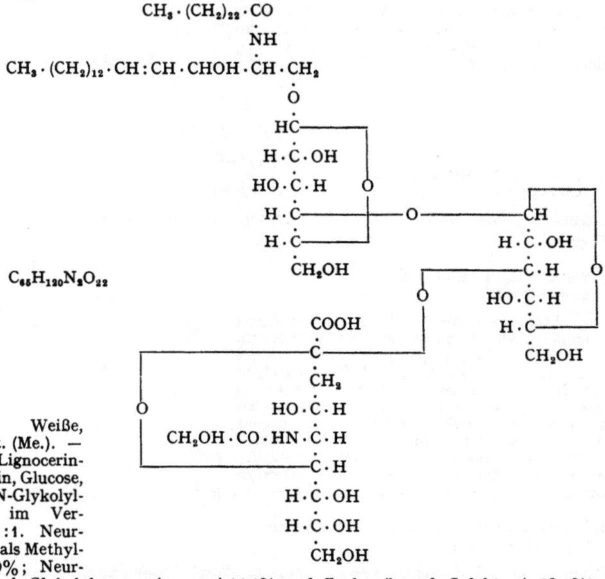

$C_{65}H_{120}N_2O_{22}$

Charakteristik: Weiße, spharolit. Krist. (Me.). — *Bausteine:* Lignocerinsaure, Sphingosin, Glucose, Galaktose, N-Glykolylneuraminsäure im Verhältnis 1:1:1:1:1. Neuraminsaure (ber. als Methylglykosid): 21.9%; Neuraminsäure (ber. als Glykolyl-neuraminsaure:) 25.4%; red. Zucker (ber. als Galaktose): 28.1%. — *V.:* Erythrocytenstroma vom Pferd.

c) Weitere Glykolipoide

Allgemeine Charakteristik: Nehmen Zwischenstellung zwischen Cerebrosiden und Gangliosiden ein. Zusammensetzung: Sphingosin, eine Fettsaure, Zucker. Im Gegensatz zu den Gangliosiden fehlt Neuraminsäure, dagegen kommen teilweise Aminozucker vor, die in den Cerebrosiden nicht enthalten sind.

2c/1 **Glykolipoid der Milz**

Verhältnis von Fettsaure:Sphingosin:Zucker = 1:1:2.

2c/2 **Glykolipoid der Erythrocytenstroma**

Mensch: Lignoceryl-(Nervonyl-)-sphingosin-di- und trihexosid. Zuckerkomponenten: Galaktose, Glucose, Chondrosamin. — *Rind:* Lignoceryl-sphingosin-tri- und tetrahexosid. Zuckerkomponenten: Galaktose, Glucose, Glucosamin. — *Pferd:* Lignoceryl-sphingosin-dihexosid. Zuckerkomponenten: Glucose und Galaktose.

Surfactant Lipids of Plants

By **A. A. Benson**, La Jolla/U.S.A.

(s. auch S. 257 ff.)

A. Glycerolphosphatides

Acidic phosphatides

1 **1-O-Phosphatidyl-L-glycerol (Glycerol ester of diglyceride phosphoric acid)**

Occurs in highest concentration in chloroplasts (46% of phosphatides in spinach chloroplasts) and photosynthetic tissues. Rapidly metabolized during photosynthesis.

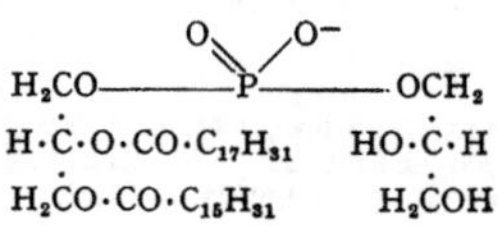

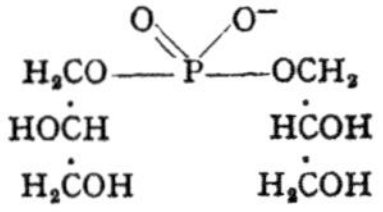

Deacylation product: *meso-Diglycerophosphate:* Occurs in high, but variable, concentrations in green plants where it is often the most concentrated phosphate ester, highest in darkness, diminishes rapidly in light. Rapidly hydrolyzed in acid to glycerol and glycerophosphate.

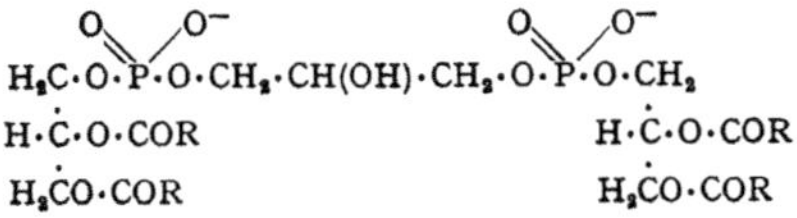

2 **1,3-Di-O-phosphatidyl glycerol (cardiolipin)**

Occurs as 1–10% of phosphatides in chloroplasts, bacterial chromatophores and plant mitochondria.

3 **Phosphatidyl inositol (1-O-phosphatidyl-L-myo-inositol)**

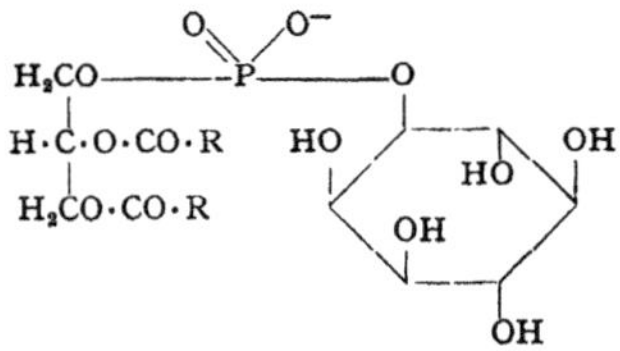

Insoluble in glacial acetic acid. Precipitates from chloroform when two volumes of ethanol is added. – Occurs as 22% of phosphatides in *Chlorella* and tobacco leaf, 9% in spinach leaves, 10% in beet leaves. – Occurs in moderate concentrations 10–40% in acetone-purified seed phosphatides, especially high in crude corn and peanut phosphatides. Occurs in peas. – Deacylation product, *glycerophosphoryl inositol:* occurs free in alcohol extracts of plants. – *Cyclo-hexylamine salt:* $[\alpha]_D^{25}$ $-14°$ (C 6, p_H 3.5, H_2O). – *Free acid:* $[\alpha]_D^{20}$ $-18 \pm 2°$ (1 mg. p/ml. H_2O).

4 **Phosphatidic acid (2,3-di-O-acyl-D-glycerol-1-phosphoric acid)**

Found in plant lipid preparations as a result of phospholipase action. Its occurrence in the free state in plant tissues is uncertain.

5 **Lecithin (phosphatidyl choline)**

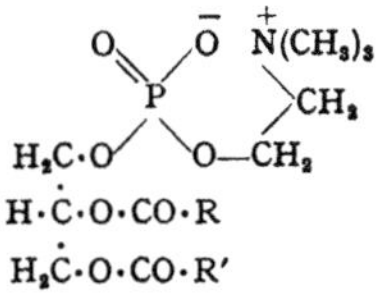

Soluble in glacial acetic acid; soluble in 95% ethanol.
Found in all plant tissues. Usually 30–50% of total phosphatides. 50% in spinach leaves, 36% in spinach chloroplasts. Very low concentration in chromatophores of *Rhodospirillum rubrum*.
Deacylation product: *glycerophosphoryl choline:* Not absorbed by anion exchange resins.

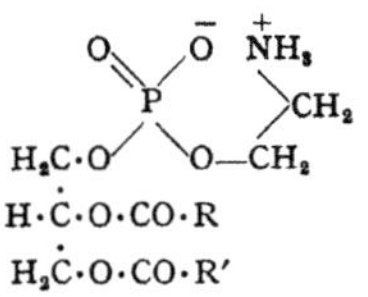

6 **Cephalin (O-phosphatidyl ethanolamine)**

Soluble in glacial acetic acid; insoluble in 95% ethanol.
Found in relatively low concentrations (6–18% of phosphatides) in plant tissues. (Chromatophores of photosynthetic bacteria, *R. rubrum*, however, contain unusually high concentrations.)

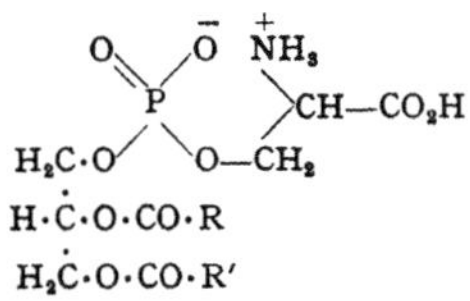

7 **O-Phosphatidyl serine**

Found in low concentrations, 1–6%, among plant phosphatides.

8 **Plasmalogens**

Insoluble in acetic acid, acetone.
Fatty aldehyde acetals found in lecithin and cephalin fractions. Plasmalogen of peas found largely associated with phosphatidyl inositol.

B. Glycolipids of Plants

These are neutral, rapidly metabolized surfactant lipids. *Components:* D-Galactose, glycerol and two fatty acids. — *Sources:* Primarily concentrated in chloroplasts and photosynthetic tissues. Also occur in roots, lesser amounts in seed oils and other storage fats. Low concentrations in mitochondria. Mono- and di-galactosyl diglycerides are the predominant lipids in green tissues. Higher polygalactosyl homologs exist in much lower concentrations. Fatty acid components are highly unsaturated in leaf and wheat flour lipids.

1 **O-β-D-Galactopyranosyl-(1 → 1′)-2′,3′-di-O-acyl-D-glycerol**

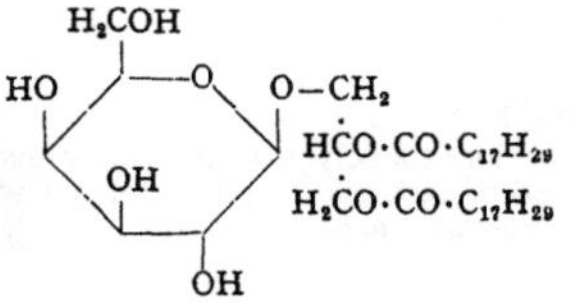

(a.) *From wheat flour lipids:* Amorphous white solid. — Soluble in benzene, warm acetone; insoluble in cold acetone. Saponification equivalent, 378. Calculated for distearoyl-monogalactosyl glycerol, 393.5. — Approx. 60% linoleic esters, 20% oleic esters.
(b.) *Deacylation product:* O-β-D-galactopyranosyl-(1 → 1′)-D-glycerol: m.p. 139–140°; $[\alpha]_D$ +3.77°; similar, but not related to floridoside of red algae.

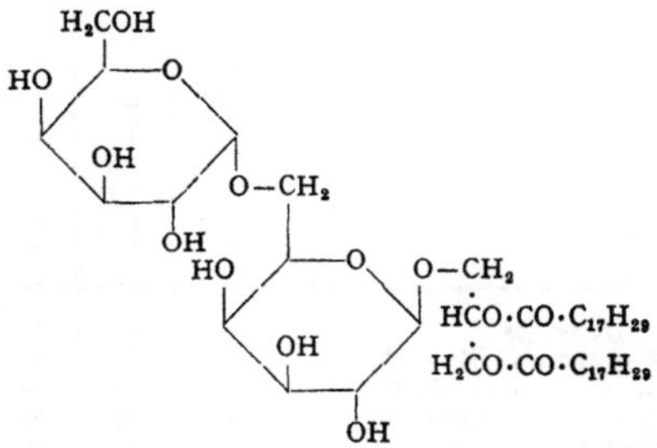

2 **O-α-D-Galactopyranosyl-(1 → 6)-β-D-galacto pyranosyl-(1 → 1′)-2′,3′-di-O-acyl-D-glycerol**

(a.) *From wheat flour lipids:* Amorphous hygroscopic white solid. — Saponification equivalent, 466, calculated for distearoyl-digalactosyl glycerol, 474.6. — Approximately 30% linoleic esters, 42% palmitic esters.
(b.) *Deacylation product:* O-α-D-galactopyranosyl-(1 → 6)-β-D-galactopyranosyl-(1 → 1)-D-glycerol: m.p. 182–184°, $[\alpha]_D$ +86.4°.

3 **Trigalactosyl diglyceride and higher homologs**

Characterized on the basis of radiochromatographic properties of deacylation products.

C. Sulfur-Containing Lipids

1 **The plant sulfolipid**

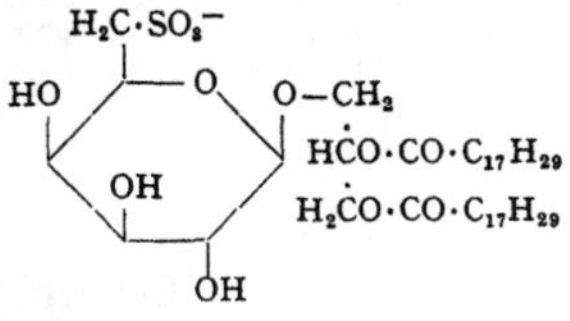

Strongly anionic surfactant. Contains -CH_2-SO_3H group which is completely dissociated. *Components:* D-Quinovose 6-sulfonic acid (6-deoxy-D-glucose 6-sulfonic acid), glycerol and two esterified fatty acids.
Sources: Most concentrated anionic lipid in many photosynthetic tissues. Occurs in lower concentrations in lipids of roots. Often absent in commercial seed phosphatide preparations. Its appreciable water solubility leads to reduced yields under many extraction and washing procedures.

2 **6-Sulfo-O-α-D-quinovopyranosyl-(1→1′)-2′,3′-di-O-acyl-D-glycerol**

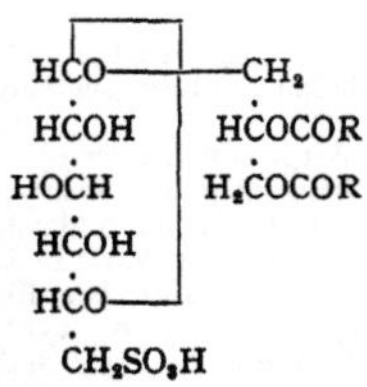

Stable sulfosugar-containing lipid. Contains oxidizable unsaturated fatty acids when isolated from green algae and leaves. Strong infrared absorption at 1035 and 1170 cm.⁻¹ characteristic of SO_3H— group.
Readily deacylated to yield: 6-sulfo-O-α-D-quinovopyranosyl-(1 → 1′)-D-glycerol. *Cyclohexylamine salt:* M. Wt. 417.40; m.p. 193–194°, 7.66% S; $[\alpha]_D^{25}$ +74.5° (c 18, pH 4), $[\alpha]_{436}^{25}$ +127° (c 1.75, pH 4). — The free sulfoglycoside is also found in plants.

D. Complex Glycolipids

1 **Phytoglycolipid** (*H. E. Carter, et al.*)

Comprised of phytosphingosine, fatty acids, inositol, glucosamine, a hexuronic acid, galactose, arabinose, mannose and phosphate. Constitutes about 5% of crude acetone-insoluble phosphatides. Obtainable phosphatides of soybean, corn, flax seed, peanut, sunflower seed, cotton seed and wheat.

Properties: White, amorphous powder; insoluble in common solvents except pyridine, morpholine and aqueous alkali.

2 **Lipophytin**

Contains inositol polyphosphate, fatty acids, glycerol, and ninhydrin-positive substances. Occurs in inositide fractions. May be precipitated from chloroform solutions of inositide by adding up to one volume ethanol.

Paper Chromatographic Coordinates[1] and Hydrolysis Rates of Plant Lipids and their Deacylation Products

	Silicic acid impregnated paper[2]	Ion exchange paper[3]	PW[4]	BPAW[5]	Phenol : water	Butanol-propionic water	Halftime for hydrol HCl 100°
Triglycerides	90	98	95	90	70	56	
Phosphatidyl Glycerol	51	42	87	85	40	17	22.5 min., 0.10 N
Diphosphatidyl Glycerol	68	—	—	—	16	7	7.5 min., 0.10 N
Phosphatidyl Inositol	25	29	73	68	12	10	22.8 min., 0.10 N
Phosphatidic Acid	81	—	80	85	32	22	—
Phosphatidyl Choline	44	61	90	94	83	32	55 min., 0.10 N
Phosphatidyl Ethanolamine	63	58	—	—	62	25	41 min., 0.10 N
Phosphatidyl Serine	50	—	—	—	—	—	50 min., 0.10 N
Galactosyl diglyceride	75	68	85	85	62	34	—
Digalactosyl diglyceride	41	49	—	—	46	20	—
Trigalactosyl diglyceride	—	—	—	—	38	10	—
Sulfoquinovosyl diglyceride	32	30	80	75	18	14	82 min., 1.0 N 20 min., 2.0 N

[1] $R_f \times 100$. — [2] *Marinetti, G. V., J. Erbland* and *J. Kochen:* Fed. Proc., **16**, 837 (1957). *Whatman* aminoethyl-cellulose paper, diisobutyl ketone-acetic-water (40 : 25 : 5 v/v); 10°C. — [3] *Mumma, R. O.*, and *A. A. Benson:* Biochem. Biophys. Res. Commun., **5**, 422—423 (1961). — [4] Phenol-water 100 : 39 w/w). — [5] Butanol-propionic acid-water (142 : 71 : 100 v/v).

Les lipides des bactéries

Par **J. Asselineau**, Toulouse

La *principale caractéristique* des lipides bactériens est leur *absence de stérols*. On y trouve souvent des acides gras à chaîne ramifiée (*verzweigte Kette*) (ou contenant un cycle propanique), et des glycolipides.

La composition des lipides bactériens varie avec la nature du milieu, et l'âge de la culture.

Des revues détaillées dans ce domaine ont été écrites par *R. J. Anderson*: Fortschr. Chem. organ. Naturst. **3**, 145 (1939) (en anglais), *J. Asselineau* et *E. Lederer*: Fortschr. Chem. organ. Naturst. **10**, 170 (1953) (en français); in Lipide Metabolism, éd. par K. Bloch, New York 1960, p. 337 (en anglais), *J. Asselineau*: Handbuch der Pflanzenphysiologie, Berlin/Göttingen/Heidelberg, 1957, vol. VII, p. 90 (en français) et un livre, intitulé „Les lipides bactériens", a été publié par *J. Asselineau*, éd. Hermann, Paris 1962, (350 pages).

Une revue, limitée aux lipides des Mycobactéries, a été écrite en langue allemande par *E. Lederer*: Angew. Chemie **72**, 372 (1960).

L'extraction des lipides bactériens est généralement réalisée par la technique développée par *Anderson* dans le cas des Mycobactéries.

Tableau 1. **Procédé d'extraction des lipides bactériens utilisé par** *Anderson*

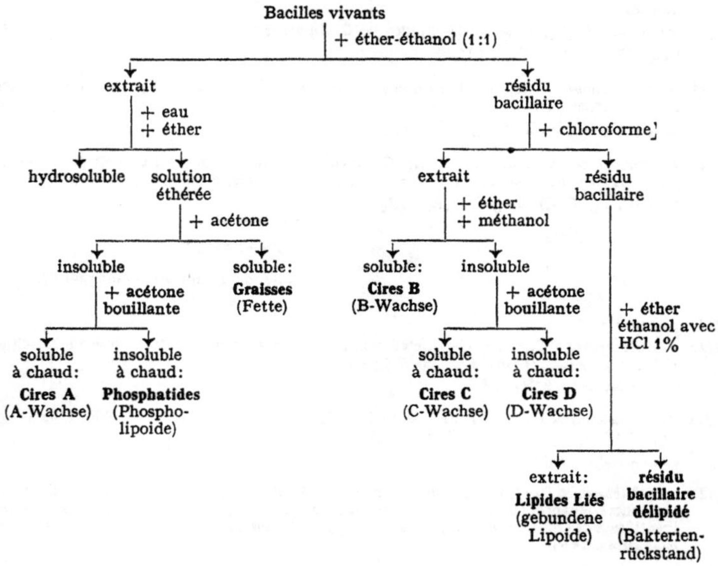

Remarque: Les cires vraies (esters d'acides gras et d'alcools à longue chaîne) sont rares; le terme «cires» est utilisé en raison de l'aspect des fractions, mais non de leur composition.

La teneur en diverses fractions lipidiques des espèces bactériennes étudiées jusqu'ici est mentionnée dans le tableau 2. Les conditions de culture pouvant être très différentes d'une espèce à une autre, les chiffres obtenus sont difficilement comparables; néanmoins, il ressort de ce tableau que les bactéries les plus riches en lipides sont les Mycobactéries, et certains bacilles appartenant à l'espèce *Bacillus*.

A. Composition des diverses fractions lipidiques

Les graisses sont généralement constituées par un mélange d'*acides gras libres* et de *glycérides* (même dans le cas des Mycobactéries où les esters de tréhalose mentionnés par *Anderson* ne constituent qu'une faible proportion des lipides totaux).

Les phosphatides contiennent parfois des *acides phosphatidiques* (M. tuberculosis, Salmonella sp.). Les bases azotées du type choline ou éthanolamine sont fréquemment absentes (Mycobactéries, Corynebactéries, Salmonella). Des *sucres* sont quelquefois présents: Mycobactéries (voir phosphatidyl-inosito-dimannoside, page 263), L. acidophilus, S. typhi. Des *acides aminés*, souvent décrits dans les produits d'hydrolyse des lipides bactériens, peuvent constituer des impuretés (provenant en particulier de lipo-peptides de caractères de solubilité voisins).

Les *glyco-lipides* (*glyco-lipoide*) sont particulièrement abondants chez les Mycobactéries: les *cires D* sont constituées par des esters d'acides mycoliques (*Mycolsäuren*) et d'un polysaccharide ($[\alpha]_D$ +25° (eau)) contenant du D-galactose, D-mannose, D-arabinose et de la glucosamine. Dans le cas des souches humaines de M. tuberculosis, le polysaccharide est lié à un heptapeptide contenant 2 L-alanine, 1 D-alanine, 2 acides D-glutamique et 2 acides meso-α,ε-diamino-pimélique. Un facteur toxique (*cord factor*, voir page 264) et des mycosides (page 264) ont été isolés à partir de certaines souches.

D'après *Gubarev*, C. diphtheriae est riche en glycolipides contenant du galactose et du mannose (micrmisides). Un rhamnoside d'acide 3-hydroxydécanoïque est présent chez Ps. aeruginosa (voir page 264).

Des *lipo-polysaccharides* complexes hydrosolubles constituent 5 à 10% du poids sec des bacilles gram-négatifs: deux fractions phospholipidiques (A et B) peuvent en être isolées. Le phospholipide A semble jouer un rôle important dans les propriétés toxiques et pyrogènes de ces lipopolysaccharides hydrosolubles (*Westphal, O.*, et *O. Lüderitz:* Angew. Chem. **66**, 407 (1954)).

B. Constituants définis isolés des lipides bactériens

Seuls seront traités dans ce paragraphe les constituants qui sont spécifiques des bactéries; ils sont classés par fonction, et à l'intérieur de chaque groupe par nombre d'atomes de carbone croissant, et nombre d'atomes d'hydrogène décroissant.

1. Constituants simples

1/1 ***Cetones***

1/1a **Palmitone,** $C_{31}H_{62}O$, isolée des lipides de C. diphtheriae et C. ovis; *F* 80 (oxime *F* 56).

$CH_3 \cdot [CH_2]_{14} \cdot CO \cdot [CH_2]_{14} \cdot CH_3$

1/1b **Δ^7-palmiténone,** $C_{31}H_{60}O$, (**Δ^7-Palmitenon**), isolée des lipides de C. diphtheriae et C. ovis, *F* 40, contenant une double liaison cis.

$CH_3 \cdot [CH_2]_5 \cdot CH : CH \cdot [CH_2]_7 \cdot CO \cdot [CH_2]_{14} \cdot CH_3$

1/1c **Tuberculénone,** $C_{60}H_{118}O$ (± 3 CH_2), (**Tuberculenon**), isolée des cires C (voir page 259) de plusieurs souches (Stamm) de M. tuberculosis var. hominis, *F* 72—74, $[\alpha]_J$ $-12°$[1].

$CH_3 \cdot [CH_2]_m \cdot C : CH \cdot (R_1) \cdot CO \cdot (R_2) \cdot CH_3$
$\quad\quad\quad\quad\quad \dot{} [CH_2]_n$
$\quad\quad\quad\quad\quad CH_3$

$m + n \sim 32$
$R_1 + R_2 \sim C_{21}H_{41}$
(un des deux radicaux étant ramifié)

1/2 ***Alcools***

1/2a **2-D-octadécanol** $C_{18}H_{38}O$, (**2-D-Octadecanol**), isolé des lipides de M. avium et M. phlei. *F* 56, $[\alpha]_D$ $+5.7°$, (*phényl-uréthane F* 72—73).

$CH_3 \cdot [CH_2]_{15} \cdot CH(OH) \cdot CH_3$

1/2b **2-D-eicosanol,** $C_{20}H_{42}O$, (**2-D-Eicosanol**), isolé des lipides de M. avium et M. phlei, *F* 62.5—63, $[\alpha]_D$ $+4.2°$ (*phényl-uréthane F* 78—78.5).

$CH_3 \cdot [CH_2]_{17} \cdot CH(OH) \cdot CH_3$

1/2c **α- et β-léprosols,** $C_{26}H_{46}O_2$, (**α- und β-Leprosol**), isolé d'un «Bacille de la lèpre» (en réalité, une Mycobactérie saprophyte) α: *F* 100—101 (*acétate F* 67—68), β: *F* 84—85 (*acétate F* 47—48), identifiés à des *éthers monométhylés de 4,5,6,-trialcoyl-résorcinol* (*4,5,6,-trialkylierte Resorcinol-monomethyläther*).

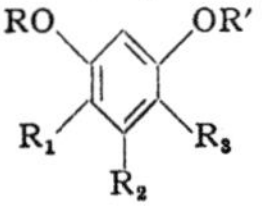

R ou R' = H ou CH_3,
$R_1 + R_2 + R_3 = C_{19}H_{41}$

1/2d **C_{34}- et C_{36}-phtiocérols,** $C_{34}H_{70}O_3$ et $C_{36}H_{74}O_3$, (**C_{34}- und C_{36}-Phthiocerol**), isolés sous forme d'un mélange (environ 1:1) à partir des cires A et C de M. tuberculosis var. hominis et var. bovis, *F* 72—73, $[\alpha]_D$ $-4.8°$ (*diacétate F* 30).

$CH_3 \cdot [CH_2]_{20 \text{ ou } 22} \cdot CH(OH) \cdot CH_2 \cdot CH(O)H \cdot [CH_2]_4 \cdot CH(CH_3) \cdot CH(OCH_3) \cdot CH_2 \cdot CH_3$

Le phtiocérol est accompagné par un oxo-alcool méthoxylé, la *phtiocerolone* (*Phthiocerolon*), $C_{36}H_{72}O_3$, *F* 72 (*oxime F* 67), un oxo-glycol, la *phtiodiolone* (*Phthiodiolon*), $C_{35}H_{70}O_3$, *F* 80 (*oxime F* 71), et un triol, le *phtiotriol* (*Phthiotriol*), $C_{35}H_{72}O_3$, *F* 90 (*triacétate F* 31).

1/2e **Diphtérol** (ou **alcool corinnique, Diphtherol**), $C_{35}H_{70}O$, isolé des lipides de C. diphtheriae *F* 54.

1/3 ***Amine***

1/3a **Necrosamine** (**Nekrosamin**), $C_{20}H_{44}N_2$, obtenu dans les produits d'hydrolyse d'un lipo-polysaccharide (induisant des hémorrhagies dans des tumeurs) isolé de E. coli, *dichlor-hydrate F* 275 (dec.), *dérivé dibenzoylé F* 72.5—73.5, pas d'activité optique mesurable.

$CH_3 \cdot [CH_2]_{14} \cdot CH(NH_2) \cdot CH(NH_2) \cdot CH_2 \cdot CH_2 \cdot CH_3$

1/4 ***Acides***

Nous distinguerons deux sous-groupes, selon l'absence ou la présence de fonctions oxygénées autres que le carboxyle.

1/4a **Acides dépourvus d'autre fonction oxygénée**

α) **Acide 6 (?)-méthyl-heptanoïque (6-Methylheptansäure),** $C_8H_{16}O_2$, isolé d'une polymyxine (produite par B. polymyxa), *amide F* 110—111.

β) **Acide (+)-6-L-méthyl-octanoïque ((+)-6-L-Methyloctansäure),** $C_9H_{18}O_2$, isolé de polymyxines, liquide n_D^{20} 1.4330, $[\alpha]_{5461}^{21}$ $+8.6°$ (éther), *amide F* 93 (*p-bromophénacylate F* 57—57.5).

$CH_3 \cdot CH_2 \cdot CH(CH_3) \cdot [CH_2]_4 \cdot CO_2H$

---

[1] Sauf indication spéciale, tous les $[\alpha]$ ont été mesurés dans le chloroforme.

γ) **Acide subtilo-pentadécanoïque (Subtilopentadecansäure)**, $C_{15}H_{30}O_2$, isolé des lipides de B. subtilis, *F* 51.8—52.3, optiquement inactif.

$CH_3 \cdot CH(CH_3) \cdot [CH_2]_{11} \cdot CO_2H$

δ) **Acide sarcinique (Sarcinsäure)**, $C_{15}H_{30}O_2$ isolé des lipides de Sarcina, *F* 24, $[\alpha]_D$ +5.26°.

$CH_3 \cdot CH_2 \cdot CH(CH_3) \cdot [CH_2]_{10} \cdot CO_2H$

ε) **Acide subtilo-heptadecanoïque (Subtiloheptadecansäure)**, $C_{17}H_{34}O_2$, isolé de B. subtilis, *F* 60.5—61.0, optiquement inactif.

$CH_3 \cdot CH(CH_3) \cdot [CH_2]_{13} \cdot CO_2H$

ζ) **Acide *trans*-Δ^2-octadécénoïque (*trans*-Δ^2-Octadecensäure)**, $C_{18}H_{34}O_2$, isolé de la Mycobactine (produit par M. phlei), *F* 58.5 (*p-bromophénacylate F* 88.5—89.5).

$CH_3 \cdot [CH_2]_{14} \cdot CH:CH \cdot CO_2H$

η) **Acide *cis*-Δ^{11}-octadécénoïque (*cis*-Δ^{11}-Octadecensäure)**, $C_{18}H_{34}O_2$, isolé des lipides de L. arabinosus, L. casei, Strept. hemolyticus et A. tumefaciens, *F* 13.2—14.0 (*amide F* 77.6—78.8; *p-phényl-phénacylate F* 64.5—66).

$CH_3 \cdot [CH_2]_5 \cdot CH:CH \cdot [CH_2]_9 \cdot CO_2H$ **(*cis*-Vaccensäure)**

ϑ) **Acide tuberculostéarique (Tuberculostearinsäure)**, $C_{19}H_{38}O_2$, isolé des lipides de M. tuberculosis, M. avium et M. phlei, *F* 10.3—11.7, $[\alpha]_D$ −0.03° (*amide F* 76.5—77; *tribromanilide F* 94.5—95.4).

$CH_3 \cdot [CH_2]_7 \cdot CH(CH_3) \cdot [CH_2]_8 \cdot CO_2H$ **(−)-10-D-Methyloctadecansäure.**

ι) **Acide lactobacillique (Lactobacillinsäure)**, $C_{19}H_{36}O_2$, isolé des lipides de L. arabinosus, L. casei et L. delbruckii, et A. tumefaciens, *F* 28—29 (*amide F* 80—82), pas d'activité optique mesurable.

$CH_3 \cdot [CH_2]_5 \cdot CH—CH \cdot [CH_2]_9 \cdot CO_2H$ (CH—CH bridged by CH_2) **D- oder L-*cis*-11,12-Methylenoctadecansäure.**

Un homologue inférieur, $C_{17}H_{32}O_2$, a été isolé de E. coli et de P. pestis (non obtenu à l'état pur).

Phytomoninsäure, isolé de A. tumefaciens, est identique à **Lactobacillinsäure.**

κ) **Acides phtiénoïques (Phthiensäuren)**, $C_{25}H_{48}O_2$, $C_{27}H_{52}O_2$, $C_{29}H_{56}O_2$, isolés des souches virulentes de M. tuberculosis var. hominis et var. bovis; le terme le mieux étudié est l'acide C_{27}-phtiénoïque (ou **acide mycolipénique, Mycolipensäure**), *F* 39.5—42 ou 19—21 (dimorphisme), $[\alpha]_D$ +17.8°, λ_{max} 218 mμ, ε = 13.200 (hexane).

$CH_3 \cdot [CH_2]_{17} \cdot CH(CH_3) \cdot CH_2 \cdot CH(CH_3) \cdot CH:C(CH_3) \cdot CO_2H$ **(+)-*trans*-Δ^2-2,4-L,6-L-trimethyltetracosensäure.**

λ) **Acide mycocérosique (Mycocerosinsäure)**, $C_{32}H_{64}O_2$, isolé des lipides de M. tuberculosis var. hominis et var. bovis, *F* 27—28, $[\alpha]_D$ −5.7° (*ester méthylique F* 20.8—21.4, $[\alpha]_D$ −7.8°; *p-bromophénacylate F* 47—48.

$CH_3 \cdot [CH_2]_{19} \cdot CH(CH_3) \cdot CH_2 \cdot CH(CH_3) \cdot CH_2 \cdot CH(CH_3) \cdot CH_2 \cdot CH(CH_3) \cdot CO_2H$

(−)-2,4,6,8-Tetramethyl-octacosansäure.

Cet acide, ainsi que les acides phtiénoïques, produisent par injection intrapéritonéale des modifications tissulaires qui rappellent celles que l'on trouve dans le tubercule (cellules épithélioïdes, cellules géantes de Langhans).
Le même acide a encore été appelé *acide mycocéranique* **(Mycoceransäure)** ou *acide mycosanoïque* **(Mycosansäure).**

μ) **Acide diphtérique (Diphtherinsäure),** $C_{35}H_{68}O_2$, isolé des lipides de C. diphtheriae, *F* 35—36, $[\alpha]_D$ +2.6°.

$(C_{25}H_{51})\cdot CH:C(CH_3)\cdot [CH_2]_6\cdot CO_2H$?

υ) **Acides corinniques (Corinninsäure),** $C_{35}H_{68}O_2$, isolés des lipides de C. diphtheriae: acide α: *F* 64; acide β: *F* 44—45.

1/4 b **Acides hydroxylés**

λ) **Acide 3-D-hydroxy-butyrique (3-D-Hydroxy-buttersäure),** $C_4H_8O_3$, et **Lipide β-hydroxy-butyrique (Poly-β-hydroxy-buttersäure),** $(C_4H_6O_2)_n$, produits par de nombreuses souches de *Bacillus* (B. cereus, B. megaterium, B. mycoïdes, B. anthracis) et de *Pseudomonas,* par A. chroococcum, Actinobacillus mallei, et certains *Chromobacterium, Spirillum* et *Vibrio.*
Acide 3-hydroxy-butyrique: *F* 45—48, $[\alpha]_D$ —25° (eau).
Lipide β-hydroxy-butyrique: *F* 115 à 179 (selon le degré de polymérisation des fractions).

$$HO\cdot CH(CH_3)\cdot CH_2\cdot CO\text{—}\left[\text{—}O\cdot CH(CH_3)\cdot CH_2\cdot CO\text{—}\right]_n\text{—}O\cdot CH(CH_3)\cdot CH_2\cdot CO_2H$$

β) **Acide (—)-2-méthyl-3-hydroxy-pentanoïque (2-Methyl-3-hydroxy-pentansäure),** $C_6H_{12}O_3$, isolé de la Mycobactine produit par M. phlei, liquide visqueux, $[\alpha]_D^{25}$ —14.8° (méthanol) (*p-bromophénacylate F* 89.5—90).

$CH_3\cdot CH_2\cdot CH(OH)\cdot CH(CH_3)\cdot CO_2H$

γ) **Acide 3-D-hydroxy-décanoïque (3-D-Hydroxy-decansäure),** $C_{10}H_{20}O_3$, isolé de l'acide pyolipique produit par Pseudomonas pyocyanea, *F* 46—47 (*ester méthylique* Eb. 97°/0,9 mm, $[\alpha]_D$ — 18.9°; *hydrazide F* 134—136).

$CH_3\cdot [CH_2]_6\cdot CH(OH)\cdot CH_2\cdot CO_2H$

Le même acide est présent sous forme d'amide dans la *viscosine* (Ps. viscosa), et l'amide de la L-serine constitue *l'acide serratamique F* 138 (déc.), $[\alpha]_D^{20}$ —10.2° (éthanol), produit par une souche de Serratia.

δ) **Acide 3-D-hydroxy-tétradécanoïque (3-D-Hydroxy-tetradecansäure),** $C_{14}H_{28}O_3$, isolé d'un lipo-polysaccharide produit par E. coli, *F* 73—74, $[\alpha]_D$ —16° (*p-bromophénacylate F* 112.5—113).

$CH_3\cdot [CH_2]_{10}\cdot CH(OH)\cdot CH_2\cdot CO_2H$

ε) **Acide dihydroxy-octadécanoïque (Dihydroxy-octadecansäure),** $C_{18}H_{36}O_4$, isolé des lipides d'une souche de L. acidophilus, *F* 106—107, $[\alpha]_D$ +7.8° (méthanol) (facilement racémisable).

ζ) **Acide coryno-mycolique (Corynomycolsäure),** $C_{32}H_{64}O_3$, isolé à l'état libre des lipides de C. diphtheriae et C. ovis, *F* 71, $[\alpha]_D$ +7.5° (*ester méthylique, F* 61, $[\alpha]_D$ +5.7°).

$CH_3\cdot [CH_2]_{14}\cdot CH(OH)\cdot CH(C_{14}H_{29})\cdot CO_2H$

η) **Acide coryno-mycolénique (Corynomycolensäure),** $C_{32}H_{62}O_3$, isolé des lipides de C. diphtheriae, huile incolore n_D^{19} 1.4758, $[\alpha]_D$ +9.5° (*ester méthylique* n_D^{19} 1.4680, d_4^{20} 0.894).

$CH_3\cdot [CH_2]_5\cdot CH:CH\cdot [CH_2]_7\cdot CH(OH)\cdot CH(C_{14}H_{29})\cdot CO_2H$

ϑ) **Acide nocardique (Nocardiasäure),** $C_{50}H_{98}O_3$ (± 3 CH_2), isolé des lipides de Nocardia astéroides, pâteux, $[\alpha]_D$ +5° (*tétrahydro-dérivé F* 78—82).

$CH_3\cdot [CH_2]_7\cdot CH:[R]\cdot CH(OH)\cdot CH(C_{14}H_{29})\cdot CO_2H$

ι) **Acide corynolique (Corynolsäure),** $C_{52}H_{104}O_4$, isolé des lipides de C. diphtheriae, *F* 70—71, $[\alpha]_D^{31}$ —26.3° (*diacétate F* 75—76).

$CH_3\cdot [CH_2]_{14}\cdot CH(CH_3)\cdot [CH_2]_{17}\cdot CH(CO_2H)\cdot CH(CH_3)\cdot CH(CH_3)\cdot CH(OH)\cdot$
$\cdot CH(CH_3)\cdot [CH_2]_7\cdot CH(OH)\cdot CH_3$?

κ) **Acide diphtérocorynique (Diphtherocoryninsäure)**, $C_{53}H_{104}O_3$, acide monohydroxylé mono-insaturé isolé des lipides du Bacille diphtérique *F* 29.0—29.6.

λ) **Acides mycoliques (Mycolsäuren)**, $C_{88}H_{176}O_3$, $C_{88}H_{176}O_4$, acides β-hydroxylés à chaîne ramifiée présents dans les «cires» („Wachse") des diverses espèces de Mycobactéries. On distingue:

I. les acides mycoliques isolés de souches humaines ou bovines de M. tuberculosis:

$$R \cdot CH(OH) \cdot \underset{\dot{C}_{24}H_{49}}{CH} \cdot CO_2H$$

R contient encore environ 60 atomes de carbone; il peut, ou être dépourvu de fonction oxygénée (acides en O_3), ou posséder un hydroxyle (acides $C_{87}H_{174}O_4$), ou posséder un méthoxyle (acides $C_{88}H_{176}O_4$), ou renfermer un groupe cétone (**acides mycoloniques [Mycolonsäuren]**, $C_{87}H_{172}O_4$). Le point de fusion de ces acides est, soit voisin de 55°, soit voisin de 73°; $[\alpha]_D$ environ +2°. La pyrolyse de ces acides fournit de l'acide n-hexacosanoïque.

II. les acides mycoliques isolés de M. avium et des Mycobactéries saprophytes (M. phlei, M. smegmatis, ...):

$$R \cdot CH(OH) \cdot \underset{\dot{C}_{22}H_{45}}{CH} \cdot CO_2H$$

R contient environ 58 atomes de carbone et peut, soit contenir un deuxième hydroxyle (acides $C_{83}H_{166}O_4$) soit contenir un groupe cétone et un deuxième carboxyle (acides mycoliques «dicarboxyliques», $C_{68}H_{132}O_6$). Les points de fusion varient entre 55 et 70°, et $[\alpha]_D$ reste voisin de +6°. La pyrolyse de ces acides fournit de l'acide *n*-tétracosanoïque.

Il faut remarquer que ces acides sont toujours obtenus sous forme de mélanges complexes, plus ou moins facilement séparables par chromatographie.

2. Substances composées

2/1 *Glycérides*

a) **Phthiénoate de monostéarine**, $C_{48}H_{92}O_5$, isolé de M. tuberculosis var. hominis (souche virulente), *F* 60—62, $[\alpha]_D$ +18°.

b) **Oléo-tétracosano-palmitine**, $C_{61}H_{116}O_6$, isolé de cires A de M. marianum, *F* 48—50, $[\alpha]_D$ +1°.

c) **Monomycolate de 1-glycérol (Monomycolat des 1-Glycerins)**, $C_{91}H_{182}O_6$, isolé des graisses et cires de souches humaines et bovines de M. tuberculosis, *F* 45—46, $[\alpha]_D$ +10°.

$(CH_3O \cdot C_{60}H_{120}) \cdot CH(OH) \cdot CH(C_{24}H_{49}) \cdot CO \cdot OCH_2 \cdot CH(OH) \cdot CH_2OH$

2/2 *Cires*

Dimycocérosate de phtiocérol (Phthiocerol-dimycocerosat), $C_{98}H_{194}O_5$ et $C_{100}H_{198}O_5$, isolé des cires A et C de M. tuberculosis var. hominis et bovis, *F* 30—32, $[\alpha]_D$ −6°.

2/3 *Phospholipides*

a) **Phosphatidyl-inosito-dimannoside (Phosphatidyl-inosit-dimannosid)**, (sel de magnesium), isolé de M. tuberculosis var. hominis, et B.C.G., *F* 209—210, $[\alpha]_D$ +34°, P 2,45%; la saponification fournit les acides palmitique, stéarique, hexadécénoïque, octadécénoïque, et tuberculostéarique.

b) Des **phosphatidyl-inosito-tri-** et **penta-mannosides** sont en outre présents.

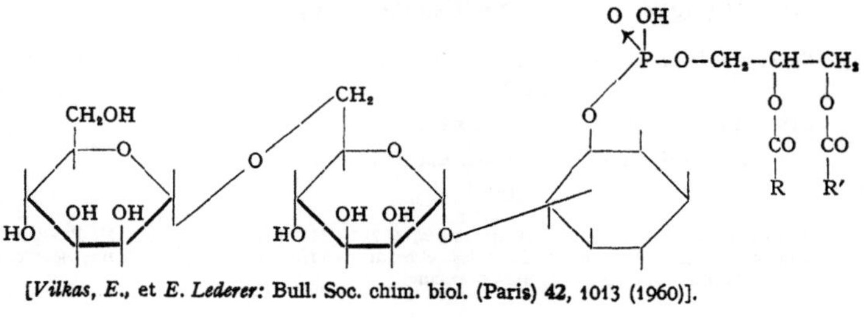

[*Vilkas, E.*, et *E. Lederer:* Bull. Soc. chim. biol. (Paris) **42**, 1013 (1960)].

2/4 ***Glycolipides (Glyco-lipoid)***

2/4a **Rhamno-lipide,** $C_{32}H_{58}O_{14}$, isolé du milieu de culture des Ps. aeruginosa, cristaux *F* 86, [α]D −84°.

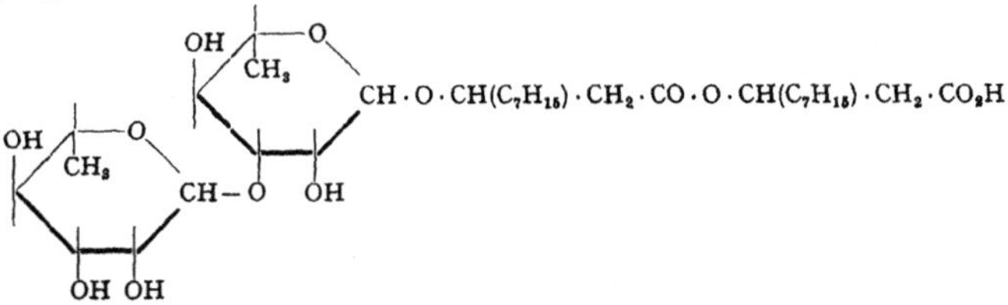

Un rhamno-lipide huileux, appelé **acide pyolipique,** a été isolé du milieu de culture de Ps. pyocyanea.

2/4b **Mycoside A (Mycosid A),** antérieurement appelé „Composé G_A", caracteristique des souches photochromogènes de Mycobactéries «atypiques» (atypische Mycobakterien), *F* 105, [α]D −37°; l'hydrolyse fournit du 2-O-méthyl-fucose, 2-O-méthyl-rhamnose, et 2,4-di-O-méthyl-rhamnose.

2/4c **Mycoside B,** antérieurement appelé „Composé G_B", caractéristique des souches bovines de M. tuberculosis, *F* 25, [α]D −22°; l'hydrolyse fournit seulement du 2-O-méthyl-rhamnose.

2/4d **Mycoside C,** antérieurement appelé „Composé J_{av}", caractéristique de M. avium, M. marianum, et des souches non-chromogènes de Mycobactéries atypiques (nicht chromogen atypische Mycobakterien), $C_{78}H_{133}O_{24}N_5$, *F* 200–206, [α]D −34°. L'hydrolyse fournit trois sucres (3,4-di-O-méthyl-rhamnose, 6-désoxy-talose et 3-O-méthyl-6-désoxy-talose [acovenose]), 2 molécules d'acide acétique, et un pentapeptide (D-Phé--allothré--allothré-D-ala--D-ala). La partie lipidique n'a pas été identifiée.

2/4e **Cord factor (Cord-Faktor),** $C_{186}H_{366}O_{17}$ (± 10 CH_2), glycolipide toxique isolé de souches humaines et bovines de M. tuberculosis (y compris B.C.G.), M. avium, M. marianum, M. phlei, *F* 36 à 44 (selon les préparations), [α]D +30°. Le cord factor a été identifié au **Trehalose-6,6′-dimycolat.**

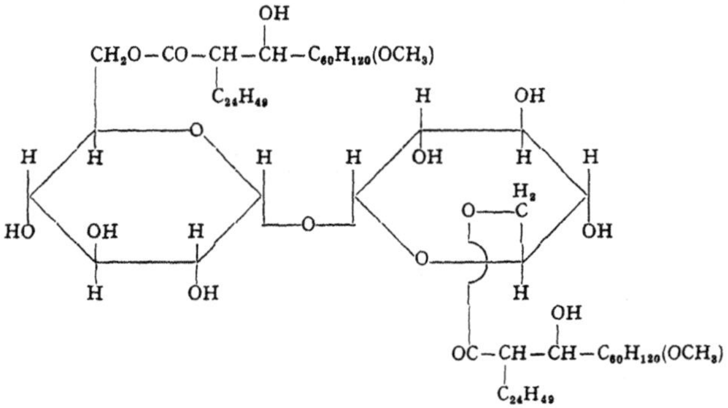

2/5 ***Peptido-lipides (Peptido-lipoid)***

2/5a **Acide serratamique (Serratamsäure),** $C_{13}H_{25}O_5N$, isolé d'une espéce de Serratia, *F* 138 (déc.) (*zers.*), [α]D −10° (éthanol).

$CH_3 \cdot [CH_2]_6 \cdot CH(OH) \cdot CH_2 \cdot CO \cdot NH \cdot CH(CH_2OH) \cdot CO_2H$

Cet acide existe sous forme de **serratamolide,** $C_{26}H_{46}O_8N_2$, *F* 159–160, [α]D +4,8° (éthanol)

```
                              CH₂OH
                              ·
CH₃·[CH₂]₆·CH · O · CO·CH·NH·CO·CH₂
           ·                     ·
           CH₂·CO·NH·CH·CO·O·CH·[CH₂]₆·CH₃
                     ·
                     CH₂OH
```

2/5b **Peptido-lipide** isolé de Nocardia asteroides, *F* 215–217, [α]D −44°, 10% N; l'hydrolyse fournit, en quantité équimoléculaire, les acides aminés thréonine, alanine, valine, isoleucine, proline et une très faible quantité de leucine.

2/5c **Peptido-lipide** isolé de Mycobacterium paratuberculosis (M. johnei), *F* 138 −139°, $[\alpha]_D$ −87°, 7,3% N; l'hydrolyse libère les quatre acides aminés: (DL)-phénylalanine, L-alanine, L-isoleucine et L-leucine.

Tableau 2. **Teneur en diverses fractions lipidiques de différentes espèces bactériennes** (en pour cent du poids sec des bacilles)

	Graisses	Phosphatides	Cires A	Lipides extraits par le chloroforme	Lipides libres totaux	Lipides liés	Références
Bactéries Gram-positives:							
M. tuberculosis							
var. hominis							
souche H_{37} Rv	←	12,7	→	8,4	21,1		[1]
souche H_{37} Ra	5,6	1,8	2,2	6,5	16,1		[1]
var. bovis souche Vallée	3,3	1,5	1,2	8,3	14,3		[2]
B.C.G.	10,9	0,4	1,7	10,0	23,0	14,3	[2]
M. avium	2,2	← 2,2	→	10,8	15,2	10,8	[3]
M. phlei	2,7	← 0,6	→	5,0	8,3		[4]
C. diphtheriae	0,4	0,4	0,25	0,27	4,9	5,1	[5]
	8,5	3,3	0,5	0,4	12,7		[6]
B. megaterium	←	1,97	→	19,1	21,0		[7]
B. subtilis	2,0	0,8		3,3	6,1		[8]
L. acidophilus	4,75	2,25			7,0		[9]
L. arabinosus					0,5	2,0	[10]
L. casei					0,6	2,3	[11]
Bactéries Gram-négatives:							
A. tumefaciens							
milieu au glycérol	0,9	0,9		0,02	1,82		[12]
milieu au glucose	2,1	4,0		0,01	6,10	1,0	[12]
Br. abortus	0,9	4,8		0,4	6,10	0,3	[13]
Br. melitensis	4,8	0,4		0,1	5,3		[13]
Br. suis	2,4	2,7		0,2	5,6		[13]
E. coli		4 à 5,5			4,5 à 8,0		[14]
E. communis		4,3 à 4,9			4,6 à 6,7		[14]
H. pertussis	21,7	2,37			24,0		[15]
Ma. mallei	5,1 à 6,7	0,5		0,3 à 0,6	6,1 à 7,5		[16]
S. typhi	1,3	0,2			1,5		[17]
S. paratyphi C	2,85	0,8			3,65		[18]
S. typhi-murium					4,9		[19]
Sh. paradysenteriae		4,4			5,4		[14]

Références du tableau 2

[1] *Asselineau, J.*, et *T. Gendre:* Bull. Soc. Chim. France 1226 (1954).
[2] *Asselineau, J.:* Progr. Explor. tuberc., Bâle-New York **5**, 1 (1952).
[3] *Reeves, R. E.*, et *R. J. Anderson:* J. Amer. chem. Soc. **59**, 858 (1937).
[4] *Pangborn, M. C., E. Chargaff* et *R. J. Anderson:* J. biol. Chem. **98**, 43 (1932).
[5] *Chargaff, E.:* Z. physiol. Chem. **201**, 191 (1931).
[6] *Machebœuf, M.*, et *H. Cassagne:* C.R. Acad. Sci. Paris **200**, 1988 (1935).
[7] *Lemoigne, M., G. Milhaud* et *M. Croson:* Bull. Soc. chim. biol. (Paris) **31**, 1587 (1949).
[8] *Akasi, S.:* Lecture Coll. Res. Inst. Kyoto Univ. **12**, 195 (1940).
[9] *Crowder, J. A.*, et *R. J. Anderson:* J. biol. Chem. **104**, 399 (1934).
[10] *Hofmann, K., R. A. Lucas* et *S. M. Sax:* J. biol. Chem. **195**, 473 (1952).
[11] *Hofmann, K.*, et *S. M. Sax:* J. biol. Chem. **205**, 55 (1953).
[12] *Geiger, W. B.*, et *R. J. Anderson:* J. biol. Chem. **129**, 519 (1939).
[13] *Huston, R. C., I. F. Huddleston* et *A. D. Hershey:* Michigan Agricult. exper. Sta., Techn. Bull. 137 (1934).
[14] *Williams, C. H., W. R. Bloor* et *L. A. Sandholzer:* J. Bacteriol. **37**, 301 (1939).
[15] *Ida, M.*, et *T. Otani:* Acta Scholae Med. Kyoto **28**, 25 (1950).
[16] *Umezu, M.:* Rep. Inst. Sci. Res. Manchoukuo **4**, 273 (1940).
[17] *Čmelik, S.:* Z. physiol. Chem. **290**, 146 (1952).
[18] *Čmelik, S.:* Z. physiol. Chem. **296**, 67 (1954).
[19] *Akasi, S.:* J. Biochem. (Tokyo) **29**, 13 (1939).

Aminosäuren

Von **E. Kofrányi**, Dortmund

1 **Glycin (Glykokoll, Aminoessigsäure)**
MG 75.07 *F* 232—236 (Z.) N = 18.66% $H_2N \cdot CH_2 \cdot CO_2H$

Charakteristik: Krist. (verd. A.); 24.99 in W. 25°; unl. in A., Ae.; opt. inaktiv. — *Salze: 5-Nitronaphthalin-1-sulfonat*; unl. in W.; *Oxalato-dipyridino-chromiat:* $C_2H_5O_2N \cdot [Cr(C_2O_4)_2 \cdot (C_5H_5N)_2]H$; unl. in W. — *Derivate: Benzoyl-glycin* (*Hippursäure*): $C_6H_5 \cdot CONH \cdot CH_2 \cdot CO_2H$, Säulen (verd. HCl), Prismen (verd. A.), *F* 187.5; 0.4 in W. 20°; 0.25 in Ae. 18°; ll. in h. W., h. A.; wl. in k. A.— *V.:* In Proteinen. *Darst.:* Aus Gelatine.

2 **Sarkosin (Methylglycin)**
MG 89.10 *F* 212 (Z.) N = 15.72% $CH_3 \cdot NH \cdot CH_2 \cdot CO_2H$

Charakteristik: Farbl. Krist.; ll. in W.; wl. in A. — *V.:* Frei in Krabben, gebunden in Erdnußprotein.

3 **L-(+)-Alanin (früher D-Alanin, L-(+)-α-Amino-propionsäure)**
MG 89.10 *F* 297 (Z.) N = 15.72% $CH_3 \cdot CH(NH_2) \cdot CO_2H$

Charakteristik: Nadeln od. Säulen (W.); 16.51 in W. 25°; unl. in Ae.; sublimiert oberhalb 200°; $[\alpha]_D^{25}$ + 14.47° (in 6-n-HCl; *c* =10,03). — DL-*Alanin:* Nadeln oder Säulen aus W.; *F* 295 (Z.); 16.72 in W. 25°; unl. in Ae., sublimiert oberhalb 200°. — *Salze: Oxalato-dipyridino-chromiat:* $C_3H_7O_2N \cdot [Cr(C_2O_4)_2 \cdot (C_5H_5N)_2]H$; unl. in W. — *Derivate: Benzoyl-alanin:* $C_6H_5 \cdot CONH \cdot CH(CH_3)CO_2H$; *F* 150—151 (korr.). — *V.:* In Proteinen, D-Alanin in Mikroorganismen. — *Darst.:* Aus Seidenfibroin.

4 **β-Alanin (β-Amino-propionsäure)**
MG 89.10 *F* 195 N = 15.72% $H_2N \cdot CH_2 \cdot CH_2 \cdot CO_2H$

Charakteristik: Krist. (W.); ll. in W.; wl. in A.; unl. in Ae.; opt. inaktiv. — *Salze: 2.5-Dichlorbenzol-sulfonat*; *F* 106; 12 in W. 25°. — *2-Chlortoluol-sulfonat*; *F* 124; wl. in W. — *V.:* Im Muskel, in Pantothensäure, Carnosin, Anserin, Co-Enzym A.

5 **L-(+)-α,β-Diamino-propionsäure**
MG 104.11 *F* 97—120 N = 13.46% $H_2N \cdot CH_2 \cdot CH(NH_2) \cdot CO_2H$

Charakteristik: DL-Verb., hygroskop. Krist.; ll. in W.; unl. in A., Ae.; $[\alpha]_D^{20}$ + 25.0° (in 1 n HCl, *c* = 5). — *Salze: Hydrochlorid*, Nadeln (W.), Bräunung b. 230°; *F* 245 (Z.); l. in W.; unl. in A., Ae. — *Pikrat:* + $2 H_2O$, gelbe Blättchen; *ZP* ~200°; wl. in A.; 69 in W. 10°. — *Derivate:* DL-Bis-carbobenzoxy-; *F* 124. — *V.:* Im Viomycin. — *Haskell, T. H.:* J. amer. chem. Soc. **74**, 599 (1952).

6 **L-Serin (β-Hydroxy-α-amino-propionsäure)** $HO \cdot CH_2 \cdot CH(NH_2) \cdot CO_2H$
MG 105.10 *F* 228 Braunfärbung b. 211 N = 13.33%

Charakteristik: Prismen od. sechsseit. Tafeln + $1 H_2O$ (W.); l. in W.; unl. in A., Ae.; $[\alpha]_D^{26}$ — 6.8° (in W., *c* = 10); $[\alpha]_D^{25}$ + 14.5° (in n HCl, *c* = 9.3). — DL-*Serin:* 5.023 in W. 25°; unl. in A., Ae. — *Salze: p-Oxyazobenzol-p'-sulfonat*, wl. in W. — *Derivate: Serinphosphorsäure:* $PH_2O_3O \cdot CH_2 \cdot CH \cdot (NH_2) \cdot CO_2H$; aus Casein; Ag_3-Salz und Ba-Salz unl. in verd. A.; *N-p-Toluol-sulfo-* v. DL-Serin *F* 212—213; *N-Benzoyl-* v. DL-Serin; *F* 149. — *V.:* In Proteinen. — *Darst.:* Aus Seide.

7 **α-Methylserin**
MG 119.12 N = 11.76% $HO \cdot CH_2 \cdot C(CH_3)(NH_2) \cdot CO_2H$

V.: In Mikroorganismen (Streptomyces). — *Flynn, E. H.:* J. Amer. chem. Soc. **75**, 5867 (1953).

8 **L-(+)-Cystein (β-Mercapto-α-amino-propionsäure)**
N = 11.56% $HS \cdot CH_2 \cdot CH(NH_2) \cdot CO_2H$

Charakteristik: Kristallpulv.; ll. in W. u. A.; unl. in Ae.; $[\alpha]_D^{29}$ + 9.7°, (schwer zu bestimmen infolge Oxydation zu Cystin). — DL-*Cystein:* In Ammoniak ~ 3mal so leicht löslich wie L-Cystein. — *Salze: Cu-II-Salz:* Blauschwarzer Nd.; unl. bei neutr. od. schwach saurer Reakt.; l. in NH_3; *Ag-Salz:* gelb; ll. in W.; unl. in A.; *Hg-II-Salz:* unl. in W.; l. in Cysteinlsg. — *Naphthalin-β-sulfonat:* unl. in verd. A. — *V.:* In Proteinen. — *Darst.:* Aus Haaren.

9 **L-Cysteinsäure (α-Amino-β-sulfopropionsäure)**

MG 169.16 N = 8.28%

$HO_3S \cdot CH_2 \cdot CH(NH_2) \cdot CO_2H$

Charakteristik: Kristallisiert (W.-frei) in Octaedern, *ZP:* 245 od. 260; prismatische Nadeln (+1 H_2O), *ZP:* 245; l. in W.; wl. in A.; $[\alpha]_D$ + 8.66° (in W.; *c* = 7.4). — *Salze:* Cu(OH) · $C_3H_6O_5NS$, tiefblaue Krist.; wl. in k. W. — *Darst.:* Aus Haaren durch Oxydation mit $KMnO_4$; durch Oxydation von Cystin od. Cystein mit Br.

10 **S-Methyl-L-cysteinsulfoxyd**

MG 151.19 N = 9.27%

$CH_3 \cdot SO \cdot CH_2 \cdot CH(NH_2) \cdot CO_2H$

V.: In Kohl. — *Virtanen, A. I.:* Angew. Chem. **67**, 388 (1955).

11 **S-[β-Carboxy-isopropyl]-L-cystein**

MG 207.26 *F* 202 N = 6.76%

$CH_3 \cdot CH \cdot CH_2 \cdot CO_2H$
|
S
|
$CH_2 \cdot CH(NH_2) \cdot CO_2H$

Charakteristik: $[\alpha]_D^{22}$ +6.6° (in W.; *c* = 2.00). — *V.:* In Mimosaceen. — *Gmelin, R.*, u. *B. K. Hietala:* Z. physiol. Chem. **322**, 279 (1960).

12 **Lanthionin (β,β'-Thiodi-alanin)**

MG 208.24 N = 13.45%

$S\langle$ $CH_2 \cdot CH(NH_2) \cdot CO_2H$ / $CH_2 \cdot CH(NH_2) \cdot CO_2H$

Charakteristik: ms-Lanthionin krist. in trigonalen u. hexagonalen Platten (aus verd. NH_3), Dunkelfärb. b. 242—245°, Erweich. b. 270°, *F* 279; wl. in W.; l. in verd. Säuren u. Alkalien; 2 asymmetr. C-Atome in symmetr. Anordnung: D-Verb.; L-Verb.; ms-Verb. (natürl. Vork.). — DL-*Lanthionin:* hexagonale Stäbchen (aus verd. NH_3), *F* 265. — *Salze: Pikrat des ms-Lanthionins* + 1 H_2O, Stäbchen, *F* 208. — *Pikrat des* DL-*Lanthionins* (ohne W.), *F* 206. — *Derivate: Dicarbobenzoxy-*, *F* 138 bis 140. — *Benzoyl-*, *F* 201; *Dibenzoyl-* — *des ms-Lanthionins*, *F* 210—211, Dibenzoyl- — des DL-*Lanthionins*, *F* 178. — *V.:* In menschl. Haar, Hühnerfedern, Wolle, Mikroorganismen. — *Darst.:* Aus Wolle durch Kochen mit 2% Na_2CO_3-Lsg., od. 0.1 n NaOH, od. 2%ig. Na_2S-Lsg.

13 **L-(—)-Cystin (Bis-[β-amino-β-carboxyäthyl]-disulfid)**

MG 240.31 *ZP* 258—261 (im geschloss. Rohr) N = 11.66%

$S \cdot CH_2 \cdot CH(NH_2) \cdot CO_2H$
|
$S \cdot CH_2 \cdot CH(NH_2) \cdot CO_2H$

Charakteristik: Sechseckige Täfelchen (aus verd. HCl); $1.096 \cdot 10^{-2}$ in W. 25°; wl. in W.; unl. in A.; ll. in Alkali; l. in Mineralsäuren; $[\alpha]_D^{25}$ —213° (aus 1 n HCl; *c* = 1); außer den opt. akt. Cystinen existiert ein inaktives meso-Cystin. — *Salze:* $Cu(C_6H_{10}O_4N_2S_2)$, blaue Täfelchen od. Nadeln; unl. in W.; $Ag_2(C_6H_{10}O_4N_2S_2)$, bei p_H 6 fast unl. in W.; $Hg_2(C_6H_8O_4N_2S_2)$ + $HgCl_2$ weißer Nd. — *Diflavianat* + 6 H_2O, *ZP:* 206—207; unl. in verd. A. — *Derivate: Diformyl-* — *des* DL-*Cystins: F* 196—198; *Diformyl-* — *des ms-Cystins: F* 192—193; *Isocyanat des* DL-*Cystins: F* 190—191; *Isocyanat des ms-Cystins: F* 184—185; *Äthylester des Diacetyl-*L-*cystins: F* 124.5, $[\alpha]_D^{28}$ +96° (in A.); *Äthylester des Diacetayl-*DL-*cystins: F* 122—123. — *V.:* In Proteinen. — *Darst.:* Aus Menschenhaar, Schafwolle, Vogelfedern.

14 **Homocystin (Bis-[γ-amino-γ-carboxypropyl]-disulfid)**

MG 268.36 *F* 281—284 (korr., Z.) N = 10.44%

$S \cdot CH_2 \cdot CH_2 \cdot CH(NH_2) \cdot CO_2H$
|
$S \cdot CH_2 \cdot CH_2 \cdot CH(NH_2) \cdot CO_2H$

Charakteristik: $[\alpha]_D^{26}$ + 77° (in HCl), $[\alpha]_D^{21}$ — 16° (in W.). — *V.:* Zwischenprodukt bei der Methioninsynthese in Pilzen. — *du Vigneaud, V.:* J. biol. Chem., **109**, 97 (1935).

15 **L-Cystathionin**

MG 222.27 *F* 301 (Z.) N = 12.60%

$S\langle$ $CH_2 \cdot CH_2 \cdot CH(NH_2) \cdot CO_2H$ / $CH_2 \cdot CH(NH_2) \cdot CO_2H$

Derivate: Dibenzoyl-, *F* 228—229. — *V.:* Zwischenprodukt bei der Methioninsynthese in Pilzen. — *Horowitz, N. H.:* J. biol. Chem. **171**, 255 (1947).

6 **Subtilin (β-Methyl-lanthionin)**

MG 222.27 N = 12.60%

$S\langle$ $CH(CH_3) \cdot CH(NH_2) \cdot CO_2H$ / $CH_2 \cdot CH(NH_2) \cdot CO_2H$

V.: In Antibiotica. — *Alderton, G.:* J. Amer. chem. Soc. **75**, 2391 (1953). — *Newton, G. G. F.:* Nature (London) **171**, 606 (1953).

17 **Djenkolsäure (Methylen-bis-cystein)**

MG 254.34 N = 11.02%

$$H_2C\begin{cases} S\cdot CH_2\cdot CH(NH_2)\cdot CO_2H \\ S\cdot CH_2\cdot CH(NH_2)\cdot CO_2H \end{cases}$$

V.: In Pflanzen (Djenkolbohnen) u. in Säugetiergewebe. — *du Vigneaud, V.*, u. *W. I. Patterson:* J. biol. Chem. **114**, 533 (1936). — *Ågren, G.*, u. *St. Eklund:* Acta chem. Scand. **6**, 1129 (1952).

18 **Alliin (Allyl-cysteinsulfoxyd)**

MG 177.23 *F* 163—165 (Z.) N = 7.90% $CH_2{:}CH\cdot CH_2\cdot SO\cdot CH_2\cdot CH(NH_2)\cdot CO_2H$

Charakeristik: Geruchl. Nadeln; ll. in W.; wl. in A.; unl. in Ac., Ae., Bzl.; $[\alpha]_D^{21}$ +62.8° (in W.). — *V.:* In Knoblauch. — *Stoll, A.*, u. *E. Seebeck:* Helv. chim. Acta **31**, 189 (1948); **34**, 481 (1951).

19 **L-(+)-α-Amino-buttersäure**

MG 103.12 *F* 303 (in geschloss. Röhrchen) N = 13.58% $CH_3\cdot CH_2\cdot CH(NH_2)\cdot CO_2H$

Charakteristik: Blättchen (verd. A.); ll. in W.; wl. in A., Ae.; $[\alpha]_D$ + 14.1° (in 20%iger HCl). — *DL-Amino-buttersäure: F* 285 (Z.); 29 in W. 18°. — *Derivate: N-Acetyl-DL-α-Aminobuttersäure, F* 129—131. — *V.:* In Proteinen (nicht gesichert).

20 **β-Amino-isobuttersäure**

MG 103.12 *F* 183—184 (unkorr.) N = 13.58% $H_2N\cdot CH_2\cdot CH(CH_3)\cdot CO_2H$

V.: Im menschlichen Harn. — *Crumpler, H. R.:* Nature (London) **167**, 307 (1951).

21 **Piperidinsäure (γ-Amino-buttersäure)**

MG 103.12 *F* 202 (Z.) N = 13.58% $H_2N\cdot CH_2\cdot CH_2\cdot CH_2\cdot CO_2H$

Charakteristik: Blättchen (verd. Me.); ll. in W.; wl. in Me.; unl. in A., Ae.; opt. inaktiv. — *Salze: Chloroplatinat, F* 220; ll. in W., unl. in A. — *Derivate: p-Toluolsulfo-* unl. in W. — *V.:* In versch. Früchten, in Zuckerrüben, Runkelrüben, Käse, Gehirn d. Saugetiere frei, in Diphtheriebazillen. — *B.:* Aus Glutaminsäure bei Fäulnis.

22 **L-α,γ-Diamino-buttersäure**

MG 118.14 N = 23.71% $H_2N\cdot CH_2\cdot CH_2\cdot CH(NH_2)\cdot CO_2H$

Charakteristik: Kristalline Masse, sehr hygroskopisch; ll. in W.; wl. in A.; unl. in Ae.; $[\alpha]_D^{18}$ +14.60° (Dihydrochlorid in W.; c = 3.7). — *Salze: Dihydrochlorid: F* 195—196; ll. in W.; — *Phosphorwolframat*, Nd. unl. in k. W., l. in h. W.; — *Dipikrat*, Nadeln (W.), *F* 191—193. — *V.:* In Polymyxin (Aerosporin) aus Bac. aerosporus. — *Darst.:* Aus N-Acetylglutamin + NaOBr oder aus Glyadin + NaOBr. — *Catch, J. R.:* Biochem. J. **42**, 52 (1948).

23 **L-(—)-Threonin (α-Amino-β-hydroxy-buttersäure)**

MG 119.12 *F* 251—253 (Z.) N = 11.76% $CH_3\cdot CH(OH)\cdot CH(NH_2)\cdot CO_2H$

Charakteristik: Krist. (+ $^1/_2H_2O$), H_2O entweicht bei 100°; 36 W. 14°; ll. in h. W.; unl. in A., Ae., 2 Asymmetriezentren, 4 opt. Isomere: L-Threonin; D-Threonin; L-Allothreonin; D-Allothreonin. — *L-Threonin:* $[\alpha]_D^{26}$ —28.3° (in W.). — DL-Threonin, *F* 227—229. — DL-Allothreonin, *F* 237 bis 239. — *Salze:* Na-Salz; wl. in Ae. — *Derivate: N-Benzoyl-DL-Threonin, F* 143—144; *N-Benzoyl-D-Threonin, F* 147—148. Trennung der opt. Isomeren durch verschiedene Löslichkeit der Brucin-salze der N-p-Nitrobenzoyl-deriv.: *N-p-Nitrobenzoyl-DL-Threonin, F* 166—167; *Brucin-Salz des p-Nitrobenzoyl-deriv. des L-Threonin, F* 166—167; *Brucin-salz des p-Nitrobenzoyl-deriv. des D-Threonin, F* 190—192. — *V.:* In Proteinen. — *Darst.:* Aus Fibrin.

24 **Homoserin (γ-Hydroxy-α-amino-buttersäure)**

MG 119.12 N = 11.76% $HO\cdot CH_2\cdot CH_2\cdot CH(NH_2)\cdot CO_2H$

V.: In vielen Pflanzen, als Vorstufe des Threonins in Mikroorganismen (Neurospora). — *Virtanen, A. I.:* Biochim. biophysica Acta **12**, 181 (1953). — *Fling, M.*, u. *N. H. Horowitz:* J. biol. Chem. **190**, 277 (1951).

25 **γ-Amino-α-hydroxy-buttersäure**

MG 119.12 *F* 199 N = 11.76% $H_2N\cdot CH_2\cdot CH_2\cdot CH(OH)\cdot CO_2H$

V.: Wahrsch. in Mikroorganismen u. höheren Pflanzen. — *Virtanen, A. I.*, u. *P. K. Hietala:* Acta chem. Scand. **9**, 549 (1955).

26 **α-Amino-β,γ-dihydroxy-n-buttersäure**

MG 135.12 *F* 135 N = 10.37% $CH_2(OH)\cdot CH(OH)\cdot CH(NH_2)\cdot CO_2H$

Charakteristik: Farbl. Prismen + 1 H_2O; ll. in h. W., 3.3 in W. 20°; unl. in A., Ae.; $[\alpha]_D^{13}$ —33.45° (in W., c = 2). — DL-$C_4H_9O_4N$ ohne Kristallw., Dunkelfarbung: 180°, *ZP* 211—212. — *Salze:* $Cu(C_4H_8O_4N)_2$, l. in W.; unl. in Me.; — *Dipikrat, F* 180—182, wl. in W. — *Derivate: Phenylisocyanat—:* $CH_2(OH)\cdot CH(OH)\cdot CH(NH\cdot CO\cdot NH\cdot C_6H_5)\cdot CO_2H$, biegsame Nädelchen; *F* 161 (Z.); l. in h. W.; in $KHCO_3$-Lsg., in Ac., Me., A.; wl. in k. W.; unl. in Ae. — *V.:* In Sphingosin.

27 **α-Methylen-γ-amino-buttersäure**

MG 115.14 N = 12.17% $NH_2 \cdot CH_2 \cdot CH_2 \cdot C(:CH_2) \cdot CO_2H$

V.: In Pflanzen. — *Fowden, L.:* Biochem. J. **55**, 548 (1953)

28 **Homocystein (α-Amino-γ-mercapto-buttersäure)**

MG 135.19 *F* 232—233 (korr.) N = 10.36% $HS \cdot CH_2 \cdot CH_2 \cdot CH(NH_2) \cdot CO_2H$

Charakteristik: Geht durch Oxydation leicht in Homocystin uber. — *V.:* Zwischenprodukt bei der Methioninsynthese in Pilzen. — *Riegel, B.,* u. *V. du Vigneaud:* J. biol. Chem. **112**, 149 (1935).

29 **L-Methionin (α-Amino-γ-methylmercapto-buttersäure)**

MG 149.22 *F* 280—283 (Z.) (im geschl. Rohr) N = 9.39% $CH_3 \cdot S \cdot CH_2 \cdot CH_2 \cdot CH(NH_2) \cdot CO_2H$

Charakteristik: Mikroskop. Tafeln (verd. A.); ll. in k. W.; l. in verd. A.; unl. in Ae.; $[\alpha]_D^{28}$ +23.4° (in 3n HCl; *c* = 5). — DL-*Methionin*, Plättchen (A.), *F* 281 (Z.), 3.381 in W. 25°. — *Salze:* $Cu(C_5H_{10}O_2NS)_2$, hellblaue Tafeln, *ZP* 230—240, wl. in W.; unl. in A., Ae. — *Hg-II-chlorid-Doppelsalz*, amorph wl. in k. W. — *Derivate: p-Toluol-sulfo—* des DL-Methionins, *F* 104—105. Durch Einw. von H_2O_2 auf Methionin → Methionin-sulfoxyd, *ZP* 250. — *Pikrat* unl.; durch Einw. von H_2O_2 + Molybdat → Methionin-sulfon. — *V.:* In Proteinen. — *Darst.:* Aus Casein.

30 **L-Seleno-methionin (α-Amino-γ-methylseleno-buttersäure)**

MG 196.11 *F* 164 (Z.) N = 7.14% $CH_3 \cdot Se \cdot CH_2 \cdot CH_2 \cdot CH(NH_2) \cdot CO_2H$

V.: Zwischenprodukt bei der Herstellung von Arzneimitteln. — *Plieninger, H.:* Chem. Ber. **83**, 265—268 (1950)

31 **DL-Äthionin (α-Amino-γ-äthyl-mercapto-butteräsure)**

MG 163.24 *F* 265—280 *ZP* 284 N = 8.58% $CH_3 \cdot CH_2 \cdot S \cdot CH_2 \cdot CH_2 \cdot CH(NH_2) \cdot CO_2H$

Charakteristik: Farbl. Blattchen (h. W.). — *Derivate: N-Benzol-sulfonyl—: F* 80. — *V.:* Nicht in Organismen.

32 **Canavanin (α-Amino-(O-guanidyl)-γ-hydr-oxybuttersäure)**

MG 176.18 *F* 182—184 (Z.) N = 31.80% $HN:C(NH_2) \cdot NH \cdot O \cdot CH_2 \cdot CH_2 \cdot CH(NH_2) \cdot CO_2H$

Charakteristik: Krist.; ll. in W.; unl. in A., Ae.; unbeständig in wssr. Lsg., spaltet NH_3 ab; beständig in saurer Lsg. — *Salze:* Mit $HgCl_2$ od. $AgNO_3$ in schw. alkal. Lsg.: Nd. — *Flavianat*, wl. in k. W.; mit 3.6-Dinitro-2.5-dioxy-1.4-benzoidin: Nd. — *Derivate:* Canavanase (aus Leber) spaltet Canavanin in Harnstoff u. Canalin: $H_2N \cdot O \cdot CH_2 \cdot CH_2 \cdot CH(NH_2) \cdot CO_2H$; ll. in W.; wl. in A.; Nd. mit $HgCl_2$. — *Dipikrat* unl. in W. — *Darst.:* Aus Jackbohnen (Krimpbohnen, Canavalia gladiata).

33 **L-(+)-Norvalin (α-Amino-n-valeriansäure)**

MG 117.15 *F* 307 (Sint., in geschloss. Röhrchen) N = 11.96% $CH_3 \cdot CH_2 \cdot CH_2 \cdot CH(NH_2) \cdot CO_2H$

Charakteristik: Nadeln od. Blättchen (A. od. W.), sublimiert ohne zu schmelzen; 10.8 in W. 15°; ll. in h. W.; wl. in A.; unl. in Ae.; $[\alpha]_D^{20}$ +23.0° (in 20%iger HCl; *c* = 10). — *Salze:* $Cu(C_5H_{10}O_2N)_2$, blaue Plättchen; 0.2 in W. 18°; unl. in A., Ae. — *V.:* Kommt in Proteinen nicht vor.

34 **Homopiperidinsäure (δ-Amino-n-valerian-säure)**

MG 117.15 *F* 154—158 (Z.) N = 11.96% $H_2N \cdot CH_2 \cdot CH_2 \cdot CH_2 \cdot CH_2 \cdot CO_2H$

Charakteristik: Blattchen, l. in W.; unl. in abs. A., Ae.; opt. inaktiv. — *Salze: Aurat* $C_5H_{11}O_2N$ + $AuCl_3$, blaßgelbe Krist., *ZP* 130; wl. in k. W. — *V.:* In Kase. — *B.:* Durch Faulnis von Lysin.

35 **L-(+)-Ornithin (α,δ-Diamino-n-valeriansäure)**

MG 132.17 N = 21.20% $H_2N \cdot [CH_2]_3 \cdot CH(NH_2) \cdot CO_2H$

Charakteristik: Freie Base schwierig zu kristallisieren, meist stark alkal. Sirup; ll. in W., A.; wl. in Ae.; $[\alpha]_D^{10}$ +16.8° (in verd. HCl; *c* = 5); $[\alpha]_D^{20}$ +16.65° (in verd. HNO_3, *c* = 1.05). — *Salze: Dihydrochlorid*, strahlige Kristallmassen (verd. A.); l. in W. u. Me.; wl. in A. — *Monopikrat* + 1 H_2O, *F* 203—204 (Z.); wl. in k. W. — *Derivate:* L-*Ornithursäure* (*Dibenzoylornithin*), *F* 224 bis 226; ll. in h. W.; l. in h. A.; unl. in Ae. — *V.:* D-Ornithin in Mikroorganismen. — *Darst.:* Durch Spaltung von Arginin.

36 **D-Pennicylamin (α-Amino-β-mercapto-isovaleriansäure)**

MG 149.22 N = 9.39% $HS\cdot C(CH_3)_2\cdot CH(NH_2)\cdot CO_2H$

V.: Penicillin. — *Neuberger, A.:* Adv. Protein Chemistry **4**, 370 (1948). — *Newton, G. G. F.:* Nature (London) **175**, 548 (1955).

37 **L-(+)-Citrullin (δ-Carbamido-ornithin)**

MG 176.20 N = 23.85% $H_2N\cdot CO\cdot NH\cdot [CH_2]_3\cdot CH(NH_2)\cdot CO_2H$

Charakteristik: $[\alpha]_D$ + 3.4—3.7° (in W.); $[\alpha]_D$ + 22.3—24.2° (in saur. Lsg.); $[\alpha]_D$ + 8.7—8.8° (in alkal. Lsg.). — DL-*Citrullin*, *F* 220—221; ll. in W. unl. in A., Ae. — *Salze:* DL-$(C_6H_{12}O_3N_3)_2Cu$, *F* 257—258 (Z.); unl. in W., A., Ae. — *Derivate:* Durch conc. HCl-Umwandlung zu Prolin. — *V.:* In Wassermelonen. — *Darst.:* Durch tryptische Verdauung von Casein.

38 **L-(+)-Arginin (früher D-Arginin, α-Amino-δ-guanidyl-n-valeriansäure)**

MG 174.21 *F* (Dunkelfärbung) 233 *ZP* 238
N = 32.16% $H_2N\cdot C(:NH)\cdot NH\cdot [CH_2]_3\cdot CH(NH_2)\cdot CO_2H$

Charakteristik: Freie Base: Prismen + $2H_2O$ (aus W.); wasserfr. Tafeln (aus 66%ig. A.); ll. in W., wl. in A.; $[\alpha]_D^{23}$ + 27.58° (in 6 n HCl). — *Salze: Monohydrochlorid*, sintert bei 218°, *ZP* 230 bis 235; — *Mononitrat* + $^1/_2H_2O$: *ZP* 125—131; wl. in k. W., A.; — *Monopikrat* + $2H_2O$; feine Nadeln, *ZP* 207—210; 0.5 in W. 16°; — *Monopikrolonat* + H_2O; gelbe Nadeln; *F* 230—234 (Z.), wl. in W., A.; — *Monoflavianat;* orange Blättchen; Braunung bei 260°; unl. in W., A.; — *Diflavianat:* sintert bei 160°, wieder fest bei 180°, *ZP* 220—228; unl. in W.; — *Mononasylat* (*β-Naphthol-sulfonat*): *F* 243; wl. in W.; — *Dinasylat: F* 209—211; wl. in W. — *Derivate:* Dibenzoyl-: Nadeln od. Tafeln (aus W.); *F* 217—218; wl. in W. — *V.:* In Proteinen. — *Darst.:* Aus Protaminen.

39 **L-(+)-Octopin (Arginin-N-[α-propionsäure])**

MG 246.28 *F* 281—282 (Z.) N = 22.75%

$H_2N\cdot C(:NH)\cdot NH\cdot [CH_2]_3\cdot CH\cdot CO_2H$
$HO_2C\cdot CH(CH_3)\cdot NH$ (an CH gebunden)

Charakteristik: Feine Nadeln; ll. in h. W.; unl. in Me., A., Ae.; $[\alpha]_D^{17}$ + 20.94°. — *Salze:* Phosphorwolframat: Nd.; — *Pikrat: F* 226; wl. in W.; — *Pikrolonat: F* 234; wl. in W.; — *Flavianat:* wl. in W. — *V.:* Im Octopus (Seepolyp); in dem Schließmuskel d. Kamm-Muschel.

40 **L-(+)-Valin (früher D-Valin, α-Amino-isovaleriansäure)**

MG 117.15 *F* 315 (Z.) (in geschloss. Röhrchen) sublimiert N = 11.96% $(CH_3)_2:CH\cdot CH(NH_2)\cdot CO_2H$

Charakteristik: Blättchen (verd. A.); 8.85 in W. 25°; $[\alpha]_D^{20}$ + 28,8° (in 6 n HCl; c = 3.4). — DL-*Valin:* 7.07 in W. 25°; unl. in A., Ae. — *Salze:* DL-*Valin-hydrochlorid: F* 189 (korr.); — L-*Valin-pikrolonat: F* 170—180; — L-*Valin-oxalato-dipyridinochromiat:* $C_5H_{11}O_2N\cdot [Cr(C_2O_4)_2\cdot (C_5H_5N)_2]H$; unl. in W. — *Derivate: N-Acetyl-L-Valin: F* 157—158. — *V.:* In Proteinen. — *Darst.:* Aus Lupinenkeimlingen; D-Valin aus Gramicidin.

41 **Felinin (S-α-Dimethyl-γ-hydroxypropyl-cystein)**

MG 207.30 N = 6.76%

$S\begin{cases} CH_2\cdot CH(NH_2)\cdot CO_2H \\ C(CH_3)_2\cdot CH_2\cdot CH_2\cdot OH \end{cases}$

V.: In Mikroorganismen. — *Westall, R. G.:* Biochem. J. **55**, 244 (1953).

42 **L-(+)-Norleucin (α-Amino-n-capronsäure)**

MG 131.18 *F* 275 (Z.) N = 10.68% $CH_3\cdot [CH_2]_3\cdot CH(NH_2)\cdot CO_2H$

Charakteristik: Blättchen (W.); 1.7 in W. 23°; $[\alpha]_D^{20}$ + 23.14° (in 20%ig. HCl; c = 4.5). — *Salze:* $Cu(C_6H_{12}O_2N)_2$, 0.00492 in W. 23°. — *Derivate: N-p-Toluolsulfo* — von DL-Norleucin, *F* 124; unl. in W. — *V.:* Kommt in Proteinen nicht vor.

43 **L-(—)-Leucin (α-Amino-isobutylessigsäure)**

MG 131,18 *F* 314—315 (Z.) (in geschloss. Röhrchen) N = 10.68% $(CH_3)_2:CH\cdot CH_2\cdot CH(NH_2)\cdot CO_2H$

Charakteristik: Blättchen (verd. A.); 2.19 in W. 25°, 6.6 in h. W.; wl. in A.; unl. in Ae.; $[\alpha]_D^{22}$ — 10.42° (in W.); $[\alpha]_D^{25}$ + 13.91° (in 4.5 n HCl; c = 9.075). — *Salze: Pikrolonat: F* 145—150 (Z.); wl. in W.; — *β-Naphthalin-sulfonat* (Nasylat): $C_6H_{13}O_2N\cdot C_{10}H_8O_3S$, *F* 187.5—189; wl. in W.; — *2-Brom-toluol-5-sulfonat* + $1H_2O$, wl. in W.; — *2-Naphthol-7-sulfonat*; wl. in W.; — *Oxalato-dipyridino-chromiat:* $C_6H_{13}O_2N\cdot [Cr(C_2O_4)_2\cdot (C_5H_5N)_2]H$; wl. in W. — *Derivate: N-Acetyl-L-leucin:* Krist. (W.), sintert bei 155°, *F* 167; l. in A.; unl. in Ae. — *V.:* In Proteinen. — *Darst.:* Aus Hamo) globin; D-Leucin aus Gramicidin.

44 **L-(+)-Isoleucin (früher D-Isoleucin, α-Amino-β-methyläthylpropionsäure)**

MG 131.18 *F* 284 (Z.) N = 10.68% $CH_3 \cdot CH_2 \cdot CH(CH_3) \cdot CH(NH_2) \cdot CO_2H$

Charakteristik: Tafeln (A.); 4.12 in W. 25°; l. in h. A.; unl. in Ae.; $[\alpha]_D^{20}$ +40.6° (in 6 n HCl). — DL-*Isoleucin:* *F* 275 (Z., in geschloss. Röhrchen); 2.229 in W. 25°. — *Salze:* $Cu(C_6H_{12}O_2N)_2$, blaue Krist. (90%ig. A.); 0.36 in W. 17°. — *Derivate:* *N-Acetyl*-L-*Isoleucin:* *F* 150; — *p-Toluolsulfo—:* *F* 130—132; unl. in W. — *V.:* In Proteinen; D-Isoleucin in Mikroorganismen. — *Darst.:* Aus Blutkuchen oder Zuckermelasse.

45 **γ-Hydroxy-leucin**

MG 147.18 N = 9.52% $(CH_3)_2{:}C(OH) \cdot CH_2 \cdot CH(NH_2) \cdot CO_2H$

V.: Gebunden im Knollenblätterpilz. — *Wieland, Th.:* Lieb. Ann. **617**, 152 (1958).

46 **Pantonin (α-Amino-β,β-dimethyl-γ-hydroxybuttersäure)**

MG 146.17 *F* 227—229 (Z.) N = 9.58% $HO \cdot CH_2 \cdot C(CH_3)_2 \cdot CH(NH_2) \cdot CO_2H$

V.: In Colibakterien. — *Ackermann, W. W.*, u. *H. Kirby:* J. biol. Chem. **175**, 483 (1948); *Ackermann, W. W.*, u. *W. Shive:* J. biol. Chem. **175**, 867 (1948).

47 **L-(+)-Lysin (α, ε-Diamino-n-capronsäure)**

MG 146.19 Dunkelfärb. b. 210 *ZP* 224 bis 225 N = 19.16% $H_2N \cdot [CH_2]_4 \cdot CH(NH_2) \cdot CO_2H$

Charakteristik: Freie Base: Nadeln od. Tafeln (W. od. verd. A.), sehr schwer zur Kristallisation zu bringen, meist stark alkal. Öl; ll. in W.; unl. in abs. A.; $[\alpha]_D^{25}$ +25.72° (in 6 n HCl; *c* = 1.6). — *Salze: Dihydrochlorid:* Krist. (A. + Ae.); *F* 193.5; l. in A.; wl. in k. W.; — *Kupferkomplexsalz mit* K_2HgJ_4*:* Doppelkomplex, gut kristallisierend; wl. in W.; — *Diflavianat:* *F* 275; unl. in W.; — *Monopikrat:* *ZP* 225; unl. in W.; — DL-*Lysin-Monopikrat:* *ZP* 259—266; unl. in W. — *Derivate:* L-Lysursäure (*Dibenzoyllysin*)*:* *F* 149—150; l. in A.; wl. in k. W.; — *Disulfanyl—:* *F* 208—209; unl. in W.; — DL-*Lysin-Kupferkomplexsalz* + Benzaldehyd in schw. alkal. Lsg.: Benzyliden-Lysin-Kupfer: $(C_6H_5 \cdot CH{:}N \cdot [CH_2]_4 \cdot CH(NH_2) \cdot COO)_2Cu$, *F* 232 (Z.); unl. in W. u. A. bei $p_H > 7$. — *V.:* In Proteinen. — *Darst.:* Aus Blutkuchen.

48 **β-Lysin (L-β,ε-Diamino-capronsäure)**

MG 146.19 N = 19.16% $NH_2 \cdot [CH_2]_3 \cdot CH(NH_2) \cdot CH_2 \cdot CO_2H$

Salze: Sulfat: *F* 228—229; — *Dipikrat:* *F* 201—209; — *Bis-[4'-azobenzol-sulfonat-(4)]:* *F* 247 bis 249. — *V.:* In Mikroorganismen (Streptomyces xanthophaeus). — *Brockmann, H.:* Chem. Ber. **88**, 648 (1955).

49 **L-Hydroxylysin (α, ε-Diamino-δ-hydroxy-n-capronsäure)**

MG 162.19 N = 17.27% $NH_2 \cdot [CH_2]_2 \cdot CH(OH) \cdot CH(NH_2) \cdot CO_2H$

Charakteristik: Freie Base nicht bekannt. — 2 Asymmetriezentren, 4 Isomere; $[\alpha]_D^{22}$ +7.5° ± 1,0 (in HCl). — *Salze: Monohydrochlorid:* Krist. (verd. A.); *F* 233.5 (korr.); l. in W.; wl. in A.; — *Monopikrat:* *F* 225, *ZP* 267; wl. in verd. A.; — *Styphnat* (Trinitroresorcin): $C_6H_{14}O_3N_2 \cdot C_6H_3O_8N_3$; wl. in verd. A.; — *Dilihurat* (5-Nitrobarbitursäure): $C_6H_{14}O_3N_2 \cdot 2\,(C_4H_3O_5N_3)$; wl. in verd. A. — *Derivate:* *N,N'-Dibenzoyl*-L-*hydroxylysin:* *F* 166—167, *ZP* 220. — $[\alpha]_D^{20}$ −31° ± 2; wl. in W. — *V.:* In Proteinen selten. — *Darst.:* Aus Fischleim und Gelatine.

50 **L-α-Amino-ε-hydroxylamino-capronsäure**

MG 162.19 N = 17.27% $NHOH \cdot [CH_2]_4 \cdot CH(NH_2) \cdot CO_2H$

V.: In Mycobakterien. — *Snow, G. A.:* J. chem. Soc. (London) **1954**, 2588, 4080.

51 **L-(+)-Asparaginsäure (früher D-Asparaginsäure, Amino-bernsteinsäure)**

MG 133.11 *F* 270—271 (Z.) (im geschloss. Rohr) N = 10.52% $HO_2C \cdot CH_2 \cdot CH(NH_2) \cdot CO_2H$

Charakteristik: Blättchen od. Säulen (W.); 0.500 in W. 25°; $[\alpha]_D^{24}$ +24.62° (in 6 n HCl). — DL-*Asparaginsäure:* 0.778 in W. 25°. — *Salze:* $NaC_4H_6O_4N + H_2O$: nadelf. Prismen; 89.194 in W. 12.5°; — $Ca(C_4H_6O_4N)_2$: l. in W.; unl. in A.; — $Ba(C_4H_6O_4N)_2$; l. in W.; unl. in A.; — $Cu(C_4H_5O_4N) + H_2O$: hellblaue Nadeln; unl. in k. W. — *V.:* In Proteinen, D-Asparaginsäure in Mikroorganismen. — *Darst.:* Aus Lupinensamen.

52 L-(+)-Asparagin (Asparaginsäure-monoamid)

MG 132.12 *F* 225–227 (Z.) (im geschloss. Rohr) N = 21.20% $H_2N \cdot CO \cdot CH_2 \cdot CH(NH_2) \cdot CO_2H$

Charakteristik: Krist. + 1 H_2O, bei 100° w.-frei, trüb (Unterschied zu Glutamin); 2.15 in W. 25°; unl. in A., Ae. — Drehung sehr abhängig von Bedingungen, $[\alpha]_D^{20}$ + 5.42° (in W., *c* = 1.05); $[\alpha]_D^{20}$ + 31.52° (in 2 n HCl; *c* = 2.7). — *Salze:* $Cu(C_4H_7O_3N_2)_2$: unl. in k. W. — $Hg(C_4H_6O_3N_2)_2$ + $HgSO_4$: unl. in W., A. — *Derivate:* Spaltet in alkal. Lsg. beim Erwärmen NH_3 ab → Asparaginsäure. — *V.:* In Proteinen. — *Darst.:* Aus Keimlingen der Leguminosen, bes. Lupinen.

53 β-Hydroxyasparaginsäure (α'-Amino-α-hydroxy-bernsteinsäure)

MG 149.11 N = 9.40% $HO_2C \cdot CH(OH) \cdot CH(NH_2) \cdot CO_2H$

Charakteristik: D-anti-β-Hydroxy-asparaginsäure: Prismen (W.); 2.2 in W. 20°; — DL-anti-β-Hydroxy-asparaginsäure; Prismen u. Tafeln (W.); 3.0 in W. 18°; ll. in h. W.; — DL-p-β-Hydroxy-asparaginsäure: Würfel od. Tafeln (W.); *ZP* oberhalb 253°; 0.3 in W. 20°. — 2 Asymmetriezentren, 4 Isomere: D-anti-β-Hydroxy-asparaginsäure; $[\alpha]_D^{20}$ + 12.1° (in W.; *c* = 2); L-anti-β-Hydroxy-asparaginsäure; $[\alpha]_D^{20}$ — 11.9° (in W.; *c* = 2); D-p-β-Hydroxy-asparaginsäure; L-p-β-Hydroxy-asparaginsäure. — *Salze: Cu-Salz der* DL-*anti-β-Hydroxy-asparaginsäure:* $Cu_3(C_4H_4O_5N)_2$ + 8 H_2O; hellblaue Prismen; unl. in W.; — *Cu-Salz der* DL-*p-β-Hydroxy-asparaginsäure:* hellblaue Prismen; unl. in W.; — *Ag-Salz der* DL-*anti-β-Hydroxy-asparaginsäure:* $Ag_2C_4H_5O_5N$; unl. in W.; — *Ag-Salz der* DL-*p-β-Hydroxyasparaginsäure:* unl. in W.; — *Strychninsalz der* D-*anti-β-Hydroxyasparaginsäure:* $C_4H_7O_5N$ + $C_{21}H_{22}O_2N_2$ + 4 H_2O, Tafeln (W.); $[\alpha]_D^{20}$ — 19.1° (aus W.); — *Strychninsalz der* DL-*p-β-Hydroxyasparaginsäure:* $C_4H_7O_5N$ + $C_{21}H_{22}O_2N_2$ + 3 H_2O, Prismen (W.); $[\alpha]_D^{20}$ — 23.2° (aus W.). — *V.:* In Proteinen nicht gesichert.

54 L-(+)-Glutaminsäure (α-Amino-glutarsäure)

MG 147.14 *F* 202–202.5 (Z.) N = 9.52% $HO_2C \cdot CH_2 \cdot CH_2 \cdot CH(NH_2) \cdot CO_2H$

Charakteristik: Krist. (W.); 0.843 in W. 25°, 14.00 in W. 100°; wl. in A., Ae. In wss. u. saurer Lsg. rechtsdrehend; neutrale Salze linksdrehend; $[\alpha]_D^{20}$ + 31.71° (in 1.73 n HCl; *c* = 7). — DL-*Glutaminsäure:* Krist. (verd. A.); *F* 198–200 (Z.); 2.054 in W. 25°, 28.49 in W. 100°. — *Salze:* $NaC_5H_8O_4N$; ll. in W.; $[\alpha]_D$ — 2.6° (in W.; *c* = 15); — $Ca(C_5H_8O_4N)_2$ + 1 H_2O; Plättchen; ll. in W.; unl. in A.; — *Dihydrochlorid*; swl. in k. konz. HCl (Unterscheidung von Asp.); — $CuC_5H_7O_4N$ + $2^1/_2 H_2O$: Nadeln; unl. in W. — *V.:* In Proteinen, z. T. als Glutamin. — *Darst.:* Aus Weizenkleber. D-Glutaminsäure aus der Kapselmasse der Milzbrandbazillen.

55 L-(+)-Glutamin (Glutaminsäure-monoamid)

MG 146.15 *F* 178–186 (Z.) N = 19.18% $H_2N \cdot CO \cdot CH_2 \cdot CH_2 \cdot CH(NH_2) \cdot CO_2H$

Charakteristik: Nadeln (W.); 3.25 in W. 18°, 4.8 in W. 30°; unl. in A., Ae. — Drehung stark von Bedingungen abhängig: $[\alpha]_D^{22}$ + 6.4 bis 7.0 (in W.; *c* = 4); $[\alpha]_D^{20}$ + 31.2 bis 32.5 (in 1.37 n-HCl; *c* = 7). *Salze:* $Cu(C_5H_9O_3N_2)_2$; swl. in k. W. — *Derivate:* Spaltet schon bei p_H 6.5 bei 100° in 2 Std. NH_3 ab, bildet Glutaminsäure (Unterschied zu Asparagin). — *V.:* In Proteinen. — *Darst.:* Aus Zuckerrübensaft.

56 γ-Hydroxy-glutaminsäure

MG 163.14 *F* 187 (Z.) N = 8.59% $HO_2C \cdot CH(OH) \cdot CH_2 \cdot CH(NH_2) \cdot CO_2H$

V.: In Phlox decussata. — *Virtanen, A. I.*, u. *P. K. Hietala:* Acta chem. Scand. **9**, 175 (1955).

57 γ-Methyl-glutaminsäure

MG 161.16 N = 8.69% $HO_2C \cdot CH(CH_3) \cdot CH_2 \cdot CH(NH_2) \cdot CO_2H$

V.: Im Farn Phyllitis scolopendrium. — *Virtanen, A. I.*, u. *A. M. Berg:* Acta chem. Scand. **9**, 553 (1955).

58 γ-Methyl-γ-hydroxy-glutaminsäure

MG 177.16 N = 7.91% $HO_2C \cdot C(OH)(CH_3) \cdot CH_2 \cdot CH(NH_2) \cdot CO_2H$

V.: In Farnen. — *Virtanen, A. I.:* Acta chem. Scand. **9**, 553 (1955). — *Grobbelaar, N.:* Nature (London) **175**, 703 (1955).

59 γ-Methylen-glutaminsäure

MG 159.15 *F* 204 N = 8.80% $HO_2C \cdot C(:CH_2) \cdot CH_2 \cdot CH(NH_2) \cdot CO_2H$

V.: In Pflanzen. — *Done, J.*, u. *L. Fowden:* Biochem. J. **51**, 451 (1952). — *Wailes, P. C.*, u. *M. C. Whiting:* J. chem. Soc., London, **1955**, 3636.

60 **L-α-Amino-adipinsäure (α-Amino-butan-α,γ-dicarbonsäure)**

MG 161.16 *F* 204—206 (wasserfr., Z.)
N = 8.69% $HO_2C\cdot[CH_2]_3\cdot CH(NH_2)\cdot CO_2H$

Charakteristik: Monohydrat: Nadeln (W. unter 20°); wasserfr. Blättchen: (W. über 20°); 0.22 in W. 20°; wl. in A., Ae. — *Derivate: Diäthylester:* Kp_{13} 155—156 i. Vak. — *V.:* In Choleravibrionen, ebenso γ-Hydroxy-α-amino-adipinsaure; die D-Verbindung in Mikroorganismen. Produkte des Lysinstoffwechsels in vivo. Kann beim Wachstumstest an Neurospora crassa Lysin ersetzen.

61 **α-Amino-γ-hydroxyadipinsäure**

MG 177.16 N = 7.91% $HO_2C\cdot CH_2\cdot CH(OH)\cdot CH_2\cdot CH(NH_2)\cdot CO_2H$

V.: In Choleravibrionen. — *Blass, J.*, u. *M. Macheboeuf:* Helv. chim. Acta **29**, 1315 (1946).

62 **α-Amino-pimelinsäure**

MG 175.19 *F* 204 N = 8.00% $HO_2C\cdot[CH_2]_4\cdot CH(NH_2)\cdot CO_2H$

V.: Im Farn Asplenium. — *Virtanen, A. I.:* Acta chem. Scand. **8**, 1085, 1725 (1954).

63 **α-Amino-γ-hydroxy-pimelinsäure** $HO_2C\cdot CH_2\cdot CH_2\cdot CH(OH)\cdot CH_2\cdot CH(NH_2)\cdot CO_2H$

MG 191.19 N = 7.33%

V.: Im Farn Asplenium. — *Virtanen, A. I.:* Acta chem. Scand. **8**, 1091 (1954).

64 **α-Amino-γ-hydroxy-pimelinsäurelacton**

MG 173.17 *F* 226—227 (Z.) N = 8.09%

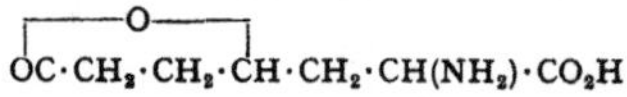

V.: In Farnen. — *Virtanen, A. I.:* Acta chem. Scand. **8**, 1091 (1954).

65 **α,ε-Diamino-pimelinsäure (2,6-Diamino-heptandisäure)**

MG 190.21 *F* > 300 N = 14.73% $HO_2C\cdot CH(NH_2)\cdot[CH_2]_3\cdot CH(NH_2)\cdot CO_2H$

Charakteristik: Nadeln (verd. A.); ll. in verd. Sren u. Alkalien; wl. in k. W.; unl. in A., Ae. — 2 Asymmetriezentren: D-Verb., L-Verb., ms-Verb. — *Salze: Phosphorwolframat:* Nd. — *Derivate: Dibenzoyl-*, Krist. (25%ig. A.); *F* 193. — *V.:* Zellwandbaustein von Bakterien; Zwischenprodukt des Lysinstoffwechsels. — *Work, E.:* Nature (London) **165**, 74 (1950). — *Rhuland, L. E.:* Nature (London) **185**, 224 (1960).

66 **Tabtoxinin (α, ε-Diamino-β-hydroxypimelinsäure)** $HO_2C\cdot CH(NH_2)\cdot CH_2\cdot CH_2\cdot CH(OH)\cdot CH(NH_2)\cdot CO_2H$

MG 206.21 N = 13.59%

V.: In Pseudomonas tabaci. — *Wolley, D. W.:* J. biol. Chem. **198**, 807 (1952); J. biol. Chem. **215**, 485 (1955).

67 **L-(—)-Phenylalanin (α-Amino-β-phenyl-propionsäure)**

MG 165.20 *F* 275—283 (Z.) N = 8.48% $C_6H_5\cdot CH_2\cdot CH(NH_2)\cdot CO_2H$

Charakteristik: Wasserhalt. Nadeln (W.); 2.965 in W. 25°; wl. in A.; unl. in Ae.; $[\alpha]_D^{20}$ —35.1° (in W.; *c* = 2). — DL-*Phenylalanin:* Nadeln (W.); *F* 271—273 (Z.); 1.411 in W. 25°. — *Salze:* $Cu(C_9H_{10}O_2N)_2$, blaßblaue Schuppen; unl. in W.; — *Pikrolonat des* DL-*Phenylalanins: F* 211 bis 212 (Z.); — *Pikrat:* 2 DL-$(C_9H_{11}O_2N)$ + $C_6H_3O_7N_3$, *F* 173 (Z.); — *β-Naphthalin-sulfonat des* L-*Phenylalanins* (Nasylat): *F* 232—233; unl. in W.; — *2,5-Dibrom-benzol-sulfonat des* DL-*Phenylalanins:* unl. in W.; — *2,4,5-Trichlor-benzol-sulfonat des* DL-*Phenylalanins:* unl. in W.; — *Flavianat des* L-*Phenylalanins:* unl. in W. — *Derivate: p-Toluol-sulfo—: F* 164.5. — *V.:* In Proteinen; D-Phenylalanin in Mikroorganismen. — *Darst.:* Aus Hamoglobinhydrolysat als Nasylat.

68 **β-Phenyl-serin (β-Hydroxyphenyl-alanin, α-Amino-β-hydroxy-β-phenyl-propionsäure)**

MG 181.20 *F* 198—203 (Z.) N = 7.73% $C_6H_5\cdot CH(OH)\cdot CH(NH_2)\cdot CO_2H$

Charakteristik: Blättchen + 1 H_2O (verd. A.); wl. in A., Ae., 2.8 in W. 20°. — 2 asymmetr. C-Atome, nur eines der beiden Diastereomeren bekannt. — *Salze: Monohydrochlorid: F* 157; — *Cu-Salz:* tiefviolette Krist.; unl. in W. — *Derivate: N-Benzoyl-β-phenyl-serin:* Krist. (verd. A.); *F* 160—161; ll. in Me., A., Ac., Chlf.; unl. in W.

69 **L-(—)-Tyrosin (α-Amino-β-[4-hydroxy-phenyl]-propionsäure)**

MG 182.20 *F* 290—318 (Z.) N = 7.69% $HO\cdot C_6H_4\cdot CH_2\cdot CH(NH_2)\cdot CO_2H$

Charakteristik: Nadeln (W.); 0.0453 in W. 25°; l. in verd. Alkali; unl. in A., Ae.; $[\alpha]_D^{25}$ — 7.27° (in 6nHCl; *c* = 4). — DL-*Tyrosin:* 0.0351 in W. 25°. — *Salze:* $Cu(C_9H_{10}O_3N)_2$; dunkelblaue Nadeln; wl. in W.; unl. in A., Ae.; — *Oxalato-dipyridinchromiat des* L-*Tyrosins:* $C_9H_{11}O_3N\cdot[Cr\cdot(C_2O_4)_2\cdot(C_5H_5N)_2]H$, rote Krist.; wl. in W.; — *Monoflavianat des* L-*Tyrosins* + 1 H_2O: unl. in verd. A. — *V.:* In Proteinen. — *Darst.:* Aus Casein oder Blutkuchen.

70 3-Fluortyrosin

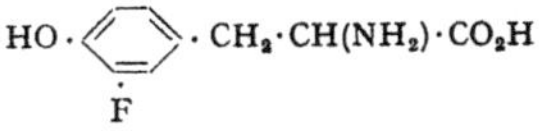

MG 199.19 *F* der L-(−)-Form 278—279 (Z.) N = 7.03%

Charakteristik: Krist. (W., Ae.); l. in W.; wl. in A.; swl. in Ae. — *Derivate: N-Benzoyl-anilid der* L-(−)-*Form:* wl. in 50%ig. A.; *F* 194—197; — *N-Benzoyl-anilid der* D-(+)-*Form:* ll. in 50%ig. A. — *Wi.:* Antagonist d. Tyrosins (Ratte).

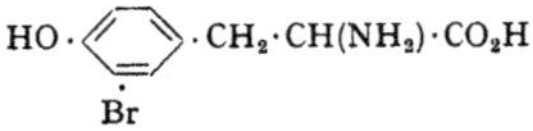

71 3-Bromtyrosin

MG 260.10 N = 5.39%

V.: In Gorgonin. — *Roche, J.:* Bull. Soc. chim. biol. **33**, 526 (1951).

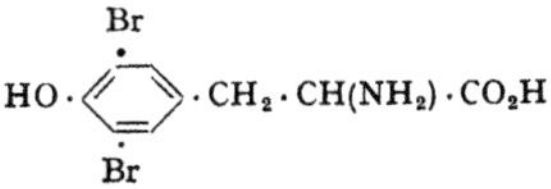

72 3,5-Dibrom-tyrosin

MG 339.01 *F* 242—245 (Z.) N = 4.13%

Charakteristik: Swl. in A.; unl. in Ae.; $[\alpha]_D^{20}$ −2.4° (in 0.3 n HCl; *c* = 5), $[\alpha]_D^{20}$ −1.1° (in 1 n HCl; *c* = 5). — *V.:* In Gorgonin.

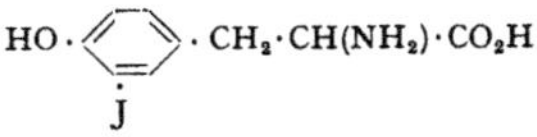

73 L-3-Monojod-tyrosin

MG 307.10 *F* 204—206 (Z.) N = 4.56%

Charakteristik: Flach wetzsteinformige Krist. (schw. sre. Lsg.); $[\alpha]_D^{20}$ −4.4° (in n HCl). — *Salze: Monohydrochlorid:* l. in W. — *V.:* In Gorgonia; in der Thyreoidea.

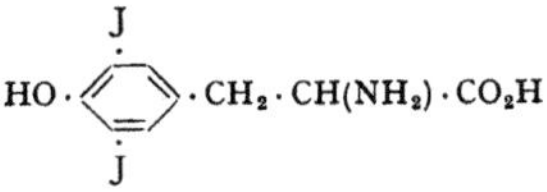

74 L-Jodgorgosäure (3,5-Dijod-tyrosin)

MG 433.00 *F* 200 (Z.) N = 3.24%

Charakteristik: Wetzsteinförm. Krist. + $2H_2O$ (A.), rechtwinkl. Platten (W.); 0.046 in W. 15°, 0.034 in W. 25°.; $[\alpha]_D^{20}$ +2.9° (in 4%ig. HCl; *c* = 5). — *Salze:* Mit Phosphorwolframsaure: Nd.; — $Hg(C_9H_8O_3NJ_2)$: brauner Nd.; unl. in A., Ae. — *Darst.:* Aus dem Achsenskelett verschiedener Korallen; aus Spongin; aus Thyreoglobulin.

75 L-(−)-3,4-Dihydroxyphenyl-alanin (Dopa, α-Amino-β-[3,4-dihydroxyphenyl]-propionsäure)

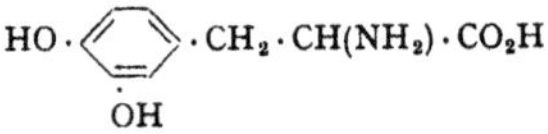

MG 197.20 *F* 273—276 (Z.) N = 7.10%

Charakteristik: Blattchen (verd. A.), Prismen u. Nadeln (W.); 0.5 in W. 20°, 2.5 in W. 100°; l. in verd. Sren.; unl. in A., Ae. — $[\alpha]_D^{15}$ −39.5° (in W.; *c* = 3.8); $[\alpha]_D^{20}$ −11.0° (in n HCl; *c* = 1.5). — *Salze: Hydrochlorid: F* 209 (Z.); l. in W.; — *Pikrolonat: F* 241. — *Derivate: O,O,N-Tribenzoyl—:* Nadeln (A.); *F* 170 (Z.). Umwandlung durch Tyrosinase zu Melanin. — *V.:* In Keimlingen u. Fruchtschalen von Vicia faba und Mucuna pruriens. — *B.:* In vitro durch Oxydation von L-Tyrosin bei Anwesenheit von Ascorbinsaure.

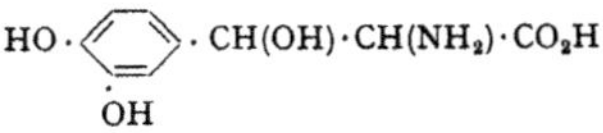

76 3,4-Dihydroxy-phenylserin

MG 213.20 *F* 219—221 N = 6.57%

Charakteristik: Salze: Pikrat; F 90—92. — *Derivate:* Bildg. von Noradrenalin durch Leberschnitte. — *Wi.:* Auffindung von Noradrenalin im Harn von Kaninchen nach Gaben von Dihydroxyphenylserin.

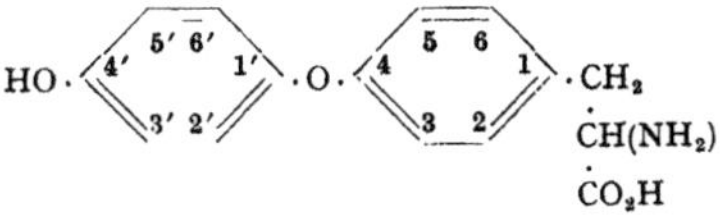

77 D,L-Thyronin (Desjodo-thyroxin, α-Amino-β-[(4-hydroxy-phenoxy)-phenyl]-propionsäure)

MG 273.29 *F* 253—254 (Z.) N = 5.13%

Charakteristik: Nadeln od. Prismen (verd. H_2SO_4 + Na-acetat); unl. in A., Ae.; swl. in W. — *Salze: Hydrochlorid:* Tafeln (verd. HCl), *F* 237—244 (Z.). — *Darst.:* Durch katalyt. Hydrierung von Thyroxin.

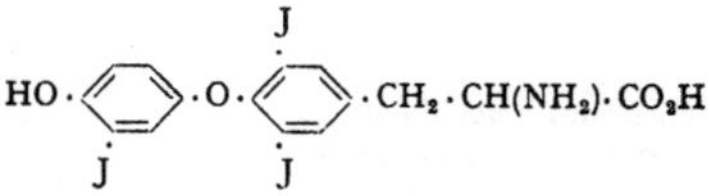

78 **3,5,3′-Trijod-thyronin**

MG 651.00 *F* 233—235 (Z.) N = 2.15%

Salze: Hydrochlorid: F 202—203 (Z.); $[\alpha]_D^{29,5}$ + 21.5° (in n HCl). — *V.:* In der Schilddrüse. — *Gross, J.:* Biochem. J. **53**, 645 (1953).

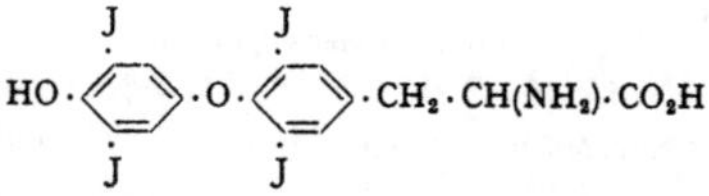

79 **L-Thyroxin (O-[3,5-Dijod-4-hydroxyphenyl]-3′,5′-dijod-L-tyrosin)**

MG 776.90 *ZP.* ~235 N = 1.80%

Charakteristik: Scheiben od. Rosetten od. mikroskop. Nadeln; l. in NH_3, in wssr. u. alkohol. Alkalilaugen u. in sehr verd. Alkalicarbonatlsg., bei 100°; swl. in W. von p_H 4.5; unl. in A., Ae.; stabil in stark alkal. Lsg. — $[\alpha]_D$ —4.4° (in 70%ig. A.). — *Salze:* Ba- u. Ag-Salz unl. — *Derivate:* Durch Beh. mit Sn^{++} → Thyronin. — *V.:* In der Schilddrüse.

80 **L-Kynurenin (o-Amino-phenacyl-amino-essigsäure)**

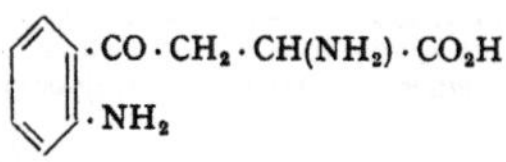

MG 208.22 Dunkelfärbg. b. 170 *F* 180 bis 190 (Z.) N = 13.45%

Charakteristik: $3\,C_{10}H_{12}N_2O_3$ + $1\,H_2O$, Blättchen (h. W.); l. in A.; wl. in k. W. — $[\alpha]_D^{17}$ —28.5° (in W.). — *Salze: Sulfat;* Nadeln (aus W.); Bräunung b. 165; *F* 194 (Z.); l. in h. W. u. A.; wl. in k. W.; $[\alpha]_D^{16}$ +10.7° (in W.); — *Pikrat:* L-$(C_{10}H_{12}N_2O_3)_2$ + $C_6H_3O_7N_3$ + H_2O: *F* 181 (Z.); DL — *Pikrat: F* 188.5—189.5 (Z.). — *Derivate:* Mit Keten: Kynurenin-diacetat, feine Nadeln, scharfer *F* 198. — Mit Rohrzucker: $C_{10}H_{12}N_2O_3$ + $C_{12}H_{22}O_{11}$ + H_2O; Nadeln od. Rosetten (aus W.); *F* 145—153 (Z.); l. in h. W.; wl. in k. W.; $[\alpha]_D$ +14.5° (in W.; *c* = 0.7). — *V.:* Im Harn von Kaninchen nach Injektion von Tryptophan.

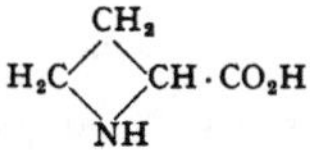

81 **Acetidin-carbonsäure-2**

MG 101.11 N = 13.86%

V.: In Pflanzen. — *Fowden, L.:* Nature (London) **176**, 347 (1955).

82 **L-(—)-Prolin (Pyrrolidin-α-carbonsäure)**

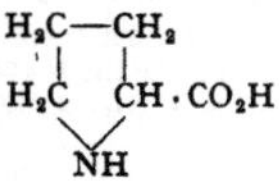

MG 115.14 *F* 215—222 (Z.) N = 12.17%

Charakteristik: Nadeln (A., Ae.); 162.3 in W. 25°; ll. in A.; unl. in Ae. — $[\alpha]_D^{25}$ —85.0° (in W.; *c* = 1). — DL-*Prolin:* Nadeln (A., Ae.); *F* 203—205 (Z.). — *Salze: Pikrat:* Nadeln (A.); *F* 135 bis 137; ll. in h. A., W.; unl. in Ae.; — *Rhodanilat:* wl. in W.; — *Reineckat:* Nadeln od. Prismen; *ZP* 199; 1.5 in W. 19°; ll. in Ac., A.; unl. in Ae. — *V.:* In Proteinen. — *Darst.:* Aus Gelatine od. Gliadin; D-Prolin aus Mutterkornalkaloiden.

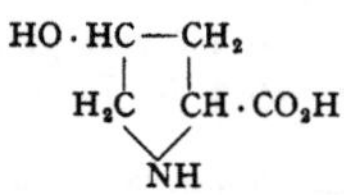

83 **L-(—)-Hydroxyprolin (4-Hydroxy-pyrrolidin-carbonsäure(2))**

MG 131.14 *F* 270 (Z.) (im geschloss. Rohr) N = 10.68%

Charakteristik: Tafeln (W.); ll. in W.; wl. in A. — $[\alpha]_D^{22}$ —75.2° (W.). — *Salze: Reineckat* + $3\,H_2O$; Tafeln; *F* 248 (Z.); 1.13 W. 20°; ll. in A.; unl. in Ae., Eg.; — *5-Naphthalin-1-sulfonat:* unl. in W. — *Derivate: N-Acetyl—: F* 133—134; — *p-Toluol-sulfo—: F* 153. — *V.:* In Proteinen. — *Darst.:* Aus Gelatine.

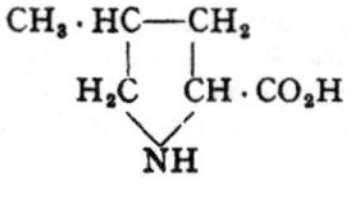

84 **γ-Methyl-prolin**

MG 129.16 N = 10.85%

V.: In Äpfeln. — *Hulme, A. C.,* u. *W. Arthington:* Nature (London) **173**, 588 (1954). — *Hulme, A. C.:* Nature (London) **174**, 1055 (1954).

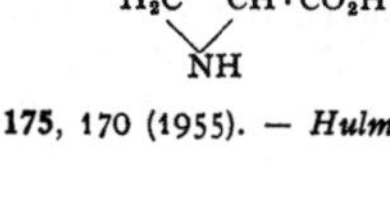

85 **γ-Methyl-γ-hydroxy-prolin**

MG 145.16 N = 9.65%

V.: In Äpfeln. — *Urbach, G. E.:* Nature (London) **175**, 170 (1955). — *Hulme, A. C.,* u. *F. C. Steward:* Nature (London) **175**, 171 (1955).

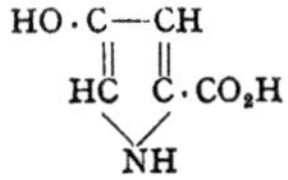

86 **Hydroxyminalin**

MG 127.10 N = 11.02%

V.: In Schimmelpilzen. — *Minagawa, T.:* Proc. Imp. Acad. Tokyo **21**, 33 (1945).

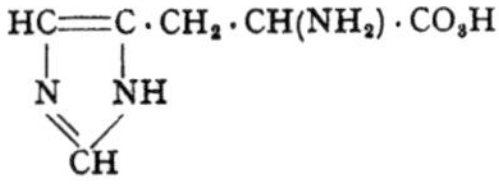

87 **L-(—)-Histidin (Imidazolyl-alanin)**

MG 155.16 *F* 287 (Z.) N = 27.08%

Charakteristik: Blattchen (verd. A., W.); 4.29 in W. 25°; wl. in A.; unl. in Ae. — $[\alpha]_D^{25}$ —39.20° (in W.; *c* = 3,8). — DL-*Histidin:* Tafeln od. Prismen (W.); Braunung b. 255—260°; *F* 285—286 (Z.) (korr.); 5 in W. 100°; wl. in A.; unl. in Ae. — *Salze: Monohydrochlorid* + 1 H_2O; Tafeln (W.); *F* 255; $[\alpha]_D$+2.1° (in W.; *c* = 3); ll. in W.; unl. in A., Ae.; — *Ag-Salz:* $Ag_2C_6H_7O_2N_3 + H_2O$, amorpher Nd.; l. in NH_3; — *Picrolonat: F* 232 (Z.); 0,2 in k. W., 1.26 in h. W.; — *Monoflavianat:* unl. in W.; — *Diflavianat:* unl. in nHCl; — *Di-reineckat* + 4 H_2O: *ZP* 220; 0.71 in W. 20°; — *Mono-nasylat: F* 206—207; wl. in W.; — *Di-nasylat: F* 265; wl. in W.; — DL-*Histidin-dipikrat* + 2 H_2O; *F* 103 (Z.); ll. in A.; unl. in k. W. — *Derivate: p-Toluol-sulfo—: F* 202—205; wl. in W. —; *V.:* In Proteinen. — *Darst.:* Aus Hamoglobin.

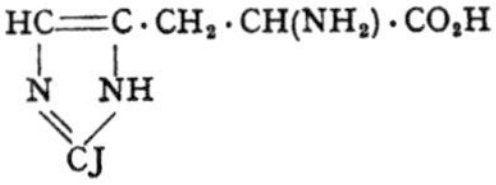

88 **2-Jod-histidin**

MG 281.06 N = 14.95%

V.: In der Schilddrüse. — *Roche, J.:* Fortschr. Chemie organ. Naturst. **12**, 349 (1955). — *Roche, J.:* Biochim. biophys. Acta **8**, 339 (1952).

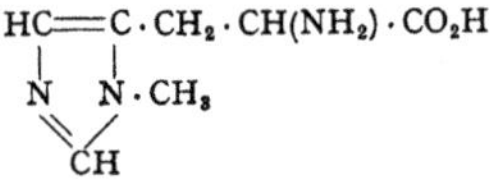

89 **L-Methyl-histidin (Amino-N-methyl-histidin)**

MG 169.19 *F* 266 (korr.) N = 24.84%

Charakteristik: Plättchen + 1 H_2O (A.); l. in h. W.; wl. in A. — $[\alpha]_D^{29}$ —13.5° (in W.; *c* = 1). — *Salze: Monohydrochlorid:* Plattchen (verd. A.); *F* 268 (Z.); l. in h. W.; wl. in A.; — *Dihydrochlorid* + H_2O: Krist. aus konz. HCl; *F* 124—127 (korr.); — *Dipikrat:* prismatische Nadeln (W.); *F* 132 (korr.); wl. in k. W. — *V.:* Gebunden in Anserin; erscheint im Harn nach Fleischdiät.

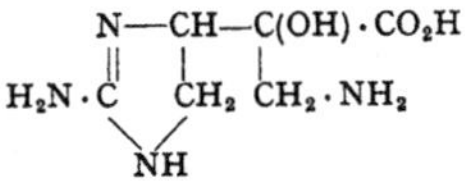

90 **Geamin (Roseonin)**

MG 188.19 N = 29.77%

Salze: Dipikrat: F 237; — *Dihydrochlorid: F* 215; $[\alpha]_D^{18}$ +51.0° (in W.). — *V.:* In Roseothricin und Geomycin. — *Nakanishi, K.:* J. Amer. chem. Soc. **76**, 2845 (1954).

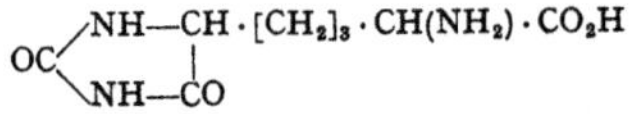

91 **Prolysin (α-Amino-ε-hydantoin-capronsäure)**

MG 215.22 Verfarbg. b. 209 *ZP* 222 N = 19.53%

Charakteristik: Hygroskop. Pulver; l. in W.; unl. in Me., A., Ae. — *Salze: Ag-Salz* + Baryt: hellgelb. amorph. Nd.; wl. in W.; unl. in A., Ae.; — *Cu-Salz:* hellbl. Krist.; *F* 260; ll. in W.; unl. in A.; — *Pikrat:* gelbe Plattchen; *F* 122; ll. in W.; unl. in Me., Ae.; — *Monoxanthyl-prolysin:* $C_9H_{12}O_4N_3 \cdot C_{13}H_9O$; farbl. Prismen, Dunkelfarbg. b. 245°; ll. in Chlf., Py.; unl. in W., A., Ae. — *Derivate:* Durch Kochen mit konz. HCl entsteht Lysin. — *V.:* In Casein.

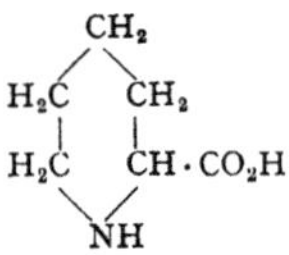

92 **L-Pipecolinsäure (Piperidin-2-carbonsäure)**

MG 129.16 *F* 271 (Z.) N = 10.85%

Charakteristik: $[\alpha]_D^{18}$ —25.4° (in W.). — *V.:* In Leguminosen u. Mikroorganismen. — *Morrison, R. I.:* Biochem. J. **53**, 474 (1953).

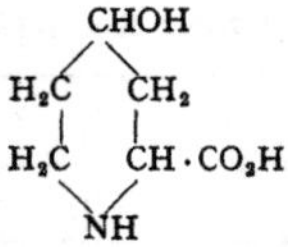

93 **4-Hydroxypiperidin-2-carbonsäure**
MG 145.16 Braunfärbg. b. 250 *F* 270 (Z.)
N = 9.65%

V.: In Akazienarten. — *Virtanen, A. I.*, u. *S. Kari:* Acta chem. Scand. **9**, 170 (1955).

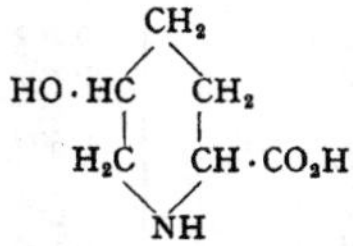

94 **5-Hydroxypiperidin-2-carbonsäure**
MG 145.16 *F* 225—230 (Z.) N = 9.65%

V.: In Akazienarten und Rhapis flabelliformis. — *Virtanen, A. I.*, u. *S. Kari:* Acta chem. Scand. **8**, 1290 (1954).

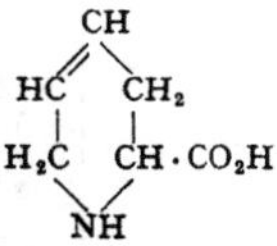

95 **L-Baikiain (1,2,3,6-Tetrahydropyridin-2-carbonsäure)**
MG 127.15 *F* 274 (Z.) N = 11.02%

Charakteristik: Krist. (verd. Me.); ll. in W.; wl. in A.; unl. in Ae. — $[\alpha]_D^{20}$ —201.6° (in W.; *c* = 9.89). — *Salze: Hydrochlorid: F* 264 (Z.); $[\alpha]_D^{20}$ —90.1° (W.); — *Pikrat: F* 172—173. — *Derivate: N-Benzoyl—: F* 178—179; $[\alpha]_D^{20}$ —91.9°. — *Darst.:* Aus Teakholz (Baikiaea plurijuga) durch Extr. mit 2n HCl.

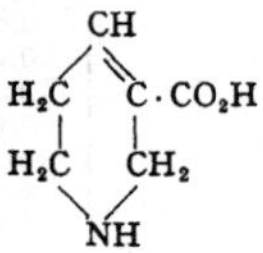

96 **Guvacin (3,4-Dehydropiperidin-3-carbonsäure)**
MG 127.15 *ZP* 285 N = 11.02%

V.: In der Betelnuß.

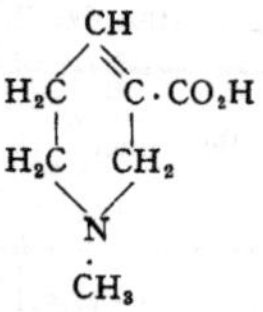

97 **Arekaidin (N-Methyl-guvacin)**
MG 141.17 N = 9.92%

Salze: Arekaidin-HCl: F 257—258 (Z.). — *V.:* In der Betelnuß.

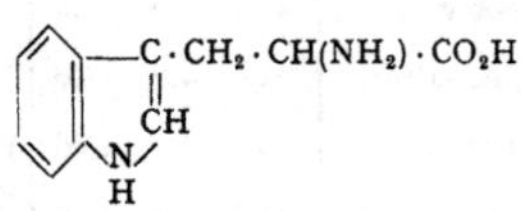

98 **L-Tryptophan (β-Indolyl-α-amino-propionsäure)**
MG 204.23 *F* 265, 273, 281 (Z.)
N = 13.72%

Charakteristik: Tafeln od. Blattchen (verd. A.); 1.136 in W. 25°, 4.987 in W. 100°; l. in verd. Alkali, wird beim Kochen mit Sren. zerstört; wl. in A. — $[\alpha]_D^{25}$ —32.15° (in W.; *c* = 2). — *Salze: Hg-Salz:* unl. in W., 7%ig. H_2SO_4; — *Pikrat:* karminrote Nadeln od. Tafeln; *F* 195—196 (Z.); ll. in A.; wl. in W., Ae. — *Derivate: p-Acetyl-amino-benzolsulfo—: F* 244—245 (Z.); unl. in verd. Säuren. — *V.:* In Proteinen. — *Darst.:* Aus mit Pankreatin verdautem Casein.

99 **L-2-Hydroxytryptophan**
MG 221.24 *F* 249—253 (Z.) N = 12.66%

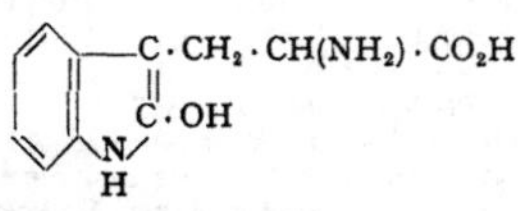

Charakteristik: Wetzsteinförm. Krist. (30%ig. A.); l. in A., h. W.; wl. in k. W. — $[\alpha]_D$ +39.2° (in n NaOH; *c* = 1.7). — DL-*Hydroxytryptophan: F* 248—249 (Z.). — *Salze: Ag-Salz* und *Hg-Salz:* voluminöse, farbl. Ndd. — *V.:* Im Phalloidin des Knollenblätterpilzes. — *Wieland, H.:* Liebig's Ann. Chem. **543**, 171 (1940).

Löslichkeit der Aminosäuren in Gramm pro 100 g Wasser[1]

	Aminosaure	Temperaturen 0°	25°	50°	75°	100°
1	DL-Alanin	12,11	16,72	23,09	31,89	44,04
2	L-Alanin	12,73	16,51	21,79	28,51	37,30
3	D-Alanin	—	16,49	—	—	—
4	DL-Asparaginsaure	0,262	0,778	2,000	4,456	8,594
5	L-Asparaginsäure	0,209	0,500	1,199	2,875	6,893
6	DL-Cystin $\times 10^2$	—	0,49	—	—	—
7	L-Cystin $\times 10^2$	0,502	1,096	2,394	5,229	11,42
8	D-Cystin $\times 10^2$	—	1,08	—	—	—
9	meso-Cystin $\times 10^2$	—	0,56	—	—	—
10	DL-Dijodtyrosin $\times 10$	0,149	0,340	0,773	—	—
11	L-Dijodtyrosin $\times 10$	0,204	0,617	1,862	5,62	17,00
12	DL-Glutaminsäure	0,855	2,054	4,934	11,86	28,49
13	L-Glutaminsaure	0,341	0,843	2,186	5,532	14,00
14	Glycin	14,18	24,99	39,10	54,39	67,17
15	L-Histidin	—	4,29	—	—	—
16	DL-Isoleucin	1,826	2,229	3,034	4,607	7,802
17	L-Isoleucin	3,791	4,117	4,818	6,076	8,255
18	DL-Leucin	0,797	0,991	1,406	2,276	4,206
19	L-Leucin	2,270	2,19	2,66	3,823	5,638
20	D-Leucin	—	—	2,66	—	—
21	DL-Methionin	1,818	3,381	6,070	10,52	17,60
22	L-Hydroxyprolin	28,86	36,11	45,18	51,67	—
23	DL-Phenylalanin	0,997	1,411	2,187	3,708	6,886
24	L-Phenylalanin	1,983	2,965	4,431	6,624	9,900
25	L-Prolin $\times 10^{-1}$	12,74	16,23	20,67	23,90	—
26	DL-Serin	2,204	5,023	10,34	19,21	32,24
27	L-Tryptophan	0,823	1,136	1,706	2,795	4,987
28	DL-Tyrosin $\times 10$	0,147	0,351	0,836	—	—
29	L-Tyrosin $\times 10$	0,196	0,453	1,052	2,438	5,650
30	D-Tyrosin $\times 10$	0,196	0,453	1,052	—	—
31	DL-Valin	5,98	7,09	9,11	12,61	18,81
32	L-Valin	8,34	8,85	9,62	10,24	—

Eigenschaften der 2,4-Dinitrophenyl-Aminosäuren[2]

DNP-Aminosäure	Berechnet C	H	N	Beobachtet F, °C (unkorr.)	F in der Literatur (°C)	Lösungsmittel (1)	$E_M \times 10^{-4}$ beim Maxim.
Glycin	39,8	2,9	17,4	203—204	205 [*1*], 193 [*2*], 206 [*3*]	B	0,79
L-α-Alanin	42,3	3,5	16,5	177	178 [*1*], [*3*], 173 [*2*]	A	1,72
β-Alanin	42,3	3,5	16,5	145—146	121—125 [*3*]	F	1,58
L-α-Aminobutter-saure	44,6	4,0	15,6	133		A	1,71
DL-α-Aminobutter-säure	44,6	4,0	15,6	143		A	1,80
γ-Aminobutter-saure	44,6	4,0	15,6	145—146			1,94
L-Norvalin	46,6	4,6	14,8	58—60		A	1,70
L-Valin	46,6	4,6	14,8	132		A	1,94
DL-Valin	46,6	4,6	14,8	184	185 [*1*], [*3*], 183 [*2*]	A	1,90
L-Isovalin	46,6	4,6	14,8	141		A	1,81
L-Leucin	48,5	5,1	14,1	94—95	DL 203 [*1*], 133 [*6*]; L 126 [*3*]	A	1,88
L-Isoleucin	48,5	5,1	14,1	113—114		A	1,78
DL-Isoleucin	48,5	5,1	14,1	174—175	166 [*4*], 168—172 [*2*]	A	...
L-Allo-isoleucin	48,5	5,1	14,1	119		A	1,75

[1] Adv. Protein Chem. III, 357.

[2] Nach *Krishnaran, R. R.*, and *H. A. Sober:* Am. Soc. **76**, 1328 (1954). — (1) Losungsmittel zur Reinigung und zum Umkristallisieren: A. Äther-Petroläther (*Kp* 30—75°), B. waßr. Methanol, C. wäßr. Aceton, D. Aceton-Äther, E. Aceton-Petroläther, F. wäßr. Äthanol. — (2) Absportions-spektrum in 4%iger $NaHCO_3$-Lsg. Die Verbindungen sind bei der angewandten Konzentration schwer in Lösung zu bringen. Zuweilen muß erwarmt werden.

DNP-Aminosäure	Berechnet C	H	N	Beobachtet F, °C (unkorr.)	F in der Literatur (°C)	Lösungsmittel (1)	E_M × 10^{-4} beim Maxim.
DL-Allo-isoleucin	48,5	5,1	14,1	135—136		A	...
D-Allo-L-isoleucin	48,5	5,1	14,1	146—147		A	1,71
L-α-Amino-pelargonsäure	53,1	6,2	12,9	69—70		A	1,79
L-Serin	39,9	3,0	15,5	173—174		B	1,73 (2)
DL-Serin	39,9	3,0	15,5	200—202	199 [4], 186—188 [2], 200 [3]	B	...
L-Threonin	42,1	3,9	14,5	145		A	1,72 (2)
DL-Threonin	42,1	3,9	14,5	178	152 [4], 178 [2]	A	...
L-Allo-threonin	42,1	3,9	14,5	152		A	1,70 (2)
DL-Allo-threonin	42,1	3,9	14,5	133—134		A	...
γ-Hydroxy-L-α-aminobuttersäure	42,1	3,9	14,5	164—165		C	1,69 (2)
ε-Hydroxy-L-α-aminocapronsäure	46,0	4,8	13,1	141—142		C	2,26 (2)
DL-Methionin	41,9	4,1	13,3	117—118	117 [4], 107—112 [2]	A	1,55
DL-Äthionin	43,8	4,6	12,8	104—105		A	1,34
L-Cystin (di)	37,8	2,8	14,7	109	109 [4], 118—121 [2]	A	2,75
S-Benzyl-L-cystein	50,9	4,0	11,1	111		A	1,74 (2)
L-Phenylalanin	54,4	3,9	12,7	189	DL 204—206 [2]; L 186 [5]	A	2,00
L-Tyrosin (O:N, di)	49,1	2,9	13,1	178—182 (d)	92—98 [2]	D	1,69 (2)
L-Tryptophan	55,3	3,5	15,1	221 (d)	175 [4], 196—198 [2]	D	1,68 (2)
L-Prolin	47,0	3,9	14,9	138	137 [4], 137—138,5 [2]	A	1,92
DL-Prolin	47,0	3,9	14,9	181		A	1,87
Hydroxy-L-prolin	44,4	3,7	14,1	174—175		A	1,87
Allo-hydroxy-L-prolin	44,4	3,7	14,1			A	1,73
DL-Pipecolinsäure	48,8	4,4	14,2	138—139		A	1,58
L-Asparaginsäure	40,1	3,0	14,0	186—187	DL 196 [4], 189 [2], 190 [3]	A	1,82
L-Glutaminsäure	42,2	3,5	13,4			A	...
DL-Glutaminsäure	42,2	3,5	13,4	148—149	155—162 [2]	A	1,74
L-Asparagin	40,3	3,4	18,8	180—182	191—192 [1], 185 [3]	B	2,00 (2)
L-Glutamin	42,3	3,8	18,0	189—191		B	2,07 (2)
L-α,γ-Diaminobuttersaure (di)	42,7	3,1	18,7	120—122 (d)		C	2,95 (2)
L-Ornithin (di)	44,1	3,4	18,1	156—157		E	2,92 (2)
L-Lysin (di)	45,2	3,7	17,6	170—172 (d)	146 [4], [3], 173—174,5 [2]	D	2,86 (2)
L-Histidin (di)	44,3	2,7	20,2	232—234	250 [1], 228 [3]	C	2,15 (2)
L-Arginin	42,4	4,7	24,7	260	252 [4]	C	1,76 (2)

Literatur. [1] *Abderhalden, E.*, u. *P. Blumberg:* H. **65**, 318 (1910). — [2] *Green, F. C.*, and *L. M. Kay:* Analyt. Chem. **24**, 726 (1952). — [3] *Rice, H. M.*, and *F. J. Sowden:* Canad. J. Chem. **30**, 575 (1952). — [4] *Porter, R. R.*, and *F. Sanger:* Biochem. J. **42**, 287 (1948). — [5] *Sanger, F.:* Biochem. J. **39**, 507 (1945).

(2) Siehe Fußnote S. 278.

Metallkomplexbildende Aminopolycarbonsäuren

Von **O. Trösken**, Frankfurt a. M.-Fechenheim

Literatur. *Martell, A. E.*, u. *M. Calvin:* Die Chemie der Metallchelat-Verbindungen, Weinheim 1958. — *Smith, R. L.:* Sequestration of Metals, London 1959. — *Schwarzenbach, G.:* Die Komplexometrische Titration, 4. Aufl., Stuttgart 1960.

Aminopolycarbonsäuren, die mehr als eine in α-Stellung befindliche Carboxylgruppe, bezogen auf ein Stickstoffatom, enthalten, bilden mit zahlreichen Metallionen, auch mit denen der Erdalkalien und des Magnesiums, stabile, wasserlösliche Komplexverbindungen (Chelate). Diese Eigenschaft gestattet es, mit Hilfe solcher Komplexbildner störende Metallionen in Lösungen auszuschalten, die Bildung unerwünschter Ausfällungen, die durch Metallsalze verursacht werden, zu verhindern oder bereits gebildete Niederschläge aufzulösen. Da die Komplexverbindungen der einzelnen Metalle unterschiedliche Stabilitätskonstanten besitzen, ist es möglich, mit Hilfe solcher Aminopolycarbonsäuren Metalle voneinander zu trennen. In der analytischen Chemie werden diese Komplexbildner unter Verwendung bestimmter metallspezifischer Indikatoren zur Bestimmung zahlreicher Kationen und auch einiger Anionen benutzt.

1 **Nitrilotriessigsäure (Triglykolamidsäure, Trimethylamin-α,α′,α″-tricarbonsäure)**

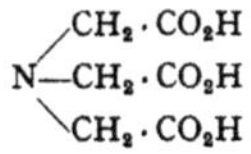

MG 191.14 *F* 240–42 (Z.)

Charakteristik: Kristalle, 0.1338 W. 5°; unl. in org. Lsgm. — *Trinatriumsalz: MG* 257.09, ll. in W.

2 **Äthylendiamintetraessigsäure [Äthylen-bis-(iminodiessigsäure)]**

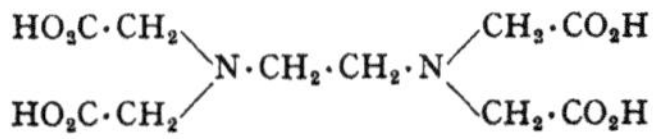

MG 292.24 *F* 240–41 (Z.)

Charakteristik: Kristalle; 0.2 W. 20°; unl. in org. Lsgm. — *Dinatriumsalz* · $2H_2O$: *MG* 372.24; 10.8 W. 20°. — *Tetranatriumsalz: MG* 380.18, 60 W. 20°.

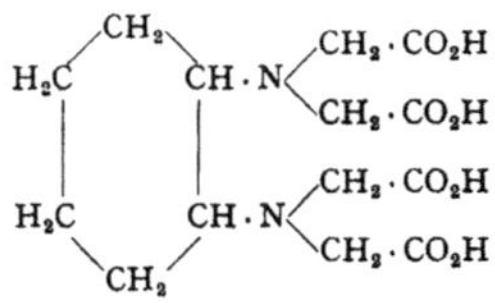

3 **1,2-Diamino-cyclohexan-N,N′-tetraessigsäure**

MG 346.33 *F* 215

Charakteristik: Kristalle. 1 H_2O (W.); Alkalisalze ll. in W.

4 **Diäthylentriamin-N,N′,N″-pentaessigsäure**

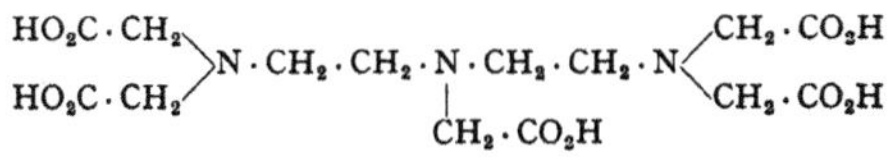

MG 393.35

Charakteristik: Farbl. Krist. aus W.

5 **Uramil-N,N-diessigsäure**

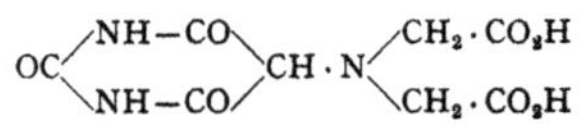

MG 259.18

Charakteristik: Farbl. Krist. (Nadeln). 1 H_2O aus W., bildet auch mit Na- u. Li-Ionen Komplexverbindungen.

6 **N-β-Hydroxyäthyl-iminodiessigsäure**

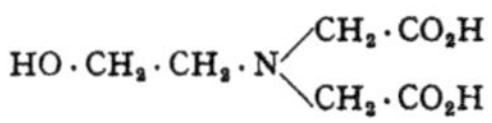

MG 177.16 *F* 167–69

Charakteristik: Krist. aus A.; bildet besonders stabile Fe^{III}-Komplexe.

7 **N-β-Hydroxyäthyl-äthylendiamin-N,N′-triessigsäure**

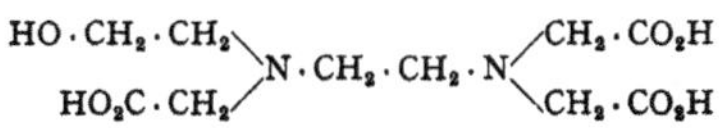

MG 278.26

Charakteristik: Krist. aus W.; bildet besonders stabile Fe^{III}-Komplexe.

Pantothensäure und einige ihrer biochemischen Antagonisten

1. Agonisten

1/1 **Pantothensäure** **(D-(+)-N-(α,γ-Dihydroxy-β,β-dimethyl-butyryl)-β-alanin, Vitamin B_5, Küken-Antidermatitis-Faktor, Filtrat-Faktor, Achromotrichie-Faktor, Bios IIa, Bios III)**

MG 219.24 $HO \cdot CH_2 \cdot C(CH_3)_2 \cdot CH(OH) \cdot CO \cdot NH \cdot CH_2 \cdot CH_2 \cdot CO_2H$

$C_9H_{17}NO_5$

Charakteristik: Hellgelbes, unstabiles, viscöses, hygroskopisches Öl; $[\alpha]_D^{25}$ +37.5; ll. in W., A. Äthylacetat, Dioxan, Eg.; wl. in Ae., Amylalkohol; unl. in Bzl., Chlf. — Gegen Erwärmen, Säuren und Alkalien sehr empfindlich. — *V.:* In Pflanzen u. Tieren allgemein verbreitet. — *Wi.:* Faktor des Vitamin-B-Komplex, dient zur Biosynthese von Coferment A (CoA). — *Na-Salz,* $C_9H_{16}NO_5Na$: *MG* 241.23, sehr hygroskop. Krist., *F* 122–4, $[\alpha]_D^{25}$ +27.1 ($c = 2$). — *Ca-Salz,* $(C_9H_{16}NO_5)_2Ca$: *MG* 476.55, weißes, lockeres, geruchloses, hygroskopisches Nadelpulver (Me.) mit süßem Geschmack u. leicht bitterem Nachgeschmack, Z. 195–6, $[\alpha]_D^{25}$ +28.2 ($c = 5$); ll. in W. (1 g in 2,8 ml W.); l. in Glycerin; wl. in A., Me.; swl. in Ac., Ae., Chlf. — pH d. wssr. Lsg. 7.2 bis 8.0, in CO_2-freiem W. 8.7; wssr. Lsg. kann nicht durch Autoklavieren, jedoch durch Filtrieren sterilisiert werden. — *Verwend.:* Wie Pantothensäure.

1/2 **Pantothenylalkohol (D-(+)-α,γ-Dihydroxy-N-(3-hydroxypropyl)-β,β-dimethylbutyramid, Pantothenylol, N-Pantoyl-3-propanolamin, Panthenol)**

MG 205.25 $Kp_{0.02}$ 118–20 D_{20}^{20} 1.2

$HO \cdot H_2C \cdot C(CH_3)_2 \cdot CH(OH) \cdot CO \cdot NH \cdot CH_2 \cdot CH_2 \cdot CH_2 \cdot OH$

$C_9H_{19}NO_4$

Charakteristik: Viscöse, etwas hygroskopische Flüss. mit schwach bitterem Geschmack; $[\alpha]_D^{20}$ + 29.5 (c = 5); n_D^{20} 1.497; ll. in W., A., Me.; swl. in Ae. — Wssr. Lsg. p_H 9.5; sterilisierbar, wenn p_H auf 3–4 eingestellt, jedoch Racemisierung bei längerem Erhitzen. — *Verwend.:* Ernährungsfaktor (für alle Species, wie Pantothensäure, auch medizinisch zur Behandlung v. Dermatosen, Verbrennungen u. infektiösen Ulcera).

1/3 **Pantethein, = Thiolform, u. Pantethin, = Disulfidform ((N-Pantothenyl)-β-aminoäthan, α,γ-Dihydroxy-β,β-dimethyl-butyryl-β-alanyl-β-aminoäthanthiol, Lactobacillus bulgaricus-Faktor, LBF)**

MG 278.38 bzw. 554.74

$HO \cdot CH_2 \cdot C(CH_3)_2 \cdot CH(OH) \cdot CO \cdot NH \cdot CH_2 \cdot CH_2 \cdot CO \cdot NH \cdot CH_2 \cdot CH_2 \cdot SH$

$C_{11}H_{22}N_2O_4S$ od. korrespond. $C_{22}H_{42}N_4O_8S_2$

Charakteristik: Amorphes Pulver, am stabilsten bei neutralem p_H, unstabil bei Tempp. über 60°; l. in W., A., Ae. — *Pantethin:* $[\alpha]_D^{26}$ + 16 ± 1. Pantethein aus Pantethin in Lsg. durch Reduktion mit Na_2S oder Cystein.

2. Antagonisten

2/1 **DL-N-Pantoyl-n-butylamin**

MG 203.28 *F* 51.6–53.4

$HO \cdot CH_2 \cdot C(CH_3)_2 \cdot CH(OH) \cdot CO \cdot NH \cdot \cdot [CH_2]_3 \cdot CH_3$

Charakteristik: Farbl. Krist. (Ae.); ll. in h. Ae.; l. in A.; wl. in k. Ae.

2/2 **DL-N-Pantoyl-n-heptylamin**

MG 245.35 *Kp* 123–8 (10^{-4} mm)

$HO \cdot CH_2 \cdot C(CH_3)_2 \cdot CH(OH) \cdot CO \cdot NH \cdot \cdot [CH_2]_6 \cdot CH_3$

Charakteristik: Farbl. Öl.

2/3 **DL-N-Pantoyl-β-phenyläthylamin**

MG 203.28 *F* 89.6–91

$HO \cdot CH_2 \cdot C(CH_3)_2 \cdot CH(OH) \cdot CO \cdot NH \cdot \cdot CH_2 \cdot CH_2 \cdot C_6H_5$

Charakteristik: Krist. (Ae.); l. in h. Ae.; wl. in k. Ae.

2/4 **α-Methyl-pantothensäure (N-(α,γ-Dihydroxy-β,β-dimethylvaleryl)-β-amino-isobuttersäure)**

MG 233.26

$HO \cdot CH_2 \cdot C(CH_3)_2 \cdot CH(OH) \cdot CO \cdot NH \cdot CH_2 \cdot CH(CH_3) \cdot CO_2H$

Charakteristik: — *Na-Salz:* farbl., sehr hygroskop. Kristallnadeln (Isopropanol + PAe.).

2/5 **γ-(oder -ω)-Methyl-pantothensäure (N-(α,γ-Dihydroxy-β,β-dimethylvaleryl)-β-amino-isobuttersäure)**

MG 233.26

$H_3C \cdot CH(OH) \cdot C(CH_3)_2 \cdot CH(OH) \cdot CO \cdot NH \cdot CH_2 \cdot CH_2 \cdot CO_2H$

Charakteristik: — *Na-Salz:* Krist.

2/6 **Pantothensäure-hydrazid**

MG 233.27 *F* 104–5

$HO \cdot CH_2 \cdot C(CH_3)_2 \cdot CH(OH) \cdot CO \cdot NH \cdot CH_2 \cdot CH_2 \cdot CO \cdot NH \cdot NH_2$

Charakteristik: Kleine Prismen (abs. A.); l. in W., A.

2/7 **Phenyl-pantothenon**

MG 279.33 *F* 126

$HO \cdot CH_2 \cdot C(CH_3)_2 \cdot CH(OH) \cdot CO \cdot NH \cdot CH_2 \cdot CH_2 \cdot CO \cdot C_6H_5$

Charakteristik: Weiße Krist.; ll. in A.; wl. in W. — *p-Nitrophenylhydrazon:* *F* 118.

2/8 **(+)-p-Chlorphenyl-pantothenon**

MG 313.77

$HO \cdot CH_2 \cdot C(CH_3)_2 \cdot CH(OH) \cdot CO \cdot NH \cdot CH_2 \cdot CH_2 \cdot CO \cdot C_6H_4Cl$

Charakteristik: Orangefarbenes Öl; l. in Me., A. — $[\alpha]_D^{20}$ +25.7.

2/9 **Pantoyl-taurin (Thiopansäure, (α,γ-Dihydroxy-β,β-dimethylbutyryl)-taurin)**

MG 225.29

$HO \cdot CH_2 \cdot C(CH_3)_2 \cdot CH(OH) \cdot CO \cdot NH \cdot CH_2 \cdot CH_2 \cdot SO_3H$

Charakteristik: — *Chininsalz der rechtsdrehenden Form:* Farbl. Nadeln, *F* 160–2, $[\alpha]_D^{22}$ – 76.2. — *Chininsalz der linksdrehenden Form:* Farbl. Nadeln, *F* 179–9.5; $[\alpha]_D^{22}$ –99.4.

2/10 **DL-β-(N-Pantoylaminoäthyl)-p-aminophenylsulfon**

MG 330.40 $HO \cdot CH_2 \cdot C(CH_3)_2 \cdot CH(OH) \cdot CO \cdot NH \cdot CH_2 \cdot CH_2 \cdot SO_2 \cdot C_6H_4 \cdot NH_2$

Charakteristik: Farbl. Kristallmasse; ll. in W.; l. in A., Ac.; wl. in Bzl.

2/11 **Pantoyl-taurin-anilid**

MG 330.40 $HO \cdot CH_2 \cdot C(CH_3)_2 \cdot CH(OH) \cdot CO \cdot NH \cdot CH_2 \cdot CH_2 \cdot SO_2 \cdot NH \cdot C_6H_5$

Charakteristik: Farbl. Krist. (A.); $[\alpha]_D^{25}$ +40 (A.).

Biologisch aktive Peptide

Von **W. Rittel** und **R. Schwyzer**, Basel

Literatur: S. 300ff.

Hier sind nur die wichtigsten biologisch aktiven Peptide mit Ausnahme der Peptidantibiotica aufgeführt, dazu einige nicht natürlich vorkommende Peptide, z. B. synthetische Analoge oder Teilsequenzen natürlicher Wirkstoffe.

Ausführliche Beschreibung der naturlichen Peptide s. [*1*]. Die Schreibweise fur Peptidstrukturen folgt den Vorschlagen von *Brand* u. *Edsall* [*2*] sowie *Schwyzer* [*3*]. Da die meisten Aminosäuren in den hier wiedergegebenen Peptiden in der L-Form vorliegen dürften, wurde die Bezeichnung L- weggelassen, auch wenn die Konfiguration der betreffenden Aminosaure noch uicht geklart ist; hingegen sind alle D-Aminosäuren als solche gekennzeichnet.

1. Peptidhormone

a) Hormone der Hypophyse

1a/1 **Oxytocin (eigentlich Ocytocin, τόκος = Entbindung, ὠκύς = sofort, Hypophysenhinterlappenhormon)**

$C_{43}H_{66}O_{12}N_{12}S_2$

$$\overset{1}{H \cdot Cys} \cdot \overset{2}{Tyr} \cdot \overset{3}{Ileu} \cdot \overset{4}{Glu(NH_2)} \cdot \overset{5}{Asp(NH_2)} \cdot \overset{6}{Cys} \cdot \overset{7}{Pro} \cdot \overset{8}{Leu} \cdot \overset{9}{Gly \cdot NH_2} \quad (I)$$

S——————————S (Disulfidbrücke Cys 1 – Cys 6)

MG 1007.2

Übersichtsliteratur: [*4, 5, 6, 7*].

Oxytocine aus den Hypophysenhinterlappen des Rindes [*8, 9*], des Schweines [*10*], des Menschen [*11*], des Pferdes [*12*] und des Schafes [*13*] besitzen gleiche Aminosauresequenz (Formel I). *Synthesen:* [*14, 15*].

Charakteristik: Bisher nicht kristallin. Oxytocin u. Vasopressin (s. d.) bilden einen Komplex mit Proteinen, der zur Isolierung der Hormone dienen kann [*16*]; l. in wssr. Me., A., Bu.; $[\alpha]_D^{20}$ −26° (W.). — *Papierchromatographie:* Im System 1-Bu.-Eg.-W. 4 : 1 : 5 R_F 0.65, im System 1-Bu.-Eg.-Py.-W. 30 : 6 : 20 : 24 R_F 0.87. — *Papierelektrophorese* (ca. 7 V/cm, 4—5 mA, 5 Stdn., Whatmanpapier 3 MM): −93 mm (p_H 3.5), −105 mm (p_H 6.5) gegen Kathode. — *Gegenstromverteilung:* Im System 2-Bu.-0.05 m Essigsäure *K* 0.35, im System 2-Bu.-0.01 n Ammoniak *K* 1.24, im System 1-Bu.-A.-0.05% Essigsäure 4 : 1 : 5 *K* 0.43. — *Testierung:* Meist anhand der Uteruskontraktion, der Wirkg. auf lactierende Drüsen oder der Blutdrucksenkung bei Vögeln, z. B. beim Hahn. Reines Oxytocin besitzt im letzteren Test eine Wirkg. von ca. 500 E/mg. — Oxytocin zeigt aber auch geringe pressorische u. antidiuretische Wirkg. (vgl. Tab. 1). — *Einheiten:* s. Bd. II, 10. Kap. — *Flavianat:* seidenglanzende Nadeln, *F* 182—9.

1a/2 **Vasopressin (Hypophysenhinterlappenhormon, ADH = Antidiuretisches Hormon)**

Arginin-Vasopressin (Arg-Vasopressin, Rinder-Vasopressin)

$C_{46}H_{65}O_{12}N_{15}S_2$

$$\overset{1}{H \cdot Cys} \cdot \overset{2}{Tyr} \cdot \overset{3}{Phe} \cdot \overset{4}{Glu(NH_2)} \cdot \overset{5}{Asp(NH_2)} \cdot \overset{6}{Cys} \cdot \overset{7}{Pro} \cdot \overset{8}{Arg} \cdot \overset{9}{Gly \cdot NH_2} \quad (II)$$

S——————————S (Disulfidbrücke Cys 1 – Cys 6)

MG 1084.22

Arg-Vasopressin kommt außer in der Hypophyse des Rindes auch in denen von Mensch, Affe, Kaninchen u. a. vor. — *Synthesen:* [*17, 18*].

Charakteristik: Vgl. von nat. u. synth. *V.*: [*19*]. — $[\alpha]_D^{25}$ −22° (1 n Eg.). — *Papierchromatographie:* Im System 1-Bu.-Eg.-W. 4 : 1 : 5 R_F 0.06—0.15, im System 1-Bu.-Eg.-Py.-W. 30 : 6 : 20 : 24 R_F 0.3—0.5, im System Py.-Collidin-W. 3 : 1 : 1 R_F 0.3, im System 1-Bu.-Ameisensäure-W. 75 : 15 : 10 R_F 0.2. — *Papierelektrophorese* (ca. 7 V/cm, 4—5 mA, 5 Std., Whatmanpapier 3 MM)·

– 93 mm (pH 3.5), – 125 mm (pH 5.6), – 109 mm (pH 6.5) gegen Kathode. – *Gegenstromverteilung:* Im System 2-Bu.-0.06 m p-Toluolsulfosaure *K* 0.87, im System 2-Bu.-0,1% Essigsäure *K* 0.1–0.2. – *Biol. Wi.:* Blutdrucksteigernd, antidiuretisch, uterusstimulierend u. kontrahierend auf Coronargefäße. – *Testierung:* Meist anhand der Steigerung des arteriellen Blutdruckes (Ratte), Vergleich mit Standardpräparat (s. Tab. 1). Reinstes natürliches Arg-Vasopressin besitzt eine pressorische Wirkg. von 350–400 E/mg (Ratte). – *Einheiten:* s. Bd. II, 10. Kap.

Lysin-Vasopressin (Lys-Vasopressin, Schweine-Vasopressin)

Lys anstelle Arg in Formel II

MG 105°.20

Synthese: [*20*]. $C_{46}H_{65}O_{12}N_{13}S_2$

Charakteristik: $[\alpha]_D^{20}$ – 47.5° (W.). – *Papierchromatographie:* Im System 1-Bu.-Eg.-W. 4 : 1 : 5 *R*F 0.08, im System 1-Bu.-Eg.-Py.-W. 30 : 6 : 20 : 24 *R*F 0.26. – *Papierelektrophorese* (ca. 7 V/cm, 4–5 mA, 5 Std., Whatmanpapier 3 MM): – 95 mm (pH 3.5), – 137 mm (pH 5.6), – 118 mm (pH 6.5) gegen Kathode. – *Gegenstromverteilung:* Im System 2-Bu.-0.08 m p-Toluolsulfosäure *K* ~0.6–0.8, im System 2-Bu.-0.1% Essigsäure *K* 0.66. – *Biol. Wi.* u. *Testierung:* In den meisten Testierungsanordnungen qualitativ gleiche, aber schwächere Wirkg. als Arg-Vasopressin (vgl. Tab. 1); pressorische Wirkg. bei der Ratte ca. 280 E/mg. – *Einheiten:* s. Bd. II.

1 a/3 **Arginin-Vasotocin (Arg[8]-Oxytocin)**

MG 1050.19

$C_{43}H_{67}O_{12}N_{15}S_2$

H·Cys·Tyr·Ileu·Glu(NH$_2$)·Asp(NH$_2$)·Cys·Pro·Arg·Gly·NH$_2$

S————————————S

Nachgewiesen in den Hypophysen von Vögeln u. Kaltblütern: [*21, 22, 23, 24*]. – *Synthesen:* [*25, 26*].

Charakteristik: Gegenstromverteilung: Im System 2-Bu.-0.06 m p-Toluolsulfosäure *K* 0.58. – *Biol. Wi.:* s. Tab. 1.

1 a/4 **Isotocin (Seryl[4]-Isoleucyl[8]-Oxytocin)**

MG 966.2 $C_{41}H_{63}O_{12}N_{11}S_2$

Isolierung: Neben Arginin-Vasotocin aus Hypophysen von Knochenfischen [*27*]. – Synthese: [*28*]. – *Charakteristik: Gegenstromverteilung:* Im System 2-Bu.-W.-Eg. 100:120:1 K 0.57. – *Biol. Wi.:* s. Tab. 1.

1 a/5 **Synthetische Oxytocin- und Vasopressin-Analoge**

Übersichtsliteratur: [*29*].

Nicht alle synthetisch hergestellten Peptid-Analoge dieser Hormone sind hier aufgefuhrt; weitere Beispiele bei [*30, 31, 32, 33, 34, 35, 36, 37*].

Peptid mit dem Ring des Oxytocins, ohne Seitenkette

MG 739.8

$C_{30}H_{45}O_9N_9S_2$

H·Cys(1)·Tyr(2)·Ileu(3)·Glu(NH$_2$)(4)·Asp(NH$_2$)(5)·Cys(6)·NH$_2$ (als Cys[6]-Amid)

S————————————S

Synthese: [*38*].

Charakteristik: $[\alpha]_D^{23}$ – 20.5° (W.). – *Gegenstromverteilung:* Im System 2-Bu.-0.05% Essigsaure *K* 0.19. – *Biol. Wi.:* Schwache Wirkg. auf den Uterus (ca. 3 E/mg) u. auf lactierende Drusen (1.1 E/mg); keine Blutdruckwirkg. bei Ratte u. Hahn.

Oxypressin (Phe[3]-Oxytocin)

(besitzt Ring des Vasopressins u. Seitenkette des Oxytocins)

MG 1041.19

$C_{44}H_{64}O_{12}N_{12}S_2$

H·Cys·Tyr·Phe·Glu(NH$_2$)·Asp(NH$_2$)·Cys·Pro·Leu·Gly·NH$_2$

S————————————S

Synthesen: [*39, 40*].

Charakteristik: $[\alpha]_D^{22}$ – 33° (0.1 n Essigsäure). – *Gegenstromverteilung:* Im System 2-Bu.-0.1% Essigsäure *K* 0.48. – *Papierelektrophorese* (pH 5.6, 400 V, 5°): Laufstrecke wie Oxytocin. – *Biol. Wi.:* s. Tab. 1.

Lysin-Vasotocin (Lys⁸-Oxytocin) $C_{43}H_{67}O_{12}N_{13}S_2$

(besitzt Ring des Oxytocins u. Seitenkette des Lysin-Vasopressins)

H·Cys·Tyr·Ileu·Glu(NH₂)·Asp(NH₂)·Cys·Pro·Lys·Gly·NH₂
(S——————S zwischen den beiden Cys)

MG 1022.17

Synthesen: [*41*, *42*].

Charakteristik: *Gegenstromverteilung:* Im System 2-Bu.-0.08 m p-Toluolsulfosäure *K* 0.61. — *Papierchromatographie:* Im System Butanon-Py.-W. 65 : 15 : 20 R_F 0.31, im System Isoamylalkohol-Py.-W. 7 : 7 : 6 R_F 0.35, im System 1-Bu.-Eg.-W. 7 : 1 : 2 R_F 0.14. — *Biol. Wi.:* s. Tab. 1.

Tabelle 1. **Pharmakologische Wirkung von Oxytocin, Vasopressin und einigen synthetischen Analogen**

(Alle Zahlenangaben bedeuten USP-Einheiten pro mg)

	Oxytocin-Wirkung			Vasopressin-Wirkung		
	isol. Rattenuterus	Blutdrucksenkung (Hahn)	Lact. Druse (Kaninchen)	Blutdrucksteigerung (Ratte)	Blutdrucksteigerung (Katze)	Antidiurese (Ratte)
Oxytocin	~500	~500	~500	5	4	5
Arginin-Vasopressin	~ 20	~ 60	~ 70	~400	~400	~400
Lysin-Vasopressin	~ 4	~ 30	~ 45	~280	~310	~250
Oxypressin	~ 20	~ 30	~ 60	~ 3	~ 5	~ 30
Arginin-Vasotocin	~115	~285	~210	~245		~250
Lysin-Vasotocin	~ 80	~210	~180	~130		~ 24
Isotocin	~150	~320	~300	~0.06		~ 0.2
Phenylalanin³-Oxytocin [*43*, *44*]	~ 30	~ 60	~140	~ 0.4	~ 3	~ 0.5
Isoleucin⁸-Oxytocin [*45*, *46*]	~290	~500	~330	~ 6	~ 6	~ 3
Histidin⁸-Vasopressin [*47*]	1.5	4.6		1.5		
Isoglutaminyl-Oxytocin [*48*]	unwirksam	unwirksam		unwirksam		

1 a/6 **Melanophoren stimulierende Hormone (MSH, Melanocyten stimulierende Hormone, Intermedin, Melanotropin)**

Übersichtsliteratur: [*49*].

V.: Im Hypophysenmittel- oder -vorderlappen. Die biologische Funktion bei Saugetieren ist nicht geklärt.

Testierung: z. B. durch Wirkg. auf die Froschhaut (Expansion der Melanocyten); zur in-vitro-Methode: [*50*], zur in-vivo-Methode: [*51*].

Einheiten: Im folgenden ist für die meisten Praparate die Aktivität in Einheiten nach dem Test von *Shizume* et al. angegeben. Eine Einheit entspricht der Wirkg. von 0.04 γ eines von diesen Autoren [*50*] hergestellten Standardpräparates (vgl. Band II).

α-MSH $C_{77}H_{109}O_{19}N_{21}S$

MG 1664.9

Acetyl·Ser·Tyr·Ser·Met·Glu·His·Phe·Arg·Try·Gly·Lys·Pro·Val·NH₂ (1 2 3 4 5 6 7 8 9 10 11 12 13)

Isolierung: Aus Hypophysen von Schwein [*52*], Rind [*53*], Pferd [*54*] u. Affe [*55*].

Strukturaufklärung: [*56*].

Synthesen: [*57*, *58*].

Charakteristik: $[\alpha]_D^{25}$ −58.5° (10% Eg.). — IP 10.5−11.0. — *Gegenstromverteilung:* Im System 2-Bu.-0.5% Trichloressigsäure *K* 1.9, im System 2-Bu.-Py.-0,1% Essigsaure 5 : 3 : 11 *K* 1.3. — *Papierchromatographie:* Im System Butanon-Py.-W. 65 : 15 : 20 R_F 0.2, im System Isoamylakohol-Py.-W. 35 : 35 : 30 R_F 0.4, im System 1-Bu.-Eg.-W. 7 : 1 : 2 R_F 0.3. — *Papierelektrophorese:* Laufstrecke im Vergleich zu derjenigen verschiedener Aminosauren: bei p_H 1.9 zu Tryptophan 1.1, zu Glutaminsäure 0.9; bei p_H 5.8 zu Histidin 0.7, zu Tryptophan 1.8. — Verhalten v. α-MSH u. s. Met⁴-Sulfoxydderivat bei *Dünnschichtchromatographie* u. *Papierelektrophorese* i. Vgl. zu Rinder-β-MSH s. diese. — *Biol. Wi.:* (in-vitro-Test) $1-2\cdot10^{10}$ E/g. Im hypophysektomierten Frosch sind Dosen von 0,001 μg nachweisbar. — Ein synthetisches Tridekapeptid ohne Acetylgruppe am Aminoende besitzt in vitro nur etwa 1/10 der Aktivität des natürlichen Hormons [*59*], wahrend ein synthetisches 1-Acetyl-tridekapeptid-amid-(13) mit Glutamin anstelle Glutaminsäure in Stellung 5 und mit einer Nε-Formylgruppe in Lys¹¹ gleiche in-vitro-Aktivität wie natürliches α-MSH besitzt [*60*]. Das Methionin-Sulfoxyd-Analoge zeigt ca. 1/16 der Wirkung des natürlichen Hormons [*61*].

Synthetische Teilsequenzen des α-MSH und ihre MSH-Aktivität:
(Zahlenangaben in E/g (in-vitro-Testierung))

	Aktivitat	Lit.
α-MSH: Acetyl—Ser[1]-Tyr[2]-Ser[3]-Met[4]-Glu[5]-His[6]-Phe[7]-Arg[8]-Try[9]-Gly[10]-Lys[11]-Pro[12]-Val[13]—NH_2	$1-2\cdot10^{10}$	
Acetyl—Ser-Tyr-Ser-Met-Glu(NH_2)—OH	unwirksam	[62]
H—Ser-Tyr-Ser-Met-Glu(NH_2)-His-Phe-Arg—OH	unwirksam	[63]
H—Ser-Met-Glu(NH_2)-His-Phe-Arg-Try-Gly—OH	$7\cdot10^{5}$	[63]
H—Met-Glu(NH_2)-His-Phe-Arg—OH	unwirksam	[63]
H—Met-Glu(NH_2)-His-Phe-Arg-Try-Gly—OH [1]	$2.8\cdot10^{5}$	[64]
H—Glu(NH_2)-His-Phe-Arg-Try-Gly—OH	$2\cdot10^{5}$	[64]
H—His-Phe-Arg-Try-Gly—OH	$3\cdot10^{4}$	[66]
Acetyl—Ser-Met-Glu-His-Phe-Arg-Try-Gly-Lys-Pro-Val—NH_2	ca. $0.5-1\cdot10^{10}$	[59]
H—Ser-Met-Glu-His-Phe-Arg-Try-Gly-Lys-Pro-Val—NH_2	ca. $2\cdot10^{8}$	[59]
H—His-Phe-Arg-Try-Gly-Lys-Pro-Val—NH_2	$<10^{7}$	[59]

[1] Das Glutamyl-Analoge des Heptapeptids 4—10 zeigt eine MSH-Aktivität von $1.4\cdot10^{6}$ E/g [65].

Schweine-β-MSH

MG 2176.3 $C_{98}H_{138}O_{29}N_{26}S$

1 2 3 4 5 6 7 8 9 10 11 12 13 14 15 16 17 18
H·Asp·Glu·Gly·Pro·Tyr·Lys·Met·Glu·His·Phe·Arg·Try·Gly·Ser·Pro·Pro·Lys·Asp·OH

Isolierung: Aus Schweine-Hypophysenvorderlappen [*67, 68, 69*].

Strukturaufklärung: [*68, 70*].

Charakteristik: $[\alpha]_D^{23}$ −97.5° (als Trichloracetat, 0.3−1.4% in W.). — IP 5.8. — *Gegenstromverteilung:* Im System 2-Bu.-0.5% Trichloressigsäure *K* 0.60. — *Starkegelelektrophorese* (Py.-Acetatpuffer pH 4.93, μ 0.1, 5 V/cm, 24 Std.): Laufstrecke ∼8 cm. — *Biol. Wi.* (in-vitro-Test): 5 · 10⁹ E/g [*71*].

Rinder-β-MSH [*57*]

MG 2134.3 $C_{96}H_{136}O_{28}N_{26}S$

Formel: Mit Serin statt Glutaminsäure in Stellung 2 der Formel fur Schweine-β-MSH

Synthese: [*74*].

Charakteristik: $[\alpha]_D$ − 73° (c 0.99 in 1 n Eg.). — *IP* 7.0 — *Gegenstromverteilung:* Im System 2-Bu.-0.5% Trichloressigsaure *K* 0.52. — *Stärkegelelektrophorese* (Py.-Acetatpuffer pH 4.93, μ 0.1, 5 V/cm, 24 Std.): Laufstrecke ∼ 14 cm. — *Biol. Wi.* (in-vitro-Test): 2 · 10⁹ E/g [*71*]. — *Dünnschichtchromatographie:* und *Papierelektrophorese* i. Vgl. zu α-MSH u. d. entspr. Methioninsulfoxyd-derivaten:

	Dünnschichtchromatographie (1)		Papierelektrophorese (2)		
	R_F		Laufstrecke i. cm		
	(3)	(4)	pH 1.9	pH 6.3	pH 9.3
Rinder-β-MSH	0.23	0.31	− 11	− 1,5	+ 3
Rinder-β-MSH-Met⁷-Sulfoxyd	0.17	0.18	− 11	− 1,5	
α-MSH	0.52	0.79	− 9	− 4	− 0,4
α-MSH-Met⁴-Sulfoxyd	0.45	0.68	− 9	− 4	

(1) Auf Silikagelplatten.
(2) Whatmanpapier No. 1; 50 V/cm; 60 Min.
(3) n-Bu.-Py.-Eg.-W. 30:20:6:24.
(4) Chlf.-Me.-17% wssr. NH_3 20:20:9.

Affen-β-MSH [*55*]

MG 2204.3 $C_{98}H_{136}O_{28}N_{28}S$

Formel: Mit Arginin statt Lysin in Stellung 6 der Formel fur Schweine-β-MSH.

Pferde-β-MSH [*73*]

MG 2235.4 $C_{99}H_{143}O_{29}N_{29}S$

Formel: Mit Arginin statt Prolin in Stellung 16 der Formel fur Schweine-β-MSH.

Menschen-β-MSH $C_{118}H_{174}O_{35}N_{34}S$

MG 2660.9

1 2 3 4 5 6 7 8 9 10 11 12
H·Ala·Glu·Lys·Lys·Asp·Glu·Gly·Pro·Tyr·Arg·Met·Glu·

13 14 15 16 17 18 19 20 21 22
·His·Phe·Arg·Try·Gly·Ser·Pro·Pro·Lys·Asp·OH

Isolierung: [*75*] *Strukturaufklärung:* [*76*]

Charakteristik: *IP* schwach basisch. — *Biol. Wi.:* Beim Frosch in Dosen von 5 mμg wirksam.

1 a/7 **Corticotropine (adrenocorticotrope Hormone, ACTH)**

Übersichtsliteratur: [*77, 78*].

Die aus den Hypophysen verschiedener Arten isolierten corticotropen Hormone stimmen in ihrem chemischen Aufbau weitgehend überein, unterscheiden sich aber spezifisch in einem begrenzten Teil der Aminosaurensequenz (s. Tab. 2). Auffallenderweise werden auch fur Praparate gleichen Ursprungs, nàmlich für zwei aus Schweinehypophysen gewonnene Hormone, Unterschiede in der Aminosaurensequenz gefunden.

Zur biologischen Wirkung ist nicht die vollständige Aminosäurekette der natürlichen Hormone nötig; synthetische Peptide, die nur noch etwa die Halfte der Kettenlänge besitzen (vgl. unten), sind noch stark corticotrop wirksam.

β-Corticotropin (Schweine-Corticotropin der Cyanamid-Gruppe)

MG 4567 $C_{210}H_{314}O_{57}N_{56}S$

Formel s. Tab. 2

Isolierung: Aus Schweinehypophysen neben mehreren anderen aktiven Komponenten: [*79*]. β-Corticotropin ist die Hauptkomponente der aktiven Fraktionen, ihr Anteil an der Gesamtwirkung beträgt ca. 33%. Einige der anderen aktiven Fraktionen sind dem β-Corticotropin sehr ähnlich; es kann sich dabei um Artefakte handeln, die z. B. durch Veresterung während der Isolierung und Reinigung entstanden sind.

Strukturaufklärung: [*80*]. *Synthese:* [*80 a*].

Charakteristik: Durch Einwirkung von Na-Hydrogencarbonat (0.1 m, p_H 9, 18—22 Std. bei 25 °C) Verseifung der Amidgruppe, ohne Veränderung der biol. Wi. — *Hydrat-Acetat:* $[\alpha]_D^{23}$ —140° (1 n Essigsäure, enth. 3,2% NaCl), —150° (0.1 n Essigsäure). — *Gegenstromverteilung:*

System	p_H der wssr. Phase	*K*
1-Bu.-0.05% Na-Trichloracetat	7	0.5
1-Bu.-0.2 % ”	7	0.9
1-Bu.-0.5 % ”	7	1.2
1-Bu.-0.5 % ”	9	0.3
1-Bu.-0.02% ” in 6% Essigsäure	2.2	0.6
1-Bu.-0.1 % ” ” 6% ”	2.2	ca. 13
1-Bu.-24 % Essigsäure	1.7	< 0.02
1-Bu.-1.6% NaCl in 6% Essigsäure	2.2	0.1
1-Bu.-3.5% ” ” 6% ”	2.2	0.95
1-Bu.-0.2% ” ” 24% ”	1.7	< 0.02
1-Bu.-4.9% ” ” 15% ”	4.4	1.0
1-Bu.-1 n HCl ” 18% ”		0.8
1-Bu.-0.5% Trichloressigsäure	1.7	7
1-Bu.3% NaCl, 0.8% Na-Trichloracetat in 6% Essigsäure	3.4	0.2

Biol. Wi.: Im Sayers-Test [*81*] ca. 100—200 IE/mg; MSH-Wi.: maximale Wirkdosis ca. 3 γ/100 g beim Frosch.

A-Corticotropin (Schweine-Corticotropin der Armour-Gruppe)

MG 4568 $C_{210}H_{313}O_{58}N_{55}S$

Formel s. Tab. 2.

Isolierung: Aus Schweinehypophysen, jedoch nach anderem Aufarbeitungsgang als fur β-Corticotropin: [*82*]. Es enthält im Gegensatz zu dem letzteren keine Amidgruppe und besitzt auch eine etwas andere Aminosäurensequenz [*83*].

Charakteristik: Gegenstromverteilung: Im System 2-Bu.-0,2% Trichloressigsaure *K* 1.7—1.8. — *Biol. Wi.:* ca. 100—150 IE/mg.

Tabelle 2. **Aminosäurensequenzen der Corticotropine**

β-Corticotropin (Schwein, Cyanamidgruppe)

H — Ser — Tyr — Ser — Met — Glu — His — Phe — Arg — Try — Gly — Lys — Pro — Val —

H —	Ser	Tyr	Ser	Met	Glu	His	Phe	Arg	Try	Gly	Lys	Pro	Val —
	1	2	3	4	5	6	7	8	9	10	11	12	13
—	Gly	Lys	Lys	Arg	Arg	Pro	Val	Lys	Val	Tyr	Pro	Asp	Gly —
	14	15	16	17	18	19	20	21	22	23	24	25	26
				NH_2									
—	Ala	Glu	Asp	Glu	Leu	Ala	Glu	Ala	Phe	Pro	Leu	Glu	Phe — OH
	27	28	29	30	31	32	33	34	35	36	37	38	39

A-Corticotropin[1] (Schwein, Armour-Gruppe)

—	Gly	Ala	Glu	Asp	Asp	Glu	Leu	Ala	Glu —
	25	26	27	28	29	30	31	32	33

α-Corticotropin[2] (Schaf)

									NH_2
—	Ala	Gly	Glu	Asp	Asp	Glu	Ala	Ser	Glu —
	25	26	27	28	29	30	32	32	33

Rinder-Corticotropin[2]

									NH_2
—	Asp	Gly	Glu	Ala	Glu	Asp	Ser	Ala	Glu —
	25	26	27	28	29	30	31	32	33

[1] Besitzt keine Amidgruppe.
[2] Besitzt möglicherweise eine weitere Amidgruppe.

α-Corticotropin (Schaf-Corticotropin)

MG ~4550

Formel s. Tab. 2. Enthalt möglicherweise eine weitere Amidgruppe [*84*].

Isolierung: Aus Schafhypophysen in einer Ausbeute von 0,0012% [*85*]. Es ist nicht das native Hormon, sondern entsteht bei der Isolierung aus dem Vorläufer α_2-Corticotropin durch partielle Desamidierung mit Alkali.

Charakteristik: IP 6.6. — *Sedimentationskonstante:* S_{20} 0.73. — *Diffusionskonstante:* $D_{20} \cdot 10^7$: 12.2. — *Stärkegelelektrophorese* (Acetatpuffer p_H 5.1, μ 0.1, 4 V/cm, 16 Std.): Laufstrecke ca. 4 cm. — *Gegenstromverteilung:*

System	K
2-Bu.-0.1% Trichloressigsaure	~0.4
2-Bu.-0.2 % "	~0.7—1.0
2-Bu.-0.35% "	~1.8
2-Bu.-0.5 % "	~3.2

Biol. Wi.: ca. 150 IE/mg im Sayers-Test. — MSH-Wi.: $1 \cdot 10^5$ E/mg.

Rinder-Corticotropin

MG ~4550

Formel s. Tab. 2. Besitzt gleiche Aminosaurenzusammensetzung wie Schaf-Corticotropin.

Isolierung: Aus 1 kg Rinderhypophysen ca. 8 mg Hormon [*86*].

Strukturaufklärung: [*87*].

Charakteristik: Gegenstromverteilung: Im System 2-Bu.-0,2% Trichloressigsäure *K* 1.06. — Hierbei und bei Ionenaustauschchromatographie gleiches Verhalten wie Schaf-Corticotropin. — *Biol. Wi.:* Corticotrope Wi. u. MSH-Wi. etwa gleich denjenigen des α-Corticotropins.

Menschen-Corticotropin

MG ~4550

H·Ser·Tyr·Ser·Met·Glu·(His, Phe, Arg)·(Try, Gly_2, Lys_2, Pro, Val)·(Lys_2, Arg_2, Pro, Val).(Val, Tyr, Pro_2, Asp_2, Ser, Gly, Glu_3, Ala_3, Phe)·Leu·Glu·Phe·OH. Gleiche Aminosaurenzusammensetzung wie Schaf- und Rinder-Corticotropin [*88*].

1 a/8 Biologisch aktive Teilsequenzen von Corticotropin

α) durch Abbau des natürlichen Hormons

β^{1-28}-Corticotropin (I)

MG 3305.7 — $C_{150}H_{230}O_{39}N_{44}S$

Sequenz 1—28 s. Tab. 2.

β^{1-30}-Corticotropin (II)

MG 3549.0 — $C_{159}H_{243}O_{44}N_{47}S$

Sequenz 1—30 s. Tab. 2

β^{1-31}-Corticotropin (III)

MG 3662.1 — $C_{165}H_{254}O_{45}N_{48}S$

Sequenz 1—31 s. Tab. 2.

Isolierung: Aus Pepsinhydrolysaten von β-Corticotropin [*89*]. Auch die Sequenz 1—24 besitzt noch die volle Wirkung des Corticotropins. Das 24-Peptid entsteht bei milder Saurehydrolyse von β-Corticotropin. Synthese der Sequenz 1—24 s. bei synth. Teilsequenzen.

Charakteristik: Gegenstromverteilung: Im System 1-Bu.-0.5% Trichloressigsaure: I *K* 1.5, II *K* 0.23, III *K* 0.32. — *Biol. Wi.:* I—III besitzen eine corticotrope Wirkg. von ca. 100 IE/mg; sie zeigen wie Corticotropin eine schwache MSH-Wirkg.; die minimale Wirkungsdosis betragt ca. 5 μg/100 g (Frosch).

β) Synthetische Peptide

Übersichtsliteratur: [*90*].

β^{1-16}-Corticotropin-Lys^{16}-Methylester [*91*]

MG 1951.2 — $C_{90}H_{135}O_{22}N_{26}S$

Charakteristik: $[\alpha]_D^{25}$ —43.7° (10% Eg.). — *Dunnschichtchromatographie* (auf Silikagelplatten): Im System 1-Bu.-Py.-Eg.-W. 30:20:6:24 R_F 0.49. — *Biol. Wi.:* ca. 5—10 IE/mg (Test nach [*92*]); < 1 IE/mg (Test nach [*81*]); ca. $4 \cdot 10^8$ MSH-E/g (Test nach [*50*]).

β^{1-17}**-Corticotropin** [*93*]
MG 2093.4 $C_{95}H_{145}O_{23}N_{29}S$

Charakteristik: Biol. Wi.: ACTH-Aktivität: 6 IE/mg (Test nach [*92*]). — MSH-Wi.: wie natürliches ACTH (Test nach [*50*] u. [*51*]).

β^{1-19}**-Corticotropin** [*94*]
MG 2346.7 $C_{106}H_{164}O_{25}N_{34}S$

Charakteristik: Gegenstromverteilung: Im System 1-Bu.-Py.-0,1% Essigsäure 5 : 3 : 11, *K* 0.082; im System 2-Bu.-0,5% Trichloressigsäure *K* 0.58. — *Biol. Wi.:* ACTH-Wi.: 29 IE/mg im Sayers-Test, 31 IE/mg im Test nach [*92*]. — MSH-Wi.: ~ wie Corticotropin.

β^{1-19}**-Corticotropin-Glu**^{5}**-**γ**-Amid** [*95*]
MG 2345.7 $C_{106}H_{165}O_{24}N_{35}S$

Charakteristik: Gegenstromverteilung: Im System 1-Bu.-0.4 m Ammoniumacetat p_H 7.0 *K* 0.1. — *Papierelektrophorese* (p_H 1.9, 45 V/cm, 60 Min.): Laufstrecke 19,8 cm. — *Biol. Wi.:* ACTH-Aktivitat: 20—30 IE/mg im Sayers-Test [*81*].

β^{1-20}**-Corticotropin-Val**^{20}**-Amid** [*96*]
MG 2444.9 $C_{111}H_{174}O_{25}N_{36}S$

Charakteristik: $[\alpha]_D^{26}$ −56.8° (10% Eg.). — *Papierchromatographie:* Im System 1-Bu.-Py.-W.-Eg. 30 : 20 : 24 : 6 R_F 1.35 × Histidin. — *Biol. Wi.:* ACTH-Aktivität: 111 ± 18 IE/mg (Sayers-Test). — MSH-Wi.: $1.1 \cdot 10^8$ E/g (Test nach [*50*]).

β^{1-23}**-Corticotropin** [*97*]
MG 2836.3 $C_{131}H_{203}O_{30}N_{39}S$

Charakteristik: $[\alpha]_D^{29}$ −73.2° (als ameisensaures Salz in 5% Eg.). — *Papierchromatographie:* im System 1-Bu.-Py.-Eg.-W. 30:20:6:24 Laufstrecke 1.18 · His. — *Biol. Wi.:* Sayers-Test [*80*] b. intraven. Appl. 116 ± 21 IE/mg, b. subcut. Appl. 40 ± 5 IE/mg. — MSH-*Wi.:* $2.0 \cdot 10^8$ E./g (in vitro Testierung).

β^{1-24}**-Corticotropin** [*98, 99*]
MG 2933.5 $C_{136}H_{210}O_{31}N_{40}S$

Charakteristik: $[\alpha]_D$ −82.9° (1% Eg.). — *Dünnschichtchromatographie* (auf Aluminiumoxydplatten): Im System 1-Bu.-Py.-Eg.-W. 30 : 20 : 6 : 24 R_F 0.5—0.6. — *Papierelektrophorese* (3000 V; 60 Min.): Laufstrecke 18 cm (p_H 1.9), 11.5 cm (p_H 6.3), 5.5 cm (p_H 9.3). — *Biol. Wi.:* 106 ± 14 IE/mg (Sayers-Test), ca. 111 IE/mg (Test nach [*92*]); 10^8 MSH-E/g (Test nach [*50*]).

1 a/9 Corticotropin Releasing Factor (CRF)

Diese Bezeichnung erfaßt mehrere Peptide, die im Hypothalamus gebildet werden und die die Corticotropin-Ausschüttung des Hypophysenvorderlappens anregen [*100, 101*].

Isolierung: Eine aus Schweinehypophysen isolierte Peptidfraktion mit CRF-Wirkung besitzt ähnliche Eigenschaften wie α-MSH. Sie enthält die gleichen Aminosäuren, dazu jedoch noch Leucin und Threonin [*102*]. Zwei weitere aktive Fraktionen — α-CRF und β-CRF — wurden ebenfalls aus Schweinehypophysen isoliert [*103*]. α-CRF ist ähnlich dem α-MSH und vielleicht identisch mit der von [*102*] isolierten Fraktion. β-CRF verhält sich ähnlich wie Vasopressin und ist ungefahr 50—100mal starker wirksam als α-CRF. — Eine CRF-Fraktion, die vermutlich mit keinem der obigen Peptide identisch ist, wurde aus der Eminentia media des Kalbes isoliert [*104*].

Testierung: Die Prüfung auf CRF-Wirkung erfolgt durch Bestimmen der erhöhten ACTH-Ausschüttung der Hypophyse. In-vivo-Technik: [*105, 106*], in-vitro-Technik: [*105, 107, 108*].

1 a/10 Synthetische Peptide mit CRF-Wirkung

I. MG 961.11 $C_{44}H_{60}O_9N_{14}S$
H·Met·Glu(NH_2)·His·Phe·Arg·Try·Gly·OH [*64, 109*]

F 192 (aus W.-A.); $[\alpha]_D^{26}$ −25° (Dimethylformamid)

II. MG 1298.43 $C_{59}H_{79}O_{15}N_{17}S$
H·Ser·Tyr·Ser·Met·Glu(NH_2)·His·Phe·Arg·Try·Gly·OH [*64, 109*]

III. MG 962.08 $C_{44}H_{59}O_{10}N_{13}S$
H·Met·Glu(OH)·His·Phe·Arg·Try·Gly·OH [*110*]

Charakteristik: Papierelektrophorese (p_H 1.9, 45 V/cm, 60 Min.): Laufstrecke von *I* 15 cm. — *Papierchromatographie:*

	R_F		
	System 1	System 2	System 3
I	0.51		0.59
II	0.51	0.47	0.58

System 1: 2-Bu.-3% NH_3 100:44

System 2: tert.-Amylalkohol-Isopropanol-Triäthylamin-Veronal-W. 100 ml: 40 ml: 0,8 ml: 1,8 g : 50 ml

System 3: 2-Bu.-Isopropanol-Monochloressigsaure-W. 70 ml: 10 ml: 3 g: 40 ml.

Gegenstromverteilung: Im System 1-Bu.-0,5% Monochloressigsaure: ***III:*** *K* 0.60.

b) Hormone des Pankreas

1 b/1 **Insulin**

Übersichtsliteratur: [*111, 112, 113, 114*].

Rinder-Insulin

MG 5750 Formel s. S. 291

Isolierung: Aus Pankreas vgl. [*115*]. Zur Kristallisation ist die Anwesenheit von bivalenten Metallen, z. B. Co oder Cd, besonders aber Zn, notwendig [*116, 117*]. Weitere Vorschrift zur Kristallisation: [*118*].

Strukturaufklärung: [*119, 120, 121*].

Charakteristik: Krist. Insulin enthalt ca. 0.3—0.6% Zn. In Lsg. besitzen die Insulinmoleküle eine starke Tendenz zur Assoziation, je nach Konzentration, p_H und Salzgehalt bilden sich Aggregate von z. T. sehr hohem *MG* [*123*]. — *IP* ca. 5.3—5.9. — *Papierchromatographie* (50 γ Insulin, Whatman-Papier Nr. 1, absteigend, Front 30 cm weit gewandert (R_F-Werte sind stark abhangig von aufgetragener Insulinmenge und Versuchsdauer):

System (oder Oberphase aus)	R_F
2-Bu.-1% Essigsäure 1 : 1	0.30
2-Bu.-1% Dichloressigsàure 1 : 1	0.29
2-Bu.-Essigsaure-W. 4 : 1 : 5	0.92
2-Bu.-Ameisensaure-W. 4 : 1 : 5	0.90
1-Bu.-Essigsaure-W. 4 : 1 : 5	0.29
Phenol-W. 4 : 1	0.95

Siehe hierzu auch [*124, 125, 126*].

Papierelektrophorese: [*126*]. — *Gegenstromverteilung:* [*127*]. — *Verteilungschromatographie:* [*128, 129, 130*]. — *Ionenaustauschchromatographie:* [*131, 132*]. — *Biol. Wi.:* Blutzuckersenkend. — Die hochgereinigten getrennten Ketten sind unwirksam [*133*]. Partialsynthese von Insulin mit 1—2% Ausbeute aus den beiden Ketten. Dieses in biol. Wi. u. immunologischen Eigenschaften mit natürlichem Insulin identisch [*133*].

Artspezifische Unterschiede in der Aminosäurensequenz des Insulins [*114, 122*]

Art	A-Kette (Sequenz 8—10)	B-Kette (C-terminale Aminosäure)
	8 9 10	
Rind	Ala·Ser·Val	Ala
Schwein	Thr·Ser·Ileu	,,
Sperm-Wal	Thr·Ser·Ileu	,,
Sei-Wal	Ala·Ser·Thr	,,
Schaf	Ala·Gly·Val	,,
Pferd	Thr·Gly·Ileu	,,
Mensch	Thr·Ser·Ileu	Thr

Struktur des Rinder-Insulins

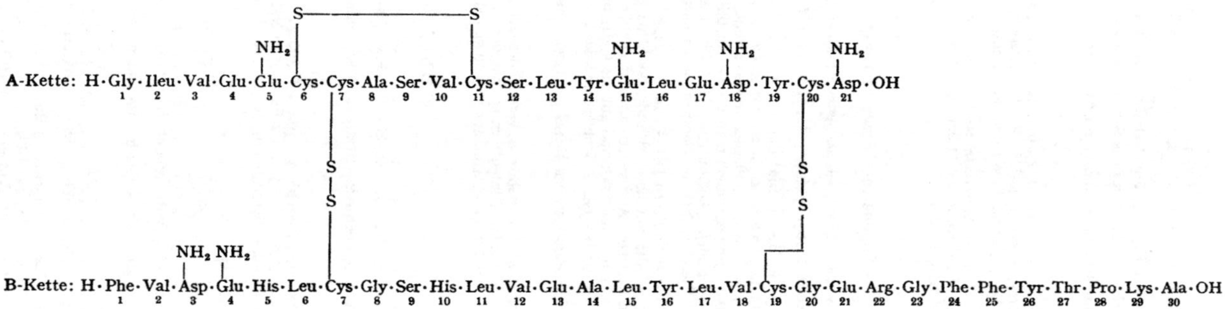

1 b/2 **Glucagon**

Übersichtsliteratur: [*134, 135*]. $C_{153}H_{225}O_{49}N_{43}S$

MG 3483

H·His·Ser·Glu(NH₂)·Gly·Thr·Phe·Thr·Ser·Asp·Tyr·Ser·Lys·Tyr·Leu·Asp·Ser·Arg·Arg·Ala·Glu(NH₂)·Asp·Phe·Val·Glu(NH₂)·Try·Leu·Met·Asp(NH₂)·Thr·OH

(Residue numbering 1–29 printed above the sequence.)

(Sequenz des Hormons aus Schweinepankreas).

Isolierung: Neben Insulin aus Schweinepankreas in krist. Form [*136*].

Strukturaufklärung: [*137*].

Charakteristik: Krist. Glucagon ist praktisch Zn-frei, liegt im Organismus aber sehr wahrscheinlich als Zn-Komplex vor [*138*]; — relativ swl. in W., besonders in Gegenwart von Elektrolyten. Kristallisation bei pH 8.6. Bei pH unter 4 und uber 9.5 leichter löslich.

Drehungsdispersionskurve: [*139*]. — *Starkegelelektrophorese* (0.075 m Glycinpuffer pH 8.8, ca. 4 V/cm, 13—15 mA, 40 Std.): Laufstrecke ca. 11 cm; (0.075 m Glycinpuffer pH 10.2, ca. 4 V/cm, 13—15 mA, 65 Std.): Laufstrecke ca. 22 cm.

c) Sogenannte Gewebshormone

α) Peptide mit Wirkung auf die glatte Muskulatur [*5, 6, 140*]

1 c/1 **Angiotensine (Hypertensine, Angiotonine)** [*141, 142, 143, 144, 145, 146, 147*]

Blutdrucksteigernde Peptide, die im Blut durch Einwirkung des Nierenenzyms Renin auf ein Plasmaprotein (α_2-Globulin, Angiotensinogen) entstehen, = „Angiotensine I" (mit artspezifischer Aminosaurensequenz). Ein im Plasma vorkommendes proteolytisches Enzym, das „Umwandlungsenzym" („converting enzyme") baut die Dekapeptide zu den eigentlichen Wirkstoffen weiter ab: den Octapeptiden „Angiotensine II". Ein weiteres Enzymsystem, Angiotensinase (in Erythrocyten, Niere) spaltet die Octapeptide zu unwirksamen Bruchstucken auf.

Allgemeine biol. Wi.: Im Ganztier bewirken Deka- und Octapeptide eine rasch ansteigende und innerhalb weniger Minuten wieder abfallende Blutdruckerhöhung. In Abwesenheit des Umwandlungsenzyms (z. B. am isolierten Aortenstreifen) sind nur die Octapeptide wirksam [*148*]. Die Angiotensine wirken nicht nur kontrahierend auf die Gefaßmuskulatur, sondern auch auf die Muskulatur des Darms, des Uterus, der Gallenblase und der Ureteren.

Testierung: Anhand der blutdrucksteigernden Wirkg., Vergleich mit Standardpräparaten (Noradrenalin, Tryptamin).

Einheiten: Angiotensinaktivitat wird in mehreren, verschieden definierten Einheiten angegeben, s. Band II (vgl. auch [*144*]). Goldblatt-Einheit: entspricht derjenigen Menge Angiotensin, die im nichtnarkotisierten Hund eine Blutdruckerhohung von 30 mm Hg erzeugt.

Isoleucyl⁵-Angiotensin I

MG 1296.54 $C_{62}H_{89}O_{14}N_{17}$

H·Asp·Arg·Val·Tyr·Ileu·His·Pro·Phe·His·Leu·OH

(Residue numbering 1–10 printed above the sequence.)

Darstellung: Durch Einwirkung von Schweine-Renin auf Pferdeserum [*149*].

Strukturaufklärung: [*150*].

Charakteristik: *IP* 7.7. — *Stärkegelelektrophorese* (pH 9.3, 300 V, 12.5 Std.): Laufstrecke gegen Anode 15 cm. — *Gegenstromverteilung:* Im System 2-Bu.-0.01 m Na_2CO_3·$NaHCO_3$-Puffer pH 10.0 *K* 0.60. — *Biol. Wi.:* 7050 Goldblatt-Einheiten/mg N (an der intakten anaesthesierten Ratte).

Isoleucyl⁵-Angiotensin II (A)

MG 1046.22 $C_{50}H_{71}O_{12}N_{13}$

H·Asp·Arg·Val·Tyr·Ileu·His·Pro·Phe·OH

(Residue numbering 1–8 printed above the sequence.)

Darstellung: Aus Isoleucyl⁵-Angiotensin I durch Einwirkung von Umwandlungsenzym [*151*].
Strukturaufklärung: [*150*].

Synthese: [*152*]. Ein synthetisches Octapeptid $C_{50}H_{72}O_{11}N_{14}$ *MG* 1045.24 (B) mit Asparagin statt Asparaginsäure besitzt die gleiche Wirkg. wie das naturliche Octapeptid [*153*].

Charakteristik: *Gegenstromverteilung:* Im System 2-Bu.-0.01 m Na_2CO_3·$NaHCO_3$-Puffer pH 10.5 *K* 0.21—0.24, im System 2-Bu.-Me.0,5% NaCl-Lsg. 19 : 1 : 2 (pH der wssr. Phase mit NH_4OH auf 9.6 gebracht) *K* 0.40, im System 1-Bu.-Propanol-0.1 n HCl 1 : 1 : 2 *K* 0.73. — *Papierchromatographie:* Im System 1-Bu.-Essigsaure-W. 4 : 1 : 5 R_F 0.25, im System Butanon-Py.-W. 4 : 1 : 1.6 R_F 0.44. — Vergleich der synthetischen Octapeptide A und B [*154*]:

	$[\alpha]_D$ (W.)	K	R_F		
		(1)	(2)	(3)	(4)
A	−67°	0.27	0.41	0.74	0.65
B	−59° [1]	0.71	0.25	0.69	0.67

(1) Im System 1-Bu.-0.4 m Ammoniumacetat p_H 7.5
(2) Im System 1-Bu.-A.-W. 2 : 2 : 1
(3) Im System 2-Bu.-Isopropanol-Triäthylamin-Veronal-W. 100 ml : 10 ml : 0,2 ml : 1,8 g : 60 ml, p_H 8.5
(4) Im System 2-Bu.-Isopropanol-Monochloressigsäure-W. 70 ml : 10 ml : 3 g : 40 ml

Biol. Wi.: A: 13700 Goldblatt-Einheiten/mg N. A und B zeigen an der nierenlosen Ratte eine 10—20mal stärkere Wirkg. als Noradrenalin.

Valyl⁵-Angiotensin I (A)
MG 1282.51 $C_{61}H_{87}O_{14}N_{17}$

H·Asp·Arg·Val·Tyr·Val·His·Pro·Phe·His·Leu·OH (1 2 3 4 5 6 7 8 9 10)

Darstellung: Aus Rinderserum durch Einwirkung von Kaninchenrenin [*155*].

Synthese: A sowie das Asparaginyl¹-Dekapeptid (B): [*156*].

Charakteristik:

	$[\alpha]_D$ (W.)	*IP*	K	R_F		
			(1)	(2)	(3)	(4)
A	−68°	7.4	0.8	0.26	0.28	0.54
B	−68°	7.9	2.5	0.34	0.40	0.62

(1) Im System 1-Bu.-0.4 m Ammoniumacetat p_H 7.0
(2) Im System 2-Bu.-3% NH_3 100 : 44
(3) Im System tert.-Amylalkohol-Triäthylamin-Diäthylbarbitursaure-W.-Isopropanol 100 ml : 0.8 ml : 1.8 g : 50 ml : 40 ml
(4) Im System 2-Bu.-Isopropanol-W.-1/15-m-Phosphatpuffer (p_H 8) 35 : 35 : 25 : 10

Biol. Wi.: A und B sind an der nierenlosen Ratte ungefähr gleich stark und je etwa 10—20mal stärker wirksam als Noradrenalin.

Valyl⁵-Angiotensin II (A)
MG 1032.19 $C_{49}H_{69}O_{12}N_{13}$

H·Asp·Arg·Val·Tyr·Val·His·Pro·Phe·OH (1 2 3 4 5 6 7 8)

Darstellung: A entsteht vermutlich beim Abbau von Valyl⁵-Angiotensin I mit Umwandlungsenzym, ist aber bisher nicht isoliert worden.

Synthese: A und das entsprechende Asp-β-amid $C_{49}H_{70}O_{11}N_{14}$, *MG* 1031.21 (B): [*157*].

Charakteristik:

	$[\alpha]_D$ (W.)	*IP*	K	R_F		
			(1)	(2)	(3)	(4)
A	−54°	7.0	0.13	0.21	0.18	0.39
B	−58°	7.5	0.35	0.26	0.26	0.53

(1) Im System 1-Bu.-0.4 m Ammoniumacetat p_H 7.0
(2) Im System 2-Bu.-3% NH_3 100 : 44
(3) Im System tert.-Amylalkohol-Triäthylamin-Diäthylbarbitursaure-W.-Isopropanol 100 ml : 0,8 ml : 1,8 g : 50 ml : 40 ml
(4) Im System 2-Bu.-Isopropanol-W.-1/15 m Phosphatpuffer (p_H 8) 35 : 35 : 25 : 10

[1] Der von [*153*] angegebene Wert von −44° beruht auf einer weniger genauen Messung.

Polypeptid-Renin-Substrat

MG 1759 *F* ca. 220 (Z.) $C_{85}H_{123}O_{20}N_{21}$

1 2 3 4 5 6 7 8 9 10 11 12 13 14
H·Asp·Arg·Val·Tyr·Ileu·His·Pro·Phe·His·Leu·Leu·Val·Tyr·Ser·OH

Darstellung: Aus Trypsin-Hydrolysaten von Angiotensinogen aus Pferdeplasma [*158*].

Synthese: [*159*].

Charakteristik: $[\alpha]_D$ −58° (0.04 n HCl). — *Gegenstromverteilung:* Im System 2-Bu.-0.01 m $Na_2CO_3 \cdot NaHCO_3$-Puffer p_H 10.5 *K* 1.0, im System 2-Bu.-0.01 n HCl, enth. 2% NaCl *K* 2.76. — *Papierchromatographie:* Im System 1-Bu.-Essigsäure-W. 4 : 1 : 5 R_F 0.50. — *Biol. Wi.:* Ist Substrat von Renin und wird von diesem in Isoleucyl⁵-Angiotensin I und das Tetrapeptid H·Leu·Val·Tyr·Ser·OH gespalten. Es besitzt selbst keine direkte blutdrucksteigernde Wirkg.; diese tritt erst nach Inkubation mit Renin durch die Bildung von Angiotensin I auf, welches dann durch das Umwandlungsenzym zu Angiotensin II abgebaut wird.

Biologische Wirkung von Peptiden, bei denen die Aminosäurekette der natürlich vorkommenden Angiotensine verändert ist: [*146, 160, 161, 162*].

Die Zahlen geben die blutdrucksteigernde Wirkung in der nierenlosen Ratte an, verglichen mit derjenigen von synthetischem Val^5-Angiotensin II (Wirkung = 1. entspricht etwa der 20fachen Wirkung des Noradrenalins).

Veränderungen in den Peptidketten sind kursiv gesetzt.

Dekapeptid	
H·Asp·Arg·Val· yr·Val·His·Pro·Phe·*Pro*·*Phe*·OH	0.002
Nonapeptid	
H·Asp·Arg·Val·Tyr·*Tyr*·Val·His·Pro·Phe·OH	0.01
Octapeptide	
H·*Gly*·Arg·Val·Tyr·Val·His·Pro·Phe·OH	0.5
H·Asp(NH_2)·Arg·*Leu*·Tyr·Ileu·His·Pro·Phe·OH	1.0
H·Asp(NH_2)·Arg·Val·Tyr·*Leu*·His·Pro·Phe·OH	0.25
H·Asp(NH_2)·*Lys*·Val·Tyr·*Leu*·His·Pro·Phe·OH	< 0.01
H·Asp·*Orn*·Val·Tyr·Val·His·Pro·Phe·OH	0.2
H·*β-Asp*·Arg·Val·Tyr·Val·His·Pro·Phe·OH [*163*]	1.5
Heptapeptide	
H·Arg·Val·Tyr·Val·His·Pro·Phe·OH	0.5
H·Arg·Val·Tyr·Ileu·His·Pro·D-*Phe*·OH	0.002[1]
H·Asp·Arg·Val·Tyr·Val·His·Pro·OH[2]	0.0005
Hexapeptid	
H·Val·Tyr·Val·His·Pro·Phe·OH	0.01

β) Peptide mit verschiedenen Wirkungen

1 c/2 Bradykinine

Übersichtsliteratur: [*165, 166*]

Sie entstehen bei Einwirkung proteolytischer Fermente (Trypsin, Schlangengift) auf Plasmaproteine [*167*]. Die dabei gebildeten Bradykinine sind wahrscheinlich identisch [*168*].

Trypsin-Bradykinin (Bradykinin T)

MG 1060.2 $C_{50}H_{73}O_{11}N_{15}$

H·Arg·Pro·Pro·Gly·Phe·Ser·Pro·Phe·Arg·OH

Darstellung: Durch Einwirkung von Trypsin auf Rinderblut [*169*]. — *Strukturaufklärung* [*170, 171*]. — *Synthese:* [*172*].

Charakteristik: Papierelektrophorese: Im Hochspannungsfeld wandert Bradykinin bei p_H 1.9 1.1mal rascher als Glutaminsaure und bei p_H 5.8 0.8mal rascher als Histidin. — *Papierchromatographie:* Im System Butanon-Py.-W. 13 : 3 : 4 R_F 0.16, im System Isoamylalkohol-Py.-W-7 : 7 : 5 R_F 0.30, im System 1-Bu.-Eg.-W. 7 : 1 : 2 R_F 0.26 (auf dem Papier mit Ninhydrin-, Sakaguchi- und Bromphenolblaureagens nachweisbar). — *Biol. Wi.:* Kontraktion von Rattenuterus (empfindlichster Test), Meerschweinchenileum, Rattendickdarm, Kaninchenduodenum; Relaxation von Rattenduodenum; Blutdrucksenkung bei Katze ($2-4 \cdot 10^{-7}$ g/kg Körp.-Gew.), Ratte, Meerschweinchen, Hund, Kaninchen (beim Huhn erst in sehr viel höherer Dosis); Steigerung der Hautpermeabilität (Meerschweinchen: in Dosen von 10^{-8} g/0.1 ml nachweisbar); Bronchokonstriktion in vivo bei Katze und Meerschweinchen.

---

[1] Die geringe Wirkung dieses Heptapeptides könnte auf Anwesenheit einer Spur von L-Phenylalanin beruhen.

[2] Das entsprechende Isoleucyl^5-Heptapeptid, dargestellt durch Carboxypeptidase-Abbau von Isoleucyl^5-Angiotensin II, ist praktisch unwirksam [*164*].

Schlangengift-Bradykinin (Bradykinin B)

Besteht aus den gleichen Aminosäuren wie Bradykinin T und besitzt die gleichen Endgruppen [*173*].

Darstellung: Durch Einwirkung von Schlangengift (Bothrops jararaca) auf Rinderplasma.

Charakteristik: Papierelektrophorese (p_H 1.9, 45 V/cm, 70 Min.): 14 cm (zum Vergleich: Arg 19 cm, Gly 16 cm, Ala 14 cm, Ileu 11 cm); (p_H 6.5, 23 V/cm, 90 Min.): 6,5 cm (zum Vergleich: neutrale Aminosäuren 2,5 cm). — *Papierchromatographie:* Im System 1-Bu.-Eg.-W. 4 : 1 : 5 R_F 0.35 (zum Vergleich: Pro 0.26, Phe 0.51). — *Biol. Wi.:* Gleiche Wirkg. wie Bradykinin T [*174*].

1 c/3 **Synthetisches Peptid mit Bradykinin-Wirkung**

MG 963.0 $C_{45}H_{66}O_{10}N_{14}$

H·Arg·Pro·Gly·Phe·Ser·Pro·Phe Arg·OH

Synthese: [*171*].

Biol. Wi.: Besitzt schwache Bradykinin-Wirkg.: minimale Wirkdosis am is. Meerschweinchendarm: 0,1 μg/ml (Bradykinin: 0,001 μg/ml).

1 c/4 **Substanz P** (Niedermolekulares Peptid unbekannter Struktur)

Darstellung: Aus Darm oder Gehirn [*175, 176, 177*].

Charakteristik: Papierelektrophorese (p_H 4, 220 V, 4 mA, 10 Std.): ca. 5 cm (zum Vergleich: Bradykinin ca. 8—9 cm). — *Gegenstromverteilung:* Im System 1-Bu.-Eg.-W. 4 : 1 : 5 *K* 0.35 (zum Vergleich: Bradykinin 0.28). — *Papierchromatographie:* Im System 1-Bu.-Eg.-W. 4 : 1 : 5 R_F 0.38 (zum Vergleich: Bradykinin 0.52). — *Dünnschichtchromatographie* (auf Silicagelplatten): Im System 1-Bu.-Py.-Eg.-W. 30 : 20 : 6 : 24 R_F 0.5. — Im Hydrolysat wurden gefunden: Lysin, Arginin, Asparaginsäure, Threonin, Serin, Glutaminsäure, Prolin, Glycin, Alanin, Valin, Isoleucin, Leucin und Phenylalanin [*177*]. — *Biol. Wi.:* In chemischen und pharmakologischen Eigenschaften ist Substanz P sehr ähnlich dem Bradykinin, aber doch von diesem unterscheidbar [*178*]. Stimuliert bei Säugetieren alle glatte Muskulatur, außer Gallenblase. Am empfindlichsten und zur Testierung geeignetsten ist die Wirkung auf das isolierte Meerschweinchenileum (nachweisbare Dosis: ca. 0,05 γ/ml); Einheiten: 1 Einheit entspricht der Wirkung von 7—10 Schwellendosen am isolierten Meerschweinchenileum [*178*].

1 c/5 **Kallidin**

Übersichtsliteratur: [*179*].

Blutdrucksenkendes, die glatte Muskulatur erregendes Polypeptid; entsteht bei Einwirkung des Enzyms Kallikrein (aus Speicheldrüse, Pancreas, Niere, Urin usw.) auf Blutserum [*180*]. Reines Kallidin (Kallidin II) wurde neben Bradykinin (Kallidin I) aus mit Speicheldrüsen-Kallikrein inkubiertem Rinderplasma [*181*] und aus mit Harnkallikrein (Mensch) inkubiertem Blutplasma (Mensch) [*182*] isoliert.

Kallidin (Kallidin II)

MG 1188.4 $C_{56}H_{85}O_{12}N_{17}$

H·Lys·Arg·Pro·Pro·Gly·Phe·Ser·Pro·Phe·Arg·OH

Strukturaufklärung: [*181, 182*]. — *Synthesen:* [*183, 184*].

Charakteristik: Gegenstromverteilung: Im System 2-Bu.-Trifluoressigsäure-W. 120 : 1 : 160 *K* 0.73 (Bradykinin: 0.91). — *Papierelektrophorese:* Laufstrecke 0.77 × Histidin, 1.18 × Bradykinin (p_H 1.9), 0.93 × Histidin, 1.22 × Bradykinin (p_H 5.8). — *Papierchromatographie:* Im System 1-Bu.-Eg.-W. 7 : 1 : 2 R_F 0.15 (Bradykinin: 0.28). — *Biol. Wi.:* K. zeigt qualitativ gleiche, quantitativ etwas verschiedene Wirkung wie Bradykinin. K. besitzt am isolierten Meerschweinchenileum ca. 30%, am isolierten Rattenuterus ca. 60%, am Blutdruck der Katze ca. 60% und am Blutdruck des Kaninchens ca. 190% der Aktivität des Bradykinins [*184*].

Eledoisin

Peptid aus Speicheldrüsen von Mittelmeertintenfischen, Eledone moschata und Aldrovandi; stimuliert glatte Muskulatur und wirkt stark blutdrucksenkend [*185*].

MG 1188.4 $C_{54}H_{85}O_{15}N_{13}S$

PyGlu·Pro·Ser·Lys·Asp·Ala·Phe·Ileu·Gly·Leu·Met·NH_2

Isolierung, Strukturaufklärung: [*186*]. — *Synthese:* [*187*].

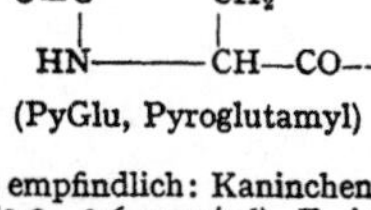

(PyGlu, Pyroglutamyl)

Charakteristik: F 230 (Z.). — $[\alpha]_D^{23}$ —44° (95% Eg.). — *Papierchromatographie:* Im System 1-Bu.-Eg.-W. 5 : 1 : 4 R_F 0.6. — *Biol. Wi.:* Stark hypotensiv, Schwellendosis 0.5—2 mμg/kg (Hund, i. v.); 10—20 μg E. heben Wirkung von 1 mg Noradrenalin oder 30—200 μg Hypertensin auf. E. bewirkt in vielen verschiedenen Versuchsanordnungen Stimulierung der glatten Muskulatur. Besonders empfindlich: Kaninchendickdarm (Schwellendosis: 0.3—0.6 mμg/ml), Meerschweinchenileum (0.3—0.6 mμg/ml). E. ist in seiner Wirkung ähnlich Substanz P.

2. Peptide mit Strepogeninwirkung

Strepogenine sind Wuchsstoffe für Lactobacillen und höhere Tiere (Maus). Man gewinnt sie aus Hydrolysaten von Proteinen und Insulin. Testierung mit Lactobacillus casei [*188*]. Eine Strepogenin-Einheit ist die Wuchsförderung von Lactobacillus casei, hervorgerufen durch 1 mg eines standardisierten Leberextraktes. — Auch andere natürliche Peptide sind strepogenin-aktiv, so besitzen z. B. Oxytocin 300 E/mg und Arginin-Vasopressin 150 E/mg.

2/1 Strepogenine aus Insulinhydrolysaten

A. *MG* 583.64 $C_{25}H_{41}O_9N_7$

H·Ser·His·Leu·Val·Glu(OH)·OH

B. *MG* 767.87 $C_{34}H_{57}O_{11}N_9$

H·Ser·His·Leu·Val·Glu(OH)·Ala·Leu·OH

Darstellung: Aus mit HCl partiell hydrolysiertem Insulin [*189*].

Synthesen: von A [*190, 191*].

Charakteristik: A : *F* 206—07 (Monohydrat aus W.-A.). — $[\alpha]_D^{25}$ — 56° (W.). — *Gegenstromverteilung:* Im System 2-Bu.-0.1 n HCl *K* 0.167, im System 2-Bu.-0.1% Essigsäure *K* 0.062. — *Papierelektrophorese* (0.1 m Ammoniumformiat p_H 4.0, 10 V/cm, 4°C, Whatman-Papier Nr. 1): Laufstrecke 25.4 cm.

Papierchromatographie:

	R_F	
	(1)	(2)
A	0.37	0.22
B	0.52	0.39

(1) n-Propanol-W. 3 : 1
(2) 2-Bu.-88% Ameisensäure-W. 15 : 3 : 2

Biol. Wi.: Strepogeninaktivitat A 86 E/mg, B 98 E/mg.

Strepogeninwirksames Hexapeptid-disulfid

MG 1349.57 $C_{54}H_{96}O_{18}N_{18}S_2$

$$\left[\begin{array}{l}\text{H·Leu·Val·Cys·Gly·Glu(OH)·Arg·OH}\\ \qquad\qquad\quad |\\ \qquad\qquad\quad \text{S—}\end{array}\right]_2$$

Darstellung: Durch Einwirkung von Pepsin und anschließend Trypsin auf Insulin [*192*].

Synthese: [*193*].

Charakteristik: $[\alpha]_D^{28}$ — 22° (W., als Diacetat-dihydrat). — *Papierelektrophorese* (Py.-Acetatpuffer p_H 5.0, 7 V/cm, 3 Std. Raumtemp.): Laufstrecke 2 cm gegen Anode. — *Papierchromatographie:* Im System 1-Bu.-W.-A. 2 : 2 : 1 R_F 0.4. — *Biol. Wi.:* Strepogeninaktivitat 200 E/mg.

Strepogenine aus Caseinhydrolysaten

A. *MG* 1201.4 $C_{57}H_{96}O_{14}N_{14}$

H·Val·Glu(NH$_2$)·Val·Leu·Pro·Pro·Pro·Val·Pro·Glu(NH$_2$)·Lys·OH

B. *MG* 1322.5 $C_{61}H_{95}O_{16}N_{17}$

H·Ala·Glu(NH$_2$)·Pro·Val·Pro·Tyr·Ala·Pro·Pro·Val·Glu(NH$_2$)·Arg·OH

Darstellung: Aus Trypsinhydrolysat von Casein [*194*].

Charakteristik: Papierchromatographie:

	Relative Laufstrecke in cm	
	(1)	(2)
A	ca. 33	ca. 33
B	ca. 28	ca. 29

(1) 2-Bu.-Eg.-W. 67 : 16 : 25
(2) 1-Bu.-Py.-Eg.-W. 30 : 20 : 6 : 24

Biol. Wi.: Strepogeninaktivität A 80 E/mg, B 80 E/mg.

Strepogenin aus Ribonucleasehydrolysat

MG 583.64 $C_{25}H_{41}O_9N_7$

H·Val·His·Glu(OH)·Ser·Leu·OH

Darstellung: [*195*].

Charakteristik: Biol. Wi.: Strepogeninaktivität 200 E/mg [*196*].

Tabelle 3. **Synthetische Peptide mit Strepogenin-Aktivität** [*196*]

Sequenz	Bruttoformel	*MG*	Verhalten bei Papier-elektrophorese[1] U_{His}	Strepogenin-aktivitat E/mg
H·Ser·His·Leu·Val·Phe·OH	$C_{29}H_{43}O_7N_7$	601.69	0.44	165
[H·Cys(S—)·His·Leu·Val·Glu(OH)·OH]$_2$	$C_{50}H_{80}O_{16}N_{14}S_2$	1197.38	0.12	17
[H·Leu·Cys(S—)·Leu·Val·Glu(OH)·OH]$_2$	$C_{50}H_{88}O_{16}N_{10}S_2$	1149.40		400
H·Ser·Gly·Gly·Gly·Glu(OH)·OH	$C_{14}H_{23}O_9N_5$	405.36	−0.35	0
H·Ser·Leu·Val·Glu(OH)·OH	$C_{19}H_{34}O_8N_4$	446.49	−0.18	29

3. Toxine, Welkstoffe

Übersichtsliteratur uber die Giftstoffe des grünen Knollenblatterpilzes [*197, 198*].

3/1 Phalloidin

MG 788.85 *F* 280—82 (Z., bei raschem Erhitzen) $C_{35}H_{48}O_{11}N_8S$

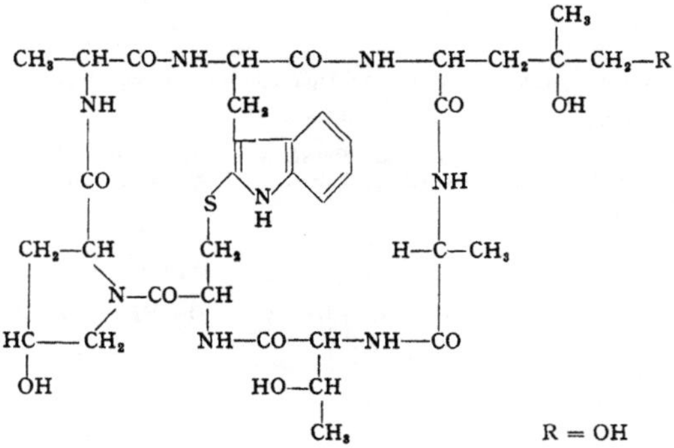

R = OH

Strukturaufklarung: [*199*].

Charakteristik: Nadeln (aus Me.). $-[\alpha]_D^{20}$ +55,7° (Me.) — *UV-Spektrum:* λ_{max} 292 mμ [*200*]. — Ll. in h. W., Me., A., Bu., Py., 0,5% in W. 0°. — Im Säurehydrolysat: L-Cystein, L-Alanin, L-allo-Hydroxyprolin, L-β-Hydroxy-indolylalanin (Hydroxy-tryptophan), D-Threonin und L-Erythro-γ,δ-dihydroxyleucin. — Reduziert ammoniakalische Silberlsg. nicht, mit Zimtaldehyd-HCl-Gas hellblaue Färbung (Nachweis auf Papierchromatogrammen). — Reinheitsprüfung: mit konz. H_2SO_4-Fe^{3+} bleibende Blaufärbung, bei Anwesenheit von α- oder β-Amanitin grün. — R_F-Werte und Toxizität s. Tab. 4. — *Vork.:* Hauptgift des grünen Knollenblätterpilzes (Amanita phalloides).

[1] 0.1 m Py.-Acetat, p_H 5.0; 17 V/cm; 2 Std. bei Raumtemp.; $U_{His} = \frac{\text{Laufstrecke des Peptids}}{\text{Laufstrecke von Histidin}}$, ein negativer Wert bedeutet, daß das Peptid bei p_H 5.0 eine negative Ladung besitzt.

3/2 **Phalloin**

MG 772.85 *F* 250–80 (Z.) $C_{35}H_{48}O_{10}N_8S$

Strukturformel s. Phalloidin, mit R = H

Charakteristik: Nadeln (aus W.), in Me. leichter lösl. als Phalloidin. – UV-Spektrum und Reaktionen ähnlich wie beim Phalloidin. – R_F-Werte und Toxizitat s. Tab. 4. – *Vork.:* In geringer Menge im grünen Knollenblätterpilz.

3/3 α-**Amanitin**

F 254–55 (Z.)

Hypothetische Strukturformel: [*197*]

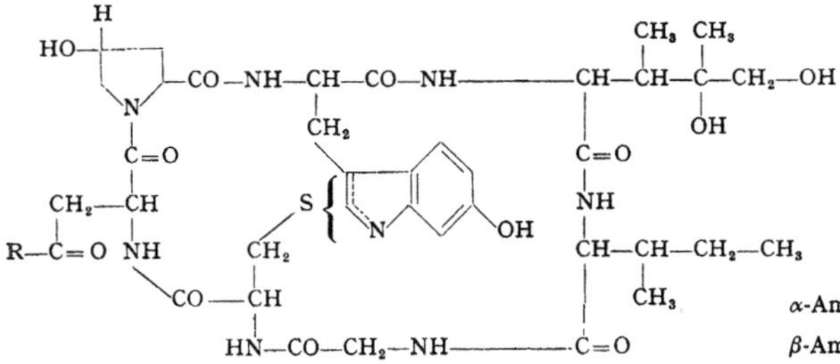

α-Amanitin R = NH_2

β-Amanitin R = OH

Charakteristik: Nadeln (aus Me.). – $[\alpha]_D^{20}$ +191° (Me.). – l. in Me., A., Propanol, Py. – *UV-Spektrum:* λ_{max} 302 mμ [*200*]. – R_F-Werte und Toxizität s. Tab. 4. – *Vork.:* Giftigste Komponente des grunen Knollenblatterpilzes. – *Weitere Eigenschaften:* α-Amanitin ist Amid des β-Amanitins (Beweis durch Partialsynthese aus β-Amanitin: [*201*]. – Gibt bei Hydrolyse Glycin, L-Asparaginsäure, Isoleucin, Cystein, Cysteinsäure, γ-Hydroxyprolin, ein reduzierendes Tryptophanderivat, β-Methyl-γ,δ-dihydroxyleucin und NH_3. Eigentlicher Baustein ist sehr wahrscheinlich Asparagin, nicht Asparaginsäure. – *Reaktionen:* Reduziert ammoniakalische Silberlsg. in der Kalte. Mit Zimtaldehyd-HCl-Gas violette Färbung. Gibt mit konz. H_2SO_4-Fe^{3+} olivgelbe Farbe (bei Anwesenheit von Phalloidin grun). Folinreaktion: stark blau.

3/4 β-**Amanitin**

Mit α-Amanitin strukturgleich, mit Ausnahme Asparaginsaure anstelle Asparagin.

Hypothetische Strukturformel s. α-Amanitin mit R = OH

Charakteristik: Gegenüber α-Amanitin saure Reaktion. – Reakt. und UV-Spektrum wie bei α-Amanitin. – R_F-Werte und Toxizitat s. Tab. 4. – *Vork.:* In geringer Menge im grünen Knollenblatterpilz.

$C_{37}H_{50}O_{13}N_8S$

3/5 **Phallacidin**

MG 846.92

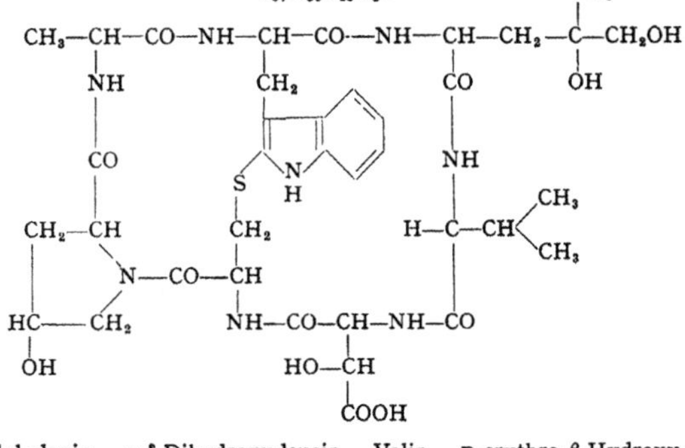

Strukturaufklarung: [*202*].

Charakteristik: ll. in W., Me.; wl. in A. – *UV-Spektrum:* wie bei Phalloidin. – *Papierchromatographie:* im System Butanon-Ac.-W. 30:3:7.5 R_F 0.15. – Im Hydrolysat wurden gefunden: Alanin, Cystein, allo-Hydroxy-prolin, β-Oxindolyl-alanin, γ,δ-Dihydroxy-leucin, Valin, D-erythro-β-Hydroxy-asparaginsaure. – *Isolierung:* aus Mutterlaugen von Phalloidin und β-Amanitin. – *Toxizität:* s. Tab. 4.

Tabelle 4. **Vergleich der Toxine aus Amanita phalloides** [*201, 203*]

	Papierchromatographisches Verhalten			Toxizität (1)
	R_a (2)	R_F (3)		LD_{50} (γ/kg)
			auf Borat-Papier (4)	
α-Amanitin	1.00	0.41	0.17	38.5
β-Amanitin	0.37	0.21	0.05	97
Phalloidin	1.32	0.5	0.17	1850
Phalloin	1.70			1350
Phallacidin				2500

(1) an der weißen Maus nach subcutaner Injektion
(2) Laufstrecke verglichen mit derjenigen von α-Amanitin (= 1.00) (System: Butanon-Ac.-W. 30 : 3 : 5)
(3) System: Oberphase aus Butanon-Ac.-W. = 10 : 1 : 4
(4) Papier getränkt mit 0.05 m Boraxlösung, dann getrocknet.

3/6 **Lycomarasmin**

Welkstoff für Tomatenflanzen; ist entgegen fruheren Annahmen kein peptidartiger Stoff [*204*].

3/7 **Viscotoxin**

Toxin der Mistel (Viscum album). Sehr wahrscheinlich eiweißartiger Stoff [*205*].

4. Peptide mit anderer oder unbekannter Wirkung

4/1 **Carnosin (β-Alanyl-L-histidin)**
MG 226.2 *F* ~260 (Z.)

$C_9H_{14}O_3N_4$

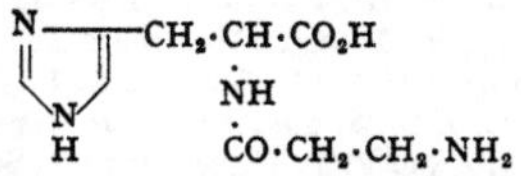

Charakteristik: $[\alpha]_D^{25}$ +20.2° (in W.). — 1 g/3.1 ml W. 25°. — wssr. Lsg. reagiert stark alkalisch Ninhydrinreakt. +, Paulyreakt. +. — *Chloroplatinat:* *F* 221—24 (Z.). — *Nitrat:* *F* 222 (Z.). — *Cu-Salz:* schw. l. in W. — *Vork.:* In allen gestreiften Säugetiermuskeln.

4/2 **Anserin (1-Methyl-N^α-(β-alanyl)-L-histidin)**
MG 240.3 *F* 238—39 (Z.)

$C_{10}H_{16}O_3N_4$

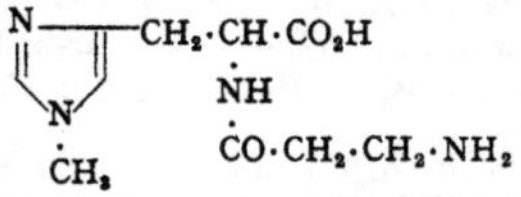

Charakteristik: Feine weiße Nadeln; $[\alpha]_D^{30}$ +12.25° (~5% in W.); ll. in W., wl. in abs. A. — Ninhydrinreakt. +, Paulyreakt. —. — *Nitrat:* *F* 216—18 (Z.). — *Chloroplatinat:* *F* 215—20 (Z.). — *Pikrat:* *F* 205—208 (Z.). — *Cu-Salz:* schw. l. in W. — *V.:* In Gansefleisch.

4/3 **Ophidin (2-Methyl-N^α(β-alanyl)-L-histidin)**
MG 240.3 *F* 249 (Z.)

$C_{10}H_{16}O_3N_4$

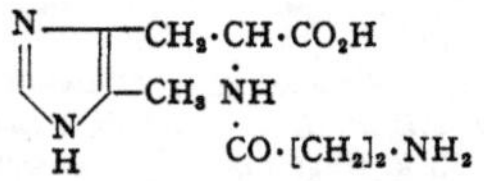

Synthese: [*207*].

Charakteristik: Isomeres von Anserin [*206*]. — *Papierchromatographie:* Im System W.-Propionsäure-Butanon 6 : 5 : 15 R_F 0.18, im System Eg.-1-Bu.-W. 1 : 4 : 5 R_F 0.14, im System Phenol-W. 5 : 1 R_F 0.62. — *Pikrat:* *F* 155 (Z.). — *Picronolat:* *F* 232 (Z.). — *Vork.:* In Schlangenmuskel.

4/4 **Glutathion (γ-L-Glutamyl-L-cysteinyl-glycin)**
MG 307.2

$C_{10}H_{17}O_6N_3S$

$HO_2C\cdot CH(NH_2)\cdot CH_2\cdot CH_2\cdot CO\cdot NH\cdot CH(CH_2\cdot SH)\cdot CO\cdot NH\cdot CH_2\cdot CO_2H$

Synthesen: [*208, 209*].

Charakteristik: „Reduziertes" Glutathion: GSH, „oxydiertes" Glutathion: GSSG (doppeltes MG-2 H). — GSH: $[\alpha]_D^{27}$ —21.3° (~2% in W.), GSSG: $[\alpha]_{546.1}$ —108° (~2% in W.). — *Redoxpotential:* —0.13 V bei p_H 7. — *Dissoziationskonstanten:* $p_{K'_1}$ (CO_2H) 2.12; $p_{K'_2}$ (CO_2H) 3.53;

pK'_3 (NH_3) 8.66; pK'_4 (SH) 9.12. — *IP* 2.83. — *Papierchromatographie:* Im System Phenol, mit W. gesättigt: GSH R_F 0.50, GSSG R_F 0.22. — Nachweis mit Nitroprussid-Reaktion. — *Cu-Salz:* $[\alpha]_{546.1}^{16.5}$ +45.8° (~1.5% in 4 n HCl).

4/5 **Ophthalminsäure (γ-L-Glutamyl-L-α-aminobutyryl-glycin)**

MG 289.3 *F* 179—80 (Hemihydrat) $C_{11}H_{19}O_6N_3$

$$\begin{array}{l} H_2N\cdot \underset{\displaystyle CO_2H}{CH}\cdot CH_2\cdot CH_2\cdot CO\cdot NH\cdot \underset{\displaystyle CH_2\cdot CH_3}{CH}\cdot CO\cdot NH\cdot CH_2\cdot CO_2H \end{array}$$

Synthese: [*210*].

Charakteristik: $[\alpha]_D^{20}$ —29° (W.); ll. in W.; wl. in organ. Lsgm. — *Gegenstromverteilung:* Im System Phenol-W. *K* 0.4. — *Papierchromatographie:* Im System 1-Bu.-Eg.-W. 40:9:20 R_F 0.32. — Bildet schwer lösl. Cu-Komplex. — *Vork.:* In Augenlinsen von Kälbern.

Literatur

[*1*] *Bricas, E.*, u. *C. Fromageot:* Adv. Protein chemistry **8**, 1 (1953).
[*2*] *Brand, E.*, u. *J. T. Edsall:* Ann. Rev. Biochem. **16**, 224 (1947).
[*3*] *Schwyzer, R., B. Iselin, H. Kappeler, B. Riniker, W. Rittel*-u. *H. Zuber:* Chimia **11**, 335 (1957).
[*4*] *du Vigneaud, V.:* Science, N. Y., **123**, 967 (1956).
[*5*] „Polypeptides, which stimulate Plain Muscle" Hrsg. v. *Gaddum, J. H.*, Edinburgh 1955.
[*6*] *Schachter, M.:* „Polypeptides which affect Smooth Muscles and Blood Vessels", Oxford 1960.
[*7*] *Sawyer, W. H.:* Pharmacol. Revs. **13**, 225 (1961).
[*8*] *Tuppy, H.:* Biochim. biophysica Acta, **11**, 449 (1953).
[*9*] *du Vigneaud, V., C. Ressler* u. *S. Trippett:* J. biol. Chem. **205**, 949 (1953).
[*10*] *Pierce, J. G., S. Gordon* u. *V. du Vigneaud:* J. biol. Chem. **199**, 929 (1952).
[*11*] *Light, A.*, u. *V. du Vigneaud:* Proc. Soc. Exper. Biol. Med. **98**, 692 (1958).
[*12*] *Acher, R., J. Chauvet* u. *M.-Th. Lenci:* Biochim. biophysica Acta, **31**, 545 (1959).
[*13*] *Acher, R., J. Chauvet* u. *M.-Th. Lenci:* Cr. **248**, 1435 (1959).
[*14*] *du Vigneaud, V., C. Ressler, J. M. Swan, C. W. Roberts* u. *P. G. Katsoyannis:* J. Amer. chem. Soc. **76**, 3115 (1954).
[*15*] *Bodanszky, M.*, u. *V. du Vigneaud:* J. Amer. chem. Soc. **81**, 2504 (1959).
[*16*] *Acher, A., A. Light* u. *V. du Vigneaud:* J. biol. Chem. **233**, 116 (1958).
[*17*] *du Vigneaud, V., D. T. Gish, P. G. Katsoyannis* u. *G. P. Hess:* J. Amer. chem. Soc. **80**, 3355 (1958).
[*18*] *Studer, R. O.*, u. *V. du Vigneaud:* J. Amer. chem. Soc. **82**, 1499 (1960).
[*19*] *Studer, R. O.:* Helv. chim. Acta **46**, 421 (1963).
[*20*] *du Vigneaud, V., M. F. Bartlett* u. *A. Jöhl:* J. Amer. chem. Soc. **79**, 5572 (1957).
[*21*] *Pickering, B. T.*, u. *H. Heller:* Nature **184**, 1463 (1959).
[*22*] *Sawyer, W. H., R. A. Munsick* u. *H. B. van Dyke:* Nature **184**, 1464 (1959).
[*23*] *Acher, R., J. Chauvet, M.-Th. Lenci, F. Morel* u. *J. Maetz:* Biochim. biophys. Acta **42**, 189 (1960).
[*24*] *Acher, R., J. Chauvet, M. T. Chauvet* u. *D. Crepy:* Biochim. biophysica Acta **51**, 419 (1961).
[*25*] *Katsoyannis, P. G.*, u. *V. du Vigneaud:* J. biol. Chem. **233**, 1352 (1958).
[*26*] *Berde, B., R. Huguenin* u. *E. Stürmer:* Experientia **18**, 444 (1962).
[*27*] *Acher, R., J. Chauvet, M. T. Chauvet* u. *D. Crepy:* Biochim. biophysica Acta **58**, 624 (1962).
[*28*] *Guttmann, St., B. Berde* u. *E. Stürmer:* Experientia **18**, 445 (1962).
[*29*] *Boissonnas, R. A., St. Guttmann, B. Berde* u. *H. Konzett:* Experientia **17**, 377 (1961).
[*30*] *Rudinger, J., J. Honzl* u. *M. Zaoral:* Coll. Czech. Chem. Comm. **21**, 770 (1956).
[*31*] *du Vigneaud, V., P. S. Fitt, M. Bodanszky* u. *M. O'Connell:* Proc. Soc. Exper. Biol. Med **104**, 653 (1960).
[*32*] *Law, H. D.*, u. *V. du Vigneaud:* J. Amer. chem. Soc. **82**, 4579 (1960).
[*33*] *du Vigneaud, V., G. Winestock, V. V. S. Murti, D. B. Hope* u. *R. D. Kimbrough:* J. biol. Chem. **235**, PC 64 (1960).
[*34*] *Boissonnas, R. A.*, u. *St. Guttmann:* Helv. chim. Acta **43**, 190, 200 (1960).
[*35*] *Beyermann, H. C., J. S. Bontekoe* u. *A. C. Koch:* Rec. Trav. Chim. Pays-Bas **79**, 1034, 1039 (1960).
[*36*] *Beyermann, H. C.*, u. *J. S. Bontekoe:* Rec. Trav. Chim. Pays-Bas **79**, 1044, 1050, 1165 (1960).
[*37*] *Hope, D. B.* u. *V. du Vigneaud:* J. biol. Chem. **237**, 3146 (1962).

[38] *Ressler, C.:* Proc. Soc. Exper. Biol. Med. **92**, 725 (1956).
[39] *Boissonnas, R. A., St. Guttmann, P. A. Jaquenoud* u. *J. P. Waller:* Helv. chim. Acta **39**, 1421 (1956).
[40] *Katsoyannis, P. G.:* J. Amer. chem. Soc. **79**, 109 (1957).
[41] *Boissonnas, R. A.,* u. *R. L. Huguenin:* Helv. chim. Acta **43**, 182 (1960).
[42] *Kimbrough, R. D.,* u. *V. du Vigneaud:* J. biol. Chem. **236**, 778 (1961).
[43] *Bodanszky, M.,* u. *V. du Vigneaud:* J. Amer. chem. Soc. **81**, 1258 (1959).
[44] *Jaquenoud, P. A.,* u. *R. A. Boissonnas:* Helv. chim. Acta **42**, 788 (1959).
[45] *Berde, B.,* u. *H. Konzett:* Med. Experimentalis **2**, 317 (1960).
[46] *Boissonnas, R. A.,* u. *P. A. Jaquenoud:* Helv. chim. Acta **44**, 113 (1961).
[47] *Katsoyannis, P. G.,* u. *V. du Vigneaud:* Arch. Biochem. Biophys. **78**, 555 (1958).
[48] *Ressler, C.,* u. *V. du Vigneaud:* J. Amer. chem. Soc. **79**, 4511 (1957).
[49] *Li, C. H.:* Adv. Protein Chemistry **12**, 269 (1957).
[50] *Shizume, K., A. B. Lerner* u. *T. B. Fitzpatrick:* Endocrinology **54**, 553 (1954).
[51] *Hogben, L. T.,* u. *D. Slome:* Proc. Roy. Soc. **B 108**, 10 (1931).
[52] *Lerner, A. B.,* u. *T. H. Lee:* J. Amer. chem. Soc. **77**, 1066 (1955).
[53] *Geschwind, I. I.:* Columbia University Conference on Comparative Endocrinology, New York 1958, S. 421.
[54] *Dixon, J. S.,* u. *C. H. Li:* J. Amer. chem. Soc. **82**, 4568 (1960).
[55] *Lee, T. H., A. B. Lerner* u. *V. Buettner-Janusch:* J. biol. Chem. **236**, 1390 (1961).
[56] *Harris, J. I.,* u. *A. B. Lerner:* Nature **179**, 1346 (1957).
[57] *Guttmann, St.,* u. *R. A. Boissonnas:* Helv. chim. Acta **42**, 1257 (1959).
[58] *Schwyzer, R., A. Costopanagiotis* u. *P. Sieber:* Chimia **16**, 295 (1962).
[59] *Flückiger, E. W.:* 1. Internat. Kongr. f. Endokrinologie, Kopenhagen 1960, Abstr. Periodica Copenhagen 1960, S. 333.
[60] *Hofmann, K., H. Yajima* u. *E. T. Schwartz:* J. Amer. chem. Soc. **82**, 3732 (1960).
[61] *Lo, T.-B., J. S. Dixon* u. *C. H. Li:* Biochim. et Biophys. Acta **53**, 584 (1961).
[62] *Hofmann, K., T. A. Thompson, H. Yajima, E. T. Schwartz* u. *H. Inouye:* J. Amer. chem. Soc. **82**, 3715 (1960).
[63] *Hofmann, K., T. A. Thompson, M. E. Woolner, G. Spühler, H. Yajima, D. Cipera* u. *E. T. Schwartz:* J. Amer. chem. Soc. **82**, 3721 (1960).
[64] *Kappeler, H.,* u. *R. Schwyzer:* Experientia **16**, 415 (1960).
[65] *Li, C. H., E. Schnabel, D. Chung* u. *T.-B. Lo:* Nature **189**, 143 (1961).
[66] *Schwyzer, R.,* u. *C. H. Li:* Nature **182**, 1669 (1958).
[67] *Porath, J., P. Roos, F. W. Landgrebe* u. *G. M. Mitchell:* Biochim. biophys. Acta **17**, 598 (1955).
[68] *Geschwind, I. I., C. H. Li* u. *L. Barnafi:* J. Amer. chem. Soc. **78**, 4494 (1956); **79**, 620 (1957).
[69] *Lee, T. H.,* u. *A. B. Lerner:* J. biol. Chem. **221**, 943 (1956).
[70] *Harris, J. I.,* u. *P. Roos:* Nature **178**, 90 (1956).
[71] *Li, C. H.:* Lab. Investigation **8**, 574 (1959).
[72] *Geschwind, I. I., C. H. Li* u. *L. Barnafi:* J. Amer. chem. Soc. **79**, 1003, 6394 (1957).
[73] *Dixon, J. S.:* zit. nach [55].
[74] *Schwyzer, R., B. Iselin, H. Kappeler, B. Riniker, W. Rittel* u. *H. Zuber:* Helv. chim. Acta **46**, 1975 (1963).
[75] *Dixon, H. B. F.:* Biochim. biophys. Acta **37**, 38 (1960).
[76] *Harris, J. I.:* Nature **184**, 167 (1959).
[77] *Li, C. H.:* Adv. Protein Chemistry **11**, 101 (1956).
[78] *Tuchmann-Duplessis, H.:* Hormones hypophysaires somatotrope et corticotrope, Paris 1956.
[79] *Shepherd, R. G., K. S. Howard, P. H. Bell, A. R. Cacciola, R. G. Child, M. C. Davis, J. P. English, B. M. Finn, J. H. Meisenhelder, A. W. Moyer* u. *J. van der Scheer:* J. Amer. chem. Soc. **78**, 5051 (1956).
[80] *Shepherd, R. G., S. D. Willson, K. S. Howard, P. H. Bell, D. S. Davies, S. B. Davis, E. A. Eigner* u. *N. E. Shakespeare:* J. Amer. chem. Soc. **78**, 5067 (1956).
[80a] *Schwyzer, R.,* u. *P. Sieber:* Nature **199**, 172 (1963).
[81] *Sayers, M. A., G. Sayers* u. *L. A. Woodbury:* Endocrinology **57**, 379 (1948).
[82] *White, W. F.:* J. Amer. chem. Soc. **75**, 503 (1953).
[83] *White, W. F.,* u. *W. A. Landmann:* J. Amer. chem. Soc. **77**, 1711 (1955).
[84] *Li, C. H., I. I. Geschwind, R. D. Cole, I. D. Raacke, J. I. Harris* u. *J. S. Dixon:* Nature **176**, 687 (1955).
[85] *Li, C. H., I. I. Geschwind, J. S. Dixon, A. L. Levy* u. *J. I. Harris:* J. biol. Chem. **213**, 171 (1955).
[86] *Li, C. H.,* u. *J. S. Dixon:* Science **124**, 934 (1956).
[87] *Li, C. H., J. S. Dixon* u. *D. Chung:* J. Amer. chem. Soc. **80**, 2587 (1958).
[88] *Lee, T. H., A. B. Lerner* u. *V. Buettner-Janusch:* J. Amer. chem. Soc. **81**, 6084 (1959).

[89] *Bell, P. H., K. S. Howard, R. G. Shepherd, B. M. Finn* u. *J. H. Meisenhelder:* J. Amer. chem. Soc. **78**, 5059 (1956).
[90] *Li, C. H.*: Recent Progr. Hormone Research **18**, 1 (1962).
[91] *Schwyzer, R., W. Rittel* u. *A. Costopanagiotis:* Helv. chim. Acta **45**, 2473 (1962).
[92] *Saffran, M.,* u. *A. V. Schally:* Endocrinology **56**, 523 (1955).
[93] *Li, C. H., D. Chung, J. Ramachandran* u. *B. Gorup:* J. Amer. chem. Soc. **84**, 2460 (1962).
[94] *Li, C. H., J. Meienhofer, E. Schnabel, D. Chung, T.-B. Lo* u. *J. Ramachandran:* J. Amer. chem. Soc. **82**, 5760 (1960).
[95] *Schwyzer, R., W. Rittel, H. Kappeler* u. *B. Iselin:* Angew. Chem. **72**, 915 (1960).
[96] *Hofmann, K., H. Yajima, T.-Y. Liu, N. Yanaihara, C. Yanaihara* u. *J. L. Humes:* J. Amer. chem. Soc. **84**, 4481 (1962).
[97] *Hofmann, K., H. Yajima, T.-Y. Liu* u. *N. Yanaihara:* J. Amer. chem. Soc. **84**, 4475 (1962).
[98] *Kappeler, H.,* u. *R. Schwyzer:* Helv. chim. Acta **44**, 1136 (1961).
[99] *Kappeler, H.,* u. *R. Schwyzer:* Helv. chim. Acta **46**, 1550 (1963).
[100] *Guillemin, R.,* u. *W. R. Hearn:* Proc. Soc. Exper. Biol. Med. **89**, 365 (1955).
[101] *Saffran, M., A. V. Schally* u. *G. B. Benfey:* Endocrinology **57**, 439 (1955).
[102] *Privat de Garilhe, M., C. Gros, J. Porath* u. *E. B. Lindner:* Experientia **16**, 414 (1960).
[103] *Guillemin, R., A. V. Schally, R. Andersen, H. Lipscomb* u. *J. Long:* C. r. hebd. Séances Acad. Sci. **250**, 4462 (1960); Nature **188**, 1192 (1960).
[104] *Royce, P. C.,* u. *G. Sayers:* Proc. Soc. Exper. Biol. Med. **103**, 447 (1960).
[105] *Privat de Garilhe, M., C. Gros, J. Chauvet* u. *C. Fromageot:* Biochim. biophys. Acta **29**, 603 (1958).
[106] *Guillemin, R., W. E. Dear, B. Nichols* u. *H. S. Lipscomb:* Proc. Soc. Exper. Biol. Med. **101**, 107 (1959).
[107] *Saffran, M.,* u. *A. V. Schally:* Canad. J. Biochem. Physiol. **33**, 408 (1955).
[108] *Guillemin, R., W. R. Hearn, W. R. Cheek* u. *D. E. Householder:* Endocrinology **60**, 488 (1957).
[109] *Kappeler, H.,* u. *R. Schwyzer:* Helv. chim. Acta **43**, 1453 (1960).
[110] *Li, C. H., E. Schnabel, D. Chung* u. *T. B. Lo:* Nature **189**, 143 (1961).
[111] *Best, C. H.:* Diabetes **1**, 257 (1952).
[112] *Romans, R. G.:* Recent Progr. Hormone Research **10**, 241 (1954).
[113] *Sanger, F.:* Ciba Found. Colloquium Endocrinology, Bd. 9, S. 110, London 1956.
[114] *Sanger, F.:* Science **129**, 1340 (1959).
[115] *Romans, R. G., D. A. Scott* u. *A. M. Fisher:* Ind. Eng. Chem. **32**, 908 (1940).
[116] *Scott, D. A.:* Biochem. J. **28**, 1592 (1934).
[117] *Scott, D. A.,* u. *A. M. Fisher:* Biochem. J. **29**, 1048 (1935).
[118] *du Vigneaud, V., G. L. Miller* u. *C. J. Rodden:* J. biol. Chem. **131**, 631 (1939).
[119] *Sanger, F.,* u. *H. Tuppy:* Biochem. J. **49**, 463 (1951).
[120] *Sanger, F.,* u. *E. O. P. Thompson:* Biochem. J. **53**, 353 (1953).
[121] *Ryle, A. P., F. Sanger, L. F. Smith* u. *R. Kitai:* Biochem. J. **60**, 541 (1954).
[122] *Nicole, D. S. H. W.,* u. *L. F. Smith:* Nature **187**, 483 (1960).
[123] *Fredericq, E.:* Arch. Biochem. Biophys. **65**, 218 (1956).
[124] *Bouman, J.,* u. *J. D. Homan:* Biochim. biophys. Acta **29**, 417 (1958).
[125] *Fenton, E. L.:* Biochem. J. **71**, 507 (1959).
[126] *Light, A.,* u. *M. V. Simpson:* Biochim. biophys. Acta **20**, 251 (1956).
[127] *Harfenist, E. J.,* u. *L. C. Craig:* J. Amer. chem. Soc. **73**, 877 (1951).
[128] *Carpenter, F. H.:* Arch. Biochem. Biophys. **78**, 539 (1958).
[129] *Carpenter, F. H.,* u. *G. P. Hess:* J. Amer. chem. Soc. **78**, 3351 (1956).
[130] *Porter, R. R.:* Biochem. J. **53**, 320 (1953).
[131] *Boardman, N. K.:* Biochim. biophys. Acta **18**, 280 (1955).
[132] *Volini, M.,* u. *M. A. Nitz:* J. Amer. chem. Soc. **82**, 4572 (1960).
[133] *Dixon, G. H.,* u. *A. C. Wardlaw:* Nature **188**, 721 (1960).
[134] *Foà, P. P., G. Galansino* u. *G. Pozza:* Recent Progr. Hormone Res. **13**, 473 (1957).
[135] Ciba Found. Colloquium Endocrinology **9**, 147 (1956).
[136] *Staub, A., L. Sinn* u. *O. K. Behrens:* J. biol. Chem. **214**, 619 (1955).
[137] *Bromer, W. W., L. Sinn* u. *O. K. Behrens:* J. Amer. chem. Soc. **79**, 2807 (1957).
[138] *Weitzel, G., E. Buddecke* u. *D. Kraft:* Z. physiol. Chem. **305**, 132 (1956).
[139] *Kay, C. M.,* u. *M. M. Marsh:* Biochim. biophys. Acta **33**, 251 (1959).
[140] *Croxatto, H.,* u. *L. Barnafi:* Rec. Progr. Hormone Res. **16**, 263 (1960).
[141] *Edman, P.:* Arkiv Kemi, Mineral. Geol. **22 A**, 1 (1945).
[142] *Schales, O.:* Adv. Enzymol. **7**, 513 (1947).
[143] *Goldblatt, H.:* The Renal Origin of Hypertension, Springfield 1948.
[144] *Braun-Menéndez, E.:* Pharmacol. Rev. **8**, 25 (1956).
[145] *Gross, F.:* Klin. Wschr. **36**, 693 (1958).
[146] *Schwyzer, R.,* u. *H. Turrian:* Vitamins and Hormones **18**, 237 (1960).
[147] *Page, I. H.,* u. *F. M. Bumpus:* Physiol. Rev. **41**, 331 (1961).

[148] *Helmer, O. M.:* Amer. J. Physiol. **188**, 571 (1957).
[149] *Skeggs, L. T., W. H. Marsh, J. R. Kahn* u. *N. P. Shumway:* J. exper. Med. **100**, 363 (1954).
[150] *Lentz, K. E., L. T. Skeggs, K. R. Woods, J. R. Kahn* u. *N. P. Shumway:* J. exper. Med. **104**, 183, 193 (1956).
[151] *Skeggs, L. T., J. R. Kahn* u. *N. P. Shumway:* J. exper. Med. **103**, 301 (1956).
[152] *Schwarz, H., F. M. Bumpus* u. *I. H. Page:* J. Amer. chem. Soc. **79**, 5697 (1957).
[153] *Rittel, W., B. Iselin, H. Kappeler, B. Riniker* u. *R. Schwyzer:* Helv. chim. Acta **40**, 614 (1957).
[154] *Schwyzer, R.,* u. *W. Rittel:* unveröffentlichte Versuche.
[155] *Elliott, D. F.,* u. *W. S. Peart:* Nature **177**, 527 (1956).
[156] *Schwyzer, R., B. Iselin, H. Kappeler, B. Riniker, W. Rittel* u. *H. Zuber:* Helv. chim. Acta **41**, 1273 (1958).
[157] *Schwyzer, R., B. Iselin, H. Kappeler, B. Riniker, W. Rittel* u. *H. Zuber:* Helv. chim. Acta **41**, 1287 (1958).
[158] *Skeggs, L. T., J. R. Kahn, K. E. Lentz* u. *N. P. Shumway:* J. exper. Med. **106**, 439 (1957).
[159] *Skeggs, L. T., K. E. Lentz, J. R. Kahn* u. *N. P. Shumway:* J. exper. Med. **108**, 283 (1958).
[160] Nach *Gross, F.,* u. *H. Turrian:* in [6], S. 137.
[161] *Schwyzer, R.:* Helv. chim. Acta **44**, 667 (1961).
[162] *Riniker, B.,* u. *R. Schwyzer:* Helv. chim. Acta **44**, 677 (1961).
[163] *Riniker, B., H. Brunner* u. *R. Schwyzer:* Angew. Chemie **74**, 469 (1962).
[164] *Lentz, K. E., L. T. Skeggs, K. R. Wood, J. R. Kahn* u. *N. P. Shumway:* J. exper. Med. **104**, 183 (1956).
[165] *Elliott, D. F.:* Record of Chemical Progress **22**, 157 (1961).
[166] *Cerletti, A., E. Stürmer* u. *H. Konzett:* Dtsch. Med. Wschr. **86**, 678 (1961).
[167] *Rocha e Silva, M., W. T. Beraldo* u. *G. Rosenfeld:* Amer. J. Physiol. **156**, 261 (1949).
[168] *Hamberg, U., F. M. Bumpus* u. *I. H. Page:* Biochim. biophys. Acta **52**, 533 (1961).
[169] *Elliott, D. F., G. P. Lewis* u. *E. W. Horton:* Biochem. J. **74**, 15 P (1960).
[170] *Elliott, D. F., G. P. Lewis* u. *E. W. Horton:* Biochem. Biophys. Res. Comm. 3, 87 (1960).
[171] *Boissonnas, R. A., St. Guttmann, P.-A. Jaquenoud, H. Konzett* u. *E. Stürmer:* Experientia **16**, 326 (1960).
[172] *Boissonnas, R. A., St. Guttmann* u. *P.-A. Jaquenoud:* Helv. Chim. Acta **43**, 1349 (1960).
[173] *Zuber, H.,* u. *R. Jaques:* Helv. Chim. Acta **43**, 1128 (1960).
[174] *Jaques, R.,* u. *R. Meier:* Experientia **16**, 371 (1960).
[175] *Euler, U. S. v.,* u. *J. H. Gaddum:* J. Physiol. **72**, 74 (1931).
[176] *Pernow, B.:* Acta Physiol. Scand. **29**, Suppl. 105 (1953).
[177] *Zuber, H.,* u. *R. Jaques:* Angew. Chemie, Internat. Ed. **1**, 160 (1962).
[178] *Pernow, B.,* u. *M. Rocha e Silva:* Acta Physiol. Scand. **34**, 59 (1955).
[179] *Werle, E.:* in [6].
[180] *Werle, E., W. Götze* u. *A. Keppler:* Biochem. Z. **289**, 217 (1937).
[181] *Werle, E., I. Trautschold* u. *G. Leysath:* Z. physiol. Chem. **326**, 174 (1961).
[182] *Pierce, J. V.,* u. *E. M. Webster:* Biochem. Biophys. Res. Comm. **5**, 353 (1961).
[183] *Nicolaides, E. D., H. A. DeWald* u. *D. A. McCarthy:* Biochem. Biophys. Res. Comm. **6**, 210 (1961).
[184] *Pless, J., E. Stürmer, St. Guttmann* u. *R. A. Boissonnas:* Helv. chim. Acta **45**, 394 (1962).
[185] *Erspamer, V.:* Arzneimittelforsch. **2**, 253 (1952).
[186] *Erspamer, V.,* and *A. Anastasi:* Experientia **18**, 58 (1962).
[187] *Sandrin, E.,* u. *R. A. Boissonnas:* Experientia **18**, 59 (1962).
[188] *Sprince, H.,* u. *D. W. Woolley:* J. exper. Med. **80**, 213 (1944).
[189] *Merrifield, R. B.,* u. *D. W. Woolley:* J. Amer. chem. Soc. **78**, 358 (1956).
[190] *Merrifield, R. B.,* u. *D. W. Woolley:* J. Amer. chem. Soc. **78**, 4646 (1956).
[191] *Okawa, K.:* Bull. chem. Soc. Japan 31, 88 (1958).
[192] *Tritsch, G. L.,* u. *D. W. Woolley:* J. Amer. chem. Soc. **80**, 1490 (1958).
[193] *Tritsch, G. L.,* u. *D. W. Woolley:* J. Amer. chem. Soc. **82**, 2787 (1960).
[194] *Baudet, P., R. Rössler* u. *E. Cherbuliez:* Helv. chim. Acta **43**, 1795 (1960).
[195] *Hirs, C. H. W., W. H. Stein* u. *S. Moore:* J. biol. Chem. **221**, 151 (1956).
[196] *Merrifield, R. B.,* u. *D. W. Woolley:* J. Amer. chem. Soc. **80**, 6635 (1958).
[197] *Wieland, Th.:* Helv. chim. Acta **44**, 919 (1961).
[198] *Wieland, Th.,* u. *O. Wieland:* Pharmacol. Revs. **11**, 87 (1959).
[199] *Wieland, Th.,* u. *H. W. Schnabel:* Ann. Chem. **657**, 225 (1962).
[200] *Wieland, Th., L. Wirth* u. *E. Fischer:* Ann. Chem. **564**, 152 (1949).
[201] *Wieland, Th.,* u. *W. Boehringer:* Ann. Chem. **635**, 178 (1960).
[202] *Wieland Th.* u. *H. W. Schnabel:* Ann. Chem. **657**, 218 (1962).
[203] *Wieland, Th.,* u. *Ch. Dudensing:* Ann. Chem. **600**, 156 (1956).
[204] *Hardegger, E., P. Liechti, L. M. Jackman, A. Boller* u. *Pl. A. Plattner:* Helv. chim. Acta **46**, 60 (1963).

[205] *Winterfeld, K.*, u. *M. Leiner:* Arch. Pharm. **289**, 358 (1956).
[206] *Imamura, H.:* J. Biochem. (Tokyo) **30**, 479 (1939).
[207] *Ono, T.*, u. *R. Hirohata:* Z. physiol. Chem. **304**, 77 (1956).
[208] *du Vigneaud, V.*, u. *G. L. Miller:* Biochem. Preparations **2**, 87 (1952).
[209] *Amiard, G., R. Heymès* u. *L. Velluz:* Bull. Soc. Chim. France **1956**, 698.
[210] *Waley, S. G.:* Biochem. J. **68**, 189 (1958).

Amine

Von **E. Werle** und **H. Schievelbein**, München

Literatur: *Guggenheim, M.:* Die biogenen Amine, Basel-New York 1951. — *Ullmann:* Enzyclopädie der technischen Chemie, München, Berlin 1953. — *Zechmeister, L.:* Fortschr. Chem. organ. Naturstoffe, Wien 1948. — *Klein, G.:* Handb. Pflanzenanalyse, Berlin, Göttingen, Heidelberg 1931 bis 34. — *Ackermann, D.:* in *Flaschenträger-Lehnartz:* Physiologische Chemie, Bd. I., S. 777, Berlin, Göttingen, Heidelberg 1951. — *Müller, E.:* in *Hoppe-Seyler/Thierfelder*, Handb. der physiologisch- und pathologisch-chemischen Analyse, Bd. III, S. 1072 ff. Berlin, Göttingen, Heidelberg 1955. — *Karrer, W.:* Konstitution und Vorkommen der organischen Pflanzenstoffe. S. 993—997 ff. Basel, Stuttgart 1958. — *Hodgman, Ch. D.:* Tables for Identification of organic compounds (Supplement to Handbook of Chemistry and Physics). Cleveland 1960.—*Guggenheim, M.:* in Handb. der Pflanzenphysiologie. Hrs. *Ruhland, W.* Bd. VIII, S. 889 ff. Berlin, Gottingen. Heidelberg 1958. — *Awapara, J., V. E. Davis* u. *O. Graham:* Chromatographic methods for the Identification of Biogenic Amines. J. Chromatogr. **3**, 11 (1960).

1. Alkylamine und quartäre Ammoniumbasen

1/1 Methylamin

MG 31.06 *F* −92.5 *D* 1.3425 g/L 15° D_4^{-11} 0.699 *Kp* −6.5 $CH_3 \cdot NH_2$

Charakteristik: Stark ammoniakal. riech. Gas; brennbar; flüssig bei −6,7°; 1135 ml W. 12,5°. — *Hydrochlorid:* Zerfl. Tafeln (A.); *F* 227—8; Kp_{15} 225—30; ll. in W.; 23.01 sd. A.; unl. in Chlf. — *Pikrat:* Prismen oder Tafeln; *F* 207, 215; l. in W. — *Pikronolat:* blaßgelbe Nadeln; *F* 267. — *Chloroplatinat:* goldgelbe, hexagonale Tafeln; *F* 224; ll. in W.; unl. in A. — *Chloroaurat:* Tetraeder, wasserfrei, monoklin.; *F* 205; ll. in W. — *Derivate: Acetamid: F* 28. — *Benzamid: F* 80. — *Benzolsulfonamid: F* 30. — *p-Toluolsulfonamid: F* 75. — *Phenylthioharnstoff: F* 113. — *B.:* b. Zers. v. Cholin. — *V.:* Heringslake, pflanzl. Gewebe, Fleischfresserharn, Gehirn. — *Wi.:* ZNS-Lahmung.

1/2 Dimethylamin

MG 45.08 *F* −96.0 $D^{-5.8}$ 0.6865 *Kp* 7 D_4^0 0.6804 $(CH_3)_2 \cdot NH$

Charakteristik: Stark ammoniakal. riech. Gas; ll. in W.; l. in A.; fluss. bei +7,2°. — *Hydrochlorid:* Nadeln u. Tafeln (A.); 208 W.; ll. in A.; unl. in Ae.; 27 Chlf. 19°; *F* 171. — *Pikronolat:* hellgelbe feine Nadeln; *F* 222 (Z.), 244. — *Perjodid:* hexagonale Tafeln; *F* 83—5. — *Nitrat:* orangegelbe Prismen (HCl); *F* 82; ll. in w. konz. HCl. — *Chloroplatinat:* dimorph, rhombisch; *F* 206; wl. in k. W.; l. in h. W. — *Chloroaurat:* monokline Tafeln; *F* 202. — *Pikrat: F* 158, 155—6; wl. in k. W., besser l. in h. W. — *Derivate: Benzamid: F* 41. — *Benzolsulfonamid: F* 47. — *p-Toluolsulfonamid: F* 79. — *Phenylthioharnstoff: F* 135. — *B.:* Zers. v. Cholin und Gramin, b. Abbau v. Aureomycin, Erythromycin und Magnamycin. — *V.:* Phallus impudicus, Courbonia virgata, Russula aurata, Bakterien, Fische, Heringslake, Gehirn, Harn. — *Wi.:* ZNS-Lähmung.

1/3 Trimethylamin

MG 59.11 D^{-5} 0.6622 D_4^0 0.6709 *F* −124.0 *Kp* 3.5 $(CH_3)_3N$

Charakteristik: Gas, riecht fischartig; flussig bei +3°; ll. in W., 2,5804 g/L 17°. — *Hydrochlorid:* Zerfl. Krist. (A.); *F* 271—75 (Z.), 277—8 (Z.); ll. in W., A., Ae. — *Phosphorwolframat:* mikr Oktaeder (h. W.); ll. in Ac. — *Quecksilberperjodid:* schwer l.; *F* 136. — *Methjodid: F* 230. — *Pikrat: F* 216, 225. — *Pikrolonat:* hellgelbe rhombische Täfelchen; *F* 250—2 (Z.); wl. in W., A. — *Perjodid:* hexagonale Tafeln; *F* 65.— *Chloroaurat:* gelbe, monokline Krist.; *F* 228, 253, 270; wl. in W., l. in A. — *Chloroplatinat:* regulare, orangefarbene Krist.; *F* 190, 240—5 (Z.). — *p-Tuluolsulfonderivat: F* 162. — *B.:* b. Zers. v. Cholin. — *V.:* Bakterien, Pilze, Flechten, Algen, hohere Pflanzen, Fische, Menstrualblut, Harn. — *Wi.:* ZNS-Lahmung, Nikotin-Muscarinwirkung, wirkt bei Fröschen als Sexualhormon.

1/4 Trimethylaminoxyd (Kanirin)

MG 75.11 *F* 208 $(CH_3)_3NO$

Charakteristik: Hydrat $(CH_3)_3NO \cdot 2H_2O$ hygroskop. Nadeln; süß. Geschmack; *F* 96; l. in W.; Me.; wl. in A.; unl. in Ae.; wasserfrei: sehr hygroskop.; *F* 208; durch Zinkstaub bei 60—80° → Trimethylamin. — *Hydrochlorid:* luftbeständige Krist.; *F* 218—20 (Z.); wl. in A. — *Pikrat: F* 198; wl. in W., A. — *Chloroaurat: F* 250, 257—258. — *Chloroplatinat:* glänzende rhombische Plättchen; schwerl.; *F* 214—245—247 (Z.). — *Reineckat: F* 247—49 (Z.). — *B.:* b. Zers. v. Cholin. — *V.:* Fische, Krabben, Harn. — *Wi.:* Schwach curareartig.

1/5 Tetramethylammoniumhydroxyd (Tetramin)

MG 91.15 *F* 62—3 *Kp* (Z.) $(CH_3)_4N \cdot OH$

Charakteristik: Hygroskop. Nadeln + $5H_2O$ (W. + A.); 220 W. 15°; ∞ W. 63°; Dest. → $(CH_3)_3N$ u. $CH_3 \cdot OH$. — *Trihydrat: F* 59—60; im Vakuum → Monohydrat; *F* 130—135 (Z. zu Trimethylamin u. Methanol). — *Chlorid:* hygroskop. Krist. (A.); *F* > 360 (Z.). — *Chloroaurat:* sehr schwerl. Nadeln; *F* 336 (Z.). — *Pikrat:* lange Nadeln; *F* 312—13 (Z.). — *Chloroplatinat:* orangegelbe Oktaeder; *F* 278 (Z.); schwerl. in W. — *Reineckat:* 0.003 W. — *B.:* Trimethylamin. — *V.:* Actinia equina (*Ackermann, D., F. Holtz* u. *H. Reinwein:* Z. Biol. **79**, 113 (1923)), Courbonia virgata, Neptunea arthritica. — *Wi.:* Muscarinwirkung, Curarewirkung, blutdrucksenkend, Bradykardie, periphere Gefäßerweiterung, Atmungsdepression.

1/6 Äthylamin

MG 45.08 D^{15}_{15} 0.6892 *F* —80.6 *Kp* 16.6 $C_2H_5 \cdot NH_2$

Charakteristik: Stark ammoniakal. riech. Fl.; ∞ W., A. Ae.; schmeckt brennend; brennbar; verdrängt NH_3 aus dessen Salzen. — *Hydrochlorid:* Zerfl. Tafeln (A. + Ae.); *F* 109, 270 (Z.); 279.9 W. 25°; ll. in A.; unl. in Ae.; 0.17 Chlf. 25°. — *Hydrobromid:* Krist.; ll. in W., A.; 0.11 Chlf. 14°; *F* 159.5. — *Pikrat: F* 165. — *Derivate: Benzamid: F* 71. — *Benzolsulfonamid: F* 58. — *p-Toluolsulfonamid: F* 63. — *Phenylthioharnstoff: F* 106 (135). — *V.:* Weißdorn, Mutterkorn, Gehirn, Erodium cimtarium, Sambucus nigra, Arum italienum.

1/7 Cysteamin (β-Mercaptoäthylamin)

MG 77.08 *F* 99—100 $HS \cdot CH_2 \cdot CH_2 \cdot NH_2$

Charakteristik: Krist.; ll. in W. mit alkal. Reaktion; flüchtig mit Me.-Dampf, geht a. d. Luft in β,β'-Diaminodiäthylsulfid über. — *Hydrochlorid:* Krist. (A.); *F* 70—72; ll. in W. u. A. — *Pikrat: F* 125—6. — *B.:* Pantethein (β-Mercaptoäthylamid der Pantothensäure). — *V.:* Bestandteil von Coenzym A. — *Wi.:* Schützt gegen Strahlenwirkung, uterusrelaxierend.

1/8 Diäthylamin

MG 73.13 *F* —50 D^{18}_4 0.7108 *Kp* 55.5, 56
n^{18}_D 1.3873 $(C_2H_5)_2 \cdot NH$

Charakteristik: Fl.; brennbar; ∞ W.; l. in A. — *Hydrochlorid:* Blätt. (A. + Ae.); *F* 215—7; *Kp* 320—30; D^{21} 1.048; 232 W. 25°; l. in A.; unl. in Ae.; 29.5 Chlf. 35°. — *Hydrobromid: F* 205; 311.6 W., 46.65 Chlf. 25°. — *Hydrojodid:* Krist. (A. + Ae.); *F* 172—4; 377.2 W., 71.56 Chlf. 25°. — *Pikrat: F* 155. — *Derivate: Benzamid: F* 42. — *Benzolsulfonamid: F* 42. — *p-Toluolsulfonamid: F* 60 — *Phenylthioharnstoff: F* 34. — *α-Naphthylthioharnstoff: F* 108. — *Wi.:* Krampfgift.

1/9 Triäthylamin

MG 101.19 *F* —114.8 D^{25}_4 0.7255 *Kp* 89.4
n^{20}_D 1.400 D^{20} 0.7277 $(C_2H_5)_3N$

Charakteristik: Ammoniakal. riech. Öl; ∞ W. unterhalb 18,7°; 16.6 W. 20°; 2.0 W. 65°; l. in A., Ae. — *Hydrochlorid:* Krist. (A.); *F* 253—4 subl.; D^{21} 1.0689; 137 W. 25°; l. in A.; unl. in Ae.; 7.37 Chlf. 25°. — *Hydrobromid:* Krist.; *F* 248—50; 150.6 W., 23.44 Chlf. 25°; ll. in A.; unl. in Ae. — *Hydrojodid:* hexagonale Prismen; *F* 173; 370 W., 92.2 Chlf.; ll. in A.; unl. in Ae. — *Pikrat: F* 173. — *2,4-Dinitrobenzoat: F* 81—3. — *β-Resorcylsäuresalz: F* 120.

1/10 Neurin (Vinyl-trimethyl-ammonium-hydroxyd)

MG 103.16 $CH_2{:}CH \cdot \overset{+}{N}(CH_3)_3 OH^-$

Charakteristik: Sirup; g i f t i g; verdünnt beständig; l. in W.; Eindampf. (Hochvakuum) → krist. Trihydrat → $(CH_3)_3N + CH_3 \cdot CHO$; Trock. Dest. → $(CH_3)_2 \cdot N \cdot CH{:}CH_2$, $(CH_3)_3N + CH_3 \cdot CHO$. — *Chlorid:* hygrosk. Nadeln oder Oktaeder; *F* 213 (Z.). — *Pikrat:* lange Nadeln; *F* 263—4 (Z.); ll. in h. W. u. h. A. — *Saures Chromat:* bei schnellem Erh. *F* 278, bei langs. Erh. *F* 140—150 (explosiv, Z.). — *Bromid:* Warzen; *F* 193. — *Jodid:* Nadeln; *F* 196. — *Chloroaurat:* Nadeln; *F* 228—39; 0.297 W. 21,5°. — *Chloroplatinat:* käsiger Niederschlag (h. W.), reguläre Oktaeder und Würfel; *F* 195—8, 213; 2.66 W. 20,5°. — *Quecksilberchlorid-Doppelsalze:* $CH_2{:}N(CH_3)_3 \cdot HgCl_3$: trikline Tafeln; *F* 198.5—199.5; ll. in W. — $CH_2{:}CH \cdot N(CH_3)_3 \cdot Hg_6Cl_{13}$: Prismen, tafelförmig Krist.; *F* 230.5—34 (Z.); schwerl. in h. W. — *B.:* Cholin. — *V.:* Nebennieren, Hundeharn. — *Wi.:* Muscarinwirkung, Curarewirkung.

1/11 n-Propylamin

MG 59.11 *F* −83.0 D^{20} 0.719 D_4^{25} 0.714
Kp 47.8, 49 n_D^{17} 1.3901

$CH_3 \cdot CH_2 \cdot CH_2 \cdot NH_2$

Charakteristik: Fl.; brennbar; ∞ W. — *Hydrochlorid: F* 157—8; 278 W. 25°. — *Pikrat: F* 135. — *Derivate: Benzamid: F* 84. — *Benzolsulfonamid: F* 36. — *p-Toluolsulfonamid: F* 52. — *Phenylthioharnstoff: F* 63. — *α-Naphthylharnstoff: F* 196. — *V.:* Mutterkorn. — *Wi.:* Peripher sympathicomimetisch.

1/12 Isopropylamin

MG 59.11 *F* −101.2 D^{15} 0.694 D_4^{18} 0.691
Kp 33.0 n_D^{15} 1.377

$CH_3 \cdot CH(NH_2) \cdot CH_3$

Charakteristik: Fl.; ∞ W., A., Ae.; — *Hydrochlorid: F* 148—50. — *Derivate: Benzolsulfonamid: F* 26. — *Phenylthioharnstoff: F* 101. — *α-Naphthylharnstoff: F* 200. — *V.:* Mutterkorn. — *Wi.:* Peripher sympathicomimetisch.

1/13 Dipropylamin

MG 101.19 *F* −63.0 D^{20} 0.7384 *Kp* 109.2

$(CH_3 \cdot CH_2 \cdot CH_2)_2NH$

Charakteristik: Fl.; brennbar; l. in W., A. — *Hydrate:* $+{}^1/_2 H_2O$: *EP* 17,2°; $+1 H^1/_2$: *EP* unterhalb −50°. — *Hydrochlorid: F* 274.5—5; 165.3 W. 25°, 47.2 Chlf. 25°. — *Hydrobromid: F* 271. — *Hydrojodid:* Nadeln (A.); *F* 230—5; ll. in A.; unl. in Ae. — *Pikrat: F* 93—101. — *Wi.:* Zentrale Erregung und Lähmung.

1/14 Allylamin

MG 57.09 D_{20}^{20} 0.7436 *Kp* 53.2, 58 n_D^{22} 1.4194

$CH_2{:}CH \cdot CH_2 \cdot NH_2$

Charakteristik: Fl.; durchdringend. ammoniakal. Geruch; brennend. Geschmack, reizt zu Tränen u. zum Niesen; ∞ W. — *Hydrochlorid:* Krist. (A.); *F* 105—10. — *Pikrat: F* 140. — *Derivate: Benzolsulfonamid: F* 39. — *p-Toluolsulfonamid: F* 64. — *Phenylthioharnstoff: F* 98. — *V.:* Intermed. Zwischenprodukt in Senföl enth. Pflanzen — *Wi.:* Erregung u.Lahmung des Atemzentrums, blutdrucksenkend, starke lokale Reizwirkung.

1/15 n-Butylamin

MG 73.13 *F* 50.5 D^{15} 0.742 D_4^{20} 0.7401
Kp 77.8, 77 n_D 1.401

$C_2H_5 \cdot CH_2 \cdot CH_2 \cdot NH_2$

Charakteristik: Ammoniakal. riech. Fl.; ∞ W. — *Hydrochlorid: F* 195. — *Pikrat: F* 151. — *Derivate: Phenylthioharnstoff: F* 65. — *α-Naphthylharnstoff: F* 149, 108—9. — *Wi.:* Peripher sympathicomimetisch.

1/16 DL-sec. Butylamin

MG 73.13 *F* −104 D^{15} 0.7285 D^{20} 0.718
Kp 63 n_D^{17} 1.395

$C_2H_5 \cdot CH(NH_2) \cdot CH_3$

Charakteristik: Fl.; ∞ W., A. — *Hydrochlorid: F* 144—5. — *Pikrat: F* 139—40. — *Chloroplatinat: F* 288 (Z.). — *Derivate: Benzamid: F* 76. — *Benzolsulfonamid: F* 70. — *p-Toluolsulfonamid: F* 55. — *Phenylthioharnstoff: F* 101. — *Wi.:* Peripher sympathicomimetisch.

1/17 Isobutylamin

MG 73.13 *F* −85.5 D^{17} 0.736 *Kp* 68—9
n_D^{17} 1.3988

$(CH_3)_2{:}CH \cdot CH_2 \cdot NH_2$

Charakteristik: Fl.; ∞ in W., A., Ae. — *Hydrochlorid: F* 160; wl. in h. Ac. — *Chloroplatinat:* orangefarb. Säulen; *F* 225 (Z.). — *Pikrat: F* 150. — *Fagaramid:* (A.); *F* 119—20. — *Derivate: Benzamid: F* 57. — *Benzolsulfonamid: F* 53. — *p-Toluolsulfonamid: F* 78. — *Phenylthioharnstoff: F* 82. — *B.:* Valin. — *V.:* Phanaerogamen, Mutterkorn, bei Verseifung naturlich vorkommender Isobutylamide: Fagaramid, Pellitorin, Sanshool Affinin, Spilanthol, Herculin u. Neoherculin. — *Wi.:* Peripher sympathicomimetisch.

1/18 n-Amylamin

MG 87.16 *F* −55 D^{19} 0.766 *Kp* 103, 104
D_4^{20} 0.7614

$CH_3 \cdot [CH_2]_3 \cdot CH_2 \cdot NH_2$

Charakteristik: Fl.; l. in W., A. — *Hydrochlorid:* weiße Nadeln; l. in W.; *D* 0.953. — *Pikrat: F* 139.5—40.5. — *Derivate: Phenylthioharnstoff: F* 69. — *β-Naphthylthioharnstoff: F* 114. — *Wi.:* Peripher sympathicomimetisch.

1/19 Isoamylamin (3-Methylbutylamin)

MG 87.16 D^{18}_{18} 0.7503 D^{18} 0.751 Kp_{748} 92–5 $(CH_3)_2C{:}CH\cdot CH_2\cdot NH_2$

Kp 95–7 n^{18}_D 1.4096

Charakteristik: Fl.; mischbar in jedem Verhältnis mit W.; ll. in A., Ae. — *Hydrochlorid:* bitter schmeckende Krist.; Nadeln (Ac.); *F* 216–7, 220; ll. in W. — *Hydrobromid:* Blatt.; *F* 225. — *Chloroaurat:* dünne Blätt. (W.); *F* 146–9. — *Pikrat:* *F* 132–4, 138. — *Chloroplatinat:* goldgelbe Blatt.; *F* 247 (Z.). — *Saures Oxalat:* *F* 169 (A. + Ac.). — *Neutrales Oxalat:* *F* 200–7. — *Derivate: Phenylthioharnstoff:* *F* 102. — *α-Naphthylharnstoff:* *F* 132. — *B.:* trockn. Erhitzen v. L-Leucin, Hydrolyse von Galegin. — *V.:* in Blütenpflanzen u. Moosen (*Stein v. Kamienski, E.:* Planta **50**, 315 (1957)); Mutterkorn, Sambucus niger, Filipendula ulnaria, Phallus impudicus, Boletus sanguineus, Crataegus, Eiter, Blut von Krebskachektikern, Harn, Lebertran, Placenta, Pferdefleisch, Tabak, Spiraca-Arten. — *Wi.:* ZNS-Lähmung, blutdrucksteigernd.

1/20 n-Hexylamin

MG 101.10 *F* –19 *Kp* 129–30 n^{17}_D 1.4255 $CH_3\cdot[CH_2]_4\cdot CH_2\cdot NH_2$

D^0_4 0.7855 D^{25}_4 0.763 D^{40}_4 0.749

Charakteristik: Hydrochlorid: Blättchen; *F* 219. — *Chloroplatinat:* gelbe Blättchen; *F* 236–8 (Z.). — *Pikrolonat:* *F* 188–9; schwer l. in W. — *V.:* Mutterkorn. — *Wi.:* sympathicomimetisch.

1/21 n-Octylamin

MG 129.24 $D^{26.8}$ 0.7769 *Kp* 178–9 $CH_3\cdot[CH_2]_7\cdot NH_2$

Charakteristik: CO_2 anziehend, + H_2O → gallertartiges Hydrat. — *Hydrochlorid:* *F* 198; ll. in W., A. — *Chloroplatinat:* gelbe Blatt. (A.); *F* 200 (Z.); wl. in W., A. — *Pikrat:* *F* 112. — *Derivat: α-Naphthylthioharnstoff:* *F* 72. — *Wi.:* Blutdrucksteigernd, Krampfgift.

1/22 n-Decylamin

MG 157.29 *F* 16.1 D^{60} 0.7756 Kp_{10} 93.0 $CH_3\cdot[CH_2]_9\cdot NH_2$

Charakteristik: l. in organ. Lösungsm. — *Chloroplatinat:* Blätt.

1/23 n-Dodecylamin (Laurylamin)

MG 185.34 *F* 29.0 D^{60} 0.7850 Kp_{10} 123.0 $CH_3[CH_2]_{11}\cdot NH_2$

Charakteristik: l. in organ. Lösungsm.

1/24 n-Octadecylamin (Stearylamin)

MG 269.5 *F* 52.0 D^{60} 0.8028 Kp_1 178–9 $CH_3\cdot[CH_2]_{17}\cdot NH_2$

Charakteristik: l. in organ. Lösungsm.; unl. in W.

1/25 Sphingosin (3-Amino-octadecen-(4)-diol-(1,2))

$CH_3\cdot[CH_2]_{12}\cdot CH{:}CH\cdot CH(OH)\cdot CH(NH_2)\cdot CH_2OH$

MG 299.47 *F* 82.5

Charakteristik: Nadeln (Ae); l. in A., Ae., Ac.; unl. in W. — *Sulfat:* *F* 240–50 (Z.). — *Derivate: Triacetylsphingosin:* *F* 101–2; $[\alpha]^{25}_D$ –11.7. — *Tribenzoylsphingosin:* *F* 121.5–23.5; $[\alpha]^{27}_D$ –11.2. *V.:* Baustein von Cerebrosiden und Sphingomyelinen. — *Darstellung* s. *Klenk, E.*, u. *W. Diebold:* Z. physiol. Chem. **198**,25 (1931). — Zur Synthese der Acetyl- und Benzoylderivate s. *Carter, H. E., W. P. Norris, F. J. Glick, G. E. Phillips,* and *R. Harris:* J. biol. Chem. **170**, 269 (1947). — Zur Charakterisierung der Dinitrophenylderivate durch Papierchromatographie s. *Karlsson, K.-A.:* Nature **188**, 312 (1960).

1/26 Dihydrosphingosin

$CH_3\cdot[CH_2]_{14}\cdot CH(OH)\cdot CH(NH_2)\cdot CH_2OH$

MG 301.47

Charakteristik: Sulfat: *F* 265 (Z.). — *Derivate: Triacetyldihydrosphingosin:* *F* 125–6; $[\alpha]^{26}_D$ + 11.0. — *Tribenzoyldihydrosphingosin:* Krist.; *F* 144–5; $[\alpha]^{27}_D$ –31. Zur Charakterisierung der Dinitrophenylderivate durch Papierchromatographie s. *Karlsson, K.-A.:* Nature **188**, 312 (1960). — *V.:* Rinderhirn u. -rückenmark; Isolierung s. *Carter, H. E., W. P. Norris, F. J. Glick, G. E. Phillips,* and *R. Harris:* J. biol. Chem. **170**, 269 (1947).

1/27 Phytosphingosin (Cerebrin-Base, 1,3,4-Trihydroxy-2-amino-octadecan)

$CH_3\cdot[CH_2]_{13}\cdot CH(OH)\cdot CH(OH)\cdot CH(NH_2)\cdot CH_2OH$

MG 331.49 *F* 98–108

Charakteristik: Krist. (Hexan + CH_3OH). — *Acetonverbindung:* Krist.; *F* 105–7. — *N-Benzoylderivat:* *F* 133–36, Nadeln. — *N-Benzoyl-triacetylderivat:* *F* 76–9. — *V.:* Basische Komponente der Inositlipoide aus Getreidekörnern u. Sojabohnen (*Carter, H. E., W. D. Celmer, W. E. M. Lands, K. L. Muller,* and *H. H. Tomizawa:* J. biol. Chem. **206**, 613 (1954)).

1/28 Necrosamin (4,5-Diamino-eikosan) $CH_3\cdot[CH_2]_{14}\cdot CH(NH_2)\cdot CH(NH_2)\cdot[CH_2]_3\cdot CH_3$

MG 312.55 *F* ·ca. 275 (Z.)

Charakteristik: Krist. (A.). — *Dihydrochlorid:* farbl. glanz. Platten (W.); *F* 138—40.5; unl. in Ae. — *Dipikrat:* *F* 159—61 (A.). — *Dibenzoylderivat:* *F* 72.5—73.5 (W. + A.). — *V.:* Bestandteil der Phosphorlipidfraktion der Mausetumorsubstanz, die Hamorrhagien verursacht; Escherichia coli (*Ikawa, M., J. B. Koepfli, S. G. Mudel*, and *C. Niemann:* J. Amer. chem. Soc. **75**, 3439 (1953); *Ikawa, M.*, and *C. Niemann:* J. Amer. chem Soc. **75**, 6314 (1953)).

2. Alkanolamine und quartäre Alkanolammoniumbasen

2/1 Äthanolamin (Colamin)

MG 61.08 D^{20} 1.022 *Kp* 171 n_D^{20} 1.4539 $HO\cdot CH_2\cdot CH_2\cdot NH_2$

Charakteristik: Dickfl. Öl; flüchtig mit Ae.-Dampf; zieht H_2O und CO_2 an, wirkt ätzend. ∞ W., A.; l. in Ae. — *Hydrochlorid:* hygroskop. Krist.; *F* unter 100. — *Pikrolonat:* büschelförmig verwachsene gelbe Nadeln; *F* 225 (Z.); wl. in W. — *Chloroaurat:* *F* 186—7, 190; monokline oder trikline Krist. (HCl). — *Chloroplatinat:* goldgelbe Plattchen. — *Pikrat:* feine Nadeln oder Tafelchen (A.); *F* 160. — *α-Naphthylharnstoff:* *F* 186. — *Flavianat:* Prismen; *F* 211—12. — *Oxalat:* ll. in W.; wl. in A. — *Quecksilberchlorid-Doppelsalz:* ll. in W.; unl. in A. — *Phosphorwolframat:* ll. — *Reineckesalz:* fallt in saurer Lösung nur unvollkommen. — *B.:* Formaldehyd, Glykokoll, Serin. — *V.:* In Phosphatiden, Pflanzen; frei: Erbsenpflanzen, Gehirn, Pankreas, Leber, Lunge, im Liquor cerebrospinalis des Menschen, Harn, Hefe. — *Wi.:* Indifferent.

2/2 Diäthanolamin

MG 103.12 D_4^{20} 1.0966 *F* 28 *Kp* 270 $(HO\cdot CH_2\cdot CH_2)_2NH$

Charakteristik: Zerfl. Prismen atzend; ∞ W., A.; l. in Chlf.; wl. in Ae., Bzl. — *Nitrat:* spitze Rhomben; *F* 69; ll. in W., w. A.; unl. in Ae. — *Chloroplatinat:* Prismen; *F* 145 (Z.).

2/3 Triäthanolamin

MG 149.19 *D* 1.1242 *Kp* 206—7 $(HO\cdot CH_2\cdot CH_2)_3N$

Charakteristik: Zähfl. Öl, an der Luft sich dunkel färbend; ∞ in W., A.; l. in Chlf.; wl. in Bzl., Ae. — *Hydrochlorid:* derbe Krist. (verd. A.); *F* 177; wl. in W., A. — *Chloroaurat:* vierseitige Blätt. + 1 H_2O; *F* (W. frei) 77—8. — *Chloroplatinat:* Saulen (A.); *F* 118—9.

2/4 Methylaminoäthanol

MG 75.11 D^{20} 0.937 Kp_{760} 159 $HO\cdot CH_2\cdot CH_2\cdot NH\cdot CH_3$

Charakteristik: Öl; heringsartiger Geruch, hygroskop., CO_2 anziehend; ∞ W., A., Ae. — *Hydrochlorid:* zerf. Krist. — *Chloroaurat:* Prismen; *F* 145—6; ll. in W. — *Chloroplatinat:* Tafeln (W.); *F* 125—30 (Z.). — *B.:* Cholinsynthese-Intermediärprodukt. — *V.:* Neurospora crassa; gebunden in Erythrophleumalkaloiden. — *Wi.:* Gering blutdrucksteigernd.

2/5 Dimethylaminoäthanol

MG 89.14 D_4^{20} 0.8866 Kp_{758} 135 $HO\cdot CH_2\cdot CH_2\cdot N(CH_3)_2$

Charakteristik: Fl. — *Pikrat:* derbe Nadeln + $^1/_2H_2O$ (W.); *F* 96—7; ll. in W., A. — *Chloroaurat:* Nadeln; *F* 195; wl. in k. W. — *B.:* Cholinsynthese-Intermediärprodukt. — *V.:* Gebunden in Erythrophleumalkaloiden, Gehirn. — *Wi.:* Gering blutdrucksteigernd.

2/6 Cholin (Amanitin, Bilineurin, Sinkalin, Fagin, β-Hydroxyäthyltrimethylammoniumhydroxyd)

MG 121.18 *F* 180 (Z.) $HOCH_2\cdot CH_2\cdot \overset{+}{N}(CH_3)_3OH^-$

Charakteristik: Zerfl. Kristallmasse, CO_2 anziehend; ll. in W., A.; unl. in Ae. — *Chlorid:* zerfl.; ll. in W., A.; unl. in Ae.; beständig bis 180°. — *Chloroplatinat:* dimorph, krist. (W. + A.); 17.2 W. 21°; *F* 234—5 (Z.). — *Chloroaurat:* tiefgelbe Nadeln, Oktaeder oder Wurfel (h. A.); *F* 243—4, 270. — *Pikrat:* *F* 238—40 (Z.); ll. in W., A. — *Pikrolonat:* *F* 186—92, 241—45 (Z.); ll. in W., A. — *Flavianat:* Prismen; *F* 162. — *Quecksilberchlorid-Doppelsalz:* *F* 242—43, 249—51. — *Cadmiumchlorid-Doppelsalz:* schwerl. in A. — *Perchlorat:* *F* 273; Eindampfen mit HNO_3 → Salpetersäureester $CH_2(NH_3)\cdot CH_2\cdot N(CO_3)_3\cdot ClO_4$, monokline oder trikline Platten (h. W. u. verd. $HClO_4$) sehr stark doppelbrechend; *F* 185—86, b. höh. Temp. heftiges Verpuffen; 0.62 W. 15°. — *Phosphat:* Nadeln; ll. in W.; wl. in A. — *Chromat:* ll. in W. — *Dipikrylaminat, Aurantiat* (*Hexylat*): tiefrote, mikrokrist. Nadelchen; *F* 232—3 (Z.); 0.02 W. 20°. — *B.:* Aminoäthylalkohol. — *V.:* Tier. Gewebe: Muskel, Dünndarm, Nebennierenrinde, Placenta usw. Pflanzen: Pilze, Extr. hyoscyami, Extr. belladonnae, Folia hamamelis, Sojabohnen. — *Wi.:* Parasympathicomimetisch, Muscarin-, Nikotin-, Curarewirkung.

2/7 **β-Methylcholin (β-Homocholin, β-Methyl-hydroxyäthyltrimethylammoniumhydroxyd)**

MG 135.20 $CH_3 \cdot CH(OH) \cdot CH_2 \cdot \overset{+}{N}(CH_3)_3OH^-$

Charakteristik: Stark alkal. Sirup. — *Chlorid:* hygroskop. Nadeln (Butanol); *F* 165; ll. in W., A. — *Chloroaurat: F* 196. — *Chloroplatinat: F* 257. — *Pikrat:* Nadeln aus wssr. A.; *F* 163. — *Lymphoganglin:* Ca-Salz des β-Methylcholinphosphorsäureesterchlorids; $C_8H_{18}NClPCa$; spitze sternförmige Krist.; ll. in W.; wl. in A.; unl. in Ae., Chlf. (blutdrucksenkend). — *V.:* Rinderlymphdrüsen (aus Phosphorsäureestern). — *Wi.:* Parasympathicomimetisch, Nikotinwirkung, hemmt die Motilität des Hundedarmes und des nichtträchtigen Kaninchenuterus zum Unterschied von Acetylcholin.

2/8 **Betainaldehyd (Trimethyl-äthylal-ammonium-hydroxyd, Trimethyl-[β-oxo-äthyl]-ammonium-hydroxyd, Anhydromuscarin)**

MG 119.16 $OHC \cdot CH_2 \cdot \overset{+}{N}(CH_3)_3OH^-$

Charakteristik: Chlorid: hygroskop. Masse + H_2O; *F* 130; ll. in W., A.; wl. in Ae. — *Chloroaurat:* gelbe Nadeln; *F* 215—17. — *Chloroplatinat:* orangerote Würfel; ll. in h. W.; wl. in W.: verliert bei 100—105° Wasser, dann tief orangefarben. — *Semicarbazon* (Acetat): Krist. (W.); *F* 305. — *Reineckat: F* 255—60 bei schnellem Erhitzen. — *B.:* Cholin. — *Wi.:* Parasympathicomimetisch, hat eine antihämorrhagische Wirkung auf die Niere, aber schwächer als Cholin.

2/9 **1-Amino-2-methyl-propanol**

MG 89.12 *Kp* 150.5—151.5 $CH_3 \cdot (OH) \cdot \overset{CH_3}{\dot{C}} \cdot CH_2 \cdot NH_2$

Charakteristik: Dinitrophenylverb.: gelborange Krist.; *F* 106—8 (Bzl. + Ligroin). — *Dinitrophenylhydrazonverb.: F* 124—5. — *V.:* In Lipoiden von Neurospora crassa.

2/10 **Acetylcholin**

MG 163.21 $CH_3 \cdot \overset{O}{\ddot{C}} \cdot O \cdot CH_2 \cdot CH_2 \cdot \overset{+}{N}(CH_3)_3OH^-$

Charakteristik: Freie Base; l. in W., in Essigsre. + Cholin zerfallend; z. Nachw. und Best. bes. Dipikrylamin geeignet. — *Chlorid:* hygroskop.; *F* 146—8; ll. in A., W. — *Bromid:* nicht hygroskop.; *F* 144; wl. in A. — *Jodid:* nicht hygroskop.; *F* 160—1. — *Chloroplatinat:* anisotrope Nädelchen (50%ig. A.); *F* 223—4, 256—7, 242—4 (Z.). — *Saures Tartrat:* ll. in A. — *Cholin-Acetylcholin-Dichloroplatinat:* isotrope Oktaeder (W.); *F* 260—1. — *Chloroaurat:* Prismen oder Nadeln; *F* 154—5, 166—8. — *Reineckat:* Rhomben; *F* 173; l. in Ac., 0.0183 W. 21°, 0.0335 A. — *Dipikrylaminat:* leuchtend rote mikroskopische Täfelchen; *F* 125. — *B.:* Cholin. — *V.:* Tier. Gewebe (Blut, Ochsen- u. Pferdemilz, Nerven, Placenta); Pflanzen (Mutterkorn, Sauerkraut, Brennessel); Hornissengift. — *Wi.:* Überträgerstoff des cholinergischen (parasympatischen) Nervensystems: Miosis, sekretionsanregend auf Schweiß-, Speichel- u. Bronchialdrüsen, bronchokonstriktorisch, Bradykardie, Gefäßerweiterung, Peristaltikförderung.

2/11 **Propionylcholin**

MG 177.08 *F* unscharf, nach Erhitzen Z. nach vorhergehender Dunkelfärbung $CH_3 \cdot CH_2 \cdot \overset{O}{\ddot{C}} \cdot O \cdot CH_2 \cdot CH_2 \cdot \overset{+}{N}(CH_3)_3OH^-$

Charakteristik: Platindoppelsalz: ll. in W., kristallisiert gut. — *V.:* Wahrscheinl. Mistel, Rindermilz.

2/12 **Butyrylcholin**

MG 191.25 $CH_3 \cdot [CH_2]_2 \cdot \overset{O}{\ddot{C}} \cdot O \cdot CH_2 \cdot CH_2\overset{+}{N}(CH_3)_3\ OH^-$

Charakteristik: Chloroaurat: gelbe rhombische Tafeln; *F* 96—96.5. — *Chloroplatinat:* Krist., zers. sich beim Erh. unter Dunkelfärbung; ll. in W. — *V.:* Eventuell in Rinderhirnen.

2/13 **ββ-Dimethylacryloylcholin**

MG 203.25 *F* 160 $(CH_3)_2C{:}CH \cdot \overset{O}{\ddot{C}} \cdot O \cdot CH_2 \cdot CH_2 \cdot \overset{+}{N}(CH_3)_3OH^-$

Charakteristik: Aurichlorid: F 97 (W.); gelbe Nadeln. — *V.:* In Hypobranchialextrakten des Austernbohrers (Thais floridana), (*Whittaker, V. P.:* Biochem. J. **66**, 35P (1957)). — Synthese, auch UV- u. Infrarotspektren, s. *Whittaker, V. P.:* Biochem. J. **71**, 32 (1959).

2/14 **Sinapin (Sinapinsäure = 4-Hydroxy-3,5-dimethoxy-zimtsäure)**

MG 381.26

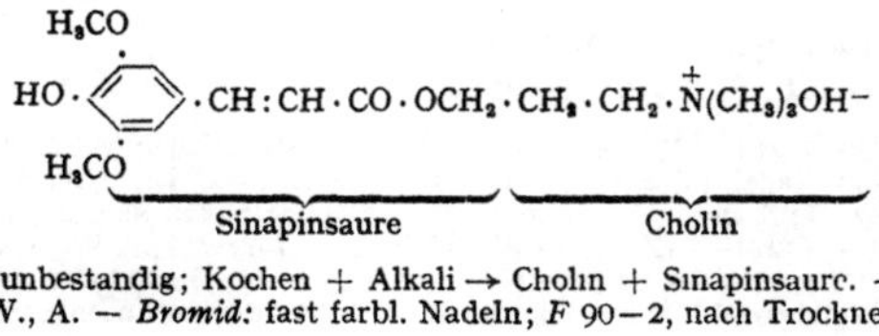

Charakteristik: Freie Base ist sehr unbestandig; Kochen + Alkali → Cholin + Sinapinsaure. — *Chlorid:* kristallisiert nicht; ll. in W., A. — *Bromid:* fast farbl. Nadeln; *F* 90—2, nach Trocknen uber H_2SO_4: *F* 107–15; ll. in W. — *Jodid:* Krist.; *F* 178–9; schwerl. in k. W. — *Sulfat:* Blättchen; *F* 126.5–27.5 (Z.); ll. in W., sd. A.; swl. in Ae. — *Nitrat:* gelbl. Nadeln (A.). — *Rhodanid:* schwach gelbliche Nadeln; *F* 179. — *Quecksilberchlorid-Verbindg.:* Prismen (W.); swl. in k. W. — *V.:* Im Samen v. Sinapis alba in Form des Glucosids Sinalbin, im scharzen Senfsamen v. Brassica nigra frei neben Sinigrin. Rapssamen, Samen von Draba nemorosa L., Samen der Gartenkresse, Lepidium sativum.

2/15 **Muscarin (natürliches M., M. aus Fliegenpilz, Pilzm.)**
MG 188.25 *F* 181–2

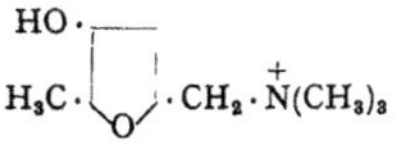

Charakteristik: Chlorid: kurze dicke Prismen (Me. + Ae. oder Isopropanol + Ac.) stark hygroskop.; empfindlich gegen O_2, bes. in saurer Lsg.; ll. in W., A.; $[\alpha]_D^{20} = +1.57$ (W.). — *Chloroaurat:* glänz. Blatt. (verd. HCl); *F* 118–21. — *Reineckat:* Krist. (W.); l. in Ac. — *V.:* Amanita muscaria, Boletus curidus, Amanita pantherina, A. phalloides. — *Wi.:* Stimuliert glatte Muskeln und durch postganglionäre cholinergische Nerven innervierte exokrine Drusenzellen, bewirkt Bradykardie und periphere Gefäßerweiterung, Blutdrucksenkung, erhöhte Peristaltik, Miosis, Konstriktion der Bronchien, Speichelsekretion und Schweißsekretion.

2/16 **Murexin (Urocanylcholin)**
MG 241.29

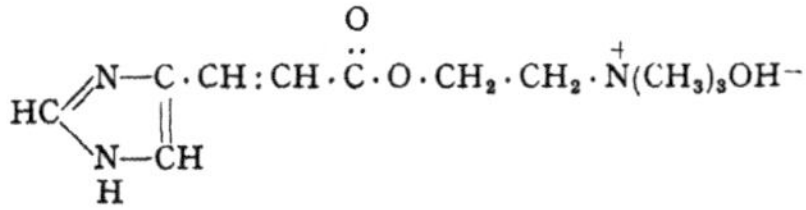

Charakteristik: Pikrat: Blatt., Nadeln; *F* 221–2; wl. in k. W., wl. in h. W. — *Dipikrat:* Tafeln oder Nadeln; *F* 221–2 (Z.). — *Pikrolonat:* Tafeln; *F* 242 (Z.). — *Flavianat:* Nadeln; *F* 320 (Z.). — *Styphnat:* dicke gebogene Nadeln; *F* 215–18 (Z.). — *Reineckat:* amorph mit krist. Drusen; *F* 186–8 (Z.). — *Chlorid-Hydrochlorid:* mikrokrist. hygroskop. Pulver; *F* 219–21 (Z.). — *V.:* Purpurschnecken-, Hypobronchial-Drusen. — *Wi.:* Nicotin- und Curarewirkung, keine Muscarinwirkung. Bei Spinalkatze und -hund bewirkt es Blutdruckerhöhung, wahrscheinlich durch Freisetzung von Adrenalin; bei enucleierten Frosch- und Octopusaugen wird Mydriasis und Vergrößerung der Iris-Chromatophoren hervorgerufen.

3. Betaine

3/1 **Glykokollbetain (Betain(um), Lycin, Oxyneurin)**
MG 117.14 *F* 293 (Z.)

$^{-}OOC \cdot CH_2 \cdot \overset{+}{N}(CH_3)_3$

Charakteristik: Blatt. u. Prismen (A.); Krist. + 1 H_2O (verd. A.); 157 W. 19°, 8.59 A. 18°, 54 Me. 21°; wl. in Ae.; bei 300° teilweise → Dimethylaminoessigsauremethylester; Kochen mit NaOH → Trimethylamin u. Glykolsaure. — *Hydrochlorid:* Tafeln; ll. in W.; wl. in A.; *F* 227–8 (Z.). — *Hydrojodid:* Krist.; *F* 188–90; ll. in h. A.; wl. in A. — *Pikrat:* Nadeln; wl. in A.; *F* 227–8 (Z.). — *Pikrolonat:* Nadeln; *F* 200 (Z.); ll. in W., A. — *Phosphowolframat:* große Rhomboeder (h. W. + verd. A.); ll. in Ac.; wl. in W. — *Chloroaurat:* dimorph: 1. rhombisches System (warme 0,5–1% HCl) Blattchen, Platten und Prismen; *F* 248–50; 2. reguläres System (warme 5%ige wssr. Lsg. bei geringem Goldchloriduberschuß) sternförmige Aggregate; *F* 200–9. — *Chloroplatinat:* rhombische Tafeln (W.) mit abgestumpften Ecken; *F* 242; unl. in A., wasserfr. Nadeln (h. W.). — *Reineckat:* flache langgestreckte Prismen; *F* 152 (Sint.), 154 zähe dunkelviolette Schmelze; ll. in Ac., Dioxan; wl. in A.; swl. in W. — *Quecksilber(II)-chlorid-Doppelsalz:* Tafelchen; ll. in W.; swl. in A. — *B.:* Cholin Betainogen. — *V.:* Blütenpflanzenteile, Zuckerrube, Pilze, Ochsenniere, Fruchtwasser, Fische, Rinderlunge, Leber, Thymus. — *Wi.:* Nicht toxisch.

3/2 **β-Propriobetain (Homobetain)**
MG 131.17 *F* 126

$^{-}OOC \cdot CH_2 \cdot CH_2 \cdot \overset{+}{N}(CH_3)_3$

Charakteristik: Seidenglanz., zerfl. Prismen (A.); ll. in W., A.; wl. in Ae.; sußl. Geschmack; Erw. + Alkali → Acrylsaure + Trimethylamin. — *Hydrochlorid:* vierseit. Tafeln (A. + W.); *F* 195–6; ll. in W.; wl. in sd. A.; Pikrinsäure gibt keine Fallg. — *Chloroplatinat:* monokline, orangerote Prismen (W.); ll. in W.; *F* 210–2 (Z.). — *B.:* β-Alanin — *V.:* Fleischextrakt, Ascariden. — *Wi.:* Ungiftig.

3/3 **λ-Butyrobetain (Actinin)**
MG 145.20 *F* 130 *Kp* 220

$^{-}OOC \cdot CH_2 \cdot CH_2 \cdot CH_2 \cdot \overset{+}{N}(CH_3)_3$

Charakteristik: Weiße, leicht verwitternde Nadelchen (A., Ae.) + 3 H_2O — *Hydrochlorid:* Hygroskop. Nadeln; *F* 203–5; wl. in A. — *Chloroaurat:* lange, flache, glanz. Nadeln oder Blatt.; *F* 176, 182–4; ll. in h. W.; wl. in k. W. — *Chloroplatinat:* hellrote, 4- oder 6seitige begrenzte Tafelchen (W.); *F* 224–5 (Z.); ll. in W.; wl. in A. — *Pikrat:* ll. in W.; wl. in A. — *Quecksilbersalz:* *F* 185. — *B.:* Carnitin- und Crotonbetainfaulnis. — *V.:* Kaltbluter (Lysinfraktion), faules Pferdefleisch, Sauglingsstuhl, Muscheln, Seerosen. — *Wi.:* Siehe Crotonbetain.

3/4 **Crotonbetain (Apocarnitin)**

MG 143.18 *F* 200—5 (Z.)

$^{-}OOC\cdot CH{:}CH\cdot CH_2\cdot \overset{+}{N}(CH_3)_3$

Charakteristik: Zerfl. Krist.; l. in W., A. — *Hydrochlorid:* zu Platten vereinigte Prismen; *F* 203—5 (Z.); ll. in A., Me., W. — *Chloroaurat:* feinkörniges, hellgelb. Kristallpulv.; *F* 215—7. — *Chloroplatinat:* lange Prismen (W.); ll. in W.; wl. in A.; *F* 221—2 (Z.). — *Pikrat:* Nadeln (W.); *F* 187—9; ll. in W., h. A. — *B.:* Glutaminsaure. — *V.:* Fleischextrakte. — *Wi.:* Atembeschleunigung, klon. Krämpfe, gefäßverengernd.

3/5 **Carnitin (Novain, Vitamin B$_T$, β-Hydroxy-γ-butyrobetain)**

MG 161.2

$^{-}OOC\cdot CH_2\cdot CH(OH)\cdot CH_2\cdot \overset{+}{N}(CH_3)_3$

Charakteristik: Sirup; ll. in A., W.; $[\alpha]_D$ —20,91° (in salzsaurer Lsg. auf freies Carnitin berechnet). — *Hydrochlorid:* strahlige Krist. (A.); ll. in A.; $[\alpha]_D^{20}$ —21,0°. — *Chloroaurat:* kleine Nadeln oder schiefe unregelmäßige Tafeln; *F* 153—5. — *Chloroplatinat:* orangerote Prismen; ll. in k. W.; *F* 214—20 (Z.). — *Quecksilberchlorid-Doppelsalz:* wl. in W.; *F* 204—5. — *Reineckat:* hellpurpurfarbene, flache, trapezformige Täfelchen (W. oder verd. HCl); *F* 146—7; ll. in Ac., Dioxan; wl. in W., A. — *B.:* Glutaminsaure. — *V.:* Saugetiermuskel, Hefe, Weizenkeime, Fische, Leber, Molke, Muscheln. — *Wi.:* Fuhrt zu gesteigerter Sekretion des Pankreas, s. dazu *Charlier, R.:* Arch. int. Pharmacodyn. **106**, 184 (1956). — Zur Wirkg. von Derivv. s. *Bhattacharyya, P. K., S. Friedman* and *G. Fraenkel:* Arch. Biochem. **54**, 424 (1955). — Zur Funktion s. a.: *Fraenkel, G., S. Friedman, T. Hinton, S. Laszlo* and *J. L. Noland:* Arch. Biochem. **54**, 432 (1955). — Gehalt d. Pankreassaftes s. *Binon, F.,* et *G. Deltour:* Experientia **12**, 357 (1956); ungiftig, ist für den Mehlwurm (Tenebrio molitor) Vitamin (B$_T$).

3/6 **Myokinin (Ornithinbetain od. Dihydroxy-ornithinbetain)**

MG 234.33, 266.33

$^{-}OH(CH_3)_3\overset{+}{N}\cdot CH_2\cdot CH_2\cdot CH_2\cdot CH(\overset{+}{N}(CH_3)_3)(COO^{-})$

oder

$^{-}OH(CH_3)_3\overset{+}{N}\cdot CH_2\cdot CH(OH)\cdot CH(OH)\cdot CH(\overset{+}{N}(CH_3)_3)(COO^{-})$

Charakteristik: Freie Base $[\alpha]_D$ —11 bis 13,5°. — *Chloroplatinat:* linksdrehend + 2 H_2O; unl. in A.; wl. in W.; *F* 233—4. — *Chloroaurat:* + H_2O; wl. in k. W.; *F* 204—5 (unscharf). — *V.:* Muskel (Mensch, Pferd, Hund).

3/7 **Taurin (2-Aminoäthansulfonsäure-(1))**

MG 125.14 *F* 240, 320—5 (Z.)

$^{-}O_3S\cdot CH_2\cdot CH_2\cdot \overset{+}{N}H_3$

Charakteristik: Säulen; 8.78 W. 20°, 33.05 W. 70°, 0.004 95%ig. A. 17°; unl. in abs. A., Ae. — *Na-Salz:* zerfl. Krist.-Masse. — *Ag-Salz:* Tafeln; l. in W.; wl. in A. — *Ca-Salz:* Nadeln; ll. in W. — *B.:* Cystein. — *V.:* Galle, Thrombocyten, Rochenorgane, Rotalgen.

3/8 **N-Methyltaurin**

MG 139.16 *F* 241, 242—5

$^{-}O_3S\cdot CH_2\cdot CH_2\cdot NH\cdot CH_3$

Charakteristik: Prismen (verd. A.); ll. in W.; unl. in A., Ae.; verbindet sich nicht mit Sauren und Basen. — *V.:* Rotalgen.

3/9 **N,N-Dimethyltaurin**

MG 153.18

$HO_3S\cdot CH_2CH_2\cdot N(CH_3)_2$

Charakteristik: Nadeln od. Prismen (verd. A.); *F* 299—304 (Z.); Tafeln (Essigester); Prismen (CH_3OH); *F* 315—16 (Z.); ll. in W., Eg.; swl. in h. Me., Essigester; unl. in A., Ae.; verbindet sich nicht mit HCl, bildet kein Platinsalz. Erh. + Cyanamid → Dimethyltaurocyamin. — *V.:* Algen.

3/10 **Taurobetain (Trimethyltaurin)**

MG 151.21

$^{-}O_3S\cdot CH_2\cdot CH_2\cdot \overset{+}{N}(CH_3)_3$

Charakteristik: Feine Prismen (W.); reagiert neutral; süßl. Geschmack; schmilzt noch nicht bei 250 und ist bei 300 noch nicht verändert, bräunt sich bei höherer Temperatur; ll. in W.; unl. in A., Ae. Bildet kein Platindoppelsalz. Kochen mit Barytwasser → Trimethylamin + Isäthionsaure. — *V.:* Riesenkieselschwämme.

3/11 **D-Glyceryltaurin**

MG 197.21 *F* 163—4 $[\alpha]_D^{21}$ —21° (W.)

$HOCH_2\cdot CH(OH)\cdot CH_2\cdot NH\cdot CH_2\cdot CH_2\cdot SO_3H$

Charakteristik: Krist. (W. + A.). — *V.:* Rotalge Gigartina leptorhynchos (*Wickberg, B.:* Acta chem. Scand. **10**, 1097 (1956)).

3/12 Dimethylthetin

MG 120.17

$^{-}OOC \cdot CH_2 \cdot \overset{+}{S}(CH_3)_2$

Charakteristik: Zerfl. Krist. (A.); l. in W.; wl. in A. — *Chlorid:* Zerfl. krist. Masse; ll. in W. — *Bromid:* Krist. (A.); *F* 94—5. — *Pikrat:* *F* 150. — *Chloroplatinat:* *F* 111. — *Styphnat:* *F* 151.5—2.

3/13 Dimethylpropiothetin (Dimethyl-β-carboxy-äthyl-sulfonium)

MG 134.2

$^{-}OOC \cdot CH_2 \cdot CH_2 \cdot \overset{+}{S}(CH_3)_2$

Charakteristik: *Chlorid:* Krist. (A.); *F* 134. — *Bromid:* *F* 112—4. — *Pikrat:* wl. in W.; *F* 132. — *Styphnat:* *F* 148. — *Chloroplatinat:* *F* 193, 200. — *B.:* Methionin. — *V.:* Algen Polysiphonia fastigiata, Enteromorpha intestinalis.

3/14 α-Amino-γ-dimethyl-butyrothetin

MG 177.22

$^{-}OOC \cdot \underset{NH_2}{C} \cdot CH_2 \cdot CH_2 \cdot \overset{+}{S}(CH_3)_2$

Charakteristik: *Chloroplatinat:* *F* 201. — *Pikrat:* *F* 158. — *V.:* Petersilie, Kohl, Rüben, Pfeffer, Karotten, Zwiebel, Lattich. — *Wi.:* Wirkt wachstumsfördernd bei E. coli, Lactobacillus arabinosus u. L. casei wenn diese unter Sulfonamidhemmung stehen.

3/15 Asterubin (β-(N,N-Dimethylguanidino)-äthansulfosäure)

MG 195.24 *F* 272—3 (Z.)

$^{-}O_3S \cdot CH_2 \cdot CH_2 \cdot NH \cdot \overset{NH}{\ddot{C}} \cdot NH(CH_3)_2$

Charakteristik: Rosettenart. Nadeln (W. + Me.); ll. in W. — *B.:* Taurin. — *V.:* Asterias rubens u. glacialis. — *Wi.:* Blutdrucksenkend, blutzuckersteigernd.

3/16 Stachydrin (L-Prolin-betain)

MG 143.18 *F* 235

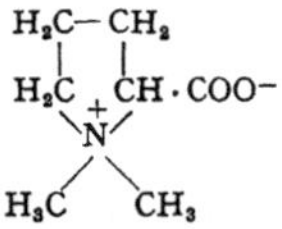

Charakteristik: Zerfl. Krist. + 1 H_2O; ll. in W.; wl. in h. Chlf., Ae. — *Hydrochlorid:* Prismen; ll. in W.; *F* 222—238 (Z.); [α]D —26.5° (W.). — *Pikrat:* Nadeln; wl. in W., A.; *F* 180—1, 195—7. — *Saures Oxalat:* Nadeln; *F* 105—7; unl. in k. abs. A. — *Chloroplatinat:* große rhomb. Tafeln; efflorесc. (W.); wl. in A.; *F* 242. — *Phosphowolframat:* Rhomboeder; ll. in Ac. — *Chloroaurat:* vierseit. rhombische Blättchen; *F* 225—38; l. in h. W.; wl. in k. W. — *B.:* Ornithin, Prolin. — *V.:* Stachys, Orangenblätter, Archenmuschel, Betonica officinalis L., Chrysanthemum cinerariaefolium, Galeopsis grandiflora, Zitronenschalen, Alfalfa-Heu, Luzerne, Aspergillus oryzae, Rhizopus japonicus, Courbonia virgata, Leonurus cardiaca, Capparisto mentosa.

3/17 3-Hydroxystachydrin

MG 159.17

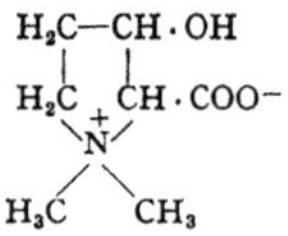

Charakteristik: a-Verb. (trans): Prismen (W. + A.); *F* ca. 250; $[\alpha]^{20}_D$ + 10° (W.). — *Pikrat:* gelb (A.); *F* 160. — *Hydrochlorid:* Nadeln (A.); *F* 196—7 (Z.); — b-Verb. (cis): Prismen (W. + A.); *F* 209—10 (Z.); $[\alpha]^{22}_D$ + 53° (W.). — *Hydrochlorid:* Prismen (A.); *F* 201—2 (Z.). — *V.:* Courbonia virgata.

3/18 Betonicin (Hydroxyprolinbetain)

MG 159.18 *F* 243 (Z.)

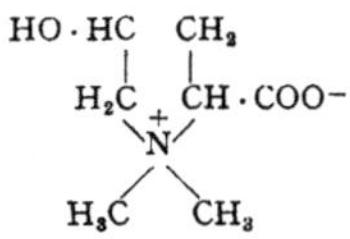

Charakteristik: Pyramiden + 1 H_2O (A.); ll. in W.; [α]D —36,60° in 4,8%ig. wäss. Lsg.; in W. leichter löslich als Turicin. — *Hydrochlorid:* Prismen (A.); *F* 223 (Z.); [α]D — 24,79°; ll. in W., weniger lösl. als Turicinhydrochlorid in A. — *Chloroplatinat:* dichromatische Prismen (W.) + 2 H_2O; *F* 226 (Z.). — *Chloroaurat:* gelbe Blätt. (W.); *F* 230—2 (Z.). — *B.:* Oxyprolin. — *V.:* Betonica officinalis, Canavalia ensiformis (Jackbohne).

3/19 Turicin

MG 159.18 *F* 260 (Z.)

diastereoisomer mit Betocinin

Charakteristik: Süß schmeckende Prismen und Nadeln (A.) + 1 H_2O; l. in W., weniger lösl. als Betonicin in A., W.; *F* 249 (Z.); $[\alpha]_D$ + 36,36°. — *Hydrochlorid:* Nadeln (abs. A.); in W. leichter lösl. als Betonicinhydrochlorid; *F* 223 (Z.); $[\alpha]_D$ in 7%ig. Lsg. + 24,65°; schwach hygroskop. — *Chloroplatinat:* + 1 H_2O; *F* 223 (Z.). — *V.:* Betonica officinalis, Stachys silvatica L..

3/20 N-Methyl-pyridiniumhydroxyd

MG 111.14

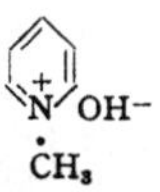

Charakteristik: Stark alkal. geruchl. Fl.; + Alkali → Z., Dunkelfärb. — *Chlorid:* + Kristallw.; fbl. Nadeln; Sirup; ll. in A., W. — *Pikrat:* Nadeln; W. 100°; *F* 113—4; 1.0 W. 100°, 0.37 A.; wl. in Ae. — *Chloroaurat:* gelbe Nadeln (A.); wl. in k. W., A.; *F* 252—3. — *Chloroplatinat:* orangerote Krist. (h. W.); ll. in h. W.; wl. in k. W.; *F* 205—7. — *B.:* Pyrrol. — *V.:* Avertebraten, Kaffee, Tabak, Harn. — *Wi.:* Curareartig.

3/21 Homarin (Methylbetain der Picolinsäure)

MG 137.13

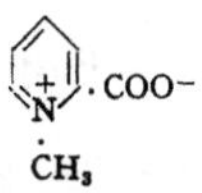

Charakteristik: + 1 H_2O. — *Hydrochlorid:* Nadeln subl. 90° (122 mm); ll. in W.; wl. in Me., A.; *F* 170—5 (Z.); mehrere Std. Erhitzen auf 200° mit konz. HCl → Picolinsäure. — *Pikrat:* hellgelbe Tafeln; *F* 158—60 (Z.). — *Chloroaurat:* regulär, Prismen; *F* 188—90; irregulär, Nadeln; *F* 138—141. — *Chloroplatinat:* Platten; *F* 197—8 (Z.). — *Reineckat:* l. in wssr. Ammoniak; swl. in W. — *B.:* Lysin. — *V.:* Hummermuskel, Archenmuschel, Seeigel, Quallen, Anemonia sulcata, Krabben.

3/22 Trigonellin (Coffearin, Nicotinsäuremethylbetain)

MG 137.13 *F* 218 (Z.)

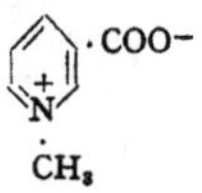

Charakteristik: Prismen + 1 H_2O (A.); ll. in W., h. A.; wl. in k. A.; unl. in Ae., Chlf.; *F* 130. — *Hydrochlorid:* Saulen und Tafeln; wl. in A.; *F* 257—8 (Z.). — *Pikrat:* Prismen; ll. in W., Me.; wl. in A.; unl. in Ae.; *F* 198—200. — *Chloroaurat:* dimorph., regulär: Blätt. oder flache Prismen; *F* 198; irregulär: (W. oder verd. HCl), feine Nadeln; *F* 185—6. — *Chloroplatinat:* wasserfr. Prismen. — *B.:* Nicotinsäure. — *V.:* Harn, Kaffee, in sehr vielen Pflanzen (s. *Karrer, W.:* Konstitutionen und Vorkommen der organischen Pflanzenstoffe, Basel u. Stuttgart 1958, S. 997), Krabben.

3/23 Trigonellinamid (N^1-Methylnicotinylamid)

MG 140.15

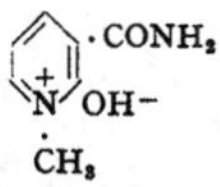

Charakteristik: Freie Base in W. → 3-Carbamido-1,6-dihydro-1-methyl-6-hydroxypyridin. — *Chlorid: F* 233—4, 237—8, 240. — *Jodid:* Krist. (W. + A.); *F* 204. — *Chloroaurat:* orange, existiert wahrscheinlich in zwei Formen; *F* 164. — *Pikrat: F* 189.5. — *Kaliumquecksilber(II)-jodid-Doppelsalz: F* 136.3. — *B.:* Nikotinsäurestoffwechsel. — *V.:* Harn.

3/24 Zoo-Anemonin (Imidazylessigsäuredimethylbetain)

MG 154.07

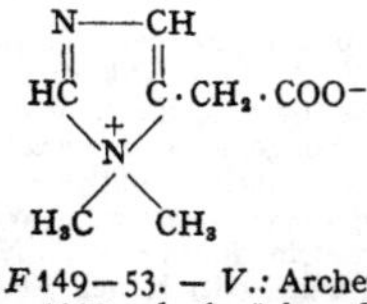

Charakteristik: In Drusen angeordnete Prismen, sehr hygroskop.; ll. in W.; wl. in A. — *Hydrochlorid: F* 180—4; ll. in W., Me.; wl. in A. — *Chloroaurat: F* 137—8 (unscharf); mäßig l. — *Pikrat: F* 149—53. — *V.:* Archenmuschel, Anemonia sulcata. — *W.:* Kontrahiert Meerschweinchendarm ca. 1000mal schwächer als Histamin.

3/25 Herzynin (Histidinbetain)

MG 197.23

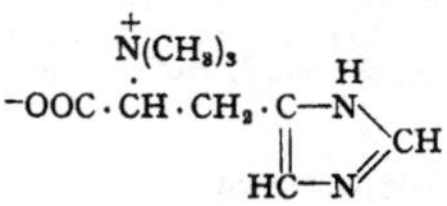

Charakteristik: $[\alpha]_D$ + 41,1° (+ 8 Mol HCl). — *Chlorhydrat:* $[\alpha]_D$ + 46,5° (W.). — *Monopikrat:* dünne Nadeln; ll. in W.; *F* 201. — *Dipikrat:* + 1 H_2O; *F* 123; w.-frei bei 213—4. — *Chloroaurat:* orangegelbe Krist.; *F* 184. — *Pikrolonat:* orangegelbe Nadeln; *F* 229—3. — *V.:* Champignon Agaricus campestros, Boletus edulis, Amanita muscaria.

3/26 Ergothionein (2-Mercaptohistidinbetain, Thiasin, Sympatothion, Thionein (engl.))

MG 229.3 *F* 290 (Z.)

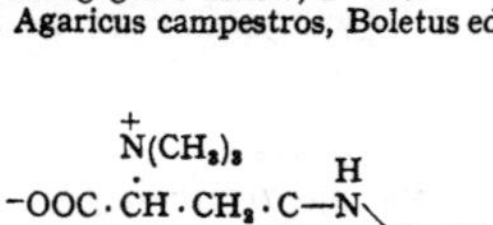

Charakteristik: Blätt. oder Nadeln + 2 H_2O (W.); ll. in h. W.; 8.6 W. 20°; wl. in A.; unl. in Ae., Chlf.; $[\alpha]_D$ + 110° (W.). — *Hydrochlorid:* Krist. (W.) + H_2O; ll. in W.; *F* 250 (w.-frei); $[\alpha]_D$ + 88,5°. — *Sulfat:* + 2 H_2O; *F* 265 (Z.). — *Phosphat:* Nadeln; *F* 290—3 (Z.). — *V.:* Mutterkorn, Blut, Harn, Cerealien. — *Wi.:* Schilddrüsenhyperplasie.

3/27 **Hypaphorin (Tryptophanbetain)**

MG 246.30 *F* 255 (Z.)

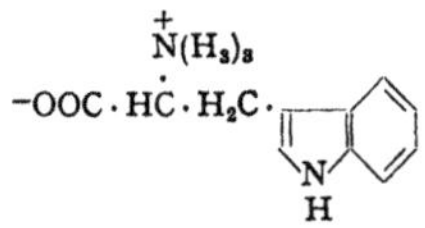

Charakteristik: Große durchsichtige Krist. (W.) $+2H_2O$; Kristallw. verdampft im Exsiccator; ll. in W., A.; unl. in organ. Lsgm.; $[\alpha]_D$ der 1–3%ig. Lsg. +93°, $[\alpha]_D^{25}$ +113.5° (W.). – *Nitrat:* *F* 215–20 (Z.). – *Jodmethylat:* glitzernde Platten (h. W.). – *V.:* Erythrina hypaphorus Boerl, Eryth. indicana Lam., Eryth. americana, Rubenschößlinge.

4. Polymethylendiamine

4/1 **Äthylendiamin**

MG 60.10 D^{15} 0.902 D_4^{25} 0.898 n_D^{26} 1.454
F 8.5 *Kp* 116.5

$H_2N \cdot CH_2 \cdot CH_2 \cdot NH_2$

Charakteristik: Fl., riecht ammoniakal. – *Hydrat:* $(+1H_2O)$: *F* 10; *Kp* 118; D^{15} 0.970; ll. in W.; l. in A.; 0.3 Ae.; $(+2H_2O)$: *F* –10. – *Hydrochlorid:* monoklin.-prism. Krist. (W.); unl. in A.; *F* > 270. – *Sulfat:* Tafeln (W. + A.). – *Pikrat:* *F* 233. – *Chlorat:* Krist. (W.); *F* 150 (Z.); expl. auf Schlag. – *Derivate: Acetamid:* *F* 172. – *Dibenzamid:* *F* 244. – *Dibenzolsulfonamid:* *F* 168. – *Di-p-Toluolsulfonamid:* *F* 360. – *Phenylthioharnstoff:* *F* 102. – *Wi.:* Tränenfluß, Speichelfluß, Stimulierung der Atmung, Temperatursenkung, Depression und Diarrhoe, Senkung des Blutdruckes durch zentrale Wirkung; bei Kaltblütern Narkose und Krämpfe.

4/2 **Putrescin (1,4-Diaminobutan)**

MG 88.15 D^{25} 0.877 *F* 23–4, 27–8
Kp 158–60

$H_2N \cdot [CH_2]_4 \cdot NH_2$

Charakteristik: Farbl. Fl., bei niederer Temp. Krist.; mit Dampf schwer flucht.; ll. in W.; wl. in Ae. – *Hydrochlorid:* lange, farbl. Nadeln; nicht hygrosk.; ll. in W.; wl. in verd. A.; unl. in abs. A., Ae. – *Dipikrat:* seidenglanz. Nadeln; wl. in W.; bräunt bei 230°; *F* 250–5 (Z.). – *Dipikrolonat:* gelbe Nadeln; wl. in W., A.; *F* 263 (Z.). – *Chloroaurat:* Plättchen; *F* 230–40; wl. in W. – *Diflavianat:* *F* 253–4 (Z.). – *Quecksilberchlorid-Doppelsalz:* l. in W.; unl. in A. – *Phosphowolframat:* ll. in Ac.; l. in Me., A.; wl. in W. – *Derivate: Diacetylverbdg.:* *F* 137. – *Dibenzoylverbdg.:* seidenglänz. Blättchen, farbl. Nadeln; subl. unzers.; ll. in h. A.; wl. in k. A.; unl. in W.; *F* 175–6. – *Diphenylharnstoffverbdg.:* Nadeln; *F* 240; l. in Nitrobenzol, Anilin u. Pyridin; unl. in W., Ac., Bzl., Ligroin. – *Nitranilat:* wl. in W.; unl. in A. – *B.:* Bakt. Eiweißzers. Arginin, Ornithin. – *V.:* Cystinurie-Harn, Pankreas, Lunge, Bierhefe, Mutterkorn, Datura stramonium, Boletus edulis, Amanita muscaria, Atropa belladonna, Roggenähren, Citrus grandis, Boletus luteus, Boletus elegans, Orangensaft, Erbsenpflanze, Maikäfer, Seidenraupe.

4/3 **Cadaverin (Pentamethylendiamin)**

MG 102.18 D_4^0 0.8846 D_{15}^{15} 0.8846 *Kp* 178–80 $H_2N \cdot [CH_2]_5 \cdot NH_2$

Charakteristik: Sirup, CO_2-anziehend; ll. in W., A.; wl. in Ae. – *Dihydrochlorid:* zerfl. Nadeln; ll. in A.; wl. in k. W.; *F* 255. – *Pikrat:* gelbe Nadeln u. langgestreckte Tafeln; wl. in W.; *F* 221, 237. – *Dipikrolonat:* orangegelbe Nadeln od. Tafeln; wl. in W., A.; *F* 250 (Z.). – *Chloroaurat:* lange, stark glänzende, gelbe, im Exsiccator verwitternde Nadeln oder Würfel; *F* 186–8; ll. in W. – *Chloroplatinat:* rotgelbe, 4seitige Prismen, Oktaeder oder Nadelbüschel; *F* 215–75 (Z.) je nach Erh. – *Phosphorwolframat:* wl. in W.; zieml. l. in Me. u. A.; ll. in Ac. – *Quecksilberchlorid-Doppelsalz:* lange Nadeln; *F* 214–16. – *Neutrales Oxalat:* Nadeln; *F* 160; ll. in W.; unl. in A. – *Saures Oxalat:* Plättchen oder Nadeln; *F* 143 (Z.); ll. in W.; unl. in A. – *Derivate: Dibenzolsulfonylverbdg.:* glänzende Krist. (A.); *F* 119; ll. in h. A., verd. Alkali; wl. in k. A. – *Dibenzoylverbdg.:* *F* 130, 135; ll. in A.; fast unl. in W.; wl. in Ae. – *Phenylthioharnstoffverbdg.:* *F* 148. – *B.:* Bakt. Eiweißzers. Lysin. – *V.:* Cystinurie-Harn, Schweinepankreas, Krötenleber, Schlangen, Mutterkorn, Sojabohne, Kartoffel, Erbsenpflanze.

4/4 **Isopropylvinylputrescin**

MG 156.26 Kp_{10} 105–6

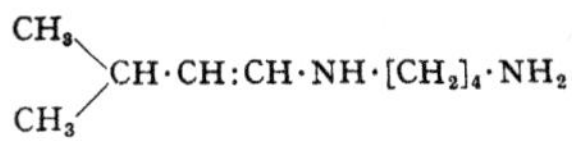

Charakteristik: *Dichlorhydrat:* *F* 262 (Z.). – *V.:* Sphaerophysa salsula, Eremosparton flaccidum.

4/5 **Tetramethylputrescin**

MG 144.24 *Kp* 169 D^{15} 0.7941

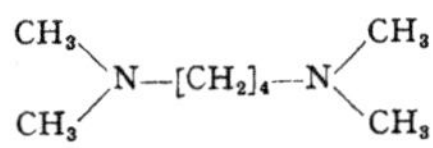

Charakteristik: Farbl. Fl. von stechendem Geruch, scharfer, kratzender Geschmack. Mischbar mit W. unter Erwärmen; l. in A., Ae.; fl. mit Dampf. – *Chlorid:* Dreiseitige Prismen (A.); *F* 273 (Aufschäumen); zerfl. an der Luft; ll. in W. – *Chloroaurat:* Goldgelbe Prismen (h. W.); sintert gegen 200°, 206–7° (Z.); ll. in Ac.; swl. k. W. – *Chloroplatinat:* luftbeständige Prismen; *F* 234 (Z.); ll. in h. W.; zieml. swl. in k. W. – *Pikrat:* *F* 199–200. – *V.:* Hyoscyamus muticus, H. reticulatus L.

4/6 **Spermidin (N-(γ-Aminopropyl)-tetramethylendiamin)**

MG 145.25 $H_2N \cdot [CH_2]_4 \cdot NH \cdot [CH_2]_3 \cdot NH_2$

Charakteristik: Ähnl. Eigenschaften wie Spermin. — *Hydrochlorid:* tafelförmige Krist.; wenig hygr. — *Phosphat:* glänz. Schuppen (W. + A.) + 6 H_2O; erweicht bei 150°; *F* 207—9, 218—20 (Z.). — *Pikrat:* Nadeln; *F* 210—12 (Z.). — *Chloroaurat:* Schuppen; *F* 220—22. — *Triflavianat: F* 249 bis 250 (Z.); leichter lösl. als Sperminflavianat, 0.1525 W. 21°. — *Phosphowolframat:* unl. in Ac. — *m-Nitrobenzoylderivat: F* 148—50; *Hydrat: F* 102. — *V.:* Spermin, tierische Organe, Hefe, Seidenraupe, Ciconia sulcata. — *Wi.:* Wenig giftig.

4/7 **Spermin (bis-Aminopropyl-tetramethylendiamin, Neuridin, Gerontin, Musculamin)**

MG 202.34 *F* 55—60 Kp_5 150 $H_2N \cdot [CH_2]_3 \cdot NH \cdot [CH_2]_4 \cdot NH \cdot [CH_2]_3 \cdot NH_2$

Charakteristik: Zerfl. Krist.; ll. in W., A.; unl. in Ae., Bzl.; beim Kochen mit Kupfercarbonat Violettfarbung (Unterschied gegenüber Spermidin); mit Dampf etwas flücht. — *Hydrochlorid:* Schuppen (A.); ll. in W.; *F* 310 (Z.). — *Phosphat:* farbl. Krist (W.).; unl. in A.; 0.037 W. 20°; Erweichen bei 227°, klar bei 230—4°, bei 240° weiße Substanz, die bei 260—62° erneut schmilzt. — *Pikrat:* lange Nadeln (h. W.); Schwärzung bei 242°; *F* 248—50 (Z.). — *Pikrolonat:* prismat. Nadeln; *F* 288—9. — *Diflavianat:* 0.003 W. 22°; *F* 290—300 (Z.). — *Chloroaurat:* Schuppen; *F* 225 (Z.). — *Chloroplatinat:* monokline Prismen; *F* 242—5 (Z.). — *Oxalat:* Schuppen; *F* 225. — *Phosphowolframat:* swl. in W., Ae., Butanol. — *Tetrabenzoylderivat:* Nadeln (Ac. + PAe) oder (Ac. + W.) oder (A. + W.); *F* 155. — *Phenylisocyanat: F* 179—80. — *V.:* Hefe, Sperma, fast alle tierischen Organe, jetzt auch festgestellt bei Avertebraten: Cionia intestinalis. (*Ackermann, D.*, u. *R. Janka:* Z. physiol. Chem. **296**, 279 (1954)).

5. Guanidinbasen

5/1 **Guanidin (Imidoharnstoff)**

MG 59.07

$$H_2N \cdot \overset{NH_2}{\dot{C}} : NH$$

Charakteristik: Krist., zerfl.; starke Base; zieht CO_2 an; l. in A.; unl. in Ae. — Kochen mit $Ba(OH)_2$ → NH_3 + Harnstoff. Amberlite IR 4 adsorbiert Guanidin bei p_H 6—10.5. — *Hydrochlorid:* zerfl. Krist.; l. in A. — *Pikrat:* Schwärzung bei 280°; *F* 311—5 (Z.); wl. in W. — *Pikrolonat:* Drusen aus feinen Nädelchen; *F* 272—4 (Z.)); ll. in A.; swl. in W. — *Phosphowolframat:* ll. in Ac.; wl. in W. — *Sulfat:* unl. in A. — *Nitrat: F* 214; wl. in W.— *Chloroaurat:* lange Nadeln; *F* 275—8; swl. in W. — *Chloroplatinat:* gelbe Nadeln oder Prismen; ll. in W.; wl. in A. — *Flavianat: F* 274 (Z.); wl. in W. — *Cadmiumchlorid-Doppelsalz: F* 390—5; zieml. l. in Me.; fast unl. in k. A. — *Silbersalz:* als amorpher Niederschlag aus äquivalenten Lösungen von Guanidin- und Silbersalzen beim Alkalisieren mit $Ba(OH)_2$, durch Stehen im Dunkeln Umwandlung in farblose Nadeln; explosiv; l. in Sre., NH_3; swl. in W. — *Imidazoldicarbonat:* swl. in W.; unl. in A. — *B.:* Guanin, Arginin. — *V.:* Vicia sativa, Rübenmelasse, Sojabohnen, Botelus edulis, Maiskeime, Galega officinalis, Enteromorpha intestinalis, Harn, Fische, Pankreasautolysat. — *Wi.:* Sensibilisierung der quergestr. Muskulatur gegenüber Acetylcholin, klonische Krampfe, Übelkeit, Parasthesien, Blutdrucksteigerung, Blutzuckersenkung.

5/2 **Methylguanidin**

MG 73.10

$$H_3C \cdot NH \cdot \overset{NH_2}{\dot{C}} : NH$$

oder

$$H_3C \cdot N : \overset{NH_2}{\dot{C}} \cdot NH_2$$

Charakteristik: Zerfl. Masse; stark alk. — *Hydrochlorid:* derbe Prismen; wl. in A. — *Nitrat:* Drusen von kleinen u. breiten Täfelchen; ll. in h. W.; wl. in k. W.; *F* 155. — *Chloroaurat:* rhomb. Krist.; zuerst ölig; *F* 198—200; ll. in Ae.; wl. in W., A. — *Chloroplatinat:* orangerote, tafelförmige Kristalle; *F* 194—5; ll. in W. — *Pikrat:* zwei isomorphe Modifikationen (Tafeln) mit Pleochromismus: 1. eigelb (lichtgelb u. lichtgelblichgrün), 2. orangefarben (lichtgelb u. dunkelgelb); *F* 200 bis 201.5; swl. in W. — *Pikrolonat: F* 270—91 (Z.), vorher bei 225° olivgrüne Verfärbung; swl. in W., A. — *Reineckat: F* 228—30; swl. in W. — *V.:* Muskulatur, Leber, Lunge, Hoden, Milch, Salamander, Fische, Blut. — *W.:* Blutdrucksteigernd, sekretionsanregend (Pankreas, Galle), periph. Erregbarkeitssteigerung, s. Guanidin.

5/3 **Dimethylguanidin**

MG 87.13 *F* 144*

$$(CH_3)_2N \cdot \overset{NH_2}{\dot{C}} : NH$$

Charakteristik: Nadeln (A. + Ae.); schmilzt bei 144°*, wird wieder fest, schmilzt erneut bei 172°. — *Dihydrochlorid:* zerfl. Nadeln; bei 118° erweichend, flüssig bei 168°. — *Pikrat:* kleine spitze gelbe Prismen (W.); *F* 230. — *Pikrolonat:* kleine flache 4seitige Säulen; *F* 278 (Z.). — *Chloroplatinat:* Nadeln; *F* 210, 225 (Z.); ll. in W. — *Chloroaurat:* nadelförmige Krist.; *F* 247, 248; swl. in W. — *V.:* Harn. — *Wi.:* Blutdrucksteigernd, Vergiftung: tetanieähnlich.

5/4 Galegin (Isoamylenguanidin)

MG 127.19 *F* 60—5

$$(CH_3)_2C{:}CH_2{\cdot}NH{\cdot}\overset{NH_2}{\dot{C}}{:}NH$$

Charakteristik: Hygroskop. Krist.; CO_2 anziehend; ll. in W., A.; wl. in Ae., Chlf. — *Hydrochlorid:* hygroskop. Krist.; ll. in W., A.; *F* 60. — *Sulfat:* ll. in h. W., A.; *F* 227. — *Nitrat:* Nadeln (W.); ll. in A.; *F* 108. — *Pikrat:* gelbe Nadeln (W.); *F* 180. — *V.:* Galega officinalis. — *Wi.:* Blutdrucksenkend, zentral lähmend.

5/5 Agmatin (δ-Aminobutyl-guanidin)

MG 130.19

$$H_2N{\cdot}[CH_2]_4{\cdot}NH{\cdot}\overset{NH_2}{\dot{C}}{:}NH$$

Charakteristik: Hydrochlorid: Krist.; ll. in W. — *Sulfat:* doppelbr. Nadeln; l. in W.; wl. in A.; *F* 226, 229. — *Pikrat:* Nädelchen; *F* 235—40; wl. in W. — *Chloroaurat:* gelbe Nadeln (W.); *F* 220 bis 223 (Z.). — *Carbonat:* kreidige Masse (W.). Umkrist.: rosettenförmige Krist.-Blätt.; wl. in W — *Phosphowolframat:* swl. in W. — *Nitranilat:* swl. in W.; unl. in A. — *B.:* Arginin. — *V.:* Heringssperma, Octopus vulgaris, Mutterkorn, Ricinus communis, Erbsenpflanze.

5/6 Vitiatin

MG 158.21

$$HN{:}\overset{NH_2}{\dot{C}}{\cdot}[CH_2]_2{\cdot}\overset{CH_3}{\dot{N}}{\cdot}\underset{NH_2}{C}{:}NH$$

Charakteristik: Chloroaurat: Goldgelbe glänzende Blatter (HCl + W.); *F* 167; klare Schmelze bei 190°. — *V.:* Harn, Muskelextrakt.

5/7 Arcain (α,δ-Diguanidinobutan)

MG 172.24 *F* 190

$$HN{:}\overset{NH_2}{\dot{C}}{\cdot}NH{\cdot}[CH_2]_4{\cdot}NH{\cdot}\overset{NH_2}{\dot{C}}{:}NH$$

oder

$$HN{:}\overset{NH_2}{\dot{C}}{\cdot}NH{\cdot}\underset{NH}{C}{\cdot}NH{\cdot}[CH_2]_4{\cdot}NH_2$$

Charakteristik: Krist. (A. + Ae.); zerfl. an der Luft. — *Hydrochlorid:* Tafeln oder dicke Prismen. — *Hydrobromid:* Krist. (A.); *F* 272; l. in W.; wl. in k. A. — *Pikrat:* kleine Prismen; *F* 253—4; wl. in W., A. — *Pikrolonat:* gelber, amorpher Niederschlag; *F* 278—9, 303; swl. in W. — *Sulfat:* garbenförmige Nadeln; *F* 291 (Z.); wl. in W. — *Carbonat:* kreidige Masse; wl. in W. — *Rufianat:* rote Aggregate von Prismen; *F* 306—11 (Z.); wl. in W. — *Chloroaurat:* Nädelchen; *F* 170.5—172.5; l. in W. — *Chloroplatinat:* orangefarbene Tafeln oder federartige Aggregate; *F* 222—4; wl. in W. — *B.:* Putrescin, Agmatin. — *V.:* Arca noae. — *Wi.:* Hemmt Histaminwirkung (Darm, Uterus), blutdrucksenkend.

5/8 Glykocyamin (Guanidinessigsäure)

MG 117.11

$$HO_2C{\cdot}CH_2{\cdot}NH{\cdot}\overset{NH_2}{\dot{C}}{:}NH$$

Charakteristik: Nadeln (W.); verkohlt beim Erhitzen; wl. in W.; unl. in A., Ae. — *Hydrochlorid:* Prismen; *F* 191; ll. in W., A. — *Pikrat:* Nadeln; *F* 199—200; wl. in W. — *Chloroaurat:* *F* 173. — *Chloroplatinat:* Prismen; *F* 198—200. — *Kupfersalz:* hellblauer, schwer löslicher Niederschlag. — *B.:* Glykokoll u. Arginin. — *V.:* Harn.

5/9 Glykocyamidin (Amid der Guanidinessigsäure)

MG 99.09

$$OC{\cdot}H_2C{\cdot}NH{\cdot}\dot{C}{:}NH \quad (OC \text{ und } \dot{C} \text{ über } NH \text{ verbunden})$$

Charakteristik: 240° → braun, 300° → Verkohlung. Blättchen; ll. in W.; Niederschlag mit Phosphowolframsäure. — *Hydrochlorid:* Nadeln (A.); ll. in W.; *F* 211—3. — *Chloroaurat:* *F* 157—8 — *Pikrat:* gelbe Blätter (W.); *F* 215—6.

5/10 Kreatin (Methylguanidinoessigsäure)

MG 131.13 *F* 291 (Z.)

$$HO_2C{\cdot}CH_2{\cdot}\overset{CH_3}{\dot{N}}{\cdot}\underset{NH_2}{\dot{C}}{:}NH$$

Charakteristik: Monokline Prismen (W.) + 1 H_2O; w.-frei bei 100°; 1.34 W. 18°; 0—008 A. 17°; ll. in h. W.; wl. in A.; leichter löslich durch Kreatinin und Harnstoff. — *Hydrochlorid:* Prismen. — *Kreatinzinkchlorid:* Krist.; ll. in h. W. (Zerf. in Bestandteile). — *B.:* Glykokoll, Glykocyamin. — *V.:* Harn, Muskel, Blut, Weizen, Kartoffeln, Kakao. — *Wi.:* Tonus steigernd am glatten, Herz- u. Skeletmuskel, schwach gefäßerweiternd, erhöht Blutzucker bei fastenden Hunden.

5/11 Kreatinin (Methylguanidino-essigsäure-anhydrid)

MG 113.12 *F* 235 (Z.)

$$OC{\cdot}CH_2{\cdot}\overset{CH_3}{\dot{N}}{\cdot}\dot{C}{:}NH \quad (OC \text{ und } \dot{C} \text{ über } NH \text{ verbunden})$$

Charakteristik: Monokline Blatt. (h. W.); monokline Prismen + 2 H_2O (Verdampfen waßr. Lsg. bei Zimmertemperatur); 8.7 W. 16°; 0.16 A. 17°. — *Hydrochlorid:* Prismen (konz. HCl); oder rhombische Tafeln; ll. in W., A. — *Hydrochlorid:* + H_2O (W.); *F* 230—40 (Z.). — *Hydrojodid:* Krist. (W.); ll. in W., A.; *F* 194—5. — *Pikrat:* seidenglänz. Nadeln (W.); *F* 212—3. — *Chloroplatinat:* gelbrote Säulen + 2 H_2O (W.); *F* 210; orangerote Nadeln u. Prismen (A.); *F* 220—5 ll. in W.; wl. in A. — *Zinkchlorid:* zentrisch gruppierte Nadeln, Rosetten oder Buschel; 1.8 W. 15°; l. in Mineralsäuren u. Alkalien; unl. in abs. A. — *Sulfat:* quadratische Tafeln (h. A.). —

Chloroaurat: goldgelbe Blättchen; *F* 170—174, nach Trocknen b. 100°; ll. in W., A.; fast unl. in konz. HCl, Ae. — *Kaliumpikrat-Doppelsalz:* gelbe Nadeln; wl. in W. — *Rubidiumpikrat-Doppelsalz:* gelbe Nadeln; *F* 256—7; wl. in W. — *Flavianat: F* 250 (Z.); wl. in W. — *Silbernitrat:* Nadeln; *F* 188—91 (Z.); ll. in h. W. — *B., V., Wi.:* siehe Kreatin.

5/12 **Alacreatin** (DL-α-**Guanidin-propionsäure**) $HO_2C\cdot CH(CH_3)\cdot NH\cdot C(NH_2):NH$

MG 131.13 *F* 226 (Z.), 228, 228—30, 246—7

Charakteristik: Prismen (W.); ll. in verd. Säuren u. Alkalien; l. in W.; fast unl. in A., Ae., Ac. — Erh. + verd. H_2SO_4 → Alacreatinin; Kochen + Baryt → Alanin + Harnstoff; gibt mit alkal. Lsg. von α-Naphthol und Natriumhypochlorit eine rote Färbung. — *Pikrat: F* 187—8.5 (W.) (Z.). — *Sulfat:* schiefe Prismen; *F* 155—60 (Z.). — *Nitrat:* rhombenähnliche Krist.; *F* 150 (Z.). — *B.:* Aus DL-α-Bromproprionsäure + wässr. Guanidinlsg. bei 60°. — *Wi.:* Kreatininantagonist. (*Bengelsdorf, J. S.:* J. Amer. chem. Soc. **75**, 3138 (1953)).

5/13 γ-**Guanidobuttersäure** $HO_2C\cdot[CH_2]_3\cdot NH\cdot C(NH_2):NH$

MG 145.15

Charakteristik: Stark glänzende Kristalldrusen; ll. in h. W.; wl. in k. W.; unl. in A. — *Mono-Chlorhydrat:* Krist.; *F* 184; ll. in W.; wl. in HCl; unl. in A. — *B.:* L-Arginin. — *V.:* In der Grunalge Enteromorpha intestinalis. — (*Mourge, M.,* u. *R. Dokhan:* ref. Chem. Abst. **49**, 5588 (1955).) In Echinodermen, Crustaceen und Mollusken (*Thoai, N.-V., J. Roche* u. *Y. Robin:* Biochim. Acta **11**, 403 (1953)).

5/14 **Guanido-ketovaleriansäure** $HO_2C\cdot C(:O)\cdot[CH_2]_3\cdot NH\cdot C(NH_2):NH$

MG 353.26

B.: L-Arginin. — *V.:* Echinodermaten, Crustaceen u. Mollusken. (*Thoai, N.-V., J. Roche,* u. *Y. Robin:* Biochim. Acta **11**, 403 (1953)).

5/15 **Octopin** (L-**Arginin-N-**(α-**proprionsäure**)) $HO_2C\cdot CH(CH_3)\cdot NH\cdot CH(CO_2H)\cdot[CH_2]_3\cdot NH\cdot C(NH_2):NH$

MG 246.27 *F* 281—2 (Z.)

Charakteristik: Farblose feine Nadeln; der freie Körper reagiert neutral oder ganz schwach sauer; $[\alpha]_D^{17}$ + 20.94°. — *Pikrat:* gelbe Nadeln; *F* 225; swl. in W. — *Pikrolonat:* gelbe Nadeln; l. in h. W.; wl. in k. W.; *F* 234, 237—39. — *Flavianat:* orangegelbe Nadeln; swl. in W. — *Kupfernitrat-Doppelsalz:* ll. in W. — *B* : Arginin, Brenztraubensäure. — *V.:* Cephalopodenmuskeln.

5/16 **Taurocyamin** (β-**Guanido-äthansulfosäure**) $HO_3S\cdot[CH_2]_2\cdot NH\cdot C(NH_2):NH$

MG 167.09 *F* 230—35 (A. + Ac.), 226—28 (W.)

Charakteristik: feine Nadeln; Sakaguchi-Reakt. positiv. — *V.:* Bestandteil von Phosphotaurocyamin bei Arenicola marina L., Sabellaria alveolata L., Phascolosoma elongatum *Keferstein.*

5/17 **Streptidin** (**1,3-Diguanido-2,4,5,6-tetraoxycyclohexan**)

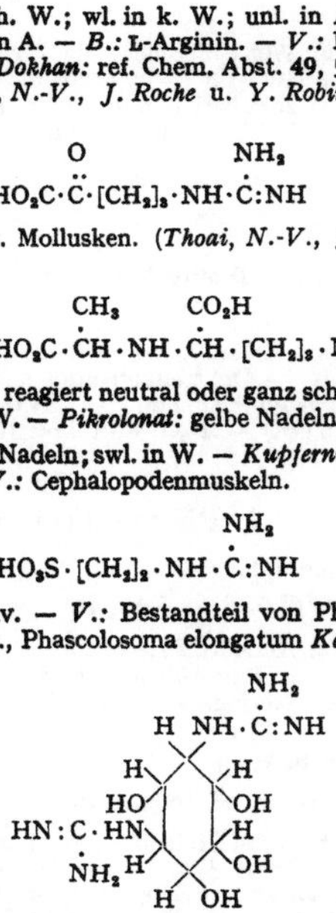

MG 262.27

Charakteristik: Dihydrochlorid: amorph, feine Nadeln. — *Dipikrat:* Nadeln oder Prismen. — *Carbonat:* Tetraeder. — *Sulfat:* Prismen; *F* (Z.) > 230. — *V.:* Streptomycesarten.

6. Imidazolbasen

6/1 **Histamin** (β-**Imidazolyl-4(5)-äthylamin**)

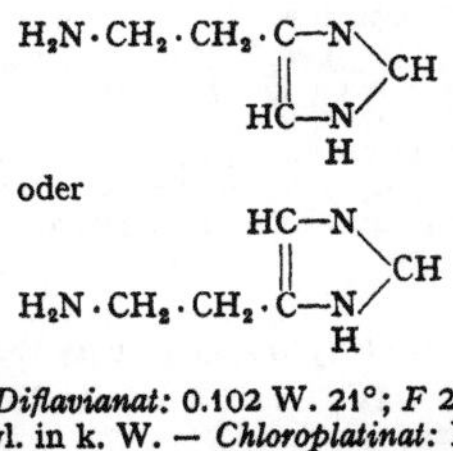

MG 111.14 *F* 83—4 Kp_{18} 209

Charakteristik: Tafeln (Chlf.); ll. in W., A.; wl. in k. Chlf.; unl. in Ae. — *Dihydrochlorid:* ll. in W., Me.; *F* 240. — *Biphosphat:* 4seitige monokline Prismen (W.); ll. in h. W.; *F* 132—3 nach vorherg. Sintern. — *Monopikrat:* Nadeln (W.); *F* 233—4. — *Dipikrat:* tiefgelbe, rhomb. Prismen (W.); *F* 220—30, 239 (Z.). — *Dipikrolonat: F* 262—4. — *Phosphorwolframat:* ll. in Ac., A.; wl. in W. — *Monoflavianat:* Nadeln; *F* 258—60; 0.15 W. 21°. — *Diflavianat:* 0.102 W. 21°; *F* 262—3 (Z.). — *Dihydrobromid: F* 284. — *Chloroaurat: F* 200—1; swl. in k. W. — *Chloroplatinat:* Prismen (W.); wird oberhalb 200° grauschwarz, ohne zu schmelzen; ll. in h. W.; wl. in A. — *Nitranilat:* wl. in W.; unl. in A. — *2-Nitroindandion-(1,3)-salz:* wl. in W. — *o-Dichlorbenzolsulfonsaures Salz: F* 225—27, nach Trocknen bei 100°; ll. in h. W.; wl. in k. W. — *B.:* Histidin. — *V.:* Lunge, Dünndarmschleimhaut, Leber, Nerven, Brennesseln, Spinat, in zahlreichen höheren Pflanzen, Hornissengift. — *Wi.:* Blutdrucksenkend, Kontraktion d. glatt. Muskulatur, sekretionsfördernd.

6/2 N-Acetylhistamin

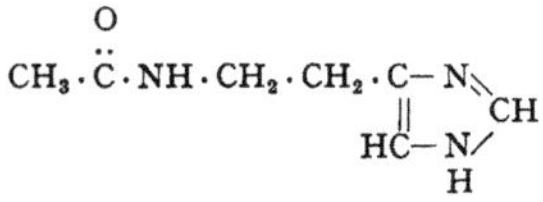

MG 153.18 *Kp* 147—8

Charakteristik: Farbl. Prismen (A., Ae.); ll. in W., A.; subl. leicht bei 140°, 0,5 mm. — *Pikrat:* lange gelbe prism. Nadeln (A. + Ae.); Sintern bei 162°; *F* 167—71; Verdampfen alkohol. Lsg.: gelbe Prismen; Sintern bei 175°; *F* 181—3. Spontane Umwandlung des niedrigschmelzenden in das hochschmelzende Derivat innerhalb von 2 bis 3 Monaten. — *B.:* Histamin. — *V.:* Im Hundeharn (*Tabor, H.*, u. *E. Mosettig:* J. biol. Chem. **180**, 703 (1949). — *Wi.:* Pharmakolog. unwirksames Umwandlungsprodukt des Histamins im tierischen Organismus.

6/3 N,N'-Diacetylhistamin

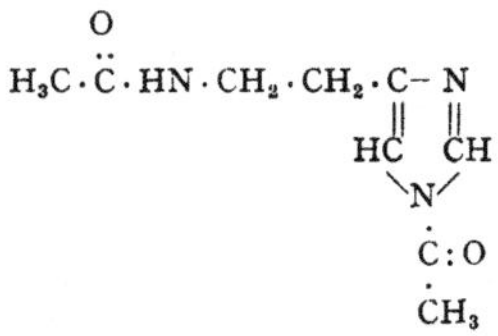

MG 205.21 *F* 113

Charakteristik: Weiße Prismen; die kernständige Acetylgruppe läßt sich leicht abspalten. — *Wi.:* Bewirkt nach Inkubation mit Cholin Kontraktion des Meerschweinchendarms. Synthese s.: *Staab, H. A.:* Angew. Chem. **68**, 616 (1956).

6/4 Nα,N¹-bis-(2,4-Dinitrophenyl)-histamin

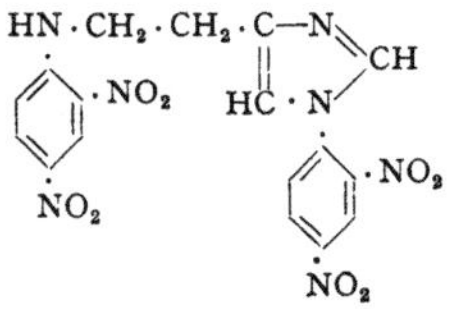

MG 443.33

Charakteristik: Entsteht bei Behandlung von Histamin mit 2,4-Dinitrofluorbenzol neben Nα-(2,4-Dinitrophenyl)-histamin. — *Hydrochlorid:* Gelbe Nadeln (W.) + 2H$_2$O; w.-frei bei 100°; *F* 230—5; maximale Absorption bei 357—60 mμ.

7. Phenylalkylamine, Oxyphenylalkylamine

7/1 Benzylamin (Moringin)

MG 107.15 D^{19} 0.9826 Kp_{771} 184.5

$C_6H_5 \cdot CH_2 \cdot NH_2$

Charakteristik: Amidartig riechende Fl.; ∞ W., A., Ae. — *Hydrochlorid: F* 255—6. — *Acetylderivat: F* 60—1; *Benzoylderivat: F* 105—6. — *B.:* Zwischenprodukt bei Benzylsenfölbildung. — *V.:* Cruciferen, Moringa oleifera. — *Wi.:* Zentralerregend.

7/2 β-Phenyläthylamin

MG 121.18 D^{24} 0.958 $Kp_{757.9}$ 193

$C_6H_5 \cdot CH_2 \cdot CH_2 \cdot NH_2$

Charakteristik: Farbl. Öl; ll. in A., Ae.; l. in W. — *Hydrochlorid:* glänz. Blätt. (A. + Ae.); *F* 217. — *Pikrat:* ll. in w. W.; *F* 171—4. — *Neutr. Oxalat:* Blätt.; *F* 181. — *Benzoylderivat:* unl. in W., *F* 116. — *Flavianat:* zitronengelbe Prismen (W.); *F* 244—5. — *Diliturat:* Nadelchen; *F* 245—7. — *B.:* Phenylalanin. — *V.:* Eiweißfaulnis, Viscum album, Boletus edulis, B. luteus, versch. Acacia-Arten, Mutterkorn. — *Wi.:* Bewirkt Urticaria bei Kontakt mit scarifizierter Haut, wirkt blutdrucksteigernd bei parenteraler Zufuhr, senkt Blutdruck bei oraler Zufuhrung, stimuliert in kleinen Dosen den Herzmuskel, kontrahiert die Coronarien, wirkt nicht mydriatisch.

7/3 N-Methylbenzylamin

MG 121.18 *F* 13 $Kp_{765.5}$ 180—1 *Kp* 208 $D_{15}^{18.5}$ 0.9450 n_D^{20} 1.5364 D_0^{20} 0.952

$C_6H_5 \cdot CH_2 \cdot NH \cdot CH_3$

Charakteristik: Ölige Flussigk.; ∞ Glycerin; wl. in h. W. — *Hydrochlorid:* Tafeln (A. + Ae.), *F* 195; ll. in W., A., Chlf. — *Chloroaurat:* goldgelbe rautenformige Krist. (W.); *F* 138; wl. in W. — *Acetylderivat: F* 107—8. — *Benzoylderivat: F* 137. — *Pikrat: F* 204. — *B.:* Benzaldehyd. — *V.:* Ephedraarten.

7/4 Vanillylamin (4-Hydroxy-3-methoxy-benzylamin)

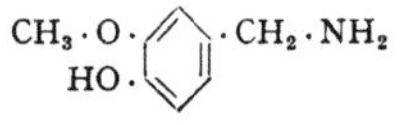

MG 153.16 *F* 132—3, nach Trocknen über H_2SO_4 *F* 145—6

Charakteristik: Nadeln (+2H$_2$O); sd. W. u. Alkali bewirken leicht Zers. — *Hydrochlorid:* Krist. (A.); gibt mit Eisenchlorid blaue Farbe; *F* 216—7, 227; ll. in W.; swl. in A. — *Pikrat:* Gelbe Tafeln (A.); *F* 198—200 (Z.). — *B.:* Capsaicin, Erh. + konz. HCl in Me. bei 125° im Autoklaven. — *V.:* Im Cayennepfeffer als Capsaicin.

7/5 **Octopamin (p-Hydroxyphenyl-äthanolamin)**
MG 153.18

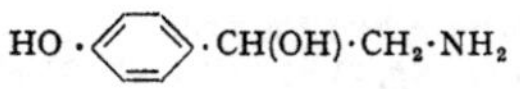

Charakteristik: Hydrochlorid: gelbl. Krist.; ll. in W.; *F* 170. — *V.:* Octopoden-Speicheldrusen, Harn. — *Wi.:* Sympathicomimetisch.

7/6 **Tyramin (Tyrosamin, Mydin, β-Hydroxyphenyläthylamin)**
MG 137.18 *F* 160—61, 164—165 Kp_{88} 210 Kp_8 175—8

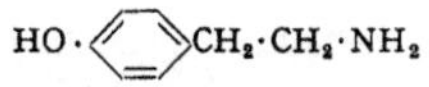

Charakteristik: Blätt. od. Nadeln; riecht süßl., schmeckt bitter (Bzl.); 1.05 W. 15°; 10 sd. A.; wl. in Ae., Chlf., h. Xylol. — *Hydrochlorid:* ll. in W.; wl. in A.; *F* 269.5. — *Pikrat:* kurze Prismen, *F* 200. — *Dibenzoat:* Krist. (A.); *F* 170, 172. — *Chloroplatinat:* sechsseitige Blattchen. — *Nitranilat:* wl. in W.; fast unl. in A. — *2-Nitroindandion(1,3)-salz:* wl. in W. — *B.:* Tyrosin. — *V.:* Eiweißfäulnis, Mutterkorn, versch. Phoradendron-Arten, Ginster, Distel, Erbsenpflanze, Placenta, Leber, Blut, Harn, Galle, Pankreas, Maikäfer, Octopus. — *Wi.:* Blutdrucksteigernd, langsamer einsetzend aber langer andauernd als Noradrenalin, Erhöhung des Schlagvolumens, uteruskontrahierend, bronchokonstriktorisch, blutzuckererhöhend.

7/7 **N-Methyl-tyramin (N-Methyl-β-hydroxyphenyläthylamin)**
MG 151.17 *F* 130—1 (Z.)

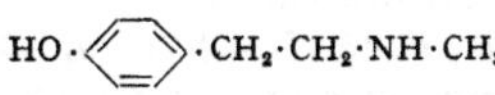

Charakteristik: Prismen (A.). — *B.:* Tyrosin. — *V.:* Gerste. — (*Leete, E.,* u. *L. Marion:* Canad. J. Chem. **31**, 126 (1953).)

7/8 **Hordenin (Anhalin, N-Dimethyl-tyramin)**
MG 165.23 *F* 118 Kp_{11} 173

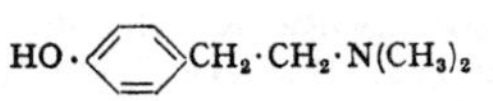

Charakteristik: Prismen (A.); ll. in A., Ae., Chlf.; l. in W.; wl. in Bzl. — *Hydrochlorid:* Nadeln (A.); ll. in W. — *Sulfat:* Nadeln; ll. in W.; wl. in A.; *F* 209—11. — *Pikrat:* l. in W.; *F* 139—40. — *Pikrolonat:* *F* 219—20. — *B.:* Tyrosin. — *V.:* Gerstenkeimlinge, Anhaloniumarten. — *Wi.:* Schwach sympathicomimetisch.

7/9 **Oxytyramin (β-(3,4-Dihydroxyphenyl)-äthylamin, Dopamin)**
MG 153.18

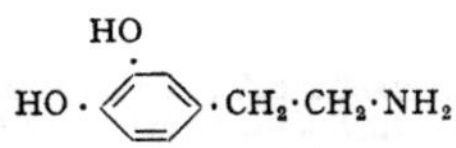

Charakteristik: Prismen, die an der Luft rasch schwarz werden. — *Hydrochlorid:* Nadeln (W.); ll. in W.; wl. in A.; unl. in Ac.; *F* 237 (Z.). — *Tricarbomethoxyderivat:* Krist. (Me.); *F* 92—3. — *Tribenzoylderivat:* *F* 141. — *Pikrat:* bräunlichgelbl. Krist. (W.); *F* 189 (Z.). — Rinderleberschnitte + Oxytyramin → Epinin. — *B.:* Dihydroxyphenylalanin. — *V.:* Besenginster, Harn, Parotiden von Bufo marinus, Bananen, Nerven, Ganglien, Lunge, Leber, Dünndarm. — *Wi.:* Blutdrucksteigernd.

7/10 **Candicin (β-(p-Hydroxyphenyl)-äthyltrimethyl-ammonium, Trimethyl-tyrammonium)**
MG 180.26

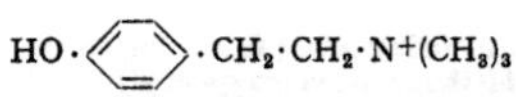

Charakteristik: Jodid: Prismen; *F* 230—1; wl. in k. W. — *Pikrat:* *F* 162—3. — *Chloroplatinat:* *F* 208—9. — *Chloroaurat:* *F* 127—8. — *B.:* Tyrosin. — *V.:* Trichocereus candicans, T. lamprochelorus, T. spachianus. Synthese s.: *Barger, G.,* and *A. J. Ewins:* J. chem. Soc. (London) **97**, 2253 (1910).

7/11 **Corynein (β-(3,4-Dihydroxyphenyl)-äthyl-trimethylammonium)**
MG 196.23

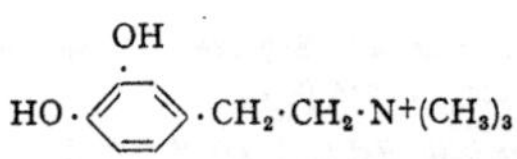

Charakteristik: Chlorid: glänz. Krist. (A. + Ae.); *F* 201. — *Jodid:* gelbl. Krist.; *F* 205. — *B.:* Dioxyphenylalanin. — *V.:* Stetsonia coryne, Cereus coryne.
Synthese: s. *Barger, G.,* and *A. J. Ewins:* J. chem. Soc. (London) **97**, 2253 (1910).

7/12 **N-Acetyl-tyramin**
MG 179.1 *F* 134

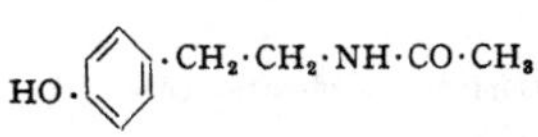

Charakteristik: Rechteckige Blöcke (Essigester); ll. in A., Me.; l. in h. W., h. Essigester; swl. in Bzl.; unl. in k. W. — *Derivat: O,N-Diacetyltyramin:* *F* 103—4. — *B.:* Tyramin. — *V.:* In Bombyx mori-Puppen. — *Wi.:* Blutdrucksteigernd u. uteruskontrahierend, aber erheblich schwacher als Tyramin.
Zur Synthese, Papierchromatographie u. Gegenstromverteilung s. *Butenandt, A., U. Gröschel, P. Karlson* u. *W. Zillig:* Arch. Biochem. **83**, 76 (1959).

7/13 N-Methyl-phenyläthylamin

MG 135.20 Kp_4 73–5 Kp_{36-40} 112.5–115 $C_6H_5 \cdot CH_2 \cdot CH_2 \cdot NH \cdot CH_3$

Charakteristik: Farbl. Öl. — *Hydrochlorid: F* 161–2. — *Pikrat: F* 141–2. — *Pikrolonat: F* 217–8. — *Chloroplatinat: F* 220–1. — *V.:* Arthrophytum leptocladum, Acacia prominens.

7/14 Halostachin (β-Phenyläthanolmethylamin)

MG 151.19 $C_6H_5 \cdot CH(OH) \cdot CH_2 \cdot NH \cdot CH_3$

V.: Chenopodiacee: Halostachys caspica.

7/15 Epinin (N-Methyl-3,4-dihydroxy-phenyl-äthylamin)

MG 167.19 *F* 188–9.

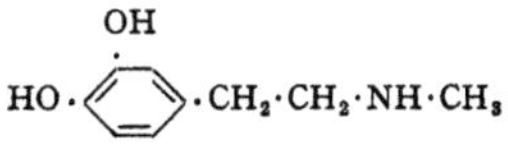

Charakteristik: Nadeln (A.); swl. in k. W., sd. A.; l. in h. W. — *Chlorid:* Prismen (W.); *F* 179–80; ll. in W., h. A. — *Sulfat:* Prismen (W.); *F* 289–90; zieml. swl. in k. W. — *Oxalat:* Tafeln (W.); *F* 194–5; swl. in k. W. — *V.:* Besenginster.

7/16 Arterenol (Noradrenalin)

MG 169.18 *F* 216.5–8 (Z.), 215–7, 190–1

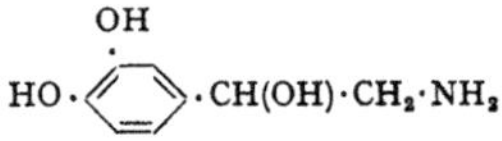

Charakteristik: Weißes krist. Pulver (W.); ll. in verd. Säuren und Alkali. — L-*Arterenol:* $[\alpha]_D^{25}$ –37.3° (H_2O–HCl). — D-*Arterenol:* $[\alpha]_D^{26}$ –37.4° (H_2O–HCl). — DL-*Arterenol:* $[\alpha]_D^{22}$ +0.6°. — D-*Hydrochlorid:* Krist.; *F* 146.8–7.4; $[\alpha]_D^{27}$ +39°. — L-*Hydrochlorid: F* 145.2–6.4; $[\alpha]_D^{25}$ –40° (W.). —D-*Arterenol Bitartrat:* Krist. (Me.) + 1 H_2O; *F* 164–5; $[\alpha]_D^{18}$ + 39°; l. in W. — L-*Arterenol*-D-*Bitartrat:* Krist. (Me.) + 1 H_2O; *F* 101; $[\alpha]_D^{18}$ –113°; l. in W. — *Oxalat:* farblos. Krist. (W.); *F* 175 unter Aufschäumen. — *B.:* Tyrosin. — *V.:* Nebenniere, Nerven, chromaffines Gewebe, Bananen. — *Wi.:* Sympaticuswirkstoff, Wirkungen s. b. Adrenalin.

7/17 N-Methyladrenalin

MG 197.23

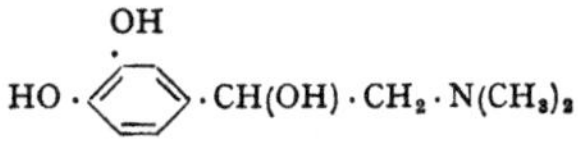

V.: Metabolit des Adrenalin in den Nebennieren von Affe, Ratte, Kaninchen und Meerschweinchen (*Axelrod, J.:* Biochim. biophys. Acta **45**, 614 (1960)).

7/18 Metadrenalin (Metanephrin, β-(3-Methoxy-4-hydroxyphenyl)-β-hydroxy-N-methyläthylamin)

MG 197.23

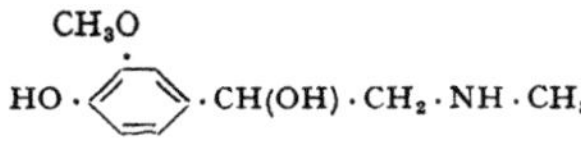

V.: Als Metabolit von Adrenalin im Harn (*Robinson, R.,* u. *P. Smith:* Clin. chim. Acta **7**, 29 (1962)).

7/19 Normetadrenalin (Normetanephrin, β-(3-Methoxy-4-hydroxyphenyl)-β-hydroxyäthylamin)

MG 183.21

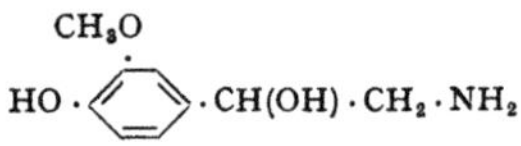

V.: Als Metabolit von Noradrenalin im Harn. Lit. s. b. Metadrenalin.

7/20 L-Adrenalin (L-Suprarenin, L-Epinephrin)

MG 183.20 *F* 216 (Z.)

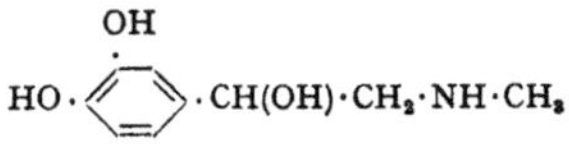

Charakteristik: Krist.; 0.009 W. 20°; ll. in Alkali u. Säuren; swl. in A.; unl. in Ae.; $[\alpha]_D$ = –50.72°; 51.3°; 53.3°. — *Hydrochlorid:* 8.35 W. 5°; 20.42 W. 100°. — *Tartrat:* Krist. (A.); *F* 149. — *B.:* Tyrosin. — *V.:* Nebenniere, chromaffine Gewebe, Nerven. — *Wi.:* Blutdrucksteigerung, Tachykardie, wirkt broncholytisch und darmerschlaffend, mydriatisch und hyperglykämisch.

7/21 Isopropyl-noradrenalin (Aludrin)

MG 227.26

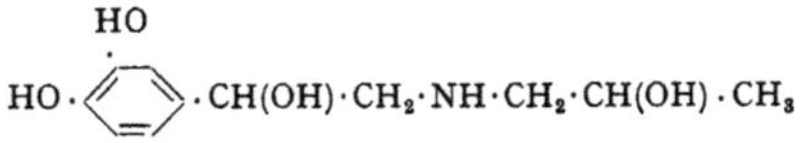

Charakteristik: Freie Base DL-*Form:* Farbl. Krist.; ll. in verd. Sauren u. Alkali. *F* 155–6. — *Sulfat* (2 H_2O): Farbl. Krist. od. weißes krist. Pulver; ll. in W.; wl. in A.; unl. in Ae., Chlf.; *F* 128–31 (Z.). — *Hydrochlorid:* weißes krist. Pulver; ll. in W.; wl. in A.; unl. in Ae., Chlf. — *Tartrat: F* 161–2; $[\alpha]_D^{19}$ +45.0°. — + D-*Form:* freie Base $[\alpha]_D^{19}$ +45.0°; *Tartrat: F* 115 (Z.); $[\alpha]_D^{19}$ +322.2° (W.). — —D-*Form* freie Base $[\alpha]_D^{19}$ –45.0°; *Tartrat: F* 80–3; $[\alpha]_D^{19}$ – 14.9° (W.). —

L-*Form:* freie Base: Farbl. Krist.; *F* 164–5; $[\alpha]_D^{19}$ −45.0° (*c* = 2 in 2n HCl). — *Sulfat:* Farbl. Krist. oder weißes krist. Pulver; $[\alpha]_D^{25}$ −30.0° (*c* = 1 H_2O). — *Hydrochlorid:* weißes krist. Pulver $[\alpha]_D^{20}$ −50.0° (*c* = 1 H_2O). — *V.:* Katzennebenniere (*Muscholl, E.:* Arch. exp. Path. **237**, 365 (1959).) — *Wi.:* Blutdrucksteigernd aber schwächer als Adrenalin, broncholytisch starker als A. Synthese s. DRP. 723278; aus Guajacol s. *Beke, D., Ö. Kovács, I. Fabricius* u. *I. Lám:* Pharmazeut. Zentralh. **92**, 237 (1953).

7/22 **N-Acetyl-dopamin (N-Acetyl-hydroxy-tyramin)**

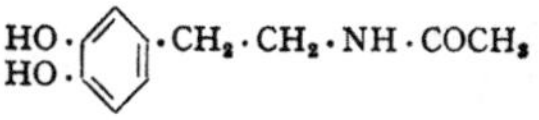

MG 185.1 *F* 53–4

Charakteristik: Weißes, krist. Pulver (Essigester); sehr hygroskop., luftempfindl.; l. in W., A., Me., h. Essigester; unl. in Bzl., Ae. — *B.:* Dopamin. — *V.:* In Calliphora erythrocephala, als das 4-O-β-Glucosid in Calliphora erythrocephala u. Drosophila melanogaster, im Rattenharn (*Goldstein, M.*, u. *J. M. Musacchio:* Biochim. biophys. Acta **58**. 389 (1962)). — *Wi.:* Sklerotisierungssubstanz. — *Okubo, S.:* Med. J. Osaka University **9**, 327 (1958). — *Karlson, P.*, u. *C. Sekeris:* Z. physiol. Chem. **327**, 86 (1962).

7/23 **2,4,5-Trihydroxy-phenyläthylamin**

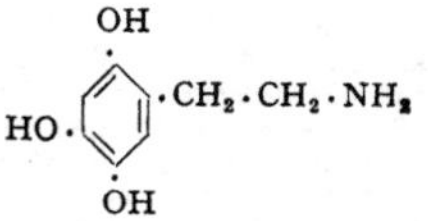

MG 166.14

Charakteristik: Hydrobromid: F 218–19. — *V.:* Stoffwechselprodukt von Dopamin. — (*Senoh, S.*, and *B. Witkop:* J. Amer. chem. Soc. **81**, 6231 (1959).)

7/24 **L-Norephedrin (β-Phenyl-β-oxy-isopropylamin, Mydriatin)**

MG 151.20 *F* 51 Kp_{22} 167–8 $C_6H_5 \cdot CH(OH) \cdot CH(NH_2) \cdot CH_3$

Charakteristik: Tafeln (W.); $[\alpha]_D$ (A.) −14.6°. — *Hydrochlorid:* Tafeln (A.); *F* 171–2; $[\alpha]_D^{20}$ (W.) −33.74°. — *Sulfat:* +2H_2O; Tafeln (W.); *F* 285–6; $[\alpha]_D^{18}$ (W.) −32.0°. — *Bitartrat:* Sint. 130°; *F* 160. — *Chloroaurat:* gelbe Tafeln; *F* 188. — *Chloroplatinat:* gelbl. Nadeln; *F* 221 (Z.).

7/25 **L-Ephedrin (β-Phenyl-β-oxy-isopropyl-N-methylamin)**

MG 165.23 *F* 40 *Kp* 255 $C_6H_5 \cdot CH(OH) \cdot CH(CH_3) \cdot NH \cdot CH_3$

Charakteristik: Krist. +1H_2O (Ae.); ll. in W., A., Ae. — *Hydrat:* $[\alpha]_D^{22}$ (A.) −5.5°. — *Hydrochlorid:* 20 W. 20°; 3.6 A. 20°; *F* 217–8; $[\alpha]_D^{20}$ −36° (5%ig. wssr. Lsg.). — *Phosphat:* Nadeln (A.); *F* 178; ll. in h. W. — *B.:* Phenyl-acetyl-carbinol. — *V.:* Ephedraarten, Celastraceen. — *Wi.:* Sympathicomimetisch, blutdrucksteigernd, herzfrequenzsteigernd, bewirkt Konstriktion der peripheren Gefaße, die Wirkung ist schwacher als die von Adrenalin, aber langer anhaltend; dilatiert Bronchien und stimuliert das Atemzentrum, die Hirnrinde und subcorticale Zentren, wirkt mydriatisch; hemmt Peristaltik, Pankreassekretion und verursacht Hyperglykamie.

7/26 **D-Pseudoephedrin**

MG 165.23 *F* 118 $C_{10}H_{15}ON$, stereoisomer mit Ephedrin

Charakteristik: ll. in A., Ae., Chlf.; unl. in W.; $[\alpha]_D^{17}$ (A.) −53°. — *Hydrochlorid: F* 182–3.5; $[\alpha]_D^{20}$ (W.) +62°. — *Chloroaurat: F* 126.5–27.5. — *V.:* Ephedra vulgaris. — *Wi.:* Wie Ephedrin, aber schwächere Blutdruck- u. mydriatische Wirkung, ebenso starke bronchodilatorische Wirkung wie Ephedrin.

7/27 **N-Methyl-L-ephedrin**

MG 179.25 *F* 87–8 Kp_{14} 137–9 $C_6H_5 \cdot CH(OH) \cdot CH(CH_3) \cdot N(CH_3)_2$

Charakteristik: Säulen (PAe. + A.); $[\alpha]_D^{20}$ (Me.) −2902°. — *Hydrochlorid:* Prismen (Essigester); ll. in W.; wl. in A.; *F* 192; $[\alpha]_D^{20}$ (W.) −2987°. — *Pikrat:* gelbe Nadeln (A.); *F* 144. — *Chloroplatinat:* orangerote Nadeln; *F* 198. — *Chloroaurat:* gelbe Nadeln; *F* 121–3. — *V.:* Ma Huang.

7/28 **D-Norpseudoephedrin (Cathin)**

MG 151.20 *F* 77.5–8

Charakteristik: Prismen (A.); ll. in W. u. organ. Lsgm.; $[\alpha]_D^{20}$ +33.1°. — *Hydrochlorid:* Prismen (A.); *F* 180–1; $[\alpha]_D^{20}$ (W.) +42.5°. — *Sulfat:* Tafeln (W.); *F* 295; $[\alpha]_D^{20}$ (W.) +40.1°. — *Chloroaurat:* gelbe Nadeln; *F* 137–8. — *Chloroplatinat:* gelbe Krist.; *F* 198.

7/29 **N-Methyl-D-pseudoephedrin**

MG 179.25 D^{24} 0.9857 *F* 30 Kp_{24} 145

Charakteristik: Krist.; ll. in organ. Lsgm.; wl. in W.; $[\alpha]_D^{21}$ (Me.) −48.13°. — *Hydrochlorid:* Prismen sehr hygroskop.; $[\alpha]_D^{21}$ (W.) −58.11°. — *Pikrat:* Krist. (A.); *F* 152−3. — *Chloroaurat:* goldgelbe Blätt. (HCl + W.); *F* 123.

7/30 **Salicifolin**

MG 227.28

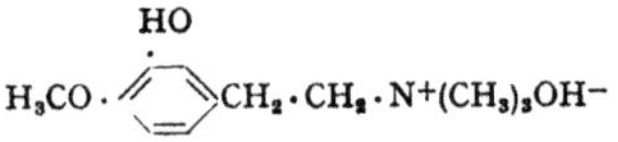

Charakteristik: Chlorid: Prismen (Me.); *F* 260−1 (Z.); ll. in W.; wl. in Me., A.; unl. in Ae., Chlf. — *Pikrat: F* 181−2. — *V.:* Magnolia salicifolia, M. Kobus.

7/31 **Mezcalin (β-(3,4,5-Trimethoxyphenyl)-äthylamin)**

MG 211.25 *F* 35−6 Kp_{12} 180

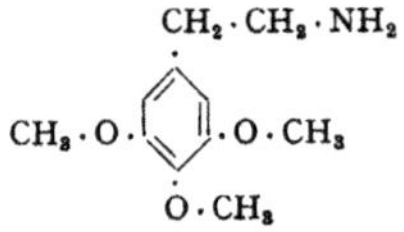

Charakteristik: Kleine Nädelchen (A.); lichtbrechende Flüss.; ll. in A.; l. in W.; wl. in Ae.; CO_2 aufnehmend. — *Hydrochlorid:* farbl. Krist.; ll. in W.; l. in A.; *F* 181. — *Sulfat:* Prismen + $2H_2O$; ll. in h. Me.; wl. in k. W.; unl. in A.; *F* 183−6. — *Pikrat:* gelbe Krist. (A.); wl. in A.; *F* 219.20. — *V.:* Trichocereus Terscheckii, Anhalonium-Kakteen. — *Wi.:* Sympathicomimetische autonome Wirkungen, Hyperreflexie der Gliedmaßen, Tremor, wirkt halluzinogen, ahnlich wie LSD; zentrallähmend bei Kaltblütern.

7/32 **Trichocerein (β-(3,4,5-Trimethoxyphenyl)-äthyl-N-dimethylamin)**

MG 239.31

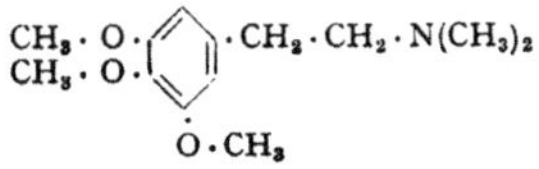

Charakteristik: Farbl. Öl; l. in W., A., Ae., Chlf. — *Hydrochlorid:* Krist. (A.); *F* 205. — *Pikrat:* gelbe Nadeln; *F* 169−70. — *V.:* Trichocereus Terscheckii. — *Wi.:* Krampfe u. Lähmung. Synthese s. *Reti, L.,* u. *J. A. Castrillón:* J. Amer. chem. Soc. **71**, 1767 (1951).

7/33 **Chaksin (β-Phenyl-β-oxy-äthyl-trimethyl-guanidin)**

MG 239.31

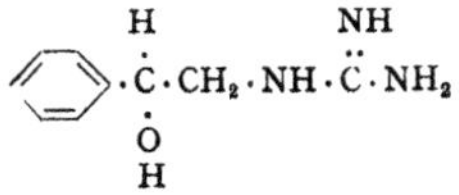

Charakteristik: Rotl. Sirup; l. in W., A.; wl. in Ae., PAe.; $[\alpha]_D$ (A.) +32°; CO_2 anziehend. — *Bicarbonat:* Nadeln + $^1/_2H_2O$ (A.); *F* 167−9. — *Sulfat:* Nadeln (W.); *F* 316 (Z.). — *Pikrat:* hellgelb. Pulver; *F* 239−40 (Z.). — *V.:* Leguminosensamen.

7/34 **Herclavin (N-Cinnamoylderivat des p-Methoxy-phenyläthyl-N-methyl-amins)**

MG 295.35

p-$CH_3O \cdot C_6H_4 \cdot CH_2 \cdot CH_2 \cdot N(CH_3) \cdot CO \cdot CH : CH \cdot C_6H_5$

V.: Zanthoxylum clava-herculis. — *Crombie, L.:* J. chem. Soc. (London) **1955**, 995.

7/35 **Thyroxamin**

MG 731.96

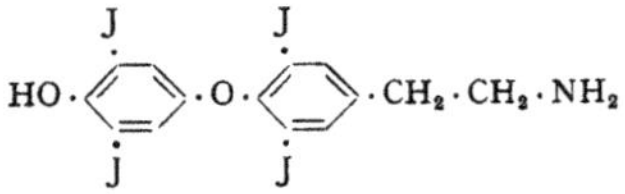

V.: Schilddrüse, Blut. — *Wi.:* Wie Thyroxin, nur schwacher. — *Hillmann, G., B. Keil* u. *P. Tashimi:* Z. Naturforsch. **16b**, 28 (1961).

8. Indolalkylamine, Oxyindolalkylamine

8/1 **Indol**

MG 117.14 *F* 53 *Kp* 253 (Z.)

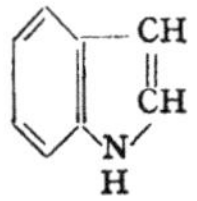

Charakteristik: Blätt. (W.); ll. in A., Ae.; l. in h. W.; flüchtig mit Dampf, schwache Base. Oxyd. → Indigo; + β-Naphtochinon-natriummonosulfat in schwach alkal. Lsg. → blauer oder purpurblauer Niederschl. — *Chlorid:* entsteht nur mit konz. HCl, zers. sich beim Kochen. — *Pikrat:* lange rote, glanzende Krist. (Bzl.); wl. in k. Bzl. — *B.:* Tryptophan, Eiweißfaulnis. — *V.:* Kot, Goldlack, Jasmin. — *Wi.:* Blutdrucksenkend, erhohte Speichelsekretion, Krämpfe.

8/2 **Skatol (β-Methylindol)**

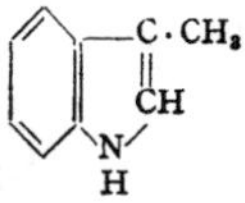

MG 131.17 *F* 95 Kp_{755} 265—6

Charakteristik: Glanz. Blatt. (W.); flüchtig; 0.045 W. 16°; l. in A.; unl. in Ae. — *Hydrochlorid:* Nadeln (A. + Ae.); ll. in A.; wl. in W.; unl. in Ae.; *F* 167—8. — *Pikrat:* rote Nadeln (A.); l. in W., A.; *F* 170—1. — *Acetylderivat:* *F* 68. — *N-Propionylderivat:* *F* 45. — *B.:* Eiweißfaulnis. — *V.:* Kot, Urämieserum.

8/3 **Gramin (Indolyl-(3)-methyl-N-dimethylamin, Donaxin)**

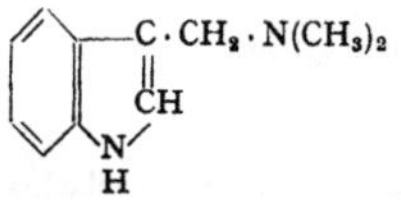

MG 174.24 *F* 134

Charakteristik: Flache Nadeln od. Blättchen (Ac.); wl. in W.; unl. in PAe. — *Pikrat:* gelbe Nadeln (h. W.); *F* 140—2. — *Chloroplatinat:* rote Nadeln (5%ige HCl); *F* 182. — *B.:* Phytochemisch aus Indol, Formaldehyd, Dimethylamin, in der Pflanze aus Tryptophan. — *V.:* Gerstenblätter, Schilf-Art: Arundo donax L. — *Wi.:* Blutdrucksenkend, miotisch, toxisch.

8/4 **Tryptamin (β-Indolyl-(3)-äthylamin)**

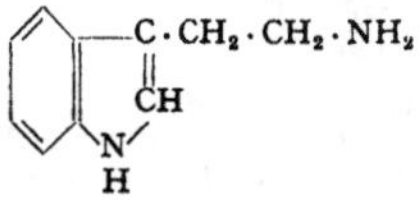

MG 160.21 *F* 145—6

Charakteristik: Nadeln (A. + Bzl.); ll. in A., Ac.; wl. in Ae., W. — *Hydrochlorid:* farblose Prismen (A. + Ae.); ll. in W.; wl. in A.; *F* 246. — *Pikrat:* dunkelrote Krist. (verd. Ac.); ll. in Ac.; wl. in A., Chlf.; unl. in W.; *F* 242—3 (Z.). — *Pikrolonat:* chromgelbe Prismen (W.); *F* 231 (Z.). — *Phosphowolframat:* braunrote Nadeln; ll. in Ac., A.; wl. in W.; *F* 242—3 (Z.). — *N-Benzoyltryptamin:* *F* 174. — *B.:* Tryptophan. — *V.:* Akazien. — *Wi.:* Stimuliert glatte Muskeln, besonders des Uterus, der Arterien und der Iris, besitzt auch zentral stimulierende Wirkung.
Synthese s. *Manske, R. H. F.:* Canadian J. Res. **5**, 592 (1931).

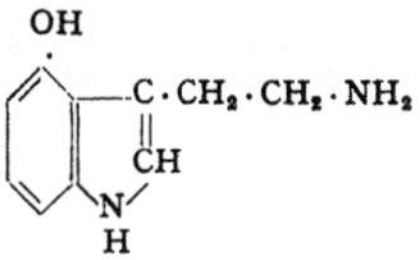

8/5 **4-Hydroxytryptamin**

MG 176.21

Wi.: Wie Serotonin, nur schwacher. — ***Erspamer, V., A. Glässer*** u. ***P. Mantegazzini:*** Experientia **16**, 505 (1960).

8/6 **5-Hydroxytryptamin (Serotonin, Enteramin, Vasoconstrictin, Thrombocytin)**

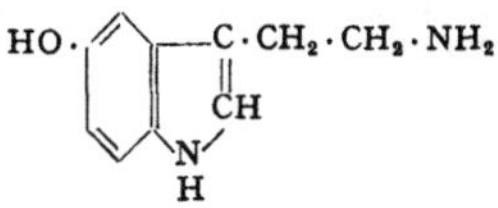

MG 176.21

Charakteristik: *Pikrat:* orangerote, strahlige oder rosettenartige Nadeln; *F* 191—7.5 (Z.), vorher bei 160—165° Farbänderung gegen orange mit wenig Sintern, bei 187—190 Braunwerden; ll. in Ac.; wl. in W. (1‰). — *V.:* Octopus vulgaris (Speicheldrüsen), Milz, Magen- u. Darmschleimhaut der Saugetiere (enterochromaffine Zellen), Blutplättchen, Bienengift, Pflanzenhaare, Hornissengift, Bananen. Walnusse, Harn. — *Wi.:* Gefäßkonstriktorisch, antidiuretisch, darmkontrahierend, uteruskontrahierend; nahestehende Substanzen sind wahrscheinlich Regulatoren des Herzschlags in Crustaceen. — Zusammenfassende Literatur: ***Langemann, H.:*** Schweiz. med. Wschr. **85**, 957 (1955). — Außerdem: 5-Hydroxytryptamin, Proceedings of a Symposium, London 1. u. 2. April 1957, Pergamon Press 1958. — ***Erspamer, V.:*** in Fortschr. Arzneimittelforsch., **3**, Basel-Stuttgart 1961.
(***Calisle, D. B.:*** Biochem. J. **63**, 32 P (1956)).

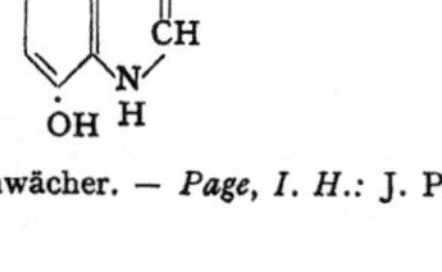

8/7 **7-Hydroxytryptamin**

MG 176.21

Wi.: Wie 5-Hydroxytryptamin, aber bedeutend schwächer. — ***Page, I. H.:*** J. Pharmacol. **105**, 58 (1952).

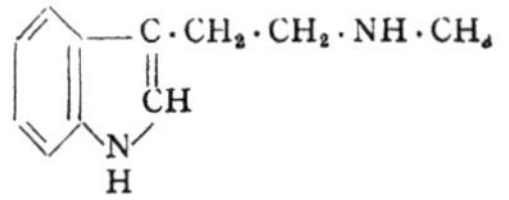

8/8 **N-Methyltryptamin (Dipterin)**

MG 174.24 *F* 90, 94

Charakteristik: Sternf. Nadeln (Chlf. + PAe). — *Hydrochlorid:* Platten (A. + Ac.); *F* 180. — *Pikrat:* rote Nadeln; *F* 191. — *Phenylharnstoffderivat:* (Chlf. + Ae.) Platten; *F* 153; mit Ehrlichs Reagens Rotfarbung. — *V.:* Chenopodiaceen. — *Wi.:* Schw. blutdrucksteigernd, blutzuckersenkend.
Synthese s. *Manske, R. H. F.:* Canadian J. Res. **5**, 592 (1931).

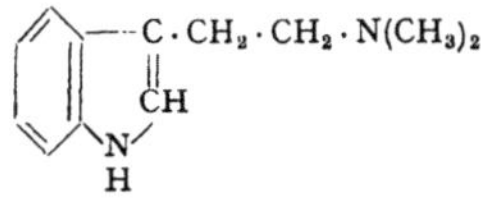

8/9 **N,N-Dimethyltryptamin**

MG 188.23 *F* 47

Charakteristik: Nadeln; swl. außer in PAe. — *Hydrochlorid:* amorph. — *Pikrat:* hellgelbe Nadeln (A. + W.); *F* 168. — *V.:* Samenhulsen von Piptadenia peregrina u. P. macrocarpa. — (*Fish, M. S., N. M. Johnson* u. *E. C. Horning:* J. Amer. chem. Soc. **77**, 5892 (1955)). — *Wi.:* Mezcalin- und LSD-ahnliche Wirkung (*St. Szára:* Experientia **12**, 441 (1956)).

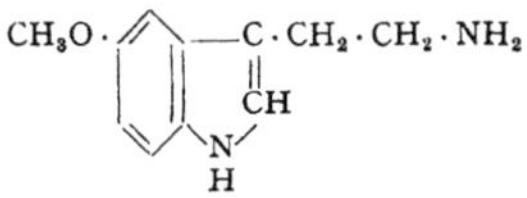

8/10 **5-Methoxytryptamin**

MG 194.21 *F* 120

V.: Als Vorstufe von 5-Methoxyindol-3-essigsaure u. als Abbauprodukt von Serotonin. *McIsaac, W. M., S. Kveder* and *I. H. Page:* Biochem. J. **76**, 30 P (1960). — *Wi.:* wie 5-Hydroxytryptamin, nur bedeutend schwacher. — *Erspamer, V.:* Ricerca sci. **22**, 694 (1952).

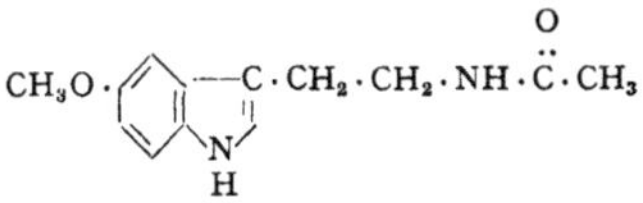

8/11 **N-Acetyl-5-methoxytryptamin (Melatonin)**

MG 232.26 *F* 117

V.: Epiphyse. — *Wi.:* Antagonistisch zum melanocytenstimulierenden Hormon. (*Lerner, A. B.,* and *J. D. Case:* Federation Proc. **19**, 590 (1960); *Kveder, S., W. M. McIsaac* and *I. H. Page:* Biochem. J. **76**, 28 P (1960); *Axelrod, J.,* and *H. Weissbach:* Science **131**, 1312 (1960); zentral depressiv.

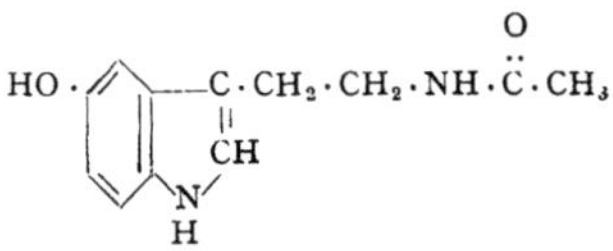

8/12 **N-Acetyl-5-hydroxytryptamin**

MG 198,23

V.: Als Metabolit von 5-Hydroxytryptamin im Harn (*McIsaac, W. M.,* u. *I. H. Page:* Science **128**, 537 (1958)).

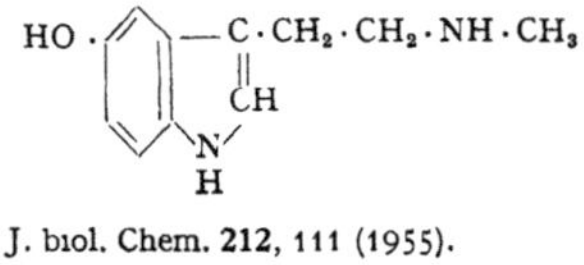

8/13 **N-Methyl-5-hydroxytryptamin**

MG 191.24

V.: Harn s. *Bumpus, F. M., I. H. Page* and *H. Bailey:* J. biol. Chem. **212**, 111 (1955).

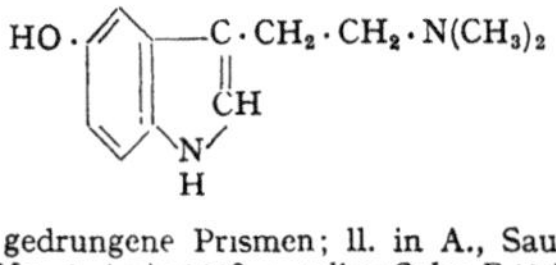

8/14 **Bufotenin (N-Dimethyl-5-hydroxytryptamin, 3-(β-Dimethylaminoäthyl)-5-oxyindol)**

MG 204.26 *F* 146—7

Charakteristik: Kreuzweise uberlagerte Stabchen oder gedrungene Prismen; ll. in A., Sauren, Alkali; wl. in Ae.; unl. in W. — *Monopikrat:* rote Krist. (Me. + Ae.); 140° → gelbes Salz; *F* 178. — *Dipikrat:* *F* 177—8 — *Oxalat:* Nadeln (A. + Ae.); *F* 96.5. — *m-Nitro-benzoylbufoteninhydrochlorid:* gelbe Nadeln; *F* 258 (Z.). — *Diacetylbufoteninhydrochlorid:* lange farblose Nadeln (A.) *F* 226. — *B.:* Tryptamin. — *V.:* Krötenhaut, Harn, Knollenblatterpilz. — *Wi.:* Blutdrucksteigernd, zentrallahmend (mot. Zentr.), halluzinogen, enthalten in Zubereitungen primitiver Völker, versetzt temporar in ekstatischen Zustand, Wirkung erinnert an die von Lysergsaure-diathylamid und Mezcalin. — *Fabing, H. D.,* and *J. R. Hawkins:* Science **123**, 886 (1956). — Synthese s. *Speeter, M. E.* and *W. C. Anthony:* J. Amer. chem. Soc. **76**, 6209 (1954).

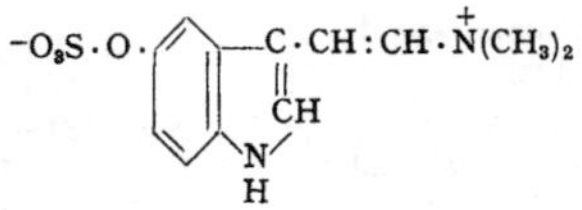

8/15 **Bufothionin (3-(β-Dimethylaminovinyl)-5-hydroxyschwefelsäureester)**

MG 282.31 *F* 247—50 (Z.)

Charakteristik: Farbl. lange Nadeln; wl. in W., Säuren, Alkali; unl. in organ. Lösungsmitteln. — *V.:* Krötenhaut.

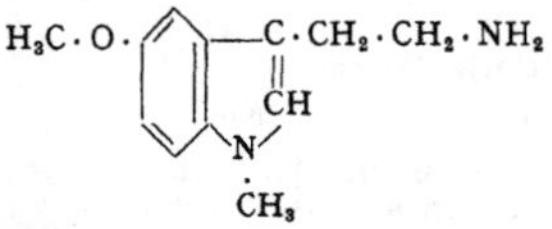

8/16 **1,5-Dimethylhydroxytryptamin**

MG 206.23

Wi.: Wie 5-Hydroxytryptamin, nur bedeutend schwächer. — *Woolley, D. W.*, and *E. Shaw:* Federation Proc. **14**, 307 (1955).

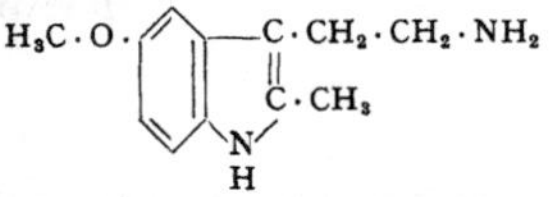

8/17 **2,5-Dimethylhydroxytryptamin**

MG 204.26

Wi.: Antagonistisch zu 5-Hydroxytryptamin. — *Woeley, D. W.*, and *E. Shaw:* Federation Proc. **14**, 307 (1955).

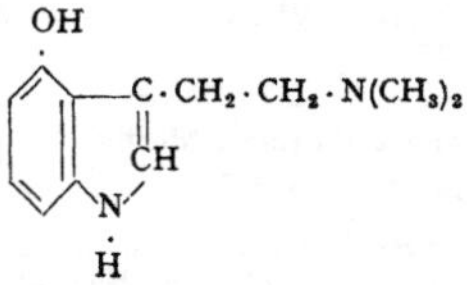

8/18 **Psilocin (N-Dimethyl-4-hydroxy-tryptamin)**

MG 204.25 *F* 173—6

Charakteristik: Sechseckige Platten; ll. in Me., A., verd. Alkali, verd. Saure; Lsgn., besonders die alkalischen, färben sich rasch blau oder blaugrün. — *V.:* In Psilocybegattungen u. Strophariagattungen. — *Wi.:* Halluzinogen. Literatur: s. bei Psilocybin.

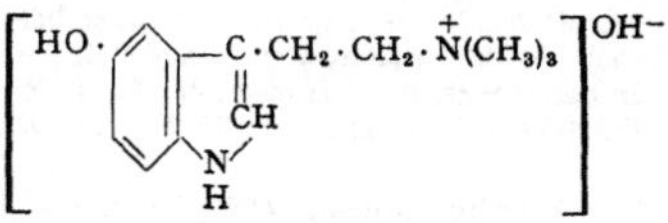

8/19 **Bufotenidin (β-[5-Hydroxyindolyl-(3)]-äthyltrimethylammoniumhydroxyd)**

MG 236.31

Charakteristik: Nichtkrist.: unl. in organ. Lsgm. — *Jodid:* farblose Prismen (Me.); *F* 210. — *Pikrat:* rote Nadeln; *F* 198. — *Flavianat:* rote Nadeln (h. W.); *F* 195—200 (Z.).

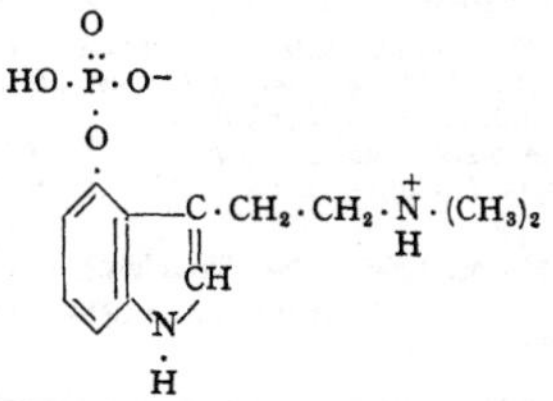

8/20 **Psilocybin**

MG 284.25 *F* 220—28 (W.), 185—95 (Me.)

Charakteristik: Weiße, weiche, kristallwasserhaltige Nadeln (W.), Prismen (Me.), reagiert sauer; ll. in verd. Alkali, verd. Säure; schwerl. in A.; unl. in Chlf., Bzl.; optisch inaktiv. — *Dimethylpsilocybin:* (Methylierung mit Diazomethan): *F* 285—90 (Z.) (A.); Nadeln; ll. in W.; swl. in A.; unl. in Ae. — *V.:* Psilocybegattungen u. Strophariagattungen (Psilocybe mexicana HEIM) — *Wi.:* Halluzinogen. (*Hofmann, A., R. Heim, A. Brack, H. Kobel, A. Frey, H. Ott, Th. Petrzilka* u. *F. Troxler:* Helv. chim. Acta **42**, 1557 (1960). — *Cerletti, A.:* Dtsch. med.Wschr. **1959**, 2317. — *Hofmann, A., R. Heim, A. Brack* u. *H. Kobel:* Experientia **14**, 107 (1958)), stimuliert Patellarsehnenreflex bei Spinalkatzen im Gegensatz zu 5-Oxyindolderivaten (*Weidmann, H.*, u. *A. Cerletti:* Helv. Physiol. pharmacol. Acta **18**, 174 (1960)).
Synthese s. *Hofmann, A., R. Heim, A. Brack, H. Kobel, A. Frey, H. Ott, Th. Petrzilka* u. *F. Troxler:* Helv. chim. Acta **42**, 1557 (1960).

9. Carbaminoverbindungen

9/1 **Carbaminylputrescin**

MG 131.18

$NH_2 \cdot \overset{O}{\ddot{C}} \cdot NH \cdot [CH_2]_4 \cdot NH_2$

Charakteristik: *Hydrochlorid:* Nadeln; ll. in W., A.; *F* 185. — *Dipikrat:* Lange Nadeln; ll. in W.; wl. in A.; *F* 164—5. — *B.:* Agmatin- und Arcainfaulnis.

9/2 **Carbaminylagmatin**

MG 173.22

NH O
$NH_2 \cdot \ddot{C} \cdot NH \cdot [CH_2]_4 \cdot NH \cdot \ddot{C} \cdot NH_2$

Charakteristik: Monopikrat: l. in W.; *F* 183—5. — *Dipikrat:* lange verfilzende Nadeln; wl. in W. — *Dinitrat:* l. in W.; unl. in A.; *F* 155—7. — *B.:* Arcainfäulnis.

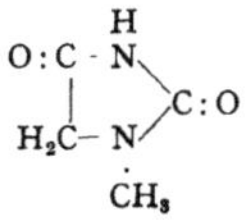

9/3 **N-Methylhydantoin**

MG 114.10 *F* 159—60 *Kp* 323—4

Charakteristik: Blätt. (W.) Subl. in Blatt.; ll. in W., A.; l. in Ae., Chlf.; gibt Weylsche und Jafféschе Reaktion. — *B.:* Kreatinin.

10. Heterocyclische Amine

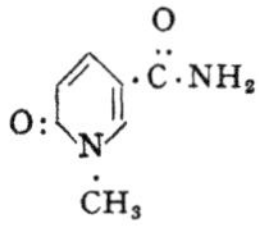

10/1 **N¹-Methyl-6-pyridon-3-carbonsäureamid**

MG 152.14 *F* 212—14

Charakteristik: Weiße Krist.; l. in W., Ac., Isobutanol, Ae.; wl. in Chlf. — *B.:* Nicotinsaure. — *V.:* Harn.

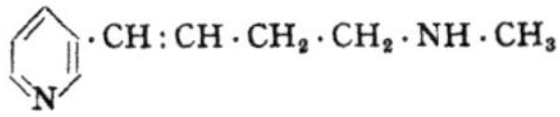

10/2 **m-Nicotin (meta-Nicotin)**

MG 162.23 *Kp* 278

Charakteristik: Öl, riecht schwach nach Nikotin; ll. in W.; swl. in Ae.; sehr schwer flüchtig; D_4^{15} 1.006; $n_4^{19,7}$ 1.5551. — *Hydrochlorid:* hygr. Kristallmasse (A. + Ae.); ll. in W., A.; unl. in Ae. — *Aurichlorid:* gelbrote Prismen; swl. in W.; zers. sich bei ca. 225°. — *Pikrat:* Krist. schmilzt wasserfrei bei 163°. — *Pikrolonat: F* 225. — *N-Benzoylderivat: F* 83. — *Benzoylmetanicotinpikrat: F* 128. — *Dipikrat:* schmilzt bei 114°, wird dann wieder fest und schmilzt wieder bei 163°. — *Nitrosoderivat:* seidige Nadeln; *F* 116. — *V.:* Nicotinfreier Tabak.
Infrarotspektrum s. *Hucker, H. B., J. R. Gillette* and *B. B. Brodie:* J. pharmacol. exp. Therap. **129**, 94 (1960). — *B.:* s. *Späth, E.,* u. *G. Bodenberger:* Ber. dtsch. chem. Ges. **77**, 365 (1944).

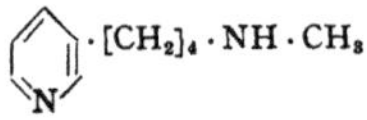

10/3 **Dihydro-m-nicotin (Dihydro-meta-nicotin)**

MG 164.24 Kp_8 131—2 Kp_{18} 141—2 *Kp* 262

Charakteristik: Öl; ll. in W., A., Ac., Chlf.; swl. in Ae.; D_4^{15} 0.959. — *Aurichlorid:* Nadeln (W.); *F* 138. — *Platinsalz:* rote Prismen; *F* 198—9 (Z.). — *Pikrat:* hellgelbe Nadeln (Ac. + W.); *F* 161; zll. in Ac.; swl. in A.; fast unl. in Ae. — *Dihydrochlorid:* zähes Öl, sehr hygr.; ll. in W., A.; unl. in Ae. — *V.:* Tabak.
Infrarotspektrum s. *Hucker, H. B., J. R. Gillette* and *B. B. Brodie:* J. pharmacol. exp. Therap. **129**, 94 (1960). — *B.:* s. *Löffler, K.,* u. *S. Kober:* Ber. dtsch. chem. Ges. **42**, 3436 (1909).

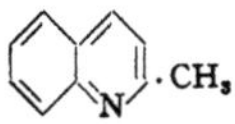

10/4 **α-Methylchinolin (Chinaldin)**

MG 143.18 *D* 1.1013 D_4^{20} 1.0585 *F* —2
Kp 246—7

Charakteristik: Farbl. Öl; fl. mit Dampf; ll. in A., Ae., Chlf; swl. in W. — *Chloroaurat:* Krist.; *F* 153 (Z.); l. in W., A. — *Chloroplatinat:* Krist.; *F* 226—30 (Z.); l. in W., A. — *Pikrat:* Krist.; *F* 177—94; wl. in k. W., k. A. — *Zinkchloridsalz:* Krist.; *F* 230—40 (Z.); wl. in k. W., k. A. — *Dichromat:* Krist. *F* 130—40 (Z.); wl. in k. W. — *V.:* Im Analdrüsensekret von Mephitis mephitica (amerikanisches Stinktier).

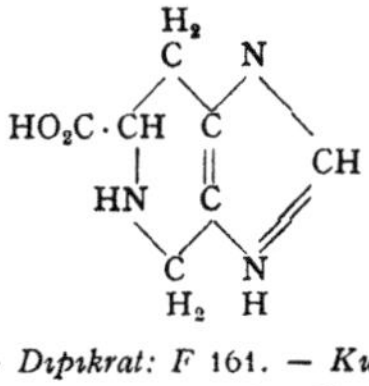

10/5 **Spinacin**

MG 167.16 *F* 264 (Z.)

Charakteristik: Glanzende Prismen; $[\alpha]_D^{20}$ —174,6°. — *Dipikrat: F* 161. — *Kupfersalz:* hellblau; unl. in W. — *V.:* Haifischleber. (*Ackermann, D.,* u. *S. Skraup:* Z. physiol. Chem. **284**, 129 (1949)).

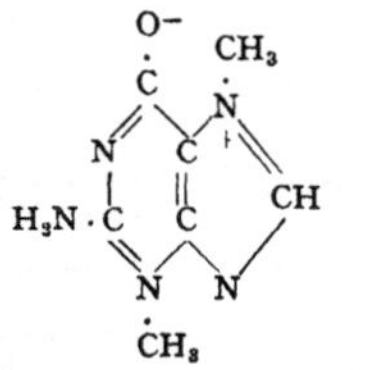

10/6 Herbipolin (7,9-Dimethyl-2-amino-6-hydroxypurin)

MG 179.18 *F* 315

Charakteristik: Weiße, leichte, mikr. Krist. — *Hydrochlorid:* Kristallpulver; wl. in A. — *Pikrat:* mikr. Prismen; *F* 292—5; wl. — *V.:* Riesenkieselschwamm (Geodia gigas).
(*Ackermann, D.*, u. *P. H. List:* Z. physiol. Chem. **309**, 286 (1957)), **318**, 281 (1960).

11. Basen unbekannter Konstitution

Acanthin	$C_{15}H_{22}O_4N_4$	Ll. in W., A., Ae.; *F* 191—2. — *Phenolderivat?* — *V.:* Acanthis vulgaris, Raja clavata.
Aktinin	$C_{13}H_{24}O_5N_2$	*Hydrochlorid:* hygr. Krist.; *F* 207—8. — *Chloroaurat: F* unscharf 169. — *Chloroplatinat:* Wärzchen., (Z.) 209. — Stachydrin?
Base	$C_6H_{14}N_2$	*Pikrat: F* unscharf 130—5. — *Chlorid:* ll. in Me.; wl. in A. — Ein N als Methylaminogruppe vorliegend. — *V.:* Pythonmuskeln.
Base	$C_7H_{13}N_3$	*Pikrat:* ölig. — *Chloroplatinat:* wl. in A. — Dimethylhistamin? — *V.:* Geodia gigas.
Base	$C_{13}H_{30}O_4N_2$	*Chloroaurat:* Sintern bei 210; *F* 215. Isomer mit Tetanin, jedoch ohne Krampfwirkung. — *V.:* Amnionflüssigkeit des Rindes.
Base A (nikotinahnliche)		UV-Absorption b. 260 mμ; l. in W., Ae., Chlf. — *V.:* Menschen- u. Hundeharn. — *Wi.:* stark blutdrucksteigernd.
Base B		L. in W., A., Chlf., Bzl.; unl. in Ae., PAe. Unbeständig gegen Säuren und leicht oxydierbar. Wasserdampfflüchtig. — *V.:* Menschen- u. Hundeharn. — *Wi.:* blutdrucksteigernd.
Base (unbekannte aus Planktonalge)		*Chloroaurat: F* 191—4 (Z.). — *Pikrat:* feine Nadeln (A.); *F* 154—8. — *V.:* Gonyaulax catenella.
Base (toxische aus Planktonalge)		L. in HCl + A.; adsorbierbar an Norit A. — *V.:* Gonyaulax catenella.
Base	$C_7H_{18}O_2N_4$	*Chloroaurat: F* 154. — *Pikrat: F* 173—4. Besitzt wahrscheinlich 4 N-Methylgruppen. — *V.:* Acanthias vulgaris.
Base	$C_8H_{13}O_3N_3$	Hydrat: *F* 243 (Z.); $[\alpha]_D^{20}$ +39.2°. — *Pikrat: F* 222 (Z.); l. in W. zu 1.1%. — *V.:* Walmuskulatur.
Base	$C_{10}H_{18}O_4N_4$	Enthält eine NH_2-Gruppe; $[\alpha]_D^{20}$ +19.65 (W.), +43.59 (W. + HCl). — *Pikrolonat: F* 237. Ninhydrinpositiv. — *V.:* Schlangenmuskulatur.
Betainogen	$C_{15}H_{32}O_3N_2$	Isomer mit Homoeledonin. — *Chloroaurat: F* 134, spaltet bei Hydrolyse Betain ab. — *V.:* Holothuria tubulosa.
Bufoviridin		Indolderivat. — *V.:* Bufo viridis u. B. calamita.
Canein	$C_{12}H_{24}O_3N$	*V.:* Jackbohne.
Crangitin	$C_{13}H_{20}O_4N_2$	
Crangonin	$C_{12}H_{20}O_3N_2$	*V.:* Krabbenextrakt, Miesmuschel, Neunauge.
Creatosin	$C_{11}H_{26}O_4N_3$	*Chloroaurat:* Krist. (W.); *F* 128—30. — *V.:* Fleischextrakt.
Eledonin	$C_{14}H_{30}O_3N_2$	*Chloroaurat: F* 225—35. Erhitzen der HCl-sauren Lsg. Abspaltung von Glykokollbetain. — *V.:* Eledone moschata, Holothuria tubulosa.
Homoeledonin	$C_{15}H_{32}O_3N_2$	*Chloroaurat: F* 225—35. — *Chloroplatinat: F* 229—30 (Z.). Abspaltung von Glykokollbetain. — *V.:* s. o.
Gynesin	$C_{19}H_{22}O_3N_3$	*Chloroaurat:* vierseitige rotgelbe Säulen oder dünne hellgelbe Nädelchen; *F* 180. — *V.:* Frauenharn.
Kreatosin	$C_{11}H_{26}O_4N_3$	*Chloroaurat: F* 128—30. — *V.:* Fleischextrakt.
Kynosin	$C_{13}H_{36}O_4N_4$	*Chloroaurat:* dünne Nädelchen. — *Hydrochlorid:* feine Nadeln, giftig. — *V.:* Hundeharn.

Leptodactylin	Phenylalkanolamin. — *V.:* Leptodactylus ocellatus und L. pentadactylus.	
Marcitin	$C_8H_{19}N_3$	*Chloroaurat:* *F* 175—8. Guanidinderivat? — *V.:* gefaultes Pankreas.
Mingin	$C_{13}H_{18}O_2N_2$	*Chloroaurat:* kleine gelbrote Saulen (W.); *F* 194. — *V.:* Frauenharn.
Mirgelin	$C_{11}H_{22}O_3N_2$	*Chloroaurat:* hellgelbe Warzen. — *V.:* menschl. Skeletmuskel.
Putrin	$C_{11}H_{26}O_3N_2$	Zweisäurige Base. — *Chloroaurat:* dunkelorange Kristallkrusten; *F* 109—10. — *V.:* gefaultes Pankreas.
Sepsin	$C_5H_{14}O_2N_2$ oder $C_5H_{12}O_2N_2$	Sirupös, unbestandig. Sulfat: Krist. (A.). — *V.:* Faule Hefe. — *Wi.:* Kapıllargıft.
Skatosin	$C_{10}H_{16}O_2N_2$	*Hydrochlorid:* schiefwinklige gelbl. weiße Blatt.; *F* 345—55. — *Tetrabenzoylderivat:* *F* 169. — *V.:* autolysiertes Pankreas.
Viridin	$C_8H_{12}O_3N_2$	Erhitzen → chinonahnliche Dampfe. — *Hydrochlorid:* intensiv grungefarbt. — *Chloroaurat:* schwarzgrune bis gelbe krist. Blatt.; *F* 176. — *Chloroplatinat:* gelbe Nadelchen. — *V.:* Gefaultes Pankreas.

Terpene

Von **S. Beckmann**, Stuttgart-Hohenheim

Literatur. *Simonsen, J. L.* (mit *D. H. R. Barton, L. N. Owen, W. C. J. Ross* u. *P. de Mayo*): The Terpenes, 2. Aufl., Bd. I—V, Cambridge 1947—1957. — *Gildemeister, E.*, u. *Fr. Hoffmann:* Die atherischen Öle, 4. Aufl., herausgegeben von *W. Treibs*, Bd. II (Analytik), IIIa und IIIb (Inhaltsstoffe), Berlin 1960—1962. — *Guenther, E.:* The Essential Oils, Bd. I—IV, New York 1949—1950. — *Moritz, O.:* Die niederen Terpene, in: *Paech, K.*, u. *M. V. Tracey*, Moderne Methoden der Pflanzenanalyse, Bd. III, Berlin, Göttingen, Heidelberg 1955, S. 1—48. — *Steiner, M.*, u. *H. Holtzen*, Triterpene und Triterpen-Saponine, ebenda, S. 58—140. — *Haagen-Smit, A. J.:* Sesquiterpenes and Diterpenes, in. *L. Zechmeister:* Fortschritte der Chemie der organischen Naturstoffe, Bd. XII, S. 1—43, Wien 1955. — *Jones, E. R. H.*, u. *T. G. Halsall:* Tetracyclic Triterpenes, ebenda S. 44—130. — *Jeger, O.:* Über die Konstitution der Triterpene, ebenda Bd. VII, S. 1—86, Wien 1950. — *Barton, D. H. R.*, u. *S. H. Harper:* The Terpenoids, in: *Rodd, E. H.:* Chemistry of Carbon Compounds, Bd. IIB, S. 489—764, Amsterdam 1953. — *Karrer, W.:* Konstitution und Vorkommen der organischen Pflanzenstoffe, Basel und Stuttgart 1958. — *Muller, A.:* Die physiologischen und pharmakologischen Wirkungen der atherischen Öle, Riechstoffe und verwandten Produkte, 2. Aufl., Heidelberg 1954. — *de Mayo, P.:* Mono- and Sesquiterpenoids (The Chemistry of Natural Products, Vol. 2), London 1959. — *de Mayo, P.:* The Higher Terpenoids (The Chemistry of Natural Products, Vol. 3), London 1959. — *Šorm, F.:* Medium Ring Terpenes, in: Fortschr. Chem. organ. Naturst., **19**, 1—31, Wien 1961.

1. Monoterpene

1/1 Myrcen

MG 136.23 D^{15} 0.8013 *Kp* 166—8

$$\begin{array}{c} \qquad CH_3 \qquad\qquad\qquad\quad CH_2 \\ CH_3\cdot\dot{C}:CH\cdot CH_2\cdot CH_2\cdot\ddot{C}\cdot CH:CH_2 \end{array}$$

Charakteristik: Angenehm riechendes Öl; n_D^{19} 1.4700; λ_{max} 224,5 µm; l. in Ae., A., Chlf., Eg.; unl. in W. — Addukt mit Maleinsaureanhydrid: *F* 34—35, zugehörige Saure: *F* 122—3. — *V.:* Im Lemongrasöl, Hopfenöl (30—50%), dem ather. Öl von Myrcia acris (Bayöl), Lippia citriodora, Rhus cotinus (50%), Barosma venusta (35%), Prangos pabularia ((48%), im Öl der Fruchte von Phellodendron amurense (92%), Ph. japonicum (80%), im Blatteröl von Agathosma gnidioides (60%) und Pimenta acris (40%) u. a. ather. Ölen. — *Darst.:* Pyrolyse von β-Pinen.

1/2 Ocimen

MG 136.23 D_4^{20} 0.8000 *Kp* 176—8

$$\begin{array}{c} \qquad CH_3 \qquad\qquad\qquad\quad CH_3 \\ CH_3\cdot\dot{C}:CH\cdot CH_2\cdot CH:\dot{C}\cdot CH:CH_2 \end{array}$$

Charakteristik: Bewegliches, an der Luft verharzendes Öl von durchdringendem Geruch und scharfem Geschmack; n_D^{20} 1.4862; + Maleinsaureanhydrid → flüssiges Addukt (Kp_2 128—30), das mit KOH eine Saure (*F* 163—4) gibt; + Na u. A. → Dihydromyrcen. — *Tetrabromderivat:* *F* 88. — *V.:* Im äther. Öl von Boronia megastigma (80%), B. dentigeroides (80%), Curcuma amada (47%), Tagetes glandulifera (30%), Litsea ceylanica (60%), Ocimum gratissimum (19%), O. basilicum, Pinus quadrifolia, Salvia sclarea, Citrus bigaradia, Heracleum mantegazzianum, Lavendelol, Palmarosaöl u. a. ather. Ölen.

1/3 Cosmen

MG 134.21 $Kp_{0,8}$ 30

$$CH_2{:}\overset{CH_3}{\dot{C}}\cdot CH{:}CH\cdot CH{:}\overset{CH_3}{\dot{C}}\cdot CH{:}CH_2$$

Charakteristik: Wohlriechendes Öl, das leicht autoxydiert und polymerisiert; n_D^{18} 1.5850; λ_{max} 309.7, 296.0, 283.0, 272.0 mμ. — *Di-Addukt mit Maleinsaureanhydrid: F* 198—9 (Ac.-PAe.). — *V.:* Im äther. Öl von Cosmos bipinnatus (20—40%) u. Coreopsis verticillata (20%). — *Darst.:* Synthetisiert aus 3-Methylpenten-(1)-in-(4)-ol-(3) u. α-Methylacrylaldehyd.

1/4 Citronellol (β-Citronellol, L-Form = Rhodinol)

MG 156.26 D_4^{20} 0.855 Kp_{10} 103—4

$$CH_3\cdot\overset{CH_3}{\dot{C}}{:}CH\cdot CH_2\cdot CH_2\cdot\overset{CH_3}{\dot{C}}H\cdot CH_2\cdot CH_2OH$$

Charakteristik: Öl mit rosenartigem Geruch; n_D^{20} 1.4560; $[\alpha]_D^{20}$ 4.3°; ∞ in A. u. Ae.; swl. in W.; 1.5 Vol. in 50%ig. A., 3—4 Vol. in 60%ig. A. — *Allophanat: F* 108. — *3,5-Dinitrobenzoat: F* 30. — *Saures Phthalat:* flüssig, dessen *Ag-Salz: F* 125—6; + CrO_3 → Citronellal; wird durch saure Agentien teilweise zur Isopropenylform (α-Citronellol) isomerisiert. — *V.:* Frei und verestert in vielen äther. Ölen, reichlich in Blätteröl von Boronia citriodora (bis 82%), Geraniumölen (bis 67%), im Öl von Tillandsia fragrans (52%) u. Eucalyptus citriodora (bis 20%); (—)-Form in Rosenölen (bis 51%); (+)-Form im Lavendelöl u. im Drüsensekret des Alligators (Yacarol).

1/5 Geraniol (β-Geraniol, cis-Form des Nerols)

MG 154.25 D_4^{20} 0.879 *Kp* 229—30
Kp_{10} 110—1

$$CH_3\cdot\overset{CH_3}{\dot{C}}{:}CH\cdot CH_2\cdot CH_2\cdot\underset{\overset{\cdot\cdot}{H\cdot C\cdot CH_2OH}}{C}\cdot CH_3$$

Charakteristik: Öl von rosenähnlichem Geruch; n_D^{20} 1.4766, optisch inaktiv; ∞ in Ae.; unl. in W. — *Tetrabromid: F* 70—1. — *3,5-Dinitrobenzoat: F* 63. — *Saures Phthalat: F* 47. — *Allophanat: F* 124. — *Phenylurethan: F* 124. — *Diphenylurethan: F* 82. — *Verbindung mit $CaCl_2$:* unl. in Ae., Bzl., Chlf.; wird durch W. zerlegt (Isolierung); durch saure Agentien teilweise Isomerisierung zur Isopropenylform (α-Geraniol). — *V.:* Hauptbestandteil des Palmarosaöls aus Cymbopogon martini (75—95%) u. des Rosenöls (30—40%); im Geraniumöl (bis 60%), Citronell- u. Lemongrasöl; frei, als Ester u. als Glykosid in zahlreichen äther. Ölen. — *Darst.:* Red. von Citral a, Umlagerung von Linalool oder Hydratisierung von Myrcen. — *Wi.:* Anthelminticum. — *Verwend.:* Riechstoff.

1/6 Nerol (β-Nerol, trans-Form des Geraniols)

MG 154.25 D^{25} 0.8685 *Kp* 225—6
Kp_{12} 105

$$CH_3\cdot\overset{CH_3}{\dot{C}}{:}CH\cdot CH_2\cdot CH_2\cdot\underset{\overset{\cdot\cdot}{HOH_2C\cdot C\cdot H}}{C}\cdot CH_3$$

Charakteristik: Öl von frischem rosenähnlichem Geruch; n_D^{25} 1.4670; optisch inaktiv; bildet keine krist. Verb. mit $CaCl_2$ (Trennung von Geraniol). — *Tetrabromid: F* 118—9. — *Allophanat: F* 84. — *Ag-Salz des sauren Phthalats: F* 129. — *V.:* Frei u. als Ester, meist zusammen mit Geraniol, in vielen äther. Pflanzenölen, wie Orangenblütenöl (Neroliöl), Petitgrainöl, Rosenöl (5—15%), Bergamottöl, als Acetat im Öl von Helichrysum angustifolium (30—50%, Darst.). — *Darst.:* Aus Linalool, durch Reduktion von Citral b. — *Verwend.:* Riechstoff.

1/7 Linalool (D-Form = Coriandrol, L-Form = Licareol)

MG 154.24 D_4^{20} 0.8607—0.8777 *Kp* 198—9
Kp_{12} 85—6

$$CH_3\cdot\overset{CH_3}{\dot{C}}{:}CH\cdot CH_2\cdot CH_2\cdot\underset{OH}{\overset{CH_3}{\dot{C}}}\cdot CH{:}CH_2$$

Charakteristik: Öl von maiglöckchenähnlichem Geruch; n_D^{20} 1.461—1.463; $[\alpha]_D$ —20.8° (aus Limetteöl), +19.2° (aus Orangenöl); ∞ in A., Ae.; l. in 10—15 Vol. 50%ig. u. in 1—2 Vol. 70%ig. A.; swl. in W. — + Säuren → Geraniol u. Nerol. — *Phenylurethan: F* 65—6. — *p-Nitrobenzoat: F* 74—6 (opt. akt.), 64—5 (inaktiv). — *3,5-Dinitrobenzoat: F* 89. — *V.:* Frei u. verestert weit verbreitet in äther. Ölen vieler Pflanzen, (+)-Form oder (—)-Form in Linaloeölen, (+)-Form im Öl von Orthodon linalooliferum (bis 82%), Jasminum auriculatum (44%), Melaleuca viridiflora (50%), M. ericifolia (30—40%), Corianderöl (60—70%), im Öl der Früchte von Xanthoxylum acanthopodium u. X. alatum (50%), äther. Kakaoöl (50%); (—)-Form im Wurzelöl von Homalomena rubescens (Calla r.) (40—60%), Öl von Cinnamomum camphora (80—85%), Lavandinöl (45%), Krauseminzöl (50—60%), im Öl von Ocimum-Arten (bis 80%) u. Pittosporum-Arten, Lavendelöl, Champacaöl (60%), Rosenholzöl (bis 97%), Petitgrainöl (30—55%) u. a. — *Wi.:* Fungistatisch. — *Verwend.:* Riechstoff, Ausgangsstoff für Synthesen von Vitamin A.

1/8 Linaloolmonooxyd (Linaloolepoxyd)

MG 170.25 D_{15}^{15} 0.944 *Kp* 193—4 Kp_{25} 95

$$CH_3\cdot\overset{CH_3}{\dot{C}}\cdot CH\cdot CH_2\cdot CH_2\cdot\underset{OH}{\overset{CH_3}{\dot{C}}}\cdot CH{:}CH_2 \quad (\text{C und CH über } O \text{ verbrückt})$$

Charakteristik: Dickflüssiges Öl mit muffigem Geruch; $[\alpha]_D$ — 5.85°; n_D^{20} 1.453; fast unl. in W. — *Phenylurethan: F* 58.5—60. — *V.:* Im mexikan. u. Cayenne-Linaloeöl, Shiuöl, Pampelmusensaft, frei und verestert im Lavendelöl.

1/9 Lavandulol

$CH_3 \cdot \dot{C}(CH_3) : CH \cdot CH_2 \cdot \dot{C}H(CH_2OH) \cdot C(CH_3) : CH_2$

MG 154.24 D_4^{17} 0.8785 Kp_{13} 94–5

Charakteristik: Öl mit geraniolartigem, etwas krautartigem Geruch; n_D^{17} 1.4683; $[\alpha]_D^{16}$ −10.2°. – *Allophanat:* *F* 119–20. – *3,5-Dinitrobenzoat:* *F* 59–60. – *V.:* (−)-Form frei und als Acetat im franz. Lavendelöl (1%) u. Lavandinöl. – *Darst.:* Synthet. aus 2,6-Dimethylhepten-(2)-ol-(6).

1/10 Citronellal

$CH_3 \cdot \dot{C}(CH_3) : CH \cdot CH_2 \cdot CH_2 \cdot \dot{C}H(CH_3) \cdot CH_2 \cdot CHO$

MG 154.25 D_4^{20} 0.855 *Kp* 205–6

Charakteristik: Öl; n_D^{20} 1.448; $[\alpha]_D^{15}$ 13.1°; ∞ in A., Ae.; swl. in W. – *Semicarbazon:* *F* 84. – *Dinitrophenylhydrazon:* *F* 78; + β-Naphthylamin u. Brenztraubensaure → Citronellyl-β-naphthocinchoninsäure: *F* 225. – *V.:* (+)-Form im Ceylon-Citronellöl aus Cymbopogon nardus, im äther. Öl von Melissa officinalis, Eucalyptus maculata var. citriodora, E. dealbata, Leptospermum citratum (35%) u. a.; (−)-Form im Java-Citronellöl, im Öl von Pinus Jeffreyi.

1/11 Citral

Das natürlich vorkommende Citral ist ein Gemisch zweier cis-trans-isomerer Formen (Citral a = Geranial u. Citral b = Neral).

$CH_3 \cdot \dot{C}(CH_3) : CH \cdot CH_2 \cdot CH_2 \cdot C(CH_3) :: HC \cdot CHO$

Citral a

$CH_3 \cdot \dot{C}(CH_3) : CH \cdot CH_2 \cdot CH_2 \cdot C(CH_3) :: CH \cdot OHC$

Citral b

MG 152.23 D^{20} 0.889 *Kp* 228–9 Kp_{20} 117–9

Charakteristik: Öl von zitronenartigem Geruch; n_D^{20} 1.489; ∞ in A., Ae.; unl. in W.
Citral a: reagiert leicht mit Cyanessigester → a-Citryliden-Cyanessigester: *F* 122; krist. Verb. mit $NaHSO_3$ swl. – *Semicarbazon:* Nadeln; *F* 164.
Citral b: reagiert schwer mit Cyanessigester → b-Citryliden-Cyanessigester: *F* 94; Verb. mit $NaHSO_3$ ll. – *Semicarbazon:* Blättchen; *F* 171.
V.: In zahlreichen äther. Pflanzenölen, Hauptbestandteil (80%) des Lemongrasöls aus Cymbopogon flexuosus, im Zitronenöl, Verbenaöl, im Öl von Leptospermum citratum (45–50%), Backhousia citriodora, im Öl der Citronellfrucht. – *Darst.:* Citral a durch Oxydation von Geraniol u. Linalool, Citral b durch Oxydation von Nerol. – *Verwend.:* Riechstoff.

1/12 Artemisiaketon (2,5,5-Trimethylheptadien-(1,6)-on-(4))

$CH_2 : \dot{C}(CH_3) \cdot CH_2 \cdot CO \cdot \dot{C}(CH_3)_2 \cdot CH : CH_2$

MG 152.24 D_4^{14} 0.882 *Kp* 182

Charakteristik: Öl; n_D^{14} 1.4699. – *Semicarbazon:* *F* 95–6. – *Darst.:* Synthetisiert aus Dimethylvinylessigsäurechlorid und Isobutylen. – *V.:* Im ather. Öl von Artemisia annua.

1/13 Tageton

$CH_2 : CH \cdot \dot{C}(CH_3) : CH \cdot CO \cdot CH_2 \cdot \dot{C}H(CH_3) \cdot CH_3$

MG 152.24 $D^{15.5}$ 0.8803 *Kp* 205–10 Kp_{3-4} 62

Charakteristik: Hellgelbe Flüssigkeit; n_D^{20} 1.4895. – *Oxim:* flüssig; Kp_{15} 126. – *V.:* Im äther. Öl aus dem blühenden Kraut von Tagetes glandulifera (50–60%) u. Tagetes patula.

1/14 Limonen (DL-Form = Dipenten)

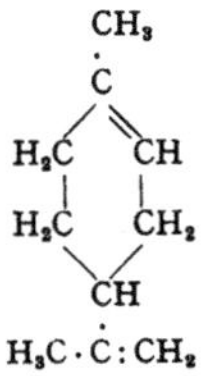

MG 136.23 D_4^{20} 0.841 *Kp* 176–7

Charakteristik: Öl von schwach an Citronen erinnerndem Geruch; n_D^{20} 1.472; $[\alpha]_D^{20}$ 126.8°; ∞ in A., Ae.; unl. in W. – Durch O_2 allmähliche Verharzung. – *Tetrabromid:* *F* 104–5 (akt.), 125 (DL). – *Dihydrochlorid:* *F* 49–50 (DL). – *Dihydrobromid:* *F* 64 (DL). – *Nitrosochlorid:* *F* 78 (DL), 105–6 (akt.). – *Nitrosat:* *F* 84 (DL). – *V.:* L-, D- u. DL-Form weit verbreitet in äther. Ölen, (−) im Pinienterpentinöl (bis 90%) u. a. Terpentinölen, im Elemiöl, im Edeltannenzapfenöl (Darst.); (+) im Citronen-, Pampelmusen- u. Pomeranzenschalenöl (Darst.), Kümmelöl (Darst.), Dillöl, Sellerieöl. – *B.:* Aus α-Terpineol mit $KHSO_4$, durch trockene Dest. von Kautschuk, durch Dimerisation von Isopren (DL).

1/15 α-Phellandren

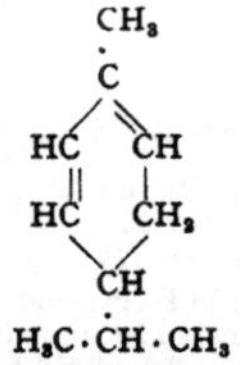

MG 136.23 D_4^{20} 0.8324 *Kp* 175

Charakteristik: Leicht verharzendes Öl; n_D^{20} 1.4724; $[\alpha]_D^{20}$ 177.4°. — *α-Nitrosit:* *F* 120. — *β-Nitrosit:* *F* 105. — *Nitrosochlorid:* fl.; Addukt mit Maleinsäureanhydrid: *F* 126; ll. in Ae., A.; unl. in W. — *V.:* In äther. Ölen sehr verbreitet; (−) in Eucalyptus amygdalina, E. dives, E. phellandra, verschied. Terpentinölen; (+) im Bitterfenchel-, Elemi-, Gingergrasöl, Blütenöl von Ridolfia segetum (50%) usw.

1/16 β-Phellandren

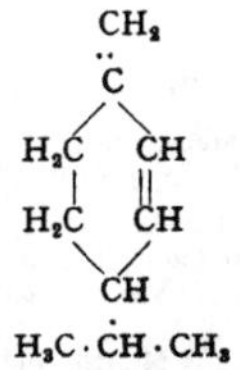

MG 136.23 $D_{15.5}^{15.5}$ 0.843 *Kp* 172

Charakteristik: Öl von angenehmem Geruch u. brennendem Geschmack; n_D^{20} 1.4826; $[\alpha]_D$ 74,4°; ll. in Ae., A.; unl. in W. — *α-Nitrosit:* *F* 102. — *β-Nitrosit:* *F* 97—8. — *Nitrosochlorid:* *F* 109. — *Tetrabromid:* *F* 118—9. — *V.:* (+) im äther. Samenöl von Phellandrium aquaticum (80%), im Öl von Bupleurum fruticosum; (−) im äther. Öl von Eucalyptus cneorifolia, Pinus contorta, im Canadabalsam, japan. Pfefferminzöl u. a.

1/17 α-Terpinen

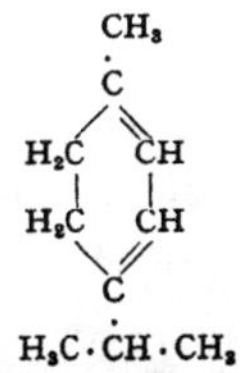

MG 136.23 D^{25} 0.8309 *Kp* 173.5—174.8

Charakteristik: Öl mit angenehmem Citronengeruch; n_D^{25} 1.4760; optisch inaktiv. — *Nitrosit:* *F* 155; daraus *Nitrolpiperidid:* *F* 153—4, u. *Nitrobenzylamid:* *F* 137; + $KMnO_4$ → α,α'-Dioxy-α-methyl-α'-isopropyladipinsäure: *F* 189. — Addukt mit p-Benzochinon: *F* 87—8. — *V.:* Im Cardamomenöl, Majoranöl, Corianderöl, süßen Orangenöl (8%), in den äther. Ölen von Aglaia odoratissima (12,5%), Melaleuca-, Ocimum-, Citrus-, Pittosporum- u. Chamaecyparis-Arten u. vielen anderen äther. Ölen. — *Best.:* Als Addukt mit Maleinsäureanhydrid (C. *1957*, 4705).

1/18 β-Terpinen

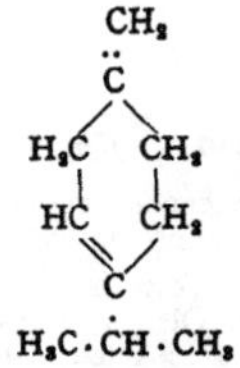

MG 136.23 D^{22} 0.838 *Kp* 176

Charakteristik: Leicht oxydierendes Öl; n_D^{22} 1.4754. — *Tetrabromid:* *F* 154—5. — *Darst.:* Synthetisiert aus Sabinen. — *V.:* In den äther. Ölen von Dacrydium biforme (0,5%), Pittosporum tenuifolium, Melaleuca raphiophylla u. Carum bulbocastanum.

1/19 γ-Terpinen

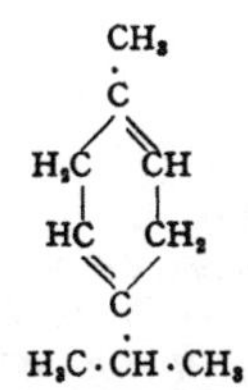

MG 136.23 D_4^{22} 0.849 *Kp* 183

Charakteristik: Leicht oxydierendes Öl; $n_D^{14.5}$ 1.4765. — *Nitrosochlorid:* *F* 111. — *Nitrosat:* *F* 116. — *Tetrabromid:* *F* 128; + $KMnO_4$ → p-Menthan-1,2,4,5-tetrol: *F* 237—8. — *Darst.:* Synthetisiert durch Reduktion von p-Cymol mit Na u. A. in flüssigem NH_3. — *V.:* Im Seefenchel-, Thymian-, Ajowan-, Yama-Shiso-, Kümmel- u. Zitronenöl, in den äther. Ölen von Mosla japonica, Orthodon formosanum (11%), O. Hadai (50%) u. a. Orthodon-Arten, Lantana camara (10%), Eucalyptus dives u. a.

1/20 Terpinolen

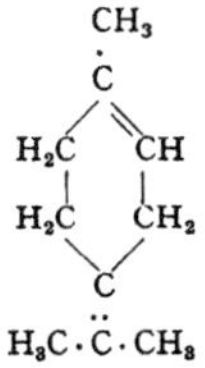

MG 136.23 D_4^{20} 0.8620 Kp_{100} 120.6

Charakteristik: Öl, das sich beim Erhitzen leicht polymerisiert; n_D^{20} 1.4900; + $KMnO_4$ → p-Menthantetrol-(1,2,4,8): *F* 148—50. — *Darst.:* Aus α-Terpineol. — *V.:* In Terpentinölen verschiedener Coniferen, im Wachholderbeerenöl, in den äther. Ölen von Nectandra elaiophora (7,4%), Ocimum kilimandscharicum (5%) u. a. Pflanzen. — *Verwend.:* Zur Geruchsverbesserung techn. Produkte.

1/21 Menthol

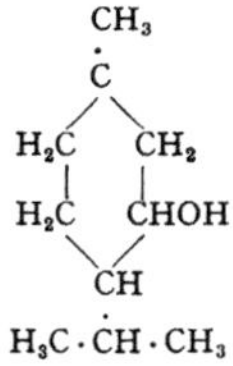

MG 156.26 D_{15}^{15} 0.904 *F* 43 *Kp* 216

Charakteristik: Nadeln von pfefferminzartigem Geruch; n_D^{20} 1.4609; $[\alpha]_D$ −49.4° (A.); ll. in A., Ae., CS_2, Chlf., conc. HCl, Eg.; l. in PAe.; swl in W. — *Phenylurethan: F* 112. — *Phthalestersäure: F* 122. — *p-Nitrobenzoat: F* 61—2. — *3,5-Dinitrobenzoat: F* 153. — *V.:* Frei u. verestert in Pfefferminzölen aus Mentha piperita (bis 90%, Darst.) u. anderen Mentha-Arten sowie einigen anderen Labiaten, meist neben kleinen Mengen des flüssigen, stereoisomeren D-Isomenthols (*Kp* 212; $[\alpha]_D$ +20.7°). — *Verwend.:* In Medizin u. Kosmetik, zu Migranestiften, Schnupfpulvern, Balsamum mentholi compositum u. a. Präparaten. — *Wi.:* Mild antiseptisch, Choleretícum u. Cholagogum, beruhigend z. B. bei Gesichtsneuralgien.

1/22 Perillaalkohol

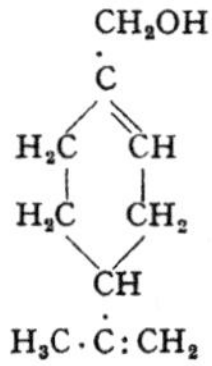

MG 152.23 D^{20} 0.9640 Kp_5 94—6

Charakteristik: Öl; n_D^{20} 1.4996; $[\alpha]_D$ 97 5°. — *Naphthylurethan: F* 146—7; + CrO_3 → Perillaaldehyd (Semicarbazon: *F* 200). — *V.:* In Gingergrasöl, Bergamottöl, Sadebaumöl, im äther. Öl von Monarda fistulosa, Satureja montana, Cymbopogon nervatus, im Blütenöl von Cymbopogon caesius, im Blätteröl von Andropogon connatus (30—35%), als Acetat im Krauseminzenöl; (+)-Form im Kümmelöl u. äther. Öl von Cymbopogon polyneuros; (−)-Form im Lavandinöl.

1/23 Piperitol

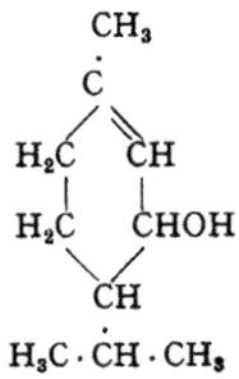

MG 154.24 D^{22} 0.9230 Kp_{10} 95—6

Charakteristik: Angenehm riechendes Öl; $[\alpha]_D$ + 40.22°, − 34.1°; n_D^{22} 1.4760; + CrO_3 → Piperiton. — *V.:* (−)-Form frei (20%) u. als Ester (19.5%) im äther. Öl von Eucalyptus radiata u. anderer Eucalyptus-Arten; (+)-Form in den Blütenköpfen einer indischen Andropogon-Art, im norwegischen Wachholderbeerenöl, in den Früchten von Piper cubeba, im äther. Öl von Melaleuca linariifolia.

1/24 Dihydrocarveol

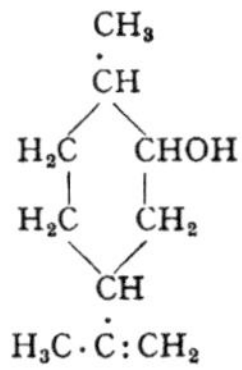

Über die Stereoisomeren des Dihydrocarveols s. *Schmidt, H.:* Chem. Ber. **83**, 193 (1950).

MG 154.24 D^{20} 0.927 Kp_{14} 112

Charakteristik: Öl; n_D^{20} 1 4816; $[\alpha]_D^{20}$ + 30.56°, — *Phenylurethan: F* 87 (opt. akt.), *F* 93 (racem.). — *V.:* Im Kümmelöl, im äther. Öl von Mentha longifolia (25%).

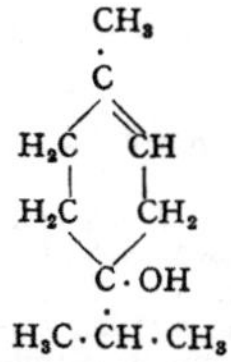

1/25 Terpinenol-(4)

MG 154.24 D^{11} 0.9415 *Kp* 210—12

Charakteristik: Öl; n_D^{19} 1.4785; $[\alpha]_D^{20}$ 24.32; — *Nitrosochlorid:* *F* 111—2; — *Phenylurethan:* *F* 71—2; — *Naphthylurethan:* *F* 106. — *V.:* (+)-Form im Ceylon-Cardamomenöl, Majoranöl, Muskatnußöl, Zypressenöl, span. Thymianöl, Cubebenöl, norweg. Wachholderbeerenöl, im äther. Öl aus Melaleuca linariifolia (37%), M. alternifolia, M. radiophylla, im Nadelöl von Juniperus occidentalis (6%), Libocedrus bidwillii, Thuja occidentalis; (—)-Form im äther. Öl von Eucalyptus dives, in den Früchten von Xanthoxylum rhetsa.

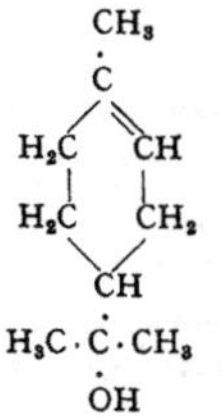

1/26 α-Terpineol („Terpineol")

MG 154.24 D_4^{14} 0.9475 (akt.) D_{20}^{20} 0.935 (DL) *F* 35 (akt.) *F* 36.9 (DL) Kp_{15} 104 (akt.) *Kp* 219 (DL)

Charakteristik: Krist. von schwach fliederartigem Geruch; n_D^{20} 1.4831 (DL); $[\alpha]_D^{20}$ 100.5°; l. in A., Ae.; unl. in W. — *Phenylurethan:* *F* 109.5 (akt.), 113 (DL). — *Nitrosochlorid:* *F* 107—8 (akt.), 120—2 (DL). — *Nitrolpiperidid:* *F* 151—2 (akt.), 159—60 (DL). — *V.:* Frei u. als Ester in vielen äther. Ölen; (+)-Form im Petitgrain-, Neroli- u. Liebstöckelöl; (—)-Form im Borneocampheröl, Terpentinöl verschiedener Coniferen, Jasminblütenöl; (±)-Form in Cajeput- u. Muskatnußöl. — *Verwend.:* Riechstoff.

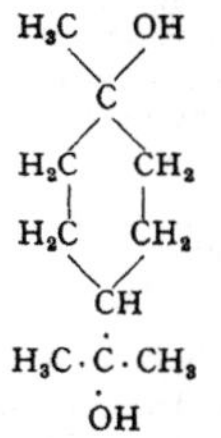

1/27 1,8-Terpin (p-Menthandiol-(1,8), „Terpin")

MG 172.27

Charakteristik: *cis-Terpin:* *F* 104—5; bildet leicht ein Hydrat $C_{10}H_{20}O_2 \cdot H_2O$: rhombische Pyramiden; *F* 116—7 (W.). — *trans-Terpin:* monokline Prismen; *F* 158—9, bildet kein Hydrat. — *V.:* cis-Form: im Kiefernholz, im Blätteröl von Cupressus torulosa; trans-Form: im Blätteröl von Cupressus torulosa, in den reifen Früchten von Schinus molle.

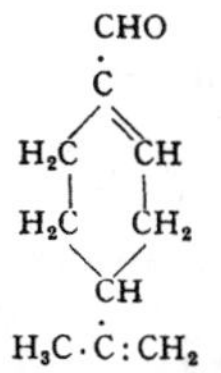

1/28 Perillaaldehyd

MG 150.21 D^{20} 0.9645 Kp_{10} 104—5

Charakteristik: Öl; n_D 1.5069; $[\alpha]_D$ —146°. — *Semicarbazon:* *F* 200. — *anti-Oxim:* schmeckt widerwärtig süß, *F* 102. — *syn.-Oxim:* *F* 129. — *Phenylhydrazon:* *F* 107.5, krist. Verb. mit $NaHSO_3$ (Reinigung). — *V.:* (—)-Form im äther. Öl von Perilla nankinensis, der reifen Früchte von Siler trilobum (40—60%); (+)-Form im Holzöl von Hernandia peltata (falsches Campherholzöl).

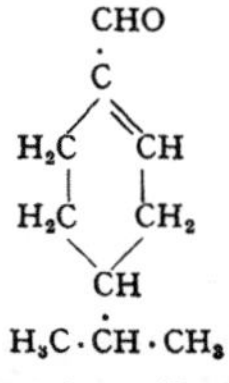

1/29 Phellandral

MG 152.23 D^{20} 0.9412 Kp_5 89—90

Charakteristik: Öl; n_D^{20} 1.4897; $[\alpha]_D^{20}$ —151.3°, +123°. — *Semicarbazon:* *F* 204—5. — *Oxim:* *F* 87. — *Phenylhydrazon:* *F* 122—3; + O_2 oder $Ag_2O \rightarrow$ Säure $C_{10}H_{16}O_2$: *F* 144—5. — *V.:* (—)-Form: Wasserfenchelöl aus Früchten von Phellandrium aquaticum, Öle verschiedener Eucalyptusarten, Öl von Anethum sowa, Parthenium argentatum (4%), Blätteröl von Bursera microphylla u. Haplopappus laricifolius (1%); (+)-Form: Wasserfenchelöl.

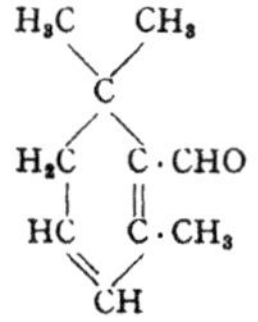

1/30 **Safranal (Dehydro-β-cyclocitral)**

MG 150.22 D_4^{19} 0.9730 Kp_{14} 93

Charakteristik: Öl von durchdringendem Safrangeruch; n_D^{19} 1.5281. — *Oxim:* *F* 65. — *Semicarbazon:* *F* 175. — *Thiosemicarbazon:* *F* 199 bis 200. — *2,4-Dinitrophenylhydrazon:* *F* 186. — *Darst.:* Aus Pikrocrocin, dem Bitterstoff des Safrans, d. Spaltung mit Saure oder Alkali. — *Wi.:* Schwach wirksam als Androtermon bei der Grunalge Chlamydomonas eugametos.

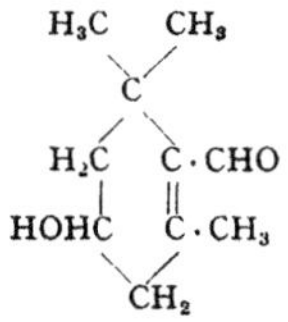

1/31 **4-Hydroxy-β-cyclocitral (4-Hydroxy-2,6,6-trimethyl-Δ_1-tetrahydrobenzaldehyd)**

MG 168.23 $Kp_{0.001}$ ~80

Charakteristik: An der Luft der Autoxydation unterliegende Flussigkeit; n_D^{20} 1.5180; $[\alpha]_D^{20}$ −87° (A.); l. in W. — *Thiosemicarbazon:* *F* 191—2. — *Darst.:* Aus Pikrocrocin, dem Bitterstoff des Safrans, durch enzymatische Spaltung mit Emulsin. — *Wi.:* Androtermon bei der Grunalge Chlamydomonas eugametos.

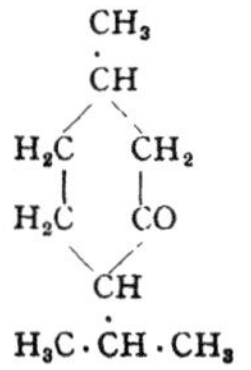

1/32 **Menthon (1-Menthon, trans-Menthon)**

MG 154.25 D^{20} 0.8937 *Kp* 207 *F* −6.6

Charakteristik: Öl von schwachem pfefferminzartigem Geruch u. bitterem Geschmack; n_D^{20} 1.4504; $[\alpha]_D^{20}$ −29.6°; ∞ A., Ae.; swl. in W. — *Oxim:* *F* 59. — *Semicarbazon:* *F* 193. — *V.:* In den äther. Ölen verschiedener Mentha-Arten (10—45%), Bourbon-Geraniumöl (8%), Pennyroyalöl von Hedeoma pulegioides, ather. Öl von Calamintha macrostema (65%), Bystropogon origanifolius, B. mollis, Micromeria japonica, Pycnanthemum miticans, P. pilosum (20%).

1/33 **Isomenthon** (cis-Form des Menthons; Formel s. Menthon)

MG 154.25 *Kp* 212 Kp_7 79—80

Charakteristik: dünnflüssiges Öl; n_D^{20} 1.4530; $[\alpha]_D^{20}$ 94.3°. — *Oxim:* *F* 99—100. — *V.:* (+)-Form im Pennyroyalöl aus Hedeoma pulegioides, ather. Öl von Mentha pulegium, M. arvensis, Bystropogon mollis, Micromeria abyssinica (42%), Pelargonium tomentosum; (−)-Form: Kongo-Geraniumöl von Pelargonium capitatum (75%), Öl von P. tomintosum.

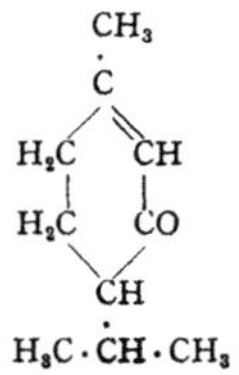

1/34 **Piperiton**

MG 152.23 D_4^{20} 0.933 Kp_{20} 116—18.5

Charakteristik: Öl von campher- u. pfefferminzähnlichem Geruch; n_D^{20} 1.4848; $[\alpha]_D^{20}$ 67.8°; wird leicht racemisiert, bes. durch Alkali, auch bei der Reinigung über die $NaHSO_3$-Verb. — *α-Semicarbazon:* *F* 226 (DL), 193—4 (akt.). — *β-Semicarbazon:* *F* 174—6 (DL). — DL-*Oxim:* *F* 118—9 u. 88—9. — DL-*Phenylsemicarbazon:* *F* 191—2. — *Benzylidenverb.* polymorph: blaßgelbe Prismen: *F* 59—60 (α), gelbe Tafeln: *F* 63—4 (β), gelbe Nadeln: *F* 69—70 (γ, stabilste Form). — *V.:* (−)-Form im ather. Öl von Eucalyptus dives (40%) u. a. Eucalyptusarten; (+)-Form im Öl von Cymbopogon sennarensis (45%), Andropogon iwarancusa (80%), im japan. Pfefferminzöl.

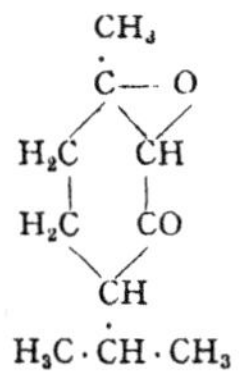

1/35 **Piperitonoxyd**

MG 168.24 D_{25}^{25} 1.008 Kp_3 91 *F* 15

Charakteristik: Krist. (Hexan); n_D^{20} 1.4624; $[\alpha]_D^{22}$ −177° (A.). — *Semicarbazon:* F 203.5 u. 181. — *2,4-Dinitrophenylhydrazon:* *F* 115—7. — *B.:* Autoxydation von Piperiton. — *V.:* (−)-Form: ather. Öl von Mentha silvestris (30—68%).

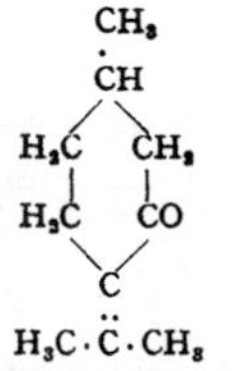

1/36 **Pulegon**

MG 152.23 D_4^{15} 0.9346 *Kp* 221–2

Charakteristik: Angenehm campherartig, süßlich riechendes Öl; n_D 1.4844; $[\alpha]_D^{20}$ 27.8°; unl. in W.; ∞ A., Ae. – *Semicarbazon:* *F* 172–3. – *2,4-Dinitrophenylhydrazon:* *F* 142. – *bis-Nitroso-pulegon:* *F* 83, krist. Verb. mit $NaHSO_3$ (Reinigung). – *V.:* (+)-Form weit verbreitet in Lippenblütern, Hauptbestandteil des äther. Öls von Mentha canadensis, reichlich im Öl von M. pulegium, Hedeoma pulegioides (Poleiöl); (–)-Form im äther. Öl von Agastache formosanum (80%).

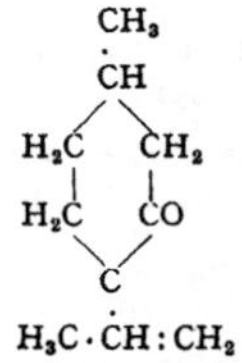

1/37 **Isopulegon**

MG 152.23 D_4^{20} 0.9208 Kp_{17} 101–2

Charakteristik: Öl; n_D^{20} 1.4666; $[\alpha]_D$ 24.7°. – *Semicarbazon:* *F* 176–7 (akt.), 183 (DL). – *Oxim:* *F* 120–1. – *V.:* (+)-Form im äther. Öl von Mentha rotundifolia, M. pulegium, M. timija (1%); (–)-Form im äther. Öl von Agastache formosanum.

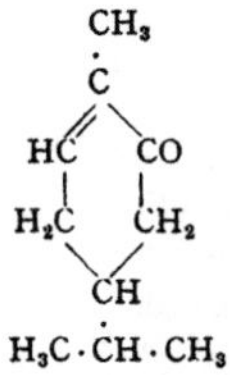

1/38 **Carvotanaceton**

MG 152.23 D_{30}^{30} 0.9305 *Kp* 228–9

Charakteristik: Hellgelbes, nach Kümmel riechendes Öl; n_D^{30} 1.4767; $[\alpha]_D^{30}$ + 59.5°. – *Semicarbazon:* *F* 173–4 (akt.), 177–8 (DL). – *Oxim:* *F* 77 (akt.), 92–3 (DL). – *2,4-Dinitrophenylhydrazon:* *F* 191–2 (akt.). – *B.:* (DL) durch Erhitzen von α-Thujon auf 280°. – *V.:* Hauptbestandteil der äther. Öle von Blumea malcolmi (82%), B. eriantha u. Pulicaria mauritanica (81%).

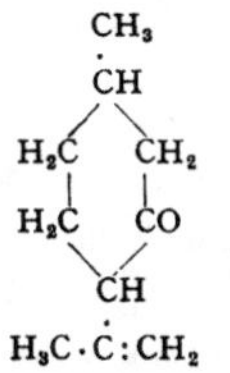

1/39 **Dihydrocarvon**

MG 152.23 D^{19} 0.928 *Kp* 221–2

Charakteristik: Öl von charakteristischem Geruch; n_D^{19} 1.4717; $[\alpha]_D$ –17.7°. – *Oxim:* *F* 88–9 (akt.), 115–6 (DL). – *Semicarbazon:* *F* 189–91 (akt.), 187–8 (DL); + $KMnO_4$ → p-Menthanon-(2)-diol-(8,9): *F* 115–20; + $FeCl_3$ oder Pd → Carvacrol. – *Darst.:* Aus Nitrosopinen. – *V.:* Kümmelöl, Dillöl von Anethum sowa.

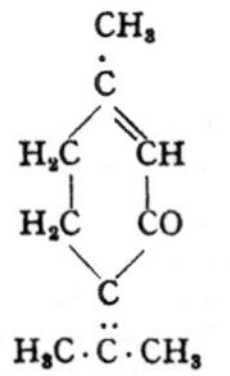

1/40 **Piperitenon**

MG 150.22 D_4^{20} 0.9774 $Kp_{1.8}$ 92

Charakteristik: Öl; n_D^{20} 1.5294. – *2,4-Dinitrophenylhydrazon:* *F* 184.5; + Pd-Kohle → Thymol. – *V.:* In marokkan. Pfefferminzöl aus Mentha pulegium var. villosa, in portugies. Pfefferminzöl.

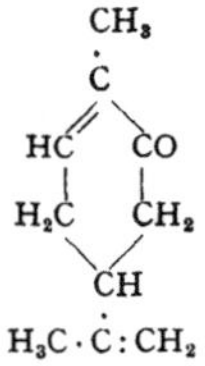

1/41 Carvon

MG 150.21 D_4^{20} 0.960 *Kp* 230–1

Charakteristik: Öl von charakteristischem Kümmelgeruch; n_D^{20} 1.4988 (akt.), 1.5003 (DL); $[\alpha]_D^{20}$ 62,4°; 0,13 W. 18°; ∞ in A., Ae.; l. in Chlf. — *Oxim:* *F* 72–3 (akt.), 93 (DL). — *Semicarbazon:* *F* 163 u. 142 (akt.), 155 (DL). — *Verb. mit* H_2S: *F* 224 bis 225 (akt.), 189–90 (DL). — *V.:* Weit verbreitet in äther. Ölen; (+)-Form: Hauptbestandteil des Dill- u. Kümmelöls (bis 85%, Darst.), im äther. Öl von Orthodon carvoniferum (32%); (−)-Form im Krauseminzen- (72%) u. Kuromoji-öl; (±)-Form im Gingergrasöl.

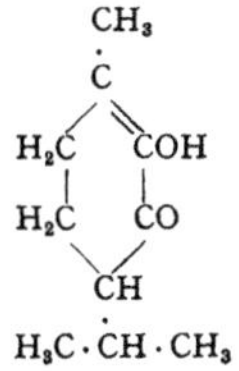

1/42 Diosphenol (Buccocampher)

MG 168.23 $D_D^{92.2}$ 0.9542 *F* 83 Kp_{10} 109–10

Charakteristik: Krist.; $n_D^{99.8}$ 1.4607; wl. in A., l. in Ae., Chlf., CS_2; swl. in W.; leicht oxydierbar, reduziert Fehlingsche Lsg. u. Ag-Lsg.; mit $FeCl_3$ intensive Grünfärbung. — *Phenylurethan:* *F* 114. — *Oxim:* *F* 125. — *V.:* Im Buccoblätteröl aus Barosma betulina, B. serratifolia u. B. crenulata.

1/43 α- und β-Jonon (Gehören strenggenommen nicht zu den Terpenen.)

MG 192.30

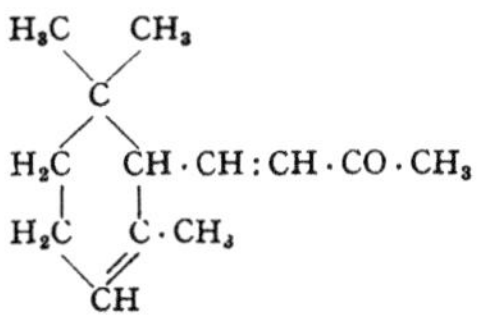

α-Jonon

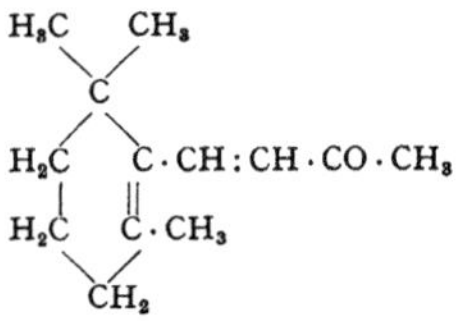

β-Jonon

Charakteristik: Nach Cederholz riechende Öle, in verd. alkohol. Lösung nach Veilchen riechend. — *α-Jonon:* Kp_{11} 123–4, D^{20} 0.932; n_D^{20} 1.4980; $[\alpha]_D^{20}$ + 378.7°. — *Oxim:* *F* 89–90 (PAe.). — *Semicarbazon:* *F* 142–3. — *2,4-Dinitrophenylhydrazon:* *F* 151. — *β-Jonon:* Kp_{18} 140, D^{15} 0.9488; n_D^{16} 1.520. — *Semicarbazon:* *F* 148–9. — *p-Bromphenylhydrazon:* *F* 116–8. — Reinigung und Trennung der beiden Jonone über die Verb. mit Na-Hydrogensulfit. — *Darst.:* Durch Cyclisierung von Pseudojonon; aus α- u. β-Cyclocitral u. Aceton. — *V.:* Jonongemisch: äther. Öl von Boronia megastigma (95% β-, 5% α-Jonon), Costus-Wurzelöl von Saussurea lappa, Blütenöl von Lawsonia inermes (80% β-, 20% α-Jonon); β-Jonon: in der Felsenalge Trentepohlia iolithus. — *Verwend.:* Veilchenriechstoffe.

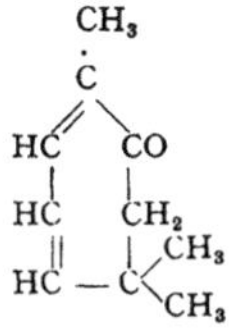

1/44 Eucarvon

MG 150.22 D_4^{20} 0.9490 Kp_{10} 88

Charakteristik: Öl mit menthonähnlichem Geruch, das durch 1std. Sieden zu Carvacrol isomerisiert wird; n_D^{20} 1.5087; Mol.-Refr. 46.72. — *Semicarbazon:* *F* 183–5. — *Oxim:* *F* 106. — *2,4-Dinitrophenylhydrazon:* *F* 152–3; conc. alkohol. KOH: starke Blaufärbung; Maleinsäureanhydrid → Addukt: *F* 165–7. — *Darst.:* aus Carvonhydrochlorid mit alkohol. KOH. — *V.:* Äther. Öl von Asarum sieboldi var. seoulensis.

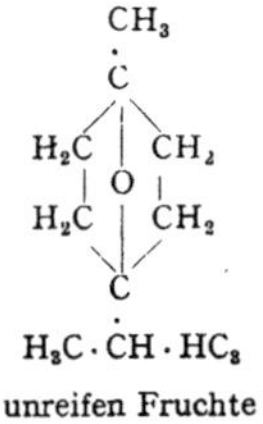

1/45 1,4-Cineol (1,4-Epoxy-p-menthan)

MG 154.24 D^{18} 0.9010 *Kp* 173–4

Charakteristik: Öl mit campherartigem Geruch; n_D^{18} 1.4479; Br_2 in Ligroin → leuchtend roter Nied.; HBr in Ligroin → Terpinen-dihydrobromid: *F* 58–9. — *V.:* Äther. Öl von Ormenis multicaulis, Öl der Früchte von Xanthoxylum rhetsa, Öl der unreifen Früchte von Piper cubebas Blätteröl von Boldea fragrans Juss.

1/46 **1,8-Cineol (1,8-Epoxy-p-menthan, „Cineol")**

MG 154.25 D^{16} 0.930 *F* 1 *Kp* 174.4

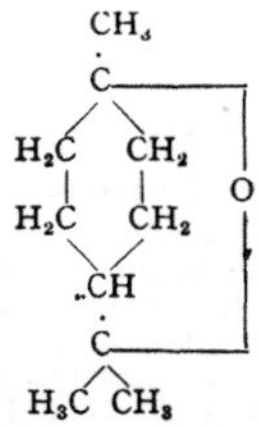

Charakteristik: Viscoses Öl von charakterist., campherahnlichem Geruch, laßt sich unzersetzt uber Na dest.; n_D^{20} 1.4575; 0.22 W. 15°; ∞ A., Ae.; Oxyd. mit $KMnO_4$ → Cineolsaure $C_{10}H_{16}O_5$ *F* 204—6. — *Verb. mit o-Kresol:* *F* 55.5. — *Verb. mit H_3PO_4:* *F* 80. — *V.:* Im europ. Wurmsamenöl (Zitwersamenol, Oleum cinae), aus Artemisia maritima, im Cajeputöl, verschied. Eucalyptusölen (bis 92%) u. vielen anderen ather. Ölen. — *Wi.*, *Verwend.:* Als Anthelminticum.

1/47 **Ascaridol (1,4-Peroxydo-p-menthen-(2))**

MG 168.23 D_{25}^{25} 1.0061 $Kp_{1.5}$ 75 *F* 5

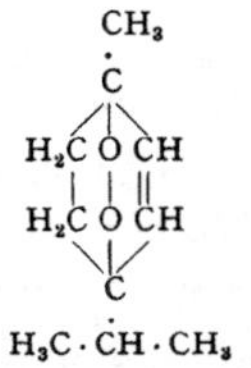

Charakteristik: Etwas viscoses Öl, im Geruch an Campher u. Carvon, in Verdunnung auch an Skatol erinnernd; n_D^{25} 1.4718; explodiert beim Erhitzen auf 130—150° u. beim Behandeln mit starken Sren.; $FeSO_4$ → Ascaridolglykol $C_{10}H_{18}O_3$: *F* 62.5—64. — *V.:* Bis 70% im Öl von Chenopodium ambrosioides var. anthelminticum (amerikan. Wurmsamenöl), in Ch. hircinum, Ch. multifidum. — *Darst.:* Photochem. aus α-Terpinen u. O_2. — *Wi.:* Anthelminticum, ziemlich toxisch. — *Verwend.:* Bes. gegen Spulwurmer.

1/48 **α-Thujen**

MG 136.23 D_4^{20} 0.8301 Kp_{759} 151

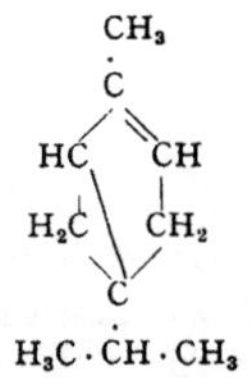

Charakteristik: Bewegliches Öl von durchdringendem Geruch; n_D^{20} 1.4515; $[\alpha]_D^{30}$ 37.69°. — *Nitrosochlorid:* *F* 101 (Z.); + k. verd. $KMnO_4$-Lsg. → α-Thujaketosaure: *F* 75—6 (*Semicarbazon:* *F* 182—3). — *V.:* Im Terpentinol von Boswellia serrata, im cyprischen Origanumöl, in den ather. Ölen von Chamaecyparis obtusa, Eucalyptus dives, Orthodan punctulatum (75%) u. andere Orthodonarten; (—)-Form im äther. Öl von Thuja occidentalis, Melaleuca linariifolia, Cymbopogon nardus.

1/49 **Sabinen**

MG 136.23 D^{20} 0.842 *Kp* 163—5

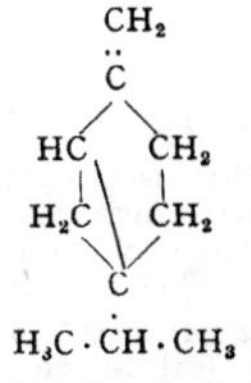

Charakteristik: Öl; n_D^{20} 1.465; $[\alpha]_D$ 80,17°; unl. in W., l. in A., Ae.; + $KMnO_4$ → Sabinenglykol: *F* 54 u. Sabinensaure $C_{10}H_{16}O_3$: *F* 57 (akt.), 84—5 (DL). — *Na-Salz:* wl. in W.; + O_3 → Sabinaketon: *Kp* 218—9. — *Semicarbazon:* *F* 141 (akt.). — *V.:* (+)-Form im Sadebaumol aus Juniperus sabina, Cubebenol (33%); (—)-Form im Samenol von Xanthoxylum budrunga, Blatterol von Atalantia monophylla (38%), Mohrensamenol (20%), (±)-Form im Öl von Murraya koenigii u. anderen ather. Ölen.

1/50 **Thujylalkohol**

Der naturlich vorkommende Thujylalkohol ist ein Stereoisomerengemisch.

MG 154.25

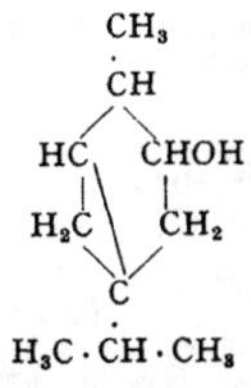

Charakteristik: (—)-*Thujylalkohol:* *F* 66—7; $[\alpha]_D$ —22.5° (A.). — *p-Nitrobenzoat:* *F* 101. — *3,5-Dinitrobenzoat:* *F* 106. — (—)-*Neothujylalkohol:* *F* 22—3; Kp_{18} 96; D_4^{25} 0.9223; n_D^{25} 1.4624; $[\alpha]_D$ —8.8° (A.). — *p-Nitrobenzoat:* *F* 90. — *3,5-Dinitrobenzoat:* *F* 103. — (+)-*Isothujylalkohol:* Kp_{16} 103; n_D^{14} 1.4630; $[\alpha]_D$ +108.8°. — *p-Nitrobenzoat:* *F* 78. — *3,5-Dinitrobenzoat:* *F* 92. — *V.:* Wermutöl aus Artemisia absinthum, ather. Öl von A. arborescens (20%), frei u. verestert in den Ölen mehrerer anderer Artemisia- u. Thuja-Arten.

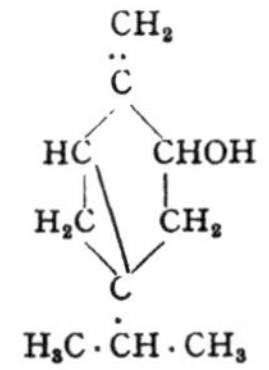

1/51 **Sabinol**

MG 152.23 D^{15} 0.9518 *Kp* 208 Kp_{11} 90

Charakteristik: Öl; n_D^{15} 1.4895; $[\alpha]_D$ +7.56°. — *Hydrogenphthalat:* *F* 101—2. — *p-Nitrobenzoat:* *F* 75. — *3,5-Dinitrobenzoat:* *F* 109; + $KMnO_4$ → Sabinolglycerin (*F* 152—3) u. Tanacetogendicarbonsäure (*F* 140). — *V.:* Frei u. verestert im Sadebaumöl aus Juniperus sabina (Darst.), im äther. Öl von J. thurifera, J. phoenicia u. Thujopsis dolabrata. — *Wi.:* Toxisch, bewirkt Nephritis u. Urämie.

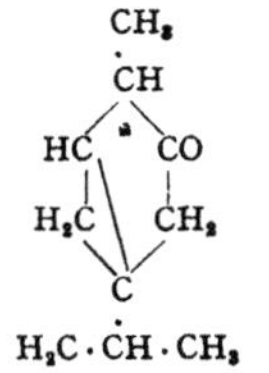

1/52 **Thujon**

Kommt in 2 stereoisomeren Formen vor: (—)-α-Thujon u. (+)-β-Thujon (Isothujon, Tanaceton)

MG 152.23 D_4^{25} 0.9019 (α), 0.9135 (β)

Kp_9 74.5 (α) Kp_{10} 76 (β)

Charakteristik: Bewegliches Öl von erfrischendem mentholähnlichem Geruch; n_D^{15} 1.4490 (α), n_D^{25} 1.4500 (β); $[\alpha]_D^{18}$ —19.9° (α), +72.5° (β); unl. in W., l. in A., Ae. — *Semicarbazon:* *F* 186—8 (α), 172 (β). — *2,4-Dinitrophenylhydrazon* (α): *F* 117; $[\alpha]_D^{16}$ +44° (Chlf.); (β): *F* 116; $[\alpha]_D^{16}$ +161° (Chlf.). — *Oxim:* fl. (α); *F* 54—5 (β). — *V.:* α-Thujon hauptsächlich im Thujaol, β-Thujon im Rainfarnöl, Gemische beider im Wermut-, Salbei-, Absinthöl u. a. äther. Ölen. — *Wi.:* Starkes Nervengift.

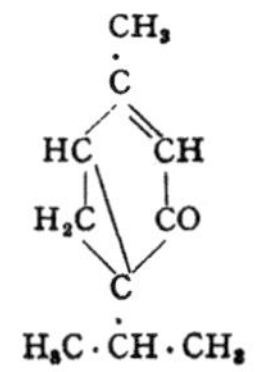

1/53 **Umbellulon**

MG 150.22 D^{20} 0.950 *Kp* 219—20 Kp_{10} 93

Charakteristik: Öl von eigentümlich scharfem Pfefferminzgeruch; n_D^{20} 1.4832; $[\alpha]_D$ —36.3°. — *Semicarbazido-semicarbazon:* *F* 217 (Z.); + $KMnO_4$ → Umbellulonsäure, $C_8H_{12}O_4$: *F* 120. — *V.:* Äther. Öl der Blätter von Umbellularia californica (60%), Kenya-Cypressenöl (3.5%).

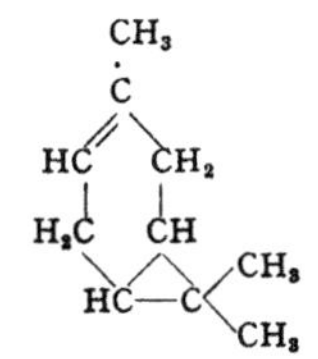

1/54 **Δ³-Caren**

MG 136.23 D_4^{20} 0.8628 Kp_{730} 164—5

Charakteristik: Öl von eigentümlich süßem durchdringendem Geruch, autoxydiert u. verharzt sehr leicht, wird thermisch zu Sylvestren isomerisiert; n_D^{20} 1.468; $[\alpha]_D^{20}$ 17.3°. — *Nitrosat:* *F* 147.5 (Z.). — *Nitrosochlorid:* *F* 102 (unbeständig). — + Eg. u. H_2SO_4: erst tiefrote, dann violette, schließlich schmutzig braune Färbung. — *V.:* (+)-Form in ind. Terpentinöl aus Pinus longifolia (14—30%), im schwed. (40%), franz. (17%) u. anderen Terpentinölen aus Pinus-, Picea-, Abies- u. Larix-Arten; (—)-Form in den Rhizomen von Kaemferia galanga, im Holz- u. Stubbenterpentinöl von Pinus sylvestris (14—19%), im Terpentinöl von Pinus ponderosa. — *Wi.:* Das durch Autoxydation des Δ³-Carens entstehende Hydroperoxyd ist Ursache der ekzematogenen Wi. des Terpentinöls.

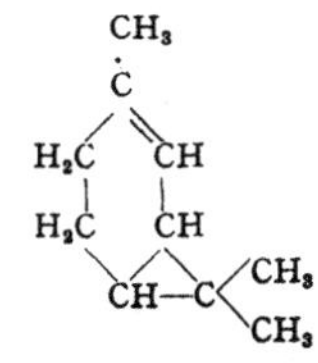

1/55 **Δ⁴-Caren (Δ²-Caren)**

MG 136.23 D_4^{20} 0.8585 Kp_{732} 166—7

Charakteristik: Angenehm nach p-Cymol riechendes bewegliches Öl, das beim Erhitzen auf 280° in Sylvestren u. α-Terpinen u. beim Kochen mit Eg. in α-Terpinen übergeht; n_D^{20} 1.47505; $[\alpha]_D^{20}$ +62.2°; + Eg.-Anhydrid u. konz. H_2SO_4: vorübergehende Purpurfärbung. — *V.:* Im äther. Öl von Andropogon iwarancusa (24%) u. anderen Andropogon- sowie Eucalyptus- u. Dacrydiumarten, im finn. Terpentinöl, im Fruchtöl von Carum bulbocastanum.

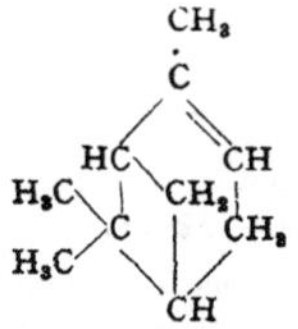

1/56 α-Pinen

MG 136.23 D^{20} 0.8585 (DL) D^{15} 0.862 (akt.) *Kp* 155–6

Charakteristik: Öl von Terpentingeruch, verharzt allmählich infolge Autoxydation; n_D^{12} 1.4650 (akt.), n_D^{21} 1.4655 (DL); $[\alpha]_D$ 48.85°; ll. in A., Ae., Chlf., Eg.; unl. in W. — *Nitrosochlorid:* *F* 105–8 (DL), 81–81,5 (akt.). — *Nitrolbenzylamid:* *F* 122–3 (DL), 144–5 (akt.). — *Nitrolpiperidid:* *F* 118–9 (DL), 84 (akt.); + HCl → Bornylchlorid: *F* 125–7; + $KMnO_4$ → Pinonsäure $C_{10}H_{16}O_3$: *F* 70 (akt.), 104 (DL). — *V.:* Sehr verbreitet in äther. Ölen, Hauptbestandteil der Terpentinöle (Darst.). — *Verwend.:* Zur techn. Herstellung von Campher.

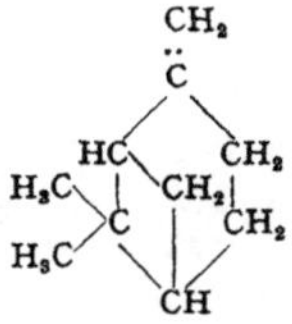

1/57 β-Pinen (Nopinen)

MG 136.23 D^{15} 0.874 *Kp* 162–3

Charakteristik: Fl.; n_D^{15} 1.4872; $[\alpha]_D$ −22.4° (Ae.); l. in A., Ae.; unl. in W.; bildet im Gegensatz zu α-Pinen kein krist. Nitrosochlorid; + $KMnO_4$ → Nopinsäure: *F* 126–7; + O_3 → Nopinon: *Kp* 209 (*Semicarbazon*): *F* 188); + HCl → Bornylchlorid: *F* 125–7. — *V.:* In Terpentinölen, bes. reichlich (30%) im franz. Terpentinöl, im Ysopöl, im Öl von Laurus nobilis, Amphiachyris dracunculoides (53%) u. a. äther. Ölen.

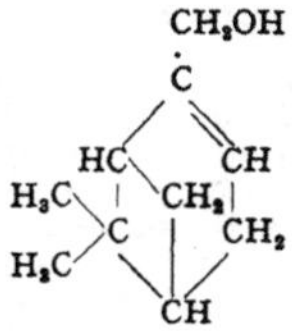

1/58 Myrtenol (Benihinol)

MG 152.23 D^{20} 0.9763 *Kp* 222

Charakteristik: Angenehm nach Myrten riechendes Öl; n_D 1.4966; $[\alpha]_D$ +49.7°. — *Phthalestersäure:* *F* 114–5. — *Phenylurethan:* *F* 58–9. — *α-Naphthylurethan:* *F* 92–3. — *V.:* Im äther. Öl von Darwinia grandiflora, Chamaecyparis formosensis, Eucalyptus globulus u. a.; als Acetat charakter. Bestandteil des Myrtenöls. — *B.:* Aus α-Pinen mit SeO_2.

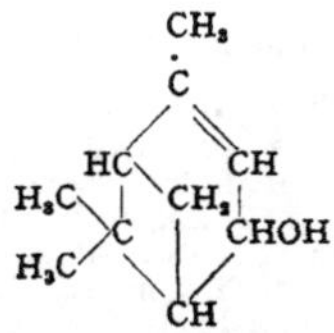

1/59 Verbenol

MG 152.23

Charakteristik: *trans-Form:* *F* 20.6; Kp_{10} 92; D^{20} 0.9697; n_D^{20} 1.4916; $[\alpha]_D$ +168.5°. — *p-Nitrobenzoat:* *F* 81–2. — *cis-Form:* *F* 15.5; Kp_{10} 90; D^{20} 0.9724; n_D^{20} 1.4932; $[\alpha]_D$ +65.3°. — *V.:* Im Weihrauchöl aus dem Harz von Boswellia carterii. — *B.:* Bei der Autoxydation von α-Pinen bzw. Terpentinölen.

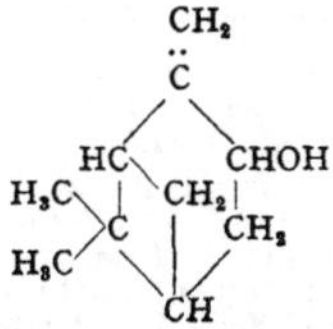

1/60 trans-Pinocarveol

MG 152.23 D^{20} 0.981 *Kp* 209–10 Kp_{12} 92 *F* 5

Charakteristik: Öl; n_D^{20} 1.5005; $[\alpha]_D$ −72°. — *Hydrogenphthalat:* *F* 116–7. — *p-Nitrobenzoat:* *F* 91–2. — *Phenylurethan:* *F* 88–9. — *V.:* Äther. Öl von Eucalyptus globulus.

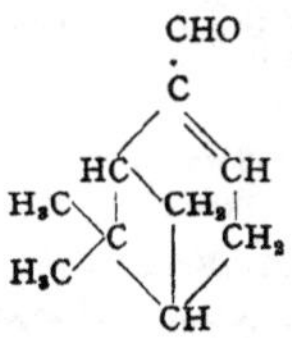

1/61 Myrtenal

MG 150.22 D_4^{20} 0.9898 *Kp* 220–1 $Kp_{13,5}$ 92

Charakteristik: Öl; n_D^{20} 1.5030; $[\alpha]_D$ +15.6°. — *Semicarbazon:* *F* 220. — *2,4-Dinitrophenylhydrazon:* *F* 223. — *Oxim:* *F* 71–2; + O_2 → Myrtensäure: *F* 53–4. — *Darst.:* Oxydation von α-Pinen mit SeO_2. — *B.:* Autoxydation von β-Pinen. — *V.:* Äther. Öle aus falschem Campherholz, Eucalyptus globulus, Calytrix tetragona (1%).

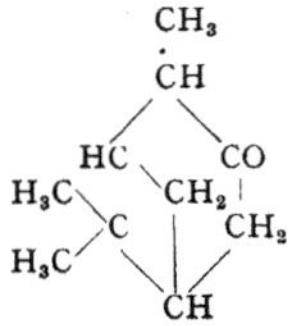

1/62 l-cis-Pinocamphon

MG 152.23 D^{15} 0.964 *Kp* 211–2

Charakteristik: Öl von einem an Campher u. Thujon erinnernden Geruch; n_D^{20} 1.4728; $[\alpha]_D$ – 18°. – *Semicarbazon:* *F* 227. – *Oxim:* *F* 56; + $KMnO_4$ → (–)-Pinocamphersaure $C_{10}H_{16}O_4$: *F* 192 u. (–)-Pinonsaure $C_{10}H_{16}O_3$: *F* 70. – *V.:* Hauptbestandteil (bis 52%) des Ysopols.

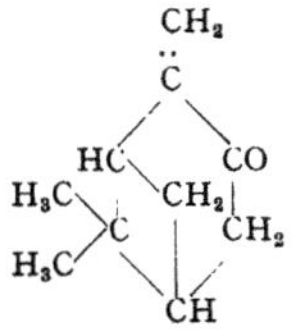

1/63 Pinocarvon

MG 150.22 D^{15} 0.9875 *F* –1.8 Kp_4 84–5

Charakteristik: Flussigkeit mit eigenartigem Geruch; n_D^{20} 1.4950; $[\alpha]_D$ – 68°. – *Oxim:* *F* 132–3. – *Dibromid:* *F* 74. – *V.:* (–)-Form im ather. Öl von Eucalyptus globulus, Chenopodium ambrosioides (57%).

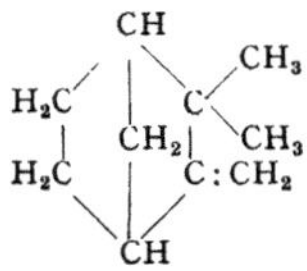

1/64 Camphen

MG 136.23 D_4^{54} 0.8422 *F* 51–2 *Kp* 160

Charakteristik: Weiche kubische Krist. (A.), lange Dodekaeder (Subl.); n_D^{54} 1.5514; $[\alpha]_D$ 107.7° (Bzl.); ll. in Ae.; l. in A., Chlf., Cyclohexan, Dioxan; unl. in W.; + HCl → Isobornylchlorid: *F* 161.5; + H_2SO_4-Ae. → Isoborneol: *F* 214; + $KMnO_4$ → Camphensaure $C_{10}H_{16}O_4$: *F* 144 (akt.), 136 (DL). – *V.:* Als (+)-, (–)- u. (±)-Form in sehr vielen ather. Pflanzenolen, meist in geringerer Menge, reichlicher im sibir. Fichtennadelol u. Ceylon-Citronellol. – *Darst.:* Isomerisierung von Pinen.

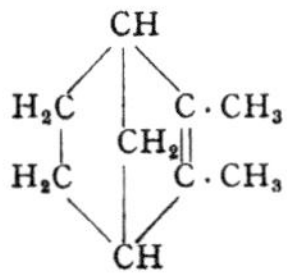

1/65 Santen

MG 122.20 D_4^{20} 0.8693 Kp_{770} 140–1

Charakteristik: Öl; n_D^{20} 1.4685; opt. inakt. – *Nitrosochlorid:* *F* 109–10. – *Nitrosit:* *F* 124–5; + Phenylazid → Hydrotriazolderivat: *F* 86; + $KMnO_4$ in Ac. → Santenglykol: *F* 197. – *V.:* In den Nadelolen von Abies sibirica (3–4%), A. balsamea, A. alba, Picea mariana (2,5%), P. excelsa, im ostind. Sandelholzol, in den ather. Ölen von Mentha rotundifolia, Furcraea gigantea u. Pittosporum pullifolium.

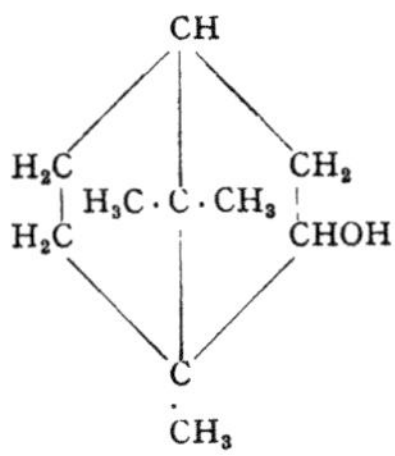

1/66 Borneol (endo-Borneol)

MG 154.25 *F* 208.5 (akt.), 210.3 (DL) *Kp* 212

Charakteristik: Hexagonale Tafeln (Lg.) von campherahnlichem Geruch u. brennendem Geschmack; $[\alpha]_D^{20}$ 37.9° (Toluol); ll. in A., Ae., Ac., Toluol; swl. in W.; 25 Bzl. 20°. – *p-Nitrobenzoat:* *F* 137 (akt.). – *3,5-Dinitrobenzoat:* *F* 155 (akt.), 152 (DL). – *Phenylurethan:* *F* 139 (akt.). – *Acetat:* *F* 29 (akt.) riecht nach Tannennadeln. – *V.:* (+)-Form Hauptbestandteil des Öls von Dryobalanops aromatica („Borneocampher"), im Rosmarin- u. Spickol; (–)-Form in Blumea balsamifera („Ngai-Campher"); opt. akt. u. inaktiv, frei u. als Ester in zahlreichen ather. Ölen; Acetat bes. in Coniferennadeln, Isovalerianat im Baldrianol. – *Darst.:* Aus Pinen bzw. Terpentinöl.

1/67 Isoborneol (exo-Borneol)

MG 154.25 *F* 214 (akt.)

Formel s. Borneol

Charakteristik: Weiche Kristalle von charakteristischem Geruch (PAe.); $[\alpha]_D^{20}$ 34° (A.). – *p-Nitrobenzoat:* *F* 129 (akt.). – *Phenylurethan:* *F* 139 (akt.). – *Darst.:* Durch saurekatalysierte Hydratisierung von Camphen. – *V.:* Äther. Öl der Beeren von Juniperus excelsa, des Harzes von Abies sibirica (bis 40%), der Wurzel von Chamaecyparis formosensis, amerikan. Kiefernstubben-Terpentinöl.

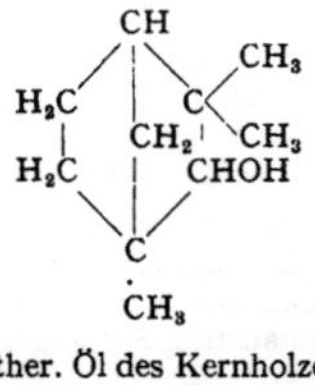

1/68 **α-Fenchol (endo-Fenchol, Fenchylalkohol)**

MG 154.25 *F* 48 (akt.), 38 (DL) *Kp* 200

Charakteristik: Krist. mit dumpfem Schimmelgeruch; $[\alpha]_D^{20}$ 12.3° (A.). — *Hydrogenphthalat:* *F* 146 (akt.), 169 (DL). — *Phenylurethan:* *F* 82 (akt.), 104 (DL). — *Oxalat:* *F* 94 (akt.). — *B.:* Neben Borneol bei der saurekatalysierten Hydratisierung von Pinen. — *V.:* (+)-Form: Sumpfharz (Kauriharz des Baumes Agathis australis); (—)-Form: äther. Öl des Kernholzes von Chamaecyparis lawsoniana (6%); (±)-Form: Stubbenterpentinöl von Pinus palustris, Terpentinöl der Weiß- u. Schwarzfohre, amerikan. Pine-oil, ather. Öl von Baeckea frutescens.

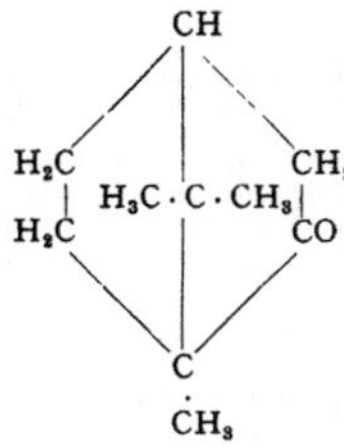

1/69 **Campher**

MG 152.23 D_4^{25} 0.992 *F* 178.5 *Kp* 209.1

Charakteristik: Flüchtige, durchscheinende, rhomboedr. Krist. (A.), Blattchen, Tafeln (Subl.) von charakter. Geruch u. scharfem, kühlendem Geschmack; λ_{max} 292 in A.; $[\alpha]_D^{20}$ 41.4° (A., $c = 1.0$), abhängig von Lösungsm. u. Konz.; 0.125 W. 25°, 125 k. A.; ll. in Ae., Chlf., Bzl., Ac., Eg.; l. in den meisten organ. Lösungsm., konz. Mineralsren, fl. NH_3, fl. SO_2. — *Semicarbazon:* *F* 245. — *Oxim:* Prismen *F* 119.5. — *2,4-Dinitrophenylhydrazon:* *F* 174. — *Phenylsemicarbazon:* *F* 153—4 (akt.), 172 (DL). — *V.:* (+)-Form: „Japancampher" im Campherbaum Cinnamomum camphora u. zahlreichen ather. Ölen: (—)-Form: „Matricariacampher" in Matricaria parthenium, Blumea balsamifera, Artemisia tridentata, Lavandula pedunculata; (±)-Form in Chrysanthemum chinense var. japonicum. — *Darst.:* techn. aus Terpentinöl. — *Wi.:* Erregung der corticalen u. subcorticalen Zentren, des Vasomotoren- u. Atemzentrums, zentrales Analepticum, hyperämisierend bei rheumat. Affekten.

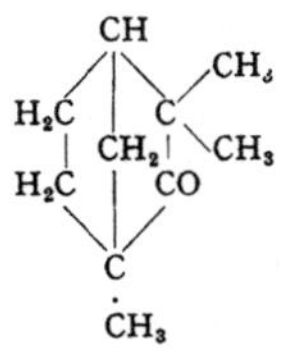

1/70 **Fenchon**

MG 152.23 D^{18} 0.948 *F* 6 *Kp* 192

Charakteristik: Öl von campherähnlichem Geruch u. bitterem Geschmack; n^{18} 1.4635; $[\alpha]_D$ 66.9°; unl. in W.; ll. in Ae., A.; sehr beständig gegenüber Oxydationsmitteln (Reinigung). — *Oxim:* *F* 164—5 (akt.), 158—60 (DL). — *Semicarbazon* (bildet sich sehr langsam): *F* 182—3 (akt.), 172—3 (DL). — *V.:* (+)-Form im Fenchelol, im Öl von Lavandula dentata, Blumea lacera, Prunella vulgaris; (—)-Form im Thujaöl, im ather. Öl von Artemisia frigida (10%).

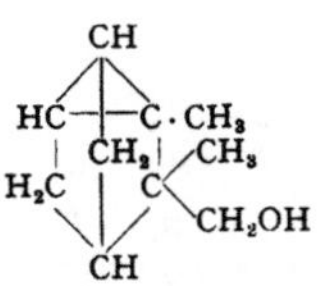

1/71 **Teresantalol**

MG 152.23 *F* 114 (akt.), 118 (DL) Kp_9 95—8

Charakteristik: Prismen (PAe.); sehr sublimationsfahig; $[\alpha]_D$ +12° (A.). — *Darst.:* Durch Reduktion von Teresantalsäure. — *V.:* Ostind. Sandelholzöl von Santalum album.

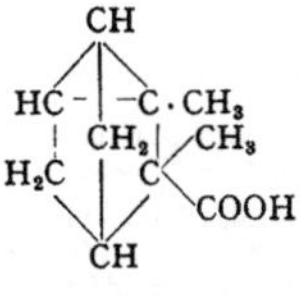

1/72 **Teresantalsäure**

MG 166.22 *F* 157 Kp_{28} 183

Charakteristik: große Prismen (A.); $[\alpha]_D^{20}$ —76.6 (Bzl.); + h. verd. $H_2SO_4 \rightarrow$ Santen. — *V.:* Frei u. verestert in ostind. Sandelholzol (0,5%).

2. Sesquiterpene

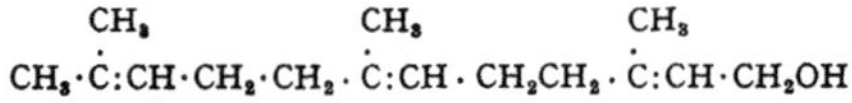

2/1 Farnesol

MG 222.36 D_{D}^{20} 0.885 Kp_{12} 156

Charakteristik: Öl von schwachem blumigen Geruch; n_D^{20} 1.490; l. in 3 Vol. 70%ig. A. — *3-Nitrophthalat:* *F* 93. — *Allophanat:* *F* 80. — *Di-β-Naphthylurethan:* *F* 70; + CrO_3 → Farnesal: Kp_{14} 173—4 (*Semicarbazon:* *F* 133—5). — *V.:* Im Moschuskörneröl aus den Samen von Hibiscus abelmoschus, im austral. Sandelholzöl u. fast allen Blütenölen. — *Verwend.:* Riechstoff.

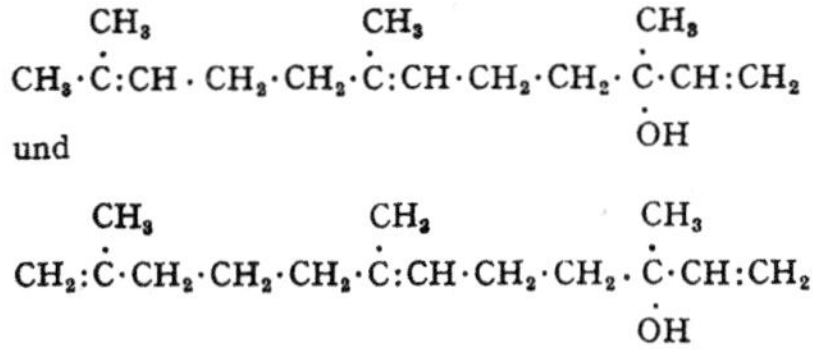

2/2 Nerolidol

Wahrscheinlich Isomerengemisch.

MG 222.36 D_4^{20} 0.878 Kp_{12} 145—6

Charakteristik: Öl von schwachem balsamischem Geruch; n_D^{16} 1.480; $[\alpha]_D$ 12.5°. — *Phenylurethan:* *F* 37—8; + CrO_3 → Farnesal (*Semicarbazon:* *F* 133—5). — *V.:* Im Neroliöl, Orangenblütenöl (6%), Hauptbestandteil des Holzöles von Myroxylon pereirae (Darst.), im Perubalsamöl u. a. — *Verwend.:* Riechstoff.

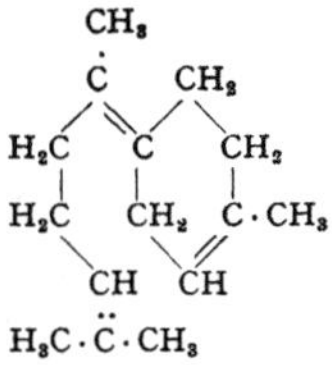

2/3 Bisabolen (γ-Bisabolen)

MG 204.34 D_4^{21} 0.8717 Kp_{751} 261—2 Kp_{12} 133—4

Charakteristik: Öl; n_D^{21} 1.4923; opt. inaktiv; opt. Aktivitat deutet auf Beimengung von Isomeren. — *Trihydrochlorid:* *F* 80. — *Trihydrobromid:* *F* 84. — *Hexabromid:* *F* 154. — *V.:* Im Bisabol-Myrrhenöl (Opoponaxöl), Limetteöl, Zitronenöl, Mohrrübenöl, Hauptbestandteil des Cardamomenwurzelöls u. des chines. Sternanisöls, im äther. Öl von Ocimum gratissimum (54%) u. verschiedener Orthodon-Arten, im Öl des Kernholzes von Dalbergia sissoo (10%), im Knospenol von Populus balsamifera u. a. äther. Ölen.

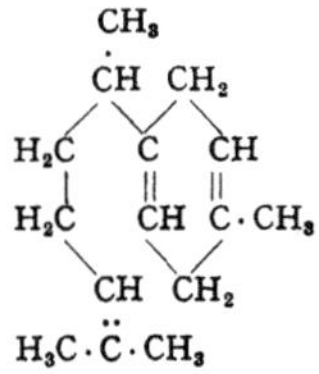

2/4 β-Curcumen

MG 204.34 D_{25}^{25} 0.8670 Kp_{19} 142

Charakteristik: Öl; n_D^{20} 1.491; $[\alpha]_{5461}$ —48.2°. — *Trihydrochlorid:* *F* 84. — *Trihydrobromid:* *F* 73—4. — *V.:* (—)-Form im Wurzelöl von Curcuma aromatica, (+)-Form im Öl von Nectandra elaiophora (15%).

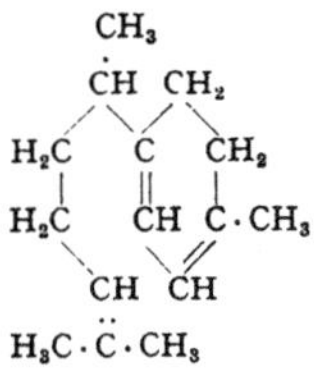

2/5 γ-Curcumen

MG 204.34 D_4^{20} 0.8810 Kp_3 94

Charakteristik: Öl; n_D^{25} 1.4975; $[\alpha]_D$ +31.78°; bildet kein krist. Hydrochlorid, Nitrosochlorid, Nitrosat oder Nitrosit. — *V.:* Im ather. Öl von Libocedrus Bidwilli (18%).

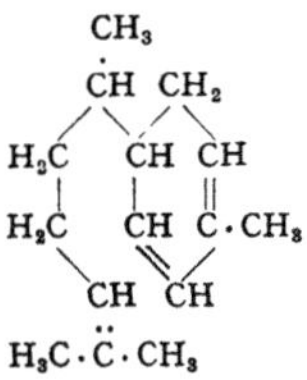

2/6 Zingiberen

MG 204.34 D_4^{20} 0.8713 Kp_{14} 134

Charakteristik: Öl, das beim Aufbewahren verharzt; n_D^{20} 1.4937; $[\alpha]_D^{20}$ —119.6°. — *Nitrosochlorid:* *F* 97. — *Nitrosat:* *F* 86—88; + HCl → Isozingiberen-dihydrochlorid: *F* 169—70; + HBr → Isozingiberen-dihydrobromid: *F* 175. — *V.:* Hauptbestandteil des Ingweröls, in den Rhizomen von Curcuma zedoraria u. C. longa, im Blatteröl von indischem Thymus serpyllum.

2/7 β-Elemen

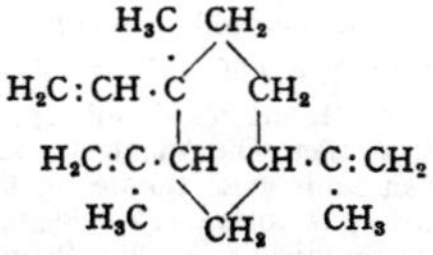

MG 204.34 D_4^{20} 0.8802 Kp_9 113—4

Charakteristik: Öl; n_D^{20} 1.4943; $[\alpha]_D^{20}$ —16.9°. — *Darst.:* Pyrolyse des Benzoats bzw. p-Nitrobenzoats des Elemols. — *V.:* Im Calmusöl, Wachholderbeerenöl u. Costusöl aus Saussurea lappa.

2/8 Bisabolol

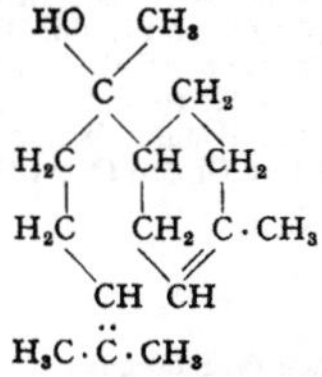

MG 222.37 D_4^{18} 0.9216 Kp_{12} 155—7

Charakteristik: Öl; n_D^{18} 1.4939; $[\alpha]_D$ —55.7° u. +51.7°; + HCl in Ae. bei 0° → Bisabolen-trishydrochlorid: *F* 80. — *B.:* Aus Nerolidol mit k. 90%ig. Ameisensäure. — *V.:* Im Holzöl von Myrocarpus-Arten; (—)-Form im äther. Öl von Matricaria chamomilla; (+)-Form in den Knospen von Populus balsamifera.

2/9 Lanceol

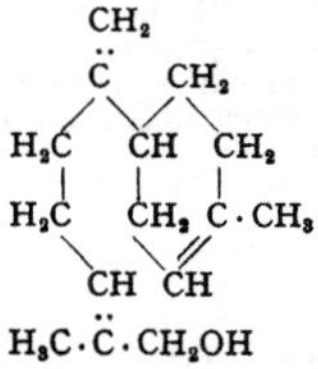

MG 220.36 D_{15}^{15} 0.9474 Kp_{17} 175—6

Charakteristik: zähflüssiges Öl; n_D^{25} 1.5074; $[\alpha]_{5461}$ —77.4°; $[\alpha]_{5780}$ —67.8°. — *Allophanat: F* 114 bis 5. — *Strychninsalz des Hydrogenphthalats: F* 103—4. — *V.:* Im äther. Öl von Osyris tenuifolia (45%), im Holzöl von Santalum lanceolatum.

2/10 Elemol

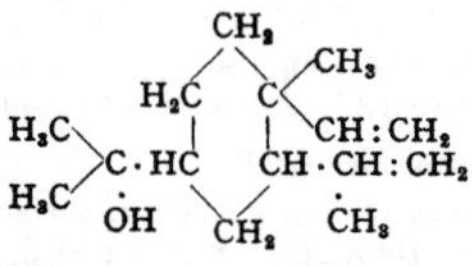

MG 222.37 D_{15}^{15} 0.9222 Kp_6 133 *F* 51—2

Charakteristik: Krist.; n_D^{15} 1.5042; $[\alpha]_D$ —9.6° (Bzl.). —4.35° (Chlf.). — *Phenylurethan: F* 112 bis 3. — *p-Nitrobenzoat: F* 74—6. — *3,5-Dinitrobenzoat: F* 122—3. — *V.:* Im Manila-Elemiöl aus Canarium luzonicum, Java-Citronellöl.

2/11 Humulen (α-Caryophyllen)

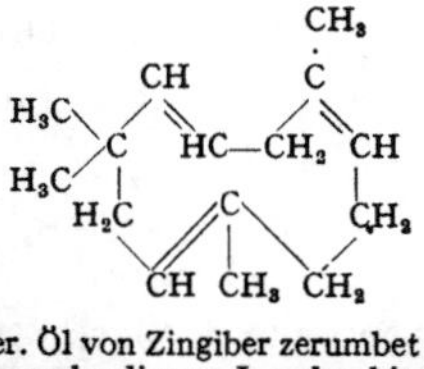

MG 204.34 D_4^{25} 0.8865 Kp_{10} 123

Charakteristik: Öl; n_D^{25} 1.5017. — *Nitrosochlorid: F* 176, daraus *Nitrolbenzylamin: F* 136 u. *Nitrolpiperidid: F* 154—5. — *Nitrosat: F* 163. — *Nitrosit: F* 119; + Perbenzoesäure → Trioxyd: *F* 121; Reinigung über das $AgNO_3$-Addukt: *F* 179 (Z.). — *V.:* Im Hopfenöl (20—40%), Pappelknospenöl, Nelkenöl, ägypt. Haschisch, im äther. Öl von Zingiber zerumbet (55%), Alpinia chinensis (30%), Limnophila erecta (26%), Ledum groenlandicum, L. columbianum, Pterodon pubescens, Orthodon methylisoeugenoliferum, O. carvoliferum u. a. Orthodon-Arten, Didymocarpus pedicellata („Didymocarpen"), Libocedrus Bidwilli u. zahlreichen anderen äther. Ölen.

2/12 Cadinen

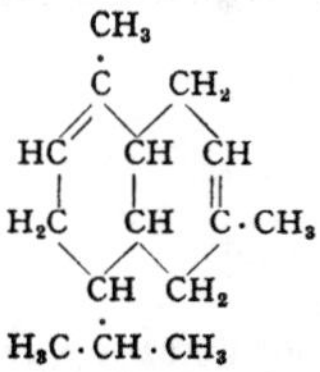

Das aus äther. Ölen über das Dihydrochlorid isolierte Cadinen ist ein Gemisch von Isomeren, die sich durch die Lage der Doppelbindungen unterscheiden. Hauptbestandteil ist β-Cadinen (Formel). Übersicht über die Chemie der Cadinene: *Herout, V.*, u. *V. Sykora:* Tetrahedron 4, 246 (1958).

MG 204.34 *Kp* 274—5 Kp_{20} 144

Charakteristik: Viscose Öle, die alle dasselbe Dihydrochlorid (*F* 118.5) geben u. durch S, Se oder Pt zu *Cadalin* (Pikrat: *F* 115) dehydriert werden. + H_2SO_4 in Chlf. oder Eg. → grün, dann blau, beim Erwärmen rot; ll. in Ae.; wl. in A., Eg.; unl. in W. — *β-Cadinen:* D_4^{20} 0.9239; n_D^{20} 1.5059; $[\alpha]_D^{20}$ —251°. — *γ-Cadinen* (aus Citronellöl): D_4^{20} 0.9125; n_D^{20} 1.5075; $[\alpha]_D$ +148°. — *γ₁-Cadinen* (aus Malabar-Lemongrasöl): Kp_9 120—1; $n_D^{26,5}$ 1.5155; $[\alpha]_D$ — 18.9°. — *δ-Cadinen* (aus Citronellöl): D_4^{20} 0.9175; n_D^{20} 1.5086; $[\alpha]_D$ +94°. — *ε-Cadinen* (aus Ylang-Ylangol): D^{20} 0.9107, n_D^{20} 1.5038; $[\alpha]_D$ 47.2°. — *V.:* Häufigstes Sesquiterpen. Die einzelnen Isomeren sind nur in Einzelfallen getrennt nachgewiesen worden. Die Angaben beziehen sich meist auf Isomerengemische. In Terpentinolen und Nadelölen zahlreicher Coniferen, besonders reichlich im Blatterol von Dacrydium biforme (40%), Podocarpus totara (19—28%) u. Chamaecyparis taiwanensis (40%), im Nadelol von Juniperus occidentalis (20—25%), Pinus heterophylla (19%) u. Larix leptolepis (15%), im Holzöl von Cedrela toona (45%), Juniperus oxycedrus (2—31%), Chamaecyparis obtusa (25%) u. Ch. Lawsoniana (bis 21%), im Öl von Lindera praecox (21%), Perubalsamol (30%), westind. Sandelholzöl (17%), im Öl der Braunalge Dictyopteris divaricata (80%) usw. α- u. β-Cadinen: im Öl von Dacrydium colensoi; γ-Cadinen: im Citronell-, Ylang-Ylang- u. Wachholderbeerenol, (+) im Öl von Metrosideros umbellata; γ_1-Cadinen: im Malabar-Lemongrasöl; δ-Cadinen: im Knospenol von Populus balsamifera, Ylang-Ylangol, Java-Citronellol, Calmusol, Wachholderbeerenöl, (+) im Öl von Dacrydium biforme; ε-Cadinen: im Ylang-Ylangöl.

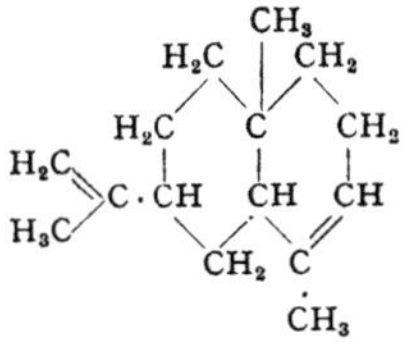

2/13 **α-Selinen (α-Eudesmen)**

MG 204.34 D_4^{20} 0.9120 $Kp_{2,2}$ 100—2

Charakteristik: Öl; n_D^{20} 1.503; $[\alpha]_D$ 18.9°. — *Dihydrochlorid:* *F* 52 (frisch); *F* 72—4 (umgelagert beim Aufbewahren). — *V.:* Im brasilian. Rosenholzöl, in Eucalyptusölen, den äther. Olen von Leptospermum-Arten u. von Baeckea gunniana var. latifolia.

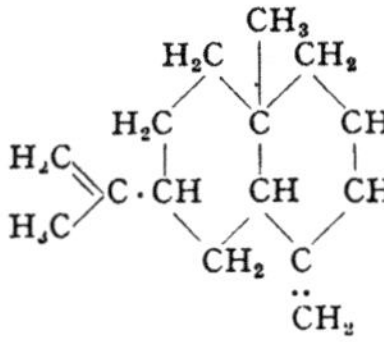

2/14 **β-Selinen**

MG 204.34 D_4^{20} 0.9140 Kp_{16} 135

Charakteristik: Öl; n_D^{20} 1.5042; $[\alpha]_D^{20}$ +34°. — *Dihydrochlorid:* *F* 52 (frisch); *F* 72—4 (umgelagert beim Aufbewahren), gibt beim Behandeln mit Na-Äthylat α-Selinen. — *V.:* Im Selleriesamenol.

2/15 **Eudesmol (Selinenol)**

Das natürliche Eudesmol ist ein Isomerengemisch.

MG 222.37 D^{20} 0.9884 *F* 82—3 Kp_{10} 156

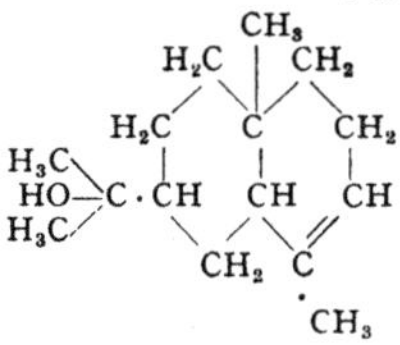

α-Eudesmol

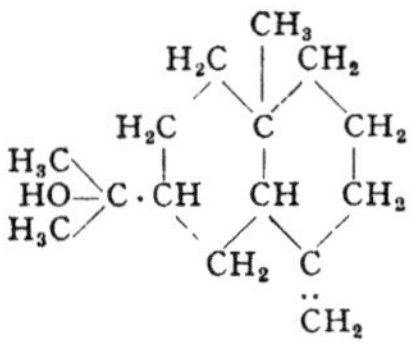

β-Eudesmol

Charakteristik: Nadeln (verd. A.); n_D^{20} 1.516; $[\alpha]_D$ +31.3° (Chlf.). — *Dibromid:* *F* 55—6; + HCl → Selinendihydrochlorid: *F* 74—5. — *V.:* Äther. Ol von Eucalyptusarten (nicht E. globulus) Baeckea gunniana var latifolia (60%), B. brevifolia (45%), Wurzelol von Atractylis ovata, Cryptomeria japonica, Blatterol von Leptospermum flavescens, Holzöl von Callitropsis araucarioides (50—70%), Wurzelrinde von Balsamorhiza sagittata.

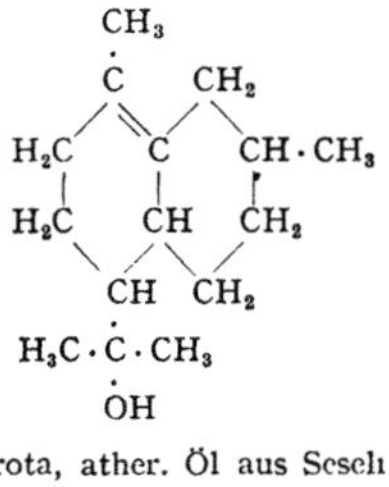

2/16 **Carotol**

MG 222.37 D_4^{20} 0.9702 $Kp_{1,5}$ 109

Charakteristik: Flüssigkeit; n_D^{20} 1.4997; $[\alpha]_D^{18}$ +6.9° (A.); + Pd-Kohle → 1,7-Dimethyl-4-iso-propyl-naphthalin: *F* 60. — *V.:* Äther. Samenöl von Daucus carota, äther. Öl aus Seseli tortuosum (31—39%).

2/17 α-Cyperon

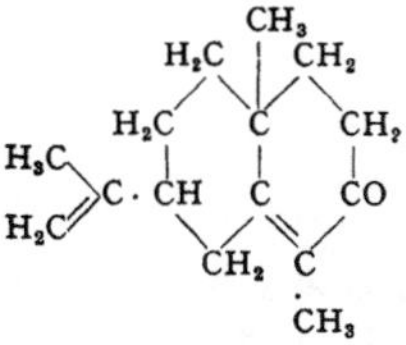

MG 218.34 D_{25}^{25} 0.9946 Kp_{20} 177

Charakteristik: Bewegliches Öl; n_D^{25} 1.5283; $[\alpha]_{5780}$ +118.6°; $[\alpha]_{5461}$ +138°. — *Oxim: F* 150.5. — *Semicarbazon: F* 216. — *2,4-Dinitrophenylhydrazon: F* 210. — *V.:* Äther. Öl der Rhizome von Cyperus rotundus (30—50%), äther. Öl von C. scariosus.

2/18 Carisson

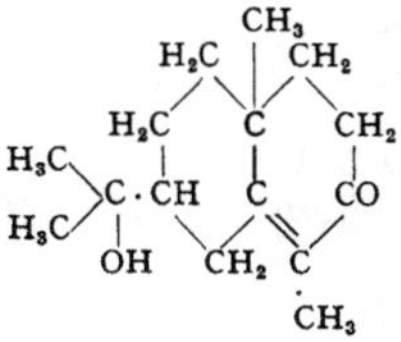

MG 236.34 *F* 78—9 $Kp_{0.15}$ 123—5

Charakteristik: Prismen (Ae. + PAe.); λ_{max} 250 u. 311 mμ; $[\alpha]_D^{19}$ +136.6° (Chlf.). — *2,4-Dinitrophenylhydrazon: F* 176—7. — *V.:* Wurzeln von Carissa lanceolata, äther. Öl von Eucalyptus macarthuri.

2/19 Eremophilon

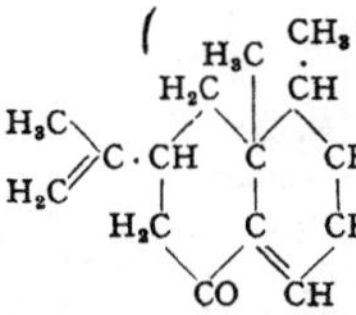

MG 218.34 D_{25}^{25} 0.9994 Kp_{15} 171 *F* 42—3

Charakteristik: Nadeln oder Prismen (Me.); $[\alpha]_D$ —171.6° (A.). — *Semicarbazon: F* 202—3. — *Tetrabromid: F* 116. — *V.:* Holzöl von Eremophila mitchelli (Buddhaholz).

2/20 Alantolacton (Helenin)

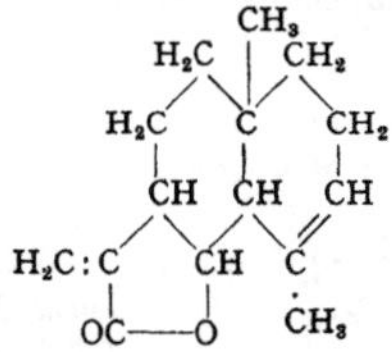

MG 232.32 *F* 76 Kp_{10} 192

Charakteristik: Nadeln oder Prismen (verd. A.); ll. in A., Ae., Chlf., Eg., PAe., Bzl.; swl. in h. W. — *Monohydrochlorid: F* 117. — *Monohydrobromid: F* 106. — *Dihydrochlorid: F* 127—34 (Z.). — *Dihydrobromid: F* 117. — *V.:* Wurzel von Inula helenium (Alantwurzel). — *Wi., Verwend.:* Antisepticum.

2/21 α-Santonin (L-Santonin)

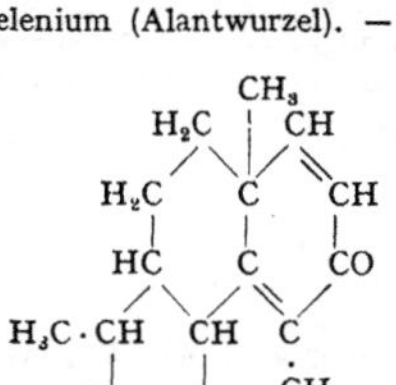

MG 246.30 D^{26} 1.187 *F* 171—2

Charakteristik: Flache, hexagonale Prismen (A., Ae., W.), subl.; λ_{max} 236 mμ; $[\alpha]_D^{18}$ —173° (A.); 0.02 W. 17°, 0.4 W. 100°, 2 A. 22°, 37 A. 80°, 2.4 sd. Ae.; ll. in Eg.; l. in Chlf., Alkali; + kalte konz. HCl → D-Desmotroposantonin: *F* 260; +HCl-Gas in Chlf.→ Santonindichlorid · *F* 173—4 (Z.). — *V.:* Wirksamer Bestandteil der Wurmsamen, Blutenköpfchen von Artemisia cina u. in anderen Artemisiaarten. — *Wi.:* Anthelminticum, krampferregendes Gift.

2/22 Caryophyllen (β-Caryophyllen)

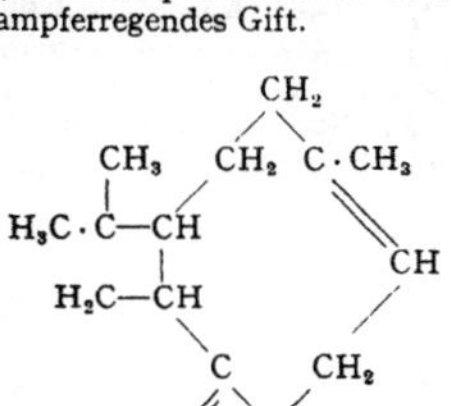

MG 204.34 D_D^{20} 0.9001 *Kp* 254—7 Kp_4 103

Charakteristik: Öl mit Nelkengeruch; n_D^{20} 1.500; $[\alpha]_D^{20}$ —14.5°; λ_{max} 280, 264—5, 254 mμ (in A.); ll. in Ae. — *Nitrosochlorid: F* 159. — *Nitrolbenzylamin: F* 172—3. — *Nitrolanilin: F* 187.3. — *Nitrolpiperidin: F* 156—7. — *Nitrosit:* blaue Nadeln *F* 115; + H_2O_2 → Caryophyllenoxyd: *F* 64. — *V.:* Im Nelkenöl, Copaivabalsamöl, westind. Sandelholzöl, franz. Lavendelöl, im Harzol von Hardwickia pinnata (84%), im Blätteröl von Aframomum amaniense (37%), A. mala (25%), im Öl von Anona squamosa (50%), Cinnamomum camphora (30%), Teucrum chamaedrys (60%), Limnophila erecta (15%), Ledum groenlandicum (15%), L. columbianum u. zahlreichen anderen äther. Ölen.

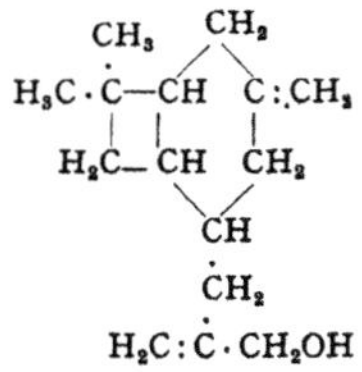

2/23 α-Betulenol (α-Betulol)

MG 220.36 D^{15} 0.978 Kp_{20} 154–6

Charakteristik: Öl; n_D 1.5148; $[\alpha]_D$ –19.5°; Isolierung u. Trennung vom β-Betulenol uber das Hydrogenphthalat. – *V.:* Als Acetat Hauptbestandteil des Birkenknospenöls.

2/24 α- und β-Santalol

MG 220.34 α: D_{25}^{25} 0.977 Kp_{14} 166–7 β: D_{25}^{25} 0.9717 Kp_{17} 177

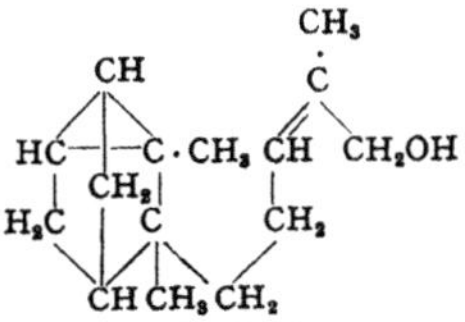

α-Santalol

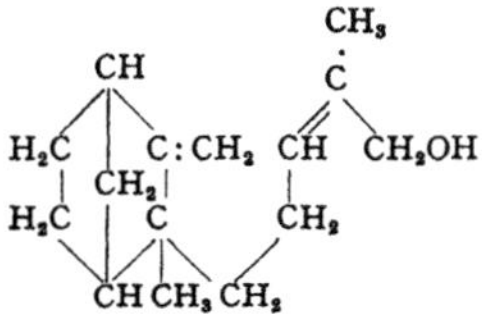

β-Santolol

Charakteristik: Dicke Öle von schwach sandelholzähnlichem Geruch; l. in 3 Tln. 70%ig. A. 20°. α-Santalol: n_D^{2} 1.5017; $[\alpha]_{5461}$ +10.3°. – *Strychninsalz der Phthalestersäure:* F 144–5. – *Allophanat:* F 162–3; β-Santalol: n_D^{25} 1.5100; $[\alpha]_{5461}$ –87.1°. – *Strychninsalz der Phthalestersäure:* F 134–5. – *Allophanat:* F 159–60. – *V.:* Therapeut. wirksame Hauptbestandteile (> 90%) des ostind. Sandelholzöles aus Santalum album, im westaustral. Sandelholzöl aus Fusanus spicatus (80%).

2/25 Longifolen

MG 204.34 D_4^{18} 0.9319 Kp_{706} 254–6 Kp_{16} 126–7

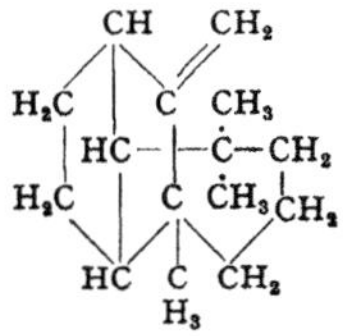

Charakteristik: Öl; n_D^{20} 1.5040; $[\alpha]_D$ +42.73°. – *Hydrochlorid:* F 60.5. – *Hydrobromid:* F 70. – *Hydrojodid:* F 71. – *V.:* In den Terpentinolen aus Pinus longifolia (20%), P. maritima, P. montezumae u. anderen Pinusarten, im Holzöl von Chamaecyparis obtusa, im ather. Öl von Dacrydium colensoi; (–)-Form im Terpentinöl von Pinus ponderosa (10%).

2/26 Guajol

MG 222.37 D_{20}^{100} 0.9074 F 93 Kp_9 147–9

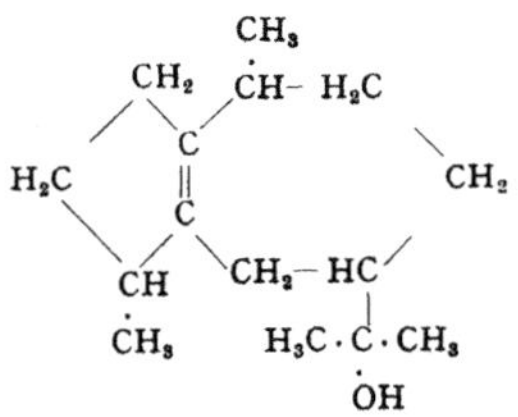

Charakteristik: Triboluminiszente Prismen (A.); l. in A., Ae., Chlf., PAe., Bzl., Eg.; unl. in W.; n_D^{100} 1.4716; $[\alpha]_D$ –29.8° (A.). – *3,5-Dinitrobenzoat:* F 137.5; Dehydrierung mit S → Guajazulen; + $KMnO_4$ oder O_3 → Dihydroxyketon $C_{15}H_{26}O_3$: F 220–1. – *V.:* Guajakharz, Champacaholz, Holz von Callitris intratropica, äther. Öl von Eucalyptus maculata.

2/27 Partheniol

MG 220.36 F 128–9

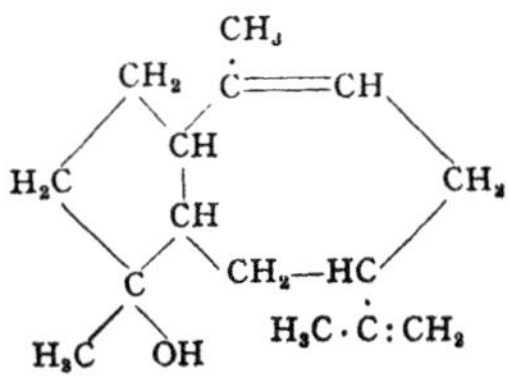

Charakteristik: Krist. (PAe. oder Ac.); $[\alpha]_D^{26}$ + 116.5° (Chlf.). – *3,5-Dinitrobenzoat:* F 143–4. – *p-Phenylazobenzoat:* F 163–4; Dehydrierung mit S → Guajazulen. – *V.:* Frei u. als Cinnamat im Parthenium argentatum.

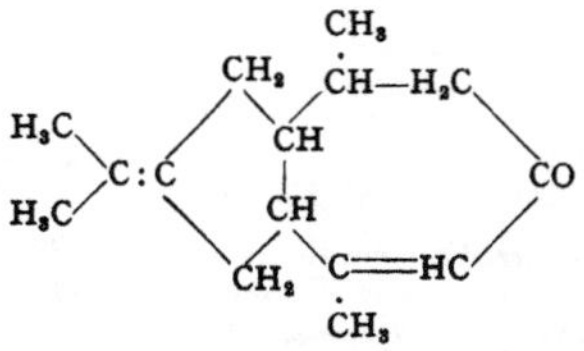

2/28 α-Vetivon (α-Vetiveron)

MG 218.34 D^{20} 1.0074 *F* 51.5 Kp_4 152—3

Charakteristik: Krist. (Pentan); n_D^{20} 1.5378; $[\alpha]_D^{20}$ +238° (A.). — *Semicarbazon:* *F* 222—3. — *2,4-Dinitrophenylhydrazon:* *F* 149; Dehydrierung → Vetivazulen. — *V.:* Äther. Wurzelöl von Vetiveria zizanioides.

2/29 β-Vetivon (β-Vetiveron)

Stereoisomer mit α-Vetivon. Formel siehe dort.

MG 218.34 D^{20} 0.9991 *F* 44.5 Kp_4 153—4

Charakteristik: Krist. (PAe.); n_D^{20} 1.5378; $[\alpha]_D^{20}$ —38.9° (A.). — *Semicarbazon:* *F* 228—9. — *2,4-Dinitrophenylhydrazon:* *F* 191; Dehydrierung → Vetivazulen. — *V.:* Äther. Wurzelöl von Vetiveria zizanioides.

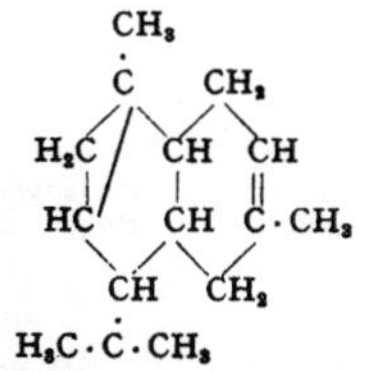

2/30 Copaen

MG 204.34 D_4^{25} 0.9055 Kp_{10} 114

Charakteristik: Öl; n_D^{20} 1.4893; + HCl → Cadinendihydrochlorid: *F* 117—8; Dehydrierung mit S → Cadalin (Pikrat: *F* 115); + O_3 → Copaenketosäure (Semicarbazon: *F* 222). — *V.:* Afrikan. Copaivabalsamöl, Cubebenöl, Öl von Sindora inermis (70%), S. Wallichii, Cedrela toona (35%), Orthodon methyleugenoliferum (20%) u. einige andere äther. Pflanzenöle

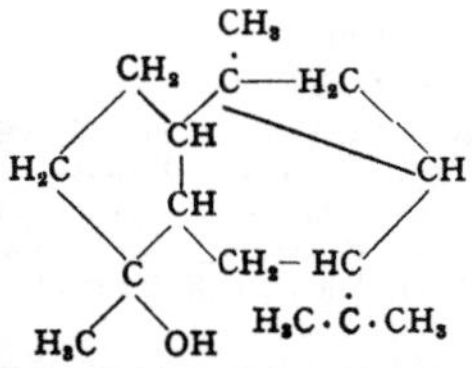

2/31 Ledol (Ledumcampher)

MG 222.37 D_{02}^{100} 0.9094 *F* 104—5 *Kp* 290

Charakteristik: Nadeln (A.); n_D^{40} 1.4667; $[\alpha]_D^{20}$ + 28° (Chlf.). — *Chromat:* *F* 92. — *V.:* Blätter von Ledum palustre (0.3%), L. groenlandicum, L. columbianum, Sphacele parviflora (0.3%), Eriostemon myoporoides, äther. Öl von Cistus lebdanum, Aristolochia indica u. Phebalium squameus.

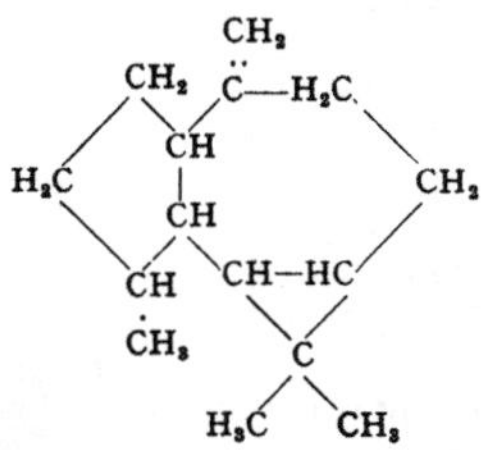

2/32 Aromadendren

MG 204.34 D_4^{20} 0.9116 Kp_{10} 121

Charakteristik: Öl; n_D^{20} 1.4978; $[\alpha]_{5770}$ —6.1°; + O_3 → Aromadendron: *F* 85 (Oxim: *F* 103); Dehydrierung mit S → Guajazulen. — *V.:* Im äther. Öl zahlreicher Eucalyptusarten, einiger Leptospermum- u. Perovskiaarten, Nothoponax simplex, Metrosideros scandens, im äther. Samenöl von Aglaia odoratissima (50%), Blätteröl von Litsea zeylanica, Agonis luchmanni; (+) im äther. Öl von Dacrydium biforme.

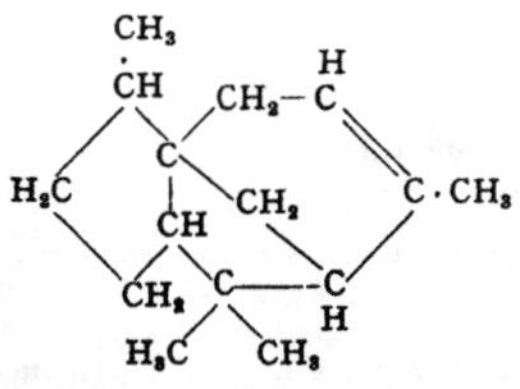

2/33 Cedren (α-Cedren)

MG 204.34 D_4^{20} 0.934 *Kp* 262—3 Kp_{10} 118—9

Charakteristik: Nach Cedernholz riechende Flüssigkeit; n_D^{20} 1.4989; $[\alpha]_D^{20}$ —71°. — *Dibromid:* *F* 93—5; + $KMnO_4$ in Ac. → Cedrenglykol: *F* 168; + CrO_3 → Cedrenon: *F* 33 (Semicarbazon: *F* 240.5). — *Darst.:* Aus Cedrol durch Dehydratisierung. — *V.:* Amerikan. Cedernholzöl aus Juniperus virginiana (80%), Holzöl von J. chinensis (67%) u. anderer Juniperusarten, Holzöl von Dacrydium elatum (70%), äther. Öl von Pterodon pubescens (89%), Cunninghamia konishi, Borodichia virgilioides, Sciadopitys verticillata, Lavendelöl, Salbeiöl, Costusöl.

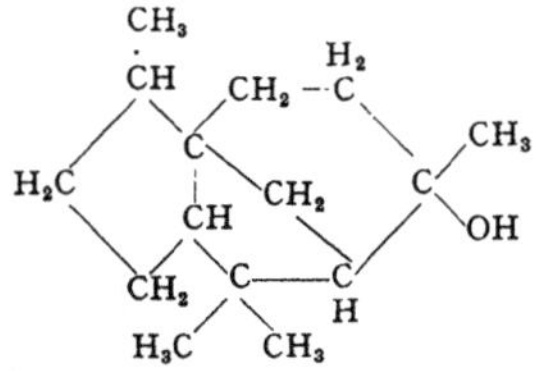

2/34 **Cedrol**

MG 222.37 *F* 86 *Kp* 292

Charakteristik: Nadeln (Me., A.); l. in A.; swl. in W.; $[\alpha]_D$ +10.5° (Chlf.). — *Phenylurethan:* *F* 106—7. — *Chromat:* *F* 115. — *V.:* Cedernholzöl von Juniperus virginiana, Holzöl anderer Juniperusarten, Teakholz, Cypressenol, Kernholz von Biota orientalis, Blatteröl von Boldea fragrans u. Lippia citriodora.

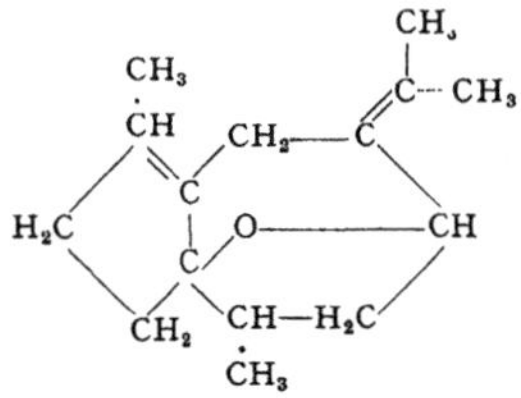

2/35 **Germacrol**

MG 218.34 D_4^{67} 0.9549 *F* 55—6

Charakteristik: Derbe Platten (Me.); n_D^{16} 1.5161; + $KMnO_4$ in Ac. → Lavulinsaure; Dehydrierung mit Pd-Kohle → Cadalin. — *V.:* Bulgar. Zdravetsöl von Geranium macrorhizum (50%).

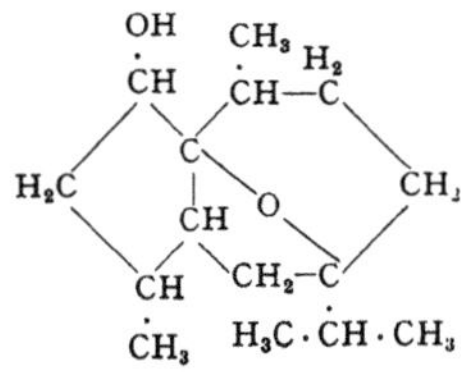

2/36 **α-Kessylalkohol**

MG 238.37 *F* 85

Charakteristik: Kubische Krist. (Cyclohexan); $[\alpha]_D^{20}$ —45° (A.). — *Acetat:* Prismen *F* 60—1; + CrO_3 → α-Kessylketon: *F* 105; Dehydrierung mit Pd-Kohle → Guajazulen. — *V.:* Als Acetat im Wurzelöl von Valeriana officinalis var. angustifolia (Kessoöl), V. japonica.

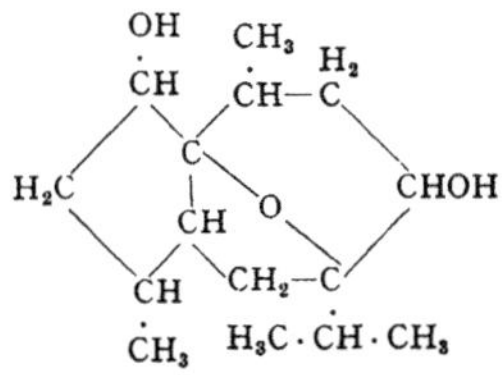

2/37 **Kessoglykol**

MG 254.37 *F* 128

Charakteristik: Prismen (A.). — *Hydrat* $C_{15}H_{26}O_3 \cdot H_2O$: *F* 58—9. — *Diacetat:* Prismen (A.); *F* 119. — *V.:* Als Diacetat im Wurzelöl von Valeriana officinalis japan. Herkunft (Kessoöl).

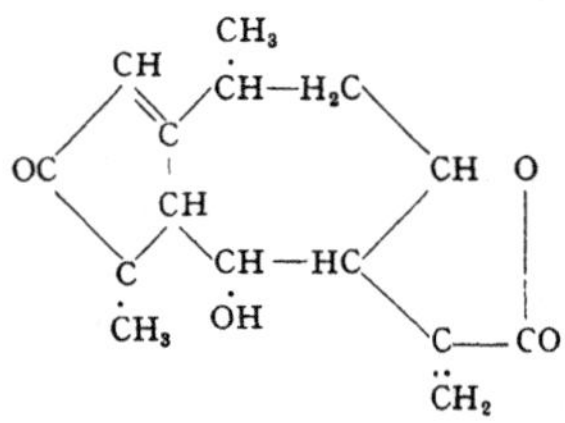

2/38 **Helenalin („Helenin")**

MG 262.31 *F* 169—72

Charakteristik: Bitter schmeckende Krist. (Bzl.), $[\alpha]_D^{20}$ —102° (A.); λ_{max} 220 mμ; l. in starken Laugen; unl. in k. Sodalsg. — *Acetat:* *F* 180. — *o-Brombenzoat:* *F* 162—3. — *V.:* Helenium autumnale, H. macrocephalum, H. microcephalum, H. quadridentalum. — *Wi.:* Lokale Reizung von Nase, Augen u. Magen.

3. Diterpene

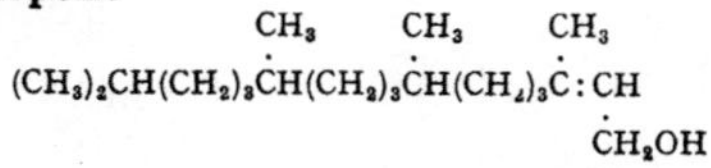

3/1 Phytol

MG 296.52 D_4^{20} 0.852 Kp_{10} 202

Charakteristik: Öl; n_D^{20} 1.4638; ∞ in A., Ae., Me.; unl. in W.; leicht veresterbar. — *Allophanat:* *F* 71. — *3-Nitrophthalestersäure:* *F* 100. — *Ag-Salz der Phytol-phthalestersäure:* *F* 117—9. — *V.:* Verestert im Chlorophyll, als Phytylrest in den Vitaminen E u. K_1.

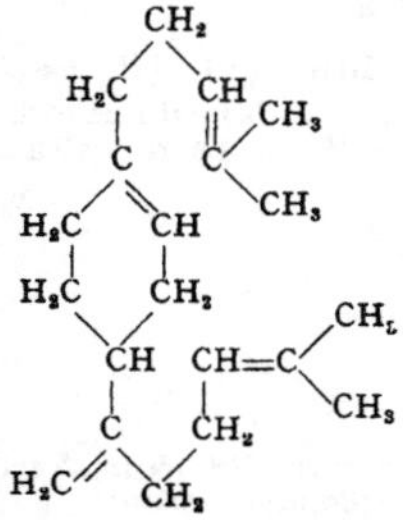

3/2 α-Camphoren

MG 272.46 D_4^{21} 0.8864 Kp_{12} 190—2

Charakteristik: Dickes Öl; n_D^{21} 1.4998. — *Tetrahydrochlorid:* *F* 129—31. — *Tetrahydrobromid:* *F* 133—4. — *B.:* Durch Dimerisation von Myrcen. — *V.:* Campheröl, äther. Öl von Nothoponax simplex, Dacrydium biforme, Cambopogon citratus, Cinnamomum Kanahirai, Harzöl von Commiphora mukul (11%).

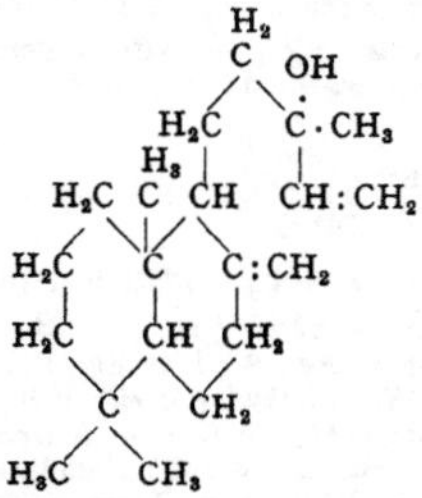

3/3 Manool

MG 290.49 *F* 53 $Kp_{0,3}$ 144—5

Charakteristik: Krist. (PAe.); $[\alpha]_D^{19}$ +30.4° (A.). — *Trihydrochlorid:* *F* 119. — *V.:* Holzöl von Dacrydium biforme, D. Kirkii u. D. bidwillii.

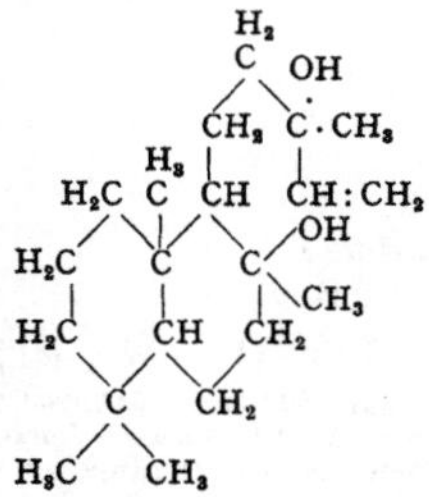

3/4 Sclareol

MG 308.51 D_4^{110} 0.9568 *F* 106 $Kp_{0,25}$ 163—5

Charakteristik: Nadeln oder Prismen (PAe.); l. in A., Ae., Ac., PAe., Chlf., Bzl.; unl. in W., Alkalien; n_D^{115} 1.4821; $[\alpha]_D^{20}$ −6.2° (A., c = 4); mit H_2SO_4 oder Trichloressigsäure in Chlf. rote, mit H_2SO_4 + Acetanhydrid grüne Färbung; + H_2 → Dihydrosclareol: *F* 114—5. — *V.:* Hauptbestandteil des konkreten Öls von Salvia sclarea.

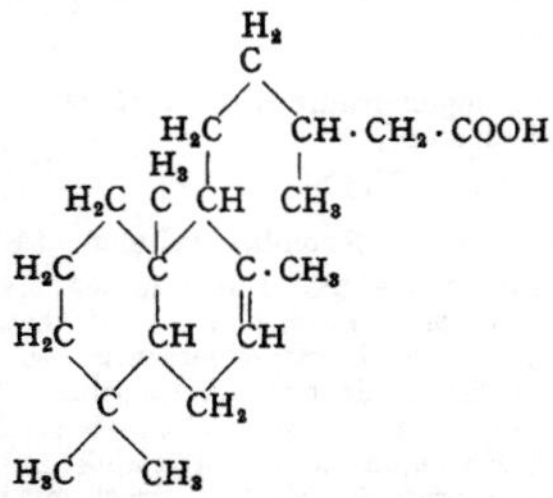

3/5 Cativinsäure

MG 306.49 *F* 80—2 Kp_1 194—5

Charakteristik: Krist.; $[\alpha]_D^{26}$ −6.54° (A.); + $KMnO_4$ → Dihydroxycativinsaure: *F* 158. — *V.:* Frei u. als Cativylester Hauptbestandteil des Cativo-Harzes von Prioria copaifera.

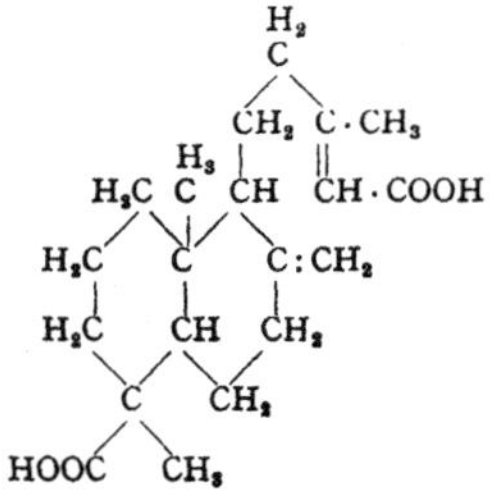

3/6 **Agathendisäure (Kaurinsäure, Kopaldicarbonsäure)**

MG 334.46 *F* 203–4

Charakteristik: Krist. (A.); $[\alpha]_D$ +58° (A.); + Ameisensäure → Isoagathendicarbonsäure: *F* 287–8 (Z.). – *V.:* Im Kaurikopalharz, Hart- u. Weichmanilakopalharz (13.5 bzw. 6.8%).

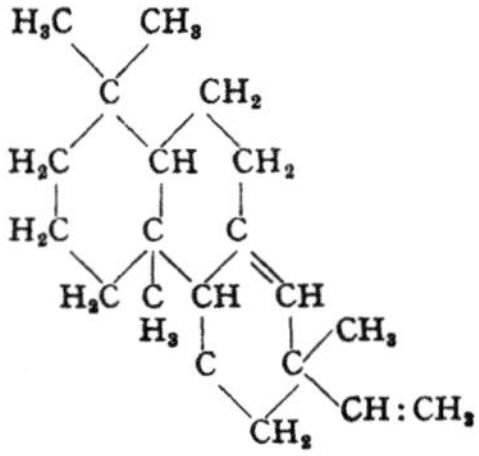

3/7 **Rimuen** (wahrscheinlich identisch mit Totaren aus Podocarpus totara)

MG 272.46 *F* 55.5 *Kp* 320

Charakteristik: Krist.; $[\alpha]_D$ +53.7° (Chlf.). – *Monohydrochlorid:* *F* 63. – *Nitrosochlorid:* *F* 86 bis 88 (Z.). – *Tetrabromid:* *F* 55–60. – *V.:* Blatter von Dacrydium cupressinum.

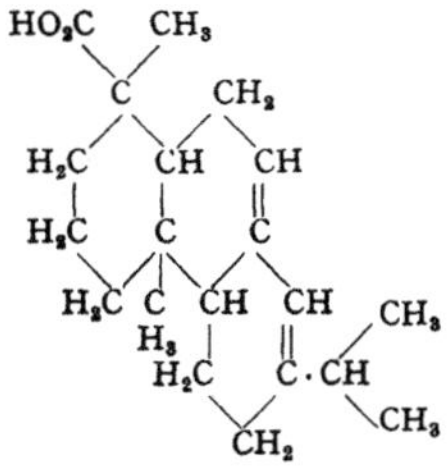

3/8 **Abietinsäure**

MG 302.44 *F* 174–5

Charakteristik: Dreieckige Plättchen (A.); $[\alpha]_D^{21}$ –115.6° (A.), –12.5° (Bzl.), –81.0° (Eg.); λ_{max} 237.5; ll. in Ae., A.; l. in Eg., Bzl.; swl. in PAe.; unl. in W. – *Dihydrochlorid:* *F* 205 (Z.). – *Dihydrobromid:* *F* 175–6 (Z.). – *Nitrosochlorid:* *F* 139–40. – *Saures Na-Salz:* Nadeln *F* 205–8 (W.); wl. in k. W., organ. Lsgm. – *V.:* Im Harz von Pinusarten, sec. Isomerisierungsprod. natürlicher Harzsauren, bes. Laevopimarsäure.

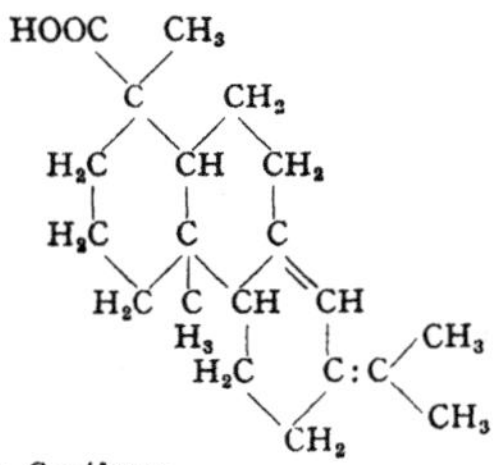

3/9 **Neoabietinsäure**

MG 302.44 *F* 167–9

Charakteristik: Krist. (A. + W.); $[\alpha]_D^{24}$ +159° (A., *c* = 1); λ_{max} 250 mμ. – *Methylester:* *F* 62; Mineralsäuren → Abietinsäure. – *Darst.:* Durch kurzes Erhitzen von Abietinsäure auf 300°. – *V.:* Harz von Pinus palustris (5%), P. halepensis u. a. Coniferen.

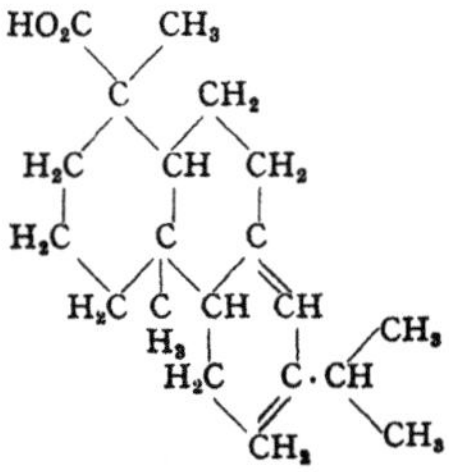

3/10 **Laevopimarsäure (β-Pimarsäure, L-Pimarsäure)**

MG 302.44 *F* 150–2

Charakteristik: Rhomb. Prismen (A.); $[\alpha]_D^{20}$ –280.4° (A.), –268° (Ae.); λ_{max} 272,5; unl. in W.; l. in organ. Lsgm.; 12 A. 15°; beträchtlich leichter l. als Dextropimarsäure; wird durch Hitze u. Sren. leicht zu Abietinsaure: *F* 175 isomerisiert. – *Methylester:* *F* 63–64; gibt unter milden Bedingungen ein Dienaddukt mit Maleinsäureanhydrid: *F* 226–227, desgl. mit p-Benzochinon: *F* 192. – *V.:* Hauptbestandteil des Harzes der Kiefer, Fichte u. a. Coniferen.

3/11 Dextropimarsäure (α-Pimarsäure, D-Pimarsäure)

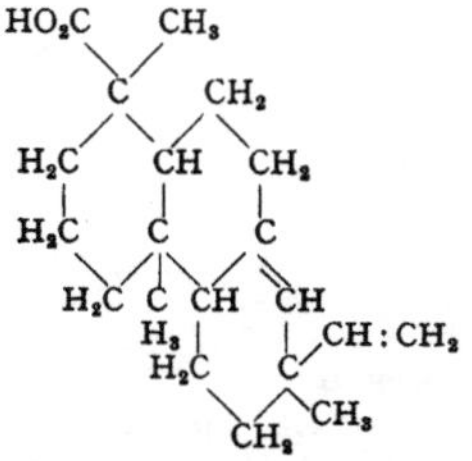

Stereoisomer mit Isodextropimarsäure, Vinyl- u. COOH-Gruppe auf verschiedenen Seiten der Ebene.

MG 302.44 *F* 218–9

Charakteristik: Rhomb. Blattchen (A., Eg.); $[\alpha]_D^{20}$ + 73.3° (A.), + 87.3° (Chlf.); λ_{max} 233; 2.129 Me 25°; l. in 26.36 Tln. 98%ig. A. 15°; sll. in Py., Chinolin; ll. in h. Alkali; swl. in PAe., h. NH_4OH; unl. in W.; recht bestandig gegen Erhitzen u. Sren.; bildet swl. Butanolaminsalz (Isolierung). — *Methylester:* *F* 69. — *Äthylester:* *F* 52. — *Nitrosit:* blaßgrüngelbes Pulver: *F* 80 (Z.). — *V.:* Im Harz der Pinusarten. — *Darst.:* Aus franz. Galipot.

3/12 Isodextropimarsäure (Miropinsäure)

Stereoisomer mit Dextropimarsäure (Formel); Vinyl- u. Carboxylgruppe auf der gleichen Seite der Ebene.

MG 302.44 *F* 162–4

Charakteristik: Dünne Platten oder Nadeln (Ac. + W.). — *Methylester:* *F* 62. — *V.:* Harz von Podocarpus ferruginea, Dacrydium biforme, D. Kirkii, Pinus palustris (8%).

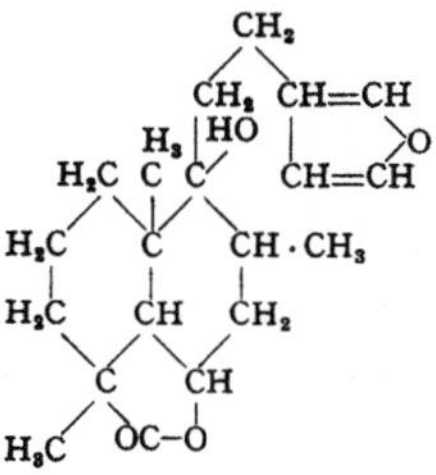

3/13 Marrubiin (Marrubiumbitter)

MG 332.44 *F* 158–60

Charakteristik: Bitter schmeckende Krist. (A.); $[\alpha]_D^{24}$ + 45° (Ac.); + H_2 → Tetrahydromarrubiin: *F* 134. — *V.:* Ballota foetida, Blüten u. Blätter von Marrubium vulgare.

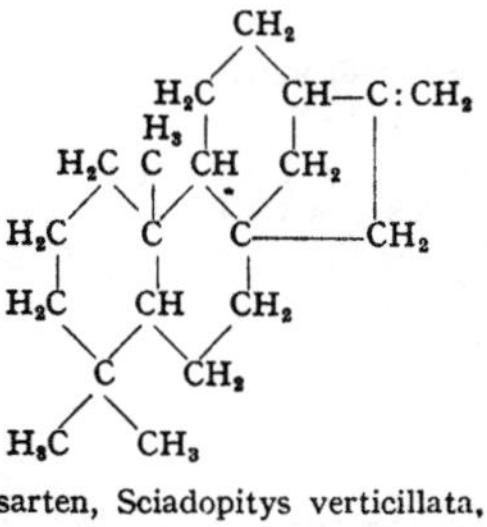

3/14 Phyllocladen

MG 272.46 *F* 96

Charakteristik: Platten (A.), Tafeln (Bzl.); ll. in Ae., PAe., Bzl., Chlf.; wl. in k. A., Eg.; unl. in W.; n_D^{18} 1.5120; $[\alpha]_D^{16}$ + 17.2° (A.). — *Monohydrochlorid:* *F* 106. — *Monohydrobromid:* *F* 141–2 (Z.). — *Dibromid:* *F* 122–3. — *Nitrosochlorid:* *F* 128. — *Nitrosit:* *F* 132–3 (Z.). — *Nitrosat:* *F* 126–7. — *V.:* Äther. Öl von Phyllocladus rhomboidalis, P. alpinus, P. trichomanoides, Dacrydium biforme u. a. Dacrydiumarten, Podocarpusarten, Sciadopitys verticillata, Araucaria excelsa.

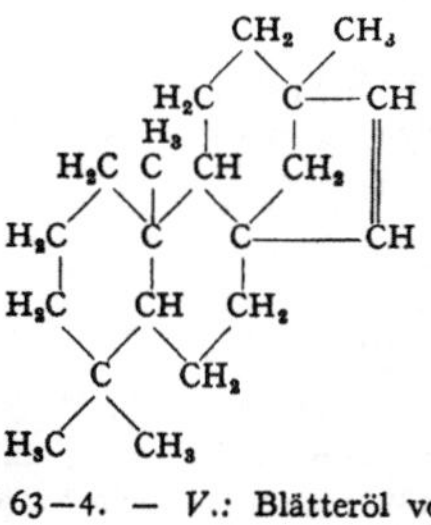

3/15 Miren

MG 272.46 *F* 59–60

Charakteristik: Krist. (Ae. + A.); ll. in Ae., Chlf., Bzl.; wl. in k. Me., A.; $[\alpha]_D^{20}$ + 43.8° (Chlf.). — *Monohydrochlorid:* *F* 82; + H_2 → Dihydromiren: *F* 63–4. — *V.:* Blätteröl von Podocarpus ferruginea.

4. Triterpene

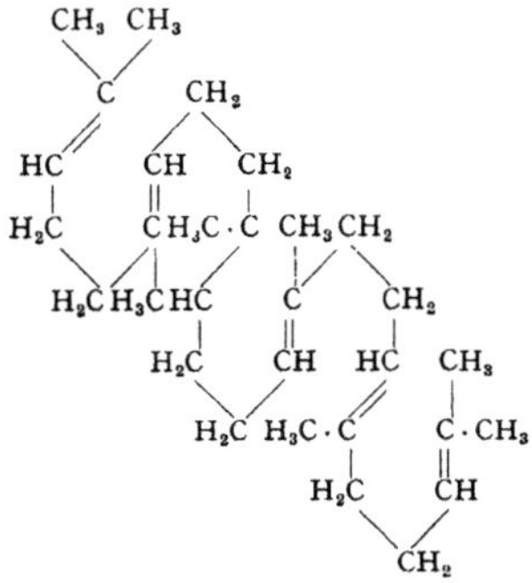

4/1 Squalen (Spinacen)

MG 410.70 D_{20}^{20} 0.8592 Kp_9 261–2

Charakteristik: Öl mit schwachem angenehmem Geruch, absorbiert O_2 u. wird viscos; n_4^{20} 1.4965; ll. in Ae., PAe., CCl_4, Ac.; wl. in A., Eg.; unl. in W.; optisch inaktiv. — *Dodecabromid:* *F* (Z.) 185 (hygroskop.); + HCl-Gas → Hexahydrochlorid: *F* 112–25. — *V.:* In den Leberolen u. Eierolen der Haifische (bis 90%), in Leberolen anderer Fische, im Hefefett, Olivenöl, Baumwollsamenol, Leinol, Weizenkeimlingsol, im menschl. Fett. — *B.:* Synthet. aus Farnesylbromid.

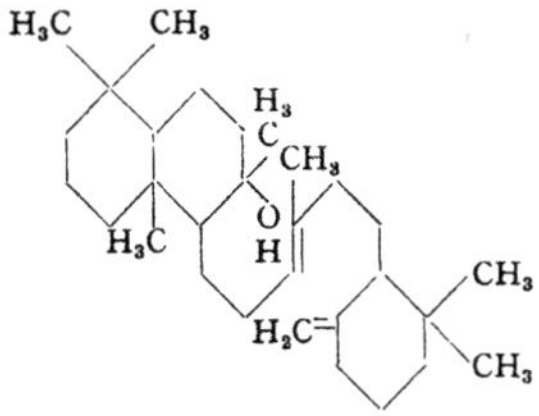

4/2 Ambrein

MG 428.75 *F* 83.5 $Kp_{0.1}$ 210

Charakteristik: Krist. (Me. + W.); l. in A.: $[\alpha]_D$ +21° (Chlf.). — *V.:* Im grauen Ambra.

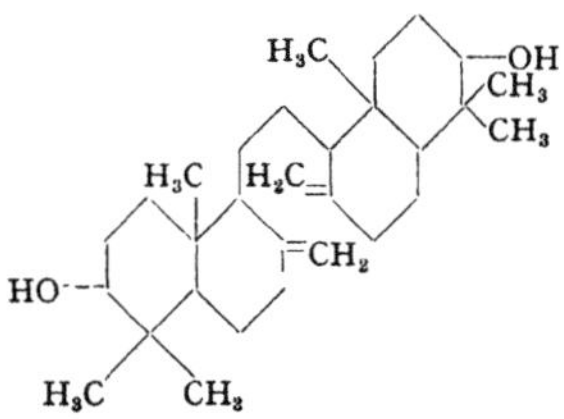

4/3 α-Onocerin (α-Onoceradiendiol)

MG 442.73 *F* 202–3

Charakteristik: Krist. (Bzl. oder Chlf. + Me.); $[\alpha]_D$ +18° (Chlf.), +1° (Py.). — *Monoacetat:* *F* 156–8. — *Diacetat:* *F* 222–4. — *Monobenzoat:* *F* 222–4. — *V.:* In der Wurzel von Ononis spinosa (0.2%).

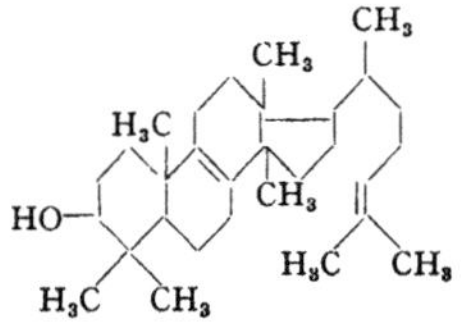

4/4 Lanosterol (Lanosterin, Kryptosterin, Lanostadienol)

MG 426.73 *F* 138–40

Charakteristik: Nadeln (Ac. + Me.); $[\alpha]_D^{20}$ +61° (Chlf.). — *Acetat:* *F* 132–4; $[\alpha]_D$ +64° (Chlf.). — *V.:* Wollfett, Hefe, Latex von Euphorbia balsamifera.

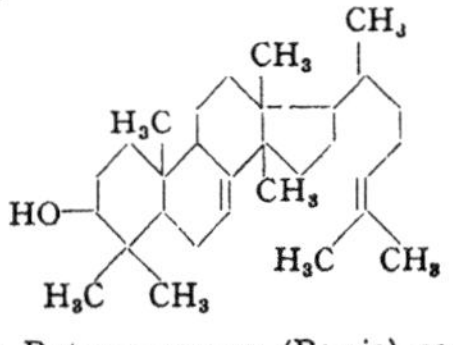

4/5 Butyrospermol (Basseol)

MG 426.73 *F* 111–3

Charakteristik: Nadeln (A. + W.); $[\alpha]_D^{19}$ −12° Chlf.). — *Acetat:* *F* 147.5; $[\alpha]_D$ +11° (Chlf.). — *V.:* Im Sheanußfett u. im Cambium des Sheabaumes Butyrospermum (Bassia) parkii, in Artocarpus integrifolia.

4/6 α-Elemolsäure (α-Elemisäure, Elemadienolsäure)

MG 468.72 *F* 224–6

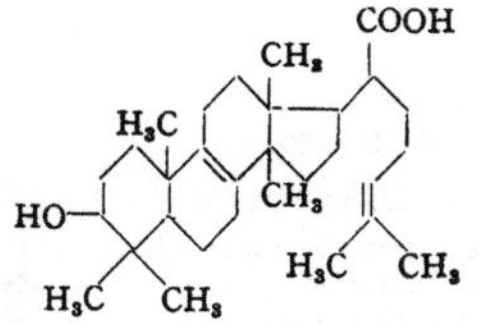

Charakteristik: Nadeln (Ac. oder A.); $[\alpha]_D$ −25.6° (Chlf.). – *Acetat: F* 225; $[\alpha]_D$ −40° (Chlf.). – *V.:* Harz von Canarium commune (Manila-Elemiharz) u. C. schweinfurthii.

4/7 Cycloartenol

MG 426.73 *F* 111–5

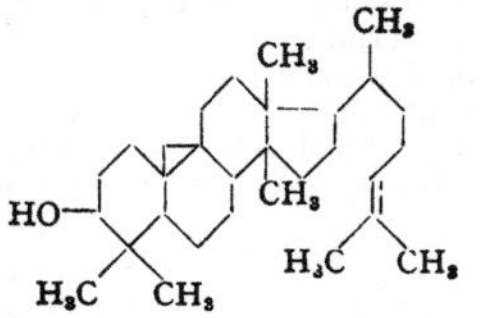

Charakteristik: Nadeln (Me.); $[\alpha]_D$ + 54° (Chlf.). – *Acetat: F* 123; $[\alpha]_D$ + 58° (Chlf.). – *Benzoat:* Nadeln; *F* 129–30; $[\alpha]_D$ + 65° (Chlf.). – *V.:* Latex von Euphorbia handiensis, E. obtusifolia, E. balsamifera, E. aphyla, Frucht von Artocarpus integrifolia, Strychnos nux vomica.

4/8 Eburicolsäure

MG 470.74 *F* 292–3

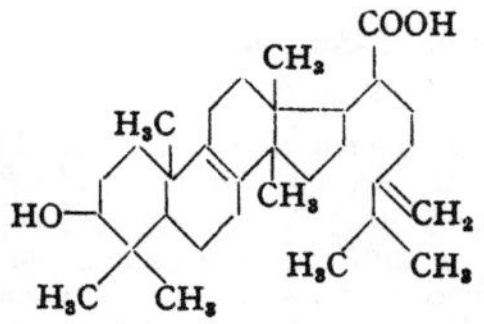

Charakteristik: Dünne Nadeln (A.); $[\alpha]_D^{17}$ + 50° (Chlf.). – *Methylester: F* 146–7; $[\alpha]_D^{24}$ + 33.1° (Py.). – *V.:* Im Pilz Fomes officinalis, im Mycel von Lentinus dacryloides. Poria cocos u. mehreren Polyporusarten.

4/9 Polyporensäure C

MG 482.71 *F* 273–6 (285–90)

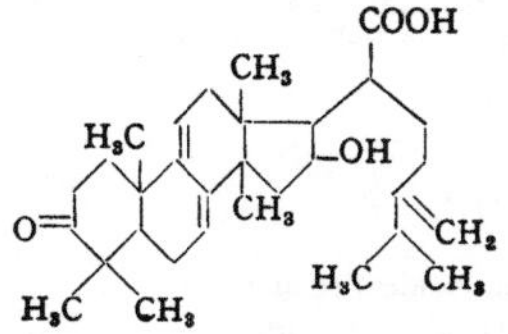

Charakteristik: Krist. (Eg., Dioxan + W., Isopropanol); $[\alpha]_D$ + 6° (Py.). – *Methylester: F* 198–9; $[\alpha]_D$ + 10° (Chlf.). – *V.:* In den Pilzen Polyporus betulinus (0.3%) u. P. benzoinus.

4/10 Lupeol

MG 426.73 *F* 212–5

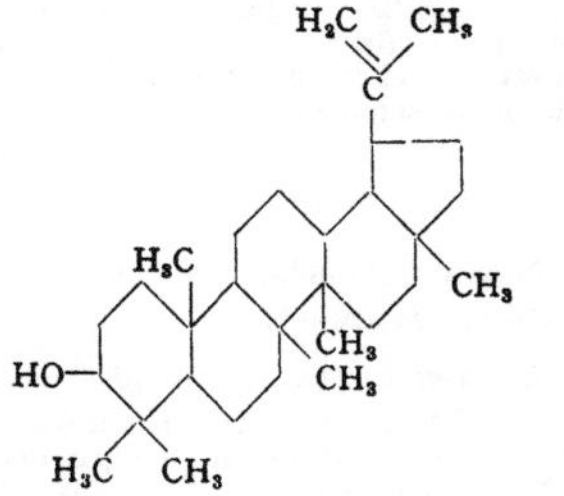

Charakteristik: Nadeln (A.); ll. in h. A., Ae., CS_2, Chlf., Bzl.; wl. in k. A., Eg., Ac.; unl. in W.; $[\alpha]_D$ + 27° (Chlf.). – *Acetat: F* 218. – *V.:* Samenschalen von Lupinus lupeus, Milchsaft von Ficus-, Alstonia- u. Dyeraarten, Rinde von Crataeva nurvala u. C. religiosa, Blätter der Mistel, Fagraea-Früchte, Sheanuß, frei u. als Ester in vielen Pflanzen, bes. in Rinden, Milchsäften u. Samen.

4/11 Betulin

MG 442.73 *F* 251–2

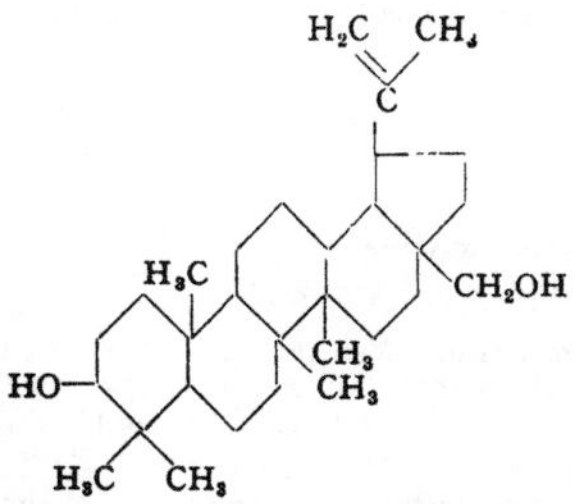

Charakteristik: Tafeln (Py.), Nadeln mit einem Mol A. (A.); sll. in Py.; wl. in k. A., Ae., Bzl., Ac., Chlf., Eg.; unl. in W., PAe.; $[\alpha]_D^{15}$ + 20° (Py.); Lösung in Trichloressigsäure violett fluorescierend. – *Monoacetat:* Blätter; *F* 260. – *Diacetat:* Prismen; *F* 218. – *V.:* In der Rinde der Birke, Haselnuß, Trochodendron aralioides, Lophopetalum toxicum, im Samen von Zizyphus vulgaris Lam. var. spinosus, im Kaktus Lemaireocereus griseus, in Hagebutten.

4/12 **Betulinsäure**

MG 456.71 *F* 316–20 (Z.)

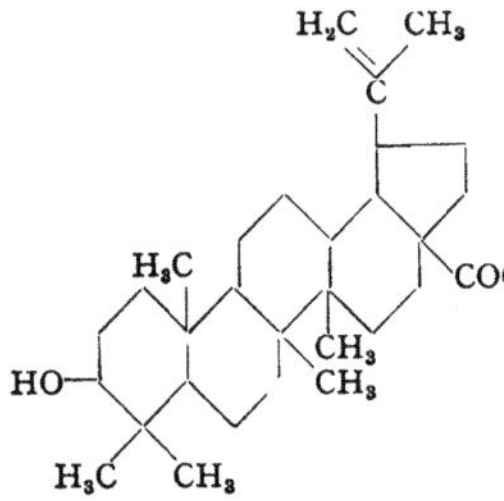

Charakteristik: Tafeln oder Nadeln (A.); $[\alpha]_D$ +8° (Py.). — *Methylester:* *F* 224–5. — *V.:* In der Rinde von Platanus orientalis, P. acerifolia, Cornus florida, Syncarpia laurifolia, in Rinde u. Blättern von Punica granatum, im Kernholz von Platanus vulgaris, im Kraut von Gratiola officinalis, in den Samen von Zizyphus vulgaris var. spinosa, in Alyxia buxifolia, Naytsia floribunda, mehreren Melaleucaarten, im Rhizom von Menyanthes trifoliata, in den Blumenkelchen von Diospyros Kaki, in verschiedenen Kakteen.

4/13 **β-Amyrin (β-Amyrenol, α-Viscol)**

MG 426.73 *F* 197–200

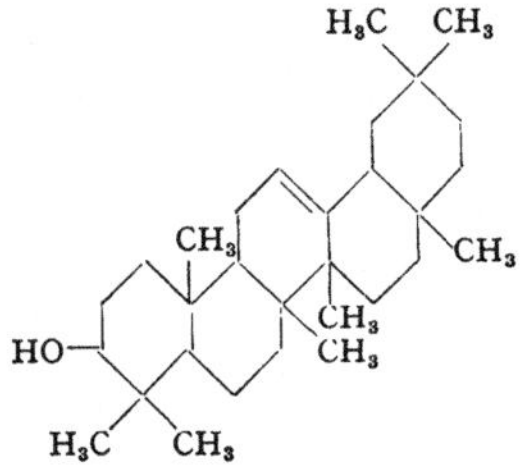

Charakteristik: Lange Nadeln (A. oder Lg.); zll. in h. A., Bzl., Ae., Eg.; wl. in Lg.; $[\alpha]_D^{20}$ +88° (Chlf.); +99.8° (Bzl.). — *Acetat:* Nadeln; *F* 241. — *Benzoat:* *F* 229–32. — *Anisat:* *F* 251–2. — *V.:* Elemiharz, Traubenkernöl, Taraxacumwurzel, Mistelblätter, als Zimtsäureester in der Kondurangorinde, frei u. verestert in vielen Pflanzen, bes. Kautschuk u. Guttapercha liefernden Arten; opt. inakt.: in Palaquium treubii.

4/14 **Germanicol (Isolupeol)**

MG 426.73 *F* 177–8

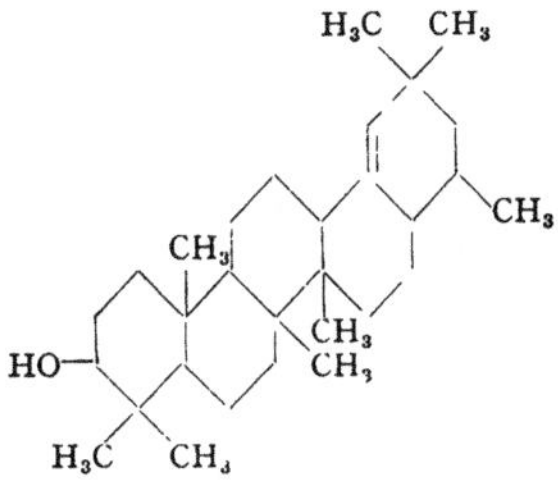

Charakteristik: Nadeln (A. + W.); $[\alpha]_D^{17}$ +5.8° (Chlf.). — *Acetat:* lange dreieckige Blättchen; *F* 274–6. — *Benzoat:* *F* 269–70. — *V.:* Im Milchsaft von Lactuca virosa, im Harz von Euphorbia balsamifera.

4/15 **Taraxerol (Alnulin, Skimmiol)**

MG 426.73 *F* 279–82

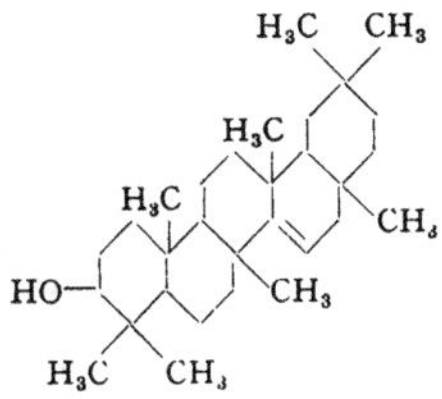

Charakteristik: Blättchen (A.); $[\alpha]_D$ +3° (Chlf.). — *Acetat:* *F* 297. — *V.:* In der Rinde der Schwarz- u. Grauerle u. von Litsea dealbata, in der Wurzel von Taraxacum officinalis u. T. kok-saghyz, in den Blättern von Myrica rubra u. Pieris japonica.

4/16 **Oleanolsäure**

MG 456.71 *F* 310 (Z.)

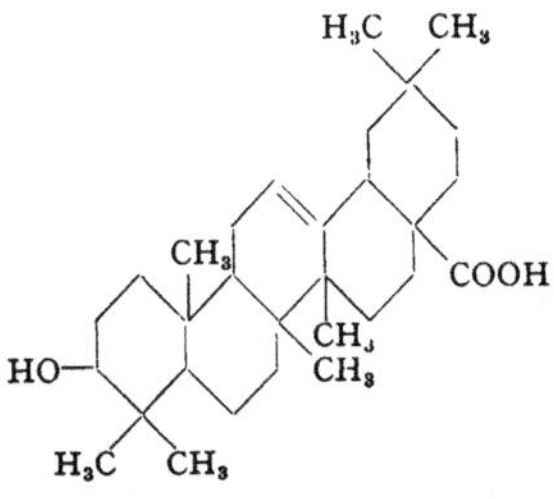

Charakteristik: Nadeln (A.); 1.1 A. 18°, 0.8 Chlf. 18°; ll. in Py.; l. in Ae., h. Eg.; wl. in Me., Ac., Bzl., CS_2, CCl_4; swl. in PAe.; unl. in W.; $[\alpha]_D$ +80° (Me.). — *Methylester:* *F* 201. — *V.:* Frei, als Acetat u. Genin von Saponinen in der Mistel, Heidelbeere, Gewürznelke, Zuckerrübe, in den Blättern u. Früchten des Ölbaumes, in verschiedenen Kakteen u. zahlreichen anderen Pflanzen.

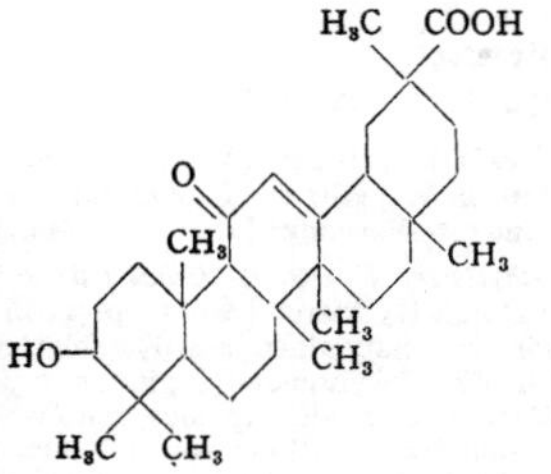

4/17 **Glycyrrhetinsäure (Glycyrrhetin)**

MG 473.70 *F* 298–300

Charakteristik: Nadeln (Eg. + Ae. + Lg.); ll. in Dioxan, Py., Eg., Chlf.; l. in A., Bzl.; wl. in Ae.; unl. in W., PAe.; $[\alpha]_D$ +163° (Chlf.). – *Methylester: F* 255. – *V.:* Als Aglykon der Glycyrrhizinsäure in der Süßholzwurzel (5–8%), in der Wurzel von Periandra dulcis u. P. mediterranea, in der Rinde von Pradosia latescens, im Rhizom des Farnes Polypodium vulgare var. occidentale.

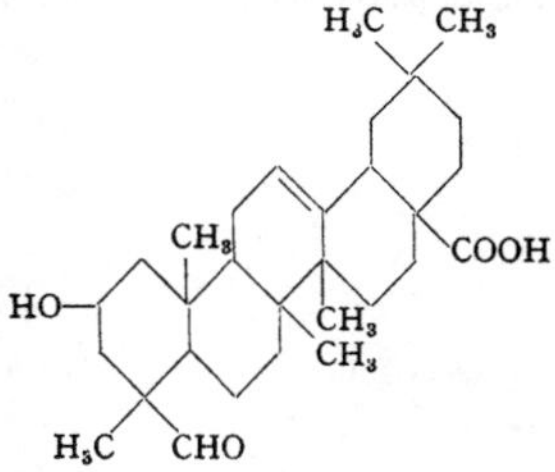

4/18 **Gypsogenin (Gypsophila-Sapogenin)**

MG 470.70 *F* 274–6

Charakteristik: Nadeln (A.); l. in 60 Teilen k. u. 25 Teilen sd. A.; sll. in absol. A., Me., Ac.; ll. in Eg., sd. Ae., Äthylacetat; wl. in Bzl., Chlf.; $[\alpha]_D$ +91° (A.); gibt mit konz. H_2SO_4 eine Orangefarbung. – *Methylester: F* 192. – *Acetat: F* 192–4. – *Oxim: F* 264–5 (Z.). – *Semicarbazon: F* 290–2. – *V.:* Aglykon von Saponinen der Seifenwurzel, Kornrade u. a. Caryophyllaceen.

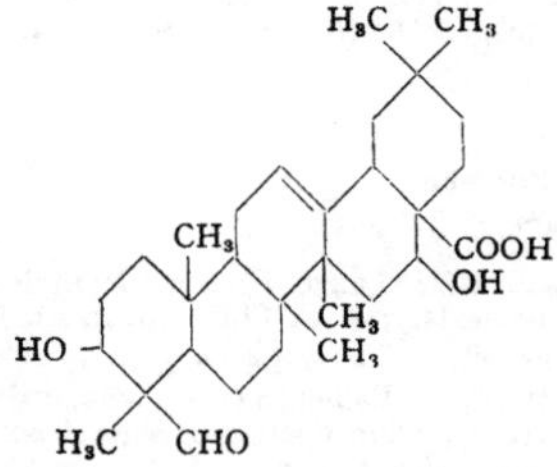

4/19 **Quillajasäure (Quillajasapogenin)**

MG 486.70 *F* 292–4 (Z.)

Charakteristik: Krist. (Äthylacetat); $[\alpha]_D$ +56.1° (Py.). – *Methylester: F* 225. – *Diacetat: F* 250. – *Oxim: F* 282. – *Semicarbazon: F* 288. – *V.:* Als Saponin in der Panamarinde.

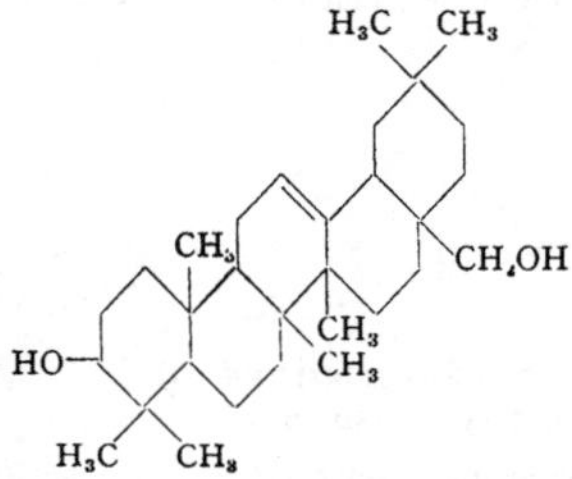

4/20 **Erythrodiol**

MG 442.73 *F* 235–7

Charakteristik: Nadeln (Ac.); $[\alpha]_D^{25}$ +80° (Chlf.). – *Diacetat: F* 188. – *Diformiat: F* 195. – *Monostearat: F* 125. – *V.:* In den Kakteen Lemaireocereus longispinus, L. hystrix, L. griseus, als Stearinsaureester in den Fruchten des Cocastrauches.

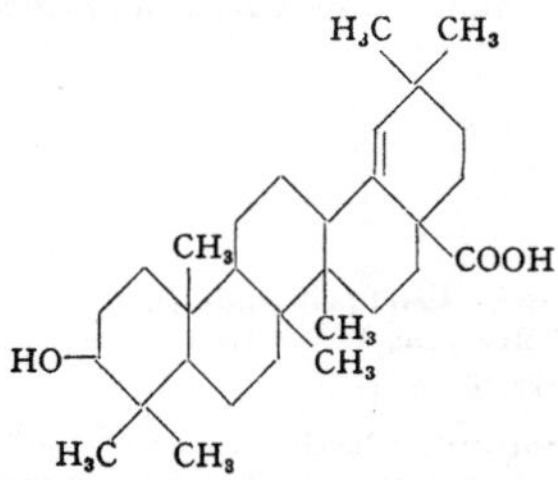

4/21 **Morolsäure (Agauriolsäure)**

MG 456.71 *F* 273 (Z.)

Charakteristik: Krist. (Me. + Dioxan); $[\alpha]_D$ +31° (Chlf.). – *Methylester: F* 228–9. – *V.:* Im Hartholz von Mora excelsa, als Acetat in der Rinde von Agauria salicilifolia.

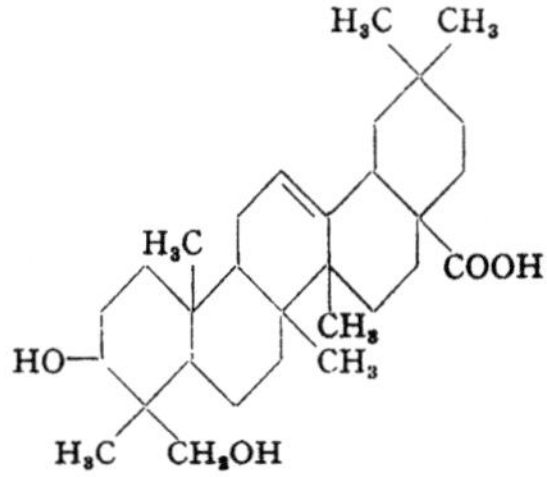

4/22 **Hederagenin**

MG 472.71 *F* 332—4 (Z.)

Charakteristik: Prismen (A.); ll. in Py.; l. in A., Eg.; unl. in W.; gibt mit H_2SO_4 erst eine orange, dann eine rote Farbung; $[\alpha]_D^{21}$ +70° (Me. + Chlf.). — *Methylester: F* 240. — *Dibenzoat: F* 290—1. — *B.:* Durch Hydrierung von Gypsogenin. — *V.:* Aglykon von Saponinen aus Efeublättern, den Schalen der Seifennusse (Sapindus saponaria), den Blättern von Aralia japonica, den Zweigen von Akebia quinata, der Rinde von Kalopanax ricinifolium, der Samen von Nigella sativa, der Wurzel von Clematis paniculata, dem Holz von Holboellia latifolia u. H. angustifolia u. a.

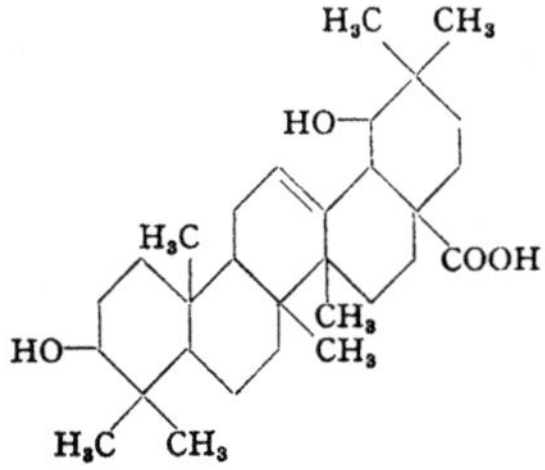

4/23 **Siaresinolsäure**

MG 472.71 *F* 279—80

Charakteristik: Prismen (A.); ll. in k. Eg., k. A.; wl. in Ae., Ac., Chlf., Bzl.; swl. in CCl_4, CS_2, PAe.; $[\alpha]_D$ +39° (A.). — *Methylester: F* 180—1. — *Äthylester: F* 108. — *V.:* In Siambenzoeharz (6%).

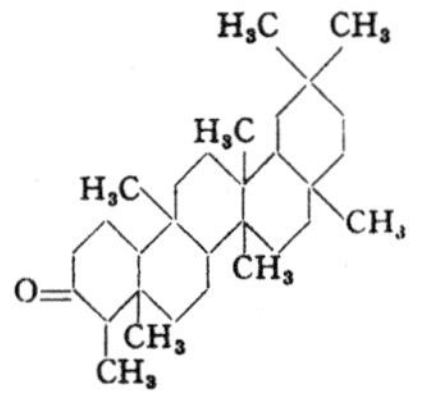

4/24 **Friedelin**

MG 426.73 *F* 263

Charakteristik: Lange Nadeln (Methylenchlorid + Äthylacetat); l. in Chlf.; wl. in sd. A.; $[\alpha]_D^{14}$ −27.8° (Chlf.). — *Oxim: F* 290—4. — *V.:* Im Kork (1.3%), in Balanops australiana, in der Rinde von Ceratopetalum apetalum, Shiia sieboldii, Clerodendron trichotomum, Zelkowa serrata, Salix japonica, in den Blattern von Rhododendron westlandii, in verschiedenen Flechten.

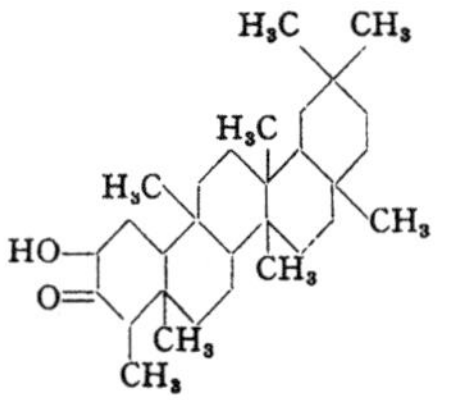

4/25 **Cerin (α-Hydroxyfriedelin)**

MG 442.73 *F* 250—6 (Z.)

Charakteristik: Lange Tafeln (Chlf. oder Bzl.); l. in Chlf.; wl. in A.; $[\alpha]_D$ −44.5° (Chlf.). — *Acetat: F* 259—61. — *V.:* In Kork, in den Blättern von Rhododendron farrerae.

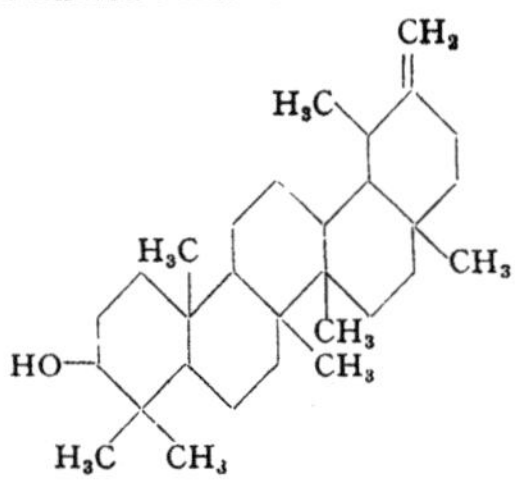

4/26 **Taraxasterol (α-Lactucerol, α-Anthesterin, Taraxasterin)**

MG 426.73 *F* 221—2

Charakteristik: Nadeln (A.); $[\alpha]_D^{20}$ +97° (Chlf.). — *Acetat: F* 251—3; $[\alpha]_D$ +101° (Chlf.). — *Benzoat: F* 242—4. — *V.:* Als Acetylverbindung im Milchsaft von Taraxacum officinalis u. Lactuca virosa u. in anderen Compositen.

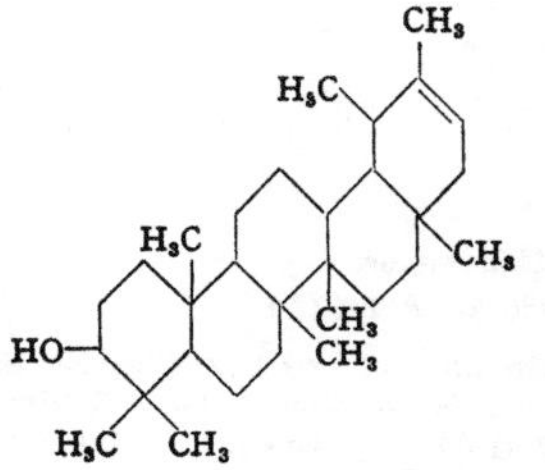

4/27 **Ψ-Taraxasterol (Heterolupeol, Ψ-Taraxasterin)**

MG 426.73 *F* 217–9

Charakteristik: Nadeln (Chlf. + Me. oder A.); $[\alpha]_D$ +50° (Chlf.). – *Acetat: F* 235. – *V.:* In Wurzeln von Taraxacum officinalis u. T. kok-saghyz, Unverseifbares der Artischocke.

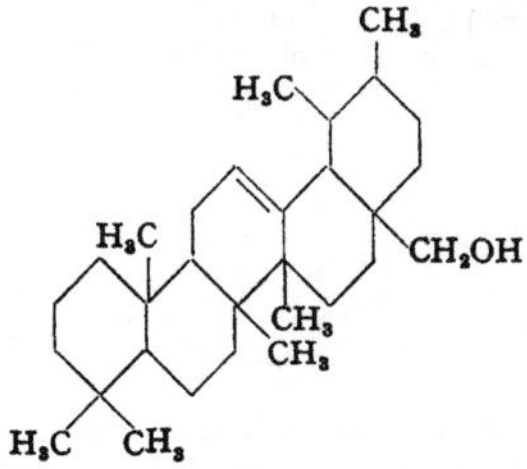

4/28 **Uvaol**

MG 442.73 *F* 232–3

Charakteristik: Nadeln (Me.); $[\alpha]_D$ +74° (Chlf.). – *Diacetat: F* 157–9. – *V.:* In den Blättern von Arctostaphylos uva-ursi, Leucothoe keiskei, Crataegus cuneata.

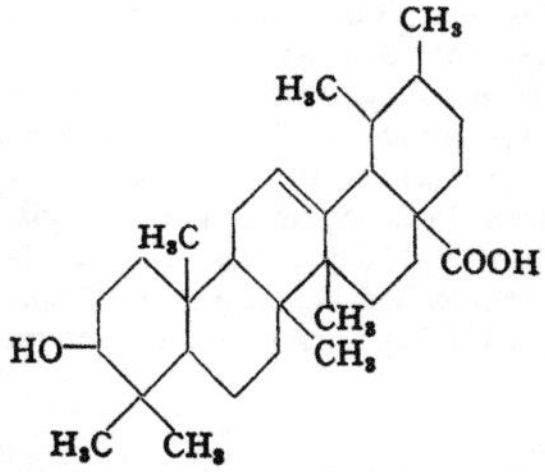

4/29 **Ursolsäure**

MG 456.71 *F* 285–91

Charakteristik: Prismatische Nadeln (A.); ll. in sd. A.; wl. in Ae., Ac., Chlf., Eg., k. A.; unl. in W., PAe.; $[\alpha]_D$ +66° (Py.); gibt mit h. Trichloressigsäure eine violette, mit Essigsäureanhydrid + H_2SO_4 eine rotviolette Färbung. – *Methylester: F* 169. – *Acetyl-Ursolsäure: F* 293–4. – *V.:* Weit verbreitet in zahlreichen Pflanzen: Arctostaphylos uva-ursi, Vaccinium-, Arbutus-, Erica-, Ilexarten, in den Blättern vieler Rosaceen, Labiaten, Oleaceen, Apocynaceen, im Wachsüberzug von Birnen, Äpfeln, Kirschen, in den Fruchtschalen von Preiselbeeren u. Heidelbeeren, in der Flechte Cladonia silvatica, reichlich in den Blättern von Prunus laurocerasus (1%).

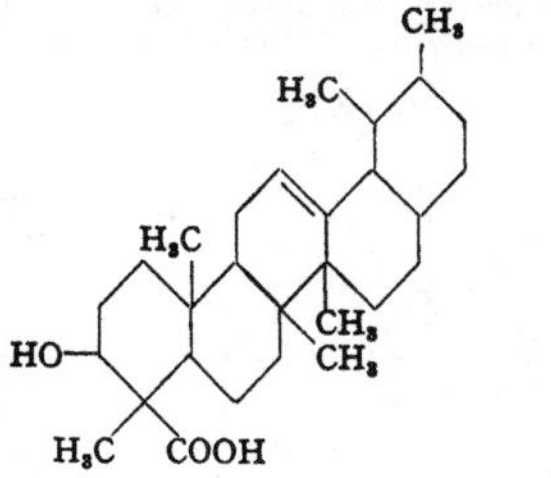

4/30 **β-Boswellinsäure**

MG 456.71 *F* 238–40

Charakteristik: Prismen (Me.); $[\alpha]_D^{20}$ +119° (Chlf.). – *Methylester: F* 195–6. – *V.:* Als Acetylverbindung im Weihrauchharz (Olibanum) aus Boswellia carteri u. B. frereana.

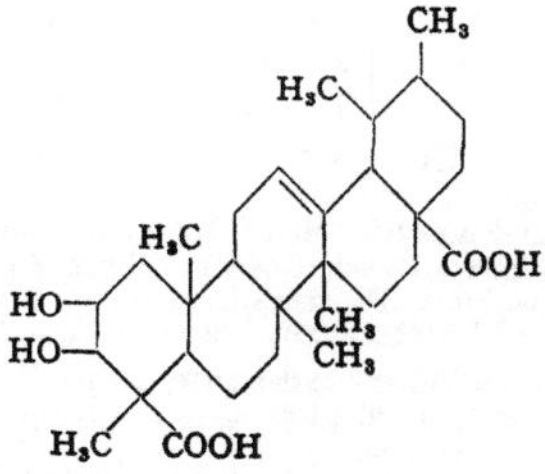

4/31 **Asiatsäure**

MG 488.71 *F* 300–5

Charakteristik: Prismen oder Nadeln; $[\alpha]_D$ +51° (A.), +53° (Py.); – *Methylester: F* 225. – *V.:* Als Glykosid (Asiaticosid) in Hydrocotyle (Centella) asiatica.

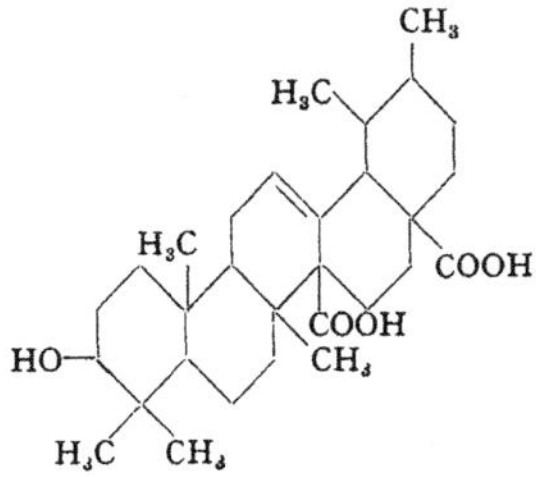

4/32 Chinovasäure

MG 486.70 *F* 298 (Z.)

Charakteristik: Bitter schmeckende Nadeln (Ae.); l. in Py.; swl. in anderen Lösungsmitteln; $[\alpha]_D^{16}$ + 87° (KOH). — *Dimethylester:* *F* 175—6. — *Diäthylester:* *F* 127—8. — *V.:* Frei u. als Glykosid Chinovin in der Rinde von Cinchona- u Remijaarten, in Rinde u. Blättern von Mitragynaarten, in der Wurzel von Potentilla tormentilla, in Zygophyllum coccineum.

Polyene

Von **H. Freyschlag,** Ludwigshafen/Rhein

Literatur: *Baxter, I. G.:* Vitamin A and related Compounds; Fortschr. Chem. org. Naturst. **9,** 41 (1952). — *Goodwin, T. W.:* Comparative Biochemistry of the Carotenoids, London 1952. — *Inhoffen, H. H.:* Chemie der Carotinoide; Fortschr. Chem. org. Naturstoffe **9,** 1 (1952). — *Isler, O., Montavon, M.:* Synthèses dans la domaine des carotinoids, Chimia **12,** 1 (1958). — *Isler, O., Ruegg, R., Schüdel, P.:* Synthetische Carotinoide, Chimia **15,** 208 (1961). — *Isler, O.,* et al.: Synthesen in der Vitamin-A_2-Reihe; Helv. Chim. Acta **45,** 517 (1962). — *Karrer, P.,* u. *E. Jucker:* Carotinoide, Basel 1948, London 1950. — *Moore, T.:* Vitamin A, New York und London 1957. — *Pommer, H.:* Synthesen in der Vitamin-A-Reihe; Angew. Chem. **72,** 811 (1960). — *Pommer, H.:* Synthesen in der Carotinoid-Reihe; Angew. Chem. **72,** 911 (1960). — *Winterstein, A.:* Neuere Ergebnisse der Carotinoidforschung; Angew. Chem. **72,** 902 (1960). — *Zechmeister, L.:* Cis-trans Isomeric Carotenoids, Vitamins A and Arylpolyenes; Wien 1962.

Einführung

Die Polyene sind nach dem Beilstein-Prinzip angeordnet. Ihr Auffinden wird durch das beigefügte Trivialnamenregister S. 359 erleichtert.

Die abgekürzte Formelschreibweise wird am besten durch das folgende Beispiel erläutert:

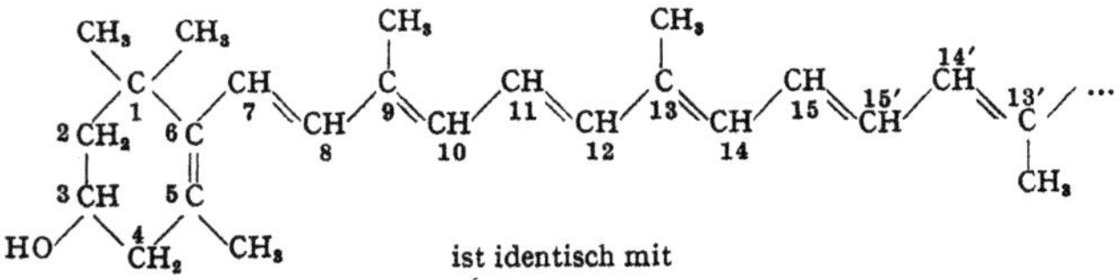

ist identisch mit

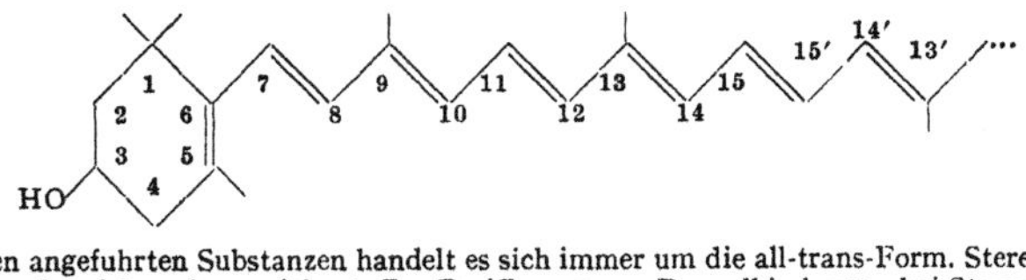

Bei den angeführten Substanzen handelt es sich immer um die all-trans-Form. Stereoisomere sind immer als solche gekennzeichnet. Zur Bezifferung von Doppelbindungen bei Stereoisomeren vgl. Abschnitt „Cis-trans Isomerie der Carotinoide und Vitamin A", S. 378.

Die Lichtabsorption wurde in λ_{max} [mμ], die Extinktion in $E = E_{1\,cm}^{1\,\%}$ angegeben; (Sch.) bedeutet Schulter bei der angegebenen Wellenlänge, z. B. die Angabe λ_{max} 350, 370, ...; E 1580, 1730, ...; (A.) bedeutet: $\lambda_{max} = 350$ mμ, $E_{1\,cm}^{1\,\%} = 1580$; $\lambda_{max} = 370$ mμ, $E_{1\,cm}^{1\,\%} = 1730$; ...; gemessen in Äthanol.

Als ungesättigte Verbindungen sind alle Polyene mehr oder weniger stark oxydations- und lichtempfindlich. Auf diese allgemeine Eigenschaft und die sich daraus ergebenden Konsequenzen wurde bei den einzelnen Verbindungen nicht mehr gesondert hingewiesen.

Trivialnamenregister

1. $C_{20}H_{24}O_2$

1/1 Crocetin-dialdehyd

MG 296.39 *F* 190—1

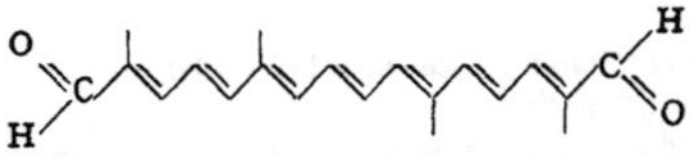

Charakteristik: Violettrote Blättchen (Chlf./Essigester); λ_{max} 408, 430, 458; E 2930, 5240, 5820 (PAe.). — l. in A., Ac., Bzl., Chlf. — *Darst.:* Synth. — *Bisphenylhydrazon:* *F* 243 (Z.); Krist. (Py./A.); λ_{max} 494 (Chlf.). — *Tetraäthyl-acetal:* Orange Nadeln, *F* 128—30 (PAe.); λ_{max} 378, 400, 424; E 1790, 3020, 3200 (PAe.).

2. $C_{20}H_{24}O_4$

2/1 Crocetin (α-Crocetin, stabiles Crocetin, Gardenidin, Nycanthin)

MG 328.39 *F* 283—5 (korr.)

Charakteristik: Ziegelrote Rhomben (Py.); λ_{max} 426, 453, 482 (CS_2); l. in verd. NaOH; wl. in W. und org. Lösungsmitteln. — *K-Salz:* Gelbe Kristalle; l. in W.; wl. in A. — *NH_4-Salz:* Rote Nadeln; wl. in W., A. — *V.:* Als Digentiobioseester (= Crocin) in Blüten von Crocusarten, Cedrela toona, Verbascum phlomoides, in Früchten von Gardenia grandiflora. — *Darst.:* Synth. oder aus Safran. — *Monomethylester* = *β-Crocetin.* — *Dimethylester* = *γ-Crocetin:* metallisch glänzende, ziegelrote Blättchen (Chlf./Me.); *F* 222.3 (korr.); λ_{max} 400, 422, 450; E 2340, 3875, 3980 (PAe.). — *Diäthylester:* *F* 216 (Bzl.); λ_{max} 400, 422, 450; E 2340, 3820, 3850 (PAe.).

3. $C_{20}H_{26}O$

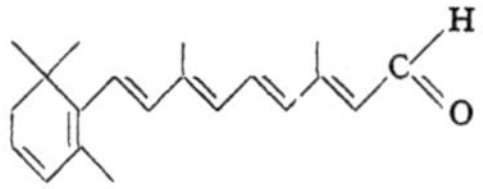

3/1 Vitamin-A_2-aldehyd (= α-Retinen)

MG 282.41 *F* 78—9

Charakteristik: Orange-rote Prismen (PAe.); l. in A., Chlf.; λ_{max} 314 (Sch.), 401; E 395, 1470 (A.). — *V.:* Retina von Fischen, Leberöl von Sußwasserfischen (Hecht). — *B.:* Durch Belichten von Porphyropsin. — *Darst.:* Durch Oxydation von Vitamin-A_2 mit Braunstein in PAe. — *Oxim:* Dunkel-gelbe Nadeln, *F* 141—3; λ_{max} 308, 377,5; E 543, 1805 (A.). — *2,4-Dinitrophenylhydrazon:* Rot-braune Nadeln: *F* 160—1 bzw. *F* 197—9 (dimorph); λ_{max} 255, 350, 429; E 513, 391, 1100 (A.). — *Semicarbazon:* *F* 195; λ_{max} 343, 358, 378; E 1630, 2580, 2350.

4. $C_{20}H_{26}O_2$

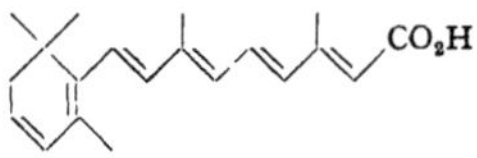

4/1 Vitamin-A_2-Carbonsäure

MG 298.41 *F* 183—4

Charakteristik: Gelbe Blattchen (A.); λ_{max} 305 (Sch.), 370; E 443, 1395 (A.). — *Darst.:* Synth. — *Methylester:* *F* 44—6; λ_{max} 307 (Sch.), 370; E 416, 1340 (A.).

5. $C_{20}H_{28}$

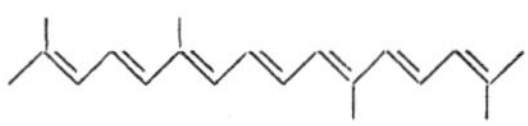

5/1 2,6,11,15-Tetramethylhexadeca-2,4,6,8,10, 12,14-heptaen

MG 268.44 *F* 166

Charakteristik: Gelbe Nadeln (Chlf./Me.); λ_{max} 432, 407, 385; E 5030, 4920, 2870 (Bzl.); ll. in Kohlenwasserstoffen. — *Darst.:* Synth.

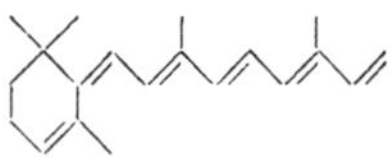

5/2 Anhydro-Vitamin A_1

MG 268.44 *F* 70

Charakteristik: Gelbe Kristalle (PAe.); λ_{max} 352, 370, 391; E 1900, 2910, 2620 (A.); ll. in Kohlenwasserstoffen wie PAe., Bzl., sowie in Chlf., CH_2Cl_2. — *V.:* Noch nicht in der Natur gefunden. — *B.* und *Darst.:* Bei der Einwirkung von Sauren auf Vitamin A_1-Alkohole, deren Ester oder Äther.

6. $C_{20}H_{28}O$

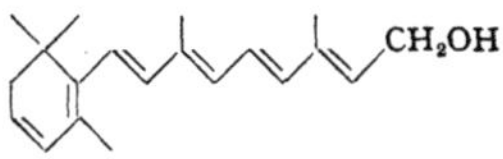

6/1 Vitamin A_2 (= α-Vitamin A)

MG 284.42 *F* 63—5

Charakteristik: Hellgelbe Nadeln (PAe.); λ_{max} 276, 286, 350; E 550, 710, 1450 (A.); l. in A., Kohlenwasserstoffen. — *V.:* Sehpurpur von Sußwasserfischen, angereichert in deren Leberol (Hecht). — *Darst.:* Synth. bzw. aus Hechtleber. — *p-Phenylazobenzoat:* dimorph: hellorange Nadeln, *F* 96—8 (PAe.); orange feine Nadeln, *F* 74—6 (PAe.); λ_{max} 278 (Sch.), 288, 339; E 426, 585, 1280 (A.). — *Wi.:* 40% Vitamin A-Aktivitat.

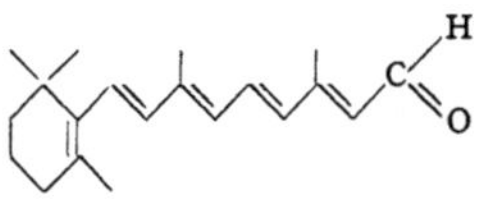

6/2 Vitamin-A_1-aldehyd (all-trans) (= β-Retinen)

MG 284.42 *F* 57.6 bzw. 62—4

Charakteristik: Orange Prismen, dimorph: (PAe.); λ_{max} 381; E 1530 (A.); l. in A., Chlf., Kohlenwasserstoffen. — *V.:* Citrusfrüchte, grunes Gemüse, Hagebutte, Leber, Darmmucosa. — *B.:* Durch Belichten von Rhodopsin i. d. Retina. — *Darst.:* Durch Oxydation von Vitamin A_1 mit MnO_2 in PAe. — *Oxim:* Orange-gelbe Nadeln, *F* 134—6 bzw. 141—3, dimorph. — *2,4-Dinitrophenylhydrazon:* tief purpurrote Nadeln: *F* 215; λ_{max} 263, 350, 448; E 373, 441, 1115 (A.). — *Wi.:* 91% Vitamin A-Aktivitat.

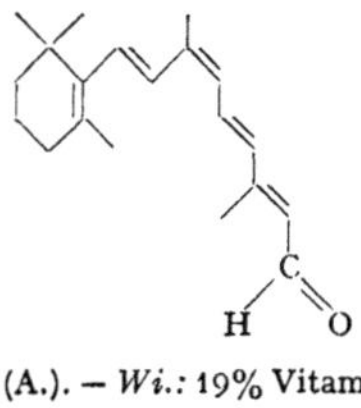

6/3 9-cis-Vitamin-A_1-aldehyd (iso-a)

MG 284.42 *F* 64

Charakteristik: Orange Prismen; λ_{max} 373; E 1270 (A.); ll. in Kohlenwasserstoffen, Chlf., CH_2Cl_2. — *Darst.:* Synth. — *2,4-Dinitrophenylhydrazon:* *F* 189; λ_{max} 438; E 1070 (A.). — *Semicarbazon:* *F* 192; λ_{max} 294, 362, 373; E 336, 2110, 2120 (A.). — *Oxim:* λ_{max} 354; E 1880 (A.). — *Wi.:* 19% Vitamin A-Aktivitat.

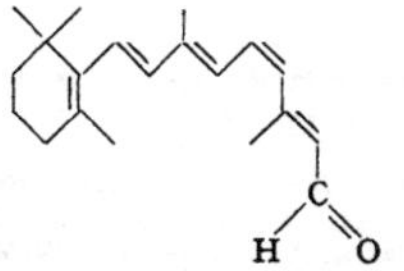

6/4 **11-cis-Vitamin-A_1-aldehyd (neo-b)**

MG 284.42 *F* 63.5–64.4

Charakteristik: Orange Prismen; λ_{max} 254, 290, 376,5; E 614, 412, 878 (A.); löslich wie all-trans-Verb. – *V.:* In den Augen von Crustacea. – *Darst.:* Durch Oxydation von 11-cis-Vitamin A_1 mit MnO_2. – *Oxim:* λ_{max} 356; E 1740 (A.). – *Wi.:* 48% Vitamin-A-Aktivitat.

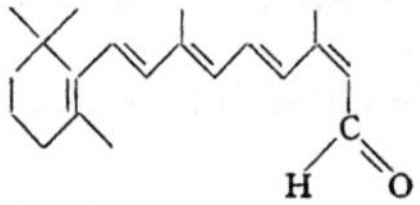

6/5 **13-cis-Vitamin-A_1-aldehyd (neo-a)**

MG 284.42 *F* 77

Charakteristik: Orange Prismen; λ_{max} 257, 375; E 336, 1250 (A.); l. wie all-trans-Verb. – *Darst.:* Oxyd. von 13-cis-Vitamin-A_1 mit MnO_2. – *Oxim:* Gelbe Kugeln; *F* 100–3; λ_{max} 356; E 1835 (A.). – *Wi.:* 93% Vitamin A-Aktivitat.

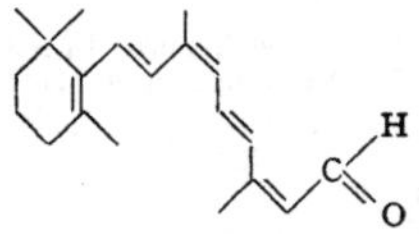

6/6 **9,13-di-cis-Vitamin-A_1-aldehyd (iso-b)**

MG 284.42 *F* 49 bzw. 85

Charakteristik: Gelbe Blattchen, dimorph (PAe.); λ_{max} 368; E 1140 (A.); l. wie all-trans-Verbindung. – *Darst.:* Durch Oxydation von 9,13-dicis-Vitamin-A_1 mit MnO_2 in PAe.. – *2,4-Dinitrophenylhydrazon:* *F* 209; λ_{max} 425; E 1020 (A.). – *Wi.:* 17% Vitamin A-Aktivitat.

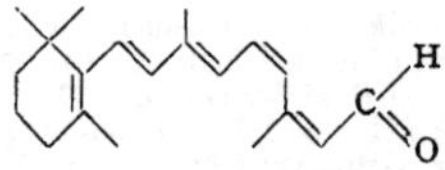

6/7 **11,13-dicis-Vitamin-A_1-aldehyd (neo-c)**

MG 284.42 *F* 64.5

Charakteristik: Gelbe Prismen; λ_{max} 254, 376; E 595, 857 (A.); l. wie all-trans-Verb. – *Darst.:* Durch Oxydation von 11,13-dicis-Vitamin-A_1 mit MnO_2. – *Wi.:* 31% Vitamin A-Aktivitat.

7. $C_{20}H_{28}O_2$

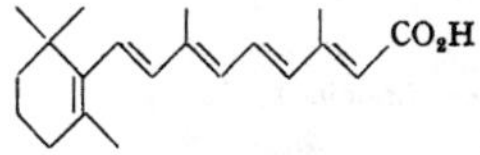

7/1 **Vitamin-A_1-carbonsäure (all-trans)**

MG 300.42 *F* 179–80

Charakteristik: Gelbe Nadeln (A.); λ_{max} 350; E 1510 (A.); l. in Ae., Chlf., CH_2Cl_2, A., Alkali. – *Darst.:* Synth. – *Methylester:* Gelbe Prismen, *F* 56–6.5 bzw. 72–3 (dimorph); λ_{max} 354; E 1415 (A.). – *Äthylester:* Gelbe Prismen, *Kp.* $_{0.005}$ 159–64; *F* 46–7; λ_{max} 354; E 1372 (PAe.). – *Wi.:* ca. $^2/_3$ der Aktivitat von Vitamin A_1.

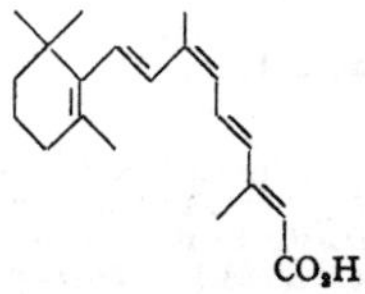

7/2 **9-cis-Vitamin-A_1-carbonsäure (iso-a)**

MG 300.42 *F* 189–90

Charakteristik: Hellgelbe Nadeln (A.); λ_{max} 345; E 1230 (A.); l. wie all-trans-Verbindung. – *Darst.:* Synth. – *Methylester:* *F* 36–8; λ_{max} 348; E 1130 (A.). – *Wi.:* Provitamin A.

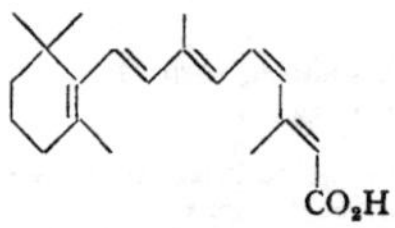

7/3 **11-cis-Vitamin-A_1-carbonsäure (neo-b)**

MG 300.42 *F* 94–6

Charakteristik: Gelbe Nadeln (A.); λ_{max} 243, 342; E 426, 926 (A.); l. wie all-trans-Verb. – *Darst.:* Synth. – *Wi.:* Provitamin A.

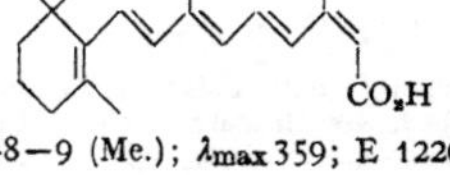

7/4 **13-cis-Vitamin-A_1-carbonsäure (neo-a)**

MG 300.42 *F* 174–5

Charakteristik: Orangerote Plattchen (A.); λ_{max} 354; E 1325 (A.); l. wie all-trans-Verb. – *Darst.:* Synth. – *Methylester:* Gelbe Nadeln, *F* 66–7 (dimorph) bzw. 48–9 (Me.); λ_{max} 359; E 1220 (A.). – *Wi.:* Provitamin A.

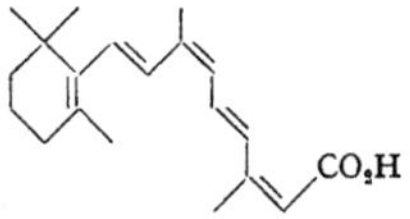

7/5 **9,13-dicis-Vitamin-A_1-carbonsäure (iso-b)**
MG 300.42 *F* 135—6

Charakteristik: Durchscheinende gelbe Kristalle (Acetonitril); λ_{max} 346; E 1150 (A.); l. wie all-trans-Verb. — *Darst.:* Synth. — *Methylester:* Gelbes Öl; λ_{max} 352; E 1083 (A.). — *Wi.:* Provitamin A.

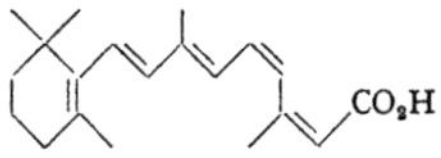

7/6 **11,13-dicis-Vitamin-A_1-carbonsaure**
MG 300.42

Charakteristik: Noch nicht bekannt.

8. $C_{20}H_{30}$

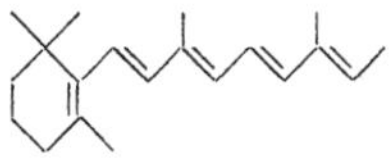

8/1 **Axerophten**
MG 270.44 *F* 79

Charakteristik: Gelbe Prismen; λ_{max} 325; E 1905 (Cyclohexan); ll. in Kohlenwasserstoffen, Chlf., CH_2Cl_2. — *V.:* Noch nicht in der Natur gefunden. — *Darst.:* Synth. — *Wi.:* ca. 70% Vitamin A-Aktivitat.

9. $C_{20}H_{30}O$

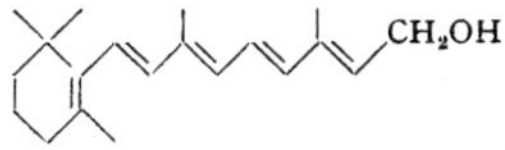

9/1 **Vitamin-A_1 (all-trans); (Axerophtol)**
MG 286.44 *F* 62—4

Charakteristik: Gelbe Prismen (Me.); λ_{max} 325; E 1832 (A.); l. in Me., PAe., Chlf., Bzl. — *V.:* Verestert in Milch, Butter, Eiern, Leberol, bes. bei Fischen. — *Darst.:* Synth. oder aus Fischleberol. — *p-Phenylazobenzoat:* *F* 79—80; λ_{max} 325—8; E 1650 (A.). — *Acetat:* *F* 57.8—9; (Me.); λ_{max} 328; E 1555. (A.). — *Palmitat:* *F* 28—9; λ_{max} 328; E 955. (PAe.). — *β-Anthrachinoncarbonsaureester:* Gelbe Prismen, *F* 122—3, (Ac.); λ_{max} 257, 332; E 1065, 1130, (Dioxan). — *Methyläther:* *F* 34—5; *Wi.:* ca. 100% Vitamin-A-Aktivitat. — *Phenyläther:* *F* 90—2; *Wi.:* ca. 10% Vitamin A-Aktivitat.

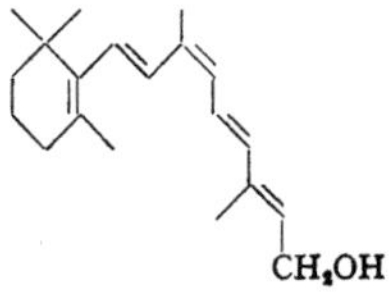

9/2 **9-cis-Vitamin-A_1 (iso-a)**
MG 286.44 *F* 81.5—2.5

Charakteristik: Gelbe Prismen; λ_{max} 258, 323; E 382, 1477 (A.); l. wie all-trans-Verb. — *Darst.:* Synth. — *p-Phenylazobenzoat,* *F* 79—80. — *Acetat:* Ölig; λ_{max} 323; E 1200 (A.). — *Wi.:* 21% Vitamin A-Aktivität.

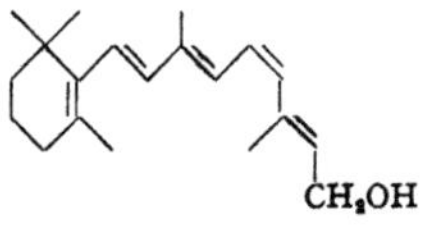

9/3 **11-cis-Vitamin-A_1 (neo-b)**
MG 286.44

Charakteristik: Orange-gelbes Öl; λ_{max} 233, 319; E 370, 1220 (A.); l. wie all-trans-Verb. — *V.:* In der Retina. — *Darst.:* Synth. — *p-Phenylazobenzoat:* *F* 94—6; λ_{max} 317.5 (A.). — *β-Anthra-chinoncarboxylat:* *F* 139—40; λ_{max} 255,5, 313,5. — *Acetat:* Gelbes Öl; λ_{max} 321,5; E 990 (Hexan). — *Wi.:* 23% Vitamin A-Aktivität, Vorstufe des Sehpigmentes.

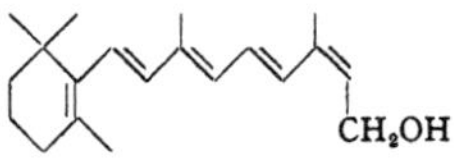

9/4 **13-cis-Vitamin-A_1 (neo-a)**
MG 286.44 *F* 58—9

Charakteristik: Gelbe Prismen; λ_{max} 328; E 1686 (A.); l. wie all-trans-Verb. — *V.:* In Fischleberöl. — *Darst.:* Reduktion von 13-cis-Vitamin A-carbonsaure-methylester mit $LiAlH_4$. — *p-Phenylazobenzoat:* *F* 94—5. — *Acetat:* Öl, λ_{max} 328; E 1475 (A.). — *Wi.:* 75% Vitamin A-Aktivitat.

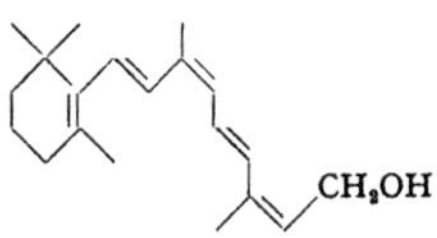

9/5 **9,13-dicis-Vitamin-A_1 (iso-b)**
MG 286.44 *F* 58—9

Charakteristik: Gelbe Prismen; λ_{max} 263, 324; E 330, 1379 (A.); l. wie all-trans-Verb. — *Darst.:* Synth. — *p-Phenylazobenzoat:* *F* 91.5—2.5. — *Acetat:* Öl; λ_{max} 324, E 1200 (A.). — *Wi.:* 24% Vitamin A-Aktivitat.

9/6 **11,13-dic is-Vitamin-A_1 (neo-c)**

MG 286.44 *F* 86—8

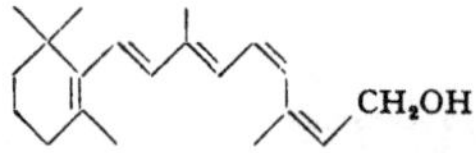

Charakteristik: Lange farblose Nadeln (PAe./Ae.); λ_{max} 311; E 1024 (A.); l. wie all-trans-Verb. — *Darst.:* Synth. — *p-Phenylazobenzoat:* *F* 99—100; λ_{max} 317,5; E 1050 (A.). — *Wi.:* 15% Vitamin A-Aktivitat.

10. $C_{24}H_{28}O_4$

10/1 **Norbixin (stabiles Norbixin, Isonorbixin, β-Norbixin)**

MG 380.46 *F* >300

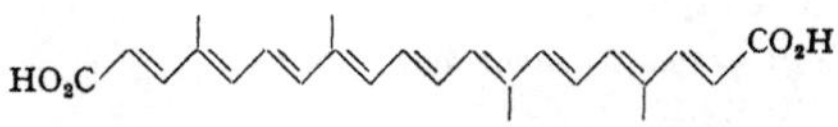

Charakteristik: Blaurote Blattchen (Py.); λ_{max} 457,5, 492, 527,5 (CS_2); 442, 474,5, 509 (Chlf.); l. in Py.; wl. in Eg.; swl. in org. Lsgm. — *Darst.:* Synth. oder durch Kochen von labilem Bixin mit 10%igem KOH. — *Monomethylester* (*stabiles Bixin, Isobixin, β-Bixin*): Tiefviolette, stahlblau-granatrote, dichroitische Prismen; *F* 191 (Eg.). Löst sich in org. Lsgm. schlechter als das labile Bixin (4-cis); λ_{max} 443, 475, 509,5 (Chlf.); 457, 491, 526,5 (CS_2). — *Dimethylester* (*stabiles Methylbixin*): Metallisch glanzende, blauviolette Kristalle; *F* 203 (Bzl.); λ_{max} 432, 456, 490; E 2650, 4050, 4050 (PAe.); 444, 475,5, 509,5 (Chlf.); 456,5, 490, 525,5 (CS_2). — *V.:* Hauptpigment d. reifen Samen d. Bixa orellana.

10/2 **4-cis-Norbixin (labiles Norbixin)**

MG 380.46 *F* 254—5

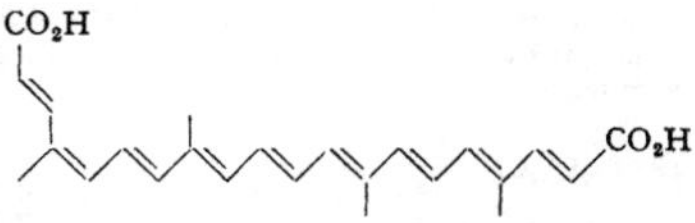

Charakteristik: Rote Nadeln (Eg.); λ_{max} 440, 469,5, 503 (Chlf.); 458, 491, 527 (CS_2); l. in Py.; zll. in Eg., A., Me.; wl. in Chlf.; swl. in Ae. — *Monomethylester* (*labiles Bixin, Bixin*): Blaurote Prismen; *F* 198 (Eg.); Rhomben (Äthylacetat); λ_{max} 439, 469,5, 503 (Chlf.); 457, 489, 523,5 (CS_2); ll. in sd. Eg., Py.; wl. in k. Eg., A., Ae.; $+ I_2 \rightarrow$ Isom. zu all-trans. — *V.:* Im Farbstoff Orlean aus Bixa orellana. — *Dimethylester* (*labiles Methylbixin*): Rote Rhomben; *F* 163 (Eg.); ll. in Chlf., Ac., Eg.; wl. in A.; swl. in Me.

11. $C_{25}H_{34}$

11/1 **Anhydro-β-12′-carotinol (all-trans)**

MG 334.52 *F* 108—10

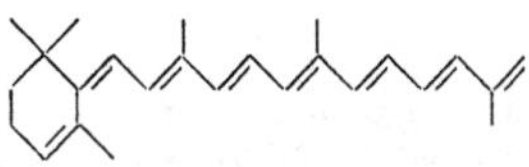

Charakteristik: Orange Blattchen (PAe.); λ_{max} 388, 409, 436; E 2405, 3610, 3270 (PAe.). — *Darst.:* Durch spontane Abspaltung von Essigsäure bei Chromatographie des β-Apo-12′-carotinylacetates an Aluminiumoxyd.

12. $C_{25}H_{34}O$

12/1 **β-12′-Apocarotinal**

MG 350.52 *F* 88—9

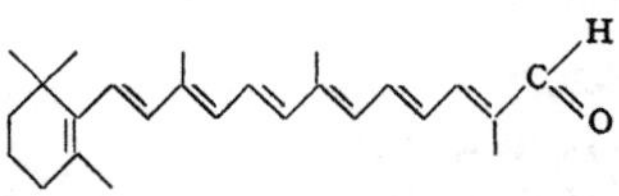

Charakteristik: Gelbe Prismen (PAe.); λ_{max} 414; E 2160 (PAe.). — *Darst.:* Synth. — *Semicarbazon:* Rot-orange feine Blättchen, *F* 228—9 (A.); λ_{max} 415, 438; E 2600, 2420 (A.). — *Oxim:* Orange Nadeln; *F* 170 (Me.); λ_{max} 399, 418; E 2620, 2530 (A.). — *Wi.:* Provitamin A.

13. $C_{25}H_{34}O_2$

13/1 **Homoisopreno-vitamin-A_1-säure**

MG 366.52 *F* 188—9

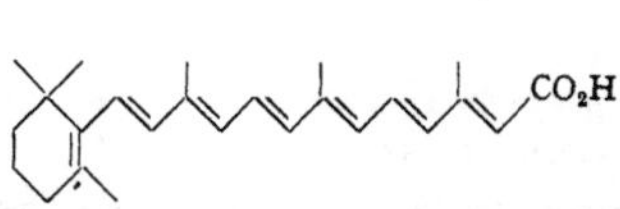

Charakteristik: Orangerote Nadeln (tert. Butanol); λ_{max} 408; E 1775 (Cyclohexan). — *Darst.:* Synth. — *Äthylester:* Hellrote Plättchen; *F* 111 (i-Propanol); λ_{max} 399; E 1855 (Me.).

14. $C_{25}H_{36}O$

14/1 **β-Apo-12′-carotinol**

MG 352.54

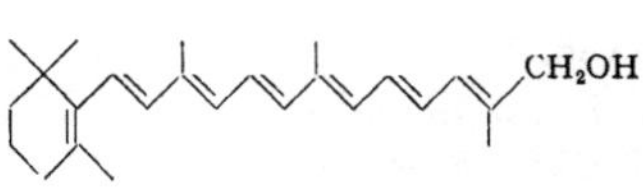

Charakteristik: Gelbes, zähes Öl; λ_{max} 377, 393 (PAe.). — *Darst.:* Durch Reduktion von β-Apo-12′-carotinal mit $LiAlH_4$ in abs. Ae. — *Acetat:* Gelborange Prismen (PAe.); λ_{max} 378, 396; E 2120, 2095 (PAe.). — *Wi.:* Provitamin A.

15. $C_{27}H_{36}O$

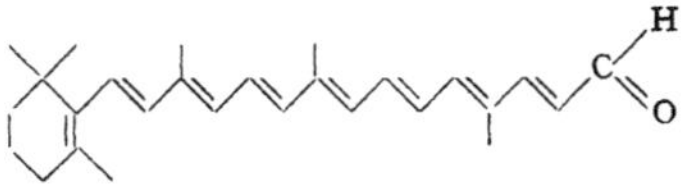

15/1 **β-Apo-10′-carotinal**
MG 376.56 *F* 97–9

Charakteristik: Rote Nadeln (PAe.); λ_{max} 435; E 2190 (PAe.). – *V.:* Citrusfruchte, grünes Gemüse, Gras, Hagebutte, Leber, Darmmucosa. – *Darst.:* Synth. – *Semicarbazon:* Feine rote Nadeln (A.); *F* 208–10; λ_{max} 432, 455; E 2580, 2210 (A.). – *Oxim:* Rote Nadeln (Me.), *F* 173–5; λ_{max} 421, 443; E 2700, 2500 (A.). – *Wi*.: Provitamin A.

16. $C_{27}H_{36}O_2$

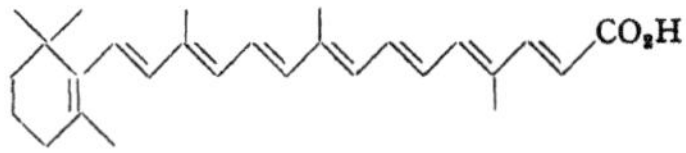

16/1 **β-Apo-10′-carotinsäure**
MG 392.52 *F* 186–7

Charakteristik: Orangerote Prismen; λ_{max} 430; E 2235 (PAe.). – *Darst.:* Synth. – *Methylester:* Orangerote Kristalle; *F* 129–30; λ_{max} 426; E 2355; mit Schulter bei 445 (PAe.). – *Wi.:* Provitamin A.

17. $C_{27}H_{38}O$

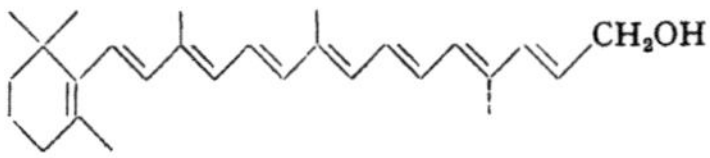

17/1 **β-Apo-10′-carotinol**
MG 378.57

Charakteristik: Gelboranges Öl; λ_{max} 403, 428 (PAe.). – *Darst.:* Reduktion von β-Apo-10′-carotinal mit $LiAlH_4$ in abs. Ae. – *Acetat:* Oranges Öl; λ_{max} 405, 425; E 1835, 1905 (PAe.). – *Wi.:* Provitamin A.

18. $C_{27}H_{38}O_4$

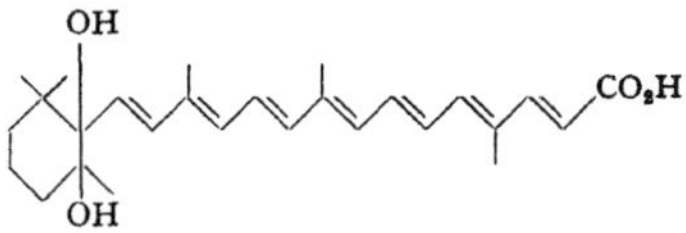

18/1 **Azafrin**
MG 426.57 *F* 214

Charakteristik: Orange Nadeln (Bzl.); λ_{max} 428, 458 (Chlf.); l. in Chlf., A., Bzl., Alkali; wl. in Ae.; $[\alpha]$ *cd* = –75° (A.). – *V.:* In Wurzeln von Escobedia scabrifolia, E. linearis.

19. $C_{30}H_{40}$

19/1 **2,6,10,15,19,23-Hexamethyl-tetrakosa-2,4,6,8,10,12,14,16,18,20,22-undecaen**
MG 400.62 *F* 210–2 (Z.)

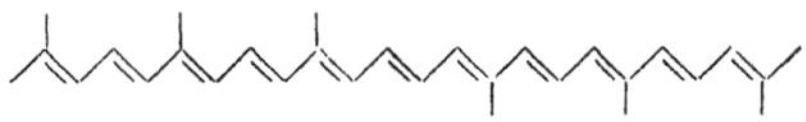

Charakteristik: Rote Nadeln (Chlf./Me.); λ_{max} 452, 483, 518; E 2550, 3650, 3095 (Bzl.); ll. in Kohlenwasserstoffen. – *Darst.:* Synth.

20. $C_{30}H_{40}O$

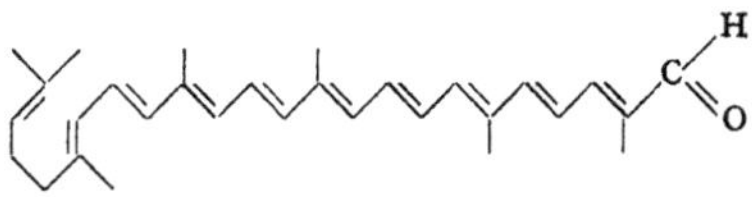

20/1 **Apo-8′-lycopinal**
MG 416.62 *F* 138

Charakteristik: Braunschwarze Prismen (PAe.); λ_{max} 473, 508, 546 (CS_2); 487, 518 (Bzl.); 476, 507, (PAe.). – *V.:* In der Tomate. – *Darst.:* Oxydation von Lycopin mit MnO_2. – *Oxim:* λ_{max} 458, 491, 524 (CS_2).

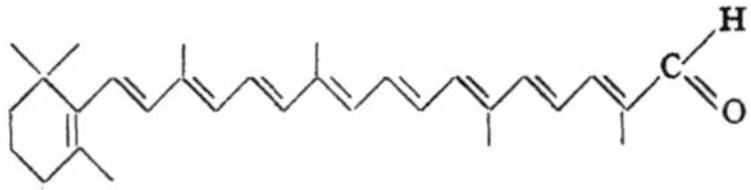

20/2 **β-Apo-8′-carotinal**
MG 416.62 *F* 137–8

Charakteristik: Violette, metallisch glanzende Blattchen (Me.); λ_{max} 455; E 2700 (PAe.). – *V.:* Leber, Spinat, Salat, Citrusfrüchte u. a. – *Darst.:* Synth. – *Oxim:* Rote Nadeln; *F* 180–1 (Me.); λ_{max} 444, 471; E 3030, 2780 (A.). – *Semicarbazon:* *F* 212, sintert ab 205. – *Wi.:* Gute chronische Vertraglichkeit; Provitamin A.

21. $C_{30}H_{40}O_2$

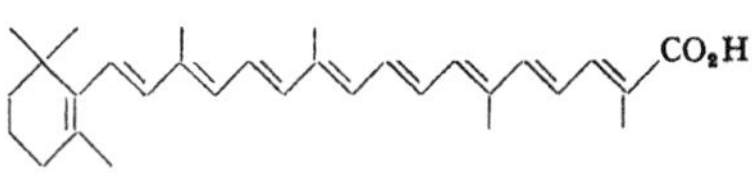

21/1 **β-Apo-8′-carotinsäure**
MG 432.62 *F* 189–90

Charakteristik: Rote Kristalle (Bzl.); λ_{max} 448; E 2515, Schulter bei 472 (PAe.). – *Darst.:* Synth. – *Methylester:* Rote Kristalle; *F* 136–7; λ_{max} 445, 471; E 2575, 2160 (PAe.). – *Äthylester:* *F* 137; λ_{max} 444; E 2600 (PAe.). – *Wi.:* Sehr gute chronische Vertraglichkeit; Provitamin A.

21/2 3-Hydroxy-α-apo-8'-carotinal (α-Citraurin)

MG 432.62 *F* 153

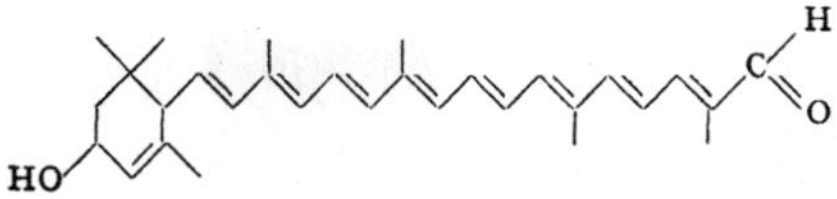

Charakteristik: Orangefarbene Blättchen (Me.); λ_{max} 449, 480, 514 (CS_2); 438, 477 (PAe.); $[\alpha]_D^{18} = +372°$ ($\mp 25°$). — *Darst.:* Durch vorsichtige Oxydation von Xanthophyll mit $KMnO_4$. — *Oxim:* Nadeln; *F* 148 (Me.); λ_{max} 468, 499 (CS_2); 440, 470 (A.).

21/3 3-Hydroxy-β-apo-8'-carotinal (β-Citraurin)

MG 432.62 *F* 147 (korr.)

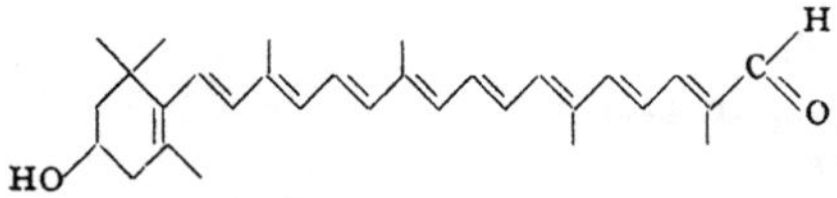

Charakteristik: Orange-gelbe Tafeln (Bzl./PAe.); λ_{max} 457, 490, 525 (CS_2); 459, 488 (PAe.); ll. in A., Ae., Ac., Bzl., CS_2; swl. in PAe. — *V.:* In Orangenschalen. — *Oxim:* Stabchen; *F* 188 (korr.) (Me.); λ_{max} 473, 505 (CS_2); 444, 474 (PAe.).

22. $C_{30}H_{42}O$

22/1 β-Apo-8'-carotinol

MG 418.64 *F* 148—9

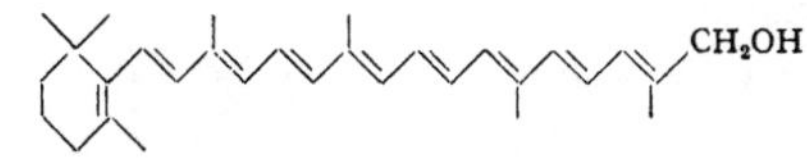

Charakteristik: Orange Nadeln (PAe./Bzl.); λ_{max} 426, 453; E 2690, 2440 (PAe.). — *Darst.:* Reduktion von β-Apo-8'-carotinal mit $LiAlH_4$ in abs. Äther. — *Acetat:* Orange Blättchen (PAe.); λ_{max} 426, 452; E 2665, 2400 (PAe.). — *Wi.:* Provitamin A.

23. $C_{32}H_{42}O$

23/1 Apo-6'-lycopinal

MG 442.66 *F* 147 (korr.)

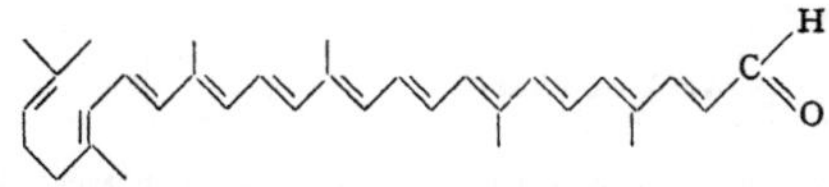

Charakteristik: Granatrote Blättchen (Bzl./A.); λ_{max} 494, 525, 569 (CS_2); 502, 540 (Bzl.); 460, 493, 527 (PAe.). — *V.:* Tomate. — *Oxim:* Blauviolette Prismen, *F* 198 (korr.) (Py.); λ_{max} 496, 545 (CS_2).

23/2 β-Apo-6'-carotinal

MG 442.66 *F* 133—4

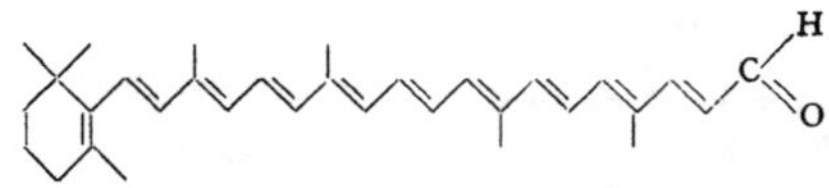

Charakteristik: Violette Prismen mit Metallglanz (Bzl./A.); λ_{max} 473; E 2660 (PAe.). — *Darst.:* Synth. — *Wi.:* Provitamin A.

24. $C_{32}H_{42}O_2$

24/1 β-Apo-6'-carotinsäure

MG 458.66 *F* 190—1

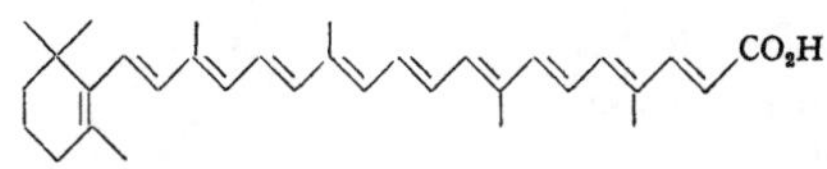

Charakteristik: Rote Prismen; λ_{max} 458, 495; E 2495, 1990 (PAe.). — *Darst.:* Synth. — *Methylester:* Rot-violette Kristalle, *F* 145—7; λ_{max} 464, 491; E 2570, 1975 (PAe.). — *Wi.:* Provitamin A.

25. $C_{32}H_{44}O$

25/1 β-Apo-6'-carotinol

MG 444.67 *F* 164—6

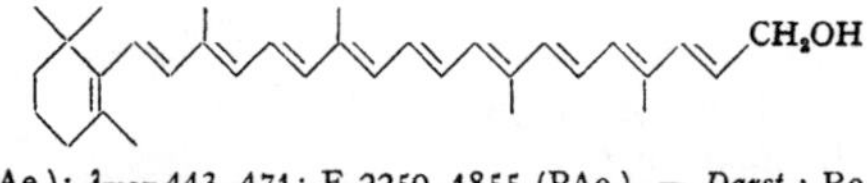

Charakteristik: Rot-orange Prismen (PAe.); λ_{max} 443, 471; E 2250, 1855 (PAe.). — *Darst.:* Reduktion von β-Apo-6'-carotinal mit $LiAlH_4$ in abs. Äther. — *Acetat:* Orange Nadeln; *F* 122—4 (PAe.); λ_{max} 444, 471; E 2620, 2390 (PAe.). — *Wi.:* Provitamin A.

26. $C_{35}H_{46}O$

26/1 β-Apo-4'-carotinal

MG 482.72 *F* 146—7

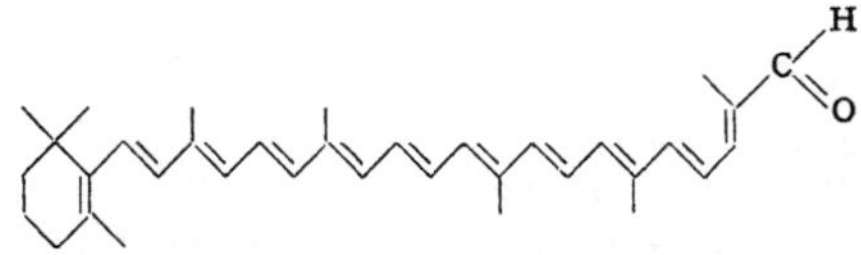

Charakteristik: Dunkelrote Blattchen (PAe.); λ_{max} 485; E 2660 (PAe.). — *Darst.:* Synth. — *Wi.:* Provitamin A.

27. $C_{35}H_{46}O_2$

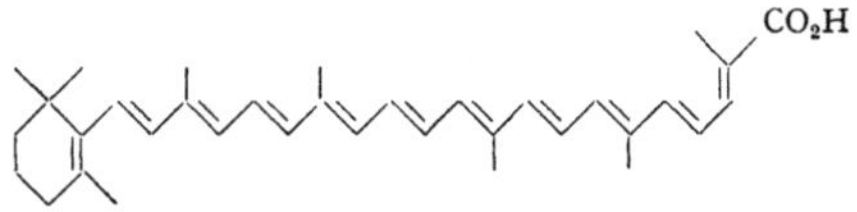

27/1 β-Apo-4'-carotinsäure
MG 498.27 *F* 192–3

Charakteristik: Rote Krist.; λ_{max} 479, 507; E 2500, 1990 (PAe.). — *Darst.:* Synth. — *Methylester:* Violette Kristalle; *F* 140–1; λ_{max} 476, 505; E 2630, 1790, mit Schulter bei 455 (PAe.). — *Wi.:* Provitamin A.

28. $C_{35}H_{48}O$

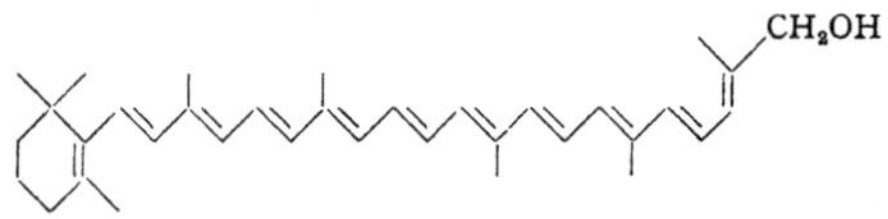

28/1 β-Apo-4'-carotinol
MG 484.73

Charakteristik: Orangerotes Öl; λ_{max} 436, 459, 488 (PAe.). — *Darst.:* Reduktion von β-Apo-4'-carotinal mit $LiAlH_4$ in abs. Äther. — *Acetat:* Rote Nadeln; *F* 136–7 (Ae.); λ_{max} 438, 461, 490; E 2000, 2600, 2030 (PAe.). — *Wi.:* Provitamin A.

29. $C_{37}H_{48}O$

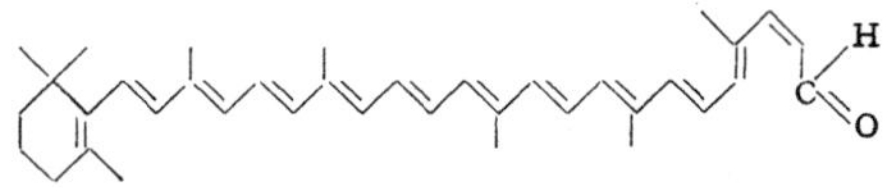

29/1 β-Apo-2'-carotinal
MG 508.75 *F* 160–1

Charakteristik: Metallisch glänzende, violette Kristalle (PAe.); λ_{max} 498; E 2730 (PAe.). — *V.:* Citrusfrüchte. — *Darst.:* Synth. — *Wi.:* Provitamin A.

30. $C_{37}H_{48}O_2$

30/1 β-Apo-2'-carotinsäure
MG 524.75 *F* 201–3

Charakteristik: Rote Krist. (Toluol); λ_{max} 492, 520; E 2485, 1925 (PAe.). — *Darst.:* Synth. — *Methylester:* Dunkelviolette Krist.; *F* 165–6, λ_{max} 488, 520; E 2850, 2240, mit Schulter bei 468 (PAe.). — *Wi.:* Provitamin A.

31. $C_{37}H_{50}O$

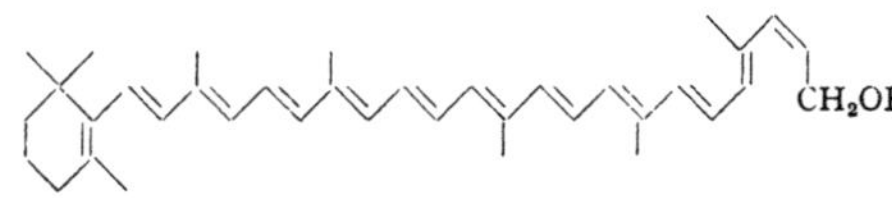

31/1 β-Apo-2'-carotinol
MG 510.77

Charakteristik: Rotes Öl; λ_{max} 447, 473, 503 (PAe.). — *Acetat:* Rote Nadeln; *F* 145–7 (Ae./Essigester); λ_{max} 448, 474, 504; E 2010, 2905, 2535 (PAe.). — *Wi.:* Provitamin A.

32. $C_{39}H_{54}O_2$

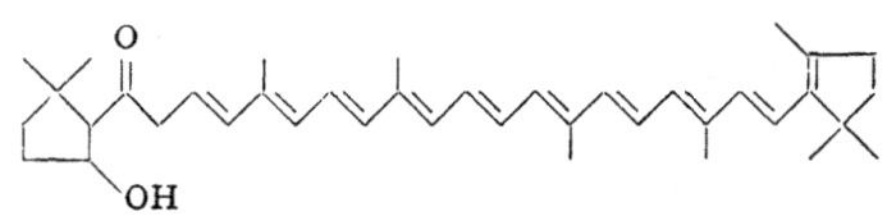

32/1 Kryptocapsin
MG 554.82

Charakteristik: λ_{max} 486; E 2020 (Bzl.); Struktur aus spektroskopischen Daten. — *V.:* Zusammen mit Capsanthin in Paprika.

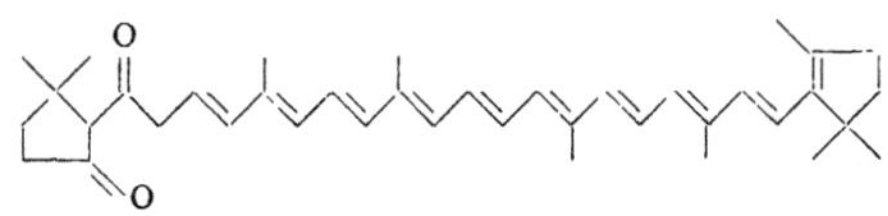

32/2 Kryptocapson ($C_{39}H_{52}O_2$)
MG 552.80 *F* 171

Charakteristik: λ_{max} 491; E 1950 (Bzl.); Struktur nur aus spektroskopischen Daten. — *V.:* Zusammen mit Capsanthin in Paprika.

33. $C_{40}H_{48}$

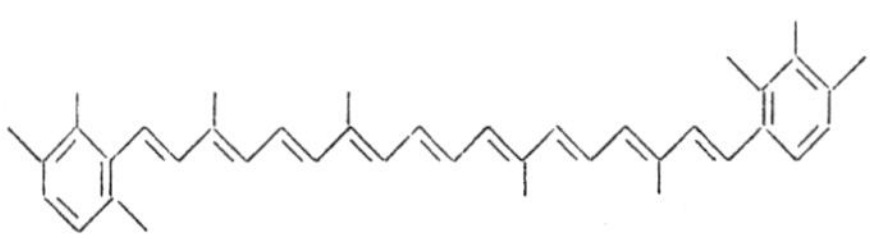

33/1 Renieratin
MG 528.78 *F* 185 bzw. 198–9

Charakteristik: Purpurbraunrote Nadeln (Bzl./Me.); λ_{max} 463, 496, 532 (CS_2); 468, 499 (Hexan); ll. in Kohlenwasserstoffen, Chlf. — *V.:* Hauptpigment des Schwammes Reniera japonica. — *Darst.:* Isoliert aus Reniera Japonica. — *Wi.:* Keine Vitamin A-Aktivität.

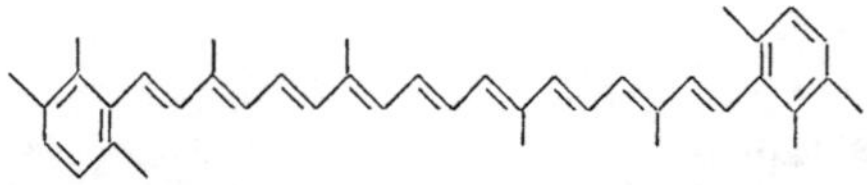

33/2 Isorenieratin

MG 528.78 *F* 199—200

Charakteristik: Rote Nadeln; λ_{max} 459, 485, 519 (CS_2); 440 (sch.), 464, 492 (sch.); E 1740, 2250, 1880 (Bzl.); ll. in Kohlenwasserstoffen, Chlf. — *V.:* Zusammen mit Renieratin im Schwamm Reniera japonica. — *Darst.:* Synth.

34. $C_{40}H_{48}O_4$

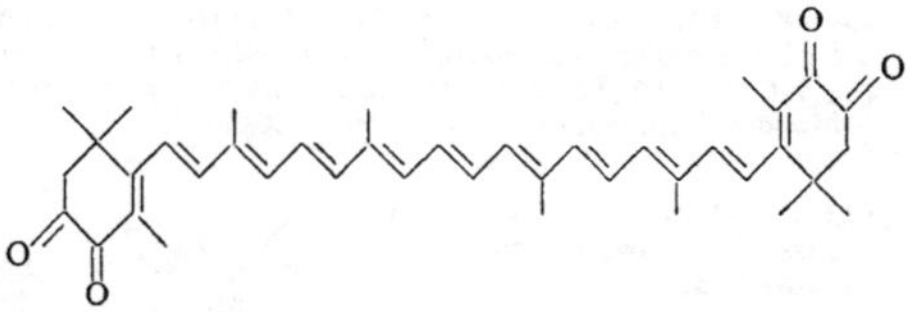

34/1 3,3′,4,4′-Tetraketo-β-carotin (Astacin)

MG 592.78 *F* 228—30

Charakteristik: Metallisch glanzende Nadeln (Py.); λ_{max} 498, 503; E 1690, 2360 (Py.); ll. in Chlf., Py.; wl. in Bzl., Eg.; swl. in Ae., PAe., Me. — *V.:* Ziemlich verbreitet in Fischen, Crustacea, Blumen (bes. Adonis àstivalis). — *Darst.:* Oxydation von Canthaxanthin mit tert. Butylperoxyd. — *Bisphenazin:* Dunkelviolette Krist.; *F* 230 (Bzl.); λ_{max} 503; E 1920 (Py.). — *Dioxim:* Schwarze Krist. (A.); λ_{max} 503; E 2380 (Py.).

35. $C_{40}H_{50}$

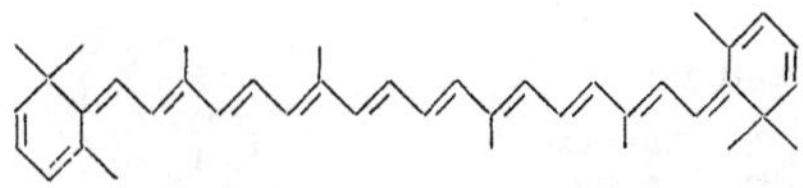

35/1 Retro-2,3,2′,3′,4′,5′-trisdehydro-β-carotin (Anhydroeschscholtzxanthin)

MG 530.80 *F* 196

Charakteristik: Violettschwarze, kurze, derbe Prismen (Bzl./PAe.); λ_{max} 531, 500 (PAe.); ll. in Kohlenwasserstoffen, Chlf.; wl. in Me. — *Darst.:* Einwirkung von verdunnter HCl auf Eschscholtzxanthin; Dehydrierung von β-Carotin mit N-Bromsuccinimid.

36. $C_{40}H_{50}O_2$

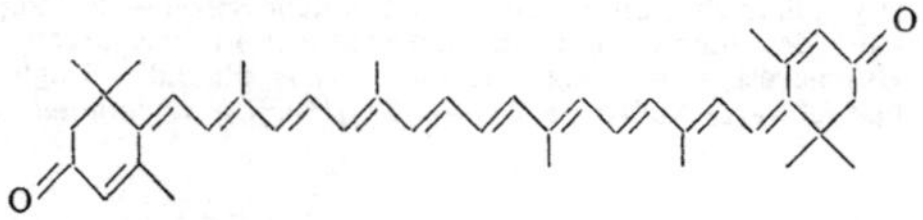

36/1 3,3′-Diketo-dehydro-β-retrocarotin (Rhodoxanthin)

MG 562.80 *F* 216

Charakteristik: Dunkelviolette, lanzettförmige Krist. (Bzl./Me; A.); λ_{max} 490, 516; E 2500, 1865 (Hexan); sll. in Py.; ll. in Bzl., Chlf.; wl. in A., Me. — *V.:* Roter Farbstoff der Eibenfrucht, Vogelfeder; in Koniferen u. Aloe-Arten. — *Darst.:* Dehydrierung von Zeaxanthin mit MnO_2 oder Eibenfruchten. — *Dioxim:* Viereckige, rote Blättchen; *F* 227—8 (Py./PAe.); λ_{max} 457, 490, 527 (Bzl.).

37. $C_{40}H_{52}$

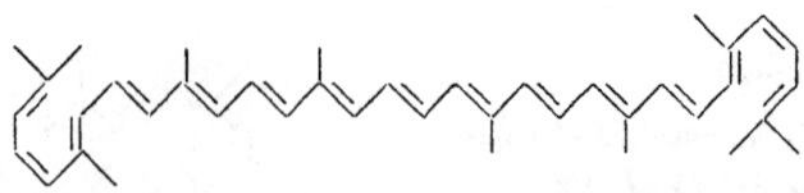

37/1 Bisdehydrolycopin

MG 532.82 *F* >200

Charakteristik: Violettschwarze Krist. (Py.); λ_{max} 520, 557, 601 (CS_2); ll. in Kohlenwasserstoffen; swl. in Me. — *Darst.:* Dehydrierung von Lycopin mit N-Bromsuccinimid.

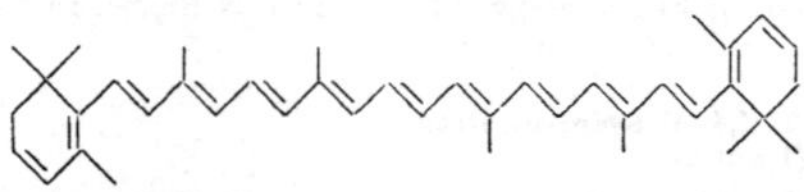

37/2 3,4,3′,4′-Bisdehydro-β-carotin

MG 532.82 *F* 190—1

Charakteristik: Metallisch glanzende, dunkelviolette Blättchen (CH_2Cl_2/Me.); rote kurze Stabchen (A./PAe.); λ_{max} 471; E 2400 (PAe.); ll. in Kohlenwasserstoffen; swl. in Me. — *Darst.:* Synth. — *Wi.:* 38% Vitamin A-Aktivität bezogen auf β-Carotin.

38. $C_{40}H_{52}O$

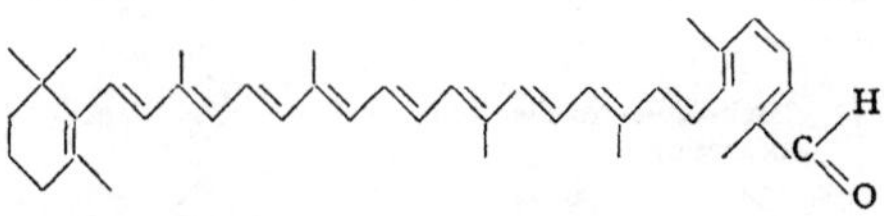

38/1 3′,4′-Dehydro-18′-oxo-γ-carotin (C_{40}-β-Apocarotinal)

MG 548.82 *F* 167—8

Charakteristik: Violette Prismen (Essigester); λ_{max} 508, 540; E 2865, 2120 (PAe.). — *V.:* Mikroorganismen. — *Darst.:* Synth. — *Wi.:* Provitamin A.

39. $C_{40}H_{52}O_2$

39/1 4,4'-Diketo-β-carotin (Canthaxanthin)

MG 564.82 *F* 216−7

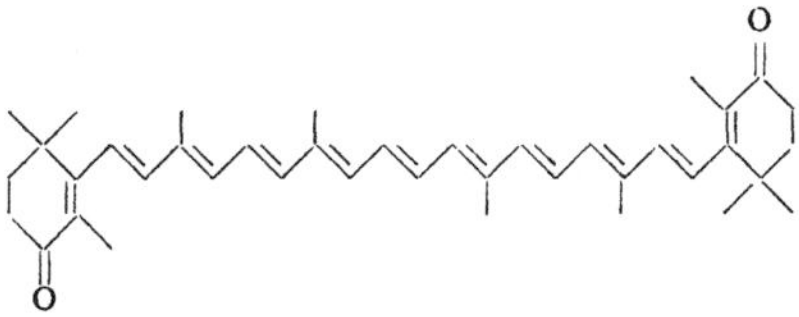

Charakteristik: Rotviolette Blattchen (PAe./Bzl.); λ_{max} 465−7; E 2200 (PAe.). — *V.:* Eßbarer Pilz (Cantharellus cinnabarinus). — *Darst.:* Synth. — *Dioxim:* *F* 252 (Tetrahydrofuran/Bzl.); λ_{max} 470; E 2050 (Tetrahydrofuran). — *Di-2,4-dinitrophenylhydrazon:* Schwarze Krist.; *F* > 300. — *Mono-2,4-dinitrophenyl-hydrazon:* *F* 250.

39/2 3',4'-Dehydro-18'-γ-carotinsäure (C_{40}-β-Apo-carotinsäure; Torularhodin)

MG 564.82 *F* 210−2

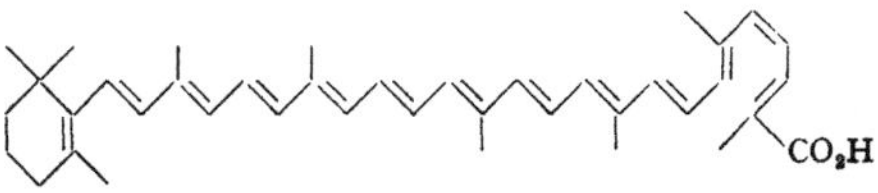

Charakteristik: Dunkelviolettes Kristallpulver (Toluol); λ_{max} 507, 535 (Sch.) (PAe.). — *V.:* In roter Hefe, Rhodotorula mucilaginosa (Isolierung daraus). — *Darst.:* Synth. — *Methylester:* Spießige rote Nadeln; *F* 176−7; λ_{max} 497, 529; E 2950, 2350 mit Schulter bei 475 (PAe.). — *Wi.:* Vitamin A-Aktivitat geringer als die von β-Carotin.

40. $C_{40}H_{52}O_4$

40/1 3,3'-Dihydroxy-4,4'-diketo-β-carotin (Astaxanthin)

MG 596.82 *F* 215−6 (Z.)

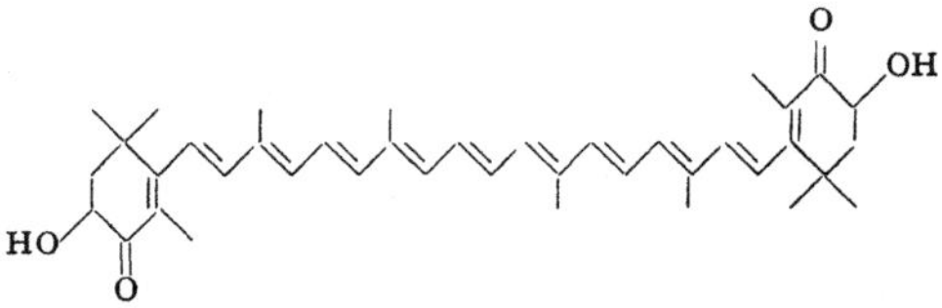

Charakteristik: Rote, metallisch glanzende Tafelchen (Py./H_2O); λ_{max} 472 (PAe.); 476, 493, 513 (Py.); ll. in Py.; bildet mit Alkali tiefblaue Salze. — *V.:* Pigmentfarbstoff der Epidermis der Fußhaut des Flamingo, in Hummerpanzer; in Crustaceen, Echinodermen, Tunicaten, Fischen, Huhnerretina, Grunalge Haematococcus pluvialis, Englena heliorubescens. — *Diacetat:* Tief blauschwarze Nadeln; *F* 203−5 (Py./H_2O). — *Dipalmitat:* Violette Nadeln; *F* 72 (Py./Me./H_2O).

40/2 Capsorubon

MG 596.82 *F* 206

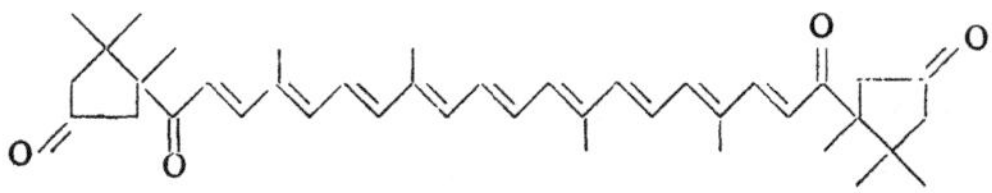

Charakteristik: λ_{max} 467, 494, 527; E 1320, 1895, 1720 (Bzl.). — *V.:* Zusammen mit Capsanthin in Paprika.

41. $C_{40}H_{54}$

41/1 Monodehydrolycopin

MG 534.83 *F* 196

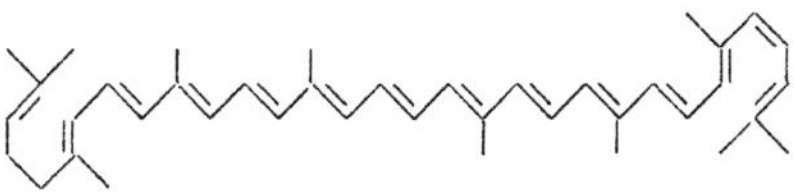

Charakteristik: Tiefviolette Nadeln (Bzl./PAe.); λ_{max} 481, 514, 551 (Bzl.); 468, **500**, 535; E 2823 (PAe.); ll. in Kohlenwasserstoffen, Chlf.; swl. in Me. — *V.:* Tomate und Mikroorganismen. — *Darst.:* Dehydrierung von Lycopin mit N-Bromsuccinimid.

41/2 3',4'-Dehydro-γ-carotin (Torulin)

MG 534.83 *F* 183−4

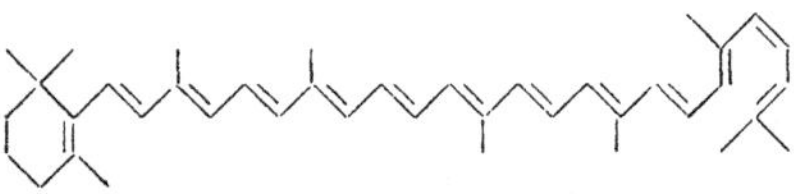

Charakteristik: Violette Nadeln (A./Bzl.); λ_{max} 460, 484, 518; E 2315, 3240, 2680 (PAe.); ll. in Kohlenwasserstoffen, Chlf. — *V.:* Torula rubra, Sporobolomyces rosens, Sp. salmonicolor, Lycogala epidendron, Rhodotorula Sanniei. — *Wi.:* Provitamin A-Wirkung.

41/3 Dehydro-retro-β-carotin (Isocarotin)

MG 534.83 *F* 190−2

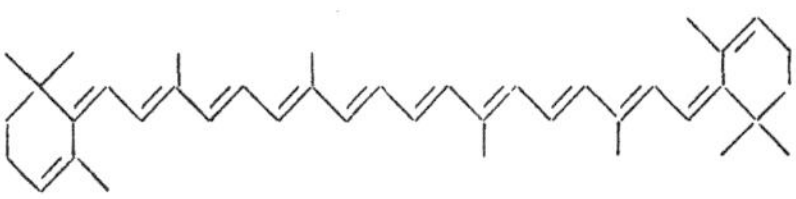

Charakteristik: Rot-violette Nadeln (Bzl./PAe.); λ_{max} 446, 472, 502; E 2320, 3205; 2610 (PAe.); ll. in Kohlenwasserstoffen, Chlf.; swl. in Me. — *Darst.:* Synth. — *Wi.:* Keine Vitamin A-Aktivitat.

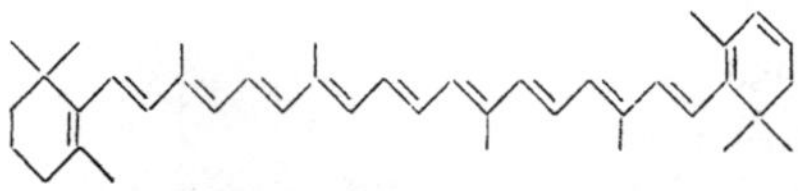

41/4 **3',4'-Monodehydro-β-carotin**
MG 534.83 *F* 186

Charakteristik: Dunkelblauviolette Krist. (CH_2Cl_2/Me.); λ_{max} 461; E 2330 (PAe.); ll. in Kohlenwasserstoffen, Chlf.; swl. in Me. — *Darst.:* Synth. — *Wi.:* 75% Vitamin A-Aktivitat bezogen auf β-Carotin.

42. $C_{40}H_{54}O$

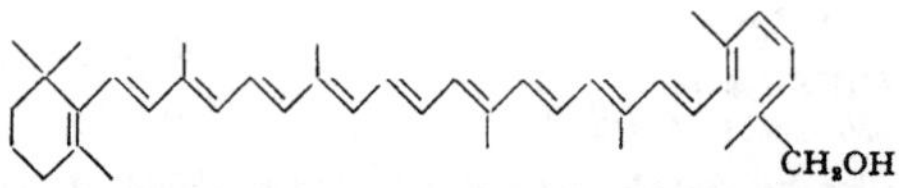

42/1 **3',4'-Dehydro-18'-hydroxy-γ-carotin (C_{40}-β-Apocarotinol)**
MG 550.83

Charakteristik: Rotes Öl; λ_{max} 462, 488, 519 (PAe.). — *Darst.:* Reduktion der entspr. Oxoverbindg. mit $LiAlH_4$ in abs. Äther. — *Acetat:* Rote Prismen; *F* 156—8 (Essigester); λ_{max} 463, 488, 519; E 2170, 2460, 1685 (PAe.). — *Wi.:* Provitamin A.

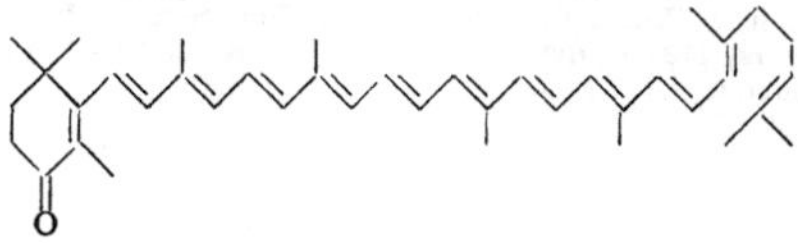

42/2 **4-Keto-γ-carotin**
MG 550.83 *F* 140—2

Charakteristik: Dunkelrote, rhombische Plattchen; λ_{max} 468.

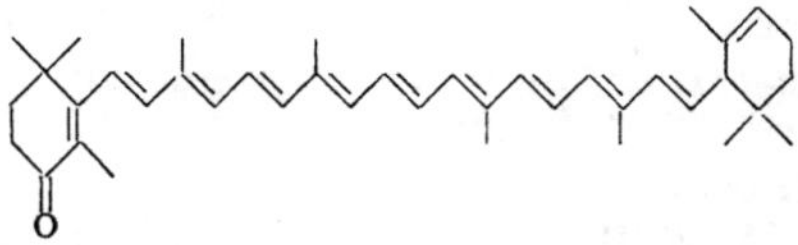

42/3 **4-Keto-α-carotin**
MG 550.83 *F* 189—90
Charakteristik: Lachsrosarote, wetzsteinförmige Plattchen; λ_{max} 453,5; E 2400, Schulter bei 470, (PAe.). — *2,4-Dinitrophenylhydrazon:* *F* 216—7 (Bzl./Me.).

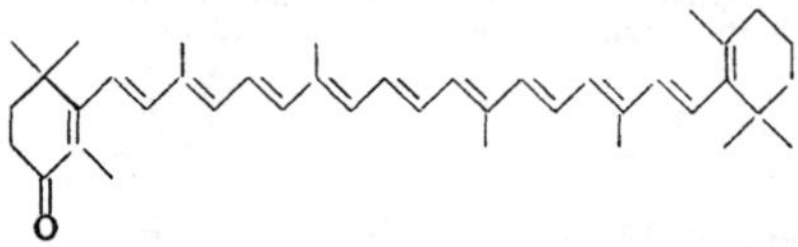

42/4 **4-Keto-β-carotin (Echinenon, Aphanin, Myxoxanthin)**
MG 550.83 *F* 178—9

Charakteristik: Mattrote, rechteckige Platten (Bzl./Me.); λ_{max} 456; E 2150 (PAe.); 472; E 2090 (Bzl.); wl. in Chlf.; ll. in Chlf./Ae. — *Darst.:* Synth. — *V.:* In bestimmten Drusen des Seeigels; in Algen Rivularia nitida u. Oscillatoria rubescens. — *Oxim:* *F* 203—6; λ_{max} 456 (Hexan). — *Wi.:* Provitamin A.

43. $C_{40}H_{54}O_2$

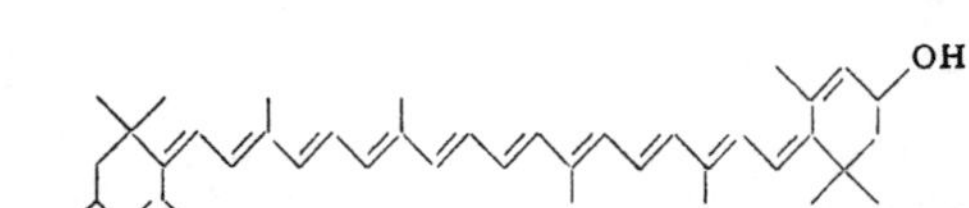

43/1 **3,3'-Dihydroxy-retro-dehydro-β-carotin (Eschscholtzxanthin)**
MG 566.83 *F* 189—90

Charakteristik: Glanzend violette, dünne, zu Buscheln vereinigte Prismen (Bzl./Me.); λ_{max} 442, 472, 502 (PAe.); $[\alpha]^{20}_{645}$ = +290° ± 90° (Chlf.). — *V.:* Blütenpigmentfarbstoff von Eschscholtzia-Arten. — *Darst.:* Isolierung aus den Bluten von Eschscholtzia californica, synth. — *Dipalmitat:* *F* 111—3 (Bzl./Me.); λ_{max} 441, 465, 494 (Hexan).

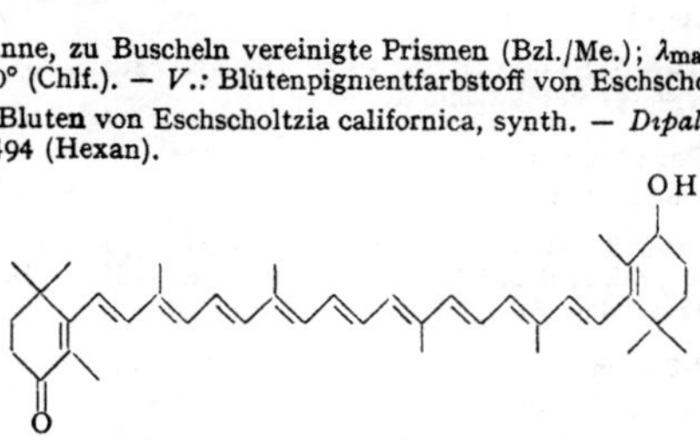

43/2 **4-Keto-4'-hydroxy-β-carotin**
MG 566.83 *F* 164—7

Charakteristik: Rhombenförmige rote Platten; λ_{max} 458 (Hexan). — *Darst.:* Durch Einwirkung von N-Bromsuccinimid auf β-Carotin. — *Methyläther:* *F* 154; λ_{max} 458,5; E 2290 (Hexan). — *Äthyläther:* *F* 163—4; λ_{max} 459,5; E 2120 (Hexan). — *Dessen Oxim:* *F* 183; λ_{max} 456, 479 (Sch.); E 2035, 1855 (Hexan).

44. $C_{40}H_{54}O_3$

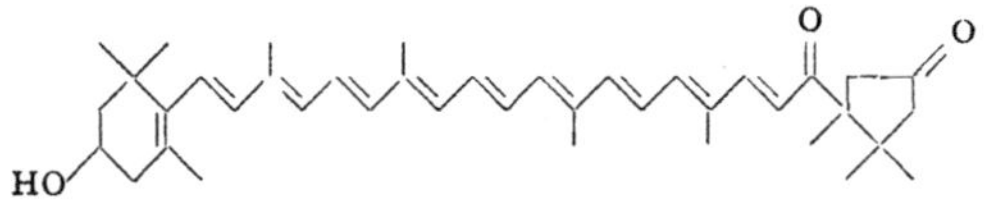

44/1 **Capsanthon**

MG 582.83 *F* 167

Charakteristik: Rote Rhomben (Me./W.); λ_{max} 489, 516 (Bzl.). — *Darst.:* Oppenauer-Reaktion mit Capsanthin. — *Acetat:* Rote Rhomben; *F* 152 (Me./W.); λ_{max} 489, 515 (Bzl.).

45. $C_{40}H_{56}$

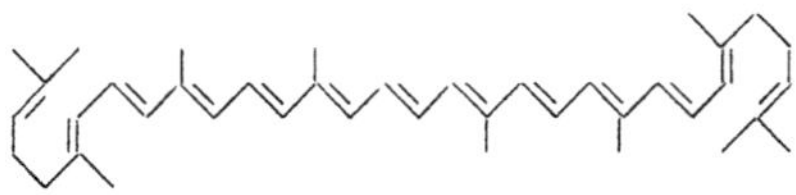

45/1 **Lycopin**

MG 536.85 *F* 172—3

Charakteristik: Dunkelrot-violette Prismen (PAe.); karminrote, zu Büscheln vereinigte Nadeln (CH_2Cl_2/Me.); λ_{max} 446, 472, 505; E 2250, 3450, 3150 (PAe.); optisch inaktiv; sll. in Bzl.; ll. in Chlf.; unl. in k. A., Me.; 20 CS_2 20°; 0,33 sd. Ae.; 0,07 Hexan 0°. — *Darst.:* Synth. oder aus Tomaten. — *V.:* Weit verbreiteter Pigmentfarbstoff: Tomate, Hagebutte, Aprikose, Pfirsich, Orange usw.; Leber von Mensch und Tier; Serum, Butter. — *Perhydrolycopin:* Farbl. Öl, *Kp* (0,002 mm) 212—4; n_D^{18} = 1,4560. — *Wi.:* Keine Vitamin A-Aktivitat, sehr gute chronische Verträglichkeit.

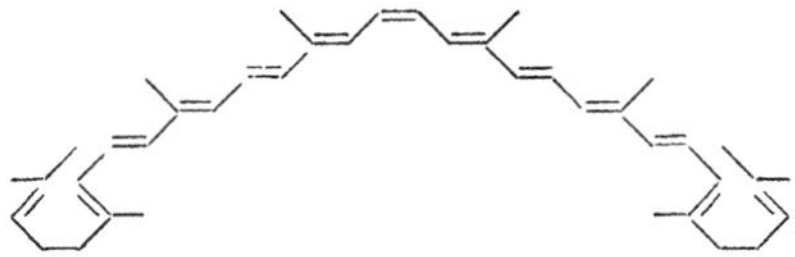

45/2 **15-15'-cis-Lycopin**

MG 536.85

Charakteristik: λ_{max} 361, 444, 470, 502; E 1110, 1280, 1660, 1280 (PAe.). — *Darst.:* Synth. — *Wi.:* Keine Vitamin-A-Aktivitat.

45/3 **Prolycopin**

MG 536.85 *F* 111

poly-cis-Lycopin

Charakteristik: Stumpf braune Prismen (PAe.) (A.); λ_{max} 438 mit Schulter bei 415 u. 465; E 1030 (Hexan); opt. inaktiv; leichter l. als Lycopin; $+I_2 \rightarrow$ Lycopin. — *V.:* In versch. Tomatenarten, in Butiaarten, Mimulus longiflorus, Pyracantha angustifolia. — *Wi.:* Keine Vitamin A-Aktivitat.

45/4 **γ-Carotin**

MG 536.85

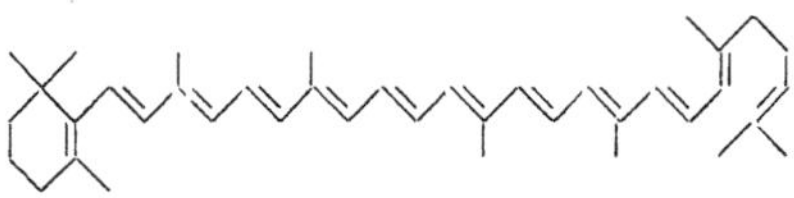

Charakteristik: Wahrscheinlich polymorph: mikroskopische, dunkelrote Prismen mit blaulichem Oberflächenglanz; *F* 178 (Bzl./Me.); rote Blattchen, *F* 152—3.5 (PAe.); λ_{max} 437, 462, 494; E 2055, 3100, 2700 (PAe.); opt. inaktiv; weniger löslich als β-Carotin. — *V.:* Eines der seltensten naturlich vorkommenden Carotinoide; in Rubencarotin etwa 0,1% der β-Isomeren. — *Darst.:* Synth. — *Wi.:* Starke Vitamin A-Aktivitat.

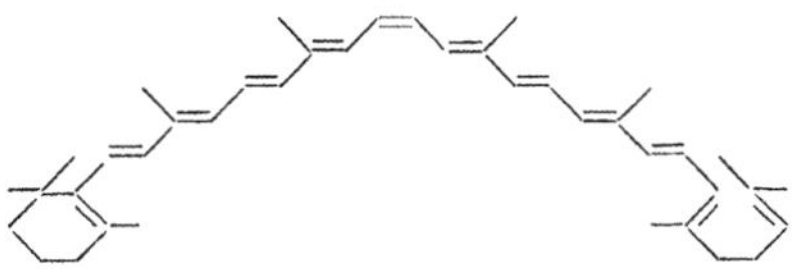

45/5 **15,15'-cis-γ-Carotin**

MG 536.85

Charakteristik: Rotes Öl; λ_{max} 347, 434, 457, 486; E 807, 1420, 1950, 1590 (PAe.). — *Darst.:* Synth. — *Wi.:* Provitamin A.

45/6 **Pro-γ-carotin**

MG 536.85 *F* 135

ein poly-cis-γ-Carotin

Charakteristik: Ziegelrote, glanzende Blattchen (Bzl./Me.); λ_{max} 245, 315, **434**, **457** (Hexan); unl. in A.; ll. in Bzl., PAe.; $+I_2 \rightarrow$ γ-Carotin. — *V.:* In Beeren von Pyracantha angustifolia. — *Wi.:* Provitamin A.

45/7 **δ-Carotin**

MG 536.85 *F* 140.4—5

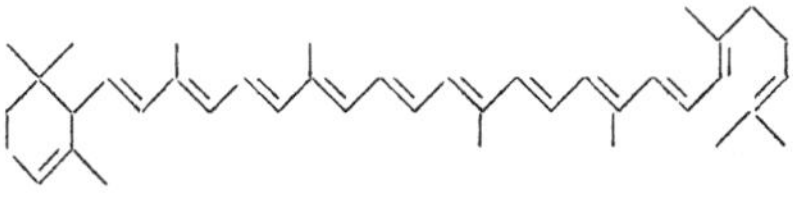

Charakteristik: Orangerote Nadeln; λ_{max} 430, 456, 488 (Hexan). — $[\alpha]$ = +317°; ll. in Bzl., Chlf., CS_2; wl. in Me. — Alkalische Isomerisation → γ-Carotin. — *V.:* In Tomaten. — *Darst.:* Isoliert aus Tomaten. — *Wi.:* Keine Vitamin A-Aktivitat.

45/8 **α-Carotin**

MG 536.85

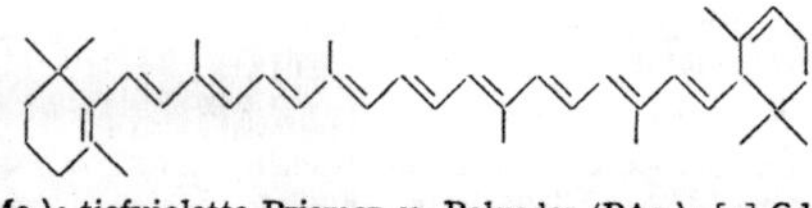

Charakteristik: Opt. aktiv: *natives α-Carotin:* violette, beidseitig zugespitzte, flache Prismen, *F* 187—8 (Bzl./Me.); tiefviolette Prismen u. Polyeder (PAe.); [α] Cd = +385° (Bzl.). — DL-*α-Carotin:* Rote zu Buscheln vereinigte Blättchen, *F* 160.8—2.8 (CS_2/Isopropanol), (Bzl./Me.); λ_{max} 267, 330, 422,5, 446, 474; E 503, 133, 1830, 2700, 2440 (Hexan). — L-*α-Carotin:* Kupferfarbene Blattchen, *F* 178; sll. in CS_2, Chlf.; ll. in Bzl., Ae.; wl. in PAe.; unl. in A.; 2,94 Hexan 0°. — *V.:* Zusammen mit *β*-Carotin (siehe dort), jedoch in geringer Menge; bes. in Palmol, Vogelbeeren, Kastanienblattern. — *Darst.:* Synth. — *Wi.:* D-*α*- sowie L-*α*-Carotin haben etwa 50% Vitamin A-Aktivitat bezogen auf *β*-Carotin.

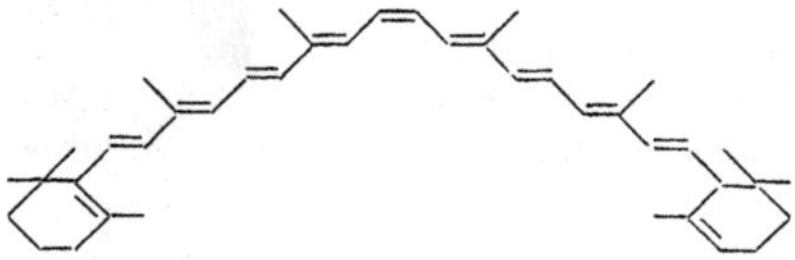

45/9 **15,15′-cis-α-Carotin**

MG 536.85

Charakteristik: DL-*α*-: rotes Öl; λ_{max} 329, 419, 442, 469; E 840, 1250, 1680, 1320 (PAe.). — *Darst.:* Synth. — *Wi.:* Provitamin A.

45/10 **β-Carotin**

MG 536.85 *F* 180

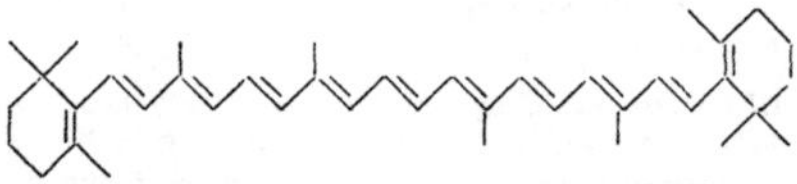

Charakteristik: Rote, fast quadratische Blattchen (PAe.), dunkelviolette Prismen (Bzl./Me.); λ_{max} 452—3, 480—1; E 2560, 2230 (PAe.). — Opt. inaktiv; 55 CS_2; 22,5 Tetrahydrofuran; 5,3 Bzl.; 1,2 Hexan; 0,08 A. — *V.:* Zusammen mit Chlorophyll, fast überall im pflanzl. und tierischen Bereich, in Pflanzen, Bluten, Fruchten, Serum, Fettgewebe, Milch. — *Darst.:* Synth. oder aus Karotten, Paprika, Kurbis, Palmöl, Brennesseln. — *Wi.:* Starke Vitamin A-Aktivität, sehr gute chronische Verträglichkeit.

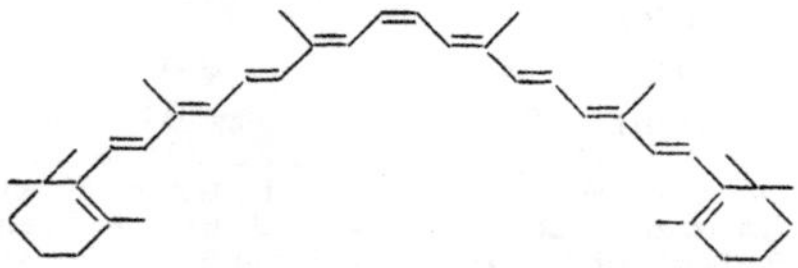

45/11 **15,15′-cis-β-Carotin**

MG 536.85 *F* 150—1

Charakteristik: Lange rote Nadeln (CH_2Cl_2/PAe.); λ_{max} 338, 450, 477; E 1040, 1765, 1430 (PAe.). — *Darst.:* Synth. — *Wi.:* Provitamin A.

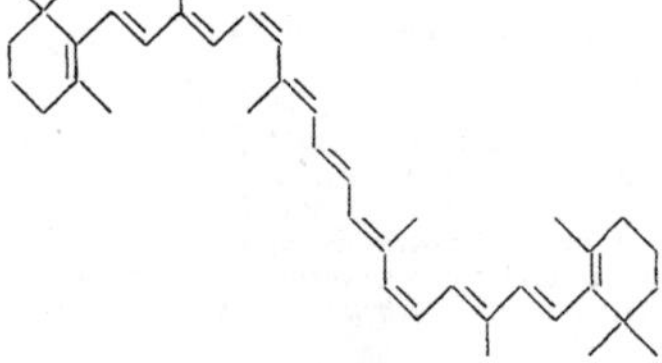

45/12 **11,11′-dicis-β-Carotin**

MG 536.85 *F* 154

Charakteristik: Braunrote Blattchen; λ_{max} 276, 334—8, 405; E 655, 534, 735 (PAe.). — *Darst.:* Synth. — *Wi.:* 30% Vitamin A-Aktivitat bezogen auf *β*-Carotin.

45/13 **ε_1-Carotin**

MG 536.85 *F* 197—8

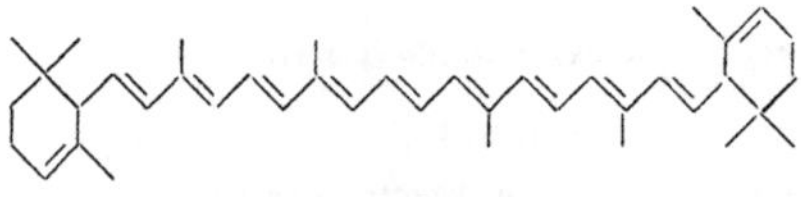

Charakteristik: Gelbe Blattchen (Isopropanol); λ_{max} 268, 331, 420, 445, 475; E 663, 153, 1885, 2880, 2850 (Cyclohexan); opt. aktiv: $[\alpha]_D^{27} = \pm 806°$ (Bzl.). — *V.:* Noch nicht in der Natur gefunden. — *Darst.:* Synth.

46. $C_{40}H_{56}O$

46/1 **3-Hydroxy-lycopin (Lycoxanthin)**

MG 552.85 *F* 168

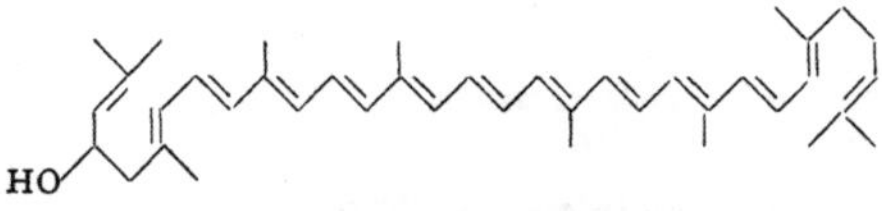

Charakteristik: Violette Nadeln (CS_2); rot-braune Krist. (Bzl./PAe.); λ_{max} 472, 506, 546 (CS_2): ll. in Bzl., CS_2; l. in PAe.; wl. in A. — *V.:* Solanum dulcamara, S. esculentum, Tamus communis. — *Acetat:* Violettrote Nadeln; *F* 137.

46/2 **3-Hydroxy-γ-carotin (Rubixanthin)**

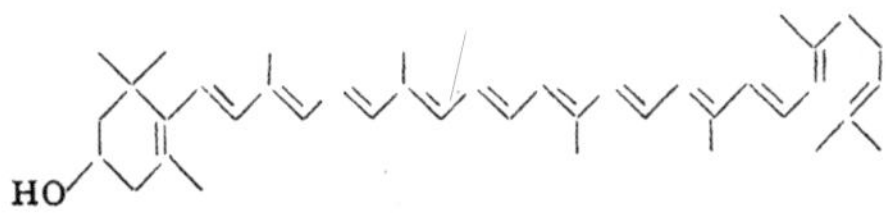

MG 552.85 *F* 160

Charakteristik: Orangerote Nadeln (Bzl./PAe.); dunkelrote, kupferglanzende Nadeln (Bzl./Me.); λ_{max} 461, 494, 533 (CS_2); 432, 462, 494 (Hexan); ll. in Bzl., Chlf.; wl. in A., PAe. — *V.:* In Rosen- und Cuscutaarten, Gazania rigens, Hagebutten.

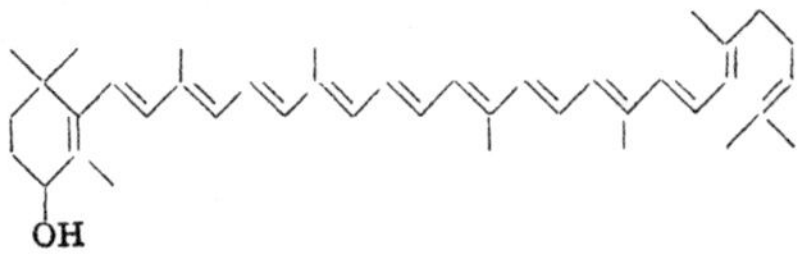

46/3 **4-Hydroxy-γ-carotin**

MG 552.85 *F* 144—5

Charakteristik: Fast rechteckige, tieforange Platten (Bzl./Me.), λ_{max} 438, 460, 491 (Hexan).

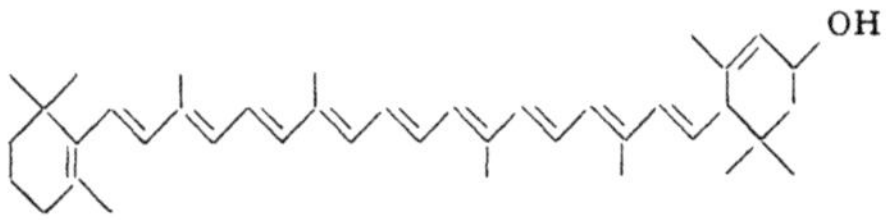

46/4 **3'-Hydroxy-α-carotin (α-Kryptoxanthin)**

MG 552.85 *F* 175—6

Charakteristik: Lange, dunne, gelbe Blattchen (Bzl./Me.); λ_{max} 421, 427, 446, 462, 475; E 1770, 1710, 2630, 1750, 2430 (Hexan); $[\alpha]^{20}_{Cd}$ = +335° ± 8°; ll. in Bzl., Chlf., Py.; l. in PAe., A. — *V.:* Gelber Paprika. — *Acetat:* Ockergelbe, lange, glitzernde Kristalltafeln; *F* 114—6 bzw. 148—50 (dimorph).

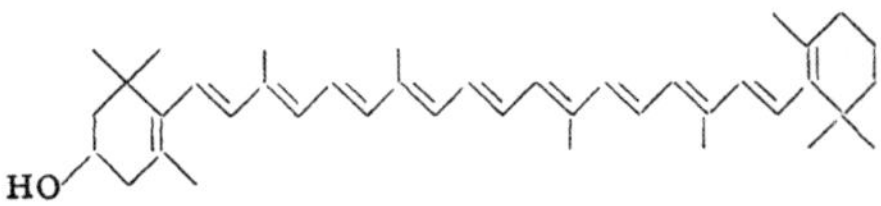

46/5 **3-Hydroxy-β-carotin (Kryptoxanthin)**

MG 552.85 *F* 158—9

Charakteristik: Rote, metallisch glanzende Blattchen (Ae./Me.); λ_{max} 452, 480; E 2386, 2080 (PAe.); ll. in Bzl., Chlf., Py.; l. in Lg., PAe., A., Me. — *V.:* In ger. Konzentration in Mais, Beeren, Orangenschalen, Eigelb, Butter, Blutserum, Mycobact. phlei. — *Darst.:* Totalsynth. — *Acetat:* Granatrote Blattchen; *F* 143 (Bzl./Me.). — *Palmitat:* *F* 114. — *Perhydr. nat. Kryptoxanthin:* Farbloses Öl, $[\alpha]^{21}_{D}$ = 16,1 ± 1° (Chlf.). — *Epoxyde:* Siehe *Karrer, P.*, u. *E. Jucker:* Carotinoide, Basel 1948. — *Wi.:* Vitamin A-wirksam; Provitamin A.

46/6 **4-Hydroxy-α-carotin**

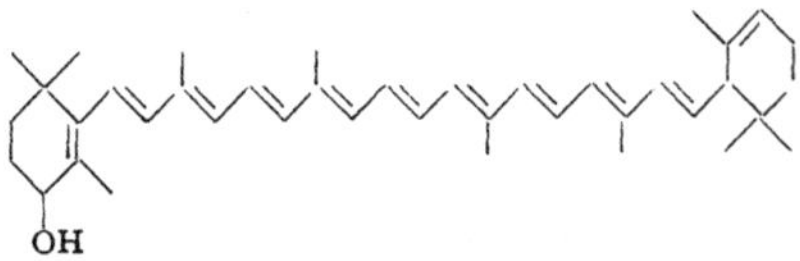

MG 552.85 *F* 117—8

Charakteristik: Breite, rechteckige, orange Platten (Bzl./Me.); λ_{max} 422, 446, 475; E 1775, 2640, 2420 (PAe./Bzl.). — *Darst.:* Einwirkung von N-Bromsuccinimid auf α-Carotin. — *Acetat:* Lange dunkelrote Prismen; *F* 159—61; λ_{max} 421, 444, 474 (Hexan). — *Methylather:* Ovale, gelborange Platten; *F* 170—1 (Bzl./Me.).

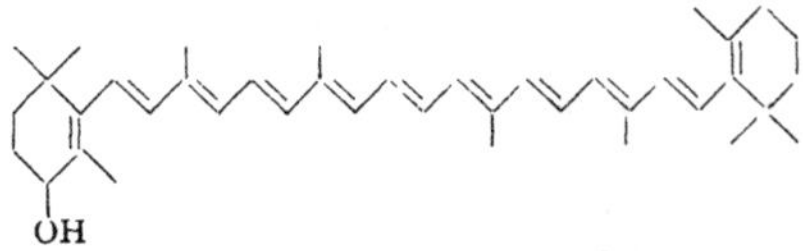

46/7 **4-Hydroxy-β-carotin (Isokryptoxanthin)**

MG 552.85 *F* 162—4

Charakteristik: Dunkelrote Blattchen (Bzl./Me.); λ_{max} 451, 479 (Hexan); ll. in Bzl., Chlf., Py. — *Methylather:* Lange, flache Prismen; *F* 133—5. — *Acetat:* *F* 108.

46/8 **α-Carotin-5,6-epoxyd**

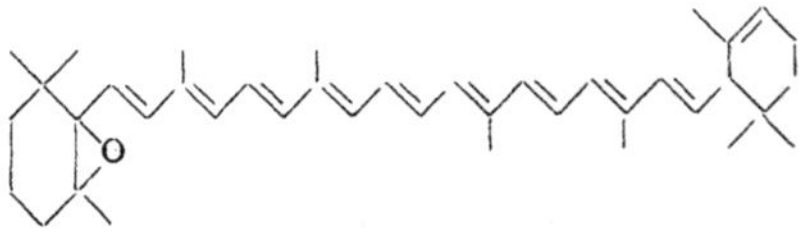

MG 552.85 *F* 175

Charakteristik: Rotgelbe Blattchen (Bzl./Me.); λ_{max} 442, 471 (PAe.). — *V.:* In Bluten von Tragopogon pratensis, Ranunculus acer. — *Darst.:* Oxydation von α-Carotin. — *Wi.:* Provitamin A.

46/9 α-**Carotin-5,8-epoxyd (Flavochrom)**

MG 552.85 *F* 189

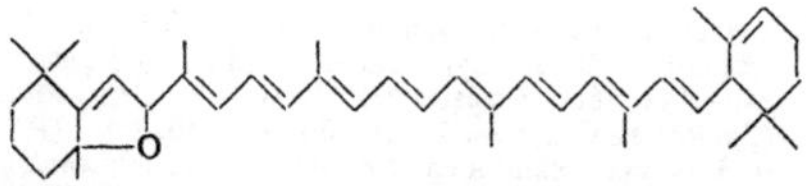

Charakteristik: Gelbe, glänzende Blättchen (Bzl./Me.); λ_{max} 422, 450 (PAe.). — *V.:* Tragopogon pratensis; Ranunculus acer. — *Darst.:* Aus α-Carotin-5,6-epoxyd + verd. HCl.

46/10 β-**Carotin-5,6-epoxyd**

MG 552.85 *F* 160

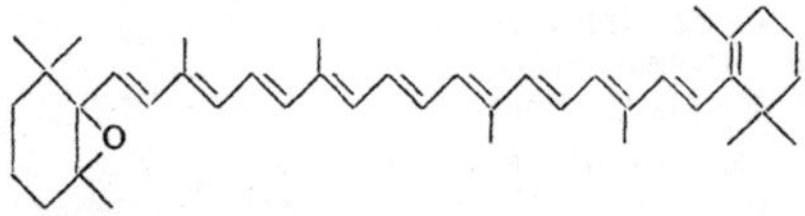

Charakteristik: Orange Blattchen mit Oberflächenglanz (Bzl./Me.); λ_{max} 447, 478 (PAe.). — *V.:* Vogelbeere (Sorbus aucuparia); vermutlich Vorstufe von Mutatochrom (= Citroxanthin). — *Darst.:* Oxydation von β-Carotin mit Monoperphthalsäure. — *Wi.:* Provitamin A.

46/11 β-**Carotin-5,8-epoxyd (Mutatochrom, Citroxanthin)**

MG 552.85 *F* 163—4

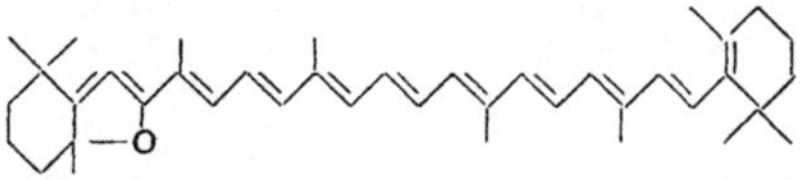

Charakteristik: Glanzende, orange, rhomb. Platten mit abgerundeten hellgelben Ecken (Bzl./Me.); λ_{max}416, 437, 463; E 1395, 2045, 1825 (Bzl.). — *V.:* In Orangenschalen, Früchten u. Blättern von Capsicum annuum (Paprika). — *Darst.:* Einwirkung verd. HCl auf β-Carotin-5,6-epoxyd in Chlf. — *Wi.:* Provitamin A.

47. $C_{40}H_{56}O_2$

47/1 **3,4,3',4'-Bisdehydro-2,2'-dihydro-1,1'-dihydroxy-lycopin (Bacteriorubin a)**

MG 568.85 *F* 182

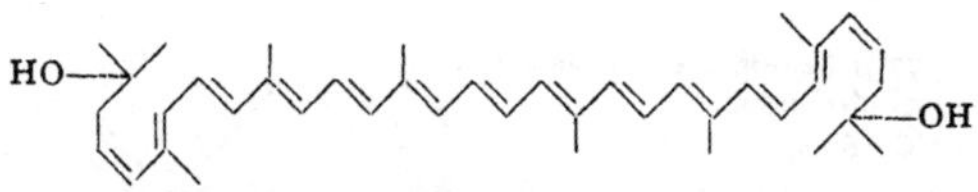

Charakteristik: Hellviolett glanzende Nadeln (Ac./PAe.); λ_{max}464, 490, 524 (PAe.). — *V.:* Rhodovibrio- und Thiocystisbakterien; Rhodospirillum rubrum. — *Monomethylather (OH-Spirilloxanthin):* λ_{max}373, 389, 469, 499, 533 (Ac.); 385, 462, 494, 528 (PAe.). — *Dimethyläther (Spirilloxanthin; Rhodoviolascin)*, $C_{42}H_{60}O_2$: Dunkelrote, spindelförmige Krist., *F* 218 (Bzl.); λ_{max}305, 318, 369, 462, 494, 528; E 400, 550, 150, 200, 1080, 1560, 1370 (Hexan).

47/2 **3,3'-Dihydroxy-lycopin (Lycophyll)**

MG 568.85 *F* 179

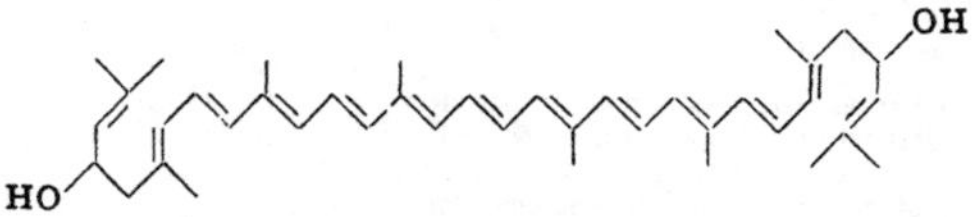

Charakteristik: Violette Blättchen (Bzl./Me.) oder Nadeln (Bzl./PAe.). λ_{max}444, 473, 504 (PAe.); ll. in CS_2; l. in Bzl., Ae.; wl. in PAe. — *V.:* Solanum esculentum, S. dulcamara. — *Dipalmitat:* Violette Nadeln; *F* 76 (Bzl./Me.); λ_{max} wie Lycophyll.

47/3 **3,3'-Dihydroxy-α-carotin (Lutein; Xantophyll)**

MG 568.85 *F* 193

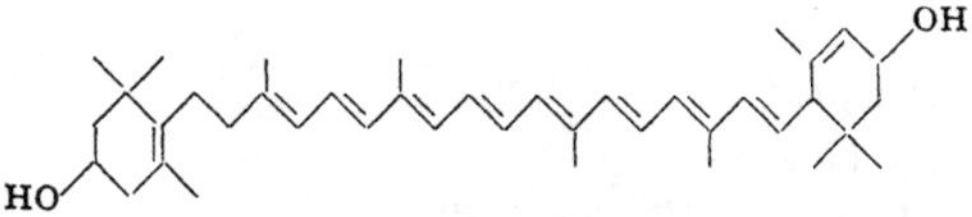

Charakteristik: Schwalbenschwanzförmige, violette, metallglänzende Prismen (Me.). Enthalt 1 Mol Kristallmethanol! λ_{max}420, 446,5, 476 (A.); 445, 475, 508 (CS_2); ll. in Chlf., Bzl., Ac., Ae., CS_2; wl. in Me., A.; unl. in PAe. — [α] *cd* = +160° (Chlf.). — *V.:* Zusammen mit Carotin und Chlorophyll in allen grunen Pflanzenteilen; haufig in gelben und roten Blüten und Fruchten; in Hanfsamen, Menschen- und Hühnerfett, Eidotter, Rinderserum. — *Darst.:* Aus Brennesseloder Roßkastanienblättern. — *Dipalmitat:* Rote Nadeln: *F* 92 (A.). — *V.:* In Tagetesarten, Helenium autumnale.

47/4 **3,3'-Dihydroxy-β-carotin (Zeaxanthin)**

MG 568.85 *F* 205—6

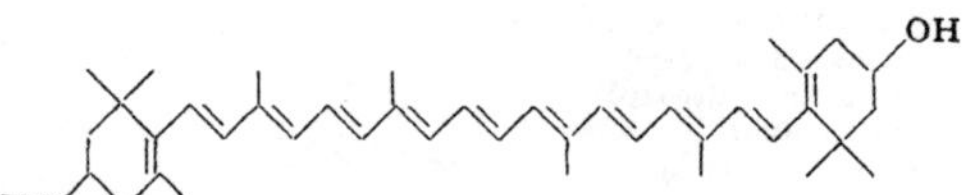

Charakteristik: Lange, dünne, kupferrote Nadeln (CH_2Cl_2/Me.); gelbe Blätter (Me.); dicke, rhomb. Prismen (A.); violette Rhomben (Ae./Chlf.). — λ_{max}452, 480; E 2350, 2050 (PAe.). — [α] *c* = —40 bis — 50° (Chlf.); swl. in PAe., Hexan; l. in Ae., Chlf., CS_2, Py.; 0,67 sd. Me. — *V.:* Mais, Eidotter

Fettgewebe von Mensch und Tier, gelbe Vogelfedern; Capsicum-, Lycium-, Rosa-Arten, Viola tricolor. — *Darst.:* Synth. oder aus Mais. — *Diacetat:* Metallisch glanzende rote Nadeln, *F* 154—5; λ_{max} 452, 480; E 2210, 1945 (PAe.). — *Dipalmitat* (Physalien): Rote Kristalldrusen; *F* 95—6; (Cyclohexan/A.); λ_{max} 452, 480; E 1340, 1190 (PAe.). — *V.:* Orange Farbwachse von Früchten und Beeren; Sanddorn; Spargel. — *Monomethyläther:* Nadeln; *F* 153 (Me.) — *Dimethyläther:* Dunkelrote Nadeln; *F* 176 (Me./PAe.). — *Perhydr. nat. Zeaxanthin:* Farbl. Öl; $[\alpha]_D^{20} = -32.6° \pm 2°$ (Chlf.). — *Wi.:* Keine Vitamin A-Aktivitat.

47/5 **4,4'-Dihydroxy-β-carotin (Isozeaxanthin)**

MG 568.85 *F* 149—50 bzw. 145—6

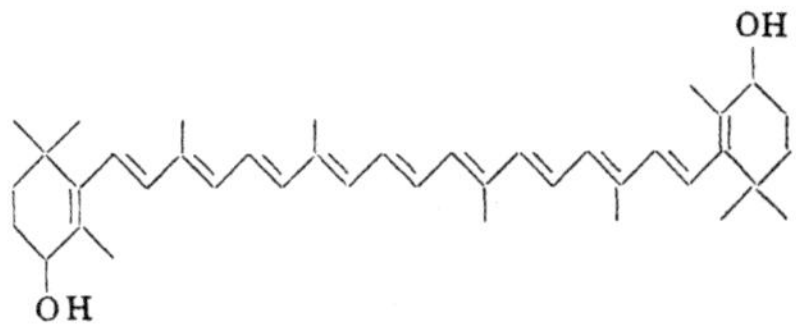

Charakteristik: Feine rote Nadeln (Essigester/PAe.); λ_{max} 451, 478; E 2400, 2140 (PAe.); l. in Ae., Chlf., CS_2; wl. in PAe. — *V.:* Noch nicht in der Natur aufgefunden. — *Darst.:* Synth. — *Dimethyläther:* *F* 160; λ_{max} 450, 478; E 2240, 1960 (PAe.). — *Diacetat:* Violette Prismen; *F* 142—3 (Bzl./Hexan).

47/6 **β-Carotin-5,6,5',6'-diepoxyd**

MG 568.85 *F* 184

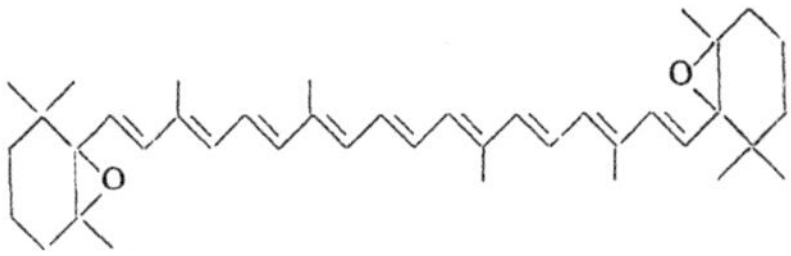

Charakteristik: Gelborange Blattchen (Bzl./Me.); λ_{max} 426, 451, 481; E 1625, 2290, 2455 (Bzl.). — *Darst.:* Einwirkung von Monoperphthalsaure auf β-Carotin in Ae. — *Wi.:* Provitamin A.

47/7 **β-Carotin-5,8,5',6'-diepoxyd (Luteochrom)**

MG 568.85 *F* 176

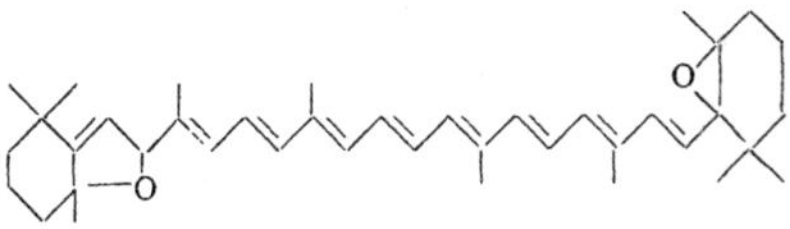

Charakteristik: Dünne, gelborange Blattchen (Bzl./Me.); λ_{max} 451, 482 (CS_2). — *Darst.:* Oxydation von β-Carotin mit Monoperphthalsaure. — *Wi.:* Provitamin A.

47/8 **β-Carotin-5,8,5',8'-diepoxyd (Aurochrom)**

MG 568.85 *F* 187—8

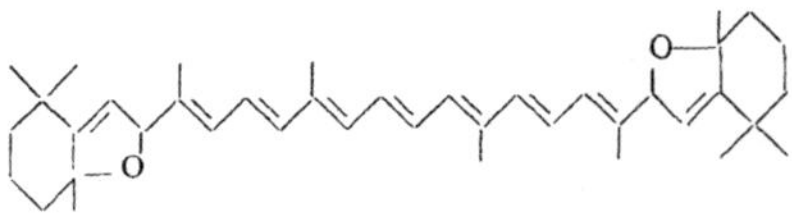

Charakteristik: Goldgelbe Blattchen (Bzl./Me.), λ_{max} 387, 409, 434; E 1460, 2090, 2075 (Bzl.). — *V.:* Begleiter des Mutatochroms, Orangenschalen. — *Darst.:* Einwirkung von verdunnter HCl auf β-Carotin-5,6,5',6'-diepoxyd in Chlf. — *Wi.:* Keine Vitamin A-Wirksamkeit.

48. $C_{40}H_{56}O_3$

48/1 **Capsanthin**

MG 584.85 *F* 176

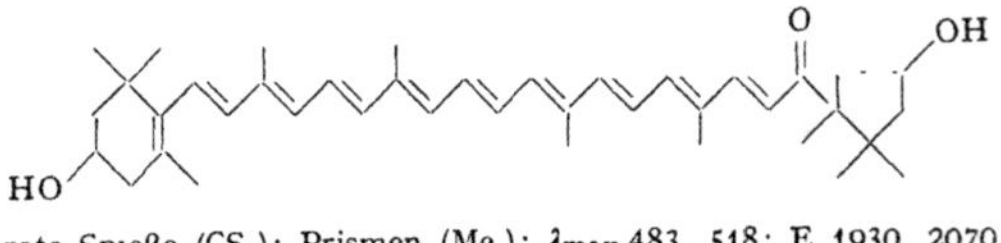

Charakteristik: Dunkel-karminrote Spieße (CS_2); Prismen (Me.); λ_{max} 483, 518; E 1930, 2070 (Bzl.); ll. in Me., A., Ae., Bzl., Ac., Chlf.; wl. in CS_2; swl. in PAe. — $[\alpha]$ *cd* = +36° (Chlf.). — *V.:* Paprikapigment; Staubbeutel von Lilium tigrinum. — *Diacetat:* Metallisch glanzende Krist.; *F* 150. — *Dipalmitat:* Glänzende Plattchen; *F* 95 (Bzl./Me.).

48/2 **3,3'-Dihydroxy-α-carotin-5,6-epoxyd (Xanthophyllepoxyd, Eloxanthin)**

MG 584.85 *F* 192

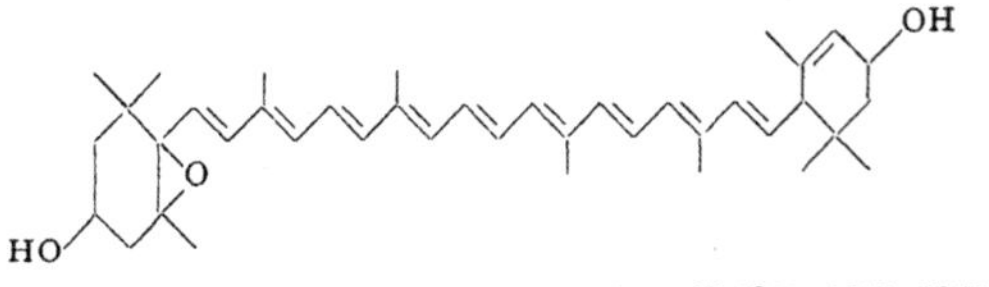

Charakteristik: Rotgelbe Nadeln (Bzl./Me.); λ_{max} 430, 440, 456, 472, 482,5; E 1800, 1590, 2250, 1260, 1725 (Bzl.); $[\alpha]$ *cd* = +225° (Bzl.); + konz. HCl→ blau. — *V.:* Zusammen mit Xanthophyll, z. B. in Winterastern, Tragopogon pratensis, Trollius europaeus, Elodea canadensis u. a. — *Diacetat:* *F* 184—5. — *Dipalmitat:* *F* 105—6.

48/3 **3,3'-Dihydroxy-α-carotin-5,8-epoxyd (Flavoxanthin)**
MG 584.85 *F* 184

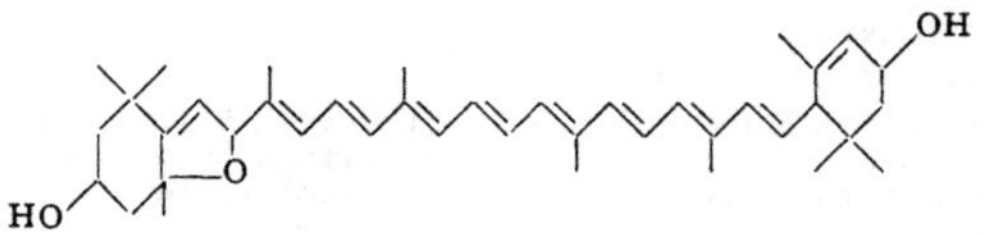

Charakteristik: Goldgelbe Prismen (Me.); λ_{max} 421, 450 (PAe.); $[\alpha]$ c^{20} = +190° (Bzl.); ll. in Bzl., Ac., Chlf.; wl. in A., Me.; swl. in PAe.; + HCl konz. → blaue Farbreaktion. — *V.:* Ranunculus acer und Löwenzahn, Viola tricolor, Sarothamnus scoparius, Ulex europaeus. — *Chrysanthemaxanthin:* Hat die gleichen phys. Konstanten wie Flavoxanthin; unterscheidet sich nur: + HCl konz. → keine Farbreakt.; wahrscheinlich Stereoisomere. — *V.:* Besenginster, Winterastern.

48/4 **3,3'-Dihydroxy-β-carotin-5,6-monepoxyd (Antheraxanthin, Zeaxanthinmonepoxyd)**
MG 584.85 *F* 2057 —

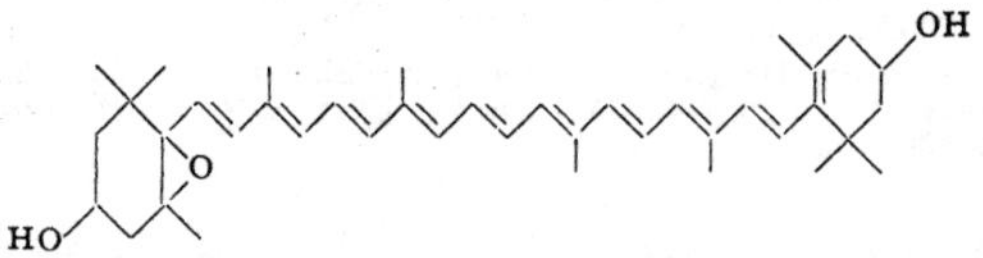

Charakteristik: Nadeln oder dunne Blattchen (Bzl./Me.); λ_{max} 460,5, 490,5 (Chlf.). — *V.:* Staubbeutel von Lilium tigrinum, Früchte und Blätter von Capsicum annuum. — *Darst.:* Oxydation von Zeaxanthin mit Monoperphthalsäure. — *Diacetat: F* 149. — *Dipalmitat: F* 84—5.

48/5 **5',8'-Epoxyd des Zeaxanthins (Mutatoxanthin)**
MG 584.85 *F* 177

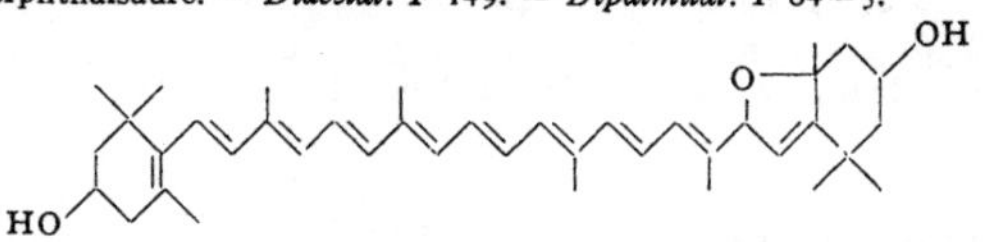

Charakteristik: Prismen (Me.); λ_{max} 426, 456 (PAe.). — *Darst.:* Aus Antheraxanthin mit HCl.

49. $C_{40}H_{56}O_4$

49/1 **Capsorubin**
MG 600.85 *F* 201

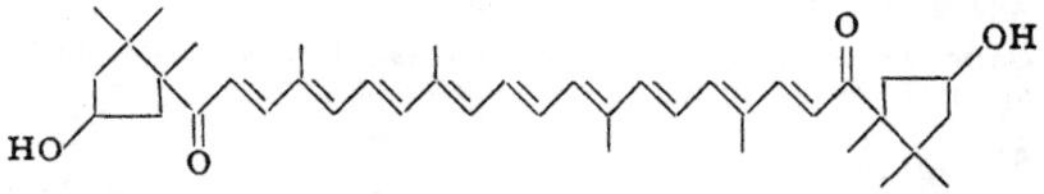

Charakteristik: Violettrote Nadeln (Bzl./Bzn.); *F* 201; *native Verbdg.* λ_{max} 455, 486, 520 (Bzl.) — *3,3'-cis-Form (synth.): F* 203; λ_{max} 457, 488, 522 (Bzl.). — *3,3'-trans-Form (synth.): F* 144—6; λ_{max} 455, 486, 519 (Bzl.); ll. in A., Ac.; l. in Ae., Bzl., CS_2; swl. in PAe. — *V.:* Hauptpigment der Paprika (Capsicum annuum). — *Darst.:* Synth. — *Diacetat:* Viereckige Blättchen; *F* 179 (Me.). — *Dipalmitat:* Nadeln; *F* 85 (Bzl./Me.).

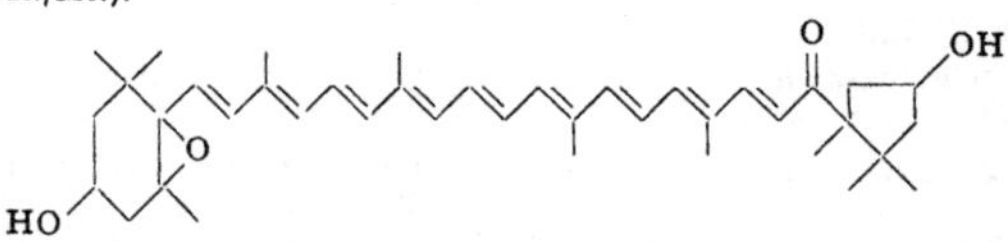

49/2 **Capsanthinmonepoxyd**
MG 600.85 *F* 189

Charakteristik: Blättchen (Bzl./PAe.); λ_{max} 481, 511 (Chlf.). + verd. HCl → Capsochrom; + konz. HCl → blau.

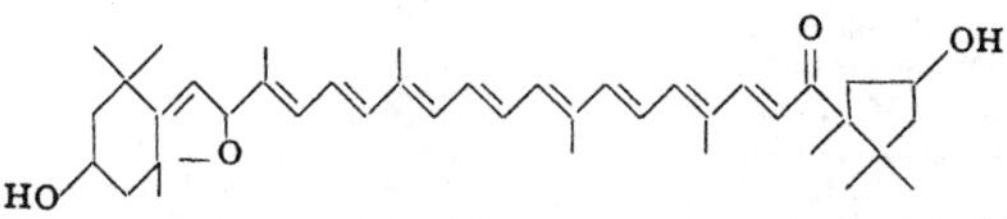

49/3 **Capsochrom**
MG 600.85 *F* 195

Charakteristik: Prismen (Bzl./PAe.); λ_{max} 462, 492 (Chlf.). — *Darst.:* Capsanthinmonepoxyd + Chlf./HCl.

49/4 **3,3'-Dihydroxy-β-carotin-5,6,5',6'-diepoxyd (Violaxanthin, Zeaxanthindiepoxyd)**
MG 600.85 *F* 200

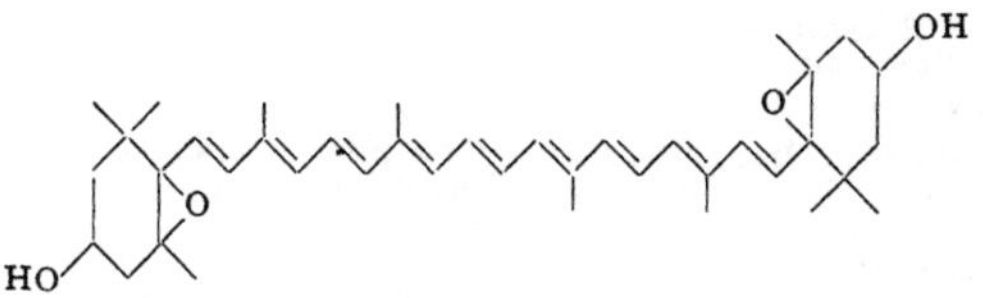

Charakteristik: Gelborange Prismen (Me.); rötlich-braune Spieße (CS_2); λ_{max} 428, 437, 453,3, 470, 483; E 1475, 1365, 2240, 1285, 2140 (Bzl.); $[\alpha]$ cd^{20} = +35°; swl. in PAe.; l. in Me., A., Ae., CS_2. — *V.:* Weit verbreitet in der Natur: Blüten von Viola tricolor, Tulipa, Citrus, Ranunculus acer, Taraxacum officinale, Cucurbita maxima u. a. — *Darst.:* Isolierung aus Viola tricolor. — *Di-p-nitrobenzoat: F* 208. — *Dibenzoat: F* 217.

49/5 Taraxanthin

MG 600.85 *F* 183.5–4 Struktur noch nicht bekannt

Charakteristik: Rötlich glänzende Kristalle (Bzl./Cyclohexan); λ_{max} 442, 469, 501,5 (CS_2); 484,5, 455 (Bzl.). — *V.:* In den Blüten von Springkrautblumen, Impatiens Noli tangere L., Winterastern, Sußwasseralgen, Sonnenblume. — *Tarachrom* (*Furanos. Epoxyd.*): Feingelbe Blättchen; *F* 162–8 (Bzl.).

49/6 3,3′,6′-Trihydroxy-α-carotin-5,6-epoxyd (Trollixanthin)

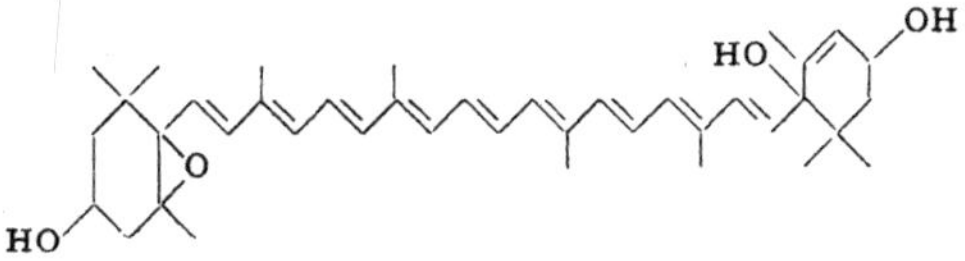

MG 600.85 *F* 155–6

Charakteristik: Hellgelbe Blattchen (Bzl.) (Sintern ab 144°C); λ_{max} 427, 437, 454, 469, 482; E 1405, 1195, 2130, 1015, 2030 (Bzl.); $[\alpha]^{20}_{624}$ = +72° ± 10% (Bzl.). — *V.:* In den Bluten der Trollblume.

49/7 3,3′,6′-Trihydroxy-α-carotin-5,8-epoxyd (Trollichrom)

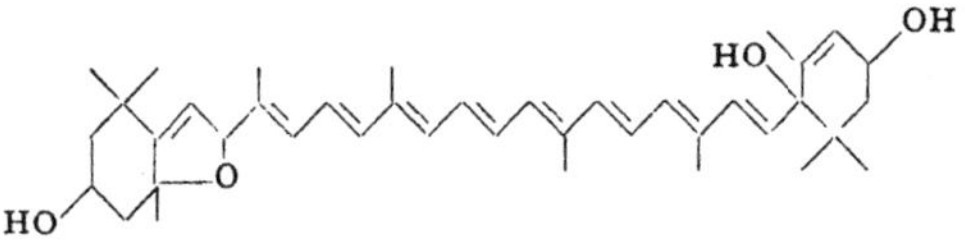

MG 600.85 *F* 206

Charakteristik: Hellgelbe Kristalle (Bzl.); λ_{max} 399, 421, 448 (A.); $[\alpha]^{20}_{605}$ = −57° ± 10% (Bzl.). — *Darst.:* Einwirkung von verd. HCl in Chlf. auf Trollixanthin.

49/8 Zeaxanthin-5,8,5′,8′-diepoxyd (Auroxanthin)

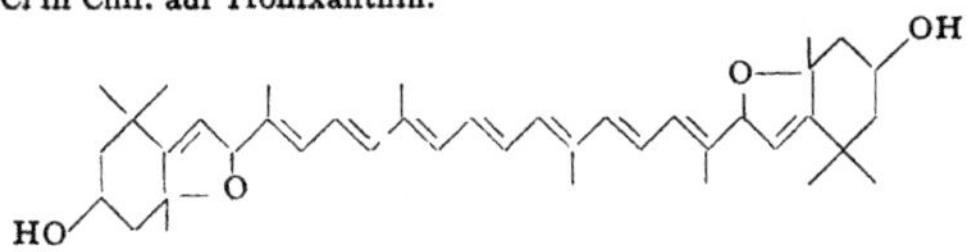

MG 600.85 *F* 203

Charakteristik: Goldgelbe Nadeln (Me.); λ_{max} 423, 454 (CS_2); l. in A., Ae., Me., CS_2; swl. in PAe.; opt. inakt. — *V.:* In Blüten von Viola tricolor.

50. $C_{40}H_{56}O_5$

50/1 Trolliflor (Trolliflavin) Struktur unbekannt; Epoxyd

MG 616.85 *F* 200

Charakteristik: Krist. (PAe.); λ_{max} 455, 481 (Bzl.). — *V.:* Trollblume. — *Trolliflavin* (*Furanosid. Epoxyd*): *F* 186–7; λ_{max} 449, 478 (CS_2).

51. $C_{40}H_{56}O_6$

51/1 Fucoxanthin Struktur noch nicht bekannt

MG 616.85? *F* 159–60

Charakteristik: Blaulich glanzende, braunrote Prismen (Me.); sechsseitige dunkelrote Prismen (Ac.); Nadeln (PAe.); λ_{max} 478, 508; E 2025, 1625 (CS_2). — *V.:* Zusammen mit Chlorophyll in Braunalgen. — *Darst.:* Isolierung aus Seetang. — *Monoacetat:* *F* 118–9.

52. $C_{40}H_{58}$

52/1 7,8-Dihydro-lycopin (Neurosporin)

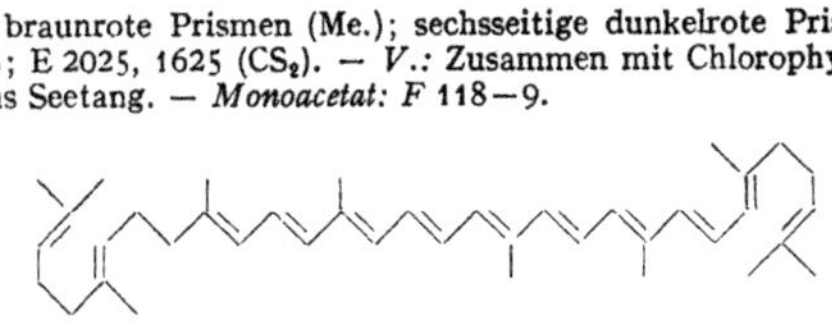

MG 538.86 *F* 115–6

Charakteristik: Dunne, orangegelbe Nadeln (A.); λ_{max} 264, 415, 438, 469; E 648, 1345, 2095, 2130 (Hexan); ll. in Bzl., Chlf., CS_2. — *V.:* Als cis-trans-Isomerengemisch in Neurospora crassa, Rhodospendomonas spheroides; Zwischenprodukt der Biosynthese von Lycopin. — *Darst.:* Synth.

52/2 7′,8′-Dihydro-γ-carotin (β-Zeacarotin)

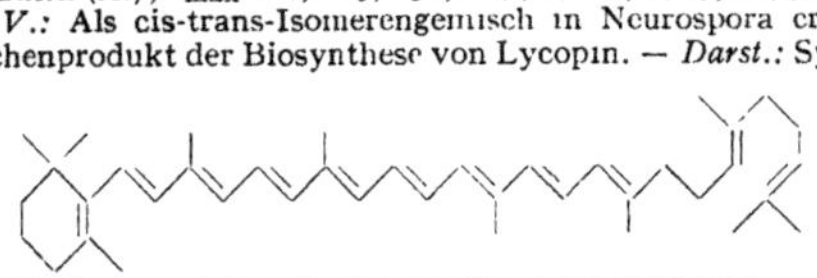

MG 538.86 *F* 96–7

Charakteristik: Orangegelbe Blattchen (Ac.); λ_{max} 406, 428, 454; E 1660, 2520, 2300 (PAe.), ll. in Bzl., Chlf., CS_2; wl. in Me. — *V.:* In gelbem Mais. — *Darst.:* Synth.

53. $C_{40}H_{58}O$

53/1 1-Hydroxy-2-hydro-lycopin (Rhodopin)

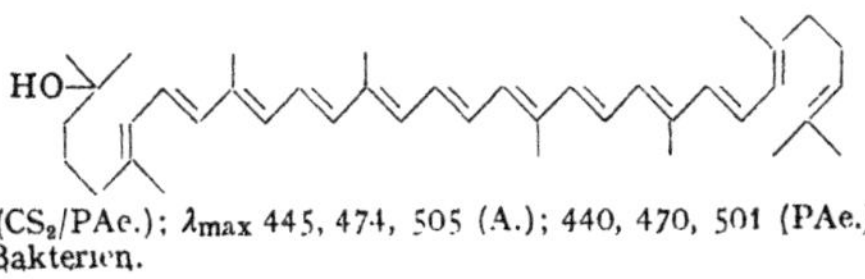

MG 554.86 *F* 171

Charakteristik: Dunkelrote Krist. (CS_2/PAe.); λ_{max} 445, 474, 505 (A.); 440, 470, 501 (PAe.). — *V.:* Rhodovibrio- und Thiocystis-Bakterien.

54. $C_{40}H_{60}$

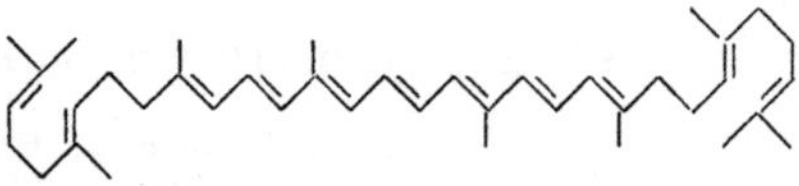

54/1 ζ-Carotin

MG 540.88 *F* 38—42

Charakteristik: Dunkelorange Krist.; λ_{max} 360, 379, 400, 425; l. in Bzl., Chlf., CS_2; wl. in Me.; opt. inaktiv. — *V.:* Neurospora crassa, Tomaten-, Palmöl.

55. $C_{40}H_{62}$

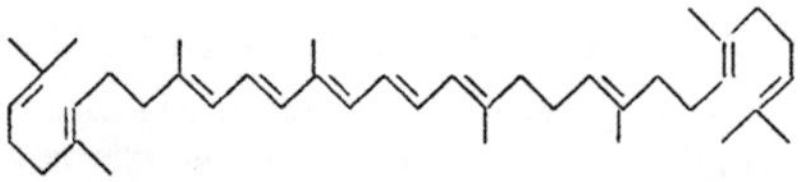

55/1 7,8,7',8',11',12'-Hexahydro-lycopin (Phytofluen)

MG 542.90

Charakteristik: Viscoses, farbloses Öl; im UV stark fluorescierend; λ_{max} 331, 347, 366; E 840, 1280, 1180 (Hexan); ll. in Bzl., CS_2, Chlf.; wl. in Me. — *V.:* Als cis-trans-Isomerengemisch in Früchten verschiedener Pflanzen, bes. Tomate, Karottenöl. Zwischenprodukt der Biosynthese von Lycopin.

56. $C_{40}H_{64}$

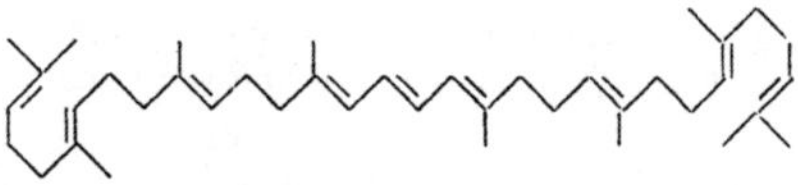

56/1 7,7',8,8',11,11',12,12'-Octahydro-lycopin (Phytoen)

MG 544.91

Charakteristik: Farbloses, im UV fluorescierendes Öl; λ_{max} 275, 286, 298 (Hexan); ll. in Bzl., CS_2, Chlf.; wl. in Me. — *V.:* Als cis-trans-Isomerengemisch in Karottenöl, Tomatenöl, Neurospora crassa. Zwischenprodukt der Biosynthese von Lycopin.

57. $C_{40}H_{66}$

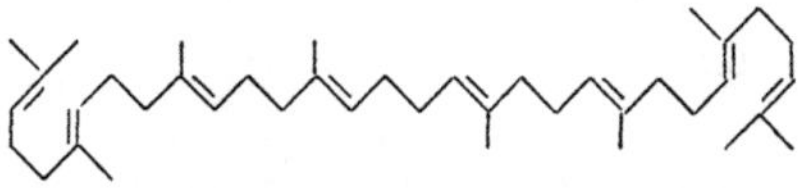

57/1 7,7',8,8',11,11',12,12',15,15'-Deca-hydrolycopin (Lycopersen)

MG 546.93

Charakteristik: Viscöses, fast farbloses Öl; $Kp_{0.02}$ 225—228°. — *V.:* Zwischenprodukt der Biosynthese von Lycopin. — *Derivate:* + HCl → „*Octahydrochlorid*“, $C_{40}H_{74}Cl_8$; *F* 126 (Ac.).

58. $C_{42}H_{58}$

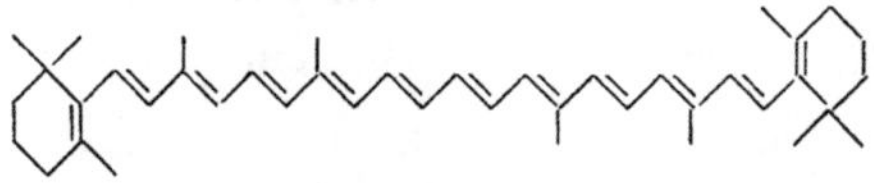

58/1 Homo-β-carotin

MG 562.88 *F* 190

Charakteristik: Dunkelrote Kristalle (Bzl./Me.); λ_{max} 290, 445, 466, 496; E 408, 1935, 2690, 2340 (Ae.); l. in Bzl., Chlf., CH_2Cl_2. — *Darst.:* Synth.

59. $C_{42}H_{60}$

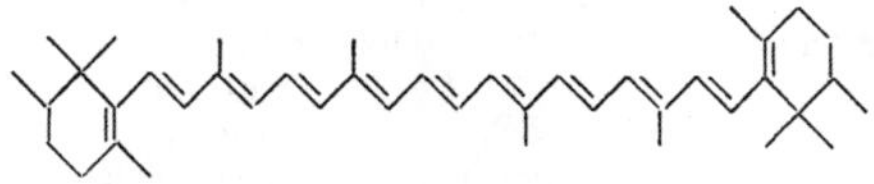

59/1 2,2'-Dimethyl-β-carotin

MG 564.90 *F* 170—5

Charakteristik: Dunkelrote, metallisch glänzende, zugespitzte Prismen (Bzl./Me.); λ_{max} 270, 451, 478; E 390, 2410, 2100 (Hexan); l. in Bzl., Chlf. — *Darst.:* Synth. — *Wi.:* 50% Vitamin A-Aktivität bezogen auf β-Carotin.

60. $C_{50}H_{68}$

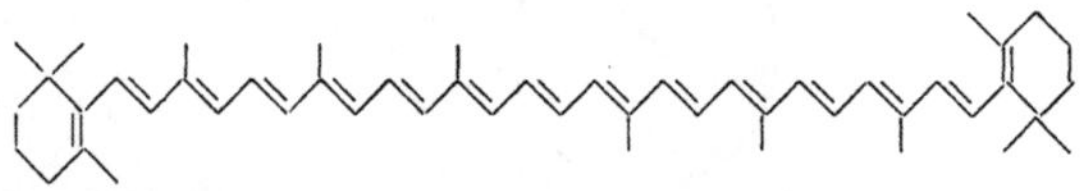

60/1 Decapreno-β-carotin

MG 669.04 *F* 193—5

Charakteristik: Metallisch glänzende, dunkelblaue Kristalle (Bzl./PAe.); λ_{max} 328, 400, 477, 504, 537; E 740, 465, 2100, 2756, 2195 (PAe.); l. in Bzl., Chlf. — *Darst.:* Synth.

61. $C_{60}H_{80}$

61/1 Dodecapreno-β-carotin

MG 801.24 *F* 190—1

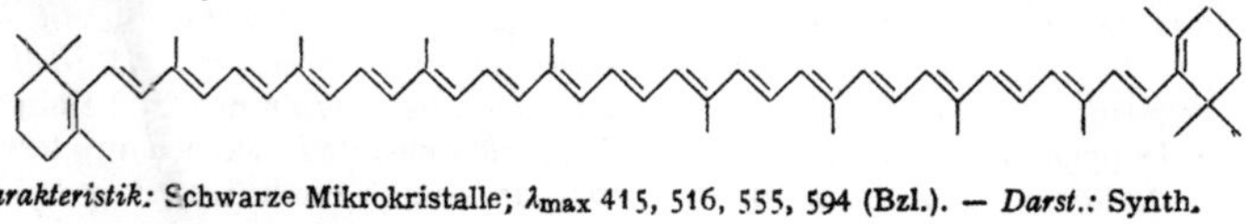

Charakteristik: Schwarze Mikrokristalle; λ_{max} 415, 516, 555, 594 (Bzl.). — *Darst.:* Synth.

Cis-trans-Isomerie der Carotinoide und Vitamine A

Von **L. Zechmeister**, Pasadena, California

Literatur. S. 386.

Fur ein eingehendes Studium sei auf die neue Monographie des Verfassers [*17*] verwiesen.

1. Einleitung. Anzahl und Charakter von cis-Carotinoiden

Die C_{40}-Carotinoide nehmen eine einzigartige Stellung unter den Naturstoffen ein, da sie 9—15 (oft 9—11) konjugierte Doppelbindungen in offener Kette enthalten. Dementsprechend ist die Anzahl N der theoretisch möglichen geometrischen Isomeren außerordentlich groß. Sie beträgt [*19*] in Anwesenheit von n konjugierten aliphatischen Doppelbindungen: für unsymmetrische Systeme: $N = 2^n$; für symmetrische Systeme (n ungerade Zahl): $N = 2^{(n-1/2} \cdot (2^{(n-1)/2}+1)$; und fur symmetrische Systeme (n gerade Zahl): $N = 2^{(n/2)-1} \cdot (2^{(n/2)}+1)$.

Für β-Carotin sind 272 und für Lycopin 1056 Raumformen denkbar.

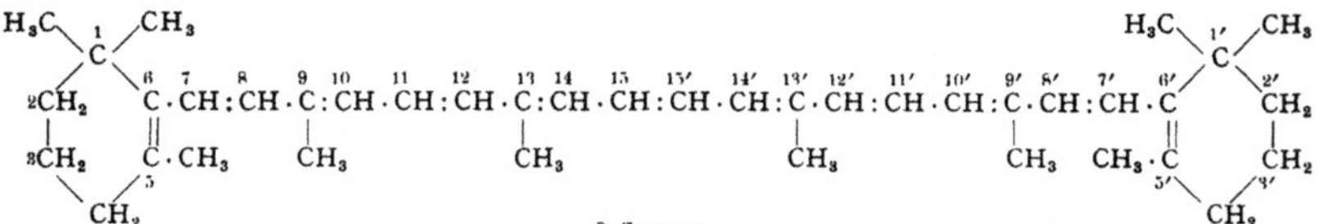

β-Carotin

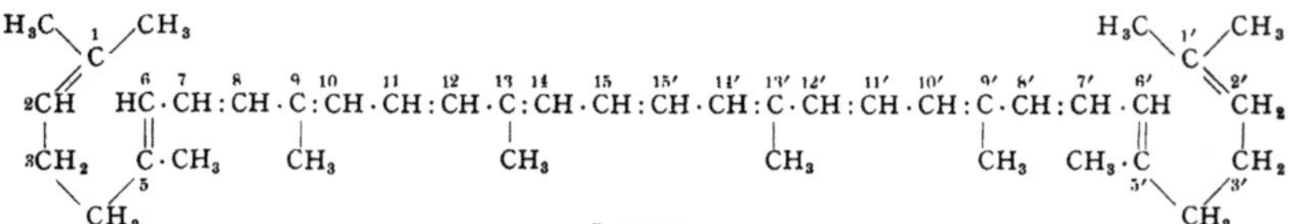

Lycopin

Da synthetische Polyene gewöhnlich in der all-trans-Form erhalten wurden und auch in der Natur für lange Zeit keine cis-Formen beobachtet werden konnten, hat man fruher die Existenz von cis-Polyenen prinzipiell verneint. Als erster hat *Gillam* [*4*] verschiedene Formen von Carotinen beobachtet (1935).

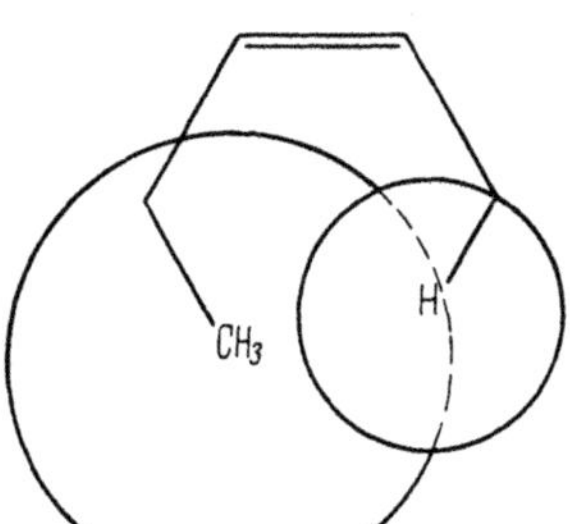

Abb. 5. Raumlicher Konflikt zwischen einem Wasserstoffatom und einer Methylgruppe an einer cis-Doppelbindung im Carotinoidmolekul

Auch heute ist der Unterschied zwischen der Zahl der isolierten und möglichen stereoisomeren Carotinoide groß; nur etwa 15 β-Carotine und 40 Lycopine sind bekannt; meist ist die Diskrepanz noch viel größer.

Wie immer man die Darstellungsmethodik von cis-Carotinoiden variieren mag (s. unten), so erhalt man stets Gleichgewichtsmischungen von wenigen „bevorzugten" cis-Formen. Obzwar dies noch nicht zufriedenstellend erklart werden kann, tragen die folgenden zwei Gesichtspunkte zu einer teilweisen Erklärung bei: a) Die Wahrscheinlichkeit für die Bildung von monocis-Isomeren ist am größten, während sie mit steigender Anzahl von cis-Doppelbindungen scharf abnimmt; b) die aliphatischen Doppelbindungen eines Carotinoids können eingeteilt werden in sterisch ungehinderte und gehinderte; die letzteren sind durch direkte trans→cis-Umlagerungen in der Regel nicht erhaltlich. In den gehinderten cis-Formen besteht zwischen einem Wasserstoffatom und einer Methyl-Seitenkette ein räumlicher Konflikt [*13*] (Abb. 5). Im β-Carotin-Molekül sind von den 9 aliphatischen Doppelbindungen 5 ungehindert, nämlich diejenigen an den Verzweigungsstellen und ferner die mittlere Doppelbindung. Demzufolge sind von den 272 möglichen β-Carotinen nur 20 ungehindert (Abb. 6). Entgegen früherer Vorstellungen können gewisse gehinderte Raumformen auf Umwegen, z. B. durch Synthese, dargestellt werden und zeigen dann erhebliche Stabilität.

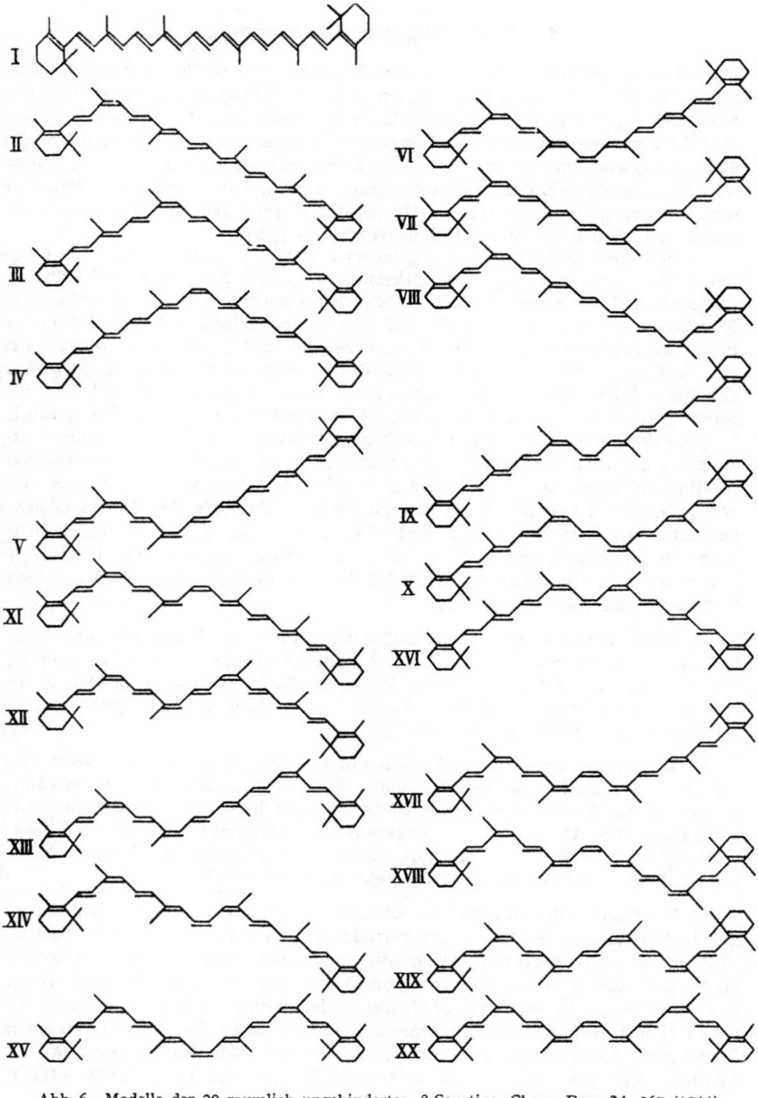

Abb. 6. Modelle der 20 raumlich ungehinderten β-Carotine, Chem. Rev. **34**, 267 (1944)

2. Nomenklatur

Falls die Konfiguration geklärt ist, wird die in der β-Carotinformel stehende Bezifferung benutzt, z. B. 9-cis-β-Carotin, 9,9'-dicis-β-Carotin, usw.; auch Ausdrücke wie „central-cis" und „peripherisch-cis" werden gelegentlich gebraucht. Eine Unterklasse wurde als „polycis" bezeichnet. Künstliche mono-, di- und tricis-Carotinoide unbekannter Konfiguration erhielten das provisorische Präfix „neo-".

3. Darstellung von cis-Carotinoiden

a) Umlagerung von all-trans- (oder cis-)Formen in vitro [*17*]. Die nachfolgenden Methoden führen zu einem Gemisch von geometrischen Isomeren, in welchem der unverändert gebliebene Anteil der all-trans-Verbindung meist überwiegt ($^1/_2$—$^2/_3$). Die Komponenten des Quasi-Gleichgewichts werden chromatographisch isoliert. Jede rein gewonnene räumliche Form muß nach entsprechender Behandlung dasselbe Gleichgewicht bilden wie das Ausgangsmaterial, von welchem sie entstanden war. Die meisten Isomerisierungsmethoden sind thermischer oder photochemischer Natur und können verschiedene Gleichgewichte ergeben.

Bereits das Stehenlassen von Lösungen bei Raumtemperatur führt zu langsamer Stereoisomerisierung; viel wirksamer ist jedoch Kochen am Rückfluß in gedämpftem Licht etwa 10—60 Min. Man kann auch Kristalle in geschlossener Kapillare 1—15 Min. lang etwas über dem Schmelzpunkt halten und dann in Eiswasser abschrecken [*14*]. Die Zusammensetzung des Produktes ist verschieden von derjenigen, die mit anderen Methoden erhalten wird, da in der Schmelze sich meist kein wirkliches Gleichgewicht ausbilden kann. Gelegentlich hat das Schmelzverfahren sogar zur Isolierung sterisch gehinderter cis-Formen geführt.

Jede derzeit bekannte Raumform eines Carotinoids ist einer Konfigurationsänderung durch Sonnenlicht oder künstliches Licht zugänglich. Besonders nützlich ist die photochemische Behandlung in Anwesenheit katalytischer Mengen von Jod [*20*]. Dies ist wohl derzeit die meistgebrauchte Methode, da das Gleichgewicht in wenigen Minuten erreicht wird. In manchen Fällen genügt Stehenlassen in diffusem Tageslicht. Beispiel: 5—25 mg Pigment in 25 ml Hexan oder Benzol und 1% Jod (Substanz = 100%). Überbehandlung kann zu irreversiblen Vorgängen und Verlusten führen.

b) Bio-stereoisomerisierung. Carotinoide können im Tierkörper ihre Konfiguration ändern. So lag z. B. nach Verabreichung der monocis-Verbindung Neo-β-carotin U die Hälfte des aus den Rattenfaeces zurückgewonnenen Farbstoffes in der all-trans-Form vor [*9*]. Der polycis-Körper Prolycopin ergab in Hühnern u. a. vier polycis-Lycopine [*3*].

c) Totalsynthese. Dieses Gebiet, eröffnet durch Arbeiten von *Karrer* und *Inhoffen*, fortgeführt von *Isler*, *Weedon* u. Mitarb., kann hier nur kurz erwähnt werden. Nach Aufbau eines entsprechenden Acetylenkörpers besteht der entscheidende Schritt in der stereospezifischen Halbreduktion der Dreifachbindung(en), z. B. in Anwesenheit des Lindlar-Katalysators. Durch Synthese ist die Konfiguration eines cis-Carotinoids eindeutig festgestellt [*8*].

d) Isolierung von Naturstoffen. Obzwar die Pflanze überwiegend all-trans-Carotinoide aufbaut, gibt es hierzu Ausnahmen. Allerdings wurde das natürliche Vorkommen von cis-Formen wiederholt auch dann behauptet, wenn offenbar im Verlaufe des umständlichen Isolierungsverfahrens eine Isomerisierung erfolgt war. In günstigen Fällen bringt die Natur solche cis-Isomere hervor, die in künstlichen Gleichgewichten nicht enthalten sind und deren Konfigurationen nach Zusatz von Jod verschwinden. Bemerkenswert ist auch das Vorkommen von thermostabilen polycis-Carotinoiden, z. B. Prolycopin und Pro-γ-carotin [*17*] in mindestens 20 Pflanzenfamilien.

4. Einige Merkmale von cis-Carotinoiden

a) Der Schmelzpunkt wird durch eine trans → cis-Umlagerung um 20–120° herabgedrückt. Die Depression ist nicht proportional zur Anzahl der cis-Doppelbindungen. Infolge Bildung der höherschmelzenden all-trans-Form während des Experiments wird zuweilen ein Doppelschmelzpunkt beobachtet.

b) Relative Stabilität. Diese ist nicht nur von der Anzahl, sondern auch von der Lage der cis-Doppelbindungen abhängig. Peripherische monocis-Carotine zeigen hervorragende Thermostabilität, ebenso auch gewisse polycis-Körper. Wie erwartet, besteht kein Parallelismus zwischen Thermo- und Photostabilität. Manche central-monocis-Formen sind lichtempfindlich.

c) Relative Adsorptionsaffinitäten haben praktische Bedeutung, da sie die Grundlage der chromatographischen Trennung von Stereoisomeren bilden. Es kann derzeit nicht erklärt werden, weshalb durch eine all-trans → cis-Umlagerung die Adsorptionskräfte entweder gestärkt oder auch geschwächt werden können. In der Aluminiumoxyd- oder Calciumhydroxyd-Säule erscheint z. B. die peripherische cis-Form neo-β-Carotin U oberhalb, die central-monocis-Form jedoch unterhalb der all-trans-Zone [*14*]. Im Falle des rein aliphatisch gebauten Lycopins nimmt die all-trans-Form stets die oberste Stellung ein. Das 3-Hydroxy-β-carotin (Kryptoxanthin) verhält sich wie β-Carotin, hingegen zeigen alle bekannten cis-Formen des 3,3′-Dihydroxy-β-carotins (Zeaxanthin) eine gegenüber der all-trans-Form sehr erhöhte Adsorptionskraft [*17*].

d) Das optische Drehvermögen wird von der Konfiguration stark beeinflußt [*17*].

5. Cis-trans-Isomerie und Ultraviolettspektrum

a) Im sichtbaren Gebiet. Die intensive Farbe von Carotinoiden ist bedingt durch die starke Lichtabsorption zwischen 400–500 mμ. Besitzt die Hauptbande Feinstruktur, so wird sie meistens in drei Maxima unterteilt, wobei λ_{max} in der Mitte liegt. Wird ein all-trans-Carotinoid in ein Gemisch von Stereoisomeren umgelagert (s. oben), so ändert sich die Spektralkurve: Die Maxima werden nach kürzeren Wellen verschoben, die Extinktionswerte gesenkt und das Ausmaß der Feinstruktur vermindert (Abb. 7, 8). Nach chromatographischer Isolierung der für diesen Gesamteffekt verantwortlichen cis-Isomeren beobachtet man diese Merkmale noch schärfer. In vielen Fällen beträgt die Verschiebung des Hauptmaximums 4–6 mμ (in Hexan) und zeigt ein monocis-Isomeres an; für central-monocis-Formen ist diese Differenz geringer (1–3 mμ). Falls eine polycis-Verbindung (durch Isomerisierung meist nicht direkt erhältlich) vorliegt, kann die Spektralverschiebung gegenüber der all-trans-Verbindung bis zu 40–50 mμ betragen, wobei die Extinktionswerte im Hauptband auf die Hälfte gesenkt werden und die Feinstruktur (fast) verschwindet (Abb. 9, 10). In sehr ähnlicher Weise verändert sich das Spektrum während der Umlagerung all-trans → gehindertes cis [*17*].

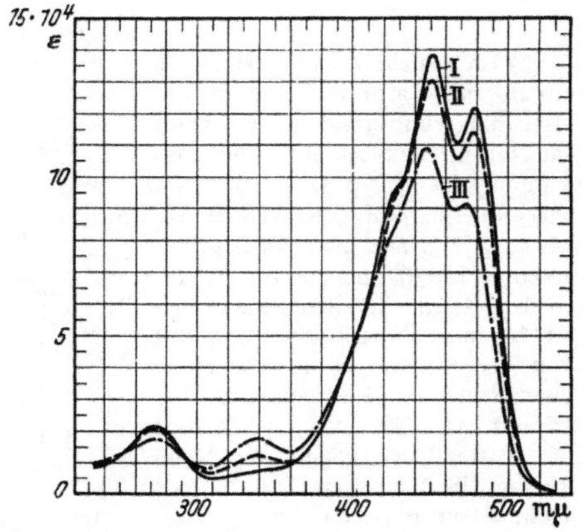

Abb. 7. β-Carotin in Hexan. I. Frische Lösung der all-trans-Verbindung. II. Gemisch von cis-trans-Isomeren nach Kochen unter Rückfluß. III. Gemisch von cis-trans-Isomeren nach katalytischer Einwirkung von Jod, in Licht, bei Zimmertemperatur. J. Amer. chem. Soc. **65**, 1522 (1943)

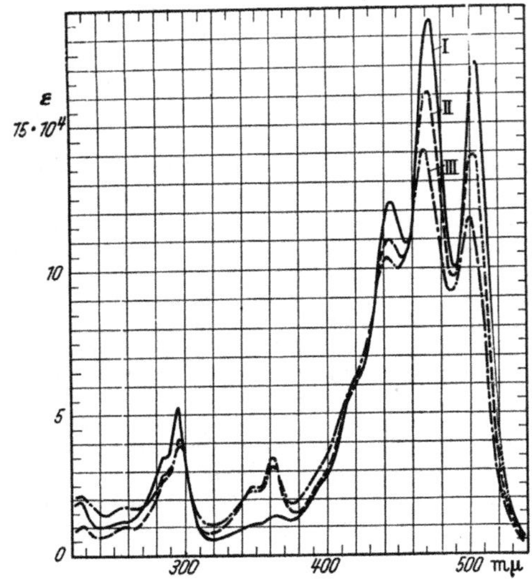

Abb. 8. Lycopin in Hexan. I. Frische Losung der all-trans-Verbindung. II. Gemisch von cis-trans-Isomeren nach Kochen unter Ruckfluß. III. Gemisch von cis-trans-Isomeren nach katalytischer Einwirkung von Jod, in Licht, bei Zimmertemperatur. J. Amer. chem. Soc. **65**, 1940 (1943)

b) Im unsichtbaren Gebiet. Wenn ein all-trans-Carotinoid eine trans → cis-Umlagerung erleidet, so erscheint im Nah-ultraviolett ein neues Maximum, das „cis-peak“, bei etwa 110—115 mμ kurzerer Wellenlange als λ_{max} [*17*]. Das cis-peak liegt fur Lycopin bei 362 mμ und fur β-Carotin bei 338 mμ (in Hexan). Die Wellenlängenlage des cis-peaks wird von der Konstitution, seine Höhe aber von der Konfiguration bestimmt (Abb 11). Das cis-peak zeigt das Ausmaß der Biegung des Moleküls an, im folgenden Sinne: Seine Höhe ist proportional zum Quadrat der Distanz, gemessen vom Zentrum des konjugierten Systems bis zur Mitte der geraden Linie, welche die

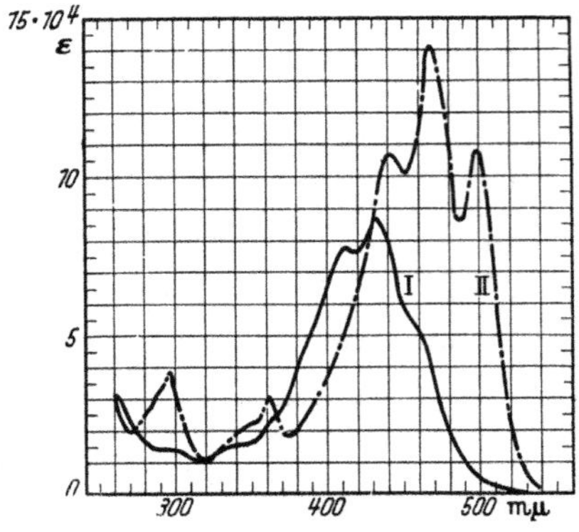

Abb. 9. Lycopin in Hexan. I. Frische Lösung einer polycis-Verbindung. II. Gemisch von cis-trans-Isomeren nach katalytischer Einwirkung von Jod, in Licht, bei Zimmertemperatur. J. Amer. chem. Soc. **65**, 1940 (1943)

Konfiguration	Form der Spektralkurve im cis-peak-Gebiet vor der Katalyse	Änderungen der Extinktionswerte nach Zusatz von Jod	
		im cis-peak-Gebiet	im Hauptband
All-trans	flach	Erhöhung	Senkung
Central-monocis	hohes Maximum	Senkung	Erhöhung
Peripherisch-monocis	mäßiges Maximum	kleine Erhöhung	Erhöhung
Polycis	flach	Erhöhung	starke Erhöhung

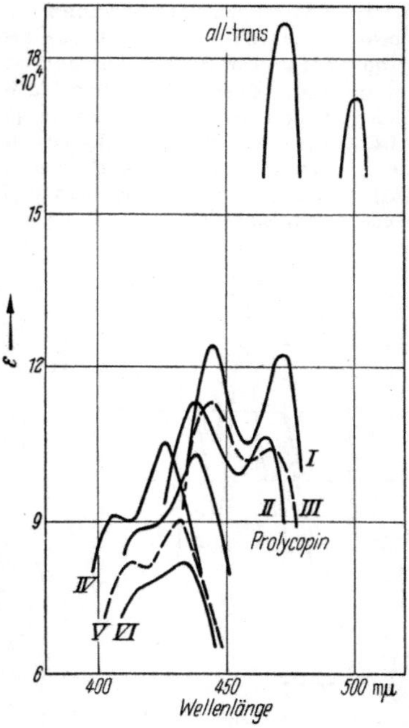

Abb. 10. Lycopin in Hexan. Vergleich der Hauptmaxima der all-trans-Verbindung und natürlich vorkommender polycis-Lycopine. J. Amer. chem. Soc. **69**, 1930 (1947)

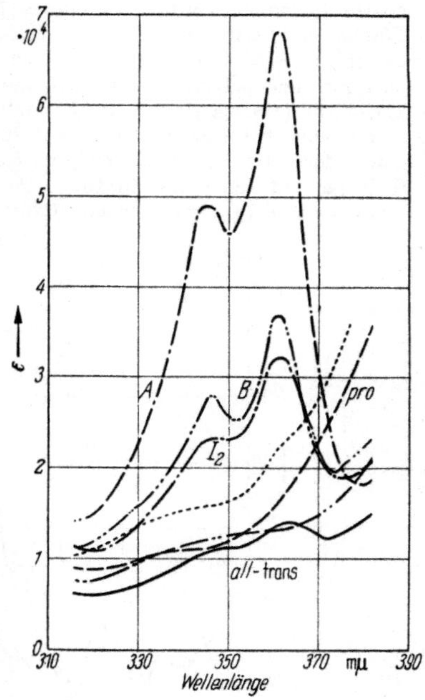

Abb. 11. Lycopin in Hexan. Vergleich der Spektralkurven einiger cis-trans-Isomeren im cis-peak-Gebiet. „pro" = natürlich vorkommendes Prolycopin und „I_2" = das mit Jod erhaltliche cis-trans-Isomerengemisch. Die ubrigen Isomeren wurden durch Umlagerung der all-trans-Verbindung dargestellt. J. Amer. chem. Soc. **66**, 137 (1944)

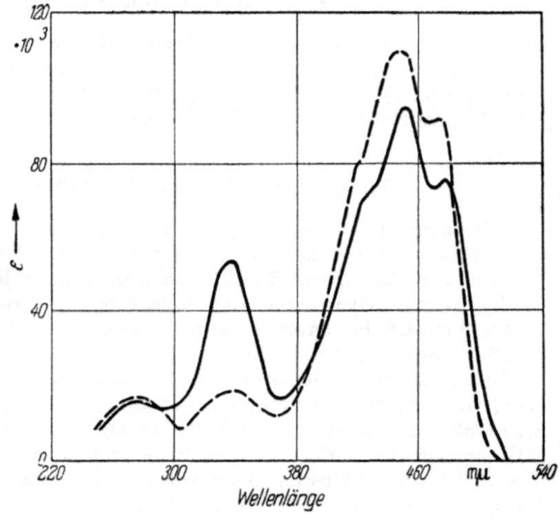

Abb. 12. Central-monocis-β-Carotin in Petroläther. —— frische Lösung; ---- Gemisch von cis-trans-Isomeren nach katalytischer Einwirkung von Jod. Nach *Inhoffen*. Liebigs Ann. **570**, 54 (1950)

beiden Enden des Systems verbindet [*18, 19*]. Folglich können nur wenige cis-Formen eines Carotinoides ein hohes cis-peak zeigen, und das höchste ist stets dasjenige des central-monocis-Isomeren (Abb. 12, 13). Die Spektralkurven von all-trans- und polycis-Carotinoiden sind im cis-peak-Gebiet flach, da die Moleküle nicht gebogen sind (Modelle I und XX, Abb. 6). Jeder räumlichen Form kommt eine charakteristische cis-peak-Intensität zu; nach Zusatz von Jod erhält man jedoch stets die gleiche cis-peak-Höhe, nämlich diejenige des entstandenen Gleichgewicht-Gemisches. In Tab. 1 (S. 382) ist das spektroskopische Verhalten von einigen Typen stereoisomerer Carotinoide zusammengefaßt.

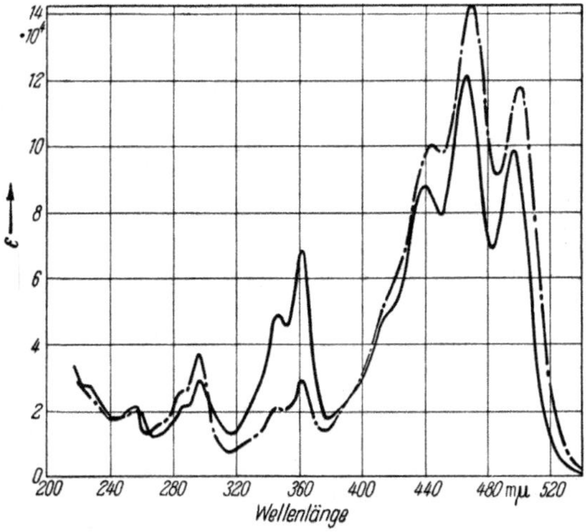

Abb. 13. Neolycopin A (eine fast-centrale-monocis-Verbindung) in Hexan. —— frische Lösung; ----- Gemisch von cis-trans-Isomeren nach katalytischer Einwirkung von Jod, in Licht, bei Zimmertemperatur. J. Amer. chem. Soc. **65**, 1940 (1943)

6. Konfiguration und Infrarot-Spektrum

Es liegen weit weniger Literaturangaben vor als für das ultraviolette Gebiet. Abb. 14 zeigt den starken Einfluß der Konfiguration auf IR-Banden, insbesonders um 7,25 μ, 13 μ und 10,0–10,6 μ. Methylierte und unmethylierte cis-Doppelbindungen können durch IR-Spektroskopie unterschieden werden [*10*].

7. Konfiguration und Provitamin-A-Wirkung

Bekanntlich sind einige C_{40}-Carotinoide (α-, β-, γ-Carotin, Kryptoxanthin), als Provitamine A wirksam, nach Verwandlung im Tierkörper in das eigentliche Vitamin A (C_{20}). Dieser Bioeffekt kann quantitativ bestimmt werden durch Ermittlung der Gewichtszunahme A-verarmter junger Ratten, nach oraler Verabreichung der Präparate. Es wurde in Zusammenarbeit mit *Deuel* [*17*] gefunden, daß die Provitamin-A-Wirkung stark von der Konfiguration abhängt: a) Ist ein all-trans-Carotinoid bioaktiv, so sind alle seine cis-Formen, gehinderte und ungehinderte, qualitativ ebenfalls wirksam, jedoch in schwächerem Maße. b) Der Einfluß einer Konfigurationsänderung auf die A-Wirkung ist von derselben Größenordnung wie derjenige einer vernünftig gewählten Strukturänderung. So wird z. B. der Wachstumseffekt von all-trans-β-Carotin (100%) (11 konjugierte Doppelbindungen) durch Umwandlung zu α-Carotin (10 konjugierte Doppelbindungen) auf 53% herabgesetzt. Der entsprechende Effekt von central-mono-cis-β-Carotin ist etwa 50% und von neo-β-Carotin U sogar nur 38%. Es wäre verlockend anzunehmen, daß ausschließlich all-trans-Provitamine wirksam wären und daß jedes cis-Provitamin zunächst zur all-trans-Form bio-stereoisomerisiert würde. Eine solche Hypothese ist jedoch unhaltbar. Denn all-trans-γ-Carotin und eine seiner polycis-Formen, Pro-γ-carotin, zeigen in der Ratte die gleiche Wirksamkeit und in Hühnchen wirkt Pro-γ-carotin sogar um 25% stärker [3].

8. Cis-trans-Isomerie von Vitamin A und Retinin

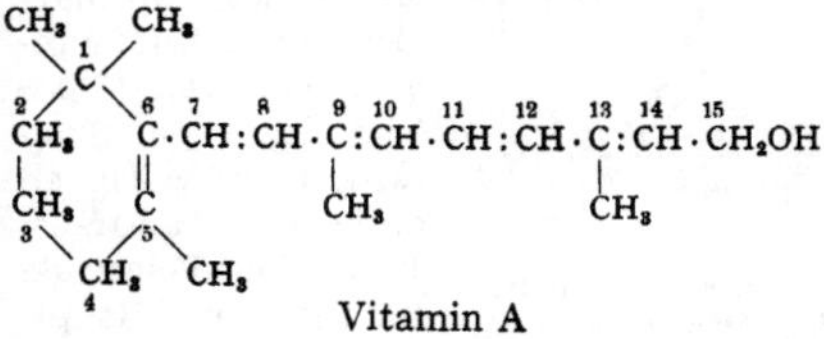

Vitamin A

(Retinin ist der entsprechende Aldehyd; Vitamin A_2 ist 3,4-Dehydro-vitamin A und $Retinin_2$ ist 3,4-Dehydro-retinin)

Die Stereochemie dieser C_{20}-Polyene, welche mit den C_{40}-Carotinoiden in nahem biochemischem Zusammenhange stehen, ist von *Wald*, *Hubbard*, *Morton*, *Robeson*, *Oroshnik* u. a. ausgearbeitet worden [*5*, *6*, *7*, *11*, *15*]. Cis-Vitamine A sind in Fischölen verbreitet.

Vitamin A und Retinin können theoretisch je 16 Raumformen bilden, von denen 12 sterisch gehindert sind; für beide Polyene sind die folgenden bekannt: all-trans, 9-cis, 13-cis, 9,13-dicis, 11-cis und 11,13-dicis. Die beiden letzteren, obzwar gehindert, können auch durch direkte Umlagerung gewonnen werden (s. unten).

Bei künstlicher Bestrahlung gehen alle cis-Formen (in nicht-polaren Lösungsmitteln) fast quantitativ in die all-trans-Verbindung über. Sonnenlicht verwandelt all-trans-Vitamin A sowie all-trans-Retinin (in Alkohol) z. T. in die gehinderte 11-cis-Verbindung. Im Verhalten gegenüber Jod zeigen sich unerklärte Abweichungen: Die 13-cis-Form wird vom Katalysator bereits bei Lichtausschluß umgelagert, während die 9-cis-Konfiguration sogar im Licht jodbeständig ist.

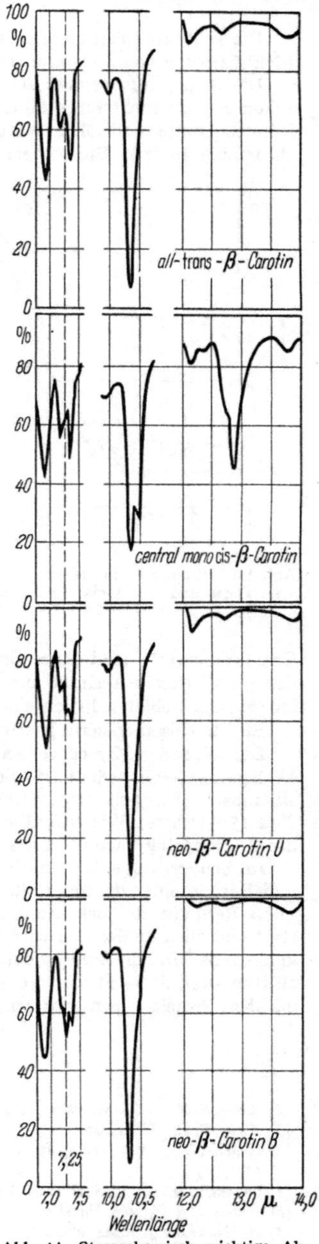

Abb. 14. Stereochemisch wichtige Abschnitte der Infrarotkurven einiger cis-trans-isomeren β-Carotine. Lösungsmittel CCl_4 zwischen 7,0—7,5 μ sowie 10,0 bis 10,5 μ, ansonsten Cyclohexan. J. Amer. chem. Soc. **77**, 1647 (1955)

Die Synthese spielt hier eine wichtige Rolle [*15*, *8*], da die Reindarstellung und Identifizierung von Stereoisomeren oft schwierig ist [*17*].

Die Regel, laut welcher der höchste Schmelzpunkt der all-trans-Verbindung zukommt, gilt nicht für Vitamin A und Retinin. Im Hinblick auf die niedrigen Schmelzpunkte und ölige Natur einiger Isomeren wurden vielfach Derivate chromatographiert. Stereospezifisch gebildete Maleinanhydrid-Addukte dienen gleichfalls zur Trennung: Nur dann werden dieselben rasch gebildet, wenn beide End-Doppelbindungen der aliphatischen Kette in trans-Konfiguration stehen.

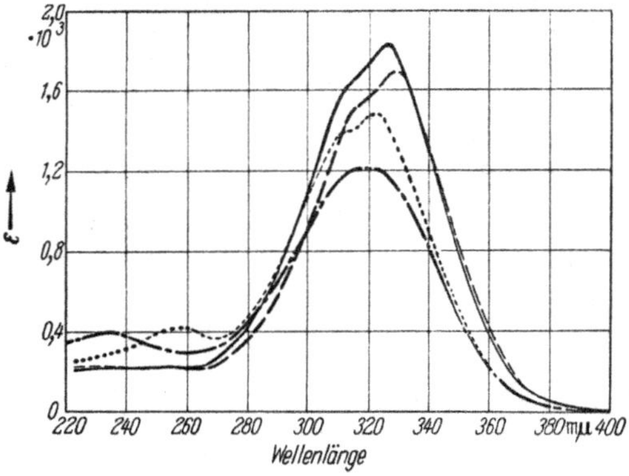

Abb. 15. Vitamin A in Hexan. —— all-trans; - - - - 13-cis; -·-·- 11-cis und ..... 9-cis. Nach *Hubbard*. J. Amer. chem. Soc. **78**, 4662 (1956)

Die spektroskopischen Verhältnisse sind ebenfalls komplizierter als bei den Carotinoiden, da z.B. das Hauptmaximum von 13-cis-Vitamin A um 3 mμ länger-wellig ist als dasjenige der all-trans-Form. Eine Feinstruktur ist im Hauptband kaum vorhanden (Abb. 15). Die relativen Extinktionswerte sind denen der Carotinoide ähnlich. Ein cis-peak erscheint in der 9-cis-Vitamin-A-Kurve bei 259 mμ (in Hexan); gehinderte Formen zeigen im cis-peak-Gebiet lediglich eine Erhöhung des flachen Kurventeiles.

Bio-stereoisomerisierung ist wiederholt beobachtet worden [*1*].

Die folgenden Zahlen zeigen, daß jede bekannte all-trans-Vitamin A → cis-Umlagerung eine bedeutende Schwächung der Wachstumswirkung verursacht: all-trans 100%, 9-cis 21%, 11-cis 23%, 13-cis 75%, 9,13-dicis 24% und 11,13-dicis 15% (Ratte). Wie ersichtlich, ist diese biologische Schwächung von der Lage der cis-Doppelbindung abhängig [*2*].

Im Sehvorgang spielen nach *Wald* Konfigurationsänderungen von Vitamin A und Retinin eine wichtige Rolle. Der Sehpurpur (Rhodopsin) ist ein Proteid des 11-cis-Retinins. Bei Belichtung findet eine intramolekulare Stereoisomerisierung statt und all-trans-Retinin wird freigelegt, das im Verlaufe einer Dunkelreaktion in all-trans-Vitamin A und sodann in 11-cis-Vitamin A übergeht. Die Umlagerung all-trans-Retinin → 11-cis wird von einer Isomerase besorgt und durch Paarung mit dem Protein Opsin wird der Sehpurpur regeneriert [*5*, *16*].

Literatur

[*1*] *Ames, S. R., W. J. Swanson* u. *P. L. Harris:* Federation Proc. **16**, 145 (1957).
[*2*] *Ames, S. R., W. J. Swanson* u. *P. L. Harris:* J. Amer. chem. Soc. **77**, 4134 (1955).
[*3*] *Deuel, H. J.*, jr., *J. Ganguly, B. K. Koe* u. *L. Zechmeister:* Arch. Biochem. Biophys. **33**, 143 (1951).
[*4*] *Gillam, A. E.*, u. *M. S. El Ridi:* Biochem. J. **30**, 1735 (1936).
[*5*] *Hubbard, R.:* J. gen. Physiol. **39**, 935 (1956).
[*6*] *Hubbard, R.:* J. Amer. chem. Soc. **78**, 4662 (1956).
[*7*] *Hubbard, R.*, u. *G. Wald:* Science **115**, 60 (1952).
[*8*] *Inhoffen, H. H.*, u. *H. Siemer:* Fortschr. Chem. organ. Naturst. **9**, 1 (1952).
[*9*] *Kemmerer, A. R.*, u. *G. S. Fraps:* J. biol. Chem. **161**, 305 (1945).
[*10*] *Lunde, K.*, u. *L. Zechmeister:* J. Amer. chem. Soc. **77**, 1467 (1955).
[*11*] *Morton, R. A.*, u. *G. A. J. Pitt:* Fortschr. Chem. organ. Naturst. **14**, 244 (1957).

[12] *Oroshnik, W., P. K. Brown, R. Hubbard* u. *G. Wald:* Proc. Nat. Acad. Sci. (U.S.A.) **42**, 578 (1956).
[13] *Pauling, L.:* Fortschr. Chem. organ. Naturst. **3**, 203 (1939).
[14] *Polgár, A.*, u. *L. Zechmeister:* J. Amer. chem. Soc. **64**, 1856 (1942).
[15] *Robeson, C. D., J. D. Cawley, L. Weisler, M. H. Stern, C. C. Eddinger* u. *A. J. Chechak:* J. Amer. chem. Soc. **77**, 4111 (1955).
[16] *Wald, G.*, u. *R. Hubbard:* The Enzymes 3, 369; 2. Aufl. New York 1960.
[17] *Zechmeister, L.:* Cis-trans Isomeric Carotenoids, Vitamins A and Arylpolyenes. Wien und New York 1962.
[18] *Zechmeister, L., A. L. LeRosen, W. A. Schroeder, A. Polgár* u. *L. Pauling:* J. Amer. chem. Soc. **65**, 1540 (1943).
[19] *Zechmeister, L., A. L. LeRosen, F. W. Went* u. *L. Pauling:* Proc. Nat. Acad. Sci. (U.S.A) **27**, 468 (1941).
[20] *Zechmeister, L.*, u. *P. Tuzson:* Ber. dtsch. chem. Ges. **72**, 1340 (1939).

Natürlich vorkommende Alkine

Von **K. E. Schulte** und **J. Reisch**, Münster/Westf.

Literatur. *Sörensen, N. A.:* Chem. and Ind. **1953**, 240. — *Bohlmann, F.:* Angew. Chem. **67**, (389 (1955). — *Wailes, P. C.:* Rev. pure appl. Chem. **6**, 61 (1956). — *Bu'Lock, J. D.:* Quart. Rev. (Chem. Soc., London) **10**, 371 (1956). — *Bohlmann, F.*, u. *H. J. Mannhardt* in *L. Zechmeister* „Fortschritte der Chemie organischer Naturstoffe" **14**, 1, Wien (1957). — *Golmow, W. P.*, u. *N. M. Alfanasiew:* Uspechi. Chimi. **27**, 785 (1958). — *Karrer, W.:* Konstitution und Vorkommen der organischen Naturstoffe, Basel und Stuttgart, 1958. — *Schulte, K. E.*, u. *J. Reisch:* Pharmaz. Ztg. **105**, 678 (1960). — *Jones, E. R. H.:* Proc. Chem. Soc. **1960**, 199. — *Sörensen, N. A.:* Proc. Chem. Soc. **1961**, 98. — *Sörensen, N. A.:* Pure Appl. Chem. **2**, 569 (1961).

1. Kohlenwasserstoffe

1/1 Tridecatrien-(2,8,10)-diin-(4,6) (Aethusin)

MG 170.2 *F* 23 $C_{13}H_{14}$ $CH_3 \cdot CH:CH \cdot [C\vdots C]_2 \cdot CH_2 \cdot CH_3$

Charakteristik: Krist. (PAe.). — UV-Spektrum, IR-Spektrum: *Bohlmann, F., Ch. Arndt, H. Bornowski* u. *P. Herbst:* Chem. Ber. **93**, 981 (1960). — *V.:* Aethusa cynapium L.

1/2 Tridecatrien-(1,3,11)-triin-(5,7,9)

MG 166.2 *F* 51 $C_{13}H_{10}$ $CH_3 \cdot CH:CH \cdot [C\vdots C]_3 \cdot CH:CH \cdot CH:CH_2$

Charakteristik: Krist. (PAe.). — UV-Spektrum, IR-Spektrum: *Bohlmann, F.*, u. *P. Herbst:* Chem. Ber. **91**, 1631 (1958). — *V.:* Centaurea-Arten.

1/3 Tridecatrien-(1,3,5)-triin-(7,9,11) $CH_3 \cdot [C\vdots C]_3 \cdot \underset{tr}{CH:CH} \cdot CH:\underset{tr}{CH} \cdot CH:CH_2$

MG 166.21 *F* 88—93 $C_{13}H_{10}$

Charakteristik: Krist. (PAe.). — λ_{max} 356; 331; 311; 283 mμ (Ae.). — IR-Spektrum, UV-Spektrum: *Bohlmann, F., Ch. Arndt, H. Bornowski, H. Jastrow* u. *K.-M. Kleine:* Chem. Ber. **95**, 1320 (1962). — *V.:* In Arten des Tribus Anthemideae.

1/4 trans-Tridecatetraen-(1,3,5,11)-diin-(7,9) $CH_3 \cdot \underset{tr}{CH:CH} \cdot [C\vdots C]_2 \cdot \underset{tr}{[CH:CH]_2} \cdot CH:CH_2$

MG 168.23 *F* 71—72 $C_{13}H_{12}$

Charakteristik: Gelbliche Krist. (PAe.) — λ_{max} 264; 274; 310; 330; 353,5 mμ; ε 32000; 26700; 36000; 57200; 42200 (Hexan). — IR-Spektrum: *Sörensen, J. S.*, u. *N. A. Sörensen:* Acta Chem. Scand. **8**, 1741 (1954). — *V.:* Coreopsis-Arten.

1/5 Tridecen-(1)-pentain-(3,5,7,9,11)

MG 162.18 $C_{13}H_6$ $CH_3 \cdot [C\vdots C]_5 \cdot CH:CH_2$

Charakteristik: λ_{max} 265; 271,5; 286,5; 309; 329,5; 352; 378,5; 411 mμ (Hexan). — IR-Spektrum: *Sörensen, J. S., D. Holme* u. *E. T. Borlaug:* Acta Chem. Scand. **8**, 1769 (1954). — *V.:* Versch. Composite, Valeriana off., Ricinus communis, Triticum spec.

1/6 Tridecadien-(1,11)-tetrain-(3,5,7,9)
MG 164.19 *F* 45 (Z.) $C_{13}H_8$ $CH_2{\cdot}CH{:}CH{\cdot}[C{\vdots}C]_4{\cdot}CH{:}CH_2$

Charakteristik: λ_{max} 258; 271; 287,5; 315,5; 337; 361; 390,5 mμ; ε 143000; 189000; 143000; 11650; 17200; 20900; 13400 (Hexan). — IR-Spektrum: *Sorensen, J. S.*, u. *N. A. Sorensen:* Acta Chem. Scand. 8, 1741 (1954). — *V.:* u. a. in Coreopsis- und Centaurea-Arten, Arnica montana, Triticum spec.

1/7 Heptadecadien-(1,7,9)-triin-(11,13,15) (Centaur X$_4$)
MG 222.31 *F* 18 $C_{17}H_{18}$ $CH_3{\cdot}[C{\vdots}C]_3{\cdot}[CH{:}CH]_2{\cdot}[CH_2]_4{\cdot}CH{:}CH_2$

Charakteristik: Krist. (PAe.). — λ_{max} 258.5; 269; 288; 305; 324,5; 347 mμ; ε 49700; 101000; 12700; 25100; 40300; 35100 (PAe.). — IR-Spektrum: *Bohlmann, F., E. Inhoffen* u. *P. Herbst:* Chem. Ber. **90**, 124 (1957). — *V.:* In Wurzeln v. Centaurea cyanus, Artemisia vulgaris.

1/8 Heptadecatetraen-(1,7,9,15)-diin-(11,13)
MG 260.36 *F* 27—29 $C_{17}H_{20}$ $CH_2{\cdot}CH{:}CH{\cdot}[C{\vdots}C]_2{\cdot}[CH{:}CH]_2{\cdot}{\cdot}[CH_2]_4{\cdot}CH{:}CH_2$

Charakteristik: Krist. (PAe.). — UV-Spektrum, IR-Spektrum: *Bohlmann, F., S. Postulka* u. *J. Ruhnke:* Chem. Ber. **91**, 1642 (1958). — *V.:* In Wurzeln v. Centaurea ruthenica LAM.

2. Alkohole

2/1 Nonadien-(3,4)-diin-(6,8)-ol-(1) (Marasin)
MG 132.15 C_9H_8O $HC{\vdots}C{\cdot}C{\vdots}C{\cdot}HC{:}C{:}CH{\cdot}CH_2{\cdot}CH_2OH$

Charakteristik: λ_{max} 278; 263; 249; 237 mμ; ε 11300; 14700; 8900; 5300. — IR-Spektrum: *Bohlmann, F., P. Herbst* u. *H. Gleinig:* Chem. Ber. **94**, 948 (1961). — *V.:* Marasmius ramealis. — *Wi.:* Bakteriostatisch.

2/2 Nonatriin-(4,6,8)-diol-(1,3) (Biformin)
MG 148.15 $C_9H_8O_2$ $HC{\vdots}C{\cdot}[C{\vdots}C]_2{\cdot}CH_2{\cdot}CH(OH){\cdot}CH_2OH$

Charakteristik: λ_{max} 308—304; 287,5; 271,5; 256; 244; 210 mμ. — IR-Spektrum: *Bohlmann, F., P. Herbst* u. *H. Gleinig:* Chem. Ber. **94**, 948 (1961). — *V.:* Polyporus biformis. — *Wi.:* Bakteriostatisch, LD_{100} (i.v.) 18,8 mg/kg Maus; LD_{40} (i.v.) 15 mg/kg Maus.

2/3 Nonatriin-(4,6,8)-triol-(1,2,3)
MG 164.15 *F* 80 (expl.) $C_9H_8O_3$ $HC{\vdots}C{\cdot}[C{\vdots}C]_2{\cdot}CH(OH){-}CH(OH){\cdot}CH_2OH$

Charakteristik: $[\alpha]_D$ +6° (c = 0.82; A.). — λ_{max} 208; 254; 269,5; 286,5; 305; $\varepsilon\cdot10^{-3}$ 122; 0,16; 0,22; 0,25; 0,17. — *V.:* In Kulturlösungen v. Coprinus quadrifidus.

2/4 2-trans-Nonen-(2)-triin-(4,6,8)-ol-(1)
MG 130.14 C_9H_6O $HC{\vdots}C{\cdot}[C{\vdots}C]_2{\cdot}CH{:}CH{\cdot}CH_2OH$ (tr)

Charakteristik: Polymerisiert bei Raumtemperatur und Lichteinwirkung. — λ_{max} 233; 243; 255; 283; 300; 320; 343; mμ; $\varepsilon\cdot10^{-3}$ 28,5; 47,5; 73,5; 9,1; 19,4; 29,5; 23,5. — IR-Spektrum: *Jones, E. R. H.*, u. *J. S. Stephenson:* J. Chem. Soc. (London) **1959**, 2197. — *V.:* In Kulturlosungen v. Coprinus quadrifidus.

2/5 trans-Decen-(2)-triin-(4,6,8)-ol-(1)
MG 144.16 *F* 128—129 $C_{10}H_8O$ $CH_3{\cdot}[C{\vdots}C]_3{\cdot}CH{:}CH{\cdot}CH_2OH$ (tr)

Charakteristik: Krist. (Hexan, CH_2Cl_2). — λ_{max} 328,5; 307,0; 288,5; 272,0; 257,0; 241,5; 230,0; 221,0 (infl.), 210,0 mμ; ε 13000; 19100; 14400; 7580; 3730; 138000; 82600; 37300; 44100. — IR-Spektrum: *Gardner, J. N., E. R. H. Jones, P. R. Leeming* u. *J. S. Stephenson:* J. chem. Soc. (London) **1960**, 691. — *V.:* In Kulturlosungen versch. Basidiomyceten.

2/6 2,8-trans-Decadien-(2,8)-dien-(4,6)-ol-(1) (Matricarianol)
MG 146.18 *F* 105.5—106.5 $C_{10}H_{10}O$ $CH_3{\cdot}CH{:}CH{\cdot}[C{\vdots}C]_2{\cdot}CH{:}CH{\cdot}CH_2OH$ (tr, tr)

Charakteristik: — Farblose Krist. (PAe. od. A.). — λ_{max} 230; 261,5; 276,5; 293; 312 mμ; ε 27500; 6500; 14000; 21000; 16000. — *V.:* Grindelia stricta u. a. Compositen; z. T. als Ester, z. B. Acetat, u. in Kulturlösungen von Polyporus anthracophilus.

2/7 **trans-Decaen-(2)-triin-(4,6,8)-diol-(1,10)** $HOCH_2\cdot[C\vdots C]_3\cdot CH:CH\cdot CH_2OH$ (tr)

MG 160.16 *F* 138 (Z.) $C_{10}H_8O_2$

Charakteristik: Krist. (Chlf.). — λ_{max} 205; 212; 231; 243,5; 259; 279; 290,5; 309,5; 330,5 mμ; ε·10⁻³ 37,5; 37; 71,5; 91,5; 3,55; 6,4; 11,2; 13,2; 8,1. — IR-Spektrum: *Jones, E. R. H.*, u. *J. S. Stephenson:* J. Chem. Soc. (London) **1959**, 2197. — *V.:* In Kulturlösungen v. Coprinus quadrifidus.

2/8 **Tridecadien-(5,11)-diin-(7,9)-ol-(4) (Aethusanol A)** $CH_3\cdot CH:CH\cdot[C\vdots C]_2\cdot CH:CH\cdot CH(OH)\cdot C_3H_7$

MG 188.26 $C_{13}H_{16}O$

Charakteristik: Nicht kristallin erhalten. — $[\alpha]_D^{25,5}$ +44,4° (c = 4,25 Me.). — UV-Spektrum, IR-Spektrum: *Bohlmann, F., Ch. Arndt, H. Bornowski* u. *P. Herbst:* Chem. Ber. **93**, 981 (1960). — *V.:* Aethusa cynapium L.

2/9 **Tridecatrien-(2,8,10)-diin-(4,6)-ol-(1) (Aethusanol B)** $CH_3\cdot CH_2\cdot[CH:CH]_2\cdot[C\vdots C]_2\cdot CH:CH\cdot CH_2OH$

MG 186.2 *F* 69—72 $C_{13}H_{14}O$

Charakteristik: Krist. (PAe.). — UV-Spektrum, IR-Spektrum: *Bohlmann, F., Ch. Arndt, H. Bornowski* u. *P. Herbst:* Chem. Ber. **93**, 981 (1960). — *V.:* Aethusa cynapium.

2/10 **2-Chlor-tridecen-(3)-tetrain-(5,7,9)-ol-(1)** $CH_3\cdot[C\vdots C]_4\cdot CH:CH\cdot CH(Cl)\cdot CH_2(OH)$

MG 216.56 *F* 111—112 $C_{13}H_9OCl$

Charakteristik: Krist. (Cyclohexan). — $[\alpha]_D^{22}$ —88,5° (Chlf.). — λ_{max} 372; 347; 323; 302; 284; 270; 256; 238—239 mμ; ε 9400; 15800; 13200; 7800; 5050; 152100; 106100; 84700. — *-acetat:* λmax 372; 347; 303 mμ. — IR-Spektrum: *Bohlmann, F., W. Sucrow, H. Jastrow* u. *H. J. Koch:* Chem. Ber. **94**, 3179 (1961). — *V.:* In Wurzeln v. Centaurea ruthenica LAM.

2/11 **Tridecadien-(2,12)-tetrain-(4,6,8,10)-ol-(1)**

MG 180.19 $C_{13}H_8O$ $H_2C:CH\cdot[C\vdots C]_4\cdot CH:CH\cdot CH_2\cdot OH$

Charakteristik: Farbl. Krist. — λ_{max} 391; —; 314; 287; 270 mμ. — *-acetat:* λ_{max} 391; 361; 336; 314; 287; 270 mμ (Ae.). — IR-Spektren, UV-Spektren: *Bohlmann, F., Ch. Arndt, H. Bornowski* u. *K.-M. Kleine:* Chem. Ber. **95**, 1315 (1962). — *V.:* In Wurzeln der Gattung Bidens L.

2/12 **Tridecatrien-(3,5,11)-dien-(7,9)-diol-(1,2)** $CH_3\cdot CH:CH\cdot[C\vdots C]_2\cdot[CH:CH]_2\cdot CH(OH)\cdot CH_2(OH)$

MG 202.24 *F* 117 $C_{13}H_{14}O_2$

Charakteristik: Krist. (Chlf.). — $[\alpha]_D^{24}$ —1,7° (Me.). — λ_{max} 335; 314; 295; 278; 265,5; 250; ε 28200; 38400; 27900; 15800; 28600; 32100. — IR-Spektrum: *Bohlmann, F., W. Sucrow, H. Jastrow* u. *H. J. Koch:* Chem. Ber. **94**, 3179 (1961). — *V.:* In Wurzeln von Centaurea ruthenica LAM.

2/13 **Tridecadien-(3,11)-trien-(5,7,9)-diol-(1,2)** $CH_3\cdot CH:CH\cdot[C\vdots C]_3\cdot CH:CH\cdot CH(OH)\cdot CH_2(OH)$

MG 200.23 *F* 127—128 $C_{13}H_{12}O_2$

Charakteristik: Krist. (Chlf.). — $[\alpha]_D^{23}$ +30,8° (Me.). — λ_{max} 353; 328,5; 307,5; 289; 267; 254; 245; 235 mμ; ε 19100; 26800; 20000; 10700; 61600; 76000; 70500; 46400. — *-monoacetat-(2):* *F* 86 (PAe./Ae.); $[\alpha]_D^{21}$ +39° (Chlf.). — λ_{max} 352; 329; 307,5; 289; 267,5; 254; 245; 234 mμ; ε 16100; 22800; 17100; 9500; 52000; 62900; 61200; 41200. — IR-Spektrum: *Bohlmann, F., W. Sucrow, H. Jastrow* u. *H. J. Koch:* Chem. Ber. **94**, 3179 (1961). — *V.:* In Wurzeln v. Centaurea ruthenica LAM.

2/14 **2-Chlor-tridecadien-(3,11)-triin-(5,7,9)-ol-(1)** $CH_3\cdot CH:CH\cdot[C\vdots C]_3\cdot CH:CH\cdot CH(Cl)\cdot CH_2\cdot OH$

MG 218.68 *F* 64—70 $C_{13}H_{11}O_1Cl$

Charakteristik: Krist. (Ae.). — $[\alpha]_D^{20}$ —54,5° (Chlf.). — *-acetat:* *F* 49.5; $[\alpha]_D^{20}$ —10,3° (Me.). — UV-Spektrum, IR-Spektrum: *Bohlmann, F., S. Postulka* u. *J. Ruhnke:* Chem. Ber. **91**, 1642 (1958). — *V.:* In Wurzeln v. Centaurea ruthenica LAM.

2/15 **Tridecadien-(3,5)-triin-(7,9,11)-ol-(1)-acetat**

MG 226.26 $C_{15}H_{14}O_2$ $CH_3\cdot[C\vdots C]_3\cdot[CH:CH]_2\cdot CH_2\cdot CH_2\cdot OCOCH_3$

Charakteristik: λ_{max} 346; Verb. nicht rein erhalten; der *Alkohol:* *F* 95—97; λ_{max} 348; 325; 305,5; 287,5; 267,5; 258; 253 mμ; ε 33000; 41000; 28400; 16800; 101000; 54500; 45700. — IR-Spektrum: *Bohlmann, F., P. Herbst, Ch. Arndt, H. Schönowsky* u. *H. Gleining:* Chem. Ber. **94**, 3193 (1961). — *V.:* Chrysanthemum leucanthemum L.

2/16 Tridecatriin-(4,6,8)-trien-(2,10,12)-ol-(1)-acetat

MG 224.25 *F* 31 $C_{15}H_{12}O_2$ $H_2C:CH\cdot CH:CH\cdot[C\vdots C]_3\cdot CH:CH\cdot\cdot CH_2\cdot OCOCH_3$

Charakteristik: Krist. (PAe.). — UV-Spektrum, IR-Spektrum: *Bohlmann, F.* u. *E. Inhoffen:* Chem. Ber. **89**, 21 (1956). — *V.:* Carlina vulgaris.

2/17 Tridecatrien-(3,5,7)-diin-(9,11)-ol-(1)-acetat (Chamomilla-ester)

MG 228.3 *F* 65—66.5 $C_{15}H_{16}O_2$ $CH_3\cdot[C\vdots C]_2\cdot[CH:CH]_3\cdot CH_2\cdot CH_2\cdot\cdot OCO\cdot CH_3$

Charakteristik: Krist. (PAe.). — λ_{max} 331,5; 315; (300); 250; 241 mμ; ε 62800; 60600; 36000; 21500; 11700. — IR-Spektrum: *Bohlmann, F., H. Bornowski* u. *P. Herbst:* Chem. Ber. **93**, 1931 (1960). — *V.:* Matricaria chamomilla u. a. Vertretern der Gattung Matricaria L.

2/18 Tetradecadien-(4,6)-triin-(8,10,12)-ol-(1)-acetat

MG 240.29 *F* 36—37 $C_{16}H_{16}O_2$ $CH_3\cdot[C\vdots C]_3\cdot[CH:CH]_2\cdot CH_2\cdot CH_2\cdot\cdot CH_2\cdot OCOCH_3$

Charakteristik: Krist. (PAe.). — λ_{max} 348; 325; 305,5; 288; 268,5; 258 mμ; ε 33900; 41600; 27500; 14600; 114500; 36300. — IR-Spektrum: *Bohlmann, F., Ch. Arndt* u. *H. Bornowski:* Chem. Ber. **93**, 1937 (1960). — *V.:* Tanacetum vulgare L.

2/19 Heptadecadiin-(4,6)-trien-(8,10,12)-ol-(1) (Cicutol)

MG 242.35 *F* 65—66 $C_{17}H_{22}O$ $C_4H_9\cdot[CH:CH]_3\cdot[C\vdots C]_2\cdot CH_2\cdot CH_2\cdot CH_2OH$

Charakteristik: Krist. (PAe.). — λ_{max} 242; 252; (287); (302); 318,5; 335 mμ (A); ε 14100; 20800; 17500; 35600; 60600; 61200. — IR-Spektrum: *Bohlmann, F.,* u. *H. G. Viehe:* Chem. Ber. **88**, 1345 (1955). — *V.:* Cicuta virosa. — *Wi.:* Giftig.

2/20 Heptadecadiin-(4,6)-trien-(8,10,12)-diol-(1,14) (Cicutoxin)

MG 258.35 *F* 54 $C_{17}H_{22}O_2$ $C_3H_7\cdot CH(OH)\cdot CH:CH\cdot[C\vdots C]_2\cdot CH_2\cdot\cdot CH_2\cdot CH_2OH$

Charakteristik: $[\alpha]_D$ —14,5°. — λ_{max} 242,2; 252; (287); (303); 318,5; 335,3 mμ (A.); ε 13000; 22000; 17000; 38200; 63500; 65000. — *V.:* Cicuta virosa L. — *Wi.:* Giftig.

2/21 12,13-Diacetoxy-tridecadien-(2,10)-triin-(4,6,8)

MG 284.3 *F* 75.5 $C_{17}H_{16}O_4$ $CH_3\cdot CH:CH\cdot[C\vdots C]_3\cdot CH:CH\cdot CH(OCOCH_3)\cdot CH_2OCO\cdot CH_3$

Charakteristik: Krist. (PAe.). — λ_{max} 354,5; 330; 309; 290; 267; 255; 246; 235 mμ; ε 17900; 24600; 17500; 10100; 59500; 71500; 71000; 50400. — IR-Spektrum: *Bohlmann, F.,* u. *P. Herbst:* Chem. Ber. **92**, 1319 (1959). — *V.:* Centaurea ruthenica L.

2/22 Tridecatrien-(3,5,11)-diin-(7,9)-diol-(1,2)-diacetat

MG 286.31 *F* 57 $C_{17}H_{18}O_4$ $CH_3\cdot CH:CH\cdot[C\vdots C]_2\cdot[CH:CH]_2\cdot CH(OCOCH_3)\cdot CH_2(OCOCH_3)$

Charakteristik: Krist. (Cyclohexan/Ae.). — $[\alpha]_D^{24}$ +94,5° (Ac.). — λ_{max} 335; 314; 295; 277; 265; 246 mμ; ε 28600; 37900; 27800; 16600; 34600; 3800. — IR-Spektrum: *Bohlmann, F., W. Sucrow, H. Jastrow* u. *H. J. Koch:* Chem. Ber. **94**, 3179 (1961).

2/23 Heptadecatrien-(2,8,10)-dien-(4,6)-diol-(1,14) (Oenanthotoxin)

MG 258.35 *F* 87 $C_{17}H_{22}O_2$ $HOCH_2\cdot CH:CH\cdot[C\vdots C]_2\cdot[CH:CH]_2\cdot\cdot CH_2\cdot CH_2\cdot CH[OH]\cdot C_3H_7$

Charakteristik: $[\alpha]_D$ +30,5°. — λ_{max} 213; 252; 267; (281); 296; 315,5; 337,5 mμ (in Alkohol); ε 17500; 33000; 29000; 17500; 30500; 40000; 29000. — IR-Spektrum: *Bohlmann, F.,* u. *H. G. Viehe:* Chem. Ber. **88**, 1245 (1955). — *V.:* Oenanthe crocata. — *Wi.:* Giftig; LD_{50}: 0,83 mg/kg Maus.

2/24 Heptadecatrien-(2,8,10)-dien-(4,6)-diol-(1,14) (Oenanthetol)

MG 242.35 *F* 71 $C_{17}H_{22}O$ $HOCH_2\cdot CH:CH\cdot[C\vdots C]_2\cdot[CH:CH]_2\cdot C_6H_{13}$

Charakteristik: λ_{max} 213; 252; 267; 281; 297; 316; 338 mμ; ε 17500; 30800; 28000; 17000; 28400; 37600; 27100. — IR-Spektrum: *Bohlmann, F.,* u. *H. G. Viehe:* Chem. Ber. **88**, 1245 (1955). — *V.:* Oenanthe crocata. — *Wi.:* Giftig.

2/25 **1,3-Diacetoxy-pentadecadien-(5,7)-triin-(9,11,13) (Centaur X₁)** $CH_3\cdot[C\vdots C]_3\cdot[CH{:}CH]_2\cdot CH_2\cdot CH(OCOCH_3)\cdot CH_2\cdot CH_2\cdot OCOCH_3$

MG 312.3 *F* 52—54 $C_{19}H_{20}O_4$

Charakteristik: Krist. (PAe.). — UV-Spektrum: *Bohlmann, F., S. Postulka* u. *J. Ruhnke:* Chem. Ber. **91**, 1649 (1958). — *V.:* Gattung Centaurea L.

2/26 **1,3-Diacetoxy-pentadecatrien-(5,7,13)-diin-(9,11) (Centaur X₂)** $CH_3\cdot CH{:}CH\cdot[C\vdots C]_2\cdot[CH{:}CH]_2\cdot CH_2\cdot CH(OCOCH_3)\cdot CH_2\cdot CH_2(OCOCH_3)$

MG 314.3 *F* 54—56 $C_{19}H_{22}O_4$

Charakteristik: Krist. (Ae.). — UV-Spektrum, IR-Spektrum: *Bohlmann, F., S. Postulka* u. *J. Ruhnke:* Chem. Ber. **91**, 1642 (1958). — *V.:* Gattung Centaurea L.

3. Aldehyde, Ketone

3/1 **trans-Nonen-2-triin-(4,6,8)-al-(1)** $HC\vdots C\cdot[C\vdots C]_2\cdot CH{:}CH\cdot CHO$ (tr)

MG 128.18 *F* 114 C_9H_4O

Charakteristik: Krist. (PAe.). — λ_{max} 210,5; (220); 228; 240; 257; 271; 287; 306; 327; $\varepsilon\cdot 10^{-3}$ 20,2; —; 60,5; 86,5; 3,05; 6,55; 13,1; 17,1; 12,3. — IR-Spektrum: *Jones, E. R. H.*, u. *J. S. Stephenson:* J. chem. Soc. (London) **1959**, 2197. — *V.:* In Kulturlösungen v. Coprimis quadrifidus.

3/2 **trans-Decen-(2)-triin-(4,6,8)-al-(1)** $CH_3\cdot[C\vdots C]_3\cdot CH{:}CH\cdot CHO$ (tr)

MG 142.15 *F* 108—109 (Z.) $C_{10}H_6O$

Charakteristik: Krist. (Hexan). — λ_{max} 350,0; 326,0; 306,0; 288,0; 272,0 (infl.); 258; 245,5; 234,5; 225,0 (infl.) mμ; ε 36500; 44400; 27800; 11900; 7290; 86900; 49100; 21200; 20600. — IR-Spektrum: *Gardner, J. N., E. R. H. Jones, P. R. Leeming* u. *J. S. Stephenson:* J. chem. Soc. (London) **1960**, 691. — *V.:* In Kulturlösungen versch. Basidiomyceten.

3/3 **Tridecadien-(2,12)-tetriin-(4,6,8,10)-al-(1)**

MG 178.18 $C_{13}H_6O$ $H_2C{:}CH\cdot[C\vdots C]_4\cdot CH{:}CH\cdot CHO$

Charakteristik: Gelbe Krist. (PAe.), die rasch polymerisieren. — λ_{max} 404; 373; 347 mμ (Ae.). — IR-Spektrum, UV-Spektrum: *Bohlmann, F., Ch. Arndt, H. Bornowski* u. *K.-M. Kleine:* Chem. Ber. **95**, 1315 (1962). — *V.:* Gattung Bidens L.

3/4 **trans-Tetradecen-(6)-triin-(8,10,12)-on-(3)** $CH_3\cdot[C\vdots C]_3\cdot CH{:}CH\cdot CH_2\cdot CH_2\cdot CO\cdot C_2H_5$ (tr)

MG 198.25 *F* 57.5 $C_{14}H_{14}O$

Charakteristik: Krist. (PAe.). — λ_{max} 231; 242,2; 257,5; 272,5; 289; 308; 329,5 mμ; ε 76300; 125000; 4300; 8200; 15000; 20000; 13700 (PAe.). — IR-Spektrum: *Bohlmann, F.*, u. *H.-J. Viehe* Chem. Ber. **88**, 361 (1955). — *V.:* Artemisia vulgaris.

3/5 **Heptadecadien-(1,9)-diin-(4,6)-dion-(3,8) (Falcarindion)**

MG 256.33 $C_{17}H_{20}O_2$ $n\text{-}C_7H_{15}\cdot CH{:}CH\cdot CO\cdot[C\vdots C]_2\cdot CO\cdot CH{:}CH_2$

Charakteristik: Nicht kristallisiert erhalten. — λ_{max} 303; 285; 268; 253; 242 mμ; ε 67800; 9850; 11400; 12780; 14300. — IR-Spektrum: *Bohlmann, F., Ch. Arndt, H. Bornowski* u. *K.-M. Kleine:* Chem. Ber. **94**, 958 (1961). — *V.:* Carum carvi L.

3/6 **cis-Heptadecadien-(1,9)-diin-(4,6)-on-(3) (Falcarinon)** $n\text{-}C_7H_{15}\cdot CH{:}CH\cdot CH_2\cdot[C\vdots C]_2\cdot CO\cdot CH{:}CH_2$ (cis)

MG 242.3 $C_{17}H_{22}O$

Charakteristik: Nicht kristallisiert erhalten. — λ_{max} 290,7; 274,3; 260; 246; 208 mμ; ε 9550; 10750; 6400; 3800; 18400. — IR-Spektrum: *Bohlmann, F., Ch. Arndt, H. Bornowski* u. *K.-M. Kleine:* Chem. Ber. **94**, 958 (1961). — *V.:* Falcaria vulgaris, Hedera helix u. a. Familien.

3/7 **Heptadecadien-(1,9)-diin-(4,6)-ol-(8)-on-(3) (Falcarinolon)** $n\text{-}C_7H_{15}\cdot CH{:}CH\cdot CH(OH)\cdot[C\vdots C]_2\cdot CO\cdot CH{:}CH_2$

MG 258.3 $C_{17}H_{22}O_2$

Charakteristik: λ_{max} 290; 273,5; 259 mμ. — IR-Spektrum: *Bohlmann, F., Ch. Arndt, H. Bornowski* u. *K.-M. Kleine:* Chem. Ber. **94**, 958 (1961). — *V.:* Carum carvi.

3/8 **cis-Heptadecatrien-(1,9,16)-diin-(4,6)-on-(3) (Dehydrofalcarinon)** $H_2C{:}CH\cdot[CH_2]_6\cdot CH{:}CH\cdot CH_2\cdot[C{\vdots}C]_2\cdot CO\cdot CH{:}CH_2$ (cis)

MG 240.33 *F* 30 (Z.) $C_{17}H_{20}O$

Charakteristik: λ_{max} 291,5; 275; 260,6 mμ (Ae.); ε 9400; 10700; 6600. — IR-Spektrum, UV-Spektrum: *Bohlmann, F., Ch. Arndt, H. Bornowski, H. Jastrow* u. *K.-M. Kleine:* Chem. Ber. **95**, 1320 (1962). — *V.:* Tribus anthemideae und Heliantheae; nach der Blüte ist die Substanz in den Pflanzen nicht mehr nachweisbar.

3/9 **Heptadecatrien-(7,9,15)-diin-(11,13) (Oenantheton)** $CH_3\cdot CH{:}CH\cdot[C{\vdots}C]_2\cdot[CH{:}CH]_2\cdot CH_2\cdot$ $\cdot CH_2\cdot CO\cdot C_3H_7$

MG 240.33 $C_{17}H_{20}O_1$

Charakteristik: λ_{max} 251; 267; 280; 296; 315; 337 mμ (A.); ε 30000; 25900; 15000; 27000; 37000; 27000. — IR-Spektrum: *Bohlmann, F.,* u. *H.-J. Viehe:* Chem. Ber. **88**, 1246 (1955). — *V.:* Oenanthe crocata. — *Wi.:* Giftig.

4. Säuren

4/1 **Propin-(2)-säure-(1) (Propiolsäure)**

MG 74.04 Kp_{50} 92; Kp_{200} 102 $C_3H_2O_2$ $HC{\vdots}C\cdot CO_2H$
BZ II H 477; E I 208; E II 449

Charakteristik: — *V.:* In Kulturlösungen v. E. coli.

4/2 **7-Cyanohepten-(2)-diin-(4,6)-säure-(1) (Diatretin II; Nudinsäure B)**

MG 145.11 *F* 150 $C_8H_3O_2N$ $N{\vdots}C\cdot(C{\vdots}C)_2\cdot CH{:}CH\cdot CO_2H$

Charakteristik: λ_{max} 230; 240; 270; 285; 303; 323 mμ (A.). — *V.:* In Kulturlösung v. Clitocybe diatreta u. a. — *Wi.:* Antibiotisch; *LD* 0,5 mg/kg Maus.

4/3 **trans-Octadien-(2,6)-in-(4)-disäure-(1,8)** $HO_2C\cdot CH{:}CH\cdot C{\vdots}C\cdot CH{:}CH\cdot CO_2H$ (tr, tr)

MG 166.13 $C_8H_6O_4$

Charakteristik: Dimethylester: F 117—119.5. — λ_{max} 205,0 (infl.); 214,0; 240,0 (infl.); 278,0 (infl.); 292,0; 307,0 mμ, log ε 4,04; 4,06; 4,00; 4,27; 4,44; 4,40. — *V.:* In Kulturlösungen v. Polyporus anthracophilis.

4/4 **8-Hydroxy-octatriin-(2,4,6)-säureamid-(1) (Agrocybin)**

MG 147.13 *F* 130—140 (Z.) $C_8H_5O_2N$ $HOCH_2\cdot[C{\vdots}C]_3\cdot CONH_2$

Charakteristik: λ_{max} 215; 224; 269; 286; 304; 325 mμ (A.); ε 68000; 86500; 1750; 2400; 3050; 1950. — *V.:* In Kulturlösungen v. Agrocybe dura. — *Wi.:* Antibiotisch; *LD* 6 mg/kg Maus.

4/5 **Octadiin-(2,4)-en-(6)-di-säure-(1,8)-säureamid-(8) (Diatretin I)**

MG 163.13 *F* 198 (Z.) $C_8H_5NO_3$ $HO_2C\cdot CH{:}CH\cdot[C{\vdots}C]_2\cdot CONH_2$

Charakteristik: λ_{max} 224; 260; 274; 291; 309,5 mμ (A.); ε 37500; 11000; 16500; 23000; 19000. — *V.:* In Kulturlösung v. Clitocybe diatreta.

4/6 **cis-Nonaen-(4)-diin-(6,8)-säure-(1) (Drosophilin E)** $HC{\vdots}C\cdot C{\vdots}C\cdot CH{:}CH\cdot CH_2\cdot CH_2\cdot CO_2H$ (cis)

MG 148.15 *F* 35 $C_9H_8O_2$

Charakteristik: Krist. (Hexan). — λ_{max} 279,5; 264,0; 250,0; 238,0; 227,0; 210,0 mμ; ε 13000; 15100; 11600; 6950; 4650; 35800. — Lichtempfindlich. — IR-Spektrum: *Jones, E. R. H., P. R. Leeming* u. *W. A. Remers:* J. chem. Soc. (London) **1960**, 2257. — *V.:* In Kulturlösungen v. Drosophila subatrata.

4/7 **Undecin-(10)-säure-(1)** $C_{10}H_{18}O_2$ $HC{\vdots}C\cdot[CH_2]_8\cdot CO_2H$

MG 170.24 *F* 42—43.5 Kp_3 129—131

Charakteristik: —. *V.:* Mycel v. Rhodotorula glutinis var. Lusitanica. — *Wi.:* Bakteriostatisch.

4/8 **trans-Decadien-(2,8)-diin-(4,6)-disäure-(1,10)** $HO_2C\cdot CH{:}CH\cdot[C{\vdots}C]_2\cdot CH{:}CH\cdot CO_2H$ (tr, tr)

MG 190.15 *F* ca. 200 (Z.) $C_{10}H_6O_4$

Charakteristik: λ_{max} 216,0; 258,0; (infl.); 267,0; 296,0; 315,0; 338,0 mμ; log ε 4,38; 4,41; 4,26; 4,26; 4,11; 4,42. — *Dimethylester: F* 104.5—107.5 (A.). — *V.:* Die freie Saure in den Kulturlösungen v. Polyporus anthracophilis; der Dimethylester in den Kulturlösungen v. Drosophila subatrata.

4/9 **trans-Decen-(2)-diin-(4,6)-disäure-(1,10)** $HO_2C \cdot CH_2 \cdot CH_2 \cdot [C \vdots C]_2 \cdot CH{:}CH \cdot CO_2H$ tr
MG 192.16 $C_{10}H_8O_4$

Charakteristik: —. — *Dimethylester:* *F* 56,5—58; Krist. (PAe.). — λ_{max} 214,5; 223,0; 243,0 (infl.); 255,0 (infl.); 270,0; 285,0; 303,0 mμ; log ε 4,42; 4,54; 3,28; 3,69; 4,08; 4,32; 4,31. — *V.:* In Kulturlosungen v. Polyporus anthracophilis.

4/10 **trans-Decen-(2)-triin-(4,6,8)-ol-(10)-säure-(1)-methylester** $HOCH_2 \cdot [C \vdots C]_3 \cdot CH{:}CH \cdot COOCH_3$ tr
MG 188.17 *F* ca. 115 (Z.) $C_{11}H_8O_3$

Charakteristik: Krist. (Hexan/CH_2Cl_2). — λ_{max} 343,5; 320,5; 301,0; 283,0; 256,5; 245,0 mμ; ε 18200; 24200; 16500; 8260; 73000; 53800. — IR-Spektrum: *Gardner, J. N., E. R. H. Jones, P. R. Leeming* u. *J. S. Stephenson:* J. chem. Soc. (London) **1960**, 691. — *V.:* In Kulturlösungen versch. Basidiomyceten.

4/11 **Decen-(2)-triin-(4,6,8)-säure-(1)-methylester (Dehydromatricariaester)** $CH_3 \cdot [C \vdots C]_3 \cdot CH{:}CH \cdot COOCH_3$ cis / tr
MG 172.17 $C_{11}H_8O_2$

Charakteristik: cis-Form: F 113; λ_{max} 244,5; 256; 286,7; 303,7; 324; 348,6 mμ. — *tr-Form: F* 105.5—106; λ_{max} 244,7; 255; 268; 283,5; 300,8; 320,4; 343,5 mμ; ε 71800; 106200; 8630; 15170; 32810; 45290; 35970. — *V.: cis:* u. a. Artemisia vulgaris (Compositae). — *trans:* u. a. Chrysanthemum caucasicum (Compositae).

4/12 **Undecadien-(5,6)-diin-(8,10)-ol-(4)-säure-(1) (Nemotinsäure)** $HC \vdots C \cdot C \vdots C \cdot CH{:}C{:}CH \cdot CHOH \cdot CH_2 \cdot CH_2 \cdot CO_2H$
MG 174.19 $C_{11}H_{10}O_3$

Charakteristik: $[\alpha]_D^{17}$ +320°. — λ_{max} 209; 237,5; 249,5; 263,5; 278,5 mμ (A.); ε 44500; 5600; 10500; 15500; 12300. — Polymerisiert im kristallinen Zustand bei Temperaturen oberhalb —60°C. — Isomerisiert bei Alkalibehandlung zur *Undecatriin-(6,8,10)-ol-(4)-saure-(4)* (*Isonemotinsaure*): λ_{max} 207,5; 239; 254; 268,5; 285; 305—308 mμ; ε 11200; 220; 280; 260; 360; 250. — Instabil $[\alpha]_D^{20}$ —3°. — *V.:* Kulturlosungen versch. Basidiomyceten-Arten. — *Wi.:* Antibiotisch; LD_{50} 125 mg/kg (Maus).

4/13 **cis-Undecen-(2)-triin-(4,6,8)-säure-(1)** $CH_3 \cdot [C \vdots C]_3 \cdot CH{:}CH \cdot CH_2 \cdot CO_2H$ cis
MG 172.17 *F* 115—120 (Z.) $C_{11}H_8O_2$

Charakteristik: Krist. (CH_2Cl_2/Hexan). — λ_{max} 329,5; 307,5; 288,5; 272,5; 257,5; 241,0; 230,0; 210,5; 204,0 mμ; ε 12,000; 17,600; 13,300; 7170; 3920; 97,500; 63,800. 37,600; 37,000. — IR-Spektrum: *Jones, E. R. H., P. R. Leeming* u. *W. A. Remers:* J. chem. Soc. (London) **1960**, 2257. — *V.:* In Kulturlösungen v. Drosophila subatrata u. durch alkalische Isomerierung v. Drosophilin C und D.

4/14 **Decen-(2)-diin-(4,6)-säure-(1)-methylester (Lachnophyllumester)** $CH \cdot CH_2 \cdot CH_2 \cdot [C \vdots]_2 \cdot CH{:}CH \cdot COOCH_3$ cis / tr
MG 176.21 *F* 32 $C_{11}H_{12}O_2$

Charakteristik: cis-Form: λ_{max} 224,5; 276; 291,3; 309,4 mμ; ε 35400; 9500; 14400; 15800 (Hexan). — *tr-Form: F* 18,5—19; λ_{max} 223,5; 256,8; 271; 287,2; 305,1 mμ; ε 44000; 6850; 16500; 29000; 10100 (Hexan). — *V.: cis:* u. a. Lachnophyllum gossipinum BGE (Compositae). — *tr.:* Bellis perennis L. (Compositae).

4/15 **Decadien-(2,8)-diinsäure-(1)-methylester (Matricariaester)** $CH_3 \cdot CH{:}CH \cdot [C \vdots C]_2 \cdot CH{:}CH \cdot COOCH_3$ cis cis / cis tr
MG 174.19 *F* 37 $C_{11}H_{10}O_2$

Charakteristik: cis-cis-Form: λ_{max} 232; 246; 259; (301); 314: 336 mμ; ε 22200; 25380; 23060; 12480; 15540; 12900 (Hexan). — *cis-tr-Form: F* 2; λ_{max} 246; 258,2; (285); 314; 335,5; (358) mμ; ε 25100; 22400; 11200; 19500; 15800; 1600 (Hexan). — *V.: cis-cis:* u. a. Matricaria inodora. — *cis-trans:* u. a. Matricaria inodora u. in Kulturlösungen v. Polyporus anthracophilis.

4/16 **Decadiin-(4,6)-en-(8)-säure-methylester (Dihydromatricariaester)**
MG 176.21 $C_{11}H_{12}O_2$ $CH_3 \cdot CH{:}CH \cdot [C \vdots C]_2 \cdot CH_2 \cdot CH_2 \cdot COOCH_3$

Charakteristik: Bei Raumtemperatur flüssig. — λ_{max} 227,5; 238,1; 251,4; 265; 281 mμ; ε 2400; 4900; 11100; 15140; 11350 (Hexan). — *V.:* u. a. Amellus strigorus (Compositae).

4/17 **trans-Decen-(2)-diin-(4,6)-ol-(10)-säure-(1)-methylester** $HOCH_2 \cdot [CH_2]_2 \cdot [C \vdots C]_2 \cdot CH{:}CH \cdot COOCH_3$ tr
MG 176.21 *F* 154—156 $C_{11}H_{12}O_3$

Charakteristik: Krist. (wässr. A.). — *Säure:* λ_{max} 215,0; 223,0; 243,0 (infl.); 258,0 (infl.); 273,0; 287,0; 305,0 mμ; log ε 4,45; 4,53; 3,58; 3,83; 4,08; 4,31; 4,30. — *V.:* In Kulturlösungen v. Polyporus anthracophilis.

4/18 **cis-Undecen-(3)-triin-(5,7,10)-säure-(1) (Drosophilin C)** HC⋮C·CH₂·C⋮C·C⋮C·CH:CH·CH₂CO₂H (cis)

MG 172.17 *F* 97.5—99 $C_{11}H_8O_2$

Charakteristik: λ_{max} 280,5; 264,5; 250,5; 238,0; 226,5; 210,5 mμ; ε 15900; 19700; 13600; 7800; 6100; 46800. — IR-Spektrum: *Jones, E. R. H., P. R. Leeming* u. *W. A. Remers:* J. chem. Soc. (London) **1960**, 2257. — *V.:* In Kulturlösungen v. Drosophila (Psathyrella) subatrata.

4/19 **cis-Undecatrien-(3,9,10)-diin-(5,7)-säure-(1) (Drosophilin D)** CH_2:C:CH·[C⋮C]₂·CH:CH·CH₂·CO₂H (cis)

MG 172.17 *F* 22—28 $C_{11}H_8O_2$

Charakteristik: Krist. (Hexan). — λ_{max} 308,5; 290,5; 274,5; 259,0; 217,0 mμ; ε 18200; 22000; 15100; 9000; 34900. — IR-Spektrum: *Jones, E. R. H., P. R. Leeming* u. *W. A. Remers:* J. chem. Soc. (London) **1960**, 2257. — *V.:* In Kulturlösungen v. Drosophila subatrata.

4/20 **trans-Decen-(2)-diin-(4,6)-disäure-(1,10)-dimethylester** CH₃·OOC·CH₂·CH₂·[C⋮C]₂·CH:CH·COOCH₃ (tr)

MG 220.22 *F* 50—55 $C_{12}H_{12}O_4$

Charakteristik: Krist. (Hexan). — λ_{max} 303; 285; 270; 255 (infl.); 243 (infl.); 223; 214,5 mμ; log ε 4,31; 4,32; 4,08; 3,69; 3,28; 4,54; 4,42. — *V.:* Polyporus anthracophilus u. a. Basidiomyceten.

4/21 **Dodecadien-(5,6)-diin-(8,10)-ol-(4)-säure-(1) (Odyssinsäure)** CH₃·[C⋮C]₂·CH:C:CH·CH(OH)·CH₂·CH₂·CO₂H

MG 204.22 $C_{12}H_{12}O_3$

Charakteristik: $[\alpha]_D^{20}$ +300° (c = 0,25). — λ_{max} 280,5; 265,0; 250,5; 238; 211,0 mμ; log ε 4,09; 4,18; 4,02; 3,77; 4,78. — IR-Spektrum: *Bu'Lock, J. D., E. R. H. Jones* u. *P. R. Leeming:* J. chem. Soc. (London) **1957**, 1097. — Isomerisiert bei Alkalibehandlung zu *Dodecatriin-(6,8,10)-ol-(4)-säure-(1)* (*Iso-odyssinsäure*): *F* 128—130 (Ae./Pentan). — *V.:* In Kulturlösungen versch. Basidiomyceten.

4/22 **Decatriin-(2,4,6)-disäure-(1,10)-dimethylester**

MG 218.20 *F* 45—45.5 $C_{12}H_{10}O_4$ CH₃OOC·CH₂·CH₂·[C⋮C]₃·COOCH₃

Charakteristik: Krist. (Hexan). — λ_{max} 329; 307; 288; 272; 257; 226; 217; 209 mμ; ε 3080; 4800; 3940; 2370; 1150; 102000; 83900; 53800. — IR-Spektrum: *Gardner, J. N., E. R. H. Jones, P. R. Leeming* u. *J. S. Stephenson:* J. chem. Soc. (London) **1960**, 691. — *V.:* In Kulturlösungen v. Basidiomyceten.

4/23 **trans-Undecen-(2)-diin-(4,6)-disäure-(1,11-)-dimethylester** CH₃·OOC·[CH₂]₃·[C⋮C]₂·CH:CH·COOCH₃ (tr)

MG 198.21 *F* unter ~20 $C_{13}H_{14}O_4$

Charakteristik: λ_{max} 304,0; 286,0; 270,0; 255,0 (infl.); 223,0; 216,0 (infl.) mμ; ε 19900; 20500; 12300; 6250; 25300; 25300. — IR-Spektrum: *Jones, E. R. H., P. R. Leeming* u. *W. A. Remers:* J. chem. Soc. (London) **1960**, (**2257**). — *V.:* In Kulturlösungen v. Drosophila subatrata.

4/24 **Tridecatetraen-(3,5,7,8)-diin-(10,12)-säure (Mycomycin)** CH⋮C·C⋮C·CH:C:CH·[CH:CH]₂·CH₂·CO₂H (cis, tr)

MG 198.21 *F* 75 (explosionsartige Z.) $C_{13}H_{10}O_2$

Charakteristik: Farblose Nadeln; $[\alpha]_D^{25}$ −120°; λ_{max} (256); 267; (281) mμ (Ae.); ε 35000; 61000; 67000. — Isomerisiert bei Alkalibehandlung zu *Tridecadien-(3,5)-triin-(7,9,10,)-säure-(1)* (*Isomycomycin*): *F* 140; Krist. (Ae./PAe.); λ_{max} (246); 257,5; 267; 287,5; 305,5; 324; 347 mμ; ε 23000; 58000; 110000; 13000; 27000; 42000; 34000. — IR-Spektrum: *Bohlmann, F.,* u. *H. G. Viehe:* Chem. Ber. **87**, 712 (1954). — *V.:* Nocardia acidophilus (Actinomycetae). — *Wi.:* Antibiotisch.

4/25 **trans-Decen-(2)-triin-(4,6,8)-säure-(1)-isobutylamid** CH₃·[C⋮C]₃·CH:CH·CONH·CH₂·CH(CH₃)₂ (tr)

MG 213.27 *F* 144.5—145.5 (Z.) $C_{14}H_{15}NO$

Charakteristik: Krist. (CCl_4). — UV-Spektrum, IR-Spektrum: *Bohlmann, F.,* u. *H. Jastrow:* Chem. Ber. **95**, 1742 (1962). — *V.:* Achillea-Arten.

4/26 Nemotinsäure-β-D-xylopyranosid

MG 322.30 $C_{16}H_{18}O_7$

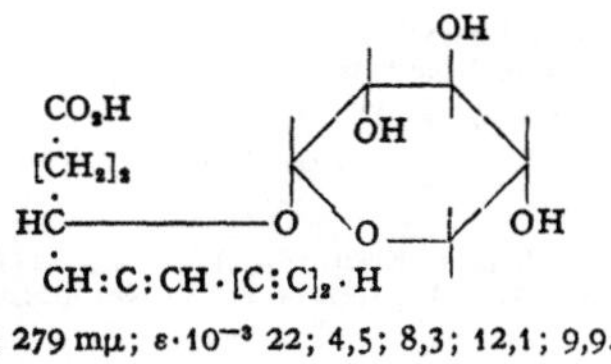

Charakteristik: pKα (H_2O) 4,4; $[\alpha]_D^{20}$ + 237° (c = 0,1); Verteilungskoeff.: Äthylacetat/H_2O 2,0; Äthyläther/H_2O 0,14. — λ_{max} 211; 237,5; 250; 264; 279 mμ; $\varepsilon \cdot 10^{-3}$ 22; 4,5; 8,3; 12,1; 9,9. — *V.:* In Kulturlösungen des Basidiomyceten B 841.

4/27 trans-Octadecen-(11)-in-(9)-ol-(8)-säure-(1) (8-Hydroxyximeninsäure) $CH_3 \cdot [CH_2]_5 \cdot CH:CH \cdot C \vdots C \cdot CHOH \cdot [CH_2]_6 \cdot CO_2H$ (tr)

MG 294.42 *F* 29—34 $C_{18}H_{30}O_3$

Charakteristik: λ_{max} 228,6 mμ; ε 13500. — IR-Spektrum: *Crombie, L.*, u. *B. P. Griffin:* J. chem. Soc. (London) **1958**, 4435. — *V.:* Ximenia caffra Sond.

4/28 Tetradecadien-(2,4)-diin-(8,10)-säure-isobutylamid-(1) (Anacyclin) $CH_3 \cdot CH_2 \cdot CH_2 \cdot [C \vdots C]_2 \cdot CH_2 \cdot CH_2 \cdot$ $\cdot [CH:CH]_2 \cdot CONH \cdot CH_2 \cdot CH(CH_3)_2$

MG 271.39 *F* 121 $C_{18}H_{25}NO$

Charakteristik: λ_{max} 258,5 mμ; ε 34800. — *V.:* Anacyclus pyrethrum DC.

4/29 trans-Octadecen-(13)-diin-(9,10)-säure-(1) $CH_3 \cdot [CH_2]_3 \cdot CH:CH \cdot [C \vdots C]_2 \cdot [CH_2]_7 \cdot CO_2H$ (tr)

MG 274.39 $C_{18}H_{26}O_2$

Charakteristik: λ_{max} 214,5; 229; 240; 252,5; 266,5; 282 mμ; ε 58500; 3500; 7000; 14900; 23300; 17000. — IR-Spektrum: *Crombie, L.*, u. *J. C. Williams:* J. chem. Soc. (London) **1962**, 2449. — *V.:* Ximenia americana, Exocarpus cupressiformis.

4/30 trans-Octadien-(11,13)-in-(9)-säure-(1) $CH_3 \cdot [CH_2]_3 \cdot CH:CH \cdot C \vdots C \cdot [CH_2]_7 \cdot CO_2H$ (tr)

MG 276.40 *F* 46—46.5 $C_{18}H_{28}O_2$

Charakteristik: λ_{max} 266,5; 277; λ_{min} 274 mμ; ε 31100; 30500; 28300. — IR-Spektrum: *Hatt, N. H., A. C. Triffett* u. *P. C. Wailes:* Australian J. Chem. **13**, 488 (1960); ref. C. A. **55**, 8301 i (1961). — *V.:* Ximenia americana u. a.

4/31 Octadecen-(17)-diin-(9,11)-ol-(8)-säure-(1) (Isanolsäure)

MG 290.39 $C_{18}H_{26}O_3$ $CH_2:CH \cdot [CH_2]_4 \cdot [C \vdots C]_2 \cdot CHOH \cdot [CH_2]_6 \cdot CO_2H$

Charakteristik: Flüssig; n_D^{50} 1,4924. — UV-Spektrum: *Seher, A.*: Liebigs Ann. Chem. **589**, 222 (1954). — *V.:* Ongokea-Arten.

4/32 Octadecen-(11)-in-(9)-säure-(1) (Ximeninsäure, Santalbinsäure) $CH_3 \cdot [CH_2]_5 \cdot CH:CH \cdot C \vdots C \cdot [CH_2]_7CO_2H$ (tr)

MG 278.42 *F* 39—40 $Kp_{0,075}$ 198 $C_{18}H_{30}O_2$

Charakteristik: Krist. (PAe.). — λ_{max} 229 mμ; ε 16600. — IR-Spektrum: *Crombie, L.*, u. *A. G. Jacklin:* J. chem. Soc. (London) **1957**, 1622. — *V.:* Genus Ximenia u. Santalum.

4/33 Octadecin-(6)-säure-(1) (Taririnsäure)

MG 280.44 *F* 50—51 $C_{18}H_{32}O_2$ $CH_3 \cdot [CH_2]_{10} \cdot C \vdots C \cdot [CH_2]_4 \cdot CO_2H$

Charakteristik: Krist. (A.). — *V.:* Picramnia-Arten.

4/34 Octadecadiin-(8,10)-en-(17)-säure-(1) (Isansäure) $CH_2:CH \cdot [CH_2]_2 \cdot CH_2 \cdot CH_2 \cdot$ $\cdot [C \vdots C]_2 \cdot [CH_2]_7 \cdot CO_2H$

MG 274.39 *F* 39.5 $C_{18}H_{26}O_2$

Charakteristik: Krist. (A.). — n_D^{50} 1,49148; λ_{max} 227,5; 240,0; 266,6; 253,0; 282,4 mμ; ε 1167 870; 870; 700; 700. — *V.:* Ongokea-Arten.

4/35 all-trans-Decadien-(2,8)-diin-(4,6)-säure-(1)-decadien-(2,8)-diin-(4,6)-ol-(1)-ester

MG 288.33 *F* 125—127.5 $C_{20}H_{16}O_2$

$CH_3 \cdot CH:CH \cdot [C \vdots C]_2 \cdot CH:CH \cdot CO_2 \cdot CH_2 \cdot CH:CH \cdot [C \vdots C]_2 \cdot CH:CH \cdot CH_3$ (tr, tr, tr, tr)

Charakteristik: Krist. (A.). — λ_{max} 213,0; 233,0 (infl.); 238,5; 246,0 (infl.); 259,0; 277,5; 295,0; 320; 335,0 mμ; log ε 4,66; 4,71; 4,72; 4,68; 4,45; 4,36; 4,55; 4,58; 4,28. — *V.:* In Kulturlösungen v. Polyporus anthracophilis.

4/36 **10-[Decadien-(2',8'-tr)-diin-(4',6')-yl-(1')]-hydroxy-decen-(2-tr)-diin-(4,6)-säure-(1)-methylester**

MG 334.35 *F* 92–94 $C_{21}H_{18}O_4$

$CH_3·CH{:}CH·[C⋮C]_2·CH{:}CH·CO_2·[CH_2]_3·[C⋮C]_2·CH{:}CH·CO_2CH_3$
tr tr

Charakteristik: Krist. (PAe.). — λ_{max} 223,0; 246,5; 259,0; 287,0; 305,0; 334,0 mμ; ε 4,72; 4,45; 4,42; 4,52; 4,57; 4,22. — *V.:* In Kulturlösungen v. Polyporus anthracophilis.

5. Isocyclen

5/1 **1-Phenyl-pentadiin-(2,4)**

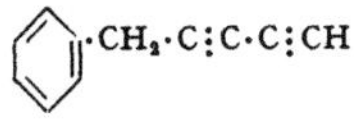

MG 140.2 $Kp_{0.001}$ 45–50 $C_{11}H_8$

Charakteristik: n_D^{22} 1.5726; λ_{max} 267; 263; 257; 252; 247; 238,5; 226; 206,5; 196 mμ (Hexan); ε 115; 184; 270; 400; 310; 560; 660; 12000; 19000. — IR-Spektrum: *Bohlmann, F.*, u. *K. M. Kleine:* Chem. Ber. **95**, 39 (1962). — *V.:* Artemisia Dracunculus L.

5/2 **1-Phenyl-hexadiin-(2,4)-on-(1) (Capillin)**

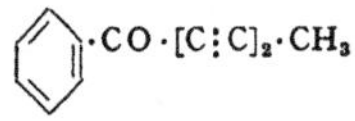

MG 168.18 *F* 82 $C_{12}H_8O$

Charakteristik: Krist. (PAe.). — λ_{max} 293,5; 297,5; 265 mμ. — *V.:* Chrysanthemum frutescens L., Artemisia capillaris L.

5/3 **1-Phenyl-hexadiin-(2,4) (Capillen)**

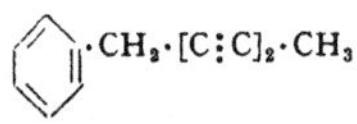

MG 154.20 *F* 0–1 Kp_{10} 140–143 Kp_1 100–101 Kp_5 123–124 $C_{12}H_{10}$

Charakteristik: n_D^{20} 1.5802; 1.5695; 1,5810; n_D^{21} 1.5792. — λ_{max} 267; 263,5; 257; 252; 238,5; 206,5; 196 mμ; ε 165; 220; 330; 440; 560; 12800; 22000. — IR-Spektrum: *Bohlmann, F.*, u. *K. M. Kleine:* Chem. Ber. **95**, 39 (1962). — *V.:* Artemisia capillaris, Agropyrum repens L., Artemisia Dracunculus L. — *Wi.:* Bakteriostatisch.

5/4 **1-Phenyl-heptatriin-(1,3,5)**

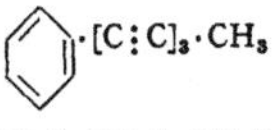

MG 164.19 *F* 55–56 $C_{13}H_8$

Charakteristik: Krist. (PAe.). — λ_{max} 330,9; 309,7; 290,8; 273,5; 259,0; 250,4; 238,0 mμ. — IR-Spektren: *Sörensen, J. S*, u *N. A. Sörensen:* Acta Chem. Scand. **12**, 765 (1958). — *V.:* Coreopsis grandiflora Hogg. ex Sweet, Bidens spec.

5/5 **1-Phenyl-hexadiin-(2,4)-ol-(1)-acetat**

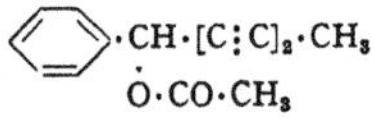

$C_{14}H_{12}O_2$

Charakteristik: Öl; Rotationsdispersion:

λ	578	546	436	405	365	
$[\alpha]^{21°}$	+44°	+52°	+100°	+127°	+185°	(c = 2,2 Ae.)

λ_{max} 257; 243 mμ; ε 830; 1230. — *-Alkohol: F* 106; Krist. (Ae./PAe.); Rotationsdispersion:

λ	578	546	436	405	365	
$[\alpha]^{21°}$	+19°	+22°	+42°	+54°	+83°	(c = 12,0 Ae.)

λ_{max} 256; 241 mμ; ε 505; 775. — IR-Spektren: *Bohlmann, F.*, u. *K. M. Kleine:* Chem. Ber. **95**, 39 (1962). — *V.:* Chrysanthemum frutescens.

5/6 **7-Phenyl-hepten-(2)-diin-(4,6)-ol-(1)-acetat**

MG 224.25 *F* 45–46 $C_{15}H_{12}O_2$

Charakteristik: Krist. (PAe.). — λ_{max} 222; 245; 253; 263; 281; 298; 317,5 mμ; ε 32000; 37200; 40800; 15200; 25700; 32400; 27600 (Hexan). — IR-Spektrum: *Bohlmann, F., Ch. Arndt, H. Bornowsky, H. Jastrow* u. *K. M. Kleine:* Chem. Ber. **95**, 1315 (1962.) — *V.:* Coreopsis-Arten und Bidens-Arten.

6. Heterocyclen

6/1 **Decatrien-(2,4,8)-in-(6)-olid-(5,1) (Composit-Cumulen I)**

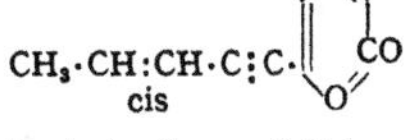

MG 160.16 *F* 37.5 $C_{10}H_8O_2$

Charakteristik: λ_{max} 342,5 mμ; ε 27000. — *V.:* Matricaria inodora und Erigeron uniflorus.

6/2 Undecadien-(5,6)-diin-(8,10)-olid-(4,1) (Nemotin)

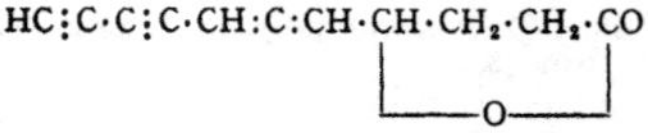

MG 172.17 *F* 50–60 (Z.) $C_{11}H_8O_2$

Charakteristik: Sehr leicht zersetzlich im kristallinen Zustand; bei −60° stabil, oberhalb von −60°C in ätherischer Lösung besser haltbar; $[\alpha]_D^{17}$ +380° — λ_{max} 208,5; 236,5; 249; 262,5; 278 mμ (A.). — Isomerisiert bei Alkalibehandlung zu *Undecen-(4)-triin-(6,8,10)-säure-(1)* (*Nemotin A*): λ_{max} 204,5; 211,5; (223); 230; 241; 258; 272; 288,5; 307; 328 mμ; ε 26000; 23500; 30000; 59000; 85000; 2800; 6000; 12000; 15500; 11000. — *V.:* In Kulturlösungen verschiedener Basidiomyceten-Arten. — *Wi.:* Antibiotisch. LD_{50} 125 mg/kg Maus.

6/3 Dodecadien-(5,6)-diin-(8,10)-olid-(4,1) (Odyssin)

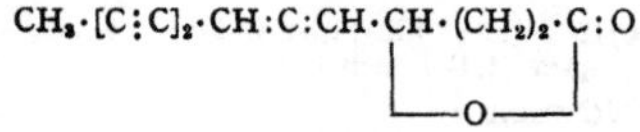

MG 186.20 $C_{12}H_{10}O_2$

Charakteristik: $[\alpha]_D^{20}$ +360° (c = 0,2); λ_{max} 280,0; 264,0; 250,0; 237,5; 210,0 mμ; ε 4,10; 4,20; 4,03; 3,75; 4,78. — IR-Spektrum: *Bu'Lock, J. D., E. R. H. Jones* u. *P. R. Leeming:* J. chem. Soc. (London) **1957**, 1097. — Isomerisiert bei Alkalibehandlung zu *Dodecaen-(4)-triin-(6,8,10)-säure-(1)* (*Odyssin A*). — *V.:* In Kulturlösungen versch. Basidiomyceten.

6/4 Tridecadien-(1,3)-triin-(7,9,11)-epoxyd-(5,6)

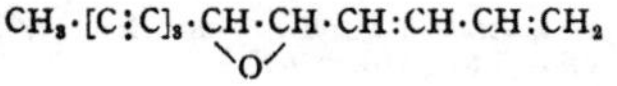

MG 182.2 *F* 66 $C_{13}H_{10}O$

Charakteristik: Krist. (PAe.). — Rotationsdispersion:

λ	578	546	436	405	365	
$[\alpha]^{20°}$	−264°	−302°	−532°	−640°	−718°	(c = 0,4 Ae.)

UV-Spektrum, IR-Spektrum: *Bohlmann, F., Ch. Arndt, H. Bornowski, H. Jastrow* u. *K. M. Kleine:* Chem. Ber. **95**, 1320 (1962). — *V.:* Anthemis Cota L.

6/5 Tridecadien-(1,5)-triin-(7,9,11)-epoxid-(3,4) (Pontica-epoxyd)

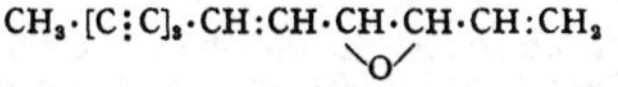

MG 182.2 *F* 66 $C_{13}H_{10}O$

Charakteristik: Krist. (PAe.). — λ_{max} 333,5; 311,5; 292; 275,5; 250,5; (243,5) mμ; ε 19800; 23300; 21000; 11100; 75000; 64500. — IR-Spektrum: *Bohlmann, F., Ch. Arndt* u. *H. Bornowski:* Chem. Ber. **93**, 1937 (1960). — *V.:* Tribus Anthemideae.

6/6 2-[Hexadiin-(2,4)-yliden]-1,6-dioxa-spiro[4,4]-nonen-(3)

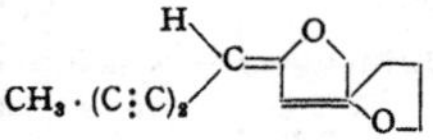

(stereoisomer zu 6/10)

MG 200.2 *F* 48.6–49.5 $C_{13}H_{12}O_2$

Charakteristik: Krist. (PAe.). — Rotationsdispersion:

λ	D	578	546	436	405	
[α]	−45,3°	−44,6°	−44,0°	+15,3°	+116°	(c = 1,898)

λ_{max} 317; 263; 248; 235; 225; 217 mμ; ε 19500; 4500; 4500; 6170; 12700; 12140. — IR-Spektrum: *Bohlmann, F., P. Herbst, Ch. Arndt, H. Schönowsky* u. *H. Gleining:* Chem. Ber. **94**, 3193 (1961). — *V.:* Matricaria matricarioides L.; Matricaria chamomilla L.; Tribus Anthemideae sehr verbreitet.

6/7 Tridecen-(3)-tetrain-(5,7,9,11)-epoxyd-(1,2)

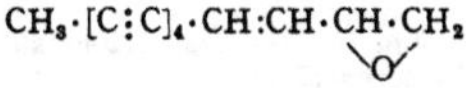

MG 180.19 $C_{13}H_8O$

Charakteristik: $[\alpha]_D^{21}$ +75,1° (Chlf.). — λ_{max} 374; 347; 323,5; 303; 285; 272; 258; 239; 229; 219 mμ; ε 12000; 18700; 16000; 9800; 6650; 155100; 107600; 81400; 77100; 61200. — IR-Spektrum: *Bohlmann, F., W. Sucrow, H. Jastrow* u. *H. J. Koch:* Chem. Ber. **94**, 3179 (1961). — *V.:* Centaurea ruthenica LAM.

6/8 2-[Hexadiin-(2,4)-yliden]-1,6-dioxa-spiro-[4,4]-nonadien-(3,7)

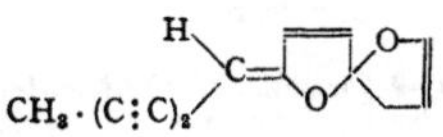

(stereoisomer zu 6/13)

MG 198.2 *F* 111 $C_{13}H_{10}O_2$

Charakteristik: Krist. (PAe./Ae.). — Rotationsdispersion:

λ	D	578	546	436	405	365	
[α]	−444°	−478°	−565°	−1265°	−1772°	−2300°	(c = 2,043)

λ_{max} (339); 318,5; 313–308; (269); 253; 240; 234–231; 219 mμ; ε (12800); 22900; 22000; (5700); 3900; 10000; 10400; 12900. — NMR- u. IR-Spektrum: *Bohlmann, F., P. Herbst, Ch. Arndt, H. Schönowsky* u. *H. Gleining:* Chem. Ber. **94**, 3193 (1961). — *V.:* Chrysanthemum leucanthemum L.

6/9 1-[2',3'-Dihydrofuryl-(2')]-nonen-(1)-triin-(3,5,7)
MG 182.2 *F* 58 $C_{13}H_{10}O$

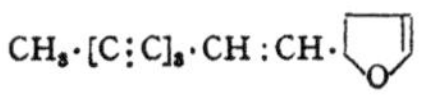

Charakteristik: Krist. (PAe.). — Rotationsdispersion:

λ	578	546	436	405	
$[\alpha]^{21°}$	−352°	−408°	−795°	−1010°	(c = 1,975)

λ_{max} 330; 308.5; 290; 273; 258; 241; 230 mμ; ε 10900; 15600; 11500; 6300; 4150; 107500; 7200. — IR-Spektrum: *Bohlmann, F., P. Herbst, Ch. Arndt, H. Schönowsky* u. *H. Gleining:* Chem. Ber. **94**, 3193 (1961). — *V.:* Chrysanthemum leucanthemum L.

6/10 2-[Hexadiin-(2,4)-yliden]-1,6-dioxa-spiro-(4,4)-nonen-(3)
MG 200.2 $C_{13}H_{12}O_2$

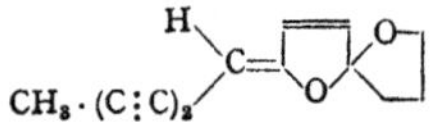

(stereoisomer zu 6/6)

Charakteristik: Nicht kristallin erhalten. — $[\alpha]_D^{20,5}$ −104,4° (c = 2,436). — λ_{max} 319; 310; 268 253; 237; 217 mμ (Ae.); ε 21700; 21700; 5450; 4070; 9860; 14600. — IR-Spektrum, NMR-Spektrum: *Bohlmann, F., P. Herbst, Ch. Arndt, H. Schönowsky* u. *H. Gleining:* Chem. Ber. **94**; 3193 (1961). — *V.:* Matricaria matricarioides L.; Matricaria chamomilla L. u. Tribus Anthemideae; sehr verbreitet.

6/11 all-trans-1-Furyl-(2')-nonadien-(1,7)-diin-(3,5) (Atractylodin)
MG 182.21 *F* 52 $C_{13}H_{10}O$

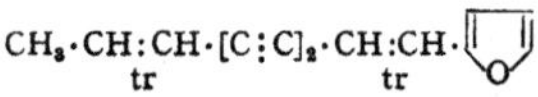

Charakteristik: λ_{max} 354; 336; 272; 258 mμ. — IR-Spektrum: *Hikino, H.,* u. *Yasuko Sasaki:* Chem. Pharm. Bull. (Tokyo) **8**, 949 (1960); ref.: C. A. 27256 b (1961). — *V.:* Atractylodes japonica.

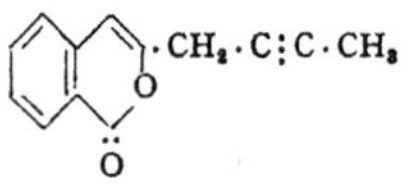

6/12 3-Butin-(2')-yl-isocumarin (Capillarin)
MG 198.21 *F* 124 $C_{13}H_{10}O_2$

Charakteristik: Krist. (Ae./PAe.). — UV-Spektrum, IR-Spektrum: *Bohlmann, F.,* u. *K. M. Kleine:* Chem. Ber. **95**, 39 (1962). — *V.:* Artemisia capillaris u. a. Compositen.

6/13 2-(Hexadiin-(2,4)-yliden)-1,6-dioxa-spiro-(4,4)-nonadien-(3,7)
MG 198.2 *F* 75.5 $C_{13}H_{10}O_2$

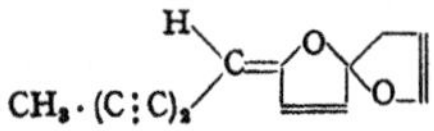

(stereoisomer zu 6/8)

Charakteristik: Krist. (PAe.). — Rotationsdispersion:

λ	D	578	546	436	405	
[α]	−119°	−124°	−139°	−190°	−170°	(c = 0,47)

λ_{max} 316; 263,5; 248; 235; 221—219 mμ; ε 19500; 5600; 6000; 13200; 14700. — IR-Spektrum, NMR-Spektrum: *Bohlmann, F., P. Herbst, Ch. Arndt, H. Schonowsky* u. *H. Gleining:* Chem. Ber. **94**, 3193 (1961). — *V.:* Chrysanthemum leucanthemum L.

6/14 1-Furyl-(2')-3-phenyl-propin-(1) (Carlinaoxyd)
MG 182.21 Kp_{20} 167—168 $C_{13}H_{10}O$

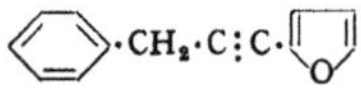

Charakteristik: λ_{max} 250 mμ; ε 18000. — *V.:* Carlina acaulis L. — *Wi.:* Bakteriostatisch.

6/15 2-[Hexadiin-(2,4)-yliden]-1,6-dioxa-spiro-[4,5]-decen-(3)
MG 214.3 *F* 82—84 $C_{14}H_{14}O_2$

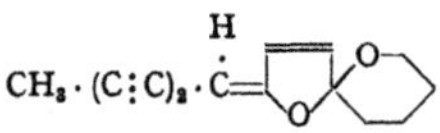

Charakteristik: Krist. (PAe.). — $[\alpha]_{546}^{20}$ +29° (c = 2,0 Chlf.) $[\alpha]_{546}^{20}$ −18,5° (c = 0,7). — λ_{max} 320,5; 310; 253,5; 240; 212 mμ; ε 22200; 22400; 4050; 9650; 13600. — IR-Spektrum, NMR-Spektrum: *Bohlmann, F., P. Herbst, Ch. Arndt, H. Schönowsky* u. *H. Gleining:* Chem. Ber. **94**, 3193 (1961). — *V.:* Chrysanthemum vulgare L.

6/16 3-Acetoxy-2-[hexadiin-(2,4)-yliden]-1,6-dioxa-spiro-[4,4]-nonan
MG 260.3 *F* 103 $C_{15}H_{16}O_4$

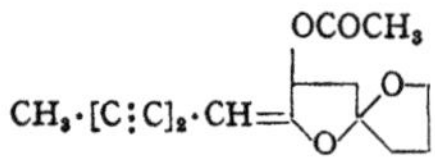

Charakteristik: Krist. (PAe.). — Rotationsdispersion:

λ	D	576	546	436	405	365	
[α]	+54,5	+60,0	+73,0	−192	+279	+537	(c = 1,25)

λ_{max} 291,5; 276; 263; 222; 214 mμ; ε 13300; 15800; 11100; 33500; 30600. — IR-Spektrum: *Bohlmann, F., P. Herbst, Ch. Arndt, H. Schönowsky* u. *H. Gleining:* Chem. Ber. **94**, 3193 (1961). — *V.:* Chrysanthemum leucanthemum L.

6/17 **9-Acetoxy-2-[hexadiin-(2,4)-yliden]-1,6-dioxa-spiro-[4,4]-nonadien-(3,7)**

MG 256.3 *F* 123 $C_{15}H_{12}O_4$

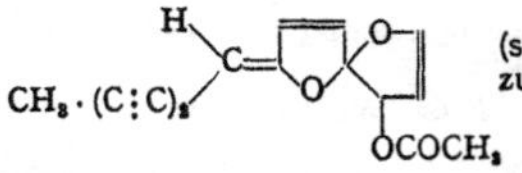

(stereoisomer zu 6/18)

Charakteristik: Krist. (Ae./PAe.). — Rotationsdispersion:

λ	D	578	546	436	405	365	
[α]	−868°	−984°	−1131°	−2620°	−3770°	−7800°	(c = 0,87)

λ_{max} 337; 317 5; 306; 255; 249,5; 233 mμ; ε 14300; 24500; 22700; 4600; 12100; 12500. — IR-Spektrum: *Bohlmann, F., P. Herbst, Ch. Arndt, H. Schönowsky* u. *H. Gleining:* Chem. Ber. **94**, 3193 (1961). — *V.:* Chrysanthemum leucanthemum L.

6/18 **9-Acetoxy-2-(hexadiin-(2,4)-yliden)-1,6-dioxa-spiro-(4,4)-nonadien-(3,7)**

MG 256.3 *F* 91 $C_{15}H_{12}O_4$

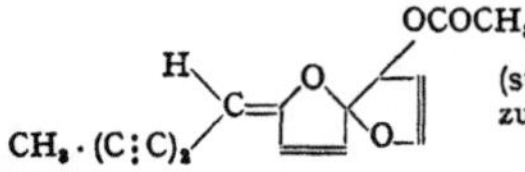

(stereoisomer zu 6/17)

Charakteristik: Krist. (PAe./Ae.). — Rotationsdispersion:

λ	D	578	546	436	405	
[α]	+59°	+67,5°	+82,2°	+219°	+351°	(c = 0,572)

λ_{max} (326); 313,5; 265; (250−248); (238−233); (229−226) mμ; ε (17850); 20600; 5800; (5400); (13100); (13400). — *Alkohol: F* 102 (Ae./PAe.); $[\alpha]_D^{20}$ +44° (c = 0,84). — λ_{max} 315,5; 264,5; (249); (239,5) mμ; ε 19050; 5600; (5750); (12200). — IR-Spektren: *Bohlmann, F., P. Herbst, Ch. Arndt, A. Schönowsky* u. *H. Gleining:* Chem. Ber. **94**, 3193 (1961). — *V.:* Chrysanthemum leucanthemum L.

Alicyclen

Von **W. Riedl**, München-Weihenstephan

1. Cyclopentane, Cyclopentene

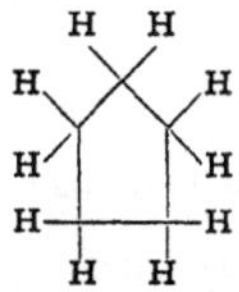

1/1 **Cyclopentan**

MG 70.13 D_4^{20} 0.7510 *F* −93.3 *Kp* 49.5

Charakteristik: Flüss.; n_D^{15} 1.4094; sll. in A., Ae.; swl. mit rotgelber Farbe in 2 Volumteilen rauchender H_2SO_4 (10%ig. SO_3-Gehalt); unl. in W.

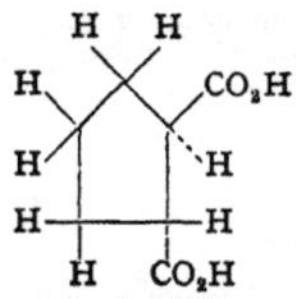

1/2 **trans-Cyclopentan-dicarbonsäure-(1,2) (optisch inaktiv)**

MG 159.15 *F* 162−63 *Kp* dest. fast unzers.

Charakteristik: Warzenförm. Kristalldrusen (W.); ll. in h. W., A., h. Essigester; wl. in Ae. — *Wi.:* Antagonist der Bernsteinsäure. — *Monomethylester:* Nadeln (A. + W.); *F* 45. — *Dimethylester:* $D_4^{19.1}$ 1.1130; Kp_{17} 118.5−19; $n_D^{17.8}$ 1.4490.

1/3 **Hydnocarpussäure (D-11-(Cyclopentenyl)-undecansäure)**

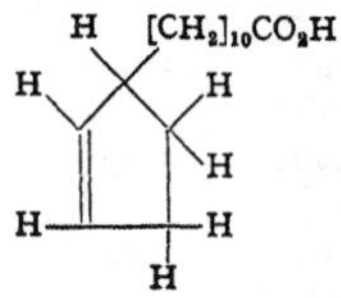

MG 252.38 *F* 59−60

Charakteristik: Blätt. (A., Essigester); $[\alpha]_D^{20}$ +70° (Chlf.); wl. i. d. meist. Lsgm. — *V.:* In Samen v. Hydnocarpus wightiana u. H. anthelmintica. — *Wi.:* Bakterizid gegen Mycobacterium tuberculosis u. leprae bei Konz. 1:100000. — *Methylester:* Erstarrend. Öl: *F* ∼8; Kp_{10} 182−83; $[\alpha]_D$ +62.4° (Chlf.). — *Äthylester:* Farbl. Öl; D_4^{20} 0.9081; Kp_3 143−44; n_D^{25} 1.4582; $[\alpha]_D$ +70.6° (Chlf.). — *Amid:* Nadeln (A.); *F* 112−13; $[\alpha]_D^{30}$ +70.2° (Chlf.).

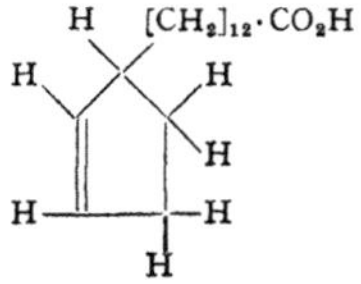

1/4 D-Chaulmoograsäure (D-13-(Cyclopentenyl)-tridecansäure)

MG 280.44 *F* 69 *Kp*$_{20}$ 247–48

Charakteristik: Silberglanz. Blatt. (90%ig. A.), Tafeln (Essigester); ll. in Ae., Chlf.; l. in organ. Lsgm.; $[\alpha]^{25}_{D}$ +62.2° (Chlf.). – *V.:* u. a. im Öl der Samen von Hydnocarpus venenata Gartner, im Öl der Samen v. Taraktogenos kurzii. – *Methylester:* *Kp*$_{10}$ 198–99. – *Äthylester:* Öl; *Kp*$_{21}$ 230; D^{10}_{10} 0.91064; $n^{15.4}_{D}$ 1.46000; $[\alpha]^{20}_{D}$ +50.7° (Chlf.). – *Chaulmoogrylester:* Rosetten; *F* 42. – *Amid:* Krist. (A.); *F* 106; $[\alpha]^{25}_{D}$ + 57.3° (Chlf.).

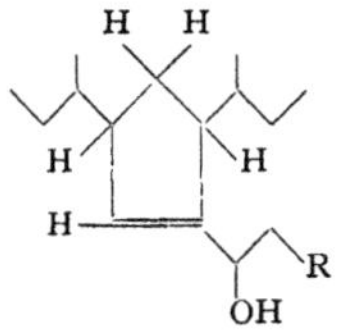

1/5 Auxine

V.: In pflanzl. u. tier. Material. – *Wi.:* Pflanzl. Wuchsstoff.

Name	R	*F*	*Charakteristik*
Auxin a *MG* 328.44 D^{19}_{4} 1.292	$-CH(OH)-CH(OH)-CO_2H$	196	Hexagon. Krist. (A. + Lg.); ll. in Me.; l. in A.; wl. in W., Ae.; unl. in PAe., Ae., Bzl.; $[\alpha]^{20}_{D}$ –3.19° (A.). Isomerisiert sich in einigen Monaten (biol. inaktiv). – *Darst.:* Aus Urin und Hefe. – *Lacton* $C_{18}H_{30}O_4$: Nadeln (verd. Ae.); *F* 173; $[\alpha]^{20}_{D}$ –3.44° (A.).
Auxin b *MG* 310.42 D^{20}_{4} 1.269	$-C(=O)-CH_2-CO_2H$	183	Krist. (A. + Lg.); l. in A., Ae.; leicht oxydierbar; Isomerisierung wie Auxin a; $[\alpha]_D$ –2.8° (A.). – *Darst.:* Aus Roggenkeimol, Malzextrakt, Erdnussen, Sonnenblumen, Senf- u. Leinsamenol.

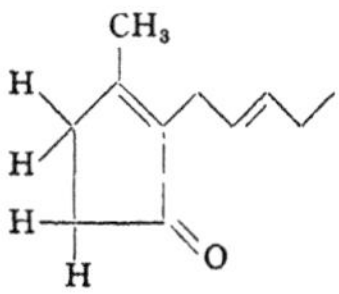

1/6 Jasmon (1-Methyl-2-β-pentenyl-cyclopenten-(1)-on-(3))

MG 164.24 D^{22}_{4} 0.9437 *Kp*$_5$ 109–10

Charakteristik: Farbl. Öl, riecht jasminartig, wird beim Aufbewahren dunkel; n^{22}_{D} 1.4979. – *V.:* In Blutenöl v. Jasminum grandiflorum. – *Oxim* $C_{11}H_{17}ON$: Nadeln (verd. A.); *F* 45; Wasserdampf-flüchtig. – *Semicarbazon* $C_{12}H_{19}ON_3$: Krist. (A.); *F* 209.5–10.

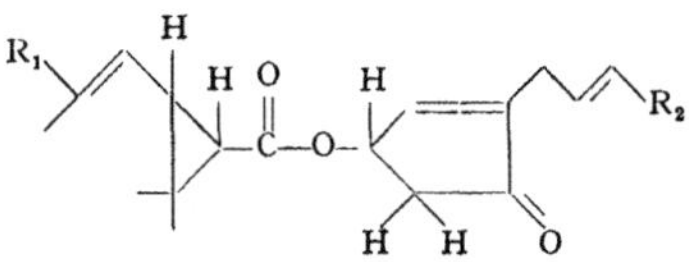

1/7 Rethrine

V.: Chrysanthemum cinerariae folium Vis. – *Wi.:* Insekticid.

Name	R_1	R_2	*Charakteristik*
Pyrethrin I *MG* 313.40	CH_3-	$CH_2=CH-$	*Kp*$_{0.0005}$ 146–50; Öl; n^{20}_{D} 1.5242; $[\alpha]^{20}_{D}$ –14° (Isooctan).
Pyrethrin II *MG* 357.41	CH_3OOC-	$CH_2=CH-$	*Kp*$_{0.007}$ 192–93; Öl; n^{20}_{D} 1.5355; $[\alpha]^{19}_{D}$ +14.7° (Isooctan + Ae.).
Cinerin I *MG* 301.4	CH_3-	CH_3-	*Kp*$_{0.008}$ 136–38; Öl; n^{20}_{D} 1.5064; $[\alpha]^{20}_{D}$ –22° (Hexan).
Cinerin II *MG* 345.40	CH_3OOC-	CH_3-	*Kp*$_{0.001}$ 182–84; Öl; n^{20}_{D} 1.5183; $[\alpha]^{16}_{D}$ +16° (Isooctan).

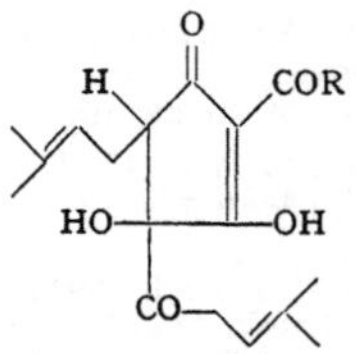

1/8 Iso-humulone

bzw. tautomere Formen sowie Stellungs- bzw. Stereoisomere

V.: In gehopften Bieren. — *Verwend.:* Amara.

Name	R	*MG*	*Charakteristik*
Isohumulon rechtsdrehend	$(CH_3)_2CH \cdot CH_2-$	362.45	*F* 133—34; farbl. Krist. (Me.): $[\alpha]_D^{26}$ +112° (Me.).
Isohumulon linksdrehend	„	„	*F* 134—35; farbl. Krist. (Me.); $[\alpha]_D^{25}$ —60.6° (Me.).
Isohumulon opt. inaktiv	„	„	*F* 145—46; farbl. Prismen (Hexan).
ölige Iso-humulone	„	„	$Kp_{0.005}$ 125—50; mindestens 3 Komponenten, z. Tl. opt. aktiv.
Iso-co-humulone	$(CH_3)_2CH-$	348.42	Gelbl. Öl, mehrere Komponenten.
Iso-ad-humulone	H_5C_2, H_3C > CH–	362.45	Farbl. Öl, mehrere Komponenten, schmeckt bitterer als die anderen Isohumulon-Gemische.

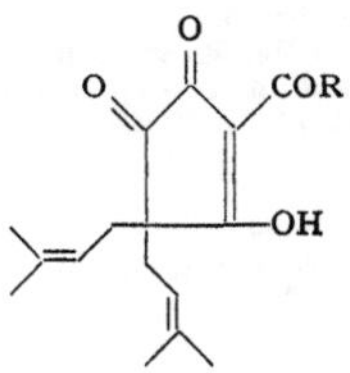

1/9 Hulupone

V.: In Humulus lupulus. — *Verwend.:* Amara.

Name	R	*MG*	*Charakteristik*
Hulupon	$(CH_3)_2CH \cdot CH_2-$	332.42	Gelbl. Öle, 0,03 W. 20°; p_K 2.7
Co-hulupon	$(CH_3)_2CH-$	318,4	
Ad-hulupon	H_5C_2, H_3C > CH–	332.42	

2. Cyclohexane, Cyclohexene, Cyclohexadiene

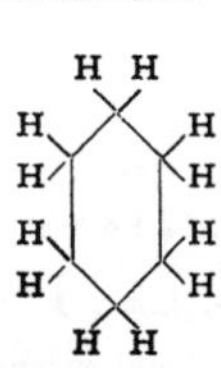

2/1 Cyclohexan (Hexahydrobenzol, Hexamethylen)

MG 84.16 D_4^{20} 0,7791 *F* 6.5 *Kp* 80.80
FlP —26

Charakteristik: Fl.; n_D^{15} 1.42900; ∞ l. in Me., A., höh. A., Ae., Kohlenwasserstoffen u. chlorierten KW., höhermolekularen Fettsren. u. Aminen; unl. in W. — *Verwend.:* Lösungsmittel.

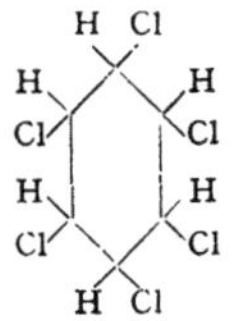

2/2 1,2,3,4,5,6-Hexachlorcyclohexan (Benzolhexachlorid)

MG 290.85 D_4^{20} (α) 1.87 (trans) D_4^{14} (β) 1.89 (cis)
F α: 158, β: 310, γ: 112–13, δ: 136–37, ε: 216–17 *Kp* α: 288 (Z.), β: subl.

Charakteristik: α: farbl. monokl. Prismen; β: farbl. Krist.; γ: Nadeln (A.); δ: Tafeln. — *Wi.:* γ-Form 100mal insektizider als α- u. δ-Isomeres; β- u. ε-Form unwirksam. — *Löslichkeit:* In W.: α unl., β unl., γ unl., δ (unbekannt); in A.: α ll. (h.); β wl.; γ l.; δ ll. (h.); in Chlf.: α 4.35; β 0.13^{15}; γ 1.5; δ ll. (h.); in Bzl.: α 6.5^{18}; β 1.0^{22}; γ (unbekannt), δ ll. (h.); in Anilin: α ll.; β unbekannt, γ l. (h.), δ (unbekannt); in Eg.: α (unbekannt); β 2.89^{16}; γ l., δ l. (h.).

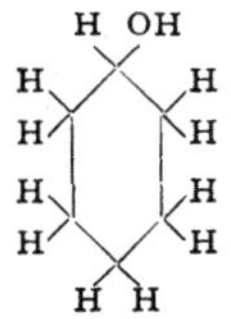

2/3 Cyclohexanol

MG 100.16 D_4^{22} 0,9471 *F* 25 *Kp* 160–61
FlP 68

Charakteristik: Sehr hygroskop. Nadeln; n_D^{22} 1.4650; 4 W.; riecht campherartig. — *Verwend.:* Techn. Lösungsmittel (Hexalin). — *Wi.:* Baktericid.

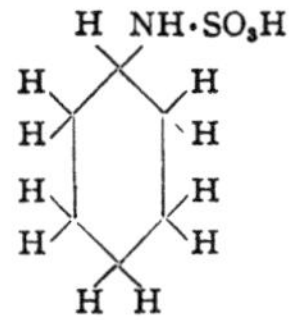

2/4 Cyclohexansulfaminsäure (N-Cyclohexylsulfaminsäure, „Cyclaminsäure")

MG 179.24 *F* 169–70

Charakteristik: Süß-sauer schmeckende Krist.; swl. in k. W.; wird langsam von h. W. hydrolysiert; starke einbasische Säure. — *Na-Salz „Natriumcyclamat"* $C_6H_{11}NH \cdot SO_3Na$: Krist., schmecken angenehm suß; ll. in W.; unl. in A., Ae., Bzl., Chlf.; 10%ig. Lsg. p_H 5.5–7.5. — *Ca-Salz „Calciumcyclamat"* $(C_6H_{11}NH \cdot SO_3)_2Ca$: Krist. — *Verwend.:* Na-Salz als Sußstoff.

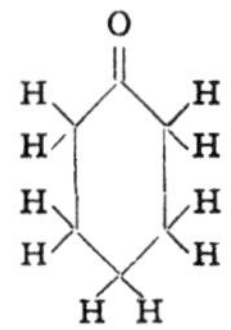

2/5 Cyclohexanon

MG 98.14 D_4^{19} 0.9467 *F* –45 *Kp* 155–56
FlP 63

Charakteristik: Bewegl. Flüss.; n_D^{19} 1.4503; 15 W. 10°, 5 W. 30°; l. in A., Ae., organ. Lsgm.; W. in Cyclohexanon 8.7 g/100 cm³ 20°; wird durch Ammonsulfat ausgesalzen, riecht aceton- u. pfefferminzartig. — *Oxim:* Prismen; *F* 89–90. — *Semicarbazon:* *F* 166–67. — *2,4-Dinitrophenylhydrazon:* *F* 166. — *Wi.:* Fungicid, insekticid.

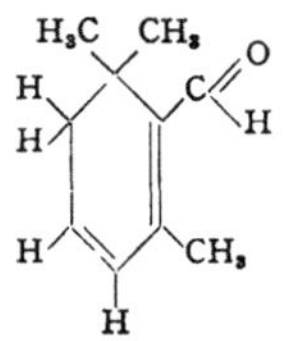

2/6 Safranal (1,1,3-Trimethyl-2-formylcyclohexadien-(2,4))

MG 150.21 D_4^{19} 0.9734 Kp_{14} 93

Charakteristik: Öl, durchdringender Safrangeruch; n_D^{19} 1.5281. — *Wi.:* Als Androtermon. — *Semicarbazon* $C_{11}H_{17}ON_3$: Krist.; *F* 162–63 (Me.).

R=H

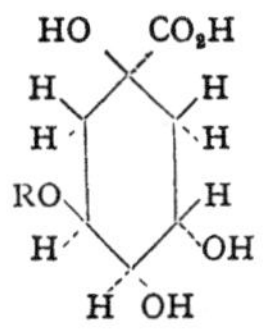

2/7 Chinasäure (1,3,4,5-Tetrahydroxy-cyclohexan-carbonsäure)

MG 192.17 *D* 1.637 *F* 163 *Kp* 200 (Z.)

Charakteristik: Farbl. monokl. Prismen (W.); 40 W. 9°; l. in Eg.; swl. in A.; $[\alpha]_D$ –44° (W.). — *V.:* u. a. in Chinarinde.

2/8 Chlorogensäure (Helianthsäure, 3-[3,4-Dihydroxy-cinnamoyl]-1-chinasäure)

R = 3,4-Dihydroxy-cinnamoyl- (Strukturformel s. 2/7)

MG 354.30 *F* 208 $[\alpha]_D^{25}$ −33.5° (W.)

Charakteristik: Nadeln (W.), mit 0.5 Krist.-W., das im Vak. bei 110° entweicht; ll. in A., Ac.; wl. in Essigester; unl. in Chlf., Ae.; ll. in verd. KOH u. Barytwasser mit gelbroter Farbe; beim Kochen mit konz. HCl → blauviolett. — *V.:* u. a. als K-Salz in Kaffeebohnen.

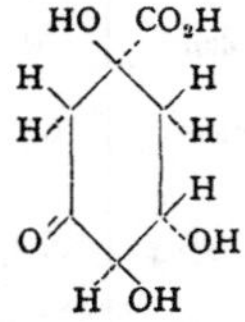

2/9 5-Dehydrochinasäure

MG 190.15 *F* 140—42

Charakteristik: Krist. (Ac. + Chlf.); ll. in W., Me., A., Ac., Dioxan, Eg.; wl. in h. Äthylacetat; $[\alpha]_D^{28}$ −82.4° (A.). — *V.:* Vorstufe bei der Biosynthese aromat. Aminosäuren (Escherichia coli, Neurospora).

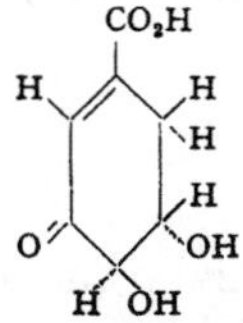

2/10 5-Dehydroshikimisäure

MG 172.13 *F* 150—52

Charakteristik: Prismen (A. + W.), mit 1 Krist.-W., das bei 85—90° entweicht; ll. in W.; wl. in Me., A., Ac.; unl. in Ae., Chlf., Hexan; $[\alpha]_D^{28}$ −57° (A.). — *V.:* Vorstufe bei der Biosynthese aromat. Aminosauren (Escherichia coli). — *Methylester:* Feine Nadeln (A. + Ae.); *F* 124—26; $[\alpha]_D^{24}$ −47°.

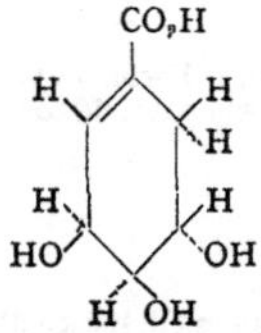

2/11 Shikimisäure (Cyclohexen-(1)-triol-(3,4,6)-carbonsäure-(1), Trihydroxy-Δ^1-tetrahydrobenzoesäure)

MG 167.08 D^{14} 1.599 *F* 184 *Kp* subl.

Charakteristik: Nadeln (W.); 18 W. 21°; 5.8 A. 21°; 0.012 Ae. 21°; swl. in Chlf., Bzl., PAe.; $[\alpha]_D^{22}$ −176° (A.). — *V.:* In versch. Früchten, u. a. Illicium religiosum; Vorstufe bei der Biosynthese aromat. Aminosauren (Escherichia coli, Neurospora). — *Dibromid:* Krist. (A.); *F* 196 (Z.); $[\alpha]_D^{18}$ 59.2° (W.).

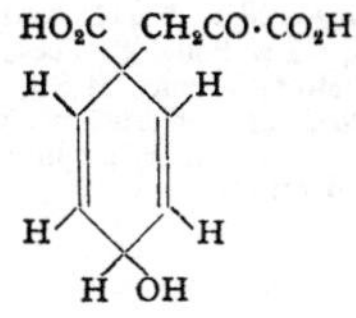

2/12 Prephensäure

MG 226.18

Charakteristik: Stabil in alkal. Lsg.; decarboxyliert säurekatalysiert zu Phenyl-brenztraubensäure; bildet methanol-unlösl. Ba-Salz ($C_{10}H_8O_6Ba \cdot 1\,H_2O$). — *V.:* Vorstufe bei der Biosynthese aromat. Aminosäuren (Escherichia coli).

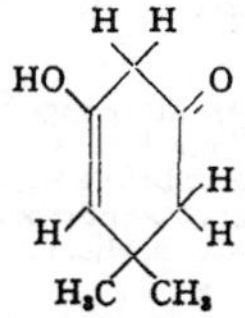

bzw. tautomere Formen

2/13 Dimedon (1,1-Dimethyl-cyclohexen-(2)-ol-(3)-on-(5))

MG 140.18 *F* 148.5

Charakteristik: Lange dicke zitronengelbe Nadeln (W.), monokl. farbl. Prismen (A., Ae.); 0.42 W. 25°; l. in A., Chlf., Bzl., Essigester; wl. in Ae.; swl. in PAe.; flüchtig mit Wasserdampf. Bildet mit Aldehyden wl. Kondensationsprodd. aus 2 Mol Dimedon und 1 Mol Aldehyd:

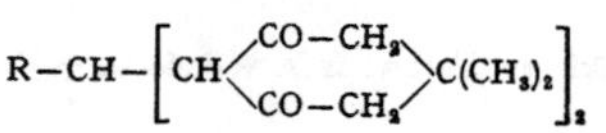

2/14 **Aldomedone (Aldehyd-methone)**

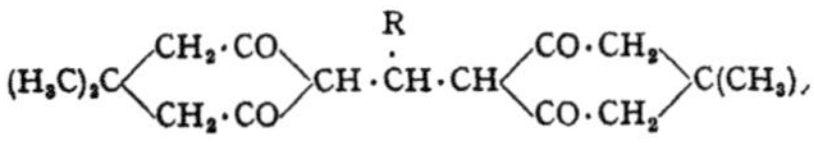

Name	R	*F*	*Charakteristik*
Formaldomedon	H	189–90	Nad. (A., Bzn.); 0.0005 W. 15°; swl. in Lg.; subl. unzers.
Acetaldomedon	CH_3	140–41	Krist. (A.); 0.0079 W. 19°; l. in A., Chlf.; subl. teilweise b. 90–100°; kondensiert mit Eg. zum Xanthon-Derivat.
Propionaldomedon	C_2H_5	154–56	Blatt. (A.); ll. in Ae., PAe., Bzl., Chlf.; l. in Ac.; mit Eg. → Xanthon-Derivat.
Isovaleraldomedon	i-C_4H_9	154–55	Tafeln (A.); ll. in Alkali; l. in W., organ. Lsgm.; mit Eg. → Xanthon-Derivat.
Oenanthaldomedon	n-C_6H_{13}	103	Krist. (A. + W.); ll. in w. Sodalsg.; l. in A., Chlf.; wl. in Ae.; mit Eg. → Xanthon-Derivat.

2/15 **Filicinsäure (1,1-Dimethyl-cyclohexantrion-2,4,6)**

MG 154.16 *F* 213–15 (Bräunung) *Kp* subl. teilw. unzers.

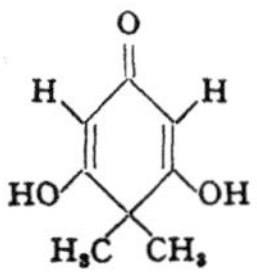

bzw. tautomere Formen

Charakteristik: Farbl. kub. Krist. (A.); 1.4 W. 100°; 10 h. A.; wl. in Ae., Eg.; $FeCl_3$-Reakt.: rot. — *V.:* Abbauprodd. der Filixkörper.

2/16 **Albaspidin (Polystichalbin, weiße Polystichumsäure)**

MG 460.50 *F* 147–49 *Kp* subl.

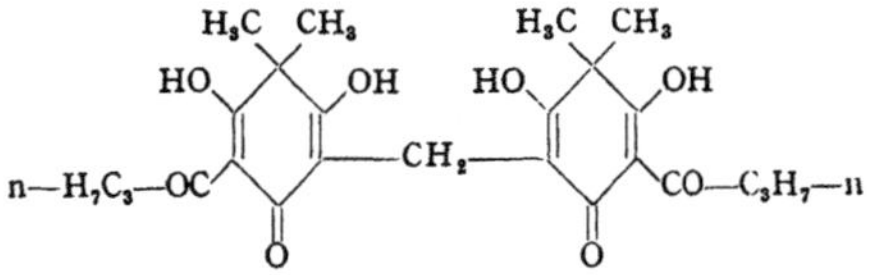

bzw. tautomere Formen

Charakteristik: Farbl. Nadeln (A.; Eg.); wl. w. Sodalsg.; $FeCl_3$-Reakt.: dunkelrot; + konz. H_2SO_4 erhitzen → Rotfärbg. u. Geruch nach Buttersäure. — *V.:* In Wurzeln von Aspidium Filix mas u. a. — *Verwend.:* Anthelmintica remedia (als Filix-Extrakt.)

2/17 **Flavaspidsäure (Polystichocitrin)**; R = H

MG 446.48

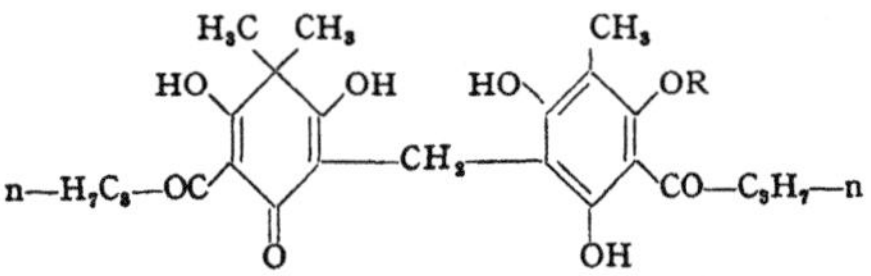

bzw. tautomere Formen

Charakteristik: Zitronengelbe feine Prismen; α-Form *F* 92 (A.); β-Form *F* 156–58 (Me; Bzl.; Eg.); ll. in w. Sodalsg. unter CO_2-Entwicklg. — *V.:* In Wurzeln von Aspidium Filix mas u. a. — *Verwend.:* Anthelmintica remedia (als Filix-Extrakt).

2/18 **Aspidin (gelbe Polystichumsäure, Polystichin)** R = CH_3 (Strukturformel s. 2/17)

MG 460.50 *F* 124.5

Charakteristik: Hellgelbe Prismen (A.); wl. in k. w. Sodalsg. — *V.:* 2–3% in Rhizomen v. Aspidium spinulosum.

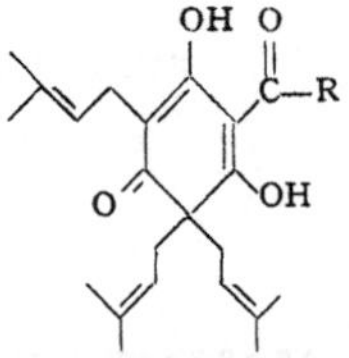

2/19 Lupulone

Charakteristik: — *V.:* In Strobuli lupuli (Humulus lupulus) 5—10%. — *Wi.:* Phytoncide.

Name	R	*MG*	*F*	*Charakteristik*
Lupulon	$(CH_3)_2CHCH_2-$	414.56	92	Prismen (Hexan; Me./W.); $FeCl_3$-Reakt.: weinrot
Co-lupulon	$(CH_3)_2CH-$	400.54	93	ähnl. Lupulon, Misch-F 76—84
Ad-lupulon	H_5C_2>CH— H_3C	414.56	90	ähnl. Lupulon

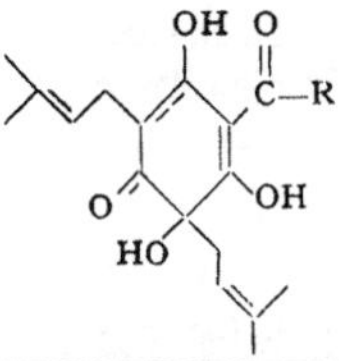

2/20 Humulone

Charakteristik: — *V.:* In Strobuli lupuli (Humulus lupulus) 5—10%. — *Wi.:* Phytoncide, Amara.

Name	R	*MG*	*F*	*Charakteristik*
Humulon	$(CH_3)_2CHCH_2-$	362.45	66	Gelbl. Kristallaggregate (Eg./W.); $FeCl_3$-Reakt.: rotviolett; $[\alpha]_D^{20}$ —212° (A.); *o-Phenylendiamin-Salz:* *F* 117
Co-humulon	$(CH_3)_2CH-$	348.42	—	Wachs; $FeCl_3$-Reakt.: rotviolett; $[\alpha]_D^{26}$ —208.50° (Me.); *o-Phenylendiamin-Salz:* *F* 130
Ad-humulon	H_5C_2>CH— H_3C	362.45	—	Gelbl. Öl; $FeCl_3$-Reakt.: rotviolett; $[\alpha]_D^{26}$ —187° (Me.); *o-Phenylendiamin-Salz:* *F* 98

2/21 Gibberelline

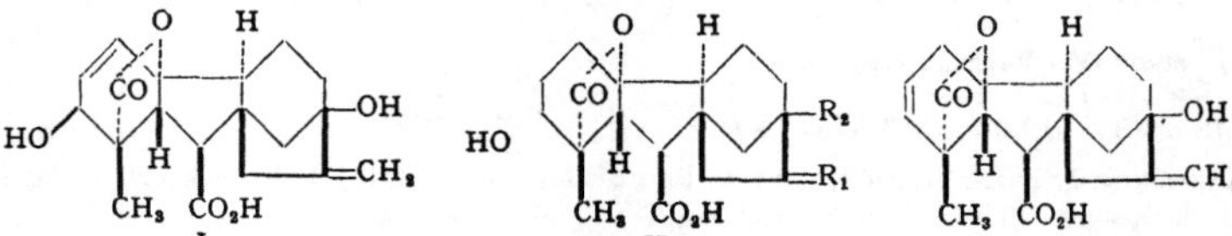

I II III

Charakteristik: — *V.:* In Gibberella fujikuroi u. zahlreichen höh. Pflanzen. — *Wi.:* Naturl. Pflanzen-Wuchshormone (Riesenwachstum, Blütenbildung).

Name	Konstitution	*MG*	*F*	$[\alpha]_D^{20}$ (A.)
Gibberellinsäure	I	346.36	233—35	+92°
Gibberellin A₁	II R_1: $=CH_2$ R_2: $-OH$	348.32	255—58	+36°
Gibberellin A₂	II R_1: $-CH_3$; $-OH$ R_2: $-H$	350.4	235—37	+12°
Gibberellin A₄	II R_1: $=CH_2$ R_2: $-H$	332.38	214—15	— 3°
Gibberellin A₉	III	330.36	260—61	—77°

Einkernig-aromatische Verbindungen

Von **W. Riedl**, München-Weihenstephan

1. Kohlenwasserstoffe

1/1 Benzol

MG 78.11 D_4^{20} 0.8790 *F* 5.533 *Kp* 80.10 *FlP* 10—12 C_6H_6

Charakteristik: Farbl. rhomb. Prismen od. brennb. Flüss.; n_D^{20} 1.50110; 0,082 W. 22°; ∞ A., Ae , Ac., Toluol, Eg.: l. in Chlf. — *Verwend.:* Techn. Lsg.- u. Verdünnungsmittel. — *Wi.:* u. a. beschleunigende Wi. auf Sporenbildg. bei aeroben Bakterien; Nervengift.

1/2 Toluol (Methylbenzol)

MG 92.13 D_4^{20} 0.86696 *F* —95 *Kp* 110.623 *FlP* 6—10 $C_6H_5 \cdot CH_3$

Charakteristik: Farbl. stark lichtbrechende Flüss.; n_D^{20} 1.49693; 0.047 W. 16°; ∞ A., Ae.; l. in Chlf., Eg., Ac., CS_2, Bzl. — *Verwend.:* Techn. Lsg.- u. Verdünnungsmittel. — *Wi.:* Nervengift.

1/3 Xylole

MG 106.16

Verwend.: Techn. Lsg.- u. Verdünnungsmittel.

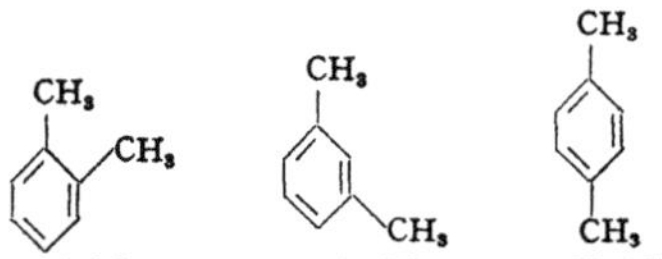

o-Xylol m-Xylol p-Xylol

o-Xylol (1,2-Dimethylbenzol)

D_4^{20} 0.88020 *F* —25.175 *Kp* 144.414

Charakteristik: Farbl. Flüss.; n_D^{20} 1.50543; ll. in A., Ae.; unl. in W.

m-Xylol (1,3-Dimethylbenzol)

D_4^{20} 0.86417 *F* —52.6 (—47.4) *Kp* 139.102 *FlP* 29

Charakteristik: Farbl. Flüss.; n_D^{20} 1.49721; ll. in Ae.; l. in A.; unl. in W.

p-Xylol (1,4-Dimethylbenzol)

D_4^{20} 0.86105 *F* 13.2 *Kp* 138.348

Charakteristik: Farbl. Flüss. (Tafeln); n_D^{20} 1.49581; ll. in A., Ae.; unl. in W.

1/4 Styrol (Vinylbenzol, Phenyläthylen, Cinnamol)

MG 104.14 D_4^{20} 0.9090 *F* —33 *Kp* 146 $C_6H_5 \cdot CH{:}CH_2$

Charakteristik: Farbl. bis gelbe, stark lichtbrech. Flüss.; n_D^{17} 1.54344; riecht nach Bzl. u. Naphthalin; polymerisiert im Licht u. beim Erhitzen („Polystyrol"); ∞ A., Ae.; swl. in W. — *Wi.:* Einfluß auf die Keimung v. Samen.

2. Halogenderivate

2/1 Chlorbenzol (Phenylchlorid)

MG 112.56 D_4^{20} 1.1066 *F* —45 *Kp* 132 *FlP* 28 $C_6H_5 \cdot Cl$

Charakteristik: Farbl. Flüss.; n_D^{20} 1.52479; 0.0488 W. 30°; ∞ l. in A., Ae.; l. in Chlf., Bzl., CS_2. — *Verwend.:* Techn. Lsgm.

2/2 Benzylchlorid (α-Chlortoluol)

MG 126.58 D_4^{18} 1.1026 *F* —43 (—48) *Kp* 179.4 $C_6H_5 \cdot CH_2 \cdot Cl$

Charakteristik: Farbl. Flüss.; n_D^{15} 1.5415; ∞ l. in A., Ae.; unl. in k. W.; Dampf reizt zu Tränen; + sd. W. → Benzylalkohol; zers. sich rasch bei Erhitzen in Gegenwart v. Eisen. — *Wi.:* Toxisch auf Insektenlarven.

2/3 Benzylbromid (α-Bromtoluol)

MG 171.04 D_{D}^{20} 1.4380 D^{17} 1.443 *F* −4.0
Kp$_{8}$ 198 *Kp*$_{80}$ 127 $C_6H_5 \cdot CH_2 \cdot Br$

Charakteristik: Farbl. giftige Flüss., Dampf reizt zu Tränen; ∞ l. in A., Ae. — *Verwend.:* Als Tränengas.

3. Nitroderivate

3/1 Nitrobenzol („Mirbanöl")

MG 123.11 D_4^{20} 1.19867 D^0 1.2229 *F* 5.7
Kp 210.9 *FlP* 89 $C_6H_5 \cdot NO_2$

Charakteristik: Gelbe Flüss.; n_{D}^{20} 1.5524; 0.19 W. 20°; 0.8 W. 80°; ll. in k. A., Ae., Bzl., Ölen; flücht. mit W.-Dampf, riecht bittermandelölartig, giftig! Red. → Anilin.

3/2 1,3-Dinitrobenzol (m-Dinitrobenzol)

MG 168.11 D_4^0 1.571 D^{18} 1.575 *F* 89.57
Kp 303 $C_6H_4(NO_2)_2$

Charakteristik: Farbl.-gelbl. rhomb. Nadeln od. Tafeln (A.); 0.0469 W. 15°, 0.32 W. 100°; 2.60 A. 20°; 6.7 Ae. 15°; 34.7 Bzl. 18°; 32.4 Chlf. 18°; l. in Toluol, Äthylacetat. — *Wi.:* Insekticid.

3/3 4-Fluor-1,3-dinitrobenzol

MG 186.10 D_{48}^{84} 1.4718 *F* 25.8 *Kp* 296

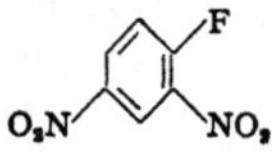

Charakteristik: Hellgelbe Krist. (A.); swl. in A.; Reakt. m. freien NH_2-Gruppen in Proteinen: gelbe, stabile DNP-Derivate. — *Wi.:* Greift Epidermis an.

3/4 4-Chlor-1,3-dinitrobenzol (2,4-Dinitrochlorbenzol)

MG 202.56 α: D^{22} 1.697 *F* 51 β: *F* 43
Kp 315

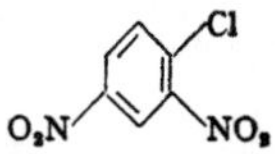

Charakteristik: α: Rhomb. Krist. (Ae.); β: rhomb. Krist.; α: 0.0008 W. 15°; 0.159 W. 100°; l. in h. A., Ae.; wl. in k. A.; β: etwas schwerer lsl.; reagiert m. Aminen zu 2.4-Dinitranilin-Derivaten; Reagens auf Pyridin-Verb. — *Wi.:* Hautreizend.

3/5 3,3'-Dinitro-diphenyldisulfid (m,m'-Dinitrodiphenyldisulfid, Megasul, Nitrophenid)

MG 308.33 *F* 83

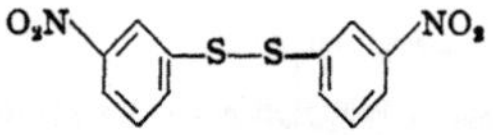

Charakteristik: Gelb. rhomb. Krist.; ll. in Ae.; l. in A.; unl. in W. — *Verwend.:* Gegen Coccidiosis der Küken.

4. Hg- und As-Verbindungen

4/1 Phenylquecksilberchlorid

MG 313.17 *F* 251 *Kp* subl. $C_6H_5 \cdot HgCl$

Charakteristik. Seidengl. Tafeln (Bzl.); l. in Ae.; swl. in k. A.; unl. in W. — *Wi.:* Toxisch auf Colpidium.

4/2 Phenyldichlorarsin

MG 222.92 D_4^{19} 1.6516 *Kp* 250—55 $C_6H_5 \cdot AsCl_2$

Charakteristik: Flüss.; $n_{\mathrm{D}}^{15.8}$ 1.6386; ll. in A.; l. in Ae., Bzl.; zwl. in W. — *Verwend.:* Als Giftgas. — *Wi.:* Greift die Schleimhäute an.

4/3 Diphenylchlorarsin („Blaukreuz"-Kampfstoff)

MG 264.67 D^{15} 1.4223 *Kp* 333 $(C_6H_5)_2AsCl$

Charakteristik: Dimorph: metastabile Modifik.: Nadeln, *F* 18.2—18.4. Stabile Modifik.: Rhomben (PAe.), *F* 44; wl. in wssr. Alkali; unl. in W., A., Ae., Bzl. — *Verwend.:* Lsg. in Paraffin zur Holzkonservierung. — *Wi.:* Starker Reiz auf Schleimhäute d. Atemwege, ebenso auf Augen u. Haut.

4/4 Phenylquecksilberacetat

MG 336.75 *F* 149 $C_6H_5Hg \cdot O \cdot CO \cdot CH_3$

Charakteristik: Kl. weißglänz. Prismen; 0.16 W.; l. in A., Bzl.; giftig. — *Verwend.:* Herbicid

4/5 **2-Hydroxy-phenylquecksilberchlorid**

MG 329.17 *F* 156 (o)HO·C_6H_4·HgCl

Charakteristik: Fiederige Krist. (W.); l. in h. W., NaOH-Lsg.; wl. in k. W.; unl. in A. — *Wi.:* Hämolyt. u. bakterizid.

4/6 **Äthyl-mercuri-thiosalicylsäure, Na-Salz (Merthiolate, Thiomersalate)**

MG 404.84

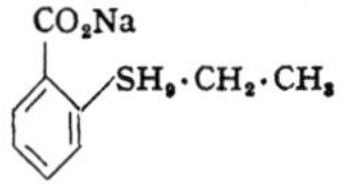

Charakteristik: Cremefarb. Kristallpulver; luft, aber nicht lichtbeständig; 100 W.; 12.5 A.; unl. in Ae., Bzl.; 1%ig. wssr. Lsg. p_H 6.7. — *Verwend.:* Zur Desinfektion d. Hautoberfläche.

4/7 **o-[(3-Hydroxymercuri-2-methoxypropyl)-carbamyl]-phenoxyessigsäure, Na-Salz (Salyrgan, Mersalyl)**

MG 505.87

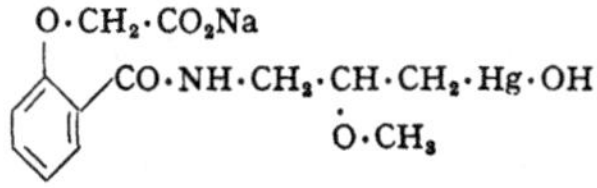

Charakteristik: Bitter schmeck. Krist., etwas hygroskop.; wird durch Licht langsam zersetzt; 100 W., 33 95%ig. A.; 50 Me.; unl. in Ae., Chlf. — *Verwend.:* Diureticum geg. Wassersucht (Hydrops) u. dgl.

5. Hydroxyverbindungen und ihre Derivate

5/1 **Phenol (Carbolsäure, Hydroxybenzol)**

MG 95.11 *D* 1.072 D^{25} 1.05446 *F* 41 *Kp* 181.7 *FlP* 79 C_6H_5·OH

Charakteristik: Farbl. rhomb. Nadeln; n_D 1.54027; pK_a^{25} 10.0; 6.7 W. 16°; ∞ W. 65.3°, A.; ll. in Ae.; l. in Chlf., CS_2, Glycerin; charakteristisch riechend, ätzt die Haut, wirkt desinfizierend, färbt sich an der Luft rot, giftig, ätzend! + $FeCl_3$ → blaue Färb. — *Na-Salz* C_6H_5·ONa: *F* 60, zerfließl. Krist.; ll. in W.; l. in A.

5/2 **Kresole**

MG 108.13

Verwend.: Antisepticum.

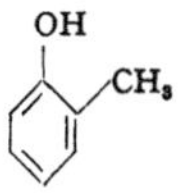

o-Kresol

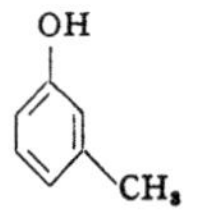

m-Kresol

p-Kresol

o-Kresol (o-Methylphenol, o-Hydroxytoluol)

D_4^{20} 1.0465 *F* 30.5 *Kp* 191 *FlP* 81—83

Charakteristik: Farbl. Krist. od. Fluss.; n_D^{20} 1.553; pK_a^{25} 7.38; 3.1 W. 10°; 5.6 W. 100°, ∞ A. > 30°, Ae. > 30°; l. in Chlf. u. a. organ. Lsgm. — Kalischmelze → Salicylsre.; + $FeCl_3$ → blaue Farb. — *Acetat:* *Kp* 208; ll. in organ. Lsgm.; l. in h. W.; unl. in W.

m-Kresol (m-Methylphenol, m-Hydroxytoluol)

D_4^{20} 1.0336 *F* 11.8 *Kp* 202 *FlP* 86

Charakteristik: Farbl. Fluss.; n_D^{20} 1.5398; pK_a^{25} 7.77; 2.35 W. 20°; 4.4 W. 88°; 5.8 W. 100°; ∞ A., Ae.; l. in Chlf. u. a. organ. Lsgm. — Kalischmelze → 3-Hydroxybenzoesre.; + $FeCl_3$ → blaue Farb. — *Acetat* (*Cresatin*): *Kp* 212; farbl. öl. Flüss.; fl. in W.-Dampf; l. in organ. Lsgm., organ. Ölen; swl. in W.

p-Kresol (p-Methylphenol, p-Hydroxytoluol)

D_4^{20} 1.0347 *F* 36 (32—34) *Kp* 202.5 *FlP* 86

Charakteristik: Farbl. Prismen; n_D^{20} 1.5395; pK_a^{25} 7.96; 2.4 W. 40°, 5.3 W. 100°; ∞ A. > 36°, Ae. > 36°; l. in organ. Lsgm. — Kalischmelze → 4-Hydroxybenzoesre.; + $FeCl_3$ → blaue Farb. — *Acetat:* *Kp* 212.5. — *Methyläther:* Fluss.; $D_4^{19.3}$ 0.9709; *Kp* 177.05; $n_D^{19.3}$ 1.5124.

5/3 **Ginkgol (3-Hydroxy-1-[δ-pentadecenyl]-benzol)**

R = —$[CH_2]_7$·CH:CH·$[CH_2]_5$·CH_3

MG 302.50 D_4^{20} 0.9148 Kp_4 221—23

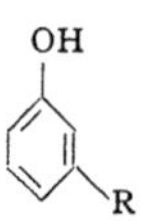

Charakteristik: Zähes Öl; n_D^{20} 1.5022; Lsg. in konz. H_2SO_4 → orangerot. — *V.:* In Frucht v. Ginkgo biloba L. — *Wi.:* Stark hautreizend.

Anacardol und **Cardanol**

Mischung: R = $-[CH_2]_{14}\cdot CH_3$
R = $-[CH_2]_7\cdot CH{:}CH\cdot [CH_2]_5\cdot CH_3$
R = $-[CH_2]_7\cdot CH{:}CH\cdot CH_2\cdot CH{:}CH\cdot [CH_2]_2\cdot CH_3$
R = $-[CH_2]_7\cdot CH{:}CH\cdot CH_2\cdot CH{:}CH\cdot CH_2\cdot CH{:}CH_2$

Charakteristik: Anacardol: Öl, Kp_4 220–23; Cardanol: hellgelbes Öl, $Kp_{1,5}$ 194–95. — *V.:* In Semecarpus anacardium u. Anacardium occidentale L.

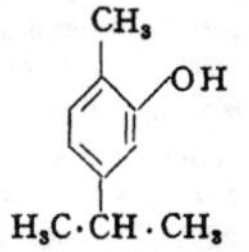

5/4 **Carvacrol (2-Hydroxy-1-methyl-4-isopropylbenzol, p-Cymenol)**

MG 150.21 D_4^{21} 0.9743 *F* 1 *Kp* 237–38

Charakteristik: Farbl. Flüss.; n_D^{21} 1.5209; l. in A., Ae.; swl. in W.; + $FeCl_3$ → grüne Farb. — *V.:* u. a. in äther. Ölen v. Labiaten. — *Wi.:* Hemmender Einfluß auf Keimung v. Samen; bakterizid, fungizid u. anthelmintisch. — *Nitroso-Verb.: F* 153. — *Carbaminsäureester: F* 134–35. — *Methyläther:* D_4^{23} 0.9385, *Kp* 216, Kp_{15} 94; Flüss., angenehmer aromat. Geruch, n_D^{23} 1.5052. — *V.:* In Kernholz v. Chamaecyparis nootkaënsis.

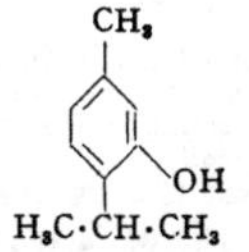

5/5 **Thymol (3-Hydroxy-p-cymol)**

MG 150.21 D_4^{20} 0.969 D_4^{15} 0.978 *F* 51.5 *Kp* 233.5

Charakteristik: Farbl. hexagon. Tafeln (Eg.); $n_D^{24,4}$ 1.51893; 1.525; 1.609; 0.085 W. 20°, 0.132 W. 37°; 357 91%ig. A. 20°; 360 Ae. 20°; l. in Chlf., Eg., CS_2, Alkalien; wl. in Glycerin; flücht. mit W.-Dampf. — *V.:* u. a. im Thymianöl. — *Wi.:* Wie Carvacrol. — *Methyläther:* Flüss., *Kp* 216.

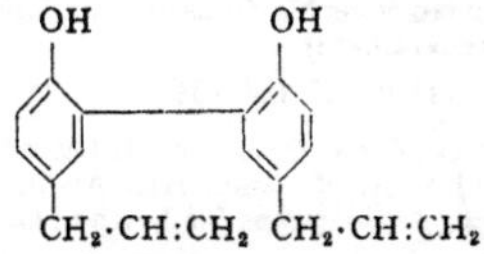

5/6 **Magnolol**

MG 266.34 *F* 103

Charakteristik: Prismen; ll. in d. meisten organ. Lsgm.; l. in Alkali; wl. in PAe.; m. W.-Dampf nicht flüchtig; + $FeCl_3$ → indigoblaue Färb. — *V.:* In Rinde v. Magnolia officinalis u. M. obovata. — *Dimethyläther:* D_4^{22} 1.0704, Kp_3 186. — *Dibenzoyl-Derivat:* Prismen, *F* 80.

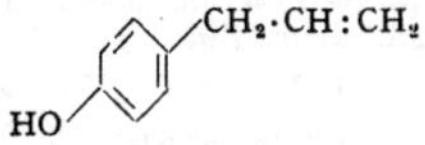

5/7 **Chavicol (p-Allylphenol, γ-(p-Hydroxyphenyl)-α-propylen)**

MG 134.17 D_4^{20} 1.0175 *F* 15.8 *Kp* 236

Charakteristik: Flüss.; n_D^{18} 1.5441; ∞ A., Ae., Chlf., PAe.; l. in W.; + $FeCl_3$ → blaue Färb. — *V.:* u. a. in Blättern v. Chavica betle miq. — *Methyläther* = ***Esdragol:*** Flüss.; D_4^{21} 0.9645; *Kp* 216, Kp_{12} 95–96; $n_D^{17,5}$ 1.5230; l. in A., Chlf.; gibt azeotrope Mischungen m. W. — *V.:* u. a. in Illicium religiosum. — *Glykosid* = ***Lusitanicosid*** (*Chavicol-β-rutinosid*)*: F* 187–88.5. Farbl. verfilzte, feine Nadeln aus Propylalkohol; $[\alpha]_D^{18}$ – 74° (W.); sll. in W., Me., A.; swl. in Essigester; unl. in Ae. — *V.:* In Cerasus lusitanica Lois. (portug. Kirschlorbeer).

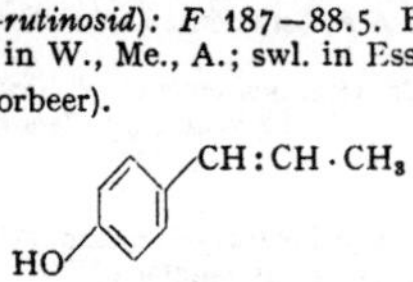

5/8 **Anol (p-Propenylphenol)**

MG 134.17 *F* 93–94 *Kp* 250 (Z.) Kp_{14} 138

Charakteristik: Farbl. Blatt. (W.); Geruch ähnlich wie Isoeugenol; schmeckt brennend süß; ll. in organ. Lsgm.; wl. in W.

Methyläther = ***Anethol*** (*p-Propenyl-anisol, 1-Methoxy-4-propenylbenzol*)*:* D_{15}^{15} 0.9936, D_{25}^{25} 0.9875; *F* 22.5; *Kp* 233. Farbl. Blatt. (A.); n_D^{12} 1.5624; 20 A. 96%ig.; l. in Ae., Chlf., Ac., Bzl., CS_2; swl. in W. — *V.:* u. a. in Anisol (Pimpinella anisum L.).

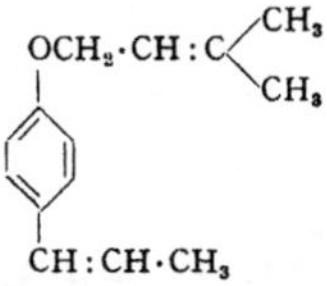

5/9 **Foeniculin**

MG 202.29 *F* 23.5–24.5 (Vak.-Röhrchen) $Kp_{0,01}$ 130–35 (wasserhelles Öl)

Charakteristik: Krist. (90%ig. A.); bei Erhitzen auf 260° → p-Anol. — *V.:* In Fenchel- u. chines. Sternanis-Öl.

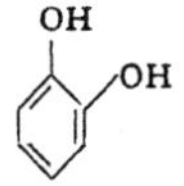

5/10 Brenzkatechin (1,2-Dihydroxybenzol, Katechin)

MG 110.11 D^{15} 1.371 *F* 105 *Kp* 245.9 (subl.)

Charakteristik: Farbl. monokline Blätt. (Bzl.); Nadeln (W.); giftig. n_D 1.604. 1.615, 1.650; pK_a^{20} 9.4; 45.14 W. 20°; ll. in A., Py.; l. in Ae., Bzl., Chlf. — Lsgn. in Alkali farben sich rasch braun; flüchtig m. W.-Dampf; + $FeCl_3$ → grüne Färbg. — *V.:* In Semecarpus anacardium L. — *Wi.:* Baktericid, wachstumshemmend auf Bac. tuberculosis, Giftwi. auf Pflanzen.
Monomethyläther = ***Guajacol*** (*o-Methoxyphenol, o-Hydroxyanisol*): $D_4^{21,4}$ 1.1287; *F* 28.2 (32); *Kp* 205, Kp_{24} 106.5. Farbl. hexagon. Prismen; $n_\alpha^{21,4}$ 1.53833; pK_a^{25} 7.0; 1.6 W. 15°; l. in A., Ae., Chlf., Eg.; riecht aromatisch; + $FeCl_3$ → grüne Färb. — *Wi.:* Ähnl. Brenzkatechin.
Dimethyläther = ***Veratrol*** (1,2-Dimethoxybenzol): D_{25}^{25} 1.0842; *F* 22.5; *Kp* 206—07; Farbl. Krist. (PAe.); $n_\alpha^{21,2}$ 1.52870; l. in A., Ae.; wl. in W. — *Wi.:* Wachstumshemmend auf Tuberkulosebacillen. — *Pikrat:* *F* 56—57.

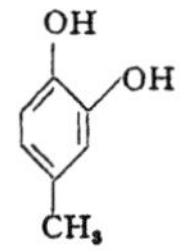

5/11 Homobrenzkatechin (4-Methyl-brenzkatechin)

MG 124.14 *F* 65 Kp_{11} 130

Charakteristik: Prismen (Bzl.); ll. in W. und in d. meisten organ. Lsgm.; swl. in PAe., Ligroin; + $FeCl_3$ → grüne Färbung, die mit NH_3 rot wird. — *Wi.:* Hautreizend.
2-Methyläther = ***Kreosol*** (*2-Methoxy-4-methylphenol*): D_4^{20} 1.098; *F* 5.0; *Kp* 222. Farbl. Öl; n_D^{25} 1.5353; ∞ A., Ae., Bzl.; wl. in W.; mit Spur $FeCl_3$ blaue, mit mehr $FeCl_3$ grüne Färb.

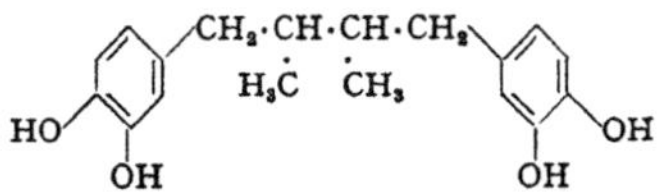

5/12 4,4'-(2,3-Dimethyl-tetramethylen)-dibrenzkatechin (inaktive Nordihydroguajacharzsäure)

MG 302.36 *F* 184—85

Charakteristik: Krist. (verd. Essigsäure, A.); 0.71 Baumwollsamenöl 30°; 0.52 Schweineschmalz 45°; l. in A., Me., Ae., verd. Alkali unter Rotfärb., konz. H_2SO_4; wl. in h. W., Chlf., Bzl. — *Verwend.:* Antioxydans für Fette u. Öle.

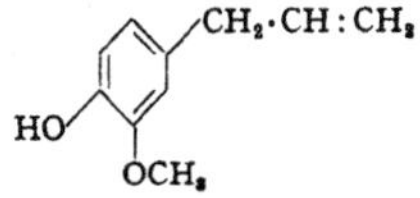

5/13 Eugenol (4-Hydroxy-3-methoxy-1-allylbenzol, Allylguajacol, Caryophyllsäure)

MG 164.20 D_4^{20} 1.0664 *F* 7.5 *Kp* 254

Charakteristik: Farbl. od. hellgelb. Öl; dunkelt a. d. Luft, riecht nelkenartig, schmeckt scharf; n_D^{20} 1.5410, 50 A. 70%ig; l. in Alkali, organ. Lsgm.; unl. in W.; + $FeCl_3$ → blaue Färb. — *V.:* u. a. in Nelkenöl v. Eugenia caryophyllata; als Hauptbestandteil im Öl aus Blättern v. Pimenta officinalis. — *Wi.:* Tuberkulostatisch. — *Benzoat:* *F* 69—70; *Kp* 360; ∞ in organ. Lsgm. — *Methyläther: Methyleugenol:* *F* 3.7; *Kp* 244. Fluss.; swl. in h. W. — *V.:* In Wurzeln v. Asarum europaeum L. u. A. canadense L., in ätherischen Ölen v. Lauraceen u. Myrtaceen. — *Wi.:* Keimtötend.
Glykosid: ***Gein*** (*Eugenol-vicianosid, Geosid*): Feine Nadeln aus Essigester/W.; *F* 146—47; $[\alpha]_D$ —54.4° (W.). — *V.:* In Wurzeln v. Geum urbanum L.

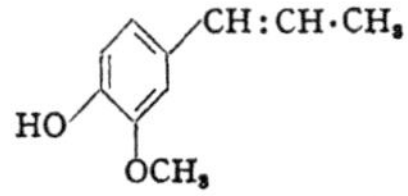

5/14 Isoeugenol (4-Hydroxy-3-methoxy-1-propenylbenzol, 4-Propenylguajacol)

MG 164.20

Charakteristik: *cis-Form:* Flüss., Kp_{119} 133; *trans-Form:* Krist., *F* 33; D_4^{20} 1.0869, Kp_{12} 140; n_D^{20} 1.5780; wird zu *Vanillin* oxydiert. — *V.:* u. a. im Pichurimbohnenöl.
Methyläther: Methylisoeugenol: cis-Form: Flüss.; Kp_{11} 130; *trans-Form:* Krist., *F* 16; Kp_{10} 142. — *V.:* In Wurzeln v. Asarum arifolium.

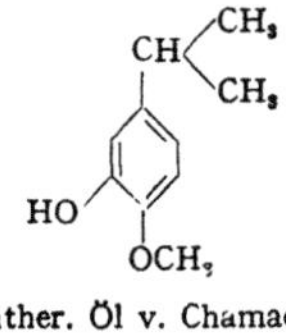

5/15 Chamenol

MG 166.22 *F* 41—42 Kp_{10} 115—24

Charakteristik: Farbl. Schuppen (PAe.). — *V.:* Im äther. Öl v. Chamaecyparis taiwanensis. — *Benzoat:* *F* 64—5.

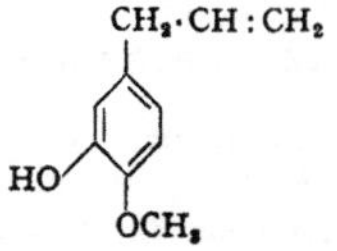

5/16 **Chavibetol (3-Hydroxy-4-methoxy-1-allylbenzol, Betelphenol)**

MG 164.20 D_{15}^{15} 1.0690 *F* 8.5 *Kp* 254—55

Charakteristik: Farbl. Flüss.; n_D^{16} 1.5397; + $FeCl_3$ → blaugrüne Färb. — *V.:* In Blättern v. Piper betle L. (Betelpfeffer).

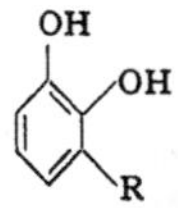

5/17 **Urushiol (Urushinsäure, Urushin, Toxicodendrin, Bhilawanol)**

$D_4^{21,5}$ 0.9687 $Kp_{0,4-0,6}$ 200—210 (teilw. Polym.)

Gemisch:
- I R = $-[CH_2]_{14}\cdot CH_3$
- II R = $-[CH_2]_7\cdot CH{:}CH\cdot[CH_2]_5\cdot CH_3$
- III R = $-[CH_2]_7\cdot CH{:}CH\cdot CH_2\cdot CH{:}CH\cdot[CH_2]_2\cdot CH_3$
- IV R = $-[CH_2]_7\cdot CH{:}CH\cdot CH_2\cdot CH{:}CH\cdot CH{:}CH\cdot CH_3$
- V R = $-[CH_2]_7\cdot CH{:}CH\cdot CH_2\cdot CH{:}CH\cdot CH_2\cdot CH{:}CH_2$

V.: Hauptbestandteil des Japan-Lacks („Urushi") u. China-Lacks.
U. aus Rhus vernicifera: Verb. I—IV.
U. aus Rhus toxicodendron: Verb. I, II, III, V.

Charakteristik: Farbl. dickes Öl; $n_D^{21,5}$ 1.5234; ll. in d. meisten organ. Lsgm.; mit Alkali → schwarzgrün; mit $FeCl_3$ → schwarzgrün. — *Wi.:* Starkes Hautgift.

Renghol: R = $-[CH_2]_9\cdot CH{:}CH\cdot[CH_2]_3\cdot CH_3$

MG 318.50 *F* 14—15 $Kp_{0,0001}$ 170—72

Charakteristik: Farbl. kristallisierbares Öl. — *V.:* In Früchten v. Semecarpus heterophylla Bl.

Hydrourushiol: R = $-C_{15}H_{31}(n)$

MG 320.52 *F* 58—60

Charakteristik: Nadeln (Xylol); sll. in A., Ae., Eg., Chlf., h. PAe., Bzl.; + $FeCl_3$ → grüne Färb., dann schwarzer Niederschlag. — *Wi.:* Hautreizend.

Laccol:

R = $-[CH_2]_9\cdot CH{:}CH\cdot[CH_2]_4\cdot CH{:}CH_2$ (Lage der 2 Doppelbindg. in der Seitenkette noch nicht sicher bekannt.)

MG 344.54 $D^{22}_{(flüssig)}$ 0.9963 *F* 23 Kp_{HV} ca. 220

Charakteristik: Krist., bei gewöhnlicher Temp. gelbl. Flüss.; $n_{D\,(flüssig)}^{20}$ 1.5046; l. in A., Ae., PAe. — *V.:* u. a. in Indochina-Lack v. Rhus succedanea L. — *Wi.:* Starkes Hautgift.

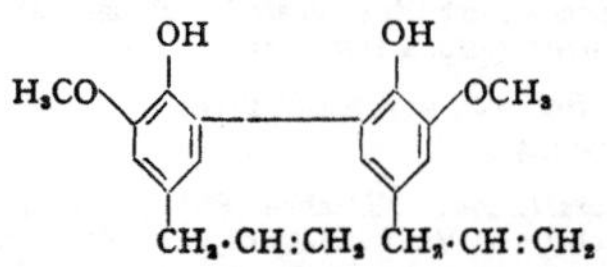

5/18 **Dehydrodieugenol (Bieugenol)**

MG 326.39 *F* 106 (korr.)

Charakteristik: Kleine Tafeln (A.); l. in A., Ae., Bzl., Eg., Chlf., verd. Alkali; unl. in W.; + $FeCl_3$ → blaue Färb.

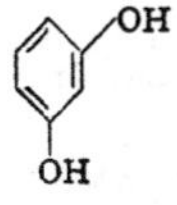

5/19 **Resorcin (1,3-Dihydroxybenzol)**

MG 110.11 D^{15} 1.285 *F* 111 *Kp* 276

Charakteristik: Farbl. rhomb. Tafeln od. Säulen (W., A., Ae. od. Bzl.), schmeckt sehr süß; pK_a 9.4; 147 W. 11°, 229 W. 30°; 144 A. 9°, 243 A. 25°; ll. in Ae.; l. in Bzl., Amylalkohol, Glycerin. + $FeCl_3$ → dunkelviolette Färb. — *Wi.:* Baktericid.

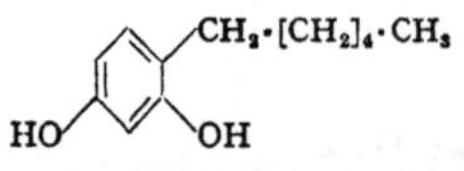

5/20 **4-n-Hexylresorcin (Caprokol, Alkorcin, 4-Hexyl-1,3-dihydroxybenzol)**

MG 194.27 *F* 68—70 Kp_7 178—80

Charakteristik: Hellgelb bis farbl. Nadeln; riecht stechend, schmeckt scharf adstringierend; 0.05 W.; ll. in A.; l. in Ae., organ. Lsgm. — *Verwend.:* Desinfektionsmittel. — *Bis-(diäthylaminoäthyl)-äther:* Ölige Flüss.; Kp_{11} 220—25. — *Salze mit Mineralsren.:* Wasserlösl. Öle. — *Pikrat:* Gelbe Nadeln; *F* 108—9.5.

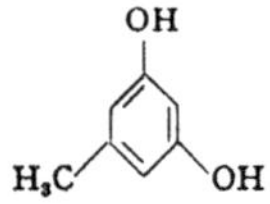

5/21 **Orcin (5-Methylresorcin, 3,5-Dihydroxy-toluol)**

MG 124.13 D^4 1.290 (Hydrat) *F* + H_2O: 56 wfr.: 102 *Kp* 289—90

Charakteristik: Farbl. Blätt. (Chlf.), farbl. monokl. Krist. + 1 H_2O (W.), schmeckt suß; färbt sich a. d. Luft rot; ll. in A., Ae.; l. in W.; wl. in Chlf., CS_2. — *V.:* Als Abbau- und Spaltprodukt vieler Flechtensäuren. — *Verwend.:* Reagens auf Pentosen, Arabinase, Diastase usw. — *Wi.:* Keimtötend (u. a. auch Pestbazillen).

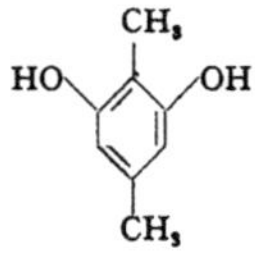

5/22 **β-Orcin (Betorcinol)**

MG 138.17 *F* 158—59

Charakteristik: Nadeln (Bzl.); l. in h. W., A., Ae.; zll. in k. W. — *V.:* u. a. in Flechte Evernia prunastri (Eichenmoos).

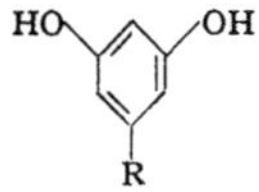

5/23 **Cardol**

Gemisch:

I R = $-[CH_2]_7\cdot CH{:}CH\cdot CH_2\cdot CH{:}CH\cdot [CH_2]_2\cdot CH_3$
II R = $-[CH_2]_7\cdot CH{:}CH\cdot CH_2\cdot CH{:}CH\cdot CH_2\cdot CH{:}CH_2$
D^{29} 0.9795

Charakteristik: Blaßgelb. Öl. — *V.:* In Früchten v. Anacardium occidentale. Durch Hydrierung → ***Hydrocardol*** $C_{21}H_{36}O_2$): *MG* 320.52; *F* 95.5—96; farbl. Nadeln (Bzl.).

3,5-Dihydroxy-1-δ-pentadecenyl-benzol: ***Bilobol:***

R = $-[CH_2]_7\cdot CH{:}CH\cdot [CH_2]_5\cdot CH_3$

MG 318.50; *F* 36—37; Nadeln (PAe.); l. in Alkali. — *V.:* In Früchten v. Ginkgo biloba. — *Wi.:* Hautreizend.

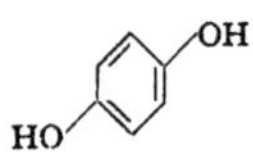

5/24 **Hydrochinon (1,4-Benzoldiol, Chinol, p-Dihydroxybenzol)**

MG 110.11 D^{20} 1.358 *F* 170.5 (173.1) *Kp* 286.2

Charakteristik: Farbl. hexagon. Prismen (W.); n_D 1.633; 1.626; pK_a 10.0; 5.9 W. 15°; 0.02 Bzl.; ll. in A., Ae. — *V.:* u. a. in Blättern d. Zuckerbusches (Protea mellifera). — *Verwend.:* Photograph. Entwickler. — *Wi.:* Tuberkulostatisch; toxisch fur Paramaecien.

Glucosid: ***Arbutin (Hydrochinon-β-D-glucopyranosid)***

MG 272.26 *F* + H_2O 142 *F* wfr. 200 (korr.) $[\alpha]_D^{20}$ −64.3° (W.) f. wfr.-Subst.

Charakteristik: Lange Nadeln (W.); ll. in h. W.; swl. in k. W., A., Ae. — *V.:* In fast allen Ericaceen; besonders arbutinreich sind d. Badanblätter v. Saxifraga crassifolia. — *Verwend.:* Therapeutisch anstelle v. Folia Uvae-ursi.

Hydrochinon-monomethyläther:

MG 124.14

Charakteristik: Blättchen (W.); Krist. (PAe.), *F* 56; *Kp* 243; ll. in Bzl.; mit W.-Dampf nicht flüchtig. — *V.:* In Blattern v. Pirola secunda L.

Glucosid: ***Methylarbutin*** (*Methylarbutosid*)

MG 286.28 *F* 160

Charakteristik: Krist. + 1 H_2O (W.); sll. in Me., h. W.; l. in k. W.; swl. in Ae.; $[\alpha]_D$ −63° (W.) fur wasserfr. Subst. — *V.:* Gemeinsam mit Arbutin.

Hydrochinon-dimethyläther:

MG 138.17 *F* 56—57 *Kp* 205

Charakteristik: Blatt. (A.). — *V.:* Im Hyazinthenblütenöl

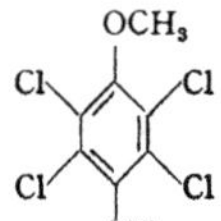

5/25 **Drosophilin A**

MG 261.94 *F* 116—18

Charakteristik: Krist. (Hexan, verd. A.); l. in A., Ae., Chlf.; wl. in W.; schwach sauer. — *V.:* In Kulturlsg. d. Pilzes Drosophila subatrata.

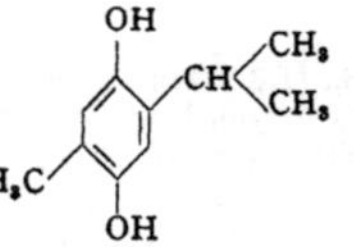

5/26 Thymohydrochinon (2,5-Dihydroxy-1-methyl-4-isopropyl-benzol, Thymoilol)

MG 166.22 *F* 142 *Kp* 290 (subl.)

Charakteristik: Prismen (verd. A.); ll. in A., Ae.; zll. in h. W.; swl. in k. W.; unl. in Bzl., Hexan. — *V.:* u. a. im ätherischen Öl d. Holzes v. Callitris quadrivalvis Vent. — *Wi.:* Baktericid.

2-Methyläther: p-Methoxythymol:

Kp_{23} 155—56; n_D^{20} 1.5263. — *V.:* Im Kernholz v. Libocedrus decurrens. — *Benzoat:* *F* 85.7—86.7.

5-Methyläther: p-Methoxycarvacrol:

F 66—67 (korr.); Krist. (n-Hexan). — *V.:* Wie p-Methoxythymol. — *p-Nitrobenzoat:* Lange gelbe Nadeln (A.); *F* 125.3—125.7 (korr.)

Dimethyläther: D^{20} 0.9913; *Kp* 248—50, Kp_{19} 118; Flüss.; n_D 1.51339. — *V.:* u. a. im Arnikawurzelöl v. Arnica montana.

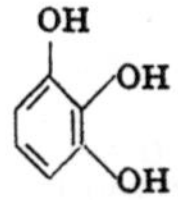

5/27 Pyrogallol (1,2,3-Trihydroxybenzol, vic. Trihydroxybenzol)

MG 126.11 D_4^4 1.453 *F* 132 *Kp* 309 (293 Z.)

Charakteristik: Nadeln u. Blätt.; schmeckt bitter; pK_a 7.0; 44 W. 13°, 62.5 W. 25°; 100 A. 25°; 83.3 Ae. 25°; wl. in Bzl., Chlf., CS_2. Lsg. in Alkali adsorbiert O_2 unt. Braunfärb. + $FeCl_3$ → zuerst blaue, dann braune Färb. — *V.:* Als Spaltprodukt zahlreicher Gerbstoffe, in freiem Zustand in Tannzapfen v. Sequoia sempervirens u. S. gigantea. — *Wi.:* Tuberkulostatisch. Blutgift!

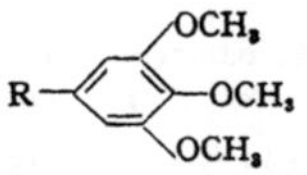

5/28 Elemicin (3,4,5-Trimethoxy-1-allyl-benzol)

R = $-CH_2·CH:CH_2$

MG 208.26 D^{20} 1.068 Kp_{10} 144—47

Charakteristik: Flüss.; n_D^{20} 1.5291. — *V.:* u. a. im ätherischen Öl v. Boronica pinnata, B. thujona u. B. muelleri.

Isoelemicin (*3,4,5-Trimethoxy-1-propenyl-benzol*)

R = $-CH:CH·CH_3$

MG 208.26; D^{20} 1.077; Kp_{10} 153—56; n_D^{20} 1.5474. — *V.:* Im äther. Öl d. Blätt. v. Backhousia myrtifolia.

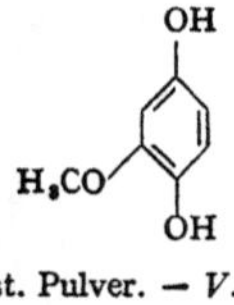

5/29 Methoxy-hydrochinon (1,4-Dihydroxy-2-methoxy-benzol)

MG 140.14 *F* 88

Charakteristik: Krist. ($CHCl_3$); ll. in Alkali mit grüner Färb., die bald in braun übergeht.
Monoglucosid: (in 1- oder 4-Stellg.) *F* 202; farbl. krist. Pulver. — *V.:* In Weizenkeimlingen.

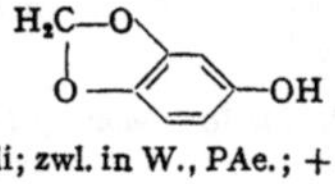

5/30 Sesamol (4-Hydroxy-1,2-methylendioxy-benzol)

MG 138.12 *F* 65 Kp_{18} 135—40

Charakteristik: Farbl. Krist.; sll. in A., Ae.; l. in Alkali; zwl. in W., PAe.; + $FeCl_3$ → violettbraun (W.). — *V.:* Im Sesamöl.

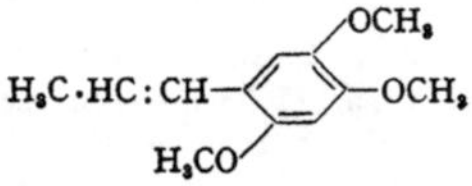

5/31 Asaron (2,4,5-Trimethoxy-1-propenyl-benzol, Asarit, Asarumcampher)

MG 208.26 D^{18} 1.165 *F* 59 *Kp* 296

Charakteristik: Nadeln od. Blätt. (W.); ll. in A., Ae., PAe., Chlf., Eg.; wl. in h. W. — *V.:* u. a. in d. Wurzel v. Asarum europaeum.
cis-trans-Isomeres: β-Asaron: D_{30}^{30} 1.082; Kp_{12} 162—63; gelbl. Öl; n_D^{20} 1.5552.

5/32 **Phloroglucin (1.3.5-Trihydroxy-benzol, sym. Trihydroxybenzol, 1,3,5-Benzoltriol)**

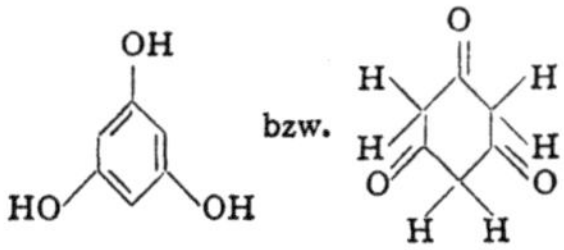

und tautomere Formen

MG 126.11 (+2H_2O 162.14) *F* wfr. 217–19 +2H_2O 117 *Kp* subl. Z.

Charakteristik: Rhomb. Tafeln u. Blatt. +2H_2O (W.), schmeckt süß. pK_a 7.0; 1.13 W. 25°; ll. in A., Ae., Py. + $FeCl_3$ → violette Färb. — *Wi.:* Toxisch auf Paramaecien. — *Triacetat:* *F* 104–06.

Dimethyläther: ***Taxicatigenin:***

MG 154.17; *F* 37; Kp_{17} 172; Krist. (Bzl. + Ligroin).

Glucosid: ***Taxicatin:***

MG 316.31; *F* 170; Nadeln (A.); $[\alpha]_D^{20}$ –72° (für wfr. Subst.). — *V.:* In Nadeln v. Taxus baccata L.

5/33 **Antiarol (5-Hydroxy-1,2,3-trimethoxy-benzol)**

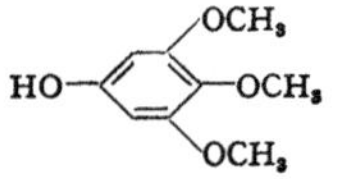

MG 184.19 *F* 146

Charakteristik: Tafeln (W. + wenig SO_2); ll. in A.; zwl. in W.; swl. in Ae. — *V.:* Im Milchsaft v. Antiaris toxicaria.

5/34 **Dihydrofumigatin (1-Methyl-2,3,5-trihydroxy-4-methoxy-benzol)**

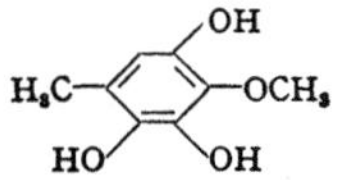

MG 170.17 *F* 100–01

Charakteristik: Nadeln (Sublimat). — *V.:* Stoffwechselprod. v. Aspergillus fumigatus Fresenius.

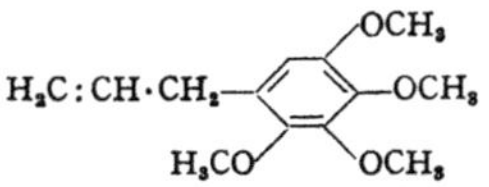

5/35 **1-Allyl-2,3,4,5-tetramethoxybenzol**

MG 238.28 D^{25} 1.087 *F* 25 Kp_{13} 145

Charakteristik: Tafeln (verd. A.); n_D^{25} 1.51462; mit $KMnO_4$ in W. → 2,3,4,5-Tetramethoxy-benzoesäure. — *V.:* Im französischen Petersilienol.

5/36 **Cannabinol (6″-Hydroxy-2,2,4′-trimethyl-4″-pentenyl-[dibenzo-1′,2′,3,4,1″,2″,5,6-(1,2-pyran)])**

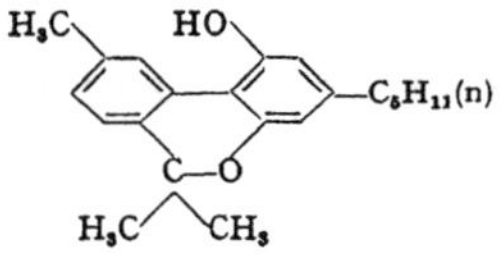

MG 310.44 *F* 76–77 (korr.)

Charakteristik: Blatt. (PAe.); ll. in A., Ac., Ae., PAe., Bzl., Eg.; unl. in W. — *V.:* Im Haschisch (Cannabis sativa var. indica). — *Wi.:* Ruft Berauschung, Gehör- u. Farbhalluzinationen hervor.

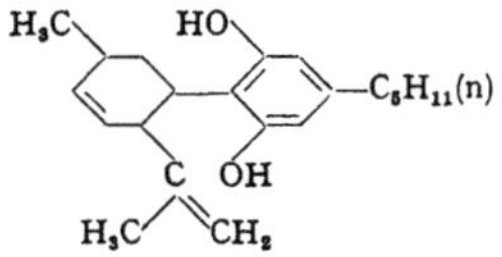

5/37 **Cannabidiol**

MG 314.47 *F* 66–67 (korr.)

Charakteristik: Farbl. Krist. (PAe.); l. in d. meisten organ. Lsgm.; unl. in W.; $[\alpha]_D^{27}$ –125° (A.). — *V.:* Zus. mit Cannabinol.

5/38 **Safrol (Shikimol, 3,4-Methylendioxy-1-allyl-benzol)**

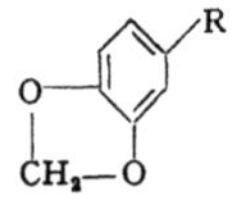

R = $-CH_2 \cdot CH:CH_2$

MG 162.18 D_4^{20} 1.100 *F* 11 *Kp* 234.6

Charakteristik: Farbl. Flüss. od. monokl. Krist.; n_D^{20} 1.5383; ∞ Chlf., Ae.; ll. in A.; unl. in W. — *V.:* In zahlreichen äther. Pflanzenölen, spez. v. Lauraceen. — *Verwend.:* zu Riechstoffen, Inseckticiden, Arzneimittel. — *Wi.:* Tuberkulostatisch.

Isosafrol (*3,4-Methylendioxy-1-propenyl-benzol*)

R = $-CH:CH \cdot CH_3$; D_4^{20} 1.122; *Kp* 252.0; Flüss.; anisartiger Geruch; mischbar mit A., Ae., Bzl.; n_D^{20} 1.5777. — *V.:* In d. Wurzeln v. Ligusticum acutilobum Sieb. et. Zucc.

5/39 **Myristicin (3-Methoxy-4,5-methylendioxy-allyl-benzol)**

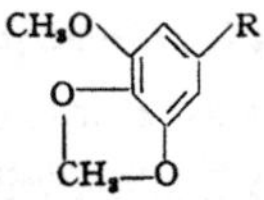

R = $-CH_2 \cdot CH:CH_2$

MG 192.21 D^{19} 1.1425 *F* −20 *Kp* 276−77
Kp_{15} 149.5

Charakteristik: n_D^{20} 1.5403. — *V.:* u. a. im Dillkrautöl v. Anethum graveolens L.

Isomyristicin (*3-Methoxy-4,5-methylendioxy-propenylbenzol*)
R = $-CH:CH \cdot CH_3$; *F* 44−45; Kp_{15} 166; Nadeln od. Prismen (A.). — *V.:* Wie Myristicin.

5/40 **Croweacin (2-Methoxy-3,4-methylendioxy-allylbenzol)**

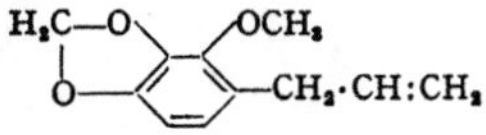

MG 192.21 D_{15}^{15} 1.1324 Kp_{10} 129−30

Charakteristik: Farbl. Öl; riecht Safrol-ähnlich; n_D^{20} 1.5339.

5/41 **Apiol (2,5-Dimethoxysafrol, Petersiliencampher)**

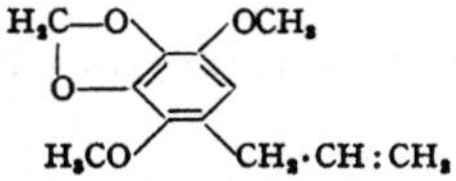

MG 222.23 D_4^{25} 1.015 *F* 30 *Kp* 294

Charakteristik: Krist., feine Nadeln m. schwachem Petersiliengeruch; 2 instabile Formen: *F* 27.5 u. *F* 18−19. n_D^{20} 1.5370 (flüss.); n_α^{14} 1.583; n_β^{14} 1.73 (fest); l. in A., Ae., Bzl., Chlf., Ac., Ölen; unl. in W. — *V.:* u. a. in Samen v. Petroselinum sativum (Petersilie). — *Wi.:* Hemmt Keimung und Entwicklung von Weizen u. Raps.

5/42 **Dillapiol (2,3-Dimethoxy-4,5-methylendioxy-allylbenzol, Dillöl-Apiol)**

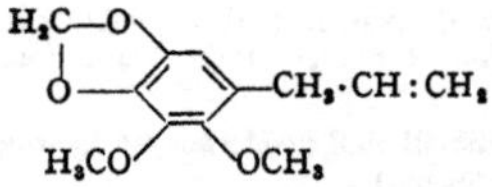

MG 222.24 Kp_{11} 162

Charakteristik: Dickes Öl; ll. in d. meisten organ. Lsgm.; unl. in W. — *V.:* u. a. in d. Frucht v. Anethum graveolens L.

5/43 **Benzylalkohol (Phenylcarbinol, Phenylmethanol)** $C_6H_5 \cdot CH_2 \cdot OH$

MG 108.13 D_4^{19} 1.0427 *F* −15.3 *Kp* 205.2
Flammpkt. 100

Charakteristik: Farbl. Flüss.; n_D^{20} 1.5403; 4 W. 17°; 66.7 A. 50%ig; ∞ abs. A., Ae., Chlf., Me.; l. in Ac. — *V.:* Frei u. verestert in zahlreichen äther. Ölen (z. B. Nelkenöl, Tuberosenöl, Hyazinthenöl usw.). — *Wi.:* Lokalanästhetisch. — *Phenylurethan:* *F* 78.

5/44 **β-Phenyläthylalkohol (Benzylcarbinol)**

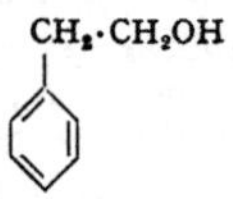

MG 122.17 D_4^{20} 1.0110 *F* −26 *Kp* 219−21

Charakteristik: Öl; angenehmer blumiger Geruch; n_D 1.53574; zll. in W. u. verd. A. — *V.:* u. a. im äther. Öl v. Dianthus caryophyllus L. — *Verwend.:* Parfümindustrie. — *Wi.:* Baktericid.

5/45 **Zimtalkohol (Styron)**

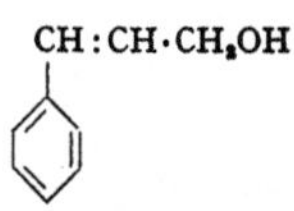

MG 134.18 D_4^{20} 1.0440 *F* 34−35 *Kp* 250

Charakteristik: Lange Nadeln (W.); n_D^{20} 1.5819; zll. in W.; sll. in A., Ae. — *V.:* Im Harz v. Xanthorrhoea hastilis. — *Wi.:* Anaestheticum.

5/46 **1-Phenyl-7-acetoxy-hepten-(5)-diin-(1,3)**

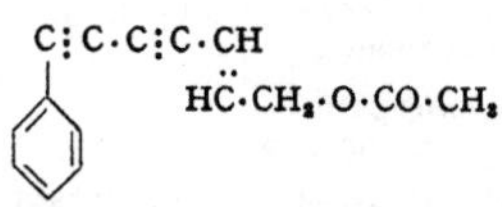

MG 224.26

Charakteristik: Platten (Bzl.), *F* 43; Krist. (PAe.), *F* 45−46. — *V.:* In versch. Coreopsis-Arten.

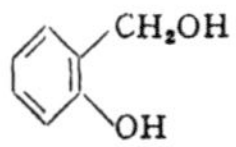

5/47 **Salicylalkohol (Saligenin, o-Hydroxybenzylalkohol)**

MG 124.13 D^{25} 1.1613 *F* 86–87 *Kp* subl. 100

Charakteristik: Rhomb. Tafeln (W.), Blatt. (Bzl.); 6.7 W. 22°; ∞ W. 100°; ll. in A., Ae., Chlf.; l. in Bzl.; + $FeCl_3$ → blaue Farb.; Lsg. in konz. H_2SO_4: rot. – *Verwend.:* Bei Gelenkrheumatismus u. Gicht. – *Wi.:* Keimtötend.

Glucosid (in o-Stellg.): ***Salicin*** (*Salicosid, Saligenin-β-D-glucopyranosid*):

D^{26} 1.43; *F* 201; rhomb. Krist.; sehr bitterer Geschmack; l. 3.5 W. 15°, l. in A.; unl. in Ae.; $[\alpha]_D^{20}$ –62.6° (W.) – *V.:* u. a. in Blatt. v. Salix- u. Populus-Arten. – *Wi.:* Antipyreticum.

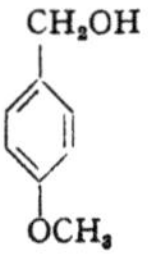

5/48 **Anisalkohol (4-Methoxy-benzylalkohol)**

MG 138.17 D^{26} 1.1093 *F* 25 *Kp* 259 Kp_{12} 136

Charakteristik: *V.:* In Anis-Samenöl. – *Phenylurethan:* *F* 91.5.

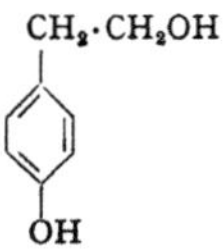

5/49 **Tyrosol (4-Hydroxy-β-phenyläthyl-alkohol)**

MG 138.17 *F* 93 Kp_{18} 195

Charakteristik: Nadeln ($CHCl_3$); schmeckt bitter; ll. in A., Ae., Ac., Eg.; wl. in Chlf., Bzl., CS_2; swl. in PAe.; + $FeCl_3$ → indigoblaue Farb. – *V.:* In vergorenen Fluss.; aus Tyrosin.

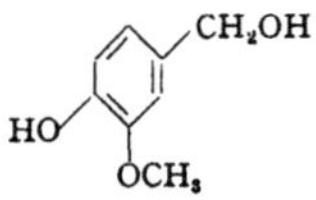

5/50 **Vanillinalkohol (2-Methoxy-4-hydroxymethyl-phenol)**

MG 154.16 *F* 115 *Kp* Z.

Charakteristik: Farbl. Nadeln (W.; Bzl.); ll. in h. W., A., Ae.; unl. in k. Bzl., Toluol. *Glucosid:* ***Vanillosid*** (*4-Hydroxy-3-methoxy-benzylalkohol-β-D-glucopyranosid-(4)*): *MG* 316.31; *F* ca. 120; Nadeln (A.) + 1 H_2O; ll. in W., A.; swl. in Ae. – *V.:* In grunen Fruchten d. Vanille.

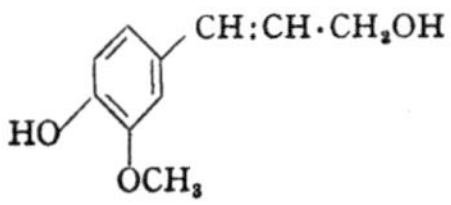

5/51 **Coniferylalkohol (4-Hydroxy-3-methoxyzimtalkohol, Lubanol)**

MG 180.20 *F* 73–74

Charakteristik: Prismen; l. in A., Ae., Alkali; wl. in h. W.; polymerisiert m. Sren. – *V.:* Als Aglucon v. Coniferin. – *Phenylurethan:* *F* 108.

Monobenzoat: ***Coniferylbenzoat*** (*[4-Hydroxy-3-methoxy-cinnamyl]-benzoat, Lubanolbenzoat*):

MG 284.32; *F* 72; Tafeln (Ae. + PAe.); ll. in d. meisten organ. Lsgm.; l. in NaOH: swl. in PAe., k. Ae.; unl. in W.; + $FeCl_3$ (A.) → smaragdgrune Farb.

4-β Glucosid: ***Coniferin:***

MG 378.37; *F* (wfr.) 186; glitzernde Nadeln (+2H_2O); 0.51 W.; ll. in W. 100°; wl. in A.; unl. in Ae.; $[\alpha]_D^{20}$ –66.9° (W.); Lsg. in konz. H_2SO_4: purpurrot, bei Verdunnen m. W.: blaue Nadeln, + Phenol in HCl → tiefblaue Farbreakt. – *V.:* u. a. im Spargel (Asperagus officinalis L.).

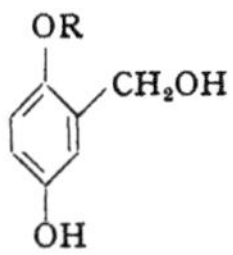

5/52 **Salirepol (Gentisinalkohol)**

R = H

MG 140.14 *F* 100–01

Charakteristik: Nadeln ($CHCl_3$); ll. in W., A., Ae., verd. NaOH. – *V.:* Stoffwechselprod. v. Penicillium patulum.

Glucosid: ***Salireposid;***

R = $-C_6H_{10}O_5 \cdot OC \cdot C_6H_5$

MG 406.39; *F* 206–07 (für wfr. Subst.); feine Nadeln; schmeckt schwach bitter; ll. in W.; zll. in A.; $[\alpha]_D$ –37° (wfr. Subst. in Py. + Ac.).

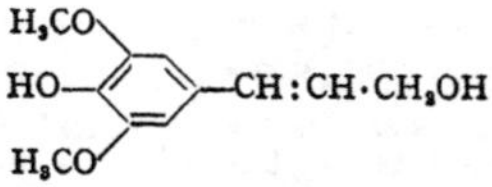

5/53 **Syringenin (4-Hydroxy-3,5-dimethoxyzimtalkohol, Sinapinalkohol)**

MG 210.23 *F* 63–65

Charakteristik: Farbl. Nadeln (wenig Ae. + PAe.; Chlf. + PAe.); sehr langsame Kristallisation (8–14 Tage); färbt sich an Licht u. Luft gelb. — *V.:* Stammsubst. der Angiospermen-Lignine.

4-β-Glucosid: ***Syringin*** (*Syringosid; Lilacin; Ligustrin*):

MG 372.38; *F* 191–92; Nadeln od. Prismen + 1 H_2O (W.); ll. in h. W., A.; $[\alpha]_D$ –17,3° (W.). — *V.:* u. a. in Blatt. v. Syringa vulgaris.

5/54 **Benzyläther (Dibenzyläther)**

MG 198.25 D_4^{20} 1.0428 *F* 3.6 *Kp* 295–98
Kp_{18} 157–60 *FlP* 135

$(C_6H_5{\cdot}CH_2)_2{\cdot}O$

Charakteristik: Farbl. Öl; ll. in h. A.; l. in Ae.; unl. in W.; zersetzt sich an d. Luft zu Benzaldehyd. — *Verwend.:* Weichmacher.

5/55 **Diphenyläther (Phenyläther, Phenoxybenzol)**

MG 170.20 D^{20} 1.078 D^{10} 1.151 *F* 27
Kp 259.3 *FlP* 115

$(C_6H_5)_2O$

Charakteristik: Farbl. monokl. (rhomb.) Tafeln (A.), meist Flüss., riecht nach Geranien; n_D^{20} 1.5809; 4.97 87%ig. A. 10°; l. in Ae., Eg., Bzl.; swl. in W. — *Verwend.:* u. a. als Rosenparfüm für Seifen.

5/56 **p-Chlorphenol**

MG 128.56 $D_4^{20,5}$ 1.305 *F* 43 *Kp* 219.8

Charakteristik: Nadeln m. charakt. Geruch; n_D^{40} 1.5579; 27.1 W. 20°; ll. in A., Ae.; 272 Bzl. 20°; l. in Alkali. — *Verwend.:* Desinfektionsmittel (4mal starker als Phenol).

5/57 **p-Bromphenol**

MG 173.02 D^{15} 1.840 D^{80} 1.5875 *F* 64 [1]
Kp 238

Charakteristik: Tetragon. Krist. (Chlf.); 1.422 W. 15°; ll. in A., Ae., Chlf. — *Wi.:* Bakterizid.

5/58 **2,4,6-Tribromphenol (symm. Tribromphenol, 1-Hydroxy-2,4,6-tribrombenzol)** $Br_3C_6H_2{\cdot}OH$

MG 330.83 D_{20}^{20} 2.55 *F* 96 *Kp_{746}* 282–90 subl.

Charakteristik: Farbl. monokl. Prismen (verd. A.; Bzl.); 0.007 W. 15°; ll. in A., Ae.; l. in Chlf.. Glycerin. — *Wi.:* Antiseptisch.

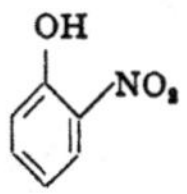

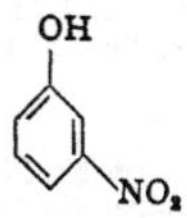

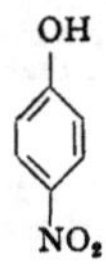

5/59 **Nitrophenole**

MG 139.11. — *Wi.:* Insekticid.

o-Nitrophenol (1-Hydroxy-2-nitrobenzol)

D^{20} 1.657 D^{45} 1.2945 *F* 45.1 *Kp* 217.25

Charakteristik: Hellgelbe monokl. Nadeln od. Prismen (A., Ae.); pK_a^{25} 7.21; 0.21 W. 20°, 0.32 W. 38°, 1.08 W. 100°; 24.5 A. 15°, 46.0 A. 25°; 95.0 Ae. 15°; l. in Alkali, flüchtig m. W.-Dampf, riecht nach Karamel, schmeckt süß. — *Verwend.:* Reagens auf Glucose.

m-Nitrophenol (1-Hydroxy-3-nitrobenzol)

D^{20} 1.485 *F* 96 *Kp_{70}* 194

Charakteristik: Farbl.-gelbe monokl. Krist. (Ae.); pK_a^{25} 8.0; 1.35 W. 25°; 3.02 W. 40°; 13.3 W. 90°; 195.0 A. 25°; 143.7 Ae. 16°; l. in Bzl., Alkali.

---

[1] Kleine Mengen W. erniedrigen *F*.

p-Nitrophenol (1-Hydroxy-4-nitrobenzol)

D^{20} 1.479 D^{14} 1.2809 *F* 114 *Kp* 279 (Z.)

Charakteristik: Farbl.-gelbe monokl. Prismen; pK_a^{25} 7.16; 1.6 W. 25°, 26.9 W. 90°; 189.5 A. 25°; 130.4 Ae. 14°; l. in Chlf.

5/60 **O,O-Diäthyl-O-p-nitrophenyl-thiophosphat (E 605, Thiophos, Parathion, Diäthyl-p-nitrophenyl-monothiophosphat)**

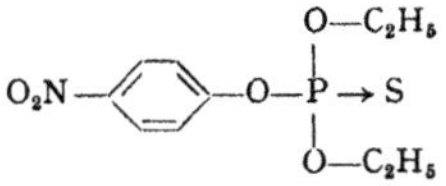

MG 291.27 D_4^{25} 1.26 *Kp* 375 Kp_1 160

Charakteristik: Gelbl. Fluss.; n_D^{25} 1.5370; 0.02 W.; ll. in A., Ester, Ae., Ketonen, aromat. KW.; unl. in aliphat. KW.; unbest. gegen Basen; sehr giftig! — *Verwend.:* Schadlingsbekämpfungsmittel.

5/61 **2,4-Dinitrophenol (1-Hydroxy-2,4-dinitrobenzol)**

MG 184.11 D^{25} 1.683 *F* 114—15 $(O_2N)_2 \cdot C_6H_3 \cdot OH$

Charakteristik: Gelbe rhomb. Tafeln (W., A., Ae.); pK_a^{25} 4.0; 0.56 W. 18°, 4.3 W. 100°; 3.9 A. 19°; 3.07 Ae. 15°; l. in Bzl., Chlf.; fluchtig m. W.-Dampf; giftig! — *Wi.:* Greift die Schleimhaute an. Hemmt oxydative Phosphorylierungen; insekticid.

5/62 **Pikraminsäure (4,6-Dinitro-2-aminophenol)**

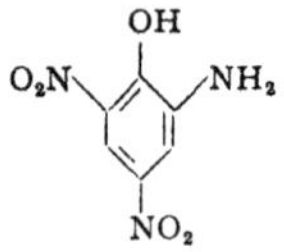

MG 199.12 169.9

Charakteristik: Rote Krist.; 0.14 W.; l. in A., Bzl., Eg., Anilin; wl. in Chlf., Ae. — *Verwend.:* Reagens auf Albumin.

5/63 **Pikrinsäure (2,4,6-Trinitrophenol)**

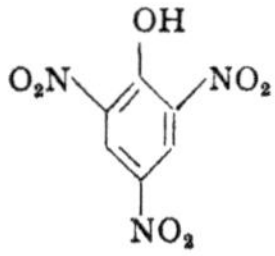

MG 229.11 D^{19} 1.763 *F* 121.8
Kp expl. > 300, subl.

Charakteristik: Gelbe rhomb. Blatt. (W.); 1.4 W. 20°, 6.8 W. 100°; 4.91 A. 20°, 66.2 A. 78°; 1.42 Ae. 20°; l. in Bzl.; mit KCN + NaOH→ rote Färb. — *Wi.:* Baktericid, insekticid. —
K-Salz $C_6H_2O_7N_3K$: D^{20} 1.852[20]. Gelbe Nadeln (W., A.); 0.6 W. 24°, 7 h. W.; 0.04 k. A.; unl. in Ae.; explodiert beim Erhitzen od. auf Schlag.

5/64 **Styphninsäure (2,4,6-Trinitroresorcin, 2,4-Dihydroxy-1,3,5-trinitrobenzol)**

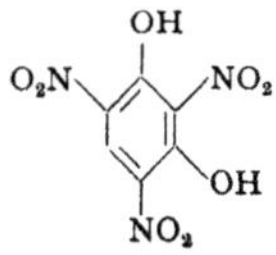

MG 245.11 *D* 1.829 *F* 175.5[1] *Kp* subl. im Hochvak.

Charakteristik: Hexagon. gelb. Krist. (verd. A.); adstringierender Geschmack, nicht bitter; Krist. + Eg. (Eg.); Sublimat farbl., wird a. d. Luft gelb; 0.7 W. 14°; 1.2 W. 62°; ll. in A., Ae. zweibasische Saure; bildet Additionsverbb. m. aliphat. u. aromat. Verbb.; Salze mit Basen, Metallsalze verpuffen sehr heftig.

5/65 **2,2'-Methylen-bis-(3,4,6-trichlorphenol) (Hexachlorophen, Gamophen)**

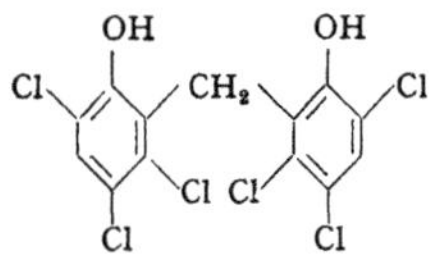

MG 406.92 *F* 164—65

Charakteristik: Krist. (Bzl.); l. in A., Ac., Ae., Chlf., verd. Alkali; swl. in W.; bildet Salze m. Alkalien u. Erdalkalien. — *Verwend.:* Desinfektionsmittel (u. a. medizin. Seifen).

5/66 **1,1,1-Trichlor-2,2-bis-p-chlorphenyläthan (DDT)**

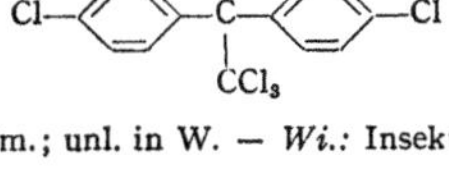

MG 354.51 *F* 108

Charakteristik: Farbl. rhomb. Krist.; l. in organ. Lsgm.; unl. in W. — *Wi.:* Insekticid.

---

[1] Explodiert bei raschem Erhitzen.

6. Oxoverbindungen und ihre Derivate

6/1 Benzaldehyd

MG 106.12 D_4^{15} 1.0504 D^{20} 1.0498 *F* −26
Kp 179.2 *FlP* 62 $C_6H_5 \cdot CHO$

Charakteristik: Farbl. trocknendes u. m. W.-Dampf flücht. Öl, riecht bittermandelartig; n_D^{20} 1.5450; 0.33 W.; ∞ A., Ae., Ölen. — *V.:* Teils frei, teils als Bestandteil cyanogener Glucoside in vielen Pflanzen (u. a. in Rosenöl, Narzissenblütenöl, Himbeersaft). — *Wi.:* Hemmt Keimung v. Samen. Toxische Wi. auf Bakterien, schädigende Wi. auf Pflanzenwachstum.

6/2 Cuminaldehyd (4-Isopropyl-benzaldehyd, Cuminal)

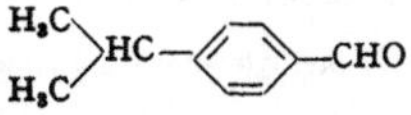

MG 148.20 D^{20} 0.9775 *Kp* 236—37

Charakteristik: Öl, nach Kummel riechend; n_D 1.5301; l. in A., Ae.; unl. in W. — *V.:* u. a. im Samenöl v. Wasserschierling; im Eucalyptusöl; im ätherischen Öl v. Pectis papposa. — *Verwend.:* In Parfümindustrie. — *Phenylhydrazon:* *F* 127—29.

6/3 Zimtaldehyd (3-Phenylpropenal, β-Phenylacrolein)

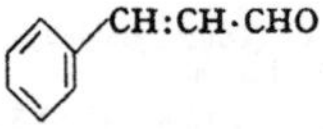

MG 132.15 D_4^{15} 1.119 D_4^{20} 1.0497 *F* −7.5
Kp 252 (Z.)

Charakteristik: Farbl. Flüss., dampfflüchtig, stark nach Zimt riechend; n_D 1.61949; ∞ A., Ae.; 0.14 W.; 14.2 60%ig. A. — *V.:* In äther. Ölen zahlreicher Cinnamomum-Arten (z. B. Zimtwurzelöl, Lavendelol). — *Wi.:* Wachstumshemmend; keimtötend. — *Phenylhydrazon:* *F* 168.

6/4 Salicylaldehyd (o-Hydroxybenzaldehyd)

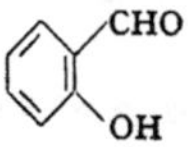

MG 122.12 D_4^{20} 1.1669 *F* 1.6 *Kp* 196.5
Kp_{25} 93

Charakteristik: Farbl. Flüss.; $n_D^{19,7}$ 1.57358; flüchtig m. W.-Dampf; 1.72 W. 86°; 64.6 Bzl. 12°; ∞ A., Ae.; in Alkali m. gelber Farbe lösl.; + $FeCl_3$ → purpurrote Färb. — *V.:* u. a. in Wurzeln v. Spiraea ulmaria; in Cassiaöl v. Cinnamomum cassia. — *Wi.:* Bakteriostatisch. — *Phenylurethan:* *F* 133. — *Phenylhydrazon:* *F* 142—43.

2-Methyläther: **o-Anisaldehyd** (*2-Methoxy-benzaldehyd*): .
$D_4^{20,2}$ 1.1326; *F* 35; *Kp* 236; Prismen; sll. in Ae., Chlf.; wl. in A., Bzl.; swl. in W.; n_D^{20} 1.560. — *V.:* Im Cassiaöl v. Cinnamomum cassia.

Glucosid: **L-Helicin** (*Salicylaldehyd-β-D-glucosid*)
MG 284.26; *F* (wfr.) 176; feine Nadeln + $^3/_4 H_2O$ (W.); $[\alpha]_D^{20}$ −60° (W.); 1.9 k. W.; ll. in h. W.; l. in A.; unl. in Ae.; bildet Verbb. m. Harnstoff, Thioharnstoff u. manch. Aminosauren.

Glucosid: **Spiräin:** Amorph; wird v. Emulsin nicht gespalten. — *V.:* In Wurzeln v. Spiraea kamtschatica.

6/5 p-Hydroxybenzaldehyd

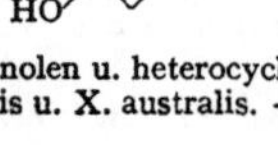

MG 122.12 D^{130} 1.1291 *F* 117 *Kp* subl. unzers.

Charakteristik: Nadeln (W.); n_α^{130} 1.57055; ll. in A., Ae.; l. in h. W.; wl. in k. W.; gibt Farbreakt. m. Phenolen u. heterocycl. Verbb. — *V.:* In rotem u. gelbem Xanthorrhea-Harz v. Xanthorrhea hastilis u. X. australis. — *Wi.:* Bakteriostatisch.

-Methyläther: **Anisaldehyd** (*p-Methoxybenzaldehyd*)
D_4^{20} 1.123 *F* 2 *Kp* 248
Charakteristik: Farbl. Flüss.; schmeckt brennend gewürzartig; flüchtig m. W.-Dampf; n_D^{25} 1.5703; 0.2 k. W.; ∞ A., Ae. — *V.:* u. a. in Blätt. v. Magnolia salicifolia; Stoffwechselprod. d. Pilzes Daedalea juniperina. — *Wi.:* Bactericid. — *Hydrazon:* *F* 167. — *Phenylhydrazon:* *F* 120—21.

6/6 Protocatechualdehyd (3,4-Dihydroxybenzaldehyd)

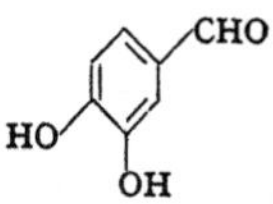

MG 138.12 *F* 153—54 (Z.)

Charakteristik: Flache Krist. (W.); $pK_a^{2'}$ 7.55; 4 k. W.; 33 W. 100°; 100 h. A.; ll. in Ae.; wl. in Toluol. — *V.:* In Samen u. Keimlingen v. Cichorium intybus.

3-Methyläther: ***Vanillin*** *(4-Hydroxy-3-methoxybenzaldehyd):*

D^{20} 1.056; *F* 81—82; *Kp* 285 in CO_2-Atmosphäre; Kp_6 140—45; farbl. monokl. Nadeln (W., Ligroin); pK_a 5.32; 1 W. 25°; 5 W. 80°; ll. in A., Ae.; l. in Chlf., Glycerin, Ölen; + $FeCl_3$→blauviolette Farb. — *V.:* u. a. im äther. Öl d. Baumwollpflanze. — *Wi.:* Tuberkulostatisch; Wi. auf Paramaecien. — *Acetat: F* 78.

4-Glucosid: ***Glucovanillin*** *(Vanillosid, [4-Hydroxy-3-methoxy-benzaldehyd]-β-D-glucopyranosid): MG* 314.29; *F* 188—89 (korr.); Nadeln + $2H_2O$ (verd. A.); bitterer Geschmack; hygroskop.; zll. in W.; l. in A.; unl. in Ae.; $[\alpha]_D^{20}$ —87.1° (W.). — *V.:* In unreifen Vanillefrüchten.

Dimethyläther: ***Veratrumaldehyd*** *(3,4-Dimethoxybenzaldehyd):*

F 43; *Kp* 281.5; Nadeln (Ae., Toluol); riecht vanilleartig; ll. in A., Ae.; swl. in k. W.; unt. Einwi. v. Licht zu Veratrumsäure oxydiert. — *V.:* Im äther. Öl v. Cymbopogon javanensis.

6/7 Piperonal (3,4-Methylendioxy-benzaldehyd, Heliotropin)

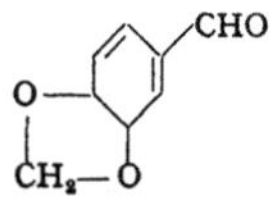

MG 150.13 *F* 37 *Kp* 263

Charakteristik: Farbl. glanz. Krist. (W.); heliotrop. Geruch; 0.2 k. W.; l. in A.; ll. in h. W.; ∞ A. 78°, Ae.; oxydiert sich rasch b. Zutritt v. Licht u. O_2. — *V.:* u. a. in Blüten v. Robinia pseudoacacia; im Veilchenblütenextrakt. — *Verwend.:* In Riechstoffindustrie.

6/8 Ferulaaldehyd (Coniferylaldehyd, 4-Hydroxy-3-methoxyzimtaldehyd)

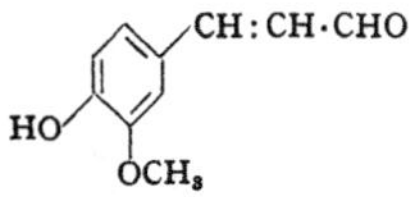

MG 178.18 $D_4^{101,5}$ 1.1562 *F* 82.5 (gelbe Schmelze)

Charakteristik: Hellgelb. monokl. Nadeln (Bzl. + Lg.); $n_\alpha^{101,5}$ 1.6397; pK_a^{25} 7.6; ll. in A., Ae., Bzl.; wl. in k. W.; unl. in Lg.; Lsg. in Alkali gelb, in Sren. farbl.; + $FeCl_3$ → blaugrüne Färb. — *V.:* Frei im Holz u. gebunden im Lignin.

6/9 Syringaaldehyd (4-Hydroxy-3,5-dimethoxy-benzaldehyd)

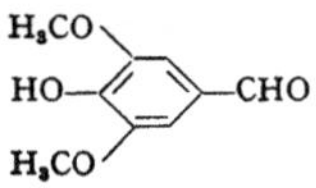

MG 182.18 *F* 112—13

Charakteristik: Krist. (verd. A. od. PAe.); ll. in A., Ae., Ac., Chlf., Eg., h. Bzl.; swl. in Ligroin, PAe.; + $FeCl_3$ → olivgrüne Färb. — *V.:* Im Lignin d. Angiospermen durch oxydat. Abbau.

6/10 Sinapinaldehyd (4-Hydroxy-3,5-dimethoxy-zimtaldehyd)

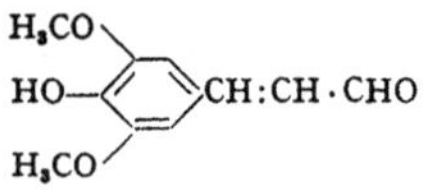

MG 208.21 *F* 108 (schmilzt orangegelb)

Charakteristik: Blaßgelbe Nadeln (Bzl.); l. m. gelber Farbe in A., Essigester; zll. in W., h. Bzl.; swl. in Ae., Benzin. + $FeCl_3$ → tiefbraun-rote Färb. — *V.:* In alkohol. Extrakt v. Eichen-Hartholz.

6/11 Flavoglaucin (3-Isopentenyl-6-n-heptyl-gentisinaldehyd)

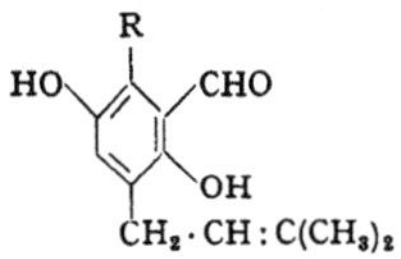

R = n-C_7H_{15}-

MG 304.45 *F* 109—10

Charakteristik: Hellgelbe Nadeln od. Blätt. (A.); ll. in d. meisten organ. Lsgm.; zwl. in PAe.; unl. in W.; + $FeCl_3$ (A.) → grüne Farb. — *V.:* Stoffwechselprod. v. Pilzen d. Aspergillus glaucus-Reihe.

2,4-Dinitrophenylhydrazon: 2 Formen: kleine tiefrote Nadeln: *F* 179—81 (Chlf. + A.); orange Nadeln: *F* 186—87.

Auroglaucin: R = —$[CH{:}CH]_3 \cdot CH_3$ (wahrscheinlich)

MG 298.38; *F* 152—53; orangerote Nadeln (A.); ll. in Chlf.; wl. in d. meisten organ. Lsgm.; unl. in W.; + $FeCl_3$ (A.) → rote Farb.

2,4-Dinitrophenylhydrazon: ziegelrote Nadeln (Chlf. + A.): *F* 223—24.

6/12 Flavipin

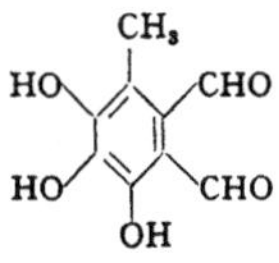

MG 196.16 *F* (Z.) 233—34

Charakteristik: Sublimat: hellgelbe Stäbchen. — *V.:* In Kulturfiltraten v. Aspergillus flavipes u. A. terreus.

6/13 Gossypol (1,6,7,1′,6′,7′-Hexahydroxy-3,3′-dimethyl-5,5′-diisopropyl-dinaphthyl-(2,2′)-dialdehyd-(8,8′))

MG 518.57

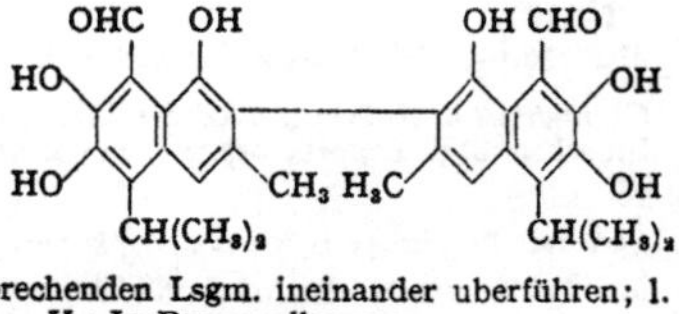

Charakteristik: 3 krist. Formen:

a) hellgelbe Tafeln (Ligroin); *F* 214 (korr.);
b) gelbe Tafeln (Chlf.); *F* 199;
c) gelbe, mikroskop. Nadeln (Ac. + PAe.); *F* 184.

a, b u. c lassen sich durch Umkrist. aus den entsprechenden Lsgm. ineinander überführen; l. in A., Ae., Chlf.; swl. in PAe.; unl. in W.; giftig! — *V.:* In Baumwollsamen.

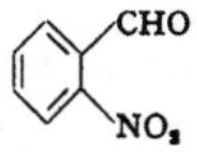

6/14 o-Nitrobenzaldehyd

MG 151.12 *F* 41, labile Form *F* 38 Kp_{23} 153

Charakteristik: Hellgelbe Nadeln (W.); flücht. m. W.-Dampf; ll. in organ. Lsgm.; wl. in W.; + Acetaldehyd + Alkali → Indigo; Reagens auf Isopropylalkohol u. Ac.

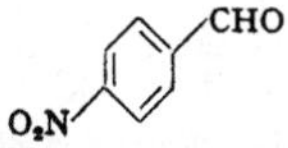

6/15 p-Nitrobenzaldehyd

MG 151.12 *F* 106—07 *Kp* subl.

Charakteristik: Lange, dünne Prismen (W.); wenig flücht. in W.-Dampf; ll. in A., Bzl., Eg.; l. in Ae.; wl. in k. W.; unl. in PAe.

6/16 p-Dimethylaminobenzaldehyd (4-Dimethylbenzolcarbonal)

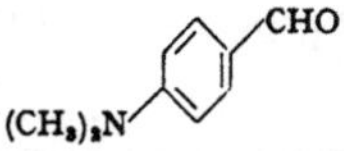

MG 149.19 *F* 74 Kp_{17} 176—77 (Kp_{15} 164—66)

Charakteristik: Blätt. (W.); l. in A., Essigester, organ. Lsgm.; wl. in W.; Reagens auf Indol, Tryptophan, Phenole u. a. — *Wi.:* Giftwi. auf Raupen.

6/17 Acetophenon (Methylphenylketon, Acetylbenzol)

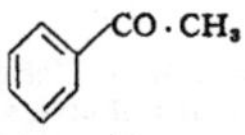

MG 120.14 D_4^{20} 1.0281 *F* 19.7 *Kp* 202

Charakteristik: Farbl. Flüss. od. Platten; sehr hygroskop.; n_D^{19} 1.5348; l. in A., Ae., Bzl., Chlf. konz. H_2SO_4; unl. in W. — *V.:* Im äther. Öl v. Styrlingia latifolia Steud.; im Bibergeil (Castoreum). — *Verwend.:* Weichmacher; techn. Lsgm.; in Parfümindustrie.

6/18 Benzophenon (Diphenylketon, α-Oxodiphenylmethan) $C_6H_5 \cdot CO \cdot C_6H_5$

MG 182.21 α: D_{50}^{50} 1.0976 β: D_4^{23} 1.108 α: *F* 49
β: *F* 26 α: *Kp* 306

Charakteristik: α-Form: stabil; farbl. rhomb. Prismen; β-Form: labil; farbl. monokl. Prismen; 13.5 A. 18°; 17.5 Ae. 13°; l. in Chlf., unl. in W.; — *Wi.:* Mildes Schlafmittel. — *Verwend.:* Antioxydans, Fixateur f. Parfüm.

6/19 Benzoin (α-Hydroxy-α-phenylacetophenon)

MG 212.24 D_4^{20} 1.310 *F* 137 *Kp* 344 Kp_{12} 194 $C_6H_5 \cdot CO \cdot CH(OH) \cdot C_6H_5$

Charakteristik: Farbl. hexagon. Prismen (A.); 0.03 W. 25°; l. in A.; wl. in Ae. — *Verwend.:* In Maßanalyse u. Tüpfelanalyse als Kupfernachweis (grüner Niederschlag).

Oxim: ***Cupron***

MG 227.25; *F* 153; Krist.; dunkeln am Licht; l. in A., NH_4OH; wl. in W.

6/20 Capillin

MG 168.19 *F* 81

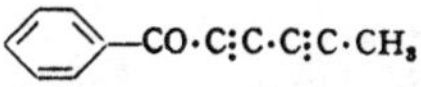

Charakteristik: Platten (Hexan). — *V.:* In äther. Öl v. Artemisia capillaris.

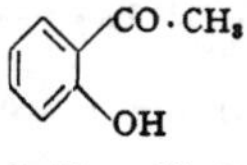

6/21 o-Hydroxyacetophenon (o-Acetylphenol)

MG 136.14 $D^{18.2}$ 1.1302 *Kp* 218

Charakteristik: Öl; $n_\alpha^{18.2}$ 1.55405; ∞ A., Ae., Eg.; wl. in W. — *V.:* Im flüchtigen Öl aus Holz u. Rinde v. Chione glabra.

6/22 p-Hydroxyacetophenon (Piceol, p-Acetylphenol)

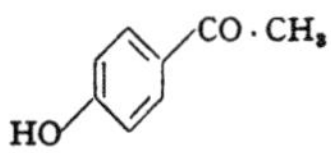

MG 136.14 $D^{109,2}$ 1.1090 *F* 108–10

Charakteristik: Nadeln (Ae. od. verd. A.); 1 W. 22°; 7 W. 100°; ll. in A., Ae.; l. in h. HCl. – *V.:* Im ather. Öl d. Pappelknospen v. Populus trichocarpa.

Glucosid: ***Picein*** (*[4-Hydroxy-acetophenon]-β-D-glucopyranosid*):

MG 298.28; *F* 194–96 (wfr.); Nadeln + 1 H_2O (W., Me.); schmeckt bitter; $[\alpha]_D^{20}$ –88.87° (W.); 2 W. 15°; 100 W. 100°; l. in A.; swl. in Ae., Chlf. – *V.:* u. a. in Nadeln d. Edeltanne (Pinus picea).

Methyläther: p-Methoxyacetophenon:

MG 150.179; *D* 1.082; *F* 38–39; *Kp* 263; farbl. Tafeln (Ae.); sll. in üblichen Lsgm. – *V.:* Als Spaltprodukt aus Linarin.

6/23 Resacetophenon (2,4-Dihydroxyacetophenon)

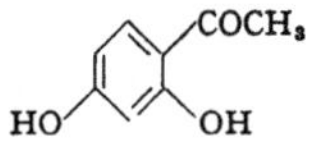

MG 152.14 *F* 142

Charakteristik: Nadeln; l. in Ae.; wl. in A.; unl. in W. – *Glucuronsäureester* $C_{14}H_{16}O_9 \cdot H_2O$: *MG* 322.26; *F* ~170 (Z.); Nadeln (A.); ll. in W.; l. in A.; $FeCl_3$-Reakt.: tiefrot.

4-Methyläther: ***Päonol*** (*2-Hydroxy-4-methoxy-acetophenon*):

MG 166 17; $D^{81,3}$ 1.1310; Kp_{20} 158; *F* 50; krist. Nadeln (A.); $n_\alpha^{81,2}$ 1.54322; ll. in organ. Lsgm.; l. in A., Ae.; swl. in W. – *V.:* Im Harz versch. Xanthorrhoea-Arten.

Glucosid: ***Glucopäonol:*** *MG* 328.33; *F* 82–83; farbl. Nadeln (Me.). – *V.:* In Wurzeln v. Paeonia arborea.

6/24 Clavatol (2,4-Dihydroxy-3,5-dimethylacetophenon)

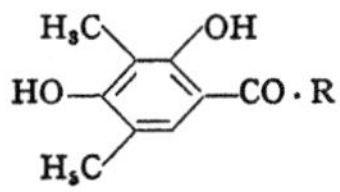

R = $-CH_3$

MG 180.20 *F* 183

Charakteristik: Nadeln (wssr. Me.), Platten (Sublimat); l. in Alkali mit gelber Farbe; + $FeCl_3$ → purpurrote Färb. – *V.:* In Kulturen v. Aspergillus clavatus.

Sorbicillin:

R = $-[CH{:}CH]_2{\cdot}CH_3$

MG 232.28; *F* 113–14; orange Platten (Ae.); l. in Alkali mit oranger Farbe; unl. in W.; + $FeCl_3$ (wssr. Me.) → schwarze Farb. – *V.:* Im Kulturfiltrat v. Penicillium notatum.

6/25 Phloracetophenon (2,4,6-Trihydroxyacetophenon)

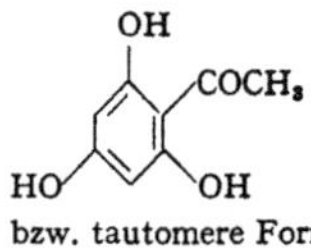

bzw. tautomere Formen

MG 168.15 *F* 218–19 (korr.)

Charakteristik: Nadeln + 1 H_2O (W.); ll. in A., Ae., Ac., Eg., in Sodalsg. mit gelber Farbe; wl. in Bzl., Chlf.; + $FeCl_3$ → rote Farb.

2,4-Dimethyläther: ***Xanthoxylin*** (*Brevifolin*)

F 82–83; Kp_{20} 185; Blätt. (verd. A.); ll. in A., Ae.; unl. in W.; + $FeCl_3$ → tiefviolette Farb. – *V.:* u. a. in Samen v. Xanthoxylum alatum Roxb.

Trimethyläther: *F* 100–04; Prismen (A. od. Ae.); unl. in W. – *V.:* In Knollen v. Lycoris radiata Herb.

6/26 Conglomeron

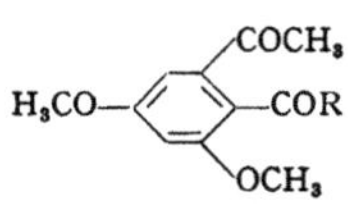

R = $-CH(CH_3)_2$

MG 238.28 *F* 62–64

Charakteristik: Nadeln (W. od. PAe.). – *V.:* In Blätt. v. Eucalyptus conglomerata. – *2,4-Dinitrophenylhydrazon:* *F* 164.

Eugenon (*2,4,6-Trimethoxy-benzoylaceton*)

R = $-CH_2COCH_3$

MG 252.27; *F* 97–98; Nadeln (Me.); + $FeCl_3$ → weinrot. – *V.:* In Gewürznelke (Eugenia caryophyllata Thunb.).

6/27 **Aspidinol (2,6-Dihydroxy-4-methoxy-3-methyl-butyrophenon)**
R = $-H$; R' = $-CH_3$
MG 224.2 *F* 143

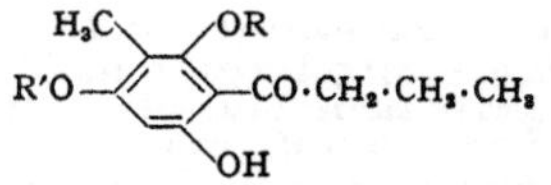

Charakteristik · Prismen od. Tafeln (Bzl.); + $FeCl_3$ → schwarzgrün. — *V.:* Aspidium filix mas. — *Dibenzoat: F* 109.
Pseudoaspidinol: R = $-CH_3$; R'= $-H$; *F* 71—72; farbl. Prismen (Hexan); ll. in A.; wl. in h. Hexan, W.; + $FeCl_3$ → rotbraun. — *Monohydrat: F* 80—81; Krist. (W.).

6/28 **α-Kosin**
R = $-CH(CH_3)_2$
MG 460.5 *F* 158

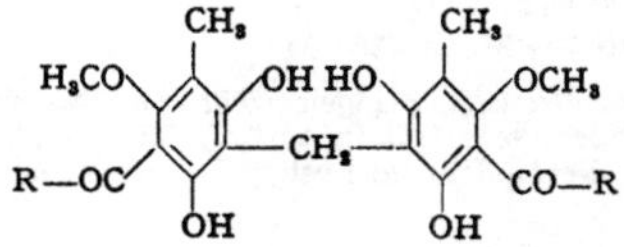

Charakteristik: Gelbl. Nadeln (Me.); + $FeCl_3$ → rotbraune Färb. — *V.:* Im Koso (= getrocknete weibl. Blüten v. Hagenia abyssinica). — *Tetraacetat: F* 123.
ψ-Aspidin (*Methylen-bis-pseudoaspidinol*): R = $-CH_2·CH_2·CH_3$. — *F* 144—45; hellgelbe Prismenbüschel (A., Ac.); + $FeCl_3$ → tiefrot.

6/29 **Baeckeol (2-Methyl-4-isobutyryl-phloroglucin-1,5-dimethyläther)**
MG 238.3 *F* 103—04

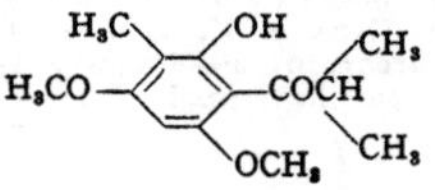

Charakteristik: Gelbe Nadeln (A.). — *V.:* u. a. im äther. Öl v. Baeckea frutescens L.

6/30 **4-Desoxy-humulone**

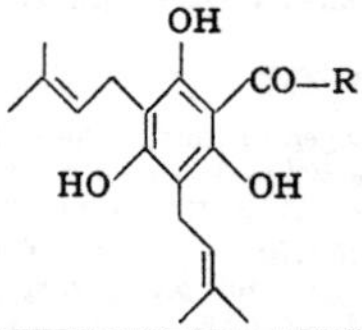

V.: In Humulus lupulus, sind autoxydabel (z. T. zu Humulone); + $FeCl_3$ → blauviolette Färb.

Name	R	*MG*	*F*	*Charakteristik*
4-Desoxy-humulon	$(CH_3)_2CHCH_2-$	346.5	81—83	Krist. (Pentan) *Tribenzoat: F* 138—39
4-Desoxy-co-humulon	$(CH_3)_2CH-$	332.4	88—89	Krist. (Pentan) *Tribenzoat: F* 152—53
4-Desoxy-ad-humulon	H_5C_2, H_3C $>CH-$	346.5		Öl *Tribenzoat: F* 126—27

6/31 **p-Hydroxybenzophenon**
MG 198.2 *F* 134

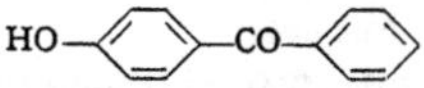

Charakteristik: Trimorph: stabile Mod. *F* 134, 2 metastabile Mod. *F* ~122; ll. in A., Ac., Ae, Eg.; l. in Bzl., Nitrobenzol; unl. in Benzin; wl. in W. — *V.:* In Blättern v. „Yoloxochitl" (Talauma mexicana).

6/32 **Maclurin (2,4,6,3',4'-pentahydroxy-benzophenon, Moringerbsäure)**
MG 238.2 *F* 220—22

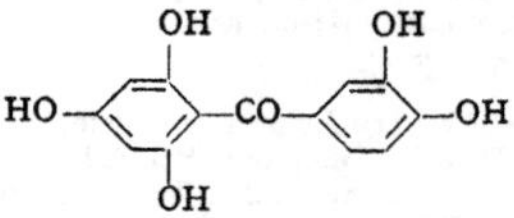

Charakteristik: Gelbl. Prismen (W.) + 1 H_2O; schmeckt süßlich, adstringierend; 0.52 W. 14°; ll. in A., Ae.; l. in konz. H_2SO_4: gelb. — *V.:* u. a. im Gelbholz (Maclura tinctoria).

6/33 **Phloretin (2,4,6-Trihydroxy-β-4-hydroxy-phenyl-propiophenon)**
MG 274.26 *F* 257 (Z.)

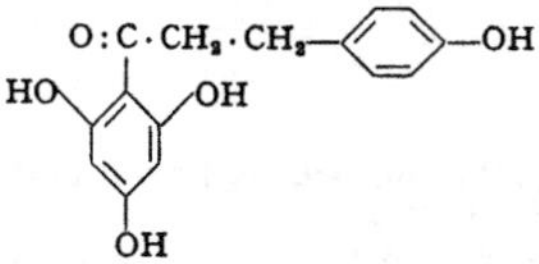

Charakteristik: Nadeln (verd. A.); ll. in A., Me., Ac.; l. in Alkalien, h. Eg.; unl. in W., Ae.; swl. in Bzl.; + $FeCl_3$ → Purpurfärb. (in A.-Lsg.). — *V.:* In Wurzelrinde des Apfelbaumes; im Extrakt frischer Apfelbaumblätter.

2′-β-Glucosid: ***Phloridzin*** (*Phlorrhizin*)

MG 436.40 (+2H_2O 472.41); *F* 110 (+W.); *F* 170—71 (wfr.); feine Nadeln + 2H_2O (W.); süßer, nachher bitterer Geschmack; 0.1 W. 22°; 1.5 W. 60°; sll. in W. 100°; 25 A.; l. in A. u. organ. Basen; l. in wssr. Alkali u. Eg.; unl. in Ae., Bzl., Chlf.; $[\alpha]_D^{20}$ —52,4° (abs. A.). — *V.:* u. a. in frischer Wurzelrinde des Apfel-, Birnen-, Kirsch- und Pflaumenbaumes. — ***Wi.:*** Experimenteller Diabetes.

6/34 Cotoin (2,6-Dihydroxy-4-methoxy-benzophenon)

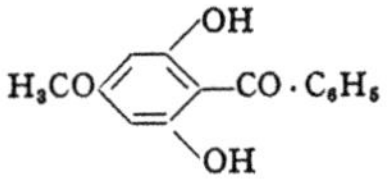

MG 244.24 *F* 130—31

Charakteristik: Blaßgelbe Blätter od. Nadeln (h. W.); Prismen od. Tafeln (k. Chlf.; A.); schmeckt beißend scharf; ll. in A., Ac., Chlf., Ae., h. Bzl.; wl. in k. W.; swl. in PAe. — *V.:* In Cotorinde (v. Nectandra coto Rusby). — *Wi.:* Verursacht Nies- und Hustenreiz.

6/35 Butein (3,4,2′,4′-Tetrahydroxy-chalkon)

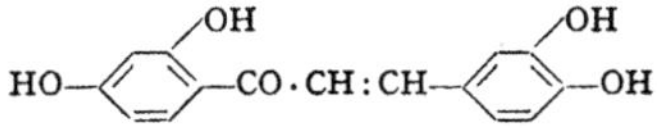

MG 272.25 *F* 210 (Z.)

Charakteristik: Orangerote Nadeln (A. + W.); ll. in A; l in Ae.; wl. in h. W.; löst sich in NaOH mit orangeroter Farbe. — *V.:* u. a. in Blüten v. Butea frondosa.
4′-Glucosid: ***Coreopsin:*** *MG* 434.39; *F* 190—95 (Z.; 150 sint.); amorphes hellgelbes Pulver (A. + W.); l. in h. Me., h. W.; unl. in Ae. — *V.:* u. a. in Strahlenblüten v. Cosmos sulphureus.

6/36 Pedicin (5,6-Dihydroxy-2,3,4-trimethoxy-chalkon)

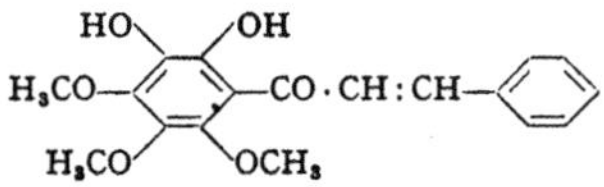

MG 330.32 *F* 143—45

Charakteristik: Orangerote Tafeln (Ae.); l. in NaOH → rötlichviol. Farb.; l. in konz. H_2SO_4 → tiefrote Farb.; + $FeCl_3$ → grunlichblaue Farb., die in geblich u. zuletzt in tiefrot übergeht. — *V.:* In Blättern v. Didymocarpus pedicellata.
Dimethyläther: ***Pedicellin*** (*2,3,4,5,6-Pentamethoxy-chalkon*): *F* 93; farbl. prismat. Nadeln (PAe.); l. in konz. H_2SO_4 mit orangeroter Farbe; unl. in Alkali.

6/37 Zingeron (4-Hydroxy-3-methoxy-benzylaceton)

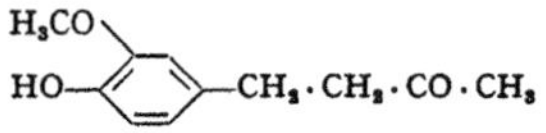

MG 194.22 *F* 40—41 $Kp_{0.5}$ 141

Charakteristik: Farbl. Krist. (Ae.; PAe.); ll. in den meisten organ. Lsgm., in verd. Alkalilaugen; wl. in PAe.; swl. in W. — *V.:* Im Ingwer (Wurzelstock v. Zingiber officinale).

6/38 Methylgingerol

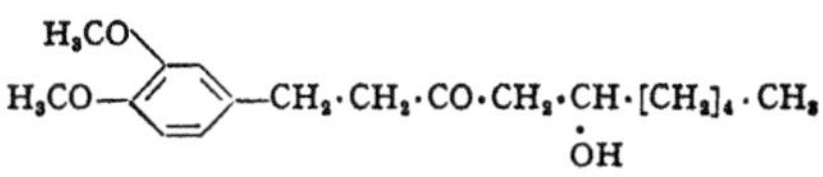

MG 308.40 *F* 63.5—64

Charakteristik: Krist. (PAe.); $[\alpha]_D^{20}$ +9.04° (A.). — *V.:* Im Ingwer.

6/39 Curcumin (bis-[4-Hydroxy-3-methoxycinnamoyl]-methan)

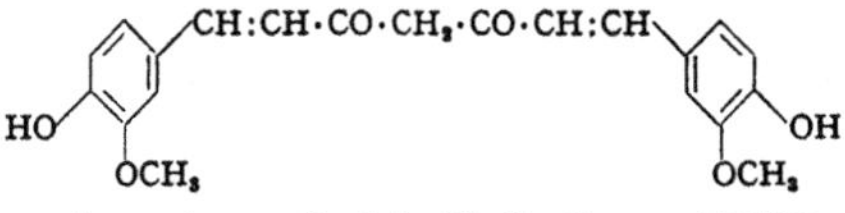

MG 368.37 *F* 183

Charakteristik: Leuchtendrote Nadeln, gelbrote Prismen (Me.); 0.05 Bzl.; l. in Eg.; wl. in k. A., Ae.; unl. in W., Lg.; Lsgg. fluorescieren grün; l. in Alkali rotbraun. + H_3BO_3: orangerot „Rubrocurcumin", + Alkali: blau. — *V.:* u. a. in Wurzel v. Curcuma aromatica Salist. — *Verwend.:* Indikator; Färbemittel.

6/40 3,6-Dinitro-5-tert.-butyl-2-acetyl-toluol (Moschusketon)

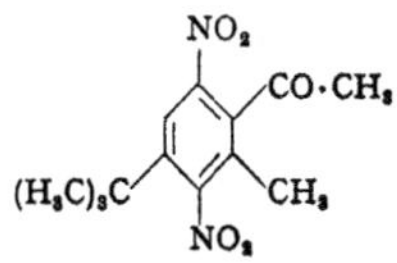

MG 280.28 *F* 136

Charakteristik: Hellgelbe Krist.; riecht nach Moschus; l. in A., Ae.; unl. in W.

7. Carbonsäuren und ihre Derivate

7/1 Benzoesäure (Benzolcarbonsäure)

MG 122.12 D_4^{15} 1.2659 *F* 120 *Kp* 250 $C_6H_5 \cdot CO_2H$

Charakteristik: Farbl. monokl. Blätter od. Nadeln; n_D^{15} 1.53974; pK_a^{25} 4.17; 0.18 W. 4°, 0.27 W. 18°, 2.2 W. 75°; 47.1 A. 15°; 40.0 Ae. 15°; l. in Chlf., CCl_4; subl.; wasserdampfflüchtig. — *V.:* In vielen Harzen u. äther. Ölen (meist als Ester), z. B. Perubalsam, Tolubalsam, Benzoeharz, Narcissenöl, Nelkenöl usw. — *Verwend.:* Konservierungsmittel. — *Wi.:* Bakteriostatisch. — *Na-Salz:* verwitt. Prismen; 61.17 W. 25°; 7.7 90%ig. A. — *Ca-Salz: D* 1.44; Nadeln; 2.24 W. 0°, 6.87 W. 80°. — *Methylester: MG* 136.14, D_4^{15} 1.0937, *F* —12.4, *Kp* 199.5; farbl. Flüss.; n_D^{15} 1.5146; 0.0157 W. 30°; ∞ A., Ae. — *Äthylester:* D_4^{15} 1.0509, *F* —34.6. *Kp* 212.6; farbl. Flüss.; n_D^{20} 1.5057; 0.08 W. 20°, 0.1 W. 60°; ∞ Ae.; l. in A., Chlf., PAe. — *Benzylester:* D^{19} 1.122 (fl.), *F* 21, *Kp* 323—24; farbl. ölige Flüss., Nadeln od. Blätt.; n_D^{21} 1.5681; l. in A., Ae., Chlf.; unl. in W., Glycerin. — *Benzoylchlorid:* D_4^{20} 1.2122, *F* —0.5, *Kp* 198; stechend riechende Flüss.; raucht an der Luft; n_D^{20} 1.55369; l. in Ae., Bzl., CS_2.

Glucosid: **Vaccinin** (*6-Benzoyl-D-glucose*)*: MG* 284.26; *F* 104—06; Krist. + 1 H_2O (Ac.); schmeckt bitter; wfr. Subst. ist amorph u. hygroskop.; ll. in W., Me., A., Ac., Essigester; wl. in Bzl., Chlf.; swl. in Ae., PAe.; $[\alpha]_D$ +48° (A.). — *V.:* In unreifen Preißelbeeren (Vaccinium Vitis Idaea L.), ferner in Moos — (V. Oxycoccos L.) und Kranbeeren (V. palustris).

7/2 Hippursäure (Benzoylglykokoll, Benzamidoessigsäure)

MG 179.17 D_4^{20} 1.371 *D* 1.308 *F* 187 *Kp* (Z.) $C_6H_5 \cdot CO \cdot NH \cdot CH_2 \cdot CO_2H$

Charakteristik: Farbl. Nadeln (W.); n_D 1.535; 1.592; 1.760; 0.33 W. 20°; 0.11 Chlf.; ll. in h. W.; l. in h. A.; wl. in k. A., 0.25 Ae.; unl. in Bzl., PAe., CS_2. — *V.:* Im Harn. — *p-Phenylphenacylester: MG* 373.39, *F* 163.

7/3 o-Jodosobenzoesäure

MG 274.04 *F* > 200 (Z.) (223—25)

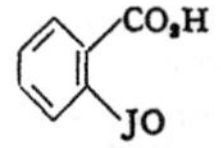

Charakteristik: Blätt. (W.); l. in Alkalien: gelb; swl. in W., Ae.; schwächere Säure als H_2CO_3. — *Wi.:* Blockiert SH-Gruppen.

7/4 3,5-Dinitrobenzoesäure

MG 212.12 *F* 204—05 *Kp* subl.

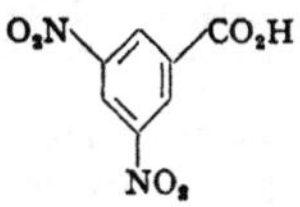

Charakteristik: Gelbe monokl. Tafeln (W.); pK_a 2.75; 1.9 W. 100°; ll. in A.; l. in Eg. — *3,5-Dinitrobenzoylchlorid: MG* 250.37; *F* 74; Kp_{12} 196; gelbe Nadeln (Bzl.); zersetzt sich m. W. u. A.; Reagens auf Alkohole u. Phenole.

7/5 Salicylsäure (o-Hydroxybenzoesäure)

MG 138.12 D_4^{20} 1.443 *F* 159 Kp_{20} 211

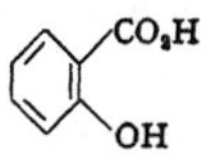

Charakteristik: Farbl. monokl. Nadeln (W.); schmeckt süß-sauer; subl. i. Vacuum; n_D 1.565; pK_a 3.00; 0.18 W. 20°; 1.76 W. 75°; 39.2 A. 15°; 50.5 Ae. 15°; l. in Chlf.; zersetzt sich bei 200° zu Phenol u. CO_2 b. raschem Erhitzen; + $FeCl_3$ → violette Färb. — *V.:* In äther. Ölen zahlreicher Pflanzen, z. B. im Tuberosenöl, Schafgarbenöl, Kamilleöl usw. — *Verwend.:* Therapeutica. — *Wi.:* Bakteriostatisch, tuberkulostatisch. — *Na-Salz:* Schuppen (A.); 115.4 W. 25°; 26.5 A. 17°.

Methylester (**Wintergrünöl**)*: MG* 152.14; D_4^{20} 1.1843; *F* —8.6; *Kp* 224; Flüss., n_D 1.5369; 0.074 W. 30°; ∞ A., Ae.; l. in Eg., CS_2.

Primverose-glykosid: **Monotropitin** (*Gaultherin; Methylsalicylat-primverosid*)*: MG* 446.4; *F* 180; Prismen + 1 H_2O (W.); l. in W., A., wl. in Ac., Essigester; swl. in Ae.; $[\alpha]_D$ —58° (Ac.). — *V.:* u. a. in Rinde v. Betula lenta L.

Äthylester: D_4^{20} 1.1396; *F* 1.3; *Kp* 234; Flüss.; l. in A., Ae.

β-Naphthylester (*Betol*)*: MG* 264.26; *F* 95, Krist. (A.); l. in A.; unl. in W.

Phenylester (*Salol*)*: MG* 214.2; *D* 1.250; *F* 43; Kp_{12} 172; farbl. rhomb. Tafeln (Me., A.), 0.015 W. 25°; 21.5 A. 25°; ll. in Ae., Bzl., Chlf.; l. in Eg.

Methyläther: **o-Methoxybenzoesäure:** *MG* 152.14, *F* 100.5—101.5; Tafeln (W.), Säulen (A.); sll. in A., Ae.; l. in h. W. — *V.:* Im äther. Hyazinthenöl. — *Wi.:* Schwach antiseptisch u. antipyret.

Acetylsalicylsäure: **Aspirin** (*o-Acetoxybenzoesäure*)*: MG* 180.15; *D* 1.35; *F* 135; *Kp* (Z.); farbl. Nadeln (W.); pK_a 3.48; n_D 1.505; 1.645; 1.655; 0.25 W. 15°; 20 90%ig. A.; 3.57 Ae. 0°; 59 Chlf.; swl. in Bzl. — *Wi.:* Schmerzstillend u. antineuralgisch. — *Phenylester* (*Acetylsalol*)*:* Krist. *F* 97, Kp_{11} 198.

7/6 5-Sulfosalicylsäure (2-Hydroxybenzoesäure-sulfonsäure-5)

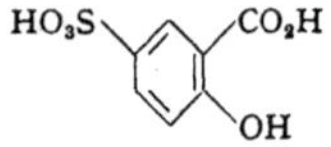

MG 228.18 (+2H_2O 254.22) *F* +H_2O: 113; −H_2O: Sint. 115 *F* 180 (Z.)

Charakteristik: Dünne Nadeln (W.), hygroskop.; ll. in W., A.; l. in Ac.; + $FeCl_3$ → dunkelviolette Färb. — *Verwend.:* Nachweis von Eiweißstoffen; als Wunddesinficiens.

7/7 p-Hydroxybenzoesäure

MG 138.12 D_4^{20} 1.443 *F* 213—14 *Kp* 76 subl. HO·C_6H_4·CO_2H

Charakteristik: Farbl. monokl. Tafeln + 1 H_2O (W.); pK_a 4.54; 0.79 W. 15°; 2.6 W. 75°; 39.34 A. 15°; 9.4 Ae. 17°; 0.01 Bzl. 11°; 0.06 Bzl. 80°; unl. in Chlf. — *V.:* u. a. in grunen Fruchten v. Catalpa bignonioides; im Mohnstroh, im Getreidestroh. — *Wi.:* Bakteriostatisch (Penicillium glaucum).

Methyläther: ***Anissäure*** (*p-Methoxybenzoesäure*): *MG* 152.14; D_4^4 1.385; *F* 185; *Kp* 280, subl.; farbl. monokl. Nadeln od. Prismen; pK_a 4.49; 0.04 W. 18°; 89 A. 25°; ll. in W. 100°; l. in Ae., Chlf., Äthylacetat. — *V.:* u. a. im Sternanisöl, Vanille usw. — *Wi.:* Bakteriostat. (Penicillium glaucum; Staphylococcen). — *Methylester:* *F* 48; *Kp* 256; farbl. Schuppen (A.); unl. in W.; l. in A., Ae. — *Äthylester:* D_{25}^{25} 1.1028, *F* 7; *Kp* 269; unl. in W.; l. in A., Ae. — *Piperazoniumsalz* $C_4H_{10}N_2 \cdot 2C_8H_8O_3$: *MG* 390.43; *F* 172—74; farbl. Krist.; l. in h. A.; wl. in W.; unl. in Ae.

7/8 Protocatechusäure (Carbohydrochinonsäure, Hypogallussäure)

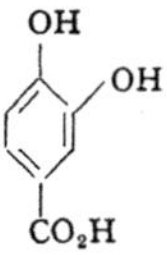

MG 154.12 *F* 199

Charakteristik: Farbl. Nadeln od. Tafeln + 1 H_2O (W.); sll. in A.; l. in Ae.; swl. in k. Bzl.; + $FeCl_3$ → grüne Farb. — *V.:* u. a. in Blättern des Weinstockes, der Speisezwiebel; Stoffwechselprodukt v. Phycomyces blakesleeanus.

3-Methyläther: ***Vanillinsäure*** (*4-Hydroxy-3-methoxybenzoesäure*): *MG* 168.14; *F* 207; *Kp* subl.; farbl. Nadeln (W.); 0.12 W. 14°; 2.5 W. 100°; ll. in A., Ae.; + $FeCl_3$ (in warmer wssr. Lsg.) → dunkelrotbraune Färb. — *V.:* u. a. im Mohnstroh v. Papaver somniferum L.

Dimethyläther: ***Veratrumsäure:*** *MG* 182.18; *F* 181—82 (wfr.); Krist.; subl. in Nadeln; sll. in A., Ae.; l. in h. W. — *V.:* Im Samen v. Sabadilla officinalis Br.

7/9 Gentisinsäure (2,5-Dihydroxybenzoesäure)

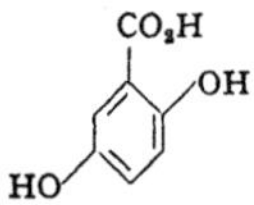

MG 154.12 *F* 200 *Kp* (Z.) → Hydrochinon + CO_2

Charakteristik: Farbl. Nadeln od. Prismen (W.); pK_a^{25} 2.93; ll. in W. 100°, A., Ae.; unl. in Bzl., Chlf., CS_2. + $FeCl_3$ → tiefblaue Färb. — *V.:* u. a. Stoffwechselprodukt v. Penicillium griseofulvum. — *Wi.:* Hemmt Atmung u. Keimung v. Pflanzen — *Na-Salz:* Krist. + $5^1/_2$ H_2O (W.); l. in W.

5-Methyläther-methylester: *2-Hydroxy-5-methoxy-benzoesäure-methylester:* *MG* 182.18; *Kp* 235—40; Kp_{17} 146—47; Öl. — *V.:* u. a. in Wurzeln v. Primula auricula u. P. officinalis.

Primverose-glykosid: ***Primulaverin*** (*Primulaverosid*):
MG 476.44. — *V.:* In Wurzeln v. Primula officinalis.
Hexa-acetat: *F* 212—14 (Me.); $[\alpha]_D^{20}$ −31.2° (Chlf.).
Pentahydrat: Farbl. Nadeln (W. + A.); *F* 195—97; $[\alpha]_D^{20}$ −20° (W.).

7/10 3,4,5-Trihydroxybenzoesäure (Gallussäure)

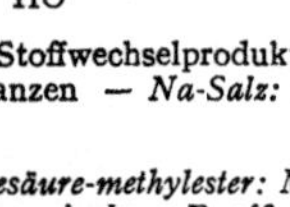

MG 170.12 (+H_2O 188.13) *D* 1.694 *F* 239—40 (Z.) *Kp* Z. unt. CO_2-Abspaltg.

Charakteristik: Nadeln + H_2O (W.); pK_a 4.40; 1.2 W. 20°, 33 W. 100°; 22.2 A. 15°; 2.50 Ae. 15°; unl. in Chlf., Bzl.; $FeCl_3$-Rkt. blauschwarz. — *V.:* Hauptsächlich in glucosid. Form in Gerbsäuren. — *Verwend.:* Gallustinte; z. Synthese v. Farbstoffen.

Bi-Salz: ***Dermatol*** $(OH)_3C_6H_2 \cdot COOBi(OH)_2$: *MG* 412.13; gelbes Pulver; unl. in W. — *Wi.:* Antiseptisch.

Methylester: *MG* 184.14; *F* 202; Krist. (W.; Me.); 1.07 W. 23°; ll. in A.

Äthylester: *MG* 198.17; *F* 160; *Kp* subl.; Nadeln (Ae. + PAe.); ll. in h. W., A., Ae.; wl. in h. Chlf.
Propylester (*Propylgallat*): *F* 147—49. — *Verwend.:* Wird als Antioxydans Fetten beigemischt.

1 Galloyl-β-glucose: ***Glucogallin:***

MG 332.27; *F* (Z.) 202—03; Krist. (Me.), kleine Prismen od. Tafeln (W.); schwach bitterer Geschmack; ll. in h. W.; wl. in Me.; swl. in abs. A., Ac., Essigester, Bzl., Chlf., PAe.; $[\alpha]_D^{20}$ −24 bis −25.6° (W.). + $FeCl_3$ → tiefblaue Färb. — *V.:* Im chinesischen Rhabarber (Rheum officinale Baill.).

3,6-Digalloyl-glucose:

MG 484.38; wasserhaltige Krist. (W.); Z. unscharf ab 185; ll. in A., Ac.; l. in Ae., Essigester; $[\alpha]_D^{20}$ +79° (abs. A.); + $FeCl_3$ (A.) → blaue Färb. — *V.:* Als Bestandteil des Myrobalanengerbstoffes Chebulinsäure.

1,3,6-Trigalloyl-glucose: ***Corilagin:***

MG 634.476; *F* (Z.) 204—05; lange farbl. Nadeln (W.); $[\alpha]_D^{20}$ −246° (A.). — *V.:* In Trockenschoten v. Caesalpinia coriaria.

7/11 **Syringasäure (4-Hyroxy-3,5-dimethoxy-benzoesäure)**

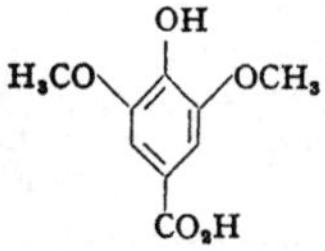

MG 198.18 *F* 209—10

Charakteristik: Nadeln (W. od. Ae.); zll. in A.; wl. in Ae., Chlf.; swl. in k. W.; + $FeCl_3$ → rotbraune Färb. — *V.:* Als Abbauprodukt versch. Pflanzenstoffe (Syringin, Sinapin).

Methyläther: ***Eudesminsäure:*** *(3,4,5-Trimethoxybenzoesäure):*

MG 212.20; *F* 167—70; Nadeln (W.); sll. in A., Ae., Chlf.; swl. in W. — *V.:* Im Eucalyptusöl v. Eucalyptus aggregata.

7/12 **Orsellinsäure (4,6-Dihydroxy-o-tolylsäure)**

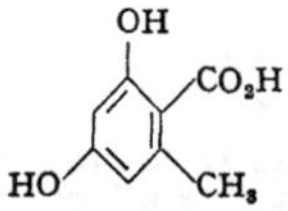

MG 168.14 *F* 176 (Z., CO_2-Absp.)

Charakteristik: Nadeln (Ac.), Nadeln + 1 H_2O (verd. Essigsre.); 15.7 Ae. 20°; l. in W., A., Ac., Essigester, Glycerin; wl. in Bzl., Ae., Ligroin; + $FeCl_3$ → rotviol. Färb. — *V.:* Als Bestandteil versch. Flechtensäuren (Lecanorsre., Evernsre. usw.).

4-Methyläther: ***Everninsäure*** *(6-Hydroxy-4-methoxy-2-methyl-benzoesäure):*

MG 182.17; *F* 171—72; *Kp* subl.; Nadeln (PAe.); ll. in verd. Sodalsg.; + $FeCl_3$ → rote Färb. — *V.:* u. a. in Eichenmoosöl v. Evernia prunastri Ach.

Everninsäure-methylester: ***Sparassol:*** *MG* 196.2; *F* 67—68; Kp_{13} 80—85 subl.; Blätt. (Me.), Nadeln (A., PAe.); pilzartiger Geruch; sll. in Ae., Ac., Chlf.; ll. in verd. Alkalilauge; l. in PAe., A., Lg.; wl. in W.; unl. in Sodalsg.; W.-Dampf-flüchtig; + $FeCl_3$ → rotviolette Färb. — *V.:* Stoffwechselprodukt aus Kulturen des Pilzes Sparassis racemosa.

7/13 **Olivetolcarbonsäure**

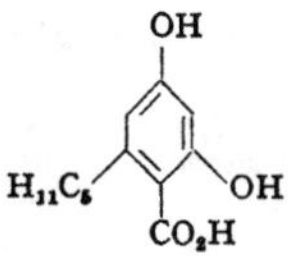

MG 224.25 *F* 138—40 (142—43, Z.)

Charakteristik: Nadeln (Me.), farbl. Prismen (Bzl.); ll. in A., Ae.; ll. in Bicarbonatlsg.; wl. in Bzl.; swl. in W.; + $FeCl_3$ → violettblaue Färb.; b. Erhitzen > 140° → Decarboxylierung zu Olivetol (*F* 41). — *V.:* Als Bestandteil einiger Depside (z. B. Olivetorsäure).

7/14 **Anthranilsäure (o-Amino-benzoesäure)**

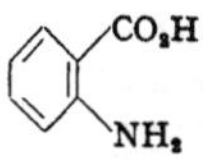

MG 137.13 *D* 1.412 *F* 145 *Kp* subl.

Charakteristik: Farbl. rhomb. Blätt. (A.); schmeckt süß; pK_a 5.00; 0.35 W. 14°; 10.7 A. 90% 78°; 16.0 Ae. 7°; Lsgg. fluorescieren blau. — *V.:* In Kulturlsg. v. Corynebacterium diphtheriae. — *Methylester: MG* 151.16; D_4^{14} 1.168; *F* 24—26; *Kp* 256; farbl. Flüss.; riecht nach Orangenbluten; l. in A., Ae., Ac., Bzl., Chlf.; l. in W. — *V.:* u. a. im Orangenblütenöl (Neroliöl). — *Verwend.:* Riechstoffindustrie. — *Äthylester: MG* 165.18; D^{20} 1.1174; *F* 13; *Kp* 260 (266—8); Krist.; l. in A., Ae.,; swl. in W.

N-Methylanthranilsäure: MG 151.16; *F* 178—79; Blätt. (A.); subl. (Z.); ll. in A., Ae., Bzl., Chlf.; wl. in W., Lg.; Lsgg. fluorescieren blau. — *V.:* Im Grapefruit-Schalenöl. — *Methylester: MG* 198; D^{15} 1.120; *F* 18.5—19.5; Kp_{13} 129—30; Krist. (PAe.); riecht nach Jasmin; $n_D^{12.3}$ 1.58395. — *V.:* Im Mandarinenblätteröl. — *Verwend.:* In Riechstoffindustrie.

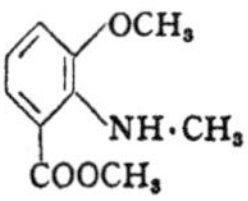

7/15 **Damascenin (2-Methylamino-3-methoxy-benzoesäure-methylester)**

MG 195.22 *F* 26–27 Kp_{10} 147–48

Charakteristik: Prismen (A.); Lsg. blau fluorescierend; riecht nach Mandarinenöl; ll. in A., Chlf., CS_2, Benzin; unl. in W. — *V.:* In Samen v. Nigella aristata.

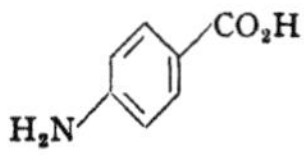

7/16 **p-Aminobenzoesäure (Wachstumsfaktor H′, „PABS")**

MG 137.13 D_4^{25} 1.374 *F* 186–87

Charakteristik: Gelbl. monokl. Krist.; pK_a 4.92; 0.34 W. 9.6°; 11.3 A. 9.6°; 8.21 Ae. 5.8°; 0.06 Bzl. 11°. — *Wi.:* Provitamin f. Folsäure-Bildg.; Antagonist der Sulfonamid-therapeutica. — *Na-Salz:* Krist. (W.); ll. in W.; wl. in A.; swl. in Bzl., Chlf.; unl. in Ae.

Äthylester: ***Anästhesin:*** *MG* 165.8; *F* 92; *Kp* 310; Krist. (A., Ae.); ll. in A., Ae.; wl. in W.

Butylester: ***Butesin:*** *MG* 193.24; *F* 59; Kp_8 173–74; Krist. (verd. A.; Bzl.); 0.0014 W.; ll. in Fetten, Ölen, Lipoiden; l. in organ. Lsgg., verd. Alkali. — *Pikrat:* $(H_2N \cdot C_6H_4 \cdot COOC_4H_9)_2 + C_6H_3N_3O_7$; *MG* 615.59; *F* 109–10; gelbe, etwas bitter schmeckende Krist.; 0.09 W.; l. in A., Ae., Bzl., Chlf.

4-Acetylaminobenzoesaure: *MG* 179.17; *F* 256.5; Nadeln; l. in A.; wl. in W.

p-Aminobenzoesäureamid: *MG* 136.15; *F* 183 (wfr.); gelbe Krist.; l. in A.; wl. in W. Ae. — *Wi.:* Antagonist v. PABS (Bakterien).

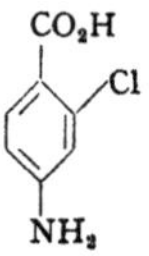

7/17 **2-Chlor-4-aminobenzoesäure**

MG 171.68 *F* 213 (Z.)

Charakteristik: Nadeln (W.); l. in h. W., A. — *Wi.:* Antagonist d. p-Aminobenzoesäure. — *N-Acetyl-Derivat:* Blatt. (W.); *F* 206–07; ll. in h. W., A.

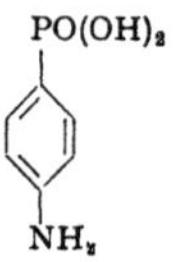

7/18 **Phosphanilsäure (4-Amino-phenyl-phosphonsäure)**

MG 173.11 *F* 245 (Z.): wird wieder fest u. schmilzt bei 285 zu einer dunkelbl. Fluss.

Charakteristik: Farbl. Krist.; l. in Alkalien u. 5 n HCl; wl. in W.; swl. in verd. Essigsre.; unl. in verd. HCl. — *Wi.:* Antagonist v. PABS (Bakterien). — *N-Acetyl-Derivat:* Blätt.; *F* 229 (Z.).

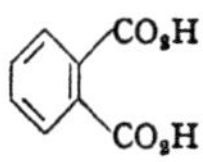

7/19 **Phthalsäure**

MG 166.13 *D* 1.59 *F* 191 (in geschlossenem Röhrchen)

Charakteristik: Monokl. Tafeln (W.); 0.54 W. 14°; 11.7 A. 18°; 0.68 Ae. 15°; unl. Chlf. — V.: Im Stroh v. Papaver somniferum. — *Verwend.:* Für Clyptal-Kunstharze (verestert mit Glycerin).

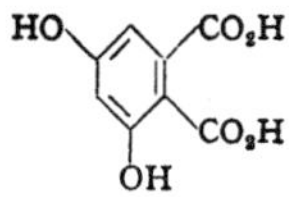

7/20 **3,5-Dihydroxy-phthalsäure**

MG 198.13 *F* 185–90

Charakteristik: Prismen od. Blätt. (Essigester + PAe.). — *V.:* Stoffwechselprodd. verschied. Penicillium-Arten (z. B. P. brevi-compactum).

8. Phenylfettsäuren und ihre Derivate

8/1 **Phenylessigsäure (α-Toluylsäure)**

MG 136.14 D^{80} 1.0809 *F* 76–78 Kp_{12} 144 $C_6H_5 \cdot CH_2 \cdot CO_2H$

Charakteristik: Farbl. Blätt. (W.); pK_a 4.31; n_D^{20} 1.228; 1.80 W. 25°; 1.86 A., 1.51 Chlf.; ll. in Ae. — *V.:* In zahlreichen äther. Ölen (als Ester); in Mycobacterium tuberculosis. — *Verwend.:* Riechstoffindustrie. — *Methylester:* D^{16} 1.044; *Kp* 220; ∞ A., Ae.; unl. in W. — *Äthylester:* D^{20} 1.033; *Kp* 229; n_D^{18} 1.49921; ∞ A., Ae.; swl. in W.

8/2 p-Hydroxyphenylessigsäure

MG 152.14 *F* 148

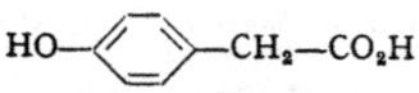

Charakteristik: Flache Nadeln od. Prismen (W.); sll. in A., Ae., h. W.; zll. in k. W.; + $FeCl_3$ → schwach rotviolette Färb., die sofort in graugrün übergeht. — *V.:* In Wurzeln v. Taraxacum officinale; in Hefe.

8/3 Mandelsäuren

MG 152.14

V.: Als Nitril (D-, L- u. DL-Form) Bestandteil verschied. cyanogener Glykoside, u. a. des Amygdalins. — *Wi.:* Bakteriostatisch.

L-(+)-Mandelsäure D-(—) Mandelsäure

Rechts-Mandelsäure (L-(+)-Mandelsäure; Phenylglykolsäure)

F 133.1 (korr.); tafelf. monokl. Krist.; $[\alpha]_D^{20}$ +156.2° (W.); 8.54 W. 20°, 37.52 W. 42°; 0.95 Chlf. 15°, 1.95 Chlf. 35°; l. in A. — *Wi.:* Antagonist der Bernsteinsäure.

Links-Mandelsäure (D-(—)-Mandelsäure)

F 133.5; *D* 1.341; monokl. Tafeln; $[\alpha]_D^{20}$ —154.4 (W.); 8.64 W. 20°.

Inaktive Mandelsäure (DL-Mandelsäure)

D_4^{20} 1.361; *F* 118.5; *Kp* (Z.); farbl. rhomb. Krist. (Bzl.); Tafeln (W.); pK_a 3.65; 16 W. 20°, 20.85 W. 24°; 53.6 A. 16.5°; l. in Ae.; + H_2SO_4 → violette Färb. u. Geruch nach bitteren Mandeln.

DL-Mandelsäurenitril (DL-Benzaldehyd-cyanhydrin)

MG 133.14; *D* 1.124; *F* 22; *Kp* 170 (Z.); gibt Benzaldehyd u. HCN; gelb. öl. Flüss. od. Prismen; l. in A., Ae.; unl. in W.; + H_2SO_4: rote Färb.

β-Gentiobiosid: Amygdalin (Amygdalosid, D-(—)-Mandelnitril-β-gentiobiosid):

F 120—25; wfr. *F* 210—15; rhomb. Krist. + 3 H_2O (W.); sll. in h. W.; l. in h. A.; $[\alpha]_D^{20}$ (wfr.) —40.0° (W.); $[\alpha]_D^{20}$ (+3 H_2O) —35.9° (W.). — *V.:* u. a. in bitteren Mandeln.

8/4 Tropasäure (α-Phenyl-hydracrylsäure)

MG 166.17 $C_6H_5 \cdot CH(CH_2OH) \cdot CO_2H$

V.: In Wurzeln v. Mandragora autumnalis Spr.
Rechtsdrehend: *F* 128—29; Blatt. (W.), Nadeln (Bzl.); wl. in Bzl.; $[\alpha]_D^{20}$ +71.3° (A.).

Linksdrehend: *F* 128—29; Nadeln (W.), Tafeln (Essigester); ll. in Essigester; swl. in k. Bzl.; $[\alpha]_D^{20}$ —72.75° (W.).

Inaktiv: *F* 118; Nadeln od. Tafeln (W.); 2 W. 14°; ll. in h. W.; l. in A., Ae.; wl. in Bzl.; unl. in CS_2.

8/5 Homogentisinsäure (2,5-Dihydroxyphenylessigsäure)

MG 168.14 *F* 152—54 *Kp* 233

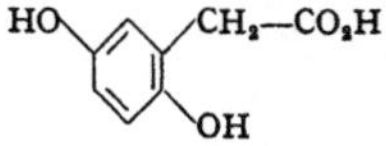

Charakteristik: Farbl. monokl. Prismen od. Tafeln + 1 H_2O (W.), blaßgelbe Prismen (Essigester + Chlf., Lgm.-frei); 55 W. 17.5°; ll. in A., Ae.; unl. in Chlf., Bzl.; + $FeCl_3$ → vorubergehende Blaufärb.; beim Aufgießen d. äther. Lsg. auf gebrannten Kalk → Blaufarb. — *V.:* Stoffwechsel-Abbauprodd. u. a. bei Aspergillus niger. — *Dimethyläther:* *F* 123; ll. in Ac. — *Methylester-dimethyläther:* *F* 45.

8/6 Hydratropasäure (Inakt. 2-Phenylpropionsäure)

MG 150.17 D_4^0 1.1 *Kp* 265

$$C_6H_5 \cdot \overset{CH_3}{\dot{C}H} \cdot CO_2H$$

Charakteristik: Farbl. Flüss.; wl. in W., fl. mit W.-Dampf. — *Wi.:* Antagonist der Bernsteinsäure. — *Amid:* *F* 91.

8/7 p-Hydroxyphenylmilchsäure (α-Hydroxy-hydro-p-cumarsäure)

MG 182.17

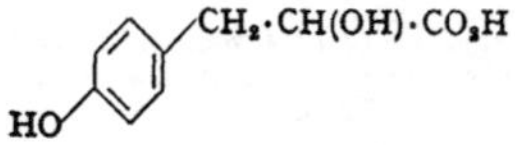

Rechtsdrehend: *F* 169—70; Nadeln + $^1/_2 H_2O$ (W.); 1.30 W. 16°; ll. in h. W., A., Ae.; swl. in CS_2; $[\alpha]_D^{19}$ +19.8° (W.).

Linksdrehend: *F* 171—72; Nadeln + $^1/_2 H_2O$ (W.); $[\alpha]_D$ —19.6° (W.). — *V.:* Im Harn bei akuter Leberatrophie u. bei P-Vergiftung.

Inaktiv: *F* 144—45; Nadeln + $^1/_2 H_2O$ (W.); ll. in h. W.; l. in A.; wl. in k. W., Ae.; + Millons Reagens: tiefrot.

8/8 **Phenylbrenztraubensäure (α-Oxo-phenylpropionsäure)**

MG 164.16 *F* 157—58 (Decarboxylg.)

$C_6H_5 \cdot CH_2 \cdot CO \cdot CO_2H$

Charakteristik: Blatt. (Bzl.); ll. in A., Ae.; swl. in h. W.; unl. in k. Lg.; + $FeCl_3$ → dunkelgrune Farb.; wird b. Alkaptonurie zu Homogentisinsaure oxydiert. — *V.:* Vorstufe b. d. Biosynthese des Phenylalanins (Escherichia coli). — *Phenylhydrazon: F* 163.

8/9 **Zimtsäuren (Phenylacrylsäuren)**

MG 148.15

trans- od. gewöhnl. Zimtsaure cis Zimtsaure

trans-Zimtsäure: *D* 1.249; *F* 133; *Kp* 300 zers. zu Styrol u. CO_2· monokl. Krist. (A.); pK_a 4.43; 0.05 k. W.; 23.8 k. A.; ll. in h. W.; l. in Ae. — *V.:* Als Ester in zahlreichen Harzen u. Balsamen. — *Äthylester:* D_4^{20} 1.0491; *F* 7.5; *Kp* 271.5; l. in A., Ae.; wl. in W. — *Benzylester:* D^{15} (unterkühlt) 1.109; *F* 39; Kp_{25} 240—44; wl. in W., A.

cis-Zimtsäure:

a) ***Allozimtsäure:*** *F* 68; *Kp* 95 (Vak.), monokl. Krist., Blatt. od. Tafeln (Lg.); 0.7 k. W. — *V.:* In Cocablattern.

b) ***Isozimtsäure:*** *F* 58; monokl. prismat. Krist.; sll. in d. ubl. Lsgm. außer W. — *V.:* In Cocablattern.

c) ***Isozimtsäure:*** (synthet.): *F* 42; Krist. (W.); sll. in PAe.

8/10 **Kaffeesäure (3,4-Dihydroxyzimtsäure)**

MG 180.15 *F* 195 (Z.) *Kp* (Z.)

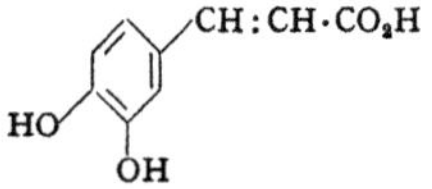

Charakteristik: Gelbe Nadeln (W.); ll. in A., h. W.; l. in Alkalien (gelb); wl. in k. W., Ae.; + $FeCl_3$ → grune Farb. — *V.·* Teils frei (aus Kaffee), teils verestert, u. a. mit Chinasaure; Vorstufe b. d. Biosynthese des Quercetins.

3-Methyläther: ***Ferulasäure*** (*4-Hydroxy-3-methoxyzimtsäure*):

MG 194.18; *F* 168—69; *Kp* (Z.); rhomb. Nadeln (W.); ll. in A., Chlf.; l. in h. W., H_2SO_4, Alkalien (gelb); wl. in Ae., Bzl.; unl. in k. W. — *V.:* u. a. im Rindenwachs der Douglas-Fichte.

4-Methyläther: ***Isoferulasäure*** (*Hesperetinsäure*):

F 228; farbl. Nadeln od. Prismen; ll. in A., Ae.; wl. in W., Chlf., Bzl.; unl. in Lg. — *V.:* In Wurzel- u. Stammrinde v. Catalpa ovata G. Don.

Dimethylather: ***Dimethylkaffeesäure*** (*3,4-Dimethoxyzimtsäure*):

MG 208.21; *F* 180—81; ll. in A., Ae.; swl. in W. — *V.:* Im Rhizom v. Veronica virginica.

8/11 **Sinapinsäure (4-Hydroxy-3,5-dimethoxyzimtsäure)**

MG 224.21 *F* 191—92

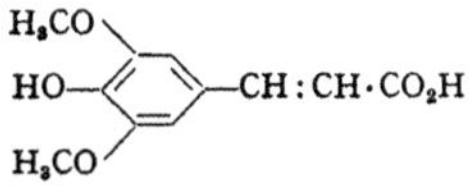

Charakteristik: Fast farbl. bis schwach gelbl. Prismen od. Nadeln aus verd. A.; ll. in h. A., wl. in k. A., W., Ae.; + $FeCl_3$ → dunkelrote Farb. — *V.:* Als Ester u. a. in Blatt. vieler Pflanzen, bes. in Cruciferen.

8/12 **γ-Phenylbuttersäure**

MG 164.20 *F* 51 *Kp* 290 Kp_{10} 165

$C_6H_5 \cdot [CH_2]_3 \cdot CO_2H$

Charakteristik: Blatt. (W.); ll. in A., Ae.; l. in h. W. — *Wi.:* Antagonist der Indolessigsaure (Pflanzen).

8/13 **Piperinsäure (4-[3,4-Methylendioxyphenyl]-butadien-(1,3)-carbonsäure-(1), α-trans-γ-trans-Form)**

MG 218.21 *F* 216—17

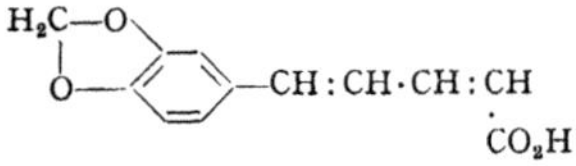

Charakteristik: Nadeln (A.); subl. (teilw. Z.) in gelbl. Nadeln; l. in sied. A.; wl. in Ae., Bzl.; swl. in W.; unl. in CS_2; + konz. H_2SO_4 → blutrote Farb. — *V.:* Als Piperidid Piperin in Piper nigrum u. a.

Chavicinsäure: (α-cis-γ-cis-Form):

F 200—02; amorphe gelbe Korner (Bzl.). — *V.:* Spaltprodd. aus Chavicin.

8/14 **Cortisalin**
MG 320.39 *F* (Z.) über 290

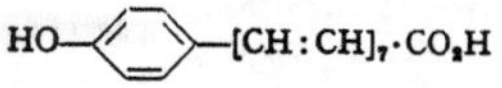

Charakteristik: Violette Nadeln (Ae.). — *V.:* In Fruchtkörnern des Pilzes Corticium salicinum.

8/15 **Kawasäure (2-Methoxy-6-phenylhexatrien-(1,3,5)-carbonsäure-(1)**
MG 230.26 *F* (Z.) 186

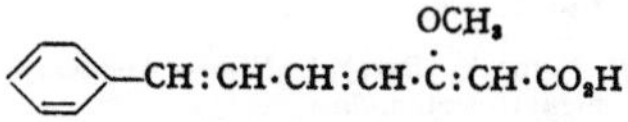

Charakteristik: Gelbe Nadeln (Ae., Me.); ll. in Chlf., Me., Ac., Essigester; wl. in Bzl.; unl. in PAe. — *V.:* Im Kawaharz.

8/16 **Phenylpropiolsäure**
MG 146.14 *F* 136—37 *Kp* subl.

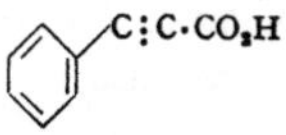

Charakteristik: Prismen (W.); ll. in A., Ae. — *Na-Salz:* Weiße Prismen; ll. in W. — *Wi.:* Bakterieid („Thermiol").

8/17 **Styrylessigsäure (β-Benzylidenpropionsäure)**
MG 162.18 *F* 88 *Kp* 302 $C_6H_5 \cdot CH:CH \cdot CH_2 \cdot CO_2H$

Charakteristik: Dunne Nadeln (W.); sll. in A., Ae.; ll. in CS_2; swl. in k. W. — *Wi.:* Antagonist des Tryptophans (Bakterien).

8/18 **Phenoxyessigsäure (o-Phenylglykolsäure)**
MG 152.14 *F* 98 *Kp* 285 (geringe Z.)

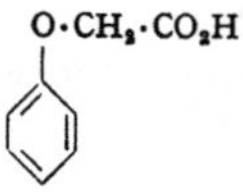

Charakteristik: Nadeln (W.); pK_a 3.5; 1.33 W. 25°; ll. in A., Ae., Bzl., CS_2, Eg. — *Wi.:* Fungicid.

9. Aromatische Amine und ihre Derivate

9/1 **Anilin (Phenylamin, Aminobenzol)**
MG 93.12 D_4^{20} 1.0216 *F* −6.2 *Kp* 184.4 $C_6H_5 \cdot NH_2$

Charakteristik: Farbl. öl. Flüss.; n_D^{20} 1.5863; pK_b 9.30; 3.4 W. 20°, 6.4 W. 90°; ∞ A., Ae., Bzl.; Blutgift. — *Hydrochlorid:* *MG* 129.59; D_4^4 1.222; *F* 198; *Kp* 245; weiße Blätt. od. Nadeln, 18 W. 15°, 107 W. 25°; l. in A.; unl. in Ae.; — *Nitrat:* *MG* 156.14; *D* 1.356; *F* Z. > 190 Rhomben; ll. in W., A., Ae. — *Oxalat:* *MG* 276.29; *F* 175 (Z.); trikl. Prismen; ll. in k. W.; wl. in A.; unl. in Ae. — *Pikrat:* *MG* 322.23; *D* 1.558; *F* 181 (Z.); gelbe od. rote monokl. Prismen, 374 W. 18°; 8.4 A. 95% 14°; 0.078 Bzl. 20°. — *Sulfat:* *MG* 284.33; D_4^4 1.377; *F* (Z.); Blätter (A.); 6.6 W. 15°; wl. in A.; unl. in Ae.

9/2 **o-Phenylendiamin (1,2-Diaminobenzol)**
MG 108.14 *F* 103.8 *Kp* 252 (256—58) $C_6H_4 \cdot (NH_2)_2(o)$

Charakteristik: Monokl. prismat. Tafeln (W., Chlf., Bzl.); 4.15 W. 35°, 7.33 W. 81°; ll. in A., Ae.; l. in Chlf. + $FeCl_3$ u. HCl → rote Nadeln (Hydrochlorid d. 2,3-Diaminophenazins). — *Verwend.:* In Pelzfarberei u. Photographie.

9/3 **Benzidin (4,4′-Diamino-diphenyl)**
MG 184.23 D_4^{20} 1.250 *F* 127—28 *Kp* 401.7 $H_2N \cdot C_6H_4 \cdot C_6H_4 \cdot NH_2$

Charakteristik: Farbl. od. leicht rötl. krist. Pulver od. Blätt. (W.); pK_b 12.13; 0.04 W. 12°, 0.94 W. 100°; 2.2 Ae.; l. in A. Mit Bromwasser u. CS_2 wird wssr. Schicht zuerst blau, dann dklgrun, zuletzt farbl., CS_2-Schicht dklrot.

9/4 **Acetanilid (N-Phenylacetamid, Antifebrin)**
MG 135.16 D_4^4 1.211 *F* 114 *Kp* 305 $CH_3 \cdot CO \cdot NH \cdot C_6H_5$

Charakteristik: Rhomb. Krist., farbl. Blätt. (W.); 0.563 W. 25°, 3.5 W. 80°; 36.9 A. 20°; 13.6 Chlf. 20°, 44.9 Chlf. 50°; 69.5 Me. 20°; l. in Ae., Glycerin. — *Wi.:* Fiebersenkend.

9/5 **p-Aminophenol (p-Hydroxyanilin, Rodinal)**
MG 109.12 *F* 184 (Z.) *Kp* subl. $H_2N \cdot C_6H_4 \cdot OH$

Charakteristik: Farbl. Blatt.; 1.1 W. 0°; 4.5 A. 0°; wl. in Ae.; unl. in Bzl. — *Wi.:* Photograph. Entwickler.

9/6 Phenacetin (p-Acetophenetid)

MG 179.21 *F* 135 *Kp* (Z.) $C_2H_5 \cdot O \cdot C_6H_4 \cdot NH \cdot CO \cdot CH_3$

Charakteristik: Farbl. Pulver od. monokl. Prismen u. Blatt.; nD 1.54, 1.571, 1.59; 0.0055 W. 14°, 0.11 W. 25°; 7.45 A. 25°; 1.56 Ae. 25°; 7.1 Chlf. — *Verwend.:* Als Mottenschutzmittel. — *Wi.:* Antipyretisch.

9/7 Holocain (Base) (N,N'-bis-[4-Äthoxy-phenyl]-acetamidin)

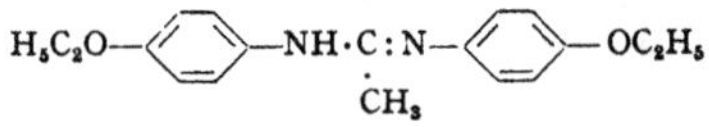

MG 298.37 *F* 117—18

Charakteristik: Nadeln; 2.218 W. 15°; ll. in A., Ae.; unl. in Lg.— *Verwend.:* Lokalanästheticum in Augenheilkunde. — *Hydrochlorid* = *Holocain:* *F* 190—92; farbl. Krist.; ll. in A.; l. in W.

9/8 Dulcin (4-Äthoxyphenylharnstoff)

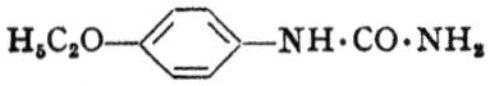

MG 166.19 *F* 173—74

Charakteristik: Blätt. (verd. A.); 0.125 W. 15°, 2 W. 100°; 4 k. 90%ig. A.; ll. in Eg.; l. in Ae.; schmeckt 250mal süßer als Rohrzucker; gibt b. Erwärmen mit verd. Quecksilbernitrat-Lsg. violett. Farb. — *Verwend.:* Süßstoff.

9/9 4-Hydroxyanilino-essigsäure

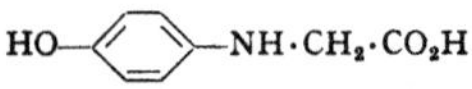

MG 167.16 *F* 154—57

Charakteristik: Taf. (W.); Nad. (Essigester + Bzn.); ll. in Eg.; l. in A.; wl. in W., Ac., Ae., Chlf., Bzl., Eg., Essigester; + $FeCl_3 \rightarrow$ violette Farb.; l. in Säuren u. Alkalien. — *Verwend.:* Photograph. Entwickler. — *Na-Salz:* Blatt.; ll. in W.; l. in A.

9/10 Sympatol, Synephrin (Base) (2-Methyl-amino-1-p-hydroxyphenyläthanol)

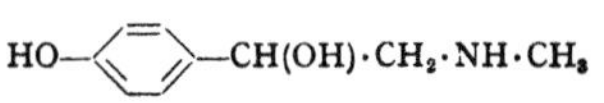

MG 167.20 *F* 184—85

Charakteristik: Licht- u. luftbeständig. Krist.; swl. in W.; — *Hydrochlorid* = *Sympatol:* Krist.; *F* 155—56; ll. in W.; — *Tartrat* = *Synephrin:* Krist.; *F* 188—90; ll. in W. — *Wi.:* Kreislaufmittel.

9/11 o-Aminoacetophenon

MG 135.16 *F* 20 *Kp* 250.2 Kp_{12} 135 $H_2N \cdot C_6H_4 \cdot CO \cdot CH_3$

Charakteristik: Gelbl. Öl, flüchtig m. W.-Dampf, riecht i. verd. Zustand jasminartig; l. in A., Ae.

9/12 p-Aminoacetophenon

MG 135.17 *F* 106 *Kp* 293—95 Kp_{16} 195—200 $CH_3 \cdot CO \cdot C_6H_4 \cdot NH_2$

Charakteristik: Hellgelb. Krist. (verd. A., Chlf. + Petrolbenzin); ll. in W. 100°, A., Ae., Chlf.; wl. in CCl_4; swl. in Bzl., PAe. — *Wi.:* Antagonist d. *p*-Aminobenzoesäure (Bakterien).

9/13 Phenylhydrazin

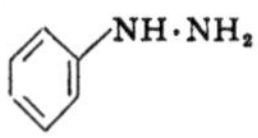

MG 108.14 D^{23} 1.097 *F* 19.6 *Kp* 243.5

Charakteristik: Tafeln (W.); ∞ A., Ae., Chlf., Bzl.; wl. in k. W.; swl. in konz. Alkali; erzeugt auf der Haut Ekzeme, Blutgift. — *Hydrochlorid:* *MG* 144.60; *F* 240; *Kp* subl.; Blatt.; ll. in W.; l. in A.; unl. in Ae.

9/14 4-Nitrophenylhydrazin

MG 153.14 *F* 157—58 (Z.) $p\text{-}O_2N \cdot C_6H_4 \cdot NH \cdot NH_2$

Charakteristik: Orangerote Blatt. u. Nadeln (A.); ll. in h. A.; l. in h. W., Ae., Chlf., h. Bzl. — *Verwend.:* Zur Bestimmung v. Aldehyden. — *Chlorhydrat:* $C_6H_7N_3O_2 \cdot HCl$: hellbräunl. Blatt.; wl. in A.

9/15 2,4-Dinitro-phenylhydrazin

MG 184.13 *F* 198 (Z,) $(O_2N)_2 \cdot C_6H_3 \cdot NH \cdot NH_2$

Charakteristik: Gelbe Prismen; ll. in h. Essigester, h. Anilin; wl. in A.; swl. in Ae.; unl. in W. Bzl., Lg. — *Verwend.:* Zur Bestimmung v. Aldehyden. — *Chlorhydrat:* $C_6H_6N_4O_4 \cdot HCl$: gelbe Blatt. od. Nadeln, dissoziiert in W. u. A.

9/16 Arsanilsäure (p-Aminobenzolarsensäure, p-Aminophenyl-arsinsäure)

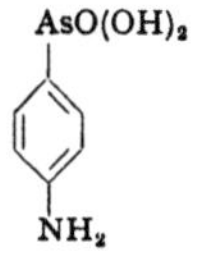

MG 217.04 D^{20} 1.9571 *F* 232

Charakteristik: Nadeln (W., A.); spaltet b. 150° 1 H_2O ab; l. in Ae.; wl. in W., A., Eg.; unl. in Bzl., Ac., Chlf. — *Wi.:* Antagonist v. PABS (Mikroorganismen, Tiere). — *Na-Salz:* *Atoxyl:* Farbl. Kristallpulver 3—6 H_2O; ll. in W.; l. in Me.; wl. in A.; unl. in Ae. — *Verwend.:* Therapeuticum (Trypanocid).

Zweikernig-aromatische Verbindungen in linearer Anordnung

1 **Diphenyl (Biphenyl, Phenylbenzol)** $C_{12}H_{10}$

MG 154.20 *F* 69–71 *Kp* 254–55 *FlP* 106
D_4^{20} 1.041

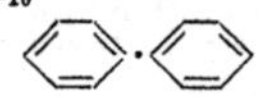

Charakteristik: Farbl., monoklinprismat. Tafeln oder Blättchen von eigenart. angenehmem Geruch; n_D^{77} 1.588; ll. in A., Ae.; unl. in W., mit W.-Dampf flüchtig. – *Verwend.:* Fungistaticum fur Citrusfrüchte, Füllmittel für Heizbäder. – *Wi.:* Hemmung des Zentralnervensystems, Paralyse, Krämpfe bei Versuchstieren.

2 **Benzidin (p-Diaminodiphenyl)** $C_{12}H_{12}N_2$

MG 184.23 *F* 115–20 (b. langsamem Erhitzen) 128 (w.-frei) 400 (b. schnellem Erhitzen) *Kp* 400–01 D_4^{20} 1.25

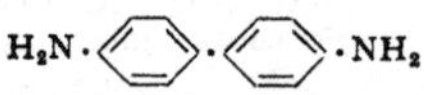

Charakteristik: Weißes kristallines, sich an der Luft verfärbendes Kristallpulver. Giftig! 1 g in 5 ml sied. A.; 50 ml Ae.; 107 ml sied. W.; 2500 ml k. W. – *Verwend.:* Reagens auf H_2O_2 in Milch, zum Blutnachweis, Reagens auf Ce, Co, Cu, Ge, Au, Mn, Pb, Hg, Tl, Chromate, Ferricyanide, Nitrite, Cyanide, β-Glucosidase (Emulsion). – *Wi.:* Wirkt cancerogen! (insbes. Blasenkrebs), feste Subst. u. Dampfe werden von der Haut resorbiert! – *Hydrochlorid,* $C_{12}H_{12}N_2 \cdot 2HCl$: *MG* 257.16, weißes kristallin. Pulver; l. in W., A.; unl. in Ae. Fluoresciert im UV hellblau-violett. – *Verwend.:* Zur quant. Best. v. Sulfaten, Reagens auf Metalle. – *Sulfat,* $C_{12}H_{12}N_2 \cdot H_2SO_4$: *MG* 282.31, weißes, an d. Luft grau oder rötlich werdendes, kristallin. Pulver; swl. in A.; unl. in W. Fluoresciert im UV bläulich-weiß. – *Verwend.:* Reagens auf Metalle, Nitrite, Fluoride, Blut u. HCN.

3 **p,p'-Diaminodiphenylmethan (4,4'-Methylendianilin)** $C_{13}H_{14}N_2$

MG 198.26 *F* 91.5–92 Kp_{768} 398–99
Kp_{18} 257 Kp_{15} 249–53 Kp_9 232

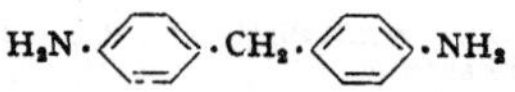

Charakteristik: Krist. (W., Bzl.); sll. in A., Bzl., Ae.; wl. in k. W. – *Verwend.:* Bestimmung v. Wo u. Sulfaten.

4 **4,4'-Diaminobenzophenon**

MG 228.24 *F* 246.5–47.5
Kp subl. im Hochvakuum $C_{13}H_{12}N_2O$

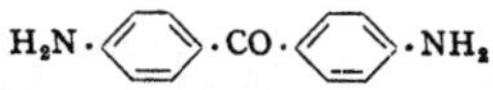

Charakteristik: Schwach gelbliche hexagonale Prismen (verd. A.); ll. in A.; wl. in h. W.; unl. in k. W.; zersetzt sich beim Kochen mit W. – *Dihydrochlorid,* $C_{13}H_{12}N_2O \cdot 2HCl$: *MG* 301.22, Tafeln; Sint. b. 250°; l. in W. – *Wi.:* Antagonist der p-Aminobenzoesäure bei Bakterien.

5 **4,4'-Dichlor-α-methyl-benzhydrol (1,1-bis-(p-Chlorphenyl)-äthanol, DMC)**

MG 267.15 *F* 69–70 $C_{14}H_{12}Cl_2O$

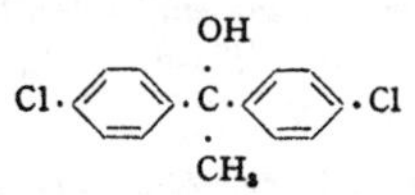

Charakteristik: Farbl. Krist.; l. in den meisten organ. Lsgm.; unl. in W. Etwa 4–8mal flüchtiger als DDT. – *Verwend.:* Insecticid.

6 **1,1-Dichlor-2,2-bis-(p-chlorphenyl)-äthan (Tetrachlordiphenyläthan, Dichlordiphenyl-dichloräthan, TDE, DDD, Rhothan)**

MG 320.05 *F* 109–10 $C_{14}H_{10}Cl_4O$

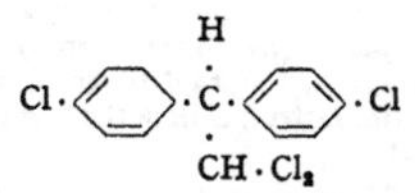

Charakteristik: Krist.; Löslichkeiten ähnlich denen von DDT, s. unten. – *Verwend.:* Insecticid. – *Wi.:* Schwach reizend auf die Haut. Chronisch: Atrophie der Nebennierenrinde, Leberschaden.

7 **4,4'-Dichlor-diphenyl-trichloräthan (1,1,1-Trichlor-2,2-bis-(p-chlorphenyl)-äthan, 1,1-Bis-(4'-chlorphenyl)-2,2,2-trichloräthan, DDT, Dicophan, Gesarol, Gesarex, Pentachlorin, Neocid u. a.)**

MG 354.51 *F* 108.5–9 $C_{14}H_9Cl_5$

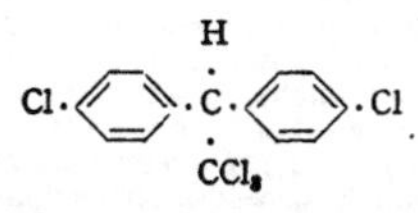

Charakteristik: Biaxiale verlängerte Täfelchen oder Nadeln (95%ig. A.); ∞ Py., Dioxan; 5 A., 78 Bzl., 42 Benzylbenzoat, 45 CCl_4, 74 Chlorbenzol, 116 Cyclohexan, 2 95%ig. A., 28 Ae., 3 Isopropanol, 8–10 Kerosin, 75 Morpholin, 11 Erdnußöl, 61 Tetralin, 10 Tributylphosphat; unl. in W., verd. Sren, Alkalien. Löslichkeit in organ. Solventien steigt steil mit steigender Temp. Nicht in Eisenbehältern aufbewahren, nicht mit Fe-, Al-Salzen oder alkalischen Substanzen mischen. Bei niedriger Temp. lagern. λ_{max} 236 mμ (95%ig. A.). — *Verwend.:* Kontaktinsecticid (bes. für Anopheles), als Lotion, Emulsion, Salbe oder Pulver, zur Typhusprophylaxe. — *Wi.:* Wird auch durch die Haut resorbiert, auch Aufnahme durch Aspiration oder durch Magendarmkanal. Bewirkt außer allg. klinischen Symptomen (Tremor, klonischen u. tonischen Krampfen) chron. Leberschadigungen, Degenerationen im Zentralnervensystem, Agranulocytose, Coma, Exitus.

8 **Diphenyldiamin-hydrochlorid (β-Dimethyl-aminoäthyl-benzhydryläther-hydrochlorid, 2-Benzhydryloxy-N,N-dimethyl-äthylamin-hydrochlorid, Amidryl, Benadryl)**

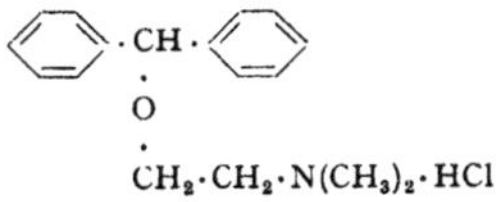

MG 291.83 *F* 166—70 $C_{17}H_{21}NO \cdot HCl$

Charakteristik: Weißes, kristallin. Pulver mit bitterem Geschmack (abs. A. + Ae.), wird am Licht langsam dunkel; sll. in W.; ll. in A., Chlf.; wl. in Ac.; swl. in Bzl., Ae. — *Verwend.:* Antihistaminicum bei vielen allergischen Erkrankungen, mildes Sedativum.

9 **Benzomethamin-chlorid (N-Diäthylaminoäthyl-N'-methylbenzilamid-methochlorid, MC 3743, Cotranul)**

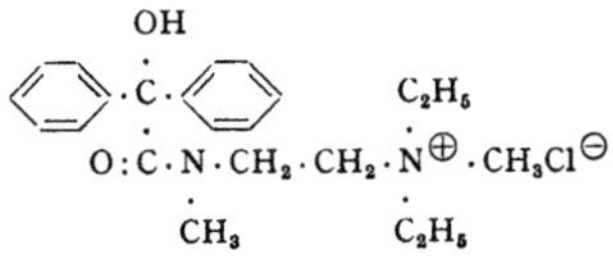

MG 390.96 $C_{22}H_{31}O_2N_2Cl$

Charakteristik: — *Verwend.:* Parasympathicolyticum fur Magenulcus, hypersekretorische Gastritis u. Gastrointestinalspasmen. Bewirkt aber auch Prostatahypertrophie u. Herzstorungen.

10 **4,4'-Diaminodiphenylsulfon** $C_{12}H_{12}N_2O_2S$

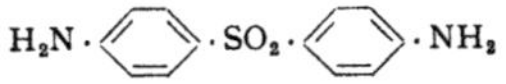

MG 248.30 *F* 174

Charakteristik: Weiße Blatt. (verd. A.); l. in A.; wl. in W. — *Wi.:* Antagonist der p-Aminobenzoesaure bei Bakterien.

11 **4,4'-Diaminodiphenylsulfon-di-Na-formaldehydsulfoxylat (Sulfoxon, Dianson)**

MG 448.46 *F* 263—5 (Z.)

$C_{14}H_{14}N_2Na_2O_6S_3$

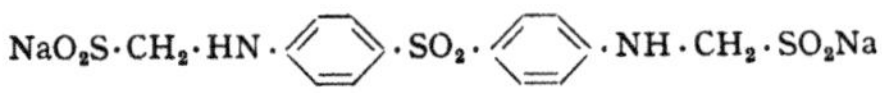

Charakteristik: Weißes Pulver mit charakt. Geruch; sll. in W.; wl. in A.; unl. in den meist. organ. Lsgm. — *Verwend.:* Chemotherapeuticum bei Lepra.

12 **Stilben (trans-1,2-Diphenyläthylen, Tolylen)**

MG 180.24 *F* 124 *Kp* 306—7 D_{13}^{125} 0.970

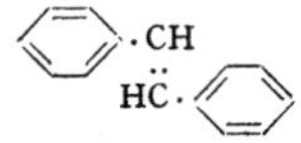

$C_{14}H_{12}$

Charakteristik: Farbl. monoklin. Tafeln (A.), fluchtig mit W.-Dampf; n_D^{17} 1.6264; ll. in Bzl., Ae.; l. in 90 T. h. A., 13 T. sied. A.; unl. in W. — *cis-Form* = *iso-Stilben:* Gelbes Öl, Kp_{13} 145.

13 **Diäthylstilboestrol (Stilboestrol, α,α'-Diäthyl-stilbendiol-3,4-bis-(p-hydroxyphenyl)-3-hexen, 4,4'-Dihydroxy-α,β-diäthylstilben, Cyren A, Oestroben, Domestrol, Stilboestroform, Di-stilben u. a.)**

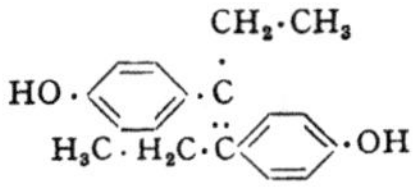

MG 268.34 *F* 169—72 $C_{18}H_{20}O_2$

Charakteristik: Kleine Plattchen (Bzl.); l. in A., Ae., Chlf., Ölen, verd. Alkalien; unl. in W. — *Diacetat*, $C_{22}H_{24}O_4$: Dicke, nadelformige Prismen (A.), *F* 121—4. — *Dibenzoat*, $C_{32}H_{28}O_4$: Nadeln (Äthylacetat), *F* 210—11. — *Dipropionat* (*Cyren B*, *Estilben*, *Stilboestrol DP*, *Stilboestronat*, *Euvestin*, *Synestrin u. a.*), $C_{24}H_{28}O_4$: *MG* 380.41, *F* 104, Platten (Me.); l. in organ. Lsgm. u. vegetabilen Ölen. — *Monomethyläther* (*Mestilbol*, *Monomoestrol*), $C_{19}H_{22}O_2$· *MG* 282.37, *F* 116 bis 117.5: Nadeln (Bzl.-PAe.), *F* 114: Blattchen (70%ig. A.), $Kp_{0,3}$ 185—95, ll. in Ac., Ae.; l. in A., verd. wssr. oder alkohol. Lsgn. v. Alkalihydroxyden, vegetabilen Ölen; unl. in W. — *Dimethyläther*, $C_{20}H_{24}O_2$: Platten (PAe.), *F* 124. — *Dipalmitat* (*Stilpalmitat*), $C_{50}H_{80}O_4$: *MG* 745.14, *F* 77—8, Platten (h. A.). — *4,4'-Dischwefelsaureester* (*Diathylstilboestrol-disulfat*, *u. a.*), $C_{18}H_{20}O_8S_2$: *MG* 428.49, voluminöses, weißes Kristallpulver (verd. HCl), wl. in W. — *4,4'-Dischwefelsaureester-di-Na-Salz*, $C_{18}H_{18}Na_2O_8S_2$: Krist.; l. in W. — *Verwend.:* Ersatztherapie bei Oestrogenmangel, bei Prostatacarcinom u. inoperablen Mammacarcinomen (bes. bei Frauen in der Postmenopause), Chorionepithelium, Harnblasencarcinom, zur Unterdruckung der Lactation, Behandlung von Atherosklerose u. senilen Osteoporose u. a Zur Kapaunisierung von Hahnchen: 15—30 mg s. c.

14 **4,4'-Stilbendicarboxamidin-di-(β-hydroxyäthansulfonat) (4,4'-Diamidinstilben-isoäthionat, Stilben-4,4'-di-carboxamidin-isoäthionat, Stilbamidin-isoäthionat)**

MG 516–59 *Z.* 290 $C_{20}H_{28}N_4O_8S_2$

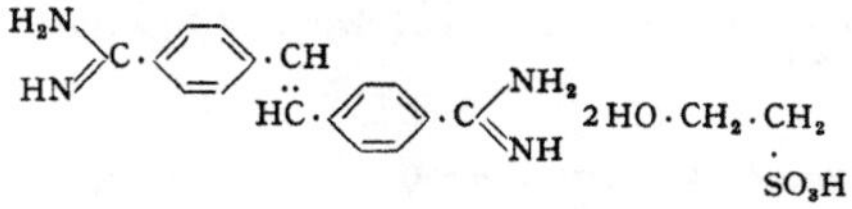

Charakteristik: Lichtempfindl. Krist.; $E^{1\%}_{1cm}$ 750 bei 330 mμ; 1 g in 2.5–3.0 ml W., 1.5 g in 100 ml Me. Neutrale oder alkal. Lsgn. instabil; 0.5%ige wssr. Lsg., pH 5.5–6.5. Bei pH 4.7 keine Zers. in 1 Std. bei 120°. — *Verwend.:* Bei visceraler Leishmaniose, systemischer Blastomykose, Actinomykose, multiplem Myelom.

15 **4,4'-Diaminobenzil**

MG 240.25 *F* 169 $C_{14}H_{12}N_2O_2$

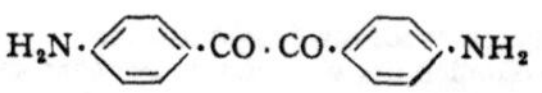

Charakteristik: Gelbe Nadeln; l. in A.; wl. in W. — *Wi.:* Antagonist der p-Aminobenzoesaure bei Bakterien.

16 **3-Äthyl-2,4-bis-(p-hydroxyphenyl)-hexan (Benzoestrol, Octofollin, Ocoestrol)**

MG 298.41 *F* 162–3 $C_{20}H_{26}O_2$

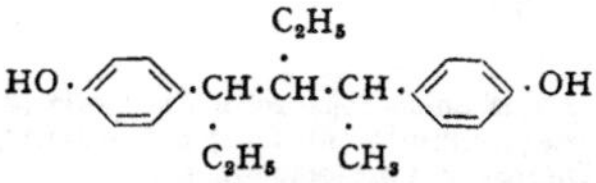

Charakteristik: Krist.; sll. in Ac., Ae., A., Me., verd. NaOH-Lsg., vegetabilen Ölen; l. in Eg.; wl. in Bzl., Chlf., PAe., verd. A.; unl. in W., verd. Mineralsren. — *Dibenzoat:* Krist. (A.), *F* 118–20. — *Dipalmitat: F* 38. — *Dimethylather:* Krist. (A.), *F* 56. — *Verwend.:* Wie Diathylstilboestrol, Versuche zur Carcinomtherapie.

17 **Diphenylamin** $C_{12}H_{11}N$

MG 169.22 *F* 53–4 *Kp* 302 *Fl* 153 *D* 1.16

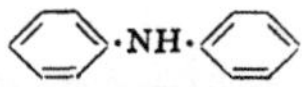

Charakteristik: Farbl., monoklin., lichtempfindl. Krist. mit blumigem Geruch; 1 g in 2.2 ml A., 4.5 ml Propanol; ll. in Bzl., Ae., Eg., CS_2. — *Verwend.:* Zum Nachweis von NO_3^-, ClO_3^- u. a. oxydierenden Substanzen. Redoxindikator $E_{0\,1/2}$ bei pH 7: +0.76 V; Farbumschlag violett (ox.) bis farblos (red.). — *Wi.:* Reizung der Schleimhaute, bewirkt MethHb-Bildg. — *Hydrochlorid,* $C_{12}H_{11}N \cdot HCl$: *MG* 205.69, *F* 179–81, weißes, kristallin. Pulver; ll. in W., A., farbt sich an der Luft blau.

18 **Diphenylamino-2,2'-dicarbonsäure**

MG 257.24 *F* 296–7 (Z.) $C_{14}H_{11}NO_4$

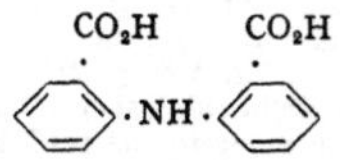

Charakteristik: Gelbe Krist. (A.); wl. in A., Ae., Chlf., Eg.; unl. in W. — *Verwend.:* Redoxindikator in stark sauren Lsgn., anstelle von Diphenylamin zum Nachweis oxydierender Substanzen.

19 **Diphenylamin-4-sulfonsäure (N-Phenylsulfanilsäure, P-Nhenyl-p-aminobenzolsulfonsäure)**

MG 249.29 $C_{12}H_{11}NO_3S$

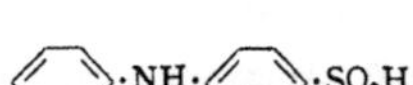

Charakteristik: Schwach braunliches, kristallin. Pulver; l. in W., A.; unl. in Ae.; farbt sich an der Luft blau. — *Verwend.:* Redoxindikator: $E_{0\,1/2}$ in 1 m H_2SO_4: +0.84 V., Farbumschlag: violett nach farblos. Zu Nachweis u. quantitativer Bestimmung von NO_3^- u. oxydierenden Substanzen. — *Ba-Salz,* $C_{24}H_{20}BaN_2O_6S_2$: *MG* 633.91, grauweißes Pulver; wl. in W. Giftig! — Redoxindikator, s. o.; — *Na-Salz,* $C_{12}H_{10}NNaO_3S$: *MG* 271.27, schwach gelblichweißes Pulver; ll. in W., A.; unl. in Ae. — Redoxindikator, s. o.

20 **2,6-Dichlorphenol-indophenol-Natrium (2,6-Dichlorindophenol-Natrium, 2,6-Dichlorbenzochinon-(1,4)-[4-hydroxy-anil]-(4)-Natrium)**

MG 290.09 $C_{12}H_6NNaO_2Cl_2$

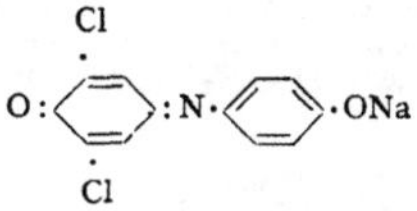

Charakteristik: Schwarzgrünes Pulver; ll. in W., abs. A. Wssr. Lsg. ist tiefblau u. wird beim Ansauern rot. Reduzierte Form ist fast farblos. Setzt in sauren Lsgn. J aus KJ frei. — *Verwend.:* Redoxindikator: $E_{0\,1/2}$ bei pH 7: +0.23 V.; rH 20 (blau bzw. blaßrotlich) bis 22.5 (farblos); Indikator zur titrimetrischen Bestimmung von L-Ascorbinsäure in Pflanzen- und Organextrakten, Körpersaften.

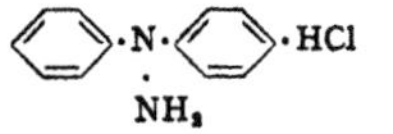

21 **1,1-Diphenylhydrazin-hydrochlorid**
MG 220.20 $C_{12}H_{13}N_2Cl$

Charakteristik: Weißes bis weißgraues, kristallin. Pulver; ll. in A.; wl. in W. — *Verwend.:* Reagens auf Arabinose und Lactose.

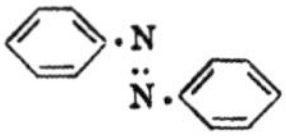

22 **Azobenzol (Benzolazobenzol, Diphenyldiimid)**
MG 182.22 *F* 68 *Kp* 293 *D* 1.20 $C_{12}H_{10}N_2$

Charakteristik: Orangerote Blättchen; l. in A., Ae., Eg.; unl. in W. — *Verwend.:* Rauchermittel zur Bekämpfung von Spinnmilben. — *Wi.:* Hepatotoxisch bei Ratten.

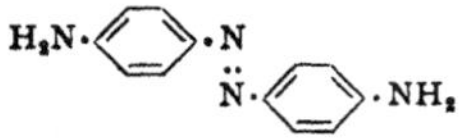

23 **p-Diaminoazobenzol (p-Azoanilin, 4,4'-Azodianilin, 4,4-Diaminoazobenzol)**
MG 212.25 *F* 250 $C_{12}H_{12}N_4$

Charakteristik: Goldgelbe Nadeln; ll. in A.; wl. in W., Bzl., PAe. — *Mono-Hydrochlorid:* Purpurrote Krist.

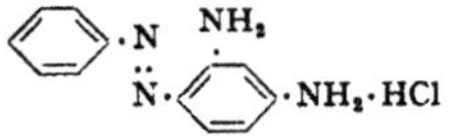

24 **2,4-Diaminoazobenzol-hydrochlorid (4-Benzolazo-phenylendiamin-(1,3)-hydrochlorid, Chrysoidin, Chrysoidinorange)**
MG 248.72 *F* 117.5 (Base) $C_{12}H_{12}N_4 \cdot HCl$

Charakteristik: Rötlichbraunes, feinkrist. Pulver; l. in W., A. — *Verwend.:* Zur Förderung der Epithelbildg. bei Wunden, wirkt bacterizid, zur Bakterienfärbg. (in Neisser-Reagens), zur Färbg. v. techn. Produkten, Ölen, Fetten. — ***Rhodanid*** (***Azorhodan, Dairin***), $C_{12}H_{12}N_4 \cdot HSCN$: *MG* 271.34, schwarzrote Nadeln; wl. in A., Olivenöl; swl. in W. — *Verwend.:* Tuberculostaticum.

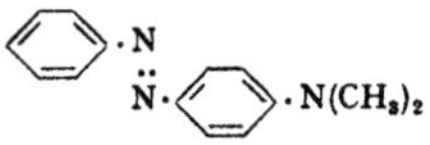

25 **p-Dimethylaminoazobenzol (4-Benzolazo-N,N-dimethylanilin, Buttergelb, Methylgelb, Dimethylgelb)**
MG 225.28 *F* 114—7 $C_{14}H_{15}N_3$

Charakteristik: Orangefarbenes kristallines Pulver oder kristalline Blättchen; l. in A., Ae., Chlf., Bzl., PAe., Ölen u. Mineralsren. — *Verwend.:* Indikator in der Alkalimetrie (0.1%ige alkohol. Lsg., Umschlagsgebiet p_H 2.9 (rot) bis 4.0 (gelborange), Mischindikator nach *Citron* (+ Phenolphthalein in alkohol. Lsg.) zum Nachweis der freien HCl im Magensaft, Reagens nach *Töpfer* (0.5%ige alkohol. Lsg.) zum mikroskop. Fettnachweis in Gewebsschnitten als Test auf peroxydierte Fette, früher als Lebensmittelfarbstoff, z. B. für Butter u. Margarine, heute verboten! — *Wi.:* Erzeugt Lebercarcinome bei Ratten.

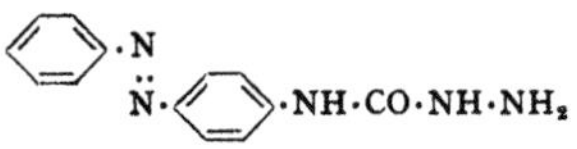

26 **Azobenzol-4-semicarbazid (4-Benzol-azo-4-phenyl-semicarbazid, 4-[p-Azophenyl-phenyl]-semicarbazid)**
MG 255.27 *F* ~270 (Z.) $C_{13}H_{13}N_5O$

Charakteristik: Orangerote Nadeln oder Blättchen; l. in W., verd. Säuren u. d. meisten organ. Lsgm. — *Verwend.:* Zur Charakterisierung von Aldehyden u. Ketonen (s. ***Bohlmann, F.:*** Chem. Ber. **84**, 490 (1951); *van Dyke, T.:* J. Amer. chem. Soc. **77**, 6693 (1955); ***Winter, M.*** et al.: Helv. chim. Acta **40**, 467 (1957).

27 **N,N'-Diphenylbenzidin** $C_{24}H_{20}N_2$
MG 336.42 *F* 242

Charakteristik: Blättchen oder Platten; ll. in sied. Toluol, Äthylacetat; wl. in A., Ac.; unl. in W. — *Verwend.:* Anstelle von Diphenylamin zum Nachweis von NO_3, ClO_3 u a. oxydierenden Subst. (in Gegenwart v. H_2SO_4), ist empfindlicher gegen letztere.

28 **sym.-Diphenylcarbazid (1,5-Diphenylcarbohydrazid)** $C_{13}H_{14}N_4O$
MG 242.28 *F* 175

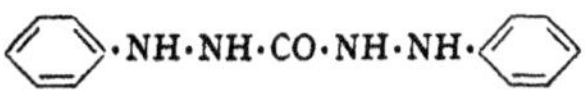

Charakteristik: Weißes, kristallines, sich an der Luft rosa färbendes Pulver; ll. in h. A., Ac., Eg.; wl. in W.; unl. in Ae.; lichtempfindlich — *Verwend.:* Zur Sulfatbestimmung, Indikator bei der Fe-Bestimmung, zum Nachweis v. Cd, Cr, Mg, Hg, H_2O_2 u. von Aldehyden.

29 Diphenylcarbazon $C_{13}H_{12}N_4O$
MG 240.27 *F* 157 (Z.)

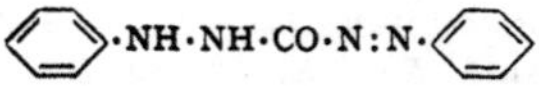

Charakteristik: Orangegelbe Nadeln; ll. in A., Chlf., Bzl.; unl. in W. — *Verwend.:* Empfindliches Reagens auf Hg, Ge, Sn u. Chloride, Indikator zur Maßanalyse.

30 Diphenyl-thiocarbazon (Dithizon) $C_{13}H_{12}N_4S$
MG 256.32 *F* ca. 170 (Z.)

Charakteristik: Schwarzes oder schwarzbraunes, kristallin. Pulver; ll. in Chlf., CS_2 u. Alkalilaugen; l. in aliphat. Kohlenwasserstoffen; wl. in A.; unl. in W., verd. Säuren. Die Lsgn. sind nicht beständig und müssen unter einer wssr. Lsg. v. schwefliger Säure aufbewahrt werden. — *Verwend.:* Empfindliches Reagens auf einige Schwermetalle.

31 bis-(4-Hydroxy-3-methoxy-cinnamoyl)-methan (Diferuloylmethan, Curcumin, Kurkumagelb)
MG 368.4 *F* 183 $C_{21}H_{20}O_6$

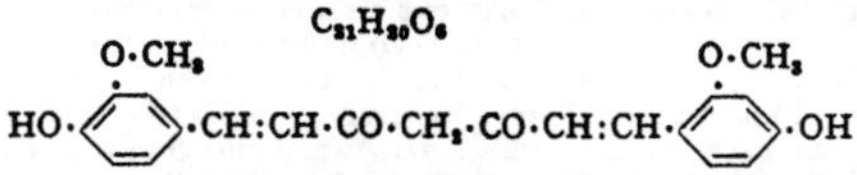

Charakteristik: Orangegelbes Kristallpulver; l. in A., Eg., in Alkalien mit tiefer, rotbrauner Farbe; swl. in Ae.; unl. in W. — *V.:* In den Wurzeln von Curcuma longa. — *Verwend.:* Zum Nachweis von Borsäure u. Boraten, als Indikator, zum Färben von Lebensmitteln.

Naphthaline

1 Naphthalin
MG 128.16 *F* 80.3 *Fl* 80.2 Kp_{760} 217.9
Kp_{80} 130.2 Kp_{20} 101.7 Kp_{10} 85.8 D_4^{20} 1.162
D_4^{100} 0.9028

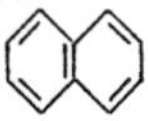

$C_{10}H_8$

Charakteristik: Glänzende, weiße, monokline, prismatische Blättchen (aus Ae. od. durch Sublimation), mit durchdringendem, an Steinkohlenteer erinnerndem Geruch u. brennendem Geschmack. Schon bei gewöhnl. Temp., besonders leicht aber mit W.- oder A.-Dämpfen flüchtig; n_D^{85} 1.5898, n_D^{100} 1.58212; ll. in Chlf, CS_2; l. in A., Ae., Bzl., Tetralin, CCl_4, flüss. Paraffin, fetten u. äther. Ölen, Terpentinöl; unl. in W. — *Verwend.:* Darmdesinficiens, Schutzmittel gegen Hautungeziefer u. Motten.

2 1,2,3,4-Tetrahydronaphthalin (Tetralin)
MG 132.20 *F* −35.8 *Fl* 78 Kp_{760} 207.5
Kp_{10} 79.0 $Kp_{1.0}$ 38·0 D_4^{20} 0.9702

$C_{10}H_{12}$

Charakteristik: Klare, farbl., ölige Flüss. mit an Mischg. v. Bzl. u. Menthol erinnerndem Geruch, mit W.-Dampf flüchtig; n_D^{20} 1.54135; ∞A., Ac. Ae., Bzl., Chlf., PAe., Dekalin; l. in Me.; unl. in W. — Bei längerem Stehen a. d. Luft bilden sich Peroxyde, die sich im Destillationsrückstand anreichern u. zur Explosion führen können. Verhinderung: Zusatz eines Antioxydans, z. B. Hydrochinon. — *Verwend.:* Solvens, Ersatz f. Terpentinöl, für Fette, Harze, Wachse. In der Chromatographie als Eluens u. Steigflüss. — *Wi.:* Reizt Haut, Augen u. Schleimhäute, wirkt in hohen Konzz. narkotisierend.

3 Dekahydronaphthalin (Bicyclo-[0,4,4]-dekan, Dekalin, Perhydronaphthalin, Naphthalan)
MG 138.24

cis-Dekalin: *F* −43.26 Kp_{760} 194.5 Kp_8 67.0
D_4^{20} 0.8927 n_D^{20} 1.4811

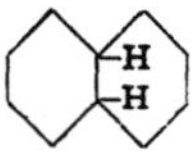

trans-Dekalin: *F* −30.68 Kp_{760} 185.5
Kp_8 62.0 D_4^{20} 0.8700 n_D^{20} 1.4696

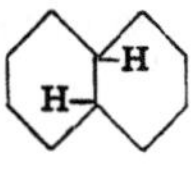

Handelspräparat: Isomerengemisch
F ca. −124 Kp_{760} 189−91 D_4^{20} 0.8857−65
Fl 57−58.5

Charakteristik: Farbl., ölige Flüss. mit schwachem, an Menthol erinnerndem Geruch, brennt mit leuchtender, rauchloser Flamme; ∞ Propanol, Butanol, den meisten Ketonen u. Estern; ll. in A., Ae., Me., Chlf.; unl. in W., flüss. NH_3. — *Verwend.:* Solvens f. Fette. Harze, Silikone, Ersatz f. Terpentinöl. — *Wi.:* Reizt Haut u. Augen.

4 **α-Naphthol (1-Naphthol, 1-Hydroxynaphthalin)**

MG 144.17 *F* 96 *Kp* 278–80 $D_D^{98,7}$ 1.0954

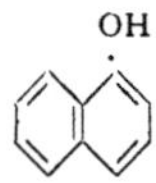

$C_{10}H_8O$

Charakteristik: Farbl., glanzende, am Licht dunkel werdende Prismen mit schwachem, phenolartigem Geruch, sublimierbar, mit W.-Dampf flüchtig; $n_D^{98,7}$ 1.6202; ll. in A., Ae., Chlf., Bzl.; l. in Alkali; wl. in h. W.; swl. in k. W.; reduziert ammoniakal. $AgNO_3$-Lsg. — *Acetat*, $C_{12}H_{10}O_2$: *MG* 186.20; *F* 46; Nadeln oder Tafeln (A.); ll. in A., Ae.; wird durch h. W. zersetzt.

5 **β-Naphthol (2-Naphthol, 2-Hydroxynaphthalin)**

MG 144.17 *F* 121–3 *Kp* 285–6 D_4 1.217 *Fl* 161

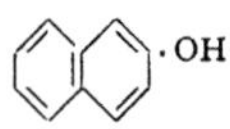

$C_{10}H_8O$

Charakteristik: Farbl., glanzende, am Licht dunkel werdende Kristallblattchen, mit schwach phenolartigem Geruch, sublimierbar, mit W.-Dampf flüchtig; 1 g in 1000 ml W., 80 ml sied. W., 0.8 ml A., 17 ml Chlf., 1.3 ml Ae.; l. in Glycerin, Olivenöl, wssr. Lsgn. v. Alkalihydroxyden. — *Verwend.:* Fuorescenzindikator, Reagens auf salpetrige Saure n. *Riegler*, Reagens auf cyclische Aldehyde nach *Deniges*, fruher als Anthelminticum u. äußerlich b. Hautkrankheiten. — *Acetat*, $C_{12}H_{10}O_2$: *MG* 186.20; *F* 70; Nadeln (A.); ll. in A., Ae., Chlf. — *Na-Salz:* *MG* 166.15; grauweißes Pulver, wird an Licht u. Luft rotlich bis braunlich; 1 T. in 3 T. W.

6 **1,3-Dihydroxy-naphthalin (Naphthoresorcin)**

MG 160.16 *F* 124–5

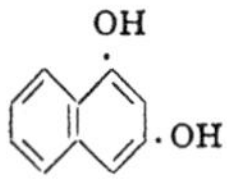

$C_{10}H_8O_2$

Charakteristik: Braunlich-graue Blättchen; ll. in W., A., Ae.; unl. in Bzl., Ligroin. — *Verwend.:* Reagens auf Zucker, Öle, Glucuronsaure im Harn.

7 **2,7-Dihydroxy-naphthalin (2,7-Naphthalindiol)**

MG 160.16 *F* 190

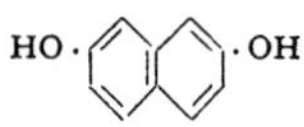

$C_{10}H_8O_2$

Charakteristik: Nadeln; ll. in A., Ae.; l. in sied. W., Chlf., Bzl.; unl. in CS_2, Ligroin. Ätherische u. alkal. Lsgn. farben sich a. d. Luft schnell schwarz. — *Verwend.:* Reagens auf Formaldehyd, Oxalsaure, Glykolsäure.

8 **2-(2-Naphthyloxy)-äthanol (β-Naphthoxyäthanol, β-Hydroxyäthyl-2-naphthyläther, Anavenol u. a.)**

MG 188.22 *F* 76.7

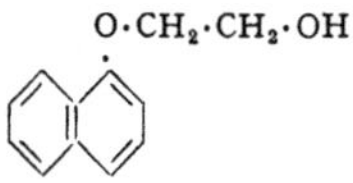

$C_{12}H_{12}O_2$

Charakteristik: Krist. (Bzl. + PAe.); 1 g in 4 g 95%ig. A., 2 g Ac; l. in Ae., Chlf.; unl. in W. — *Verwend.:* Zusatz zu Anaesthetica, Sedativum bei großen Tieren (Wiederkauer, Pferde, Schweine).

9 **β-Naphthoxyessigsäure (2-Naphthoxyessigsäure, O-(2-Naphthyl)-glykolsäure)**

MG 202.20 *F* 156

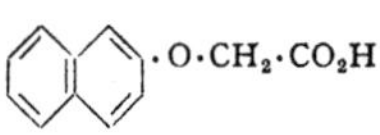

$C_{12}H_{10}O_3$

Charakteristik: Prismen (h. W., Bzl.); l. in A., Ae., Eg.; wl. in h. W. — *Äthylester*, $C_{14}H_{14}O_3$: *MG* 230.27; *F* 49; Blattchen (A.); l. in A., Ae. — *Verwend.:* Als Pflanzenhormon, zur Wurzelförderung von Stecklingen, zur Verhinderung des Abfallens unreifer Fruchte. Wirkt im Überschuß angewandt wuchshemmend.

10 **3-Hydroxy-2-naphthoesäure (3-Naphthol-2-carbonsäure)**

MG 188.17 *F* 222–3

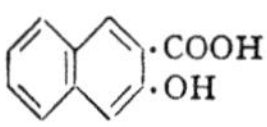

$C_{11}H_8O_3$

Charakteristik: Schwachgelbe Krist.; ll. in A., Ae.; l. in alkalischen Lsgn., Bzl., Chlf.; wl. in h. W. unl. in k. W. — *Verwend.:* Wssr. Lsg. des Na-Salzes als Losungsvermittler f. Riboflavin.

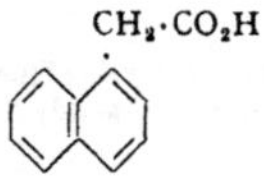

11 **α-Naphthalinessigsäure (α-Naphthyl-essigsäure)**

MG 186.21 *F* 133

$C_{12}H_{10}O_2$

Charakteristik: Weiße, geruchlose Kristalle oder lockeres Kristallpulver; 3.3 A.; ll. in Ae., Eg., Bzl.; l. in h. W.; wl. in k. W. — *Verwend.:* Wurzelförderungsmittel f. Pflanzenstecklinge. — *Wi.:* Reizt Haut u. Schleimhaute, bewirkt Störung des Zentralnervensystems.

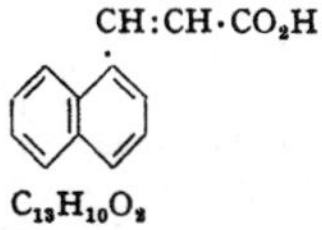

12 **Naphthylacrylsäure (β-[Naphthyl-(1)]-acrylsäure)**

MG 182.21 *F* 206 (trans-Form?)

$C_{13}H_{10}O_2$

Charakteristik: — *Wi.:* Antagonist von Tryptophan bei Bakterien.

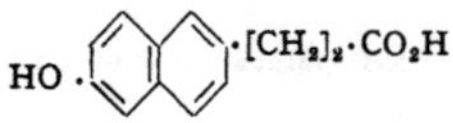

13 **6-Hydroxy-2-naphthalinpropionsäure (2-Hydroxy-6-naphthalinpropionsäure, Allenolsäure)**

MG 216.23 *F* 180—1

$C_{13}H_{12}O_3$

Charakteristik: Krist. (wssr. Me.); l. in A., Me., Py. — *Verwend.:* Zur Darstellung von oestrogenen Verbb.

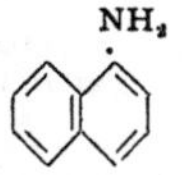

14 **α-Naphthylamin (1-Aminonaphthalin)**

MG 143.18 *F* 51 *Kp* 301 *FlP* 157 *D* 1.131

$C_{10}H_9N$

Charakteristik: Weiße, sich an Licht u. Luft rötlich färbende rhomb. Nadeln mit unangenehmem Geruch u. bitterbeißendem Geschmack; mit W.-Dampf flüchtig; giftig! n_D 1.670; ll. in A., Ae.; 1 T. in 590 T. W.; reduziert warme ammoniakal. $AgNO_3$-Lsg. — *Verwend.:* Hydrochlorid + Sulfanilamid = Reagens auf Nitrite. — *α-Naphthylacetamid*, $C_{12}H_{11}NO$: *MG* 185.21; *F* 159—60; farbl. Krist. (A.); l. in h. W.; 4.02 A.

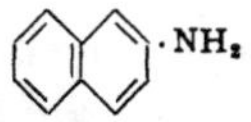

15 **β-Naphthylamin (2-Aminonaphthalin)**

MG 143.18 *F* 111—13 *Kp* 306 D_4^{98} 1.061

$C_{10}H_9N$

Charakteristik: Weiße bis rötliche Krist.; ohne Geruch; flüchtig mit W.-Dampf; n_D 1.649; l. in h. W., A., Ae., Bzl.; wl. in k. W.; reduziert warme ammoniakal. $AgNO_3$-Lsg. — *Wi.:* Carcinogen! — *Hydrochlorid*, $C_{10}H_9N \cdot HCl$: *MG* 179.65; weißes Kristallpulver, wird an Licht u. Luft blau; 1 T. in 27 T. W.; l. in A., Ae.; wl. in HCl. — *Acetat*, $C_{12}H_{13}NO_2$: *MG* 203.23; weiße bis gelbl. Flocken mit schwachem Geruch nach Essigsäure; ll. in W., A.; l. in Ae. — *Sulfat*, $C_{20}H_{18}N_2 \cdot H_2SO_4 \cdot 2\,H_2O$: *MG* 420.47; weißes bis gelbl. Kristallpulver; wl. in W., A. — *β-Naphthylacetamid*, $C_{12}H_{11}NO$: *MG* 185.21; *F* 134; ll. in W., A.

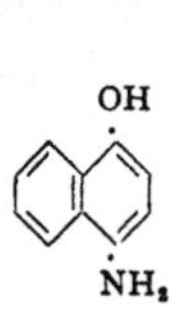

16 **4-Amino-1-naphthol (4-Hydroxy-α-naphthylamin)**

MG 159.18

$C_{10}H_9NO$

Charakteristik: Nadeln; wenn nicht absolut trokken, Violettfarbung a. d. Luft u. Oxydation zu 1,4-Naphthochinon. — *Hydrochlorid*, $C_{10}H_9NO \cdot HCl$: *MG* 195.65; Nadeln; ll. in W. — *N-Acetylderivat* (*4-Acetamido-1-naphthol, Naphthacetol*), $CH_3CONH \cdot C_{10}H_6OH$: *MG* 201.22; *F* 188, Nadeln (A.); l. in A.; wl. in W.

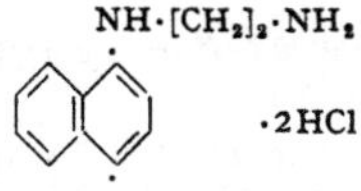

17 **N-(1-Naphthyl)-äthylendiamin-di-hydrochlorid**

MG 259.19 *F* 188—90

$C_{12}H_{14}N_2 \cdot 2\,HCl$

Charakteristik: Farbl., prismat. Krist.; l. in h. W., 95%ig. A., verd. HCl; swl. in k. W., abs. A., Ac. — *Verwend.:* u. Zur Bestimmung der Folsäure, Reagens auf Sulfonamide, zusammen mit Sulfanilamid auf Nitrite.

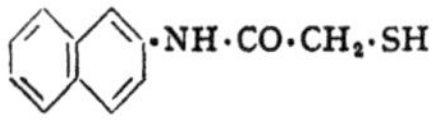

18 **α-Mercapto-N,2-naphthylacetamid (Thioglykolsäure-β-amino-naphthalid, Thionalid)**

MG 217.28 *F* 111–2 $C_{12}H_{11}NOS$

Charakteristik: Weiße bis elfenbeingelbe Nadeln; ll. in den meisten organ. Lsgm.; unl. in W. — *Verwend.:* Reagens auf Ag, Bi, Co, Cu, Hg, Os, Pb, Pd, Pt, Rh, Ru, Sb, Sn u. Tl.

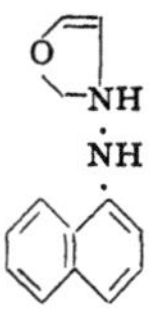

19 **2-(1-Naphthylamino)-2-oxazolin**

MG 212.24 *F* 123.4–124.6

Charakteristik: Krist. — *Hydrochlorid*, $C_{13}H_{12}N_2O \cdot HCl$: Krist. (Methylenchlorid), *F* 150.2–150.3 — *Wi.:* Depressor des Zentralnervensystems, Tranquilizer, Muskelrelaxans. $C_{13}H_{12}N_2O$

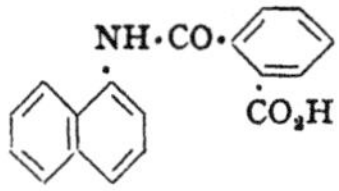

20 **N-(1-Naphthyl)-phthalaminsäure (Alanap, NPA)**

MG 291.31 *F* 203 D_4^{20} 1.4

Charakteristik: Farbl. Krist.; wl. in A., Ac., Bzl.; swl. in W.; zersetzt sich oberhalb pH 9.5; wird durch starke Sren. u. Basen hydrolysiert, bildet ein wasserlösliches Na-Salz. — *Verwend.:* Herbicid, Reagens auf Th u. Zr. $C_{18}H_{13}NO_3$

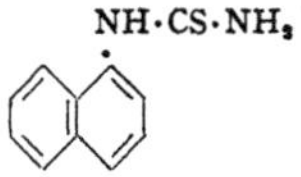

21 **α-Naphthyl-thioharnstoff (1-(1-Naphthyl)-2-thioharnstoff, ANTU, Bantu, Rattnack)**

MG 202.28 *F* 198

Charakteristik: Farb- u. geruchlose, bitter schmeckende nichtflüchtige Prismen (A.). Giftig! 0,06 g in 100 ml W. 25°; 2,43 g in 100 ml Ac.; 8,6 g in 100 ml Triäthylenglykol. — *Verwend.:* Rodenticid. 6–8 mg/Ratte wirken tödlich. $C_{11}H_{10}N_2S$

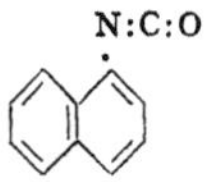

22 **α-Naphthylisocyanat**

MG 169.18 *Kp* 270 Kp_{11} 137 D_4^{20} 1.177

Charakteristik: Klare, farbl. Flüss., deren Dämpfe stechend riechen; l. in A., Chlf., Ae., PAe.; wl. in W. — *Verwend.:* Reagens auf aliphatische Alkohole u. Aminosäuren (nach *Neuberg*). $C_{11}H_7NO$

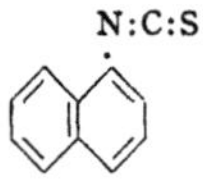

23 **α-Naphthylisothiocyanat**

MG 185.24 *F* 58

Charakteristik: Weiße Nadeln, fast ohne Geruch u. Geschmack; ll. in Ae., Bzl., h. A., Ac., CCl_4, Olivenöl, PAe.; unl. in W. — *Wi.:* Toxisch gegen manche Lebewesen (nicht alle), bes. gegen Insekten; beim Menschen Dermatitis, Nierenstörungen, da durch die Haut resorbiert. — *Verwend.:* Insecticid. $C_{11}H_7NS$

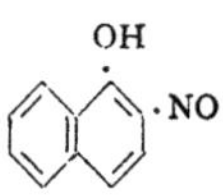

24 **2-Nitroso-1-naphthol (β-Nitroso-α-naphthol)**

MG 173.16 *F* 162–64 (Z.) $C_{10}H_7NO_2$

Charakteristik: Gelbes bis gelbgrünes Kristallpulver; l. in A., Ac., Eg., Chlf., Ae., sied. W.; wl. in k. W., PAe. — *Verwend.:* Reagens auf Co, Pd, Zr.

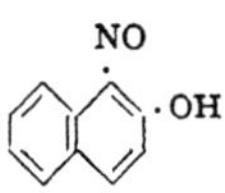

25 **1-Nitroso-2-naphthol (α-Nitroso-β-naphthol)**

MG 173.16 *F* 112 (Z.)

Charakteristik: Gelbbraune Nadeln (PAe.), orange Blättchen oder Prismen (A., Ae., Bzl.), flüchtig mit W.-Dampf; 0.02 W. 20°; 2.4 A. 13°; ll. in h. A., Bzl., Eg.; l. in Ae., CS_2, KOH-Lsg.; wl. in k. PAe. — *Verwend.:* Zur Bestimmung v. Co u. Trennung v. Ni; Reagens auf Ag, Cu, Mo, Pd u. V. $C_{10}H_7NO_2$

26 **2-Naphthol-6,8-disulfosäure (2-Hydroxy-naphthalin-6,8-disulfosäure, β-Naphthol-γ-disulfosäure, G-Säure)**

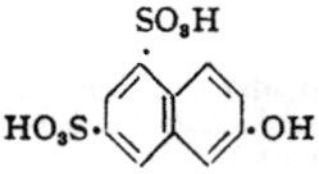

MG 304.28 $C_{10}H_8O_7S_2$

Charakteristik: sl l. in W. — *Na-Salz, G-Salz,* $C_{10}H_7NaO_7S_2$: *MG* 326.26; Plättchen oder Prismen; ll. in W.; zll. in verd. A. — *Ba-Salz,* $C_{10}H_6BaO_7S_2 \cdot 8\,H_2O$: *MG* 583.84; kleine Prismen; l. in W.; unl. in A.

27 **2-Naphthol-3,6-disulfosäure (β-Naphthalindisulfosäure R, β-Naphthol-α-disulfosäure, R-Säure)**

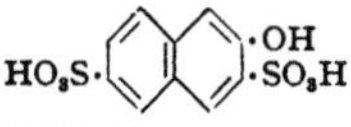

MG 304.30 *F* (Z.) $C_{10}H_8O_7S_2$

Charakteristik: Farbl., zerfließende Nadeln; ll. in W., A.; unl. in Ae. — *Na-Salz* = R-Salz.

28 **4,5-Dihydroxy-2,7-naphthalindisulfosäure (1,8-Dihydroxy-naphthalin-3,6-disulfosäure, Chromotropsäure)**

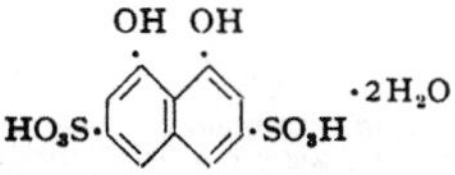

MG 356.34 320.31 (w.-frei) $C_{10}H_8O_8S_2 \cdot 2\,H_2O$

Charakteristik: Weiße Nadeln; l. in W. — *Di-Na-Salz,* $C_{10}H_6Na_2O_8S_2 \cdot 2\,H_2O$: *MG* 400.31; weißes bis hellbräunliches Pulver; ll. in W. — *Verwend.:* Wssr. Lsg. gibt mit Fe-(III)-Salzen grüne, mit Chromsäure, Chromaten, Titanhydroxyd u. Titansäure rote, mit Uran- u. Wolframsalzen purpurrote Färbungen. — Auch Reagens auf Ag, B, Cr, Hg, Ti u. NO_3-Ionen sowie auf Formaldehyd.

29 **4-Amino-naphthalin-sulfosäure-(1), Na-Salz (Natrium-1-naphthylamin-4-sulfonat, Naphthionsaures Natrium)**

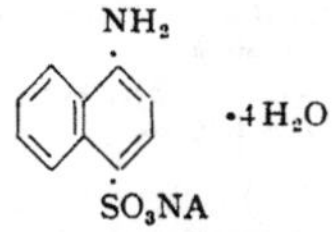

MG 317.30 $C_{10}H_8NNaO_3S \cdot 4\,H_2O$

Charakteristik: Weiße, tafelförmige, kleine Krist., die sich am Licht schnell violett färben; ll. in W. zu einer stark blauviolett fluorescierenden Lsg.; wl. in A.; unl. in Ae. — *Verwend.:* Reagens auf aromatische Aldehyde.

30 **1-Amino-2-naphthol-4-sulfosäure (1-Amino-2-hydroxy-naphthalinsulfosäure-(4), 1,2,4-Säure)**

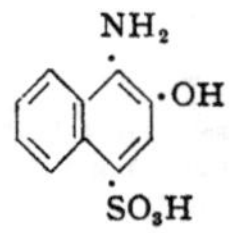

MG 239.25 $C_{10}H_9NO_4S$

Charakteristik: Weiße oder graue Kristallnadeln, gewöhnlich mit $^1/_2 H_2O$, die sich am Licht, bes. bei Gegenwart v. Feuchtigkeit, leicht rot färben; l. in h. Na-Bisulfitlsg. u. Alkalilsgn.; unl. in W., A., Ae., Bzl. — Neutrale Lsgn. fluorescieren schwach bläulich, alkal. Lsgn. werden an der Luft braun. — *Verwend.:* Zur P-Bestimmung im Blutserum.

31 **1-Amino-2-naphthol-6-sulfosäure**

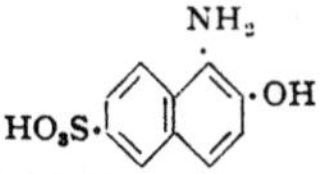

MG 239.24 $C_{10}H_9NO_4S$

Charakteristik: Nadeln oder Prismen; wl. in sied. W.; swl. in A.; unl. in Ae. — *Na-Salz, Hemipentahydrat, Eikonogen,* $C_{10}H_8NNaO_4S \cdot 2\,1/2\,H_2O$: *MG* 306.28; weißes Pulver; l. in W.; unl. in A. — *Verwend.:* Photographischer Entwickler, zum Nachweis v. Kalium.

32 **8-Amino-1-naphthol-3,6-disulfosäure (H-Säure)**

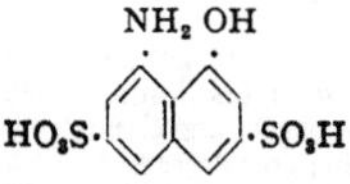

MG 319.31 $C_{10}H_9NO_7S_2$

Charakteristik: Weiße Krist. oder graues Pulver; l. in Alkalien; wl. in W., A., Ae.

33 **2,4-Dinitro-1-naphthol-7-sulfosäure-di-Na-Salz (Naphtholgelb S, Citronin A, Schwefelgelb S, Na-Salz der Flaviansäure)**

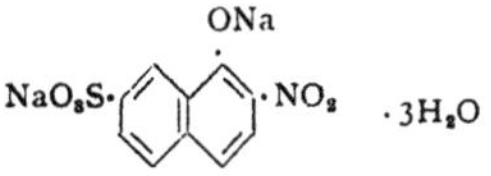

MG 412.26 358.21 (w.-frei)

$C_{10}H_4N_2Na_2S \cdot 3H_2O$

Charakteristik: Hellgelbes oder orangegelbes Pulver; ll. in W.; wl. in A. — *Di-K-Salz*, $C_{10}H_4K_2N_2O_8S \cdot 3H_2O$: *MG* 444.45; hellgelbes Pulver; ll. in W. — *Verwend.:* Fällungsmittel f. Alkaloide u. organ. Basen.

34 **Naphthalin-sulfosäure-(1)-[4-azo-1]-[naphthol-(2)-disulfosäure-(3,6)]-tri-Na-Salz ([Naphthol-(2)-disulfosäure-(3,6)]-[1-azo-4]-[naphthalin-sulfosäure-(1)]-tri-Na-Salz, Naphtholrot S, Echtrot D, Bordeaux S, Bordeaux DH, Amaranthum)**

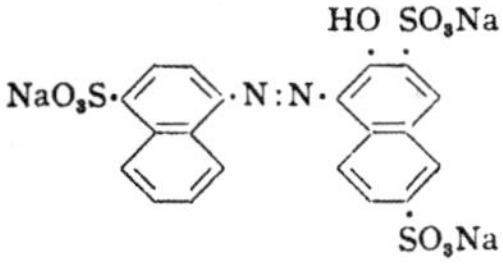

MG 604.49

$C_{20}H_{11}N_2Na_3O_{10}S_3$

Charakteristik: Dunkelrotbraunes Pulver; 1 g in 15 ml W., 7.20 g in 100 ml W. 26°; swl. in A. — Die Farbe der wssr. Lsg. wird durch HCl nur wenig verändert, durch Alkalilauge verliert sie an Intensität, wird durch Hydrosulfit entfärbt, ist stabil gegen Licht. — *Verwend.:* Zum Färben v. Wolle, Seide, Lebens- und Genußmitteln, Indikator zur Hydrazintitration, zur Herstellung v. Lichtfiltern, Adsorptionsindikator bei der Titration v. Jodidionen.

35 **1-Chlor-naphthalin (α-Chlor-naphthalin, Monochlornaphthalin)**

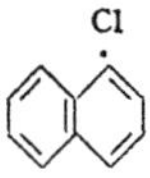

MG 162.61 *F* −2.5 Kp_{760} 259.3 Kp_{20} 134.4 Kp_5 104.08 D_4^{20} 1.19382

$C_{10}H_7Cl$

Charakteristik: Farbl., ölige Flüss., mit W.-Dämpfen flüchtig; n_D^{20} 1.63321; l. in A., Bzl., PAe.; unl. in W. — ***Pikrat:*** Gelbe Nadeln; *F* 137. — ***Verb. mit 2,4,6-Trinitro-m-cresol***, $C_{17}H_{12}ClN_3O_7$ *F* 78. — ***Styphnat***, $C_{16}H_{10}ClN_3O_8$: Gelbe Nadeln (A.), *F* 112. — ***Verwend.:*** Als hochsiedendes Solvens für DDT u. andere Fungicide, als Immersionsflüss. bei der mikroskopischen Bestimmung des Brechungsindex von Kristallen.

36 **1,2,3,4,10,10-Hexachlor-1,4,4a,5,8,8a-hexahydro-1,4,5,8-dimethanonaphthalin (Aldrin)**

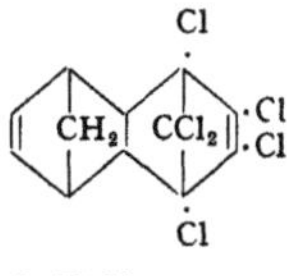

MG 364.93 *F* 100–02

$C_{12}H_8Cl_6$

Charakteristik: Krist.; ll. in den meist. organ. Lsgm.; unl. in W.; stabil gegen anorgan. u. organ. Basen u. Metallchloride. — *Verwend.:* Insecticid, jedoch sehr flüchtig. — *Wi.:* Wird durch die Haut resorbiert. Schwere Symptome bei Mensch u. Tier: Leber- und Nierenschadigungen, Zentralnervensystemstörungen.

37 **1,2,3,4,10,10-Hexachlor-6,7-epoxyd-1,4-endo-5,8-exo-dimethano-1,4,4a,5,6,7,8,8a-octa-hydro-naphthalin (Hexachlor-oxydo-tetracyclododecen, Dieldrin)**
Das endo-endo-Isomere ist **Endrin**

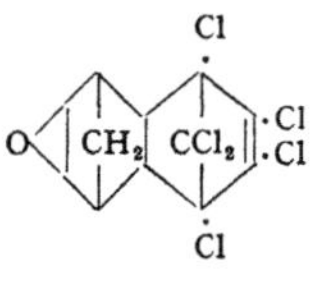

MG 380.93 *F* 176–7

$C_{12}H_8Cl_6O$

Charakteristik: Weiße, kristalline Masse. Das techn. Produkt ist gelb bis braun gefärbt u. besitzt unangenehmen, sußlichen Geruch; wl. in den gewöhnl. organ. Lsgm. mit Ausnahme v. Me. u. aliphat. Petroleum; stabil gegen Alkalilaugen, weniger gegen starke anorgan. Sren. — *Verwend.:* Vielseitig anwendbares Insecticid. — *Wi.:* Inhibitor der Cholinesterase (Parasympathicomimeticum). Ist erheblich **giftiger** als andere halogenierte Schädlingsbekämpfungsmittel. Hautkontakt, Inhalation u. Nahrungsmittelverunreinigung vermeiden!

Sulfonamide

Von **L. Hepding**, Darmstadt

Literatur (für die Hauptgruppe der chemotherapeutisch wirksamen Sulfanilamide): *Domagk, G.:* Pathologische Anatomie und Chemotherapie der Infektionskrankheiten, Stuttgart 1947. — *Wagner-Jauregg, Th.:* Therapeutische Chemie, Bern 1949. — *Lawrence, J. St.*, u. *J. Francis:* The Sulfonamides and Antibiotics in Man and Animals, London 1953. — *Mietzsch, Fr.*, u. *R. Behnisch:* Therapeutisch verwendbare Sulfonamid- und Sulfonverbindungen, Weinheim 1955. — I. Int. Symposion über Chemotherapie Genf, in: Antibiotica et Chemotherapia 8, Basel-New York 1960. — *Krüger-Thiemer, E.:* Sulfanilamide und verwandte Chemotherapeutica, in: Handb. d. Haut- und Geschlechtskrankheiten, Ergänzungswerk, 5. Bd., 1. Teil, Berlin, Göttingen, Heidelberg 1962.

Wirkungsprinzip der Sulfanilamide. Sulfanilamide und andere S-haltige Substanzen hemmen das Wachstum mancher Bakterien, indem sie den Einbau von p-Aminobenzoesäure in die Folsäure-Coenzyme kompetitiv behindern (bei Mycobakterien hat p-Aminosalicylsäure vermutlich die gleiche Wirkung), und in durch Sulfanilamid gehemmten Escherichia coli-Kulturen häufen sich als Ergebnis dieser metabolischen Hemmungswirkung isolierbare Quantitäten von 5-Amino-4-imidiazol-carboxamidribotid an.

Wirkungsbereich. Infektionen mit Streptococcen, Pneumococcen, Meningococcen, Shigellen, Pasteurellen, auch Gonococcen, E. coli, Klebs. pneumoniae, H. influenzae Salm. chol. suis; Lymphogranulom- und Trachomvirus; teilweise empfindlich: Staphylococcen, Clostridien, Brucellen, B. proteus; gering empfindlich: Ps. aeruginosa, Salm. typhi, S. paratyphi u. a.

1. Benzolsulfonamide

1/1 Natrium-benzolsulfochloramin (Chloramin B)

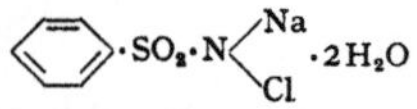

MG 249.66 *F* Expl. $C_6H_5NSO_2ClNa \cdot 2H_2O$

Charakteristik: Weißes Kristallpulver mit schwachem Chlorgeruch; l. in W. — *Verwend.:* Als Antisepticum, wirksam durch Freisetzung von unterchloriger Säure.

1/2 Natrium-p-toluolsulfonchloramid (Chloramin-T, Chloramin, Chlorazon)

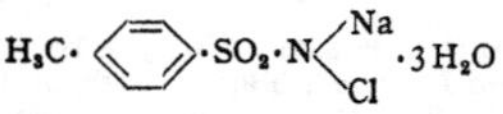

MG 281.7 *F* 77 $C_7H_7NSO_2ClNa \cdot 3H_2O$

Charakteristik: Weißes od. schwach gelb. Kristallpulver mit schwachem Chlorgeruch; zersetzt sich langsam an der Luft; 14 W. 20°; 50 W. 100°; unl. in Ae., Bzl., Chlf.; zers. A. — *Verwend.:* Als Antisepticum; oxydiert Aminosäuren zu CO_2, NH_3 und einem Aldehyd, analog Ninhydrin.

1/3 N,N-Dichlor-p-toluolsulfonamid (Dichloramin T)

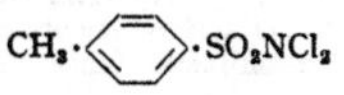

MG 240.12 *F* 83 $C_7H_7NSO_2Cl_2$

Charakteristik: Hellgelbe Krist. od. Pulver mit starkem Chlorgeruch, zers.; l. in A., Ae., Bzl., Chlf., CCl_4, Eg. — *Verwend.:* Antisepticum.

1/4 Sulfanilsäure (p-Aminobenzolsulfonsäure, p-Anilinsulfonsäure)

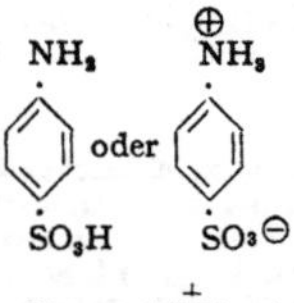

MG 191.20 (+1H_2O); 173.19 (wfr.) *F* 288 (Z.)

$C_6H_7NSO_3$

Charakteristik: Farbl. rhomb. Platten od. monokl. Krist. + 1H_2O (W.); Anhydridbildg. bei 100°; 1.08 W. 20°; 4.67 W. 100°; swl. in A., Ae., Bzl.; pK 3.22 ($\overset{+}{N}H_3$). — *Verwend.:* In Ehrlichs Diazoreagens b (Harn) u. zum Bilirubinnachweis nach *Ehrlich, Hijmans van den Bergh* (Blut). — *N-Acetylderivat* (*Acetanilidsulfonsäure, 4-Acetamido-benzolsulfonsäure*) $C_8H_9NO_4S$: *MG* 215.23. — *Dihydrat:* Krist.; ll. in W.; l. in A.; wl. in Eg.; unl. in Ae.; hydrolysiert langsam in wssr. Lsg. — *Na-Salz* (*Cosaprin*) $C_8H_8O_4NSNa$: Prismen, l. in W.; wl. in A.; unl. in Ae. — *Äthylester* $C_{10}H_9O_4NS$: Nadeln (Bzl.) *F* 115.

1/5 Sulfanilsäure-diazotat (p-Diazobenzolsulfosäure)

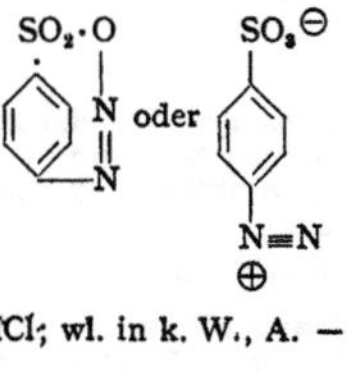

MG 184.17 *F* Expl. $C_6H_4SO_3N_2$

Charakteristik: Weiße od. schwach rötl. Krist.; die trockene Verb. explodiert leicht bei Erhitzen, auf Schlag od. Reiben; ll. in h. W., verd. Alkali u. HCl; wl. in k. W., A. — *Verwend.:* Reagens auf Phenole, Zucker, Aldehyde, Imidazole, Eiweiß.

2. Sulfanilamide

2/1 Sulfanilamid (p-Aminobenzolsulfonamid, p-Anilinsulfonamid, [Prontosil album], Prontalbin, Deseptyl, Chemodyn, Gombardol, Streptozid album)

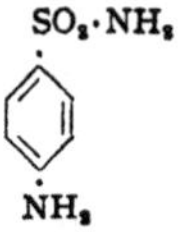

MG 172.20 *F* 165.5—167 $C_6H_8N_2O_2S$

Charakteristik: Farbl. Blätt. od. Nadeln; $K_\alpha = 3.7 \cdot 10^{-11}$; $K_\beta = 2.3 \cdot 10^{-12}$; neutral gegen Lackmus; p_H einer 0.5%igen wssr. Lsg.: 5.8—6.1; Absorptionsmax. bei 257 und 313 mμ; 0.26 W. 10°; 0.42 W. 15°; 0.6 W. 20°; 477 W. 100°; 0.122 W. p_H 5.9; 0.126 W. p_H 7.0; 1 g in 37 ml A., in 5 ml Ac.; auch l. in Glycerin, Propylenglykol, HCl, Lsgn. von KOH und NaOH; unl. in Chlf., Ae., Bzl., PAe. — *Verwend.:* Prototyp der Sulfanilamid-Gruppe, nur mäßig wirksam, relativ toxisch, dabei gut wasserlösl., daher eingesetzt vornehmlich noch bei Lokalinfektionen (Streptococcen, Staphylococcen); in Vet.-Med.: Jungtierkrankheiten und Enteritiden.

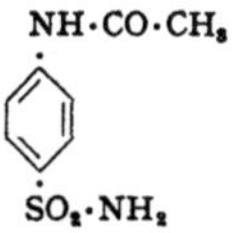

2/2 N⁴-Acetylsulfanilamid (Sulfamylacetanilid)

MG 214.24 *F* 116 $C_8H_{10}N_2O_3S$

Charakteristik: Nadeln (A. + W.); wl. in W., A.; max. Löslichkeit in 65%ig. A. — *V.:* Biologisches Ausscheidungsprodukt des Sulfanilamids; 60% der Acetylierung geschieht in der Leber. — *Wi.:* Nicht chemotherapeutisch wirksam.

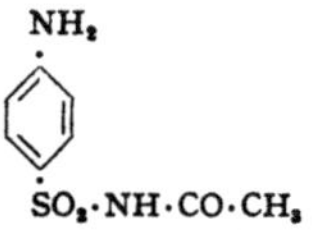

2/3 N¹-Acetylsulfanilamid (N-Sulfanilylacetamid, p-Aminobenzolsulfonacetamid, Sulfacetamid, Albucid)

MG 214.24 *F* 182—84 $C_8H_{10}N_2O_3S$

Charakteristik: Prismen; 1 g in 150 g W. 20°; in 15 g A.; in 7 g Ac.; unl. in Ae.; wssr. Lsg. reagiert sauer gegen Lackmus; bildet ein sehr lösl. Na-Salz; nicht zu verwechseln mit 2/2. — *Na-Salz:* $C_8H_9N_2 \cdot SO_3Na \cdot H_2O$: *MG* 254.25; kleine Prismen, schmeckt bitter; 66 W. 20°; wl. in A., Ac.; p_H d. 10%ig. wssr. Lsg.: 9.0; der 30%ig. Lsg.: 7.4. — *Verwend.:* Bei Cystitis, Pyelitis, Magen-Darm-Infektionen; Na-Salz: lokale Haut- und Augeninfektionen.

2/4 N-Sulfanilyl-β, β-dimethylacrylamid (N¹-Senecioylsulfanilamid, N-Sulfanilylseneciamid, N¹-Dimethylacroylsulfanilamid, Sulfadicramid, Irgamid)

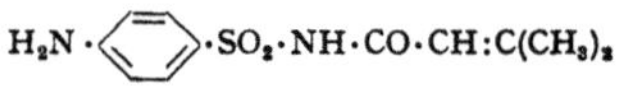

MG 254.30 *F* 184—85 $C_{11}H_{14}N_2O_3S$

Charakteristik: Krist. (A.); ll. in A., Ac.; wl. in W., Ae.; bildet ein gut lösl. Na-Salz; p_H einer 20%ig. wssr. Lsg. des Na-Salzes: 8.3. — *Verwend.:* Äußerlich bei Conjunctivitis, Keratitis.

2/5 4′-Sulfamyl-2,4-diaminoazobenzol-HCl (2,4-Diaminoazobenzol-4′-sulfonamid-HCl, Sulfachrysoidin-HCl, Prontosil, Prontosil rubrum, Prontosil flavum, Rubiazol I, Streptozon, Streptocide (rubrum), Parazol, Rubazin, Septosan, Pronzin (rubrum))

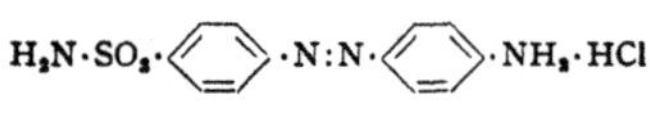

MG 327.8 *F* 248—50 (freie Base 226) $C_{12}H_{13}N_5O_2S$

Charakteristik: Orangerote Krist.; 0.25 W. 25°; l. in h. W., A., Ac., Fetten u. Ölen. — *Wi.:* Wie Sulfanilamid (1/5), das im Körper durch Abspaltung von Triaminobenzol entsteht; sehr toxisch beim Hund.

2/6 2-(4′-Sulfamyl-phenylazo)-7-acetamido-1-oxy-naphthalin-3,6-disulfonsäure (Dinatrium-Salz) (Azosulfamid, Prontosil solubile, Neoprontosil)

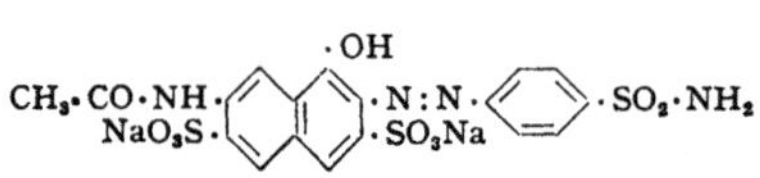

MG 588.52 *F* uncharakteristisch $C_{18}H_{14}N_4Na_2O_{10}S_3$

Charakteristik: Rotbraunes Pulver; 6.6 W. 15°; 11.5 W. 20°; 18.1 W. 40°; swl. in A.; unl. in Ae., Ac., Chlf., Bzl. — *Verwend.:* Als 5%ig. Lsg. i.m. od. s.c., besonders noch in Vet.-Med.

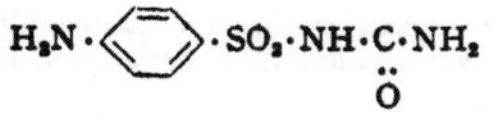

2/7 Sulfanilylharnstoff (N-Sulfanilylcarbamid, Sulfacarbamid, Sulfanilylurea, Euvernil)

MG 215.23 *F* 146—48 (schw. Z.) $C_7H_9N_3O_3S$

Charakteristik: Krist. (W.); bildet ein *Monohydrat: F* 125—27; 0.233 W. 20°; l. in Alkali; bildet ein sehr lösl. Na-Salz. — *Verwend.:* Bei Infektionen d. Harntraktes. — *Methylol-Phtalyl-Sulfanilylcarbamid* (*Intestin-Euvernil*; *Formophtalylverbindung des Euvernil*). — *Verwend.:* Resorptionsvermindernde Form für Darminfektionen (Wirkungsprinzip wie 2/26 und 2/27).

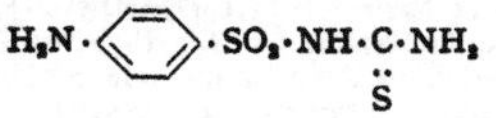

2/8 1-Sulfanilyl-2-thioharnstoff (Sulfathioharnstoff, Sulfanilyl-thiourea, Badional, Fontamid)

MG 231.30 *F* 174—183 (Z.) $C_7H_9N_3C_2S_2$

Charakteristik: Krist.; reagiert sauer; 1 W. 37°; bildet ein *neutrales Na-Salz: F* 245—45.5; sll. in W. — *Verwend.:* Bei Infektionen d. Harntrakts und lokal.

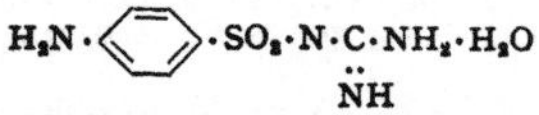

2/9 Sulfanilamidoguanidin (Sulfaguanidin, 1-Sulfanilylguanidin, N'-guanylsulfanilamid, Resulfon, Guanicil, Renocid)

MG 214.24; Monohydrat: 232.26 *F* 190—93 (wfr.) *F* 142—143 (wh.) $C_7H_{10}N_4O_2S \cdot H_2O$ Officinelles Produkt ist das Monohydrat

Charakteristik: Farbl. Krist., Nadeln; 1 g in 1000 ml W. 25° und in 10 ml W. 100°; ll. in verd. Mineralsren.; wl. in A., Ac.; unl. in Lsgn. v. NaOH bei Zimmertemp. — *Verwend.:* Bei Infektionen d. Gastro-Intestinal-Trakts (Vorsicht: Überempfindlichkeitsreaktionen), i. d. Veterinärmed.: bei Coccidiose u. bakteriellen Darminfektionen.

2/10 Sulfanilylpyridin (Sulfapyridin, N¹-2-Pyridyl-sulfanilamid, 2-Sulfanilamidopyridin, Eubasin, Dagenan, Sulfidine, [M & B 693])

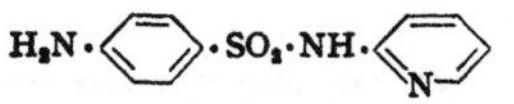

MG 249.29 *F* 191—92 $C_{11}H_{11}N_3O_2S$

Charakteristik: Krist. (A.); 0.03 W. 25°; 0.23 A.; 1.5 Ac.; ll. in verd. Mineralsren. und Alkalien löst sich in Zuckerlsgn. besser als in reinem W.; Lsg. reagiert neutral; schwächere Säure als H_2CO_3. — *Na-Salz* $C_{11}H_{10}O_2N_3SNa \cdot H_2O$: *MG* 289.29; Krist.; 67 W. 25°; (p_H d. 5%igen wssr. Lsg. 11.4). — *Ca-Salz* = *Orsulon.* — *Verwend.:* Bei Pneumococceninfektionen und Dermatitis herpetiformis (Vorsicht, relativ toxisch); relativ stark acetyliert im Harn; Vet.-Med.: Gangrän d. Zehen beim Rind durch Fusiformis necrophorus.

2/11 Sulfanilamidopyrimidin (Sulfadiazin, N'-2-pyrimidyl-sulfanilamid, Pyrimal, Debenal)

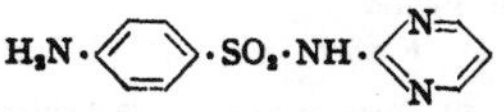

MG 250.27 *F* 255—56; 251—52 $C_{10}H_{10}N_4O_2S$

Charakteristik: Weißes od. schwach gelb. Pulver; ll. in verd. Mineralsren. und in Lsgn. v. KOH und NaOH, Ammoniak; wl. in W.; 0.013 W. bei p_H 5.5; 0.165 W. bei p_H 8, 37; wl. in A., Ac.; 1 g löst sich in 620 ml menschl. Serum bei 37°; bildet stabiles *Na-Salz* $C_{10}H_9N_4O_2SNa$: *MG* 272.28; 1 g in 2 ml W. bei p_H 9—11. — *Verwend.:* Bei Infektionen durch sulfonamidempfindliche Bacterien; gut wirksam bei Streptococcen, Staphylococcen, Salmonellen, Meningococcen, Actinomycose, Nocardiose; Toxoplasmose (gemeinsam mit Daraprim); i. d. Vet.-Med.: gleiche Indikationen, sowie Coccidiose.

2/12 Sulfamerazin (N¹-(4-Methyl-2-pyrimidyl)-sulfanilamid, 2-Sulfanil-amido-4-methyl-pyrimidin, Sulfamethyldiazin, Sumedine, Pyrimal-M, Methyldebenal)

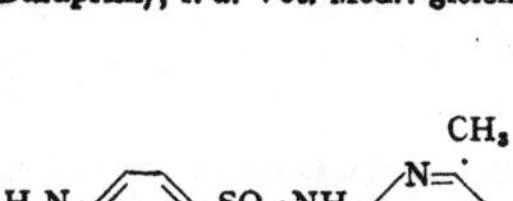

MG 264.30 *F* 234—38 $C_{11}H_{12}N_4O_2SN$

Charakteristik: Krist.; 0.035 W. 37° p_H 5.5; 0.17 W. 37° p_H 7.5; ll. in verd. Mineralsren., Lsgn. v. KOH, NH_4OH und NaOH; l. in Ac.; wl. in A.; swl. in Ae., Chlf.; bildet lösl. *Na-Salz*; $C_{11}H_{11}O_2N_4S \cdot Na$: *MG* 286.29; 1 g in 3.6 ml W. p_H 10—11. — *Verwend.:* Bei Infektionskrankheiten durch susceptible Bakterien; wie 2/11.

2/13 5-Methylsulfadiazin (2-Sulfanilamido-5-methylpyrimidin, Sulfa-5-methyldiazin, Pallidin)

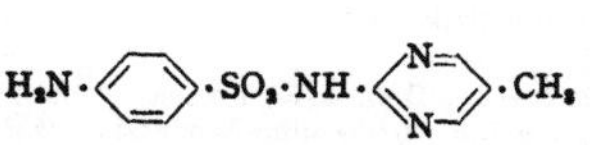

MG 264.3 *F* 262—63 $C_{11}H_{12}N_4O_2S$

Charakteristik: Weißes feinkrist. Pulver, wl. in W. (0.0024 p_H 5.0; 0.0031 p_H 6.0; 0.006 p_H 7.0; 0.0204 p_H 8 bei 37° in Sörensen-Phosphatpuffer); wl. in Me., A., Ac. — *Verwend.:* Bei Infektionskrankheiten durch susceptible Bacterien (Angina, Pneumonie, Darminfektionen) mit langer Verweildauer im Organismus bei guter Verträglichkeit und günstiger Gewebshaftung, geringe Acetylierung und Eiweißbindung; i. d. Vet.-Med.: geeignet auch für Euterinfusionen (Typ eines „long-acting"-Sulfanilamids).

2/14 **5-Methoxysulfadiazin (2-Sulfanilamido-5-methoxy-pyrimidin, Sulfamethoxydiazin, Durenat)**

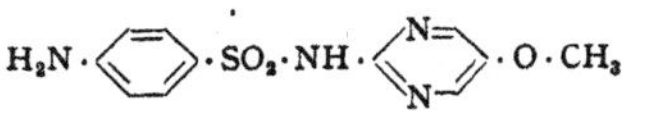

MG 280.3 *F* 207–11 $C_{11}H_{12}N_4O_3SN$

Charakteristik: Weißes Kristallpulver; 0.011 W. 20°; 0.016 W. 37°; in Phosphatpuffer p_H 5: 0.007. (20°), p_H 8: 0.107 (20°); l. in Essigester und Sren.; wl. in A. und Ae. — *Verwend.:* Wie 2/13, jedoch geringere Gewebshaftung.

2/15 **Sulfamethazin (N^1-(4,6-Dimethyl-2-pyrimidyl)-sulfanilamid, 4,6-Dimethyl-2-sulfanilamidopyrimidin, 2-Sulfadimethylpyrimidin, Sulfadimidin, Sulfamethazine, Diazil)**

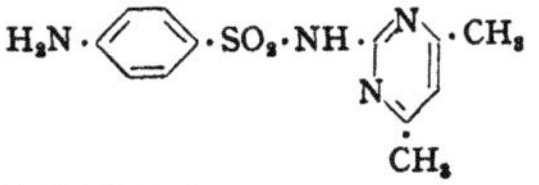

MG 278.32 *F* 176 (178–79; 198–99; 205–07) $C_{12}H_{14}N_4O_2S$

Charakteristik: Krist. (Dioxan-W.); 0.15 W. 29°; 0.192 W. 37° p_H 7.0; die Löslichkeit steigt stark mit Erhöhung d. p_H. — Das *alkal. Na-Salz* ist sehr lösl. in W.: $C_{12}H_{13}N_4NaOS$; *MG* 300.32 (*Vesadin*); 1 in 2.5 W.; wl. in A. — *Verwend.:* Wie 2/11, geringere Nebenreaktionen, günstige Harnausscheidung, geringe Verweildauer.

2/16 **Sulfisomidin (2,6-Dimethyl-4-sulfanilamido-pyrimidin, 4-Sulfadimethylpyrimidin, Elkosin, Aristamid)**

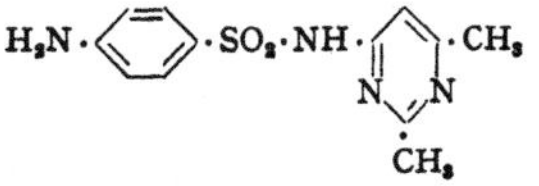

MG 278.33 *F* 240–242 $C_{12}H_{14}N_4O_2S$

Charakteristik: Weißes Kristallpulver; 0.26 W. p_H 5.5; 0.66 W. p_H 8.0; wssr. Lsgn. reagieren gegen Lackmus neutral; praktisch unl. in Ae., Bzl. und Chlf. — *Verwend.:* Wie 2/11, ebenfalls ohne wesentl. Nebenreaktionen und mit gunstiger Harnausscheidung wie 2/15.

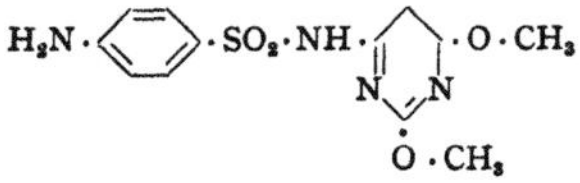

2/17 **Sulfadimethoxin (2,6-Dimethoxy-4-sulfanil-amido-pyrimidin, Madribon)**

MG 310.34 *F* 200–02 $C_{12}H_{14}N_4O_4S$

Charakteristik: Weißes Kristallpulver 0.0046 W. 37° p_H 4.1; 0.058 W. p_H 7.0; 0.92 W. p_H 8. — *Verwend.:* Wie 2/13, starkere Eiweißbindung; Harnausscheidung als Glucuronid zu 80–85%.

2/18 **Sulfamethoxypyridazin (3-Sulfanilamido-6-methoxypyridiazin, Kynex, Lederkyn, Davosin, Myasul, Sulfirene)**

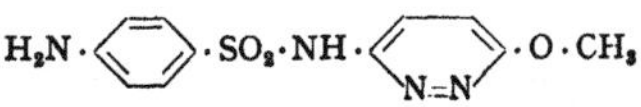

MG 280.31 *F* 183 $C_{11}H_{12}N_4O_3S$

Charakteristik: Weißes kristallines, lichtempfindliches Pulver, 0.083 W. p_H 4.95; 0.13 W. p_H 7.0; 0.29 W. p_H 8.0; wl. in Me., A. (0.5), besser in Ac. 2.0 — *Verwend.:* Wie 2/13; allg. Nebenwirkungen nicht selten, obwohl infolge guter Löslichkeit gut harngangig, geringer Acetylierungsgrad.

2/19 **Sulfapyrazinmethoxin (3-Sulfanilamido-2-methoxypyrazin, Sulfalen, Kelfizin)**

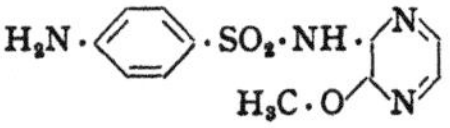

MG 280.3 *F* 176 $C_{11}H_{12}N_4O_3S$

Charakteristik: Weißes Kristallpulver, 0.062 in W. p_H 4.95; 0.073 in W. p_H 5.8; 0.38 in W. p_H 7; 0.94 W. p_H 7.9. — *Verwend.:* wie 2/13, aber geringere Gewebshaftung.

2/20 **Sulfanilylchinoxalin (2-Sulfanilamido-chinoxalin, Sulfachinoxalin, Sulfaquinoxalin, Sulquin)**

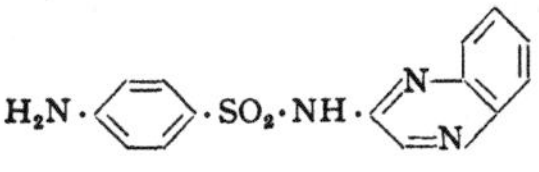

MG 300.33 *F* 247–48 $C_{14}H_{12}N_4O_2S$

Charakteristik: Kleine Krist.; 0.75 W. 25° p_H 7; 0.073 95%ig. A.; 0.43 Ac.; l. in Alkalien und Alkalicarbonatlsgn. — *Na-Salz* $C_{14}H_{11}O_2N_4SNa$ (*Embazin*): amorph, zerfließl.; absorbiert CO_2 aus der Luft; sll. in W. (p_H d. 1%ig. Lsg. 10). — *Verwend.:* Vet.-Med.: Bei Coccidiose d. Geflugels, Kaninchen, Rind; Enteritiden v. Kuken und Schweinen (toxisch f. d. Menschen, bewirkt Gerinnungsstorungen).

2/21 **N^1-(3,4-Dimethyl-5-isoxazolyl)-sulfanil-amid (3,4-Dimethyl-5-sulfanilamido-isoxazol, Sulphafurazol, Sulfisoxazol, Gantrisin)**

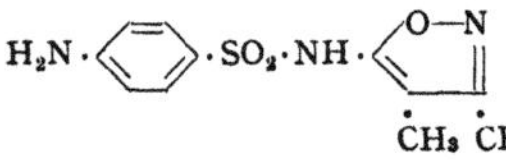

MG 267.30 *F* 194 $C_{11}H_{13}N_3O_3S$

Charakteristik: Weißes Kristallpulver; 0.35 W. 25° p_H 6.0; wl. in A.; unl. in Chlf. — *Na-Salz* $C_{11}H_{13}O_3N_3SNa \cdot 5H_2O$: Prismen; 7.4 W. 25°; 16 W. 37°; wssr. Lsg., ges. mit Sulfisoxazol und gepuffert auf p_H 7.2, ist stabil. — *Verwend.:* Wie 2/15, dank guter Löslichkeit sehr geringe Gefahr für Nierenkristallisation (Vet.-Med.: besonders f. Harntraktinfektionen).

2/22 Sulfadimethyloxazol (2-Sulfanilamido-4,5-dimethyloxazol, Sulfuno)

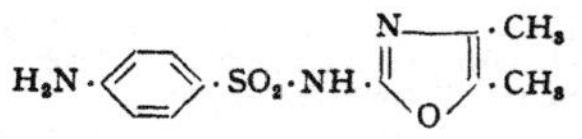

MG 267.3 *F* 193—94 $C_{11}H_{13}N_3O_3S$

Charakteristik: Weißes Kristallpulver; 0.17 W. p_H 5; 0.25 p_H 6; 0.28 p_H 7; 0.32 p_H 8; l. in verd. Mineralsren. und verd. Laugen, Löslichkeitszunahme mit steigendem p_H-Wert. — *Verwend.:* Bei Infektionskrankheiten mit entsprechend empfindl. Erregern wie 2/11 bei mittellanger Verweildauer, geringer Acetylierung und guter Harnausscheidung.

2/23 Sulfaphenazol (3-Sulfanilamido-2-phenyl-pyrazol, Orisul)

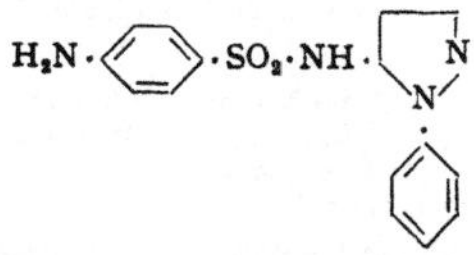

MG 314.38 *F* 179—83 $C_{15}H_{14}N_4O_2S$

Charakteristik: Weißes Kristallpulver; 0.015 W. p_H 5.5; 0.15 W. p_H 7.0 und 25°; 1.5 W. p_H 8. — *Na-Salz* $C_{15}H_{13}N_4NaO_2S \cdot H_2O$: ll. in W.; 10%ig. Lsg. p_H 9. — *Verwend.:* Wie 2/11, jedoch schwächer wirksam, starkere Eiweißbindung und mit mittellanger Verweildauer.

2/24 Sulfathiazol (N[1]-2-Thiazolylsulfanilamid, 2-Sulfanilamidothiazol, Thiazamide, Cibazol, Eleudron)

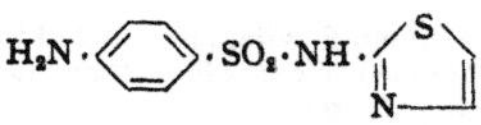

MG 255.32 *F* 1. 200—04; 2. 175 $C_9H_9N_3O_2S_2$

Charakteristik: 1. Amorphe, prismatische Stäbchen; 2. sechsseitige Blätt. u. Prismen; 0.06 W. 26° p_H 6; 0.1 W. 37°; 0.235 W. 37° p_H 7.5; 0.525 A. 26°; 0.33 menschl. Serum 37°; l. in Ac., verd. Mineralsren., Lsgn. v. KOH u. NaOH, wssr. Ammoniak; bildet lösl. Na-Salz. — *Verwend.:* Bei Infektionskrankheiten, wie 2/11 bei entsprechend empfindl. Erregern; nicht ohne Nebenwirkungen. — *Na-Salz* $C_9H_8O_2N_3S_2Na \cdot 1^1/_2H_2O$: *MG* 304.33; wfr. *MG* 277.31; kristallines weißes Pulver od. Körner; nimmt an feuchter Luft CO_2 auf unter Freisetzung von schwerlösl. Sulfathiazol; 40 W. 25°; 6 A. 25°; Lsg. reagiert alkalisch gegen Phenolphthalein (p_H der 1%ig. Lsg. 9.35; p_H der 10%ig. Lsg. 10.2); die wssr. Lsgn. sind instabil, besonders beim Erwarmen. — *Verwend.:* Vet.-Med.: Bei Coccidiose und als Injektionspräparat.

2/25 Sulfaäthylthiadiazol (N[1]-(5-Äthyl-1,3,4-thiadiazol-2-yl)-sulfanilamid, 2-(p-Aminobenzol-sulfonamido)-5-äthylthiadiazol, Globucid)

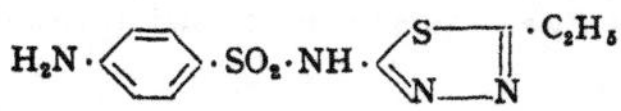

MG 284.36 *F* 185. 5—86 $C_{10}H_{12}N_4O_2S_2$

Charakteristik: Krist.; 1 g in 4000 ml W., in 40 g Me., in 30 g A., in 10 g Ac., in 1350 g Ae., in 2800 g Chlf., in 20000 g Bzl.; bildet ein wasserlösl. Na-Salz; p_H einer 20%ig. Lsg. d. Na-Salzes: 7.5. — *Verwend.:* Wie 2/11, z. Z. in schwerer resorbierbarer pharmazeutischer Form als *Sulfa-Perlongit* angewandt.

2/26 Phthalylsulfathiazol (2-(N-phthalyl-sulfanil-amido)-thiazol, Taleudron)

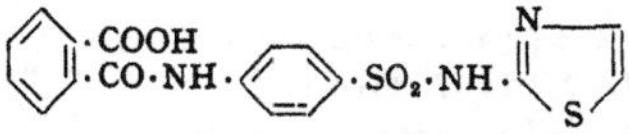

MG 403.45 *F* 272—77 (Z. > 245°)

$C_{17}H_{13}N_3O_5S_2$

Charakteristik: Weiße lichtempfindl. Krist.; prakt. ll. in NaOH, KOH und Carbonatlsgn. sowie in konz. HCl; wl. in A., Ae.; unl. in W., Chlf. — *Verwend.:* Bei Darminfektionen, zur Operationsvorbereitung, in Med. und Vet.-Med. als kaum resorbierbares, enteral verbleibendes Sulfanilamid.

2/27 Formosulfathiazol (Formaldehyd-Sulfathiazol, Formo-Cibazol, Intraformazol). Präzipitationsprodukt von Sulfathiazol und Formaldehyd mit 11% Formaldehyd

$(C_{10}H_9N_3O_2S_2)$ Strukturformel unsicher

Charakteristik: Amorphes weißes Pulver; unl. in W. — *Verwend.:* Wie 2/26.

2/28 4-Homosulfanilamid-hydrochlorid (Sulfamylon, α-Amino-p-toluolsulfonamid, p-(Aminomethyl)-benzolsulfonamid-HCl, Homosulfamin, Sulfabenzamin, Marfanil, Mesudin, Mesudrin, Marfanid)

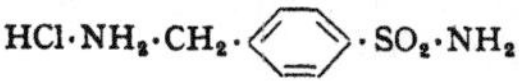

MG 222.69 *F* 256 $C_7H_{11}ClNO_2S$

Charakteristik: Krist. (95%ig. A.); freie Base: *F* 153; das Hydrochlorid ist l. in W. und reagiert neutral. — *Verwend.:* 5%ige Lsg. und Streupulver lokal zur Prophylaxe und Behandlung von Infektionen bei chirurgischen Eingriffen; empfohlen zur Behandlung v. Infektionen durch Clostridien; angewandt besonders in Kombinationen, z. B. mit *Prontalbin* i. d. Vet.-Med.; *Marbadal*, Salz von Sulfathioharnstoff (Badional 2/8) mit *Marfanil*; *Supronal* = Marbadal und Methyldebenal (2/12) = Gemisch. — *Wi.:* Kein Antagonismus zu p-Aminobenzoesaure!

2/29 **N-Sulfanilyl-N'-butylcarbamid (1-Butyl-3-sulfanilylharnstoff, Carbutamid, Invenol, Nadisan, Oranil, Orabetic, BZ 55)**

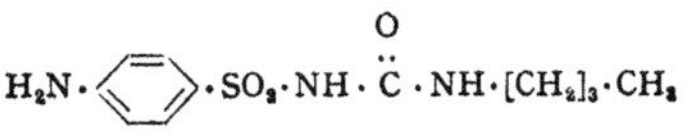

MG 271.35 *F* 144 $C_{11}H_{17}N_3O_3S$

Charakteristik: Weißes feinkrist. Pulver; ll. in W. p_H 5—8, Ac.; l. in A., Alkali und verd. Sren.; wl. in Ae., Chlf. — *Verwend.:* Orales Antidiabeticum, bes. bei alteren Diabetikern von sthenischem Typ, die nicht langer als 5 Jahre auf Insulin eingestellt sind. — *Wi.:* Vermutl. mehrere hypoglykamisierende Angriffspunkte: Stimulierung der β-Zellen des Pankreas, Verminderung der Lebergluconeogenese u. in höheren Dosen Hemmung der Insulinase in der Leber.

2/30 **N-p-Tolylsulfonyl-N'-butyl-carbamid (1-Butyl-3-(p-tolyl-sulfonyl-butylharnstoff, Tolbutamid, Rastinon, Artosin, Orinase, Oralin, Orabet, D 860)**

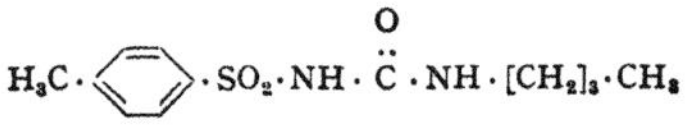

MG 270.36 *F* 128.5—29.5 $C_{12}H_{18}N_2O_3S$

Charakteristik: Weißes Kristallpulver; ll. in A., Ac., Alkali; unl. in W. — *Verwend.:* Wie 2/29, dabei keine chemotherapeutische Wirkung (kein Sulfanilamid), geringere Sensibilisierungsgefahr.

2/31 **2-Acetylamino-5-sulfamoyl-1,3,4-thiadiazol (2-Acetylamino-1,3,4-thiadiazolsulfonamid, Acetazolamid, Diamox)**

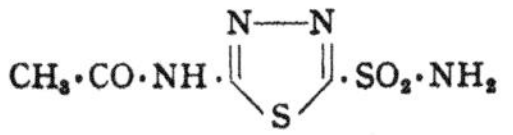

MG 222.26 *F* 255 $C_4H_6N_4O_3S$

Charakteristik: Weißes Kristallpulver; l. in A., wss. Alkali; wl. in W.; bildet wasserl. Na-Salz. — *Verwend.:* Orales Diureticum. — *Wi.:* Carboanhydrasehemmer in Nierentubuli; keine bacteriostatische Wirkung.

2/32 **ε-(2,4)-Dichlorsulfanilido-capronsäure**

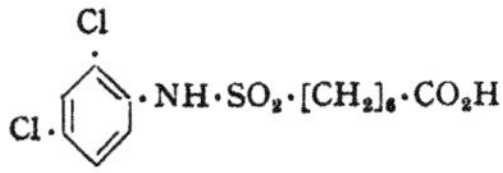

MG 340.23 *F* 115—18 $C_{12}H_{19}O_4NSCl_2$

Charakteristik: Farbl. Krist. (Essigester + Bzl.); ll. in W., Bzl., Essigester. — *Wi.:* Antagonist von Pimelinsaure bei biotinunabhangigen Mikroorganismen.

2/33 **Pyridin-3-sulfonamid**

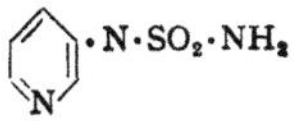

MG 158.18 *F* 320—30 $C_6H_6N_2O_2S$

Charakteristik: Nadeln od. Blatt.; sll. in W.; swl. in A.; unl. in Bzl. — *Wi.:* Hat Niacinwirkung b. Mikroorganismen u. Tieren.

2/34 **2-[Pyridin-3-sulfonsäureamido]-pyridin**

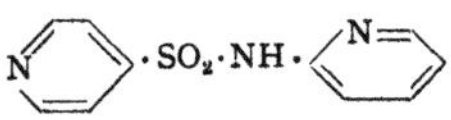

MG 235.26 *F* 184—85 $C_{10}H_9N_3O_2S$

Charakteristik: Wi.: Antagonist von Niacin bei Mikroorganismen.

2/35 **p-(Di-n-propylsulfamoyl)-benzoesäure (Probenecid, Benemid)**

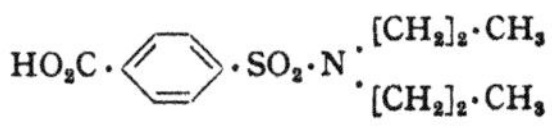

MG 285.36 *F* 194—96 $C_{13}H_{19}NO_4S$

Charakteristik: Weißes geruchloses, bitter schmeckendes Kristallpulver; l. in A., Chlf., verd. Alkali; unl. in W. — *Verwend.:* Förderung der Harnsaureausscheidung bei Gicht, Verminderung d. Penicillin- und PAS-Ausscheidung (Erhöhung und Verlangerung des Blutspiegels), Regulierung der Phosphatausscheidung bei Hypoparathyroidismus.

2/36 **p-(Di-n-butylsulfamoyl)-benzoesäure (Longacid)**

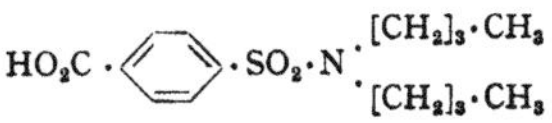

MG 313.41 $C_{15}H_{23}NO_4S$

Charakteristik: Leicht bitter schmeckende Krist.; l. in A., Chlf., verd. Alkali; unl. in W. — *Verwend.:* Wie 2/35.

2/37 **p-(N,N-Dichlor-sulfamoyl)-benzoesäure (Halazon, Pantocid)**

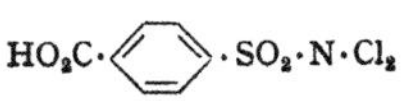

MG 276.1 *Z* 195 $C_7H_5Cl_2NO_4S$

Charakteristik: Weißes Kristallpulver, nach Chlor riechend; l. in Eg., Alkali; wl. in W., Chlf. *Verwend.:* Zur Wasserdesinfektion und Jodzahlbestimmung von Fetten und Ölen.

3. Sulfone

3/1 p,p'-Sulfonyldianilin (bis-(4-Aminophenyl)-sulfon, 4,4'-Diamino-diphenylsulfon, Dapson, D.D.S., Sulfa-mère, Disulone)

MG 248.3 *F* 175–76 $C_{12}H_{12}N_2O_2S$

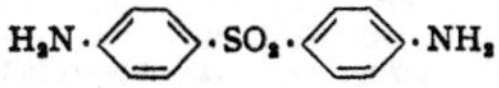

Charakteristik: Krist. aus 95%ig. A.; l. in A., Me., Ac., verd. Salzsre.; unl. in W. – *Verwend.:* Bei Lepra, Actinomykose, Streptococceninfektion (Sulfone werden durch p-Aminobenzoesaure antagonisiert wie Sulfanilamide); i. d. Vet.-Med.: bovine Coccidiose und lokal bei Streptococcen-Mastitis; toxisch (hämolyt. Anamie, Methämoglobinämie, hypochrome Anämie, Lepra reactiva, Lepra-Neuritis und -Iritis bei hoher Dosierung).

3/2 Sulfadiamin (p,p'-Sulfonyl-bisacetanilid, bis-(4-Acetamino-phenylsulfon), Rodilon)

MG 332.37 *F* 282–85 $C_{16}H_{16}N_2O_4S$

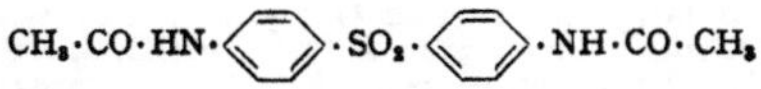

Charakteristik: Schwach gelb. Blätt. (A. + W.); l. in A.; unl. in W. – *Verwend.:* Wie 3/1 bzw. auch 2/11; ebenfalls bluttoxisch.

3/3 [Sulfonyl-bis-(p-phenylenimido)]-dimethansulfinsäure-dinatriumsalz (4,4'-Diaminodiphenylsulfon-diformaldehyd-sulfoxylsäure-dinatriumsalz, Sulfoxone, Diason, Diazon)

MG 484.49 *F* 263–65 (Z.) $C_{14}H_{14}N_2Na_2O_6S_3 \cdot 2H_2O$

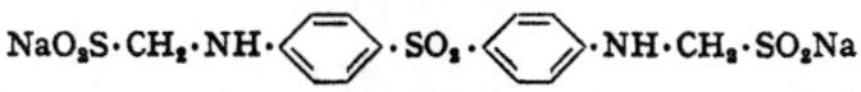

Charakteristik: Nadeln od. amorphes weißes Pulver; ll. in W.; wl. in A.; unl. in den meisten organ. Lsgm.; oxydiert sich an der Luft, was durch Zusatz von $NaHCO_3$ verzögert werden kann. – *Verwend.:* Wie 3/1.

3/4 p,p'-Sulfonyldianilin-N,N'-digalaktosid (bis-(4-Aminophenyl)-sulfon-digalaktosid, Tibatin, Eupatin II)

MG 572.58 $C_{24}H_{32}N_2O_{12}S$

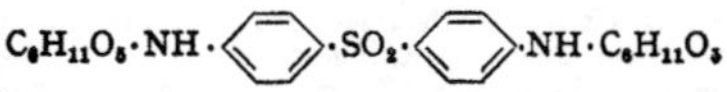

Charakteristik: Weißes Pulver; ll. in W.; unl. in Ae.; 40%ige Lsg. in W. ist neutral gegen Lackmus; Lsgn. dunkeln beim Stehen ohne Wirksamkeitsverlust. – *Verwend.:* Wie 3/1, i.v.-Behandlung; peroral wird es zu toxischem 3/1 abgebaut.

3/5 p,p'-Sulfonyldianilin-N,N'-diglucosid-disulfonsäure-dinatriumsalz (p,p'-Sulfonyl-dianilin-N,N'-di-D-glucose-natriumbisulfitverbindung, Promin, Glucosulfonnatrium)

MG 780.73 $C_{24}H_{34}N_2Na_2O_{18}$

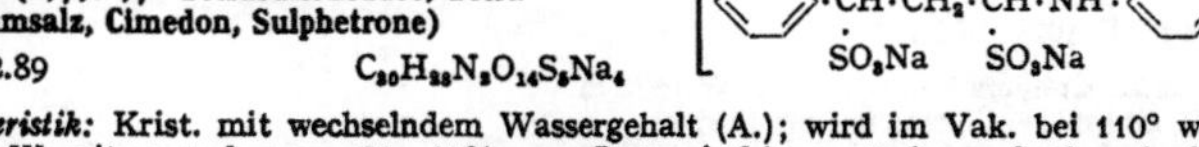

Charakteristik: Weißes amorphes Pulver; l. in W.; wl. in A.; unl. in Ae., Ac., Essigester, Bzl., Me., Py. – *Verwend.:* Zur i.v.-Behandlung d. Lepra, Tuberculose (zusammen mit Streptomycin) und bei lokalen Tbc-Erkrankungen.

3/6 4,4'-bis-(γ-Phenylpropylamino)-diphenylsulfon (α,γ,α',γ'-Tetrasulfonsäure, Tetranatriumsalz, Cimedon, Sulphetrone)

MG 892.89 $C_{30}H_{28}N_2O_{14}S_5Na_4$

Charakteristik: Krist. mit wechselndem Wassergehalt (A.); wird im Vak. bei 110° wasserfrei; sll. in k. W. mit neutralem p_H; 20–40% wssr. Lsgn. sind im neutralen und schwach alkalischen Bereich beständig. – *Verwend.:* Bei Lepra, etwas weniger toxisch als 3/3.

Tropolone

Von **S. Beckmann**, Stuttgart-Hohenheim

Literatur. *Erdtman, H.:* Natural Tropolones, in: *Paech, K.*, u. *M. V. Tracey:* Moderne Methoden der Pflanzenanalyse, 3, 351, Berlin, Göttingen, Heidelberg 1955. – *Nozoe, T.:* Natural Tropolones and Some Related Troponoids, in: *Zechmeister, L.:* Fortschr. Chem. organ. Naturstoffe, 13, 232, Wien 1956. – *Karrer, W.:* Konstitution und Vorkommen organischer Pflanzenstoffe, S. 224, Basel und Stuttgart 1958.

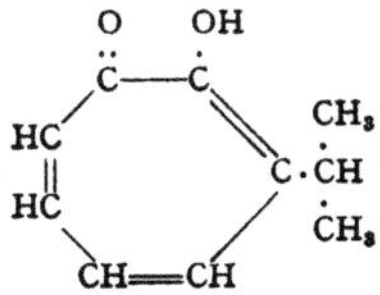

1 **α-Thujaplicin**

MG 164.21 *F* 34

Charakteristik: Prismen (PAe.); ll. in Ae., NaOH; l. in W.; gibt mit $FeCl_3$ u. mit Cu-Acetat in Chlf. eine Grünfarbg.; + Fe(III)-Acetat in Hexan-Chlf. → rotes Ferrichelat (Bestimmung). — *V.:* Im Holz von Thuja plicata, T. occidentalis, im Wurzelöl von Chamaecyparis taiwanensis, im äther. Öl von Thujopsis dolabrata.

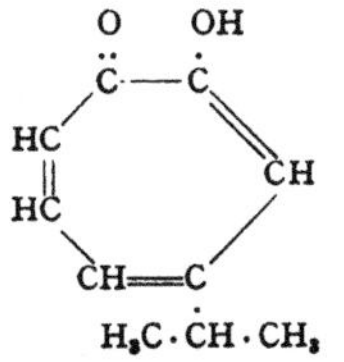

2 **β-Thujaplicin (Hinokitiol)**

MG 164.21 *F* 52.5

Charakteristik: Prismen (PAe.); l. in Ae., W., Alkali. — *Cu-Komplex: F* 178; + Fe(III)-Acetat in Hexan-Chlf. → rotes Ferrichelat (Bestimmung). — *V.:* Im äther. Öl des Holzes bzw. der Wurzel von Chamaecyparis obtusa u. anderer Chamaecyparis-Arten, im Kernholz von Thuja plicata, Th. occidentalis, Libocedrus (Austrocedrus) chilensis (2.2%), L. decurrens, Juniperus chinensis, Cupressus macrocarpa. — *Wi.:* Stark fungicid, lähmend, krampferzeugend.

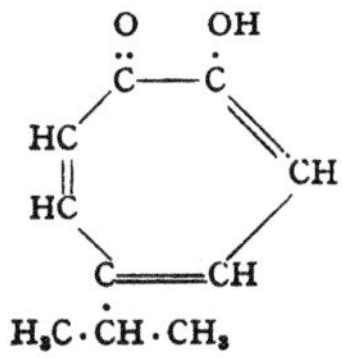

3 **γ-Thujaplicin**

MG 164.21 *F* 79—80

Charakteristik: Prismatische Nadeln (PAe.); l. in Ae., W., NaOH; gibt mit $FeCl_3$ eine Grünfarbg. — *Cu-Komplex:* grüne Nadeln (Me.), *F* 259—60, l. in Chlf.; + Fe(III)-Acetat in Hexan-Chlf. → rotes Chelat (Bestimmung.) — *V.:* Im Holz von Thuja plicata, Th. occidentalis, Libocedrus decurrens (0.2%), Chamaecyparis thujoides. — *Wi.:* Stark fungicid, toxisch.

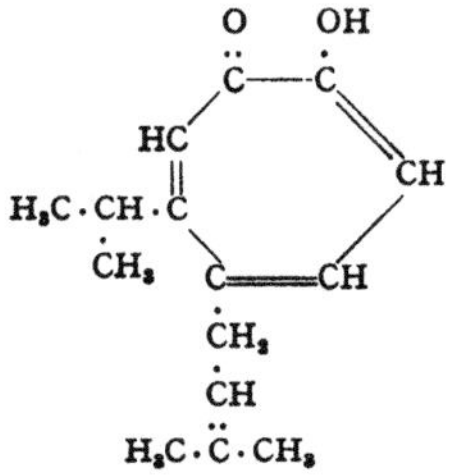

4 **Nootkatin**

MG 232.32 *F* 95—6

Charakteristik: Krist. (A. oder Lg.); l. in Ae., Ac. — *Cu-Komplex: F* 234—5 (Z.), l. in Chlf. — *Methyläther: F* 71. — *V.:* Im Kernholz von Chamaecyparis nootkaënsis, Cupressus macrocarpus u. Juniperus chinensis. — *Wi.:* Stark fungicid.

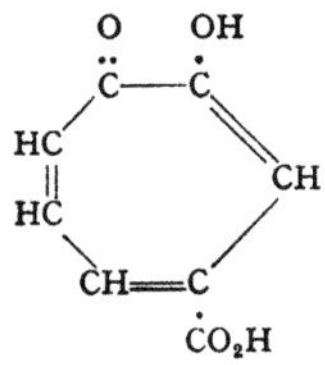

5 **Stipitatsäure**

MG 182.14 *F* 302—4 (Z.)

Charakteristik: Cremefarbene Nadeln (W.); l. in konz. HCl; gibt mit $FeCl_3$ eine tiefrote Färbung. — *Diacetylverbindungen: F* 172.5 (mit Acetanhydrid u. Na-Acetat) u. *F* 176—8 (mit Acetanhydrid u. H_2SO_4). — *V.:* Stoffwechselprodukt von Penicillium stipitatum.

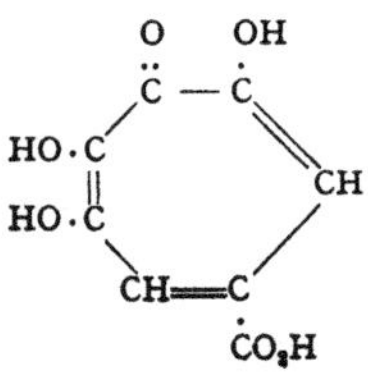

6 **Puberulsäure**

MG 198.14 *F* 318—20 (Z.)

Charakteristik: Platten (Me.); gibt mit $FeCl_3$ in A. erst eine gelbbraune, dann amethystähnliche, schließlich tiefrote Farbg.; + Dimethylsulfat → Dimethylderivat, *F* 271—2; + Diazomethan → Tetramethylderivat, *F* 112—3. — *V.:* Stoffwechselprodukt von Penicillium puberulum, P. aurantio-virens, P. Johannioli, P. cyclopio-viridicatum.

7 **Puberulonsäure**

MG 226.13 *F* 298 (Z.)

Charakteristik: Gelbe Nadeln (Malonester); l. in Me., Ae., W.; gibt mit $FeCl_3$ eine tiefrote Farbg.; + h. W. → Puberulsäure, *F* 318–20 (Z.). — *V.:* Stoffwechselprodukt von Penicillium puberulum u. a. Penicillium-Arten.

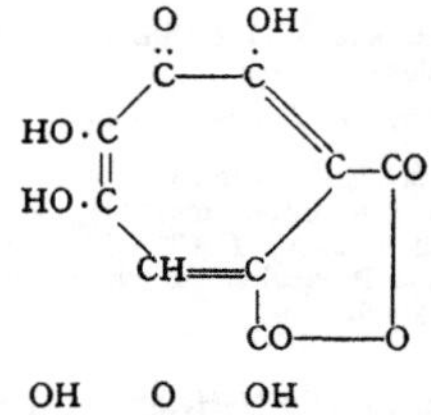

8 **Purpurogallin**

MG 220.18 *F* 274–5 (Z.)

Charakteristik: Rote Nadeln (Eg.); 0.25 in Ae. 20°; ll. in Ac., Py.; l. in A., Me., Chlf.; swl. in W. — *Trimethyläther:* Orangegelbe Nadeln (A.), *F* 174 bis 177. — *Darst.:* Aus Pyrogallol. — *V.:* Aglykon von Glykosiden verschiedener Pflanzengallen.

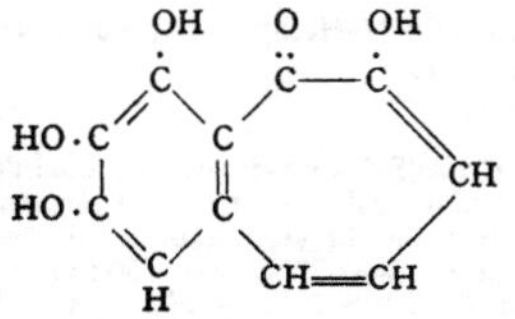

Azulene

Von **S. Beckmann**, Stuttgart-Hohenheim

Literatur. *Haagen-Smit, A. J.:* Azulenes, in: *Zechmeister, L.:* Fortschr. Chem. organ. Naturstoffe **5**, 40, Wien 1948. — *Gordon, M.:* The Azulenes, Chem. Reviews **50**, 127 (1952). — *Treibs, W., W. Ziegenbein* u. *R. Kirchhoff:* Fortschritte der Azulenchemie seit 1950, Fortschr. chem. Forschg. **3**, 334 (1955). — *Hafner, K.:* Neuere Ergebnisse der Azulenchemie, Angew. Chem. **70**, 419 (1958). — *Gildemeister, E.*, u. *Fr. Hoffmann:* Die ätherischen Öle, 4. Aufl., Hrs. *Treibs, W.*, u. *D. Merkel*, Bd. IIIa, S. 423–443, Berlin 1960. — *Nozoe, T.*, u. *S. Itô:* Recent Advances in the Chemistry of Azulenes and Natural Hydroazulenes, in: Fortschr. Chem. organ. Naturst. **19**, 32–119, Wien 1961.

1 **Guajazulen (S-Guajazulen, Gurjunazulen, Kessazulen, Eucazulen, 1,4-Dimethyl-7-isopropylazulen)**

MG 198.31 D_4^{19} 0.9728 *F* 31.5 Kp_{12} 167–8

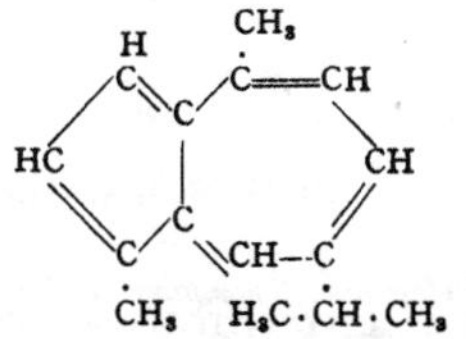

Charakteristik: Blauviolette, orthorhombische Tafeln (A.); ll. in konz. H_2SO_4 und Phosphorsäure, λ_{max} 286, 304, 351, 367, 556, 577, 603, 631, 661, 699, 732 mμ. — *Pikrat:* Schwarzblaue Nadeln (A.), *F* 123. — *Styphnat:* Schwarze Nadeln (Me.), *F* 105–6. — *sym.-Trinitrobenzolat:* Dunkelviolette Nadeln, *F* 151.5. — *Trotylat: F* 89. — *B.:* Aus Guajol, α-Gurjunen, α-Kessylalkohol, Aromadendren und anderen azulenogenen Sesquiterpenen durch Dehydrierung. — *V.:* In Guajakholzöl, Gurjunbalsamöl, Réunion-Geraniumöl, blauem Campheröl, äther. Öl von Eucalyptus globulus und Pittosporum tenuifolium (0.3%).

2 **Vetivazulen (Elemazulen, 4,8-Dimethyl-2-isopropylazulen)**

MG 198.31 *F* 32–3 Kp_2 140–80

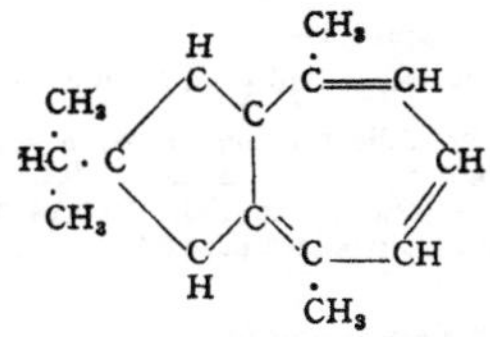

Charakteristik: Violette Nadeln (A.); λ_{max} 290, 308, 336, 350, 544, 587, 628, 647 mμ (in Hexan); — *Pikrat:* Schwarze Nadeln, *F* 122. — *Styphnat: F* 95–6. — *sym. Trinitrobenzolat:* Schwarze, kupferrot glänzende Nadeln, *F* 152. — *Trotylat:* Dunkelkupferrote Nadeln, *F* 81. — *B.:* Durch Dehydrierung von α- u. β-Vetivon. — *V.:* Im ather. Öl aus Orthodon hirsutum (10%), spurenweise im Harn trächtiger Stuten.

3 **Chamazulen (Lindazulen, 1,4-Dimethyl-7-äthylazulen)**

MG 184.28 D_4^{15} 0.991 $Kp_{11\text{-}12}$ 160

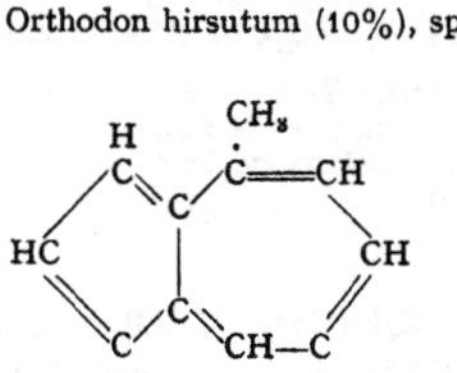

Charakteristik: Blaue Flüss.; l. in Ae., PAe., Ölen; λ_{max} 538, 557, 578, 605, 633, 664, 698, 735 mμ. — *Pikrat:* Schwarze Nadeln, *F* 120 (A.). — *Styphnat:* Schwarze Nadeln, *F* 95–6 (A.). — *Trinitrobenzolat: F* 132. — *V.:* Im Kamillenöl aus Matricaria chamomilla (4.6%), Öl von Achillea millefolium (1.6%), A. moschatum, Artemisia absinthium, A. arborescens. — *Wi.:* Antiphlogistisch.

4 **Lactarazulen (1,4-Dimethyl-7-isopropenyl-azulen)**

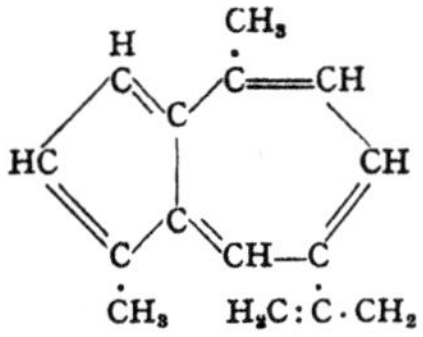

MG 196.29 *F* 20—2 *Kp*$_{2,5-3}$ 155—60

Charakteristik: Intensiv blaues Öl bzw. blaue Krist., sehr unbeständig; λ_{max} 620, 645 mμ. — *Trinitrobenzolat:* *F* 122—3. — *V.:* Als orangefarbenes Proazulen im echten Reizker (Lactarius deliciosus).

5 **Lactaroviolin (4-Methyl-7-isopropenylazulen-aldehyd-(1))**

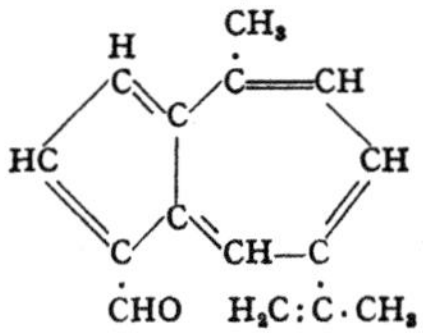

MG 210.28 *F* 57—8

Charakteristik: Schwarzviolette Nadeln oder Stäbchen (PAe. + Bzl.); l. in den üblichen organ. Lsgm. mit roter, in verd. Säuren mit bernsteingelber Farbe; λ_{max} 394, 506, 560 mμ. — *Semicarbazon:* *F* (Z.) > 155; + HCl-Gas in PAe. → orangegelbes Pulver, *F* 83—4. — *V.:* Als orangefarbenes Proazulen im echten Reizker (Lactarius deliciosus).

6 **Chamazulencarbonsäure**

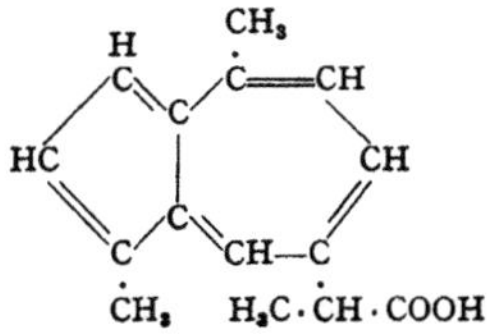

MG 228.29 *F* 86—8 (Z.)

Charakteristik: Blaue Nadeln (Me. + W.); l. in Chlf., PAe.; decarboxyliert langsam bei Raumtemperatur, rasch bei 80—90° zu Chamazulen. — *Methylester:* Dunkelblaue Nadeln, *F* 51—2. — *Trinitrobenzolat:* Dunkelviolette Nadeln, *F* 150 bis 2. — *V.:* In der Schafgarbe (0.1%), Kamille.

Quinones

By **G. M. Blackburn** and **D. W. Cameron**, Cambridge, G. B.

References. *Thompson, R. H.:* Naturally Occuring Quinones, London 1957. — *Wolstenholme, G. E. W.* and *C. M. O'Connor:* Eds.: Quinones in Electron Transport, London 1961. — *Cooke, R. G.* and *R. H. Thompson:* Reviews of Pure and Applied Chemistry **8**, 85 (1958). — *Sobotka, H., N. Barsel* and *J. D. Chanley:* Fortschr. Chem. organ. Naturst. **14**, 217 (1957).

1. Benzoquinones

1/1 **p-Benzoquinone**

M. 108.09 *m.p.* 116.5 *b.p.* subl.

Properties: Yellow prisms f. w.; s. al., eth., h. w., h. lig.; sl. s. c. w.; Steam volat.; irritating vapour. — *Occurrence:* Spirostreptus castaneus, secretion of Diploptera punctata.

1/2 **2-Ethylbenzoquinone**

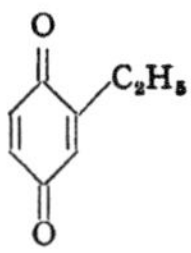

M. 136.14 *m.p.* 38.7 *b.p.* subl.

Properties: Yellow needles f. eth.; v. s. eth.; s. al., bz.; sl. s. w. — *Occurrence:* secretion of Tribolium castaneum, T. confusum and Diploptera punctata.

1/3 **p-Xyloquinone (2,5-Dimethylquinone)**

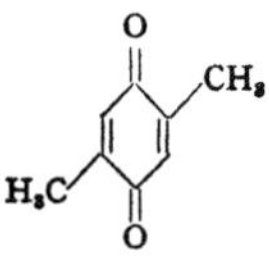

M. 136.14 *m.p.* 125 *b.p.* subl.

Properties: Yellow needles f. al.; s. bz., chl., eth., h. al.; sp. s. c. al., h. w. — *Act.:* antibacterial. — *Occurrence:* secretion of Gonyleptidae.

1/4 Thymoquinone

M. 164.2 *m.p.* 45.5 *b.p.* 232

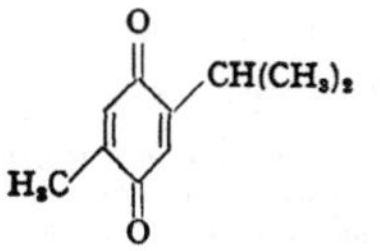

Properties: Yellow tablets; v. s. al., eth.; s. bz., chl., hexane; sp. s. w.; steam volat. — *Act.:* toxic to wood destroying fungi. — *Occurrence:* Tetraclinis articulata, Monarda fistulosa, Libocedrus decurrens.

1/5 Plastoquinone

M. 749.17 *m.p.* 48—9

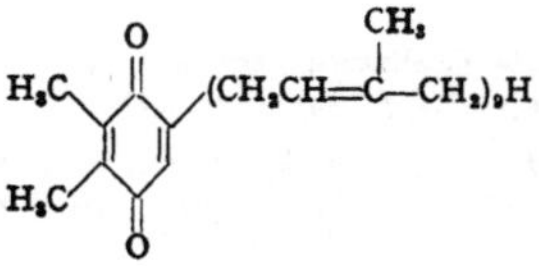

Properties: Yellow crystals; s. pet. — λ_{max} 255mμ; $E^{1\%}_{1\,cm}$ 210. — *Act.:* Coenzyme Q-like. — *Occurrence:* Alfalfa meal.

1/6 Solanochromene

M. 749.17 *m.p.* 16—19

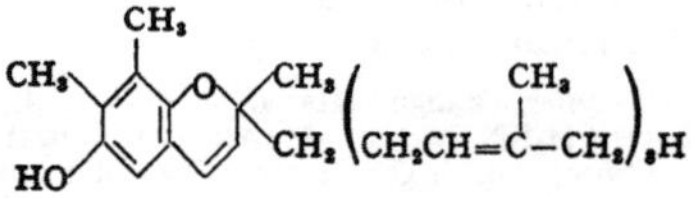

Properties: Viscous oil; λ_{max} 233, 268, 275, 332 mμ; ε 23440, 5754, 5495, 4266: — *Occurence:* aged, flue-cured tobacco leaf.

1/7 Gentisylquinone

M. 138.12 *m.p.* 76

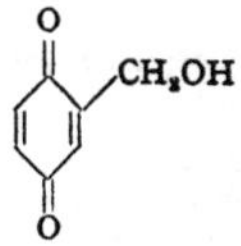

Properties: Yellow needles f. pet. eth.; s. eth., h. pet.; sp. s. w. — *Occurrence:* Penicillium urticae and P. divergens as hydroquinone.

1/8 Dalbergione

M. 254.27 *m.p.* 114—6
[α]D +13° (chl.) R = H

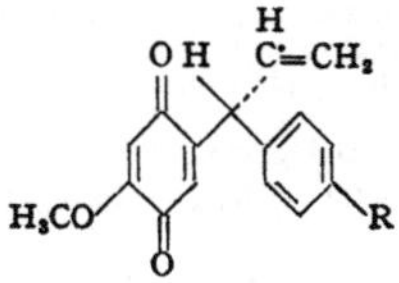

Properties: Yellow needles f. acet.; s. bz., chl. *Occurrence:* heartwood of Dalbergia nigra along with related cpds. $R=CH_3O$, HO.

1/9 2-Methoxybenzoquinone

M. 138.12 *m.p.* 143—4 (*d.*) *b.p.* subl. (in vac.)

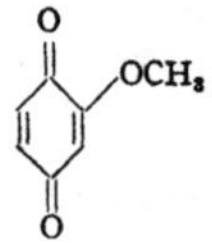

Properties: Yellow needles or light-brown plates; v. s. chl., et. ac.; s. acet., al., bz., eth., w.; i. pet. eth. — *Act.:* germination agent as quinol glucoside. — *Occurrence:* as quinol glucoside in wheat germ.

1/10 Perezone (Pipitzahoic acid)

M. 248.31 *m.p.* 105 *b.p.* subl.

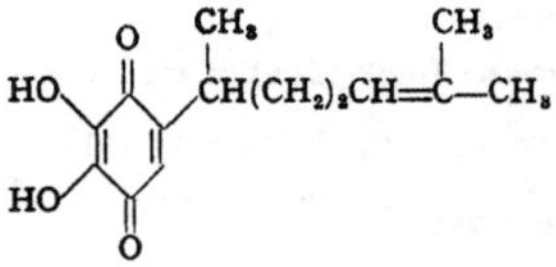

Properties: Orange leaflets f. bz.; $[\alpha]^{20}_{D}$ — 17° (eth.); s. ac. a., al., bz., chl., eth.; sl. s. pet. eth.; i. w.; s. aq. alk. violet, precipitated with CO_2. — *Occurrence:* Perezia adnata and Trixis cacalioides.

1/11 Embelin (Embelic acid)

M. 294.38 *m.p.* 143—4 *b.p.* subl.

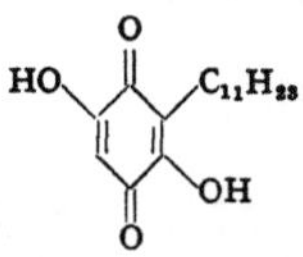

Properties: Lustrous orange plates or yellow needles + al. f. al.; s. h. al., bz., chl.; sl. s. pet. eth.; i. w.; s. aq. alk. violet, s. conc. ammonia light-red. — *Act.:* anthelmintic. — *Occurrence:* Embelia ribes, E. kilimandscharica, Myrsine africana, and Rapanea neurophylla.

1/12 Mesaquinone

M. 418.60 *m.p.* 122

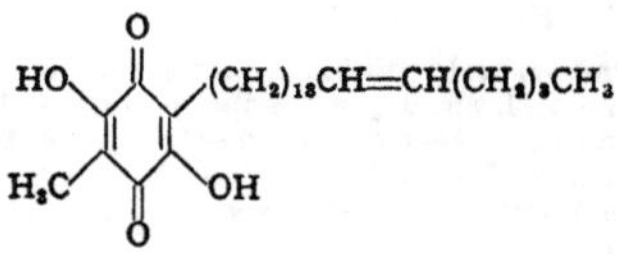

Properties: Orange-red leaflets; v. s. al.; s. h. aq. alk. violet. — *Diacetate:* pale-yellow needles, *m. p.* 45; — *Dihydromesaquinone:* orange-red leaflets, *m.p.* 134°. — *Occurrence:* fruit of Maesa japonica and M. emirensis.

1/13 Fumigatin

M. 168.14 *m. p.* 166 *b. p.* subl. (vac.)

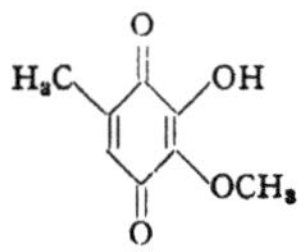

Properties: Maroon needles f. pet. eth.; s. ac. a., acet., al., bz., chl., eth.; sl. s. w.; s. aq. alk. purple; — *Monoacetate:* yellow needles f. pet. eth., *m. p.* 95—6. — *Act.:* strong antibacterial. — *Occurrence:* Aspergillus fumigatus culture.

1/14 2,6-Dimethoxy-p-benzoquinone

M. 168.14 *m. p.* 250 *b. p.* subl.

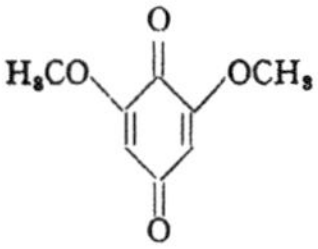

Properties: Golden-yellow prisms f. ac. a.; sl. s. al., eth., h. w.; s. aq. alk. red. — *Act.:* bacteriostatic. — *Occurrence:* Adonis vernalis.

1/15 Aurantiogliocladin

M. 164.20 *m. p.* 63

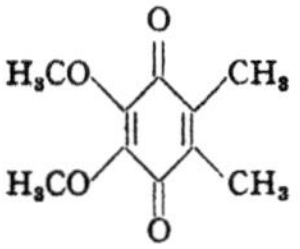

Properties: Orange plates f. pet. eth.; s. al., chl., pyr.; H_2SO_4 violet. — *Act.:* antifungal and antibacterial. — *Occurrence:* Gliocladium roseum culture.

1/16 Coenzyme Q_{10} (Ubiquinone (50))

M. 849.3 *m. p.* 49.9

n = 10

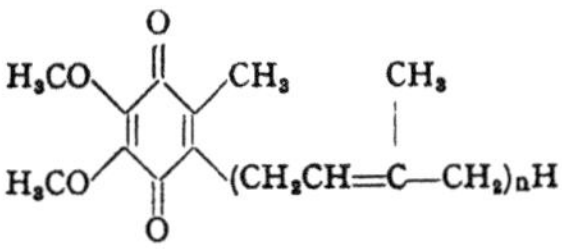

Properties: Yellow crystals f. al.; v. s. chl.; s. ac. a., acet., al., pet. eth. — λ_{max} 275, 405 mμ; $E^{1\%}_{1\,cm}$ 165, 5.9. — *Act.:* electron carrier in citric acid cycle oxidations coupled to phosphorylation. — *Occurrence:* Beef heart and striated muscle, human heart and liver, pig heart, and Alfalfa.

1/17 Coenzyme Q_9 (Ubiquinone (45))

n = 9

M. 781.2 *m. p.* 45.2. — λ_{max} as for Q_{10}; $E^{1\%}_{1\,cm}$ (275 mμ) 185.

Occurrence: Rat liver and Torulopsis utilis.

1/18 Coenzyme Q_8 (Ubiquinone (40))

n = 8

M. 713.1 *m. p.* 37. — λ_{max} as for Q_{10}; $E^{1\%}_{1\,cm}$ (275 mμ) 206.

Occurrence: Azotobacter vinelandii, rat liver.

1/19 Coenzyme Q_7 (Ubiquinone (35))

n = 7

M. 644.9 *m. p.* 30.5. — λ_{max} as for Q_{10}; $E^{1\%}_{1\,cm}$ (275 mμ) 221.

Occurrence: Torulopsis utilis and Chromatium (Strain D).

1/20 Coenzyme Q_6 (Ubiquinone (30))

n = 6

M. 590.85 *m. p.* 18. — λ_{max} as for Q_{10}; $E^{1\%}_{1\,cm}$ (275 mμ) 252.

Occurrence: Saccharomyces cerevisae.

1/21 Ubichromenol (50)

M. 849.3 *m. p.* 18.

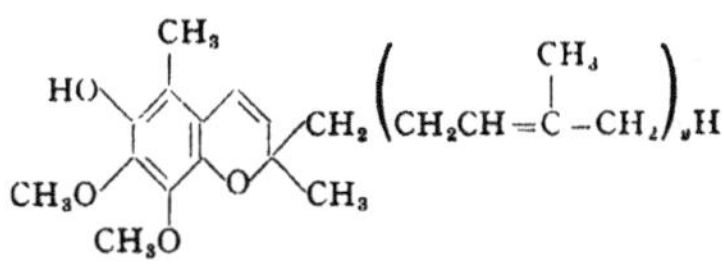

Properties: Yellow crystals f. al.; λ_{max} 233, 275, 283, 332 mμ; ε 17450, 7720, 7310, 3230. — *Occurrence:* as for corresponding ubiquinone.

1/22 Spinulosin

M. 184.14 *m. p.* 203 *b. p.* subl. (vac.)

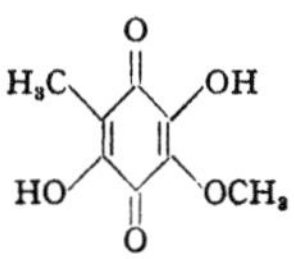

Properties: Purple-black plates (subl. in vac.); s. h. w.; sl. s. c. w.; s. aq. alk. purple; + $FeCl_3 \rightarrow$ brown; — *Diacetate:* needles f. al.; *m. p.* 139.5. — *Act.:* weakly antibacterial. — *Occurrence:* Penicillium spinulosum and Aspergillus fumigatus cultures.

1/23 Pedicinin

M. 300.26 *m.p.* 203–5

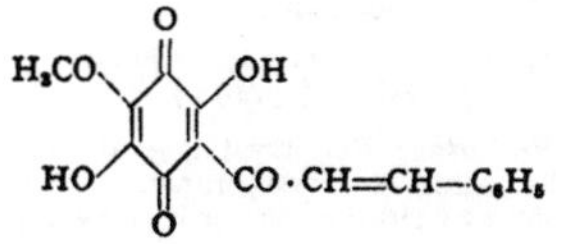

Properties: Carmine-red needles f. bz.; s. h. bz. chl., h. meth. al.; sl. s. c. bz., eth., et. ac.; + $FeCl_3$ → red-brown; — *2,5-O-dimethylquinol* (*Pedicin*): orange-red plates, *m.p.* 145. — *Occurrence:* Didymocarpus pedicellata.

1/24 Polyporic acid

M. 292.28 *m.p.* 305–7 (*d.*) *b.p.* subl.

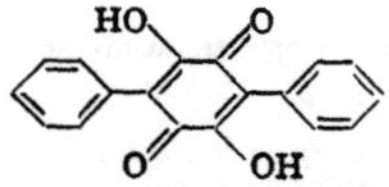

Properties: Bronze leaflets f. tol., brown-violet plates f. acet.; sl. s. al., chl.; i. bz., CS_2, eth., w. — *Occurrence:* Polyporus nidulans, P. rutilans, Peniophora filamentosa, and Sticta coronata.

1/25 Volucrisporin

M. 292.28 *m.p.* > 300

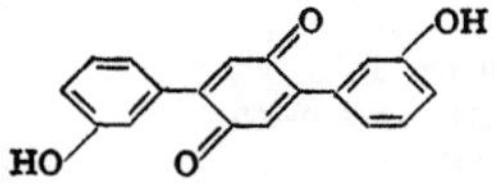

Properties: Red rhombic plates f. pyr.; s. dioxane, pyr.; sl. s. acet.; i. w.; s. dil. aq. alk. purple; — *Diacetate:* yellow needles; *m.p.* 223. — *Occurrence:* Volucrispora aurantiaca.

1/26 Atromentin

M. 324.28 no. *m.p.*

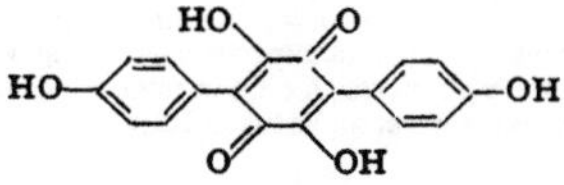

Properties: Bronze leaflets f. ac. a.; s. al., pyr.; sl. s. eth., et. ac.; i. acet., bz., chl., pet. eth.; — *NH_4 salt:* yellowish green cryst.; s. w. violet; — *Tetra-acetate:* yellow plates; *m.p.* 242. — *Occurrence:* Paxillus atrotomentosus.

1/27 Leucomelone

M. 340.28 *m.p.* 320 (*d.*)

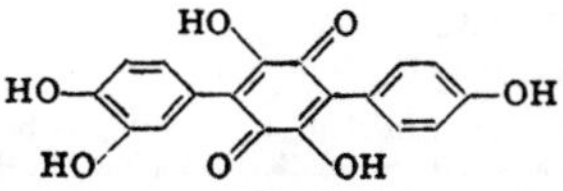

Properties: Brown leaflets f. ac. a.; s. aq. alk. green-brown; sl. s. eth.; i. aq. acids; — *protoleucomelone:* white crystals; *m.p.* 203–5, identical with leucohepta-acetate. — *Occurrence:* Polyporus leucomelas.

1/28 Thelephoric acid

M. 352.24

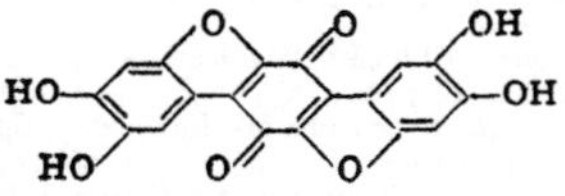

Properties: Dark-violet prisms f. pyr.; s. dimethyl sulphoxide; i. al.; s. pyr. red, + w. → blue; — *Tetra-acetate:* orange-yellow needles; *d.* 330–5. — *Occurrence:* Thelephora spp., Hydnum suaveolens, and Lobaria retigera.

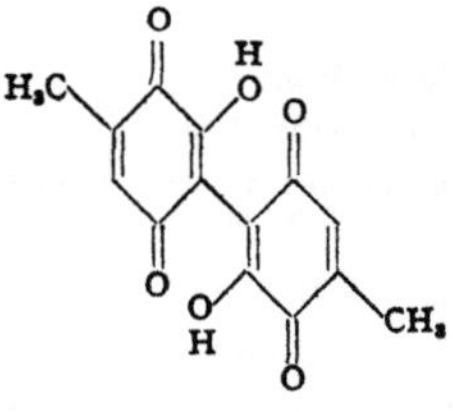

1/29 Phoenicin

M. 274.22 *m.p.* 230–1

Properties: Yellow-brown tablets; s. ac. a., h. al., chl.; sl. s. w.; + $FeCl_3$ → violet; s. aq. alk. violet, aq. ac. a. red, aq. mineral a. yellow. — *Occurrence:* Penicillium phoenicium and P. rubrum.

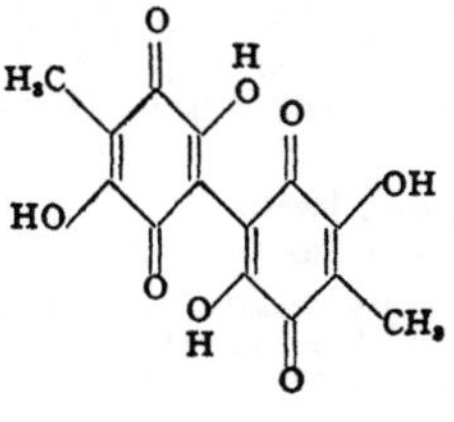

1/30 Oosporein

M. 306.22 *m.p.* 260–275 (*d.*)

Properties: Bronze plates; v. s. dioxane; s. h. ac. a., h. acet., h. al.; sl. s. w.; i. bz., chl., pet. eth.; — *Tetra-acetate:* yellow needles; *m.p.* 191. *Occurrence:* Oospora colorans and Chaetomium aureum.

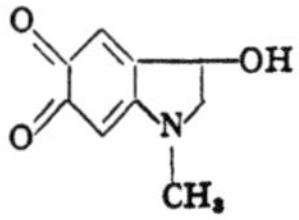

1/31 Adrenochrome

M. 179.17 *m.p.* 115–120 (*d.*)
$[\alpha]^{25}_{630}$ +150° (approx.)

Properties: Red crystals + w.; v. s. w.; s. al.; i. bz., eth.; — *Oxime:* orange needles; *m.p.* 278. — *Act.:* respiration carrier in dehydrogenase systems. — *Synthesis:* oxidation of adrenalin.

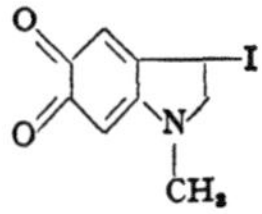

1/32 3-Iodo-3-deoxyadrenochrome

M. 289.08 *m.p.* 85–7 (*d.*)

Properties: Deep-red needles; sp. s. al., w. — *Synthesis:* oxidation of epinine w. KIO_3.

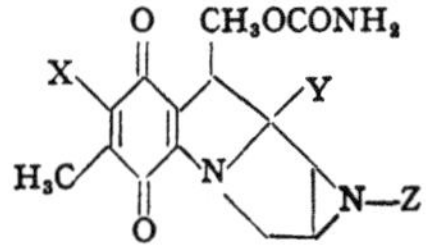

	X	Y	Z
Mitomycin-A	CH_3O	CH_3O	H
-B	CH_3O	HO	CH_3
-C	NH_2	CH_3O	H
Porfiromycin	NH_2	CH_3O	CH_3

1/33 Mitomycin

M. 349.34 *m.p.* 159–60
$[\alpha]^{D}_{25}$ –143 (meth. al.)

Properties: Purple needles f. et ac.-pet.: s. et. ac., meth. al.; i. pet. — *Activity:* active against Gram-negative bacteria in vitro and against Staphylococcus aureus, Streptococcus pyogenes and mammary adenocarcinoma in mice. — *Occurrence:* Streptomyces verticillatus cultures.

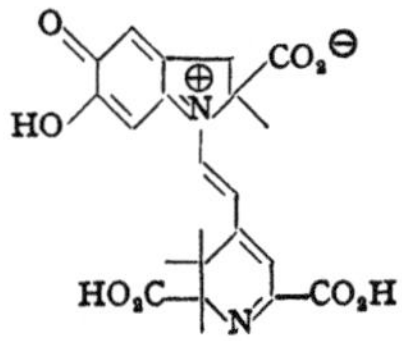

1/34 Betanidin

M. 386.31

Properties: s. amyl al., w.; + $FeCl_3$ → brown; — *Hydrochloride* — black crystalline clusters. — *Occurrence:* in beet as glucoside.

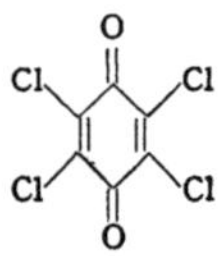

1/35 Chloranil

M. 245.89 *m.p.* 290 *b.p.* sub.

Properties: Golden-yellow leaflets f. ac. a., prisms f. bz.; s. eth.; sl. s. al., chl., CS_2; i. pet. eth., w. — *Act.:* agricultural fungicide „Spergon", reagent for pamaquin in urine. — *Synth.:* oxidation of p-phenylenediamine w. $KClO_3$–HCl.

2. Naphthaquinones

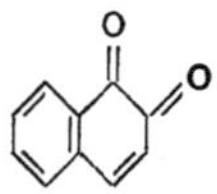

2/1 1,2-Naphthaquinone

M. 158.15 *m.p.* 115–20 (*d.*)

Properties: Orange-red needles f. eth.; s. al., w.; sl. s. bz., eth.; H_2SO_4 green.

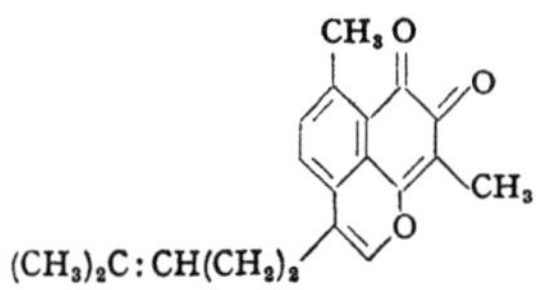

2/2 Bifluorin

M. 308.36 *m.p.* 159–160

Properties: Violet-red crystals f. pet. eth; bz.; s. bz., chl., acet., al.; i. w. — *Act.:* antibiotic against gram-positive bacteria. — *Quinoxaline deriv.:* orange-yellow needles f. bz., *m.p.* 151–152. — *Occurrence:* leaves and fruit of Capraria biflora.

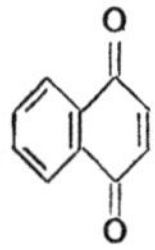

2/3 1,4-Naphthaquinone

M. 158.15 *m.p.* 126 *b.p.* subl.

Properties: Yellow needles f. pet. eth.; steam volat.; s. ac. a., h. al., bz., chl., eth., CS_2; sl. s. pet. eth., w.; s. aq. alk. red-brown.

2/4 Menadione (Menaphthone, Vitamin K_3)

M. 172.17 *m.p.* 105–7 *b.p.* subl.

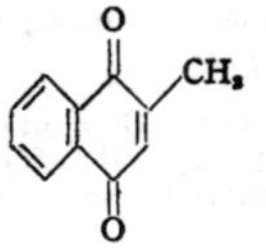

Properties: Yellow needles f. al.; s. bz., chl.; sl. s. ac. a., al.; i. w.; H_2SO_4 brown. — *Act.:* vitamin K activity.

2/5 γ,γ-Dimethylallyl-1,4-naphthaquinone

M. 226.26 *m.p.* 56–8

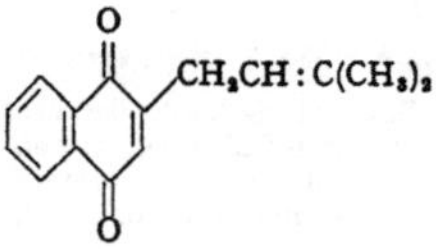

Properties: Golden yellow crystals; steam volat.; s. al. — *Activity:* skin irritant and eczema producer. — *Occurrence:* teakwood.

2/6 Vitamin K_1 (α-Phylloquinone)

M. 450.68 *m.p.* —20

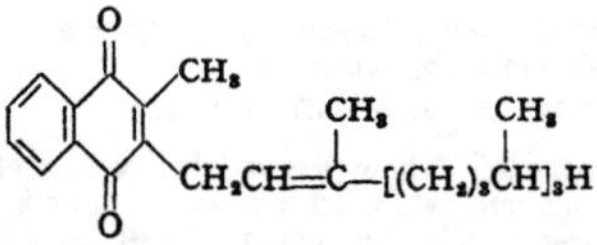

Properties: Yellow viscous oil; s. acet., al., bz., chl., dioxane, eth., hexane, pet. eth., vegetable oils; sl. s. meth. al.; i. w.; + al. KOH → blue; — *Dihydro-diacetate:* crystals; *m.p.* 62–3. — *Act.:* medical use for prophylaxis and treatment of hypoprothrombinemia. — *Occurrence:* in green plants, tomatoes, certain bacteria; extracted from alfalfa.

2/7 Vitamin $K_{2(35)}$

M. 648.97 *m.p.* 54

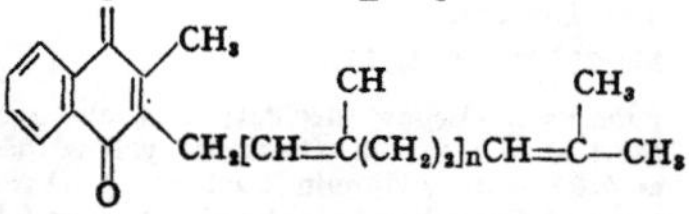

n = 6

Properties: Pale-yellow crystals f. al.; light sensitive; slightly less soluble than Vit. K_1; — *Dihydro-diacetate:* colourless crystals; *m.p.* 59.5–60. — *Act.:* antihaemorrhagic vitamin. — *Occurrence:* bacteria: B. mycoides, Proteus vulgaris, E. coli, S. aureus; isolated from putrefied fish meal.

2/8 Vitamin $K_{2(30)}$ n = 5

M. 580.86 *m.p.* 50

Properties: -*Dihydro-diacetate m.p.* 49–50. — *Occurrence:* putrefied fish meal.

2/9 Vitamin $K_{2(45)}$ n = 8

M. 785.20 *m.p.* 58–9

Properties: -*Dihydro-diacetate:* colourless crystals; *m.p.* 62–3. — *Occurrence:* Mycobacterium tuberculosis.

2/10 Juglone (Nucin, Regianin)

M. 174.15 *m.p.* 155 (*d.*) *b.p.* subl. (in vac.)

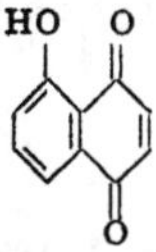

Properties: Orange needles f. bz.; steam volat.; v. s. bz., chl.; s. al., eth.; sl. s. pet. eth., h. w.; s. aq. alk. purple-red. Intense violet with nickel salts at 6 p. p. m. — *Occurrence:* Juglandaceae, extracted from green walnut shells as hydrojuglone glucoside.

2/11 Plumbagin

M. 188.17 *m.p.* 78–9 *b.p.* subl.

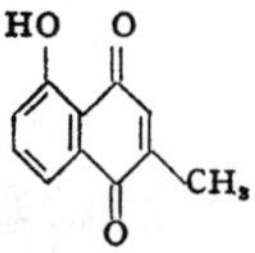

Properties: Yellow needles f. aq. al.; steam volat.; s. ac. a. acet., bz., chl., eth., h. al.; sl. s. c. al., h. w.; s. aq. alk. violet. — *Occurrence:* Plumbago europaea, P. rosea, P. zeylanica, Droseraceae, Ebenaceae.

2/12 Eleutherin

M. 272.13 *m.p.* 175

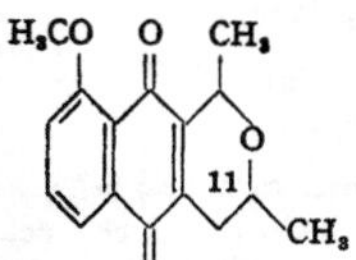

Properties: Yellow rods subl. in vac.; $[\alpha]_D^{15}$ + 346° (chl.); s. ac. a., acet., bz., chl.; sl. s. al., eth.; i. pet. eth., w.; — *iso-Eleutherin:* yellow-orange needles; *m.p.* 176–7; $[\alpha]_D^{15}$ — 46° (chl.); opt. isomer at C-11 of eleutherin. — *Occurrence:* Eleutherine bulbosa tubers.

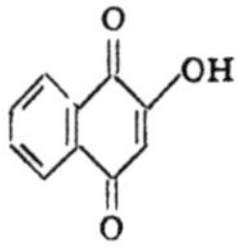

2/13 **Lawsone (Naphthalenic acid, Isojuglone)**

M. 174.15 *m.p.* 192–5 (*d.*)

Properties: Yellow needles; v. s.al., eth.; s. ac. a., chl., h. w.; i. bz., pet. eth., CCl_4; + $FeCl_3$ → red brown. — *Act.:* bacteriostatic. — *Occurrence:* Lawsonia alba, L. inermis.

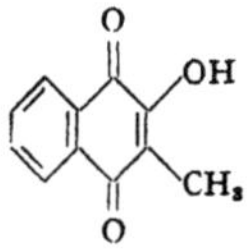

2/14 **Phthiocol**

M. 188.17 *m.p.* 173–4 *b.p.* subl.

Properties: Yellow prisms f. eth.-pet. eth.; steam volat.; s. org. solvents; sl. s. w.; i. pet. eth.; s. aq. alk. red. — *Act.:* some Vitamin K act., antibiotic. — *Occurrence:* Mycobacterium tuberculosis (as artefact).

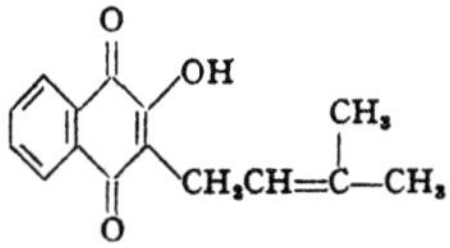

2/15 **Lapachol (Lapachic a., Taiguic a., Greenhartin, Tecomin)**

M. 242.26 *m.p.* 140 *b.p.* subl.

Properties: Yellow prisms f. bz.; v. s. h. al.; s. ac. a., bz., chl.; sl. s. eth.; i. w.; s. aq. alk. red; — *Acetate:* yellow prisms f. al.; *m. p.* 82–3. — *Act.:* vitamin K activity. — *Occurrence:* Tecoma leucoxylon, T. araliaceae, Paratecoma peroba, Avicennia officinalis, Moah wood (Bassia latifolia), and T. obtusata.

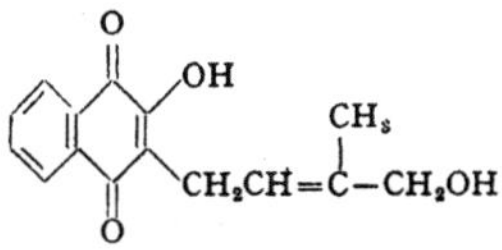

2/16 **Lomatiol**

M. 258.26 *m.p.* 127

Properties: Yellow needles; v. s. al., aq. alk., eth.; sl. s. h. w.; — *Diacetate:* yellow needles; *m.p.* 82. — *Act.:* vitamin K activity. — *Occurence:* seeds of Australian Lomatia e. g. L. longifolia.

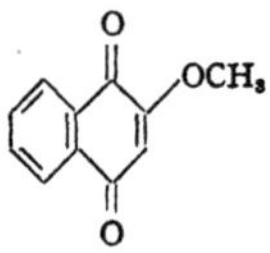

2/17 **2-Methoxy-1,4-naphthaquinone**

M. 188.17 *m.p.* 184 *b.p.* subl.

Properties: Yellow needles f. w.; s. bz., chl.; sl. s. al., eth., h. w.; i. pet. eth. — *Act.:* fungicide. — *Occurrence:* flowers of Impatiens balsamina.

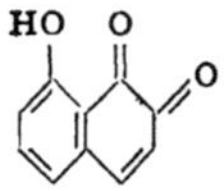

2/18 **Diosquinone**

M. 174.15 *m.p.* 198–9

Properties: Orange-red needles f. al.; s. acet., al., bz., chl., eth., pet. eth.; sl. s. h. w.; s. aq. alk. red-violet; — *Monoacetate: m. p.* 153–4. — *Occurrence:* bark of Diospyros tricolor.

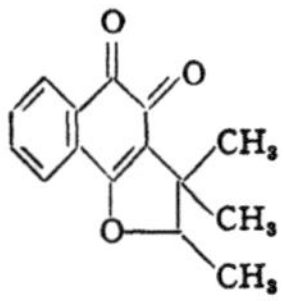

2/19 **Dunnione**

M. 242.26 *m.p.* 98.9

Properties: Orange-red needles f. pet. eth.; $[\alpha]_D^{18}$ +310° (chl.); s. ac. a., acet., al., bz., chl., eth.; sl. s. pet. eth., w. — *Occurrence:* leaves of Streptocarpus Dunnii.

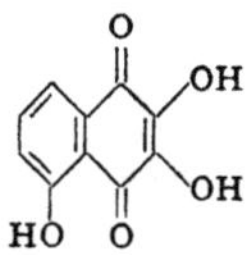

2/20 **Droserone**

M. 204.17 *m.p.* 181

Properties: Yellow needles f. ac. a.; s. al.; sl. s. pet. eth., w.; — *Diacetate:* pale-yellow needles f. pet. eth.; *m.p.* 119. — *Occurrence:* bulbs of Drosera Whittakerii, D. peltata.

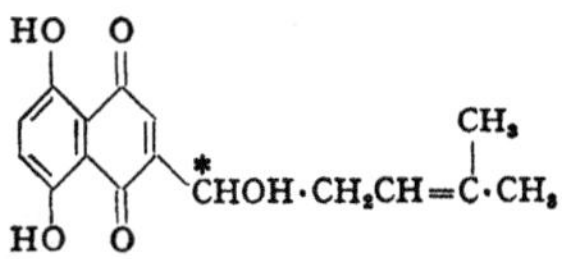

2/21 **Alkannin (Anchusin)**

M. 288.29 *m.p.* 148–9

Properties: Bronze needles f. bz.; $[\alpha]_{Cd}^{20}$ −167° ± 10° (bz.), −225° (chl.); s. al., bz., chl., pet. eth.; s. aq. alk. blue; — *Triacetate:* yellow needles; *m.p.* 132. — *Occurrence:* rootbark of Alkanna tinctoria, Lawsonia alba, and Onosma echioides as angelic ester.

2/22 Shikonin $C_{16}H_{16}O_5$

M. 288.29 *m.p.* 147

Properties: Optical isomer of Alkannin. $[\alpha]^{20}_{Cd}$ +135° (bz.). — *Occurrence:* as monoacetate in Lithospermum erythrorhizon.

2/23 Flaviolin

M. 206.15 *d.* 250

Properties: Garnet-red rhombs f. dioxane; s. ac. a., al., chl., eth., h. dioxane; sl. s. bz., w.; i. pet. eth.; s. aq. alk. violet; + $FeCl_3$ → red-violet; — *Triacetate:* yellow prisms; *m.p.* 160—1. — *Occurrence:* Aspergillus citricus culture.

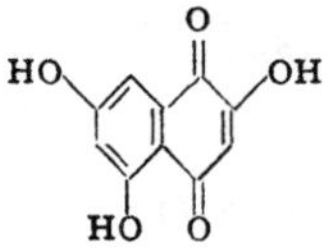

2/24 Hydroxydroserone

M. 220.17 *m.p.* 192—3

Properties: Red plates f. ac. a.; s. eth., h. ac. a., h. al.; sl. s. bz.; i. w.; s. aq. alk. violet; — *Triacetate: m.p.* 153—4. — *Occurrence:* bulbs of D. Whittakerii.

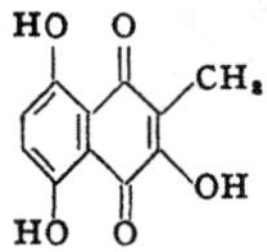

2/25 Javanicin (Solanione)

M. 290.26 *m.p.* 208 (*d.*)

Properties: Red laths f. al.; s. al., bz., chl., eth.; i. pet. eth.; s. aq. alk. deep-purple; — *Diacetate:* yellow needles f. acet.; *m.p.* 207—8 (*d.*). — *Act.:* antibiotic. — *Occurrence:* Fusarium javanicum, F. solani cultures.

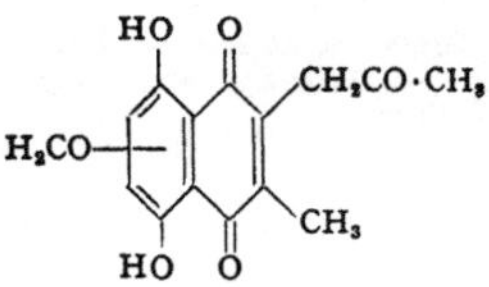

2/26 Fusarubin

M. 306.26 *m.p.* 218 (*d.*)

Properties: Red prisms f. bz.; s. ac. a., acet., dioxane, pyr., tetrahydrofuran; sl. s. al., chl., eth., i. pet. eth.; s. aq. alk. violet; forms i. copper salt. — *Act.:* tuberculostatic. — *Occurrence:* F. solani culture.

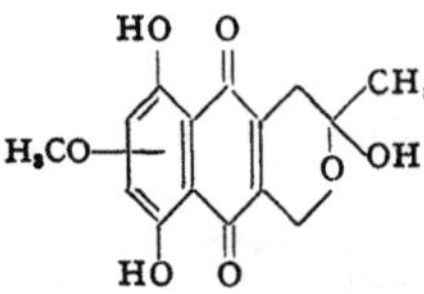

2/27 Spinochrome N

M. 222.15 *d.* > 260

Properties: Red needles f. meth. al.; s. eth., h. meth. al.; i. pet. eth.; + $FeCl_3$ → transient green; — *Tetramethyl ether:* yellow needles f. pet. eth; *m.p.* 131. — *Occurrence:* spines of Hemicentrotus pulcherrimus and Anthocidaris crassispina.

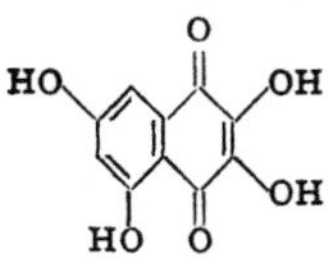

2/28 Echinochrome A

M. 266.20 *m.p.* 220 (*d.*) *b.p.* subl. (in vac.)

Properties: Deep-red needles f. w.; s. bz., chl., eth., CS_2; sl. s. c. w. — *Occurrence:* test, spines and eggs of Arbacia lixula, Paracentrotus lividus, Strongylocentrotus purpuratus, Echinus esculentus and Scaphechinus mirabilis.

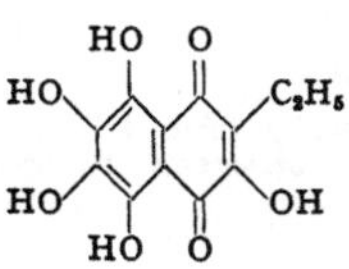

2/29 Spinochrome A

M. 282.20 *m.p.* 185 *b.p.* subl. (in vac.)

Properties: Dark-violet rods f. eth.; s. organic solvents; i. pet. eth., w. — *Occurrence:* test and spines of P. lividus and E. esculentus.

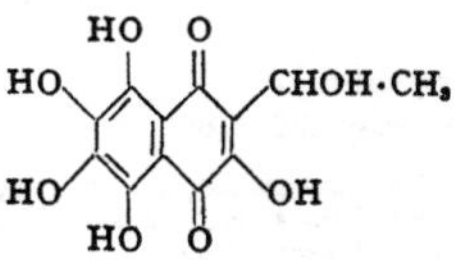

2/30 Spinone A (Spinochrome C)

M. 280.18 *m.p.* 238 (*d.*)

Properties: Red needles with green iridescence f. dioxane-w.; s. aq. Na_2CO_3 red-brown, s. aq. $Na_2S_2O_4$ violet. — *Occurrence:* A. lixula and P. lividus.

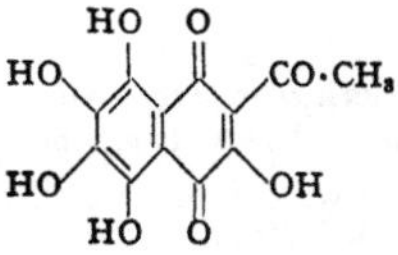

2/31 Spinochrome E

M. 222.15 *d.* > 300

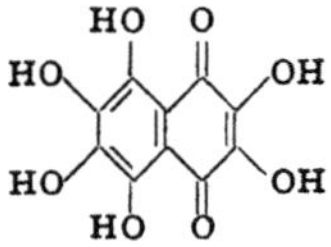

Properties: Brownish-red needles f. meth. al.-HCl; low solubility; + $FeCl_3$ → green; + $Na_2S_2O_4$ → colourless; — *Hexa-acetate:* yellow needles f. al.; *m. p.* 192. — *Occurrence:* P. lividus and Psammechinus miliaris.

2/32 Mollisin

M. 313.15 *m. p.* 202—3 (*d.*)

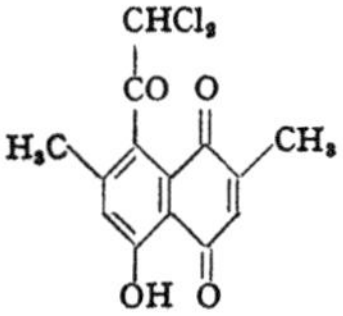

Properties: Orange-yellow needles f. pet. eth.; s. chl., h. meth. al.; — *Monomethyl ether:* yellow needles; *m. p.* 190—4. — *Act.:* antifungal. — *Occurrence:* Mollisia caesia cultures.

2/33 Actinorhodin

M. 634.53 *d.* 270

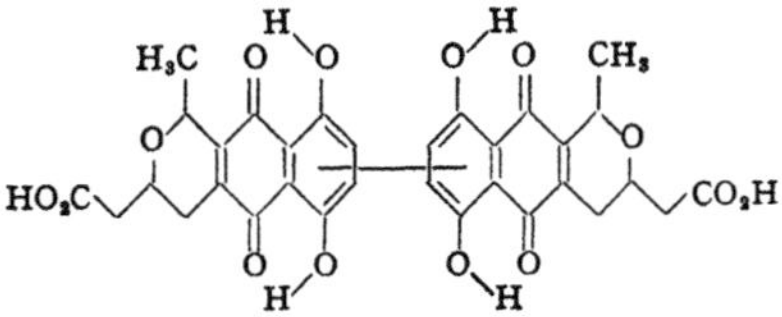

Properties: Bright red needles; sp. s. tetrahydrofuran. — *Occurence:* Streptomyces versicolor cultures.

2/34 Protoaphin fb

M. 726.66 *d.* > 210

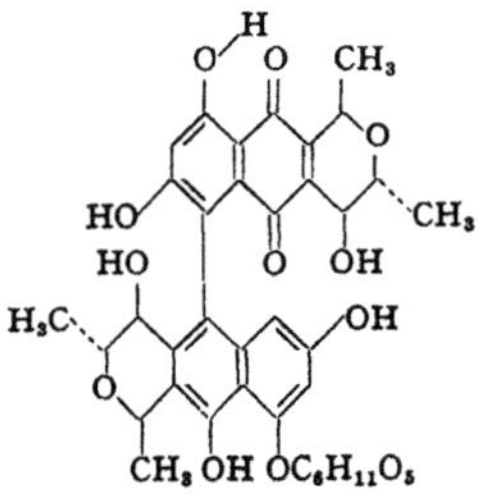

Properties: Golden prisms f. w.; s. aq. acet., aq. al., pyr., NaOH violet. — *Occurrence:* Aphis fabae and other Aphididae.

2/35 Xanthomegnin

M. 574.48 *d.* 264

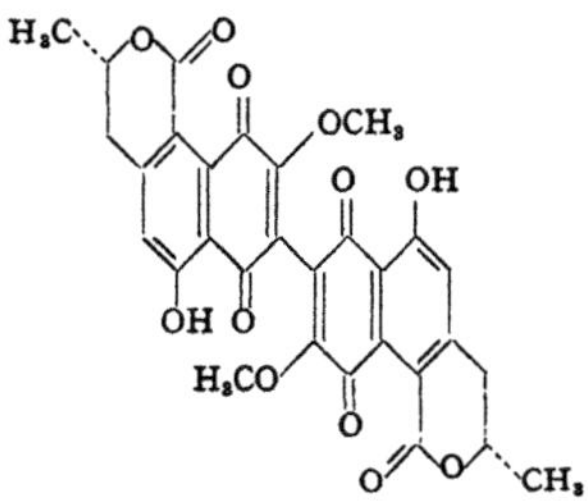

Properties: Orange platelets f. chl. bz.; sp. s. acet.; i. et. al., w. — *Occurrence:* Trichophyton megnini cultures.

3. Anthraquinones

3/1 Anthraquinone

M. 208.20 *m. p.* 286 (subl.) *b. p.* 379—81

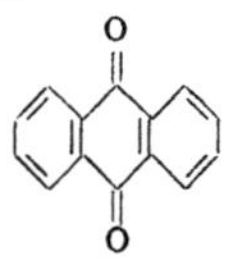

Properties: Yellow rhombs; s. h. bz., H_2SO_4; sl. s. al., eth. — *Occurrence:* Heartwood of Quebrachia lorentzia and mineral sources.

3/2 2-Hydroxymethyl anthraquinone

M. 238.23 *m. p.* 175—6 *b. p.* subl.

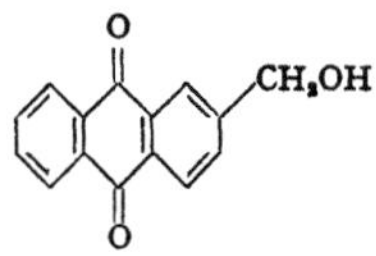

Properties: Yellow; s. h. w., H_2SO_4 orange. — *Occurrence:* Teak Tectona grandis.

3/3 **Anthraquinone-2-carboxylic acid**
M. 252.21 *m.p.* 289 *b.p.* subl.

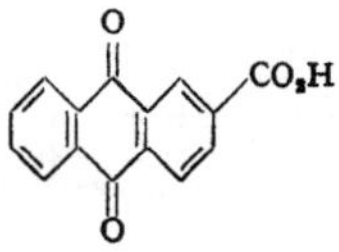

Properties: Yellow needles f. ac.; s. acet., h. ac., h. al. — *Occurrence:* Teak Tectona grandis.

3/4 **1-Hydroxy-3-methylanthraquinone**
M. 238.23 *m.p.* 178

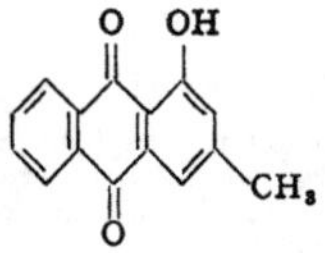

Properties: Yellow needles f. ac.; s. al., acet., bz., H_2SO_4 orange-red, NaOH red, sl. s. eth., pet. — *Occurrence:* mould Pachybasium candidum.

3/5 **2-Hydroxy anthraquinone**
M. 224.20 *m.p.* 306

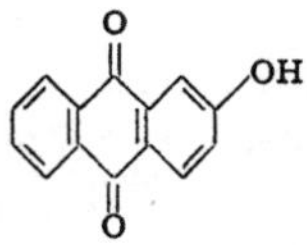

Properties: Yellow needles or plates f. al.; s. al., eth., H_2SO_4 red-brown, NH_4OH or NaOH red-yellow. — *Occurrence:* Chay root or Indian madder Oldenlandia umbellata.

3/6 **Alizarin**
M. 240.20 *m.p.* 289—90 *b.p.* subl.

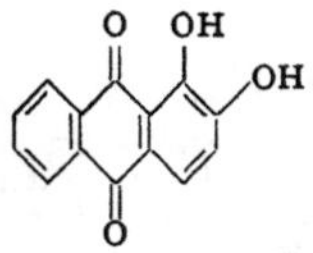

Properties: Orange-red needles or prisms f. al.; s. h. meth. al., eth., bz., ac., H_2SO_4 reddish brown, alkali blue. — *Act.:* anthelmintic. — *Occurrence:* as glycoside in madder Rubia tinctoria and other Rubiaceae.

3/7 **Digitoluteine**
M. 268.26 *m.p.* 222

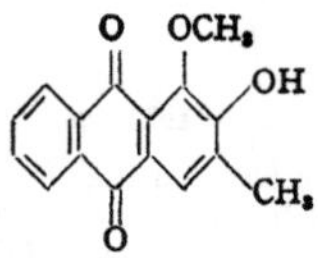

Properties: Yellow needles f. meth. al. — *Occurrence:* foxglove Digitalis purpurea, D. lutea.

3/8 **Rubiadin**
M. 254.23 *m.p.* 290 *b.p.* subl.

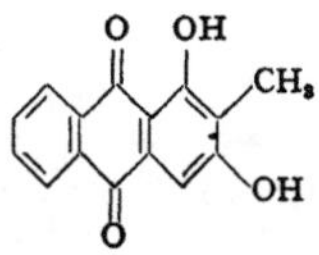

Properties: Yellow needles f. bz., plates f. ac.; s. alc., eth., bz., ac., alkali red. — *Occurrence:* as glucoside in madder and in Morinda, Galium and Coprosma spp.

3/9 **Lucidin**
M. 270.23 *m.p.* > 330

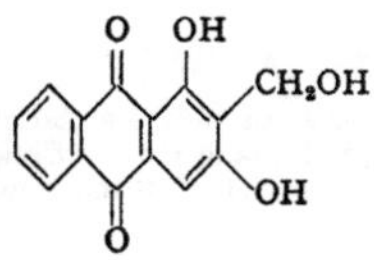

Properties: Yellow needles f. dioxane; s. H_2SO_4 orange-red, Na_2CO_3, NH_4OH, NaOH red; + $FeCl_3$ → brown; — *Tribenzoate:* pale yellow prisms f. ac.; *m.p.* 204—5. — *Occurrence:* Bark of Coprosma lucida, C. acerosa.

3/10 **Munjistin**
M. 284.21 *m.p.* 231 *b.p.* subl.

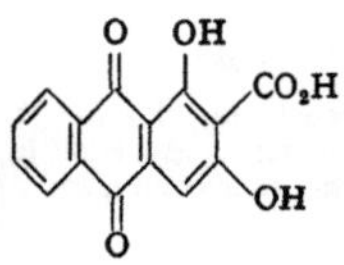

Properties: Yellow-orange needles or leaflets f. al., ac.; s. h. ac., al., eth., chl., bz., H_2SO_4 yellow; alkali red. — *Occurrence:* Root of Rubia cordifolia and other Rubiaceae.

3/11 **Damnacanthol**
M. 284.26 *m.p.* 295

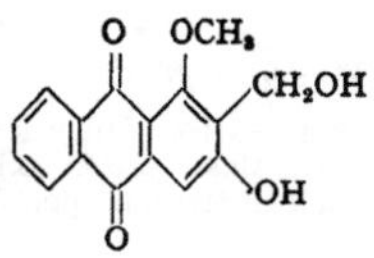

Properties: Yellow needles f. al. — *Occurrence:* Root of Damnacanthus major.

3/12 **Damnacanthal**

M. 282.24 *m.p.* 211

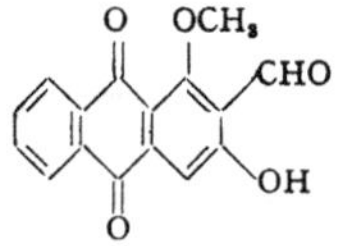

Properties: Orange-yellow needles f. al.; s. h. al., h. et. ac., alkali purple-red. — *Occurrence:* Damnacanthus major, D. indicus, heartwood of Morinda tinctoria.

3/13 **Soranjidiol**

M. 254.23 *m.p.* 289 *b.p.* subl.

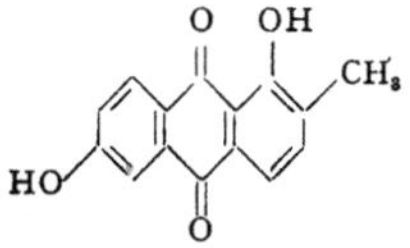

Properties: Orange-yellow needles f. ac.; s. alkali red, H_2SO_4 brown-red; + $FeCl_3$ → brown. — *Occurrence:* Root bark of Morinda citrifolia and other M. and Coprosma spp.

3/14 **Chrysophanic acid**

M. 254.23 *m.p.* 196 *b.p.* subl.

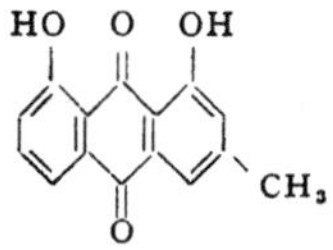

Properties: Yellow leaflets f. al., bz., or pet.; s. chl., acet., ac., alkali red; sl. s. eth., pet. — *Act.:* Purgative. — *Occurrence:* Roots of many Rheum, Rumex and Rhamnus spp., in moulds Penicillium islandicum, Pachybasium candidum.

3/15 **Aloe emodin**

M. 270.23 *m.p.* 223—4 *b.p.* subl.

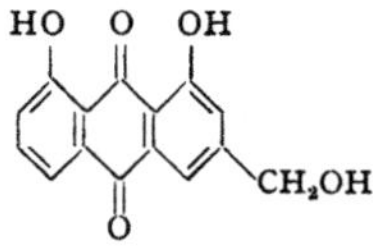

Properties: Orange-yellow needles f. al.; s. eth., bz., h. al., H_2SO_4 red., alkali red. — *Act.:* Purgative. — *Occurrence:* in many Aloe, Cassia, Rheum and Rhamnus spp.

3/16 **Rhein**

M. 284.21 *m.p.* 321 *b.p.* subl. vac.

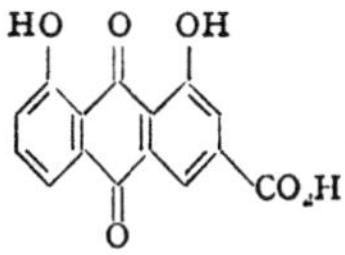

Properties: Yellow needles f. meth. al., pyr.; s. pyr., H_2SO_4 red, alkali red; sl. s. al., acet., bz., ac. a., chl., eth. — *Occurrence:* Rheum and Cassia spp., Rumex andreaenus.

3/17 **Anthragallol**

M. 256.20 *m.p.* 310 subl. 290

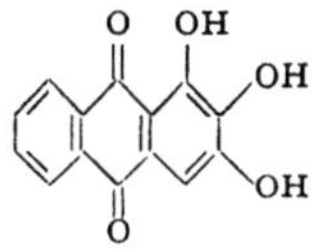

Properties: Orange needles f. nitrobz.; sl. s. al., eth., ac. a.; H_2SO_4 reddish brown; alkali green. — *Occurrence:* Bark of Coprosma lucida.

3/18 **Purpurin**

M. 256.20 *m.p.* 259 *b.p.* subl. d.

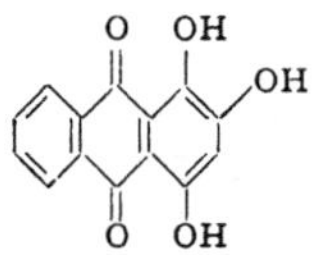

Properties: Orange-red needles f. aq. al.; s., ac. a., bz., al., H_2SO_4 red, alkali red. — *Occurrence:* as glycoside in madder, other Rubiaceae and in rhubarb. Rheum officinale.

3/19 **Pseudopurpurin**

M. 300.21 *m.p.* 222—4 (*d.*)

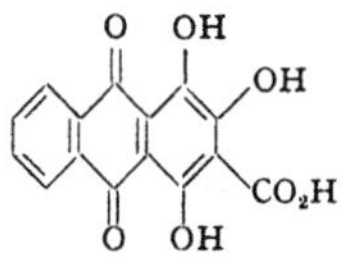

Properties: Red leaflets f. chl.; sl. s. al., bz., h. w.; alkali red. — *Occurrence:* as glycoside in Rubia, Galium, Asperula and Relburnium spp., Crucianella maritima.

3/20 **Morindone**

M. 270.23 *m.p.* 284—5 *b.p.* subl.

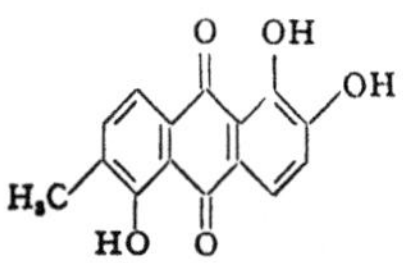

Properties: Orange-red needles f. toluene; s. al., eth., bz., ac. a., pyr., alkali brown-violet. — *Occurrence:* as glycoside in Morinda spp., Coprosma australis.

3/21 **Obtusifolin**

M. 284.26 *m.p.* 237–8

Properties: Yellow needles f. meth. al.; s. Na_2CO_3 orange; + $FeCl_3$ → brown. — *Occurrence:* seeds of Cassia obtusifolia.

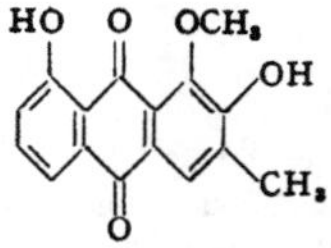

3/22 **Emodin**

M. 270.23 *m.p.* 259–60 *b.p.* subl.

Properties: Orange needles f. ac. a.; s. al., eth., bz., ac. a.; H_2SO_4 red; alkali red. — *Act.:* purgative. — *Occurrence:* free or as glycoside in Rhamnus, Rheum, Rumex and Polygonum spp., Penicillium islandicum, Penicilliopsis clavariaeformis, Chaetonium affine, Sonneratia acida, Cortinarius sanguineus.

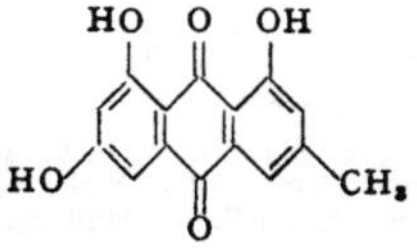

3/23 **Citreorosein**

M. 286.23 *m.p.* 288

Properties: Orange needles f. al.; s. h. al., h. ac. a.; H_2SO_4 red-orange; Na_2CO_3 reddish purple; sl. s. w., eth., bz., chl., + $FeCl_3$ → red-brown. — *Occurrence:* Penicillium citreoroseum and other P. spp.

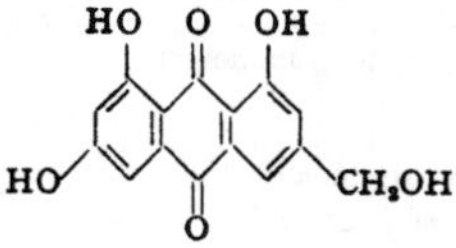

3/24 **Emodic acid**

M. 300.21 *m.p.* 363–5 *b.p.* subl. vac.

Properties: Orange-red needles f. ac. a. or al. — *Occurrence:* Penicillium cyclopium.

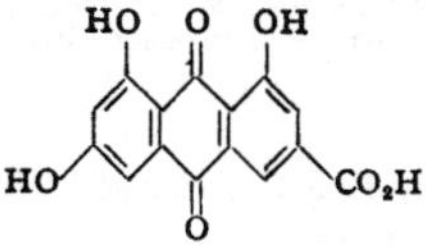

3/25 **Endocrocin**

M. 314.24 *m.p.* 318 (*d.*)

Properties: Copper-red leaflets f. ac. a.; s. acet., et. ac., ac. a., H_2SO_4 purple-red, $NaHCO_3$ red, NaOH violet-red; sl. s. eth., bz., chl. + $FeCl_3$ → red-brown. — *Occurrence:* Lichen Nephromopsis endocrocea, mould Aspergillus amstelodami, Hungarian ergot Calaviceps purpurea.

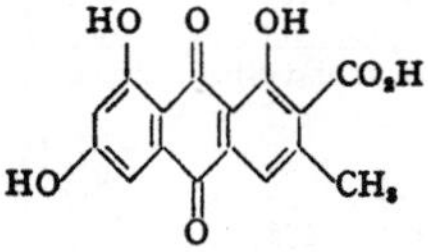

3/26 **Physcion**

M. 284.26 *m.p.* 207 *b.p.* subl.

Properties: Orange-red leaflets or needles f. chl. al. or bz.; s. pyr., H_2SO_4 red, alkali red; sl. s. ac. a., eth., et. ac., bz., chl. — *Occurrence:* Free and as glycoside in Rheum, Rumex, Rhamnus and Polygonum spp.; lichens Xanthoria, Teloschistes spp., Caloplaca elegans; moulds Penicillium herquei, Aspergillus glaucus.

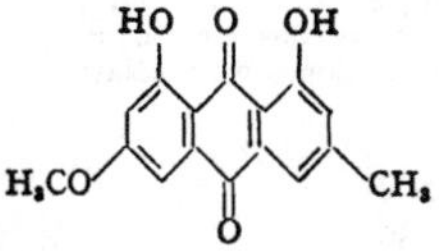

3/27 **Nalgiovensin**

M. 328.31 *m.p.* 199–200 subl. 160 vac.

Properties: Orange needles f. chl. or plates f. ac. a.; $[\alpha]_D^{20}$ 39.7° (chl.), s. chl., ac. a., acet.; sl. s. al. H_2SO_4 red; alkali deep red; + $FeCl_3$ → orange-brown. — *Occurrence:* Penicillium nalgiovensis.

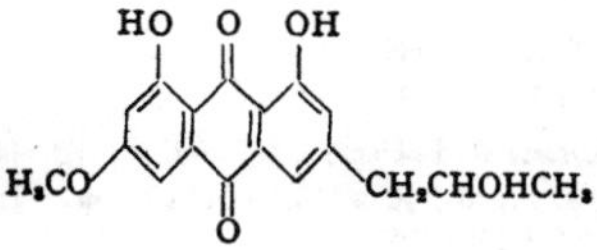

3/28 **Fallacinol**

M. 300.26 *m.p.* 245–7

Properties: Orange plates; s. alkali pink; + $FeCl_3$ → reddish brown. — *Occurrence:* Lichen Teloschistes flavicans.

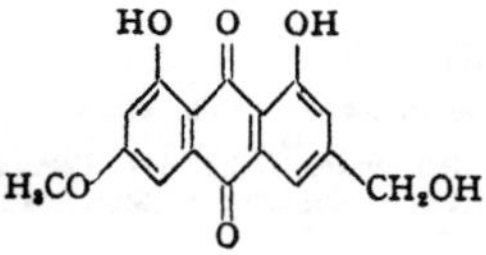

3/29 **Fallacinal**

M. 298.24 *m.p.* 251–2

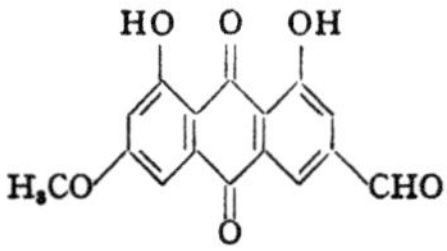

Properties: Orange-yellow needles. — *Occurrence:* Lichen Teloschistes flavicans.

3/30 **Islandicin**

M. 270.23 *m.p.* 218 subl. 160 vac.

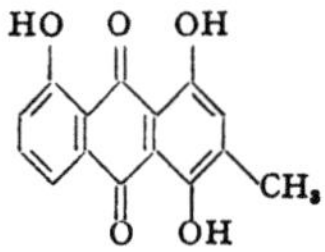

Properties: Dark red plates f. chl. or ac. a.; s. chl. acet.; H_2SO_4 purple-red; alkali violet; sl. s. ac., eth. — *Occurrence:* Penicillium islandicum.

3/31 **Helminthosporin**

M. 270.23 *m.p.* 227 *b.p.* subl. vac.

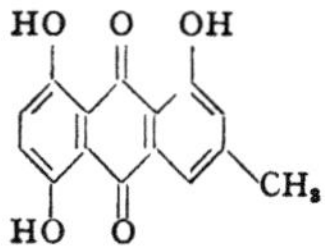

Properties: Maroon needles f. chl.; s. H_2SO_4 red; alkali red; sl. s. al., eth., ac., acet. — *Occurrence:* Helminthosporium gramineum.

3/32 **β-Rhodomycinone**

M. 386.34 *m.p.* 225 (*d.*)

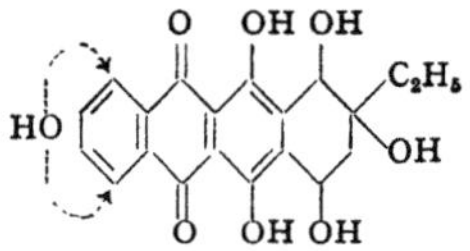

Properties: Dark red needles f. bz. meth.; s. acet., al., ac. a., bz., pyr. — *Occurrence:* Streptomyces purpurascens.

3/33 **ε-Pyrromycinone (rutilantinone)**

M. 428.38 *m.p.* 220

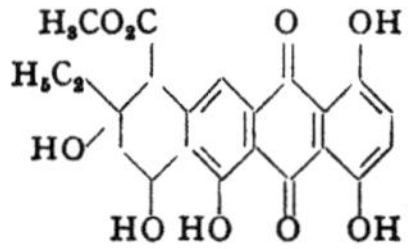

Properties: Red needles f. bz. meth.; $[\alpha]_D^{20}$ + 143°. — *Occurrence:* Free and as glycoside in Streptomyces antibioticus and other Actinomycetes.

3/34 **Copareolatin**

M. 286.23 *m.p.* > 298

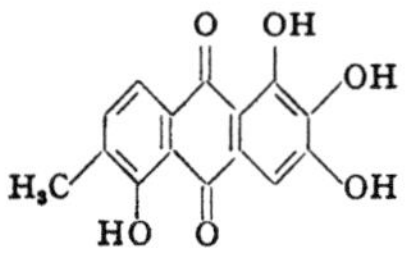

Properties: Brown-red needles or plates f. ac. a.; s. acet., dioxane, pyr.; H_2SO_4 red-purple; alkali reddish; sl. s. al., ac. a., et. ac., eth.; — *Tetra-acetate:* light-yellow needles f. ac. a.; *m.p.* 238. — *Occurrence:* Bark of Coprosma areolata.

3/35 **Kermesic acid**

M. 372.28 *d.* 250

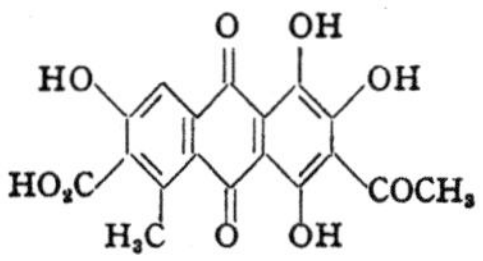

Properties: Red needles f. w.; s. meth., al., ac. a.; H_2SO_4 violet-red; alkali violet-red; sl. s. eth. — *Occurrence:* insect Kermococcus ilicis.

3/36 **Carminic acid**

M. 492.38 *d.* 130

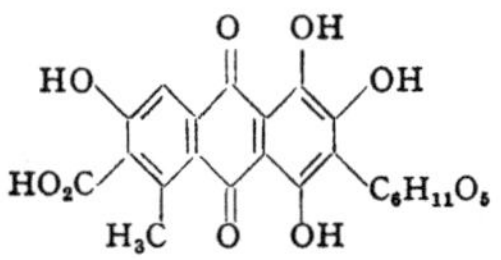

Properties: Red prisms f. aq. meth.; $[\alpha]_{643}^{15}$ + 51.6° (w.); s. w., al.; sl. s. eth. — *Occurrence:* Insects of Dactylopius spp.

3/37 **Alaternin**

M. 286.23 *m.p.* 320–1 subl. 210 vac.

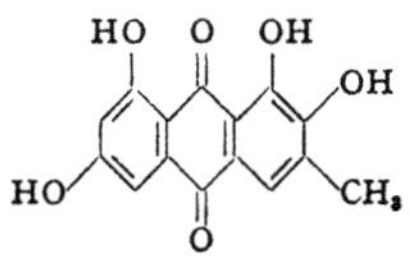

Properties: Red plates f. ac.; — *Tetra-acetate* *m.p.* 224 f. ac. a. — *Occurrence:* Rhamnus alaternus.

3/38 **Catenarin**

M. 286.23 *m.p.* 246

Properties: Red plates f. al.; s. Na_2CO_3. — *Occurrence:* Helminthosporium spp., Aspergillus amstelodami, Penicillium islandicum.

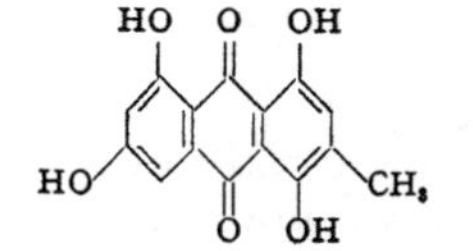

3/39 **Tritisporin**

M. 302.23 *m.p.* 277—8

Properties: Brick-red prisms f. dioxane. — *Occurrence:* Helminthosporium tritici-vulgaris.

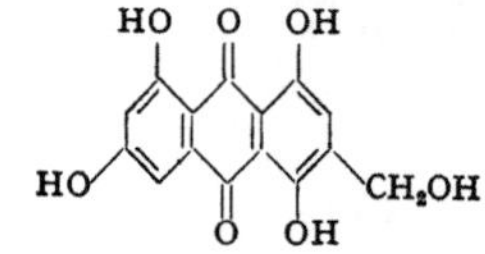

3/40 **Erythroglaucin**

M. 300.26 *m.p.* 205—6

Properties: Red plates or needles f. ac. a.; s. h. bz., chl., acet.; H_2SO_4 blue; alkali purple; sp. sol. pet., meth., al., eth. — *Occurrence:* Aspergillus glaucus, A. ruber.

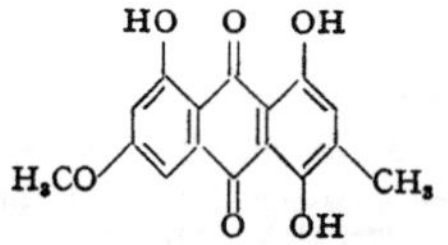

3/41 **Rhodocomatulin-6-methyl-ether**

M. 356.32 *m.p.* 250—2 (*d.*)

Properties: Red needles f. al.; s. Na_2CO_3 violet-red. — *Occurrence:* crinoid Comatula pectinata.

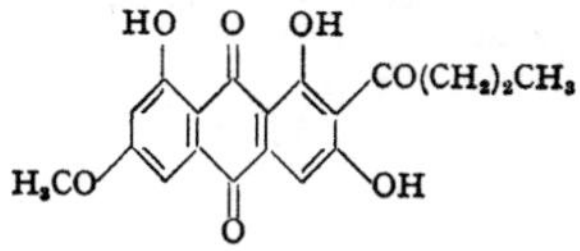

3/42 **Cynodontin**

M. 286.23 *m.p.* 275 subl. 175 vac.

Properties: Bronze plates f. pyr.; s. h. chl.; H_2SO_4 blue; alkali blue-violet. — *Occurrence:* Helminthosporium spp.

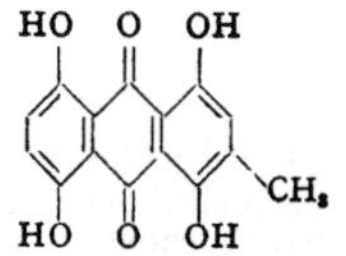

3/43 **ε-iso-Rhodomycinone**

M. 444.38 *m.p.* 245 (*d.*)

Properties: Dark red leaflets f. bz.-meth.; s. acet., al., ac. a.; alkali blue; sl. s. bz., chl. — *Occurrence:* Streptomyces purpurascens.

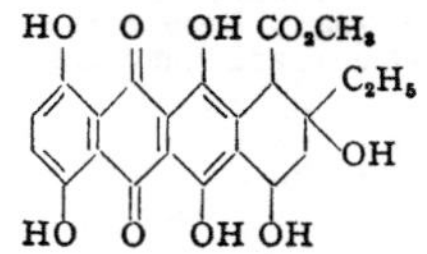

3/44 **Dermocybin**

M. 316.26 *m.p.* 228—9

Properties: Red needles or prisms f. al. or ac.; s. pyr., ac. a., al., eth.; H_2SO_4 violet; alkali red-violet. — *Occurrence:* Toadstool Cortinarius sanguineus.

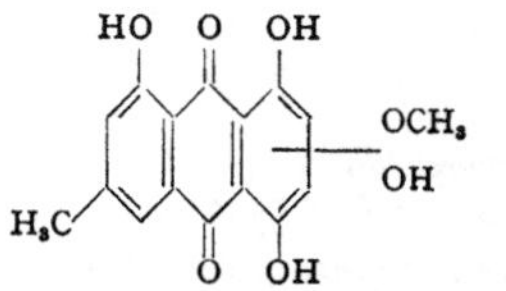

3/45 **Asperthecin**

M. 318.23 *m.p.* > 370

Properties: Red needles f. dioxane; sl. s. acet., ac. a., dioxane; H_2SO_4 purple; bicarbonate purple. — *Hexa-acetate:* pale yellow needles; *m.p.* 228. — *Occurrence:* Aspergillus nidulans and other A. spp.

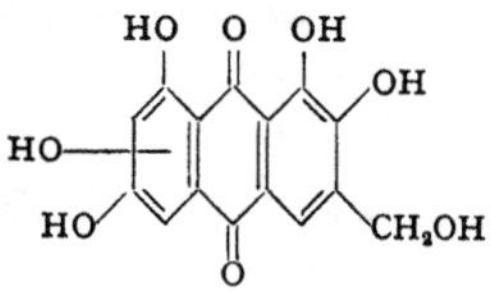

3/46 **Phomazarin**

M. 387.33 *m.p.* 197

Properties: Orange needles; s. pyr., al., acet., ac. a. — *Occurrence:* mould Phoma terrestris.

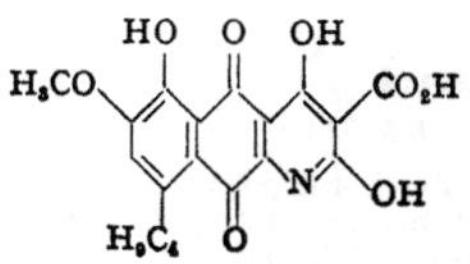

3/47 Nalgiolaxin

M. 362.75 *m.p.* 245 subl. 200 vac.

Properties: Yellow plates or needles f. al.; $[\alpha]_D^{22}$ +40.3° (chl.); H_2SO_4 red; alkali red; + $FeCl_3$ → brown. — *Occurrence:* Penicillium nalgiovensis.

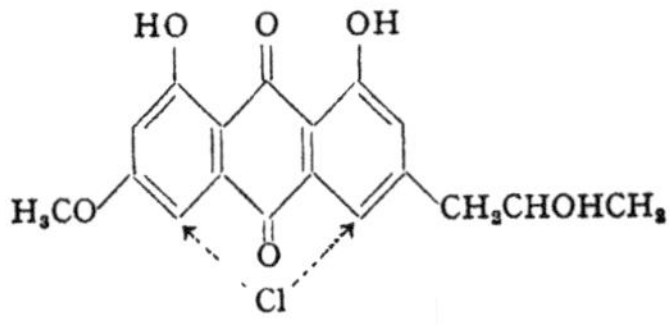

3/48 Iridoskyrin

M. 538.44 *m.p.* 358—60 subl. 260 vac.

Properties: Red rods or plates f. bz., s. chl., acet., h. bz.; H_2SO_4 blue; alkali purple-blue; sl. s. eth. + $FeCl_3$ → violet. — *Occurrence:* Penicillium islandicum.

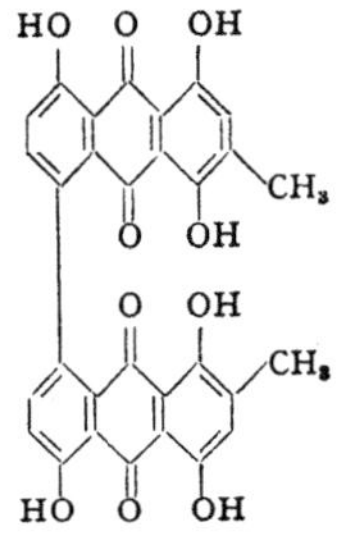

3/49 Skyrin

M. 538.44 *m.p.* > 380 subl. 310 vac.

Properties: Orange rods or yellow plates f. eth.; s. Na_2CO_3, NH_4OH purple, + $FeCl_3$ → brown-red; — *Hexa-acetate:* yellow needles f. ac. a.; *m.p.* 295—6. — *Occurrence:* Penicillium islandicum, other P. and Endothia spp.

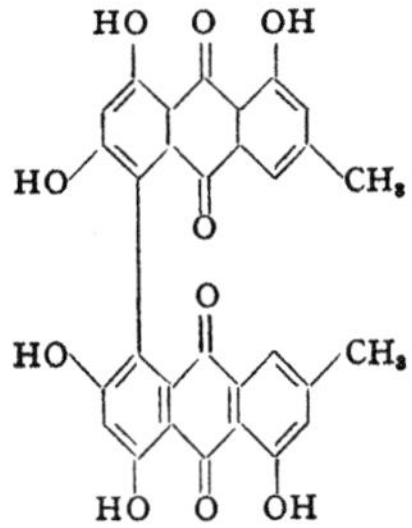

3/50 Rubroskyrin

M. 574.48 *m.p.* 289—90 (*d.*)

Properties: Dark-red plates f. eth.; s. al., acet., chl., dioxane; H_2SO_4 red → blue; alkali green; sl. s. bz., eth. — *Occurrence:* Penicillium islandicum.

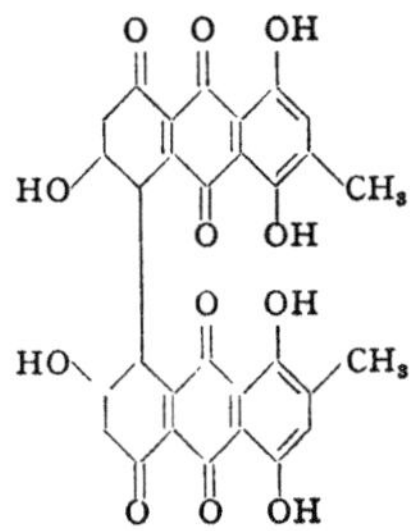

4. Higher Quinones

4/1 Tanshinone I

M. 276.28 *m.p.* 232—4

Properties: Brown-red prisms; s. h. xy., h. ac. a.; H_2SO_4 green-blue. — *Act.:* purgative. — *Occurrence:* Roots of Salvia miltiorrhiza.

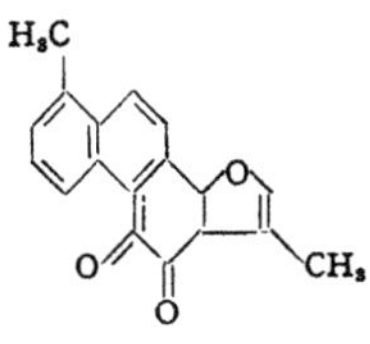

4/2 η-Pyrromycinone

M. 392.35 *m.p.* 236–7 *b.p.* subl.

Properties: Red needles f. bz.; s. pyr.; H_2SO_4 blue, red fluoresc.; NaOH violet; sl. s. dioxane, chl. brown-red, green fluoresc. — *Occurrence:* Streptomyces spp.

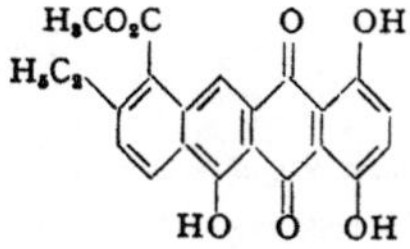

4/3 4,9-Dihydroxyperylen-3,10-quinone

M. 314.28 *d.* > 350 subl. 280 in vac.

Properties: Red needles; s. H_2SO_4 red fluoresc.; sl. s. h. nitrobz.; — *leuco-Tetra-acetate:* reddish prisms *m.p.* > 350. — *Occurrence:* Fruit of Daldinia concentrica.

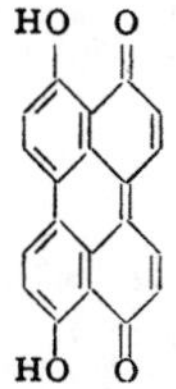

4/4 Protohypericin

M. 506.44

Properties: Violet prisms f. dioxane, meth. al.; sl. s. pyr., meth. al.; action of light produces hypericin; — *Hexabenzoate:* yellow tufts; *m.p.* 218. — *Occurrence:* Hypericum hirsutum.

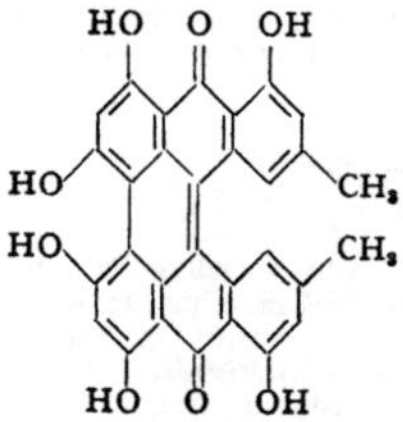

4/5 Hypericin

M. 504.43 *m.p.* > 320

Properties: Violet-black needles; s. pyr. red; H_2SO_4 or NaOH green, red fluoresc.; — *Hexabenzoate* yellow leaflets f. bz.; *m.p.* 303–4. — *Act.:* photodynamic. — *Occurrence:* St. John's wort, other Hypericum spp.

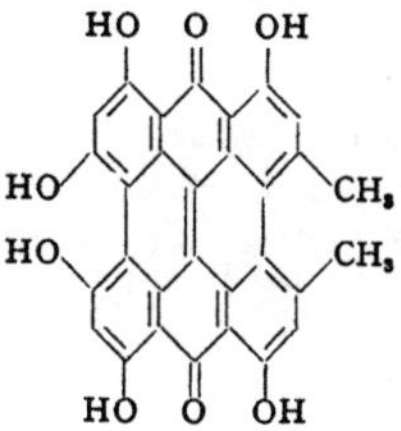

4/6 Erythroaphin fb

M. 510.48

Properties: Deep carmine-red needles f. chl. al.; s. chl., acet., dioxane, H_2SO_4 red; sl. s. al., et. ac. — *Occurrence:* Aphis fabae and other Aphididae.

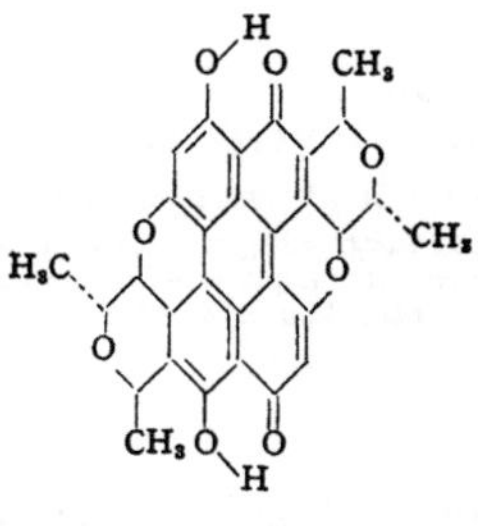

4/7 Xylindein

M. 586.51 *d.* > 400

Properties: Purple irridescent plates f. phenol; s. pyr., H_2SO_4.; sp. s. $C_2H_2Cl_4$. *Activity:* weak antifungal. *Occurrence:* cultures of and wood infected with Chlorociboria aeruginosa (Peziza aeruginosa).

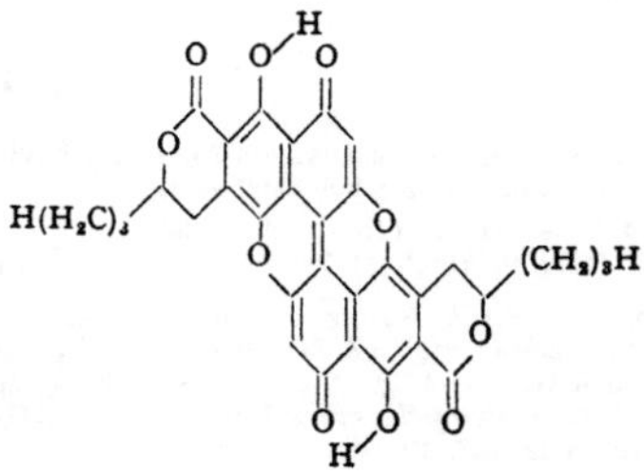

5. Quinone Methines

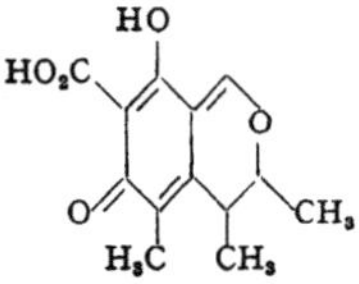

5/1 **Citrinin**

M. 250.24 *m.p.* 175 (*d.*) *b.p.* subl.

Properties: Yellow prisms f. al.; $[\alpha]_D$ −37.4° (acet.); v.s. chl., acet., NaOH, Na_2CO_3; sl. s. eth.; + $FeCl_3$ → brown. — *Act.:* antibiotic. — *Occurrence:* Penicillium citrinum, other P. and Aspergillus spp.

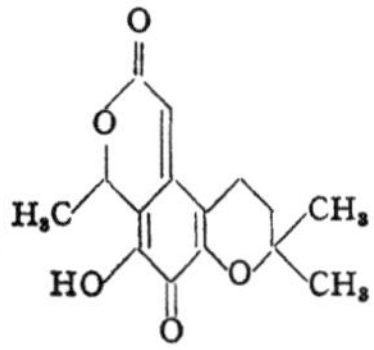

5/2 **Fuscin**

M. 276.28 *m.p.* 230 subl. 170 vac.

Properties: Orange plates f. al.; s. chl., acet., h. al., et. ac., ac. a.; H_2SO_4 green-yellow; sl. s. eth., bz., c. al.; purple with NH_3, $NaHCO_3$, aq. pyr., NaOH; + $FeCl_3$ → purple-red. — *Act.:* antibacterial. — *Occurrence:* Oidiodendron fuscum.

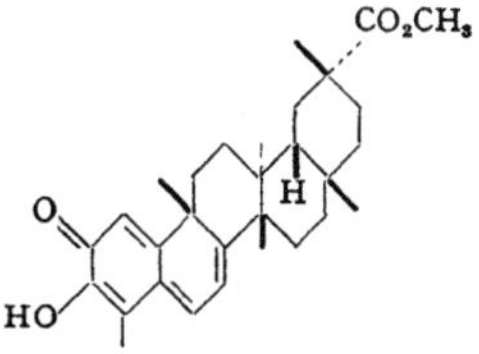

5/3 **Pristimerin**

M. 464.62 *m.p.* 219—20

Properties: Orange needles f. eth.-pet.; s. dioxane; H_2SO_4 and NaOH crimson; + $FeCl_3$ → olive-green. — *Act.:* active against Mycobacterium tuberculosis. — *Occurrence:* Roots of Celastrus dispermis, Pristimera indica, P. grahamii, Denhamia pittosporoides.

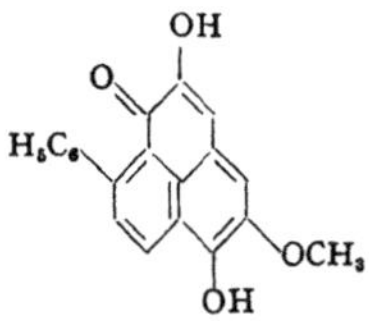

5/4 **Haemacorin aglycone**

M. 318.31 *m.p.* 277—8 (*d.*) subl. vac.

Properties: Purple-red plates; s. acet., al., H_2SO_4 emeraldgreen; NaOH blue; sl. s. bz. — *Occurrence:* as cellobioside in roots of Haemodorum corymbosum.

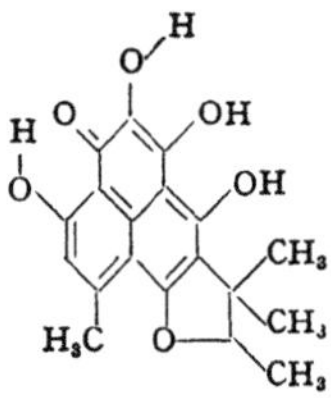

5/5 **Atrovenetin**

M. 342.33 *m.p.* 295 (*d.*) subl. 210 vac.

Properties: Yellow-brown plates or prisms; $[\alpha]^{21}_{546}$ 154°; s. most org. solvents; H_2SO_4 yellow, green fluoresc.; NaOH orange; + $FeCl_3$ → red-brown. — *Occurrence:* Penicillium atrovenetum.

Mehrkernig-kondensierte Kohlenwasserstoffe und ihre Derivate

1. Fluorene

1/1 **Fluoren (o-Biphenylenmethan, Diphenylmethan, 2,2'-Methylenbiphenyl)**

MG 166.21 *F* 116—7 *D* 1.202 (subl. im Hochvak.) $C_{13}H_{10}$

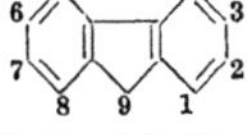

Charakteristik: Blendendweiße Blättchen oder Flocken (A.); ll. in Eg.; l. in CS_2, Ae., Bzl., h.A. — *Verbindung mit 1,3,5-Trinitrobenzol*, $2C_{13}H_{10} \cdot 3C_6H_3N_3O_6$: goldgelbe Plättchen, *F* 105. Daneben auch $3C_{13}H_{10} \cdot 4C_6H_3N_3O_6$, *F* 105. — *Verbindg. mit Pikrylchlorid*, $C_{13}H_{10} \cdot C_6H_2O_6Cl$: orange Krist. *F* 70. — *Verbindg. mit Pikrinsaure*, $C_{19}H_{13}N_3O_7$: rötlichbraune unstabile Subst., *Z* 80—2. — *V.:* Zu etwa 1.6% im Steinkohlenteer.

1/2 **2-Aminofluoren (2-Fluorenamin)**

MG 181.23 *F* 131–2 $C_{13}H_{11}N$

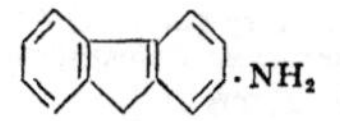

Charakteristik: Nadeln (verd. A.); λ_{max} 284 mμ. — *Additionsverb. mit sym. Trinitrobenzol*, $C_{19}H_{14}N_4O_6$: *F* 114–5. — *Wi.:* Carcinogen.

1/3 **2-Acetaminofluoren (N-2-Fluorenylacetamid)**

MG 223.26 *F* 194 $C_{15}H_{13}NO$

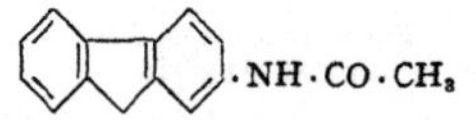

Charakteristik: Krist. (A. + W.); λ_{max} 285 mμ; l. in A., Glykolen, Fettsolventien; unl. in W. — *Wi.:* Carcinogen.

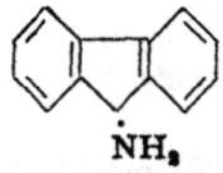

1/4 **9-Aminofluoren (9-Fluorenamin)**

MG 181.23 *F* 64–5 $C_{13}H_{11}N$

Charakteristik: Krist. (Hexan). — *Hydrochlorid*, $C_{13}H_{12}NCl$: *MG* 217.69, *Z* 257. — *Pikrat*, $C_{19}H_{14}N_4O_7$: *F* ≈240. — *Pikrolonat*, $C_{23}H_{19}N_5O_5$: *F* 265.

1/5 **2,7-Diaminofluoren (2,7-Fluorendiamin)**

MG 196.24 *F* 165 $C_{13}H_{12}N_2$

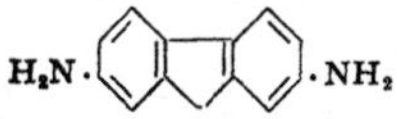

Charakteristik: Nadeln (W.); l. in A.; wl. in h. W.; swl. in k. W. — *Hydrochlorid*, $C_{13}H_{12}N_2 \cdot HCl$: *MG* 202.70, Krist., l. in h. W. — *Verwend.:* Nachweis von Bromid, Chlorid, Nitrat, Persulfat, Cd, Cu, Co, Zn.

2. Anthracene

2/1 **Anthracen**

MG 178.22 *F* 217 Kp_{760} 342 (subl.) D_4^{27} 1.25 $C_{14}H_{10}$

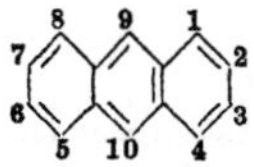

Charakteristik: Monoklin. Plättchen, wenn rein, dann farbl. mit violetter Fluorescenz, wenn unrein (Tetracen, Naphthacen), dann gelb mit grüner Fluorescenz. Stark triboluminescent u. triboelektrisch. Dunkelt im Sonnenlicht; unreine Lsgn. gehen beim Bestrahlen mit UV in Dianthracen (para-Anthracen) über, das ausfällt. Rückführung in Anthracen durch Sublimation. 0.076 A. 16°; 0.83 A. 78°; 1.19 Ae.; 1.77 Chlf.; 1.57 CS_2; 7.5 Bzl. 80°; unl. in W. — *Additionsverbindg. mit Pikrinsäure:* *F* 139. — *Additionsverbb. mit sym. Trinitrobenzol:* *F* 164. — *Additionsverb. mit Trinitrotoluol:* *F* 162. — *Verwend.:* Stabilisator für Schädlingsbekämpfungsmittel u. Gerbstoffe.

2/2 **9-Hydroxyanthracen (Anthranol, 9-Anthrol)**

MG 194.22 *F* 120 (bei Erwärmen des Bades auf 110°) unter Sintern *F* 152 (bei kaltem Bad) $C_{14}H_{10}O$

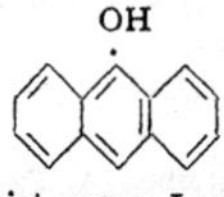

Charakteristik: Nadeln (Eg.), Platten (verd. A.); l. in den meist. organ. Lsgm. mit blauer Fluorescenz; in Lsgn. Übergang in Anthron. — *Acetat*, $C_{16}H_{12}O_2$: Krist. (PAe.), *F* 134. — *Benzoat*, $C_{21}H_{14}O_2$: Krist. (Py. + A.), *F* 170–2. — *Phenylacetat*, $C_{22}H_{16}O_2$: *F* 102–3. — *Methyläther*, $C_{15}H_{12}O$: Krist. (A.), *F* 97–8. — *Äthyläther*, $C_{16}H_{14}O$: Krist. (Me.), *F* 73.

2/3 **9,10-Dihydro-9-oxo-anthracen (Anthron)**

MG 194.22 *F* 155 $C_{14}H_{10}O$

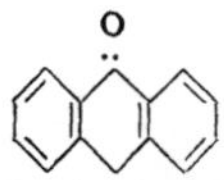

Charakteristik: Orthorhomb. Nadeln (Bzl. + PAe.); l. in den meisten organ. Lsgm. ohne Fluorescenz. Etwaige Fluorescenz rührt v. verunreinigendem Anthranol her. Tendiert zum Übergang in Anthrachinon. In abs. A. Gleichgewicht bei 89% Anthron u. 11% Anthranol. — *Additionsverb. mit 4 Molen Desoxycholsäure*, $C_{110}H_{170}O_{17}$: *F* 179. — *Verwend.:* Zur Analyse von Kohlenhydraten (Glucose, Lactose, Glykogen) in Blut, Harn u. Leber, von Methylcellulose, Streptomycin B und von 17-Hydroxy-11-dehydrocorticosteron (Cortison), in der Chromatographie.

2/4 **1,8,9-Anthratriol (1,8-Dihydroxyanthranol, Dianthrol, Ciquolin, Anthralin, Derolin)**

MG 226.22 *F* 176–81 $C_{14}H_{10}O_3$

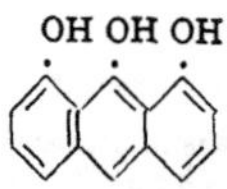

Charakteristik: Zitronengelbe Blättchen od. Nadeln (Ligroin); ll. in Chlf.; l. in verd. NaOH mit gelber Farbe u. grüner Fluorescenz, Ac., Bzl., Py., Ölen; wl. in A.; unl. in W. — Bei O_2-Gegenwart werden alkal. wssr. Lsgn. rot u. verlieren ihre Fluorescenz. — *Verwend.:* Therapeuticum bei chron. Dermatosen, bes. Psoriasis.

2/5 **3,4-Dihydroxy-anthranol-(□) (1,2,10-Trihydroxyanthracen, Desoxyalizarin, Anthrarobin)**

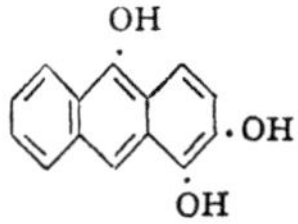

MG 226.22 *F* 208 $C_{14}H_{10}O_3$

Charakteristik: Gelbbraune bis dunkelbraune Blättchen od. Nadeln; ll. in A., Ae., Ac., Eg.; wl. in W., Bzl. — Lsg. in Alkoholen mit grüngelber Farbe, in konz. H_2SO_4 mit goldgelber Farbe, beim Kochen od. längerem Stehen an der Luft Umwandlung in Alizarin.

3. Phenanthrene

3/1 **Phenanthren**

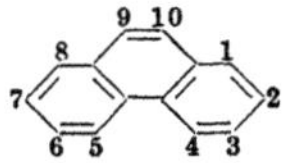

MG 178.22 *F* 100 *Kp* 340 (subl. im Hochvak.)
D[25] 1.179 $C_{14}H_{10}$

Charakteristik: Weiße monokline Blättchen (A.) mit blauer Fluorescenz; ll. in Ac., Chlf., Bzl., Toluol, Ae., Eg., CS_2, CCl_4; l. in h. A., Me.; unl. in W. — Die Lsgn. fluorescieren blau. Bildet Molekulverbb. mit Pikrinsäure, Pikrylchlorid, Dinitrobenzol u. ähnlichen Nitroverbb.

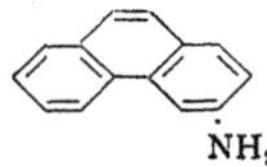

3/2 **3-Aminophenanthren**

MG 193.23 *F* 87.5 $C_{14}H_{11}N$

Charakteristik: Krist. (Ligroin); ll. in A., Ae.; wl. in W. — Lsgn. fluorescieren blau.

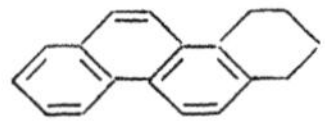

3/3 **1,2-Cyclopentenophenanthren**

MG 218.28 *F* 135.6 $C_{17}H_{14}$

Charakteristik: Nadeln (A., PAe.). — *Pikrat*, $C_{23}H_{17}N_3O_7$: orange Nadeln (Bzl.), *F* 133—4.

4. Benzanthracene

4/1 **1,2-Benzanthracen (Benz(a)anthracen, 2,3-Benzphenanthren, Tetraphen, Benzanthren, Naphthanthracen)**

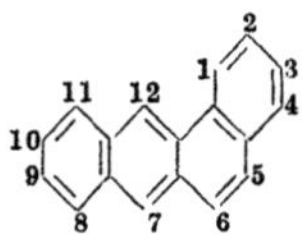

MG 228.28 *F* 159.5—60.5 (167) (subl.)
Kp 400 $C_{18}H_{12}$

Charakteristik: Blattchen (A., Eg.) mit gelbgruner Fluorescenz; l. in den meisten organ. Lsgm.; wl. in A.; unl. in W.; löst sich in konz. H_2SO_4 karminrot mit gelbgruner Fluorescenz. — *Verbindung mit 3 Molen Desoxycholsäure*, $C_{90}H_{132}O_{12}$: *F* 198—9, l. in W. — *Pikrat*, $C_{24}H_{15}N_3O_7$: rote Nadeln (Xylol), *F* 142. — *Styphnat*, $C_{24}H_{15}N_3O_8$: *F* 153. — *Wi.:* Schwach carcinogen!

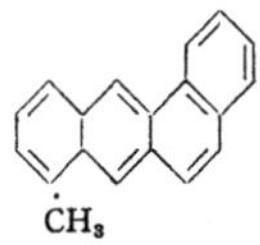

4/2 **5-Methyl-1,2-benzanthracen**

MG 242.31 *F* 158.5—59.1 $C_{19}H_{14}$

Charakteristik: Krist. (Eg.); l. in A., Ae., Ac.; unl. in W.— *Pikrat*, $C_{25}H_{17}O_7N_3$: *F* 165.8—66.3. — *Wi.:* Carcinogen!

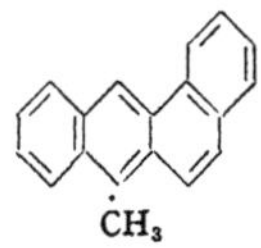

4/3 **10-Methyl-1,2-benzanthracen**

MG 242.31 *F* 140.2—40.8 $C_{19}H_{14}$

Charakteristik: Krist. (A.); ll. in Ac.; l. in A.; wl. in Ae.; unl. in W. — *Pikrat*, $C_{25}H_{17}O_7N_3$: *F* 173.5 bis 174.

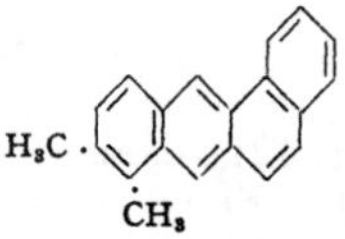

4/4 **5,6-Dimethyl-1,2-benzanthracen**

MG 256.33 *F* 187—8 $C_{20}H_{16}$

Charakteristik: Krist. (Eg. + A.); l. in A., Ac.; unl. in W. — *Pikrat*, $C_{26}H_{19}O_7N_3$: *F* 191—3. — *Wi.:* Stark carcinogen!

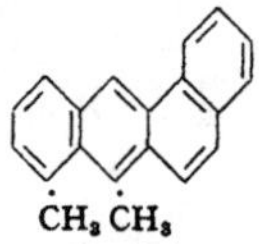

4/5 **5,10-Dimethyl-1,2-benzanthracen**

MG 256.33 *F* 147—47.5 $C_{20}H_{16}$

Charakteristik: Krist. (A. + Eg.); ll. in Ac.; l. in A.; unl. in W.— *Pikrat*, $C_{26}H_{19}O_7N_3$: rote Nadeln, *F* 173.7—74.2. — *Wi.:* Stark carcinogen!

4/6 **9,10-Dimethyl-1,2-benzanthracen (7,12-Dimethyl-benz(a)anthracen)**

MG 256.33 *F* 122—3 $C_{20}H_{16}$

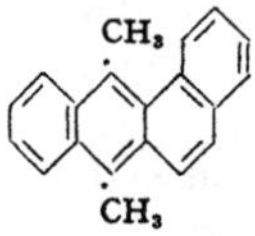

Charakteristik: Platten u. Blättchen (A. + Ac.) mit schwach grünlicher Farbg.; Maximalfluorescenz bei 440 mμ; ll. in Bzl.; l. in Ac.; wl. in A.; unl. in W. Wird jedoch in W. lösl. durch Zusatz v. Purin, Coffein, Tetramethylharnsäure u. Nucleosiden. — *Monopikrat*, $C_{20}H_{16} \cdot C_6H_3O_7N$: schwarze Nadeln (abs. A.), *F* 112—3. — *Dipikrat*, $C_{20}H_{16} \cdot 2C_6H_3O_7N_3$: rotbraune Nadeln (abs. A.), *F* 103—6. — *Wi.:* Carcinogen!

5. Dibenzanthracen

5/1 **1,2,5,6-Dibenzanthracen (Dibenz(a,h)anthracen)**

MG 278.33 *F* 266 (subl.) $C_{22}H_{14}$

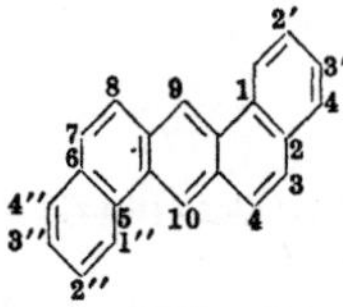

Charakteristik: Platten od. Blättchen (Eg.), monoclin. od. orthorhomb. Krist.; l. in PAe., Bzl., Toluol, Xylol, Ölen u. a. organ. Lsgm.; wl. in A., Ae.; unl. in W. — *Wi.:* Stark carcinogen! — *Dipikrat*, $C_{22}H_{14} \cdot 2C_6H_3N_3O_7$: Rötliche Nadeln (Bzl.), *F* 214. — *Additionsverb. mit Desoxycholsäure:* Dibenzanthracencholinsäure, $C_{22}H_{14}(C_{24}H_{40}O_4)_4$: Krist. (Dioxan), *F* 221.5—222.3; Na-Salz l. in W.

6. Cholanthrene

6/1 **Cholanthren**

MG 254.31 *F* 173 Subl. bei 210—15/0,2 mm $C_{20}H_{14}$

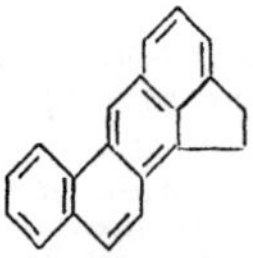

Charakteristik: Schwachgelbe Platten (Bzl. + Ae.); l. in Bzl., Xylol, Toluol; wl. in Me.; unl. in W. Geht in Lsg. durch Zusatz v. Na-Desoxycholat. — *Wi.:* Carcinogen! — *Pikrat*, $C_{26}H_{17}N_3O_7$: dunkelrote Nadeln (Bzl.), *F* 169—70. — *Molekülkomplex mit 2,4,7-Trinitrofluorenon:* Olivgrüne Krist., *F* 245—6.

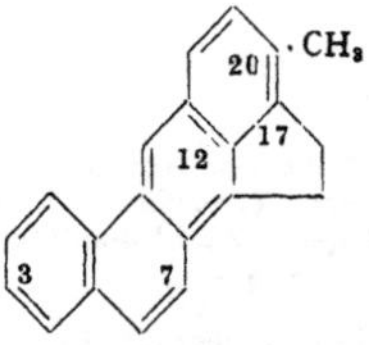

6/2 **20-Methylcholanthren**

MG 268.34 *F* 179—80 *Kp* 280 D^{20} 1.28 $C_{21}H_{16}$

Charakteristik: Blaßgelbe, dünne Prismen (Bzl. + Ae.); l. in Bzl., Xylol, Toluol; wl. in Amylalkohol; unl. in W. — *Wi.:* Lokal stark carcinogen! — *Tetracholeinsäure-Verbindung*, $C_{21}H_{16}(C_{24}H_{40}O_4)_4$: *F* 197, l. in W.

7. Verschiedene Verbindungen

7/1 Pyren (Benz(d, e, f)phenanthren)

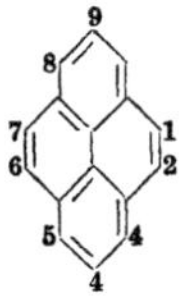

MG 202.24 *F* 156 *Kp* 404 D^{23} 1.271 $C_{16}H_{10}$

Charakteristik: Farbl., monoklin., prismat. Täfelchen (A. oder Subl.), meist gelb, weil mit Tetracen verunreinigt. Feste Subst. u. Lsgn. fluorescieren blau; wl. in organ. Lsgm.; unl. in W. — *Pikrat*, $C_{16}H_{10}\cdot C_6H_3N_3O_7$: dunkelrote Nadeln (A.), *F* 222. — *Verbindung mit 1,3,5-Trinitrobenzol*, $C_{16}H_{10}\cdot C_6H_3N_3O_6$: gelbe Krist., *F* 245.

7/2 Benzanthracen

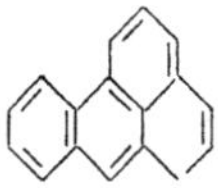

MG 216.27 *F* 81.2 $C_{17}H_{11}$

Charakteristik: Farbl. Blättchen, wird am Licht braun; Lsgn. fluorescieren im UV blau. — *Pikrat*, $C_{23}H_{15}O_7N_3$: dunkelrote Krist., *F* 110—111.

7/3 1,2-Benzphenanthren (Benz(a)phenanthren, Chrysen)

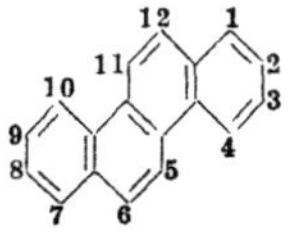

MG 228.28 *F* 254 Kp_{760} 448 D_4^{20} 1.274 (subl. im Vak.) $C_{18}H_{12}$

Charakteristik: Orthorhomb., bipyramidale Platten (Bzl.), fluoresciert stark im UV; 1 g in 1300 ml abs. A. 25°; 480 ml Toluol 25°; l. in sied. Bzl.; wl. in A., Ae., CS_2, Eg.; unl. in W.

7/4 3,4-Benzphenanthren (Benz(c)phenanthren)

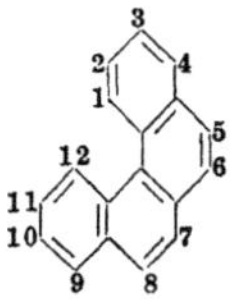

MG 228.29 *F* 168 $C_{18}H_{12}$

Charakteristik: Farbl. Nadeln (A.); Nadeln od. Blättchen (PAe.); feine Nadeln (A. + Ac.); l. in A., Ae.; unl. in W. — *Wi.:* Carcinogen! — *Pikrat*, $C_{24}H_{15}N_3O_7$: rote Nadeln, *F* 128.

7/5 3,4-Benzpyren (1,2-Benz(a)pyren)

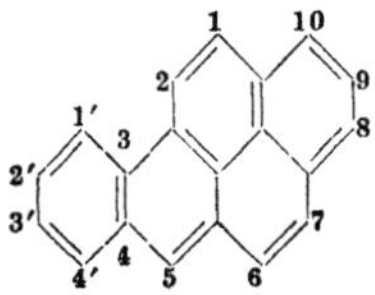

MG 252.30 *F* 179—79.3 Kp_{760} 475 Kp_{10} 310—12 $C_{20}H_{12}$

Charakteristik: Gelbl. monoclin. od. orthorhomb. Krist., Platten od. Nadeln (Bzl. + Me.); verd. benzolische Lsgn. fluorescieren blau; l. in Bzl., Toluol, Xylol; wl. in A., Me.; unl. in W.; 2 mg in 1 ml einer 20%ig. wssr. Lsg. v. Na-Desoxycholat. — *Wi.:* Stark carcinogen! — *Pikrat*, $C_{20}H_{12}\cdot C_6H_3N_3O_7$: dunkelrote Nadeln (Bzl.), *F* 198.

7/6 2,3,6,7-Dibenzphenanthren (Dibenz(b, h)-phenanthren, Pentaphen, β,β'-Dibenzphenanthren, Naphtho-2',3',1,2-anthracen)

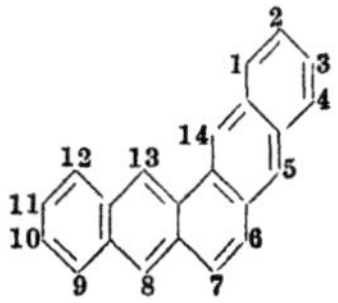

MG 278.33 *F* 257 $C_{22}H_{14}$

Charakteristik: Gelbgrüne Nadeln oder Blättchen (Xylol) mit gelbgrüner Fluorescenz im UV; l. in Bzl., Xylol; wl. in A., Ae. — Lsgn. fluorescieren im Tageslicht blau. — *Dipikrat*, $C_{22}H_{14}\cdot 2\,C_6H_3N_3O_7$: orange Nadeln, *F* 184.

Steroide

A. Die Steroide mit Ausnahme der neutralen Saponine und Herzgifte

Von **R. Reuber**, Frankfurt a. M.-Höchst

Neutrale Saponine S. 521, Herzgifte S. 523.

Inhalt. Einführung. — 1. Zoosterine. — 2. Mykosterine. — 3. Phytosterine. — 4. D-Vitamine. — 5. Polyoxysteroide der Galle und Gallensäuren. — 6. Keimdrüsenhormone und verwandte Steroide: a) C_{21}-Steroide (Nebennierensteroide, Gestagene). b) C_{19}-Steroide (Androgene). c) C_{18}-Steroide (Oestrogene).

Literatur. *Fieser, L. F.*, and *M. Fieser:* Steroids, New York u. London 1959. — *Lettré, H., H. H. Inhoffen* u. *R. Tschesche:* Über Sterine, Gallensäuren und verwandte Naturstoffe, 2. Aufl. Stuttgart 1954. — *Butenandt, A.*, u. *G. Schramm:* Die Steroide in *Flaschenträger-Lehnartz*, Bd. I, Berlin, Göttingen, Heidelberg 1951. — *Reuber, R., R. Tschesche, G. Oertel, J. Schmidt-Thomé*, u. *H. A. Offe:* Steroide, in Hoppe-Seyler/Thierfelder, 10. Aufl., Bd. III, Berlin, Göttingen, Heidelberg 1955. — International Union of Pure and Applied Chemistry (IUPAC), Nomenclature of Organic Chemistry, London 1958.

Einführung

Aus der sehr großen Zahl natürlich vorkommender Steroide wurden vor allem diejenigen ausgewählt, die von physiologischer oder pharmakologischer Bedeutung sind. In manchen Fällen konnten nur einige repräsentative Vertreter aufgenommen werden, wobei eine gewisse Willkür nicht zu vermeiden war. Nicht-natürliche, nur synthetisch hergestellte Steroide wurden dann aufgeführt, wenn es sich um besonders wichtige Stoffe oder um Isomere zu natürlichen Verbindungen handelte.

Das Grundgerüst der Steroide[1]

Grundgerüst aller Steroide ist das „Steran" oder „Cyclopentanoperhydrophenanthren" (I). Die Ringe werden durch die Buchstaben A, B, C, D gekennzeichnet, die Numerierung in der in Formel I angegebenen Weise vorgenommen.

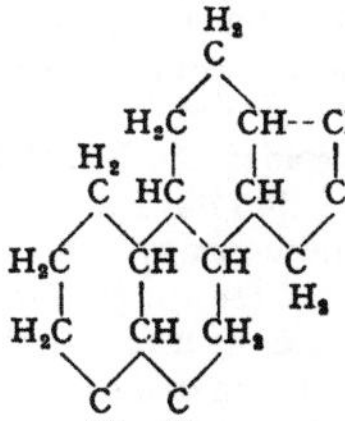

Steran (I)

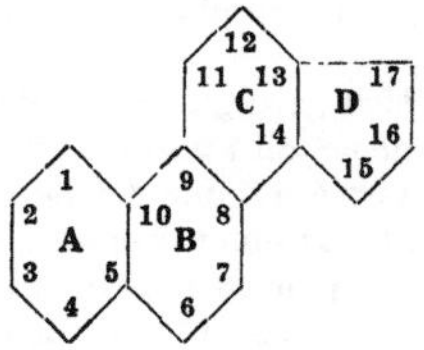

vereinfachte Schreibweise

Im Ringsystem der meisten natürlichen Steroide befindet sich an den C-Atomen 13 und 10 je eine Methylgruppe, die die Nummern 18 und 19 erhalten. In der abgekürzten Schreibweise werden sie durch einen freiragenden Strich wiedergegeben. Das C-Atom 17 trägt mit Ausnahme der C_{18}- und C_{19}-Steroide eine mehr oder weniger lange Seitenkette, deren C-Atome mit den Nummern 20, 21 usw.

[1] Vgl. hierzu: *Fieser, L. F.*, u. *M. Fieser* l. c.; Vorschläge zur Nomenklatur der Steroide, Helv. chim. Acta 34, 1680 (1951); *Reuber, R., R. Tschesche, G. Oertel, J. Schmidt-Thomé* u. *H. A. Offe:* l. c.

beziffert werden. Als Beispiel für die Schreibweise und Numerierung sei der Kohlenwasserstoff Cholestan angeführt (II).

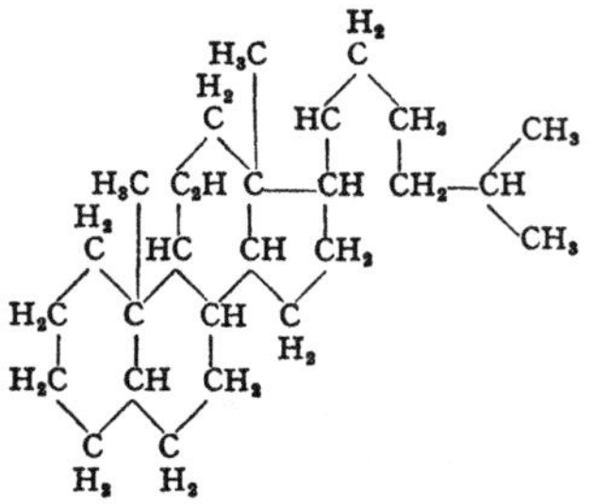

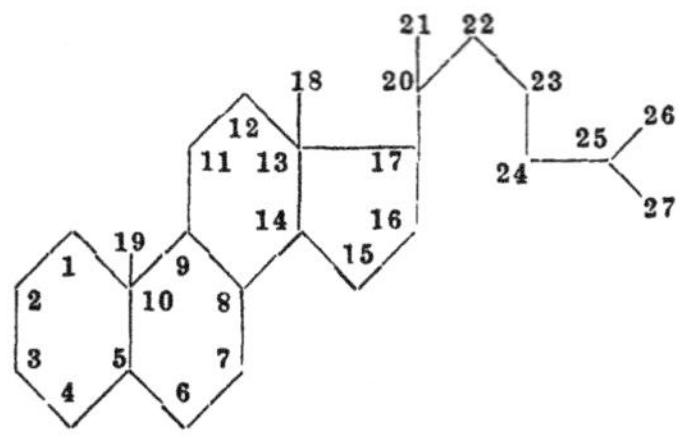

Cholestan (II)

Neben Methylgruppen und der Seitenkette enthalten natürliche Steroide weitere Substituenten, vor allem Hydroxy- und Oxogruppen; viele Steroide besitzen außerdem auch Doppelbindungen.

Die Steroidstammkohlenwasserstoffe und ihre Benennung

Wenn man das Steroidringsystem in grober Annäherung als Fläche ansieht, so können die **Substituenten** oberhalb oder unterhalb der Ringfläche stehen; erstere bezeichnet man als **β-ständige** Substituenten (oberhalb der Ringfläche), letztere als **α-ständige** Substituenten (unterhalb der Ringfläche). In den Formeln wird die β-Stellung von Substituenten durch eine ausgezogene, die α-Stellung durch eine gestrichelte Bindungslinie wiedergegeben. Wie bei allen gesättigten kondensierten Ringsystemen können im Steran die Ringe miteinander cis-förmig oder trans-förmig verknüpft sein. Die absolute Konfiguration des Steroidsystems läßt sich nicht angeben. Mit Sicherheit kann man aber die relative Lage der Substituenten zueinander feststellen; beispielsweise ist bekannt, daß die Methylgruppen an den C-Atomen 10 und 13 auf der gleichen Seite der Ringfläche stehen. Um nun die Steroidformeln schreiben zu können, hat man festgelegt, daß Bezugspunkt für alle Substituenten die Methylgruppe am C-Atom 10 sein soll, und daß diese als oberhalb der Ringfläche stehend angenommen wird (β-Stellung); ihre Bindung wird demnach durch eine ausgezogene Linie wiedergegeben.

Es hat sich gezeigt, daß in den natürlichen Steroiden die Ringe B und C an den C-Atomen 8 und 9 immer trans-verknüpft sind, daß die Ringe C und D mit Ausnahme der Aglykone der herzwirksamen Verbindungen an den C-Atomen 13 und 14 ebenfalls immer trans-verbunden sind, während die Ringe A und B an den Verknüpfungsstellen 5 und 10 sowohl cis- wie trans-Konfiguration haben können. Weiter hat sich ergeben, daß auch die Seitenkette an C_{17} in den natürlichen Steroiden immer auf der gleichen Seite der Ringfläche steht wie die Methylgruppen an C-10 und C-13, also β-Stellung hat. Die meisten anderen Substituenten, vor allem Hydroxygruppen, kommen in α- oder β-Stellung vor.

Man beschreibt die Stellung und sterische Lage eines Substituenten oder einer Ringverknüpfung durch Angabe 1) der Nummer des C-Atoms, an dem der betreffende Substituent steht oder von dem die betreffende Ringverknüpfung ausgeht, und 2) des Konfigurationszeichens α oder β.

Unter Berücksichtigung der in der Natur vorkommenden Verknüpfungsmöglichkeiten und der verschiedenen Typen von Seitenketten lassen sich die Steroide auf die in der Tabelle S. 476 zusammengestellten Stammkohlenwasserstoffe zurückführen. In den Formeln sind die H-Atome an den Ringverknüpfungsstellen mit ihren Bindungsstrichen eingezeichnet.

Zu den Stammkohlenwasserstoffen tritt noch die Grundsubstanz der C_{18}-Steroide, das **Oestran** hinzu, das nur eine anguläre Methylgruppe, nämlich am C-13 trägt.

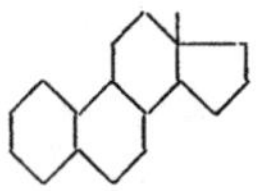

Oestran

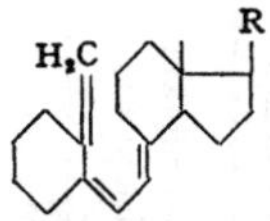

Grundkörper der D-Vitamine

Die D-Vitamine sind keine Steroide, da in ihrem Grundkörper die C-Atome 9 und 10 nicht miteinander verknüpft sind. Sie entstehen aber leicht aus bestimmten Steroiden durch UV-Bestrahlung und können unter Ringschluß wieder in Steroide übergehen. Man rechnet sie daher der Gruppe der Steroide zu.

Substituenten

Stellung und Konfiguration eines Substituenten werden bei der Benennung folgendermaßen berücksichtigt: Dem Namen des zugrunde liegenden Stammkohlenwasserstoffs werden die Substituentenbezeichnungen und ihre Stellungsnummer voran oder in Klammern nachgestellt, wobei außerdem (bei einwertigen Substituenten) noch die Konfigurationszeichen α oder β beigefügt werden: z. B. Pregnan-3α,20α-diol = Pregnandiol-(3α,20α) = 3α,20α-Dihydroxypregnan. Für viele Steroide werden auch Trivialnamen verwendet. Ist die Konfiguration (α- oder β-Stellung) nicht bekannt, so kann man dies durch den Zusatz des griechischen Buchstabens ξ zur Stellungsnummer und im Formelbild durch eine Wellenlinie statt eines Bindungsstriches ausdrücken.

Die früher für 3α-Hydroxysteroide benutzte Bezeichnung „epi" ist nicht mehr üblich. Das Präfix „epi" bedeutet heute, daß in dem betr. Steroid eine OH-Gruppe in umgekehrter räumlicher Anordnung vorliegt wie in einem steroisomeren natürlichen oder typischen (mit einem Trivialnamen bezeichneten) Steroid: z. B. Androsteron (= Androstan-3α-ol-17-on) und epi-Androsteron (= Androstan-3β-ol-17-on).

Die vor 1946 veröffentlichten Konfigurationsformeln von Steroiden mit Substituenten am C-Atom 17 mußten auf Grund späterer Erkenntnisse berichtigt werden. Verschiedene Steroide, die man zuvor lediglich zur Unterscheidung als α- oder β-Verbindungen bezeichnet oder irrtümlich als α- oder β-substituiert (im heutigen Sinne) annahm, haben sich konfigurativ umgekehrt als 17β- bzw. 17α-Derivate erwiesen[1].

Asymmetrie des C-Atoms 20 und der Seitenkette

Das C-Atom 20 in Pregnanderivaten wird durch Substitution eines seiner H-Atome asymmetrisch. Um die Konfiguration des Substituenten anzugeben, denkt man sich das Kohlenstoffatom 21 der um die Achse 17—20 drehbaren Seitenkette maximal nach hinten gedreht. Der dann links stehende Ligand wird als β-ständig, der rechts stehende als α-ständig bezeichnet: z. B. Pregnan-3α,20α-diol und Pregnan-diol-3α,20β-diol. — Auch die C-Atome längerer Seitenketten können durch Substitution asymmetrisch werden; zu ihrer Nomenklatur vgl. [2] u. [3].

In der Seitenkette der nativen Sapogenine ist die Konfiguration an den C-Atomen 20 und 22 immer gleich. Unterschiede treten an C-25 auf (Neo- und Iso-Reihe).

[1] *Goldberg, M. W., J. Sicé, H. Robert* u. *P. A. Plattner:* Helv. chim. Acta **30** 1441 (1947). — *Fieser, L. F.:* Experientia **6**, 312 (1950). — *Shoppee, C. W.:* J. chem. Soc. **1946**, 1138.

[2] Helv. chim. Acta **34**, 1680 (1951).

[3] IUPAC Information Bulletin No. 11, S. 52—57 (Nomenklaturvorschläge, s. S. 10).

Stammkohlenwasserstoffe der naturlichen Steroide		A 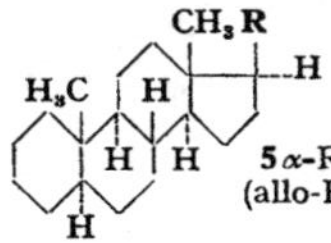 5α-Reihe (allo-Reihe)	B 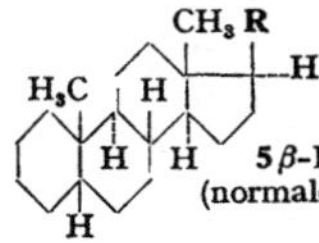 5β-Reihe (normale Reihe)	C 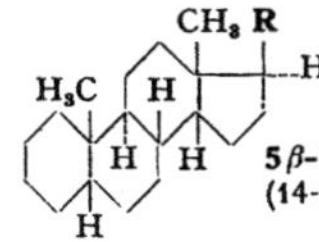 5β-14β-Reihe (14-iso-Reihe)
	R =	Name des Stamm-KW	Name des Stamm-KW	Name des Stamm-KW
I	H	**5α-Androstan** Androstan; (allo-Ätiocholan)	**5β-Androstan** (Ätiocholan)	**14β,5β-Androstan** (14β-Ätiocholan)
II	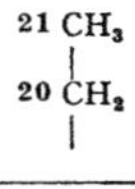	5α-Pregnan (allo-Pregnan)	5β-Pregnan (Pregnan)	—
III	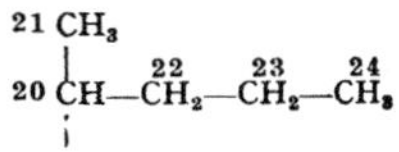	5α-Cholan (allo-Cholan)	5β-Cholan Cholan	—
IV	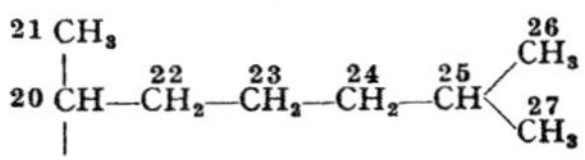	5α-Cholestan (Cholestan)	5β-Cholestan (Koprostan)	—
V	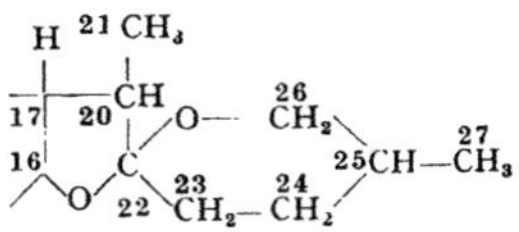	—	Spirostan	—

VI	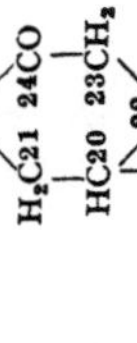	–	–	Bufanolid Bufogenan
VII	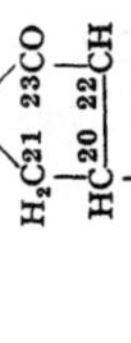	–	–	Cardanolid Cardogenan

Doppelbindungen

Die Bezeichnung der Lage einer Doppelbindung kann auf verschiedene Weise erfolgen. Am gebräuchlichsten ist der Zusatz eines großen griechischen Delta (Δ) zum Namen des Steroids, dem die Nummer desjenigen C-Atoms beigefügt wird, von dem die Doppelbindung ausgeht; zieht sie von diesem nicht zum nächst höher numerierten C-Atom, so folgt der Nummer des Ausgangsatoms auch die in Klammern gesetzte Nummer des zweiten C-Atoms. Außerdem steht im Namen der zugrunde liegenden gesättigten Verbindung an Stelle der Endung „an" je nach der Anzahl der Doppelbindungen die Endung „en", „adien", „atrien" usw.: z. B. Δ^{5}-Cholesten, $\Delta^{7,9(11)}$-Cholestadien.

Man kann auch ohne Verwendung des Zeichens Δ die Anzahl und Lage der Doppelbindungen lediglich durch die Endungen „en", „adien" usw. kennzeichnen, indem man dieser die Nummer desjenigen Kohlenstoffatoms voran oder in Klammern nachstellt, von dem die Doppelbindung ausgeht, z. B.: Cholest-5-en = Cholesten-(5) und Cholestadien-(7,9(11)).

Manchmal werden ungesättigte Steroide auch als „Dehydro"-Verbindungen von durch einen Trivialnamen gekennzeichneten Substanzen bezeichnet; man stellt dann die Nummer desjenigen C-Atoms, von dem die Doppelbindung ausgeht, dem Präfix „Dehydro" voran, z. B. 16-Dehydroprogesteron = $\Delta^{4,16}$-Pregna-dien-3,20-dion (Progesteron = Δ^{4}-Pregnen-3,20-dion.) Leider dient das Präfix „Dehydro-" gelegentlich auch zur Bezeichnung von Ketoverbindungen, die sich von einem Hydroxysteroid durch den Übergang der Hydroxygruppe in eine Ketogruppe ableiten, z. B. 11-Dehydrocorticosteron = Δ^{4}-Pregnen-21-ol-3,11,20-trion; Corticosteron = Δ^{4}-Pregnen-11β,21-diol-3,20-dion).

D-Homo-Steroide

Eine Substanz, die sich von einem Steroid durch Erweiterung des Fünfrings zu einem Sechsring ableiten läßt, bezeichnet man als D-Homo-Derivat des betreffenden Steroids, z. B. D-Homo-Androsteron. Das im erweiterten Ring D neu hinzugekommene Kohlenstoffatom wird mit 17a beziffert.

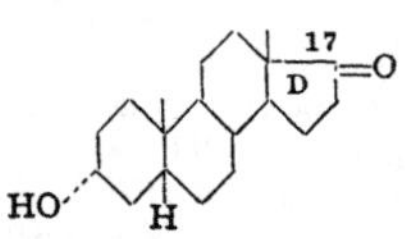

Androsteron

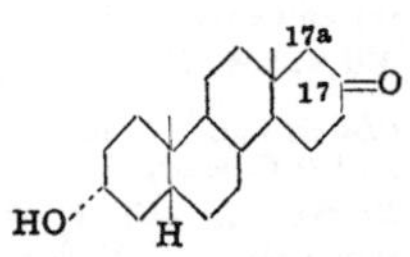

D-Homo-Androsteron

iso-Steroide

Das Präfix „iso" zeigt an, daß ein Steroid an einem anderen Asymmetriezentrum als C-5 eine außergewöhnliche Konfiguration aufweist, z. B.: im 14-iso-Ätiocholan ist die Verknüpfung der Ringe C und D im Gegensatz zu den meisten anderen Steroiden cis-förmig; das H-Atom an C-14 steht in cis-Stellung zur Methylgruppe an C-13; im 17-iso-Progesteron ist die Seitenkette an C-17 nicht β- sondern α-ständig.

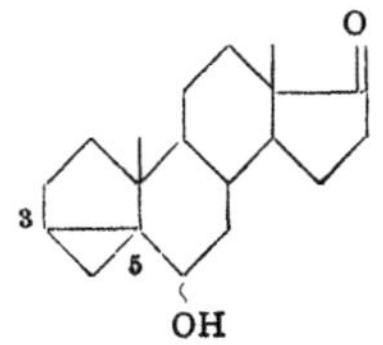

3,5-Cyclo-androstan-ol-(6)-on-(17); (i-Androstan-ol-(6)-on-(17))

Früher wurden auch solche Steroide, die man jetzt „epi"-Verbindungen nennt, als „iso-Verbindungen" bezeichnet, z. B. wurde epi-Androsteron früher iso-Androsteron genannt.

An Stelle der Bezeichnung Ätiocholan findet man gelegentlich in der Literatur auch die Benennung 5-iso-Androsteron und dementsprechende Benennungen der Abkömmlinge dieses Stammkohlenwasserstoffs.

Der Buchstabe i (Abkürzung für iso) vor dem Steroidnamen zeigt an, daß eine isomere Verbindung vorliegt, die infolge einer direkten Bindung zwischen C-3 und C-5 einen carbocyclischen Dreiring enthält. Die Bezeichnung i-Steroid soll ersetzt werden durch 3,5-Cyclosteroid, z. B. i-Androstan-6-ol-17-on = 3,5-Cyclo-androstan-6-ol-17-on.

Hinweis auf weitere tabellarische Steroid-Übersichten

Zahlreiche weitere tabellarische Steroid-Übersichten sind zu finden in *Hoppe-Seyler/Thierfelder*, Handbuch der physiologisch- und pathologisch-chemischen Analyse, 10. Aufl., Bd. III, Berlin, Göttingen, Heidelberg 1955.

1. Zoosterine

$C_{29}H_{52}$

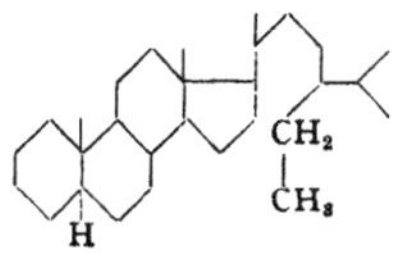

1/1 **24β-Äthylcholestan (Stigmastan, „β"-Sitostan)**

MG 400.74 *F* 85–85.5 $[\alpha]_D$ +25.5° (Chlf.)

Charakteristik: l. in Chlf.; swl. in Me. Bildet mit Cholestan ein Eutektikum, mit Ergostan Mischkristalle.

$C_{29}H_{50}O$

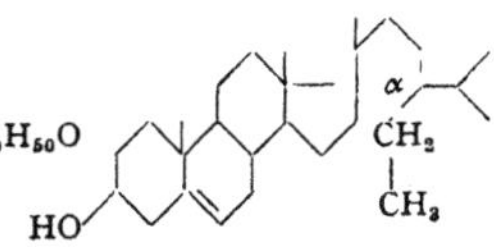

1/2 **Clionasterin**

MG 414.70 *F* 138–142 $[\alpha]_D$ −42° (Chlf.)

Charakteristik: l. in Chlf., Ac., Dioxan. — *V.:* In Spongilla lacustris, Cliona celata u. a. Schwämmen.

1/3 **Poriferasterin**

MG 412.68 *F* 156 $[\alpha]_D$ −49° (Chlf.)

$C_{29}H_{48}O$

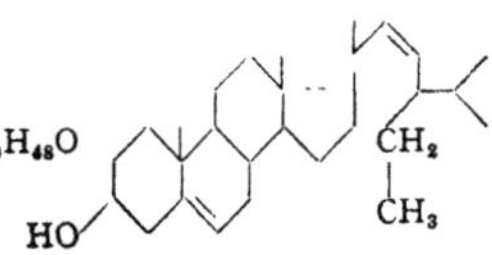

Charakteristik: l. in Ac., Chlf., Dioxan, A. — *Acetat:* $C_{31}H_{50}O_2$, *F* 147; $[\alpha]_D$ −53° (Chlf.). — *Benzoat:* $C_{36}H_{52}O_2$, *F* 191; $[\alpha]_D$ −22°. — *V.:* Hauptsterin aus Haliclona variabilis, in Cliona celata, Asterias rubens, Spongilla lacustris, Ephydatia fluviatilis, Haliclona permollis, H. coerulescens.

1/4 Chondrillasterin
MG 412.67 *F* 169 $[\alpha]_D^{21}$ −2° (Chlf.)

$C_{29}H_{48}O$ 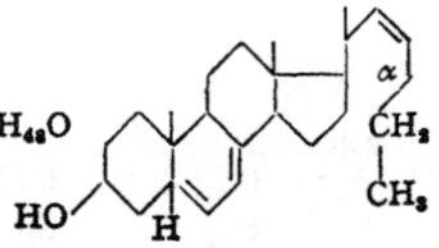

Charakteristik: Acetat: $C_{31}H_{50}O_2$, *F* 174.5−175.5; $[\alpha]_D^{21}$ −0.7° (Chlf.). — *Benzoat:* $C_{36}H_{52}O_2$, *F* 194−195; $[\alpha]_D^{21}$ +3.9° (Chlf.). — *V.:* Im Schwamm Chondrilla nucula; in der Grünalge Scenedesmus obliquus.

1/5 24-Methyl-5α-Cholestan (Ergostan)
MG 386.71 *F* 85 $[\alpha]_D^{0}$ + 17°(Chlf.)

$C_{28}H_{50}$ 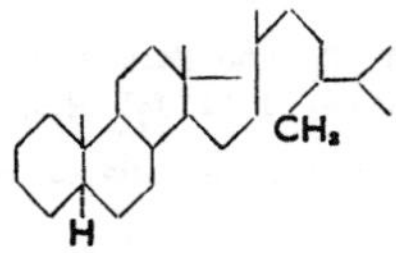

Charakteristik: Aus Me./Ae. perlmutterglanzende Blättchen; l. in Chlf., Ae.; swl. in abs. A.

1/6 24-Methyl-5β-Cholestan (U-Ergostan, Koproergostan, 24-Methyl-koprostan)
MG 386.71 *F* 64 $[\alpha]_D^{19}$ +25.3° (Chlf.)

$C_{28}H_{50}$ 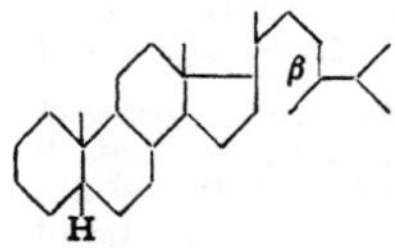

Charakteristik: Aus Ac. Nadeln.

1/7 Aptosterin (Haliclonastanol)
MG 402.68 *F* 135.5 $[\alpha]_D$ +22°

$C_{28}H_{50}O$ 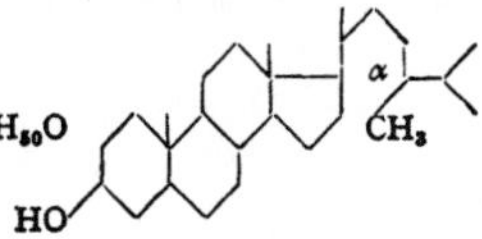

Charakteristik: l. in Chlf., Ae. — *Acetat:* $C_{30}H_{52}O_2$, *F* 134. — *V.:* Aaptos sp., Radiella sol, Weberella bursa, Polymastia infrapilosa.

1/8 Spongosterin (24α-Methyl-Δ^{22}-5α-cholesten-3β-ol)
MG 400.67 *F* 153 $[\alpha]_D$ +10° (Chlf.)

$C_{28}H_{48}O$ 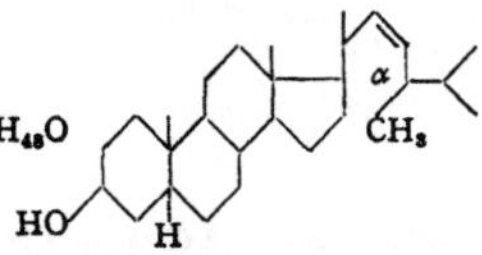

Charakteristik: —. *V.:* In den Schwammen Suberites domuncula u. Suberites compacta.

1/9 22-Dihydroergosterin
MG 398.65 *F* 152−153 (trocken) $[\alpha]_D$ −107° (Chlf.)

$C_{28}H_{46}O$ 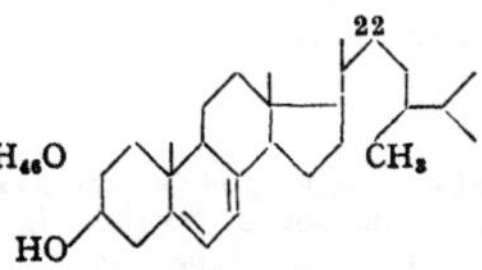

Charakteristik: Aus Methanol/Äthylacetat solvatisierte Nadeln. — *Acetat:* $C_{30}H_{48}O_2$, *F* 157−158; $[\alpha]_D^{17}$ −75° (Chlf.). — *Wi.:* Durch UV-Bestrahlung in Vitamin D_4 umgewandelt.

1/10 Chalinasterin, Ostreasterin (24-Methylen-cholesterin)
MG 398.65 *F* 142 $[\alpha]_D$ −35° (Chlf.)

$C_{28}H_{46}O$ 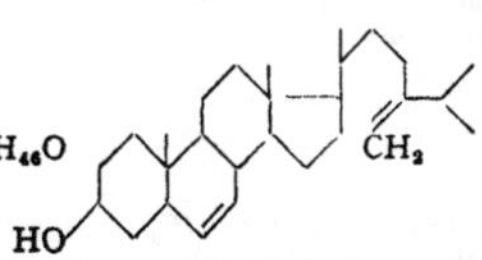

Charakteristik: l. in Chlf., Ac., A. — *Acetat:* $C_{31}H_{50}O_2$ *F* 136. — *V.:* in Condylactis gigantea, Zoanthus proteus, Chalina arbuscula Verril, Tetilla laminaris Wilson, Ostrea virginica, Modiola und mehreren Gastropodenarten.

1/11 **5α-Cholestan (Cholestan)**
MG 372.65 *F* 80 $[\alpha]_D^{20}$ +24.4° (Chlf.)
$[\alpha]_D$ +30.2° (Chlf.)

$C_{27}H_{48}$

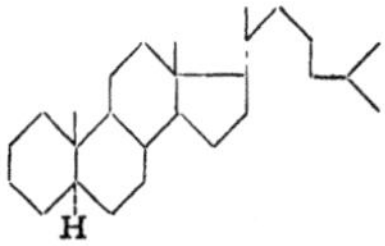

Charakteristik: Aus Ae./A. Schuppen. — ll. in Chlf., Ae., Bzl.; swl. in abs. A.

1/12 **5β-Cholestan (Koprostan)**
MG 372.65 *F* 72 $[\alpha]_D^{11}$ +25.1° (Chlf.)

$C_{27}H_{48}$

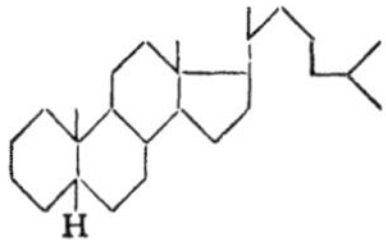

Charakteristik: Aus A. Nadeln. — ll. in Ae., Chlf.; swl. in abs. A.

1/13 **5α-Cholestan-3β-ol (5α-Cholestanol, Dihydrocholesterin)**
MG 388.66 Monohydrat $C_{27}H_{48}O \cdot H_2O$
F 141.5—142 $[\alpha]_D^{22}$ + 24.2°

$C_{27}H_{48}O$

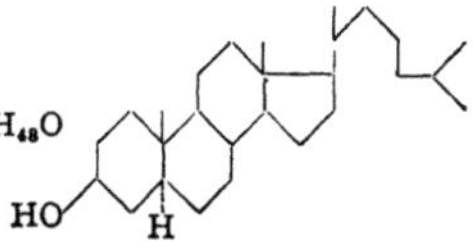

Charakteristik: Blättchen (A.); l. in Ae., A. (1 g in 100 ml), Ac., Chlf.; Me. (1 g in 200 ml); unl. in W. — *Acetat:* $C_{29}H_{50}O_2$, aus Äthylacetat Prismen, *F* 111; $[\alpha]_D^{20}$ +13.3° (Chlf.). — *Benzoat:* $C_{34}H_{52}O_2$, aus Äthylacet Plattchen; *F* 137 (bei 155° klar); $[\alpha]_D^{23}$ +23.3 (Chlf.). — *V.:* Ständiger Begleitstoff von Organcholesterin, in Gehirn, Blutserum, Faeces, Eiern, Gallensteinen.

1/14 **5α-Cholestan-3α-ol (Epicholestanol)**
MG 388.66 *F* 185—186 $[\alpha]_D^{20}$ +34° (Chlf.)

$C_{27}H_{48}O$

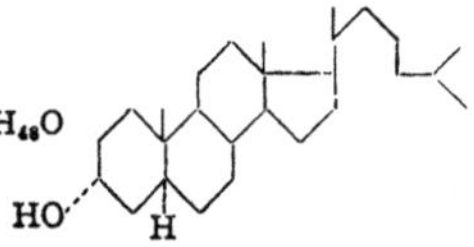

Charakteristik: Weniger lösl. als Cholestanol; l. in A. — *Acetat:* $C_{29}H_{50}O_2$, *F* 95,5—96. — *Benzoat:* $C_{34}H_{52}O_2$, *F* 102—103.

1/15 **5β-Cholestan-3α-ol (Epikoprostanol, Epikoprosterin)**
MG 388.66 *F* 118 $[\alpha]_D$ +32° (Chlf.)

$C_{27}H_{48}O$

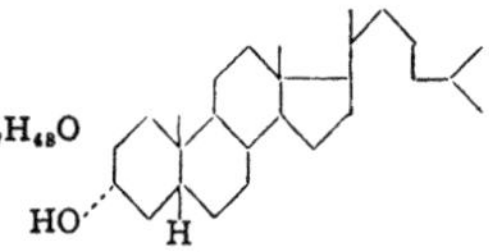

Charakteristik: *Acetat:* $C_{29}H_{50}O_2$, *F* 88; $[\alpha]_D$ +44° (Bzl.).

1/16 **5β-Cholestan-3β-ol (Koprostanol, Koprosterin,** (angels.) **Koprosterol)**
MG 388.66 *F* 101 $[\alpha]_D^{18}$ +28° (Chlf.)

$C_{27}H_{48}O$

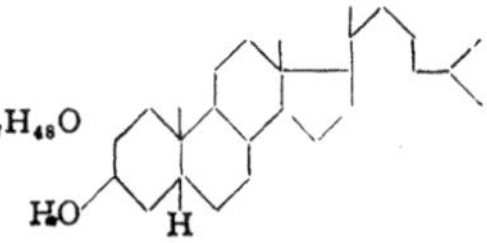

Charakteristik: l. in Ae., Ac., Chlf., Bzl., Me. (1 g in 145 ml), A. — *Acetat:* $C_{29}H_{50}O_2$, *F* 89. — *Benzoat:* $C_{34}H_{52}O_2$, *F* 122. — *V.:* In den Faeces; entsteht aus Cholesterin im Darm durch bakterielle Faulnis.

1/17 **Δ^5-Cholesten-3α-ol (Epicholesterin,** (angels.) **Epicholesterol)**
MG 386.64 *F* 141.5 $[\alpha]_D^{30}$ − 35° (Alk).

$C_{27}H_{46}O$

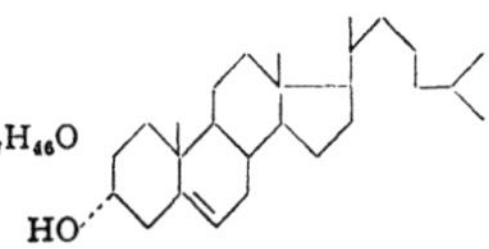

Charakteristik: *Acetat:* $C_{29}H_{48}O_2$, *F* 85.

1/18 Δ^5-Cholesten-3β-ol (Cholesterin, angels. Cholesterol)

C₂₇H₄₆O

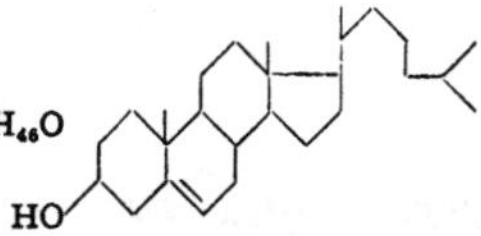

MG 386.64 *F* (W.-frei) 148.5
$[\alpha]_D^{20}$ −39.5° (Chlf.)

Charakteristik: Aus H_2O-halt. Lsgm. als Monohydrat kristallisierend (wird bei 70–80° W.-frei); l. in Ae., Ac., A., Chlf., Bzl., PAe., Ölen, Fetten; in W. 0.26%. — *Acetat:* $C_{29}H_{48}O_2$, *F* 116 (Nadeln aus Ac.); $[\alpha]_D^{20}$ −47.4° (Chlf.). — *Benzoat:* $C_{34}H_{50}O_2$, *F* 150–180; $[\alpha]_D^{25}$ −13.7° (Chlf.). — *V.:* In allen tierischen Zellen u. Organen, Blut, Fischölen, Wollfett, Gallensteinen. In mehreren Species mariner Rotalgen.

1/19 7-Dehydrocholesterin (Provitamin D_3, 7-Dehydrocholesterol, $\Delta^{5,7}$-Cholestadien-3β-ol)

$C_{27}H_{44}O$

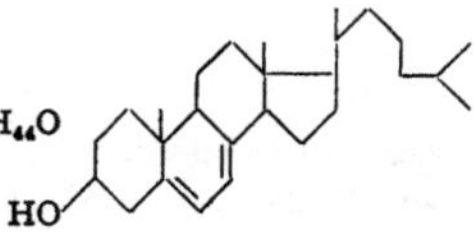

MG 384.63 *F* (W.-frei) 150–151
$[\alpha]_D^{20}$ −113.6° (Chlf.)
$[\alpha]_D^{20}$ −127.1° (Bzl.)

Charakteristik: Kristallwasser wird sehr fest gehalten; l. in Ae., Ac., A., Chlf. — *Acetat:* $C_{29}H_{46}O_2$, *F* 130; $[\alpha]_D$ −85.3° (Bzl.). — *Benzoat:* $C_{34}H_{48}O_2$, *F* 140; $[\alpha]_D$ −53.2° (Chlf.). — *V.:* Im Menschen u. in höheren Tieren; aus Schweineschwarten; aus der Schnecke Buccinum undatum isoliert.

1/20 24-Dehydrocholesterin (Desmosterol, 24-Dehydrocholesterol)

$C_{27}H_{44}O$

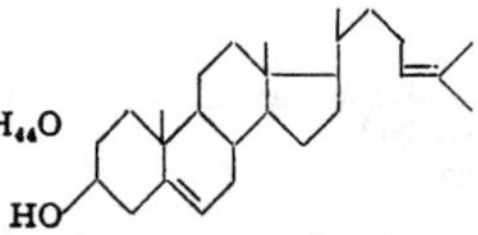

MG 384.62 *F* 121.5 $[\alpha]_D^{27}$ −41° (Chlf.)

Charakteristik: *V.:* In der Seepocke (Crustacee) Balanus glandula, in Hühnerembryonen, in der Haut von Ratten.

$C_{27}H_{46}O$

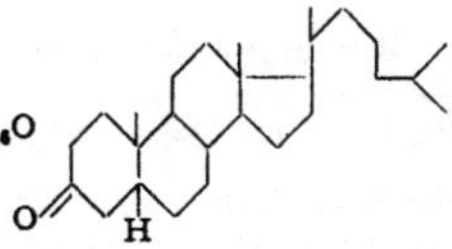

1/21 5α-Cholestan-3-on (Cholestan-3-on)

MG 386.64 *F* 129 $[\alpha]_D$ +41°

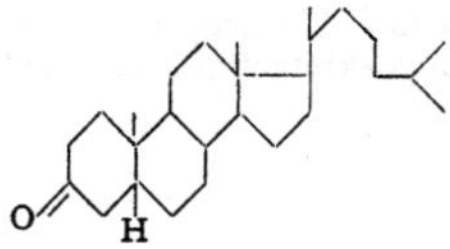

1/22 5β-Cholestan-3-on (Koprostan-3-on)

MG 386.69 *F* 63 $[\alpha]_D$ +36°

1/23 Δ^4-Cholesten-3-on (Cholestenon)

MG 384.63 *F* 82 $[\alpha]_D$ +89° (Chlf.)

$C_{27}H_{44}O$

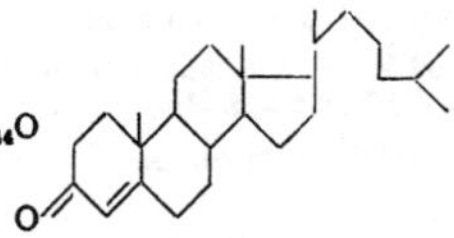

Charakteristik: ll. in Ae., A., Ac., Chlf. — *o-Tolylsemicarbazon:* $C_{35}H_{53}ON_3$, *F* 230–231. — *Semicarbazon:* $C_{28}H_{47}ON_3$, *F* 234 (Z.). — *Oxim:* $C_{27}H_{45}ON$, *F* 152. — *V.:* In Schweinetestes, in den Faeces von Ratten u. Hunden nachgewiesen.

$C_{27}H_{44}O$

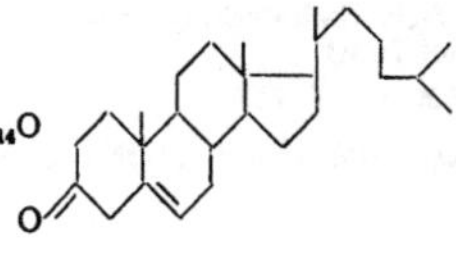

1/24 Δ^5-Cholesten-3-on

MG 384.63 *F* 129 $[\alpha]_D$ −2.5°

$C_{27}H_{42}O$

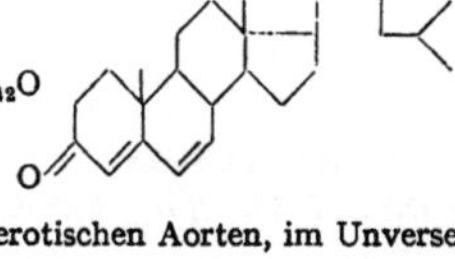

1/25 $\Delta^{4,6}$-Cholestadien-3-on

MG 382.61 *F* 81 $[\alpha]_D$ +35° (Chlf.)

Charakteristik: ll. in Ae., Ac., A., Chlf. — *V.:* In arteriosklerotischen Aorten, im Unverseifbaren von Schweinemilz.

$C_{27}H_{46}O_2$

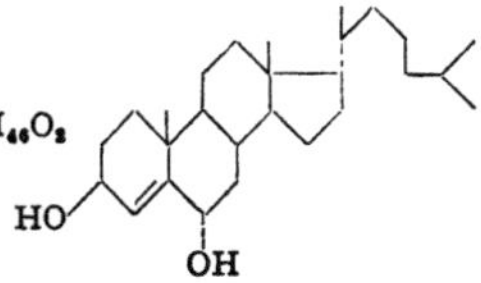

1/26 **Δ^4-Cholesten-3β,6α-diol**
MG 402.64 *F* 178 $[\alpha]_D$ +29° (Chlf.)

Charakteristik: Diacetat: $C_{31}H_{50}O_4$, *F* 161; $[\alpha]_D$ +20° (Chlf.).

$C_{27}H_{46}O_2$

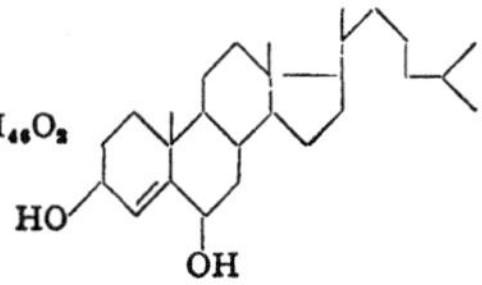

1/27 **Δ^4-Cholesten-3β,6β-diol**
MG 402.64 *F* 258 $[\alpha]_D$ −13° (Chlf.)

Charakteristik: l. in Ac., Chlf., Methylenchlorid. — *Diacetat:* $C_{31}H_{50}O_4$, *F* 136; $[\alpha]_D$ −13° (Chlf.). — *Dibenzoat:* $C_{41}H_{54}O_4$, *F* 182; $[\alpha]_D$ −74° (Chlf.). — *V.:* Im Unverseifbaren von Schweinemilz.

1/28 **7α-Hydroxycholesterin (Δ^5-Cholesten-3β,7α-diol)**
MG 402.64 *F* 157 $[\alpha]_D$ −90°

$C_{27}H_{46}O_2$

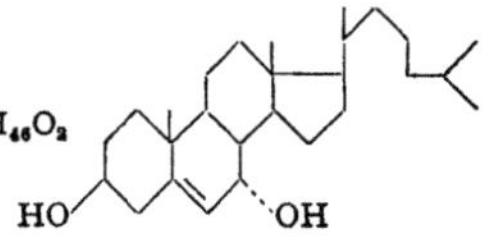

Charakteristik: Diacetat: $C_{31}H_{50}O_4$, *F* 110; $[\alpha]_D$ +54° (Chlf.). — *Dibenzoat:* $C_{41}H_{54}O_4$, *F* 151; $[\alpha]_D$ −105°.

1/29 **7β-Hydroxycholesterin (Δ^5-Cholesten-3β,7β-diol)**
MG 402.64 *F* 178 $[\alpha]_D$ +7° (Chlf.)

$C_{27}H_{46}O_2$

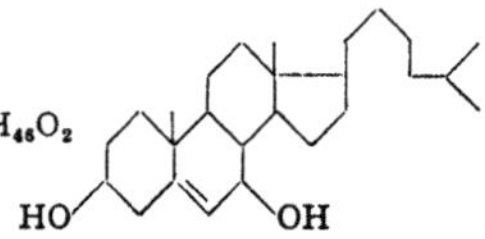

Charakteristik: l. in Ac., Chlf. — *Diacetat:* $C_{31}H_{50}O_4$, *F* 124; $[\alpha]_D$ +177° (Chlf.). — *Dibenzoat:* $C_{41}H_{54}O_4$, *F* 174; $[\alpha]_D$ +94° (Chlf.). — *V.:* Pferdeleber, im Unverseifbaren von Schweinemilz, in arteriosklerotischen Aorten, im Serum trächtiger Stuten.

$C_{27}H_{46}O_2$

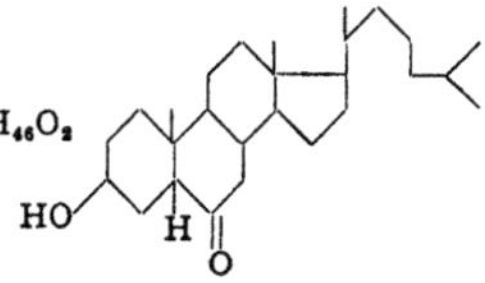

1/30 **5α-Cholestan-3β-ol-6-on**
MG 402.64 *F* 140 (aus wssr. Me.)
152—153 (aus abs. Me.)

Charakteristik: l. in Ac., A., Chlf. — *V.:* Im Unverseifbaren von Schweinemilz.

1/31 **7-Oxocholesterin (Δ^5-Cholesten-3β-ol-7-on)**
MG 400.63 *F* 157

$C_{27}H_{44}O_2$

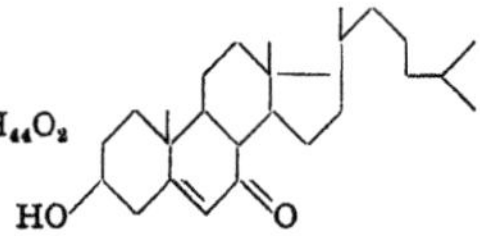

Charakteristik: l. in Ac., Chlf., A. — *Acetat:* $C_{29}H_{46}O_3$, *F* 164; $[\alpha]_D$ −35° (Chlf.). — *V.:* Schweine testes.

$C_{27}H_{44}O_2$

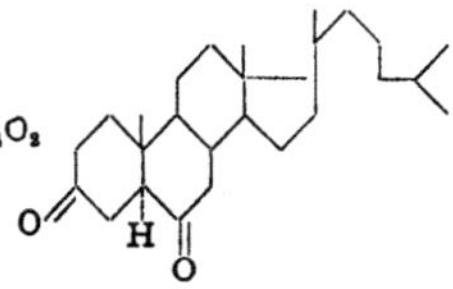

1/32 **5α-Cholestan-3,6-dion**
MG 400.63 *F* 172 $[\alpha]_D$ +4° (Chlf.)

Charakteristik: Dioxim: $C_{27}H_{46}O_2N_2$, *F* 203—205. — *V.:* Schweinetestes.

$C_{27}H_{48}O_3$

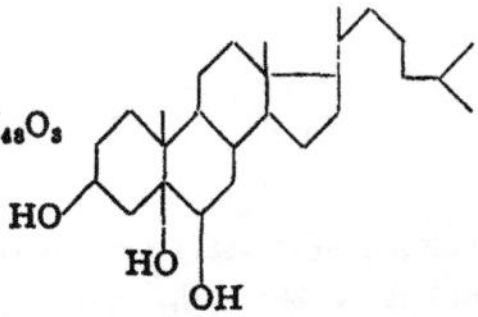

1/33 **5α-Cholestan-3β,5α,6β-triol**
MG 420.66 *F* 244 $[\alpha]_D$ +3.2° (A.)

Charakteristik: l. in Ac., A., Dioxan. — *3-Acetat:* $C_{29}H_{50}O_4$, *F* 209; $[\alpha]_D$ −18° (Chlf.). — *5-Acetat:* *F* 170. — *6-Acetat:* *F* 144; $[\alpha]_D$ −26° (Chlf.). — *3,6-Diacetat:* $C_{31}H_{52}O_5$, *F* 166; $[\alpha]_D$ −46° (Chlf.). — *Triacetat:* $C_{33}H_{54}O_6$, *F* 149. — *V.:* Schweinetestes, Leber.

1/34 **Scymnol**
MG 450.64 *F* (kristallwasserfrei) 187

$C_{27}H_{46}O_5$

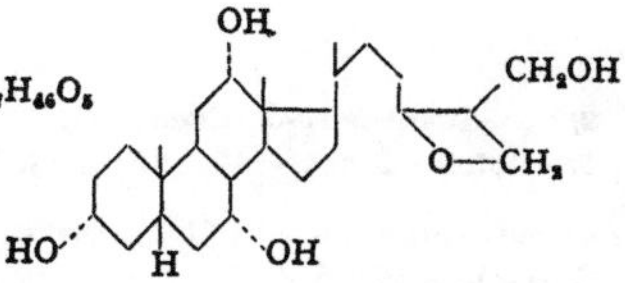

Charakteristik: Aus Ac. zunächst noch kristallwasserhalt., *F* 115; nach mehrmaligem Umkrist. aus Essigester w.frei in kleinen Blöcken, *F* 187; l. in Ac., Ae., Chlf., Eg. — *Tetraacetat:* *F* 148; Tafeln (Me.). — *Hydrochlorid:* B. durch Anlagerung von HCl an den Oxydring; kl. Nadeln (Me., H_2O-frei); *F* 196; aus wasserhalt. Lösungen *F* 126. — *V.:* In der Galle des Haifischs Scymnus borealis als Schwefelsäureester.

$C_{30}H_{48}O$

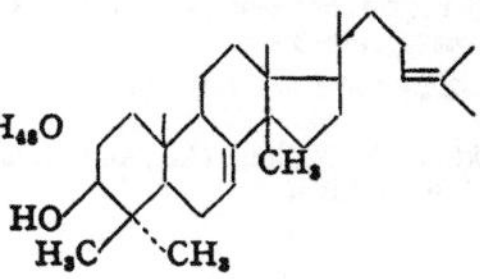

1/35 **Agnosterin (Agnosterol, 4,4,14α-Trimethyl-$\Delta^{7,9(11),24}$-cholestatrien-3β-ol)**
MG 424.69 *F* 165 $[\alpha]_D$ +66°

Charakteristik: *V.:* Im Wollfett.

$C_{30}H_{50}O$

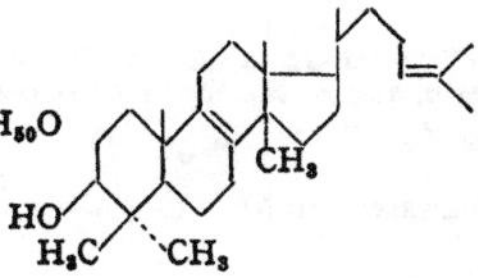

1/36 **Lanosterin (Lanosterol, 4,4,14α-Trimethyl-$\Delta^{8,24}$-cholestadien-3β-ol)**
MG 426.70 *F* 138−140 $[\alpha]_D^{20}$ +62.0° (Chlf.)

Charakteristik: *Acetat:* $C_{32}H_{52}O_2$, *F* 131.5−133; $[\alpha]_D^{20}$ +62.5° (Chlf.). — *V.:* Im Wollfett.

$C_{28}H_{48}O$

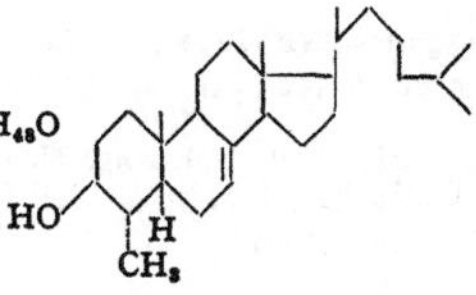

1/37 **Lophenol (4α-Methyl-Δ^7-cholesten-3β-ol)**
MG 400.67 *F* 151 $[\alpha]_D$ +5° (Chlf.)

Charakteristik: *V.:* In Rattenfaeces. In dem Kaktus Lophocereus schottii.

$C_{28}H_{48}O$

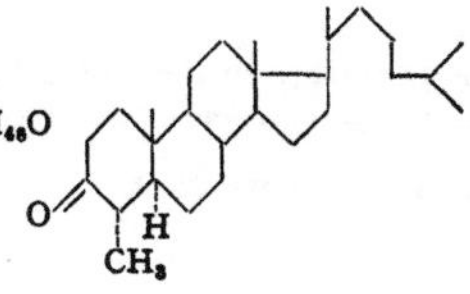

1/38 **Lophanon (4α-Methylcholestan-3-on)**
MG 400.67 *F* 120 $[\alpha]_D$ +25° (Chlf.)

$C_{28}H_{48}O$

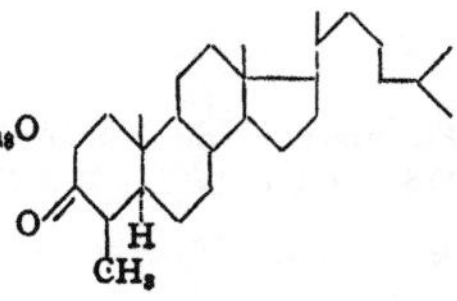

1/39 **4β-Methylcholestan-3-on**
MG 400.67 *F* 127 $[\alpha]_D$ +36° (Chlf.)

2. Mykosterine

$C_{28}H_{50}O$

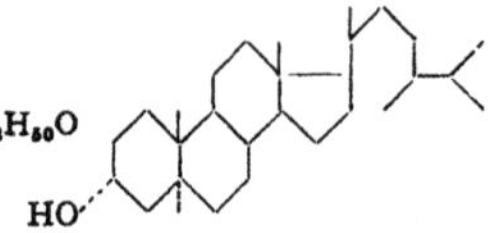

2/1 5α-Ergostan-3α-ol (Epiergostanol)
MG 402.68 *F* 208 $[\alpha]_D$ +17°

Charakteristik: l. in Ac., Chlf., A. — *Acetat:* $C_{30}H_{52}O_2$, *F* 144—145.

$C_{28}H_{50}O$

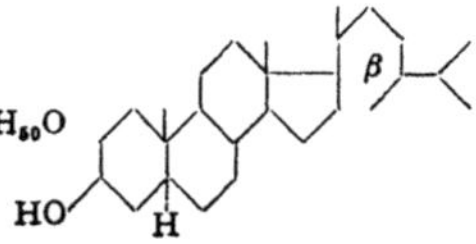

2/2 5α-Ergostan-3β-ol (Ergostanol)
MG 402.68 *F* 144—145 $[\alpha]_D^{20}$ +15.9° (Chlf.)

Charakteristik: l. in Ac., Chlf., Dioxan, A. — *Acetat:* $C_{30}H_{52}O_2$, *F* 145; $[\alpha]_D^{20}$ +6.0°. — *Benzoat:* $C_{35}H_{54}O_2$, *F* 163—165.

$C_{28}H_{50}O$

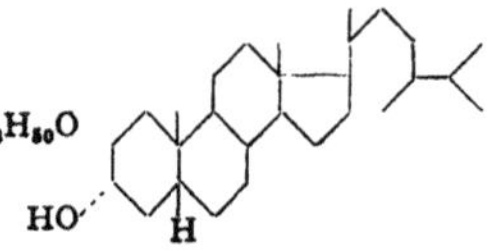

2/3 5β-Ergostan-3α-ol (u-Ergostan-3α-ol, Koproergostan-3α-ol)
MG 402.68 *F* 139—140 $[\alpha]_D^{21}$ +24.8° (Chlf.)

Charakteristik: Nadeln (Ac./Ae.); l. in Ac., Chlf. — *Acetat:* $C_{30}H_{52}O_2$, *F* 99; Blättchen (Me.); $[\alpha]_D$ +39° (Chlf.).

s. 3/14
$C_{28}H_{48}O$

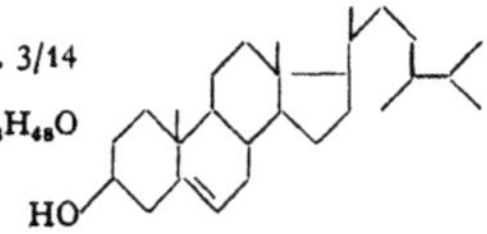

2/4 Δ^5-Ergosten-3β-ol (22-Dihydro-brassicasterin, angels. 22-Dihydrobrassicasterol)
MG 400.66 *F* 158 $[\alpha]_D$ −46°

Charakteristik: l. in Ac., Chlf., A. — *Acetat:* $C_{30}H_{50}O_2$, *F* 145.

$C_{28}H_{48}O$

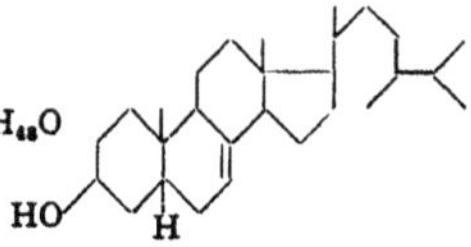

2/5 γ-Ergostenol (Δ^7-Ergosten-3β-ol)
MG 400.66 *F* 149 $[\alpha]_D$ −0.2° (Chlf.)

Charakteristik: Blatt. (A.), lange Nadeln (Me.), lange Spieße (Ac.); l. in Ac., A., Me., Chlf. — *Acetat:* $C_{30}H_{50}O_2$, *F* 157; $[\alpha]_D^{14}$ −5.3° (Chlf.). — *Benzoat:* $C_{35}H_{52}O_2$, *F* 179. — *3,5-Dinitrobenzoat:* $C_{35}H_{50}N_2O_6$, *F* 209—210.

$C_{28}H_{48}O$

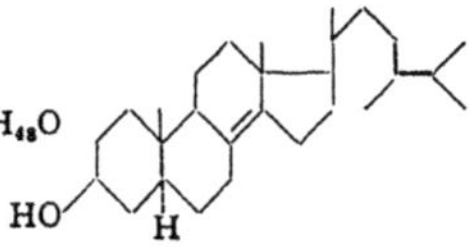

2/6 α-Ergostenol ($\Delta^{8(14)}$-Ergosten-3β-ol)
MG 400.66 *F* 130—131 $[\alpha]_D^{16}$ +11° (Me.)

Charakteristik: Aus Me. Tafelchen. — *Acetat:* $C_{30}H_{50}O_2$, *F* 110. — *3,5-Dinitrobenzoat:* $C_{35}H_{50}N_2O_6$ *F* 197.

$C_{28}H_{48}O$

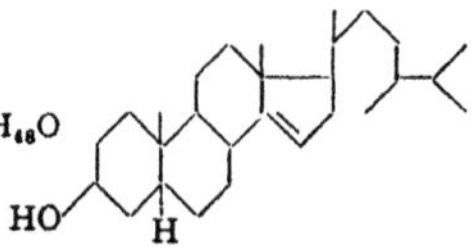

2/7 β-Ergostenol (Δ^{14}-Ergosten-3β-ol)
MG 400.66 *F* 141 $[\alpha]_D^{20}$ +21.2° (Chlf.)

Charakteristik: Aus A. Täfelchen. — *Acetat:* $C_{30}H_{50}O_2$, *F* 114; $[\alpha]_D^{20}$+13° (Chlf.).

$C_{28}H_{48}O$

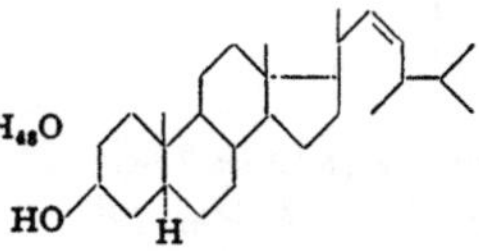

2/8 Δ^{22}-Ergosten-3β-ol
MG 400.66 *F* 152 $[\alpha]_D$ −10°

Charakteristik: l. in Ac., Chlf., Dioxan. — *Acetat:* $C_{30}H_{50}O_2$, *F* 145; $[\alpha]_D$ −17°.

2/9 22-Dihydroergosterin
MG 398.65 *F* (trocken) 152—153 $[\alpha]_D^{19}$ −109 (Chlf.)

$C_{28}H_{46}O$

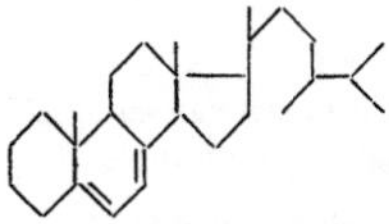

Charakteristik: Aus Äthylac./Me. solvatis. Nadeln; l. in Ac., Chlf., A. — *Acetat:* $C_{30}H_{48}O_2$, *F* 157 bis 158; $[\alpha]_D^{17}$ −75° (Chlf.).

$C_{28}H_{46}O$

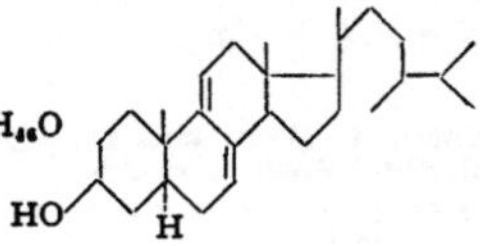

2/10 $\Delta^{7,9(11)}$-Ergostadien-3β-ol
MG 398.65 *F* 139.5—140.5 $[\alpha]_D$ +31°

Charakteristik: l. in A., Ac., Chlf. — *Acetat:* $C_{30}H_{48}O_2$, *F* 151—152.

$C_{28}H_{46}O$

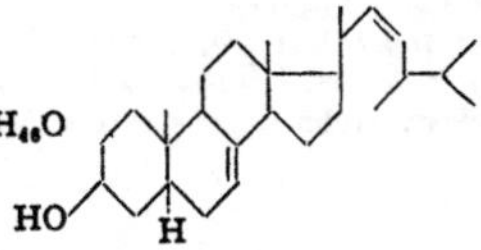

2/11 5-Dihydroergosterin ($\Delta^{7,22}$-Ergostadien-3β-ol)
MG 398.65 *F* 176 $[\alpha]_D$ −20° (Chlf.)

Charakteristik: Aus Ac. prismatische Blättchen. — *Acetat:* $C_{30}H_{48}O_2$, *F* 181: $[\alpha]_D^{20}$ −19° (Chlf.). — *Benzoat:* $C_{35}H_{50}O_2$, *F* 200; $[\alpha]_D^{20}$ −10° (Chlf.). — *V.:* In span. Traubenkernöl.

2/12 Episterol
MG 398.65 *F* 151 $[\alpha]_D$ −5° (Chlf.)

Charakteristik: *V.:* Hefe.

$C_{28}H_{46}O$

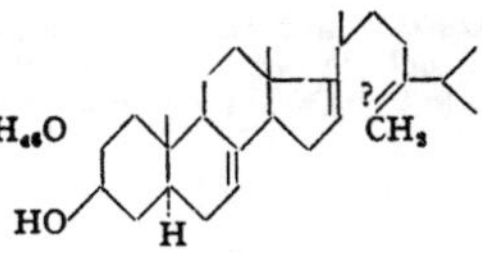

$C_{28}H_{46}O$

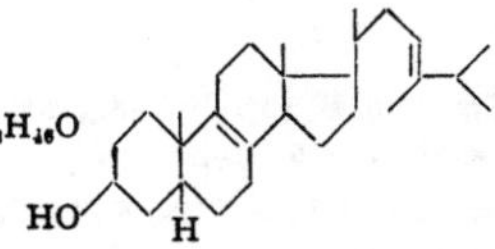

2/13 Ascosterin ($\Delta^{8,23}$-Ergostadien-3β-ol)
MG 398.65 *F* 142 $[\alpha]_D$ +45° (Chlf.)

Charakteristik: Blätt. (Me.); l. in Me., Chlf., Ac. — *Benzoat:* $C_{35}C_{50}O_2$, dicke Nadeln, Drusen (Ac.); *F* 125—136; $[\alpha]_D$ +41°. — *V.:* In Hefen (Ascomycetes).

2/14 Faecosterin (angels. Fecosterol, $\Delta^{8,24(28)}$-Ergostadien-3β-ol)
MG 398.65 *F* 162 $[\alpha]_D$ +92° (Chlf.)

$C_{28}H_{46}O$

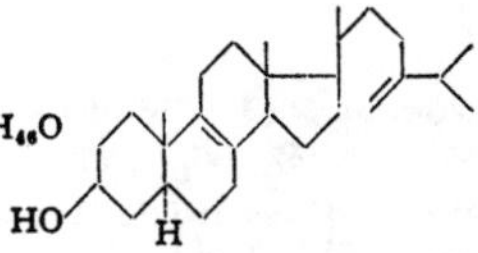

Charakteristik: Blätt. (Me.); l. in Me., Chlf., Ac. — *Acetat:* $C_{30}H_{48}O_2$, *F* 59—61; $[\alpha]_D^{20}$ +20° (Chlf.). — *Benzoat:* $C_{35}H_{50}O_2$, glänzende Blätt.; *F* 142—143; $[\alpha]_D^{24}$ +34° (Chlf.). — *V.:* L. faex, Hefe.

$C_{28}H_{44}O$

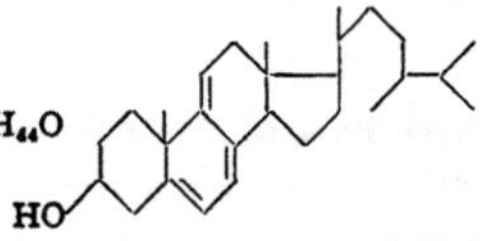

2/15 $\Delta^{9(11)}$-Dehydro-22-dihydroergosterin ($\Delta^{5,7,9(11)}$-Ergostatrien-3β-ol)
MG 396.63

Charakteristik: l. in Ac., Chlf., A. — *Acetat:* *F* 128, $[\alpha]_D$ +220°.

$C_{28}H_{44}O$ 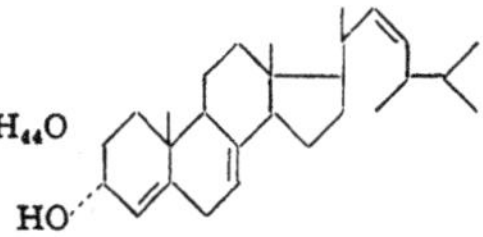

2/16 $\Delta^{4,7,22}$-Ergostatrien-3α-ol
MG 396.63 *F* 152 $[\alpha]_D$ +38°

Charakteristik: l. in Ac., A., Chlf., Dioxan. — *Acetat:* $C_{30}H_{46}O_2$, *F* 126—127; $[\alpha]_D$ +92.5° (Chlf.). — *m-Dinitrobenzoat:* $C_{30}H_{46}O_6N_2$, *F* 164—165.

$C_{28}H_{44}O$ 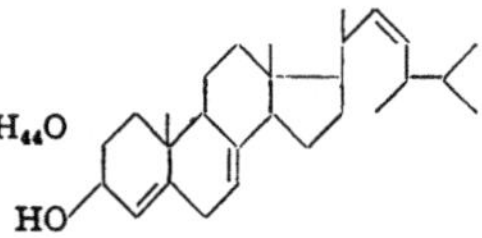

2/17 $\Delta^{4,7,22}$-Ergostatrien-3β-ol
MG 396.63 *F* 129—130 $[\alpha]_D$ −36°

Charakteristik: Nadeln (Ae., A.); l. in Ac., Chlf., Dioxan. — *Acetat:* $C_{30}H_{46}O_2$: *F* 137; lange Nadeln (Ae., Me.); $[\alpha]_D^{16}$ −77.5° (Chlf.). — *m-Dinitrobenzoat:* $C_{35}H_{46}O_6N_2$: *F* 165; lange, fast weiße Nadeln; $[\alpha]_D^{18}$ −97.3° (Chlf.).

$C_{28}H_{44}O$ 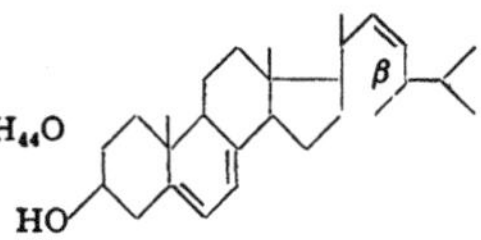

2/18 Ergosterin (Provitamin D_2, angels. Ergosterol, $\Delta^{5,7,22}$-Ergostatrien-3β-ol)
MG 396.63 *F* 168 (mit 1.5 Mol H_2O)
$[\alpha]_D^{20}$ −135° (Chlf.)

Charakteristik: Aus H_2O-halt. A. Blätt. + 1 H_2O; aus W.-freien Lösungsm.: Nadeln; l. in A. Ac., Chlf. — *Acetat:* $C_{30}H_{46}O_2$, *F* 179—181; $[\alpha]_D$ −90° (Chlf.). — *Benzoat:* $C_{35}H_{48}O_2$, *F* 171; $[\alpha]_D^{23}$ −88° (Chlf.). — *V.:* Pilzsterin, reichlich in Hefe, Mutterkorn, Hühnerei, in der roten Wegschnecke, im Regenwurm, als Begleiter des Cholesterins.

$C_{28}H_{44}O$ 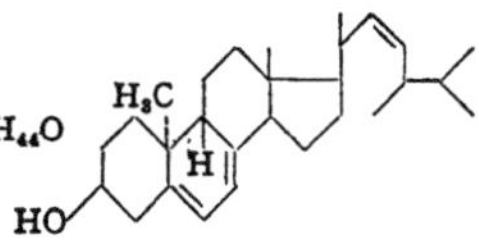

2/19 Lumisterin (angels. Lumisterol)
MG 396.63 *F* 118 $[\alpha]_D^{19}$ +191° (Ac.)

Charakteristik: Aus Ac./Me. Nadeln; l. in organ. Lsgm.; unl. in W. — *Acetat:* $C_{30}H_{46}O_2$, *F* 100; $[\alpha]_D^{19}$ +130.5° (Ac.). — *3,5-Dinitrobenzoat:* $C_{35}H_{46}N_2O_6$, *F* 139—141.

$C_{28}H_{44}O$ 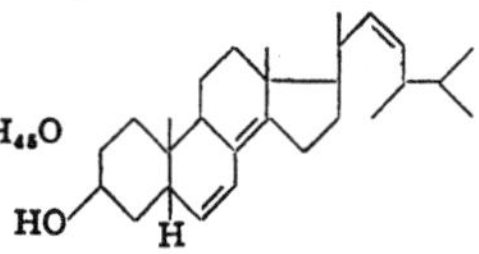

2/20 Ergosterin B_2 ($\Delta^{6,8(14),22}$-Ergostatrien-3β-ol)
MG 396.63 *F* 126 $[\alpha]_D$ −101°

Charakteristik: l. in A., Ac., Chlf., Dioxan. — *Acetat:* $C_{30}H_{46}O_2$, *F* 113.

$C_{28}H_{44}O$ 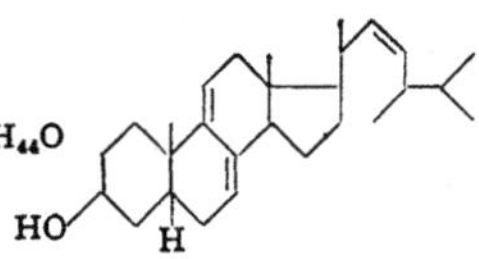

2/21 Ergosterin D ($\Delta^{7,9(11),22}$-Ergostatrien-3β-ol)
MG 396.63 *F* 167 $[\alpha]_D$ +25° (Chlf.)

Charakteristik: Flache Nadeln (Ae., Me.); l. in Ac., Chlf., A. — *Acetat:* $C_{30}H_{46}O_2$, *F* 171; Blätt. (Me.); $[\alpha]_D^{17}$ +25.7° (Chlf.).

$C_{28}H_{44}O$ 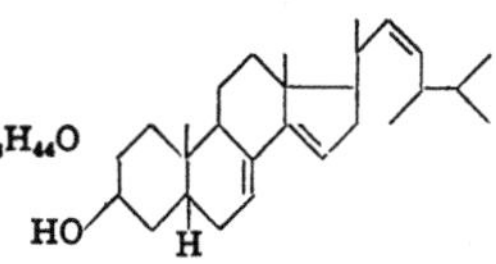

2/22 Ergosterin B_3 ($\Delta^{7,14,22}$-Ergostatrien-3β-ol)
MG 396.63 *F* 139 $[\alpha]_D$ −238°

Charakteristik: l. in Ac., Chlf., A. — *Acetat:* $C_{30}H_{46}O_2$, derbe Nadeln (Ae., Me.); *F* 140; $[\alpha]_D^{19}$ −220° (Chlf.).

$C_{28}H_{44}O$

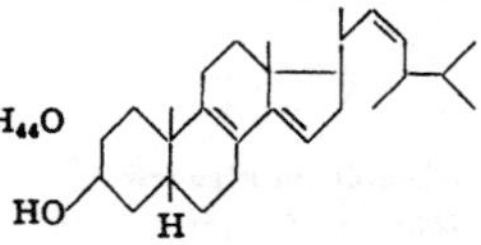

2/23 **Ergosterin B$_1$ ($\Delta^{8,14,22}$-Ergostatrien-3β-ol)**
MG 396.63 *F* 148 $[\alpha]_D^{19}$ $-42.5°$ (Chlf.)

Charakteristik: Nadeln (W.-freie Lsgm.), Blätt. (H_2O-haltige Lsgm.); l. in Ac., Chlf., A. — *Acetat:* $C_{30}H_{46}O_2$: *F* 142; glänzende Blätt. (Me.); $[\alpha]_D^{11}$ $-54.7°$.

$C_{28}H_{42}O$

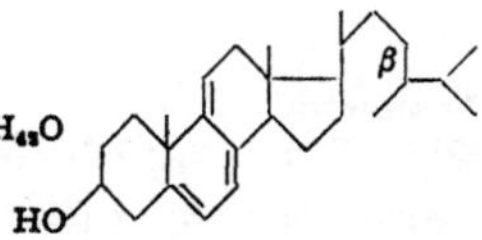

2/24 **$\Delta^{9(11)}$-Dehydroergosterin ($\Delta^{5,7,9(11),22}$-Ergostatetraen-3β-ol)**
MG 394.62 *F* 146 $[\alpha]_D^{15}$ $+149.2°$ (Chlf.)

Charakteristik: Blätt. (A.), Nadeln (Ae., Chlf., Eg.); l. in Ae., Chlf., A. — *Acetat:* $C_{30}H_{44}O_2$, *F* 146; $[\alpha]_D^{16}$ $+204°$ (Chlf.). — *3,5-Dinitrobenzoat:* $C_{35}H_{44}N_2O_6$, *F* 186—189.

$C_{28}H_{42}O$

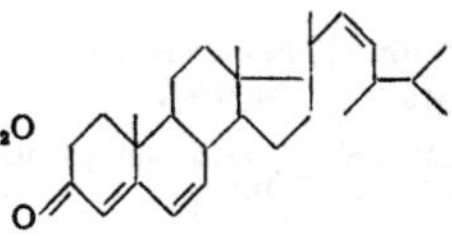

2/25 **Isoergosteron ($\Delta^{4,6,22}$-Ergostatrien-3-on)**
MG 394.62 *F* 110 $[\alpha]_D$ $-30°$ (Chlf.)

Charakteristik: *Semicarbazon:* $C_{27}H_{45}ON_3$, *F* 236 (aus Chlf./Me.).

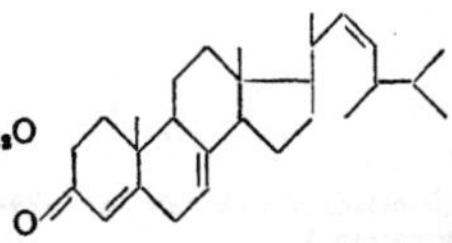

2/26 **Ergosteron ($\Delta^{4,7,22}$-Ergostatrien-3-on)** $C_{28}H_{42}O$
MG 394.62 *F* 132 (aus Ac./Me.)
$[\alpha]_D$ $-0.5°$ (Chlf.)

Charakteristik: Aus d. Schmelze in feinen Nadeln kristallisierend. — *Semicarbazon:* $C_{29}H_{45}ON_3$, *F* 251 (aus Chlf./Me.).

$C_{28}H_{46}O_3$

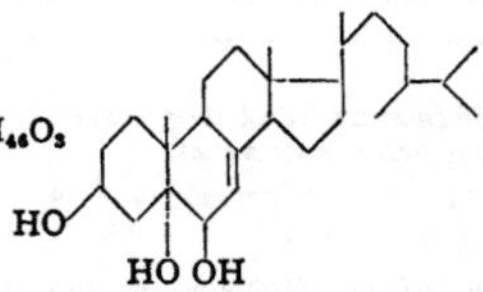

2/27 **Cerevisterol**
MG 430.59 *F* 256 $[\alpha]_D$ $-83°$ (Chlf.)

Charakteristik: *Diacetat:* *F* 171; $[\alpha]_D$ $-146°$ (Chlf.). — *V.:* In Hefe, in Pilzen (Amanita phalloides), Mutterkorn.

$C_{27}H_{44}O$

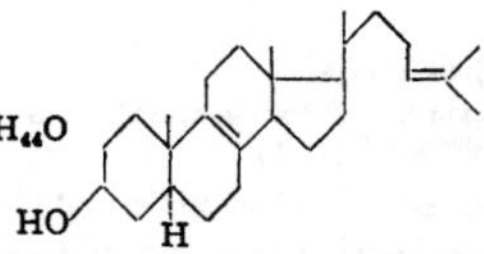

2/28 **Zymosterin (angels. Zymosterol, $\Delta^{8,24}$-Cholestadien-3β-ol)**
MG 384.63 *F* 108—110 $[\alpha]_D$ $+49°$ (Chlf.)

Charakteristik: Große einzelne Platten oder kleine, zu radialen Büscheln vereinigte Blätt.; l. in Ac., A., Ae. — *Acetat:* *F* 106—08; große Platten (Eg.-Me.); $[\alpha]_D$ $+32.4°$. — *V.:* In Hefe.

$C_{27}H_{44}O$

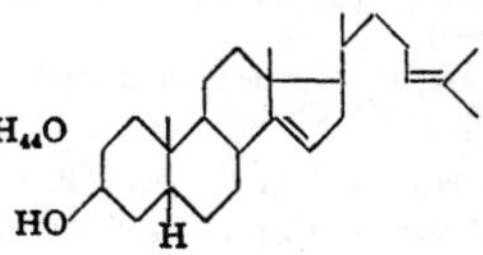

2/29 **„β"-Zymosterol ($\Delta^{14,24}$-Cholestadien-3β-ol)**
MG 384.63 *F* 137 $[\alpha]_D$ $+37°$ (Chlf.)

$C_{27}H_{42}O$

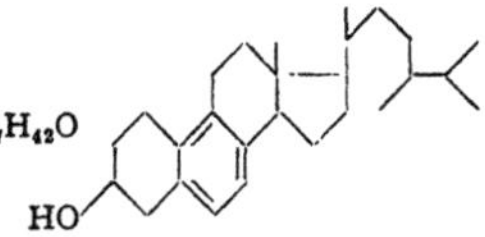

2/30 **22-Dihydro-neoergosterin**
MG 382.61 *F* 150 $[\alpha]_D$ −3.1°

Charakteristik: l. in Ac., Chlf., A., Ae. — *Acetat:* $C_{29}H_{44}O_{2}$, *F* 122; $[\alpha]_D^{16}$ −3.1°.

$C_{27}H_{40}O$

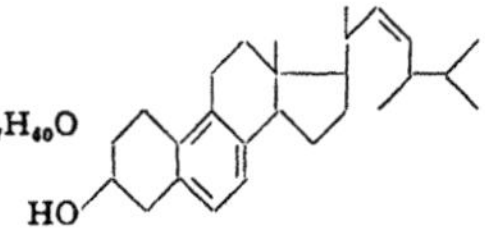

2/31 **Neoergosterin**
MG 380.59 *F* 154 $[\alpha]_D^{17}$ −11° (Chlf.)

Charakteristik: Lange Prismen (A.); l. in Chlf., A., Ac. — *Acetat:* $C_{29}H_{42}O_2$, *F* 118.

$C_{27}H_{36}O$

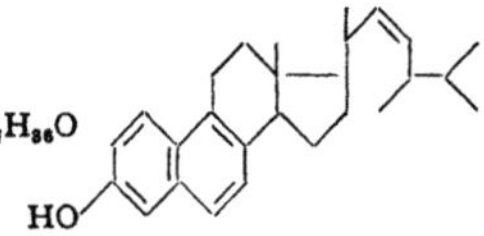

2/32 **Tetradehydro-neoergosterin**
MG 376.56 *F* 147—150

Charakteristik: Nadeln (Me.); l. in Ac., Me., Ae. — *Acetat:* *F* 150; Blätt. (Eg.-Me., Ac.-Me.); $[\alpha]_D$ +46.8° (Chlf.).

---

3. Phytosterine

$C_{30}H_{50}O$

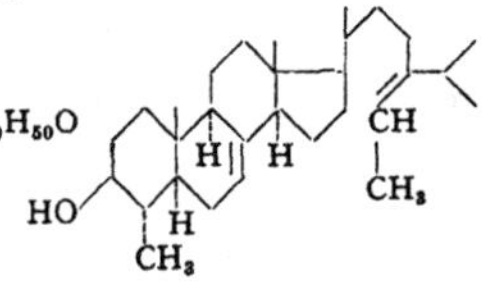

3/1 **Citrostadienol (4α-Methyl-7,24-dehydro-stigmastanol)**
MG 426.70 *F* 164 $[\alpha]_D$ +24°

Charakteristik: *V.:* Im Öl der Grapefruchtschale u. israelischem Orangenschalenöl.

3/2 **Stigmastan-3β-ol (Stigmastanol, Dihydro-β-sitosterin, Fucostanol)**
MG 416.71 *F* (trocken) 144—145
$[\alpha]_D^{20}$ +25° (Chlf.)

$C_{29}H_{52}O$

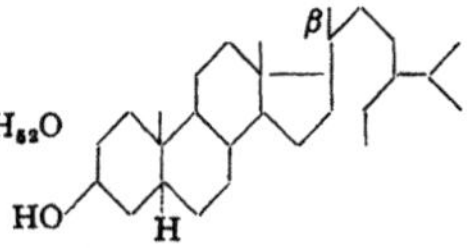

Charakteristik: Monohydrat mit 1 Mol H_2O, *F* 138—139. — In A. weniger lösl. als Sitosterin. — *Acetat:* $C_{31}H_{54}O_2$, *F* 137—138; $[\alpha]_D^{20}$ +14° (Chlf.). — *3,5-Dinitrobenzoat:* $C_{36}H_{54}N_2O_6$, *F* 215; $[\alpha]_D^{20}$ +13.1° (Bzl.). — *V.:* In kleinen Mengen gemeinsam mit Sitosterin; als Palmitat im Gerstenöl u. Weizenmehlöl.

$C_{29}H_{50}O$

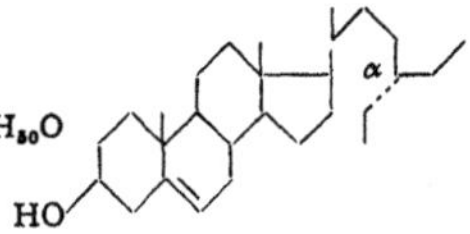

3/3 **γ-Sitosterin**
MG 414.69 *F* (trocken) 147—148
$[\alpha]_D^{20}$ −43° (Chlf.)
Identisch mit Clionasterin (s. d.)

Charakteristik: *V.:* Neben β-Sitosterin im Sojaöl; in Schwämmen [Clionasterin].

3/4 **22-Dihydrostigmasterin (β-Sitosterin, Sitosterin,** angels. **β-Sitosterol, Δ^5-Stigmasten-3β-ol)**
MG 414.70 *F* (reinste Praparate) 137—137.5
$[\alpha]_D^{25}$ −37° (Chlf.)

$C_{29}H_{50}O$

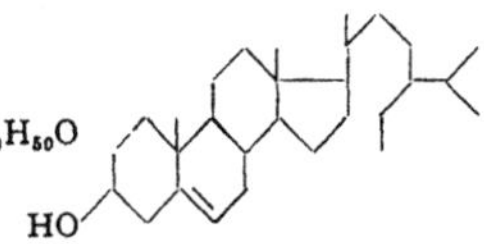

Charakteristik: l. in Ac., A., Chlf. — *Acetat:* $C_{31}H_{52}O_2$, *F* 127—128; $[\alpha]_D^{25}$ −41° (Chlf.). — *3,5-Dinitrobenzoat:* $C_{36}H_{52}N_2O_6$, *F* 202—203; $[\alpha]_D^{23}$ −10.4° (Chlf.). — *V.:* In Scopoliawurzel, Brennnessel, Baumwollsamenol, Weizenkeimöl, Roggenkeimöl, Tallöl, Chinarinde.

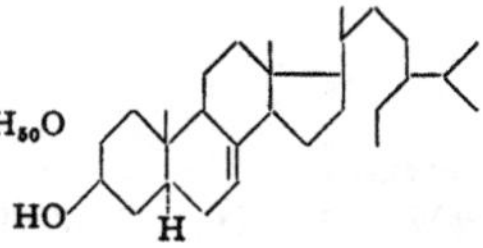

3/5 **Δ^{7}-Stigmasten-3β-ol (γ-Spinastenol)** $C_{29}H_{50}O$

MG 414.70 *F* 145 $[\alpha]_D$ +11° (Chlf.)

Charakteristik: Acetat: $C_{31}H_{52}O_2$, *F* 156–157; $[\alpha]_D^{20}$ +8° (Chlf.). – *Benzoat:* $C_{36}H_{54}O_2$, *F* 180.5; $[\alpha]_D^{20}$ +13° (Chlf.). – *V.:* Weizenkeimöl, Kaktus Lophocereus schottii.

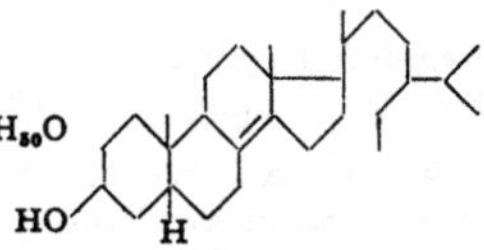

3/6 **$\Delta^{8(14)}$-Stigmasten-3β-ol** $C_{29}H_{50}O$

MG 414.70 *F* 115 $[\alpha]_D^{23}$ +24° (Chlf.)

Charakteristik: Blätt. (Me.). Aus Me. mit Kristall-Me. – *Acetat:* $C_{31}H_{52}O_2$, aus Eg. Plättchen, aus Bzl./A. Blätt., *F* 117–118; $[\alpha]_D^{21}$ +15.3 (Chlf.). – *3,5-Dinitrobenzoat:* $C_{36}H_{52}O_6N_2$, gelbe Plättchen, *F* 206–209; $[\alpha]_D^{23}$ +4.5° (Chlf.).

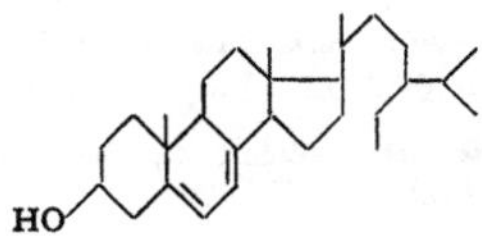

3/7 **7-Dehydrositosterin**

MG 412.67 *F* 144–145 $[\alpha]_D^{21}$ –116° (Chlf.)

Charakteristik: Blätt. (A.); wird an der Luft braun; l. in Chlf.; wl. in A.; swl. in Me.; unl. in W. – *Acetat:* $C_{31}H_{50}O_2$, Nadeln (A.); ll. in Ae., Ac.; *F* 151–152; $[\alpha]_D^{21}$ –71° (Chlf.). – *Benzoat:* $C_{36}H_{52}O_2$, *F* 149; $[\alpha]_D^{21}$ –54° (Chlf.).

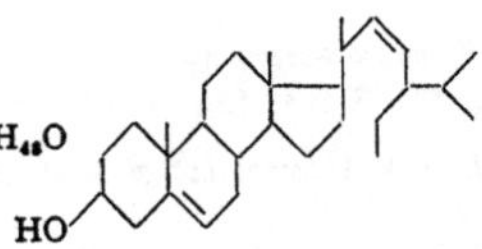

3/8 **Stigmasterin (angels. Stigmasterol, $\Delta^{5,22}$-Stigmastadien-3β-ol, 24-Äthyl-$\Delta^{5,22}$-cholestadien-3β-ol)** $C_{29}H_{48}O$

MG 412.68 *F* (trocken) 170 $[\alpha]_D^{22}$ –51° (Chlf.)

Charakteristik: Aus A. Monohydrat $C_{29}H_{48}O \cdot H_2O$; l. in A., Chlf., Ac.; unl. in W. – *Acetat:* $C_{31}H_{50}O_2$, rechteckige Blätt., *F* 144; $[\alpha]_D^{20}$ –55.6° (Chlf.). – *p-Nitrobenzoat:* $C_{36}H_{51}NO_4$, *F* 203; $[\alpha]_D^{17}$ –13° (A.). – *V.:* Im Unverseifbaren des Öls der Calabar-Bohne (Physostigma venosum), in der Sojabohne, in Hydrocarotin, dem Sterin der Mohrrübe, in Cocosfett, Kakaoöl.

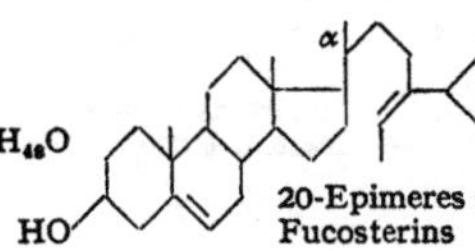

$C_{29}H_{48}O$

20-Epimeres des Fucosterins

3/9 **Sargasterin (angels. Sargasterol)**

MG 412.67 *F* 13 $[\alpha]_D$ –47,5°

Charakteristik: V.: In der Braunalge Sargassum ringolianum.

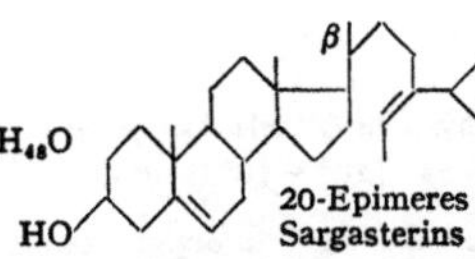

3/10 **Fucosterin (angels. Fucosterol)** $C_{29}H_{48}O$

MG 412.67 *F* 124 $[\alpha]_D^{20}$ –41° (Chlf.)

20-Epimeres des Sargasterins

Charakteristik: l. in A., Me., Chlf., Ac. – *Acetat:* $C_{31}H_{50}O_2$, *F* 118; $[\alpha]_D^{20}$ –45° (Chlf.). – *Benzoat:* $C_{36}H_{52}O_2$, *F* 121; $[\alpha]_D^{20}$ –16° (Chlf.). – *V.:* Typisches Sterin mariner Braunalgen (Phaeophyceae); auch in Frischwasseralgen. Isoliert aus Focus vesiculosus L. (Fucaceae).

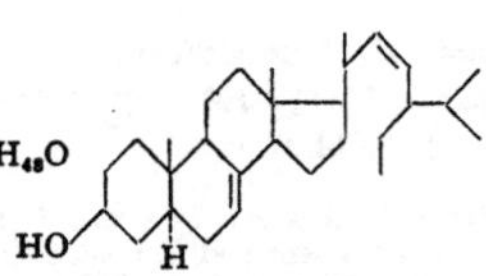

3/11 **„α"-Spinasterin (angels. α-Spinasterol; $\Delta^{7,22}$-Stigmastadien-3β-ol)** $C_{29}H_{48}O$

MG 412.68 *F* 172–173 $[\alpha]_D^{25}$ –3.6° (Chlf.)

Charakteristik: l. in Ac., Chlf., A. – *Acetat:* $C_{31}H_{50}O_2$, *F* 187; $[\alpha]_D^{23}$ –4.7°. – *Benzoat:* $C_{36}H_{52}O_2$, *F* 200; $[\alpha]_D^{25}$ +1.8° (Chlf.). – *V.:* In Spinatblättern, Senegalwurzel, Alfalfa, Mormordica cochinchinensis, Citrullus colocynthis, Cucurbitaceae.

s. 2/4

$C_{28}H_{50}O$

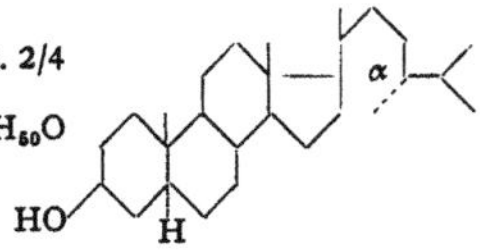

3/12 Campestanol
MG 400.66 *F* 147 $[\alpha]_D$ +31° (Chlf.)

$C_{28}H_{48}O$

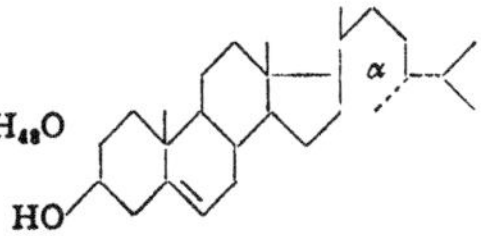

3/13 Campesterin (angels. Campesterol)
MG 400.66 *F* 158 $[\alpha]_D^{23}$ −33° (Chlf.)

Charakteristik: l. in Ac., Chlf., A. — *Acetat:* $C_{30}H_{50}O_2$, *F* 137—138; $[\alpha]_D^{23}$ −35° (Chlf.). — *V.:* Im Öl von Brassica campestris, Sojaöl, Weizenkeimöl.

$C_{28}H_{48}O$

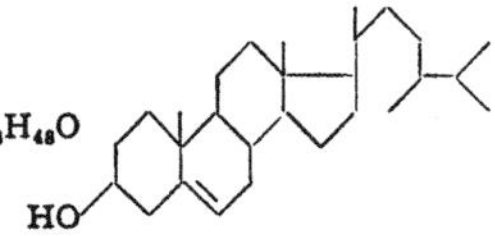

3/14 22-Dihydrobrassicasterin (Δ^5-Ergostenol)
MG 400.66 *F* 158 $[\alpha]_D$ −46° (Chlf.)

Charakteristik: Nadeln (Ac.), Blätt. (A.); l. in Ac., A., Chlf. — *Acetat:* $C_{30}H_{50}O_2$, Blätt. (A.): *F* 145; $[\alpha]_D^{24}$ − 45.5° Chlf.).

$C_{28}H_{46}O$

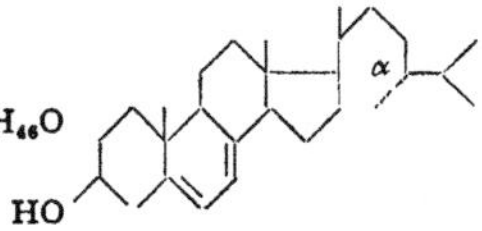

3/15 7-Dehydrocampesterin
MG 398.65 *F* 165 $[\alpha]_D$ −109° (Chlf.)

Charakteristik: Unregelmäßige Blätt. (Ae./Me.); l. in Ac., Chlf., A. — *Benzoat:* $C_{35}H_{50}O_2$, *F* 164; $[\alpha]_D^{28}$ −50.2° (Chlf.).

$C_{28}H_{46}O$

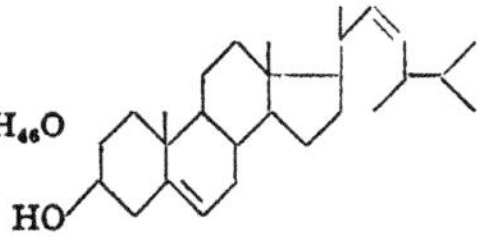

3/16 Brassicasterin
MG 398.65 *F* 148 $[\alpha]_D$ −64° (Chlf.)

Charakteristik: Hexagonale Blätt. (A.); l. A., Ac., Chlf. — *Propionat:* dünne vierseitige Blätt. A.); *F* 132. — *Benzoat:* lange Nadeln (A.); *F* 167. — *V.:* In Rüböl (Brassica rapa).

4. D-Vitamine

$C_{28}H_{44}O$

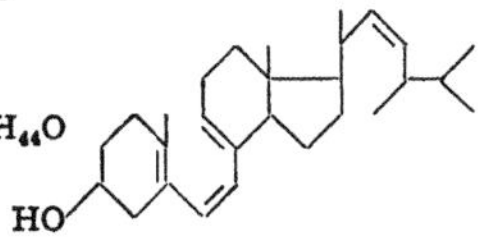

4/1 Tachysterin (angels. Tachysterol)
MG 396.63 $[\alpha]_D^{18}$ −70° (PAe.)

Charakteristik: Öl; l. in organ. Lsgm.; unl. in Me., W.; wird an d. Luft sehr rasch oxydiert. — *B.:* Aus Ergosterin oder aus Lumisterin durch Bestrahlung mit UV-Licht.

4/2 Vitamin D_2 (Ergocalciferol)
MG 396.63 *F* 115—118 $[\alpha]_D^{25}$ +82.6° (Ac.)
$[\alpha]_D^{20}$ +52° (Chlf.)

$C_{28}H_{44}O$

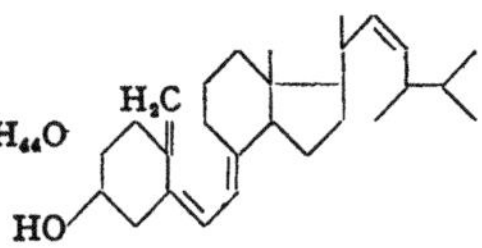

Charakteristik: Aus Ac.-Prismen; l. in den gebräuchl. organ. Lsgm.; wl. in pflanzl. Ölen; unl. in W. — *p-Nitrobenzoat:* $C_{35}H_{47}NO_4$, aus A. gelbliche Nadeln; *F* 93; $[\alpha]_D^{20}$ +104° (Chlf.). — *3,5-Dinitrobenzoat:* $C_{35}H_{46}N_2O_6$, aus A./Chlf. gelbe Prismen; *F* 148—149; $[\alpha]_D^{25}$ +80° (Ac.); $[\alpha]_D$ + 55° (Bzl.).

4/3 **Secocholesterin (angels. Secocholesterol; 9,10-Secocholesta-5(10),6-dien-3β-ol)**

$C_{27}H_{46}O$

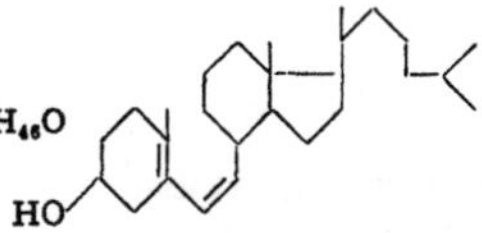

MG 386.65 *F* 132 $[\alpha]_D$ −79°

Charakteristik: Acetat, F 115.

4/4 **Vitamin D_3 (Cholecalciferol; 9,10-Secocholesta-5,7,10(19)-trien-3β-ol,** s. Dehydrocholesterol)

$C_{27}H_{44}O$

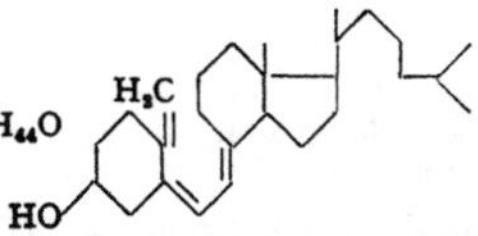

MG 384.63 *F* 84−85 $[\alpha]_D^{20}$ +84.8° (Ac.) $[\alpha]_D^{20}$ +51.9° (Chlf.)

Charakteristik: Aus verd. Ac. feine Nadeln; l. in den gebräuchl. organ. Lsgm.; unl. in W. — *p-Nitrobenzoat:* $C_{34}H_{47}NO_4$, aus Ac. hellgelbe Prismen; *F* 127; $[\alpha]_D^{20}$ +114.6° (Chlf.); $[\alpha]_D^{20}$ +116.4° (Ac.). — *3,5-Dinitrobenzoat:* $C_{34}H_{46}N_2O_6$, aus Ac. gelbe Nadeln; *F* 129; $[\alpha]_D^{20}$ +100.0° (Chlf.). — *B.:* Entsteht aus 7-Dehydrocholesterin d. Bestrahlung mit UV-Licht. — *V.:* In Fischleberölen in Form von Estern, Eigelb, Butter, Kuhmilch, Speisepilzen.

4/5 **Keton 250**

$C_{27}H_{44}O_2$

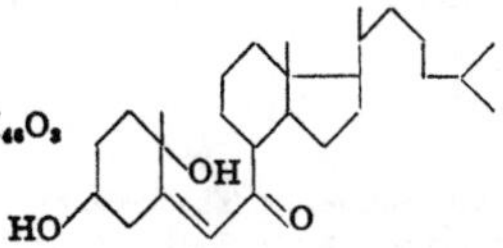

MG 418.59 *F* 73 $[\alpha]_D$ +30° (A.)

Charakteristik: Semicarbazon: F 195. — *2,4-Dinitrophenylhydrazon: F* 150.

5. Gallensäuren

5/1 **Trihydroxybufosterocholensäure (3α,7α,12α-Trihydroxy-24-methyl-Δ²²-5β-cholestensäure, 3α,7α,12α-Trihydroxy-24-methyl-Δ²²-koprostensäure)**

$C_{28}H_{46}O_5$

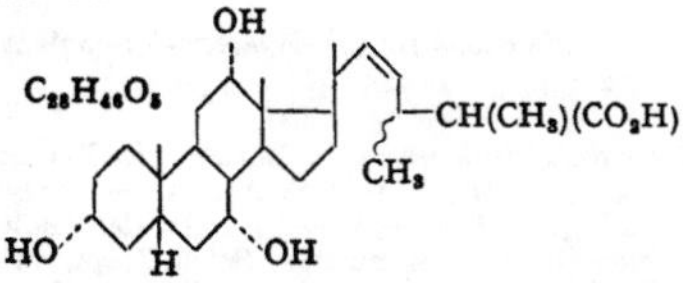

MG 462.66 *F* 160 $[\alpha]_D$ −13°

Charakteristik: l. in Eg., A., Ac. — *Methylester: F* 171−172. — *V.:* In der Kröte Bufo vulgaris.

5/2 **3α,7α,12α-Trihydroxy-5β-cholestan-26-säure (3α,7α,12α-Trihydroxykoprostan-26-säure, 3α, 7α, 12α-Trihydroxy-25β-koprostansäure)**

$C_{27}H_{46}O_5$

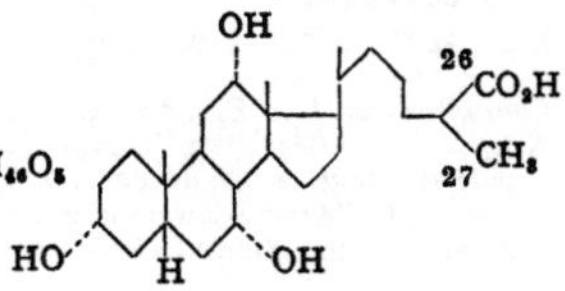

MG 450.65 *F* 195 $[\alpha]_D$ +43° (A.)

Charakteristik: V.: In der Galle von Fröschen.

5/3 **3α,7α,12α-Trihydroxy-5β-cholestan-27-säure (3α,7α,12α-Trihydroxykoprostan-27-säure; 3α,7α,12α-Trihydroxy-25α-koprostansäure, früher fälschlich Trioxy-bisnorsterocholansäure)**

$C_{27}H_{46}O_5$

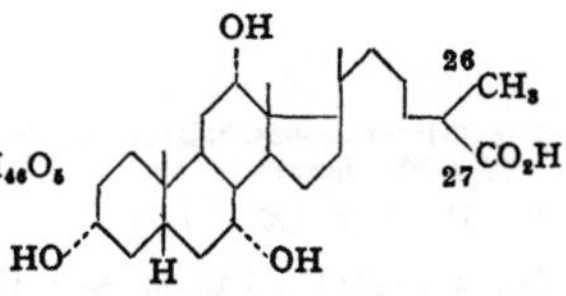

MG 450.65 *F* 182 $[\alpha]_D$ +27° (A.)

Charakteristik: l. in Eg., Ac., A. — *V.:* In der Galle des Frosches Rana catesbiana Shaw u. anderer Frösche. In der Galle von Alligatoren (Alligator mississipi Caiman, Crocodilus, Crocodilus niloticus).

5/4 **3α,7α,12α-Trihydroxy-Δ²³-5β-cholesten-27-säure (3α,7α,12α-Trihydroxy-Δ²³-koprosten-27-säure; 23-Dehydro-3α,7α, 12α-trihydroxy-25α-koprostansäure)**

$C_{27}H_{44}O_5$

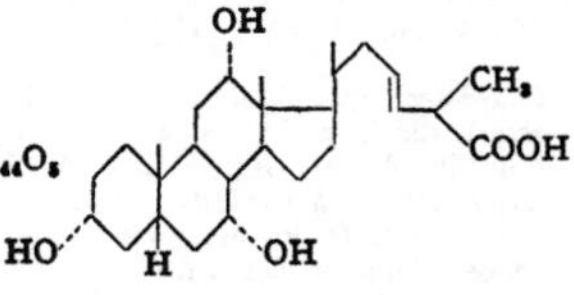

MG 448.64 *F* 179 $[\alpha]_D$ +29°

Charakteristik: V.: In der Kröte Bufo vulgaris japonicus.

$C_{24}H_{42}$

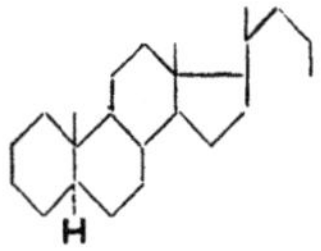

5/5 **5α-Cholan (allo-Cholan)**
MG 330.58

$C_{24}H_{42}$

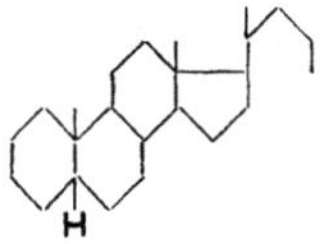

5/6 **5β-Cholan (Cholan)**
MG 330.58 *F* 90

Charakteristik: Aus A. Tafeln u. Prismen.

$C_{24}H_{40}O$

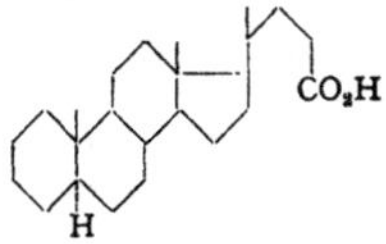

5/7 **5α-Cholansäure (Allocholansäure)**
MG 360.56 *F* 173 $[\alpha]_D$ +22° (Chlf.)

$C_{24}H_{40}O_2$

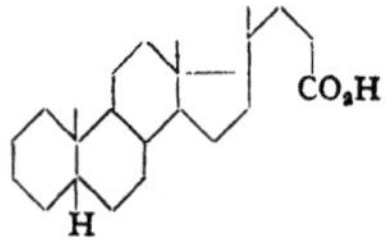

5/8 **5β-Cholansäure (Cholansäure)**
MG 360.56 *F* 164 $[\alpha]_D^{20}$ +21.7° (Chlf.)

Charakteristik: Aus A.-Nadeln; l. in Chlf., A., Essigsre. — *Äthylester:* $C_{26}H_{44}O_2$, aus 80%igem A., Nadeln; *F* 93—94; $[\alpha]_D^{19}$ +21° (Chlf.).

5/9 **Lithocholsäure (3α-Hydroxy-5β-cholansäure)**
MG 376.56 *F* 186 $[\alpha]_D^{20}$ +35° (A.)

$C_{24}H_{40}O_2$

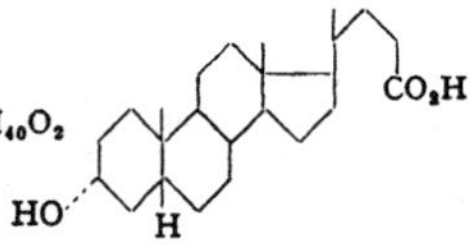

Charakteristik: Aus A. hexagonale Blätt.; aus Eg. Prismen; l. in Eg., Ac., A. — *Äthylester:* $C_{26}H_{44}O_3$, *F* 92—93. — *V.:* In der Galle von Mensch, Rind, Kaninchen, Schaf, Ziege, Antilope. In Gallensteinen von Rind u. Schwein. In den Faeces des Menschen (1.5 g in 50 kg).

5/10 **α-Hyodesoxycholsäure (3α,6α-Dihydroxy-5β-cholansäure)**
MG 392.56 *F* 197—198 $[\alpha]_D^{20}$ +8° (A.)

$C_{24}H_{40}O_4$

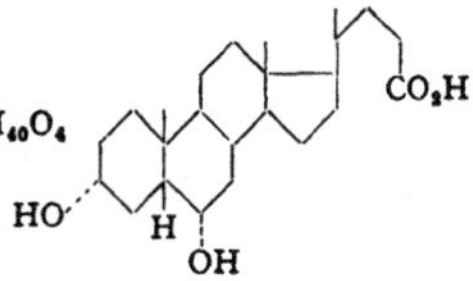

Charakteristik: l. in Eg., Ac., A.; wl. in Ae., Bzl., Äthylac. — *Äthylester:* $C_{26}H_{44}O_4$, aus Leichtpetr./Bzl. lange weiße Nadeln; *F* 114—116. — *V.:* In der Galle von Schwein u. Eber (6-Hydroxygallensäuren sind charakteristische Hauptbestandteile der Schweinegalle).

$C_{24}H_{40}O_4$

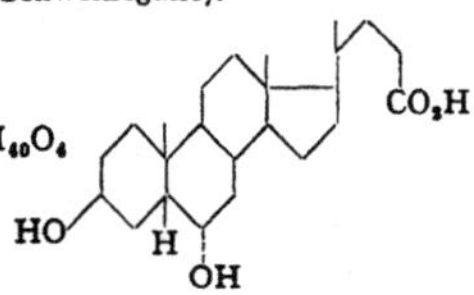

5/11 **β-Hydrodesoxycholsäure (3β,6α-Dihydroxy-5β-cholansäure)**
MG 392.56 *F* 190 $[\alpha]_D$ +5° (A.)

Charakteristik: l. in Eg., Ac., A. — *V.:* Schweinegalle.

5/12 **Chenodesoxycholsäure (3α,7α-Dihydroxy-5β-cholansäure)**
MG 392.56 *F* 143 $[\alpha]_D^{23}$ +11.5° (A.)

$C_{24}H_{40}O_4$

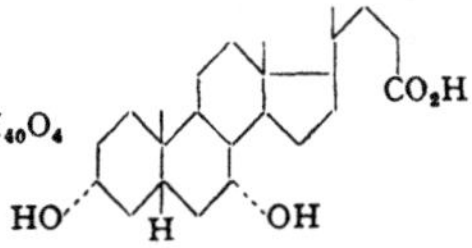

Charakteristik: Opalescierende Drusen (Essigester), die beim Liegen a. d. Luft schrumpfen; l. in Me., A., Ac., Eg.; unl. in W., Bzl. — *Diacetat:* *F* 230. — *Methylester:* *F* 128. — *V.:* Hauptbestandteil der Galle von Gänsen, Hühnern u. a. Geflügel. In kleinen Mengen in der Galle von Rind, Bär, Meerschweinchen. In besonders großer Menge in der Galle des Menschen (45%); bei Affen in geringerer Menge (13%). In der Galle von Ratten (als Metabolit nach der Verabfolgung von 7-Ketolithocholsäure). In der Galle von Myocastor coypus.

5/13 Ursodesoxycholsäure (3α,7β-Dihydroxy-5β-cholansäure)

MG 392.56 *F* 203 $[\alpha]_D^{20}$ +57° (A.)

$C_{24}H_{40}O_4$

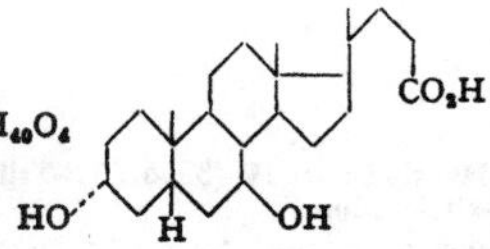

Charakteristik: Aus A./W. Tafeln; l. in Eg., Ac., A.; swl. in Ae. — *Diacetat:* $C_{28}H_{44}O_6$, *F* 98—102. — *V.:* In der Galle von Braunbär u. Eisbär (Tauroverbindung). In der Rattengalle (als Metabolit nach Verabfolgung von 7-Ketolithocholansäure). In d. Galle von Myocastor coypus.

5/14 Desoxycholsäure (3α,12α-Dihydroxy-5β-cholansäure)

MG 392.56 *F* 177 $[\alpha]_D$ +57° (A.)

$C_{24}H_{40}O_4$

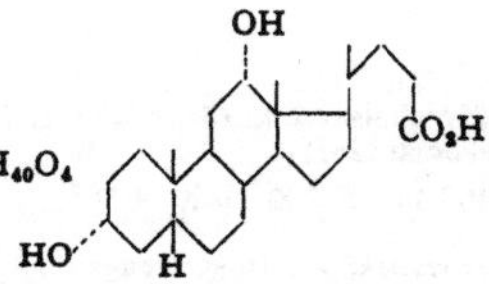

Charakteristik: Hält kristallisierte Lösungsmittel sehr fest; l. in Eg., A., Ac. — *Methylester:* *F* 95—97. — *Äthylester:* *F* 81; $[\alpha]_D$ + 49.7°. — *V.:* In der Galle von Mensch, Hund, Hirsch, Rind, Schaf, Antilope, Kaninchen, Gans. In den Faeces des Menschen.

$C_{24}H_{38}O_4$

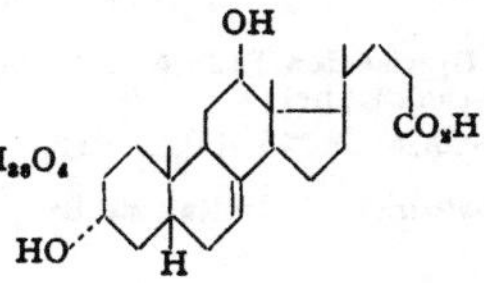

5/15 3α,12α-Dihydroxy-Δ^7-5β-cholensäure

MG 390.54 *F* 210 $[\alpha]_D$ +93°

$C_{24}H_{38}O_4$

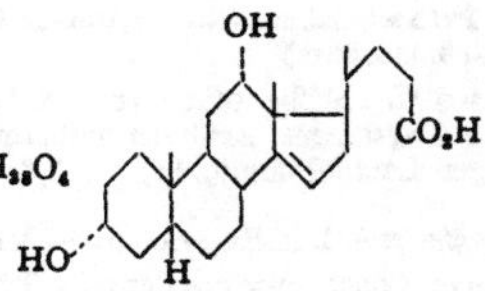

5/16 3α,12α-Dihydroxy-Δ^{14}-5β-cholensäure

MG 390.54 *F* 259 $[\alpha]_D$ +68°

$C_{24}H_{38}O_4$

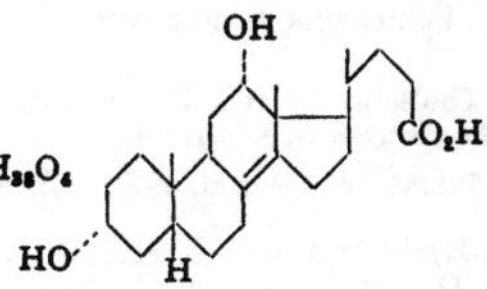

5/17 3α,12α-Dihydroxy-$\Delta^{8,14}$-5β-cholensäure (angels. Apocholic acid)

MG 390.54 *F* 176 $[\alpha]_D$ +50°

5/18 3α-Hydroxy-6-keto-5α-cholansäure (3α-Hydroxy-6-keto-allocholansäure)

MG 390.55 *F* 194

$C_{24}H_{38}O_4$

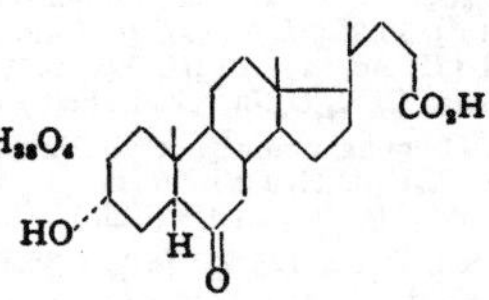

Charakteristik: Aus Essigester viereckige Tafeln; l. in Eg., A. — *Acetyl-methylester:* *F* 185; $[\alpha]_D$ —8°. — *Methylester:* *F* 135—137. — *V.:* In Schweinegalle (ca. 20% des Gallensäurengemisches); bildet sich vermutlich durch Isomerisation der 5β-Verbindung während des Verseifens.

5/19 3α-Hydroxy-7-keto-5β-cholansäure (Nutria„cholsäure")

MG 390.55 *F* 203 $[\alpha]_D$ —270

$C_{24}H_{38}O_4$

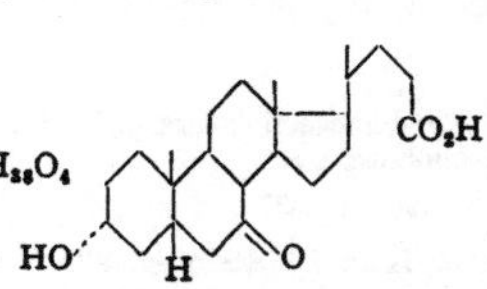

Charakteristik: l. in Eg., Ac., A., Äthylac.; aus Äthylac. Prismen. — *Äthylester:* $C_{26}H_{42}O_4$, *F* 61 bis 63. — *Äthylester-3-acetat:* $C_{28}H_{44}O_5$, aus PAe. Nadeln, aus verd. A. weiße Blättchen; *F* 120 bis 121. — *V.:* In der Galle von Myocastor coypus (Bieberratten oder Nutria) u. Meerschweinchen.

5/20 Hyocholsäure (3α,6α,7α-Trihydroxy-5β-cholansäure)

MG 408.56 *F* 189 $[\alpha]_D$ 5.5°

$C_{24}H_{40}O_5$

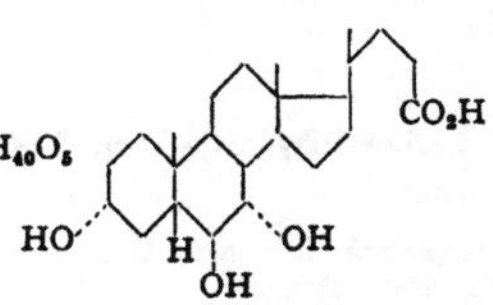

Charakteristik: *V.:* Schweinegalle.

$C_{24}H_{40}O_5$

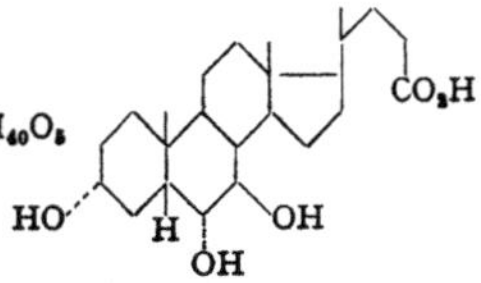

5/21 **Hyocholsäure IV (3α,6α,7β-Trihydroxy-5β-cholansäure)**

MG 408.56 *F* 191 $[\alpha]_D$ +36°

Charakteristik: V.: Rattengalle (als Metabolit nach Verabfolgung von Hyodesoxycholsäure).

$C_{24}H_{40}O_5$

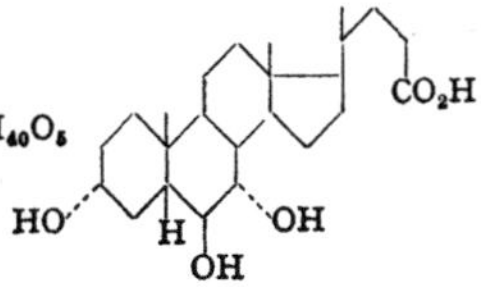

5/22 **Hyocholsäure II (3α,6β,7α-Trihydroxy-5β-cholansäure)**

MG 408.56 *F* 200 $[\alpha]_D$ +38°

Charakteristik: V.: In Rattengalle.

$C_{24}H_{40}O_5$

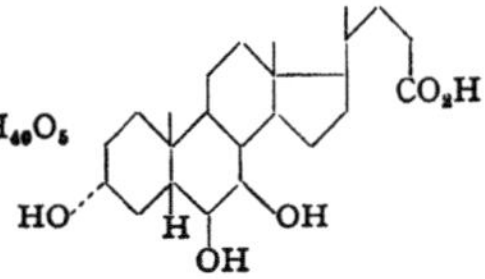

5/23 **Hyocholsäure I (3α,6β,7β-Trihydroxy-5β-cholansäure)**

MG 408.56 *F* 226 $[\alpha]_D$ +63°

Charakteristik: V.: In Rattengalle.

$C_{24}H_{40}O_5$

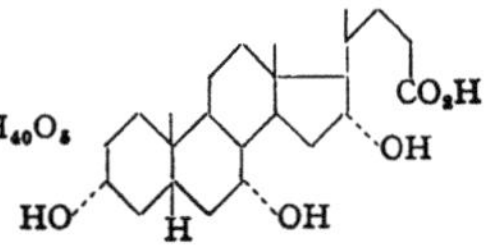

5/24 **Pythocholsäure (3α,7α,16α-Trihydroxy-5β-cholansäure)**

MG 408.56 *F* (bei schnellem Erhitzen) 187
Bei langsamem Erhitzen höherer undefin. *F* wegen Lactonbildung. $[\alpha]_D$ + 52°

Charakteristik: l. in Eg., Ac., A. — *Methylester:* $C_{25}H_{42}O_5$, *F* 148; $[\alpha]_D$ +28° (Chlf.). — *V.:* Abgottschlange, Constrictor occidentalis, Tigerschlange, Phyton molurus, Mytoglyphenschlange, Phyton sebae, Boa canina, C. imperator, C. constrictor, Epicrates cenchris.

$C_{24}H_{40}O_5$

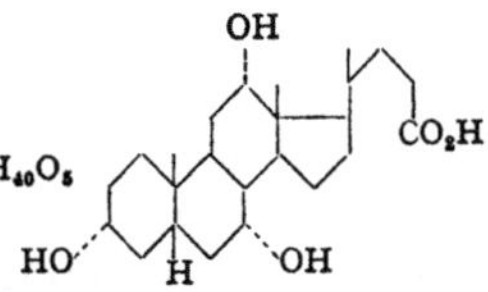

5/25 **Cholsäure** (angels. **Cholic acid; 3α,7α,12α-Trihydroxy-5β-cholansäure)**

MG 408.56 *F* (w.-frei) 198 $[\alpha]_D^{20}$ +37° (A.)

Charakteristik: Aus verd. Essigsäure Monohydrat $C_{24}H_{40}O_5$, H_2O, Tafeln. Löslichkeit: 0.28 g/L W. (15°), 30.56 g/L A., 5.08 g/L Chlf., 1.22 g/L Ae., 28.24 g/L Ac., 152.10 g/L Eg., 0.35 g/L Bzl. — *Na-Salz:* $C_{24}H_{39}O_5Na$, Löslichkeit in W. (15°): 569 g/L; $[\alpha]_D$ +27.6° (4%ige wssr. Lsg.); die spez. Drehung nimmt mit abnehmender Konzentration zu. — *Äthylester: F* 152. — *Glykocholsäure:* $C_{26}H_{43}O_6N$, aus h. W. mit 1.5 Mol H_2O; wird bei 100° w.-frei; *F* (trocken) (ab 130 sinternd) 164 (Z.); $[\alpha]_D$ +21,5° (Chlf.); $[\alpha]_D$ +32.3° (A.). — *Taurocholsäure:* Aus A./Ae. vierseitige Prismen, *F* bei 125 Z.; $[\alpha]_D^{18}$ +38.8° (A.). — *V.:* Als Glyko- u. Taurocholsäure in der Galle der meisten Wirbeltiere u. des Menschen.

$C_{24}H_{40}O_5$

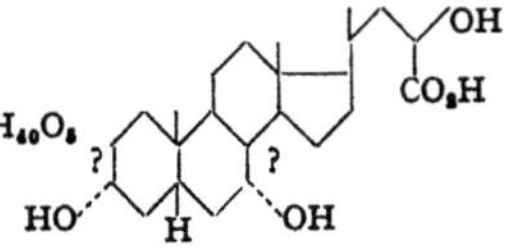

5/26 **„β"-Phocaecholsäure (3,7,23-Trihydroxy-5β-cholansäure)**

MG 408.56 *F* 223

Charakteristik: V.: Seelöwengalle, Walroßgalle, Phocidae.

$C_{24}H_{38}O_5$

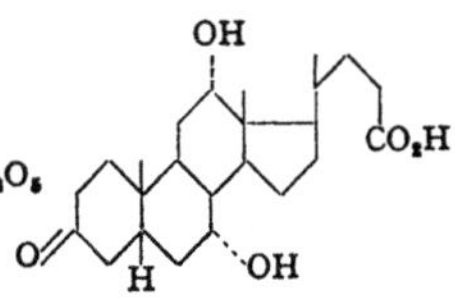

5/27 **7α,12α-Dihydroxy-3-keto-5β-cholansäure**

MG 406.55

Charakteristik: l. in Eg., Ac., A. — *Äthylester:* $C_{26}H_{42}O_5$, *F* 181—182. — *V.:* In Rindergalle in sehr geringer Menge.

$C_{24}H_{38}O_5$

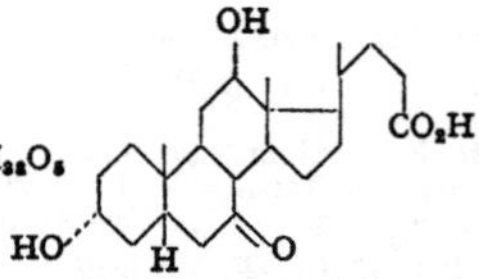

5/28 **3α,12α-Dihydroxy-7-keto-5β-cholansäure**
MG 406.55 *F* 199—200 $[\alpha]_D$ +1.5°

Charakteristik: Äthylester: $C_{26}H_{42}O_5$, *F* 160—161. — *V.:* In Kuhgalle in sehr geringer Menge.

6. Keimdrüsenhormone und verwandte Steroide

a) C_{21}-Steroide (Nebennierensteroide, Gestagene)

$C_{21}H_{36}$

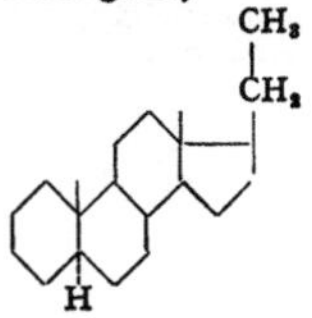

6a/1 **5α-Pregnan (Allo-pregnan)**
MG 288.52 *F* 84.5—85 $[\alpha]_D^{21}$ +12.7°

$C_{21}H_{36}$

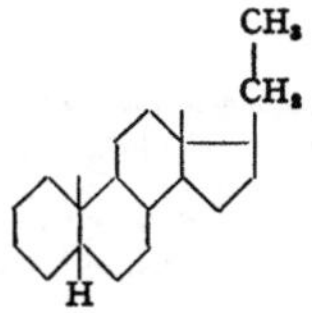

6a/2 **5β-Pregnan („Pregnan"-17β-ätiocholan)**
MG 288.52 *F* 83.5 $[\alpha]_D^{19}$ +20° (Chlf.)

6a/3 **5α-Pregnan-3α,20α-diol (Allo-pregnan-3α,20α-diol)**
MG 320.50 *F* 248—248.5

$C_{21}H_{36}O_2$

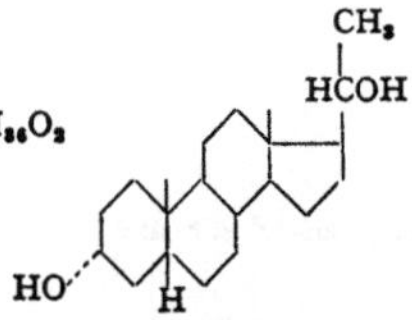

Charakteristik: Aus A. Gruppen derber Prismen; l. in Ac., Chlf., A.; $[\alpha]_D$ +17° (A.). — *3α-Acetat:* $C_{23}H_{38}O_3$, aus Ac. u. aus Me. derbe Tafeln, *F* 172.5—173.5. — *20α-Acetat:* aus Ac. Nadeln, *F* 192.5—194. — *Diacetat:* $C_{25}H_{40}O_4$, aus Me. flache Nadeln, *F* 141.5—142.5; $[\alpha]_D^{24}$ +18.8° (Bzl.). — *V.:* Im Harn von Frauen, Schwangeren, trächtigen Stuten, trächt. Kühen, Hengsten, Bullen (in besonders großen Mengen, wahrscheinlich in den Testes gebildet; in kastrierten Tieren jedoch kein Vorkommen). Metabolit von Progesteron oder Pregnenolon.

6a/4 **5α-Pregnan-3β,20α-diol (Allo-pregnan-3β,20α-diol)**
MG 320.50 *F* 222 $[\alpha]_D$ +23° (Chlf.)

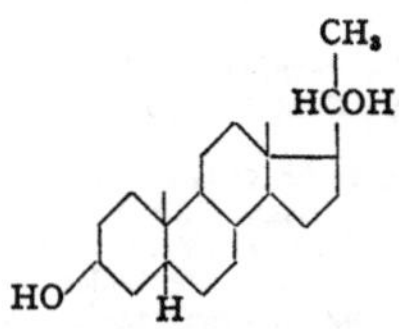

Charakteristik: Aus verd. A. Blättchen. — *20-Acetat:* $C_{23}H_{38}O_3$, *F* 150.5—151.5 (Me./PAe./Ac.). — *Diacetat:* $C_{25}H_{40}O_4$, aus verd. Ac. große spitze Tafeln, *F* 168; $[\alpha]_D$ —0.3° (Chlf.). — *Dibenzoat:* $C_{35}H_{44}O_4$, *F* 170.5—172; $[\alpha]_D$ +27.8° (Chlf.). — *V.:* Im Harn von Schwangeren, trächtigen Stuten, trächt. Kühen, Bullen (in besonders großer Menge, jedoch in kastr. Stieren nicht, wahrscheinlich in den Testes d. Bullen gebildet). Metabolit von Progesteron oder Pregnenolon.

6a/5 **5α-pregnan-3β,20β-diol (Allo-pregnen-3β,20β-diol)**
MG 320.50 *F* 195.5—197.5 $[\alpha]_D$ +3° (Chlf.).

$C_{21}H_{36}O_2$

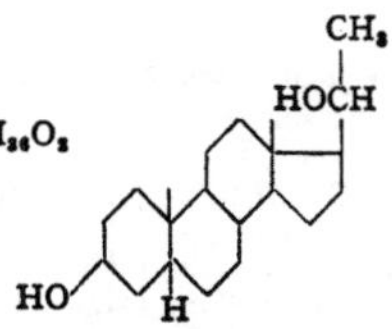

Charakteristik: l. in A.. — *3-Acetat:* $C_{23}H_{38}O_3$, $[\alpha]_D$ —6°. — *20-Acetat:* $C_{23}H_{38}O_3$, *F* 170—171. — *Diacetat:* $C_{25}H_{40}O_4$, *F* 142—143 (Me.); $[\alpha]_D^{22}$ +31° (Chlf.). — *Dibenzoat:* $C_{35}H_{44}O_4$, *F* 237.5—239; $[\alpha]_D$ —10.1° (Chlf.). — *V.:* Aus der neutralen Fraktion nicht hydrolysierter Ochsengalle. Im Harn trächtiger Stuten.

6a/6 5β-Pregnan-3α,20α-diol („Pregnandiol")

MG 320.50 *F* 238 $[\alpha]_D^{20}$ +27.4 (A.)

$C_{21}H_{36}O_2$

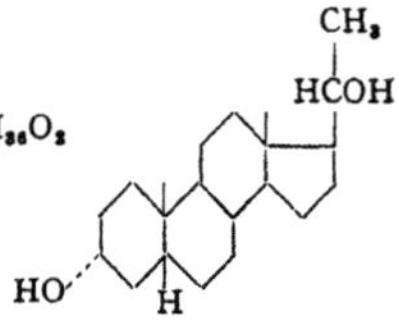

Charakteristik: swl. in organ. Lsgm.; l. in A., Ac., Chlf.; aus Ac. Tafeln; — *3-Acetat:* $C_{23}H_{38}O_3$, *F* 132.5; $[\alpha]_D^{25}$ +45° (Chlf.). — *20-Acetat:* *F* 174. — *Diacetat:* $C_{25}H_{40}O_4$, *F* 180; $[\alpha]_D^{24}$ +35.3° (Bzl.); $[\alpha]_D$ +41° (Ac.). — *Dibenzoat:* $C_{35}H_{44}O_4$, *F* 131—133; $[\alpha]_D$ +31° (Chlf.). — *3-Glucuronid:* $C_{27}H_{43}O_8Na$, *F* 283.5—184.5, an feuchter Luft 3 Mol H_2O aufnehmend, die bei 137° wieder abgegeben werden. — *V.:* Im Harn von Frauen (die Ausscheidung des Glucuronids ist Index der Aktivitat des Corp. lut.; es wird nicht in der Follikular-, sondern nur in der Lutealphase d. Menstr. cycl. ausgeschieden, gewöhnlich von Pregnan-3α-ol-20-on-glucuronid begleitet), von Schwangeren, trächtigen Stuten, tracht. Kühen, trächt. Schimpansen, trächt. Schafen, von Männern (z. T. auf d. Erzeugung von Progesteron im Hoden zurückzufuhren), von Bullen in besonders großer Menge, wahrscheinlich in den Testes gebildet, jedoch in Stieren (kastr.) nicht; von Kaninchen Metabolit von Progesteron oder Pregnenolon.

$C_{21}H_{36}O_2$

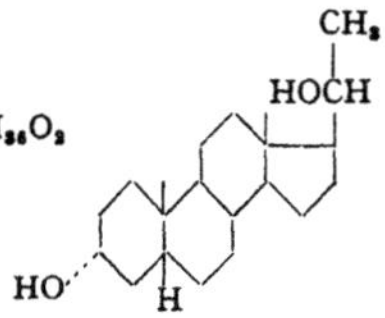

6a/7 5β-Pregnan-3α,20β-diol

MG 320.50 *F* 246 $[\alpha]_D$ +10° (Chlf.)

Charakteristik: l. in A., Ac., Chlf. — *Diacetat:* $C_{25}H_{40}O_4$, *F* 115; $[\alpha]_D$ +68° (Ac.); $[\alpha]_D^{26}$ +61° (Chlf.); $[\alpha]_D$ +45° (A.). — *V.:* In der Galle trächtiger Kühe.

$C_{21}H_{36}O_2$

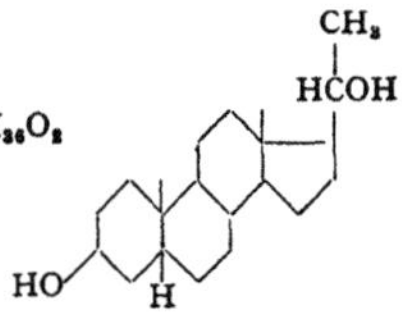

6a/8 5β-Pregnan-3β,20α-diol

MG 320.50 *F* 182

Charakteristik: l. in Ac., A., Chlf. — *20-Acetat:* $C_{23}H_{38}O_3$, *F* 147.5. — *Diacetat:* $C_{25}H_{40}O_4$, *F* 141. — *Dibenzoat:* $C_{35}H_{44}O_4$, *F* 169—170; $[\alpha]_D^{28}$ +23° (Chlf.). — *V.:* Im Harn von Frauen mit NNR-Hyperplasie.

6a/9 Δ^5-Pregnen-3β,20α-diol

MG 318.48 *F* 183.5—186 $[\alpha]_D$ —56 (Chlf.)

$C_{21}H_{34}O_2$

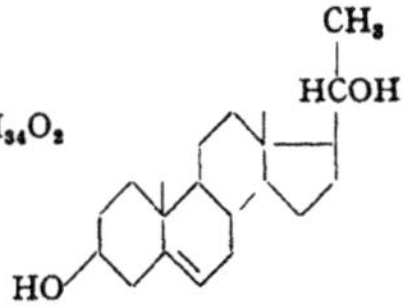

Charakteristik: *3β-Acetat:* $C_{23}H_{36}O_3$, *F* 143.5 bis 145. — *20α-Acetat:* $C_{23}H_{36}O_3$, *F* 167—169. — *Diacetat:* $C_{25}H_{38}O_4$, aus Me. Plattchen, *F* 145.5 bis 147.5 (aus der Schmelze bildet sich beim Erstarren eine allotrope Modifikation mit *F* 137). — *Dibenzoat:* $C_{35}H_{42}O_4$, *F* 194—196; $[\alpha]_D$ +5° Chlf.). — *V.:* In Frauenharn (NN-Carcinom, Virilismus). 20-Monoacetat im Harn eines Knaben mit NN-Carcinom. Harn trächtiger Stuten.

6a/10 5α-Pregnan-3α-ol-20-on (Allo-pregnan-3α-ol-20-on)

MG 318.48 *F* 176
$[\alpha]_D$ +96° (Chlf.); $[\alpha]_D$ +105° (Me./Chlf. 1:1)

$C_{21}H_{34}O_2$

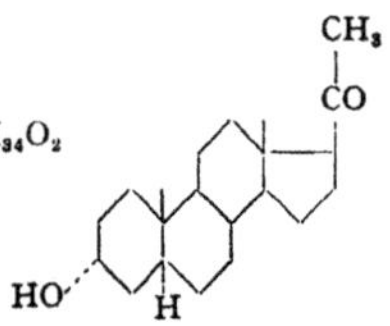

Charakteristik: l. in Chlf., Me., A. — *Acetat:* $C_{23}H_{36}O_3$, *F* 142—143.5; $[\alpha]_D^{0}$ +112° (A.). — *Semicarbazon:* $C_{22}H_{37}O_2N_3$, *F* (Z.) 248—250. — *V.:* Im Harn von Schwangeren; Testes (Eber). — Als Metabolit von Progesteron oder Pregnenolon erachtet.

6a/11 5α-Pregnan-3β-ol-20-on (Allo-pregnan-3β-ol-20-on)

$C_{21}H_{34}O_2$

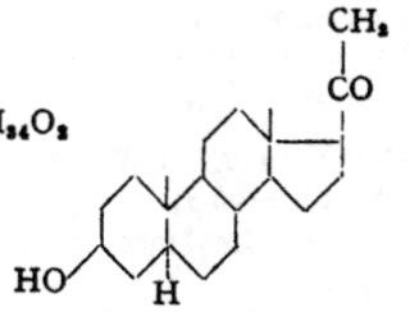

MG 318.48 *F* 194—194.5
$[\alpha]_D^{19}$ + 90.8° (A.); $[\alpha]_D^{20}$ + 93° (Chlf.); $[\alpha]_D$ + 76° (Me./Chlf. 1:1)

Charakteristik: l. in A., Ac., Me., Chlf. — *Benzoat:* $C_{28}H_{38}O_3$, *F* 202; $[\alpha]_D$ + 76° (Chlf.). — *p-Nitrobenzoat:* $C_{28}H_{37}NO_5$, *F* 216. — *Oxim:* $C_{21}H_{35}NO_2$, *F* 227. — *Semicarbazon:* $C_{22}H_{37}N_3O_2$, *F* 253. — *Thiosemicarbazon:* $C_{22}H_{37}ON_3S$, aus A./Chlf. *F* (Z.)255—257. — *V.:* Begleitstoff von Progesteron in Corp. lut., Placenta und NN. Als Metabolit von Progesteron oder Pregnenolon im Harn von Schwangeren, trächtigen Stuten (als Sulfat) u. Sauen. In Corp: lut. des Rindes, Schweines, Wals. Placenta (Mensch). NN von Rind, Schwein, Wal. Testes (Eber).

6a/12 5β-Pregnan-3α-ol-20-on („Pregnanolon", früher „epi"-Pregnanolon)

$C_{21}H_{34}O_2$

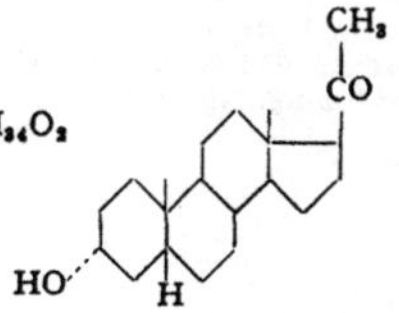

MG 318.48 *F* 149.5 (Bzl., Hexan)
F 154—155 (Ae./Petrol.)
$[\alpha]_D^{18}$ + 109° (Chlf.)

Charakteristik: Aus Bzl. lange Nadeln; aus Hexan Rosetten von Nadeln; l. in A., Ac., Ae., Chlf. — *Acetat:* $C_{23}H_{36}O_3$, *F* 99.7—100.7; $[\alpha]_D^{25}$ + 118° (Chlf.). — *Semicarbazon:* $C_{22}H_{37}N_3O_2$, *F* 247. — *V.:* Schwangerenharn, Harn von Sauen, Galle trächtiger Kühe.

$C_{21}H_{34}O_2$

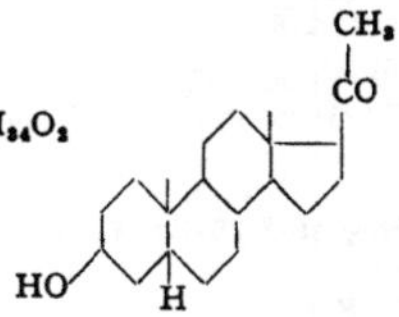

6a/13 5β-Pregnan-3β-ol-20-on

MG 318.48 *F* 149 (verd. A.)

Charakteristik: Acetat: $C_{23}H_{36}O_3$, *F* 121.— *Benzoat:* $C_{28}H_{38}O_3$, *F* 154—155; $[\alpha]_D$ + 80° (Chlf.). — *Semicarbazon:* $C_{22}H_{37}O_2N_3$, *F* 245. — *V.:* Aus der neutralen Fraktion nicht hydrolysierter Ochsengalle.

6a/14 Δ⁴-Pregnen-20α-ol-3-on

$C_{21}H_{32}O_2$

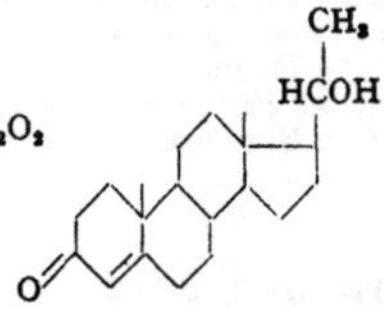

MG 316.47 *F* 162 $[\alpha]_D^{20}$ + 104° (Chlf.)

Charakteristik: Acetat: $C_{23}H_{34}O_3$, *F* 141—142; $[\alpha]_D^{32}$ + 82° (A.). — *V.:* Metabolit von Progesteron in Ovarien (Mensch), Placenta (Mensch), Fettgewebe (Mensch). Periph. Blut des Mutterschafs. Adrenalvenenblut des Kalbs. — *Biol. Wi.:* Im Clauberg-Test 1/3 der Wirksamkeit von Progesteron. Im Intrauterin-Test von *Hooker* u. *Forbes* 1/5 bis 1/3 der Wirksamkeit von Progesteron.

$C_{21}H_{32}O_2$

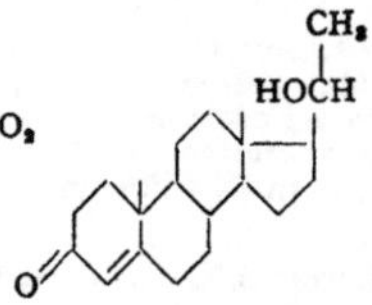

6a/15 Δ⁴-Pregnen-20β-ol-3-on

MG 316.47 *F* 172 $[\alpha]_D$ + 86° (Chlf.)

Charakteristik: V.: Metabolit von Progesteron in Ovarien (Mensch, Rind), Placenta (Mensch, Pferd), im Fettgewebe der Frau, im Blut (Frau). — *Biol. Wi.:* Im Clauberg- Test 1/5 der Wirksamkeit von Progesteron. Im Intrauterin-Test von *Hooker* u. *Forbes* dreimal wirksamer als Progesteron.

6a/16 Δ⁵-Pregnen-3β-ol-20-on („Pregnenolon")

$C_{21}H_{32}O_2$

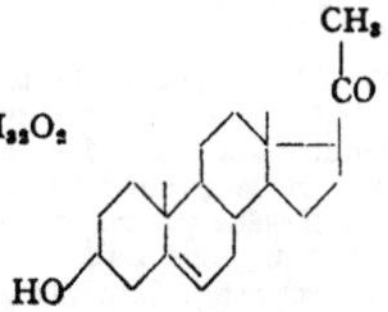

MG 316.47 *F* 193 $[\alpha]_D^{20}$ + 28° (A.)

Charakteristik: Aus Chlf./PAe. derbe Prismen; aus verd. A. Nadeln; l. in Chlf. (17 g in 100 ml Lsg.), A. (1.9 g in 100 ml Lsg.), Äthylac. (1.1 g in 100 ml Lsg.), Bzl., Ac., CCl_4; swl. in W. — Beim Kochen in Me. entsteht 17-iso-Pregnenolon. — *Acetat:* $C_{23}H_{34}O_3$, aus A. Nadeln, *F* 149 bis 151; $[\alpha]_D^{20}$ + 22° (A.); l. in Chlf. (55 g in 100 ml Lsg.), Bzl. (26 g in 100 ml Lsg.), Äthylac. (7.9 g in 100 ml Lsg.). — *Benzoat:* $C_{28}H_{36}O_3$, *F* 197; $[\alpha]_D$ + 40°. — *Semicarbazon:* $C_{24}H_{37}N_3O_3$, sll. in W.; *F* (Z.) 262—263. — *V.:* Testes (Eber).

6a/17 Δ^{16}-5α-Pregnen-3β-ol-20-on (Δ^{16}-Allo-pregnen-3β-ol-20-on)

MG 316.47 *F* 207 $[\alpha]_D$ +50° (A.)

$C_{21}H_{32}O_2$

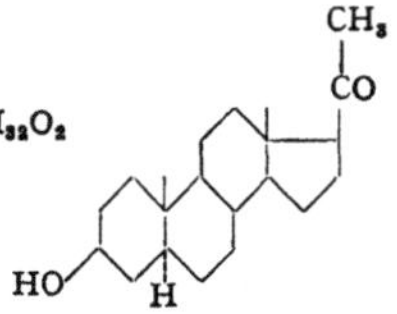

Charakteristik: l. in A., Chlf., Ac. — *Acetat:* $C_{23}H_{34}O_3$, *F* 165—166.5; $[\alpha]_D^{22}$ +34° (Chlf.); $[\alpha]_D$ +42°. — *V.:* Im Harn trächtiger Stuten. NN (Schwein).

6a/18 Δ^{16}-5β-Pregnen-3α-ol-20-on

MG 316.47 *F* 198—206 (Ae./Hexan) $[\alpha]_D$ +54° (Chlf.)

$C_{21}H_{32}O_2$

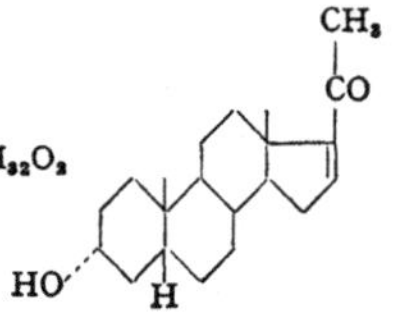

Charakteristik: Aus Ae./Hexan gebogene Blättchen. — *Acetat:* $C_{23}H_{34}O_3$, aus verd. Me. und aus verd. Ac. Nadeln, *F* 96—99. — *V.:* Harn (Mensch) bei Morbus Cushing. NN (Schwein).

$C_{21}H_{30}O_2$

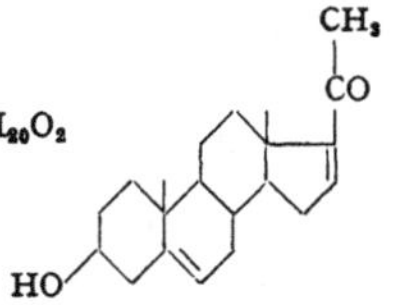

6a/19 $\Delta^{5,16}$-Pregnadien-3β-ol-20-on (16-Dehydropregnenolon)

MG 314.45 *F* 216

Charakteristik: Acetat: $C_{23}H_{32}O_3$, *F* 175—177. — *Oxim des Acetats: F* 228—230. — *Benzoat:* $C_{28}H_{34}O_3$, *F* 171—172; $[\alpha]_D$ −9° (Chlf.).

6a/20 5α-Pregnan-3,20-dion (Allo-pregnan-3,20-dion)

MG 316.47 *F* 199 $[\alpha]_D^{20}$ +121° (Chlf.)

$C_{21}H_{32}O_2$

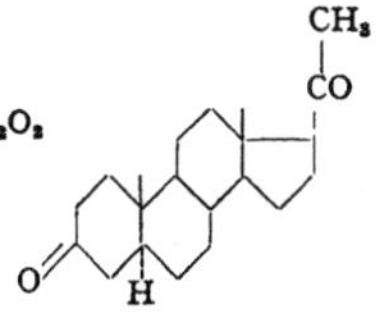

Charakteristik: Aus Ac./Ae. dünne Täfelchen; l. in den gebräuchlichen organ. Lsgm. (etwas weniger löslich als 5β-Pregnan-3,20-dion). — *Dioxim:* $C_{21}H_{34}N_2O_2$, bei 260° Zers. — *Bis-2,4-dinitrophenylhydrazon:* orange Krist. (absol. Me.), *F* 208 bis 211. — *V.:* Im Harn von Schwangeren u. trächtigen Stuten.

6a/21 5β-Pregnan-3,20-dion

MG 316.47 *F* 123 (aus verd. A.) $[\alpha]_D$ +105° (Chlf.); $[\alpha]_D^{25}$ +112° (Chlf.)

$C_{21}H_{32}O_2$

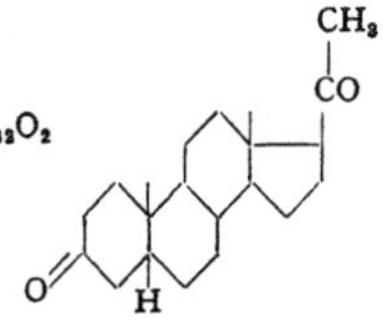

Charakteristik: Aus verd. A. Nadeln; ll. in A., Ac., Ae., Chlf.. — *Dioxim:* $C_{21}H_{34}N_2O_2$, aus viel A. prismatische Nadeln, *F* 250, oberhalb von 250° Zers. — *Disemicarbazon:* bei 257° Zers. — *Bis-dinitrophenylhydrazon: F* 251—253. — *V.:* Im Stutenharn; Harn einer Frau mit NNR-Hyperplasie.

6a/22 Δ^4-Pregnen-3,20-dion (Progesteron)

MG 314.45 Zwei Kristallformen: I *F* 121 (Nadeln), II *F* 128 (Prismen) $[\alpha]_D^{20}$ +172° bis +182° (Dioxan); $[\alpha]_D$ +192° (A.); $[\alpha]_D^{20}$ +201° (Chlf.)

$C_{21}H_{30}O_2$

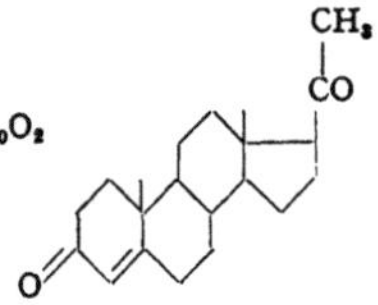

Charakteristik: Dimorph; Form I orthorhombische Nadeln, *F* 121, können erhalten werden durch Kristallisation aus PAe.; Form II orthorhombische Prismen, *F* 128, bei langsamem Kristallisieren aus verd. A.; I (Schmelze) in II überfuhrbar. Beide Formen haben dieselbe physiologische Wirksamkeit bzw. Aktivität; ll. in A., Ac., Chlf., Ae.. — *Dioxim:* $C_{21}H_{32}N_2O_2$, aus verd. A. Büschel von Täfelchen, *F* 243. — *V.:* Im Corpus luteum (Mensch, Wal, Schwein). Im Ovar nicht trächtiger Kühe. In sprungreifen Follikeln (Mensch). Im Uterusvenenblut Schwangerer im 5. u. 10. Monat nachgewiesen. Im peripheren venösen Blut von Schwangeren i. d. 2. Hälfte der Schwangerschaft nachgewiesen. Im Nabelvenenblut. Im Blut legender Hennen. Placenta (Mensch). In einen feminisierenden NNR-Carcinom gefunden. Aus NNR isoliert. Im Harn von Schwangeren. Foetus. — *Biol. Wi.:* Clauberg-Test: I. E. 0.6 mg.

6a/23 Δ^5-Pregnen-3,20-dion $C_{21}H_{30}O_2$

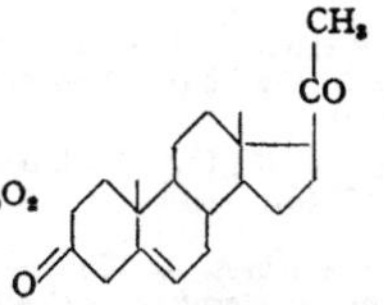

MG 314.45 *F* 158–160 (Ac.)
$[\alpha]_D^{20}$ +65.5° (Chlf.)

Charakteristik: ll. in Chlf.; zwl. in Me., A., Ac.. — *Dioxim:* $C_{21}H_{32}O_2N_2$, aus A. kurze Nadeln, *F* 203–205 (Braunfärbung), bei 207° Zers. — *Biol. Wi.:* Im Clauberg-Test mit 2 mg keine Wirkung.

6a/24 $\Delta^{4,11}$-Pregnadien-3,20-dion (11-Dehydroprogesteron) $C_{21}H_{28}O_2$

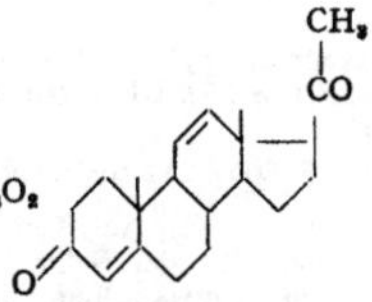

MG 312.43 *F* 177 (Ae./PAe.)

Charakteristik: $[\alpha]_D$ +180° (Chlf.) — *Biol. Wi.:* Im Clauberg-Test dreimal wirksamer als Progesteron (I. E. 0.2 mg; Progesteron I. E. 0.6 mg).

6a/25 $\Delta^{4,16}$-Pregnadien-3,20-dion (16-Dehydroprogesteron) $C_{21}H_{28}O_2$

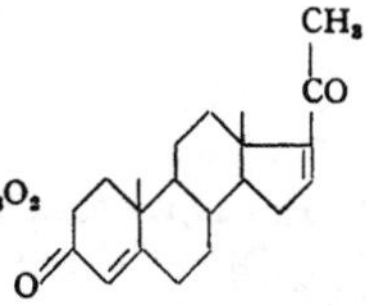

MG 312.43 *F* 186–188 (Essigester)

Charakteristik: l. in Ae., Ac., Essigester. Aus wssr. Ac. Blättchen. Die Kristalle halten Kristallwasser hartnäckig fest. — *Biol. Wi.:* Etwa $^1/_{100}$ der Wirksamkeit von Progesteron. Schwach androgen.

6a/26 5α-Pregnan-3α,17α,20α-triol (Allopregnan-3α,17α,20α-triol) $C_{21}H_{36}O_3$

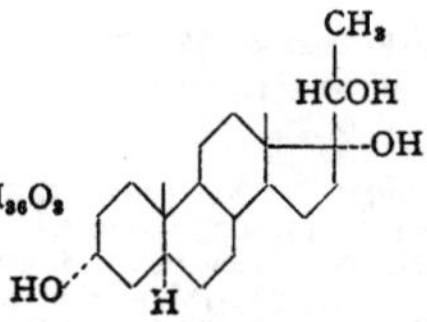

MG 336.50 *F* 228–230 (Me.)

Charakteristik: —. *V.:* Gefunden im Harn eines Patienten mit congenital. NN-Hyperplasie.

6a/27 5α-Pregnan-3β,16α,20α-triol (Allopregnan-3β,16α,20α-triol) $C_{21}H_{36}O_3$

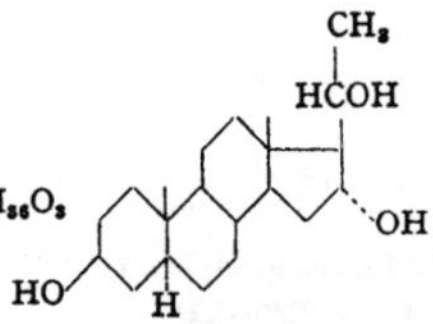

MG 336.50 *F* 254–256

Charakteristik: l. in Ac., A., Chlf. — *Triacetat:* $C_{27}H_{42}O_6$, *F* 179; $[\alpha]_D$ −58° (A.). — *V.:* Im Harn von Schwangeren.

6a/28 5α-Pregnan-3β,16α,20β-triol (Allopregnan-3β,16α,20β-triol) $C_{21}H_{36}O_3$

MG 336.50 *F* 304 *F* 300 (Zers.)
$[\alpha]_D^{22}$ −16 (A.)

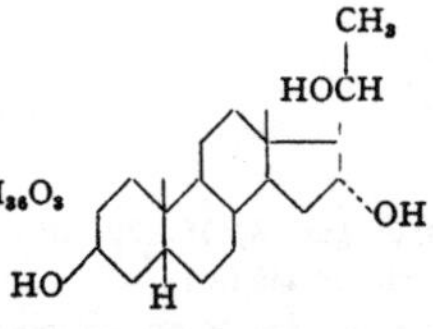

Charakteristik: l. in Ac., A., Me., Chlf.. — *20-Acetat:* aus A. feine Nadeln, *F* 226–229. — *3,20-Diacetat:* $C_{25}H_{40}O_5$, *F* 115–116.5. — *16,20-Diacetat:* $C_{25}H_{40}O_5$, *F* 165–166. — *Triacetat:* $C_{27}H_{42}O_6$, aus Me. Täfelchen, *F* 168–171; $[\alpha]_D^{20}$ −51° (Chlf.). — *Tribenzoat:* $C_{42}H_{48}O_6$, aus Chlf./Me. längliche Prismen, *F* 211–213; $[\alpha]_D^{20}$ −14° (Chlf.). — *V.:* Im Harn trächtiger Stuten.

6a/29 5α-Pregnan-3β,17α,20α-triol (Allopregnan-3β,17α,20α-triol, Reichsteins Substanz O)

$C_{21}H_{36}O_3$

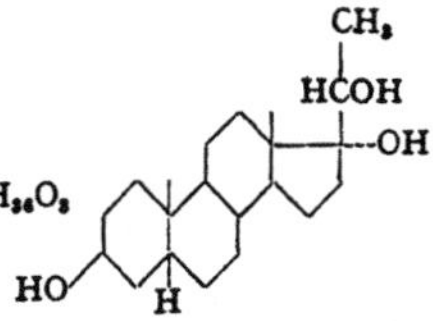

MG 336.50 *F* 223 (wird bei 130 opak)
$[\alpha]_D^{20}$ −13° (A.)

Charakteristik: l. in A., Ac., Chlf.. — *3,20-Diacetat:* $C_{25}H_{40}O_5$, aus Ae. sternförmige Rosetten länglicher, elliptischer Nadeln; beim Erhitzen kann bei 235 bis 240° Umlagerung in lange feine Nadeln erfolgen, *F* 250—251; $[\alpha]_D^{21}$ −30° (Ac.). — *Dibenzoat:* $C_{35}H_{44}O_5$, *F* 216—217 u. 230—231; $[\alpha]_D$ −3° (Chlf.). — *V.:* In NN. Harn.

6a/30 5α-Pregnan-3β,17α,20β-triol (Allopregnan-3β,17α,20β-triol, Reichsteins Substanz)

$C_{21}H_{36}O_3$

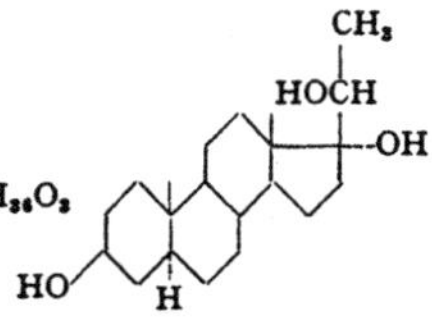

MG 336.50 *F* 206—212 (bei 130° opak), 223

Charakteristik: l. in A., Ac., Chlf. — Aus wssr. A. flache Nadeln; in der Schmelze kann unter Wiedererstarren Umwandlung in eine höher schmelzende (*F* 223) Form erfolgen; $[\alpha]_D^{19}$ −8° (A.). — *3,20-Diacetat:* $C_{25}H_{40}O_5$, aus Ae./Pentan zugespitzte dicke Nadeln, aus Pentan Prismen, *F* 161—162; $[\alpha]_D^{19}$ +25° (Ac.). — *V.:* NN.

$C_{21}H_{36}O_3$

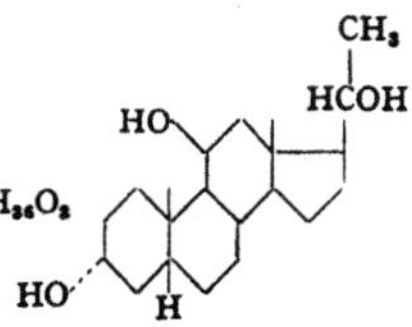

6a/31 5β-Pregnan-3α,11β,20α-triol

MG 336.50 *F* 204—205 (Äthylac. oder Ac.)
$[\alpha]_D^{24}$ +40.6°

Charakteristik: l. Ac., Äthylac.. — *3,20-Diacetat:* $C_{25}H_{40}O_5$, *F* 192—192.5 (Ac./PAe.); $[\alpha]_D^{29}$ +56.3° (Chlf.). — *V.:* Im Harn (Mensch) bei lymphatischer Leukämie.

6a/32 5β-Pregnan-3α,17α,20α-triol

$C_{21}H_{36}O_3$

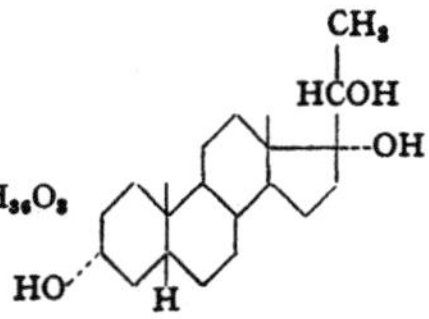

MG 336.50 *F* 254—256 u. 255—257
$[\alpha]_D^{28}$ −4° (A.)

Charakteristik: *3,20-Diacetat:* $C_{25}H_{40}O_5$, polymorph, *F* 145—147 u. 159—116 (kann anscheinend auch in Modifikationen mit niedrigeren Schmelzpunkten bei ca. 73—78° u. 136° auftreten). — *V.:* Häufig in außerordentlicher Menge im Harn von Patienten mit Adrenalhyperplasie oder NN-Tumoren. Im Harn von Männern.

$C_{21}H_{36}O_3$

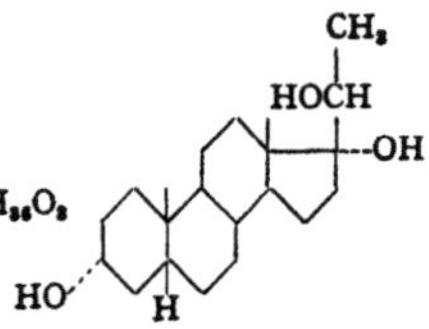

6a/33 5β-Pregnantriol-3α,17α,20β

MG 336.50 *F* 220—221

Charakteristik: *3,20-Diacetat:* $C_{25}H_{40}O_5$, aus wssr. Me. Nadeln, *F* 198—206. — *B.:* Aus 17-Hydroxypregnanolon nach Inkubation mit der S_2-Fraktion von Rattenleberhomogenat.

$C_{21}H_{34}O_3$

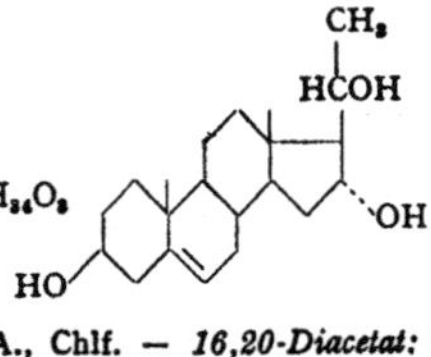

6a/34 Δ^5-Pregnen-3β,16α,20α-triol

MG 334.48 *F* 248 (A.)

Charakteristik: Aus Ac. mandelförm. Krist.; l. in Ac., A., Chlf. — *16,20-Diacetat:* $C_{25}H_{38}O_5$, *F* 185.5—187.5. — *Triacetat:* $C_{27}H_{40}O_6$, aus Me. Nadeln, *F* 180; $[\alpha]_D$ −99° (A.). — *V.:* Aus dem Harn eines Knaben mit NN-Tumor.

$C_{21}H_{34}O_3$

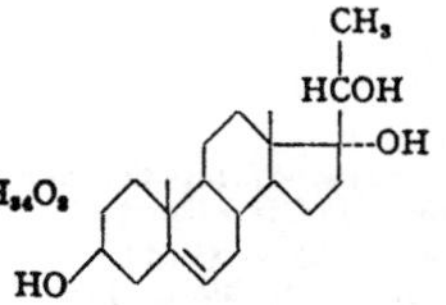

6a/35 **Δ^5-Pregnen-3β,17α,20α-triol**
MG 334.48 *F* 222—225

Charakteristik: l. in Ac., Chlf., A. — *3,20-Diacetat:* $C_{25}H_{38}O_5$, aus Me. längl. Tafeln, *F* 204—206; $[\alpha]_D$ −79° (A.). — *V.:* Im Harn (Mensch) in Fällen von NN-Carcinom.

$C_{21}H_{34}O_3$

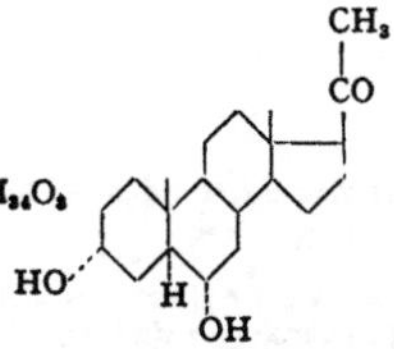

6a/36 **5α-Pregnan-3α,6α-diol-20-on (Allopregnan-3α,6α-diol-20-on)**
MG 334.48 *F* 196

Charakteristik: l. in Ac., Chlf., A.; $[\alpha]_D^{26}$ +105° (A.). — *Diacetat:* $C_{25}H_{38}O_5$, *F* 155—156; $[\alpha]_D^{24}$ +42° (A.). — *Oxim:* $C_{21}H_{35}O_3N$, *F* 288—291 (Me.). — *Dinitrophenylhydrazon:* $C_{27}H_{38}O_6N_4$, *F* 235 (Me.). — *V.:* Im Harn von Schwangeren.

$C_{21}H_{34}O_3$

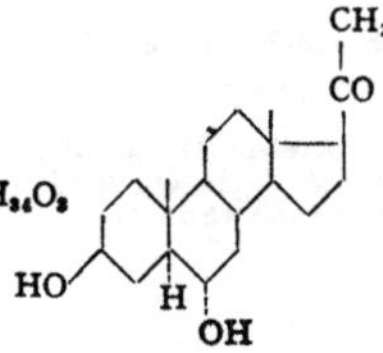

6a/37 **5α-Pregnan-3β,6α-diol-on-20 (Allopregnan-3β,6α-diol-on-20)**
MG 334.48 *F* 210 $[\alpha]_D$ +99°

Charakteristik: l. in Ac., A., Chlf. — *Diacetat:* $C_{25}H_{38}O_5$, *F* 104 (Ae./Pentan); $[\alpha]_D^{27}$ +74° (Chlf.). — *Oxim:* $C_{21}H_{35}O_3N$, *F* 237 (Z.). — *V.:* Im Harn von Schwangeren.

6a/38 **5α-Pregnan-3α,16α-diol-20-on (Allopregnan-3α,16α-diol-20-on)**
MG 334.48 *F* 209—211 u. 227—229
$[\alpha]_D^{28}$ +59.9° (Me./Chlf.)

$C_{21}H_{34}O_3$

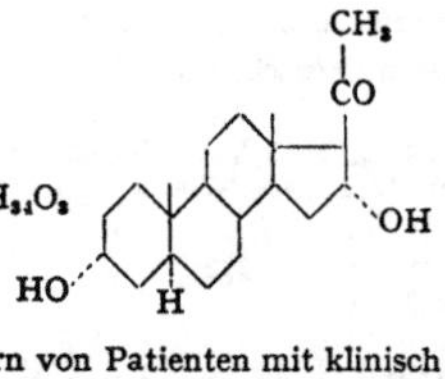

Charakteristik: Aus Ac./Ae. dicke kurze Prismen, die ab ca. 180° in Tröpfchen oder Blättchen sublimieren u. bei 227—229° schmelzen. — *V.:* In Schweine-Nebennieren-Extrakten nach Inkubation von NNR-Steroiden mit NNR-Homogenat. Im Harn von Patienten mit klinisch kompensiertem Salzverlust-Syndrom. NN (Schwein).

6a/39 **5α-Pregnan-3β,16α-diol-20-on (Allopregnan-3β,16α-diol-20-on)**
MG 334.48 *F* 260—262

$C_{21}H_{34}O_3$

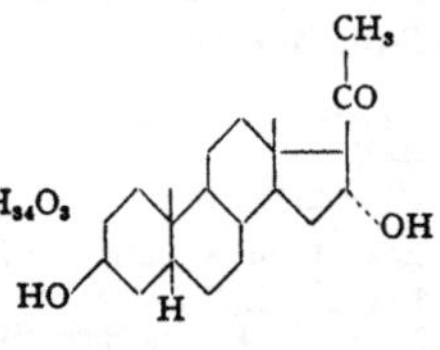

Charakteristik: l. in Ac., Dioxan. Aus Me./Äthylac. feine Blättchen; starke Sublimation ab 130°. — *3-Acetat:* $C_{23}H_{36}O_4$, *F* 184—186. — *16-Acetat:* $C_{23}H_{36}O_4$, aus Ae. Nadeln, *F* 259—261. — *Biol. Wi.:* Natriumdiuretisch. — *Diacetat:* $C_{25}H_{38}O_5$, aus Ac./Ae. Nadeln, *F* 177.5—178.5; $[\alpha]_D^{26}$ +20° (Chlf.). — *o,p-Dinitrophenylhydrazon:* $C_{27}H_{38}O_6N_4$, orange, *F* 249—252 (Z.) nach Umwandlungen zwischen 150 u. 160° sowie 220 u. 230°. — *V.:* Aus NN-Extrakten nach Inkubation von NN-Steroiden mit NN-Homogenat. Aus dem Harn von Patienten mit klinisch kompensiertem Salzverlust-Syndrom. NN (Schwein).

6a/40 5α-Pregnan-3β,16β-diol-20-on (Allo-pregnan-3β,16β-diol-20-on)

$C_{21}H_{34}O_3$

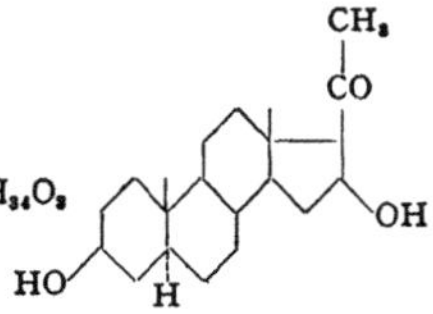

MG 334.48 *F* 255—258 (Z.)
$[\alpha]_D^{27}$ +51.3° (Me./Chlf. 1 : 1)

Charakteristik: Diacetat: $C_{25}H_{38}O_5$, *F* 174 (Ae./Pentan); $[\alpha]_D^{28}$ +53° (Me./Chlf. 1 : 1). — *Biol. Wi.:* Nicht natriumdiuretisch, wie alle Isomeren mit 16β-OH.

$C_{21}H_{34}O_3$

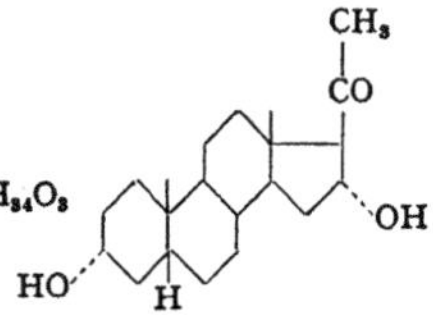

6a/41 5β-Pregnan-3α,16α-diol-on-20

MG 334.48 *F* 211—213

Charakteristik: Aus Ac./Pentan Nadeln. — *V.:* Im Harn von Schwangeren, Harn eines Patienten mit Cushing-Syndrom. — *Biol. Wi.:* Natriumdiuretisch.

$C_{21}H_{34}O_3$

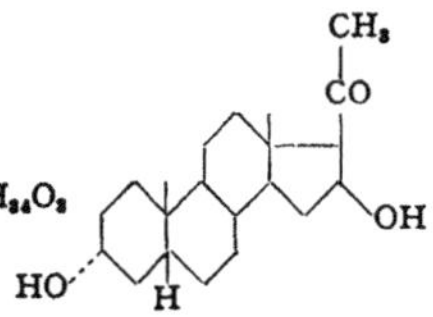

6a/42 5β-Pregnan-3α,16β-diol-20-on

MG 334.48 *F* 208—211

Charakteristik: Aus Ae./Hexan lange Nadeln, die ab ca. 180° sublimieren u. bei 208—212° schmelzen. — *3α-Acetat:* $C_{23}H_{36}O_4$, *F* 157—167 (Ae./Pentan). — *Biol. Wi.:* Nicht natriumdiuretisch, wie alle Isomeren mit 16β-OH.

6a/43 5α-Pregnan-3α,17α-diol-20-on (Allo-pregnan-3α,17α-diol-20-on)

$C_{21}H_{34}O_3$

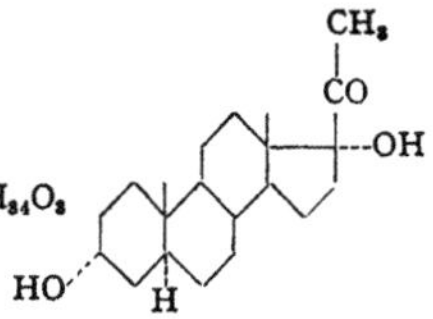

MG 334.48 *F* 215—216.5 (Bzl.; Ac.)
$[\alpha]_D^{27}$ +45.2° (A.)

Charakteristik: l. in Ac., Bzl., A.; — *3-Acetat:* $C_{23}H_{36}O_4$, *F* 216.5—220; $[\alpha]_D^{27}$ +1.7° (Chlf.). — *V.:* Im Harn (Mensch) bei NN-Hyperplasie.

6a/44 5α-Pregnan-3β,17α-diol-20-on (Allo-pregnan-3β,17α-diol-20-on, Reichsteins Substanz L)

MG 334.48 *F* 264, 272
$[\alpha]_D^{25}$ +38° (A.)

$C_{21}H_{34}O_3$

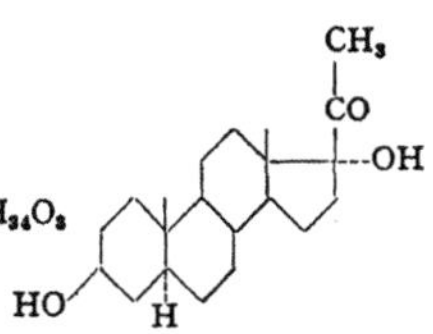

Charakteristik: l. in Ac., A., Chlf. — Scharfkantige, meist rhombische Krist., *F* 264; beim Schmelzen wandelt sich ein Teil der Kristalle in Nadeln um, die erst bei 272° schmelzen. — *3-Acetat:* $C_{23}H_{36}O_4$, aus Ae./Pentan bei raschem Kristallisieren Nadeln, bei langsamem Kristallisieren Blättchen, *F* 190—191; $[\alpha]_D$ +16° (Ac.). — *Diacetat:* $C_{25}H_{38}O_5$, *F* 198.5; $[\alpha]_D$ −9.3° (Dioxan). — *V.:* NN.

6a/45 5β-Pregnan-3α,20α-diol-11-on (11-Keto-pregnandiol)

MG 334.48 *F* 217—219

$C_{21}H_{34}O_3$

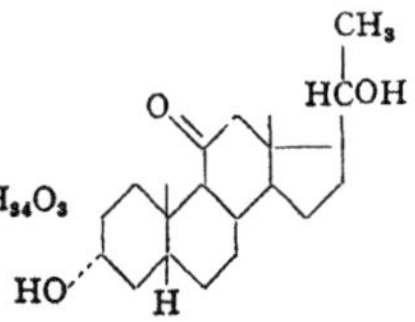

Charakteristik: l. in A., Chlf., Ac.; $[\alpha]_D^{27}$ +59° (A.). — *Diacetat:* $C_{25}H_{38}O_5$, *F* 231—233 (Me.); $[\alpha]_D^{22}$ +63° (A.). — *V.:* Im Harn (Mensch). Aus dem Harn eines Patienten nach Behandlung mit 11-Dehydrocorticosteron; aus dem Harn eines Patienten nach der Behandlung mit Corticosteron. In geringer Menge im Harn eines Patienten mit congenitaler Hyperplasie.

6a/46 **5β-Pregnan-3α,6α-diol-20-on**

MG 334.18 *F* 194

$[\alpha]^{28}_{D}$ +66° (A.), $[\alpha]^{26}_{D}$ +70° (Dioxan)

$C_{21}H_{34}O_3$

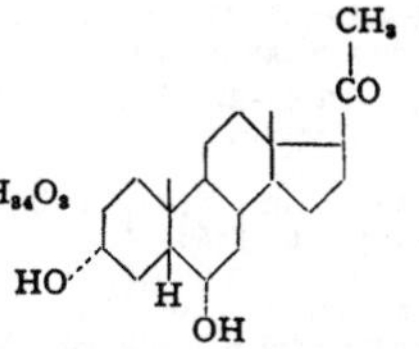

Charakteristik: Aus Bzl. mit 1 Mol Kristallbenzol, *F* 102–106; l. in A., Dioxan, Bzl., Ac.. — *Diacetat:* $C_{25}H_{38}O_5$, *F* 131–133; $[\alpha]^{24}_{D}$ +53° (Dioxan). — *Dinitrophenylhydrazon:* $C_{27}H_{38}O_6N_4$, *F* 234–238. — *V.:* Im Harn (Mensch).

6a/47 **Δ^4-Pregnen-19,21-diol-3,20-dion (19-Hydroxy-cortexon)**

MG 346.45 *F* 163–165 (wssr. A.)
$[\alpha]^{25}_{D}$ +180° (Chlf.).

$C_{21}H_{30}O_4$

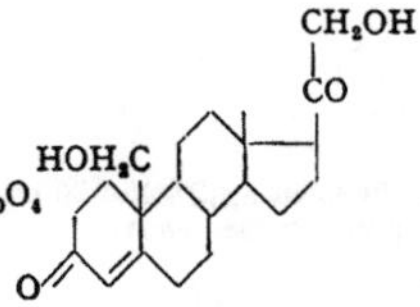

Charakteristik: Aus W./A. flache Nadeln oder Blätter. — *19-Acetat:* $C_{23}H_{32}O_5$, glänzende Tafeln, *F* 189–190; $[\alpha]^{25}_{D}$ +215° (Chlf.). — *21-Acetat:* $C_{23}H_{32}O_5$, aus wssr. Me. Stäbe, *F* 197–199; $[\alpha]^{24}_{D}$ +178° (Chlf.). — *Diacetat:* $C_{25}H_{34}O_6$, aus wssr. Me. Stäbe, *F* 127; $[\alpha]^{25}_{D}$ +210° (Chlf.). — NN (Rind, Schwein). Aus NN-Homogenaten nach Inkubation von Cortexon. — *Biol. Wi.:* Etwa $^1/_{25}$ der Natriumretentionswirkung von DOCA.

$C_{21}H_{34}O_3$

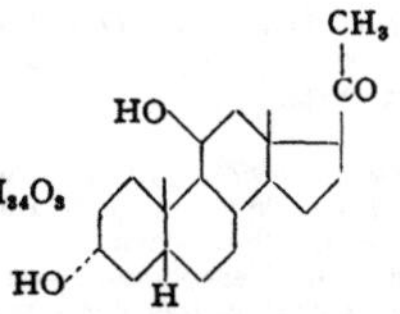

6a/48 **5β-Pregnan-3α,11β-diol-20-on**

MG 334.48 *F* 220–222

Charakteristik: l. in Äthylac. Aus Äthylac. Prismen. — *V.:* Im Harn des Menschen bei lymphatischer Leukämie.

6a/49 **5β-Pregnan-3α,17α-diol-20-on**

MG 334.18 *F* 219.5 $[\alpha]^{25}_{D}$ +63° (A.)

$C_{21}H_{34}O_3$

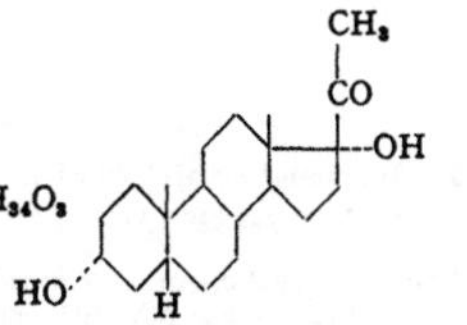

Charakteristik: l. in A., Ac., Chlf. — *3α-Acetat:* $C_{23}H_{36}O_4$, aus Ac. dünne Prismen, *F* 201–202. — *Oxim:* $C_{21}H_{35}O_3N$, *F* 247–250. — *V.:* In nahezu jedem Harn (Mensch). — Im Frauenharn in Fällen von Adrenalhyperplasie, Adrenogenital-Syndrom, NN-Tumor, Pseudohermaphrodismus. — Männerharn in Fällen von Hypofunktion der Testes; bei rheumatoid. Arthritis.

6a/50 **Δ^5-Pregnen-3β,16α-diol-20-on**

MG 332.47 $[\alpha]^{27}_{D}$ −9.7° (Me./Chlf. 1 : 1).

$C_{21}H_{32}O_3$

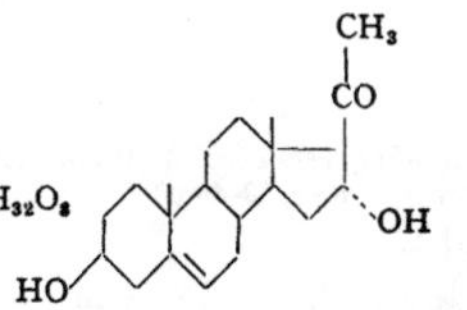

Charakteristik: *3β-Acetat:* $C_{23}H_{34}O_4$, aus Butanon schwere Prismen, *F* 165.5–166.5 u. 169–170.5 (Allotropie). — *16α-Acetat:* $C_{23}H_{34}O_4$, *F* 241–245 (Z.) (Ac.). — *Biol. Wi.:* Natriumdiuretisch.

6a/51 **Δ^5-Pregnen-3β,16β-diol-20-on**

MG 332.47 *F* 220–236 (Z.)
$[\alpha]^{27}_{D}$ −13.8° (Me./Chlf. 1 : 1).

$C_{21}H_{32}O_3$

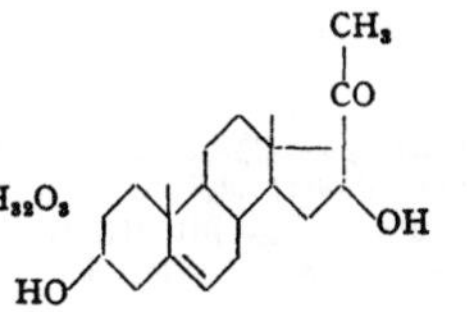

Charakteristik: Aus Ac./Ae. Nadeln. — *3β-Acetat:* $C_{23}H_{34}O_4$, *F* 160–161; $[\alpha]_D$ +24° (Dioxan). — *Diacetat:* $C_{25}H_{36}O_5$, *F* 165–166 (Methylenchlorid/Me.); $[\alpha]_D$ −24° (Dioxan). — *Biol. Wi.:* Nicht natriumdiuretisch, wie alle Isomeren mit 16β-OH.

6a/52 Δ^5-Pregnen-3β,17α-diol-20-on (17α-Hydroxypregnenolon)

MG 332.47 *F* 270—273 (Z.), 286—287
$[\alpha]_D^{15}$ —37° (Dioxan)

$C_{21}H_{32}O_3$

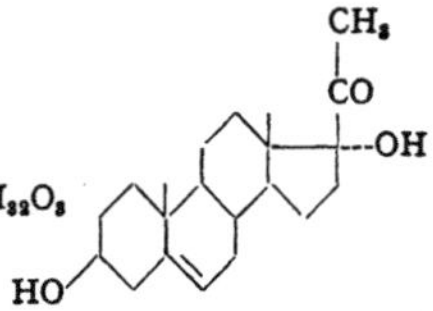

Charakteristik: l. in Ac., A., Chlf., Dioxan. — Aus A. hexagonale Tafeln (*F* 270—273); beim Schmelzen kann Umwandlung in lange Nadeln (*F* 286—287) erfolgen. — *3β-Acetat:* $C_{23}H_{34}O_4$, aus Ae. bei raschem Kristallisieren Nadeln, bei langsamem Kristallisieren Blättchen oder sehr flache Nadeln, *F* 234—235; $[\alpha]_D^{15}$ —41° (Dioxan). — *17-Acetat:* *F* 230—231.5 (Ac./PAe.); $[\alpha]_D$ —68° (Dioxan). — *Diacetat:* $C_{25}H_{36}O_5$, *F* 180—181; $[\alpha]_D$ —65° (Dioxan). — *V.:* Im Harn eines Knaben mit NN-Tumor. Im NN-Blut von Hunden nach Verabfolgung von ACTH.

6a/53 Δ^5-Pregnen-3β,21-diol-20-on (21-Hydroxypregnenolon)

MG 332.47

$C_{21}H_{32}O_3$

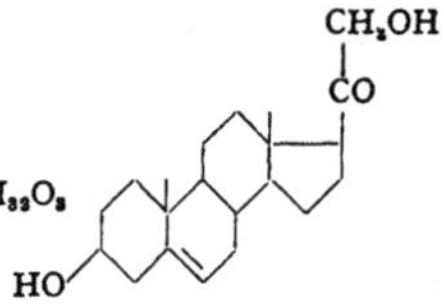

Charakteristik: l. in A., Ac., Chlf. — *21-Acetat:* $C_{23}H_{34}O_4$, *F* 182—183 (Ac.). — *Diacetat:* $C_{25}H_{36}O_5$, *F* 157—164. — *V.:* Im Harn des Menschen nach Verabfolgung von ACTH.

6a/54 $\Delta^{9(11)}$-5β-Pregnen-3α,17-diol-20-on

MG 332.47 *F* 211—215 (wssr. Me.)
$[\alpha]_D^{23}$ +55.3° (Me.)

$C_{21}H_{32}O_3$

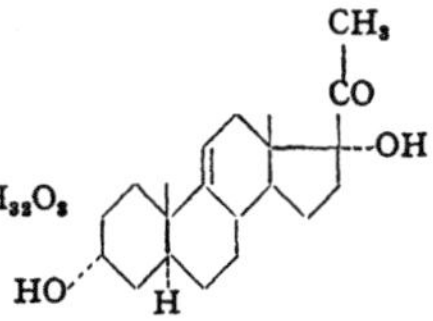

Charakteristik: *3-Acetat:* $C_{23}H_{34}O_4$, aus wssr. Me. Nadeln, *F* 204—206.5. — *V.:* Im Harn des Menschen, der durch Kochen mit Säure hydrolysiert wurde, nach Verabfolgung von Δ^4-Pregnen-11β,17α-diol-3,20-dion (bei der sauren heißen Hydrolyse gehen 17α,20α-Glykole in 20-Ketone über).

6a/55 5α-Pregnan-16α-ol-3,20-dion

MG 332.47 *F* 227—228 (Ac./Ae.)

$C_{21}H_{32}O_3$

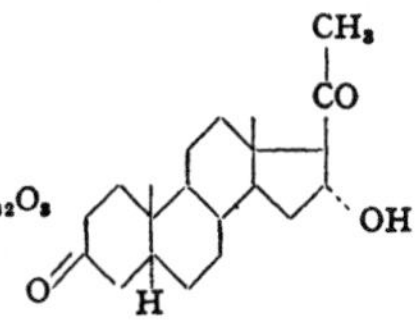

Charakteristik: Aus Ac./Ae. rhomboedrische Krist. — *Acetat:* $C_{23}H_{34}O_4$, aus Ae./Hexan feine Nadeln, F 145—147. — *V.:* NN (Schwein).

6a/56 5α-Pregnan-21-ol-3,20-dion (Allopregnan-21-ol-3,20-dion)

MG 332.47

$C_{21}H_{32}O_3$

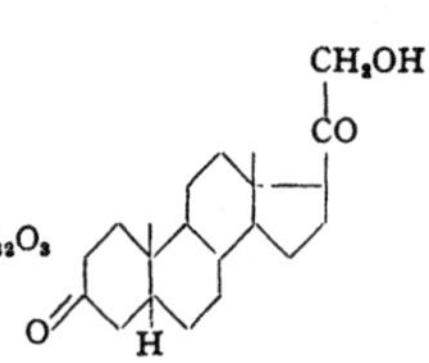

Charakteristik: l. in Ac., A., Chlf. — *Acetat:* $C_{23}H_{34}O_4$, aus Ac./Ae. feine glänzende Nadeln, *F* 197 bis 198; $[\alpha]_D$ +115° (Chlf.). — *Oxim:* $C_{23}H_{36}O_4N_2$, *F* 212—214 (Z.).

6a/57 5α-Pregnan-3β-ol-11,20-dion (Allopregnan-3β-ol-11,20-dion)

MG 332.47 *F* 192—194, 188—190
$[\alpha]_D^{20}$ +99°; $[\alpha]_D^{20}$ +109° (Chlf.)

$C_{21}H_{32}O_3$

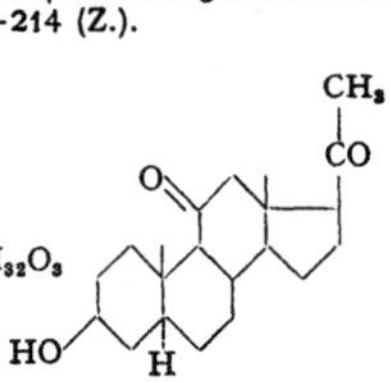

Charakteristik: *Acetat:* $C_{23}H_{34}O_4$, *F* 141—142; $[\alpha]_D^{20}$ +88 (Chlf.). — *20-Semicarbazon des Acetats:* aus verd. Essigsäure Nadeln, *F* 256—260.

6a/58 5β-Pregnan-3α-ol-11,20-dion

MG 332.47 *F* 174.5—175
$[\alpha]_D^{22}$ +112° (A.)

$C_{21}H_{32}O_3$

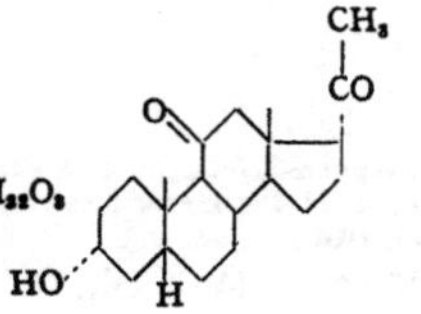

Charakteristik: l. in Ac., A., Chlf. — *3-Acetat:* $C_{23}H_{34}O_4$, *F* 134.5—136. — *3-Benzoat:* $C_{28}H_{36}O_4$, *F* 154—155 (Me.). — *V.:* Aus dem Harn eines Mädchens mit Adrenogenital-Syndrom.

6a/59 Δ⁴-Pregnen-11α-ol-3,20-dion (11α-Hydroxyprogesteron)

MG 330.45 *F* 166—168 (Me.)
$[\alpha]_D^{20}$ +175.9° (Chlf.)

$C_{21}H_{30}O_3$

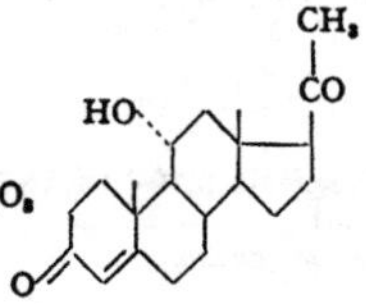

Charakteristik: *Acetat:* $C_{23}H_{32}O_4$, *F* 175—177; $[\alpha]_D^{24}$ +143° (Ac.). — *Benzoat:* $C_{28}H_{34}O_4$, *F* 181—183 (Ae.); $[\alpha]_D^{29}$ +88° (Chlf.).

6a/60 Δ⁴-Pregnen-11β-ol-3,20-dion (11β-Hydroxyprogesteron)

MG 330.45 *F* 188 $[\alpha]_D$ +222°

$C_{21}H_{30}O_3$

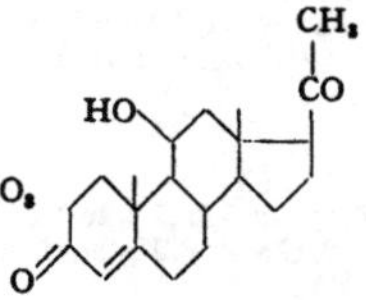

Charakteristik: *V.:* Durch Perfusion von isolierter Rinder-NN mit Progesteron.

6a/61 Δ⁴-Pregnen-16α-ol-3,20-dion (16α-Hydroxyprogesteron)

MG 330.45

$C_{21}H_{30}O_3$

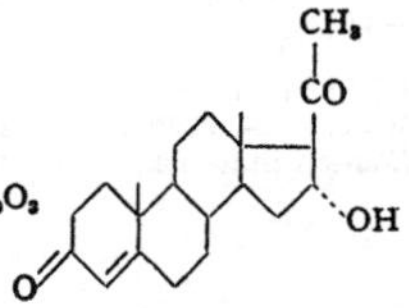

Charakteristik: *16-Acetat:* $C_{23}H_{32}O_4$, aus Ac./Petroleum Nadeln; Allotropie: *F* 133—137, *F* 140; $[\alpha]_D^{27}$ +99° (A.).

6a/62 Δ⁴-Pregnen-17α-ol-3,20-dion (17α-Hydroxyprogesteron)

MG 330.45 *F* (schnell erhitzt) 222—223,
(langsam erhitzt) 222—276
$[\alpha]_D^{17}$ +106° (Chlf.). $[\alpha]_D^{17}$ +99° (Ac.)

$C_{21}H_{30}O_3$

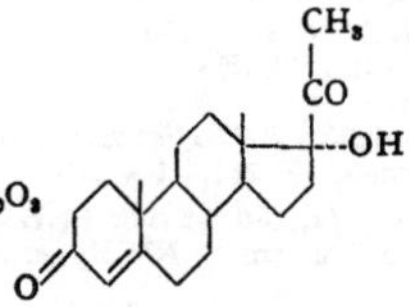

Charakteristik: l. in Ac., A., Chlf.. — Aus Ac. oder A. rhombische oder hexagonale Blättchen. Bei langsamem Erhitzen zunächst bei 222—223° schmelzend, dann molekulare Umlagerung und teilweises Wiedererstarren (Nadeln); erst bei 276° vollständig durchgeschmolzen. — *Acetat:* $C_{23}H_{32}O_4$, *F* 243—245; $[\alpha]_D$ +56.0° (Dioxan). — *Dioxim:* $C_{21}H_{32}O_3N_2$, aus 50%igem wssr. A. dünne Tafeln, *F* 250—251 (Z.). — *Disemicarbazon:* $C_{23}H_{36}O_3N_6$, ab 240° dunklere Farbe, ab 280—290° sinternd, bei 360° noch nicht durchgeschmolzen. — *V.:* NN, Testes (Pferd), Ovar (Mensch), Testestumoren des Menschen. — Nach Inkubation von mark. Progesteron mit Testes-Gewebe hypophysectomisierter oder unreifer Ratten (nach Stimulation mit Choriongonadotropin). In menschl. Adrenalvenenblut in einigen Fällen. — *Biol. Wi.:* Schwach androgen. Hochwirksam gestagen im Hooker-Forbes-Test nur bei einem bestimmten Mäuse-Stamm. — Acetat parenteral bei kastr. trächt. Ratten 6mal wirksamer als Progesteron.

$C_{22}H_{32}O_3$

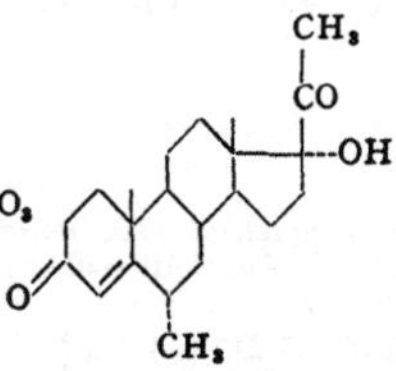

6a/63 6α-Methyl-Δ⁴-pregnen-17α-ol-3,20-dion (6α-Methyl-17α-hydroxyprogesteron)

MG 344.48 *F* 220—223.5 (Chlf.) $[\alpha]_D^{25}$ +75°

Charakteristik: *17-Acetat:* $C_{24}H_{34}O_4$, *F* 205—209; $[\alpha]_D^{20}$ +56° (Chlf.). — *Biol. Wi.:* 50—60mal stärker progestat. wirkend als Progesteron. Als Ovulationsinhibitor parenteral 10- bis 20mal wirksamer als Progesteron.

6a/64 **Δ^4-Pregnen-21-ol-3,20-dion (21-Hydroxy-progesteron, 11-Desoxycorticosteron, Cortexon, DOC)**

$C_{21}H_{30}O_3$

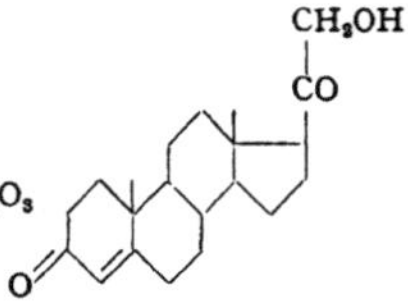

MG 330.45 *F* 142 (Ae.) $[\alpha]_D$ 178° (A.)

Charakteristik: l. in Ac., A., Chlf. — Aus Ae. Täfelchen. — *Acetat:* $C_{23}H_{32}O_4$, DOCA, *MG* 372.49: aus A. orthorhombische Nadeln. *F* 158—160 (Ac./Ae.); $[\alpha]_D$ +168° bis +176° (Dioxan); $[\alpha]_D^{18}$ +164° (Ac.). — *V.:* NN.

6a/65 **Δ^4-Pregnen-3,6,20-trion (6-Keto-progesteron)**

$C_{21}H_{28}O_3$

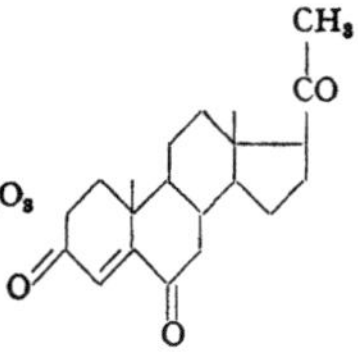

MG 332.47 *F* 198—200

Charakteristik: —. *V.:* Aus Rinderblut-Perfusaten von Placenten (Mensch) nach Zusatz von Progesteron-4-^{14}C zum Blut kurz vor der Perfusion.

6a/66 **5α-Pregnan-3β,17α,20β,21-tetrol (Allo-pregnan-3β,17α,20β,21-tetrol, Reichsteins Substanz K)**

$C_{21}H_{36}O_4$

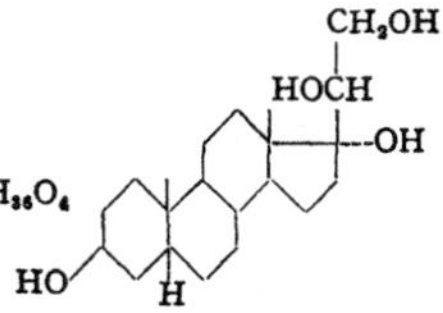

MG 352.52 *F* 200 (wird bei 140 opak) $[\alpha]_D^{21}$ −1° (A.)

Charakteristik: l. in Ac., A., Chlf., Me.; aus verd. Me. Blättchen. — *3,20,21-Triacetat:* $C_{27}H_{42}O_7$, aus Ae./Pentan Stäbchen, *F* 179; $[\alpha]_D^{1}$ +53.2° (Ac.). — *V.:* NN (Rind).

6a/67 **5β-Pregnan-3α,11β,17α,20α-tetrol**

$C_{21}H_{36}O_4$

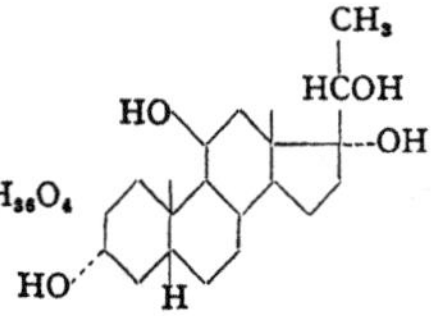

MG 352.52 *F* 133—136 u. 200—201 $[\alpha]_D^{29}$ +10.2° (Chlf.)

Charakteristik: *3,20-Diacetat:* $C_{25}H_{40}O_6$, Nadeln u. Prismen, *F* 214.5 bis 219.5; $[\alpha]_D^{20}$ +16.2° (Ac.). — *3,11,20-Triacetat:* $C_{27}H_{42}O_7$, *F* 229.5—230.5; $[\alpha]_D^{20}$ −29° (Chlf.). — *V.:* Im Harn de Menschen (kongenital. NN-Hyperplasie).

6a/68 **5α-Pregnan-3β,11β,21-triol-20-on (Allo-pregnan-3β,11β,21-triol-20-on, Reichsteins Substanz R)**

$C_{21}H_{34}O_4$

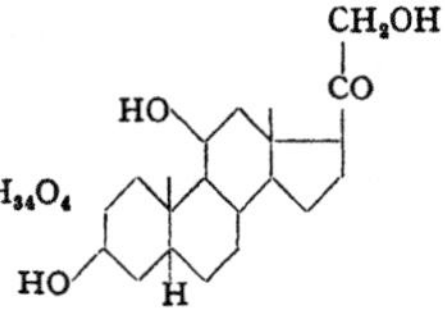

MG 350.48 *F* 204 $[\alpha]_D^{20}$ +48°

Charakteristik: l. in A., Ac., Chlf.; aus A. Nadeln. — *21-Acetat:* $C_{23}H_{36}O_5$, *F* 190—192; $[\alpha]_D^{17}$ +107° (Ac.). — *3,21-Diacetat:* $C_{25}H_{38}O_6$, aus Me. Stabchen, *F* 173—174; $[\alpha]_D^{20}$ +84° (Dioxan); $[\alpha]_D^{20}$ +101° (Ac.). — *V.:* NN (Rind).

6a/69 **5α-Pregnan-3β,17α,21-triol-20-on (Allo-pregnan-3β,17α,21-triol-20-on, Reichsteins Substanz P)**

$C_{21}H_{34}O_4$

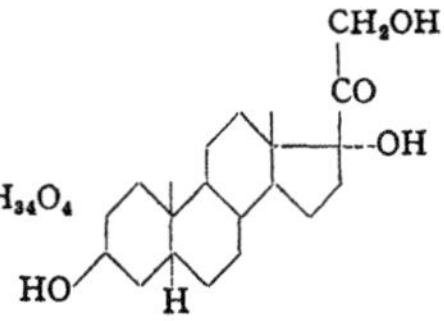

MG 350.48 *F* 239 (Z.) $[\alpha]_D^{20}$ +48° (A.)

Charakteristik: Aus abs. A. spitze Nadeln; ll. in A., Ac.; l. in Chlf.; swl. in Ae.; — *3,21-Diacetat:* $C_{25}H_{38}O_6$, aus Chlf. Nadeln; aus Ac./Ae. Büschel von Nädelchen, *F* 209; *F* 211—212 $[\alpha]_D^{18}$ +45° (Dioxan); $[\alpha]_D^{12}$ +46° (Chlf.); $[\alpha]_D^{16}$ +28° (Ac.). — *V.:* NN (Rind).

6a/70 **5β-Pregnan-3α,17α,20α-triol-11-on**

MG 350.48 *F* 210—212 (Erweichen bei 189)
$[\alpha]_D^{23}$ +20° (Ac.)

$C_{21}H_{34}O_4$

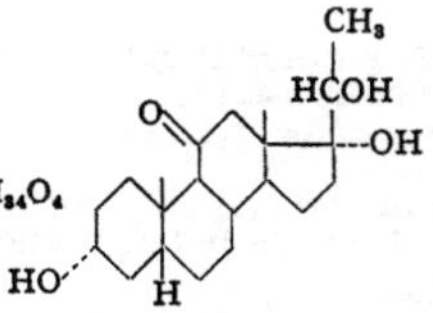

Charakteristik: *3,20-Diacetat:* $C_{25}H_{38}O_6$, aus Ac./Ae. dünne flache Nadeln, *F* 223—226; $[\alpha]_D^{23}$ +22.7° (Ac.). — *3,20-Dibenzoat:* $C_{35}H_{42}O_6$, aus Me. Nadeln, *F* 216—218; $[\alpha]_D^{23}$ +20.8° (Chlf.). — *V.:* Harn (Mensch): bei Hermaphroditismus; bei einem Manne mit Adrenalhyperplasie; bei einem Mann mit Cushings Syndrom; nach Verabfolgung von 21-Desoxytetrahydrocortison.

6a/71 **5β-Pregnan-3α,17α,20β-triol-11-on**

MG 350.48 F_1 178—180 u. F_2 217—218
$[\alpha]_D$ +38° (Ac.)

$C_{21}H_{34}O_4$

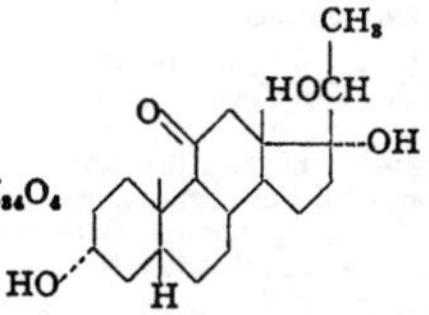

Charakteristik: *3,20-Diacetat:* $C_{25}H_{38}O_6$, aus Ac. Nadeln, *F* 244—246; $[\alpha]_D^{24}$ +71.6° (Ac.). — *3,20-Dibenzoat:* $C_{35}H_{42}O_6$, aus Me. gallertige Kristalle, *F* 153—155; $[\alpha]_D^{23}$ + 59° (Chlf.).

6a/72 **5β-Pregnan-3α,17α,21-triol-20-on (Tetrahydro-Reichsteins Substanz S)**

MG 350.48 $[\alpha]_D^{25}$ + 78° (Me.)

$C_{21}H_{34}O_4$

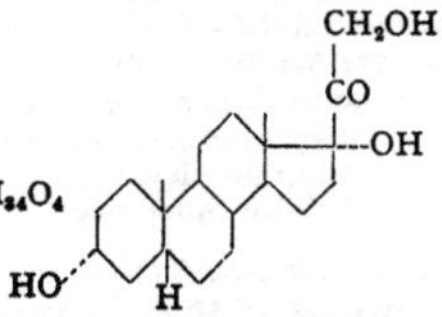

Charakteristik: —. *Diacetat:* $C_{25}H_{38}O_6$, aus Ae./Lg. Nadeln, *F* 201—206. — *V.:* Harn (Mensch): bei Cushings Syndrom; nach oraler Verabreichung von Pregnan-17α,21-diol-3,20-dion an eine 66jährige Frau mit Gelenkrheumatismus; nach oraler Verabreichung von 11-Desoxycortisol; bei einer Patientin mit NN-Carcinom.

6a/73 **Δ⁴-Pregnen-17α,20β,21-triol-3-on**

MG 348.47 *F* 190 (Me.) $[\alpha]_D$ +63° (Dioxan)

$C_{21}H_{32}O_4$

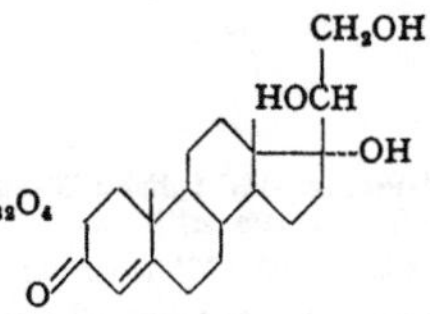

Charakteristik: l. in Me., Dioxan, Chlf. — *20β,21-Diacetat:* $C_{25}H_{36}O_6$, *F* 170 u. 194 (Ac./Ae.); $[\alpha]_D^{20}$ +125° (Dioxan).

6a/74 **5α-Pregnan-3β,21-diol-11,20-dion (Allopregnan-3β,21-diol-11,20-dion, Reichsteins Substanz N)**

MG 348.47 *F* 191 $[\alpha]_D^{19}$ +94° (A.)

$C_{21}H_{32}O_4$

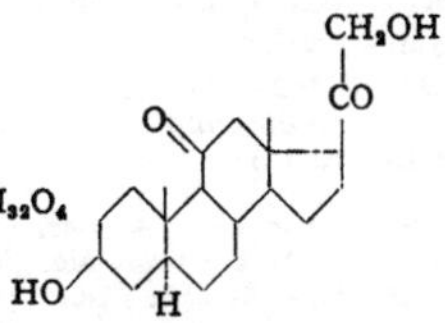

Charakteristik: Aus verd. Ac. kristallisiert ein Hydrat in Blattchen, die bei 120° opak werden, bei 190° schmelzen. Aus Bzl. oder Ac. glänzende Spieße. — *3,21-Acetat:* $C_{25}H_{36}O_6$, aus Ae./PAe. Drusen von Nadeln, *F* 148—149; aus Bzl./Bzn. Nadelrosetten, bei 70° stark opak, bei 147 bis 148.5° schmelzend; $[\alpha]_D^{18}$ +78° (Ac.); $[\alpha]_D^{19}$ +86° (Dioxan). — *V.:* NN (Rind).

6a/75 **5β-Pregnan-3α,17α-diol-11,20-dion (21-Dehydroxytetrahydrocortison)**

MG 348.47 *F* 202—204 (Ae.)

$C_{21}H_{32}O_4$

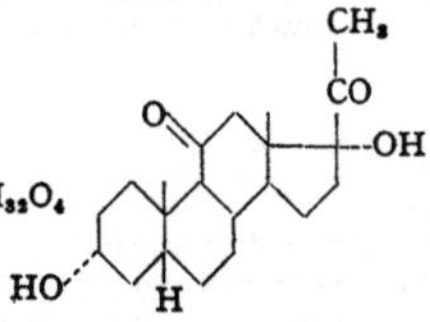

Charakteristik: l. in Ac., A., Chlf. — *3-Acetat:* $C_{23}H_{34}O_5$, *F* 205.5—206.5. — *3,17-Diacetat:* $C_{25}H_{36}O_6$, *F* 203—204 (Me.); $[\alpha]_D^{23}$ +46.7° (Chlf.). — *V.:* Im Harn des Menschen bei Neoplasie nach Gaben von ACTH oder Cortison.

6a/76 Δ^4-Pregnen-20β,21-diol-3,11-dion (Reichsteins Substanz T)

MG 346.45 *F* 210 $[\alpha]_D$ +176° (Ac.)

$C_{21}H_{30}O_4$

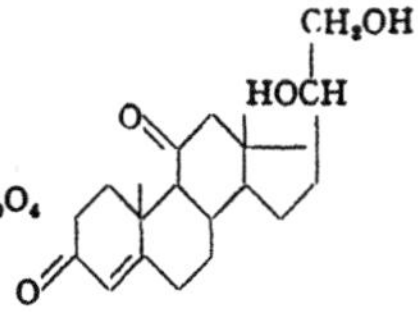

Charakteristik: l. in Ac., A., Chlf. — *Diacetat:* $C_{25}H_{34}O_6$, *F* 213 (Me.); $[\alpha]_D$ +170° (Ac.). — *V.:* NN (Rind).

6a/77 Δ^4-Pregnen-11β,21-diol-3,20-dion (Corticosteron, Reichsteins Substanz H, 11β-Hydroxycortexon)

MG 346.45 *F* 182 (Ac.) (etwas abhängig von der Art des Verreibens) $[\alpha]^{15}_D$ + 223° (A.)

$C_{21}H_{30}O_4$

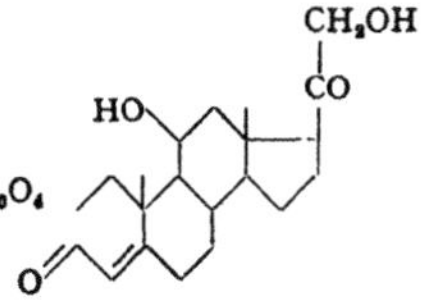

Charakteristik: Aus Ac. dreieckige Täfelchen; l. in den gebräuchlichen organ. Lsgm.; unl. in W. — *21-Acetat:* $C_{23}H_{32}O_5$, aus Ac. Drusen von Nadeln, F_1 145—146, dann bilden sich Nadeln: F_2 152.5—153; $[\alpha]^{18}_D$ +200° (Dioxan); $[\alpha]^{20}_D$ +195° (Ac.). — *21-Benzoat:* $C_{28}H_{34}O_5$, *F* 201—202. — *V.:* NN (Rind). Blut (Mensch, Hund, Kuh, Kaninchen, Ratte, Meerschweinchen), Lachsplasma.

6a/78 Δ^4-Pregnen-17α,21-diol-3,20-dion (Reichsteins Substanz S, 11-Desoxycortisol, 17α-Hydroxy-cortexon, Cortexolon)

MG 346.45 *F* 213—217 (*F* von der Art des Verreibens u. d. Geschwindigkeit des Erhitzens abhängig, stark verrieben *F* einige Grade tiefer

$C_{21}H_{30}O_4$

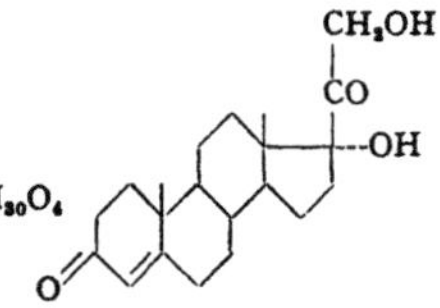

Charakteristik: l. in Ac., A., Chlf. — *21-Acetat:* $C_{23}H_{32}O_5$, *F* 239—241; $[\alpha]^{25}_D$ +116°; $[\alpha]^{25}_D$ + 147° (Chlf.). — *Diacetat:* $C_{25}H_{34}O_6$, *F* 220—221; $[\alpha]_D$ +49.5° (Dioxan). — *V.:* NN (Rind). In einigen Fällen im Adrenalvenenblut des Menschen gefunden.

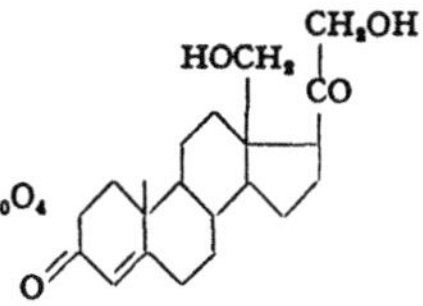

6a/79 Δ^4-Pregnen-18,21-diol-3,20-dion (18-Hydroxy-cortexon)

$C_{21}H_{30}O_4$

MG 346.45 *F* 200—205 (Ae./Ac.)

Charakteristik: *V.:* Bei aerober Inkubation von Cortexon mit Rinder-NN-Homogenat (neben dem Hauptprodukt Corticosteron).

6a/80 Δ^4-Pregnen-19,21-diol-3,20-dion (19-Hydroxy-cortexon)

MG 346.45 *F* 162—164 (Ae./Ac.) (bei 154 bis 156 sinternd) $[\alpha]^{25}_D$ +180° (Chlf.)

$C_{21}H_{30}O_4$

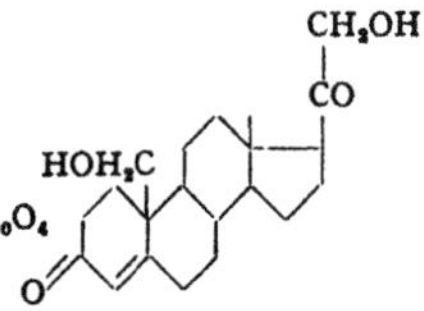

Charakteristik: Aus wssr. A. flache Nadeln. — *19-Acetat:* $C_{23}H_{32}O_5$, aus wssr. Me. glänzende Täfelchen, *F* 180—185 (Ae./Ac.); $[\alpha]^{25}_D$ +215° (Chlf.). — *21-Acetat:* aus wssr. Me. Stäbchen, *F* 196—199 (Ae./Ac.); $[\alpha]^{24}_D$ +178° (Chlf.). — *Diacetat:* $C_{25}H_{34}O_6$, *F* 122 (Ac./Ae.); $[\alpha]^{25}_D$ +210°. — (Chlf.). *V.:* NN (Rind, Schwein). Bei aerober Inkubation von Cortexon mit Rinder-NN-Homogenat (neben dem Hauptprodukt Corticosteron). — Durch Perfusion von Rinder-NN mit Progesteron.

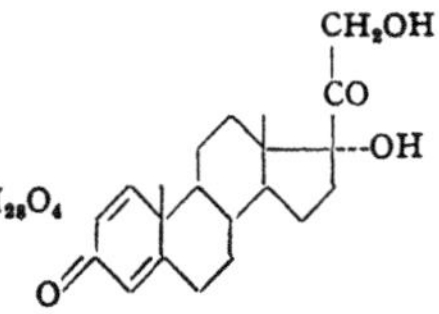

6a/81 $\Delta^{1,4}$-Pregnadien-17α,21-diol-3,20-dion (1-Dehydro-17α-hydroxy-cortexon)

$C_{21}H_{28}O_4$

MG 344.43 *F* 229—233 (Z.) (Ac.) $[\alpha]^{25}_D$ +76° (A.)

Charakteristik: *21-Acetat:* $C_{23}H_{30}O_5$, aus Ac./PAe. feine Nadeln, *F* 218—222; $[\alpha]^{29}_D$ +86° (Dioxan). — *V.:* Durch 3-tägige Inkubation von Cortison mit Fusarium Solani. (Mart.) App. et Wr.

6a/82 **Δ^4-Pregnen-21-ol-3,11,20-trion (11-Dehydrocorticosteron)** $C_{21}H_{28}O_4$

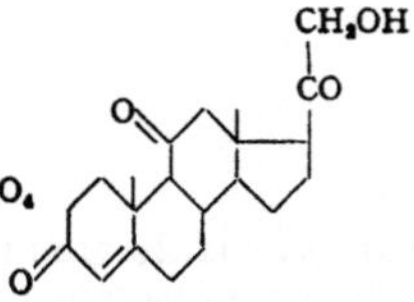

MG 344.43 *F* 180 $[\alpha]_D^{25}$ +258° (A.)

Charakteristik: Aus wssr. Ac. große Prismen; aus Ac./Ae. dicke Täfelchen; l. in Ac., A., Chlf.; relativ ll. in Bzl. — *Acetat:* $C_{23}H_{30}O_5$, aus A. Nadeln, *F* 181; $[\alpha]_D^{18}$ +234° (Dioxan). — *V.:* NN (Rind); Peripherblut (Mensch); Placenta (Mensch).

6a/83 **5β-Pregnan-3α,11β,17α,20α,21-pentol (Cortol)** $C_{21}H_{36}O_5$

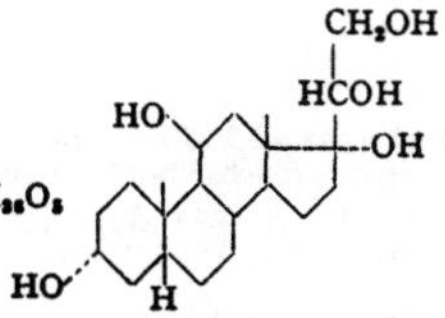

MG 368.50 *F* 250.5—254 (Äthylac.) $[\alpha]_D^{26}$ +23.7° (A.).

Charakteristik: l. in A., Äthylac. — *3,20,21-Triacetat:* $C_{27}H_{42}O_8$, *F* 168—170 (Bzl./Cyclohexan); $[\alpha]_D^{20}$ 0°. — *V.:* Im Harn des Menschen nach Verabreichung von ACTH u. nach Verabreichung von Hydrocortison-4-^{14}C.

6a/84 **5β-Pregnan-3α,11β,17α,20β,21-pentol (β-Cortol)** $C_{21}H_{36}O_5$

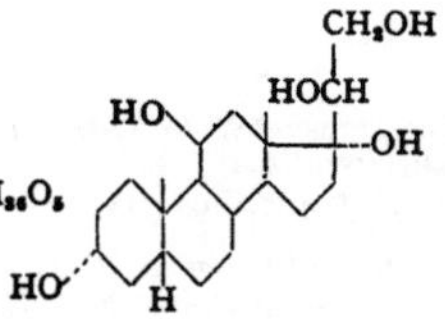

MG 368.50 *F* 266—269 $[\alpha]^{25}$ +33.3° (A.)

Charakteristik: l. in A.. — *3,20,21-Triacetat:* amorph.

6a/85 **5α-Pregnan-3β,11β,17α,20β,21-pentol (Allopregnan, Reichsteins Substanz A)** $C_{21}H_{36}O_5$

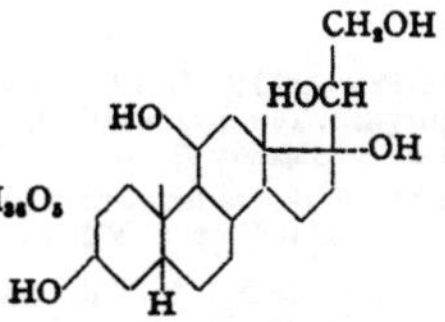

MG 368.50 *F* 222 $[\alpha]_D^{19}$ +16° (A.)

Charakteristik: Hexagonale Blättchen (A.); nimmt Kristallwasser auf, das schwer entfernbar ist; relativ ll. in W.; swl. in Ac. — *3,20,21-Triacetat:* $C_{27}H_{42}O_8$, *F* 220; $[\alpha]_D^{20}$ + 74° (Ac.). — *V.:* NN (aus Rinder NN isoliert).

6a/86 **5α-Pregnan-3α,11β,17α,21-tetrol-20-on (Allopregnan, Reichsteins Substanz C)** $C_{21}H_{34}O_5$

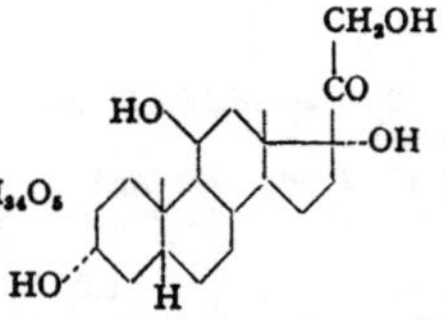

MG 366.48 *F* 276 (A.) $[\alpha]_D^{15}$ + 73° (A.)

Charakteristik: Aus abs. A. feine, an den Enden schräg zugespitzte Nadeln; l. in Ac., A., Chlf. — *3,21-Diacetat:* $C_{25}H_{38}O_7$, aus Ac./Ae. 1:20 rechteckige Täfelchen, *F* 205 (Z.); $[\alpha]_D^{15}$ + 74° (Dioxan). — *V.:* NN.

6a/87 **5α-Pregnan-11β,17α,21-triol-3,20-dion (5α-Dihydro-hydrocortison)** $C_{21}H_{32}O_5$

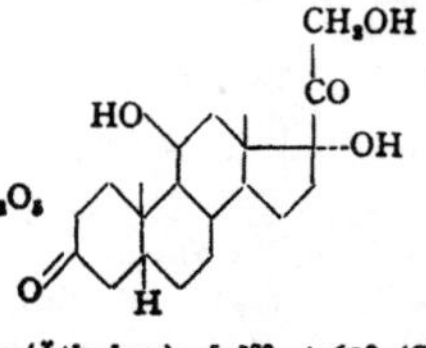

MG 364.47 *F* 222—230 (Subl. ab 200)

Charakteristik: *21-Acetat:* $C_{23}H_{34}O_6$, *F* 210—212 u. (Hexan/Äthylac.); $[\alpha]_D^{20}$ +69° (Chlf.). — *V.:* NN (Rind).

$C_{21}H_{32}O_5$

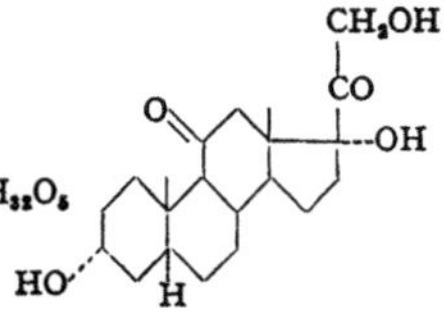

6a/88 **5α-Pregnan-3α,17α,21-triol-11,20-dion**

MG 364.47 *F* 212–214 (S./W.)

Charakteristik: 3α,21-Diacetat: $C_{25}H_{36}O_7$, aus Ac./Ae. 1:10 rechteckige Plättchen, *F* 221–223; $[\alpha]_D$ +93.6° (Dioxan).

$C_{21}H_{32}O_5$

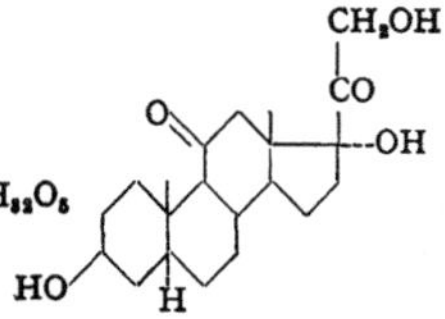

6a/89 **5α-Pregnan-3β,17α,21-triol-11,20-dion (Allopregnan, Reichsteins Substanz D)**

MG 364.47 *F* 241–245 (Z.) (A.)
$[\alpha]_D^{16}$ +62° (Dioxan); $[\alpha]_D^{25}$ +70.5° (A.)

Charakteristik: l. in A., Dioxan, Chlf. — *3,21-Diacetat:* $C_{25}H_{36}O_7$, *F* 224; $[\alpha]_D^{15}$ +72° (Dioxan). — *V.:* NN.

$C_{21}H_{32}O_5$

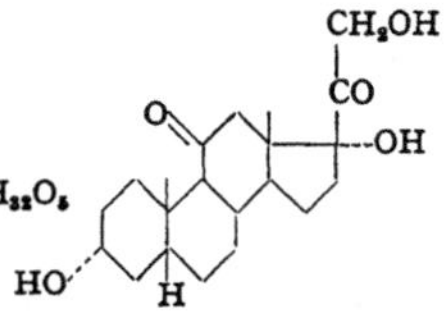

6a/90 **5β-Pregnan-3α,17α,21-triol-11,20-dion (Tetrahydrocortison)**

MG 364.47 *F* 195–197 (Me.)

Charakteristik: 3,21-Diacetat: $C_{25}H_{36}O_7$, aus Me. Tafeln, *F* 234–238 (236–242). — *V.:* Im Harn des Mannes; Placenta (Mensch); Galle (Rind).

$C_{21}H_{34}O_5$

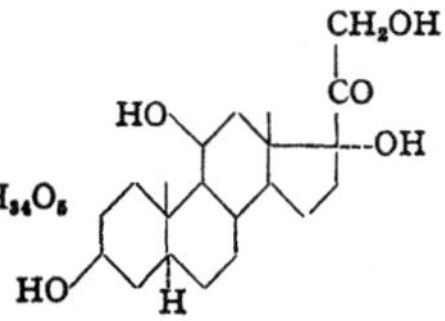

6a/91 **5α-Pregnan-3β,11β,17α,21-tetrol-20-on (Allopregnan, Tetrahydrocortisol, Reichsteins Substanz V)**

MG 366.48 *F* (kristallwasserhaltig) wird bei ca. 100° opak, *F* 225

Charakteristik: l. in Ac., A., Chlf., Dioxan; $[\alpha]_D^{18}$ +51° (Dioxan). — *3,21-Diacetat:* $C_{25}H_{38}O_7$, aus Ac./Ae. prismatische, manchmal etwas flache Nadeln, *F* 225–227 (Z.); $[\alpha]_D^{18}$ +63° (Dioxan). — *V.:* NN; Galle (Rind).

$C_{21}H_{34}O_5$

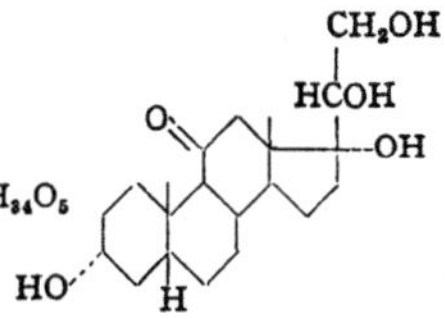

6a/92 **5β-Pregnan-3α,17α,20α,21-tetrol-11-on (Cortolon)**

MG 366.48 *F* 208–209 (Ac.)
$[\alpha]_D^{28}$ +34.2° (A.); $[\alpha]_D^{25}$ +44° (A.)

Charakteristik: l. in A. — *3,20,21-Triacetat:* $C_{27}H_{40}O_8$, *F* 214.5–216 (Me.); $[\alpha]_D^{28}$ +28°. — *V.:* Im Harn des Menschen nach intravenöser Verabfolgung von Cortison an eine Patientin; nach intraven. Verabf. von Hydrocortison-4-^{14}C; nach intramusk. Verabf. von ACTH.

6a/93 **5β-Pregnan-3α,17α,20β,21-tetrol-11-on (β-Cortolon)**

MG 366.48 *F* 259–264 (Z.), 260–261.5, 263–266
$[\alpha]_D^{27}$ +40° (A.); $[\alpha]_D^{25}$ +37° (A.)

$C_{21}H_{34}O_5$

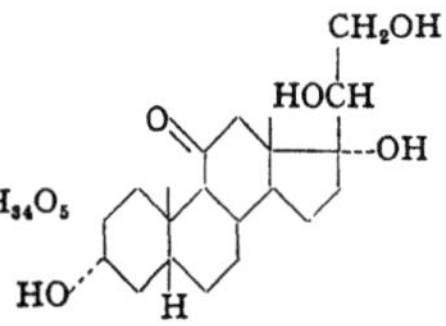

Charakteristik: l. in A. — *3,21-Diacetat:* $C_{25}H_{38}O_7$, *F* 207–208; $[\alpha]_D^{30}$ +63° (Ac.). — *3,20,21-Triacetat:* $C_{27}H_{40}O_8$, *F* 205–206 (Me.); $[\alpha]_D^{25}$ +87,3° (Ac.); $[\alpha]_D$ +95.9° (Ac.). — *V.:* Im Harn des Menschen, regulär auftretender Metabolit (Ausscheidungproportional der Ausscheidung von Tetrahydrocortisol (5α u. 5β) u. Tetrahydrocortison).

6a/94 **Δ⁴-Pregnen-11β,17α,20β,21-tetrol-3-on (Reichsteins Substanz E)**

$C_{21}H_{32}O_5$

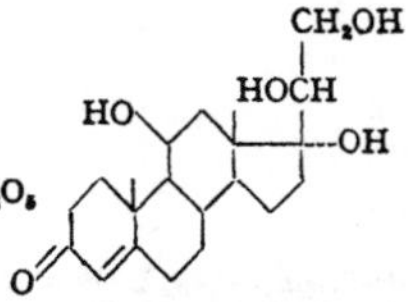

MG 364.47 *F* (Hydrat) 126–129 (Z.)
$[\alpha]_D^{20}$ +87° (A.)

Charakteristik: l. in Ac., A., Chlf. – *20,21-Diacetat:* $C_{25}H_{36}O_7$, aus Ae./Ac. beiderseits zugespitzte Nadeln, *F* 229–230; $[\alpha]_D^{22}$ +163° (Ac.). – *V.:* NN.

6a/95 **Δ⁴-Pregnen-11β,17α,21-triol-3,20-dion (17-Hydroxycorticosteron, Hydrocortison, Cortisol, Reichsteins Substanz M)**

$C_{21}H_{30}O_5$

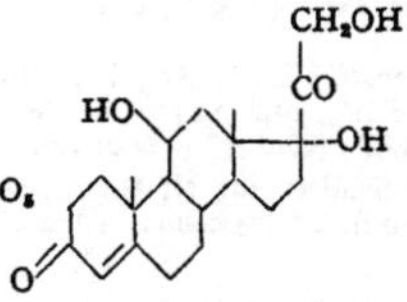

MG 362.47 *F* 218.5–220 $[\alpha]_D^{22}$ +167° (A.)

Charakteristik: l. in W. (25°) 0.03%, A. 1.5%, Ac. 0.9%. – *21-Acetat:* $C_{23}H_{32}O_6$, aus Ac. monokl. Täfelchen, *F* 223 (Z.); $[\alpha]_D^{25}$ +166° (Dioxan); $[\alpha]_D^{25}$ +151° (Ac.). – *V.:* NN. Im Harn von Männern, Frauen, Schwangeren; von Meerschweinchen. Placenta (Mensch). – Blut: Mensch (peripheres u. Adrenalvenenblut), Hund, Kuh, Kaninchen, Ratte (Adrenalvenenbl.), Katze, Meerschweinchen, Goldhamster (Adrenalvenenbl.), Lachs.

6a/96 **Δ⁴-Pregnen-17α,19,21-triol-3,20-dion (19-Hydroxy-11-desoxycortisol, 17α,19-Dihydroxy-cortexon)**

$C_{21}H_{30}O_5$

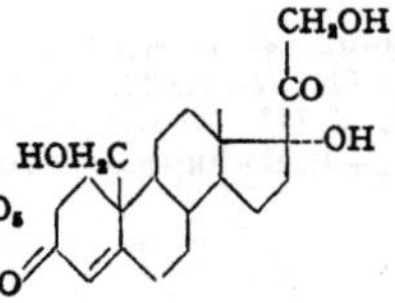

MG 362.45 *F* 235–241 (Me.)
$[\alpha]_D^{21}$ +119° (Dioxan)

Charakteristik: Aus Me. große Spieße. – *Diacetat:* $C_{25}H_{34}O_7$, aus Ae./Chlf. große Nadeln, *F* 229–232 (stark sublimierend). – *V.:* NN (Rind, Schwein). Bei der Perfusion von Progesteron im Blut durch Rinder-NN.

6a/97 **Δ⁴-Pregnen-17α,20α,21-triol-3,11-dion**

$C_{21}H_{30}O_5$

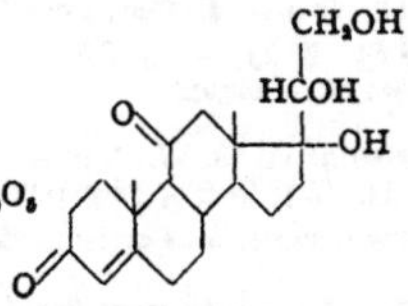

MG 362.47 *F* 240–243 $[\alpha]_D^{22}$ +141° (Dioxan)

Charakteristik: Aus Me./Ae. u. Ac. dünne Kristallplättchen. – *Monoacetat:* $C_{23}H_{32}O_6$, *F* 246 bis 248. – *Diacetat:* $C_{25}H_{34}O_7$, *F* 277–280 (Ac./Ae.); $[\alpha]_D^{22}$ +99° (Dioxan). – *V.:* NN (Rind, Schwein).

6a/98 **Δ⁴-Pregnen-17α,20β,21-triol-3,11-dion (Reichsteins Substanz U)**

$C_{21}H_{30}O_5$

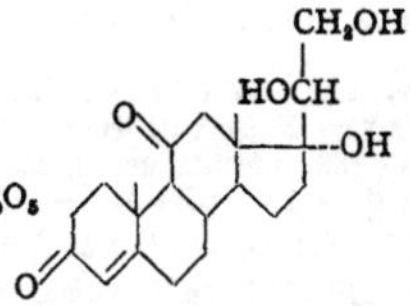

MG 362.45 *F* 208–209 (Ac./Ae.)

Charakteristik: l. in Ac., A. – *20,21-Diacetat:* $C_{25}H_{34}O_7$, aus Ac./Ae. spitze Nadeln, *F* 253 $[\alpha]_D^{21}$ + 178.5° (Ac.) (weniger l. als das 20,21-Diacetat von Δ⁴-Pregnen-11β,17α,20,21-tetrol 3-on). – *V.:* NN.

6a/99 **Δ⁴-Pregnen-17α,21-diol-3,11,20-trion (Cortison, Reichsteins Substanz Fa)**

$C_{21}H_{28}O_5$

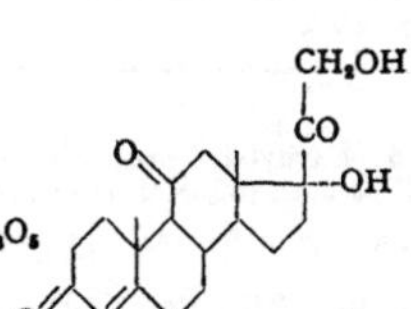

MG 360.43 *F* 220–222 *F* 215
$[\alpha]_D^{25}$ +209° (A.)

Charakteristik: Aus A. Rhomboeder; l. in A., Me., Ac., zwl. in Bzl., Ae., Chlf. – *21-Monoacetat:* $C_{23}H_{30}O_6$, aus Ac. flache Nadeln; *F* (bei 70–100 opak werdend) 239–241 (235–238); $[\alpha]_D^{25}$ +164° (Ac.). – *Diacetat:* $C_{25}H_{32}O_7$, *F* 223.5–224.5; $[\alpha]_D$ +113° (Dioxan); $[\alpha]_D^{28}$ +133° (Chlf.). – *V.:* NN. Im Harn (Mensch, Schwangerenharn), im peripheren Blut (Mensch), Lachsblut, Placenta (Mensch).

6a/100 Δ^4-Pregnen-11β,21-diol-3,30-dion-18-al (Aldosteron, 18-Formyl-Δ^4-pregnen-11β,21-diol-3,20-dion)

$C_{21}H_{28}O_5$

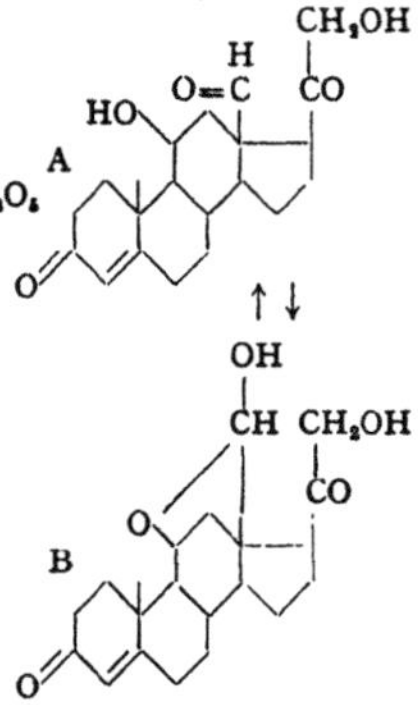

MG 360.44 *F* (hydratisiert) 108—112, (w.-frei) 164 wasserfrei $[\alpha]_D$ + 152° (Ac.)

Charakteristik: l. in Ac., A., Chlf. — *21-Acetat:* $C_{23}H_{30}O_6$, aus Ac./Ae. flache Nadeln, *F* 199; $[\alpha]_D^{24}$ + 122° (Chlf.). — *Diacetat:* *F* bei 70. — *V.:* NN (isoliert aus NNR von Schwein, Rind). Blut (Rind). Lachsplasma. Adrenalvenenblut.

6a/101 $\Delta^{1,4}$-Pregnadien-11β,17α,21-triol-3,20-dion (Prednisolon, Δ^1-Dehydrocortisol, Δ^1-Dehydro-hydrocortison)

$C_{21}H_{28}O_5$

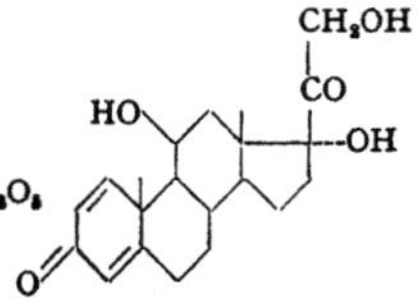

MG 360.44 *F* 240—241 (Z.)
$[\alpha]_D^{25}$ + 102° (Dioxan)

Charakteristik: sll. in W.; l. in A. (ca. 3%), Ac. (ca. 2%), Chlf. (ca. 0.5%), Dioxan; — *21-Acetat:* $C_{23}H_{30}O_6$, *F* 237—239 (Z.); $[\alpha]_D^{25}$ + 116° (Dioxan). — *Biol. Wi.:* Im Eosinoph. Test in NN-losen Mäusen 3—4mal wirksamer als Cortison oder Hydrocortison.

6a/102 $\Delta^{1,4}$-Pregnadien-17α,21-diol-3,11,20-trion (Prednison, Δ^1-Dehydrocortison)

$C_{21}H_{26}O_5$

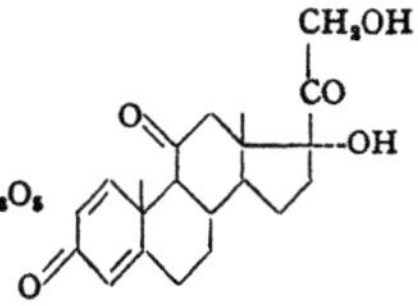

MG 358.44 *F* 233—235 (Z.)
$[\alpha]_D^{25}$ + 172° (Dioxan)

Charakteristik: sll. in W.; l. in A. (ca. 0,7%), Chlf. (ca. 0,5%), Dioxan. — *21-Acetat:* $C_{23}H_{28}O_6$, *F* 226—232 (Z.); $[\alpha]_D^{25}$ + 186° (Dioxan). — *Biol. Wi.:* Im Eosinoph. Test in NN-freien Mäusen 3—4mal wirksamer als Cortison oder Hydrocortison.

6a/103 9α-Fluor-$\Delta^{1,4}$-pregnadien-11β,16α,17α,21-tetrol-3,20-dion (Triamcinolon, 6α-Hydroxy-9α-fluor-prednisolon)

$C_{21}H_{27}FO_6$

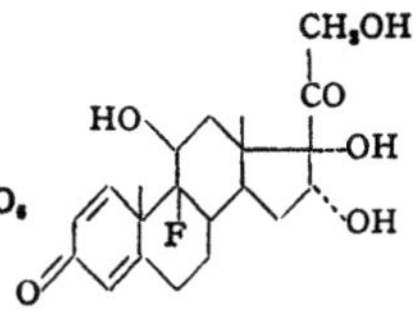

MG 394.44 *F* 269—271 $[\alpha]_D^{25}$ + 75° (Ac.)

Charakteristik: *16α,21-Diacetat:* $C_{25}H_{31}FO_8$, *MG* 478.52, *F* (solvatisierte Krist.) 158—235 (bei 186—188 aufschäumend), nach d. Trocknen 235; $[\alpha]_D^{25}$ + 22° (Chlf.). — *16,17-Acetonid:* $C_{24}H_{31}FO_6$, *MG* 434.49, *F* 292—294; $[\alpha]_D^{23}$ + 109° (Chlf.); *21-Acetat des Acetonids:* *F* 266; $[\alpha]_D^{23}$ + 92° (Chlf.). — *Biol. Wi.:* Im Rattenleberglykogen-Test (subcutan) 13mal wirksamer als Hydrocortison. Im Rattenelektrolyt-Test keine Na-Retention. — *16α,21-Diacetat:* Im Rattenleberglykogen-Test (subcutan) 15—36mal wirksamer als Hydrocortison. — *16,17-Acetonid:* Im Leberglykogen-Test 62—155mal wirksamer als Cortisonacetat. Entzündungshemmende Wirkung 50mal stärker als Cortisonacetat.

6a/104 6α-Methyl-1,4-pregnadien-11β,17α,21-triol-3,20-dion (6α-Methylprednisolon)

$C_{22}H_{30}O_5$

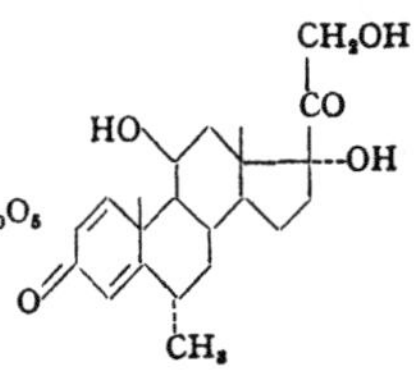

MG 374.46 *F* 228—237 $[\alpha]_D^{20}$ + 83° (Dioxan)

Charakteristik: *21-Acetat:* $C_{24}H_{32}O_6$, *F* 205—208 (Äthylac.); $[\alpha]_D^{20}$ + 101 (Dioxan). — *Biol. Wi.:* Im Leberglykogendepot. Test 16mal wirksamer als Hydrocortison, 3mal wirksamer als Δ^1-Dehydro-hydrocortison. Doppelt so entzündungshemmend wie Δ^1-Dehydro-hydrocortison; nicht mineralocorticoid wirkend.

6a/105 **9α-Fluor-16α-methyl-1,4-pregnadien-11β,17α,21-triol-3,20-dion (9α-Fluor-16α-methylprednisolon)**

MG 392.45 *F* 262–264 (Ae.)

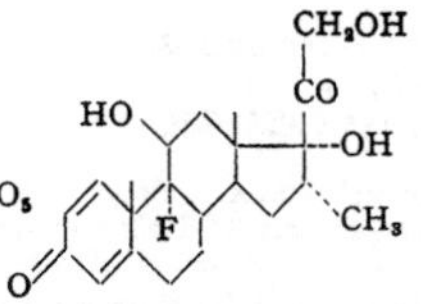

Charakteristik: l. in W. (0.01%), Ac. A., Chlf. — $C_{22}H_{29}FO_5$
21-Acetat: $C_{24}H_{31}FO_6$, *F* 215–221 (229–231); $[\alpha]_D^{25}$ +73° (Chlf.). — *Biol. Wi.* des 21-Acetats: Im Eosinoph. Test in Maus, Hund, Mensch mindestens 4–6mal wirksamer als Prednison u. Prednisolon. Im Thymus Involut. Test (Ratten) u. im Stickstoff-Ausscheidungs-Test ca. 25mal wirksamer als Prednisolonacetat u. Prednison.

Kurzbezeichnungen und Sondernamen wichtiger C_{21}-Steroide

Sondername oder Kurzbezeichnung	für das C_{21}-Steroid	Tabellennummer
Aldosteron	Δ^4-Pregnen-11β, 21-diol-3,20-dion-18-al	6a/100
Cortexolon	17α-Hydroxy-11-desoxycorticosteron. — 17α-Hydroxycortexon	6a/78
Cortexon	11-Desoxycorticosteron. — 21-Hydroxyprogesteron	6a/64
Corticosteron	Δ^4-Pregnen-11β, 21-diol-3,20-dion. — 11β-Hydroxycortexon	6a/77
Cortisol	17-Hydroxycorticosteron. — Hydrocortison	6a/95
Cortison	Δ^4-Pregnen-17α, 21-diol-3, 11, 20-trion	6a/99
Cortol	5β-Pregnan-3α, 11β, 17α, 20α, 21-pentol	6a/83
β-Cortol	5β-Pregnan-3α, 11β, 17α, 20β, 21-pentol	6a/84
Cortolon	5β-Pregnan-3α, 17α, 20α, 21-tetrol-11-on	6a/92
β-Cortolon	5β-Pregnan-3α, 17α, 20β, 21-tetrol-11-on	6a/93
DOCA	11-Desoxycorticosteronacetat. — 21-Hydroxyprogesteronacetat	6a/64
Pregnenolon	Δ^5-Pregnen-3β-ol-20-on	6a/16
Progesteron	Δ^4-Pregnen-3, 20-dion	6a/22

6b. C_{19}-Steroide (Androgene)

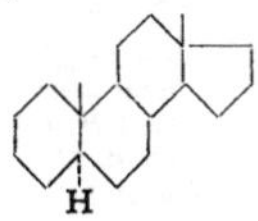

6b/1 **5α-Androstan (Androstan)**

MG 260.45 *F* 50–50.5

Charakteristik: Aus Ac./Me. Blattchen; l. in Ac., A., Me., Ae., PAe., Chlf.; $[\alpha]_D^{16}$ +2° (Chlf.).

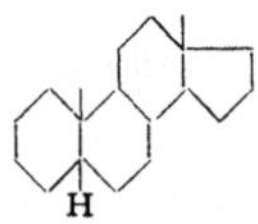

6b/2 **5β-Androstan (Ätiocholan, 5-Epiandrostan)**

MG 260.45 *F* 78–80

Charakteristik: Aus Ac. Nadeln.

6b/3 Δ^{16}-5α-Androsten-3α-ol

MG 274.43 *F* 144
$[\alpha]_D^{28}$ + 15° (Chlf.); $[\alpha]_D^{28}$ + 21° (A.)

$C_{19}H_{30}O$

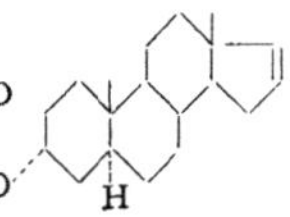

Charakteristik: l. in A., Chlf., Me. — Muskelgeruch (intensiver als das 3β-Epimere; das 5β-Epimere ist geruchlos. — *Acetat:* $C_{21}H_{32}O_2$, *F* 132—133; $[\alpha]_D^{26}$ +21° (A.). — *Benzoat:* $C_{26}H_{34}O_2$, *F* 142; $[\alpha]_D^{26}$ 0° (A.). — *V.:* Im Harn des Menschen, in den Testes des Schweins.

6b/4 Δ^{16}-5β-Androsten-3β-ol (Δ^{16}-Ätiocholan-3β-ol)

MG 274.43 *F* 127 $[\alpha]_D^{17}$ + 11° (Chlf.)

$C_{19}H_{30}O$

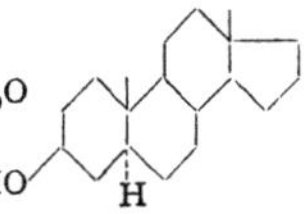

Charakteristik: l. in A., Chlf., Me. — Muskelgeruch (weniger intensiv als das 3α-Epimere; das 5β-Epimere ist geruchlos). — *V.:* Im Harn des Menschen, in den Testes des Schweins.

6b/5 5α-Androstan-3-on

MG 272,43 *F* 104.5—105.5 $[\alpha]_D^{20}$ + 25° (Chlf.).

$C_{19}H_{28}O$

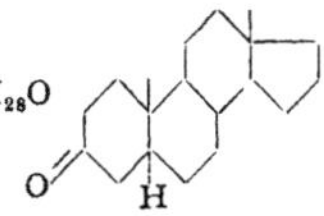

Charakteristik: Durchdringender Uringeruch.

6b/6 5α-Androstan-3β,16α-diol

MG 292.45 *F* 187.5—188
$[\alpha]_D$ — 11° (A.); $[\alpha]_D^{25}$ — 4° (A.)

$C_{19}H_{32}O_2$

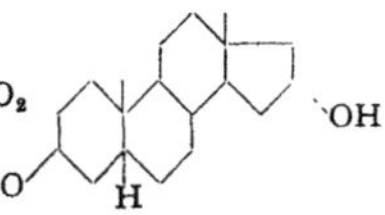

Charakteristik: Diacetat: $C_{23}H_{36}O_4$, aus 90%igem wssr. Me. flache Tafeln, *F* 174—174.5. — *V.:* Im Harn trächtiger Stuten.

6b/7 5α-Androstan-3β,16β-diol

MG 292.45 *F* 183 $[\alpha]_D$ — 6° (A.)

$C_{19}H_{32}O_2$

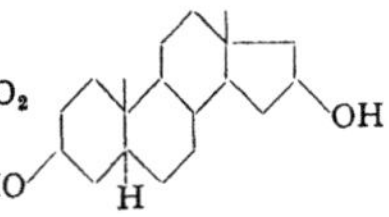

Charakteristik: 3-Benzoat: $C_{26}H_{36}O_3$, *F* 168—169. — *Diacetat:* $C_{23}H_{36}O_4$, aus 70%igem wssr. Me. dünne Nadeln, *F* 96—97.

6b/8 5α-Androstan-3α,17β-diol

MG 292.45 *F* 223 $[\alpha]_D$ + 13° (A.)

$C_{19}H_{32}O_2$

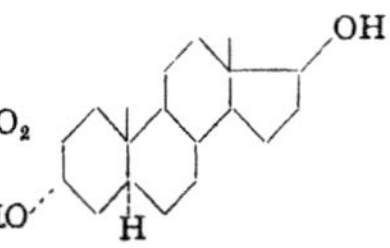

Charakteristik: V.: Im Harn des Menschen nach Verabfolgung von Testosteron.

6b/9 5β-Androstan-3α,17α-diol (Ätiocholan-3α,17α-diol)

MG 292.45 *F* 232—233

$C_{19}H_{32}O_2$

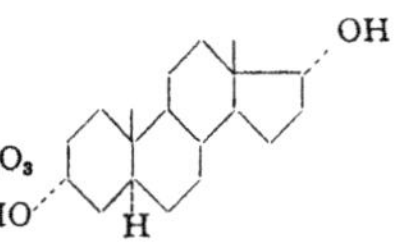

Charakteristik: Diacetat: $C_{23}H_{36}O_4$, *F* 126—127. — *V.:* Im Harn des Menschen: a) bei einem Mann mit congenitaler Adrenalhyperplasie, b) bei Addisonscher Krankheit nach Verabfolgung von Dehydroisoandrosteron; im Harn des Rindes und trächtiger Kuhe, in Ochsengalle.

6b/10 5β-Androstandiol-3β,17α (Ätiocholan-3β,17α-diol)

MG 292.45

$C_{19}H_{32}O_2$

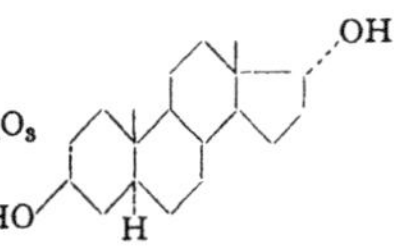

Charakteristik: —. *V.:* Im Harn trächtiger Kuhe.

6b/11 **5β-Androstan-3α,17β-diol (Ätiocholan-3α,17β-diol)**

MG 292.45 *F* 232 $[\alpha]_D$ +26°

$C_{19}H_{32}O_2$

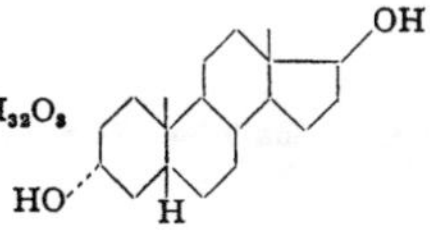

Charakteristik: V.: Im Harn des Menschen, bei einer Patientin mit NN-Tumor, in Ochsengalle.

6b/12 **Δ^5-Androsten-3β,17β-diol**

MG 290.43 *F* 184
$[\alpha]_D$ −55.5° (Isopropanol); $[\alpha]_D$ −50° (A.)

$C_{19}H_{30}O_2$

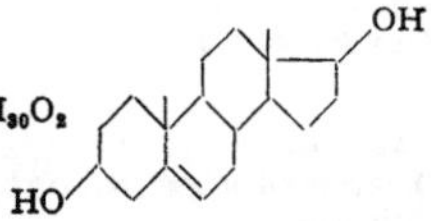

Charakteristik: Aus Ac./PAe. Blättchen; l. Ac., Chlf., A.; — *3-Acetat:* $C_{21}H_{32}O_3$, *F* 147—148 (Hexan). — *17-Acetat: F* 146.5—148.5 (Hexan); $[\alpha]_D^{18}$ −62.4° (A.). — *17-Benzoat:* $C_{26}H_{34}O_3$, *F* 220—222 (Me.). — *Diacetat:* $C_{23}H_{34}O_4$, aus Hexan Blättchen, *F* 165—166; $[\alpha]_D^{18}$ −56.5° (A.). — *Dibenzoat:* $C_{33}H_{38}O_4$, Prismen, *F* 152; $[\alpha]_D$ −68° (Chlf.). — *V.:* Im Harn des Menschen: a) bei NN-Carcinom einer Frau, b) bei NN-Carcinom eines Knaben, c) bei Mannern, die keine endogenen Steroide mehr ausschieden nach Verabfolgung von Dehydroisoandrosteron. — *Biol. Wi.:* Androgene u. östrogene Eigenschaften.

6b/13 **5α-Androstan-17β-ol-3-on**

MG 290.43 *F* 181 $[\alpha]_D$ +32° (A.)

$C_{19}H_{30}O_2$

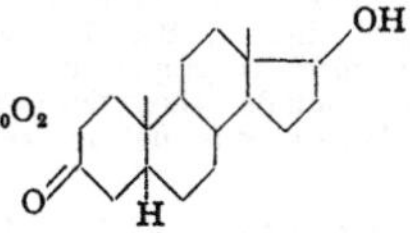

Charakteristik: B.: Bei der Inkubation von Testosteron mit Leberhomogenat von weiblichen Ratten.

6b/14 **5α-Androstan-3β-ol-16-on**

MG 290.43 *F* 208—209, 190.5—191
$[\alpha]_D^{24}$ −160° (Dioxan)

$C_{19}H_{30}O_2$

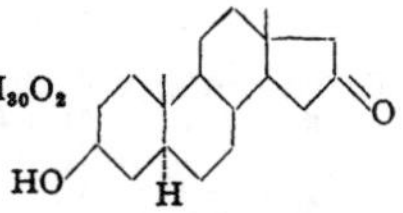

Charakteristik: l. in Ac., A., Chlf.; — *Acetat:* $C_{21}H_{32}O_3$, aus verd. Me. lange Nadeln, *F* 109 bis 110. — *Benzoat:* $C_{26}H_{34}O_3$, *F* 209—211. — *Oxim:* $C_{19}H_{31}O_2N$, aus wssr. A. feine Nadeln, *F* 199.5 — *Semicarbazon:* $C_{20}H_{33}O_2N_3$, aus A. Nädelchen, *F* 282—285 (Z.). — *V.:* Im Harn trächtiger Stuten.

6b/15 **5α-Androstan-3α-ol-17-on (Androsteron)**

MG 290.43 *F* 185—185.5 $[\alpha]_D^{20}$ +94.6° (A.)

$C_{19}H_{30}O_2$

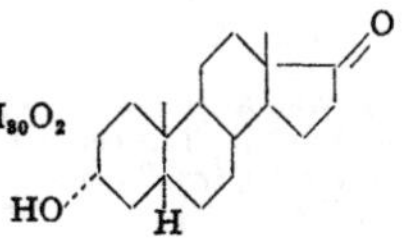

Charakteristik: Aus verd. Me. Plättchen; l. in den meisten organ. Lsgm.; wl. in W. — *Acetat:* $C_{21}H_{32}O_3$, *F* 165 (Ae.); $[\alpha]_D^{14}$ +76.7° (Dioxan); $[\alpha]_D^{25}$ +86° (A.). — *Benzoat:* $C_{26}H_{34}O_3$, *F* 179 bis 180; $[\alpha]_D$ +75° (Chlf.). — *Oxim:* $C_{19}H_{31}O_2N$, *F* 217—218. — *Semicarbazon:* $C_{20}H_{33}O_2N_3$, *F* 276. — *V.:* Im Harn des Menschen; in außerordentlich hoher Menge bei einem Fall eines Interstitialtumors der Testes; im Harn von Bullen u. trächtigen Kühen nur sehr geringe Mengen (0.01 mg/l); in anderen Species nur Spuren. — Im peripheren Venenblut des Menschen. Im Adrenalvenenblut.

6b/16 **5α-Androstan-3β-ol-17-on (Epiandrosteron, Isoandrosteron)**

MG 290.43 *F* 175 (Äthylac./PAe.)
$[\alpha]_D^{20}$ +88° (Me.)

$C_{19}H_{30}O_2$

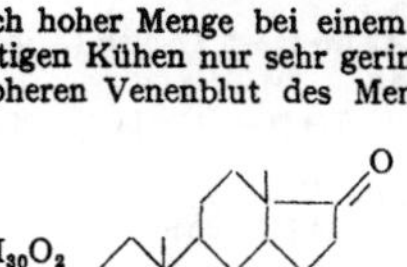

Charakteristik: Acetat: $C_{21}H_{32}O_3$, derbe Prismen, *F* 103—104; $[\alpha]_D^{18}$ +68.5° (Chlf.). — *Benzoat:* $C_{26}H_{34}O_3$, *F* 210—212. — *Oxim:* $C_{19}H_{31}O_2N$, *F* 185—186. — *Semicarbazon:* $C_{20}H_{33}O_2N_3$, *F* 275—277. — *V.:* Im Harn des Menschen.

6b/17 **5β-Androstan-3α-ol-17-on (5β-Androsteron, Ätiocholan-3α-ol-17-on)**

MG 290.43 F_1 143—144, F_2 150
$[\alpha]_D^{24}$ +111° (A.)

$C_{19}H_{30}O_2$

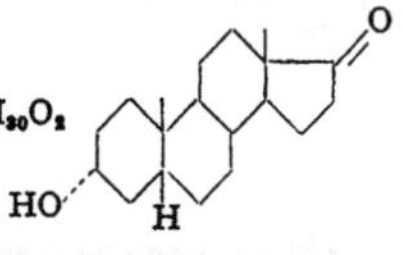

Charakteristik: Aus Ac./Hexan lange Nadeln; l. in Ac., A., Chlf. — *Acetat:* $C_{21}H_{32}O_3$, *F* 96.5. — *Benzoat:* $C_{26}H_{34}O_3$, *F* 164—164.5; $[\alpha]_D^{28}$ +111° (A.). — *Oxim:* $C_{19}H_{31}O_2N$, *F* 220—225; $[\alpha]_D^{22}$ +66° (A.). — *Dinitrophenylhydrazon: F* 225—226. — *V.:* Im Harn des Mannes; bei der Frau in Fällen von NN-Hyperplasie u. Virilismus; im Harn einer Frau mit NN-Tumor.

6b/18 5β-Androstan-3β-ol-17-on (Ätiocholan 3β-ol-17-on)

$C_{19}H_{30}O_2$

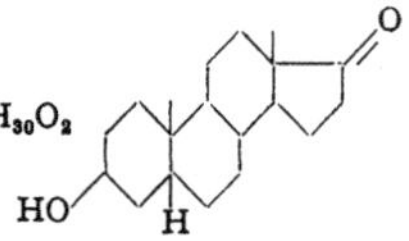

MG 290.43 *F* 154—155

Charakteristik: Acetat: $C_{21}H_{32}O_3$, *F* 158—160. — *Benzoat:* $C_{26}H_{34}O_3$, *F* 243; $[\alpha]_D^{23}$ + 79° (Chlf.). — *V.:* Im Harn des Menschen.

6b/19 Δ^5-Androsten-3β-ol-17-on (Androstenolon, Dehydroepiandrosteron, Dehydroisoandrosteron)

$C_{19}H_{28}O_2$

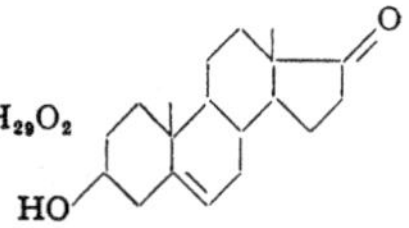

MG 288.41 *F* Nadeln 140—141, Blattchen 153 $[\alpha]_D^{18}$ + 11° (A.)

Charakteristik: Aus Bzl./Bzn. lange Nadeln; l. in A., Ae., Bzl.; swl. in Chlf., PAe. — *Acetat:* $C_{21}H_{30}O_3$, Nadeln, *F* 171. — *Benzoat:* $C_{26}H_{32}O_3$, Prismen, *F* 257—260 (Chlf./ Äthylac.); $[\alpha]_D$ + 24° (Chlf.). — *Oxim:* $C_{19}H_{31}O_2N$, Tafelchen, *F* 192—194. — *V.:* Im Harn von Menschen, Bullen, trächtigen Kühen, trachtigen Stuten. In der Nebenniere u. der Nebenniere des menschl. Foetus. Bei Hyperaktivitat der Nebenniere Androstenolonausscheidung stark erhöht. Im menschl. peripheren Venenblut bei einem Fall von Mammacarcinom. Im Blutplasma des Hundes kann der sehr geringe Gehalt an Androstenolon durch Injektion i. v. von Pregnenolon und 17α-Hydroxypregnenolon stark erhoht werden. — Im Adrenalvenenblut.

6b/20 Δ^4-Androsten-17β-ol-3-on (Testosteron)

MG 288.41 *F* 155 $[\alpha]_D^{24}$ +109° (A.)

$C_{19}H_{28}O_2$

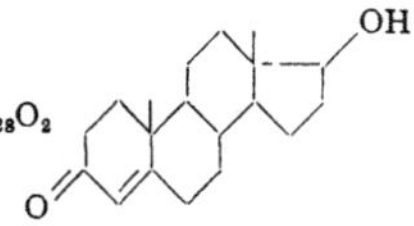

Charakteristik: Aus verd. Ac.Nadeln; l. in A., Ac., Ae. u. a. organ. Lsgm. — *Acetat:* $C_{21}H_{30}O_3$, *F* 140—141. — *Benzoat:* $C_{26}H_{32}O_3$, aus Hexan derbe Nadeln, *F* 194—196; $[\alpha]_D$ + 156°. — *V.:* In den Testes von Mensch, Hengst, Stier, Kaninchen. Im Harn des Menschen. Im Blut von Mensch u. Hund. In Metastasen eines NN-Carcinoms eines 12jahrigen Mädchens.

6b/21 5α-Androstan-3,17-dion

MG 288.41 *F* 134, 134—136 $[\alpha]_D^{31}$ + 112° (A.)

$C_{19}H_{28}O_2$

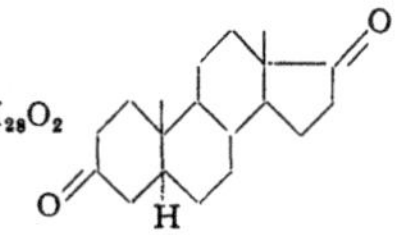

Charakteristik: Aus Ae./Lg. oder wssr. Ac. seidige Nadeln; aus Ae./PAe. Täfelchen; l. in Ac., A., Chlf.; — *Bis-dinitrophenylhydrazon:* $C_{31}H_{36}O_8N_8$, aus Chlf./Me., *F* 254—257. — *V.:* Im Harn des Menschen.

6b/22 5β-Androstan-3,17-dion (Ätiocholan-3,17-dion)

$C_{19}H_{28}O_2$

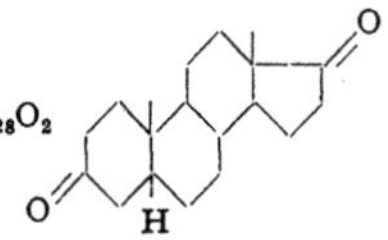

MG 288.41 *F* 131—133 $[\alpha]_D^{26}$ + 112° (A.)

Charakteristik: l. in A., Me., Ac. — *Bis-dinitrophenylhydrazon:* $C_{31}H_{36}O_8N_8$, *F* 263—264. — *V.:* Im Harn des Menschen.

6b/23 Δ^4-Androsten-3,17-dion

MG 286.40 *F* Nadeln (Ac.) 142—144, Krist. (Hexan) 173—174
$[\alpha]_D^{20}$ + 191° (A.); $[\alpha]_D^{23}$ + 196° (A.); $[\alpha]_D^{20}$ + 199° (Chlf.).

$C_{19}H_{26}O_2$

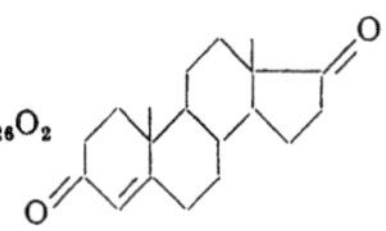

Charakteristik: *3-Semicarbazon:* $C_{20}H_{29}O_2N_3$, *F* 245 (Z.). — *Dioxim:* $C_{19}H_{28}O_2N_2$, *F* 143. — *V.:* Im Harn eines Mannes mit NN-Hyperplasie. In den Testes von Mensch u. Hengst. Im NN-Venenblut.

6b/24 5α-Androstan-3α,16α,17β-triol

$C_{19}H_{32}O_3$

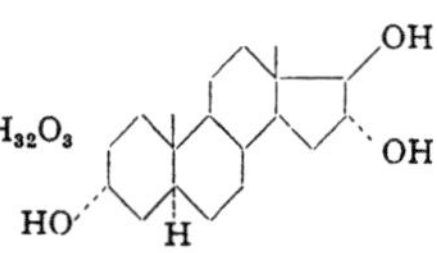

MG 308.47 *F* 255 $[\alpha]_D^{20}$ − 14° (Me.).

Charakteristik: Aus Ae./Me. Nadeln; l. in Ac., Me., A., Chlf. — *V.:* Im Harn des Menschen.

6b/25 **5β-Androstan-3α,16α,17β-triol (Ätiocholan-3α,16α,17β-triol)**

$C_{19}H_{32}O_3$

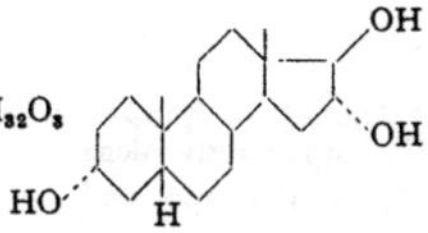

MG 308.47 *F* 278 $[\alpha]_D^{22}$ −2° (A.)

Charakteristik: Triacetat: amorph. — *V.:* Im Harn des Menschen.

6b/26 **Δ^5-Androsten-3β,16α,17β-triol**

MG 306.43 *F* 268—271 (Z.)

$C_{19}H_{30}O_3$

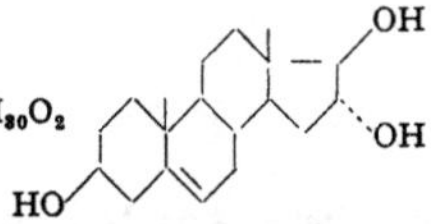

Charakteristik: Aus Me. hexagonale Prismen; kristallisiert mit 1/2 Mol Kristall-Me.; l. in Me, A., Ac., Chlf. — *3-Acetat:* $C_{21}H_{32}O_4$, aus Me. rechteckige Platten, *F* 243—245. — *Triacetat:* $C_{25}H_{36}O_6$, aus A. hexagonale Platten, *F* 189.5—191; $[\alpha]_D^{26}$ −102° (A.). — *V.:* Im Harn des Menschen bei NN-Carcinom.

$C_{19}H_{30}O_3$

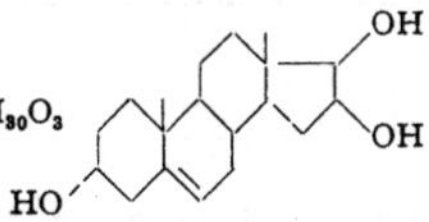

6b/27 **Δ^5-Androsten-3β,16β,17β-triol**

MG 306.43 *F* 262

Charakteristik: Triacetat: F 208—211 u.; $[\alpha]_D^{18}$ −35° (A.). — *V.:* Im Harn des Mannes.

$C_{19}H_{30}O_3$

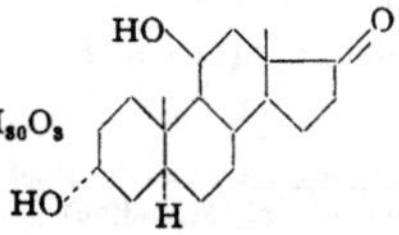

6b/28 **5α-Androstan-3α,11β-diol-on-17**

MG 306.43

Charakteristik: V.: Im Harn eines Mannes mit kongenital. NN-Hyperplasie.

6b/29 **5α-Androstan-3β,11β-diol-17-on**

MG 306.43 *F* 235—238
$[\alpha]_D^{19}$ +81° (Dioxan); $[\alpha]_D^{20}$ +84.5° (A.)

$C_{19}H_{30}O_3$

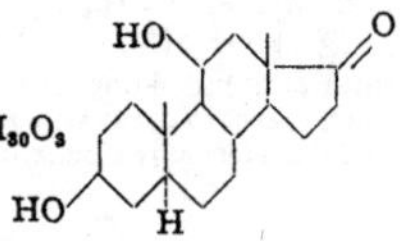

Charakteristik: Aus Ac./Ae. Nadeln; l. in Ac., A., Chlf. — *3-Acetat:* $C_{21}H_{32}O_4$, aus Ac./Ae. Nadeln, *F* 230—231; $[\alpha]_D^{19}$ +70.5° (Dioxan). — *Diacetat:* $C_{23}H_{34}O_5$, *F* 154—156. — *Semicarbazon:* $C_{20}H_{33}O_3N_3$, Z. bei 317—320°.

$C_{19}H_{30}O_3$

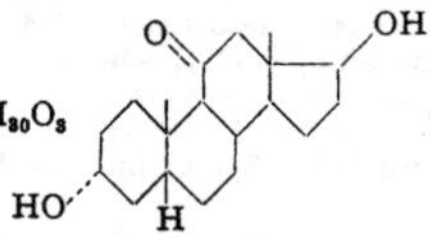

6b/30 **5β-Androstan-3α,17β-diol-11-on (Ätiocholan-3α,17β-diol-11-on)**

MG 306.43 *F* 262—262.5

Charakteristik: l. in A., Ac., Me., Chlf. — *Diacetat:* $C_{23}H_{34}O_5$, aus Ae./Me. Platten, *F* 182—183.5; $[\alpha]_D^{26}$ +47° (Chlf.); $[\alpha]_D^{25}$ +52° (Ac.). — *V.:* Im Harn des Menschen.

6b/31 **5β-Androstan-3α,11β-diol-17-on (Ätiocholan-3α,11β-diol-17-on)**

MG 306.43 *F* 237.5—239, 239—241

$C_{19}H_{30}O_3$

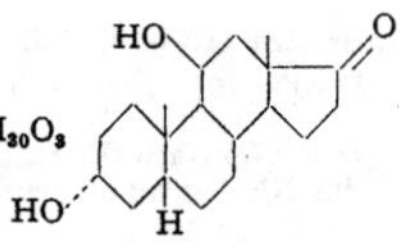

Charakteristik: l. in Ac., A., Me., Chlf. — *3-Acetat:* $C_{21}H_{32}O_4$, *F* 237—238, 241—245. — *V.:* Im menschl. Harn a) bei Gewebewucherung, b) bei einem Mann mit kongenital. NN-Hyperplasie, c) nach Verabfolgung von Prednisolon an eine Patientin (33 J.) mit Addisonscher Krankheit. — Bei Meerschweinchen nach ACTH-Gabe.

$C_{19}H_{28}O_3$

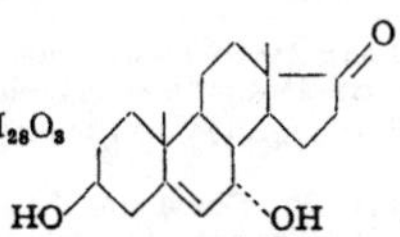

6b/32 **Δ^5-Androsten-3β,7α-diol-17-on (7-Hydroxy-dehydroisoandrosteron)**

MG 304.41

Charakteristik: V.: In der β-Ketonfraktion des Harns eines Patienten mit NN-Tumor.

6b/33 **Δ^5-Androsten-3β,16α-diol-17-on (16α-Hydroxyandrostenolon)**

MG 304.41 *F* 182—186 $[\alpha]_D^{26}$ +8.3° (A.)

$C_{19}H_{28}O_3$

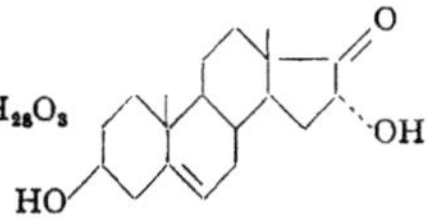

Charakteristik: Diacetat: $C_{23}H_{32}O_5$, *F* 166—169 (Me.). — *V.:* In der β-Ketonfraktion des Harns eines Patienten mit NN-Tumor. Im Harn des Mannes.

6b/34 **5α-Androstan-3α-ol-11,17-dion**

MG 304.41

$C_{19}H_{28}O_3$

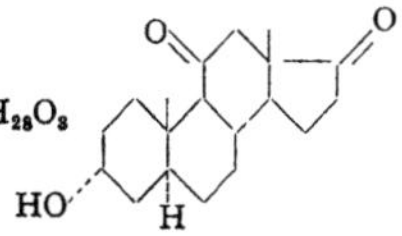

Charakteristik: V.: Im Harn eines Mannes mit kongenital. NN-Hyperplasie.

6b/35 **5β-Androstan-11β-ol-3,17-dion (Ätiocholan-11β-ol-3,17-dion)**

MG 304.41

$C_{19}H_{28}O_3$

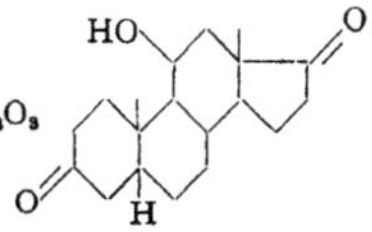

Charakteristik: V.: Spuren im Harn eines Mannes mit kongenital. NN-Hyperplasie.

6b/36 **5β-Androstan-3α-ol-11,17-dion (Ätiocholan-3α-ol-11,17-dion)**

MG 304.41 *F* 158—169, 189 $[\alpha]_D^{27}$ +96° (A.)

$C_{19}H_{28}O_3$

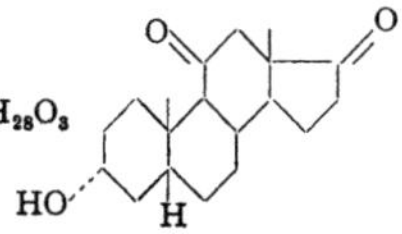

Charakteristik: Acetat: $C_{21}H_{30}O_4$, *F* 158—163, 163—164; $[\alpha]_D^{18}$ +145° (A.). — *V.:* Im Harn a) bei einem Mann mit kongenital. NN-Hyperplasie; b) nach Verabfolgung von Prednisolon an eine Patientin (33 J.) mit Addisonscher Krankheit. Im Harn des Meerschweinchens.

6b/37 **5β-Androstan-3β-ol-11,17-dion (Ätiocholan-3β-ol-11,17-dion)**

MG 304.41

$C_{19}H_{28}O_3$

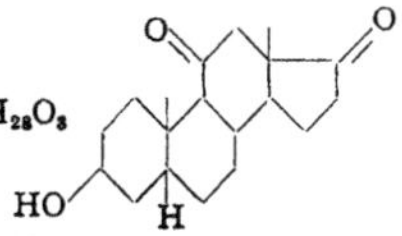

Charakteristik: V.: Spuren im Harn bei einem Mann mit kongenital. NN-Hyperplasie.

6b/38 **Δ^4-Androsten-11β-ol-3,17-dion**

MG 302.4 *F* 200—201 $[\alpha]_D^{26}$ +209° (Chlf.)

$C_{19}H_{26}O_3$

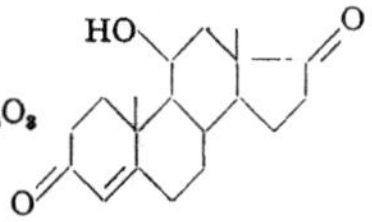

Charakteristik: V.: Im Harn der Frau. — NN: Mensch (auch in fötaler NN), Rind, besonders im Schwein. — Im NN-Venenblut verschiedener Saugetiere. In einem Interstitialzellentumor der Testes.

6b/39 **Δ^4-Androsten-19-ol-3,17-dion (19-Hydroxy-Δ^4-Androsten-3,17-dion)**

MG 302.4 *F* 172—173 $[\alpha]_D^{22}$ +188°

$C_{19}H_{26}O_3$

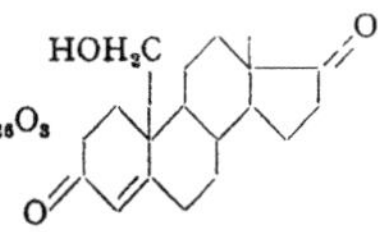

Charakteristik: B.: Durch Inkubation von Δ^4-Androsten-3,17-dion-4-^{14}C mit Präparationen von Menschen-Placenta. Aus NN-Inkubationen von Δ^4-Androsten-3,17-dion. — *Biol. Bed.:* Zwischenstufe bei der Biosynthese von Östrogenen.

6b/40 **Δ^4-Androsten-3,11,17-trion (Adrenosteron)** $C_{19}H_{24}O_3$

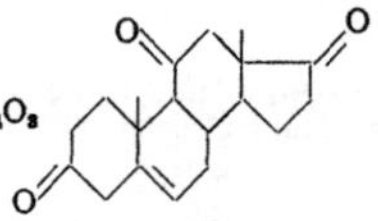

MG 300.38 *F* 223—225 $[\alpha]_D^{20}$ +262° (abs. A.)

Charakteristik: Aus A. Nadeln; l. in A., Ac., Ae., Chlf.; swl. in W. — *2,4-Dinitrophenylhydrazon:* $C_{25}H_{28}O_6N_4$, rote Krist., *F* (Z.) 254—256. — *Disemicarbazon:* $C_{21}H_{30}O_3N_6$, *F* (Z.) 270.

6b/41 **Δ^5-Androsten-3β,7α,16α-triol-17-on** $C_{19}H_{28}O_4$

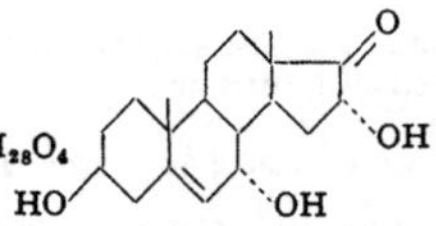

MG 320.46 $[\alpha]_D^{28}$ +139° (Chlf.)

Charakteristik: Triacetat: $C_{25}H_{34}O_7$, *F* 238—241. — *V.:* Im Harn in der β-Ketonfraktion bei einem Patienten mit NN-Tumor.

6b/42 **Δ^5-Androsten-3β,16α-diol-7,17-dion** $C_{19}H_{26}O_4$

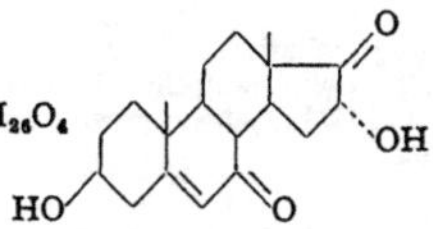

MG 318.4 *F* 236—243 $[\alpha]_D^{25}$ −92° (A.)

Charakteristik: Diacetat: $C_{23}H_{30}O_6$, *F* 198—200; $[\alpha]_D^{28}$ −65.3° (Chlf.). — *V.:* Im Harn in der β-Ketonfraktion bei einem Patienten mit NN-Tumor.

6b/43 **17α-Methyl-5α-androstan-17β-ol-3-on** $C_{20}H_{32}O_2$

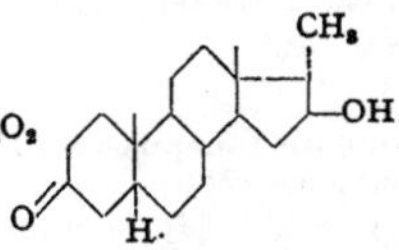

MG 304.46 *F* 192—193 (Äthylac.)

Charakteristik: l. in Ac., A., Ae., Äthylac. — *Semicarbazon:* $C_{21}H_{35}O_2N_3$, *F* 235—236. — *Biol. Wi.:* Nichtvermannlichendes Androgen als Antiöstrogen bei der Frau. Proteinanabolischer Wirkstoff bei beiden Geschlechtern. Wachstum anregend bei Kindern.

6c. C_{18}-Steroide (Oestrogene)

6c/1 **trans-Equilenan (2-Methyl-1,2-cyclopentano-1,2,3,4-tetrahydrophenanthren)** $C_{18}H_{20}$

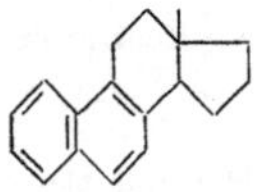

MG 236.34 *F* 73—75

6c/2 **Desoxyequilenin** $C_{18}H_{18}O$

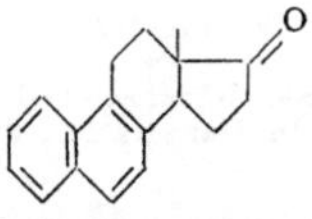

MG 250.32 *F* 160—161 (PAe.) $[\alpha]_D^{27}$ + 115° (Chlf.)

Charakteristik: 2,4-Dinitrophenylhydrazon: $C_{24}H_{22}O_4N_4$, aus Äthylac./A. orangerote Prismen, *F* 250—252 (Z.). — *Oxim:* $C_{18}H_{19}ON$, aus PAe. feine Nadeln, *F* 179.5—180.5. — *Trinitrobenzolkomplex:* $C_{24}H_{21}O_7N_3$, *F* 155—156. — *V.:* Im Harn trächtiger Stuten.

6c/3 **19-Nor-5β-androstan-3β,17-diol („Östrandiol B")** $C_{18}H_{30}O_2$

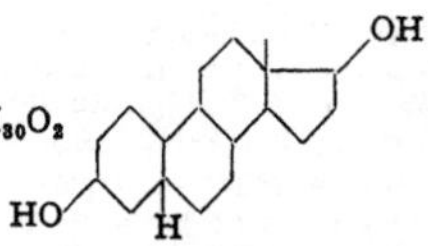

MG 278.42 *F* 211 $[\alpha]_D$ +7.8° (Chlf.)

Charakteristik: Diacetat: $C_{22}H_{34}O_4$, *F* 160. — *V.:* Nur bei nichtschwangeren Frauen.

6c/4 $\Delta^{1,3,5,10}$-Östratrien-3,17α-diol (17α-Östradiol, früher „β"-Östradiol)
MG 272.37 *F* 220—223

$C_{18}H_{24}O_2$
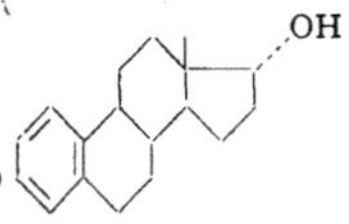

Charakteristik: Aus 80%igem A. Nadeln mit $^1/_2 H_2O$; l. in wssr. Alkalien, Dioxan; swl. in A., Ac.; $[\alpha]_D^{20}$ + 54° (Dioxan). — *3-Benzoat:* $C_{25}H_{28}O_3$, *F* 156—157. — *Diacetat:* $C_{22}H_{28}O_4$, *F* 139—141.5. — *V.:* Im Harn von trachtigen Stuten, von Ziegen (das 17β-Epimere nicht enthaltend).

6c/5 $\Delta^{1,3,5,(10)}$-Östratrien-3,17β-diol (17β-Östradiol, Östradiol)
MG 272.37 *F* 178
$[\alpha]_D$ + 81° (Dioxan); $[\alpha]_D$ + 79° (A.)

$C_{18}H_{24}O_2$
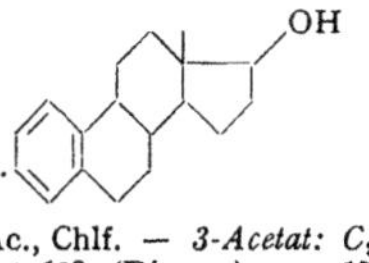

Charakteristik: Aus 80%igem A. Prismen; l. in Dioxan, A., Ac., Chlf. — *3-Acetat:* $C_{20}H_{26}O_3$, *F* 137. — *3-Benzoat:* $C_{25}H_{28}O_3$, *F* 194—195; $[\alpha]_D^{25}$ + 58 bis + 63° (Dioxan). — *17-Acetat:* *F* 215—217.5. — *17-Benzoat:* *F* 92.5—94. — *Diacetat:* $C_{22}H_{28}O_4$, *F* 125—126. — *Dibenzoat:* $C_{32}H_{32}O_4$, *F* 169.5—170.5; $[\alpha]_D^{23}$ + 53° (Chlf.). — *V.:* Im Harn der Frau wahrend des Endstadiums der Schwangerschaft. Im Harn vom Hengst u. trächtigen Stuten. Im Ovar des Menschen und Schweins. In den Graafschen Follikeln des Haies Squalus suckleyi (Dogfish). In der menschl. Placenta und Galle schwangerer Frauen. In den Testes von Mensch und Hengst, im menschl. Testistumor.

6c/6 $\Delta^{1,3,5,(10),7}$-Östratetraen-3,17α-diol (17α-Dihydroequilin)
MG 270.36 *F* 174.5—174.6 (Ac.)
$[\alpha]_D^{20}$ + 220° (Dioxan)

$C_{18}H_{22}O_2$
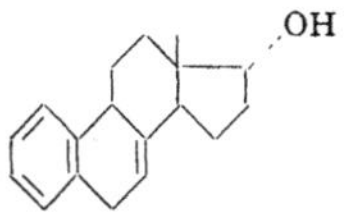

Charakteristik: *Dibenzoat:* $C_{32}H_{30}O_4$, *F* 175—175.5; $[\alpha]_D^{20}$ + 120° (Dioxan). — *V.:* Im Harn trächtiger Stuten.

6c/7 $\Delta^{1,3,5,(10),6,8}$-Östrapentaen-3,17β-diol (Dihydroequilin-17β)
MG 268.34 *F* 205 $[\alpha]_D$ + 213° (A.)

Charakteristik: —.

$C_{18}H_{22}O_2$
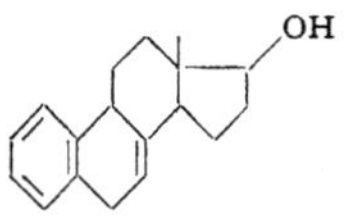

6c/8 9-Dehydro-14-isoöstradiol-17β
MG 268.34 *F* 234 $[\alpha]_D$ + 130° (A.)

$C_{18}H_{22}O_2$
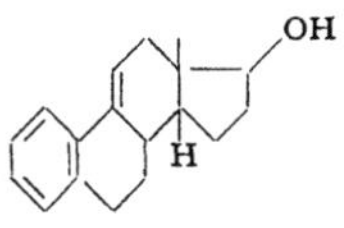

Charakteristik: *B.:* Kunstprodukt durch saure Hydrolyse von Harn.

6c/9 $\Delta^{1,3,5,(10),6,8}$-Östrapentaen-3,17α-diol (Dihydroequilenin-17α)
MG 268.34 *F* 216—217 $[\alpha]_D^{25}$ — 4.7° (Dioxan)

$C_{18}H_{20}O_2$
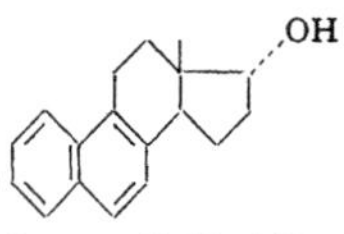

Charakteristik: *3-Benzoat:* $C_{25}H_{24}O_3$, *F* 203—205. — *Bis-p-nitrobenzoat:* $C_{32}H_{26}O_8N_2$, *F* 250 bis 252. — *V.:* Im Harn trächtiger Stuten.

6c/10 $\Delta^{1,3,5,(10)}$-Östratrien-3-ol-17-on (Oestron)
MG 270.36 *F* 260
$[\alpha]_D$ + 163° (Dioxan); $[\alpha]_D$ + 160° (Chlf.)

$C_{18}H_{22}O_2$
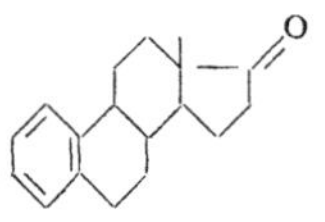

Charakteristik: Kristallisiert in drei Modifikationen: 1. monoklin, 2. orthorhombisch, a:b:c = 1.340:1:2.182, 3. orthorhombisch, a:b:c = 0.776:1:1.826; metastabile sechsseitige Tafeln; *F* 258—262; l. in A. (0.4%), Ac. (2%), Chlf. (0.9%), Dioxan, Ae.; l. in W. (25°) 0.003%; — *Acetat:* $C_{20}H_{24}O_3$, *F* 125—127 (A.). — *Benzoat:* $C_{25}H_{26}O_3$, *F* 218—219; $[\alpha]_D^{15}$ + 128° (Dioxan). — *Oxim:* $C_{18}H_{23}O_2N$, *F* 229—231 (241—242). — *Semicarbazon:* *F* 266—267. — *V.:* Im Harn von Mensch, Hengst, trächtiger Stute, trachtiger Ziege, mannl. Rind, trachtig. Rind. In der Ovarflüssigkeit des Schweins. In menschl. Placenta; in der NN des Rindes, in der Galle des trachtigen Rindes. In den Testes vom Hengst. In Palmkernol.

6c/11 $\Delta^{5,7,9}$-**Östratrien-3β-ol-17-on** $C_{18}H_{22}O_2$

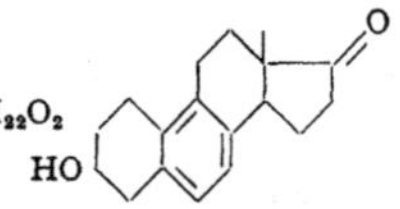

MG 270.36 *F* 138—139.5 $[\alpha]_D^{27}$ + 59° (A.)

Charakteristik: Aus wssr. A. Nadeln u. monokline Prismen. — *Acetat:* $C_{20}H_{24}O_3$, aus wssr. Ac. rechteckige Tafeln, *F* 158. — *Benzoat:* $C_{25}H_{26}O_3$, *F* 196—198. — *Oxim:* $C_{18}H_{23}O_2N$, aus wssr. A. Nadeln, *F* 195—197. — *V.:* Im Harn trachtiger Stuten.

6c/12 $\Delta^{1,3,5,(10),7}$-**Östratetraen-3-ol-17-on (Equilin)** $C_{18}H_{20}O_2$

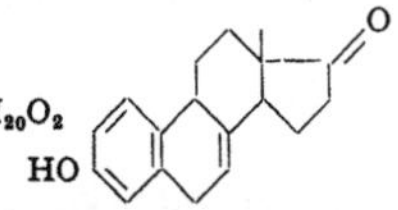

MG 268.34 *F* 240
$[\alpha]_D^{25}$ + 308° (Dioxan); $[\alpha]_D^{25}$ + 325° (A.)

Charakteristik: Aus Eg. orthorhombische keilförmige Tafeln; l. in Eg., Dioxan, Ac., A.; swl. in W. — *Benzoat:* $C_{25}H_{24}O_3$, aus A. glänzende sechseckige Täfelchen, *F* 197—198. — *Oxim:* $C_{18}H_{21}O_2N$, aus verd. A. winzige prismat. Nädelchen, *F* 221—223. — *Semicarbazon:* $C_{19}H_{23}O_2N_3$, aus Py. mikroskop. kleine Nadeln, *F* 265—267. — *V.:* Im Harn trachtiger Stuten.

6c/13 $\Delta^{1,3,5,(10),6,8}$-**Östrapentaen-3-ol-17-on (Equilenin)** $C_{18}H_{18}O_2$

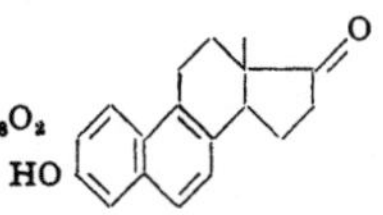

MG 266.32 *F* 259 $[\alpha]_D^{16}$ + 87° (Dioxan)

Charakteristik: Aus A. runde Büschel feiner Nadelchen; l. in Dioxan, Chlf., A. — *Acetat:* $C_{20}H_{20}O_3$, *F* 156—157; $[\alpha]_D^{20}$ + 72°. — *Benzoat:* $C_{25}H_{22}O_3$, aus A. Nadeln, *F* 222—223. — *Oxim:* $C_{18}H_{19}O_2N$, aus verd. A. winzige prismat. Nädelchen, *F* 249—250. *Semicarbazon:* $C_{19}H_{21}O_2N_3$, *F* (Z.) 268. — *V.:* Im Harn trächtiger Stuten, erst ungefähr ab dem 175. Tag der Trächtigkeit; besonders reichlich kurz vor dem Fohlen (die Östronausscheidung nimmt mit zunehmender Equileninausscheidung ab).

6c/14 $\Delta^{1,3,5,(10)}$,-**Östratrien-3,16α,17β-triol (Östriol)** $C_{18}H_{24}O_3$

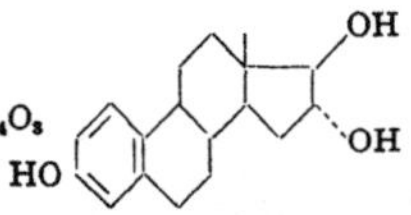

MG 288.37 *F* 280 (282 bei einer Erhitzungsgeschwindigkeit von 4°(min).
$[\alpha]_D^{25}$ + 58° (Dioxan); $[\alpha]_D$ + 68° (A.)

Charakteristik: Aus A. oder Me. weiße Blättchen; l. in Me. (1.8%), A. (1.5%), Butanol (0.65%), Ac. (0.3%), Dioxan (0.8%); swl. in Chlf. (0.0032% bei 30°C), PAe. (Sdp. 89—92°) (0.71 γ ml bei 30°C). Bei 270 u. 275° Umlagerungen der monoklinen Kristalle. — *Triacetat:* $C_{24}H_{30}O_6$, *F* 128; $[\alpha]_D$ — 18° (Chlf.). — *V.:* Im Harn von Kindern u. Schwangeren. — Im Mekonium (Mensch) in hoher Konzentration, davon ca. 85% in konjugierter Form (z. T. als Glukosiduronat). In weibl. Weidenkätzchen.

B. Die neutralen Saponine und Herzgifte

Von **G. Snatzke**, Bonn

I. Die neutralen Saponine

Literatur. *Kofler, L.:* Die Saponine, Wien 1927. — *Fieser, L. F.* u. *M. Fieser:* Steroide, Weinheim 1961, S. 893. — *Lettré, H., H. H. Inhoffen* u. *R. Tschesche:* Über Sterine, Gallensäuren und verwandte Naturstoffe, 2. Aufl., Bd. 1, Stuttgart 1954, S. 208.

Die Aglykone der Saponine sind entweder Triterpensäuren oder Alkohole vom Steroidtyp (Spirostanole). Hier ist nur eine Auswahl letzterer aufgenommen. Während die Glykoside stark hämolytisch wirksam sind und in Lösung zu intensiver Schaumbildung Anlaß geben, kommen diese Eigenschaften den ebenfalls in Pflanzen gefundenen freien Sapogeninen nur in geringerem Maße zu. Die Zucker sind in kettenförmiger Anordnung glykosidisch an das C^3 des Steroidgerüstes (in den Glykosidformeln mit R— bezeichnet) gebunden, ihre Reihenfolge ist meist unbekannt. Die Zersetzungspunkte sind vom Lösungsmittel sehr abhängig, die $[\alpha]_D$-Werte sind bedeutend charakteristischer. Die Konfiguration der Seitenkette konnte in letzter Zeit für fast alle bekannten Sapogenine aufgeklärt werden.

1 Tigogenin $C_{27}H_{44}O_3$

MG 416.62 *F* 204

Charakteristik: Prismen (Ac.); ll. in allen gebr. Lsgm.; $[\alpha]_D^{25}$ −49° (*c* = 1.02, Py.). — *Acetat:* Blatt. (A.) *F* 200–02. — *V.:* In Digitalis-, Yucca- u. Agavenarten.

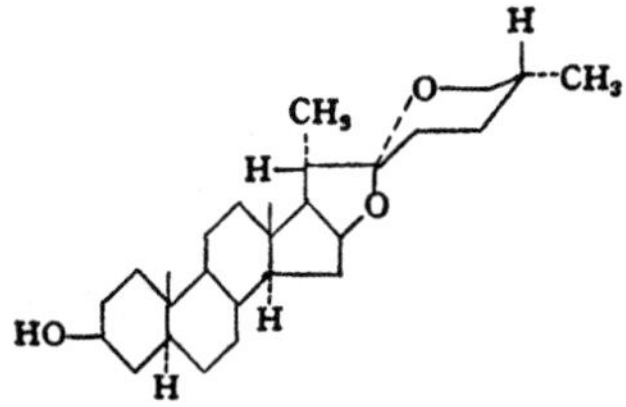

1 a Tigonin $C_{56}H_{92}O_{27}$

MG 1197.30 *F* 260 (Sintern 220)

R-(2 D-Glucose, 2 D-Galaktose, 1 Xylose)

Charakteristik: Amorph (95%ig. A.); mit Alkoholen swl. Molekulverbindungen (Cholesterintigonid lange Nadeln, über 200° allm. Z.). — *V.:* In Digitalis lanata.

2 Diosgenin $C_{27}H_{42}O_3$

MG 414.61 *F* 212–14

Charakteristik: Nadeln od. Blatt. (A., Eg.); ll. in allen gebr. organ. Lsgm.; $[\alpha]_D^{25}$ −129.3°. — *Acetat:* *F* 204. — *Verwend.:* Zur Cortisonsynthese. — *V.:* In Trillium- u. Dioscoreaarten.

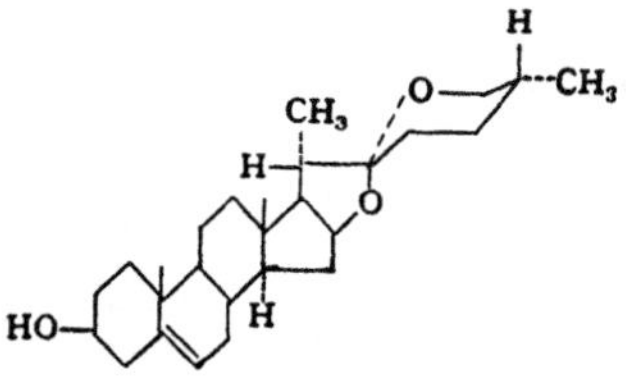

3 Gitogenin $C_{27}H_{44}O_4$

MG 432.62 *F* 273

Charakteristik: Schmale Blatt. (Bzl., A.); ll. in Chlf.; l. in Ae.; unl. in W.; $[\alpha]_D^{24}$ − 61° (*c* = 0.84, Dioxan). — *Acetat:* Lange Nadeln (PAe.) *F* 244; + konz. H_2SO_4 tiefpurpurrot. — *V.:* In Digitalis-, Yucca- u. Agavenarten.

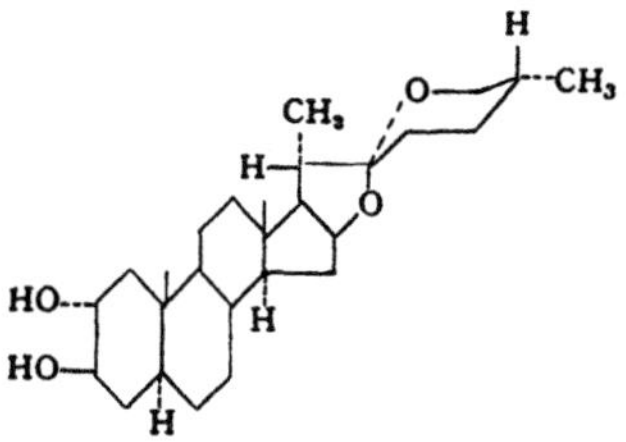

3 a Gitonin $C_{50}H_{82}O_{23}$

MG 1051.16 *F* 272 (Z.)

R-(3 Hexosen [Glucose + Galaktose], 1 Xylose)

Charakteristik: Amorphe Kugeln (50%ig. A.); wl. in W., Me., A.; unl. in Ac., Ae.; $[\alpha]_D^{20}$ − 50.69° (*c* = 1.01, Py.); Erhitzen mit konz. HCl: rosarot, dann weinrot, beim Schutteln grüner Schaum; mit Cholesterin swl. Nd. (Nadelchen). — *V.:* In Digitalis purpurea.

4 Digalogenin $C_{27}H_{44}O_4$

MG 432.62 *F* 219–20

Charakteristik: Nadeln (Me.); ll. in Chlf.; l. in Me.; $[\alpha]_D^{20}$ −75.5° (Chlf.). — *3-Monoacetat:* *F* 235; $[\alpha]_D^{20}$ − 86° (Chlf.). — *V.:* In Digitalis purpurea, D. lanata.

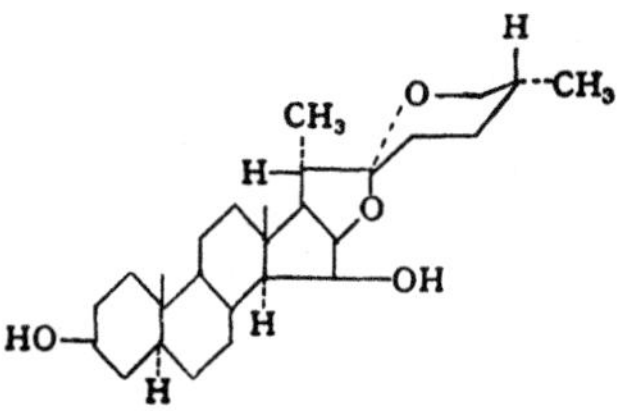

4 a Digalonin

MG 1213.30 *F* 250–95 (Z.) $C_{56}H_{92}O_{28}$

R-(2 Glucose, 2 Galaktose, 1 Xylose)

Charakteristik: Nadeln(A.), ll. in Py.; l. in A.; swl. in W. — *V.:* In Digitalis purpurea.

5 **Digitogenin** $C_{27}H_{44}O_5$

MG 448.62 *F* 288–91

Charakteristik: Lange seidenweiche Nadeln (A.); 2.8 in sd. 93%ig. A.; 5.0 in sd. Chlf.; $[\alpha]_D^{19}$ –81.0° (Chlf.). — *Acetat: F* 190.

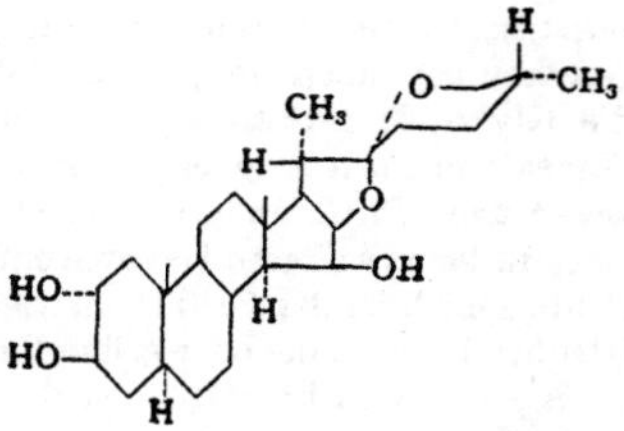

5a **Digitonin** $C_{56}H_{92}O_{29}$

MG 1229.30 *F* 244–85 (Z.)

(D-Glucose-(1–3)-D-Galaktose-(1–2)-D-Glucose-(1–4)-D-Galaktose-(1–O)-)-R
D-Xylose-(1–3)–┘

Charakteristik: Nadeln (85%ig. A.); 5 in k. Me.; wl. in Chlf.; unl. in Ae., Bzl.; $[\alpha]_D$ – 54.3° (Me.). — *Acetat:* Nadeln (abs. A.) *F* 178; mit vielen Steroiden, Alkoholen, Phenolen u. Thiophenolen swl. Molekülverbindungen (Cholesterin-digitonid 0.014 in k. 95%ig. A.). — *V.:* In Digitalis purpurea, D. germanica (?), nicht in D. lanata.

6 **Hecogenin** $C_{27}H_{42}O_4$

MG 430 61 *F* 245, 253, 268 (3 Modifikationen)

Charakteristik: $[\alpha]_D$ +18° (Dioxan). — *Acetat: F* 245. — *2,4-Dinitrophenylhydrazon:* orange Nadeln (A.); *F* 282 (Z.). — *Verwend.:* Wichtiges Ausgangsmaterial für die Corticoid-Synthese. — *V.:* In Bromeliaceen, Agaven.

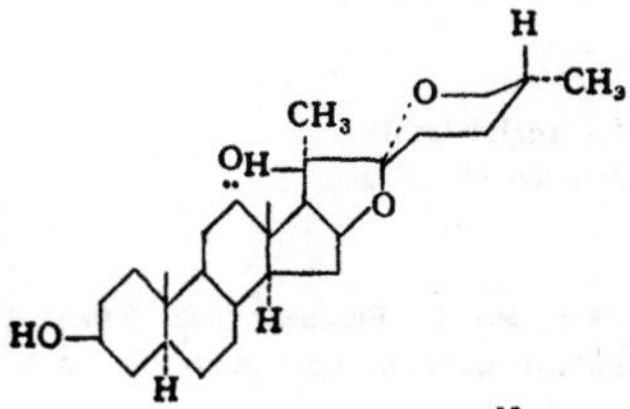

7 **Gentrogenin (Botogenin)** $C_{27}H_{40}O_4$

MG 428.59 *F* 216

Charakteristik: $[\alpha]_D^{25}$ – 57° (Chlf.). — *Acetat: F* 227, $[\alpha]_D$ – 56° (Chlf.). — *Verwend.:* Zur Corticoid-Synthese. — *V.:* In Dioscorea spiculiflora.

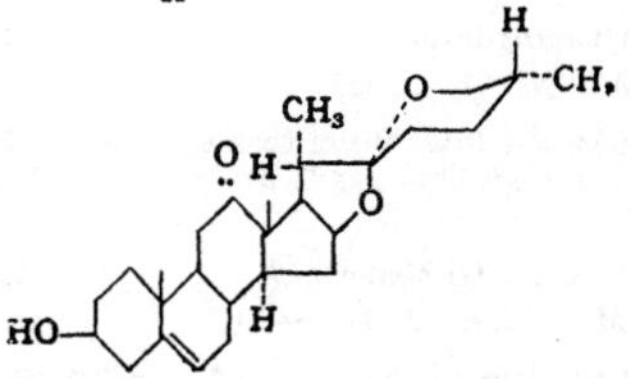

8 **Correllogenin (Neobotogenin)** $C_{27}H_{40}O_4$

MG 428.59 *F* 209–11

Charakteristik: $[\alpha]_D^{25}$ –69° (Chlf.). — *Acetat: F* 213–14; $[\alpha]_D^{25}$ – 60° (Chlf.). — *Verwend.:* Zur Corticoid-Synthese. — *V.:* In Dioscorea spiculiflora.

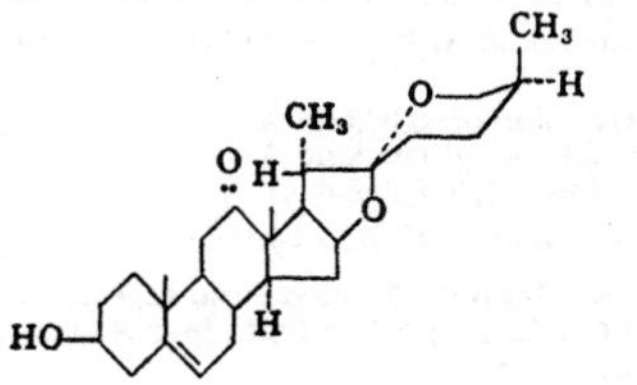

II. Die Herzgifte

Literatur. *Fieser, L. F.* u. *M. Fieser:* Steroide, Weinheim 1961, S. 801. — *Lettré, H., H. H. Inhoffen* u. *R. Tschesche:* Über Sterine, Gallensauren und verwandte Naturstoffe, 2. Aufl., Stuttgart 1954, S. 287. — *Tamm, Ch.:* In Fortschr. Chem. organ. Naturstoffe, Berlin, Göttingen, Heidelberg. **13**, 137 (1956), **14**, 71 (1957).

Die Herzgifte sind Glykoside von Steroidgeninen mit 23 C-Atomen (Cardenolide, Cardogenene) oder 24 C-Atomen (Bufadienolide, Bufogenadiene, Krötengifte). Die Zucker sind in kettenförmiger Anordnung glykosidisch an das C^3 des Steroidgerüstes geknüpft (in den Glykosidformeln mit R— bezeichnet). Einige Bufadienolide kommen auch frei oder mit dem OH an C^{14} an Suberylarginin gebunden in den Parotisdrüsen der Kröten vor (Bufotoxine). Die Zersetzungspunkte sind sehr vom Lösungsmittel abhängig, die $[\alpha]_D$-Werte sind bedeutend charakteristischer. Die Verknüpfungsart der (pyranoiden) Zucker, die direkt an das Aglykon gebunden sind, ist bis auf eine Ausnahme entweder β-D oder α-L. Falls die Glykoside 2-Desoxyzucker enthalten, geben sie die Webb-Levy-Reaktion (Umsatz mit p-Nitrophenylhydrazin in Trichloressigsäure-Gegenwart und Alkalisieren nach Entfernung des Aglykons: rot bis rotviolett). 2-Desoxyzuckerglykoside, die keine weiteren Hexosen enthalten, geben auch die Keller-Kiliani-Reaktion (Unterschichten der Fe-(III)-haltigen Eg.-Lsg. mit Fe-(III)-haltiger konz. H_2SO_4: brauner Ring, blaue oder grüne Färbung der Eg.-Schicht).

Als *LD* wird im folgenden die mittlere letale Dosis in mg/kg (an der Katze nach *Hatcher*) angegeben.

1. Cardenolide

Allgemeine Reaktionen: Rotfärbung mit Nitroprussidnatrium und Lauge in Py. (*Legal*); Organgefärbung mit alkalischer Pikrinsäurelösung (*Baljet; Knudson-Dresbach*); Blauviolettfärbung mit alkalischer m-Dinitrobenzollösung (*Raymond*) oder alkalischer 3,5-Dinitrobenzoesäurelösung (*Kedde*); UV-Fluorescenz mit Trichloressigsäure (*Rosenheim*) oder Antimontrichlorid; alkoholische Lauge führt in die cardiotonisch unwirksamen „Isoverbindungen" über.

1/1 **Digitoxigenin** $C_{23}H_{34}O_4$
MG 374.50 *F* 250–56

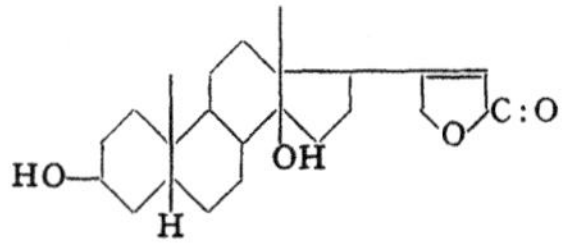

Charakteristik: Prismen; $[\alpha]_D^{17}$ +19.1° (*c* = 1.36, Me.); beim Schütteln der Essigesterlsg. mit $FeCl_3$-halt. konz. H_2SO_4 grasgrüne Färb. — *Acetat:* Feine Nadeln; *F* 222/27. — *LD:* 0,459.

1/1a **Digitoxin** $C_{41}H_{64}O_{13}$ R-(D-Digitoxose-D-Digitoxose-D-Digitoxose)
MG 764.92 *F* 263

Charakteristik: Bitter schmeckende Tafeln; ll. in A., Chlf.; wl. in Ae.; swl. in W.; $[\alpha]_D^{20}$ +17.0° (*c* = 0.38, Chlf. + 1% A.). — *V.:* In Digitalis purpurea. — *LD:* 0.325.

1/1b **Acetyl-digitoxin-β** $C_{43}H_{66}O_{14}$ R-(D-Digitoxose-D-Digitoxose-D-Digitoxose), 1 Acetyl am C^4-OH der endstandigen Digitoxose
MG 806.96 *F* 218–40 (Z.)

Charakteristik: Nadeln od. dünne Prismen (Me.); wl. in Chlf.; 0.0005 in k. W.; $[\alpha]_D^{20}$ +26.3° (Me.); Kochen in A. lagert in Acetyldigitoxin-α um (Acetylwanderung). — *V.:* In Digitalis ferruginea.

1/1c **Purpureaglykosid A (Desacetyl-lanatosid A, Desacetyl-digilanid A)** $C_{47}H_{74}O_{18}$ R-(D-Digitoxose-D-Digitoxose-D-Digitoxose-β-D-Glucose)
MG 927.06 *F* 275–80 (Z.)

Charakteristik: Rosettenförm. angeord. dünne Blätt. (A.-Ae. od. Me.-Essigester); 0.033 in k. W.; 5.0 in k. Me.; swl. in Chlf.; $[\alpha]_D^{20}$ +10.8° (*c* = 0.53, 75%ig. A.). — *V.:* In Digitalis purpurea. — *LD:* 0.469.

1/1d **Lanatosid A (Digilanid A)** $C_{49}H_{76}O_{19}$ R-(D-Digitoxose-D-Digitoxose-D-Digitoxose-β-D-Glucose), 1 Acetyl im Digitoxoseteil
MG 969.10 *F* 245–48 (Z.)

Charakteristik: Flache lange Prismen (A. od. Me.); 0.0063 in k. W.; 2.5 in k. A.; $[\alpha]_D^{20}$ +31.1° (*c* = 1.87, 95%ig. A.); bildet Mischkrist. mit Lanatosid B u. C. — *V.:* In Digitalis lanata. — *LD:* 0.361.

1/2 **Uzarigenin (Odorigenin B)** $C_{23}H_{34}O_4$
MG 374.50 *F* 240–56

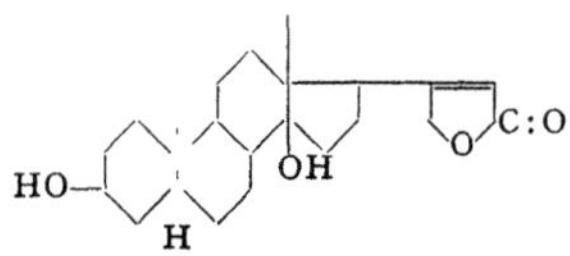

Charakteristik: Rechteckige od. rhomb. Prismen (Me.-Ae.); $[\alpha]_D^{20}$ +10.5° (*c* = 1.06, A.). — *Acetat:* Platten od. Nadeln; *F* 266–72. — *LD:* 1.519.

1/2a **Uzarin** $C_{35}H_{54}O_{14}$ R-(D-Glucose-D-Glucose)
MG 698.78 *F* 266–70

Charakteristik: Rechteckige Blätt. (Py.-W.); $[\alpha]_D^{20}$ –27° (Py.). – *V.:* In Uzara-Droge, Xysmalobium undulatum R. Br. – *LD:* 4.586.

1/3 **Digoxigenin** $C_{23}H_{34}O_5$
MG 390.50 *F* 222

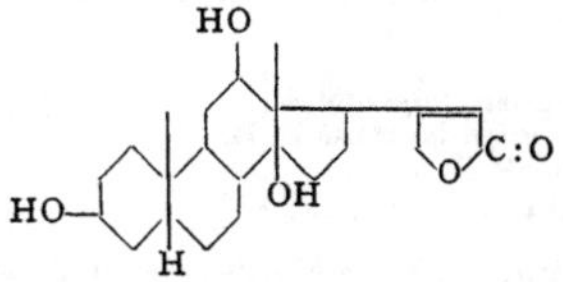

Charakteristik: Gedrungene Prismen (Essigester); $[\alpha]_D^{20}$ +23.2° (*c* = 1.90, Me.); Lsg. in $FeCl_3$-halt. Eg. mit konz. H_2SO_4 unterschichten: grunlichgelber Ring. – *Acetat:* *F* 223. – *LD:* 0.473.

1/3a **Digoxin** $C_{41}H_{64}O_{14}$ R-(D-Digitoxose-D-Digitoxose-D-Digitoxose)
MG 780.92 *F* 265 (Z.)

Charakteristik: Vier- od. funfseit. Blatt. (verd. A. od. Py.-W.); swl. in Chlf., Ac.; l. in Chlf.-A., Py.; $[\alpha]_D^{20}$ +10.5° (*c* = 1.48, Py.). – *V.:* In Digitalis lanata. – *LD.:* 0.231.

1/3b **Digorid A (Acetyl-digoxin-β)** $C_{43}H_{66}O_{15}$ R-(D-Digitoxose-D-Digitoxose-D-Digitoxose), 1 Acetyl im Zuckerteil
MG 822.96 *F* 258 (Z.)

Charakteristik: Feine lange seidenglänz. Prismen (Me.-W.); ll. in A., Chlf., Py.; unl. in W.; $[\alpha]_D^{20}$ +30.4° (*c* = 1.97, A.). – *V.:* In Digitalis orientalis, in D. lanata gemeinsam mit dem weniger stabilen Digorid B. – *LD:* 0.375.

1/3c **Lanatosid C (Digilanid C)** $C_{49}H_{76}O_{20}$ R-(D-Digitoxose-D-Digitoxose-D-Digitoxose-β-D-Glucose), 1 Acetyl im Digitoxoseteil
MG 985.10 *F* 245–48 (Z.)

Charakteristik: Flache lange Prismen (Me.); 5.0 in k. Me.; 2.2 in k. A.; wl. in Chlf.; $[\alpha]_D^{20}$ + 33.5° (*c* = 1.85, 95%ig. A.); bildet Mischkrist. mit Lanatosid A u. B. – *V.:* In Digitalis lanata. – *LD:* 0.233.

1/4 **Gitoxigenin** $C_{23}H_{34}O_5$
MG 390.50 *F* 225 (Z.)

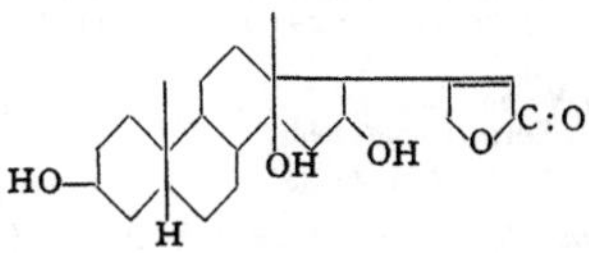

Charakteristik: Blätt. (verd. Me.); unl. in W.; 0.2 in Essigester 18°; $[\alpha]_D^{18}$ +32.6° (*c* = 0.64, Me.); + konz. Mineralsren. tief violettrot (→ Dianhydro-gitoxigenin). – *Acetat:* Kurze rechteckige Platten; *F* 250 od. 265. – *LD:* 1.85.

1/4a **Strospesid** $C_{30}H_{46}O_9$ R-(D-Digitalose)
MG 550.67 *F* 251–53

Charakteristik: Kleine glänzende Körner (Dioxan/Ac.); $[\alpha]_D$ +15.5° (Me.). – *Monoacetat:* *F* 232 bis 234; $[\alpha]_D$ +18.8° (Me.). – *Triacetat:* *F* 147/227; $[\alpha]_D$ –5° (Chlf.). – *V.:* In Digitalis-. Adenium- und Strophanthusarten. – *LD:* 0.586.

1/4b **Oleandrin** $C_{32}H_{48}O_9$ R-(L-Oleandrose), 1 Acetyl an C^{16}
MG 576.70 *F* 250 (Z.)

Charakteristik: Derbe vielflachige Prismen (A.); $[\alpha]_D^{18}$ – 52.1° (*c* = 2.12, Me.); vorsichtige Hydrolyse → Oleandrigenin (16-Acetyl-gitoxigenin): lange flache Nadeln; *F* 110–15/223. – *V.:* In Nerium oleander. – *LD:* 0.197.

1/4c **Digitalinum verum** $C_{36}H_{56}O_{14}$ R-(D-Digitalose-D-Glucose)
MG 712.81 *F* 241–44

Charakteristik: Farbl. kristalline Drusen (Me./W.); $[\alpha]_D$ +1.6° (Me.). – *Monoacetat:* *F* 257–62; $[\alpha]_D$ –2.9° (Me.). – *Hexaacetat:* *F* 164/225–30; $[\alpha]_D$ –17° (Chlf.). – *V.:* In Digitalis- und Adeniumarten. – *LD:* 1.332.

1/4d **Gitoxin (Anhydrogitalin, Bigitalinum cristallisatum)** $C_{41}H_{64}O_{14}$ R-(D-Digitoxose-D-Digitoxose-D-Digitoxose)
MG 780.92 *F* 285 (Z.)

Charakteristik: Kurze gedrungene Prismen (verd. A.); swl. in allen gebr. Lsgm.; $[\alpha]_D^{20}$ +2.96° (*c* = 0.90, Py.). – *V.:* In Digitalis purpurea, D. lanata. – *LD:* 0.727.

1/4e Acetyl-gitoxin-β $C_{43}H_{66}O_{15}$ R-(D-Digitoxose-D-Digitoxose-D-Digitoxose), 1 Acetyl im Zuckerteil

MG 822.96 *F* 276

Charakteristik: Lange feine Prismen od. Nadeln (Me.-W.); 0.11 in k. Me.; $[\alpha]_D^{20}$ +26.9° (*c* = 0.63, Py.). — *V.:* In Digitalis lanata neben Acetyl-gitoxin-α, aus dem es auch durch Kochen mit A. entsteht.

1/4f Purpureaglykosid B (Desacetyl-lanatosid B, Desacetyl-digilanid B) $C_{47}H_{74}O_{19}$ R-(D-Digitoxose-D-Digitoxose-D-Digitoxose-β-D-Glucose)

MG 943.06 *F* 240—42

Charakteristik: Feine Nadelbuschel (Chlf.-Me.-Ae.); 1.67 in k. Me.; 0.2 in k. abs. A.; 0.03 in k. W.; swl. in Chlf.; $[\alpha]_D^{20}$ +15.6° (*c* = 0.71, 75%ig. A.) — *V.:* In Digitalis purpurea. — *LD:* 0.548.

1/4g Lanatosid B (Digilanid B) $C_{49}H_{76}O_{20}$ R-(D-Digitoxose-D-Digitoxose-D-Digitoxose-β-D-Glucose), 1 Acetyl im Digitoxoseteil

MG 985.10 *F* 245—48 (Z.)

Charakteristik: Flache lange Prismen + 1 H_2O (Me.); 5.0 in k. Me.; 2.5 in k. A.; 0.2 in k. Chlf.; $[\alpha]_D^{20}$ +36.7° (*c* = 1.87, 95%ig. A.); bildet mit Lanatosid A u. C Mischkrist. — *V.:* In Digitalis lanata. — *LD:* 0.388.

1/5 Gitaloxigenin (16-Formyl-gitoxigenin) $C_{24}H_{34}O_6$

MG 418.51 *F* 215—17

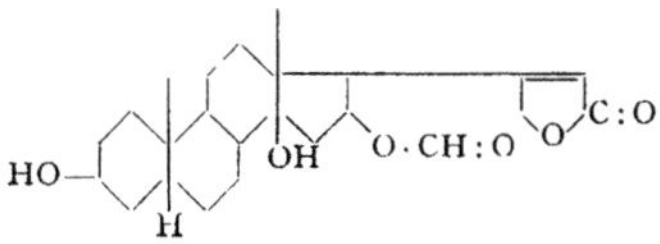

Charakteristik: Glanzende Blattchen (Ac./Ae.); Hydrolyse ergibt Gitoxigenin.

1/5a Lanadoxin $C_{30}H_{44}O_9$ R-(D-Digitoxose)

MG 548.65 *F* 139—42

Charakteristik: Kristallisiert aus Ae.; ll. in Chlf., A., Ac.; wl. in W.; $[\alpha]_D^{25}$ −3,5° (Py.). — *V.:* In Digitalis lanata in großerer Menge; in Digitalis purpurea.

1/5b Verodoxin (16-Formyl-strospesid) $C_{31}H_{46}O_{10}$ R-(D-Digitalose)

MG 578.68 *F* 197—98

Charakteristik: Kristallisiert aus Ac.; $[\alpha]_D^{20}$ −3.8° (Chlf.). — *V.:* In Digitalis purpurea und D. ·anata. Am Meerschweinchen das wirksamste Glykosid der „Gitalin-Fraktion". — *LD:* 0.33.

1/5c Gitaloxin (16-Formyl-gitoxin) $C_{42}H_{64}O_{15}$ R-(D-Digitoxose-D-Digitoxose-D-Digitoxose)

MG 808.93 *F* 250—53

Charakteristik: Kristalle aus Ac./PAc.; ll. in Chlf., Py., Me., Ac.; $[\alpha]_D^{20}$ −7° (Py.). — *V.:* In Digitalis purpurea.

1/5d Lanatosid E (16-Formyl-lanatosid B) $C_{50}H_{76}O_{21}$ R-(D-Digitoxose-D-Digitoxose-D-Digitoxose-β-D-Glucose), 1 Acetyl im Digitoxoseteil

MG 1013.11 *F* 209—11

Charakteristik: Nadeln (Me./W.), $[\alpha]_D^{20}$ +27.3° (Me.) — *V.:* In Digitalis lanata. — *LD:* 0.602

1/6 Strophanthidin (k-Strophanthidin, Cymarigenin) $C_{23}H_{32}O_6$

MG 404.49 *F* 171—75 (½H_2O); 235 (wfr.)

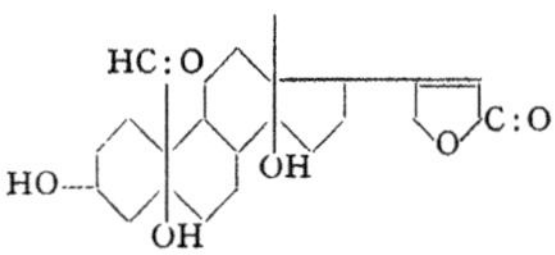

Charakteristik: Krist. + ½H_2O; ll. in A., Eg.; wl. in Chlf.; unl. in W., Ae.; $[\alpha]_D^{25}$ +43.1° (*c* = 2.80, Me.); + konz. H_2SO_4 blaß ziegelrot. — *Oxim:* Kleine Prismen (A.); *F* 270—72. — *Acetat:* *F* 248. — *LD:* 0.325. — Das Acetat wird klinisch wie die Glykoside angewendet.

1/6a Cymarin $C_{30}H_{44}O_9$ R-(D-Cymarose)

MG 548.65 *F* 142—50

Charakteristik: Prismen (Me.-W.); ll. in A., Chlf.; wl. in W.; $[\alpha]_D^{20}$ +38.4° (*c* = 1.5, abs. A.). — *Acetat:* *F* 164. — *V.:* In Strophanthus-, Adonis- u. Apocynumarten. — *LD:* 0.110.

1/6b **Convallatoxin** $C_{29}H_{42}O_{10}$ R-(L-Rhamnose)
MG 550.63 *F* 225 (A.); 236–42 (Essigester)

Charakteristik: Nadeln od. Saulen (verd. A.); ll. in A.; wl. in W., Chlf.; $[\alpha]_D^{18}$ −0.8° (Me.). — *Acetat: F* 240–44. — *Wi.:* Das cardiotonisch wirksamste aller Cardenolidglykoside. — *V.:* In Convallaria majalis. — *LD:* 0.079.

1/6c **k-Strophanthin-β** $C_{36}H_{54}O_{14}$ R-(D-Cymarose-β-D-Glucose)
MG 710.79 *F* 195 (Z.)

Charakteristik: Lange zarte biegsame Nadeln (A.); ll. in W.; swl. in Chlf.; $[\alpha]_D^{20}$ +31.7° (c = 0.82, W.). — *Acetat: F* 168. — *V.:* In Strophanthusarten (kombé u. a.). — *LD:* 0.128.

1/6d **k-Strophanthosid** $C_{42}H_{64}O_{19}$ R-(D-Cymarose-β-D-Glucose-α-D-Glucose)
MG 872.93 *F* 200 (Z.)

Charakteristik: Federförm. Nadelbüschel (A.-Chlf.); ll. in W., A., Me.; wl. in Chlf.; $[\alpha]_D^{20}$ +13.85° (c = 1.19, Me.). — *Acetat: F* 230. — *V.:* In Strophanthus kombé. — *LD:* 0.187.

1/7 **Diginatigenin** $C_{23}H_{34}O_6$
MG 406.50 *F* 190–92 (mit einem Mol Chlf.), 157 (aus W.)

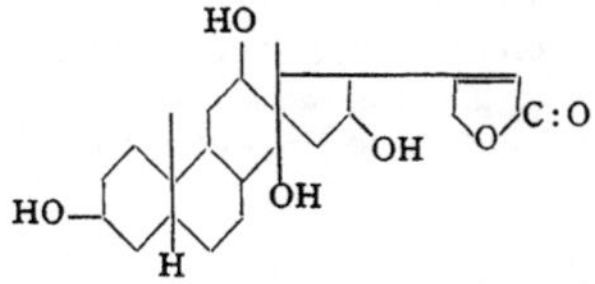

Charakteristik: $[\alpha]_D^{18}$ +34.8° (Chlf.). — *Acetat:* Feine Plattchen (Ac./Ae./Pentan); *F* 218–22 (Z.); $[\alpha]_D^{18}$ +32.5° (Me.).

1/7a **Diginatin** $C_{41}H_{64}O_{15}$ R-(D-Digitoxose-D-Digitoxose-D-Digitoxose)
MG 796.92 *F* 234

Charakteristik: Nadeln (20%ig. A.); l. in A., verd. A., Dioxan; wl. in Ac., 0.001 in k. W., 0.0005 in k. Chlf.; etwas hygroskopisch; $[\alpha]_D^{27}$ +23.7° (Me.). — *V.:* In Digitalis lanata.

1/7b **Lanatosid D** $C_{49}H_{76}O_{21}$ R-(D-Digitoxose-D-Digitoxose-D-Digitoxose-β-D-Glucose), 1 Acetyl im Digitoxoseteil
MG 1001.10 *F* 242–50 (Z.)

Charakteristik: Kristallisiert aus Me./W.; $[\alpha]_D^{20}$ +40.5° (Me.). — *V.:* In Digitalis lanata. — *LD:* 0.408.

1/8 **Ouabagenin (g-Strophanthidin)** $C_{23}H_{34}O_8$
MG 438.50 *F* 262–65 (Nitrobenzol); 238 (Me.)

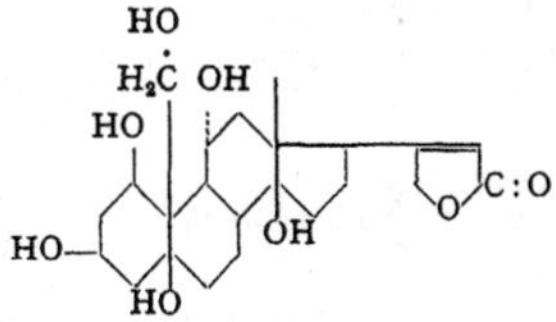

Charakteristik: Krist.-Drusen (W.); 10 in h. W. (neigt zu Übersättigung); ll. in Me., A.; swl. in Chlf.; $[\alpha]_D^{17}$ +11.32° (c = 1.27, W.). — *Acetat: F* 291–94. — *LD:* 0.232.

1/8a **Ouabain (g-Strophanthin)** $C_{29}H_{44}O_{12}$ R-(L-Rhamnose)
MG 584.64 *F* 188 od. 241

Charakteristik: Atlasglänz. Tafeln + $9H_2O$ (W.); ll. in W., A.; unl. in Chlf.; $[\alpha]_D$ −44.3° (Me.); konz. H_2SO_4 färbt rot, b. Verd. Umschlag nach grun. — *Acetat: F* 285–94. — *V.:* In Strophanthus gratus, Acokantheraarten (Ouabaiobaum). — *LD:* 0.116.

2. Bufadienolide

Allgemeine Reaktionen: Intensives UV-Maximum bei 295–300 mμ; UV-Fluorescenz mit konz. H_2SO_4, Antimontrichlorid oder aromatischen Aldehyden in Säuregegenwart.

2/1 **Bufalin** $C_{24}H_{34}O_4$
MG 386.51 *F* 244–48

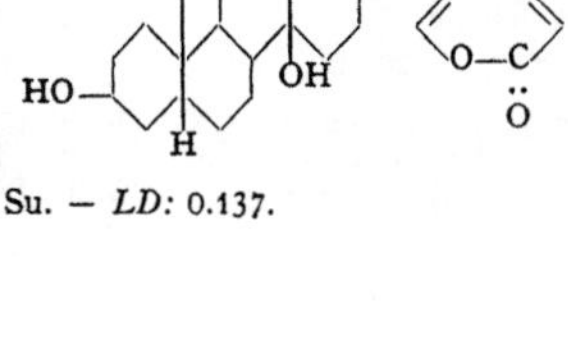

Charakteristik: Dicke kurze Prismen (Ac.); l. in Ac., A., Chlf.,Eg.; $[\alpha]_D^{17}$ −8.7° (Chlf.). — *Acetat: F* 230–48; $[\alpha]_D$ −6.0°. — *V.:* In der Droge Ch'an Su. — *LD:* 0.137.

2/2 Scillarenin $C_{24}H_{32}O_4$

MG 384.50 *F* 214–34

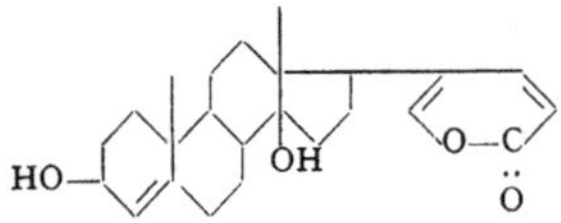

Charakteristik: Dachförmig abgeschnittene Prismen (50%ig. A.); $[\alpha]_D^{20}$ −16.5° (c = 1.33, Me.); $[\alpha]_D^{20}$ +13.5° (c = 1.18, Chlf.). — *Acetat:* *F* 240–43. — *LD:* 0.125.

2/2a Scillaren A (Transvaalin) $C_{36}H_{52}O_{13}$ R-(L-Rhamnose-β-D-Glucose)

MG 692.78 *F* 270

Charakteristik: Sechsseitige Blatt. + 1 CH_3OH + 1 H_2O (50%ig. Me.), feine Nädelchen ohne Krist.-Lsgm.; 0.08 in k. abs. A.; 0.50 in k. abs. Me.; swl. in W.; unl in Chlf., Ae.; $[\alpha]_D^{20}$ −74.1° (c = 2.88, 75%ig. A.). — *V.:* In Scilla maritima, Urginea burkei. — *LD:* 0.146.

2/3 Resibufogenin $C_{24}H_{32}O_4$

MG 384.50 *F* 113–40/155–68

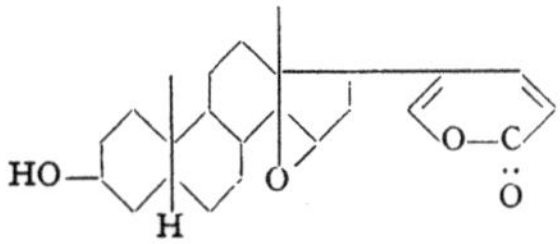

Charakteristik: Flache Prismen (Ac./W.); $[\alpha]_D^{22}$ −7.1° (Chlf.). — *Acetat:* *F* 225–31; $[\alpha]_D^{15}$ −2.3° (Chlf.). — *V.:* In der Droge Ch'an Su, in Bufo-Arten. Resibufogenin zeigt keine Herzwirksamkeit.

2/4 Telocinobufagin $C_{24}H_{34}O_5$

MG 402.51 *F* ca. 160/207–11

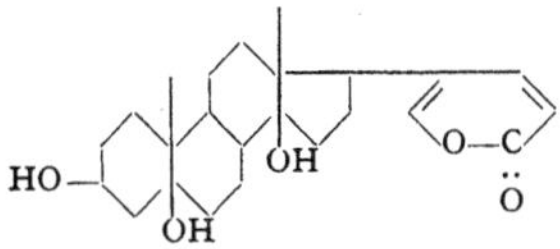

Charakteristik: Flache Prismen aus Ac.; l. in Chlf., A., Ac., Eg.; $[\alpha]_D^{19}$ +4.7° (Chlf.). — *Acetat:* *F* 263–75; $[\alpha]_D$ +25°. — *V:* In der Droge Ch'an Su, in Bufo-Arten. — *LD:* 0.101.

2/5 Gamabufotalin $C_{24}H_{34}O_5$

MG 402.51 *F* 254–60 (Z.)

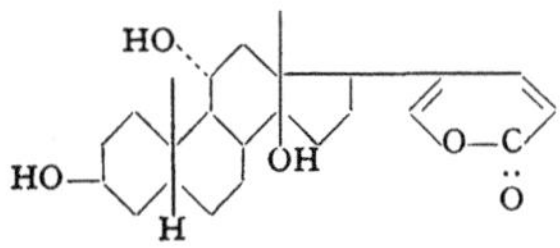

Charakteristik: Feine Nadeln (Me.); sll. in Chlf., Ac.; wl. in Me. Bei langerem Erhitzen in Me.-Lsg. Gelbfarbg.; $[\alpha]_D^{18}$ +1.26° (Me.). — *Diacetat:* Zu Rosetten vereinigte Prismen; *F* 257–59 (Ac.); $[\alpha]_D^{19}$ −13° (Me.). — *V.:* In der Droge Ch'an Su, in verschiedenen Bufo-Arten. — *LD:* 0.100.

2/6 Marinobufagin $C_{24}H_{32}O_5$
(Bufagin von *Abel* u. *Macht*)

MG 400.50 *F* 223–25

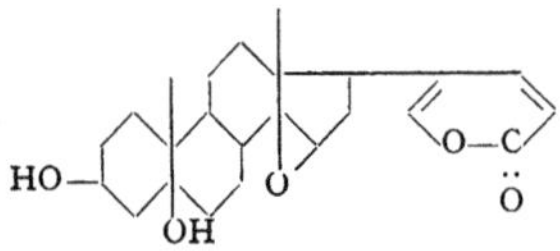

Charakteristik: L. in Chlf., A., Eg.; Krist. aus Ac./Ae.; $[\alpha]_D^{20}$ +10.1° (Me.). — *Acetat:* Rhombische Prismen (Ac./Ae.); *F* 195–220; $[\alpha]_D$ +26°. — *V.:* In der Droge Ch'an Su, in Bufo marinus und anderen Bufo-Arten. — *LD:* 1.489–1.552.

2/7 Bufotalin (Vulgarobufagin) $C_{26}H_{36}O_6$

MG 444.55 *F* 222 (Lsgm.-frei), 154 (mit 1/2 Mol Kristall-Eg.)

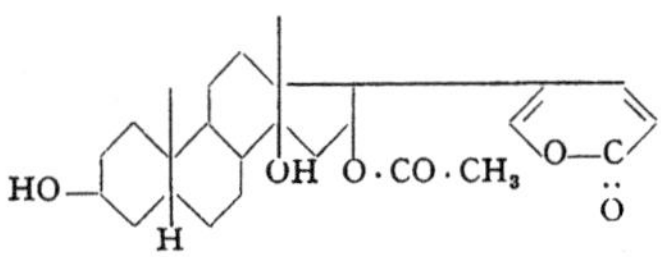

Charakteristik: Prismen (A.); ll. in Chlf., Eg., A.; swl. in W.; $[\alpha]_D^{20}$ +5.4° (Chlf.). — *Acetat:* Rautenförmige Platten (Ac./Ae.), *F* 269–72; $[\alpha]_D$ +3.7°. — *V.:* In Bufo vulgaris und in der Droge Ch'an Su. — *LD:* 0 136.

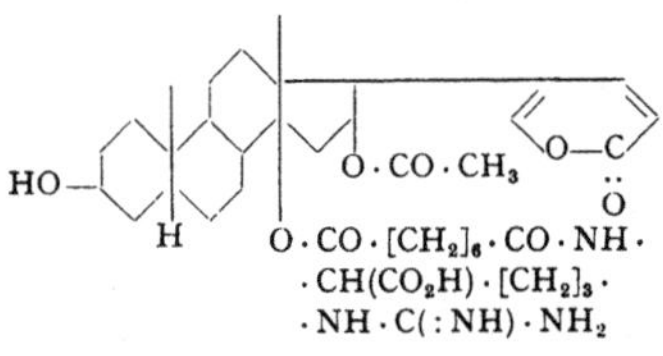

2/7a Bufotoxin $C_{40}H_{60}O_{10}N_4$

MG 756.91 *F* 205 (Z.)

Charakteristik: Drusen feiner Nadeln (20–30%ig. A.); ll. in Me., Py.; wl. in abs. A.; unl. in W., Ae., Chlf.; $[\alpha]_D^{19}$ +3.6° (Me.). — *V.:* In Bufo vulgaris. — *LD:* 0.292.

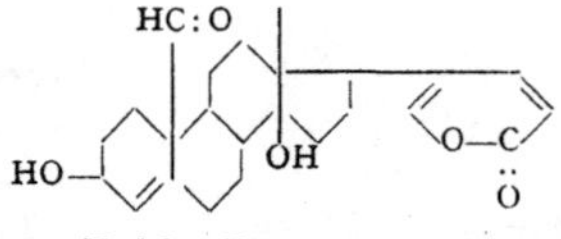

2/8 **Scilliglaucosidin** $C_{24}H_{30}O_5$
MG 398.48 *F* 245–48 (Z.)

Charakteristik: Polyeder (Ac.-Ae.); $[\alpha]_D^{20}$ +49.5° (c = 0.60, Me.); Liebermann-Rktn.: flüchtiges rosaviolett → blaugrün. – *Acetat:* *F* 224–27. – *Oxim:* Nadeln; *F* 249–52. – *LD:* 0.064.

2/8a **Scilliglaucosid** $C_{30}H_{40}O_{10}$ R-(D-Glucose)
MG 560.62 *F* 164–66

Charakteristik: Lange büschelform. Prismen (Me.); 1.25 in Me. 20°; 2.0 in Ac. 20°; 0.33 in W. 20°; $[\alpha]_D^{20}$ +106.0° (Me.); Liebermann-Rktn. flüchtiges rosarot → blaugrün. – *Acetat·* *F* 154–56/200. – *V.:* In Scilla maritima (weiße Form). – *LD:* 0.069.

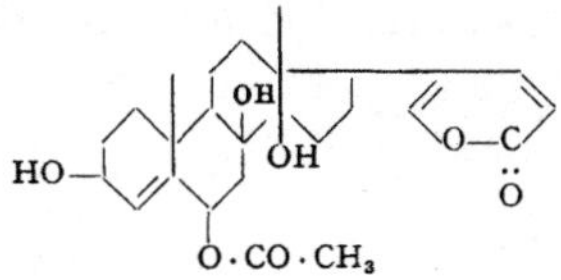

2/9 **Scillirosidin** $C_{26}H_{34}O_7$
MG 458.53 *F* 173–75 (Z.)

Charakteristik: Blatt. od. Nadeln (Me./W.); $[\alpha]_D^{20}$ –22.6° (Me.). – *Acetat:* *F* 256. – *LD:* 0.071.

2/9a **Scillirosid** $C_{32}H_{44}O_{12}$ R-(D-Glucose)
MG 620.67 *F* 168–70; Z. b. 200

Charakteristik: Dachförmig abgeschrägte Prismen (Me.-W.); ll. in A., Me., Eg.; wl. in Ac.; swl. in W., Chlf.; $[\alpha]_D^{20}$ –59.1° (c = 1.14, Me.); Liebermann-Rktn.: violett → blaugrün. – *Acetat:* *F* 199. – *Verwend.:* als Rattengift. – *V.:* In Scilla maritima (rote Form). – *LD:* 0.125.

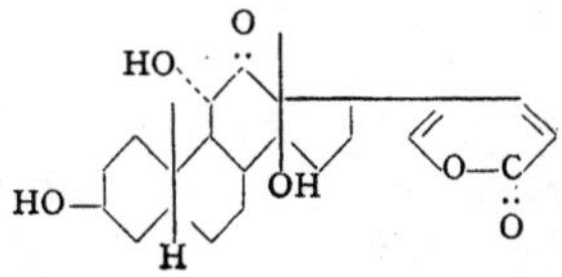

2/10 **Arenobufagin** $C_{24}H_{32}O_6$
MG 416.50 *F* 222–28

Charakteristik: Zu Drusen vereinigte grobe Prismen (Me./Ae.); $[\alpha]_D^{21}$ +55° (Me.). – *Diacetat:* *F* 233–40; $[\alpha]_D^{21}$ +43° (Chlf.). – *V.:* Hauptbufogenin von Bufo arenarium; in anderen Bufo-Arten, in der Droge Ch'an Su. – *LD:* 0.093.

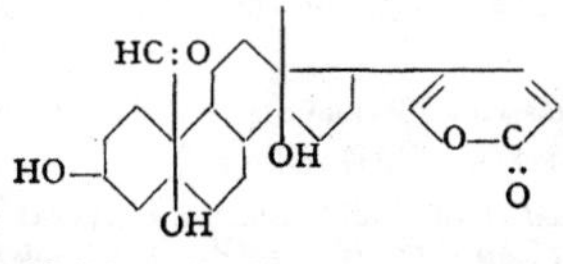

2/11 **Hellebrigenin (Bufotalidin)** $C_{24}H_{32}O_6$
MG 416.50 *F* 150/220–27 (aus Me./Ae. od. Ac.) 239–49 (aus Me.)

Charakteristik: Prismen aus Me./Ae., dachziegelform. Platten aus Me.; $[\alpha]_D^{24}$ +19.6° (Chlf.). – *Acetat:* Blättchen (Ac./Ae.); *F* 226–33; $[\alpha]_D^{23}$ +36.1 (Chlf.). – *V.:* In der Droge Ch'an Su, in Bufo-Arten; als Glucosido-rhamnosid in Helleborus niger. – *LD:* 0.077.

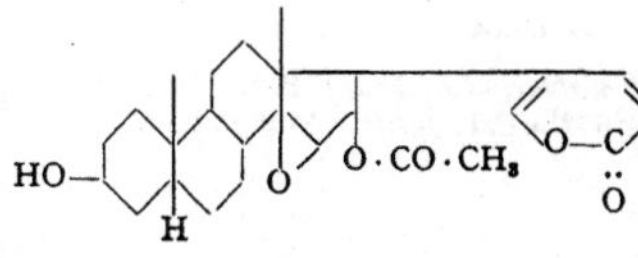

2/12 **Cinobufagin** $C_{26}H_{34}O_6$
(Bufagin von *Kodama* u. *Kotake*)
MG 442.53 *F* 167–74/213–16 (Ac./Ae.), 213–16 (Me.)

Charakteristik: Prismen aus Ac./Ae., Tetraeder aus wenig Me.; l. in Chlf., Eg., Ac., A.; $[\alpha]_D$ –4°. – *Acetat:* *F* 203–04; $[\alpha]_D$ –2°. – *V.:* Hauptbufogenin der Droge Ch'an Su. – *LD:* 0.209.

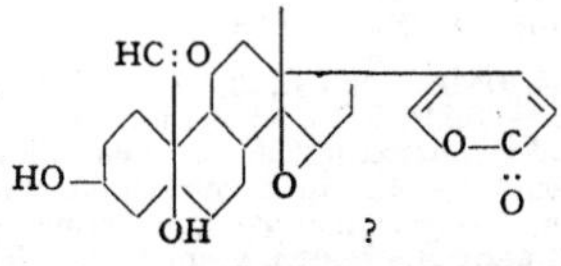

2/13 **Bufotalinin** $C_{24}H_{30}O_6$
MG 414.48 *F* 195–201

Charakteristik: Oktaeder (Me.), $[\alpha]_D^{26}$ +19.2° (Chlf.). – *Acetat:* Blättchen; *F* 235–43°; $[\alpha]_D^{20}$ +30.6° (Chlf.). – *V.:* In Bufo-Arten. – *LD:* 0.619.

Steroidalkaloide

Von **G. Snatzke**, Bonn

1 α-Solanin $C_{45}H_{73}O_{15}N$

MG 868.04 *F* 285 (Z.)

Charakteristik: Nadeln mit Kristallw.; l. in Eg., Py., Chlf., Dioxan; [α]D −60° (Py.). — *Hydrochlorid: F* 212 (Z.). — *V.:* In Solanum-Arten.

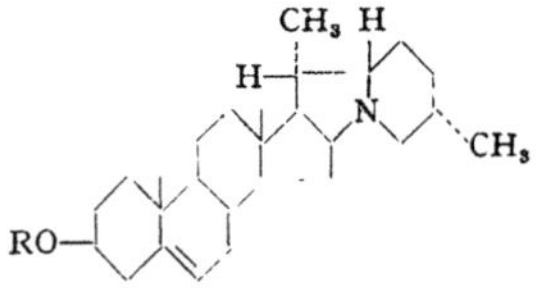

R = β-Solatriose
(**Solanidin**: R = H; *F* 219)

2 Demissin $C_{50}H_{83}O_{20}N$

MG 1018.17 *F* 305—08 (Z.)

Charakteristik: Feine farbl. Nadeln (Me.; A.); l. in Py., Eg., Me., A., Chlf.; [α]D −20° (Py.). — *V.:* In Solanum demissum. — *Wi.:* Verhindert Blattfraß durch die Larven des Kartoffelkafers.

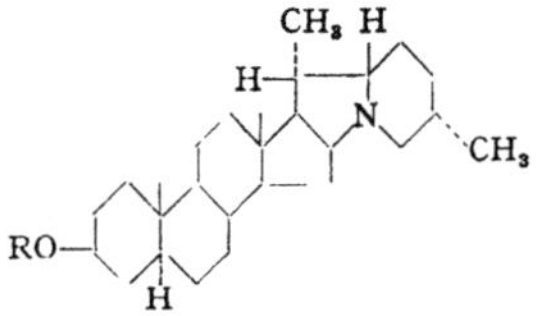

R = β-Lycotetraose
(**Demissidin** = Solanidanol-(3β): R = H; *F* 216—18)

3 Solasodin $C_{27}H_{43}O_2N$

MG 413.62 *F* 202

Charakteristik: Hexagonale Platten (80%ig. A.); $[\alpha]_D^{25}$ −97.1° (Me.). — *Hydrochlorid:* Nadeln (80%ig. A.); *F* 307—08 (Z.); $[\alpha]_D^{21}$ −68.0° (Me.).

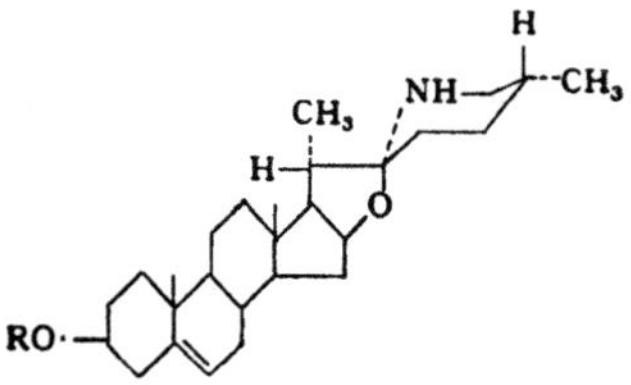

R = H

3a Solasonin (Solanin S) $C_{45}H_{73}O_{16}N$

MG 884.04 *F* 285 (Z.)

R = (1 Rhamnose + 1 D-Galaktose + 1 D-Glucose)

Charakteristik: Farbl. Blatt. als Hydrat (60—80%ig. A., 80%ig. Dioxan); l. in Py., Eg., A., Chlf.; [α]D −68° (A.). — *V.:* In Früchten von Solanum sodomaeum, S. torvum u. S. aviculare.

3b Solamargin $C_{45}H_{73}O_{15}N$

MG 868.04 *F* 301 (Z.)

R = (α-L-Rhamnopyranosyl-(1 → 4)-α-L-rhamnopyranosyl-(1 → 6)-β-D-glucopyranosyl-)

Charakteristik: Farbl. Blätt.; l. in Py., Eg., Me., A., Ac., Chlf.; [α]D −105° (Me.). — *Benzoat:* Nadeln (60%ig. A.) ohne def. *F.* — *V.:* In Solanum marginatum.

4 Tomatin $C_{50}H_{83}O_{21}N$

MG 1034.17 *F* 263—67 (Z.)

Charakteristik: L. in Py., Eg., A., Chlf.; [α]D −30° (Py.). — Bildet mit Cholesterin einen 1:1-Komplex, der schwerer löslich ist als das Cholesterin-Digitonid. — *V.:* In Lycopersicum pimpinellifolium, L. esculentum var. pruniforme. — *Wi.:* Wirkt antibiotisch gegen pflanzen- und tierpathogene Pilze; verhindert Blattfraß durch die Larven des Kartoffelkäfers.

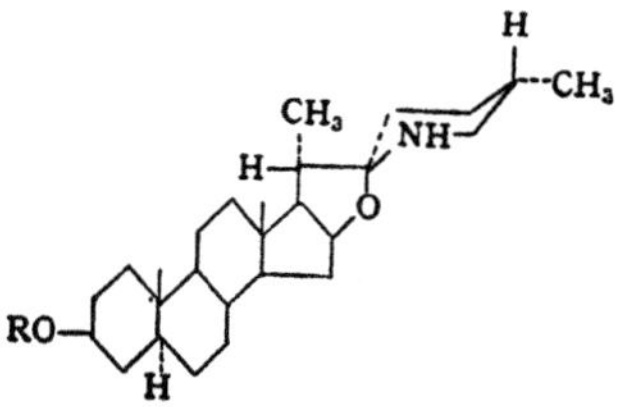

R = β-Lycotetraose
(**Tomatidin**: R = H; *F* 210—11)

5 **Rubijervin** $C_{27}H_{43}O_2N$

MG 413.62 *F* 240–42

Charakteristik: L. in A., Me., Chlf.; $[\alpha]_D$ +19.0° (A.). — *V.:* In den Rhizomen von Veratrum album. — Mit konz. H_2SO_4 rote Farbe.

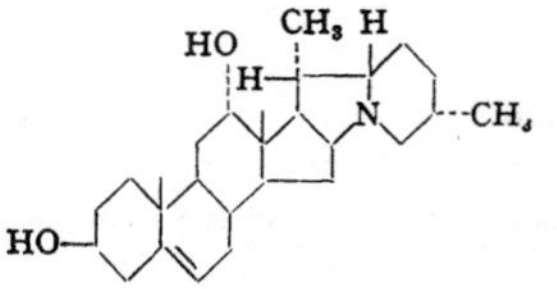

6 **Isorubijervosin** $C_{33}H_{53}O_7N$

MG 575.76 *F* 279–80

Charakteristik: Feine Nadeln (Me.); l. in Py., Chlf., Me., A.; $[\alpha]_D$ −20° (A.). — *Pentaacetat:* Feine Nadeln (Ac./W.); *F* 202–03; $[\alpha]_D^{24}$ −6°.

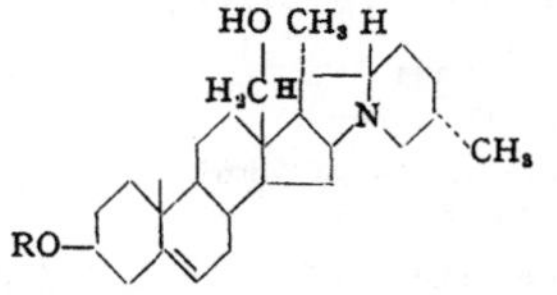

R = D-Glucose
(**Isorubijervin:** R = H; *F* 235–37)

7 **Pseudojervin** $C_{33}H_{49}O_8N$

MG 587.74 *F* 305 (Z.)

Charakteristik: L. in Py., Eg., A., Chlf., Dioxan; $[\alpha]_D$ −133° (A.-Chlf. 1:3). — *V.:* In Veratrum-Arten.

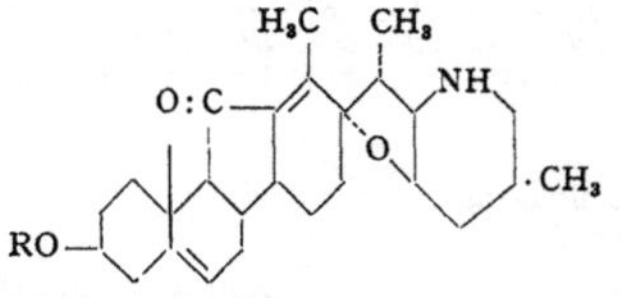

R = D-Glucose
(**Jervin:** R = H; *F* 237–38)

8 **Veratrosid** $C_{33}H_{49}O_7N$

MG 571.74 *F* 242–43 (Z.)

Charakteristik: L. in Chlf., A., Py., Eg.; $[\alpha]_D$ −53° (A.-Chlf. 1:1). — *V.:* In den Wurzeln und Rhizomen von Veratrum viride.

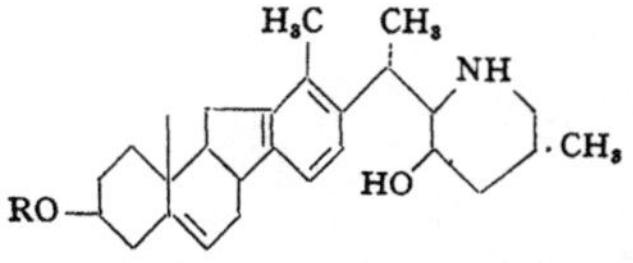

R = D-Glucose
(**Veratramin:** R = H; *F* 206–07)

9 **Conarrhimin-Alkaloide**

Charakteristik: — *V.:* In Holarrhena antidysenterica u. anderen Holarrhena-Arten.

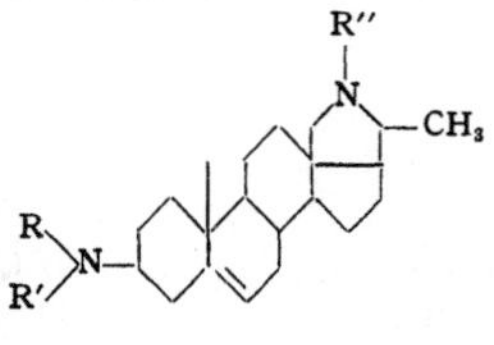

9a **Conimin** $C_{22}H_{36}N_2$ R = $-CH_3$, R′ = R″ = H

MG 328.52 *F* 133

Charakteristik: Sternförm. Nadeln (Ae., Ac.). — *Dihydrat:* (aus feuchtem Essigester) *F* 130; $[\alpha]_D$ −27° (A.).

9b **Conamin** $C_{22}H_{36}N_2$ R = R′ = H, R″ = $-CH_3$

MG 328.52 *F* 97.5–101.5

Charakteristik: Dünne Nadeln (Ac.); wl. in den gebräuchl. organ. Lsgm.; $[\alpha]_D^{18}$ −21° (Chlf.).

9c **Conessimin** $C_{23}H_{38}N_2$ R = R′ = $-CH_3$, R″ = H

MG 342.55 *F* 88–92

Charakteristik: Sehr kleine Nädelchen (Ac.); swl. in den gebräuchl. Lsgm.; $[\alpha]_D$ −22.3 (Chlf.).

9d **Isoconessimin** $C_{23}H_{38}N_2$ R = R″ = $-CH_3$, R′ = H

MG 342.55 *F* 95–96

Charakteristik: Nadeln (Ac.); ll. in den meisten organ. Lsgm.; $[\alpha]_D$ +30° (A.).

9e **Conessin (Wrightin)** $C_{24}H_{40}N_2$ R = R′ = R″ = $-CH_3$

MG 356.58 *F* 124–27

Charakteristik: Lange Nadeln od. prismat. Platten (Ac.); l. in Chlf., A., Py.; $[\alpha]_D$ +26° (A.).

10 Holarrhenin $C_{24}H_{40}ON_2$

MG 372.58 *F* 190–93

Charakteristik: Lange seidige Nadeln (Essigester); $[\alpha]_D^{24}$ +9° (A.). — *Acetat:* *F* 173–75. — *V.:* In Holarrhena congolensis Stapf.

R = H

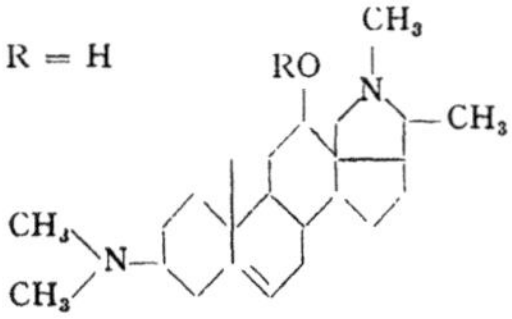

10a Holarrhetin $C_{30}H_{48}O_2N_2$

R = $(CH_3)_2C \cdot CH \cdot CH_2 \cdot CO$

MG 468.70 *F* 74–75

Charakteristik: Große Wurfel (Ac.); $[\alpha]_D^{20}$ −4.6° (A.). — *Hydrorhodanid:* *F* 148–50. — *V.:* In Holarrhena africana.

11 Holarrhidin $C_{21}H_{36}ON_2$

MG 332.51 *F* 180–81

Charakteristik: Farbl. Krist. (Tetrahydrofuran/W.); swl. in CCl_4; $[\alpha]_D$ −23° (Chlf.). — *N,N,-N',N'-Tetramethyl-Derivat:* *F* 163–64 (Ac.); $[\alpha]_D^{20}$ −34°. — *V.:* In Holarrhena antidysenterica.

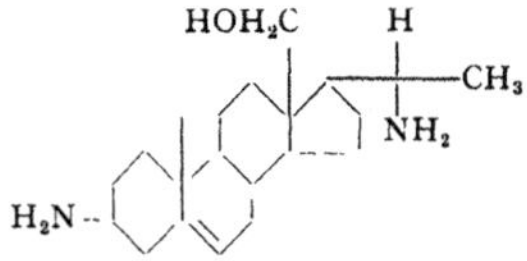

12 Holarrhimin $C_{21}H_{36}ON_2$

MG 332.51 *F* 183

Charakteristik: Zu Drusen vereinigte Blatt. (Essigester); $[\alpha]_D$ −14.2° (Chlf.). — *V.:* In Holarrhena antidysenterica.

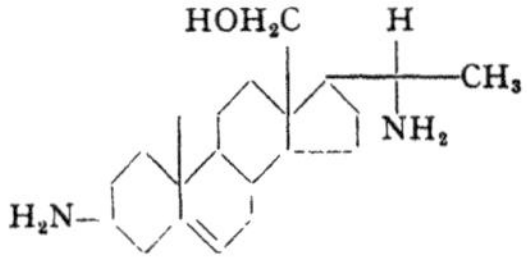

13 Funtumidin $C_{21}H_{37}ON$

MG 319.51 *F* 182

Charakteristik: L. in den meisten organ. Lsgm.; $[\alpha]_D$ +10° (Chlf.). — *V.:* In Funtumia latifolia Stapf.

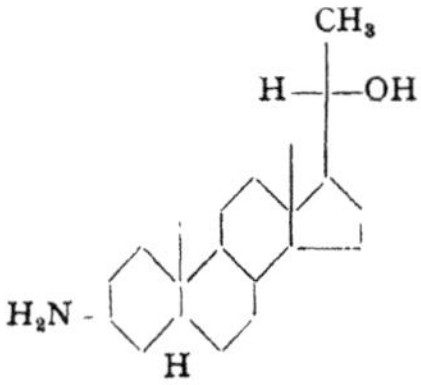

14 Funtumin $C_{21}H_{35}ON$

MG 317.50 *F* 123

Charakteristik: Prismen (Essigester); $[\alpha]_D$ +95° (Chlf.). — *V.:* In Funtumia latifolia Stapf.

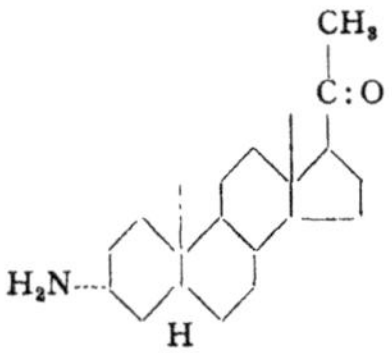

15 Holaphyllin $C_{22}H_{35}ON$

MG 329.51 *F* 128

Charakteristik: $[\alpha]_D$ +23.7° (Chlf.). — *O-Acetat:* farbl. Blatt., *F* 205–06; $[\alpha]_D$ +16.7° (Chlf.). — *V.:* In Holarrhena floribunda.

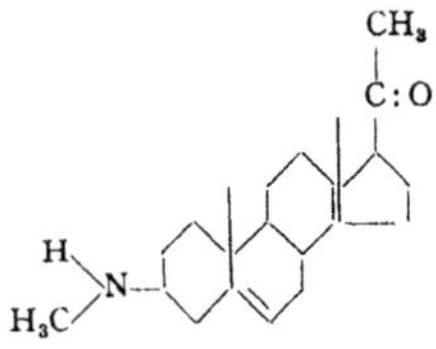

16 Δ^5-3β-Hydroxy-20α-amino-pregnen-β-D-glucosid $C_{27}H_{45}O_6N$

R = D-Glucose

MG 479.64 *F* 285–88

Charakteristik: *Hydrochlorid:* *F* 259–60. — *Pentaacetat:* *F* 202–03. — *V.:* In Conopharyngia pachysiphon. — *Wi.:* Hypotensiv

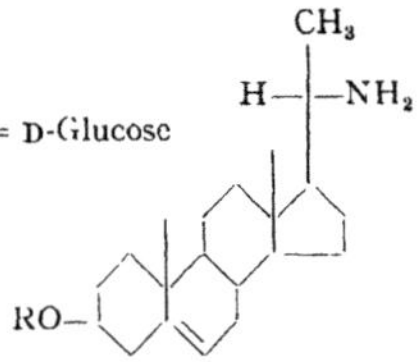

17 Paravallarin $C_{22}H_{33}O_2N$

MG 343.49 *F* 181

Charakteristik: $[\alpha]_D^{20}$ −52° (Chlf.). — *N-Acetat:* *F* 258−60; $[\alpha]_D^{20}$ −45.4° (Chlf.). — *V.:* In Paravallaris microphylla.

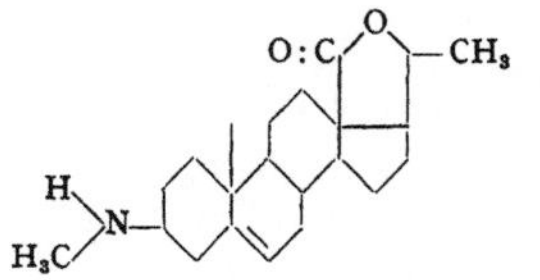

18 Cevadin $C_{32}H_{49}O_9N$

MG 591.72 *F* 205

Charakteristik: L. in A., Chlf., Py.; $[\alpha]_D$ +12.5° (A.). — *V.:* In den Samen von Veratrum sabadilla Retz (Schoenocaulon officinale Gray). — *Wi.:* Hypotensiv.

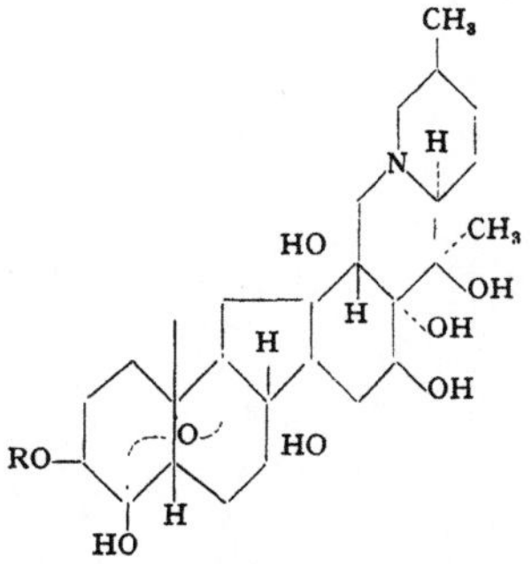

R = Angelicoyl
(**Veracevin:** R = H; *F* 183)

$R^1 = R^2 = R^3 = R^4 = H$

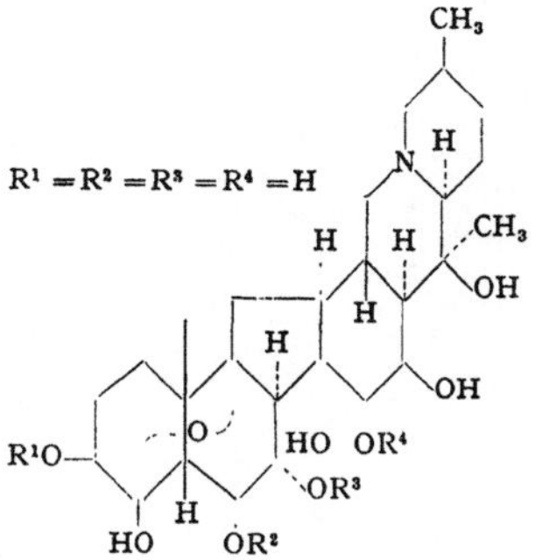

19 Protoverin $C_{27}H_{43}O_9N$

MG 525.62 *F* 195−200

Charakteristik: Lange Nadeln (Chlf. od. Me.); $[\alpha]_D^{25}$ −12° (Py.). — *Pentaacetat:* Nadeln (Ac./PAe.), *F* 257−58; $[\alpha]_D^{27}$ −53° (Py.).

19a Protoveratrin A $C_{41}H_{63}O_{14}N$

MG 793.92 *F* 302−04 (Z.) (Koflerblock)

$R^1 = CH_3 \cdot CH_2 \cdot \dot{C}(OH)(CH_3) \cdot CO-$

$R^2 = R^3 = CH_3 \cdot CO-$

$R^4 = CH_3 \cdot CH_2 \cdot \dot{C}H(CH_3) \cdot CO-$

Charakteristik: Quadrat. Blatt. (A.); $[\alpha]_D^{20}$ −44.1° (Py.); mit 84%ig. H_2SO_4 nach 90 Min. blau. — *V.:* In Veratrum-Arten u. Zygadenus venenosus. — *Wi.:* Sehr stark hypotensiv.

19b Protoveratrin B $C_{41}H_{63}O_{15}N$

MG 809.92 *F* 285−90 (Z.) (Koflerblock)

$R^1 = CH_3 \cdot \dot{C}H(OH) \cdot \dot{C}(OH)(CH_3) \cdot CO-$

$R^2 = R^3 = CH_3 \cdot CO-$

$R^4 = CH_3 \cdot CH_2 \cdot \dot{C}H(CH_3) \cdot CO-$

Charakteristik: Quadrat. Blatt. (A.); $[\alpha]_D$ −39.8° (Py.); mit 84%ig. H_2SO_4 nach 90 Min grün. — *V.:* In Veratrum-Arten u. Zygadenus venenosus. — *Wi.:* Sehr stark hypotensiv.

GPSR Compliance

The European Union's (EU) General Product Safety Regulation (GPSR) is a set of rules that requires consumer products to be safe and our obligations to ensure this.

If you have any concerns about our products, you can contact us on ProductSafety@springernature.com

In case Publisher is established outside the EU, the EU authorized representative is:

Springer Nature Customer Service Center GmbH
Europaplatz 3
69115 Heidelberg, Germany

Batch number: 10682534

Printed by Printforce, the Netherlands

BIOCHEMISCHES TASCHENBUCH

HERAUSGEGEBEN VON

PROFESSOR DR. H. M. RAUEN

MÜNSTER/WESTF.

MIT EINEM GELEITWORT VON

PROFESSOR DR. RICHARD KUHN

HEIDELBERG

ZWEITE VÖLLIG NEUBEARBEITETE AUFLAGE

UNTER REDAKTIONELLER MITARBEIT VON

MARIANNE RAUEN-BUCHKA

ERSTER TEIL

MIT 151 ABBILDUNGEN

SPRINGER-VERLAG BERLIN HEIDELBERG GMBH

ISBN 978-3-642-85768-3 ISBN 978-3-642-85767-6 (eBook)
DOI 10.1007/978-3-642-85767-6

Ursprünglich erschienen bei Springer-Verlag, Berlin/Göttingen/Heidelberg 1964
Softcover reprint of the hardcover 2nd edition 1964

Library of Congress Catalog Card Number: 64-12601

Titel Nr. 1030

HERRN

PROFESSOR DR. EMIL LEHNARTZ

DIREKTOR DES PHYSIOLOGISCH-CHEMISCHEN INSTITUTES
DER WESTFÄLISCHEN WILHELMS-UNIVERSITÄT

DANKBARST ZUGEEIGNET

Geleitwort

Dem „Taschenbuch für Chemiker und Physiker" ein Taschenbuch für Biochemiker an die Seite zu stellen, entspricht einem Bedürfnis unserer Zeit. Man kann es zwar nicht in die Tasche seines Rockes stecken, und es wendet sich auch nicht allein an diejenigen, welche die Biochemie als Lehrfach vertreten oder sich selbst als Biochemiker bezeichnen. Sein Titel wird ungeachtet dessen weithin verständlich sein.

Der Hauptwert dieses Taschenbuches liegt meines Erachtens einerseits darin, daß es in Laboratorien, die vorzugsweise biochemische bzw. physiologisch-chemische Fragen bearbeiten, am Arbeitstisch zur Hand ist und damit in zahllosen Fällen den Weg in die Bibliothek zu den großen Handbüchern und Nachschlagewerken ersparen kann; andererseits darin, daß es auch zu Hause und in Bibliotheken, die über keine einschlägigen großen Nachschlagewerke verfügen, eine erste Unterrichtung leicht macht.

Möge das vorliegende Werk die chemische Erforschung des Lebendigen fördern und darüber hinaus ein Ratgeber werden für die Vielen, welche im Rahmen unseres Wirtschaftslebens mit Pflanzen, Tieren und Mikroorganismen zu tun haben und deren Produkte weiter verarbeiten. Möge es nicht zuletzt auch seinen Weg in die Kliniken nehmen, den Arzt beraten und damit den Kranken helfen.

Mit der vorliegenden zweiten Auflage hat das Biochemische Taschenbuch den Fortschritten der Wissenschaft Rechnung getragen. Die Erweiterung des Umfangs und viele neue Kapitel werden den Biochemikern willkommen sein. In seiner neuen Gestalt wird dieses Taschenbuch, noch mehr als bisher, auch allen denjenigen „das erste Nachschlagen" erleichtern, die auf den Gebieten der Organischen Chemie, der Physiologie, Pharmakologie, der Pharmazie und Inneren Medizin sowie der biologischen Wissenschaften tätig sind und auf biochemische Probleme stoßen.

Heidelberg, den 1. April 1964

Richard Kuhn

Vorwort zur zweiten Auflage

Die dem Aufbau des Buches zugrunde liegende Konzeption (vgl. Vorwort zur ersten Auflage) hat sich nach fast übereinstimmenden Äußerungen in- und ausländischer Fachkollegen so gut bewährt, daß grundsätzliche Änderungen in der zweiten Auflage nicht notwendig erschienen. Die Fortschritte der Forschung in den letzten fünf bis zehn Jahren bedingten allerdings einen sehr erheblichen Materialzufluß, der durch Straffungen im alten Bestand auch nicht entfernt ausgeglichen werden konnte. Der Umfang des Taschenbuches hat sich infolgedessen in der zweiten Auflage gut um die Hälfte vermehrt. Demnach erschien die Teilung des Werkes in zwei Bände im Interesse der Handlichkeit unabweisbar. Der erste Band, der zum Nachschlagen wohl am eifrigsten gebraucht wird, enthält mit den drei umfangreichsten ersten Kapiteln des Werkes die gesamten „Stoffwerte". Im zweiten Band sind die übrigen Tabellen und die Abhandlungen zusammengefaßt.

Schon die technische Bewältigung des angeschwollenen Stoffes stellte die Ausführenden und nicht zuletzt den Herausgeber vor gesteigerte Anforderungen. Es kann daher nicht wundernehmen, daß zwischen Inangriffnahme der zweiten Auflage und deren Erscheinen mehr als zwei Jahre vergangen sind.

Mein Dank gilt allen Fachkollegen, die durch Anregungen und fördernde Kritik einen Anteil an der Entwicklung und Ausgestaltung des Biochemischen Taschenbuches genommen und zum Gelingen der Neuauflage beigetragen haben. Er gilt ferner allen Mitarbeitern, die sich der Mühe der Materialsichtung und -verarbeitung und der Neufassung ihrer Beiträge unterzogen haben. Schließlich habe ich auch dieses Mal dem Springer-Verlag für sorgfältige Arbeit und geduldiges Eingehen auf alle bei der Neubearbeitung auftretenden berechtigten Wünsche zu danken.

Möge das Taschenbuch in der zweiten Auflage viele neue Freunde in aller Welt hinzugewinnen und sich auch den alten Freunden wieder als wertvolles Hilfsmittel bei der Forschungsarbeit bewähren.

Münster/Westf., Mai 1964

H. M. Rauen

Vorwort zur ersten Auflage

Der Plan dieses Taschenbuches ergab sich aus dem allgemeinen Bedürfnis nach einem handlichen Nachschlagewerk, das die hauptsächlichsten Daten und methodischen Angaben enthält, die der Biochemiker bei seiner experimentellen Arbeit braucht. Bei der Auswahl des Stoffes war dem Umstand Rechnung zu tragen, daß sich die Grenzen der Forschungsgebiete mehr und mehr verwischen, daß viele Chemiker, Physiologen, Pharmakologen, Pharmazeuten, Mediziner biochemisch arbeiten und sich dieses Buches bedienen werden; auf ihre Belange war Rücksicht zu nehmen. Andererseits mußte ein gewisser Maximalumfang eingehalten werden, wenn das Buch für den einzelnen erschwinglich sein sollte. Daher konnten nicht alle vermuteten Wünsche befriedigt werden. Es ist zu hoffen, daß sich die dargebotene Auswahl als ein Optimum erweist.

Der Aufbau des Buches ist folgender: An erster Stelle kommen die physikalischen und chemischen Daten der chemischen Verbindungen. Sie nehmen fast die Hälfte des Buches ein. Abweichend von ähnlichen Tabellenwerken sind die Stoffe nicht alphabetisch angeordnet, sondern in loser Anlehnung an das Beilstein-System nach Körperklassen zusammengestellt. Dies bietet dem Benutzer den Vorteil leichteren Vergleichs verwandter Substanzen. In einem folgenden kurzen Kapitel finden sich für eine Reihe biochemisch wichtiger Verbindungen maßstabgerechte Raumformeln. Obgleich physikalisch-chemische Gesetze in Lehrbüchern nachzulesen sind, schien es geboten, die wichtigsten von ihnen unter dem Gesichtspunkt ihrer Bedeutung für die biochemische Forschung in einem eigenen Kapitel zusammenzufassen. Es folgt nun der biologische Teil des Taschenbuches. Er enthält u. a. die Kapitel „Biologische Strukturen" mit einer Schilderung der histochemischen Methoden und der üblichen Methoden zur präparativen Trennung von Zellbestandteilen und „Biologische Funktionen", wo vor allem biologische Einheiten, Eigenschaften von Fermenten und Bestimmung ihrer Aktivität, mikrobiologische Methoden und pharmakologische Wirkungen abgehandelt sind. Schließlich gibt das Kapitel „Statistische Auswertungsmethoden" eine Anleitung zur mathematischen Sicherung von Versuchsergebnissen.

Vielen Fachkollegen weiß ich Dank für Anregungen und Diskussionen während der Vorbereitung des Taschenbuches. Ich freue mich, insbesondere Herrn Professor Dr. E. Lehnartz für seine aus reicher Erfahrung gegebenen Ratschläge sowie den Herren Dr. H. Mayer-Kaupp vom Springer-Verlag und Professor Dr. Hj. Staudinger danken zu dürfen. Bei der ungemein mühevollen redaktionellen Arbeit hat mich meine langjährige Mitarbeiterin Frau Marianne Buchka in besonders dankenswerter Weise unterstützt. Ferner danke ich dem Springer-Verlag für gute Zusammenarbeit und verständnisvolles Eingehen auf meine Wünsche. Für den Herausgeber wäre es der schönste Lohn, wenn das Taschenbuch eifrig benutzt würde und sich viele Freunde erwürbe, so daß es in künftigen Auflagen noch verbessert werden kann.

Münster/Westf., im November 1956

H. M. Rauen

Inhaltsverzeichnis

Seite

Zweiter Teil

Inhaltsübersicht:

Berichtigungen

S. 151, IV/75: Neogarobiose, muß heißen: Neoagarobiose

S. 281, 2/4: N-(α,γ-Dihydroxy-β,β-dimethylvaleryl)-β-amino-isobuttersaure, muß heißen: N-(α,γ-Dihydroxy-β,β-dimethylbutyryl)-β-amino-isobuttersäure

2/5: N-(α,γ-Dihydroxy-β,β-dimethylvaleryl)-β-amino-isobuttersaure, muß heißen: N-(α,γ-Dihydroxy-β,β-dimethylvaleryl)-β-alanin

S. 310, 3/2: β-Propriobetain, muß heißen: β-Propiobetain

S. 327, 10/6: Die Strukturformel von Herbipolin ist, wie auf S. 622, 1/29, richtig wiedergegeben:

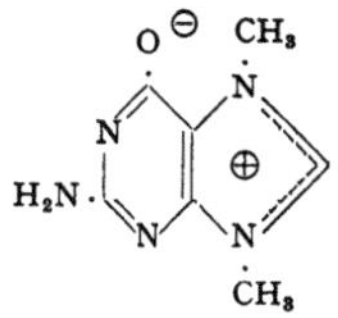

S. 390, 2/23: Heptadecatrien-(2,8,10)-dien-(4,6)-diol-(1,14), muß heißen: Heptadecatrien-(2,8,10)-diin-(4,6)-diol-(1,14)

2/24: Heptadecatrien-(2,8,10)-dien-(4,6)-diol-(1,14), muß heißen: Heptadecatrien-(2,8,10)-diin-(4,6)-ol-(1)

S. 494, 5/24: unter „Pythocholsaure" bei *V.*: Phyton molurus ... Phyton sebae, muß es heißen: Python ...

S. 500, 6a/30: ... Reichsteins Substanz, muß heißen: Reichsteins Substanz J

S. 558, 3b/18: (Trigenollin), muß heißen: (Trigonellin)

S. 846: Laminaribose, muß heißen: Laminaribiose

S. 847: L-Leukovorin, muß heißen: L-Leucovorin (da ursprunglich angelsachsische Wortprägung, obgleich griechischer Wortstamm zugrunde liegt)
Lysocym, muß heißen: Lysozym
Glycocollpuffer, muß heißen: Glykokollpuffer
Palmitoyl-glycollecithin, muß heißen: Palmitoyl-glykollecithin
Stearoyl-glycollecithin, muß heißen: Stearoyl-glykollecithin

S. 850: Salicinerin, muß heißen: Salicinerein

Einkernige Heterocyclen mit einem O-Atom

1. Dreiringe

1/1 Äthylenoxyd

MG 44.05 *F* −111 *Kp* 13−4 C_2H_4O

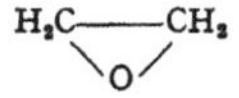

Charakteristik: Farbl., brennbares Gas (bei Raumtemp. u. Normaldruck); n_D^7 1.3597; l. in W., A., Ae. — *Verwend.:* Fungicid fur Pflanzen, Fumigans für Nahrungsmittel u. Textilien. — *Wi.:* Carcinogen u. Mutagen!

1/2 L-trans-Äthylenoxyd-α,β-dicarbonsäure (Epoxybernsteinsäure, Maleinglycidsäure)

MG 132.08 *F* 180−5 (Z.) $C_4H_4O_5$

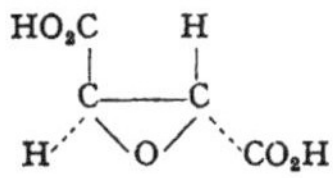

Charakteristik: Farbl. Krist. (Ae. + PAe.); $[\alpha]_D^{20}$ −100 (W.), $[\alpha]_D^{24}$ −117 (c = 1, W.). — *V.:* Stoffwechselprodukt v. Monilia formosa, Penicillium viniferum u. Aspergillus fumigatus.

2. Fünfringe

2/1 Tetrahydrofuran (Tetramethylenoxyd, Diäthylenoxyd)

MG 72.10 *F* −108.5 Kp_{760} 66 Kp_{176} 25 D_4^{20} 0.887 *Fl* −17.5 C_4H_8O

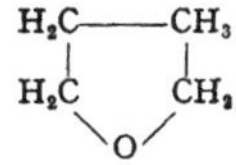

Charakteristik: Klare, farbl., zieml. fluchtige Flüss. mit acetonahnl. Geruch u. brennendem, bitterem Geschmack; ∞ W., A., Ac., Ae., Kohlenwasserstoffen u. a. organ. Lsgm. — Neigt zur Peroxydbildg. — *Verwend.:* Solvens, auch in der Papierchromatographie (Aminosäuren, Peptide).

2/2 Pantoinsäure-γ-lacton (Pantolacton, Pantoyllacton, 2,4-Dihydroxy-3,3-dimethylbuttersäure-γ-lacton, α-Hydroxy-β,β-dimethyl-γ-butyrolacton, 4,5-Dihydro-3-hydroxy-4,4-dimethyl-2-(3H)-furanon)

MG 130.14 *F* 92 (D(−)-Form), 91 (L(+)-Form) Kp_{18}^{130} 80 (DL-Form) $C_6H_{10}O_3$

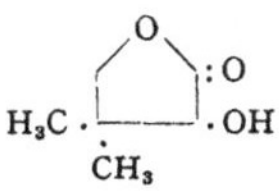

Charakteristik: D(−)-Form: Hygroskop. Krist. (Bzl. + PAe.); $[\alpha]_D^{25}$ −50.7 (c = 2.05 in H_2O). — L(+)-Form: Hygroskop. Krist. (Bzl.); $[\alpha]_D^{25}$ +50.1 (c = 2 in H_2O). — *DL-Form:* Hygroskop. Prismenrosetten; ll. in W.; l. in A., Ae., Bzl., Chlf., CS_2.

2/3 Furan (Furfuran, Oxol, Tetrol, Divinylenoxyd)

MG 68.07 Kp_{758} 32 $D_4^{19.4}$ 0.9371 C_4H_4O

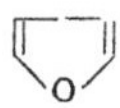

Charakteristik: Fluss.; ll. in A., Ae.; unl. in W.; stabil gegen Alkalien, verharzt b. Erwarmen oder b. Zusatz v. Mineralsauren; färbt einen mit HCl befeuchteten Fichtenspan grun.

2/4 2-Methylfuran (Sylvan, Silvan)

MG 82.10 *Kp* 63−5 D_4^{20} 0.916 C_5H_6O

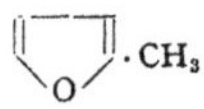

Charakteristik: Farbl. Fluss.; l. in A., Ae.; wl. in W. — *V.:* Im Holzol v. Pinus silvestris, im finnischen Kienöl.

2/5 Furfurylalkohol (2-Furylcarbinol, 2-Furancarbinol, Furfuralkohol, 2-Hydroxymethylfuran)

MG 98.10 *Fl* 75 Kp_{760} 170 Kp_{400} 151.8 Kp_{200} 131.1 Kp_{100} 115.9 Kp_{20} 81.0 $Kp_{0.1}$ 31.8 D_4^{23} 1.1282 $C_5H_6O_2$

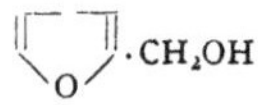

Charakteristik: Farbl. bis gelbl. Fluss. mit schwach brennendem Geruch u. bitterem Geschmack. Giftig! n_D^{25} 1.4850; ∞ W., jedoch unstabil in W.; sll. in A., Ae. Verharzt leicht durch Sauren. — *V.:* Im neutralen Teil des ather. Öles aus geröstetem Kaffee, im Nelkenöl. — *Essigsaurefurylester*, $C_7H_8O_3$: *MG* 140.13; D_{20} 1.1175; Kp_{764} 175−77; farbl. Fluss.; n_D^{25} 1.4603; l. in A., Ae.; unl. in W. — *Brenzschleimsäurefurylester* (*Furoat*): *MG* 192.16; dimorphe, monoklin. Prismen; *D* 1.365, *F* 27.5; triklin: *D* 1.330; *F* 19.5; Kp_2 122; l. in A., Ae.; unl. in W.

2/6 **Furfurol (Furfural, 2-Furaldehyd, 2-Formylfuran, Pyromucinaldehyd)**

MG 96.09 *F* −36.5 *Fl* 57 Kp_{760} 161.7
Kp_{100} 103 Kp_{20} 67.8 $Kp_{0.1}$ 18.5 D_4^{25} 1.1563
$C_5H_4O_2$

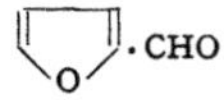

Charakteristik: Farbl., ölige Fluss. mit bittermandelart. Geruch; wird an der Luft schnell gelb bis braun u. verharzt leicht, bes. bei Alkalizusatz, mit W.-Dampf flüchtig; 8.2 W. 20°, 19.9 W. 90°; ∞ A., Ae.; n_D^{20} 1.526. — *V.:* In äther. Ölen u. Meeresalgen, evtl. sekundär entstanden. — *B.:* Bei Einwirkg. v. H_2SO_4 oder HCl auf Zucker, Weizenmehl, Sägemehl, Kleie (Furfur). — *Verwend.:* Solvens f. Nitrocellulose, Celluloseacetat, Mittel gegen Pilzbefall v. Holz u. Bäumen, Reagens. — *syn.-Aldoxim* (*β-Furfuraldoxim*), $C_5H_5O_2N$: Nadeln (PAe.); *F* 89; *Kp* 205. — *anti-Aldoxim* (*α-Furfuraldoxim*): Nadeln (PAe.); *F* 74. — *Phenylhydrazon*, $C_{11}H_{10}ON_2$: *MG* 186.20; *F* 97—8; Blättchen; ll. in A., Ae.; unl. in W. — *Diacetat* (*Furfurylidendiacetat*): *MG* 198.17; *F* 52—3; *Kp* 220; farbl. Krist. (PAe.), l. in A., Ae.; unl. in W.

2/7 **2-Furancarbonsäure (Furansäure, Brenzschleimsäure, Pyromucinsäure)**

MG 112.08 *F* 133—4 Kp_{760} 230—32
Kp_{20} 141—44 $C_5H_4O_3$

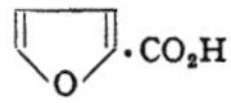

Charakteristik: Längl. monoklin. Prismen (W., Subl. b. 130—40 u. 50—60 mm Hg); 1 g in 26 ml W. 15°, in 4 ml sied. W.; ll. in Ae.; l. in A.; $p_{k\alpha}^{25}$ 3.12.— Rote Farbg. mit $FeCl_3$-Lsg. — *Methylester*, $C_6H_6O_3$: Flüss. mit angenehm. Geruch; *MG* 126.11; D_4^{21} 1.1786; *Kp* 181.3; n_D^{21} 1.4871; unl. in W.; l. in A., Ae. — *Äthylester* $C_7H_8O_3$: *MG* 140.13; D_4^{21} 1.174; *F* 34; *Kp* 197; weiße Kristallblättchen; n_D^{40} 1.4699; l. in A., Ae.; unl. in W.

2/8 **3-Furancarbonsäure (Furan-3-carbonsäure, Furan-β-carbonsäure)**

MG 112.08 *F* 121—2 $C_5H_4O_3$

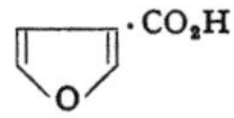

Charakteristik: Farbl. Blättchen oder Nadeln (W.). — *V.:* Wurzeln der Feuerbohne, Süßkartoffel, die mit dem Pilz Ceratostomella fimbriate infiziert waren, im ätherischen Öl aus Tabakblättern.

2/9 **Furfurylamin (Furanmethylamin)**

MG 97.11 *Kp* 144—46 *D* < 1 C_5H_7ON

Charakteristik: Farbl. Öl; ∞ W.; l. in A., Ae. — *Pikrat: Z.* > 150.

2/10 **5-Hydroxymethylfurfurol (5-Hydroxymethyl-2-formyl-furan)**

MG 126.11 *F* 31.5 $Kp_{0.02}$ 110 D_4^{25} 1.2062
D_{15} 1.268 $C_6H_6O_3$

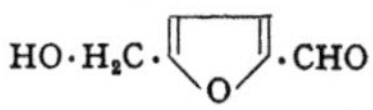

Charakteristik: Nadeln (Ae. u. PAe.), die an der Luft zerfließen u. nach Kamillen riechen; nur wenig mit W.-Dampf flüchtig, im Gegensatz zu Furfurol; ll. in W., Me., A., Ac., Äthylacetat, Dimethylformamid; l. in Ae., Bzl.; Chlf.; wl. in CCl_4; swl. in PAe.; + Resorcin-HCl→ roter Niederschlag; + β-Naphthol-H_2SO_4→ blaue Farbg. bis Niederschlag. — *syn.-Oxim:* Krist.; *F* 108. — *anti-Oxim:* Krist.; *F* 78. — *Semicarbazon:* Krist.; *F* 192. — *2,4-Dinitrophenyl-hydrazon:* rotbraune Krist.; *F* 209—12.

2/11 **5-Hydroxymethylfuran-2-carbonsäure (Hydroxymethylbrenzschleimsäure, Sumikisäure)**

MG 142.11 *F* 164 (Z.) $C_6H_6O_4$

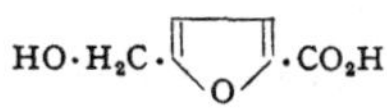

Charakteristik: Farbl. Krist. — *V.:* In Aspergillusarten u. Gibberella fujikurvi.

2/12 **2-Furanacrylsäure (β-2-Furylacrylsäure, Furacrylsäure, 2-Furalessigsäure)**

MG 138.12 *F* 141 Kp_{760} 286 Kp_8 117
$C_7H_6O_3$

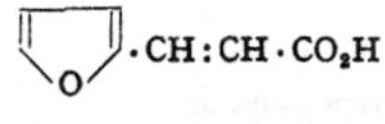

Charakteristik: Nadeln (W.), subl. im Hochvakuum bei 112°; mit W.-Dampf flüchtig; 1 g in 500 ml W. 15°. 100 ml einer gesätt. Lsg. in Bzl. enthalten 1.14 g bei 19°; l. in A., Ae., Bzl., Eg. — Es existiert auch eine labile Form mit *F* 104, die durch Sonnenlicht in Bzl.-Lsg. + etwas Jod in die stabile Form übergeht.

2/13 **Furfuryl-trimethylammoniumjodid (Furtrethoniumjodid, Furmethidjodid, Furammonjodid, Furanol)**

MG 267.12 *F* 115—19 $C_8H_{14}JNO$

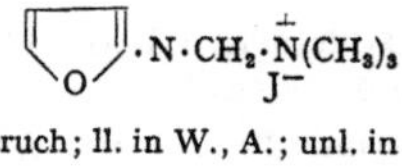

Charakteristik: Krist. mit schwach beißendem, furfurolahnl. Geruch; ll. in W., A.; unl. in Bzl. — *Verwend.:* Parasympathicomimeticum.

2/14 **5-Methylfurfurol (α'-Methylfurfurol)**

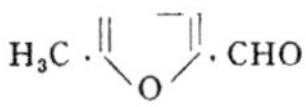

MG 110.11 *Kp* 186–7 $C_6H_6O_2$

Charakteristik: Öl. – *V.:* In Nelkenöl u. äther. Öl aus Tabakblättern.

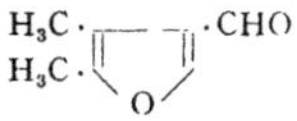

2/15 **4,5-Dimethylfuran-3-aldehyd**

MG 124.14 *Kp* 206–08 $C_7H_8O_2$

Charakteristik: Öl. – *V.:* Im Nelkenöl

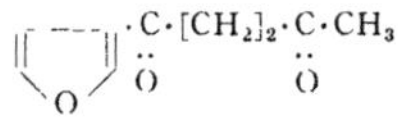

2/16 **Ipomeanin**

MG 154.17 *F* 42–3 $Kp_{0.001}$ 74–9 $C_9H_{10}O_3$

Charakteristik: Öl; n_D^{15} 1.4975; $[\alpha]_D$ +3.9°. – *V.:* In mit dem Pilz Ceratostomella fimbriata infizierten Süßkartoffeln (Schwarzfäulnis) neben Ipomeamaron u. 3-Furancarbonsäure

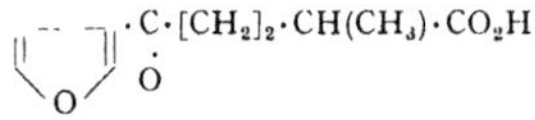

2/17 **Batatsäure**

MG 196.10 *F* 88.5–89.5 $C_{10}H_{12}O_4$

Charakteristik: Farbl. Krist.; $[\alpha]_D^{10}$ +17.5 (A.). – *V.:* Neben Ipomeamin u. 3-Furancarbonsäure bei mit dem Pilz Ceratostomella fimbriata infizierten Süßkartoffeln (Schwarzfäule).

3. Pyrone

a) α-Pyrone (Cumaline)

3a/1 **Cumalinsäure (2-Oxo-1,2-H-pyran-5-carbonsäure, α-Pyron-5-carbonsäure)**

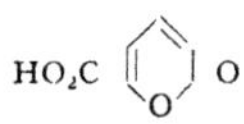

MG 140.09 *F* 205–10 (Z.) $C_6H_4O_4$

Charakteristik: Prismen (Me.); l. in A., Eg., wl. in k. W., Ae., Ac., Essigester; unl. in Chlf., Bzl., Lg. Durch sied. W. Zersetzg. – *Methylester*, $C_7H_6O_4$: Blättchen (Lg.), *F* 73–4; Kp_{760} 250–60, Kp_{60} 178–80. – *Äthylester*, $C_8H_8O_4$: Krist., *F* 36, Kp_{760} 262–65

3a/2 **6-Phenylcumalin**

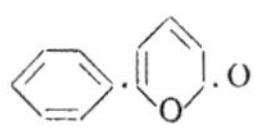

MG 172.18 *F* 68 $C_{11}H_8O_2$

Charakteristik: Lange Nadeln (PAe.). – *V.:* In der Cotorinde.

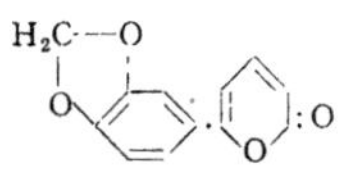

3a/3 **Paracotoin**

MG 216.20 *F* 150–1 $C_{12}H_8O_4$

Charakteristik: Blaßgelbe Blättchen (A.). – *V.:* In Cotorinde u. Paracotorinde

b) γ-Pyrone

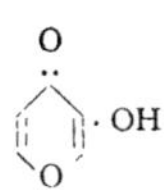

3b/1 **Pyromekonsäure**

MG 112.09 *F* 117–18 $C_5H_4O_3$

Charakteristik: Platten (Chlf.). – *V.:* In Blüten u. Blättern v. Erigeron annuus

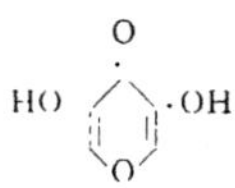

3b/2 **3,5-Dihydroxy-1,4-pyron (Rubiginol)**

MG 128.09 *F* 203.5 $C_5H_4O_4$

Charakteristik: Farbl. Platten. – *V.:* In Kulturen v. Gluconoacetobacter liquefaciens. – *B.:* Aus Glucose über 2,5-Diketogluconsäure und Rubiginsäure.

3b/3 **3-Hydroxy-2-methyl-4-pyron (3-Hydroxy-2-methyl-γ-pyron, Maltol, Larixinsäure)**

MG 126.11 *F* 161–2 (Subl. ab 93°) $C_6H_6O_3$

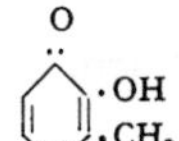

Charakteristik: Monoklin. Prismen (Chlf.), orthorhomb. bipyramidale Krist. + monoklin. Prismen (50%ig. A.); mit W.-Dampf fluchtig; gerade eben lackmussaure Reaktion; 1 g in 85 ml W.; ll. in h. W., Chlf.; l. in A. u. wssr. Alkalihydroxyden mit gelber Farbe; wl. in Bzl., Ae., PAe.; reduziert ammoniakal. Ag.-Lsg. u. Fehlingsche Lsg. — *V.:* In Nadeln der Weißtanne, Rinde v. jungen Larchenbaumen (Pinus larix, daher Larixinsaure), in geröstetem Malz (daher Maltol). — *B.:* Bei trockner Dest. v. Cellulose u. Starke. — *Benzoat*, $C_{13}H_{10}O_4$: *F* 115. — *Phenylurethan*, $C_{13}H_{11}NO_4$: *F* 152–53.

3b/4 **5-Hydroxy-2-(hydroxymethyl)-1,4-pyron (Kojisäure)**

MG 142.11 *F* 152–4 $C_6H_6O_4$

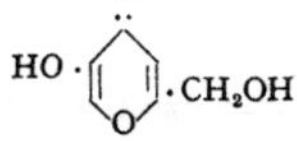

Charakteristik: Farbl., prismat. Nadeln (Ac.) mit karamellart. Geruch; 3.95 W. 20°, 6.90 W. 35°; ll. in A., Ac., Äthylacetat; wl. in Ae., Chlf., Py.; unl. in Bzl. — Gibt mit einigen Schwermetallen in neutralem oder schwach saurem Medium charakt. Farbreaktt. (Metallchelate). — *V.:* In Kulturen versch. Aspergillus-Arten. — *B.:* Entsteht aus zahlreichen Kohlenhydraten (Glucose, Xylose, Glycerin, Dihydroxyaceton u a). — *Verwend.:* Zur Herstellung v. Insecticiden (Phosphorsäureester), Anfarbemittel bei der Papierchromatographie von Kationen. — *Wi.:* Bactericid, wirkt konvulsiv.

3b/5 **6-Hydroxy-2-(hydroxymethyl)-1,4-pyron (Isokojisaure)**

MG 142.11 *F* 183 $C_6H_6O_4$

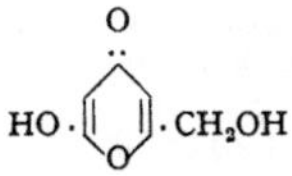

Charakteristik: Farbl. Platten. — *V.:* Neben Kojisaure in Kulturen von Gluconoacetobacter roseum. — *B.:* Aus Fructose, Sucrose oder Mannit.

3b/6 **5-Hydroxy-1,4-pyron-2-carbonsäure (Comensäure)**

MG 148.10 *F* 276 (Z.) $C_6H_4O_5$

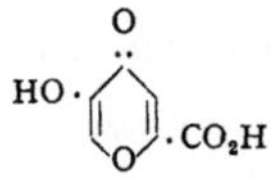

Charakteristik: Farbl. Platten. — *V.:* In Kulturen von Gluconoacetobacter liquefaciens. — *B.:* Aus Glucose uber 2-Ketogluconsäure entstanden.

3b/7 **3,5-Dihydroxy-1,4-pyron-2-carbonsäure (Rubiginsäure)**

MG 164.10 *F* 230 (Z.) $C_6H_4O_6$

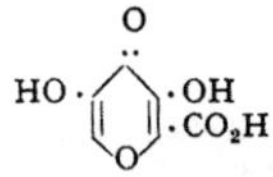

Charakteristik: Farbl. Nadeln. — *V.:* In Kulturen von Gluconoacetobacter liquefaciens. — *B.:* Aus Glucose uber 2,5-Diketogluconsaure oder der Enolform von 2-Ketogluconsaure entstanden, und Vorstufe von Rubiginol.

3b/8 **1,4-Pyron-2,6-dicarbonsäure (4-Oxo-1,4-pyran-2,6-dicarbonsäure, Chelidonsäure, Schöllsäure, Jerrosäure)**

MG 184.11 *F* 257 (Z.) $C_7H_4O_6$

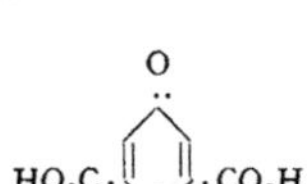

Charakteristik: Farbl. prismat. Krist.; 1 g in 65 ml W., 26 ml sied. W.; wl. in A. — *Monohydrat*, $C_7H_4O_6 \cdot H_2O$: *MG* 202.12, monoklin. Krist. (h. A. + W.). Kristallw. wird beim Erhitzen auf 102° u. dann auf 160° bis Gewichtskonstanz abgegeben. — *Na-Salz:* wl. in W. — *V.:* In Chelidonium majus (Schöllkraut), Wurzeln v. Veratrum album, Samen v. Sabadilla officinalis, Blattern v. Convallaria majalis, Asparagus officinalis u. vielen anderen Pflanzen.

3b/9 **3-Hydroxy-1,4-pyron-2,6-dicarbonsäure (3,4-Dioxo-2,3-dihydro-1,4-pyran-2,6-dicarbonsäure, Hydroxychelidonsäure, Mekonsäure, Opiumsäure)**

MG 200.11 $C_7H_4O_7$

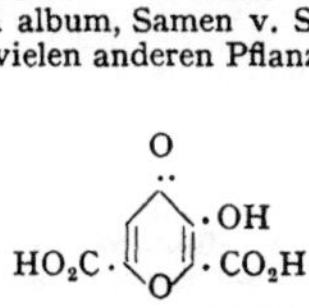

Charakteristik: — *Monohydrat*, $C_7H_4O_7 \cdot H_2O$: Prismen (aus konz. wssr. Lsg.); *MG* 218.13. — *Trihydrat*, $C_7H_4O_7 \cdot 3\,H_2O$: orthorhomb. bipyramidale Prismen (aus verd. wssr. Lsg.); *MG* 254.15; w.-frei bei 20 Min. Erhitzen auf 100–102°. Z. beim Erhitzen auf 120° oder beim Kochen mit W., unter CO_2-Abgabe. → Comensaure; 1 g in 100 ml W., 55 ml Me., 55 ml Äthylacetat, 80 ml Ac.; l. in Bzl., abs. Ae.; wl. in Amylalkohol, PAe., CS_2, Glycerin. — *V.:* Bis zu 6.5% in Opium (= Meconium), d. h. dem an der Luft eingetrockneten Milchsaft der Samenkapsel von Papaver somniferum.

Kondensierte Heterocyclen mit einem O-Atom

1. Benzofurane (Cumarone)

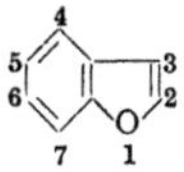

1/1 **Benzofuran (Cumaron)**
MG 118.13 Kp_{760} 173–5 Kp_{15} 62–3
$D_4^{22.7}$ 1.0913 D_{15}^{15} 1.0776 C_8H_6O

Charakteristik: Öl mit aromatischem Geruch; $n_D^{22.7}$ 1.565; mit W.-Dampf flüchtig; ∞ Bzl., PAc., abs. A., Ae.; unl. in W. — *V.:* Im Steinkohlenteer.

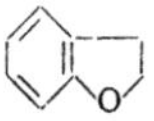

1/2 **2,3-Dihydrobenzofuran (Cumaran, Dihydrocumaron)**
MG 120.14 Kp_{760} 188–9 Kp_{13} 74–5
D_4^{24} 1.058 C_8H_8O

Charakteristik: Ölige Fluss.; n_D^{20} 1.5426; l. in A., Ae., Chlf., CS_2.

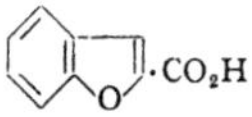

1/3 **Cumaron-2-carbonsäure (Cumarilsäure, Benzofuran-2-carbonsäure)**
MG 162.14 *F* 192–3
Kp_{760} 310–15 (geringe Z.) $C_9H_6O_3$

Charakteristik: Nadeln (W.) mit bitterem Geschmack; l. in sied. W., A.; swl. in Chlf., CS_2.

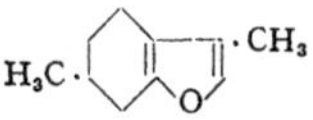

1/4 **3,6-Dimethyl-4,5,6,7-tetrahydro-benzofuran (Menthofuran)**
MG 150.22 Kp_3 90–2 Kp_{18} 80 $C_{10}H_{14}O$

Charakteristik: Leicht bewegl. Fluss.; $[\alpha]_D^{25}$ +92.5°. — *V.:* Im Blutenol v. Mentha piperita.

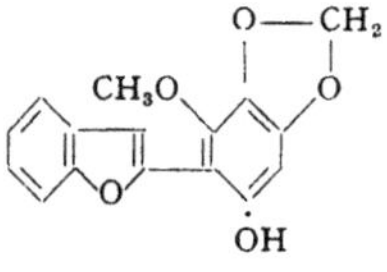

1/5 **2-(6-Hydroxy-2-methoxy-3,4-methylendioxyphenyl)-benzofuran**
MG 252.18 *F* 118 $C_{16}H_{12}O_5$

Charakteristik: Farbl. Krist. — *V.:* Backerhefe.

2. Dibenzofurane

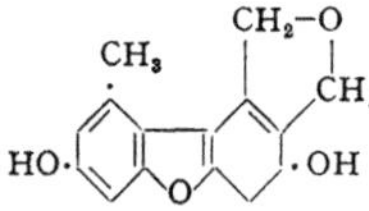

2/1 **Strepsilin**
MG 180.17 *F* 324 $C_{15}H_{10}O_5$

Charakteristik: Farbl. Nadeln (Eg.). — *V.:* In der Flechte Cladonia strepsilis.

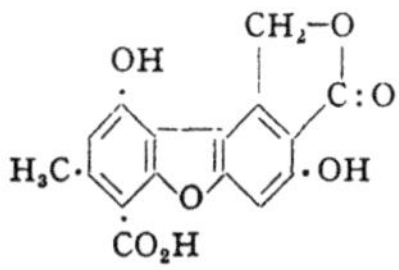

2/2 **Porphyrilsäure (1,7-Dihydroxy-9-hydroxymethyl-3-methyl-4,8-dibenzofurandicarbonsäure-(8,9)-γ-lacton)**
MG 314.27 *F* 280–3 (Z.) nach Dunkeln b. 270°
$C_{16}H_{10}O_7$

Charakteristik: Farbl. Nadeln (A., Dioxan); l. in konz. H_2SO_4, Na_2CO_3, NaOH; wl. in $NaHCO_3$. — *V.:* Typischer Flechteninhaltsstoff (Haemo tomma porphyrium u. H. coccineum) zusammen mit L-Usninsäure u. Atranorin.

2/3 D- u. L-Usninsäure (Carbonusninsäure)

MG 344.31 *F* 203–4 (D- oder L-)
F 195 (DL-) $C_{18}H_{16}O_7$

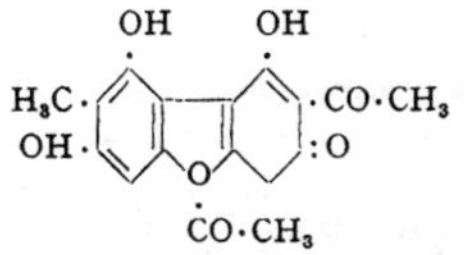

Charakteristik: Gelbe orthorhomb. Prismen (Ac., Bzl., Chlf.), gelbe Nadeln (Eg.); D-*Form:* $[\alpha]_D^{17}+492°$ (Chlf.); L-*Form:* $[\alpha]_D$ −495° (Chlf.); < 0.01 g in 100 ml W. 25°; 0.77 g in 100 ml Ac.; 0.88 g in 100 ml Äthylacetat; 0.02 g in 100 ml A.; 0.22 g in 100 ml Methylcellosolve; 7.32 g in 100 ml Furfurol; 1.21 g in 100 ml Furfurylalkohol. — *Na-Salz*, $C_{18}H_{15}O_7Na \cdot 2H_2O$: Blaßgelbe seidige Nadeln; wl. in W. — *V.:* Typischer Flechteninhaltsstoff: L-Form in vielen Cetraria- u. Cladonia-Arten, D-Form in vielen Usnea- u. Ramalina-Arten, DL-Form nur vereinzelt in Cetraria- u. Cladonia-Arten.

2/4 Didymsäure (Incrassatsäure)

MG 370–45 *F* 172–3 (Z.) $C_{22}H_{26}O_5$

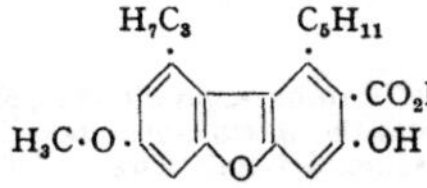

Charakteristik: Farbl. Krist. (PAe.). — *V.:* In verschiedenen Cladonia-Arten, und zwar dem Pilzanteil der Flechte, zusammen mit Squamat- u. Barbatsäure.

3. Benzo-α-pyrone (Cumarine)

3/1 Cumarin (1,2-Benzopyron, 2-Oxo-1,2-chromen)

MG 146.15 *F* 67–8 Kp_{760} 297–99
Kp_5 139 D_4^{20} 0.935 $C_9H_6O_2$

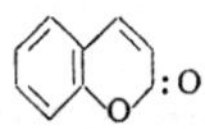

Charakteristik: Farbl., glänzende, orthorhomb. rectangulare Platten (Ae.), Nadeln (A.) mit brennendem Geschmack u. angenehmem, an Vanille erinnerndem Geruch, mit W.-Dampf flüchtig. 1 g in 400 ml k., 50 ml sied. W.: ll. in A., Chlf., Ae., Ölen; l. in Alkalihydroxydlsgn. — *V.:* Tonkabohne, Steinklee, Waldmeister (dessen Hauptgeruchstrager, darin an Melilotsaure gebunden, und zwar als hydrocumarsaures Cumarin-glucosid Cumarigen), u. vielen anderen Pflanzen. — *Verwend.:* Aromastoff, Fluorescenzindikator.

3/2 Cumarin-3-carbonsäure (2-Oxo-1,2-benzpyran-3-carbonsäure)

MG 190.15 *F* 188 (Z.) $C_{10}H_6O_4$

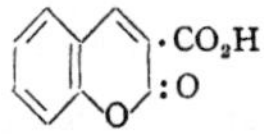

Charakteristik: Nadeln (W.), l. in A., Alkalien; wl. in W.; unl. in Ae., Bzl., PAe.

3/3 Dihydrocumarin (Melilotin, Melilotol)

MG 148.16 *F* 25 $C_9H_8O_2$

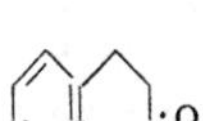

Charakteristik: Tafeln. — *V.:* In Melilotus officinalis (Steinklee) — *B.:* Bei trockner Destillation von Melilotsaure = o-Hydrocumarsaure.

3/4 7-Hydroxycumarin (Umbelliferon, Skimmetin, Hydrangin)

MG 162.14 *F* 225–28 (subl.) $C_9H_6O_3$

Charakteristik: Prismen oder Nadeln (W.); 1 g in ca. 100 ml sied. W.; ll. in A., Chlf., Eg.; l. in verd. Alkalihydroxydlsgn. — Lsgn. zeigen blaue Fluorescenz; beim Erhitzen Cumaringeruch. — *V.:* In vielen Pflanzen, insbesondere in Harzen von Umbelliferen. Aglucon v. Skimmin. — *Verwend.:* Da hohe UV-Absorption als Sonnenschutzmittel; Fluorescenzindikator. — *Skimmin, Umbelliferon-7-β-D-glucosid,* $C_{15}H_{16}O_8$: Nadeln; *MG* 324.28, *F* 219–21; $[\alpha]_D^{18}$ − 79.8° (Py.); wl. in h. W., A.; unl. in Ae., Chlf. — *V.:* In Skimmia japonica. — *Neohydrangin,* $C_{21}H_{26}O_{13}$: *Glucosid aus Umbelliferon mit 2 Mol Glucose: F* 204; $[\alpha]_D^{21}$ − 130.9° (H_2O). — *V.:* Rinde v. Hydrangea paniculata. — *7-Methoxycumarin, Umbelliferon-methyläther, Herniarin, Ayapanin* $C_{10}H_8O_3$: Glanzende Blattchen (verd. Me.); *MG* 176.17; *F* 117–8. — *V.:* Herniaria hirsuta, Eupatorium ayapana, Rautenol v. Ruta montana, Artemisia dracunculus.

3/5 **6,7-Dihydroxycumarin (Aesculetin)**
MG 178.14 *F* 268–70 (Z.) (subl.) $C_9H_6O_4$

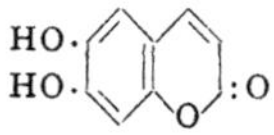

Charakteristik: Prismen (Eg.), feine Nadeln (W., verd. A.) Blattchen (vakuumsubl.); l. in verd. Alkalihydroxydlsgn. mit blauer Fluorescenz, l. in h. A., Eg.; unl. in Ae., sied. W.; — mit $FeCl_3$ → grüne Farbe; — *V.:* Aglucon von Aesculin u. Cichorin. — *Aesculin, 6,7-Dihydroxycumarin-6-β-D-glucopyranosid,* $C_{15}H_{16}O_9$: Nadeln oder kleine Prismen (W., verd. A.); *MG* 340.28; *Z* bei 205° bei schnellem Erhitzen; $[\alpha]_D^{22}$ – 38° (1.5 in Py.); 1 g in 580 ml W., 13 ml sied. W.; l. in h. A., Me., Py., Äthylacetat, Eg. Wssr. Lsgn. fluorescieren blau oberhalb p_H 5.8. — *V.:* In der Rinde der Roßkastanie, Aesculus hippocastaneum u. Aesculus pavia, identisch mit Crataegin aus der Rinde des Weißdorns Crataegus oxyacantha. — *Cichorin, 6,7-Dihydroxycumarin-7-β-D-glucopyranosid,* $C_{15}H_{16}O_9$: Nadeln + $2H_2O$; *MG* 340.28; *F* 213–15 (nach Trocknen im Exsiccator); $[\alpha]_D^{18}$ – 105° (3 in 50% Dioxan); l. in h. W., A., Eg., verd. Alkalihydroxydlsgn. mit gelber Farbe, jedoch ohne Fluorescenz (Unterschied v. Aesculin). — *V.:* Blüten v. Cichorium intybus.

3/6 **6-Methoxy-7-hydroxy-cumarin (Scopoletin, β-Methylaesculetin, Aesculetin-6-methyläther, Chrysatropasäure, Gelseminsäure)**
MG 192.16 *F* 204 $C_{10}H_8O_4$

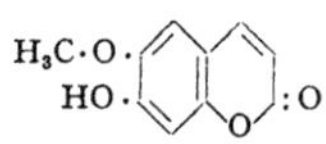

Charakteristik: Farbl. oder gelbl. Nadeln oder Prismen (W., Chlf.); ll. in h. A., h. Eg.; l. in Chlf.; wl. in W., k. A.; unl. in Bzl. Alkoholische Lsgn. fluorescieren blau. Reduziert Fehling-Reagens. — *V.:* In Wurzeln v. Scopolia japonica, S. atropoides u. a., Atropa belladonna, Wurzeln v. Gelselmium sempervirens. — *Wi.:* Wuchsfaktor für Pflanzen. — *Scopolin, Glucosid aus Scopoletin + Glucose in 7-Stellung,* $C_{16}H_{18}O_9$: Nadeln; *MG* 516.44; *F* 218; l. in W., A.; unl. in Chlf., Ae. — *V.:* In Wurzeln von Scopolia japonica, Rinde v. Merium odorum. — *Faliatrin, = Glykosid aus Scopoletin + Primverose in 7-Stellung,* $C_{21}H_{26}O_{13}$: Nadeln (verd. Me.); *F* 236–38; $[\alpha]_D^{20}$ –140° (*c* = 0.5, W.). — *V.:* Faliana imbricata.

3/7 **6,7-Dimethoxy-cumarin (Scoparon, Aesculetindimethyläther, fälschlich auch als Scoparin bezeichnet)**
MG 206.20 *F* 144–6 $C_{11}H_{10}O_4$

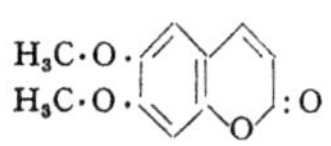

Charakteristik: Glanzende Nadeln (W.). — *V* · Artemisia scopana, A. capillaris, A. dracunculus.

3/8 **7,8-Dihydroxy-6-methoxy-cumarin (Fraxetin)**
MG 208.16 *F* 228 (Braunfarbg.; Gelbfarbg b. 150°)
$C_{10}H_8O_5$

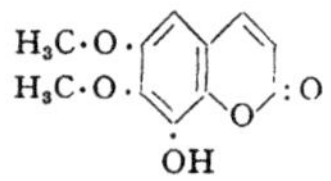

Charakteristik: Platten (A.); 0.01 k. W., 0.3 h. W.; l. in HCl; wl. in A.; swl. in Ae.; gibt grünliche $FeCl_3$-Reakt. — *V.:* In der Rinde von Fraxinus intermedia. — *Fraxin, Paviin = Fraxetin-8-β-D-glucosid,* $C_{16}H_{18}O_{10}$: hellgelbe Nadeln + $3H_2O$ (W., verd. A.) mit schwach bitterem, adstringierendem Geschmack; *MG* 370.30; Kristallwasserverlust bei 130° u. 0.2 mm Hg; wasserfr. Substanz: *F* 205 (b. schnellem Erhitzen); ll. in h. W., h. A.; l. in k. W.; unl. in Ae. Alkalische Lsgn. sind schwefelgelb u. fluorescieren nach Verdunnen charakteristisch blaugrün. — *V.:* In Rinde v. Fraxinus excelsior (Esche) u. a. Fraxinus-Arten, Aesculus pavia (rote Roßkastanie), neben *Fraxidin = 6,7-Dimethoxy-8-hydroxy-cumarin,* $C_{11}H_{10}O_5$: Krist. (W.); *F* 196–7, u. *Isofraxidin (Calycanthogenol) = 6,8-Dimethoxy-7-hydroxy-cumarin:* Nadeln (W.); *F* 148–9.

Tokole

Von **C. Martius** und **H.-P. Bosshardt**, Zürich

Literatur. S. 545

Allgemeine Charakteristik: Die Tokole sind viscose, gelbl. Öle; ∞ in Ölen, Fetten, Ae., Chlf., Bzn. u. a. organ. Lsgm.; unl. in W.; sehr stabil gegen Säuren u. Alkalien sowie gegen Erhitzen, werden durch atmosph. O_2 langsam, durch Fe^{3+}- und Ag^+-Salze sowie andere Oxydationsmittel momentan oxydiert, besonders unter Lichteinwirkung. Peroxyde in ranzigen Fetten zerstören die Tokole quantitativ. Die Tokole zeigen Vitamin-E-Wirksamkeit, wenn die Stellung 2 mit einer langen und einer kurzen Kohlenwasserstoffkette disubstituiert ist und die Stellungen 5, 7 und 8 mindestens eine, optimal jedoch drei Methylgruppen, die Stellung 6 eine Oxy- oder Aminogruppe tragen.

Zur quantitativen Bestimmung dient der Test nach *Emmerie* u. *Engel* [*5*]: Oxydation mit Eisen^{3+}-chlorid in Anwesenheit eines Eisen^{2+}-Komplexbildners wie α,α'-Dipyridyl. Die entstehende rote Farbe dient zur kolorimetrischen Bestimmung.

Extinktion verschiedener Komplexe aus Fe^{3+} und α-Tokopherol:

Komplexbildner	$E^{1\,\%}_{1\,cm}$ des Farbkomplexes
α,α'-Dipyridyl	407 bei 520 mμ
1,10-Phenanthrolin	511 bei 508 mμ
2,2',2''-Terpyridin	584 bei 552 mμ
o-Nitrosoresorcin-monomethyläther	880 bei 700 mμ
Tripyridyltriazin	1010 bei 593 mμ
Diphenyl-(Batho-)phenanthrolin	1050 bei 534 mμ

Normalpotential E (pH 7) [*36*], Resistenz gegenüber O_2 (unveränderter Anteil nach 108 Stunden in Olivenöl bei 55° C) und relative biologische Wirksamkeit im Sterilitätstest der Ratte.

α-Tokopherol	+ 331	75 %	100
β-Tokopherol	+ 401	77 %	33
γ-Tokopherol	+ 406	92,5%	5—8
δ-Tokopherol	+ 463	93,5%	1

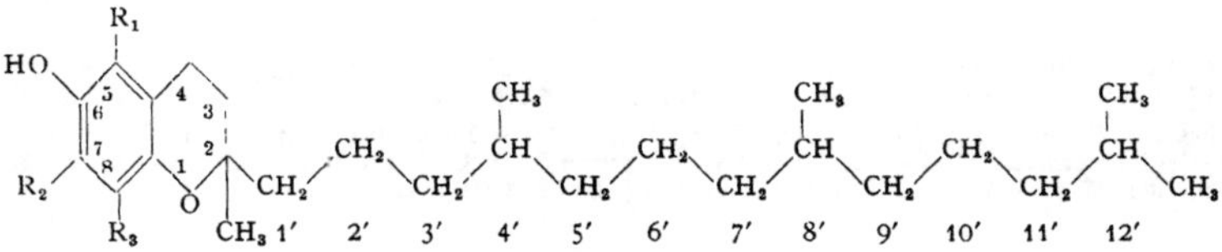

UV-Spektren der Tokole in Äthanol

R_1	R_2	R_3		Tokopherol	max. (mμ)	min. (mμ)	$E^{1\,\%}_{1\,cm}$
H	H	H	Tokol		298.5	255	97
CH_3	CH_3	CH_3	5,7,8-Trimethyltokol	α	292	256	75.8
CH_3	H	CH_3	5,8-Dimethyltokol	β	296	257.5	89.4
H	CH_3	CH_3	7,8-Dimethyltokol	γ	298	257	91.4
H	H	CH_3	8-Methyltokol	δ	298	257.5	87.3
CH_3	H	CH_3	5,8-Dimethyltokotrienol	ε	295.5	257.5	87.5
CH_3	CH_3	CH_3	5,7,8-Trimethyltokotrienol	ζ_1	292.5	267.5	91
CH_3	CH_3	H	5,7-Dimethyltokol	ζ_2	292	255	83.0
H	CH_3	H	7-Methyltokol	η	298	255	103

IR-Daten der Tokole

α-Tokopherol: [*28, 3*]
β-Tokopherol: [*9*]
γ-Tokopherol: [*33*]
δ- und ε-Tokopherol: [*9*]
ζ_2 und η-Tokopherol: [*27*]
Unsubst. Tokol: [*23*]

NMR-Daten der Tokole [*22*]

Tokol	H am Benzolring in Stellung		Methyl-H am Benzolring in Stellung		2 H an C_4	2 H an C_3
5,7,8-Trimethyltokol	—		5,7,8	7.91 (S)	= 7.42 (S)	= 8.24 (T)
5,8-Dimethyltokol	7	3.55 (S)	5,8			
7,8-Dimethyltokol	5	3.65 (S)	7,8	7.90 (S)	= 7.35 (T)	= 8.28 (T)
5,7-Dimethyltokol	8	3.51 (S)	5,7	7.86 (D)	= 7.41 (T)	= 8.22 (T)
8-Monomethyltokol	5,7	3.57 (Q)	8	7.90 (S	= 7.35 (T)	= 8.27 (T)
7-Monomethyltoko	5,8	3.42 (S) 3.54 (S)	7	7.87 (S)	= 7.38 (T)	= 8.28 (T)

Lösungsmittel: Deuterochloroform + TMS.

S = Singlet; D = Dublet; T = Triplet; Q = Quartet.

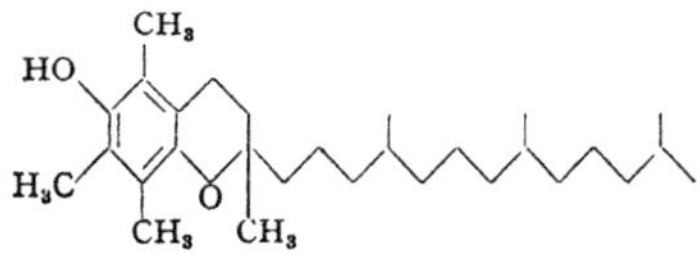

1 α-Tokopherol (Vitamin E; 5,7,8-Trimethyltokol; 2,5,7,8-Tetramethyl-2-(4',8',12'-trimethyltridecyl)-6-chromanol)

MG 430.69 $C_{29}H_{50}O_2$

D-α-*Tokopherol, natürliches α-Tokopherol*

F +2.5 bis +3.5 *Kp* $_{0.01}$ 225–230 n_D^{25} 1.5052 D_{15} 0.953 $[\alpha]_{546.1}^{25}$ +0.32° (A.), −3.0° (Bz.) $[\alpha]_{589}^{25}$ +1.17° (A.) $[\alpha]_{436}^{25}$ +2.36° (A.)

Charakteristik: Acetat $C_{31}H_{51}O_3$ (Methylformiat bei −30°): *F* 26.5–27.5. — *Allophanat* $C_{31}H_{52}O_4N_2$: *F* 161–162. — *3-Brom-D-camphersulfonsäureester:* *F* 48–50. — *2,4-Dinitrobenzoat* $C_{31}H_{52}O_7N_2$: *F* 86–87. — *p-Nitrophenylurethan* $C_{36}H_{54}N_2O_5$: *F* 130–131. — *Palmitat:* Glänzende Platten (Ac.): *F* 42–43. — *Saures Succinat:* Nadeln (PAe.), *F* 76–77. — *V.:* Maiskeimöl, Weizenkeimöl, Palmöl, Sojaöl (zusammen mit β-, γ- und δ-Tokopherol). — Tagesbedarf Erwachsener ca. 10–25 mg. — *Lit.:* [*13, 26, 30*].

DL-α-*Tokopherol, mit natürlichem Phytol synthetisiertes α-Tokopherol*

F 0

Charakteristik: Acetat $C_{31}H_{52}O_3$: *MG* 472.73; *F* −27; *Kp*$_{0.01}$ 184; UV$_{max}$ 285.5 (Cyclohexan); n_D^{20} 1.4960; D_{28} 0.9533. — Stabil gegen atm. O_2. — *Allophanat* $C_{31}H_{52}O_4N_2$: *F* 172. — *p-Aminobenzoat:* *F* 158. — *2,4-Dinitrobenzoat* $C_{36}H_{52}O_7N_2$: *F* 36. — *3,5-Dinitrophenylurethan:* *F* 143–145. — *p-Nitrobenzoat:* *F* 44–46. — *p-Nitrophenyluretan* $C_{36}H_{54}O_5N$: *F* 131. — *Palmitat* (Ac.): weiße Körner; *F* 36–38. — *Ca-Salz des Succinates* (Ac.): *F* 210–212.

1 Internationale Einheit = 1.00 mg DL-α-Tokopherolacetat,
= 1.10 mg DL-α-Tokopherol,
= 0.73 mg D-α-Tokopherolacetat,
= 0.81 mg D-α-Tokopherol.

Lit.: [*17, 18, 31*].

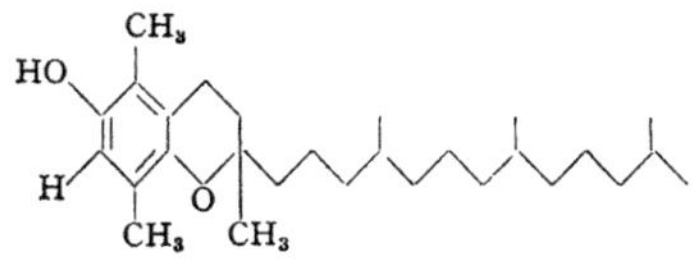

2 β-Tokopherol (5,8-Dimethyltokol; 2,5,8-Trimethyl-2-(4',8',12'-trimethyltridecyl)-6-chromanol; Cumotokopherol; Neotokopherol; p-Xylotokopherol)

MG 416.66 $C_{28}H_{48}O_2$

D-β-*Tokopherol, natürliches β-Tokopherol*

Kp$_{0.01}$ 200–210 $[\alpha]_{546.1}^{25}$ +2.9° (A.; *c* = 7.15) +0.9° (Bz.; *c* = 8.00)

Charakteristik: Acetat $C_{30}H_{50}O_3$: *Kp*$_{0.3}$ 215–220. — *Allophanat* $C_{30}H_{50}O_4N_2$: Nadeln; *F* 138–139; [α] +5.7°. — *Azobenzol-4-carbonsäureester* (Isopropanol): orangefarbige Platten; *F* 70–71. — *Nitrophenylurethan* $C_{35}H_{52}O_5N_2$: *F* 90. — *V.:* Weizenkeimöl. — *Lit.:* [*2*].

DL-β-*Tokopherol, mit natürlichem Phytol synthetisiertes β-Tokopherol*

Charakteristik: Allophanat $C_{30}H_{50}O_4N_2$: *F* 154–155. — *Nitrophenylurethan* $C_{35}H_{52}O_5N_2$: *F* ca. 91. — *Lit.:* [*15*].

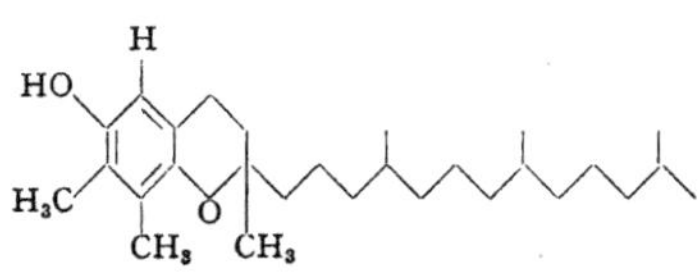

3 γ-Tokopherol (7,8-Dimethyltokol; 2,7,8-Trimethyl-2-(4',8',12'-trimethyltridecyl)-6-chromanol; o-Xylotokopherol)

MG 416.66 $C_{28}H_{48}O_2$

D-γ-*Tokopherol, natürliches γ-Tokopherol*

F −3 bis −2 *Kp*$_{0.01}$ 200–210

Charakteristik: $[\alpha]_{546.1}^{25}$ +2.2° (A.; *c* = 9.32); −2.4° (Bz.; *c* = 8.59). — *Acetat* $C_{30}H_{50}O_3$: *Kp*$_{0.01}$ 215–220. — *Allophanat* $C_{30}H_{50}O_4N_2$: (Ac.): Körner; *F* 136–138. — $[\alpha]_D^{18}$ +3.4° (Chlf.). — *V.:* Maiskeimöl. — *Lit.:* [*2*].

DL-γ-*Tokopherol, mit natürlichem Phytol synthetisiertes Tokopherol*

Lit.: [*33*].

4 **δ-Tokopherol (8-Methyltokol; 2,8-Dimethyl-2-(4′,8′,12′-trimethyltridecyl)-6-chromanol)**

MG 402.64 $C_{27}H_{46}O_2$

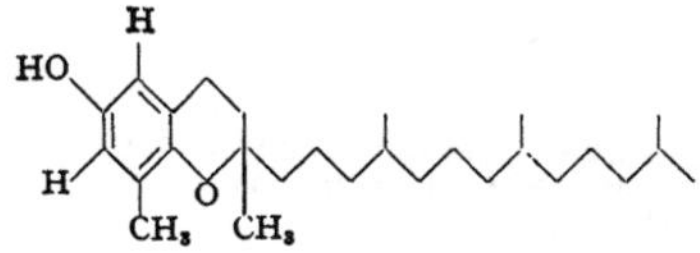

D-*δ-Tokopherol, natürliches δ-Tokopherol*

$Kp_{0,01}$ 180–185

Charakteristik: $[\alpha]^{25}_{546.1}$ + 3.4° (A.; c = 15.48); + 1.1° (Bz.; c = 10.86). — *p-Phenylazobenzoesäureester* $C_{40}H_{54}O_3N_2$: *F* 41–42. — *V.:* Sojaöl (ca. 30% des totalen Tokolgehaltes). — *Lit.:* [*9*].

DL-*δ-Tokopherol, synthetisiert aus Toluhydrochinon-monobenzoat und natürlichem Phytol*

Lit.: [*9, 33*].

5 **ε-Tokopherol (5,8-Dimethyltokotrienol)**

MG 410.6 $C_{28}H_{42}O_2$

Lit.: [*1*].

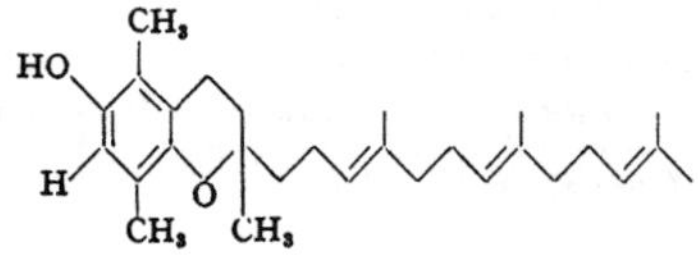

6 **ζ₁-Tokopherol (5,7,8-Trimethyltokotrienol)**

MG 424.7 $C_{29}H_{44}O_2$

Lit.: [*8, 12*].

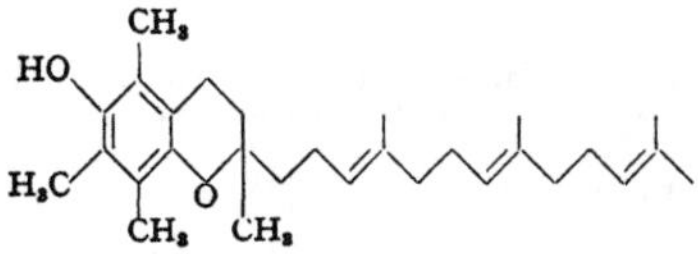

7 **ζ₂-Tokopherol (5,7-Dimethyltokol; 2,5,7-Trimethyl-2-(4′,8′,12′-trimethyltridecyl)-6-chromanol)**

MG 416.66 $C_{28}H_{48}O_2$

V.: Reis.

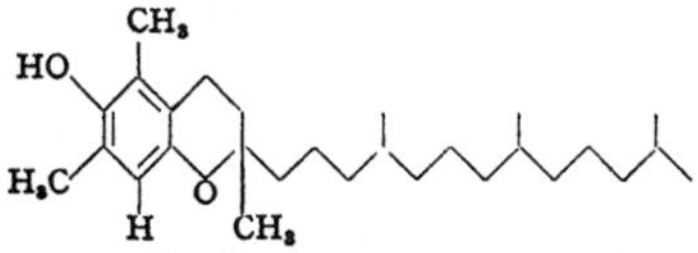

DL-*ζ₂-Tokopherol, mit natürlichem Phytol synthetisiertes ζ₂-Tokopherol*

$Kp_{0,05}$ 200–220 *F* –4

Charakteristik: Prismen. — *Allophanat* $C_{30}H_{50}O_4N_2$: *F* 150; [α] + 5°. — *Dinitrophenylurethan* $C_{35}H_{51}O_7N_3$: *F* 65. — *p-Nitrophenylurethan:* *F* 90. — *4-Phenylazobenzoat* $C_{41}H_{56}O_3N_2$: *F* 61. — *Lit.:* [*27*].

8 **η-Tokopherol (7-Methyltokol; 2,7-Dimethyl-2-(4′,8′,12′-trimethyltridecyl)-6-chromanol)**

MG 402.64 $C_{27}H_{46}O_2$

V.: Reis. — *Lit.:* [*7*].

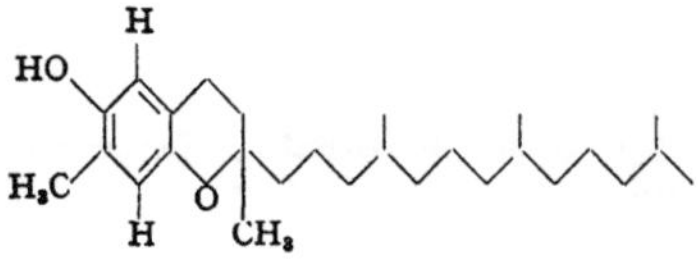

DL-*η-Tokopherol*

Charakteristik: *p-Nitrophenylurethan* $C_{34}H_{50}O_4N_2$: (Me.); *F* 112. — *Dinitrophenylurethan* $C_{34}H_{49}O_7N_3$: *F* 115–117. — *Lit.:* [*27*].

9 **5-Methyltokol (2,5-Dimethyl-2-(4′,8′,12′-trimethyltridecyl)-6-chromanol)**

MG 402.64 $C_{27}H_{46}O_2$

Lit.: [*8*].

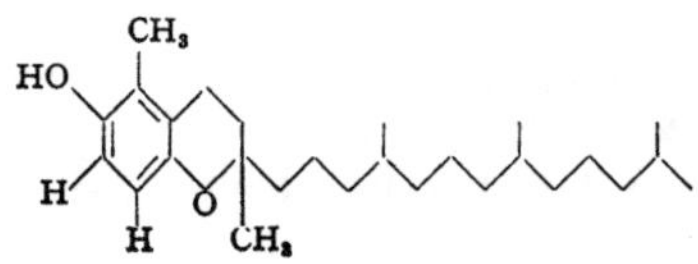

10 **5,7-Dimethyl-8-methoxytokol (2,5,7,-Trimethyl-8-methoxy-2-(4′,8′,12′-trimethyltridecyl)-6-chromanol)**

MG 446.7 $C_{29}H_{50}O_3$

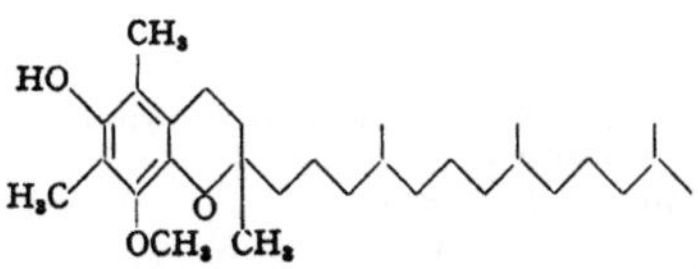

Charakteristik: *Acetat* $C_{31}H_{52}O_4$: $Kp_{0,01}$ 210–220. — *Allophanat* $C_{31}H_{52}O_5N_2$; *MG* 532.4; *F* 159 bis 161. — *Wi.:* Einziges der drei isomeren Monomethoxydimethyltokole mit schwacher Vitamin E-Wirkung. — *Lit.:* [*19*].

11 „Iso-α-Tokopherol" (2,5,7,8-Tetramethyl-2-cetyl-6-chromanol)

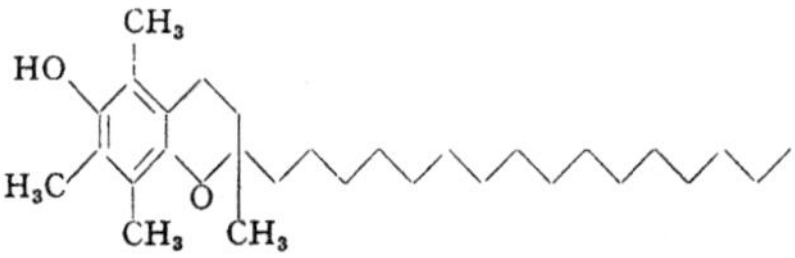

MG 430.7 $C_{29}H_{50}O_2$

Charakteristik: UV_{max} 280 mμ; ε = 1740. — *Wi.*: Volle Vitamin E-Wirksamkeit. — *Allophanat:* *F* 174—175. — *Lit.*: [*16*].

12 Tokol (2-Methyl-2-(4′,8′,12′-trimethyltridecyl)-6-chromanol)

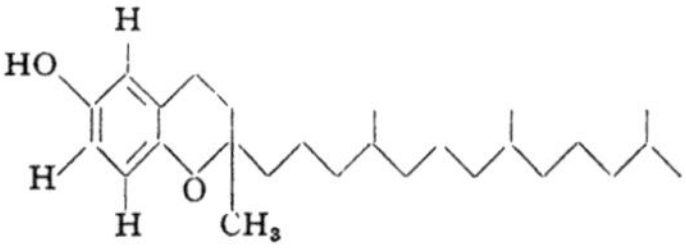

MG 388.61 $Kp_{0.001}$ 165—175 $C_{26}H_{44}O_2$

Charakteristik: Synthetisiert aus Hydrochinon und natürlichem Phytol. — *Acetat* $C_{28}H_{46}O_3$: $Kp_{0.001}$ 180—185. — *Allophanat* $C_{28}H_{46}O_4N_2$: *F* 150. — *p-Nitrophenylurethan* $C_{33}H_{48}O_5N_2$: *F* 94—95. — *Lit.*: [*21*].

13 α-Tokopheramin (2,5,7,8-Tetramethyl-6-amino-2-(4′,5′,12′-trimethyltridecyl)-chroman)

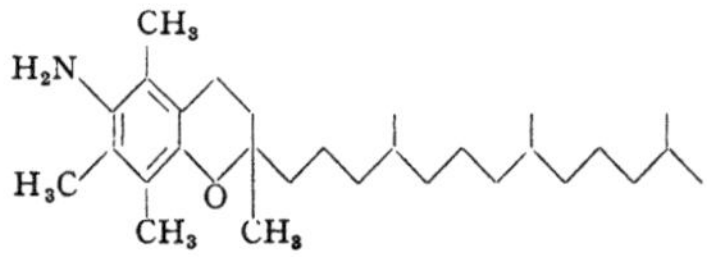

MG 429.7 $Kp_{0.01}$ 285—288 $C_{29}H_{51}ON$

Charakteristik: l. in A., Ae.; unl. in W. — *Hydrochlorid* $C_{29}H_{52}ONCl$: *F* 156—158; l. in W. — *Oxalat:* *F* 153—154. — *Lit.*: [*31*].

14 2-n-Propyl-2-(4′,8′,12′-trimethyltridecyl-5,7,8-trimethyl-6-chromanol)

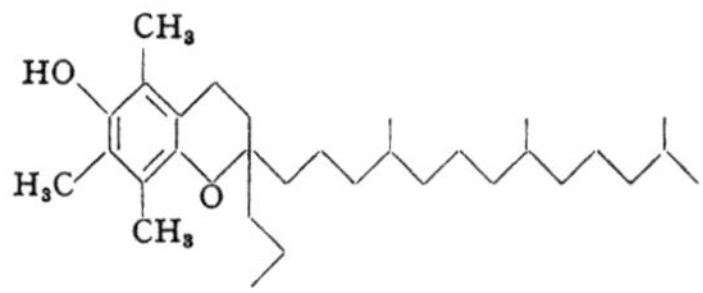

MG 458.7 $C_{31}H_{54}O_2$

Charakteristik: *Allophanat:* *F* 146—147. — *Acetat:* $Kp_{0.005}$ 210—215. — *Lit.*: [*19*].

15 α-Tokopher-äthylacetal („α-Tokopheroxyd")

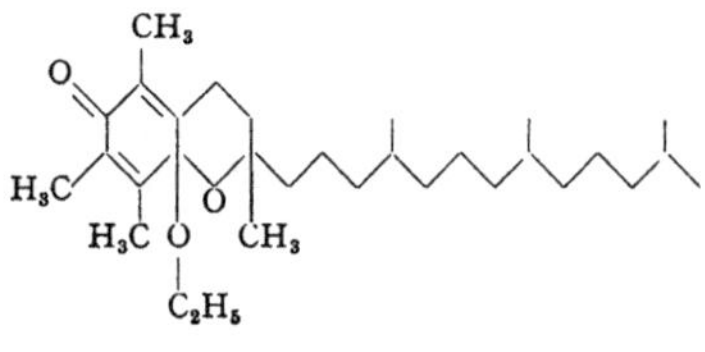

MG 474.8 $C_{31}H_{54}O_3$

Lit.: [*3, 24*].

16 Naphthotokopherol

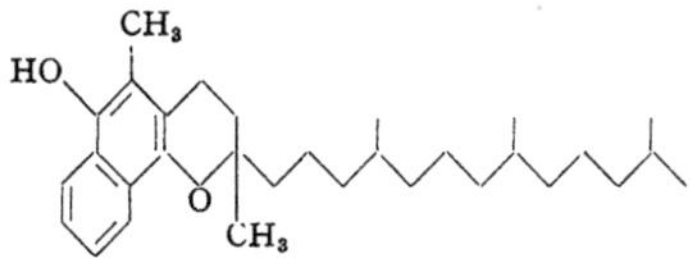

MG 452.7 Kp_{10-5} 155 $C_{31}H_{48}O_2$

Charakteristik: — *Wi.*: Zeigt Vitamin E- und Vitamin K-Wirksamkeit. — *p-Nitrobenzoat* (A.): *F* 84—85. — *Lit*: [*34*].

17 2,5,7,8-Tetramethyl-2-(β-carboxy-äthyl)-6-chromanol

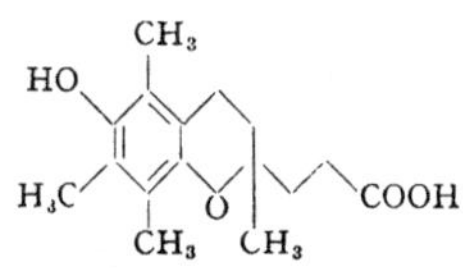

MG 278.35 *F* 173 $C_{16}H_{22}O_4$

Charakteristik: Farbl. Krist. (75% Me.); UV_{max} 292 mμ, log ε 3.48. — *Acetat* $C_{18}H_{24}O_5$: Farbl. Krist. (Me.); *F* 154. — pK 5.80; UV_{max} 285 mμ; log ε 3,34. — *Lit.*: [*11, 29, 37*].

18 Lacton des 2-(3-Hydroxy-3-methyl-5-carboxypentyl)-3,5,6-trimethylbenzochinon

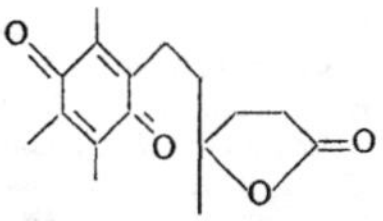

MG 276.34 *F* 64 $C_{16}H_{20}O_4$

Charakteristik: l. in Ae.; unl. in W., Hexan. — IR: 1646 cm^{-1} (Chinon), 1782 cm^{-1} (γ-Lactoncarbonyl); UV$_{max}$ 268, 260.5 log ε 4.33. — *Hydrochinondiacetat* $C_{20}H_{26}O_6$: *F* 109—110. — IR: 1765 cm^{-1} (Acetoxy-), 1780 cm^{-1} (γ-Lactoncarbonyl); UV$_{max}$ 264.5 mμ log ε 2.43. — *Lit.*: [*11, 29, 37*].

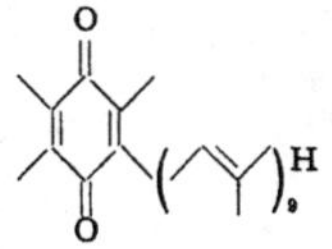

19 Trimethylsolanesylbenzochinon

MG 763.2 *F* 47—49 $C_{54}H_{82}O_2$

Charakteristik: Gelbe Krist.; lichtempfindlich; ll. in Hexan, Bz., Ae.; unl. in A., W. — UV$_{max}$ 268 mμ, 260 mμ. — NMR (PPM) (TMS = 0 PPM) 5.08; 3.20; 3.09; 1.98; 1.75; 1.67; 1.58. — *Lit.*: [*25*].

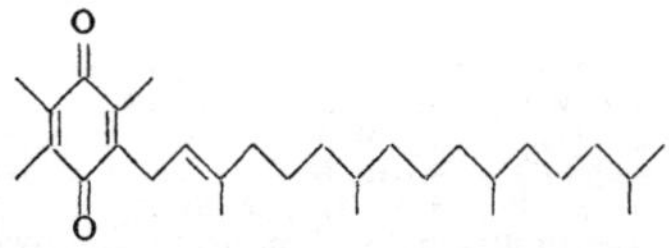

20 Trimethylphytylbenzochinon

MG 428.7 $C_{29}H_{44}O_2$

Charakteristik: Gelbes viscöses Öl, lichtempfindlich; ll. in Hexan, Bz., Ae.; wl. in A.; unl. in W. — UV$_{max}$ 260, 268 mμ. — *Lit.*: [*14*].

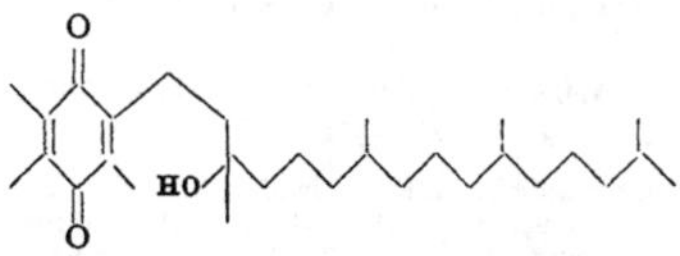

21 Tokochinon (Trimethyl-(3′,7′,11′,15′-tetramethyl-3′-hydroxy)-hexadecyl-benzochinon)

MG 446.72 $C_{29}H_{50}O_3$

Charakteristik: Gelbes viscöses Öl; lichtempfindlich; ll. in Hexan, Bz., Ae., Chlf.; wl. in A.; unl. in W.; Oxydationsprodukt von α-Tokopherol. — *Lit.*: [*3, 10*].

Literatur

[*1*] *Bacharach, A. L.*, u. *J. Green:* Chem. & Ind., **1961**, 2135.
[*2*] *Baxter, J. G., C. D. Robeson, J. D. Taylor* u. *R. W. Lehmann:* J. Amer. chem. Soc. **65**, 918 (1943).
[*3*] *Boyer, P. D.:* J. Amer. chem. Soc. **73**, 733 (1951).
[*4*] *Bunyan, J.:* Brit. J. Nutrition **15**, 253 (1961).
[*5*] *Emmerie, A.*, u. *C. Engel:* Nature **142**, 873 (1938).
[*6*] *Evans, H. M.:* J. Nutrition **26**, 555 (1943).
[*7*] *Green, J.*, u. *S. Marinkiewicz:* Nature **177**, 86 (1956).
[*8*] *Green, J., D. McHale, S. Marinkiewicz, P. Mamalis* u. *P. R. Watt:* J. Chem. Soc. **1959**, 3362.
[*9*] *Green, J., D. McHale, P. Mamalis* u. *S. Marinkiewicz:* J. Chem. Soc. **1959**, 3374.
[*10*] *Green, J., A. T. Diplock, J. Bunyan* u. *E. E. Edwin:* Nature **189**, 747 (1961).
[*11*] *Green, J., A. T. Diplock, J. Bunyan, E. E. Edwin* u. *D. McHale:* Nature **190**, 318 (1961).
[*12*] *Green, J., F. Mamalis, S. Marinkiewicz* u. *D. McHale:* Chem. & Ind. **1960**, 73.
[*13*] *Harris, R. S.*, in: *Sebrell-Harris*, The Vitamins **II**, 481 (1954).
[*14*] *Isler, O.*, u. *K. Doebel:* Helv. Chim. Acta **37**, 230 (1954).
[*15*] *Jacob, A., F. K. Sutcliffe* u. *A. R. Todd:* J. Chem. Soc. **1940**, 327.
[*16*] *John, W.:* Chemie **55**, 98, 110 (1942).
[*17*] *John, W.:* Z. physiol. Chem. **273**, 225 (1942).
[*18*] *Karrer, P., H. Fritzsche, B. H. Ringier* u. *H. Salomon:* Helv. Chim. Acta **21**, 520 (1938).
[*19*] *Karrer, P.*, u. *M. Stähelin:* Helv. Chim. Acta **28**, 438 (1945).
[*20*] *Karrer, P.*, u. *K. Dürr:* Helv. Chim. Acta **32**, 1361 (1949).
[*21*] *Karrer, P.*, u. *H. K. Pendse:* Helv. Chim. Acta **40**, 1837 (1957).
[*22*] *Kofler, M.:* in Vitamins and Hormones, **20**, 407 (1962).
[*23*] *Mamalis, P., D. McHale, J. Green, S. Marinkiewicz:* J. Chem. Soc. **1958**, 1850.
[*24*] *Martius, C.*, u. *H. Eilingsfeld:* Liebigs Ann. Chem. **607**, 159 (1957).
[*25*] *Martius, C.*, u. *E. Fürer:* Biochem. Z. **336**, 474 (1963).

[26] *Mason* in: Vitamins and Hormones **II**, 107 (1944).
[27] *McHale, P. Mamalis, J. Green* u. *S. Marinkiewicz.* J. Chem. Soc. **1958**, 1600.
[28] *Rosenkrantz, H.:* J. biol. Chem. **173**, 439 (1948).
[29] *Simon, E. J., A. Eisengart, L. Sundheim* u. *A. T. Milhorat.* J. biol. Chem. **221**, 807 (1956).
[30] *Smith, L. I.:* Chem. Rev. **27**, 287 (1940).
[31] *Smith, L. I., W. B. Renfrow* u. *J. W. Opie:* J. Amer. chem. Soc. **64**, 1082 (1942).
[32] *Stepp, Kuhnau & Schroeder*, Die Vitamine, Stuttgart 1957.
[33] *Stern, M. H., C. D. Robeson, L. Weisler* u. *J. G. Baxter:* J. Amer. chem. Soc. **69**, 869 (1947).
[34] *Tishler, M., L. F. Fieser* u. *N. L. Wendler:* J. Amer. chem. Soc. **62**, 1982 (1940).
[35] *Vogel-Knobloch:* Chemie & Technik der Vitamine, Stuttgart, 1950.
[36] *Wachs, W.:* Biochem. Z. **319**, 561 (1949).
[37] *Weichet, J., L. Blaha* u. *B. Kakáč:* Coll. **24**, 1689 (1959).

Anthocyane

Von **H. H. Baer,** Ottawa

Literatur. *Karrer, P.*, in: Handb. Pfl.-Analyse (*Klein*), Bd. III/2, 941, Wien 1932. — *Hadders, M.*, u. *C. Wehmer*: ebenda, 984. — *Blank, F.:* Bot. Rev. **13**, 241 (1947). — *Geissman, T. A.*, in: *Paech, K.*, u. *M. V. Tracey:* Moderne Methoden der Pflanzenanalyse, Bd. III, 450, Berlin-Gottingen-Heidelberg 1955. — *Forsyth, W. G. C.*, and *N. W. Simmonds:* Proc. Roy. Soc. B. **142**, 549 (1954). — *Blank, F.*, in: Handb. Pfl.-Physiol. (*Ruhland*), Bd. X, 300, Berlin-Gottingen-Heidelberg 1958. — *Karrer, W.:* Konstitution und Vorkommen der organischen Pflanzenstoffe, Basel u. Stuttgart 1958. — *Bentley, K. W.:* The Chemistry of Natural Products, Bd. IV, New York u. London 1960. — *Geissman, T. A.:* The Chemistry of Flavonoid Compounds, Oxford–London–New York–Paris 1962. — *Dean, F. M.:* Naturally Occurring Oxygen Ring Compounds, London 1963.

1 **Apigenidin-chlorid (Gesneridin-chlorid)**

MG 290.70 *F* >300

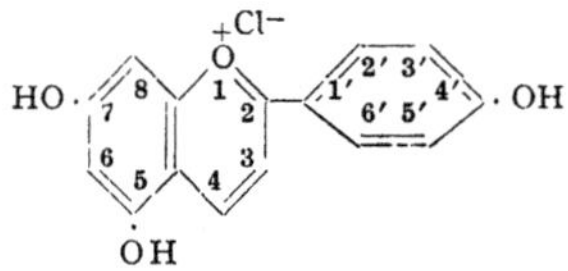

Charakteristik: Rote Nadeln + $2H_2O$ (A.); l. in W., Na_2CO_3 (rot), H_2SO_4 (gelb, fluoresc.); wl. in verd. HCl. — *Perchlorat:* orange Prismen, *F* 222 (Z.). — *V.:* Als 5-Glucosid Gesnerin in Gesneria.

2 **Pelargonidin-chlorid**

MG 306.70 *F* >350

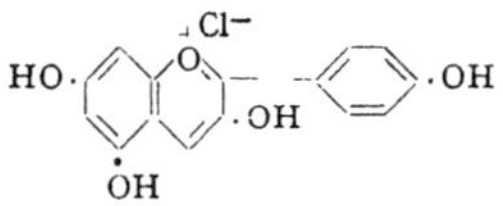

Charakteristik: Rotbraune Tafeln od. Prismen od. gelbbraune Krist. + H_2O (verd. HCl); wfr. sehr hygroskop.; ll. in h. W., A. (rot); wl. in k. verd. HCl (orange); red. h. Fehling. — *V.:* Als 3,5-Diglucosid Pelargonin (Monardin, Salvinin) in Bluten v. Pelargonium zonale, P. peltatum, scharlachroter Dahlie, roter Kornblume; $[\alpha]_D$ −291° (0.1% HCl); wl. in A.; l. in Me., fluoresc. grüngelb; mit p-Oxyzimt- u. Malonsaure verestert = Monardein (Salvianin) in Salbeiarten, Monarda. — *V.:* Als 3-Monoglucosid Callistephin in roten Nelken, Sommerastern, Erdbeeren; ll. in k. A.; fluoresc. nicht.

3 **Cyanidin-chlorid**

MG 322.70 *F* >300

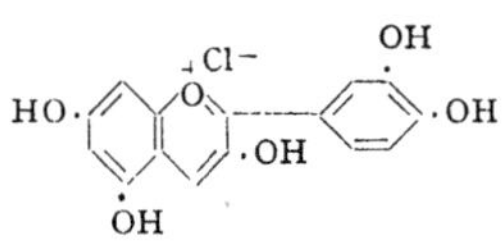

Charakteristik: Braunrote Nadeln + H_2O (wss.-alkoh. HCl); ll. in A., Amylalkohol (violettrot); l. in Sodalsg. (blau); swl. in verd. HCl; unl. in W.; red. k. Fehling; + $FeCl_3$ → blau

4 **Chrysanthemin (Cyanidin-chlorid-3-glucosid)**

MG 484.84 *F* 205 (Z.) $C_{21}H_{21}O_{11}Cl$

Charakteristik: Rote rhomb. Blatt. + 1.5 H_2O (Me.-verd. HCl); ll in W. (dunkelbraunrot), Me., zwl. in A.; wl. in k., l. in h. HCl. — *Pikrat: F* 165, wl. in W. — *V.:* In Astern, Brombeeren, im Herbstlaub v. Ahornarten.

5 **Idaein (Cyanidin-chlorid-3-galaktosid)**

MG 484.84 *F* 210 (Z.) $C_{21}H_{21}O_{11}Cl$

Charakteristik: Grunl. glanzende braunrote Blatt. + 2.5 H_2O (wss.-alkoh. HCl); sll. in W. (braunrot), A., 0.5%ig. HCl; unl. in 6%ig. HCl; $[\alpha]_{656}$ −219° (0.5%ig. HCl). — *V.:* In Preißelbeeren u. Blattern d. Rotbuche.

6 **Cyanin (Cyanidin-chlorid-3,5-diglucosid)**

MG 646.98 *F* 203–4 $C_{27}H_{31}O_{16}Cl$

Charakteristik: Blaurote rhomb. Blatt. $+3H_2O$ (wss.-alkoh. HCl); ll. in h., swl. in k. W. (rot), zwl. in A., 1.5%ig. HCl; swl. in Ac.; unl. in Bzl.; $[\alpha]_{weiß}$ −258° (0.05%ig. HCl). – *V.:* In roten Rosen, blauen Kornblumen als K-Salz, Mohn.

7 **Mekocyanin (Cyanidin-chlorid-3-gentiobiosid)**

MG 646.98 $C_{27}H_{31}O_{16}Cl$

Charakteristik: Dunkelrote Krist. $+3H_2O$ (verd. HCl + Eg.); ll. in W., HCl, Ac.-W.; wl. in Me., A.; unl. in Ac.; bildet Ferrocyanid. – *V.:* Im Klatschmohn.

8 **Keracyanin (Cyanidin-chlorid-3-rhamnoglucosid)**

MG 630.98 $C_{27}H_{31}O_{15}Cl$

Charakteristik: Mikroskop. gelbe Nadeln $+4H_2O$ (verd. HCl; Pulver erscheint rot), Prismen $+3H_2O$ (Me.-verd. HCl); in A. u. Amylalkohol leichter l. als Cyanin; ll. in h. W.; sll. in Me., Maximum der Löslichkeit in verd. HCl bei 1%. – *V.:* Farbst. der Kirsche.

9 **Päonidin-chlorid**

MG 336.73

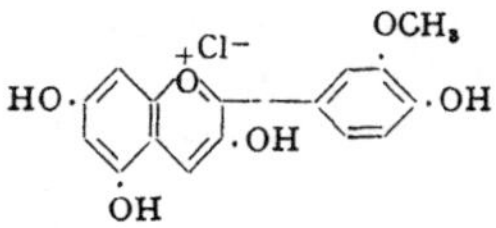

Charakteristik: Dunkelbraune Nadeln $+H_2O$ (1%ig. HCl); sll. in A.; zll. in k. W.; wl. in verd. HCl; violettrote alkoh. Lsg. + W. → braunrot; red. sd. Fehling.

10 **Oxycoccicyanin (Päonidin-chlorid-3-glucosid)**

MG 498.87 $C_{22}H_{23}O_{11}Cl$

Charakteristik: Dunkelbraune rechtwinkl. Nadeln + 2–3 H_2O; zll. in 0.5%ig. HCl, zwl. in 5%ig. HCl. – *V.:* In Oxycoccus macrocarpus Pers.

11 **Päonin (Päonidin-chlorid-3,5-diglucosid)**

MG 661.01 *F* 165 (Z.) $C_{28}H_{33}O_{16}Cl$

Charakteristik: Rotviolette Nadeln $+5H_2O$ (0.5 n HCl); sll. in W.; ll. in A. u. h. 2 n HCl; unl. in Ac. u. k. 2 n HCl; $[\alpha]_{weiß}$ −191° (W.). – *V.:* In Pfingstrosen, Sanddornbeeren, Chlamydomonas.

12 **Delphinidin-chlorid**

MG 338.70 *F* >350

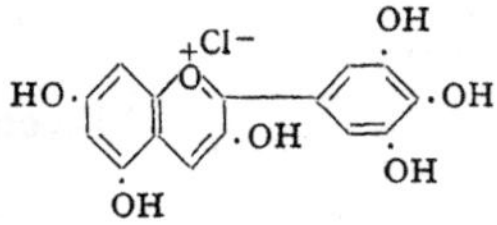

Charakteristik: Braune Krist., bildet 4 verschiedene Hydrate; ll. in W., Me., A. mit rotvioletter Farbe; red. k. Fehling; $+FeCl_3$ → blau. – *V.:* Als mit p-Oxyzimtsaure veresterte Glykoside Gentianin $C_{30}H_{27}O_{14}Cl$ in Gentiana acaulis u. Violanin $C_{36}H_{37}O_{18}Cl$ in Viola tricolor, Heidelbeeren.

13 **Delphinin-chlorid (Delphinidin-di-p-oxybenzoyl-diglucosid)**

MG 903.18 *F* 200–3 (Z.) $C_{41}H_{39}O_{21}Cl$

Charakteristik: Dunkelrotbraune Prismen $+10H_2O$ (3%ig. HCl); zll. in Me.; ll. in 0.5%ig. HCl; wl. in h. A.; unl. in k. 2%ig. HCl; red. Fehling. Wird durch W. hydrolysiert zu *Farbbase*; unl. in W.; wl. in Me.; sehr stark linksdrehend. – *V.:* Im Feldrittersporn.

14 **Delphin-chlorid (Delphinidin-3,5-diglucosid)**

MG 662.98 $C_{27}H_{31}O_{17}Cl$

Charakteristik: Bronzefarb. Blatt. + 4–5 H_2O (verd. HCl); ll. in h. verd. HCl; l. in Na_2CO_3 (blau → grün); wl. in k. A., W., verd. HCl. – *V.:* In Salvia patens.

15 **Petunin-chlorid (Delphin-chlorid-3′-methyläther)**

MG 677.01 *F* 178 $C_{28}H_{33}O_{17}Cl$

Charakteristik: Kupferglänzende violette Tafeln $+2H_2O$ (verd. HCl); ll. in Me., A.; zwl. in verd. HCl (blaurot); + W. → Farbbase, + viel h. W. → Pseudobase. – *V.:* In Gartenpetunie.

16 **Önin (Malvidin-3-glucosid, Syringidin-3-glucosid, Cyclamin)**

MG 528.89

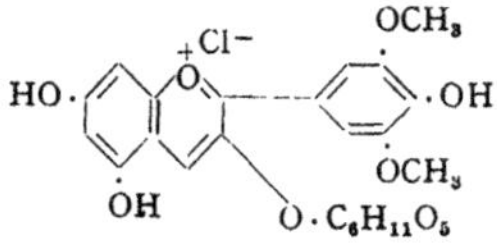

Charakteristik: Dunkelrote Prismen $+H_2O$ (A.-7%ig. HCl); ll. in W., Me., A.; sll. in 2%ig. HCl; unl. in 20%ig. HCl. — *Pikrat:* wl. in k. W.; $[\alpha]_C$ $-421° \pm 30°$. — *V.:* In blauen Weintrauben, Blüten v. Cyclamenarten (Alpenveilchen), in Heidelbeeren (Myrtillin = Gemisch v. Glucosiden u. Galaktosiden des Delphinidins u. Syringidins).

17 **Malvin (Malvidin-3,5-diglucosid)**

MG 691.03 *F* ~165 (Z.) $C_{29}H_{35}O_{17}Cl$

Charakteristik: Braunrote Nadeln $+8H_2O$ (7%ig. HCl); ll. in 7%ig. H_2SO_4; l. in A., Me. (purpurrot), h. 1%ig. HCl; wl. in W.; red. h. Fehling. — *Pikrat:* ll. in k. W.; wl. in Pikrinsaurelsg. — *V.:* In Malva silvestris, Primula viscosa, P. integrifolia.

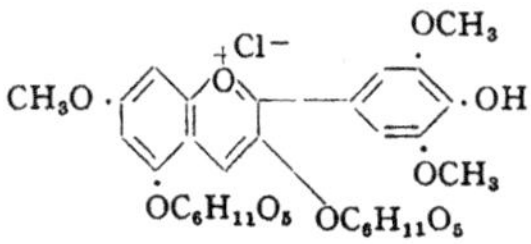

18 **Hirsutin (Malvin-7-methyläther)**

MG 705.06 *F* 150—3 (Z.)

Charakteristik: Braunrote Nadeln $+4H_2O$ (W.); l. in Me.; wl. in h. verd. HCl. — *V.:* In Primula hirsuta.

Anthoxanthine

Von **H. H. Baer,** Ottawa

Literatur. *Rupe, H.*, u. *M. Schaerer* in: Handb. Pfl.-Analyse (*Klein*), Bd. III/2, 851, Wien 1932; *Hadders, M.*, u. *C. Wehmer*, ebenda, 928; *Geissman, T. A.*, and *E. H. Hinreiner:* Bot. Rev. **18**, 77 (1952); *Geissman, T. A.*, in: *Paech, K.*, u. *M. V. Tracey:* Moderne Methoden der Pflanzenanalyse, Bd. III, 450, Berlin-Göttingen-Heidelberg 1955; *Blank, F.*, in: Handb. Pfl.-Physiol. (*Ruhland*), Bd. X, 300, Berlin-Göttingen-Heidelberg 1958; *Karrer, W.:* Konstitution und Vorkommen der organischen Pflanzenstoffe, Basel u. Stuttgart 1958; *Venkataraman, K.*, in *Zechmeister, L.:* Fortschr. Chemie organ. Naturst., Bd. XVII, Wien 1959; *Bentley, K. W.:* The Chemistry of Natural Products, Bd. IV, New York u. London 1960; *Grisebach, H.*, u. *W. D. Ollis:* Experientia (Basel) **17**, 4 (1961); *Geissman, T. A.:* The Chemistry of Flavonoid Compounds, Oxford–London–New York–Paris 1962. — *Dean, F. M.:* Naturally Occurring Oxygen Ring Compounds, London 1963.

1. Flavone und Flavonole

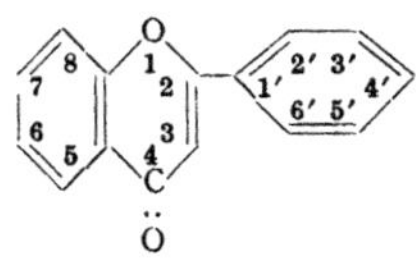

1/1 **Flavon**

MG 222.23 *F* 99—100

Charakteristik: Nadeln (PAe.); ll. in org. Lsgm.; unl. in W.; Lsg. in H_2SO_4 violettblau fluoresc. — *V.:* Auf Primula-Arten als mehliger Belag.

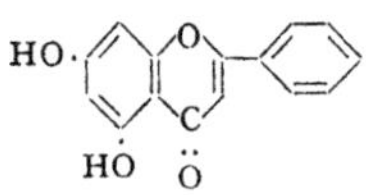

1/2 **Chrysin**

MG 254.23 *F* 275

Charakteristik: Gelbe Platten; subl. (Nadeln); l. in A., Alkali; zll. in sd. Eg.; wl. in Chlf., Bzn.; unl. in W. — *V.:* Farbst. der Pappelknospen. Als Glucosid Toringin, *F* 135—7, in Rinde v. Pirus toringo.

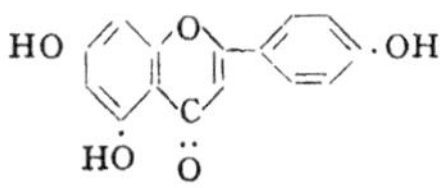

1/3 **Apigenin**

MG 270.23 *F* 347—8

Charakteristik: Blaßgelbe Blatt. (A.); ll. in Alkali, A., Ac.; wl. in W.; unl. in Ae., Chlf., Bzl., Bzn.; Lsg. in H_2SO_4 grunl. fluoresc. — *V.:* In gelben Dahlien, Kamillen. — *Darst.:* Aus Apiin; als 7-Glucosid Cosmetin, gelbe Nadeln vom *F* 178, in Cosmos bipinnatus.

1/4 Apiin (Apigenin-7-apiosido-glucosid)

MG 564.48 *F* 228 $C_{26}H_{28}O_{14}$

Charakteristik: Nadeln $+ H_2O$; ll. in h., wl. in k. A. u. W.; unl. in Ae.; $[\alpha]_D$ −130° (Alkali); $+ FeSO_4 \rightarrow$ rot. — *Wi.:* Antiseptisch. — *V.:* In Petersilie, Sellerie.

1/5 Acacetin (Linarigenin)

MG 284.26 *F* 261

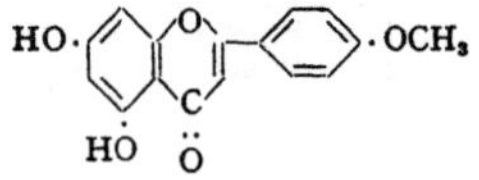

Charakteristik: Nadeln (A.); sll. in Ac.; ll. in Alkali; wl. in A., Eg.; swl. in Chlf., Bzl.; unl. in W.; $+ FeCl_3 \rightarrow$ braun. — *V.:* Als 7-Rutinosid Acaciin, *F* 260, in Robinia pseudoacacia.

1/6 Galangin

MG 270.23 *F* 219–21

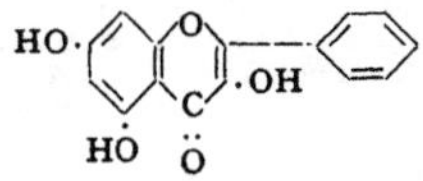

Charakteristik: Gelbe Tafeln (A.), Nadeln $+ H_2O$ (wss. A.); ll. in Ae.; l. in Alkali; wl. in h. Chfl., Bzl.; unl. in W.; $+ FeCl_3 \rightarrow$ grün. — *V.:* In Galangawurzel (Alpinia officinarum) neben 3-Methyläther, *F* 299.

1/7 Luteolin (Digitoflavon)

MG 286.23 *F* 329–30

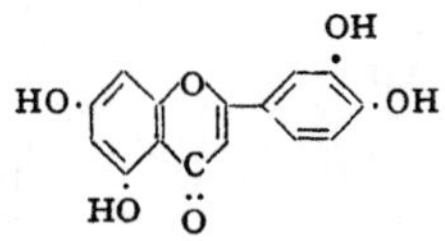

Charakteristik: Gelbe Nadeln $+ H_2O$ (wss. A.); l. in Alkali, A.; 0.02 sd. W. — *V.:* Farbst. v. Reseda luteola („Wau"). Ein 7-Glucosid, *F* 258, in Digitalis; Glykosid Galuteolin, *F* 280, in Samen v. Galega officinalis.

1/8 Diosmetin (Hyssopin)

MG 300.26 *F* 253–5

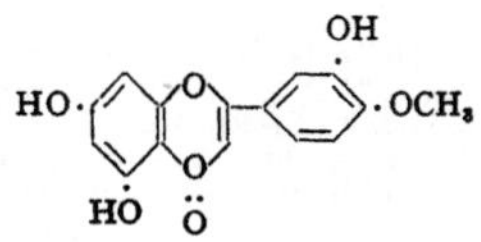

Charakteristik: Gelbe Blätt. (Eg.); l. in Alkali; zwl. in A.; swl. in Ae.; $+ FeCl_3 \rightarrow$ dunkelbraun. — *V.:* Als 7-Rutinosid Diosmin, F 278–80, in Buccoblättern (Barosma-Arten), Conium maculatum, Dahlia variabilis, Hyssopus officinalis.

1/9 Kämpferol (Robigenin, Rhamnolutin)

MG 286.23 *F* 276–8

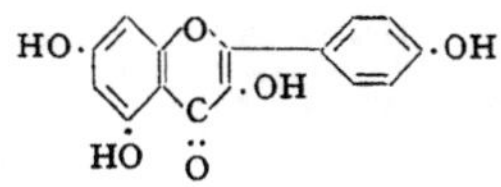

Charakteristik: Gelbe Nadeln $+ H_2O$ (A.); ll. in A., Ae., Ac.; l. in Alkali, sd. Eg.; unl. in W., Bzl.; + konz. $HNO_3 \rightarrow$ rot, $+ FeCl_3 \rightarrow$ dunkelgrün. — *V.:* In Kreuzbeeren, Java-indigo, Sennesblättern. — *Darst.:* Aus Rittersspornblüten.

1/10 Robinin (Kämpferol-7-rhamnosido-3-robinobiosid)

MG 740.65 *F* 196–7 $C_{33}H_{40}O_{19}$

Charakteristik: Gelbe Nadeln $+ 8H_2O$ (W.); ll. in h. A., Alkali; zll. in h. W.; wl. in k. A., h. Me.; unl. in Ae.; $[\alpha]_D$ −100.5° (wss. A.). — *V. u. Darst.:* Blüten v. Robinia pseudoacacia.

1/11 Kämpferitrin (Indigogelb, Kämpferol-3,7-dirhamnosid)

MG 578.51 *F* 201–3 $C_{27}H_{30}O_{14}$

Charakteristik: Nadeln $+ 3.5 H_2O$; ll. in h. A.; wl. in W. u. k. A. — *V.:* In Indigofera arrecta, Polygonum tinctorium.

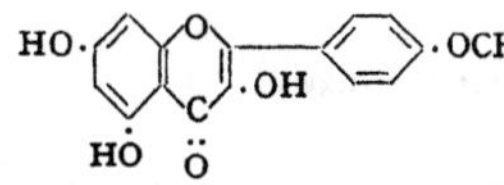

1/12 Kämpferid

MG 300.26 *F* 227–9

Charakteristik: Gelbe Nadeln $+ H_2O$ (A.); l. in Ae., Eg., h. A., $H_2S_2O_7$ grün → rot; wl. in Bzl., Chlf.; unl. in W.; subl. — *V.:* In Galangawurzel.

1/13 Fisetin

MG 286.23 *F* 330 (Z.)

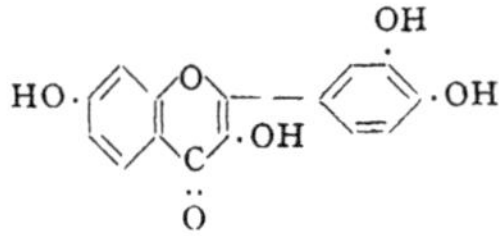

Charakteristik: Gelbe Nadeln + H_2O (wss. A.); ll. in A., Ac.; wl. in Ae., PAe., Bzl., Chlf.; unl. in W.; Lsg. in alkoh. KOH dunkelgrun fluoresc.; +$Pb(Ac)_2$→roter Nd.; subl. (Vak.). — *V.*: Frei od. glykosid. in Rhus toxicodendron (Blatter), R. rhodanthema, R. cotinus, Quebracho Colorado (Holz); farbt Wolle rotbraun bis rot.

1/14 Morin

MG 302.23 *F* 290.

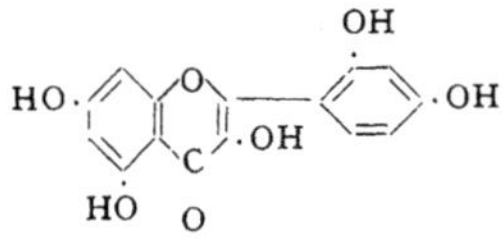

Charakteristik: Gelbe Nadeln + H_2O (wss. A.), 0.1 W. 100°; ll. in A., Alkali; wl. in Ae.; unl. in CS_2; in H_2SO_4 blaugrun fluoresc., +Al^{3+} gelbgrun. — *V.*: Im Holz v. Moraceen (Gelbholz); farbt Baumwolle gelb bis oliv.

1/15 Quercetin (Sophoretin, Meletin)

MG 302.23 *F* 316—7

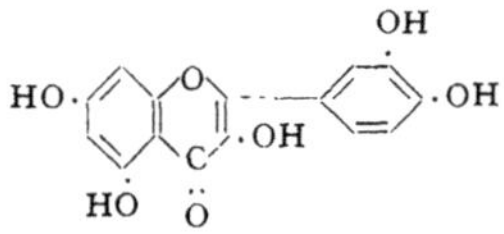

Charakteristik: Gelbe Nadeln + 2 H_2O (wss. A.); ll. in Eg., Ac., Py., sd. A.; zll. in h. Me.; wl. in sd. W.; unl. in Bzl., Ae., Chlf.; subl.; +$FeCl_3$→ grun, beim Erwarmen rot; farbt Wolle braungelb bis orange; Lsg. schmeckt bitter. — *V.*: Sehr verbreitet in vielen Pflanzen, teilweise secundar aus Glykosiden, z. B. in Roßkastanie, Tee, Weinlaub, Zwiebelschalen, Sumach, roter Rose, Veilchen, Barentraube, Farbereiche. — *Darst.*: Aus Quercitronrinde.

1/16 Quercitrin (Quercetin-3-rhamnosid)

MG 448.37 *F* 182—5 $C_{21}H_{20}O_{11}$

Charakteristik: Hellgelbe Nadeln od. Blatt. + 2 H_2O (wss. A.); ll. in Me., sd. A.; wl. in h. W., Eg., Ae.; $[\alpha]_{Hg}$ −73.5° (A.); Red.→roter Farbst. — *V.*: Weitverbreitet in Blattern u. Bluten z. B. v. Roßkastanie, Esche, Weinstock, in Rinde d. Apfelbaumes. — *Darst.*: Aus Rinde v. Quercus tinctoria. — Quercetin-3-glucosid (Isoquercitrin), F 217—9, in Mais u. Quercetin-7-glucosid (Quercimeritrin), *F* 247—9, in Sonnenblume; beide in Baumwollbluten.

1/17 Rutin (Quercetin-3-rutinosid)

MG 610.51 *F* ~190 $C_{27}H_{30}O_{16}$

Charakteristik: Hellgelbe Nadeln + 3 H_2O; ll. in Me, h. A.; l. in Alkali, Py., Eg.; wl. in Ae., Bzl., k. A.; 0.55 sd. W.; $[\alpha]_D$ −34° (wss. A.). — *V.*: In Ruta graveolens, Polygonumarten, Sophora japonica (Knospen), Viola tricolor, Kappern, Solanaceen.

1/18 Rhamnetin

MG 316.26 *F* 290—5

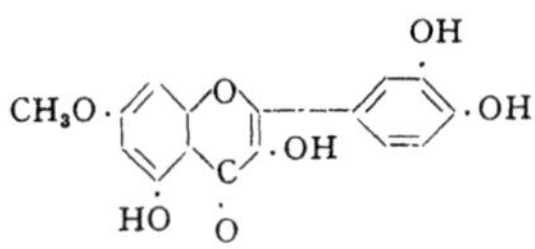

Charakteristik: Gelbe Nadeln (A.); l. in Alkali, h. Phenol; wl. in A., Ac., Eg., W. — *V.*: In Fruchten v. Rhamnusarten (Kreuz- u. Gelbbeeren), bes. als Rhamninosid (Xanthorhamnin). Farbt Wolle braunrot. Wird v. 7,3′-Dimethylather Rhamnazin, *F* 214, l. in sd. Toluol, begleitet.

1/19 Isorhamnetin

MG 316.26 *F* 305

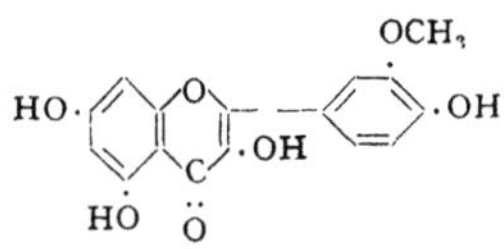

Charakteristik: Gelbe Nadeln; l. in Alkali; swl. in sd. A., Eg. — *V.*: In Sennesblättern, Goldlack, Wiesenklee, Sumpfdotterblume; Farbst. Asbarg aus Delphinium Zalil. Diglucosid-(3,4′) in Pollen v. Crocus, Sanddornbeeren.

1/20 Robinetin (5′-Oxy-fisetin)

MG 302.23 *F* 325—330 (Z.)

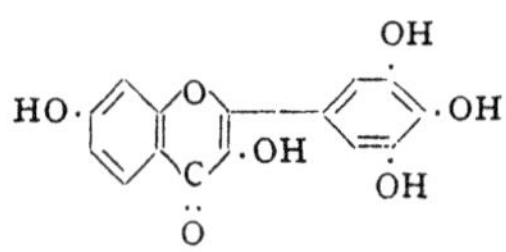

Charakteristik: Grungelbe Nadeln; ll. in A., Eg., Ac.; wl. in Ae., Chlf., sd. W.; unl. in Bzl., PAe.; Lsg. in Alkali rot. — *V.*: Im Holz v. Robinia pseudoacacia.

1/21 Gossypetin

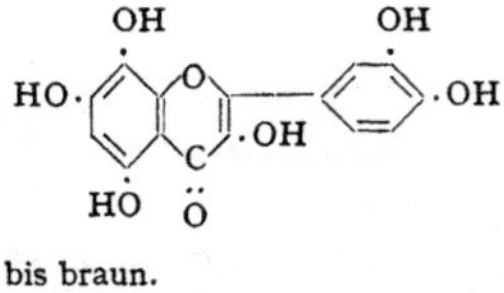

MG 318.23 *F* 310—4

Charakteristik: Gelbe Nadeln (wss. A.); ll. in A.; wl. in W.; alkal. Lsg. + Luft → blau, + Saure rot. — *V.:* Als Glucosid Gossypitrin, *F* 251—2, in Baumwollblüten. Farbt Wolle u. Baumwolle grau bis braun.

1/22 Myricetin

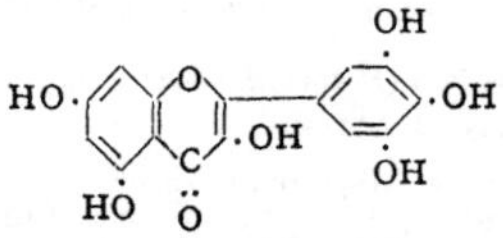

F ~360 (Z.)

Charakteristik: Hellgelbe Nadeln + H_2O (wss. A.); ll. in A.; l. in Ae.; swl. in sd. W.; unl. in Eg., Chlf.; l. in H_2SO_4 rot, in Alkali grün, + Luft → blau bis violett; oxyd. leicht, Reagens f. Oxydasen. — 3-Rhamnosid Myricitrin, *F* ~200. — *V.:* In Heidemyrte, Blauholzbaum, Pistazienarten, Heidekraut. — *Darst.:* Aus Rinde v. Myrica rubra (Nagi).

2. Isoflavone

2/1 Daidzein

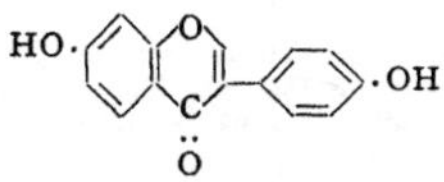

MG 254.23 *F* 323 (Z.)

Charakteristik: Hellgelbe Prismen (wss. A.); l. in Ae., + $FeCl_3$ → violett. — *Diacetat: F* 182. — *V.:* Als 7-Glucosid Daidzin, Nadeln *F* 235, $[\alpha]_D$ —36.4°, in Sojabohnen.

2/2 Genistein (Prunetol)

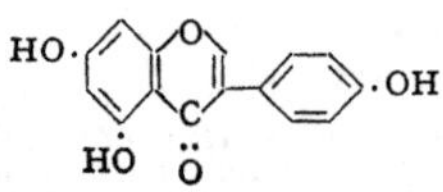

MG 270.23 *F* 291—3 (Z.)

Charakteristik: Nadeln (wss. A.); ll. in Ae., sd A.; wl. in k. A., Eg., W.; + $FeCl_3$ → rotviolett. — *Triacetat: F* 202. — *V.:* Als 7-Glucosid Genistin, gelbe Blätt., *F* 254—6, in Färber- u. Besenginster, Sojabohnen; als 4'-Glucosid Sophoricosid, Prismen, *F* 297, in Sophora japonica.

2/3 Irigenin

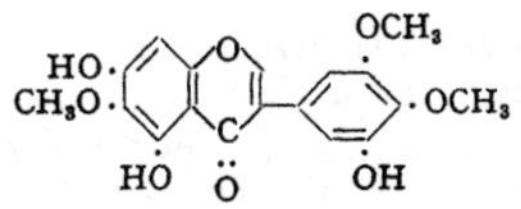

MG 360.31 *F* 185

Charakteristik: Gelbe Tafeln od. Nadeln (wss. A.); ll. in Chlf., h. A. u. Bzl.; l. in Alkali u. H_2SO_4 gelb; swl. in W., Ae., Lg. — *V.:* Als 7-Glucosid Iridin, *F* 208, ll. in h. A., im Rhizom v. Irisarten.

2/4 Pseudobaptigenin

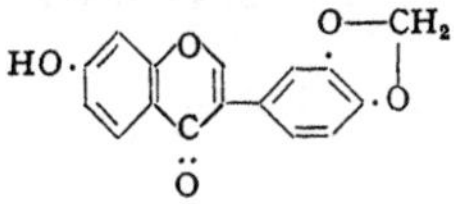

MG 282.24 *F* 299

Charakteristik: Krist. (Me.), subl. (Vak.); l. in Alkali, h. Eg.; wl. in h. A., Me.; unl. in k. Lsgm. — *Acetat: F* 173. — *V.:* In Baptisia tinctoria als 7-Rhamnoglucosid Pseudobaptisin, *F* 250, $[\alpha]_D$ —98° (Me.), ll. in Me., h. W.

3. Flavanone und Flavanonole

3/1 Naringenin

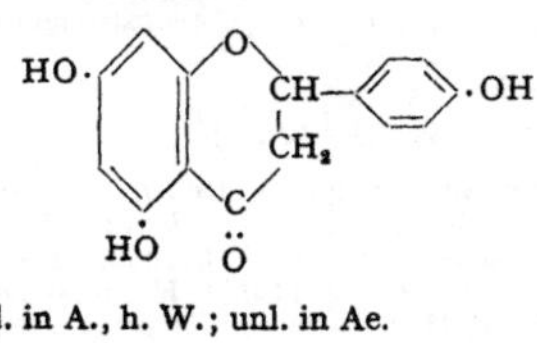

MG 272.25 *F* 251

Charakteristik: Nadeln od. Blätt. (wss. A.) ll. in A., Ae., Bzl.; unl. in W. — *V.:* In Pfirsichbaumrinde; in Früchten v. Citrus decumana als 7-Rhamnoglucosid Naringin, Nadeln + 8 H_2O, *F* 82, + 2 H_2O, *F* 171; $[\alpha]_D$ —82° (A.); schmeckt bitter; ll. in A., h. W.; unl. in Ae.

3/2 Eriodictyol

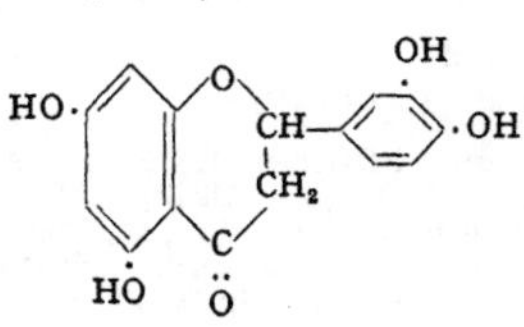

MG 288.25 *F* 267

Charakteristik: Nadeln + 2.5 H_2O (verd. Eg.); l. in Ae.; wl. in h. A., Eg.; swl. in sd. W.; alkal. Lsg. absorb. O_2. — *V.:* Zusammen mit 3'-Methyläther Homoeriodictyol, *F* 224—5, in Eriodictyon glutinosum, E. californicum.

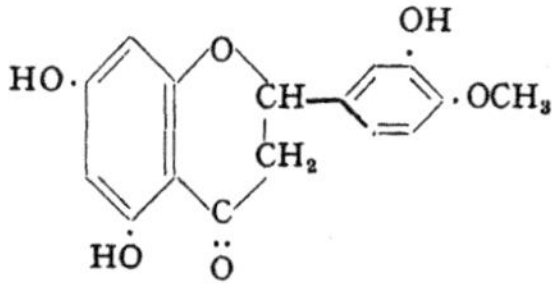

3/3 **Hesperetin (Hesperitin)**

MG 302.27 *F* 227—8

Charakteristik: Tafeln + H_2O (wss. A.); ll. in A.; l. in Ae.; wl.in Bzl., Chlf.; unl. in W.; + $FeCl_3$ → braunrot; schmeckt suß. — *Darst.:* Aus Hesperidin.

3/4 **Hesperidin (Hesperetin-7-rutinosid)**

MG 610.55 *F* 261—2 $C_{28}H_{34}O_{15}$

Charakteristik: Hygroskop. Nadeln + $1.5H_2O$; ll. in Py.; wl. in W., A.; unl. in Ae., Bzl., Ac.; $[\alpha]_D$ −75° (Py.). — *V.:* In vielen Citrusarten, Umbelliferen, Galiumarten, Pfefferminze. — *Darst.:* Aus unreifen Orangen.

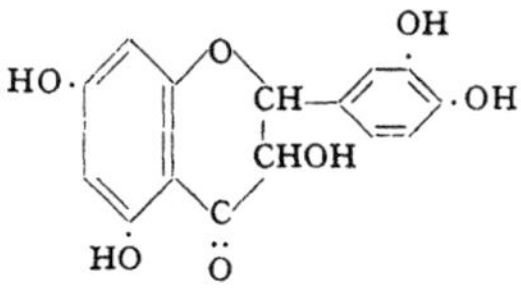

3/5 **Taxifolin**

MG 304.25 *F* 238—40

Charakeristik: Krist. (W.); $[\alpha]_D$ +45.2° (wss. Ac.). — *Acetat:* *F* 130. — *V.:* In verschied. Hölzern (Pseudotsuga u. Larixarten).

4. Catechine

4/1 **(+)-Catechin**

MG 290.26 *F* 175

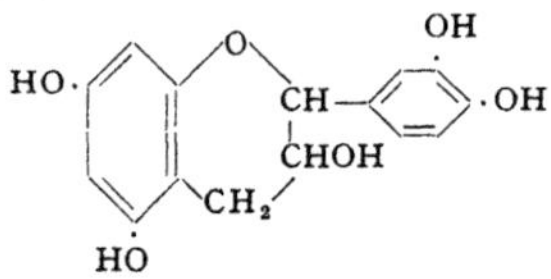

Charakteristik: Nadeln + $4H_2O$ (*F* 95); ll. in A., Ac., Eg., h. W.; wl. in Ae.; unl. in Bzl., Chlf., Lg.; $[\alpha]_D$ +18.7° (Ac.), 0° (A.); fallt Gelatine; kondens. zu Gerbstoffen. — *V.* In Uncaria Gambir, chines. Rhabarber, Colanuß, Mahagoniholz.

4/2 **(—)-Epicatechin (Teecatechin)**

MG 290.26 *F* 245 (Z.) $C_{15}H_{14}O_6$ (diastereomer zu Catechin)

Charakteristik: Krist. + $4H_2O$ (W.); ll. in A., Ac.; wl in Ae.; in W. weniger l. als (+)-Catechin; $[\alpha]_D$ −69° (A.); fallt Gelatine nicht. — *V.:* In grünem Tee, Acacia catechu, Kakaobohnen.

5. Chalcone und Dihydrochalcone

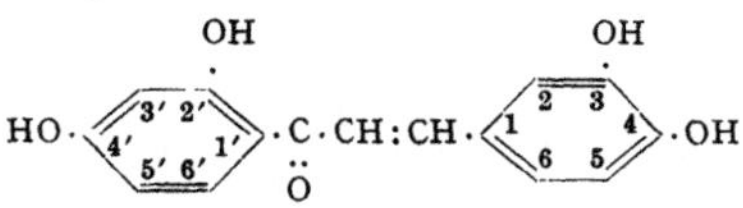

5/1 **Butein**

MG 272.25 *F* 213—5

Charakteristik: Orange Nadeln + $1H_2O$ (wss. A.); ll. in A.; l. in Ae., verd. NaOH; wl. in h. W.; Kochen mit verd. alkohol. H_2SO_4 → 7,3′,4′-Trihydroxyflavanon (Butin). Bildet sich bei Einwirkung von Alkali auf Butin-glykosid. — *V.:* In Dahlien, Coreopsis Douglasii; als 4′-Glucosid Coreopsin in Bluten von Coreopsis gigantea u. Cosmos sulphureus.

5/2 **Okanin**

MG 288.25 *F* 235—40 (Z.)

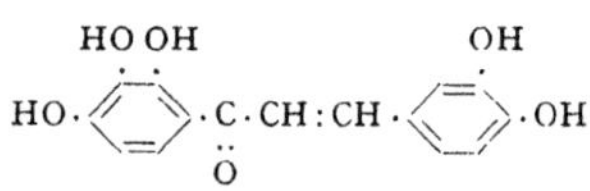

Charakteristik: Orange Blattchen (wss. Eg. od. wss. A.); + $FeCl_3$ → braun. — *Pentaacetat:* *F* 141. — *V.:* Neben der *cis*-Verbindung Isokanin (*F* 140, *Pentaacetat:* *F* 113) im Kernholz des tropischen Baumes Cylicodiscus gabunensis; frei u. als Glykosid Marein in Bluten von Coreopsis maritima u. C. gigantea.

5/3 **Phloretin**

MG 274.26 *F* 262—4 (Z.)

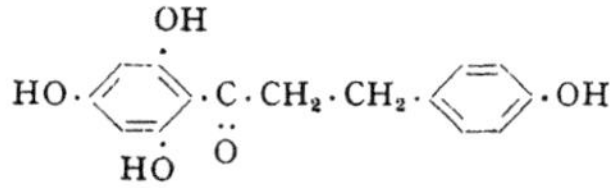

Charakteristik: Blattchen (W.), Nadeln (A.); ll. in A., Me., Ac, h. Eg.; l. in Alkali; wl. in feuchtem Ae.; swl. in sd. W., Chlf., Bzl., trockenem Ae. — *Acetat:* *F* 165. — *V.:* In Apfelbaumblattern, Wurzelrinde von Obstbaumen — frei sowie bes. als 2′-Glucosid Phloridzin (= Phlorizin, Phlorrhizin).

6. Aurone

6/1 **Sulfuretin**

MG 270.23 *F* 280—5; 312

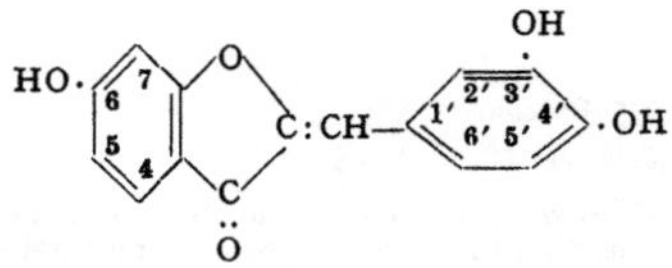

Charakteristik: Gelbe Krist. (wss. A.); + Alkali → purpurrot. — *Triacetat:* *F* 191—4. — *V.:* Als 6-Glucosid Sulfurein in Blüten von Cosmos sulphureus, Dahlia variabilis, Coreopsisarten.

6/2 **Aureusidin**

MG 286.23 *F* 270—5

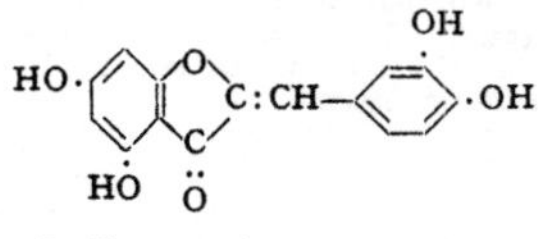

Charakteristik: Gelbe Krist. (+ H_2O) aus Me.-W.; + Alkali → dunkelorangerot. — *Tetraacetat:* *F* 184—5. — *V.:* Als 6-Glucosid Aureusin u. 4-Glucosid Cernuosid in Blüten (Antirrhinum majus, Oxalis cernua).

6/3 **Leptosidin**

MG 300.26 *F* 252—4

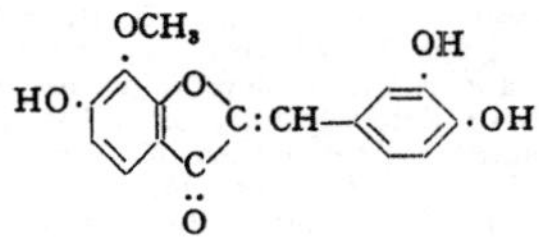

Charakteristik: Gelbe Nadeln (aus wss. Me.); + Alkali → dunkelrot. — *Triacetat:* *F* 166. — *V.:* Als 6-Glucosid Leptosin in Blüten von Coreopsis grandiflora.

7. Xanthone, Chromone und Chromane

7/1 **Euxanthon**

MG 228.19 *F* 240

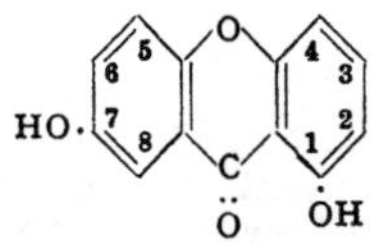

Charakteristik: Gelbe Nadeln od. Blätt. (A., Toluol); subl; ll. in sd. A.; wl. in W., Ae. — *V.:* Im Holz v. Platonia insignis Mart.; als β-D-Glucuronid-(7) Euxanthinsäure, *F* 162, $[\alpha]_D$ —110° (verd. A.), im Indischgelb.

7/2 **Gentisin (Gentisein-3-methyläther, Gentianin)**

MG 258.22 *F* 267

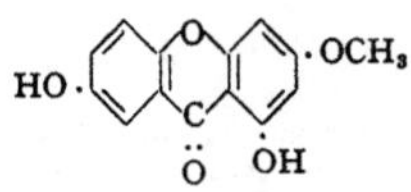

Charakteristik: Gelbe Nadeln; sll. in Py.; zll. in Me.; l. in A., h. W.; wl. in W., Ae.; subl. — *V.:* In Swertia japonica (Blätter); Gentiana lutea (Wurzel).

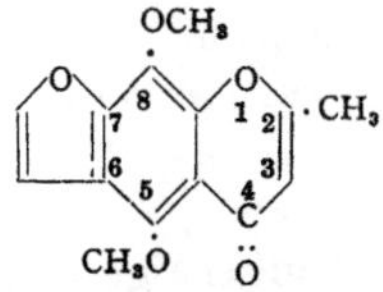

7/3 **Khellin**

MG 260.24 *F* 154—5

Charakteristik: Krist. (Me. od. W.). — *Wi.:* Vasodilatorisch. — *V.:* In Samen von Ammi Visnaga Lam.

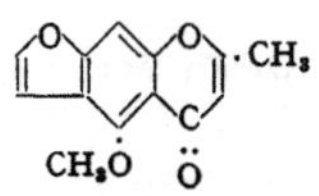

7/4 **Visnagin**

MG 230.21 *F* 144—5

Charakteristik: Derbe Krist. (Me.), Nadeln (W.); $Kp_{0.01}$ 160—170°. — *V.:* In Samen von Ammi Visnaga Lam.

7/5 **Rotenon**

MG 394.41 *F* 163.5–4.5

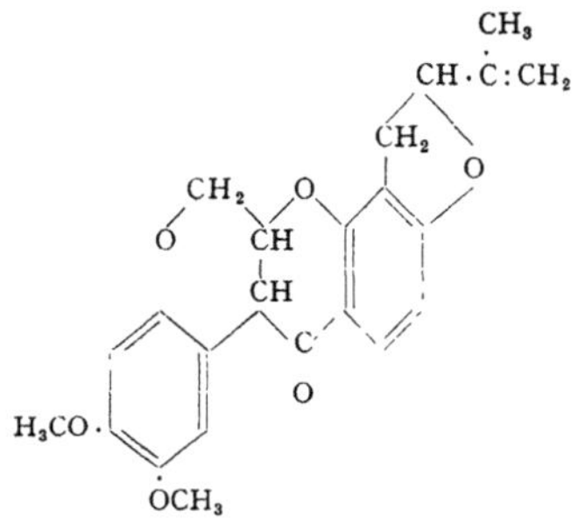

Charakteristik: Nadeln od. Blattchen (losungsmittelfrei aus A. od. Ac.), Krist. mit Kristall-Lsgm. aus Chlf., Bzl., Eg., CCl_4. Laßt sich in höherschmelzende Modifikation umwandeln: *F* 181; sll. in Chlf., Äthylenchlorid; l. in Ac., Bzl.; wl. in Alkoholen; unl. in W.; $[\alpha]_D$ −116° (Chlf.), −129° (Eg.), −230° (Bzl.) — *Wi.:* Insektizid u. Fischgift. — *V.:* In der Derriswurzel u. vielen anderen Leguminosen.

7/6 **Hämatein**

MG 300.26 *F* Z. > 200

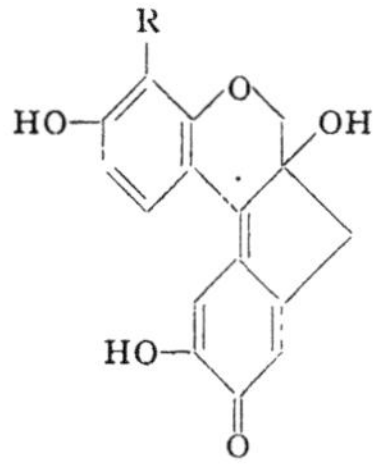

R = OH

Charakteristik: Rote glanzende Krist.; 0.013 Ae. 20° (gelb); 0.06 W. 20° (rot); ll. in verd. NaOH hellrot, in konz. NaOH purpur, in konz. HCl rot, in NH_4OH violett; wl. in A.; unl. in Bzl., Chlf. — Gibt mit Schwermetallsalzen blaue bis violette Farb. od. Nd. — *B.:* Aus Hämatoxylin durch Oxyd. — *V.:* Im Blauholz (Haematoxylon campechianum).

7/7 **Hämatoxylin**

MG 302.27 *F* (Z.)

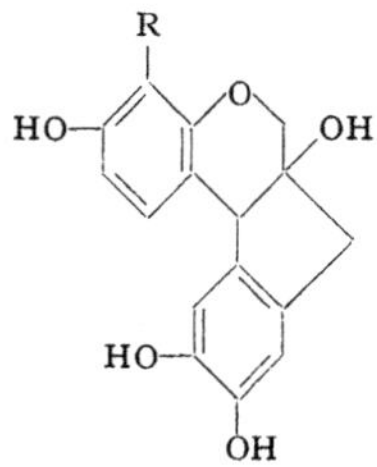

R = OH

Charakteristik: Krist. + $3H_2O$ (verd. H_2SO_3); l. in A., Ae., NH_4OH, Sodalsg.; wl. in k. W.; wss. Lsg. wird an der Luft rot. — *Darst.:* Aus Blauholzextrakt.

7/8 **Brasilein** $C_{16}H_{12}O_5$

MG 284.26 Struktur vgl. Hamatein, R=H

Charakteristik: Rotbraune Tafeln + H_2O; l. in Alkali rot; wl. in h. W. (rosa, fluoresc. orange); swl. in k. W., A. — *B.:* Aus Brasilin durch Oxyd. — *V.:* Im Rotholz (Caesalpinia brasiliensis, C. echinata, C. crista, C. Sappan).

7/9 **Brasilin** $C_{16}H_{14}O_5$

MG 286.27 *F* Z. > 130 Struktur vgl. Hamatoxylin, R=H

Charakteristik: Gelbe Krist. + 1 od. $1.5H_2O$ (W.); l. in W., A., Ae.

Einkernige Heterocyclen mit einem N-Atom

1. Dreiringe

1/1 **Äthylenimin (Aziridin, Azacyclopropan)**

MG 41.05 Kp_{760} 56–7 D_4^{24} 0.8321 C_2H_5N

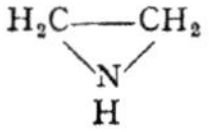

Charakteristik: Fluss. mit intensivem Geruch nach Ammoniak. Giftig! ∞ W.; l. in A.; reagiert in wssr. Lsg. alkalisch; — polymerisiert leicht, kann jedoch kurze Zeit uber einigen NaOH-Pellets aufbewahrt werden. — *Wi.:* Cytostaticum. Wirkt mutagen u. carcinogen. Wird durch die Haut resorbiert.

1/2 **1-Äthylenimino-2-hydroxybuten-(3) („Tetramin")**

MG 113.16 *Kp*$_3$ 60−63 $C_6H_{11}NO$

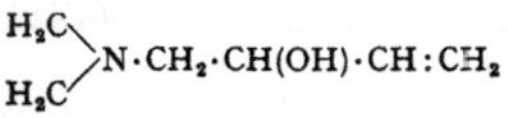

Charakteristik: Leicht bewegliche, farbl. Flüss.; ll. in W.; l. in den meisten organ. Lsgm. Zersetzt sich leicht in W. u. polymerisiert sich als reine Lsg. — *Wi.:* Cytostaticum.

2. Fünfringe

2/1 **Pyrrolidin (Tetrahydropyrrol)**

MG 71.12 *FlP* +3 *Kp*$_{760}$ 88.5−89 $D_4^{22.5}$ 0.8520 C_4H_9N

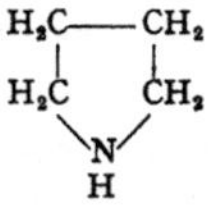

Charakteristik: Fast farbl., an der Luft rauchende Fluss. mit unangenehmem aminartigem Geruch; n_D^{20} 1.443; n_D^{28} 1.4402; ∞ W.; l. in A., Ae., Chlf. u. den meisten organ. Lsgm. — *V.:* In Mohrruben und Tabakblattern, im Mohnsaft.

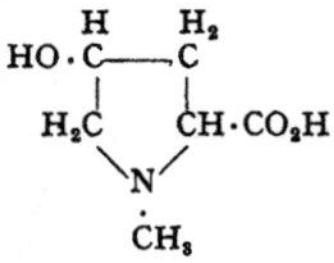

2/2 **4-Hydroxyhygrinsäure**

MG 145.16 *F* 242 (Z.) $C_6H_{11}O_3N$

Charakteristik: Nadeln oder Prismen (W.); $[\alpha]_D$ −85.4° (W.). — *V.:* In der Rinde von Croton gubonga.

2/3 **Noformicin-dihydrochlorid**

MG 270.19 *F* 265 (Z.) $C_8H_{15}ON_5 \cdot 2HCl$

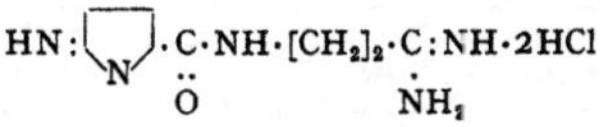

Charakteristik: $[\alpha]_D^{25}$ +7.0° (c = 1.0 W.). — *V.:* In Nocardia formica.

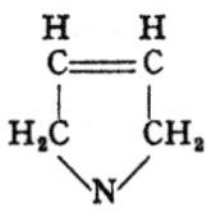

2/4 **Pyrrolin (2,5-Dihydropyrrol)**

MG 69.10 *Kp*$_{748}$ 90−1 D_4^{20} 0.9097 C_4H_7N

Charakteristik: Fast farbl. Fluss. mit unangenehmem, ammoniakahnlichem Geruch; raucht an der Luft; sehr hygroskopisch; absorbiert CO_2, da starke Base; n_D^{20} 1.4664; ∞ W.; l. in A., Ae., Chlf. — *Wi.:* Reizt Schleimhaut u. Haut.

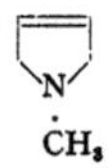

2/5 **N-Methylpyrrolin**

MG 83.13 *Kp* 79−80 C_5H_9N

Charakteristik: Unangenehm riechendes Öl. — *V.:* In Tabakblattern (?), Blattern v. Atropa belladonna.

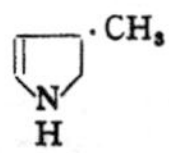

2/6 **β-Methylpyrrolin**

MG 83.13 C_5H_9N

Charakteristik: — *Chlorhydrat:* Nadeln (A.-Ae.); $[\alpha]_D^{21}$ +2.77° (W.). — *V.:* In Piper nigrum (?).

2/7 **Pyrrol (Azol, Imidol, Divinylimin, Rotöl)**

MG 67.09 *F* −24 *Fl* 37 *Kp* 130 D_4^{20} 0.964 C_4H_5N

Charakteristik: Farbl., lichtbrechende Flüss. mit chloroformahnl. Geruch, die sich an der Luft rasch braunt; n_D^{20} 1.5095; ll. in A., Bzl., Ae.; wl. in W.; unl. in wssr. Alkalilsgn.; in verd. Säuren Zersetzung, z. B. Übergang in verd. HCl in Phenolrot, auch Polymerisationen. — *V.:* Im Steinkohlenteer, im ather. Öl aus Zweigen des Citronen- u. Orangenbaumes, der Blätter v. Lippia citriodora. — *Verwend.:* Reagens auf Holzstoff u. Aldehyde. Rotfärbg. mit einem mit konz. HCl befeuchteten Fichtenspan.

2/8 Pyrrol-2-carbonsäure (α-Carbopyrrolsäure, Minalin)

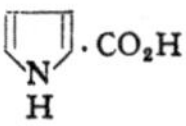

MG 111.16 *F* 192 (Z.) $C_5H_5O_2N$

Charakteristik: Blättchen (W.). — *V.:* Hydrolyseprodukt aus dem Aglykon der Hefe-Invertase.

2/9 Hydroxyminalin

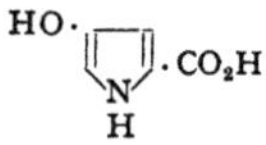

MG 127.10 $C_5H_5O_3N$

Charakteristik: — *V.:* Hydrolyseprodukt aus dem Aglykon der Penicillium- u. Aspergillus-Pektase.

2/10 Pyrrol-α-methylketon (Pseudoacetylpyrrol)

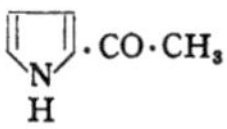

MG 109.13 *F* 90 C_6H_7ON

Charakteristik: Nadeln (Ae., W.). — *V.:* In Wurzeln v. Valeriana officinalis.

3. Sechsringe

a) Piperidine

3a/1 **Piperidin (Hexahydropyridin, Pentamethylimin)**

MG 85.16 *F* —10.5 *FlP* 16 Kp_{760} 106.3
Kp_{20} 18 D_4^{20} 0.8622 $C_5H_{11}N$

Charakteristik: Farbl. Flüss. mit pfefferart. Geruch; n_D^{20} 1.4530; pK b. 25°: 2.80; ∞ W.; ll. in A., Ae., Bzl., Chlf. — *Hydrochlorid*, $C_5H_{11}N \cdot HCl$: rhomb. Prismen (A.); *F* 247; ll. in W., A. — *Nitrat*, $C_5H_{11} \cdot HNO_3$: hygroskop. Platten; subl. bei 75 °C u. 10 mm Hg; *F* 110; ll. in W., A., Ae. — *Bitartrat*, $C_5H_{11}N \cdot C_4H_6O_6$: Krist.; ll. in W. — *Chloroaurat*, $C_5H_{11}N \cdot AuCl_4$: gelbe Krist.; *F* 219. — *Chloroplatinat*, $(C_5H_{11}N)_2 \cdot H_2PtCl_6$: gelbe monokline Prismen (W.); *F* 202; ll. in W.; wl. in A. — *Pikrat*, $C_5H_{11}N \cdot C_6H_3O_7N_3$: gelbe trikline Nadeln (W., A.); *F* 150 (Z.); ll. in Ac., Essigester, h. W. — *N-Benzoylpiperidin:* Lange Nadeln; *F* 44—48. — *V.:* In schwarzem Pfeffer.

3a/2 **2-Methyl-piperidin (DL-α-Pipecolin)**

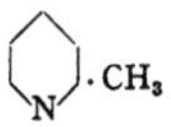

MG 99.17 *F* —5 *Kp* 119 D^{24} 0.844 $C_6H_{13}N$

Charakteristik: Flüss.; $n_D^{24.3}$ 1.44627; ll. in A., Ae.; l. in W.; unl. in verd. KOH-Lsg.

3a/3 **N-Methyl-piperidin**

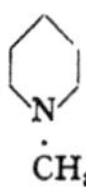

MG 99.17 *Kp* 106—7 $C_6H_{13}N$

Charakteristik: Flüss. — *V.:* In Girgensohnia-Arten.

3a/4 **Triacetonamin**

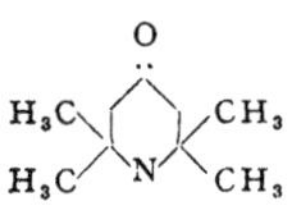

MG 155.24 *F* 34.5—35 (w.-frei) $C_9H_{17}NO$

Charakteristik: Krist. — *V.:* In Acalypha indica.

3a/5 **Piperidin-3-carbonsäure (Nipecotinsäure, Hexahydronicotinsäure, Dihydrogunacin)**

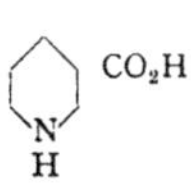

MG 129.16 *F* 261 (Z.) $C_6H_{11}NO_2$

Charakteristik: Krist. (A.); ll. in W.; unl. in abs. A., Ae. — *Hydrochlorid*, $C_6H_{11}NO_2 \cdot HCl$: *F* 240—2; ll. in W.; l. in A.; wl. in Chlf.; unl. in Ae., Bzl, Ac.

b) Pyridine

3b/1 **Pyridin**

MG 79.10 *F* —42 Kp_{760} 115—16
D_4^{25} 0.9780 C_5H_5N

Charakteristik: Farbl. Flüss. mit charakterist. unangenehmem Geruch u. scharfem Geschmack; n_D^{20} 1.5102; bildet eine azeotrope Mischung mit 3 Mol W.: *Kp* 92—3; mit W.-Dampf flüchtig;

∞ W., A., Ae., PAe., Ölen u. vielen anderen organ. Flüss. — *Verwend.:* Gutes Solvens für viele organ. u. anorgan. Verbb., schwache Base, die mit Säuren Salze bildet. — *Wi.:* Antiseptisch; Störungen des Zentralnervensystems, Depression, Reizung v. Haut u. Schleimhauten, Leberschäden, Impotenz. — ***Hydrochlorid,*** $C_5H_5N \cdot HCl$: *MG* 115.48; *F* 82; *Kp* 218—19; l. in W., A., Chlf.; unl. in Ae. — ***Nitrat,*** $C_5H_5N \cdot HNO_3$: Weiße Krist.; *MG* 142.11; l. in W., A. — ***Sulfat,*** $C_5H_5N \cdot H_2SO_4$: Weiße, zerfließl. Krist.; *MG* 177.18; l. in W., A. — ***Pyridiniumsulfat*** (***Anhydropyridin-schwefelsäure***), $(C_5H_5N)^+ \cdot SO_3^-$: *MG* 159.16; *F* 155. — ***Quecksilberchlorid-Salz,*** $C_5H_5N \cdot HgCl_2$: *F* ca. 180; swl. in W. — ***Citrat,*** $C_5H_5N \cdot C_6H_8O_7$: Weißes Pulver; *MG* 271.22; l. in W., A. — ***Pyridoniumbromid-perbromid,*** $(C_5H_5N)^+HBr_3^-$: Orange Nadeln (Eg.), geruchlos, nichtflüchtig; *MG* 319.85; wl. in Eg. — Dissoziiert in Gegenwart eines Bromacceptors, z. B. Alken, u. setzt 1 Mol Brom frei. — *Verwend.:* Zu Bromierungen.

3b/2 **2-Methylpyridin (2-Picolin, α-Picolin)**

MG 93.12 *F* —70 *FlP* 29 *Kp* 128—9 D_4^{15} 0.950 C_6H_7N

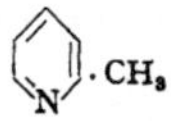

Charakteristik: Klare farbl. Flüss. mit streng unangenehmem pyridinähnlichem Geruch; n_D^{20} 1.501; ∞ A., Ae.; ll. in W. — *Verwend.:* Solvens für Kautschuk, Steigflüss. in der Papierchromatographie.

3b/3 **3-Methylpyridin (3-Picolin, β-Picolin)**

MG 93.12 *Kp* 143—4 D_4^{15} 0.9613 C_6H_7N

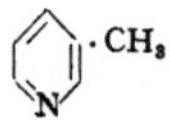

Charakteristik: Farbl. Flüss. mit süßlichem, nicht unangenehmem Geruch; n_D^{24} 1.5043; ∞ W., A., Ae. — *Verwend.:* Solvens, z. B. für Nicotinsäure u. Nicotinsäureamid.

3b/4 **4-Methylpyridin (4-Picolin, γ-Picolin)**

MG 93.12 Kp_{760} 145 D_4^{15} 0.9571 C_6H_7N

Charakteristik: Flüss. mit süßlichem, widerwärtigem Geruch; n_D^{17} 1.5064; l. in W., A., Ae. — *Verwend.:* Solvens.

3b/5 **2,4-Dimethylpyridin (2,4-Lutidin, α,γ-Lutidin)**

MG 107.15 D_4^0 0.9493 *Kp* 157.1 (159)

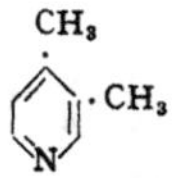

Charakteristik: Farbl., durchdringend riech. Flüss.; 20 k. W.; l. in A., Ae.; unl. in h. W.

3b/6 **2,6-Dimethylpyridin (2,6-Lutidin, α,α'-Lutidin)**

MG 107.15 D_4^0 0.942 *Kp* 143

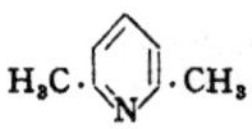

Charakteristik: Farbl., pfefferminzartig riech. Flüss.; ∞ <45° W.; ll. in A., Ae., h. W.

3b/7 **3,4-Dimethylpyridin (3,4-Lutidin, β,γ-Lutidin)**

MG 107.15 *Kp* 163.5—64.5

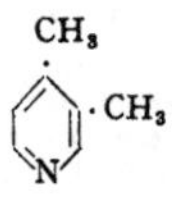

Charakteristik: Farbl. Flüss.; l. in A., Ae.

3b/8 **4-Äthyl-2-methylpyridin (α-Kollidin)**

MG 121.18 D_4^{15} 0.9268 *Kp* 179

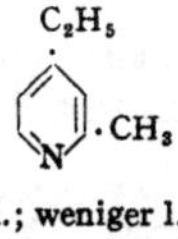

Charakteristik: Farbl. Flüss.; ll. in A., Ae.; l. in k. W., Bzl.; weniger l. in h. W. — Oxydiert sich leicht.

3b/9 **4-Äthyl-3-methylpyridin (β-Kollidin)**

MG 121.18 D_4^0 0.966 *Kp* 195—96

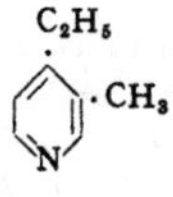

Charakteristik: Farbl. Flüss.; l. in A., Ae., Chlf.; unl. in W.

3b/10 **2,4,6-Trimethylpyridin (γ-Kollidin, symm. Kollidin)**
MG 121.18 D_4^{20} 0.917 *Kp* 172

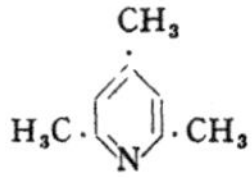

Charakteristik: Farbl. Fluss.; 20.8 W. 6°; 3.5 W. 20°; 1.8 W. 100°; ∞ Ae.; l. in A. — *Pikrat: F* 155—56.

3b/11 **Pyridin-3-aldehyd-thiosemicarbazon**
MG 166.22 *F* 222—23

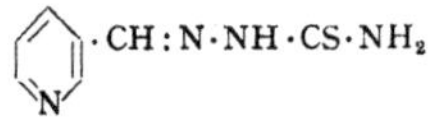

Charakteristik: Farbl. Krist.; wl. in W., A. — *Wi.:* Tuberkulostaticum.

3b/12 **Pyridin-4-aldehyd-thiosemicarbazon**
MG 166.22 *F* 232—34

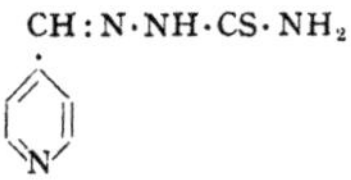

Charakteristik: Farbl. Krist.; l. in A.; wl. in W. — *Wi.:* Tuberkulostaticum.

3b/13 **3-Acetylpyridin (β-Acetylpyridin, Methyl-3-pyridinketon)**
MG 121.13 *F* 13—14 $Kp_{90-92.5}$ 220

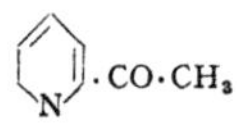

Charakteristik: Fluss.; ll. in k. W., A., Ae. — *Wi.:* Antagonist von Niacin (Tiere, nicht Bakterien). — *Hydrochlorid:* Krist. (A.); *F* 176—76.5. — *Quecksilberchlorid-Verbindung: F* 158

3b/14 **2-Pyridincarbonsäure (Picolinsäure)**
MG 123.11 *F* 137 *Kp* subl.

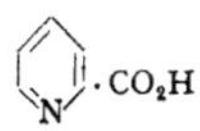

Charakteristik: Nadeln (W., A.); 5.44 A. 25°; ll. in W.; swl. in Ae., Bzl., Chlf. — *Amid: F* 105.

3b/15 **α-Pyridin-ornithursäure (N,N′-bis-[pyrimidin-α-carboxyl]-L-ornithin)**

MG 344.36 *F* 189—94

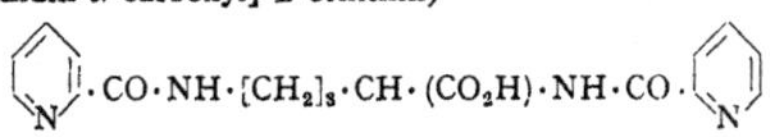

Charakteristik: Blattchen (A.); ll. in h. A.; swl. in Ae., W.

3b/16 **3-Cyanpyridin (Nicotinonitril)**
MG 104.11 *F* 50 *Kp* 201

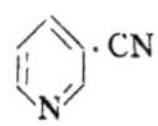

Charakteristik: Farbl. Nadeln, fluchtig bei Zimmertemperatur; ll. in W., A., Ae.; evtl. Lg. — *Wi.:* Nicotinsaurewirkung (Hefe).

3b/17 **3-Pyridin-carbonsäure (Nicotinsäure, PP-Faktor)**
MG 123.11 *F* 234—37 *Kp* subl.

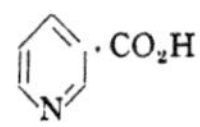

Charakteristik: Farbl., sauer schmeck. Nadeln (W., A.); 0.73 A. 25°; l. in h. W.; wl. in k. W.; swl. in Ae. Stabil gegen Erwarmen und Oxydation. — *Methylester: MG* 138.14: Krist.; *F* 38 *Kp* 204; l. in W, A., Bzl. — *Äthylester: MG* 152.17; Fl., erstarrt < 0°, *Kp* 224; ll. in W., A., Ae., Bzl., Lg. — *n-Propylester: MG* 166.20; Fl., *Kp* 232; l. in W., A., Bzl. — *n-Butylester: MG* 180.22; Fl., *Kp* 240; l. in A., Bzl.; wl. in W.

3b/18 **Nicotinsäure-methylbetain (Trigenollin)**
MG 137.14 *F* Hydrat 130; wfr. Braunung 200; 218 (Z.)

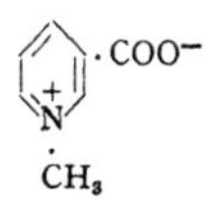

Charakteristik: Prismen + 1 H_2O (96%ig. A.); l. in h. A.; wl. in k. A.; swl. in W.; unl. in Ae., Bzl., Chlf. Lösung reagiert neutral. — *Hydrochlorid:* Nadeln (verd. A.) *F* 257—8; ll. in W.; wl. in A.

3b/19 **1,2,5,6-Tetrahydronicotinsäure (Δ³-Piperidincarbonsäure, Guvacin)**
MG 127.3 *F* 293—5 (Z.)

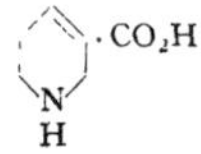

Charakteristik: Prismen (W.); ll. in W.; unl. in abs. A., Ae., Chlf., Bzl.; wssr. Lsg. reagiert neutral. — *Hydrochlorid: F* 316—8; l. in W.; swl. in Ae — *Wi.:* Nicotinsaurewirkung (Bakterien).

3b/20 **1,2,5,6-Tetrahydronicotinsäuremethylester (Guvacolin)**

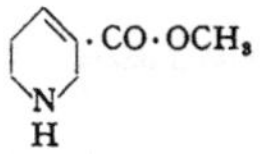

MG 125.17 *F* 27 Kp_{13-14} 114

Charakteristik: Krist.; l. in W., A. — *Hydrochlorid:* Krist. (Chlf. u. Ae.) *F* 121–2; ll. in Chlf., Me., A.; unl. in Ae.; sehr hygroskopisch.

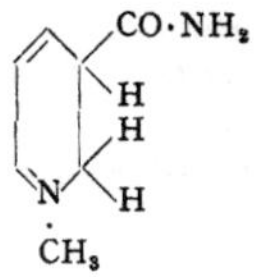

3b/21 **N_1-Methyl-o-dihydronicotinsäureamid**

MG 138.08 *F* 84

Charakteristik: Hellgelbe Krist. (Ae.). λ_{max} 260, 340 mμ.

3b/22 **1-Methyl-1,2,5,6-tetrahydronicotinsäure (1-Methyl-1,2,5,6-tetrahydropyridincarbonsäure(2), Arecaidin, N-Methylguvacin)**

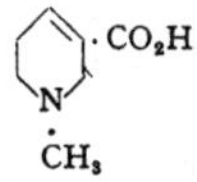

MG 141.16 *F* 232 (Z.)

Charakteristik: Tafeln + 1 H_2O (verd. A.); ll. in W., verd. A.; swl. in abs. A.; unl. in Ae., Chlf., Bzl. Lsg. reagiert neutral. — *Hydrochlorid:* *F* 262–63 (Z.); ll. in W.; wl. in abs. A.; unl. in Ae., Bzl. — *Wi.:* Nicotinsaurewirkung (Bakterien).

3b/23 **1-Methyl-1,2,5,6-tetrahydronicotinsäuremethylester (Arecolin)**

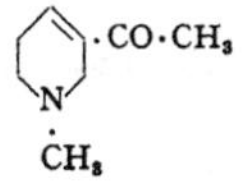

MG 139.18 *Kp* 209

Charakteristik: Öl flüchtig, m. W.-Dampf; l. in W., A., Ae., Chlf. Lsg. reagiert stark alkalisch. — pk_a' 6.8. — *Hydrochlorid:* zers. Nadeln; *F* 151–8; ll. in W., A.

3b/24 **Nicotinsäureamid (Nicotinamid, 3-Pyridincarbonsäureamid, Pellagra-Schutz-Vitamin, PP-Faktor)**

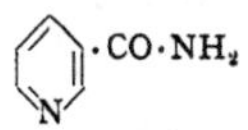

MG 122.12 *F* 129–31

Charakteristik: Farbl. Nadeln u. weißes Kristallpulver; 100 W.; 66.6 A.; 10 Glycerin; wl. in Ae., Bzl. Stabil gegen Erwärmen.

3b/25 **Nicotinsäure-N,N-diäthylamid (Coramin, Cardiamid und andere Handelsnamen)**

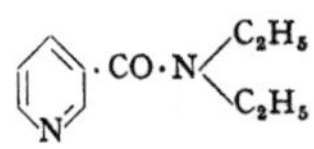

MG 178.23 D_4^{25} 1.058–1.066 *F* 24–26
Kp 296–300 (schw. Z.) Kp_2 150

Charakteristik: Schwach viscös. Fluss. od. krist. Masse; schwach bitterer Geschmack; ∞ W., A., Ae., Chlf., Ac.

3b/26 **Nicotinsäureamid-N-ribosid-bromhydrat (3-Carbonsäureamid-N'-D-ribosido-pyridiniumbromid)**

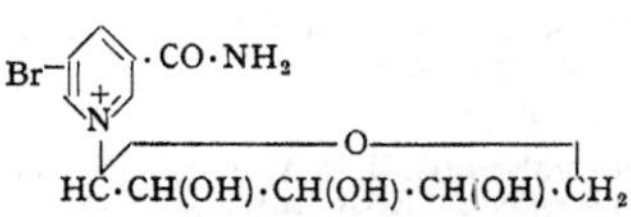

MG 321.16 *F* 147 (Z.)

Charakteristik: Feine nadelförm. Kristallbuschel, nicht hygrosk. — *Triacetat:* Feine Nadeln; *F* 142; l. in W. $[\alpha]_D^{20}$ −4.5° (W.).

3b/27 **Nicotinursäure (Nicotinsäurecarboxymethylamid)**

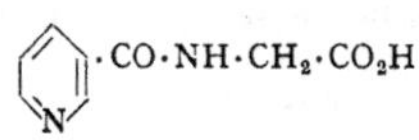

MG 166.15 *F* 225–33 (unscharf)

Charakteristik: Krist. (W.); m. $Ba(OH)_2$ → Nicotinsaure + Glykokoll. — *Cu-Salz:* Hellblau; swl. in W.

3b/28 **5-Fluor-nicotinsäure (5-Fluorpyridincarbonsäure(3))**

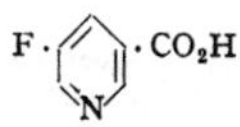

MG 141.10 *F* 195–7

Charakteristik: Krist. (W.); wl. in W.; unl. in verd. Sren. — *Methylester:* *F* 46–50; Kp_{26} 101–02. — *Wi.:* Inhibitor von Nicotinamid.

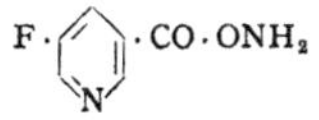

3b/29 **5-Fluor-nicotinsäureamid**
MG 140.09 *F* 173–5

Charakteristik: Krist. (W.). – *Wi.:* Inhibitor von Nicotinamid.

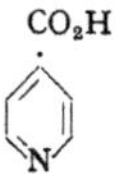

3b/30 **Pyridin-carbonsäure-4 (Isonicotinsäure)**
MG 123.11 *F* 317 (im geschl. Rohr)
Kp subl. (Z.)

Charakteristik: Nadeln (W.); wl. in k. W.; swl. in h. A., Ae., Bzl. – *Amid:* Farbl. Krist., *F* 155.

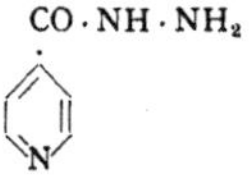

3b/31 **Isonicotinsäure-hydrazid (Neoteben, Rimifon, Isoniazid, INH)**
MG 137.14 *F* 163

Charakteristik: Nadeln (A.); ll. in h. A.; l. in W.; wl. in Ae. – *Chlorhydrat:* Krist. (A.), *F* > 300.

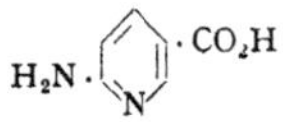

3b/32 **6-Aminonicotinsäure**
MG 138.12 *F* 318

Charakteristik: Krist. (verd. Essigsre.); swl. in d. meist. Lgm. – *Wi.:* Antagonist von PABA (Bakterien). – *Pikrat:* Gelbe Nadeln, *F* 248; swl. in W.

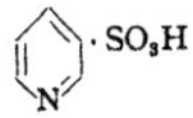

3b/33 **Pyridin-3-sulfosäure (3-Pyridin-sulfonsäure)**
MG 159.16 *F* 339

Charakteristik: Prismen (A.); ll. in W.; wl. in A.; unl. in Ae. – *Wi.:* Antagonist von Nicotinamid (Mikroorganismen).

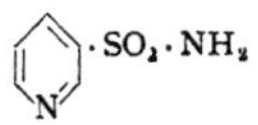

3b/34 **Pyridin-3-sulfosäureamid (Pyridin-3-sulfonamid)**
MG 158.18

Charakteristik: Krist.; l. in h. W.; wl. in k. W., A. – *Wi.:* Antagonist von Nicotinamid (Mikroorganismen).

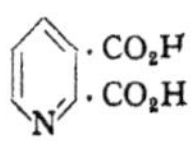

3b/35 **Chinolinsäure (Pyridin-dicarbonsäure-(2,3))**
MG 167.12 *F* 190–5

Charakteristik: Prismen (W.); 0.55 W. 6.5°; swl. in A., Ae.; unl. in Lg. – *Wi.:* Nicotinsäurewirkung (Hund).

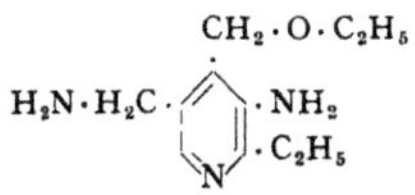

3b/36 **2-Äthyl-3-amino-4-äthoxymethyl-5-aminomethylpyridin**
MG 209.29

Charakteristik: ll. in A.; l. in W. – *Wi.:* Antagonist von Pyridoxin (Mikroorganismen). – *Dihydrochlorid:* Krist. (A.), *F* 214–15; ll. in W.; l. in A.; unl. in Ae.

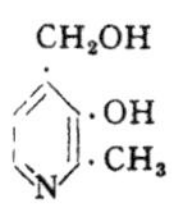

3b/37 **2-Methyl-3-hydroxy-4-hydroxymethylpyridin**
MG 139.15 $Kp_{0.3}$ 135–36

Charakteristik: Flüss.; ll. in A., Ae.; l. in W. – *Wi.:* Antagonist von Pyridoxin (Bakterien). – *Hydrochlorid:* Krist. (A.), *F* 165–66.

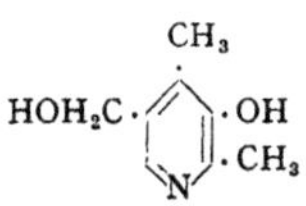

3b/38 **Desoxy-pyridoxin (2,4-Dimethyl-3-hydroxy-5-hydroxymethyl-pyridin)**
MG 153.19

Charakteristik: – *Wi.:* Antagonist von Pyridoxin (Mikroorganismen, Tiere).

3b/39 Pyridoxin (Adermin, Vitamin B_6, 5-Hydroxy-6-methyl-3,4-pyridin-dicarbinol)

MG 170.19 *F* 160 (Z.) *Kp* subl. i. Vak.

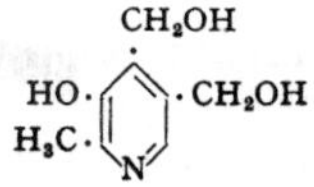

Charakteristik: Drusen farbl. Nadeln od. Blattchen; ll. in W.; l. in A., Ac.; wl. in Ae., hlf. — *Hydrochlorid*, $C_8H_{11}O_3N \cdot HCl$: *F* 206—08 (Z.); 22.2 W.; ll. in A.; wl. in Ac., Ae.

3b/40 Pyridoxamin

MG 168.19 *F* 193—93.5

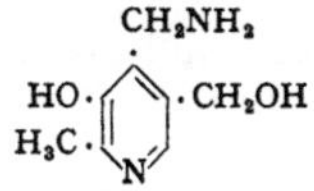

Charakteristik: Krist. (A.), ll. in W.; l. in A., Ae.; unl. in wssr. Alkalicarbonatlsg. — *Hydrochlorid*, $C_8H_{12}O_2N_2 \cdot 2HCl$: *F* 226—27, Krist. (wassr.-alkohol. HCl).

3b/41 Pyridoxal

MG 167.16

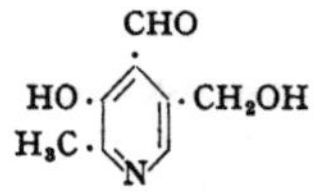

Charakteristik: — *Hydrochlorid:* rhomb. Krist., *F* ~165 (Z.); ll. in W., 95%ig. A. wssr. Lsgn., wärmeempfindlich. λ_{max}: 292,5 mμ; ε_{max} 7.6 × 10^3. — *Oxim:* Nadeln (A.), *F* 225—26 (Z.) — *Semicarbazon:* Krist. (W.), *F* 235.

3b/42 Pyridoxalphosphat (Co-Decarboxylase)

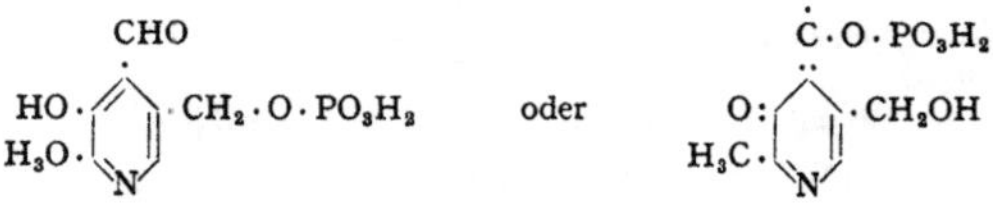

MG 247.14 *F* Z. > 270

Charakteristik: Gelbe Krist., farbl. in saurer Lsg., schw. gelb in alkal. Lsg.; λ_{max} 390 mμ, E_m 3.7 × 10^3 in alkal. Lsg., λ_{max} 295 mμ, E_m 5.1 × 10^3 in saurer Lsg. — *NH_4-Salz:* gelbes Pulver; ll. in W.; swl. in A. — *Ca-Salz:* gelb. Prazipitat; unl. in W., A., Ae. — *Oxim*, $C_8H_{11}O_6N_2P$: Krist.; unl. in W., A., Ae.; *F* 229—30 (Z.). — *O-Methyloxim*, $C_9H_{13}O_6N_2P$: Krist.; unl. in W., A., Ae.; *F* 212—13 (Z.).

3b/43 Pyridoxsäure

MG 183.16 *F* 247—48 (im Bad bei 200°)

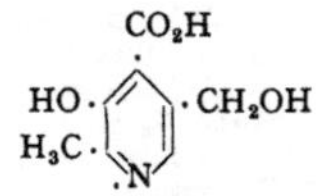

Charakteristik: Weiße wetzsteinförm. Krist.; l. in verd. Alkali; wl. in W., A., Py.; unl. in verd. Sren., Ae. — *Lacton:* Krist. (A.), *F* 272—76; l. in W.

3b/44 Cetylpyridiniumchlorid (1-Hexadecylpyridiniumchlorid)

MG 357.99 *F* 77—83

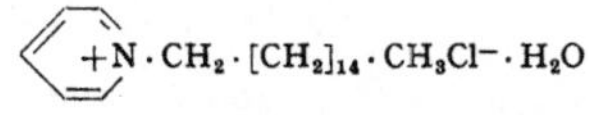

Charakteristik: Weißes Pulver; ll. in W., A., Chlf.; swl. in Bzl., Ae.; p_H der 1%ig. wssr. Lsg. 6.0—7.0; Oberflachenspannung $\sigma^{25°}$: 0.1%ig. wssr. Lsg. 43 dyn cm^{-1}; 1%ig. wssr. Lsg. 41 dyn cm^{-1}; 10%ig. wssr. Lsg. 38 dyn cm^{-1}.

3b/45 5-Amino-2-butoxypyridin (3-Amino-6-butoxypyridin)

MG 166.22 D^{25} 1.037 Kp_{12} 148—50

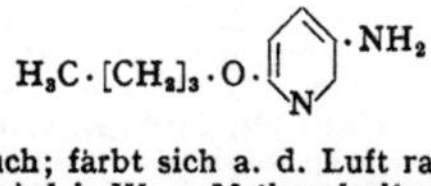

Charakteristik: Ölige Flüss. m. starkem Pyridingeruch; färbt sich a. d. Luft rasch rot; starke Base. — *Dihydrochlorid* $C_9H_{16}ON_2Cl_2$: Krist. (A. + Ae.); l. in W. — *Methanalsulfoacylat* (*6-Butoxy-3-pyridylamino-methyl-natriumsulfit*) $C_{10}H_{15}O_4N_2SNa$: Krist. + $2H_2O$: wird wfr. bei 110°; 12 W.

3b/46 2-[(2-Dimethylaminoäthyl)-(p-methoxybenzyl)-amino]-pyridin (N-p-Methoxybenzyl-N',N'-dimethyl-N-α-pyridyläthylendiamin, Neo-Antergan, Pyrilamin)

MG 285.83 Kp_5 201 $Kp_{0.06}$ 168—72

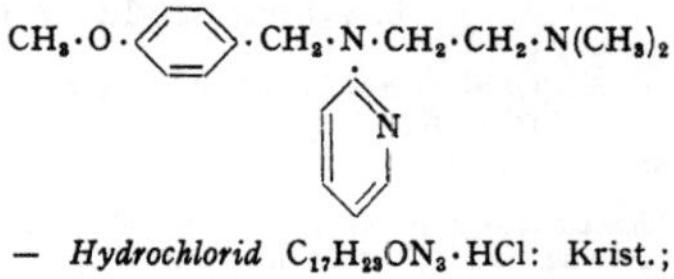

Charakteristik: Ölige Fluss.; n_D^{25} 1.5760—1.5765. — *Hydrochlorid* $C_{17}H_{23}ON_3 \cdot HCl$: Krist.; *F* 143—43.5; ll. in W.

3b/47 **α,α'-Dipyridyl (2,2'-Dipyridyl)**

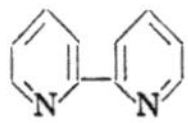

MG 156.18 *F* 69.7 *Kp* 272—73

Charakteristik: Weiße Krist.; 0.5 W.; ll. in A., Ae., Bzl., Chlf., PAe. — *Verwend.:* Gibt Rotfarb. m. Fe^{2+}-Ionen.

4. Pyridone

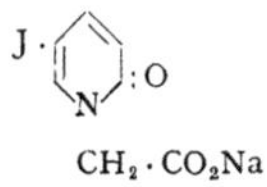

4/1 **5-Jod-2-pyridon-N-essigsäure, Natriumsalz (Uroselectan)**

MG 301.04

Charakteristik: Citronengelbes Kristallpulver mit stechendem Geruch und charakterist. Geschmack; ll. in W.

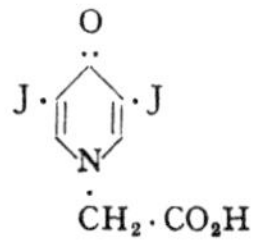

4/2 **3,5-Dijodo-4-pyridon-N-essigsäure (Diodrast, Perabrodil)**

MG 407.11

Charakteristik: Die gebrauchlichste Verbindg. ist das Diathanolaminsalz der Src. — *Verwend.:* Röntgenkontrastmittel.

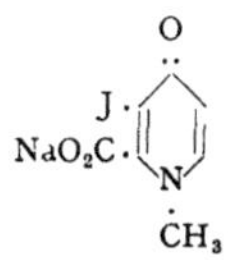

4/3 **3,5-Dijod-1-methyl-chelidamsäure, Natrium-salz (Uroselectan B)**

MG 492.95 *Z.* etwa 200 unt. Aufschaumen

Charakteristik: Krist.; 100 W.; unl. in Chlf., Ae., Ac., PAe.

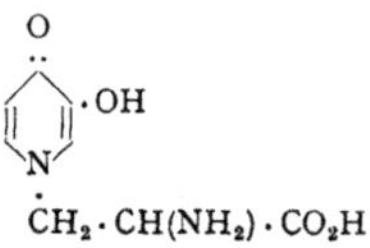

4/4 **Leucenol (Leucenin, β-[N-(3-Oxy-4-pyridon)]-α-aminopropionsäure)**

MG 198.18 *F* 291 (Z.) (Block) (240—45)

Charakteristik: Krist. (W.); opt. inaktiv; l. in verd. Sren.; wl. in W.; swl. in A., Me.; unl. i. d. meist. org. Lsgm.; fallt aus diesen Lsgg. bei p_H 5.4; λ_{max} 282 mμ, log ε = 4.23. — *Hydrochlorid:* *F* 175 (Z.); l. in W. — *Hydrobromid:* *F* 179.5 (Z.); l. in W. — *Hydrojodid:* *F* 183.5 (Z.); l. in W. — *Methylesterdihydrochlorid*, $C_9H_{14}O_4N_2Cl_2$: Krist. (Me.-Ae.); *F* 180—81 (Z.); l. in W., A., Me.; unl. in Ae. — *Opt. akt. Leucenol* = Mimosin: sechsseit. Tafeln; stabil an der Luft; *F* 227—28 (Z.); $[\alpha]_D^{22}$ 21°; 0.2 W.; wssr. Lsg. p_H 4.7; sonst wie Leucenol.

Pyrrole, Pyrrolfarbstoffe und Derivate

Von **W. Siedel**, Frankfurt a. M.-Höchst

Literatur: *Fischer, K.*, u. *H. Orth:* Die Chemie des Pyrrols, Leipzig 1934—1940. Biochem. Handlex. Bd. XIV (7. Erg.-Bd.). — *Flaschenträger-Lehnartz*, Bd. 1 S. 848 u. Bd. 2 S. 996. — *Lemberg, R.*, u. *J. W. Legge:* Hematin Compounds and Bile Pigments, New York 1949. — *Benard, H.*, *A. Gajdos* et *M. Tissier:* Hémoglobine et Pigments Apparentés, Paris 1949. — *Brugsch, J.:* Hamoglobin, der rote Blutfarbstoff, Leipzig 1951. — *Brugsch, J.:* Porphyrine, Leipzig 1959. — *Vannotti, A.:* Porphyrins, London 1954. — *Gray, C. H.:* The Bile Pigments, London 1953. — *Heilmeyer, L.:* Spectrophotometry in Medicine, London 1943. — *Siedel, W.:* Pyrrolfarbstoffe, Hoppe-Seyler/Thierfelder: Bd. IV, 845—1004, Berlin-Gottingen-Heidelberg 1960. — *With, T. K.:* Biologie der Gallenfarbstoffe, Stuttgart 1960.

1. Abbauprodukte natürlicher Pyrrolderivate

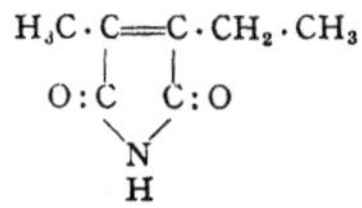

1/1 **Methyl-äthyl-maleinimid; 2,5-Dioxo-3-methyl-4-äthyl-Δ^3-pyrrolin**

MG 139.15 *F* 67—8 $C_7H_9O_2N$

Charakteristik: Farbl. rhomb. Nadeln (Ae.), gut sublimierbar; ll. in A., Chlf.; l. in Ae.; swl. in k. W. Besitzt einen charakteristischen phenolisch-aromatischen, an Jodoform erinnernden Geruch.

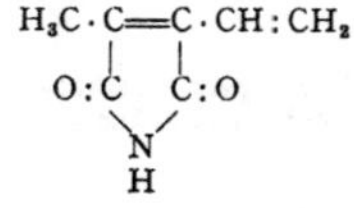

1/2 **Methyl-vinyl-maleinimid; 2,5-Dioxo-3-methyl-4-vinyl-Δ³-pyrrolin („Nitritkörper", erhalten bei der Nitritoxydation des Bilirubins)**

MG 137.13 *F* 86 $C_7H_7O_2N$

Charakteristik: Hochvakuumsublimiert: stark lichtbrech. farbl. Krist.

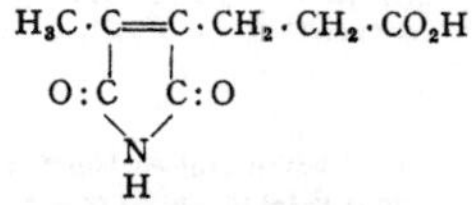

1/3 **Hämatinsäure-imid; β-[2,5-Dioxo-4-methyl-pyrrolinyl-(3)]-propionsäure („Hämatinsäure", „Biliverdinsäure")**

MG 183.16 *F* 114 $C_8H_9O_4N$

Charakteristik: Monoklin. Prismen (Essigsäureäthylester, Ae., PAe.), oft zu Zwillingen verwachsen, so daß d. Krist. rhomb. Habitus erhalten; ll. in W., A., Ae. u. Essigsäureäthylester.

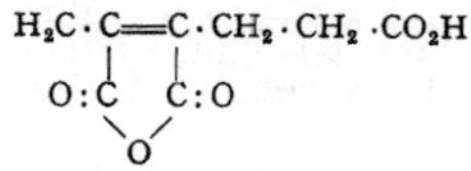

1/4 **„Hämatinsäure-anhydrid"; β-[2,5-Dioxo-4-methyl-dihydrofuryl-(3)]-propionsäure**

MG 184.14 *F* 97–8 $C_8H_8O_5$

Charakteristik: Rhomb. Krist. (Ae) von teils prismatischem, teils tafelförm. Habitus; ll. in d. meist. org. Lösungsm. i. d. Wärme. Aus W. scheidet es sich zuerst ölig aus, erstarrt aber nach kurzer Zeit. Beim Erhitzen mit alkohol. Ammoniak Übergang in Hämatinsäure.

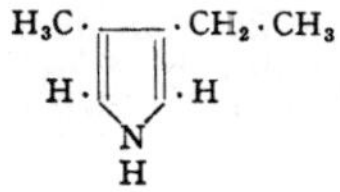

1/5 **Opsopyrrol; 3-Methyl-4-äthylpyrrol**

MG 109.17 *D* 0.9059 *F* +3 Kp_{13} 73–75

$C_7H_{11}N$

Charakteristik: Farbl. Öl, wenig empfindl. geg. O_2. Gibt kein Pikrat! Mit p-Dimethylaminobenzaldehyd in A.-HCl intensiv blaustichige Farb.

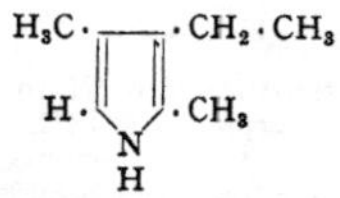

1/6 **Kryptopyrrol; 2,4-Dimethyl-3-äthylpyrrol**

MG 123.19 D_4^{20} 0.918 Kp_{11} 86 $C_8H_{13}N$

Charakteristik: Farbl. Öl, luftempfindl.; ∞ in Ae., A., Chlf., Bzl. Mit p-Dimethylaminobenzaldehyd in A.-HCl Rotfärbung. — *Pikrat* $C_{14}H_{16}O_7N_4$: tafelförm. gelbe Krist. (A.) *F* 137.5. — *Styphnat* $C_{14}H_{16}O_8N_4$: vierkantige Prismen (A.) *F* 136.

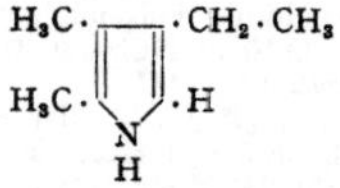

1/7 **Hämopyrrol; 2,3-Dimethyl-4-äthylpyrrol**

MG 123.19 ${}^{20}_{4}D$ 0.915 *F* +13 Kp_{12} 87–88

$C_8H_{13}N$

Charakteristik: Farbl., a. d. Luft braunwerdend. Öl. Mit p-Dimethylaminobenzaldehyd in A.-HCl Rotfärbung. — *Pikrat* $C_{14}H_{16}O_7N_4$: hellgelbe Nadeln (A.); *F* 124; wl. in Ae., k. A.; ll. in Ac. — *Styphnat* $C_{14}H_{16}O_8N_4$: gelbe, schmale, vierseitige Blättchen; *F* 136; swl. in A.

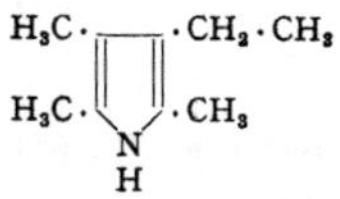

1/8 **Phyllopyrrol; 2,3,5-Trimethyl-4-äthylpyrrol**

MG 137.22 *F* 69 Kp_{12} 86–7 $C_9H_{15}N$

Charakteristik: Farbl., leicht erstarrend. Öl. Auch sublimierbar. Kristallisiert aus PAe. in weißen Blättchen, aus verd. A. in kl. Schuppen. O_2-empfindlich! Reaktion mit p-Dimethylaminobenzaldehyd ist negativ. — *Pikrat* $C_{15}H_{18}O_7N_4$: gelbbraune Prismen (A.); *F* 104–5.

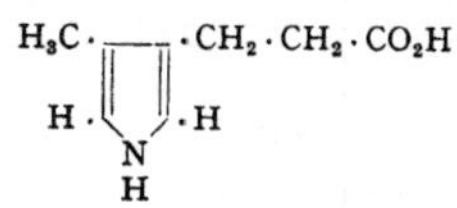

1/9 **Opsopyrrolcarbonsäure; 3-Methylpyrrol-4-propionsäure**

MG 153.18 *F* 119 $C_8H_{11}O_2N$

Charakteristik: Farbl. Kristalle (Chlf.-PAe.); mit Äther extrahiert, O_2-empfindlich. Gibt kein Pikrat. Reaktion mit p-Dimethylaminobenzaldehyd in A.-HCl blaustichig rot. — *Methylester* $C_9H_{13}O_2N$: Kp_{11} 152, *F* 29.5. — *Pikrat des Methylesters* $C_{15}H_{16}O_9N_4$: rote Nadeln (A.); *F* 104.

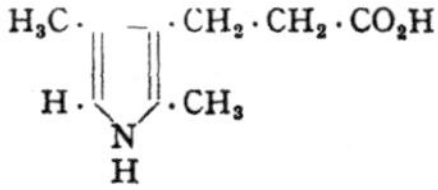

1/10 **Kryptopyrrol-carbonsäure; 2,4-Dimethyl-pyrrol-3-propionsäure**

MG 167.2 *F* 140.5 $C_9H_{13}O_2N$

Charakteristik: Farbl. Prismen (Ae.); ll. in A., Ae.; swl. in PAe. O_2-empfindlich. Mit p-Dimethylaminobenzaldehyd in A.-HCl Rotfärbung. — *Pikrat* $C_{15}H_{16}O_9N_4$: gelbe Prismen (A.), *F* 156. — *Methylester* $C_{10}H_{15}O_2N$: Kp_{12} 151, *F* 47—8. — *Pikrat des Methylesters* $C_{16}H_{18}O_9N_4$: gelb., zentrisch gruppierte Nadeln (A.), *F* 107—8.

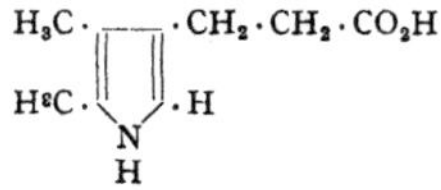

1/11 **Hämopyrrol-carbonsäure; 2,3-Dimethyl-pyrrol-4-propionsäure**

MG 167.2 *F* 130—131 Kp_{12} 130 $C_9H_{13}O_2N$

Charakteristik: Büschelförm. vereinigte farbl. Nadeln (Ae.-PAe. sowie h. W.). Mit p-Dimethylaminobenzaldehyd in A.-HCl Rotfärbung. — *Pikrat* $C_{15}H_{16}O_9N_4$: gelbe Prismen (A.), *F* 148. — *Methylester* $C_{10}H_{15}O_2N$: farblose flache Nadeln (Me.), *F* 57. — *Pikrat des Methylesters* $C_{16}H_{18}O_9N_4$: braune Prismen (A.), *F* 122.

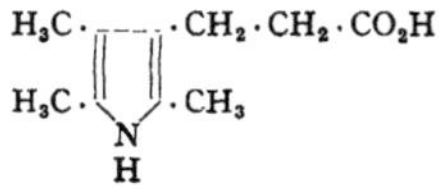

1/12 **Phyllopyrrol-carbonsäure; 2,4,5-Trimethyl-pyrrol-3-propionsäure**

MG 181.23 *F* 86—8 $C_{10}H_{15}O_2N$

Charakteristik: Farbl. Prismen (aus W. umkrist.), Öl (Ae.), erstarrt nach kurzem Reiben. — *Pikrat* $C_{16}H_{18}O_9N_4$: gelbe Nadeln (A.), *F* 124—5. — *Methylester* $C_{11}H_{17}O_2N$: Kp_{12} 162. — *Pikrat des Methylesters* $C_{17}H_{20}O_9N_4$: Krist. (A.), *F* 97—8.

2. Porphobilinogen

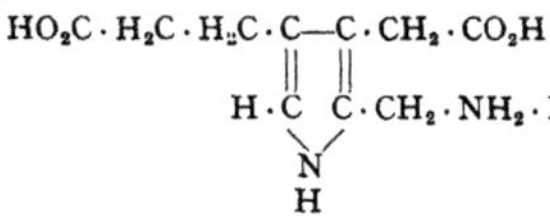

2/1 **Porphobilinogen; 2-Aminomethyl-pyrrol-3-essigsäure-4-propionsäure**

MG 244.24 $C_{10}H_{14}O_4N_2 \cdot H_2O$

Charakteristik: Aus Harn von Patienten mit akuter Porphyrie isoliert. Kristallisiert d. Umfallen aus 0.5 n Ammoniaklsg. mit n-Essigsre. Mit Dimethylaminobenzaldehyd in A.-HCl Rotfärbung, jedoch langsame Entwicklung.
Hydrochlorid $C_{10}H_{14}O_4N_2 \cdot HCl \cdot H_2O$: farbl. Nadeln (2 n HCl).
Hydrobromid $C_{10}H_{14}O_4N_2 \cdot HBr$: löslicher als das Hydrochlorid. Porphobilinogen gibt beim Erhitzen in 0.5 n HCl auf 100°/20 Min. die Uroporphyrine I + III.

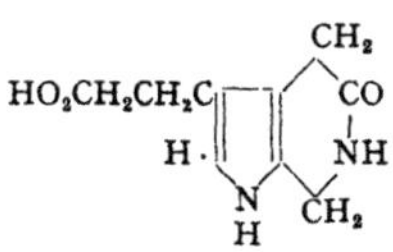

Lactam $C_{10}H_{12}O_3N_2$: dargestellt mittels Acetanhydrid + Py. + W. Farbl. Blättchen aus 1 n NH_3 und 0.5 n HCl. Blaue Fluorescenz im UV, Ehrlichsche Reaktion sofort +. UV-Absorption in 0.01 n NaOH Max. 210 mμ.
Lactam-methylester $C_{11}H_{14}O_3N_2$: farblose Blättchen (A.); subl. b. 230°/0.1 mm Hg, *F* 248—250, im UV Blaufluorescenz.

3. Gallenfarbstoffe und Derivate

a) Zweikernige

3a/1 **„Bilifuscin" (Gemisch von Bilifuscin I u. II)**

MG (302.3)n $(C_{16}H_{18}O_4N_2)n$

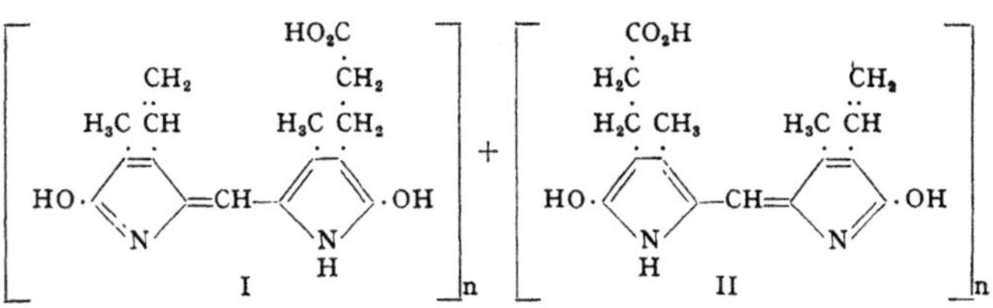

Charakteristik: Braune amorphe Substanz, verhält sich wie Mesobilifuscin.

3a/2 **„Mesobilifuscin" (Gemisch von Mesobilifuscin I u. II)**

MG (304.3)n $(C_{16}H_{20}O_4N_2)n$

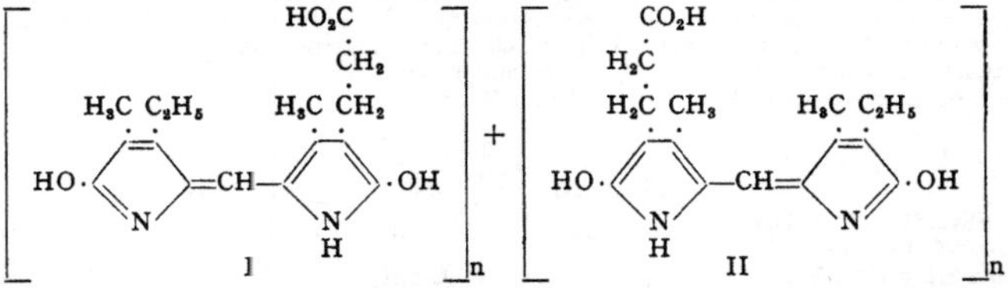

Charakteristik: Braune amorphe Substanz; l. in A.; i. d. and. Lösungsm. wesentlich schwerer lösl. als der Methylester. Mit Zn-acetat bzw. Cu-acetat entstehen swl., amorphe Komplexverbb. Keine Gmelin-Reaktion; keine Reaktion mit p-Dimethylaminobenzaldehyd. — *Mesobilifuscinmethylester* $C_{17}H_{22}O_4N_2$: Braune amorphe Flocken (Me.-PAe.); *F* 172—6 (korr.); ll. in A., Essigester, Py., Eg.; wl. in Bzl., Chlf.; unl. in PAe., Ligroin, Ae. Mit Zn- u. Cu-acetat entstehen swl. Komplexsalze.

3a/3 **Propentdyopent („natürliches" Propentdyopent)**

MG 318.32 *F* 197 (korr.) $C_{16}H_{18}O_5N_2$

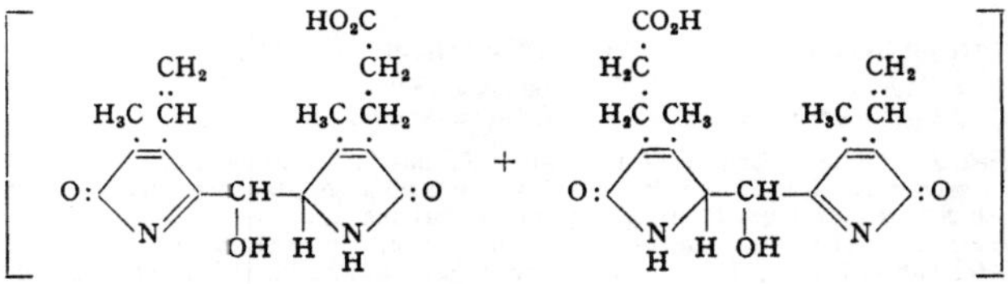

Charakteristik: Farbl. Nadeln (aus Ae. umkrist.); l. in A. Mit Natronlauge Rotfärbung;
Absorptionsmaxima bei 529 mμ (Propentdyopent aus Bilirubin);
" " 525 mμ (Propentdyopent aus Hämoglobin, Hämin);
" " 522 mμ (Propentdyopent aus Urobilin, Urobilinogen; in letzterem Falle enthält das Propentdyopent Äthylgruppen anstelle der Vinylgruppen).

3a/4 **Bilirubinsäure (Gemisch von: 5-Hydroxy-4,3',5'-trimethyl-3-äthylpyrromethan-4'-propionsäure u. 5-Hydroxy-3,3',5'-trimethyl-4-äthylpyrromethan-4'-propionsäure)**

MG 304.36 *F* 187—8 $C_{17}H_{24}O_3N_2$

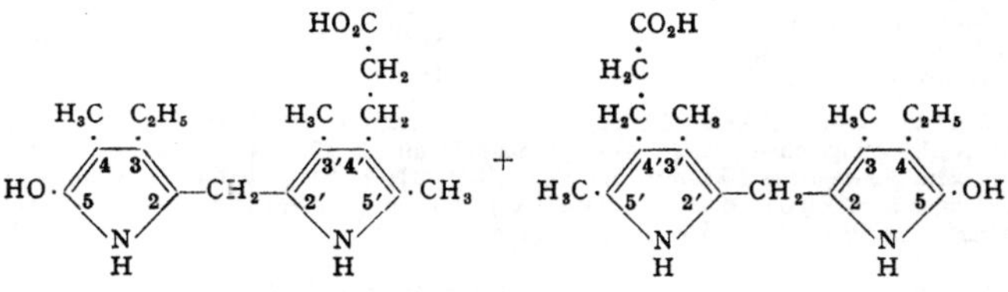

Charakteristik: Entsteht bei der Reduktion des Bilirubins m. HJ. Aus Me. oder Me.-W. dreiseit. charakterist. Blättchen (Me. bzw. Me.-W.); ll. in Me., Ae., Chlf., Eg.; swl. in Essigsaureathylester; fast unl. in PAe. und Bz.

b) Vierkernige

$C_{33}H_{36}O_6N_4$

3b/1 **Bilirubin; 1',8'-Dihydroxy-1,3,6,7-tetramethyl-2,8-divinyl-bili-dien-(2'α,7'γ)-4,5-di-propionsäure (Hämatoidin)**

MG 584.66

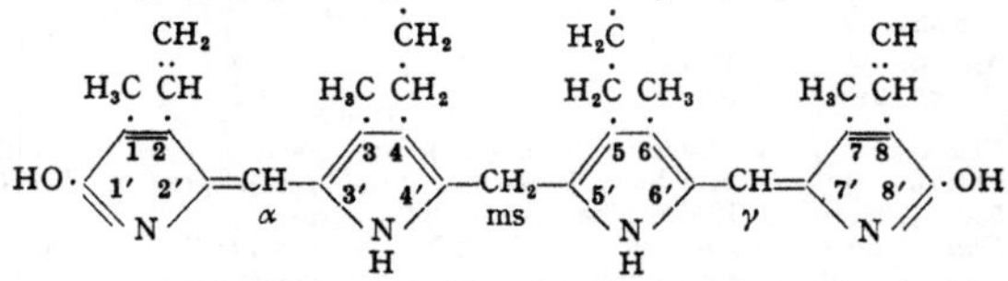

Charakteristik: Orangerote monokline Prismen od. rhomboide Plattchen (Chlf.) mit der Auslosungsschiefe 12°, wetzsteinförm. Krist. (Dimethylanilin); ll. in Alkalien (PAe.); wl. in A.; swl. in Ae.; unl. in W. — Bilirubin zeigt in alkal. Lsg. im sichtbaren Licht eine kontinuierliche

Absorption mit Maximum bei 432 mμ. Eine 1 mg-%ige Lsg. in Chlf. weist eine selektive Absorption von 490—400 mμ mit Maximum bei 450 mμ auf.
Wird durch katalytische Reduktion mit Pd/H_2 in Mesobilirubin, durch Reduktion mit Natriumamalgam in Urobilinogen ubergefuhrt. Reduktion mit HJ in Eg. fuhrt zu Bilirubinsaure.
Bilirubin-dimethylester $C_{35}H_{40}O_6N_4$: *MG* 612.71. Orangerote Rhomboeder od. buschlig verwachsene prismatische Nadelchen (PAe.), *F* 198—200 (Sinterung ab 165); sll. in Ac., Chlf., Bzl., Toluol, Eg. u. Essigester; ll. in h. Me.; swl. in Ae., PAe.

3b/2 **Biliverdin; 1′,8′-Dihydroxy-1,3,6,7-tetramethyl-2,8-divinyl-bilitrien (2′α,4′ms bzw. 5′ms,7′γ)-4,5-dipropionsäure (Oocyan, Uteroverdin)**

MG 582.6 Kein *F*

$C_{33}H_{34}O_6N_4$

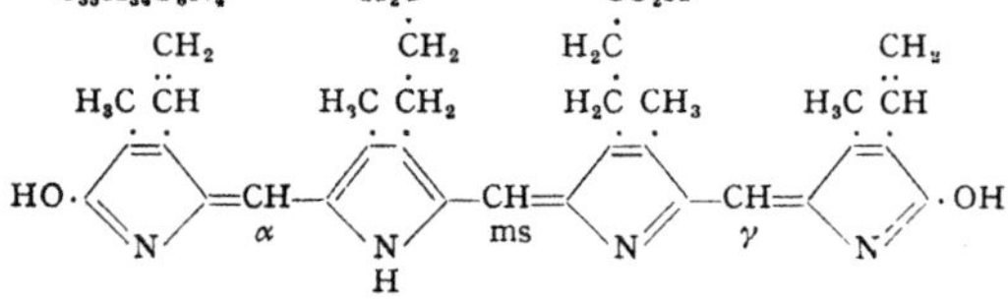

Charakteristik: l. in Amylalkohol; swl. in Me., Chlf., Ae. Sehr empfindlich gegen Oxydationsmittel.
Biliverdin-dimethylester $C_{35}H_{38}O_6N_4$: *MG* 610.7, *F* 206—9; feine Prismen v. blaugruner Farbe (Me.).

3b/3 **Pterobilin (Blauer Farbstoff aus Pieridenflügel (Kohlweißling))**

MG 614.72 als Ester *F* 233—44 Kofler-Mikroskop (Ester)
Methylester $C_{35}H_{42}O_6N_4$: wahrsch. isomer mit Biliverdinester.

Charakteristik: Pterobilin ist in Chlf.-Essigester, Me. mit blauer Farbe, in Alkalien und starken Sren mit gruner Farbe loslich. Kristallisiert in dunkelblauen Stabchen, die bis 315° kein *F* haben. Ab 200° tritt geringe Sinterung und Schwarzfarbung ein.
Methylester: kleine blaue Prismen (Essigester); ll. in Chlf., Py.; swl. in Ae., A., Essigester. Der Methylester laßt sich mit n HCl aus der ather. Lsg. ausschutteln. UV-Absorption des Methylesters (in Dioxan): 364; 324; 286 mμ.
Zn-Komplexsalz des Methylesters $C_{35}H_{36}O_6N_4Zn$: feine grune Nadeln (aus Chlf.-Me.); kein *F*.

3b/4 **Mesobilirubin (Mesobilirubin-IX,α); 1′,8′-Dihydroxy-1,3,6,7-tetramethyl-2,8-diäthyl-bili-dien-(2′α,7′γ)-4,5-dipropionsäure.**

MG 588.68 *F* undeutlich bei 300° unt. Dunkelfarbung (im Röhrchen). Auf dem Kofler-Mikroskop kein *F*.

$C_{33}H_{40}O_6N_4$

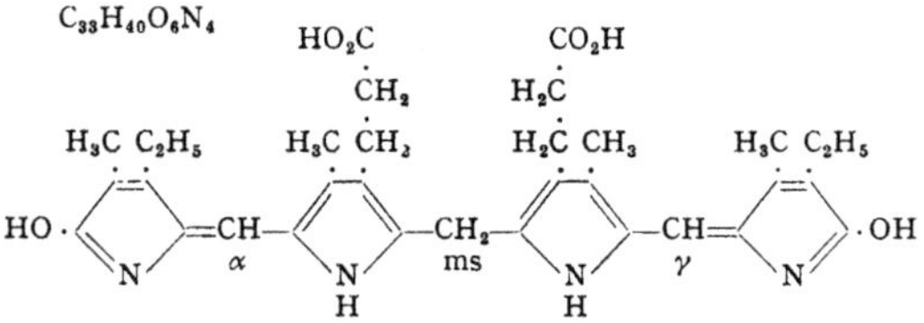

Charakteristik: Feine goldgelbe Nadeln (Py.), gelbe rhomb. Blattchen (Chlf.), Kantenwinkel 49—52, Ausloschungsschiefe ca. 7°. Absorptionsspektrum: Z. phys. Chem. A. **180**, 25 (1937).
Mesobilirubin-dimethylester-dihydrochlorid $C_{35}H_{44}O_6N_4 \cdot 2HCl$: *MG* 689.66; grunglanzende, rotdurchscheinende hexagon. Blattchen (Me.-HCl), ebener Kantenwinkel 100—1; *F* 190 unt. Dunkelfarb.; sll. in Chlf.; l. in h. Eg.; wl. in A.

3b/5 **Glaukobilin (Glaukobilin-IX,α); 1′,8′-Dihydroxy-1,3,6,7-tetramethyl-2,8-diäthyl-bilitrien (2′α,4′ms bzw. 5′ms,7′γ)-4,5-dipropionsäure**

MG 586.66 *F* 316—18 (korr.), 210—20 Sint.

$C_{33}H_{38}O_6N_4$

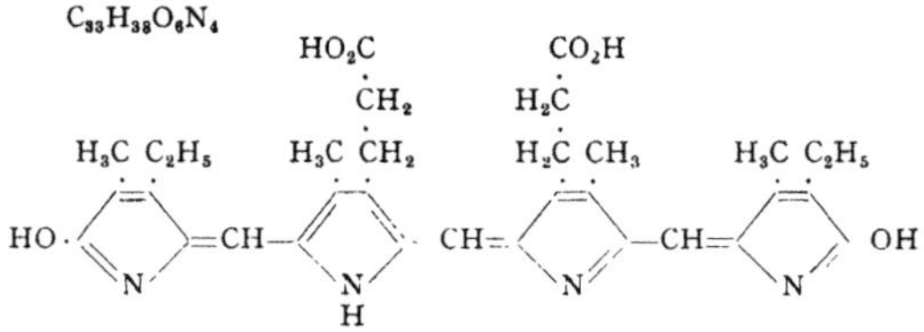

Charakteristik: Blauviolette lange dunne rosettenart. verwachs. Nadeln (Me.). Die Lsgn. in Chlf. od. Me. sind rein blau. Spektrum: (in Me.) Absorption im Rot 685—650; (sehr schwach) 580—560 mμ. Das Hydrochlorid ist in Chlflsg. grun.
Glaukobilin-IX, α-dimethylester $C_{35}H_{42}O_6N_4$: *MG* 614.72; *F* 232—4 (korr.). Linealformige Prismen (Chlf.-Me.), blau mit auffalligem Dichroismus (zwischen gekreuzten Nicols ist keine Dunkelstellung zu erreichen); sll. in Chlf.; wl. in Bzl.
Ferrobilin $C_{33}H_{38}O_6N_4 \cdot FeCl_3 \cdot HCl$· *MG* 785.35. *F* 265. Grune haarformige Krist (Ae); ll in Ac.; swl in Eg; unl. in Chlf.

3b/6 **Urobilin (Urobilin-IX,α); 1',8'-Dihydroxy-1,3,6,7-tetramethyl-2,-diäthyl-bili-en-(4'ms bzw. 5'ms)-4,5-dipropionsäure**

MG 590.7 *F* 174—7 (korr.)
b. 158 Dunkelfärb.

$C_{33}H_{42}O_6N_4$

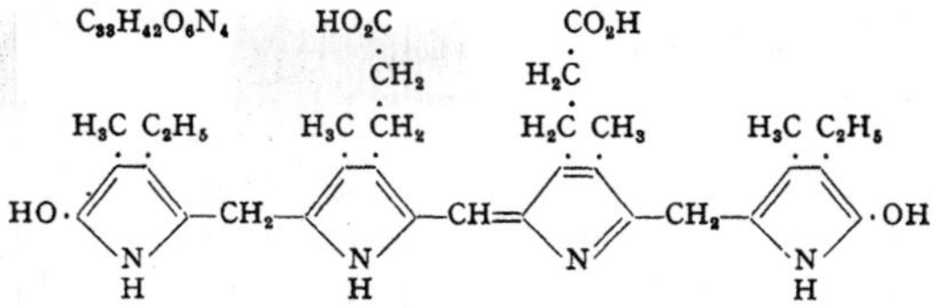

Charakteristik: Feine orangegelbe Nadeln (Ac.), lanzettförmige Blättchen (Chlf.), die Kristall-Chlf. enthalten und a. d. Luft verwittern; ll. in Chlf., Me., Ae., Eg.; swl. in Bzl., Ae.; unl. in PAe. Urobilin zeigt in alkohol. Zn-acetat-Lsg. eine intensive Grünfluorescenz mit einer Absorptionsbande bei 516—500 mμ (Absorptionsmax. 509.5 mμ).
Urobilin-IX,α-hydrochlorid $C_{33}H_{42}O_6N_4 \cdot HCl$: *MG* 627.16. Orangerote spindelförmige Krist. (Ac.), *F* 199—200 (korr.); ll. in Me., A., Eg.; l. in Chlf.; swl. in Ac. und Bzl.; fast unl. in Ae.; unl. in PAe. Absorption: (in A.) 506—480 mμ; (in Chlf.) 510—485 mμ.

3b/7 **Urobilinogen; 1',8'-Dihydroxy-1,3,6,7-tetramethyl-2,8-diäthyl-bilan-4,5-dipropionsäure (Urobilinogen-IX,α; Mesobilirubinogen-IX,α)**

MG 492.72

$C_{33}H_{44}O_6N_4$

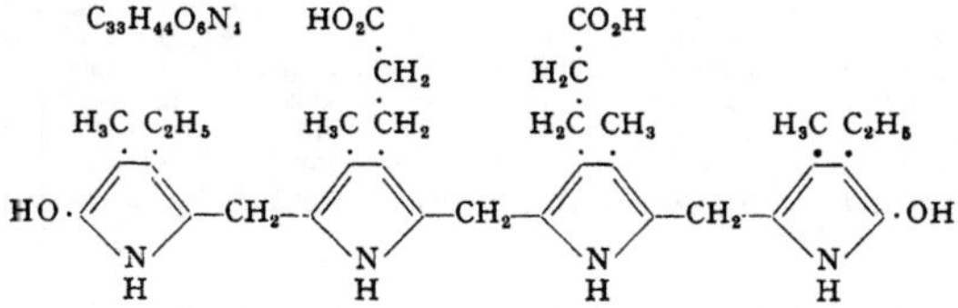

Charakteristik: Monokl., farbl. Prismen (Chlf.); ll. in Ammoniak, konz. HCl, Chlf.; swl. in Essigsaureathylester, Bzl., Lg., PAe., Ae., W.
Urobilinogen tritt in einer aciden und einer nichtaciden Form auf. Sie unterscheiden sich dadurch, daß erstere in Natriumhydrocarbonatlsg. (unt. CO_2-Entw.), aber auch in Essigsäureathylester loslich ist, wahrend die nichtacide Form darin schwer löslich ist. Der Lösung der aciden Form in Natriumhydrocarbonat laßt sich mitt. Chlf. wieder die nichtacide Modifikation entziehen. Letztere kristallisiert in derben, farbl., monokl. Prismen mit dem *F* 197—200. Die Kristalle farben sich an der Luft durch Dehydrierung zum Urobilin oberflachlich leicht rötlich, werden aber beim Waschen mit Essigsäureathylester wieder farblos. Wird durch $FeCl_3$ in salzsaur. Lsg. in Mesobiliviolin ubergefuhrt. Gibt mit p-Dimethylaminobenzaldehyd in verd. HCl i. d. Kalte eine intensive Rotfärb.; Spektrum (Max.): 556; 505 mμ. Gibt beim Erwärmen mit ammoniakalischer Cu-Sulfatlsg. Violettfarb. m. d. Spektrum: (Max.) 665; 600; 503 mμ.

3b/8 **D-Urobilin**

MG 588.7 *F* 172—4 $C_{33}H_{40}O_6N_4$

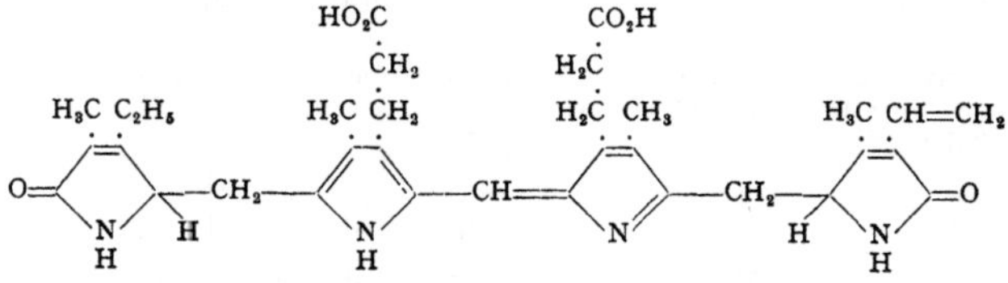

Charakteristik: Lange orangegelbe Nadeln (Ac.) Absorptionsmax. (Dioxan): 494 mμ. Rechtsdrehend $[\alpha]_{20°}^{589}$ + 5000°; Grunfluorescenz mit alkohol. Zn-Acetat-Lsg. wie Urobilin-IX,α. Mit Dioxan-10%ig. HCl erhitzt auf 100° Farbwechsel von orange uber violett nach blau, wahrend mit Urobilin-IX,α eine Rotfärb. u. mit Stercobilin kein Effekt erzielt wird. Infrarot-Spektr. identisch mit Urobilin-IX,α, nicht mit Stercobilin.
D-*Urobilin-hydrochlorid:* prismatische orangerote Nadeln (Me.-Äthylacetat), *F* 162—5; Abs. Max. 495,2 mμ.

3b/9 **D-Urobilinogen**

MG 590.7 *F* 142—5 $C_{33}H_{42}O_6N_4$

Charakteristik: Farbl. lange Nadeln (PAe.-Äthylacetat), quadratische Blättchen (Chlf.-PAe.); ll. in Chlf., Ac., Bzl., Eg., A., verd. Alkali; wl. in PAe. u. Mineralsren; swl. in W.; *F* 142—5 (Äthylacet.-PAe.), 110—15 (Chlf.-PAe.); Spez. Drehg. $[\alpha]_D^{20}$ + 74°. Red. führt in Urobilinogen-IX,α uber. Gibt mit p-Dimethylaminobenzaldehyd-HCl intensive Rotfärb. Beim Erhitzen mit Dioxan-HCl Verhalten wie D-Urobilin.

3b/10 **Stercobilin; 1,1',8,8'-Tetrahydro-1',8'-dihydroxy-1,3,6,7-tetramethyl-2,8-diäthyl-bili-en-(4'ms bzw. 5'ms)-4,5-dipropionsäure**

MG 494.74 *F* 236 $C_{33}H_{46}O_6N_4$

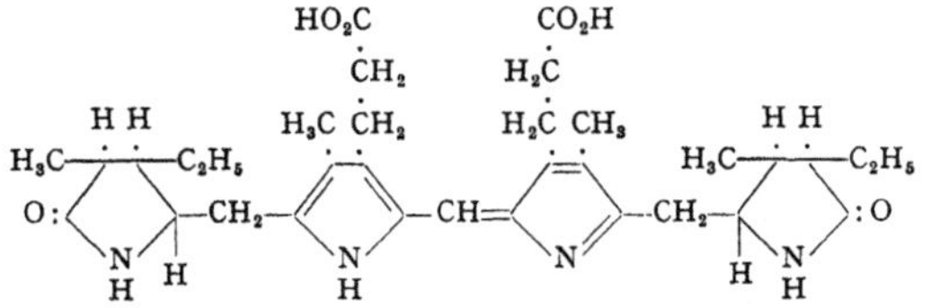

Charakteristik: Goldgelbe unregelm. Krist. (Spindelform, Ac.), schmale Nadeln (Chlf.). Hygroskopisch! ll. in A., Chlf., Eg., Alkalilsgn. und Ammoniak; l. in Ac.; wl. in W., verd. Sren., Ae.; unl. in PAe. Spez. Drehg.: $[\alpha]^{20}_{690-720}$ −424° (50 mg/%ig. Lsg. in Chlf.). Bei Reduktion zum Stercobilinogen verschwindet die optische Aktivitat, wird aber bei Dehydrierung des Stercobilinogens wieder zuruckerhalten. Mit Zn-acetat in abs. alkohol. Lsg. zeigt Stercobilin eine intensiv grune Fluorescenz mit einer scharfen Absorption bei 516—500 mμ (Max. 508 mμ).
Eisenchlorid-Verbindung $C_{33}H_{46}O_6N_4 \cdot FeCl_3$: aus 25%iger HCl glanzende, rotbraune Krist., *ZP* 187—90. Zum Unterschied vom Urobilin keine Pentdyopent-Reaktion.
Stercobilin-hydrochlorid $C_{33}H_{46}O_6N_4 \cdot HCl$: orangefarb. spindelform. Blattchen (Ac.), goldgelbe, abgeschragte Prismen oder lange Nadeln (Chlf.); *F* unscharf bei 165 (Sintern ab 130°). Spez. Drehg.: $[\alpha]^{20}_{589}$ −1870°; $[\alpha]^{20}_{636}$ −1090° (in 50 mg/%ig. Eg.-Lsg.).
Stercobilin-hydrobromid $C_{33}H_{46}O_6N_4 \cdot HBr$: spindelformige Blattchen mit Querrissen (Essigester), *F* 145—150.

3b/11 **Stercobilinogen; 1,1',8,8'-Tetrahydro-1',8'-dihydroxy-1,3,6,7-tetramethyl-2,8-diäthylbilan-4,5-dipropionsäure**

MG 496.75 $C_{33}H_{48}O_6N_4$

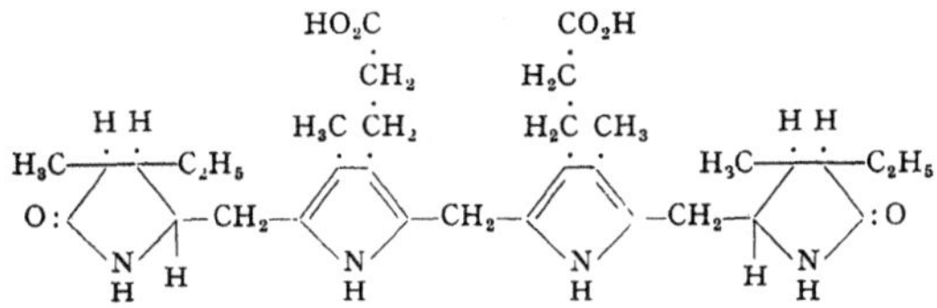

Charakteristik: Farbl. amorphe Subst. Spez. Drehg.: $[\alpha]^{20}_{D}$ −16.7°. Bildet braunes Eisen-III-chlorid-Komplexsalz, gibt dabei kein Mesobiliviolin. Gibt mit p-Dimethylaminobenzaldehyd in alkohol. salzsaur. Lsg. i. d. Kalte intensive Rotfarb.; Spektrum (Max.): 556; 505 mμ. B. Erwarmen mit ammoniakalischer Cu-Sulfatlsg. Violettfarb.; Abs.-Max.: 515 mμ.

3b/12 **Mesobiliviolin (Mesobiliviolin-IX,α);1',8'-Dihydroxy-1,3,6,7-tetramethyl-2,8-diäthyl-bili-dien(2'α, ms'5)-4,5-dipropionsäure**

MG 588.7 $C_{33}H_{40}O_6N_4$

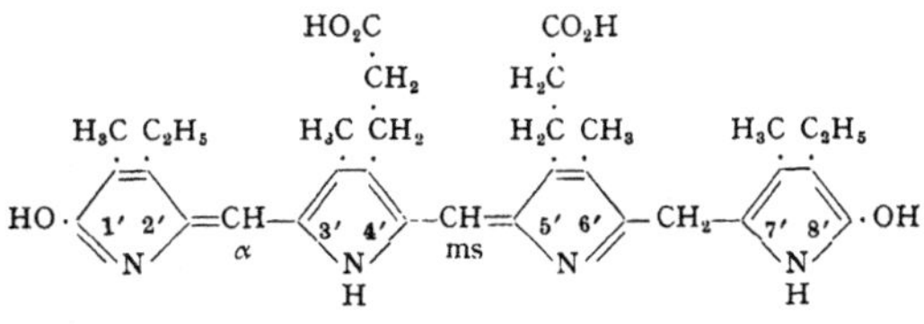

Charakteristik: In neutraler Lsg. carminrot, in saurer Lsg. violettrot. Spektrum der neutralen Lsg. (in Chlf.): (Max.): 575.3; der HCl-sauren Lsg. (in Chlf.): (Max.): 607; 560 mμ. Mit Zn-acetat in alkohol. Lsg. intensive Rotfluorescenz; Spektrum (Max.): 630 (sehr schwach), 580; 566 mμ; ll. in Chlf., Bzl., Alkoholen; swl. in Ae.
Mesobiliviolin-IX,α-dimethylester $C_{35}H_{44}O_6N_4$: *MG* 616.75. Schwer zu kristallisieren. Die Spektren in neutraler, saurer Lsg. und in Zn-acetat-Lsg. sind identisch mit den oben beschriebenen
Mesobiliviolin-IX,α-dimethylester-hydrochlorid $C_{35}H_{44}O_6N_4 \cdot HCl$: kl. derbe Blattchen (A.), die haufig büschlig verwachsen sind. Sie sind im polarisierten Licht grun durchscheinend und haben gerade Auslöschung; *F* 150—160.

3b/13 **Phycocyanobilin (wahrscheinlich identisch mit Mesobiliviolin).**

4. Porphyrine

a) Vom Häm abgeleitet

4a/1 **Protoporphyrin; (Protoporphyrin-IX); Ooporphyrin, Kämmerers Porphyrin, 1,3,5,8-Tetramethyl-2,4-divinylporphin-6,7-dipropionsäure**

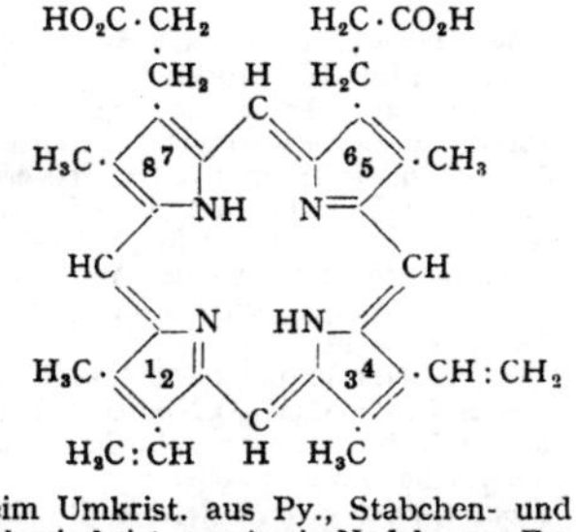

MG 562.64 Salzsäurezahl 2 $C_{34}H_{34}O_4N_4$

Charakteristik: Reines, über d. swl. Na- oder K-Salz erhaltene u. aus Py. umkrist. Protoporphyrin läßt sich je nach Wahl d. Lsgm. in zwei versch. Kristalltypen erhalten.

Kristallform I mit der Auslöschungsschiefe 34° wird erhalten b. Umfallen des Protoporphyrins aus methanolischer KOH mit Eg. Tafelchen, deren gegenüberliegende Ecken parallel abgeschnitten sind; manchmal treten auch nadel- od. spindelform. Krist. auf.

Kristallform II paralleler Auslöschung wird erhalten beim Umkrist. aus Py., Stäbchen- und tafelform. Krist. von monoklinem Habitus. Das Protoporphyrin krist. aus Ae. in Nadeln, aus Eg. in kleinen, parallel auslöschenden langen Blättchen, aus Ameisensäure-Ae. in feinen Nadeln und Büscheln, aus Essigester in häufig zu Gruppen verwachsenen x-artig geformten Dendriden mit dem Kantenwinkel von 42°. Die Farbe der Kristalle ist durchwegs braunrot; ll. in Ameisensäure; l. in Chlf., Py., Anilin; wl. in Eg., Ae.; unl. in Alkoholen. Protoporphyrin bildet swl. Di-Na- und Di-K-salze. Wird aus salzs. Lsg. d. Chlf. extrahiert. Das Protoporphyrin ist instabil, namentlich in Lsg. — Wirkt in alkohol. Lsg. b. Belichtg. sensibilisierend auf Paramacien. Spektren im sichtbaren Licht: in Ae.: (Maxima) 632,5; 586,1; 575,8; 536,8; 501,9 mμ, in Chlf.: 631,2; 604,6; 575,1; 541,2; 507,3 mμ, in 25%iger HCl: 602,4; 582,2; 557,2 mμ, in n/10 KOH: 629,6; 591,0; 539,7; 506,4 mμ. Spektren im UV: in 2 n HCl: 408,0; 416,2—399,8 mμ, in Py.: 395,3; 427,0 bis 363,7 mμ.

Pikrat $C_{34}H_{34}O_4N_4 \cdot 2C_6H_3O_7N_3$; aus Ac.-Bzl. violette rechteckige Blättchen, *F* 157 (korr.).

Cu-Salz $C_{34}H_{32}O_4N_4Cu$; Spektr. in Py. (Max.): 574,6; 536,3 mμ.

Protoporphyrin-dimethylester $C_{36}H_{38}O_4N_4$; *MG* 590.66; Salzsäurezahl 5.5; prismatische Nadeln (Bzl.), *F* 225; flache prismatische Nadeln *F* 230; dichroitisch (Chlf.-Me.). Die äther. Lsg. d. Dimethylesters erscheint im durchfallenden Licht stahlblau, im auffallenden Licht blutrot. Fluorescenzspektrum (in Dioxan): Max.: (606); 632.5; 669,5; 703,5 mμ.

Pikrat $C_{36}H_{38}O_4N_4 \cdot 2C_6H_3O_7N_3$: kleine dunkelviolette Prismen (Me.), *F* 150.

Cu-salz $C_{36}H_{36}O_7N_4Cu$: violette Plättchen und Nadeln (Chlf.-Me.), *F* 217—218.

4a/2 **Hämatoporphyrin; 1,3,5,8-Tetramethyl-2,4-di-α-hydroxyäthylporphin-6,7-dipropionsäure**

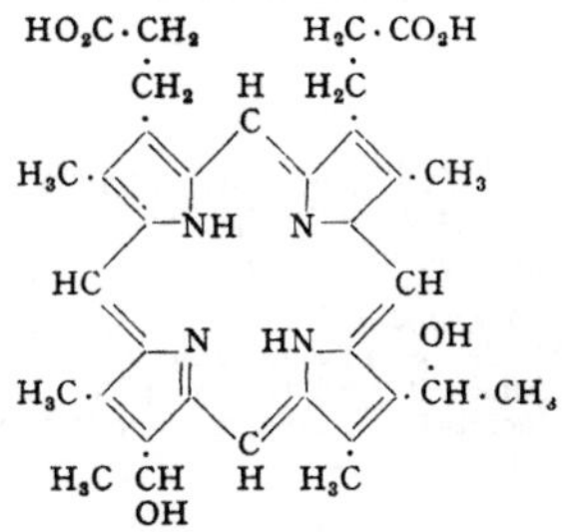

MG 598.68 Salzsäurezahl 0.1 $C_{34}H_{38}O_6N_4$

Charakteristik: Längliche Blättchen; ll. in Ac., Py., Eg.; wl. in A., Ae.; unl. in Chlf. Spektrum (in Eg.-Ae.) Max.: 624,8; 614,7; 598,1; 578,6; 569; 530,4; 496,5; 470,3 mμ. Spektrum (in 5%iger HCl) Max.: 595,2 (schwach); 575,8; 551,6 mμ. Fluorescenzspektrum (in Py.): 694 bis 683; 677—666; 655—645; 642—618 mμ. Fluorescenzspektrum (in Eg.): 669—647; 616 bis 601 mμ. UV-Spektrum (in Py.): 390,3; 417,2 bis 363,4 mμ. Geht beim Erh. im Hochvak. auf 105° in Protoporphyrin über, desgl. b. Kochen in Eg.

Hämatoporphyrin-dimethylester $C_{36}H_{42}O_6N_4$: *MG* 266.7, dünne rotbraune Blättchen (Chlf.-Me.), *F* 212. Beim Erh. im Hochvak. Übergang in Protoporphyrin-dimethylester. Spektrum (in Chlf.) Max.: 622,7; 596,2 (schwach); 578,5; 567,9; 532,9 (schwach) mμ.

4a/3 **Mesoporphyrin (Mesoporphyrin IX); 1,3,5,8-Tetramethyl-2,4-diäthylporphin-6,7-dipropionsäure**

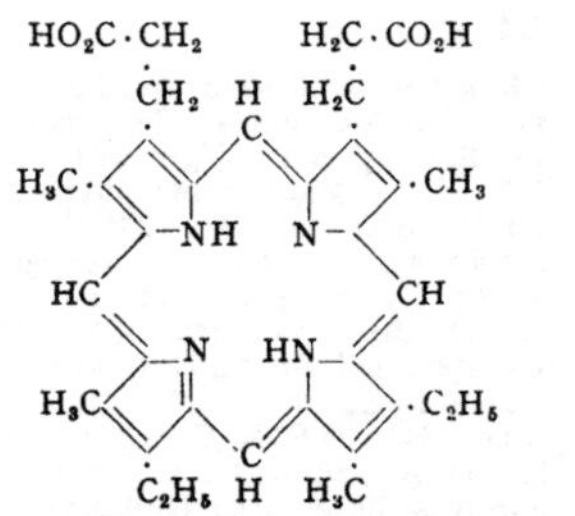

MG 566.68 Salzsäurezahl 0.5 $C_{34}H_{38}O_4N_4$

Charakteristik: Rote rhombische Kristalle (Eg.-halt. Ae.); swl. in A., Ae., verd. Sren.; ll. in Alkalien, Ammoniak. Spektrum (n/10 KOH) Max.: 629,3; 601,7; 579,5; 550,7; 525,1 mμ. Spektrum (in 5%iger HCl) Max.: 591,7; 572,4; 548,7 mμ.

Pikrat $C_{34}H_{38}O_4N_4 \cdot 2C_6H_3O_7N_3$: feine rote Nadeln (A.), *F* 178 (korr.).

Mesohämin $C_{34}H_{36}O_4N_4FeCl$: dunkle Prismen (Py.-Eg.). Spektrum (in 0,1%iger Py.-Lsg.) Max.: 546,8; 517,9 mμ.

Mesoporphyrin-dimethylester $C_{36}H_{42}O_4N_4$: rote Nadeln (Chlf.-Me.), *F* 216 (korr.). Spektrum (in Me.) Max.: 618,7; 592,4; 569; 528,8; 494,8 mμ. Spektrum (in Ae.) Max.: 580,4; 560,9; 521,5 mμ.

4a/4 Deuteroporphyrin (Deuteroporphyrin IX); 1,3,5,8-Tetramethylporphin-6,7-dipropionsäure

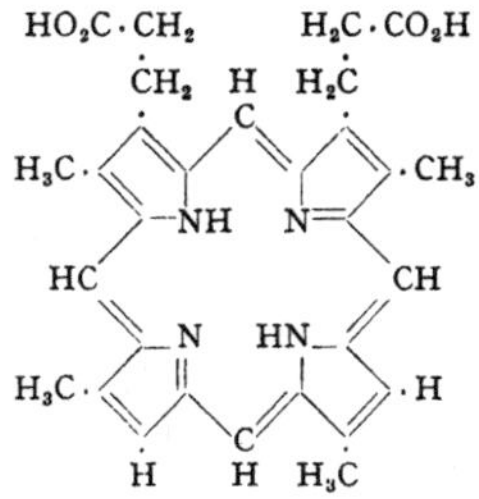

MG 510.58 Salzsäurezahl 0.3 $C_{30}H_{30}O_4N_4$

Charakteristik: Rotbraune Nadeln und Prismen (Py.-Ae.; Eg.-Ae.) (Auslöschungsschiefe 33—34°), mitunter auch beiderseits zugespitzte Blättchen mit paralleler Auslöschung und Kantenwinkel 52°; ll. in verd. NaOH und KOH, Eg., essigsaurehalt. Ae., Py. u. HCl; unl. in A., Chlf. Spektren: (in Ae.) Max.: 621,7; 595,7; 576,8; 566,8; 525,9; 494 mμ. Spektren (in n/10 NaOH) Max.: 615,8; 563,8; 537,8; 502,5 mμ. Spektren (in 5%iger HCl) Max.: 589,5; 546,6 mμ.
Pikrat: kleine, braunviolette Nädelchen (Ac.-Bzl.), *F* 240; sll. in Ac.
Deuterohämin $C_{30}H_{28}O_4N_4 \cdot FeCl$: fast gleichseitige, rhombische, oft quadratische, auch sechsseitige Täfelchen (Py.-Chlf.-Eg.). Hämochromogenspektrum (Py.-Hydrazinhydrat) Max.: 545; verwaschen etwa 513 mμ.
Dimethylester $C_{32}H_{34}O_4N_4$: zu Büscheln vereinigte gebogene Nadeln (Chlf.-Me.), *F* 218—223; Salzsäurezahl 2. Spektrum (in Chlf.) Max.: 619,9; 575,5; 565; 529,8; 496 mμ.
Pikrat des Methylesters: dunkelrote schräg abgeschnittene Blättchen (Me.), *F* 148; ll. in Ac.

4a/5 Ätioporphyrin I; 1,3,5,7-Tetramethyl-2,4,6,8-tetraäthylporphin

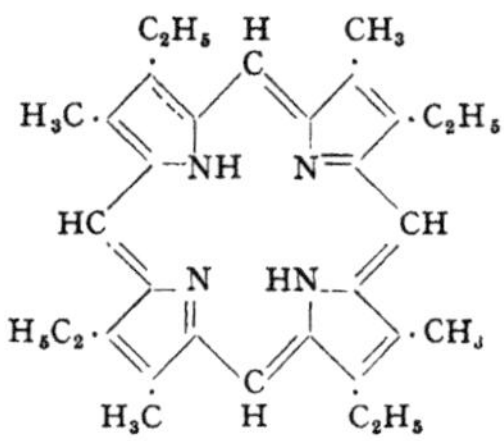

MG 478.66 Salzsäurezahl 3 *F* 400—5
$C_{32}H_{38}N_4$

Charakteristik: Große, lange braunrote Prismen (Chlf.-Me.; Py.). Lange dünne Blättchen (Bzl.), begrenzt von einer schiefen Kante, die 55 ± 1° gegen die lange Kante liegt. Unzers. sublimierbar; ll. in Eg., Chlf.; l. in Py.; wl. in A. Spektrum (in Ae.) Max.: 623,3; 612,3; 596,1; (584,8); 579,2; 566,7; (559,5); 545,3; 525,4; 493,2 mμ. Spektrum (in HCl-saur. Lsg.) Max.: 589,5; 569,4; 546,4 mμ. UV-Spektrum (in Me.) Max.: intensiv 400 bis 380 mμ, das übrige UV wird kontinuierlich geschwächt.
Pikrat $C_{32}H_{38}N_4 \cdot 2C_6H_3O_7N_3$: violette Prismen (Ac.-Me.), *F* 232.

4a/6 Ätioporphyrin III; 1,3,5,8-Tetramethyl-2,4,6,7-tetraäthylporphin

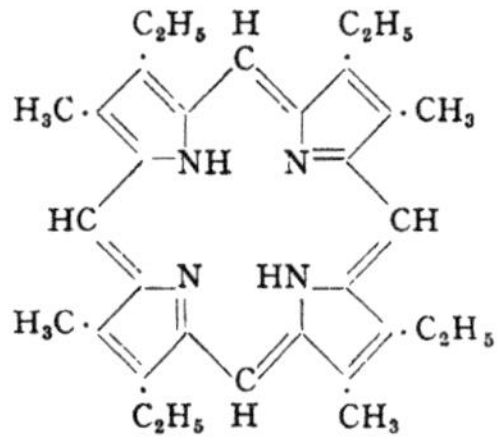

MG 478.66 *F* 360—3 $C_{32}H_{38}N_4$

Charakteristik: Lange prismatische braunrote Nadeln oder Schmetterlinge mit Durchkreuzungswinkel 68—70° (Chlf.-Me.; Py.). Spektroskopisch identisch mit Ätioporphyrin I; ll. in Eg., Chlf., Py.; wl. in Ae.

4a/7 Uroporphyrin I; Porphin-1,3,5,7-tetraessigsäure-2,4,6,8-tetrapropionsäure

Eg = $-CH_2 \cdot CO_2H$
Prs = $-CH_2CH_2 \cdot CO_2H$

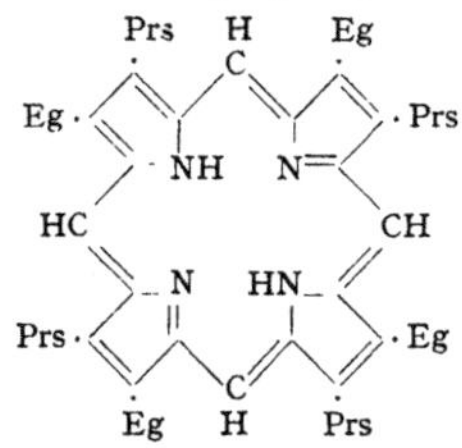

MG 830.73 $C_{40}H_{38}O_{16}N_4$

Charakteristik: Nadeln (Py.-Eg.); swl. in Essigsäureanhydrid; unl. in Eg., sied. Ac., A., Chlf. Bei Erhitzen mit 1%iger HCl unter Druck auf 180° Übergang in Koproporphyrin I. Bei Erhitzen im Hochvak. auf 300—325° Übergang in Ätioporphyrin I. Spektrum (in 25%iger HCl) Max.: 597,6; 577,6; 553,6; 511,3 mμ. Spektrum (in n/10 NaOH) Max.: 612; 560,5; 539, 503,7 mμ. UV-Spektrum (in 2n HCl) Max.: 406,6; 413,7 bis 399,8 mμ.
Octamethylester $C_{48}H_{54}O_{16}N_4$: rotbraune Nadeln (Chlf.-Me.), *F* 290—293 (300—311 korr.); unl. in sied. Ac., wl. in A., Ae. Spektrum (in Chlf.) Max.: 626,2; 599,0; 581,4; 570,5; 537,3; 500,8. Spektrum (in 25%iger HCl) Max.: 596,9; 576,7; 553,6 mμ. UV-Spektrum (in Chlf.) Max.: 408; 466,0—275,0 mμ. Fluorescenzspektrum (in Dioxan) Max.: 600; 626; 658; 676; 695,5 mμ. Salzsäurezahl 7.

4a/8 **Uroporphyrin III; Porphin-1,3,5,8-tetraessigsäure-2,4,6,7-tetrapropionsäure; (Turacin [als Cu-Salz des Uroporphyrins III])**

MG 830.73 $C_{40}H_{38}O_{16}N_4$

Charakteristik: Gleicht in Löslichkeit und Spektren dem Uroporphyrin I.
Octamethylester $C_{48}H_{54}O_{16}N_4$: *F* 255—257. Büschelförmig angeordnete Nadeln (Me.), hellrote büschelförmige Kristalle (Essigsäureäthylester), *F* 261; l. in Essigsäureäthylester, Eg., Me.; unl. in Chlf., Ae. Spektroskopisch identisch mit Uroporphyrin-I-octamethylester.

Eg = $-CH_2 \cdot CO_2H$
Prs = $-CH_2 \cdot CH_2 \cdot CO_2H$

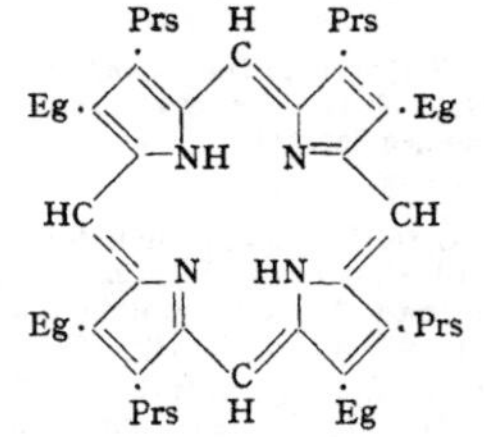

4a/9 **Koproporphyrin I; 1,3,5,7-Tetramethylporphin-2,4,6,8-tetrapropionsäure**

MG 654.69 Salzsäurezahl 0.09 $C_{36}H_{38}O_8N_4$

Prs = $-CH_2 \cdot CH_2 \cdot CO_2H$

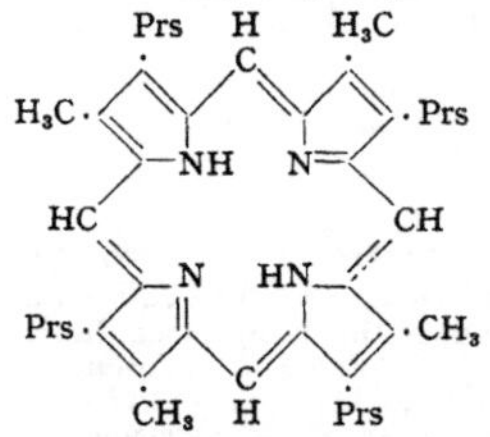

Charakteristik: Kleine, mitunter zu Gruppen angeordnete Prismen (Py.-Eg.); l. in warm. Eg. (im Gegens. zum Uroporphyrin) und hieraus nach Verdunnen m. W. m. Ae. leicht extrahierbar (im Gegensatz zum Uroporphyrin); l. in Py.; unl. in A., Ae. Bei Erhitzen im Hochvak. auf 300—325° Übergang in Ätioporphyrin I. Spektrum (in Ae.) Max.: 623,9; 597,3; 577,7; 568,2; 529,3; 480 mμ. Spektrum (in 25%iger HCl) Max.: 593,9; 574,6; 550,9 mμ. Spektrum (in n/10 KOH) Max.: 617,5; 568,5; 538,5; 503,9 mμ. UV-Spektrum (in 2 n HCl) Max.: 402,3; 411,2—393,5 mμ. UV-Spektrum (in Py.) Max.: 390,1; 416,2—364,0 mμ. Fluorescenzspektrum (in Dioxan) Max.: 597, 623; 654; 671; 691 mμ.
Tetramethylester $C_{40}H_{46}O_8N_4$: *F* 251. Glänzende rote gebogene Nadeln (Chlf.-Me.). Spektrum (in Chlf.) Max.: 622,2; 595,5; 577,8; 567,2; 532,2; 499,6 mμ. Spektrum (in 25%iger HCl) Max.: 591,3; 569,2; 547,9 mμ. Spektrum (in Ae.) Max.: 623,6; 613,8; 597,0; 577,2; 568,2; 528,6; 495,2 mμ. UV-Spektrum (in Chlf.) Max.: 405,0; 463,0—264,0 mμ.

4a/10 **Koproporphyrin III; 1,3,5,8-Tetramethylporphin-2,4,6,8-tetrapropionsäure**

MG 654.69 Salzsäurezahl 0.09 $C_{36}H_{38}O_8N_4$

Charakteristik: Kristallisiert nur sehr schwer (kugelige Aggregate); ll. in Eg., Ae. Bildet ein ll. Dihydrochlorid. Spektroskopisch identisch mit Koproporphyrin I.
Tetramethylester $C_{40}H_{46}O_8N_4$: *F* 135. Dimorph! Bei längerem Erh. steigt der *F* bis 167—170°; sternförmig angeordnete prismatische Nadeln (Chlf.-Me., nach läng. Stehen). Ll. in Eg.-Ae. Spektroskopisch mit Koproporphyrin-I-tetramethylester identisch.

Prs = $-CH_2 \cdot CH_2 \cdot CO_2H$

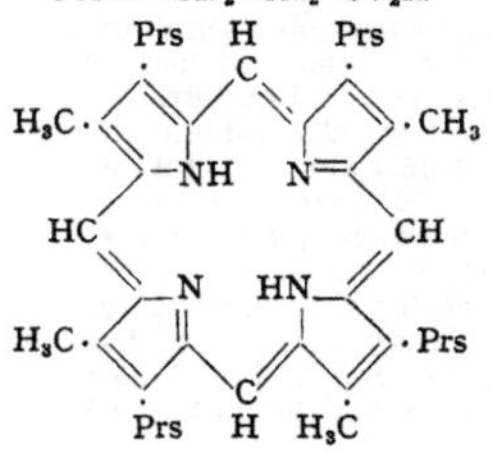

4a/11 **Spirographis-porphyrin; 1,3,5,8-Tetramethyl-4-vinyl-2-formyl-porphin-6,7-dipropionsäure**

MG 564.618 $C_{33}H_{32}O_5N_4$

Charakteristik: Feine prismatische Nadeln (Ae.). Spektren (in Ae.): 643; 592,5; 581; 555; 514,5 mμ. Spektren (in Py.-Ae.): 639; 581; 554; 514 mμ.
Oxim $C_{33}H_{33}O_5N_5$: Spektrum (in Ae.): 639; 579,8; 543; 507 mμ.
Dimethylester $C_{35}H_{36}O_5N_4$ (Chlf.-Me.): *F* 285 (korr.). Spektrum (in Chlf.): 643; 593; 581,5; 558; 517,5 mμ.

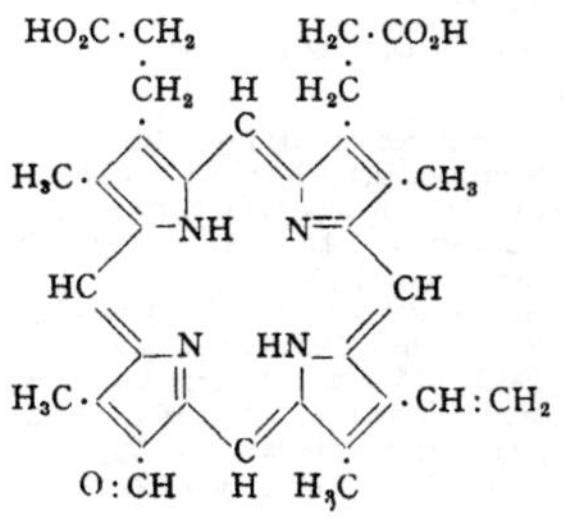

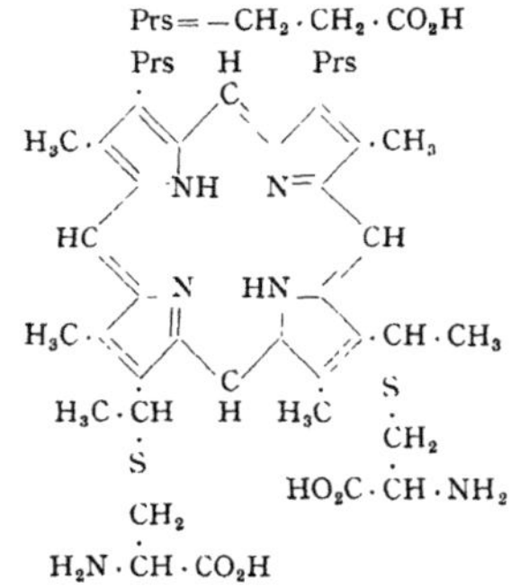

4a/12 Porphyrin c; Di-cysteinprotoporphyrin-addukt (aus Cytochrom c durch Abbau mit wäßrigen Säuren)

MG 804.95 $C_{40}H_{48}O_8N_6S_2$

Charakteristik: Tetramethylester $C_{44}H_{56}O_8N_6S_2$: *MG* 861.07; ll. in Py., Eg., Chlf.; l. in feucht. Ae.; wl. in trock. Ae., PAe.; unl. in Alkali. Spektrum (Maxima): 626; 572,5; 539; 504 mμ. Spez. Drehung: $[\alpha]^{17}_{\text{weißes Licht}}$ − 172° (in 0,1%ig. HCl). Einer Ätherlsg. des Esters wird durch das gleiche Vol. einer wssr. Pufferlsg. v. p_H 4.02 die Hälfte des Porphyrins entzogen. Das Porphyrin c gibt keine Nitroprussid-Reaktion und keine Bleischwärzung.

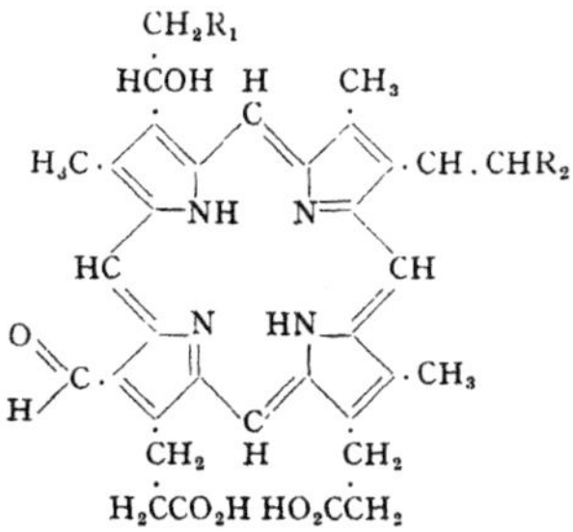

4a/13 Porphyrin a = Cytoporphyrin

Porphyrin aus Cytochrom a-Hamin. Bruttoformel noch unbestimmt. Spektrum in Ae. (Max.): 648; 583; 517; 412 mμ. Ätherlösung dunkelrot; Lsg. in Salzsaure blaugrun. — *Oxim:* Spektrum in Py. (Max.): 635; 575; 548; 508 mμ.

R_1 u. R_2 = Alkylreste mit insgesamt 13 C-Atomen.

b) Vom Chlorophyll abgeleitet

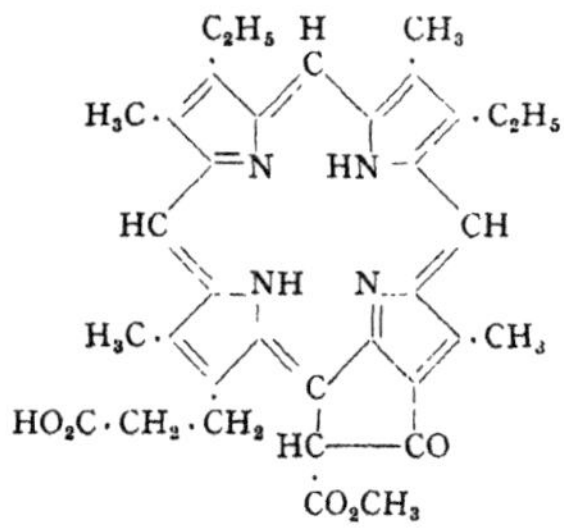

4b/1 Phäoporphyrin a_5-monomethylester; 1,3,5,8-Tetramethyl-2,4-diäthyl-10-carbmethoxy-6,γ-äthanon(9)-porphin-7-propionsäure („Phäoporphyrin a_5")

MG 592.68 Extraktionszahl ≃ 9 $C_{35}H_{36}O_5N_4$

Charakteristik: Sechsseitig. dünne Blattchen od. schrag abgeschn. Prismen (Py.-Ae.) mit blauviolett. Oberflächenglanz. *F* uncharakt.; ll. in Py.; swl. in Chlf.; fast unl. in Me. In konz. H_2SO_4 l. m. gruner Farbe. Spektrum (in Py.-Ae.) Max.: (636,6); 591,5; 563,7; 523 mμ.
Phäoporphyrin a_5-dimethylester $C_{36}H_{38}O_5N_4$: *F* 273. Rhomben m. blauviolettem Oberflachenglanz, aber auch schrag abgeschnittene Prismen (Chlf.-Me.). Spektroskopisch identisch mit dem Monomethylester, vgl. oben. Fluorescenzspektrum (in Dioxan) Max.: (598); 638,5; 668; 707,5 mμ.

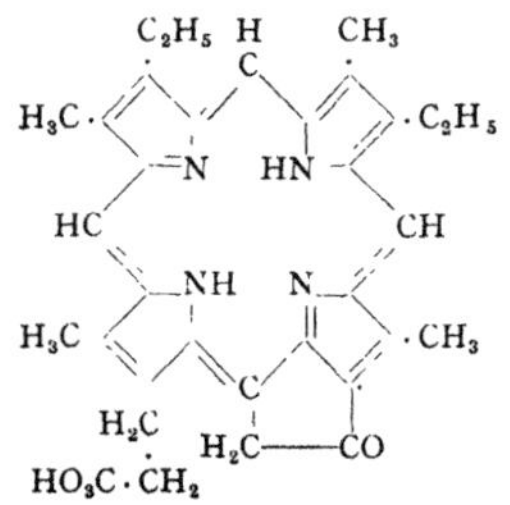

4b/2 Phylloerythrin; 1,3,5,8-Tetramethyl-2,4-diäthyl-6,γ-äthanon(9)-porphin-7-propionsäure

MG 534.64 Extraktionszahl ≃ 7−8 $C_{33}H_{34}O_3N_4$

Charakteristik: Schrag abgeschnittene Prismen u. prismatische Stabchen (Py.-Ae.; Py.-Eg.); ll. in Py.; swl. in den meist. and. organ. Lsgm. Spektrum (in Py.-Ae.) Max.: 636,8 (schwach); 593,2; 583,5; 561,8; 521,4 mμ.
Hämin des Phylloerythrins $C_{33}H_{32}O_3N_4FeCl$: aus Eg. quadrat. Blattchen. Spektrum (in Py.) Max.: 598,7; 576,9 mμ. Hamochromogenspektrum (Py.-Hydrazinhydrat) Max.: 593,4; 579,6 mμ.
Phylloerythrin-methylester $C_{34}H_{36}O_3N_4$: glänzende Prismen m. rotviolettem Oberflachenglanz (Chlf.-Me.); *F* 266, Fluorescenzspektrum (in Dioxan) Max.: (600); 642; 669; 709,5 mμ.

4b/3 **Chloroporphyrin e_6; 1,3,5,8-Tetramethyl-2,4-diäthylporphin-6-carbonsäure-γ-essigsäure-7-propionsäure**

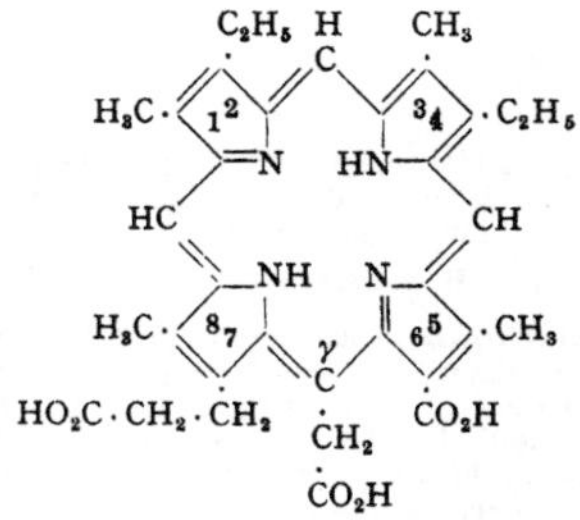

MG 596.66 Extraktionszahl ≃ 0.5 $C_{34}H_{36}O_6N_4$

Charakteristik: Nur als Ester stabil.
Monomethylester (γ-Essigsauremethylester) $C_{35}H_{38}O_6N_4$: *F* 235 (Z.), Extraktionszahl ≃ 0.7. Braunrote sechseckige Blättchen (Py.-Ae.); ll. in Py.; wl. in Ae. Spektrum (in Py.-Ae.) Max.: (632,1); 584,0; 546,9; 511,2 mμ.
Trimethylester $C_{37}H_{42}O_6N_4$: *F* 255 (korr.), rhombische Blattchen (Chlf.-Me.). Spektroskopisch identisch mit dem Monomethylester.

4b/4 **Chloroporphyrin e_4 (Phylloporphyrin-6-carbonsäure); 1,3,5,8,γ-Pentamethyl-2,4-diäthyl-porphin-6-carbonsäure-7-propionsäure**

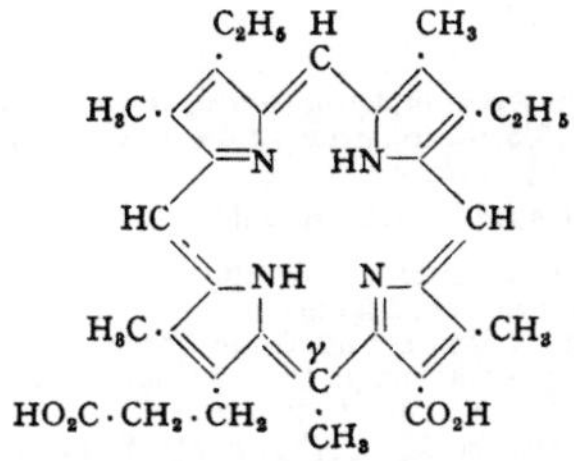

MG 552.65 $C_{33}H_{36}O_4N_4$

Charakteristik: Lange rotbraune Nadeln (Py.).
Chloroporphyrin e_4-monomethylester (6-Carbonsauremethylester) $C_{34}H_{38}O_4N_4$: Extraktionszahl ≃ 3. Große rotviolett durchscheinende Prismen (Ae.). Swl. in Ae. Spektrum (in Py.-Ae.) Max.: 633; 585; 552; 508 mμ.
Chloroporphyrin e_4-dimethylester $C_{35}H_{40}O_4N_4$: *F* 268. Schiefwinklig begrenzte Prismen v. rotvioletter Farbe. Spektrum ist identisch mit dem des Monomethylesters, Fluorescenzspektrum (in Dioxan) Max.: 648; 707 mμ. Beim Erhitzen uber freier Flamme entsteht Phylloporphyrin.

4b/5 **Iso-chloroporphyrin e_4 (-dimethylester); 1,3,5,8-Tetramethyl-2,4-diäthylporphin-γ-essigsäure-7-propionsäure-dimethylester**

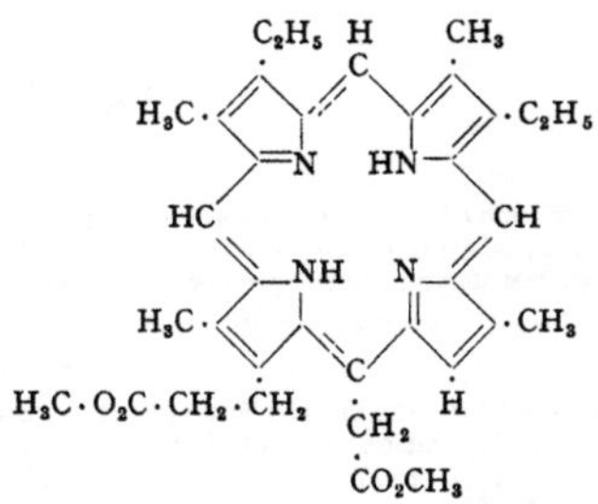

MG 580.7 *F* 230 $C_{35}H_{40}O_4N_4$

Charakteristik: Spektroskopisch identisch mit Phylloporphyrin.

4b/6 **Phylloporphyrin (γ-Phylloporphyrin XV); 1,3,5,8-γ-Pentamethyl-2,4-diäthylporphin-7-propionsäure**

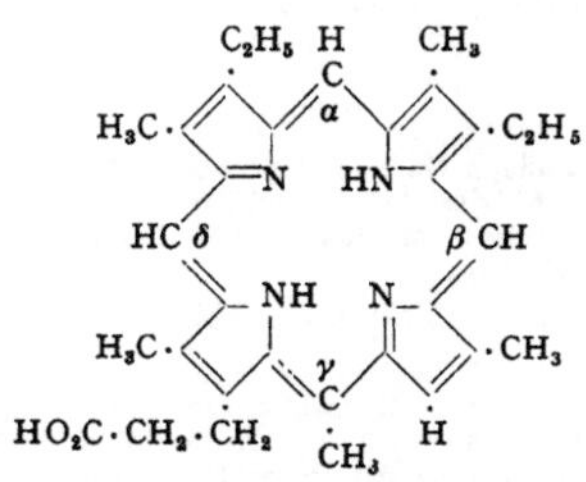

MG 508.64 Salzsäurezahl 0.3–0.35 $C_{32}H_{36}O_2N_4$

Charakteristik: Lange, zugespitzte Prismen m. rotviolettem Oberflächenglanz (Ae.). Die Lsgn. zeigen bräunlichrote Farbe; ll. in Py., Eg. Spektrum (in Py.-Ae.) Max.: 630,7; (604,0); 574,9; 536,0; 500,5 mμ. Fluorescenzspektrum (in Dioxan) Max.: 603,5; 630,5; 657; 682,5; 701 mμ.
Methylester $C_{33}H_{38}O_2N_4$: *F* 235 (korr.), Salzsäurezahl 0,9. Zugespitzte Prismen (Chlf.-Me.), lange seidenglänzende Nadeln (Ae.). Spektroskopisch identisch mit der freien Saure, vgl. oben.
Methylester-Cu-komplexsalz $C_{33}H_{36}O_2N_4Cu$: *F* 255. Prismatische Nadelchen (Chlf.-Me.).

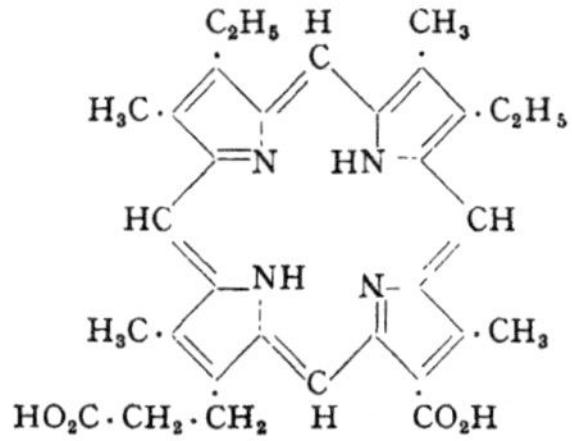

4 b/7 **Rhodoporphyrin (Rhodoporphyrin XV); 1,3,5,8-Tetramethyl-2,4-diäthylporphin-6-carbonsäure-7-propionsäure**

MG 538.62 Salzsaurezahl 4 $C_{32}H_{34}O_4N_4$

Charakteristik: Rotbraune Nadeln, zuweilen auch spitz zulauf. Prismen, oder vier- und sechsseitige Blattchen (Ae.). Rotbraune Prismen (Py.-Eg.). Ätherische Lsg. ist kirschrot, tingiert stark nach blau. Spektrum (in Ae.) Max.: 634; (601,5); 581; 542; 502,5; 476 mμ.
Rhodoporphyrin-dimethylester $C_{34}H_{38}O_4N_4$: *F* 268 (korr.), Salzsaurezahl 7,5. Breite, abgeschragte Nadeln (Ae.), Blattchen (Chlf.-PAe.). Spektrum (in Py.-Ae.) Max.: 635,4; (602,4); 582,2; 545,5; 507,7 mμ. Fluorescenzspektrum (in Dioxan) Max.: 633; 658,5; 678,5; 699 mμ.
Cu-komplexsalz $C_{34}H_{36}O_4N_4Cu$: *F* 243, rhomb. Kristalle (Chlf.-Me.).

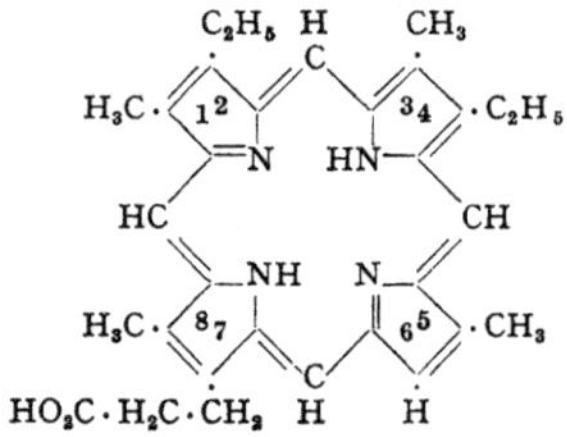

4 b/8 **Pyrroporphyrin (Pyrroporphyrin XV); 1,3,5,8-Tetramethyl-2,4-diäthylporphin-7-propionsäure**

MG 494.61 Salzsäurezahl 1.3 $C_{31}H_{34}O_2N_4$

Charakteristik: Gerade abgeschnittene rotbraune Prismen (Ae., Lsg. neigt sehr zur Übersattigung). Lsgn. zeigen braunlichrote Farbe; ll. in Py.; wl. in Eg. Spektrum (in Py.-Ae.) Max.: 662,5; (596,2); 567,6; 526,2; 493,1; 468,5 mμ.
Methylester $C_{32}H_{36}O_2N_4$: *F* 241, Salzsaurezahl 2.5. Rhomben oder Nadeln (Chlf.-Me.; Py.-Me.). Spektroskopisch identisch m. d. freien Sre. vgl. oben. Fluorescenzspektrum (in Dioxan): 595,5; 623; 653; 671,5; 690 mμ.
Methylester-Cu-komplexsalz $C_{32}H_{34}O_2N_4Cu$: *F* 231, rote Nädelchen (Eg.).

5. Phorbide und Chlorine

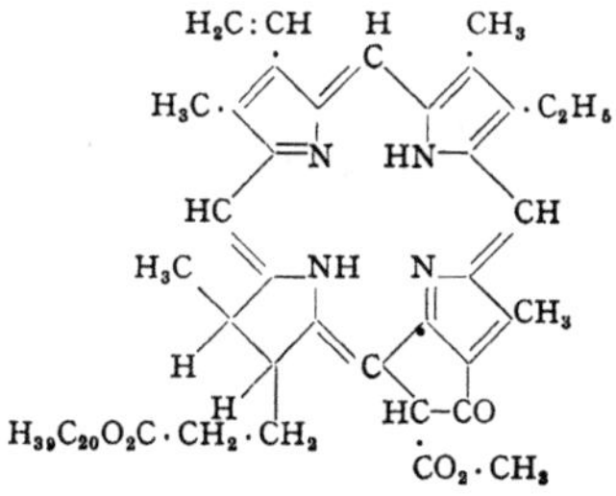

5/1 **Phäophytin a (Phäophorbid-a-phytylester); 1,3,5,8-Tetramethyl-4-äthyl-2-vinyl-9-oxo-10-carbmethoxyphorbin-7-propionsäurephytylester**

MG 871.17 Extraktionszahl ≃ 28 − 9 $C_{55}H_{74}O_5N_4$

Charakteristik: Wachsart. Beschaffenh. Schmale. gebogene Lanzetten (b. Umfallen aus Chlf.-Me.). Äther-Lsg. ist olivgrun und zeigt Rotfluorescenz, Spez. Drehung (in Me.-Py.): $[\alpha]_{20}$ − 126°. Spektrum (in Ae.) Max.: 666,5; 610; 561; 533,5; 502 mμ. Fluorescenzspektrum (in Dioxan) Max.: 677; 717; (751); 804 mμ.

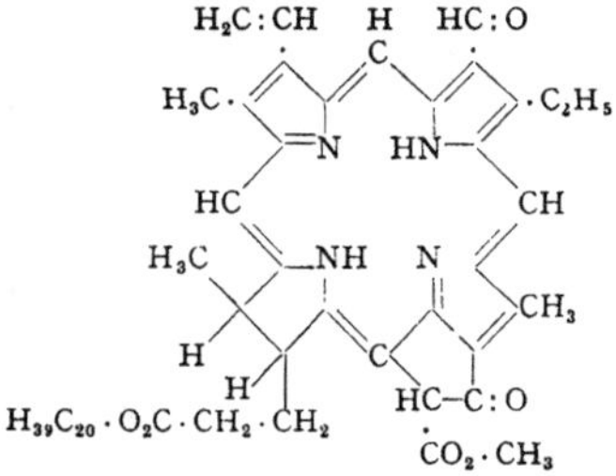

5/2 **Phäophytin b (Phäophorbid-b-phytylester); 1,5,8-Trimethyl-4-äthyl-2-vinyl-3-formyl-9-oxo-10-carbmethoxy-phorbin-7-propionsäure-phytylester**

MG 885.17 Extraktionszahl ≃ 35 $C_{55}H_{72}O_6N_4$

Charakteristik: Grunschwarze Masse, sintert b. Erh. bei 148—152° u. blaht sich bei 160—170° auf; ll. in Ae.; swl. in verd. A. Die sauren Lsgn. sind grun. Mit alkohol. Lauge Rotfarb. (v. kurzer Dauer). Spektrum (in Ae.) Max.: 659,5; 602: 559,5; 525 mμ. Spez. Drehung (in Me.-Py.); $[\alpha]_{20}$ − 133°.

5/3 **Phäophorbid a; 1,3,5,8-Tetramethyl-4-äthyl-2-vinyl-9-oxo-10-carbmethoxyphorbin-7-propionsäure**

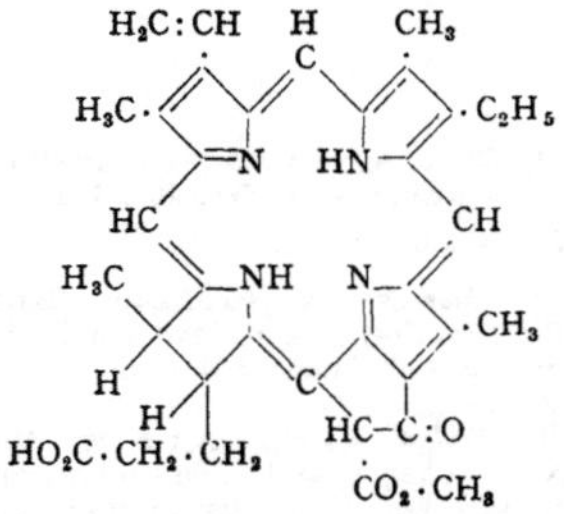

MG 592.67 Salzsäurezahl 15 *F* 190—200 (Z.) $C_{35}H_{36}O_5N_4$

Charakteristik: Wenig gut ausgebild. rhomb. Tafelchen (Ae.); voll ausgebild., glanzende schwarzblaue Rhomben (A.). Spez. Drehung (in Ac.): $[\alpha]_{20}$ —113°. Spektrum (in Ae.-Py.) Max.: 667; 611; (561,4); 534,4; 501,5; 469,3 mμ. Fluorescenzspektrum in (Ae.) Max.: 670; 730 mμ.
Phäophorbid a-methylester = Methylphäophorbid a $C_{36}H_{38}O_5N_4$: *F* 228. Schwarzblau glanzende, wetzsteinart. od. sechskantige Prismen mit aufgesetzten Pyramiden (Ae.). Ätherische Lsg. ist grün und zeigt Rotfluorescenz. Fluorescenzspektrum (in Dioxan) Max.: 681,5; 717,5 mμ.

5/4 **Phäophorbid b; 1,5,8-Trimethyl-4-äthyl-2-vinyl-3-formyl-9-oxo-10-carbmethoxyphorbin-7-propionsäure**

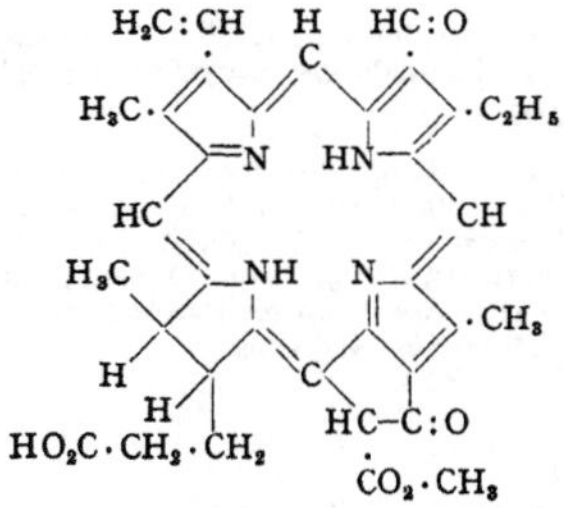

MG 606.67 Salzsäurezahl 19.5 $C_{35}H_{34}O_6N_4$

Charakteristik: Kleine, rhombische Tafelchen (Ae.), grauschwarz glänzende Rhomben (A.); ll. in Ac., Chlf., Py.; l. in wssr. A.; wl. in Ae. (Lsg. ist rotbraun), k. A.-Spektrum (in Py.-Ae.); Max.: 656,2; 600,2; 554,2; 519,7 mμ. Spez. Drehung (in Ac.): $[\alpha]_{20}$ —128°.
Phäophorid b-methylester = Methylphäophorbid b $C_{36}H_{36}O_6N_4$: *F* 269, Salzsäurezahl 21. Grauschwarze Rhomben, die in der Durchsicht olivgrün bis braun sind (Ae.). Äther. Lsg. ist rotbraun; swl. in A.; swl. in Ae. Spektrum (in Dioxan) Max.: 652,5; 600; 555; 525 mμ. Fluorescenzspektrum (in Dioxan) Max.: 662; 713,5 mμ.

5/5 **Pyrophäophorbid a; 1,3,5,8-Tetramethyl-4-äthyl-2-vinyl-9-oxo-phorbin-7-propionsäure**

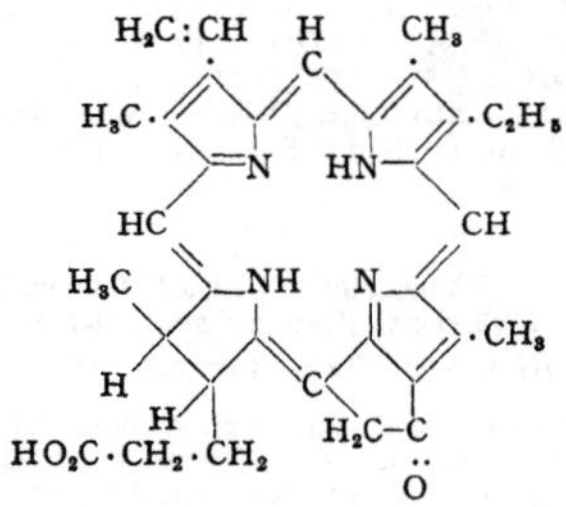

MG 534.63 Extraktionszahl ≃12—13
F 210—20 $C_{33}H_{34}O_3N_4$

Charakteristik: Kl. Nadeln m. stahlblauem Glanz (Ae.). Äther. Lsg. ist olivgrün bis braun und zeigt Rotfluorescenz. Spez. Drehung (in Ac.): $[\alpha]_{20}$ —342°. Spektrum (in Py.-Ae.) Max.: 666,5; 608,7; 560; (536,2); 503,1; (473) mμ.
Methylester = Methylpyrophaophorid a $C_{34}H_{36}O_3N_4$: *F* 220—225, Extraktionszahl ≃15. Lange, dunkelbraune Nadeln mit metallischem Glanz (Ae.); sll. in Py.; wl. in Ac. Spez. Drehung (in Ac.): $[\alpha]_{20}$ —468°. Fluorescenzspektrum (in Dioxan) Max.: 660; 679; 716 mμ.

5/6 **Chlorin e₆ (Chlorin e); 1,3,5,8-Tetramethyl-4-äthyl-2-vinyl-chlorin-6-carbonsäure-γ-essigsäure-7-propionsäure**

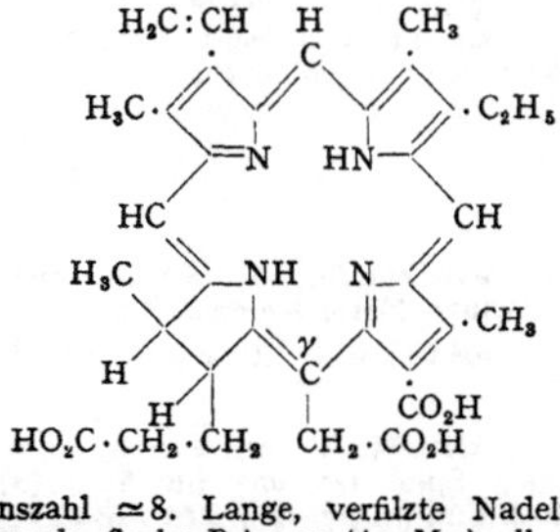

MG 596.66 Salzsäurezahl 3 $C_{34}H_{36}O_6N_4$

Charakteristik: Derbe, rechtwinkl. begrenzte Tafeln, in d. Durchsicht olivgrün, in dicker Schicht braun (Ae.). Äther. Lsg. zeigt starke tiefrote Fluorescenz. Hygroskopisch; ll. in Py.; swl. in Ae., A., Ac. Spez. Drehung (in Ac.): $[\alpha]_{20}$ —141°. Spektrum (in Py.-Ae.) Max.: (665,8); 610,3; 556,5; 532; 499 mμ.
Chlorin-e₆-trimethylester $C_{37}H_{42}O_6N_4$: *F* 211, Extraktionszahl ≃8. Lange, verfilzte Nadeln, bei langsamer Krist. schräg abgeschnittene, sich verjüngende, flache Prismen (Ac.-Me.); ll. in Chlf., Ac., Ae.; swl. in Me., PAe. Fluorescenzspektrum (in Dioxan) Max.: 685,6; 677; 728,5 mμ.

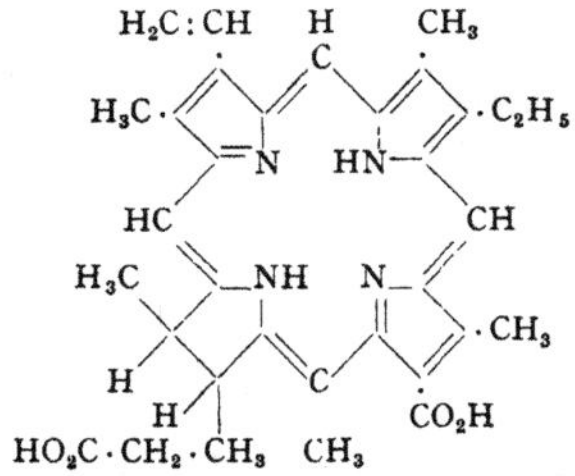

5/7 **Chlorin e_4; 1,3,5,8,γ-Pentamethyl-4-äthyl-2-vinyl-chlorin-6-carbonsäure-7-propionsäure**

MG 552.65 *F* 250 $C_{33}H_{36}O_4N_4$

Charakteristik: Kl. sechseckige Blattchen (Ae.). Bei 280° Übergang in Phylloporphyrin. Spektrum (in Py.-Ae.) Max.: 664,5; 606,8; 556,4; 531,5, 500,0 mμ.
Dimethylester $C_{35}H_{40}O_4N_4$: *F* 166. Blauglanzende Nadeln (Ae.). Spez. Drehung (in Ac.): $[\alpha]_{20}$ −337°. Spektroskopisch identisch mit der freien Sre. Fluorescenzspektrum (in Dioxan) Max.: 657; 676; 728 mμ.

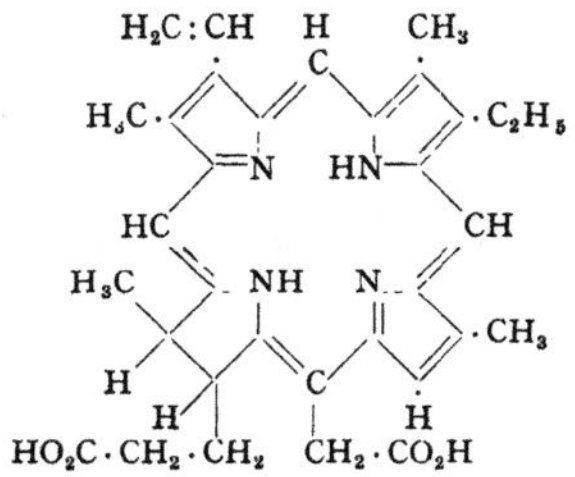

5/8 **Iso-chlorin e_4; 1,3,5,8-Tetramethyl-4-äthyl-2-vinyl-chlorin-γ-essigsäure-7-propionsäure**

MG 552.65 $C_{33}H_{36}O_4N_4$

Charakteristik: Wird durch 12stund. Kochen in Py. zu Phyllochlorin decarboxyliert.
Dimethylester $C_{35}H_{40}O_4N_4$: *F* 186. Rhomb. Blattchen (Me.). Spez. Drehung (in Ac.): $[\alpha]_{20}$ −515°. Spektrum (in Py.-Ae.) Max.: 659.2; 604; (556.3); 529; 498,1 mμ.

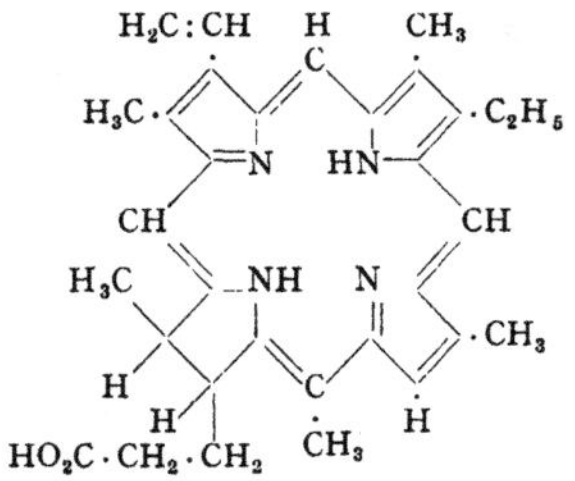

5/9 **Phyllochlorin; 1,3,5,8,γ-Pentamethyl-4-äthyl-2-vinyl-chlorin-7-propionsäure**

MG 508.64 Extraktionszahl ≃ 7−8
F 165−70 $C_{32}H_{36}O_2N_4$

Charakteristik: Dunkelblaues, mikrokristallines Pulver (Ae.). Spektrum (in Py.-Ae.) Max.: 657,5; 604,5; (555,4); 530,3; 499,9 mμ.
Methylester $C_{33}H_{38}O_2N_4$: *F* 189. Muschelförmige Blattchen (Me.). Spez. Drehung (in Ac.): $[\alpha]_{20}$ −425°.

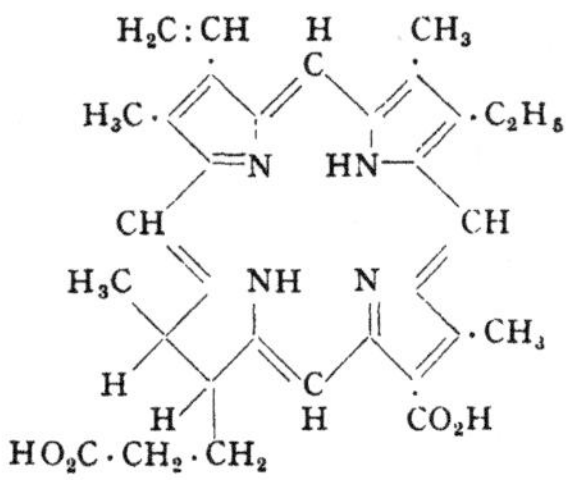

5/10 **Rhodochlorin; 1,3,5,8-Tetramethyl-4-äthyl-2-vinyl-chlorin-6-carbonsäure-7-propionsäure**

MG 538.62 Extraktionszahl ≃ 10 $C_{32}H_{34}O_4N_4$

Charakteristik: Kl., prismat. Nadeln (Ac.); swl. in Ae. Lsg. ist grun. Spez. Drehung (in Ac.): $[\alpha]_{20}$ −453°. Spektrum (in Ae.) Max.: 665; 610, (561; 554); 527; 495,5 mμ. Bei Erhitzen in Diphenyl auf 240−250° entsteht Pyrroporphyrin.
Dimethylester $C_{34}H_{38}O_4N_4$: *F* 207, Extraktionszahl ≃ 13−14. Derbe Aggregate von Nadeln oder zugespitzten Platten (Ae., Me.). Spektroskopisch und in der spez. Drehung identisch mit der freien Sre. (vgl. oben).

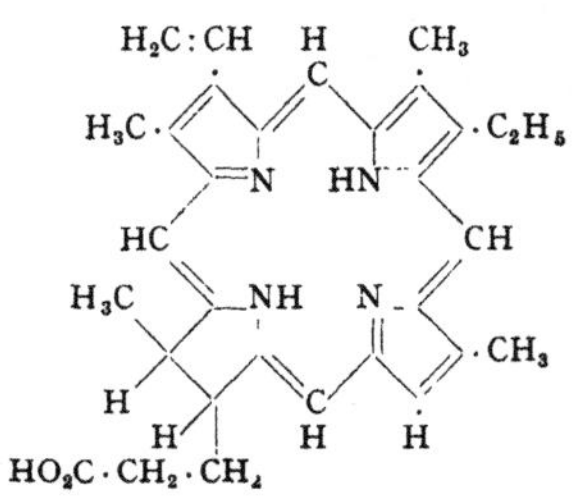

5/11 **Pyrrochlorin; 1,3,5,8-Tetramethyl-4-äthyl-2-vinyl-chlorin-7-propionsäure**

MG 494.61 Extraktionszahl ≃ 7 *F* 220 $C_{31}H_{34}O_2N_4$

Charakteristik: Kl., verwachsene grune Nadelchen (Ae.). Spez. Drehung (in Ac.): $[\alpha]_{20}$ −417°. Spektrum (in Py.-Ae.) Max.: 652,3; 598,8 548,6; (522,6); 490,5 mμ. Bei Erhitzen uber den *F* entsteht Pyrroporphyrin.

6. Porphyrin-Fe-Komplexe

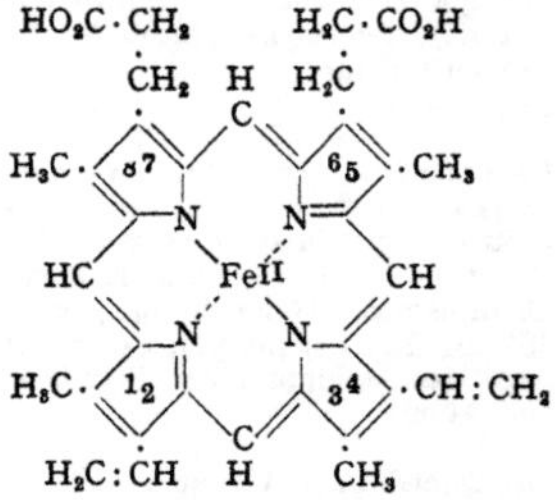

6/1 **Häm; 1,3,5,8-Tetramethyl-2,4-divinyl-porphin-6,7-dipropionsäureferrosalz (Protohäm)**

MG 616.48 $C_{34}H_{32}O_4N_4Fe(II)$

Charakteristik: Feine dunkel-violettstichig braune Nadelchen. Krist. kann verschieden sein, je nach dem Losungsmittel (Py., Chinolin), je nach dem bei der Gewinnung verwandten Reduktionsmittel (Hydrazinhydrat, Natriumdithionit, Schwefelammonium) und je nach dem Ausgangsmaterial (frisches Blut, Hamoglobin, Hamin); l. in Alkali; swl. in Eg.; unl. in Sren., W. Leicht oxydabel, in Py. gelost weniger leicht. Haltbar nur in N_2-Atmosphare. Spektrum des Hams (in Phosphat-Puffer) (Max.): ca. 550 u. 575 mμ, Soret-Bande bei 415 mμ. Spektrum in alkohol.-salzs. Lsg.: (Farbe rot; Max.): 563,2; 527,6 mμ. Spektrum in wssr.-alkal. Lsg.: 580; 544 mμ; Spektrum in alkohol.-alkal. Lsg.: 590; 559 mμ. Mit CO bildet Ham Carbohamochromogen, Spektrum in 50 bis 60%igem saurem A.: 564; 520 mμ. Mit nativem Globin verbindet sich das Ham zu Hamoglobin, mit Py., Nicotin, Cyan und CO zu d. entspr. *Hämochromogenen*, vgl. dort.

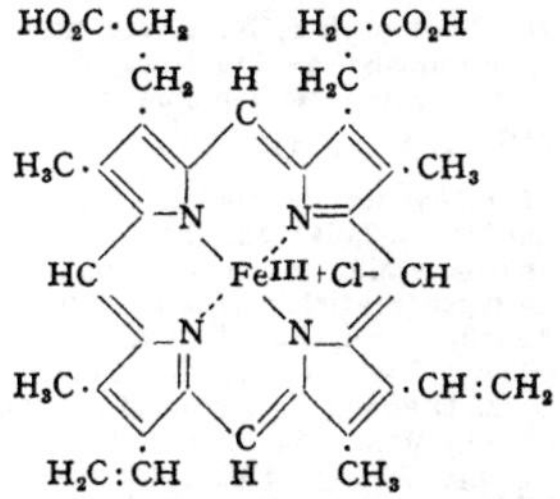

6/2 **Hämin; 1,3,5,8-Tetramethyl-2,4-divinyl-porphin-6,7-dipropionsäurechlorferrisalz (α-Chlorhämin)**

MG 651.94 $C_{34}H_{32}O_4N_4FeCl$

Charakteristik: Langl., dünne Plattchen (Eg., Py.-Chlf.-Eg. b. 100°), i. d. Durchsicht braun, im auffall. Licht stahlblauer Metallglanz = „Teichmannsche Kristalle". Bei Umkrist. unter anderer Temp. werden uneinheitl. Krist. erhalten; ll. in verd. Alkalien u. Ammoniak, wobei jedoch unt. Austausch des Cl gegen OH Hamatin gebildet wird; l. in starken organ. Basen (Dimethylanilin, p-Toluidin, Trimethylamin), in konz. H_2SO_4, jedoch unter allmahlicher Enteisenung; unl. in Hydrocarbonat, in verd. organ. Sre. u. Mineralsre. Spektren: in n/10 KOH (Max.): 645,2; 591,0; 539,7 mμ; in Py. (0,003%ig. Lsg., sofort gemessen) Max.: 565,4; 531,3 mμ; in Py. (0,03% Lsg., sofort gemessen) Max.: 638,2 mμ. Hamochromogenspektrum (Py., unt. Zusatz von Hydrazinhydrat): 557,1; 526,3 mμ (schwach u. verwaschen).

Dimethylester $C_{36}H_{36}O_4N_4FeCl$: Gekreuzte Nadeln (Bzl., Eg.), die bis 300° nicht schmelzen; ll. in Eg., Bzl., Chlf., Ac.; swl. in Me., A. Spektren (in Chlf.): 625; 565; 515 mμ; (in Py., unt. Zusatz von Hydrazinhydrat): 560; 527,5 mμ.

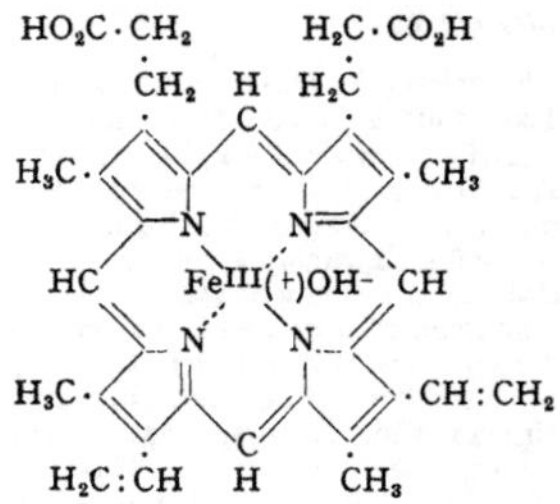

6/3 **Hämatin (α-Hämatin)**

MG 633.32 $C_{34}H_{33}O_5N_4Fe = C_{34}H_{32}O_4N_4FeOH$

Charakteristik: Swl. in h. Py.; ll. in verd. Alkalien. Hämatin zeigt im allgemeinen wenig charakteristische Spektralerscheinungen. Spektren (in Eg.) Max.: 625; 540; 510; 400 mμ; (in Ae.-HCl) Max.: 400 mμ; (in Ae.) Max.: 650 mμ; (in NaOH v. P_H 11—13): 612,5; 492; 385 mμ. Durch Einw. v. Ameisensre., Oxalsre., Milchsre., 15%iger H_2SO_4 in Protoporphyrin übergefuhrt; von Eg. nicht angegriffen. Gibt b. Lösen in Py. kein Hamochromogen, trotz Ähnlichkeit der Spektren.

6/4 **Hämochromogene (Proto-Hämochromogene)**

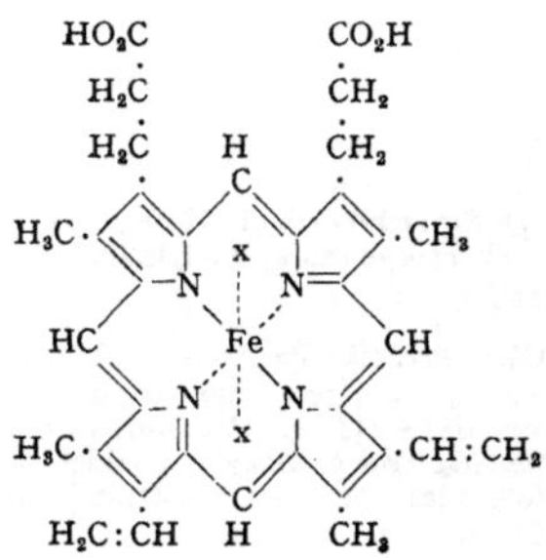

Charakteristik: Pyridin-hamochromogen (X = Pyridin): enthalt zwei Mol Py.; Spektrum: 558; 526; (484) mμ.

Nicotin-hämochromogen (X = Nicotin); enthalt zwei Mol Nicotin.

Kohlenoxyd-hamochromogen = Carbo-hamochromogen (X = CO); enthalt ein Mol CO; Spektrum: 570; 540 mμ. Soret-Bande 415 mμ. Wird CO-Hamochromogen in Gegenw. v. Py. hergestellt, so enthalt es pro Mol ein Mol CO und ein Mol Py. Ein Überschuß von Py. verdrangt das gesamte CO. CO-Py.-Protohamochromogen: Soret-Bande 440 mμ.

Cyan-Hämochromogen (X = CN): enthalt i. allg. zwei Cyanreste; Spektrum: 565—570; 537—540; 430 mμ; (in Alkali): 569,5; 540 mμ

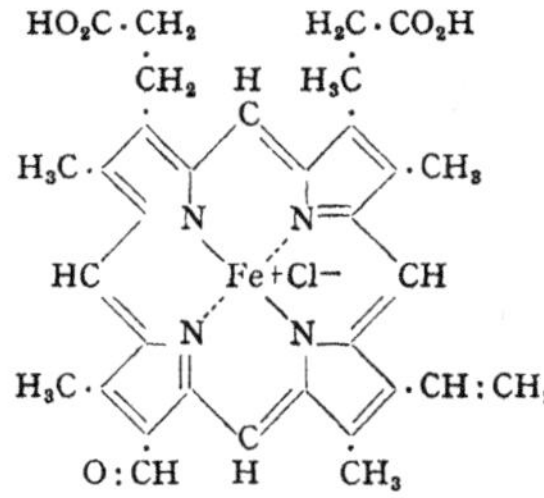

6/5 **Spirographishämin; 1,3,5,8-Tetramethyl-4-vinyl-2-formylporphin-6,7-dipropionsäure-chlorferrisalz**

MG 653.909 $C_{33}H_{30}O_5N_4FeCl$

Charakteristik: Prismen, „Wetzsteine", kugelige Drusen, welch letztere sich bei starkerer Vergrößerung als Prismen erweisen (Py.-Chlf.-Eg. in Gegenw. von NaCl). Alle Kristallformen zeigen Dichroismus. Hämochromogenspektrum: Max. 585 mμ. Bei Zugabe von Cystein (in alkal. Lsg.) liegt das Maximum der Hamochromogenbande bei 553 mμ.

6/6 **Cytohämin = Hämin a**

Spektrum als Pyridin-Hämochromogen (Pyridin + $Na_2S_2O_4$): 587; 430 mμ.

7. Porphyrin-Mg-Komplexe

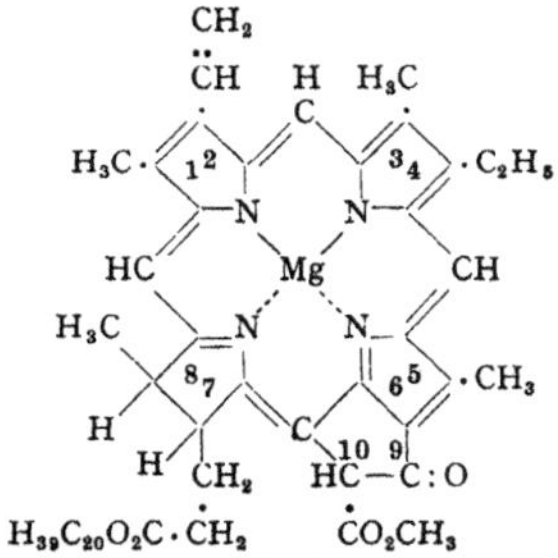

7/1 **Chlorophyll a; Mg-Komplexsalz des 1,3,5,8-Tetramethyl-4-äthyl-2-vinyl-9-oxo-10-carbmethoxyphorbin-7-propionsäurephytylesters**

MG 893.48 *F* 117—20 $C_{55}H_{72}O_5N_4Mg$

Charakteristik: Wachsart., blauschwarze Subst., die bei Ausfallen aus ihrer ather. Lsg. m. PAe. mikrokristallin in Drusen von dunnen, lanzettförmigen Blättchen erhalten wird; ll. in Ae., A., Ac., Chlf., Bzl., CS_2; wl. in k. Me.; swl. in PAe. Die alkohol. Lsg. ist blaugrun, tief-rotfluorescierend. Spez. Drehung (in Ac.): $[\alpha]_{20}$ —262°. Spektrum (in Ae.) Max.: 663; 623; 607; 577; 534; 507; 494; 432 mμ. 20%ige HCl spaltet sofort Mg unter Bildg. v. *Phäophytin a* ab; konz. HCl spaltet Mg ab u. verseift in wenigen Min. den Phytolrest unt. Bildg. v. *Phäophorbid a*. Die Phasenprobe ist positiv und rein gelb.

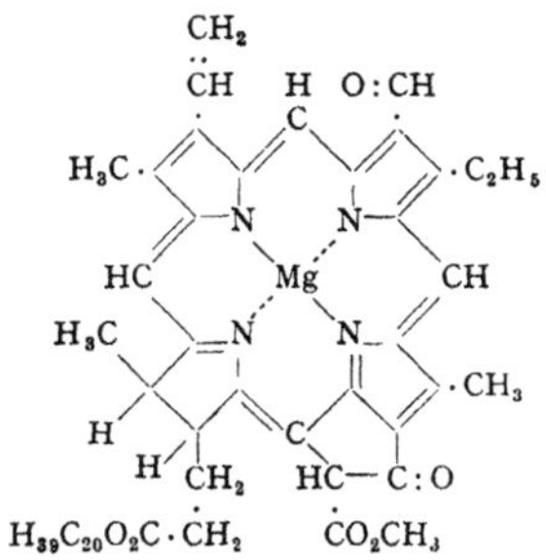

7/2 **Chlorophyll b; Mg-Komplexsalz des 1,5,8-Trimethyl-4-äthyl-2-vinyl-3-formyl-9-oxo-10-carbmethoxy-phorbin-7-propionsäurephytylester**

MG 907.62 $C_{55}H_{70}O_6N_4Mg$

Charakteristik: Sintert zw. 86 und 92°, wird bei 120—130° zahflüss. u. beginnt dann sich aufzublähen; swl. in PAe., Lg., k. Me.; ll. in abs. A., Ae. Äther. Lsg. ist leuchtend grun. In den meisten anderen organ. Lsgm. ist es mit gruner bis gelblichgrüner Farbe u. roter Fluorescenz löslich. Mit methanolischem KOH zeigt es eine leuchtend rote Phase an der Berührungsfläche der methanol. Schicht mit der äther. Lsg. Sie teilt sich b. Umschütteln d. ganzen Fluss. mit, bis sich nach einigen Min. die ursprüngl. Mischfarbe zuruckbildet. Spektrum (in Ae.) Max.: 644; 614; 594; 567; 542; 503; 456; 428 mμ. Fluorescenzspektrum (in Ae.) Max.: 647; 714 mμ. Spez. Drehg. (in Ac.-Me.): $[\alpha]$ —267°.

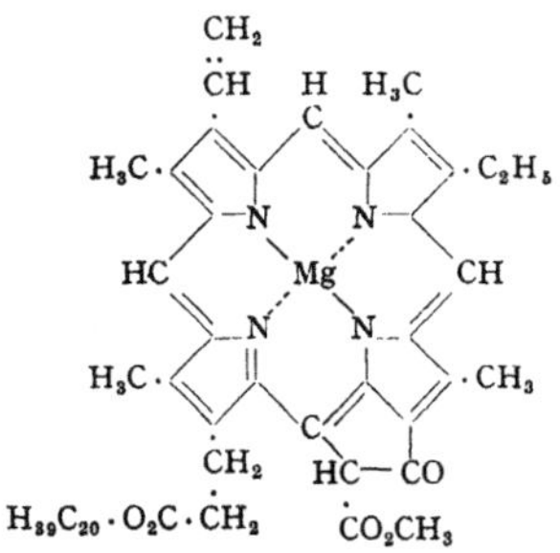

7/3 **Protochlorophyll; Mg-Komplexsalz des Vinylphäoporphyrin a_5-phytylesters**

MG 891.5 $C_{55}H_{70}O_5N_4Mg$

Charakteristik: Spektrum (in Chlf.-Py.): 637; 575; 530 mμ. Fluorescenzspektrum (in Me.): Bande von 653—633 mμ. Mit Sre. wird unt. Abspaltg. von Mg *Protophäophytin* gebildet, das in Chlf.-Py. folgendes Spektrum hat (Max.): 643; 596; 570; 528 mμ.

7/4 Bacteriochlorophyll a; Mg-Komplexsalz des 1,3,5,8-Tetramethyl-4-äthyl-2-acetyl-9-oxo-10-carbmethoxy-(3,4)-dihydrophorbin-7-propionsäurephytylesters

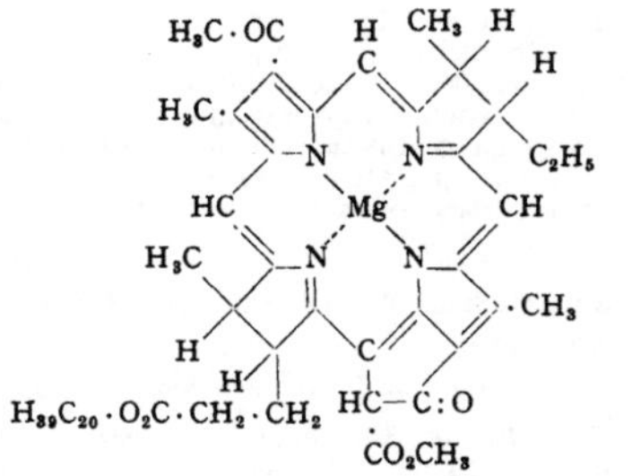

MG 911.50 $C_{55}H_{74}O_6N_4Mg$

Charakteristik: Kristallisiert nicht. Beginnt bei 94° unt. Zers. zu sintern; ll. in Py., Ac., Ae.; swl. in Me.; unl. in PAe. Lsg. in Ae. ist violett, in Me. grün ohne Fluorescenz. Spektrum (in Ae.): Bande mit Max. bei 578,0 mμ.
Bacteriophäophytin a: F 204.
Bacterio-methylphäophorbid a: F 260.

7/5 Methylchlorophyllid a; Mg-Komplexsalz des Methylphäophorbid a; Mg-Komplexsalz des 1,3,5,8-Tetramethyl-4-äthyl-2-vinyl-9-oxo-10-carbmethoxyphorbin-7-propionsäure-methylesters

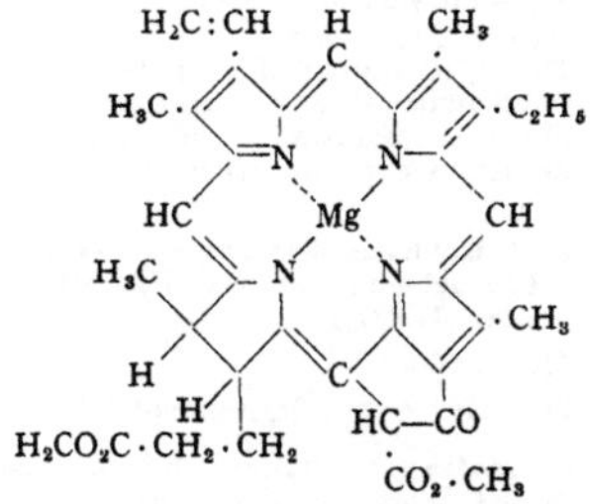

MG 629.00 $C_{36}H_{36}O_5N_4Mg$

Charakteristik: Gleichseitig dreieckige Blättchen (Ae.). Die Farbe in Py.-Ae. ist blaustichig grün. Spektrum (in Py.-Ae.) Max.: 663,1; 632,8; 614; 579; 536; (479) mμ. Spez. Drehg. (in Ac.): $[\alpha]_{20}$ −200°.

7/6 Methylchlorophyllid b; Mg-Komplexsalz des 1,5,8-Trimethyl-4-äthyl-2-vinyl-3-formyl-9-oxo-10-carbmethoxyphorbin-7-propionsäure-methylesters

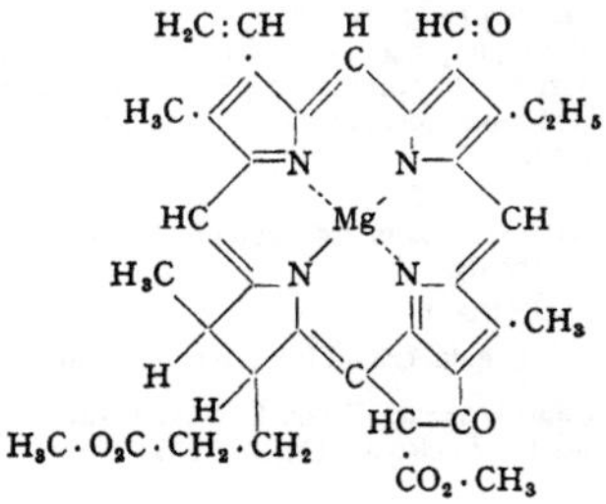

MG 643 $C_{36}H_{34}O_6N_4Mg$

Charakteristik: Grunschwarze rhomb. Täfelchen (Ae.); ll. in abs. A.; swl. in Ae., Bzl.-Spektrum: identisch mit dem des naturlichen Chlorophyll b.

8. Chromoproteide

a) Blutfarbstoff-Proteide

8a/1 **Hämoglobin (postfötales Hämoglobin = Erwachsenen-Hämoglobin; reduziertes Hämoglobin, Ferrohämoglobin [Abkürzung: Hb])**

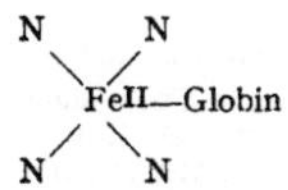

MG 68000 Fe-Geh. 0,34%

Protohäm-Globin-Verbindung, 4 Moleküle Häm sind in einem Hämoglobinmolekul enthalten. Globinanteil ist artspezifisch. Das Molekül setzt sich aus vier Untereinheiten mit dem *MG* 17000 zusammen.

Charakteristik: Rotviolette Prismen (Mensch; aus einer $(NH_4)_2SO_4$-Lsg. v. Sattigungsgrad 0,58 bis 0,60); ll. in H_2O, besser in schwachen Alkalien, mit denen es als schwache Säure Salze bildet; unl. in A., Ae., Chlf.; dreht die Ebene des polarisierten Lichtes nach rechts. Die wssr. Lsgen. sind dichroitisch, bei auffallendem Licht dunkelviolett—rot, bei durchfallendem grün. IP.: p_H 6,8 (Pferd); 6,87 (Mensch). Spektrum (Max.): 560 (breite verwaschene Bande) 430 mμ. Wird durch Ferricyankalium in Hamiglobin (Methämoglobin) übergeführt. ***Fötales Hämoglobin*** unterscheidet sich im Globinanteil vom Hb und in der größeren Haltbarkeit gegen Alkalilaugen.

8a/2 **Myoglobin (Muskelhämoglobin, Myohämoglobin)**

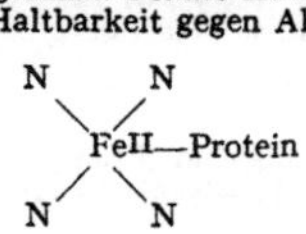

Protohäm-Proteid

Charakteristik: MG 16900 (ber. aus Sedimentationsgeschw.); 17500 (ber. aus Sedimentationsgleichgew.); Magnet. Moment: 5,46 Magnetonen; p_H-Stabilität bei 5,5—13, IP.: p_H 7; Aussalzkonstante: 0,94 [$(NH_4)_2SO_4$]; Fe-Gehalt: 0,34%.

In H_2O l. wie Hb.; gegen Alkalılaugen stabıler als Hb. Dıe O_2-Affinıtat ist 6mal größer als die des Hb. (bei 37° u. p_H 7,4).
Spektren (Max.): mıt Dithionit reduziertes Myoglobin: 555; 435 mμ. Oxymyoglobin: 582; 542; 418; 376 mμ. Carboxymyoglobın: 579; 540; 424 mμ. Metmyoglobin: (< p_H 7) 630; 500 mμ. Myoglobin geht leıchter ın Metmyoglobin uber als Hamoglobın ın Methamoglobin. Metmyoglobın (> p_H 7) 590; 540 mμ. Nitrosomyoglobin: 580; 555 mμ. Myochromogen: 5 mμ gegenuber dem Hamochromogen nach Rot verschoben.

8a/3 Oxyhämoglobin (Abkürzung: HbO_2)

MG 68000

O_2 angelagert an Protoham-Globın

Charakterıstık: Sehr dunne rechteckıge Tafelchen (Mensch; W., mit $(NH_4)_2SO_4$ sattıgen); wssr. Lsg. ist scharlachrot; wird beı Verd. gelbstıchıg, ım Gegensatz zur Lsg. d. CO-Hamoglobins, dıe rosafarben wird. Spektrum (Max.): 577; 541; 414 mμ (zwıschen p_H 5,5 und 10). Spektrum ım UV: 342; 278 mμ.
Der O_2 ıst reversıbel gebunden. Er wird abgespalten durch: Entgasen ım Vakuum, Durchleiten indıfferenter Gase, Erhıtzen auf 100°, Einwirkung von NH_4HS, $Na_2S_2O_4$, dabeı entsteht Hamoglobin = „reduziertes" Hamoglobin. Beı Eınwirk. von $K_3[Fe(CN)_6]$ wird der O_2 ebenfalls verdrangt, es entsteht jedoch Methamoglobın (Hamiglobın).

8a/4 Kohlenoxyd-Hämoglobin (Kohlenmonoxyd-Hämoglobin, Carboxy-Hämoglobin [Abkürzung: HbCO])

MG 68000

CO angelagert an Protohaın-Globın

Charakterıstık: Braune, rhomb. Prısmen. wssr. Lsg. ıst kırschrot. Spektrum (Max.): 570,7; 540—538; 418 mμ. diamagnetısch. 1 Mol $K_3[Fe(CN)_6]$ setzt ein Mol CO freı. Beı Ausschluß von O_2 verdrangt NO das CO unt. Bıld. v. Stıckoxydhamiglobın. Im Hochvak. bei 40° wırd keın CO abgespalten, erst beı 100° nach Behandl. m. H_3PO_4. Lıcht spaltet CO ab. Reduzierende Substanzen verandern es nıcht. Mıt NaOH vom spez. Gew. 1,34 entsteht eıne zinnoberrote Farb., wahrend normales Oxyhamoglobin (oder O-haltıges Blut) eıne schwarzbraun-grunlıche Farb. gibt.

8a/5 Stickoxyd-Hämoglobin (Abkürzung: HbNO)

MG 68000

NO angelagert an Protohaın-Globin

Charakteristık: Wssr. Lsg. ist blaulich-vıolett Sehr stabıle Verbindung, bes. gegen reduzıerende Mittel. Spektrum (Max.): 575; 545 mμ.

8a/6 Hämiglobin (Methämoglobin, Ferrihämoglobin [Abkürzung: Hi])

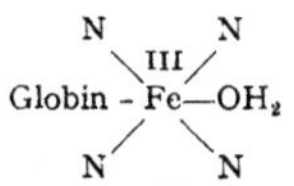

saure Form

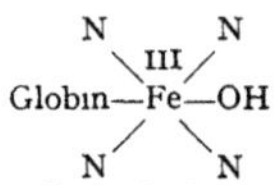

alkalısche Form

MG 68000 Fe-Geh. 0,33—0,34%

Protohamatin-Globin

Charakteristık: Braune, spıtz auslaufende lange Nadeln (rhomb. System; W. v. 35°). Kristallformen bei anderen Darstellungsweisen: Mıt $KMnO_4$: lange Nadeln; mıt Chinon: sechsseitige Tafeln mıt orangeroten Kanten; mıt $K_3[Fe(CN)_6]$: sechsseitıge Tafeln. ll. ın W. — Bei p_H 5 Dıssoziation ın Hamatin und Globın. Spektrum (Max.): 630, 500, 406 mμ. Saure Form: bei p_H < 7; Farbe braun. Spektrum wie oben. Alkalısche Form: bei p_H > 9; Farbe rot; Spektrum (Max.): 600; 577; 540 mμ.

8a/7 Stickoxyd-Hämiglobin (Stickoxyd-Methämoglobin [Abkürzung: HbNO])

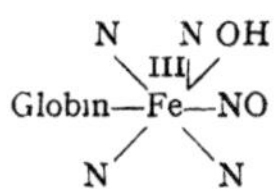

MG 68000

NO angelagert an Protohamatin-Globın

Charakteristik: Bildet bis 5 mm lange nadelformige Krıst. mıt gerader Ausloschg. Wssr. Lsg. ıst rot; ll. ın W. v. 35°; wl. in k. W. IP: $p_H \sim 7$. Spektrum (Max.): 568; 531 mμ. Autoreduktiver Ubergang in Stickoxyd-Hamoglobın; mıt HCN Ubergang ın Cyan-Hamiglobin.

8a/8 Cyan-Hämiglobin (Cyan-Methämoglobin, Ferrihämoglobin-Cyanid [Abkürzung: HiCN])

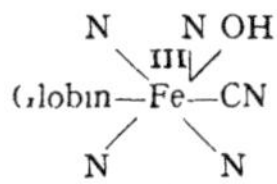

MG 68000

Charakterıstık: Kristallısiert erhalten. Wssr. Lsg ıst rot Spektrum (Max.): 540; 414 mμ. Gıbt mit Na-Dithıonıt Hamoglobin.

8a/9 **Hämiglobin-Fluorid (Fluor-Methämoglobin [Abkürzung: HiF])**

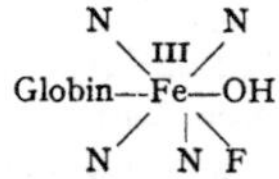

MG 68000

Charakteristik: Braunrote methämoglobinähnliche Krist. (W. + 2% A.). Spektrum (Max.) bei p_H 5: 610 mμ. Mit KCN entsteht Cyanmethämoglobin, mit Na-Dithionit Hämoglobin.

8a/10 **Verdoglobin (Verdoglobin A, Choleglobin, Verdohämoglobin, Pseudohämoglobin)**

MG 68000 Struktur nicht völlig geklart

Charakteristik: Erhalten aus Hb durch gekoppelte Oxydation mit Ascorbinsaure. Löst sich bei neutraler Reaktion mit grüner Farbe in W. Fallung mittels $(NH_4)_2SO_4$-Lsg. Mit HCl od. Eg. Abspalt. v. Biliverdin. Spektrum (Max.): Verdoglobin: 670; 630 mμ; red. Verdoglobin: 670; 630 mμ. CO-Verdoglobin: 630 mμ. Pyridin-Verdohamochromogen: 670—660; 620 mμ. CO-Hydrazin-Verdohamochromogen: 633 mμ. Hydrazin-Verdohamochromogen: 630; 617 mμ. Muskel-Verdoglobin A: 670; 640 mμ. CO-Muskel-Verdoglobin A: 536 mμ. Muskel-Verdoglobin A-Hamochromogene sind spektr. identisch mit den oben genannten Hamochromogen.

8a/11 **Verdoglobin S (Sulfhämoglobin)**

MG 68000 Struktur nicht geklart

Charakteristik: Olivgrüne, sechsseit. Tafeln. Erhalten aus Hämoglobin + H_2S + O_2. Wssr. Lsg. ist grün. Gibt keine Oxy-Verbindung, oxydiert sich jedoch leicht zu Sulfhamiglobin, z. B. mit $K_3[Fe(CN)_6]$. Spektren (Max.): Verdoglobin S: 620 mμ. CO-Verdoglobin S: 616 mμ. Pyridin-Hämochromogen: 612 mμ. Hydrazin-Hämochromogen: 610 mμ. CO-Hydrazin-Hamochromogen: 618 mμ.

8a/12 **Chlorocruorin**

MG 3000000 aus Polychaeta, Spez. Spirographis Spallanzanii (Borstenwurm)

Spirographishäm-Proteid

Charakteristik: Gibt mit Eg.-NaCl i. d. Hitze Spirographishämin, vgl. dort. Spektren (Max.): Chlorocruorin: 574 mμ (breite Bande). Oxychlorocruorin: 604; 560 mμ (α viel höher als β). Chl.-Hamochromogen: 569; 533 mμ (scharfe Banden). CO-Chlorocruorin: 600; 557; 440 mμ (Soret Bande). CN-Chl.-Hamochromogen: 573; 538 mμ (scharfe Banden).

8a/13 **Erythrocruorin**

MG 36400 (Anneliden)		intracellular
33600 (Mollusken)		
19100 bis 23100 (Chordates Cyclostoma)		
3000000 (Anneliden)		extracellular
3040000		
31400 (Arthropoden)		
1500000 (Mollusken)		

Mesohämin (?)-Eiweiß-Verbindung

Charakteristik: IP: zwischen p_H 4,56 u. 5,80. Spektren ähnlich denen des Hamoglobins.

8a/14 **Cytochrom a**

Protohäm-Proteid (?)

Charakteristik: Fe zwei- und dreiwertig. Nicht autoxydabel, reagiert nicht mit Cyaniden und mit CO. Reduz. Cytochrom a: Spektrum (Max.): 605; 449 mμ. CO-Verbindung: Spektrum (Max.): 593; 589; 450 mμ. — *Cytochrom* a_1 ist autoxydabel, reagiert mit HCN u. CO: reduz. α-Bande (Max.): 590 mμ (Azotobacter vinelandii; Bact. Pasteurianum); 591 mμ (Escherichia coli): 595 mμ (Proteus vulgaris): 588 mμ (anaerobe Bierhefe). — *Cytochrom* a_2 reduz. α-Bande (Max.): 635 mμ (Bact. Pasteurianum): 632 mμ (Azotobacter vinelandii): 630 mμ (Escherichia coli); reagiert mit HCN u. CO; Absorptionsmax. der CO-Verb.: 634 mμ. — *Cytochrom* a_3, Hamproteid vom Typ des Chlorocruorinhäms; autoxydabel: reduz. α-Bande : 605 mμ (Myocard der Sauger): 600 mμ (Micrococcus lysodeicticus): CO-Verb. — Absorptionsmax.: 590; 432 mμ. — *Cytochrom* a_4: reduz. α-Bande: 612 mμ.

8a/15 **Cytochrom b**

Protoham-Proteid (?)

Charakteristik: Wahrscheinl. unl. in W. Nicht rein isoliert. Thermolabil. Fe zwei- oder dreiwertig. Red. Cytochrom b: Spektrum (Max.): 567; 520; 432 mμ. Autoxydabel, verbindet sich nicht mit HCN und CO. — *Cytochrom* b_1, reagiert nicht mit HCN u. CO: α-Bande (reduz.): 560 mμ (Escherichia coli, Proteus vulgaris). — *Cytochrom* b_2, reduz. Absorptionsmax.: 560; 530; 420 mμ (Escherichia coli; Proteus vulgaris); l. in W. — *Cytochrom* b_3, Protoham-Proteid: reduz. Absorptionsmax.: 559,5; 526; 425 mμ (aus Blattern [Rube]). — *Cytochrom* b_4, reduz. Absorptionsmax.: 554; 421; 415 mμ. — *Cytochrom* b_5, Absorptionsmax.: 556; 424 mμ (Mikrosomen der Rattenleber).

8a/16 **Cytochrom c**

MG 13000; Fe-Geh.: 0,45%, Fe zwei- und dreiwertig

Protohäm-Proteid (Bindung des Proteids an Fe und an die Vinylgruppen, vgl. Porphyrin c)

Charakteristik: Wssr. Lsg. ist rot, wird beim Kochen braun, nicht autoxydabel, verbindet sich nicht mit CO und HCN. Stabil gegen verd. Sren., sowie gegen 0,1 n Alkalien. Spektren (Max.): Ferrocytochrom c (red. Cytochrom c): 550; 522; 415; 345; 316 mμ. Ferricytochrom c: 565; 530; 407; 346 mμ.
Spektren von Cytochrom c in verschiedenen p_H-Bereichen:

Typ	p_H	p_H	Absorpt.-Max.
I	0,5	0,42	635; (580); 530; 510 mμ
II	1,5	0,42	622; 525; 497; 359; 275 mμ
III	4—8	2,50	695; (655); (565); 530; 408; 365; 280
IV	11—11,5	9,35	565; 537; 408; 355; 280 mμ
V	14	12,76	565; 536; 412; 350; 290

Typ II enthalt noch I und III.

8a/17 **Cytochromoxydase (sauerstoffübertragendes Ferment der Atmung)**

MG 75000

Cytohäm-Proteid (Formel des Cytohams noch ungeklart)

Charakteristik: l. in W., hitzelabil, 52° (Z.). Empfindlich gegen organische Lösungsm., Sren., Alkalien. Seine Wirkung wird inhibiert durch Cyanide, Sulfide, (H_2S), Azide u. Hydroxylamin, ebenso von CO. Die CO-Verbindung wird jedoch bei Belichtung zerlegt. Spektrum der CO-Verbindung (Max.): 590; (540); (520); 430 mμ.

8a/18 **Katalase**

MG 240000 Fe-Geh.: 0,087—0,094%

Protohämatin-Eiweiß-Verbindung, enthalt 4 Hämgruppen, das Fe ist allgemein dreiwertig

Charakteristik: Kristallisiert gewonnen (vgl. Adv. Enzymol. 7, 265 (1947); J. biol. Ch. **121**, 417 (1937).
Bei p_H 9,9 zerfallt das Molekul in kleinere Einheiten. IP.: p_H 5,7 (Ochsenleber-Katalase), p_H 5,4 bis 5,6 (Pferdeleber-Katalase).
Spektren (Max.): Katalase: 623; 536; 400; 280 mμ. Katalase bei Zusatz von:
HCN: 589; 577 mμ. H_2S: 640; 580···540 mμ. NH_3: 632; 588; 550 mμ. NH_2OH: 629 (diffus); Schatten bei 580 mμ. NO: 577; 538 mμ. NaF: 622; 597 mμ. NaN_3 + Peroxyde: 587; 559 mμ.

8a/19 **Peroxydasen**

Porphyrin-Fe-Komplex-Proteide

Charakteristik:
a) *Meerrettichperoxydase* (Protohamo-Proteid): Fe-Geh. 1,27%, *MG* 44000.
Lsg. in schw. Sre. (rotbraun); Spektrum: 645; 583; 548; 498 mμ. Lsg. in schw. Alkali (rot); Spektrum: 583; 549 (Soret-Bande 401) mμ. Lsg. neutral, (Paraperoxydase); Spektrum: 575; 540; 420; 370; 280 mμ. FeII-Peroxydase (mit $Na_2S_2O_4$): Spektrum: 594; 558 mμ.
b) *Cytochrom c-peroxydase* (Protohämo-Proteid): Spektrum: (640); 620; 500; 410; (402) mμ. Red. mit $Na_2S_2O_4$; Spektrum: 560; Soret-Bande 437 mμ.
c) *Lactoperoxydase:* Hamo-Komponente noch ungeklärt; Fe-Geh.: 0,08%.
Lsg. der FeII-Form braungrun; Spektrum: (640); 600; 550; 500; 412; 280 mμ. Lsg. der FeIII-Form, grün; Spektrum: (645); 600; 566 mμ. Py.-hamochromogen (rot); Spektrum: 565; 530 mμ.
d) *Myeloperoxydase* (Leukocyten-Peroxydase): Hamo-Komponente noch ungeklärt. Farbe grun; Spektrum: 690; 625; 570; 495; 430; (370); 280 mμ. Enzymwirkung wird durch HCN aufgehoben, nicht durch CO.

b) Chlorophyll-Proteid

8b/1 **Chloroplastin**

natives Chlorophyll-Proteid

Charakteristik: Spektrum (im wssr. Auszug): Absorptionsbanden: 690—600; 630—620; 600 bis 580 mμ. Bei p_H 7—9 stabil (i. d. Kalte bei Anwesenheit kl. Salzmengen), bei p_H 5,5 Denaturierung. Elektrophoretisch bei p_H 6—8,5 rasche anodische Wanderung. IP.: nicht bestimmbar, da unter p_H 5 liegend. Proteinanteil je nach Pflanzenfamilien verschieden. Nach Spaltg. d. Chromoproteids werden die Chlorophylle a u. b von Chlf., Bzl., Ae., Dichlor- u. Trichlorathylen, CS_2, Me., A. u. Ac. leicht aufgenommen.

c) Gallenfarbstoff-Proteide

8c/1 **Myobilin**

Chromoproteid aus Myopathiker-Faeces. Protein + Mesobilifuscin I u. II

Charakteristik: Braune amorphe Substanz, fluoresciert in alkohol. Lsg. grün. Gibt beim Behandeln mit Me. + HCl den Methylester des Mesobilifuscins.

8c/2 **Phycocyan (aus Rotalgen)**

Charakteristik: Blauviolette, große rhombenförmige Blättchen (aus Ceramium; beim Fällen aus wssr. Lsg. m. $(NH_4)_2SO_4$). Im polarisierten Licht zeigen die Kristalle Dichroismus, sie sind violett, wenn die Polarisationsebene parallel, blau, wenn sie senkrecht zur längeren Diagonalen steht. Unter gekreuzten Nicols zeigen sie Doppelbrechung. Längere Zeit-trocken aufbewahrte Kristalle behalten teils ihre Doppelbrechung, teils wandeln sie sich in optisch isotrope Pseudomorphosen um. Die Kristalle des Nori-Phycocyans besitzen oft die Form flacher Nadeln und zeigen mitunter Zwillingsbildungen, beim Umkristallisieren tritt jedoch oft Umwandlung in die oben beschriebenen Rhomben ein. Die Lösungen von Phycocyan sind tiefblau und zeigen dunkelcarminrote Fluorescenz mit einer Absorptionsbande bei 690—630 mμ. NaOH ruft dieselben Farberscheinungen hervor wie beim Phycoerythrin, jedoch ist Phycocyan noch unbeständiger. Konz. H_2SO_4 löst mit blauvioletter Farbe; Absorptions-Maximum bei 609—603 mμ. Bei Verdünnen m. W. od. Eg. wird die Farbe blau.

8c/3 **Phycoerythrin (aus Rotalgen)**

MG 200000

Charakteristik: Braunrote Krist. mit Doppelbrechung (aus wssr. Lsg. m. $(NH_4)_2SO_4$ gefällt). Der IP. liegt bei p_H 4,0—4,4. Der p_H einer reinen Lsg. liegt bei 6,56. Spektrum (Max.): 565; 540; (495) mμ. Phycoerythrin fluoresciert in Lsg. orange; Absorpt.-Bande Max.: 675—570 mμ; verd. Lsgn. fluorescieren grünlichgelb. Mit $ZnCl_2$ tritt lediglich Verstärkung der Fluorescenz ein. Mit Alkalien geben die Lsgn. ein buntes Farbenspiel, dessen erste Phase braunrot ist und ins Violette tingiert. Diese Stufe zeigt braunrote Fluorescenz mit den Absorptionsbanden: 591—588; (553 bis 540); 511—500 mμ. Mit konz. H_2SO_4 gibt Phycoerythrin eine braunrote Farbe mit den Absorptionsbanden-Max.: 579; 498 mμ. Beim Verd. m. W. od. Eg. tritt Violettfärbung ein.

Annelierte Heterocyclen mit einem N-Atom

1. Indole

1/1 **Indol (Benzo-[b]-pyrrol)** s. S. 322.

1/2 **Skatol (β-Methyl-indol)** s. S. 323.

1/3 **Gramin (β-Indolyl-methyl-dimethylamin, Donaxin)** s. S. 323.

1/4 **3-Indol-essigsäure (Heteroauxin, Indol-β-essigsäure)**

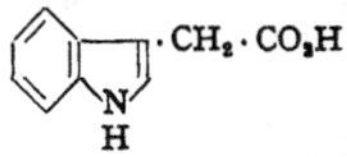

MG 175.2 *F* 168—70

Charakteristik: Blätt. (Bzl.); Platten (Chlf.); ll. in A., Ae.; l. in Ac.; swl. in W.; unl. in Chlf. — *Wi.:* Wuchsstoffwirkg. b. Pflanzen.

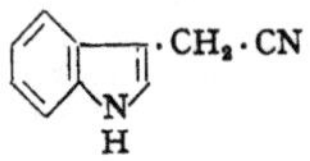

1/5 **3-Indol-acetonitril**

MG 156.18 *F* 34.5—36

Charakteristik: Farbl. Krist.; l. in A.; wl. in W. — *Wi.:* Antagonist von Tryptophan (Bakterien); wirkt wie Indolessigsäure (Pflanzen). — *Pikrat:* *F* 124—30.

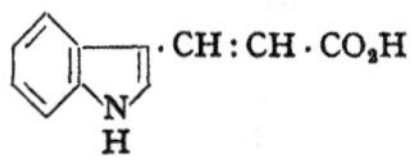

1/6 **3-Indol-acrylsäure**

MG 187.19 *F* 195—96

Charakteristik: Rötl.-braune rhomb. Platten (W.); l. in A., Ae.; wl. in k. W. — *Wi.:* Antagonist von Tryptophan (Bakterien); Antagonist von Indolessigsäure (Pflanzen).

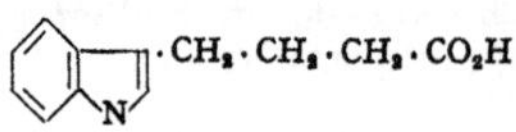

1/7 **3-Indol-buttersäure**

MG 203.23 *F* 123—25

Charakteristik: Weißes oder schwach gelbl. Kristallpulver mit charakterist. Geruch; l. in A., Ae., Ac.; unl. in W., Chlf. — *Wi.:* Pflanzenwuchsstoff.

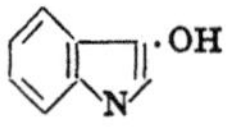

1/8 **Indoxyl**

MG 133.14 *F* 85

Charakteristik: Hellgelbe Prismen mit unangenehmem Geruch; l. in W., A.; ll. in Ac.; unl. in Ae.; Oxydation in alkal. Lsg. → Indigo.

1/9 3-Indoxylschwefelsäure
MG 213.20

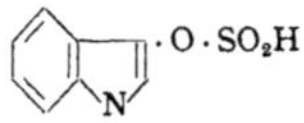

Charakteristik: Unbeständig. — *K-Salz:* Tafeln (A.); *MG* 251.30; *F* 179—80 (Z. unter Subl. von Indigo); ll. in W.; swl. in k. A. = Harnindikan.

1/10 Adrenochrom
MG 179.17 *F* 115—20 (Z.)

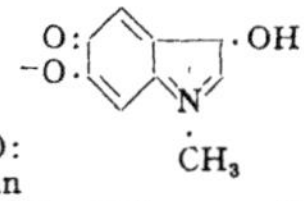

Charakteristik: — *Hemihydrat* $C_9H_9O_3N \cdot {}^1/_2 H_2O$: Leuchtend rote Krist. (Me.-Ameisensre.); kann im Vakuumexsiccator einige Wochen aufbewahrt werden; oxydiert sich leicht zu Melanin; ll. in W.; l. in A.; swl. in Ae., Bzl.; Lsgn. sind instabil; optimales p_H der wssr. Lsg. = 4.0. — *Oxim* $C_9H_{10}O_3N_2 \cdot 1{}^1/_2 H_2O$: Orange Nadeln (W.); *F* 278; haltbar. — *Monosemicarbazon* = Adrenoxyl.

1/11 Isatin (2,3-Indol-diketon)
MG 147.28 *F* 201—03 (198—99) *Kp* subl.

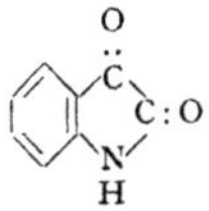

Charakteristik: Orangerote monokl. Nadeln (A.); ll. in sied. A.; l. in Ae. u. sied. W. m. rotbrauner Farbe; löst sich in konz. KOH violettrot; wird b. Stehen gelb; sehr schwache Base; bildet ein kristallines Perchlorat $C_8H_5O_2N \cdot HClO_4 \cdot 2H_2O$; oxydiert Aminosrn.

1/12 Indigo (Indigoblau)
MG 262.26 D_4^{20} 1.35 *F* 392 (Z.) *Kp* subl. bei etwa 300

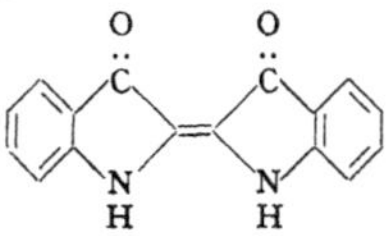

auch

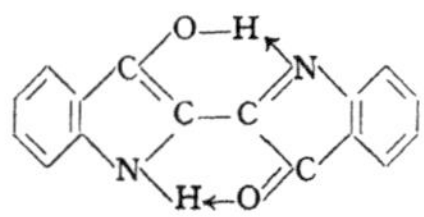

Charakteristik: Rhomb. blaue, kupferrotglanzende Krist. (Anilin); l. in h. Anilin, Chlf., in Eg. b. Erwarmen; swl. in A., Ae.; unl. in W.; bildet mit rauchender H_2SO_4 eine losl. Disulfonsaure (s. Indigocarmin); wird durch Natriumdithionit, Glucose in alkal. Lsg. u. a. zu Indigweiß reduziert.

1/13 5,5′-Indigosulfosäure, Natriumsalz (Indigocarmin, lösl. Indigo)
MG 466.35

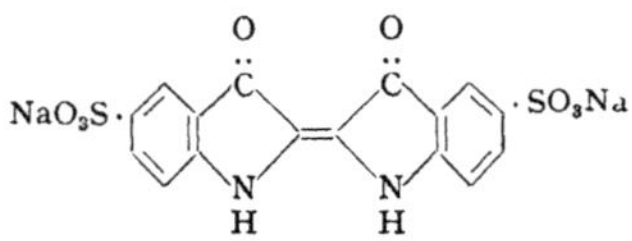

Charakteristik: Dunkelblaues Pulver; wl. in W. zu tiefblauer Lsg.; swl. in A.; sehr empfindlich gegen Oxydationsmittel; wird rasch entfarbt durch Nitrate, Chlorate u. a.; Farbe der wssr. Lsg. bleicht b. Stehen a. d. Luft allmahlich aus; Handelsprodukt enthalt etwa 85% des Farbstoffs.

1/14 Indigweiß (Leukoindigo)
MG 264.27

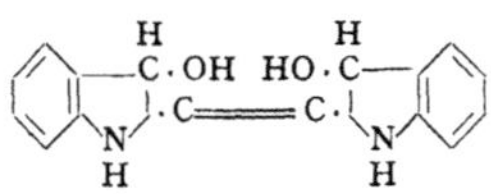

Charakteristik: Weißes kristallines Pulver; l. in A., Ae., in Alkali gelb, in H_2SO_4 purpurrot, unl. in W.; Oxydation → Indigo.

2. Chinoline

2/1 Chinolin (Benzo-[b]-pyridin, 1-Benzazin)
MG 129.15 D_4^{20} 1.0929 *F* —19.5 *Kp* 237.7
Kp_{20} 119.8

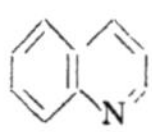

Charakteristik: Farbl. Fluss.; $n_D^{24.9}$ 1.62450; ∞ A., Ae., CS_2, Ac., l. in k. W.; ll. in h. W; fluchtig m. W.-Dampf; hygroskop.; schwache Base, pk_a^{25} 9.5; neutral gegen Phenolphthalein, giftig!

2/2 Chinaldin (2-Methylchinolin)
MG 143.18 *D* 1.1013; D_4^{20} 1.0585 *F* —2
Kp 246—47

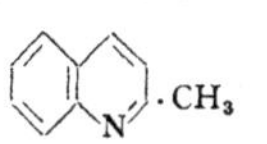

Charakteristik: Farbl. ölige Fluss.; riecht chinolinartig; wird a. d. Luft braun; l. in A., Ae., Chlf.; swl. in W. — *Pikrat:* *F* 194.

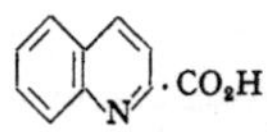

2/3 **Chinaldinsäure (2-Chinolincarbonsäure)**

MG 173.16 Dihydrat *MG* 209.20 *F* 156 (wfr.)
Kp Z.

Charakteristik: Nadeln + $2H_2O$ (W.); wfr. (Bzl.); ll. in Bzl.; l. in h. W., A., wssr. Alkali; wl. in k. W., Ae. — *Amid: F* 181.

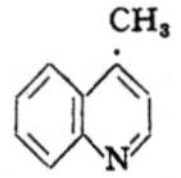

2/4 γ-**Methylchinolin (Lepidin)**

MG 143.18 D_4^{20} 1.0862 *F* 9—10 Kp_{760} 264.2

Charakteristik: Brennend schmeckendes, chinolinartig riechendes Öl; färbt sich am Licht rotbraun; hygroskop.; n_D^{20} 1,6206; ∞ A., Bzl., Ae.; wl. in W. — *Pikrat: F* 208—09.

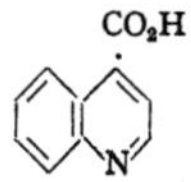

2/5 **Cinchoninsäure (Chinolin-γ-carbonsäure)**

MG 173.16 *F* 257—58

Charakteristik: Wfr.: monokl. Prismen; + 1 H_2O: feine Nadeln; + $2H_2O$: trikl. Tafeln; wl. in angesäuertem W.; swl. in W., A.; unl. in Ae.

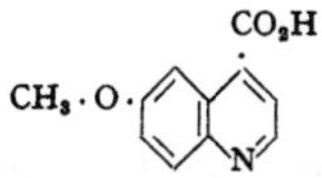

2/6 **Chininsäure (p-Methoxychinolin-γ-carbonsäure, 6-Methoxy-cinchoninsäure)**

MG 203.19 *F* 280 (Z.)

Charakteristik: Gelbl. Prismen (verd. HCl); l. in wssr. Alkali; wl. in A.; 1.24 abs. A.; swl. in k. W., Ae., Bzl. — Gibt in ammoniakal. Lsg. mit sehr wenig verd. Bromwasser tiefgrune stark fluoresc. Lsg., mit mehr Bromwasser violette Färb.

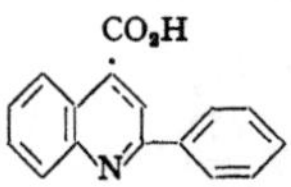

2/7 **Atophan (2-Phenyl-chinolin-4-carbonsäure, Phenylcinchoninsäure, Cinchophen)**

MG 249.25 *F* 209 (213—16)

Charakteristik: Nadeln (verd. A.); stabil an der Luft, wird am Licht gelb; schmeckt bitter; unl. in W.; 5 A. 78°; 0.8 k. A.; 0.25 Chlf.; 1 Ae.; 0.4 Bzl. 78°. — *Allylester* = Atochinol $C_{19}H_{15}O_2N$: *MG* 289.32; gelbl. geruchl. Pulver; schmeckt aromatisch; *F* 36; ll. in Ae., Ac., Bzl., Ölen; swl. in W.; 8 A.

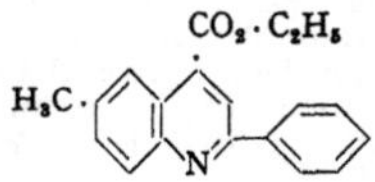

2/8 **6-Methyl-2-phenylchinolin-4-carbonsäure-äthylester (6-Methyl-2-phenyl-cinchoninsäure-äthylester, Novatophan)**

MG 291.33 *F* 74

Charakteristik: Kleine Krist.; schwach bitterer Geschmack; stabil a. d. Luft; wird im Licht gelb; ll. in Ae., Chlf.; l. in h. A.; swl. in W.

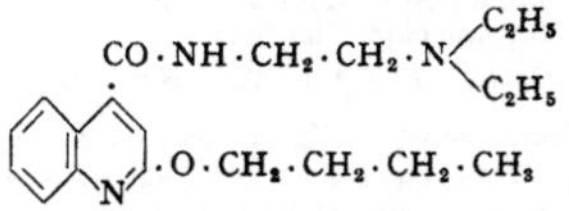

2/9 **Percain (α-Butoxychinolin-γ-carbonsäure-diäthylaminoäthylamid, Nupercain-hydrochlorid)**

MG 343.44 *F* 64—65

Charakteristik: Chlorhydrat $C_{20}H_{29}O_2N_3 \cdot 2HCl$: *MG* 416.37; *F* 97—98; farbl. blattr. Krist.; hygroskopisch; 200 k. W.; ll. in A., Ac., Chlf.; l. in Toluol; wl. in Bzl., Essigester; p_H der 5%ig. wssr. Lsg. 5—6.

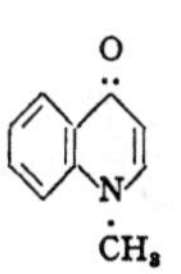

2/10 **Echinopsin (1-Methyl-4(1)-chinolon)**

MG 159.18 *F* 152

Charakteristik: Nadeln (Bzl.); 1.6 k. W.; 16 W. 100°; l. in A., Chlf., h. Bzl.; wl. in Ac. — *Hydrat:* Kristallplatten (W.). — *Hydrochlorid:* Krist.; *F* 186.

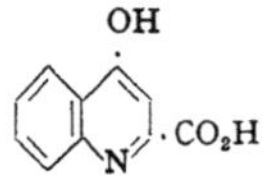

2/11 **Kynurensäure (γ-Oxychinolin-α-carbonsäure, 4-Oxychinaldinsäure)**

MG 189.16 *F* 290 (Z.)

Charakteristik: Gelb. Nadeln (verd. Essigsre.) + $2H_2O$; 0.9 W. 100°; l. in h. A., Alkali; wl. in org. Lsgm. — *Methylester* $C_{11}H_9O_3N$: gelbe Krist.; *F* 224.

2/12 **8-Oxychinolin (8-Chinolinon, Oxin)**

MG 145.15 *F* 76 *Kp* 267

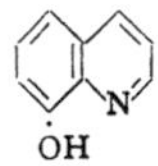

Charakteristik: Weiße Krist. od. Kristallpulver; ll. in A., Ac., Chlf., Bzl.; l. in wssr. Mineralsren.; swl. in W., Ae.

2/13 **5,7-Dijod-8-oxychinolin (5,7-Dijod-8-chinolinol, Enterosept)**

MG 396.98 *F* 200—15 (starke Z.)

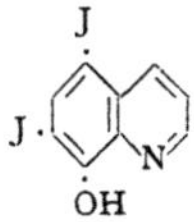

Charakteristik: Krist. (Xylol); gelbbraunes Pulver; l. in h. Py., h. Dioxan; wl. in A., Ae., Ac.; swl. in W.

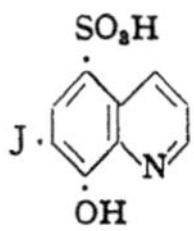

2/14 **7-Jod-8-oxychinolin-5-sulfonsäure (Loretin, Ferron)**

MG 351.13 *F* 260—70 (Z.)

Charakteristik: Schwefelgelbes, fast geruch- und geschmackloses Kristallpulver; 0.2 k. W.; 0.6 W. 100°; wl. in A.; unl. in Ae., Ölen; gibt Violettfärb. m. Fe^{+++}-Ionen.

2/15 **5-Nitroso-8-oxychinolin (Chinolin-chinon-5,8-oxim-5)**

MG 174.15 *F* 245 (Z.)

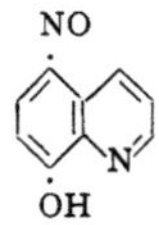

Charakteristik: Nadeln (A.); l. in A.; wl. in Ae., Bzl., Chlf.; unl. in W. — Gibt m. Phenolen Indophenolfarbstoffe.

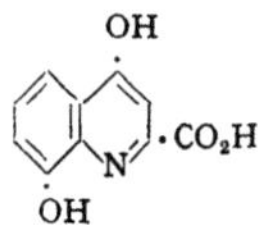

2/16 **Xanthurensäure (4,8-Dioxychinaldinsäure)**

MG 205.16 *F* 286

Charakteristik: Schwefelgelbe Krist.; l. in wssr. Alkalien u. Alkalihydroxyden gelb, in h. verd. HCl; unl. in W.; gibt m. Millonreagens Rotfarb. und kuppelt m. Ehrlichs Diazoreagens rubinrot; + $FeSO_4$: intensive Grunfarb. ($2 \cdot 10^{-5}$). — *Na-Salz* + n H_2O: Gelbe Krist.; wfr. b. 170°; wl. in W. — *Methylester:* Gelbe Krist.; *F* 262 (Z.); l. in NH_4OH, Alkalihydroxyden und -carbonaten.

2/17 **8-(3-Diäthylaminopropylamino)-6-methoxychinolin (Plasmochin, Plasmocid)**

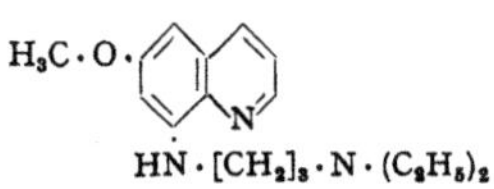

MG 287.39 D_4^{24} 1.0569 Kp_1 182

Charakteristik: Ölige Flüss.; n_D^{21} 1.5855. — *Dihydrochlorid:* Gelbe Krist.; *F* 218—20; wl. in W., A. — *Diphosphat:* Gelbe Krist.; *F* 169—71; wl. in W., A. — *Dimeconat:* Gelbe Krist.; *F* 178. — *Dipikrat:* Gelbe Krist.; *F* 190

2/18 **6-Methoxy-8-(1-methyl-4-diäthylamino)-butylaminochinolin (2,2'-dioxy-1,1'-dinaphthylmethan-3,3'-dicarbonsäure-Salz, Plasmochin-naphthoat)**

MG 703.80

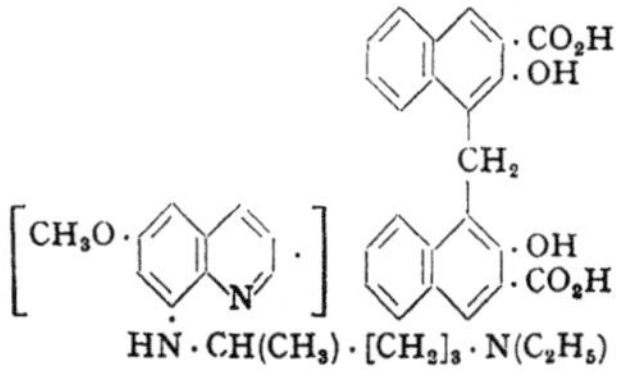

Charakteristik: Gelbes bis orangegelbes, geruchloses und fast geschmackloses Pulver; macht die Zunge gefuhllos; l. in A., Ac.; unl. in W.

2/19 **7-Chloro-4-(4-diäthylamino-1-methylbutylamino)-chinolin-diphosphat (Resochin, Chloroquine Diphosphate)**

MG 515.88 *F* freie Base 87

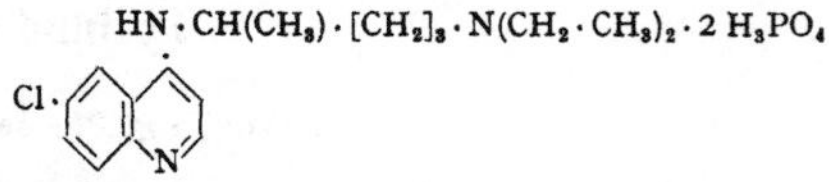

Charakteristik: Bittere farbl. Krist., dimorph; a: *F* 193—95; b: *F* 215—18; ll. in W.; p_H der 1%ig. wssr. Lsg. ~ 4.5; wl. in alkal. u. neutr. Medium; unl. in A., Ae., Chlf., Bzl.; hitzestabil.

2/20 **7-Chlor-4-(4-diäthylamino-1-methylbutylamino)-3-methylchinolin (Santochin)**

MG 333.89 $Kp_{0.5}$ 190—94 ($Kp_{0.5}$ 220—30)

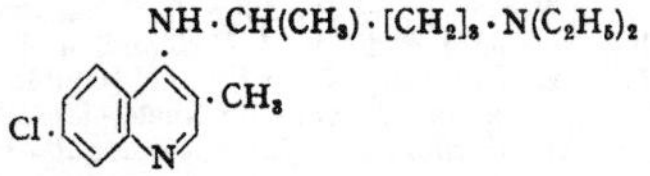

Charakteristik: Hellgelbe ölige Fluss. — *Disulfat-monohydrat:* Hellgelb. Krist.; wl. in W., A. — *Dihydrochlorid:* Hellgelbe Krist.; wl. in W., A. — *Naphthoat* (Salz m. 1 Mol 4,4′-Methylen-bis-(3-oxy-2-naphthoesaure)): Gelbes Pulver; wl. in W., A.; färbt die Haut nicht gelb.

3. Acridine

3/1 **9-Aminoacridin (5-Aminoacridin)**

MG 194.23 *F* 241

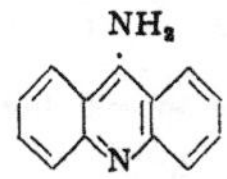

Charakteristik: Schwefelgelbe Nadeln (A. oder Ac.); mittelstarke Base; pk_a^{25} 4.53; ll. in A.; l. in Ac.; wl. in Chlf., Toluol, Py. — *Hydrochlorid* = Monacrin, Acramingelb, $C_{13}H_{10}N_2 \cdot HCl$: hellgelbe Krist.; 0.33 W. zu einer schwach gelben neutralen Lsg. mit blauer außerordentlich starker Fluorescenz.

3/2 **3,6-Diaminoacridin („Proflavin")**

MG 247.28

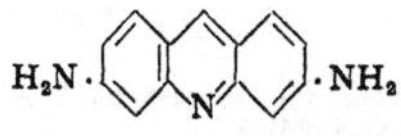

Charakteristik: *Dihydrochlorid* $C_{13}H_{13}N_3Cl_2 \cdot 2H_2O$: *MG* 318.20; orangerotes bis rotbraunes Kristallpulver; 10 W.; swl. in Ae., Chlf.; fluoresciert grün. — *Sulfat* $C_{13}H_{11}N_3 \cdot H_2SO_4 \cdot H_2O$: *MG* 325.34; rotbraunes Kristallpulver; 0.3 W.; wl. in A.; unl. in Chlf., Ae., Ölen.

3/3 **2,8-Diamino-10-methylacridiniumchlorid (Acriflavin, Neutroflavin, Trypaflavin (neutral))**

MG 259.73

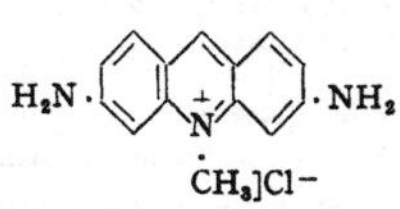

Charakteristik: Tieforanges, korniges Pulver; 33 W.; wl. in A.; swl. in Ae., Chlf., Ölen, die wssr. Lsg. ist rotorange und fluoresciert in Verdunnung; p_H der 1%ig. wssr. Lsg. 3.5.

3/4 **2,8-Diamino-10-methylacridiniumdihydrochlorid (Trypaflavin (sauer), Acriflavin-hydrochlorid))**

MG 296.19

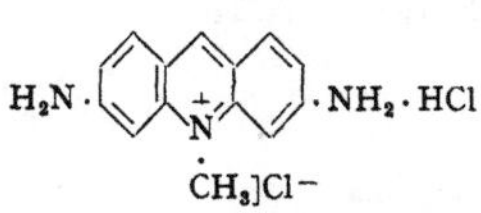

Charakteristik: Tiefrotbraunes kristallines Pulver; 33 W.; l. in A.; swl. in Ae., Chlf., Ölen; Lsgg. sind dunkelrot, fluorescieren stark; p_H der 1%ig. wssr. Lsg. ~ 1.5.

3/5 **3-Chlor-7-methoxy-9-(1-methyl-4-diäthylaminobutylamino)-acridin**

MG Dihydrochlorid-dihydrat 508.91

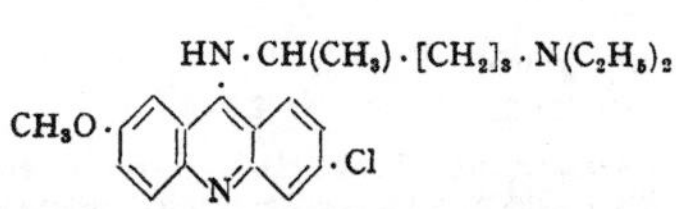

Charakteristik: Bittere, leuchtendgelbe Krist.; *Z.* 248—50 (nicht sehr charakteristisch); 3 W.; ll. in h. W.; wl. in A., Me.; unl. in Ae., Bzl., Ac.; p_H der 1%ig. wssr. Lsg. ~4.5; wssr. Lsg. fluoresciert stark; erkennbar in Verdünnung 1:5 · 10^6. — *Methansulfonat* $C_{23}H_{30}ON_3 \cdot Cl \cdot 2CH_3SO_3H \cdot H_2O$: *MG* 610.18; bittere, gelbe Krist.; 33 W. 15,5°; 2.8 95%ig. A.; p_H der 2%ig. wssr. Lsg. ~4.

Pyrimidine

Von **Wolfgang Pfleiderer**, Stuttgart

Literatur. *Lythgoe, B.:* Some Aspects of Pyrimidine and Purine Chemistry. Quart. Rev. **3**, 181 (1949). — *Kenner, G. W.:* Chemistry of Nucleotides. Fortschr. Chem. organ. Naturstoffe **8**, 96 (1951). — *Bredereck, H.:* Purin- und Pyrimidinverbindungen in „Physiologische Chemie". Hrsg. v. *Flaschenträger, B.*, u. *E. Lehnartz:* Bd. **1**, S. 796, Berlin-Göttingen-Heidelberg 1951. — *Brown, D. J.:* The simple Pyrimidines. Rev. pure and appl. Chem. **3** (1953). — *Bendich, A.* Chemistry of Purines and Pyrimidines in „Nucleic Acids". Hrsg. v. *Chargaff, E.*, u. *J. N. Davidson:* **1**, 81, New York 1955. — *Baddiley, J.:* Chemistry of Nucleosides and Nucleotides in „Nucleic Acids". Hrsg. v. *Chargaff, E.*, u. *J. N. Davidson:* **1**, 137, New York 1955. — *Henderson, J. F.*, u. *G. A. LePage:* Naturally Occuring Acidsoluble Nucleotides, Chem. Rev. **58**, 645 (1958). *Fox, J. J.*, u. *J. Wempen:* Pyrimidine Nucleosides. Adv. Carbohydrate Chem. **14**, 283 (1959). — *Brown, D. J.:* The Pyrimidines. New York-London 1962.

1. Pyrimidinbasen

1/1 **Pyrimidin (1,3-Diazin)**

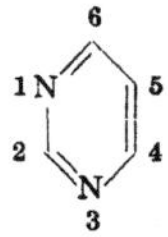

MG 80.09 *Kp* 124—26 *F* 22

Charakteristik: Farbl. Krist.; riecht durchdringend narkotisch; ll. in W.; l. in A., Chlf. — λ_{max} 243 mμ. — *Pikrat:* *F* 156. Gelbe Nadeln.

1/2 **Cytosin (6-Amino-2-oxodihydropyrimidin)**

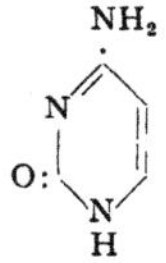

MG 111.10 *F* 320—25 (Z.)

Charakteristik: Dunne farbl. Platten + H_2O (W.); 0.78 W. 25°; swl. in A.; unl. in Ae. — p_K (bas.) 4.60; p_K (s.) 12.16. — λ_{max} 275 mμ; ε 10200 (0.1 n HCl); λ_{max} 266 mμ; ε 6600 (p_H 7.4); λ_{max} 278 mμ; ε 6800 (p_H 11). — *Basisches Sulfat:* *F* 323. — *Pikrat:* *F* 333. — *V.:* In Nucleinsauren tier. u. pflanzl. Herkunft.

1/3 **5-Methylcytosin (6-Amino-5-methyl-2-oxodihydro-pyrimidin)**

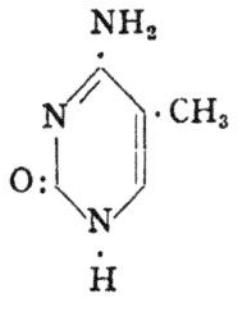

MG 125.13 *F* 270 (Z.)

Charakteristik: Farbl. Prismen + H_2O (W.); 4.5 W. 25°. — p_K (bas.) 4.6; p_K (s.) 12.4. — *Pikrat:* Gelbe Prismen (W.); *F* 286 (Z.). — *V.:* In Desoxyribonucleinsäuren.

1/4 **5-Hydroxymethyl-cytosin**

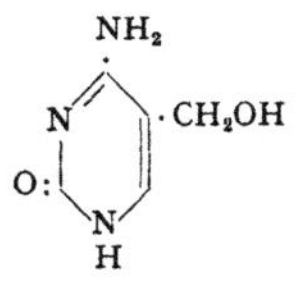

MG 141.13 *F* Zers. ab 200 ohne Schmelzen

Charakteristik: Farbl. Krist. + $^1/_2H_2O$ (W.); l. in W.; swl. in A. — λ_{max} 279,5 mμ; ε 9700 (p_H 1); λ_{max} 269,5 mμ; ε 5700 (p_H 7.4); λ_{max} 283,5 mμ; ε 7600 (p_H 13). — *Pikrat:* Gelbe Nadeln. — *V.:* In E.-coli-Phagen T_2, T_4, T_6.

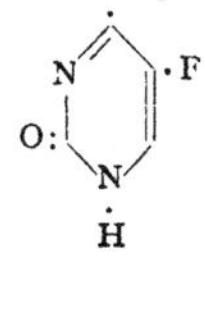

1/5 **5-Fluor-cytosin**

MG 129.09 *F* 295—97 (Z.)

Charakteristik: Farbl. Krist. — λ_{max} 285 mμ; ε 8900 (0.1 n HCl).

1/6 **Cytimidin**

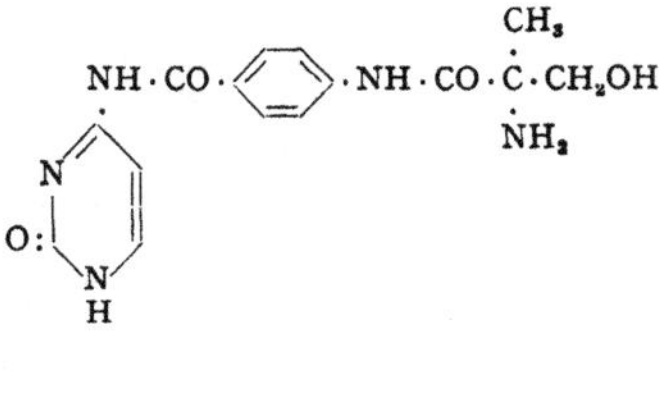

MG 331.33 *F* 197—99 (Z.)

Charakteristik: Lange farbl. Prismen aus 90- bis 95%igem A.; wasserfrei sehr hygroskopisch. — p_K (bas.) 6.9; p_K (s.) 9.8. — $[\alpha]_D^{21}$ 25,6° (W.). — *Nitrat:* *F* 143 (Z.). — *Pikrat:* *F* 214 (Z.). — *Hydrochlorid:* *F* 200—201 (Z.). — *V.:* Abbauprod. von Amicetin.

1/7 **2-Thiocytosin (6-Amino-2-thiodihydro-pyrimidin)**

MG 127.10

Charakteristik: Farbl. Nadeln. — *Wi.:* Antagonist des Thymins, besitzt Antivitamincharakter.

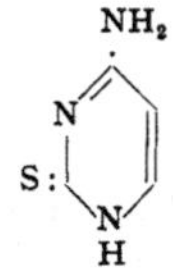

1/8 **Thymin (5-Methyl-uracil)**

MG 126.11 *F* 326 (Z.)

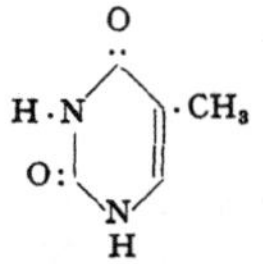

Charakteristik: Bitter schmeckende Tafeln (W.) oder Nadeln (A.); 0.4 W. 22°, 7.4 W. 100°; ll. in Alkalien, starken Sren.; wl. in k. A.; unl. in Ae. — p_K (s.) 9.94, > 13. — λ_{max} 262 mμ; ε 7800 (0.1 n HCl); λ_{max} 290 mμ; ε 5000 (0.1 n NaOH). — *V.:* In Nucleinsäuren.

1/9 **2-Thio-thymin (5-Methyl-2-thio-4-oxotetra-hydro-pyrimidin)**

MG 142.11 *F* > 300

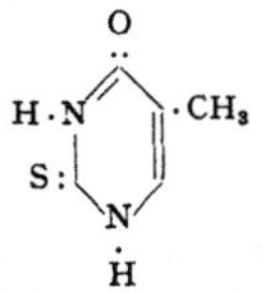

Charakteristik: Prismen (W. od. A.); 0.133 W. 20°. — Beim Kochen mit konz. HCl→ Thymin. — *Wi.:* Antagonist des Thymins (Bakterien, Pflanzenkeimlinge); wirkt antithyroid.

1/10 **4-Azauracil (3,5-Dioxotetrahydro-1,2,4-triazin**

MG 113.08 *F* 277—79

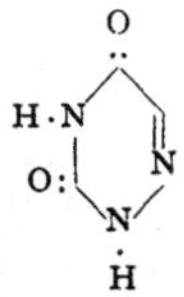

Charakteristik: Farbl. rechteckige Blättchen (W.); wl. in A. — *Wi.:* Antagonist von Uracil und Cytosin (E. coli). Zeigt Antitumor-Aktivität.

1/11 **4-Azathymin (6-Methyl-3,5-dioxotetra-hydro-1,2,4-triazin)**

MG 127.10 *F* 209

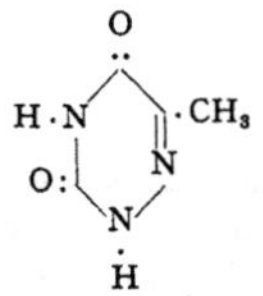

Charakteristik: Farbl. Krist. — *Wi.:* Hemmt Bakterien- und Tumorwachstum.

1/12 **Uracil (2,4-Dioxotetrahydro-pyrimidin)**

MG 112.09 *F* 335 (Z.) ab 280° Braunfärbg.

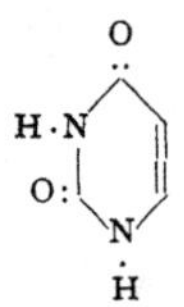

Charakteristik: Farbl. Nadeln (W.); ll. in h. W., Ammoniak, Alkalien; wl. in k. W.; swl. in A.; unl. in Ae. — λ_{max} 258 mμ; ε_{max} 8600 (p_H 3 u. 7); λ_{max} 262 mμ; ε_{max} 6400 (p_H 11). — p_K 9.5, > 13. — Wird durch Pikrinsre. zum Unterschied von Cytosin nicht gefällt. — *V.:* Hydrolyse von Hefenucleinsäuren, in Mutterkornextrakt u. Rinderhirn.

1/13 **Willardiin (3-Uracilyl-alanin)**

MG 199.17 *F* 206—11 (Z.)

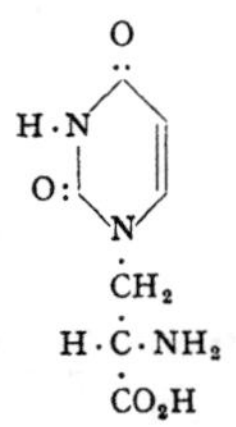

Charakteristik: Farbl. Kristallnadeln; wl. in W.; $[\alpha]_D^{20}$ −20° (c = 2.0 in 1 n HCl). — λ_{max} 262—3 mμ; ε = 8750 (p_H 1); λ_{max} 265 bis 66 mμ; ε = 6250 (p_H 12). — *V.:* In Samen Acacia willardiana, A. lemmoni und A. millefolia.

1/14 **5-Fluor-uracil**

MG 130.07 *F* 182–3 (Z.)

Charakteristik: Farbl. Krist. (W.). — λ_{max} 265 bis 66 mμ; ε 7070 (0.1 n HCl). — *Wi.:* Hemmt Tumor- u. Bakterienwachstum.

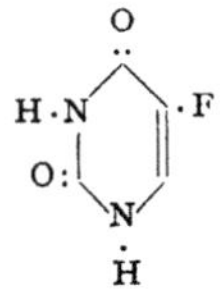

1/15 **5-Chlor-uracil**

MG 146.52 *F* 300–305

Charakteristik: Farbl. Prismen (W.); l. in h. W.; wl. in k. W.; swl. in A. — λ_{max} 265–66 mμ, ε 7070 (0.1 n HCl). — *Wi.:* Antagonist des Thymins, wirkt wachstumshemmend auf E. coli.

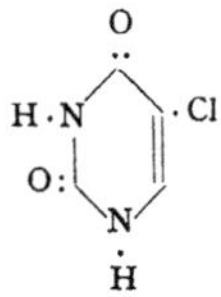

1/16 **5-Brom-uracil**

MG 190.98 *F* 293 (Z.)

Charakteristik: Farbl. Prismen (W.). — *Wi.:* Hemmt Wachstum von L. casei, S. faecalis

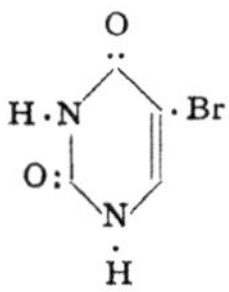

1/17 **5-Hydroxy-uracil (Isobarbitursäure)**

MG 128.09 *F* 310 (Z.)

Charakteristik: Prismen (W.); ll. in Alkalien, reduziert Ag-salz in der Kalte, gibt Murexid-Reakt.; mit $FeCl_3$ → blauviolette Farbe. — λ_{max} 222, 276 mμ; ε 4000, 6600 (p_H 4.0); λ_{max} 210, 278 mμ; ε 5300, 4900 (p_H 11.0). — *Wi.:* Hemmt Wachstum von L. casei. Antagonist des Thymins.

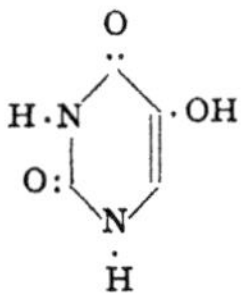

1/18 **5-Amino-uracil**

MG 127.10 *F* Langs. Zers. ohne Schmelzen

Charakteristik: Farbl. Nadeln (W.); 0.05 W. 25°, 1.6 W. 100°; ll. in verd. Sren., Ammoniak, Alkalien. Reduziert ammoniak. Ag^+-Lsg., gibt Murexid-Reakt. — *Pikrat:* Gelbe Blattchen; *F* 247–48 (Z.), ab 150° sintern. — *Wi.:* Antibakterielle Wirkg. bei St. aureus. Antagonist des Thymins.

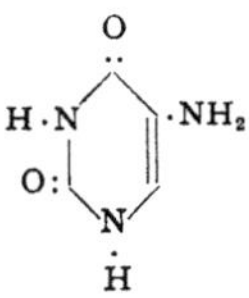

1/19 **5-Bis-(β-chloräthyl)-amino-uracil**

MG 252.09 *F* 206 (Z.)

Charakteristik: Farbl. Krist. — λ_{max} 257 mμ (0.01 n H_2SO_4 in 95% A.). — *Wi.:* Tumorhemmstoff.

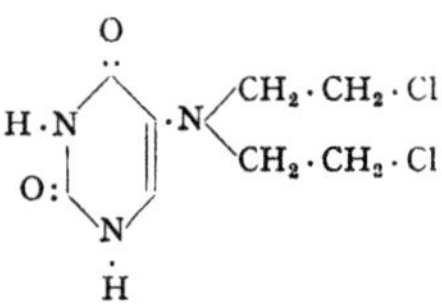

1/20 **4,5-Dihydrouracil**

MG 114.10 *F* 274

Charakteristik: Farbl. Blattchen (W. oder A.); 5 W. 100°; wl. in k. W., k. A.; ll. in Alkalien. *Wi.:* Wachstumsfaktor fur E. coli.

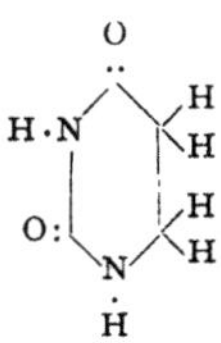

1/21 2-Thio-uracil

MG 128.09 *F* ~340 (Z.)

Charakteristik: Prismen (W. od. A.); wl. in k. W.; swl. in k. A.; ll. in Alkalien. — *Cu-Salz* + 1 H_2O: gelber Niederschl.; unl. in W. — + $HNO_3 \rightarrow$ 5-Nitrouracil. — *Wi.:* Antagonist des Uracils (Bakterien, Pflanzenkeimlinge). Wirkt antithyroid.

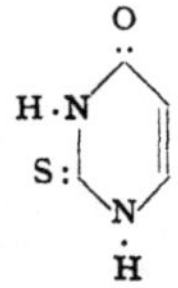

1/22 2-Thio-4-amino-uracil

MG 143.10 *F* >350

Charakteristik: Farbl. Krist. (W.); l. in h. W., Sren.; ll. in Alkalien; wl. in h. A., verd. Sren.; unl. in Ae. — *Wi.:* Zeigt antithyroide Eigenschaften. Antagonist des Thymins.

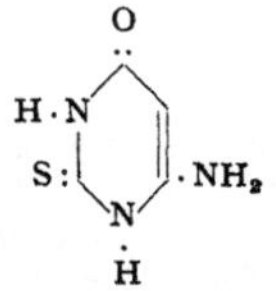

1/23 4-Amino-uracil

MG 127.10 *F* >350

Charakteristik: Farbl. Krist. (W.); l. in Mineralsren.; swl. in Essigsre., k. W. — p_K 8.56, > 13. — *Wi.:* Antagonist des Thymins.

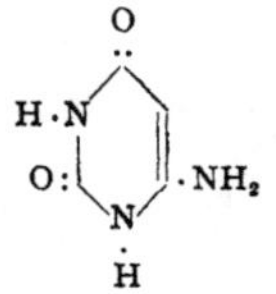

1/24 4,5-Diamino-uracil

MG 142.12 *F* >350

Charakteristik: Fast farbl. Krist. durch Neutralisieren des Hydrochlorids mit Ammoniak; oxydiert sich in Lsg. — *Hydrochlorid:* Farbl. Krist.; ll. in W. — ½ *Sulfat* + 1 H_2O: *F* >350; farbl. Krist. (W.); l. in h. W. — *Wi.:* Antagonist der Cytidylsäure (Bakterien).

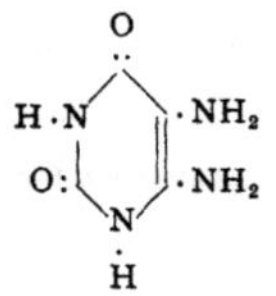

1/25 5-Nitrouracil

MG 157.09 *F* 245 (Z.)

Charakteristik: Fast farbl. Nadeln; l. in A.; wl. in W. — λ_{max} 235, 300 mμ; ε 6880, 10400 (p_H 3); λ_{max} 235, 338 mμ; ε 7880, 10600 (p_H 7); λ_{max} 240, 358 mμ; ε 6880, 16750 (p_H 11). — *Wi.:* Antagonist des Thymins. Hemmt Bakterienwachstum.

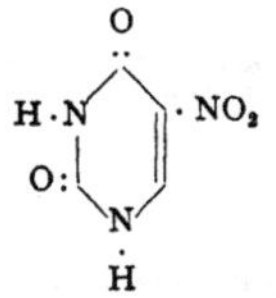

1/26 5-Nitro-4-methyl-uracil

MG 171.11 *F* 290 (Z.)

Charakteristik: Prismen od. Blättchen (W.); wl. in h. A., k. W.; ll. in Alkalien. — *Wi.:* Antagonist des Thymins.

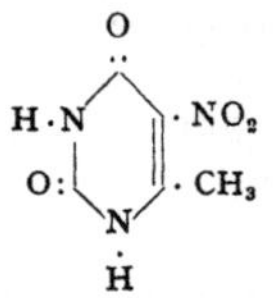

1/27 5-Diazo-uracil

MG 138.09 *F:* verpufft bei 198

Charakteristik: Farbl. prism. Krist. (W.). — *Hydrat:* Rote Krist. — Kuppelt in alkalischer Lsg. mit α-Naphthol zu rotem Farbstoff. — *Wi.:* Antagonist der Pyrimidine (Mikroorganismen).

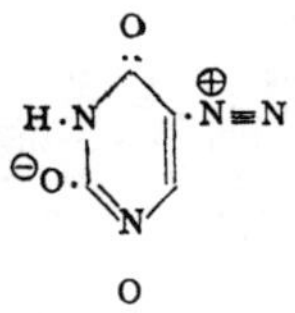

1/28 Diazobarbitursäure-anhydrid

MG 154.09 *F* ab 255 N_2-Abspaltung, bei 270 Schmelzen unter Gasentwicklung (Z.)

Charakteristik: Farbl. sechseckige Plättchen (W.); l. in A., Ac.; ll. in Alkalien. — Kuppelt mit α-Naphthol in soda-alkalischer Lsg. zu tiefrotviolettem Niederschl. — λ_{max} 208, 227, 263 mμ; log ε 4.28, 3.68, 4.15 (W.). — *Wi.:* Antagonist der Pyrimidine (Mikroorganismen).

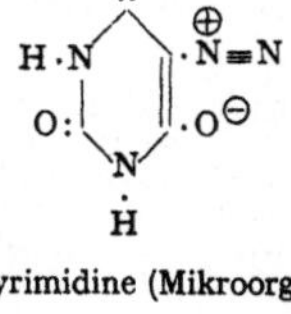

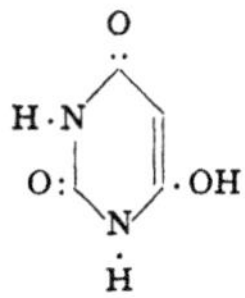

1/29 **Barbitursäure (Malonylharnstoff)**

MG 128.09 *F* > 260 (Z.)

Charakteristik: Farbl. Prismen + $2H_2O$ (W.); l. in verd. Sren.; ll. in Alkalien; wl. in k. W., A. — *Wi.:* Antagonist des Uracils (Insekten).

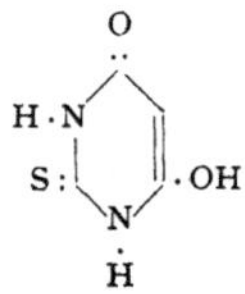

1/30 **2-Thiobarbitursäure**

MG 144.09 *F* 235 (Z.) Bad auf 235° vorgeheizt

Charakteristik: Blattchen (W.); l. in A.; wl. in k. W.; ll. in Alkalien. — *Wi.:* Hemmt die Schilddrusenfunktion.

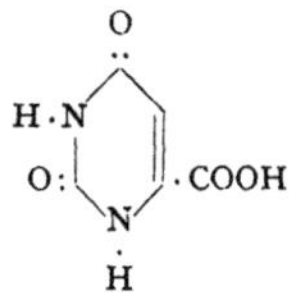

1/31 **Orotsäure (Uracil-carbonsäure-(4))**

MG 156.10 *F* 345—6 (Z.)

Charakteristik: Nadeln od. Prismen + H_2O (W.); 0.18 W. 18°, 13 W. 100°; ll. in Alkalien; wl. in k. W.; swl. in A., organ. Lsgm.; unl. in Ae., Chlf. — pk (s.) 2.4, 9.45, > 13. — *Methylester:* *F* 240 bis 50. — *Äthylester:* *F* 200. — *K-Salz:* Farbl. Kristallpulver; *F* > 335; swl. in W.; unl. in A. — *V.:* In der Kuhmilch. — *Wi.:* Wachstumsfaktor fur L. casei, L. bulgaricus.

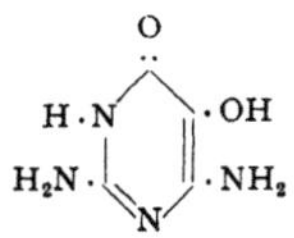

1/32 **Divicin (5-Hydroxy-2,4-diamino-6-oxo-dihydro-pyrimidin)**

MG 142.12

Charakteristik: Flache Prismen (W.); 1 W. 100°, 0.33 W. 20°; ll. in Alkalien. — λ_{max} 280 mμ 0.25 n HCl); λ_{max} 240, 280 mμ (H_2O). — Reduziert Ag^+, Hg^{2+}, J_2, Tillmanns Reagens. Mit $FeCl_3$ → blaue Farb. — *Wi.:* Wirkt auf das Zentralnervensystem.

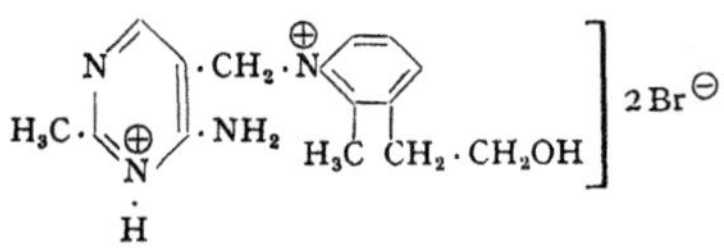

1/33 **Pyrithiamin (1-[(4-Amino-2-methyl)-5-pyrimidylmethyl]-2-methyl-3-β-hydroxy-äthyl-pyridinium-bromid-hydrobromid)**

MG 420.15 *F* 205—10 (Z.)

Charakteristik: Hellgelbe Krist; l. in Isopropanol; unl. in PAe. — *Wi.:* Antagonist des Thiamins (Tiere, Mikroorganismen).

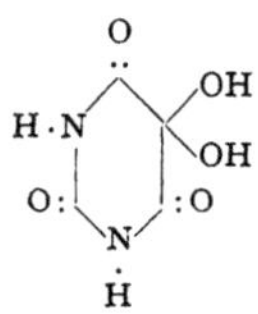

1/34 **Alloxan (Mesoxalyl-harnstoff, 2,4,5,6-Tetraoxo-hexahydro-pyrimidinhydrat)**

MG 160.09 *F* 170 (Z.)

Charakteristik: *Wasserfrei:* Gelbe Krist. — *Hydrat:* farbl. rhomb. Prismen; ll. in W.; l. in A.; wl. in Chlf.; unl. in Ae. — Giftig! Farbt die Haut rot. — + $FeCl_3$ in schwach alkal. Lsg. → blaue Farb. — Reagiert sauer gegen Lackmus. — *Wi.:* Erzeugt bei Ratten Diabetes.

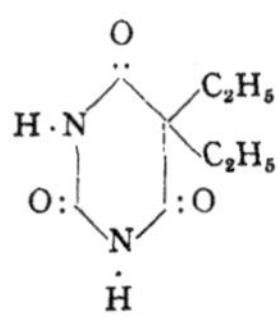

1/35 **Veronal (5,5-Diäthyl-barbitursäure)**

MG 184.19 *F* 189—90

Charakteristik: Farbl. Spieße (W.); 8.3 W. 100°, 0.75 W. 20°; ll. in Alkalien, Essigester, Ac., w. A., l. in Chlf., Eg., Ligroin; wl. in PAe., w. Bzl. — Sublimiert ab 100°. — pk (s.) 7.85, 12.7. — *Na-Salz:* Farbl. krist. Pulver (Medinal). — *Wi.:* Schlafmittel.

2. Pyrimidin-riboside und Pyrimidin-desoxyriboside

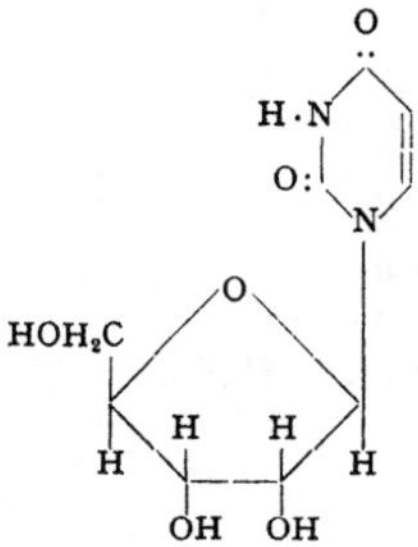

2/1 **Uridin (3-β-D-Ribofuranosyl-uracil)**

MG 244.20 *F* 165–67

Charakteristik: Lange prism. Nadeln; ll. in h. W.; l. in k. W., h. 80%ig. A.; unl. in Ae. – λ_{max} 262 mμ; ε_{max} 9930 ($p_H < 7$); λ_{max} 263 mμ; ε_{max} 9800 (p_H 7); λ_{max} 261 mμ; ε_{max} 7400 ($p_H > 7$). – $[\alpha]_D$ 5.15–9.12° (W.), pk_a (s.) 9.17. – *V.:* In RNA, Vorstufe fur Nucleinsren. von E. coli.

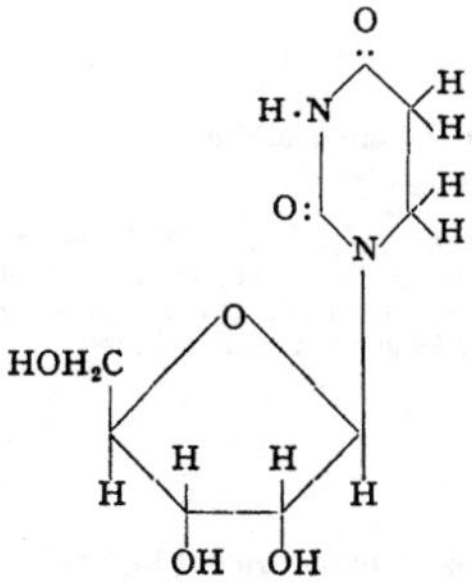

2/2 **4,5-Dihydrouridin**

MG 276.22

Charakteristik: Hygroskopischer Sirup. – λ_{max} 213 mμ; $[\alpha]_D$ +39.1° (0.8056 g in 20 cml H_2O, 2 dm). – Mit verd. Mineralsre. ım Gegensatz zu Urıdin leicht hydrolysierbar.

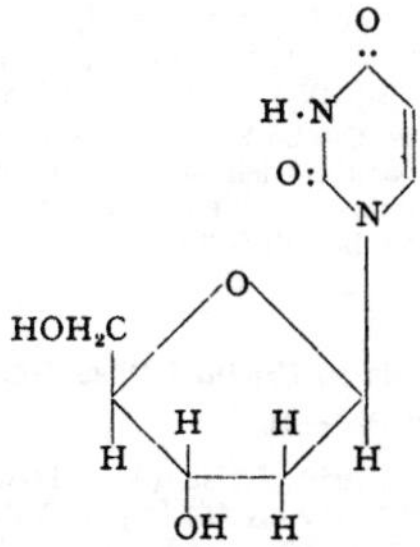

2/3 **2′-Desoxy-uridin (Uracil-3-(2′-desoxy-β-D-ribofuranosid), (3-(2′-Desoxy-β-D-erythropentofuranosyl)-uracil))**

MG 228.20 *F* 163

Charakteristik: Krist.; ll. in h. W.; l. in k. W., h. A. – p_{Ka} (s.) 9.3. – $[\alpha]_D^{22}$ 50° (n NaOH). – λ_{max} 262 mμ; ε_{max} 10200 ($p_H < 7$); λ_{max} 262 mμ; ε_{max} 7630 ($p_H > 7$). – *V.:* In der Leber des Kabeljau, in Ratten.

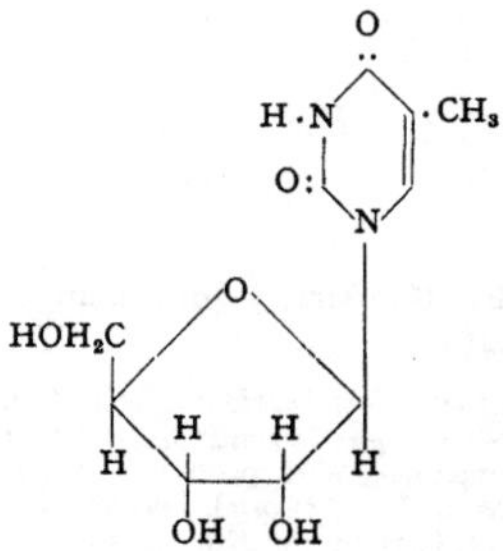

2/4 **5-Methyl-uridin (3-β-D-Ribofuranosyl-thymin)**

MG 258.24 *F* 183–85

Charakteristik: Farbl. Krist.; ll. in A.; unl. in Ae. – λ_{max} 267 mμ; ε_{max} 9800 (p_H 3.7); λ_{max} 268 mμ; ε_{max} 8300 (p_H 10.07). – p_{Ka} (s.) 9.68.

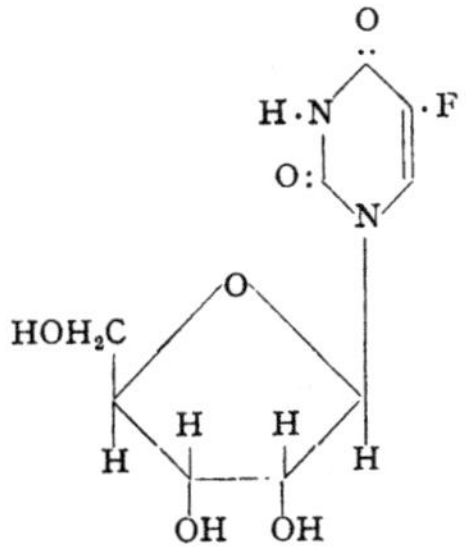

2/5 **5-Fluor-uridin**

MG 262.20 *F* 184—85

Charakteristik: $[\alpha]_D$ 13 8° (Me.). — *Wi.:* Tumorhemmstoff.

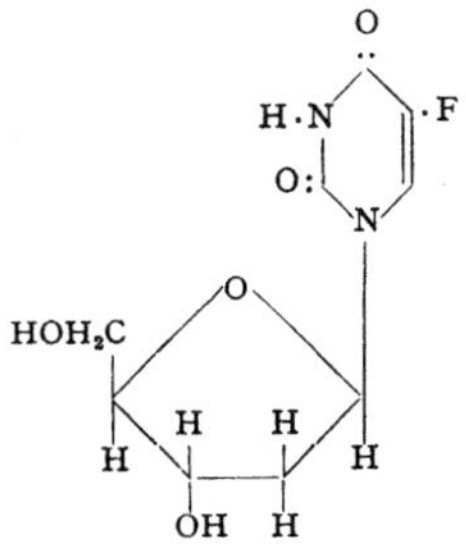

2/6 **2'-Desoxy-5-fluor-uridin**

MG 246.20 *F* 152—53

Charakteristik: $[\alpha]_D$ 37.5° (W.). — *α-Desoxyribofuranosid: F* 150—151; $[\alpha]_D$ —21° (W.). — *Wi.:* Tumorhemmstoff, bei Tierversuchen und klinischen Fallen positive Ergebnisse.

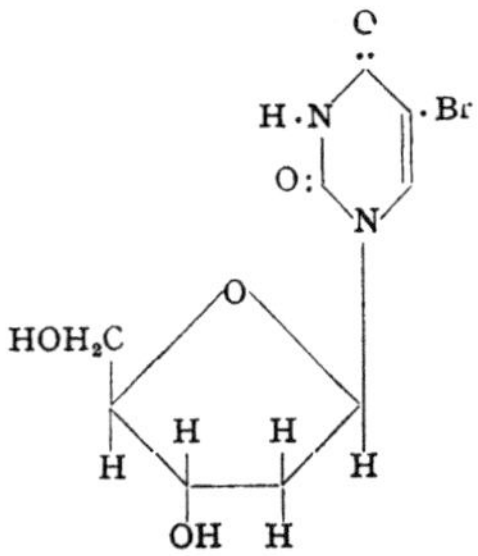

2/7 **2'-Desoxy-5-brom-uridin (3-(β-D-2'-Desoxyribofuranosyl)-5-bromuracil)**

MG 307.12 *F* 187—89

Charakteristik: Farbl. Nadeln. — λ_{max} 279 mμ; ε_{max} 9700 (0.1 n HCl); λ_{max} 277 mμ; ε_{max} 6900 (0.1 n NaOH). — $[\alpha]_D^{18}$ 17 ± 4° (c = 0.115 in W.). — Gibt positive Dische-Reakt. — *Wi.:* Wuchsstoff für Lactobacillus leichmannii, L. leichmannii 313, L. acidophilus. In kleinen Konzz. wachstumsfördernd bei E. coli K-12.

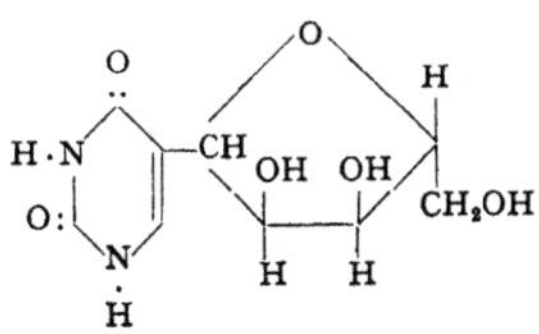

2/8 **Pseudo-uridin (ψ-Uridin, 5-Ribosyl-uracil)**

MG 244.20 *F* 220—21

Charakteristik: Farbl. Krist. (A.); ll. in A. — pK_a (s.) 9.6, ~13. — λ_{max} 262 (p_H 7); A280/A260 = 0.40 (p_H 7); λ_{max} 286, 280/260 = 1.96 (p_H 12); λ_{max} 278 mμ (p_H 14); 280/260 = 1.93 (p_H 14). — *V.:* In RNA, Hefe.

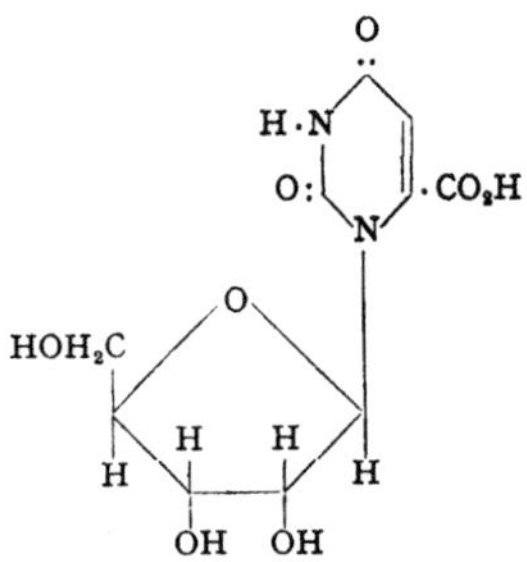

2/9 **Orotidin (Orotsäure-3-β-D-ribofuranosid)**

MG 288.21

Charakteristik: Cyclohexylamin-Salz: Krist.; l. in W.; *F* 184. — λ_{max} 267 mμ; ε_{max} 9570 (p_H < 7); λ_{max} 267 mμ; ε_{max} 7600 (p_H > 7). — *V.:* In Neurospora crassa. Zwischenprod. bei der Biosynthese von Uridin, Cytidin und Nucleinsauren.

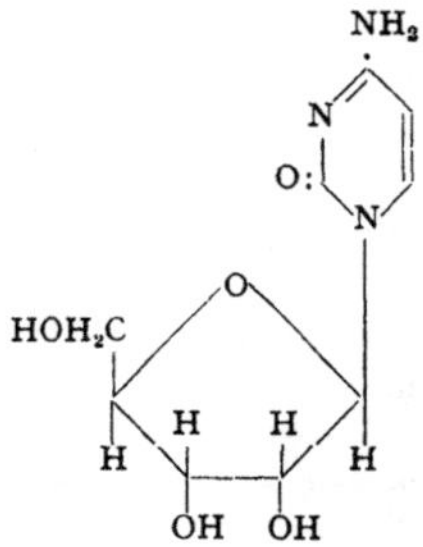

2/10 **Cytidin (3-β-D-Ribofuranosyl-cytosin)**

MG 243.22 *F* 220—30 (Z.)

Charakteristik: Lange Nadeln (W.); ll. in k. W., h. A.; l. in k. A.; swl. in Ae. — $[\alpha]_D^{20}$ 29.6° (W.); $[\alpha]_D^{20}$ 19.4° (n/10 $Ba(OH)_2$); $[\alpha]_D$ 12° (1 n NaOH). — p_{Ka} (bas.) 4.11. — λ_{max} 212, 279 mμ; ε_{max} 10100, 13000 ($p_H < 7$); λ_{max} 229, 271 mμ; ε_{max} 8300, 8900 ($p_H > 7$). — Desaminierung m. HNO_2 → Uridin. — *Sulfat:* Lange prism. Nadeln; *F* 233; $[\alpha]_D^{25}$ 43° (W.). — *Pikrat:* $C_9H_{13}N_3O_5 \cdot C_6H_3N_3O_7$ (*MG* 473.17); kleine mikrokrist. Drusen; *F* 185—7; l. in h. A.; swl. in W. — *Hydrochlorid: F* 218. — *Nitrat: F* 197.

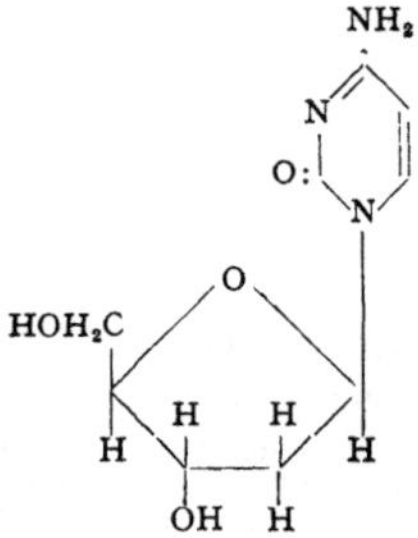

2/11 **2′-Desoxycytidin (Cytosin-desoxy-ribosid, 3-(2′-Desoxy-β-D-erythropentofuranosyl)-cytosin)**

MG 227.22 *F* 200—01

Charakteristik: Farbl. Krist. (A.). — λ_{max} 272 mμ; ε_{max} 9260 (n NaOH); λ_{max} 271 mμ; ε_{max} 9000 (0.01 NaOH). — p_{Ka} (bas.) 4.25. — $[\alpha]_D$ + 78° (1 n NaOH). — *Pikrat: F* 188—92 (Z.). — *α-Form:* Krist. (A.); *F* 192—193; $[\alpha]_D$ — 44° (1 n NaOH).

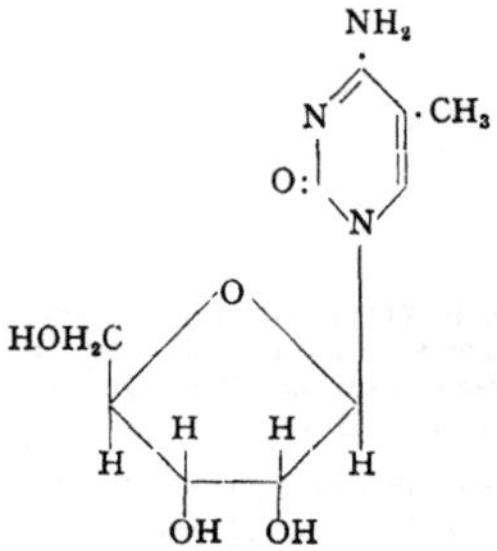

2/12 **5-Methylcytidin ((3-β-D-Ribofuranosyl)-5-methyl-cytosin)**

MG 257.25 *F* 210—11

Charakteristik: Farbl. Krist. (90%ig. A.); ll. in A., Methanol. — λ_{max} 287.5 mμ; ε_{max} 12580 (0.1 n HCl); λ_{max} 277.5 mμ; ε_{max} 5790 (p_H 7 bis 12). — In 0.1 n HCl 250/260 = 0.33; 280/260 = 0.35; $[\alpha]_D^{23}$ — 3° (*c* = 2.5 in 1 n NaOH). — p_K 4.28, > 13.

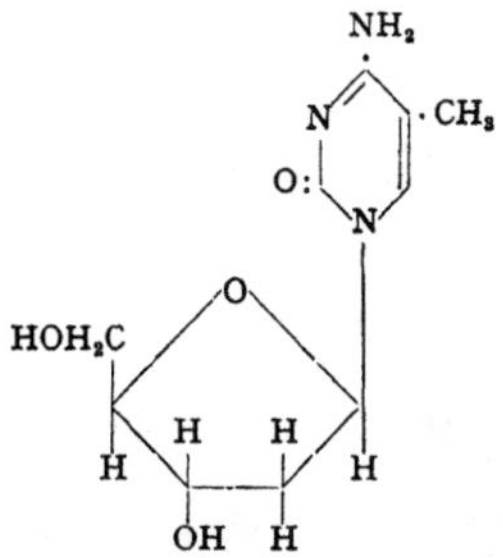

2/13 **2′-Desoxy-5-methyl-cytidin (5-Methyl-cytosin-2′-desoxy-β-D-ribofuranosid, 5-MCDR)**

MG 241.24

Charakteristik: ll. in W., A.; hygroskopisch. — $[\alpha]_D^{23}$ 62° (n NaOH). — p_{Ka} 4.40, > 13. — λ_{max} 212, 286.5 mμ; ε_{max} 11800, 12400 (0.1 n HCl); λ_{max} 208, 277 mμ; ε_{max} 12600, 8500 (p_H 7—12); λ_{max} 279 mμ; ε_{max} 8770 (0.1 n NaOH). — 250/260 = 0.43 (p_H 1—2); 280/260 = 0.30 (p_H 1—2); 250/260 = 0.99 (p_H 7—12); 280/260 = 1.54 (p_H 7—12). — *Hydrochlorid:* breite Prismen; *F* 156; $[\alpha]_D^{23}$ 54° (*c* = 1.02 in n NaOH). — *Pikrat:* feine Nadeln (A.); *F* ab 170 Dunkelfarbg.

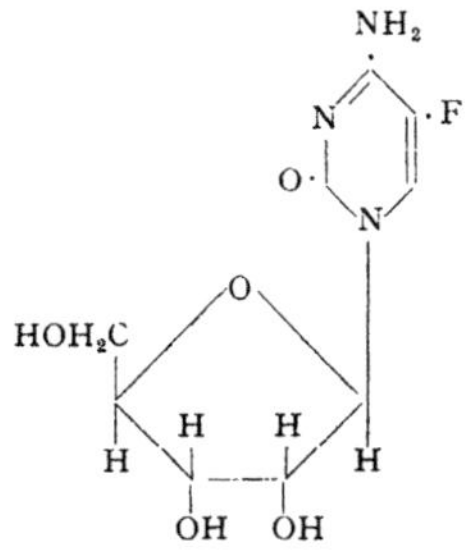

2/14 **5-Fluor-cytidin**

MG 261.21 *F* 199—200

Charakteristik: Hydrochlorid: F 177—79. — *Wi.:* Tumorhemmstoff.

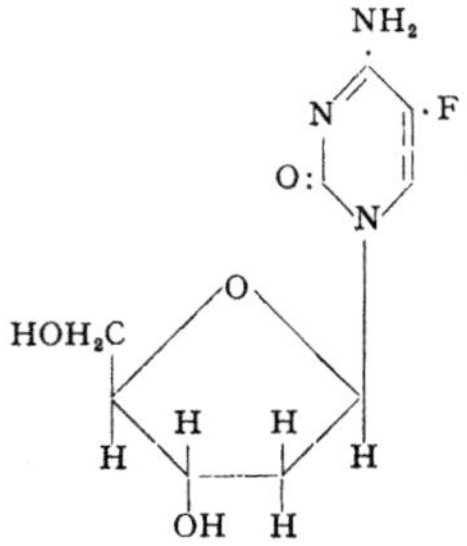

2/15 **2′-Desoxy-5-fluor-cytidin**

MG 245.21 *F* 196.5—197.5

Charakteristik: $[\alpha]_D$ +65.6°. — *α,β-Gemisch: F* 167—170; $[\alpha]_D$ −0.7°. — *Wi.:* Wirksamer Tumorhemmstoff, positive Ergebnisse bei Tierversuchen und klinischen Fällen.

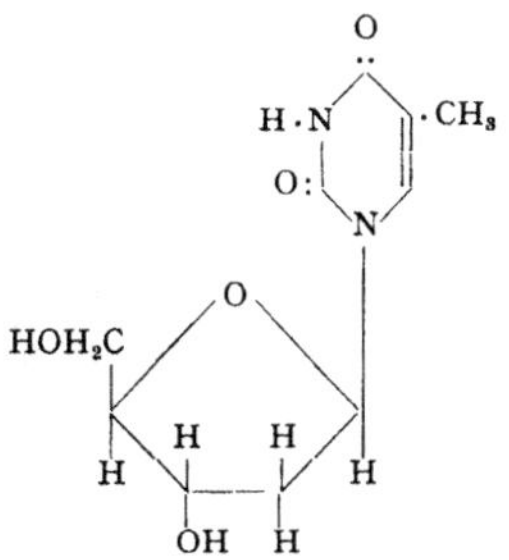

2/16 **Thymidin (Thymin-3-(2′-desoxy-β-D-ribofuranosid, 3-(2′-Desoxy-β-D-erythro-pentofuranosyl)-thymin, β-Thymidin)**

MG 242.23 *F* 183—85

Charakteristik: Plättchen; ll. in h. W.; l. in k. W., h. A.; unl. in Ae. — pKa 9.8, 13. — $[\alpha]_D^{31}$ −10° (c = 2 in W.); $[\alpha]_D^{16}$ +32.5° (n NaOH). — *V.:* In DNA.

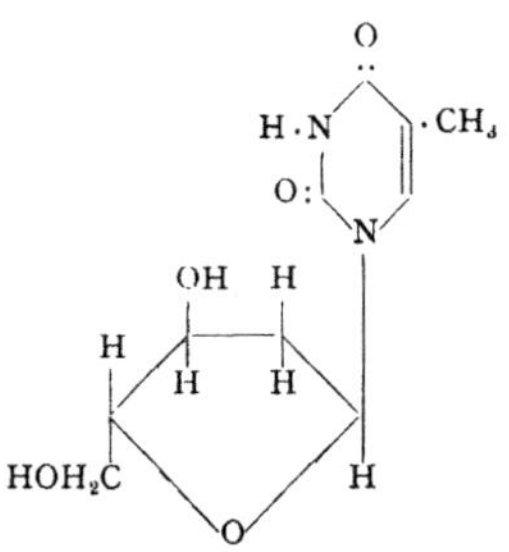

2/17 **α-Thymidin**

MG 242.23 *F* 187

Charakteristik: Derbe Prismen (W.), l. in W., Ac. — $[\alpha]_D^{25}$ +7.2° (c = 2, W.); $[\alpha]_D^{25}$ 13° (c = 2, 0.5 n NaOH); $[\alpha]_D^{25}$ 46.5° (c = 1, Dimethylformamid).

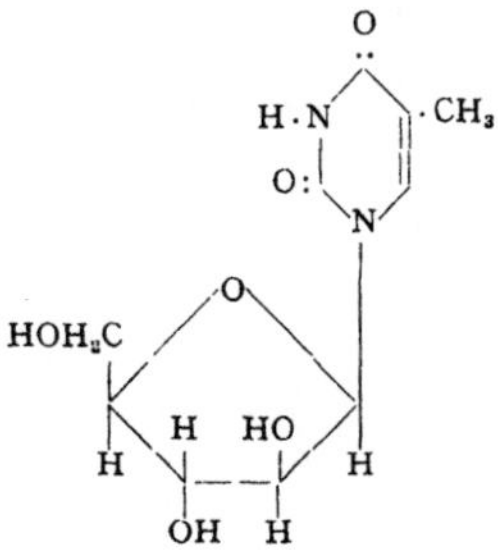

2/18 Spongothymidin (3-β-D-Arabinofuranosyl-thymin)

MG 258.23 *F* 238—42

Charakteristik: Farbl. Nadeln od. Prismen; ll. in Ae.; l. in W. — λ_{max} 269 mμ; ε_{max} 6.4 · 10^3 (n HCl); λ_{max} 269 mμ; ε_{max} 9.2 · 10^3 (H_2O); λ_{max} 269 mμ; ε_{max} 7.8 · 10^3 (n NaOH. — $[\alpha]_D^{25}$ 80.0° (33.5 mg in 3.09 ml 8%ig. NaOH). — *V.:* In Cryptotethia crypta (Karibischer Schwamm).

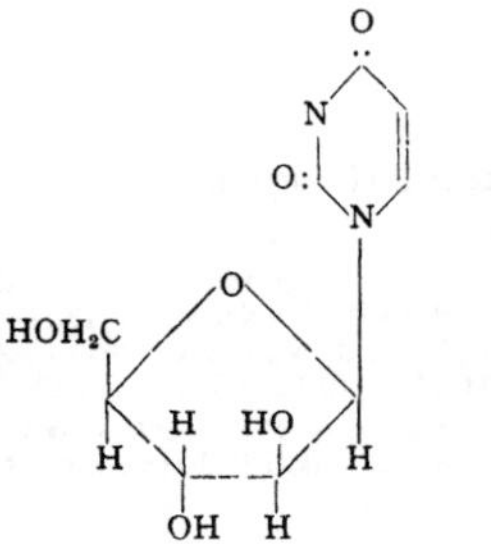

2/19 Spongouridin (3-β-D-Arabinofuranosyl-uracil)

MG 244.20 *F* 226—28

Charakteristik: Farbl. Prismen. — λ_{max} 263 mμ; ε_{max} 9300 (pH 1—7.2); λ_{max} 261 mμ; ε_{max} 7400 (pH 10.7); λ_{max} 265 mμ; ε_{max} 8000 (pH 14). — pKa 9.3. — $[\alpha]_D^{20}$ 131.1° (c = 0.63, W.); $[\alpha]_D$ 97° (c = 0.6 in 8% NaOH). — *V.:* In Cryptotethia crypta (Karibischer Schwamm).

2/20 L-Vicin (Divicin-5-O-β-D-glucopyranosid)

MG 304.26 *F* 242—43

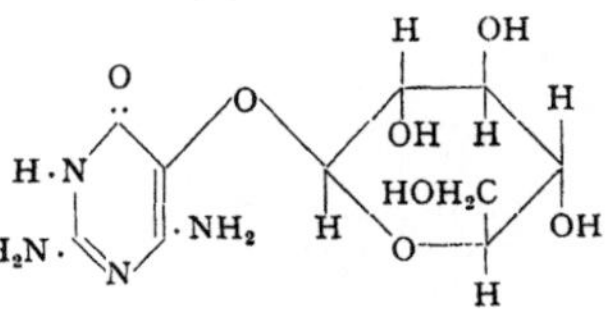

Charakteristik: Glänz. Nadeln (+ 1 H_2O); l. in W.; wl. in A.; unl. in Ae. — λ_{max} 253 mμ (0.25 n HCl); λ_{max} 255 mμ (W.). — $[\alpha]_D^{23}$ —12.5° (c = 0.95 in 0.5 n NaOH). — Mit verd. Mineralsren → Divicin. — *V.:* In der Wicke.

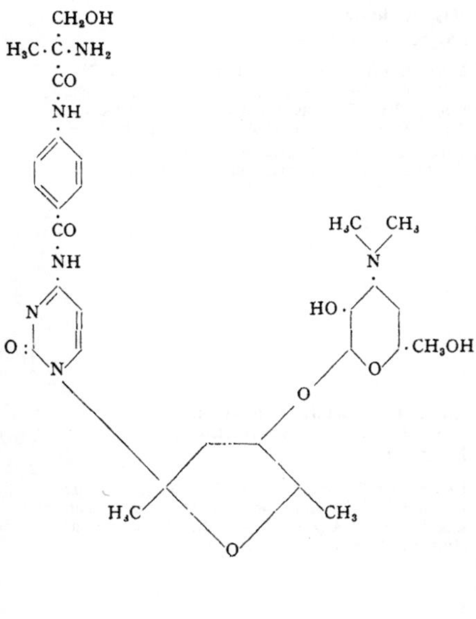

2/21 Amicetin

MG 618.67 *F* 252—53

Charakteristik: Farbl. Krist. (Me./W.); 0.2 W. 25°; wl. in organ. Lsgm. — λ_{max} 305 mμ; $E_{1\,cm}^{1\,\%}$ = 465 (neutrals. wssr. Lsg.); λ_{max} 316 mμ; $E_{1\,cm}^{1\,\%}$ = 433 (0.1 n HCl); λ_{max} 322 mμ; $E_{1\,cm}^{1\,\%}$ = 470 (0.1 n NaOH). — $[\alpha]_D^{26}$ + 116° (c=0.5 in 0.1 n HCl). — *Amorphe Form:* *F* 160—65. — *V.:* Isoliert aus Streptomyas plicatus. — *Wi.:* In vitro aktiv gegen Mycobacterium tuberculosis, Staphylococcus, Bacillus subtilis, Klebsiella pneumoniae, E. coli, Bodenheimer's cocco bacillus. In vivo wirksam gegen Mycobacterium tuberculosis (H 37 Rv.).

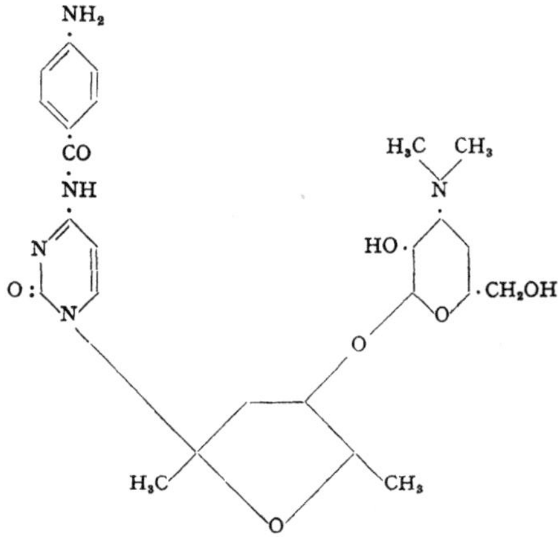

2/22 **Amicetin B (Plicacetin)**

MG 517.57

Charakteristik: Existiert in 3 versch. Kristallmodifikationen mit 3 versch. *F*; farbl. Nadeln; *F* 160—3 (Äthylacetat); Nadeln; *F* 182—84 (Me. + W.); Prismen; *F* 222—25 (abs. A.); l. in A., Chlf., Methylchlorid; wl. in Äthylacetat, Ae., k. W.; unl. in Bzl., PAe. — p_{Ka} 2.2, 7.0, 10.9. — λ_{max} 257, 311.5 mμ (0.1 n HCl); λ_{max} 249, 321 mμ (p_H 7); λ_{max} 329 mμ (0.1 n NaOH). — $[\alpha]_D^{26}$ 181° ($c = 2.7\%$ in Me.). — *V.:* Streptomyces plicatus. — *Wi.:* Antibioticum, Aktivität gegen Mycobacterium tuberculosis H 37 Rv ist kleiner als die von Amicetin u. Bamicetin.

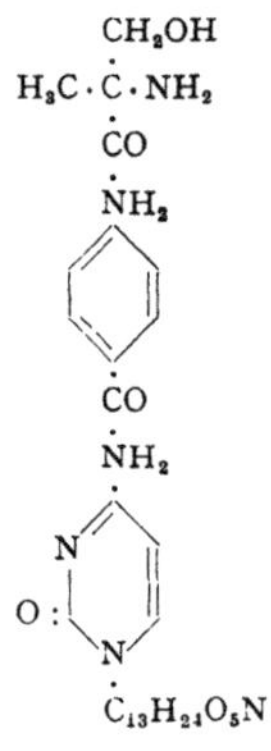

2/23 **Bamicetin**

MG 604,65 *F* 240—41

Charakteristik: Krist. (W.); ll. in Ae.; l. in W., Butanol. — λ_{max} 314 mμ (0.1 n HCl); λ_{max} 302 mμ (p_H 7); λ_{max} 322 mμ (0.1 n NaOH). — p_{Ka} 6.6, 7.8, 10.9. — $[\alpha]_D^{26}$ + 123° ($c = 0.5$ in 0.1 n HCl). — Substanz dem Amicetin sehr ähnlich. — *Wi.:* Gegen E. coli 2mal wirksamer als Amicetin.

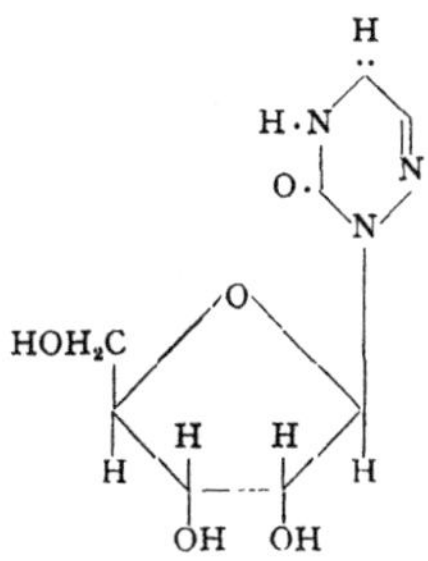

2/24 **3-β-D-Ribofuranosyl-4-azauracil (4-Azauridin, 4-Azauracil-ribosid)**

MG 245.19 *F* 160—1

Charakteristik: Krist.; ll. in W. — λ_{max} 262 mμ; ϵ_{max} 6100. — *V.:* Bildet sich in E. coli-Kultur nach Zugabe von 4-Azauracil. — *Wi.:* Tumorhemmstoff, Inhibitor bei Sarkomen in vitro

3. Pyrimidin-ribotide und Pyrimidin-desoxyribotide

3/1 Cytidin-2'-monophosphat (2'-Cytidylsäure, CMP-2', CMP-a)

MG 323.21 *F* 240—42 (Z.)

Charakteristik: Nadeln + H_2O; wasserfrei: unregelmäßige Prismen (70%ig. A.); wl. in h. W., A. — $[\alpha]_D^{20}$ +21.4°. — pKa (bas.) 0.7; pKa (s.) 4.3; pKa (s.) 6.2. — *Ba-Salz:* kleine weiße Nadeln (W.+A.); ll. in W.; wl. in A. — $[\alpha]_D^{26}$ +5.5°. — *V.:* In RNA.

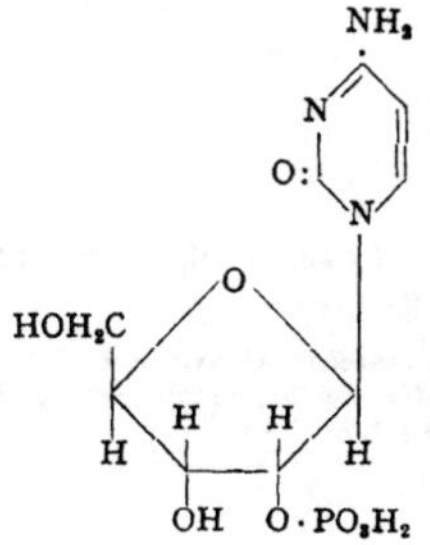

3/2 Cytidin-3'-monophosphat (Cytidylsäure, CMP-3', CMP-b)

MG 323.21 *F* 225 (Z.) 233 im geschl. Rohr

Charakteristik: Nadeln od. dicke Prismen (50%ig. A.); ll. in W.; swl. in A.; unl. in Ae. — $[\alpha]_D^{25}$ +48° (W.), +25.5° (2%ig. NaOH). — pKa (bas.) 0.7; pKa (s.) 4.3; pKa (s.) 6.0. — *Ba-Salz:* $C_9H_{12}O_8N_3PBa$: Platten; $[\alpha]_D^{20}$ +14°; ll. in W. — *Brucinsalz* $C_9H_{14}O_8N_3P\cdot(C_{23}H_{26}O_4N_2)_2\cdot 7H_2O$: Nadeln (35%ig. A.); bestandig gegen Extraktion m. Chlf.; *F* 175—90; leichter l. als Brucinsalz der Uridylsäure. — *V.:* In RNA.

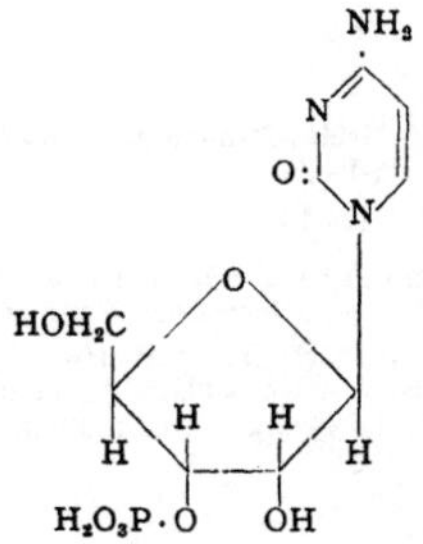

3/3 Cytidin-5'-monophosphat (5'-Cytidylsäure, CMP-5')

MG 323.21 *F* 233 (Z. unter Schäumen)

Charakteristik: Farbl. Platten + H_2O; l. in W.; wl. in A. — pKa (s.) 4.5; pKa (s.) 6.3. — $[\alpha]_D^{14}$ +23.4°. — *Na-Salz:* $C_9H_{12}N_3O_8PNa_2\cdot H_2O$: Krist.; ll. in W. — *Ba-Salz:* $C_9H_{12}N_3O_8PBa$: Körner; $[\alpha]_D^{16}$ +11.4° (W.); l. in W.; swl. in A.; unl. in Ae. — *Dibrucin-Salz* + $12H_2O$: Sint. 185; *F* ~195, Z. 215.

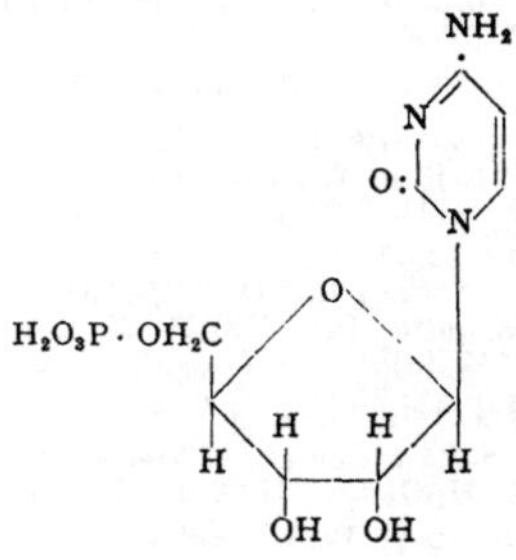

3/4 Cytidin-5'-diphosphat (CDP-5')

MG 403.19

Charakteristik: *Na-Salz:* $C_9H_{12}N_3O_{11}P_2\cdot Na_2 4H_2O$: *MG* 541.22; ll. in W.; unl. in A. — pKa (s.) 4.6; pKa (s.) 6.4.

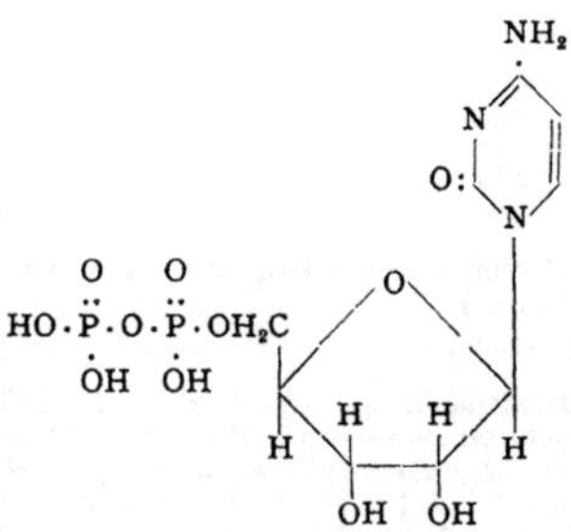

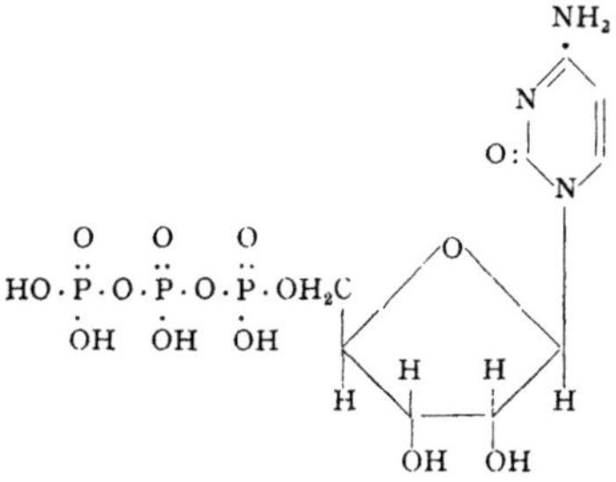

3/5 **Cytidin-5′-triphosphat (CTP-5′)**

MG 483.16

Charakteristik: Na-Salz: $C_9H_{14}N_3O_{11}P_3Na_2 \cdot 4\,H_2O$: *MG* 599.20; farbl. Krist.; ll. in k. W. — pK_a (s.) 4.8.

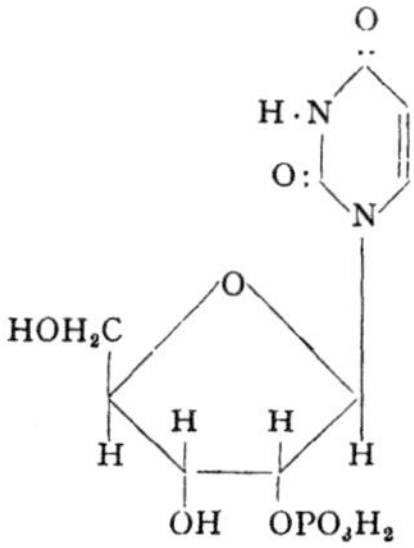

3/6 **Uridin-2′-monophosphat (2′-Uridylsäure, UMP-2′)**

MG 324.19

Charakteristik: Krist.; l. in W. — *Ba-Salz:* ll. in W. — *Brucinsalz:* Prismen $+4.5\ H_2O$; $[\alpha]_D^{17}$ $-76.1°$ (Py.); Sint. 161—4; *F* (klar) 177—80, l. in h. W., h. 35%ig. A., h. 100%ig. A.; wl. in k. W., k. 35%ig. A., k. 100%ig. A. — *V.:* In RNA.

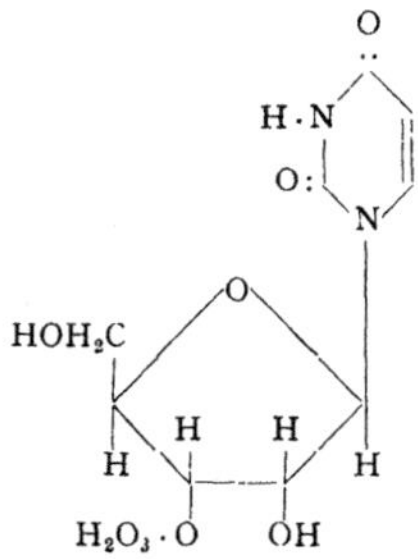

3/7 **Uridin-3′-monophosphat (Uridylsaure, UMP-3′)**

MG 324.20 *F* 198.5, 202 im geschl. Rohr

Charakteristik: Farbl. Krist. + $1^1/_2 H_2O$, Prismen (Me.); ll. in W.; swl. in A.; unl. in Ae., Ac. — $[\alpha]_D^{22}$ $+22.3°$ (W.), $+6.5°$ (2%ig. NaOH). — pK_a (bas.) 1.02; pK_a (s.) 5.88, 9.43. — *Neutrales NH_4-Salz:* $C_9H_{14}N_4O_9P \cdot 1^1/_2 H_2O$: Z. 185. — *Saures NH_4-Salz:* $C_9H_{16}N_3O_9P$, Nadeln; Sint. 210, Z. 242; $[\alpha]_D^{20}$ $+13.0°$. — *Di-Na-Salz:* $C_9H_{11}N_2O_9PNa_2 \cdot 4\,H_2O$: Krist. (W. + A.); $[\alpha]_D^{25}$ $+19.8°$. — *Ba-Salz:* wl. in W. — *Brucinsalz:* $C_9H_{13}N_2O_9P \cdot (C_{23}H_{26}O_4N_2)_2 \cdot 7\,H_2O$, Sint. 175—185; *F* 195; $[\alpha]_D^{20}$ $-20°$ (b. gr. Verd.); $[\alpha]_D^{20}$ $-55°$ (Py.); bestand. geg. Bch m. Chlf.; 1.25 h 35%ig. A.; l. in h. W.; wl. in k. W., k. A., h. abs. A. — *V.:* RNA.

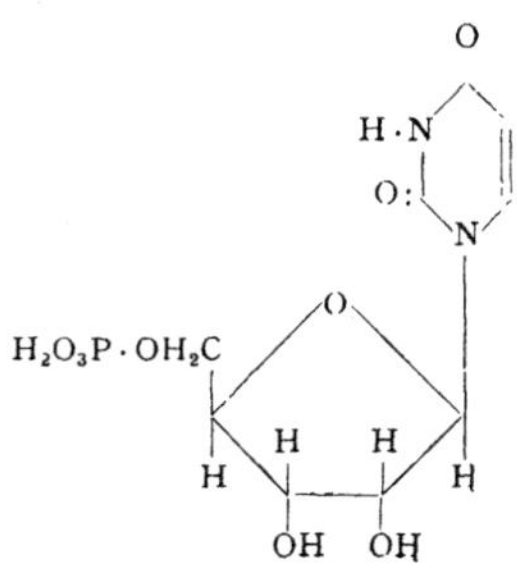

3/8 **Uridin-5′-monophosphat (5′-Uridylsäure, UMP-5′)**

MG 324.20

Charakteristik: pK_a (s.) 6.4, 9.5. — *Ba-Salz:* farbl. Nadeln od. hexagonale Platten $+\ 6\,H_2O$; ll. in W. — *Dibrucinsalz:* Nadeln; wl. in k. W., k. A., h. abs. A.: *F* 162—5 (Sint.), 185—90 (Schmelz.), 202 (klar), 225—30 (Z.). — $[\alpha]_D^{20}$ $-69.7°$ (Py.).

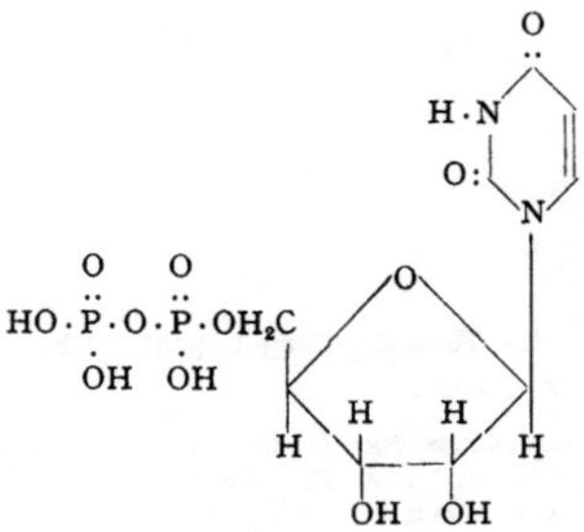

3/9 **Uridin-5'-diphosphat**

MG 407.17

Charakteristik: pKa (s.) 6.5, 9.4. — *Na-Salz:* $C_9H_{11}N_2O_{12}P_2Na_3 \cdot 2H_2O$: *MG* 506.17; Kristallpulver; ll. in k. W. — *Ba-Salz:* wl. in W.; unl. in A.

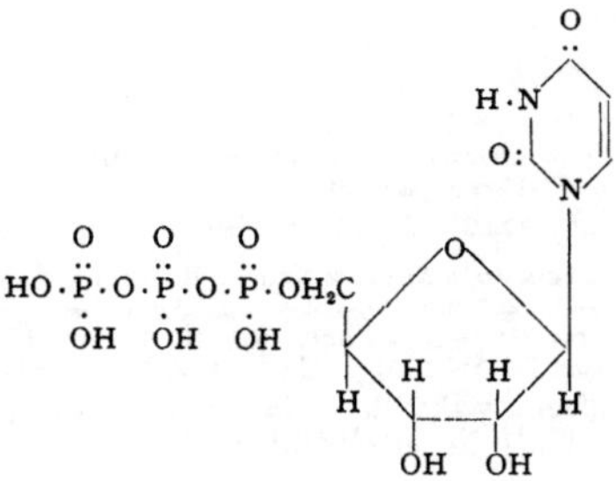

3/10 **Uridin-5'-triphosphat**

MG 484.14

Charakteristik: Na-Salz: $C_9H_{12}N_2O_{15}P_3Na_3 \cdot 2H_2O$: *MG* 586.14; Krist.; ll. in k. W.; swl. in A.; pKa (s.) 6.6, 9.5.

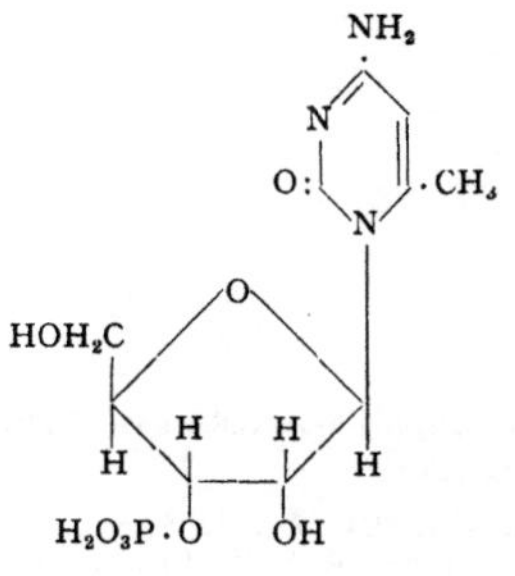

3/11 **5-Methyl-cytidin-3'-monophosphat (5-Methyl-CMP)**

MG 337.25

Charakteristik: V.: In Thymusnucleinsaure.

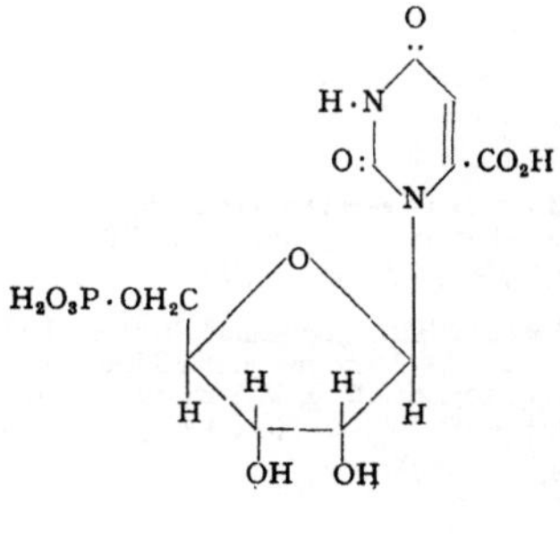

3/12 **Orotidin-5'-monophosphat**

MG 368.22

Charakteristik: λ_{max} 266 mμ; 280/260 = 0.36 (pH 3.2); Verseifung → Orotsaure, D-Ribose und Phosphorsaure.

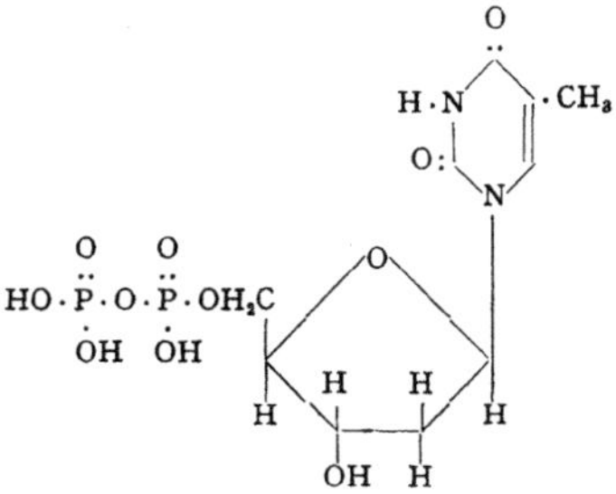

3/13 **Thymidin-5'-diphosphat (TDP)**

MG 402.20

Charakteristik: Kristallpulver; ll. in k. W. — λ_{max} 266 mμ; λ_{min} 235 mμ (pH 2) 266/235 = 0.32; λ_{max} 266 mμ; λ_{min} 245 mμ (pH 13).

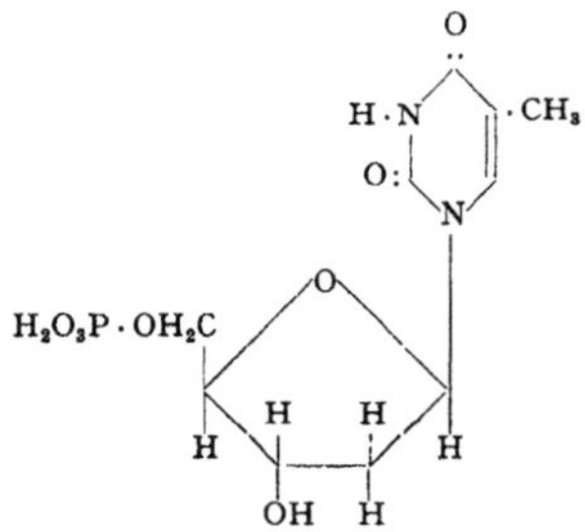

3/14 **Thymidin-5'-monophosphat (TMP, 5'-Thymidylsäure)**

MG 322.21 *F* 225—230 (Sint.)

Charakteristik: Feine Nadeln; ll. in W., verd. A. — λ_{max} 267 mμ; λ_{min} 234 mμ; A_{max}/A_{min} = 0.26 (pH 2); λ_{max} 267 mμ; λ_{min} 246 mμ (pH 13). — *sek. Ba-Salz:* $[\alpha]_D^{17}$ — 3.0° (*c* = 2, W.); *F* 225—30 (Sint., verkohlt). — *Brucinsalz:* $C_{10}H_{15}N_2O_8P \cdot (C_{23}H_{26}N_2O_4)_2 \cdot 7\,H_2O$; farbl. Rosetten; *F* 175.

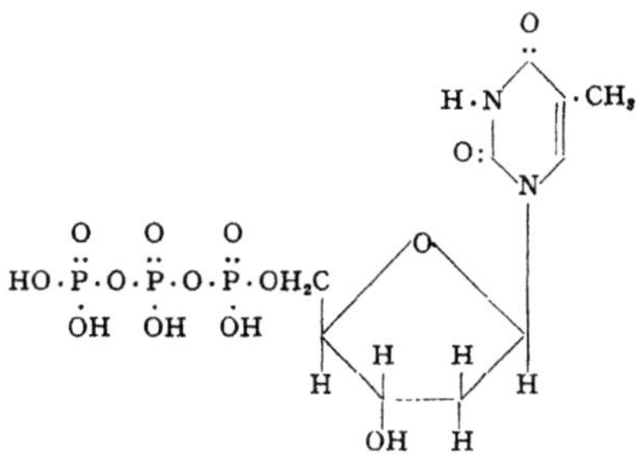

3/15 **Thymidin-5'-triphosphat (TTP)**

MG 482.18

Charakteristik: λ_{max} 266 mμ; λ_{min} 235 mμ; A_{max}/A_{min} = 0.27 (pH 2); λ_{max} 266 mμ; λ_{min} 245 mμ (pH 13). — *V.:* Im säurelöslichen Extrakt der Thymusdrüse.

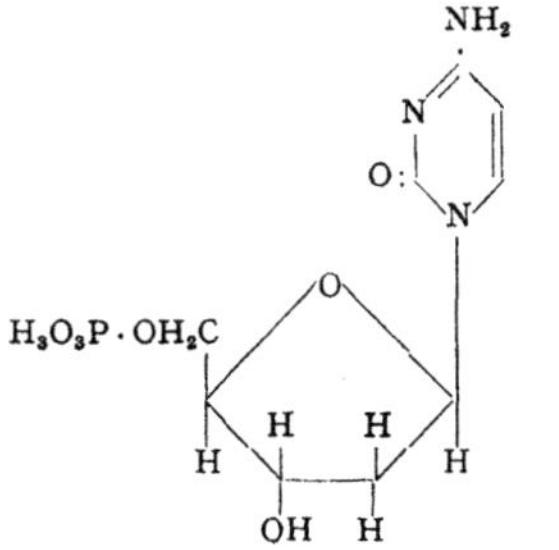

3/16 **2'-Desoxy-cytidin-5'-monophosphat (2'-Desoxy-cytidylsäure-5', DCMP)**

MG 308.21 *F* 183—187 (Z.)

Charakteristik: Lange dünne Prismen, die facherförmig v. Zentrum ausstrahlen (verd. A.), hygroskopisch; ll. in W.; wl. in 100%ig. A. — $[\alpha]_D^{21}$ + 35° (W.). — pKa 4.44. — *sec. Ba-Salz:* $[\alpha]_D^{19}$ + 14.4 (W.).

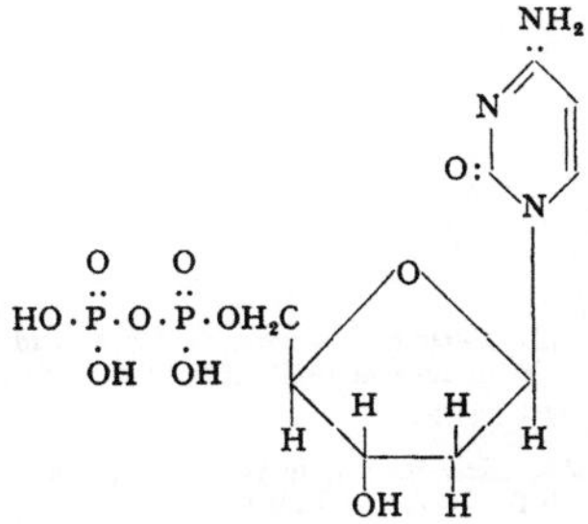

3/17 **2′-Desoxy-cytidin-5-diphosphat (DCDP)**

MG 387.19

Charakteristik: Farbl. Krist.; ll. in W. — λ_{max} 279 mμ; λ_{min} 241 mμ; A max/A min = 0.17 (p_H 2); λ_{max} 272 mμ; λ_{min} 249 mμ (p_H 13). — *V.:* Im säurelöslichen Extrakt der Thymusdruse.

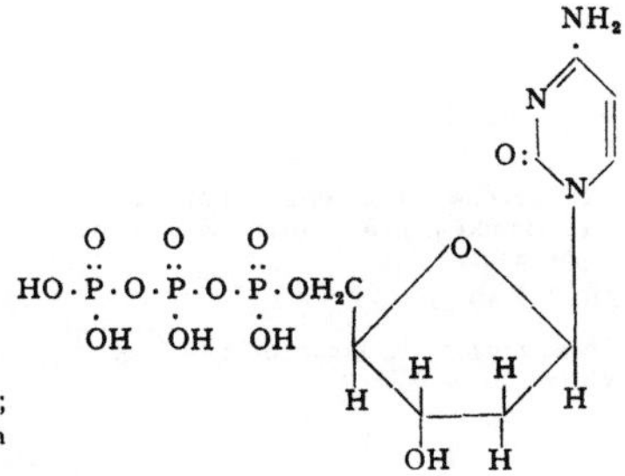

3/18 **2′-Desoxy-cytidin-5′-triphosphat (DCTP)**

MG 467.17

Charakteristik: λ_{max} 280 mμ; λ_{min} 242 mμ; A max/A min = 0.17 (p_H 2); λ_{max} 272 mμ; λ_{min} 251 mμ (p_H 13). — *V.:* Thymusdrüse.

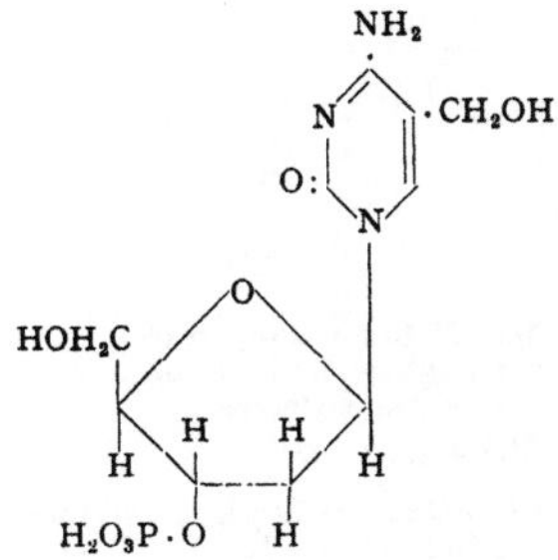

3/19 **2′-Desoxy-5-hydroxymethyl-cytidin-3′-monophosphat. (2′-Desoxy-5-hydroxymethylcytidylsäure, 5-Hydroxymethyl-DCMP-2′)**

MG 337.25

Charakteristik: p_H 4.3; A_{260}/A_{280} = 0.60, A_{270}/A_{290} = 1.28; p_H 6.5; A_{260}/A_{280} = 0.82, A_{270}/A_{290} = 1.97. — *V.:* Aus T2r+ Bakteriophagen isoliert.

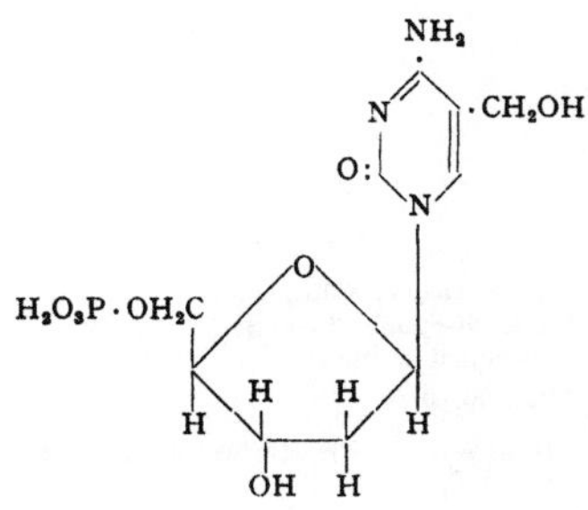

3/20 **2′-Desoxy-5-hydroxymethyl-cytidin-5′-monophosphat (5-Hydroxymethyl-DCMP)**

MG 337.25

Charakteristik: Mikrokrist. Nadeln (W.); λ_{270} mμ; ε_{8000} (p_H 1). — *V.:* Aus T6r+ Bakteriophagen isoliert.
In der DNA von T2 Bakteriophagen.

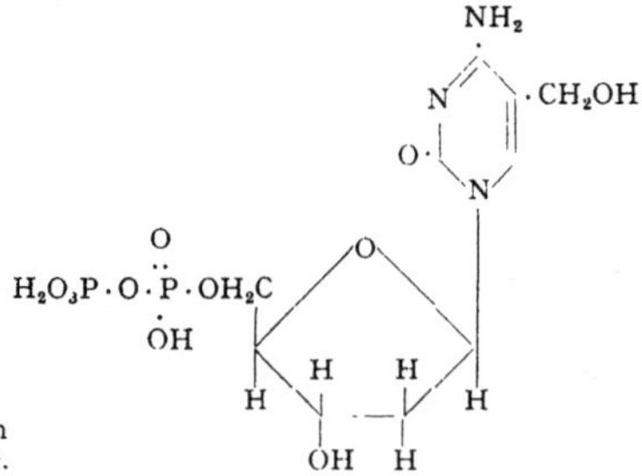

3/21 2'-Desoxy-5-hydroxymethyl-cytidin-5'-diphosphat (5-Hydroxymethyl-DCDP)

MG 337.25

Charakteristik: ll. in W. — λ_{max} 283 mμ (0.01 n HCl). — *V.:* In Coli-Phagen der geraden Serie.

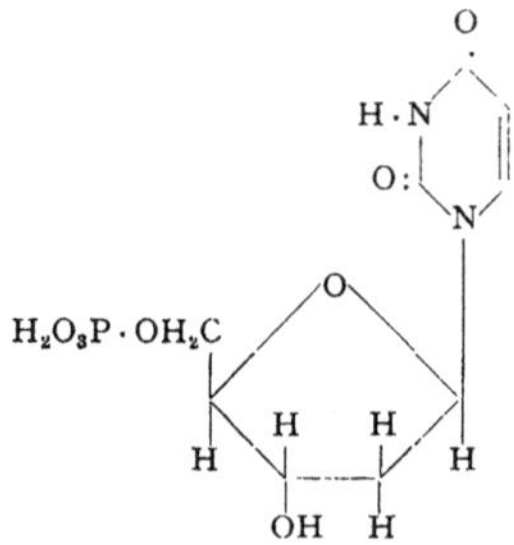

3/22 Uracil-desoxyribotid (DUMP, Uracil-3-(2'-desoxy-β-D-Ribofuranosid-5'-monophosphat)

MG 308.19 *F* 163

Charakteristik: Kristallnadeln (95%ig. A.); ll. in W.; wl. in 100%ig. A.

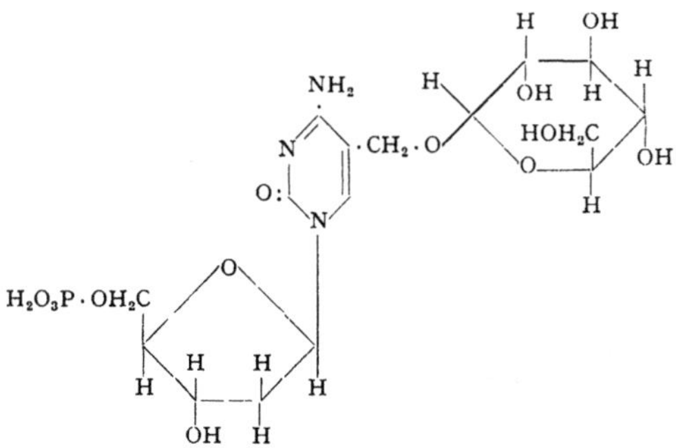

3/23 2'-Desoxy-5-hydroxymethyl-cytidin-5'-monophosphat-α-glucose

MG 499.39

Charakteristik: Strukturermittlung durch enzymatische Hydrolyse. — λ_{270} mμ; ε_{8200} (p_H 1). — *V.:* In DNA von T_2-; T_4-; T_6-Coliphagen.

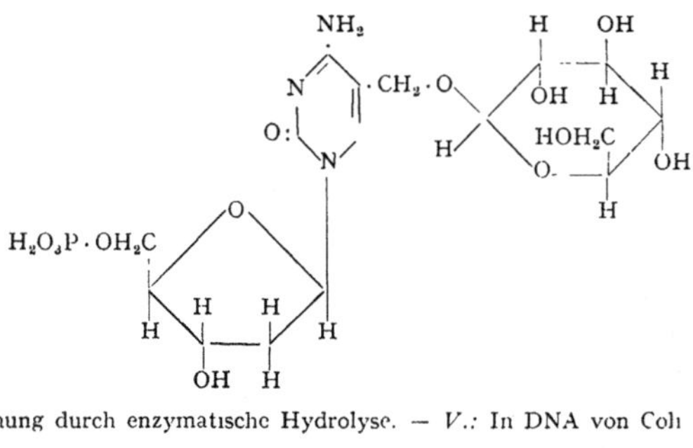

3/24 2'-Desoxy-5-hydroxymethyl-cytidin-5'-monophosphat-β-glucose

MG 499.39

Charakteristik: Strukturbestimmung durch enzymatische Hydrolyse. — *V.:* In DNA von Coli phagen T_4

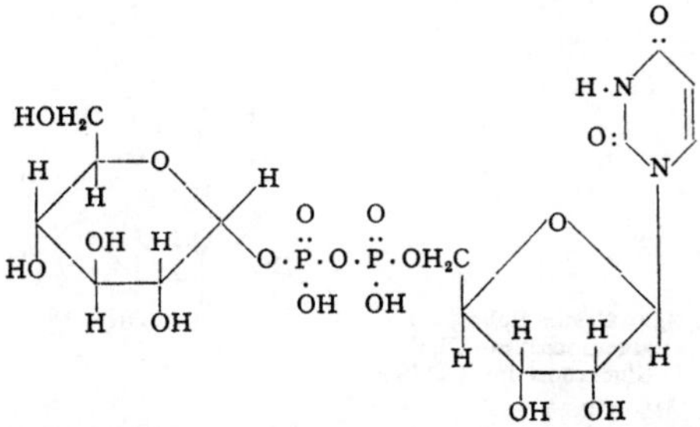

3/25 **Uridin-diphosphat-glucose (Co-Waldenase, Co-Enzym der Galakto-isomerase, UDPG)**

MG 566.31

Charakteristik: Farbl. amorph. Pulver; durch Hydrolyse mit 0.01 n HCl erhält man: nach 5 Min. die Glucose, nach 15 Min. eine Phosphorsäure. Durch Erhitzen in 0.01 n Alkali in wenigen Min. zerstort. — *Ba-Salz:* ll. in W. — *Hg-Salz:* l. in m-Ammonacetat. — *Pb-Salz:* swl. in W. — *Li-Salz:* $C_{15}H_{22}N_2O_{17}P_2Li_2 \cdot 6H_2O$; $[\alpha]_D^{22}$ +43.6 (W.). — *V.:* Hefe. — *Wi.:* Coenzym fur Galaktose-1-phosphat → Glucose-1-phosphat-Umwandlung.

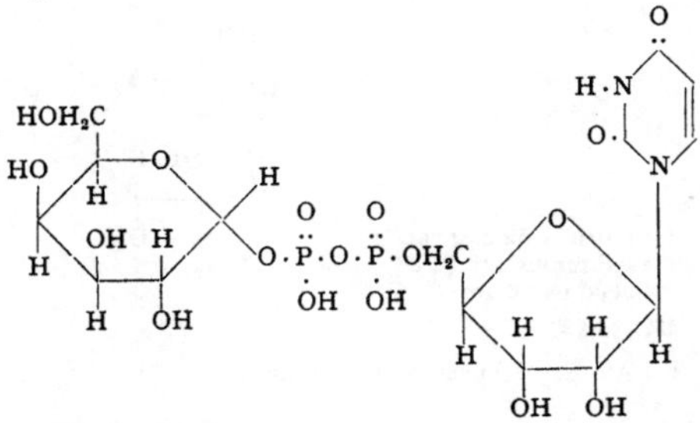

3/26 **Uridin-diphosphat-galaktose (UDP-Galaktose)**

MG 566.31

Charakteristik: Di-Li-Salz: $C_{15}H_{22}N_2O_{17}P_2Li_2 \cdot 5H_2O$; farbl. Krist. $[\alpha]_D^{25}$ +42.9° (W., $c = 1$).

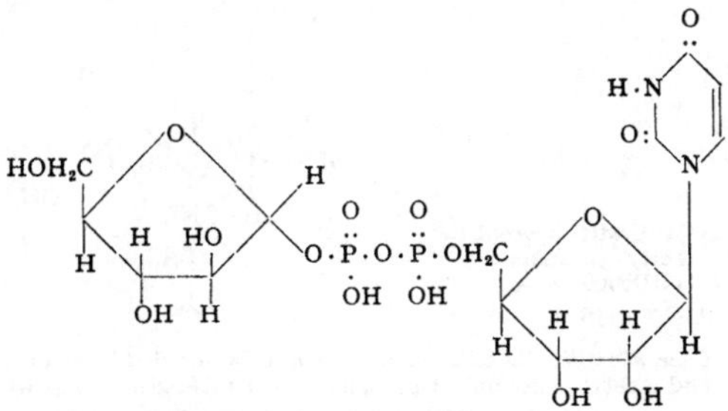

3/27 **Uridin-diphosphat-arabinose (UDP-Arabinose)**

MG 536.28

V.: In pflanzl. Material. — *Wi.:* Bedeutung im Kohlenhydratstoffwechsel der Zelle.

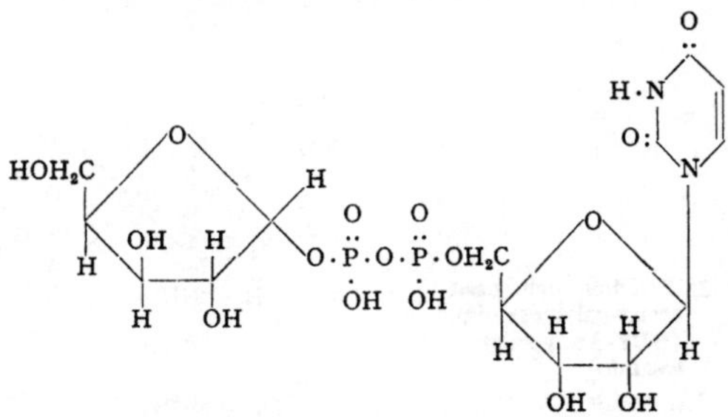

3/28 **Uridin-diphosphat-xylose (UDPXy)**

MG 536.28

V.: In pflanzl. Material. — *Wi.:* Bedeutung im Kohlenhydratstoffwechsel der Zelle.

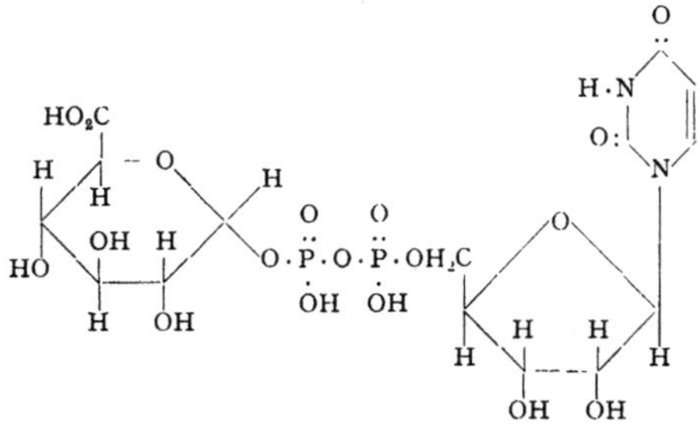

3/29 **Uridin-diphosphat-glucuronsäure (UDP-Glucuronsäure, UDPGA)**

MG 580.29

Charakteristik: Li-Salz: $C_{15}H_{19}N_2O_{18}P_2Li_3 \cdot 15\,H_2O$. — $[\alpha]_D^{25}$ +54.5 (W., c = 1). — *V.:* In Hasenleber, Lachsleber, Streptococcus pneumoniae, hoheren Pflanzen.

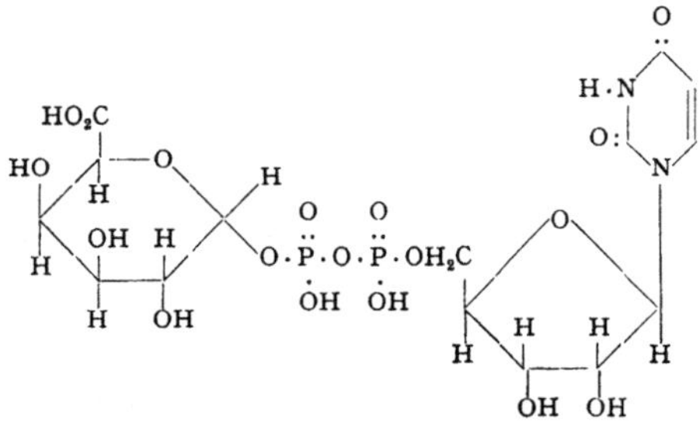

3/30 **Uridin-diphosphat-galakturonsäure (UDP-Galakturonsäure)**

MG 580.29

V.: Aus Typ I Pneumococcus isoliert.

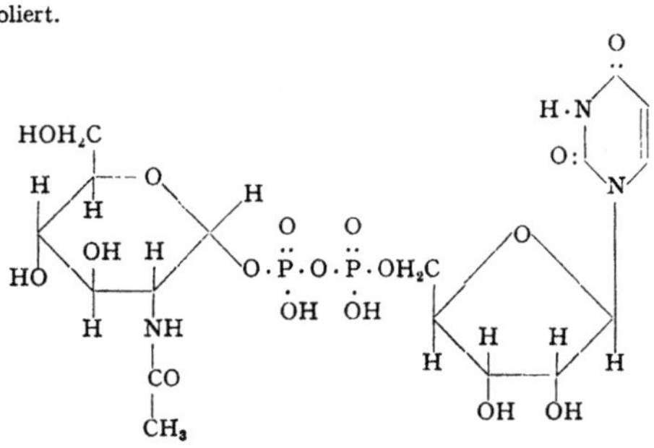

3/31 **Uridin-diphosphat-acetyl-glucosamin (UDPAG)**

MG 607.36

Charakteristik: Ca-Salz: ll. in W.; unl. in A.; Erhitzen in 0.15 n $Ba(OH)_2$ spaltet in UMP-5′ und Acetyl-glucosamin-1-phosphat. — *Di-Li-Salz:* $C_{17}H_{25}N_3O_{17}P_2Li_2 \cdot 8\,H_2O$; $[\alpha]_D^{25}$ +54.6 (W., c = 1). — *V.:* In Streptococcus pneumoniae, Hefe, pflanzl. u. tier. Zellen. — *Wi.:* Vorstufe zur Synthese des Bakterienzellwandmaterials.

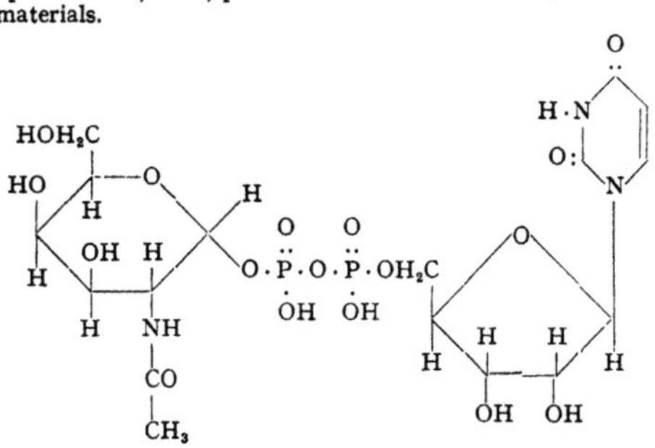

3/32 **Uridin-diphosphat-N-acetyl-galaktosamin (UDP-Acetylgalaktosamin)**

MG 607.36

Charakterisierung durch hydrolytischen Abbau. — *V.:* Ochsenleber.

3/33 **Uridin-diphosphat-N-acetyl-3-O-carboxyäthyl-glucosamin (UDP-N-acetyl-3-O-carboxyäthyl-glucosamin)**

MG 662.41

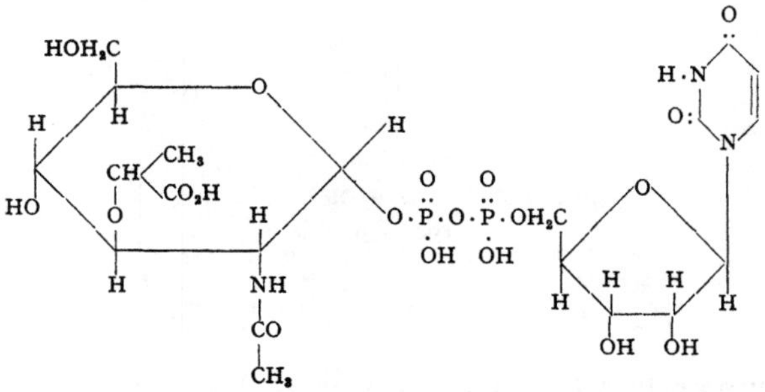

V.: In Bakterienzellwanden als Peptid. — *Wi.:* Vorstufe zur Synthese des Bakterienzellwandmaterials.

3/34 **Cytidin-diphosphat-α-glycerin (CDP-α-Glycerin)**

MG 477.24

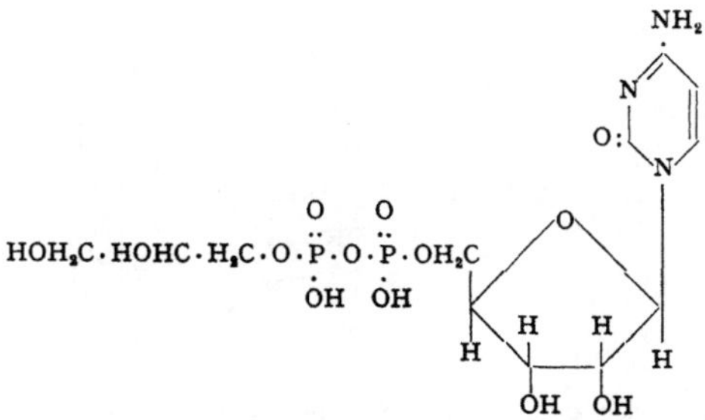

Charakteristik: Li-Salz: $C_{12}H_{19}N_3O_{13}P_2Li_2 \cdot 3H_2O$. — *Ca-Salz:* $C_{12}H_{19}N_3O_{13}P_2Ca \cdot 3H_2O$. — *V.:* In Lactobacillus arabinosus.

3/35 **Cytidin-diphosphat-ribitol (CDP-Ribitol)**

MG 537.31

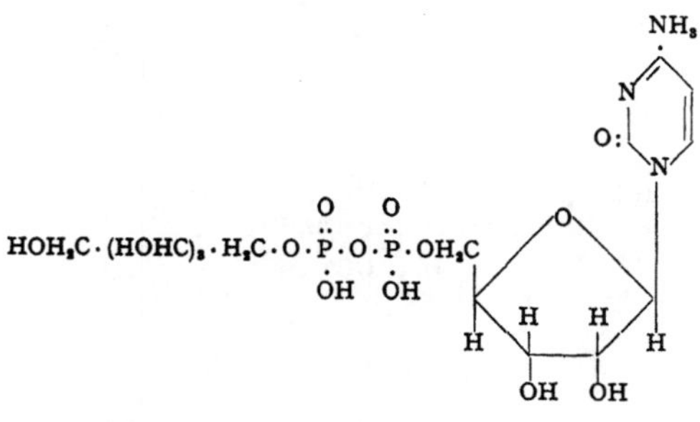

Charakteristik: NH_4-Salz: sehr hygroskopisch. — *V.:* In Lactobacillus arabinosus u. a. Bakterien.

3/36 **Cytidin-diphosphat-äthanolamin (CDP-Äthanolamin)**

MG 456.25

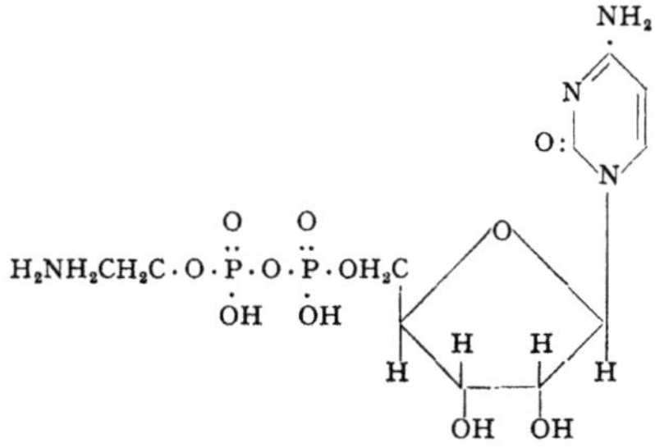

V.: In Rattenleber, Huhnerleber, Hefe. — *Wi.:* Vorstufe fur Phosphatathanolamin.

3/37 **Cytidin-diphosphat-cholin (CDP-Cholin)**

MG 488.33 *F* ab 250 (Z.)

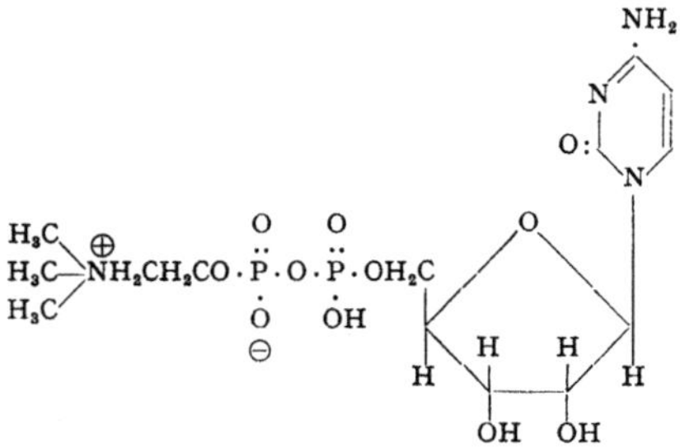

Charakteristik: Dunne, diamantförmige Blättchen. — λ_{max} 280 mμ; ε_{max} 13000 (p_H 2); λ 280/260 = 2.08; λ 290/280 = 0.74. — *V.:* In Rattenleber, Huhnerleber, Hefe. — *Wi.:* Vorstufe fur Lecithin.

3/38 **Desoxy-cytidin-diphosphat-cholin (DCDP-Cholin)**

MG 472.33

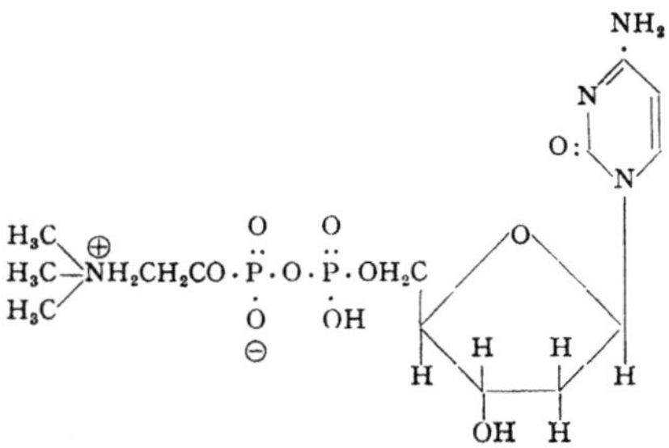

Charakteristik: Strukturbestimmung durch Hydrolyse (chromatographisch). — *V.:* In Seeigeleiern.

Physikalische Daten von Pyrimidinen

Zusammengestellt nach Tabellen der California Foundation for Biochemical Research, Los Angeles und der Pabst-Laboratories, Milwaukee (Wisc.).

	pH	λ_{max} (mμ)	$\varepsilon_{max} \cdot 10^{-3}$	λ_{min}	ε_{min} 10^{-3}	ε_{260}	$\frac{250}{260}$	$\frac{280}{260}$	pH	λ_{max} (mμ)	$\varepsilon_{max} \cdot 10^{-3}$	λ_{min}	ε_{min} 10^{-3}	ε_{260}	$\frac{250}{260}$	$\frac{280}{260}$
Cytosin	2	210; 274	9.7; 10.2	238	1.2	6.0	0.48	1.53	10	267	6.13	247	4.3	5.55	0.78	0.58
5-Methylcytosin	2	210; 283	12.0; 9.8	242	0.9	3.6	0.41	2.66	10	210; 273	14.2; 6.23	251	3.6	4.45	0.81	1.20
5-Hydroxymethylcytosin	1	280	9.6				0.46	2.17	13	284	7.6				0.93	2.8
Orotsäure	2	205; 280	10.9; 7.52	240	0.9	3.8	0.57	1.8	12	286	5.98	243	3.40		0.8	1.6
Thymin	2	207; 264	9.5; 7.89	233	1.89	7.4	0.67	0.53	12	291	5.44	244	2.2	3.7	0.65	1.31
Uracil	2	259	8.20	227	1.8	8.2	0.84	0.17	12	284	6.15	241	2.15	4.1	0.71	1.40
Cytidin	2	212; 280	10.1; 13.4	241	1.7	6.4	0.45	2.10	11	229; 271	8.3; 9.1	250	6.5	7.55	0.86	0.93
Uridin	2	262	10.1	230	2.05	9.95	0.74	0.35	12	262	8.5	236	4.5	7.35	0.83	0.29
Orotidin[1]	2	267	9.57	234	2.6	—	0.65	0.79	12	267	7.6	245	5.7		0.82	0.72
Desoxycytidin	2	212; 280	10.2; 13.2	241	1.5	6.15	0.43	2.16	11	271	9.0	250	6.1	7.35	0.84	0.97
5-Methyl-desoxycytidin	2	209; 286	9.78; 11.6	245	1.05	3.2	0.45	3.4	11	206; 277	13.38; 8.81	255	5.43	6.0	0.95	1.45
Thymidin	2	207; 267	9.55; 9.65	235	2.2	8.75	0.65	0.72	12	267	7.38	240	4.58	6.65	0.75	0.67
Desoxyuridin	2	262	10.2	231	2.2	10.1	0.72	0.37	12	262	7.63	242	5.35	7.55	0.81	0.31
Cytidylsaure-(2′)	2	278	12.7	240	1.9	6.8	0.48	1.80	12	272	8.6	250	7.0	7.6	0.90	0.85
Cytidylsäure-(3′)	2	279	13.0	240	1.7	6.8	0.45	2.00	12	272	8.90	250	6.78	7.6	0.86	0.93
Cytidylsäure-(5′)	2	281	13.6	—	—	6.2	0.46	2.10	12	274	7.3	250	6.6	7.4	0.84	0.99
Cytidin-5′-diphosphat		280	13.0	241	1.7		0.46	2.07		271	9.2	249	6.2		0.83	0.98
Cytidin-5′-triphosphat		280	13.0	241	1.6		0.45	2.12		271	9.1	249	6.3		0.84	0.97
Uridylsäure-(2′)	2						0.80	0.28	12					7.4	0.85	0.25
Uridylsaure-(3′)	2	262	9.9	230	1.95		0.76	0.32	12	261	7.3	242	5.37	7.4	0.83	0.28
Uridylsäure-(5′)	2	261	9.7				0.74	0.38	12					7.4	0.82	0.33
Uridin-5′-diphosphat		262	10.0	230	2.2		0.73	0.39		261	7.9	241	5.3		0.80	0.32
Uridin-5′-triphosphat		262	10.0	230	2.1		0.75	0.38		261	8.1	239	5.4		0.81	0.31
Desoxycytidylsäure	2	280	12.3	239		5.8	0.45	2.12	12						0.82	0.99
Desoxy-5-methylcytidylsäure	2	287		243			0.36	3.15	12	278		253			0.96	1.52
Thymidylsäure	2	267	9.6			8.4	0.64	0.73	12					6.7	0.74	0.67
Desoxycytidin-3′, 5′-diphosphat	2						0.44	2.10								
Thymidin-3′, 5′-diphosphat	2	267				8.1	0.65	0.71								

[1]) Daten des Cyclohexylaminsalzes.

Imidazole und Benzimidazole

Von **R. Gompper**, Stuttgart

1. Imidazole

1/1 Imidazol

MG 68.08 *F* 90 *Kp* 256 $C_3H_4N_2$

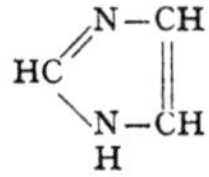

Charakteristik: Farbl. Prismen (Bzl.); ll. in W.; l. in Chlf.; wl. in Ae.; schwache Base. — *Nitrat:* *F* 118. — Bildet ein Ag-Salz. — *Pikrat*, $C_3H_4N_2 \cdot C_6H_3N_3O_7$: orangerote Nadeln, *F* 212.

1/2 1-Acetyl-imidazol

MG 110.12 *F* 104 $C_5H_6N_2O$

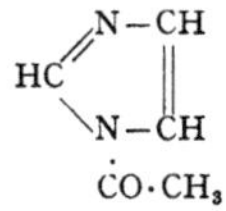

Charakteristik: Farbl. Nadeln (Bzl.); ll. in W., Ac., Chlf.; wl. in Bzl.; unl. in Ae., PAe. λ_{max} 245 mμ. — *V.:* Energiereiche Verb., entsteht aus Acetyl-CoA durch Imidazol-acetylase aus Clostridium kluyveri.

1/3 1,1′-Carbonyl-di-imidazol

MG 152.16 *F* 115.5—116 $C_7H_6N_4O$

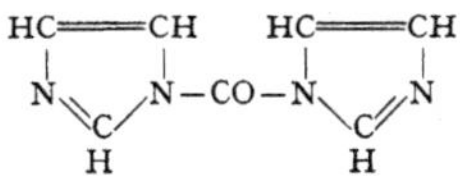

Charakteristik: Farbl. Prismen (Bzl.); wird durch W. unter CO_2-Entwicklung zersetzt.

1/4 1,5-Dimethyl-imidazol

MG 96.13 *Kp* 224 $C_5H_8N_2$

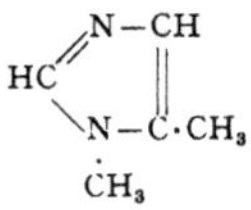

Charakteristik: Riecht pyridinahnlich; ∞ W., A., Ae., Chlf. — *V.:* Abbauprod. des Jaborandi-Alkaloids.

1/5 4(5)-Imidazol-essigsäure (Imidazolyl-4(5)-essigsäure)

MG 126.11 *F* 220 (2) $C_5H_6N_2O_2$

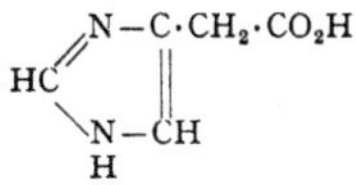

Charakteristik: Nadeln + 1 H_2O (wssr. Ac.); ll. in W.; swl. in A.; unl. in anderen organ. Lsgm.; Kuppelt mit Diazobenzolsulfosaure (Pauly-Test). — *Phosphowolframat:* Nadeln (W.)

1/6 β-Imidazol-propionsäure (β-Imidazolyl-4(5)-propionsäure)

MG 140.16 *F* 212 $C_6H_8N_2O_2$

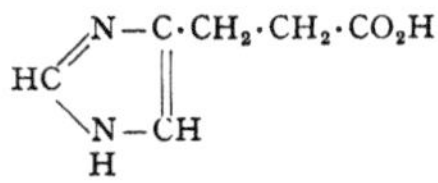

Charakteristik: Nadeln (verd. A.); ll. in W.; wl. in Me., A.; swl. in Ae., Ac. — Gibt Pauly-Test. — *Chloroplatinat* ($2C_6H_8O_2N_2 \cdot H_2PtCl_6$): gelbrote Krist. *F* 209. — *Phosphowolframat:* Tafeln (W.), *F* > 300.

1/7 4(5)-Imidazol-glyoxylsäure

MG 140.11 *F* 290 (Z.) $C_5H_4N_2O_3$

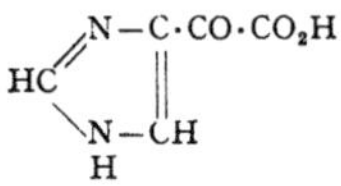

Charakteristik: Krist. (W.); l. in h. W.; wl. in k. W.; λ_{max} 285 mμ; E_{max} 13.6 × 10^3 in 0.1 n HCl; λ_{max} 252 mμ; E_{max} 5.7 × 10^3 in 0.1 n NaOH.

1/8 β-Imidazol-milchsäure (α-Oxy-β-imidazol-4(5)-propionsäure)

MG 156.15

DL-Form: *F* 221 D-Form: *F* 204

L-Form: *F* 204 $C_6H_8N_2O_3$

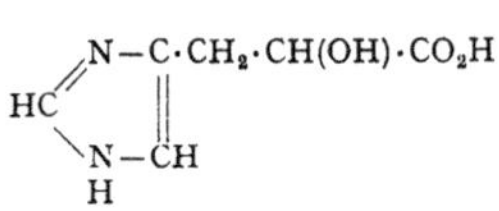

Charakteristik: D-Form: Krist. (W.+Ac.), $[\alpha]_D$ +42.9° (W., c = 1). — *Chloroplatinat* ($2C_6H_8N_2O_3 \cdot H_2PtCl_6$): Goldgelb. Krist.; *F* 203. — L-Form: Krist., $[\alpha]_D$ −42.3° (W., c = 1). — *Pikrolonat:* Gelbe Krist. (A.); *F* 211—3. — *Wi.:* Kann Histidin ersetzen (Ratte).

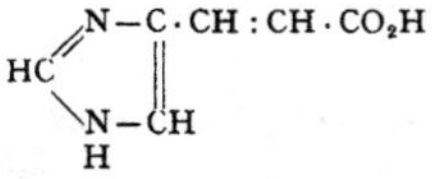

1/9 **4(5)-Imidazol-acrylsäure (Urocaninsäure)**
MG 138.14 *F* 235–6 $C_6H_6N_2O_2$

Charakteristik: Nadeln u. Prismen + $2H_2O$ (W.). — *Ba-Salz*, $Ba(C_6H_5O_2N_2)_2 \cdot 8H_2O$: Nadeln (verd. A.). — *Nitrat:* *F* 213–5 (Z., je nach Erhitzen 192 bis 208). — *Pikrat:* gelb. Nadeln (W.). Sint. 230, *F* 250 (Z.). — *V.:* Abbauprodukt des Histidins, geht beim Erhitzen zum *F* in Urocanin $C_{11}H_{10}ON_4$ (?) + CO_2 uber, das ll. Salze bildet; wird durch Imidazol-acetylase, analog Imidazol, in Gegenw. v. Acetyl-CoA acetyliert.

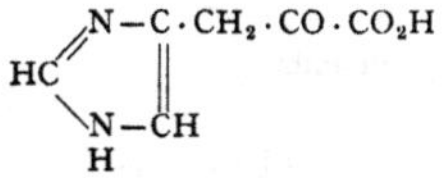

1/10 **4(5)-Imidazol-brenztraubensäure**
MG 156.15 $C_6H_6N_2O_3$

Charakteristik: Entsteht bei der Desaminierung von Histidin.

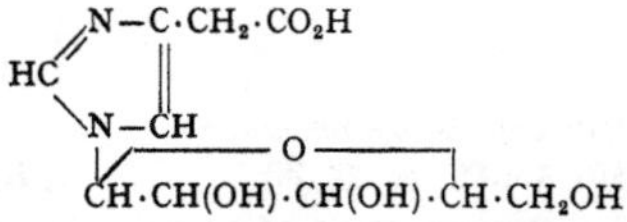

1/11 **1(3)-Ribosyl-imidazol-4(5)-essigsäure**
MG 258.24 *F* 172–6 (Kofler-Block)
(Chlorhydrat) $C_{10}H_{14}N_2O_6$

Charakteristik: Farbl. Krist.; $[\alpha]_D^{25}$ −49.4° (c = 0.7%; Me.); $pk_{a_1'}$ 3; $pk_{a_2'}$ 6.1. Nicht hydrolysiert durch 10 n HCl bei 100° in 5 Std., gespalten in Imidazolessigsaure + Ribose durch 0.1 n HCl bei 145° in 5 Stdn. Gibt Pauly-Reaktion. — *Chlorhydrat:* farbl. Nadeln; l. in W.; wl. in A.

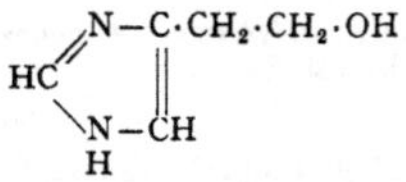

1/12 **4(5)-β-Hydroxyäthyl-imidazol (Histidol)**
MG 102.14 *F* 92 $C_5H_8N_2O$

Charakteristik: Farbl. Blattchen (Chlf.); ll. in W., A., Ac.; wl. in Ae.; unl. in Bzl. — *Chloroplatinat* ($C_5H_8N_2O \cdot H_2PtCl_6$): orangegelbe Nadeln (A.-Ae.), *F* 175. — *Pikrolonat* ($C_5H_8N_2O \cdot C_{10}H_8N_4O_5$): hellgelbe Nadeln, *F* 264 (Z.).

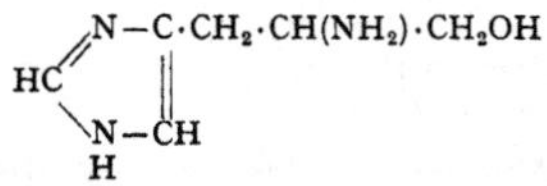

1/13 **Histidinol (3-Imidazol-2-amino-propanol-(1))**
MG 139.16
Dichlorhydrat: *F* 193.5–94.5 $C_6H_{11}N_3O$

Charakteristik: — *Dichlorhydrat:* Krist. (95%ig. A.); ll. in W.; l. in A.; wl. in Ae. — *-1'-phosphat:* *MG* 219.14: farbl. Krist., schwer hydrolysierbar. — *V.:* Im Nahrmedium u. Mycelien v. Neurosporamutanten.

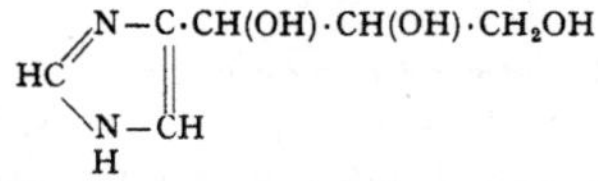

1/14 **Imidazol-glycerin (4-L-Erythrotrihydroxy-propylimidazol)**
MG 158.16 $C_6H_{10}N_2O_3$

Charakteristik: Nicht kristallisiert; λ_{max} 285 mμ (Saure); 252 mμ (Alkali), kuppelt mit Diazoanilin zu roter wl. Verbindung.

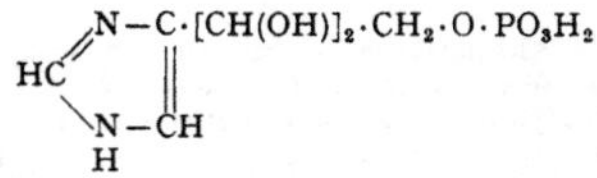

1/15 **Imidazol-glycerin-1'-phosphorsäure**
MG 238.15 $C_6H_{11}N_2O_6P$

Charakteristik: Überaus schwer durch Säure hydrolysierbar.

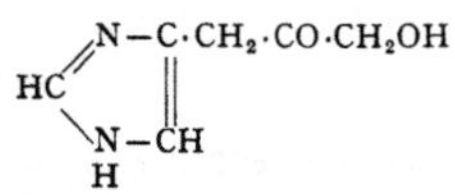

1/16 **Imidazol-acetol (4-(2-Keto-3-hydroxypropyl)-imidazol = Hydrochlorid)**
MG 140.16 *F* 171–4 (Z.) $C_6H_8N_2O_2$

Charakteristik: — *Monochlorhydrat:* Weiße Nadeln (95%ig. A.); ll. in W.; l. in A.; enolisiert in Alkali; λ_{max} 370 mμ, E_{max} 10.4 · 10^3 (0.1 n NaOH). Reduziert alkal. Cu-Sulfat-Lsg.; gibt Phenylhydrazon.

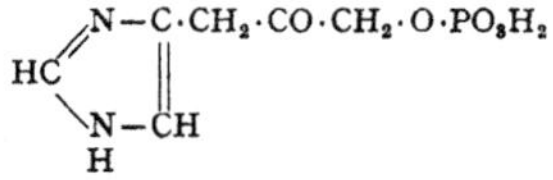

1/17 **Imidazol-acetol-1'-phosphorsäure**

MG 220.15 $C_6H_9N_2O_5P$

Charakteristik: Wird leichter hydrolysiert als Imidazolglycerin-1'-phosphat (CO-Gruppe labilisiert).

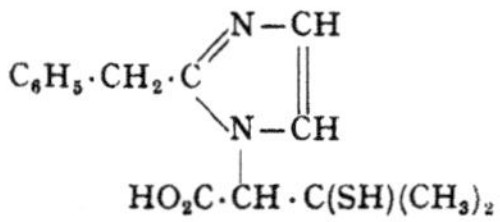

1/18 **Benzyl-penillamin**

MG 290.4 $C_{15}H_{18}N_2O_2S$

Charakteristik: Mit $FeCl_3$ tiefblaue Farbe; kuppelt mit diazotierter Sulfanilsaure. — *V.:* Abbauprod. des Penicillins. — *Hydrochlorid:* *F* 174.

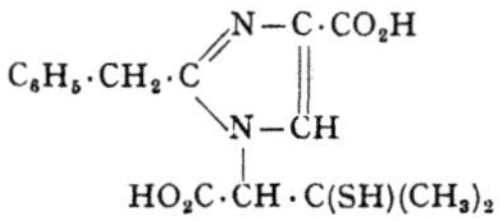

1/19 **Benzyl-isopenillinsäure**

MG 334.41 *F* 178 (Z.) $C_{16}H_{18}N_2O_4S$

Charakteristik: Farbl. Nadelchen; $[\alpha]_D$ −6° (A.; *c* = 0.34%). — *Dimethylester:* *F* 112.

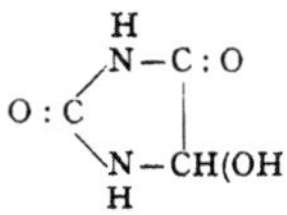

1/20 **Allantursäure (5-Hydroxy-2,4-imidazolidindion, Glyoxalharnstoff)**

MG 116.08 $C_3H_4N_2O_3$

Charakteristik: Hygroskop. Gummi, zers. mit k. Alkali; wl. in W.; unl. in A

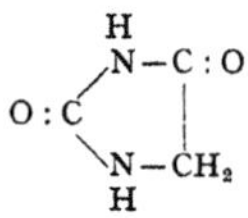

1/21 **Hydantoin**

MG 100.06 *F* 218 $C_3H_4N_2O_2$

Charakteristik: Farbl., geruchl. Krist. (Me.); 30 h. W., 1.7 h. A.; wl. in k. W.; swl. in A.; unl. in Ae.

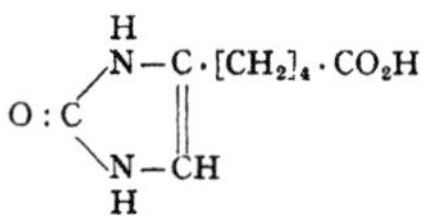

1/22 **2-Oxoimidazolin-capronsäure**

MG 184.19 *F* 144−45 $C_8H_{12}N_2O_3$

Charakteristik: Krist. (W.); 3 h.W.; wl. in k.W. — *Wi.:* Antagonist von Desthiobiotin (Mikroorganismen).

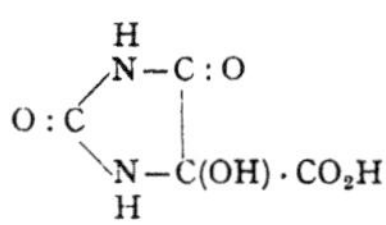

1/23 **Alloxansäure (Tetrahydro-4-hydroxy-2,5-dioxy-4-imidazol-carbonsäure, 5-Hydroxyhydantoin-5-carbonsäure)**

MG 160.09 *F* 162−63 (Z.) $C_4H_4N_2O_5$

Charakteristik: Trikline Prismen (Ae); ll. in W.; 15.8 A., 0 4 sd. Ae., wl in k. Ae Wird durch sied. W. zersetzt.

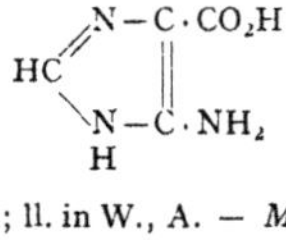

1/24 **4(5)-Amino-imidazol-5(4)-carbonsäure**

MG 127.10 $C_4H_5N_3O_2$

Charakteristik: — *Methylester-hydrochlorid:* *F* 210 (Z); ll. in W., A. — *Methylester-pikrat:* gelbe Nadeln (W.), *F* 235 (Z.).

1/25 **4(5)-Amino-imidazol-5(4)-carbonsäure-amid („Carboxamid")**

MG 144.12 *F* 168.8—70.2 (Z.) $C_4H_6N_4O$

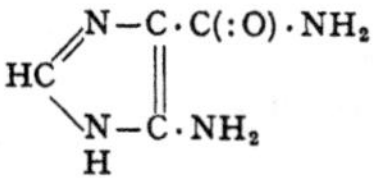

Charakteristik: Große farbl. Nadeln (W.); l. in W., A.; wirkt stark reduzierend; diazotierbar. — *Dihydrochlorid:* *F* 262.5—63.5 (Z., im geschl. Rohr). — *Pikrat:* gelbe Nadeln.

1/26 **4-Amino-imidazol-5-carbonsäure-amid-desoxyribosid**

MG 242.3 $C_9H_{14}N_4O_4$

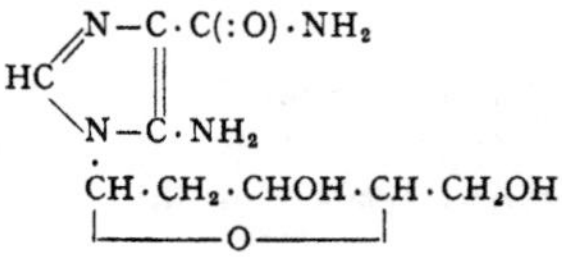

Charakteristik: Diazotierbar.

1/27 **4-Amino-imidazol-5-carbonsäureamid-ribosid („Carboxamid-ribosid", IR)**

MG 258.23 *F* 213—4 (Z.) $C_9H_{14}N_4O_5$

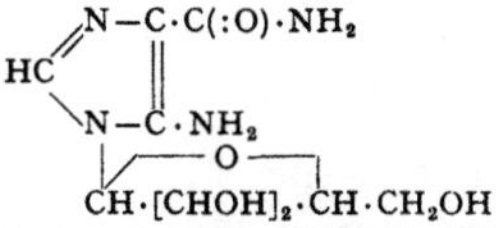

Charakteristik: Farbl. Krist.; l. in W., A. — Kuppelt nach dem Diazotieren; geht an der Luft in eine rote Verbindung uber; mit 0.5 n HCl hydrolysierbar; λ_{max} 268, E_{max} = 12.8 · 10^3 (neutral), zeigt kleines Maximum bei 246 mμ (Säure). — *Pikrat* (+ $2H_2O$): hellgelbe kurze Nadeln, kein *F*.

1/28 **4-Amino-imidazol-5-carbonsäureamid-ribotid (5'-Phosphoribosyl-5-amino-4-imidazol-carboxamid, „Carboxamid-Nucleotid", IRMP-5')**

MG 337.21 $C_9H_{15}N_4O_8P$

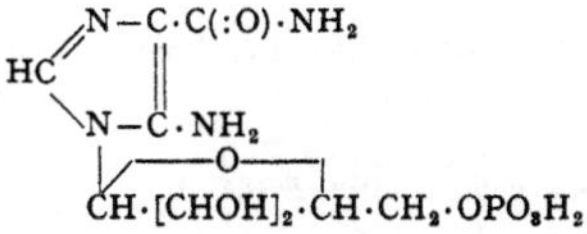

Charakteristik: Ll. in W.; wl. in A.; λ_{max} 268, E_{max} = 13.2 · 10^3; $E\frac{267}{260}$ mμ = 1.10; $E\frac{267}{272}$ mμ = 1.05; diazotierbar.

1/29 **Allantoin (5-Ureido-hydantoin, Glyoxyl-diureid)**

MG 158.13 *F* 235, 238 (Z.) *Kp* zers. $C_4H_6N_4O_3$

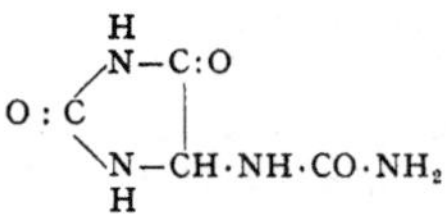

Charakteristik: Farbl., monoklin. Prismen (h. W.); 0.06 W. 20°, 0.1 W. 100°; l. in verd. NaOH; swl. in A.; unl. in Ae. — *V.:* Im Harn und Säugetierblut.

2. Benzimidazole

2/1 **Benzimidazol (Benzglyoxalin)**

MG 118.13 *F* 170 *Kp* > 360 $C_7H_6N_2$

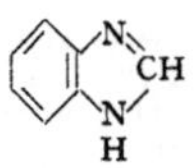

Charakteristik: Rhomb. Plättchen (A.); l. in W., A., Ae., Säuren u. Alkalien. — *Wi.:* Antagonist von Adenin, Guanin (Mikroorganismen, Tiere). — *Cu-Salz*, $(C_7H_5N_2)Cu$: ziegelrot.

2/2 **5,6-Dimethylbenzimidazol**

MG 146.19 *F* 205—206 $C_9H_{10}N_2$

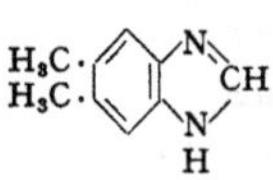

Charakteristik: Krist. (Ac.); l. in organ. Lsgm.; wl. in PAe. — Absorptionsmaxima in 95%ig. A.: in Gegenwart von 0.01 n HCl: 274.5 mμ (ε_{max} 7500) und 284.0 mμ (ε_{max} 8100); in Gegenwart von 0.01 n NaOH: 247.0 mμ (ε_{max} 3900), 277.5 mμ (ε_{max} 4900), 281.0 mμ (ε_{max} 5250), 288.0 mμ (ε_{max} 5700). Mit Benzylchlorid Spaltung des Imidazolringes und Bildung von *4,5-Benzamido-1,2-dimethylbenzol:* *F* 262—62.5. — *Wi.:* Antagonist der Purine. — *Darst.:* Aus Vitamin B_{12} durch Säurehydrolyse. — *Pikrat:* *F* 273—75.

2/3 **5,6-Dimethoxy-benzimidazol**

MG 178.2 *F* 189 $C_9H_{10}N_2O_2$

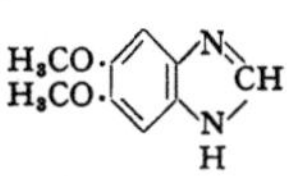

Charakteristik: Farbl. Krist. (Chlf.-PAe.); l. in Chlf.; wl. in PAe.

2/4 4-Amino-benzimidazol

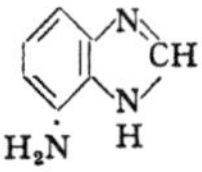

MG 133.15 *F* 104–05 $C_7H_4N_3$

Charakteristik: Schwach rosa Krist. + H_2O (W.). – *Wi.:* Antagonist von Adenin, Guanin.

2/5 5-Amino-benzimidazol

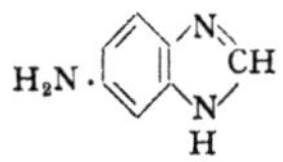

MG 133.15 *F* 105–06 $C_7H_4N_3$

Charakteristik: Schwach rosa Krist. + $2H_2O$ (W.). – *Wi.:* Antagonist von Adenin, Guanin.

2/6 Benzimidazolon

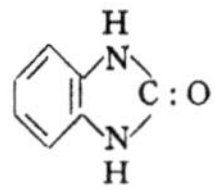

MG 134.13 *F* 305 (310) $C_7H_6N_2O$

Charakteristik: Blättchen (W., A.); ll. in NaOH; l. in A.; wl in W., Ae., Bzl.; unl. in verd. Säuren.

2/7 Benzimidazol-ribosid (D-Ribo-benzimidazol)

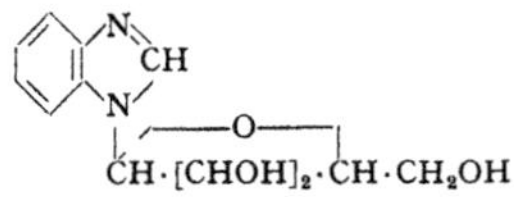

MG 250.25 *F* 191 $C_{12}H_{14}N_2O_4$

Charakteristik: Nadeln; $[\alpha]_D$ +25.5°. – *Hydrochlorid:* Rosetten flacher Nadeln, *F* 201–3. – *Pikrat:* gelbe Nadeln, *F* 184–6.

2/8 1-α-D-Ribofuranosyl-5,6-dimethyl-benzimidazol (α-Ribazol)

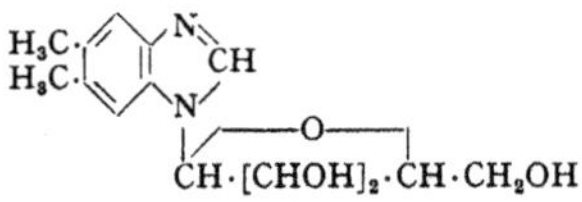

MG 278.31 *F* 198–99 (Mikroblock) $C_{14}H_{18}N_2O_4$

Charakteristik: $[\alpha]_D^{23}$ +14° (c = 0.9; Py.). R_f 0.77 in n-Butanol-Essigsäure. – *Pikrat: F* 219–220 (Mikroblock); $[\alpha]_D^{23}$ +9.0 ± 1.6° (c = 4; Py.). – *Wi.:* Antagonist von Vitamin B_{12}.

2/9 1-α-D-Ribofuranosyl-5,6-dimethyl-benzimidazol-(2′ oder 3′)-phosphat (α-Ribazol-phosphat)

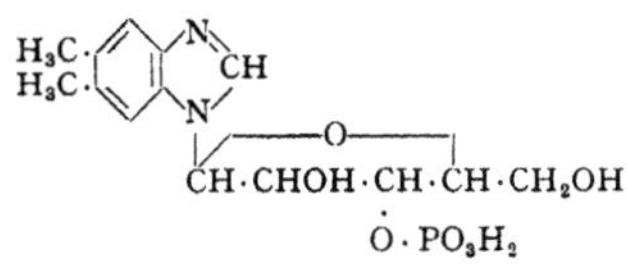

F 240–41 (Z.) (Mikroblock) $C_{14}H_{19}N_2O_7P$

Charakteristik: Absorptionsmaxima in Wasser; bei ca. p_H 2: 277 mμ (E 1%/1 cm 217), 285 mμ (E 1%/1 cm 202); bei p_H 11: 249 mμ (E 1%/1 cm 191), 280 mμ (E 1%/1 cm 144), 288 mμ (E 1%/1 cm 136). R_f 0.74 in 5% wssr. Na_2HPO_4-Isoamylalkohol. – *Darst.:* aus Vitamin B_{12} durch Abbau mit Säure. – *Dibrucinsalz* (W.): *F* 169–75 (Mikroblock).

2/10 N-(4-((2-(Benzimidazolyl)-methyl)-amino)-benzoyl)-L-glutaminsäure

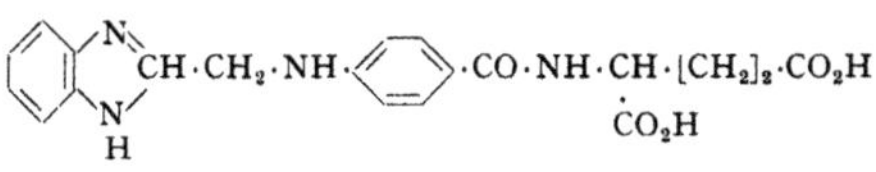

MG 395.39 $C_{20}H_{21}N_4O_5$

Charakteristik: Farbl. Krist.; l. in Alkali. – *Wi.:* Antagonist der Folsäuregruppe (Bakterien).

2/11 N-(4-((2-(5-Chlor-benzimidazolyl)-methyl-amino)-benzoyl)-L-glutaminsäure

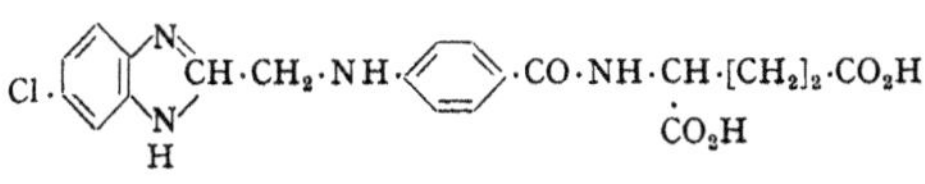

MG 430.84 *F* 199–202 (HCl-Salz) $C_{20}H_{20}N_4O_5Cl$

Charakteristik: Farbl. Krist., l. in Alkali; unl. in verd. Säuren. – *Wi.:* Kompetitiver Antagonist der Folsäure (Bakterien). – *Äthylester:* farbl. Nadeln, *F* 123. – *Pikrat: F* 195.

Heterocyclen mit 2 Heteroatomen[1]

1 **Antipyrin (1-Phenyl-2,3-dimethyl-pyrazolon-(5))**

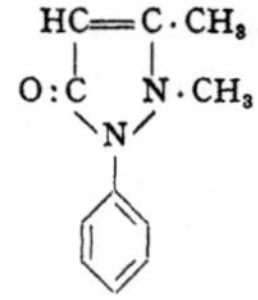

MG 188.22 $D_4^{112.9}$ 1.0879 *F* 112.8 Kp_{174} 319

Charakteristik: Monokl. Blatt. (Toluol od. Ae.); schmeckt bitter; $+NaNO_2$ u. Sre.: smaragdgrune Farb.; 150 W. 15°; 70 A. 15°; 2.2 Ae. 15°; 11 Ae. 36°; 100 Chlf.; 30 Py.; die wssr. Lsg. ist lackmusneutral; bildet krist. Doppelverbb. mit zahlreichen org. Substanzen.

2 **Pyramidon (Aminophenazon, 4-Dimethyl-amino-1-phenyl-2,3-dimethyl-pyrazolon, Aminopyrin)**

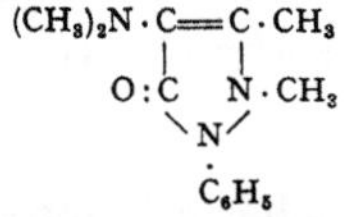

MG 231.30 *F* 108—09

Charakteristik: Blätt. (Lg.); haltbar a. d. Luft, aber nicht im Licht; 5 W. 15°; Lsg. ist schwach lackmusalkalisch; Löslichkeit in Wasser vermehrt durch Zusatz von Natriumbenzoat; 66.6 A.; 8 Bzl.; 100 Chlf.; 7.5 Ae.; l. in verd. Sren.; wssr. Lsgg. werden durch milde Oxydationsmittel zersetzt. — *Hydrochlorid* $C_{13}H_{17}ON_3 \cdot HCl$: zerfl. Prismen; *F* 143—44; ll. in W. m. saur. Reakt. — *Hydrobromid* $C_{13}H_{17}ON_3 \cdot HBr$: zerfl. Blatt. oder Nadeln; *F* 190; ll. in W. m. saur. Reakt. — *Hydrojodid* $C_{13}H_{17}ON_3 \cdot HJ$: Prismen (A. + Ae.); *F* 205; ll. in W.; l. in Chlf. — *Styphnat* $C_{13}H_{17}ON_3 \cdot C_7H_3O_8N_3$: Dunkelgelbe Nadeln (A.); *F* 191. — *Salicylat* $C_{13}H_{17}ON_3 \cdot C_7H_6O_3$: *MG* 369.41; krist. Pulver; *F* 70; 6 W.; 16 A.

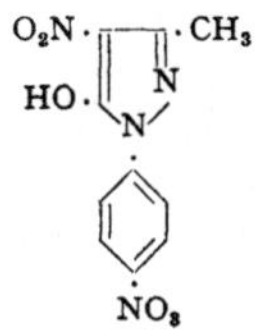

3 **Pikrolonsäure (3-Methyl-4-nitro-1-(p-nitrophenyl)-5-pyrazolon)**

MG 264.09 *F* 116—17 *Z.* 124

Charakteristik: Gelbe Nadeln (A.); 0.9 W. 17°; 4.8 A. 17°; 0.5 Ae. 17°.

4 **Piperazin (Hexahydro-pyrazin, Diäthylendiamin)**

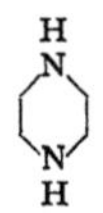

MG 86.14 *F* 104 *Kp* 145.6

Charakteristik: Farbl. rhomb. Blätt. (A.); n_D^{113} 1.446; ll. in W., Glycerin, Glykol; l. in A.; wl. in Ae.; hygroskopisch, stark alkalisch; pk_a^{25} 4.49; zieht CO_2 a. d. Luft an. — *Dihydrobromid: MG* 247.99; *F* Z.; weiße Nadeln; ll. in W.; unl. in k. A., Ae. — *Dihydrochlorid: MG* 159.07; *F* Z.; weiße Nadeln; ll. in W.; unl. in k. A., Ae. — *Hexahydrat: MG* 194.23; *F* 44; *Kp* 125—30; weiße Nadeln; ll. in W.; l. in A.; swl. in Ae. — *Pikrat:* Gelbe Nadeln (W.); *Z.* 280. — *N*[1]*,N*[4]*-Dibenzoylpiperazin* $C_{18}H_{18}O_2N_2$: Krist. (A.); *F* 191.

5 **Morpholin (Tetrahydro-1,4-oxazin, Diäthyleniminoxyd)**

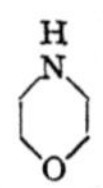

MG 87.12 D_4^{20} 0.9998 *F* —4.9 Kp_{760} 128.9; 125—30

Charakteristik: Farbl. hygroskop. Öl; ammoniakal. Geruch, dampfflüchtig; starke Base, ätzt die Haut, greift Glas an; ∞ in W.; mit den gebrauchl. org. Lsgm. mischbar.

6 **4-Morpholin-äthanol (Diäthylenoxyd-2-iminoäthylalkohol)**

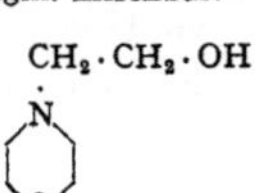

MG 131.17 *D* 1.071 *Kp* 225.5

Charakteristik: Farbl. Flüss.; ∞ in W.

7 **p-Dioxan (1,4-Dioxan, 1,4-Diäthylendioxyd, Glykoläthylenäther)**

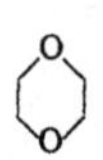

MG 88.10 D_4^{20} 1.0353 *F* 11.7 (9—13) *Kp* 101.5

Charakteristik: Farbl. brennbare Flüss.; n_D 1.4232; ∞ in W., A., Ae. und den meisten org. Lsgm.; riecht aromatisch; giftig!; gibt explosive Peroxyde, besonders wenn wasserfrei. — *Pikrat: F* 66.

[1] Korrigierter Beitrag von *L. Jaenicke* (aus 1. Auflage).

8 **Piperoxan-hydrochlorid (2-(1-Piperidyl-methyl)-1,4-benzodioxan-hydrochlorid)**

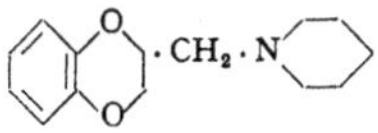

MG 269.77 *F* 232—34, Dunkelfärbg. bei 220

Charakteristik: DL-Form: Krist., Absorpt.-Max. 275 mμ; $E^{1\%}_{1\,cm} = 82$, — Min. 240 mμ; $E^{1\%}_{1\,cm} = < 5$; Alkalien setzen d. unl. Base frei; l. in sauren Lsgg.; Krist. sind stabil a. Luft u. Licht, nicht hygroskop.; p_H d. wssr. Lsg. 5.

9 **2-Mercaptobenzthiazol**

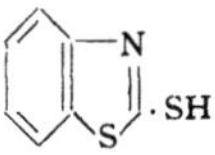

MG 167.25 *F* 179

Charakteristik: Nadeln od. Blatt.; l. in A., Ae.. Eg., Alkalien und Alkalicarbonatlsgg., unl. in W.

Annelierte Heterocyclen mit 2 Heteroatomen[1]

1 **Chinoxalin (Benzpyrazin, 1,4-Benzdiazin, Chinazin)**

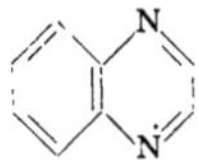

MG 130.14 *D*[48] 1.133 *F* 30.5 *Kp* 226 (229.5)

Charakteristik: Weiße Krist.; $n_D^{48.0}$ 1.62311; ∞ in Bzl.; l. in W., A., Ae. — *Sulfat: F* 186.

2 **3,4-Dihydro-3-phenylchinazolin (Orexin, Cedrarin, „Phenazolin")**

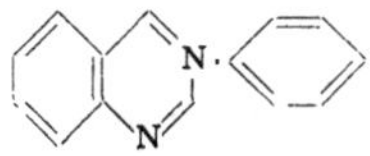

MG 208.25 D_4^t 1.290 *F* 95 *Kp* Z.

Charakteristik: Hexagon. Tafeln (Ae. oder Lg.); l. in A., Ae., Chlf., verd. Sren.; unl. in W. — *Sulfat: F* 130—34.

3 **N-4-(Chinoxalyl)-aminobenzoyl-γ-glutaminsäure**

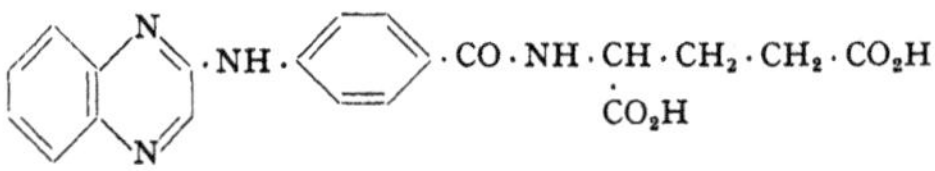

*MG*394. 38 *F* 240—42

Charakteristik: Farbl. Krist. — *Wi.:* Hat 0.1—0.01% Folsaure-Aktivitat.

4 **Chinoxalin-2-carboxylyl-p-aminobenzoyl-glutaminsäure**

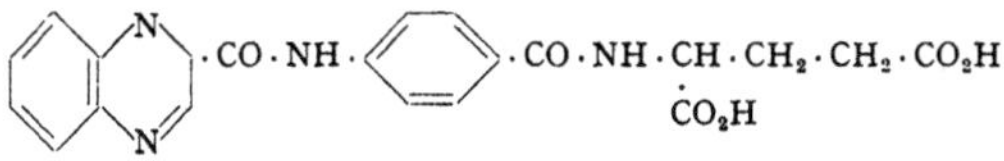

MG 422.39 *F* 145

Charakteristik: Hellgelbe Krist. + 1 H_2O (W.); wl. in W. — *Wi.:* Antagonist von Folsaure (Mikroorganismen).

5 **N-(4-(-Chinazolin)-benzoyl)-glutaminsäure**

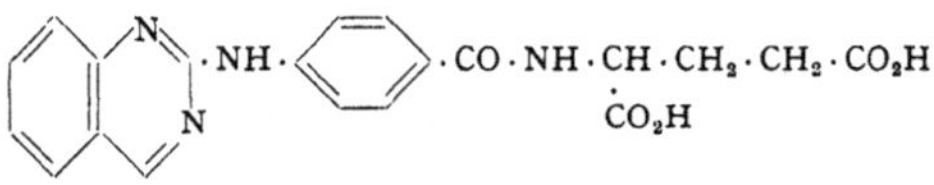

MG 394.38 *F* 240—42

Charakteristik: — *Wi.:* Antagonist der Folsaure (Bakterien).

6 **Pyocyanin**

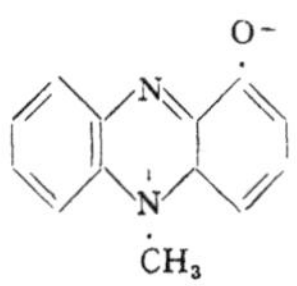

MG 212.24 *F* 133 *Kp* subl.unter Z.

Charakteristik: Dunkelblaue Nadeln (W.); meist + 1 H_2O, das uber P_2O_5 bei 50° i. V. abgegeben wird; ll. in Chlf.; l. in Nitrobenzol, Py., Phenol, Eg., h. W., h. A.; wl. in k. W., Bzl.; die blaue wssr. Lsg. wird durch Glucose oder Dithionit b. alkalischem p_H farbl.; wird durch saures $KMnO_4$ oxydiert. — *Pikrat:* Krist. (A.); *F* 190 (Z.); zers. durch W. — *Aurichlorid: Z.* 185.

[1] Korrigierter Beitrag von *L. Jaenicke* (aus 1. Auflage).

7 **2,4-Diamino-7,8-dimethyl-10-ribityl-5,10-dihydrophenazin-hydrochlorid**

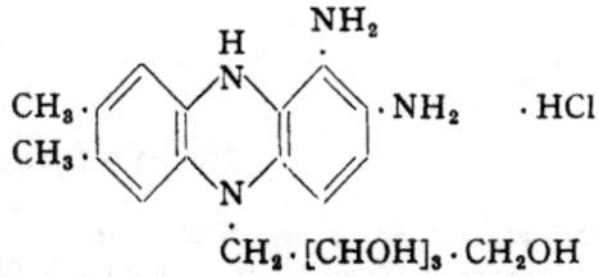

MG 410.90

Charakteristik: Gelbbraune Krist.; farbt sich a. d. Luft u. im Licht dunkel; ll. in W.; wl. in A. *Wi.:* Antagonist von Lactoflavin.

8 **2,4-Dinitro-7,8-dimethyl-10-ribityl-5,10-dihydrophenazin**

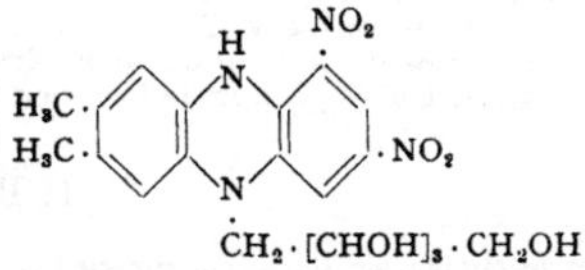

MG 434.40 *F* 218–20 (Z.)

Charakteristik: Dunkelpurpurne Nadeln; l. in Eg., Benzoesäureathylester; wl. in W., A., Ae. — *Wi.:* Antagonist von Lactoflavin (Bakterien).

9 **o-Phenanthrolin (1,10-Phenanthrolin, 4,5-Phenanthrolin)**

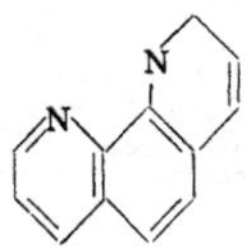

MG 198.22 *F* 93–94; wfr. 117

Charakteristik: Weißes Kristallpulver; 0.3 W.; 1.4 Bzl.; l. in A., Ac.; gibt mit Fe^{2+}-Ionen einen roten Komplex = Ferroin (Redoxindikator).

10 **Phenothiazin (Thiodiphenylamin)**

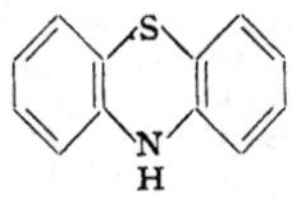

MG 199.26 *F* 185.1 *Kp* 371 Kp_{40} 290 Kp_1 subl. 130

Charakteristik: Gelbe rhomb. Plätt. (Toluol); ll. in Bzl.; l. in Ae., h. Eg.; wl. in A., Ölen; unl. in W., Chlf., PAe.; wird i. Sonnenlicht rasch oxydiert in Gegenw. v. fein verteilt. inertem Trager. — *1,3,5-Trinitrobenzolat:* Schwarze Nadeln; *F* 124.5.

11 **10-(2-Dimethylamino-i-propyl)-phenothiazin (Phenergan (Base))**

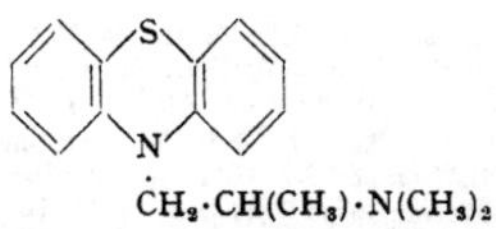

MG 284.41 *F* 60 Kp_3 190–92

Charakteristik: Krist. — *Hydrochlorid* $C_{17}H_{20}N_2S \cdot HCl$: Krist.; *F* 203–04; ll. in W.; p_H 10%ig. wssr. Lsg. 5.3; l. in A., Chlf. — *Methojodid:* *F* 206–07. — *Methylbenzolsulfonat:* *F* 275.

12 **1-Diäthylaminoäthylamino-4-methyl-thioxanthon-HCl**

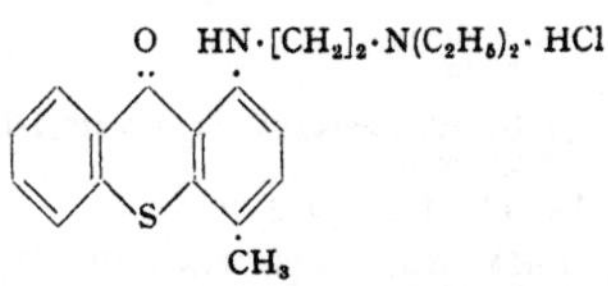

MG 376.94 *F* 195–96; freie Base 64–65

Charakteristik: Gelbe Krist. (A.); ll. in W. mit oranger Farbe; neutral; wl. in A.; Base l. in übl. org. Lsgm.

13 **2,7-Dimethylthianthren (2,6-Dimethylen-disulfid, „Mitigal", „Mesulphen")**

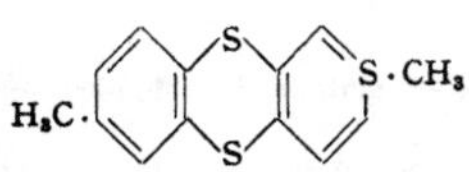

MG 244,36 D^{20} 1.195–1.215 *F* 113 Kp_2 184

Charakteristik: Krist. (Essigester); gelbes Öl; n_D^{55} 1.665–1.675: l. in Ac., Chlf., Ae., PAe.; wl. in A., Essigester; unl. in W.

Purine

Von **Wolfgang Pfleiderer,** Stuttgart

Literatur. *Lythgoe, B.:* Some Aspects of Pyrimidine and Purine Chemistry, Quart. Rev. 3, 181 (1949). — *Kenner, G. W.:* Chemistry of Nucleotides. Fortschr. Chem. organ. Naturstoffe 8, 96 (1951). — *Bredereck, H.:* Purin- und Pyrimidinverbindungen, in „Physiologische Chemie". Hrsg. v. *Flaschentrager, B.*, u. *E. Lehnartz.* Bd. 1, S. 796, Berlin, Gottingen, Heidelberg 1951. — *Bendich, A.:* Chemistry of Purines and Pyrimidines, in „Nucleic Acids". Hrsg. v. *Chargaff, E.*, u. *J. N. Davidson:* **1**, 81, New York 1955. — *Baddiley, J.:* Chemistry of Nucleosides and Nucleotides, in „Nucleic Acids". Hrsg. v. *Chargaff, E.*, u. *J. N. Davidson,* **1**, 137, New York 1955. — *Barker, G. R.:* Nucleic Acids, Adv. in Carbohydrate Chemistry, **11**, 285, New York 1956. — *Hendersen, J. F.*, u. *G. A. LePage:* Naturally Occuring Acid-soluble Nucleotides, Chem. Rev. **58**, 645 (1958).

1. Purinbasen

1/1 Purin (Imidazolo-[4,5-d]-pyrimidin)

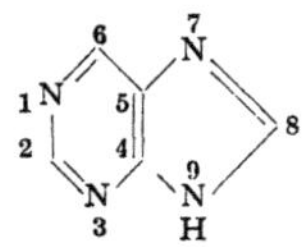

MG 120.11 *F* 216—217

Charakteristik: Farbl. Nadeln (A. od. Toluol); 2 W. 20°; ll. in W., h. A.; l. in k. A., h. Ac., Äthylacetat; unl. in Ae., Chlf.; bildet Salze mit Sren. und Basen; laßt sich sublimieren. — p_{Ka} (bas.) 2.39; p_{Ka} (s.) 8.93. — λ_{max} 260 mμ; log ε_{max} 3.79 (p_H 0.28); λ_{max} 263 mμ; log ε_{max} 3.90 (p_H 5.7); λ_{max} 219 mμ, 271 mμ; log ε_{max} 3.92, 3.88 (p_H 11). — *Pikrat:* Gelbe Blattchen *F* 208 (Z.); 5 h. W. — *Wi.:* Hemmt das Wachstum von tier. Gewebe.

1/2 2-Amino-purin

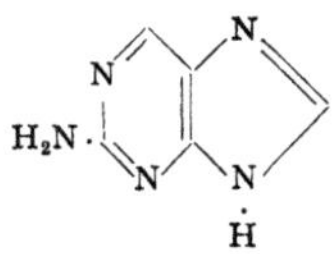

MG 135.13 *F* 277—278

Charakteristik: Farbl. Nadeln + 1 H_2O (W.), bei 110° wasserfrei; 0.83 W. 20°; 30 W. 100°; wl. in h. A.; l. in Sren. u. Alkalien. — p_{Ka} (bas.) — 0.28; 3.80; p_{Ka} (s.) 9.93. — λ_{max} 325 mμ; log ε_{max} 3.62 (p_H —3.5); λ_{max} 314 mμ; log ε_{max} 3.60 (p_H 1.84); λ_{max} 305 mμ; log ε_{max} 3.78 (p_H 7.0); λ_{max} 303 mμ; log ε_{max} 3.76 (p_H 12.0). — *Wi.:* Antagonist des Adenins.

1/3 Hypoxanthin (6-Oxodihydro-purin)

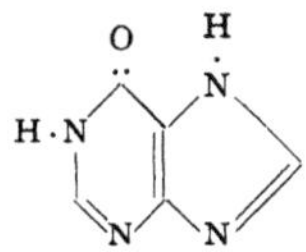

MG 136.11 *F* >400; ab 150 beginnende Verfarbung

Charakteristik: Farbl. Krist. (W.); 0.07 W. 18°; 14 W. 100°; l. in Alkali u. Sren.; wl. in h. A.; unl. in Ae.; laßt sich bei 230° u. 10^{-5} m/m sublimieren. — p_{Ka} (s.) 8.8 u. 12.0. — λ_{max} 248 mμ; ε_{max} 10.8·10³; ε_{260} 7.35·10³ (1.2 n HCl); λ_{max} 249,5 mμ; ε_{max} 10.7·10³; ε_{260} 7.9·10³ (p_H 4—7); λ_{max} 258,5 mμ; ε_{max} 11.05·10³; ε_{260} 10.95·10³ (p_H 11); λ_{max} 262,5 mμ; ε_{max} 11.45·10³; ε_{260} 11.3·10³ (n NaOH). — *Pikrat:* *F* 246; 0.2 W. 25°. — *Nitrat:* 0.1 W. 25°. — *$AgNO_3$-Doppelsalz* $C_5H_4N_4O \cdot AgNO_3$: 0.02 k. W.; ll. in h. 17%ig. HNO_3. — *V.:* Weit verbreitet im Pflanzenreich, in versch. Pilzen, Blut, Harn, Kuhmilch, Muskelfleisch und Fleischextrakt, in Guanin-cobalamin.

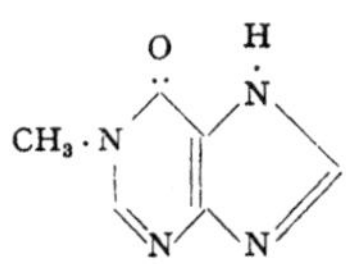

1/4 1-Methyl-hypoxanthin (1-Methyl-6-oxo-dihydropurin)

MG 150.14 *F* 305—307

Charakteristik: Farbl. Nadeln (W.); l. in W.; ll. in Alkali. — p_{Ka} (bas.) 3.2; p_{Ka} (s.) 10.4. — *V.:* Im Harn.

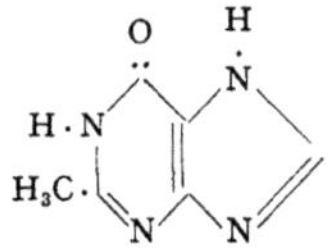

1/5 2-Methyl-hypoxanthin (2-Methyl-6-oxo-dihydropurin)

MG 150.14 *F* >350

Charakteristik: Farbl. Krist. (W.); l. in W. — λ_{max} 249,5 mμ (p_H 1). — *V.:* Im Vitamin-B_{12}-Faktor H, Wachstumsfaktor für manche Bakterien.

1/6 6-Chlorpurin

MG 154.16 *F* 178–80 (Z.)

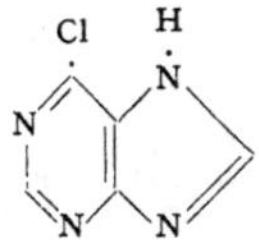

Charakteristik: Farbl. Krist. (W.); 0.55 W. 24°; stabil gegen kochendes W.; Alkali od. Sren. → Hypoxanthin. — p_{Ka} (bas.) 2; p_{Ka} (s.) 7.82. — λ_{max} 265 mμ; log ε_{max} 3.96 (p_H 5.5); λ_{max} 274 mμ; log ε_{max} 3.92 (p_H 10). — *Pikrat:* Nadeln, *F* 164–165 (Z.). — *V.:* Tumorhemmstoff, Inhibitor fur L. casei u. a. Mikroorganismen.

1/7 6-Mercaptopurin

MG 152.18 *F* 313–14 (Z)

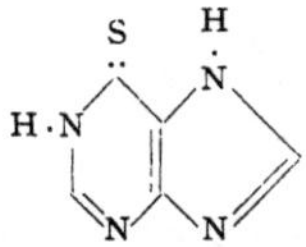

Charakteristik: Gelbe Prismen + 1 H_2O (W.); 0.025 W. 20°; 0.55 (W.) 100°; ll. in Alkali. — p_{Ka} (bas.) 2.5; p_{Ka} (s.) 7.77; 10.84. — λ_{max} 225; 324 mμ; log ε_{max} 3.82; 4.17 (p_H 3.5); λ_{max} 225; 325 mμ; log ε_{max} 3.87; 4.27 (p_H 5.09); λ_{max} 228; 312 mμ; log ε_{max} 3.98, 4.16 (p_H 9.3) — *Wi.:* Tumorhemmstoff, hemmt Wachstum von E. coli, L. helveticus u. a. — *Verwend.:* Behandlung von Kinderleukämie.

1/8 Adenin (6-Aminopurin)

MG 135.13 *F* 360–65 (geschl. Rohr)
sublimiert ab 220

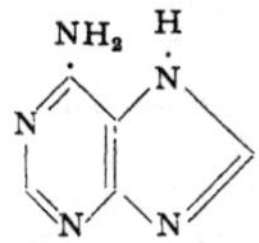

Charakteristik: Nadeln + 3 H_2O (W.); bei 110° wasserfrei; 0.05 W. 20°; 2.5 W. 100°; l. in h. A., Alkalien u. Sren.; unl. in Ae., Chlf. — p_{Ka} (bas.) 4.22; p_{Ka} (s.) 9.8. — λ_{max} 262 mμ; log ε_{max} 4.12 (p_H 2.4); λ_{max} 260 mμ; log ε_{max} 4.13 (p_H 7.05); λ_{max} 267 mμ; log ε_{max} 4.08 (p_H 12.01). — *Pikrat:* *F* 280 (Z.); swl. in W. — *V.:* In Tee, Zuckerruben, Hefe, Reishullen, tier. Organen, Harn, Pseudovitamin B_{12}.

1/9 Spongopurin (1-Methyl-adenin)

MG 149.16

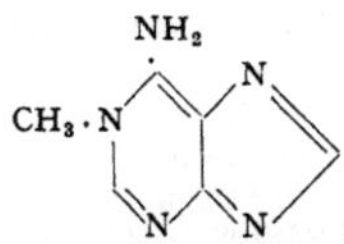

Charakteristik: Farbl. Nadeln; wl. in W.; swl. in A.; R_f-Wert 0.42 (Butanol/Eisessig/Wasser 6 : 1 : 2); liefert Pikrat, Hydrochlorid, Chloraurat. — *V.:* Im Riesenkieselschwamm (Geodia Gigas).

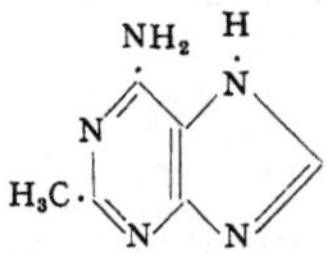

1/10 2-Methyl-adenin (2-Methyl-6-amino-purin)

MG 149.16 *F* > 350

Charakteristik: Kleine Platten (W.); wl. in h. W.; l. in Sren., Alkalien; unl. in NH_4OH. — λ_{max} 265 mμ (0.1 n HCl); λ_{max} 270 mμ (p_H 11). — *Pikrat:* gelbe Nadeln; Z. > 250. — *V.:* Im Vitamin-B_{12}-Faktor A.

1/11 6-Methylamino-purin

MG 149.16 *F* 312–14

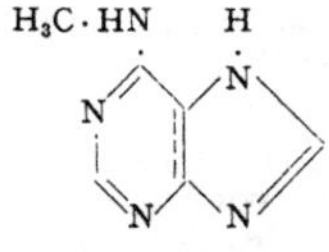

Charakteristik: Farbl. Krist. (W.); 0.11 W. 20°; 2 W. 100°. — p_{Ka} (bas.) 4.18; p_{Ka} (s.) 9.99. — λ_{max} 267 mμ; log ε_{max} 4.18 (p_H 2.02); λ_{max} 266 mμ; log ε_{max} 4.21 (p_H 7.12); λ_{max} 273 mμ; log ε_{max} 4.20 (p_H 12.0). — *V.:* In Heferibonucleinsäuren, Desoxypentosenucleinsaure einiger E. coli-Arten.

1/12 6-Dimethylamino-purin

MG 163.18 *F* 257–58

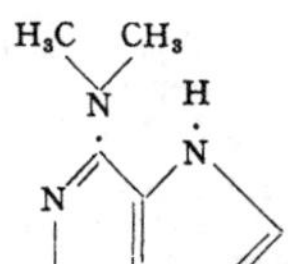

Charakteristik: Farbl. Krist. (Chlf.); l. in A. Äthylacetat; l. in W.; 0.83 W. 20°; 7 W. 100°. — p_{Ka} (bas.) 3.87; p_{Ka} (s.) 10.5. — λ_{max} 276; log ε_{max} 4.19 (p_H 1.7); λ_{max} 275; log ε_{max} 4.25 (p_H 6.98).; λ_{max} 221, 281; log ε_{max} 4.21, 4.25 (p_H 13.0). — *Hydrochlorid:* *F* 251–253. — *Dihydrochlorid:* *F* 225–27. — *Pikrat:* gelbe Nadeln (W.) *F* 235. — *V.:* Im Antibioticum Puromycin.

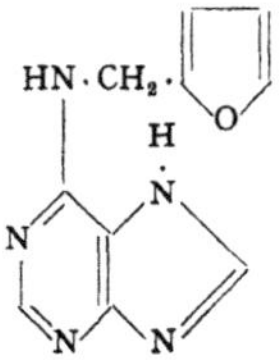

1/13 **Kinetin (6-Furfurylamino-purin)**

MG 215.21 *F* 265–66; subl. ab 220

Charakteristik: Farbl. Plattchen (W.); l. in h. A., Methanol, verd. Sren., Alkalien; wl. in A., Butanol, Ac., Ae.; ll. in Mineralsren., Egs. — p_{Ka} (bas.) 2.7; p_{Ka} (s.) 9.9. — λ_{max} 268 mμ; ε 18650 A.); λ_{max} 274 mμ; ε 16900 (0.1 n HCl); λ_{max} 267 mμ; ε 18800 (p_H 6.4); λ_{max} 273 mμ; ε 17400 (0.1 n NaOH). — *Ag-Salz:* unl. in W. — *V.:* In Kokosnußfleisch, -milch, Malz, Hefe, Tabakblättern, versch. Pflanzen. — *B.:* Aus Desoxyribonucleinsauren. — *Wi.:* Spez. Zellteilungshormon in Pflanzen.

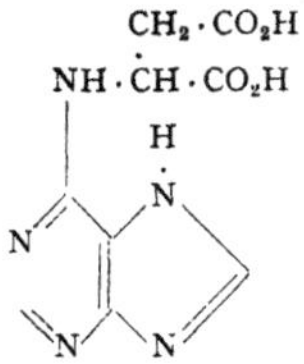

1/14 **6-Succinylamino-purin**

MG 251.20

Charakteristik: Als Dikaliumsalz + $2 H_2O$ isoliert; *F* 255 Dunkelfärbung, 298 (Z.); ll. in W.; wl. in abs. A. — λ_{max} 276 mμ; ε 17600 (0.1 n HCl). — *V.:* Im Harn des Menschen.

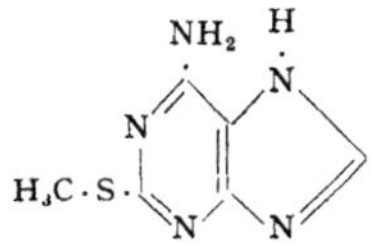

1/15 **2-Methylmercapto-adenin (2-Methylmercapto-6-amino-purin)**

MG 181.22 *F* 294–300 (Z.) subl. ab 220

Charakteristik: Farbl. seidige Nadeln (W.); l. in A. — λ_{max} 221, 246, 284 mμ; ε 9940, 13300, 11200 (p_H 1). — *V.:* Rindfleischextrakt, in 2-Methylmercaptoadenin-cobalamin.

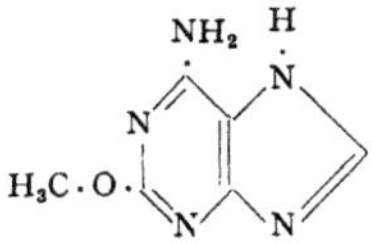

1/16 **2-Methoxy-adenin (6-Amino-2-methoxy-purin)**

MG 165.16 *F* 275 (Z.)

Charakteristik: Farbl. Krist.; l. in h. Methanol (W. 1:1). — p_{Ka} (bas.) 3.7; p_{Ka} (s.) 10.0. — *V.:* Im Spongosin des Schwammes Cryptotethia crypta.

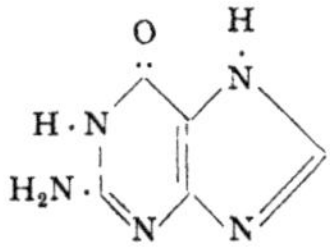

1/17 **Guanin (2-Amino-6-oxodihydro-purin)**

MG 151.13 *F* > 365 (Z.)

Charakteristik: Farbl. Kristallpulv.; 0.0039 W. 40°; l. in Mineralsren., Alkali, NH_4OH; swl. in h. A., W.; unl. in Ae. — p_{Ka} (bas.) 2.95; p_{Ka} (s.) 9.32; p_{Ka} (s.) 12.62. — λ_{max} 248 mμ; log ε_{max} 4.06 (p_H 0); λ_{max} 245, 274 mμ; log ε_{max} 4.04, 3.92 (p_H 6.0); λ_{max} 243, 273 mμ; log ε_{max} 3.93, 4.01 (p_H 11.0); λ_{max} 273 mμ; log ε_{max} 3.98 (p_H 14). — Gibt Murexid-Reakt.; reduziert Phosphorwolframmolybdänsaure. — *Pikrat:* *MG* 368.13; *F* 258–60; 0.003 W. 25°. — *V.:* Im Guano als Ca-Salz, in Schuppen und Haut von Fischen, tier. und pflanzl. Gewebe, Vitamin-B_{12}-Faktor B, Exkrementen von Spinnen.

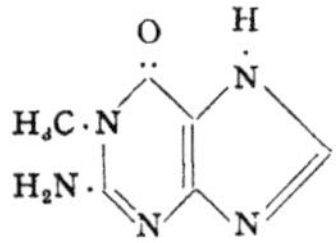

1/18 **1-Methyl-guanin (1-Methyl-2-amino-6-oxodihydro-purin)**

MG 165.16 *F* > 350

Charakteristik: Farbl. Kristallpulv.; swl. in h. W.; unl. in A.; l. in Formamid. — p_{Ka} (bas.) 3.13; p_{Ka} (s.) 10.54. — λ_{max} 250 mμ; log ε_{max} 4.03 (p_H 0); λ_{max} 249, 273 mμ; log ε_{max} 4.01, 3.91 (p_H 6.0); λ_{max} 277 mμ; log ε_{max} 3.97 (p_H 13.0). — *Pikrat:* *F* 267 (W.). — *V.:* Im Harn, in Hefenribonucleinsäure.

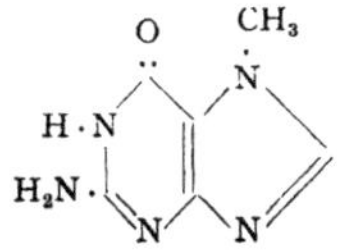

1/19 **7-Methyl-guanin (Epiguanin, 7-Methyl-2-amino-6-oxodihydro-purin)**

MG 165.16 *F* ca. 390 (Dunkelfarbung)

Charakteristik: Farbl. Nadeln (W.); 0.11 W. 100°; l. in Alkalien, Sren.; swl. in k. W., A. — + HNO_2→ *Heteroxanthin*, *Na-Salz:* wl. in NaOH. — *Hydrochlorid:* Prismen od. Nadeln aus HCl. — *Pikrat:* Nadeln, Blattchen (W.), *F* 257 (Z.); 0.03 W. 18°. — *V.:* Im Harn des Menschen, im Harn von Rindern, Schweinen, in Insekten.

1/20 2-Methylamino-6-oxodihydro-purin

MG 165.16

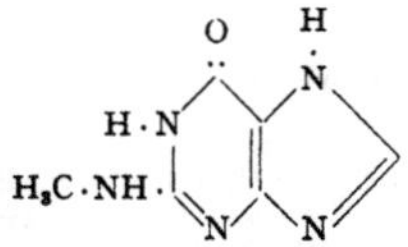

Charakteristik: Farbl. Krist. (W.). — λ_{max} 250, 280 mμ; *E* 12300, 6900 (p_H 1); λ_{max} 245, 279 mμ; *E* 8000, 7250 (p_H 11). — *V.:* Im Harn; aus Hefe-ribonucleinsaure isoliert.

1/21 2-(α-Propionamido)-6-oxo-dihydropurin

MG 222.18

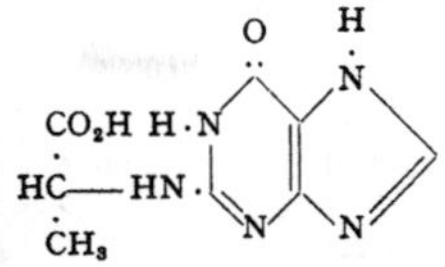

Charakteristik: Farbl. Krist.; l. in Ameisensäure; wl. in W.; pK 1.4, 3.2, 10.2. — Liefert bei der Hydrolyse in W. Guanin und L-Milchsäure; in 6 n HCl bei 100° Xanthin, DL-Alanin und Glycin. — *B.:* Aus Extrakten von Eremothecium ashbyii nach Säurehydrolyse.

1/22 7-Methyl-8-hydroxy-guanin (7-Methyl-2-amino-6,8-dioxotetrahydropurin)

MG 181.16 *F* > 350

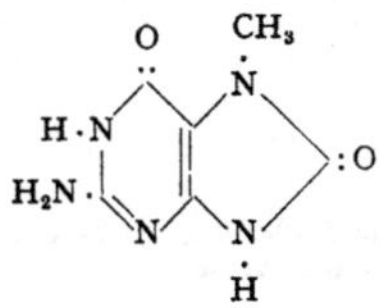

Charakteristik: Farbl. Krist.; swl. in k. W.; wl. in h. W.; ll. in Alkalien; l. in 6 n HCl; beim Verd. mit W. scheidet sich die Base ab. — p_{Ka} (bas.) 1, p_{Ka} (s.) 8.6, 11.4. — λ_{max} 248, 293.5 mμ; ε 11100, 9700 (p_H 2). — *V.:* Im Harn.

1/23 6-Thio-guanin (2-Amino-6-mercapto-purin)

MG 167.19 *F* > 360

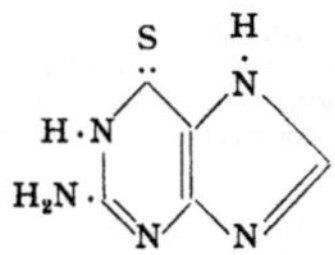

Charakteristik: Farbl. Nadeln; wl. in W.; l. in verd. NH_4OH; unl. in A., in Sren. bei p_H 4. — p_{Ka} (s.) 8.2; 11.6. — λ_{max} 258, 347 mμ; ε_{max} 8100, 20900 (p_H 1); — λ_{max} 242, 270, 322 mμ; ε_{max} 8700, 7200, 16000 (p_H 11). — *Wi.:* Tumorhemmstoff, Antagonist zu Adenin, Guanin, Hypoxanthin Xanthin, hemmt Bakterienwachstum, sehr toxisch.

1/24 8-Hydroxy-guanin (2-Amino-6,8-dioxo-tetrahydro-purin)

MG 167.13 *F* > 380

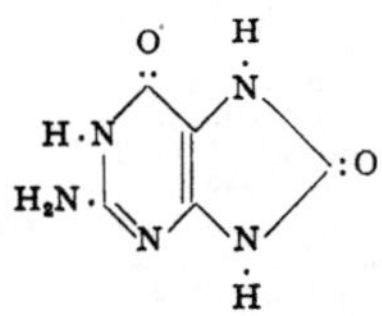

Charakteristik: Farbl. mikrokrist. Pulv.; umgefällt aus NaOH mit Essigsre.; ll. in NaOH; swl. in h. W.; unl. in A. — Zeigt Murexid-Reakt., reduziert $Ag^{\oplus}$. — p_{Ka} (bas.) 0.0; p_{Ka} (s.) 8.7, 11.1. — λ 245, 285 mμ; log ε 3.97, 3.89 (p_H 6.5); λ 245 mμ; log ε 3.88 (p_H 9.2); λ 292 mμ; log ε 3.94 (p_H 2.3). — *V.:* Microcosmus polymorphus.

1/25 Isoguanin (6-Amino-2-oxodihydro-purin)

MG 151.13 *F* > 400, ab 300 beginnende Braunfarbung

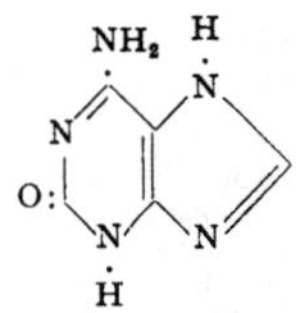

Charakteristik: Farbl. Kristallpulv.; 0.006 W. 20°; 0.025 W. 100°; l. in verd. Alkalien, Sren.; unl. in A. — p_{Ka} (bas.) 4.51; p_{Ka} (s.) 8.99. — λ_{max} 284 mμ; log ε_{max} 4.03 (p_H 2); λ_{max} 240, 286 mμ; log ε_{max} 3.89, 3.90 (p_H 6.98); λ_{max} 284 mμ; log ε_{max} 4.09 (p_H 11.14). — *V.:* Aglykon des Nucleosids Crotonosid. — *Wi.:* Hemmt Wachstum von L. casei in Gegenw. von Folsaure, fordert Wachstum von E. coli.

1/26 2,6-Diamino-purin

MG 150.15 *F* 300—302

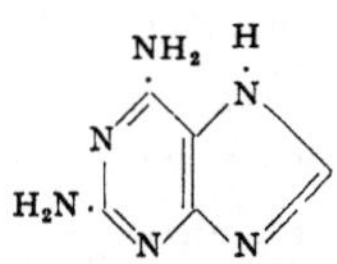

Charakteristik: Farbl. Prismen (W.); 0.27 W. 20°; 6 W. 100°. — Giftig. — p_{Ka} (bas.) < 1.0, 5.09; p_{Ka} (s.) 10.77. — λ_{max} 247, 296 mμ; log ε_{max} 4.01, 3.88 (p_H — 1.2); λ_{max} 241, 282 mμ; log ε_{max} 3.96, 4.02 (p_H 3); λ_{max} 246—7, 279—80 mμ; log ε_{max} 3.85, 3.95 (p_H 7.48). — Mit Mineralsalzen gut krist. Salze. — *Nitrat:* swl. — *Wi.:* Antagonist von Adenin (Bakterien, Ratte), Inhibitor fur Xanthinoxydase.

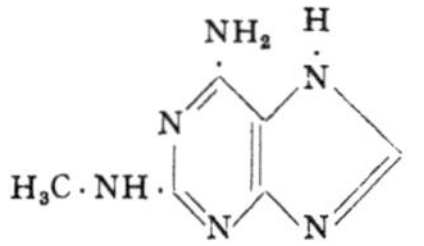

1/27 **6-Amino-2-methylamino-purin**

MG 164.72 *F* > 300

Charakteristik: Krist. + 1.5 H_2O; l. in h. W., Egs. — λ_{max} 288 mμ; ε_{max} 7800 (0.1 n HCl); λ_{max} 248, 286 mμ; ε_{max} 8550, 6810 (p_H 7); λ_{max} 289,5 mμ; ε_{max} 7190 (0.1 n NaOH). — *V.:* Wird durch E. coli aus 2,6-Diaminopurin synthetisiert

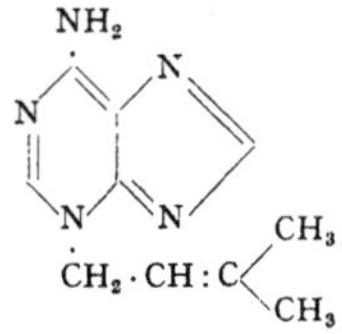

1/28 **Triacanthin (6-Amino-3-(γ,γ-dimethyl-allyl)-purin)**

MG 203.24 *F* 228—229

Charakteristik: Farbl. Krist. (A.); wl. in W.; ll. in A. — p_{K_a} (bas.) 5.4. — λ_{max} 273 mμ; ε 12500 (A.); λ_{max} 277 mμ; ε 18300 (p_H 1, A.). — *Hydrochlorid: F* 218—220. — *Pikrat: F* 239—41. — *Hydrobromid: F* 215—16. — *V.:* Alkaloid aus Gleditsia triacanthos L.

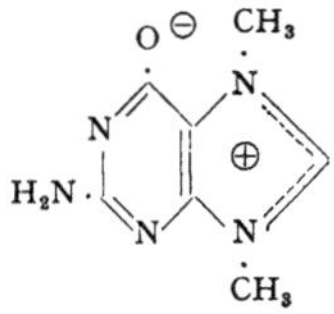

1/29 **Herbipolin (7,9-Dimethyl-2-amino-6-hydroxy-purinium-betain)**

MG 179.18 *F* 315

Charakteristik: Farbl. Nadeln (wssr. A.), ll. in W.; wl. in A.; unl. in Ae. — Ag-Salz fallt erst in alkalischem Medium. — *Pikrat:* gelbe Kristalle, *F* 292; blaue Fluorescenz unter kurzwelligem UV-Licht. — *V.:* Im Riesenkieselschwamm (Geodia Gigas).

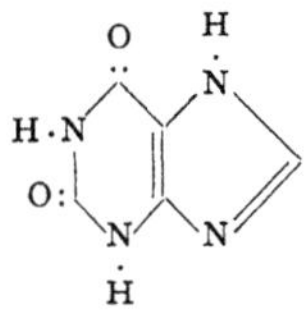

1/30 **Xanthin (2,6-Dioxotetrahydro-purin)**

MG 152.11 *F* > 400 (Z.)

Charakteristik: Farbl. Kristallpulv.; 0.008 W. 17°; 0.0183 W. 40°; 0.07 W. 100°; ll. in Alkalien; l. in Mineralsäuren; swl. in k. verd. Sren.; unl. in A., Ae. — Sublimiert teilweise im Hochvakuum. — Gibt Xanthinprobe, Murexid-Reakt., Folin-Phenol-Reakt. und Weidel-Reakt. — *Perchlorat: F* 262—4; l. in HNO_3 → *Nitrat:* Wetzsteinform. Krist. u. Nadeln. — *V.:* In gewissen seltenen Harnsteinen und Gallensteinen, in kleinen Mengen im Pflanzenreich verbreitet, in Tee, Malzkeimlingen, Erdnußkernen, Kartoffeln, Hefe, Kaffeebohnen, Fliegenpilzen. In kleinen Mengen im Harn, Blut, Leber. In großen Mengen im Jarvisguano, in den Flugeln von Pieriden. — *Wi.:* Wirkt diuretisch, zeigt Lahmungserscheinungen, schadigt die Herzmuskulatur.

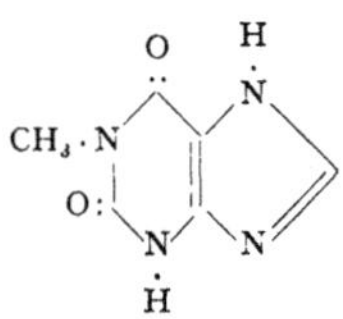

1/31 **1-Methylxanthin (1-Methyl-2,6-dioxo-tetrahydro-purin)**

MG 166.14

Charakteristik: Farbl. Kristallpulv. (W.), sechsseitige Blattchen (Essigsre.); wl. in W.; l. in Alkali, Ammoniak, Sren. — *Hydrochlorid:* glasglanzende rhombische Blattchen. — *Na-Salz:* ll. in W.; kein schwerlosl. *Ba-Salz.* Weidelsche Reakt u. Xanthinprobe positiv. — *V.:* Im Harn.

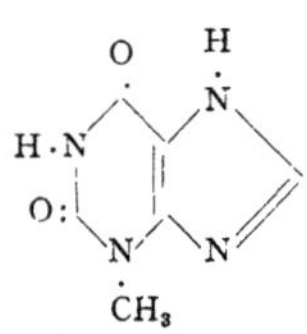

1/32 **3-Methylxanthin (3-Methyl-2,6-dioxo-tetrahydro-purin)**

MG 166.14 *F* > 360 (Z.)

Charakteristik: Farbl. Nadeln od. Prismen (W.); 0.3 W. 100°; ll. in Alkalien, NH_4OH, Sren.; swl. in A., Chlf., Essigester; unl. in Ae. — *Hydrochlorid:* Nadeln aus HCl. — *Nitrat:* Krist. aus verd. HNO_3. — *Na-Salz:* Nadeln; ll. in W. — *Ba-Salz:* Tafeln aus W.; swl. in W. — *Perchlorat: F* 227—9. — *V.:* Im Harn von Mensch, Hund, Kaninchen nach Eingabe von Theophyllin od. Theobromin.

1/33 **7-Methylxanthin (Heteroxanthin, 7-Methyl-2,6-dioxotetrahydro-purin)**

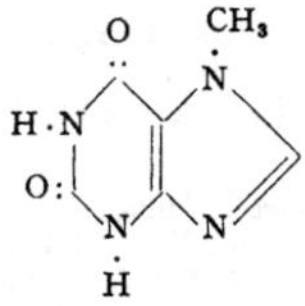

MG 166.14 *F* ca. 380 (Z.)

Charakteristik: Nadeln (W.); 0.7 W. 100°; ll. in NH_4OH; l. in Sren., w. NaOH; fallt in der Kalte als Na-Salz + $5H_2O$ aus. — *Nitrat:* Blättchen aus verd. HNO_3. Gibt Weidelsche Reakt. — *V.:* Im Harn von Mensch u. Hund; im Saft der Zuckerrübe.

1/34 **9-Methylxanthin (9-Methyl-2,6-dioxotetrahydro-purin)**

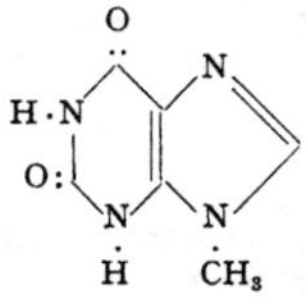

MG 166.14 *F* 384 (Z.)

Charakteristik: Dünne lanzettartige Blattchen; Nadeln (W.); 0.4 W. 100°; l. in Alkalien, Sren.

1/35 **Theophyllin (1,3-Dimethylxanthin)**

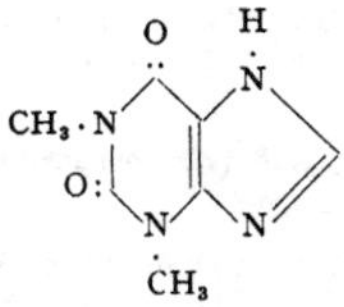

MG 180.17 *F* 270—274

Charakteristik: Monokl. Tafeln + H_2O (W.); 0.44 W. 16°; 1.3 W. 37°; ll. in h. W., Chlf., h. A., Alkalien; wl. in k. A.; swl. in Ae. — Gibt Weidelsche Reaktion u. Xanthinprobe. Sublimiert bei höherer Temp. — *Perchlorat:* *F* 248—50. Gibt Doppelsalze. — *V.:* In Teeblattern, im Harn. — *Wi.:* Starkes Diuretikum, wirkt auf das Zentralnervensystem.

1/36 **Theobromin (3,7-Dimethylxanthin)**

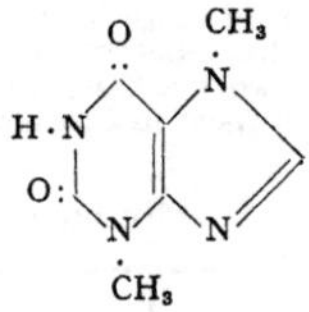

MG 180.17 *F* 337 (351 im geschlossenen Rohr), sublimiert ab 290

Charakteristik: Farbl. Rhomben (W.) 0.05 W. 20°; 0.67 W. 100°; 0.023 A. 17°; 0.10 A. 78°; 0.005 Bzl. 15.5°; 0.07 Chlf. 58°; 0.003 Ae. 36°; ll. in Phenol, Alkalien. — Gibt Murexid-Reakt. — *Perchlorat:* *F* 277—8. — *V.:* Hauptalkaloid der Kakaobohne, in Colanussen, Tee, Kaffebohnen. — *Wi.:* Diuretikum, erweitert Blutgefaße, schmeckt bitter, starkere Herzwirkungen fehlen.

1/37 **3,9-Dimethylxanthin (3,9-Dimethyl-2,6-dioxotetrahydro-purin)**

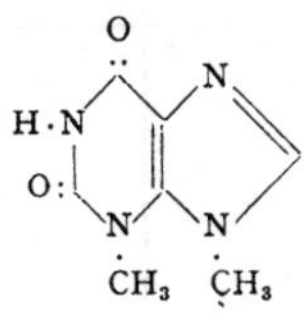

MG 180.17 *F* 321—22.

Charakteristik: Farbl. Krist. (W.); ll. in h. W.; l. in k. W.

1/38 **1,7-Dimethylxanthin (Paraxanthin, 1,7-Dimethyl-2,6-dioxotetrahydropurin)**

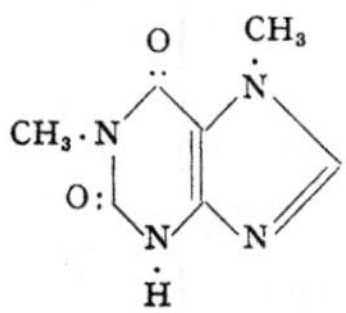

MG 180.17 *F* 295—6

Charakteristik: Hexagonale Prismen od. Nadeln; l. in k. W.; 4 W. 100°; l. in NH_4OH, Sren.; unl. in A., Ae. Mit NaOH fallt Paraxanthin-Na in rechtwinkligen Tafeln aus. — *V.:* In Harn, Mate, Tee. — *Wi.:* Wirkt im Tierversuch stark toxisch, erzeugt Krämpfe.

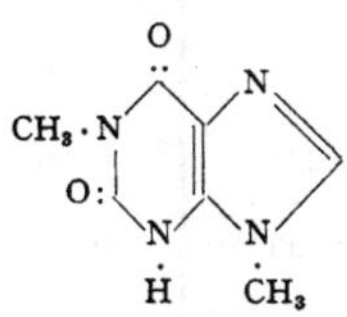

1/39 **1,9-Dimethylxanthin (1,9-Dimethyl-2,6-dioxotetrahydro-purin)**

MG 180.17 *F* 350 (Z.)

Charakteristik: Farbl. Nadeln (W.); l. in h. W.; ll. in Alkalien; swl. in k. W. — *Chloraurat:* $C_7H_8N_4O_2 \cdot HAuCl_4$; *F* 255 (Z.).

1/40 **Coffein (1,3,7-Trimethylxanthin, Kaffein, Thein)**

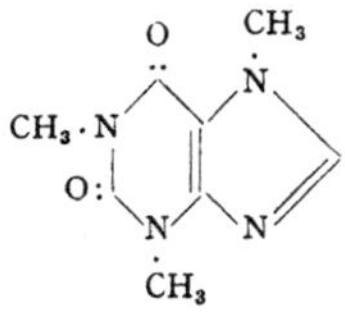

MG 194.19 *F* wfr. 235—237, Sublimation bei 180

Charakteristik: Farbl. Nadeln (A.) von bitterem Geschmack; krist. aus W. mit 1 H_2O; 1.35 W. 16°; 45.6 W. 65°; 2.385%ig. A. 16°; 0.044 Ae. 16°; 14.2 Chlf.; l. in A., Bzl.; wl. in CCl_4. — Weidel-Reakt. u. Murexid-Probe positiv. Mineralsauren → Salze, die in W. hydrolysieren. — *Pikrat: F* 194—95. — *Perchlorat: F* 89. — *Styphnat: F* 199. — *V.:* In Kaffeebohnen, Teeblattern, Colanuß, Kakaobohnen, Mate- od. Paraguay-Tee. — *Wi.:* Anregung von Stoffwechsel u. Atmung. Reizwirkung auf das Nervensystem. Herztatigkeit wird angeregt. Diuretikum.

1/41 **Isocoffein (1,3,9-Trimethylxanthin)**

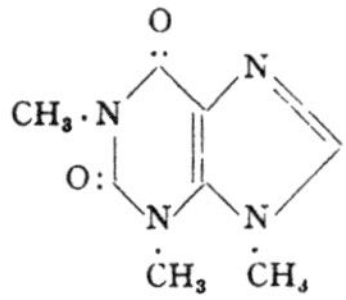

MG 194.19 *F* 285—287

Charakteristik: Farbl. Nadeln aus wssr. A.; ll. in W.; l. in A.; läßt sich sublimieren.

1/42 **Harnsäure (2,6,8-Trioxohexahydro-purin)**

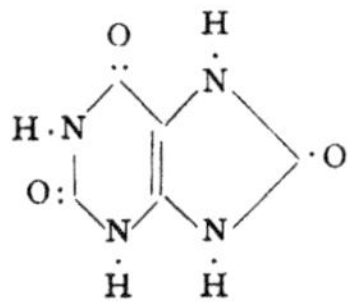

MG 168.11 *F* >400

Charakteristik: Plattchen und Tafeln (W.); 0.0024 W. 18°; 0.06 h. W. 100°; l. in Glycerin, Chinolin; ll. in verd. Alkalien; unl. in A., Chlf., Ae.; lost sich in h. konz. H_2SO_4 zu $C_5H_4N_4O_3 \cdot H_2SO_4$. — p_{Ka} (s.) 5.75, 10.3. — λ_{max} 285 mμ (p_H 2.5). — Gibt Murexid-Reakt., reduziert Phenolreagens v. Folin. — *V.:* Im Harn von Säugetieren, in Nieren- und Harnsteinen, in Exkrementen von Vogeln und Reptilien, bei Gicht in Gelenken und Sehnenscheiden, bei Leukamie im Blut.

Physikalische Konstanten von Xanthinen

	pK-Wert (20°)	UV-Absorptionsspektren [ ] Schulter		pH-Wert	Molekulart
		λ_{max} (mμ)	log ε_{max}		
Xanthin	7.70	225; 266	3.49; 4,03	5.0	Neutralmol. o
	11.94	241; 276	3.95; 3,97	10.0	Monoanion —
		[242] 283	[3,65]; 3,97	14.0	Dianion —
1-Methylxanthin	7.90	223; 267	3.52; 4,04	5.0	o
	12.23	242; 276	3,93; 3,98	10.0	—
		[242] 283	[3,69]; 4,00	14 0	—
3-Methylxanthin	8.45	270	4.05	6.0	o
	11.92	274	4,10	10.0	—
		[232] 274	[3,77]; 4,12	14.0	—
7-Methylxanthin	8.42	268	4,01	6.0	o
	> 13	231; 287	3,67; 3,93	11.0	—
9-Methylxanthin	6.12	234; 265	3,92; 4,01	3.0	o
	> 13	245; 277	3,98; 3,97	10.0	—
1,3-Dimethylxanthin	8.68	270	4,02	6.0	o
		274	4,09	11.0	—
1,7-Dimethylxanthin	8.65	268	4,02	6.0	o
		233; 288	3,70; 3,94	11.1	—
1,9-Dimethylxanthin	5.99	238; 263	3,82; 3,80	3.0	o
		248; 276	3,94; 3,95	9.0	—
3,7-Dimethylxanthin	10.00	271	4,01	7.0	o
		234; 273	3,85; 4,01	13.0	—
3,9-Dimethylxanthin	10.14	235; 268	3,91; 3,99	7.0	o
		[240] 269	[3,82]; 4,01	13.0	—
1,3,7-Trimethylxanthin		272	4,02	6.0	o
1,3,9-Trimethylxanthin		237; 268	3,99; 4,00	6.0	o

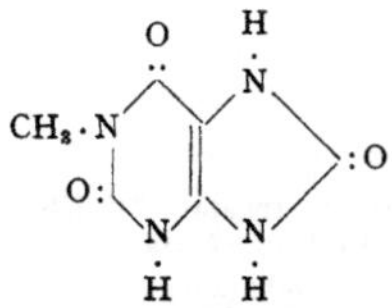

1/43 **1-Methylharnsäure (1-Methyl-2,6,8-trioxo-hexahydro-purin)**

MG 182.14 *F* >400

Charakteristik: Farbl. Kristallpulv. (W.); 0.05 W. 100°. — p_{Ka} (s.) 5.75, 10.6. — λ_{max} 283,5 mμ (p_H 2.5).

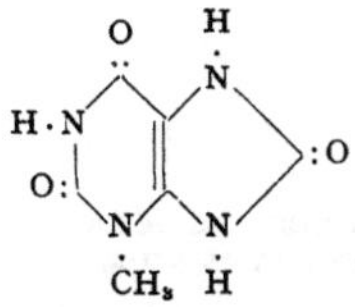

1/44 **3-Methylharnsäure (3-Methyl-2,6,8-trioxo-hexahydro-purin)**

MG 182.14

Charakteristik: Tafel od. Prismen + 1 H_2O (W.); 0.0054 W. 25°; 0.38 W. 100°; l. in Alkali; swl. in A., Chlf. — p_{Ka} (s.) 5.75; λ_{max} 287,5 mμ (p_H 2.5).

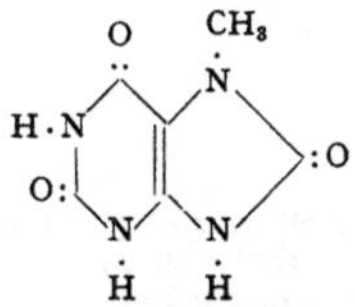

1/45 **7-Methylharnsäure (7-Methyl-2,6,8-trioxo-hexahydro-purin)**

MG 182.14 *F* 370—80 (Z.)

Charakteristik: Farbl. Tafeln + 1 H_2O (W.); 1.25 W. 100°; ll. in Alkalien; unl. in Chlf., CCl_4. — p_{Ka} (s.) 5.9. — λ_{max} 237, 290; ε_{max} 8300, 9300 (neutral). — *Wi.:* Toxisch für Kaninchen und Hunde.

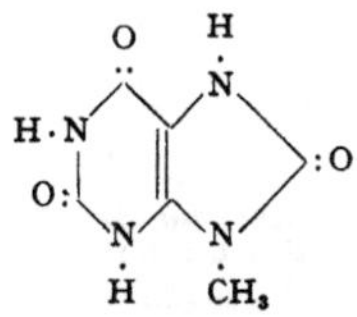

1/46 **9-Methylharnsäure (9-Methyl-2,6,8-trioxo-hexahydro-purin)**

MG 182.14 *F* 380—400 (Braunfärbung)

Charakteristik: Farbl. Blättchen (W.); 0.05 W. 100°; l. in Alkali; unl. in A., Ae. — Murexid-Reakt. u. Silberprobe positiv. — p_{Ka} (s.) 5.8.

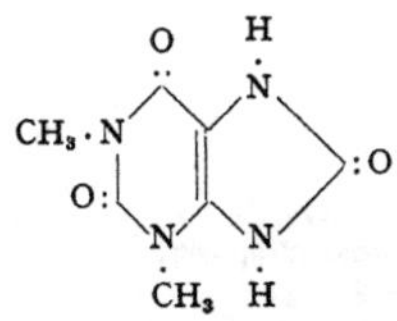

1/47 **1,3-Dimethylharnsäure (1,3-Dimethyl-2,6,8-trioxohexahydro-purin)**

MG 196.17 *F* 410 (Z.)

Charakteristik: Farbl. Nadeln od. Prismen + 1 H_2O (W.); ll. in h. W., NH_4OH, verd. NaOH, Sodalsg.; swl. in k. W., A., Ac.; unl. in Ae., Chlf. — p_{Ka} (s.) 5.75. — λ_{max} 286 mμ (p_H 2.5). — *Wi.:* Diurese.

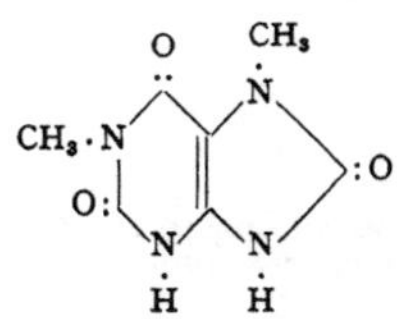

1/48 **1,7-Dimethylharnsäure (1,7-Dimethyl-2,6,8-trioxohexahydro-purin)**

MG 196.17 *F* ca. 390 (Z.)

Charakteristik: Farbl. Blättchen (W.); 1 W. 100°.

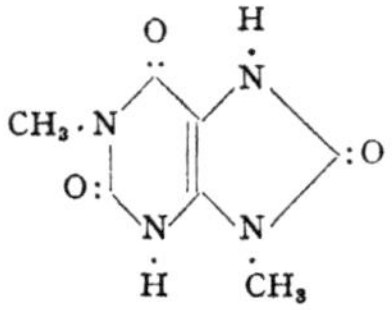

1/49 **1,9-Dimethylharnsäure (1,9-Dimethyl-2,6,8-trioxohexahydro-purin)**

MG 196.17 *F* ca. 400 (Z.)

Charakteristik: Farbl. Krist. (W.); 0.3 W. 100°; ll. in verd. Alkali; l. in Sren. — Murexid-Reakt. positiv. — Reduziert $Ag^{\oplus}$. — *Na-Salz:* Nadeln.

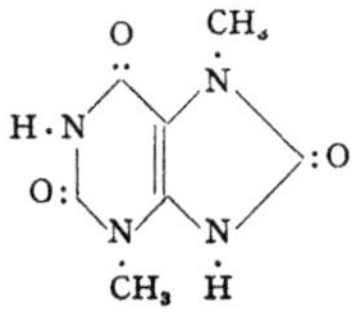

1/50 **3,7-Dimethylharnsäure (3,7-Dimethyl-2,6,8-trioxohexahydro-purin)**

MG 196.17

Charakteristik: Farbl. Blattchen (W.); 0.4 W. 100°; ll. in NH_4OH, Alkalien; wl. in h. A.; swl. in k. W.; Murexid-Reakt. positiv. — p_{Ka} (s.) 5.5, (S.) 12. — λ_{max} 289 mμ (p_H 2.5).

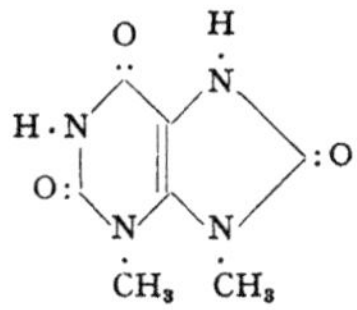

1/51 **3,9-Dimethylharnsäure (3,9-Dimethyl-2,6,8-trioxohexahydro-purin)**

MG 196.17 *F* 410—420 (Z.)

Charakteristik: Farbl. Prismen + 1 H_2O (W.); 0.5 W. 100°; l. in Alkali, stark. Sren.; unl. in A., Ae. — Reduziert $Ag^{\oplus}$.

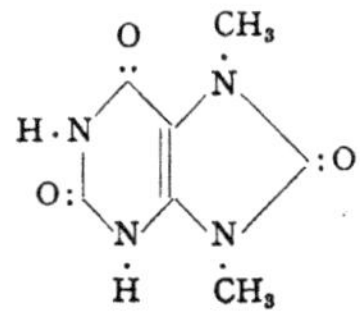

1/52 **7,9-Dimethylharnsäure (7,9-Dimethyl-2,6,8-trioxohexahydro-purin)**

MG 196.17 *F* 393—95 (Z.)

Charakteristik: Farbl. Blättchen (W.); l. in h. W.; Alkali; wl. in k. W.; swl. in A.; unl. in Ae. — *NH_4-Salz:* Nadeln.

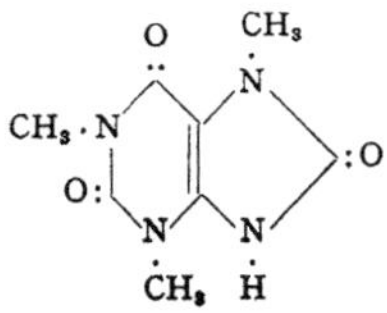

1/53 **1,3,7-Trimethylharnsäure (1,3,7-Trimethyl-2,6,8-trioxohexahydropurin)**

MG 210.19 *F* ca. 345

Charakteristik: Farbl. Nadeln (W.); 0.55 W. 15°; 5.7 W. 100°; ll. in konz. Mineralsalzen, NH_4OH, Alkalien; swl. in A., Ae. — p_{Ka} (s.) 6.0. — λ_{max} 289 mμ (p_H 2.5). — *Ag-Salz:* Nadeln; unl. in W. — *Wi.:* Diurese bei Kaninchen und Hunden.

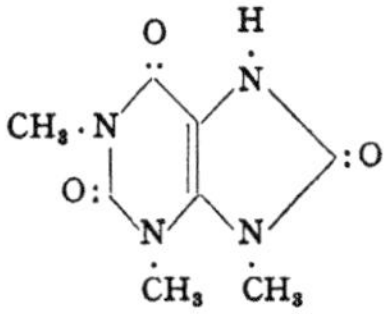

1/54 **1,3,9-Trimethylharnsäure (1,3,9-Trimethyl-2,6,8-trioxohexahydropurin)**

MG 210.19 *F* 340 (Z.)

Charakteristik: Farbl. Nadeln (W.); l. in Alkalien.

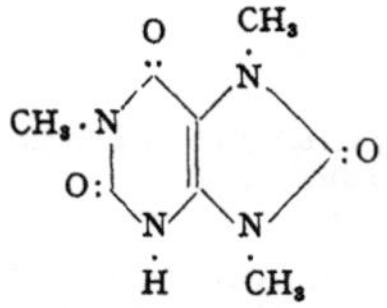

1/55 **1,7,9-Trimethylharnsäure (1,7,9-Trimethyl-2,6,8-trioxohexahydropurin)**

MG 210.19 *F* 348 (Z. bei raschem Erhitzen)

Charakteristik: Farbl. Nadeln aus W. od. A.; 5 W. 100°; ll. in h. A., konz. HCl, Alkalien und NH_4OH; wl. in h. Chlf.

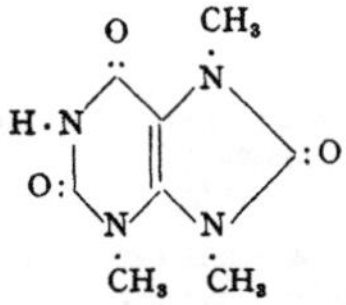

1/56 **3,7,9-Trimethylharnsäure (3,7,9-Trimethyl-2,6,8-trioxohexahydropurin)**

MG 210.19 *F* 370—380 (Z.)

Charakteristik: Farbl. Nadeln od. Prismen (W.); 0.77 W. 100°; ll. in konz. HCl, verd. Alkalien; swl. in h. A., h. Chlf. — p_{Ka} (S.) 8.35. — λ_{max} 294 mμ (p_H 2.5). — *Ag-Salz:* Nadeln; Murexid-Reakt. positiv.

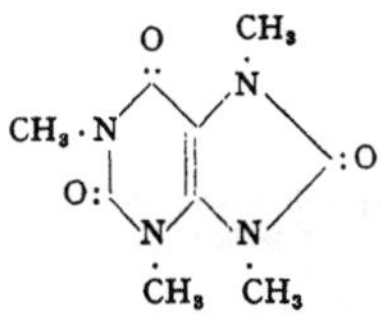

1/57 **1,3,7,9-Tetramethylharnsäure (1,3,7,9-Tetramethyl-2,6,8-trioxohexahydro-purin)**

MG 224.22 *F* 228

Charakteristik: Monokl. Prismen (W.) 2.5 W. 20°; 33 W. 100°; 3 k. A.; ll. in Chlf.; swl. in Ae.

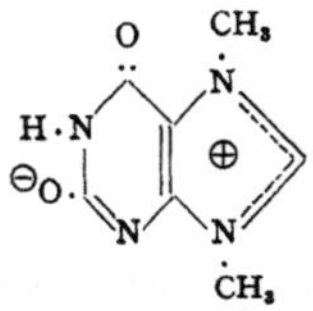

1/58 **7,9-Dimethyl-desoxyharnsäure (7,9-Dimethyl-2,6-dioxotetrahydropurinium-betain)**

MG 180.17 *F* 380 (Z.)

Charakteristik: Farbl. Nadeln (W.); ll. in h. W.; wl. in A.; unl. in Ae.; hellblaue Fluorescenz. — *Hydrochlorid* + $1 H_2O$: *F* 347—50 (Z.). — *Perchlorat:* *F* 270 (Z.). — *Saures Sulfat:* *F* 255—60 (Z.). — p_K (bas.) 3.18; p_K (s.) 12.05. — λ_{max} 239; 262 mμ; log ε_{max} 3.77; 3.98 (p_H 1.0); λ_{max} 250; 284 mμ; log ε_{max} 3.92; 3.92 (p_H 7.0).

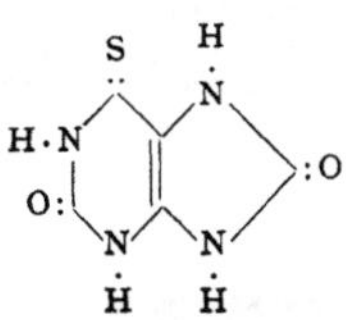

1/59 **6-Thioharnsäure**

MG 184.17 *F* ~300

Charakteristik: Gelbe Krist. + $1 H_2O$ (W.); 0.0017 W. 25°; wl. in h. W.; unl. in A. — λ_{max} 255; 354; log ε 3.85; 4.36 (p_H 2.1); λ_{max} 233; 343; log ε 4.11; 4.20 (p_H 10.9).

8-Azapurine

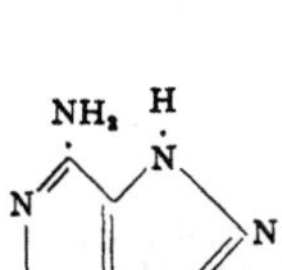

1/60 **8-Aza-adenin (7-Amino-v-triazolo-[d]-pyrimidin)**

MG 136.04 *F* > 310 (Z.)

Charakteristik: Farbl. Krist.; wl. in W.; l. in NH_4OH. — λ_{max} 264 mμ; ε_{max} 10100 (p_H 2); λ_{max} 275 mμ; ε_{max} 10850 (p_H 6.5); λ_{max} 275 mμ; ε_{max} 10900 (p_H 9). — *Wi.:* Antagonist von Adenin, Hypoxanthin (Mikroorganismen, Tiere).

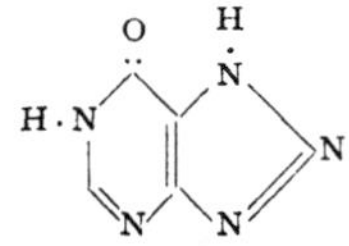

1/61 **8-Aza-hypoxanthin (7-Oxodihydro-v-triazolo-[d]-pyrimidin)**
MG 136.04 *F* 308

Charakteristik: Farbl. Kristallnadeln (W.); l. in W. — λ_{max} 253.5 mμ (pH 3); λ_{max} 258.5 mμ (pH 7); λ_{max} 267.5 mμ (pH 11). — *Wi.:* Antagonist von Purinen (Bakterien; E. coli; Staph. aureus).

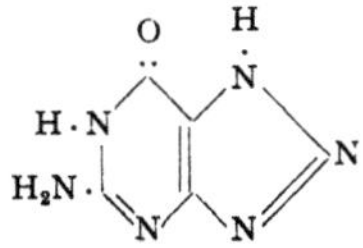

1/62 **8-Aza-guanin (5-Amino-7-oxodihydro-v-triazolo-[d]-pyrimidin)**
MG 152.04 *F* > 300 (Z.)

Charakteristik: Farbl. mikrokrist. Nadeln; l. in Sren.; ll. in Alkali; swl. in W.; unl. in A. — *Hydrochlorid:* aus 6 n HCl. — λ_{max} 247.5 mμ; log ε 4.01 (pH 2); λ_{max} 247; 274 mμ; log ε_{max} 3.86; 3.77 (pH 6.6); λ_{max} 247; 274 mμ; log ε_{max} 3.74; 3.78 (pH 8.4). — *Wi.:* Antagonist von Guanin (Bakterien, Zellkulturen, höhere Tiere). Inhibitor für Adenocarcinoma und viele Mikroorganismen.

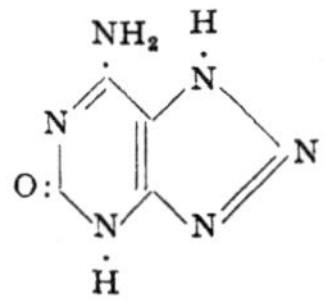

1/63 **8-Aza-isoguanin (7-Amino-5-oxodihydro-v-triazolo-[d]-pyrimidin)**
MG 152.12

Charakteristik: Krist. durch Umfallen aus Ammoniak/Egs. — *Hydrochlorid:* aus 6 n HCl. — λ_{max} 277 mμ; log ε_{max} 3.37 (pH 2.08); λ_{max} 250; 277 mμ; log ε_{max} 3.80; 3.96 (pH 6.68); λ_{max} 250; 277 mμ; log ε_{max} 3.87; 3.97 (pH 8.56). — *Wi.:* Antagonist v. Guanin, Xanthin (Bakterien).

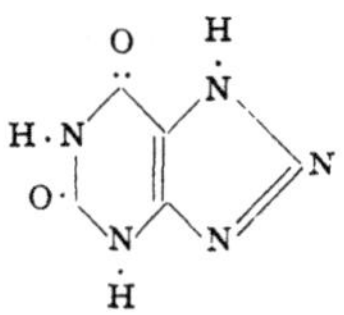

1/64 **8-Aza-xanthin (5,7-Dioxotetrahydro-v-triazolo-[d]-pyrimidin)**
MG 153.10 *F* > 320

Charakteristik: Farbl. Krist. + 1 H_2O (W.); l. in h. W.; unl. in A. — pK_a 4.66; 9.79. — λ_{max} 263 mμ; log ε_{max} 3.81 (pH 2); λ_{max} 265 mμ; log ε_{max} 3.93 (pH 7); λ_{max} 285 mμ; log ε_{max} 3.81 (pH 13). — *Wi.:* Antagonist von Purinen (Mikroorganismen).

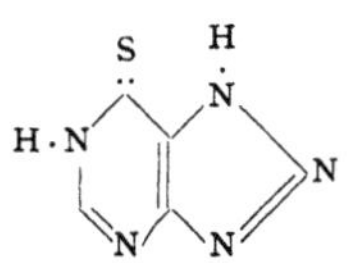

1/65 **8-Aza-6-mercapto-purin (7-Thiol-v-triazolo-[d]-pyrimidin)**
MG 153.10 *F* 272 (Z.)

Charakteristik: Farbl. Krist. (W.); l. in W.; wl. in A. — Leicht oxydierbar zur Disulfid-Verb. — λ_{max} 245; 265; 312 mμ. — *Wi.:* Inhibitor fur Strept. faecalis.

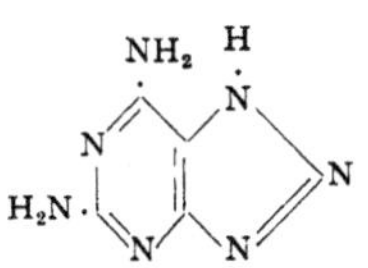

1/66 **8-Aza-2,6-diamino-purin (5,7-Diamino-v-triazolo-[d]-pyrimidin)**
MG 151.14 *F* > 300

Charakteristik: Farbl. Nadeln (W.); l. in h. A.; wl. in k. W.; swl. in A. — λ_{max} 252 mμ; log ε_{max} 4.12 (pH 1.98); λ_{max} 251; 282; log ε 3.86, 3.97 (pH 6.5); λ_{max} 250, 289 mμ; log ε 3.76; 3.88 (pH 8.2). — *Wi.:* Antagonist von Guanin, Purinen (Bakterien, Zellkulturen, höhere Tiere).

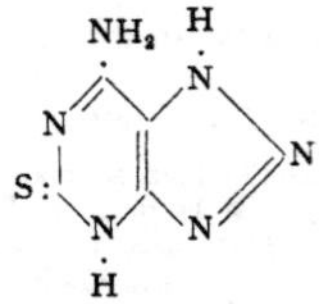

1/67 **8-Aza-2-mercapto-adenin (7-Amino-5-thiol-v-triazolo-[d]-pyrimidin)**

MG 168.10 *F* > 300

Charakteristik: Gelbe Krist. (W.); l. in h. A. — *Wi.:* Antagonist von Purinen, hemmt S. faecalis.

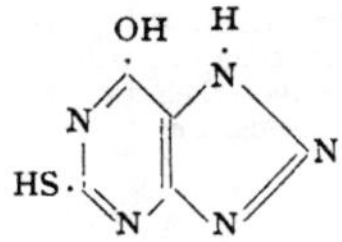

1/68 **5-Thiol-7-hydroxy-v-triazolo-[d]-pyrimidin**

MG 169.14 *F* 265 (Z.)

Charakteristik: Krist. + H_2O (W. od. Aceton). — λ_{max} 242, 270, 294 mμ (p_H 1); λ_{max} 238, 288 mμ (p_H 6.5); λ_{max} 232, 276 mμ (p_H 10); λ_{max} 277 mμ (p_H 11). — *Wi.:* Wachstumshemmung bei L. casei.

2. Purin-riboside und Purin-desoxyriboside

2/1 **Nebularin (Purin-9-β-D-ribofuranosid)**

MG 252.23 *F* 181—182

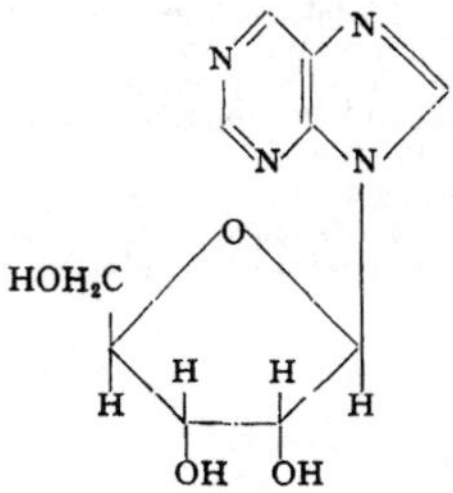

Charakteristik: Lange Prismen (W.); l. in W., A., verd. Sren. u. Alkalien. — p_{K_a} (bas.) 2.05. — λ_{max} 262 mμ; ε_{max} 7200 (W. u. 0.1 n NaOH); λ_{max} 262 mμ; ε_{max} 5800 (0.1 n HCl). — $[\alpha]_D^{52}$ —48.6° (1% in W.); —61° (0.8% in 0.1 n NaOH); —22° (0.8% in 0.1 n HCl). — *V.:* In Agaricus (Clitocybe) nebularis. — *Wi.:* Hemmt Kernteilung in Alliumwurzeln; hemmt Wachstum von Tuberkelbazillen, sehr toxisch bei Mäusen.

2/2 **Adenosin (9-β-D-Ribofuranosyl-adenin)**

MG 267.24 *F* 229—31

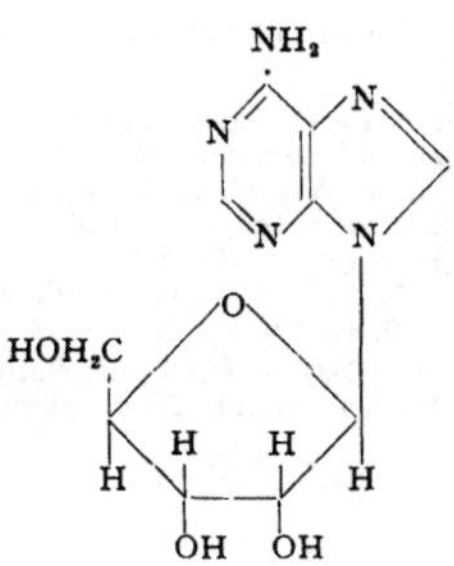

Charakteristik: Feine seidenglanz. Nadeln + $1^1/_2 H_2O$ (W.); ll. in h. W.; l. in k. W.; swl. in A.; unl. in Ae. — p_{K_a} (bas.) 3.4. — λ_{max} 257 mμ; ε_{max} $14.6 \cdot 10^3$ (p_H 7.2); λ_{max} 259.5 mμ; ε_{max} $14.9 \cdot 10^3$ (p_H 13). — $[\alpha]_D^{20}$ —60° (W.). — Desaminierung mit HNO_2 → *Inosin.* — *Pikrat: F* 195 bis 200 (gelbe Nadeln). — *Wi.:* Antagonist von Cytidin (Neurospora-Mutante). — *V.:* Frei in geringer Menge im menschlichen Harn u. Herzmuskelextrakt. — Spaltprod. d. Hefe- und Pankreasnucleinsäure u. der Hefe- und Muskeladenylsäure. Bestandteil vieler Coenzyme.

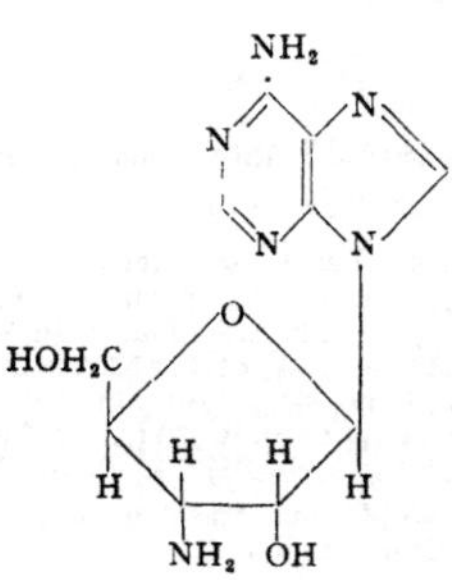

2/3 **3′-Amino-3′-desoxy-adenosin**

MG 266.26 *F* 271—73 (Z.)

Charakteristik: Farbl. Krist.; l. in h. W., h. Me., Dimethylformamid; wl. in h. A., h. Chlf., h. Pyridin; unl. in Butanol, Ac., Tetrahydrofuran, Äthylacetat. — $[\alpha]_D^{25}$ —37° (2% in 0.1 n HCl); λ_{max} 260 mμ, ε 17300. — *Dipikrat: F* 222—24. — *V.:* In Helminthosporium sp. Kulturen. — *Wi.:* Antitumorwirkung.

2/4 **Guanosin (9-β-D-Ribofuranosyl-guanin, Vernin)**

MG 283.24 *F* 237–240

Charakteristik: Glanz. schmale, sehr dunne Prismen + H_2O (W.); ll. in h. W.; swl. in k. W.; unl. in A. u. Ae.; l. in Sren., Alkalien. — p_{Ka} (bas.) 2.2; (s.) 9.5. — λ_{max} 256.5 mμ; ε_{max} 12.2 · 10^3 (pH 7.2); λ_{max} 252.5 mμ; ε_{max} 13.65 · 10^3 (pH 13). — $[\alpha]_D^{20}$ — 60.5° (verd. Alkali). — *Derivat: 2′,3′,5′-Triacetylguanosin:* *F* 226. — *Pikrat:* *F* 190 (feine gelbe Krist.). — *V.:* Frei in jungen grünen Pflanzen, unreifen u. reifen Samen, Blutenstaub, Mutterkorn, vor allem im Pankreas. Bestandteil der Ribonucleinsauren.

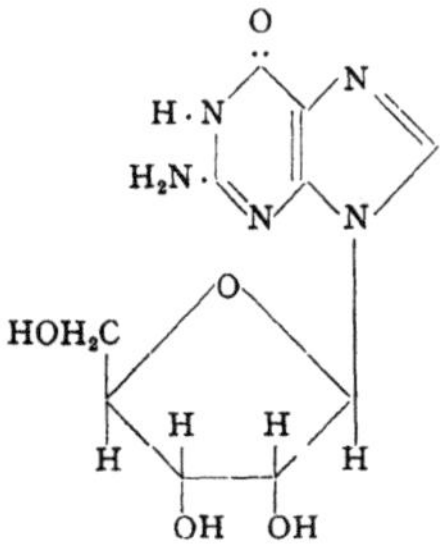

2/5 **Inosin (9-β-D-Ribofuranosyl-hypoxanthin)**

MG 268.23 *F* 218

Charakteristik: Feine seidenglanz. Nadeln (80%ig A.); lange rechtwinklige Tafeln + $2H_2O$ (W.); ll. in h. W.; l. in k. W.; l. in h. 80%ig. A.; unl. in Ae. — p_{Ka} (bas.) 1.2; p_{Ka} (s.) 8.75. — λ_{max} 251 mμ; ε_{max} 10.9 · 10^3 (pH 7.2); λ_{max} 248.5 mμ, ε_{max} 12.25 · 10^3 (pH 13). — $[\alpha]_D^{18}$ — 49.2° (W.); — 72.45° (n/10 NaOH). — *Na-Salz:* große Prismen. — *2′,3′,5′,-Triacetylinosin:* *F* 236. — *V.:* Bestandteil der Inosinsaure im Muskel.

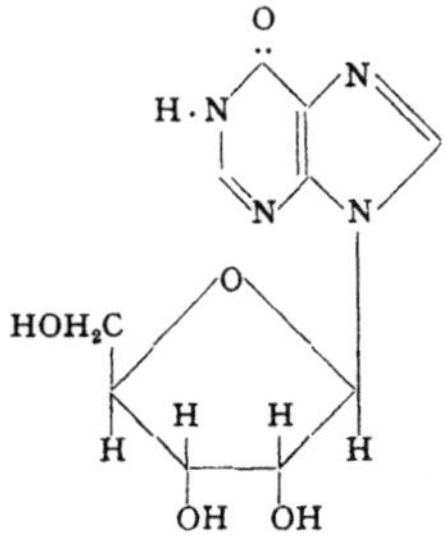

2/6 **Xanthosin (9-β-D-Ribofuranosyl-xanthin)**

MG 284.23 *F* verkohlt ohne zu schmelzen > 300

Charakteristik: Farbl. lange Prismen + $2H_2O$ (aus W.); harte Warzen ohne Kristallwasser aus verd. A.; l. in h. W.; wl. in k. W.; l. in verd. A.; swl. in A.; unl. in Ae.; ll. in Alkalien. — λ_{max} 235, 263 mμ; ε_{max} 8.4 · 10^3, 8.95 · 10^3 (pH 7.2); λ_{max} 248.5, 278 mμ; ε_{max} 10.2 · 10^3, 8.9 · 10^3 (pH 13.0). — $p_{Ka_{30}}$ ca. 0.0, 5.5, ca. 13. — $[\alpha]_D^{10}$ — 51.2° (n/10 NaOH). — *V.:* In der Natur bisher nicht aufgefunden. Durch Desaminierung von Guanosin.

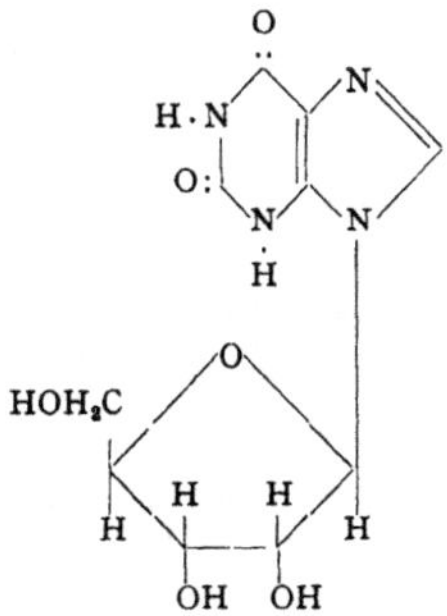

2/7 **Crotonosid (9-β-D-Ribofuranosyl-isoguanin)**

MG 283.24 *F* 245–7 (Z.)

Charakteristik: Farbl. seidenglanz. Nadeln + $2H_2O$ (W.); l. in h. W., Acetamid, Phenolen, Alkali, Sren.; wl. in k. A.; unl. in organ. Lsgm. — λ_{max} 235, 283 mμ; ε_{max} 6140, 12700 (0.05 n HCl); λ_{max} 247, 293 mμ; ε_{max} 8930, 11100 (W.); λ_{max} 251, 285 mμ; ε_{max} 6890, 10550 (0.05 n NaOH). — $]\alpha]_D^{20}$ — 60.2° (n/10 NaOH). — *Pikrat:* kl. gelbe Nadeln *F* 210 (Z.) ohne zu schmelzen. — *V.:* In der Bohne Croton tiglium.

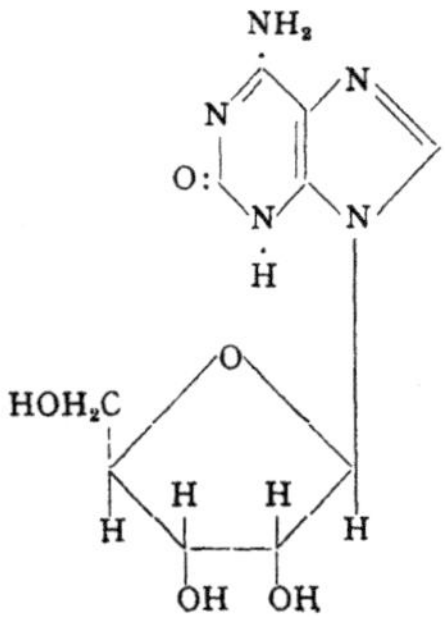

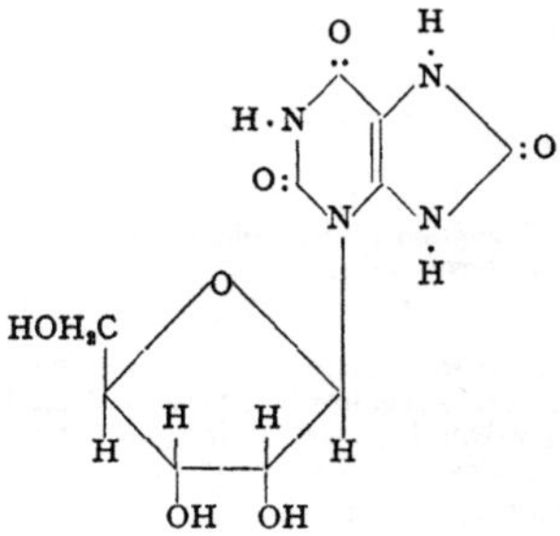

2/8 **Harnsäure-ribosid (3-β-D-Ribofuranosyl-harnsäure)**

MG 300.23 *F* > 300

Charakteristik: Farbl. Nadeln od. rechteckige Plättchen; l. in h. W.; wl. in k. W.; unl. in A., Ae. — $[\alpha]_D^{20}$ −40.8° ($c = 1.25$ in 0.1 n NaOH). — *V.:* In Ochsenblut, Leber.

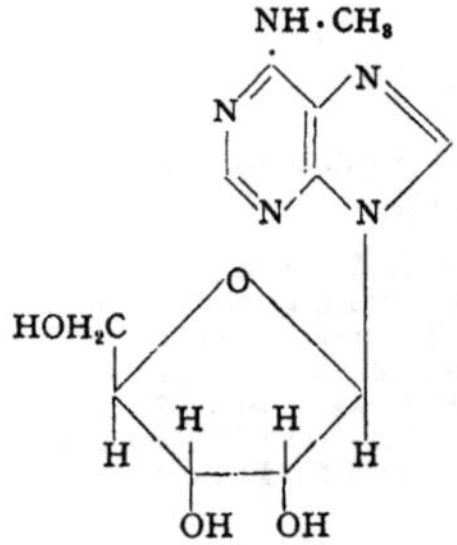

2/9 **9-β-D-Ribofuranosyl-6-methylamino-purin**

MG 281.27

Charakteristik: Pikrat: F 265. — λ_{max} 262 mμ (p_H 1), 266 mμ (p_H 13). — Saure Hydrolyse → 6-Methylamino-purin + D-Ribose. — *V.:* E. coli, Aerobacter aerogenes, Heferibonucleinsäure, Ribonucleinsäure der Rattenleber-Mikrosomen.

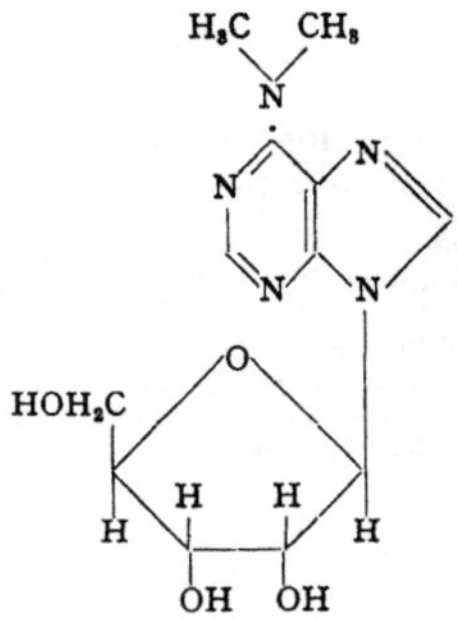

2/10 **9-β-D-Ribofuranosyl-6-dimethylamino-purin**

MG 295.30 *F* 183—184

Charakteristik: Farbl. Krist.; ll. in W., A.; l. in h. Methyläthylketon, h. Ac. — λ_{max} 268 mμ; ε_{max} 18460 (p_H 1 in A.); λ_{max} 274 mμ; ε_{max} 18750 (p_H 7 in A.); λ_{max} 276 mμ; ε_{max} 18520 (p_H 14 in A.). — $[\alpha]_D^{25}$ −62.6° ($c = 2.63$ in W.). — *V.:* E. coli, Aerobacter aerogenes, Heferibonucleinsaure, Ribonucleinsäure der Rattenlebermikrosomen. — *Wi.:* Inaktiv gegen Trypanosoma equiperdum in der Maus. Aktiv gegen übertragenes Adenocarcinomgewebe (Saugetier auf C3H-Maus).

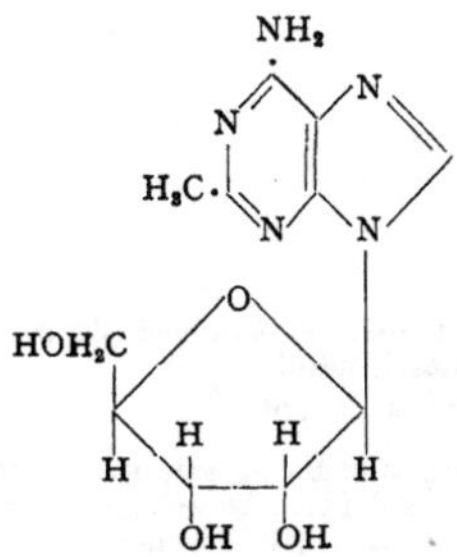

2/11 **9-β-D-Ribofuranosyl-6-amino-2-methyl-purin**

MG 281.27

Charakteristik: Amorph. Prod., konnte nicht zur Krist. gebracht werden; l. in W. — λ_{max} 258 mμ (0.1 n HCl); 262.5 mμ (0.1 n NaOH). — *Pikrat: F* > 200 (Z.). Hydrolyse gibt 2-Methyladenin + D-Ribose. — *V.:* E. coli, Aerobacter aerogenes, Hefenucleinsaure.

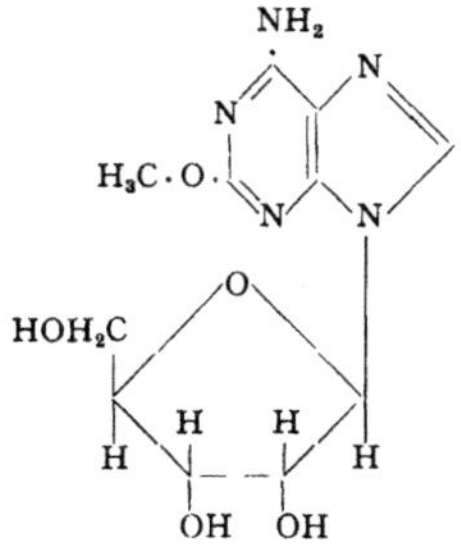

2/12 Spongosin (9-β-D-Ribofuranosyl-6-amino-2-methoxy-purin)

MG 297.27 *F* 192–193

Charakteristik: Farbl. Krist.; l. in h. W., h. A. — λ_{max} 251, 275 mμ (pH 1.35); λ_{max} 268 mμ (pH 7.2); λ_{max} 268 mμ (pH 12.2). — $[\alpha]_D^{25}$ −42.25° (24.6 mg in 3.09 ml 8% NaOH). — *V.:* Schwamm Cryptotethia crypta (Florida).

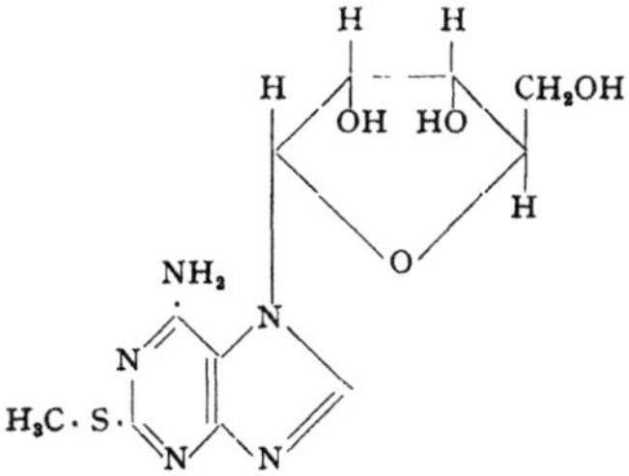

2/13 2-Methylthio-7-D-α-ribofuranosyl-adenin

MG 313.34

Charakteristik: Amorphes glasartiges Produkt, konnte nicht zur Kristallisation gebracht werden; ll. in W.; fluoresciert hellblau. — p_{Ka} (bas.) 3.1. — λ_{max} 247, 289,5 mμ; ε_{max} 21.1 · 10³, 10.3 · 10³ (0.1 n HCl); λ_{max} 238, 287,5 mμ; ε_{max} 21.4 · 10³, 6.1 · 10³ (0.1 n NaOH). — *V.:* Bestandteil eines krist. Vitamin-B_{12}-Faktors.

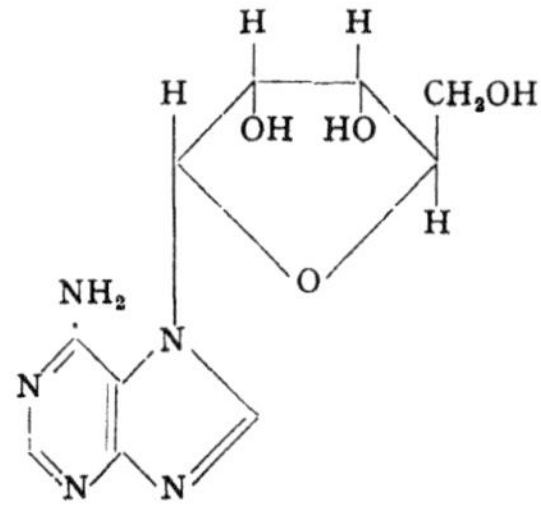

2/14 7-(α?)-D-Ribofuranosyl-adenin

MG 267.24 *F* 218–222 (Z.)

Charakteristik: Zu Drusen vereinigte Rhomboide; l. in warmem W.; ll. in h. W. — λ_{max} 273 mμ; ε_{max} 13.6 · 10³ (0.05 n HCl); λ_{max} 271 mμ; ε_{max} 9.8 · 10³ (0.05 n NaOH). — $[\alpha]_D$ 0° (c = 0.262 in W.). — Die α-glykosidische Verknupfung wahrscheinlich, aber nicht bewiesen. — *V.:* Aus Pseudovitamin B_{12} erhalten.

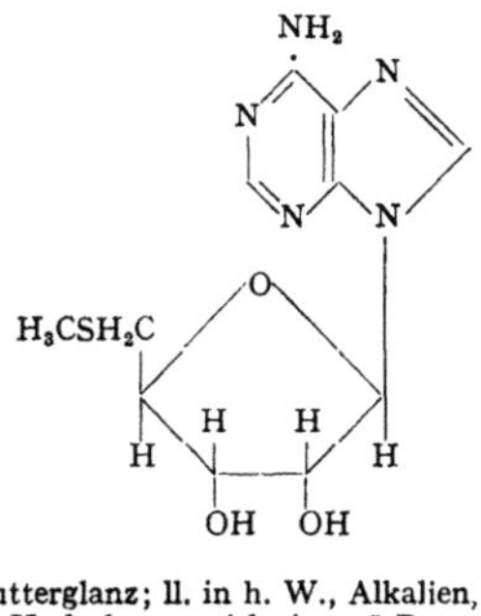

2/15 9-(β-D-5′-Methylthio-5′-desoxy-ribofuranosyl)-adenin

MG 297.34 *F* 205

Charakteristik: Farbl. Prismen mit schwachem Permutterglanz; ll. in h. W., Alkalien, Sren.; wl. in k. W.; unl. in A., Ae. — λ_{max} 260 mμ (W.). — Saure Hydrolyse → *Adenin* u. *5-Desoxy-5-methylthioribose*; fällt mit Phosphorwolframsäure. — *V.:* In Hefe und tier. Gewebe.

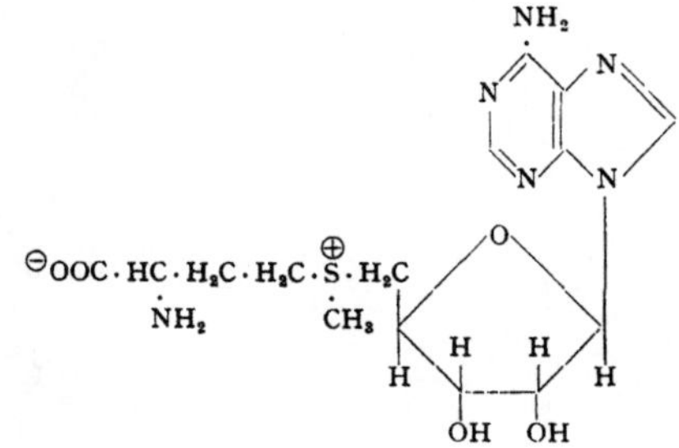

2/16 **„Aktives Methionin" (S-(5'-Desoxyadenosin-5')-methionin)**

MG 398.44

Charakteristik: Gibt bei der Hydrolyse Adenin, Homoserin u. Thiomethylribose. — λ_{max} 260 mμ; ε_{max} 16000 — *Wi.:* Methyldonator.

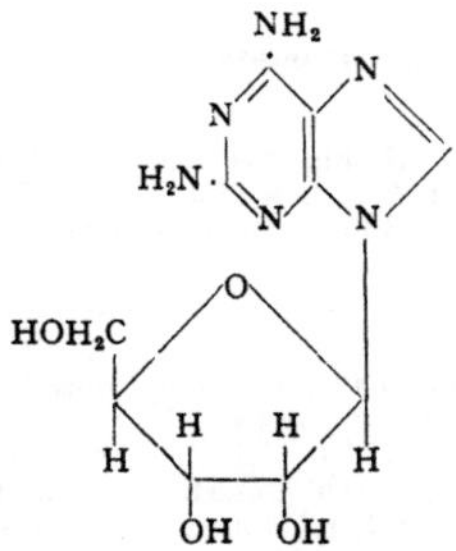

2/17 **9-β-D-Ribofuranosyl-2,6-diamino-purin**

MG 282.26 *F* 248

Charakteristik: Flache, rechteckige Plättchen; l. in h. W. — λ_{max} 215, 255, 280 mμ; ε_{max} 25200, 9450, 10000 (27.26 mg/l, p_H 6.7). — Liefert mit $HNO_2 \rightarrow$ *Crotonosid.*

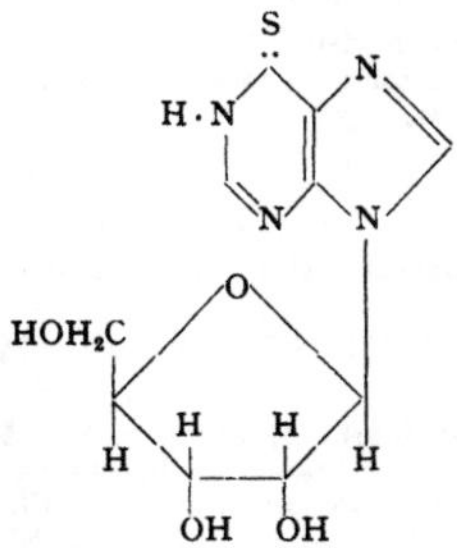

2/18 **6-Mercapto-9-β-D-ribofuranosyl-purin**

MG 284.29 *F* 198—200 (Z.) (Mikroschmp.) 207—210 (Z.) (Schmp. in Kapillare)

Charakteristik: Cremefarbene Nadeln; l. in h. W., Methanol. — λ_{max} 322 mμ; ε 22500 (p_H 1); λ_{max} 320 mμ; ε 21500 (p_H 6.7); λ_{max} 310 mμ; ε 22130 (p_H 13). — $[\alpha]_D^{23}$ — 7,3° (2% in 0.1 n NaOH). — *Wi.:* Beim Test gegen Adenocarcinom 755 bei der CBF1-Maus starke Wachstumsbehinderung des Tumors.

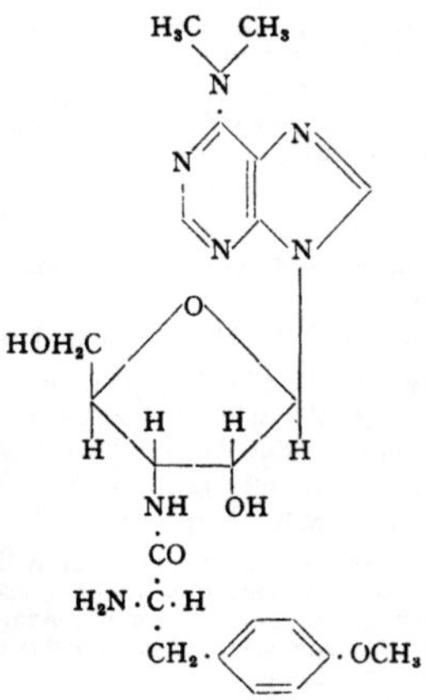

2/19 **Puromycin (9-(3'-p-Methoxy-L-phenyl-alanyl-amino-3'-desoxy-β-D-ribofuranosyl)-6-dimethyl-aminopurin)**

MG 471.51 *F* 175.5—177

Charakteristik: Farbl. Krist.; wl. in k. W.; l. in h. W., k. A. — λ_{max} 267,5 mμ; ε_{max} 19500 (0.1 n HCl); λ_{max} 275 mμ; ε_{max} 20300 (0.1 n NaOH). — $[\alpha]_D^{25}$ — 11° (A.). — *N-Acetylpuromycin;* *F* 229 bis 231. — *V.:* In Streptomyces alboniger. — *Wi.:* Antibioticum gegen Trypanosomen und verschied. Bakterien.

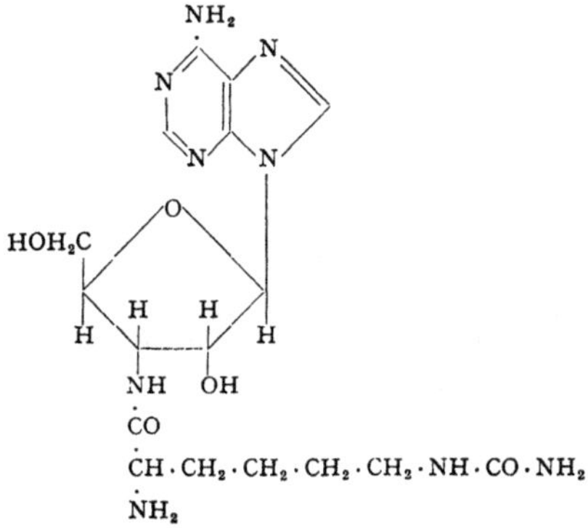

2/20 **Homocitrullylamino-adenosin**

MG 437.46

Charakteristik: Farbl. Krist. (W.); Hydrolyse mit methan. NaOH liefert 3'-Amino-3'-desoxy-adenosin und Homocitrullin; saure Hydrolyse → Adenin, 3-Amino-3-desoxy-ribose, Homocitrullin. — *V.:* In Cordyceps militaris.

2/21 **Cordycepin (Adenin-9-cordyceposid)**

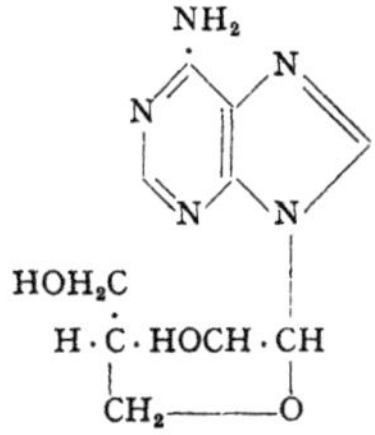

MG 251.24 *F* 225—226 (A.)

Charakteristik: Farbl. Nadeln (A.); ll. in W.; l. in A., Propanol, n-Butanol. — λ_{max} 260 mμ; ε_{max} 14600 (n/20 NaOH od. A.); λ_{max} 260 mμ; ε_{max} 14400 (n/20 HCl). — $[\alpha]_D^{20}$ −47° (W.). — *Pikrat:* Gelbe Nadeln; *F* 195 (Z.). — *V.:* In Cordyceps militaris. — *Wi.:* Antibioticum, geringe Toxizitat.

2/22 **Angustmycin A (9-L-1,2-Fucopyranosyl-adenin)**

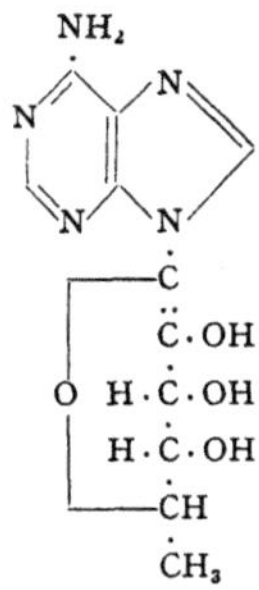

MG 279.25 *F* 172—4 (aus Me.), 169—71 (aus A.)

Charakteristik: Farbl. Krist.; l. in W., A., Egs., Pyridin, Methylcellosolve, Dimethylformamid; wl. in Butanol, Dioxan; unl. in Ae., Chlf., Ac., Äthylacetat, CS_2. — λ_{max} 260 mμ; $E_{1\,cm}^{1\,\%}$ 570 (W.); pK_a 9.8; $[\alpha]_D^{25}$ +17.02° (c = 1.4 in Dimethylformamid). — *Tetraacetat:* *F* 187—8; $[\alpha]_D^{20}$ +12.2° (c = 1.36 in A.). — *Tetrabenzoat:* *F* 115—6. — *V.:* Aus Streptomyces hygroscopicus isoliert. — *Wi.:* Antibioticum, aktiv gegen Mycobacterien.

2/23 **Angustmycin C (9-β-D-Psicofuranosyl-adenin)**

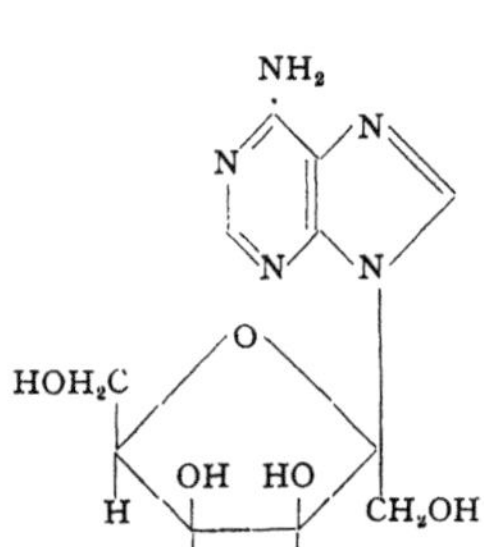

MG 297.27 *F* 202—204 (Z.) bzw. 212—214 (Z.)

Charakteristik: Nadeln; l. in Pyridin. — λ_{max} 259 mμ; $E_{1\,cm}^{1\,\%}$ 508 (0.01 n H_2SO_4); λ_{max} 261 mμ; $E_{1\,cm}^{1\,\%}$ 530 (0.01 n NaOH). — $[\alpha]_D^{25}$ −53.7° (c = 1 in Dimethylsulfoxyd); $[\alpha]_D^{25}$ −68° (c = 1 in Dimethylformamid); $[\alpha]_D^{19}$ −71.1° (c = 1.8 in Py.). — *Pentaacetat:* Nadeln aus A.-Ligroin; *F* 115—116. — *V.:* Streptomyces hygroscopicus. Komponente des Antibioticum Angustmycin. — *Wi.:* Antibioticum, zeigt antibacterielle und Antitumoraktivitat in vivo.

2/24 **2'-Desoxy-adenosin (9-(2'-Desoxy-β-D-ribofuranosyl)-adenosin)**

MG 251.24 *F* Sint. 125—128; *F* 181 wird dann wieder fest; *F* 189—190.

Charakteristik: Regelm. Prismen od. Kristallblöcke + 1 H_2O (W.), die bei 181° das Kristallwasser verlieren; l. in W. 20° 1:100; ll. in h. W., h. A. — λ_{max} 260 mμ; *E* 1.7 · 10^4 (n/20 NaOH); *E* 1.6 · 10^4 (n/20 HCl). — $[\alpha]_D^{21}$ —32° (c = 1.11 in W., p_H 7). — *3',5-Diacetyldesoxyadenosin: F* 151—52, Nadeln. — *V.:* Bestandteil der Desoxyribonucleinsäuren. In freiem Zustand in der Natur noch nicht gefunden.

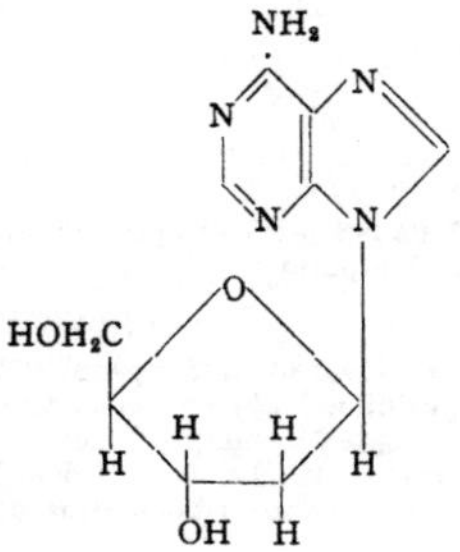

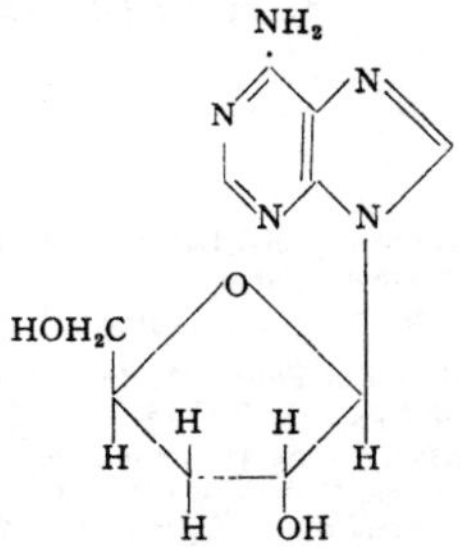

2/25 **3'-Desoxyadenosin (9-(3'-Desoxy-β-D-ribofuranosyl)-adenin)**

MG 251.24 *F* 212

Charakteristik: Federartige Nadeln; l. in Natriumacetatlsg. — λ_{max} 259 mμ; ε 15100.

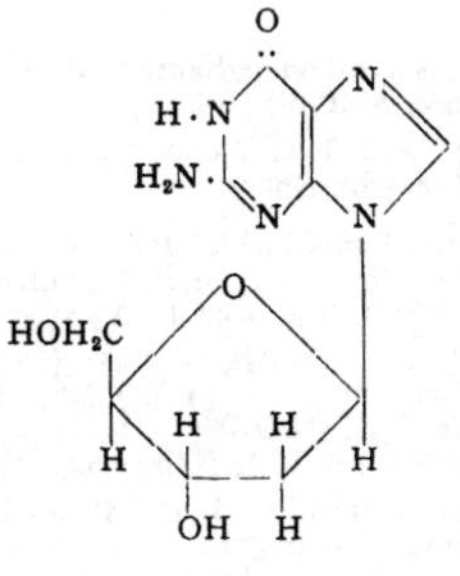

2/26 **2'-Desoxy-guanosin (9-(2'-Desoxy-β-D-ribofuranosyl)-guanin)**

MG 267.24 *F* beim Erhitzen allmähliche Z.

Charakteristik: Nadeln od. Platten; l. in h. W.; wl. in k. W.; unl. in A. u. Ae. — λ_{max} 260 mμ. — $[\alpha]_D^{25}$ —37.5° (H_2O). — *3',5'-Diacetyldesoxyguanosin: F* 222 (Z.); $[\alpha]_D^{18}$ —38° (c = 0.3192 in Äthanol/Wasser 1:9). — *V.:* Hydrolyse von Desoxyribonucleinsauren. Vorstufe bei der Synthese von Desoxyribonucleinsauren in E. coli.

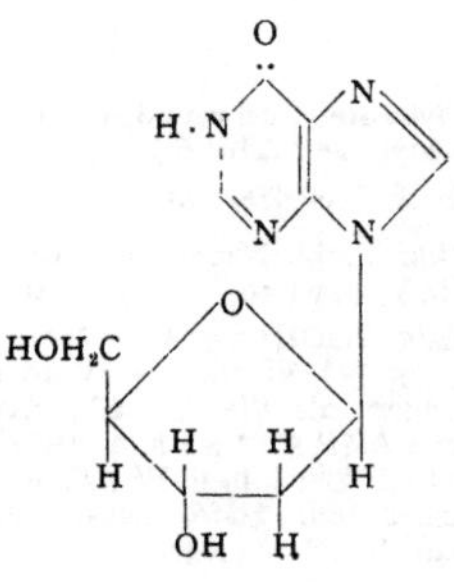

2/27 **2'-Desoxy-inosin (Hypoxanthin-desoxyribosid, 9-(2'-Desoxy-β-D-ribofuranosyl)-hypoxanthin)**

MG 252.23 *F* Sint. 202; Z. beim weiteren Erhitzen 218—220 (unscharf)

Charakteristik: Lange gebogene Nadeln (W.); ll. in h. W.; l. in k. W. u. A.; unl. in Ae. — $[\alpha]_D^{19}$ —22.9° ± 2 (c = 1.174 in n NaOH). — R_F 0.23 in wassergesatt. Butanol. — *V.:* Kabeljauleber.

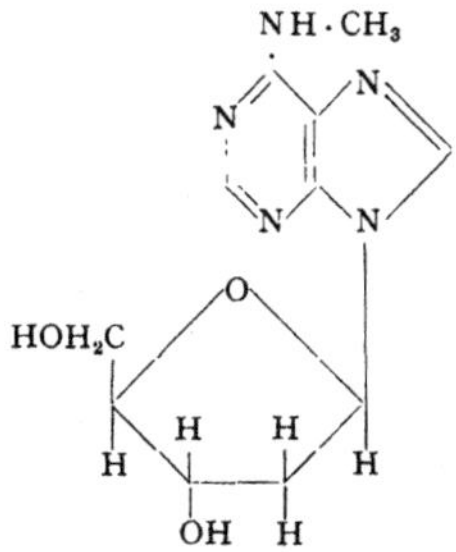

2/28 **9-(2-Desoxy-β-D-erythro-pentofuranosyl)-6-methylamino-purin**

MG 265.27

Charakteristik: R_F 0.80 in Propanol-2/W. (7:3, V/V); 0.34 in Butanol/W./98% wssr. Ameisensre. (77:13:10). — λ_{max} 266 mμ (p_H 7); 266 mμ (p_H 4); 266 mμ (p_H 13). — *V.:* Isoliert aus dem Enzymhydrolysat der Desoxyribonucleinsäure von E. coli 15 T⁻.

3. Purin-ribotide und Purin-desoxyribotide

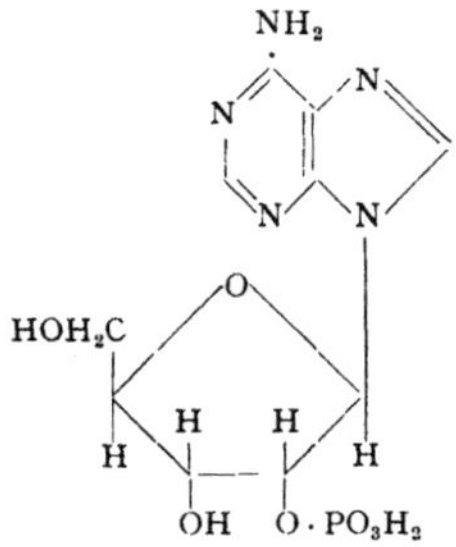

3/1 **2'-Adenylsäure (Adenylsäure a, Adenosin-2'-monophosphat, AMP-2')**

MG 347.24 *F* 135—6 (Z.) $1^1/_2$ Hydrat

Charakteristik: Farbl. Pulver (W., Ac.); sll. in W. — p_K (bas.) 0.89; p_K (s.) 3.8, 6.15. — $[\alpha]_D^{22}$ −65.4° (0.5 m Na_2HPO_4), −84.3° (Formamid). — *Dibrucinsalz:* farbl. Nadeln + $5H_2O$ (W.); *F* 165 bis 175. — *Acridinsalz:* $C_{10}H_{14}N_5O_7P \cdot C_{13}H_9N \cdot C_2H_5OH$: gelbe Nadeln (W./A.); *F* 265 (Z.). — *V.:* Bei Hydrolyse von Ribonucleinsäuren.

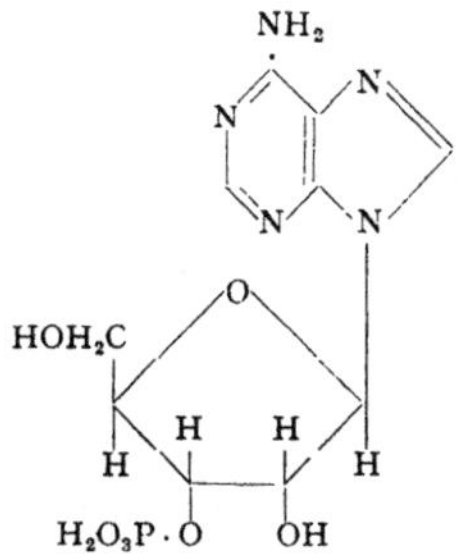

3/2 **3'Adenylsäure (Adenylsäure b, Hefeadenylsäure, AMP-3')**

MG 347.24 *F* 208 (Z.) Monohydrat
F 195 (Z. geschl. Rohr)

Charakteristik: Lange farbl. Nadeln + 1 H_2O (W.), 0.05 W. 15°; l. in h. W.; swl. in A.; unl. in Ae. — $[\alpha]_D^{30}$ −40.5° (W.); $[\alpha]_D^{22}$ −45.4° (0.5 m Na_2HPO_4); $[\alpha]_D$ −56° (2% NaOH), −36.5° (10% HCl), −58.7° (Formamid). — p_K (s.) 3.65, 5.88. — *Dibrucinsalz:* $C_{10}H_{14}N_5O_7P \cdot (C_{23}H_{26}N_2O_4)_2 \cdot 7H_2O$ lange dünne Nadeln (W.); *F* 180—82; $[\alpha]_D^{20}$ −37° (W., $c = 2$); l. in W.; wl. in 35%ig. k. A. — *Monoacridinsalz:* Aggregate feiner gelber Nadeln; *F* 175 (Z.). — *V.:* In Ribonucleinsäuren.

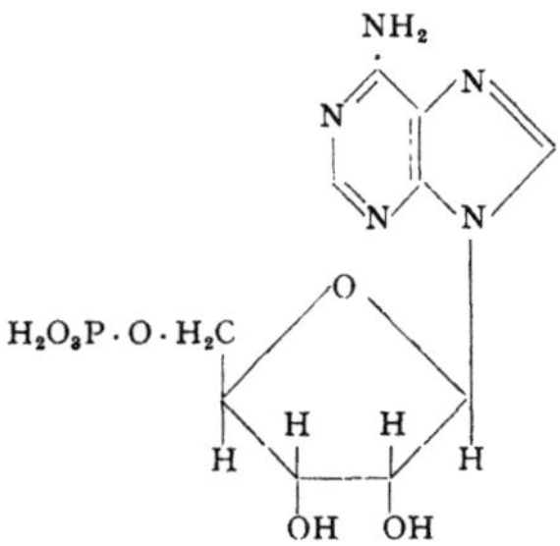

3/3 **5'-Adenylsäure (Adenosin-5'-monophosphat, Muskeladenylsäure, AMP-5')**

MG 347.24 *F* 196—200 (Z.)

Charakteristik: Farbl. Nadeln + $2H_2O$; ~1 W. 15°; ll. in h. W.; swl. in A.; unl. in Ae. — $[\alpha]_D^{20}$ −47.5° (2%ig. NaOH, $c = 2$), −26° (10% HCl, $c = 2$). — p_K (s.) 3.8, 6.2. — Wird schwerer dephosphoryliert als die Hefeadenylsäure. — *Acridinsalz:* 1 AMP-5' · 1 Acridin: derbe prismat. gelbe Nadeln; *F* 208; l. in h. W.; wl. in k. W. — *V.:* In Muskelfleisch, Hefe, Zellen von L. arabinosus, Penicillium chrysogenum.

3/4 **Adenosin-5′-diphosphorsäure (ADP-5′)**

MG 427.22

Charakteristik: $[\alpha]_D^{25}$ −25.7°; zweite Phosphorsauregruppe leicht hydrolysierbar; p_K (s.) 3.9, 6.3. — *Na-Salz:* $C_{10}H_{14}N_5O_{10}P_2Na \cdot 2H_2O$. — *Ba-Salz:* $Ba_3(C_{10}H_{12}N_5O_{10}P_2)_2 \cdot 4H_2O$. — *Acridinsalz:* 1 ADP + 1 Acridin; gelbe prismat. Nädelchen; *F* 215; wl. in h. W.; swl. in k. W. — *V.:* In Hefe.

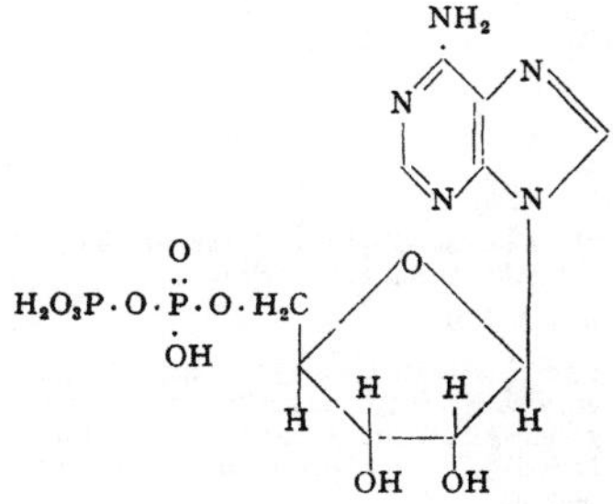

3/5 **Adenosin-5′-triphosphorsäure (ATP)**

MG 507.19

Charakteristik: Glasig-amorph; $[\alpha]_D^{22}$ −26.7° (*c* = 3.095); p_K (s.) 4.0, 6.48; zerfällt leicht in saurer und alkal. Lsg. — *Di-Na-Salz:* $C_{10}H_{14}N_5O_{13}P_3Na_2 \cdot 4H_2O$: farbl. Pulver, stabil < p_H 4, ll. in W. 25°. — *Ba-Salz:* $C_{10}H_{12}N_5O_{13}P_3Ba_2 \cdot 6H_2O$; unl. in W. — *Acridinsalz:* 1 ATP · 2 Acridin: eigelbfeine kugelige Aggregate kleiner Nadeln; *F* 209; l. in h. W.; swl. in k. W. — *V.:* Weit verbreitet. In Froschmuskulatur, Hefe, Bohnen, Erbsen, Weizen, Mikroorganismen, Grünalgen usw. — *Wi.:* Phosphatubertragendes Coenzym.

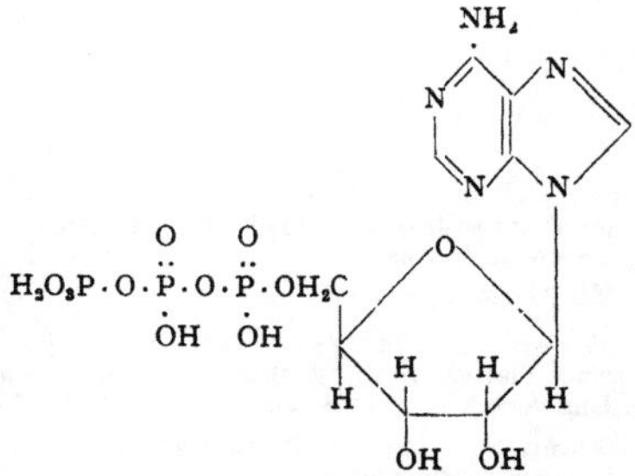

3/6 **Adenosin-5′-tetraphosphorsäure**

MG 587.18

Charakteristik: Struktur nicht eindeutig gesichert; kann ATP nicht ersetzen. — *Ba-Salz:* l. in W.; unl. in A. — *V.:* Im Pferdemuskel.

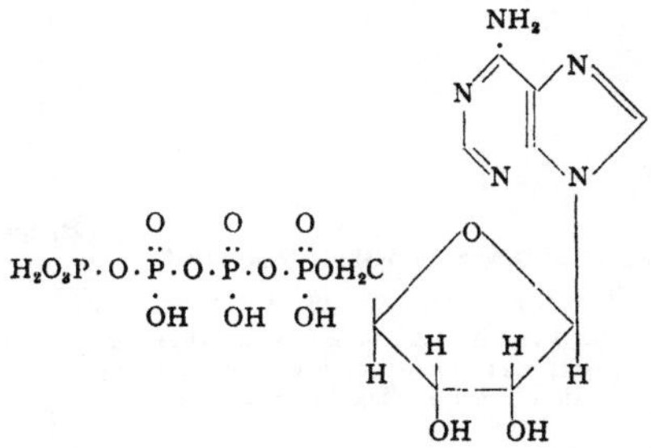

3/7 **Adenosin-5′-pentaphosphorsäure**

MG 667.17

Charakteristik: Wenig charakterisiert, durch Ionenaustauscherchromatographie abgetrennt. — *V.:* In Taubenerythrocyten.

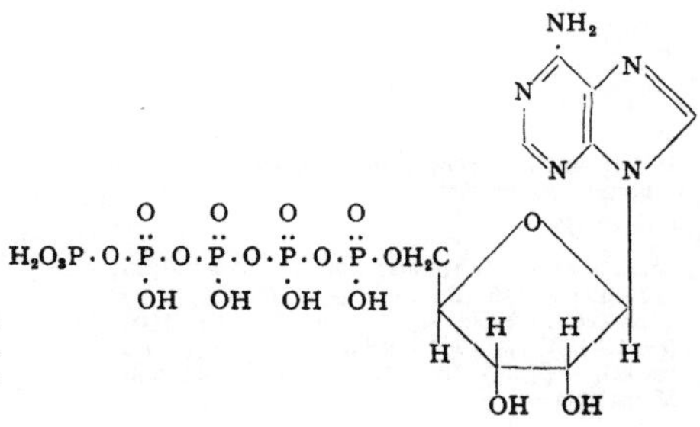

3/8 **Adenosin-3'-phosphat-5'sulfatophosphat („Aktives Sulfat", PAPS)**

MG 507.29

Charakteristik: λ_{max} 257,5 mμ; Struktur durch enzymatischen Abbau bestimmt, relativ bestandig gegen Alkali; wird durch Saure leicht hydrolysiert. — *V.:* I eberextrakt, Micrococcus lysodeikticus.

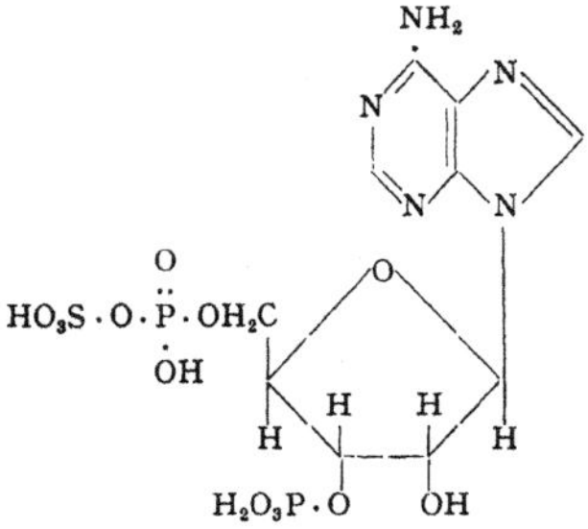

3/9 **Desoxy-adenylsäure (2'-Desoxy-adenosin-5'-monophosphat)**

MG 331.24

Charakteristik: *Ca-Salz* + 1 H_2O: Dunne glanzende Platten; *F* ab 150 Braunung, 200 Sintern, dann verkohlen; 0.47 W. 20°; $[\alpha]_D^{19}$ −38° (W.). — *Brucinsalz:* ll. in h. 30%ig. Me.; wl. in k. Me. — *V.:* In Bakteriophagen.

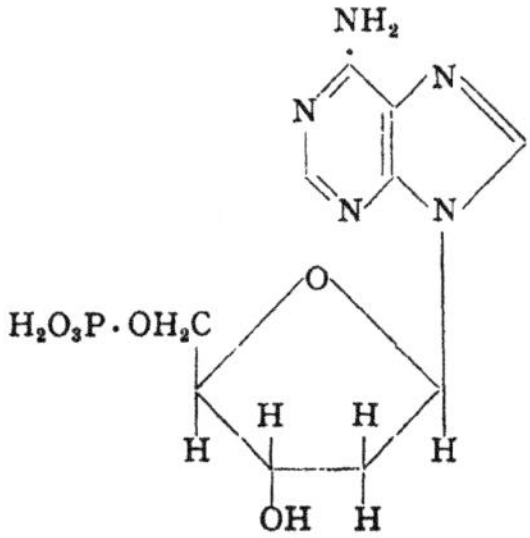

3/10 **2'-Desoxy-adenosin-5'-triphosphat**

MG 475.22

Charakteristik: λ_{max} 259 mμ; wenig charakterisiert; nur chromatographisch abgetrennt. — *V.:* Im Flexner-Jobling Rattencarcinom.

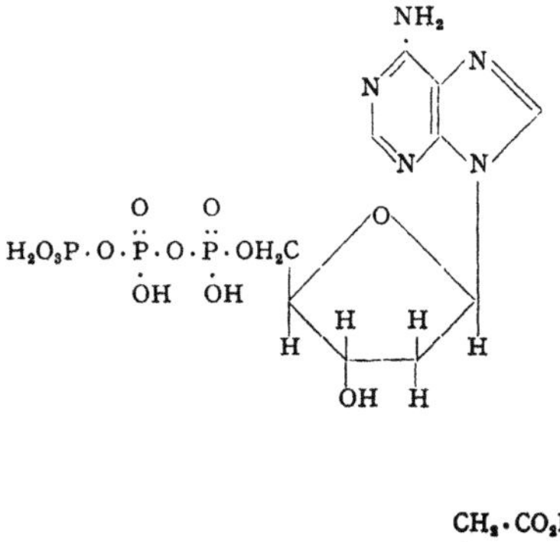

3/11 **N-Succinyl-adenylsäure (Adenylobernsteinsäure, AMP-5)**

MG 463.31

Charakteristik: *NH_4-Salz:* Farbl. Pulver; *F* ab 130 sintern, 150 (Z.). — λ_{max} 266—267 mμ; ε 16900 (0.1 n HCl); λ_{max} 266—267 mμ; ε 18500 (pH 3—3.5); λ_{max} 267—268 mμ; ε 19200 (pH 4.5 bis 13). — pK 2.3, 4.1, 5.1. — *V.:* In Hasen- und Mäuseleber.

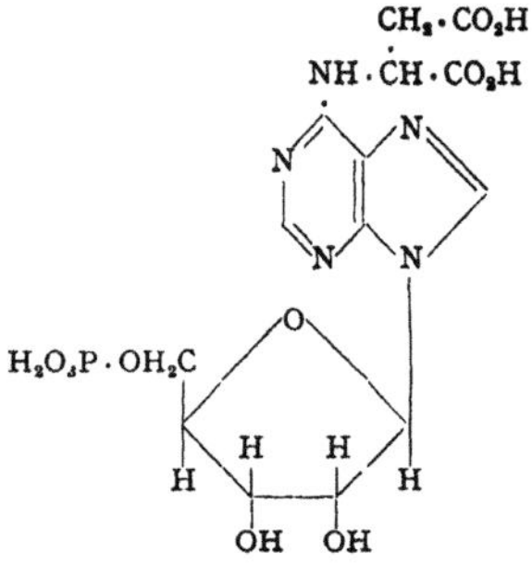

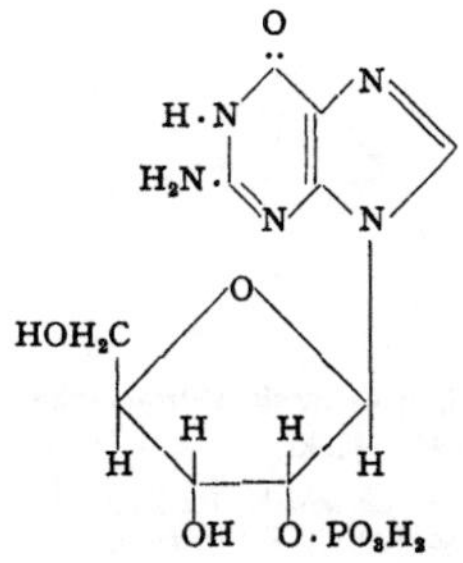

3/12 **2′-Guanylsäure (Guanylsäure a, Guanosin-2′-monophosphat, GMP-2′)**

MG 363.24 *F* 180 (Zers. im geschl. Rohr)

Charakteristik: Prismen bzw. weißes Pulver (W. + Ac.); ll. in W.; wl. in A. — $[\alpha]^{20}_{D}$ −13.5° (W., p_H 1). — p_K (s.) 2.20, 5.75. — Bildet schwerlösliche Salze mit Ba, Cu, Ag, Zn, Hg^{2+} und Brucin. — *V.:* Pankreas, Hefe. — *Wi.:* Hemmt Gerinnung von Hundeblut.

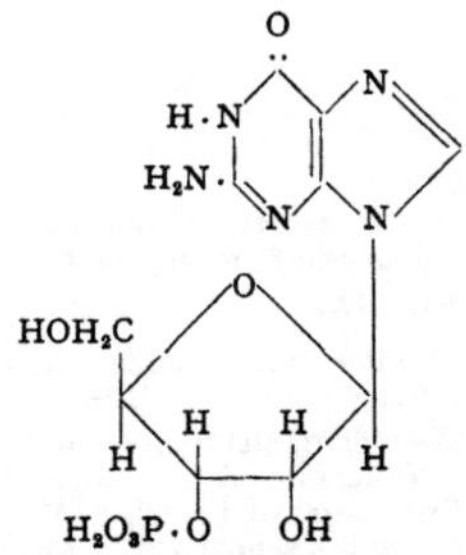

3/13 **3′-Guanylsäure (Guanosin-3′-phosphorsäure, Guanylsäure b, GMP-3′)**

MG 363.24 *F* 180 (Z. im geschl. Rohr)

Charakteristik: Lange prismat. Nadeln + $2H_2O$ (W.); 0.3 k. W.; ll. in h. W.; unl. in A., Ae. — p_K (s.) 2.30, 5.92. — $[\alpha]^{20}_{D}$ −13.5° (W.); $[\alpha]^{25}_{D}$ −65° (5% NaOH, $c = 2$). — Liefert mit Cu, Ag, Zn, Hg^{2+}, Pb u. Fe schwerlösliche Salze. — *Neutral. Na-Salz:* $C_{10}H_{12}N_5O_8PNa_2$, Blättchen aus W.; l. in k. W.; ll. in h. W.; $[\alpha]^{22}_{D}$ −2.3° (W.). — *Brucinsalz:* $C_{10}H_{14}O_8N_5P\cdot(C_{23}H_{26}N_2O_4)_2\cdot 7H_2O$, Platten (30%ig. A.); *F* 233−240 (Z.); l. in h. W.; wl. in k. W., k. A. — $[\alpha]^{20}_{D}$ −26° (35%ig. A.). — *V.:* In Ribonucleinsäuren. — *Wi.:* Hemmt die Gerinnung von Hundeblut.

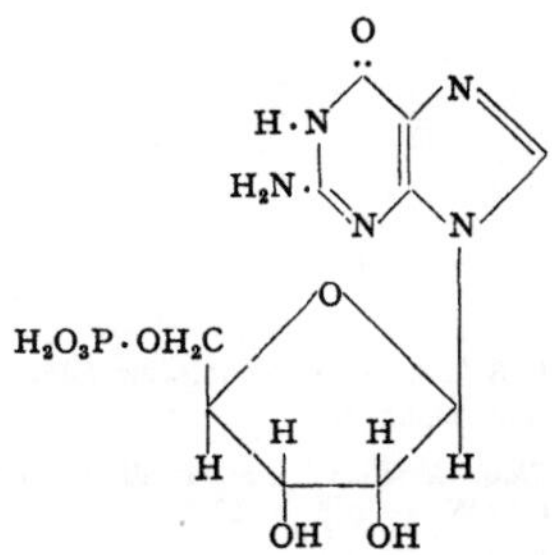

3/14 **5′-Guanylsäure (Guanosin-5′-monophosphat, GMP-5′)**

MG 363.24 *F* 190−200 (Z.)

Charakteristik: Mikrokrist. + $1H_2O$. — *Dibrucinsalz:* $C_{10}H_{14}O_8N_5P\cdot 2C_{24}H_{26}O_4N_2$: kl. Polster flacher Nadeln, die beim Erhitzen braun werden; Sint. 190, *F* 210−20 Schäumen 225. — *Acridinsalz:* Amorph. Ba-Salz: $C_{10}H_{12}N_5O_8PBa\cdot 8H_2O$. — *V.:* In Hefenucleinsäuren.

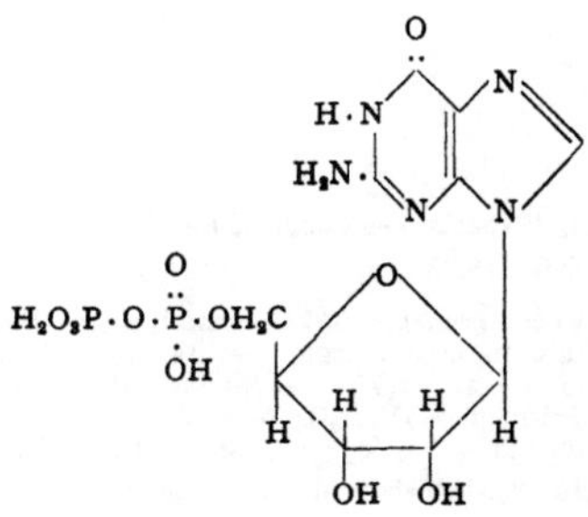

3/15 **Guanosin-5′-diphosphorsäure (GDP-5′)**

MG 443.20

Charakteristik: *Ba-Salz:* $C_{10}H_{14}N_5O_{11}P_2Ba_{1/2}\cdot 3H_2O$. — *V.:* In Hefeextrakt.

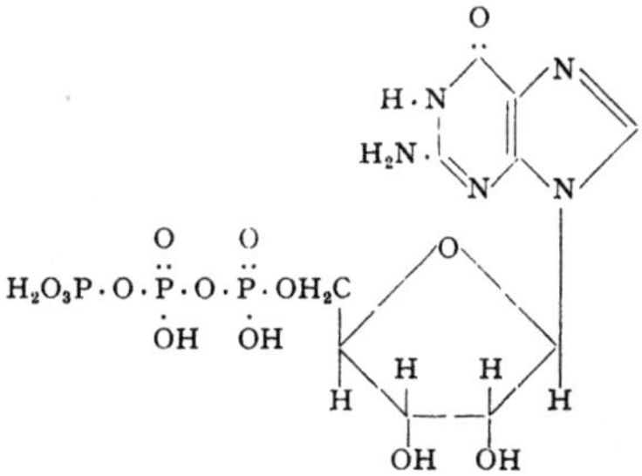

3/16 **Guanosin-5'-triphosphorsäure (GTP-5')**

MG 523.20

Charakteristik: *Ba-Salz:* $C_{10}H_{12}N_5O_{14}P_3Ba_2 \cdot 6H_2O$. — *V.:* In Hefe.

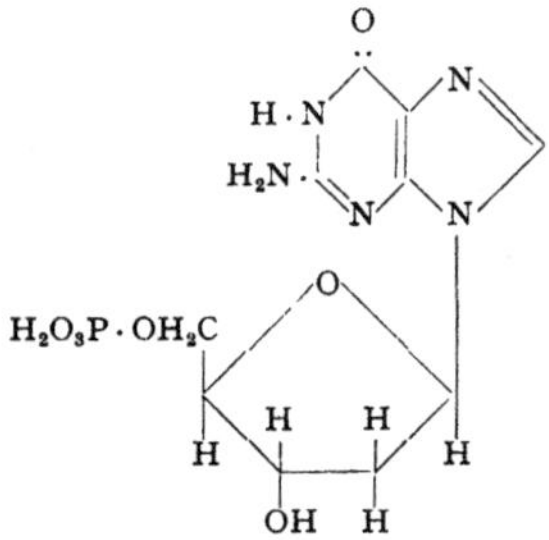

3/17 **2'-Desoxy-guanylsäure-(5') (Desoxy-guanosin-5'-monophosphorsäure)**

MG 347.24

Charakteristik: Langgestreckte Prismen und Büschel (W.). — $[\alpha]_D^{19}$ −31.1° (W.). — *Ba-Salz:* kl. radiargestellte Nadeln (W.); 0.83 W. 20°; *F* Bräunung ab 200, allmähliche Z. > 360. — *Brucinsalz:* wl. in 30%ig. Me. — *V.:* In Desoxyribonucleinsäuren von Bakteriophagen.

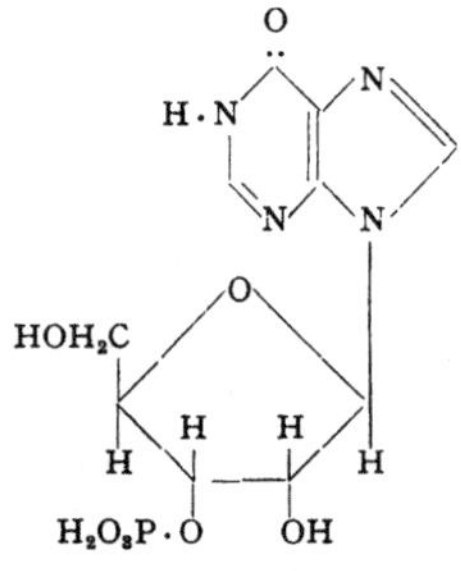

3/18 **Inosin-3'-phosphorsäure (IMP-3')**

MG 348.22

Charakteristik: Semikristalline Substanz (W.); l. in W. — $[\alpha]_D^{22}$ −41°.

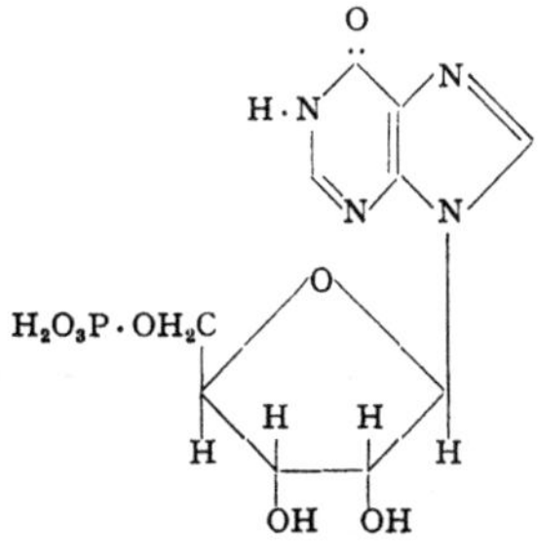

3/19 **Inosin-5'-phosphersäure (IMP'5')**

MG 348.22

Charakteristik: Farbl. Kristallmasse; ll. in W.; unl. in organ. Lsgm. — pK (s.) 1.54, 6.04. — $[\alpha]_D$ −18,5° (W.). — *Ba-Salz:* Perlmutterglanz. Prismen + $7^1/_2 H_2O$; 0.25 W. 16°; ll. in k. W.; unl. in A. — $[\alpha]_D^{27}$ −36.8 (n/10 NaOH). — *V.:* Im Muskelfleisch der Säugetiere, Vögel, Fische.

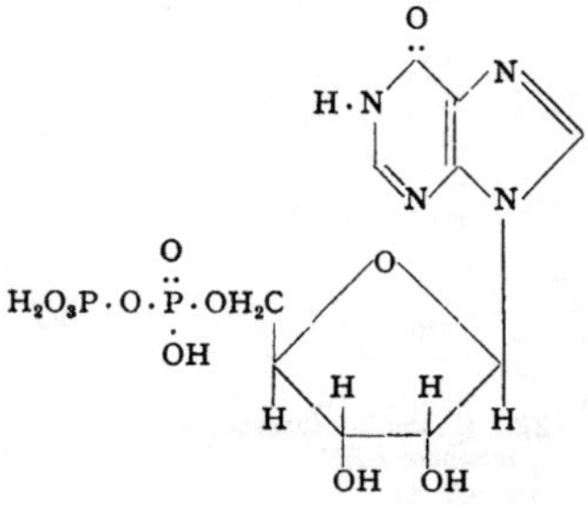

3/20 **Inosin-5'-diphosphorsäure (IDP-5')**

MG 428.20

Charakteristik: Ba-Salz: unl. in A.; mit Mg^{2+} Komplexbildung.

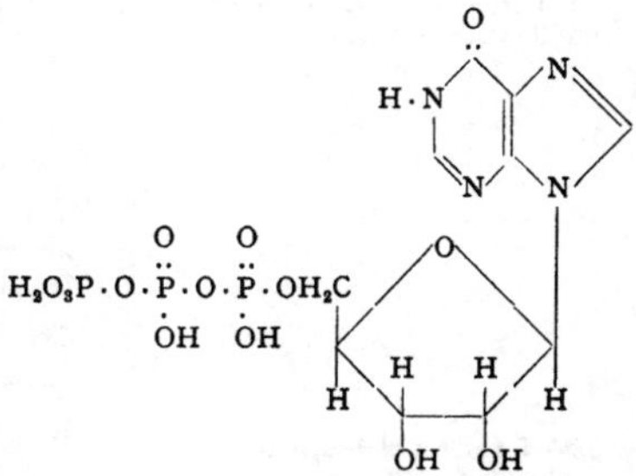

3/21 **Inosin-5'-triphosphorsäure (ITP-5')**

MG 508.19

Charakteristik: Nur durch Spektrum und analytisch charakterisiert. – *Ba-Salz:* wl. in W.; unl. in A.; mit Mg^{2+} Komplexbildung.

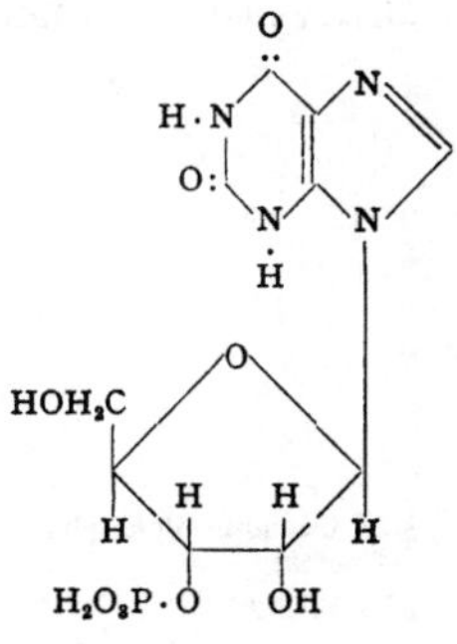

3/22 **Xanthylsäure (Xanthosin-3'-monophosphorsäure, XMP-3')**

MG 364.22

Charakteristik: Weißes Pulver (aus W. mit A. gefällt); ll. in W.; unl. in A., Ae. – $[\alpha]_D^{22}$ –41.7° (5%ig. NaOH; $c=3$). – *Brucinsalz:* $C_{10}H_{13}O_9N_4P \cdot (C_{23}H_{26}O_4N_2)_2$, lange farbl. Nadeln (30% A.); *F* ca. 200.

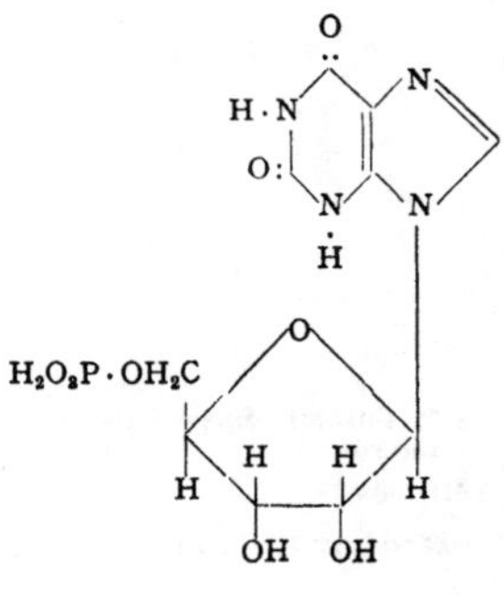

3/23 **Xanthosin-5'-monophosphorsäure (XMP-5')**

MG 364.22

Charakteristik: Wenig charakterisiert. – λ_{max} 248, 278 mμ (p_H 7). – *V.:* Aus IMP-5' durch Aerobacter aerogenes.

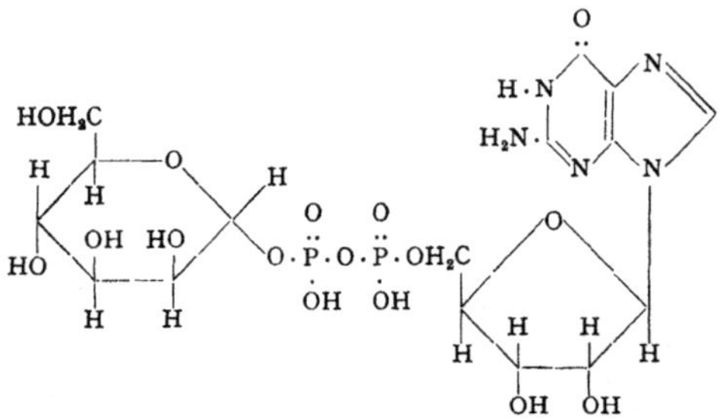

3/24 **Guanosin-diphosphat-mannose (GDPM)**

MG 605.37

Charakteristik: Farbl. amorph. Pulver; l. in 50%ig. A.; besitzt Guanosinspektrum; saure Hydrolyse führt zuerst zu Mannose und GDP, dann zu GMP und Phosphorsaure. — *Ca-Salz:* l. in W.; wl. in A. — *Hg-Salz:* unl. in W. — *Li-Salz:* $C_{16}H_{23}N_5O_{16}P_2Li_2 \cdot 3\,H_2O$. — *V.:* In Mikroorganismen und tierischen Zellen.

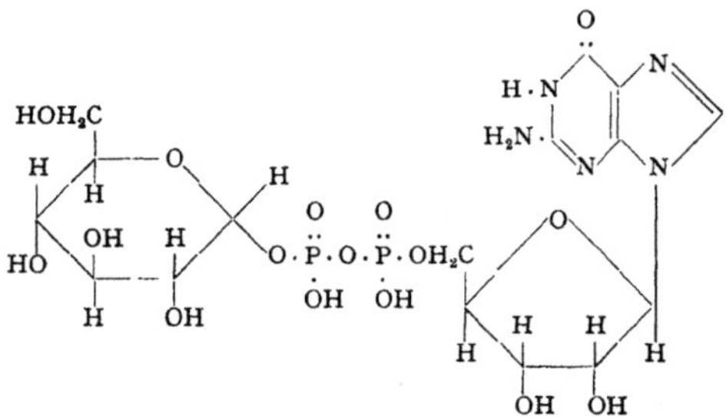

3/25 **Guanosin-diphosphat-glucose (GDPG)**

MG 605.37

Charakteristik: *V.:* Aus Eremothecium ashbyii isoliert.

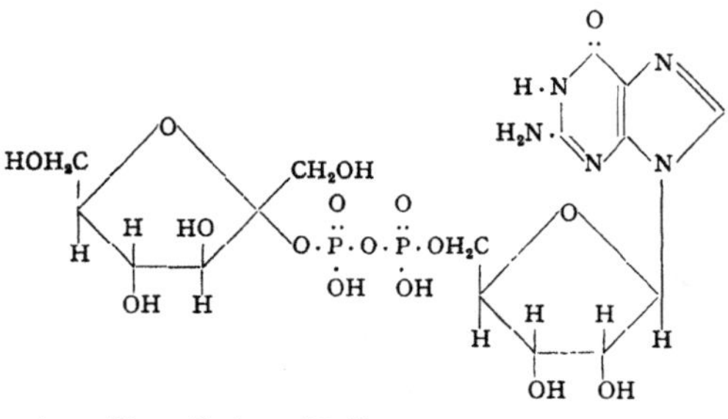

3/26 **Guanosin-diphosphat-fructose**

MG 605.37

Charakteristik: *V.:* In Mikroorganismen (Eremothecium ashbyii).

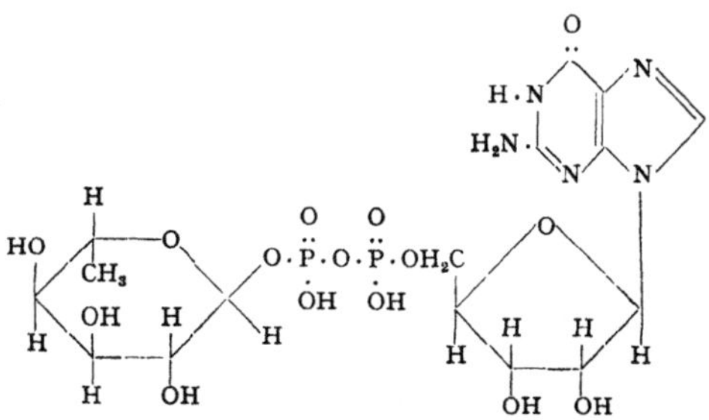

3/27 **Guanosin-diphosphat-fucose**

MG 589.35

Charakteristik: *V.:* In Schafsmilch und Bakterien (Aerobacter aerogenes).

Physikalische Daten von Purinen

Zusammengestellt nach Tabellen der California Foundation for Biochemical Research, Los Angeles.

	pH	λ_{max} (mμ)	$\varepsilon_{max} \cdot 10^{-3}$	λ_{min}	ε_{min} 10^{-3}	ε_{260}	$\frac{250}{260}$	$\frac{280}{260}$	pH	λ_{max} (mμ)	$\varepsilon_{max} \cdot 10^{-3}$	λ_{min}	ε_{min} 10^{-3}	ε_{260}	$\frac{250}{260}$	$\frac{280}{260}$
Adenin	2	263	13.1	229	2.5	13.0	0.76	0.37	12	269	12.3	237	3.35	10.45	0.57	0.60
2-Aminopurin	2	314	4.0	274	0.8	1.25	2.55	0.80	12	303	5.8	250	2.15	2.72	0.79	1.53
2,6-Diaminopurin	2	241; 282	10.0; 9.9	261	5.3	—	1.25	1.87	9	248; 280	9.04; 9.1	261	5.3	—	1.25	1.72
2,8-Dihydroxypurin	2	232; 304	7.9; 15.9	263	0.68	—	2.6	3.3	9	302	19.9	265	1.58	—	1.6	2.1
Guanin	2	248; 275	11.4; 7.35	267	7.15	8.0	1.37	0.84	11	246; 273	6.3; 8.0	255	6.05	6.4	0.98	1.13
Hypoxanthin	1	248	10.8	215	1.7	7.35	1.45	0.04	11	258	11.0	232	3.75	10.9	0.84	0.12
Isoguanin	2	282	— 13.3	248	1.9	—	0.45	3.16	12	284	12.3	253	2.41	3.31	0.80	3.47
Purin	1	260	6.1	228	1.2	—	0.80	0.36	12	219; 271	8.3; 7.6	235	1.0	5.54	0.46	1.10
Harnsäure	2	231; 283	8.5; 11.5	255	3.6	—	1.05	2.68	9	292	11.6	260	2.7	—	1.5	2.4
Xanthin	2	267	10.2	239	2.7	8.85	0.56	0.61	10	240; 277	8.9; 9.3	257	5.0	5.2	1.29	1.71
Adenosin	2	257	14.6	230	3.5	14.3	0.84	0.22	11	260	14.9	227	2.25	14.9	0.78	0.14
Guanosin	1	256	12.2	228	2.4	11.75	0.94	0.70	12	264	11.3	231	4.1	11.3	0.89	0.61
Inosin	3	248	12.2	223	3.4	7.1	1.68	0.25	12	253	13.1	224	2.5	11.7	1.05	0.18
Xanthosin	2	235; 263	8.4; 8.95	248	6.4	8.7	0.75	0.28	11	248; 278	10.2; 8.9	264	7.0	7.65	1.30	1.13
Purin-Ribosid	1	262	5.9	235	2.5	5.7	0.72	0.29	13	262	7.2	233	2.9	7.0	0.69	0.23
Harnsäure-Ribosid	2	240; 286	8.4; 6.1	259	3.6	—	1.12	1.85	12	252; 298	10.6; 8.7	236	8.0	—	1.57	0.53
2,6-Diaminopurin-Ribosid	6.7	255; 280	9.45; 10.0													
Isoguanin-Ribosid	2	235; 283	6.14; 12.7	251	2.2	—	0.55	3.12	12	251; 285	6.9; 10.5	264	5.1	—	1.23	1.70
Desoxyadenosin	2	258	14.1	228	3.0	—	0.83	0.24								
Desoxyguanosin	2	255	12.3	—	—	—	1.02	0.70	12	260	9.18	230	2.2	—	0.99	0.61
Desoxyinosin	2	249	13.2	—	—	—	1.63	0.23								
Desoxyxanthosin [1]	2	234; 263	8.3; 9.1						12	248; 278	10.0; 9.1					
Adenylsäure-(2') [2]	2	257	— 14.4	229	3.2	14.2	0.85	0.23	12	259	15.4	—	—	15.0	0.80	0.15
Adenylsäure-(3')	2					14.2	0.85	0.22	12					15.0	0.80	0.15
Adenylsäure-(5')	2	257	15.1	230	3.5	14.2	0.84	0.22	12	259	15.4	227	2.6	15.0	0.79	0.15
Adenosin-triphosphat [2]	2	257	14.7	230	3.5	—	0.85	0.22	12	259	15.4	227	2.5	—	0.80	0.15
Guanylsäure	1	257	12.2	228	2.6	11.8	0.90	0.68	12	256	11.1	230	4.3	11.2	0.89	0.60
Inosinsaure-(5')							1.6									
Desoxyadenylsaure-(5')	2	258	14.3	230	3.4	14.1	0.82	0.23								
Desoxyguanylsaure-(5')	1	255	11.8	228	4.7	10.6	1.02	0.70								

[1] Daten des Cyclohexylaminsalzes.
[2] Daten des Gleichgewichtsgemisches AMP-2' und AMP-3' bzw. GMP-2' und GMP-3'.

4. Dinucleotide

4/1 Diphospho-pyridin-nucleotid (Nicotinamid-adenin-dinucleotid, NAD, DPN, Co-Dehydrase I, Co-Enzym I, β-DPN)

MG 663.45

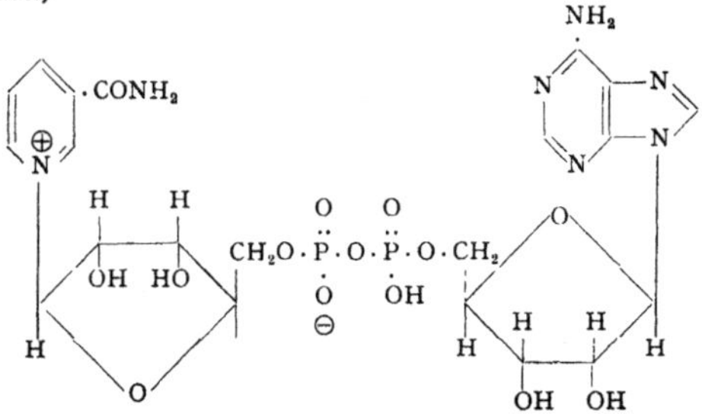

Charakteristik: Amorph. farbl. Pulver + 4H_2O; ll. in W.; unl. in A., Ac. — Bildet mit Schwermetallen unl. Salze. Sehr verd. wssr. Lsgn. sind unbeständig, konzentrierte einige Tage in der Kälte haltbar. — p_K 3.7; $[\alpha]_D^{25}$ −348° (W.). — λ_{max} 340 mμ (nach Redukt. mit $NaHSO_3$ in alk. Lsg.). — *Chininsalz:* 2 DPN + 3 Chinin: Kristallnadeln (W.). — *V.:* Bestandteil aller tier. und pflanzl. Zellen.

4/2 Triphospho-pyridin-nucleotid (Nicotinamid-adenin-dinucleotid-phoshat, NADP, TPN, Co-Dehydrase II, Co-Enzym II)

MG 743.43

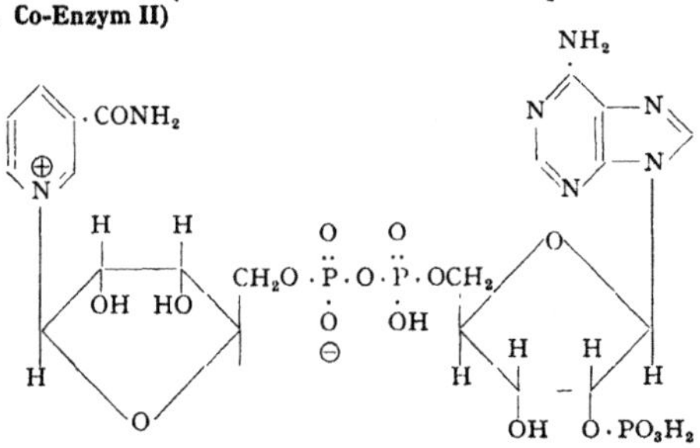

Charakteristik: Farbl. amorph. Pulver; ll. in W.; l. in Me.; unl. in A., Ae., Essigester; bildet mit Schwermetallen unl. Salze. — p_K (bas.) 3.9; p_K (s.) 6.1. — *Na-Salz:* $C_{21}H_{27}N_7O_{17}P_3Na \cdot 4H_2O$. — *V.:* Pferdeblutzellen, in Blättern vieler Blütenpflanzen, Weizenkeimen, grünen Blättern von Erbse, Bohne Spinat, Tomate, Petersilie, Getreide. In Penicillium chrysogenum. — *Wi.:* Wasserstoffübertragendes Coferment.

4/3 Dihydro-co-dehydrase I (hydriertes Nicotinamid-adenin-dinucleotid, $NADH_2$, Dihydrocozymase, $DPNH_2$)

MG 665.47

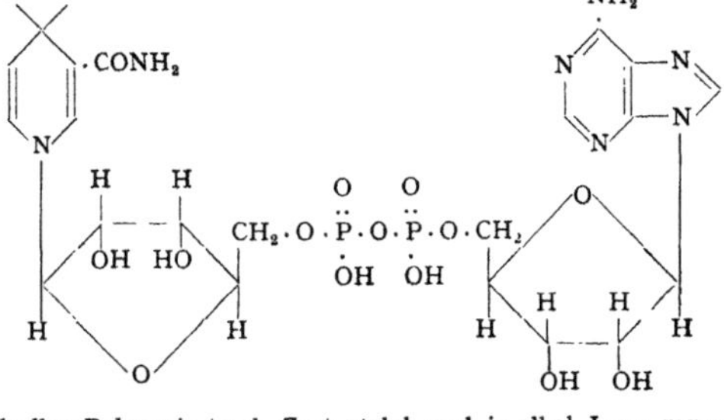

Charakteristik: Hellgelbes Pulver; in trock. Zust. stabil, auch in alkal. Lsgn. gegen Luftsauerstoff beständig. Bei p_H 6—7 erfolgt spontane Oxydation. In stark alkalischer Lösung Umwandlung in Verb. mit λ_{max} 345 mμ. Man löst am zweckmäßigsten in ganz schwach alkal. W. auf. — *Na-Salz:* $C_{21}H_{27}N_7O_{14}P_2Na_2$; hellgelbes Pulver; sll. in W.; unl. in A.

4/4 **4-Aminoimidazolcarboxamid-adenin-dinucleotid (IRPA)**
MG 667.43

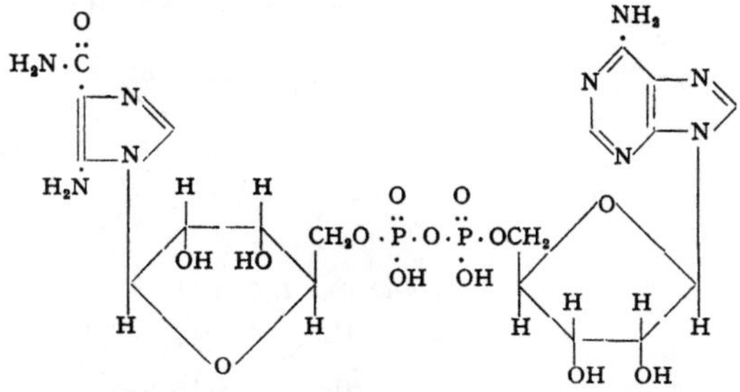

Charakteristik: Entsteht enzymatisch aus DPN und 4-Aminoimidazol-5-carboxamid; wird enzymatisch in AMP und 4-Aminoimidazol-5-carboxamid-ribosid (IRP) gespalten. λ_{max} 267 mμ, E_{max} 0.64 (c = 2.74 · 10^{-5}, p_H 2.6).

4/5 **Coenzym A (Co A)**
MG 764.54

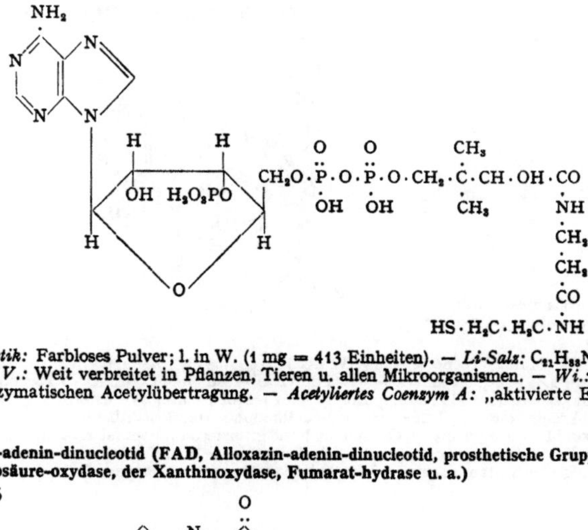

Charakteristik: Farbloses Pulver; l. in W. (1 mg = 413 Einheiten). — *Li-Salz:* $C_{21}H_{33}N_7O_{16}P_3SLi_3 \cdot 6H_2O$. — *V.:* Weit verbreitet in Pflanzen, Tieren u. allen Mikroorganismen. — *Wi.:* Co-Faktor bei der enzymatischen Acetylübertragung. — *Acetyliertes Coenzym A:* „aktivierte Essigsäure".

4/6 **Flavin-adenin-dinucleotid (FAD, Alloxazin-adenin-dinucleotid, prosthetische Gruppe der D-Aminosäure-oxydase, der Xanthinoxydase, Fumarat-hydrase u. a.)**
MG 785.56

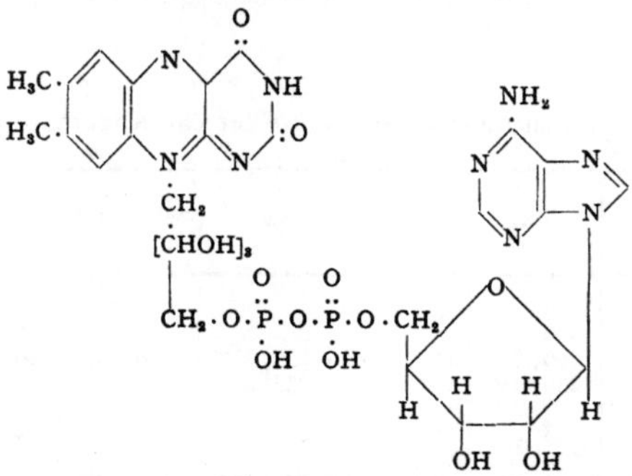

Charakteristik: Gelbes Pulver; ll. in W.; unl. in A. — Die neutrale Lsg. ist in der Kalte unbegrenzt haltbar; unterhalb p_H 3, oberhalb p_H 10 bei erhöhter Temp. u. Licht instabil. — *Ba-Salz:* Hellgelbe, hexagonale Krist., traubenartig zusammenhangend (W.); 0.25 W. 25°; wl. in W. 40°; l. in W. 60°; unl. in Ae. — *V.:* Wirkgruppe von mehr als 25 Fermenten tier. und pflanzl. Ursprungs.

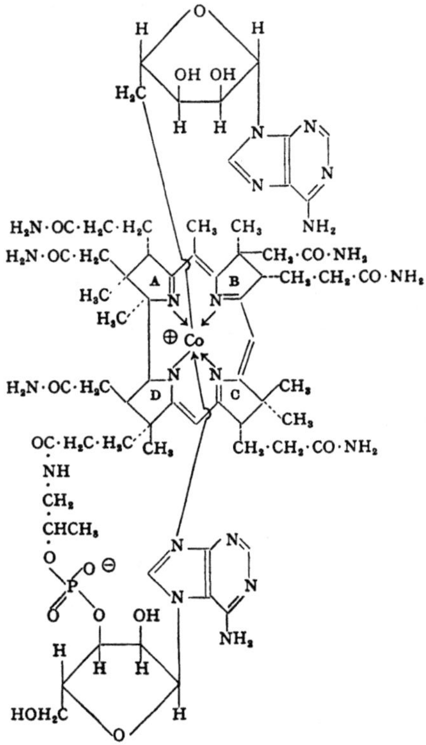

4/7 **Adenylcobamid-Coenzym**
(Pseudovitamin B_{12}-Coenzym)

Charakteristik: Orangefarbene Kristalle (W./Ac.); λ_{max} 303, 375, 458 mμ; *E* 21.6 · 10^6, 9.03 · 10^6, 8.75 · 10^6 (p_H 6.8, Phosphatpuffer). — Wird durch Überschuß an CN-Ionen in Pseudovitamin B_{12} und Adenin gespalten. Milde Säurehydrolyse (0.07 n HCl 10 Min. 85°) liefert ein gelbes Cobamid und 1 Mol Adenin unter Spaltung der Nucleosidbindung. Durch sichtbares Licht tritt Abbau zu Adenylcobamid-hydroxyd und mehreren nicht identifizierten Adeninderivaten ein. — *V.:* In Zellen von Clostridium tetanomorphum u. P. shermanii. — *Wi.:* Coenzym bei der enzymatischen Umwandlung von Glutaminsäure in β-Methylasparaginsaure u. Mesaconsäure.

Absorptionsschwerpunkte der Co-Dehydrasen[1]

	λ_{max}	$\varepsilon_{max} \cdot 10^{-3}$	λ_{min}	$\varepsilon_{min} \cdot 10^{-3}$	p_H	$\frac{\varepsilon_{280}\text{-Red.}}{\varepsilon_{340}\text{-Red.}}$	$\frac{\varepsilon_{260}\text{-ox}}{\varepsilon_{340}\text{-Red.}}$
DPN	258	18.7			2		
DPN	259	18.0			7		
DPN-CN-Komplex	260; 327	15.1; 6.0	239; 289	10.6, 1.9	10		
DPN H_2	239; 339	15 0; 6.22	233; 290	7 7; 1.4		2.41	2.88
					7.5		
TPN	258	18.7			2		
TPN	259	18.0			7		
TPN-CN-Komplex	260; 327	14.9; 6.0	237; 289	8.4; 1.9	10		
TPN H_2	259; 339	14 9; 6.22	236; 290	7.6; 1.4		2.40	2.88

[1] Nach Werten der Pabst Laboratories Milwaukee, Wisconsin.

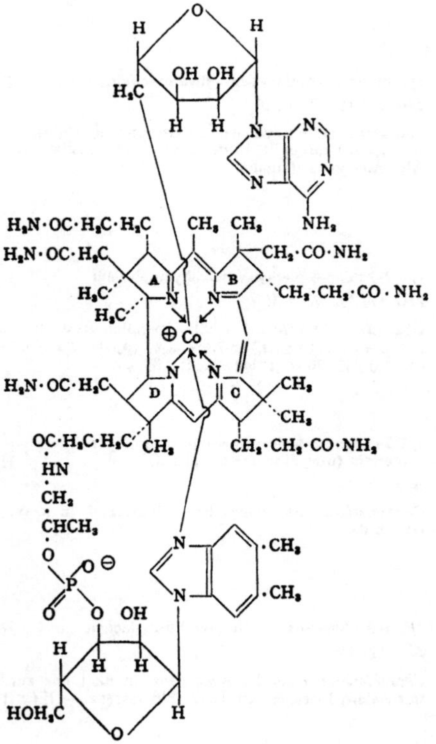

4/8 **5,6-Dimethylbenzimidazol-cobamid-Coenzym (Vitamin B_{12}-Coenzym)**

Charakteristik: Rote Kristalle (W./Ac.). — λ_{max} 263, 304, 460 mμ (pH 2.7); λ_{max} 260, 521 mμ (pH 6.4 u. 12.0). — In Lösung paramagnetisch (1.73 μB). — Wird durch Licht bei Ausschluß von Luftsauerstoff zu Vitamin B_{12r} und einem Adeninnucleosid mit unbekanntem Zuckerrest gespalten. Lichtspaltung an der Luft führt zu Hydroxo-cobalamin und Adeninnucleosiden. Spaltung mit Cyanid ergibt Vitamin B_{12}. — Stabil gegen Oxydations- und Reduktionsmittel. — *V.:* P. shermanii nach Gärung in Gegenwart von 5,6-Dimethylbenzimidazol. — *Wi.:* Coenzym für die enzymatische Umwandlung von Glutaminsäure in β-Methylasparaginsaure.

Pteridine

Von **Wolfgang Pfleiderer**, Stuttgart

Literatur. *Albert, A.*, The Pteridines. Quart. Rev. **6**, 197 (1952). — *Albert, A.*, The Pteridines, Fortschr. Chem. organ. Naturst. **11**, 350 (1954). — *Ziegler-Gunder, I.:* Pterine: Pigmente und Wirkstoffe im Tierreich. Biol. Rev. **31**, 313 (1956).

1. Einfache Pteridine

1/1 **Pteridin**

MG 132.12 *F* 139.5

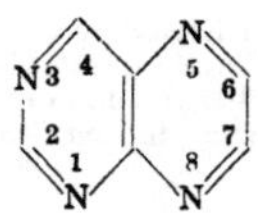

Charakteristik: Gelbe Krist. (A.); 14 W. 20, 20 A. 20°, 0.3 PAe. 20°; ll. in Chlf.; geruchlos; flüchtig; d. Chlf. aus wssr. Lsg. extrahierbar; Z. in 1 Std. bei 110° durch n H_2SO_4 74%, durch 10 n NaOH > 57%.

1/2 **Lumazin (2,4-Dioxotetrahydropteridin)**

MG 164.12 *F* 335—338 (Z.)

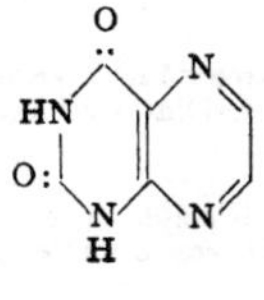

Charakteristik: Farbl. Krist. (W.); l. in Eg.; Z. in 1 Std. bei 110° durch n H_2SO_4 52%, durch 10 n NaOH 76%.

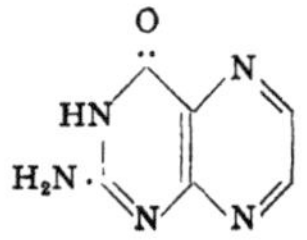

1/3 Pterin (2-Amino-4-oxodihydropteridin)
MG 163.15 *F* >350

Charakteristik: Schwach gelbl. Kristallpulv.; l. in Alkali; swl. in W.; unl. in A.; blaue Fluorescenz. — *V.:* In Drosophila, in der Haut gruner Schlangen, in Ephestia kuhniella, in der blaugrunen Alge Anacystis nidulans.

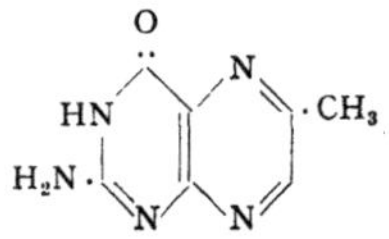

1/4 2-Amino-6-methyl-4-oxodihydropteridin
MG 177.17 *F* >350

Charakteristik: Schwach gelbl. Kristallpulv.; l. in Alkali; swl. in W.; blaue Fluorescenz. — p_K (bas.) 3.21; p_K (s.) 9.97. — λ_{max} (p_H 1) < 220; 250; 325 mμ; log ε > 4.08; 4.02; 3.90; λ_{max} (p_H 13) 255; 365 mμ; log ε 4.36; 3.85.

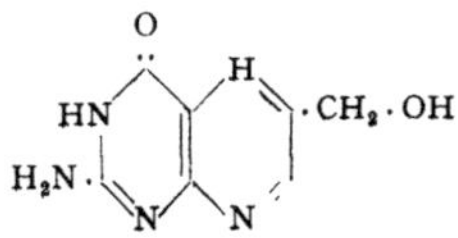

1/5 2-Amino-6-hydroxymethyl-4-oxo-dihydro-pteridin (6-Hydroxymethyl-pterin)
MG 193.17

Charakteristik: Blaßgelbes Kristallpulver; l. in h. W. — *V.:* In Synechocystis in Form eines Glucosids.

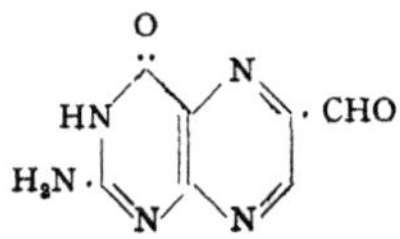

1/6 2-Amino-4-oxodihydropteridin-6-aldehyd
MG 191.15

Charakteristik: Hellgelbe Krist.; wird in alkal Lsg. zur Sre. u. Alkohol disproportioniert, reagiert mit Aldehyd-Reagenzien. Blaue Fluorescenz. — *Wi.:* Inhibitor für Xanthinoxydase.

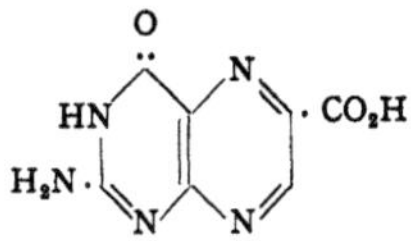

1/7 2-Amino-4-oxodihydropteridin-6-carbonsäure (Pterin-6-carbonsäure)
MG 207.15 *F* >350

Charakteristik: Schwach gelbl. Pulver; l. in Alkalien; swl. in W.; unl. in organ. Lsgm. und verd. Sren.; Fluorescenz himmelblau. — *V.:* In Rana nigromaculata, in Schlangenhaut, in Drosophila.

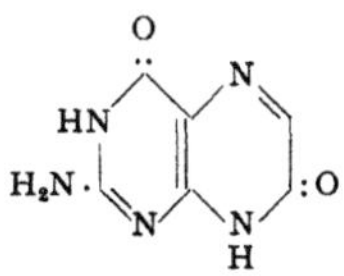

1/8 Isoxanthopterin (2-Amino-4,7-dioxotetra-hydropteridin)
MG 179.14 *F* >350

Charakteristik: Farbl. Kristallpulv.; l. in Alkali; unl. in Sren.; stark blaue Fluorescenz in alkal. Lsg. — *V.:* In den Flügeln des Kohlweißlings und Zitronenfalters; in der Haut von Rana nigromaculata, grünen Schlangen und des Feuersalamanders; in den Larven und Eiern von Bombyx mori; in der Drosophila, in den Schuppen des japanischen Karpfens, im menschlichen Harn.

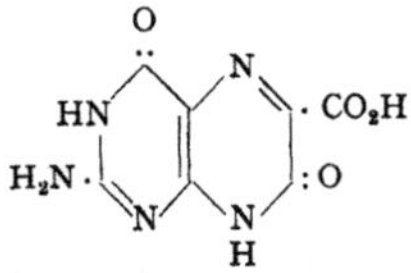

1/9 Isoxanthopterin-carbonsäure (2-Amino-4,7-dioxotetrahydropteridin-6-carbonsäure)
MG 223.15 *F* >350

Charakteristik: Schwach gelbl., sehr schwer losl. Kristallpulv.; l. in Alkali; swl. in Sren.; decarboxyliert ab 250° zu Isoxanthopterin. — *V.:* In den Schuppen des japanischen Karpfens.

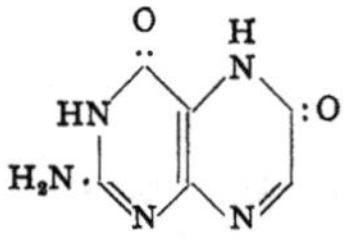

1/10 Xanthopterin (2-Amino-4,6-dioxotetrahydropteridin)

MG 197.16 *F* > 350

Charakteristik: Gelbes Kristallpulv. · H_2O; l. in Alkalien und starken Sren.; swl. in W.; unl. in A. — Fluorescenz im Tageslicht gelbl. bis grunlich, auf dem Papier unter der UV-Lampe gelb bis blaugrau; Oxydation → Leukopterin. — *Ba-Salz:* Nadelbuschel; swl. in W. — *V.:* In Schmetterlingsflügeln, Wespen, Hornissen, Harn; in der Haut von Cancer pagurus und in der Ascidienart Microcosmus polymorphus. — *Wi.:* Steigert die Mitosen des Nierenepithels.

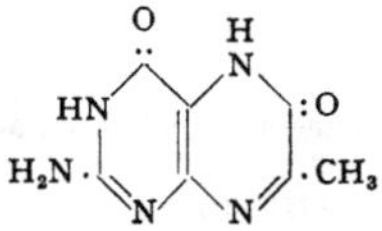

1/11 Chrysopterin (7-Methylxanthopterin, 7-Methyl-2-amino-4,6-dioxotetrahydropteridin)

MG 193.17 *F* > 350

Charakteristik: Gelbes Kristallpulver, l. in Alkalien und starken Sren.; swl. in Wasser. — In Tageslicht grunliche Fluorescenz, unter der UV-Lampe leuchtend gelb. — *Ba Salz:* leichter lösl. als Xanthopterin-Ba. — *V.:* In Schmetterlingsflügeln (Gonepteryx rhamni).

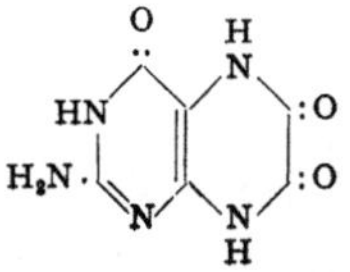

1/12 Leukopterin (2-Amino-4,6,7-trioxohexahydropteridin)

MG 195.14 *F* >350

Charakteristik: Farbl. Kristallpulv.; l. in Alkali; außerordentlich schwerlösl. in Wasser. — Schwach blaue Fluorescenz in alkal. Lsg. — *V.:* In Schmetterlingsflügeln.

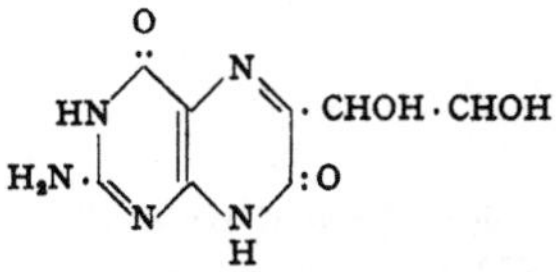

1/13 Ichthyopterin (2-Amino-6-(1′,2′-dihydroxypropyl)-4,7-dioxotetrahydropteridin)

MG 253.22 *F* > 350

Charakteristik: Fast farbl., gelbstichige Nadeln; l. in Alkalien; wl. in W. (1 : 3000). — Blaufluorescenz. — $[\alpha]_D^{20}$ −39° (c = 0.264 in 0.1 n NaOH). — Abs. Konfiguration der Seitenkette unbekannt. — *V.:* In den Schuppen des japanischen Karpfens, in Fischhäuten.

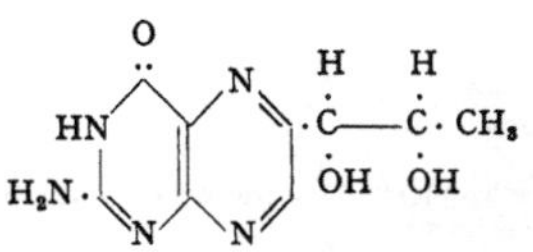

1/14 Biopterin (L-Erythro-2-amino-6-(1′,2′-dihydroxypropyl)-4-oxodihydropteridin)

MG 237.22 *F* ab 250—280 Z.

Charakteristik: Gelbl. Mikrokrist.; l. in W. (1 : 1400 bei 20°); gut l. in Sren. und Laugen; swl. in A., Ae., Ac., Bzl. — Liefert beim oxydativen Abbau 2-Amino-4-oxodihydropteridin-carbonsäure-(6). — λ_{max} 247; 322 mμ; 0.1 n HCl; λ_{max} 253; 363 mμ; 0.1 n NaOH. — $[\alpha]_D^{24}$ − 50° (c = 0.4; 0.1 n HCl). — pK-Werte 2.43; 7.77. — *V.:* Im menschl. Harn, in der Drosophila, im Weiselzellenfuttersaft der Honigbiene. — *Wi.:* Wachstumsfaktor für Crithidia fasciculata.

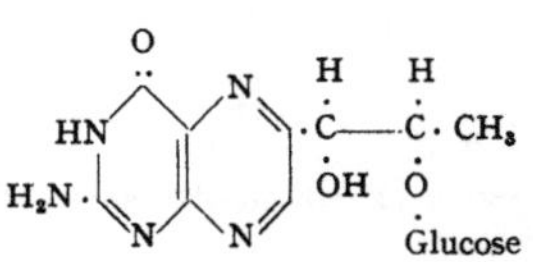

1/15 Biopterin-glucosid(L-Erythro-2-amino-6-(1′,2′-dihydroxypropyl)-4-oxodihydropteridin-1′-O-α-D-glucopyranosid)

MG 399.36

Charakteristik: Blaue Fluorescenz. Verknupfungsstelle der Glucose noch nicht gesichert (1′-O- oder 2′-O-). — *V.:* In der blaugrunen Alge Anacystis nidulans.

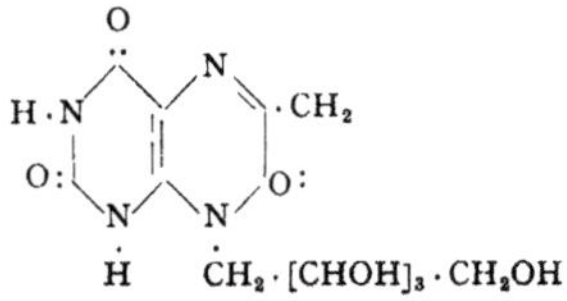

1/16 **8-Ribityl-6-methyl-2,4,7-trioxohexahydropteridin**

MG 328.28 *F* 250

Charakteristik: Farbl. Krist. aus A./verd. HCl; ll. in W.; blau leuchtende Fluorescenz. — $[\alpha]_D^{23}$ +3.3° (c = 0.307; W.); $[\alpha]_D^{22}$ +2.4° (c = 0.298; 0.1 n HCl). — *V.:* In Eremothecium ashbyii und Ashbya gossypii.

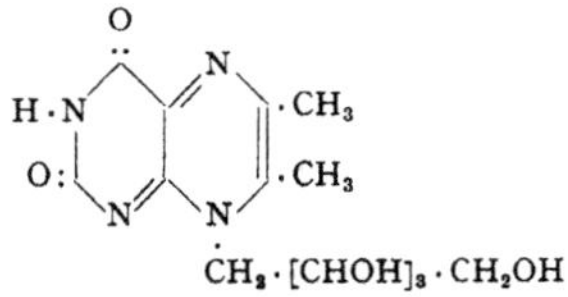

1/17 **8-Ribityl-6,7-dimethyl-2,4-dioxotetrahydropteridin**

MG 326.31 *F* 270—271 (Z.)

Charakteristik: Gelbe Krist. aus wenig W.; ll. in W.; l. in A.; leuchtend gelbe Fluorescenz. — $[\alpha]_D^{22}$ −180° (c = 0.517; W.); $[\alpha]_D^{22}$ −171° (c = 0.505; Puffer p_H 6.0). — *V.:* In Eremothecium ashbyii und Ashbya gossypii. — *Wi.:* Zwischenprodukt bei der Biosynthese des Riboflavins.

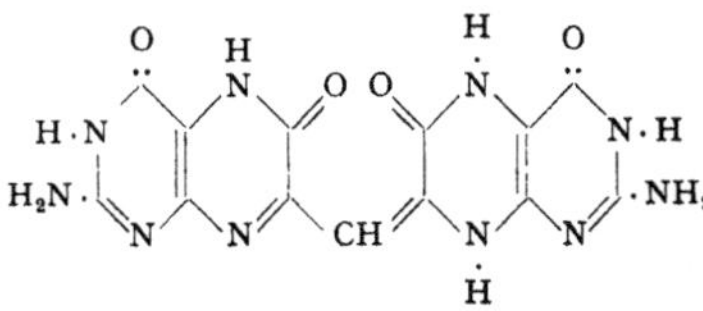

1/18 **Pterorhodin**

MG 370.29 *F* >350

Charakteristik: Dunkelviolette Nadeln (0.1 n HCl); l. in Alkalien; löst sich in konz. H_2SO_4 mit roter Farbe; unl. in W. u. organ. Lsgm. — *Sulfat:* Fuchsinfarbene Krist. (H_2SO_4/W. 1 : 1). — *V.:* Augenfarbstoff von Ephestia und Ptychopoda, Flugelpigment des Schmetterlings Appias Nero.

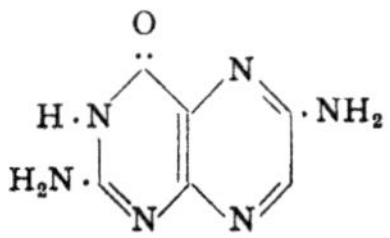

1/19 **2,6-Diamino-4-oxodihydropteridin**

MG 178.16

Charakteristik: Leuchtend gelbe Krist.; l. in Alkali und Sren.; swl. in W. — Grungelbe Fluorescenz. — λ_{max} 272; 377 mμ; $E_{1\,cm}^{1\%}$ 833; 310 (0.1 n HCl); λ_{max} 260; 393 mμ; $E_{1\,cm}^{1\%}$ 1092; 345 (0.1 n NaOH). — *V.:* In Drosophila melanogaster; in der blaugrunen Alge Anacystis nidulans und Nostoc muscorum G.

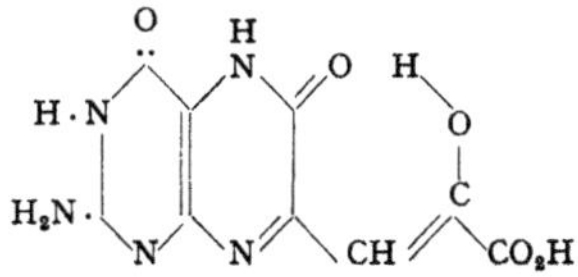

1/20 **Erythropterin (Xanthopteryl-7-brenztraubensäure)**

MG 265.2

Charakteristik: Orangerotes Kristallpulver·H_2O; ll. in Alkalien; l. in W., Sren.; umkristallisierbar aus 0.1 n Sre.; verd. Lsgn. gelb, konz. Lsgn. orange, auf dem Papier gelb bis orange. Liefert beim alkalischen Abbau Chrysopterin und Oxalsaure. — *V.:* In Schmetterlingsflugeln, in den Augen von Ephestia kuhniella und sehr wahrscheinlich in Tuberkelbazillen.

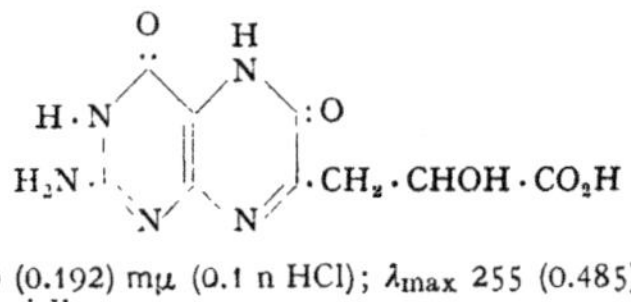

1/21 **Ekapterin (Xanthopteryl-7-milchsäure)**

MG 267.2

Charakteristik: λ_{max} 230 (0.400), 265 (0.307); 360 (0.192) mμ (0.1 n HCl); λ_{max} 255 (0.485); 390 (0.210) mμ (0.1 n NaOH). — *V.:* In Ephestia kuhniella.

1/22 Lepidopterin (β-Xanthopteryl-(7)-α-amino-acrylsäure)

MG 264.2

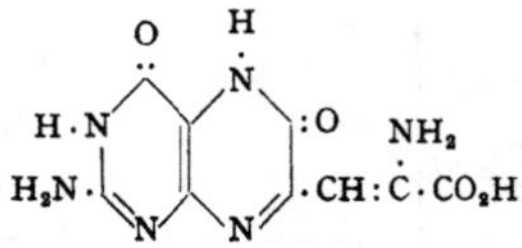

Charakteristik: Zitronengelbe Fluorescenz auf dem Papier. — λ_{max} 238 (0.770); 310 (0.350); 450 (0.510) mμ (0.1 n HCl); λ_{max} 238 (0.750) 310 (0.310); 465 (0.580) mμ (0.1 n NaOH). — *V.:* In Ephestia kühniella.

1/23 Urothion

MG 327.39 *F* > 360 Summenformel $C_{11}H_{13}N_5O_3S_2$ Struktur unbekannt

Charakteristik: Rotgelbe Nadelbüschel; ll. in wssr. Alkalien; l. in starken Sren.; wl. in W. (1 : 10000); swl. bzw. unl. in organ. Lsgm. — In 85%iger H_2SO_4 braun bis gelb, wird bei Erkalten im Wasserbad kirschrot, Färbg. verschwindet beim Verdünnen; in Lsg. himmelblaue Fluorescenz; nach Permanganatoxydation moosgrüne Fluorescenz. — $[\alpha]_D$ −12° (in 0.05 n NaOH). — *Tetraacetylderivat: F* 220. — *V.:* Im menschlichen Harn.

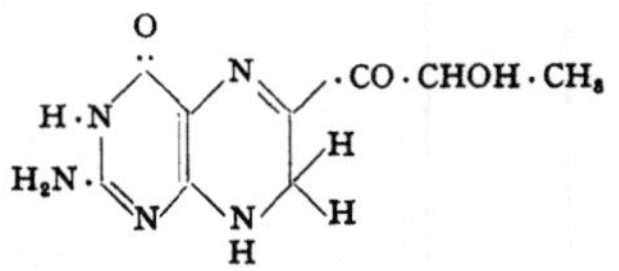

1/24 Sepiapterin

MG 237.22

Charakteristik: Orangefarbene Nadeln; l. in W. — λ_{max} (pH 1) 281; 410 mμ; $E^{1\%}_{1\,cm}$ 440; 340; λ_{max} (pH 11) 268; 440 mμ; $E^{1\%}_{1\,cm}$ 665; 510. — $[\alpha]^{20}_D$ +100° (W.). — Gibt bei der Luftoxydation 7,8-Dihydroxanthopterin. — *V.:* In den Augen von Drosophila melanogaster (Mutante sepia).

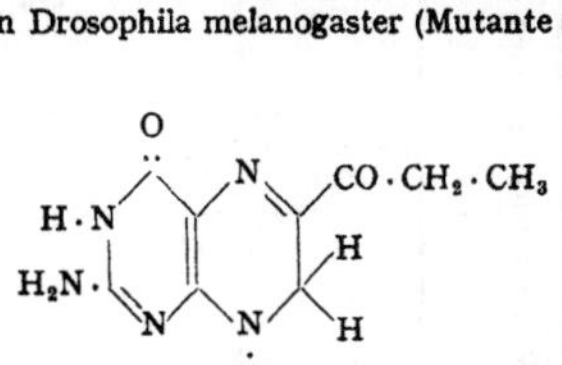

1/25 Isosepiapterin (6-Propionyl-7,8-dihydropterin)

MG 239.23

Charakteristik: Gelbe Fluorescenz in Wasser; gelbe Krist.; 0.002 W.; λ_{max} 285; 400 mμ (0.1 n HCl); λ_{max} 268; 430 mμ (0.1 n NaOH). — *V.:* In blaugruner Alge Anacystis nidulans, Drosophila melanogaster.

1/26 Neodrosopterin

MG 237.22 Summenformel $C_9H_{11}N_5O_3$ Struktur unbekannt

Charakteristik: Rotes amorphes Pulver; l. in W. — $[\alpha]^{20}_D$ 0°. — Liefert beim alkalischen Abbau und bei der Oxydation 2-Amino-4-oxodihydropteridin-carbonsäure-(6). — *V.:* In Drosophila melanogaster.

1/27 Drosopterin

MG 237.22 Summenformel $C_9H_{11}N_5O_3$ Struktur unbekannt

Charakteristik: Rotes amorphes Pulver; l. in W. — λ_{max} 265; 475; ε_{max} 0.405; 0.870 (0.1 n HCl); λ_{max} 265; 505; ε_{max} 0.495; 0.990 (0.1 n NaOH) (*c* = 1,22 mg/100 ml). — $[\alpha]^{20}_D$ −2400° (*c* = 37 mg/100 cm³) bei pH 7−8. — Liefert beim alkalischen Abbau und durch Oxydation 2-Amino-4-oxodihydropteridin-carbonsäure-(6). — *V.:* In Drosophila melanogaster.

1/28 Isodrosopterin

MG 237.22 Summenformel $C_9H_{11}N_5O_3$ Struktur unbekannt

Charakteristik: Orangefarbene Nadeln; λ_{max} 265; 475 mμ; ε_{max} 0.330; 0.580 (0.1 n HCl); λ_{max} 265; 505 mμ; ε_{max} 0.365; 0.660 (0.1 n NaOH) (*c* = 0.9 mg/100 cm³). — $[\alpha]^{20}_D$ +1550° (*c* = 9 mg/100 cm³) in 0.1 n HCl; +2150° (*c* = 9 mg/100 cm³) bei pH 7.5; +2300 (*c* = 9 mg/100 cm³) in 0.1 n NaOH. Liefert beim alkalischen Abbau und bei der Oxydation 2-Amino-4-oxodihydropteridin-carbonsaure-(6). — *V.:* In Drosophila melanogaster.

Physikalische Konstanten von Pteridinen

[ ] Schulter

	pK-Wert 20°C Streuung	UV-Absorptionsspektren λ_{max} (mμ)	UV-Absorptionsspektren log ε_{max}	pH-Wert	Molekulart	Löslichkeit in Wasser (20°) 1 in:
Pteridin	4.12 ± 0.05	<220; 300;	>3.84; 3.92	1.1	Kation +	7.2
		<220; 298; 309	>3.83; 3.87; 3.83	6 2	Neutralm. o	
Lumazin	7.95 ± 0,03	228; 325	4.03; 3.86	5.8	o	800
		215; 236; 269; 346	3.97; 4.03; 3.98; 3.71	10.0	Monoanion —	
Pterin	2.20 ± 0,1	[229]; [242]; 314	[4.03]; [3.94]; 3.89	0.0	+	57000
	7.86 ± 0.1	233; 270; 339	4.04; 4.08; 3.79	5 0	o	
		251; 360	4.33; 3 85	10.0	—	
Isoxanthopterin	7.34 ± 0.05	210; 286; 340	4.48; 4.00; 4.14	4.0	o	200000
	10 06 ± 0.1	229 [254] 280; 332	4.46; [3.87]; 3.81, 4.11	8.7	—	
		221; 253; 339	4.58; 4.05, 4.14	13.0	— —	
Isoxanthopterincarbon-saure		214; 289; 350	4.50; 3.97, 4.15	5.0	—	
		224; 258; 346	4.52; 4.02; 4.14	12 0		
Xanthopterin	1.6 ± 0.1	245; 355	4.07; 3.82	70% H_2SO_4	+	40000
	6.3	275; 385	4.12 3.39	4.93	o	
	9.23 ± 0.04	255; 392	4.27; 3.85	13.0	— —	
Chrysopterin		252; 385	4 20; 3.90	11.0	— —	
Leukopterin	7.56 ± 0.1	225; 296; 336	4.15; 4.10; 3.89	5 0	o	750000
	9 78 ± 0.04	237; 288; 333; 345	4.19; 3.94, 4.02; 4 03	8.7	—	
	13 6 ± 0 1	239; 280; 341	4.20; 3.86; 4.02	12 0	— —	
		221; 240; 287; 343	4.28; 4.27; 3.88; 4.10	4 n NaOH	— — —	
Erythropterin	2 45 ± 0.1	238; 306; 319; [340]; 450	4.20; 3.98; 3.97; [3.84]; 4.02	1.0	o	
	7.95 ± 0.1	239; 309; 319; 430	4.29; 4.07; 4.06; 4.08	5.0	—	
	10.00 ± 0.1	236; 314; 330; 451	4.26; 3.92; 3.91, 4.11	9.0	— —	
		238; [274]; 317; [334]; 470	4.24; [3.92]; 3.93; [3.86]; 4.21	13.0	— — —	
8-Ribityl-6-methyl-2,4,7-trioxohexahydropteridin	4 04 ± 0.03	281; 327	4.08; 4 07	1 0	o	
	12 87 ± 0.1	289; 345	4.04 4.12	8.0	—	
8-Ribityl-6,7-dimethyl-2,4-dioxotetrahydro-pteridin	0.56 ± 0.1	248; 360; [410]	4.08; 4.03; [3.16]	4 n H_2SO_4	+	
	8 29 ± 0.03	258; 275; 407	4.13; 3.95; 4.01	6.0	o	
		230; 280; 313	4.13; 4.06; 3.91	13.0	—	

2. Pteroinsäuren

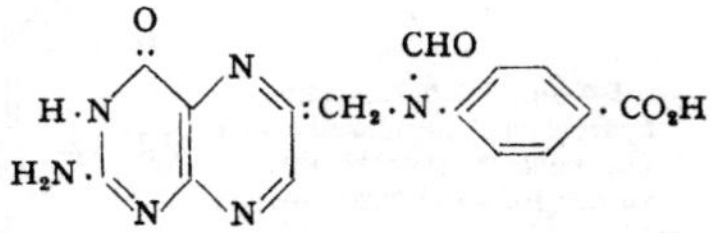

2/1 **Rhizopterin (SLR-Faktor)**
MG 340.29 *F* > 300

Charakteristik: Hellgelbe Blatt. (verd. Essigsre.). — λ_{max} (p_H 1) 253; 325 mμ; log ε 4.32; 3.89 λ_{max} (p_H 3) 270; 345 mμ; log ε 4.32; 3.72; λ_{max} (p_H 11) 255; 365 mμ; log ε 4.50; 3.87. — *Äthylendiamin-Kobalt-Salz:* rote Nadelbuschel; *F* 247—50 (Z.); umkrist. aus h. W.: *NH_4-Salz:* feine gelbe Nadeln (NH_4OH + A.). — *V.:* Im Garungssaft von Rhizopus Nigrans.

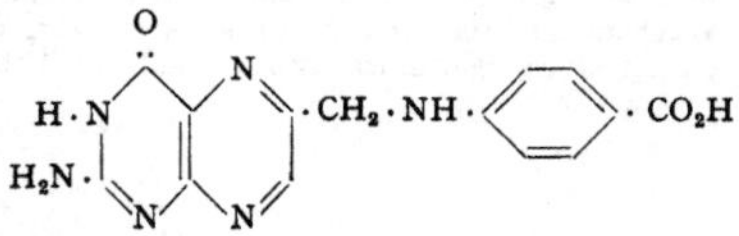

2/2 **Pteroinsäure (Aporhizopterin)**
MG 312.28 *F* > 300 (Z.)

Charakteristik: Gelbes mikrokrist. Pulv.; l. in Alkalien, konz. Sren.; wl. in W., verd. Sren. (p_H 3). — λ_{max} (p_H 13) 255; 275; 365 mμ; log ε 4.43; 4.39; 3.92. — *Hydrochlorid:* Gelbe krist. Fallg. (konz. HCl).

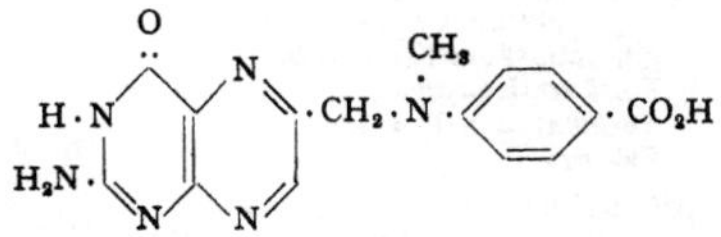

2/3 **N^{10}-Methyl-pteroinsäure**
MG 326.31

Charakteristik: Gelbe Rosetten; l. in Alkalien, konz. Sren.; wl. in verd. Sren.

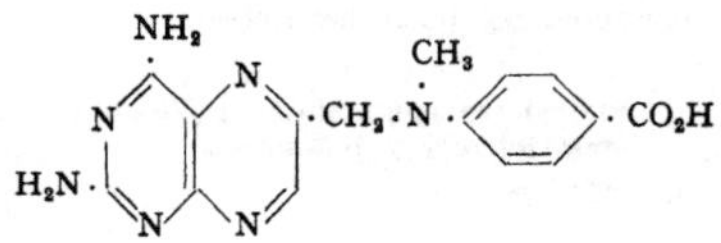

2/4 **4-Amino-10-methyl-pteroinsäure**
MG 325.30 *F* 254—255 (Z.)
Charakteristik: Hellgelbe Krist. + $2H_2O$ (W.).

3. Pteroylglutaminsäuren (Folsäuregruppe)

3/1 **Pteroylglutaminsäure (Folsäure, Vitamin B_c, Norit-Eluat-Faktor, Leber-L. Casei-Faktor; p-[2-Amino-4-oxodihydropteridyl-(6)]-methylamino-benzoyl-L-glutaminsäure)**

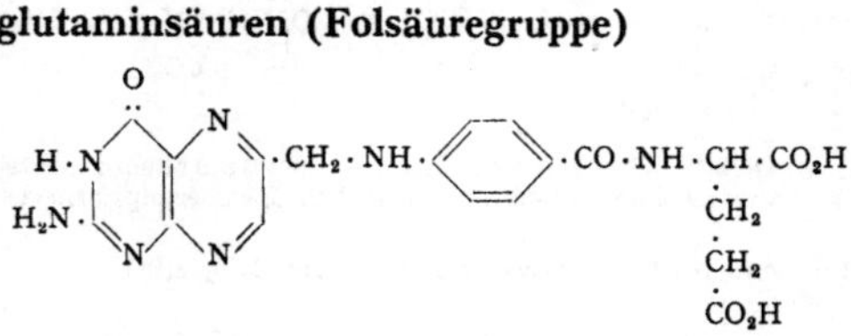

MG 441.4

Charakteristik: Orangegelbe geruch- und geschmacklose Nadeln od. Platt.; l. in Alkalien, Sren.; fallt beim Verd. auf p_H 3 wieder aus; wl. in W.; swl. in A.; unl. in Ae.; bildet stabile Schwermetall-Komplexe. — p_K (S.) < 5; 5.0; 8.3. — λ_{max} (p_H 1) < 220; 295 mμ; log ε > 4.36; 4.31; λ_{max} (p_H 13) 256; 283; 368 mμ; log ε 4.43; 4.40; 3.96. — [α] + 20° (0.1 n NaOH). — *V.:* In Leber, Hefe, grunen Blattern. — *Wi.:* Wachstumsfaktor fur Lactobacillus casei, Streptococcus faecalis R und andere Mikroorganismen. Antianaemische Eigenschaften.

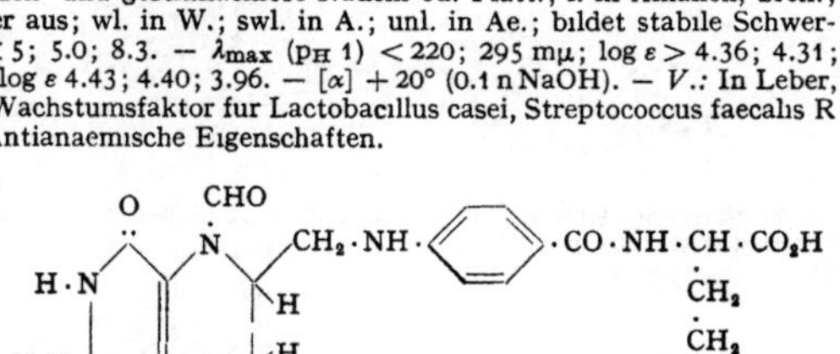

3/2 **5-Formyl-5,6,7,8-Tetrahydropteroyl-L-glutaminsäure (Citrovorum-Faktor)**
MG 473.44

Charakteristik: Farbl. Krist. — $[\alpha]_D$ — 15.1°. — *V.:* In der Leber, wird durch Mikroorganismen synthetisiert. — *Wi.:* Wachstumsfaktor fur Leuconostoc citrovorum, Lactobacillus casei, Streptococcus faecalis, Lactobacillus arabinosus. Ist an der Ubertragung von C_1-Bausteinen beteiligt, wird von den Zellen von Saugetieren bei der Zellteilung benotigt.

3/3 **5-Formyl-5,6,7,8-tetrahydropteroyl-L-glutaminsäure (Leucovorin, synthet. Citrovorum-Faktor, Folinsäure SF)**

MG 473.44 *F* 248—250

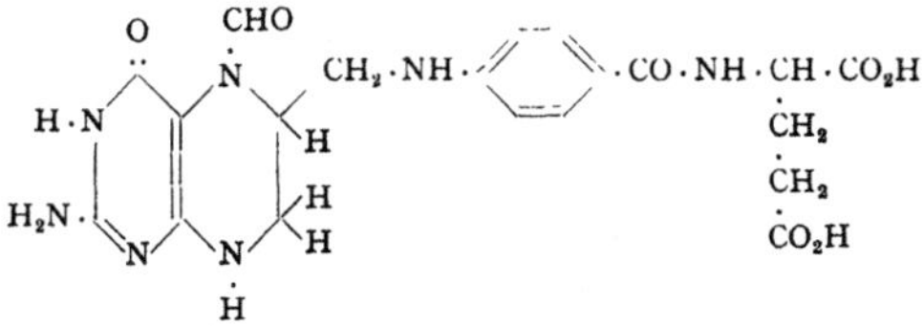

Charakteristik: Farbl. Krist., flache Tafeln (W.) + 3 H_2O. — $[\alpha]_D^{25}$ + 16.76° (Racemat); entsteht bei der reduzierenden Formylierung von Folsaure. — p_{Ka} (bas.) < 2; p_{Ka} (s.) 3.1; 4.8; 10.4. — λ_{max} (p_H 13) < 225; 282 mμ; log ε ?; 4.46. — *Ca-Salz:* farbl. amorph. Pulver; ll. in h. W.; wl. in k. W.; unl. in A. — *Ba-Salz:* Fast farbl Pulver; l. in h. W.; wl. in k. W.; unl. in A. — *Wi.:* Wachstumsfaktor fur Streptococcus faecalis, Lactobacillus casei, Leuconostoc citrovorum und andere Mikroorganismen. Besitzt die halbe Aktivitat des krist. Citrovorum-Faktors.

3/4 **Pteroyl-γ-L-(+)glutamyl-L-(+)glutaminyl-γ-L-(+)glutaminsäure (Teropterin, Folsäure-Konjugat, Fermentation-L.-casei-Faktor)**

MG 699.63

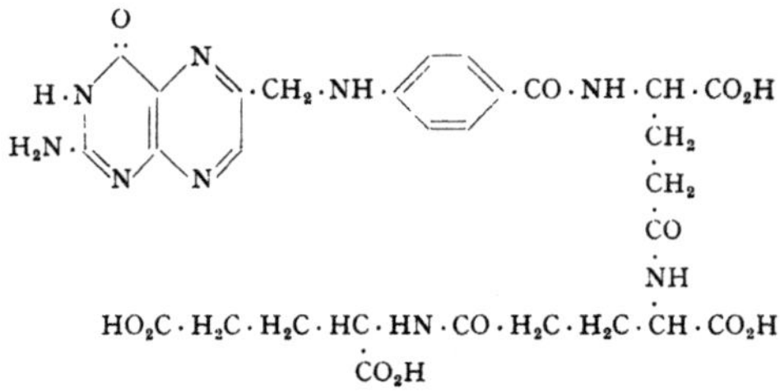

Charakteristik: Hellgelb. amorph. Pulver, l. in Alkalien; swl. in W., verd. Sren.; unl. in organ. Lsgm. — *V.:* Entsteht bei Corynebakterium-induzierten Fermentationen. — *Wi.:* Schwache Folsaurewirkg. (nicht bei Tieren).

3/5 **Pteroyl-heptaglutaminsäure (Vitamin-B_c-Konjugat, Folsäure-Konjugat, Hexa-L-glutamylpteroyl-L-glutaminsäure)**

MG 1216.08

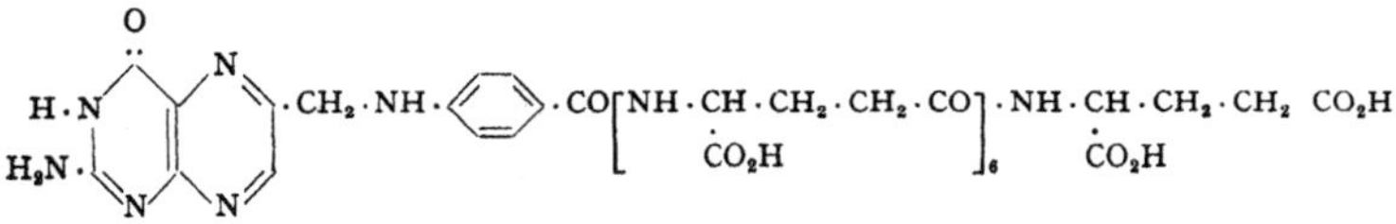

Charakteristik: Orangefarbene Krist. — Spektrum nahezu identisch m. Folsaure. — *V.:* In Hefe. — *Wi.:* Mikrobiologisch inaktiv, vermutlich Speicherungsform der Pteroylglutaminsaure.

3/6 **Pteroyl-α-L-glutamyl-L-glutaminsäure (Diopterin)**

MG 570.51

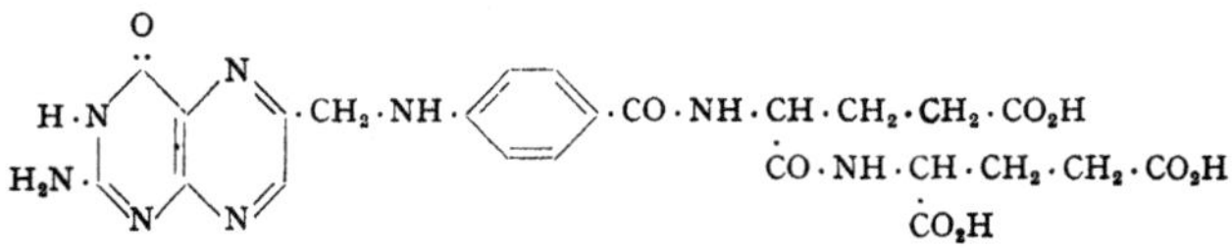

Charakteristik: Gelbes Pulv. (amorph); l. in Alkalien; instabil bei p_H 3. — *Wi.:* Schwacher Antagonist der Folsaure.

3/7 **Dihydro-pteroyl-L-glutaminsäure (Dihydrofolsäure, FSH_2)**

MG 443.40

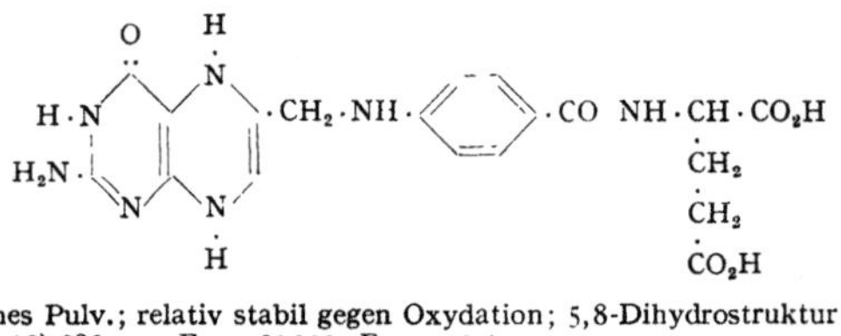

Charakteristik: Hellgelbes amorphes Pulv.; relativ stabil gegen Oxydation; 5,8-Dihydrostruktur noch nicht bewiesen. — λ_{max} (p_H 12) 282 mμ; E_{max} 21000, $E_{280/340}$ 3.4.

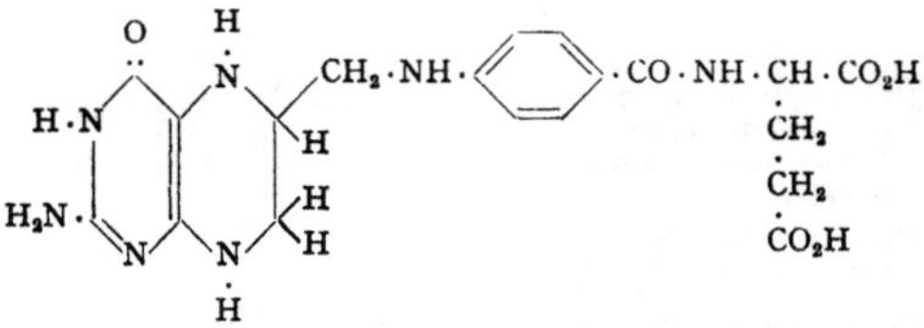

3/8 **DL-Tetrahydro-pteroyl-L-glutaminsäure (Tetrahydrofolsäure, FSH_4, THFA)**

MG 445.43

Charakteristik: Leicht cremefarbenes Pulv.; l. in W., Essigsre., Ameisensre., Formamid, Alkalien; wl. in verd. Sren.; oxydiert sich an der Luft, instabil im Licht, bes. in Lsg.; verfallt in Xanthopterin, Pterinaldehyd-(6), p-Amino-benzoyl-glutaminsaure und CH_2O. — λ_{max} (pH 12) 285mμ; E_{max} 18800; $E_{280/340}$ 5.36—5.38 (pH 7). — (—)-L-Form: $[\alpha]_D^{27}$ — 16.9° ± 3.84.

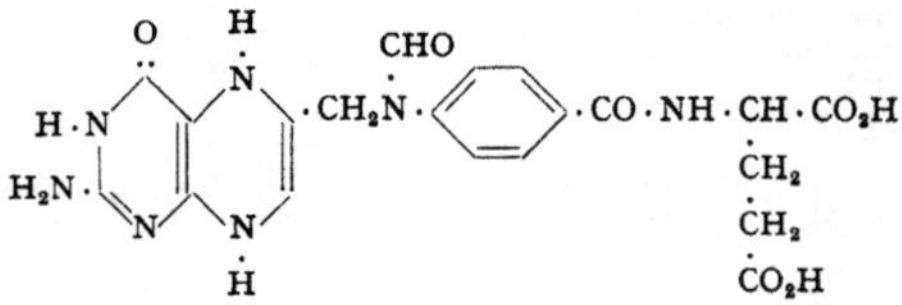

3/9 **10-Formyl-dihydro-pteroyl-L-glutaminsäure (10-Formyldihydrofolsäure, 10-CHO·FSH_2)**

MG 471.4

Charakteristik: Hellgraues (farbloses?) amorphes Pulv., relativ stabil, auch in Lsg.; fluoresciert blau. — λ_{max} (pH 12) 260; 335—340 mμ; E_{max} 20000; $E_{260/280}$ 3.4—3.6 (pH 12).

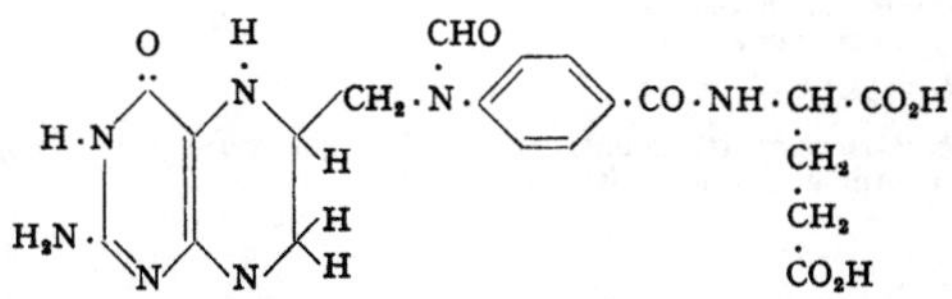

3/10 **DL-10-Formyl-tetrahydro-pteroyl-L-glutaminsäure (10-Formyltetrahydrofolsäure, 10-CHO-FSH_4)**

MG 473.44

Charakteristik: Hellbeiges Pulv., wird sehr leicht zur Formyldihydrofolsäure oxydiert; instabil; ll. in W., Ameisensre., Formamid, Alkalien; l. in verd. Sren. — λ_{max} (pH 12) 262 mμ; E_{max} 18000; $E_{260/340}$ ca. 6.5. — Geht unterhalb pH 6 in Anhydroleucovorin über.

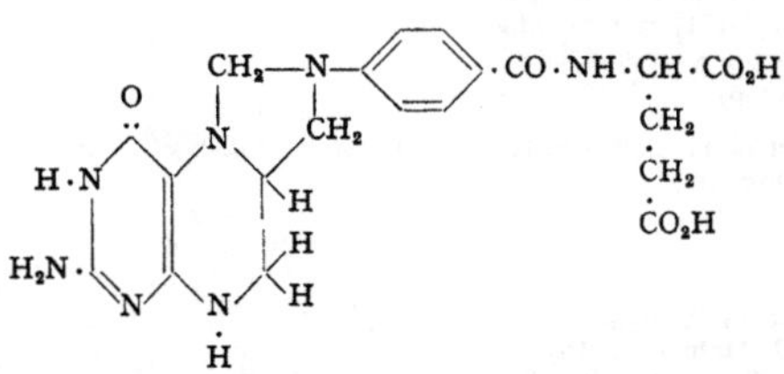

3/11 **N^5,N^{10}-Methylentetrahydrofolsäure („Aktiver Formaldehyd")**

MG 457.44

Charakteristik: Stabil gegen Oxydationsmittel wie MnO_2, H_2O_2, O_2. Stabil bei pH 9.5 und höher. Instabil in saurem und neutralem Medium. — p_K-Werte 2.9 und 5.3.

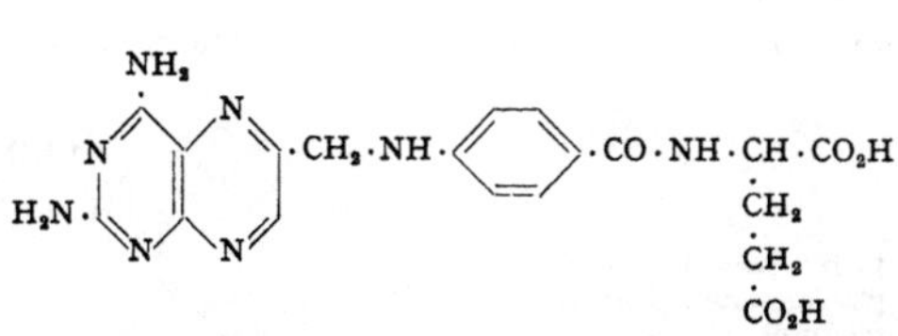

3/12 **4-Amino-pteroylglutaminsäure (p-[2,4-Diamino-pteridyl-(6)]-methyl-aminobenzoyl-L-glutaminsäure, Aminopterin)**

MG 440.41

Charakteristik: Gelbe Nadeln $+ 2H_2O$ aus d. angesäuert. alkal. Lsg.; l. in Alkalien; swl. in W. — *Mg-Salz* $C_{19}H_{18}N_8O_5Mg \cdot 3H_2O$: gelbe Nadelbüschel (h. W.). — *Wi.:* Antagonist der Folsaure (Bakterien, Insekten, Säugetiere, Mensch). Nicht reversibel durch Folsäure. Bringt die Zellteilung zum Stillstand.

3/13 10-Methyl-4-amino-pteroylglutaminsäure (Amethopterin, Methotrexate)

MG 454.41 *F* 185—204 (eingesetzt ins Bad bei 160)

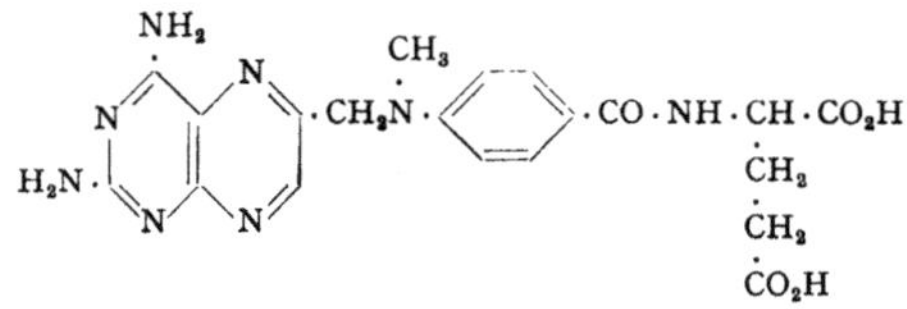

Charakteristik: Gelboranges mikrokrist. Pulv.; l. in Alkalien; swl. in verd. Sren. — *Wi.:* Antagonist der Folsaure (Bakterien, Tiere, Mensch). Hemmung wird durch Folsaure nicht aufgehoben.

3/14 9-Methyl-pteroylglutaminsäure (α[2-Amino-4-oxodihydropteridyl-(6)]-p-äthylaminobenzoyl-L-glutaminsäure)

MG 455.42

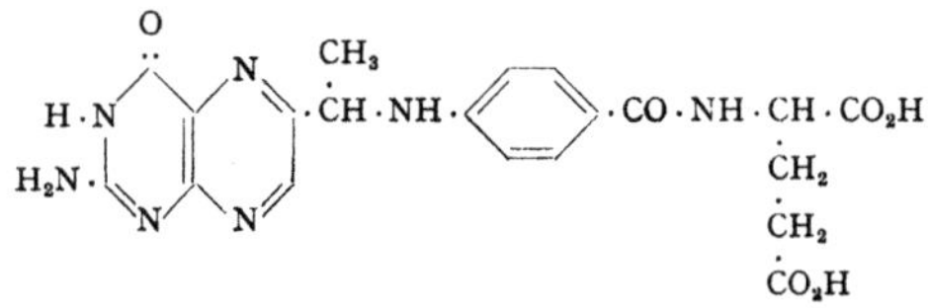

Charakteristik: Gelbes mikrokrist. Pulver; l. in Alkalien; unl. in verd. Sren. — *Cyclohexylaminsalz:* ($C_{32}H_{47}O_6N_9 \cdot 3\,H_2O$): hellgelbe Krist. (Butanol/W.). — *Wi.:* Hemmt kompetitiv Folsre.

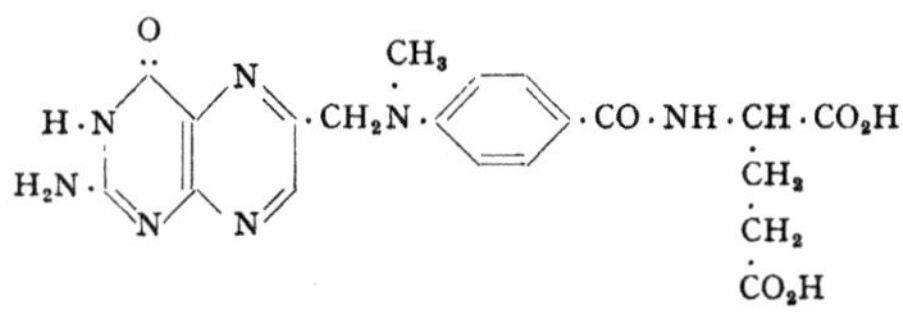

3/15 N¹⁰-Methyl-pteroylglutaminsäure

MG 455.42

Charakteristik: Gelbes mikrokrist. Pulv., Spharite + 1 H_2O (W.); l. in Alkalien; unl. in Sren. — *Wi.:* Antagonist der Folsre. (kompetitiv).

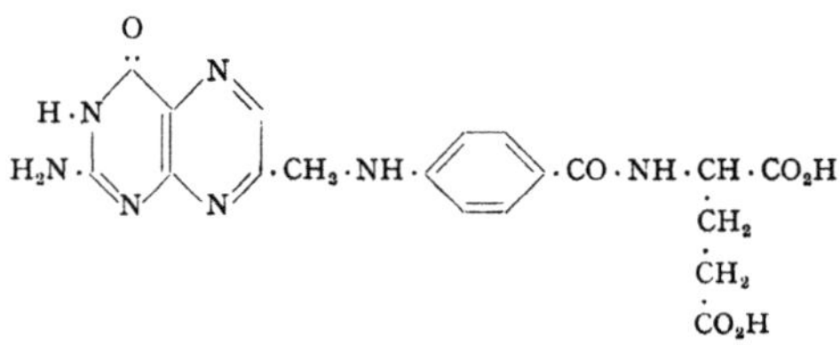

3/16 7-Pteroyl-glutaminsäure (p[2-Amino-4-oxodihydropteridyl-(7)]-methylaminobenzoyl-L-glutaminsäure)

MG 441.40

Charakteristik: Gelbes Pulver; l. in Alkalien; unl. in W. — *Wi.:* Antagonist der Folsre. (Kompetitiv bei Bakterien.)

3/17 D(—)-Methylfolsäure (p-[2-Amino-7-methyl-4-oxodihydropteridyl-(6)]-methylamino-benzoyl-D-(—)-glutaminsäure)

MG 455.42

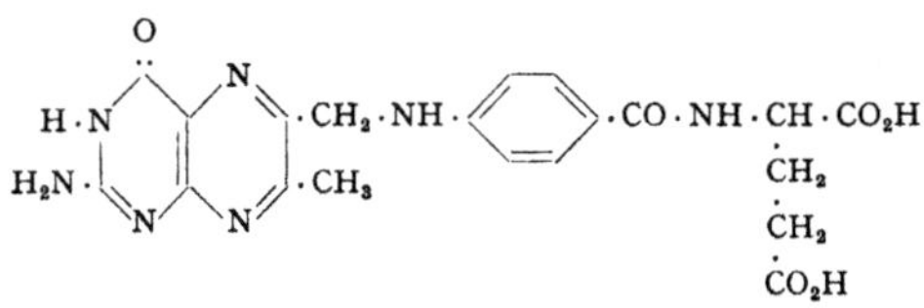

Charakteristik: Gelbes mikrokrist. Pulver. — *Wi.:* Kompetitiver Antagonist der Folsre. (Bakterien).

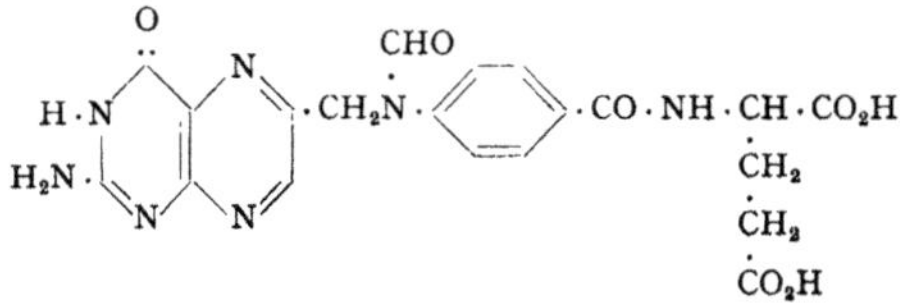

3/18 N¹⁰-Formyl-pteroylglutaminsäure (Formylfolsäure)

MG 469.41

Charakteristik: Fast farbl. Krist.; ll. in W.; l. in Alkali, A.; unl. in Ae. — Hellblaue Fluorescenz. — λ_{max} (p_H 13) 256; 365 mμ; log ε 4.45, 3.90.

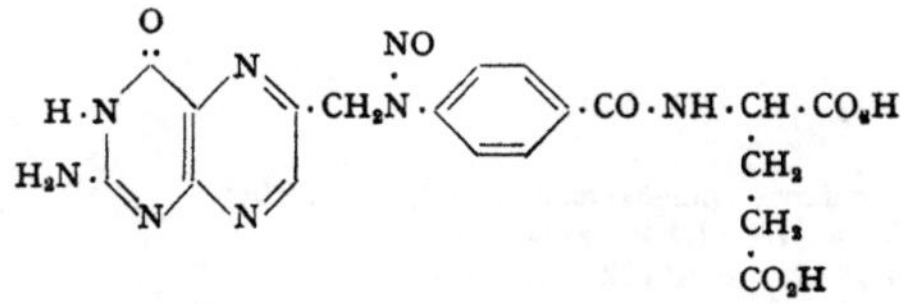

3/19 **N[10]-Nitroso-pteroyl-glutaminsäure**

MG 470.40

Charakteristik: Gelbes Pulv.; l. in W.; unl. in 2n Sre. — Blaue Fluorescenz. — *Wi.:* Antagonist der Folsre. (Bakterien).

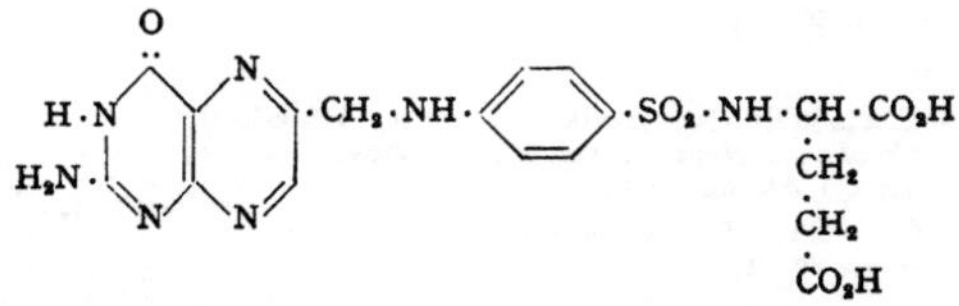

3/20 **p-[2-Amino-4-oxodihydro-pteridyl-(6)]-methylamino-benzolsulfonyl-L-(+)-glutaminsäure**

MG 477.45

Charakteristik: Gelbes mikrokrist. Pulv.; ll. in Alkali; wl. in verd. Sren.; swl. in W.; unl. in organ. Lsgm. — $[\alpha]_D^{18}$ −123°. — *Wi.:* Antagonist der Folsre. (Mikroorganismen).

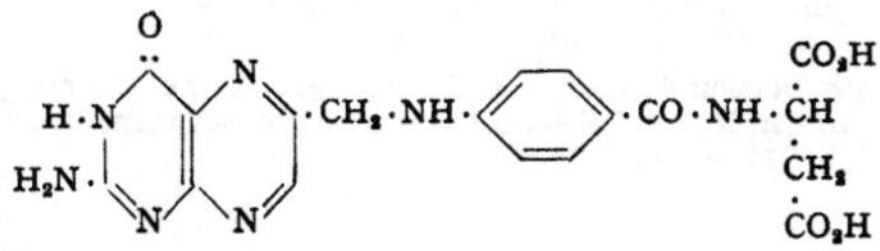

3/21 **Pteroyl-asparaginsäure (p-[2-Amino-4-oxodihydro-pteridyl-(6)]-methylamino-benzoyl-L-asparaginsäure)**

MG 426.36

Charakteristik: Gelbes amorphes Pulv.; l. in Alkali; wl. in W., A.; swl. in Ac. — *Mg-Salz:* $C_{18}H_{14}N_7O_6Mg_{1.5}\cdot H_2O$: hellgelbe Nadeln; wl. in k. W. — *Wi.:* Antagonist der Folsre.

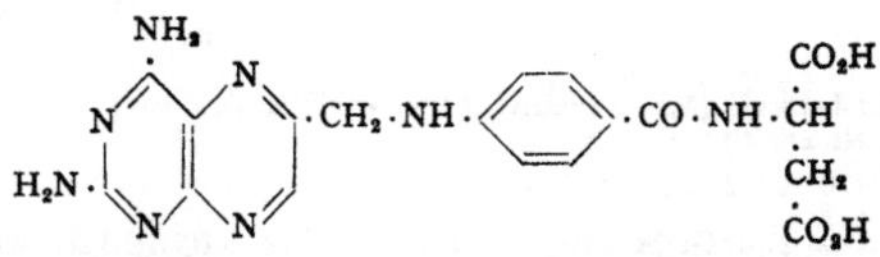

3/22 **4-Amino-pteroyl-asparaginsäure (p-[2,4-Diamino-pteridyl-(6)]-methylamino-benzoyl-L-asparaginsäure, Aminoanfol)**

MG 426.40

Charakteristik: Gelbe Nadelchen; l. in Alkalien; swl. in W., organ. Lsgm. — *Hydrochlorid:* $C_{18}H_{18}O_5N_8\cdot HCl$: Nadeln (verd. HCl). — *Wi.:* Antagonist der Folsre. (Bakterien, Tiere).

Flavine[1]

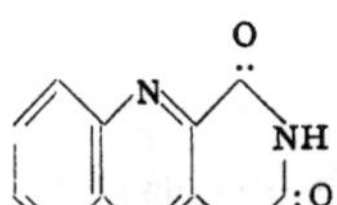

1 **Alloxazin**

MG 214.18 *F* > 300 (Z.)

Charakteristik: Graugrunes Pulver; l. in Alkalien mit gelber Färbg.; swl. in A.; unl. in W., Ae.

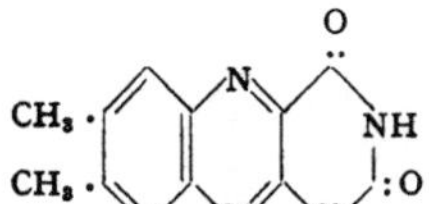

2 **6,7-Dimethyl-alloxazin (Lumichrom)**

MG 242.23 *F* 330 (Z.)

Charakteristik: Citronengelbe Nadeln; Lsg. fluoresc. blau. + Diazomethan in Ae. → **1,3,6,7-** *Tetramethyl-alloxazin: F* 252, feine seidengl. hellg. Nadeln. — *Wi.:* Antagonist des Lactoflavins (Neurospora).

[1] Korrigierter Beitrag von *L. Jaenicke* (aus 1. Auflage).

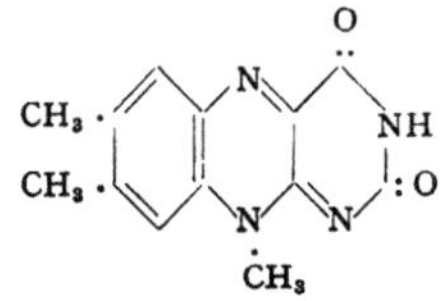

3 **Lumiflavin (Lumilactoflavin, 6,7,9-Trimethyl-flavin, 6,7,9-Trimethyl-isoalloxazin)**

MG 257.27 *F* 333 (Z.) uncharakt.

Charakteristik: Gelbe Kristalle (W.); lange seidengl. gelbe Nad. + $^1/_2$HCOOH (Ameisensre.); wl. in Me., Ac.; swl. in W. Synth. L. verkohlt > 300°. Lsg. fluoresc. blau. — *Wi.:* Antagonist d. Lactoflavins (Bakterien). — λ_{max} 270, 312, 341, 360, 420, 445, 470 mμ; ε_{max} 75, 6,5, 16, 17, 20, 26, 20 × 10^3.

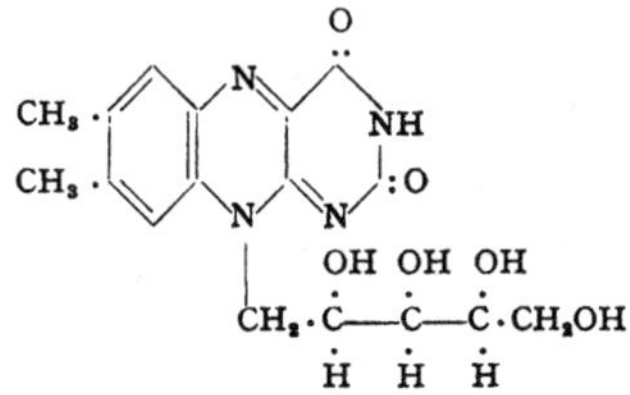

4 **Lactoflavin (Riboflavin, Vitamin B_2, Vitamin G, Ovoflavin, Hepatoflavin, 6,7-Dimethyl-9-(D-l'-ribityl)-iso-alloxazin)**

MG 376.36 *F* 275—80 (292), schwarzt sich bei 240° (Z.)

Charakteristik: Feine orangegelbe, wollig verfilzte Nädelchen; geruchlos, schmeckt bitter; 0.012 W. 27.5°, 0.014 W. 40°, 0.23 W. 100°, 0.045 A. 27.5°; l. in Ameisensre.; unl. in Ac., Ae., Chlf., Bzl.; bildet in Salzlösgg. übers. Lsgg. bis 0.1%. — $[\alpha]_D^{22}$ —119° (NaOH); $[\alpha]_D^{25}$ +370° (0.05 n-KOH, ges. mit Borsäure); wssr. Lsg. fluoresc. grün (Max. 565 mμ); E_0 = 0.185 V (p_H 7; 20°). — *V.:* Hefe, Eiklar, Molke, Leber. Bildet schwerlösl. Schwermetallsalze (Silber, Thallium). — λ_{max} 220, 267, 358, 374, 445 mμ.

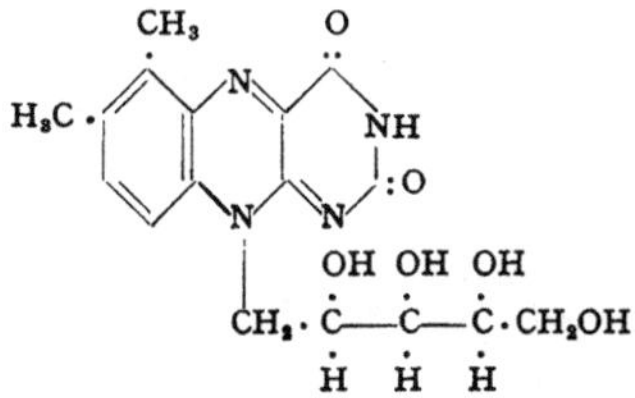

5 **Isoriboflavin (5,6-Dimethyl-9-(D-l'-ribityl)-isoalloxazin)**

MG 376.36 *F* 265—6 (Z.)

Charakteristik: Gelbe Krist. — $[\alpha]_D^{25}$ —237° (in 0.05 n KOH ges. m. Borsäure). — *Wi.:* Antagonist d. Lactoflavins (Tiere, nicht Mikroorganismen). — *Li-Salz:* gelb, ll. in W. — *Tetraacetyl-Derivat:* *F* 223—5.

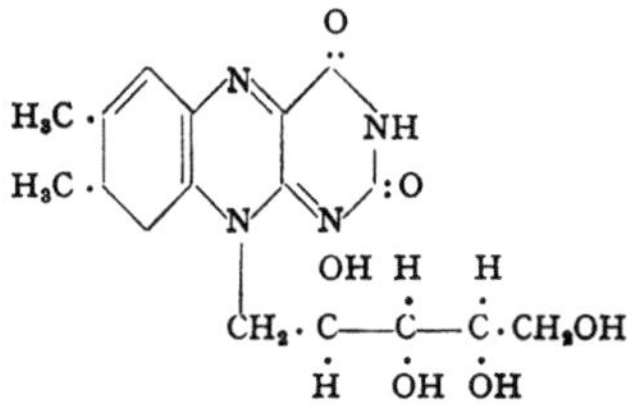

6 **Araboflavin (6,7-Dimethyl-9-(L-l'-arabityl)-isoalloxazin)**

MG 376.36 *F* 295—7 (Z.)

Charakteristik: Gelbe Krist. (W.). — $[\alpha]_D^{20}$ —115° (n/20 NaOH); wssr. Lsg. fluoresc. tiefgelbgrün. — *Wi.:* Antagonist d. Lactoflavins (Tiere).

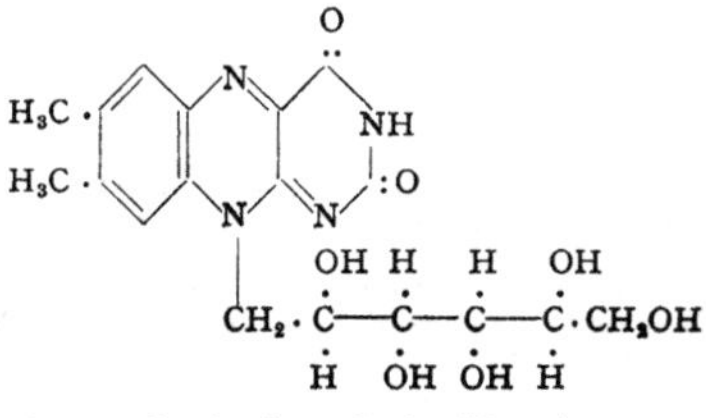

7 **Galaktoflavin (6,7-Dimethyl-9-(D-l'-dulcityl)-isoalloxazin, =7,8-Dimethyl-10-(D-l'-dulcityl)-isoalloxazin)**

MG 406.39

Charakteristik: Gelbe Krist. (W.); ll. in W. — *Wi.:* Antagonist des Lactoflavins (Ratte).

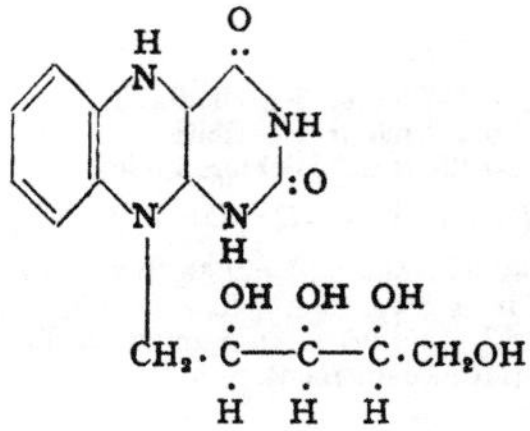

8 **Leukolactoflavin (Dihydro-riboflavin)**
MG 378.37
Charakteristik: Farblos, ist leicht zu Riboflavin oxydierbar.

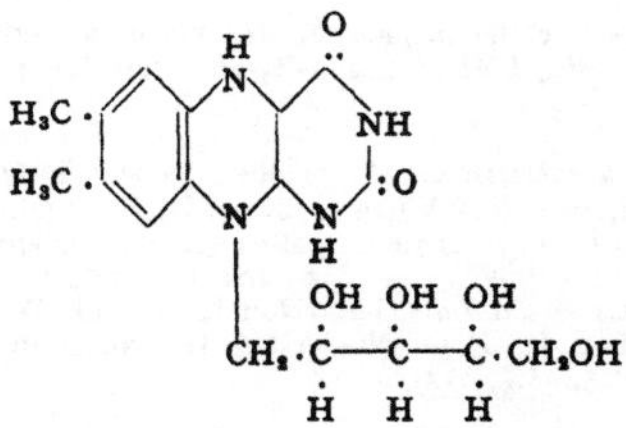

9 **Chloroflavin (Tetrahydro-riboflavin)**
MG 378.37 (754.74) *F* 288
Charakteristik: Grasgrüne Nadeln (W.); ll. in h. W.; wl. in k. W. — *B.:* Aus Rhodoflavin in Wasser + O_2.

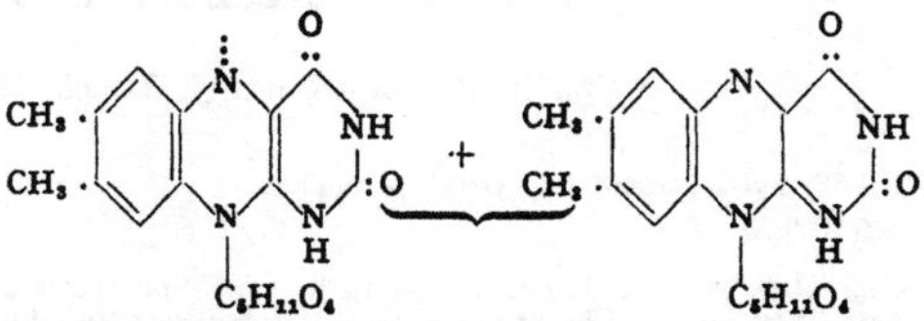

10 **Verdoflavin**
MG 753.73
Charakteristik: Bronzierende grüne Nadeln. — *Na-Salz:* Grüne kupfergl. Nadeln; in n/10 NaOH sehr viel schw. lösl. als die Na-Salze von Flavin und Leukoflavin.

11 **Rhodoflavin**
MG 829.69 *F* Z. unt. Schwarzfärb. >150°

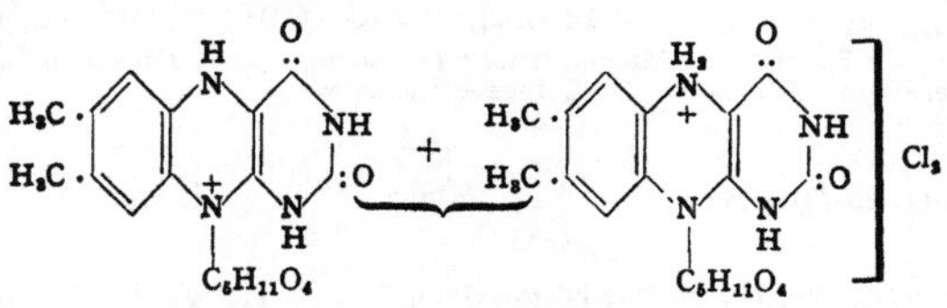

Charakteristik: Karmoisinrot. — *B.:* Aus Verdoflavin + konz. HCl.

12 **Lactoflavin-glucosid (5′-D-Riboflavin-D-gluco-pyranosid)**
MG 538.50 *F* 247—8

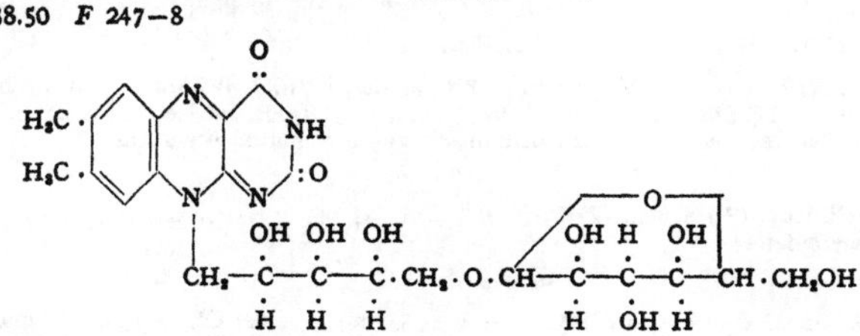

Charakteristik: Gelbe Krist. (W., Eg.).

13 **6,7-Dichlor-9-D-riboflavin (6,7-Dichlor-9-D-ribityl-isoalloxazin, Dichloroflavin)**

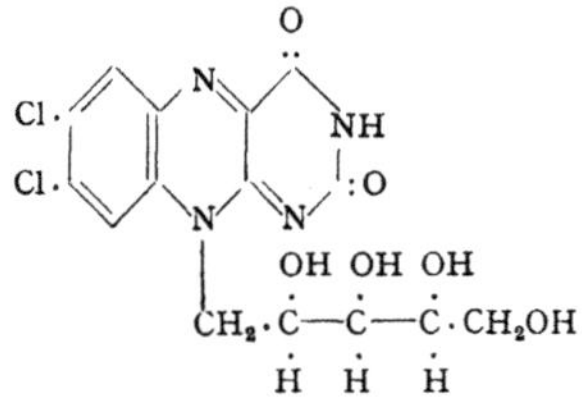

MG 417.21 *F* 273—75

Charakteristik: Dunkelgelbe Nadeln (W.); l. in h. W., k. A. $E_0 = -0.095$ V (p_H 7; 20°C). — *Wi.:* Antagonist d. Lactoflavins (Mikroorganismen).

14 **Lactoflavin-phosphat (Flavin-mono-nucleotid, FMN, Vitamin-B_2-phosphorsäure)**

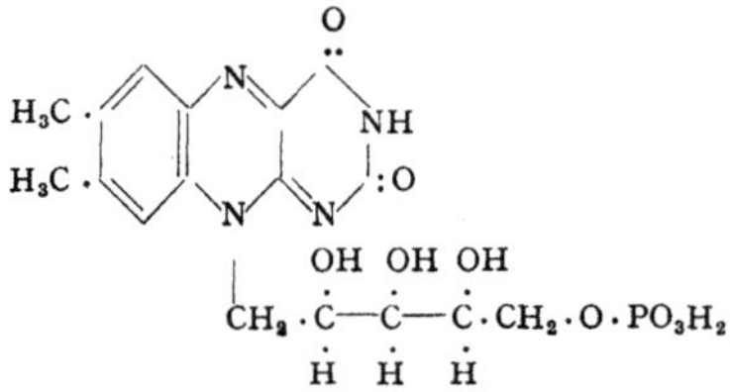

MG 456.35

Charakteristik: Amorphes gelbes Pulver. $E_0 = -0.19$ V (p_H 7); steigt bei Verbindung mit Enzymprotein („altes gelbes Ferment") auf -0.06 V. — *Na-Salz:* Kristalle (verd. A.). — *Ca-Salz:* Gelbe Nadeln; wl. in k. W. — *Ag-Salz:* Roter Niederschl. Hydrolyse in 5 n HCl bei 100°: min: 120, 300, 720, % gespalten: 21.5, 43.2, 63.0.

Natürlich vorkommende Thiophene

Von **K. E. Schulte** und **J. Reisch,** Münster/Westf.

1 **5-Phenyl-2-[propin-(1')-yl-(1')]-thiophen**

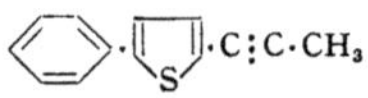

MG 198.28 *F* 43 $C_{13}H_{10}S$

Charakteristik: λ_{max} 310 mμ; log ε 4,43. — IR-Spektrum: *Sorensen, J. S.,* u. *N. A. Sörensen:* Acta Chem. Scand. **12,** 771 (1958). — *V.:* Coreopsis grandiflora, Hogg ex Sweet.

2 **2-[Thenyliden-(2)]-1,6-dioxa-spiro-[4,5]-decen-(3)**

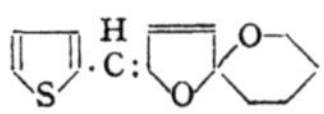

MG 234.3 $Kp_{0.001}$ 90—95 (Kugelrohr, Bad-Temp.) $C_{13}H_{14}O_2S$

Charakteristik: $[\alpha]_{20°}^{546}$ mμ $+1.5 \pm 1°$ ($c = 3.2$, Ae.). — λ_{max} (342); 327; (315) mμ; ε (13000); 21999; (18900). — IR-Spektrum, NMR-Spektrum: *Bohlmann, F., H. Bornowski* u. *H. Schonowsky:* Chem. Ber. **95,** 1733 (1962). — *V.:* Tribus Anthemideae L.

3 **1-Thienyl-butin-(1)-en-(3)-furan**

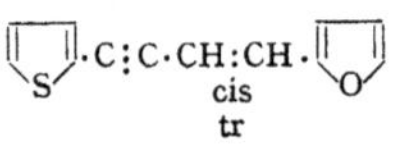

MG 200.3 $C_{12}H_8OS$

Charakteristik: *cis:* $Kp_{0.3}$ 100—110 (Kugelrohr, Bad-Temp.). — λ_{max} (356); 339; 260 mμ (Hexan); ε (17500); 2200; 10400. — *trans:* *F* 61—62; Krist. (PAe.). — λ_{max} 357; 332 mμ; ε 35500; 40000. — IR-Spektrum: *Bohlmann, F., H. Bornowski* u. *H. Schonowsky:* Chem. Ber. **95,** 1733 (1962). — *V.:* Tribus Anthemideae L.

4 **α-Terthienyl**

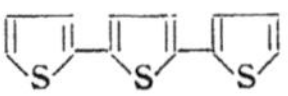

MG 248.38 *F* 94—95.5 $C_{12}H_8S_3$

Charakteristik: Krist. (A.). — UV-Spektrum: *Zechmeister, L.,* u. *J. W. Sease:* J. Am. Chem. Soc. **69,** 273 (1947). — IR-Spektrum: *Uhlenbroek, J. H.,* u. *J. D. Bijloo* Rec. trav. chim. **77,** 1004 (1958). — *V.:* Tagetes erecta. — *Wi.:* Antibiotisch, gegen Nematoden wirksam.

5 **5-(5'-Methylthienyl-(2')-penten-(2)-in-(4)-säure-(1)-methylester**

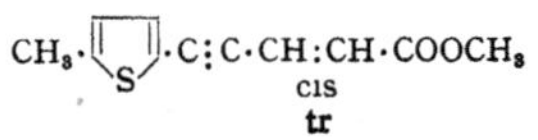

MG 206.26 $C_{11}H_{10}O_2S$

Charakteristik: *trans:* *F* 40; Krist. (PAe.). — λ_{max} 331 mμ. — *cis:* Öl. — λ_{max} 338 mμ. — IR-Spektrum: *Bohlmann, F., H. Bornowski* u. *H. Schonowsky:* Chem. Ber. **95,** 1733 (1962). — *V.:* Tribus Anthemideae L.

6 **5-[Propin-(1')-yl-(1')]-2-[2'-carbomethoxy-äthenyl-(1')]-thiophen**

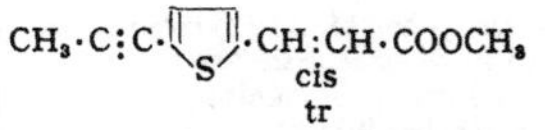

MG 206.26 $C_{11}H_{10}O_2S$

Charakteristik: cis: F 101; Krist. (PAe.). — λ_{max} 314.5; 235.0 mμ; log ε 3.85; 3.57. — *trans: F* 76; Krist. (PAe.). — λ_{max} 337.0; 230.0 mμ; log ε 4.43; 3.95. — IR-Spektren: *Guddal, E.*, u. *N. A. Sörensen:* Acta Chem. Scand. 13, 1185 (1959). — *V.:* Chrysanthemum vulgare.

7 **5-[Propin-(1')-yl-(1')]-2-formyl-thiophen (Junipal)**

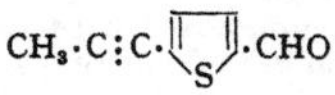

MG 150.2 *F* 80 C_8H_6OS

Charakteristik: Krist. (PAe.). — λ_{max} 216.5; 286.5; 320 mμ; ε 5400; 8900; 19500. — IR-Spektrum: *Birkinshaw, J. H.*, u. *P. Chaplen:* Biochem. J. **60**, 255 (1955). — *V.:* Daedalia juniperina Murr.

Thiazole und „Pyrimidin-Thiazole" (Thiamine)[1]

1. Thiazole

1/1 **Thiazol (Thio-monazol, Metathiazol)**

MG 85.12 D_{17}^{17} 1.1998 *Kp* 116.8

Charakteristik: Farbl. Flüss.; ∞ W.; l. in A., Ae. — *Chloroaurat: F* 244—50.

1/2 **2-Amino-thiazol (2-Thiazolylamin)**

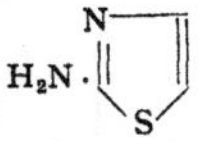

MG 100.14 *F* 87—88 *Kp* 326 (Z.)

Charakteristik: Gelbl. Krist. (A.); ll. in h. W.; wl. in k. W., A., Ae.

1/3 **Thiazol-5-carbonsäureamid**

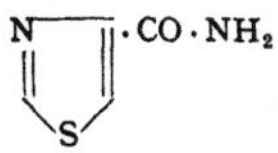

MG 128.15 *F* 196

Charakteristik: Hellgelbl. Krist. — *Wi.:* Antagonist von Niacin bei manchen Bakterien.

1/4 **Thiazol-4,5-dicarbonsäure**

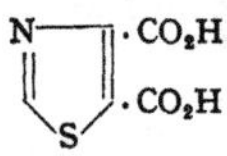

MG 173.15 *F* 176

Charakteristik: Farbl. Krist. (verd. Sre.). — *Wi.:* Antagonist von Niacin (?).

1/5 **4-Methyl-5-(β-oxymethyl)-thiazol**

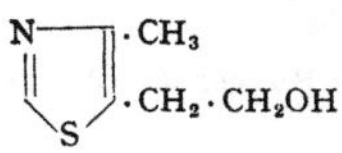

MG 143.21

Charakteristik: Hellgelb. Öl; l. in Chlf. — *Wi.:* Antagonist von Thiamin (Mikroorganismen). — *Chloroplatinat: F* 172—5. — *Pikrat: F* 156—8. — *Flavianat: F* 188—91.

1/6 **4-Methyl-5-(β-oxymethyl)-thiazol-pyrophosphat**

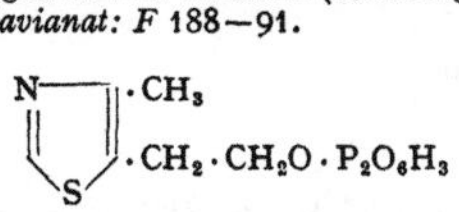

MG 301.15

Charakteristik: Na-Salz: ll. in W. — *Wi.:* Antagonist von Thiamin (Bakterien).

2. Thiamine

2/1 **3-o-Aminobenzyl-4-methyl-thiazolium-chlorid**

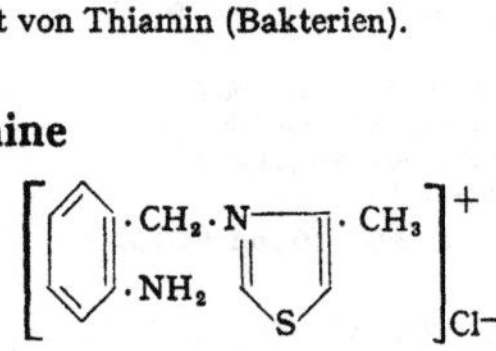

MG 240.75

Charakteristik: Wi.: Antagonist von Thiamin (Fisch-Thiaminase). — *Hydrochlorid:* Kristalle (wssr. A.); *F* 204—12 (Z.).

[1] Korrigierter Beitrag von *L. Jaenicke* (aus 1. Auflage).

2/2 **Aneurin-hydrochlorid (Thiamin, Vitamin B_1, Antineuritisches Vitamin, Torulin, Oryzanin, Thiamin-Hydrochlorid)**

MG 345.28 *F* 245–8 (Z.) 250 (Z.)

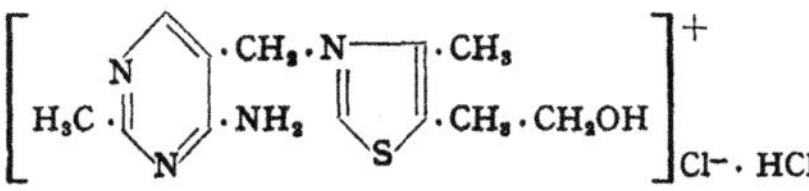

Charakteristik: Farbl. monokl. Nadeln + $^1/_2H_2O$ m. schw. Thiazol (Nuß-) -Ger., bitt. Geschm.; 100 W. 100°, 0.3 95%ig. A.; l. in Me., Eg.; unl. in A., Ae., Bzl., Hexan, Chlf.; p_H einer 0.1%ig. wssr. Lsg. 3.58, einer 1%ig. wssr. Lsg. 3.13. An feuchter Luft Bldg. eines Monohydrates. Handelsprod. enth. ~4% W., entfernbar d. Trocknen b. 100° od. i. V. über H_2SO_4. Trockenprod. ist stabil. – Wssr. Lsgn. können b. 110° unterh. p_H 5.5 sterilisiert werden. Über p_H 5.5 schnelle Zers. – λ_{max} 235, 267 mμ (p_H 5).

2/3 **Oxythiamin**

MG 301.80 *F* 195–200

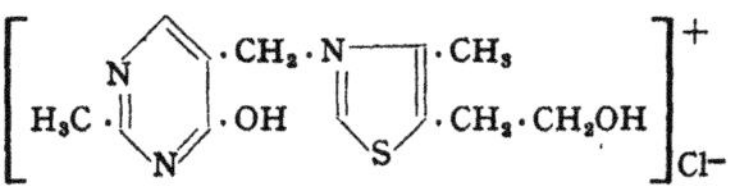

Charakteristik: Hygroskop. Krist. (A.-Ae.). – *Wi.:* Antagonist von Thiamin (Tiere, Fisch-Thiaminase).

2/4 **Butyl-thiamin (2-n-Butyl-5-(4-methyl-5-β-oxyäthyl-thiazolium-bromid)-methyl-6-amino-pyrimidin-hydrobromid)**

MG 467.26

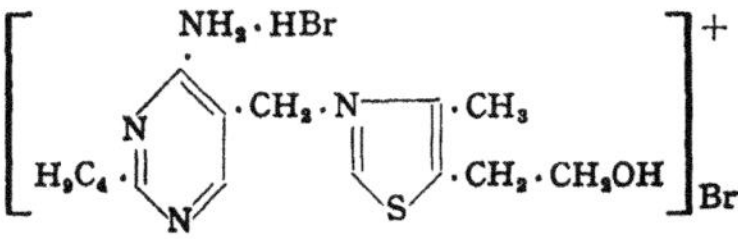

Charakteristik: – *Wi.:* Antagonist von Thiamin (Tiere).

2/5 **Aneurin-monophosphat-hydrochlorid**

MG 378.79; $+2H_2O$ 414.83 *F* 200

Charakteristik: Große Platten (W. A.).

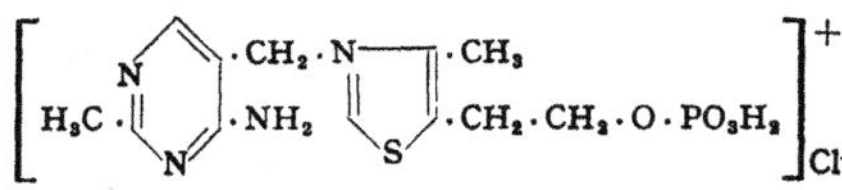

2/6 **Aneurin-pyrophosphat (Co-Carboxylase)**

MG 415.32 *F* 242–44

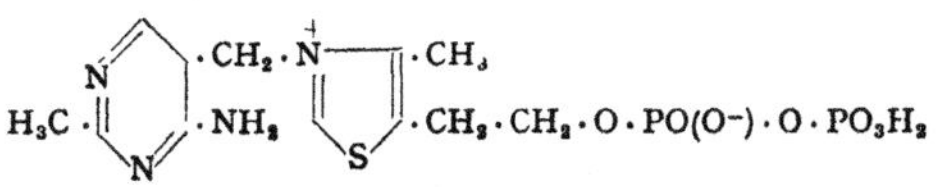

Charakteristik: Lange Nadeln (Ac.), hellg. Nadeln (salzs. Lsg. + A.); ll. in k. W.; recht beständig gegen Sren.; Lsg. in Alkalien gelb.

2/7 **Thiochrom (2,7-Dimethyl-8-thiachromain-äthanol)**

MG 262.32 *F* 277–8

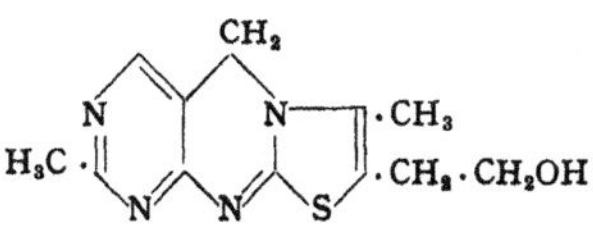

Charakteristik: Gelbe Prismen (Chlf.), Lsg. fluoresciert intensiv blau; l. in Me.; wl. in W., A., Ac., Chlf.

2/8 **Pyrithiamin (Heteroaneurin)** [1]

MG 420.16

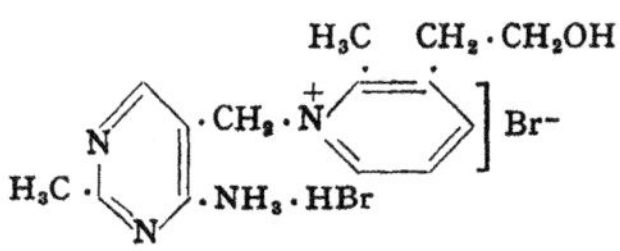

Charakteristik: Dihydrat, hygroskopische feine Nad.; verkohlt bei 240–260°. – λ_{max} 266 mμ (breit, W.); l. in W., Me.; wl. in PAe. – *Wi.:* Antagonist von Aneurin.

2/9 **Neopyrithiamin (1-(2′-Methyl-4′-amino-5′-pyrimidylmethyl)-2-methyl-3-(β-oxyäthyl) pyridinium-Bromid)** [1]

MG 420.16 *Z* 205–10 (uncharakteristisch)

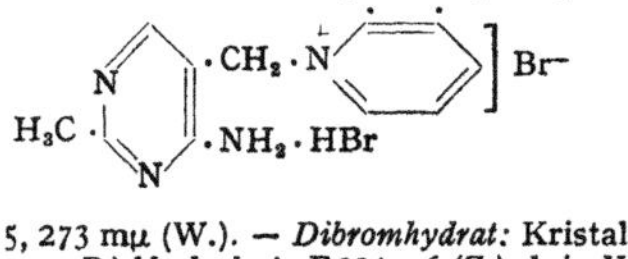

Charakteristik: l. in W., Me.; unl. in A., Ae. – λ_{max} 235, 273 mμ (W.). – *Dibromhydrat:* Kristalle, *F* 218–20 (Z.); l. in h. Ac.; wl. in k. Ac.; unl. in PAe. – *Dichlorhydrat:* *F* 234–6 (Z.); l. in W.; wl. in A. – *Pikrat:* Kristalle, *F* 186–8. – *Wi.:* Antagonist von Aneurin.

---

[1] Diese Verbindungen, die konstitutionell zu den Pyridinen oder Pyrimidinen gehören, sind aus funktionellen Grunden hier angeschlossen.

Biotine[1]

1 **α-Biotin (Hexahydro-2-oxo-1-thieno-(3,4)-imidazo-isovaleriansäure)**

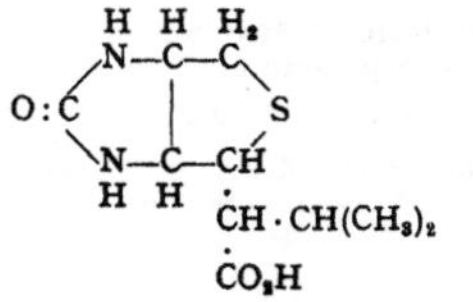

MG 244.30 *F* 220

Charakteristik: Farbl. Krist. od. Nadeln; l. in W., A.; wl. in Ae., Chlf.; stabil gegen Hitze; wird durch Sren., Basen, ranzige Fette und Cholin inaktiviert. — *V.:* In geringen Mengen in jed. leb. Zelle, am meist. i. d. Leber (< 0.0001%), Niere, Pankreas, Hefe, Milch. — + Avidin (roh. Eiweiß) → inakt. Verb.

2 **β-Biotin (Hexahydro-2-oxo-1-thieno-(3,4)-imidazo-4-valeriansäure, Vitamin H, Co-Enzym R)**

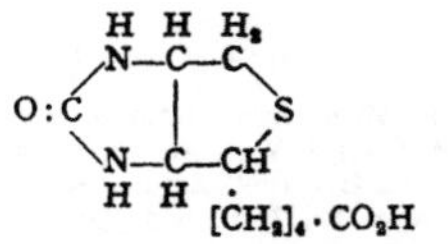

MG 244.30 *D* 1.41 *F* 230—32 (ger. Z.)

Charakteristik: Weiße lange Nadeln; hitzestabil; durch Säuren, Basen, Cholin inaktiviert; l. in h. W., verd. Sren. u. Alkalien; wl. in k. W., A.; unl. in Ae., Chlf., org. Lsgm.; $[\alpha]_D^{21}$ +91° (*c* = 1 in 0.1 n-NaOH); I.P. bei p_H 3.5; p_H einer 0.01%ig. wss. Lsg. 4.5. — *V.:* wie *α-Biotin-Methylester,* $C_{11}H_{18}N_2O_3S$: Krist., *F* 166.5. Subl. i. Hochvak. (10^{-4} mm); $[\alpha]_D^{15}$ +82° (7.5 mg in 1.28 g Me.); $[\alpha]_D^{22}$ +57° (1% in Chlf.); l. in Ac., Methyläthylketon, Bzl., Cyclohexan; wl. in W.; 1 Me.

3 **Biotin-sulfon**

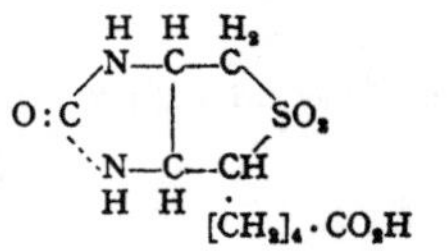

MG 276.31 *F* 214—5 (Z.)

Charakteristik: Farbl. Krist.; ll. in h. W.; wl. in k. W., A. — *Methylester:* *F* 239—41; Kristalle; l. in A.; wl. in Ae. — *Wi.:* Antagonist von Biotin (Mikroorganismen).

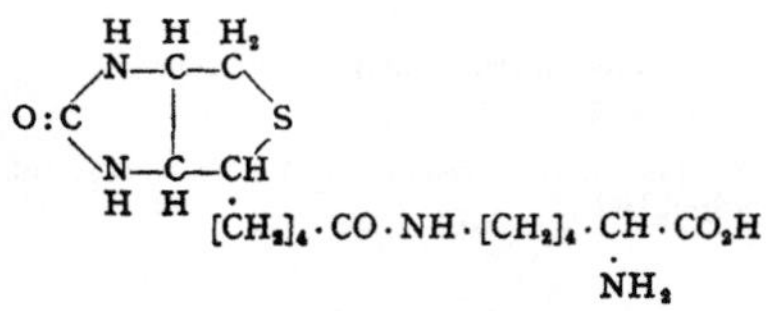

4 **Biocytin (ε-N-Biotinyl-L-lysin)**

MG 372.38 *F* 245—52 (Z.), nach schnellem Kristallisieren aus wssr. Me. od. Ac. *F* 228—30 (Z.)

Charakteristik: Krist. (W.); l. in W., Me.; wl. in Ac. — *Hydrochlorid:* Kleine Nadeln (verd. HCl-Ac.), *F* 228—32.

5 **Oxybiotinsulfonsäure (Ureylen-tetrahydrofuryl-butylsulfonsäure, Hexahydro-2-oxo-1H-furo-(3,4)-imidazol-4-(4-butan-sulfonsäure))**

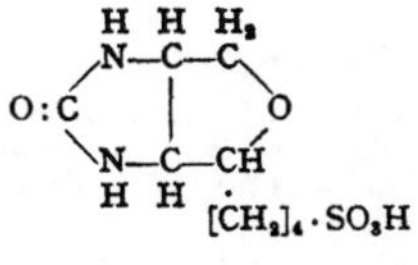

MG 264.30

Charakteristik: *Wi.:* Antagonist von Biotin (Mikroorganismen). — *Ba-Salz:* Krist.; wl. in W.

6 **Ureylen-tetrahydrofuryl-pentylsulfonsäure**

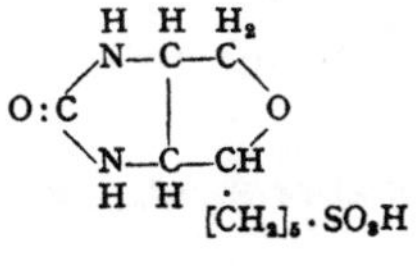

MG 278.33

Charakteristik: *Wi.:* Antagonist von Biotin (Mikroorganismen). — *Ba-Salz:* Krist. (W.).

7 **DL-Oxybiotin (Ureylen-tetrahydrofuryl-valeriansäure, O-Heterobiotin)**

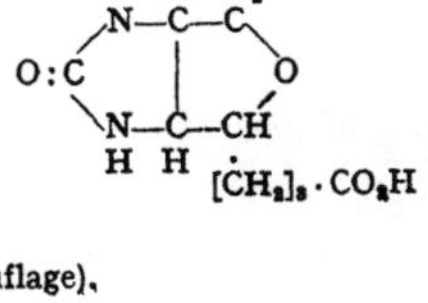

MG 228.24 *F* 205—07

Charakteristik: Seidenglänz. farbl. Nadeln (W.). — *Wi.:* Biotin-Wirkung.

---

[1] Korrigierter Beitrag von *L. Jaenicke* (aus 1. Auflage).

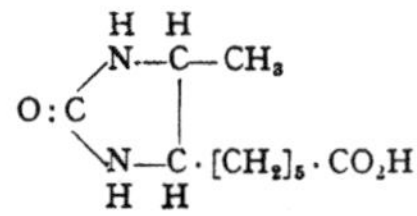

8 **DL-Desthiobiotin (5-Methyl-2-imidazolidon-4-capronsäure)**

MG 214.26 *F* 136—37 (rac.)

Charakteristik: Farbl. Krist. (verd. Sren.); ll. in h. W.; l. in k. W.; wl. in A. — *α-Form: F* 151—54. — *β-Form: F* 138—40. → Biotin: rac. 30—35%; (Mikroorganismen) *α-Form:* 55—60%, *β-Form:* 35—40%.

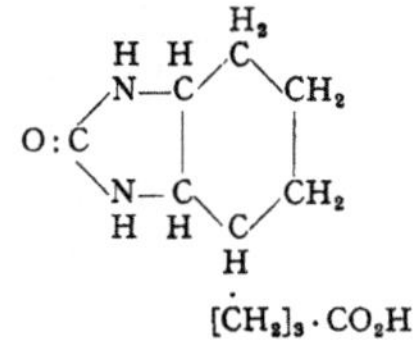

9 **γ-(2,3-Ureylencyclohexyl)-n-buttersäure**

MG 226.27 *F* 213—20 (A.), 192—4 (B)

Charakteristik: Zwei Stereoisomere *isoliert:* A: Rosetten (W.); 1.5 W. 100°; n_1 = 1.592; n_2 = 1.480. — B: Wetzsteinf. Krist. (W.), 2.5 W. 100°; n_1 = 1.563; n_2 = 1.536. — *Wi.:* Antagonist von Biotin (L. casei, Hefe).

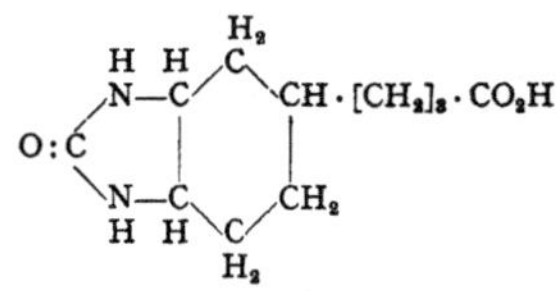

10 **γ-(3,4-Ureylencyclohexyl)-n-buttersäure**

MG 226.27 *F* 137—39

Charakteristik: Weißes Kristallpulver (W.). — *Wi.:* Antagonist von Biotin (Mikroorganismen).

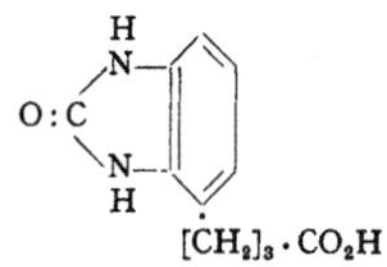

11 **γ-(2,3-Ureylenphenyl)-n-buttersäure**

MG 220.23 *F* 299—300

Charakteristik: Kristalle (Eg.); l. in Alkali; unl. in Sauren. — *Wi.:* Antagonist von Biotin (L. casei, Hefe).

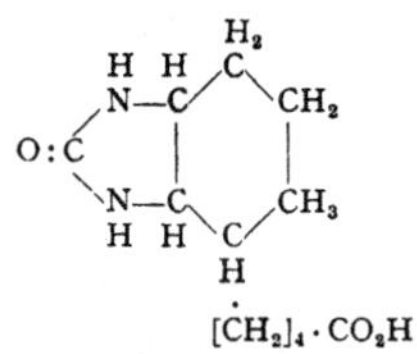

12 **δ-(2,3-Ureylencyclohexyl)-n-valeriansäure**

MG 240.30 *F* 212—15

Charakteristik: Krist. (W.); Trennung der Stereoisomeren gelingt durch fraktioniertes Ansäuern. — *Fraktion* A: *F* 228—29, n_D 1.562. — *Fraktion B*: *F* 183, n_D 1.532. — *Wi.:* Antagonist von Biotin (Mikroorganismen).

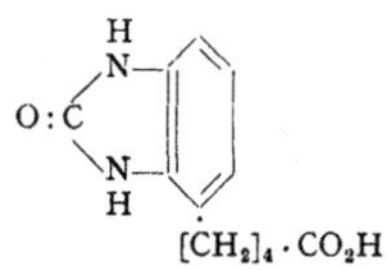

13 **β-(2,3-Ureylenphenyl)-n-valeriansäure**

MG 234.25 *F* 263—5

Charakteristik: Kristalle (Eg.); λ_{max} 285 mμ; ε 7×10³. — *Wi.:* Antagonist von Biotin (Mikroorganismen).

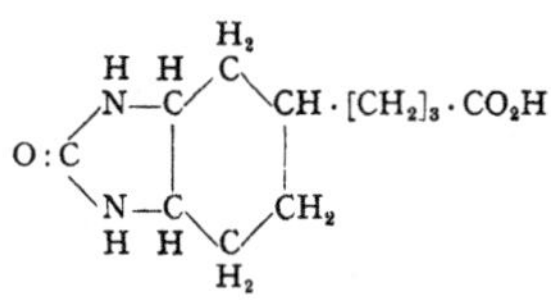

14 **β-(3,4-Ureylencyclohexyl)-n-valeriansäure**

MG 240.30 *F* 212—4

Charakteristik: Feine Krist. (A.). — *Wi.:* Antagonist von Biotin (Mikroorganismen).

Tetrazoliumsalze

Von **D. Jerchel**, Biberach/Riss[1]

Tetrazoliumsalze (I, X = Cl, Br) sind farblose, bisweilen gelbgefärbte, wasser- und alkohollösliche, quartäre Stickstoffverbindungen, die gemäß ihrem Reduktionspotential, welches ihre Einordnung in die Skala der Redoxsubstanzen ermöglicht[2], durch Reduktionsmittel, damit auch durch hydrierende Fermentsysteme, zu roten, gegebenenfalls auch blauen, wasserunlöslichen, lipoidlöslichen Formazanen (II) hydriert werden.

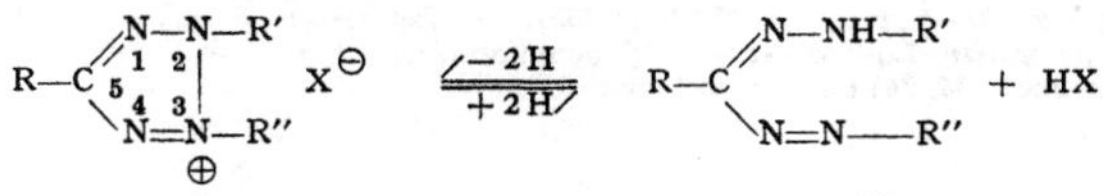

I Tetrazoliumsalz — II Formazan

Die Formazane ergeben schwerlösliche, tiefgefärbte Kupfer-, Nickel-, Cobalt-, Chrom- und Urankomplexe.

Tetrazoliumsalze finden allgemein Anwendung als Reduktionsindikatoren. So werden sie gebraucht zur quantitativen und qualitativen Bestimmung von reduzierenden Substanzen, darunter insbesondere Zuckern und Corticoiden, sowie von reduzierenden Fermenten in vitro und in vivo. Ihre Anwendung ist auch in Papier- und Dünnschichtchromatogrammen gegeben. Sie haben sich als Indikatorsubstanzen bei der Bestimmung von sich entwickelnden Pilzen, Hefen und Bakterien, von Leukocyten und zum histologischen Nachweis von hydrierenden Fermentsystemen in verschiedensten Geweben bewährt. Man kann sie u. a. auch zum Nachweis der Keimfähigkeit von Samen benutzen.

Literatur zu den Anwendungsmöglichkeiten siehe unter den einzelnen Tetrazoliumverbindungen, Literaturverzeichnis S. 669.

Tetrazoliumsalze und Formazane sind lichtempfindlich. Die meisten Tetrazoliumsalze unterliegen bei der Bestrahlung mit UV-Licht einer disproportionierenden Dehydrierungsreaktion unter Bildung eines sog. „Phototetrazoliumsalzes" und äquimolarer Mengen Formazans. Formazane erleiden unter sichtbarem Licht cis-trans-Umlagerungen.

Die Auswertung des erfolgten Reduktionsvorganges kann durch colorimetrische Verfahren, gegebenenfalls bei der Wellenlänge der maximalen Absorption oder, bei Verwendung von ^{14}C-gekennzeichnetem Tetrazoliumsalz, durch Bestimmung der Radioaktivität des entstehenden Formazans vorgenommen werden.

1 **2,3,5-Triphenyl-tetrazoliumchlorid (TTC. TTZ, TPTZ)**
MG 334.80 *ZP* 243

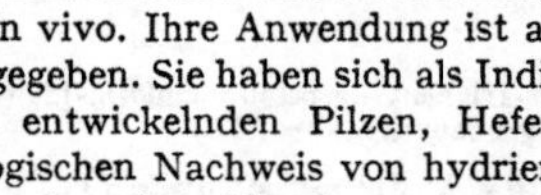

Charakteristik: Weiße Nadeln (A./Ae.); l. in W., A., Ac.; unl. in Ae.; aus HCl-Lsg. $+ ^1/_2 HCl + ^1/_2 H_2O$, *F* 180; mit $HgCl_2$ wasserl. Doppelverb.; bei Belichtung Photo-Derivat (blaufluorescierend) und Triphenylformazan [*47*, *56*]. — *Reduktionspotential* (Änderung 1 mV/0—5 Min.): —0.083 Volt [*59*]. — *Zugehöriges Formazan:* Dunkelrote Blättchen mit Metallglanz (Ac. od. A.), *F* 173—5; mit roter Farbe l. in Chl., Ae., Essigester, Me., Äthylglykol; wl. in A.; unl. in W.; + HCl violette Farbung; in konz. Schwefelsäure blaugrün lösl.; bildet violetten *Kupfer-Komplex* $C_{38}H_{30}N_8Cu$, *F* 233—4; weitere tiefgefärbte Komplexe mit Cobalt und Nickel. — *Verwend.:* (Neuere Literatur; siehe dazu auch Literatur-Zusammenfassungen): Bestimmung von reduzierenden Kohlehydraten [*11*], Corticoiden [*30*, *77*, *96*, *123*] und anderen reduzierenden Substanzen

[1] Unter Mitarbeit von Fraulein *A. Köll*.

[2] Auch auf polarographischem Weg wurden Tetrazoliumsalze durch Potentialwerte charakterisiert.

[*131*]; zur Anfärbung von Mikroorganismen [*15, 24, 28, 51, 53, 68, 72, 73, 81, 82, 88, 100, 101, 120, 122, 129, 142*]; von pflanzlichen Objekten [*13, 57, 58, 66, 116*], insbesondere zur Bestimmung der Keimfähigkeit von Samen [*52, 76, 121*]; zum Nachweis und zur Bestimmung von reduzierenden Fermentsystemen [*18, 46, 71, 91, 99, 130*]; in der Papierchromatographie [*141*] und Dünnschichtchromatographie [*110*]; in der Histo- und Cytochemie und in der Medizin [*26, 32, 67, 112, 114, 115, 136*]; bei Tieren und tierischen Organen [*14, 17, 21, 78, 86, 87*] und zum Nachweis kosmischer Strahlung [*41*].

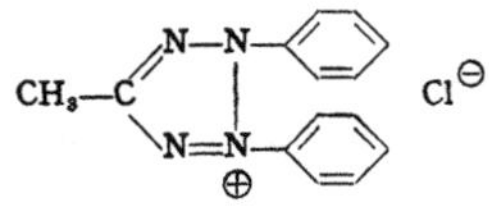

2 **2,3-Diphenyl-5-methyl-tetrazoliumchlorid (MTC)**

MG 272.73 *ZP* 271

Charakteristik: Weiße Nadeln (A. u. Ae.); Löslichkeit wie bei TTC. — *Reduktionspotential* (Änderung 1 mV/0—5 Min.) —0.089 Volt [*59*]. — *Zugehöriges Formazan:* Rote Krist. (A.); Lösungsfarbe orange; Löslichkeit wie Triphenylformazan; *F* 125. — *Verwend.:* Anfärbung von Mikroorganismen [*35, 70*] und Meerestieren [*21*].

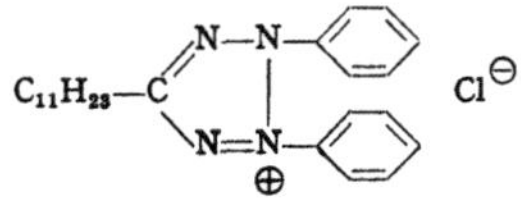

3 **2,3-Diphenyl-5-(n-undecyl)-tetrazoliumchlorid**

MG 412.7 *ZP* 141

Charakteristik: Weiße, glänzende Blättchen (Me./Essigester). — *Zugehöriges Formazan:* Tiefrote Kristallnadeln (A.), *F* 61. — *Verwend.:* Bei Bakterien [*70*].

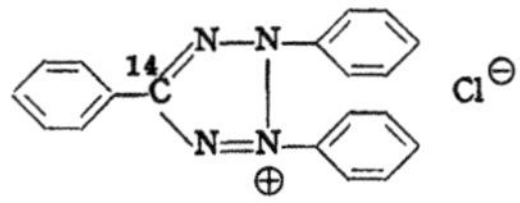

4 **2,3,5-Triphenyl-tetrazoliumchlorid-[5-^{14}C] (^{14}C-gekennzeichnetes TTC)**

Charakteristik: Eigenschaften wie TTC. — *Verwend.:* Zum Nachweis von Corticoiden [*79, 139*].

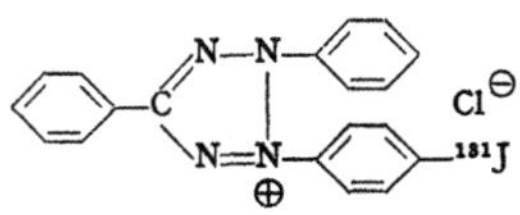

5 **2,5-Diphenyl-3-(p-jodphenyl)-tetrazoliumchlorid-[3-(p-^{131}J)]**

MG 464.79 *ZP* 170 oder 229

Charakteristik: Krist. (Chlf./Ae.); ll. in W., A., Chlf. — *Zugehöriges Formazan:* Rote Krist. (Py./W.); l. in Py., A., Chlf., Ae.; *F* 196. — *Verwend.:* Bei Tieren [*80, 124*].
Die entsprechende, jedoch nicht radioaktive Verbindung (*F* 232—3; Formazan *F* 185—8) sowie auch das *2,3-Di-(p-jodphenyl)-5-phenyl-tetrazoliumchlorid* (*F* 256, Formazan *F* 169—70) wurden in ihrer Anwendung in pflanzlichem Gewebe untersucht [*13, 119*].

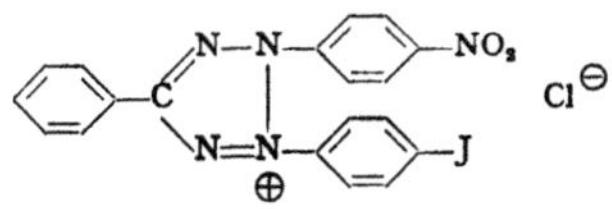

6 **2-(p-Nitrophenyl)-3-(p-jodphenyl)-5-phenyltetrazoliumchlorid (INT)**

MG 505.72 *ZP* 229

Charakteristik: — *Dazugehöriges Formazan:* Purpurrote Kristallnadeln mit goldenen Reflexen; *F* 186. — *Verwend.:* Zum Nachweis und zur Bestimmung reduzierender Fermentsysteme [*91, 92, 99*, 138]; in der Histo- und Cytochemie [*29, 42, 45, 84, 103, 105, 106, 137*]; zur Bestimmung von Corticoiden [*19, 48*]; bei pflanzlichen Objekten [*13*] und bei Tieren [*126*].

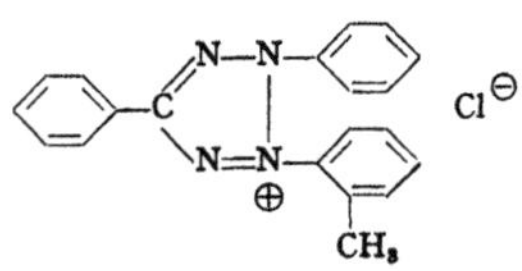

7 **2,5-Diphenyl-3-(o-tolyl)-tetrazoliumchlorid**

MG 348.8 *ZP* 149—51

Charakteristik: Weiße Krist. (A./Essigester); der Wert des *Reduktionspotentials* liegt zwischen +0.011 und +0.062 Volt [*62*]. — *Zugehöriges Formazan:* *F* 154—5. — *Verwend.:* Bei Pilzen [*81*]; zur Bestimmung von Corticoiden [*96*] und als lichtstabiler Reduktionsindikator [*63*].

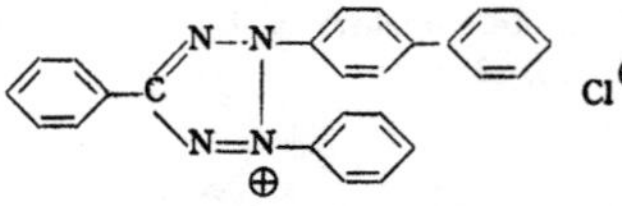

8 **2-(p-Diphenylyl)-3,5-diphenyl-tetrazoliumchlorid**

MG 410.9 *ZP* 242–3

Charakteristik: Orangefarbige Prismen (A./Ae.). — ***Zugehöriges Formazan:*** Tiefrote Nadeln (Ac./W.); *F* 167–8 bzw. 176. — ***Verwend.:*** Bei Bakterien [*28*, *61*].
Die entsprechende *o-Diphenylyl-Verbindung* wurde als Reagens zur Bestimmung von Corticoiden beschrieben [*96*].

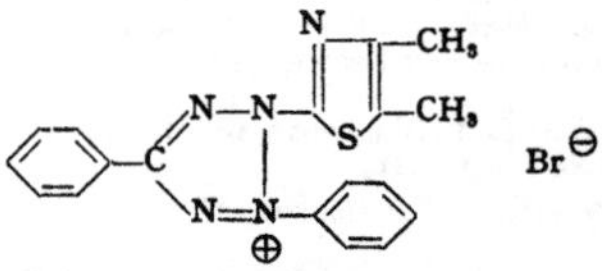

9 **2-[4′,5′-Dimethyl-thiazolyl-(2′)]-3,5-diphenyl-tetrazoliumbromid (4,5-MTT)**

MG 414.3 *ZP* 171

Charakteristik: Gelbe Nadeln (Essigester). — ***Zugehöriges Formazan:*** Schwarze, blauglänzende Nadeln (Ac.); *F* 164. — ***Verwend.:*** In der Histo- und Cytochemie [*50*, *103*, *104*, *105*] und als lichtstabiler Indikator [*20*].
Die entsprechende *5-Monomethylverbindung*, *5-MTT* (*F* 178; Formazan *F* 160), wurde ebenfalls für biochemische Untersuchungen verwendet [*20*, *105*].

Aus der großen Reihe der dargestellten Monotetrazoliumsalze sind auch noch folgende für biochemische Teste zur Verwendung gekommen:

2,3-Diphenyl-5-äthyl (bzw. -isopropyl, -isobutyl, -amyl)-tetrazoliumchlorid [*21*, *23*];
2-(p-Styryl-phenyl)-3,5-diphenyl-tetrazoliumchlorid; M. & B. 1767 [*135*];
2,3-Diphenyl-5-[2,6-dioxy-pyrimidyl-(4)]-tetrazoliumchlorid [*75*];
2-Phenyl-3-(4-carboxyphenyl)-5-hexyl-tetrazoliumchlorid [*44*] und
2-Benzthiazolyl-(2′)-3-(p-nitrophenyl)-5-phenyl(bzw.-benzthiazolyl-(2′))-tetrazoliumchlorid bzw. -bromid [*65*].

10 **3,3′-(4,4′-Diphenylen)-bis-[2,5-diphenyl-tetrazoliumchlorid] (NT, NTC, Tetrazolpurpur)**

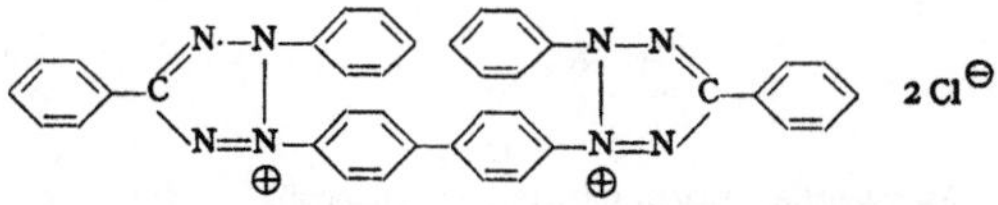

MG 667.57 *ZP* 219

Charakteristik: Farbl. Kristallnadeln (A./W.). — ***Reduktionspotential*** (gemessen für NT-Bromid) zwischen −0.125 und −0.081 Volt [*62*]. — ***Zugehöriges Formazan:*** Dunkelviolette Krist. (CS_2/PAe.); *F* 219–20; l. in Chlf.; wl. in A.; swl. in Bzl., Eg., Essigester, Ac., Ae.; unl. in W. — ***Verwend.:*** Zum Nachweis und zur Bestimmung von reduzierenden Fermentsystemen [*25*, *29*, *42*, *84*, *91*, *97*, *98*, *99*, *102*, *105*, *130*]; in der Histo- und Cytochemie und in der Medizin [*12*, *43*, *45*, *54*, *125*, *127*, *135*]; zur Anfärbung von Mikroorganismen [*33*, *39*, *69*, *88*, *134*, *140*]; bei pflanzlichen Objekten [*128*]; bei Tieren [*126*] und zum Nachweis kosmischer Strahlung [*40*].

11 **3,3′-(3,3′-Dimethoxy-4,4′-diphenylen)-bis-[2,5-diphenyl-tetrazoliumchlorid] (BT)**

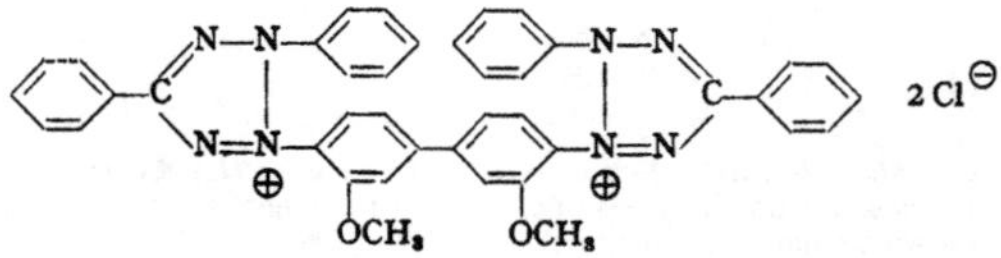

MG 727.5 *ZP* 245–7

Charakteristik: Farblose Kristallnadeln (A./Ae.); l. in A., W.; wl. in Ae., Ac., Essigsäureathylester. — ***Reduktionspotential*** (gemessen für BT-Bromid) zwischen −0.081 und −0.046 Volt [*62*]. — ***Zugehöriges Formazan:*** Blauschwarze Nadeln mit goldenem Glanz (Py./W.); blauviolett l. in Ac., Chlf., Py.; *F* 244. — ***Verwend.:*** Zum Nachweis und zur Bestimmung reduzierender Fermentsysteme [*91*, *92*, *105*]; zur Bestimmung von Corticoiden [*27*, *36*, *55*, *77*, *83*, *96*, *111*, *117*]; bei pflanzlichen Objekten [*132*]; in der Histo- und Cytochemie, in der Medizin [*34*, *45*, *119*, *125*, *137*], bei Mikroorganismen [*39*, *88*, *95*].

12 **3,3′-(3,3′-Dimethoxy-4,4′-diphenylen)-bis-[2,5-diphenyl-tetrazoliumchlorid]-[5-^{14}C]**

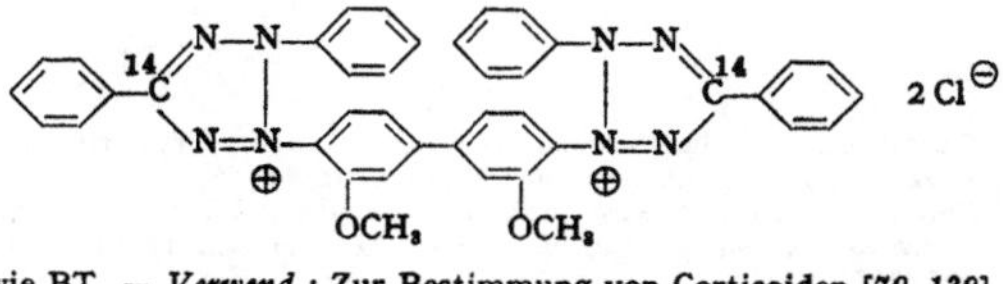

Charakteristik: Eigenschaften wie BT. — ***Verwend.:*** Zur Bestimmung von Corticoiden [*79*, *139*].

13 3,3'-(4,4'-Diphenylen)-bis-[5-(m-nitrophenyl)-2-phenyl-tetrazoliumchlorid] (NNT, Nitro-NT)

MG 757.58

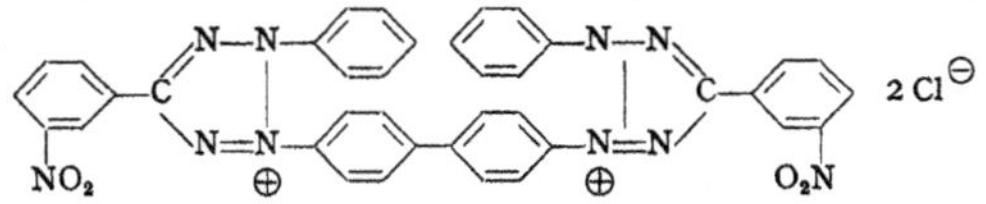

Charakteristik: — *Verwend.:* Zum Nachweis und zur Bestimmung reduzierender Fermentsysteme [*91*] und in der Histo- und Cytochemie [*84, 99, 107, 108, 109*].
Die Verbindung *3,3'-(4,4'-Diphenylen)-bis-[2-(p-nitrophenyl)-5-phenyl-tetrazoliumchlorid*] (*ZP* 22 ($2^1/_2 H_2O$); Formazan *F* 234) sowie *3,3'-(4,4'-Diphenylen)-bis-[2,5-bis-(p-nitrophenyl)-tetrazoliumchlorid*] (*ZP* 234; Formazan *F* 269) wurde auch beschrieben und zum Nachweis von Dehydrogenasen verwendet [*133*].

14 3,3'-(3,3'-Dimethoxy-4,4'-diphenylen)-bis-[2-(p-nitrophenyl)-5-phenyl-tetrazoliumchlorid] (NBT, Nitro-BT)

MG 817.67 *ZP* 162 bzw. 184

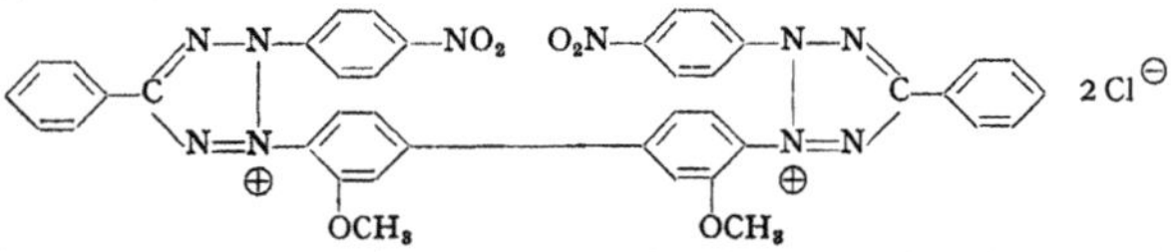

Charakteristik: Gelbe Nadeln (A./Ae.). — *Zugehöriges Formazan:* Intensiv blau; *F* 252 bzw. 270—2. — *Verwend.:* Zum Nachweis und zur Bestimmung von Fermentsystemen [*91, 99*]; in der Histo- und Cytochemie [*16, 22, 31, 42, 45, 50, 84, 85, 89, 90, 93, 105, 118, 133*] und zur Anfärbung von Mikroorganismen [*39*].

15 3,3'-(3,3'-Dimethoxy-4,4'-diphenylen)-bis-[2,5-bis-(p-nitrophenyl)-tetrazoliumchlorid] (TNBT, Tetranitro-BT)

MG 907.67 *ZP* 159

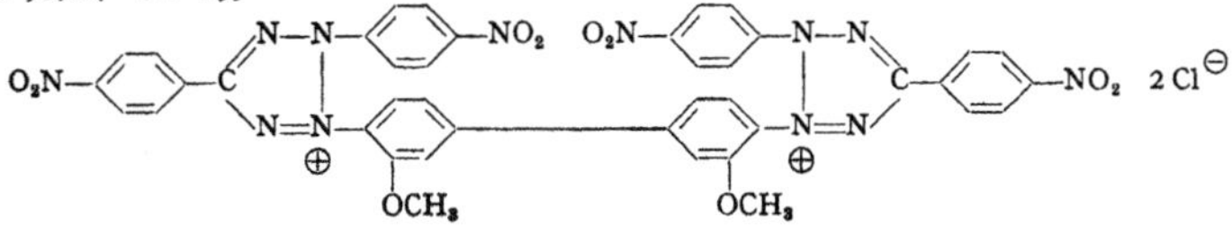

Charakteristik: Krist. (Me./Isopropylalkohol). — *Zugehöriges Formazan:* Schwarzes Pulver; *F* >300. — *Verwend.:* Zum Nachweis und zur Bestimmung reduzierender Fermentsysteme [*105, 118, 133*].

16 3,3'-(3,3'-Dimethoxy-4,4'-diphenylen)-bis-[2-(p-nitrophenyl)-5-(o-jodphenyl)-tetrazoliumchlorid] (INBT, Jodnitro-BT)

MG 1069.48 *ZP* 197

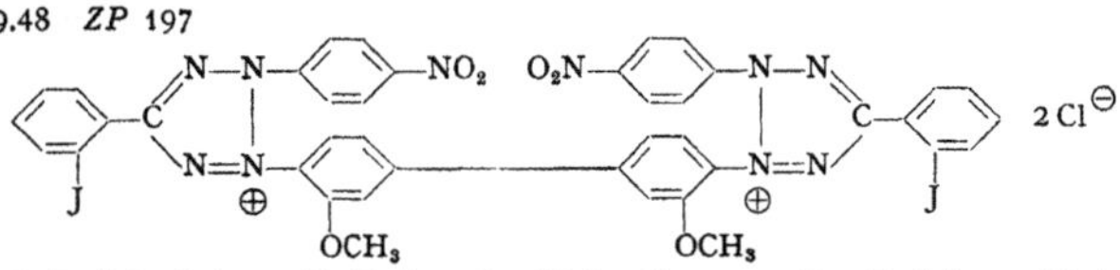

Charakteristik: Gelbe Prismen (A./Ae.). — *Zugehöriges Formazan:* Dunkle Prismen (Py.); *F* 263. — *Verwend.:* Zum Nachweis und zur Bestimmung von reduzierenden Fermenten [*16, 64*].
Es wurde auch die entsprechende *m-Jodphenyl-* (*ZP* 156—8; Formazan *F* —) und *p-Jodphenyl-Verbindung* (*ZP* 210; Formazan *F* 278—9) beschrieben [*64*].

17 3,3'-(3,3'-Dimethoxy-4,4'-diphenylen)-bis-[2-(p-nitrophenyl)-5-benzthiazolyl-(2)-tetrazoliumchlorid bzw. -bromid]

MG 931.83; wird schwarz bei 163—4°

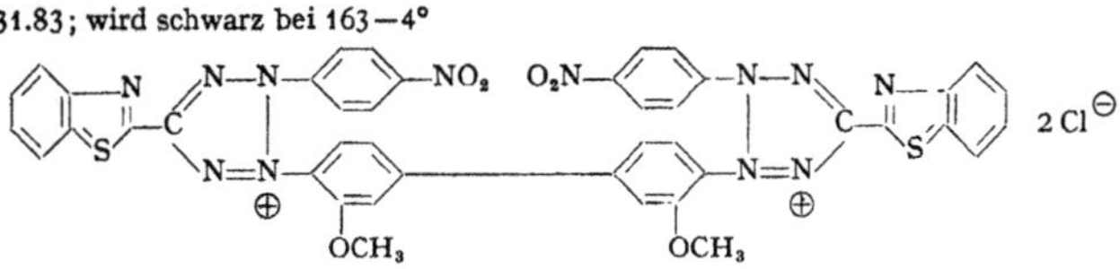

Charakteristik: Gelbe Prismen (wssr. A.). — *Zugehöriges Formazan:* Dunkle Nadeln (Py.); *F* 294. — *Verwend.:* Zum Nachweis von Dehydrogenasen [*65*].
Zum gleichen Zweck wird auch die Verbindung *3,3'-(3,3'-Dimethoxy-4,4'-diphenylen)-bis-[2-benzthiazolyl-(2)-5-phenyl-tetrazoliumchlorid* bzw. *-bromid*] (*ZP* 129—30; Formazan *F* 278) beschrieben [*65, 105*].

18 **3,3'-(3,3'-Dimethoxy-4,4'-diphenylen)-bis-[2-phenyl-5-(p-methoxyphenyl)-tetrazoliumchlorid]**

MG 787.73 *ZP* (Ac) 194

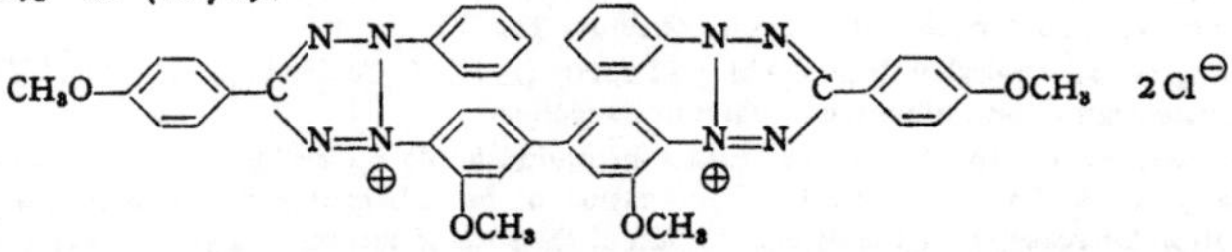

Charakteristik: Schwach gelbe Nadeln. – *Zugehöriges Formazan:* Schwarze Nadeln mit goldenem Reflex; *F* 202. – *Verwend.:* Zur Bestimmung von reduzierenden Kohlehydraten [*74*].

19 **3,3'-(4,4'-Diphenylen)-bis-[2-phenyl-5-methyl-tetrazoliumchlorid]**

MG ($2H_2O$) 579.2 *ZP* 243

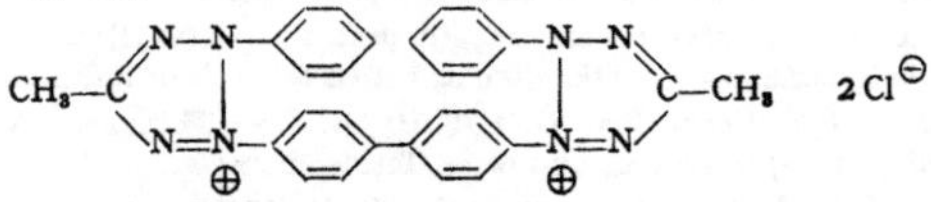

Charakteristik: Gelbliche Krist. (A./Ae.). – *Zugehöriges Formazan:* Tiefrote Krist. (Ac./W.); *F* 197. – *Verwend.:* Bei Tieren [*21, 60*].

20 **3,3'-(Vinylen-di-p-phenylen)-bis-[2,5-diphenyl-tetrazoliumchlorid] (STC)**

MG ($CHCl_3$) 813.0 *ZP* 250

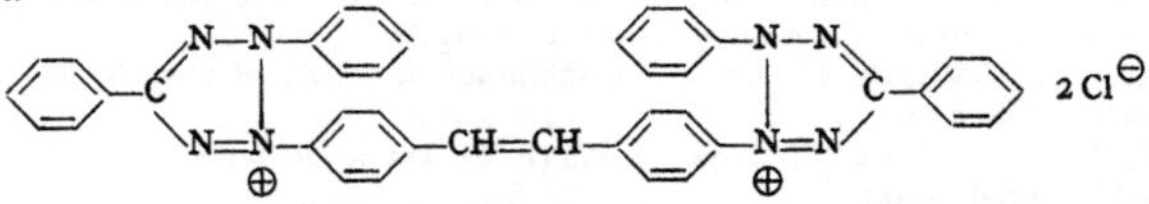

Charakteristik: Kanariengelbe Krist. (Me./Chlf.). – *Zugehöriges Formazan:* Schwarzblaue, glanzende Nadeln; *F* 261; lipoidunl.; ll. in h. Py. – *Verwend.:* Zur Bestimmung von reduzierenden Kohlehydraten [*49*]; in der Histochemie [*37*] und bei Mikroorganismen [*38*].

21 **5,5'-(p-Phenylen)-bis-[3-phenyl-2-(p-carbäthoxyphenyl)-tetrazoliumchlorid]**

MG ($3H_2O$) 789.7 *ZP* 322

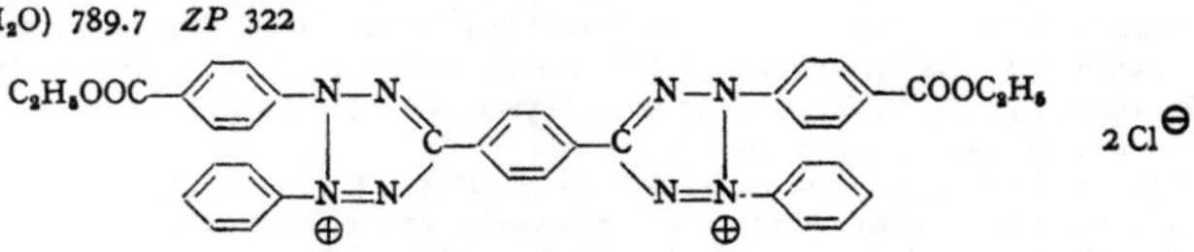

Charakteristik: Weiße Krist. (A.). – *Reduktionspotential* zwischen +0.011 und +0.062 Volt [*62*]. – *Zugehöriges Formazan:* (Py./W.) *F* 224–5. – *Verwend.:* Bei Tieren [*21, 60*].

Literatur

I. Übersichtsarbeiten

[*1*] *Jerchel, D.:* Naturforschg. u. Medizin in Deutschland, Biochemie **I**, 59 (1947); Fiat Review **39**, 59 (1947).
[*2*] *Smith, F. E.:* Science **113**, 751 (1951).
[*3*] *Ried, W.:* Angew. Chem. **64**, 391 (1952).
[*4*] *Kiesewalter, J.:* Pharmazie **7**, 580 (1952).
[*5*] *Soncin, E.:* Arch. ital. sci. farmacol. **4**, 3 (1954).
[*6*] *Nineham, A. W.:* Chem. Rev. **55**, 355 (1955).
[*7*] *Rust, J. B.:* Trans. N. Y. Acad. Sci. **17**, 379 (1955).
[*8*] *Pádr, Z.:* Chemie (Prag) **9**, 414 (1957).
[*9*] *Ogawa, Y.:* Yakkyoku **9**, 433 (1958).
[*10*] *Jámbor, B.:* Tetrazoliumsalze in der Biologie, Jena 1960.

II. Einzelarbeiten

[*11*] *Amako, K.:* Seito Gijutsu Kenkyukaishi **7**, 65 (1958); C. A. **54**, 2092f (1960). Determination of reducing sugar with TTC.
[*12*] *Antopol, W., G. H. Fried u. H. Kodza·* Trans. N. Y. Acad. Sci. **17**, 385 (1955); C. A. **49**, 12648d (1955). Metabolism of fivroblast cells in tissue culture utilizing NT.

[13] *Atkison, E., S. Melvin* u. *S. W. Fox:* Science **111**, 385 (1950). Properties of TTC and several iodo derivatives.

[14] *Bajusz, E.,* u. *L. Kováry:* Naturwiss. **42**, 561 (1955). Korrelation zwischen Umgebungstemperatur und Toxizität des Reduktionsindikators TTC.

[15] *Barlogová, S.:* Bratislav. lekárské listy **41 I**, 201 (1961); C. A. **55**, 12776f (1961). TTC in the microbiological determination of chlorotetracycline.

[16] *Barrnett, R. J.:* Intern. Kongr. Elektronenmikroskopie 4, Berlin 1958, Verhandl. 2, 91 (1960); C. A. **55**, 1725i (1961). Combination of histochemistry and cytochemistry with electron microscopy for the demonstration of the sites of succinic dehydrogenase activity.

[17] *Békés, M.,* u. *E. Bajusz:* Gastroenterologia **84**, 164 (1955); C. A. **51**, 12270a (1957). Investigation of gastric dehydrogenase activity in animals in vivo by means of oral TTC administration.

[18] *Bekierkunst, A.,* u. *M. Artman:* Nature **184**, 458 (1959). Effect of cell-free extracts from Mycobacterium tuberculosis H 37 Rv on lung succinoxidase.

[19] *Bevacqua, R. B.,* u. *G. C. Maggi:* Farmaco, Ed. prat. **13**, 472 (1958); C. A. **53**, 18149h (1959). Colorimetric determination of corticosteroids with a new salt of tetrazole.

[20] *Beyer, H.,* u. *T. Pyl:* Chem. Ber. **87**, 1505 (1954). Über Thiazole. XXIV. Über C,N-Diphenyl-N'-thiazolyl-(2)-formazane und deren Tetrazoliumsalze.

[21] *Bielig, H. J.,* u. *H. Querner:* Z. Naturforsch. **4b**, 21 (1949). Tri- und Tetrazoliumsalze als Reduktionsindikatoren bei Meerestieren in verschiedenen Entwicklungsstadien.

[22] *Bover, G. F.,* u. *R. B. Candela:* Rev. clín. españ. **77**, 324 (1960); C. A. **55**, 721 d (1961). Histochemical demonstration of succinic dehydrogenase by means of a new p-nitrophenyl substituted ditetrazolium compound, (Nitro-BT).

[23] *Breusch, F. L.,* u. *H. Keskin:* Rev. faculté sci. Univ. Istanbul **9A**, 30 (1944); C. A. **40**, 1319[8] (1946). Synthesis of formazan dyes and tetrazoles.

[24] *Brock, T. D.:* Naturwiss. **45**, 216 (1958). Inhibition of growth of yeast by 2,3,5-Triphenyl Tetrazolium Chloride.

[25] *Brodie, A. F.,* u. *J. S. Gots:* Science **116**, 588 (1952). The reduction of tetrazolium salts by an isolated bacterial flavoprotein.

[26] *Brückel, K. W.,* u. *W. Remmele:* Z. Vitamin-, Hormon-, Fermentforsch. **9**, 15 (1957); C. A. **52**, 6568h (1958). Respiration and glycolysis of leucocytes. III, Influence of the reduction indicator TTC on leucocyte metabolism.

[27] *Bush, I. E.,* u. *M. M. Gale:* Analyst **83**, 532 (1958); C. A. **53**, 1444h (1959). BT as a reagent for reducing steroids.

[28] *Campbell, H.,* u. *P. O. Kane:* J. chem. Soc. [London] **1956**, 3130. Tetrazolium compounds. V. Polarography of Triphenyltetrazoliumbromide and some of its substituted derivatives.

[29] *Cascarano, J.,* u. *B. W. Zweifach:* Amer. J. Physiol. **200**, 1285 (1961). Physical and metabolic factors in diffusion of solutes into tissue slices.

[30] *Cingolani, E.:* Farmaco, Ed. sci. **11**, 726 (1956); C. A. **53**, 10664e (1959). Control of corticosteroids in pharmaceutical products. The reaction with tetrazolium salts.

[31] *Cohen, R. B.:* Lab. Invest. **8**, 1535 (1959); C. A. **55**, 12576c (1961). A pyridine nucleotide transhydrogenase system in tissues utilizing a histochemical method.

[32] *Dallner, G.:* Nature **186**, 176 (1960). Viability and tetrazolium salt in ascites tumours.

[33] *Delavier-Klutchko, C.:* C. R. hebd. Séances Acad. Sci. **249**, 2418 (1959). Mise en évidence d'un nouveau facteur intervenant dans la réaction phosphoroclastique de Clostridium saccharobutyricum.

[34] *Dianzani, M. U.:* Nature **171**, 125 (1953). Histochemical detection with ditetrazolium chloride of some enzymic activities in isolated mitochondria.

[35] *Dooley, E. S.:* US. P. 3002892 20. 1. 60/3. 10. 61. Process for preparing bacteriophage-impregnated paper discs for rapid identification of bacterial strains.

[36] *Dowlatabadi, H.:* Naturwiss. **45**, 517 (1958). Eine neue Methode zur Bestimmung der Steroide mit einer Δ^4-3-Keto-Gruppe mit Blautetrazolium.

[37] *Drefahl, G., W. Herb* u. *H. Kieser:* Z. physiol. Chem. **308**, 5 (1957); C. A. **51**, 16440f (1957). Darstellung und histochemische Verwendbarkeit des 2,2'-[4,4'-Stilbenylen]-bis-[3,5-diphenyl-3H-tetrazolium-2-chlorids].

[38] *Drews, G.:* Naturwiss. **42**, 646 (1955). Zur Frage der TTC-Reduktion durch Cyanophyceen.

[39] *Eidus, L., B. B. Diena* u. *L. Greenberg:* Can. J. Microbiol. **5**, 245 (1959); C. A. **53**, 14227d (1959). Observations on the use of tetrazolium salts in the vital staining of bacteria.

[40] *Eugster, J.:* Radiol. Clin. **22**, 130 (1953); Biol. Abstr. **28**, 530 (1954); C. A. **50**, 8343a (1956). Demonstration of cosmic radiation by means of radiochemical methods.

[41] *Eugster, J.:* Schweiz. P. 306776, 1. 7 55; C. A. **51**, 3318b (1957). Organic reagent for detection of cosmic rays.

[42] *Forgacs, J.:* Experientia **18**, 329 (1962). L'activité succino-déhydrogénasique dans le tissu oculaire (étude histochimique).

[43] *Fried, G. H.*, u. *W. Antopol:* J. Cellular Comp. Physiol. **49**, 201 (1957); C. A. **51**, 15753e (1957). The metabolism of adipose tissue utilizing NT.

[44] *Gheorghiu, C. V.*, u. *M. Alexa-Petrovanu:* Acad. rep. populare Romîne **8**, 283 (1957); C. A. **54**, 17520d (1960). Determination of the activity of succinic dehydrogenase by means of 2-phenyl-3-(4-carboxyphenyl)-5-hexyl-tetrazolium chloride.

[45] *Glenner, G. G., H. Weissbach* u. *B. G. Redfield:* J. Histochem. Cytochem. **8**, 258 (1960); C. A. **55**, 5633g (1961). The histochemical demonstration of enzymic activity by a nonenzymic redox action. Reduction of tetrazolium salts by indole-β-acetaldehyde.

[46] *Grierson, W.:* J. Sci. Food. Agr. **9**, ii-283 (1958); C. A. **54**, 19273a (1960). Indicator papers for detecting damage to citrus fruit.

[47] *Hausser, J., D. Jerchel* u. *R. Kuhn:* Chem. Ber. **82**, 195 (1949). Ein blau fluorescierendes Bestrahlungsprodukt von TTC.

[48] *Henly, A. A.:* Nature **169**, 877 (1952). Estimation of corticosteroids.

[49] *Herb, W.*, u. *H. Venner:* Z. physiol. Chem. **308**, 30 (1957); *Venner, H.*, u. *W. Herb:* ibid. S. 36 (1957); C. A. **51**, 14489a,d (1957). Eine Schnellmethode zum Nachweis reduzierender Zucker in Rundfilterchromatogrammen.

[50] *Hess, R., D. G. Scarpelli* u. *A. G. E. Pearse:* Nature **181**, 1531 (1958). Cytochemical localization of pyridine nucleotide-linked dehydrogenases.

[51] *Heyl, W., H. J. Holthoff* u. *W. Schörborn:* Milchwissenschaft **12**, 213 (1957); C. A. **52**, 5687b (1958). The detection of coliform organisms in milk with TTC-Rubragnost-Heyl.

[52] *Hilf, R.*, u. *E. Rohmeder:* Forstwiss. Cbl. **74**, 279 (1955); C. A. **53**, 13489h (1959). The effects of TTC in germinating tests of forest seeds.

[53] *Hirsch, A., C. Cattaneo* u. *M. Morellini:* Z. Hyg. Infektionskrankh. **145**, 355 (1958); C. A. **53**, 7316a (1959). Zur Frage der Reduzierung von 2,3,5-Triphenyl-tetrazoliumchlorid durch Mikroorganismen verschiedener Familienzugehörigkeit.

[54] *Hsu, Y. T.*, u. *C. Hoch-Ligeti:* Amer. J. Pathol. **29**, 105 (1953); C. A. **47**, 5539d (1953). The reduction of tetrazolium derivatives by normal and diseased human tissues.

[55] *Izzo, A. J., E. H. Keutmann* u. *R. B. Burton:* J. Clin. Endocrinol. Metabolism **17**, 889 (1957); C. A. **51**, 15692f (1957). Special considerations in the use of BT for the measurement of α-ketols in mixtures with other steroids.

[56] *Jámbor, B.:* Pharmazie 13, 277, 282, 411, 414 (1958). Die Lichtreaktion von Tetrazoliumverbindungen. 1. Mitt. Die Disproportionierungsreaktion. 2. Mitt. Die Photooxydation der Formazane. 3. Mitt. Die Einwirkung des Lichtes auf die chemische und enzymatische Reduktion des TTC. 4. Mitt. Weitere Betrachtungen auf Grund neuerer Literatur.

[57] *Jámbor, B., L. W. Roberts* u. *M. Dévay:* Phyton **10**, 89 (1958); C. A. **52**, 20460c (1958). Penetration and reduction of TTC in plant tissues.

[58] *Jámbor, B.*, u. *M. Dévay:* Acta Biol. Acad. Sci. Hung. **9**, 193, 207 (1959); C. A. **53**, 20303g, h (1959). Determination of the activity of plant dehydrogenase systems by TTC.

[59] *Jerchel, D.*, u. *W. Möhle:* Ber. dtsch. chem. Ges. **77**, 591 (1944). Die Bestimmung des Reduktionspotentials von Tetrazoliumverbindungen.

[60] *Jerchel, D.*, u. *H. Fischer:* Liebigs Ann. Chem. **563**, 208 (1949). Über Diformazane und Ditetrazoliumsalze.

[61] *Jerchel, D.*, u. *H. Fischer:* Liebigs Ann. Chem. **563**, 200 (1949). Diphenylsubstituierte Formazane und Tetrazoliumsalze.

[62] *Jerchel, D., H. Geyer* u. *H. Holtkamp:* Liebigs Ann. Chem. **613**, 137 (1958). Reduzierbarkeit von Tetrazoliumsalzen.

[63] *Jerchel, D.:* DBP 1037176, 21.8.58; C. A. **55**, 4537i (1961). Tetrazoliumsalze als Reduk tionsindikatoren.

[64] *Karmarkar, S. S., R. J. Barrnett, M. M. Nachlas* u. *A. M. Seligman:* J. Amer. chem. Soc. **81**, 3771 (1959). Synthesis of p-nitrophenyl substituted tetrazolium salts containing iodine and other groups.

[65] *Karmarkar, S. S., A. G. E. Pearse* u. *A. M. Seligman:* J. Org. Chem. **25**, 575 (1960). Preparation of nitrotetrazolium salts containing benzothiazole.

[66] *Klingman, G. C.:* Weeds 7, 474 (1959); C. A. **54**, 25521f (1960). Wild garlic bulblet viability determined by TTC.

[67] *Kodousek, R.*, u. *A. Kolín:* Acta Histochem. **10**, 133 (1960); C. A. **55**, 5632a (1961). Neuroenzymologic observations in the human central nervous systems by means of some dehydrogenase reactions.

[68] *Kotter, L., G. Terplan* u. *H. Schulz:* Arch. Lebensmittelhygiene **10**, 145 (1959); C. A. **53**, 22559d (1959). Biological detection of preservatives in foods of animal origin.

[69] *Krieg, A.:* Naturwiss. **41**, 19 (1954). Fluorescencemicroscopy detection of accumulation of berberine in chondriosome equivalents of bacteria in vivo.

[70] *Kuhn, R.*, u. *D. Jerchel:* Ber. dtsch. chem. Ges. **74**, 941 (1941). Über Invertseifen. 7. Mitt. Tetrazoliumsalze.

[71] *Ling, K. H., T. C. Su* u. *T. C. Tung:* Arch. Biochem. Biophys. **71**, 126 (1957). Mechanism of the reduction of TTC by succinoxidase.

[72] *Liska, B. J., H. E. Calbert:* J. Dairy Sci. **41**, 776 (1958); C. A. **52**, 16636a (1958). A test for the detection of lactic bacteriophage by TTC.

[73] *Liska, B. J., H. E. Calbert* u. *S. G. Knight:* J. Dairy Sci. **41**, 1218 (1958); C. A. **52**, 20374b (1958). Reduction of TTC by homofermentative lactic acid bacteria.

[74] *Livingston, E. M.:* Microchem. J. **1**, 265 (1957); C. A. **52**, 2664e (1958). Ultramicrodetermination of levulose with p-anisyl blue ditetrazolium chloride.

[75] *Ludolphy, E.:* Chem. Ber. **84**, 385 (1951). Notiz uber eine Tetrazoliumverbindung der Pyrimidinreihe.

[76] *Marras, F.:* Studi sassaresi **3**, 108 (1955); C. A. **51**, 6784g (1957). Biochemical method for rapid determination of germinating capacity of seeds.

[77] *Martin, E. A.,* u. *R. Salvador:* Rev. can. biol. **18**, 1 (1959); C. A. **53**, 13252g (1959). Some factors affecting the determination of corticoids by tetrazolium salts.

[78] *Martin, L.:* J. Endocrinol. **20**, 187 (1960); C. A. **54**, 25276d (1960). The use of TTC in the biological assay of estrogens.

[79] *Márton, J., T. Gosztonyi* u. *L. Ötvös:* Acta Chim. Acad. Sci. Hung. **25**, 115 (1960); C. A. **55**, 10420c (1961). Synthese von mit ^{14}C markierten Tetrazoliumsalzen und Untersuchung des Bildungsmechanismus von Formazanen mit radioaktivem Kohlenstoff.

[80] *Masouredis, S. P., M. B. Shimkin, J. A. McMillan* u. *S. W. Fox:* J. Natl. Cancer Inst. **11**, 91 (1950); C. A. **45**, 3085h (1951). Distribution of radioactivity in tissues of normal and tumourbearing mice following intravenous administration of radioiodotetrazolium salt.

[81] *Mathieson Chem. Co.:* US. 2968597, 1. 10. 57/17. 1. 61. Method and composition for detecting Candida albicans.

[82] *Mello de, T. M., N. P. M. Silva* u. *H. Muth:* J. Bacteriol. **73**, 682 (1957). Electron microscopy of granules in Proteus vulgaris treated with TTC.

[83] *Meyer, A. S.,* u. *M. C. Lindberg:* Analyt. Chem. **27**, 813 (1955); C. A. **50**, 2634i (1956). Optical-analytical studies on steroids-reducing characteristics of hydroxylated and ketonic steroids toward blue tetrazolium.

[84] *Miller jr., A. T.,* u. *L. D. Gunn:* Amer. J. Physiol. **200**, 89 (1961). Identification of mitochondria by osmotic swelling and tetrazolium staining.

[85] *Monis, B., M. M. Nachlas* u. *A. M. Seligman:* Cancer **12**, 1238 (1959); C. A. **54**, 4877i (1960). Histochemical study of three dehydrogenase systems in human tumours.

[86] *Moorjani, M. N.,* u. *J. R. Iyengar:* Food. Sci. **6**, 203 (1957); C. A. **52**, 10455a (1958). Tetrazolium reduction test in relation to species of fish, pH of the media, and incubation period.

[87] *Moorjani, M. N., J. R. Iyengar* u. *D. S. Bhatia:* V. Food Sci. **6**, 275 (1957); C. A. **52**, 14020i (1958). Use of 2,3,5-Triphenyltetrazoliumchloride (TPTZ) for assessing the quality of fish.

[88] *Mustakallio, K. K., E. O. Ahos* u. *E. O. Autio:* Science **122**, 971 (1955). Tetrazolium reduction Subrahmanyan test for milk.

[89] *Nachlas, M. M., K. C. Tsou, E. de Souza, C. S. Cheng* u. *A. M. Seligman:* J. Histochem. Cytochem. **5**, 420 (1957); C. A. **52**, 6469g (1958). Cytochemical demonstration of succinic dehydrogenase by the use of a new p-nitrophenyl substituted ditetrazole.

[90] *Nachlas, M. M., D. G. Walker* u. *A. M. Seligman:* J. Biophys. Biochem. Cytol. **4**, 467 (1958); C. A. **52**, 20349b (1958). Histochemical localization of triphosphopyridine nucleotide diaphorase. — ibid. 29; C. A. **52**, 10270a (1958). Histochemical method for the demonstration of diphosphopyridine nucleotide diaphorase.

[91] *Nachlas, M. M., S. J. Margulies* u. *A. M. Seligman:* J. biol. Chem. **235**, 2739 (1960). Sites of electron transfer to tetrazolium salts in the succinoxidase system.

[92] *Nachlas, M. M., S. J. Margulies* u. *A. M. Seligman:* J. biol. Chem. **235**, 499 (1960). A colorimetric method for the estimation of succinic dehydrogenase activity.

[93] *Nachlas, M. M., S. S. Karmarkar* u. *A. M. Seligman:* Proc. Soc. exper. Biol. Med. **104**, 407 (1960); C. A. **54**, 21220a (1960). Variations in reduction of tetrazolium salts by dehydrogenase systems.

[94] *Namikawa, R.,* u. *N. Tawa:* Nagoya Med. J. **6**, 13 (1960); C. A. **55**, 5630g (1961). A colorimetric method of determination of succinic dehydrogenase activity in animal tissues by NT.

[95] *Nickerson, W. J.,* u. *J. R. Merckel:* Proc. Natl. Acad. Sci. US **39**, 901 (1953); C. A. **48**, 8293g (1954). Light-activation phenomenon in the enzymic and non-enzymic reduction of tetrazolium salts.

[96] *Nowaczinski, W., M. Goldner, J. Genest, P. Marcoux* u. *L. Langevin:* J. Laborat. Clin. Med. **45**, 818 (1955); C. A. **49**, 11057h (1955). Microdetermination of corticosteroids with tetrazolium salts.

[97] *Oda, T., S. Seki, T. Shibata, A. Sakai* u. *H. Okazaki:* Okayama Igakkai Zasshi **70**, 123 (1958); C. A. **53**, 495a (1959). Colorimetric estimation of the activity of succinic dehydrogenase system with NT.

[98] *Oda, T.*, u. *H. Okazaki:* Acta med. Okayama **12**, 193 (1958); C. A. **53**, 16314b (1959). An analytical study on the reduction of NT bv the terminal electron-transport system.

[99] *Oda, T.*, u. *D. S. Goldman:* Biochim. biophys. Acta **59**, 604 (1962). Terminal electron-transport mechanisms in the tubercle bacillus. A reduced diphosphopyridine nucleotide-nitro-blue tetrazolium diaphorase.

[100] *Ogata, E.:* Nippon Suisangaku Kaishi **22**, 94, 99 (1956); C. A. **52**, 4038b (1958). Tetrazolium salt as a viability indicator for Conchocelis filaments. I. Conditions affecting the TTC reaction. II. Relation between injuries of the Conchocelis filaments and the TTC reaction.

[101] *Ogur, M.*, *R. S. John* u. *S. Nagai:* Science **125**, 928 (1957). Tetrazolium overlay technique for population studies of respiration deficiency in yeast.

[102] *Okazaki, H.:* Okayama Igakkai Zasshi **71**, 3601 (1959); C. A. **54**, 16509e (1960). Histochemical and biochemical studies on the respiratory enzymes. I. Reduction mechanism of tetrazolium salts by the respiratory enzyme system.

[103] *Pearse, A. G. E.:* J. Histochem. Cytochem. **5**, 515 (1957); C. A. **52**, 6470b (1958). Intracellular localization of dehydrogenase systems by using monotetrazolium salts and metal chelation of their formazans.

[104] *Pearse, A. G. E.*, *D. G. Scarpelli* u. *R. Hess:* J. Biophys. Biochem. Cytol. **7**, 243 (1960); C. A. **54**, 21268b (1960). A cytochemical study of the dehydrogenases of mitochondria and mitochondrial particulates by a monotetrazolium-cobalt chelation method.

[105] *Pearse, A. G. E.*, u. *R. Hess:* Experientia **17**, 136 (1961). Substantivity and other factors responsible for formazan patterns in dehydrogenase histochemistry.

[106] *Pearson, B.*, u. *V. Defendi:* J. Histochem. Cytochem. **2**, 248 (1954). Histochemical demonstration of succinic dehydrogenase in thin tissue sections by means of 2-(p-Jodophenyl)-3-(p-nitrophenyl)-5-phenyltetrazolium chloride under aerobic conditions.

[107] *Pearson, B.:* Federation Proc. **16**, 368 (1957). Use of Nitroneotetrazolium in enhancing the permanence and effecting finer histochemical localization of succinic dehydrogenase.

[108] *Pearson, B.:* J. Histochem. Cytochem. **6**, 112 (1958); C. A. **52**, 8256d (1958). Improvement in the histochemical localization of succinic dehydrogenase by use of nitroneotetrazolium chloride.

[109] *Pearson, B.*, u. *F. Grose:* Proc. Soc. exper. Biol. Med. **100**, 636 (1959); C. A. **53**, 17272c (1959). Histochemical demonstration of 17β-hydroxysteroid dehydrogenase by use of a tetrazolium salt.

[110] *Randerath, K.:* Dunnschichtchromatographie, Weinheim/Bergstr., 1962, S. 112.

[111] *Recknagel, R. O.*, u. *M. Litteria:* J. Laborat. Clin. Med. **48**, 463 (1956); C. A. **51**, 1359f (1957). A simplified BT reaction.

[112] *Remmele, W.*, u. *K. W. Bruckel:* Ann. Histochim. **2**, 66 (1957); C. A. **51**, 18064h (1957). TTC and cellular metabolism.

[113] *Remmele, W.*, u. *W. Rick:* Klin. Wschr. **36**, 876 (1958). Der Einfluß von Thiolverbindungen auf die Veranderungen des Zellstoffwechsels durch TTC.

[114] *Remmele, W.:* Frankfurt. Z. Pathol. **69**, 206 (1958); C. A. **52**, 18843a (1958). Tetrazolium salts and cell function.

[115] *Remmele, W.:* Frankfurt. Z Pathol. **69**, 336 (1958); C. A. **52**, 20564e (1958). Action of reduction products of TTC on the metabolism of mouse ascites carcinoma cells.

[116] *Roberts, L. W.*, u. *G. Lucchese:* Stain Technol **30**, 291 (1955); C. A. **52**, 14792f (1958). Sulfhydryl localization and tetrazolium reduction. I. Reversible inhibition of its reduction by N-ethylmaleimide.

[117] *Romani, J. D.:* Presse méd. **65**, 625 (1957); C. A. **52**, 18617g (1958). Determination of total urinary corticoids.

[118] *Rosa, C. G.*, u. *K. C. Tsou:* Nature **192**, 990 (1961). Use of tetrazolium compounds in oxidative enzyme histo- and cytochemistry.

[119] *Rutenburg, A. M.*, *R. Gofstein* u. *A. M. Seligman:* Cancer Research **10**, 113 (1950); C. A. **45**, 6192c (1951). Preparation of a new tetrazolium salt which yields a blue pigment on reduction and its use in the demonstration of enzymes in normal and neoplastic tissues.

[120] *Ryan, W. L.*, *H. J. Igel* u. *P. T. Williams:* J. Amer. Med. Ass. **170**, 1528 (1959). Simple paper test for determining bacterial sensitivity to antibiotics.

[121] *Sato, S.:* Botany. Mag. (Tokyo) **69**, 273 (1956); C. A. **51**, 9809g (1957). Succinic dehydrogenase in seed embryo.

[122] *Schormuller, J.*, u. *W. Andrâss:* Z. Lebensmittel-Unters. u. -Forsch. **109**, 154 (1959); C. A. **53**, 10381d (1959). Behaviour of Penicillium candidum toward TTC and influence of quaternary ammonium compounds on the tetrazolium reduction.

[123] *Schriefers, H.*, u. *W. Korus:* Naturwiss. **43**, 517 (1956). Zur Bestimmung von Corticoiden mit Triphenyltetrazoliumchlorid.

[124] *Seligman, A. M.*, *R. Gofstein* u. *A. M. Rutenburg:* Cancer Research **9**, 366 (1949); C. A. **43**, 8060h (1949). Preparation of a radioactive iodotetrazolium salt and its distribution in mice.

[125] *Shelton, E.*, u. *W. C. Schneider:* Anat. Record **112**, 61 (1952); C. A. **46**, 8704b (1952). The usefulness of tetrazolium salts as histochemical indicators of dehydrogenase activity.
[126] *Shelton, E.*, u. *M. E. Rice:* J. Natl. Cancer Inst. **18**, 117 (1957); C. A. **51**, 5871c (1957). Comparison of the reduction of two tetrazolium salts with succinoxidase activity of tissue homogenates.
[127] *Slater, T. F.*, u. *D. N. Planterose:* Biochem. J. **74**, 591 (1960). An assay procedure for a succinate-neotetrazolium-reductase system.
[128] *Sorokin, H. P.:* Amer. J. Botany **43**, 787 (1956); C. A. **51**, 7519g (1957). Living cells of pea seedlings. — *Sorokin, H. P.*, u. *S. Sorokin:* ibid. 183; C. A. **50**, 9533b (1956). Staining of mitochondria with NT.
[129] *Soru, E.*, u. *M. Sternberg:* Acad. rep. populare Romine, Studii cercetari chim. **4**, 263 (1956); C. A. **51**, 9779b (1957). Oxidative metabolism of anaerobic microorganisms by TTC.
[130] *Sourkes, T. L.*, u. *J. R. Lagnado:* Experientia **13**, 476 (1957). On the role of purines in the enzymatic reduction of tetrazolium salts.
[131] *Su, T.-C.:* Tai-wan i-hsüeh-hui tsa-chih **58**, 269 (1959); C. A. **54**, 14321f (1960). Nonenzymic reduction of tetrazolium salts by cysteine, glutathione, metal salts and unknown factor found in BCG and liver preparation.
[132] *Taylor, J. J.*, u. *M. Chessin:* Nature **183**, 626 (1959). Photochemical reduction of blue tetrazolium by isolated chloroplasts.
[133] *Tsou, K. C., C. S. Cheng, M. M. Nachlas* u. *A. M. Seligmann:* J. Amer. chem. Soc. **78**, 6139 (1956). Syntheses of some p-nitrophenyl substituted tetrazolium salts as electron acceptors for the demonstration of dehydrogenases.
[134] *Tsukamura, M.:* Igaku to Seibutsugaku **37**, 79 (1955); C. A. **52**, 2165g (1958). The colorimetric estimation of respiration of bacteria by picric acid as H-acceptor.
[135] *Vercauteren, R.:* Enzymologia **18**, 97 (1957); C. A. **51**, 15639f (1957). Study of leukocyte metabolism by the tetrazolium method.
[136] *Wang, Y. W., P. C. Ouyang, C. S. Huang* u. *K. T. Kuo:* Tai-wan i-hsüeh-hui tsa-chih **55**, 556 (1956); C. A. **51**, 15677g (1957). TTC test in exfoliative cells.
[137] *Wattenberg, L. W.*, u. *J. A. Gronvall:* Proc. Soc. exper. Biol. Med. **104**, 394 (1960); C. A. **54**, 19933i (1960). Coenzyme Q_{10} and succinate-tetrazolium reductase activity of proliferative lesions of the liver.
[138] *Weissbach, H., B. G. Redfield, G. G. Glenner* u. *C. Mitoma:* J. Histochem. Cytochem. **5**, 601 (1957); C. A. **52**, 6470e (1958). Tetrazolium reduction as a measure of monoamine oxidase activity in vitro.
[139] *Weisz, P., J. Márton* u. *T. Gosztonyi:* Lancet **1960**, 286. Chromatographic estimation of corticosteroids by ^{14}C-labelled tetrazolium salt.
[140] *Winterscheid, L. C., M. C. Glick* u. *S. Mudd:* Amer. Rev. Tuberc. **68**, 625 (1953); C. A. **48**, 6503d (1954). The use of NT in cultures of tubercle bacilli.
[141] *Wohnlich, H.:* Z. analyt. Chem. **150**, 2 (1956). Direct photometric determination of color reactions of sugar on paper. C. A. **51**, 4215e (1957).
[142] *Zsolt, J.:* Naturwiss. **47**, 255 (1960). Selektive Wirkung von TTC gegen Hefen.

Alkaloide

Von **D. Stauffacher**, Basel (Schweiz)

Literatur. *Henry, Th. A.:* The Plant Alkaloids, London 1949. — *Manske, R. H. F.*, and *H. L. Holmes:* The Alkaloids, Chemistry and Physiology. Bd. I—VII. New York-London 1950 bis 1960. — *Stoll, A.*, u. *E. Jucker:* Alkaloide, in: Ullmanns Enzyklopadie der technischen Chemie. Munchen-Berlin 1952. — *Paech, K.*, u. *M. V. Tracey:* Moderne Methoden der Pflanzenanalyse, Bd. IV: The Alkaloids (by *B. T. Cromwell*), S. 367—516. Berlin-Göttingen-Heidelberg 1955. — *Rodd, E. H.:* Chemistry of Carbon Compounds, Bd. IVc: Alkaloids, S. 1799—2130. Amsterdam-London-New York-Princeton 1960. — *Mathieu, J.-P.*, et *M.-M. Janot:* Pouvoir Rotatoire Naturel, IV. Alcaloïdes. Paris 1959. — *H.-G. Boit:* Ergebnisse der Alkaloid-Chemie bis 1960. Berlin 1961.

Vorbemerkungen. Die nachfolgend aufgeführten Verbindungen sind aus der sehr großen Zahl natürlicher Pflanzenbasen ausgewählt worden. Es handelt sich dabei vor allem um Alkaloide, die ein physiologisches, pharmakologisches oder medizinisches Interesse beanspruchen und deren physiologisches Verhalten zum Teil auch schon näher untersucht wurde.

Steroid-Alkaloide sind unter **Steroide**, S. 473, und niedere Pflanzenbasen, wie **Phenyläthylamin-, Tryptamin-Derivate** usw., unter **Amine**, S. 304, zu finden.

Soweit bekannt, sind bei den Strukturformeln die sterischen Verhältnisse berucksichtigt. Die absoluten Konfigurationen sind jedoch noch nicht bei allen Alkaloiden festgelegt, weshalb einige der angeführten Formeln eventuell für den optischen Antipoden gültig sein könnten.

In der Formulierung der Zusammensetzung der Hydrate, Salze usw. ist an Stelle der Bruttoformel der freien Base der Buchstabe B gesetzt.

1. Aromatische Amine

(vgl. auch Amine, S. 304)

1/1 Capsaicin

MG 305.40 *F* 65 $C_{18}H_{27}O_3N$

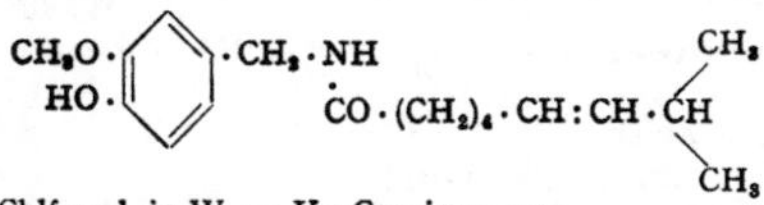

Charakteristik: Monokline, rechteckige Platten (PAe.); noch in großer Verdünnung (1:10⁵) sehr scharfer Geschmack; ll. in A., Ae., Bzl., Chlf.; wl. in W. — *V.:* Capsicum spp.

2. Pyrrolidin-Alkaloide

2/1 Cuskhygrin (Cuscohygrin)

MG 224.34 Kp_{23} 170 D_4^{16} 0.978 $C_{13}H_{24}ON_2$

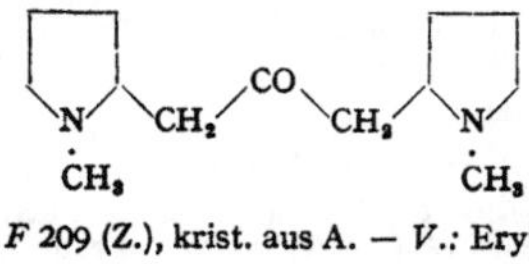

Charakteristik: Öl, mischbar mit W., bildet krist. Hydrat B·3.5H_2O, *F* 40; ll. in A., Ae., Bzl. — *Hydrobromid:* B[1]·HBr, *F* 234. — *Nitrat:* B[1]·HNO_3, *F* 209 (Z.), krist. aus A. — *V.:* Erythroxylon spp. (Coca-Blätter, Cusco-Blätter).

2/2 Hygrin

MG 141.21 *Kp* 193—195 D_4^{17} 0.940 Kp_{20} 92—94 $C_8H_{15}ON$

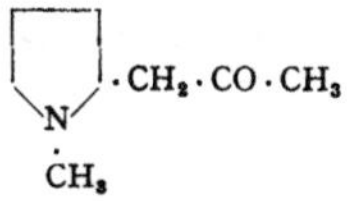

Charakteristik: Öl, $[\alpha]_D$ —1.3°; l. in A., Chlf.; swl. in W.; lichtempfindlich. — *Saures Tartrat:* B·$C_4H_6O_6$, *F* 130. — *Pikrat:* B·$C_6H_3O_7N_3$, *F* 158, gelbe Nadeln. — *V.:* Erythroxylon spp.

3. Pyridin-, Piperidin- und Chinolizidin-Alkaloide

3/1 Anabasin (1-Neonicotin)

MG 162.24 *F* 9 D_{20}^{20} 1.0455 Kp_{12} 136—138 $C_{10}H_{14}N_2$

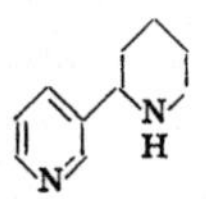

Charakteristik: Öl; n_D^{20} 1.5440; ∞ W.; ll. in A., Ae.; luftempfindlich, stark basisch; $[\alpha]_D^{20}$ —83°, häufig racemisch. — *Dipikrat:* B·2$C_6H_3O_7N_3$, *F* 213; krist. aus verd. HCl. — *Dipikrolonat:* B·2$C_{10}H_8O_5N_4$, *F* 257—259; Nadeln (A. + W.). — *V.:* Anabasis aphylla, Nicotiana glauca, Duboisia myoporoides.

3/2 Nicotin

MG 162.23 Kp_8 109 D_4^{20} 1.009 $C_{10}H_{14}N_2$

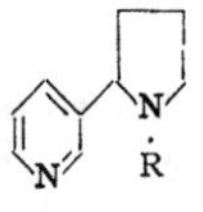

(R = CH_3)

Charakteristik: Öl; n_D^{20} 1.5282; ∞ W. < 60°; ll. in A., Ae., Chlf., Bzl., PAe.; flüchtig mit W.-Dampf, bildet Azeotrop: 2.45 g in 100 g W.; hygroskopisch, luft-, lichtempfindlich; $[\alpha]_D^{20}$ —169°. — *Hydrochlorid:* B·2HCl, *F* 160—162; hygroskop. Krist.; ll. in W., A.; $[\alpha]_D^{22}$ +11° (W.). — *Zinkchlorid-Doppelsalz:* B·$ZnCl_2$·2HCl·H_2O; krist. gut (W. + A.); ll. in W.; swl. in A. — *Dipikrat:* B·2$C_6H_3O_7N_3$, *F* 218; gelbe Prismen (A.). — *V.:* Nicotiana spp.

3/3 Nornicotin

MG 148.20 Kp_{11} 131 D_D^{20} 1.074 $C_9H_{12}N_2$ Strukturformel s. Nicotin: R = H

Charakteristik: Öl; n_D^{20} 1.5378; ∞ W.; ll. in A., Ae., Chlf., Bzl., PAe.; hygroskopisch; $[\alpha]_D^{23}$ —89°. — *Diperchlorat:* B·2$HClO_4$, *F* 183—186; l. in W.; $[\alpha]_D^{18}$ +14° (W.). — *V.:* Nicotiana spp., (+)-Form in Duboisia hopwoodii.

3/4 Ricinin

MG 164.16 *F* 201 Kp_{20} subl. 180 $C_8H_8O_2N_2$

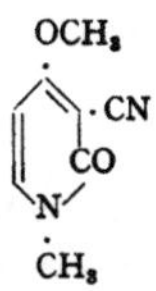

Charakteristik: Prismen (A. oder W.); l. in h. W., h. A.; wl. in Ae.; reagiert neutral. — *V.:* Ricinus communis.

---

[1] B = Base.

3/5 Actinidin

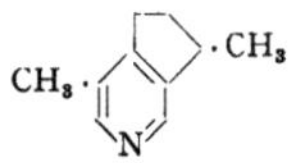

MG 147.21 Kp_9 100—103 $C_{10}H_{13}N$

Charakteristik: Öl; $[\alpha]_D^{11}$ −7.2° (Chlf.). — *Pikrat:* $B \cdot C_6H_3O_7N_3$, *F* 143. — *V.:* Actinidia polygama.

3/6 Anibin

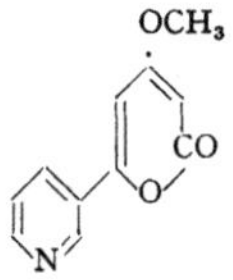

MG 213.27 *F* 179—180
$Kp_{0.003}$ subl. 130 $C_{11}H_9O_3N$

Charakteristik: Fbl. Krist. (A.); l. in Bzl.; schwach basisch. — *Hydrochlorid:* B·HCl, *F* 179—209 (Z.); krist. aus A. — *Pikrat:* $B \cdot C_6H_3O_7N$, *F* 199 bis 201; gelbe Krist. (A.). — *V.:* Aniba spp.

3/7 Arecolin

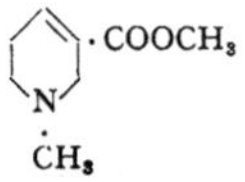

MG 155.19 *Kp* 209 Kp_{12} 105 $C_8H_{13}O_2N$

Charakteristik: Öl, fbl., geruchlos, stark alkalisch, flüchtig mit W.-Dampf; ∞ W., organ. Lsgm.; aus wssr. Lsg. nur in Gegenw. gelöster Salze mit Ae. extrahierbar. — *Hydrochlorid:* B·HCl, *F* 157—158; Nadeln; ll. in W., A. — *Hydrobromid:* B·Br, *F* 170—171; Nadeln; ll. in W.; l. in A.; wl. in Ae., Chlf. — *V.:* Areca catechu, Betelnuß.

3/8 Piperin (N-Piperoyl-piperidin)

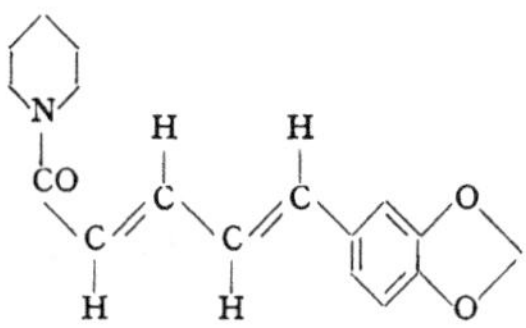

MG 285.33 *F* 128—129 $C_{17}H_{19}O_3N$

Charakteristik: Monokline Prismen (A.); l. in A., Ae., Chlf., Bzl.; swl. in W.; brennender Nachgeschmack. — *Hydrojodid-Dijodid:* $B_2 \cdot HJ \cdot J_2$, *F* 145; blaue Nadeln. — *Trinitrobenzolat:* $B \cdot C_6H_3O_6N_3$, *F* 130; rote Nadeln. — *V.:* Piper spp.

3/9 Carpain

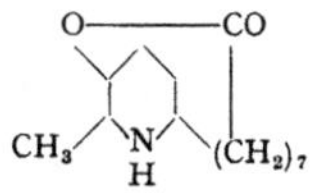

MG 239.35 *F* 121 $Kp_{0.05}$ subl. 120 $C_{14}H_{25}O_2N$

Charakteristik: Monokline Prismen (Ac.); l. in A., Ae.; wl. in W.; $[\alpha]_D^{21}$ +25° (A.). — *Hydrochlorid:* $B \cdot HCl \cdot H_2O$, *F* 225; ll. in W. — *V.:* Carica papaya.

3/10 Coniin (Conicin, Conin, 2-Propylpiperidin)

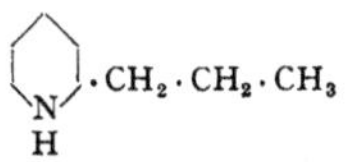

MG 127.22 *F* ca. −2 D_4^{20} 0.846 $C_8H_{17}N$
Kp 166—168

Charakteristik: Öl, Geruch nach Piperidin; n_D^{23} 1.4505; ll. in A., Ae., Bzl.; wl. in k. W.; swl. in h. W.; $[\alpha]_D^{19}$ +16°, +8° (A.); stark alkalisch, flüchtig mit W.-Dampf, luft- und lichtempfindlich, nimmt ca. 25% W. auf. — *Hydrochlorid:* B·HCl, *F* 220; rhomb. Krist. (W.); ll. in Chlf., A., W.; swl. in Ae.; $[\alpha]_D^{24}$ −7° (A.). — *Pikrat:* $B \cdot C_6H_3O_7N_3$, *F* 75, gelbe Nadeln (h. W.). — Mit CS_2 bildet sich das *Coniinsalz der Coniylthiocarbaminsäure:* $B \cdot C_8H_{16}N\text{-}CSSH$, *F* 71—72; fbl. Nadeln. — *V.:* Conium maculatum.

3/11 Conhydrin (2-(α-Hydroxypropyl)-piperidin)

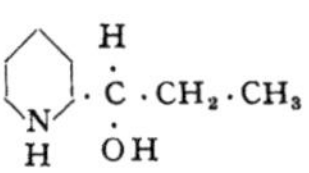

MG 143.22 *F* 121 *Kp* 226 $C_8H_{17}ON$

Charakteristik: Blättchen (Ae.); 4 in W. 15°, ll. in Chlf., A.; wl. in Ae.; $[\alpha]_D$ +10° (A.). — *Chloroaurat:* $B \cdot HAuCl_4$, *F* 133, kleine Prismen. — *V.:* Conium maculatum.

3/12 Lobelin (α-Lobelin)

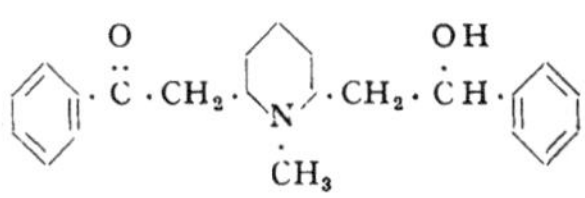

MG 337.47 *F* 130—131 $C_{22}H_{27}O_2N$

Charakteristik: Nadeln (A., Bzl. oder Ae.), l. in Chlf., h. A., h. Bzl.; swl. in W., PAe.; $[\alpha]_D^{21}$ −40° (95%ig. A., nach 5 Std.), zeigt Mutarotation, −38° (abs. Chlf.). — *Hydrochlorid:* B·HCl, *F* 182; Nadeln (A.); l. in W., A., Chlf.; $[\alpha]_D^{20}$ −43° (W.). — *Sulfat:* $B_2 \cdot H_2SO_4$; krist. aus A.; hygroskopisch; l. in W.; wl. in A., $[\alpha]_D^{20}$ −25° (W.). — In W. erwärmt: → Acetophenon. — *V.:* Lobelia inflata.

3/13 **Pelletierin (Punicin, Isopelletierin)**

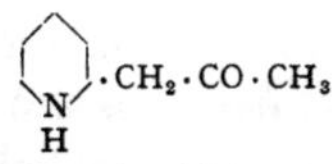

MG 141.21 Kp_{21} 106 D_4^{20} 0.988 $C_8H_{15}ON$
Charakteristik: Öl; l. in W., A., Ae., Bzl., Chlf.; stark alkalisch, instabil, luftempfindlich, verharzt leicht, flüchtig mit W.-Dampf; $[\alpha]_D$ −31° (Ae.); racemisiert leicht. — *Hydrochlorid:* B·HCl, *F* 145; hygroskop. Nadeln (Ac.); l. in W., A.; $[\alpha]_D$ −41° (W.). — *Saures* L-*Tartrat:* $B \cdot C_4H_6O_6$, *F* 129; $[\alpha]_D^{20}$ −21° (W.). — *V.:* Punica granatum.

3/14 **Sedamin**

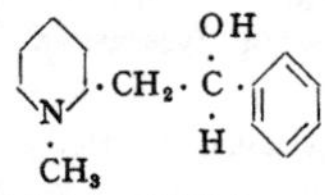

MG 219.32 *F* 60 $Kp_{0.01}$ 83 $C_{14}H_{21}ON$
Charakteristik: Prismen (PAe.); ll. in A., Ae., Bzl., Chlf.; l. in PAe.; wl. in W.; $[\alpha]_D^{20}$ −75° (Me.). — *Hydrochlorid:* B·HCl, *F* 207; Nadeln (Ac.); ll. in W.; $[\alpha]_D^{20}$ −54° (Me.). — *Racemat:* *F* 91; Prismen (PAe.). — *Hydrochlorid:* B·HCl, *F* 185; Nadeln (Ac.). — *V.:* Sedum spp.

3/15 **Pseudopelletierin (N-Methylgranatoin)**

MG 153.22 *F* 54 *Kp* 246 $C_9H_{15}ON$
Charakteristik: Prismen (PAe.); ll. in W., A., Ae., Chlf.; wl. in PAe. — *Pikrat:* $B \cdot C_6H_3O_7N_3$, *F* 253 (Z.); gelbe Nadeln (W.). — *Oxim:* B·NOH, *F* 128; Platten (Ae.); l. in W., Bzl., Ac. — *V.:* Punica granatum.

3/16 **Lupinin**

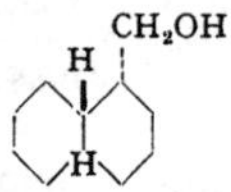

MG 169.29 *F* 70—71 *Kp* 255—257 $C_{10}H_{19}ON$
Charakteristik: Orthorhomb. Prismen (Ac., PAe.); ll. in k. W., A., Ae., Chlf., PAe.; flüchtig mit W.-Dampf; $[\alpha]_D^{17}$ −19° (c = 1, W.), −21° (A.). — *Hydrochlorid:* B·HCl, *F* 212—213; orthorhomb. Prismen; $[\alpha]_D$ −14° (W.). — *V.:* Lupinus spp.

3/17 **Cytisin (Baptitoxin, Sophorin, Ulexin)**

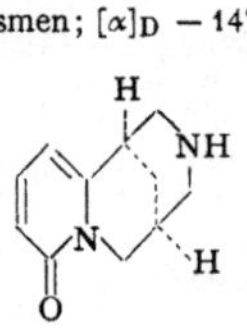

MG 190.24 *F* 152—153 Kp_2 218 $C_{11}H_{14}ON_2$
Charakteristik: Orthorhomb. Prismen (Ac.); sll. in W., Me., A., Chlf.; wl. in Ae., Bzl.; unl. in PAe.; $[\alpha]_D^{17}$ −120° (W.), −113° (A.). — *Nitrat:* $B \cdot HNO_3 \cdot H_2O$, *F* 268; Nadeln od. Blättchen; l. in W.; wl. in A.; $[\alpha]_D$ −86° (W.). — *Perchlorat:* $B \cdot HClO_4$, *F* 277; $[\alpha]_D^{17}$ −76° (W.). — *V.:* Cytisus aburnum, Papilionaceen.

3/18 **Spartein (Lupinidin)**

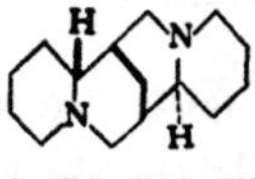

MG 234.37 Kp_{18} 188 D_4^{20} 1.020 $C_{15}H_{26}N_2$
$Kp_{0.1}$ 100—105
Charakteristik: Viskoses Öl; n_D^{20} 1.5312; 0.3 W. 22°; ll. in A., Ae., Chlf.; $[\alpha]_D^{25}$ −6°, $[\alpha]_D^{23}$ −18° (Me.). — *Sulfat:* $B \cdot H_2SO_4 \cdot 5H_2O$, *F* 159—162 (wfr.), (Z.); ll. in W., A.; $[\alpha]_D^{15}$ −27° (W.). — *Pikrat:* $B \cdot C_6H_3O_7N_3$, *F* 208 (Z.); gelbe Nadeln (h. A.). — *V.:* Lupinus spp., Cytisus scoparius.

3/19 **Aphyllin**

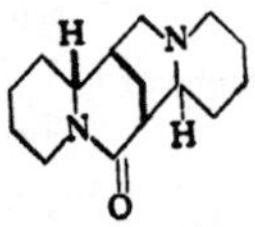

MG 248.36 *F* 52—53 Kp_4 200 $C_{15}H_{24}ON_2$
Charakteristik: Ll. in organ. Lsgm.; $[\alpha]_D^{20}$ +10° (Me.). — *Hydrochlorid:* B·HCl, *F* 209; krist. aus A.; $[\alpha]_D^{20}$ +14° (W.); ll. in W. — *V.:* Anabasis aphylla.

3/20 **Anagyrin**

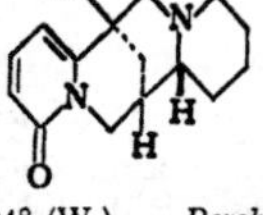

MG 244.33 Kp_4 210—215 $C_{15}H_{20}ON_2$
Charakteristik: Hellgelb, glasig amorph; lichtempfindlich; l. in k. W., A., Chlf.; wl. in h. W., Ae., Bzl.; $[\alpha]_D^{25}$ −168° (A.), $[\alpha]_D^{20}$ −180° (Me.). — *Chlorhydrat:* $B \cdot HCl \cdot 3H_2O$, *F* 235—236; fbl. Nadeln. — $B \cdot HCl \cdot {}^1/_2H_2O$, *F* 284—286; ll. in W.; $[\alpha]_D^{25}$ −124° (W.). — *Perchlorat:* $B \cdot HClO_4$, *F* 297 bis 298 (Z.); fbl. Nadeln. — *Pikrat:* $B \cdot C_6H_3O_7N_3$, *F* 243—245; Nadeln (A.); $[\alpha]_D^{20}$ −147° (Chlf.). — *V.:* Ammodendron conollyi, Anagyris foetida, Baptisia versicolor, Cytisus laburnum, Genista spp., Spartium junceum, Ulex europaeus.

4. Tropan-Alkaloide

4/1 Hyoscyamin (L-Hyoscyamin, Daturin)

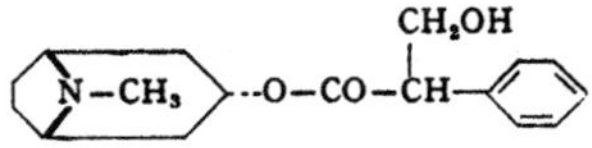

MG 289.36 *F* 109 $C_{17}H_{23}O_3N$

Charakteristik: Nadeln (A. + W.); ll. in A., Chlf.; l. in Ae., Bzl., h. W.; wl. in W.; $[\alpha]_D$ −20° (A.). — *Sulfat:* $B_2 \cdot H_2SO_4 \cdot 2H_2O$, *F* 206 (wfr.); Nadeln (A.); ll. in W.; $[\alpha]_D^{15}$ −28° (W.). In A. mit K_2CO_3 erhitzt: → DL-Hyoscyamin = Atropin. — *V.:* Atropa belladonna, Hyoscyamus niger, usw.

4/2 Atropin (DL-Hyoscyamin, Daturin, DL-Tropyl-tropein)

Strukturformel s. Hyoscyamin

MG 289.36 *F* 118 $Kp_{0.1}$ subl. ca. 100 $C_{17}H_{23}O_3N$

Charakteristik: Lange orthorhomb. Prismen (Ac.), (A. + W.), (Chlf. + PAe.); 0.22 W. 25°, 1.1 W. 80°, 2.8 W. 100°, 50 Chlf., 30 A., 15 Ae.; unl. in PAe.; Racemat. — *Hydrochlorid:* B·HCl, *F* 162; Nadeln od. körnige Krist.; ll. in W., A. — *Hydrobromid:* B·HBr, *F* 163—164; Nadeln; ll. in W., A. — *Oxalat:* $B_2 \cdot C_2H_2O_4$, *F* 188—189; Prismen; ll. in W.; wl. in A. — *Sulfat:* $B_2 \cdot H_2SO_4 \cdot H_2O$, *F* 195—196; krist. Pulver; 250 W., 27 A., 0.16 Chlf. — *V.:* Atropa spp., Datura spp., Hyoscyamus spp.

4/3 Apoatropin (Atropamin)

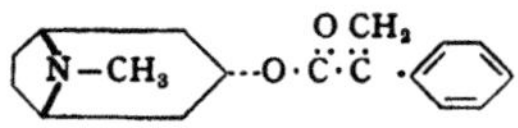

MG 271.35 *F* 62 $C_{17}H_{21}O_2N$

Charakteristik: Prismen (Chlf.); ll. in A., Ae., Chlf., Bzl.; wl. in PAe.; unl. in W. — *Hydrochlorid:* B·HCl, *F* 239; ll. in h. W.; wl. in A., Ac. — *Hydrobromid:* B·HCl, *F* 248; ll. in h. W. — *Sulfat:* $B_2 \cdot H_2SO_4 \cdot 5H_2O$; wl. in W. — *V.:* Atropa belladonna.

4/4 Scopolamin (Hyoscin)

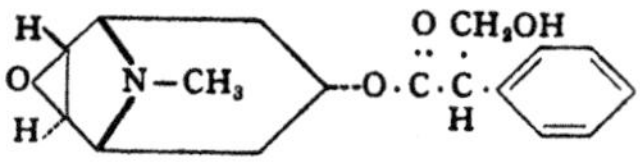

MG 303.35 *F* 59 (Monohydrat) $C_{17}H_{21}O_4N$

Charakteristik: Krist. als Monohydrat (Ae.); wfr.: Sirup; 10.5 W. 15°; ll. in h. W., A., Ac., Ae., Chlf.; wl. in Bzl., PAe.; $[\alpha]_D^{20}$ −18° (A.), −28° (W.). — *Hydrobromid:* $B \cdot HBr \cdot 3H_2O$, *F* 194 (wfr.); rhomb. Plättchen; ll. in W., A.; $[\alpha]_D$ −22 bis −28° (W.), −16° (A.). — *Pikrat:* $B \cdot C_6H_3O_7N_3$, *F* 188; gelbe Prismen (W.). — *V.:* Scopola spp., Datura spp., Duboisia spp.

4/5 Tropacocain (Benzoyl-ψ-tropein)

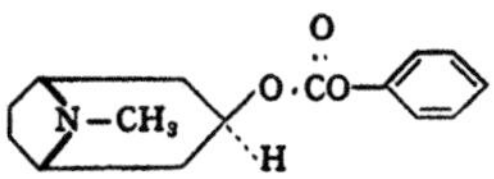

MG 245.31 *F* 49 $C_{15}H_{19}O_2N$

Charakteristik: Nadeln (A.); ll. in A., Ae., Bzl., Chlf., PAe.; wl. in W. — *Hydrochlorid:* B·HCl, *F* 271 (Z.); Nadeln oder Platten (W. + A.); l. in W.; wl. in A. — *V.:* Erythroxylon spp.

4/6 Cocain

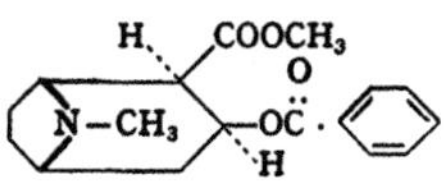

MG 303.35 *F* 98 $Kp_{0.1}$ 187 $C_{17}H_{21}O_4N$

Charakteristik: Monokline Prismen (A.); 0.16 W. 25°, 20 A. 25°, 26.3 Ae.; l. in Bzl., PAe.; $[\alpha]_D$ −16° (Chlf.). — *Hydrochlorid:* B·HCl, *F* 200 bis 202; Prismen (A.); sll. in W.; l. in A., Chlf.; $[\alpha]_D$ −72° (W.). — *Sulfat:* $B \cdot H_2SO_4$; krist. Pulver; l. in W., A.; $[\alpha]_D$ −82° (W.). — *V.:* Erythroxylon coca (Coca-Blätter) u. a. E. spp.

4/7 Convolvin (Veratroylnortropin)

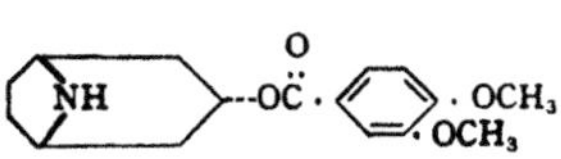

MG 291.34 *F* 115 $C_{16}H_{21}O_4N$

Charakteristik: Nadeln (PAe.); ll. in A., Ac., Chlf.; wl. in Ae., PAe., W. — *Hydrochlorid:* B·HCl, *F* 260—261, Kristallpulver (A.). — *V.:* Convolvulus pseudocantabricus.

4/8 Dioscorin

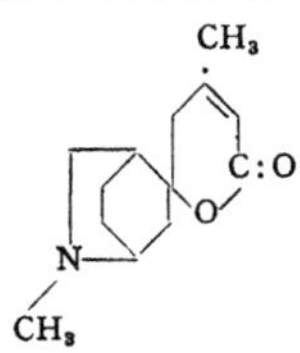

MG 221.39 *F* 54—55 $C_{13}H_{19}O_2N$

Charakteristik: Platten (A.); l. in A., Chlf., W.; wl. in Ae., Bzl., PAe.; $[\alpha]_D^{20}$ −34° (Chlf.). — *Hydrochlorid:* $B \cdot HCl \cdot 2H_2O$, *F* 210—211 (Z.); Nadeln oder diamantförmige Platten (A.); sll. in W.; $[\alpha]_D$ +4° (W.). — *Hydrobromid:* B·HBr, *F* 207 (Z.); krist. aus A. — *Pikrat:* $B \cdot C_6H_3O_7N_3$ *F* 187; gelbe Nadeln. — *V.:* Dioscorea spp.

5. Chinolin-Alkaloide

5/1 Cusparin

MG 307.33 *F* 91—92 $C_{19}H_{17}O_3N$

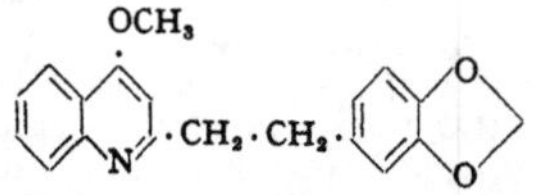

Charakteristik: Fbl. Nadeln (PAe.); oder gelbe Nadeln, *F* 92, oder bernsteinfarbige Prismen, *F* 110—122; ll. in organ. Lsgm.; unl. in W. — *Hydrochlorid:* B·HCl·3 H_2O, *F* 185—187, Nadeln (h. W.). — *Saures Oxalat:* B·$C_2H_2O_4$·1 H_2O, *F* 153—158, gelbe Nadeln (W.). — *V.:* Galipea officinalis (Angostura-Rinde, Cusparia-Rinde).

5/2 Skimmianin (β-Fagarin)

MG 259.25 *F* 178 $C_{14}H_{13}O_4N$

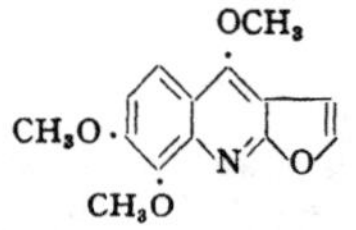

Charakteristik: Stäbchen, Pyramiden (A.); l. in A., Chlf.; wl. in Ae.; unl. in W., PAe. — *Pikrat:* B·$C_6H_3O_7N_3$, *F* 195—197 (Z.); gelbe Prismen (A.). — *V.:* Skimmia japonica, Fagara coco, Glycosmis spp.

5/3 Chinicin (Chinotoxin)

MG 324,41 *F* ca. 60 $C_{20}H_{24}O_2N_2$

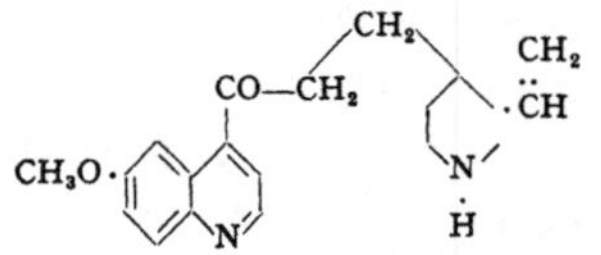

Charakteristik: Amorph, gelblich; wl. in W.; l. in A., Ae.; $[\alpha]_D$ +39° (Chlf.). — *Oxalat:* B·$C_2H_2O_4$ ·9 H_2O, *F* 166—167; kleine Prismen (A. od. Chlf.); wl. in W.; $[\alpha]_D^{20}$ +24° (Chl. + A. 2:1). — *Hydrochlorid:* B·HCl, *F* 180—182; Blättchen; $[\alpha]_D^{20}$ +16° (W.). — *V.:* Cinchona spp.

5/4 Chinin

MG 324.41 *F* 173—175 (wfr.) $C_{20}H_{24}O_2N_2$

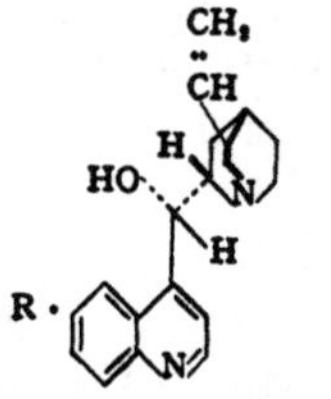

(R = OCH_3)

Charakteristik: Orthorhomb. Nadeln (abs. A.); 0.06 W., 166 A., 22.2 Ae.; ll. in Chlf.; wl. in Bzl.; $[\alpha]_D^{15}$ —284° (0.1 n H_2SO_4), —168° (A.), —116° (Chlf.); blaue Fluorescenz in verd. H_2SO_4, lichtempfindlich. — *Hydrochlorid:* B·HCl·2 H_2O, *F* 159—160; feine Nadeln od. Prismen; verliert Kristall-W. bei 100°; 2.5 W. 10°; ll. in h. W., A., Chlf.; wl. in Ae.; $[\alpha]_D^{30}$ — 150° (W.). — *Sulfat:* B_2·H_2SO_4·8 H_2O, *F* 205, Nadeln (W.) geht an trockener Luft in Dihydrat über; 0.14 W. 25°, 3.3 W. 100°, 1.16 A. 25°, 10 A. 60°; ll. in Chlf. + A. 2:1; $[\alpha]_D^{15}$ —166° (A.). — *Saures Sulfat:* B·H_2SO_4·7 H_2O, *F* 160 (Z.); orthorhomb. Krist.; 12 W. 25°; wl. in Ae., Chlf. — *Oxalat:* B_2·$C_2H_2O_4$ ·6 H_2O; Nadeln; 0.1 W. 10°. — *V.:* Cinchona spp.

5/5 Cinchonidin

MG 294.38 *F* 202—206 $C_{19}H_{22}ON_2$ Strukturformel s. Chinin (R = H)

Charakteristik: Orthorhomb. Platten od. kurze Prismen; l. in A., Chlf.; wl. in Ae.; unl. in W.; $[\alpha]_D^{20}$ —109° (A.), —179° (0.1 n H_2SO_4), lichtempfindlich. — *Hydrochlorid:* B·HCl·2 H_2O, *F* 242 (Z.) (wfr.); Prismen od. Bipyramid. (W.) 3 W. 10°; ll. in Chlf.; wl. in Ae.; $[\alpha]_D^{20}$ —118° (W.) (wfr.). — *Saures Hydrochlorid:* B·2 HCl·H_2O; monokline Prismen; ll. in W., A. — *Sulfat:* B_2·H_2SO_4·6 H_2O, *F* 205 (Z.) (wfr.); monokline Prismen (kalt. W.); l. in W., A.; $[\alpha]_D$ —119° (A.). — *V.:* Cinchona spp.

5/6 Chinidin (Conchinin, Pitayin)

MG 324.41 *F* 173.5 (Lsgm.-frei) $C_{20}H_{24}O_2N_2$

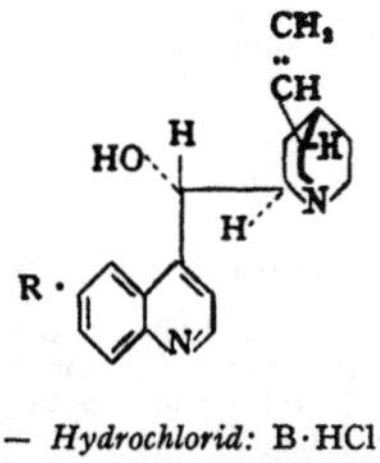

(R = OCH_3)

Charakteristik: Prismen (B·1 C_2H_5OH) (abs. A.), Blättchen (B·1.5 H_2O) (W.); 0.05 W. 15°, 4 A. 80%ig. 20°, 4.5 Ae. 20°; wl. in Chlf., Bzl., PAe.; $[\alpha]_D^{17}$ +244° (A.), +300° (0.1 n H_2SO_4). — *Sulfat:* B_2·H_2SO_4·2 H_2O; Nadeln od. Prismen (W.); 1 W. 15°; l. in Chlf.; $[\alpha]_D^{25}$ +230° (W.), +258° (A.), +184° (Chlf.); lichtempfindlich. — *Saures Sulfat:* B·H_2SO_4·4 H_2O; feine Nadeln; 11.5 W. 10°; $[\alpha]_D^{15}$ +248° (W.); blaufluorescierend. — *Hydrochlorid:* B·HCl·H_2O, *F* 258—259 (wfr.); Prismen; 1.6 W. 10°; l. in A.; $[\alpha]_D^{20}$ +200° (W.). — *Hydrojodid:* B·HJ; 0.08 W. 15°; unl. in A. — *V.:* Cinchona spp., Enantia polycarpa.

5/7 Cinchonin

MG 294.38 *F* 264 $C_{19}H_{22}ON_2$ Strukturformel s. Chinidin (R = H)

Charakteristik: Rhomb. Prismen od. Nadeln (A. od. Ae.); 0.027 W. 20°, 0.79 A. 20°, 0.27 Ae. 10°; l. in Chlf.; $[\alpha]_D^{20}$ +224° (A.), $[\alpha]_D^{15}$ +263° (0.1-n·H_2SO_4); lichtempfindlich. — *Hydrochlorid:* B·HCl·2H_2O, *F* 217—218 (wfr.); monokline Krist.; ll. in W., A., Chlf; $[\alpha]_D^{20}$ +174° (W.) (wfr.). — *Sulfat:* B_2·H_2SO_4·2H_2O, *F* 200 (wfr. Z.); rhomb. Krist. (W.); 1.5 W. 13°; l. in A., Chlf.; $[\alpha]_D$ +169° (W.), +133° (Chlf.). — *V.:* Cinchona spp.

5/8 Calycanthin

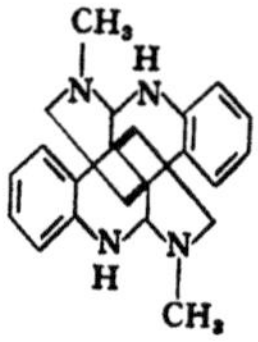

MG 346.46 *F* 245 $C_{22}H_{26}N_4$

Charakteristik: Orthorhomb. Bipyramiden (B·1H_2O, W.); *F* 220; l. in A., Ac., Ae., Chlf., Py.; wl. in W.; $[\alpha]_D^{18}$ +684° (A.). — *Pikrat:* B·2$C_6H_3O_7N_3$, *F* 187, gelbe Nadeln; unl. in W., A. — *V.:* Calycanthus spp.

6. Isochinolin-Alkaloide

6/1 Salsolin

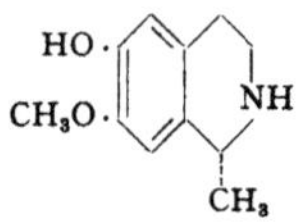

MG 193.24 *F* 218—221 $C_{11}H_{15}O_2N$

Charakteristik: Feinkrist. Pulver (A.); l. in h. A., h. Chlf., Alkali; wl. in Ac., Bzl., W.; unl. in Ae., PAe.; $[\alpha]_D^{20}$ +34° (0.1 n HCl). — *Hydrochlorid:* B·HCl·1.5H_2O, *F* 141—152, Nadeln (A.); ll. in W., h. A.; $[\alpha]_D$ +40° (W.). — *V.:* Salsola arbuscula.

6/2 Laudanosin

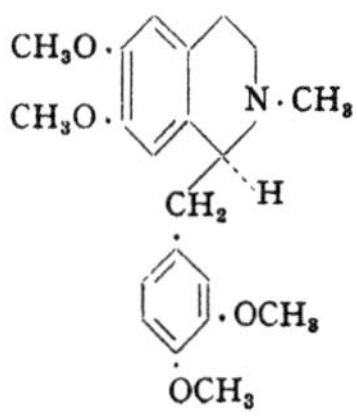

MG 357.43 *F* 89 $C_{21}H_{27}O_4N$

Charakteristik: Nadeln (Bzl. oder PAe.); l. in A., Chlf., h. Bzl., Ae.; unl. in W.; $[\alpha]_D^{15}$ +103° (A.), +130° (Chlf). — *Hydrojodid:* B·HJ·½H_2O; Prismen; l. in A.; wl. in W. — *Saures Oxalat:* B·$C_2H_2O_4$·3H_2O; Prismen; ll. in W. — *V.:* Opium.

6/3 Papaverin

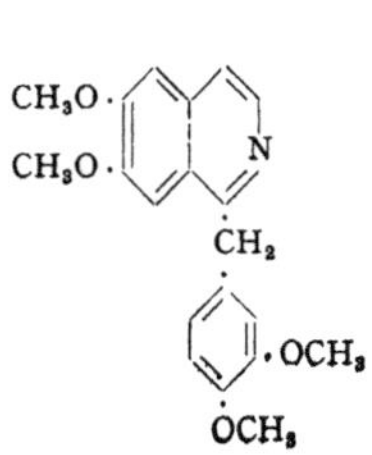

MG 339.38 *F* 147 $C_{20}H_{21}O_4N$

Charakteristik: Nadeln oder rhomb Prismen (A); ll. in h. A.; l. in h. Bzl., h. Chlf., Py., 0.39 Ae.; unl. in W. — *Hydrochlorid:* B·HCl, *F* 225; Platten (W.); 2.7 W. 18°; l. in A., Chlf. — *V.:* Opium.

6/4 Narcein

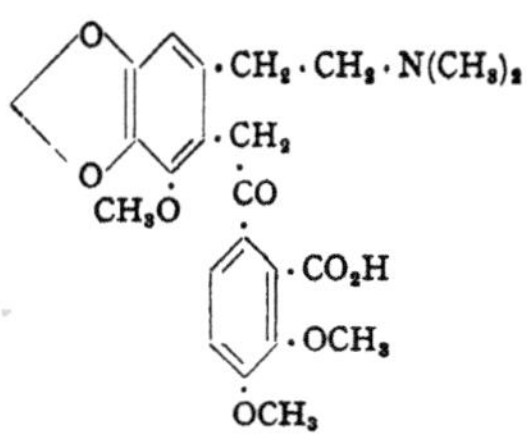

MG 445.45 *F* 140—145 (wfr.) $C_{23}H_{27}O_8N$

Charakteristik: Krist. meist als Trihydrat B·3H_2O, *F* 170; Nadeln (W.); wenn wfr. sehr hygroskopisch; 0.078 W. 13°, 0.1 A.; unl. in Ae., Bzl.; l. in Alkali; wl. in Chlf. — *Hydrochlorid:* B·HCl·5.5H_2O, *F* 192—193; krist. aus k. verd. HCl; B·HCl·3H_2O; krist. aus h. verd. HCl, B·HCl·CH_3OH, *F* 197; krist. aus Me. — *V.:* Opium.

6/5 **Narcotin (Narcosin, Noscapin, Opian)**

MG 413.43 *F* 176 $C_{22}H_{23}O_7N$

Charakteristik: Nadeln (A.); 0.004 W. 20°; wl. in A., Ae.; l. in Chlf., Bzl., Ac.; $[\alpha]_D^{23}$ −147° (Bzl.), −199° (Chlf.), +45° (0.03-n·HCl), schwach basisch, Salze werden in Wasser leicht dissoziiert in B. und Säure. — *Hydrochlorid:* B·HCl·0.5−4 H_2O, *F* 197; ll. in W.; l. in Chlf. — *Oxalat:* B·$C_2H_2O_4$, *F* 174; $[\alpha]_D^{20}$ +40° (W.). — *V.:* Opium.

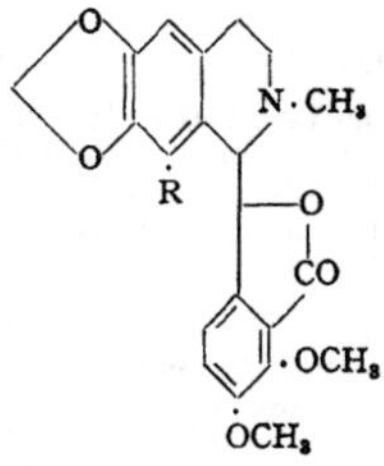

(R = OCH_3)

6/6 **Hydrastin (l-β-Hydrastin)**

MG 383.39 *F* 132 $C_{21}H_{21}O_6N$ Strukturformel s. Narcotin: R = H

Charakteristik: Rhomb. Prismen (A.); l. in Chlf., Bzl.; wl. in A., Ae.; unl. in W., PAe.; $[\alpha]_D^{20}$ −12° (97%ig. A.), +115° (50%ig. A.), −42° (*c* = 0.2 Chlf.), −68° (*c* = 2.5 Chlf.). — *Hydrochlorid:* B·HCl, *F* 116 (aus B. in Ae. + HCl); l. in Chlf.; zersetzt sich in Wasser leicht in B. (unl. in W.) + HCl; $[\alpha]_D$ +127° (verd. HCl), +8° (Chlf.). In verd. HNO_3: → Opiansäure + Hydrastinin, $C_{11}H_{13}O_3N$, *F* 116−117; Nadeln (PAe.); l. in W.: blaue Fluorescenz. — *V.:* Hydrastis canadensis.

6/7 **Berberin (Umbellatin)**

MG 353.36 *F* 145 (aus Ae.), 206−207 (Z.) $C_{20}H_{19}O_5N$

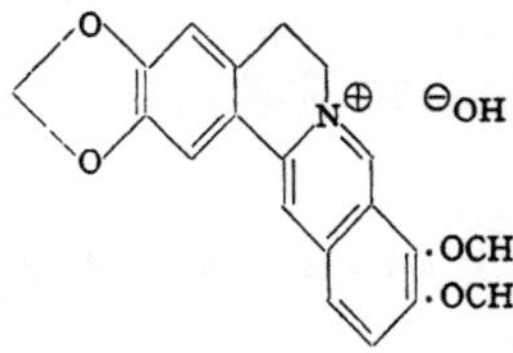

Charakteristik: Gelbe lange, feine Nadeln (B·5 H_2O) (W. oder A. + W.), gelbe Nadeln wfr. (Ae.), gelbe trikline Platten (B·1 $CHCl_3$) (Chlf.) rötl. gelbe Platten (B·C_3H_6O) (Ac.); 22 W. 21°; 1 A.; ll. in h. W., A.; wl. in Bzl., Chlf., Ae.; opt. inaktiv. — *Chlorid:* $C_{20}H_{18}O_4NCl \cdot 2H_2O$; gelbe Nädelchen (W.); unl. in A., verd. HCl. — *Jodid:* $C_{20}H_{18}O_4NJ$, sehr kleine Nadeln (W.). — Aus wssr. Lsg. wird mit Alkali-Überschuß Berberinal (Aldehydform von Berberin) ausgefallt; l. in Ae. — *V.:* Berberis spp., u. a.

6/8 **Corydalin**

MG 369.44 *F* 135 $C_{22}H_{27}O_4N$

Charakteristik: Prismen (A.); ll. in Ae., Chlf., Bzl.; wl. in A.; unl. in W., Alkali; luftempfindlich $[\alpha]_D^{20}$ +311° (A.), +300° (Chlf.). — *Hydrobromid:* B·HBr; Prismen (W.); wl. in k. W.; ll. in h. W. — *V.:* Corydalis cava (tuberosa), Dicentra spp.

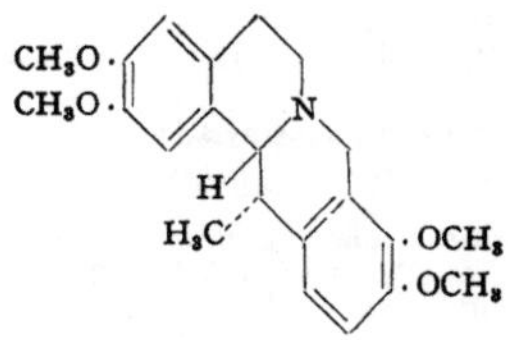

6/9 **Boldin**

MG 327.37 *F* 161−163 (Chlf.) $C_{19}H_{21}O_4N$

Charakteristik: Glänzende, weiße Schüppchen (B·1 $CHCl_3$) (Chlf.); fbl. Nadeln (CS_2); lichtempfindlich; ll. in A., Chlf., Py.; wl. in Bzl.; unl. in W.; $[\alpha]_D$ +115° (A.). — *V.:* Peumus boldus.

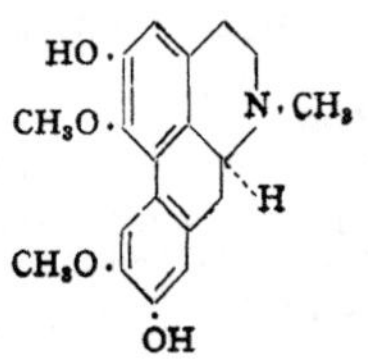

6/10 **Bulbocapnin**

MG 325.35 *F* 199 $C_{19}H_{19}O_4N$

Charakteristik: Rhomb. Prismen (A.); l. in Ae., A., Chlf.; unl. in W.; $[\alpha]_D^{16}$ +237° (Chlf.). — *Hydrochlorid:* B·HCl, *F* 270 (Z.); Krist. Pulver; l. in W. — *Jodmethylat:* B·CH_3J, *F* 257 (Z.); Nadeln; $[\alpha]_D^{20}$ +174 (A.). — *V.:* Corydalis cava.

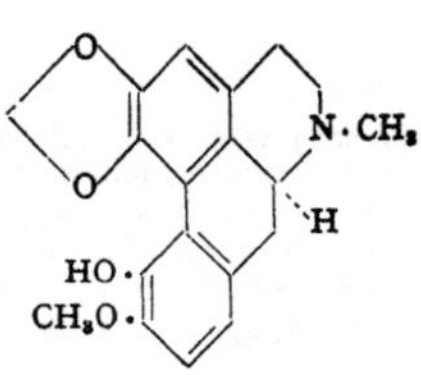

6/11 **Chelidonin**

MG 353.36 *F* 133–136 $C_{20}H_{19}O_5N$

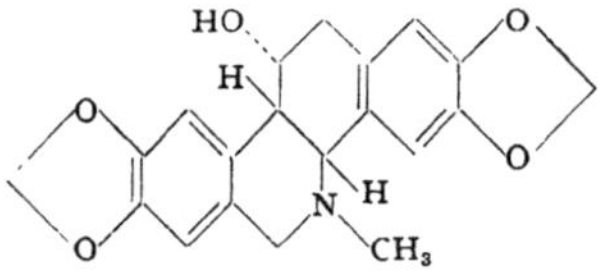

Charakteristik: Monokline Platten (A.); krist. mit $1 H_2O$ aus A. + W.; l. in A., Ae., Chlf.; unl. in W.; $[\alpha]_D^{22}$ +115° (A.), +110° (Chlf.). – *Hydrochlorid:* B·HCl; l. in h. A.; wl. in W. – *Sulfat:* $B_2 \cdot H_2SO_4$; l. in W. – *V.:* Chelidonium majus.

6/12 **Lycorin (Narcissin, Amaryllin)**

MG 287.30 *F* 250–280 (Z.) $C_{16}H_{17}O_4N$

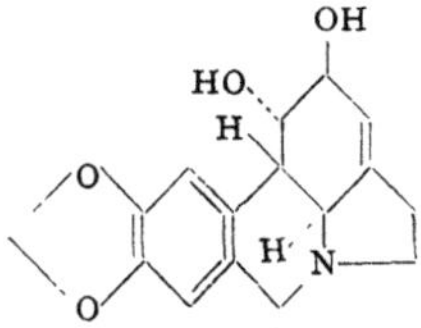

Charakteristik: Prismen (A.); wl. in A., Chlf.; unl. in W., Ae., PAe.; $[\alpha]_D^{20}$ –76° (Chlf.), –90° (95%ig. A.). – *Hydrochlorid:* B·HCl, *F* ca. 220 (Z.); Nadeln (W.); l. in W.; $[\alpha]_D^{20}$ +43° (W.). – *V.:* Amaryllidaceen.

6/13 **Galanthamin (Lycoremin)**

MG 287.35 *F* 127–129 $Kp_{0.01}$ subl. 100 $C_{17}H_{21}O_3N$

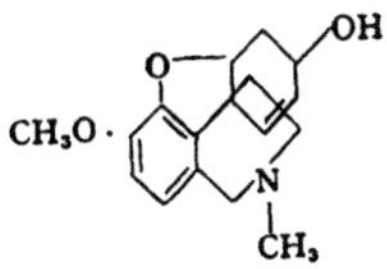

Charakteristik: Krist. aus Bzl. oder Ac.; l. in A., Chlf., Ac.; wl. in Bzl., Ae.; $[\alpha]_D^{20}$ –121° (A.). – *Hydrochlorid:* B·HCl, *F* 256–257 (Z.); Krist. aus h. W.; wl. in k. W., A., Ac. – *Hydrobromid:* B·HBr, *F* 246–247 (Z.); Krist. aus W.; $[\alpha]_D^{20}$ –93° (W.). – *V.:* Galanthus spp., Leucojum spp.

6/14 **Morphin**

MG 285.33 *F* 254 (Z.) $Kp_{0.02}$ subl. 190 $C_{17}H_{19}O_3N$

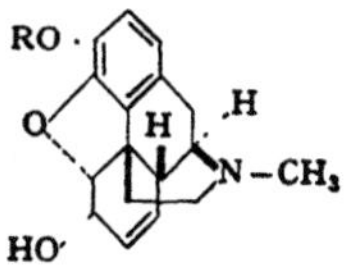

(R=H)

Charakteristik: Kurze, orthorhomb. Prismen (Anisol). – *Monohydrat:* $B \cdot H_2O$, Prismen (A. + W.), verliert H_2O bei 100°; 0.025 W. 20°, 0.25 h. W., 0.60 A. 25°, 0.01 Ae. 20°; l. in Alkali; lichtempfindlich; $[\alpha]_D^{23}$ –131° (Me.). – *Hydrochlorid:* $B \cdot HCl \cdot 3H_2O$, *F* ca. 250 (Z.); Nadeln (W.); 5.7 k. W.; ll. in h. W.; 2.3 A.; unl. in Ae.; verliert $3H_2O$ bei 100° (Gelbfarb.); $[\alpha]_D^{25}$ –114° (wfr., W.). – *Sulfat:* $B_2 \cdot H_2SO_4 \cdot 5H_2O$, *F* ca. 250 (Z.); Nadeln (W.), 6.6 W. 25°; ll. in h. W.; 0.2 A., verliert $3H_2O$ bei 100°, $5H_2O$ bei 130°; $[\alpha]_D^{25}$ –109° (wfr., W.). – *V.:* Opium.

6/15 **Codein (Morphinmethyläther)**

MG 299.36 *F* 154–156 (wfr.) $C_{18}H_{21}O_3N$ Strukturformel s. Morphin: R = CH_3

Charakteristik: Große, orthorhomb. Prismen ($B \cdot 1H_2O$, W. od. A. + W.); verliert Kristall-W. bei 80°; 0.84 W. 20°, 1.7 W. 80°, 64 92%ig. A. 25°, 8 Ae.; sll. in Chlf.; l. in Bzl.; $[\alpha]_D$ –136° (A.) –112° (Chlf.), –144° (W.). – *Hydrochlorid:* $B \cdot HCl \cdot 2H_2O$, *F* 264 (wfr.); Nadeln; 3.5 W. 15.5°, 100 W. 100°; wl. in A.; $[\alpha]_D^{22}$ –108° (W.). – *Sulfat:* $B_2 \cdot H_2SO_4 \cdot 5H_2O$, *F* 278 (Z.); rhomb. Prismen; 3.3 W. 25°, 16 W. 80°, 0.1 A. 25°, 0.3 A. 60°; $[\alpha]_D^{25}$ –101° (W.). – *Phosphat:* $B \cdot H_3PO_4 \cdot 2H_2O$, *F* 235 (Z.); Nadeln; 45 W. 25°, 200 W. 80°, 0.38 92%ig. A. – *V.:* Papaver somniferum, Opium.

6/16 **Neopin (β-Codein)**

MG 299.36 *F* 127 $C_{18}H_{21}O_3N$

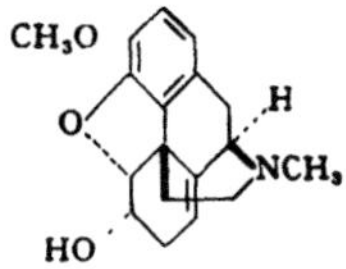

Charakteristik: Nadeln (PAe.); ll. in Chlf.; l. in Bzl., Ae.; wl. in A.; swl. in W.; $[\alpha]_D^{26}$ –29° (Chlf.). – *Hydrobromid:* B·HBr, *F* 280–285 (Z.); Prismen (W.); wl. in W.; $[\alpha]_D^{23}$ +17° (W.). – *V.:* Opium.

6/17 **Thebain**

MG 311.37 *F* 193 $C_{19}H_{21}O_3N$

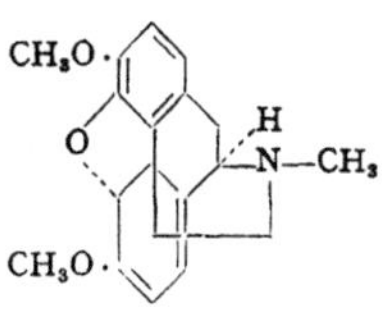

Charakteristik: Prismen (abs. A.); 0.07 W. 15°; l. in A., Bzl., Chlf.; wl. in Ae.; unl. in W.; $[\alpha]_D^{20}$ –279° (Py.), –230° (Chlf.), –219° (A.). – *Hydrochlorid:* $B \cdot HCl \cdot H_2O$; rhomb. Prismen (A.); l. in W., A.; $[\alpha]_D^{23}$ –164° (W.). – *Pikrat:* $B \cdot C_6H_3O_7N_3$, *F* 217 (Z.); gelbe Krist. (A. + W.); wl. in A., W. – *V.:* Opium.

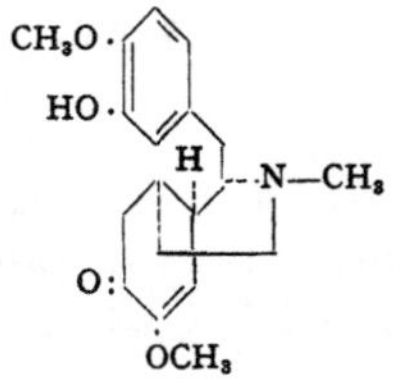

6/18 **Sinomenin**

MG 329.38 *F* 161/182 $C_{19}H_{23}O_4N$

Charakteristik: Nadeln (Bzl.); swl. in W., Ae., Bzl.; l. in A., Ac., Chlf., Alkali; $[\alpha]_D^{26}$ −71° (A.). — *Hydrochlorid:* B·HCl·2H_2O, *F* 231 (Z.); Prismen (W.); ll. in W.; $[\alpha]_D^{17}$ −82° (W.). — *V.:* Sinomenium spp., Cocculus spp.

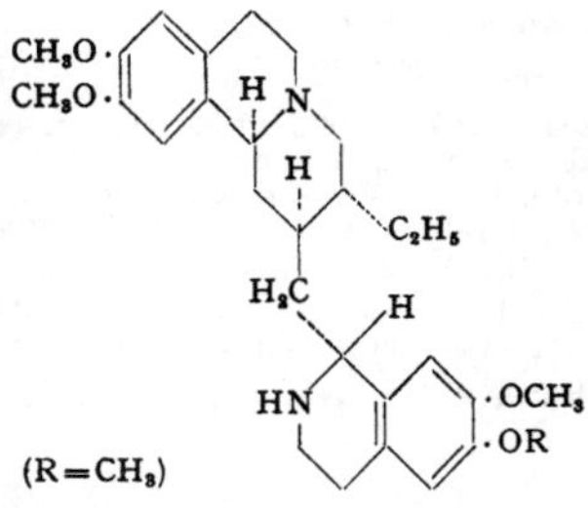

6/19 **Emetin**

MG 480.63 *F* 74 $C_{29}H_{40}O_4N_2$

Charakteristik: Amorph, weißes Pulver, licht- und wärmeempfindlich; ll. in A., Ac., Ae., Chlf., Me.; wl. in Bzl., verd. NH_4OH; swl. in PAe., W., Alkali; $[\alpha]_D^{20}$ −50° (Chlf.), ca. −30° (50%ig. A.). — *Hydrochlorid:* B·2HCl·7H_2O, *F* 235—255 (wfr., Z.); feine Nadeln (h. W.), Prismen (k. W.); 13.1 W. 18°; l. in A., Chlf.; $[\alpha]_D$ +11° (*c* = 1, W.), +53° (Chlf.) (wfr.). — *Hydrobromid:* B·2HBr·4H_2O, *F* 250—260 (Z.); Nadeln (W.); 2 k. W.; ll. in h. W.; $[\alpha]_D$ +12° (*c* = 1.4, W.). — *Hydrojodid:* B·2HJ·3H_2O, *F* 235—238; Nadeln (A.); wl. in W. — *V.:* Cephaelis (Psychotria, Uragoga) ipecacuanha, C. acuminata.

6/20 **Cephaelin (Desmethylemetin)**

MG 466.60 *F* 115—116 $C_{28}H_{38}O_4N_2$ Strukturformel s. Emetin: R = H

Charakteristik: Fbl. Nadeln (Ae.), wenn bei 100° getrocknet, *F* 120—130; ll. in A., Ac., Chlf.; l. in Alkali; wl. in Ae., PAe.; unl. in W.; $[\alpha]_D$ −43° (Chlf.), −21° (A.). — *Hydrochlorid:* B·2HCl·7H_2O, *F* 245—270; Prismen (verd. HCl); l. in W. (wird gelb); $[\alpha]_D^{20}$ +27° (W.). — *Saures Hydrochlorid:* B·5HCl, *F* 84—86; feine Nadeln (konz. HCl). — *Hydrobromid:* B·2HBr·7H_2O, *F* 266 bis 293; Prismen (verd. HBr). — *V.:* Cephaelis (Psychotria, Uragoga) ipecacuanha, C. acuminata.

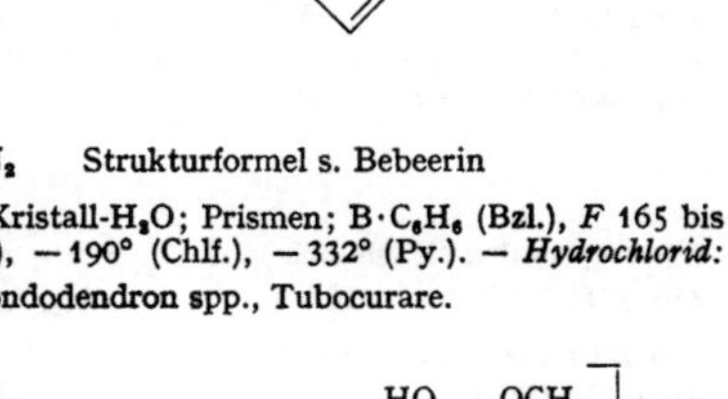

6/21 **Bebeerin (D-α-Bebeerin, Chondodendrin, Pelosin)**

MG 594.68 *F* 213—221 $C_{36}H_{38}O_6N_2$

Charakteristik: Krist. aus Chlf. + Me.; l. in Bzl., Chlf., Py.; $[\alpha]_D^{24}$ +190° (Chlf.), +331° (Py.). — *Hydrochlorid:* B·HCl, *F* 260; l. in W., A.; $[\alpha]_{546}^{20}$ +294° (W.). — *V.:* Chondodendron spp., Tubocurare.

6/22 **Curin (L-Bebeerin, L-Chondodendrin, L-Pelosin)**

MG 594.68 *F* 213 $C_{36}H_{38}O_6N_2$ Strukturformel s. Bebeerin

Charakteristik: Kleine Prismen (Me.), enth. 1/2 Kristall-H_2O; Prismen; B·C_6H_6 (Bzl.), *F* 165 bis 167; l. in h. Bzl., Chlf., Py.; $[\alpha]_D^{18}$ −318° (A.), −190° (Chlf.), −332° (Py.). — *Hydrochlorid:* B·HCl, *F* 265; Prismen; l. in W., A. — *V.:* Chondodendron spp., Tubocurare.

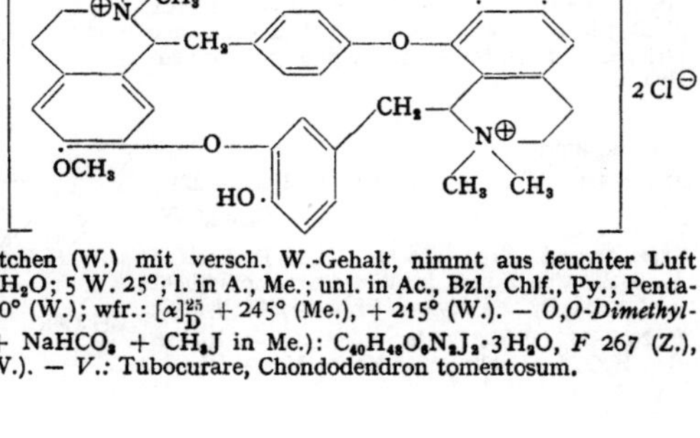

6/23 **Tubocurarin-chlorid**

MG 695.67 *F* 274—275 (wfr.)

$C_{38}H_{44}O_6N_2Cl_2$

Charakteristik: Mikroskop. Blättchen (W.) mit versch. W.-Gehalt, nimmt aus feuchter Luft Wasser auf bis Pentahydrat B·5H_2O; 5 W. 25°; l. in A., Me.; unl. in Ac., Bzl., Chlf., Py.; Pentahydrat: $[\alpha]_D^{23}$ +219° (Me.), +190° (W.); wfr.: $[\alpha]_D^{25}$ +245° (Me.), +215° (W.). — *O,O-Dimethyltubocurarinjodid* (Tubocurarin + $NaHCO_3$ + CH_3J in Me.): $C_{40}H_{48}O_6N_2J_2$·3H_2O, *F* 267 (Z.), Täfelchen (W.); $[\alpha]_{5461}$ +189° (W.). — *V.:* Tubocurare, Chondodendron tomentosum.

7. Indol- und Indolin-Alkaloide

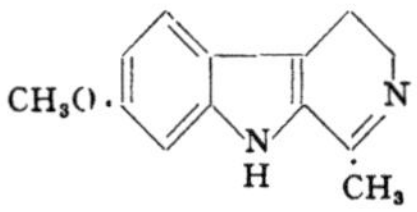

7/1 Harmalin

MG 214.26 *F* 239−240 (Z.) $C_{13}H_{14}ON_2$

Charakteristik: Fbl. od. schwach gelbe Platten (A.); l. in h. A., Chlf.; swl. in W. — *Hydrochlorid:* B·HCl·2H_2O, *F* 212; gelbe Nadeln. — *V.:* Peganum harmala.

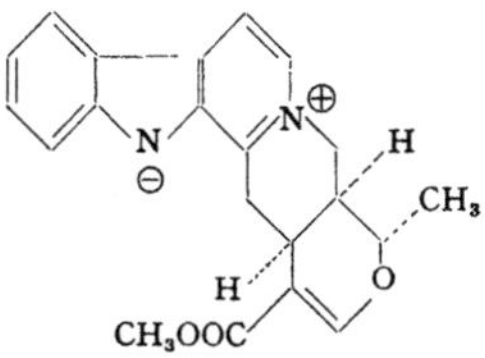

7/2 Alstonin (Chlorogenin)

MG 348.39 *F* > 300 (Z.) $C_{21}H_{20}O_3N_2$

Charakteristik: Gelbe Nadeln (Ac.); zersetzt sich leicht in organ. Lösungsm. — *Hydrochlorid:* B·HCl, *F* 278−286 (Z.); fbl. Nadeln (A. + Essigester); $[\alpha]^{25}_D$ +137° (W.); ll. in W. — *Perchlorat:* B·$HClO_4$, *F* 232−248; gelbl. Krist. (Ac. + W.); $[\alpha]^{20}_D$ +152° (Me.). — *Nitrat:* B·HNO_3·$^1/_2H_2O$, *F* 152−154; $[\alpha]^{21}_D$ +164° (Me.). — *Sulfat:* B·H_2SO_4, *F* 246−248; $[\alpha]^{20}_D$ +113° (W.). — *V.:* Alstonia, Rauwolfia spp.

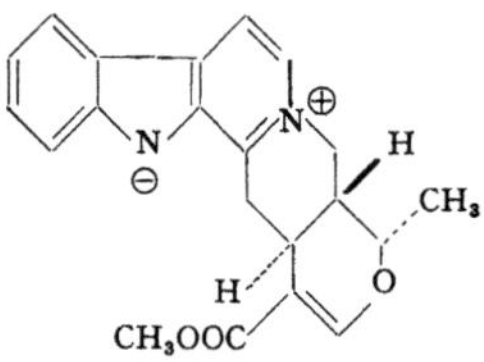

7/3 Serpentin

MG 348.39 *F* 158 (lufttrocken) $C_{21}H_{20}O_3N_2$

Charakteristik: Gelbe Plättchen (A. + W.-haltig) (A.); gelbe Nadelbüschel (W.), B. ca. 0.5H_2O, *F* 70−80/178−180; ll. in Me.; l. in A., Chlf.; $[\alpha]^{40}_D$ +188° (W.); $[\alpha]^{25}_D$ +267° (A., wfr.). — *Hydrochlorid:* B·HCl·2H_2O, *F* 246−248; schwach gelbe Krist. (W. + HCl); l. in W.; $[\alpha]^{23}_D$ +178° (W.). — *Nitrat:* B·HNO_3·2H_2O, *F* 170−172; schwach gelbe Krist. (h. W. + NH_4NO_3); wl. in W. — *Pikrat:* B·$C_6H_3O_7N_3$, *F* 261−262; rötliche Krist. — *V.:* Rauwolfia serpentina.

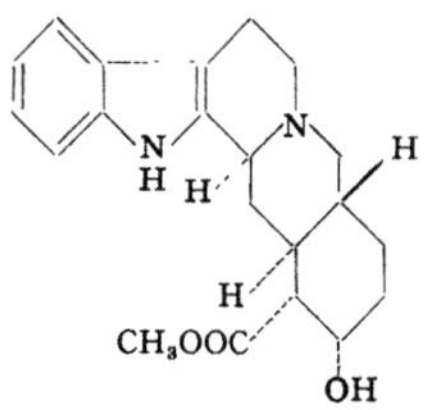

7/4 Yohimbin (Quebrachin)

MG 354.43 *F* 235−237 $C_{21}H_{26}O_3N_2$

Charakteristik: Fbl. Nadeln (A. + W.), l. in A., h. Bzl., Chlf.; wl. in Ae.; unl. in W.; $[\alpha]^{20}_D$ +55° (A.), +11° (Chlf.), +108° (Py.). — *Hydrochlorid:* B·HCl, *F* 300 (Z.); orthorhomb. Plättchen oder Prismen (A.); 0.8 W.; wl. in A.; $[\alpha]^{20}_D$ +100° (W.). — *V.:* Pausinystalia (Corynanthe) yohimbe, Aspidosperma quebracho-blanco.

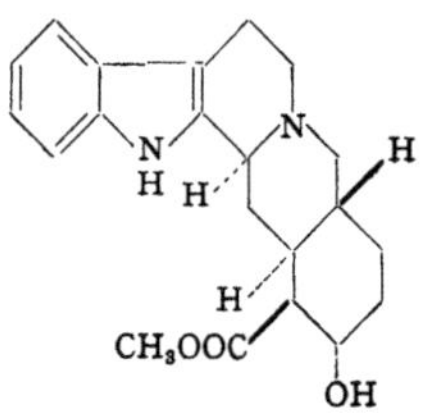

7/5 Corynanthin (Rauhimbin)

MG 354.43 *F* 225−226 $C_{21}H_{26}O_3N_2$

Charakteristik: Prismen (Ac.); ll. in A.; l. in Chlf., Bzl., Essigester; unl. in W., PAe.; $[\alpha]^{19}_D$ −85° (Py.), −124° (A.). — *Hydrochlorid:* B·HCl, *F* 285; $[\alpha]_D$ −64° (W.). — *V.:* Pseudocinchona africana, Corynanthe yohimbe, Rauwolfia serpentina.

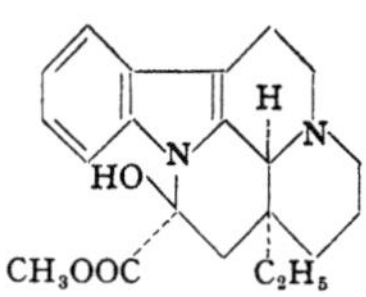

7/6 Vincamin

MG 354.43 *F* 232−233 Kp_{12} subl. 220−225 $C_{21}H_{26}O_3N_2$

Charakteristik: Krist. aus Me.; l. in Py.; wl. in A., Bzl., Chlf.; unl. in W.; säureempfindlich; $[\alpha]^{23}_D$ +41° (Py.). — *Hydrochlorid:* B·HCl·$^1/_2H_2O$, *F* 202−212; Krist. (Me. + Ae.). — *Pikrat:* B·$C_6H_3O_7N_3$, *F* 220−225, Krist. (Me. + W. + Ac.). — *V.:* Vinca minor.

7/7 Ajmalicin (δ-Yohimbin, Raubasin, Vincein)

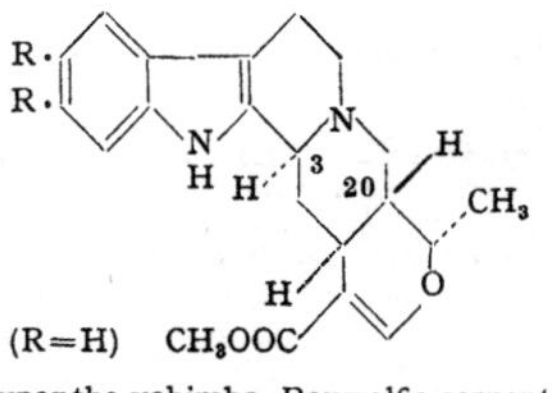

(R=H)

MG 352.42 *F* 257 (Z.) $C_{21}H_{24}O_3N_2$

Charakteristik: Prismen (Me.) (A.); $[\alpha]_D^{20}$ −60° (Chlf.), −45° (Py.), −35° (Me.). — *Hydrochlorid:* B·HCl, *F* 280—290; Blättchen (A.); $[\alpha]_D^{20}$ −19° (Me.); wl. in W. — *Hydrobromid:* B·HBr, *F* 295—296; rhomb. Plättchen. — *Hydrojodid:* B·HJ, *F* 291—293; Prismen (verd. Me.). — *V.:* Corynanthe yohimbe, Rauwolfia serpentina.

7/8 Reserpilin

MG 412.47 $C_{23}H_{28}O_5N_2$

Strukturformel s. Ajmalicin: R = OCH_3; 3β-H, 20α-H

Charakteristik: Amorphes Pulver; ll. in A., Ac., Bzl., Chlf.; $[\alpha]_D^{20}$ −38° (A.), −12° (Chlf.). — *Phosphat:* $B_3 \cdot H_3PO_4$, *F* 200 (Z.); sechseckige Plättchen (A.); ll. in W.; $[\alpha]_D^{20}$ −52° (W.). — *Saures Oxalat:* $B \cdot C_2H_2O_4$, *F* 244—245 (Z.); Nadeln (Me. oder A.); wl. in A., Me.; $[\alpha]_D^{20}$ −34° (50%ig. A.). — *V.:* Rauwolfia spp.

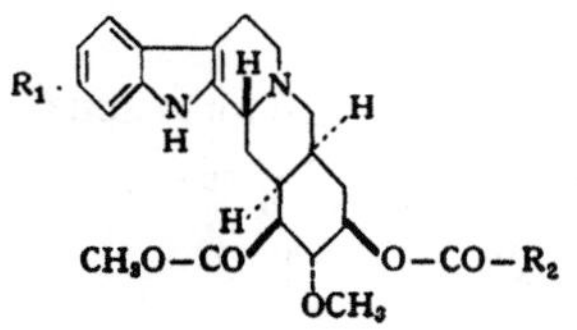

$R_1 = OCH_3$

$R_2 =$

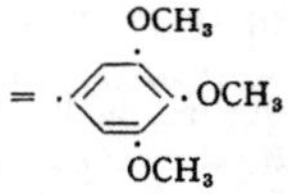

7/9 Reserpin

MG 608.70

Charakteristik: Nadeln (A., Me. oder Ac. + W.); ll. in Chlf., Eg.; l. in Bzl.; wl. in Ae., Ac., Me.; unl. in W.; $[\alpha]_D^{23}$ −118° (Chlf.). — *Hydrochlorid:* B·HCl·H_2O, *F* 224 (Z.); Nadeln (A.); wl. in W. — *V.:* Rauwolfia spp.

7/10 Canescin (Deserpidin, Recanescin, 11-Desmethoxyreserpin)

MG 578.64 *F* 230—234 (Z.) $C_{32}H_{38}O_8N_2$ Strukturformel s. Reserpin: R_1 = H

Charakteristik: Fünf- od. sechseckige Plättchen (Me.); $[\alpha]_D^{20}$ −136° (Chlf.), −163° (Py.). — *Hydrochlorid:* B·HCl, *F* 247—253 (Z.); dünne, rechteckige Plättchen (Ac. + W.). — *V.:* Rauwolfia spp.

Strukturformel s. Reserpin:

7/11 Rescinnamin

MG 634.71 *F* 238 (Vak., Z.) $C_{35}H_{42}O_9N_2$

$R_2 =$

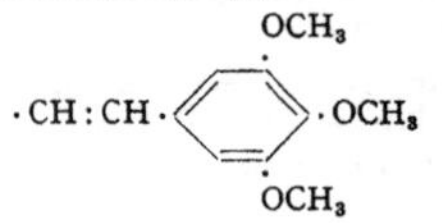

Charakteristik: Feine Nadeln (Bzl.); wl. in Me., Bzl., Chlf.; $[\alpha]_D^{24}$ −97° (Chlf.). — *Hydrochlorid:* B·HCl, *F* 232; $[\alpha]_D^{20}$ −74° (Me.). — *V.:* Rauwolfia spp.

7/12 Raunescin (Canembin)

MG 564.62 *F* 160—170 (Hydrat)

$C_{31}H_{36}O_8N_2$

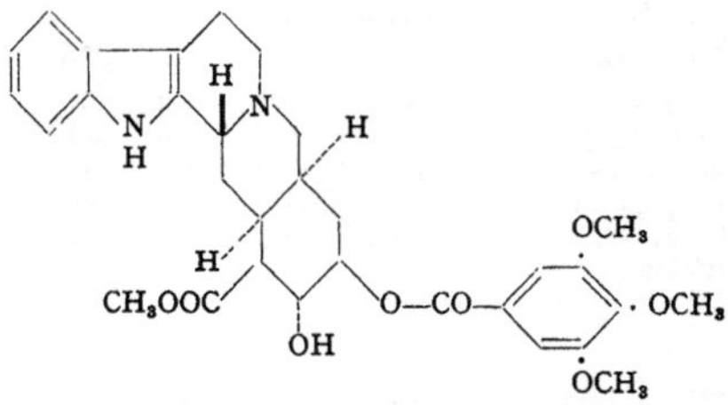

Charakteristik: Hexagonale Prismen (B·H_2O) (90%ig. Me.); $[\alpha]_D^{25}$ −74° (Chlf.). — *Nitrat:* B·HNO_3, *F* 223—225; $[\alpha]_D^{25}$ −80° (5-n Essigsäure). — *V.:* Rauwolfia spp.

7/13 Mitraphyllin (Rubradinin)

MG 370.43 *F* 262 $C_{21}H_{26}O_4N_2$

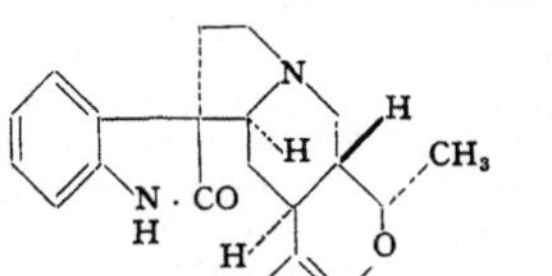

Charakteristik: Lange Nadeln (Me.); l. in Chlf.; wl. in Ac.; $[\alpha]_D^{20}$ −7° (Chlf.). — *V.:* Mitragyna, Uncaria spp.

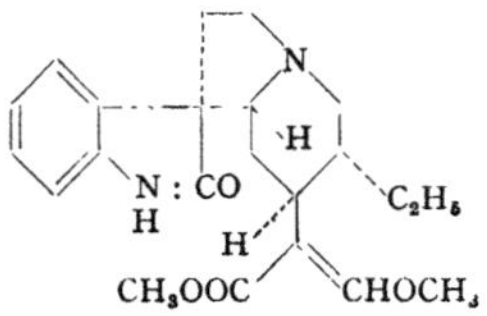

7/14 **Rhynchophyllin (Mitrinermin)**

MG 384.46 *F* 210 $C_{22}H_{28}O_4N_2$

Charakteristik: Prismen (Ac.); ll. in Chlf.; l. in A., Ac., Bzl.; wl. in Ae.; unl. in PAe.; $[\alpha]_D$ konz.-abhängig: −23° (c = 1.1, Chlf.), −16° (c = 2, Chlf.). — *Chloroaurat:* $B \cdot HAuCl_4$; *F* 134. — *V.:* Mitragyna spp. Ourouparia (Uncaria) spp.

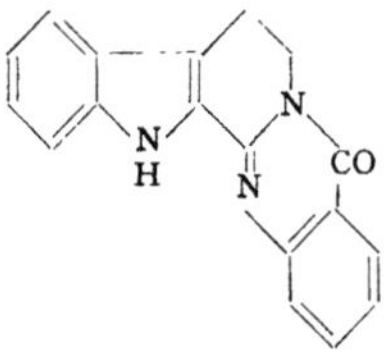

7/15 **Rutaecarpin**

MG 287.31 *F* 262 $C_{18}H_{13}ON_3$

Charakteristik: Nadeln (A.); l. in A., Ae., Bzl., Chlf.; unl. in W. — *V.:* Evodia rutaecarpa.

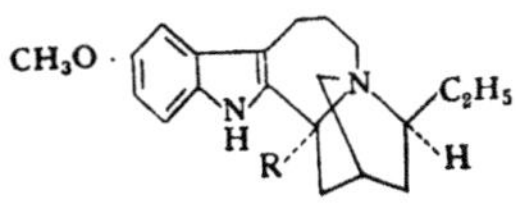

(R = H)

7/16 **Ibogain**

MG 310.42 *F* 152 $C_{20}H_{26}ON_2$

Charakteristik: Prismen (A.); l. in Ae., A., Chlf., Bzl.; unl. in W.; $[\alpha]_D^{20}$ −53° (A.). — *Hydrochlorid:* B·HCl, *F* 300; l. in W., A., Me.; $[\alpha]_D$ −49° (W.). — *V.:* Tabernanthe iboga.

7/17 **Voacangin**

MG 368.46 *F* 137 $Kp_{0.01}$ subl. 135 Strukturformel s. Ibogain: $R = \cdot COOCH_3$

Charakteristik: Nadeln (A.); ll. in Ac., Bzl., Chlf.; wl. in A.; unl. in W.; $[\alpha]_D^{20}$ −42° (Chlf.). — *V.:* Voacanga spp.

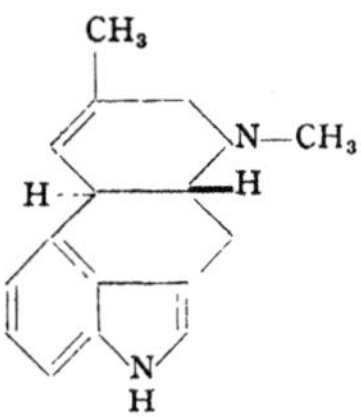

7/18 **Agroclavin** $C_{16}H_{18}N_2$

MG 238.32 *F* 205—212 (Z.) $Kp_{0.05}$ subl. bei 110—130

Charakteristik: Prismen (Ae.), Nadeln (Ac.); ll. in Chlf.; $[\alpha]_D^{20}$ −155° (Chlf.), −182° (Py.). — *V.:* Claviceps spp.

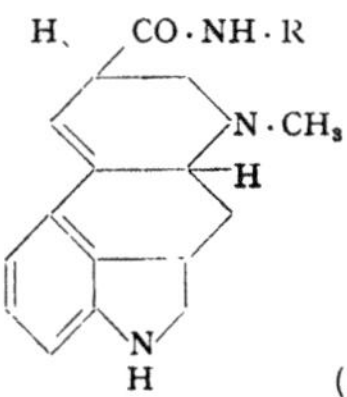

(R=H)

7/19 **Iso-ergin (D-Lysergsäureamid)**

MG 267.32 *F* 241 (Z.) $C_{16}H_{17}ON_3$

Charakteristik: Kurze Prismen (Me.); l. in A. + Chlf., Eg.; wl. in A., Me., Py.; swl. in Chlf.; unl. in W.; $[\alpha]_D^{20}$ −10° (Py.). — *Methansulfonat:* $B \cdot CH_4O_3S$, *F* 232; lange Prismen (Me. + Ac.); ll. in W. — *V.:* Rivea corymbosa, Ipomoea tricolor.

Strukturformel s. Iso-ergin:

$$R = \cdot \underset{\displaystyle CH_2OH}{\overset{\displaystyle CH_3}{CH}}$$

7/20 **Ergobasin (Ergometrin, Ergonovin)**

MG 325.40 *F* 159—162 (Z.) $C_{19}H_{23}O_2N_3$

Charakteristik: Nadeln (Bzl.); krist. aus Ac.; *F* 212 (Z.); l. in W., A., Bzl.; wl. in Chlf;. $[\alpha]_D^{20}$ +90° (W.), +41° (A.), −44° (Chlf.), −16° (Py.). — *Hydrochlorid:* B·HCl, *F* 246 (Z.); Nadeln (A.); l. in W.; $[\alpha]_D^{3}$ +63° (W.). — *Saures Oxalat:* $B \cdot C_2H_2O_4$, *F* 193 (Z.); Nadeln (A.); $[\alpha]_D^{23}$ +56° (W.). — *Saures Maleinat:* $B \cdot C_4H_4O_4$, *F* 167; l. in W., A.; unl. in Chlf.; $[\alpha]_D^{20}$ +52° (W.). — *V.:* Secale cornutum.

7/21 **Ergotamin**

MG 581.65 *F* 212–214 (Z.) $C_{33}H_{35}O_5N_5$

Strukturformel s. Iso-ergin:

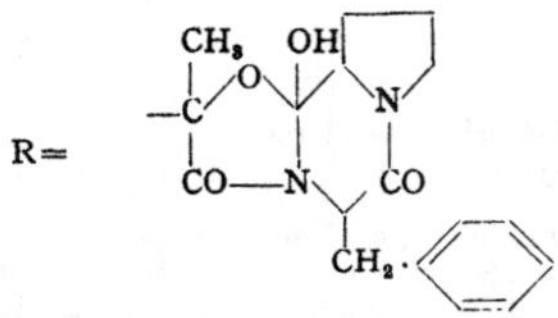

Charakteristik: Dünne Prismen (Bzl.); erst nach längerem Erhitzen im Hochvakuum lösungsmittelfrei; rechteckige Prismen; *F* 180 ($B\cdot 2CH_3COCH_3\cdot 2H_2O$) (Ac.+W.); l. in Chlf., Eg., Py., Me.; wl. in A., Bzl.; unl. in W., PAe.; hygroskopisch, licht-, luft-, wärmeempfindlich; $[\alpha]_D^{20}$ $-160°$ (Chlf.), $-12°$ (Py.). — *Hydrochlorid:* B·HCl, *F* 212 (Z.); Platten (A.), l. in A. + W.; wl. in W., A. — *Tartrat:* $B_2\cdot C_4H_6O_6\cdot 2CH_3OH$, *F* 203; rhomb. Tafeln (Me.); $[\alpha]_D^{25}$ $-155°$ (Chlf.); wl. in W., A. — *V.:* Secale cornutum.

7/22 **Brucin**

MG 394.45 *F* 178 (wfr.) $C_{23}H_{26}O_4N_2$

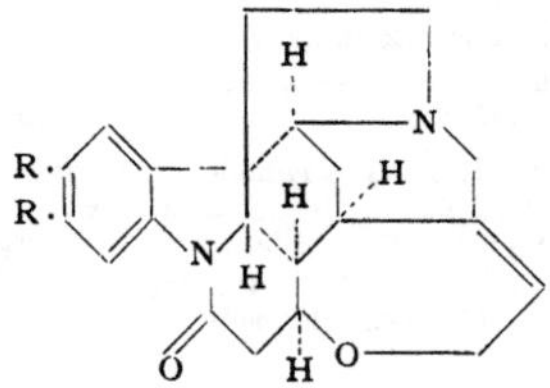

(R = OCH_3)

Charakteristik: Monokline Prismen ($B\cdot 4H_2O$) (W. od. A. + W.); *F* 105; 0.1 W. 20°, 0.67 W. 100°, 81.8 A. 25°, 0.75 Ae., 13.1 Chlf. 25°, 0.8 Bzl.; $[\alpha]_D^{20}$ $-120°$ (Chlf.), $-85°$ (A.). — *Hydrochlorid:* $B\cdot HCl\cdot 2.5H_2O$; Nadeln; ll. in W., A.; $[\alpha]_D^{20}$ $-28°$ (W.). — *Sulfat:* $B_2\cdot H_2SO_4\cdot 7H_2O$; lange Nadeln; 1.3 W. 20°, 10 W. 100°, 0.8 A., 0.6 Chlf. — *V.:* Strychnos spp.

7/23 **Strychnin**

MG 334.40 *F* 286–288 $C_{21}H_{22}O_2N_2$ Strukturformel s. Brucin: R = H

Charakteristik: Orthorhomb. Prismen (A.); 0.016 W. 25°, 0.04 W. 100°, 0.9 A. 25°, 0.018 Ae.; ll. in Chlf.; wl. in Bzl., Me.; swl. in Ac.; unl. in Ae., PAe.; $[\alpha]_D^{18}$ $-104°$ (abs. A.), $-140°$ (Chlf.). — *Sulfat:* $B_2\cdot H_2SO_4\cdot 5H_2O$, *F* 200 (wfr.); monokline Prismen od. Nadeln (W.); 3.2 W. 25°, 14 W. 100°, 1.5 A.; wl. in Chlf. — *Nitrat:* $B\cdot HNO_3$; Nadeln; 2.4 W. 25°, 10 W. 100°; wl. in A., Chlf.; $[\alpha]_D$ $-46°$ (W.). — *V.:* Strychnos nux vomica.

7/24 **C-Toxiferin-I-chlorid**

MG 703.73 $C_{40}H_{46}O_2N_4Cl_2\cdot H_2O$

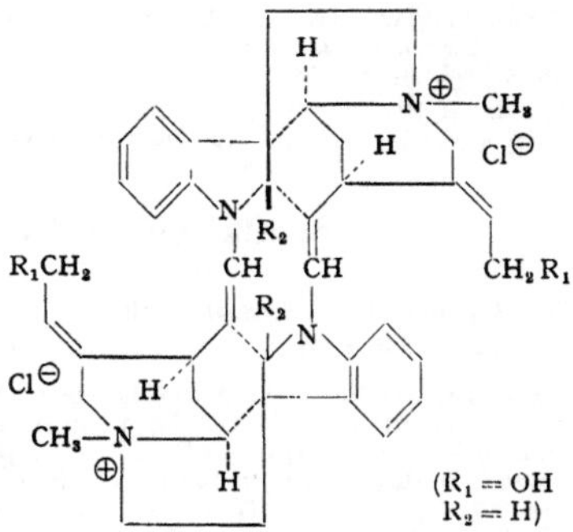

(R_1 = OH
R_2 = H)

Charakteristik: Kleine Prismen (A. od. Me.); $[\alpha]_D^{22}$ $-546°$ (W.). — *Pikrat:* $C_{40}H_{46}O_2N_4\cdot 2C_6H_3O_7N_3$, *F* 260 (Z.), dunkelgelbe Blättchen (Ac. + W.). — *V.:* Calebassencurare, Strychnos toxifera.

7/25 **C-Dihydrotoxiferin-chlorid**

MG 680.74 $C_{40}H_{46}N_4Cl_2\cdot 1{,}5H_2O$

Strukturformel s. C-Toxiferin-I-chlorid: $R_1 = R_2 = H$

Charakteristik: Nadeln (n-Propanol); $[\alpha]_D^{20}$ $-600°$ (50%ig. A.). — *Pikrat:* $C_{40}H_{46}N_4\cdot 2C_6H_2O_7N_3$, *F* 185; gelbe Blättchen (Ac. + W.). — *V.:* Calebassencurare.

7/26 **C-Curarin-I-chlorid**

MG 685.71 $C_{40}H_{44}ON_4Cl_2\cdot H_2O$

Strukturformel s. C-Toxiferin-I-chlorid: R_1 = H, R_2 = —O—

Charakteristik: Nädelchen (Me. + Ae.); enthält nach Stehen an der Luft 6 Mol Kristall-H_2O; $[\alpha]_D$ +70° (W.). — *Pikrat:* $C_{40}H_{44}ON_4\cdot 2C_6H_3O_7N_3$, *F* 306; goldgelbe Krist. (W.). — *V.:* Calebassencurare.

Rest s. C-Curarin-I-chlorid

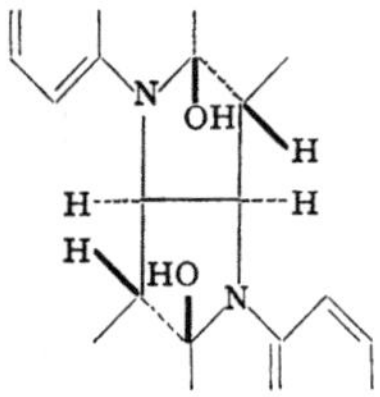

Rest s. C-Curarin-I-chlorid

7/27 **C-Calebassin-chlorid**

MG 723.76 $C_{40}H_{48}O_2N_4Cl_2 \cdot 2H_2O$

Charakteristik: Fbl. Nadelchen (Me. + Ae.); enthalt nach Stehen an der Luft 6 Mol Kristall-H_2O; $[\alpha]_D^{20}$ + 70°(W.). — *Pikrat:* $C_{40}H_{48}O_2N_4 \cdot 2C_6H_2O_7N_3$, *F* 190—192 od. 216—218 (Z.); Plattchen (Ac.); wl. in Ac.; unl. in W., Me., A. — *V.:* Calebassencurare.

7/28 **Ajmalin (Rauwolfin)**

MG 326.42 *F* 158—160 (B·$2H_2O$), 200—202 (wfr.) $C_{20}H_{26}O_2N_2$

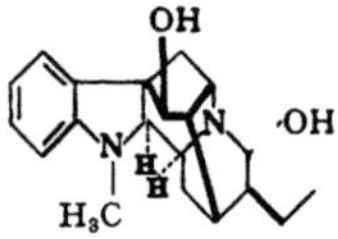

Charakteristik: Tetragonale Prismen (Me.) (B·$2H_2O$); ll. in Chlf.; l. in Me., A., Ae.; $[\alpha]_D^{20}$ + 144° (wfr., Chlf.). — *Hydrochlorid:* B·HCl·$2H_2O$, *F* 133—134; hexagonale Bipyramid. (W.) $[\alpha]_D^{10}$ + 84° (W.). — *Pikrat:* B·$C_6H_3O_7N_3$, *F* 223. — *V.:* Rauwolfia spp.

7/29 **Aspidospermin („Vallesin")**

MG 354.48 *F* 208 Kp_1 220 $C_{22}H_{30}O_2N_2$

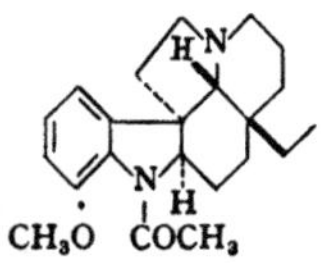

Charakteristik: Nadeln (A.) (PAe.); l. in Bzl., Chlf.; wl. in A., W., Ae.; $[\alpha]_D^{15}$ — 100° (A.), — 92° (Chlf.). Bildet keine krist. Salze. Sied. verd. HCl → Desacetylaspidospermin. — *V.:* Aspidosperma quebrachoblanco, Vallesia spp.

7/30 **Gelsemin**

MG 322.40 *F* 178 $C_{20}H_{22}O_2N_2$

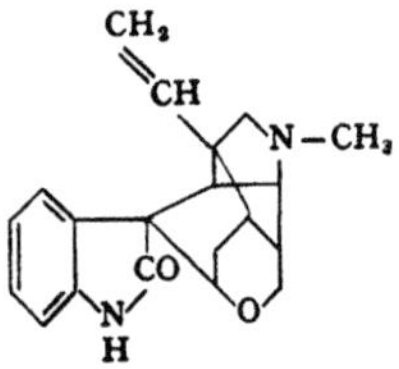

Charakteristik: Prismen (B·CH_3COCH_3) (Ac.) verliert Kristall-Ac. bei 120°; ll. in Ae., Chlf.; l. in A.; wl. in W.; $[\alpha]_D^{20}$ + 18° (Chlf.). — *Hydrochlorid:* B·HCl, *F* 333 (Z.); Prismen; wl. in W.; $[\alpha]_D^{20}$ + 3° (W.). — *V.:* Gelsemium sempervirens.

8. Alkaloide mit verschiedenen Strukturen

8/1 **Aconitin (Acetyl-benzoyl-aconin)**

MG 645.72 *F* 202—204 $C_{34}H_{47}O_{11}N$

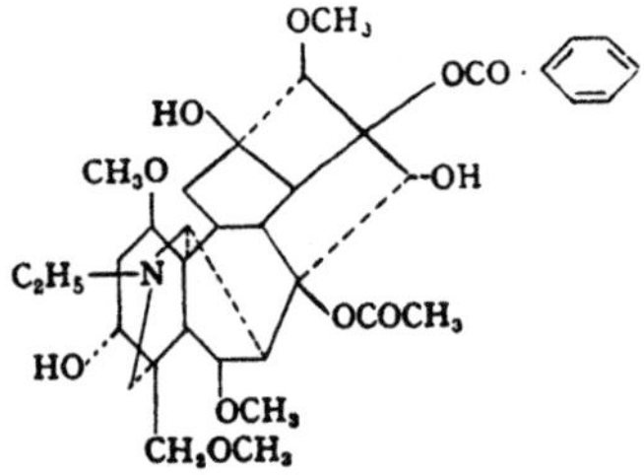

Charakteristik: Rhomb. Prismen (Chlf.) oder hexagonale Platten; ll. in Chlf., Bzl.; wl. in A., Ae.; unl. in W., PAe.; $[\alpha]_D$ + 19° (Chlf.). — *Hydrochlorid:* B·HCl·3.5H_2O, *F* 149—153; wfr. *F* 194 bis 195; $[\alpha]_D$ — 31° (W.). — *Hydrobromid:* B·HBr·0.5H_2O (A. + Ae.), *F* 206—207, wfr. *F* 115 bis 120; $[\alpha]_D$ — 31° (W.). — *Hydrojodid:* B·HJ·3,5H_2O, *F* 226; wl. in W. — *Perchlorat:* B·$HClO_4$, *F* 215—222; $[\alpha]_D$ — 19° (W.). — *V.:* Aconitum spp.

8/2 **Atisin (Anthorin)**

MG 343.49 *F* ca. 85 $Kp_{0.0005}$ 110 $C_{22}H_{33}O_2N$

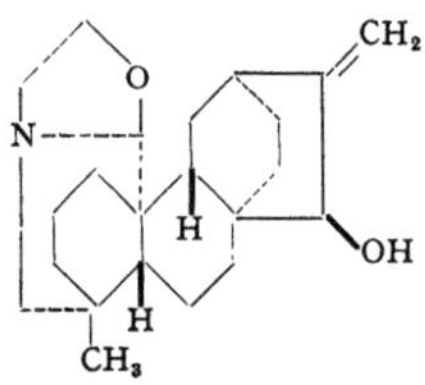

Charakteristik: Fbl. wachsartige Masse; l. in W.; unl. in PAe.; in Losung nicht haltbar; $[\alpha]_D$ — 21° (A.). — *Hydrochlorid:* B·HCl, *F* 303—304 (Z.) (A. + W.); $[\alpha]_D^{25}$ + 28° (W.). — *Hydrobromid:* B·HBr, *F* 273 (Z.); $[\alpha]_D^{20}$ + 27° (W.). — *V.:* Aconitum heterophyllum, Aconitum anthora.

8/3 **Annotinin**

MG 275.34 *F* 230–232 $C_{16}H_{21}O_3N$

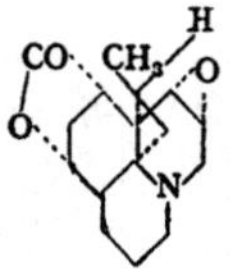

Charakteristik: Glänzende Prismen (Chlf. + Me.); ll. in Chlf.; wl. in Me.; $[\alpha]_D^{19}$ −6° (Ac.), −28° (Chlf.). — *Perchlorat:* B·$HClO_4$, *F* 267; krist. aus h. W. — *V.:* Lycopodium annotinum.

8/4 **Cassain**

MG 405.56 *F* 139–141 $C_{24}H_{39}O_4N$

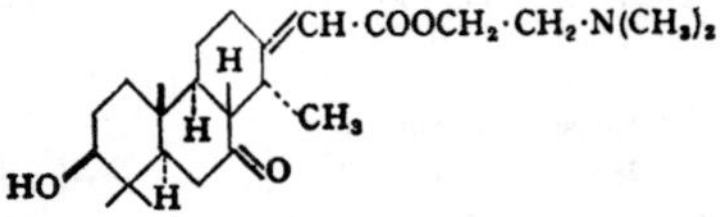

Charakteristik: Krist. aus Ae.; $[\alpha]_D^{21}$ −104° (A.). — *Hydrochlorid:* B·HCl, *F* 227–229; $[\alpha]_D^{21}$ −110° (W.). — *Saures Sulfat:* B·H_2SO_4 ·$^1/_2H_2O$, *F* 290 (Z.); unl. in Ac.; l. in W.; $[\alpha]_D^{23}$ −95° (0.1 n H_2SO_4). — *V.:* Erythrophleum spp.

8/5 **Colchicin**

MG 399.43 *F* 155–157 $C_{22}H_{25}O_6N$

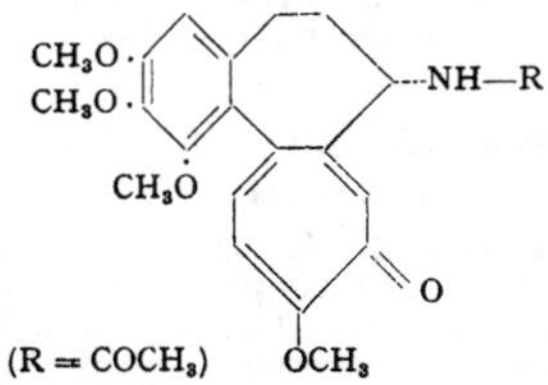

Charakteristik: Gelbliche Nadeln (Essigester); B·3H_2O (W.); B·$CHCl_3$ und B_2·$CHCl_3$ (Chlf.); B·C_6H_6, *F* 140 (Bzl.); 4.5 W.; sll. in Chlf., A. + W.; l. in A.; unl. in Ae., PAe.; $[\alpha]_D$ −422° (W.), −493° (Eg.), −222° (A.), −218° (Me.), −165° (Ac.), −111° (Chlf.), −132° (Chlf. + 1% A.), −203° (Chlf. + 10% A.), 0° (Bzl.); lichtempfindlich, nur schwach basisch, bildet keine Salze außer Chloroaurat B·$HAuCl_4$, *F* 209; ll in A. — *V.:* Colchicum autumnale und and. Liliaceen.

8/6 **Demecolcin (N-Methyl-desacetyl-colchicin, Santavys Subst. F)**

MG 371.42 *F* 186 $C_{21}H_{25}O_5N$ Strukturformel s. Colchicin: R = CH_3

Charakteristik: Schwach gelbe Prismen (Essigester + Ae.); l. in A., Chlf., Bzl.; wl. in Ae., W. $[\alpha]_D^{20}$ −129° (Chlf.). — *V.:* Colchicum autumnale.

8/7 **Colchicosid**

MG 547.54 *F* 216–218 $C_{27}H_{33}O_{11}N$

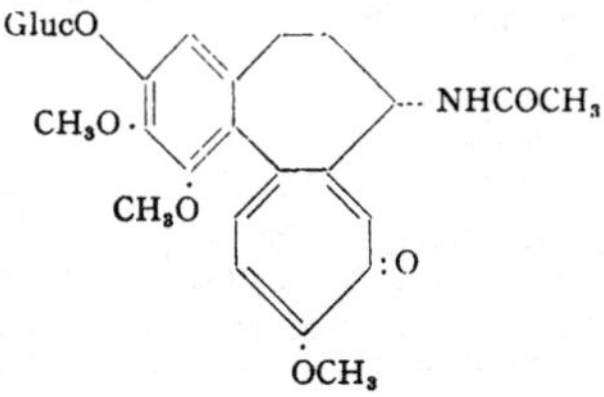

Charakteristik: Rechteckige Prismen (A.); ll. in W.; l. in A.; unl. in Ae.; $[\alpha]_D$ −360° (W.). — *Tetraacetyl-colchicosid:* $C_{35}H_{41}O_{15}N$, *F* 175–177; rechteckige Krist.; l. in Chlf., W.; unl. in Ae.; $[\alpha]_D^{15}$ −57° (Chlf.). — *V.:* Colchicum autumnale.

8/8 **Erythralin**

MG 297.34 *F* 120 $Kp_{0.01}$ 120 $C_{18}H_{19}O_3N$

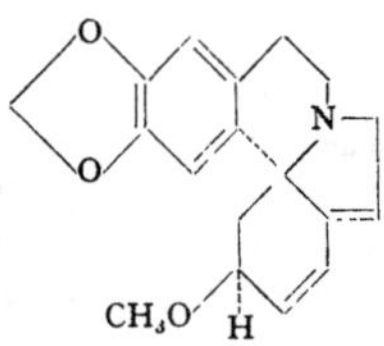

Charakteristik: Krist. aus A.; l. in Chlf.; $[\alpha]_D^{22}$ +228° (A.). — *Hydrobromid:* B·HBr, *F* 246 (Vak. korr., Z.), kornige Krist. (Me. + Ae.); $[\alpha]_D$ +209° (W.). — *V.:* Erythrina spp.

8/9 **β-Erythroidin**

MG 273.32 *F* 99–100 $C_{16}H_{19}O_3N$

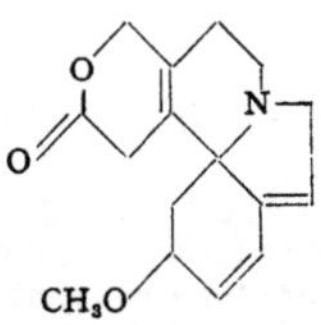

Charakteristik: Krist aus A.; l. in W., A., Me., Bzl., Chlf.; wl. in Ae.; $[\alpha]_D^{28}$ +85° (W.); luftlichtempfindlich — *Hydrochlorid:* B·HCl·$^1/_2H_2O$, *F* 228–231 (Z.); kleine Nadeln (A.); $[\alpha]_D^{27}$ +107° (W.), (wfr.). — *Perchlorat:* B·$HClO_4$, *F* 203 (Z.); Nadeln (A.); $[\alpha]_D^{25}$ +96° (W.). — *V.:* Erythrina spp.

8/10 Febrifugin

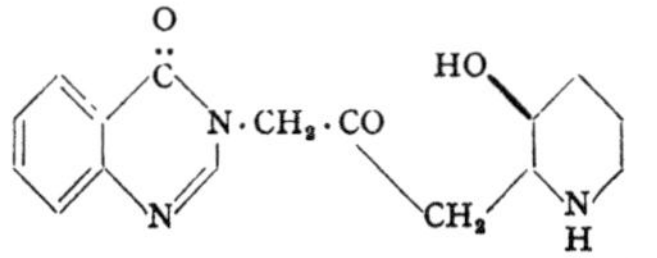

MG 301.34 *F* 139—140 $C_{16}H_{19}O_3N_3$

Charakteristik: Prismen (A.); $[\alpha]_D^{25}$ +6° (Chlf.), +25° (A.). — *Hydrochlorid:* B·HCl, *F* 220. — *Dihydrochlorid:* B·2HCl, *F* 232—233 (Z.) — Febrifugin geht leicht in *Isofebrifugin* über (cyclische Halbketalform), *F* 129—130; kurze Spieße (Ac.); $[\alpha]_D^{25}$ +120° (Chlf.), +31° (A.). — *Hydrochlorid:* B·HCl, *F* 210 — *Oxalat:* $B_2 \cdot C_2H_2O_4$, *F* 212—213 (Z.). — *V.:* Dichroa febrifuga, Hydrangea spp.

8/11 Glycosin (Arborin)

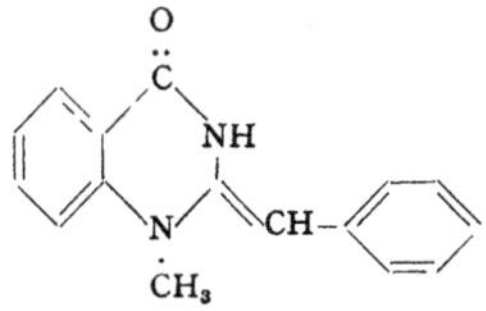

MG 250.29 *F* 155—156 $C_{16}H_{14}ON_2$

Charakteristik: Prismen (Chlf. + Essigester); l. in Chlf., A., Bzl.; wl. in Ae. — *Hydrochlorid:* B·HCl, *F* 209—210 (Z.); Blättchen (A.). — *Pikrat:* $B \cdot C_6H_3O_7N_3$, *F* 171—172 (Z).; gelbe Nadeln (A.). — *V.:* Glycosmis pentaphylla.

8/12 Vasicin (Peganin)

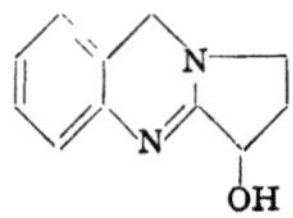

MG 188.22 *F* 211—212

Charakteristik: Nadeln (A.); l. in A., Ac., Chlf.; wl. in W., Ae., Bzl.; $[\alpha]_D^{14}$: stark konz. abhängig, —254° (*c* = 2.44, Chlf. abs.), —62° (*c* = 0.45; 2.4; abs. A.). — *Hydrochlorid:* $B \cdot HCl \cdot 2H_2O$, *F* 208 (wfr.); Nadeln. — *V.:* Adhatoda vasica.

8/13 Physostigmin (Eserin)

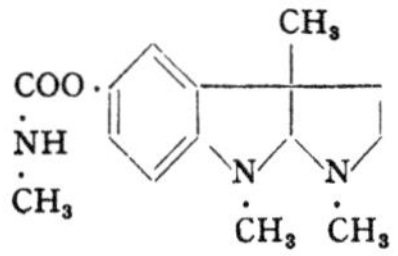

MG 275.34 *F* 86—87 (instab.), 105—106 (stab.) $C_{15}H_{21}O_2N_3$

Charakteristik: Prismen oder Blättchen (Ae. oder Bzl.); ll. in A., Ae., Bzl., Chlf.; wl. in W.; unl. in PAe.; licht-, luft-, wärmeempfindlich (Rotfärb.); $[\alpha]_D^{20}$ —79° (Chlf.), —120° (Bzl.). — *Sulfat:* $B_2 \cdot H_2SO_4$, *F* 145; hygroskop., mikrokrist. Pulver; ll. in W., A.; swl. in Ae. — *Salicylat:* $B \cdot C_7H_6O_3$, *F* 186—187; 1.3 W. 25°, 6.2 W. 80°; l. in A., Chlf.; wl. in Ae. — *V.:* Physostigma venenosum.

8/14 Pilocarpin

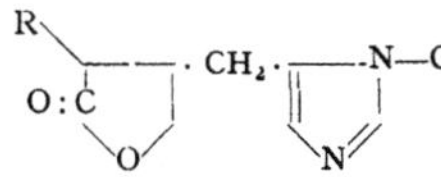

(R = C_2H_5)

MG 208.26 *F* 34 Kp_5 260 $C_{11}H_{16}O_2N_2$

Charakteristik: Öl oder Nadeln; l. in W., A., Chlf.; wl. in Ae., Bzl; unl. in PAe.; $[\alpha]_D^{18}$ +108° (W.), +100° (Chlf.); lichtempfindlich. — *Hydrochlorid:* B·HCl, *F* 204—205; Prismen, hygroskopisch; ll. in W., A.; wl. in Chlf.; $[\alpha]_D^{20}$ +90° (W.). — *Nitrat:* $B \cdot HNO_3$, *F* 178; Prismen; ll. in W.; l. in A.; unl. in Chlf.; $[\alpha]_D$ +83° (W.). — *V.:* Pilocarpus spp., Jaborandi-Blätter.

8/15 Pilosin (Carpilin)

Strukturformel s. Pilocarpin:

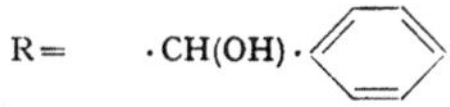

MG 286.32 *F* 187 $C_{16}H_{18}O_3N_2$

Charakteristik: Platten (A.); l. in h. W., A., Bzl., Chlf.; wl. in Ae.; $[\alpha]_D^{20}$ +40° (A.). — *Sulfat:* $B_2 \cdot H_2SO_4$, *F* 194—195; Platten; $[\alpha]_D$ +21° (W.). — *V.:* Pilocarpus microphyllus.

8/16 Senecionin

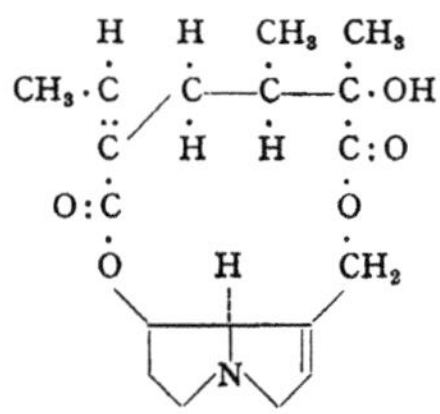

MG 335.39 *F* 232—245 $Kp_{0.2}$ subl. 190 $C_{18}H_{25}O_5N$

Charakteristik: Rhomb. Tafeln (A.); ll. in Chlf.; wl. in A.; unl. in W., Ae.; $[\alpha]_D^{25}$ —56° (Chlf.). — *Nitrat:* $B \cdot HNO_3$, *F* 214; Prismen, rhomb. Tafeln (W., A.); $[\alpha]_D$ —34° (W.). — *Pikrat:* $B \cdot C_6H_3O_7N_3$ *F* 191; feine Nadeln. — *V.:* Senecio spp.

8/17 **Heliotrin**

MG 313.38 *F* 126 $C_{16}H_{27}O_5N$

Charakteristik: Prismen (Ac.); ll. in A., Chlf.; wl. in Bzl., W.; swl. in Ae., PAe.; $[\alpha]_D + 64°$ (Chlf.). – *V.:* Heliotropium lasiocarpum.

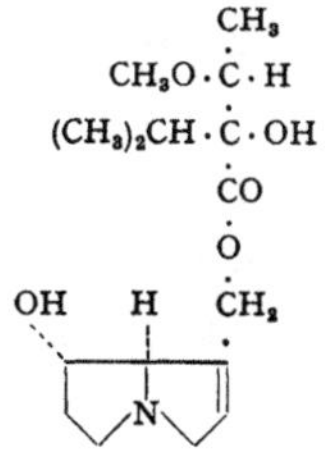

8/18 **Taxin B**

MG 583.70 *F* ca. 113 $C_{33}H_{45}O_8N$

Charakteristik: Schwach gelb, amorph; l. in A., Ac., Ae., Bzl., Chlf., wssr. Säuren, Alkali (Z.); $[\alpha]_D^{20}$ +119° (Chlf.). — *Hydrochlorid:* B·HCl; krist. schwer aus abs. A. + abs. Ae. — *Nitrat:* B·HNO_3, *F* 190; krist. aus abs. Isopropanol + abs. Ae. oder aus abs. A. — *V.:* Taxus baccata.

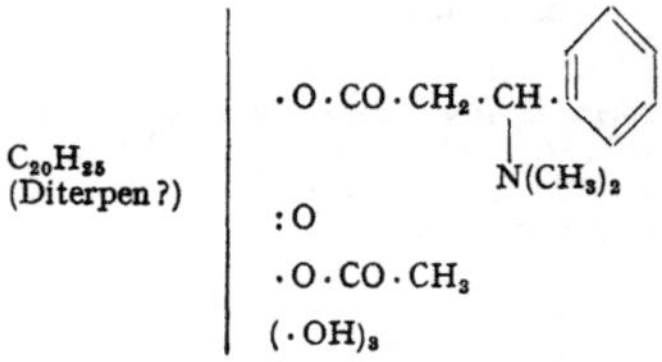

Antibiotica

Von **G. Huber** und **K. H. Wallhäusser**, Frankfurt a. M. u. Hofheim a. Ts.

Die nachstehend aufgeführten Antibiotica wurden aus mehr als 600 beschriebenen antibiotisch wirksamen Substanzen ausgewählt, wobei vor allem solche in klinischer Anwendung sowie mit aufgeklärter Struktur oder besonderen biologischen bzw. biochemischen Eigenschaften berücksichtigt wurden. Wenn auch zum heutigen Zeitpunkt eine umfassende Gruppeneinteilung der Antibiotica noch nicht möglich ist, wurde dennoch versucht, diese in Anlehnung an *Abraham* u. *Newton* (IV. Intern. Congr. Biochem. Wien 1958, Symp. Nr. V) nach biogenetischen Gesichtspunkten zu klassifizieren, wobei folgende Gruppen gebildet wurden:

I. Struktureinheit Essigsäure (Propionsäure)
II. „ Zucker
III. „ Nucleinsäurederivate
IV. „ Aminosäuren

Gruppe V umfaßt Antibiotica, die nicht eindeutig in Gruppe I—IV einzuordnen sind. Die Einteilung schließt Überschneidungen nicht völlig aus. So werden z. B. Makrolid-Antibiotica trotz ihrer Zuckerkomponenten in Gruppe I eingeordnet, da der Makrocyclus aus Essigsäurestruktureinheiten gebildet wird. Ähnliche Gesichtspunkte gelten auch für Gruppe III. Auch innerhalb der Hauptgruppen ist eine exakte Aufteilung in Untergruppen nicht immer möglich. Beispielsweise wurde das Polyen-Antibioticum Pimaricin (Gruppe I), obwohl es Makrolidcharakter besitzt, in die Untergruppe A der Polyene eingeordnet, denen es auch in bezug auf sein biologisches Verhalten am nächsten steht.

Literatur. *Baron, A. L.:* Handbook of Antibiotics, New York 1950. — *Chain, E.:* Antibiotics Bd. I/II, London, New York, Toronto 1949. — *Goldberg, H. S.:* Antibiotics, Princeton 1959. — *Herold, M.:* Antibiotica, Berlin 1956. — Hoppe-Seyler/Thierfelder Bd. IV/2, 10. Aufl., Berlin, Göttingen, Heidelberg 1960. — *Karel, L.*, u. *E. S. Roach:* A Dictionary of Antibiosis, New York 1951. — *Klosa, J.:* Antibiotica, Berlin 1952. — *Korzybski, T.*, u. *W. Kurylowicz:* Antibiotica, Jena 1961. — *Sevcik, V.:* Antibiotica aus Actinomyceten, Jena 1961 (im Druck). — *Spector, W. S.:* Handbook of Toxicology Vol. II.: Antibiotics, Philadelphia, London 1957. — *v. Tamelen, E. E.:* Fortschr. d. Chem. organ. Naturst., Bd. 16, Wien 1958. — *Ullmann:* Enzyklopädie der techn. Chemie 3. Aufl., Bd. III, München, Berlin 1953. — *Uri, J.:* Arzneimittelforsch. **8**, 53, 687 (1958); **9**, 175, 326 (1959). — *Vogel, H.:* Die Antibiotica, Nürnberg, München 1951. — *Walter, A. M.*, u. *L. Heilmeyer:* Antibiotica-Fibel, Stuttgart 1954. — American Med. Association: New and Nonofficial Drugs 1961, Antibiotics, Philadelphia, Montreal 1961.

1. Strukturcinheit: Essigsäure (I)

a) Polyene und Polyacetylene

1a/1 Amphotericin A
Äquiv. 915

Charakteristik: Amphoteres Tetraen; l. in alkal. niederen Alkoholen, Dimethylformamid; unl. in abs. A., Ae., Bzl., W. (neutral). — $[\alpha]_D^{23.5}$ −9.9° (0.1 n methanol. HCl), +32° (Dimethylformamid, sauer). — UV-Max.: 291, 305, 320 mμ (Me.). — Stabilitat: Stabil bei p_H 6—7 u. 30°C. — *V.:* Streptomyces spec.

1a/2 Amphotericin B
Äquiv. 929

Charakteristik: Amphoteres Heptaen; l. in alkal. Me., A., Dimethylformamid; unl. in abs. A., Ae., Bzl., W. (neutral). — $[\alpha]_D^{23.5}$ −33.6° (0.1 n methanol. HCl), +333° (Dimethylformamid, sauer). — UV-Max.: 363, 382, 406 mμ (Me.). — Stabilitat: Instabil im Bereich von p_H 4—10. — *V.:* Streptomyces spec.

1a/3 Mycomycin
MG 198 *F* 75 (Z.) $C_{13}H_{10}O_2$

HC⋮C·C⋮C·CH:C:CH
$HO_2C·H_2C·HC:HC·HC:\dot{C}H$

Charakteristik: Farbl. Krist., Saure, explosiv; l. in A., Chlf., Ac. — $[\alpha]_D^{25}$ −130° (A.). — UV-Max.: 267, 281 mμ. — Stabilitat: Sehr instabil, empfindlich gegen Hitze u. Licht. — *V.:* Nocardia acidophilus.

1a/4 Nystatin (Fungicidin)
MG 939 *F* 160—250 (Z.) $C_{46}H_{83}NO_{18}$

Charakteristik: Gelbes Pulver, amphoter; wl. in Me., A., Bu., Dioxan; unl. in W., Py., Dimethylformamid, Eg. — $[\alpha]_D^{25}$ +10° (Eg.), +21° (Py.), +12° (Dimethylformamid). — UV-Max.: 280, 291, 304, 318 mμ. — Stabilitat: In der Kalte stabil, instabil bei p_H 2—9. — *V.:* Streptomyces noursei.

1a/5 Pimaricin $C_{34}H_{49}NO_{14}$
MG 695 *F* 150 (Z.)

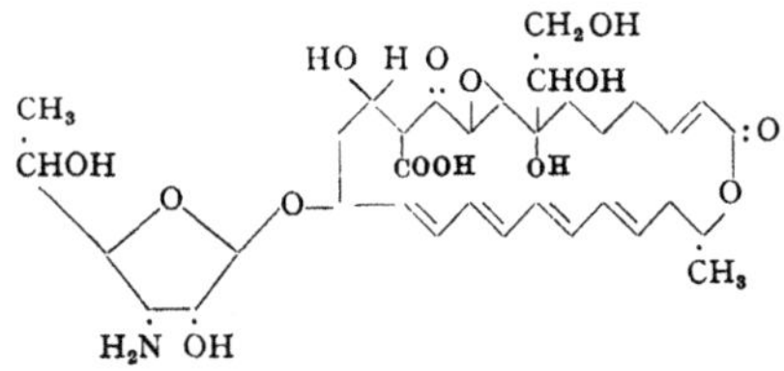

Charakteristik: Farbl. Krist., amphoter, Tetraen; l. in Me., A., Py., Eg., Dimethylformamid, Alkali; wl. in W.; unl. in PAe. — $[\alpha]_D^{25}$ +250° (Me.). — UV-Max.: 290, 304, 318 mμ (Me.). — Stabilitat: Im Neutralbereich stabil, saure-, alkali- u. thermolabil. — *V.:* Streptomyces natalensis.

1a/6 Trichomycin A—C $C_{61}H_{86}N_2O_{21}·H_2O$
Gemisch: *F* 155 (Z.)
A u. B: kein *F* bis 320

Charakteristik: Gelbe amorphe Saure, Komponente A kristallin, Heptaen; l. in W., wssr. A., Ac., Py., Eg.; unl. in Ae., PAe., Athylacetat. — UV-Max.: 235, 340, 358, 377, 400 mμ (Me.). — Stabilitat: Thermostabil bei p_H 7—8.5, unstabil bei p_H 2. — *V.:* Streptomyces hachijoensis.

1a/7 Variotin $C_{18}H_{24}NO_4$
MG 329

$H_3C·CH_2·CH_2·CH:C·CH:C·CH:CH·CH:CH·CO$
OH (an C) CH₃ (an C) NH
$H_3C·OOC·CH_2·CH_2·\dot{C}H_2$

Charakteristik: Farbl. Öl, neutral; l. in Me., A., organ. Lsgm.; unl. in W., PAe. — $[\alpha]_D^{28}$ −5,7° (Me.). — UV-Max.: 318—324 mμ. — Stabilitat: Labil im alkal. Bereich, stabilisiert durch Chelatbildner. — *V.:* Paecilomyces varioti var. antibioticus.

b) Makrolide

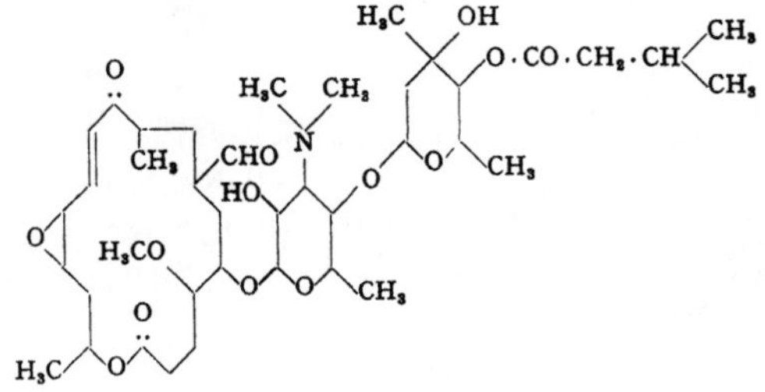

1 b/1 Carbomycin A
MG 842 *F* 210—218 (Z.)
$C_{42}H_{67}NO_{16}$

Charakteristik: Weiße Krist., Base; l. in organ. Lsgm. u. Säuren; unl. in PAe., W. (neutral). — $[\alpha]_D^{25}$ —58.6° (Chlf.). — UV-Max.: 238, 327 mμ (A.). — Stabilität: Stabil bei p_H 5—7, instabil < p_H 3 u. > p_H 9. — *V.:* Streptomyces halstedii.

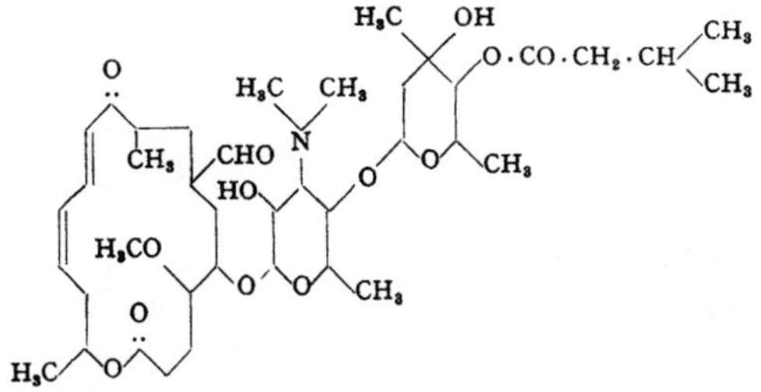

1 b/2 Carbomycin B
MG 826 *F* 141—144, Hydrochlorid: 164—166 (Z.)
$C_{42}H_{67}NO_{15}$

Charakteristik: Farbl. Krist., Base; l. in organ. Lsgm. u. Säuren; unl. in PAe., W. (neutral). — $[\alpha]_D^{25}$ —35° (Chlf.). — UV-Max.: 278 mμ (A.). — Stabilität: Stabil bei p_H 5, relativ instabil bei p_H 3 u. p_H 10. — *V.:* Streptomyces halstedii.

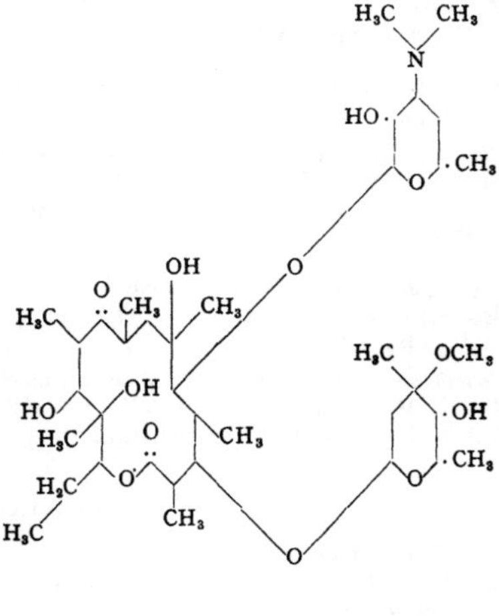

1 b/3 Erythromycin
MG 733.9 *F* Base: 136—140, Hydrochlorid: 170—173
$C_{37}H_{67}NO_{13}$

Charakteristik: Farbl. Krist., Base; l. in Me., A., Ac., Äthylacetat, Chlf., Bzl.; wl. in Ae., W.; — *Hydrochlorid:* ll. in W., l. in Me. A., — $[\alpha]_D^{25}$ —78° (A.). — UV-Max.: 278 mμ (Me.). —Stabilität: 4 Tage bei 37° stabil, instabil >60°. — *V.:* Streptomyces erythreus.

1 b/4 Leukomycin A, B
A: *MG* 540 *F* 126—127 A: $C_{27}H_{43}NO_{10}$
B: *MG* 847 *F* 192—193 B: $C_{41}H_{69}NO_{16}$

Charakteristik: Farbl. Base, amorph; Hydrochlorid kristallin; Base: l. in Me., A., Ac., Äthylacetat, Ae., Chlf., Bzl.; wl. in W.; unl. in PAe.; Hydrochlorid: l. in W. — A: $[\alpha]_D^{25}$ —60.4° (A.), B: $[\alpha]_D^{20}$ —49.6° (A.). — UV-Max.: 230—232, 285 mμ (A.). — Stabilität: Bei p_H 7 stabil, instabil bei p_H 2 u. 10. — *V.:* Streptomyces kitasatoensis.

1 b/5 **Methymycin**

MG 469.6 *F* 195.5–197 bzw. 203–205

$C_{25}H_{43}NO_7$

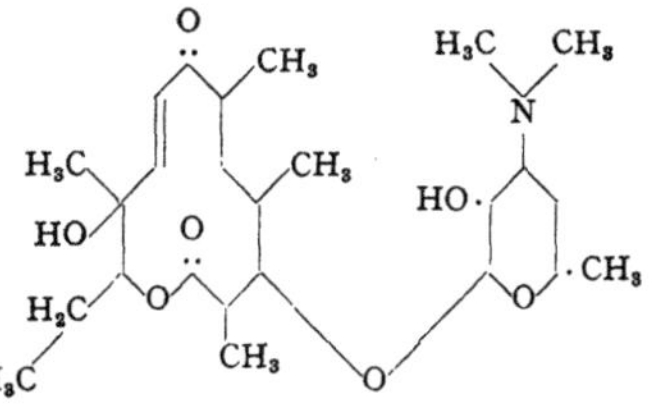

Charakteristik: Farbl. Krist., Base; Base: l. in Me., A., Ae., Ac., Chlf., verd. Säuren; unl. in W., PAe. – Sulfat: l. in W., Me. – $[\alpha]_D$ +61° (Me.), +74° (Chlf.). – UV-Max.: 223, 322 mμ (Me.). – *V.:* Streptomyces spec. M 2140.

1 b/6 **Oleandomycin**

MG 687 *F* Base: 110, Hydrochlorid: 125–128

$C_{35}H_{61}NO_{12}$

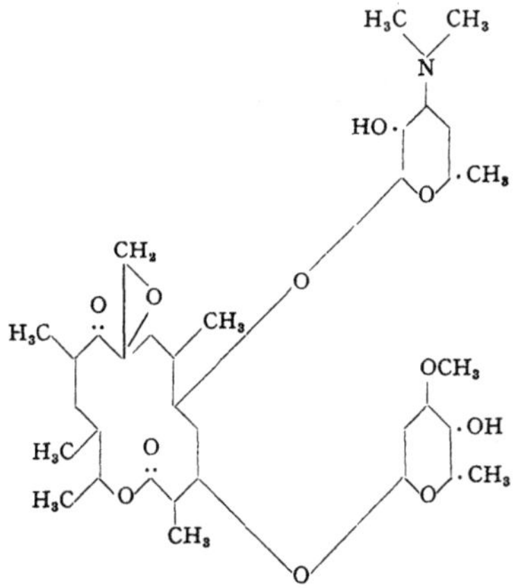

Charakteristik: Farbl. Krist., Base; l. in Me., A., Ae., Äthylacetat, Chlf., Bzl., verd. Säuren; wl. in W., PAe. – $[\alpha]_D^{25}$ –54° (Me.). – UV-Max.: 286–289 mμ. – Stabilität: Stabil bei p_H 2–9. – *V.:* Streptomyces antibioticus.

1 b/7 **Pikromycin** $C_{25}H_{43}NO_7$

MG 469.6 *F* 169–170

Charakteristik: Farbl. Krist., Base; isomer mit Methymycin; l. in organ. Lsgm., verd. Säuren; wl. in W., PAe. – *Hydrochlorid:* l. in W. – $[\alpha]_D^{24}$ –50.2° (Chlf.), +8.2° (A.), $[\alpha]_D^{20}$ –33.5° (Chlf.). – UV-Max.: 225 mμ. – Stabilität: Thermolabil in verd. Säure, Alkali. – *V.:* Streptomyces felleus.

1 b/8 **Spiramycin I–III (Foromacidin A–D)**

MG 800–900 *F* I: 134–137, II: 130–133, III: 128–131

Charakteristik: Farbl., kristalline Basen; l. in Me., A., Äthylacetat, Ac., Ae., Chlf., Bzl.; wl. in W., PAe. – $[\alpha]_D^{20}$: I: –96° (Me.), II: –86° (Me.), III: –83° (Me.). – UV-Max.: I–III 232 mμ (A.). – *V.:* Streptomyces ambofaciens S 3486.

c) Tetracycline

1 c/1 **Brom-tetracyclin**

MG 523.4 *F* Base: 170–172, Hydrochlorid: 235–240 (Z.)

$C_{22}H_{23}BrN_2O_8$

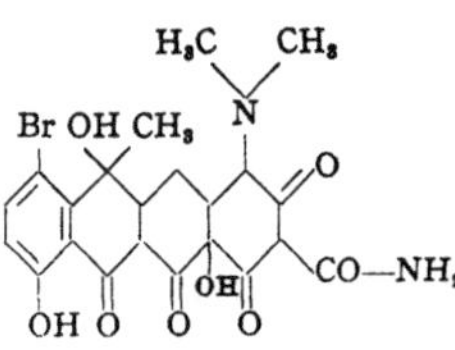

Charakteristik: Krist. Hydrochlorid, amphoter; wl. in W.; swl. in Bu. – $[\alpha]_D^{20}$ –196° (0.1 n HCl), –205° (0.03 n HCl). – UV-Max.: 227, 260, 370 mμ (0.1 n HCl), 225, 255, 285, 345 mμ (0.25 n NaOH). – Stabilität: Stabil bei $p_H < 7$, weniger bei $p_H > 7$ bei 37°. – *V.:* Streptomyces aureofaciens in Gegenw. v. Bromid.

1 c/2 Chlor-tetracyclin (Aureomycin)

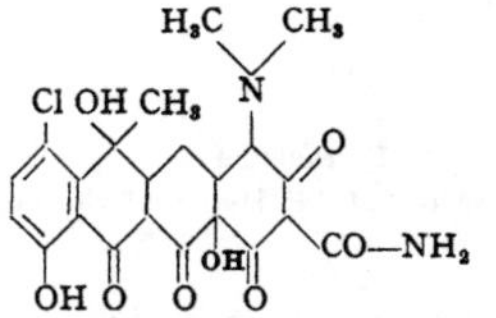

MG 478.9 *F* Base: 168—169, Hydrochlorid: 210 (Z.)

$C_{22}H_{23}ClN_2O_8$

Charakteristik: Goldgelbe Krist., amphoter; Base: l. in Säuren, Alkali, Methylglykol, Dioxan, Py.; wl. in Me., A., Bu., Ac., Äthylacetat, Bzl.; unl. in Ae., PAe. — *Hydrochlorid:* ll. in W., Me.; wl. in A., Ac. Chlf., Ae. — Base: $[\alpha]_D^{23}$ —274.9° (Me.); Hydrochlorid: $[\alpha]_D^{23}$ —227.9° (W.), —295.9° (Me.). — UV-Max.: 226, 264, 365 mμ (0.1 m H_3PO_4), 229, 251, 265, 370 mμ (0.1 m KH_2PO_4 p_H 4.3); 223, 240, 248, 276 mμ (0.1 m K_2HPO_4 p_H 8.9). — Stabilität: Stabil bei p_H 2.5, instabil bei p_H 7 u. > 25°. — *V.:* Streptomyces aureofaciens.

1 c/3 Desmethylchlor-tetracyclin

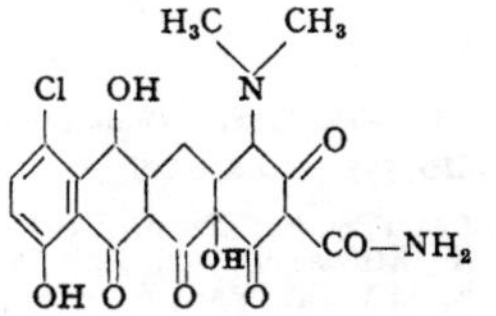

MG 464.9 *F* 174—178 (Z.) $C_{21}H_{21}ClN_2O_8$

Charakteristik: Gelbgrüne Krist., amphoter; Lösl. ähnlich Chlor-tetracyclin, etwas mehr l. in W. — $[\alpha]_D^{25}$ —258° (0.1 n H_2SO_4). — UV-Max.: Hydrochlorid 227, 268, 368 mμ (0.1 n H_2SO_4). — Stabilitat: In Säure u. Alkali stabiler als Tetracyclin. — *V.:* Streptomyces aureofaciens-Mutanten.

1 c/4 Oxy-tetracyclin (Terramycin)

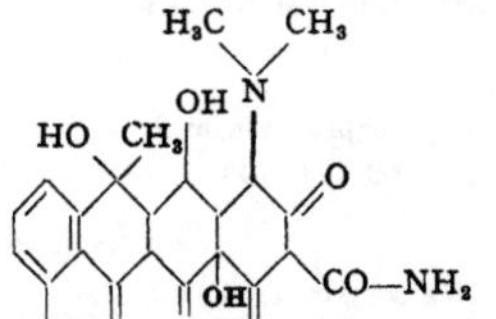

MG 471.5 *F* Base: ~185 (Z.), Dihydrat: 181—182 (Z.), Hydrochlorid: 190—194 (Z.)

$C_{22}H_{24}N_2O_9$

Charakteristik: Gelbe Krist., amphoter; Base: l. in Säuren u. Alkali; wl. in W., A., Ac.. Chlf.; unl. in Ae.; Hydrochlorid: l. in W.; unl. in Ae., PAe., Bzl. — Dihydrat: $[\alpha]_D^{25}$ +26.5° (Me.), —196.6° (0.1 n HCl), —2.1° (0.1 n NaOH). — UV-Max.: 270, 370 mμ (Me.), 270, 359 mμ (0.01 n methanol. HCl), 245, 264, 375 mμ (0.01 n methanol. NaOH). — Stabilität: Stabil bei saurem p_H, weniger bei p_H 7 u. > 37°. — *V.:* Streptomyces rimosus.

1c/5 Pyrrolidinomethyl-tetracyclin

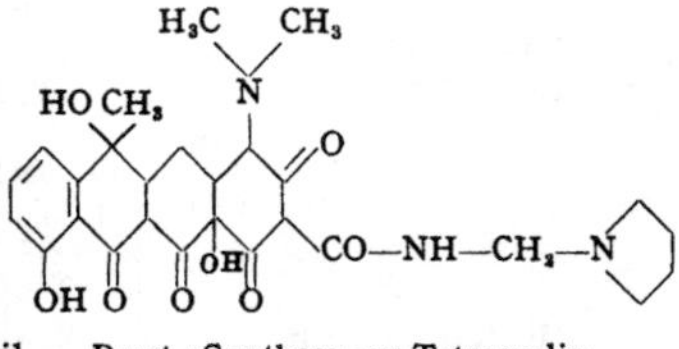

MG 527.3 *F* 162—165 (Z.) $C_{27}H_{33}N_3O_8$

Charakteristik: Gelbe Kristalle, amphoter; ll. W., Sren. u. Alkali; unl. Ae.; $[\alpha]_D^{20}$ +52° (Dioxan, wasserfrei). — Stabilität: Als Pulver 18 Monate stabil. — *Darst.:* Synthese aus Tetracyclin.

1 c/6 Quatrimycin (Epi-tetracyclin) $C_{22}H_{24}N_2O_8$

MG 444.4 *F* 170—171 (Z.), NH_4-Salz: 161—162

Charakteristik: Gelbe amphotere Substanz, kristall. NH_4-Salz; dieses u. Hydrochlorid: l. in W. — $[\alpha]_D^{25}$ —325° (0.2 n HCl). — UV-Max.: Hydrochlorid: 268, 352 mμ (W.), NH_4-Salz: 255, 358 mμ (W.). — *B.:* Epimerisierung von Tetracyclin.

1 c/7 Tetracyclin

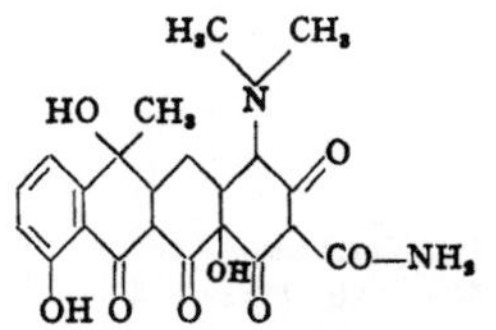

MG 444.4 *F* Trihydrat: 170—175, Hydrochlorid: 214 (Z.)

$C_{22}H_{24}N_2O_8$

Charakteristik: Gelbe Krist., amphoter; Base: l. in Me., A., Ac., Äthylacetat, Chlf.; wl. in W., Bzl., PAe.; Hydrochlorid: ll. in W.; l. in Me., A.; unl. in Ae., Bzl. — $[\alpha]_D^{25}$: Base: —239° (Me.), Hydrochlorid: —257.9° (0.1 n HCl). — UV-Max.: 220, 268, 355 mμ (0.1 n HCl), 268, 363 mμ (0.01 n methanol. HCl), 246, 372 mμ (0.01 n methanol. NaOH). — Stabilitat: Stabil in Lsg. v. p_H 7, weniger stabil in Alkalien u. Sauren. — *V.:* Streptomyces aureofaciens in Abwesenheit von Chlor-Ionen. — *Darst.:* Durch katalyt. Hydrierung von Chlor-tetracyclin.

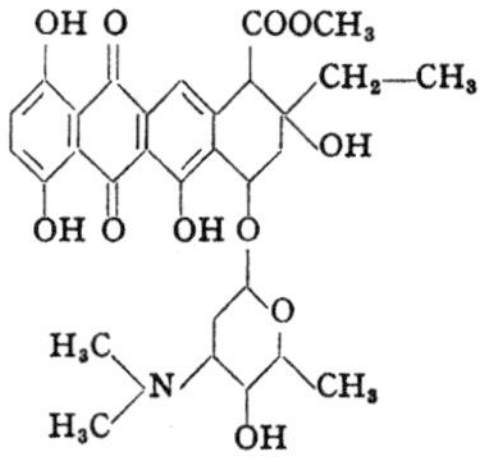

1c/8 **Pyrromycin**

MG 621 *F* Hydrochlorid: 162–165

$C_{30}H_{36}NO_{11} \cdot HCl$

Charakteristik: Rote Krist., in alkal. Lsgn. violett, amphoter; l. in W., A. — $[\alpha]^{20}_{Cd}$ +132° (Me.). — UV-Max.: 498, 518, 533 mμ (Chlf.). — *V.:* Streptomyces spec. DOA 1205.

d) Steroide

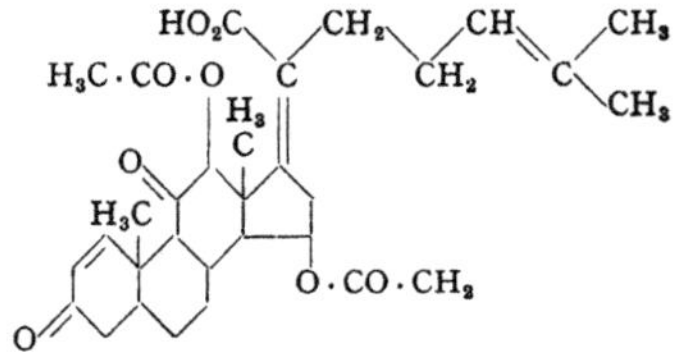

1d/1 **Helvolinsäure (Fumigacin)**

MG 555 *F* 220–226 $C_{32}H_{42}O_8$

Charakteristik: Farbl. Krist., Saure; l. in h. A., Äthylacetat, Ae., Eg., Chlf., Ac., Bzl., Py.; wl. in Me., A., PAe., W. — $[\alpha]^{25}_{D}$ −124° (Chlf.). — UV-Max.: 231, 322 mμ. — Stabilitat: Thermostabil in saurem Bereich, alkal. instabil. — *V.:* Aspergillus fumigatus.

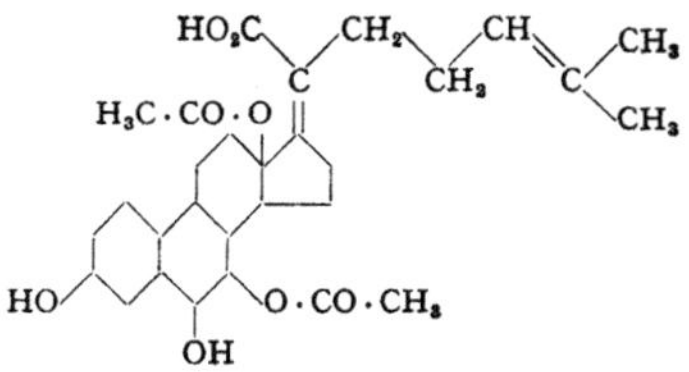

1d/2 **Cephalosporin P₁**

MG 601 *F* 147

$C_{32}H_{48}O_8 \cdot H_2O \cdot {}^1/_2 C_2H_5OH$

Charakteristik: Farbl. Krist., Saure; l. in organ. Lsgm.; wl. in PAe., W. — $[\alpha]_D$ +28°. — UV-Max.: 211 mμ. — Stabilitat: Thermolabil, instabil in Alkali. — *V.:* Cephalosporium spec.

e) Weitere Antibiotica

1e/1 **Actinorhodin**

MG 566.5 *F* 270 (Z.) $C_{32}H_{28}O_{14}$

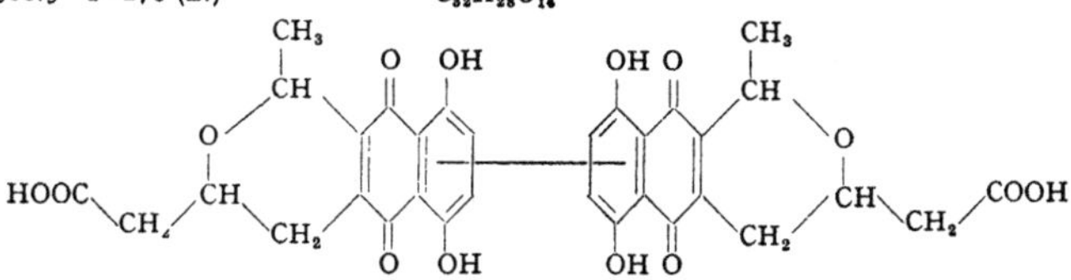

Ort der Verknupfung noch unsicher

Charakteristik: Rote Krist., in alkal. Lsg. violett, Saure; l. in Py., Tetrahydrofuran, Dioxan, NaOH; wl. in W., A., Ac.; unl. in Ae., PAe. — UV-Max.: 531, 571 mμ (Bu.). — Stabilitat: Instabil im schwach alkalischen Bereich. — *V.:* Streptomyces coelicolor.

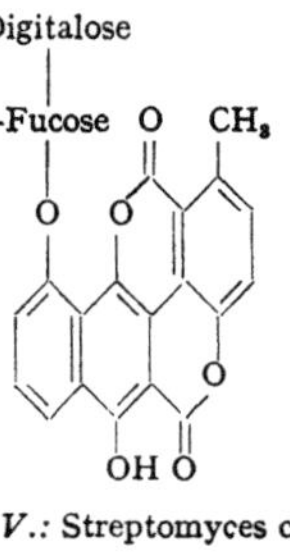

1e/2 **Chartreusin** $C_{32}H_{32}O_{14}$

MG 640.6 *F* 184–186

Charakteristik: Gelbgrüne Krist., schwache Saure; l. in organ. Lsgm.; wl. in W.; Na-Salz: ll. in W. — $[\alpha]^{26}_{D}$ −87.4° (Chlf.). — UV-Max.: 236, 266, 336, 383 mμ (A.). — Stabilitat: Stabil bei p_H 2–10. — *V.:* Streptomyces chartreusis

1 e/3 Cycloheximid (Actidion) $C_{15}H_{23}NO_4$

MG 281 *F* 115—116.5

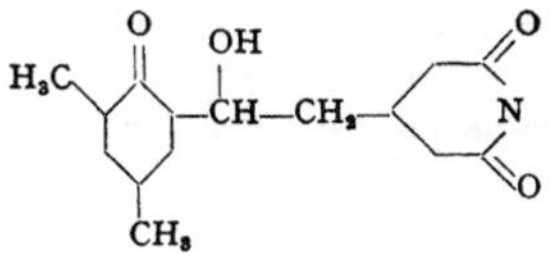

Charakteristik: Farbl. Krist., schwache Säure; l. in W., organ. Lsgm.; unl. in Hexan, PAe. — $[\alpha]_D^{25}$ $-2.8°$ (Me.), $-6.8°$ (W.). — Stabilität: Thermostabil. — *V.:* Streptomyces griseus u. noursei.

1 e/4 Griseofulvin $C_{17}H_{17}ClO_6$

MG 352.5 *F* 218—221

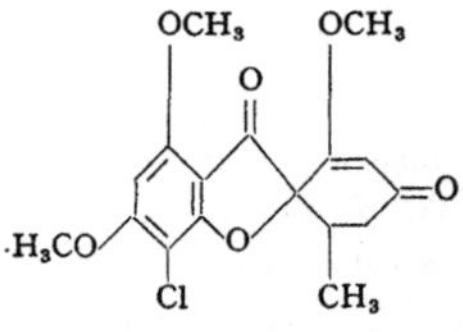

Charakteristik: Farbl. Krist., neutral; l. in Dimethylformamid, Eg., Dioxan, Bzl., Ae., A.; wl. in Chlf., Äthylacetat, Ac.; unl. in W., PAe. — $[\alpha]_D^{17}$ $+370°$ (Chlf.), $[\alpha]_D^{21}$ $+337°$ (Ac.). — UV-Max.: 286, 325 mμ. — Stabilitat: Thermostabil. — *V.:* Penicillium griseofulvum.

1 e/5 Sarkomycin $C_7H_8O_3$

MG 140

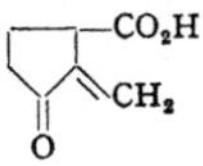

Charakteristik: Gelbes Öl, Saure; l. in W., Me., A., Bu., Äthylacetat; wl. in PAe.; Na-Salz: l. in W., Me., wssr. A. — UV-Max.: 230 mμ (W.). — *V.:* Streptomyces spec., ahnl. Streptomyces erythrochromogenes.

1 e/6 Streptovitacin A—E $C_{15}H_{23}NO_5$

MG 297 *F* A: 156—159, B: 124—128, C_2: 91—96, D: 67—69

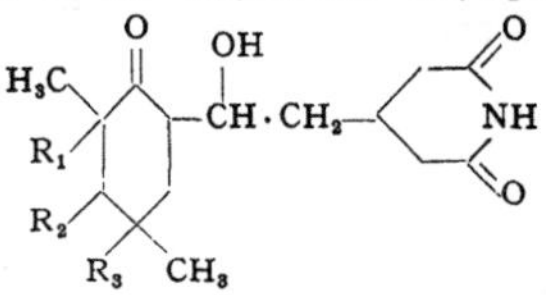

A: R_3 = OH; R_1 = R_2 = H
B: R_2 = OH; R_1 = R_3 = H
C_2: R_1 = OH; R_2 = R_3 = H

Charakteristik: Farbl. Krist., neutral; l. in W.; wl. in A.; unl. in and. organ. Lsgm. — UV-Max.: Endabsorption. — Stabilität: In Säuren relativ stabil, unstabil in Alkali. — *V.:* Streptomyces griseus.

1 e/7 Streptimidon $C_{16}H_{23}NO_4$

MG 293

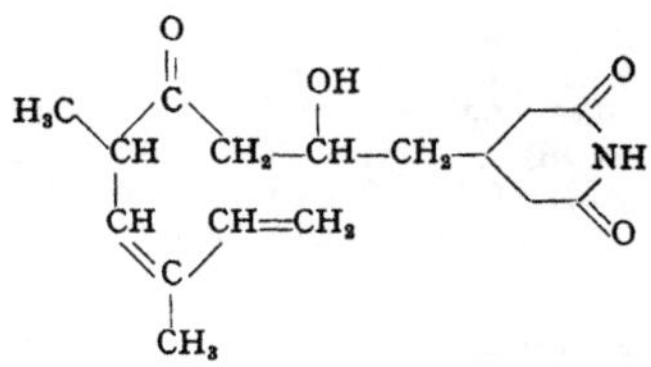

Charakteristik: Farbl. Krist., neutral; l. in Me., A., Chlf., Ac.; wl. in W., Ae., PAe. — UV-Max.: 232, 291 mμ. — Stabilität: Bei Lagerung langsamer Abbau. — *V.:* Streptomyces rimosus var. paromomycinus.

2. Struktureinheit: Zucker (II)

2/1 Actinospectacin $C_{14}H_{24}N_2O_7$

MG 332 *F* Hexahydrat: 65—72

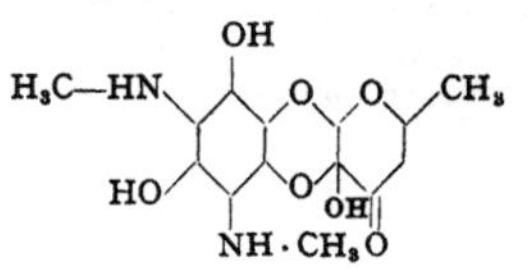

Charakteristik: Farbl. Base, krist. Hexahydrat u. Sulfat; l. in W.; wl. in Me.; unl. in organ. Lsgm. — $[\alpha]_D$ $+7.6°$ (W.). — Kein charakt. UV-Max. — Stabilität: Stabil in neutraler u. saurer Lsg.; instabil bei p_H 10. — *V.:* Streptomyces spectabilis.

2/2 Kanamycin A

MG 600.6 *F* 250 (Z.)

$C_{18}H_{36}N_4O_{11}$

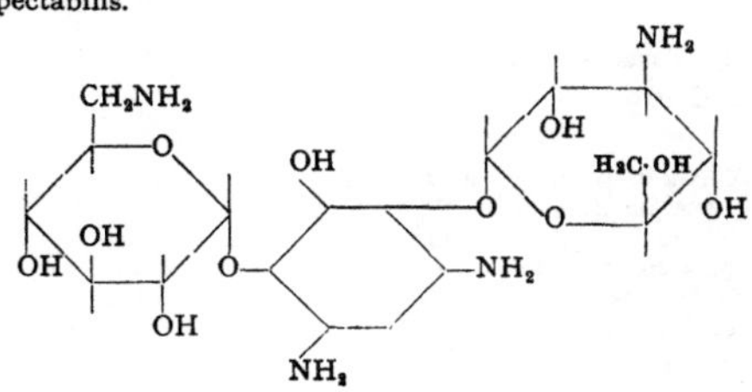

Charakteristik: Farbl. Base, Sulfat kristallin; l. in W.; unl. in organ. Lsgm. — $[\alpha]_D^{24}$ $+146°$ (W.). — Stabilität: Sauer u. alkal. stabil. — *V.:* Streptomyces kanamyceticus.

2/3 Kanamycin B

MG 1170 F > 170 (Z.)

Charakteristik: Farbl. Base; l. in W.; wl. in A., Me.; unl. in anderen organ. Lsgm. — $[\alpha]_D^{24}$ + 135° (W.). — *V.:* Streptomyces kanamyceticus.

2/4 Neomycin A (Neamin) $C_{12}H_{26}N_4O_6$

MG 322 *F* 256 (Z.)

Charakteristik: Weißes amorph. Pulver, Base; l. in W.; wl. in Me.; unl. in anderen organ. Lsgm. — $[\alpha]_D^{25}$: Base: + 112.8° (W.), Hydrochlorid: + 83° (W.). — Stabilitat: Thermo-, saure- u. alkalistabil. — *V.:* Streptomyces fradiae. — *Darst.:* Durch Abbau v. Neomycin B.

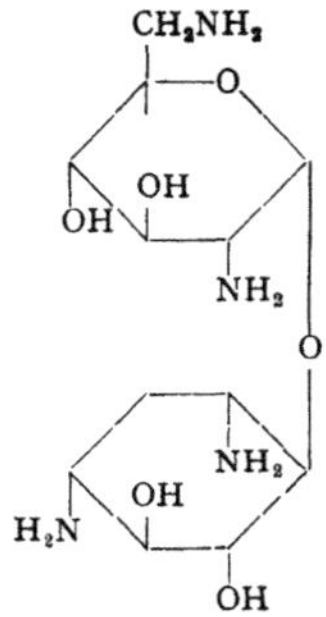

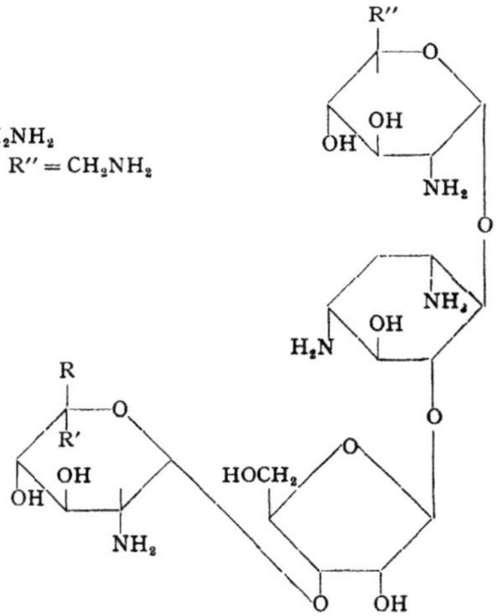

B: R = H, R′ = R″ = CH_2NH_2

C: R = CH_2NH_2, R′ = H, R″ = CH_2NH_2

2/5 Neomycin B

MG 616

$C_{23}H_{46}N_6O_{13}$

Charakteristik: Weißes amorphes Pulver, Base; l. in W.; wl. in Me.; unl. in anderen organ. Lsgm. — Base: $[\alpha]_D^{25}$ + 71° (0.02 n NaOH), + 83° (0.2 n HCl); Hydrochlorid: $[\alpha]_D^{25}$ + 63°, + 54° (W.). — Stabilitat: Thermo-, saure- u. alkalistabil.

2/6 Neomycin C $C_{23}H_{46}N_6O_{13}$

MG 616 *F* des Reineckates: 202—203 (Z.)

Charakteristik: Weißes amorphes Pulver, Base, isomer mit Neomycin B; l. in W.; wl. in Me.; unl. in A. u. anderen organ. Lsgm.; — $[\alpha]_D^{25}$: Base: + 110° (0.02 n NaOH), + 121° (0.2 n H_2SO_4), Hydrochlorid: + 88° (W.), + 80° (W.). — Stabilitat: Thermo-, saure- u. alkalistabil. — *V.:* Streptomyces fradiae.

2/7 Paromomycin

MG 616

$C_{23}H_{46}N_5O_{14}$

Charakteristik: Farbl. amorphe Base; l. in W.; wl. in Me.; unl. in unpolaren organ. Lsgm.; — $[\alpha]_D^{25}$ + 64° (W.). — *V.:* Streptomyces rimosus, Typ paromomycinus.

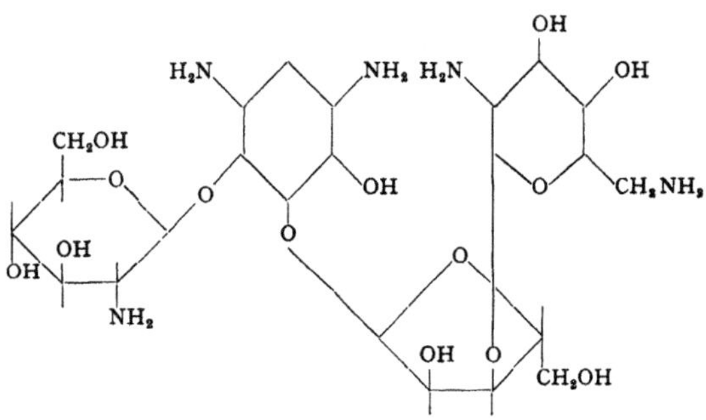

2/8 **Streptomycin A** $C_{21}H_{39}N_7O_{12}$

MG 581.6 *F* des Reineckates 164—165, des Helianthates 220—226

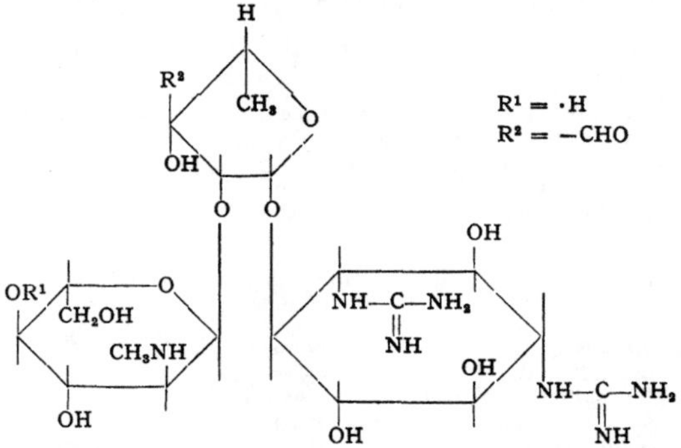

Charakteristik: Trihydrochlorid und Reineckat kristallin, starke Base; l. in W.; wl. in Me.; unl. in anderen organ. Lsgm. — Trihydrochlorid: $[\alpha]_D^{26.6}$ —86.1° (W.), Sulfat: $[\alpha]_D^{25}$ —79° (W.). — Stabilität: Stabil bei p_H 3—7, gegen Hitze, Säuren u. Alkali weniger stabil. — *V.:* Streptomyces griseus, Streptomyces bikiniensis.

2/9 **Streptomycin B (Mannosidostreptomycin)** $C_{27}H_{49}N_7O_{17}$

MG 743.7 *F* des Reineckates 178—179 (Z.), des Trihydrochlorides 190—200 (Z.)

Formel wie Streptomycin A:
R¹ = Mannose
R² = —CHO

Charakteristik: Krist. Reineckat u. Trihydrochlorid, starke Base; l. in W.; wl. in Me.; unl. in organ. Lsgm. — Trihydrochlorid: $[\alpha]_D^{25}$ —47° (W.), $[\alpha]_D^{26.6}$ —54.1° (W.). — *V.:* Streptomyces griseus.

2/10 **Dihydrostreptomycin** $C_{21}H_{41}N_7O_{12}$

MG 583.6 *F* des Sulfates: 255—256

Formel wie Streptomycin A:
R¹ = —H
R² = —CH₂OH

Charakteristik: Farbl., krist. Base; l. in W.; wl. in Me.; unl. in organ. Lsgm. — Hydrochlorid: $[\alpha]_D^{25}$ —82 bis —88.7° (W.). — *V.:* Streptomyces spec. — *Darst.:* Durch Hydrierung von Streptomycin.

3. Struktureinheit: Nucleinsäurederivate (III)

3/1 **Amicetin (Allomycin, Sacromycin)**

MG 620.7 *F* Base 165—169 $C_{29}H_{44}N_6O_9$

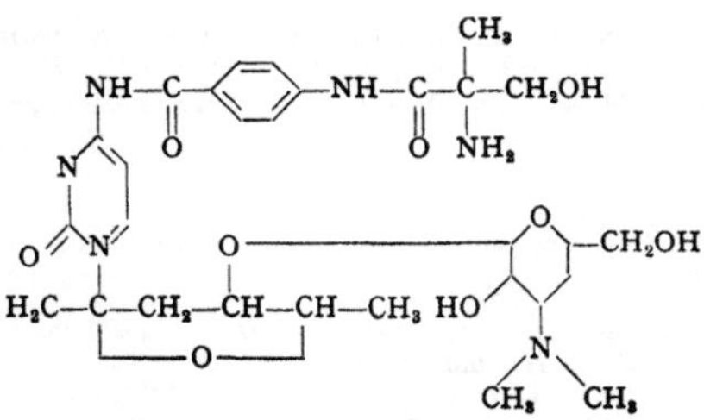

Charakteristik: Farbl. Krist., amphoter; l. in W., Säuren u. Laugen, Bu.; wl. in übrigen organ. Lsgm. — $[\alpha]_D^{24}$ +116.5° (0.1 n HCl). — UV-Max.: 305 mμ (W. neutral), 316 mμ (0.1 n HCl), 322 mμ (0.1 n NaOH); Stabilität: maximal stabil bei p_H 5, instabil > p_H 8.5. — *V.:* Streptomyces fasciculatus, Streptomyces vinaceus-drappus.

3/2 **Cordycepin** $C_{10}H_{13}N_5O_3$

MG 251 *F* 225—226

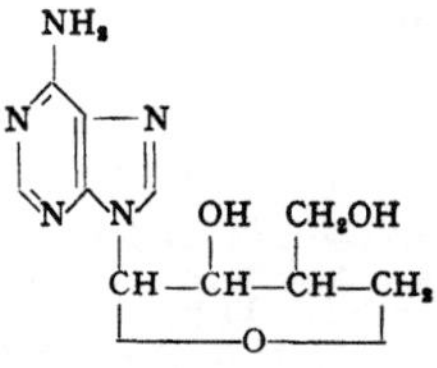

Charakteristik: Farbl. Krist., Base; l. in verd. Säuren; wl. in organ. Lsgm. — $[\alpha]_D^{20}$ —47° (W.). — UV-Max.: 260 mμ (A.). — *V.:* Cordyceps militaris.

3/3 **Helenin**

Charakteristik: Farbl. Pulver, Nucleoprotein; l. in W. — UV-Max.: 260 mμ (W.). — Stabilität: Thermolabil. — *V.:* Penicillium funiculosum.

3/4 **Nebularin** $C_{10}H_{12}N_4O_4$

MG 220 *F* 181—182

Charakteristik: Farbl. Krist.; l. in W.; wl. in Me., A.; unl. in Ae., Chlf., Ac., PAe. — $[\alpha]_D^{25}$ —48.6° (W.), —61° (0.1 n NaOH), —22° (0.1 n HCl). — UV-Max.: 263 mμ (W.). — Stabilitat: Thermostabil. — *V.:* Clitocybe nebularis u. synthetisch.

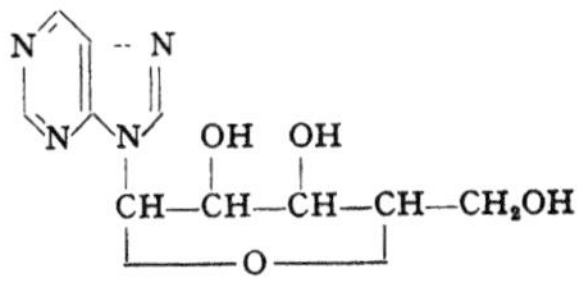

3/5 **Nucleocidin** $C_{11}H_{16}N_6O_8S$

MG 392

Charakteristik: Farbl., amphoter, krist. Hydrochlorid; l. in W., Me., Ac.; unl. in organ. Lsgm. — $[\alpha]_D^{24.5}$ —33.3° (0.1 n alkohol. HCl). — UV-Max.: 255—257 mμ (0.1 n HCl), 259 mμ (0.1 n NaOH). — *V.:* Streptomyces calves.

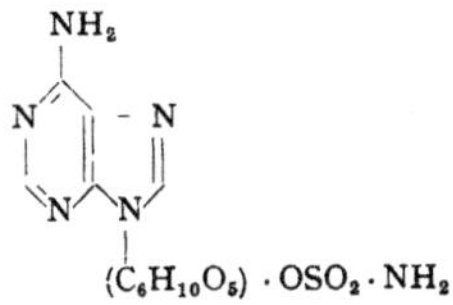

3/6 **Psicofuranin (Angustmycin C)** $C_{11}H_{15}N_5O_5$

MG 297 *F* 212—214 (Z.)

Charakteristik: Farbl. Krist., Base; l. in W., Dimethylformamid, Dimethylsulfoxyd; wl. in A.; unl. in unpolaren organ. Lsgm. — $[\alpha]_D^{25}$ —53.7° (Dimethylsulfoxyd), —68° (Dimethylformamid). — UV-Max.: 259 mμ (0.01 n HCl), 261 mμ (0.01 n NaOH). — Stabilitat: Stabil im Neutralbereich, säurelabil, mäßig stabil in Alkali. — *V.:* Streptomyces hygroscopicus var. decoyicus.

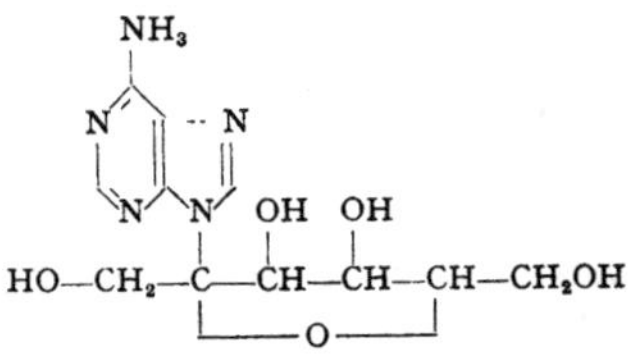

3/7 **Puromycin**

MG 471.5 *F* 175.5—177

$C_{22}H_{29}N_7O_5$

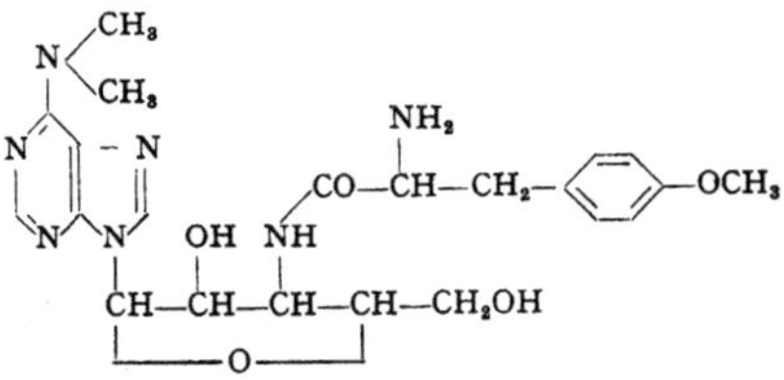

Charakteristik: Farbl. Krist., Base: l. in wssr. A.; wl. in A., W.; unl. in unpolaren organ. Lsgm. — Hydrochlorid: l. in W., Me., A. — $[\alpha]_D^{25}$ —11° (A.). — UV-Max.: 275 mμ (0.1 n NaOH), 267.5 mμ (0.1 n HCl). — Stabil. — *V.:* Streptomyces albo-niger.

3/8 **Toyocamycin** $C_{12}H_{13}N_5O_4$

MG 291 *F* 243

Charakteristik: Farbl., kristalline Base; l. in Me., A.; wl. in W.; unl. in Ae., Chlf., Bzl., PAe. — UV-Max.: 230, 279, 339 mμ (Me.). — Stabilitat: Stabil bei p_H 5, instabil p_H 2 u. 9. — *V.:* Streptomyces spec.

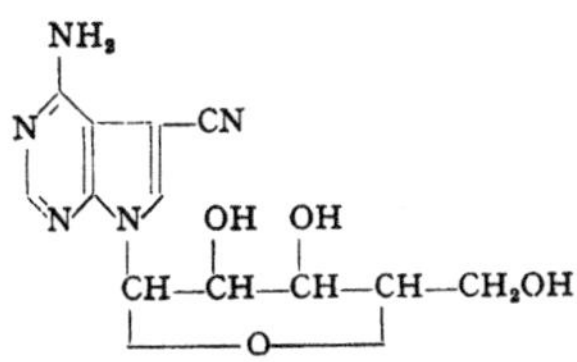

3/9 **Tubercidin** $C_{11}H_{14}N_4O_4$

MG 266.2 *F* 247—248 (Z.)

Charakteristik: Farbl., kristalline Base; l. in W., < p_H 4 u. > p_H 10; wl. in A. u. organ. Lsgm. — $[\alpha]_D^{17}$ —67° (50% Eg.). — UV-Max.: 227, 270 mμ (0.001 n HCl), 270 mμ (0.001 n NaOH). — Stabilitat: Sauer u. alkal. stabil. — *V.:* Streptomyces tubercidicus.

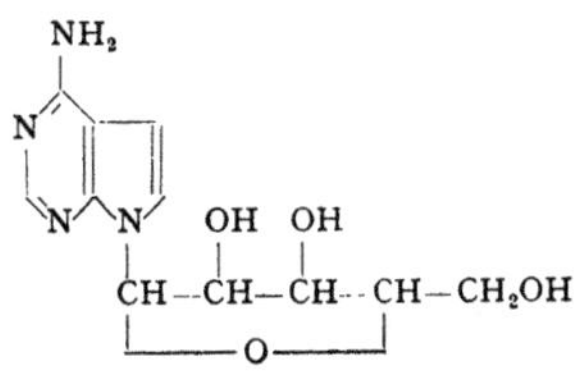

4. Struktureinheit: Aminosäuren (IV)

a) Acyclische Verbindungen

4a/1 **Azaserin (O-Diazoacetyl-L-serin)** $C_5H_7N_3O_4$ $N_2{:}CH\cdot\underset{O}{\overset{..}{C}}\cdot O\cdot CH_2\cdot CH(NH_2)\cdot CO_2H$

MG 173.1 *F* 142–162 (Z.)

Charakteristik: Farbl. Kristalle, amphoter; l. in W., w. wssr. Me., A., Ac.; wl. in absol. Me., A., Ac. — $[\alpha]_D^{28}$ +9,7° (2 n HCl). — UV-Max.: 250.5 (W. p_H 7), 252 mμ (0.1 n NaOH). — *V.*: Streptomyces fragilis und synthetisch.

4a/2 **6-Diazo-5-oxo-L-norleucin (DON)** $C_6H_9N_3O_3$ $N_2{:}CH\cdot\underset{O}{\overset{..}{C}}\cdot[CH_2]_2\cdot CH(NH_2)\cdot CO_2H$

MG 171 *F* 145–155 (Z.)

Charakteristik: Gelbgrün, kristallin, amphoter; ll. in W.; l. in wssr. A., Ac.; wl. in A.; unl. in anderen organ. Lsgm. — $[\alpha]_D^{26}$ +21° (W.). — UV-Max.: 244, 274 mμ (Phosphatpuffer p_H 7). — Stabilität: Stabil bei Zimmertemperatur zwischen p_H 4–8, thermolabil. — *V.*: Streptomyces spec.

b) Heterocyclische Verbindungen

4b/1 **Actithiazinsäure (Acidomycin, Mycobacidin)** $C_9H_{15}NO_3S$

MG 217 *F* 138–141

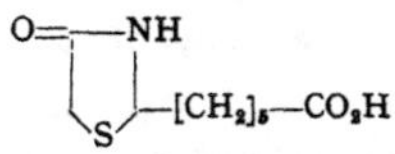

Charakteristik: Farbl. Krist., Säure; l. in Me., A., NaOH; unl. in W., Bzl., Chlf. — $[\alpha]_D^{25}$ −60.5° (A.), $[\alpha]_D^{23}$ −54° (Me.). — UV-Max.: kein charakt. Spektr. — Stabilität: Bei Raumtemperatur über weiten p_H-Bereich stabil. — *V.*: Streptomyces virginiae.

4b/2 **Aminobenzyl-penicillin (Ampicillin)** $C_{16}H_{19}N_3O_4S$

MG 349.4 *F* Monohydrat 202 (Z.)

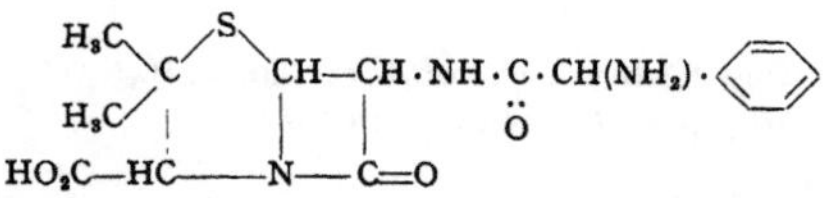

Charakteristik: Farbl. kristalline Saure; l. in W.; unl. in organ. Lsgm. — $[\alpha]_D^{21}$ +281° (W.). — Stabilität: Säurestabil, wird durch Staphylokokken-Penicillinase inaktiviert. — *Darst.*: Synthese aus 6-Aminopenicillansäure.

4b/3 **6-Amino-penicillansäure** $C_8H_{12}N_2O_3S$

MG 216 *F* 208–209

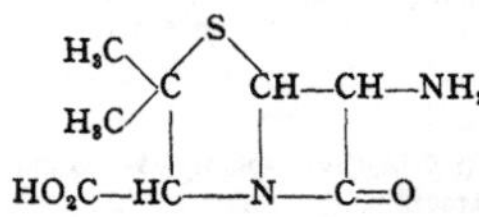

Charakteristik: Farblose, kristalline Säure; $[\alpha]_D^{25}$ +277° (0.1 n HCl). — *V.*: Penicillium chrysogenum. — *B.*: Spaltung von Penicillinen mit Acylasen bzw. Amidasen.

4b/4 **Aureothricin** $C_9H_{10}N_2O_2S_2$

MG 242 *F* 256–257 (Z.)

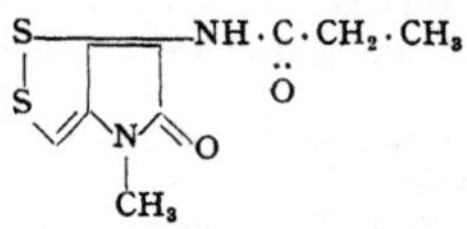

Charakteristik: Goldgelbe Krist., neutral; l. in Chlf.; wl. in anderen organ. Lsgm.; unl. in W. — Opt. inaktiv. — UV-Max.: 248, 312, 388 mμ. — Stabilitat: Thermo- u. saurestabil. — *V.*: Streptomyces celluloflavus.

4b/5 **Cephalosporin C** $C_{16}H_{21}N_3O_8S$

MG 415

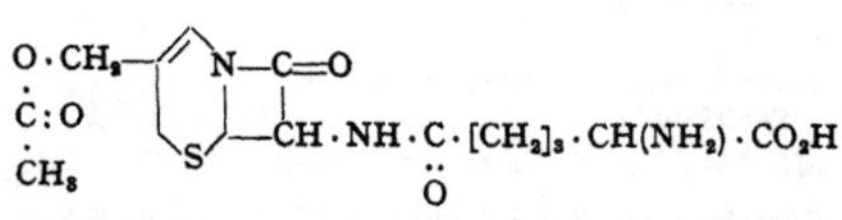

Charakteristik: Farbl. Säure, kristallines Na-Salz; l. in W., A. — $[\alpha]_D^{20}$ +103° (W.). — UV-Max.: 260 mμ (W.). — Stabilität: Im Gegensatz zu Penicillin G ist Cephalosporin C gegen Penicillinase resistent. In Säure-Lsg. stabil, ebenso unempfindlich gegen Schwermetallionen. Bei p_H > 11 sehr rasch inaktiviert. — *V.*: Cephalosporium spec. (I. M. I 49137).

4b/6 Cephalosporin N (Synnematin B)

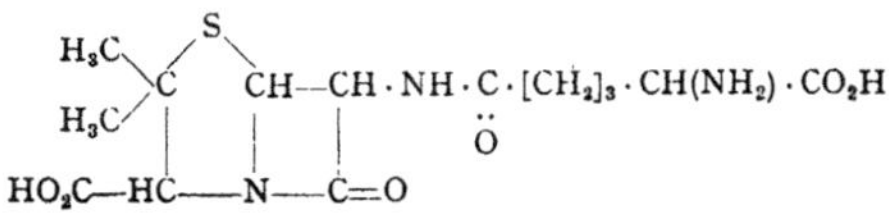

MG 359 $C_{14}H_{21}N_3O_6S$

Charakteristik: Farbl. Säure; unl. in den meisten organ. Lsgm. — Ba-Salz: l. in W.; wl. in Me.; unl. in A. — Ba-Salz: $[\alpha]_D^{20}$ +187° (W.). — Stabilitat: Instabil < p_H 4 u. > p_H 9. — *V.:* Cephalosporium spec.

4b/7 Cycloserin (PA 94, D-4-Amino-3-isoxazolidon)

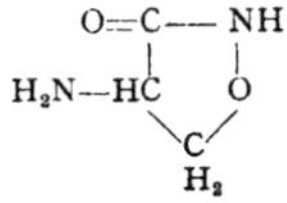

MG 102 *F* 154—156 $C_3H_6N_2O_2$

Charakteristik: Farbl. Krist., amphoter; ll. in W.; l. in Me.; wl. in anderen organ. Lsgm. — $[\alpha]_D^{25}$ +116° (W.), 112+° (2 n NaOH), +64° (Me.). — UV-Max.: 226 mμ (W.). — Stabilitat: Stabil in Alkali, hitzestabil. — *V.:* Streptomyces garyphalus, orchidaceus, lavendulae und synthetisch.

4b/8 Dihydropenicillin F (n-Amyl-penicillin)

MG 314.4 *F* Na-Salz 188 (Z.)

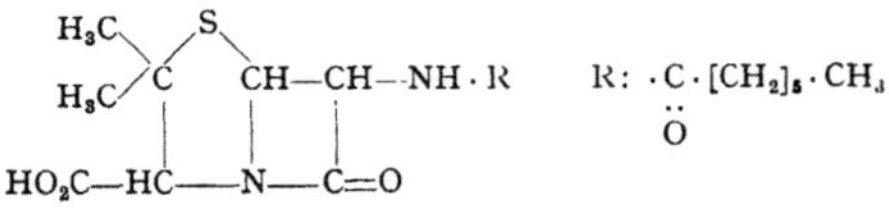

$C_{14}H_{22}N_2O_4S$

Charakteristik: Farbl. Saure, kristall. Na-Salz (Hydrat); Na-Salz: ll. in W.; $[\alpha]_D$ + 319° (W.) — Kein charakt. UV-Max. — *V.:* Aspergillus flavus, Penicillium chrysogenum. — *Darst.:* Hydrierung von Penicillin F.

Formel s. Dihydropenicillin F

4b/9 2,6-Dimethoxyphenyl-penicillin $C_{17}H_{20}N_2O_6S$

MG 380.4 *F* Na-Salz: 181—182 (Z.)

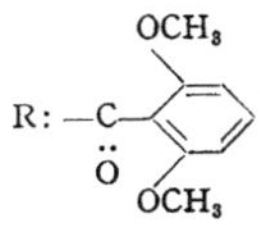

Charakteristik: Farbl. Saure; l. in A., Ac., Chlf.; wl. in W.; Na-Salz: ll. in W. — Na-Salz: $[\alpha]_D^{20}$ +230° (W.). — Derivate: Procain-Salz: *F* 138—139 (Z.). — N,N'-Dibenzylathylendiamin-Salz: *F* 127—128 (Z.). — Stabilität: Im Gegensatz zu Penicillin G gegen Staphylokokken-Penicillinase resistent; in saurer Losung instabil; Na-Salz trocken stabil; wssr. Losung 24 Stdn. im Kuhlschrank stabil. — *Darst.:* Umsetz. von 6-Aminopenicillansaure mit 2,6-Dimethoxybenzoylchlorid.

4b/10 5-Methyl-3-phenyl-4-isoxazolyl-penicillin (Oxacillin)

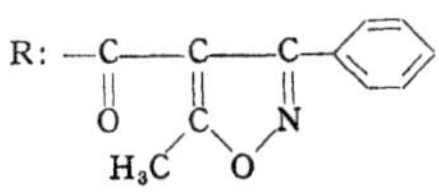

MG 401.4 *F* Na-Salz 188 (Z.) $C_{19}H_{19}N_3O_5S$

Charakteristik: Farbl. Säure, kristallines Na-Salz (Monohydrat); Na-Salz: ll. in W. u. polaren organ. Lsgm.; $[\alpha]_D^{20}$ +201° (W.). — Stabilitat: Saurestabil, gegen Staphylokokkenpenicillinase resistent. — *Darst.:* Synthese aus 6-Aminopenicillansaure.

4b/11 Penicillin F (2-Pentenyl-penicillin, Penicillin I) $C_{14}H_{20}N_2O_4S$

R: ·C·CH₂·CH:CH·CH₂·CH₃ (C̈ = O)

MG 312.4 *F* Na-Salz 204—205 (Z.)

Charakteristik: Farbl. Saure, kristallines Na-Salz; Na- u. K-Salz: ll. in W.; l. in A., Glycerin; unl. in Bzl., Chlf., PAe. — Na-Salz: $[\alpha]_D^{25}$ +312° (W.). — Kein charakt. UV-Max. — *V.:* Penicillium chrysogenum.

4b/12 Penicillin G (Benzyl-penicillin, Penicillin II) $C_{16}H_{18}N_2O_4S$

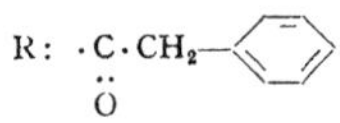

MG 334.4 *F* Na-Salz: 215, K-Salz: 214—217 (Z.)

Charakteristik: Farbl., amorphe Säure, Na- u. K-Salz, kristallin; l. in Me., A., Ae., Ac., Athylacetat, Bzl., Chlf.; wl. in W.; unl. in PAe.; Na- u. K-Salz: ll. in W.; l. in A., Glycerin; unl. in organ. Lsgm. — Na-Salz: $[\alpha]_D^{25}$ +305° (W.). — UV-Max.: Na-Salz: 252, 258,6, 264,4 mμ (W.). — Derivate: Novocain-Salz F 128—129. — Stabilität: reines krist. Na-Salz, stabil, empfindlich gegen Säuren, Alkali, Hitze u. Penicillinase. — *V.:* Penicillium chrysogenum und notatum.

4b/13 **Penicillin K (Penicillin IV, n-Heptyl-penicillin)**

R: $\cdot\underset{\ddot{O}}{C}\cdot[CH_2]_6\cdot CH_3$

MG 342.4 $C_{16}H_{26}N_2O_4S$

Charakteristik: Farbl. Säure, kristall. Na-Salz; Na-Salz: ll. in W.; l. in A., Glycerin; unl. in Bzl., Chlf., PAe. — $[\alpha]_D^{25}$ +258° (W.). — Kein charakt. UV-Max. — *V.:* Penicillium notatum und chrysogenum.

4b/14 **Penicillin V (Phenoxymethyl-penicillin)**

R: 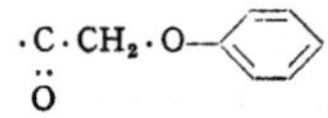

MG 350.4 *F* 120—128 (Z.) $C_{16}H_{18}N_2O_5S$

Charakteristik: Farbl., kristalline Säure; l. in polaren organ. Lsgm.; wl. in W.; unl. in PAe., Öl. — K-Salz: $[\alpha]_D^{25}$ +223° (W.). — UV-Max.: 268, 274 mμ (W.). — Stabilität: Saurestabil, bei p_H 0.7 bis 3.0 u. p_H 8,0—11.0 stabiler als Penicillin G. — *V.:* Penicillium chrysogenum in Gegenwart von Phenoxyessigsaure.

4b/15 **Penicillin X (p-Hydroxybenzyl-penicillin, Penicillin III)**

R: 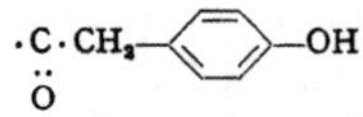

MG 350.4 *F* Na-Salz 228—235 $C_{16}H_{18}N_2O_5S$

Charakteristik: Farbl. Säure, kristallines Na-Salz; l. in Amylalkohol; unl. in Chlf. — Na-Salz: ll. in W.; l. in A. — Na-Salz: $[\alpha]_D^{25}$ +267° (W.). — UV-Max.: 278 mμ (W.). — Stabilitat: Ähnlich Penicillin G. — *V.:* Penicillium notatum und chrysogenum mit Zusatz von p-Hydroxyphenyl-essigsaure.

4b/16 **2-Phenoxyäthyl-penicillin (Phenethicillin)**

R: 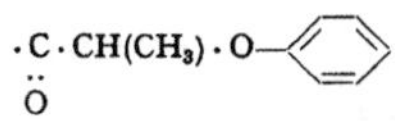

MG 364.4 $C_{17}H_{20}N_2O_5S$

Charakteristik: Farbl. krist. Saure. — Stabilität: Saurestabil, vergleichbar mit Penicillin V. — *Darst.:* Umsetz. von 6-Aminopenicillansäure mit α-Phenoxypropionylchlorid.

4b/17 **Thiolutin**

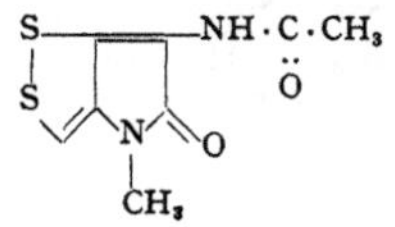

MG 228 *F* 270 (Z.) $C_8H_8N_2O_2S_2$

Charakteristik: Goldgelb, kristallin, neutral; l. in organ. Lsgm.; unl. in W. — Optisch inaktiv. — UV-Max.: 250, 311, 388 mμ. — Stabilität: Sauer u. neutral stabil, alkal. instabil. — *V.:* Streptomyces albus.

c) Makrocyclische Peptide[1])

4c/1 **Actinomycin C** $C_{64}H_{90}N_{12}O_{16}$

C_3: *MG* 1283.5

F C_1: 241—243 (Z.). C_2: 237—239 (Z.), C_3: 232—235 (Z.)

Charakteristik: Orangerote Krist., Komponenten: C_0a, C_0, C_1, C_2, C_3; l. in Bzl., Chlf., Ac., A., Eg.; wl. in W. — $[\alpha]_D^{20}$: C_1 —349° (Me.); C_2 —325° (Me.); C_3 —321° (Me.). — UV-Max.: 240, 422, 446 mμ (Cyclohexan). — Stabilität: Thermostabil, instabil in Alkalien u. starken Säuren. — *V.:* Streptomyces chrysomallus u. antibioticus.

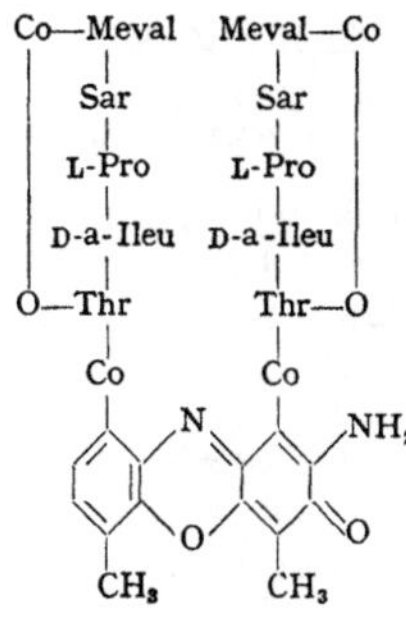

Actinomycin C_3

[1] Für die Strukturformeln gelten außer den gebräuchlichen (s. S. 2) folgende Symbole:

α-AB = α-Aminobuttersäure
DAB = α,γ-Diaminobuttersäure
DiMeLeu = β-N-Dimethylleucin
HIV = α-Hydroxyisovaleriansäure
a-Hypro = Allo-hydroxyprolin
a-Ileu = Allo-isoleucin
MeIleu = N-Methylisoleucin
Meval = N-Methylvalin
PhenGly = Phenylglykokoll
PhenSar = α-Phenylsarkosin
Sar = Sarkosin

4c/2 **Actinomycin X**

MG X_2: 1307 *F* X_2: 244–246

Charakteristik: Orangerote Kristalle. Komponenten: X_{0a}, X_0, X_1 (= C_1), X_{1a}, X_2, X_3, X_4; l. in Bzl., Chlf., Ac., Eg.; wl. in W.; $[\alpha]_D^{20}$: X_2 −309°. — *V.:* Streptomyces chrysomallus und antibioticus.

4c/3 **Actinomycin Z**

F 260–264 (Z.)

Charakteristik: Rotorange Krist., neutral. Komponenten: Z_0, Z_1, Z_2, Z_3, Z_4, Z_5; l. in A., organ. Lsgm.; wl. in W., PAe. — $[\alpha]_D$ −314° (Chlf.). — UV-Max.: 242, 429, 443 mμ (A.). — *V.:* Streptomyces fradiae.

4c/4 **Bacitracin A**

MG 1411 $C_{66}H_{103}N_{17}O_{16}S$

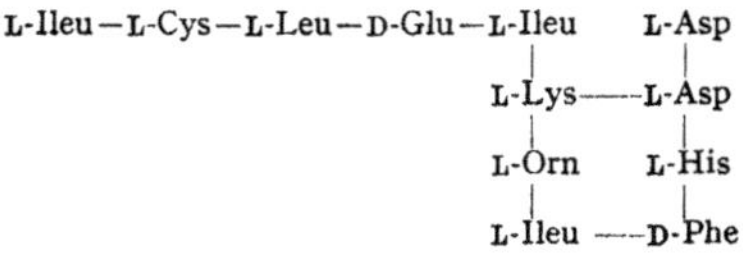

Charakteristik: Weißes amorph. Pulver, hygroskop.; Base: l. in Me., A., W.; wl. in Ac., Propanol, Bu., Py.; unl. in Ae., Chlf., Bzl., PAe. — $[\alpha]_D^{23}$ +5° (0.02 n HCl). — UV-Max.: 253 mμ. — Stabilitat: Thermostabil, besonders bei p_H 4–5, instabil bei p_H 9. — *V.:* Bacillus subtilis und licheniformis.

4c/5 **Colistin**

MG 967.6

$C_{45}H_{85}N_{13}O_{10}$

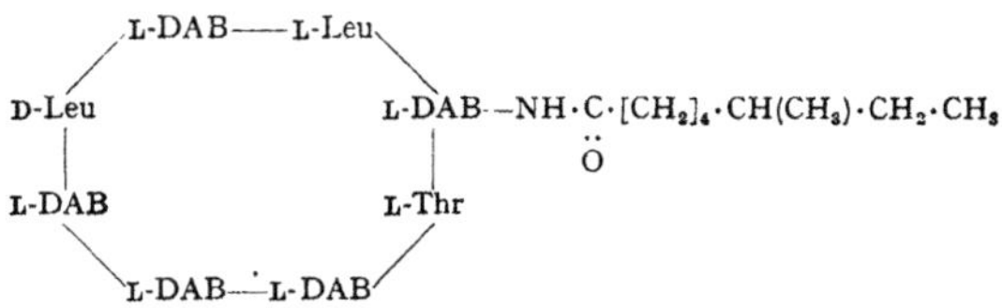

Charakteristik: Farbl. Krist., Base; l. in W.; Derivate: Sulfat, Methansulfonat. — Stabilitat: Bei p_H 2–6 stabil. — *V.:* Bacillus colistinus.

4c/6 **Echinomycin**

MG 1084 *F* 217–218

$C_{50}H_{60}N_{12}O_{12}S_2$

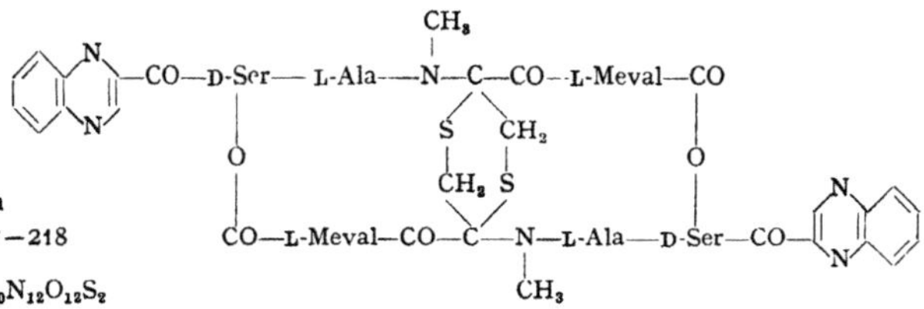

Charakteristik: Farblos, amorph, neutral, Polypeptid; l. in Me., A. u. anderen organ. Lsgm.; unl. in W. — UV-Max.: 245, 320 mμ. — *V.:* Streptomyces echinatus.

4c/7 **Enniatin A, B**

A: *MG* 454 *F* 121–122 B: *MG* 426 *F* 173–176

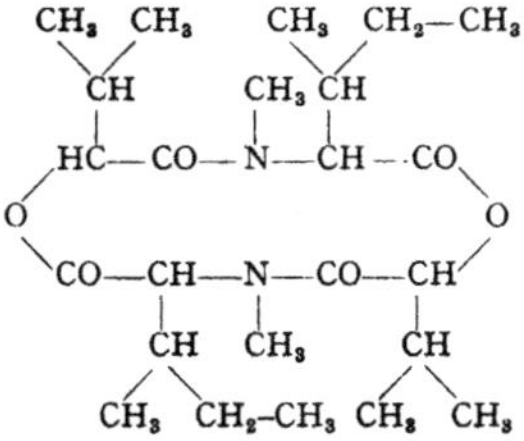

A: $C_{24}H_{42}N_2O_6$

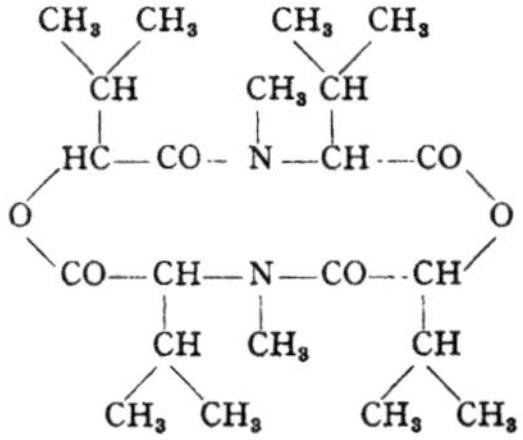

B: $C_{22}H_{38}N_2O_6$

Charakteristik: Farblos, kristallin, neutral; l. in organ. Lsgm.; wl. in W., PAe. — A: $[\alpha]_D^{20}$ −92° (Chlf.); B: $[\alpha]_D^{20}$ −106 bis −108° (Chlf.). — Kein charakt. UV-Max. — Stabilitat: A thermostabil, durch Sauren langsam u. durch Alkalien rasch inaktiviert. — *V.:* Fusarium orthoceras var. enniatinum.

4c/8 **Etamycin (Viridogrisein)**

MG 897 *F* Hydrochlorid 163—170 (Z.)

$C_{44}H_{62}N_8O_{10} \cdot H_2O$

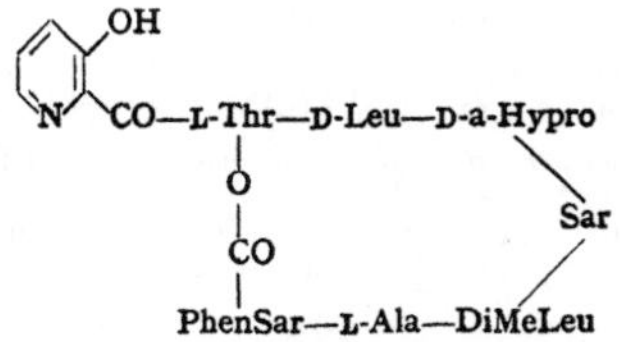

Charakteristik: Farbl. Krist., amphoter; Base: l. in Me., A., Ac., Chlf., Äthylacetat, Ae., verd. Säuren u. Laugen; wl. in W.; unl. in PAe., Hydrochlorid: l. in W., Me. — $[\alpha]_D^{25}$ + 7.7° (Me.), +28° (A.), + 59° (Chlf.). — UV-Max.: 304 mμ (alkohol. HCl), 333—335 mμ (NaOH). — Stabilitat: Stabil bei saurem und neutralem p_H, instabil in Alkali. — *V.:* Streptomyces spec. ähnl. lavendulae.

4c/9 **Gramicidin J**

MG 792 *F* J_1: 286, J_2: 282 $C_{44}H_{68}N_9O_7$

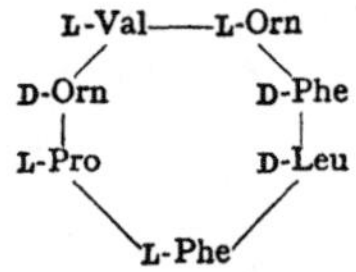

Charakteristik: Farbl. Kristalle, Polypeptid; l. in Me., A., Chlf., Ac. — $[\alpha]_D$: J_1: —274°, J_2: —318°. — UV-Max.: 250, 258, 265 mμ. — *V.:* Bacillus brevis.

4c/10 **Gramicidin S** $C_{70}H_{90}N_{12}O_{16}$

MG 1269.5 *F* 267—270

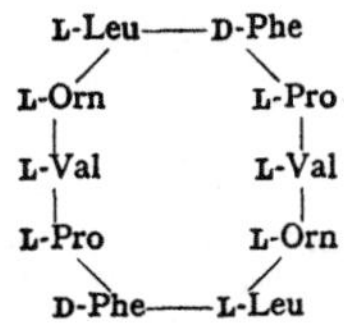

Charakteristik: Farblose Krist., Base; l. in Me., A., Ac., Chlf.; unl. in W. — $[\alpha]_D^{18}$ —292° (A.). — Stabilität: Thermo- u. säurestabil. — *V.:* Bacillus brevis.

4c/11 **Mikamycin A, B**

A: *MG* 597 $C_{32}H_{39}N_3O_9$ *F* 147—152 (Z.) B: *MG* 866.9 $C_{45}H_{54}N_8O_{10}$ *F* 263 (Z.)

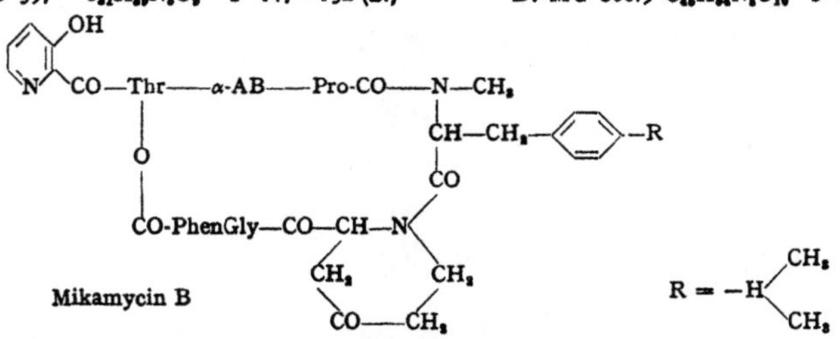

Mikamycin B

Charakteristik: A: hellgelb, kristallin, neutral; B: farbl., kristallin, basisch; l. in Me., A., organ. Lsgm.; unl. in W., PAe. — A: $[\alpha]_D^{28}$ —152° (Me.); B: $[\alpha]_D$ —60.3° (Me.). — UV-Max.: A: 226 mμ, Schulter 270 mμ (Me.); B: 209, 260, 305 mμ (Me.). — Stabilität: A: maximale Stabilität bei p_H 4, sauer u. alkalisch instabil. — *V.:* Streptomyces mitakaensis.

4c/12 **Nisin A—D**

MG ~7000

Charakteristik: Farblos, kristallin, Polypeptid, mehrere Komponenten; l. in A., Formamid, Säuren; unl. in organ. Lsgm. — UV-Max.: 275 mμ. — Stabilität: Thermostabil bei saurem p_H, alkalisch instabil. — *V.:* Streptococcus lactis.

4c/13 **Polymyxin A—E**

MG 1150—1250 $B_1 \cdot 5HCl$: $C_{56}H_{104}Cl_5N_{16}O_{14}$,

$D \cdot 4HCl$: *F* 228—235 (Z.) $C_{50}H_{97}Cl_4N_{15}O_{15}$

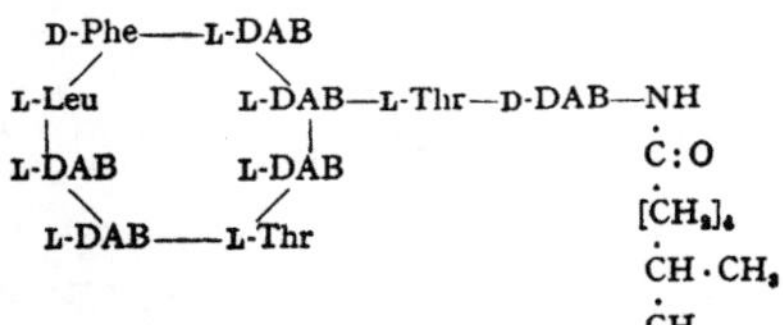

Polymyxin B

Charakteristik: Farblose, amorphe Basen, cyclische Polypeptide, Hydrochloride kristallin. Die Komponenten unterscheiden sich in der Aminosäurezusammensetzung; wl. in W., Me., A.; unl. in unpolaren Lsgm. — Hydrochlorid: l. in W., Me. — A·HCl: $[\alpha]_D^{25}$ —42° (W.); B·HCl: $[\alpha]_D^{25}$ —75.7° (75% A.), $[\alpha]_D^{23}$ —40° (W.), $B_1 \cdot 5HCl$: $[\alpha]_D^{25}$ —85.1° (75% A.). — Stabilitat: Thermo- und säurestabil, alkal. instabil. — *V.:* Bac. polymyxa.

4c/14 **Staphylomycin MI, S**

MI: *MG* 543 $C_{28}H_{36}N_3O_8$ *F* 165—167 (Z.) Formel Staphylomycin S siehe Mikamycin
S: *MG* 732 $C_{38}H_{47}N_6O_9$ *F* 240—242 R = H

Charakteristik: MI: gelbliches, amorphes Pulver, neutral; S: farblos, kristallin, schwach sauer; l. in Me., A., Chlf.; unl. in W., PAe. — $[\alpha]_D$: MI: —174° (Me.), S: —28° (A.). — UV-Max.: MI: 216 mμ, Schulter 270 mμ, S: 207, 304 mμ. — Stabilitat: Stabil bei p_H 7, sauer u. alkalisch instabil. — *V.:* Streptomyces spec.

4c/15 **Tyrocidin A, B**

A: *MG* 1306 *F* 240—242 (Z.)
B: *MG* 1346

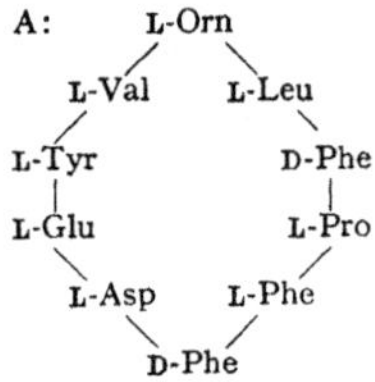

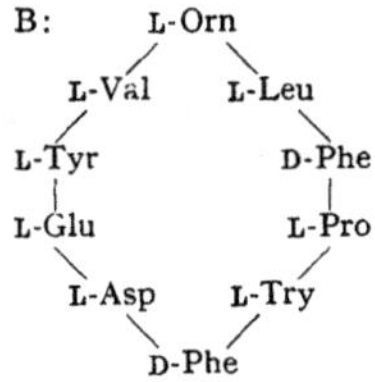

A: $C_{66}H_{86}N_{13}O_{13} \cdot HCl$ B: $C_{68}H_{88}N_{14}O_{13}$

Charakteristik: Farbl. Krist., Basen; l. in Me., A., Py., Eg.; wl. in W., Ac.; unl. in Ae., Chlf., Bzl., PAe. — $[\alpha]_D^{25}$: A + B: —102° (A.), A: —111° (wssr. A.). — UV-Max.: A: 290 mμ; Stabilitat: Thermostabil. — *V.:* Bac. brevis.

4c/16 **Tyrothricin**

Charakteristik: Gemisch von Gramicidin (20%) und Tyrocidin (80%). — *V.:* Bac. brevis.

4c/17 **Valinomycin**

MG 740.9 *F* 190

$C_{36}H_{60}N_4O_{12}$

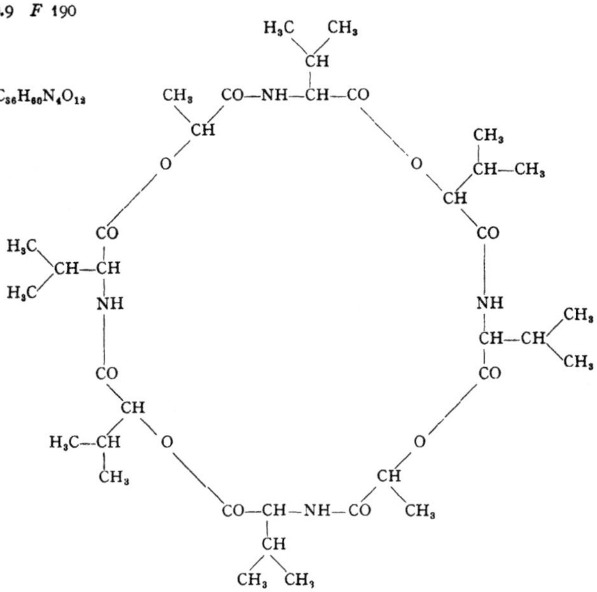

Charakteristik: Farblos, kristallin; l. in Ac., Eg , Ae., Chlf., Bzl., PAe.; unl. in W. — $[\alpha]_D^{20}$ +31° (Bzl.). — UV-Max.: 282 mμ (n-Hexan). — *V.:* Streptomyces fulvissimus.

d) Weitere Peptidantibiotica

4 d/1 **Ristocetin**

MG ~2500

Charakteristik: Farblos, amorph, amphoter, Sulfat kristallin; l. in verd. Säuren und Basen; unl. in organ. Lsgm. — A-Sulfat: $[\alpha]_D$ —120° bis —133° (W.), B-Sulfat: $[\alpha]_D$ —144° bis 149° (W.). — UV-Max.: A und B ~280 mμ (W.). — Stabilität: Stabil in wssr. Lsg. < p_H 7. — *V.:* Nocardia lurida NRRL 2430.

4 d/2 **Vancomycin**

MG 3200—3500

Charakteristik: Farblos, amorph, amphoter; l. in W.; wl. in wssr. Me.; unl. in hoheren Alkoholen, Ac., Ae. — UV-Max.: 282 mμ (W. sauer), 305 mμ (W. alkalisch). — Stabilität: Stabil zwischen p_H 2.5—9.0. — *V.:* Streptomyces orientalis

4 d/3 **Viomycin** $C_{17-18}H_{31-33}N_9O_8$

F Sulfat-Hydrat 280, Sulfat, wasserfrei 252 (Z.)

Charakteristik: Farbloses amorphes, stark basisches Polypeptid, Sulfat u. Hydrochlorid kristallin; l. in W.; unl. in organ. Lsgm. — $[\alpha]_D^{25}$ —32° (W.) —39.8° (W. p_H 6). — UV-Max.: 268 mμ (0.1 n HCl), 268.5 mμ (W. p_H 7), 282.5 mμ (0.1 n NaOH). — Stabilität: Stabil in Säure, weniger stabil in alkal. Lösungen. — *V.:* Streptomyces floridae.

5. Weitere Antibiotica (V)

5/1 **Antimycin A (Virosin)** A_1: $C_{28}H_{40}N_2O_9$

A_1: *MG* 548.6 *F* 149—150 A_3 $C_{26}H_{36}N_2O_9$

A_3: *MG* 520.6 *F* 171—173

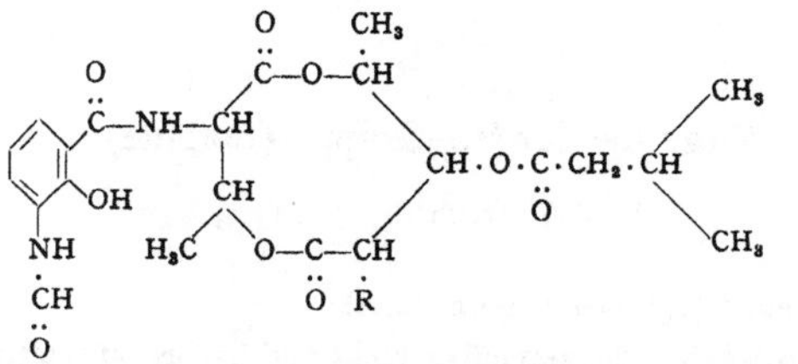

A_1: $R = n\text{-}C_6H_{13}$

A_3: $R = n\text{-}C_4H_9$

Charakteristik: Farblose Krist., schwache Säure, mehrere Komponenten; l. in Ae., A., Äthylenglykol, Propylenglykol, Amylacetat, Methylacetat, Py., Ac., Chlf.; wl. in PAe., Bzl., Toluol; unl. in W. — $[\alpha]_D^{25}$ +64.8° (Chlf.). — UV-Max.: 230, 320 mμ. — Stabilitat: Thermolabil, stabil bei Zimmertemperatur, wenig stabil in alkal. Lösungen. — *V.:* Streptomyces kitazawaensis.

5/2 **Carzinophilin A**

MG 800—1200 *F* 217—222 (Z.)

Charakteristik: Farblose Krist., Säure; l. in Ac., Chlf., Äthylacetat, Butylacetat, Bzl., Dioxan, verd. Laugen; wl. bis unl. in Me., A., Ae., PAe., W. — $[\alpha]_D^{28}$ +57.8° (Chlf.). — UV-Max.: 218, 250, 283 mμ (Me.), 210, 330 mμ (Chlf.), 230, 283 mμ (0.1 n NaOH), 216, 250 mμ (0.1 n HCl). — Stabilität: In Lösung instabil, besonders im Neutralbereich, kristallin stabil. — *V.:* Streptomyces sahachiroi.

5/3 **Cellocidin** $C_4H_4N_2O_2$

MG 112 *F* 216—218 (Z.)

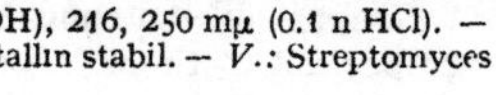

Charakteristik: Farblos, kristallin, neutral; wl. in W., Ac, A.; unl. in anderen organ. Lsgm. — UV-Max.: 299 mμ (0.1 n NaOH). — Optisch inaktiv. — Stabilität: Neutral u. sauer stabil p_H 2—7, alkalisch instabil. — *V.:* Streptomyces chibaensis

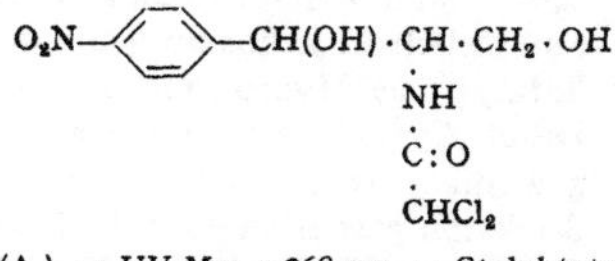

5/4 **Chloramphenicol** $C_{11}H_{12}Cl_2N_2O_5$

MG 323 *F* 150

Charakteristik: Farblose Krist., neutral; l. in Me., A., Bu., Äthylacetat, Ac., Ae.; wl. in Chlf., W.; unl. in Bzl., PAe. — $[\alpha]_D^{25}$ —25.5° (Äthylacetat), + 19° (A.). — UV-Max.: 268 mμ. — Stabilitat: Thermostabil, alkal. labil. — *V.:* Streptomyces venezuelae und synthetisch.

5/5 Mitomycin A, B und C

A: $C_{16}H_{19}N_3O_6$
B: $C_{16}H_{19}N_3O_6$
C: $C_{15}H_{18}N_4O_5$

A: *MG* 349 *F* 159—161 (Z.)
B: *MG* 349 *F* 182—184 (Z.)
C: *MG* 334 *F* >360

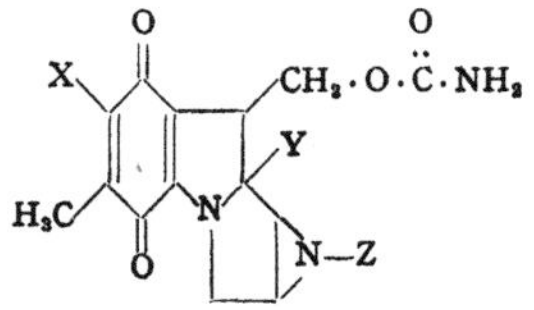

	X	Y	Z
A:	H_3CO	OCH_3	H
B:	H_3CO	OH	CH_3
C:	H_2N	OCH_3	H

Charakteristik: Blauviolette Krist., Basen; l. in W., Me., Ac., Butylacetat. Komponente A l. in Bzl., B u. C darin unl. — A: UV-Max.: 215, 316 bis 318, 530 mμ (W.). B: UV-Max.: 216, 320, 520 mμ (Me.). C: UV-Max.: 216, 360, 560 mμ. — Stabilität: Bei p_H 6—7 stabil, instabil in Säuren u. Alkali, photolabil. — *V.*: Streptomyces caespitosus.

5/6 Novobiocin
MG 612 *F* 174—178 (Z.)

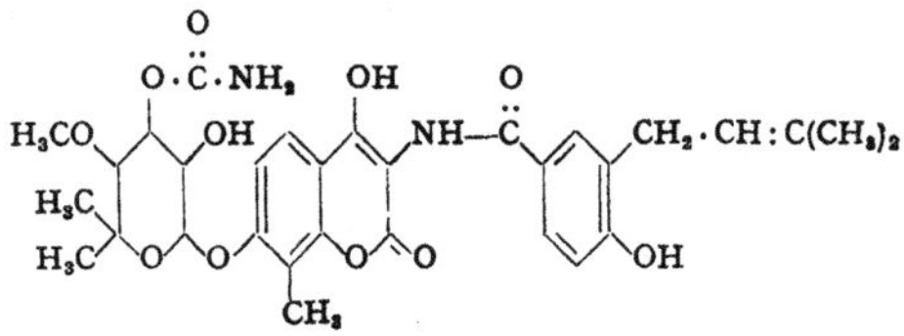

$C_{31}H_{36}N_2O_{11}$

Charakteristik: Farblose Krist., Säure; l. in W. > p_H 7.5, Ac., Äthylacetat, Me., A., Py.; unl. in W. < p_H 7.5. — $[\alpha]_D^{25}$ —27° (1 n NaOH), —44° (Py.), $[\alpha]_D^{28}$ —35.2° (Py.). — UV-Max.: 304 mμ (Phosphatpuffer p_H 7), 311 mμ (0.01 n äthanol. KOH), 324 mμ (0.1 n methanol. HCl), 307 mμ (0.1 n NaOH). — Stabilität: Bei p_H 2 und 24 °C stabil. — *V.*: Streptomyces niveus, Streptomyces sphaeroides.

Vitamine der B_{12}-Gruppe (Corrine)

Von **W. Friedrich**, Hamburg

Man unterscheidet (vgl. hierzu Formelbild):

I. Komplette B_{12}-Arten, die gegenüber Licht und Sauerstoff relativ stabil sind, ein typisches, durch eine α-glykosidische Bindung gekennzeichnetes Nucleotid enthalten und deren Imidazol-Stickstoff unter geeigneten Bedingungen in der Lage ist, mit dem Kobaltatom zu koordinieren.

II. Inkomplette B_{12}-Arten (licht- und sauerstoffstabil wie I), denen entweder der Alkanolamin- und Nucleotidanteil oder nur der Nucleotidanteil fehlt bzw. deren Nucleotidanteil durch eine β-glykosidische Bindung gekennzeichnet ist, wodurch der Imidazol-Stickstoff nicht mit dem Kobaltatom koordinieren kann.

III. B_{12}-Coenzyme (lichtempfindlich), die sich von den Verbindungen der I. Gruppe ableiten und in denen das Kobaltatom statt der Cyano- bzw. Aquogruppe das C_5'-Desoxyadenosin oder die Methylgruppe trägt.

IV. B_{12}-Konjugate, die sich von III durch das Fehlen des Nucleotidanteils unterscheiden.

I und II sind vermutlich Kunstprodukte, zu denen man durch die mit der Isolierung verbundenen Eingriffe (Einwirkung von Cyanid, Licht, Temperatur) gelangt. I kristallisieren in roten Nadeln, II sind bis auf den Faktor V_{1a} amorph. I und II können als Cyano-, Aquo-, Nitrito-, Chloro-, Cyanato-, Sulfito-, Amino-, Methylamino- und andere Komplexe vorliegen, in denen die entsprechende Gruppe am Kobalt koordinativ gebunden ist. Die Cyanogruppe kann durch Belichtung, katalytische Hydrierung oder durch chemische Reduktion abgespalten werden. Durch Cyanidüberschuß werden I und II in die violetten Dicyanoformen umgewandelt, wobei in I die koordinative Bindung zwischen Kobalt und Imidazol-Stickstoff gespalten wird. In I können als „Imidazolgruppe" verschiedene Purine, Benzimidazole sowie lin. Naphthimidazol und 4,5-Dimethylimidazol fungieren. In den natürlichen B_{12}-Arten besteht der Alkanolamin-Anteil aus D-(—)-1-Amino-

2-propanol, in zahlreichen partialsynthetisch dargestellten B_{12}-Arten liegen andere Alkanolamine als Bausteine vor. In den purinhaltigen Vertretern der Gruppe I ist Ribose am N_7 gebunden. III kristallisieren meist in orangegelben Blättchen, IV konnten noch nicht in kristallisierter Form dargestellt werden. III und IV sind in schwach saurem p_H-Bereich basisch, bei $p_H > 5$ neutral. Wssr. Lsgn. von III sind in schwach saurem p_H-Bereich gelb, in neutralem und alkalischem p_H-Bereich ziegelrot, Lsgn. von IV sind stets gelb. Durch Belichtung, bzw. durch Einwirkung von Cyanid, wird die für III und IV charakteristische C_5'-Desoxyadenosin- bzw. Methylgruppe abgespalten, unter Bildung der entspr. Aquo- bzw. Cyanoform.

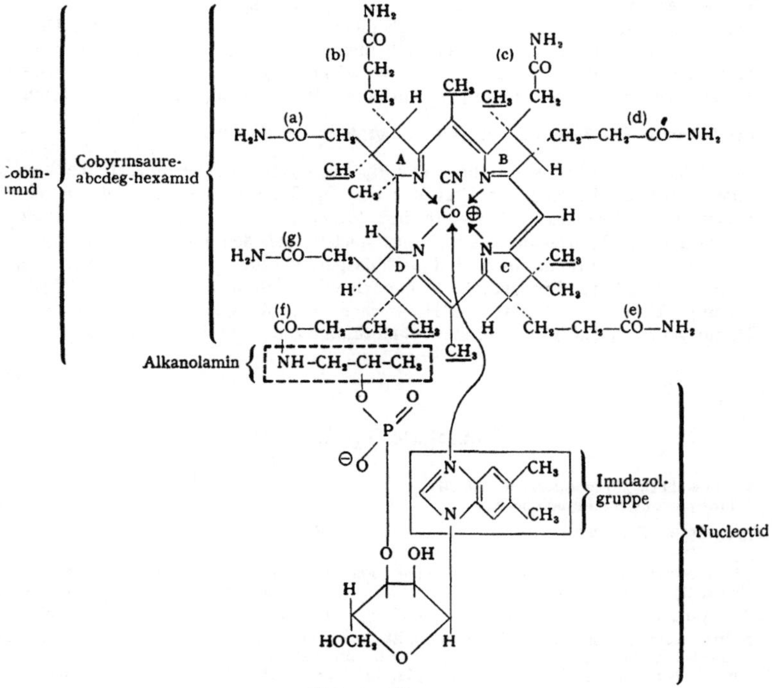

Vitamin B_{12}

Die *Spektren* der kompletten B_{12}-Arten in Wasser sind im Bereich von 340 bis 600 mμ einander gleich und besitzen Max. in der Monocyanoform bei 361 mμ ($E_{1cm}^{1\%}$ 207; $E_{Mol.}$ 28057) und 550 mμ ($E_{1cm}^{1\%}$ 64; $E_{Mol.}$ 8674), in der Dicyanoform bei 368 mμ ($E_{Mol.}$ 30820), 540 mμ und 580 mμ. Spektrenunterschiede in Wasser im Bereich von 250 bis 340 mμ siehe weiter unten (Werte der Dicyanoformen gelten für p_H 11). Die Spektren inkompletter B_{12}-Arten sind einander praktisch gleich (eine Ausnahme bildet das Spektrum des Cobinamid-diphosphat-guanosins infolge der Überlagerung mit dem Spektrum des Guanosins) und besitzen Max. in der Monocyano-monoaquo-Form in schwach saurem und neutralem p_H-Bereich bei 275 mμ ($E_{Mol.}$ 10360), 319 mμ ($E_{Mol.}$ 10360), 353 mμ ($E_{Mol.}$ 26160), 403 mμ ($E_{Mol.}$ 4710), 495 mμ ($E_{Mol.}$ 8080) und 527 mμ ($E_{Mol.}$ 7730), ferner Max. in der Dicyanoform in neutralem und alkalischem p_H-Bereich bei 276 mμ ($E_{Mol.}$ 9920), 308 mμ ($E_{Mol.}$ 9390), 368 mμ ($E_{Mol.}$ 30820), 415 mμ ($E_{Mol.}$ 2130), 540 mμ ($E_{Mol.}$ 8710) und 580 mμ ($E_{Mol.}$ 10130). Spektren der B_{12}-Coenzyme und B_{12}-Konjugate siehe weiter unten. Sie unterscheiden sich beträchtlich von den Spektren der Verbindungen I und II durch ihre Hauptmax. bei 260—265 mμ sowie durch das Fehlen der Absorption bei 350—367 mμ. Die im weiteren Text mitgeteilten R_F-Werte und elektrophoretischen Beweglichkeiten beziehen sich bei I und II auf cyanidhaltige Medien.

Von den zahlreichen B_{12}-Arten bzw. B_{12}-Gruppen sind als solche wahrscheinlich nur III wirksam, die anderen erst nach ihrer Umwandlung in III. Unter biologischer Wirkung gegenüber Mikroorganismen werden hier die Ergebnisse des Röhrchentestes verstanden. Bei den wachstumsaktiven B_{12}-Arten gilt die Aktivität des Vitamin B_{12} = 100 als Bezugswert. Die Wachstumsaktivität gegenüber E. coli beruht zumindest teilweise auf der Stimulierung der Methioninsynthese, die L. leichmannii-Aktivität ist wahrscheinlich Ausdruck der Synthese der Desoxyribose. Gegenüber Ochromonas malhamensis sowie im Tierversuch und beim Menschen (perniziöse Anämie) sind nur solche B_{12}-Arten aktiv, die gewisse Benzimidazole als „Imidazolgruppe" enthalten. Bei den kompetitiven Inhibitoren des Vitamin B_{12} bedeutet der Hemmungsindex den Quotienten $\frac{\text{Mole Inhibitor}}{\text{Mole Vit. } B_{12}}$ für 50%ige Wachstumshemmung. Die B_{12}-Coenzyme sind vermutlich die biologisch aktiven Formen der Vertreter der B_{12}-Gruppe. Sie entfalten im allgemeinen die biologische Aktivität ihrer (durch Cyanid- bzw. Lichteinwirkung darstellbaren) Tochtersubstanzen. Sie spielen bei den enzymatischen Umwandlungen Glutaminsäure ⇄ β-Methylasparaginsäure, Methylmalonyl-CoA ⇄ Succinyl-CoA, 1,2-Propandiol ⇄ Propionaldehyd, Äthylenglykol ⇄ Acetaldehyd, Lysin → Butyrat + Acetat + NH_3, ferner N(5)-Methyltetrahydrofolsäure + Homocystein → Tetrahydrofolsäure + Methionin die Rolle der Cofermente.

1. Komplette B_{12}-Arten (I)

1/1 Vitamin B_{12}; Cyanocobalamin; 5,6-Dimethylbenzimidazol-cyanocobamid

MG 1355.4 *Z.* ca. 300 $C_{63}H_{88}N_{14}O_{14}PCo$

Charakteristik: l. in W. (1%), niederen Alkoholen, Phenolen; unl. in Chlf., Ac., Ae., Kohlenwasserstoffen. Spektrum im Bereich v. 250—340 mμ: Max. d. Monocyanoform 278 mμ ($E^{1\%}_{1cm}$ 114), Max. d. Dicyanoform 278, 288 mμ; $[\alpha]^{23}_{6563}$ $-59 \pm 9°$; $[\alpha]^{20}_{6438}$ $-110 \pm 10°$; im p_H-Bereich 1.8—11 elektrophoret. neutral; Licht, gewisse Reduktionsmittel sowie katalyt. Hydrierung spalten vom B_{12}-Molekul die Cyanogruppe ab, wobei das Aquocobalamin entsteht; der Übergang vollzieht sich vermutlich über das B_{12r}, das braun gefarbt ist (Max. in Wasser bei 312, 405 und 473 mμ) und wahrsch. zweiwert. Co enthält; B_{12} ist gegen mehrstündiges Erhitzen bei 100° stabil; Stabilitatsoptimum bei p_H ca. 4; durch kalte verd. Mineralsren. werden von den Seitenketten des B_{12}-Moleküls 1—4 Mole NH_3 abgespalten unter Bildung nucleotidhaltiger B_{12}-Carbonsren.; durch kalte konz. Mineralsren. wird das Nucleotid abgespalten, wobei u. a. Faktor B gebildet wird; durch heiße Mineralsren. werden Tetra- bis Heptacarbonsren. gebildet unter Freisetzung von 1-Amino-2-propanol; kalte verd. Laugen spalten s. langsam das Nucleotid ab; durch kurzdauernde Einw. heißer verd. Laugen wird B_{12} in einem Redox-Vorgang in das krist. Dehydrovitamin B_{12} umgewandelt, das biologisch inaktiv ist und sich vom B_{12} durch das Vorhandensein eines Lactamringes am Ring B unterscheidet; Einw. 30%iger NaOH bei 150° verwandelt Vit. B_{12} in die krist. Hexacarbonsaure; durch Einw. von Dimethylsulfat in Gegenw. von Cyanid wird am N_3 der Imidazolgruppe ein Methyl eingefuhrt unter Bildung des biolog. inaktiven B_{12}Nm. — *V.:* Die Subst. kommt als solche in der Natur nicht vor; ihr Nachweis in allen naturl. Substraten, in denen Bakterien gedeihen, sowie in tierischem Gewebe (vor allem Leber, Niere, Muskel) bezieht sich auf die Coenzym-Form (s. w. u.). — *Isolierung:* Aus tierischem Gewebe (Leber), zahlreichen Bakterienarten (Streptomyceten, Propionsäurebakterien, Nocardia-Arten, Azotobacter chroococcum, versch. Pansenanaerobiern) sowie aus vielen sonstigen naturl. Substraten wie z. B. Faulschlamm und Belebtschlamm; die Isolierung erfolgt stets in Gegenw. von Cyanid und unter Umwandlung der nativen Coenzym-Form in die Cyano-Form. — *Biol. Wi.:* Heilung der perniziösen Anamie durch Normalisierung des Blutbildes (Stimulierung der Ausreifung der Erythrocyten im Knochenmark), wofür die parenterale Dosis von einigen γ B_{12}/Tag notwendig ist; Animal-Protein-Faktor-Aktivität bei Tieren; Wachstumsforderung gegenuber zahlreichen Mikroorganismen wie z. B. E. coli (Grenzkonz. 10^{-12} g/ml), L. leichmannii (Grenzkonz. 4×10^{-9} g/ml), E. gracilis (Grenzkonz. 10^{-12} bis 10^{-15} g/ml), Ochromonas malhamensis (Grenzkonz. 10^{-12} g/ml).

1/2 **Aquocobalamin; Hydroxocobalamin; Vitamin B_{12}b; Vitamin B_{12}a; 5,6-Dimethylbenzimidazol-aquocobamid**

MG 1347.4 $C_{62}H_{90}N_{13}O_{15}PCo$

Charakteristik: Dunkelrote Nadeln, etwas hydrophiler als Cyanocobalamin; Spektrum in Wasser: Max. bei 274, 350 und 522 mμ; elektrophoret. Eigensch.: basisch bis p_H ca. 8, in höherem p_H-Bereich neutr., vermutlich infolge des Überganges in die Hydroxo-Form; $R_{B_{12}}$ (in sec. BuOH—H_2O) 0.42. — *Darst.:* Aus Cyanocobalamin durch Belichtung, katalyt. Hydrierung oder chemische Reduktion; aus 5,6-Dimethylbenzimidazol-cobamid-coenzym durch Belichtung. — *Biol. Wi.:* Wie beim Cyanocobalamin; nach Applikation verbleibt jedoch im menschlichen Organismus länger als Cyanocobalamin, besitzt also eine Depotwirkung (verglichen mit Cyanocobalamin).

1/3 **5-Methylbenzimidazol-cobalamin; 5-Methylbenzimidazol-cyanocobamid**

Charakteristik: Enthält 5-Methylbenzimidazol; Spektrum wie beim Vitamin B_{12}; im p_H-Bereich 1.8—11 elektrophoretisch neutral; $R_{B_{12}}$ (in sec. BuOH—H_2O) 0.87. — *Isolierung:* Aus Belebtschlamm und Faulschlamm. — *Biol. Wi.:* Aktiv gegen perniziöse Anämie (ca. $^2/_3$ der B_{12}-Aktivität); Wachstumsaktivität: Küken p. o. 73, p. inj. 74, Ochromonas malhamensis 100, L. Leichmannii 96, E. coli 70.

1/4 **6-Methylbenzimidazol-cobalamin; 6-Methylbenzimidazol-cyanocobamid**

Charakteristik: Unterscheidet sich vom 5-Methylbenzimidazol-Cobalamin durch die Lage der Methylgruppe am Benzimidazolring; Spektrum im Bereich von 250 bis 340 mμ: Max. der Monocyanoform 277 mμ ($E^{1\%}_{1cm}$ 115), Max. der Dicyanoform 278 mμ ($E^{1\%}_{1cm}$ 110), 283 mμ ($E^{1\%}_{1cm}$ 90), 306—313 mμ ($E^{1\%}_{1cm}$ 80); im p_H-Bereich 1.8—11 elektrophoret. neutral; $R_{B_{12}}$ (in sec. BuOH—H_2O) 0.94. — *Isolierung:* Aus Belebtschlamm. — *Biol. Wi.:* Wie beim 5-Methylbenzimidazol-Cobalamin.

1/5 **Benzimidazol-cobalamin; Benzimidazol-cyanocobamid**

Charakteristik: Enthält Benzimidazol; im Bereich v. 250—340 mμ Max. d. Monocyanoform 274 mμ ($E^{1\%}_{1cm}$ 108), Max. d. Dicyanoform 275 mμ ($E^{1\%}_{1cm}$ 103), 280 mμ ($E^{1\%}_{1cm}$ 100), 306—313 mμ ($E^{1\%}_{1cm}$ 75); im p_H-Bereich 1.8—11 elektrophoretisch neutral; $R_{B_{12}}$ (in sec. BuOH—H_2O) 0.8. — *Isolierung:* Aus Belebtschlamm und Faulschlamm. — *Biol. Wi.:* Aktiv gegen perniziöse Anämie (ca. $^2/_3$ der B_{12}-Aktivität); Wachstumsaktivität: Küken p.o. und p. inj. 23, Ochromonas malhamensis 40, L. leichmannii 100, E. coli 30.

1/6 **lin. Naphthimidazol-Cobalamin; lin. Naphthimidazol-cyanocobamid**

Charakteristik: Enthält lin. Naphthimidazol; Spektrum im Bereich v. 250—340 mμ: Max. der Monocyanoform bei 279 mμ ($E^{1\%}_{1cm}$ 90), 323 mμ ($E^{1\%}_{1cm}$ 109), Max. der Dicyanoform 277 mμ ($E^{1\%}_{1cm}$ 90), 313.5 mμ ($E^{1\%}_{1cm}$ 116); im p_H-Bereich 1.8—11 elektrophoretisch neutral; $R_{B_{12}}$ (in sec. BuOH—H_2O) 1.0. — *Isolierung:* Aus Belebtschlamm. — *Biol. Wi.:* Aktiv gegen perniziöse Anämie; Wachstumsaktivität: Küken p.o. 85, p. inj. 97, Ochromonas malhamensis ca. 80, L. leichmannii 80, E. coli 70.

1/7 **Faktor III; 5-Hydroxybenzimidazol-cobalamin; 5-Hydroxybenzimidazol-cyanocobamid**

Charakteristik: Enthält 5-Hydroxybenzimidazol; läßt sich zu 5-Methoxybenzimidazol-cobalamin (Faktor IIIm) methylieren; Spektrum im Bereich v. 250—340 mμ: Max. der Monocyanoform bei 295 mμ ($E^{1\%}_{1cm}$ 103), Max. der Dicyanoform 277 mμ ($E^{1\%}_{1cm}$ 79), 313 mμ ($E^{1\%}_{1cm}$ 103); elektrophoret. Verhalten: neutral bis ca. p_H 9, in alkal. p_H-Bereich monobas. sauer. $R_{B_{12}}$ (in sec. BuOH—H_2O) 0.76. — *Isolierung:* Aus Faulschlamm. — *Biol. Wi.:* Schwach aktiv gegen perniziöse Anämie; durch Methylierung am phenolischen Hydroxyl (zu Faktor IIIm) wird die antiperniziöse Aktivität wesentlich erhöht; Wachstumsaktivität: Küken p.o. 1.2, p. inj. 5.8 (Methyläther p.o. 52), Ochromonas malhamensis 41 (Methyläther 68), L. leichmannii 53 (Methyläther 87), E. coli 64 (Methyläther 85).

1/8 **B_{12}-Monocarbonsäuren**

Charakteristik: Diese kristallisierbaren kompletten B_{12}-Arten unterscheiden sich vom Vitamin B_{12} durch das Vorhandensein einer freien Carboxylgruppe; Spektrum wie beim Vitamin B_{12}; elektrophoret. sauer bei $p_H > 5$, sonst neutr. — *Isolierung:* Aus P. shermanii. — *Darst.:* Aus Vitamin B_{12} durch Einwkg. kalter verd. Mineralsren., wobei man ein Gemisch isomerer Carbonsäuren erhält. — *Biol. Wi.:* Kompetitiver Inhibitor des Vit. B_{12}, Hemmungsindex 110 im E.-coli-Test, 400 im Ochromonas-malhamensis-Test; Wachstumsaktivität: L. leichmannii 100, E. gracilis 100.

1/9 **B_{12}-Carbonsäure-methylamid**

Charakteristik: Kristallisierbar (obwohl nicht einheitlich); Spektrum wie beim Vit. B_{12}. — *Darst.:* Durch Amidierung des gemischten Anhydrides aus B_{12}-Carbonsre. u. Chlorameisensäureäthylester mit Methylamin. — *Biol. Wi.:* Kompetitiver Inhibitor des Vit. B_{12}, Hemmungsindex 160 im E.-coli-Test; schwache Wachstumsaktivität gegenüber L. leichmannii, E. gracilis u. Ochromonas malhamensis.

1/10 B_{12}-Carbonsäure-anilid

Darst.: Durch Amidierung von B_{12}-Monocarbonsäuren mit Anilin mit Hilfe der Anhydridmethode. — *Biol. Wi.:* Kompetitiver Inhibitor des Vit. B_{12}, Hemmungsindex 1500 im E.-coli-Test.

1/11 Aminoäthanol-Analog des Vitamin B_{12}

Charakteristik: Enthält Aminoäthanol als Alkanolamin; Spektrum wie beim Vit. B_{12}; elektrophoret. neutral; $R_{B_{12}}$ (in sec. BuOH—H_2O) 0.91. — *Darst.:* Partialsynthetisch, ausgehend vom Faktor V_{1a} (s. w. u.). — *Biol. Wi.:* Wachstumsaktivität: Ochromonas malhamensis 60, E. coli 100.

1/12 2-Methyl-2-aminopropanol-Analog des Vitamin B_{12}

Charakteristik: Enthält 2-Methyl-2-aminopropanol als Alkanolamin; Spektrum wie beim Vit. B_{12}; elektrophoret. neutral; $R_{B_{12}}$ (in sec. BuOH—H_2O) 1.25. — *Darst.:* Partialsynthet., ausgehend vom Fakt. V_{1a} (s. w. u.). — *Biol. Wi.:* Kompetitiver Inhibitor des Vit. B_{12} mit Hemmungsindices 3 (E. coli), 50 (Ochromonas malhamensis) und 50 (Küken).

1/13 Pseudovitamin B_{12}; Adenin-Cobalamin; Adenin-cyanocobamid

Charakteristik: Enthält Adenin als Imidazolgruppe; Spektrum im Bereich v. 250—340 mμ: Max. d. Monocyanoform 276 mμ ($E^{1\%}_{1cm}$ 134), Max. d. Dicyanoform 276 mμ ($E^{1\%}_{1cm}$ 134), 306 bis 313 mμ ($E^{1\%}_{1cm}$ 71); relative elektrophoret. Beweglichkeit in verd. Essigsre. 0.3 (Fakt. B = 1.0), bei $p_H > 5$ keine Bewegl.; $R_{B_{12}}$ (in sec. BuOH—H_2O) 0.58. — *Isolierung:* Aus Propionibact. arabinosum, C. diphtheriae, Lactobacillen aus Pansen, versch. Pansenanaerobiern. — *V.:* In Faulschlamm, Fäzes, Panseninhalt. — *Biol. Wi.:* Inaktiv bei perniziöser Anämie; keine Wachstumsaktivität im Küken- und Ochromonas-malhamensis-Test; wachstumsaktiv gegenüber E. gracilis (100), L. leichmannii (50), E. coli (10); Antagonist des Vit. B_{12} im Kukentest p.o.

1/14 Faktor A, 2-Methyladenin-cobalamin; 2-Methyladenin-cyanocobamid

Charakteristik: Enthält 2-Methyladenin als Imidazolgruppe; Spektrum im Bereich v. 250 bis 340 mμ: Max. d. Monocyanoform 277 mμ ($E^{1\%}_{1cm}$ 128), Max. d. Dicyanoform 277 mμ ($E^{1\%}_{1cm}$ 130), 306—313 mμ ($E^{1\%}_{1cm}$ 69); relative elektrophoret. Beweglichkeit in verd. Essigsre. 0.8 (Fakt. B = 1.0), bei $p_H > 5$ keine Bewegl.; $R_{B_{12}}$ (in sec. BuOH—H_2O) 0.63. — *Isolierung:* Aus C. diphtheriae, Pansenanaerobiern. — *V.:* In Faulschlamm, Fäzes, Panseninhalt. — *Biol. Wi.:* Sehr schwach aktiv gegen perniziöse Anämie und im Kükentest; im Ochromonas-malhamensis-Test inaktiv, Wachstumsaktivität: E. gracilis 60, L. leichmannii 40, E. coli 50.

1/15 2-Methylmercaptoadenin-cobalamin; 2-Methylmercaptoadenin-cyanocobamid

Charakteristik: Enthalt 2-Methylmercaptoadenin als Imidazolgruppe; Spektrum im Bereich v. 250—340 mμ: Max. d. Monocyanoform 303 mμ ($E^{1\%}_{1cm}$ 92), Max. d. Dicyanoform 277 mμ ($E^{1\%}_{1cm}$ 109); im p_H-Bereich 1.8—11 elektrophoret. neutral; $R_{B_{12}}$ (in sec. BuOH—H_2O) 0.95. — *Isolierung:* Aus Faulschlamm. — *Biol. Wi.:* Wachstumsaktivität: Küken p.o. und p. inj. 2, Ochromonas malhamensis 3.5, L. leichmannii 51, E. coli 61; schw. Antagonist d. Vitamins B_{12} im Kükentest p.o.

1/16 Guanin-cobalamin; Guanin-cyanocobamid

Charakteristik: Enthält Guanin als Imidazolgruppe; Spektrum im Bereich v. 250—340 mμ: Max. d. Monocyanoform 279 mμ ($E^{1\%}_{1cm}$ 107), Max. d. Dicyanoform 277 mμ ($E^{1\%}_{1cm}$ 114), 302 mμ ($E^{1\%}_{1cm}$ 79); elektrophoret. neutral in schw. saurem u. neutr. p_H-Bereich, monobasisch sauer in alkal. p_H-Bereich. $R_{B_{12}}$ (in sec. BuOH—H_2O) 0.53. — *Isolierung:* Aus Faulschlamm. — *Biol. Wi.:* Wachstumsaktivitat: Küken p. inj. schwach aktiv, Ochromonas malhamensis 0.8, L. leichmannii 17, E. coli 16; Antagonist d. Vitamins B_{12} im Kükentest p.o.

2. Inkomplette B_{12}-Arten (II)

2/1 Faktor V_{1a}; Cobyrinsäure-abcdeg-hexamid; Cobyrsäure

MG 977.07 $C_{48}H_{67}O_9N_{11}Co$

Charakteristik: Kristallisiert aus W. bzw. wssr. Ac. in der Monoaquo-monocyano-Form in feinen, dunkelroten Nadeln; l. in W., Me., A., Dimethylformamid; unl. in Ae., Ac., Bzl., Chlf.; elektrophoret. basisch in schw. saurem p_H-Bereich, monobas. sauer in neutr. und alkal. p_H-Bereich; $R_{B_{12}}$ (in sec. BuOH—H_2O) 0.63, in sec. BuOH—H_2O mit 1% Eg. 1.27; die Substanz diente als Ausgangsmaterial zur Synthese zahlreicher inkompletter und kompletter B_{12}-Arten, die durch Kondensation mit Alkanolaminen bzw. mit Nucleotidestern nach der Anhydridmethode gewonnen wurden. — *Isolierung:* Aus P. shermanii, N. rugosa. — *V.:* In Faulschlamm.

2/2 **Faktor B; Aetiocobalamin; Cobinamid**

Charakteristik: Elektrophoret. basisch in schw. saurem p_H-Bereich, neutr. bei $p_H > 5$; $R_{B_{12}}$ (in sec. BuOH—H_2O) 1.55. — *Isolierung:* Aus P. shermanii, N. rugosa, C. diphtheriae und zahlreichen anderen Bakterien; auf chemischem Wege darstellbar durch Hydrolyse entsprechender B_{12}-Arten mit $Ce(OH)_3$ bzw. mit Mineralsren., ferner durch Amidierung des Fakt. V_{1a} mit 1-Amino-2-propanol. — *V.:* In Faulschlamm, Fäces, Panseninhalt sowie in vielen sonstigen natürl. Medien. — *Biol. Wi.:* Wachstumsaktivität: E. coli 20; Antagonist des Vitamins B_{12} im Kükentest p.o.

2/3 **Aminoäthanol-Analog des Fakt. B; Cobyrinsäure-abcdeg-hexamid-f-2-hydroxyäthylamid**

Charakteristik: $R_{B_{12}}$ (in sec. BuOH—H_2O) 1.26; $R_{Fakt.\,B}$ (im gleichen Entw.) 0.81. — *Darst.:* Partialsynthetisch, ausgehend vom Fakt. V_{1a} (s. w. u.). — *Biol. Wi.:* Wachstumsaktiv gegenüber E. coli (14).

2/4 **Faktor-B-phosphorsäure; Cobinamid-phosphorsäure**

Charakteristik: Elektrophoret. neutral in schwach saurem p_H-Bereich, monobasisch sauer in neutr. p_H-Bereich, dibasisch sauer in alkal. p_H-Bereich; $R_{B_{12}}$ (in sec. BuOH—H_2O) 0.44. — *Isolierung:* Aus N. rugosa, P. shermanii; auf chemischem Wege darstellbar d. Amidierung des Fakt. V_{1a} mit Phosphorsäureester des 1-Amino-propanol-2. — *Biol. Wi.:* Gegenüber E. coli wachstumsaktiv wie Fakt. B.

2/5 **Faktor Ib; Faktor-B-phosphoribose; Cobinamid-phosphoribose**

Charakteristik: Elektrophoret. neutral in schwach saurem p_H-Bereich, monobasisch sauer in neutralem u. alkalischem p_H-Bereich; $R_{B_{12}}$ (in sec. BuOH—H_2O) 0.97. — *Isolierung:* Aus Faulschlamm. — *Biol. Wi.:* Wachstumsaktiv im E.-coli-Test (15).

2/6 **Faktor-B-diphosphat-guanosin: Cobinamid-diphosphat-guanosin**

Charakteristik: Guanosin ist durch C_5' über Pyrophosphat am 1-Amino-2-propanol-Rest gebunden; elektrophoretisch sauer, auch in schw. saurem p_H-Bereich; $R_{B_{12}}$ (in wssr. Thymollsg. mit 0.4% Py.) 4.46. — *Isolierung:* Aus N. rugosa, P. shermanii; darstellbar auf chemischem Wege aus Fakt.-B-phosphorsäure und Guanylsäure durch Einwirkung von Dicyclohexylcarbodiimid. — *Biol. Wi.:* Wachstumsaktiv gegenüber E. coli (35).

3. B_{12}-Coenzyme (III)

3/1 **5,6-Dimethylbenzimidazol-cobamid-coenzym**

Charakteristik: Spektrum, Max. in 0.5 n Essigsre. (Farbe gelb) bei 263, 304 und 460 mμ, $E_{Mol.}$ in neutral wssr. Lsgn. (Farbe ziegelrot) 26200 (233 mμ), 34700 (260 mμ), 18100 (288 mμ), 13200 (315 mμ), 12300 (340 mμ), 10900 (375 mμ), 8000 (522 mμ); Max. in Acetatpuffer, p_H ca. 12 (Farbe ziegelrot) bei 260,521 mμ; durch Lichtspaltung ohne Luftzutritt wird die Subst. zu B_{12r} umgewandelt; R_F-Werte: in wasserges. sec. BuOH + 1% Eg. 0.20; in wasserges. sec. BuOH 0.15; in wasserges. sec. BuOH + NH_3 0.10; in sec. BuOH/Eg./H_2O (100:3:50) 0.22. — *V.:* In zahlreichen Bakterienarten sowie in tierischem Gewebe, vor allem in der Leber (Kaninchen, Küken, Schaf, Mensch) ist diese Subst. gegenüber anderen B_{12}-Formen dominierend. — *Darst.:* Aus Vit. B_{12} durch Red. mit Zn in 10%ig. NH_4Cl und Zusatz von C_5'-Tosyladenosin. — *Biol. Wi.:* Wachstumsaktivität gegenüber Mikroorganismen und Küken sowie antiperniziöse Aktivität wie beim Cyanocobalamin; bei i.m. Inj. verbleibt die Substanz länger als Cyanocobalamin im Gewebe, verhält sich also ähnlich wie Aquo-B_{12} (Depotwirkung). Coenzymaktivität ($K_m \cdot 10^7$ M): Glutamatisomerase 128; Methylmalonylisomerase 0.24 (P. shermanii), 0.21 (Schafsniere); Glykol-Desoxyaldehyd-Enzym ca. 2. Die Substanz stimuliert ferner die Spaltung von Lysin zu Fettsäuren u. Ammoniak sowie die Biosynth. von Desoxyribotiden. Viel stärker ausgeprägte Methylmalonyl-CoA-Isomeraseaktivität als bei den übrigen B_{12}-Coenzymen. Sie wird durch Analoga, die statt des Adenosylrestes den Inosyl- oder Uridylrest enthalten, stark kompetitiv gehemmt.

3/2 **Benzimidazol-cobamid-coenzym**

Charakteristik: Spektrum (0.01 m Phosphatpuffer, p_H 6.7) Max.: 230 mμ ($E_{Mol.}$ 25200), 261 mμ ($E_{Mol.}$ 34700), 280 mμ ($E_{Mol.}$ 19100), 306 mμ ($E_{Mol.}$ 13300), 315 mμ ($E_{Mol.}$ 13400), 340 mμ ($E_{Mol.}$ 12300), 375 mμ ($E_{Mol.}$ 10200), 519 mμ ($E_{Mol.}$ 7650); R_f (in sec. BuOH/Eg./H_2O (100:3:50) 0.16. — *Darst.:* Aus Bakterien, z. B. aus P. shermanii, auf biosynthet. Wege bei Zusatz von Benzimidazol als Vorstufe. — *Biol. Wi.:* Coenzymaktivität ($K_m \times 10^7$ M): Glutamatisomerase 2.3; Methylmalonylisomerase 1.3 (P. shermanii), 2.0 (Schafsniere); Glykol-Desoxyaldehyd-Enzym ca. 2. Viel stärker ausgeprägte Glutamatisomerase-Aktivität als bei den übrigen B_{12}-Coenzymen.

3/3 **Adenin-cobamid-coenzym**

Charakteristik: Spektrum 0.01 m Phosphatpuffer, p_H 6.7): 239 mμ ($E_{Mol.}$ 26700), 263 mμ ($E_{Mol.}$ 45300), 375 mμ ($E_{Mol.}$ 9000), 458 mμ ($E_{Mol.}$ 8750); R_f (in sec. BuOH/Eg./H_2O = 100:3:50) 0.09. — *V.:* In zahlreichen Bakterienarten. — *Biol. Wi.:* Wachstumsaktivität gegenüber Mikroorganismen wie beim Pseudovitamin B_{12}; keine Aktivität im Tierversuch; Coenzymaktivität ($K_m \times 10^7$ M): Glutamatisomerase 12; Methylmalonylisomerase 1.0 (P. shermanii), 400.0 (Schafsniere); Glykol-Desoxyaldehyd-Enzym ca. 2.0. Methylmalonyl-CoA-Isomeraseaktivität meist viel schwächer ausgeprägt als bei den Benzimidazol-B_{12}-Coenzymen.

3/4 **Methylcobalamin**

Charakteristik: Enthalt eine direkt am Kobalt gebundene Methylgruppe. Spektrum ahnlich wie beim 5,6-Dimethylbenzimidazol-cobamid-coenzym. — R_f-Werte (5,6-Dimethylbenzimidazol-cobamid-coenzym = 1): in wasserges. sec. BuOH 1.8; in wasserges. sec. BuOH + 1% Eg. 1.5; in wasserges. sec. BuOH + NH_3 1.66. — Elektrophoret. Bewegl. in 0.5 n Eg. gegen die Kathode (Aquo-B_{12}=1): 0.43. — Licht- und Cyanidspaltung wie bei den ubrigen B_{12}-Coenzymen. — *Darst.:* Aus Vit. B_{12} durch Red. mit Zn in 10%ig. NH_4Cl zu der blaß-grunen, vermutlich 2wertiges Co enthaltenden Form und Zusatz eines Methylierungsmittels. — *Biol. Wi.:* Vermutlich als Coenzym des methioninbildenden „B_{12}-Enzyms" in E. coli wirksam. Wird durch das Äthylcobalamin dargest. aus reduz. Vit. B_{12} und Diathylsulfat) kompetitiv gehemmt (Hemmindex ca. 4).

4. B_{12}-Konjugate (IV)

4/1 **Cobinamid-konjugat**

Charakteristik: Spektrum, Maxima: in 0 5 n Essigsre. (Farbe gelb) bei 264, 302 und 458 mμ; in Wasser, p_H 7, bei 263, 304 und 455 mμ, in verd. NaOH, p_H 12, bei 261,303 und 458 mμ; R_f-Werte: in wasserges. sec. BuOH + 1% Eg. 0.22; in wasserges. sec. BuOH 0.19; in wasserges. sec. BuOH + NH_3 0.13. — *V.:* In zahlreichen Bakterienarten, vor allem in P. shermanii.

4/2 **Cobyrinsäure-abcdeg-hexamid-konjugat**

Die Substanz wurde aus einer Nocardia-rugosa-Mutante mit blockierter B_{12}-Bildung isoliert. Nahere Eigenschaften sind noch nicht bekannt.

Phenoxazone

Von **W. Schäfer,** München

1 Ommochrome

V.: Gelbe und rote Farbstoffe, Stoffwechselprodukte des Tryptophans, die bei Crustaceen (Augen, Haut), Insekten (Augen, Schlupfsekret, seltener in Flugeln) und Cephalopoden (Augen, Haut) vorkommen.

Butenandt, A.: Internat. Kongreß f. Reine und Angew. Chemie, Munchen 1959, S. 11.

1/1 ***Xanthommatin***

MG 423 *F* >350

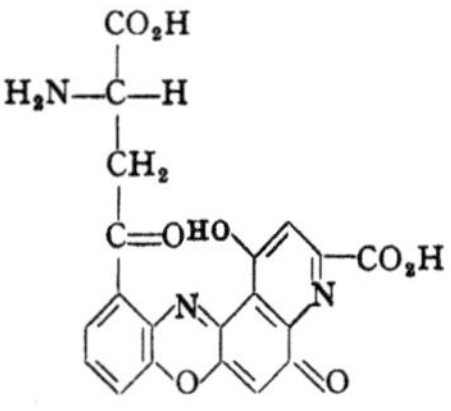

Charakteristik: Gelbbraunes amorphes Pulver; l. in Phosphatpuffer, Pyridin-Acetatpuffer p_H 6.5 in Me./HCl (daraus fällbar mit Natriumhydrogencarbonat); unl. in organ. Lsgm. — Instabil gegen Alkali. Mit 6n HCl entsteht *3-Hydroxy-kynurenin,* mit Alkali *2-Amino-3-hydroxy-acetophenon* und Xanthurensaure. Geht bei Reduktion reversibel in das rote instabile *Dihydro-xanthommatin* uber. — *B.:* Entsteht aus 3-Hydroxy-kynurenin mit Kaliumhexacyanoferrat (III). UV: λ_{max} 235,440 mμ (log 4.12; 0.1 m Phosphatpuffer p_H 7.0)

1/2 ***Rhodommatin***

MG 587 *F* >350

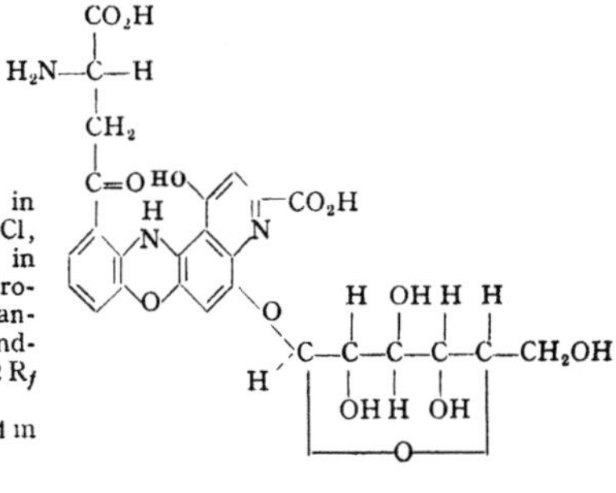

Charakteristik: Rotes amorphes Pulver, l in Phosphatpuffer, Pyridin-Acetat-Puffer, Me./HCl, unl. in allen organ. Lsgm. — Maßig stabil in Pufferlsgn. p_H < 8.5. Mit Sauren erfolgt Hydrolyse und Oxydation unter Bildung von Xanthommatin und Glucose. *Chromatographie:* Rundfilter im System Collidin-Lutidin-Wasser 1 : 1 : 2 R_f 0.4.
UV: λ_{max} 210, 377, 497 mμ (log 3.95; in 0.1 m Phosphatpuffer p_H 7.4).

1/3 ***Ommatin D***

MG 505 *F* > 350

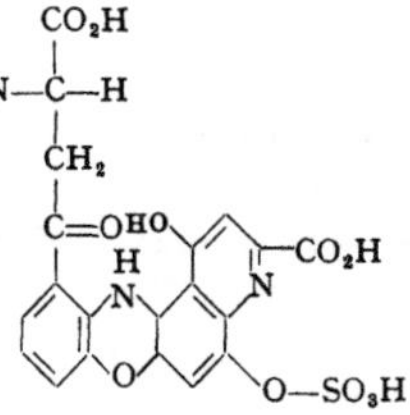

Charakteristik: Rotes, amorphes Pulver; l. in Phosphatpuffer, Pyridin-Acetatpuffer, Me./HCl; unl. in allen organ. Lsgm. — Mäßig stabil in Pufferlsgn. $p_H < 8.5$. Mit Säuren erfolgt Hydrolyse und Oxydation unter Bildung von Xanthommatin und Schwefelsäure. *Chromatographie* im System Collidin-Lutidin-Wasser 1 : 1 : 2 R_f 0.62. *UV:* λ_{max} 212, 370, 490 mμ (log 3.91; in 0.1 M Phosphatpuffer p_H 7.0).

2 Cinnabarin (Poystiktin)

MG 286.2 *F* 320

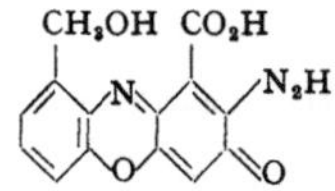

Charakteristik: Rote Nadeln; sll. in organ. Lsgm.; l. violett in H_2SO_4. Wird bei Reduktion hellgelb. — *UV:* λ_{max} 234, 260, 430 mμ in Dioxan. — *V.:* Roter Farbstoff von Pilzarten (Cariolus sanguineus, Trametes cinnabarina), die auf faulendem Holz wachsen.

Cavill, G. W. K.: Tetrahedron **5**, 275 (1959).

3 Actinomycine

Gelbrote Antibiotica, die von *Streptomyces*-Arten produziert werden. Die Actinomycine wurden von *Waksman* erstmals isoliert, von *Brockmann* und Mitarbeitern in die Komponenten zerlegt und die Konstitution aufgeklärt. *H. Brockmann:* in *L. Zechmeister,* Fortschr. Chem. organ. Naturst. **18,** 1 (1960).

Gemeinsame Charakteristik: Actinomycine sind Chromopeptide; sie bestehen aus einem in allen Actinomycinen gleichen Chromophor und einem Peptidteil aus 2 × 5 Aminosäuren. Charakteristisch ist die Lactonbildung zwischen dem endständigen N-Methylvalin und dem mit dem Chromophor verknüpften Threonin. Actinomycine sind schwache einsäurige Basen; sll. in W.; l. in organ. Lsgm. — Sie sind instabil gegen Säuren und Alkali. Systeme zur *Verteilungschromatographie:* Butanol-n-Dibutyläther 2:3/10% Na-m-kresotinat, Butylacetat-n-Dibutyläther 3:1/10% Na-m-kresotinat. — *UV:* λ_{max} 446, 424, 241 mμ in Cyclohexan. — *Wi.:* Actinomycine sind toxisch, zeigen cytostatische und antibiotische Wirksamkeit; sie hemmen das Wachstum von *B. subtilis* bis zu einer Verdünnung von $\sim 1.8 \cdot 10^{-6}$.

Chromophores System:

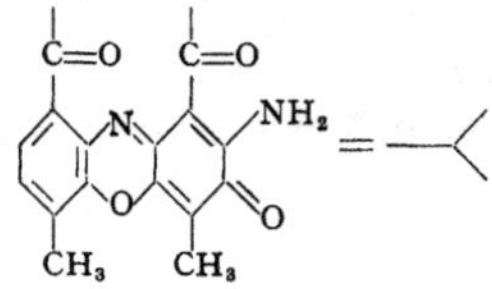

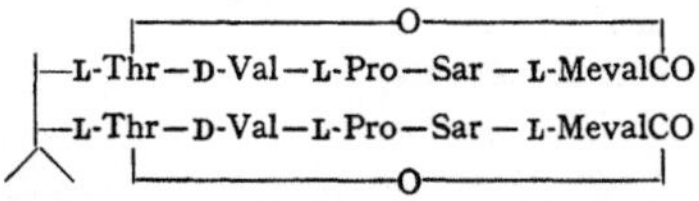

3/1 ***Actinomycin C₁***

MG 1255.5 *F* 241—43

Charakteristik: Gelbrote hexagonale Bipyramiden oder sechskantige Säulen. — $[\alpha]_D^{20}$ — 349° ± 10° (0.26 in Me.).

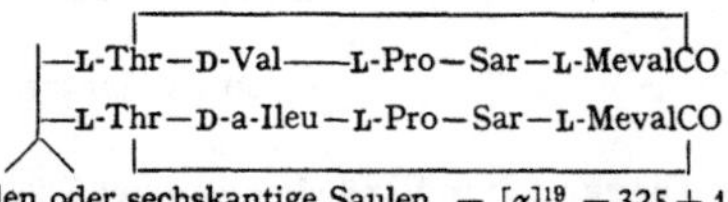

3/2 ***Actinomycin C₂***

MG 1269.4 *F* 237—39

Charakteristik: Gelbrote hexagonale Bipyramiden oder sechskantige Säulen. — $[\alpha]_D^{19}$ — 325 ± 10° (0.24 in Me.).

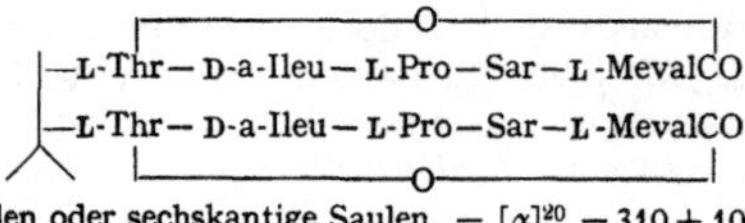

3/3 ***Actinomycin C₃***

MG 1283.2 *F* 232—35

Charakteristik: Gelbrote hexagonale Bipyramiden oder sechskantige Säulen. — $[\alpha]_D^{20}$ — 310 ± 10° (0.1 in Me.).

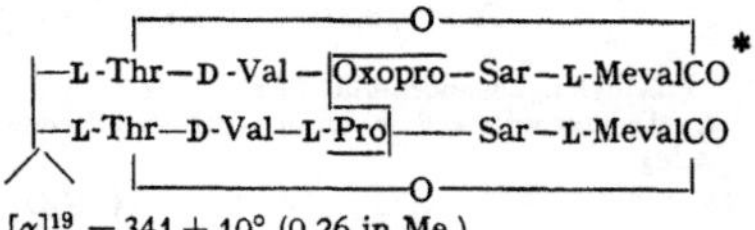

3/4 ***Actinomycin X₁***

MG 1269.5 *F* 249—50

Charakteristik: Gelbrote rhombische Plättchen. $[\alpha]_D^{19}$ — 341 ± 10° (0.26 in Me.).

---

* ⊏ Konstitutionsermittlung noch nicht abgeschlossen; die Aminosäuren können auch vertauscht in den Peptidketten stehen.

3/5 ***Actinomycin*** X_{1a}

MG 1243.4 *F* 246–47

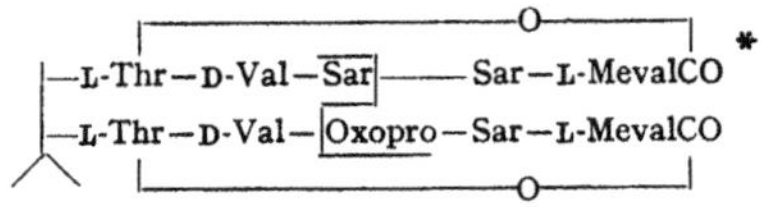

Charakteristik: Rote Prismen. $[\alpha]_D^{22}$ −468 ± 10° (0.2 in Ac.).

3/6 ***Actinomycin*** $X_{0\alpha}$

MG F 1245.4 251–52

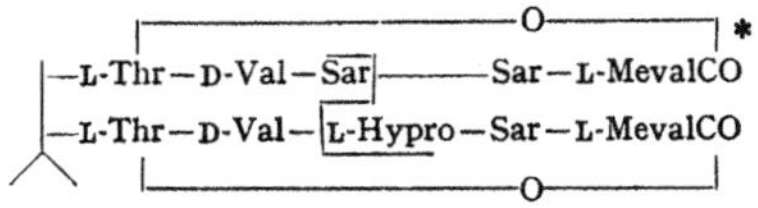

Charakteristik: Gelbrote Plattchen. $[\alpha]_D^{22}$ −468 ± 10° (0.2 in Ac.).

3/7 ***Actinomycin*** $X_{0\beta}$

MG 1271.5 *F* 245–47

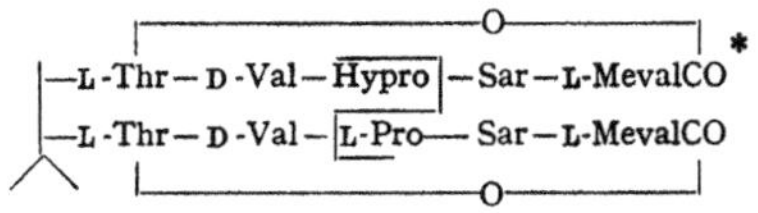

Charakteristik: Gelbrote Nadeln. $[\alpha]_D^{20}$ −261 ± 10° (0.22 in Ac.).

3/8 ***Actinomycin*** $X_{0\gamma}$

MG 1229.4 *F* 237–38 (Z.)

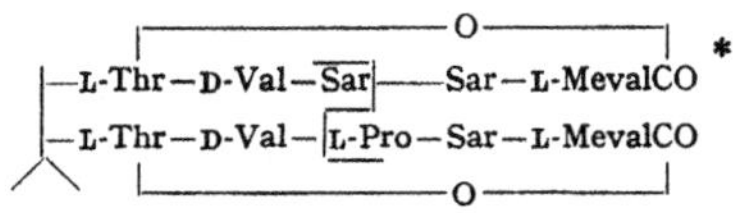

Charakteristik: Rote Bipyramiden. $[\alpha]_D^{22}$ −388 ± 10° (0.2 in Me.).

3/9 ***Actinomycin*** $X_{0\delta}$

MG 1271.5 *F* 245–46

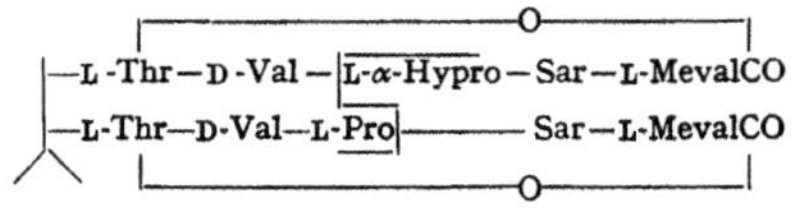

Charakteristik: Rote Prismen. $[\alpha]_D^{20}$ −297 ± 5° (0.2 in Me.).

---

* s. Fußnote S. 715.

Äthylenimin-Verbindungen

Von **A. Marxer**, Basel/Schweiz

Die zur Zeit in Versuchen zu einer Chemotherapie von Neoplasmen eine gewisse Rolle spielenden Äthylenimin-Verbindungen wären beim Einhalten einer strengen Systematik jeweils dort einzuordnen, wo der „Stammkörper" zu finden ist. Da sie jedoch als „Radiomimetica" eine Reihe biochemischer Wirkungen gemeinsam besitzen, seien sie nach dem Gesichtspunkt der gleichen funktionellen Gruppen hier zusammengefaßt. Wir bringen nur eine Auswahl der wichtigsten Substanzen.

1. Äthylenimine des Phosphors und Thiophosphors

1/1 Triäthylenphosphoramid (TEPA, Tris-(1-aziridinyl)-phosphinoxyd, Phosphorsäure-triäthylenimid)

MG 173.16 *F* 41 $Kp_{0,3}$ 90–91 $C_6H_{12}N_3OP$

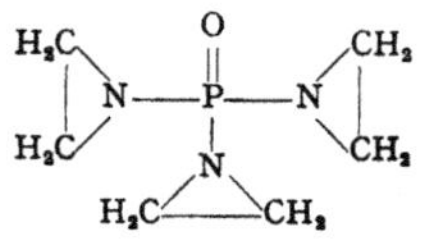

Charakteristik: Krist.; sll. in W.; ll. in A., Ae., Ac. — *Biol. Wi.:* Carcinostaticum im Tierversuch, Mutagen. — *Verwend.:* Versuch zur Chemotherapie v. malignen Lymphomen, chron. Leukämien, Carcinomen u. malignen Melanomen.

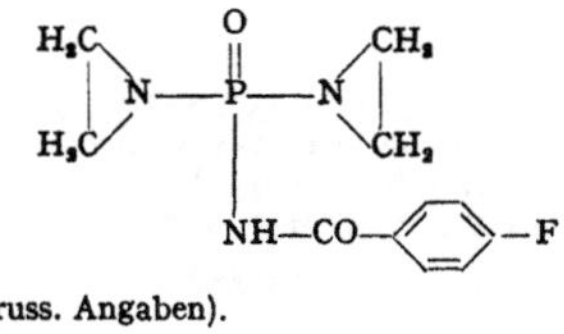

1/2 **p-Fluorbenzoyl-diäthylen-phosphoramid (p-Fluorbenzoylamino-bis-(1-äthylenimino)-phosphinoxyd)**

MG 269.21 *F* 240 (Z.) $C_{11}H_{13}FN_3O_2P$

Biol. Wi.: Hemmung mesenchymaler und epithelialer Tiertumoren, wie Sarkom 45, Guerin-Sarkom, Brown-Pearce-Tumoren; ohne Wi. auf Blutbild (russ. Angaben).

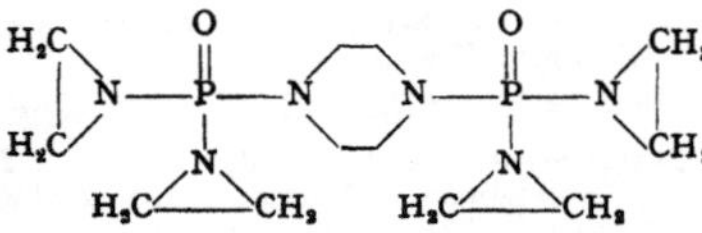

1/3 **P,P'-Tetra-äthylenimino-piperazino-(N,N')-diphosphinoxyd (Dipin)**

MG 346.32 *F* 186 $C_{12}H_{24}N_6O_2P_2$

Charakteristik: Krist.; l. in W. — *Biol. Wi.:* Hemmung des Rattensarkoms 45 und des Maussarkoms M-49.

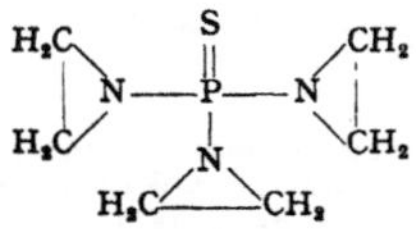

1/4 **Triäthylen-thiophosphoramid (Thio-TEPA)**

MG 189.26 *F* 51.5 $C_6H_{12}N_3SP$

Charakteristik: Krist.; 19 g/100 ml W. 25°; l. in Ae., Bzl. — *Biol. Wi.:* Carcinostaticum, Mutagen — *Verwend.:* Versuch zur Chemotherapie v. Carcinomen, malignen Lymphomen, chron. Leukämie, Melanomen.

2. Äthylenimine von ungesättigten, aliphatischen Alkoholen

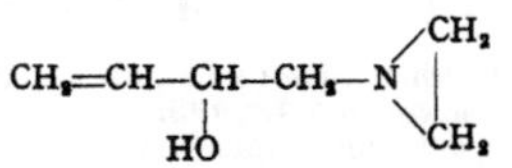

2-Hydroxy-buten-(3)-yl-(1)-äthylenimin (Tetramin)

MG 113.18 Kp_8 60—63 D_{20} 0.9699 $C_6H_{11}NO$

Charakteristik: Flüssigkeit; n_D^{20} 1.4712. — *Biol. Wi.:* Hemmend wirksam bei 8 Mäuse- und 7 Rattentumoren, z. B. Walker-Carcinosarkom, Guerin-Tumor, Yoshida-Sarkom.

3. Äthyleniminochinone und -hydrochinone

3/1 **2,5-Bis-äthylenimino-benzochinon**

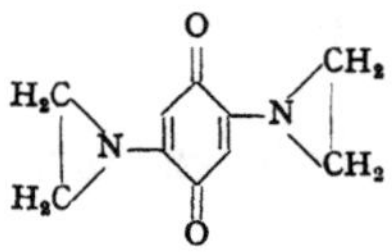

MG 190.20 *F* 206—207 $C_{10}H_{10}N_2O_2$

Charakteristik: Orange Krist.; sll. in W.; l. in Chlf. — *Biol. Wi.:* Wachstumshemmung von Yoshida-Sarkom, Ehrlich- und Walker-Carcinom. — *Verwend.:* Versuch zur Chemotherapie von Carcinomen.

3/2 **2,5-Bis-äthylenimino-benzohydrochinon**

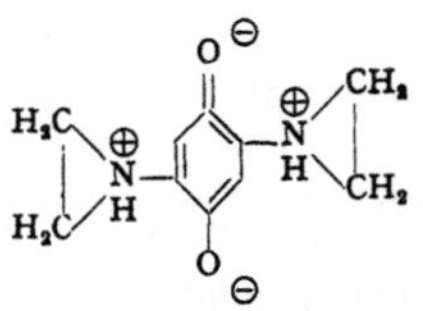

MG 192.22 *F* Verkohlen zwischen 220 u. 240°, bei Einbringen bei 240° rasche Z. $C_{10}H_{12}N_2O_2$

Charakteristik: Weißl., mikrokrist. Prismen od. Würfel; unl. in W. u. den üblichen organ. Lsgm.; l. in verd. Natronlauge. Lsgn. aber unbeständig. — *Biol. Wi.:* Carcinostaticum im Tierversuch bei Crocker-Sarkom 180, Ehrlich-Carcinom, Adenocarcinom E0 771, Walker-Carcinosarkom 256, Flexner-Joblin-Carcinom. — *Verwend.:* Versuch zur Chemotherapie von Carcinomen.

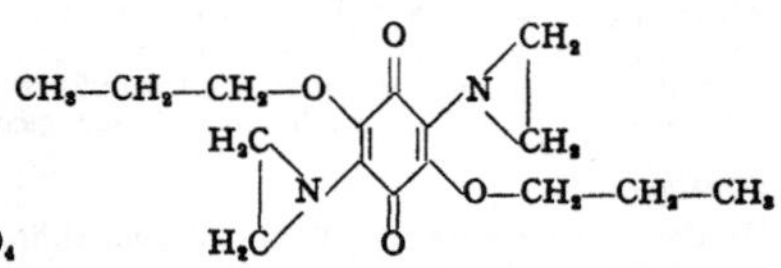

3/3 **2,5-Bis-äthylenimino-3,6-bis-propoxy-1,4-benzochinon (2,5-Di-äthylenimino-3,6-dipropyloxy-1,4-benzochinon, Bayer E 39)**

MG 306.35 *F* 103.5—104 $C_{16}H_{22}N_2O_4$

Charakteristik: Rötlich-braune Blättchen; unl. in W.; l. in Propylenglykol, Butylenglykol, Polyglykolen u. Methylacetamid. Lsgn. sind nach Verdunnen mit W. wenig haltbar. — *Biol. Wi.:* Wachstumshemmung von Yoshida-Sarkom, Ehrlich-Carcinom und Walker-Carcinom. — *Verwend.:* Intratumorale Injektion bei inoperablen Tumoren, intravenöse Injektion bei verschiedenen Neoplasmen.

3/4 **2,5-Bis-(methoxy-äthoxy)-3,6-bis-äthylenimino-1,4-benzochinon (Bayer A 139: Bayer E 39 solubile)**

MG 338.35 *F* 78.5–79.5 $C_{16}H_{22}N_2O_6$

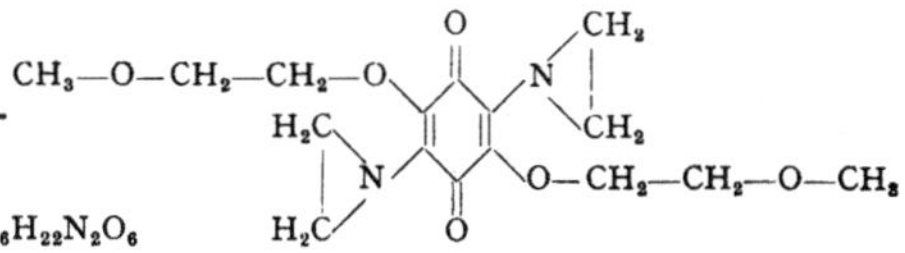

Charakteristik: Braunrote Blattchen; l. in W. — *Biol. Wi.* u. *Verwend.:* vgl. voranstehende Substanz.

3/5 **2,3,5-Tris-äthylenimino-1,4-benzochinon (Trenimon; Tris)**

MG 231.25 *F* 162.5–163 $C_{12}H_{13}N_3O_2$

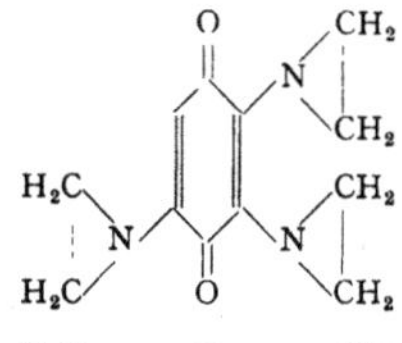

Charakteristik: Violette Krist.; l. in W. — *Biol. Wi.:* Cytostaticum bei Yoshida-Sarkom u. Ehrlich-Carcinom. — *Verwend.:* Chemotherapie maligner Tumoren (Mammacarcinom, Ovarialcarcinom, Leukamien, Lymphogranulome).

3/6 **Tetra-äthylenimino-1,4-benzochinon (aus der Klasse der Stellachinone)**

MG 272.30 *F* 247–248 (Expl.) $C_{14}H_{16}N_4O_2$

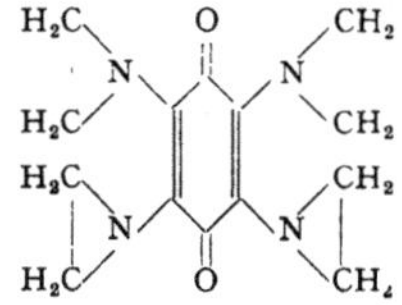

Charakteristik: Schwarze Krist. — *Biol. Wi.:* Im Tierversuch starkes Cytostaticum, insbes. beim Jensen-Sarkom.

4. Äthylenimine von Heterocyclen

Triäthylenmelamin (2,4,6-Tris-(1-aziridinyl)-s-triazin, 2,4,6-Tris-(äthylenimino)-s-triazin, 2,4,6-Triäthylenimino-1,3,5-triazin, TEM)

MG 204.33 *ZP* 139 $C_9H_{12}N_6$

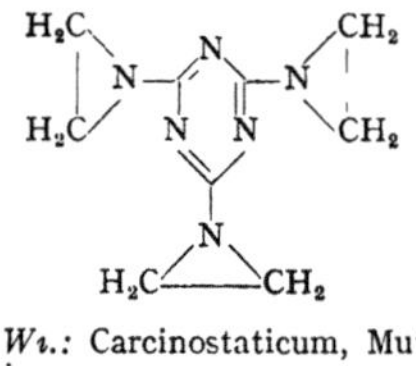

Charakteristik: Kl. Krist. (Chlf.); wssr. Lsg. reagiert neutral; 40% in W. (W./W.) 26°; 28.1% in Chlf.; 19.7% in Dioxan; 7.7% in A.; 5.6% in Bzl.; 4.8% in Dimethyl-Cellosolve; 4.7% in Methyläthylketon; 4.5% in Äthylacetat, 3.6% in CCl_4. — *Biol. Wi.:* Carcinostaticum, Mutagen. — *Verwend.:* Chemotherapie v. malignen Lymphomen, Leukamien.

B. Makromolekulare Verbindungen

Polysaccharide

Von **E. Husemann** und **R. Werner**, Freiburg/Br.

Literatur: S. 733.

1 **Cellulose**

MG $(162.14)_n$, 1.5×10^6
β-1,4-Glucan, unverzweigt

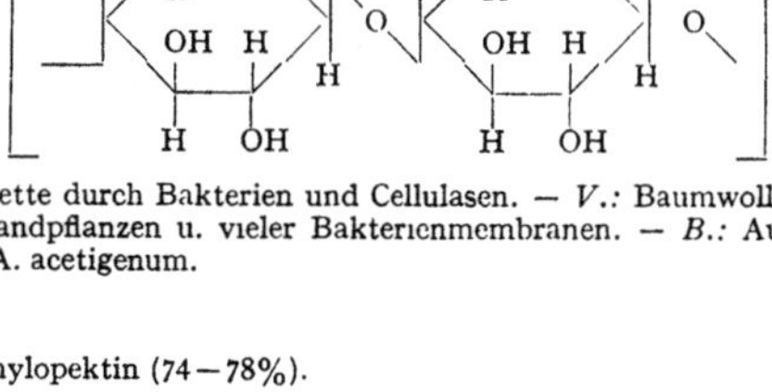

Charakteristik: Fasern; unl. in W., A., Ae.; l. in Schweizers Reagens: $[Cu(NH_3)_4](OH)_2$, $N(C_2H_5)_4OH$, konz. H_3PO_4; durch konz. H_2SO_4 u. HCl Abbau zu Glucose; mit N_2O_4 Oxydation zu Celluronsaure; Abbau der Cellulosekette durch Bakterien und Cellulasen. — *V.:* Baumwolle, Hauptbestandteil der Zellwande der Landpflanzen u. vieler Bakterienmembranen. — *B.:* Aus Glucose durch Acetobacter xylinum u. A. acetigenum.

2 **Stärke**

Gemisch von Amylose (22–26%) u. Amylopektin (74–78%).

Charakteristik: Fur die Starkearten charakterist. Körner mit 12–20% W.; Trocknen i. V. uber P_2O_5; unl. in W. bis etwa 55°; uber 55° Quellung; Verkleisterungstemp. 55–70°; l. in kalt. verd. Laugen, fl. NH_3, Formamid, Dimethylsulfoxyd, h. Glycerin; $[\alpha]_D$ ca. +203° (wssr. $CaCl_2$-Lsg.). — *V.:* Bes. in Kartoffel, Mais, Weizen, in allen grunen Pflanzen als Reservekohlenhydrat. Best. Maissorten enthalten bis zu 98% Amylose, andere fast nur Amylopektin.

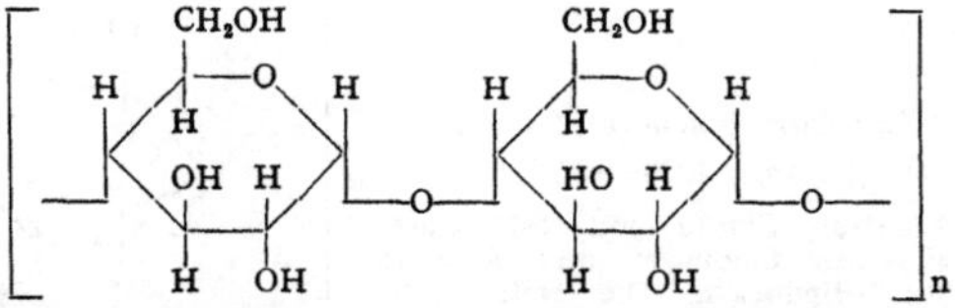

3 **Amylose**

MG $(162.14)_n$, 1×10^6

α-1,4-Glucan, unverzweigt

Charakteristik: l. in h. W. (in k. W. Retrogradation) u. den Lsgm. der Stärke; Isolierung aus Stärke durch Diffusion in wssr. Lsg. u. Fällung als Butanolkomplex; $+ J_2 \rightarrow$ tiefblaue Färbg.; durch Säuren Abbau zu Glucose; α-Amylase spaltet im Innern $\rightarrow$ Glucose + Maltose; β-Amylase spaltet vom nichtreduz. Ende her $\rightarrow$ Maltose; enzymat. Synthese aus Glucose-1-P durch Phosphorylase. — *Tricarbanilat:* $[\alpha]_D$ $-82{,}5°$ (Py.). — *Lit.:* [*1, 2, 3*].

4 **Amylopektin**

MG $(162.14)_n$, bis 6×10^6

α-1,4-Glucan mit Verzweigungen über α-1,6-Bindungen; auf 25 Glucoseeinheiten eine Endgruppe.

Charakteristik: Mit W. Kleisterbildung; $+ J_2$ blauviolette bis purpurne Färbg.; + α-Amylase $\rightarrow$ Maltose u. Panose; + β-Amylase $\rightarrow$ Maltose u. Grenzdextrine; mit Säure Abbau zu Glucose. — *Tricarbanilat:* $[\alpha]_D$ $-62{,}0°$ (Py.).

5 **Glykogen**

MG $(162.14)_n$, bis zu 23×10^6

α-1,4-Glucan mit Verzweigungen über α-1,6-Bindungen, ähnlich Amylopektin, jedoch stärker verzweigt; eine Endgruppe auf 12—18 Glucoseeinheiten.

Charakteristik: Amorph, l. in W., verd. Laugen, Formamid; unl. in A., Ae., Ac.; $+ J_2$ rotbraune Färbg.; mit Säuren Abbau zu Glucose; mit α- und β-Amylase $\rightarrow$ Glucose, Maltose + Grenzdextrine. — *V.:* In tierischen Zellen, bes. Leber. — *Pflanzliches Glykogen in Pilzen u. unreifen Samen von „Golden Bantam“:* $[\alpha]_D$ +198 bis +200° (W.). — *Hefeglykogen: MG* 2×10^6; $[\alpha]_D$ +198,3° (W.).

6 **Lichenin (Lichenan)**

MG $(162.14)_n$, 1,5 bis 3×10^5

Unverzweigtes Glucan mit β-1,4- und β-1,3-glucosidischen Bindungen im Verhältnis 2 : 1; geringer Methoxylgehalt (0,4%)

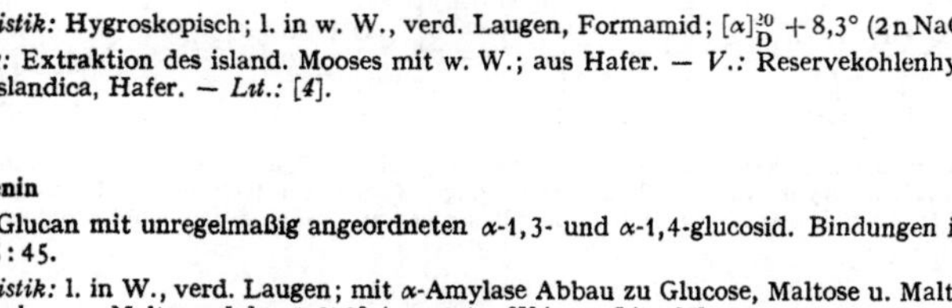

(mögl. Struktur)

Charakteristik: Hygroskopisch; l. in w. W., verd. Laugen, Formamid; $[\alpha]_D^{20}$ +8,3° (2 n NaOH). — *Isolierung:* Extraktion des island. Mooses mit w. W.; aus Hafer. — *V.:* Reservekohlenhydrat in Cetraria islandica, Hafer. — *Lit.:* [*4*].

7 **Isolichenin**

Lineares Glucan mit unregelmäßig angeordneten α-1,3- und α-1,4-glucosid. Bindungen im Verhältnis 55 : 45.

Charakteristik: l. in W., verd. Laugen; mit α-Amylase Abbau zu Glucose, Maltose u. Maltotriose mit β-Amylase zu Maltose; $[\alpha]_D$ +272° (c = 0,49, W.). — *Lit.:* [*5*].

8 **Pustulan**

Glucan aus D-Glucopyranosen aufgebaut, mit β-1,6-glucosidischen Bindungen.

Charakteristik: l. in verd. Laugen; $[\alpha]_D^{20}$ $-44°$ (2 n NaOH). — *V.:* In Umbilicaria Flechten. — *Lit.:* [*6*].

9 Laminarin (Laminaran)

MG $(162.14)_n$, 2000–5000

Lineares Glucan mit β-1,3-glucosidischen Bindungen und einzelnen β-1,6-Bindungen. Die Halfte aller Moleküle enthält D-Mannit als Endgruppen eingebaut.

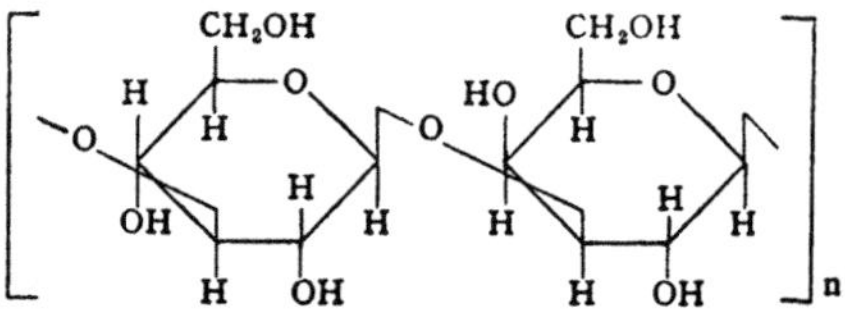

(Überwiegende Bausteinfolge)

Charakteristik: l. in k. W.; Auftrennung in leichtl. und schwerl. Fraktion; leichtl. Fraktion hat mehr β-1,6-Bindungen u. mehr Mannitreste im Molekül; Retrogradation; Zusatz von Glycerin verhindert diese. — *Triacetat:* $[\alpha]_D^{18}$ −52,0° (Chlf.). — *V.:* In braunem Seetang, Laminaria claustoni, L. digitata. — *Lit.:* [*7, 8*].

10 Luteose (Lutean, Luteic acid)

Lineares Glucan mit β-1,6-glucosidischen Bindungen. Außerdem ist an jeden zweiten Glucoserest ein Molekul Malonsäure esterartig gebunden.

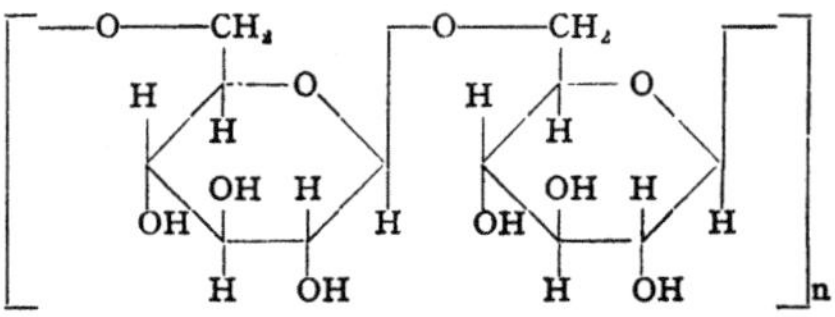

Charakteristik: l. in W.; milde alkalische Hydrolyse spaltet Malonsäure ab, u. es bleibt die eigentliche Luteose zurück; $[\alpha]_D$ + 32 bis 33° (NaOH). — *B.:* Durch Einwirkung von Penicillium luteum auf die meisten Kohlenhydrate. — *Lit.:* [*9*].

11 Hefeglucan

MG $(162.14)_n$

Lineares Glucan mit β-1,3- und β-1,6-glucosidischen Bindungen. Wahrscheinlich Blöcke mit 1,6-Bindungen und solche mit 1,3-Bindungen. Die Blöcke mit 1,6-Bindungen sind mindestens 3-Glucosereste lang. 10–20% aller Bindungen sind 1,6-Bindungen.

Charakteristik: Extrem unl.; l. in 40–42%iger HCl, h. 90%iger Ameisensäure. — *Triacetat:* $[\alpha]_D^{18}$ −62,3° (Chlf.). — *V.:* Polysaccharid der Hefezellmembranen (Saccharomyces cerevisiae). — *Lit.:* [*10, 11*].

12 Nigeran (Mycodextran)

MG $(162.14)_n$, 48000–52000

Lineares Glucan mit alternierenden α-1,3- u. α-1,4-glucosidischen Bindungen

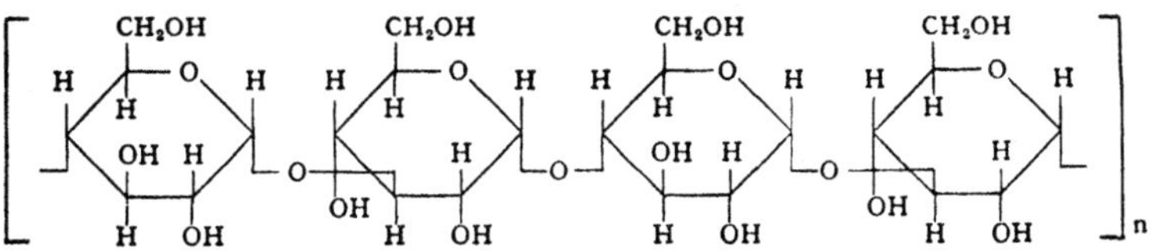

Charakteristik: l. in verd. Laugen; unl. in h. W.; keine Jodfarb.; kein Abbau durch α-Amylase u. β-Amylase; Hydrolyse zu Glucose mit 7%iger H_2SO_4 bei 100° in 6 Std. vollstandig; $[\alpha]_D$ + 283° (1 n NaOH). — *B.:* Durch Aspergillus niger aus den meisten Kohlenhydraten. — *Lit.:* [*12, 13*].

13 Pullulan

MG $(162.14)_n$, ca. 100000

Lineares Glucan mit α-1,4- und α-1,6-glucosidischen Bindungen im Verhaltnis 2 : 1; d. h. Maltotrioseeinheiten sind α-1,6-glucosidisch miteinander verknüpft.

Charakteristik: l. in W.; $[\alpha]_D$ + 192° (c = 1,5, W.); keine Jodfarbg. — *B.:* Durch Einwirkung von Pullularia pullulans auf Glucose. — *Lit.:* [*14*].

14 Dextrane (Bakteriendextrane)

MG (162.14)n, bis 6 × 10⁸ u. höher

α-1,6-Glucan mit Verzweigungen über α-1,4- u. α-1,3-Bindungen; auch 1,2-Bindungen kommen in manchen Arten vor; oft nur ein Glucoserest als Seitenkette (80% der Seitenketten nur 1 Glucoserest lang).

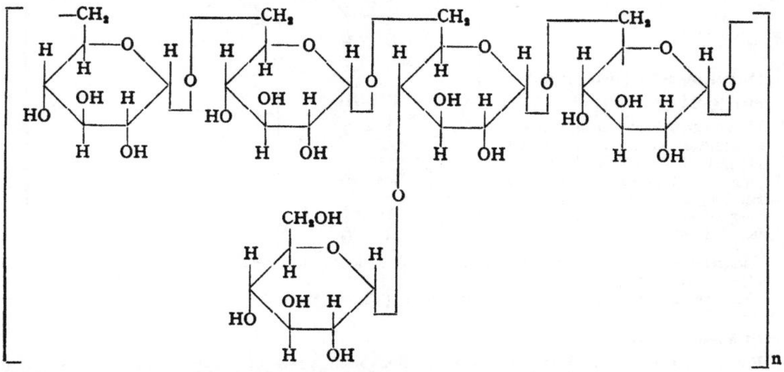

Dextran aus Leuconostoc mesenteroides: ungefähr an jedem 5. Glucoserest eine Seitenkette.
Dextran aus L. dextranicum: ungefähr an jedem 8. Glucoserest eine Seitenkette.
Charakteristik: l. in W.; unl. in A., Ac. — *B.:* Durch Einwirkung von Leuconostoc mesenteroides oder L. dextranicum auf Saccharose; enzymatische Synthese mit zellfreiem Extrakt. — *Biolog. Bed.:* Blutplasmaersatz (Fraktionen von *MG* 4 × 10^4 bis 3 × 10^5). — *Lit.:* [*15*].

15 Glucan des Phytomonas (Agrobacterium) tumefaciens (Crown gall polysaccharide)

MG (162.14)n, 3000—4000

Lineares Glucan mit β-1,2-glucosidischer Verknüpfung

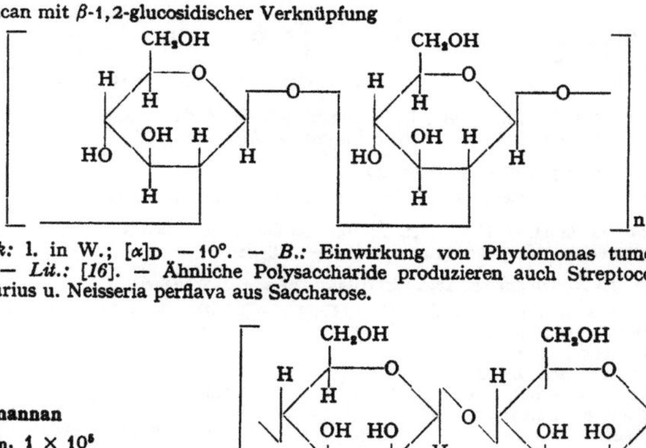

Charakteristik: l. in W.; $[\alpha]_D$ −10°. — *B.:* Einwirkung von Phytomonas tumefaciens auf Saccharose. — *Lit.:* [*16*]. — Ähnliche Polysaccharide produzieren auch Streptococcus bovis, Strept. salivarius u. Neisseria perflava aus Saccharose.

16 Steinnußmannan

MG (162.14)n, 1 × 10^6

Lineares Mannan mit β-1,4-glykosidischen Bindungen

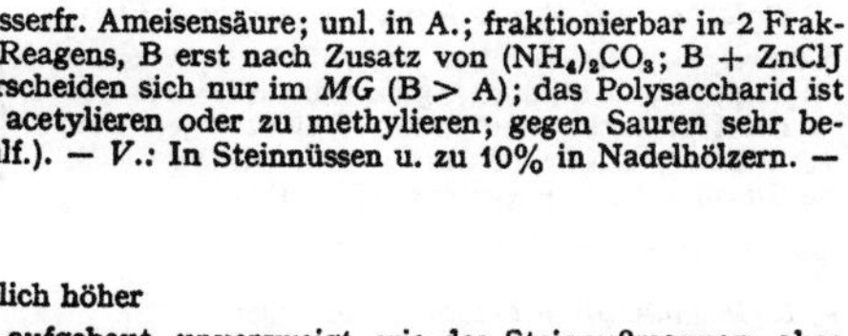

Charakteristik: l. in verd. Alkali, in wasserfr. Ameisensäure; unl. in A.; fraktionierbar in 2 Fraktionen A u. B; A ist l. in Schweizers Reagens, B erst nach Zusatz von $(NH_4)_2CO_3$; B + ZnClJ → blauviolette Färbg.; A und B unterscheiden sich nur im *MG* (B > A); das Polysaccharid ist sehr reaktionsträge u. nur schwer zu acetylieren oder zu methylieren; gegen Sauren sehr beständig. — *Triacetat:* $[\alpha]_D^{17}$ −25,2° (Chlf.). — *V.:* In Steinnüssen u. zu 10% in Nadelhölzern. — *Lit.:* [*17*].

17 Salepmannan

MG (162.14)n, ca. 200000, wahrscheinlich höher

β-1,4-Mannan aus D-Mannopyranosen aufgebaut, unverzweigt, wie das Steinnußmannan, aber an jedem 12. Mannoserest eine Acetatgruppe.

Charakteristik: l. in W., durch Säuren u. Laugen schnelle Verseifung der Acetylgruppen u. Ausfällung des Mannans; dann Eigenschaften wie Steinnußmannan; $[\alpha]_D$ −35° (6%ig. NaOH). — *V.:* In Tubera salep. — *Lit.:* [*18*].

18 Hefemannan (Hefegummi)

MG $(162.14)_n$, 30000–70000

Verzweigtes Mannan mit α-1,6-glykosidischen Bindungen in der Hauptkette und Seitenketten an jedem 2. Mannoserest über 1,2-Bindungen (β-Bindungen nicht ausgeschlossen), auch Vorkommen von 1,3-Bindungen.

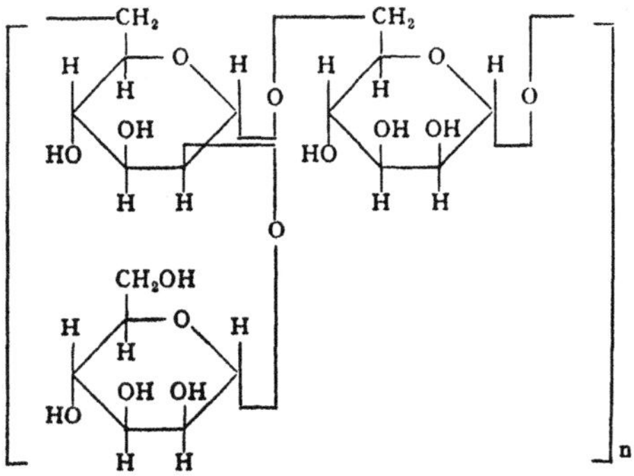

Charakteristik: Hygroskop. Pulver; ll. in k. W.; nicht reduzierend; $[\alpha]_D^{21}$ +89°. (W.). — *V.:* In Hefe. — *Lit.:* [*19*].
Ähnliches Mannan aus Saccharomyces rouxii; $[\alpha]_D$ +58° (W.). — *Lit.:* [*20*].

19 Mannocarolose

Polysaccharid bestehend aus α-1,6-verknüpften Mannopyranosen, stark verzweigt über 1,4-Bindungen. Genaue Struktur unbekannt.

Charakteristik: Hygroskop.: l. in W.; $[\alpha]_{5780}^{21}$ +66° (W.). — *B.:* Aus Glucose durch Penicillium charlesii G. Smith. — *Lit.:* [*21*].

20 Galaktane

MG $(162.14)_n$

a) Galaktan aus Lupinus albus

Lineares Galaktan aus β-1,4-verknüpften D-Galaktopyranoseresten

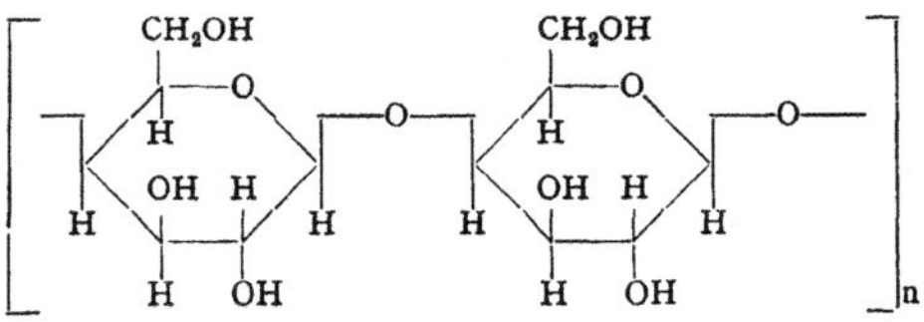

Charakteristik: l. in W.; unl. in A.; Isolierung ist schwierig, da schlecht von Begleitstoffen zu trennen. — *V.:* In den Samen der weißen Lupine. — *Lit.:* [*22*].

b) Galaktan aus Strychnos nux-vomica

β-1,4-D-Galaktan mit Verzweigungen über 1,3- und 1,4-glykosidische Bindungen

Charakteristik: wie oben. — *V.:* In den meisten Landpflanzen neben Arabanen, Polygalakturonsäuren u. Xylanen, bes. Strychnos nux-vomica. — *Lit.:* [*23*].

c) Galaktan aus Schneckenmucin (Helix pomatia, Galaktogen)

Verzweigtes Galaktan mit 1,3- und 1,6-glykosidischen Bindungen; Art der Bindung unbekannt; Bausteine: D-Galaktopyranose und L-Galaktopyranose (Gal*p*) im Verhältnis 6:1; L-Galaktopyranose wahrscheinlich in der Hauptkette

[—3 Gal*p* 1 — 3 Gal*p* 1 — 3 Gal*p* 1 — 3 Gal*p* 1 —]$_n$
(6 → 1 Gal*p* an den Resten 2, 3 und 4 der Hauptkette)

(mögliche Struktur)

Charakteristik: Viskose Lsgn. in W.; reduziert Fehlingsche Lsg. nur schwach; $[\alpha]_D^{25}$ −20°. (W.). — *V.:* In Helix pomatia. — *Lit.:* [*24*].

d) Galaktan aus Rinderlunge (Pneumogalaktan)

Verzweigtes Galaktan, nur aus D-Galaktopyranosen (D-Gal*p*) aufgebaut, mit 1,6-glykosidischen Bindungen in der Hauptkette und kurzen Seitenzweigen über 1,3-Bindungen. Neben Galaktose noch geringer Gehalt an Glucuronsäure; Begleiter des Heparins.

[— 6n D-Gal*p* 1 — 6 D-Gal*p* 1 —]$_n$
(3 → 1 D-Gal*p* am zweiten Rest)

Charakteristik: l. in W.; $[\alpha]_D^{25}$ +18° (c = 0,2, W.). — *Lit.:* [*25*].

e) Mykogalaktan aus Aspergillus niger

Struktur unbekannt; nur aus Galaktoseresten aufgebaut.

Charakteristik: l. in W. bei leichtem Erwärmen; fällt aus, wenn die Lösung durch Eis gekühlt wird; $[\alpha]_D^{20}$ +284°(W.). — *V.:* In der überstehenden Lsg. der Kultur von Aspergillus niger, nachdem das Nigeran abgetrennt ist. — *Lit.:* [*26*].

21 Galaktocarolose

Lineares Galaktan aus β-1,5-verknüpften D-Galaktofuranoseresten.

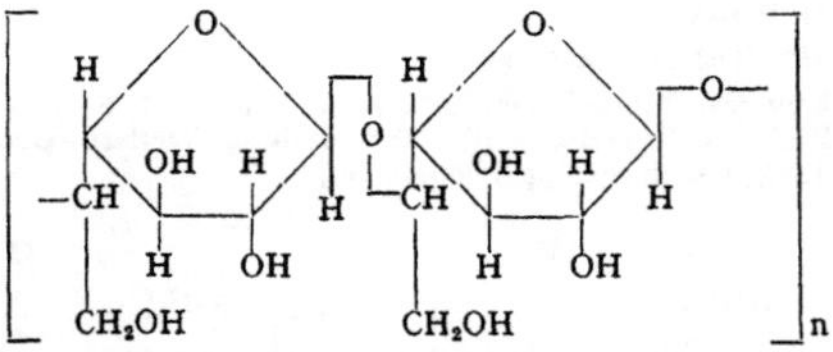

Charakteristik: Hygroskop. Pulver; ll. in W.; reduziert Fehlingsche Lsg. allmählich; wird von 0,01 n HCl bei 100° schnell zu D-Galaktose abgebaut; $[\alpha]_{5780}$ −84° (W.). — *B.:* Aus D-Galaktose oder D-Glucose durch Einwirkung von Penicillium charlesii G. Smith neben Mannocarolose. — *Lit.:* [*27*].

22 Xylan aus Espartogras

MG $(162.14)_n$; 13000

Weitgehend lineares Xylan aus β-1,4-verknüpften D-Xylopyranoseresten mit einer Seitenkette über eine β-1,3-Bindung

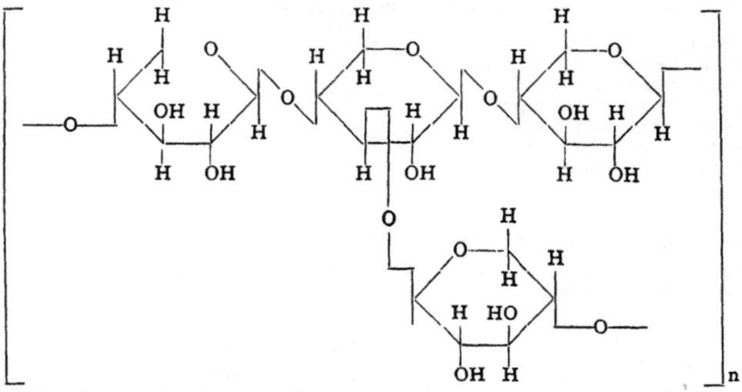

Charakteristik: unl. in W.; l. in verd. Laugen; $[\alpha]_D$ −90 bis −100°; wird von Säuren leicht hydrolytisch abgebaut. — *V.:* Im Gras Stipa tenacissima neben Hemicellulosen. — *Lit.:* [*28*].

23 Araban

MG $(132.12)_n$, ca. 6000

L-Arabofuranosekette mit α-1,5-glykosidischen Bindungen und Verzweigungen über 1,3-Bindungen.

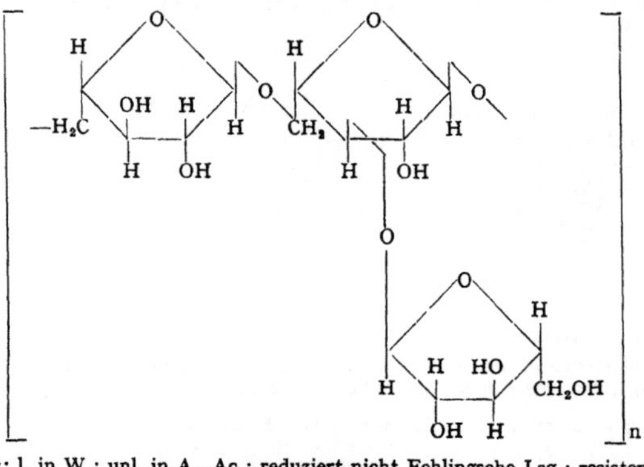

Charakteristik: l. in W.; unl. in A., Ac.; reduziert nicht Fehlingsche Lsg.; resistent gegen alkalischen Abbau, auf diese Weise Trennung von Pektinen; $[\alpha]_D^{21}$ −160° (W.). — *V.:* In fast allen Landpflanzen neben Galaktanen und Polyuronsäuren; Isolierung aus Erdnüssen (Arachis hypogaea). — *Lit.:* [*29*].

24 Inulin

MG $(162.14)_n$ ca. 6000

Unverzweigte D-Fructofuranosekette mit β-1,2-glykosidischer Verknupfung, am reduzierenden Ende ein Glucoserest uber 2,1-Bindung. Weitere Glucosereste in der Fructosekette in 1,3-Bindung; Glucosegehalt ungefähr 6%.

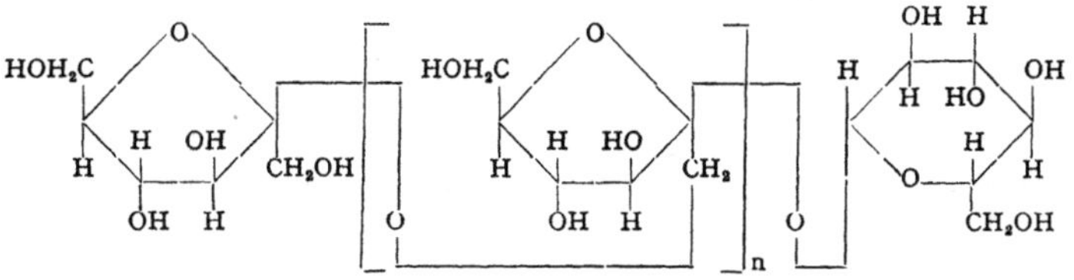

Charakteristik: Hygroskop. Krist., wl. in k. W.; ll. in w. W.; 0,01 W. 0°; 0,02 A. 16°. $[\alpha]_D^{20}$ −40,2° (W.). — *V.:* In Dahlienknollen, Chicorec, Artischocken. — *Lit.:* [30].

25 Andere Fructosane vom Inulintyp: (1,2-Verknüpfung):

Irisin: *V.:* In Iriswurzeln.
Asparagosin: *V.:* In Spargelwurzeln.
Sinistrin: *V.:* In Meerzwiebeln.
Tricitin: *V.:* In Agropyron repens.
Kritesin: *V.:* In Gerstenähren.
Graminin: *V.:* In Roggenähren.
Sitosin: *V.:* In Weizenähren.

26 Lävane (Fructosane vom Phleintyp)

D-Fructofuranosekette mit β-2,6-glykosidischer Verknüpfung, am reduzierenden Ende ein Glucoserest über 2,1-Bindung.

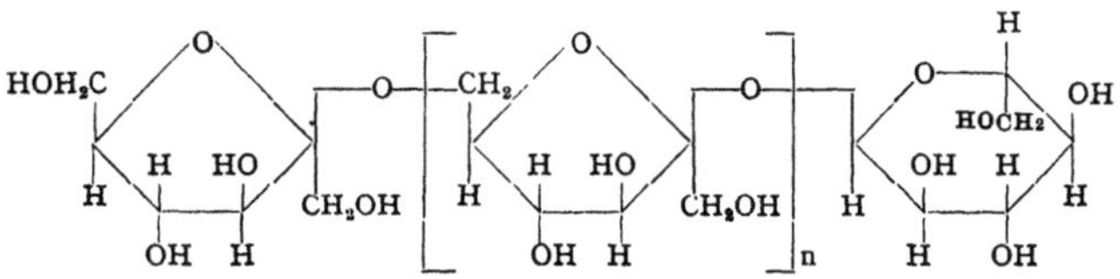

Charakteristik: ll. in W. — *V.:* In Grasern. — *B.:* Durch Bacillus subtilis ($[\alpha]_D$ — 54°) oder Bacillus mesentericus aus Saccharose. — Aerobacter levanicum synthetisiert aus Saccharose Lävane bis *MG* 17.3 × 10^6. — *Lit.:* [31]. — Verschiedene Pseudomonas- und Xanthomonas-Species sowie Streptococcen Gruppe H synthetisieren Lävane neben Dextranen. — Lävan aus B. mesenteroides: *MG* 8000. — *Lit.:* [32].

27 Andere Fructosane vom Phleintyp:

Phlein: *V.:* In Phleum pratense.
Poain: *V.:* In Poa trivialis.
Secalin: *V.:* In Roggenstroh.
Pyrosin: *V.:* In Weizenhalmen.
Avenarin: *V.:* In Haferhalmen.
Aigilopsin: *V.:* In Haferähren.

28 Fructosan aus Weizenkorn

Verzweigtes Polysaccharid aus D-Fructofuranoseresten (Fru*f*) mit 2,6- und 1,2-glykosidischen Bindungen und Glucoseendgruppe (Glc*p*) über 2,1-Bindung.

```
Fruf 2—6 Fruf 2—6 Fruf 2—6 Fruf 2—6 Fruf 2—6 Fruf 2— ··· —1 Glcp
              1                 1
              |                 |
              2                 2
            Fruf              Fruf
```

Lit.: [33].

29 **Fructosan aus Vera Cruz Mill**

MG 6000—7000

Strukturvorschlag:

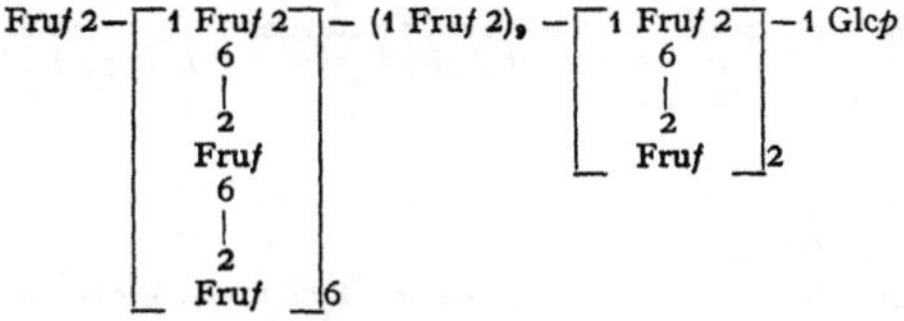

Lit.: [*34*].

30 **Xylane (die außer Xylan noch andere Zuckerbausteine enthalten)**

a) Xylan aus Birnen

Struktur ähnlich dem Xylan aus Espartogras, doch außerdem D-Glucuronsaurereste über 1,3-Bindungen als Seitenketten. — *V.:* In den Zellwänden von Birnen. — *Lit.:* [*35*].

b) Birken-Xylan

MG 25000—30000

Lineares Xylan mit β-1,4-glykosidischer Verknüpfung, ungefähr jeder 10. bis 15. Xyloserest besitzt eine 4-O-Methylglucuronsäure über 1,2-Bindung als Seitenkette; außerdem ziemlich hoher Gehalt an Essigsäure und Ameisensäure bei Birkenholzxylan. — *V.:* In Harthölzern, Buchen, bes. Birken. — *Lit:* [*36, 37, 38*].

c) Araboxylan aus Espartogras

β-D-1,4-Xylan mit L-Arabofuranose (Araf)-Seitenketten über 1,3-Bindungen

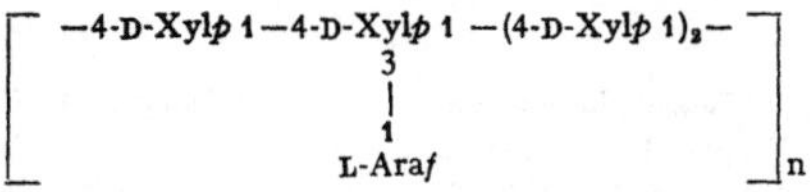

V.: Neben reinem Xylan in den Hemicellulosen in Espartogras.

Charakterisierung der Xylane: Die meisten Xylane sind wasserunlöslich mit Ausnahme der hochsubst. Araboxylane; l. in verd. Laugen; durch Säuren leicht hydrolytischer Abbau. — *Lit.:* [*39*].

31 **Arabogalaktan aus Lärche (ε-Galaktan)**

MG 30000—60000

Stark verzweigtes Polysaccharid, bestehend aus D-Galaktopyranose-(Galp) u. L-Arabofuranose-(Araf)-Resten, die über 1,3- und 1,6-Bindungen verknüpft sind. Verhältnis Arab.: Galakt. = 1:6. Art der Bindungen unbekannt.

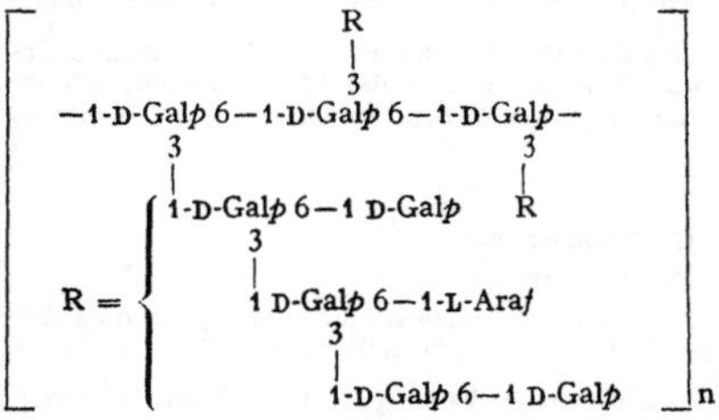

Strukturvorschlag:

Charakteristik: $[\alpha]_D$ +16,5° (2%, W.); l. in W.; unl. in A. — *V.:* In Laris occidentalis. — *Lit.:* [*40 41*].

32 **Guaran (Guar Gummi)**

MG $(162.14)_n$, 220000

Verzweigtes Galaktomannan, Hauptkette β-D-1,4-Mannan mit einzelnen D-Galaktopyranosen über α-1,6-Bindungen als Seitenketten; D-Mannose: 64%, D-Galaktose: 35%.

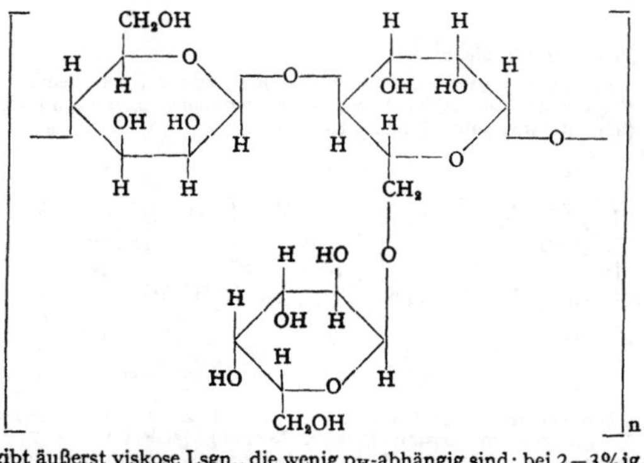

Charakteristik: l. in k. W.; ergibt äußerst viskose Lsgn., die wenig p_H-abhängig sind; bei 2—3%ig. Lsgn. Gelbildg. — *V.:* In den Samen von Cyamopsis tetragonoloba. — *Lit.:* [*42*].

33 **Carubin (Carob bean gum oder Locust bean gum)**

MG $(162.14)_n$, 300000

Struktur ähnlich wie Guaran, jedoch weniger Galaktosereste, nur an jedem 4. oder 5. Mannoserest der Hauptkette. — *V.:* Hauptbestandteil der Samen von Ceratonia siliqua. — ***Methyläther:*** $[\alpha]_D^{18}$ $-4°$ (Ac.). — *Lit.:* [*43, 44*].

34 **Lucerne-Samen-Gummi (Alfalfa)**

Stark verzweigtes Galaktomannan mit 1,4- u. 1,6-Bindungen. Verhaltnis Galaktose zu Mannose ungefahr 2 : 1.

Charakteristik: l. in W. — *V.:* In Lucernesamen. — *Lit.:* [*45*].

35 **Glucomannane**

Unverzweigte Polysaccharide aus β-1,4-glykosidisch verknupften D-Mannopyranosen u. D-Glucopyranosen in verschiedenem Verhaltnis.

Charakteristik: wl. in W.; l. in Laugen. — *V.:* In den Samen verschiedener Landpflanzen, neben Cellulose in Coniferenholz, weniger in Harthölzern; ebenso in Knollen verschiedener Amorphophallusarten. — *Lit.:* [*46, 47*].

36 **Galaktoglucomannan**

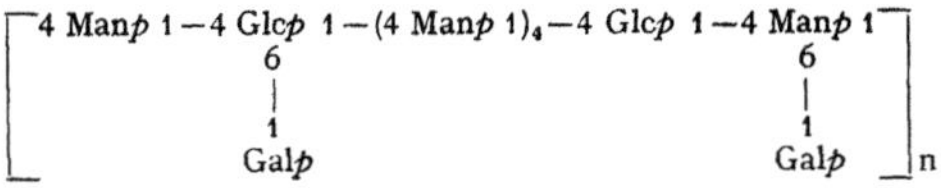

(mogliche Struktur)

Verzweigtes Polysaccharid, das aus D-Galaktopyranose- (Gal*p*), D-Glucopyranose- (Glc*p*) u. D-Mannopyranoseresten (Man*p*) besteht, die in 1,4- u 1,6-Bindung verknüpft sind (wahrscheinlich β-Bindung); Galaktose : Glucose : Mannose wie 1 : 1 : 3.

Charakteristik: V.: Begleiter von Tannenholzcellulose; Extraktion mit 5%ig. NaOH gibt Gemisch von Araboxylan u. Galaktoglucomannan; Acetylierung gibt acetonlösliches Acetat, wahrend Araboxylanacetat nicht löslich ist. — *Lit.:* [*48*].

37 **Phosphomannan**

MG 16×10^6

Polysaccharid bestehend aus Mannopyranosen, Phosphorsaure und Metallion (K) im Verhaltnis 5 : 1 : 1. Die Phosphatestergruppen sitzen an C_6. Genaue Struktur unbekannt.

Charakteristik: Weißes polymeres K-Salz; l. in W.; gummiartige Eigenschaften; gibt sehr viskose Lsgn., die klar sind und thixotrope Eigenschaften zeigen; resistent gegen bakteriellen Angriff; $[\alpha]_D^{25}$ $+103°$ ($c = 1$; 0,1 m KCl); fallbar aus wssr. Lsg. mit Me. in Gegenwart von Elektrolyten. — *B.:* Aus Glucose oder Maltose durch Hansenula holstii (Hefe). — *Lit.:* [*49, 50, 51*].

38 **Fucan (Fucoidan)**

L-Fucopyranosekette mit Sulfatrest an C_4 und vorherrschender α-1,2-glykosidischer Bindung. Verzweigung an jedem 4. Fucoserest mit einer einzigen L-Fucosemonosulfatgruppe möglich. (Spuren: Galaktose, Xylose, Uronsauren.)

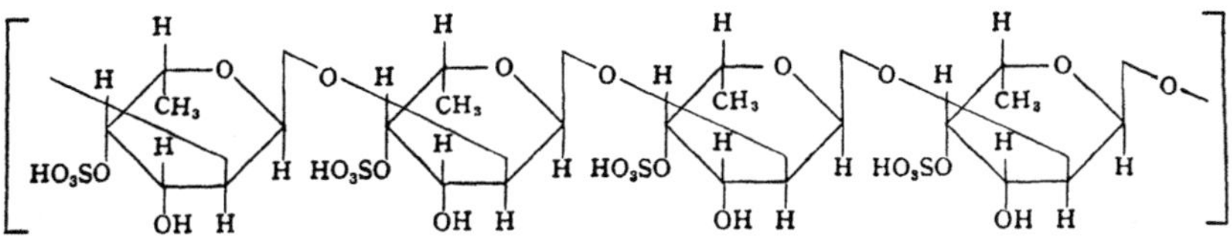

(uberwiegende Bausteinfolge)

Charakteristik: Braunlich-weißes Pulver; l. in W.; Retrogradation; Lsgn. in 65—70%igem Zuckersirup sind beständig; spez. Drehung variiert von $-75°$ bis $-140°$; durch verdunnte Mineralsauren leichte Hydrolyse zu L-Fucose. — *V.:* Als Salz, vornehmlich Ca, aber auch Mg, Na, K, in den Zellwanden der braunen Algen, Phaeophyceae. — *Lit.:* [*52*].

39 **Agar (Agar-Agar, Galaktanschwefelsäureester)**

MG 110000–160000

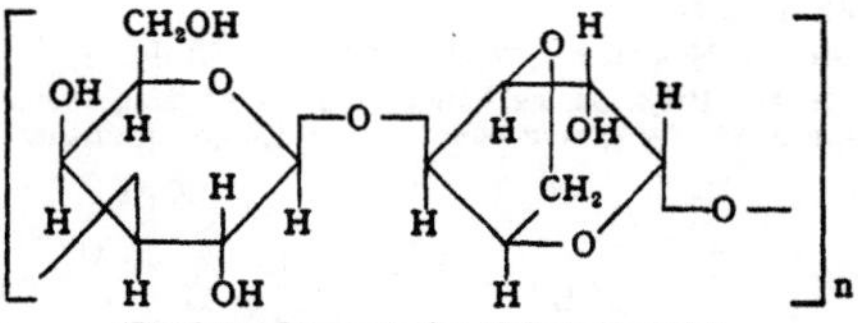

(Struktur des neutralen Polysaccharids)

Gemisch zweier Polysaccharide. Das eine, neutrale Polysaccharid ist aus β-1,4-D-Galakto-pyranosid- und α-1,3-3,6-Anhydro-L-galaktopyranosidresten aufgebaut (in alternierender Reihenfolge). Das andere, saure Polysaccharid ist komplizierter gebaut und enthält neben den obigen Bausteinen noch Sulfat- u. organ. Sauregruppen.

Charakteristik: l. in h. W.; unl. aber quellbar in k. W.; Gelbildung unterhalb 40°. — *V.:* In verschiedenen Algenarten, besonders der Familie Gelidiaceae. — *Lit.:* [*53, 54, 55*].

40 **Dänischer Agar (Furcellaran)**

MG 20000–80000

Struktur: Galaktan aus D-Galaktose und L-Galaktose im Verhältnis 3 : 1; enthält außerdem eine Schwefelsäuregruppe auf drei Galaktosereste.

Charakteristik: l. in h. W.; Gelbildung unterhalb 40°. — *V.:* In der roten Alge Furcellaria fastigiata.

41 **Carrageen-Pflanzenschleim (British Agar)**

MG 100000–800000

Struktur: trennbar in zwei Komponenten: ϰ-Carrageen (fällt in Gegenwart von K-Ionen aus) u. λ-Carrageen (bleibt in Lösung u. ist höhermolekular).
ϰ-Carrageen: Aufbau aus β-D-Galaktopyranose-4-sulfat in 1,3-Bindung und 3,6-Anhydro-α-D-galaktopyranose in 1,4-Bindung.

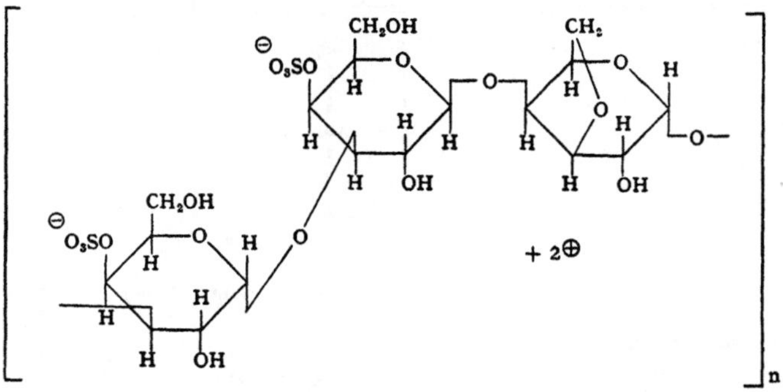

(mögliche Struktur des ϰ-Carrageen)

λ-Carrageen: Aufbau aus α-D-Galaktopyranose-4-sulfat in 1,3 Bindung.

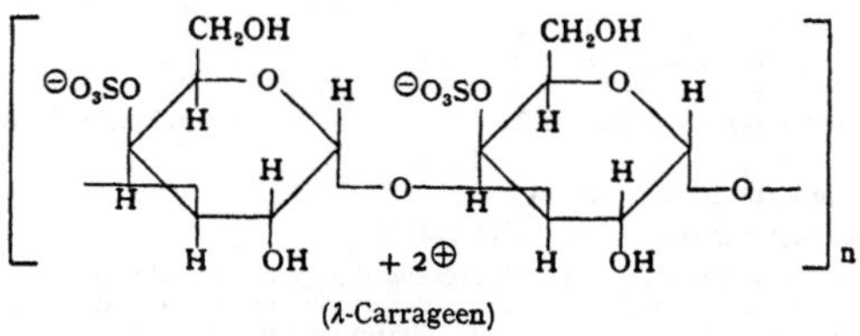

(λ-Carrageen)

Charakteristik: l in k. W.; Gelbildung durch spezielle Kationen verursacht; ab 5%ig. Lsg. unter 40° festes Gel. — *V.:* In verschiedenen roten Algenarten; z. B. zu 80% in Chondrus crispus neben 1,3% Cellulose. — *Lit.:* [*56*].

42 Alginsäure

MG des Na-Salzes: 32000–200000 $(176.12)_n$

Lineares Polysaccharid hauptsächlich aus D-Mannuronsäure mit wechselnden Mengen L-Guluronsäure (35–65%) aufgebaut, die in β-1,4-glykosidischer Bindung verknupft sind.

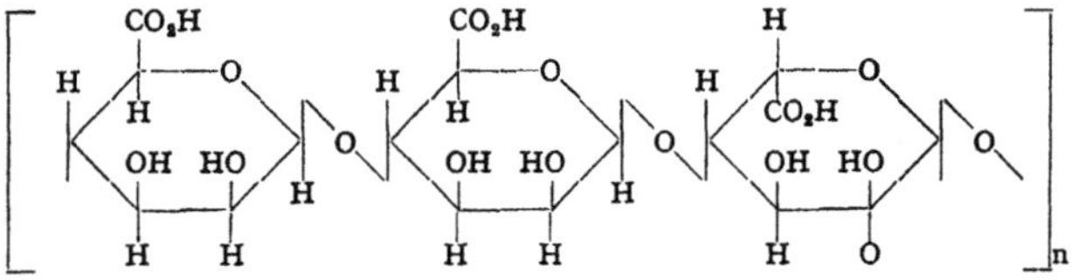

Charakteristik: unl. in k. W.; wl. in h. W. – *Na-Salz (Algin):* ll. in W.; Lsg. hochviskos; mit h. Alkali leicht Hydrolyse zu Mannuronsaure und Guluronsaure. – *V.:* In allen braunen Algen, bes. Macrocystis pyrifera u. a. – *Lit.:* [57].

43 Pektin

MG bis 50000

Lineares Polysaccharid aus α-1,4-verknüpften D-Galakturonsaureresten. Vorliegen oft als Methylester; Grad der Methylierung unterschiedlich.

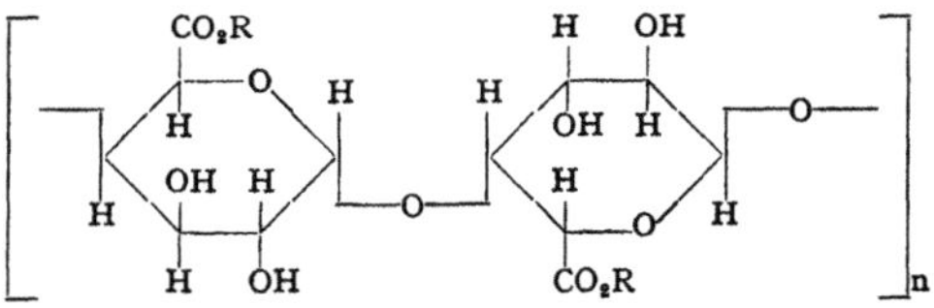

R = H bzw. OCH_3 in wechselnden Mengen

Charakteristik: l. in verd. Sauren; unl. in A.; Bedingung für Gelbildung: Pektin + Zucker + Saure (p_H-Optimum 3,0–3,3) oder Zusatz von Erdalkalisalzen – *V.:* In allen höheren Pflanzen, hauptsächlich in den primären Zellwänden, außerdem in manchen Fruchtsäften. – *Isolierung:* Überführung des Methylesters in die freie Säure oder Salze, dann Extraktion möglich.

44 Gummi arabicum

MG 250000–300000

Struktur: Zuckerbausteine: L-Arabofuranose (Ara*f*), L-Rhamnopyranose (Rha*p*), D-Galaktopyranose (Gal*p*), D-Glucuronsäure (Glus). Vorliegen als Salz; Kationen: Ca, Mg, K.

Charakteristik: teilw. l. in W.; wl. in Äthylenglykol; p_H der wssr. Lsg. der freien Säure etwa 2,2–2,7. – *V.:* Im Exsudat von Acacia verek. – *Lit.:* [58].

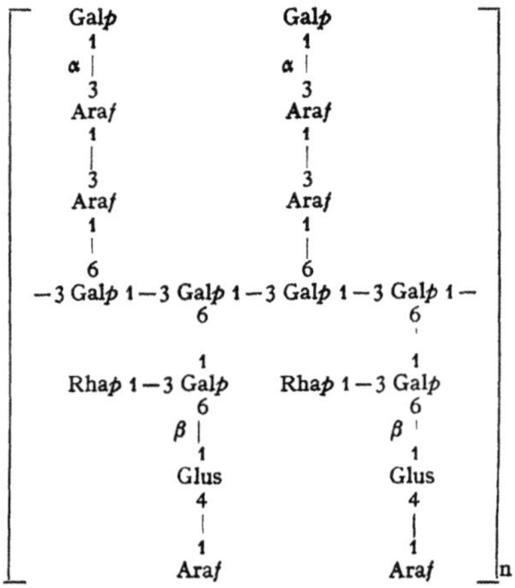

(wahrscheinliche Struktur)

45 Tragant-Gummi (Gum Tragacanth)

Gemisch zweier Polysaccharide u. Steroidglykosid:

1. neutrales Galaktoaraban mit L-Arabofuranoseendgruppen, stark verzweigt;
2. saures Polysaccharid aus D-Xylopyranose, L-Fucopyranose u. D-Galakturonsaure (erstere als Endgruppen); ebenfalls stark verzweigt; Methylgruppen als Ester gebunden. Im Tragant-Gummi sind Cellulosemikrofibrillen suspendiert.

Charakteristik: nur teilw. l. in W.; 60–70% nur quellbar. – *V.:* In Astragulusarten. – *Lit.:* [59, 60].

46 **Mesquite Gummi**

Verzweigtes Polysaccharid aus L-Arabinose, D-Galaktose u. D-Glucuronsaure als 4-O-Monomethyläther. Wahrscheinlich Hauptkette aus 1,3-verknüpften D-Galaktopyranoseresten mit L-Arabofuranose- und 4-O-Methyl-D-glucuronsäureseitenketten in 1,4- und 1,6-Bindung; α- und β-glykosidische Bindungen vorhanden.

Charakteristik: Ähnlich wie Tragant-Gummi. — *V.:* In Prosopis juliflora. — *Lit.:* [*61*].

47 **Karaya-Gummi (Karaya Gum, Kadaga Gum, India Gum)**

MG 9500000

Polysaccharid aus D-Galakturonsäure, D-Galaktose, L-Rhamnose und wenig D-Tagatose; verzweigt; einige Hydroxylgruppen sind acetyliert.

Charakteristik: Hygroskop.; absorbiert sehr leicht W. u. bildet viskosen Schleim; bei geringer Konz. schon hohe Viskositat. — *V.:* Im Exsudat von Sterculia setigera, St. urens. — *Lit.:* [*62*].

48 **Ghatti-Gummi (Ghatti Gum)**

Polysaccharid aus L-Arabinose (5), D-Galaktose (3), D-Mannose (1), D-Xylose (0,5) und D-Glucuronsäure (1).

Charakteristik: Amorph; durchsichtig; l. in W. — *V.:* In Anogeissus latifolia der Familie Combretaceae. — *Lit.:* [*63*].

49 **Tamarind-Samen-Schleim**

Polysaccharid aus D-Galaktose, D-Xylose u. D-Glucose im Verhältnis 1 : 2 : 3; wahrscheinlich Gemisch verschiedener Polysaccharide; trennbar in 3 Fraktionen:

Frakt. 1: l. nur in sehr kaltem W., keine Gelbildung,
Frakt. 2 u. 3: l. auch in warmem W.,
Frakt. 3: Xylan mit β-1,4-glykosid. Bindung u. Verzweigung an C_3; *MG* des methylierten Xylans: 11500.

Charakteristik: l. in W. — *V.:* Im Tamarindus indica-Baum. — *Lit.:* [*64, 65, 66, 67*].

50 **Maiskolben-Gummi**

Hochverzweigtes Xylan mit Seitengruppen aus D-Glucuronsäure, Methylglucuronsäure, L-Arabinose u. D- u. L-Galaktose.

Charakteristik: ll. in W.; l. in Glycerin u. bis 55%igem A. — *V.:* In den Maiskolben. — *Isolierung:* Kaltwasserextraktion. — *Lit.:* [*68—72*].

51 **Quitten-Schleim**

Struktur: Cellulosefibrillen, die in einem Polysaccharid eingebettet sind, das aus L-Arabinose, D-Xylose u. einer Hexuronsäure bzw. einer Monomethylhexuronsäure besteht.

Charakteristik: l. in W.; ergibt sehr viskose Lösungen. — *V.:* In den Samen der Quitte, Cydonia vulgaris; Extraktion der Samen mit Wasser. — *Lit.:* [*73, 74*].

52 **Leinsamen-Schleim**

Struktur: Hydrolyseprodukte: D-Glucose, L-Galaktose, D-Xylose, L-Arabinose, L-Rhamnose, D-Galakturonsäure.
Durch Fällung der wssr. Lsg. mit Cu-Acetat u. A. in mindestens drei Fraktionen trennbar. Eine Fraktion ist neutral und hat wahrscheinlich folgende Struktur: Hauptkette β-1,4-Xylan, Verzweigung an C_2 mit D-Xylopyranosyl-L-arabofuranose (1,5) oder (1,3). Außerdem L-Arabopyranosereste vorhanden; Stellung unbekannt. — *Lit.:* [*75, 76*].

53 **Gerstenkorn-Gummi**

MG 20000

Unverzweigtes Glucan mit annähernd gleichen Teilen β-1,3- und β-1,4-glucosidischen Bindungen.

Charakteristik: l. in W.; $[\alpha]_D^{15}$ −12,5 bis −13° (H_2O). — *Lit.:* [77].

54 **Pneumococcenpolysaccarid Typ III**

MG 10^5 bis 10^6

Lineares Polysaccharid aus Cellobiuronsäureeinheiten aufgebaut, die in β-1,3-Bindung verknüpft sind.

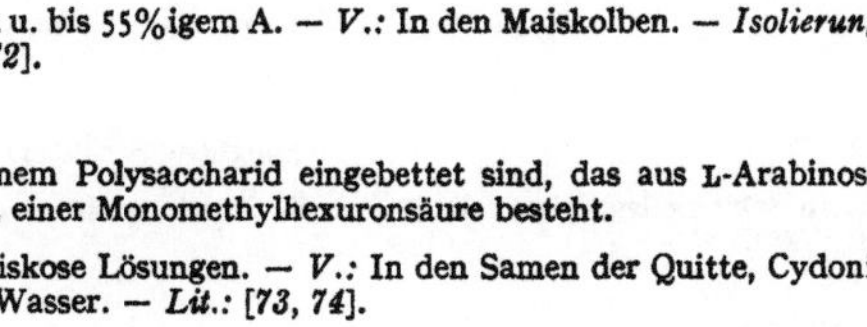

Charakteristik: l. in W.; unl. in Isopropanol. — *V.:* In Pneumococcenspecies als Antigen. — *Lit.:* [*78*].

55 **Polysaccharide aus Mycobacterium tuberculosi**

Polysaccharid I aus dem Kulturfiltrat:

MG 7000–9000; Polysaccharid aus D-Mannose u. D-Arabinose. Struktur unbekannt. — *Lit.:* [79].

Polysaccharid II aus dem Kulturfiltrat:

MG 100000; enthalt 3,3% Protein u. ist an Lipoidkomponente gebunden (92% Polysaccharid + 8% Lipoidkomponente); besteht hauptsachlich aus D-Glucoseresten, die in 1,2-glykosidischer Bindung miteinander verknüpft sind; außerdem enthält das Polysaccharid D-Glucosamin.

Charakteristik: $[\alpha]_D^{24}$ 165° (H_2O). — *Lit.:* [80].

Polysaccharide des Bakterienkörpers:

Gemisch verschiedener Polysaccharide, die teils an Lipoide gebunden sind. Zuckerbausteine: D-Arabinose, D-Galaktose, D-Mannose, L-Rhamnose, D-Glucosamin u. eine Aminohexose.

56 **Polysaccharid aus Rhizobium radicicola**

Lineares Polysaccharid, das sich aus D-Glucose u. D-Glucuronsaure im Verhaltnis 2 : 1 aufbaut; β-1,4-glykosidische Bindungen.

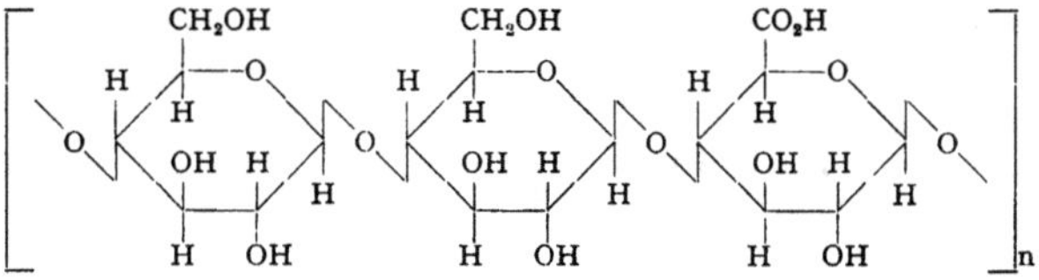

V.: In Rhizobium radicicola; serologische Verwandtschaft mit Pneumococcenpolysaccharid Typ III. — *Lit.:* [81].

57 **Salmonella-O-Antigen IX**

Verzweigtes Polysaccharid aus Mannose u. Tyvelose.

$$\text{Tyvelose } 1-(3 \text{ Mannose } 1)_n -6 \text{ Mannose} \left.\begin{matrix} | \\ 1 \\ \\ 3 \\ | \end{matrix}\right\} \text{Hauptkette}$$

(mögliche Struktur)

V.: In Salmonellaspecies, z. B. S. typhosa, S. enteritidis. — *Biol. Bed.:* O-Antigen der Bakterien. — *Lit.:* [82].

58 **Vi-Antigen**

Struktur: Hauptsachlich Poly-D-galaktosaminuronsaure (2-Amino-2-desoxy-D-galakturonsaure), die am Stickstoff acetyliert ist. — *V.:* Immunologisch wirksame Komponente in Salmonella typhosa, Echerichia coli u. a.

Charakteristik: Äußerst stabil gegen Hydrolyse; mit konz. HCl Abbau zu D-Galaktosaminuronsaure. — *Lit.:* [83, 84].

59 **Chitin**

MG (203.19), 210000

Lineares Polysaccharid aus β-1,4-verknupften N-Acetylglucosaminresten.

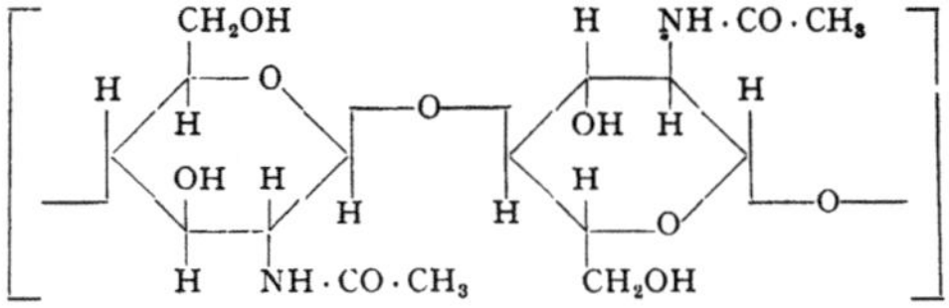

Charakteristik: unl. in W.; sehr reaktionstrage; l. in konz. Mineralsauren u. wasserfreier Ameisensaure. — *V.:* Gerustsubstanz in Crustaceen, Insekten, Würmern, Pilzen u. niederen Pflanzen (Bakterienmembranen). — *Lit.:* [84a].

60 **Chitosan**

Lineares Polysaccharid aus β-1,4-verknupften Glucosaminresten. Abbauprodukt des Chitins.

Charakteristik: l. in W. (als Hydrochlorid) u. verd. Sauren (Essigsaure, Citronensäure); unl. in Alkali; mit $J_2H_2SO_4$ → violette Farbg. — *B.:* Aus Chitin durch alkalische Abspaltung der Acetylreste. — *Lit.:* [85].

61 **Hyaluronsäure**

MG 20000 bis einige Millionen

Lineares saures Polysaccharid, bestehend aus D-Glucopyranosyluronsaure und N-Acetyl-D-glucosamin, die durch β-1,3-glucuronidische u. β-1,4-hexosaminidische Bindungen verknüpft sind.

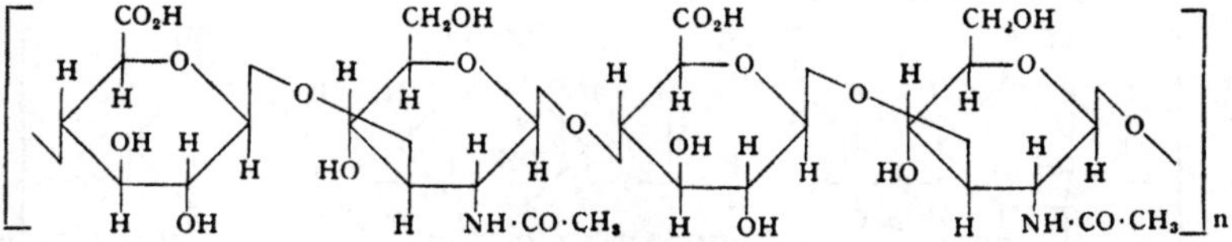

Charakteristik: l. in W.; fallbar mit $(NH_4)_2SO_4$ in Gegenw. von Py.; weniger stark an Protein gebunden als Heparin oder Chondroitinschwefelsaure. — *V.:* In Bindegewebe, Haut, Augenglaskörper, Gelenkflüssigkeit, Nabelschnur, Aorta u. Bakterien (Streptococcen). — *Biol. Bed.:* Stützfunktionen, Permeabilitätsregulierung, Infektionsschutz. — *Lit.:* [*86*].

62 **Chondroitinschwefelsäuren (Chondroitinsulfate)**

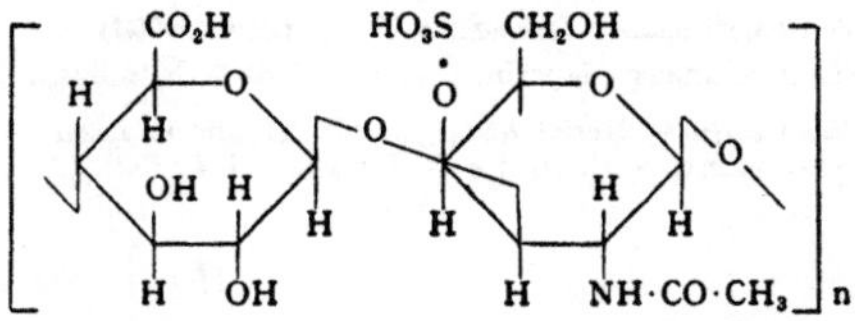

Chondroitinschwefelsaure A

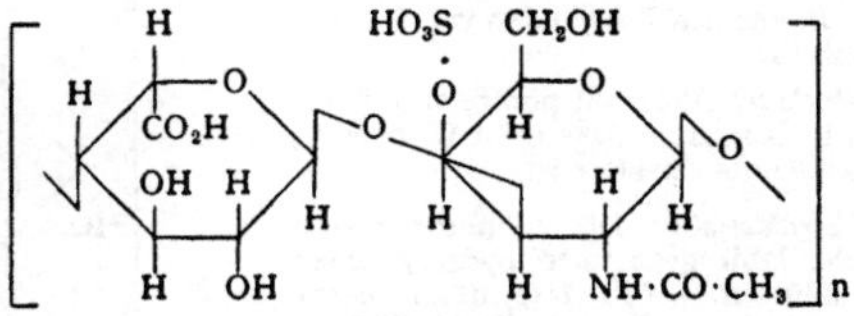

Chondroitinschwefelsäure B

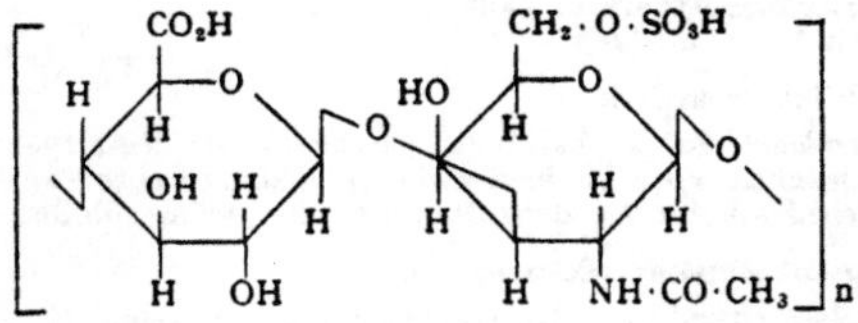

Chondroitinschwefelsaure C

MG etwa 50000, jedoch Polysaccharid-Protein-Komplex *MG* $1-10 \cdot 10^6$. — Man kennt drei verschiedene Chondroitinschwefelsauren: A, B u. C. Alle Chondroitinsulfatformen besitzen unverzweigte Ketten, in denen eine β-1,3-uronidische Gruppe mit einer β-1,4-galaktosaminidischen Gruppe abwechselt. Die Unterschiede bestehen in der Position des Sulfatrestes, der als Ester bei A u. B an C_4 des Galaktosamins, bei C dagegen an C_6 sitzt, u. in der Struktur der Hexuronsäure. Sie ist in A u. C D-Glucuronsäure, in B L-Iduronsäure.

Charakteristik: l. in Laugen u. in neutraler $CaCl_2$-Lsg.; unterschiedliche Löslichkeit in A.; durch Hyaluronidase wird nur A u. C abgebaut. — *V.:* In Knorpel, Haut, Narben- u. Bindegewebe. — *Lit.:* [*87*].

63 **Chondroitin**

Struktur analog den Chondroitinschwefelsäuren A u. C., jedoch nur etwa 2% Sulfatgehalt, der wahrscheinlich statistisch über die Kette verteilt ist.

Charakteristik: Analog den Chondroitinschwefelsäuren. — *V.:* In der Hornhaut des Auges. — *Lit.:* [*88*].

64 **Keratosulfat**

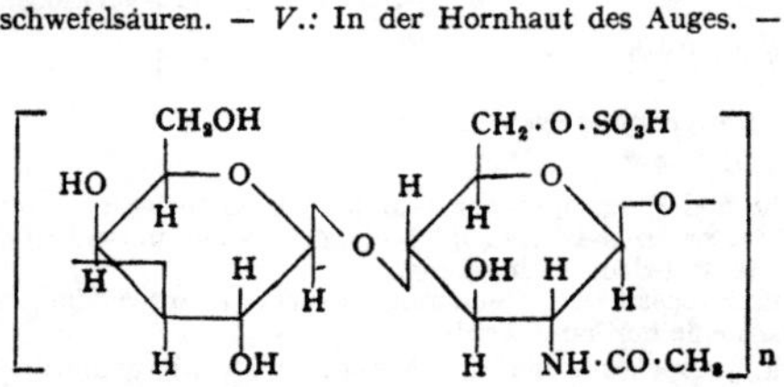

Uronsäurefreies, lineares. Mucopolysaccharid, das N-Acetyl-glucosamin, D-Galaktose und Sulfat in äquimolaren Mengen enthalt.

V.: Neben den sauren Mucopolysacchariden in Cornea, Aorta, Knochen, Knorpel, Zwischenwirbelscheiben. — *Lit.:* [*89*].

65 **Heparin (α-Heparin)**

MG etwa 20000

Lineares Mucopolysaccharid aus Glucosamin, Glucuronsäure u. Sulfat. Im Gegensatz zu den anderen Mucopolysacchariden α-glykosidische Bindungen. Ein Sulfatrest ist sulfonamidisch am Glucosamin gebunden. Die Hälfte der Uronsäurereste trägt noch O-Sulfatreste an C_2. Insgesamt 5–6 Sulfatreste pro Tetrasaccharideinheit.

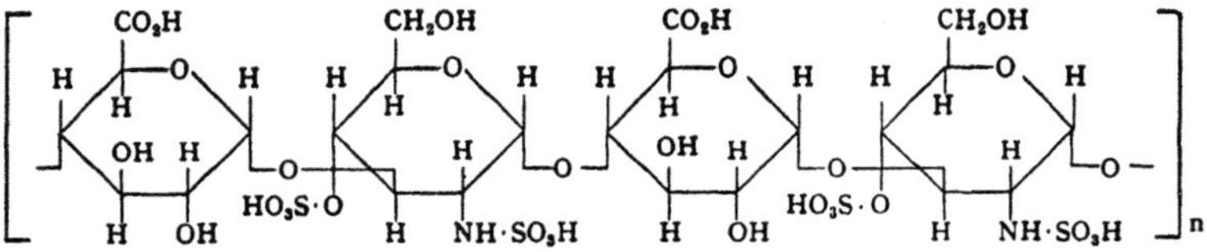

(Vorläufige Strukturformel, es fehlen 1–2 Sulfat)

Charakteristik: l. in W., verd. Alkali; unl. in salzsaurem Ac., Essigs., A., Ae.; feste Bindung an Protein durch die stark sauren Eigenschaften. — *V.:* In Muskel, Leber, Lunge, Herz, Niere, Blut. — *Biol. Bed.:* Gerinnungshemmende Substanz des Blutes. — *Lit.:* [*90, 91*].

66 **Heparitinsulfat (Heparitin, Heparinmonosulfat)**

Struktur analog Heparin, jedoch ist jede 2. N-Sulfatgruppe durch eine N-Acetatgruppe ersetzt.

Charakteristik: Resistent gegen alle Hyaluronidasen; wird durch Enzyme aus Flavobakterien hydrolysiert. — *V.:* In Leber, Lunge. — *Lit.:* [*92*].

67 **Teichinsäuren (teichoic acids)**

z. B. aus den Zellwänden von Bacillus subtilis.

Struktur: Polyribit-phosphat-β-glucosid, das mit D-Alanin an C_2 oder C_3 des Ribits verestert ist.

Charakteristik: Die Alaninreste sind sehr labil gegenüber hydrolytischen Einflüssen. — *V.:* 60% des Trockengewichts von B. subtilis; Isolierung durch Extraktion der Zellen mit kalter Trichloressigsäure u. Fällung hieraus mit A. — *Lit.:* [*93*].

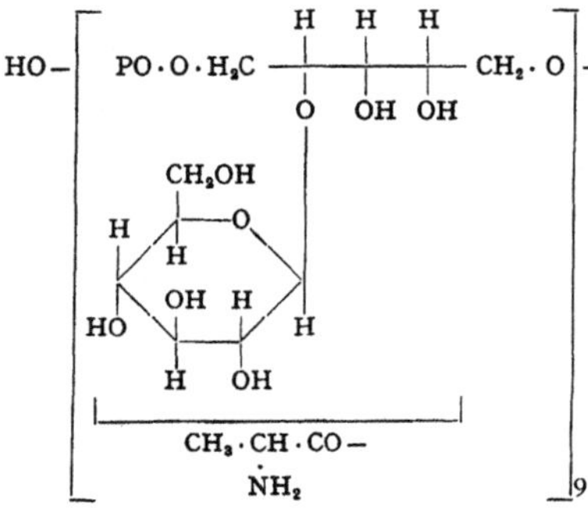

68 **Teichuronsäure**

Struktur: Polysaccharid aus gleichen Teilen N-Acetyl-galaktosamin u. Glucuronsäure. Wahrscheinlich α-1,3-Bindung zwischen Glucuronsäure → N-Acetyl-galaktosamin. — *V.:* Neben Teichinsäure u. 2 anderen Polymeren in Bacillus subtilis. — *Lit.:* [*94*].

69 **Colominsäure (Colominic acid)**

Polysaccharid aus N-Acetyl-neuraminsäureresten als Hauptbestandteil, möglicherweise als einzigem.

V.: Wird von Escherichia coli produziert, immunologisch inaktiv. — *Lit.:* [*95*].

70 **Mucopeptid der Zellwände**

Lineare Kette aus N-Acetylglucosamin (AcGlu) u. N-Acetylmuraminsäure (Mur) mit kurzen Peptidseitenketten aus L-Alanin, D-Glutaminsäure, L-Lysin, D-Alanin, Diaminopimelinsäure.

-AcGlu-β-1,6-Mur-β-1,4-AcGlu-β-1,6-Mur
(an den beiden Mur-Resten jeweils: | Peptid)

Lit.: [*96, 97*].

71 **Blutgruppenpolysaccharide**

MG $2.6 \cdot 10^5$

Alle drei Blutgruppensubstanzen A, B, O enthalten beim Menschen dieselben Zuckerbausteine: L-Fucose, D-Galaktose, N-Acetylglucosamin u. N-Acetyl-galaktosamin, außerdem mindestens 11 verschiedene Aminosäuren.

Durch spezifische Hemmungsversuche konnten die immunologisch wirksamen Endzuckerbausteine bestimmt werden:

Blutgruppensubstanz A:	N-Acetyl-D-galaktosamin-(1–3)-D-Galaktopyranose-(1–3)-N-Acetyl-D-glucosamin.
Blutgruppensubstanz B:	α-D-Galaktosyl-(1–3)-D-galaktose.
Blutgruppensubstanz 0:	α-L-Fucose.

Blutgruppensubstanz Le^a: L-Fucose-α-1
(Lewis-Faktor) 4
N-Acetyl-galaktosamin.
3
D-Galaktose-β-1

Charakteristik: l. in W.; Äthylenglykol, Phenol, Formamid; unl. in A. — *V.:* Im menschlichen Blut, Frauenmilch. — *Lit.:* [*98*, *99*, *100*].

Literatur

[*1*] *Schoch, T. H.:* J. Amer. chem. Soc. **64**, 2954 (1942); **71**, 4066 (1949).
[*2*] *Meyer, K. H., P. Bernfeld, P. Rathgeb* u. *P. Gürtler:* Helv. Chim. acta **31**, 1536 (1948).
[*3*] *Husemann, E., B. Fritz, R. Lippert, B. Pfannemüller* u. *E. Schupp:* Makromol. Chem. **26**, 181, 199 (1958).
[*4*] *Aspinall, G. O.,* u. *R. G. Telfer:* J. chem. Soc. **1954**, 3519.
[*5*] *Peat, S., W. J. Whelan, R. J. Turvey* u. *K. Morgan:* J. chem. Soc. **1961**, 623.
[*6*] *Drake, B.:* Biochem. J. **313**, 388 (1943).
[*7*] *Peat, S., W. J. Whelan* u. *J. M. Evans:* J. chem. Soc. **1960**, 175.
[*8*] *Black, W. A. P.,* u. *E. T. Dewar:* J. Mar. biol. Ass. U. K. **28**, 673, 687 (1949).
[*9*] *Anderson, C. G., W. N. Haworth, H. Raistrick* u. *M. Stacey:* Biochem. J. **33**, 272 (1939).
[*10*] *Bell, D. J.,* u. *D. H. Northcote:* J. chem. Soc. **1950**, 1944.
[*11*] *Peat, S., G. J. Whelan* u. *T. E. Edwards:* J. chem. Soc. **1958**, 3862.
[*12*] *Barker, S. A.,* u. *T. R. Carrington:* J. chem. Soc. **1953**, 3588.
[*13*] *Barker, S. A., E. J. Bourne* u. *M. Stacey:* J. chem. Soc. **1953**, 3084.
[*14*] *Bender, H., J. Lehmann* u. *K. Wallenfels:* Biochim. biophys. Acta **36**, 309 (1959).
[*15*] *Brosvell, E.,* u. *K. G. Stern:* J. Polym. Sci. **41**, 467 (1959).
[*16*] *Putman, E. W., A. L. Potter, R. Hodgson* u. *W. Z. Hassid:* J. Amer. chem. Soc. **72**, 5024 (1950).
[*17*] *Pringsheim, H.,* u. *K. Seifert:* Z. physiol. Chem. **123**, 205 (1922).
[*18*] *Husemann, E.:* J. prakt. Chem. **155**, 241 (1940).
[*19*] *Ling, A. R.:* Analyst **50**, 407 (1925).
[*20*] *Gorin, P. A. J.,* u. *A. S. Perlin:* Canad. J. Chem. **35**, 262 (1957).
[*21*] *Haworth, W. N., H. Raistrick* u. *M. Stacey:* Biochem. J. **29**, 612 (1935).
[*22*] *Hirst, E. L., J. K. N. Jones* u. *W. O. Walder:* J. chem. Soc. **1947**, 1225.
[*23*] *Andrews, P., L. Hough* u. *J. K. N. Jones:* J. chem. Soc. **1954**, 806.
[*24*] *Bell, D. J.,* u. *E. Baldwin:* J. chem. Soc. **1941**, 125.
[*25*] *Heidelberger, M., Z. Dische, W. B. Neely* u. *M. L. Wolfrom:* J. Amer. chem. Soc. **77**, 3511 (1955).
[*26*] *Dox, A. W.,* u. *R. E. Niedig:* J. biol. Chem. **19**, 235 (1914).
[*27*] *Haworth, W. N., H. Raistrick* u. *M. Stacey:* Biochem. J. **31**, 640 (1937).
[*28*] *Chanda, S. K., E. L. Hirst, J. K. N. Jones* u. *E. G. V. Percival:* J. chem. Soc. **1950**, 1289.
[*29*] *Hirst, E. L.,* u. *J. K. N. Jones:* J. chem. Soc. **1939**, 452; **1947**, 1221.
[*30*] *Schlubach, H. H.,* u. *H. Knoop:* Liebigs Ann. **497**, 208 (1932).
[*31*] *Feingold, D. S.,* u. *M. Gehatia:* J. Polym. Sci. **23**, 783 (1957).
[*32*] *Elias, H. G.,* u. *H. H. Schlubach:* Liebigs Ann. **627**, 126 (1959).
[*33*] *Smith, F.:* J. chem. Soc. **1940**, 1035.
[*34*] *Barry, V. C.:* Nature, Lond. **152**, 537 (1943).
[*35*] *Chanda, S. K., E. L. Hirst* u. *E. G. V. Percival:* J. chem. Soc. **1951**, 1240.
[*36*] *Husemann, E.:* J. prakt. Chem. **155**, 13 (1940).
[*37*] *Rinell, T. E.:* J. Amer. chem. Soc. **81**, 4989 (1959).
[*38*] *Bouveng, H. O., P. J. Geress* u. *B. Midberg:* Chem. & Ind. **1958**, 1727.
[*39*] *Aspinall, G. O., E. L. Hirst, R. W. Moody* u. *E. G. V. Percival:* J. chem. Soc. **1953**, 1631.
[*40*] *Husemann, E.:* J. prakt. Chem. **155**, 13 (1940).
[*41*] *Low, W.,* u. *E. V. White:* J. Amer. chem. Soc. **65**, 2430 (1943).
[*42*] *Whistler, R. L.,* u. *C. G. Smith:* J. Amer. chem. Soc. **74**, 3795 (1952).
[*43*] *Hirst, E. L.,* u. *J. K. N. Jones:* J. chem. Soc. **1948**, 1278.
[*44*] *Smith, F.:* J. Amer. chem. Soc. **70**, 3248 (1948).
[*45*] *Andrews, P., L. Hough* u. *J. K. N. Jones:* J. Amer. chem. Soc. **74**, 4029 (1952).
[*46*] *Jones, J. K. N.:* T.A.P.P.I. **39**, 139 (1956).
[*47*] *Vaughan, J. M., L. E. Wise* u. *L. Borchardt:* J. org. Chem. **1960**, 1837.
[*48*] *Hamilton, J. K., E. V. Partlow* u. *N. S. Thompson:* J. Amer. chem. Soc. **82**, 451 (1960).
[*49*] *Anderson, R. E., M. C. Cadmus, R. G. Benedict* u. *M. E. Slodki:* Arch. Biochem. Biophys. **89**, 289 (1960).
[*50*] *Rogovin, S. P., V. E. Sohns* u. *E. L. Griffin* jr.: Ind. Eng. Chem. **53**, 37 (1961).

[51] *Jeanes, A., J. E. Pittsley, P. R. Watson* u. *R. J. Dimler:* Arch. Biochem. Biophys. **92**, 343 (1961).
[52] *Percival, E. G.,* u. *A. G. Ross:* J. chem. Soc. **1950**, 717.
[53] *Wantanabe, K.:* J. agric. Chem. Soc. Japan **17**, 69 (1941).
[54] *O'Neill, A. N.,* u. *D. K. R. Stewart:* Canad. J. Chem. **34**, 1700 (1956).
[55] *Susumu Lirase:* Abstracts of Papers, 138th Meeting. J. Amer. chem. Soc. **11 D** (1960).
[56] *Bayley, S. T.:* Biochim. biophys. Acta **17**, 194 (1955).
[57] *Fischer, F. G.,* u. *H. Dörfel:* Z. physiol. Chem. **302**, 186 (1955).
[58] *Whistler, R. L.:* Industrial Gums Academic Press New York u. London 1959. S. 230.
[59] *James, S. P.,* u. *F. Smith:* J. chem. Soc. **1945**, 730.
[60] *Selby, K.:* J. chem. Soc. **1953**, 2504.
[61] *Smith, F.:* J. chem. Soc. **1951**, 2646.
[62] *Dunstan, S.,* u. *E. L. Hirst:* J. chem. Soc. **1953**, 2332.
[63] *Aspinall, G. O., E. L. Hirst* u. *A. Wickstrøm:* J. chem. Soc. **1955**, 1160.
[64] *Savur, G. R.:* Curr. Sci. **24**, 235 (1955).
[65] *Savur, G. R.:* Chem. & Ind. **1956**, 212.
[66] *Savur, G. R.:* J. chem. Soc. **1956**, 2600.
[67] *Savur, G. R.:* Sci. & Cult. **21**, 744 (1956).
[68] *Borgin, G. C.:* J. Amer. chem. Soc. **71**, 2247 (1949).
[69] *Wise, L. E.,* u. *H. Unkhauf:* Cellulose-Chem. **14**, 20 (1933).
[70] *White, E. V.:* J. Amer. chem. Soc. **64**, 302 (1942).
[71] *Wise, L. E., P. L. Hamer* u. *F. C. Peterson:* Indust. Engng. Chem. **25**, 184 (1933).
[72] *Campbell, W. G., E. L. Hirst* u. *J. K. N. Jones:* J. chem. Soc. **1948**, 774.
[73] *Renfrew, A. G.,* u. *L. H. Cretcher:* J. biol. Chem. **97**, 503 (1932).
[74] *Bailey, K., F. W. Norris:* Biochem. J. **26**, 1609 (1932).
[75] *Erskine, A. J.,* u. *J. K. N. Jones:* Canad. J. Chem. **34**, 821 (1956).
[76] *Erskine, A. J., J. K. N. Jones:* Canad. J. Chem. **35**, 1144 (1957).
[77] *Meyer, K. H., J. Fellig* u. *E. L. H. Fischer:* Helv. chim. Acta **34**, 939 (1951).
[78] *Heidelberger, M., C. M. MacLeod, H. Markowitz* u. *A. S. Roe:* J. exp. Med. **91**, 341 (1950).
[79] *Seibert, F. B.,* u. *D. W. Watson:* J. biol. Chem. **140**, 55 (1941).
[80] *Kent, P. W.:* J. chem. Soc. **1951**, 364.
[81] *Schlüchterer, E.,* u. *M. Stacey:* J. chem. Soc. **1945**, 776.
[82] *Staub, A. M.,* u. *R. Tinelli:* Bull. Soc. Chim. biol. Paris, Suppl. No. 1, 65 (1957).
[83] *Clark, W. R., J. McLaughlin,* u. *M. E. Webster:* J. biol. Chem. **230**, 81 (1958).
[84] *Heyns, K., G. Kiessling, W. Lindenberg, H. Paulsen* u. *M. E. Webster:* Chem. Ber. **92**, 2435 (1959).
[84a] *Rigby, G. W.:* US-Pat. 2040879 (1936); Chem. Abstr. **30**, 4598 (1936).
[85] *van Duin, P. J.,* u. *J. J. Hermans:* J. Polym. Sci. **36**, 295 (1959).
[86] *Meyer, K.:* Harvey Lect. **51**, 88 (1957).
[87] *Buddecke, E.:* Angew. Chem. **72**, 663 (1960).
[88] *Davidson, E. A.,* u. *K. Meyer:* J. biol. Chem. **211**, 605 (1954).
[89] *Hiwano, S., Ph. Hoffman* u. *K. Meyer:* 44th Annual Meeting of the Federation of Amer. Soc. Exp. Biol., Chicago 1960.
[90] *Foster, A. B., O. Horton* u. *M. Stacey:* J. chem. Soc. **1957**, 81.
[91] *Danishefski, J., H. B. Eiber* u. *J. J. Carr:* Arch. Biochem. Biophys. **90**, 114 (1960).
[92] *Linker, A., P. Hoffman, P. Sampson* u. *K. Meyer:* Biochim. biophys. Acta **29**, 443 (1958).
[93] *Armstrong, J. J., J. Baddiley* u. *J. G. Buchanan:* Biochem. J. **76**, 610 (1960).
[94] *Janczura, E., H. R. Perkins* u. *H. J. Rogers:* Biochem. J. **80**, 82 (1961).
[95] *Barry, G. T.:* Nature, Lond. **183**, 117 (1959); Fed. Proc. **19**, 81 (1960).
[96] *Perkins, H. R.:* Biochem. J. **72**, 647 (1959); **73**, 33 p (1959); **74**, 182 (1960).
[97] *Primosigh, J., H. Pelzer, D. Maas* u. *W. Weidel:* Biochim. biophys. Acta **46**, 68 (1961).
[98] *Morgan, W. T. J.:* Naturwiss. **46**, 181 (1959).
[99] *Morgan, W. T. J.:* Proc. roy. Soc., Ser. **151**, 308 (1960).
[100] *Schiffmann, G., E. A. Kabat* u. *S. Leskowitz:* J. Am. chem. Soc. **84**, 73 (1962).

Nucleinsäuren

Von **R. K. Zahn,** Frankfurt/Main

Zusammenfassende Literatur. [1] *Chargaff, E.,* u. *J. N. Davidson:* The Nucleic Acids. New York, N. Y., Vol. I u. II, 1955, Vol. III, 1960. — [2] *McElroy, W. D.,* u. *B. Glass:* The Chemical Basis of Heredity. Baltimore (1957). — [3] 9. Colloquium der Gesellschaft fur Physiologische Chemie: Chemie der Genetik, Berlin, Gottingen, Heidelberg (1959). — [4] *Jordan, D. O.:* The

Chemistry of Nucleic Acids, London (1960). — [5] *Steiner, R. F.*, u. *F. Beers:* Polynucleotides, Amsterdam, London, New York, Princeton (1961). — [6] *Allen, F. W.:* Ribonucleoproteins and Ribonucleic Acids, Amsterdam, New York (1962). — [7] *Allen, F. W.:* Deoxyribonucleic Acid, Structure, Synthesis, and Function, Oxford, London, New York, Paris (1962). — [8] Acides Ribonucléiques et Polyphosphates Structure, Synthèse et Fonctions. Éditions du Centre National de la Recherche Scientifique, Paris (1962).

Literaturverzeichnis: S. 758.

1. Nucleinsäurearten

	Neue Kurzbezeichnung	Alte Bezeichnung			Neben dem physikalisch-chemischen und biologischen Verhalten ist charakteristisch das	
		deutsche	englische	französische	Fehlen von	Vorhandensein von
a) Desoxyribonucleinsäuren	DNA	DNS	DNA	ADN	Uracil, Ribose	Thymin, Desoxyribose
b) Ribonucleinsäuren	RNA	RNS	RNA	ARN	Thymin, Desoxyribose	Uracil, Ribose
c) DNA-RNA-Verbindungen	DNA-RNA	DNS-RNS	Hybrids, Bastards		—	Thymin, Uracil, Ribose, Desoxyribose

Diese Nucleinsäurearten werden nach den verschiedensten Gesichtspunkten gegliedert, z. B.:

a) nach dem Ort ihres Vorkommens innerhalb der Zellen bzw. ihrer vermutlichen Funktion,

b) nach ihrer chemischen Zusammensetzung bzw. ihrer physikalisch-chemischen Eigenart, besonders soweit sie von der Art des Ursprungsorganismus abhangt.

Tabelle 1. **Nachgewiesene Bestandteile von Nucleinsäuren** [*1*]

	RNA	DNA
Zucker	D-Ribose D-2-Methylribose*	D-2-Desoxyribose
Phosphor	Phosphat	Phosphat
Basen		
Hauptkomponenten	Adenin (6-Aminopurin) Guanin (2-Amino-6-hydroxypurin) Cytosin (2-Hydroxy-4-aminopyrimidin) Uracil (2,4-Dihydroxypyrimidin)	Adenin Guanin Cytosin 5-Hydroxymethylcytosin Thymin (5-Methyluracil)
Spuren- oder Nebenkomponenten**	5-Ribosyluracil 6-Methylaminopurin 6-Dimethylaminopurin 2-Methyladenin 1-Methylguanin 2-Methylamino-6-hydroxypurin 2-Dimethylamino-6-hydroxypurin Thymin 5-Methylcytosin	5-Methylcytosin 6-Methylaminopurin
Künstlich eingefuhrte Komponenten	2-Thiouracil 8-Azaguanin 6-Azauracil 5-Fluoruracil	5-Chloruracil 5-Bromuracil 5-Ioduracil 2-Amino-6-mercaptopurin

* Nebenkomponente der RNA-Pentosen einiger Pflanzen.

** Kommen offenbar nicht in pflanzlichen Viren vor. Einige sind in s-RNA häufig, machen jedoch gewöhnlich nur 1—2% aus.

2. Die Zusammensetzung von Desoxyribonucleinsäuren

In den folgenden Tabellen bedeutet:

A	Adenin	T	Thymin
G	Guanin	MC	5-Methylcytosin
C	Cytosin	HMC	5-Hydroxymethylcytosin

Bei den nativen, doppelstrangigen DNA-Arten ist das Verhältnis von Purin- zu Pyrimidinbasen gleich 1. Für den mit einstrangiger DNA ausgestatteten Phagen *Φ* X 174 gilt dies nicht. Die T-gerade-Phagen enthalten anstelle der Base Cytosin das 5-Hydroxymethylcytosin.

Viele Organismen enthalten 5-Methylcytosin neben Cytosin. Andere methylierte Basen finden sich nur in Spuren.

Das Verhältnis $\frac{A + T}{G + MC + C}$ ist charakteristisch für die Species, ohne jedoch zwischen den Species in überschaubarer Weise systematische Veränderungen zu zeigen. Verwandte Species haben jedoch ähnliche Basenverhältnisse. Innerhalb eines Organismus sind in den verschiedenen Zellen die Basenverhältnisse gleich!

Bei den nachfolgenden Tabellen wurden die Werte für 100 Mol Basen auf 100 Mol Phosphor berechnet, wobei für 100% Analysenausbeute korrigiert ist

Tabelle 2. **Basenzusammensetzung der DNA einiger Virusarten**
(berechnet für 100 Mol Basen pro 100 Mol Phosphat, wobei für 100% Ausbeute korrigiert wurde)

Material	Adenin	Thymin	Guanin	Cytosin	5-Hydroxymethylcytosin	$\frac{A + T}{(G + HMC + C)}$	Literatur
T_2	32,5	32,5	18,2	—	16,8	1,8	[2c]
T_{2r}^+-DNA	32,5	32,6	18,2	—	16,7	1,86	[2a]
T_{2r}-DNA	32,4	32,4	18,3	—	17,0	1,84	[2a]
T_{2r}^+-Virus	32,0	33,3	18,0	—	16,8	1,88	[2a]
T_{2r}-Virus	32,3	33,4	17,6	—	16,7	1,91	[2a]
T_4	32,3	33,3	18,1	0	16,3	1,8	[2c]
T_{4r}^+-Virus	32,3	33,1	18,3	—	16,3	1,89	[2a]
T_{4r}-Virus	32.2	33,5	18,0	—	16,3	1,91	[2a]
T_6	32,4	33,4	17,7	0	16,5	1,9	[2c]
T_{6r}^+-DNA	32,5	32,5	18,3	—	16,7	1,86	[2a]
T_{6r}-DNA	30,9	33,3	18,4	—	17,4	1,79	[2a]
T_{6r}^+-Virus	32,5	33,5	17,8	—	16,3	1.93	
T_{6r}-Virus	32,3	33,4	17,7	—	16,6	1,91	[2c]
T_5	30,3	30,8	19,5	19,5	0	1,6	[2c]
T_1	27	25	23	25	0	1,1	[2c]
T_3	22,8	27,8	23,5	26,1	0	1,0	[2c]
T_7	26,0	26,0	24,0	24,0	0	1,1	[2c]
λvir	21,3	28,6	22,9	27,1	—	1,0	[2c]
Salmonella	23,4	33,3	18,8	24,6	—	1,3	[2c]
A 1							[2c]
P 22	25	25	25	25	—	1,0	[2c]
Φ X 174	24,6	32,8	24,1	18,5	0	1,3	[2c]
Vaccine-Virus	29,5	29,9	20,6	20,0	—	1,5	[2c]

Tabelle 3. **Basenzusammensetzung der DNA von Rickettsien** [2a]

Species	Adenin	Thymin	Guanin	Cytosin	$\frac{A+T}{G+C}$
Rickettsia burneti	29,5	26,0	22,5	22,0	1,25
Rickettsia prowazeki	35,5	31,8	17,1	15,4	2,08

Tabelle 4. **Basenzusammensetzung bakterieller DNA** [2c]
(berechnet für 100 Mol Basen pro 100 Mol Phosphat, wobei für 100% Ausbeute korrigiert wurde)

Species	Adenin	Thymin	Guanin	Cytosin	$\frac{A+T}{G+C}$
Gram-negative Bazillen, ohne Enterobacteriaceae					
Pseudomonas tabaci	16,2	16,4	33,7	33,7	0,48
Pseudomonas aeruginosa SI	17,0	16,9	34,2	31,9	0,51
Pseudomonas aeruginosa 9W	17,5	17,8	34,1	30,6	0,55
Pseudomonas aeruginosa A22	18,0	18,0	33,1	30,9	0,56
Pseudomonas aeruginosa 22W	17,8	17,8	33,1	31,3	0,56
Pseudomonas aeruginosa	16,8	16,2	33,0	34,0	0,49
Pseudomonas fluorescens	18,2	18,8	33,0	30,0	0,59
Pseudomonas fluorescens B/S_{1000}	17,3	19,0	33,0	30,8	0,57
Alcaligenes faecalis	16,5	16,8	33,9	32,8	0,50
Alcaligenes faecalis	19,3	10,8	33,8	36,1	0,43
Alcaligenes faecalis	15,9	16,2	31,8	36,0	0,47
Agrobacterium tumefaciens (nicht Tumor erzeugend)	21,2	20,1	30,6	28,1	0,70
Agrobacterium tumefaciens	21,7	20,1	30,2	28,0	0,72
Fusobacterium polymorphum	20,7	20,4	29,9	29,0	0,70
Brucella abortus	21,0	21,1	29,0	28,9	0,73
Azotobacter chroococcum (N_2)	20,5	22,2	28,8	28,5	0,75
Azotobacter chroococcum (NH_4^+)	20,3	22,3	29,8	27,6	0,74
Azotobacter chroococcum (glatt)	20,3	22,3	29,0	28,5	0,74
Azotobacter chroococcum (rauh)	20,5	21,9	28,8	28,7	0,74
Azotobacter vinelandii (N_2)	22,1	21,7	27,4	28,9	0,78
Azotobacter vinelandii (NH_4^+)	21,9	22,1	28,0	28,0	0,79
Azotobacter agile (N_2)	21,4	23,8	28,3	26,6	0,82
Azotobacter agile (NH_4^+)	21,5	23,5	28,5	26,6	0,82
Vibrio cholerae	28,8	27,9	20,0	23,3	1,31
Ristella (Bacteroides) insolitus IS9	28,2	28,6	23,2	20,0	1,31
Ristella (Bacteroides) insolitus NL12	29,3	29,5	20,7	20,5	1,43
Haemophilus influenzae	31,9	30,2	18,2	19,6	1,64
Pasteurella boviseptica	31,0	31,4	18,8	18,8	1,66
Pasteurella aviseptica	32,0	31,7	18,2	18,1	1,75
Pasteurella tularensis	32,4	32,9	17,6	17,1	1,88
Fusiformis fusiformis	34,8	33,7	15,7	15,8	2,17
Ristella (Bacteroides) clostridiformis	34,4	34,4	15,8	15,4	2,20
Enterobacteriaceae					
Serratia marcescens	20,7	20,1	27,2	32,0	0,69
Serratia marcescens	21,1	20,9	29,0	29,0	0,72
Aerobacter aerogenes	20,5	22,4	29,3	27,8	0,75
Aerobacter aerogenes	21,3	21,9	28,8	28,0	0,76
Aerobacter aerogenes (normal)	21,2	21,2	28,4	29,2	0,74
Aerobacter aerogenes (Streptomycin-resistente Form)	20,8	20,3	29,2	29,7	0,70
Aerobacter aerogenes	19,8	19,2	28,1	27,5	0,70
Aerobacter aerogenes	20,3	19,1	28,2	27,0	0,71
Erwinia carotovora	23,3	22,7	27,1	26,9	0,85
Salmonella typhimurium	24,6	25,2	25,4	24,8	0,99
Salmonella typhimurium	22,9	23,0	27,1	27,0	0,85
Salmonella typhosa	23,5	23,4	26,7	26,4	0,88
Salmonella gallinarum	24,8	25,0	26,1	24,1	0,99
Salmonella paratyphi A	24,8	25,3	24,9	25,0	1,00
Salmonella enteritidis	24,9	25,1	25,0	25,0	1,00
Salmonella enteritidis (resistent gegen D_4 Phagen)	24,4	25,7	24,7	25,2	1,00
Shigella dysenteriae	23,5	23,1	26,7	26,7	0,87
Shigella paradysenteriae Flexner Y6 R0	24,9	25,8	24,8	24,5	1,02
Shigella paradysenteriae Flexner Y6 R4	25,8	25,0	25,3	23,9	1,03
Proteus morganii	23,7	23,3	26,3	26,7	0,89
Escherichia coli (B/r)	22,5	27,2	24,5	25,8	0,99
Escherichia coli K12	26,0	23,9	24,9	25,2	1,00
Escherichia coli UQ	25,6	23,9	25,0	25,5	0,98
Escherichia coli (thymineless)	25,4	24,8	24,1	25,7	1,01
Escherichia coli SM	23,8	23,8	26,0	26,4	0,91
Escherichia coli I	23,9	23,9	26,0	26,2	0,92
Escherichia coli W	25,1	23,4	25,7	25,9	0,94

Tabelle 4 (Fortsetzung)

Species	Gram-Färbg.	Adenin	Thymin	Guanin	Cytosin	$\frac{A+T}{G+C}$
Escherichia coli W		24,4	23,8	26,3	25,5	0,93
Escherichia coli (B/r)		23,1	25,0	26,4	25,1	0,94
Escherichia coli (15T⁻)		23,6	22,4	27,5	26,1	0,86
Proteus vulgaris		32,0	31,5	18,6	17,9	1,74
Proteus vulgaris		30,1	29,4	19,8	20,7	1,47
Gram-positive Bazillen						
Corynebacterium parvum		21,5	20,3	29,8	28,4	0,72
Mycobacterium (Corynebacterium) vadosum Kras.		20,7	21,6	29,2	28,5	0,73
Corynebacterium diphtheriae		22,5	23,0	27,2	27,3	0,83
Corynebacterium diphtheriae		24,2	23,9	24,8	27,1	0,92
Corynebacterium acnes		26,3	25,8	21,1	26,8	1,08
Lactobacillus bifidus		21,9	20,5	28,3	29,3	0,74
Bacillus subtilis		28,9	28,7	21,0	21,4	1,36
Bacillus megaterium		31,8	30,6	19,1	18,5	1,66
Bacillus thuringiensis amer.		32,2	31,9	18.1	17,8	1,78
Bacillus cereus A_{25}		32,3	33,2	17,9	16,6	1,90
Bacillus cereus alesti		33,5	33,2	17,3	16,0	2,00
Bacillus cereus alesti (Mutante)		31,9	32,4	18,0	17,7	1,80
Bacillus cereus alesti (Mutante)		32,0	31,7	17,6	18,7	1,75
Bacillus cereus p 1		32	32	18	18	1,78
Bacillus cereus p 2		33	34	17	17	1,97
Bacillus cereus ATCC 12137		32	32	17	19	1,78
Bacillus cereus BTCC 7587		32	33	18	17	1,85
Bacillus cereus (unbestrahlt)		32	33	18	17	1,85
Bacillus cereus (bestrahlt)		31	32	19	18	1,70
Clostridium bifermentans		34,0	33,5	17,0	15,5	2,08
Clostridium valerianicum		35,1	33,1	16,2	15,6	2,14
Clostridium saprogenes		34,7	35,0	16,0	14,3	2,30
Ramibacterium ramosum		35,1	34,8	14,9	15,2	2,32
Clostridium perfringens (var. Fred)		36,9	36,3	14,0	12,8	2,70
Clostridium perfringens		34,1	35,0	15,8	15,1	2,24
Gram-positive und Gram-negative Coccen						
Sarcina lutea	+	13,4	12,4	37,1	37,1	0,35
Sarcina lutea	+	13,6	14,4	36,4	35,6	0,39
Sarcina lutea	+	18,7	17,4	32,4	31,5	0,56
Micrococcus lysodeikticus	+	14,4	13,7	37,3	34,6	0,39
Sarcina flava	+	15,6	15,8	33,5	35,1	0,46
Neisseria meningitidis	—	24,6	24,9	25,5	25,0	1,00
Neisseria gonorrhoeae	—	25,3	25,1	25,2	24,4	1,01
Diplococcus pneumoniae type III	+	29,8	31,6	20,5	18,0	1,59
Veillonella parvula	—	31,7	31,8	18,5	18,0	1,74
Streptococcus faecalis („gebundene" DNA)	+	29,2	32,2	18,3	20,3	1,59
Streptococcus faecalis („freie" DNA)	+	30,0	32,5	16,5	21,0	1,67
Streptococcus faecalis (Gruppe D)	+	33,4	32,0	16,9	17,7	1,89
Streptococcus foetidus	+	32,1	34,3	16,8	16,8	1,97
Streptococcus pyogenes (Gruppe A)	+	33,4	33,0	16,6	17,0	1,97
Streptococcus zymogenes (Gruppe D)	+	33,1	33,3	16,2	17,4	1,97
Micrococcus asaccharolyticus	+	31,2	34,7	18,8	15,3	1,91
Micrococcus (Staphylococcus aureus) SA-B	+	30,8	29,2	21,0	19,0	1,50
Micrococcus (Staphylococcus aureus) 209P	+	31,0	31,2	18,5	19,2	1,65
Micrococcus pyogenes (Staphylococcus aureus)	+	32,3	33,0	17,3	17,4	1,88
Micrococcus pyogenes Oxf.	+	34,1	32,2	15,0	15,7	2,26
Micrococcus pyogenes 1161	+	35,7	33,4	16,0	14,9	2,26
Micrococcus pyogenes 1149	+	34,2	34,6	16,1	15,1	2,20
Micrococcus pyogenes 145	+	34,4	34,2	16,2	15,2	2,18
Micrococcus pyogenes m 320	+	34,2	33,8	15,6	16,4	2,13
Staphylococcus epidermidis	+	31,0	33,9	17,5	17,6	1,85

Tabelle 5. **Basenzusammensetzung der DNA aus Mycobacterien, Actinomyceten, Hefen und Pilzen** [*2c*]
(berechnet für 100 Mol Basen pro 100 Mol Phosphat, wobei fur 100% Ausbeute korrigiert wurde)

Species	Adenin	Thymin	Guanin	Cytosin	$\frac{A+T}{G+C}$
Mycobacterien					
M. tuberculosis (T. humanus)	18,0	20,0	28,5	33,5	0,61
M. tuberculosis (T. humanus)	19,3	17,5	28,2	34,9	0,58
M. tuberculosis (T. bovinus)	17,8	19,0	29,3	33,8	0,58
M. tuberculosis (T. bovinus)	16,5	16,0	34,2	33,3	0,48
M. tuberculosis (T. bovinus)	18,3	16,7	32,7	32,3	0,54
M. tuberculosis (T. gallinaceus)	15,1	14,6	34,9	35,4	0,42
M. phlei	18,0	15,5	31,6	34,8	0,50
M. phlei	15,8	15,5	34,5	34,2	0,46
Actinomyceten					
Micromonospora coerulea	14,3	13,9	36,2	35,6	0,39
Nocardia citrea	14,2	13,8	35,3	36,7	0,39
Streptomyces griseus	13,8	13,0	35,8	37,4	0,37
Streptomyces streptomycini	13,4	13,4	36,1	37,1	0,37
Streptomyces globisporus	13,8	12,7	36,3	37,2	0,36
Streptomyces viridochromogenes	13,3	12,9	36,6	37,2	0,36
Hefen					
Saccharomyces cerevisiae	31,7	32,6	18,3	17,4	1,80
Saccharomyces cerevisiae	31,3	32,9	18,7	17,1	1,79
Pilze					
Psalliota campestris	28,2	27,5	22,6	21,7	1,26
Aspergillus niger	25,0	24,9	25,1	25,0	1,00

Tabelle 6. **Basenzusammensetzung der DNA einiger Algen** [*2c*]
(berechnet für 100 Mol Basen pro 100 Mol Phosphat, wobei fur 100% Ausbeute korrigiert wurde)

Species	Adenin	Thymin	Guanin	Cytosin	$\frac{A+T}{G+C}$
Diatomeae					
Rhabdonema adriaticum	31,4	31,7	18,6	18,3	1,71
Chaetoceras decipiens	30,8	30,1	19,9	19,2	1,55
Thalassiosira nordenscheldii	29,8	29,9	20,1	20,2	1,48
Chlorophyceae					
Hydrodictyon reticulatum	23,1	23,4	27,3	26,2	0,87
Ankistrodesmus sp.	21,8	19,5	29,7	29,0	0,70
Scenedesmus quadricauda	20,2	18,8	30,8	30,2	0,64
Scenedesmus accuminatus	18,7	17,5	32,9	30,9	0,57
Phaeophyceae					
Cystosira barbata	20,8	20,4	29,5	29,3	0,70

Tabelle 7. **Basenzusammensetzung tierischer DNA**

(berechnet fur 100 Mol Basen pro 100 Mol Phosphat, wobei für 100% Ausbeute korrigiert wurde)

Tierart	Gewebe	Adenin	Thymin	Guanin	Cytosin	5-Methylcytosin	$\frac{A+T}{G+C+MC}$	Literatur
Seeigel								
Arbacia punctulata	Sperma	28,4	32,8	19,5	19,3		1,58	
Arbacia lixula	Sperma	31,2	30,5	19,1	19,2		1,61	
Echinus esculentus	Sperma	30,9	29,4	19,4	18,4	1,8	1,52	
Echinocardium cordatum	Sperma	32,9	32,2	17,0	17,9		1,86	[2a]
Psammechinus miliaris	Sperma	32,6	31,9	17,8	17,8		1,81	
Paracentrotus lividus	Sperma	32,8	32,1	17,7	17,3	1,1	1,85	
Holothuria polii (Seegurke)	Sperma	29,5	29,3	20,1	21,2		1,33	[3]
Locusta migratoria (Wanderheuschrecke)	Ganztier	29,3	29,3	20,5	20,7	0,2	1,41	[2a]
Lachs	Sperma	29,7	29,1	20,8	20,4		1,43	
Forelle	Sperma	29,8	27,5	22,5	20,2		1,34	
Regenbogenforelle	Sperma	30	27	22	21	+	1,3	
Bachforelle	Sperma	30	27	22	21		1,3	
Bachsaibling	Sperma	29	28	22	21	+	1,3	[4]
Lachs	Sperma	29	27	22	22		1,3	
Hering	Sperma	29	27	22	20	2	1,3	
	Testes	27,2	28,6	19,3	22,3	2,7	1,26	
	Testes	27,9	28,2	19,5	21,5	2,8	1,28	
	Sperma	27,8	27,5	22,2	20,7	1,9	1,23	[5]
	Sperma	27,9	27,1	22,2	20,3	1,9	1,25	
Stör	Sperma	30	28	22	20		1,4	[4]
Alosa (Alse)	Testes	28,4	29,3	21,8	20,5		1,36	
Schildkrote	Erythrocyten	28,7	27,9	22,0	21,3		1,31	
Haushuhn	Eiklar	29,7	27,5	21,5	21,3		1,34	
	Erythrocyten	28,8	29,2	20,5	21,5		1,38	
		28,0	28,4	22,0	21,6		1,29	[2a]
Maus	Sarcom	29,7	25,6	21,9	22,8		1,24	
Ratte	Knochenmark	28,6	28,4	21,4	20,4	1,1	1,33	
Schaf	Thymus	29,3	28,3	21,4	21,0		1,36	
	Leber	29,3	29,2	20,7	20,8		1,41	

Tabelle 7 (Fortsetzung)

Tierart	Gewebe	Adenin	Thymin	Guanin	Cytosin	5-Methylcytosin	$\frac{A+T}{G+C+MC}$	Literatur
Schaf	Milz	28,0	28,6	22,3	21,1		1,30	[2a]
	Sperma	28,8	27,2	22,0	21,0	1,0	1,27	
Rind	Milz	27,9	29,3	22,1	20,7		1,34	
	"	28,2	28,2	21,2	21,0	1,3	1,30	
	"	28,6	28,3	20,9	20,7	1,4	1,32	
	"	27,9	27,3	22,7	20,8	1,3	1,23	
	Milz	27,7	28,4	22,1	21,8		1,28	
	Leber	28,8	29,0	21,0	21,1		1,37	
	"	27,4	28,2	22,5	21,9		1,25	
	Pankreas	27,8	28,5	21,9	21,7		1,29	
	Niere	28,3	28,2	22,6	20,9		1,30	
	Testes	27,0	27,8	22,9	22,3		1,21	
	Sperma	28,7	27,2	22,2	20,7	1,3	1,26	
	Thymus	28,0	30,1	22,0	19,9		1,35	
	"	27,3	28,4	22,7	21,6		1,26	
	"	27,9	28,3	23,8	19,9		1,29	
	"	27,4	29,5	22,4	20,7		1,32	
	"	28,0	28,1	23,5	20,4		1,28	
	"	29,2	29,2	20,8	20,8		1,40	
	"	28,2	27,8	21,5	21,2	1,3	1,27	
	"	28,9	27,8	22,2	21,1		1,31	
	"	29,2	27,1	21,9	21,9		1,29	
	"	29,2	29,2	20,2	21,3		1,41	
	"		28,7		20,0	1,3		
	"	30,1	28,0	21,5	20,4		1,39	
	"	28,4	28,4	21,1	22,1		1,31	
	"	27,6	27,9	21,5	21,2	1,9	1,24	
	"	28,0	27,8	20,9	21,4	1,9	1,26	
	"	28,7	27,2	21,7	20,7	1,7	1,27	
	"	27,1	27,9	23,2	21,8		1,22	
	"	27,4	29,1	21,4	21,0	1,1	1,30	
Schwein	Thymus	30,9	29,4	19,9	19,8		1,52	
	Leber	29,4	29,7	20,5	20,5		1,44	
	Milz	29,6	29,2	20,4	20,8		1,43	
	Schilddrüse	30,0	28,5	20,8	20,7		1,41	
Pferd	Milz	29,6	27,5	22,9	20,1		1,33	
Mensch	Thymus	29,8	31,8	20,2	18,2		1,60	
	Thymus	30,9	29,4	19,9	19,8		1,52	
	Leber	30,3	30,3	19,5	19,9		1,53	
	Milz	29,2	29,4	21,0	20,4		1,42	
	Sperma	30,9	31,6	19,1	18,4		1,67	
	Sperma	30,7	31,2	19,3	18,8		1,62	

Tabelle 8. **Zusammensetzung der DNA verschiedener Organismen, nach ihrem Gehalt an Guanin-Cytosin geordnet** [6]

Methylcytosingehalt: [1] 3,8—6,4%; [2] 0,2—1,8%; [3] 1,0—2,8%

G-C %	Bacterien	Pilze (Fungi)	Algen (Algae)	Höhere Pflanzen	Wirbellose Tiere (Invertebrates)	Wirbeltiere (Vertebrates)	G-C %
24							24
26	72						26
28							28
30	18, 32, 41, 49						30
32	17, 19, 26, 51, 52						32
34	11, 29, 40, 64, 65, 66, 68, 69				9		34
36	14, 38, 44, 70, 73	2	2	10[1]	10[2], 11		36
38	12, 23, 28, 39				(5), 6, 7		38
40	44		1, 3	3, 5[1], 6[1], 7[1], 8[1], 11[1]	(2), 8[2]	1, (1)	40
42	13, 53			2	(1), (4), 12[2]	3[3], 4, 5[3], (6), 7[3], 9, 10, 11[3], 12, (14)	42
44	50, 71			4	(3)	2, 6, 8, 13	44
46							46
48	20			1, 9[1]			48
50	36, 37, 54, 55, 56, 57, 63						50
52	21, 25						52
54	8, 24, 43, 57, 58, 62	1	7				54
56	5, 10						56
58	5, 6, 9, 15, 16, 22, 27, 35, 61		6, 10				58
60			9				60
62			5				62
64	46, 60		4				64
66	7, 33, 45		(8)				66
68	34, (47), 48, 59, 45						68
70							70
72	30, 31, 42, 60						72
74	1, 2, 3, 4, 67						74
76							76

1. Mensch (Thymus, Leber, Milz, Sperma); (1) Mensch (Nierenzellkultur); 2. Pferd (Milz); 3. Rind (Thymus, Milz, Leber, Pancreas, Niere, Testes, Sperma); 4. Schaf (Thymus, Leber, Milz, Sperma); 5. Schwein (Thymus, Leber, Milz, Thyreoidea); 6. Maus; (6) Maus (Testes, Milz); 7. Ratte (Knochenmark); 8. Huhn (Erythrocyten, Eiklar); 9. Lachs (Sperma); 10. Forelle (Sperma); 11. Hering (Testes); 12. Alosa (Testes); 13. Schildkröte (Erythrocyten); 14. Rana pipiens (Testes).

(1) *Cancer borealis* (Hauptkomponente A), (2) *Cancer irroratus* (Hauptkomponente A); (3) *Carcinus maenas*; (4) *Lumbricas terrestris;* (5) *Venus mercenaria;* 6. *Arbacia lixula;* 7. *Arbacia punctulata;* 8. *Echinus esculentus;* 9. *Echinocardium cordatum;* 10. *Paracentrotus lividus;* 11. *Psammechinus miliaris;* 12. *Locusta migratoria.*

1. *Alnus barbata;* 2. *Salix acubifolia;* 3. *Salix caprea;* 4. *Crylus avelana;* 5. *Papaver somniferum;* 6. *Cucurbita pepo;* 7. *Phaseolus vulgaris;* 8. *Arachis hypogaea;* 9. *Trificum vulgare;* 10. *Allium cepa;* 11. *Pinus sibirica* .

Diatomeen	1. *Chaetoceros decipiens;* 2. *Rhabdonema adriaticum;* 3. *Thalassiosira Nordenscheldii.*
Grünalgen	4. *Scenedesmus acuminatus;* 5. *Scenedesmus quadricauda;* 6. *Ankistrodesmus sp.;* 7. *Hydrodictyon reticulatum;* (8) *Chlamydomonas reinhardi;* 9. *Chlorella ellipsoidea.*
Braunalgen	10. *Cystosira barbata.*

Neurospora grassa; s. Hefe.

1. *Actinomyces globisporus flaveolus;* 2. *Actinomyces globisporus streptomycini;* 3. *Actinomyces griseus;* 4. *Actinomyces viridochromogenes;* 5. *Aerobacter aerogenes;* 6. *Agrobacteria tumefaciens;* 7. *Alcaligenes faecalis;* 8. *Azotobacter agile;* 9. *Azotobacter chroococcum;* 10. *Azotobacter vinelandii;* 11. *Bacillus cereus;* 12. *Bacillus megaterium;* 13. *Bacillus subtilis;* 14. *Bacillus thuringiensis;* 15. *Bifidibacterium bifidum;* 16. *Brucella abortus*; 17. *Clostridium bifermentans;* 18. *Clostridium perfringens;* 19. *Clostridium valerianicum;* 20. *Corynebacterium acnes;* 21. *Corynebacterium diphtheriae;* 22. *Corynebacterium parvum;* 23. *Diplococcus pneumoniae;* 24. *Erwinia carotovora;* 25. *Escherichia coli;* 26. *Fusiformis fusiformis;* 27. *Fusiformis polymorphus;* 28. *Haemophilus influenzae;* 29. *Micrococcus asaccharolyticus;* 30. *Micromonospora coerulea;* 31. *Micrococcus lysodeikticus;* 32. *Micrococcus pyogenes;* 33. *Mycobacterium phlei;* 34. *Mycobacterium tuberculosis;* 35. *Mycobacterium vadosum;* 36. *Neisseria gonorrhoeae;* 37. *Neisseria meningitidis;* 38. *Pasteurella aviseptica;* 39. *Pasteurella boviseptica;* 40. *Pasteurella tularensis;* 41. *Plectridium saprogenes;* 42. *Proactinomyces citreus;* 43. *Proteus morganii;* 44. *Proteus vulgaris;* 45. *Pseudomonas aeruginosa*; 46. *Pseudomonas fluorescens;* (47) *Pseudomonas saccharophila;* 48. *Pseudomonas tabaci;* 49. *Ramibacterium ramosum;* 50. *Rickettsia burneti;* 51. *Rickettsia prowazeki;* 52. *Ristella clostridiformis;* 53. *Ristella insolit;* 54. *Salmonella enteritidis;* 55. *Salmonella gallinarum;* 56. *Salmonella paratyphi;* 57. *Salmonella typhimurium;* 58. *Salmonella typhosa;* 59. *Sarcina flava;* 60. *Sarcina lutea;* 61. *Serratia marcescens;* 62. *Shigella dysenteriae;* 63. *Shigella paradysenteriae;* 64. *Staphylococcus pyogenes;* 65. *Streptococcus faecalis;* 66. *Streptococcus fortidus;* 67. *Streptococcus griseus;* 68. *Streptococcus pyogenes;* 69. *Streptococcus zymogenes;* 70. *Veillonella parvula;* 71. *Vibrio cholerae;* 72. *Welchia perfringens;* 73. *Micoplasma gallisepticum* (PPLO A 5969).

Tabelle 9.
Die Basenzusammensetzung enzymatisch in vitro synthetisierter DNA [7]

DNA-Arten	Adenin	Thymin	Guanin	Cytosin	$\frac{A+T}{G+C}$	$\frac{\text{Purin}}{\text{Pyrimidin}}$
M. phlei						
Primer (Synthesemuster)	0,65	0,66	1,35	1,34	0,49 (0,48–0,49)	1,01 (0,98–1,04)
Produkt	0,66	0,80	1,17	1,34	0,59 (0,57–0,63)	0,85 (0,78–0,88)
A. aerogenes						
Primer	0,90	0,90	1,10	1,10	0,82	1,00
Produkt	1,02	1,00	0,97	1,01	1,03 (0,96–1,13)	0,99 (0,95–1,01)
E. coli						
Primer	1,00	0,97	0,98	1,05	0,97 (0,96–0,99)	0,98 (0,97–0,99)
Produkt	1,04	1,00	0,97	0,98	1,02 (0,96–1,07)	1,01 (0,96–1,06)
Kalbsthymus						
Primer	1,14	1,05	0,90	0,85	1,25 (1,24–1,26)	1,05 (1,03–1,08)
Produkt	1,19	1,19	0,81	0,83	1,46 (1,22–1,67)	0,99 (0,82–1,04)
T_2 Bakteriophage						
Primer	1,31	1,32	0,67	0,70[1]	1,92 (1,86–1,97[1])	0,98 (0,95–1,01)
Produkt	1,33	1,29	0,69	0,70	1,90 (1,82–1,98)	1,02 (1,01–1,03)
Synthetisches A–T-Copolymer	1,99	1,93	<0,05	<0,05	>40	1,05

[1] Im Falle der T_2-Phagen-DNA bedeutet C Hydroxymethylcytosin (Werte in Klammern bedeuten Streubereiche).

Tabelle 10.
Der Gehalt verschiedener DNA-Arten an 6-Methylaminopurin [8]

DNA-Quelle	Mole/100 Mole Adenin
B. coli B/r	1,8
B. coli K12	1,7
B. coli 15T	1,8
Aerobacter aerogenes	2,7
Pneumococcus	0,4
Mycobacterium tuberculosis (Boviner Typ)	0,5
T2r+ Bacteriophagen	0,45
T2r Bacteriophagen	0,5
Salmonella C Bacteriophagen	0,4

Tabelle 11. **Der Metallgehalt von DNA aus Rinderleber** [9]
(Angaben in 10^{-6} g Metall pro g DNA)

Metall	Mg	Ca	Sr	Ba	Al	Cr	Mn	Fe	Cu[1]	Zn
Extrahiert mit 10% NaCl-Lsg.	10	110	[2]	1,9	75	150	[2]	330	68	110
Extrahiert mit Phenol	110	280	21	110	140	81	25	400	[3]	120

[1] Mikrochemische Analyse. [2] Nichts gefunden. [3] Nicht untersucht.

3. Zusammensetzung von Ribonucleinsäuren

Die Ribonucleinsäuren eines Organismus oder einer Zelle stellen chemisch und physikalisch-chemisch bei weitem kein so einheitliches Material dar, wie die Desoxyribonucleinsäuren.

Nur bei den niedersten Organismen und Viren zeigt die RNA-Zusammensetzung Species-Charakteristik.

Das Verhältnis von Purin- zu Pyrimidinbasen ist meist nicht gleich 1. Auch kein anderer Quotient zeigt durchgehend eine solche Gesetzmäßigkeit. Nach Meinung mancher Autoren gilt dies jedoch für die sogenannte Botschafter-RNA (Messenger-RNA, m-RNA) und für die lösliche RNA (soluble RNA, s-RNA).

Ausreichendes Zahlenmaterial, das hier eine Bewertung der z. T. voneinander abweichenden Befunde erlaubt, liegt im Augenblick der Drucklegung noch nicht vor.

Bei den nachfolgenden Tabellen wurden die Werte für 100 Mol Basen auf 100 Mol Phosphor berechnet, wobei für 100% Ausbeute korrigiert ist.

Tabelle 12. **Basenzusammensetzung der RNA einiger Virusarten**
(berechnet für 100 Mol Basen pro 100 Mol Phosphat, wobei für 100% Ausbeute korrigiert wurde)

Virus	Adenin	Uracil	Guanin	Cytosin	$\frac{\text{Pur.}}{\text{Pyr.}}$	$\frac{G+U}{A+C}$	Literatur
Pflanzliche Viren							
Turnip yellow mosaic	22,6	22,1	17,2	38,1	0,7	1,0	[2c]
Tobacco ringspot	23,9	28,2	24,7	23,2	0,9	1,1	[2c]
Tomato bushy stunt							
BS 3	25,7	25,7	27,9	20,8	1,2	1,2	[2c]
BS 9	25,7	25,5	28,2	20,5	1,2	1,2	[2c]
BS 10	25,9	25,6	28,1	20,4	1,2	1,2	[2c]
Southern bean mosaic	25,8	25,3	26,0	23,0	1,1	1,1	[2c]
Aucuba mosaic	29,7	26,4	25,4	18,5	1,2	1,1	[2c]
Rib grass	29,3	27,0	25,8	18,0	1,2	1,1	[2c]
Potato X	34,2	21,3	21,8	22,8	1,3	1,1	[2c]
Tabakmosaikvirus							
M	29	26	26	19	1,2	1,1	[2a]
J 14 D 1	30	26	25	19	1,2	1,1	[2a]
GA	29	26	26	19	1,2	1,1	[2a]
YA	30	26	26	18	1,2	1,1	[2a]
HR	29	27	26	18	1,2	1,1	[2a]
Gurkenvirus							
CV 3	26	31	25	18	1,05	1,3	[2a]
CV 4	26	29	26	19	1,05	1,2	[2a]
Tierische Viren							
Poliomyelitis	30,4	24,7	25,4	19,5	1,3	1,0	[10]
Influenza A	22,1	32,9	20,4	24,7	0,74		[11]
PR 8	23,1	32,8	20,1	24,0	0,8	1,1	[10]
MEL	23,0	32,0	19,8	25,3	0,7	1,1	[10]
WSE	22,5	33,3	20,1	24,1	0,7	1,1	[10]
Swine	22,8	32,4	20,4	24,5	0,8	1,1	[10]
CAM	22,8	33,5	19,3	24,5	0,7	1,1	[10]
Influenza B	21,5	37,6	17,0	24,1	0,53		[11]
LEE	23,0	35,6	18,3	23,1	0,7	1,2	[10]
MIL	22,8	36,0	17,5	23,8	0,7	1,1	[10]
ROB	22,5	35,5	18,5	23,5	0,7	1,2	[10]

Tabelle 13.
Basenzusammensetzung von RNA aus ganzen Gram-negativen Bakterien

Species	Adenin	Uracil	Guanin	Cytosin	$\frac{\text{Purin}}{\text{Pyr.}}$	$\frac{G+U}{A+C}$	Literatur
Pseudomonas aeruginosa	25,1	19,5	31,6	23,8	1,31	1,05	[2c]
Alcaligenes faecalis	25,7	19,3	30,9	24,1	1,31	1,01	[2c]
Alcaligenes faecalis	24,8	22,7	30,6	21,8	1,24	1,14	[2c]
Alcaligenes faecalis	28	15ǀ	32	25ǀ	1,5	0,89	[12]
Azotobacter chroococcum (N_2)	24,7	20,1	30,4	24,7	1,18	1,02	
Azotobacter chroococcum (NH_4^+)	24,2	19,3	31,2	25,4	1,24	1,02	[2c]
Azotobacter chroococcum (schleimbildend)	23,7	20,3	30,9	25,1	1,20	1,05	[2c]

Species	Adenin	Uracil	Guanin	Cytosin	Purin / Pyr.	G + U / A + C	Literatur
Azotobacter chroococcum (glatt)	24,1	19,8	31,5	24,6	1,25	1,05	[2c]
Azotobacter vinelandii	24,2	19,5	30,6	25,7	1,21	1,00	
Azotobacter vinelandii	25	19	33	23	1,4	1,08	[12]
Azotobacter vinelandii	25	19	33	23	1,4	1,07	[12]
Azotobacter vinelandii (N_2)	24,0	20,2	30,3	25,6	1,19	1,02	[2c]
Azotobacter vinelandii (NH_4^+)	24,4	19,8	29,8	26,0	1,18	0,98	
Azotobacter agile (N_2)	24,2	18,7	31,0	26,0	1,23	0,99	
Azotobacter agile (NH_4^+)	24,6	19,3	30,4	25,7	1,22	0,99	
Serratia marcescens	20,3	24,1	31,2	24,3	1,06	1,24	
Aerobacter aerogenes	24,5	19,8	29,7	26,0	1,19	0,98	
Aerobacter aerogenes	26,0	19,6	30,3	24,1	1,29	1,00	
Aerobacter aerogenes (normal)	26,2	19,7	29,6	24,4	1,26	0,98	
Aerobacter aerogenes (Streptomycin-resistente Form)	25,9	19,5	30,1	24,4	1,27	0,99	
Erwinia carotovora	26,5	20,3	29,5	23,7	1,27	0,99	
Salmonella typhimurium	26,1	19,1	31,0	23,8	1,33	1,00	
Salmonella typhosa	26,1	19,1	30,8	24,0	1,32	1,00	
Salmonella typhosa (neutrale Form)	26,4	21,2	29,8	22,6	1,3	1,04	
Salmonella typhosa (Alkali produzierende Form)	25,7	19,3	30,7	24,3	1,3	1,00	
Shigella dysenteriae	25,9	19,3	30,4	24,4	1,29	0,99	
Shigella dysenteriae (Alkali produzierende Form)	25,8	19,9	30,5	23,8	1,3	1,02	
Shigella dysenteriae (Alkali produzierende Form)	26,9	19,4	29,9	23,8	1,3	0,97	
Proteus morganii	26,0	19,2	31,1	23,7	1,31	1,01	
Escherichia coli	25,3	21,2	28,8	24,7	1,18	1,00	
Escherichia coli SM	26,6	18,3	31,4	23,7	1,38	0,99	
Escherichia coli I	26,0	19,2	30,7	24,1	1,31	1,00	
Escherichia coli (neutrale Form)	27,1	20,8	28,9	23,2	1,3	0,99	
Escherichia coli (Alkali erzeugende Form)	25,8	19,7	30,4	24,1	1,3	1,00	
Escherichia coli B	27,0	17,0	35,0	21,0	1,63	1,08	
Escherichia coli (ruhend)	23,2	22,3	31,2	23,2	1,20	1,15	
Escherichia coli (in Teilung)	23,9	22,4	31,9	21,8	1,26	1,19	
Escherichia coli B	26,3	19,0	29,6	25,1	1,27	0,95	
Escherichia coli M26—26	25,6	20,8	29,3	24,4	1,22	1,00	
Escherichia coli M26—26	25,2	19,6	30,5	24,7	1,26	1,00	
Proteus vulgaris	26,3	18,7	31,0	24,0	1,34	0,99	
Proteus vulgaris	27,0	23,0	29,0	21,0	1,27	1,08	
Proteus vulgaris (L-Form)	26,4	23,2	29,0	21,4	1,24	1,09	
Brucella abortus	25,4	19,5	30,2	24,9	1,2	0,99	
Pasteurella tularensis	27,3	21,9	29,8	21,0	1,33	1,07	
Serratia marcescens	27	22	28	23	1,2	1,2	[13]

Tabelle 14. **Basenzusammensetzung von RNA aus ganzen Bakterien und Pilzen**

Species	Adenin	Uracil	Guanin	Cytosin	Purin / Pyr.	G + U / A + C	Literatur
Gram-positive Bazillen							
Mycobacterium (Corynebacterium) vadosum Kras	23,8	21,0	31,7	23,5	1,25	1,12	[2c]
Corynebacterium diphtheriae	23,1	21,5	31,6	23,8	1,21	1,13	
Bacillus cereus p1	25,5	22,5	30,7	21,3	1,28	1,14	
Bacillus cereus p2	24,8	23,8	31,2	20,1	1,27	1,22	
Bacillus cereus ATCC 12137	25,2	22,9	31,5	20,4	1,31	1,19	
Bacillus cereus BTCC 7587	25,9	23,6	31,1	19,4	1,32	1,21	

Tabelle 14 (Fortsetzung)

Species	Adenin	Uracil	Guanin	Cytosin	Purin / Pyr.	G + U / A + C	Literatur
Gram-positive Bazillen							
Bacillus cereus (unbestrahlt)	25,5	24,2	30,8	19,5	1,29	1,22	[2c]
Bacillus cereus (bestrahlt)	25,9	23,4	30,8	19,9	1,31	1,18	[2c]
Clostridium perfringens	26,1	19,2	30,3	24,5	1,29	0,98	[2c]
Clostridium perfringens	28,1	20,4	29,5	22,0	1,36	1,00	[2c]
Coccen							
Sarcina lutea	23,2	19,9	32,7	24,2	1,27	1,11	[2c]
Sarcina lutea (normal)	16,7	22,0	28,4	32,9	0,82	1,01	[2c]
Sarcina lutea (Streptomycin-resistente Form)	15,7	20,2	29,8	34,4	0,83	1,00	[2c]
Streptococcus faecalis	25,0	28,5	31,3	15,2	1,29	1,48	[2c]
Micrococcus pyogenes (Staphylococcus aureus)	26,9	22,0	28,7	22,4	1,25	1,03	
Staphylococcus aureus	28	19	29	24	1,3	0,95	[12]
Mycobacterien und Actinomyceten							
Mycobacterium tuberculosis (T. bovinus) (BCG)	22,6	28,3	33,0	26,1	1,25	1,05	[2c]
Mycobacterium tuberculosis (T. bovinus) (BCG)	20,1	19,2	31,3	29,4	1,05	1,02	[2c]
Mycobacterium phlei	20,9	21,2	30,8	27,1	1,07	1,08	[2c]
Mycobacterium phlei	25	18	37	20	1,7	1,22	[12]
Streptomyces streptomycini	23,8	19,9	31,1	25,2	1,22	1,04	[2c]
Hefen							
Saccharomyces cerevisiae	25,4	27,4	24,6	22,6	1,00	1,08	[2c]
Saccharomyces cerevisiae	25	27	28	20	1,13	1,22	[2c]
Saccharomyces cerevisiae	23,5	21,7	27,5	27,3	1,04	0,97	[2c]
Saccharomyces cerevisiae, fr. 1	23,2	23,7	33,0	20,0	1,29	1,31	[2c]
Saccharomyces cerevisiae, fr. 2	24,3	25,7	27,3	22,5	1,07	1,13	[2c]
Saccharomyces cerevisiae, fr. 3	25,6	26,2	33,2	14,8	1,43	1,47	[2c]
Bäckerhefe	25	25	30	20	1,23	1,2	[2c]
Bäckerhefe	25	28	29	18	1,17	1,4	[2c]
Bäckerhefe	26	.24	31	22	1,16	1,1	[2c]
Bäckerhefe (Springer Sp 5)	26	24	30	20	1,30	1,2	[2c]
Bäckerhefe (Koenig-Gist)	27	24	30	19	1,32	1,2	[2c]
Brauerei-Hefe (Karcher)	26	24	27	23	1,08	1,0	[2c]
Penicillium stoloniferum	24,9	24,7	27,0	23,6	1,07	1,07	[2c]
Aspergillus niger	24,7	19,1	31,1	25,1	1,26	1,01	[2c]

Tabelle 15. **Basenzusammensetzung der RNA von Algen und Protozoen**

Species	Adenin	Uracil	Guanin	Cytosin	G + U / A + C	Purin / Pyr.	Literatur
Algae							
Rhabdonema adriaticum	24,0	21,2	28,6	26,2	0,99	1,11	[2c]
Chaetocerus decipiens	25,7	22,2	27,7	24,4	0,99	1,15	[2c]
Thalossiosira nordenscheldii	24,1	19,4	31,1	25,2	1,03	1,24	[2c]
Hydrodiction reticulatum	23,2	20,4	30,1	26,3	1,02	1,14	[2c]
Ankistrodesmus sp.	22,8	21,6	30,5	25,1	1,09	1,14	[2c]
Scenedesmus quadricauda	23,6	20,3	30,1	26,0	1,02	1,16	[2c]
Scenedesmus accuminatus	23,2	21,6	30,1	25,1	1,07	1,14	[2c]
Protozoa							
Euglena gracilis (grün)	23,2	22,0	28,5	26,3	1,02	1,07	[2c]
Euglena gracilis (farblos)	21,6	20,7	30,2	27,5	1,04	1,07	[2c]
Euglena gracilis (gebleicht)	21,9	21,0	29,6	27,5	1,03	1,06	[2c]
Tetrahymena pyriformis	30,9	30,0	19,8	19,3	0,99	1,03	[2c]

Tabelle 16. **Basenzusammensetzung von enzymatisch in vitro synthetisierter RNA**

(Berechnet für 100 Mol Basen pro 100 Mol Phosphat, wobei für 100% Ausbeute korrigiert wurde)

Substratzusammensetzung	Enzym	Adenin	Uracil	Guanin	Cytosin	Pur./Pyr.	Literatur
A, U, G, C 1:1:0,5:1	Polymerase aus A. vinelandii teilweise gereinigt	30	22	18	30	0,92	[*14*]
1:1:1:1	Roh-Enzym	26	11	34	29	1,5	
1:1:1:1	Isoliertes Enzym	22	19	33	20	1,2	[*14, 15*]
1:1.1.1	Gereinigtes Enzym	28	19	33	20	1,0	[*15*]
1:1.1:1	Gereinigtes Enzym	27	19	34	20	1,5	[*15*]

Tabelle 17. **Verteilung und molare Anteile methylierter Basen in RNA** [*8*]

(Mole pro 100 Mole Uracil)

Quelle der RNA	Thymin	2-Methyladenin	6-Methylaminopurin	6-Dimethylaminopurin	1-Methylguanin	2-Dimethylamino-6-hydroxypurin
B. coli B/r	0,9	0,5	0,4	0,3	[1]	[1]
B. coli 15 T	1,0	0,3	[1]	[1]	[1]	[1]
Aerobacter aerogenes	1,2	0,3	0,3	0,1	0,1	[2]
Staphylococcus aureus	0,9	0,05	0,3	[2]	[1]	[1]
Hefe	0,6	0,1	0,2	0,05	0,02	[1]
Kaninchenleber	[2]	[2]	0,3	[2]	[3]	[1]
Rattenleber	[2]	[2]	0,5	0,1	0,09	0,09
Weizenkeimlinge	3,7	0,1	3,7	0,06	0,6	0,5
Beta vulgaris, Blatter	0,23	[1]	0,2	[1]	0,2	0,1
Nicotiana glutinosa, Blätter	[1]	[1]	[1]	[1]	0,2	0,06
Turnip yellow mosaic	[2]	[2]	[2]	[2]	[2]	[2]
Tabakmosaikvirus	[2]	[2]	[2] (0,04)	[2]	[2]	[1]

[1] Wurde nicht untersucht. [2] Weniger als 0,05% gefunden. [3] Vorhanden, aber nicht bestimmt.

Tabelle 18. **Zusätzliche Komponenten der RNA von Rattenleberfraktionen** [*16*]

Komponente	Anzahl der Mole in Mikrosomen-RNA: auf 100 Mol Uracil	Mikrosomen-RNA: auf 100 Mol Phosphat	Löslicher RNA: auf 100 Mol Uracil	Löslicher RNA: auf 100 Mol Phosphat
Pseudo-Uridin	7,5	1,5	25	5
5-Methylcytosin	0,4	0,08	10	2
6-Methylaminopurin	0,5	0,1	8,1	1,6
6-Dimethylaminopurin	0,1	0,02	0,1	0,02
1-Methylguanin	0,1	0,02	3,3	0,7
2-Methylamino-6-hydroxy-purin	0,1	0,02	2,3	0,5
2-Dimethylamino-6-hydroxy-purin	0,1	0,02	3,0	0,6

Tabelle 19. **Die Verteilung methylierter Purine in Zellfraktionen von Leber und Tumoren der Maus** [*17*]

	2-Methyl-adenin	6-Methyl-amino-purin	6-Dimethyl-amino-purin	1-Methyl-guanin	2-Methyl-amino-6-hydroxypurin	2-Dimethylamino-6-hydroxy-purin
Tumor-Mitochondrien	—	—	—	0,24	0,78	< 0,10
Leber-Mitochondrien	—	—	—	< 0,10	0,57	< 0,10
Tumor-Mikrosomen	< 0,10	< 0,10	< 0,10	0,14	0,82	< 0,10
Leber-Mikrosomen	< 0,10	< 0,10	< 0,10	0,08	0,60	< 0,10
Tumor-lösl. RNA	< 0,10	4,20	1,16	1,03	12,40	3,20
Leber-lösl. RNA	< 0,10	0,78	0,55	0,86	5,20	1,36

Tabelle 20. **Der Metallgehalt von RNA aus Rinderleber** [*9*]
(Angaben in 10^{-6} g pro g RNA)

Mg	500	Mn	81
Ca	930	Fe	370
Sr	26	Ni	63
Ba	99	Cu	147
Al	37	Zn	291
Cr	86		

Tabelle 21. **Der Metallgehalt von RNA aus verschiedenen Quellen** [*9*]
(Angaben in 10^{-6} g pro g RNA)

Metalle	Mg	Ca	Sr	Ba	Pb	Al	Cr	Mn	Fe	Ni	Cu[1]	Zn	Cd
Kalbs-Pankreas	340	1500	75	94	120	34	140	66	230	130	[2]	620	[3]
s-RNA aus Kalbs-Pankreas	620	710	18	180	[3]	78	18	29	230	18	[2]	200	[3]
Kalbs-Thymus	91	540	46	38	[3]	21	77	28	220	74	76	200	[3]
Pferde-Niere	280	500	15	56	52	180	400	95	870	44	[2]	170	20
Kaninchen-Reticulocyten	980	2100	190	220	[3]	140	82	57	41	51	[2]	170	[3]
Euglena gracilis	400	920	27	91	69	32	76	73	180	60	190	650	[3]
Ratten-Leber	580	2000	14	81	[3]	630	102	33	180	64	[2]	1300	[3]

[1] Microchemische Analyse. [2] Nicht untersucht. [3] Nichts gefunden.

4. Physikalische und physikalisch-chemische Daten von Nucleinsäuren

Viele dieser Daten sind wegen der großen Unterschiede der verschiedenen Herstellungsarten und -quellen von unterschiedlichem Werte. Es wurden in der Regel nur Werte von Präparationen aufgenommen, an denen zugleich mehrere Charakteristika bestimmt wurden.

Tabelle 22. **Molekulargewicht pro Längeneinheit bei ausgestreckt gedachter Desoxyribo-Nucleinsäure**

Bezeichnung der DNA	Molekulargewicht pro Å in Richtung Faserachse	Literatur
DNA nach der Theorie von *Crick* u. *Watson* (Zweistrangige DNA)	200/Å	[*18*]
Native DNA (Zweistrangige DNA)	230/Å	[*2c*]
Native DNA (Zweistrangige DNA)	230/Å	[*19*]
Bi-uniale DNA (Vierstrangige DNA)	400/Å	[*20, 21, 22*]
DNA (Zweistrangige DNA)	200/Å	(*2c*]

Erläuterungen zu Tabelle 23

Spalte 1. Ursprung der Praparation a) Species, b) Organ, c) Fraktion
Spalte 2. Partielles spezifisches Volumen (cm³/g oder ml/g)
Spalte 3. Diffusionskonstante D_{20} (cm²/sec) bei + 20 °C
Spalte 4. Sedimentationskonstante S_{20} (in Svedberg-Einheiten 10^{-13} sec^{-1}) bei + 20 °C, meistens extrapoliert für $c \to 0$
Spalte 5. Gyrations-Radius Rg (aus der Lichtstreuung ermittelt) in Å (10^{-8} cm)
Spalte 6. Konturlange L_c in Å (10^{-8} cm)

DNP bedeutet Desoxyribonucleoprotein

Spalte 7. „Intrinsic Viscosity" $[\eta]_i$ in cm³/g (wobei $c \to 0$ gemessen wird; als g DNA/100 cm³ bzw. g DNA/100 ml; meistens auch grad $v \to 0$)
Spalte 8. Molekulargewicht, in g/Mol
Spalte 9. Achsenverhältnis der Molekule in Losung, dimensionslos (Länge : Breite = Q)
Spalte 10. Dicke in Å — a
Spalte 11. Kritische Temperatur von Lösungen der DNA in Grad Celsius (Wendepunkt der Kurve Optische Extinktion : Temperatur)

Tabelle 23. **Physikalische und physiko-chemische Eigenschaften von DNA-Präparationen**

(Es wurden solche Angaben aufgenommen, bei denen mehr als eine unabhängige Messung zur Charakterisierung des Praparates gegeben war)

	V+	D_{20}	S_{20}	Rg	Lc	$[\eta]_i$	M	Q_L	a	T_M	Bemerkungen	Literatur
Phage T 6			1100									
DNP												
DNA			37									[23]
Shape-Papillom-Virus, DNP			284									
DNA			18									
			24									
Aerobacter aerogenes			22,4							94,0		
Bacillus brevis			25,3							87,1		
B. cereus			24,2							82,7		[6]
B. megaterium			29,0							85,2		
B. subtilis			26,0							87,4		
Diplococcus pneumoniae			24,0							85,2		
Pneumococcus R 6				1300 Å			1,5·10⁶					
							1,5·10⁶				Nach Erhitzen	[20]
							0,85·10⁶				Nach Erhitzen in CsCl	
Pneumococcus, III		$1 \cdot 10^{-8}$										[24, 25]
Transformierendes Prinzip	0,515											
Escherichia coli (K 12)			29,0							90,0		[6]
E. coli B-DNA, aggregiert				1600 Å			11·10⁶					
							10·10⁶				Nach Erhitzen	[20]
							5,6·10⁶				Nach Erhitzen in CsCl	

E. coli B-DNA, disaggregiert				1620 Å			$2{,}4 \cdot 10^6$				
							$2{,}3 \cdot 10^6$				Nach Erhitzen	
							$1{,}3 \cdot 10^6$				Nach Erhitzen in CsCl	[20]
E. coli 15T-DNA				1100 Å			$1{,}2 \cdot 10^6$				Nach Erhitzen	
							$1{,}1 \cdot 10^6$				Nach Erhitzen in CsCl	
							$0{,}65 \cdot 10^6$					[2c]
E. coli DNA Brown							$7{,}0 \cdot 10^6$					
							$9{,}1 \cdot 10^6$					[6]
Haemophilus influenzae			28,5							85,5		
Klebsiella pneumoniae			25,6							92,0		
Micrococcus lysodeikticus			24,0							98,6		
M. pyogenes var aureus			28,0							83,2		[6]
Pseudomonas aeruginosa			28,2							96,7		
Salmonella typhimurium			24,3							91,1		
Serratia marcescens			23,7							93,6		
Shigella dysenteriae			22,7							90,0		
Streptococcus salivarius			24,4							85,2		[2c)
Mycobacterium tubercul.							$14{,}0 \cdot 10^6$					[6]
(Typus gallinaceus) Brown							$13{,}5 \cdot 10^6$					[25, 26]
Streptomyces albus			25,0							100,1		
Hefe (Sacch. cerev.) DNA	0,55	$1{,}1 \cdot 10^{-7}$				74		350				[20]
Seeigel-Sperma DNA				1490 Å			$2{,}2 \cdot 10^6$					
							$2{,}3 \cdot 10^6$				Nach Erhitzen in CsCl	[27]
Forellen-Sperma DNA	0,55					36	$6{,}1 \cdot 10^6$	380	25			[2c]
Forellen-Sperma CV 74a						34	$6{,}0 \cdot 10^6$					[6]
DNA CV 74b							$6{,}0 \cdot 10^6$					
Lachs-Sperma			23,2							87,0		[20]
Lachs-Sperma-DNA				1480 Å			$2{,}0 \cdot 10^6$					
							$1{,}9 \cdot 10^6$				Nach Erhitzen in CsCl	[2c]
Hahn CV 51						40	$11{,}6 \cdot 10^6$					
Erythroc. DNA CV 78						34	$15{,}0 \cdot 10^6$					
Mäuse-Sarkom-180 DNA				1160 Å			$1{,}3 \cdot 10^6$					[20]
							$1{,}3 \cdot 10^6$				Nach Erhitzen	
							$0{,}61 \cdot 10^6$				Nach Erhitzen in CsCl	[25, 28
												[29]
Kalb; Thymus-DNA	0,59					60						[6]
						40						
Kalbsthymus			22,1							86,0		[20]
Kalbsthymus-DNA				1700 Å			$2{,}2 \cdot 10^6$					
							$2{,}1 \cdot 10^6$				Nach Erhitzen in CsCl	

Tabelle 23 (Fortsetzung)

	V+	D_{20}	S_{20}	Rg	Lc	$[\eta]_i$	M	Q_L	a	T_M	Bemerkungen	Literatur
Kalbsthymus-DNA						31	$3,5 \cdot 10^6$					[2c]
B. G.							$3,8 \cdot 10^6$					
CV 42						14	$4,0 \cdot 10^6$					
CV 49						43	$4,0 \cdot 10^6$					
Simmons						53	$5,8 \cdot 10^6$					
S VII						51	$5,9 \cdot 10^6$					
							$6,0 \cdot 10^6$					
S V						15	$6,0 \cdot 10^6$					
I 69						15	$6,0 \cdot 10^6$					
CV 69						46	$6,0 \cdot 10^6$					
CV 71						48	$6,0 \cdot 10^6$					
S VIII						57	$6,0 \cdot 10^6$					
Varin						48	$6,87 \cdot 10^6$					
Varin							$7,7 \cdot 10^6$					
Doty-Rice							$7,7 \cdot 10^6$					
S XII							$11,6 \cdot 10^6$					
CV 62							$13,0 \cdot 10^6$					
CV 64							$13,0 \cdot 10^6$					
I 62							$14,0 \cdot 10^6$					
CV 9							$15,0 \cdot 10^6$					
CV 5						36	$16,5 \cdot 10^6$					
Kalbsthymus-DNA				1160 Å	$18 \cdot 10^3$		$3,5 \cdot 10^6$					[30]
				1630 Å	$18 \cdot 10^3$							
				1460 Å	$20 \cdot 10^3$		$3,9 \cdot 10^6$					
				2040 Å	$31 \cdot 10^3$		$6,0 \cdot 10^6$					
				2660 Å								
				2100 Å	$85 \cdot 10^3$		$16,5 \cdot 10^6$					
				2550 Å	$77 \cdot 10^3$		$15,0 \cdot 10^6$					
				2240 Å	$60 \cdot 10^3$		$11,6 \cdot 10^6$					
				2120 Å	$30 \cdot 10^3$		$5,9 \cdot 10^6$					
				2170 Å	$30 \cdot 10^3$		$5,8 \cdot 10^6$					
				2490 Å	$25 \cdot 10^3$		$5,1 \cdot 10^6$					
				1880 Å	$26 \cdot 10^3$		$5,0 \cdot 10^6$					
				2050 Å	$35 \cdot 10^6$		$6,9 \cdot 10^6$					

Erläuterung zu Tabelle 24

Spalte 1. Ursprung der Präparation a) Species, b) Organ, c) Fraktion
Spalte 2. Partielles spezifisches Volumen (cm^3/g oder ml/g)
Spalte 3. Spezifisches Gewicht (evtl. Angabe der Bedingungen bzw. Dichte (g/cm^3)
Spalte 4. Diffusionskonstante D_{20} (cm^2/sec) bei + 20°C
Spalte 5. Sedimentationskonstante S_{20} (in Svedberg-Einheiten 10^{-13} sec^{-1}) bei + 20°C, meistens extrapoliert für $c \to 0$
Spalte 6. Gyrations-Radius Rg (aus der Lichtstreuung ermittelt) in Å (10^{-8} cm)
Spalte 7. Kontur-Länge L_c in Å (10^{-8} cm)
Spalte 8. „Intrinsic Viscosity" $[\eta]_i$ in cm^3/g (wobei $c \to 0$ gemessen wird; als g DNA/100 cm^3 bzw. g DNA/100 ml; meistens auch grad $v \to 0$)
Spalte 9. Viskositätszahl $[\eta]_Z$, dimensionslos $\left(\text{wobei } [\eta]_Z = \varrho/c \left(\frac{\eta_{Lsg.}}{\eta_0} = 1\right)\right)$
Spalte 10. Molekulargewicht, in g/Mol
Spalte 11. Achsenverhaltnis der Moleküle in Lösung, dimensionslos (Länge : Breite = Q)
Spalte 12. Dicke in Å = a
Spalte 13. Kritische Temperatur von Lösungen der DNA in Grad Celsius (Wendepunkt der Kurve Optische Extinktion : Temperatur)

Tabelle 24. Physikalische und physiko-chemische Eigenschaften von RNA-Präparationen

(Es wurden nur Angaben über RNA aus reinen, subzellulären Fraktionen aufgenommen)

	V+	Sg	D_{20}	S_{20}	Rg	Lc	$[\eta]_i$	$[\eta]_Z$	M	Q_L	a	Bemerkungen	Literatur
1. RNA von Viren und Ribosomen													
Virus-RNA													
Tabakmosaikvirus, Ribonucleo-				187					$39 \cdot 10^6$				[31]
protein RNA				31	316				$2 \cdot 10^6$				[32, 33]
				27—30									[34, 35]
Bushy-stunt-Virus, RNP				130									[23]
RNA				30									
Ribosomen-RNA													
Hefe				80									
RNP-Partikel 80 S				30									
RNA				18					$1,94 \cdot 10^6$				[31]
Nicotiana samsun								(5°C)					[33, 34, 35]
Ribosomale RNA-Komponente A		1,67		28				80	$1,8 \cdot 10^6$				
RNA-Komponente B		1,67		17					$0,6 \cdot 10^6$				
Mäusegehirn, Ribosomale RNA													
Komponente A				30			0,61		$1,7 \cdot 10^6$				[36]
Komponente B				19,5			0,41		$1,7 \cdot 10^6$				
Rattenleber, Ribosomale RNA													
Komponente A		1,67		30				(5°C)	$1,8 \cdot 10^6$				[33, 34, 35]
Komponente B		1,67		18				100	$0,6 \cdot 10^6$				

Tabelle 24 (Fortsetzung)

	V+	Sg	D_{20}	S_{20}	Rg	Lc	$[\eta]_i$	$[\eta]_Z$	M	Q_L	a	Bemerkungen	Literatur
2. Lösliche RNA des Cytoplasmas													
Hefe's-RNA				4,0			0,05		$27 \cdot 10^3$				[37]
Rattenleber, s-RNA				4,3									[38]
Rattenleber, s-RNA				RNA I 3,45—4,6 RNA II 3,45—5,7									[39]
3. Enzymatisch synthetisierte RNA													
Synthetische RNA									$0{,}7 \cdot 10^5$			Sedimentation	[12]
Polyribonucleotide synthetisiert:									$1{,}5 \cdot 10^5$			Lichtstreuung	
mit Enzym aus									$1{,}8 \cdot 10^5$			Sedimentation, Diffusion	
a) *Azotobacter*													
Poly-Adenin-Ribose-Phosphat									$5{,}7 \cdot 10^5$			Lichtstreuung	
b) *Micrococcus lysodeicticus*									$1{,}9 \cdot 10^6$			„	
Poly-Adenin-Ribose-Phosphat									$1{,}6—2{,}6 \cdot 10^6$			„	
									$1{,}1—4{,}0 \cdot 10^6$			„	
c) *Azotobacter*									$7 \cdot 10^4$			Sedimentation	
Poly-Uracil-Ribose-Phosphat									$1{,}7 \cdot 10^4$			Sed., Diffus.	
Poly-Uracil-Ribose-Phosphat									$3 \cdot 10^5$			Sedimentation	
Poly-Adenin-Ribose-Phosphat													
Poly-Hypoxanthin-Ribose-Phosphat									$8 \cdot 10^5$			Lichtstreuung	
Poly-Adenin-Ribose-Phosphat													
Poly-Guanin-Ribose-Phosphat									$7 \cdot 10^1$			Sedimentation	
Poly-Uracil-Ribose-Phosphat													
Poly-Cytosin-Ribose-Phosphat													
Poly-Adenin-Ribose-Phosphat									$1{,}5 \cdot 10^4$ $3{,}5 \cdot 10^6$			Sedimentation, Viscosität	
4. Gemischte, Desoxyribose- und Ribosehaltige Komplexe													
Polyribo-Adenylsaure				11,7								1 Mol LiCl	[40]
Polydesoxyribo-Thymidylsaure				0,1								1 Mol LiCl	
1 Polyribo-Adenylsaure + 1 Poly-desoxyribo-Thymidylsaure				13,7								0,15 Mol LiCl	
1 Polyribo-Adenylsaure + 2 Poly-desoxyribo-Thymidylsäure				16,8								1 Mol LiCl	

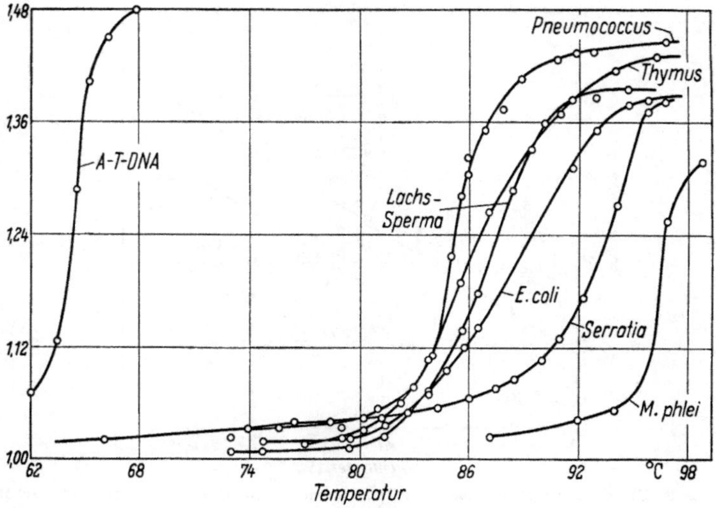

Abb. 16. Die Abhängigkeit der optischen Extinktion von DNA-Lösungen von der durchlaufenen Temperatur [42]. (Lösungsmittel: 0,15 Mol NaCl + 0,015 Mol Na-Citrat) Extinktion gemessen bei 260 mμ.
Die Lage der Wendepunkte dieser Kurven auf der Temperaturachse wird als die Denaturierungstemperatur (T_m) der DNA bezeichnet.

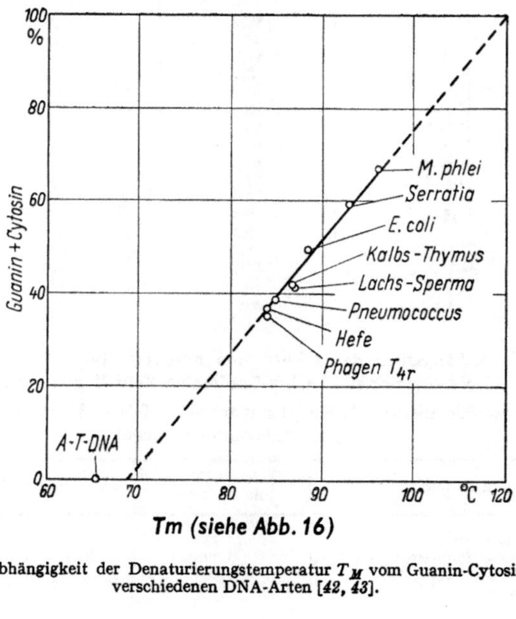

Abb. 17. Die Abhängigkeit der Denaturierungstemperatur T_M vom Guanin-Cytosin-Gehalt bei verschiedenen DNA-Arten [42, 43].

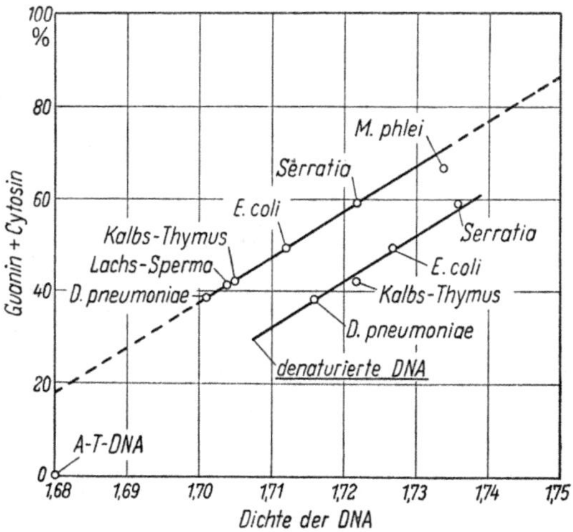

Abb. 18. Die Abhängigkeit der Dichte (Schwimmgewicht) von DNA-Präparationen vom Gehalt an Guanin-Cytosin [43].

Tabelle 25.
Molekulargewicht der DNA vor und nach Chymotrypsinbehandlung [41]

Bezeichnung der DNA-Probe	Ursprüngliches Molekulargewicht $\times 10^6$	Molekulargewicht nach Chymotrypsin-behandlung $\times 10^6$
JJA	11,0	6,0
		4,3
JC 1	11,6	6,5
JC 2	8,	6,7
JCK 1	16	5,2
JCK 1	16	5,7
JCK 1	16	5,3
JCK 2	13	6,8
JCK 2	13	5,8
JCK 2	13	5,4
J 40	5,9	7,7
J 35	8,8	6,9
T 1	9,2	6,1
T 31	8,2	6,2
BB	11,5	2,9
AH 1 a	18	14
AH 1 b	36	20

Tabelle 26. **Abhängigkeit der Dichte vom mittleren Guanin-Cytosin-Gehalt von DNA-Arten nach Dichte-Gradienten-Zentrifugierung** [6]
(Als Bezugsgröße diente ^{15}N-Serratia-marcescens-DNA, deren spez. Gewicht zu 1,738 angenommen wurde)

Organismus	Dichte im Maximum der Bande	G-C-Gehalt	DNA-Präparation
Pseudomonas saccharophilia	1,732	68	Zell-Lysat
Chlamydomonas reinhardii	1,728	64	gereinigt
Cancer borealis (Krabbe, Testes, Hauptfraktion)	1,705	42	teilgereinigt

Tabelle 26 (Fortsetzung)

Organismus	Dichte im Maximum der Bande	G-C-Gehalt	DNA-Präparation
Cancer irroratus (Krabbe, Testes, Hauptfraktion)	1,703	40	teilgereinigt
Carcinus Maenas (Krabbe, Testes)	1,707	44	"
Lumbricus terrestris (Regenwurm, Testes)	1,705	42	"
Venus mercenaris (Muschel, Testes)	1,700	37	"
Rana pipiens (Frosch, Testes)	1,705	42	"
Maus (Testes, Milz)	1,704, 1,705	41, 42	"
Mensch (Nierenzellengewebskultur)	1,703	40	Zell-Lysat

Dichtpunktsfläche (Limiting value of area [*44*]) pro Nucleotid bei
1. E. coli-RNA beträgt 96 $Å^{-2}$,
2. denaturierte Herings-Sperma-DNA 93 $Å^{-2}$ bei Spreitung auf Hg-Oberfläche.

Tabelle 27. **Änderungen im Hauptabsorptionsbereich verschiedener Farbstoffe durch Zugabe eines Nucleinsäureüberschusses** [*45*]

(0,1 Mol Phosphatpuffer, p_H 7,0)

Name des Farbstoffes	Lage des Absorptionsmaximums in Puffer m (mμ)	Molarer Extinktionskoeffizient ε	Veränderungen durch Zugabe von 0,5% Nucleinsäure: RNA Zunahme der Wellenlänge (mμ)	RNA Änderung des Extinktionskoeffiz. ε	DNA Zunahme der Wellenlänge (mμ)	DNA Änderung des Extinktionskoeffiz. ε
2-Aminoacridin	357	6,200	+3	−1,700	+15	−2,500
3-Aminoacridin	366	14,000	+4	−5,400	+7	−6,400
9-Aminoacridin	402	9,700	+6	−3,400	+6	−4,800
2,8-Diaminoacridin	430	3,600	+130	−1,400	+130	−1,100
3,6-Diaminoacridin	443	29,000	+19	−200	+21	−100
3,7-Diaminoacridin	368	9,500	+14	−3000	+17	−3500
	490	8900	+28	−1500	+32	−1800
4,5-Diaminoacridin	405	4500	+19	−1900	+30	−3100
4,6-Diaminoacridin	400	9300	+18	+3100	+25	+2400
4,8-Diaminoacridinchlorid	405	4800	+15	+400	+20	+400
Corephosphin	462	5000	+15	+1200	+12	+1200
3,6-Diamino-10-methylacridinchlorid	452	38,000	+16	+4600	+18	+2400
Safranin O	521	33,100	+22	+2700	+20	+700
Rhodamin 6G	529	77,500	+4	−7000	+7	−9500
Rhodamin B	555	109,550	0	0	0	0
Thionin	602	12,700	+15	−1900	+17	−3300
Neutralrot	525	25,500	+31	−2900	+29	−2700
Rivanol	362	12,200	+14	−500	+13	−1700
Berberinsulfat	345	31,700	+6	−8800	+11	−10,800
	420	7300	+15	−2300	+24	−2700

Tabelle 28.
Die optische Drehung von Polynucleotiden [*30*] (bei p_H 7)

Polymer	Lösungsmittel	T (°C)	$[\alpha]_D$
Poly-U	0,15 mol NaCl	22°	−8°
Poly-A	0,15 " "	22°	155°
Poly-A	0,15 " "	90°	−5°
Poly-A	0,15 " " 8 " Harnstoff	22°	75°
Poly-AU (1:1)	0,10 " KCl	28°	240°

Literatur

[1] *Bendich, A.:* Bull. N.Y. Acad. Med. **37**, 661 (1961).
[2] *Chargaff, E.,* u. *J. N. Davidson:* The Nucleic Acids; a) Bd. I (1955), b) Bd. II (1955) c) Bd. III (1960).
[3] *Zahn, R. K., A. Docter* u. *H. Müller:* Z. Naturforsch. **13b**, 404 (1958).
[4] *Felix, K., I. Jilke* u. *R. K. Zahn:* Z. physiol. Chem. **303**, 140 (1956).
[5] *Zahn, R. K.:* Z. physiol. Chem. **313**, 77 (1958).
[6] *Sueoka, N.:* J. Mol. Biol. **3**, 31 (1961).
[7] *Lehman, I. R.:* Ann. N.Y. Acad. Sci. **81**, 745 (1959).
[8] *Dunn, D. B.,* u. *J. D. Smith:* Proc. IVth. Int. Congr. Biochem. Vienna 1958, Bd. **VII**, S. 72.
[9] *Wacker, W. E.,* u. *B. L. Vallee:* J. biol. Chem. **234**, 3257 (1959).
[10] *Schäfer, W.:* The Viruses. New York 1959, Bd. **I**, S. 475.
[11] *Hayle, L.:* Proc. IVth. Intern. Congr. Biochem. Vienna 1958, Bd. **VII**, S. 119.
[12] *Jordan, D. O.:* The Chemistry of Nucleic Acids. London 1960.
[13] *Elson, D.,* u. *E. Chargaff:* Nature **173**, 1037 (1954).
[14] *Ochoa, S.,* u. *L. A. Heppel:* Symp. Chemical Basis of Heredity. Baltimore 1957, S. 655, 626.
[15] *Stoops, R.:* Nucleoproteins. New York 1959.
[16] *Dunn, D. B.:* Biochem. biophys. Acta **34**, 286 (1959).
[17] *Bergquist, P. L.,* u. *R. E. F. Matthews:* Biochim. biophys. Acta **34**, 567 (1959).
[18] *Watson, J. D.,* u. *F. H. Crick:* Cold Spring Harbour Symp. Quant. Biol. **18**, 123 (1953).
[19] *Rice, S. A.,* u. *P. Doty:* J. Amer. chem. Soc. **79**, 3937 (1957).
[20] *Cavalieri, L. F.,* u. *B. H. Rosenberg:* Biophys. J. **1**, 317 (1961).
[21] *Cavalieri, L. F.,* u. *B. H. Rosenberg:* Biophys. J. **1**, 323 (1961).
[22] *Cavalieri, L. F.,* u. *B. H. Rosenberg:* Biophys. J. **1**, 337 (1961).
[23] *Bonhoeffer, F.,* u. *H. K. Schachman:* Biochem. Biophys. Res. Comm. **2**, 366 (1960).
[24] *Koenig, V. L., L. L. Larkins* u. *J. D. Perrings:* Arch. Biochem. Biophys. **55**, 219 (1955).
[25] *Katz, S.,* u. *K. Schachman:* Biochim. biophys. Acta **18**, 28 (1955).
[26] *Chargaff, E.,* u. *S. Zamenhof:* J. biol. Chem. **173**, 327 (1948).
[27] *Gehatia, M., R. K. Zahn* u. *A. Kleinschmidt:* Kolloid. Z. **169**, 162 (1960).
Sadron, C. L.: Lit. [2c].
[28] *Peacoke, A. R.,* u. *H. K. Schachman:* Biochim. biophys. Acta **15**, 198 (1954).
[29] *Mathieson, A. R.,* u. *S. Matty:* J. Polym. Sci. **23**, 759 (1957).
[30] *Steiner, R. F.,* u. *R. F. Beers jr.:* Amsterdam-London-New York-Princeton 1961.
[31] *Boedtker, H.:* Biochim. biophys. Acta **32**, 519 (1959).
[32] *Gierer, A.:* Nature **179**, 1297 (1957).
[33] *Gierer, A.:* Z. Naturforsch. **13b**, 477 (1958).
[34] *Gierer, A.:* Z. Naturforsch. **13b**, 485 (1958).
[35] *Gierer, A.:* Z. Naturforsch. **13b**, 788 (1958).
[36] *Cheng, P. Y.:* Biochim. biophys. Acta **37**, 238 (1960).
[37] *Otaka, E.,* u. *S. Osawa:* Nature **185**, 921 (1960).
[38] *Klee, W. A.,* u. *G. L. Cantoni:* Proc. Natl. Acad. Sci. **46**, 322 (1960).
[39] *Goldthwait, D. A.,* u. *E.* u. *M. Einsel:* J. biol. Chem. **234**, 3245 (1959).
[40] *Rich, A.:* Proc. Natl. Acad. Sci. U. S. **46**, 1044 (1960).
[41] *Hermans, J. jr.:* Biochim. biophys. Acta **32**, 304 (1959).
[42] *Marmur, J.,* u. *P. Doty:* Nature **183**, 1427 (1959).
[43] *Sueoka, N., J. Marmur,* u. *P. Doty:* Nature **183**, 1429 (1959).
[44] *Miller, I. R.:* J. Mol. Biol. **3**, 229 (1961).
[45] *Morthland, F., P. de Bruyn* u. *K. Smith:* Exptl. Cell. Res. **7**, 201 (1954).

Tierische Enzyme (A)

Von **G. Kreil-Kiss** und **O. Hoffmann-Ostenhof,** Wien

Bausteinanalyse einzelner Enzyme

Erläuterungen

A = Gramm Aminosäuren in 100 Gramm Protein (Gramm-%)
B = Aminosäure-N in Prozenten vom Gesamt-N
C = Anzahl Aminosäuren in 10^5 Gramm Protein
D = Anzahl Aminosäuren pro Proteinmolekül
E = Prozent Aminosäure von Gesamtaminosäuren
F = Mole Aminosäure pro 100 Mol Aminosäuren
G = Gramm N pro 100 Gramm Protein
H = Gramm Aminosäure-Reste pro 100 Gramm Protein
I = Anzahl Aminosäure-Reste in 10^4 Gramm Protein
(a) = Prozent Gesamtprotein-Stickstoff
(b) = Prozent Gesamtprotein-Schwefel
(c) = Prozent Gesamtprotein-Phosphat

Die dekadische Vornumerierung der einzelnen Enzyme entspricht der Systemnummer im „Report of the Commission on Enzymes of the International Union of Biochemistry 1961" (s. 1. Kap. dieses Taschenbuches S. 1 ff.).

Literatur S. 766.

1.1.1.27 L-Lactat : NAD-Oxydoreductase, Lactat-Dehydrogenase [47]

Herkunft	Rattenleber (4 verschiedene Isozyme)				Rattenmuskel (4 verschiedene Isozyme)				Rattenherz (4 verschiedene Isozyme)				Schweineherz Protein I (2 verschiedene Isozyme)		Kaninchen-muskel
	D	D	D	D	D	D	D	D	D	D	D	D	D	D	D
Isozym-Nr.	I	II	III	IV	I	II	III	IV	I	II	III	IV	I	II	V
Gly	91	91	90	95	91	91	91	90	85	90	94	102	87	87	94
Ala	76	75	74	79	73	72	71	72	75	82	83	93	70	70	76
Val	116	126	124	121	132	129	130	131	134	117	113	90	139	132	126
Leu	127	129	127	124	134	131	131	130	128	123	118	104	128	125	130
Ileu	82	85	83	79	87	85	83	84	81	78	75	64	80	76	79
Ser	91	86	87	88	—	94	92	88	95	92	91	79	86	92	85
Thr	46	45	44	47	—	42	43	43	53	55	55	63	55	57	47
Met	26	25	25	25	25	26	25	25	32	28	27	23	33	30	32
CyS	—	—	—	—	—	—	—	—	—	—	—	—	—	—	—
CySH	—	—	—	—	—	—	—	—	—	—	—	—	—	—	—
Phe	29	28	28	30	25	26	25	26	20	28	32	41	19	21	26
Tyr	27	27	26	27	25	26	25	26	24	25	27	31	25	27	26
Try	—	—	—	—	—	—	—	—	—	—	—	—	—	—	—
Lys	98	100	100	100	101	99	101	103	89	88	89	84	87	86	98
Arg	38	37	39	40	38	38	38	38	31	35	39	53	28	32	35
His	23	24	25	25	22	21	22	23	26	26	27	29	25	27	37
Asp	117	117	115	113	119	117	118	118	138	127	123	109	125	125	108
Glu	110	107	106	110	106	105	105	104	103	110	110	120	115	116	106
Pro	49	46	51	51	51	47	46	44	42	47	51	48	45	47	38

	1.2.1.12 D-Glyceraldehyd-3-phosphat : NAD-Oxydoreductase (phosphorylierend), Glyceraldehydphosphat-Dehydrogenase, Triosephosphat-Dehydrogenase (Kaninchenskelettmuskel) [42]		1.6.4.3 $NADH_2$: Lipoamid-Oxydoreductase, Lipoamid-Dehydrogenase, Diaphorase (Schweineherz) [34]	1.11.1.6 H_2O_2 : H_2O_2-Oxydoreductase, Katalase (Rinderleber) [35]			2.4.1.1 α-1,4-Glucan : Orthophosphat-Glucosyltransferase, α-Glucanphosphorylase, Phosphorylase b		2.7.3.2 ATP : Kreatin-Phosphotransferase, Kreatinkinase (Kaninchenmuskel) [10]	
							Kaninchenmuskel [44]	Menschlicher Muskel [1a]		
	(a) 16,4						(a) 16,5		(b) 0,86—0,90	
	A	D[1]	A	A	G	D[3]	D	D	H	B
Gly	6,03	79,6	6,4	3,26	0,45	98	116	120	4,00	5,77
Ala	6,72	74,7	6,9	4,27	0,67	108	153	161	2,51	2,91
Val	12,0 ±0,1	104,9	7,0	6,14	0,73	118	149	147	5,72	4,78
Leu	6,78 ±0,1	51,2	8,0	8,60	0,92	148	196	196	9,39	6,84
Ileu	9,1 ±0,3	68,7	6,5	3,84	0,41	66	120	121	2,85	2,07
Ser	6,7 ±0,1[2]	63,2	4,3	3,10	0,41	67	61	64	4,03	3,81
Thr	6,9 ±0,2[2]	57,4	5,3	3,31	0,39	63	82	83	4,17	3,40
Met	2,70 ±0,2	18,0	2,0	2,83	0,26	43	52	56	2,57	1,61
CyS	1,09	9,0	—	2,24	0,13	20	22	21	0,40	0,33
CySH	—	—	—	—	—	—	—	—	—	—
Phe	5,55 ±0,06	33,3	4,4	7,64	0,64	104	96	103	3,62	1,98
Tyr	4,57	25,0	2,9	6,80	0,53	85	88	85	3,48	1,76
Try	2,05	9,9	—	3,58	0,48	40	30	29	2,66	2,35
Lys	9,42 ±0,3	63,9	9,7	9,88	1,60	152	126	123	9,90	12,72
Arg	5,23 ±0,1	29,8	4,5	7,91	2,54	103	164	166	6,77	14,29
His	5,01 ±0,1	32,0	3,3	7,70	2,08	112	58	61	4,67	8,43
Asp	12,4 ±0,2	93,2	10,0	11,40	1,21	193	235	246	10,83	7,75
Glu	6,8 ±0,2	45,8	12,3	9,73	0,93	149	232	230	11,43	7,30
Pro	3,67 ±0,03	31,6	4,6	4,54	0,55	89	87	86	5,06	4,30
OH-Pro	—	—	—	—	—	—	—	—	—	—
Amid-N	—	67,2	1,5	2,16	1,78	—	(186)	(179)	1,25	6,43
Summe				107,81	16,71	1748	2067	2098	94,46	99,15

[1] Berechnet fur *MG* 99.100. [2] Nicht korrigiert. [3] Berechnet fur *MG* 225.000.

	2.7.7.16 Ribonuclease (Rinderpankreas) [16, 17]	2.8.1.2 3-Mercaptopyruvat: Cyanid-Schwefeltransferase, 3-Mercaptopyruvat-Schwefeltransferase (Rattenleber) [8]		3.1.4.5 Desoxyribonucleat-Oligonucleotid-Hydrolase, Desoxyribonuclease I (Rinderpankreas) [12]				3.2.1.1 α-1,4-Glucan-4-Glucanohydrolase, α-Amylase				
								Menschenspeichel [32]			Schweinepankreas [3]	
		(a) 15,6		(a) 15,27 (b) 0,78							(a) 15,92	(b) 1,36
	D	D	A	A	H	G	D	A	B	H	A	C
Gly	3	6,07	4,50	3,06	2,33	0,57	25,8	6,82	7,50	5,18	6,7	89,2
Ala	12	6,13	5,34	4,87	3,90	0,77	34,6	4,43	4,10	3,53	6,9	77,4
Val	9	5,53	7,02	7,71	6,55	0,92	41,9	6,89	4,85	5,83	7,8	66,6
Leu	2	7,23	9,17	8,62	7,41	0,92	41,3	5,77	3,63	4,98	} 11,5	87,7
Ileu	3	3,68	5,34	4,28	3,68	0,46	20,5	5,80	3,65	5,01		
Ser	15	5,20	5,25	8,43 (10,35)[1]	7,00 (8,59)	1,12 (1,38)	(62,2)	7,8	6,1	6,4	4,1	39,0
Thr	10	4,85	4,94	6,13 (6,94)	5,21 (5,81)	0,72 (0,80)	(36,2)	4,5	3,1	3,8	3,9	32,7
Met	4	0,95	1,49	2,49 (2,77)	2,19 (2,44)	0,23 (0,26)	(11,7)	—	—	—	2,1	14,1
CyS	8	—	—	} 1,28	} 1,19	} 0,15	} 3,4	4,4	3,0	3,7	4,6	19,2
CySH	—	(1,11)	(1,50)					—	—	—	—	—
Phe	3	3,72	6,60	5,25	4,67	0,45	20,0	7,20	3,60	6,42	10,1	61,2
Tyr	3	1,97	3,62	7,43 (8,33)	6,69 (7,50)	0,57 (0,64)	(29,0)	5,51	2,51	4,96	5,3	29,3
Try	—	—	—	1,57[2]	1,43	0,22	4,8	7,2	5,8	6,6	6,7	32,8
Lys	10	6,30	8,72	7,72	6,79	1,48	33,4	6,33	7,15	5,56	4,9	33,5
Arg	4	3,70	6,69	6,77 (7,04)	6,09 (6,34)	2,18 (2,26)	(25,6)	8,75	16,55	7,85	5,8	33,3
His	4	2,25	3,10	5,31	4,67	1,44	21,5	3,24	5,16	2,86	3,9	25,1
Asp	15	7,85	10,64	13,40 (13,88)	11,52 (11,94)	1,41 (1,46)	(65,4)	19,3	12,0	16,7	14,5	108,9
Glu	12	9,46	13,33	9,32 (10,04)	8,20 (8,84)	0,89 (0,96)	(43,2)	9,6	5,4	8,4	10,5	71,4
Pro	4	4,67	5,75	3,25 (3,50)	2,73 (2,94)	0,40 (0,43)	(19,1)	3,6	2,6	3,0	3,6	31,3
OH-Pro	—	—	—	—	—	—	—	—	—	—	—	—
Amid-N	17	9,70	1,70	0,25[3]	—	1,85	83,4	—	7,9	—	1,6	—
Summe					92,25 (97,02)	16,75 (17,42)						

[1] Werte in **Klammern sind korrigiert** mit Rücksicht auf die Verluste, welche während der **Hydrolyse** auftreten. Es wurden die Daten von *Stein* und *Moore* [18] verwendet. [2] Gesondert bestimmt. [3] Nicht zur Summe gezählt.

	3.2.1.17 N-Acetylmuramid-Glykanohydrolase, Muramidase, („Lysozym“)						3.4.1.1 Leucin-aminopeptidase (Schweineniere) [40]	3.4.2.1 Carboxy-peptidase A (Rinder-pankreas) [39]		Procarboxy-peptidase B (Rinderpankreas) [5a]
	Kaninchenleber [19] Lysozym I	Kaninchenleber [20] Lysozym II		Hundeleber [22]		Hühnereiweiß [21]				
		(a) 17,7 ± 0,08		(a) 18,2				(b) 0,47		
	D	I	D	I	D	D	H	H	D [4]	D [5]
Gly	11	7,92	11	6,53	10	12	4,3	3,85	23,2	34
Ala	13	9,35	13	9,83	15	12	6,4	4,12	20,0	33
Val	6	4,12	6	6,12	9	6	6,6	4,72	16,4	34
Leu	10	7,12	10	5,81	9	8	8,8	8,12	24,7	36
Ileu	7	5,09	7	3,58	5	6	5,7	6,60	20,1	22
Ser	9	6,29	10	5,92	9	12	6,4 [1]	8,36	33,1	44
Thr	7	5,0	7	4,30	7	7—8	5,5 [1]	7,82	26,6	37
Met	2	1,21	2	1,44	2	2	1,2	0,39	1,02	10
CyS	8—10	3,40	5	2,30	3—4	8	2,4 [2]	0,595	1,005	9
CySH	—	—	—	—	—	—	—	—	—	—
Phe	3	2,18	3	2,04	3	3	6,1	6,38	14,9	22
Tyr	3	2,35	3	2,01	3	3	2,7	9,32	10,7	27
Try	2	1,33	2	4,05	6	5—6	nicht bestimmt	3,30	6,1	14
Lys	6	4,34	6	5,35	8	6	8,3	6,85	18,4	27
Arg	6	4,26	6	5,56	8	10—11	5,5	4,54	10,0	26
His	1	0,778	1	0,67	1	1	2,1	3,07	7,7	17
Asp	20	14,4	20	12,20	18	22 ± 1	10,2	10,12	30,3	47
Glut	11	7,84	11	6,65	10	5	11,0	9,36	25,0	47
Pro	5	3,67	5	5,75	8	2	4,3	3,09	11,0	19
OH-Pro	—	—	—	—	—	—	—	—	—	—
Amid-N	—	16,7	22	14,28	21	18	1,9	0,90 [3]	19,4 [3]	(46)
Summe							97,5	101,20	310,2	505

[1] Korrigierte Werte. [2] Minimale Werte. [3] Nicht zur Summe gezählt. [4] Berechnet für *MG* 34.400. [5] Berechnet fur *MG* 75.400.

	3.4.2.2 Carboxypeptidase B (Rinderpankreas) [5a]	3.4.2.2 Carboxypeptidase B (Schweinepankreas) [9]				3.4.4.1 Pepsin [2]	Pepsinogen [2] [45]			3.4.4.3 Rennin [36]	
		(a) 15,5				(c) 2	(b) 0,82				
	D [1]	C	H	B	D	D	A	G	D	A [3]	A [4]
Gly	21	64,4	3,67	5,82	23,0	38	6,5	1,22	36	4,5	5,2
Ala	22	70,4	5,00	6,36	25,1	18	5,8	0,91	27	2,7	3,1
Val	14	30,3	3,00	2,74	10,8	21	7,6	0,91	27	9,9	11,5
Leu	20	63,7	7,20	5,75	22,7	28	20,0	2,14	64	13,4	15,5
Ileu	16	48,2	5,45	4,35	17,2	27	—	—	—	—	—
Ser	26	49,0	4,26	4,43	17,5	44	13,4	1,78	53	7,8	9,0
Thr	26	84,6	8,55	7,64	30,2	28	7,7	0,90	25	5,6	6,5
Met	6	14,4	1,89	1,30	5,1	5	(1,1)	(0,10)	(5)	0,9	1,0
CyS	7	21,4	2,19	1,93	7,6	6	(1,1)	(0,13)	(6)	1,6	1,8
CySh	—	—	—	—	—	—	—	—	—	—	—
Phe	12	33,3	4,90	3,01	11,9	14	8,0	0,68	20	6,8	7,8
Tyr	22	57,3	9,35	5,18	20,4	18	7,0	0,54	16	6,6	7,6
Try	10	25,9	4,82	4,68	9,2	6	(1,9)	(0,13)	(4)	1,4	1,6
Lys	17	49,0	6,28	8,85	17,5	1	4,2	0,81	12	2,9	3,3
Arg	13	28,1	4,39	10,16	10,0	2	1,3	0,42	3	1,3	1,5
His	7	16,3	2,23	4,38	5,8	1	1,4	0,38	4	2,8	3,2
Asp	26	90,7	10,43	8,19	32,4	44	14,6	1,53	46	15,3	17,7
Glut	24	69,3	8,94	6,26	24,8	27	11,1	1,16	32	11,5	13,3
Pro	12	37,0	3,59	3,34	13,2	15	5,6	0,68	20	4,6	5,3
OH-Pro	—	—	—	—	—	0,1	—	—	—	—	—
Amid-N	(23)	(77,8)	—	7,03	(27,8)	36	(1,6)	(1,30)	—	1,4	1,6
Summe	301	853,3	96,14	101,40	304,4	343	119,9	15,7	400	100,2	

[1] Berechnet für *MG* 34.000. [2] Werte in Klammer nicht direkt bestimmt. [3] Die Zahlen beziehen sich auf die Summe aller Werte = 100, also auf Eiweißhydrolysat und nicht auf Eiweiß. [4] Werte von *Schwander* et al. [36] in „*Dixon-Webb*" [6].

	Trypsinogen (Rinder-pankreas) [1] [32a]	Trypsinogen (Schweine-pankreas) [4a]	α-Chymotrypsinogen (Rinderpankreas) [48]				Chymotrypsinogen B (Rinderpankreas) [24]					3.4.4.5 α-Chymotrypsin (Rinderpankreas) [18a]
		(a) 16,9	(a) 16,5				(a) 16,2 (b) 1,62					
	D	D	A	H	B	D [2]	A	H	B	C	D [3]	D
Gly	21	24—25	6,97	5,29	7,88	23,3	6,32	4,80	7,28	84,2	20,2 ± 0,6	23
Ala	13	15	7,71	6,15	7,34	21,7	7,60	6,06	7,37	85,3	20,5 ± 0,5	22
Val	15	16	10,45	8,84	7,57	22,4	10,34	8,75	7,63	88,3	21,2	22—23
Leu	12	12	9,85	8,50	6,71	18,8	9,28	8,01	6,12	70,8	17,0 ± 0,5	19
Ileu	12	12	5,17	4,46	3,34	9,9	4,35	3,75	2,87	33,1	8,0	10
Ser	38	25	12,60	10,44	10,17	30,1	8,11	6,72	6,67	77,2	18,5 ± 0,5	26—29
Thr	9—11	11	10,89	9,24	7,76	23,0	10,00	8,49	7,26	84,0	20,2 ± 0,2	22
Met	1	2	1,14	1,00	0,65	1,9	2,37	2,08	1,37	15,9	3,8 ± 0,2	2
CyS	12	12	—	4,07	3,38	10,0	3,91	3,33	2,81	32,6	7,8 ± 0,4	
CySh	—	—	—	—	—	—	—	—	—	—	—	10
Phe	4	5	4,29	3,82	2,20	6,5	4,39	3,92	2,30	26,6	6,4 ± 0,2	6—7
Tyr	9	8	2,95	2,65	1,38	4,1	2,28	2,05	1,09	12,6	3,0 ± 0,1	4
Try	nicht bestimmt	4	—	5,19	4,73	7,0	5,24	4,78	4,44	25,7	6,2 ± 0,2	7—8
Lys	14	11	7,72	6,76	8,96	13,2	6,26	5,49	7,40	42,9	10,3 ± 0,2	13—14
Arg	2	4	2,77	2,48	5,40	4,0	3,58	3,21	7,11	20,6	4,9 ± 0,1	3
His	3	4	1,17	1,03	1,91	1,9	1,21	1,07	2,02	7,8	1,9 ± 0,1	2
Asp	24	28	11,56	9,99	7,37	21,8	10,42	9,01	6,77	78,3	18,8 ± 0,4	21
Glut	10	17	8,32	7,30	4,80	14,2	9,67	8,49	5,68	65,8	15,8 ± 0,6	14
Pro	7	11	4,00	3,37	2,95	8,7	5,70	4,81	4,29	49,5	11,9 ± 0,3	9
OH-Pro	—	—	—	—	—	—	—	—	—	—	—	—
Amid-N	23 ± 3	26—27	—	—	8,11	—	—	—	5,45	63,0	15,1 ± 0,4	nicht bestimmt
Summe		—		100,58	102,61	242,5		94,9	95,9		219	235—242

[1] Durch Abspaltung des Hexapeptids Val. $(Asp)_4 \cdot$ Lys wird Trypsinogen zu Trypsin aktiviert. [2] Berechnet für *MG* 25.100. [3] Berechnet für *MG* 24.000.

	3.4.4.13 Thrombin (aus citrat-aktiviertem Prothrombin Typ I) [26]	3.4.4.13 Thrombin (säulen-fraktioniert aus „extrinsic activated" Prothrombin Typ I) [31]	Prothrombin (Rind) [26, 27]			3.5.3.1 L-Arginin-Ureohydrolase, Arginase (Kalbsleber) [13]		3.6.1.3 ATP-Phosphohydrolase, Myosin-ATPase [25]			4.1.2.7 Ketose-l-phosphat-Aldehyd-lyase, Aldolase (Kaninchen-skelettmuskel) [42]		Cytochrom c (Rinderherz) [7]	Cytochrom c (Pferdeherz) [30]
			(b) 1,52			(a) 9,99		(a) 16,7		(b) 0,98	(a) 16,8			
	C	C	B	A	C	B	F	B	A	C	A	D [2]	D [3]	D
Gly	65	63,5	5,69	4,49	59,8	12,60	15,38	3,27	2,92	39	5,61	104,7	15,5	12
Ala	44	35,5	4,38	4,09	46,0	7,70	9,40	6,53	6,94	78	8,56	134,6	6,6	6
Val	40	45,9	3,96	4,88	41,6	6,61	8,07	3,52	4,92	42	7,40 ± 0,1	88,5	3,3	3
Leu	64	67,2	5,52	7,60	58,0	7,62	9,30	6,62	10,35	79	11,5 ± 0,2	122,8	6,2	6
Ileu	24	30,5	2,28	3,14	24,0	4,04	4,94	3,52	5,50	42	7,87 ± 0,4	84,0	6,2	6
Ser	48	40,3	5,18	6,19	53,8	6,22	7,60	3,44	4,31	41	6,57 ± 0,1 [1]	87,6	8,5	0
Thr	35	34,9	3,73	4,65	39,2	5,29	6,46	3,44	4,88	41	6,5 ± 0,3 [1]	76,4	8,5	10
Met	9	12,3	1,24	1,94	13,0	0	0	1,84	3,28	22	1,17 ± 0,2	11,0	2	2
CyS	—	19,8	2,50	3,14	26,3	—	—	0,72	1,03	8,6	1,12 ± 0,03	13,1	—	—
CySH	—	—	—	—	—	—	—	—	—	—	—	—	2	2
Phe	23	28,7	2,78	4,73	28,5	3,97	4,84	2,26	4,46	27	3,06 ± 0,1	26,0	3,3	4
Tyr	18	29,6	2,26	4,38	24,2	1,55	1,90	1,51	3,25	18	5,31	41,1	3,8	4
Try	—	17,4	3,10	3,30	16,3	—	—	0,66	0,80	—	2,31	15,9	1	1
Lys	39	62,0	7,48	5,73	39,3	14,30	8,74	14,25	12,40	85	9,54 ± 0,2	91,4	18,3	19
Arg	40	56,6	17,90	8,19	47,0	12,40	3,82	13,80	7,13	41	6,33 ± 0,2	50,9	3,4	2
His	10	15,8	3,40	1,84	11,9	2,35	0,95	3,76	2,32	15	4,21 ± 0,2	38,0	3,1	3
Asp	80	70,3	7,16	10,01	75,3	7,80	9,49	7,12	11,40	85	9,7 ± 0,2	102,1	9,4	8
Glu	81	84,2	8,31	12,85	87,4	7,46	9,11	13,00	22,80	155	11,4 ± 0,2	108,8	11,9	12
Pro	39	40,1	4,57	5,52	48,0	0	0	1,84	2,53	22	5,71	69,4	3,9	4
OH-Pro	—	—	—	—	—	—	—	—	—	—	—	—	—	—
Amid-N	—	—	6,49	—	(68,2)	6,69	—	7,2	—	—	—	91	—	(8)
Summe			98,83			106,00	110,00	98,30	111,22	844	114			104

[1] Nicht korrigiert. [2] Berechnet für *MG* 140.000. [3] Berechnet für *MG* 12.900.

Literatur

(zugleich auch für „Pflanzliche Enzyme", S. 816, und „Mikrobielle Enzyme", S. 817)

[1] *Appleby, C. A., R. K. Morton* u. *D. H. Simmonds:* Biochem. J. **75**, 72 (1960).

[1a] *Appleman, M. M., A. A. Yunis, E. G. Krebs* u. *E. H. Fischer:* J. biol. Chem. **238**, 1358 (1963).

[2] *Blumenfeld, O. O.,* u. *G. E. Perlmann:* J. gen. Physiol. **42**, 553 (1959). — *Bovey, F. A.,* u. *S. S. Yanari:* in: *Boyer, P. D., H. Lardy* u. *K. Myrback:* „The Enzymes" Bd. 4, S. 63, New York 1960.

[2a] *Bouchilloux, S., P. McMahill* u. *H. S. Mason:* J. biol. Chem. **238**, 1699 (1963).

[3] *Caldwell, M. L., E. S. Dickey, V. M. Hanrahan, H. C. Kung, J. T. Kung* u. *M. Misko:* J. Amer. chem. Soc. **76**, 143 (1954).

[4] *Campbell, L. L.,* u. *G. B. Manning:* J. biol. Chem. **236**, 2962 (1961).

[4a] *Charles, M., M. Rovery, A. Guidoni* u. *P. Desnuelle:* Biochim. biophys. Acta **69**, 115 (1963).

[5] *Coval, M. L., T. Horio* u. *M. D. Kamen:* Biochim. biophys. Acta **58**, 266 (1962).

[5a] *Cox, D. J., E. Wintersberger* u. *H. Neurath:* Biochemistry **1**, 1078 (1962).

[6] *Dixon, M.,* u. *E. C. Webb:* „Enzymes", London, New York, Toronto (1958).

[7] *Ehrenberg, A.,* u. *H. Theorell:* Acta chem. scand. **13**, 1193 (1955).

[8] *Fanshier, D. W.,* u. *E. Kun:* Biochim. biophys. Acta **58**, 266 (1962).

[9] *Folk, J. E., K. A. Piez, W. R. Caroll* u. *J. A. Gladner:* J. biol. Chem. **235**, 2272 (1960).

[10] *Friedberg, F.:* Arch. Biochem. **61**, 263 (1956).

[11] *Fuke, I., H. Matsubara* u. *K. Okunuki:* J. Biochem. (Tokyo) **46**, 1513 (1959). — *Hagihara, B.:* in: *Boyer, P. D., H. Lardy* u. *K. Myrback:* „The Enzymes" Bd. **4**, S. 193, New York 1960.

[12] *Gehrmann, G.,* u. *S. Okada:* Biochim. biophys. Acta **23**, 621 (1957).

[13] *Grassmann, W., H. Hörmann* u. *O. Janowsky:* Z. physiol. Chem. **312**, 273 (1958).

[14] *Hamaguchi, Y.,* u. *K. Takahashi:* J. Japan Biochem. Soc. **29**, 777 u. 908 (1958). — *Hagihara, B.:* in: *Boyer, P. D., H. Lardy* u. *K. Myrbäck:* „The Enzymes" Bd. **4**, S. 193, New York 1960.

[15] *Hausmann, W.:* J. Amer. chem. Soc. **74**, 3181 (1952).

[16] *Hirs, C. H. W., S. Moore* u. *W. H. Stein:* J. biol. Chem. **219**, 623 (1956).

[17] *Hirs, C. H. W., W. H. Stein* u. *S. Moore:* IUPAC-Symposium New York 1958. — *Smith, J. D.:* in: *Long, C.:* „Biochemists' Handbook", S. 268, London 1961.

[18] *Hirs, C. H. W., W. H. Stein* u. *S. Moore:* J. biol. Chem. **211**, 941 (1954).

[18a] *Hoang, D. V., M. Rovery, A. Guidoni* u. *P. Desnuelle:* Biochim. biophys. Acta **69**, 188 (1963).

[19] *Jollès, G.:* Thèse Ing.-Docteur, Paris 1953. — *Jollès P.:* in: *Boyer, P. D., H. Lardy* and *K. Myrbäck:* „The Enzymes" Bd. **4**, S. 431, New York 1960.

[20] *Jollès, G.,* u. *C. Fromageot:* Biochim. biophys. Acta **14**, 219 (1954).

[21] *Jollès, J., I. Bernier, J. Jauregui* u. *P. Jollès:* Compt. rend. acad. sci. **250**, 413 (1960). — *Jollès, P.:* in: *Boyer, P. D., H. Lardy* u. *K. Myrback:* „The Enzymes" Bd. **4**, S. 431, New York 1960.

[22] *Jollès, P.,* u. *M. Ledieu:* Biochim. biophys. Acta **31**, 100 (1959).

[23] *Junge, J. M.. E. A. Stein, H. Neurath* u. *E. H. Fischer:* J. biol. Chem. **234**, 556 (1959).

[24] *Kassell, B.,* u. *M. Laskowski sr.:* J. biol. Chem. **236**, 1996 (1961).

[25] *Kominz, D. R., A. Hough, P. Symonds* u. *K. Laki:* Arch. Biochem. **50** 148 (1954).

[26] *Laki, K.:* Physiol. Revs. **34**, 730 (1954).

[27] *Laki, K., D. R. Kominz, P. Symonds, L. Lorand* u. *W. H. Seegers:* Arch. Biochem. **49**, 276 (1954).

[28] *Lange, K.:* Z. physiol. Chem. **303**, 272 (1956).

[29] *Malmstrom, B. G., J. R. Kimmel* u. *E. L. Smith:* J. biol. Chem. **234**, 1108 (1959).

[30] *Margoliash, E., E. L. Smith, G. Kreil* u. *H. Tuppy:* Nature **192**, 1121 (1961).

[31] *Miller, K. D., R. K. Brown, G. Casillas* u. *W. H. Seegers:* Thromb. Diathesis Haem. **3**, 362 (1959). — *Waugh, D. F., D. J. Baughman* u. *K. D. Miller:* in: *Boyer, P. D., H. Lardy* and *K. Myrback:* „The Enzymes" Bd. **4**, S. 215, New York 1960.

[32] *Muus, J.:* J. Amer. chem. Soc. **76**, 5163 (1954).

[32a] *Neurath, H.:* zit. nach *Desnuelle, P.*, in: *Boyer, P. D., H. Lardy* u. *K. Myrbäck:* „The Enzymes" Bd. 4, S. 119 (1960).
[33] *Nishimura, S.*, u. *H. Ozawa:* Biochim. biophys. Acta **55**, 421 (1962).
[34] *Rees, M. W.*, u. *N. Savage:* zit. nach *Dixon, M.*, u. *E. Webb:* „Enzymes" (1958).
[35] *Schnuchel, G.:* Z. physiol. Chem. **303**, 91 (1956).
[36] *Schwander, H., P. Zahler* u. *H. Nitschmann:* Helv. chim. Acta **35**, 553 (1952).
[37] *Smith, E. L.*, u. *J. R. Kimmel:* in: *Boyer, P. D., H. Lardy* u. *K. Myrbäck:* „The Enzymes" Bd. 4, S. 133, New York 1960.
[38] *Smith, E. L., J. R. Kimmel, D. M. Brown* u. *E. O. P. Thompson:* J. biol. Chem. **215**, 67 (1955).
[39] *Smith, E. L.*, u. *A. Stockell:* J. biol. Chem. **207**, 501 (1954).
[40] *Spackman, D. H., E. L. Smith* u. *D. M. Brown:* J. biol. Chem. **212**, 255 (1955).
[41] *Stein, E. A., J. M. Junge* u. *E. H. Fischer:* J. biol. Chem. **235**, 371 (1960).
[42] *Velick, S. F.*, u. *E. Ronzoni:* J. biol. Chem. **173**, 627 (1948).
[43] *Velick, S. F.*, u. *S. Udenfried:* J. biol. Chem. **203**, 575 (1953).
[44] *Velick, S. F.*, u. *L. F. Wicks:* J. biol. Chem. **190**, 741 (1951).
[45] *Vunakis, H. van*, u. *R. M. Herriott:* Biochim. biophys. Acta **23**, 600 (1957).
[46] *Wallenfels, K.*, u. *A. Arens:* Biochem. Z. **332**, 247 (1960).
[47] *Wieland, Th.* u. *G. Pfleiderer:* Ann. N.Y. Acad. Sci. **94**, 691 (1961).
[48] *Wilcox, P. E., E. Cohen* u. *W. Tan:* J. biol. Chem. **228**, 999 (1957).

Tierische Enzyme (B)

Von **O. Hoffmann-Ostenhof** und **G. Kreil-Kiss**, Wien

1. Physikalisch-chemische Eigenschaften von tierischen Enzymproteinen

Erläuterungen

$s_{20} \cdot 10^{13}$	= Sedimentationskonstante (in Wasser, 20 °C) auf Konzentration Null extrapoliert
$D_{20} \cdot 10^{7}$	= Diffusionskonstante (in Wasser, 20 °C) auf Konzentration Null extrapoliert
$M_s \cdot 10^{-3}$	= Molekulargewicht
f/f_0	= Reibungsquotient
$V_{spez.}$	= Partielles spezifisches Volumen
I. P.	= Isoelektrischer Punkt
SD	= Molekulargewicht aus der Sedimentation und Diffusion bestimmt
S	= Molekulargewicht aus der Sedimentation bestimmt
chem.	= Molekulargewicht chemisch bestimmt
osm.	= Molekulargewicht aus osmotischem Druck
A	= Molekulargewicht aus dem Archibald-Gleichgewicht berechnet.
L	= Molekulargewicht aus der Lichtstreuungsmessung berechnet

Literatur s. S. 776.

Enzymprotein (Systematischer Name, Trivialname, Herkunft)	System-nummer	$S_{20} \cdot 10^{13}$	$D_{20} \cdot 10^{7}$	$M_s \cdot 10^{-3}$	f/f_0	$V_{spez.}$	I. P.
Alkohol : NAD-Oxydoreductase, Alkohol-Dehydrogenase aus Pferdeleber	1.1.1.1	4,88	6,5	73 *SD*		0,751 b [78]	
L-Glycerin-3-phosphat : NAD-Oxydoreductase, Glycerinphosphat-Dehydrogenase aus Kaninchenmuskel	1.1.1.8	4,9	5,1 ± 0,2	78 *SD*	1,44	0,70 a [83]	
L-Idit : NAD-Oxydoreductase, Idit-Dehydrogenase aus Schafleber	1.1.1.14	7,7	6,1	115 *SD*		0,745 a [73]	
L-Lactat : NAD-Oxydoreductase, Lactat-Dehydrogenase aus Rinderherz	1.1.1.27	5,5	7,3	72 *SD*, chem	1,04 [43]		
L-Malat : NAD-Oxydoreductase, Malat-Dehydrogenase aus Rinderherz	1.1.1.37	4,3	6,45	62 *SD*		0,74	5,5—5,6 [68]
dasselbe aus Rinderherzmitochondrien		2,1 (2°) 4,44 [79]	13,5 (2°)	15—20 *SD* 56 *S* [79]			>6,9 [11]
dasselbe aus Schweineherz		3,6	8,47	40 ± 5 *SD*		0,74 a	6,1—6,4 [92]
dasselbe aus Schweineherzmitochondrien		4,32		49—57 *S* [79]			
dasselbe aus Pferdeherzmitochondrien		4,36		49—57 *S* [79]			
L_s-Isocitrat : NADP-Oxydoreductase, Isocitrat-Dehydrogenase aus Rinderherz	1.1.1.42	4,6	7,3	61 *SD*		0,75 a	7,4 [67]
L-Lactat : Cytochrom c-Oxydoreductase, Lactat-Dehydrogenase aus Rinderherz	1.1.2.3	7,0	5,3	135 *SD*		0,74 a	4,5 *und* 4,8 [46]
dasselbe aus Rattenleber		7,39	5,8	126 *SD*	1,13	0,745 b	6,3 [21]
D-Glycerinaldehyd-3-phosphat : NAD-Oxydoreductase (phosphorylierend), Triosephosphat-Dehydrogenase aus Kaninchenmuskel	1.2.1.12	7,71 ± 0,07	4,97 ± 0,03	136,9 ± 1,3 *SD* [20]			8,3 [84]
Aldehyd : O_2-Oxydoreductase, Aldehyd-Oxydase aus Schweineleber	1.2.3.1	10,6 [53]					
Succinat : (Akzeptor)-Oxydoreductase, Succinat-Dehydrogenase aus Rinderherz	1.3.99.1	6,5	4,2	150 *SD* 220 *L* [69]			

L-Glutamat : NAD(P)-Oxydoreductase, Glutamat-Dehydrogenase aus Rinderleber	1.4.1.3	26,6	2,54	1000 *SD*	1,26		4,4	[*51*]
L-Aminosäure : O_2-Oxydoreductase (desaminierend), L-Aminosäure-Oxydase aus dem Gift von *Crotalus adamanteus*	1.4.3.2	6,54		128–153 *S*		0,75 a [*88*]		
D-Aminosäure : O_2-Oxydoreductase (desaminierend), D-Aminosäure-Oxydase aus Schweineniere	1.4.3.3	11,0 7,6	7,9	115 *SD* 182 *A* [*40*]		0,705 b [*93*]		
Monoamin : O_2-Oxydoreductase, Monoamin-Oxydase aus Rinderplasma	1.4.3.4	8,98		225 ± 20 *S*		0,74 a [*94*]		
$NADH_2$: Cytochrom c-Oxydoreductase, $NADH_2$-Cytochrom c-Reductase aus Schweineherz	1.6.2.1	5,1–5,3		75–80 *S* 78 chem. [*39*]				
$NADPH_2$: Cytochrom c-Oxydoreductase, $NADPH_2$-Cytochrom c-Reductase aus Rinderleber	1.6.2.3	5,24		68 chem. [*91*]				
$NAD(P)H_2$: Glutathion-Oxydoreductase, Glutathion-Reductase aus Rattenleber	1.6.4.2	4,0 ± 0,2	9,0 ± 0,9	44 ± 5 *SD*		0,74 a [*45*]		
$NADH_2$: Lipoamid-Oxydoreductase, Lipoamid-Dehydrogenase („Diaphorase") aus Schweineherz	1.6.4.3	5,38	6,08	81 *SD* [*61*] 63 chem. [*64*]		0,73 a [*61*]		
Urat : O_2-Oxydoreductase, Urat-Oxydase („Uricase") aus Schweineleber	1.7.3.3	5,5		100 *S*	1,30 ± 0,15	0,74 ± 0,01 b [*38*]		
meso-Inosit-Oxygenase aus Rattenniere	1.99.2.6	4,49	5,1	174 *SD*		0,73 a [*7*]		
Carbamoylphosphat : L-Ornithin-Carbamoyltransferase, Ornithin-Transcarbamoylase aus Rattenleber	2.1.3.3	11,5 ± 0,5		220 ± 40 *S*	1,1 ± 0,05		8,1	[*57*]
α-1,4-Glucan : Orthophosphat-Glucosyltransferase a, α-Glucan-Phosphorylase a („Phosphorylase a") aus Kaninchenmuskel	2.4.1.1	13,2	2,6	495 *SD*	1,55	0,75 b	5,8	[*6*]
dasselbe aus Menschenmuskel		13,5 [*95*]						
dasselbe aus Hundeleber		8,4		240 *S* [*6*]				

Enzymprotein (Systematischer Name, Trivialname, Herkunft)	System-nummer	$S_{20} \cdot 10^{13}$	$D_{20} \cdot 10^{7}$	$M_s \cdot 10^{-3}$	f/f_0	$V_{spez.}$	I. P.
α-1,4-Glucan : Orthophosphat-Glucosyltransferase a, α-Glucan-Phosphorylase a („Phosphorylase a") aus Hummermuskel		9,0 [8]					
α-1,4-Glucan : Orthophosphat-Glucosyltransferase b, α-Glucan-Phosphorylase b („Phosphorylase b") aus Kaninchenmuskel	2.4.1.1	8,2	3,3	242 *SD*	1,55	0,75 b	5,8 [6]
dasselbe aus Menschenmuskel		8,8 [95]					
dasselbe aus Hummermuskel		9,0 [8]					
Purinnucleosid : Orthophosphat-ribosyltransferase, Purinnucleosid-Phosphorylase aus menschlichen Erythrozyten	2.4.2.1	6,3 [82]					
L-Aspartat : 2-Oxoglutarat-Aminotransferase, Aspartat-Transaminase aus Schweineherz	2.6.1.1	5,5	4,6 ± 0,1	110 ± 11 *SD*	1,4	0,745 [27]	
ATP : Pyruvat-Phosphotransferase, Pyruvatkinase aus Kaninchenmuskel	2.7.1.40	10,04	3,96	237 *SD*	1,31	0,74	6,6 [81]
ATP : Kreatin-Phosphotransferase, Kreatinkinase aus Kaninchenmuskel	2.7.3.2.	5,0 5,6 [10]	5,78	81 *SD*	1,28	0,73 b	6,0—6,1 [49]
ATP : AMP-Phosphotransferase, Adenylatkinase aus Kaninchenmuskel	2.7.4.3	2,3 (25°)	1,00 (25°)	21 *SD*	1,15	0,73 b	6,1 [48]
Ribonuclease aus Rinderpankreas	2.7.7.16	1,85 [59]	0,136 [59]	13 *SD* [59] 13,4 *L* 13,895 chem. [30]		0,709 b [59]	7,8 [59] 9,7 [4a]
Thiosulfat : Cyanid-Schwefeltransferase, Thiosulfat-Schwefeltransferase („Rhodanese") aus Rinderleber	2.8.1.1	3,0 3,13—3,23 [89]	7,5	37,1 *SD*	1,28	0,742 b [75]	
dasselbe aus Rinderniere		3,15—3,26 [89]					

3-Mercaptopyruvat: Cyanid-Schwefeltransferase, Mercaptopyruvat-Schwefeltransferase aus Rattenleber	2.8.1.2	2,7	0,52	35−40 *SD*			7,4	[32]
Carboxyl-Esterhydrolase, Carboxylesterase aus Schweineleber	3.1.1.1	8,8					5,0 ± 0,5	[1]
„Tween-hydrolysierendes Enzym“ aus Rattenfettgewebe		6,34 ± 0,05 [87]						
Acylcholin-Acylhydrolase, Cholinesterase aus menschlichem Serum	3.1.1.8						2,9−3,0	[77a]
Orthophosphomonoester-Phosphohydrolase, Alkalische Phosphatase aus der Dünndarmschleimhaut des Kalbes	3.1.3.1	4,2 6,2 [18]	6,5	60 *SD* ~100 *S* [18]		0,74 a	5−6	[62]
Orthophosphomonoester-Phosphohydrolase, Saure Phosphatase aus der menschlichen Prostatadrüse	3.1.3.2	5,5 [52]						
Phosphoprotein-Phosphohydrolase, Phosphoprotein-phosphatase aus Rindermilz	3.1.3.16	2,4	9,2	25 *SD* 22,7 *A* } [22]				
Desoxyribonucleat-Oligonucleotidohydrolase, Desoxyribonuclease aus Rinderpankreas	3.1.4.5	2,63		~40 *S*			4,7	[55]
α-1,4-Glucan-4-Glucanohydrolase, α-Amylase aus menschlichem Speichel	3.2.1.1	4,6					5,3	[5]
dasselbe aus Schweinepankreas		4,5	8,05	45−49,6 *SD*	1,14	0,70 ± 0,02 b	5,3−5,5	[10a]
N-Acetylmuramid-Glykanohydrolase, Muramidase („Lysozym“) aus Hühnereiweiß	3.2.1.17	1,91	11,2	14,4 ± 0,1 *SD*		0,703 a [74]	10,5−11,0	[28]
Leucinaminopeptidase aus Schweineniere	3.4.1.1			~300 *S*			4,5	[71]
Carboxypeptidase A aus Rinderpankreas	3.4.2.1	3,07	8,68	34,3 *SD* [47] 32,0 *SD* [72]		0,75 a 0,732 b [72]	6,0	[47]
Procarboxypeptidase aus Rinderpankreas	3.4.2.2	5,87 [29]	6,23 [47]	96 *L* [29] 94 *SD* [47]			<4,5	[29]
Carboxypeptidase B („Protaminase“) aus Schweinepankreas		3,24	8,16	34,3 ± 0,6 *SD*		0,720 ± 0,005 b [19]		

Enzymprotein (Systematischer Name, Trivialname, Herkunft	System-nummer	$S_{20} \cdot 10^{13}$	$D_{20} \cdot 10^{7}$	$M_s \cdot 10^{-3}$	f/f_0	$V_{spez.}$	I. P.
Imidopeptidase, Prolidase aus Schweineniere	3.4.3.7	6,4		~150 *S* [13]			
Pepsin aus Schweinemagen	3.4.4.1	3,20	8,71	35,7 *SD* 36,4 chem. [5a]	1,11	0,75 b [16]	~1,0 [54] 3,7 [25]
Pepsinogen aus Schweinemagen				42 (osm.) [25]			
Trypsin aus Rinderpankreas	3.4.4.4	2,50	9,40	23,8 *SD*	1,19	0,73 a	10,8 [9]
Trypsinogen aus Rinderpankreas		2,48	9,68	23,7 *SD*	1,15	0,73 b	9,7 [80]
α-Chymotrypsin aus Rinderpankreas	3.4.4.5	2,4	10,2	21,6 *SD* [63]	1,13	0,736 b [63]	8,1 [3]
Chymotrypsinogen A aus Rinderpankreas		2,49	9,009	24,4 *SD* [90]	1,13 [70]		9,5 [70]
Chymotrypsin B aus Rinderpankreas	3.4.4.6	2,6	9,9	23,6 *SD*	1,13	0 73 a [70]	4,7 [31]
Chymotrypsinogen B aus Rinderpankreas		2,5	10,4	21,6 *SD*	1,11	0,73 a [70]	5,2 [31]
Pankreatopeptidase E („Elastase") aus Schweinepankreas	3.4.4.7	2,6	9,5 ± 0,5	25 *SD*	1,2	0,73 b	9,5 ± 0,5 [35]
Kathepsin C aus Rindermilz	3.4.4.9	8,16	3,3 ± 0,7	235 ± 50 *SD*		0,75 a	5,4 [14]
Prothrombin aus Rinderplasma		4,84	6,24	62,7 *SD*		0,70 b [33]	4,2 [65]
Plasmin („Fibrinolysin") vom Menschen	3.4.4.14	3,56		~108 *S*		0,74 a	6,2 [66]
Plasminogen („Fibrinolysogen") vom Menschen		4,30	4,31	83 *SD*	1,84	0,710 b	5,5—6,0 [12]
4,5-Dihydropyrimidin-Aminohydrolase, Dihydropyrimidinase aus Kalbsleber	3.5.2.2	6,99 [86]					
L-Arginin-Ureohydrolase, Arginase aus Rinderleber	3.5.3.1	5,95 3,84 [23]	4,19	~138 *SD*	1,47 [24]	0,75 a	4,05 [23]
AMP-Aminohydrolase, AMP-Desamidase aus Kaninchenmuskel	3.5.4.6	12,29 ± 0,05 (25°)	3,76 (25°)	320 *SD*			5,6 [34]

ATP-Phosphohydrolase, Myosin-ATPase aus dem Kaninchenmuskel	3.6.1.3	6,50	1,05	553 *SD* 619 *A*		0,728 b [*29a*]		
dasselbe aus Hundeherzmuskel		6,16	2,46	222 ± 4 *SD* 270 *L*	2,14	0,731 b [*17*]		
Acylphosphat-Phosphohydrolase, Acylphosphatase aus Rinderhirn	3.6.1.7	1,25	9,15	13,2 *SD*	1,45	0,74 a [*56*]		
Ketose-1-phosphat-Aldehyd-lyase, Aldolase aus Rinderleber	4.1.2.7	7,89	4,54	159 *SD*	1,14	0,743	6,7	[*60*]
dasselbe aus Kaninchenmuskel		7,35	4,63	149 *SD*	1,26	0,742	6,05	[*60*]
Citrat-Oxalacetat-lyase (CoA-acetylierend), Citratsynthase („Citratkondensierendes Enzym") aus Schweineherz	4.1.3.7	4,2	7,5	56 *SD* [*76*]				
Carbonat-Hydro-lyase, Carbonat-Anhydrase aus Rindererythrocyten	4.2.1.1	3,06		31 ± 1 *S*		0,742 b	5,3	[*36*]
dasselbe aus menschlichen Erythrocyten		3,01		28 und 34 *S*		0,747 b [*58*]		
L-Malat-Hydro-lyase, Fumarat-Hydratase aus Schweineherz	4.2.1.2	9,09	4,05	220 *SD*		0,745	7,35	[*2*]
D-2-Phosphoglycerat-Hydro-lyase, Phosphopyruvat-Hydratase („Enolase") aus Kaninchenmuskel	4.2.1.11	5,97	3,41 (1°)	77 *SD* 85 *A*		0,728 b	5,5—5,8	[*26*]
L-Homoserin-Hydro-lyase (desaminierend), Homoserin-Dehydratase aus Rattenleber	4.2.1.15	8,5—8,9	4,1—4,8	170—210 *SD*	1,2	0,75 a [*42*]		
L-3-Hydroxyacyl-CoA-Hydro-lyase, Enoyl-CoA-Hydratase („Crotonase") aus Rinderleber	4.2.1.17	7,84		210 *L*	1,44 [*77*]			
1,1,1-Trichloro-2,2-bis-(p-chlorphenyl)-äthan-Hydrogenchlorid-lyase, DDT-Dehydrochlorinase aus DDT-resistenten Hausfliegen	4.5.1.1	3,6		~36 *S*			6,5	[*37*]
D-Glucose-6-phosphat-Ketolisomerase, Glucosephosphat-Isomerase aus Kuheuter	5.3.1.9			48 *A* [*4*]				

2. Elektrophoretische Beweglichkeiten

Literatur S. 776

Enzymprotein (Systematischer Name, Trivialname, Herkunft)	Systemnummer	Puffer	pH	Ionenstärke	Elektrophor. Beweglichkeit 10^{-5} cm²/Volt · s
L-Malat : NAD-Oxydoreductase, Malat-Dehydrogenase aus Rinderherz	1.1.1.37	Na-Acetat	5,0	0,2	2,2 [68]
L_s-Isocitrat : NADP-Oxydoreductase, Isocitrat-Dehydrogenase aus Rinderherz	1.1.1.42	Veronal	6,04	0,1	+2,0 [67]
L-Lactat : Cytochrom c-Oxydoreductase, Lactat-Dehydrogenase aus Rinderherz	1.1.2.3	Phosphat	5,0	0,1	−0,1 und −0,3 [46]
Aldehyd : O_2-Oxydoreductase, Aldehyd-Oxydase aus Schweineleber	1.2.3.1	Phosphat	6,7	0,1	−8 [53]
Succinat : (Akzeptor)-Oxydoreductase, Succinat-Dehydrogenase aus Rinderherz	1.3.99.1	Phosphat	7,1	0,1	2,8 [69]
L-Glutamat : NAD(P)-Oxydoreductase, Glutamat-Dehydrogenase aus Rinderleber	1.4.1.3	Phosphat	6,1	0,1	−2,9 [51]
L-Aminosäure : O_2-Oxydoreductase (desaminierend), L-Aminosäure-Oxydase aus dem Gift von Crotalus adamanteus	1.4.3.2	Tris-HCl 0,1 m	7,2		−3,54, −2,54 und −1,69 [88]
$NADH_2$: Cytochrom c-Oxydoreductase, $NADH_2$-Cytochrom c-Reductase aus Schweineherz	1.6.2.1	Glycylglycin	8,25	0,05	−3,3 [31]
$NADH_2$: Lipoamid-Oxydoreductase, Lipoamid-dehydrogenase („Diaphorase“) aus Schweineherz	1.6.4.3	0,05 m Phosphat + 0,05 m KCl	6,5		2,2 [61]
Urat : O_2-Oxydoreductase, Urat-Oxydase(„Uricase“) aus Schweineleber	1.7.3.3	Phosphat	10,9	0,2	3,8 [38]
meso-Inosit-Oxygenase aus Rattenniere	1.99.2.6	0,005 m Phosphat + 0,05 m KCl	7,0		2,0 [7]
α-1,4-Glucan : Orthophosphat-Glucosyltransferase a, α-Glucan-Phosphorylase a („Phosphorylase a“) aus Menschenmuskel	2.4.1.1	Phosphat	7,2	0,1	−2,97 [95]
α-1,4-Glucan : Orthophosphat-Glucosyltransferase b, α-Glucan-Phosphorylase b („Phosphorylase b“) aus Menschenmuskel	2.4.1.1	Phosphat	7,2	0,1	−2,3 [95]
L-Asparat : 2-Oxoglutarat-Aminotransferase, Aspartat-Transaminase aus Schweineherz	2.6.1.1	Veronal	8,6	0,1	4,45 [27]

2. Elektrophoretische Beweglichkeiten (Fortsetzung)

Enzymprotein (Systematischer Name, Trivialname, Herkunft)	System-nummer	Puffer	p_H	Ionen-stärke	Elektrophor. Beweglichkeit 10^{-5} cm²/Volt · s	
ATP : Kreatin-Phosphotransferase, Kreatinkinase aus Kaninchenmuskel	2.7.3.2	Glycin	9,85	0,1	−2,76	[*49*]
ATP : AMP-Phosphotransferase, Adenylatkinase aus Kaninchenmuskel	2.7.4.3	Veronal	8,27	0,1	−1,01	[*48*]
Ribonuclease aus Rinderpankreas	2.7.7.16	Tris	6,8	0,1	0,28	[*4a*]
„Tween-hydrolysierendes Enzym" aus Rattenfettgewebe		Phosphat	7,7	0,1	−1,69 und −2,72	[*87*]
Acylcholin-Acylhydrolase, Cholinesterase aus menschlichem Serum	3.1.1.8	Acetat-Barbital	8,6	0,1	2,9−3,0	[*77a*]
Orthophosphomonoester-Phosphohydrolase, Alkalische Phosphatase aus Schweineniere	3.1.3.1	Phosphat	7,2	0,1	−1,8	[*40*]
α-1,4-Glucan-4-Glucanohydrolase, α-Amylase aus menschlichem Speichel	3.2.1.1	Glycin	10,14	0,1	3,75	[*5*]
Leucinaminopeptidase aus Schweineniere	3.4.1.1	0,1 m Veronal + 0,05 m $MgCl_2$	8,5		−6,0	[*71*]
Carboxypeptidase B („Protaminase") aus Schweinepankreas	3.4.2.2	0,05 m Phosphat	7,2		−2,38	[*19*]
Imidopeptidase, Prolidase aus Schweineniere	3.4.3.7	Veronal	7,8 bis 7,9	0,1	−5,2 ± 0,5	[*13*]
Trypsin aus Rinderpankreas	3.4.4.4	$CaCl_2$ + Barbiturat	7,9		~3	[*15*]
		0,04 m Na-Acetat + 0,03 m $CaCl_2$	4,8		5,0	[*85*]
dasselbe aus Schweinepankreas		0,04 m Na-Acetat + 0,03 m $CaCl_2$	4,8		3,25	[*85*]
dasselbe aus Hühnerei		0,04 m Na-Acetat + 0,03 m $CaCl_2$	4,8		4,6	[*85*]
Pankreatopeptidase („Elastase") aus Schweinepankreas	3.4.4.7	Puffer nach *Miller* und *Golder* [*44*]	4,0 6,0 7,0 8,0 9,5 11,0	0,2 0,2 0,2 0,2 0,2 0,2	+2,1 +1,1 +0,97 +0,68 −0,01 −1,74	[*35*]
Plasmin („Fibrinolysin") vom Menschen	3.4.4.14	Glycin	2,06	0,1	8,9	[*66*]
Plasminogen („Fibrinolysinogen") vom Menschen		Glycin	2,9	0,16	6,6	[*12*]
4,5-Dihydropyrimidin Aminohydrolase, Dihydropyrimidinase aus Kalbsleber	3.5.2.2	Phosphat	6,9	0,2	−2,85	[*86*]
AMP-Amidohydrolase, AMP-Desaminase aus Kaninchenmuskel	3.5.4.6	Glycin	8,93	0,1	−4,86	[*34*]

2. Elektrophoretische Beweglichkeiten (Fortsetzung)

Enzymprotein (Systematischer Name, Trivialname, Herkunft)	System-nummer	Puffer	pH	Ionen-starke	Elektrophor. Beweglichkeit 10^{-5} cm²/Volt · s
ATP-Phosphohydrolase, Myosin-ATPase aus dem Hundeherzmuskel	3.6.1.3	Veronal	8,3	0,1	−2,11 [17]
Ketose-1-phosphat-Aldehyd-lyase, Aldolase aus Rinderleber	4.1.2.7	Phosphat	7,5	0,1	−0,57 [60]
dasselbe aus Kaninchen-muskel		Phosphat	7,5	0,1	1,6 [60]
Carbonat-Hydro-lyase, Carbonat-anhydrase aus Rindererythrocyten	4.2.1.1	Phosphat	7,0	0,1	−2,8 (Form A) −2,3 (Form B) [36]
dasselbe aus menschlichen Erythrocyten		Phosphat	7,0	0,1	−0,5 und −0,9 [50]
L-Homoserin-Hydro-lyase (desaminierend), Homo-serin-dehydratase aus Rattenleber	4.2.1.15	0,02 m K-Phosphat + 0,08 m KCl	5,95		1,83 [42]

Literatur

[1] *Adler, A. J.*, u. *G. B. Kistiakowsky:* J. biol. Chem. **236**, 3240 (1961).
[2] *Alberty, R. A.:* in „The Enzymes" Bd. **5**, S. 531, New York 1961.
[3] *Anderson, E. A.*, u. *R. A. Alberty:* J. Phys. Colloid Chem. **52**, 1345 (1948).
[4] *Baich, A., R. G. Wolfe* u. *F. H. Reither:* J. biol. Chem. **235**, 3130 (1960).
[4a] *Barnett, L. B.*, u. *H. B. Bull:* Arch. Biochem. Biophys. **89**, 167 (1960).
[5] *Bernfeld, P.:* in „Methods in Enzymology" Bd. **1**, S. 149, New York 1955.
[5a] *Bovey, F. A.*, u. *S. S. Yanari:* in „The Enzymes" Bd. **4**, S. 63, New York 1960.
[6] *Brown, D. H.*, u. *C. F. Cori:* in „The Enzymes" Bd. **5**, S. 207, New York 1961.
[7] *Charalampous, F. C.:* J. biol. Chem. **234**, 220 (1959).
[8] *Cowgill, R. W.:* J. biol. Chem. **234**, 3146 (1959).
[9] *Cunningham, L. W. jr.:* J. biol. Chem. **211**, 13 (1954).
[10] *Da Costa, W. A.*, u. *F. Friedberg:* J. biol. Chem. **235**, 3134 (1960).
[10a] *Danielsson, C. E.:* Nature **160**, 899 (1947).
[11] *Davies, D. D.*, u. *E. Kun:* Biochem. J. **66**, 308 (1957).
[12] *Davies, M.*, u. *M. Englert:* J. biol. Chem. **235**, 1011 (1960).
[13] *Davis, N. C.*, u. *E. L. Smith:* J. biol. Chem. **224**, 261 (1957).
[14] *De la Haba, G., P. S. Cammarata* u. *S. N. Timasheff:* J. biol. Chem. **234**, 316 (1959).
[15] *Duke, J. A., M. Bier* u. *F. F. Nord:* Arch. Biochem. Biophys. **40**, 424 (1952).
[16] *Edelhoch, H.:* J. Amer. chem. Soc. **79**, 6100 (1957).
[17] *Ellenbogen, E., R. Iyengar, H. Stern* u. *R. E. Olson:* J. biol. Chem. **235**, 2642 (1960).
[18] *Engström, L.:* Biochim. biophys. Acta **52**, 36 (1961).
[19] *Folk, J. E., A. Piez, W. R. Caroll* u. *J. A. Gladner:* J. biol. Chem. **235**, 2272 (1960).
[20] *Fox jr., J. B.* u. *W. B. Dandliker:* J. biol. Chem. **203**, 53 (1956).
[21] *Gibson, D. M., E. O. Davisson, B. U. Bacchawat, B. R. Ray* u. *C. S. Vestling:* J. biol. Chem. **203**, 397 (1953).
[22] *Glomset, J.*, u. *J. Porath:* Biochim. biophys. Acta **39**, 1 (1960).
[23] *Grassmann, W., H. Hörmann* u. *O. Janowsky:* Z. physiol. Chem. **312**, 273 (1958).
[24] *Greenberg, D. M., A. E. Bagot* u. *O. A. Roholt jr.:* Arch. Biochem. Biophys. **62**, 446 (1956).
[25] *Herriott, R. M.:* J. gen. Physiol. **21**, 501 (1938).
[26] *Holt, A.*, u. *F. Wold:* J. biol. Chem. **236**, 3227 (1961).
[27] *Jenkins, W. T., D. A. Yphantis* u. *I. W. Sizer:* J. biol. Chem. **234**, 51 (1959).
[28] *Jolles, P.:* in „The Enzymes" Bd. **4**, S. 431, New York 1960.
[29] *Keller, P. J., E. Cohen* u. *H. Neurath.* J. biol. Chem. **223**, 457 (1956).
[29a] *Kielley, W.*, u. *W. F. Harrington:* Biochim. biophys. Acta **41**, 401 (1960).
[30] *Kleiner, S. M.*, u. *A. B. Kegels:* Arch. Biochem. Biophys. **63**, 247 (1956).
[31] *Kobacki, V., K. D. Brown* u. *M. Laskowski:* J. biol. Chem. **180**, 73 (1949).
[32] *Kun, E.*, u. *D. W. Fanshier:* Biochim. biophys. Acta **27**, 659 (1958).

[33] *Lamy, F.*, u. *D. F. Waugh:* J. biol. Chem. **203**, 489 (1953).
[34] *Lee, Y. P.:* J. biol. Chem. **227**, 993 (1957).
[35] *Lewis, U. J., D. E. Williams* u. *N. G. Brink:* J. biol. Chem. **222**, 705 (1956).
[36] *Lindskog, S.:* Biochim. biophys. Acta **39**, 218 (1960).
[37] *Lipke, H.*, u. *C. W. Kearns:* J. biol. Chem. **234** 2123 (1959).
[38] *Mahler, H. R., G. Hübscher* u. *H. Baum:* J. biol. Chem. **216**, 625 (1955).
[39] *Mahler, H. R., N. K. Sarkar* u. *L. P. Vernon:* J. biol. Chem. **199**, 585 (1952).
[40] *Massey, V., G. Palmer* u. *R. Bennett:* Biochim. biophys. Acta **48** 1 (1961).
[41] *Mathies, J. C.:* J. biol. Chem. **233**, 1121 (1958).
[42] *Matsuo, Y.*, u. *D. M. Greenberg:* J. biol. Chem. **230**, 545 (1958).
[43] *Millar, D. B. S.:* J. biol. Chem. **237**, 2135 (1962).
[44] *Miller, G. L.*, u. *R. H. Golder:* Arch. Biochem. Biophys. **29**, 420 (1950).
[45] *Mize, C. E., T. E. Thompson* u. *R. G. Langdon:* J. biol. Chem. **237**, 1596 (1962).
[46] *Neilands, J. B.:* J. biol. Chem. **199**, 373 (1952).
[47] *Neurath, H.:* in „The Enzymes" Bd. **4**, S. 11 (1960).
[48] *Noda, L.*, u. *S. A. Kuby:* J. biol. Chem. **226**, 551 (1957).
[49] *Noda, L., S. A. Kuby* u. *H. A. Lardy:* J. biol. Chem. **209**, 203 (1954).
[50] *Nyman, P. O.:* Biochim. biophys. Acta **52**, 1 (1961).
[51] *Olson, J. A.*, u. *C. B. Anfinsen:* J. biol. Chem. **197**, 67 (1952).
[52] *Ostrowski, W.*, u. *A. Tsugita:* Arch. Biochem. Biophys. **94**, 68 (1961).
[53] *Palmer, G.:* Biochim. biophys. Acta **56**, 444 (1962).
[54] *Perlmann, G. E.:* Adv. Protein Chem. **10**, 23 (1955).
[55] *Polson, A.:* Biochim. biophys. Acta **22**, 61 (1957).
[56] *Rajman, L., S. Grisolia* u. *H. Edelhoch:* J. biol. Chem. **235**, 2340 (1960).
[57] *Reichard, P.:* Acta chem. Scand. **11**, 523 (1957).
[58] *Rickli, E. E.*, u. *J. T. Edsall:* J. biol. Chem. **237**, PC258 (1962).
[59] *Rothen, A.:* J. gen. Physiol. **24**, 203 (1940).
[60] *Rutter, W. J.:* in „The Enzymes" Bd. **5**, S. 341, New York 1961.
[61] *Savage, N.:* Biochem. J. **67**, 146 (1957).
[62] *Schramm, G.*, u. *D. Armbruster:* Z. Naturforsch. **9b**, 114 (1954).
[63] *Schwert G.:*, u. *S. Kaufman:* J. biol. Chem. **190**, 807 (1951).
[64] *Searls, R. L.*, u. *D. R. Sanadi:* J. biol. Chem. **235**, 2485 (1960).
[65] *Seegers, W. H., R. I. McLawry* u. *J. L. Fahey:* Blood **5**, 421 (1950).
[66] *Shulman, S., N. Alkjaersig* u. *S. Sherry:* J. biol. Chem. **233**, 91 (1958).
[67] *Siebert G., J. Dubuc, R. C. Warner* u. *G. W. E. Plaut:* J. biol. Chem. **226**, 965 (1957).
[68] *Siegel, L.*, u. *S. Englard:* Biochim. biophys. Acta **54**, 67 (1961).
[69] *Singer, T. P., E. B. Kearney* u. *P. Bernath:* J. biol. Chem. **233**, 599 (1956).
[70] *Smith, E. L., D. M. Brown* u. *M. Laskowski:* J. biol. Chem. **191**, 639 (1951).
[71] *Smith, E. L.*, u. *R. L. Hill:* in „The Enzymes" Bd. **4**, S. 37, New York 1960.
[72] *Smith, E. L.*, u. *A. Stockell:* J. biol. Chem. **207**, 501 (1954).
[73] *Smith, M. G.:* Biochem. J. **83**, 135 (1962).
[74] *Sophianopoulos, A. J., C. K. Rhodes, D. N. Holcomb* u. *K. E. van Holde:* J. biol. Chem. **237** 1107 (1962).
[75] *Sörbo, B. H.:* Acta chem. Scand. **7**, 1129 (1953).
[76] *Srere, P. A.*, u. *G. W. Kosicki:* J. biol. Chem. **236**, 2557 (1961).
[77] *Stern, J. R.:* in „The Enzymes" Bd. **5**, S. 511, New York 1961.
[77a] *Svensmark, O.*, u. *P. Kristensen:* Biochim. biophys. Acta **67**, 441 (1963).
[78] *Theorell, H.*, u. *R. Bonnichsen:* Acta chem. Scand. **5**, 1105 (1951).
[79] *Thorne, C. J. R.:* Biochim. biophys. Acta **59**, 624 (1962).
[80] *Tietze, F.:* J. biol. Chem. **204**, 1 (1953).
[81] *Tietz, A.*, u. *S. Ochoa:* in „Methods in Enzymology" Bd. **5**, S. 365, New York 1961.
[82] *Tsuboi, K. K.*, u. *P. B. Hudson:* J. biol. Chem. **224**. 879 (1957).
[83] *Van Eys, J., B. J. Nuenke* u. *M. K. Patterson jr.:* J. biol. Chem. **234**, 2308 (1959).
[84] *Velick, S. F.*, u. *J. E. Hayes jr.:* J. biol. Chem. **203**, 545 (1953).
[85] *Vithayathil, A. J., F. Buck, M. Bier* u. *F. F. Nord:* Arch. Biochem. Biophys. **92**, 532 (1961).
[86] *Wallach, D. P.*, u. *S. Grisolia:* J. biol. Chem. **226**, 277 (1957).
[87] *Wallach, D. P., H. Ko* u. *N. B. Marshall:* Biochim. biophys. Acta **59**, 690 (1962).
[88] *Wellner D.*, u. *A. Meister:* J. biol. Chem. **235**, 2013 (1960).
[89] *Westley, J.*, u. *J. R. Green:* J. biol. Chem. **234**, 2325 (1959).
[90] *Wilcox, P. E., J. Kraut, R. D. Wade* u. *H. Neurath:* Biochim. biophys. Acta **24**, 72 (1957).
[91] *Williams jr., C, H.*, u. *H. Kamin:* J. biol. Chem. **237**, 587 (1962).
[92] *Wolfe, R. G.*, u. *J. B. Neilands:* J. biol. Chem. **221**, 61 (1956).
[93] *Yagi, K., T. Ozawa* u. *T. Ooi:* Biochim. biophys. Acta **54**, 199 (1961).
[94] *Yamada, H.*, u. *K. T. Yasunobu:* J. biol. Chem. **237**, 1511 (1962).
[95] *Yunis, A. A., E. H. Fischer* u. *E. G. Krebs:* J. biol. Chem. **235**, 3163 (1960).

Blutproteine

Von **K. Heide**, Marburg/Lahn

1. Methoden zur Darstellung

Erläuterungen

AS = Ammonsulfat
Alk = Alkohol
Ac = Aceton
ZE = Zonenelektrophorese, präparative
UZ = Präparatives Ultrazentrifugieren
IA = Ionenaustauscher
Ads = Adsorptionsverfahren
Ae = Aether
Riv = Rivanol

Übersichtsarbeiten

Edsall, J. T.: Adv. Protein Chem. **3**, 383 (1947).
Strässle, R.: Experientia **9**, 242 (1953).
Schultze, H. E., u. *H. D. Matheka:* Behringwerk-Mitteilungen **28**, 9 (1954).
Grabar, P., R. Ardry, P. Lépine, P. Chassagne u. *J. Juilliard:* Etudes des γ-Globulines. Paris (1954).
Isliker, H. C.: Adv. Protein Chem. **12**, 387 (1957).
Zahn, H., in Hoppe-Seyler/Thierfelder, Hrs. *Lang, K.*, u. *E. Lehnartz*, 10. Aufl., Bd. **4**, Berlin, Göttingen, Heidelberg 1960.
Putnam, F. W.: The Plasma Proteins. New York 1960.
Schultze, H. E., u. *K. Heide:* in *Bauer, K. Fr.*, Medizinische Grundlagenforsch. Bd. 3, Stuttgart (1960).
Pendl, I., u. *K. Felix*, in: Hoppe-Seyler/Thierfelder, Hrs. *Lang, K.*, u. *E. Lehnartz*, 10. Aufl., Bd. **4**, Berlin, Göttingen, Heidelberg 1960.

Protein	Methode	Literatur
Präalbumin (Try)	ZE	*Aly, F. W.:* Biochem. Z. **325**, 505 (1954).
	AS, Ads, ZE	*Schultze, H. E., M. Schönenberger* u. *G. Schwick:* Biochem. Z. **328**, 267 (1956).
	ZE	*Svensson, H., L. Hagdahl* u. *K. D. Lerner:* Science Tools **4**, 1 (1957).
Albumin	Alk	Siehe Übersichtsarbeiten und *Cohn, E. J., L. E. Strong, W. L. Hughes jr., D. J. Mulford, J. N. Ashworth, Melin, M.*, u. *H. L. Taylor:* J. Amer. chem. Soc. **68**, 459 (1946). *Cohn, E. J., D. L. Hughes jr.* u. *J. H. Weare:* J. Amer. chem. Soc. **69**, 1753 (1947). *Hughes, W. L.:* J. Amer. chem. Soc. **69**, 1836 (1947). *Cohn, E. J., F. R. N. Gnud, D. M. Surgenor, B. A. Barnes, R. K. Brown, G. Deronaux, J. M. Gillespie, F. W. Kahnt, W. F. Lever, C. H. Liu, D. Mittelman, R. F. Mouton, K. Schmid* u. *E. Uroma:* J. Amer. chem. Soc. **72**, 465 (1950). *Taylor, H. L., F. C. Bloom, K. B. McCall* u. *L. A. Hyndman:* J. Amer. chem. Soc. **78**, 1353 (1956).
	Ae	*Kekwick, R. A.*, u. *M. E. Mackay:* Med. Res. Counc. Spec. Rept. Ser. London 286 (1954).
	Alk	*Nitschmann, H. S., P. Kistler* u. *W. Lergier:* Helv. Chim. Acta **37**, 866 (1954). — Vox Sang. **7**, 414 (1962).
	AS, Ads	*Schultze, H. E., I. Göllner, K. Heide, M. Schönenberger* u. *G. Schwick:* Z. Naturforsch. **10b**, 463 (1955).
	IA	*Reid, A. F.*, u. *F. Jones:* Amer. J. clin. Path. **19**, 10 (1949).
(Pferdeplasma)	AS	*Hewitt, L. F.:* Biochem. J. **30**, 2229 (1936). — Biochem. J. **31**, 360, 1534 (1937). *McMeekin, T. L.:* J. Amer. chem. Soc. **62**, 3393 (1940).
(Hundeplasma)	Alk	*Allerton, S. E., D. Elwyn, J. T. Edsall* u. *P. F. Spahr:* J. biol. Chem. **237**, 85 (1962).
(Rinderplasma)	Alk	*Cohn, E. J., W. L. Hughes* u. *J. H. Weare:* J. Amer. chem. Soc. **69**, 1753 (1947).
	IA	*Keller, St.*, u. *R. J. Block:* Arch. Biochem. Biophys. **85**, 366 (1959).

Protein	Methode	Literatur
Fetuin (Kalb)	AS	*Pedersen, K. O.:* Nature **154**, 575 (1944).
		Deutsch, H. F.: J. biol. Chem. **208**, 669 (1954).
	Alk	*Spiro, R. G.:* J. biol. Chem. **235**, 2860 (1960).
saures α_1-Glykoprotein (Orosomucoid)	Alk	*Schmid, K.:* J. Amer. chem. Soc. **72**, 2816 (1950). — **75**, 60 (1953).
	AS	*Weimer, H. E., J. W. Mehl* u. *R. J. Winzler:* J. biol. Chem. **185**, 561 (1950).
	AS, ZE	*Schultze, H. E., I. Göllner, K. Heide, M. Schönenberger* u. *G. Schwick:* Z. Naturforsch. **10b**, 463 (1955).
	$HClO_4$, AS, ZE	*Schultze, H. E., K. Heide* u. *H. Haupt:* Clin. Chim. Acta **7**, 854 (1962).
	IA	*Bezkorovainy,* A., u. *R. J. Winzler:* Biochim. biophys. Acta **49**, 559 (1961).
(Schaf)	AS, Phenol	*Michon, J.:* Nature **193**, 1077 (1962).
	IA	*Campbell, B. J., R. J. Schlueter, G. P. Weber* u. *W. F. White:* Biochim. biophys. Acta **46**, 279 (1961).
α_1-Antitrypsin	AS, IA, ZE	*Bundy, H. F.,* u. *J. W. Mehl:* J. biol. Chem. **234**, 1124 (1959).
	AS, Riv, Alk	*Schultze, H. E., K. Heide* u. *H. Haupt:* Naturwiss. **49**, 133 (1962).
(Rind)	AS, IA	*Wu, F. Ch.,* u. *M. Laskowski:* J. biol. Chem. **235**, 1680 (1960).
(Schaf)	AS, IA	*Martin, Ch. J.:* J. biol. Chem. **236**, 2672 (1961).
α_1-X-Globulin	AS, Riv, ZE	*Schultze, H. E., K. Heide* u. *H. Haupt:* Naturwiss. **49**, 108 (1962).
Erythropoetin (Hammel)		*Campbell, B. J., R. J. Schlueter, G. P. Weber* u. *W. F. White:* Biochim. biophys. Acta **46**, 279 (1961).
Gc-Komponenten	AS, Riv, ZE	*Schultze, H. E., H. Biel, H. Haupt* u. *K. Heide:* Naturwiss. **49**, 108 (1962).
α_2-HS-Glykoprotein	Alk, Ba	*Schmid, K.,* u. *W. Bürgi:* Biochim. biophys. Acta **47**, 440 (1961).
		Schultze, H. E., K. Heide u. *H. Haupt:* Naturwiss. **49**, 15 (1962).
Zn-α_2-Glykoprotein	Alk, Zn, IA	*Bürgi, W.,* u. *K. Schmid:* J. biol. Chem. **236**, 1066 (1961).
	Alk, IA	*Bezkorovainy, A.,* u. *R. J. Winzler:* Biochem. biophys. Acta **49**, 559 (1961).
Coeruloplasmin	AS, Alk	*Holmberg, C. G.,* u. *C. B. Laurell:* Acta Chem. Scand. **2**, 550 (1948).
	AS, Alk, $CHCl_3$	*Schultze, H. E., I. Göllner, K. Heide, M. Schönenberger* u. *G. Schwick:* Z. Naturforsch. **10b**, 463 (1955).
	Ae, IA	*Curcon, G.,* u. *L. Vallet:* Nature **183**, 751 (1959).
	Alk, Riv	*Steinbuch, M.,* u. *M. Quentin:* Nature **183**, 323 (1959).
	IA	*Sanders, B. E., O. P. Miller* u. *M. N. Richard:* Arch. Biochem. Biophys. **84**, 60 (1959).
	IA	*Deutsch, H. F.:* Arch. Biochem. Biophys. **89**, 225 (1960).
		Deutsch, H. F., C. B. Kasper u. *D. A. Walsch:* Arch. Biochem. Biophys. **99**, 132 (1962).
	Alk, Ae, AS, IA	*Richterich, R., A. Temperli* u. *H. Aebi:* Biochim. biophys. Acta **56**, 240 (1962).
Haptoglobin	AS	*Jayle, M. F.,* u. *G. Boussier:* Exposés Annuels de Biochimie. Médicale **17**, 157 (1955).
	AS, ZE	*Herman-Boussier, G., J. Moretti* u. *M. F. Jayle:* Bull. Soc. Chim. Biol. **42**, 817 (1960).
	AS, Ac, Alk ZE	*Laurell, C. B.:* Clin. Chim. Acta **4**, 79 (1959).
	Alk, Riv	*Steinbach, M.,* u. *L. Pejaudier:* Nature **184**, Suppl. 6, 362 (1959).
	IA	*Steinbuch, M.,* u. *M. Quentin:* Nature **190**, 1121 (1961).
	IA, AS	*Connell, G. E.,* u. *R. W. Shaw:* Canad. J. Biochem. Physiol. **39**, 1013 (1961).
Neuramino-Glykoprotein	$HClO_4$, AS, ZE	*Schultze, H. E., K. Heide* u. *H. Haupt:* Naturwiss. **49**, 133 (1962).
α_2-Makroglobulin	AS	*Schönenberger, M., R. Schmidtberger* u. *H. E. Schultze:* Z. Naturforsch. **13b**, 761 (1958).

Protein	Methode	Literatur
α_2-Makroglobulin	AS, ZE	*Schultze, H. E.,* u. *K. Heide:* Medizinische Grundlagenforschung Bd. 3, Stuttgart 1960.
	Alk, UZ, AS	*Baker, W. A., A. Peterkofsky* u. *D. L. Kauffman:* J. Amer. chem. Soc. **76**, 4244 (1954).
β_1A-Globulin	Riv, AS, ZE	*Schultze, H. E., K. Heide* u. *H. Haupt:* Klin. Wschr. **40**, 729 (1962).
Hämopexin	$HClO_4$, AS, ZE	*Schultze, H. E., K. Heide* u. *H. Haupt:* Naturwiss. **48**, 696 (1961).
Transferrin	Alk	*Koechlin, B. A.:* J. Amer. chem. Soc. **74**, 2649 (1952).
	AS, Ads	*Schultze, H. E., I. Gollner, K. Heide, M. Schonenberger* u. *G. Schwick:* Z. Naturforsch. **10b**, 463 (1955).
	Riv, Alk	*Kistler, P., Hs. Nitschmann, A. Wyltenbach, M. Studer, Ch. Niederöst* u. *M. Mauerhofer:* Vox Sang. **5**, 403 (1960).
	Alk, IA	*Inman, J. K., F. C. Coryell, K. B. McCall, J. T. Sgouris* u. *H. D. Anderson:* Vox Sang. **6**, 34 (1961).
	ZE, IA	*Parker, W. C.,* u. *A. G. Bearn:* J. exper. Med. **115**, 87 (1962).
(Schwein)	AS, Alk	*Laurell, C. B.,* u. *B. Ingelman:* Acta chem. Scand. **1**, 770 (1947).
β_1C-Globulin	UZ, ZE, IA	*Müller-Eberhard, H. J., U. Nilsson* u. *T. Aronsson:* J. exper. Med. **111**, 201 (1960).
β_2-Glykoprotein	$HClO_4$, AS, ZE	*Schultze, H. E., K. Heide* u. *H. Haupt:* Naturwiss. **48**, 719 (1961).
γ_1A-Globulin	$ZnSO_4$, AS, ZE	*Heremans, J. F., M. Th. Heremans* u. *H. E. Schultze:* Clin. Chim. Acta **4**, 96 (1959).
γ_1M-Globulin	ZE, UZ, ZE	*Müller-Eberhard, H. J., H. G. Kunkel* u. *E. C. Franklin:* Proc. Soc. exper. Biol. Med. **93**, 146 (1956).
		Kunkel, H. G.: in *Putnam, F. W.:* The Plasma Proteins **I**, S. 294, New York 1960.
	Euglobulinfallung, UZ	*Reisner, C. A.,* u. *E. C. Franklin:* J. Immunol. **87**, 654 (1961).
	AS, Euglobulinfallung, Ads	*Schultze, H. E., H. Haupt, K. Heide, G. Moschlin, R. Schmidtberger* u. *G. Schwick:* Z. Naturforsch. **17b**, 313 (1962).
γ-Globulin (S = 7)	Alk	*Deutsch, H. F., G. L. Gosting, R. A. Alberty* u. *J. W. Williams:* J. biol. Chem. **164**, 109 (1946).
	Alk	*Oncley, J. L., M. Melin, D. A. Richert, J. W. Cameron* u. *P. M. Gross:* J. Amer. chem. Soc. **71**, 541 (1949).
	Alk	*Nitschmann, H. S., P. Kistler* u. *W. Lergier:* Helv. Chim. Acta **37**, 866 (1954).
	AS, Ads	*Schultze, H. E., M. Schönenberger* u. *H. D. Matheka:* Behringwerk-Mitteilgg. **26**, 21 (1952).
	Riv	*Horejsi, J.,* u. *R. Smetana:* Acta med. Scand. **155**, 65 (1956).
	IA	*Sober, H. A.,* u. *E. A. Peterson:* Fed. Proc. **17**, 1116 (1958).
	IA	*Sober, H. A.,* u. *H. B. Levy:* Proc. Soc. exper. Biol. Med. **103**, 250 (1960).
(Kaninchenserum)	Na_2SO_4, IA	*Amiraian, K.,* u. *E. J. Leikhim:* J. Immunol. **87**, 301 (1961).
α_1-, α_2- und β-Lipoproteine	UZ	*De Lalla, O. F.,* u. *W. Gofman:* Methods Biochem. Analysis **1**, 459 (1954).
		Oncley, J. L.: in „The Lipoproteins", Basel, New York 1958.
		Boyle, E., J. Wilson u. *R. V. Moore:* J. Lipid. Res. **2**, 191 (1961).
Fibrinogen	Alk	*Blomback, B.,* u. *M. Blomback:* Acta chem. Scand. **10**, 147 (1955). — Arkiv Kemi **10**, 415 (1956). — Acta physiol. Scand. **43**, 1 (1958).
		Laki, K.: Arch. Biochem. **32**, 317 (1951).
		Morrison, P. R., S. Shulman u. *W. F. Blatt.* Proc. Soc. exper. Biol. Med. **78**, 653 (1951).
		Hink, J. H., u. *J. Ken McDonald:* Nature **194**, 1080 (1962).
		Mosesson, M. W.: Biochim. biophys. Acta **57**, 204 (1962).
Prothrombin		*Seegers, W. H., E. C. Loomis* u. *J. M. Vandenbelt:* Arch. Biochem. **6**, 85 (1945).
		Milstone, H.: J. gen. Physiol. **38**, 743 (1955).
		Miller, K. D.: J. biol. Chem. **231**, 987 (1958).

Protein	Methode	Literatur
Thrombin [1]		*Milstone, H.:* J. gen. Physiol. **35**, 67 (1951). *Maxwell, R. E., V. S. Nickel* u. *V. Lewandowski:* Biochem. biophys. Res. Comm. **7**, 50 (1962). *Miller, K. D.*, u. *W. H. Copeland:* Proc. Soc. exper. Biol. Med. **111**, 512 (1962).
Makroglobulin *Waldenström*	Euglobulinfallung, UZ	*Isliker, H.:* in: Makroglobulinämie *Waldenström*, Basel-Stuttgart (1958).
	Euglobulinfallung, ZE	*Schultze, H. E., H. Haupt, K. Heide, G. Moschlin, R. Schmidtberger* u. *G. Schwick:* Z. Naturforsch. **17b**, 313 (1962).
Myelomglobulin	ZE	*Putnam, F. W.*, u. *B. Udin:* J. biol. Chem. **202**, 727 (1953).
	IA	*Fahey, J. L., P. F. McCoy* u. *A. P. Horbett:* J. Clin. Invest. **37**, 893 (1958).
C-reaktives Protein	AS, Na_2SO_4	*Wood, H. F., M. McCarty* u. *R. J. Slater:* J. exper. Med. **100**, 71 (1954).
	AS, ZE	*Schultze, H. E., G. Schwick, J. Sonnet, J. Heremans* u. *J. L. Michaux:* Klin. Wschr. **38**, 62 (1960).
Rheumafaktor	Euglobulinfallung, UZ	*Kunkel, H. G., E. C. Franklin* u. *H. J. Muller-Eberhard:* J. Clin. Invest. **38**, 424 (1959).
	IA	*Lospalluto, J.*, u. *M. Ziff:* J. exper. Med. **110**, 169 (1959).
	IA	*Svartz, L. A., A. Carlson, K. Schlossmann* u. *A. Ehrenberg:* Acta med. scand. **160**, 87 (1958). — Acta Rheumatol. Scand. **5**, 5 (1959).
	H_3BO_3	*Badin:* Ann. biol. Clin. **18**, 201 (1960).

[1] Weitere Gerinnungsfaktoren siehe Übersichtsarbeit von *Pendl, I.*, u. *K. Felix* (S. 778).

2. Aminosäurenzusammensetzung von Plasmaproteinen

Erläuterungen:

A = Gramm Aminosaure in 100 Gramm Protein (Gramm-%).
B = Aminosäure-N in Prozenten vom Gesamt-N.
C = Anzahl Aminosäuren in 10^5 Gramm Protein.
D = Anzahl Aminosäuren pro Proteinmolekül.
E = Prozent Aminosäure von Gesamtaminosäuren.
F = Prozent Aminosäurerest.
(a) = Prozent Gesamtprotein N.

Literatur S. 782.

	Praalbumin (Try)	Human-Albumin		Rinder-Albumin	Fetuin (Kalb)	Saures α_1-Glykoprotein		α_1-Lipoprotein (Human)	
						[1]	[2]	[2]	[2]
	F	F	D	F	F				
	[1]	[1]	[1]	[1]	[2]	[3]		$\sigma = 1{,}093$	$\sigma = 1{,}149$
(a)	14,9	16,0	—		12,2	10,1		[4]	[4]
Lys	6,96	10,95	56	11,18	4,36	5,03	9,2	10,62	10,77
His	3,62	3,17	15	3,48	2,89	1,31	2,4	2,61	2,61
NH_3	1,00	0,94		0,86	(0,69)				
Arg	4,27	5,38	23	5,15	3,79	3,65	6,7	6,97	7,32
Asp	6,44	9,05	52	9,26	7,84	7,44	13,5	8,26	8,41
Thr	9,17	4,31	28	5,05	5,20	4,80	8,7	5,64	5,89
Ser	7,36	3,15	24	3,36	4,71	2,51	4,6	5,64	5,42
Glu	10,91	15,85	81	14,71	9,04	10,73	19,6	19,20	19,36
Pro	5,31	3,65	25	4,14	6,76	2,37	4,3	4,12	4,00
Gly	3,94	1,05	12	1,37	2,85	0,82	1,5	2,53	2,53
Ala	6,25	6,67	62	4,85	4,91			5,63	5,72
CySH	0	5,09	33	5,70	2,55	0,60	1,1	3,15	3,15
Val	8,44	6,17	41	5,33	8,24	2,82	5,1	6,41	6,29
Met	0,86	1,08	5	0,66		0,65	1,2		
Ileu	3,68	1,31	8	2,26	3,49	3,15	5,7		
Leu	5,50	10,30	60	10,22	6,27	5,21	9,5	17,67	17,40
Tyr	5,51	4,03	16	4,59	2,28	1,99	3,6	3,43	3,24
Phe	5,11	6,74	30	5,86	3,30	3,91	7,1	4,69	4,52
Try	2,6	0,17	1	0,62	0,86	1,25	2,3		

[1] Prozent Aminosäuren bezogen auf Gesamtproteid.
[2] Prozent Aminosäuren bezogen auf Proteinanteil.

	α_2-HS-Glykoprot.	Zn-α_2-Glykoprot.	Haptoglobin 2−1	Transferrin	β-Lipoprotein	γ-Globulin ($s=7$)
	D	D	1	D	2	F
	[5]	[6]	[7]	[8]	[9]	[10]
(a)	12,8	12,6		15,4		16,0
Lys	16	20	10,47	60		6,96
His	11	7	4,01	19	1	2,28
NH_3				62		1,46
Arg	7	11	2,86	28	3,5	4,29
Asp	32	27	12,22	82	10,1	7,69
Thr	20	10	5,67	32	5,9	7,18
Ser	20	14	4,51	42	5,4	9,69
Glu	42	36	12,52	62	10,8	11,26
Pro	41	16	5,36	36	3,3	6,05
Gly	23	15	3,71	51	2,5	3,35
Ala	38	17	4,53	59	4,4	3,18
CySH	11	3	2,63	40	5	2,63
Val	35	19	8,00	47	5,8	8,10
Met	1	3	1,34	10	0	0,85
Ileu	8	8	4,33	15	0	2,14
Leu	30	18	7,72	60	17,3	7,21
Tyr	7		7,10	26		6,29
Phe	10	8	3,02	28	7,4	4,29
Try		10	(2,8)	8		3,83

1 Bezogen auf Peptidanteil ohne Try und ohne Kohlenhydratgehalt.
2 Prozent Aminosäuren bezogen auf Proteinanteil.

	Prothrombin (Rind)	Thrombin (Rind)	Fibrinogen (Human)	Paraproteine
	A	A	A	
	[11]	[12]	[13]	
				Die Aminosaurenzusammensetzung ist individualspezifisch
Lys	5,73	5,7	9,20	
His	1,84	1,5	2,60	Bence-Jones-Globuline [13, 14, 15]
NH_3				
Arg	8,19	7,0	7,80	Myelom-Globuline [16, 17]
Asp	10,01	10,5	10,01	Kryoglobuline [18, 19]
Thr	4,65	4,1	6,10	
Ser	6,19	5,1	7,0	patholog. Makroglobuline [18, 19]
Glu	12,85	12,0	14,50	
Pro	5,52	4,5	5,70	
Gly	4,49	4,9	5,60	
Ala	4,09	3,9	3,70	
CySH	3,14		0,40	
Val	4,88	4,7	4,10	
Met	1,94	1,3	2,60	
Ileu	3,14	3,1	4,80	
Leu	7,60	8,4	7,10	
Tyr	4,38	3,2	5,50	
Phe	4,73	3,8	4,60	
Try	3,30		3,30	

Literatur

[1] *Schultze, H. E., G. Frank* u. *N. Heimburger:* Biochem. Z. **336**, 388 (1962).
[2] *Spiro, M. J.*, u. *R. G. Spiro:* J. biol. Chem. **237**, 1507 (1962).
[3] *Weimer, H. E., J. W. Mehl* u. *R. J. Winzler:* J. biol. Chem. **185**, 561 (1950).
[4] *Shore, B.:* Arch. Biochem. Biophys. **71**, 1 (1957).
[5] *Schmid, K.*, u. *W. Bürgi:* Biochim. biophys. Acta **47**, 470 (1961). — *Schultze, H. E., K. Heide* u. *H. Haupt:* Naturwiss. **49**, 15 (1962).
[6] *Bürgi, W.*, u. *K. Schmid:* J. biol. Chem. **236**, 1066 (1961).
[7] *Schultze, H. E., H. Haupt, K. Heide* u. *N. Heimburger:* Clin. Chim. Acta **8**, 207 (1963).
[8] *Parker, W. C.*, u. *A. G. Bearn:* J. exper. Med. **115**, 83 (1962).
[9] *Shore, B.*, u. *V. G. Shore:* Plasma (Milano) **2**, 621 (1954).

[10] *Schultze, H. E.*, u. *N. Heimburger:* in Vorbereitg.
[11] *Laki, K., D. R. Kominz, P. Symonds, L. Lorand* u. *W. H. Seegers:* Arch. Biochem. Biophys. **49/50**, 276 (1954).
[12] *Laki, K.:* Physiol. Rev. **34**, 730 (1954).
[13] *Brand, E., B. Kassel* u. *L. J. Saidel:* J. Clin. Invest. **23**, 439 (1944).
[14] *Crokaert, R., H. Verbruggen* u. *E. J. Bigwood:* Arch. Internat. physiol. Paris **60**, 558 (1952).
[15] *Ågren, G.:* Acta chem. Scand. **6**, 1232 (1952).
[16] *Smith, E. L., D. M. Brown, M. L. McFadden, V. Buettner-Janusch* u. *B. V. Jager:* J. biol. Chem. **216**, 601 (1955).
[17] *Ward, D. N., K. Sugae, V. Gorguraki* u. *B. Jirgensons:* Texas Rep. Biol. Med. **20** 476 (1962).
[18] *Mandema, E. P., P. C. van der Schaal* u. *T. H. Huisman:* J. Lab. Clin. Med. **45**, 261 (1955).
[19] *Dustin, J. P.*, u. *J. Léonis:* J. exper. Med. Surg. **12**, 192 (1954).

3. Kohlenhydratbausteine in Plasmaproteinen

	Hexosen %	Galaktose/Mannose-Verhältnis	Fucose %	Acetylhexosamin %	Acetylneuraminsäure %	Lit.
Präalbumin (Try)	0,4		0	0,2	0	[1]
Albumin (Human)	0,05		0	0,03	0	[2]
α_1-Antitrypsin	4,7	ca. 2 : 1	0,2	3,9	3,6	[3]
Fetuin (Kalb)	8,3			5,6	8,7	[4]
Saures α_1-Glykoprotein (α_1-Seromucoid)	14,7	ca. 2 : 1	0,7	13,9	12,1	[5]
α_1-X-Glykoprotein	8,0	ca. 1 : 2	0,7	8,0	6,0	[6]
Gc-Globulin	2,0		0,2	2,0	0	[7]
Coeruloplasmin (Human)	3,0	ca. 2 : 1	0,18	2,4	2,2	[8]
α_2-HS-Glykoprotein	5,2	ca. 1 : 1	0,2	3,6	4,1	[9]
Zn-α_2-Glykoprotein	7	4 : 6	0,2	4	7	[10]
α_2-Neuramino-Glykoprotein	12	ca. 2 : 1	0,6	13	17	[11]
α_2-Makroglobulin	3,6	ca. 1 : 1	0,12	2,9	1,8	[5]
Haptoglobin 1—1	7,8	ca. 2 : 1	0,2	5,3	5,3	[12]
2—1	7,9		0,2	6,0	5,2	
2—2	7,8		0,2	5,7	4,8	
α_1-Lipoprotein, σ = 1,063—1,21	1,3			0,25	0,1	[13]
β-Lipoprotein, σ = 1,019—1,063	1,4			0,45	0,2	[13]
Transferrin (β_1-metallbindendes Globulin)	2,4	ca. 2 : 1	0,07	2,0	1,4	[5]
Hämopexin	9,0	ca. 1 : 1	0,4	7,4	5,8	[14]
β_1-A-Globulin	2,2		0,1	1,2	0	[15]
β_1-C-Globulin	1,8		0,16	0,62	0,45	[16]
β_2-Glykoprotein	6,7	ca. 2 : 1	0,2	5,8	4,4	[17]
Fibrinogen (vom Rind)	1,0	ca. 1 : 2	0	0,9	0,6	[5]
γ_1-A-Globulin	3,2	ca. 1 : 1	0,22	2,9	1,8	[18]
γ_1-M-Globulin	4,5	ca. 1 : 2	0,7	4,4	1,3	[19]
γ-Globulin (s=7)	1,1	ca. 1 : 2	0,2	1,3	0,3	[2]
Makroglobulin *Waldenström*	4,85		0,62	2,7	1,71	[20]
Myelomglobuline	0,8—4,0		—	0,8—3,1	—	[21]
Rheumafaktor	5,4		—	2,9	1,8	[22]

Literatur

[1] *Schultze, H. E., K. Heide* u. *H. Haupt:* unveröffentlicht.
[2] *Schultze, H. E.*, u. *K. Heide*, in: *Bauer, Fr.:* Medizinische Grundlagenforschung III, Stuttgart 1960.
[3] *Schultze, H. E., K. Heide* u. *H. Haupt:* Klin. Wschr. **40**, 427 (1962).
[4] *Spiro, R. G.:* J. biol. Chem. **235**, 2860 (1960).
[5] *Schultze, H. E., R. Schmidtberger* u. *H. Haupt:* Biochem. Z. **329**, 490 (1958).
[6] *Schultze, H. E., K. Heide* u. *H. Haupt:* Naturwiss. **49**, 133 (1962).
[7] *Schultze, H. E., H. Biel, H. Haupt* u. *K. Heide:* Naturwiss. **49**, 108 (1962).
[8] *Schultze, H. E.:* Dtsch. med. Wschr. **83**, 1742 (1958).
[9] *Schultze, H. E., K. Heide* u. *H. Haupt:* Naturwiss. **49**, 15 (1962).

[10] *Bürgi, W.*, u. *K. Schmid:* J. biol. Chem. **236**, 1066 (1961).
[11] *Schultze, H. E., K. Heide* u. *H. Haupt:* Naturwiss. **49**, 133/34 (1962).
[12] *Schultze, H. E., H. Haupt, K. Heide* u. *N. Heimburger:* Clin. Chim. Acta **8**, 207 (1963).
[13] *Heide, K., R. Schmidtberger* u. *G. Schwick:* Behringwerk-Mitt. **33**, 96 (1957).
[14] *Schultze, H. E., K. Heide* u. *H. Haupt:* Naturwiss. **48**, 696 (1961).
[15] *Schultze, H. E., K. Heide* u. *H. Haupt:* Klin. Wschr. **40**, 729 (1962).
[16] *Müller-Eberhard, H. J.*, u. *U. Nilsson:* J. exper. Med. **111**, 201, 217 (1960).
[17] *Schultze, H. E., K. Heide* u. *H. Haupt:* Naturwiss. **48**, 719 (1961).
[18] *Heide, K., H. Haupt* u. *R. Schmidtberger:* Behringwerk-Mitt. **37**, 29 (1954).
[19] *Schultze, E. H., H. Haupt, K. Heide, G. Möschlin, R. Schmidtberger* u. *G. Schwick:* Z. Naturforsch. **17b**, 313 (1962).
[20] *Laurell, C. B., H. Laurell* u. *J. Waldenström:* Amer. J. Med. **22**, 24 (1957).
Müller-Eberhard, H. J., H. G. Kunkel u. *E. C. Franklin:* Proc. Soc. exper. biol. Med. **93**, 146 (1956).
[21] *Müller-Eberhard, H. J.*, u. *H. G. Kunkel:* J. exper. Med. **104**, 253 (1956). — *Smith, E. L., D. M. Brown, M. L. McFaddew, V. Buettner-Janusch* u. *B. V. Jager:* J. biol. Chem. **216**, 601 (1955).
[22] *Kunkel, H. G., E. C. Franklin* u. *H. J. Müller-Eberhard:* J. Clin. Invest. **38**, 424 (1959).

4. Physikalisch-chemische Daten

Erläuterungen

$S_{20} \cdot 10^{13}$ = Sedimentationskonstante (in Wasser bei + 20 °C) auf Konzentration Null extrapoliert.
a) Sedimentationskonstante bei 1% Eiweiß
b) „ „ 1,5% „
c) „ „ 0,8% „
$D_{20} \cdot 10^{7}$ = Diffusionskonstante (in Wasser bei + 20 °C) auf Konzentration Null extrapoliert.
$M_s \cdot 10^{-3}$ = Molekulargewicht aus Sedimentations- und Diffusionsmessungen.
(*L*) = Molekulargewicht aus der Lichtstreuung.
(*A*) = Molekulargewicht nach dem Archibald-Verfahren.
f/f_0 = Reibungsquotient.
$V_{spez.}$ = Partielles spezifisches Volumen.
I.P. = Isoelektrischer Punkt.

Literatur S. 787.

Protein	$S_{20} \cdot 10^{13}$ cm/sec · dyn	$D_{20} \cdot 10^{7}$ cm²/sec	$M_s \cdot 10^{-3}$	f/f_0	$V_{spez.}$	I. P.
Präalbumin (Try)	4,2 [39]		61 (*L*) [39]			
Albumin (Mensch)	4,6 [5]	6,1 [5]	69 [24]	1,28 [5]	0,733 [24]	4,9 [5]
(Rind)	4,5 [5]	5,9 [56]	67 [19]	1,30 [7]	0,734 [8]	4,7 [20]
(Pferd)	4,5 [15]	6,1 [15]	70 [15]	1,27 [15]	0,748 [55]	
α_1-Antitrypsin (Mensch)	3,41 [2]	5,2 [2]	45 [2]		0,646 [2]	4,0 [2]
(Rind)	3,3 [58]	4,8 [58]	71 [58]		0,72 [58]	
Fetuin (Kalb)	3,47 [54]	5,73 [54]	48,4 [54]	1,58 [54]	0,696 [54]	3,3 [54]
Saures α_1-Glykoprotein	3,11 [53]	5,27 [53]	44,1 [53]	1,78 [53]	0,675 [53]	2,7 [34]
α_1X-Glykoprotein	5,0 (a) [42]					
Gc-Komponenten	3,7 (a) [43]					
Thyroxinbindendes Globulin	3,3 [31a]					4 [31a]
Coeruloplasmin (Mensch)	7,1; 6,8 [9, 30, 41]	4,4 [32]	150 [38]		0,73 [6]	4,4 [13]
(Schwein)			151 [13]			4,4 [13]
α_2-HS-Glykoprotein	3,3 [35, 44]		49 (*A*) [35]			4,1/4,3 [35]
Zn-α_2-Glykoprotein	3,2 [3]		41 [3]		0,706 [3]	3,8 [3]
Neuramino-Glykoprotein	3,7 (c) [45]					
α_2-Makroglobulin	19,6 [37]	2,41 [37]	820 [37]	1,43 [37]	0,735 [35]	5,4 [37]
Plasminogen	4,28 [52]	2,92 [52]	143 [52]	2,09 [52]		5,6 [52]
Hämopexin	4,8 [47]					
Transferrin/Siderophilin	4,9 (b) [40]	5,0 [40]	90 [16] 88 (*L*) [36]		0,716 [40]	5,9 [16]
β_1-A-Globulin	6,3 (a) [46]					
β_1C-Globulin	9,5 [23]					

Protein	$S_{20} \cdot 10^{13}$ cm/sec · dyn	$D_{20} \cdot 10^{7}$ cm²/sec	$M_s \cdot 10^{-3}$	f/f_0	$V_{spez.}$	I. P.
β_2-Glykoprotein	2,9 [*48*]					
Haptoglobin 1-1	4,3 [*12*]	4,7 [*12*]	97 [*12*]		0,768 [*12*]	4,1 [*12, 14*]
γ_1A-Globulin	7; 10,5; 13 [*11*]					
γ_1M-Globulin	18—20 [*17a*]					
γ-Globulin (s=7)	6,6—7,2 [*6, 28*]	4,0 [*6*]	156—161 [*6, 24, 27, 40*]	1,38 [*24*]	0,739 [*24*]	5,8—7,3 [*27*]
α_1-Lipoprotein [*25*]						
σ = 1,093	5,5 [*50*]		435 (*A*) [*50*]			
σ = 1,149	5,0 [*50*]		195 (*A*) [*50*]			
α_2-Lipoproteine $D < 1{,}019$			5000—20000 (*L*) [*50*]			
β-Lipoproteine [*25*] D = 1,019—1,063			3200 (*L*) [*50*]			
Fibrinogen (Mensch)	7,63 [*4*]	1,97 [*4*]	341 [*4*]		0,723 [*21*]	5,8 [*49*]
(Rind)	7,8 [*51*]	2,02 [*15*]	330 [*51*]		0,718 [*33*]	5,8 [*49*]
Prothrombin (Rind)	4,85 [*18*]	6,24 [*18*]	62,7 [*18*]	1,32 [*18*]	0,70 [*18*]	4,2 [*18*]
Makroglobuline *Waldenström*	19,3 [*26, 29a*]	1,5 [*26*]	1200 [*26*]		0,733 [*26*]	
Myelomglobuline	6—7 [*29, 29a, 31*]					
Kryoglobuline	6—7; 18 [*29, 29a, 31*]					
Rheumafaktor	19 [*17, 22*]					
C-reaktives Protein	7,5 [*57*]					
Hämoglobin (Mensch)	4,31	6,7	76	1,16		6,87 [*1*]
(Pferd)	4,41 [*10*]	6,3 [*10*]	68 [*10*]	1,24 [*10*]		6,8 [*10*]

Literatur

[1] *Alberty, R. A.:* in „The Proteins" **IA**, S. 511–514, Tab. 13, 14, 15. New York 1953.
[2] *Bundy, H. F.,* u. *J. W. Mehl:* J. biol. Chem. **234**, 1124 (1959).
[3] *Bürgi, W.,* u. *K. Schmid:* J. biol. Chem. **236**, 1066 (1961).
[4] *Caspary, E. A.,* u. *R. A. Kekwick:* Biochem. J. **56**, XXXV (1954).
[5] *Cohn, E. J., W. I. Hughes* u. *H. J. Weare:* J. Amer. chem. Soc. **69**, 1753 (1947).
[6] *Cohn, E. J., F. R. N. Gurd, D. M. Surgenor, B. A. Barnas, R. K. Brown, G. Derouaux, J. M. Gillespie, F. W. Kahnt, F. W. Lever, C. H. Liu, D. Mittelman, R. F. Mouton, K. Schmid* u. *E. Uroma:* J. Amer. chem. Soc. **72**, 465 (1950).
[7] *Creeth, J. M.:* Biochem. J. **51**, 10 (1952).
[8] *Dayhoff, M. O., G. E. Perlmann* u. *D. A. MacInnes:* J. Amer. chem. Soc. **74**, 2515 (1952).
[9] *Deutsch, H. F.:* Arch. Biochem. Biophys. **89**, 225 (1960).
[10] *Grassmann, W.,* u. *J. Trupke,* in *Flaschenträger-Lehnartz* Bd. **1**, S. 623, Tab. 105; S. 646, Tab. 114, Berlin, Göttingen, Heidelberg (1952).
[11] *Heremans, J. F., M. Th. Heremans* u. *H. E. Schultze:* Clin. Chim. Acta **4**, 96 (1958).
[12] *Herman-Boussier, G.:* Préparation et propriétés physiques et chimiques des Haptoglobines humaines, Paris 1960.
[13] *Holmberg, C. G.,* u. *C. B. Laurell:* Acta chem. Scand. **2**, 550 (1948).
[14] *Jayle, M. F.:* Schweiz. med. Wschr. **86**, 1425 (1956).
[15] *Kekwick, R. A.:* Biochem. J. **32**, 552 (1938).
[16] *Koechlin, B. A.:* J. Amer. chem. Soc. **74**, 2649 (1952).
[17] *Kunkel, H. G., E. C. Franklin* u. *H. J. Müller-Eberhard:* J. clin. Invest. **38**, 424 (1959).
[17a] *Kunkel, H. G.:* in The Plasma Proteins I. New York/London 1960.
[18] *Lamy, F.,* u. *D. F. Waugh:* J. biol. Chem. **203**, 489 (1953).
[19] *Loeb, G. I.,* u. *H. A. Scheraga:* J. phys. Chem. **60**, 1633 (1956).
[20] *Longsworth, L. G.,* u. *C. F. Jacobsen:* J. phys. coll. Chem. **53**, 126 (1949).
[21] *McMeekin, T. L.,* u. *K. Marshall:* Science **116**, 142 (1952).
[22] *Müller-Eberhard, H. J.:* Dtsch. med. Wschr. **84**, 719 (1959).
[23] *Müller-Eberhard, H. J., U. Nilsson* u. *T. Aronsson:* J. exper. Med. **111**, 201 (1960).
[24] *Oncley, J. L., G. Scatchard* u. *A. Brown:* J. phys. coll. Chem. **51**, 184 (1947).
[25] *Oncley, J. L.:* in „Lipoproteins, Methods and Clinical Signific." S. 14, 1958.
[26] *Pedersen, K. O.:* Inst. Int. Chim. Solvay **9**, Cons. Chim. 19 (1953).
[27] *Phelps, R. A.,* u. *F. W. Putnam:* in *Putnam, F. W.:* The Plasma Proteins I 143, 1960.
[28] *Putnam, F. W.,* u. *B. Udin:* J. biol. Chem. **202**, 727 (1952).
[29] *Putnam, F. W.:* J. biol. Chem. **233**, 1448 (1958).
[29a] *Putnam, F. W.:* Abnormal Serum Globulins, in: The Plasma Proteins II New York/London 1960, S. 345.
[30] *Richterich, R., A. Temperli* u. *H. Aebi:* Biochim. biophys. Acta **56**, 240 (1962).
[31] *Riva, G.:* Das Serumeiweißbild, Huber, Bern/Stuttgart 1957.
[31a] *Robbins, J., M. L. Petermann* u. *J. E. Rall:* J. biol. Chem. **212**, 403 (1955).
[32] *Sanders, B. E., O. P. Miller* u. *N. M. Richard:* Arch. Biochem. Biophys. **84**, 60 (1959).
[33] *Scheraga, H. A., W. R. Carrol, L. F. Nims, E. Sutton, I. K. Backus* u. *J. M. Saunders:* J. Polymer. Sci. **14**, 427 (1954).
[34] *Schmid, K.:* J. Amer. chem. Soc. **75**, 60 (1953).
[35] *Schmid, K.,* u. *W. Bürgi:* Biochim. biophys. Acta **47**, 440 (1961).
[36] *Schönenberger, M.:* Z. Naturforsch. **10b**, 474 (1955).
[37] *Schönenberger, M., R. Schmidtberger* u. *H. E. Schultze:* Z. Naturforsch. **13b**, 761 (1958).
[38] *Schultze, H. E., I. Göllner, K. Heide, M. Schönenberger* u. *G. Schwick:* Z. Naturforsch. **10b**, 463 (1955).
[39] *Schultze, H. E., M. Schönenberger* u. *G. Schwick:* Biochem. Z. **328**, 267 (1956).
[40] *Schultze, H. E., Schmidtberger R.* u. *H. Haupt:* Biochem. Z. **329**, 490 (1958).
[41] *Schultze, H. E., G. Schwick:* Clin. Chim. Acta **4**, 15 (1959).
[42] *Schultze, H. E., K. Heide* u. *H. Haupt:* Naturwiss. **49**, 133 (1962).
[43] *Schultze, H. E., K. Heide* u. *H. Haupt:* Naturwiss. **49**, 108 (1962).
[44] *Schultze, H. E., K. Heide* u. *H. Haupt:* Naturwiss. **49** 15 (1962).
[45] *Schultze, H. E., K. Heide* u. *H. Haupt:* Naturwiss. **49**, 133 (1962).
[46] *Schultze, H. E., K. Heide* u. *H. Haupt:* Klin. Wschr. **40**, 729 (1962).
[47] *Schultze, H. E., K. Heide* u. *H. Haupt:* Naturwiss. **48**, 696 (1961).
[48] *Schultze, H. E., K. Heide* u. *H. Haupt:* Naturwiss. **48**, 719 (1961).
[49] *Sheppard, E.,* u. *I. S. Wright:* Arch. Biochem. Biophys. **52**, 414 (1954).
[50] *Shore, B.:* Arch. Bioch. Biophys. **71**, 1 (1957).
[51] *Shulman, S.:* J. Amer. chem. Soc. **75**, 5846 (1953).
[52] *Shulman, S., N. Alkjaersig* u. *S. Sherry:* J. biol. Chem. **233**, 91 (1958).
[53] *Smith, E. L., D. M. Brown, H. E. Weimer* u. *R. J. Winzler:* J. biol. Chem. **185**, 569 (1950).

[54] *Spiro, R. G.:* J. biol. Chem. **235**, 2860 (1960).
[55] *Svedberg, T.,* u. *B. Sjögren:* J. Amer. chem. Soc. **50**, 3318 (1928).
[56] *Wagner, M. L.,* u. *H. A. Scheraga:* J. Phys. Chem. **60**, 1066 (1956).
[57] *Wood, H. F., M. McCarty* u. *R. J. Slater:* J. exper. Med. **100**, 71 (1954).
[58] *Wu F. C.,* u. *M. Laskowski:* J. biol. Chem. **235**, 1680 (1959).

5. Elektrophoretische Beweglichkeit isolierter Plasmaproteine

Protein	Puffer (Ionenstärke $\eta = 0{,}1$)	p_H	Elektrophoret. Beweglichkeit -u. 10^{-5} cm²/V sec	Lit.
Präalbumin (Try)	Veronal	8,6	9,0	[10]
Albumin	,,	8,6	5,92	[1]
α_1-Antitrypsin (Mensch)	,,	8,6	5,42	[11]
(Rind)	Veronal-Acetat	8,6	5,61	[4]
Fetuin (Kalb)	Veronal	8,6	5,6	[21]
Saures α_1-Glykoprotein	,,	8,6	5,2	[7]
Accelerator Globulin (Faktor V)	,,		4,7	[22]
Coeruloplasmin	,,	8,6	4,6	[13]
Haptoglobin	Veronal-Acetat	8,5	4,5	[5]
α_2-HS-Glykoprotein	Veronal	8,6	4,2	[8, 12]
Zn-α_2-Glykoprotein	Veronal-NaCl	8,6	4,2	[2]
α_2-Makroglobulin	Veronal	8,6	4,2	[9]
Plasminogen			3,7	[20]
Hämopexin	Veronal	8,6	3,1	[14]
Transferrin	,,	8,6	3,1	[13]
β_1-Lipoprotein	Phosphat	7,8	3,1	[6]
Antihämophiles Globulin (Faktor VIII)			2,9	[19]
γ_1-A-Globulin	Veronal	8,6	2,1	[16]
γ_1-M-Globulin	,,	8,6	2,1	[17]
Fibrinogen	,,	8,6	2,1	[18]
β_2-Glykoprotein	,,	8,6	1,6	[15]
γ-Globulin (s=7)	,,	8,6	1,2	[3]

Literatur

[1] *Armstrong jr., S. H., M. J. E. Budka* u. *K. C. Morrison:* J. Amer. chem. Soc. **69**, 416 (1947).
[2] *Bürgi, W.,* u. *K. Schmid:* J. biol. Chem. **236**, 1066 (1961).
[3] *Cohn, M. L., H. F. Deutsch* u. *L. R. Wetter:* J. Immunol. **64**, 381 (1950).
[4] *Gray, J. L., St. G. Priest, W. F. Blatt, U. Westphal* u. *H. Jensen:* J. biol. Chem. **235**, 56 (1960).
[5] *Herman-Boussier, G.:* Préparation et propriétés physiques et chimiques des haptoglobines humaines, Paris 1960.
[6] *Oncley, J. L., F. R. N. Gurd* u. *M. Melin:* J. Amer. chem. Soc. **72**, 458 (1950).
[7] *Schmid, K.:* J. Amer. chem. Soc. **72**, 2816 (1950).
[8] *Schmid, K.,* u. *W. Bürgi:* Biochim. biophys. Acta **47**, 440 (1961).
[9] *Schönenberger, M., R. Schmidtberger* u. *H. E. Schultze:* Z. Naturforsch. **13b**, 761 (1958).
[10] *Schultze, H. E., M. Schönenberger* u. *G. Schwick:* Biochem. Z. **328**, 267 (1956).
[11] *Schultze, H. E., K. Heide* u. *H. Haupt:* Klin. Wschr. **40**, 427 (1962).
[12] *Schultze, H. E., K. Heide* u. *H. Haupt:* Naturwiss. **49**, 15 (1962).
[13] *Schultze, H. E., I. Göllner, K. Heide, M. Schönenberger* u. *G. Schwick:* Z. Naturforsch. **10b**, 463 (1955).
[14] *Schultze, H. E., K. Heide* u. *H. Haupt:* Naturwiss. **48**, 696 (1961).
[15] *Schultze, H. E., K. Heide* u. *H. Haupt:* Naturwiss. **48**, 719 (1961).
[16] *Schultze, H. E.:* unveröffentlicht.
[17] *Schultze, H. E., H. Haupt, K. Heide, G. Möschlin, R. Schmidtberger* u. *G. Schwick:* Z. Naturforsch. **17b**, 313 (1962).
[18] *Schultze, H. E.,* u. *G. Schwick:* Clin. Chim. Acta **4**, 15 (1959).
[19] *Seegers, W. H., R. H. Laudaburu* u. *R. C. Fenichel:* Amer. J. Physiol. **190**, 1 (1957).
[20] *Shulman, S., N. Alkjaersig* u. *S. Sherry:* J. biol. Chem. **233**, 91 (1958).
[21] *Spiro, R. G.:* J. biol. Chem. **235**, 2860 (1960).
[22] *Ware, A. G.,* u. *W. H. Seegers:* J. biol. Chem. **172**, 699 (1948).

Proteine von Milch, Harn, Liquor

Von **K. Hannig**, München

Die im Harn, Liquor cerebrospinalis und anderen Körperflüssigkeiten außer den „Blutproteinen" gefundenen arteigenen Eiweißkörper sind bisher im einzelnen noch zu wenig untersucht, so daß es nicht gerechtfertigt erscheint, diese in den Tabellen mit aufzuführen. Wir verweisen daher in diesem Fall auf nachstehend angegebene Übersichtsarbeiten.

Harn

Hinsberg, K.: In Hoppe-Seyler/Thierfelder: „Handbuch der physiologisch und pathologisch chemischen Analyse" 10. Aufl., S. 181, Berlin-Göttingen-Heidelberg 1953.

Liquor cerebrospinalis

Hinsberg, K., u. *W. Geinitz:* In Hoppe-Seyler/Thierfelder „Handbuch der physiologisch und pathologisch chemischen Analyse" 10. Aufl., S. 341, Berlin-Göttingen-Heidelberg 1953.
Demme, H.: Fortschritte der Neurologie **21**, 455 (1953).
Frick E.: Klin. Wschr. **37**, 645 (1959).

Andere Körperflüssigkeiten

Riva, G.: In „Das Serumeiweißbild", S. 580, Bern-Stuttgart 1957.

1. Methoden zur Darstellung

Übersichtsarbeiten

[a] *McMeekin, T. L.:* In „The Proteins" Band II.A. S. 389, New York 1954.

Protein	Literatur
Milchproteine (allgemein)	*Shahani, K. M.*, u. *H. H. Sommer:* J. Dairy Sci. **34**, 1003 (1951).
	Hammarsten, O.: Z. physiol. Chem. **7**, 227 (1883).
Caseine	*Warner, R. C.:* Am. Soc. **66**, 1725 (1944).
	Hipp, N. J., *M. L. Groves*, *J. H. Custer* u. *T. L. McMeekin:* J. Dairy Sci. **35**, 272 (1952).
	Northrop, J. H.: J. Gen. Physiol. **30**, 177 (1946).
Lactalbumin	*Wichmann, A.:* Z. physiol. Chem. **27**, 575 (1899).
	Gordon, W. G., u. *W. F. Semmett:* Federation Proc. **11**, No. 2, 220 (1952).
Lactglobulin	*Palmer, A. H.:* J. biol. Chem. **104**, 359 (1934).
	Pedersen, K. O.: Biochem. J. **30**, 948 (1936).

2. Bausteinanalyse

Erläuterungen

A = Gramm Aminosäure in 100 g Protein (Gramm-%).
B = Aminosäure-N in Prozenten vom Gesamt-N.
C = Anzahl Aminosäuren in 10^5 g Protein.
D = Anzahl Aminosäuren pro Proteinmolekül.
E = Prozent Aminosäure von Gesamtaminosäuren (Mol-%).

Übersichtsarbeiten

[a] *Tristram, G. R.:* In „The Proteins" Bd. I.A., S. 181, New York 1953.
[b] *McMeekin, T. L.:* In „The Proteins" Bd. II.A., S. 389, New York 1954.

Literatur S. 790.

	Casein [a, b]						Lactalbumin [a]		β-Lact-globulin [a]	
	Human [2]	Kuh [3]	α- [3]		β- [3]					
%-N	14,9 [2]	15,6	15,5		15,4				15,6	
	A	A	A	C	A	C	A	C	A	B
Gly	0,0	2,0	2,3	30	1,6	21	0,0	0	1,4	1,7
Ala	2,0	3,2	3,8	43	2,0	22	2,4	27	7,1	7,1
Val	5,0	7,2	6,3	54	10,2	87	6,4	55	5,6	4,3
Leu	12,2	9,2	7,9	109	11,6	130	14,0	107	15,5	10,6
Ileu	6,3	6,1	6,4		5,5				5,9	4,0
Ser	5,4	6,3	6,3	60	6,8	65	4,9	46	4,0	3,4
Thr	4,5	4,9	4,9	41	5,1	43	5,4	45	4,9	3,7
Met	2,4	2,8	2,5	17	3,4	23	3,1	21	3,2	1,9
CysH	1,3	0,7	0,7	7	0,0	0	4,1	34	3,4	2,5
Cys	—	—	—	—	—	—	—	—	—	—
Phe	5,8	5,0	4,6	28	5,8	35	5,4	33	3,8	2,1
Tyr	5,7	6,3	8,1	45	3,2	18	4,4	24	3,6	1,8
Try	1,4	1,7	1,6	8	0,6	3	2,5	12	1,9	1,7
Lys	5,4	8,2	8,9	61	6,5	45	9,6	66	12,6	15,5
Arg	3,4	4,1	4,3	25	3,4	20	3,9	22	2,9	6,0
His	1,8	3,1	2,9	19	3,1	20	2,1	13	1,6	2,8
Asp	4,6	7,1	8,4	63	4,9	37	9,7	73	11,5	7,8
Glu	20,9	22,4	22,5	153	23,2	158	13,4	91	19,1	11,6
Pro	8,9	10,6	7,6	63	15,1	131	3,8	33	5,1	4,0
OH-Pro	—	—	—	—	—	—	—	—	—	—
Amid-N		(0,9)	(1,6)	(114)	(1,6)	(114)	(1,1)	(79)	(1,1)	(6,9)
Summe	97,0	110,9	110	826	112	858	95,1	702	113,1	99,4

Amino-Endg. α-Casein: Arg, Lys
β- „ Arg, Lys

Literatur

[1] *Mellon, E. F., A. Korn* u. *S. R. Hoover:* J. Amer. chem. Soc. **75**, 1675 (1953).
[2] *Macy, I. G., H. Kelley* u. *R. Sloan:* Bull Natl. Research Council **199** (1950).
[3] *Gordon, W. G., W. F. Semmett* u. *M. Bender:* J. Amer. chem. Soc. **72**, 4282 (1950); **75**, 1678 (1953).

3. Physikalisch-chemische Daten

Erläuterungen

$S_{20} \cdot 10^{13}$ = Sedimentationskonstante (in Wasser bei +20°C) auf Konzentration Null extrapoliert
$D_{20} \cdot 10^{7}$ = Diffusionskonstante (in Wasser bei +20°C) auf Konzentration Null extrapoliert.
η = Viskositätszahl (intrinsic viscosity).
$M_s \cdot 10^{-3}$ = Molekulargewicht.
f/f_0 = Reibungsquotient.
$V_{spez.}$ = Partielles spezifisches Volumen.
I.P. = Isoelektrischer Punkt.
$[\alpha]_D^{20}$ = Spezifische Drehung bei Natriumlicht und +20°C.
(D, S) = Molekulargewicht aus der Sedimentation und Diffusion bestimmt.
(S, η) = Molekulargewicht aus der Sedimentation und Viskosität bestimmt.
(L) = Molekulargewicht aus der Lichtstreuung.
(O) = Molekulargewicht aus dem osmotischen Druck.

Übersichtsarbeiten

[a] *McMeekin, I. L.:* In „The Proteins" Bd. II.A., S. 389, New York 1954.

Literatur S. 791.

Protein	$S_{20} \cdot 10^{13}$	$D_{20} \cdot 10^7$	$M_s \cdot 10^{-3}$	f/f_0	$V_{spez.}$	I. P.	η (ml/g)
Milchproteine: [1]			in 6 m. Harnst.				
			33 (O) [2]				
			75—100 (S) [3]		0,731 [5]		0,125 [4]
Casein	10,4 [1]						
α-Casein					0,728 [5]	4,0—4,1 [12]	0,105 [4]
β-Casein					0,741 [5]	4,5 [12]	0,144 [4]
γ-Casein					0,750 [5]	5,8—6,0 [13]	0,125 [4]
β-Lacto-globulin			39 [8]				
			35,4 (S) [9, 11]		0,751 [5]	5,2 [8]	
			35,7 (L) [10]			5,1 [14]	
α-Lactalbumin	1,9 [1]		17,6 (S) [6]				
	1,75 [7]	10,6 [7]	15 (S, D) [7]		0,735 [7]	$[\alpha]_D^{25}$ −61°	
	3,1 [1]					[a]	

Literatur

[1] *Pedersen, K. O.*· Biochem. J. **30**, 948 (1936).
[2] *Burk, N. F.*, u. *D. M. Greenberg:* J. biol. Chem. **87**, 197 (1930).
[3] *Svedberg, T., L. M. Carpenter* u. *D. C. Carpenter:* J. Amer. chem. Soc. **52**, 241 (1930).
[4] *Hipp, N. J., M. L. Groves* u. *T. L. McMeekin:* J. Amer. chem. Soc. **74**, 4822 (1952).
[5] *McMeekin, T. L., M. L. Groves* u. *N. J. Hipp:* J. Amer. chem. Soc. **71**, 3298 (1949).
[6] *Svedberg, T.:* Nature **139**, 1051 (1937).
[7] *Miller, G. L.*, u. *R. H. Golder:* Arch. Biochem. Biophys. **36**, 249 (1952).
[8] *Pederson, K. O.:* Biochem. J. **30**, 961 (1936).
[9] *Senti, F. R.*, u. *R. C. Warner:* J. Amer. chem. Soc. **70**, 3318 (1948).
[10] *Halwer, M., G. C. Nutting* u. *B. A. Brice:* J. Amer. chem. Soc. **73**, 2786 (1951).
[11] *Cecil, R.*, u. *A. G. Ogston:* Biochem. J. **44**, 33 (1949).
[12] *Alberty, R. A.*, u. *M Heidelberger:* J. Amer. chem. Soc. **70**, 211 (1948).
[13] *Hipp, N. J., M. L. Groves, J. H. Custer* u. *T. L. McMeekin:* J. Amer. chem. Soc. **72**, 4928 (1950).
[14] *Polis, B. D., H. W. Schmukler, J. H. Custer* u. *T. L. McMeekin:* J. Amer. chem. Soc. **72**, 4965 (1950).

4. Elektrophoretische Beweglichkeit

Übersichtsarbeiten

[a] *McMeekin, T. L.:* In „The Proteins" Bd. II. A., S. 389, New York 1954.

Protein	Puffer (Ionenstärke η = 0,1)	pH	Elektrophoret. Beweglichkeit -u. 10^{-5} cm²/V sec	Lit.
Milchproteine				
α-Casein	Veronalpuffer	8,4	6,7	[1] } [a]
β-Casein	Veronalpuffer	8,4	3,1	[1] } [a]
γ-Casein	Veronalpuffer	8,4	2,0	[1] } [a]
Euglobin	Veronalpuffer	8,4	1,7	[2] } [a]
	Veronalpuffer	8,5	1,9	[3] } [a]
Pseudoglobulin	Veronalpuffer	8,4	2,5	[2] } [a]
	Veronalpuffer	8,5	2,2	[3] } [a]
Componente III	Veronalpuffer	8,4	3,6	[2] } [a]
α-Lactalbumin	Veronalpuffer	8,4	4,2	[2] } [a]
	Veronalpuffer	8,5	4,2	[4] } [a]
β-Lactalbumin	Veronalpuffer	8,4	5,1	[2] [a]
β-Lactglobulin				[5]

Literatur

[1] *Hipp, N. J., M. L. Groves, J. H. Custer* u. *T. L. McMeekin:* J. Dairy Sci. **35**, 272 (1952).
[2] *Smith, E. L.:* J. biol. Chem. **165**, 665 (1946).
[3] *Smith, E. L.:* J. biol. Chem. **164**, 345 (1946).
[4] *Gordon, W. G.*, u. *W. F. Semmett:* J. Amer. chem. Soc. **75**, 328 (1953).
[5] *Briggs, D. R.*, u. *R. Hull:* J. Amer. chem. Soc. **67**, 2007 (1945).

Tierische Gerüst- und Faserproteine

Von **K. Hannig**, München

1. Methoden zur Darstellung

Übersichtsarbeiten

Graßmann, W., u. *J. Trupke:* „Eiweißstoffe", S. 727, in Physiol. Chemie, Bd. I, Berlin, Göttingen, Heidelberg 1951.
Weber, H. H., u. *H. Portzehl:* Adv. Protein Chem. **7**, 161 (1952).
Tristram, G. R.: In „The Proteins", Bd. I. A, S. 181, New York 1953.
Brown, R., u. *J. F. Danielli* (Ed.): S.E.A. Symposia „The Fibrous Proteins", Cambridge 1955.
Lucas, F., J. T. B. Shaw u. *S. G. Smith:* Adv. Protein Chem. **13**, 107 (1958).
Stainsby, G.: Recent Adv. in Gelatin and Glue Research, New York 1958.

Protein	Literatur
Actin	*Straub, F. B.:* Stud. Inst. med. Chem. Szeged **2**, 3 (1942). — *Mommaerts, W. F. M.:* J. biol. Chem. **188**, 559 (1951).
Elastin	*Stein, W. H.*, u. *E. G. Miller jr.:* J. biol. Chem. **125**, 599 (1938). — *Fitz Patrick, M. J.:* Biochem. Biophys. Res. Communs. **6**, 191 (1961).
Fibrinogen	*Laki, K.:* H. **273**, 95 (1942). — *Morrison, P. R., J. T. Edsall* u. *S. G. Miller:* J. Amer. chem. Soc. **70**, 3103. — *Blombäck, B.*, u. *M. Blombäck:* Ark. Kemi **10**, 415 (1956).
Fibroin (Seide)	*Meyer, K. H.*, u. *H. Mark:* Makromolekulare Chemie 2. Aufl. Leipzig 1950. — *Waldschmidt-Leitz, E.*, u. *O. Zeiss:* Z. physiol. Chem. **298**, 239 (1954). — *Lucas, F., J. T. B. Shaw* u. *S. G. Smith:* Adv. Protein Chem. **13**, 107 (1958).
Flagella (Proteus vulgaris) (Bacillus subtilis)	*Gard, S.:* Arkiv. Kemi, Mineral. Geol. **19 A**, 21 (1944). — *Weibull, C.:* Biochim. biophysica Acta **2**, 351 (1948); Acta Chem. Scand. **4**, 260, 268 (1950).
Keratin	*Rudall, K. M.:* Biochim. biophysica Acta **1**, 549 (1947). *Matoltsy, A. G.*, u. *C. A. Balsamo:* J. Inv. Derm. **25**, 71 (1955).
Kollagen (Haut) (Haut) (Tropokollagen) (Prokollagen)	*Orechowitsch, V. N., A. A. Tustanowski, K. D. Orechowitsch* u. *N. J. Plotnikores:* Biochemie (UdSSR) **13**, 55 (1948). — *Graßmann, W.*, u. *J. Trupke:* „Eiweißstoffe" in Physiologische Chemie, Bd. I, S. 723, Berlin, Göttingen, Heidelberg 1951. — *Bowes, J. H., R. G. Elliot* u. *J. A. Moss:* Recent Adv. in Gelatin and Glue Research, S. 71, London 1958. *Gallop, P. M.:* Arch. Biochem. Biophys. **54**, 486 (1954). — *Gross, J.*, u. *D. Dick:* J. biol. chem. **233**, 355 (1958). — *Fessler, J. H.:* Biochem. J. **76**, 452 (1960).
Kollagen (Fischhaut) (Ichthyocol)	*Gallop, P. M.:* Arch. Biochem. Biophys. **54**, 486 (1954). — *Astrup, H. N., A. M. Marko* u. *E. Gordon Young:* Recent Adv. in Gelatin and Glue Research, S. 76, London 1958.
Kollagen α, β-Komponente	*Piez, K. A., E. Weiss* u. *M. S. Lewis:* J. biol. Chem. **235**, 1987 (1960). — *Piez, K. A., M. S. Lewis, G. R. Martin* u. *J. Gross:* Biochim. biophysica Acta **53**, 596 (1961).
Myogene	*Bailey, A.:* Nature **145**, 934 (1940). — *Disteche, A.:* Biochim. biophysica Acta **2**, 265 (1948); Nature **164**, 70 (1949).
Myoglobine	*Rossi, A.:* Science, N. Y. **108**, 15 (1948). — *Bowen, W. J.:* J. biol. Chem. **176**, 747 (1948). — *Drabkin, D. L.:* Arch. Biochem. **21**, 224 (1949). — *Lawrie, R. A.:* Nature **167**, 802 (1951).
Myosine	*Szent-Györgyi, A.:* Acta physiol. Scand. **9**, Suppl. **25**, 1 (1945); J. Colloid Sci. **1**, 1 (1946). — *Dubuisson, M.*, u. *J. Jacob:* Experientia **2**, 412 (1946). — *Hamoir, G.:* Experientia **3**, 498 (1947). — *Gelotte, B.:* Biochim. biophysica Acta **7**, 378 (1951). — *Mommaerts, W. F. H. M.*, u. *R. G. Parrish:* J. biol. Chem. **188**, 545 (1951). — *Kessler, V.*, u. *S. S. Spicer:* Biochim. biophysica Acta **8**, 474 (1952).
Myosin (Untereinheit) H- und L-Meromyosin	*Szent-Györgyi, A. G.:* Arch. Biochem. Biophys. **42**, 305 (1953).
Rubber-Like-Protein, Reselin	*Weis-Fogh, J.:* J. exper. Biol. **37**, 889 (1960). — *Bailey, K.*, u. *T. Weis-Fogh:* Biochim. biophysica Acta **48**, 452 (1961).

2. Bausteinanalyse

Erläuterungen

A = Gramm Aminosäure in 100 g Protein (Gramm-%)
B = Aminosäure-N in Prozenten vom Gesamt-N
C = Anzahl Aminosäuren in 10^5 Gramm Protein
D = Anzahl Aminosäuren pro Proteinmolekül
E = Prozent Aminosäure von Gesamtaminosäuren

Übersichtsarbeiten

[a] *Tristram, G. R.:* Adv. Protein Chem. **5**, 83 (1949).
[b] *Graßmann, W.* u. *J. Trupke:* „Eiweißstoffe" in *Flaschenträger-Lehnartz,* Bd. 1, S. 683, Berlin, Göttingen, Heidelberg 1951.
[c] *Tristram, G. R.:* In „The Proteins" Bd. I. A., S. 181, New York 1953.
[d] *Brown, R.,* and *J. F. Danielli:* S. E. B. Symposia „The Fibrous Protein", Cambridge 1955.
[e] *Lucas, F., J. T. B. Shaw* u. *S. G. Smith:* Adv. Protein Chem. **13**, 107 (1958).

Literatur S. 797.

	Actin [2]		Elastin [c] [22, 9]									Fibrinogen (C)	
			Sehne [c]		Rind (Sehne) [22]	Rind (Aorta) [22]	Schaf (Sehne) [22]	Schaf (Aorta) [22]	Schwein (Aorta) [22]	Enzymatisch isoliert [9]	Alkal. isoliert [9]	Human [c]	
%-N	16,7 [2]		16,6 [c]		16,7	17,1	17,1					16,9	
	A	C	A	C	A	A	A	A	A	B	B	A	C
Gly	5,0	67	28,2	376	29,9	30,2	28,0	27,9	28,8	24,7	32,4	5,6	75
Ala	6,3	71	6,1	58	18,9	19,3	20,0	20,0	20,1	14,2	21,0	3,7	41
Val	4,9	42	13,8	118	17,4	17,6	15,5	18,4	16,5	6,4	8,7	4,1	35
Leu	8,3	63	7,3	56	8,7	8,7	8,5	8,1	7,9	4,2	4,2	7,1	54
Ileu	7,5	57	3,4	26	4,0	3,9	3,8	3,6	2,7	2,4	2,5	4,8	37
Ser	5,9	56	1,0	9	0,8	0,8	—	—	0,8	2,3	0,9	7,0	67
Thr	7,0	59	1,1	10	1,0	1,0	1,6	1,2	1,3	2,2	1,3	6,1	52
Met	4,5	30	0,03	0,2	0,03	—	0,1	—	—	0,4	—	2,6	17
CysH	1,3	11	0,6	5	0,3	0,2	—	—	0,3	—	—	2,3	19
Cys	—	—	—	—	—	—	—	—	—	—	—	0,4	3,3
Phe	4,8	29	4,8	29	5,0	5,1	5,4	5,0	5,4	2,1	2,0	4,6	28
Tyr	5,8	32	1,4	8	1,6	1,6	2,4	2,1	2,9	2,1	2,4	5,5	30
Try	2,1	10	0,0	0,0	—	—	—	—	—	—	—	3,3	16
Lys	7,6	52	0,5	3	0,4	0,5	0,4	0,4	0,5	2,0	0,6	9,2	63
Arg	6,6	38	1,1	6	1,0	0,9	—	0,9	0,9	6,6	2,3	7,8	45
Hi	2,9	19	0,04	0	0,4	—	0,2	—	—	1,3	0,3	2,6	17
Asp	10,9	82	0,6	4	0,6	0,6	—	0,6	0,4	2,3	0,3	13,1	98
Glu	14,8	101	3,3	22	2,1	2,1	1,9	—	2,8	3,3	1,4	14,5	99
Pro	5,1	44	15,6	136	17,0	16,8	17,0	15,8	15,4	7,9	10,0	5,7	49
OH-Pro	—	—	—	—	1,9	1,9	0,8	1,5	1,5	1,9	1,3	—	—
Amid-N	0,9	(66)	1,73	(124)						4,3	2,5	(1,5)	(106)
Summe:	112,2	863	90,6	866	111	111	106	106	108	90,6	94,1	110	845
NH_2-Endgr.		—											(5)
COOH-Endgr.	—	Phen. (17)										Tyr,Ala	(18)

	Fibrinopeptid [1]		Fibroin (Seide) (C) [*19*]			Keratin						
	A [*10*]	B [*11*]				Federn [*12*]		Haare [*16*]		Wolle [*33*]		Stratum corneum [*23*]
%-N				18,7 [*c*]								
	D	D	B	A	C	A	C	A	C	A	C	E
Gly	5	3	43,7	43,6	581	—	—	—	—	6,5	87	20,0
Ala	—	1	28,8	29,7	334	—	—	—	—	4,1	46	4,4
Val	1	1	2,2	3,6	31	8,3	71	5,9	50	4,6	40	3,6
Leu	1	1	0,5	0,9	7	8,0	61	8,3	63	11,3	86	6,7
Ileu	—	—	0,6	1,1	8	6,0	46	4,7	36	—	—	3,5
Ser	2	—	11,9	16,2	154	10,2	97	7,6	72	10,2	95	13,4
Thr	1	1	0,9	1,6	13	4,4	37	6,3	53	6,4	54	3,7
Met	—	—	0,1	—	—	0,5	3	0,5	3	0,7	5	1,0
CysH	—	—	—	—	—	8,2	68	14,4	119	11,9	99	—
Cys	—	—	—	—	—	—	—	—	—	—	—	2,1
Phe	1	1	0,6	3,3	20	5,2	31	2,7	16	3,6	22	3,0
Tyr	—	1	5,1	12,8	71	2,2	12	3,5	19	4,6	26	3,2
Try	—	—	0,3	—	—	—	—	—	—	1,8	9	0,4
Lys	—	1	0,6	0,7	5	1,3	9	3,8	26	2,8	19	4,6
Arg	1	2	1,8	1,1	6	7,5	43	10,9	63	10,4	60	4,2
His	—	—	0,5	0,4	2	0,4	2,6	1,1	7	1,1	7	2,2
Asp	3	4	1,3	2,8	21	7,0	52	8,0	60	6,7	49	7,7
Glu	2	2	1,0	2,2	15	9,7	66	17,9	122	14,1	96	12,5
Pro	2	2	0,4	0,7	6	8,8	76	9,6	84	9,5	83	4,0
OH-Prolin	—	—	—	—	—	—	—	—	—	—	—	—
Amid-N			—	—	—	—	—	—	—	(1,17)	(83,2)	(10,3)
Summe	19	20	100,3	120	1274	87,5	675	105,2	793	110,3	883	100
NH_2-Endgr. COOH-Endgr.	Glu Arg	— Arg	G4, Ala, Ser		(21)					Val, Ala, Gly, Thr, Ser, Glu, Asp (20)		

[1] Fibrinopeptid (Cofibrin) A, Sequenzanalyse [*10*]: Glu-Asp-Gly-Ser-Asp-Pro-Pro-Ser-Gly-Asp-Phe-Leu-Thr-Glu-Gly-Gly-Gly-Val-Arg.

Fibrinopeptid (Cofibrin) B, Sequenzanalyse [*11*]: N-Acetyl-Thr-Glu-Phe-Pro-Asp-Tyr(SO_3H)-Asp-Glu-Gly-Asp-Asp-Arg-Pro-Lys-Val-Gly-Leu-Gly-Ala-Arg.

	Kollagen [b, c, d] [22, 28]																
	Kalbshaut [14]		Rinderhaut [c]		Achillessehne [c]			Fischhaut				Schwimm-blase (Karpfen)	Tropokollagen (Kalbshaut)			Komp.	
					Rind	Schwein	Schaf	Kabeljau [1, 35]			Karpfen					α_1	α_2
%-N	18,5		18,6		18,1	18,1	17,9	18,2—18,4 [1]	[22]	[24]	[24]	[24]	18,2 [25]	18,3 [15]	[8]	[30] [26]	[30] [26]
	B	E	A	C	A	A	A	B	A	E	E	E	E	E	B	E	E
Gly	25,0	32,6	27,2	363	24,8	26,6	25,1	27,7	29,6	34,5	31,7	32,7	32,5	32,7	27,5	32,8	32,9
Ala	8,4	10,9	9,5	107	8,7	8,7	91,	9,8	9,2	10,7	12,0	12,8	11,2	10,8	8,8	11,0	10,3
Val	1,7	2,2	3,4	29	2,8	2,7	3,0	1,3	2,5	1,9	1,9	1,8	2,3	2,3	1,5	1,6	2,7
Leu	1,9	2,5	5,6	42	3,5	3,4	3,4	1,8	3,7	2,3	2,5	2,1	2,5	2,6	1,9	1,9	2,7
Ileu	0,9	1,2			2,1	1,7	1,7	1,1	1,7	1,1	1,2	1,0	1,1	1,2	0,8	0,8	1,6
Ser	3,1	3,9	3,4	32	3,2	3,1	3,0	4,8	5,9	6,9	4,3	3,7	3,7	2,9	3,2	3,8	3,7
Thr	1,2	1,6	2,3	19	2,3	2,3	2,5	2,0	3,5	2,5	2,7	2,9	1,8	1,9	1,5	1,7	1,8
Met	0,4	0,5	0,8	5	0,8	0,9	0,9	0,8	2,3	1,3	1,2	1,3	0,6	0,5	0,4	0,4	0,4
CysH	0,0	0,0	0,0	0	0,0	0,0	0,0	0,0	0,0	0,0	0,0	0,0	0,0	0,0	0,0	0,0	0,0
Cys	—	—	—	—	—	—	—	—	—	—	—	—	—	—	—	—	—
Phe	1,3	1,7	2,5	15	2,4	2,4	2,3	1,2	2,4	1,3	1,4	1,4	1,3	1,5	0,95	1,3	1,3
Tyr	0,4	0,5	1,0	5	0,9	1,0	0,9	0,1	0,9	0,4	0,3	0,2	0,3	0,4	0,2	0,3	0,3
Try	0,0	0,0	0,0	0	0,0	0,0	0,0	0,0	0,0	0,0	0,0	0,0	0,0	0,0	0,0	0,0	0,0
Lys	4,5	2,9	4,5	30	4,9	5,2	5,3	3,4	5,6	2,5	2,7	2,6	2,7	2,9	3,9	3,0	2,2
OH-Lys			1,1	6	—	—	—	1,1		0,6	0,5	0,7	0,7	0,5	1,3	0,5	0,7
Arg	15,8	5,1	8,6	49	9,0	9,0	8,9	15,5	9,4	5,1	5,3	5,3	5,2	5,4	15,2	5,0	5,0
His	1,5	0,6	0,7	5	0,8	0,7	0,7	1,3	0,9	0,7	0,5	0,4	0,5	0,6	0,5	0,3	0,6
Asp	3,2	4,2	6,3	47	6,7	6,7	6,7	4,0	7,1	5,2	4,7	4,7	4,5	4,8	3,6	4,3	4,6
Glu	5,5	7,1	11,3	77	11,9	11,9	11,5	5,6	11,5	7,5	7,4	7,1	7,1	7,6	5,9	7,6	7,6
Pro	10,2	13,3	15,1	131	13,3	14,3	14,1	8,9	13,7	10,2	12,4	11,8	13,4	13,2	8,9	14,0	12,7
OH-Pro	7,1	9,2	14,0	107	13,4	13,5	13,7	4,5	9,1	5,3	7,3	8,1	8,6	8,2	8,2	9,7	8,9
Amid-N	—	—	(0,7)	(7)				4,1		(3,3)	(2,6)	(3,8)	(4,4)	(4,3)	2,9		
Summe	92,1	100,0	117,3	1069	112	114	113	99,0	119,0	100	100	100	100	100	97,2	100	100

	Myoglobin [c]				Myosin				Tropomyosin (Kaninchen)		Rubber-Like Protein, Resilin [4]	
	(Pferd) [c]		(Wal) [22]		Kaninchen [2]		Fisch [6]	Rind [6]			A	B
%-N	16,9 [c]		17,0 [32]		16,7				16,7 [2]		19,5	19,5
	A	C	A	B	A	C	A	A	A	C	C	C
Gly	5,9	78	4,0	4,4	1,9	25	—	5,0	0,4	5,3	471	425
Ala	7,9	89	8,5	7,8	6,5	73	—	4,0	8,8	100,0	133	125
Val	4,1	35	3,7	2,6	2,6	22	5,8	5,8	3,1	27	31	29
Leu	16,8	128	17,9	11,3	15,6	119	7,1	7,7	15,6	119	23	29
Ileu							6,0	6,3			16	23
Ser	3,5	33	2,7	2,1	4,3	41	4,9	5,4	4,4	42	92	89
Thr	4,6	38	4,3	2,9	5,1	43	4,5	4,6	2,9	24	37	34
Met	1,7	11	1,9	1,0	3,4	23	3,5	3,3	2,8	19	—	—
CysH	0,0	0	0,0	0,0	1,4	12	1,2	1,3	0,8	6	—	—
Cys	—	—	—	—	—	—	—	—	—	—	—	—
Phe	5,1	31	4,0	2,0	4,3	26	4,5	4,9	4,6	28	30	31
Tyr	2,4	13	2,1	1,0	3,4	19	4,4	3,4	3,1	17	24	33
Try	2,3	11	2,6	2,1	0,8	4	1,3	1,3	0,0	0	—	—
Lys	15,5	106	15,9	17,9	11,9	81	9,0	8,1	15,7	107	6,6	5,5
Arg	2,2	13	2,2	4,2	7,4	42	7,4	7,7	7,8	45	41	38
His	8,5	55	11,1	17,8	2,4	15	2,4	2,9	0,8	5	12	7
Asp	8,2	62	6,4	4,0	8,9	67	8,0	6,0	9,1	68	109	116
Glu	16,5	112	17,4	9,7	22,1	150	13,7	15,4	32,9	224	48	57
Pro	3,3	29	2,4	1,7	1,9	17	3,2	6,0	1,3	11	84	90
OH-Pro	0,0	0,0	0,0	0,0	—	—	—	—	—	—	—	—
Amid-N	(0,66)	(47)	(0,57)	3,35	(1,2)	(86)	(1,1)	(0,9)	0,9	64	(126)	(78)
Summe	108	844	107	96	101	779	87	99,1	115	911	1158	1131
Amino-Endgr. COOH-Endgr.	Gly (27)	Val (31)						Ileu (3)	Ileu (17)			

Literatur

[1] *Astrup, H. N., A. M. Marko* u. *E. Gordon Young:* Recent Adv. in Gelatin and Glue Research, S. 76, London 1958.
[2] *Bailey, K.:* Biochem. J. **43**, 271 (1948).
[3] *Bailey, K.:* Biochem. J. **49**, 23 (1951).
[4] *Bailey, K.*, u. *T. Weis-Fogh:* Biochim. biophysica Acta **48**, 452 (1961).
[5] *Bettelheim, F. R.*, u. *K. Bailey:* Biochim. biophysica Acta **9**, 578 (1952).
[6] *Block, R. J.:* Adv. Protein Chem. **2**, 119 (1945).
[7] *Bowes, J. H.*, u. *J. A. Moss:* Nature **168**, 514 (1951).
[8] *Bowes, J. H., R. G. Elliott* u. *J. A. Moss:* Recent Adv. in Gelatin and Glue Research, S. 71, London 1958.
[9] *Fitz Patrick, M. J.:* Biochem. Biophys. Res. Comm. **6**, 191 (1961).
[10] *Folk, J. E., J. A. Gladner* u. *Y. Levin:* J. biol. Chem. **234**, 2317 (1959).
[11] *Folk, J. E., J. A. Gladner:* Biochim. biophysica Acta **44**, 383 (1960).
[12] *Graham, C. E., H. K. Waitkoff* u. *S. W. Hier.* J. biol. Chem. **177**, 529 (1949).
[13] *Graßmann, W.*, u. *H. Hörmann:* Z. physiol. Chem. **292**, 24 (1953).
[14] *Graßmann, W., K. Hannig* u. *M. Plöckl:* Z. physiol. Chem. **299**, 258 (1955).
[15] *Graßmann, W., K. Hannig* u. *M. Schleyer:* Z. physiol. Chem. **322**, 71 (1960).
[16] *Lang, J. M.*, u. *C. C. Lucas:* Biochem. J. **52**, 84 (1952).
[17] *Locker, R. H.:* Biochim. biophysica Acta **14**, 533 (1954).
[18] *Lorand, L.*, u. *W. R. Middlebrook:* Biochem. J. **52**, 196 (1952).
[19] *Lucas, F., J. T. B. Shaw* u. *S. G. Smith:* Adv. Protein Chem. **13**, 107 (1958).
[20] *Middlebrook, W. R.:* Biochim. biophysica Acta **7**, 547 (1951).
[21] *Narita, K.:* J. Chem. Soc. Japan **75**, 1005 (1954).
[22] *Neumann, R. E.:* Arch. Biochem. **24**, 289 (1949).
[23] *Pascher, G.:* Arch. Klin. exp. Derm. (1964).
[24] *Piez, K. A.*, u. *J. Gross:* J. biol. Chem. **235**, 995 (1960).
[25] *Piez, K. A., E. Weiss* u. *M. S. Lewis:* J. biol. Chem. **235**, 1987 (1960).
[26] *Piez, K. A., M. S. Lewis, G. R. Martin* u. *J. Gross:* Biochim. biophysica Acta **53**, 596 (1961).
[27] *Porter, R. R.*, u. *F. Sanger:* Biochem. J. **42**, 287 (1948).
[28] *Randall, J. T.:* Nature and Structure of Collagen S. 232, London 1953.
[29] *Satsangi, P. N., R. K. Arya, B. Krishna* u. *T. Chandra:* Indian J. Med. Res. **49**, 42 (1961).
[30] *Schleyer, M.:* Z. physiol. Chem. **329**, 97 (1962).
[31] *Schmid, K.:* Helv. chim. acta **32**, 105 (1949).
[32] *Schmid, K.:* Nature **163**, 481 (1949).
[33] *Simonds, D. H.:* Nature **172**, 677 (1953); *Simonds, D. H., M. T. Dowling* u. *D. Stone:* J. biol. Chem. **208**, 701 (1954).
[34] *Young, E. G.*, u. *J. W. Lorimer:* Arch. Biochem. Biophys. **92**, 183 (1961).

3. Physikalisch-chemische Daten

Erläuterungen

$S_{20} \cdot 10^{13}$ = Sedimentationskonstante (in Wasser bei +20°C) auf Konzentration Null extrapoliert
$D_{20} \cdot 10^{7}$ = Diffussionskonstante (in Wasser bei +20°C) auf Konzentration Null extrapoliert
η = Viscositätszahl (intrinsic viscosity)
$M \cdot 10^{-3}$ = Molekulargewicht
f/f_0 = Reibungsquotient
$V_{\text{spez.}}$ = Partielles spez. Volumen
I. P. = Isoelektrischer Punkt
$[\alpha]_D^{20}$ = Spezifische Drehung bei Natriumlicht und 20°C
(D, S) = Molekulargewicht aus der Sedimentation und Diffusion bestimmt
(S, η) = Moleklulargewicht aus der Sedimentation und Viskosität bestimmt
(L) = Molekulargewicht aus der Lichtstreuung
(O) = Molekulargewicht aus osm. Druck
(A) = Molekulargewicht nach Archibaldverfahren
(G) = Molekulargewicht aus Gleichgewichtsmessung

Übersichtsarbeiten

[a] *Weber, H. H.*, u. *H. Portzehl:* Adv. Protein Chem. **7**, 161 (1952).
[b] *Edsall, J. T.:* In „The Proteins" Bd. I. B. S. 549, New York 1953.
[c] *Low, B. W.:* In „The Proteins" Bd. I. A. S. 235, New York 1953.
[d] *Bailey, K.:* In „The Proteins" Bd. II, B. S. 951, New York, 1954.
[e] *Kendrew, J. C.:* In „The Proteins" Bd. II. B. S. 845, New York 1954.
[f] *Brown, R.*, and *J. F. Danielli* (Ed.): S. E. B. Symposia, „The Fibrous Proteins", Cambridge 1955.
[g] *Gosting, L. J.:* Adv. Protein Chem. **11**, 429 (1956).
[h] *Lucas, F., J. T. B. Shaw* u. *S. G. Smith:* Adv. Protein Chem. **13**, 107 (1958).
[i] *Stainsby, G.:* Recent Adv. in Gelatin and Glue Research, New York 1958.

Literatur S. 800.

Protein	$S_{20} \cdot 10^{13}$ (cm/sec, dyn)	$D_{20} \cdot 10^{7}$ (cm^2/sec)	η (ml/g)	$M \cdot 10^{-3}$	f/f_0	$V_{spez.}$	I. P.	$[\alpha]_D^{20}$
Actin	2,7—4 [*d*]	2,5 [*d*]	21 [*d*]	150 (*S*, *D*) [*d*] 120 (*L*) [*d*]			4,8 [*d*]	
Actomyosin	12,0 [*b*]	0,3 [*b*]		3900 (*S*, *D*) [*b*]		0,75 [*b*]	5,6 [*d*]	
Fibrinogen	7,63 [*6*]	1,97 [*6*]	25 [*b*]	341 (*S*, *D*) [*6*]		0,725 [*b*]	5,5 [*b*]	
(Mensch)	8,5 [*b*]		[*29*]					
(Rind)	7,9 [*29*]	2,02 [*29*]	27 [*b*] [*29*]	330 (*S*, *D*) [*29*] 340 (*L*) [*19*]	2,34 [*29*]	0,706 [*b*]		
Fibrinopeptide Cofibrin-A Cofibrin-B				1,89 [*9*] (A. S. Analyse) 2,46 [*10*]				
Fibroin (Seide)	2,6 [*16*] 2,3—2,8 [*17*]	1,89 [*16*] 2,5 [*17*]	50 [*16*]	109 (*S*, *D*) [*16*] 115 [*21*]	3,0 [*17*]	0,701 [*13*]		
Keratin (Wolle)				60000 [*22*]	3,5 [*22*]			
Kollagen (extr.) Tropokollagen (Human-Skin) (Kalbshaut)	3,1 [*2*] 2,76—2,86 [*15*] 3,28 [*7*]	5,9 [*15*]	1150 [*2*] 1320 [*15*] 1350 [*7*]	263 (*S*, η) [*2*] 470 (*S*, *D*) [*15*] 350 (*S*, η) 350 (*S*, η) [*7*] 400 (*L*) [*15*]				—408 [*15*] —415 [*7*]
(Rattenhaut)	3,05—3,25 [*25*]	3,5—4 [*25*]	1600—1700 [*25*]	700 (*S*, *D*) [*25*]			5,1 [*18*] 5,8 [5] 7,7 [*12*]	
(Rattenschwanzsehne)	3,5 [*24*]	5 [*24*]	1500 [*24*]					
Ichthyocol (Fischhaut, Kabeljau) (Schwimmblase, Kabeljau) (Schwimmblase, Karpfen)	3,05 [*32*] 3,39 [*32*] 2,85 [*11*] 2,61 [*4*]		1340 [*32*] 1320 [*32*] 1150 [*4*]	280 (*S*, η) [*32*] 320 (*S*, η) [*32*] 250—340 (*S*, η) [*4*]				—118 bei 25°C [*1*] —350 [*4*]
Parentgelatine (Kalbshaut) (Fischhaut)				185 (*L*) [*15*] 195 (*L*) [*7*] 143 (*L*) [*4*]				—135 bei 40°C [*7*, *15*]

Protein	$S_{20} \cdot 10^{13}$ (cm/sec, dyn)	$D_{20} \cdot 10^{7}$ (cm²/sec)	η (ml/g)	$M \cdot 10^{-3}$	f/f_0	V_{spez}	I. P.	$[\alpha]_D^{20}$
α-Komp. (Kalbshaut)	3,80 [15]			120 (S) [7] 80 (S) [26] 115 (S) [15]				
β-Komp. (Kalbshaut)	5,05 [15]			230 (S) [7] 160 (S) [26] 215 (S) [15]				
Myoglobin	2,04 [b]	11,3 [b]	310 [b]	16,9 (S, D) [b] 17,5 (G) [b]	1,11 [b]	0,741 (b)		
Myosin-L	6,5 [20]	1,05 [20]		850 (S, D) [27] 840 (O) [27]		0,728 [20] 0,74 [30]	5,4 [8]	
	6,7 [23]	0,9 [27]		506 (A) [20] 553 (S, D) [20]				
	7,1 [27]			716 (S, η) [20] 490–650 (L) [20]				
(Rattenmuskel)	7,2 [b]	0,87 [b]		880 (S, D) [b]	4,0 [b]			
(Kaninchenmuskel)	6,67 [3]	0,45 [3]		1446 (S, D) [3]	6,3 [3]			
Myosin-S (Kaninchenmuskel)	93,0 [3]	0,52 [3]		17240 (S, D) [3]	2,3 [3]			
Myosin, Untereinheiten								
Meromyosin H-	6,96 [31]	2,91 [31]		232 (S, D) [31]	1,78 [31]			
Meromyosin L-	2,86 [31]	2,87 [31]		96 (S, D) [31]	2,45 [31]			
Tropomyosin	2,6 [d]	2,4 [d]	52,3 [d]	55 (L) [d] 53 (O) [d]		0,71 [d]	5,1 [d]	

Literatur

[1] *Astrup, H. N., A. M. Marko* u. *E. Gordon Young:* Recent Adv. in Gelatin and Glue Research, S. 76, London 1958.
[2] *Bakerman, S.:* J. Gerontol. Abs. **16**, 388 (1961).
[3] *Bergold, G.:* Z. Naturforsch. **1**, 100 (1946); **2b**, 122 (1947).
[4] *Boedtker, H.,* u. *P. Doty:* J. Amer. chem. Soc. **78**, 4267 (1956).
[5] *Brown, G. L.,* u. *F. C. Kelly:* Nature and Structure of Collagen, S. 169, London 1953.
[6] *Caspary, E. A.,* u. *R. A. Kekwick:* Biochem. J. **56**, XXXV (1954).
[7] *Doty, P.,* u. *T. Nishihara:* Recent Adv. in Gelatin and Glue Research, S. 92, London 1958.
[8] *Erdos, T.,* u. *O. Snellman:* Biochim. biophysica Acta **2**, 642 (1948).
[9] *Folk, J. E., J. A. Gladner* u. *Y. Levin:* J. biol. Chem. **234**, 2317 (1959).
[10] *Folk, J. E., J. A. Gladner:* Biochim. biophysica Acta **44**, 383 (1960).
[11] *Gallop, P. M.:* Arch. Biochem. Biophys. **54**, 486 (1954).
[12] *Gilbert, I. G. F.:* Biochim. biophysica Acta **40**, 156 (1960).
[13] *Goodings, A. C.,* u. *L. H. Turl:* J. Textile Inst. **31**, 169 (1940).
[14] *Hall, C. E.,* u. *H. S. Slayter:* J. Biophys. Biochem. Cytol. **5**, 11 (1959).
[15] *Hannig, K.,* u. *J. Engel:* Das Leder **12**, 213 (1961). — *Graßmann, W., K. Hannig* u. *J. Engel:* Z. physiol. Chem. **324**, 284 (1961).
[16] *Hayashi, K.,* u. *J. Oda:* J. agric. Chem. Soc. Japan **30**, 547, 656 (1956); C 13207 (1961)
[17] *Holmes, F. H.,* u. *D. I. Smith:* Nature **169**, 193 (1952).
[18] *Jackson, D. S.,* u. *A. Neuberger:* Biochim. biophysica Acta **26**, 638 (1957).
[19] *Katz, S., K. Gutfreund, S. Shulman* u. *J. D. Ferry:* J. Amer. chem. Soc. **74**, 5706 (1952).
[20] *Kielley, W. W.,* u. *W. F. Harrington:* Biochim. biophysica Acta **41**, 401 (1960).
[21] *Lucas, F., J. T. B. Shaw* u. *S. G. Smith:* J. Mol. Biol. **2**, 339 (1960).
[22] *Mercer, E. H.,* u. *B. Oloffsson, J. Polymer:* Sci. **6**, 261 (1950).
[23] *Mommaerts, W. F. H. M.,* u. *R. G. Parrish:* J. biol. Chem. **188**, 545 (1951).
[24] *Noda, H.:* Biochim. biophysica Acta N. Y. **17**, 92 (1955).
[25] *Orechowitsch, W. N.,* u. *W. O. Schpikiter:* Connective Tissue Symp., Oxford 1957.
[26] *Piez, K. A., E. Weiss* u. *M. Lewis:* J. biol. Chem. **235**, 1987 (1960).
[27] *Portzehl, H., G. Schramm* u. *H. H. Weber:* Z. Naturforsch. **5b**, 61 (1950).
[28] *Ramachandran, L. K.:* Biochem. Biophys. Res. Comm. **6**, 443 (1962).
[29] *Shulman, S.:* J. Amer. chem. Soc. **75**, 5846 (1953).
[30] *Snellman, O.,* u. *T. Erdös:* Biochim. biophysica Acta **2**, 650 (1948).
[31] *Szent-Gyorgyi, A. G.:* Arch. Biochem. Biophys. **42**, 305 (1953).
[32] *Young, E. G.,* u. *J. W. Lorimer:* Arch. Biochem. Biophys. **92**, 183 (1961).

4. Elektrophoretische Beweglichkeit

Protein	Puffer	pH	Ionenstarke	Elektrophoret. Beweglichkeit -u. 10^{-5} cm²/V sec	Literatur
Actin	NaCl-Phosphat	7,4	0,4	4,6	[3]
Kollagen (Tropokollagen)	Acetat	3,32	0,1	4,25	[1]
		3,55	0,05	6,24	
		3,92	0,05	5,12	
		4,32	0,05	4,01	
		4,86	0,05	2,46	
Myosin					[4]
α- (Actomyosin)	NaCl-Phosphat	7,3	0,4	3,1	
β-	NaCl-Phosphat	7,3	0,4	2,9	
Tropomyosin	NaCl-Phosphat	7,4	0,4	5,6	[2]

Literatur

[1] *Brown, G. L.,* u. *F. C. Kelly:* Nature and Structure of Collagen, S. 169, London 1953.
[2] *Dubuisson, M.:* Experientia **6**, 269 (1950).
[3] *Dubuisson, M.:* Biochim. biophysica Acta **5**, 426 (1950).
[4] *Dubuisson, M.:* Biol. Revs. Cambridge Phil. Soc. **25**, 46 (1950).

Proteohormone

Von **E. Granzer**, München

1. Methoden zur Darstellung

	Literatur
Wachstumshormon (STH)	
	Li, C. H., u. *H. M. Evans:* in „The Hormones" Bd. I, S. 631 (1948).
	Acher, R.: Ann. Rev. Biochem. **29**, 547 (1960).
	Raben, M. S.: Proc. Soc. exper. Biol. Med. **93**, 338 (1956).
Wal:	*Papkoff, H.*, u. *C. H. Li:* J. biol. Chem. **231**, 367 (1958).
Schaf:	*Behrens, O.*, u. *W. W. Bromer:* Ann. Rev. Biochem. **27**, 57 (1958).
	Wallace, A. L. C.: Nature **190**, 535 (1961).
Schwein:	*Ottoway, J. H.:* Biochem. J. **72**, 22 P (1959).
	Papkoff, H., C. H. Li u. *W. K. Liu:* Arch. Biochem. Biophys. **96**, 216 (1962).
Mensch:	*Raben, M. S.:* Rec. Progr. Horm. Res. **15**, 71 (1959).
	Raben, M. S.: Science **125**, 883 (1957).
	Lewis, U. J., u. *N. G. Brink:* J. Amer. chem. Soc. **80**, 4429 (1958).
	Li, C. H., W.-K. Liu u. *J. S. Dixon:* Arch. Biochem. Biophys. Supp. **1**, 327 (1962).
	Reisfeld, R. A., U. J. Lewis, N. G. Brink u. *S. L. Steelman:* Endocrinology **71**, 559 (1962).
	Reisfeld, R. A., B. G. Hallows, D. E. Williams, N. G. Brink u. *S. L. Steelman:* Nature **197**, 1206 (1963).
Rind:	*Li, C. H.:* Adv. Prot. Chem. **11**, 101 (1956).
	Li, C. H., H. M. Evans u. *M. E. Simpson:* J. biol. Chem. **159**, 353 (1945).
	Wilhelmi, A. E., J. B. Fishman u. *J. A. Russell:* J. biol. Chem. **176**, 735 (1948).
	Ellis, S., G. Noda, M. E. Simpson u. *H. M. Evans:* J. biol. Chem. **209**, 779 (1954).
	Li, C. H.: J. biol. Chem. **211**, 555 (1954).
Affe:	*Li, C. H.*, u. *H. Papkoff:* Science **124**, 1293 (1956).
	Raben, M. S.: Science **125**, 883 (1957).
Zwischenzellen-stimulierendes Hormon (Metakentrin, ICSH)	
	Acher, R.: Ann. Rev. Biochem. **29**, 547 (1960).
	Li, C. H., u. *H. M. Evans:* in „The Hormones" Bd. I, S. 631 (1948).
	Li, C. H.: Vitamines and Hormones **7**, 224 (1949).
Schaf:	*Behrens, O.*, u. *W. W. Bromer:* Ann. Rev. Biochem. **27**, 57 (1958).
	Ellis, S.: J. biol. Chem. **233**, 63 (1958).
	Steelmann, S. L., u. *A. Segaloff:* Rec. Progr. Horm. Res. **15**, 115 (1959).
	Squire, P. G., u. *C. H. Li:* Science **127**, 32 (1958).
	Squire, P. G., u. *C. H. Li:* J. biol. Chem. **234**, 520 (1959).
	Jutisz, M., u. *P. G. Squire:* Bull. Soc. Chim. Biol. **40**, 1875 (1958); Acta Endocrinol. 37, 96 (1961).
	Ward, D. N., R. F. McGregor u. *A. C. Griffin:* Biochim. biophysica Acta **32**, 305 (1959).
	Ward, D. N., E. F. Walborg u. *M. Adams-Mayne:* Biochim. biophysica Acta **50**, 224 (1961).
	Leonora, J., W. H. McShan u. *R. K. Meyer:* Endocrinology **63**, 687 (1958).
Mensch:	*Steelman, S. L., A. Segaloff* u. *G. M. Mays:* Arch. Biochem. Biophys. **78**, 262 (1958).
	Segaloff, A., u. *S. L. Steelman:* Rec. Progr. Horm. Res. **15**, 127 (1959).
	Squire, P. G., u. *C. H. Li:* Biochem. (USA) **1**, 412 (1962).
	Li, C. H., P. G. Squire u. *U. Gröschel:* Arch. Biochem. Biophys. **86**, 110 (1960).
Rind:	*Reichert jr., L. E.:* Biochim. biophysica Acta **53**, 586 (1961).
Thyreotropes Hormon (TSH)	
	Li, C. H., u. *H. M. Evans:* in „The Hormones" Bd. I, S. 631 (1948).
	Behrens, O., u. *W. W. Bromer:* Ann. Rev. Biochem. **27**, 57 (1958).
	Acher, R.: Ann. Rev. Biochem. **29**, 547 (1960).
	Bates, R. W., u. *P. G. Condliffe:* Rec. Progr. Horm. Rs. **16**, 309 (1960).
	Fels, J. G., M. E. Simpson u. *M. H. Evans:* J. biol. Chem. **213**, 311 (1955).
	Sonenberg, M.: Vitamines and Hormones **16**, 205 (1958).
Rind:	*Condliffe, P. G.*, u. *R. W. Bates:* Arch. Biochem. Biophys. **68**, 229 (1957) u. J. biol. Chem. **223**, 843 (1956).
	Condliffe, P. G., R. W. Bates u. *R. M. Fraps:* Biochim. biophysica Acta **34**, 430 (1959).
	Carsten, M. E., u. *J. G. Pierce:* J. biol. Chem. **229**, 61 (1957).
	Carsten, M. E., u. *J. G. Pierce:* J. biol. Chem. **235**, 78 (1960).
	Wynston, L. K., C. A. Free u. *J. G. Pierce:* J. biol. Chem. **235**, 85 (1960).
	Pierce, J. G., L. K. Wynston u. *M. E. Carsten:* Biochim. biophysica Acta **28**, 434 (1958).

	Literatur
Thyreotropes Hormon (TSH)	
Schaf, Wal:	*Pierce, J. G., L. K. Wynson* u. *C. A. Free:* Fed. Proc. **18**, 302 (1959).
Schaf:	*Ellis, S.:* J. biol. Chem. **233**, 63 (1958).
	Pierce, J. G., u. *L. K. Wynston:* Biochim. biophysica Acta **43**, 538 (1960).
Mensch:	*Heideman jr., M. L., J. L. Bakke* u. *N. L. Lawrence:* Arch. Biochem. Biophys. **82**, 62 (1959).
Parathormon	
Rind:	*McLean, F. C.,* u. *A. M. Budy:* Vitamines and Hormones **19**, 165 (1961).
	Aurbach, G. D.: Arch. Biochem. Biophys. **80**, 466 (1959); J. biol. Chem. **234**, 3179 (1959).
	Rasmussen, H., u. *L. C. Craig:* J. biol. Chem. **236**, 759 (1961); Biochim. biophysica Acta **56**, 332 (1962).
Stutenserumgonadotropin (PMSG)	
	Acher, R.: Ann. Rev. Biochem. **29**, 547 (1960).
	Legault-Demare, J., H. Clauser u. *M. Jutisz:* Biochim. biophysica Acta **30**, 169 (1958).
	Bourrillon, R., u. *R. Got:* Acta Endocrinol. **24**, 82 (1957).
	Bourrillon, R., J. Michon u. *R. Got:* Bull. Soc. chim. biol. **41**, 493 (1959).
	Steelman, S. L., u. *A. Segaloff:* Rec. Progr. Horm. Res. **15**, 115 (1959).
	Li, C. H.: Vitamines and Hormones **7**, 224 (1949).
Choriongonadotropin Mensch (HCG)	
	Acher, R.: Ann. Rev. Biochem. **29**, 547 (1960).
	Li, C. H.: Vitamines and Hormones **7**, 224 (1949).
Mensch, Harn:	*Butt, W. R.:* J. Endocrinol. **17**, 143 (1958).
	Butt, W. R., A. C. Crooke u. *F. J. Cunningham:* Biochem. J. **81**, 596 (1961).
	Loraine, J. A.: Vitamines and Hormones **14**, 305 (1956).
	Albert, A.: Rec. Progr. Horm. Res. **12**, 227 (1956).
	Diczfalusy, E., u. *P. Troen:* Vitamines and Hormones **19**, 229 (1961).
Chorion-membran:	*Kikutani, M.:* Chem. Abstr. **52**, 3077 i (1958).
Prolactin (LTH)	
	White, A.: Vitamines and Hormones **7**, 253 (1949).
	Li, C. H., u. *H. M. Evans:* in „The Hormones" Bd. I, S. 631 (1948).
Schaf:	*Behrens, O.,* u. *W. W. Bromer:* Ann. Rev. Biochem. **27**, 57 (1958).
	Acher, R.: Ann. Rev. Biochem. **29**, 547 (1960).
	Li, C. H.: Adv. Prot. Chem. **12**, 269 (1957).
	Cole, R. D., u. *C. H. Li:* J. biol. Chem. **213**, 197 (1955).
Erythropoietin	
	White, W. F., C. W. Gurney, C. Goldwasser u. *L. O. Jacobson:* Rec. Progr. Hormone Res. **16**, 219 (1960).
	Lowy, H. P., G. Keighley u. *H. Borsook:* Nature **185**, 102 (1960).
	Goldwasser, E., W. F. White u. *K. B. Taylor:* Biochim. biophysica Acta **64**, 487 (1962).
Follikel-stimulierendes Hormon (Thylakentrin, FSH)	
	Behrens, O., u. *W. W. Bromer:* Ann. Rev. Biochem. **27**, 57 (1958).
	Acher, R.: Ann. Rev. Biochem. **29**, 547 (1960).
	Li, C. H.: Vitamines and Hormones **7**, 224 (1949).
	Li, C. H., u. *H. M. Evans:* in „The Hormones" Bd. I, S. 631 (1948).
Schaf:	*Steelman, S. L.,* u. *A. Segaloff:* Rec. Progr. Horm. Res. **15**, 115 (1959).
	Ellis, S. J.: J. biol. Chem. **233**, 63 (1958).
Schwein:	*Steelman, S. L.,* u. *A. Segaloff:* Rec. Progr. Horm. Res. **15**, 115 (1959).
	Steelman, S. L.: Biochim. biophysica Acta **27**, 405 (1958).
Mensch:	*Li, C.H.:* Proc. Soc. exper. Biol. Med. **98**, 839 (1958).
	Steelman, S. L., u. *A. Segaloff:* Rec. Progr. Horm. Res. **15**, 115 (1959).
	Antoniades, H. N., R. B. Pennell, J. W. McArthur, F. M. Ingersoll, H. Ulfelder u. *J. L. Oncley:* J. biol. Chem. **228**, 863 (1957).
	Segaloff, A., u. *S. L. Steelman:* Rec. Progr. Horm. Res. **15**, 127 (1959).
	Li, C. H., P. G. Squire u. *U. Groschel:* Arch. Biochem. Biophys. **86**, 110 (1960).
Pferd:	*Saxena, B. B., W. H. McShan* u. *R. K. Meyer:* Biochim. biophysica Acta **65**, 394 (1962).

2. Bausteinanalyse

Erläuterungen

A = Gramm Aminosauren in 100 g Protein (Gramm-%).
C = Anzahl Aminosauren in 10^5 g Protein.
D = Anzahl Aminosauren pro Proteinmolekul.
E = Prozent Aminosaure von Gesamtaminosauren.
(a) = Prozent Gesamtprotein-N.
(b) = Prozent Gesamtprotein-S.

Die Literaturhinweise (S. 805) geben die Quellen an, aus denen die Daten fur die vorliegende Tabelle entnommen wurden.

	Wachstumshormon (STH)					Thyreotropes Hormon (TSH)			ICSH (Metakentrin)		FSH (Thylakentrin)			Prolactin (LTH)		Erythropoietin	Parathormon
	Rind		Affe [9, 22]	Mensch [27]		Rind		Schaf [25]	Schaf [23]		Schwein [2]	Mensch (Harn) [4]	Schaf [37]	Schaf [5]		Schaf (Plasma) [33]	Rind [18]
	(a) 15,8 (b) 1,3			(a) 13, 18		(a) 13,9			(a) 13,43				(a) 15,10 (b) 1,3	(a) 15,86 (b) 1,79 [16]			
	E [6]	D [6, 9]	D	A	D	D [7]	D [25, 26]	D [25]	C	D	A	A	A	A	D	A	D
Asp	10,18	35	26	10,19	27	11	14,4	14,4	37,1	10	11,6	6,3	9,3	9,08	19	4,4	8
Glu	16,07	50	33	14,47	34	12	14,6	14,9	47,9	13—14	9,2	11,6	13,4	11,79	22	11,7	10
Ser	5,05	22	20	5,89	23	8	10,4	10,5	47,1	13	4,4	2,6	3,2	6,51	18	5,4	7
Gly	3,28	20	15	2,69	13	12	11	11	39,6	11	2,9	2,8	2,1	2,84	12	1,6	4
Thr	6,77	26	13	4,52	14	13	15,6	16,0	51,2	14	5,4	4,4	4,7	4,62	11	5,8	1
Ala	6,04	31	11	2,94	12	10	12,3	13,6	55,1	15—16	3,5	3,1		3,25	11	1,8	6
Pro	3,52	14	10	4,33	12	13	14,7	17,2	89,0	25	4,4	2,7	5,2	5,64	14	1,5	3
Tyr	4,36	11	7	5,28	10	7	10,3	10,4	23,0	6	4,5	3,9	3,8	4,74	7	0,8	1
Val	3,58	14	9	3,70	12	10,0	11,0	10,7	44,7	12—13	3,9	2,9	5,8	4,94	12	4,6	6
Met	2,28	7	6	1,52	4	5	4,9	4,9	23,7	7	1,5	1,1	1,0	3,81	7		2
Ileu	} 21,79	76	41	3,21	10	5	6,8	7,0	20,2	6	2,8	2,7	3,3	} 17,38		5,3	3
Leu				10,29	31	8	8,2	8,5	42,7	12	4,0	5,1	9,2		37	7,6	7
Phe	9,75	27	16	7,12	15	6	6,3	6,5	19,2	5	3,3	3,7	5,8	4,89	8	2,6	2
CysH				1,90	6		16,6	14,9			} 6,5	} 4,1	5,4				
Cys	2,10	4	4			7			29,6	8—10				2,54	3	1,5	
Try	1,34	3	1		1	2	Ø	Ø	Ø	Ø	0,7		4,3	1,55	2		1
Lys	7,35	23	12	5,65	13	12	14,8	13,4	37,0	10—11	5,7	5,0	11,1	5,32	10	3,7	7
His	2,37	7	5	2,12	5	4	4,8	4,6	16,5	5	2,8	3,4	3,7	3,99	7	1,3	3
Arg	9,90	26	13	7,08	14	7	7,3	7,3	28,7	8	3,6	4,0	5,3	7,13	11	2,6	4
NH_3 (Amid)	1,12	(30)		1,74	(32)	(16)	21,2	27,2	44,5	12					(17)		(7)
Summe	116,85	396	242		256						88,1	67,4		100,02	211		75
Gesamthexose									3,23 *A*	[20]		2,10[1] [20]	2,30 [20]			8,2	
Galaktose											1,2						
Mannose							} 6 [17]				1,4						
Fucose									0,74 *A*	[20]	1,1	0,45[1] [20]	0,43 [20]				
Gesamthexosamin									0,26 *A*	[20]	3,7	2,80[1] [20]	3,55 [20]			7,1	
Galaktosamin						1	1,6 2—3 [17]	1,0	11,1	3							
Glucosamin						4	4,2 5—6 [17]	3,3	36,0	10							
Sialinsaure									0,80 *A*	[20]		1,89[1] [20]	2,44 [20]			6,9	

[1] FSH aus Hypophyse.

3. Physikalisch-chemische Daten

Erläuterungen

$S_{20} \cdot 10^{13}$ = Sedimentationskonstante in CGS-Einheiten bei +20°C in Wasser.
$D_{20} \cdot 10^{7}$ = Diffusionskonstante in CGS-Einheiten bei +20°C in Wasser.
$M_S \cdot 10^{-3}$ = Molekulargewicht aus Sedimentations- und Diffusionsmessungen.
$M_G \cdot 10^{-3}$ = Molekulargewicht aus Sedimentationsgleichgewicht oder, falls angegeben, mittels einer anderen Methode bestimmt (Os = osmotischer Druck, As = Aminosaureanalyse, Mp = Diffusion durch Membranporen bestimmter Größe).

	$S_{20} \cdot 10^{13}$	$D_{20} \cdot 10^{7}$	$M_s \cdot 10^{-3}$	$M_G \cdot 10^{-3}$
STH Rind [1, 3]	(a) 3,19 [1, 6, 22]	7,23 [22, 6]	45,0 [6]	Os 44,25 [6] As 45,757 [6]
Affe	(a) 1,88 [1, 22]	7,20 [22]	25,4 [22]	
Mensch	(a) 2,47 [1, 22]	8,88 [22]	27,1 [22]	As 29,755 [27]
Wal	(b) 2,84 [31]	6,56 [31]	39 [31]	29,0 ± 1 [19]
Schwein [28]	(b) 3,02	6,54	41,6	
Schaf	(b) 2,76 [30]	5,25 [30]	47,4 [30]	
FSH Schwein verdaut [2]	(a) 2,49	7,43	29	
Schaf [2]	4,7 [16]	6,0 [16]	25—30 [2]	
Mensch, aus Harn			30	
ICSH Schaf — β	(b) 2,47 [21] (a) 2,70 [10]	7,54 [21]	30 [10]	
Mensch	(b) 2,32 ± 0,07 [24] 2,71 [10]		28 ± 4 [24]	26 [10]
PMSG Stutenserum-gonadotropin [30]				
HCG menschl. Chorion-gonadotropin [13]	2,7	8,2	30	
Prolactin LTH Schaf [5, 8]	(a) 2,19	8,44	24,2	Os 26,5 As 24,1
Rind [29]				Os 26,0
Erythropoietin Schaf [33]	(b) 4,7			39,9 ± 4
TSH Rind	2,6 [7]; 2,82 [36]		10 [15]	Mp 26—30 [26, 15]
Parathormon Rind [18]				As 8,447

4. Elektrophoretische Beweglichkeit einiger Proteohormone

Proteine 10^{-5} cm² · volt⁻¹ · sec⁻¹	Ionen-stärke	Puffer	pH	Elektrophoretische Beweglichkeit	Lit.
STH Wal	0,1	Acetat	4,1	+4,16	[31]
	0,1	Acetat	5,0	+2,26	
	0,1	Acetat	5,7	+0,80	
	0,1	Cacodylat	7,1	−0,99	
	0,1	Tris	7,3	−1,75	
	0,1	Borat	8,3	−2,91	
STH Rind	0,03	Acetat	4,0	+6,8	[22]
STH Affe	0,03	Acetat	4,0	+5,1	[22]
STH Schaf	0,1	Acetat	4,0	+6,00	[30]
		Acetat	5,1	+1,56	
		Acetat	5,6	+0,98	
		Cacodylat	6,1	+0,28	
		Tris	7,2	−0,15	
		Glycin	8,5	−0,80	
			9,4	−2,26	
			9,5	−3,22	
ICSH Schaf	0,1	Acetat	4,2	+1,84	[21]
Erythropoietin	0,1	Acetat	4,5	−2,52	[33]

und Endgruppen einiger Proteohormone

$f:f_0$ = Reibungsquotient.
v = Viscositätsinkrement.
I.P. = Isoelektrischer Punkt.
a = Nicht extrapoliert auf Konzentration 0.
b = Extrapoliert auf Konzentration 0.

Literatur S. 805.

$f:f_0$	I.P.	v	N-endst. AS	C-endst. AS	Bekannte Partialsequenzen am N- oder C-Ende
1,31 [6]	6,85 [1, 6]	0,76 [6]	Phe, Ala	Phe	Phe-Thr-Ala-; Ala-Phe-Ala- [8]; -Ala-Phe-Phe [35]
1,57 [29]	5,5 [1]	0,726 [29]	Phe	Phe	-(Ala, Gly)-Phe [8]
1,23 [29]	4,9 [1]	0,736 [29]	Phe	Phe	Phe-Pro-Thr-Leu-Asp-Leu- [34, 35]; -Gly-Leu-Phe [35]
1,45 [29]	6,2 [3, 8]	0,737 [31]	Phe	Phe	Phe-Ser-Leu-Ala-Phe [8]
	6,3	0,73 [29]	Phe	Phe	Phe-Pro-Ala-Met-Pro-Leu-; -(Ser, Leu)-Phe-Ala-Phe [28]
1,68 [29]	6,8 [8]	0,733 [30]	Phe, Ala	Phe	-Ala-Leu-Phe [8]
	5,1—5,2 [2]				
	5,1—5,2 [2]				
1,33 [16]	4,6 [8]	0,718			
1,30±0,1 [24]	7,3 [2, 10]	0,75 [24]	Thr, Ser [8]		
	5,4 [10]	0,73 [10]			
	1,8 [8]				
	2,95	0,727			
	5,73	0,739	Thr	∅	Thr-Pro-Val-Thr-Pro-; -Cy-Tyr-Leu-Asp(NH_2)-Cy [35] (S—S bridge between the two Cy)
	5,73		Thr	∅	
	4,5		Ser		
	8,8 [15]		Thr, Phe		
			Ala [12]		

Literaturverzeichnis zu den Tabellen „Bausteinanalyse", „Physikalisch-chemische Daten" und „Elektrophoretische Beweglichkeit" der Proteohormone

[1] *Knobil, E.*, u. *R. O. Greep:* Rec. Progr. Horm. Res. **15**, 1 (1959).
[2] *Steelman, S. L.*, u. *A. Segaloff:* Rec. Progr. Horm. Res. **15**, 115 (1959).
[3] *Raben, M. S.:* Rec. Progr. Horm. Res. **15**, 71 (1959).
[4] *Segaloff, A.*, u. *S. L. Steelman:* Rec. Progr. Horm. Res. **15**, 127 (1959).
[5] *Li, C. H.:* Adv. Protein Chem. **12**. 269 (1957).
[6] *Li, C. H.:* Adv. Protein Chem. **11**, 101 (1956).
[7] *Bates, R. W.*, u. *P. G. Condliffe:* Rec. Progr. Horm. Res. **16**, 309 (1960).
[8] *Acher, R.:* Ann. Rev. Biochem. **29**, 547 (1960).
[9] *Behrens, O.*, u. *W. W. Bromer:* Ann. Rev. Biochem. **27**, 57 (1958).
[10] *Squire, P. G.*, u. *C. H. Li:* Biochemistry (Easton) **1**, 412 (1962).
[11] *Albert, A.:* Rec. Progr. Horm. Res. **12**, 227 (1956).
[12] *McLean, F. C.*, u. *A. M. Budy:* Vitamines and Hormones **19**, 165 (1961).
[13] *Diczfalusy, E.*, u. *P. Troen:* Vitamines and Hormones **19**, 229 (1961).
[14] *Loraine, J. A.:* Vitamines and Hormones **14**, 305 (1956).
[15] *Sonenberg, M.:* Vitamines and Hormones **16**, 205 (1958).
[16] *Hays, E. E.*, u. *S. L. Steelman:* in „The Hormones" Bd. 3, S. 201 (1955).

[17] *Wynston, L. K., C. A. Free* u. *I. G. Pierce:* J. biol. Chem. **235**, 85 (1960).
[18] *Rasmussen, H.*, u. *L. C. Craig:* Biochim. biophysica Acta **56**, 332 (1962).
[19] *Squire, P. G.*, u. *K. O. Pedersen:* J. Amer. chem. Soc. **83**, 476 (1961).
[20] *Gröschel, U.*, u. *C. H. Li:* Biochim. biophysica Acta **37**, 375 (1960).
[21] *Squire, P. G.*, u. *C. H. Li:* Science **127**, 32 (1958).
[22] *Li, C. H.*, u. *H. Papkoff:* Science **124**, 1293 (1956).
[23] *Ward, D., E. F. Walborg* u. *M. Adams-Mayne:* Biochim. biophysica Acta **50**, 224 (1961).
[24] *Ward, D. N., R. F. McGregor* u. *A. C. Griffin:* Biochim. biophysica Acta **32**, 305 (1959).
[25] *Pierce, J. G.*, u. *L. K. Wynston:* Biochim. biophysica Acta **43**, 538 (1960).
[26] *Carsten, M. E.*, u. *J. G. Pierce:* J. biol. Chem. **235**, 78 (1960).
[27] *Dixon, J. S.*, u. *C. H. Li:* J. Gen. Physiol. **45**, 176 (1962).
[28] *Papkoff, H., C. H. Li* u. *W. K. Liu:* Arch. Biochem. Biophys. **96**, 216 (1962).
[29] *Li, C. H.:* in *A. Neuberger*, „Symposium on Protein Structure" S. 302, London u. New York 1958.
[30] *Papkoff, H.*, u. *C. H. Li:* Biochim. biophysica Acta **29**, 145 (1958).
[31] *Papkoff, H.*, u. *C. H. Li:* J. biol. Chem. **231**, 367 (1958).
[32] *Lowy, P. H., G. Keighley* u. *H. Borsook:* Nature **185**, 102 (1960).
[33] *White, W. F., C. W. Gurney, C. Goldwasser* u. *L. O. Jacobson:* Rec. Progr. Horm. Res. **16**, 219 (1960).
[34] *Li, C. H., W.-K. Liu* u. *J. S. Dixon:* Arch. Biochem. Biophys., Supp. **1**, 327 (1962).
[35] *Li, C. H.:* Bull. New York Acad. Med., Ser. II, **39**, 141 (1963).
[36] *Fontaine, Y. A.*, u. *P. G. Condliffe:* Biochemistry (Easton) **2**, 290 (1963).
[37] *Tristram, G. R.:* in *H. Neurath* u. *K. Bailey:* „The Proteins" Bd. **1 A**, S. 181, New York 1953.

Pflanzenproteine

Von **K. Hochstraßer**, Heiligenberg/Baden

1. Methoden zur Darstellung

Erläuterungen

AS = Ammonsulfat
E = Elektrophorese (freie bzw. Träger)
IA = Ionenaustauscher
UZ = Ultrazentrifuge
NaOH = Natronlauge
NaCl = Kochsalzlösung

Zusammenfassung älterer Literatur

Osborne, T. B.: The Vegetable Proteins, 2. Aufl., London 1924. — Adv. in Protein Chemistry, New York, Bd. I, 1944; Bd. II, 1945; Bd. V, 1949; Bd. VIII, 1953. — *Flaschenträger, B.*, u. *E. Lehnartz:* Physiologische Chemie Bd. I, Berlin, Göttingen, Heidelberg 1951. — *Neurath, H.*, *K. Bailey:* The Proteins Bd. II/a, New York 1954. — *Waldschmidt-Leitz, E.:* Chemie der Eiweißkörper, Stuttgart 1957.

a) Pflanzenproteine aus Monocotyledonen

		Analyse	Literatur
Albumine			
Gerste	E		*Rondelet, J.*, u. *R. Lontie:* Arch. int. Physiol. Biochim. **64**, 136 (1956).
	E		*Kent, N.*, u. *M. Macheboef:* European Brewery Convention Proc. **1**, 1 (1949).
	E		*Biserte, G.*, u. *R. Scriban:* Bull. Soc. Chim. biol. **32**, 595 (1950).
			Pool, A. A., u. *E. M. Schooter:* J. Sci. Food. Agric. **6**, 514 (1955).
	E	a	*Waldschmidt-Leitz, E.*, u. *K. Hochstraßer:* Z. physiol. Chem. **324**, 243 (1961).
	IA		*Enari, T. M.:* Acta chem. scand. **15**, 1206 (1961).
Weizen (Leukosin)	AS		*Ssissakjan, N. M.*, u. *L. S. Markossjan:* Chem. Zbl., 8889 (1960).
	E	b	*Waldschmidt-Leitz, E.*, u. *K. Hochstraßer:* Z. physiol. Chem. **324**, 243 (1961).
	IA		*Enari, T. M.:* Acta chem. scand. **15**, 1206 (1961).

		Analyse	Literatur
Roggen	AS		*Jones, D. B.*, u. *C. E. F. Gersdorff:* J. biol. Chem. **58**, 117 (1923).
	IA		*Enari, T. M.:* Acta chem. scand. **15**, 1206 (1961).
Hafer	AS	c	*Zwisler, O.:* Diss. TH. Munchen, 1962.
Mais	NaOH		*Mertz, T. E.*, u. *R. Bressani:* Cereal chem. **34**, 63 (1957).
	E		*Craine, E. M.:* Cereal chem. **35**, 245 (1958).
Reis	AS		*McIntyre, R. T.:* Cereal chem. **33**, 299 (1956).
Prolamine			
Gerste (Hordein)	E	f	*Waldschmidt-Leitz, E.*, u. *H. Brutscheck:* Z. physiol. Chem. **311**, 1 (1958).
	E		*Waldschmidt-Leitz, E.*, u. *G. Kloos:* Z. physiol. Chem. **314**, 218 (1959).
	E		*Waldschmidt-Leitz, E.*, u. *G. Kloos:* Z. physiol. Chem. **321**, 214 (1960).
(Glutenin)	E	g	*Waldschmidt-Leitz, E.*, *R. Mindemann* u. *L. Keller:* Z. physiol. Chem. **323**, 95 (1961).
Weizen	E		*Lontie, R.*, *A. Crevecover* u. *J. Dulcino:* Chem. Zbl. 8926 (1956).
			s. 1
			Großkreutz, J. G.: Biochim. biophysica Acta **38**, 400 (1960).
	IA		*Simmonds, D. H.*, u. *D. J. Winzor:* Nature **189**, 306 (1961).
			Woychick, J. H., *R. J. Dimler* u. *R. F. Senti:* Arch. Biochem. Biophys. **91**, 235 (1960).
	E	i	*Waldschmidt-Leitz, E.*, u. *P. Metzner:* Z. physiol. Chem. **329**, 52 (1962).
Roggen			s. *Flaschenträger:* Bd. I, 706 (1951).
	AS	i	*Waldschmidt-Leitz, E.*, u. *P. Metzner:* Z. physiol. Chem. **328**, 52 (1962).
Hafer	E	h	*Zwisler, O.:* Diss. TH. München, 1962.
Mais			*Scallet, B. L.:* J. Amer. chem. Soc. **69**, 1602 (1947).
(Zein)	E	i	*Waldschmidt-Leitz, E.*, u. *P. Metzner:* Z. physiol. Chem. **329**, 52 (1962).
(Glutenin)	UZ		*Lloyd, N. E.*, u. *E. T. Mertz:* Cereal Chem. **35**, 156 (1958).
Reis	E		*Padmoyo, M.*, u. *O. Högl:* Chem. Zbl. 3297 (1962).
Hirse	E	i	*Waldschmidt-Leitz, E.*, u. *P. Metzner:* Z. physiol. Chem. **329**, 52 (1962).

b) Pflanzenproteine aus Monocotyledonensamen

		Analyse	Literatur
Globuline			
Gerste	UZ		*Daniellsen, C. E.:* Biochem. J. **44**, 387 (1949).
	UZ		*Quensel, O.:* Diss. Uppsala, 1942.
	AS	d	*Jensen, R.:* Acta chem. scand. **6**, 771 (1952).
	AS	d	*Waldschmidt-Leitz, E.*, u. *H. Brutscheck:* Brauwissenschaft **8**, 278 (1955).
	AS		*Äyräpää, T.:* Acta chem. scand. **9**, 1403 (1955).
Weizen			s. Albumin 1.
	UZ		*Daniellsen, C. E.:* Biochem. J. **44**, 387 (1949).
Roggen	UZ		*Daniellsen, C. E.:* Biochem. J. **44**, 387 (1949).
	UZ		*Daniellsen, C. E.:* Biochem. J. **44**, 387 (1949).
Hafer	AS	e	*Zwisler, O.:* Diss. TH. München, 1962.
Mais	IA		s. Albumin 1.
			McGuire, T. A., *E. M. Craine* u. *R. J. Dimler:* Cereal chem. **37**, 324 (1960).

c) Pflanzenproteine aus Dicotyledonensamen

		Analyse	Literatur
Albumine			
Bohne Phaseolus vulgaris	AS		*Ghetie, V.:* Chem. Zbl., 16147 (1960).
Limabohne			s. Globulin.
Adsukibohne			s. Globulin
Mungbohne			s. Globulin
Erbse (Legumelin)	AS		*Osborne, T. B.:* The Vegetable Proteins, 1924.
Ricinus (Ricin)	AS		*Osborne, T. B.:* The Vegetable Proteins, 1924. s. *Flaschenträger:* Bd. I, 689 (1951).
	AS		*Mourgue, M., R. Dohlan* u. *J. Regnaud:* Bull. Soc. Chim. biol. **38**, 123 (1956).
	E		*Adie, P. A.,* u. *A. D. Robinson:* Canad. J. Biochem. Physiol. **35**, 271 (1957).
	E		*Funatsu, G.:* Chem. Zbl. 10620 (1961).
Petersilie			s. Globuline
Soja	UZ		*Kretowitsch, W. I., T. J. Smirnowa* u. *S. J. Frenkel:* Chem. Zbl. 10528 (1957).
	IA		*Rachis, J. J., H. A. Sasame, R. L. Anderson* u. *A. K. Smith:* J. Amer. chem. Soc. **81**, 6265 (1959).
	UZ		*Wolf,* W. v., u. *D. R. Briggs:* Arch. Biochem. Biophys. **76**, 377 (1958).
Lupine Lupinus albus			s. 3, 4. Globuline
Baumwolle			*Jarosch, N. P.:* Chem. Zbl. 10760 (1959).
Globuline			
Bohne (Phaseolin) Phaseolus vulgaris	AS		*Osborne, T. B.:* The Vegetable Proteins, 1924. *Brown, W. L.:* J. biol. Chem. **154**, 57 (1944). *Smith, E. L.,* u. *R. D. Green:* J. biol. Chem. **167**, 833 (1947).
	UZ		*Joubert, F. J.:* J. South. African chem. Inst. **10**, 16 (1957).
	AS		*Ghetie, V.:* Chem. Zbl. 16147 (1960).
Mungbohne Phaseolus aureus	AS		*Johns, C. O.,* u. *H. C. Waterman:* J. biol. Chem. **44**, 303 (1920).
Globuline			
Mungbohne Phaseolus aureus	E		*Djang, S. S. T., C. D. Bull* u. *H. A. Lillevik:* Arch. Biochem. Biophys. **40**, 165 (1952).
Limabohne	NaCl		*Jones, D. B., C. E. F. Gersdorff, D. O. Johns* u. *A. J. Finks:* J. biol. Chem. **53**, 231 (1922).
	UZ/E		*Fraenkel-Conrat, H., R. Bean, E. D. Ducay* u. *H. S. Olcott:* Arch. Biochem. Biophys. **37**, 393 (1952).
Adsukibohne	AS		*Jones, D. B., A. M. Finks* u. *C. E. F. Gersdorff:* J. biol. chem. **51**, 103 (1922).
Jackbohne	AS		*Sumner, J. B.,* u. *S. F. Howell:* J. biol. Chem. **53**, 231 (1922).
Samtbohne	AS		*Johns, C. O.,* u. *A. J. Finks:* J. biol. Chem. **34**, 429 (1918).
Sojabohne (Glycinin) Soja hispida	AS		*Payne, D. S.,* u. *L. S. Stuart:* Adv. Protein Chem. **1**, 187 (1944).
	AS		*Briggs, D. R.,* u. *R. L. Mann:* Cereal Chem. **27**, 243 (1950).
	AS		*Mann, R. L.,* u. *D. E. Briggs:* Cereal Chem. **27**, 258 (1950).
	UZ/AS		*Naismith, W. E. F.:* Biochim. biophys. Acta **16**, 203 (1955).
	UZ		*Kretowitsch, W. L., T. J. Smirnowa* u. *S. J. Frenkel:* Chem. Zbl. 10528 (1957); 12731 (1958).

		Analyse	Literatur
Erdnuß (Arachin, Conarachin) Arachis hypogaea			*Arthur, J.*, u. *C. Jett:* Adv. Protein Chem. **8**, 393 (1953).
	AS		*Kellg, K. O., W. E. F. Naismith* u. *R. H. K. Thomson:* J. appl. chem. **4**, 452 (1954).
	AS		*Brand, B. P., D. A. I. Goring* u. *P. Johnson:* Trans. Faraday Soc. **51**, 872 (1955).
	UZ		*Evans, W. J.:* Arch. Biochem. Biophys. 72, 226 (1957).
	AS		*Naismith, W. E. F.*, u. *H. M. R. McDavid:* J. appl. chem. **8**, 604 (1958).
			Dechary, J. M., K. F. Tulluto, W. J. Evans, W. B. Tarney u. *A. M. Altschul:* Nature **190**, 1125 (1961).
Erbse (Vicillin) Pisum sativum	UZ		*Daniellsen, C. E.:* Biochem. J. **44**, 387 (1949).
	UZ		*Daniellsen, C. E.*, u. *H. Lis:* Acta chem. scand. **6**, 139 (1952).
	AS		*Joubert, F. J.:* J. South African. chem. Inst. **8**, 75 (1955).
Erbse (Legumin)			*Daniellsen, C. E.:* Biochem. J. **44**, 387 (1949).
	AS		*Brand, B. P., D. A. I. Goring* u. *P. Johnson:* Trans. Faraday Soc. **51**, 872 (1955).
	UZ		*Brand, B. P.*, u. *P. Johnson:* Trans. Faraday Soc. **54**, 1911 (1958).
Lupine Lupinus albus	AS		*Joubert, F. J.:* J. South. African. chem. Inst. **10**, 21 (1957).
	UZ		*Joubert, F. J.:* Biochim. biophysica Acta **19**, 172 (1956).
	AS		*Mironenko, A. W.*, u. *J. N. Kasanowitsch:* Chem. Zbl. 3327 (1959).
	E		*Wiewiorowski, M.*, u. *J. Augustyniak:* Chem. Zbl. 7183 (1959).
Lupine Lupinus luteus	AS/UZ		*Joubert, F. J.:* Biochim. biophysica Acta **17**, 444 (1955)
			Joubert, F. J.: Chem. Zbl. 8115 (1956).
	UZ		*Petri, E. M., J. H. Staverwan* u. *D. T. F. Pals:* Biochim. biophysica Acta **17**, 446 (1955).
	AS		*Joubert, F. J.:* J. South. African. chem. Inst. **8**, 68 (1955).
Lupine Lupinus angusti	AS		*Joubert, F. J.:* Chem. Zbl. 8115 (1956).
		k	*Gerritsen, Th.:* Biochim. biophysica Acta **22**, 269 (1956).
Ricinus	AS		*Mourgue, M., R. Dohlan* u. *J. Regnaud:* Bull. Soc. Chim. biol. **38**, 123 (1956).
	E		*Adie, P. A.*, u. *A. D. Robinson:* Canad. J., Biochem. Physiol. **35**, 271 (1957).
Globuline			
Mandel (Amandin)	UZ		*Svedberg, Th.*, u. *B. Sjögren:* Amer. N. Y. Acad. Sci. **46**, 309 (1945).
	UZ		*Courtois, J.*, u. *R. Barre:* Compt. rend. **228**, 1251 (1949).
Paranuß (Excelsin)	AS		*Osborne, T. B.:* J. Amer. chem. Soc. **14**, 662 (1892).
			Svedberg, Th., u. *B. Sjögren:* J. Amer. chem. Soc. **52**, 279 (1930).
Erdmandel Cyprus esculentus	AS		*Winter, H.:* Z. Lebensmittel-Unters. u. Forsch. **105**, 200 (1957).
Kaschunuß	AS	l	*Subramanian, N., M. V. Lakschminarayan* u. *M. Srinivasan:* Chem. Zbl. 12591 (1959).
Baumwolle			*Jones, D. B.*, u. *F. A. Csonka:* J. biol. Chem. **64**, 673 (1925).
		m	*Adriaens, E. L.*, u. *E. J. Bigwood:* Bull. Soc. Chim. biol. **36**, 579 (1954).
			Karon, M. L., E. A. Mabelle u. *A. M. Altschul:* Chem. Zbl. 2637 (1954).
	UZ		*Naismith, W. E. F.:* J. appl. Chem. **6**, 283 (1956).
			Jorasch, N. P.: Chem. Zbl. 10760 (1960).
Sesam	AS		*Jones, D. B.*, u. *C. E. F. Gersdorff:* J. biol. Chem. **75** 213 (1927).
	E		*Ravindra, N., R. K. Hanumantha* u. *K. V. Giri:* Chem. Zbl. 9933 (1959).

		Analyse	Literatur
Kurbis	AS		*Jones, D. B.*, u. *C. E. F. Gersdorff:* J. biol. Chem. **56**, 79 (1923).
	AS		*Vickery, H. B., E. L. Smith, R. B. Hubbell* u. *L S. Nolan:* J. biol. Chem. **140**, 613 (1941).
			Kimmel, J. R., u. *E. L. Smith:* Bull. Soc. Chim. biol. **40**, 2049 (1959).
	NaOH		*Kamath, S. H.*, u. *K. Sohonir:* Chem. Zbl. 7838 (1959).
Petersilie	H_2O		*Winter, H.:* Arch. Pharmaz. Ber. dtsch. pharmaz Ges. **290**, 200 (1957).
Hanf			*Flaschentrager, B.:* Bd. I, 702 (1951).
(Edestin)	AS		*Brand, B. P., D. A. I. Goring* u. *P. Johnson:* Trans. Faraday Soc. **51**, 872 (1955).
			Charlwood, P. A.: J. Amer. chem. Soc. **79**, 776 (1957).
Naras	NaCl/UZ		*Joubert, F. J.:* J. South. African. chem. Inst. **8**, 48 (1955).
Acanthosicyos horrida	NaCl	n	*Schwartz, H. M.*, u. *R. P. Burke:* J. Sci. Food. Agric. **9**, 159 (1958).
Talerkurbis Telfairea Pedata	NaCl/UZ		*Joubert, F. J.:* J. South. African chem. Inst. **8**, 43 (1955).
Flachs	AS		*Osborne, T. B.:* J. Amer. chem. Soc. **14**, 629 (1892).
Kokosnuß	AS		*Johns, C. O.*, u. *D. B. Jones:* J. biol. Chem. **44**, 291 (1920).
Walnuß	AS		*Osborne, T. B.*, u. *E. Strauss:* in „Handb. biol. Arbeits-Meth." Abt. I, Teil 8, 383 (1922).
Gluteline			
Lupine Lupinus albus			s. 3, 4 Globulin.
Baumwolle			s. Albumin.
Algen			
div. Arten	NaOH		*Coulson, C. B.:* Chem. and Ind. 997 (1953).
			Fowden, L.: Am. J. Botany (N. S.) **18**, 257 (1954).
	NaOH		*Coulson, C. B.:* J. Sci. Food Agric. **6**, 674 (1955).
	NaOH		*Kolonsek, Y.*, u. *C. B. Coulson:* J. Sci. Food Agric. **6**, 203 (1955).
Chlorella vulgaris	AS	o	*Fowden, L.:* Biochem. J. **50**, 355 (1952).
			Sakae, K.: Nature **186**, 533 (1960).
Blätter			*Metzner, H.:* Planta **45**, 493 (1955).
	UZ		*Ssissakjan, N. M., S. S. Melik-Ssarkissjan* u. *S J. Frenkel:* Chem. Zbl 6166 (1959).
			Bogliolo, M., P. Monteuero u. *M. A. Spadoni:* Chem. Zbl 853 (1959).
	UZ		*Dorner, W. R., A Kalm* u *S. G. Wildman* Biochim. biophysica Acta **29**, 240 (1958).
	NaCl		*Menke, W.*, u. *E. Jordan.* Z. Naturforsch. **14b**, 234 (1959).
			Pirie, N. W.: Ann. Rev Plant. Physiol. **10**, 33 (1959).
	NaOH	p	*Watanabe, T :* Chem. Zbl 9263 (1960).
Latex			*Archer, B. L*, u *B C. Sekker:* Biochem. J **61**, 503 (1955).
			Archer, B. L., u. *E. G. Cockbain:* Biochem. J. **61**, 508 (1955).
			Archer, B. L.: Biochem. J. **75**, 236 (1960).

2. Aminosäurenzusammensetzung verschiedener Pflanzenproteine

Aminosaure	a) Albumin aus Gerste						b) Albumin aus Weizen				c) Albumin aus Hafer			d) Gersten-globulin	
	Gesamt-albumin	Komponenten					Gesamt-albumin	Komponenten			Gesamt-albumin	Komponenten		Gesamt-globulin	β-Globulin
		α_1	α_2	α_3	β	γ		α	β	γ		α	γ		
Asp	8,7	7,3	8,2	11,0	7,5	8,9	6,1	9,8	6,4	6,1	7,3	10,8	6,9	10,3	8,8
Thr	2,8	3,0	3,1	4,1	2,3	2,4	2,2	2,9	2,8	3,4	3,5	5,8	3,5	4,7	5,9
Ser	3,6	6,1	3,9	5,6	4,4	3,4	3,6	3,7	3,6	3,8	8,0	8,4	11,4	6,1	4,3
Glu	9,8	11,0	10,0	13,5	12,0	6,1	13,7	11,0	12,1	10,0	9,4	11,8	4,5	29,3	17,8
Pro	5,1	1,8	4,9	6,0	5,0	5,2	6,5	8,1	6,6	11,4	4,5	6,0	4,9	5,6	13,3
Gly	4,1	3,6	4,9	2,4	4,2	4,3	2,4	5,2	3,5	4,1	8,9	7,6	12,6	4,9	4,2
Ala	5,8	5,4	5,6	5,1	5,5	4,1	4,3	4,0	5,0	5,2	5,7	6,5	4,5	0	6,5
Cys	0,2	0	0	0,2	0	0	5,2	2,6	3,6	3,4	18,5	3,5	24,5	4,8	9,4
Val	5,9	7,3	5,2	3,6	8,9	4,9	6,3	5,2	5,7	3,1	4,1	8,3	2,5	8,3	9,5
Met	0,3	0,4	0	0,2	0	0	0	0	0	0	7,6	2,2	0,7	1,6	3,2
Ileu	3,2	3,6	3,1	3,7	4,3	3,4	3,2	3,2	5,2	4,0	1,4	2,8	1,1	4,5	3,2
Leu	6,3	7,9	7,3	9,5	8,3	4,9	8,3	7,2	6,6	15,9	5,0	7,2	4,0	9,4	11,0
Tyr	3,5	1,5	3,1	3,3	3,6	1,9	2,6	2,8	3,7	2,4	4,1	4,6	4,8	3,3	8,5
Try														0	3,8
Phe	3,6	3,8	3,4	4,1	3,5	2,7	3,9	4,0	2,3	2,6	2,1	4,3	1,9	6,0	4,7
His	4,2	2,0	4,0	4,5	4,0	2,5	3,3	2,1	2,7	2,5	1,8	1,6	3,7	2,3	1,7
Lys	6,2	5,1	6,2	7,1	7,2	6,9	8,5	4,6	5,7	7,3	4,8	4,3	5,2	3,5	2,1
OH-Lys	0	0	0	0	0	0	0,2	0,3	0,6	0	1,9	2,3	0,9	11,9	2,7
Arg	5,6	2,8	5,1	8,2	5,7	4,7	5,8	2,9	6,5	7,3					
NH_3	0,2	0,2	0,2	0,4	0,3	0,5	0,3	0,2	0,6	0,1	1,1	1,7	2,0	1,5	2,5
Glucose	3,1	2,1	1,7	2,9	6,5	18,1	4,9	5,0	8,2	4,7					
Xylose	2,6	1,7	1,1	1,9	3,7	8,0	2,1	2,9	2,2	2,7					
Arabinose	1,8	1,5	1,6	3,0	3,0	4,3	1,3	1,6	1,1	1,7					

Aminosaure	e) Globulin aus Hafer	f) Hordein aus Gerste			g) Glutenin aus Gerste			h) Prolamin aus Hafer				i) Prolamine			
		Komponenten			Gesamtglutenin	Komponenten		Komponenten				Gliadin Weizen	Gliadin Roggen	Zein Mais	Panicin Hirse
		α	β + γ	δ + ε		α + β	δ + ε	α	β	γ	δ				
Asp	7,4	3,0	0,9	1,3	1,7	1,5	1,1	3,0	2,5	2,6	3,1	1,9	1,9	4,6	3,2
Thr	2,7	3,8	1,1	1,2	1,7	1,7	1,5	2,5	2,5	2,5	2,6	1,6	2,2	2,5	2,3
Ser	3,7	3,6	3,0	1,2	0	0	0	2,8	3,1	3,8	4,6	4,5	7,0	5,1	5,6
Glu	20,2	23,1	26,4	31,1	22,3	21,2	23,4	20,5	30,1	30,4	34,5	39,2	37,7	22,9	23,4
Pro	3,8	11,8	13,9	16,5	13,3	14,4	15,7	8,3	7,7	6,6	5,0	11,7	16,5	9,5	8,4
Gly	3,6	2,3	1,3	1,5	2,2	2,2	1,6	2,7	3,1	4,3	5,2	1,2	1,3	1,0	1,4
Ala	3,2	3,0	2,7	1,3	2,4	2,2	2,0	5,5	5,0	5,6	4,9	1,6	1,5	9,1	10,6
Cys	6,7	0,8	1,1	1,6	2,0	1,3	0,6	2,2	2,7	2,5	3,4	3,2	5,3	0,9	2,5
Val	5,3	3,7	3,9	1,0	3,8	3,4	3,0	6,9	6,2	5,5	5,5	3,8	3,8	3,9	4,3
Met	6,5	0,7	0,8	1,3	0,6	0,4	0,6	0,5	0,5	0,6	0,2	1,2	1,2	0,9	4,1
Ileu	4,3	3,2	2,4	2,0	2,6	2,0	2,1	4,4	3,7	3,1	2,5	3,6	3,1	3,7	4,1
Leu	7,2	6,1	4,7	3,0	5,2	4,9	4,9	10,9	10,9	10,2	8,1	7,0	5,4	19,0	11,1
Tyr	3,1	2,4	2,6	1,7	1,7	1,6	1,3	2,2	2,3	2,2	2,6	2,4	1,1	4,7	3,8
Try															
Phe	5,4	2,2	3,0	3,9	3,0	3,0	2,9	5,4	5,5	8,6	7,9	6,4	7,8	6,4	6,1
His	3,9	3,6	2,4	2,4	3,1	3,2	3,1	4,5	3,8	3,2	2,7	2,5	1,4	0,8	2,3
Lys	3,5	1,9	1,7	0,9	1,2	0,9	0,8	1,7	1,6	1,4	0,9	0,7	0,9	0	0,8
OH-Lys	7,1	6,3	5,4	2,3	6,3	5,6	5,2	5,0	4,5	2,7	1,5	2,6	1,9	1,3	1,4
Arg	2,4	13,1	13,7	17,4	20,3	22,0	22,6	4,0	4,4	4,8	5,0	4,4	5,4	3,7	6,3
NH_3															
Glucose															
Xylose															
Arabinose															

Amino-säure	k) Lupinenglobuline					l) Kaschunuß-globulin	m) Baumwoll-samenprotein	n) Naras-globulin	o) Chlorella vulgaris	p) Maulbeer-blätterprotein	
	L. angustifolius Komponente		L. luteus Komponente							Cyto-plasma	Chloro-plasten
	I	II	I	II	III						
Asp	12,88	13,44	13,33	14,92	10,08	10,78	5,8	11,43	6,4	4,05	3,54
Thr	3,68	2,29	3,69	3,05	1,19	2,78	2,0	3,55	2,9	3,46	3,49
Ser	4,72	5,42	4,54	5,84	4,93	5,76	2,6	5,32	3,3	2,71	2,85
Glu	25,39	25,76	26,36	23,28	39,25	28,0	11,7	17,8	7,8	7,94	7,65
Pro	4,77	3,82	4,74	4,28	2,53	0	2,1	4,45	7,2	3,03	4,32
Gly	4,25	3,41	4,55	3,24	2,20	5,33	2,6	4,47	6,2	4,71	5,13
Ala	3,36	2,52	3,45	3,06	1,30	3,18	2,6	4,97	7,7	3,93	3,24
Cys	1,80	1,67	1,72	1,66	7,61	1,02	1,1	1,55	0,2	1,23	1,06
Val	4,29	3,50	4,63	4,11	1,57	4,53	2,9	6,86	5,5	4,55	4,15
Met	0,50	0	0,44	0	0,45	1,30	0,4	2,93	1,4	1,69	1,57
Ileu	5,59	5,95	5,72	5,92	3,76		1,9	5,27	3,5	2,47	3,13
Leu	8,44	7,59	8,70	9,44	11,35	11,93	3,4	7,57	6,1	9,53	12,02
Tyr	3,72	4,79	3,77	5,35	0,82	3,20	1,8	3,24	2,8	2,79	2,98
Try	1,62	0	1,60	0	0			2,87	2,1		
Phe	5,34	4,83	5,24	5,42	3,87	4,35	3,4	6,92	2,8	4,15	5,59
His	3,03	2,30	2,87	1,78	0,66	1,81	1,5	2,96	3,3	1,19	1,72
Lys	3,88	4,32	4,20	3,90	1,07	3,32	2,5	3,16	10,2	5,35	6,53
OH-Lys											
Arg	14,34	13,41	11,45	12,24	9,44	10,30	7,2	19,1	15,8	5,51	3,92
NH_3										1,19	1,72
Glucose											
Xylose											
Arabinose											

Physikalisch-chemische Eigenschaften von pflanzlichen Enzymproteinen

Von **O. Hoffmann-Ostenhof** und **G. Kreil-Kiss**, Wien

Enzymprotein (Systematischer Name, Trivialname, Herkunft)	System-nummer	$S_{20} \cdot 10^{13}$	$D_{20} \cdot 10^{7}$	$M \cdot 10^{3}$	f/f_0	$V_{spez.}$	I. P.
o-Diphenol : O_2-Oxydoreductase, Brenzcatechin-Oxydase („Tyrosinase") aus Psalliota campestris, 4 multiple Formen	1.10.3.1	β 6,03 γ 6,24 δ 6,20		β, γ, δ } ~119 ± 10 A [2a]			
p-Diphenol : O_2-Oxydoreductase, p-Diphenol-Oxydase („Laccase") aus dem Japanischen Lackbaum Rhus vernicifera	1.10.3.2	5,4	4,63	110—120 *SD*		0,75 a [8]	
L-Ascorbat · O_2-Oxydoreductase, Ascorbat-Oxydase aus Cucurbita pepo condensa	1.10.3.3	6,9	4,6	146 ± 10% *SD*		0,75 a	5,0—5,5 [2]
Dasselbe aus Polyporus versicolor				62 ± 3 *A* 58 (chem.) [7a]			
Lipoxygenase („Lipoxydase") aus Sojamehl	1.99.2.1	5,62	5,59	102 *SD*		0,750 b	5,4 [14]
Photosynthetische Nicotinamidcoenzym-Reductase aus Chloroplasten		1,36	6,60	17 *SD* [1]			
α-1,4-Glucan: Orthophosphat-Glucosyltransferase, α-Glucan-Phosphorylase aus Kartoffeln	2.4.1.1	7,9	3,8	207 *SD*	1,43	0,75 a [6]	
α-1,4-Glucan-4-Glucanohydrolase, α-Amylase aus Malz	3.2.1.1			59 [9]			
α-1,4-Glucan-Maltohydrolase, β-Amylase aus der Sußkartoffel (sweet potato)	3.2.1.2	8,9	5,77	152 ± 15 *SD*		0,749 a	4,74—4,79 [5]
Dasselbe aus Malz	3.2.1.2						6,0 [7]
Dasselbe aus Weizen	3.2.1.2						6,0 [7]
N-Acetylmuramid-Glykanohydrolase, **Muramidase** („Lysozym") aus Carica papaya	3.2.1.17	2,57	9,35	24,3 *SD* 24,7 (chem.)	1,19	0,726 b	10,53 [12]
Papain aus Carica papaya	3.4.4.10	2,42 ± 0,04	10,23	21 *SD*	1,16	0,724 b	8,75 [11]
Chymopapain aus Carica papaya	3.4.4.11	2,71		~27 *S*		0,721 b	10,0 [4]
Ficin aus einer Feigenart	3.4.4.12	2,56		~26 *S* [2]			
Harnstoff-Amidohydrolase, Urease aus Canavalia ensiformis	3.5.1.5			473 (osm.)			5,0—5,1 [13]
2-Oxosaure-Carboxy-lyase, Pyruvat-Decarboxylase aus Weizenkeimlingen	4.1.1.1	29 ± 10%		~1000 [10]			
Carboxydismutase aus Spinat		17	5,5	300 *SD* [15]			

Elektrophoretische Beweglichkeiten

Enzymprotein (Systematischer Name, Trivialname, Herkunft)	System-nummer	Puffer pH	Ionen-starke	Elektrophor. Beweglichkeit 10^{-5} cm²/V · sec
o-Diphenol : O_2-Oxydoreductase, Brenzcatechin-Oxydase („Tyrosinase") aus Psalliota campestris	1.10.3.1	Phosphat 6,8	0,1	(β) − 6,07 [*2a*]
L-Ascorbat : O_2-Oxydoreductase, Ascorbat-oxydase aus Cucurbita pepo condensa	1.10.3.3	Phosphat 7,38	0,2	2,26 [*3*]
N-Acetylmuramid-Glykanohydrolase, Muramidase („Lysozym") aus Carica papaya	3.2.1.17	Acetat 6,0	0,12	5,0 [*12*]
2-Oxosäure-Carboxy-lyase, Pyruvat-Decarboxylase aus Weizenkeimlingen	4.1.1.1	Phosphat 6,8	0,205	6,6 [*10*]

Literatur

[*1*] *Appella, E.*, u. *A. S. Pietro:* Biochem. Biophys. Res. Comm. **6**, 349 (1961).
[*2*] *Bernhard, S. A.*, u. *H. Gutfreund:* Biochem. J. **63**, 61 (1956).
[*2a*] *Bouchilloux, S., P. McMahill* u. *H. S. Mason:* J. biol. Chem. **238**, 1699 (1963).
[*3*] *Dunn, F. J.*, u. *C. R. Dawson:* J. biol. Chem. **189**, 485 (1954).
[*4*] *Ebata, M.*, u. *K. T. Yasunobu:* J. biol. Chem. **237**, 1086 (1962).
[*5*] *French, D.:* in „The Enzymes" Bd. **4**, 351, New York 1960.
[*6*] *Lee, Y. P.:* Biochim. biophysica Acta **43**, 18 (1960).
[*7*] *Meyer, K. H., P. F. Spahr* u. *E. H. Fischer:* Helv. chim. Acta **36**, 1924 (1953).
[*7a*] *Mosbach, R.:* Biochim. biophysica Acta **73**, 204 (1963).
[*8*] *Nakamura, T.:* Biochim. biophysica Acta **30**, 44 (1958).
[*9*] *Schwimmer, S.*, u. *A. K. Balls:* J. biol. Chem. **179**, 1063 (1949).
[*10*] *Singer, T. P.*, u. *J. Pensky:* J. biol. Chem. **196**, 375 (1952).
[*11*] *Smith, E. L.*, u. *J. R. Kimmel:* in „The Enzymes" Bd. **4**, 137, New York 1960.
[*12*] *Smith, E. L., J. R. Kimmel, D. M. Brown* u. *E. O. P. Thompson:* J. biol. Chem. **215**, 67 (1955).
[*13*] *Sumner, J. B., N. Graten* u. *I. B. Eriksson-Quensel:* J. biol. Chem. **125**, 37 (1938).
[*14*] *Theorell, A., R. T. Holman* u. *A. Åkeson:* Acta chem. Scand. **1**, 571 (1947).
[*15*] *Weißbach, A., B. L. Horecker* u. *J. Hurwitz:* J. biol. Chem. **218**, 795 (1956).

Bausteinanalyse einzelner pflanzlicher Enzyme

Von **G. Kreil-Kiss** und **O. Hoffmann-Ostenhof,** Wien

	3,2,1,17 N-Acetylmuramid-Glykanohydrolase (Papaya) Muramidase, („Lysozym“) [38] [3]					**3,4,4,10 Papain** (Papaya-Latex) [37] [3]	**1.10.3.1 o-Diphenol: O_2-Oxydoreductase, Brenzcatechin-Oxydase** (Psalliota campestris) Vier multiple Formen! [2a]		
	(a) 17,2 (b) 1,88					(a) 16,1 (b) 1,2	Form β	Form γ	Form δ
	H	A	G	B	D [1]	D [4]	D [5]	D [5]	D [5]
Gly	6,12	8,05	1,50	8,72	26,5	23	73	74	76
Ala	6,06	7,59	1,19	6,92	21,2	13	55	56	57
Val	3,06	3,62	0,43	2,50	7,6	15	51	53	51
Leu	5,51	6,39	0,68	3,95	12,0	10	67	70	68
Ileu	5,23	6,06	0,65	3,78	11,4	10	49	49	46
Ser	5,70	6,88	0,92	5,35	16,2	11	41	39	43
Thr	5,31	6,26	0,74	4,30	13,9	7	56	61	61
Met	2,10	2,39	0,22	1,28	4,0	—	16	7	17
CyS	3,03	3,56	0,42	2,44	7,3	6	} Spuren	Spuren	Spuren
CySH	—	—	—	—	—	—			
Phe	6,98	7,83	0,66	3,84	11,7	4	47	48	48
Tyr	8,50	9,44	0,73	4,24	12,9	17	33	34	33
Try	5,11	5,60	0,77	4,48	6,8	5	nicht bestimmt	nicht bestimmt	nicht bestimmt
Lys	5,23	5,96	1,14	6,63	10,1	9	39	42	41
Arg	8,45	9,42	3,03	17,62	13,4	10	40	36	34
His	1,55	1,66	0,45	2,62	2,8	2	25	28	25
Asp	10,37	11,99	1,26	7,33	22,3	17	113	116	114
Glu	5,85	6,67	0,63	3,66	11,2	17	101	103	103
Pro	7,19	8,52	1,04	6,04	18,3	9	60	59	54
OH-Pro	—	—	—	—	—	—	—	—	—
Amid-N	1,33 [2]	1,41 [2]	1,16 [2]	6,74 [2]	20,6 [2]	19	nicht bestimmt	nicht bestimmt	nicht bestimmt
Summe	101,35	117,89	17,62	102,45	228,6	—	865	875	871

[1] Berechnet fur *MG* 24 745. [2] Nicht zur Summe gezahlt. [3] **Literatur** S. 766. [4] *MG* 20 700. [5] Berechnet für *MG* 119.000.

Bausteinanalyse einzelner mikrobieller Enzyme

Von **G. Kreil-Kiss** und **O. Hoffmann-Ostenhof**, Wien

	1,1,1,1 Alkohol: NAD-Oxydoreductase (Hefe) Alkohol-Dehydrogenase [28]		1.1.2.3 L-Lactat : Cytochrom c-Oxydoreductase (Hefe) Lactat-Dehydrogenase, Cytochrom b_2 [1]					1.2.1.12 D-Glyceraldehyd-3-Phosphat : NAD-Oxydoreductase (phosphorylierend) (Hefe); Glyceraldehydphosphat-Dehydrogenase, Triosephosphat-Dehydrogenase [43]	2.7.7.16 Ribonuclease (Bacillus subtilis) [33]		3.2.1.1 α-1,4-Glucan-4-Glucanohydrolase (Aspergillus oryzae); α-Amylase [41]			
			(a) 15,2 ± 0,4 (b) 0,74								(a) 14,86			
	A	D	B	H	I	Aminosaure-reste/Mol Ham	A	A	H	D	A	H	B	D [1]
Gly	5,9	118,0	4,77	2,95	5,17	41,4	4,1	4,9	4,3	10,8	5,68	4,32	7,13	39,18 ± 2,07
Ala	6,6	111,2	4,55	3,51	4,94	39,5	4,6	7,3	4,0	8,0	5,92	4,73	6,26	34,40 ± 1,42
Val	6,9	88,5	4,85	5,21	5,26	42,1	6,5	10,3	3,0	4,3	6,03	5,10	4,85	26,62 ± 1,05
Leu	7,1	81,4	6,35	7,80	6,90	55,2	9,5	—	5,7	7,1	7,64	6,59	5,49	30,14 ± 0,74
Ileu	7,0	80,2	3,20	3,92	3,47	27,8	4,8	—	5,7	7,1	6,34	5,47	4,55	25,01 ± 0,57
Ser	5,8	82,9	3,08	2,91	3,31	26,5	3,7	4,7	5,7	9,3	6,04	5,01	5,42	29,75
Thr	6,6	83,2	2,52	2,78	2,76	22,1	3,5	6,0	6,3	8,8	8,38	7,14	6,63	36,52
Met	5,1	51,3	—	—	0	0	<0,3	2,8	0,6	0,7	2,14	1,88	1,35	7,43 ± 0,31
CyS	} 4,4	27,5	{ 2,12	2,35	2,31	18,5	2,9	—	0	0	2,09	1,77	1,64	8,99 ± 0,36
CySH			—	—	—	—	—	—	—	—	—	—	—	—
Phe	5,7	51,8	1,61	2,57	1,75	14,0	3,1	4,9	6,1	5,9	3,99	3,56	2,28	12,50 ± 0,92
Tyr	6,0	49,7	1,60	2,83	1,73	13,8	3,3	5,2	8,6	7,5	10,88	9,80	5,66	31,08
Try	1,7	12,5	0,79	0,80	0,43	3,4	0,9	2,2	5,9	4,0	3,78	3,45	3,49	9,58 ± 0,75
Lys	7,8	80,2	10,42	7,24	5,66	45,7	8,7	10,7	7,6	8,5	4,77	4,18	6,15	16,89 ± 0,82
Arg	4,9	42,2	9,70	4,11	2,63	21,0	4,8	6,0	6,8	6,1	2,97	2,66	6,38	8,83 ± 0,33
His	2,5	24,2	2,14	1,06	0,77	6,2	1,3	3,5	2,8	3,0	1,82	1,61	3,32	6,09 ± 0,39
Asp	8,6	97,0	6,85	8,55	7,44	59,5	10,4	9,9	14,2	17,4	15,91	13,76	11,26	61,86 ± 1,57
Glu	6,6	68,5	6,81	9,54	7,39	59,1	11,5	4,3	7,4	7,8	8,09	7,10	5,18	28,45 ± 1,54
Pro	4,8	63,2	3,79	3,99	4,11	32,9	4,9	3,8	3,6	5,3	4,22	3,56	3,54	18,98 ± 0,65
OH-Pro	—	—	—	—	—	—	—	0,00	—	—	—	—	—	—
Amid-N	—	—	9,33	1,62	10,12	81,0	1,7	—	—	(14,8)	1,68	1,58	9,27	50,94
Summe	—	—	—	—	—	—	—	—	98,3	121,6	—	93,19	99,77	—

[1] Berechnet für *MG* 51.750.

	3.2.1.1 α-1,4-Glucan-4-Glucanohydrolase (Bacillus subtilis); α-Amylase [23]				3.2.1.1 α-1,4-Glucan-4-Glucanohydrolase (Bacillus stearothermophilus); α-Amylase [4]				3.2.1.23 β-D-Galaktosid-Galaktohydrolase (Escherichia coli ML 309); β-Galaktosidase			Subtilopeptidase B aus Bacillus subtilis, Stamm N' (BPN') (DIP-Komplex) [11]	Mesentericuspeptidase aus Bacillus mesentericus [14]	3.6.1.1 Pyrophosphat-Phosphohydrolase (Hefe); Pyrophosphatase [15]	
	(a) 16,0				(a) 15,00				(a) 16,10			(a) 15,1 (b) 1,0		(a) 16,25	(b) 0,14
	A	H	B	D[1]	A	H	B	D[3]	H	C	G	D	D	H	G
Gly	6,01	4,56	7,00	38,92 ± 0,98	4,24	3,22	5,20	8,80	3,33	58,27 ± 1,60	0,816	31	27	2,9	0,7
Ala	5,29	4,21	5,20	28,85 ± 0,69	4,77	3,80	5,00	8,34	4,30	60,51 ± 1,17	0,848	35	27	4,9	1,0
Val	6,14	5,19	4,59	25,48 ± 0,50	8,53	7,21	6,80	11,35	5,41	51,82 ± 1,65	0,726	22—27	25	4,1	0,6
Leu	6,10	5,27	4,08	22,66 ± 0,45	7,22	6,22	5,13	8,58	13,70	121,01 ± 5,29	1,695	14—15	22	6,0	0,8
Ileu	4,55	3,93	3,01	16,89 ± 0,43	6,05	5,22	4,34	7,20				11—12	—	8,9	1,1
Ser	5,21	4,32	4,35	24,12	4,24	3,51	3,80	6,28	3,20	36,69 ± 0,51	0,514	32—33	25	3,1	0,5
Thr	5,59	4,74	4,11	22,82	6,20	5,26	4,86	8,11	4,67	46,22 ± 2,39	0,647	12	13	4,8	0,7
Met	1,47	1,30	0,87	4,81 ± 0,28	2,66	2,33	1,67	2,77	2,61	19,86 ± 0,37	0,278	—	—	1,3	0,1
CyS	nicht bestimmt		0,00		3,42	3,16	2,66	4,34	1,68	16,39	0,230	0,3 [5]	—	Spuren	—
CySH	—	—	—	—	—	—	—	—	—	—	—	—	—	—	—
Phe	6,01	5,35	3,19	17,69 ± 0,43	6,40	5,70	3,60	6,04	4,73	32,10 ± 1,08	0,450	3—5	2	6,2	0,6
Tyr	9,05	8,15	4,38	24,31 ± 0,35	2,96	2,66	1,53	2,54	2,81	17,20 ± 1,16	0,241	9	15 [6]	6,0	0,5
Try	6,22	5,68	5,35	14,84 ± 1,18	—	—	—	—	6,00	32,25	0,903	4	12 [6]	3,6	0,5
Lys	7,42	6,50	8,89	24,68 ± 0,25	5,22	4,57	6,66	5,56	2,52	19,68 ± 0,60	0,551	6—7	12	10,9	2,4
Arg	6,09	5,45	12,26	17,01 ± 0,43	3,36	3,01	7,20	3,00	7,19	46,04 ± 0,98	2,580	5	16	3,3	1,2
His	3,90	3,45	6,80	12,24 ± 0,28	4,33	3,82	7,93	4,34	2,92	21,28 ± 0,12	0,895	2	10	2,2	0,7
Asp	14,49	12,53	9,55	53,0 ± 0,95	9,30	8,04	6,53	10,90	12,77	110,98 ± 2,08	1,555	28	17	12,1	1,5
Glu	12,94	11,36	7,71	42,81 ± 1,89	20,36	17,86	13,00	21,60	10,59	82,02 ± 1,47	1,149	13	14	9,7	1,1
Pro	3,37	2,85	2,57	14,26 ± 0,47	16,27	13,72	13,20	22,03	4,64	47,77 ± 1,28	0,669	17	11	6,4	0,9
OH-Pro	—	—	—	—	—	—	—	—	—	—	—	—	—	—	—
Amid-N	1,74	1,64 [2]	8,97	49,70	0,36	—	2,73	3,12	1,66	104,00 [4]	1,457	45—46	29	1,5	1,2
Summe	—	94,84	102,88	—	—	99,31	101,11	—	94,46	820,09	16,203	—	—	97,9 [7]	16,2 [7]

[1] Berechnet für *MG* 48.675. [2] Nicht zur Summe gezählt. [3] Berechnet für *MG* 15.600. [4] Nicht zur Summe gezählt. [5] Cysteinsäure. [6] Wegen Druckfehlers in der Referenz fraglich. [7] Gesamt-N (Kjeldahl).

	4.2.1.11 D-2-Phosphoglycerat-Hydro-lyase (Hefe); Phospho-pyruvat-Hydratase, Enolase				Cyto-chrom c (Hefe) [5]	Cytochrom c (Pseudo-monas 551) [5]	Cytochrom c_2 (Rhodospirillum rubrum) [5]			Cyto-chrom c_3 (Desulfo-vibrio) [5]	Kupfer-protein (Pseudo-monas aeruginosa) [5]
	(a) 17,34 (b) 0,38										
	H	A	B	D [2]	D [3]	D [5]	D I [6]	D II [7]	D III [8]	D [9]	D [10]
Gly	4,68 ± 0,24	6,15	6,63	55,1	12	9	8	8	8	10	14
Ala	9,35 ± 0,23	11,72	10,65	88,4	7	7	14	15	14	11	8
Val	6,94 ± 0,18	8,20	5,67	47,1	3	4	6	6	6	9	10
Leu	10,05 ± 0,22	11,65	7,19	59,7	8	4	7	8	7	3	10
Ileu	4,89 ± 0,39	5,67	3,50	29,1	4	3	2	2	2	(0)	4
Ser	6,91 ± 0,06	8,34	6,43	54,3	3	4				5	11
Thr	4,67 ± 0,25	5,50	3,74	31,1	(7)	4				5	11
Met	1,57 ± 0,11	1,79	0,97	8,0	2	1	(2)	2	(2)	3	6
CyS	—	—	—	—	2	1	(1)	(1)	(1)	8	(2)
CySH	—	—	—	—	—	—	—	—	—	—	—
Phe	5,15 ± 0,12	5,78	2,83	23,5	4	2	5	5	5	2	6
Tyr	3,66 ± 0,10	4,06	1,81	15,1	(4)	2	4	6	4	3	2
Try	1,46 ± 0,05	1,60	1,27	5,3	1 [4]	nicht bestimmt	nicht bestimmt	nicht bestimmt	nicht bestimmt	nicht bestimmt	nicht bestimmt
Lys	10,18 ± 0,13	11,61	12,86	53,4	14	3	17	18	17	22	12
Arg	4,18 ± 0,22	4,66	8,66	18,0	3	1	(0)	(0)	(0)	1	1
His	2,80 ± 0,04	3,17	4,96	13,7	4	1	2	2	2	9	4
Asp	13,26 ± 0,29	15,33	9,32	77,4	11	7	12	13	12	13	19
Glu	9,65 ± 0,47	10,99	6,05	502	9	7	10	11	10	6	11
Pro	2,70 ± 0,49	3,20	2,25	18,7	4	5	3	4	3	4	5
OH-Pro	—	—	—	—	—	—	—	—	—	—	—
Amid-N	1,33 [1]	1,41 [1]	6,71 [1]	55,8 [1]	(11) [1]	4 [1]	(25) [1]	3 [1]	(25) [1]	11 [1]	12 [1]
Summe	102,1 ± 3,56	119,42	101,50	647,2	101	65	104	115	104	114	136

[1] Nicht zur Summe gezählt. [2] Berechnet für *MG* 67.225. [3] Berechnetes *MG* 11.912. [4] Berechnet. [5] Berechnetes *MG* 7160. [6] Ungefahres *MG* berechnet 11894 (ausgenommen Amid-N und Try, inklusive Haem). [7] Ungefahres *MG* berechnet 13.019 (ausgenommen Amid-N und Try, inklusive Haem). [8] Berechnetes *MG* 12.231 (Physikal. 12.750 ± 1.250). [9] Berechnetes *MG* 13.604. [10] Berechnetes *MG* 14.600.

Literatur S. 766.

Physikalisch-chemische Eigenschaften von mikrobiellen Enzymproteinen

Von **O. Hoffmann-Ostenhof** und **G. Kreil-Kiss,** Wien

Enzymprotein (Systematischer Name, Trivialname, Herkunft)	System-nummer	$S_{20} \cdot 10^{13}$	$D_{20} \cdot 10^7$	$M \cdot 10^3$	$f : f_0$	$V_{spez.}$	I.P.
Alkohol: NAD-Oxydoreductase, Alkohol-Dehydrogenase aus Hefe	1.1.1.1	6,22	4,7 ± 0,03	150 *SD*	1,27	0,769 b [*13*]	
D-Mannit-1-phosphat: NAD-Oxydoreductase, Mannit-1-phosphat-Dehydrogenase aus Aerobacter aerogenes	1.1.1.17	3,06		40 *S*		0,73 a [*25*]	
D-Sorbit-6-phosphat: NAD-Oxydoreductase, Sorbit-6-phosphat-Dehydrogenase aus Aerobacter aerogenes		6,0 [*25*]					
β-D-Glucose: O_2-Oxydoreductase, Glucose-Oxydase („Notatin") aus Penicillium notatum	1.1.3.4	8,27	5,13	152 *SD*	1,16	0,75 a [*3*]	
Dasselbe aus Penicillium amagasakiense		7,93	5,02	154 *SD*		0,75 a [*24*]	
Glycerat: NAD-Oxydoreductase (Tartronsemialdehyd bildend), Tartronsemialdehyd-Reductase aus Pseudomonas ovalis		6,14	6,3	90,8 ± 1,3 *A* [*40*]			
D-Glycerinaldehyd-3-phosphat : NAD-Oxydoreductase (phosphorylierend), Triosephosphat-Dehydrogenase aus Hefe	1.2.1.12			120 *SD* [*22*]			
4,5-L-Dihydroorotat: O_2-Oxydoreductase, Dihydroorotat-Dehydrogenase aus Zymobacterium oroticum	1.3.3.1	8,2 [*6*]					
$NADH_2$: Lipoamid-Oxydoreductase, Lipoamid-Dehydrogenase („Diaphorase") aus Escherichia coli	1.6.4.3	6,5	6,7	88 *SD*		0,73 a [*21*]	
$NADH_2$: Nitrat-Oxydoreductase, $NADH_2$-Nitrat-Reductase aus Escherichia coli	1.6.6.1	25,0	2,27	~1000 *SD*	1,38	0,75 a [*47*]	
H_2O_2 : H_2O_2-Oxydoreductase, Katalase aus Micrococcus lysodeicticus	1.11.1.6	11		~230 *S* [*16*]			
Brenzkatechin-Oxygenase aus Pseudomonas fluorescens	1.99.2.2	3,29	4,6	82,9 *SD*		0,749 a [*12*]	
Desoxycytidylat-Hydroxymethylase aus mit T6r+ infizierter Escherichia coli		4,29	6,10	68 *SD*		0,75 a [*35*]	

D-Sedoheptulose-7-phosphat: D-Glycerinaldehyd-3-phosphat-Glykolaldehydtransferase, Transketolase aus Hefe	2.2.1.1	7,34	5,0	140 ± 1 *SD*	1,26	0,74 a [*37*]	
α-1,4-Glucan: D-Glucose-4-Glucosyltransferase, Amylomaltase aus Escherichia coli	2.4.1.3			124 *A* [*51*]			
ATP: D-Hexose-6-Phosphotransferase, Hexokinase aus Hefe	2.7.1.1	3,1	2,9	96,6 *SD*		0,740 a [*4*]	
ATP: Glycerin-Phosphotransferase, Glycerinkinase aus Candida mycoderma	2.7.1.30			251 *SD*			4,6 [*2*]
Ribonuclease aus Bacillus subtilis (extracellulär)	2.7.7.16	1,4 [*31*]					
Orthophosphomonoester-Phosphohydrolase, Alkalische Phosphatase aus Escherichia coli	3.1.3.1	6,3		75—80 *A*	1,05	0,73 a [*7*]	
α-1,4-Glucan-4-Glucanohydrolase, α-Amylase aus Aspergillus oryzae	3.2.1.1	4,67	7,34	51 *SD*	1,19	0,700 a 0,723 b	4,2 [*5*]
Dasselbe aus Bacillus subtilis (monomere Form)		4,56	7,98	48,9 *SD*	1,10	0,72 b	5,4 [*5*]
Dasselbe aus Pseudomonas saccharophila		4,6 [*5*]					
β-1,4-Glucan-4-Glucanohydrolase, Cellulase aus Myrothecium verrucaria	3.2.1.4	3,72 ± 0,05	5,61 ± 0,12	63,0 ± 1,6 *SD*	1,44 ± 0,02	0,74 a	4,7 [*50*]
Amyloglucosidase aus Aspergillus oryzae		5,44	5,05	97 ± 5 *SD*		0,74 a [*33*]	
Cycloheptaglucan-4-Glucanohydrolase, Cycloheptaglucanase aus Bacillus macerans	3.2.1.12	5,44		67 *S*			4,5 [*44*]
N-Acetylneuraminat-Glykohydrolase, Neuraminidase aus Vibrio cholerae	3.2.1.18	1,3		10—20 [*43*]			
α-D-Glucosid-Glucohydrolase, α-Glucosidase aus Saccharomyces italicus Y 1225	3.2.1.20	5,48		85 ± 30 *S* [*10*]			
Maltase aus Hefe		3,8 [*34*]					
β-D-Glucosid-Glucohydrolase, β-Glucosidase aus Ecballium elaterium	3.2.1.21	4,19 [*19*]					
Dasselbe aus Hefe, konstitutiv induziert		11,3 12,4 } [*17*]					

Enzymprotein (Systematischer Name, Trivialname, Herkunft)	Systemnummer	$S_{20} \cdot 10^{13}$	$D_{20} \cdot 10^{7}$	$M \cdot 10^{3}$	$f : f_0$	$V_{spez.}$	I.P.
β-D-Galaktosid-Galaktohydrolase, **β-Galaktosidase aus Escherichia** coli **ML** 308	3.2.1.23	16,24	2,12	747 *SD*		0,75 a [*18*]	
Dasselbe aus E. coli **ML 309**		16,9 [*49*]					
Iminopeptidase aus Escherichia coli	3.4.3.6	3,25	5,1 [*42*]				
Subtilopeptidase A aus Bacillus subtilis („Subtilisin")	3.4.4.16	∼2,7		25—30 *S* 27,4 chem.			9,4 [*8*]
Aspergillopeptidase A aus Aspergillus saitoi	3.4.4.17			93—98 osm. [*9*]			
Clostridiopeptidase A aus Clostridium histolyticum („Kollagenase")	3.4.4.19	5,4	4,3	109 *SD* [*45*]			
Staphylococcus-Peptidase aus Staphylococcus aureus („Koagulase")		1,0		∼5 [*30*]			
Proteus-Peptidase aus Proteus vulgaris		3,7		40—50 *S* [*28*]			
Mesentericus-Peptidase aus Bacillus mesentericus				32,0 ± 0,4 chem. [*9*] monomol. Film			
Subtilopeptidase B aus Bacillus subtilis Stamm N' („BPN'", „Nagarse")				30,5 *S*			7,0 [*9*] 8,2 [*9*]
Streptococcus-Peptidase A aus einer Streptococcus-Art	3.4.4.18						
Peptidase aus Pseudomonas aeruginosa		3,99	7,4	48,4 *SD*		0,730 b [*18a*]	
Peptidase aus Streptomyces griseus				20,0 ± 0,8 *SD*			5,5 [*9*]
Penicillin-Amidohydrolase, Penicillinase aus Bacillus cereus Stamm 5/B, konstitutives Exoenzym	3.5.2.6	2,80	7,80	35,2 *SD*	1,24	0,75 a [*36*]	
Dasselbe aus Bacillus cereus, Stamm 569, **induziertes Exoenzym**		2,68	8,28	31,5 *SD*	1,22	0,75 a [*36*]	
Dasselbe aus Bacillus cereus, Stamm 569/H, konstitutives Exoenzym		2,65	8,38	30,8 *SD*	1,21	0,75 a [*36*]	

Pyrophosphat-Phosphohydrolase, Pyrophosphatase aus Hefe	3.6.1.1	4,4	6,8	63 *SD*		0,75 a	4,75 [*23*]
Acetoacetat-Carboxy-lyase, Acetoacetat-Decarboxylase aus Clostridium acetobutylicum	4.1.1.4	~15		~300 *S* [*11*]			
L-Glutamat-1-Carboxy-lyase, Glutamat-Decarboxylase aus Escherichia coli	4.1.1.15	12,82 ± 0,09	4,20 ± 0,03	300 *SD*		0,75 a [*46*]	
Ketose-1-phosphat-Aldehyd-lyase, Aldolase aus Hefe	4.1.2.7	5,14		65—75 *S*			5,2 [*39*]
Dasselbe aus Aspergillus niger				~50 chem. [*41*]			
D-Xylulose-5-phosphat-D-Glycerinaldehyd-3-phosphat-lyase, Phosphoketolase aus Lactobacillus plantarum	4.1.2.9	24,3		~550 *S* [*14*]			
Citrat-Oxalacetat-lyase, Citrat-lyase aus Aerobacter aerogenes	4.1.3.6	16,2	4,16	318,5 *SD* 314 + 13,8 *A*		0,73 a [*1 b*]	
D-2-Phosphoglycerat-Hydro-lyase, Phosphopyruvat-Hydratase („Enolase") aus Hefe	4.2.1.11	5,9	8,8	63,7 *SD* 66,0 *L* 67,3 chem.	1,01	0,735 b [*27*]	
L-Serin-Hydro-lyase (Indol-anlagernd), Tryptophan-Synthase aus Neurospora crassa Stamm C-84	4.2.1.20	6,4	4,22	140 ± 12% *SD*		0,74 a [*29*]	
Dasselbe aus Escherichia coli		2,7		29,5 ± 0,5 *S*		0,725 a	4,9—5,0 [*15*]
Aldose-1-epimerase, Aldose-Mutarotase aus Penicillium notatum	5.1.3.3			60—70 *S* [*1 a*]			
D-Glucose-6-phosphat-Ketolisomerase aus Hefe	5.3.1.9	7,57	5,1	145 *SD* [*32*]			
3-Ketosteroid-Δ^4-Δ^5-Isomerase, Steroid-Δ-isomerase aus Pseudomonas testosteroni	5.3.3.1	3,3		40,8 *S*	1,3	0,734 a [*20*]	
Methylmalonyl-Racemase		2,95		29 ± 2,7 *A* [*1*]			
S-Phosphoribosylformylglycinamid : L-Glutamin-Amidoligase aus Salmonella typhimurium	6.3.5.3	7,78	5,3 ± 0,5	135 *SD*		0,735 b [*5 b*]	

Elektrophoretische Beweglichkeiten

Enzymprotein (Systematischer Name, Trivialname, Herkunft)	System-nummer	Puffer	pH	Ionen-starke	Elektro-phoretische Beweglichk. 10^{-5} cm²/Volt · sec
Alkohol: NAD-Oxydoreductase, Alkohol-Dehydrogenase aus Hefe	1.1.1.1	Acetat	5,0	0,1	0,77 [13]
D-Glycerinaldehyd-3-phosphat: NAD-Oxydoreductase (phosphorylierend), Triosephosphat-Dehydrogenase aus Hefe	1.2.1.12	Phosphat	7,25	0,1	−4,0 [22]
$NADH_2$: Nitrat-Oxydoreductase, $NADH_2$-Nitrat-Reductase aus Escherichia coli	1.6.6.1	Phosphat	7,1	0,1	−9,55 [47]
Brenzkatechin-Oxygenase aus Pseudomonas fluorescens	1.99.2.2	Veronal 0,1 m	8,5		9,82 [12]
Desoxycytidilat-Hydroxymethylase aus mit T6r+ infizierter Escherichia coli		Phosphat 0,02 m	7,4		−5,3 [35]
Orthophosphomonoester-Phosphohydrolase, Alkalische Phosphatase aus Escherichia coli	3.1.3.1	Tris	7,6	0,1	−3,3 [7]
Cycloheptaglucan-4-Glucanohydrolase, Cycloheptaglucanase aus Bacillus macerans	3.2.1.12	Kakodylat	6,06	0,1	1,9 [44]
Maltase aus Hefe		Phosphat	7,7	0,1	4,05 [34]
β-D-Glucosid-Glucohydrolase, β-Glucosidase aus Ecballium elaterium	3.2.1.21	Phosphat	6,8	0,1	−1,05 [19]
Staphylococcus-Peptidase aus Staphylococcus aureus („Koagulase")		Veronal	8,6	0,1	−1,1 [30]
Penicillin-Amidohydrolase, Penicillinase aus Bacillus cereus, Stamm 5/B, konstitutives Exoenzym	3.5.2.6	Glycin	8,4	0,2	−3,48 [36]
Dasselbe aus Bacillus cereus, Stamm 569, induziertes Exoenzym		Glycin	8,4	0,2	−1,7 [36]
Dasselbe aus Bacillus cereus, Stamm 569/H, konstitutives Exoenzym		Glycin	8,4	0,2	−1,65 [36]
Pyrophosphat-Phosphohydrolase, Pyrophosphatase aus Hefe	3.6.1.1	Kakodylat	6,7		−1,8 [23]
Ketose-1-phosphat-Aldehyd-lyase, Aldolase aus Hefe	4.1.2.7	Glycyl-glycin	7,5	0,1	−8,0 [39]
		Phosphat	6,8	0,1	−5,2 [48]
Dasselbe aus Aspergillus niger		Phosphat	6,7	0,2	−5,4 [41]
D-2-Phosphoglycerat-Hydro-lyase, Phosphopyruvat-Hydratase aus Hefe	4.2.1.11	Phosphat	6,8	0,1	1,87 [26]
L-Serin-Hydro-lyase (Indol-anlagernd), Tryptophan-Synthase aus Escherichia coli	4.2.1.20	Phosphat	7,1		−3,1 [15]

Literatur

[1] *Allen, S. H. G., R. Kellermeyer, R. Stjerneholm, B. Jacobson* u. *H. G. Wood:* J. biol. Chem. **238**, 1637 (1963).
[1a] *Bentley, R.*, u. *D. S. Bhate:* J. biol. Chem. **235**, 1219 (1960).
[1b] *Bowen, T. J.*, u. *L. J. Rogers:* Biochim. biophysica Acta **67**, 633 (1963).
[2] *Bublitz, C.*, u. *O. Wieland:* in „Methods in Enzymology" Bd. **5**. S. 354, New York 1962.
[3] *Cecil, R.*, u. *A. G. Ogston:* Biochem. J. **42**, 229 (1948).
[4] *Crane, R. K.:* in „Methods in Enzymology" Bd. **I**, S. 269, New York 1955.
[5] *Fischer, E. H.*, u. *E. A. Stein:* in „The Enzymes" Bd. **5**, S. 313, New York 1961.
[5a] *French, T. C., I. B. Dawid, R. A. Day* u. *J. M. Buchanan:* J. biol. Chem. **238**, 2171 (1963).
[6] *Friedmann, H. C.*, u. *B. Vennesland:* J. biol. Chem. **235**, 1526 (1960).

[7] *Garen, A.*, u. *C. Levinthal:* Biochim. biophysica Acta **38**, 470 (1960).
[8] *Güntelsberg, A. V.*, u. *M. Ottesen:* Nature **170**, 802 (1952).
[9] *Hagihara, B.:* in „The Enzymes" Bd. **4**, S. 193, New York 1960.
[10] *Halvorson, H. O.*, u. *L. Ellias:* Biochim. biophysica Acta **30**, 28 (1958).
[11] *Hamilton, G. A.*, u. *F. H. Westheimer:* J. Amer. chem. Soc. **81**, 2277 (1959).
[12] *Hayaishi, O.*, *M. Katagiri* u. *S. Rothberg:* J. biol. Chem. **229**, 905 (1957).
[13] *Hayes jr., J. E.*, u. *S. F. Velick:* J. biol. Chem. **207**, 225 (1954).
[14] *Heath, E. C.*, *J. Hurwitz*, *B. L. Horecker* u. *A. Ginsburg:* J. biol. Chem. **231**, 1009 (1958).
[15] *Henning, U.*, *D. R. Helinski*, *F. C. Chao* u. *C. Yanofsky:* J. biol. Chem. **237**, 1523 (1962).
[16] *Herbert, D.*, u. *J. Pinsent:* Biochem. J. **43**, 193 (1948).
[17] *Hu, A. S. L.*, *R. Epstein*, *H. O. Halvorson* u. *R. M. Bock:* Arch. Biochem. Biophys. **91**, 210 (1960).
[18] *Hu, A. S. L.*, *R. G. Wolfe* u. *R. J. Reithel:* Arch. Biochem. Biophys. **81**, 500 (1959).
[18a] *Inoue, H.*, *T. Nakagawa* u. *K. Morihara:* Biochim. biophys. Acta **73**, 125 (1963).
[19] *Joubert, F. J.:* Arch. Biochem. Biophys. **91**, 11 (1960).
[20] *Kawahara, F. S.*, *S. F. Wang* u. *P. Talalay:* J. biol. Chem. **237**, 1500 (1962).
[21] *Koike, M.*, *P. C. Shah* u. *L. J. Reed:* J. biol. Chem. **235**, 1939 (1960).
[22] *Krebs, E. G.:* in „Methods in Enzymology" Bd. **1**, S. 410, New York 1955.
[23] *Kunitz, M.*, u. *P. W. Robbins:* in „The Enzymes" Bd. **5** S. 169, New York 1961.
[24] *Kusai, K.*, *I. Sekuzu*, *B. Hagihara*, *K. Okunuki*, *S. Yamauchi* u. *M. Nakai:* Biochim. biophysica Acta **40**, 555 (1960).
[25] *Liss, M.*, *S. B. Horwitz* u. *N. O. Kaplan:* J. biol. Chem. **237**, 1342 (1962).
[26] *Malmström, B. G.:* Arch. Biochem. Biophys. **46**, 345 (1953).
[27] *Malmstrom, B. G.:* in „The Enzymes" Bd. **5**, S. 471, New York 1961.
[28] *Mills, G. L.*, u. *J. M. Wilkins:* Biochim. biophysica Acta **30**, 63 (1958).
[29] *Mohler, W. C.*, u. *S. R. Suskind:* Biochim. biophysica. Acta **43**, 288 (1960).
[30] *Muray, M.*, u. *P. Gohdes:* Biochim. biophysica Acta **40**, 518 (1960).
[31] *Nishimura, S.:* Biochim. biophysica Acta **45**, 15 (1960).
[32] *Noltmann, E.*, u. *F. H. Bruns:* Biochem. Z. **331**, 436 (1959).
[33] *Pazur, J. H.*, u. *K. Kleppe:* J. biol. Chem. **237**, 1002 (1962).
[34] *Phillips, A. W.*, Arch. Biochem. Biophys. **80**, 346 (1959).
[35] *Pizer, L. J.*, u. *S. S. Cohen:* J. biol. Chem. **237**, 1251 (1962).
[36] *Pollock, M. R.:* in „The Enzymes" Bd. **4**, S. 269, New York 1960.
[37] *Racker, E.:* in „The Enzymes" Bd. **5**, S. 397, New York 1961.
[38] *Raman, C. S.:* Biochim. biophysica Acta **52**, 212 (1961).
[39] *Richards, O. C.*, u. *W. J. Rutter:* J. biol. Chem. **236**, 3177, 3185 (1961).
[40] *Rodgers, A.:* Biochem. J. **81**, 285 (1961).
[41] *Rutter, W. J.:* in „The Enzymes" Bd. **5**, S. 341, New York 1961.
[42] *Sarid, S.*, *A. Berger* u. *E. Katchalski:* J. biol. Chem. **234**, 1740 (1959).
[43] *Schramm, G.*, u. *E. Mohr:* Nature **183**, 1677 (1959).
[44] *Schwimmer, S.:* Arch. Biochem. Biophys. **43**, 108 (1953).
[45] *Seifter, S.*, *P. M. Gallop*, *L. Klein* u. *E. Meilman:* J. biol. Chem. **234**, 285 (1959).
[46] *Shukuga, R.*, u. *G. W. Schwert:* J. biol. Chem. **235**, 1649 (1960).
[47] *Taniguchi, S.*, u. *E. Itagaki:* Biochim. biophysica Acta **44**, 263 (1960).
[48] *Vanderheiden, B. S.*, *J. O. Meinhart*, *R. Dodson* u. *E. Krebs:* J. biol. Chem. **237**, 2095 (1962).
[49] *Wallenfels, K.*, *M. L. Zarnitz*, *G. Laule*, *H. Bender* u. *M. Keser:* Biochem. Z. **331**, 459 (1959).
[50] *Whitaker, D. R.*, *J. R. Colvin* u. *W. H. Cook:* Arch. Biochem. Biophys. **49**, 257 (1954).
[51] *Wiesmeyer, M.*, u. *M. Cohn:* Biochim. biophysica Acta **39**, 417 (1960).

Viren

Von **K. Hannig**, München

Zusammenfassende Literatur

Schramm, G.: Biochemie der Viren, Berlin-Göttingen-Heidelberg 1954.
Burnet-Stanley: The Viruses, New York 1959.
Schramm, G.: Annual Review of Biochemistry **27**, 101 (1958).
Kozloff, L. M.: Annual Review of Biochemistry **29**, 475 (1960).
Klug, A., u. *D. L. D. Caspar:* Adv. Virus Research **7**, 225 (1960).
Colter, J. S., u. *K. A. O. Ellem:* Annual Review Microbiology **15**, 219 (1961).

Die Zusammensetzung ist nur bei denjenigen Viren angegeben, die aus einem einheitlichen Protein bestehen und gut untersucht sind.

Die physikalisch-chemischen Daten beziehen sich auf das intakte, ganze Virusteilchen.

1. Methoden zur Darstellung

a) **Adenovirus**

Kohler, K.: Z. Naturforsch. **17b**, 544 (1962).

b) **Bacteriophage Φ X 174**

Sinsheimer, R. L.: J. Mol. Biol. **1**, 37 u. 43 (1959).

c) **T_2-Bacteriophage**

Adams, M. H.: Bacteriophages, New York 1959.
Herriott, R. M., u. *J. L. Barlow:* J. Gen. Physiol. **36**, 17 (1953).

d) **Bushy-stunt-Virus der Tomate (Tomatenzwergbuschvirus)**

Bawden, F. C., u. *N. W. Pirie:* Brit. J. exper. Pathology **19**, 251 (1938).
Bawden, F. C., u. *N. W. Pirie:* Nature **141**, 513 (1938).
Steere, R. L.: Adv. Virus Research **6**, 1 (1959).

e) **Influenza-Virus**

Schafer, W.: in Burent-Stanley: The Viruses S. 482.
Zillig, W., *W. Schafer* u. *S. Ullmann:* Z. Naturforsch. **10b**, 199 (1955).

f) **Kaninchen-Papillom-Virus**

Taylor, A. R.: J. biol. Chem. **163**, 283 (1946).
Beard, J. W., u. *R. W. G. Wyckoff:* Science **85**, 201 (1937).

g) **Kartoffel-X-Virus**

Bode, O., u. *H. L. Paul:* Biochim. biophysica Acta **16**, 343 (1955).
Corbett, M. K.: Virology **15**, 8 (1961).
Reichmann, M. E.: Canad. J. Chem. **37**, 4 (1959).

h) **Mäuse-Encephalomyelitis-Virus**

Hausen, P., u. *W. Schäfer:* Z. Naturforsch. **17b**, 15 (1962).

i) **Virus der Maul- und Klauenseuche**

Brooksby, J. B.: Adv. Virus Research **5**, 1 (1958).

k) **Poliomyelitis-Virus**

Schaffer, F. L., u. *C. E. Schwerdt:* Proc. Natl. Acad. Sci. **41**, 1020 (1955).
Schwerdt, C. E., u. *F. L. Schaffer:* Virology **2**, 665 (1956).
Levintow, L., u. *J. E. Darnell jr.:* J. biol. Chem. **235**, 70 (1960).

l) **Polyoma-Virus**

Stewart, S. E., u. *B. E. Eddy:* Adv. Virus Research **7**, 61 u. 91 (1960).
Scheinin, R.: Virology **17**, 426 (1962).

m) **Southern bean mosaic virus (Bohnenmosaikvirus Südstamm)**

Price, W. C.: Amer. J. Botany **33**, 45 (1946).
Miller, G. L., u. *W. C. Price:* Arch. Biochem. **10**, 467 (1946); **11**, 239 u. 337 (1946).
Steere, R. L.: Adv. Virus Research **6**, 1 (1959).

n) **Tabakmosaikvirus**

Stanley, W. M.: Science **81**, 644 (1935).
Stanley, W. M.: J. Amer. chem. Soc. **64**, 1804 (1942).
Johnson, J.: Phytopathology **41**, 78 (1951).
Steere, R. L.: Adv. Virus Research **6**, 1 (1959).

o) **Turnip yellow mosaic-Virus (Kohlrüben-Gelbmosaik-Virus)**

Markham, R., u. *K. M. Smith:* Parasitology **39**, 330 (1949).
Steere, R. L.: Adv. Virus Research **6**, 1 (1959).

2. Bausteinanalyse

Erläuterungen

D = Anzahl Aminosäuren pro Molekül (bzw. Untereinheit),
E = Prozent Aminosäure von Gesamtaminosäuren.

Übersichtsarbeiten

[*a*] *Tsugita, A.:* J. Mol. Biol. **5**, 293 (1962).

Literaturverzeichnis S. 828.

	Tabakmosaikvirus [1, 2, 6] und Varianten [a] (Bezogen auf die Proteinuntereinheit vom Molekulargewicht 17400)									Turnip yellow mosaic virus (TYMV) [3]	Kartoffel-X-Virus [7]		Polio-myelitis virus [5]
	TMV vulgare	M masked strain	J 14 D 1 Stamm	yellow aucuba	green aucuba	yellow tomato mosaic-virus [4]	Dahlem-ense [8]	green tomato mosaic-virus [4]	Holmes' rib grass [4]		Stamm C	Stamm ringspot	
	D	*D*	*D*	*D*	*D*	*D*	*D*	*D*	*D*	*D*	*D*	*D*	*E*
Gly	6	6	6	5	6	6	6	4	4	8	23	23	6,8
Ala	14	14	14	14	14	11	11	18	18	16	76	77	7,8
Val	14	14	14	14	14	15	15	12	10	14—15	27	27	7,2
Leu	12	12	12	12	12	13	13	11	11	18	19	20	8,5
Ileu	9	9	9	8	8	7	7	8	8	15	21	21	4,8
Ser	16	16	17	15	14	15	16	10	13	18	31	31	7,0
Thr	16	16	16	17	17	17	17	19	14	26—27	58	59	9,1
Met	0	0	0	0	0	1	1	2	3	4	15	14	1,5
Cys	1	1	1	1	1	1	1	1	1	4	5	5	0,8
Phe	8	8	8	8	8	8	8	8	6	5	22	22	4,4
Tyr	4	4	4	4	4	5	5	6	7	3	4	4	3,9
Try	3	3	3	3	3	3	3	2	2	2	9	8	
Lys	2	2	3	2	2	2	2	1	2	8	22	22	4,7
Arg	11	11	11	12	12	9	9	8	11	3	18	18	4,7
His	0	0	0	0	0	0	0	0	1	3	4	4	2,4
Asp	18	18	17	19	19	18	17	22	17	12	42	43	11,9
Glu	16	16	15	16	16	19	19	16	22	15	33	33	7,7
Pro	8	8	8	8	8	8	8	10	8	19—20	34	32	7,2
Amid-N	(21)												
Summe	158	158	158	158	158	158	158	158	158		463	463	100

Literatur

[1] *Anderer, F. A., H. Uhlig, E. Weber* u. *G. Schramm:* Nature **186**, 922 (1960).
[2] *Anderer, F. A.,* u. *D. Handschuh:* Z. Naturforsch. **17b**, 536 (1962).
[3] *Harris, J. I.,* u. *J. Hindley:* J. Mol. Biol. **3**, 117 (1961).
[4] *Knight, C. A., D. M. Silva, D. Dahl* u. *A. Tsugita:* Virology **16**, 236 (1962).
[5] *Levintow, L.,* u. *J. E. Darnell jr.:* J. biol. Chem. **235**, 70 (1960).
[6] *Tsugita, A., D. T. Gish, J. Young, H. Fraenkel-Conrat, C. A. Knight* u. *W. M. Stanley:* Proc. Natl. Acad. Sci. **46**, 1463 (1960)
[7] *Shaw, J. G., M. E. Reichmann* u. *D. L. Hatt:* Virology **18**, 79 (1962).
[8] *Wittmann, H. G.:* Virology **12**, 613 (1960).

3. Physikalisch-chemische Daten

Erlauterungen

$S_{20} \cdot 10^{13}$ = Sedimentationskonstante (in Wasser bei +20°C) auf Konzentration Null extrapoliert
$P_{20} \cdot 10^{7}$ = Diffusionskonstante (in Wasser bei +20°C) auf Konzentration Null extrapoliert
$M \cdot 10^{-6}$ = Molekulargewicht
f/f_0 = Reibungsquotient
$d \cdot 10^{7}$ = Durchmesser bzw. Dicke stabchenförmiger Viren
$L \cdot 10^{7}$ = Lange

Virus	$S_{20} \cdot 10^{13}$	$D_{20} \cdot 10^{7}$	$M \cdot 10^{-6}$	f/f_0	$d \cdot 10^{7}$ [cm]	$L \cdot 10^{7}$ [cm]
Adenovirus	618 [8]		10,65		70 [8]	
Bushy stunt	132 [11]	1,15 [11]	[11]		29,2 [11]	
Influenza	720 [9]		280 [13]		80 [13]	
Kartoffel-X					10—15 [2]	500—525 [2]
Mäuse-Encephalomyelitis	152 [5]	1,8 [5]	5,7 [5]	1,04 [5]	24 [5]	
Maul- und Klauenseuche	70 [3]				23 [3]	
Papillom	297 [15]	0,66 [15]	45 [15]	1,35 [15]	44 [15] 25—35 [10]	
Polio	158 [14, 17]	1,29 [12]	6,8 [14, 17]	1,12 [14,17]	27 [14, 17	
Polyoma					45 [20]	
Southern bean mosaic	115 [15]	1,37 [15]	6,6 [15]	1,25 [15]	24 [15]	
T_2-Bacteriophage	1000 [1, 21]	0,35 [1, 21]	220 [1, 21]			
Tabakmosaikvirus	198 [4, 16]	0,44 [4, 19]	40,7 [4, 22]	2 [14,16]	15 [19]	300 [19]
Turnip yellow mosaic	106 [7]		5 [7]		28 [7]	
Φ X 174 Phage	114 [18]		6,2 [18]		30 [18]	

Literatur

[1] *Bendet, I. J., J. L. Allison* u. *M. A. Lauffer:* Virology **6**, 571 (1958).
[2] *Bode, O.,* u. *H. L. Paul:* Biochim. biophysica Acta **16**, 343 (1955).
[3] *Brooksby, J. B.:* Adv. Virus Research **5**, 1 (1958).
[4] *Hall, C. E:.* J. Amer. chem. Soc. **80**, 2556 (1958).
[5] *Hausen, P.,* u. *W. Schäfer:* Z. Naturforsch. **17b**, 15 (1962).
[6] *Horne, R. W., S. Brenner, A. P. Waterson* u. *P. Wildy:* J. Mol. Biol. **1**, 84 (1959).
[7] *Klug, A.,* u. *D. L. D. Kaspar:* Adv. Virus Research **7**, 225 (1960).
[8] *Köhler, K.:* Z. Naturforsch. **17b**, 544 (1962).
[9] *Lauffer, M. A.,* u. *W. M. Stanley:* J. exper. Med. **80**, 531 (1944).
[10] *Moore, D. H., R. S. Stone, R. E. Shope* u. *D. Gelber:* Proc. Soc. exper. Biol. Med. **101**, 575 (1959).

[11] *Neurath, H.*, u. *G. R. Cooper:* J. biol. Chem. **135**, 455 (1940).
[12] *Polson, A.*, u. *J. W. F. Hampton:* Biochim. biophysica Acta **44**, 18 (1960).
[13] *Schäfer, W.:* in *Burnet-Stanley*, „The Viruses", New York 1959.
[14] *Schaffer, F.*, u. *C. E. Schwerdt:* Adv. Virus Research **6**, 343 (1955).
[15] *Schramm, G.:* Biochemie der Viren, Berlin-Göttingen-Heidelberg 1954.
[16] *Schramm, G.*, u. *G. Bergold:* Z. Naturforsch. **2b**, 108 (1947).
[17] *Schwerdt, C. E.*, u. *F. L. Schaffer:* Ann. New York Acad. Sci. Vol. **61**, 4, 740 (1958).
[18] *Sinsheimer, R. L.:* J. Mol. Biol. **1**, 37 u. 43 (1959).
[19] *Steere, R. L.:* J. Biophys. Biochem. Cytology **3**, 45 (1957).
[20] *Stewart, S. E.*, u. *B. E. Eddy:* Adv. Virus Research **7**, 61 u. 91 (1960).
[21] *Taylor, N. W.*, *H. T. Epstein* u. *M. A. Lauffer:* J. Amer. chem. Soc. **77**, 1270 (1955).
[22] *Williams, R. C.*, u. *R. L. Steere:* J. Amer. chem. Soc. 73, 2057 (1951).

Metall-Proteide und -Peptide

Von **H.-J. Bielig, H. Möllinger** und **H.-D. Dell**, Heidelberg

Zusammenfassende Literatur. *Bielig, H.-J.*, u. *E. Bayer:* in Hoppe-Seyler/Thierfelder, Hdb. d. physiolog.- und patholog.-chemischen Analyse, 10. Aufl., Bd. IV/1, S. 714, Berlin-Gottingen-Heidelberg, 1960. — *Johnson, L. A.*, u. *M. J. Seven:* Federat. Proc. Suppl. **20**, 10 (1961). — *Seven, M. J.*, u. *L. A. Johnson:* Metal-Binding in Medicine, Philadelphia 1960. — Weitere, neuere Zitate s. bei den einzelnen Substanzen.

1. Eisenverbindungen

1/1 Hämerythrin

V.: In roten Blutzellen der Coelomflüssigkeit speziell von Sipunculus nudus, Phascolosoma-Arten (Sipunculoidea), Magellona papillicornis (Polychaeta) und Lingula unguis (Brachiopoda). — *Darst.:* a) *Krist. Oxyhamerythrin* (*Oxyhe*) durch Dialyse des zentrifugierten Hamolysates gegen W./A. — b) *Krist. reduziertes Hamerythrin* aus *Oxyhe* mit $Na_2S_2O_4$ in W. — c) *Krist. Methamerythrin* (*Methe*) irreversibel aus *Oxyhe* mit $K_3Fe(CN)_6$, Dialyse und Ammonsulfatfallung.

Charakteristik: a) *Oxyhe* = Globulin mit 0,83—1,01% Fe (10 Atome/Mol.), wahrscheinlich zweiwertig, in Schwefelsaure unter Denaturierung des Proteins abspaltbar; *MG* 66000 (S_{20} = $6{,}2 \cdot 10^{-13}$ bei p_H 6,8); D_{20} = $5{,}8 \cdot 10^{-7}$ $cm^2 \cdot sec^{-1}$ (0,1 m Phosphatpuffer, p_H 7,0); *IP* = 5,6 (0,1 n NaCl); pK_b = 2,9, pK_a = 6,7; purpurrote, orthorhombische, schwach doppelbrechende Krist.; l. in 0,9%ig. NaCl-Lsg.; unl. in W.; λ_{max} = 278, 327, 500 mμ (Phosphatpuffer, p_H 7), reduzierte Form = 280, 330, 375 mμ. — b) *Methe* = braunrote, monokline Krist. (a:b:c = 75:135:74 Å, Elementarzellvol. = $562 \cdot 10^3$ $Å^3$); 0,88% Fe(III), *MG* 120000 (Röntgendiffraktion). — *Konstitution:* Keine prosthet. Gruppe; Fe vermutlich an Mercapto-S gebunden (S = 1,74%). — *Funktion:* Sauerstoffubertrager (Fe/O_2 = 2 : 1), wahrscheinlich diamagnetisch, Oxygenierungswarme — 18 kcal/Mol.

Lit.: *Ghiretti, F.:* in *Hayaishi, O.*, Oxygenases, S. 517, New York 1962.

1/2 Eisen(III)-transferrin (Eisensiderophilin)

V.: Im Serum von Saugetieren; beim Menschen = 3,3% der Plasmaproteine ($2{,}8 \cdot 10^{-5}$ m). — *Darst.:* Aus Siderophilin (Transferrin, S. 780) mit Fe^{2+}-Ionen anaerob in $NaHCO_3$- oder Barbituratpuffer (p_H 7,4), Dialyse und Gefriertrocknung (Ausbeute 80—90% d. Th.). Eisenbindekapazitat des Serums entspr. 0,24—0,28 Vol.-% Fe(III)-siderophilin.

Charakteristik: β_1-Globulin (Glykoproteid), löslicher als Transferrin ohne Fe; lachsrote, sechsseitige Prismen mit 0,128% Fe (2 Atome/Mol.), magnet. Moment μ_{eff} = 6,08 BM, Fe abspaltbar mit Reduktionsmitteln + o.o'-Phenanthrolin; *MG* 88000; *IP* = 4,4; λ_{max} ($E^{1\%}_{1\,cm}$) = 280 (13,8), 460—470 mμ (0,53—0,57); pK_1 = 27,7, pK_2 = 30,3 (bei p_H 7,4). — *Konstitution:* Keine prosthet. Gruppe; 4-zähniger Fe(III)-Ionenkomplex mit 1 HCO_3^--Anion/Fe; Komplexstabilität ähnlich Fe(III)-EDTA; Bindung von Cu^{2+} (2 Cu/Mol.) oder Zn^{2+} an Siderophilin wird durch Fe^{3+} verdrängt. Fe(III)-Bindung ruft optische Aktivität hervor. — *Funktion:* Eisentransportprotein (Halbwertszeit der Fe-Abgabe 70—110 Min.); durch Fe-Dissoziation bakteriostatisch wirksam.

Lit.: *Laurell, C. B.:* in *Putnam, F. W.*, The Plasma Proteins, Bd. I, S. 349, New York 1960. — *Rubin, M.*, *J. Houlihan* u. *J. V. Princiotto:* Proc. Soc. exper. Biol. Med. **103**, 663 (1960). — *Schade, A. L.:* in *Peeters, H.*, Proteids of the Biological Fluids, Proc. 8th Colloquium, Bruges 1960, S. 261, Amsterdam 1961. — *Davis, B.*, *P. Saltman* u. *S. Benson:* Biochem. biophys. Res. Commun. **8**, 56 (1962). — *Vallee, L.*, u. *D. D. Ulmer:* Biochem. biophys. Res. Commun. **8**, 331 (1962).

1/3 Lactosiderophilin

V.: In Muttermilch von Mensch und Kuh. — *Darst.:* Aus der Milch durch Fraktionierung mit Ammonsulfat und Austauschchromatographie an Amberlite XE 64.

Charakteristik: Lachsfarbenes Globulin mit 3,9% Hexosen, 2,4% Hexosamin, 0,87% Neuraminsaure und 0,10—0,12% Fe(III), bei p_H 2 abspaltbar und bei p_H 8,4 mit Eisen(II)-ammonsulfat/O_2 wieder einfuhrbar; *MG* 86000 (S_{20} = 4,8 · 10^{-13}); $D_{20,w}$ = 5,75 · 10^{-7} $cm^2 \cdot sec^{-1}$; *IP* = 7,8; λ_{max} ($E^{1\,\%}_{1\,cm}$) 280 (11,7), 452,5 mμ (0,51). — *Konstitution:* Wahrscheinlich ahnlich Eisen(III)-siderophilin, aber immunologisch nicht mit diesem identisch. — *Funktion:* Eisenbindekapazitat 3,5 μg/g Protein bei p_H 7,4.

Lit.: *Montreuil, J.:* Bull. Soc. Chim. biol. **42**, 1399 (1960). — *Johanson, B.:* Acta chem. scand. **14**, 510 (1960). — *Groves, M. L.:* J. Amer. chem. Soc. **82**, 3345 (1960).

1/4 Eisen(III)-conalbumin

V.: In der Natur nicht aufgefunden; partialsynthetisch aus krist. Conalbumin (*MG* 87000, *IP* = 6,8) des Eiklars. — *Darst.:* Aus Conalbumin, Eisen(III)-nitrat, Natriumcitrat und $NaHCO_3$ in verd. Ammoniak (p_H 9), Dialyse gegen 0,002 n NH_3, Fallung mit A. und Umkristallisation aus waßr.-athanol. NaCl-Lsg.

Charakteristik: Lachsrote, rechtwinklige Blattchen mit 0,16% Fe (2 Atome/Mol.); λ_{max} (log ε) = 470 mμ (0,62) bei p_H 6—9. — *Konstitution:* Angesehen als oktaedrischer Eisen(III)-hydrogencarbonat-Komplex an Carboxyl- und phenolischer OH-Gruppe des Proteins verankert. Fe-Bindung bewirkt negativen Cotton-Effekt.

Lit.: *Warner, R. C.:* Trans. N.Y. Acad. Sci. **16**, 182 (1954). — *Vallee, L.*, u. *D. D. Ulmer:* Biochem. biophys. Res. Commun. **8**, 331 (1962).

1/5 Ferritin

V.: Bei Mensch und Saugetieren, bevorzugt in Milz und Leber, ferner bei Scyllium canicula; in menschl. Ferritin sind 16,4% des Korpereisens gebunden. — *Darst.:* Waßrigen Milzauszug (Pferd) auf 80°C erhitzen, zentrifugierte Lsg. mit Ammonsulfat (35% Sattigung) fallen und aus W. mit 5% $CdSO_4$ kristallisieren (Ausbeute 0,7—1,0 g/kg Milz). Kristallisation gelingt auch direkt in Gewebeschnitten. Partialsynthese aus Apoferritin, Eisen(II)-ammonsulfat, $NaHCO_3$/CO_2-Puffer (p_H 7,3—7,5) und Luft-O_2.

Charakteristik: Braune Krist., entweder isotrop kubisch flachenzentriert (a = 184 Å, Ferritin B) oder anisotrop pseudokubisch (orthorhombische Elementarzelle a : b : c = 130 : 130 : 184 Å, Ferritin A); l. in 2%ig. Ammonsulfat; swl. in W.; *MG* 750000 aus Rontgenstrukturanalyse oder Rontgenkleinwinkelstreuung (Streumassenradius R = 37 Å, Fe-Anteil = 26 Å); Mol.-Vol. 45—49 · 10^4 Å^3; D_4^{20} = 1,45; elektrophoret. μ = −6,3 · 10^{-5} cm^2/V · sec (in Phosphatpuffer, p_H 7,3); *IP* = 4,6 (Pferd), 5,2 (Hund), 5,5 (Mensch); Fe(III) = 17,0—24,5% (N : Fe = 2,2), P = 0,52—1,99% (in partialsynthet. Ferritin fehlend), S ≈ 0,4%; magnet. Moment μ_{eff} = 3,89 BM, bei gealterten Praparaten 2,4—2,7 BM; Fe-Abspaltung reduktiv ($Na_2S_2O_4$, Cystein, Ascorbinsaure) in Gegenwart von α,α'-Dipyridyl und Dialyse (Apoferritin-Darstellung). — *Konstitution:* Einschlußverbindung von γ-FeOOH-Micellen in Apoferritin (Pentagontrioktaeder, ∅ 98—112 Å); 6 spharische Einschlusse (∅ 18 Å, Vol. = 3 · 10^3 Å^3) aus je ca. 550 FeOOH-Gruppen an den Spitzen eines regularen Oktaeders (∅ 50 Å). — *Funktion:* Eisenspeicherproteid, Fe-Übertragung auf Transferrin durch Dialyse von Ferritin-Pufferlsg. + Cystein oder Ascorbinsaure gegen beluftete Siderophilin-Lsg. SH-Ferritin ist identisch mit Vasodepressor-Faktor.

Lit.: *Muir, A. R.:* Quart. J. exper. Physiol. **45**, 192 (1960). — *Harrison, P. M.:* J. Mol. Biol. **1**, 69 (1959). — *Harrison, P. M.*, u. *T. Hofmann:* J. Mol. Biol. **4**, 239 (1962). — *Harrison, P. M.*, *T. Hofmann* u. *W. I. P. Mainwaring:* J. Mol. Biol. **4**, 251 (1962). — *Kratky, O.:* Angew. Chem. **72**, 467, dort 474 (1960). — *Richter, G. W.:* J. Biophys. biochim. Cytol. **6**, 531 (1959). — *Loewus, M. W.*, u. *R. A. Fineberg:* Biochim. biophys. Acta **26**, 441 (1957). — *Dorn, W.:* Materia Medica Nordmark **9**, 59 (1957).

1/6 Hämosiderin

V.: Neben Ferritin vor allem in Leber und Milz von Mensch und Saugetieren, bevorzugt bei Eisenspeicherungskrankheiten (Organsiderosen). Kunstlich durch subcutane Injektion von Eisenoxydhydrat-Sol bei Mausen erzeugbar. — *Darst.:* Aus homogenisierter Pferdemilz durch fraktionierte Sedimentation in Medien hoher Dichte (NaBr-, NaJ-, Abrodil-Lsg.) als Bodensatz; Reinigung durch Extraktion mit 0,9%ig. NaCl-Lsg. und magnetische Anreicherung (Ausbeute ca. 3 g/kg Milz).

Charakteristik: Dunkelbraunrote, amorphe Lamellen, nur loslich in Thioglykolsaure unter langsamer Reduktion des Fe (λ_{max} = 410—415 mμ). Die rontgenamorphe Gelform mineralisiert beim Altern (α- + γ-FeOOH); magnet. Moment μ_{eff} = 3,52—4,72 BM, beim Altern abnehmend, Fe = 25,9—34,2% (Fe : N = 1,23—1,60), S = 0,82—1,14%, P = 0,9—2,2%; enthalt ca. 35% partiell losliches Protein (Aposiderin), keine Nucleinsaure, Mucopolysaccharid (2,5% Galaktose, 4,0% Mannose, 0,8% Fucose, 1% Hexosamin), oktasubstit. Porphyrin mit 2 Carboxylgruppen und Ester hoherer Fettsauren; das Fe ist reduktiv wie beim Ferritin entfernbar. — *Konstitution:* Vermutlich FeOOH-Gel mit adsorptiv gebundenen organischen Komponenten. — *Funktion:* Histologisch charakterisierbare Granula, die bei hohem Fe-Angebot und ungenugender Apoferritin-Synthese an Stelle von Ferritin entstehen Remobilisierung moglich.

Lit.: *Ludewig, S.:* Proc. Soc. exper. Biol. Med. **95**, 514 (1957). — *Shoden, A.*, u. *P. Sturgeon:* Acta haematol. **23**, 376 (1960). — *Wohler, F.:* Acta haematol. **23**, 342 (1960). — *Schreiber, M.*, *W. Sandritter* u. *P. Gedigk:* Virchows Arch. Pathol. Anat. **333**, 288 (1960). — *Bielig, H.-J.*, u. *G. Rohns:* unveroffentlicht (1962).

a) Siderochrome

Fe-haltige Inhaltsstoffe von Mikroorganismen (Actinomyceten, Aspergillus-, Penicillium-, Ustilago-Arten; Bac. subtilis, Arthrobacter, Sarcina, Alcoligenes spec. u. a.), Algen (Chlamydomonas), Phanerogamen (Solanum lycopersicum, Rhoeo discolor), Saugetierorganen (Leber): a) *Sideramine* (Ferrioxamine, Ferrichrome, Coprogen u. a.) = Wuchsstoffe und Antagonisten der b) *Sideromycine* (Ferrimycine, Griseine u. a.) = Antibiotica.

Lit.: *Bickel, H., E. Gäumann, W. Keller-Schierlein, V. Prelog, E. Vischer, A. Wettstein* u. *H. Zahner:* Experientia **16**, 129 (1960). — *Zähner, H., R. Hutter* u. *E. Bachmann:* Arch. Mikrobiol. **36**, 325 (1960).

1 a/1 Ferrioxamine B und D_1

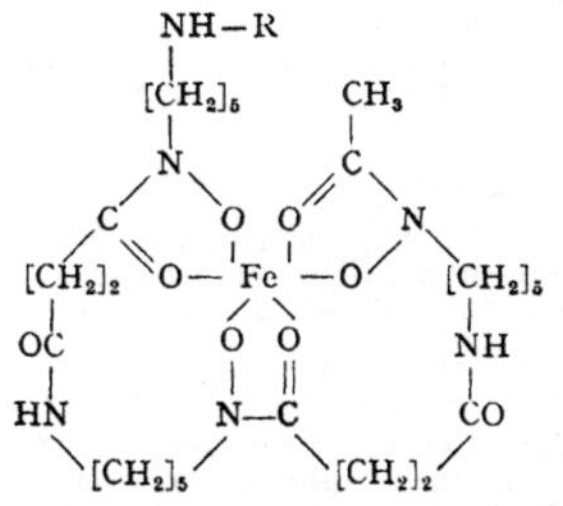

Ferrioxamin B: R = H
D_1: R = $COCH_3$

V.: Streptomyces-Arten; Hauptbestandteile des Ferrioxamin-Gemisches aus Streptomyces pilosus (Stamm ETH 21748). — *Darst.:* Craig-Verteilung des Phenol/$CHCl_3$-Extraktes aus Fe(III)-sulfat-haltigem Kulturfiltrat von Strept. pilosus (Verteilungskoeffizient fur B = 0,23, fur D_1=1,80 in Bu./Benzylalkohol/0,001 n HCl/gesattigter NaCl-Lsg. = 10 : 5 : 15 : 3) und Austausch an Dowex 50; Überführung in die Hydrochloride. Ferrioxamin D_1 auch aus B mit Acetanhydrid/Natriumacetat in Me.

Charakteristik: a) *Ferrioxamin B* (*Hydrochlorid*), $FeC_{25}H_{45}N_6O_8 \cdot HCl$; braunrotes, amorphes Pulver; λ_{max} = 430 mμ ($E^{1\%}_{1cm}$ = 39,0); magnet. Moment μ_{eff} = 5,86 BM; Stabilitatskonstante $K_S = 10^{31}$; R_F = 0,44 (in Bu./Eg./W. = 4 : 1 : 5 auf Whatman Nr. 1, impragniert mit Ac./W./gesattigter NaCl-Lsg. = 6 : 3 : 1); elektrophoret. μ = 9,1 cm/4,5 Std. bei 220 V (in 0,33 n Essigsaure auf Whatman Nr. 1). Gibt ein schwach basisches DNP-Derivat ($FeC_{31}H_{47}N_8O_{12}$); durch Fe-Abspaltung mit 6 n HCl ätherlösl. Fe-freies Produkt, $C_{25}H_{48}N_6O_8$ (N-Benzoyl-Derivat, $C_{32}H_{52}N_6O_9$, *F* 179—180). — b) *N-Acetyl-Derivat* (*Ferrioxamin D_1, Hydrochlorid*), $FeC_{27}H_{46}N_6O_9 \cdot HCl$: rotbraune Nadeln, *F* 197—203 (nach Verlust der Doppelbrechung bei 170—172°); R_F = 0,73 (vgl. a), elektrophoret. nicht wandernd; liefert mit 1 n NaOH durch Fe-Abspaltung den Grundkorper, $C_{27}H_{50}N_6O_9$, farbl. Krist., *F* 185. — *Konstitution:* Trishydroxamato-eisen(III)-Ionenkomplexe obiger Ringstruktur. Saure Hydrolyse von D_1 ergibt 1,5-Diamino- und 1-Amino-5-hydroxylamino-pentan, N-[5-Hydroxylamino-pentyl]-succinimid, Bernsteinsaure und Essigsäure. — *Funktion:* Wuchsstoffe fur Bacillus subtilis, Staphylococcus aureus, Ustilago sphaerogena und Chlamydomonas eugametos; Sideramin-heterotroph sind Pilobulus kleinii, Arthrobacter terregens und flavescens. Desferrioxamin B eignet sich zur Behandlung prim. und reti. Hamochromatosen.

Lit.: *Bichel, H., G. E. Hall, W. Keller-Schierlein, V. Prelog, E. Vischer* u. *A. Wettstein:* Helv. chim. Acta **43**, 2129 (1960); *Keller-Schierlein, W.*, u. *V. Prelog:* Helv. chim. Acta **44**, 709 (1961). — *Moeschlin, S.:* Schweiz. Med. Wo. **92**, 1295 (1962).

1 a/2 Ferrioxamin E

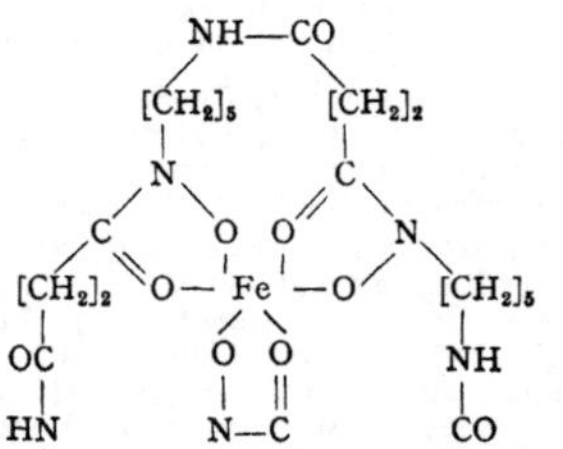

V.: Neutrale Begleitsubstanz von basischem Ferrioxamin B aus Streptomyces pilosus. — *Darst.:* Aus Ferrioxamin-Gemisch (s. Ferrioxamine B und D_1, bei 1 a/1) auf Grund des Verteilungskoeffizienten 1,59 (in Bu./Benzylalkohol/0,001 n HCl/gesattigter NaCl-Lsg. = 10 : 5 : 15 : 3). Partialsynthetisch aus Nocardamin und methanol. $FeCl_3$-Lsg. + Natriumacetat.

Charakteristik: $FeC_{27}H_{45}N_6O_9$, braune Nadelchen (Me.); *ZP* 280; l. in Eg.; swl. in W.; R_F = 0,68 (in Bu./Eg./W. = 4 : 1 : 5); gibt mit 2 n NaOH unter Fe-Abspaltung Nocardamin, $C_{27}H_{48}N_6O_9$; farblose Nadeln; *F* 192—195 (Triacetyl-Derivat, *F* 115—118). — *Konstitution:* 33gliedriger Trishydroxamato-eisen(III)-Ionenkomplex obiger Ringstruktur. Saure Hydrolyse liefert 1,5-Diamino-pentan, 1-Amino-5-hydroxylamino-pentan, N-[5-Hydroxylamino-pentyl]-succinimid und Bernsteinsaure, aber keine Essigsaure. — *Funktion:* vgl. Ferrioxamine B und D_1, bei 1 a/1.

Lit.: *Keller-Schierlein, W.*, u. *V. Prelog:* Helv. chim. Acta **44**, 1981 (1961).

1 a/3 Ferrichrom

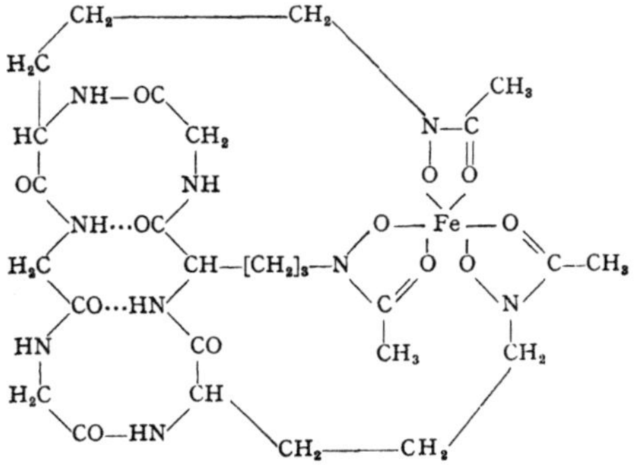

V.: In Brandpilz Ustilago ferrogena. — *Darst.:* Aus Pilzmycel mit 1 n NaOH, Neutralisation mit Phosphorsaure, Proteinfallung mit Ammonsulfat, Extraktion mit Benzylalkohol und Kristallisation aus Me.

Charakteristik: $FeC_{27}H_{42}N_9O_{12}$; gelbe Nadeln; l. in W. u. Me.; swl. in A., Ac., Chlf. u. Ae., $pK = 9{,}74$; $\lambda_{max} = 425$ mμ ($E^{1\%}_{1\,cm} = 39{,}4$). — *Konstitution:* Trishydroxamato-eisen(III)-Ionenkomplex obiger Struktur. Saure Hydrolyse liefert je 3 Moll. L-2-Amino-5-hydroxylamino-valeriansaure und Glycin. — *Funktion:* Wuchsstoff fur Pilobulus kleinii und Arthrobacter spec.
Lit.: *Emery, T.*, u. *J. B. Neilands:* J. Amer. chem. Soc. **83**, 1626 (1961).

1 a/4 Ferrichrom A

V.: Vorstufe in Fe-freiem Kulturfiltrat von Ustilago sphaerogena. — *Darst.:* Aus Kulturfiltrat nach Zugabe von $FeSO_4$ oder Fe(III)-nitrat, Sattigung mit Ammonsulfat, Extraktion mit Benzylalkohol und Kristallisation aus W.

Charakteristik: $FeC_{41}H_{58}N_9O_{20}$; gelbrote regulare Platten; l. in W., nicht in anderen organischen Lsgm.; bildet ein Tetrahydrat; $\lambda_{max} = 440$ mμ ($E^{1\%}_{1\,cm} = 33{,}8$); magnet. Moment $\mu_{eff} = 5{,}73$ BM; stabil gegen verd. Mineralsauren und Ammoniak, langsamer Fe-Austausch durch EDTA. — *Konstitution:* Trishydroxamato-eisen(III)-Ionenkomplex analog Ferrichrom aus je 3 Moll. trans-β-Methyl-glutaconsaure und L-2-Amino-5-hydroxylamino-valeriansaure sowie 1 Mol. Glycin. — *Funktion und* **Lit.:** vgl. Ferrichrom.

1 a/5 Coprogen

V.: Stoffwechselprodukt von Pilobulus kleinii. — *Darst.:* Ruckstand aus Butanolextrakt von Kulturfiltrat + Ammonsulfat in Benzylalkohol/Essigester aufnehmen, gefriergetrockneten Wasserauszug mit Bu./Essigester/0,01 n HCl (2 : 1 : 1) an Celite 545 chromatographieren, Eluat der orangeroten Zone neutral in Benzylalkohol uberfuhren und waßrigen Auszug gefriertrocknen.

Charakteristik: Dunkelziegelrote Nadeln (A.); *ZP* 205; l. in W. u. A.; unl. in Ae., Essigester, Chlf., Bzl.; $\lambda_{max} = 440$ mμ ($E^{1\%}_{1\,cm} = 36{,}6$) in 50%ig. A.; N = 10,26%, Fe = 6,61%, mit Alkali als Eisenoxydhydrat abspaltbar. — *Konstitution:* Wahrscheinlich Hydroxamato-eisen(III)-Komplex. — *Funktion:* Wuchsstoff fur coprophile Pilze.
Lit.: *Pidacks, C., A. R. Whitehill, L. M. Pruess, C. W. Hesseltine, B. L. Hutchings, N. Bohonos* u. *J. H. Williams:* J. Amer. chem. Soc. **75**, 6064 (1953).

1 a/6 Ferrimycine A_1 und A_2

V.: Im Kulturfiltrat von Streptomyces griseoflavus (Stamm ETH 9578). — *Darst.:* Mit Oxalsaure auf p_H 4 eingestelltes Kulturfiltrat an Amberlite IRC 50 (partielle Na^+-Form) adsorbieren, methanol. salzsaures Eluat mit Chlf./Phenol-Gemischen fraktionieren, Craig-Verteilung (in Benzylalkohol/Bu./0.001 n HCl/gesattigter NaCl-Lsg.), Chromatographie an Dowex 50 WX 2 bei p_H 4,6 und erneute Craig-Verteilung wie zuvor; Uberfuhrung in die Hydrochloride.

Charakteristik: a) *Ferrimycin A_1* (*Dihydrochlorid*), $FeC_{43}H_{70}N_{10}O_{15} \cdot 2\,HCl$: braunrote Krist.; ll. in W., Me., 90%ig. Phenol, Dimethylformamid, Methylcellosolve; l. in A., Eg., Benzylalkohol, Py.; unl. in Bu., Chlf., Essigester; bildet amorphes Pikrat, Pikrolonat und Reineckat; gibt mit Ninhydrin in heißem Bu./Py. violette Farbreaktion; $pK = 4{,}11$, $7{,}92$, $(11{,}4)$; λ_{max} ($E^{1\%}_{1\,cm}$) = 229 (317), 319 (28,3), 43 0m μ (26,4); $R_F = 0{,}40$ (in Bu./Eg./W. = 4 : 1 : 5); elektrophoret. $\mu = 3{,}7$ cm kathodisch in 2 Std. bei 220 V (0,33 n Essigsaure); Fe-Abspaltung mit Mineralsaure (als Fe^{3+}), 2 n NaOH (als Fe-Oxydhydrat), 8-Hydroxy-chinolin [als 8-Hydroxy-chinolinato-eisen(III)], $K_4Fe(CN)_6$ + Saure (Bildung von Berlinerblau und Isolierung von farblosem Grundkorper aus Mutterlauge). — b) *Ferrimycin A_2* (*Dihydrochlorid*), $FeC_{41}H_{68}N_{10}O_{15} \cdot 2\,HCl$: Aussehen, Löslichkeit, elektrophoret. Wanderung, R_F-Wert und Fe-Abspaltung wie a), $pK = 4{,}04$, $7{,}91$, $(11{,}5)$; λ_{max} ($E^{1\%}_{1\,cm}$) = 231 (328), 319 (30), 435 mμ (26,2). — *Konstitution:* Trishydroxamato-eisen(III)-Ionenkomplexe (wesentliches Hydrolyseprodukt 1-Amino-5-hydroxylamino-pentan); geben mit Natriumacetat Abbau zu Wuchsstoff Sideramin Z. — *Funktion:* Antibiotische Aktivitat gegen grampositive Bakterien; Wirkung gegenuber Staphylococcus aureus 50mal starker als Penicillin.
Lit.: *Bickel, H., B. Fechtig, G. E. Hall, W. Keller-Schierlein, V. Prelog* u. *E. Vischer:* Helv. chim. Acta **43**, 901 (1960). — *Bickel, H., R. Bosshardt, E. Gaumann, P. Reusser, E. Vischer, W. Voser, A. Wettstein* u. *H. Zähner:* Helv. chim. Acta **43**, 2118 (1960).

1a/7 Grisein A, Albomycin

V.: Stoffwechselprodukte von Streptomyces griseus bzw. Actinomyces subtropicus. — *Darst.:* Kulturfiltrat an Norit A adsorbieren, aus Pyridineluat in Me./W. überfuhren, Fallung mit Ae. in Me. aufnehmen, zwischen W. und Phenol/Chlf. verteilen, aus waßriger Phase mit Isopropylalkohol fallen, an Silicagel adsorbieren (p_H 4,6) und Eluat (mit Chlf./Phenol) gegen Phosphatpuffer (p_H 6,7) verteilen.

Charakteristik: a) *Grisein A*, $FeC_{40}H_{61}N_{10}O_{20}S$; rotbraunes, amorphes Pulver; l. in W. mit schwach saurer Reaktion; unl. in organischen Lsgm. außer Phenol; λ_{max} ($E^{1\%}_{1\,cm}$) = 265 (108), 420 mμ (28,9); R_F = 0,83 (in n-Bu./W./Eg. = 1 : 2 : 1); Fe(III) ist sauer abspalt- und wieder einbaubar; Spaltprodukte bei saurer Hydrolyse 3-Methyl-uracil, Glutaminsäure und eine nicht identifizierte Aminosaure. — b) *Albomycin:* Sulfat: rotes Pulver mit 4,2% Fe, 13,3% N, *MG* 1300 (D_{20} = 3,2 · 10^{-6} $cm^2 \cdot sec^{-1}$); *IP* = 5,5; R_F = 0,83 (vgl. a); λ_{max} = 275,450 mμ; saure Hydrolyseprodukte sind 3-Methyl-uracil, Serin, Ornithin, Glutaminsaure, Alanin, Glycin und Prolin. — *Konstitution:* Vermutlich identische Hydroxamato-eisen(III)-Komplexe. — *Funktion:* Antibiotica gegen Micrococcus pyogenes, Diplococcus und Klebsiella pneumoniae, Salmonella typhosa und Schottmülleri; Hemmstoffe des aeroben Stoffwechsels von Staph. aureus und Bact. coli.

Lit.: *Reynolds, D. M., A. Schatz* u. *S. A. Waksman:* Proc. Soc. exper. Biol. Med. **64**, 50 (1947). — *Gause, G. F.:* Brit. Med. J. **1955**, 1177. — *Ssamssonow, G. W., L. W. Dmitrijenko, A. G. Ssirota, M. P. Schessterikowa* u. *Ss. F. Lawrentjewa:* [Biochimia] **23**, 220 (1958) [C. **1958**, 13819]. — *Stapley, E. O.*, u. *R. E. Ormond:* Science **125**, 587 (1957).

2. Kupferverbindungen

2/1 Hämocyanine

V.: Nicht zellgebunden in Coelomflussigkeit von Tintenfischen (Cephalopoda), Schnecken (Gastropoda), Muscheln (Lamellibranchiata), Crustaceen (Malacostraca) und Spinnen (Arachnoidea). — *Darst.:* a) *Oxyhamocyanin* (*Oxyhc*) aus Hamolymphe durch Ammonsulfatfallung und Dialyse (Octopus vulgaris), Elektrodialyse (Helix pomatia) oder Dialyse nach Zugabe von Oxalat und Acetatpuffer, p_H 4,6 (Palinurus vulgaris). — b) *Reduziertes Hämocyanin* (*Redhc*) aus *Oxyhc* durch O_2-Abspaltung mittels N_2 bei p_H 5,2 unter Dialyse, dann Gefriertrocknung. — c) *Methamocyanin* (*Methc*) aus *Oxyhc* durch Autoxydation. — d) *Apohämocyanin* (*Apohc*) aus *Oxyhc* durch Dialyse gegen 0,1 m KCN bei p_H 7,4 oder 5,2.

Charakteristik: a) *Oxyhc*-Praparate = Euglobuline mit Cu = 0,24—0,26% (Mollusken), 0,15—0,18% (Articulaten), S = 0,67—1,2% und *MGY* 7—9 · 10^6, S_{20} = 98,9—102,7 · 10^{-13} (Gastropoden), *MG* ca. 2,8 · 10^6, S_{20} = 49,1—57,1 · 10^{-13} (Cephalopoden), *MG* 4—8 · 10^5, S_{20} = 16,0 bis 24,5 · 10^{-13} (Crustaceen); dissoziieren mit zunehmendem p_H-Wert in Halften, Viertel, Achtel, Sechzehntel entspr. Multipla von ca. 4 · 10^5; *IP* = 4,5—5,5; blaue, hexagonale Platten (Octopus), purpurblaue Oktaeder (Helix), grunblaue Rhombendodekaeder (Palinurus); l. in W. bei Gegenwart von Elektrolyten; unl. in konz. Salzlsgn.; λ_{max} (ε je mg-Atom Cu/l) = 278 (13—18), 335—345 (2,5—4), 563 (0,45—0,58, Crustaceen) bzw. 575—580 mμ (0,52—0,55, Mollusken) bei p_H 4,7—6,7, dem Lambert-Beer-Gesetz gehorchend. Cu mit α,α'-Dichinolyl zu violettrotem Cu(I)-Komplex abspaltbar, bei $p_H < 4$ unter Proteindenaturierung dialysabel; Aminosauren in % Protein bei Octopus (Helix): Asp 12,3 (11 8); Glu 11,4 (9,8); Gly 3,3 (3,5); Ala 4,8 (5,1); Val 5,4 (6,2); Leu 9,2 (9,6); Ileu 5,0 (4,7); Ser 3,6 (4,9); Thr 4,7 (5,5); Pro 4,9 (5,3); Met 2,0 (1,1); Phe 7,6 (6,9); Tyr 4,6 (6,5); His 6,6 (6,5); Lys 6,0 (5,2); Arg 5,8 (6,2); NH_3 1,3 (1,7); CyS— (1,93); CySH 0,5; gesamt 98,9 (104,1). — b) *Redhc* = farblos (λ_{max} = 278 mμ). — c) *Methc* = grune Lamellen mit 0,25% Cu. — d) *Apohc* = farbloses Pulver, kann noch bis 0,07% Cu enthalten; Aminosaureanalyse (Octopus) ahnlich *Oxyhc*; Resynthese zu *Oxyhc* in Phosphatpuffer (p_H 7,4) + 2 n Na-acetat/1 n NaCl nur mit Cu(I)-Ionen (0,01%ig. Cu_2Cl_2-Lsg.), Lösen in 0,02 n NH_3 und Beluften.

Konstitution: *Redhc* bzw. *Oxyhc* keine prosthet. Gruppe; je 2 benachbarte Cu(I)-Atome (fehlendes ESR-Signal) wahrscheinlich an Histidyl- und/oder Mercapto-Gruppen zu diamagnet. 1 : 1-Komplex (KZ = 2?) gebunden (Stabilitat log K_S = 15,2); bei Hamocyanin von Octopus vulgaris (0,25% Cu, *MG* 2,78 · 10^6, 2,54 Cu/Mol.) gef. 1 SH/1 Cu (analytisch), bei *Hc* von Cancer magistrus (0,14% Cu; *MG* 950000; 2 · 12 Atome Cu/Mol.) gef. 1 SH/4 Cu (amperometr. Ag-Titration). — *Methc* = Cu(II)-Komplex (ESR-Signal fur 2wertiges Cu). — *Funktion:* Sauerstoffubertrager (1 O_2/2 Cu); *Oxyhc* hat schwache Phenoloxydase-, Katalase- und Lipoxydase-Aktivitat.

Lit.: *Bayer, E.*, u. *H. Fiedler:* Liebigs Ann. Chem. **653**, 149 (1962). — *Ghiretti, F.:* in *Hayaishi, O.*, Oxygenases, S. 517, New York 1962. — *Thomson, L. C. G., M. Hines* u. *H. S. Mason:* Arch. Biochem. Biophys. **83**, 88 (1959). — *Lontie, R.:* Clin. chim. Acta **3**, 68 (1958). — *Claesson, I. M.:* Ark. kemi **10**, 1 (1957). — *Klotz, I. M.*, u. *R. E. Heiney:* Proc. nat. Acad. Sci. USA **43**, 717 (1957). — *Felsenfeld, G.:* J. cell. comp. Physiol. **43**, 23 (1954).

2/2 Coeruloplasmin

V.: Im Blutplasma von Säugetieren und Mensch (0,3 g/l = 96% des Serumkupfers); bei Wilson-Krankheit erniedrigt oder fehlend. — *Darst.:* Serum (Schwein, Mensch) fraktioniert mit Ammonsulfat fallen, Dialysat der Fällung bei 55% Sattigung auf p_H 5,5 einstellen (Essigsaure), mit 10—15% A., dann mit Chlf./A. (1 : 9) versetzen, Lösung in 0,9%ig. NaCl-Lsg. dialysieren und nach Fallung mit Ammonsulfat aus Dialysat mit Essigsaure bei p_H 4,4 niederschlagen.

Charakteristik: α-Globulin mit 4,0% Hexosen, 2,7% Glucosamin, 2,8% Neuraminsaure und 0,32—0,34% Cu (8 Atome/Mol.); *MG* 151000 ($S^{0,8}_{20}$ = 7,29 · 10^{-13}); D_{20} = 4,5 · 10^{-7} $cm^2 \cdot sec^{-1}$; elektrophoret. μ = —3,46 · 10^{-5} cm^2/V · sec (bei p_H 7); *IP* = 4,4; blaue Kristalle, λ_{max} ($E^{1\%}_{1\,cm}$)

= 280 (17), 605 mμ (0,68); $\chi_{Cu,ox.} - \chi_{Cu\text{-}frei} = 550 \cdot 10^{-6}$; Cu-Abspaltung durch Dialyse bei $p_H < 5$ oder Reduktionsmittel ($Na_2S_2O_4$, Ascorbinsaure, Hydroxylamin, Thioglykolsäure) bzw. irreversibel durch Cyanid bei p_H 7. — *Konstitution:* Cu(I/II)-Proteid unbekannten Bindungstyps; nicht mit CO reagierend; N-endstandige Aminosauren = Asp, Glu, Ser, Val; immun-elektrophoret. aus 2 Isomeren bestehend (Mensch). — *Funktion:* Vermutlich Cu-Transportprotein; hat Oxydase (Laccase)-Wirkung (Sauerstoffubertragung auf p-Phenylendiamin, Diphenole und Endiole).

Lit.: *Laurell, C. B.:* in *Putnam, F. W.*, The Plasma Proteins, Bd. I, S. 349, New York 1960. — *Ehrenberg, A., B. G. Malmstrom, L. Broman* u. *R. Mosbach:* J. Mol. Biol. **5**, 450 (1962). — *Broman, L., B. G. Malmstrom, R. Aasa* u. *T. Vanngard:* J. Mol. Biol. **5**, 301 (1962). — *Richerich, R., A. Temperli* u. *H. Aebi:* Biochim. biophysica Acta **56**, 240 (1962).

2/3 Kupfer(II)-conalbumin

V.: Nicht naturlich. — *Darst.:* Aus Conalbumin, $CuSO_4$, Natriumcitrat und $NaHCO_3$ in Veronalpuffer (p_H 8,2).

Charakteristik: Enthalt 0,166% Cu (2 Atome/Mol.); *MG* 87000; λ_{max} = 440 mμ. — *Konstitution:* vgl. Eisen(III)-conalbumin, aber quadratischer Komplextyp ohne anomale Rotationsdispersion. Cu(II) wird durch Fe(III) verdrangt.

Lit.: *Warner, R. C.*, u. *I. Weber:* J. Amer. chem. Soc. **75**, 5094 (1953). — *Vallee, L.*, u. *D. D. Ulmer:* Biochem. biophys. Res. Commun. **8**, 331 (1962).

2/4 Erythrocuprein (Hämocuprein) und Hepatocuprein

V.: In Erythrocyten (Mensch, Rind) bzw. Leber (Rind, Pferd). — *Darst.:* a) *Erythrocuprein* aus Erythrocyten-Hamolysat (Rind) durch aufeinanderfolgende Fallungen mit A./Chlf., Bleiacetat, tert. Calciumphosphat und Ac., Adsorption an Al_2O_3 und Umkristallisation aus Acetatpuffer + A. (Ausbeute 7,5 mg/L Blut). b) *Hepatocuprein* analog a), aber nur amorph erhalten.

Charakteristik: a) *Erythrocuprein* = Glykoproteid mit 0,88% Hexosen, 1,63% Hexosamin, 1,87% Neuraminsaure, 0,34% Cu (2 Atome/Mol.), 1,1% S, kein P; *MG* 33000—35000 ($S_{20,w} = 3{,}02 \cdot 10^{-13}$); blaue (Rind) oder grunblaue (Mensch) Doppelpyramiden bzw. hexagonale Platten; λ_{max} (log ε) = 265 (4,3), 655 mμ (2,45); enthalt (in Gew.-%) 14,32 Asp; 5,54 Thre; 5,18 Ser; 10,97 Glu; 3,25 Pro; 7,85 Gly; 4,75 Ala; 6,87 Val; 6,07 Leu; 3,74 Ileu; 0,95 Tyr; 4,37 Phe; 7,86 Lys; 5,97 His; 4,27 Arg; 0,34 Try; 3,51 CySH; 1,18 NH_3; gesamt 100,1; Cu-Abspaltung mit 4%ig. Trichloressigsaure und partiell durch Dialyse gegen Cyanid (p_H 8); reversibel reduzierbar mit $Na_2S_2O_4$ zu farbloser Form. — b) *Hepatocuprein* = nahezu farblos, sonst ahnlich a). — *Konstitution:* Cu(II)-Proteide unbekannten Bindungstyps. — *Funktion:* Unbekannt; keine enzymatischen Wirkungen.

Lit.: *Markowitz, H., G. E. Cartwright* u. *M. M. Wintrobe:* J. biol. Chem. **234**, 40 (1959). — *Kimmel, J. R., H. Markowitz* u. *D. M. Brown:* J. biol. Chem. **234**, 46 (1959). — *Malmstrom, B. G.*, u. *T. Vanngard:* J. Mol. Biol. **2**, 118 (1960).

2/5 Cerebrocuprein-I

V.: Im Gehirn von Mensch und Rind neben den ebenfalls Cu-haltigen Fraktionen II und III. — *Darst.:* Extrakt aus Rinderhirn (0,1 m Acetatpuffer, p_H 4,5) fraktioniert mit Ac. oder mit Chlf./Me. fallen und nach Dialyse papierelektrophoretisch (Veronalpuffer, p_H 8,6) reinigen; anodisch wandernde Komponente von 85% Reinheitsgrad. Frakt. II wird bei p_H 3,5 extrahiert, Frakt. III bleibt im Rückstand.

Charakteristik: Grunes Proteid mit 0,25—0,34% Cu (2 Atome/Mol.); *MG* 30000—40000 ($S_{20,w} = 2{,}9 \cdot 10^{-13}$); λ_{max} ($E^{1\%}_{1\,cm}$) = 660 mμ (0,18); Cu bei $p_H < 3{,}9$ dialysierbar und mit Diathyldithiocarbamat langsam abspaltbar. — *Konstitution und Funktion:* Unbekannt.

Lit.: *Porter, H., J. Folch-Pi, J. Beggrovs* u. *S. Ainsworth:* J. Neurochem. **1**, 260 (1957).

2/6 Plastocyanin

V.: In Chlorella ellipsoidea sowie Chloroplasten von Spinat und Chrysanthemum coronarium. — *Darst.:* Extraktion von Acetontrockenpulver mit Phosphatpuffer (p_H 7), Fallung mit Ammonsulfat, Dialyse gegen Phosphatpuffer, Chromatographie an Diathylaminoathylcellulose und Elution bei p_H 7; weitere Reinigung uber die reduzierte Form.

Charakteristik: Bisher nicht kristallin erhalten; Redoxsystem aus dunkelblauer oxydierter und gelber reduzierter Form (E'_0 = 390 mV bei 20°C, Einelektronenubergang); Reduktion durch Licht in Gegenwart von Chlorophyllgrana, ferner durch Ascorbinsaure, reduzierte Cytochrome oder DPNH; Ruckoxydation mit $K_3Fe(CN)_6$; λ_{max} = 278, 597 mμ (oxydiert), 278 mμ (reduziert); Cu (Gehalt nicht angegeben) abspaltbar durch Dialyse gegen KCN, Diathyldithiocarbamat oder Salicylaldoxim. — *Konstitution:* Unbekannt. — *Funktion:* Vermutliche Beteiligung an Photosynthese (Hill-Reaktion); oxydierte Form hemmt, reduzierte Form beschleunigt Photoreduktion von 2,6-Dichlor-phenol-indophenol.

Lit.: *Katoh, S.*, u. *A. Takamiaya:* Nature **186**, 533 (1960); **189**, 665 (1961).

2/7 Azurin

V.: In Bakterien Bordetella pertussis, B. parapertussis und B. bronchisepta. Ähnliche Proteide in Alcaligines und Pseudomonas spec. — *Darst.:* Durch Ultrabeschallung erhaltenen Rohextrakt mittels Chromatographie an Ionenaustauscher-Cellulose und Dextrose reinigen,

bis elektrophoretisch und in der Ultrazentrifuge homogen. — *Charakteristik:* Blaues, wasserlösliches Kupferproteid, *MG* 14600, 1 Cu/Mol.; $\lambda_{max} = 279$, 625 mμ. An Luft reversibel reduzierbar zu farbloser Form durch Dithionit, Cystein, Glutathion, L-Ascorbinsaure und zellfreiem Bakterienextrakt + Succinat; $E_0' = +395$ mV bei 20°C. — *Konstitution* und *Funktion:* Unbekannt.
Lit.: *Sutherland, I. W.*, u. *J. F. Wilkinson:* Biochem. J. **84**, 43 P (1962). — *Hammarsten, E., H. Palmiera* u. *E. Meyer:* J. biochem. microbiol. Techn. Eng. **1**, 273 (1959).

3. Zinkverbindungen

3/1 Zinkconalbumin

V.: Nicht naturlich. — *Darst.:* Aus Conalbumin und 30%ig. Überschuß an $ZnSO_4$ (bez. auf 2 Zn/Mol.) bei p_H 6,4. — *Charakteristik:* Enthalt 0,18% Zn (2 Atome/Mol.); *MG* 87000. — *Konstitution:* vgl. Eisen(III)-conalbumin; Zn(II) wird durch Fe(III) verdrangt.
Lit.: *Warner, R. C.*, u. *I. Weber:* J. Amer. chem. Soc. **75**, 5094 (1953).

3/2 Charcot-Leyden-Kristalle

V.: Ausscheidungsprodukt eosinophiler Granulocyten (Blut, Ascites, Pleuraexsudat). — *Darst.:* An eosinophilen Granulocyten reiches Material mit 3,5%ig. Natriumcitrat-Lsg. bei 4°C wochenlang aufbewahren, gebildete Krist. durch fermentativen Aufschluß (Streptokinase oder -dornase) freilegen, Suspension in Tyrodelsg., fraktioniert durch Sand passieren und angereicherte Krist. abzentrifugieren.

Charakteristik: Beidseitig zugespitzte farblose Nadeln mit ca. 15% Zn; frei von P und Kohlenhydraten; ergibt bei Hydrolyse Gly, Ala, Leu, Val, Phe, Tyr, Pro, Ser, Asp, Glu-NH_2, Lys, CyS—. — *Konstitution:* Zn-haltiges Polypeptid unbekannter Sequenz.
Lit.: *Buddecke, E., A. F. Essellier* u. *H. R. Marti:* Z. physiol. Chem. **305**, 203 (1956). — *Behrens, M.*, u. *H. R. Marti:* Naturwiss. **43**, 86 (1956). — *Essellier, A. F., R. L. Jeanneret* u. *H. R. Marti:* Experientia **11**, 392 (1955).

3/3 Zinkcysteinat

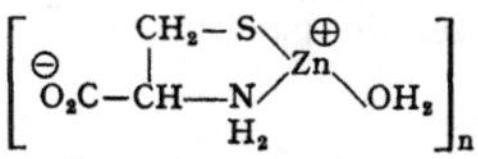

V.: In Chorioidea (Tapetum lucidum) des Auges von Knochenfischen, Amphibien und Saugern. — *Darst.:* Tapetum-Gefriertrockenpulver (Seehund) mit Aceton vorextrahieren, mit 3%ig. Ameisensaure ausziehen, Extrakt nach Filtration durch Kollodium neutralisieren; Ausbeute 60% des Trockengew. (10 mg Zn/Auge).

Charakteristik: $ZnC_3H_7NO_3S$, weißes, in W. swl. Pulver; Zn (32,5%) mit Dithizon zu rotviolettem Komplex abspaltbar. — *Konstitution:* 4zahniger Komplex; polymeres Aquo-cysteinatozink(II).
Lit.: *Weitzel, G.:* Angew. Chem. **68**, 566 (1956).

4. Weitere Metallverbindungen

4/1 Metallothionein

V.: Cd/Zn-Proteid in Nierenrinde von Pferd und anderen Saugetieren. — *Darst.:* Rindenextrakte (Pferd) mit A. und Ammonsulfat fraktionieren; Chromatographie an DEAE-Cellulose bei p_H 8,6 entspr. Extinktionszunahme bei $\lambda_{max} = 250$ mμ; Dialyse und Gefriertrocknung.

Charakteristik: *MG* 10000, $D_{20,w} = 12{,}42 \cdot 10^{-7}\,cm^2 \cdot sec^{-1}$, $\bar{V} = 0{,}65\,g^{-1} \cdot ml$, $f{:}f_0 = 1{,}28$; zu 90% monodispers anodisch wandernd (p_H 7,0); 5,9% Cd, 2,2% Zn, 8,5% S (90% = Cystein-S), Molverhaltnis Metall : S = 1 : 2; $K_{2Cd} \approx 10^{17}$, $K_{2Zn} \approx 10^{14}$; $\lambda_{max} = 250$ mμ, $\varepsilon = 1{,}45 \cdot 10^4$ entspr. Cd-S-Bindung, $\lambda_{max} = 215$ mμ entspr. Zn-S-Bindung; Metalle durch Dialyse gegen EDTA (p_H 4,5) abspaltbar. Metallfreies Thionein: 16,3% N, 9,3% S; optisch inaktiv; enthalt keine aromat. Aminosauren. — *Konstitution:* Cd und Zn an Cystein-Mercaptogruppen zu optisch aktivem Komplex gebunden (anomale Rotationsdispersion). — *Funktion:* unbekannt.
Lit.: *Kagi, J. H. R.*, u. *B. L. Vallee:* J. biol. Chem. **236**, 2435 (1961). — *Ulmer, D. D., J. H. R. Kägi* u. *B. L. Vallee:* Biochem. Biophys. Res. Commun. **8**, 327 (1962).

4/2 Hämovanadin

$[V^{III}(SO_4)_2]^{-}$Prot.-NH_3^{+} natives Hamovanadin

V.: In elektronenmikroskopisch darstellbaren Vanadophoren spezifischer Blutzellen (Vanadocyten) der Ascidie Phallusia mamillata; ähnliche V-haltige Systeme bei anderen Tunicaten (z. B. Ascidia obliqua). — *Darst.:* Blutzellen von Phallusia mit dest. Wasser hamolysieren, abzentrifugiertes braunrotes Hamolysat (Henze-Lsg., p_H 2,4) entweder mit Ac. fallen (*Braunes Chromogen*) oder aerob mit $NaHCO_3$ auf p_H 6 einstellen (Fallung von *Henzes Chromogen*) oder mit 0,5 H_2O_2/1 V oxydieren (*Oxydiertes Hamovanadin*) und dann neutralisieren (Fallung von *Grunem Chromogen*). Komplexbildner (*Gelbe Substanz*) aus Henze-Chromogen durch Enteiweißen mit methanol. HCl, Neutralisation mit Py., Lösen von erhaltenem *Blauen Prazipitat* in Me./HCl und Rückstand der grunen Lsg. mit Eg. V-frei waschen. Chromogene = proteinhaltig, Prazipitate = proteinfrei.

Charakteristik: a) *Braunrotes Hamovanadin* (in Henze-Lsg.): *MG* 24000 ($D_5 = 6,88 \cdot 10^{-7}$ cm² · sec⁻¹); λ_{max} (log $E^{1\,V}_{1\,cm}$) = 300 (3,72), 425 mμ (2,37); durch anaerobe Dialyse gegen 0,006 n H_2SO_4 oder Ansäuern auf p_H 1 zerlegt in einheitliche Proteinkomponente ($S_{20} = 3,7 \cdot 10^{-13}$ in 0,006 n H_2SO_4, λ_{max} = 280 mμ, $E^{1\,\%}_{1\,cm} \approx 12$) und Sulfato-vanadin(III)-Komplex (λ_{max} = 630 mμ, log $E^{1\,V}_{1\,cm}$ = 0,99) mit organischem Komplexbildner (λ_{max} = 300 mμ, log $E^{1\,V}_{1\,cm}$ = 3,87); nimmt bei Luftoxydation 0,5 O/1 V auf unter Bildung von $VOSO_4$ (λ_{max} = 650 mμ, log $E^{1\,V}_{1\,cm}$ = 1,77) und Veränderung des organischen Komplexbildners (λ_{max} = 273 mμ, log $E^{1\,V}_{1\,cm}$ = 3,36). — b) *Braunes Chromogen:* braunschwarze Lamellen mit 4,5% V, 4,9% S (V : SO_4 = 1 : 2) und 10,9% N; magnet. Moment μ_{eff} = 2,52 BM. — c) *Henzes Chromogen:* dunkelblaue, amorphe Substanz mit 7,7% V, 1,0% S und 9,4% N. — d) *Grünes Chromogen:* dunkelblaugrune, amorphe Substanz mit 8,3% V, 0,6% S und 10,2% N; diamagnetisch. — e) *Blaues Prazipitat,* $VC_{16}H_{19-21}N_3O_{13}$: dunkelblaue, amorphe Substanz, magnet. Moment μ_{eff} = 1,66 BM; unl. in W. und organ. Lsgm.; l. in 0,2 m methanol. HCl (λ_{max} = 300, 750 mμ, log $E^{1\,V}_{1\,cm}$ = 3,80, 1,19). — f) *Gelbe Substanz:* amorph, kanariengelb, frisch l. in W. und Me. (λ_{max} = 284 mμ, log $E^{1\,\%}_{1\,cm}$ = 1,82); *pK* = 5,9 und 7,8; reduziert ammoniakalische Ag-Lsg., Fehlingsche Lsg. und Tillmans Reagens; gibt mit $TiCl_3$ blutrote Reaktion (Endiol); autoxydabel zu gruner, schwerl. Substanz; bildet mit Ag^+ bzw. VO^{2+} bzw. Fe^{2+} schwarzrotes Ag_4-Salz bzw. blaues VO-Chelat bzw. blaues Fe(II)-Chelat (1 : 2); Tetramethyl-Derivat $C_{18}H_{26}N_2O_{11}$, gelbliche Nadeln, *F* 152. — *Konstitution:* a) *Natives Hamovanadin* (in Vanadocyten): wahrscheinlich Proteiniumsalz der Disulfato-vanadin(III)-saure. — b) *Braunrotes Hamovanadin:* Ionenkomplex von a) mit organischem Komplexbildner (Stabilitat log *Ks* = 1,88 bei p_H 2,5). — c) *Blaues Präzipitat:* Vanadyl-Neutralkomplex mit organischem Komplexbildner. — d) *Grunes Chromogen:* dem Blauen Präzipitat entspr. Chelat mit Vanadin(V) und Protein. — e) *Gelbe Substanz:* aci-Redukton mit Amidgruppierung und N-haltigen Ringen. — *Funktion:* Unbekannt; vermutet wird Beziehung zur Cellulosebildung.

Lit.: *Bielig, H.-J., H.-D. Dell, H. Möllinger* u. *W. Rüdiger:* Liebigs Ann. Chem. **662**, 206 (1963); *Bielig, H.-J., H.-D. Dell* u. *H. Möllinger:* unveröffentlicht (1962). — *Bielig, H.-J., E. Jost, K. Pfleger, W. Rummel* u. *E. Seifen:* Z. physiol. Chem. **325**, 122 (1961). — *Gansler, H., K. Pfleger, E. Seifen* u. *H.-J. Bielig:* Experientia **19**, 232 (1963). — *Endean, R.:* Quart. J. microscop. Sci. **101**, 107 (1960); **102**, 177 (1962). — *Webb, D. A.:* Pubbl. Staz. Zool. Napoli **28**, 273 (1956).

III. Spezifische Drehung organischer Verbindungen

Von **V. Klingmüller**, Mannheim

Vorbemerkungen. Die Zusammenstellung der optisch aktiven Verbindungen enthalt die Werte der spezifischen Drehung [α] oder die der molekularen Drehung ([*M*] = [α] · (Mol.-Gew.) · 10⁻²). Die Hauptverbindungen sind alphabetisch angeordnet und enthalten z. T. auch Angaben über deren Salze, Derivate und Analoga. Die meisten Werte wurden bei der Wellenlange 589,3 mμ (*D*) gemessen, andernfalls ist die Wellenlange in mμ angegeben. Den Drehwerten folgen in Klammern die Meßbedingungen wie Temperatur, Lösungsmittel, Konzentration der zum Einstellen des p_H bzw. der Ionenstarke benutzten Sauren, Basen oder Salze sowie die Konzentration der optisch aktiven Verbindung. Bei Verbindungen, die einer Mutation unterliegen, wird der Anfangswert durch → mit dem Endwert nach Einstellung des Gleichgewichtes (Glgew.) und der angenäherten Zeitangabe verbunden. Bei Verbindungen, die ein einziges Dissymmetriezentrum besitzen, wird nur die Drehung des besser untersuchten Antipoden wiedergegeben, während die naturliche Substanz im allgemeinen bevorzugt wird.

Abkürzungen. λ = Wellenlange in mμ; *t* = Temperatur in °C; *p* = g Substanz in 100 g Lösung; *c* = g Substanz in 100 ml Losung, folglich: *c* = *p* · *s* (*s* = spez. Gewicht); *w* = g Losungsmittel pro g Lösung, folglich: *w* = 100 − *p*; *d* = Dichte. Abkurzungen fur die Lösungsmittel s. S. 63.

Abegnose: ∼ −150° (20°C, W.).
Abequose: −3,6° (W.).
Abietinsäure: −115,6° (21 °C, A.) *Dihydro-:* +108° (20°C, A.); *Dehydro-:* +62° (25°C, A.).
Acetoin: −39,4° bzw. +53,3° (20°C, unverd.); −150° (W.).
L-1,2-Acetonylglycerin: −12,6° (Py.).
Achromycin: −11° (25°C, A.).
Aconitin: +14,6°···+18,7° (Chlf.); −HBr: −30,47° (W.).
Actinomycin A: −353° ± 10° (20°C, Me.; *c* = 0,25); — **B:** −341° ± 10° (19°C, Me.; *c* = 0,26); — C_1: −349° ± 10° (20°C, Me.; *c* = 0,26); — C_2: −325° ± 10° (19°C, Me.; *c* = 0,24); — C_3: synthet.: −286° ± 10° (20°C, Me.; *c* = 0,1); nativ: −310° ± 10° (desgl.).
Adenosin: −61,7° (11°C, W.; *c* = 0,7); −67,3° (0,1 nNaOH, je nach Ionisationsgrad); *-2'-phosphorsäure:* −65,4° (22°C, 0,5 m Na_2HPO_4; *c* = 0,5); *-3'-phosphorsaure:* −40,5° (30°C, W.); −45,4° (22°C, 0,5 m Na_2HPO_4; *c* = 0,5); −36,5° (10%ige HCl); −56° (2%ige NaOH); *-5'-phosphorsaure:* −26° (10%ige HCl); −47,5° (2%ige NaOH); *-diphosphorsaure:* −25,7° (25°C, W.; *c* = 1,93); — *Adenindesoxyribosid:* −26°···−27° (20°C, W.), *Adenosinthiomethylpentosid:* +12,15° (1%ige H_2SO_4).

L-Adrenalin: − 51,4° (1 n HCl; c = 5); *Adrenochrom:* + 79,2° (18 °C, W.).
L-Äpfelsäure: + 5,891° − 0,08959w (20°C, W.; w = 29···92); + 4830° (18 °C, 1%ig. Zn-Uranylacetat: c = 5); + 716° (18 °C, 13%ig. Ammonmolybdat in 0,83 n Eg., 0,0187 M); *-Na-Salz:* + 15,202° − 0,3322w + 0,000184w^2 (20°C, W.); L-*Phosphoäpfelsäure:* − 9,7° (W.).
Aesculetin: − 105° (18 °C, 50%ig. Dioxan); *Aesculin:* − 146° (18 °C, Me.); − 38° (18 °C, Py.).
L-Aethionin: + 20,1° (23 °C, n HCl; c = 1); + 23,5° (25 °C, 0,2 n HCl; c = 0,8); + 23,5° (5 n HCl; c = 0,5···2.5); + 18,0° (Eg.; desgl.).
Agaricinsäure: Na-Salz: − 8,84° (18 °C, W.).
Agar: s. Galaktanschwefelsaure; *Agarobiose:* − 5,8° (W.).
Ajmalin · H_2O: + 128,5° ± 0,5° (20···33 °C, Chlf.; c ∼ 1); *-iso:* + 74,1° ± 1° (∼35 °C, A.; c ∼ 0,5).
L-Alanin: + 13,70° (25 °C, 6 n HCl; c = 2,06; 26 Mol HCl pro Mol Alanin); + 14,48° (25 °C, 5,97 n HCl; c = 10,03; 5,3 Mol HCl pro Mol Alanin); + 14,7° (15 °C, 0,97 n HCl; c = 5,790; 1,5 Mol HCl pro Mol Alanin); + 7,3° (20°C, HCl-Salz in W.; c = 1,781; 1 Mol HCl pro Mol Alanin); + 2,7° (22 °C, W.; c = 10,3); + 33,0° (Eg.; c = 0,5···2,5%); + 8,70° (25 °C, 750,0 mμ; 0,5 n HCl; c = 2); + 14,3° (589,0 mμ; desgl.); + 43,3° (400,0 mμ; desgl.); + 70,9° (350,0 mμ; desgl.); + 220° (280,0 mμ; desgl.); + 389° (260,0 mμ; desgl.); + 1,9° (20°C, Na-Salz in W.; c = 1,781; 1 Mol NaOH pro Mol Alanin, Minimum); + 3,0° (20°C, 3 n NaOH; c = 1.781; 15 Mol NaOH pro Mol Alanin); −: + 2,71° (22 °C, 540,0 mμ; W.; c = 4,00); + 14,3° (22 °C, 540,0 mμ; 1 n HCl; c = 1,6840); + 15,1° (22 °C, 540,0 mμ; 3 n HCl; c = 0,4400); + 3,78° (22 °C, 540,0 mμ; 1 n NaOH; c = 2,840); + 6,3° (22 °C, 540,0 mμ; 3 n NaOH; c = 2,696); L-*Alanyl*-L-*alanin:* − 36,8° (25 °C, 0,5 n HCl; c = 2); − 194° (300,0 mμ; desgl.); L-*Alanyl*-D-*alanin:* + 73,7° (desgl.); + 498° (300,0 mμ); D-*N-Methylalanin:* + 5,6° (20 °C, W.).
Albizzin (= L-2-Amino-3-ureidopropionsäure): − 66,2° (W.; c = 4).
Alganinsäure: − 139° (W.).
Allantoin: + 93° (22 °C).
Alliin: + 62,8° (21 °C, W.; c = 1,99).
D-Allosan-α[1,5]β[1,6]: − 75,8° (W.).
β-D-Allose: + 0,58° → + 14,41° (20°C W.; c = 5); − *p-Bromphenylhydrazon:* − 6,7° (20°C, A.); β-L-*Allose:* − 1,9° (20°C, W.); *p-Bromphenylhydrazon:* + 6,4° (20°C, A.); − D-*Allomethylose:* − 85° → + 1,2° (W.; 4 min → 35 min; Endwert).
D-Altrosan-α[1,5]β[1,6]: − 215° (W.).
D-Altrose: − 69° → + 32,6° (20°C, W.; c = 7,6); L-*Altrose:* − 28,75° → − 32,2° (20°C, W.).
D-Altroheptulosan: s. Sedoheptulosan.
α-Amanitin: + 191° (20°C, Me.).
Amicetin: + 116,5° (25 °C, 0,1 n HCl; c = 0,5); − *Amosamin:* + 45,5° (25 °C, W.; c = 1).
D-α-Aminoadipinsäure: + 26° (20°C, 6 n HCl; c = 1).
p-Aminobenzoesäure-glucuronid: − 5,5° (24 °C, W.).
L-α-Amino-n-buttersäure: + 18,65° (19 °C, 6 n HCl; c = 4,8); + 20,5° (5 n HCl; 0,5···2,5%); + 42,0° (Eg.; c = 0,5···2,5); + 14,1° (20%ige HCl); + 8,0° (20°C, W.; c = 5···6); − *α-Amino-β,γ-dihydroxy-α-buttersäure:* − 33,45° (13 °C, W.; c = 2).
α-Aminocapronsäure: + 21° (20°C, 20%ige HCl).
3-Amino-3-desoxy-D-ribose-HCl: − 24,6° (W.).
3-Amino-3-desoxy-D-glucose: − 61°··· − 78° (18 °C, W.).
D-α-Aminohydratropasäure (= α-Phenylalanin): + 70,0° (18 °C, W.); L-*α-Aminophenylessigsaure:* − 110,0° (20°C, W.); − 157° (20°C, verd. HCl); D-*β-Aminohydrozimtsaure:* + 7,0° (20°C, W.); L-*β*-: − 7,5° (25 °C, W.).
p-Amygdalin: − 40,0° (W.).
Amylalkohol: − 5,756° (20°C); *Amylessigsaure:* + 7,6° (15 °C, Me.).
Amylamin: (D-2-Methyl-n-butylamin) − 5,86° (25 °C, W.).
Amylotriose u. -tetraose: s. Malto-.
Amylose: s. Dextrin.
L-Anabasin: − 82,45° (16 °C, W.); − 13,5° (20 °C, 546,1 mμ; W.; c = 2,5); N-methyl-: − 144° (17 °C, A.; c = 0,5).
Anserin: + 12,25° (20°C, W.; c = 5); + 14,0° (20°C, W.; c = 3,74).
Apinin: − 130° (Alkali).
Apiose: + 3,8° (20°C, W.; c = 3,4).
Apomorphin-HCl: − 49° (W.).
Araban: ∼ − 180°.
D-Arabinal: + 100,5° (?) (W.); D-*Arabit:* + 7,7° (Boraxlösung).
L-Arabinal: − 202,8° (W.); L-*Arabit:* − 5,4° (Boraxlosung); − β-L-*Arabinose:* + 190,6 → + 105,5° (20°C, W.; c = 4); + 108,2° − 0,4p + 0,014p^2 (20°C, W.); − *p-Phenyl-azobenzoat:* + 755° (25 °C; 643,8 mμ; Chlf.); *-diphenylhydrazon:* + 14,9° (Py.; c = 0,05); α-L-*Arabinose*·$CaCl_2$·$4H_2O$: + 33,86° → + 47,65° W.); − L-*Arabonsäure:* − 9,5° → − 41,7° (W.; Glgew. n. 21 Tagen); *-γ-lacton:* 73,9° (W.); *α-Methyl*-L-*arabinosid:* + 17,3° (W.); *β-:* − 245,5° (W.).
β-D-Arabinose: − 175° → − 105° (W.; c = 9,45); *-5-phosphorsäure:* − 18,8° (26 °C, Ba-Salz in 0,1 n HCl); − 48,6° (26 °C, Dibrucinsalz in 50%ig. Py.); *β-Methyl*-D-*arabinosid:* − 241,1° (W.).
Arbutin: (W.-frei) − 64,3° (20 °C, W.); *Methyl-:* − 64,48° (20 °C).
L-Arginin: + 26,9° (23,4 °C, 6 n HCl; c = 1,653; 63 Mol HCl pro Mol Arginin); + 29,4° (Eg.; c = 0,5···2,5); + 12,5° (20 °C, W.; c = 3,48); + 11,8° (20 °C, 0,50 n NaOH; c = 0,87; 10 Mol NaOH pro Mol Arginin); + 15,1° (28 °C; 540 mμ; W.; c = 2.0556); + 9,84° (28 °C; 660 mμ; 1 n HCl; c = 2,0432); + 13,1° (589,3 mμ; desgl.); + 16,4° (540 mμ; desgl.); + 25,4° (460 mμ; desgl.); + 16,8° (28 °C; 660 mμ; 2 n HCl; c = 1,9900); + 22,0° (589,3 mμ; desgl.); + 27,3° (540 mμ; desgl.); + 46,2° (440 mμ; desgl.); + 8,7° (28 °C; 660 mμ; 1 n NaOH; c = 2,0880); + 11,5° (589,3 mμ; desgl.); + 14,2° (540 mμ; desgl.); + 21,7° (460 mμ; desgl.). − *-bernstein-*

saureanhydrid: + 8,9° (23 °C, 0,5 n HCl; *c* = 2,72); + 5,2° (23 °C, 0,5 n NaOH; *c* = 2,72); *-phosphorsaure:* + 5° (18 °C, W.).
Ascaryolose: − 25° ± 2° (W.).
L-Ascorbinsäure: + 24° (19 °C, W.; *c* = 3); + 48° (23 °C, Me.); — L-*erythro-:* + 9,3 ± 3° (0,01 n HCl); — D- *u.* L-*Arabo:* ± 17° (0,01 n HCl); — D-*Ascorbinsaure:* − 48,3° (Me.); — *6-Desoxy*-L-*:* + 36,7° ± 2° (0,01 n HCl); — L-*Altro-:* + 29,3° ± 1,5° (0,01 n HCl); — D-*Gluco-:* − 37,8° (0,01 n HCl); — L-*Rhamno-:* + 27,8° ± 3° (0,01 n HCl); *α-Gulo-:* − 19,0° (0,01 n HCl); D-*Galakto-:* − 5,8° (0,01 n HCl). — *Dehydroascobinsaure:* + 50° → 0° (20 °C, W.; *c* = 1).
Asiaticosid: − 14° (A.).
L-Asparagin: + 34,26° (20 °C, 3,4 n HCl; *c* = 2,24; 20 Mol HCl pro Mol Asparagin); + 25,3° (20 °C, Dihydrochlorid in W.; *c* = 1.500; 2 Mol HCl pro Mol Asparagin); + 20,0° (20 °C, HCl-Salz in W.; *c* = 1,500; 1 Mol HCl pro Mol Asparagin); − 5,30° (20 °C, W.; *c* = 1,41); − 9,3° (20 °C, Na-Salz in W.; *c* = 1,500; 1 Mol NaOH pro Mol Asparagin); − 6,35° (20 °C, 2,5 n NaOH, *c* = 11,23; 3 Mol NaOH pro Mol Asparagin); − 77° (24 °C, Me.; *c* = 1); — *-carbobenzoxy*-L-*succinimid:* − 43° (24 °C, 95% ig. A.; *c* = 1).
L-Asparaginsäure: + 24,6 °(24,0 °C, 6 n HCl; *c* = 2,002; 39 Mol HCl pro Mol Asparaginsaure); + 25,4° (5 n HCl; *c* = 0,5···2,5); + 19,53° (18 °C, HCl-Salz in W.; *c* = 1,3300; 1 Mol HCl pro Mol Asparaginsre.); + 4,7° (18 °C, W.; *c* = 1,3300); − 18,8° (18 °C, Na-Salz in W.; *c* = 1,3300; 1 Mol NaOH pro Mol Asparaginsre.; Minimum); − 4,4° (18 °C, Di-Na-Salz in W.; *c* = 1,3300; 2 Mol NaOH pro Mol Asparaginsre.); − 1,7° (18 °C, 3 n NaOH; *c* = 1,3300; 30 Mol NaOH pro Mol Asparaginsre.); + 5,70° (27 °C; 540 mμ; W.; *c* = 0,7908); + 15,3° (27 °C; 660 mμ; 1 n HCl; *c* = 1,8144); + 19,7° (589,3 mμ; desgl.); + 23,9° (540 mμ; desgl.); + 36,0° (460 mμ; desgl.); — − 16,2° (27 °C; 660 mμ; 1 n NaOH; *c* = 1,6048); − 20,0° (589,3 mμ; desgl.); − 22,4° (540 mμ; desgl.); − 30,5° (440 mμ; desgl.); − 3,58° (27 °C; 660 mμ; 2 n NaOH; *c* = 1,6036); − 4,06° (589,3 mμ; desgl.); − 4,68° (540 mμ; desgl.); − 5,31° (500 mμ; desgl.); — *α*-L-*Aspartylglycin:* + 53° (27 °C, W.; *c* = 4,6); + 36,5° (23 °C, W. + 1 Mol HCl; *c* = 1,9); — *β*-L-*Aspartylglycin:* + 7,2° (22 °C, W. + 1 Mol HCl; *c* = 2.4); — *α,β*-L-*Aspartyl-diglycin:* + 33,8° (23 °C, W. + 1 Mol HCl; *c* = 2,2); — *Carbamyl-asparaginsaure:* + 46,0° ± 2,0° (20 °C, p_H 8).
Asparagosin: − 32,6° (20 °C, W.).
Aspergillsäure: + 13° (24 °C, A.).
Asperulosid: − 200° (18 °C, W.).
Atrolactinsäure: L(+)-*:* [*M*] = + 63,1° (20 °C, Acetophenon); L(+)-$C_6H_5 \cdot C(CH_3)(OD) \cdot COOD$*:* [*M*] = + 61,8° (desgl.).
Aucubin: − 174°.
Aureomycin: − 275° (23 °C, Me.).
Auxin a: + 3,19° (20 °C, A.); *Auxin b:* − 2,8° (20 °C, A.); *Auxin-a-lacton:* − 3,44° (20 °C, A.).
Avenarin: − 38,2° (20 °C, W.).
Azacholesterin: s. Cholesterin.
Azafrin: − 75° (20 °C, 643,8 mμ; A.; *c* = 0,28).
Azaserin: − 0,5° (27,5 °C, W.; *c* = 8,46; p_H 5,18).

L-Baikiain: − 201,6° (20 °C, W.; *c* = 9,89); *-HCl:* − 90,1° (20 °C, W.).
Barbitursäuren: *α-5-Äthyl-5-sec.-octyl-:* − 7,02° (25 °C, A.; *c* = 13,3); — *5,5-n-Propylmethylcarbinyläthyl-:* + 4,93° (25 °C); — *1-Methyl-5,5-isoamylathyl-:* + 1,50° (25 °C); — *1-Methyl-5,5-n-butylathyl:* + 3,50° (25 °C).
Batylalkohol: + 1,14° (20 °C, Chlf.; *c* = 6,6).
Benzimidazol-ribosid: + 25,5° (W.); — *α-Ribazol:* + 14° (23 °C, Py.; *c* = 0,9); — *-pikrat:* + 9,0° ± 1,6 (23 °C, Py.; *c* = 4); — *1-α*-D-*Ribofuranido-5,6-dimethyl-benzimidazol-pikrat:* + 9,9° (23 °C, Py.).
Betonicin: − 36,30° (W.; *c* = 4,8); *-HCl:* − 24,79° (W.).
Betulin: + 20° (20 °C, Py.; *c* = 2).
Biopterin: − 50° (25 °C, 0,1 n HCl).
β-Biotin: + 91° (21 °C, 0,1 n NaOH; *c* = 1); *-methylester:* + 82° (15 °C, 0,417 g in 100 g Me.).
D-Boivinose: − 3,9° ± 2° → + 3,9° ± 2° (W.); − 13,3° (Ac.).
D-Borneol: + 25,8° (25 °C, A.; *p* = 2,736); + 26,4° (25 °C, A.; *p* = 35,07); $+ \frac{9,7866°}{\lambda^2 - 0,07442} - \frac{3,2862°}{\lambda^2}$ (20 °C; 430···671 mμ; Bzl.; *p* = 22,855); *-acetat:* + 37,44° (20 °C, A.; *p* = 20); — *Isoborneol:* − 33°··· − 34° (20 °C, A.).
Bornesit: s. Inosit.
Bromcamphersulfosaures K: + 72,1° (W.).
Brucin: − 185° (20 °C, A.; *p* = 5,4); − 120° ± 0,5° (20···23 °C; Chlf.; *c* = 1); − 150° ± 0,5° (546,1 mμ).
Bulbocapnin: + 237° (16 °C, Chlf.; *c* = 4,5).
Butanol-(2): ± 13,37° (20 °C); — *Butandiol-1,2:* + 12,4° (22 °C); — *-2,3:* + 23,2° (25 °C); *-1,3:* − 18,8° (25 °C).
Buttersäure: *α-Methyl-:* − 25° (24 °C, W.); *α,α'-Methyl-hydroxy-:* + 12° (24 °C, 0,2 n NaOH).

Camphen: D: + 107,7° (Bzl.); + 84° (A.); + 103,9° (Ae.); — L-: − 113,5° (Ae.).
D-Campher: + 41,4° (20 °C, A.; *c* = 1%); + 54,38° − 1,614 *w* + 0,0003690 w^2 (20 °C, A.; *w* = 45···91); + 56° − 0,166 *p* (20 °C, Bzl.; *p* = 47···90); $\frac{18,022°}{\lambda^2 - 0,09363} - \frac{7,1324°}{\lambda^2}$ (20 °C; 394···671 mμ; Ac.; *p* = 29.8); — *Camphersaure:* + 47,35° (20 °C, Isopropanol; *c* = 15); — *Camphersulfosaure:* + 23,9° (W.; *c* = 0,05···11,8); — *-Na-Salz:* − 26,9° (19 °C, W.); — D-*Campher-2-sulfosaure-methylester:* + 98,6° (Chlf.); *Bromcamphersulfosaures K:* + 72,1° (W.); — *Chlorcamphersulfosaure:* + 49,6° (W.).

Canavanin: + 7,9° (20°C, W.; c = 3.2).
Cannabiol: − 125° (27°C, A.).
Capsanthin: ± 0° (656,3 mμ; Bzl.); + 36° (643,85 mμ; Chlf.); — *Capsaxanthin:* − 64°···− 70° (20°C, Cd; Chlf.).
Carbomycin: − 58,6° (25°C, Chlf.; c = 1).
Caren: Δ^3-Caren (α-Caren): + 14,63°; L-Δ^3-*Caren-5,6-epoxyd:* − 88° (546,1 mμ); D-Δ^4-*Caren:* (= β-Caren) + 82,64°.
Carnitin: − 20,98° (20°C, verd. HCl).
Carnosin: + 23,6° (15,5°C, W.; c = 3,3); + 20,5° (20°C, W.; c = 2,0).
α-Carotin: + 359° (Cd; Chlf.); + 385° ± 5° (18°C; 643,85 mμ; Bzl.) + 315° ± 7° (18°C, 656,3 mμ; Bzl.); — *9-cis-α-Carotin:* + 221° (25°C, Hexan).
Carvon: ± 62° (20°C); — *α-Dihydro-:* − 18°···− 19° (20°C).
Casein: − 155° (20°C, 0,1 n NaOH); − 155° (desgl.); — *Caseinogen:* − 91,2° (20°C; 578 mμ: W.); − 105,1° (20°C; 546 mμ; W.).
Catechin: + 18,7° (Ac.); — *-hydrat:* + 12,5°···+ 16,0° (Ac.); *Epi-:* − 69° (A.); — L-*Epi-catechin:* − 60° (20°C; Ac./W. 1 : 1).
Cedrol: + 9,3···10,5°.
β-Cellobiose: + 14,2° → 34,6° (20°C, W.; c = 8); *-octaacetat* (*α-Form*)*:* + 42,0° (20°C, Chf.); *-(β-Form):* − 14,5° (20°C, Chlf.); — *Cellobiosephenylosazon:* − 6,5° (Py./A. = 2 : 3); — *6-[β-Cellobiosido]-α-D-glucose:* + 15,0° → + 8,4° (W.); *α-D-Cellotriose:* + 35° → + 21,6° (W.); — *β-D-Cellotetraose:* + 8,4° → + 16,5° (W.); — *β-D-Cellopentaose:* + 8° → + 11° (W.); — D-*Cellohexaose:* + 10° (W.); — D-*Celloheptaose:* + 7° ± 3° (W.). — *Epicellulose:* + 11,1° → + 5,8° (20°C, W.; c = 2).
Cellulose: − 3,45° (18°C; 435,8 mμ; Kupfertetramin); — *Trimethylcellulose:* − 25° (W.); − 100° (Chlf.); — *Triacetylcellulose:* − 22,5° (Chlf.).
Celtrobiose: + 13,6° (W.).
Cephalin: s. Dipalm---.
Cepharantin: + 204° (21°C, Chlf.).
Cerberose: s. L-Thevetose.
Cerebron: + 6,3°···10,4° (40···50°C; 75%ig. Chlf. in Me.; c = 5···10); — *Cerebro-glucosid* (*Gaucher*)*:* − 9,03°···10,66° (Py.); — *Cerebronsäure:* + 3,33°···+ 3,84° (17−20°C, Py.); − 1,76° (50°C, Chlf.).
Cerebrose: s. D-Galaktose.
Chaksin: + 32° (A.).
Chaulmoograsäure: + 62,4° (Chlf.); — *Dehydrochaulmoograsäure:* + 60,7° (27°C); *Homochaulmoograsaure:* + 54°.
Chimylalkohol: + 3,0 (20°C, Chlf.; c = 1.16).
Chinamin: + 116,5° ± 0,5° (W.; c = 2); — D(−)-*Chinasäure:* − 44°, W.; c = 8); — *Chinicin:* + 43,5° ± 0,5° (15°C, Chlf.; c ∼ 2).
Chinidin: + 233,6° (A.; c = 1,0); *-HCl:* + 200° (W.); + 323° ± 3° (0,03···0,5 n HCl; c = 0,1···2), — *Dihydrochinidin:* + 295° (0,03 n HCl; c = 0.1); — *Epichinidin:* + 102,5° ± 0,5° (19···21°C, A.; c = 0,85···2).
Chinin: − 180° (20°C; 578 mμ; W.; c = 0,25···3); − 212° (20°C; 546 mμ; W.; c = 0,25···3); − 426° (20°C; 435 mμ; W.; c = 0,25···3); − 158° (A.); − 136° (Bzl.; c = 0,6); *-HCl:* − 142,7° (15°C, W.); *-sulfat:* − 214° (17°C, W.); *-succinat:* [*M*] = − 761,3° (20°C, 95%ig. A.); *-succinat-2,3-D_2:* [*M*] = − 761,7° (desgl.).
Chinovose: D⁻: + 29,1° (W.; Glgew.); L-: − 30,0° (W.).
Chitin: − 14,7° (konz. HCl, *d* = 1.1160); − 14,7° → + 56° (Hydrolyse bei 20°C; konz. HCl; *d* = 1.160); Zusatz von KNO_2: + 25°; *Chitosan-HCl:* − 16°. — *Chitose* (= *2,5-Anhydro-D-mannose*)*:* + 33,2° (W.); — *Chitobiose:* + 38,7° (25°C, W.); *Octaacetyl-:* + 55,3° (20°C, Eg.); — *Epichitose:* s. 2,5-Anhydro-D-glucose; — *Chitosamin: s.* D-*Glucosamin:* — D-*Chitosaminsäure:* − 16,8° → − 14,7° (2,5%ig. HCl); D-*epi-:* − 17,9° → − 31,9° (2,5%ig. HCl).
Chloramphenicol: + 18,5°···+ 21,5° (20°C, A.; c = 5,0); − 25,5° (25°C, Äthylacetat); *Acido-:* + 12°···17° (21°···25°C, Me.; c = 5,0).
Chlorin e_6: − 141° (20°C, Ac.); *-e_4-dimethylester:* − 337° (20°C, Ac.).
Chlorogensäure: − 33°···− 35°; *Iso-:* − 230° (A.).
Chlorophyll a: − 262° (20°C, Ac.); − 265° (25°C; 720 mμ; Ac.); **-b:** − 267° (Ac.-Me.); − 265° (25°C; 720 mμ; Ac.).
Chlorpheniramin: − 31,6° (21,5°C, A.; c = 1,8); *-maleat* (= *Piriton*)*:* − 23,7° (20°C, W.; c = 1.2).
Chlortetracyclin-HCl: − 227,9° (23°C, W.); − 295,9° (Me.).
Cholsäure: + 31,55°.
Cholesterin: − 31,59° (20°C, Ae.; c = 7,94); − 40,3° (Chlf.; c = 2,1); in Chlf. u. c = 4: − 41,4° (578 mμ); − 47,1° (546,1 mμ); − 81,8° (436 mμ); − 99,0° (405 mμ); − 133° (364 mμ). — *-ameisensäureester:* − 51,4° (20°C, Chlf.); *-butyrat:* − 36,3° (20°C, Chlf.); *-laurat:* − 27,6° (20°C, Chlf.); *-oleat:* − 23,4° (20°C, Chlf.); *-stearat:* − 24,3° (20°C, Chlf.). — *6-Azacholesterin:* − 72,8° (578 mμ; Chlf.; c = 4); − 83,8° (546 mμ; desgl.); − 157,0° (436 mμ; desgl.); − 197,0° (405 mμ; desgl.; − 291,0° (364 mμ; desgl.). — *3β-Hydroxy-6-azacholestan:* + 18,4° (578 mμ; desgl.); + 20,9° (546 mμ; desgl.); + 53,3° (364 mμ; desgl.). — *3β-Acetoxy-6-azacholestan:* + 14,8° (578 mμ; desgl.); + 16,5° (546 mμ; desgl.); + 43,5° (364 mμ; desgl.). — *6-Azacholestadien-(3,5):* − 106,5° (578 mμ; desgl.); − 122,6° (546 mμ; desgl.); − 261,0° (405 mμ; desgl.).
Chondroitinschwefelsäure A: (hyaline Knorpel): − 30···− 40° (W.; neutr. Lsg.); **-B** (Herzklappen. Aorta, Haut): − 50° (W.; neutr. Lsg.); **-C** (Herzklappen, Aorta, Nabelschnur), − 20° (W.; neutr. Lsg.); *-Ca-Salz:* − 16···− 18° (W.).
Chondrosamin: s. Galaktosamin; D-*Chondrosaminsäure:* s. D-epi-Chitosaminsäure.

Chrysanthemum-monocarbonsäure: + 14,2°; *-dicarbonsäuremethylester:* + 103,9° (18 °C, Chlf.; *c* = 9).
Chymotrypsinogen: − 63,5° (27 °C, W.; *c* = 1,0, pH 3,75).
Cinchonamin: + 121,5° ± 1,5° (15···20 °C, A.; *c* = 0,6···2); *Colchamin:* + 117,5° (20 °C, Chlf.); *Cinchonicin:* + 47,3° ± 3° (18°···25 °C, A.; *c* = 0,1···9,3); *Cinchonidin:* − 107,5° + 0.297*c* (15 °C, 97 Vol.-% A.; *c* = 1···5); *Dihydrocinchonidin:* − 136,5° (18 °C, 3 n HCl; *c* = 5); *Cinchonin:* + 229,6° (A.); + 209,6° (Chlf.; *p* = 0,6); *Cinchonin-HCl:* + 157° ± 2,5° (20···25 °C, W.; *c* = 0,8···1,6).
Circulin: − 616° (25 °C, W.; *c* = 1,25).
L-Citramalsäure: + 34,7° (14 °C, W.); − 748° (18 °C, 13%ig. Ammonmolybdat in 0,83 n Eg.; 0,01 Mol).
D-Citronellal: + 13,09° (15 °C); *Citronellol:* + 4,17° (20 °C); *β(±)-Citronellol:* + 5,22° (− 4,76°); *D-Citronellinsaure:* + 21°; *-athylester:* + 0,3° (16 °C); *L-Citronellinsaure:* − 6,6° (24 °C).
L-Citrullin; + 24,2° (5 n HCl; *c* = 0,5···2,5); + 24,3° (27 °C, 1 n HCl; *c* = 2,0); + 17,9° (21 bis 23 °C; HCl-Salz in W.; *c* = 5,00; 1 Mol HCl pro Mol Citrullin); + 17,5° (Eg.; *c* = 0,5···2,5); + 3,5° (21···23 °C, W.; *c* = 5,00).
Cocain; − 35,4° (50%ig. A.; *c* = 1,1); − 15,83° − 0,005848*w* (20 °C, Chlf.; *w* = 74···91); *-HCl:* − 78,5° (W.; *c* = 0,36).
Cozymase: − 24,6° (W.; *c* = 3); − 29,4° (546 mμ; W.; *c* = 3).
Codein: − 135,8° (A.; *p* = 5); *-HCl:* − 108,2° (18···23 °C, W.; *c* = 2); *-phosphat:* − 134° (W.); *-sulfat:* − 102,2° (W.); *Codein-sulfosäure:* − 190,1° (W.; *c* = 3).
Colchamin: + 117,5° (20 °C, Chlf.), *Colchicein:* − 258° ± 4° (20 °C; 0,1 n HCl; *c* = 0,5); *Colchicin:* − 422° (W.); − 120,8° (Chlf.).
Colitose: + 4,0° (W.).
α-Conidendrin: − 55° (Ac.; *c* = 2); *α-Conidendrol:* − 75° (25 °C, Ac.; *c* = 2); *β-Conidendrol:* + 11,6° (Ac.; *c* = 5).
D-Coniin: + 15,7°.
Cordycepose: − 26° (20 °C, A.); *Cordycepin:* − 47° (20 °C, W.).
Corticosteron: + 222° (25 °C, A.).
Corydalin: + 300° (Chlf.); *Corynomycolsäure:* + 7,5°.
Crocin: + 1760° (21 °C, W.; kolloidal).
Crotonosid: − 60,38° (25 °C, 0,1 n NaOH); − 122° ± 4° (12···22 °C, W.; *c* = 0,4···2); *N-methyl-:* − 222,5° (15°···20 °C; W.; *c* = 1···50).
Crypton: D-: + 64,57° (A.; *c* = 5,6); L-: − 119,3° (A.; *c* = 2).
Cuprein: − 174° ± 0,5° (17°···22 °C, 16%ig. A.; *c* = 0,8···1,8).
Curarin-1-chlorid: + 70°···73° (W.); *Tubocurarin-chlorid:* + 264,8° (546 mμ; W.); *o-Dimethyltubocurarin-jodid:* + 188,7° (546 mμ; W.).
L-α-Curcumen: − 22,9° (20 °C); *Curcumon:* + 80,55°.
Cyclohexanol: *D-trans-3,5-dimethyl-:* + 4,55° (26 °C); L-: − 77,4° (17 °C); *Cyclopentanon: D-3-methyl-:* + 132,9° (12 °C); *Cyclohexanon: D-3-methyl-:* + 13,38° (15 °C); *D-2,5-Dimethyl-:* + 11,6° (20 °C); *D-Trans-3,5-dimethyl-:* + 4,65° (20 °C); *L-Form:* − 7,91° (20 °C); *D-2-Äthyl-5-methyl-:* + 8,5°; *6-Isopropyl-3-:* − 64,5° (18 °C).
D-Cymarose: + 53,4° (21 °C, W.; Glgew.).
L-Cystathionin: + 23,7° (20 °C, 1 n HCl; *c* = 1); *L-allo-:* − 25,0° (21 °C, 1 n HCl; *c* = 1).
L-Cystein: + 6,5° (5 n HCl; *c* = 0,5···2,5); + 13,0° (Eg.; desgl.); *Cystein-HCl:* + 9,5° (25 °C, W.; *c* = 2); + 7,6° (26 °C, W.; *c* = 12,1; 1 Mol HCl pro Mol Cystein); *Cystein:* − 10,1° (21 °C, W.; *c* = 2,0); *-Cysteinsäure:* + 9,36° (24 °C, W.; *c* = 6); + 8,66° (20 °C, W.; *c* = 7,40); — *S-Äthylcystein:* − 8,5° (22 °C, 5 n HCl; *c* = 5); *S-Benzylcystein:* [*M*] = − 42,2° (5 n HCl); [*M*] = − 52,8° (Eg.); *S-Methylcystein-sulfoxyd:* + 125° (25 °C, W.; *c* = 2,5).
L-Cystin: − 232° (5 n HCl; *c* = 0,5···2,5); *L-:* − 214,40° (24 °C, 1,02 n HCl; *c* = 0,9974; 24,6 Mol HCl pro Mol Cystin); − 216,2° (18,5 °C, 0,1 n HCl; *c* = 0,400; 6 Mol HCl pro Mol Cystin); − 230°··· − 240° (18,5 °C, W.; Minimum extrapol.); − 77,5° (18,5 °C, Di-Na-Salz in W.; *c* = 0,400; 2 Mol NaOH pro Mol Cystin); − 70,0° (18,5 °C, 0,20 n NaOH; *c* = 0,400; 12 Mol NaOH pro Mol Cystin); − 72,0° (31 °C; 660 mμ; 2 n NaOH; *c* = 0,4588); − 92,0° (589,3 mμ; desgl.); − 113° (540 mμ; desgl.); − 166° (460 mμ; desgl.).; − 191° (31 °C; 660 mμ; 4 n HCl; *c* = 0,4864); − 242° (589,3 mμ; desgl.); − 290° (540 mμ; desgl.); − 443° (440 mμ; desgl.). — *L-Cystinyl-D-valin-dihydrat:* + 21,2° (22 °C, 5 n HCl; *c* = 0,8); *DL-Cystinyl-D-valin:* − 28,0° (22 °C, 5 n HCl; *c* = 1,0).
Cytidin: + 29,6° (21 °C, W.); + 19,4° (20 °C, 0,1 n $Ba(OH)_2$); + 34,2° (11 °C, W.; *c* = 0,7; *Cytosindesoxyribosid:* + 40° (25 °C, W.); *5-Methylcytosindesoxyribosid:* + 65° (14 °C, 1 n NaOH); *Cytidylsaure-(2′):* + 20,7° (20 °C, W.; *c* = 1,0); *-3′-:* + 49,4° (20 °C, W.; *c* = 1,0).
Cytochrom c (Dicystein-protoporphyrin-tetramethylester-HBr): − 172° (17 °C; weiß; 0,1 n HCl)

Dehydroergosterin: + 149° (Chlf.).
Delphinin: + 25° (A.).
Desosamin: + 50° (20 °C, W.).
6-Desoxy-D-galaktit: − 1,45° (W.).
1-Desoxy-D-glucit: + 16,71°; *2-:* + 15,61° (W.); *6-:* − 10,0° (W.); *-L-:* + 9,18° (W.); — *2-Desoxy-D-glucose:* + 53,8° → + 46,6° (18 °C, W.); + 90° (18 °C, Py.); 6-: + 73° → + 29,7° (20 °C, W.; Glgew., *c* = 8).
6-Desoxy-L-gulit: + 3,97° (W.); *6-Desoxy-D-gulose:* − 38° (29 °C, W.; Glgew.).
Desoxyinsoin: − 22,9° (19 °C, 1 n NaOH); *c* = 1,17).
2-Desoxy-D-mannit: + 15,61° (W.); *6-:* − 12,4° (W.); *6-Desoxy-L-:* s. Rhamnit.
2-Desoxy-D-ribose: + 2,88° → + 2,13° (23 °C, W.).
Desoxyribo-adenylsäure: − 38,0° (19 °C, W.; *c* = 0,23 (als Ca-Salz)); *Desoxyadenosin:* − 26,0° (21 °C, W.; *c* = 1,0).

Desoxyribo-cytidylsäure: + 35,0° (21 °C, W.; *c* = 0,2).
Desoxycytidin: + 82,4° (19°C, 1 n NaOH; *c* = 1,31); *5-Methyldesoxycytidin:* + 65,0° (14°C, 1,0 n NaOH; *c* = 0,46; als Hydrochlorid eingewogen).
Desoxyribo-guanylsäure: − 31,1° (19°C, W.; *c* = 0,43 (als Ca-Salz)); *Desoxyguanosin:* − 47,7° (19°C, 1 n NaOH; *c* = 0,86).
1-Desoxysorbit: + 5° (27°C, W.; *c* = 1,7). ± 0,9° (Boraxlösung).
6-Desoxy-D-talit: + 2° (W.).
Desoxyribo-thymidylsäure: − 4,4° (21 °C, W.).
Desoxyuridin: + 50,0° (22°C, 1 n NaOH; *c* = 1,1).
2-Desoxy-D-xylose: − 22,5° (4 Min.) → 2,0° (W.; Glgew. nach 20 Min.); *3-Desoxy-D-xylose:* − 6,3° (W.); *3-Desoxy-L-xylose:* + 9,0° (W.).
Dextran: ca. + 195° (20°C, W.); *Dextran-triose:* + 145° (W.).
Dextrin: (*Schardinger*): W.; *c* = 1 (-Acetat in Chlf., eingeklammert); *α-Dextrin* (*6-Glucose*): + 150,5° (+ 105,5°); *β-Dextrin-*(*7 Glucose*): + 162,5° (+ 162,5°); *γ-Dextrin* (*8 Glucose*): + 177,4° (+ 138,5°). — *Amylodextrine:* + 190°···+ 195°; *Erythrodextrine:* + 194°···+ 196°; *Achroodextrine:* + 192°; *Maltodextrin:* + 181°···+ 183°.
3,6-Didesoxy-D-ribohexit: − 18° ± 2° (W.); *3,6-Didesoxy-D-ribohexose:* + 10,0° ± 2° (W.).
L-α,γ-Diaminobuttersäure: + 12,7° ± 0,3° (26°C, W.; *c* = 6,9); *-dichlorid:* + 14,60° (18°C, W.; *c* = 3,7); + 31,6° (5 n HCl; *c* = 0,5···2,5).
L-α,ε-Diaminopimelinsäure: + 8,1° (24°C, W.; *c* = 5,0); + 45,1° (5 n HCl; *c* = 0,5···2,5).
L-α,β-Diaminopropionsäure: + 25,2° (25°C, 1 n HCl; *c* = 2); + 34,0° (5 n HCl; *c* = 0,5···2,5).
2,6-Diaminopurin-ribonucleosid: − 40,5° (28°C, 0,1 n HCl; *c* = 0,7).
Didecanoyl-L-α-lecithin: + 8,75° (22°C, Chlf./Me. = 1:1; *c* = 4,6).
Digilanid: + 24,4° (Dioxan); **-A:** + 31,4° (20°C, 95%ig. A.; *c* = 1,87); **-B:** + 36,7° (20°C, 95%ig. A.; *c* = 1,87); **-C:** + 35,5° (20°C, 95%ig. A.; *c* = 1,85); *Digilanidobiose:* + 30° (20°C, W.); D-*Diginose:* + 59,8° ± 0,1 (16°C, W.; *c* = 0,8466; Glgew. n. 24 Std.); D-*Digitalose:* + 103° ± 2° (20°C, W.; *c* = 1,4552); *Digitonin:* − 54° (A.); D-*Digitoxose:* + 46,5° (20°C, W.); + 43,6° → + 50,2° (W.); *Digitoxoseen:* + 323° (W.); *Digitoxigenin:* + 18,1° (20°C, Me.; *c* = 1,3808); *Digoxigenin:* + 23,0°···+ 23,2° (20°C, Me.; *c* = 1,8); *Digoxin:* + 13,3° (20°C, 546,1 mμ; Py.; *c* = 1,5).
Dihexanoyl-L-α-lecithin: + 10,9° (25°C, Chlf.; *c* = 9,5).
1,2-Dihydro-1,2-dioxynaphthalin: + 159° (22°C, A.; *c* = 1); *-Diacetat:* ± 437° (22°C, A.); *1,2-Dihydro-1,2-dioxyanthracen:* + 154° (22°C, Dioxan); *-Diacetat:* + 345° (22°C); *1,2-Dihydro-1,2-dioxyphenanthren:* − 240° (20°C, A.; *c* = 0,5); *-Diacetat:* − 380° (20°C, A.).
22-Dihydroergosterin: − 109° (Chlf.); *-acetat:* − 78,8° (17°C, Chlf.).
Dihydrostreptomycin-HCl: − 82°··· − 88,7° (W.).
D-α,α'-Dihydroxyadipinsäure: + 3,8° (16°C; W.; *c* = 6,16).
Di-L-β-hydroxycaprinsäure-dirhamnosid: − 84° (Chlf.; *c* = 3).
Dihydroxyphenylalanin: s. Tyrosin.
Dijenkolsäure: − 44,5° (26°C, 1%ig. HCl; *c* = 2,0); L-*Dijenkolsäure:* − 60,5° (20,5°C, 1 n HCl; *c* = 1); − 47,5° (25°C; 1 n HCl; *c* = 2).
Dijodtyrosin: s. Tyrosin.
D-α,β-Dimyristin: − 3,3° (Chlf.; *c* = 7,3); L-*α,β-:* + 3,4° (Chlf.; *c* = 7); *Dimyristoyl-*L*-α-glycerinphosphorsäure:* + 4,4° (24°C, Chlf.; *c* = 11); D-*α-Dimyristoyl-lecithin:* (aktive Antigenkomponente): − 7,1° (Chlf./Me. = 1:1); *Dimyristoyl-*L*-α-lecithin:* + 7,0° (Chlf./Me. = 1:1; *c* = 3,9); *-glycerylphosphoryläthanolamin* (*Kephalin*): + 6,7° (26°C, Chlf.; *c* = 8,4); *-glycerophosphorsäure:* + 4,4° (24°C, Chlf.; *c* = 11); *Bis-*(*dimyristoyl-*L*-α-glyceryl*)*-phosphorsäure:* + 7,5° (22°C, Bzl.; *c* = 4).
Dioctanoyl-L-α-lecithin: + 9,65° (23°C, Chlf./Me. = 1:1).
Dioleoyl-L-α-lecithin: + 6,2° (25°C, Chlf./Me. = 1 : 1; *c* = 5); *Dioleoyl-*L*-α-glycerylphosphoryläthanolamin* (*Kephalin*): + 6,0° (Chlf.; *c* = 7); (*Dioleoyl-*L*-α-glycerylphosphoryl*)*-*L*-α-glycerin:* + 2,0° (21 °C, Chlf.; *c* = 10); + 2,35° (22°C, 99%ig. A.; *c* = 11); *Dioleoyl-*L*-α-glycerophosphorsäure:* + 3,8° (Chlf.; *c* = 6); *Bis-*(*dioleoyl-*L*-α-glyceryl*)*-phosphorsäure:* + 6,1° (Chlf.; *c* = 10).
D-α,β-Dipalmitin: − 2,9° (Chlf.; *c* = 8,0); *Dipalmitoyl-*L*-α-glycerinphosphorsäure:* + 4,4° (26°C, Chlf.; *c* = 9,6); L*-α-Dipalmitoyl-lecithin:* + 6,6° (23°C, Me./Chlf. = 1 : 1); *Dipalmitoyl-*L*-α-lecithin:* + 6,6° (23°C, Chlf./Me. = 1:1; *c* = 4,2); *Dipalmitoyl-*L*-α-glycerylphosphoryläthanolamin* (*Kephalin*): + 6,4° (26°C, Chlf.; *c* = 7,8); *−glycerophosphorsäure:* + 4,0° (26°C, *c* = 9,6); *Bis-*(*dipalmitoyl-*L*-α-glyceryl*)*-phosphorsäure:* + 6,7° (23°C, Bzl.; *c* = 4).
β-Diphosphopyridinnucleotid: − 34,8° (23°C, W.; *c* = 1); *α-Form* (*kein Coenzym*): + 14,3° (23°C, W.; *c* = 1).
Dipropionyl-L-1,2-glycerid: − 1,10°.
D-α,β-Distearin: − 2,7° (Py.); − 2,8° (Chlf.; *c* = 6,3); *Distearoyl-*L*-α-glycerinphosphorsäure:* + 3,8° (26°C, Chlf.; *c* = 9,3); *-monocholin-Salz:* + 9,1° (26°C, Chlf.; *c* = 2,4); *Distearoyl-*L*-α-lecithin:* + 6,1° (26°C, Chlf./Me. = 1 : 1; *c* = 4,2); *Distearoyl-*L*-α-glycerylphosphoryläthanolamin* (*Kephalin*): + 6,0° (24°C, Chlf./Eg. = 9 : 1; *c* = 4,4); *Distearoyl-*L*-α-glycerylphosphoryl-*L*-serin:* − 14° (25°C, Chlf.; *c* = 3,5); − 23° (26°C, Bzl.; *c* = 2,7); (*Distearoyl-*L*-α-glycerylphosphoryl*)*-*L*-α-glycerin:* + 2,0° (22°C, Chlf.; *c* = 10); *O-*(*Distearoyl-*L*-a-glycerylphosphoryl*)*-*L*-serylglycylglycin:* + 7,6° (15°···40°C, Chlf.; *c* = 5); *Distearoyl-*L*-α-glycerophosphorsäure:* + 3,8° (26°C, Chlf.; *c* = 9,3); *-diphenylester:* + 1,96° (Chlf.; *c* = 10,2); *Bis-*(*distearoyl-*L*-α-glyceryl*)*-phosphorsäure:* + 6,2° (24°C, Bzl.; *c* = 4).
Dunnion: + 310° (18°C, Chlf.).

Ecdyson: + 64° (20 °C).
L-*nor*-Ecgonin: − 88° (W.; *c* = 1).
Echitamidin: − 515° (10°C, A.; *c* = 5); *Echitamin:* − 29° (15°C, 97%ig. A.; *c* = 2).

Edestin: *nativ:* −57° (20···60°C, 10%ig. NaCl); *denaturiert:* −88,8° (20···50°C, 0,1 n NaOH).
Eialbumin: −39,2° (20···60°C, W.); −38,5° (20°C; 578 mμ; W.); −64,1° (20°C, 0,1 n NaOH).
Emetin: −30° ± 1° (50%ig. A.; c = 2,7−3,7); *-HCl-Salz:* +54° (20°C, A.; c = 0.95).

L-Ephedrin: −6,3° (20°C, A.; c = 3,6); *-HCl:* −36° (20°C, W.; c = 5); D-*Pseudoephedrin:* −53° (17°C, A.); *-HCl:* +62° (20°C, W.); *N-Methyl-*L*-:* −29,02° (20°C, Me.); *-HCl:* −29,87° (20°C, W.); *N-Methyl-*D*-pseudo-:* +48,13° (21°C; Me.); *—HCl:* +58,11° (21°C, W.); L-*1-(3'-Oxyphenyl)-2-aminoäthanol-HCl:* −42,7° (W.).
Epicellobiose: *α-Form* + 1 H_2O: +14,6° → +5,9° (W.); *-anhydrid:* +20° → +12,5° (W.); *β-Form:* −6,5° → +6,5° (W.).
α-Epigentiobiose: −5,09° → −11,06° (W.).
Erepsin: −29,7° (20···40°C; 0,5 n NaOH).
Epimaltose: +97° → +115° (W.).
D-Ergobasin: +44° (Chlf.); *-HCl:* +63° (W.); *Ergobasinin:* +41° (Chlf.).
Ergocornin: +188° (20°C, Chlf.); *9,10-Dihydroergocornin:* −48° (Py.).
Ergocristin: −183° (20°C, Chlf.); *-HCl:* +105,7° (W.); *9,10-Dihydroergocristin:* −56° (Py.).
Ergocryptin: −187° (20°C, Chlf.); *9,10-Dihydroergocryptin:* −414° (Py.); +408° (20°C, Chlf.);- *Ergosin:* −179° (20°C, Chlf.); *Ergosinin:* +420° (20°C, Chlf.).
Ergosterin: −132° (Chlf.); −170° (546 mμ; Chlf.).
Ergotamin: −155° (20°C, Chlf.); *9,10-Dihydro-:* −64° (Py.); *Ergotaminin:* +385° (20°C, Chlf.).
Ergothionein: +123° ± 3° (W.; c = 1); +116,0° (21°C, W.; c = 5,0); *-HCl-H_2O:* +92,7° (25°C, W.; c = 2,2).
Erythramin: +227,5° (29···30°C, A.; c = 0,2); *Erythratin:* +136,5° ± 2° (A.; c = 0,4); *Erythroidin: α-:* +136° (27°C, W.; c = 0,5); *β-:* +85° (desgl.).
D-Erythrit (= D-Threit): +4,3° (W.); +5,5° (20°C; 546,1 mμ; W.; c = 5); −14,5° (90% A.; c = 5°); −11,5° (Boraxlsg.).
D-Erythrose: −14,5° (20°C, W.; c = 11, Glgew.); *Benzylphenylhydrazon:* +32,8° (20°C, 95%ig. A.; c = 5); D-*Erythronsäurelacton:* −73,3° (W.); *-Phenylhydrazid:* +17,5° (W.). — L-*Erythrose:* +11,5° → +15,2° → +30,5° (24°C, W.; c = 3); *Benzylphenylhydrazon:* +32,8° (20°C 95%ig. A.; c = 5); L-*Erythrulose:* +11,4° (W.; Glgew.).
Erythrodextrin: s. Dextrin.
Eserin: s. Physostigmin.

Faecosterin-acetat: +20° (20°C, Chlf.); *-benzoat:* +34° (24°C, Chlf.).
Fenchon: D-: +72° (A.).
Fibrin: −84,2° (20°C, 0,1 n NaOH).
Flavoxanthin: +190° (20°C, 656 mμ, Bzl.).
Floridosid: (*W.-frei*)*:* +165° (W.; c = 2); *Floridosid-α-mannosid:* +103° (20°C, Chlf.; c = 2); *Isofloridosid:* +152° (W.).
Folsäure: +19,9° ± 0,35° (27°C, W.); *Dihydrofolsäure:* +17,7° ± 0,20 (27°C, W.); L-*Tetrahydrofolsäure* (*chem. reduz.*)*:* +14,9° ± 0,23° (27°C, W.); L-*Tetrahydrofolsäure* (*enzymat. reduz.*)*:* −16,9° ± 3,84° (27°C, W.).
D-Fructose: −132,2° (20°C, W.; c = 4, im Glgew. −92,4°); −101,38° −0,56 t + 0,108 (p-10), (W.); −105,30° (25°C; 546 mμ; W.); *-α-methyl-phenylosazon:* +83,5° (A. + Py.); *-p-nitrophenylhydrazon:* +16° (Py./A.); *Pentaacetyl-*(*α-Form*)*:* +34,7° (20°C, Chlf.); *β-Form:* −120,5° (Chlf.); *α-Methylfructosid:* −44° (W.); *β-:* −172,1° (W.); D-*Fructosimin:* −75° (W.); D-*Fructosamin* (= *Isoglucosamin*)*: -HCl-Salz:* −15,5° (W.); — D-*Fructose-1-phosphorsäure:* −56° (20°C, W.); −64,2° (546 mμ; W.; c = 11,3); *Ba-Salz:* −39,0° (546 mμ; W.; c = 6,1); *Brucinsalz:* −39,2° (19,0°C, 50%ig. A.; c = 3,84); *-6-phosphorsäure:* +1,5°; +2,5° (W.); *Ba-Salz:* +0,85° (W.); +3,58 (19°C, W.; c = 10,05); *-1,6-diphosphorsäure* (*Ba-Salz, w.-frei eingewogen*)*:* +4,04°···+4,15° (17···18°C, W.; c = 13,6); *-1,6-diphosphat* (*Ba-Salz*)*:* +1,9° (546,1 mμ; W.); *Difructoseanhydrid* (= *1,2':2,1'-Di-*D*-fructofuranose-dianhydrid*)*:* +26,9° (W.). — Vgl. auch *Inulin.* — *Lävoglucosan:* s. Glucosan. — *Secalose* (= *β-Lävulin*)*:* −37,6°.
Fucose: D-: +89,3 → +75,7° (22°C, W.); *Oxim:* +13,2° (W.); D-*Fucit:* s. *6-Desoxy-*D*-galaktit*; *Fuconsäurelacton:* -D: −73,6° → −29,1° (W.). — L-*Fucal:* +10,4° ± 2° (Ac.); L-*Fucit:* +4,4° (25°C, gesatt. wssr. Boraxlsg.; c = 3); L-*Fucose:* −152,6° → 75,9° (20°C, W.; c = 4); *-Methylphenylhydrazon:* −17,0° (19°C, Py.); *α-Methylglucosid:* +16,04° (20°C, W.); L-*Fuconsäurelacton:* +78,3° (W.).
Fucosterin: −38,4° (Chlf.).

D-Galaktose: +80,2° (20°C, W.; c = 5; Glgew.); +83,883° + 0,0785 p − 0,29 t (10···30°C, W.; p = 4···36); *α-*D*-Galaktose:* +150,7° → 80,2° (20°C, W.; c = 5); *-oxim:* +84° (25°C, W; c = 5,1); *—p-phenylazobenzoat:* +436° (25°C; 643,8 mμ; Chlf.); *α-Methyl-*D*-galaktosid:* +196,6° (W.); *3-Methyl-*D*-galaktose:* +150,6° → +108,6° (W.); *β-Methyl-*D*-galaktosid:* −0,42° (W.). — *α-*D*-Galaktosamin-HCl:* +125° → +98° (W.); +121° → +80° (verd. HCl); *β-:* +44,5° → +80° (verd. HCl); D-*Galaktosimin:* +64,3° → +58,3° (W.). — *γ-Galaktan* (*Melasse*)*:* +283° (W.); *β-Galaktan:* s. *Stachyose*; D-*Galaktosan-α⟨1,5⟩β⟨1,6⟩:* −21,9° (W.); D-*Galaktosan-β⟨1,4⟩α⟨1,6⟩:* +56° (W.); *3,6-Anhydro-*D*-galaktose:* +27,5° (W.) und +24° (W.). — *α-*D*-Galaktose-1-phosphorsäure:* +148,5° (W.); *Ba-Salz: chem. Synthese:* +109,5° (546,1 mμ; W.); *Biosynthese:* 113,0° (546,1 mμ; W.); *β-*D*-Galaktose-1-phosphorsäure: Ba-Salz:* +31,3° (W.); *-3-phosphorsäures-K:* +25,2° (18°C, W.); *-6-phosphorsäure:* +36,5° (W.). — D-*Galaktonsäure:* −12,2° (20°C; W.); *-γ-lacton:* −63,7° (20°C, W.; Glgew.). — *α-*D*-Galakturonsäure:* +97,9° → +50,9° (20°C, W.); *β-*D*-Galakturonsäure:* +27° → +55,3° (20°C, W.); *p-Bromphenylhydrazon:* +11,5° (Me.); *Galaktinol:* +135,6° (20°C, W.; c = 2); L-*Gala-*D*-mannoheptose:* +26° → +15,5° (W.); L-*Galaheptulose:* s. L-*Perseulose*; *3-(β-*D*-Galaktosido-)-*D*-arabinose:* −50,3° → +63,1° (19°C, W.). — L-*Galaktose:* −120° → −73,6° (W.; c = 10); *Phenylhydrazon:* +21,6° (W.).

Galaktogen (Schneckenmucin): −16,1° u. −17,6° (W.); *Trimethyl-:* −71,1° (20°C, Chlf.); −20° (20°C, W.); *Pektingalaktan-methyläther:* +38° (20°C, W.); −12° (20°C, Me.); *Galaktocarolose:* −84° (578,0 mμ; W.); *Acetyl-:* −63° (578,0 mμ; Chlf.); *Methyläther:* −84,8° (20°C; 578,0 mμ; Chlf.); *Galaktonschwefelsäureester:* −32° (18°C, Chlf.); *-methyläther:* −86° (20°C).
L-Gallocatechin: −50° (21°C, verd. Ac.); *-gallat:* −179° (24°C, A.); *1-Galloyl-β-glucose:* −24° ···−25,6° (20°C, W.); *Digalloyl-glucose:* ca. +80° (20°C, A.); *Acertannin:* +17,5° (27°C, Ac.).
Gangliosid: *Gehirn:* −2,79° (20°C, Py.); *Milz:* −3,59° (20°C, Py.).
Gazaniaxanthin: +65° (25°C, Cd; Chlf).
Gelatine: −104° (W.; pH 4.7); −248,2° (20°C; 578 mμ; W.); −282,8° (20°C; 546,1 mμ; W.); *Rattenschwanz-Kollagen:* −289° (25°C; W.); *-gelatine:* −118° (desgl.); −35° (25°C, 12 mol/l LiBr); *Ichthyocol-Kollagen:* −330° (25°C, Citratpuffer, pH 3.7; μ = 0.05); *-gelatine:* −110° (41°C; desgl.); −86° (25°C, 2 Mol/l KSCN); −56° (25°C; 12 Mol/l); *Rinder-Kollagen:* −350° (25°C, 0,2 Mol/l KCl); *-gelatine:* −146° (25°C, 0,2 Mol/l KCl); −60° (25°C, 8,5 Mol/l LiBr).
Gelsemin: +17,8° (20°C, Chlf.).
Genistin: −27,7° (21°C, 0,02 n NaOH; c = 0,5).
Gentianose: +33,4° (W.); +32° (20°C, W.; c = 1,39).
Gentiobiose: *α-Form:* +31° → 9,6° (20°C, W.); *β-Form:* −11° → +9,6° (W.); +21,4° → +8,7° (20°C, W.; c = 5); *Phenylosazon:* −42,9° (20°C, 95%ig. A.); −72,3° → −44,4° (Py. + A.) *Octaacetyl-:* *α-Form:* +52,3° (20°C, Chlf.); *β-Form:* −5,3° (20°C, Chlf.). — *Gentiotriose:* −10,3° (W.); *-tetraose:* −18,4° (W.); *-pentaose:* −25,9° (W.); *-hexaose:* −28,0° (W.). — *Gentiosid:* −107° (25°C, 60%ig. A.); *Gentiopikrin:* −196,3° (W.).
Gibberillinsäure: +92° (Me. u. A.); *-methylester:* +75° (desgl.); *allo-:* −84°; *Tetrahydro-:* +64° (desgl.); *Gibberillin-A_1:* +36° (desgl.); *-A_2:* +12° (desgl.); *-A_4:* −3° (desgl.); *-A_5:* −77° (desgl.).
Gitonin: −50,7° (20°C, Py.); *Gitoxigenin:* +36,1° ± 2 (20°C, Me.; c = 0,9696); *Gitoxin:* +3,5° (W.).
Gliadin: −115° (20°C, 0,1 n NaOH).
Gliotoxin: −290° (25°C, A.).
Globin: −80,0° (20°C, 0,1 n NaOH).
D-Glucal: −7,2° (W.); *Triacetyl-D-glucal:* −13,0° (A.); *D-Glucosan-α⟨1,5⟩β⟨1,6⟩* (= *Lävolactosan*): −66,2° (W.); D-Glucosan-*α-⟨1,4⟩β⟨1,6⟩*: +43,3° (W.); *3,6-Anhydro-D-glucosan-β⟨1,5⟩-α⟨1,4⟩:* +65,7° (W.); *D-Gluco-D-idoheptosan-α⟨1,5⟩β⟨1,6⟩:* −74,4° (W.); *D-Gluco-D-guloheptosan-α⟨1,5⟩β⟨1,6⟩:* +52,9° (W.); *D-Gluco-D-guloheptosan-α⟨1,5⟩β⟨1,7⟩:* +60,0° (W.); *3,6-Anhydro-D-glucose:* +55,4° (W.); *2,5-Anhydro-D-glucose:* −96° (W.).
Glucocapparin: −28,6° (25°C, W.; c = 2,2).
Glucoiberin: −55,3° (20°C, W.).
2-(D-Gluco-D-gulo-hepto-hexaoxyhexyl)-benzimidazol: +14,3° (20°C, 1 n HCl; c = 2).
D-(+)-Gluconsäure: +11,7° → +36,3° (W.); *D-Gluconsäure-γ-lacton:* +68,2° → +12° (W.); *-δ-lacton:* +66,2°; *-lacton:* +15,6°···+21° (546 mμ; W.); *Na-Salz:* +11,78° (20°C, W.; p = 20.8); *Ca-Salz:* +10,55° (10°C, W.; c = 4,93). *Glucomethylonsäurelacton:* D-: +66,9° → +5,4° (W.); L-: −62,2° → −5,2° (W.); *D-Gluconsäure-p-bromphenylosazon:* −369° (A. + Py.); *6-Phospho-gluconsäure:* +0,2° (546 mμ; W.).
D-Glucosamin: (= 2-Amino-2-desoxy-D-glucose): +44° (W.); *-HCl:* +72,6° (W.; Glgew.); *α-D-Glucosamin:* +100° → +47,5° (W.); *-HCl:* +100° → +72,5° (W.); *β-D-Glucosamin:* +28° → +47,5° (W.); *-HCl:* +25° → +72,5° (W.); *D-epi-Glucosamin:* −96° (W.); *N-Methylglucosamin:* −65° (25°C, Me.; c = 1); *N-Acetylglucosamin:* +55,6° → −41,3° (W.); *6-Amino-6-desoxy-D-glucose (carbonat):* +12,15° (W.); *3-Amino-3-desoxy-D-gluconsäure:* +13° (18°C, 578,0 mμ; W.). — *D-Glucosaminsäure:* −16,8° → 14,7° (2,5%ig. HCl); *L-Glucosaminsäure:* +16,3° → 14,3° (2,5%ig. HCl). — *D-Glucosimin (Glucosylamin):* +19,4° → +22,1° (W.); *-pentacetat:* +16,2° (Chlf.); *D-Glucamin:* −8,0° (W.); *D-Glucosamin-6-phosphorsäure:* +48,5° (24°C, W.).
Glucosan: +43,3° (25°C, W.; c = 2); *α-:* +69,8° (23°C, W.); *β-:* −66,2° (W.).
D-Glucose: +52,5° (W.; c = 1···4, Glgew.); +52,74° (W.; c = 10; Glgew.); +52,50° + 0,018796 p + 0,00051683 p^2 (20°C, wenig temperaturabhängig; W.; p = 1···30; Glgew.); +62,032° + 0,04220 p + 0,0001897 p^2 (20°C; 546 mμ; W.; p = 4···30; Glgew.); *-monohydrat:* +47,73° + 0,015534 p + 0,0003883 p^2 (W.; Glgew.); *α*-D-Glucose: +112,2° → +52,7° (20°C, W.; c = 4); *Phenylosazon:* −1,5° (Py./A. = 1 : 1; c = 2); *p-Nitrophenylhydrazon:* +21,5° (Me.); *p-Bromphenylhydrazon:* −43,6° → +18,9° (Py.; c = 4); *p-Phenylazobenzoat:* +223° (643,8 mμ; Chlf.); *β-D-Glucose:* +18,7° → +52,7° (20°C, W.; c = 4). — *2,3,4,6-Tetramethyl-D-glucopyranose:* −83,3° (20°C, W.); +83,9° (20°C, A.); +84,1° (20°C, Chlf.); *2,3,6-Trimethyl-D-glucose:* +70,5° (20°C, W.; Glgew.); +68° (20°C, Me.; Glgew.); *6-Trityl-β-D-glucose-1,2,3,4-tetraacetat:* +44,8° (19°C, Py.); +45,3° (28°C, Py.); *β-D-Glucose-1,2,3,4-tetraacetat:* +12,1° (20°C, Chlf.); *β-1,2,3,4,6-Pentaacetyl-D-glucopyranose:* +1,9° (20°C, A.); +4,4° (20°C, Eg.); +3,8° (20°C, Chlf.); +2,7° (20°C, Bzl.). — *α-Methylglucosid:* +158,9° (20°C, W.; c = 16,104); *β-Methylglucosid:* −34,2° (20°C, W.); *Acetobromglucose:* +197,8° (20°C, Chlf.); *3-O-Methyl-D-glucose:* *α-Form:* +98° → +59,5° (30°C, W.; c = 4,2); *β-Form:* +31,9° → −55,1°; *D-Glucit:* s. Sorbit; *6-O-Acetyl-α-glucopyranose:* +42° → −48,2° (20°C, W.; c = 4); *α-Form:* +90° (25°C, W.; c = 1,6); *β-Form:* +22° (25°C, W.; c = 1); *α-D-Thioglucose:* +213° → +76,8° (W.); *β-Form:* +16,5° → +58,5° (W.). — *β-L-Fluorglucose:* +25,0° (22°C, W.; c = 1).
α-L-Glucose: −95,5° → −51,4° (20°C, W.; c = 4); *L-Glucit:* +1,7° (W.).
D-Glucoheptulose: +67,4° (20°C, W.); *Hexaacetyl-:* +87,0° (22°C); *α-Methylglucosid:* +108,5° (22°C, W.); *4-(β-D-Glucosido)-β-D-mannose:* +15,1° → +10,7° (16°C, W.); *α-D-Glucoheptose:* −25° → −19,7° (20°C, W.); *β-Methylglucosid:* −75° (W.); *D-α,α-Glucooctose:* −86,3° → −49,6° (W.); *β-D-Gluco-D-guloheptose:* −28,7° → −20,2° (W.).
Glucotropaeolin: −16,7° (28°C, W.).

α-D-Glucopyranose-1-phosphorsäure: +120° (25°C, W.; c = 1); *K-Salz* + *2H₂O:* +78,5° (20°C, W.; c = 4); *K₂-Salz* + *H₂O:* +78,5° (20°C, W.; c = 4); +90° (20°C; 546 mμ; W.; c = 4); *Ba-Salz* + *3H₂O:* +75° (25°C, W.; c = 1,26, ber. auf wasserfreie Säure); *β-D-Glucose-1-phosphorsäure: Ba-Salz:* +20,6° (30°C); *Brucinsalz:* −20° (29°C). — *D-Glucose-2-phosphorsäure: K₂-Salz:* +15° (W.). — *D-Glucose-3-phosphorsäure:* +39° (546 mμ; W.); *Brucinsalz:* −42,3° (25°C, Py.); *Ba-Salz:* +26,5° (W.). — *D-Glucose-4-phosphorsäure: Na-Salz:* +51,5° (20°C, W.); *Brucinsalz:* −45,3° (20°C, Py.). — *D-Glucose-5-phosphorsäure: Ba-Salz:* +15,8° (20°C, W.); *D-Glucose-6-phosphorsaure:* +34,2° (25°C, W.); +41,5° (546 mμ; W.); *K₂-Salz:* +21,2° (24°C, W.; c = 1,3); *Ba-Salz:* +17,9° (24°C, W.); *-heptahydrat:* +20···+22° (20°C, 1 n HCl; c = 5). — *1,2,3,4-Tetraacetyl-6-diphenylphosphor-β-D-glucopyranose:* +16,5° (22°C, Py.; c = 1,37); *1,2,3,4-Tetraacetyl-β-D-glucose-6-phosphorsäure:* +17,4° (25°C, Py.; c = 1); *α-D-Glucose-1,6-diphosphorsäure:* +83° (W.; p_H 8,0); *β-D-Glucose-1,6-diphosphorsäure:* −19° (W.; p_H 8.0).

α-L-Glucose-1-phosphorsäure: *Ba-Salz:* −73,2° (W.).

D-Glucuronsäure: +36,26° (24°C, W.; c = 5,6; Glgew.); +12° → +36,26° (24°C, W.; c = 5,6); *Na-Salz:* +22,5° (10°C, W.; Glgew.); *K-Salz:* +20,0° (21°C, W.; Glgew.); *-Ba-Salz:* +17,45° (20°C); *Glucuronsäure-lacton:* +19,21° (20°C, W.; Glgew.); *Cinchonin-Salz:* +139,9° (20°C, W.); *Brucinsalz:* −15,08° (20°C, W.). — *D-Glucuronsäure-6-phosphorsäure: K₂-Salz:* +21,2° (24°C, W.; c = 1,3). *4-O-Methyl-D-glucuronsaure:* +45° (W.). — *Phenyl-D-glucuronsaure:* −83,3° (W.); *β-L-Menthol-D-glucuronsaure:* +51,9° (18°C, A.); −5,5° (29°C, W.); *Indoxyl-:* −66,17° (15°C, W.); *o-Aminobenzoesäure-N-glucuronolacton:* −178° (19°C, Me.); *m-:* −50,8° (18°C, Me.); *p-:* −47° (22°C, Me.); *Anaesthesin-N-glucuronolacton:* −106° (19°C, Me.); *Procain-:* −184° (22°C).

L-Glutamin: +7,3° (23°C, W.; c = 3); *-glycin:* +76° (18°C, W.; c = 4,8); *α-L-Glutaminyl-L-glutaminsäure:* +15° (18°C, 1 n HCl; c = 4,8).

L-Glutaminsäure: +31,2° (22,4°C, 6 n HCl; c = 1,002; 87 Mol HCl pro Mol Glutaminsäure); +31,71° (25°C, 1,73 n HCl; c = 7,01; 3,6 Mol HCl pro Mol Glutaminsäure); *-HCl:* +28,08° (18°C, W.; c = 1,471; 1 Mol HCl pro Mol Glutaminsäure); +11,5° (18°C, W.; c = 1,471); *-Na:* −5,5° (18°C, W.; c = 1,471, Minimum); *-Na₂:* +10,04° (18°C, W.; c = 1,471; 2 Mol NaOH pro Mol Glutaminsäure); +10,96° (18°C, 1 n NaOH; c = 1,471; 10 Mol NaOH pro Mol Glutaminsäure). — +14,4° (24°C; 540 mμ; W.; c = 2,000); +33,9° (24°C; 540 mμ; 1 n HCl; c = 2,0052); −7,75° (24°C; 540 mμ; 1 n NaOH; c = 2,0040); +12,2° (24°C; 540 mμ; 2 n NaOH; c = 2,0036). — +18,6° (25°C; 750,0 mμ; 0,5 n HCl; c = 2); +31,8° (589,0 mμ; desgl.); +47,2° (500,0 mμ; desgl.); +85,3° (400,0 mμ; desgl.); +130,0° (350,0 mμ; desgl.); +319° (280,0 mμ; desgl.). — *α-N-Formyl-L-glutamin:* −2,5° (28°C, 1 n HCl; c = 2); *N-Formyl-L-isoglutamin:* −11,8° (28°C, 1 n HCl; c = 2); *N-Formyl-L-glutaminsäure:* −8,0° (28°C; 1 n HCl; c = 2). — *α-L-Glutamylglycin:* +18,3° (22°C, W. + 1 Mol HCl); *γ-L-Glutamylglycin:* +11,1° (14°C, W.; c = 2,5); *α-L-Glutamyl-L-glutaminsäure:* +19,9° (18°C, W. + 1 Mol HCl); *L-Glutaminylglycin:* +77° (27°C, W.; c = 2,6). — *L-Glutaminyl-L-glutaminsäure:* +17,4° (25°C, 0,5 n HCl; c = 2,5); +156° (desgl.; 300,0 mμ); *L-Glutaminyl-D-glutaminsäure:* +51,8° (desgl.); +324° (desgl.; 300,0 mμ); *α-L-Glutamyl-L-cystein:* +13,6° (546 mμ; W.; c = 1,1); *α-L-Glutamyl-L-cysteinyl-glycin:* +2,5° (25°C, W.; c = 2). — *β-Hydroxyglutaminsäure:* +0,8° (W.; c = 4). — *D-Polyglutaminsäure* (Bakterienkapseln): −21,1°···−2,7°; *Pteroyl-glutaminsäure:* +20° (0,1 n NaOH; c = 0,5). — *L-Pyrroglutaminsäure* (= *L-Pyrrolidoncarbonsäure*): −11,52° (W.; c = 1,01); *L-Pyrrolidonyl-α-L-glutaminyl-L-glutamin:* −44° (23°C, W.; c = 2).

Glutathion: −21,3° (27°C, W.; c = 2; sehr temperaturabhangig); −85° (28,5°C, 546 mμ, 10%ig. HCl); *-Cu-salz:* +45,8° (16,5°C, 546 mμ; 4 n HCl; c = 1,5); *oxydiert:* (= GSSG): −108° (546 mμ, W.; c = 2).

Glycerin: *L-Glycerin-α-phosphorsäure:* −1,45° (2 n HCl; als Ba-Salz eingewogen); *Ag-Salz:* +1,0° ± 0,15° (verd. NH₃); *Chinin-Salz:* +145,5° (A.). — *Diathylester des Diathylathers:* −5,76° (19°C, A.); *-phosphorylathanolamin:* −2,9° (26°C, W.); *-phosphorylcholin:* −2,8° ± 0,1° (23°C, W.; c = 2,2; p_H 6···7). — *L-α-Glycerylphosphorylcholin:* −2,85° ± 0,1° (23°C, W.; p_H 6···7; c = 2,2); *D-Glyceryltaurin:* −21° (23°C, W.). — *L-1,2-Acetonglycerin:* −12,6° (Py.).

D-Glycerinaldehyd: +14° (W.; Glgew.); +21,2° (15°C, W.; c = 18); *D-Glycerinaldehyd-3-phosphorsäure:* +17° (W.; p_H 6); +14,5° (0,1 n HCl).

D-Glycerinsäure: −1,99° (20°C, c = 16,1); *Ba-Salz:* −10,93° (20°C, W.; c = 9,89). — *Glycerinsaure-2-phosphorsaure:* +12,9° (22°C, W.); +5° (22°C, Ammonmolybdat); *-2-phosphorsaure:* +24,5° (20°C, 1 n HCl); −68° (neutrale Molybdatlsg.); *-3-phosphorsaure:* −14,5° (20°C, 1 n HCl); −13,86° (20°C, W.); −745° (20°C; neutrale Molybdatlsg.); *-2,3-diphosphorsaures Ba:* +4,82° (20°C). — *2-D-Glycerinsaure-α-mannosid: Na-Salz:* +106° (18°C, W.; c = 1).

Glycerrhetinsäure: +140° (20°C, A.).

Glycyl-L-asparagin: −6,4° (20°C, W.; c = 7); −7,8° (27°C, W.; c = 5); *Glycyl-L-asparaginsäure:* +11,1° (20°C, W.; c = 9); *Glycyl-L-glutamin:* −2,4° (19°C, W.; c = 4); *Glycyl-L-glutaminsäure:* −6,3° (20°C, W.; c = 10).

Glykogen. +195,0° (15···20°C, W.; aschefrei); −201° (21°C; Formamid); *-triacetat:* +56°; *-acetat:* +159,6°···+158,8° (18°C, Py.); +163° u. 170° (22°C, Chlf.); *Trimethyl-:* +209°···208° (20°C, Chlf.); +206° (W.).

Gorlinsäure: +50°; *-athylester:* +60,7° (25°C).

Gramicidin S: −289°···−295° (70%ig. A.); *Graminin:* −39°···40° (W.).

Griseofulvin: +417° (19°C; 546,1 mμ; Ac.); *Dechloro-:* +390° (19°C, Ac.).

Guajol: −30° (20°C, A.).

Guanosin: −60,5° (20°C, 0,1 n NaOH; c = 2); −72,0° (26°C, 0,1 n NaOH; c = 1 : 4); *Guanindesoxyribosid:* −36° (20°C, 1 n NaOH), *9-β-D-Glucopyranosylguanin:* −41,8° (28°C, 1 n NaOH; c = 0,62). — *3'-Guanylsäure:* −7,5° (25°C, W.); *Mischung vom 2'- und 3'-Isomeren:* −57,0° (25°C, 2%ig. NaOH), *Brucinsalz:* −26° (35%ig. A.).

D-Gulose: $-20,4° \rightarrow +61,6°$ (20 °C, W.); *Phenylosazon:* +6° (Me.; c = 0,4); *Benzylphenylhydrazon:* −24° (Me.; c = 0,5); D-*Gulosan-α⟨1,5⟩β⟨1,6⟩:* +50° (W.); D-*Gulosamin:* −18,7° (21 °C, W.; c = 2,9; Glgew.); D-*Gulonsäure-γ-lacton:* −55,3° (W.). — D-*Gulomethylose:* −17,1° ⋯ −19,1° (W.); D-*Gulomethylonsäure-lacton:* $-84,9° \rightarrow -50°$ (W.).
L-Gulo-D-taloheptit: −0,75° (20 °C, W.; c = 4,1); +4,3° (gesatt. wssr. Boraxlsg.); *Tribenzolverb.:* −22,5° (Py.); L-*Guloheptulosan-α-⟨2,6⟩β⟨2,7⟩:* −39,7° (20 °C, W.; c = 5).
Gummiarabicum: −30° (W.). — *Gummosogenin:* +28° (25 °C, Chlf.).
Gynolactose: −12° (W.).
Hamamelose: −7,1° (21 °C, W.).
Harnsäure-ribonucleosid: −40,8° (20 °C, 0,1 n NaOH; c = 1,25).
α-Heparin: +50° (W.; neutr. Lsg.); *β-:* −60° (W.; neutr. Lsg.).
Heroin: −166° (A.); *-HCl:* −155° (W.).
Hesperidin: −75° (Py.).
Heteroauxin: −3,8° (20 °C, A.).
Hexalicen: +3707° ± 12° (25 °C, Chlf.; c = 0,082).
L-Histidin: +13,34° (25 °C, 6,1 n HCl; c = 1,00⋯4,05; 25⋯100 Mol HCl pro Mol Histidin); +11,8° (5 n HCl; c = 0,5⋯2,5); *-HCl:* +2,1° (W.; c = 3; 1 Mol HCl pro Mol Histidin); −38,95° (25 °C, W.; c = 0,75⋯3,77; Minimum); −10,9° (20 °C, 0,5 n NaOH; c = 0,77; 10 Mol NaOH pro Mol Histidin); L-*Histidin:* +11,8° (5 n HCl; c = 0,5⋯2,5); *-HCl:* +7,5° (Eg.; c = 0,5⋯2,5). — +47,6° (28 °C; 540 mμ; W.; c = 3,3056); +0,195° (28 °C; 660 mμ; 1 n HCl; c = 3,3908); +0,795° (589,3 mμ; desgl.); +1,95° (540 mμ; desgl.); +8,75° (440 mμ; desgl.). — −8,25° (28 °C; 660 mμ; 1 n NaOH; c = 3,8440); −10,3° (589,3 mμ; desgl.); −12,2° (540 mμ; desgl.); −16,4° (460 mμ; desgl.). — −40,35° (25,0 °C; 42,3 g A. zu 100 g mit W.; c = 0,920); −41,85° (25,0 °C; 24,2 g Me. zu 100 g mit W.; c = 0,551); −43,92° (25 °C; 41,9 g Ac. in 100 g Lsg.; c = 0,551); −52,45° (25,0 °C; 28,4 g Dioxan zu 100 g mit W.; c = 0,551).
Homocystin: +78° (5 n HCl; c = 0,5⋯2,5); L-*Homocystin:* −16° (21 °C; W.; c = 0,066); +77° (26 °C; 1 n HCl; c = 1); *Homocystein-thiolacton-HCl:* +21,5° (26 °C; W.; c = 1,0); *S-Benzyl-:* [*M*] = +61,3° (5 n HCl); + 36,0° (Eg.).
Homoserin: +18,3° (5 n HCl; c = 0,25); +12,0° (Eg.; c = 0,25).
Humulon: −212° (20 °C, A.); Cohumulon: −195° (Me.).
Hyaluronsäure: Nabelschnur, Synovia: −70° ⋯ −80° (W.; neutr. Lsg.); Glaskörper u. a.: −35° ⋯ −40° (W.; neutr. Lsg.); *-monoschwefelsäure:* −50° ⋯ −60° (W.; neutr. Lsg.).
Hydantoin: D- u. L-*Phenyläthyl-:* ± 123° (A.; c = 2,2056); *Alloisopropyl-:* +7,5° (A.; c = 1,870); L-*Hydantoin-5-propionsäure:* −47° (25 °C; W.).
Hydnocarpussäure: +70° (20 °C; Chlf); *Homo-:* −56,7°.
β-Hydrastin: +127,5° (17 °C; 2 n HCl; c = 4); +115° (50%ig. A.; c = 0,2); −67,8° (Chlf.); *-HCl:* +127,3° (verd. HCl).
L-β-Hydroxybuttersäure: −24,8° (20 °C; W.; c = 3,26); −17,5° (18 °C, A.; c = 8,21); *Na-Salz:* −14,5° (15 °C; W.; c = 8,52); −13,8° (17 °C; W.; c = 1,36); *Zn-Ca-Salz:* −16,26° (20 °C, W.; c = 3⋯9); L-*α-Hydroxybuttersäure: Ba-Salz:* −5,6° (22 °C, W.; c = 5); *α-Hydroxy-γ-thiomethylbuttersäure: Zn-Salz:* ± 31 ⋯ +32°.
β-Hydroxycaprinsäure: −21° (Chlf.)
L-α-Hydroxycapronsäure: −3,75° (20 °C, W.); −2,17° (20 °C, A.; d = 0,7935); *α-Hydroxyisocapronsaure:* −16,37° (20 °C, A.; d = 0,7935).
α-Hydroxycerotinsäure: +2,1° (Py.).
α-Hydroxyglutarsäure: D-: +1,76° ⋯ +1,98° (W.); L-*α-Hydroxyglutarsäure: Na-Salz:* −8,65° (20 °C, W.; c = 1,5); −47,5° (20 °C; in 20% Uranylacetat); −101° (18 °C, 13% Ammonmolybdat in 0,83 n Eg.; 0.026 M).
L-Hydroxylysin: s. **Lysin.**
Hydroxynervonsäure: +2,87° (20 °C, Py.).
11-Hydroxypalmitinsäure: +0,98° (Chlf.).
L-Hydroxyprolin: −50,5° (5 n HCl; c = 0,5⋯2,5); −77,0° (Eg.; c = 0,25); −47,3° (20 °C, 1 n HCl; c = 1,3; 10 Mol HCl pro Mol Hydroxyprolin); −75,2° (22 °C, W.; c = 1,001, Minimum); −70,6° (20 °C, 0,5 n NaOH; c = 0,655; 10 Mol NaOH pro Mol Hydroxyprolin); *-phosphorsaure:* −28,76° (25 °C, W.); *allo-Hydroxyprolin:* −58,1° (18 °C, W.; c = 2,617); −18,8° (5 n HCl; c = 0,5⋯2,5); −30,0° (Eg.; c = 0,5⋯2,5).
L-Hydroxytryptophan: +39,2° (20 °C, 1 n NaOH; c = 1,7).
α-Hydroxyvaleriansäure: +1,5° (20 °C, W.; c ∼ 13); *α-Hydroxyisovaleriansäure:* −19,4° (18 °C, Chlf.); *Zn-Salz* + *2 H_2O:* +11,8° (20 °C, 1 n NaOH; c = 2).
L-Hyoscyamin: −23,75° (Chlf.; c = 4); *-sulfat:* −28,6° (W.); *-HBr:* −21,5° ± 1° (15° ⋯ 25 °C, W., c = 3⋯5); *nor-Hyoscyamin:* −23° (50%ig. A.; c = 1).
Hypaphorin: +93° (W.; c = 1⋯3).
Hypoglycin: -A: +6,75° ± 4° (30 °C, W.); **-B:** +9,65° ± 2° (32 °C, W.).
Hypoxanthin: −21° (25 °C, Alkali); *-desoxyribosid:* −21,0° (25 °C, Alkali); *-thiomethylribosid:* −22,5° (20 °C, Py.).

Ibogain: −44° ± 1° (20 °C, A.; c = 3).
L-Idit: −3,53° (W.; c = 10); (+)-*Idose:* +52,7° (20 °C, W.; c = 6,2; Glgew.); D-*Idosan-α[1,5]-β[1,6]:* −92,6° ± 1° (W.); *3,6-Anhydro-α-idose:* +25,36° (W.); *2-Amino-*L-*idose:* −5,4° (saure Lsg.); D-*Idoheptulose:* −20° (20 °C, W.). D-*Idoheptulosan-α[2,6]β[2,7]:* −41,7° (20 °C, W.; c = 1,1); D-*Gluco-*D-*idoheptosan-α-[1,5]β[1,6]:* −74,4° (W.). — L-*Iduronsäure:* +37° $\rightarrow$ +33° (W.).
Indikan (= Indoxylglucosid): s. **Glucuronsäure.**
Inosin: −49,2° (18 °C, W.; c = 9); −72,45° (18 °C, 0,1 n NaOH); −73,6° (22 °C, 0,01 n NaOH; c = 2,5). — *Inosin-3'-phosphorsäure:* −41° (22 °C, W.); *-5'-phosphorsäure:* −18,5° (W.); 36,8° (27 °C, 0,1 n HCl; c = 1,5); *Ba-Salz:* −18,5° (20 °C, HCl); *Isorhamnonsaure:* D-:

s. D-*Glucomethylonsäure*; *Inosinsäure-5'*: −36,8° (27°C, 0,1 n HCl; c = 1,5); *-Ba:* −18,5° (20°C, HCl).
D-Inosit: +65° (W.); D-*Inosit-3-methyläther* (= Pinit): +65,5° (W.). — L-*Inosit:* −65° (W.); L-*Inosit-2-methyläther* (= Anebrachit): −80,2° (W.); *Monophosphoinositid* (Rinderleber; 19,7% Inosit; 55,3% Fettsäuren): +5,86° (25°C); *Mesoinosit-1-methyläther:* +31,2°. — L-*epi-meso-Inosose:* −4,5° ± 0,4° (W.).
Insulin: −29,9° (0,1 n HCl; c = 2,7).
Inulin: −40,2° (20°C, W.); *-Triacetat:* −34° (20°C, Chlf.); *-Difructoseanhydride: I: 1,2'-2,1'-Di-D-fructofuranoseanhydrid:* +26,9° (W.); *II: Di-D-fructofuranose-2,1'-4,2'-dianhydrid:* +13,9°; *III: 1,2'-2',3'-Di-D-fructofuranose-dianhydrid:* +135,64° (W.).
Invertzucker: −19,7° − 0,063 · c (20°C, W.; c = 9···35).
sek. Iso-amylalkohol: +5,34° (20°C, A.).
Isochlorin e_4: −515° (20°C, Ac.).
Isocitronensäure: −61,5° (20°C, Dioxan; c = 1,741); *-Na-Salz:* −413° (20°C; mit 5 ml gesatt. Ammonmolybdat + 0,5 ml Eg. zu 100,0 ml); *-lacton:* −62° (26°C, W.).
Isoguanin-ribonucleosid: −72,5° (26°C, 0,1 n NaOH; c = 0,73).
L-Iso-Iridomyrmecinsäure: −56°.
L-Isoleucin: +40,61 (20°C, 6,1 n HCl; c = 5,09; 15 Mol HCl pro Mol Isoleucin); +40,8° (5 n HCl; c = 0,5···2,5); +49,0° (Eg.; c = 0,5···2,5); +11,20° (20°C, W.; c = 3,10); +11,09° (20°C, 0,33 n NaOH; c = 3,34; 1,3 Mol NaOH pro Mol Isoleucin); L-*allo-Isoleucin:* +38,1° (20°C, 6 n HCl; c = 4; 20 Mol HCl pro Mol Isoleucin); +40,5° (5 n HCl; c = 0,5···2,5); +43,2° (Eg.; c = 0,5···2,5); *Acetyl-L-allo-isoleucin:* +21,3°; *-D-:* −21,4°; *-L-isoleucin:* +15,0°; *-D-:* −14,9°.
Isolysin (= L-β, ε-Diaminocapronsäure): +6,5° (25°C, A.).
Isomaltose: +96,9°; *Isomaltotriose:* s. Dextrantriose.
Isorhamnetindiglucosid: −85° (20°C, 0,1 n NaOH); L-*Isorhamnit:* +9,18° (W.); D-*Isorhamnit:* −10,0° (W.); *Isorhamnonsäure:* D-: s. D-*Glucomethylonsäure*; *Isorhamnose:* s. *Rhamnose*.
Isosaccharose: +34,2° (W.).
Isotrehalose: −41,5° (W.).
Isovalin: +8,3° (5 n HCl; c = 0,5···2,5); +22,4° (Eg.; desgl.).
D-α-Jonon: +378,7° (20°C).

Kanamycin (Base = $C_{18}H_{36}N_4O_{11}$): +146° (24°C; 0,1 n H_2SO_4; c = 1); *-sulfat* · H_2O: +121° (23°C, W.; c = 1).
Kerasin: −2,74°···−3,78° (Py.).
1-Kestose: +28° (W.). — *6-Kestose:* +27,3°. — *Neokestose:* +22,2° (W.).
2-Keto-L-gulonsäure: −48° (W.).
L-α-Keto-β-methylvaleriansäure: −16,8°.
DL-Δ⁴-3-Keto-octalin-9-carbonsäure-äthylester: −177° (25°C, Chlf.).
Kitol: −1,35° (25°C; 546,1 mμ; Chlf.).
α-Kojibiose (= 2-O-α-D-Glucopyranosyl-D-glucopyranose): +162° → +137° (17 Std.) (18°C, W.; c = 2,1). — *β-:* +140° (W.; c = 0,6).
Koprosterin: +28° (Chlf.).
L-Kynurenin: −28,5° (17°C, W.); *-sulfat:* +10,7° (16°C, W.); *-diacetat:* +14,5° (W.; c = 0,7); L-*Desoxokynurenin-sulfat:* −38,1° ± 0,5° (20°C, W.; c = 0,025).

Labiose: +136,7° (20°C, W.).
Lactalbumin: −41,1° (20°C, W.); *nativ:* −65,4° (20°C, 10%ig. NaCl); *hitzedenaturiert:* −81,0° (20°···50°C, 0,1 n NaOH).
Lactaminsäure: s. Neuraminsäure.
Lactoflavin: −114° (20°C, 0,05 n NaOH); +340° (25°C, 0,05 n KOH; gesatt. mit H_3BO_3; p_H = 12); −33° (25°C, wssr. Bors.; p_H = 1); *Isoriboflavin:* −237° (25°C, 0,05 n KOH gesatt. mit H_3BO_3).
α-Lactose: +85,0° (20°C, W.; c = 7,6); +52,4° + 0,072·(20° − t); (20°C, W.; c = 5); *α-Form:* (W.-frei): +90° $\xrightarrow{10\text{ min.}}$ +69,4° $\xrightarrow{50\text{ min.}}$ +52,3° (20°C, W.; c = 4); *β-Form:* (W.-frei): +34,2° → +53,6° (desgl.); +61,9° + 0,085 · (20° − t); (20°C; 546 mμ; W.; c = 5); *Lactose-phenylosazon:* −25,4° → −7,9°. — *-1-phosphorsäure:* +99,5° (23°C, W.). — *allo-Lactose:* +25° (15°C, W.); *Gynolactose:* −12°; *Lactotetraose:* +25,5° (23°C, W.; Glgew.); *6-(β-Lactosido)-α-D-glucose:* +34,7° → +22,6° (24°C, W.).
Laev-: s. Fructose.
Laevopimarsäure: −276° (24°C, A.); *Isodextropimarsäure:* 0°.
Laminaribose: +19° → +28° (20°C, W.); *Laminitol:* −3° (20°C, W.; c = 2); *Laminarin:* −11,6° (22°C, W.; c = 2).
Lanadigin (Lanataglykosid I): +33,0° (20°C, A.; c = 2,124).
Lanopalmitinsäure: 1,0° (A.).
Lanthionin: +2,87° (11°C, 1 n NaOH; c = 6,968).
Lauryl-L-1-glycerid: +3,76°.
Lecithin (Gehirn): −5,36° (20°C, Chlf.); *Hydrolecithin:* +5,5°···+6,0° (20°C, Chlf.); *Lecithin:* s. *Dioleoyl-ff*; s. *Lysolecithin*.
L-Leucin: +15,20° (25°C, 6 n HCl; c = 2,00; 39 Mol HCl pro Mol Leucin); +16,0° (5 n HCl; c = 0,5···2,5); +13,91° (25°C; 4,5 n HCl; c = 9,075; 6,5 Mol HCl pro Mol Leucin); *-HCl:* +9,9° (20°C, W.; c = 1,3108; 1 Mol HCl pro Mol Leucin); −10,57° (25°C, W.; c = 2,00; Minimum); +22,5° (Eg.; c = 0,5···2,5); *Na-Salz:* +7,6° (20°C, W.; c = 1,3108; 1 Mol NaOH pro Mol Leucin); +7,6° (20°C, 3 n NaOH; c = 1,3108; 30 Mol NaOH pro Mol Leucin); −12,9° (25°C; 540 mμ; W.; c = 1,3012). — −7,56° (25°C; 660 mμ; 1 n HCl; c = 3,3116); −10,3°

(589,3 mμ; desgl.); −13,0° (540 mμ; desgl.); −24,5° (440 mμ; desgl.). — −5,46° (25 °C, 1 n NaOH; *c* = 3,2044); −7,52° (589,3 mμ; desgl.); −10,0°(540 mμ; desgl.); −21,1° (440 mμ; desgl.). — *tert. Leucin:* +9,0° (5 n HCl; *c* = 0,5···2,5); +36,0° (Eg.; desgl.).
Leucrose: −8,2° → −6,8° (W.; *c* = 4).
L-Leukovorin: III: −15,1° (W.).
Lichenin: +8,3° (20 °C, 2 n NaOH); *Triacetat:* −39° (Chlf.). — *Licheniformin-HCl: -A:* −37,4° (20 °C, W.); −45,2° (20 °C; 546 mμ; W.); *-B:* −37,7° (20 °C, W.); *-C:* −36,8° (20 °C, W.).
Limonen: ±124°···±126° (20 °C).
L-Linalylalkohol: −3°···−17°.
Linocinnamarin: −73° (27 °C, Me.; *c* = 1).
Liponsäure: +104° (23 °C, Bzl.).
Liriodendrin: *A-:* +127° (Chlf.); *B-:* +62,2° (Chlf.).
Lithocholsäure: +230,7° (A.).
α-Lobelin: −42,85° (A.); *-HCl-Salz:* −57° (20 °C, W.).
Lovadil (= L-1-(3′-Hydroxyphenyl)-2-aminoäthanol-HCl): −47° (20 °C, W.).
Lumisterin: +191° (Ac.).
Lutein: +160° (Chlf.).
Lycobiose: +62,5° → +41,5° (20 °C, W.; *c* = 1; 10 Min. → 24 Stdn.); *Lycotriose:* +13° (20 °C, W.; Glgew.).
Lycomarasmin: *Na-Salz:* −42°···−49° (W.; p_H 7,0).
Lysergsäure; −219° (25 °C, Py.; *c* = 0,48).
L-Lysin: +25,9° (23 °C, 5···6 n HCl; *c* = 2,00; 43 Mol HCl pro Mol Lysin); +25,72° (25 °C, 6,08 n HCl; *c* = 1,64; 5,42 Mol HCl pro Mol Lysin); *Di-HCl:* +15,4° (20 °C, W.; *c* = 4,380; 2 Mol HCl pro Mol Lysin); +14,6° (20 °C, W.; *c* = 6,50). — +15,9° (25 °C; 750,0 mμ; 0,5 n HCl; *c* = 2); +25,8° (589,0 mμ; desgl.); +71,3° (400,0 mμ; desgl.); +110° (350,0 mμ; desgl.); +458° (260,0 mμ; desgl.). — +15,9° (28 °C; 540 mμ; W.; *c* = 2,0096); +15,5° (28 °C; 540 mμ; 1 n HCl; *c* = 2,0080); +26,9° (28 °C; 540 mμ; 2 n HCl; *c* = 2,000); +15,0° (28 °C; 540 mμ; 1 n NaOH; *c* = 2,0088). — *Hydroxylysin:* D- u. L-: ±17,8° (25 °C, 1···6 n HCl; *c* = 2); *allo-Hydroxy-*D*-lysin:* −32,1° (25 °C, 1···6 n HCl; *c* = 2).
Lysozym: −47° (26 °C, Glykokollpuffer, p_H 3···7; *c* = 1).
Lysolecithin: *Palmitoyl-glykollecithin:* −2,2° (25 °C, Chlf.; *c* = 10); *Stearoyl-glykollecithin:* −2,2° (25 °C).
Lyxose: *α-*D*-Lyxose:* +5,5° → −14,0° (W.; *c* = 8); *Benzyl-phenyl-hydrazon:* +26,4° (20 °C, A.; *c* = 4,9); *β-*D*-Lyxose:* −72,6° → −13,8° (W.); *α-Methyl-*D*-lyxosid:* +59,4° (W.); *β-:* −128,1° (W.). — D*-Lyxonsaure:* +7° → +55° (20 °C, W.).

Maleinglycidsäure: −100° (20 °C, W.).
Maltose: +130° (20 °C, W. + 1 Tr. NH_3; *c* = 2); +138,48° − 0,01837*p* (20 °C, W.; *p* = 5···15); +140,4° − 0,01837*p* − 0,095*t* (*t* = 15···35 °C, W.; *p* = 4···35); +153,75° (25 °C; 546 mμ; W.; *c* = 9,804); *-1-phosphorsaures Ba:* +107° (W.). — *α-Maltose (Anhydrid):* +173° (W.); *-hydrat:* +158° (W.); *β-Maltose + H_2O:* +111,7° → +130,4° (20 °C, W.; *c* = 4); *Phenylosazon:* +1,53°; +1,33° (A. + Py.); *β-Phenylazobenzoat:* +2° (25 °C; 643,8 mμ; Chlf.); *Octaacetyl-:* +62,59° (20 °C, Chlf.); *β-Maltose (Anhydrid):* +118° → +136° (W.); *—Maltotriose:* +160° (20 °C, W.); *Hendekamethyl-maltotriosid:* +129,9° (18 °C; 578 mμ; Chlf.); *Tetradekamethyl-maltotetrose:* +146° (18 °C; 578 mμ; Chlf.).
L(+)-Mandelsäure: +155,5° (20 °C, W.; *p* = 2,01); +212,5° + 0,577*w* (20 °C, W.; *w* = 91···98); +185,0° ± 1,0° (20 °C; 546,1 mμ; W.; *p* = 1,0057); +193,4° (15 °C; 546,1 mμ; W.; *c* = 7,2); D*-Mandelonitril:* +46,9° (25 °C; 546,1 mμ; Bzl.); L*-Mandelsauremethylester:* +133,6° (20 °C, W.; *c* = 0,5); D(−)*-:* [*M*] = −272,2° (20 °C, Acetophenon); [*M*] = −328,7° (546,1 mμ); *C_6H_5·CH(OD)·COOD:* [*M*] = −266,7° (20 °C, Acetophenon); [*M*] = −325° (546,1 mμ).
Mannan A (Steinnuß): −44,9° (20 °C, NaOH); *Mannocarolose:* +66° (21 °C; 578,0 mμ; W.); *Hefe-mannan:* +73° (20 °C, W.); +90° (17 °C, 5%ig. NaOH); *Acetat-:* +61° (20 °C, Chlf.).
D-Mannit: −0,19°···−0,21° (W.); +28,61° (Boraxlosung); *Tribenzalverb.:* −15,5° (579,0 mμ; Chlf.); *1,5-Anhydro-*D*-mannit:* −71,72° (W.). — L*-Mannit:* −20° (Boraxlosung). — *1-Mannit-β-glucosid:* −18° (20 °C, W.); *1,6-Mannit-di-(β-glucosid):* −14° (20 °C, W.).
α-D-Mannose: +29,3° → +14,2° (20 °C, W.; *c* = 4···10,2; Glgew.); *α-Methyl-*D*-mannosit:* +80,8° (20 °C, W.); *p-Nitro-phenylhydrazon:* +56° (20 °C, Py./A. = 1 : 1); *Phenylhydrazon:* +26,3° → +33,8° (20 °C, Py.); *Methyl-phenylhydrazon:* +8,6° (Me.; *c* = 0,5). — *β-*D*-Mannose:* −17,0° → −14,2° (20 °C, W.; *c* = 4). — D*-Mannose-1-phosphorsaure:* +58° (25 °C, W.); *-6-phosphorsaure:* +17,0° (W.); +15,1° (20 °C; 546 mμ; W.); *Ba-Salz:* +13,3° (22 °C, W.); *-1-6-diphosphorsaures K:* +29,9° (21 °C, W.); D*-Mannosan-α[1,5]β[1,6]:* −127,6° (W.); *3,6-Anhydro-*D*-mannose:* +95,9° (W.); *2,5-Anhydro-*D*-mannose:* +33,2° (W.); *2-Amino-mannose:* −96° (W.). — D*-Mannonsaure:* +15,6° (16 °C, W.); *-Phenylhydrazid:* −10,5°; *-γ-lacton:* +51,8° (W.); *-δ-lacton:* +111,8° → +28,3° (28 Std.) → +39,85° (23 Tage); −23,9° (25 °C, W.; Glgew.). — *β-*D*-Mannuronsaure:* −47,9° → −23,9° (25 °C, W.; Glgew.); *-lacton:* +79,9° → +93,8° (28 Min.) → +61,8° (W.); D*-Mannozuckersaure:* −10,8° → +26,4° (W.). — *Mannobiose:* −7,7° → −2,2° (W.); *Manninotriose:* +167° (W.) bzw. +174,6° (W.); *α-*D*-Mannoheptose:* +85,05° → +68,64° (20 °C, W.; *c* = 11); D*-Manno-*D*-gala-heptit:* −1,2° (W.); +4,53° (Boraxlsg.); *Dibenzalverb.:* −60° (Ac.); D*-Manno-*D*-taloheptit (= Volemit):* +2,15° (20 °C, W.; *c* = 4); +20,83° (Boraxlsg.); *Tribenzalverb.:* −1,3° (Chlf.); D*-Manno-*D*-galaheptit:* −1,1°; *-heptaacetat:* −13,3°. — L*-Mannose:* +14,0° → −14,0° (W.); *Phenylhydrazon:* +1,2° (HCl).
Melibiose: +110,5° → +126,5° (20 °C, W.); *Phenylosazon:* +43,2° (Py.); *β-Melibiose-dihydrat:* +111,7° → +129,5° (20 °C, W.; *c* = 4); *-Phenylosazon:* +43,2° (Py.); *p-Phenylazobenzoat:* +172° (25 °C; 643,8 mμ; Chlf.); *Octaacetat:* +102,5° (20 °C). — *Melibiitol:* +113° (28 °C, W.: *c* = 2); *Melilotosid:* −60,9° (50%ig. A.).

Melizitose: +88,8° (20°C, W.; +88,2° (20°C, W.; c = 4); *p-Phenylazobenzoat:* +188° (25°C; 643,8 mμ; Chlf.).
L-Menthol: −50,6° (A.; p = 9,6); *Mentholglucuronsaure;* s. *Glucuronsaure*; L-*Mentylamin;* −34,2° (19°C, W.); *Menthylamin:* −31,9° (A.; c = 11,3). — D-*Neomenthol:* +19,6°···+20,7°: L-*Menthon:* −28°···−29°, *Iso-:* −94,3° (20°C).
D-Methadon: +29,5°; *-HCl-Salz:* +127,5° (28°C, W.; c = 2,96); *-bitratrat:* −84° (W.; c = 3,02); D-*Isomethadon:* +21°; *HCl-Salz:* +66°.
L-Methionin: +23,2° (5 n HCl; c = 0,5···2,5); +23,40° (20°C, 3 n HCl; c = 5,00; 8,92 Mol HCl pro Mol Methionin); +21,2° (25°C, 0,2 n HCl; c = 0,8); +20,0° (Eg.; c = 0,5···2,5); −8,11° (25°C, W.; c = 0,60). — −6,62° (28°C; 660 mμ; W.; c = 3,0212); −7,60° (589,3 mμ; desgl.), −8,44° (540 mμ; desgl.); −10,1° (460 mμ; desgl.); +14,9° (28°C; 660 mμ; 1 n HCl; c = 3,4440) +19,3° (589,3 mμ; desgl.); +23,8° (540 mμ; desgl.); +35,7° (460 mμ; desgl.). — +1,57° (28°C; 660 mμ; 1 n NaOH; c = 3,1832); +2,25° (589,3 mμ; desgl); +3,13° (540 mμ; desgl.); +9,9° (440 mμ; desgl.).
Methyl-buttersäure: s. **Buttersäure.**
3-Methyl-L-histidin: −26,5° (27°C, W.; c = 2,1); *−HCl:* +13,5° (27°C, 1 n HCl; c = 1,9).
(+)-Methyl-6-octansäure: s. **Octan.**
L-Methyltetrose: −30,5° → −16,5° (20°C, 96%ig. A.; c = 9,47); L-*γ-Methyltetronsaure:* −21° (546,1 mμ; W.).
β-Methylvaleriansäure: s. **Valeriansäure.**
Mevalonsäure: −23,0° (20°C, A.; c = 6); *unnatürl. Antipode, N,N'-Dibenzylathylendiammonium:* −1,38° (W.; c = 16,7); *unnaturl. Lacton:* +22,8° (26°C, A.; c = 10); neutralis. mit NaOH: −5,7° (24°C, W.); *Benzhydrylamid:* +2,34° ± 0,14° (20°C, W.; c = 16,7); *acetyliertes Benzhydrylamid:* +1,6° (20°C, A.; c = 4,5); *α-Phenyl-1-naphthalinmethylamid der* DL-: +29° 25°C, Chlf,; c = 1,1).
L-Milchsäure: +2,61° (21°C, W.; c = 1,5); +3,82° (15°C, W.; c = 10,46); −58° (18°C, 13%ig. Ammonmolybdat in 0,83 n Eg.; 0,25 m); *Li-Salz:* −14,08° (20°C, W.; c = 1,026); *Ca-Salz:* −3,87° (W.; c = 7,23); *Zn-Salz* + $2H_2O$: −8,2° (25°C, W.; c = 2,5); −6,83° (W.; p = 5); *-benzimidazol:* −32,6° (15°···25°C, W.; c = 3···4,5) (nach Einwaage (a) des Silbersalzes: $[\alpha]_D = \frac{\alpha \cdot ml}{0{,}602 \cdot \alpha \cdot 1}$); L-*Phosphormilchsaure:* −9,74 (W.; pH 7).
Mimosin: −21° (W.).
Morphin: −130,9° (Me.); *-HCl:* −111° (W.); *-HCl* · $3H_2O$: −100,67° + 1,14c (15°C, W.; c = 1···4); *-sulfat:* $5H_2O$: −100,47° + 0,96c (15°C, W.; c = 1···4); (+)-*3-Methoxy-N-methylmorphinan-hydrobromid:* +26°···+28° (20°C, W.; c = 2).
Muscarin-HCl: +1,57° (20°C, W.; c = 9,5).
Mycaminose: +31,0° (25°C, W.; c = 1; Glgew.).
Mycarose: −31,1° (25°C, W.).
Mycoceransäure: −6,9° (21°C, Ac.).
Mycolipensäure: +10,3° (16°C, Ae.).
Mycomycin: −130° (25°C, A.).
D-Myrtenal: +13°···+17°. — *Myrtenol:* D-: +46,49° (20°C); *Bebenicol* (= *α-Dihydro-*): +23,4° (22°C).

Narcotin: +50° (18°C, 0,3 n HCl, c = 2); +55,5° ± 1° (18°C; 546,1 mμ; 0,3 n HCl; c = 1···1,2); −199° ± 1° (16···33°C; Chlf.; c = 0,9···3,4).
Nebularin: −47,5° (20°C, W.).
Nemotinsäure: +320° (17°C, A.).
Neomycin-B-sulfat: +58° (25°C, W.; c = 0,5).
Neo-Zeaxanthin A: +120° (Chlf.).
Nervon: −4,33° (16°C, Py.).
Neuraminsäure: −54,91° (20°C, W.; c = 1,700); *N-Acetyl:* −33° (21°C, W.; c = 0,8); *β-N-Acetyl-neuraminsäure:* −115° (7 min) → −37° (23 min) → −24° (Endwert) (23°C, Dimethylsulfoxyd).
Nicotin: −77° (20°C, W.; p = 1···16); −3,0° (20°C, A.; p = 21,2); −164° (20°C, Bzl.; p = 8 ··· 100); *-HCl:* +102,2° (W.). — *Nicotinsaureamid-N-ribosid-bromhydrat* (*Triacetat*): −4,5° (20°C, W.).
L-Noradrenalin: −37,3° (25°C, W.; c = 5); −40° ± 2° (19°C, W. + Äquivalent HCl; c = 1,4); -D-*bitartrat* · H_2O: −11° (25°C, W.).
L-Norephedrin: −14,6° (A.); *-HCl:* −33,74° (30°C, W.); *-sulfat:* −32,0° (28°C, W.); D-*Norpseudoephedrin-HCl:* +42,5° (20°C, W.); *-sulfat:* +40,1° (20°C, W).
L-Norleucin: +23,14° (20°C, 20%ig. HCl; c = 4,5). — +21,3° (20°C, 6 n HCl; c = 4,3); +24,5° (5 n HCl; c = 0,5···2,5); +36,5° (Eg.; desgl.); +6,26° (20°C, W.; c = 0,7).
L-Norvalin: +23,0° (20°C, 20%ig. HCl; c = 10); +24,9° (5 n HCl; c = 0,5···2,5); +35,0° (Eg.; desgl.).
D-sec-n-Octanol: +7,92° (24,6°C; 643,8 mμ; homogen); +9,56° (589,3 mμ; desgl.); +8,77° (92°C; 589,3 mμ; desgl.); +10,06° (24,6°C; 578,0 mμ; desgl.); +11,30° (desgl.); +18,64° (435,8 mμ; desgl.); +29,29° (364,0 mμ; desgl.); +82,02° (249,0 mμ; desgl.); +40,76° (92,0°C; 341,0 mμ); $[\alpha]_{435,8}/[\alpha]_{546,1}$ = 1,65° (24,6°C). — +9,27°···+11,13° (A.). — +10,8° (24,6°C, 643,8 mμ; n-Heptan; c = 10,817); +13,1° (589,3 mμ; desgl.); +15,1° (546,1 mμ; desgl.); +23,1° (435,8 mμ; desgl.); $[\alpha]_{435,8}/[\alpha]_{546,1}$ = 1,53° (24,6°C); +16,4° (24,6°C; n-Heptan; c = 1,246).

Octansäure: (+)-*Methyl-6-:* +8,6° (21°C; 546 mμ; Ae.; c = 2,22).
D-Octodecanol-(2): +5,7° (Chlf.); +7,3° (Bzl.); -(*3*): −4,77° (20°C).
Octopin: +20,94° (17°C).

Ölsäure: s. Diolein.
Oleandrin: — 52°; D-*Oleandrose:* — 12,5° ± 0,5° (19 °C, W.; *c* = 3,669).
Oleanolsäure: + 80° (Me.).
L-Ornithin: + 28,3° (5 n HCl; *c* = 0,5···2,5); + 14,1° (20 °C, 0,43 n HCl; *c* = 0,84° 9 Mol HCl pro Mol Ornithin); + 9,7° (20 °C, HCl; *c* = 0,84; 2 Mol HCl pro Mol Ornithin); + 7,7° (20 °C, HCl; *c* = 0,84; 1 Mol HCl pro Mol Ornithin); + 16,5° (27 °C, W.; *c* = 4,0); + 5,3° (20 °C, W.; *c* ~ 1, Minimum). — + 16,9° (25 °C; 750,0 mμ; 0,5 n HCl; *c* = 2); + 28,0° (589,0 mμ; desgl.); + 76,7° (400,0 mμ; desgl.); + 117° (350,0 mμ; desgl.); + 300° (280,0 mμ; desgl.); + 650° (250,0 mμ; desgl.).
Ouabain: — 30,8° (20 °C; W.).
Ovalbumin: — 31° (27 °C, W.; *c* = 2···4).
L-p-Oxyphenylmilchsäure: + 18,87° (W.; *c* = 1,2).
Oxytocin: — 26,2° (22 °C, W.; *c* = 0,53); — 23,1° (22,5 °C; 1 n Eg.; *c* = 0,51); *Lysinvasotocin:* — 25° (20 °C, 1 n Eg.; *c* = 0,4); *Isoglutaminoxytocin:* + 33,0° (21,5 °C, W.; *c* = 0,55); + 24,2° (24 °C; 1 n Eg.; *c* = 0,54); *Isoasparaginoxytocin:* — 63,3° (21 °C; 1 n Eg.; *c* = 0,51); *1-β-Mercaptopropionsaure-oxytocin* (= *Desamino-oxytocin*): — 107° (20 °C; 1 n Eg.; *c* = 0,47).

Palmitinsäure: s. auch **Dipalm-**; — *Palmityl-α-1-glycerid:* — 4,37°.
Panose: + 154° (W.).
D-Pantothensäure: + 37,5° (26 °C, W.); *-Na:* + 26° (20 °C, W.); *-Ca:* + 27° (20 °C, W.); *-chinin:* — 95° (20 °C, W.); *Pantoylsaure:* — 50,5° (22 °C, W.; *c* = 2,01); D-(+)-*Pantethein-4'-phosphorsaure:* + 10,8° (18 °C, W.); *Pantoyltaurin: Chininsalz der rechts (links-) drehenden Form:* — 76,2° (— 99,4°) (22 °C); *-amid:* + 40° (25 °C, A.); (+)-*p-Chlorphenylpantothenon:* + 25,7° (20 °C).
Papaverin: — 5,5° (Chlf.; *c* = 5).
Paratose: + 10° ± 2° (W.).
Pektinsäure: + 236°··· + 251°; *Zuckerrube (Wandpektin):* + 132,1°; *Orangenschale (Wand):* + 175,3°; *(losl. Frakt.):* + 197,5°; *Johannisbeeren:* + 208,9°; *Zitrone:* + 240,2°; *Flachs:* + 119,7°.
Penicillin-Na-I: + 316° (W.); **-II:** + 270° (W.; *c* = 2); **-III:** + 267° (W.; *c* = 0,5); *n-Heptyl-, Na-Salz:* + 258° (25 °C, W.; *c* = 0,43).
Pepsin: — 64° (26 °C, Glykokollpuffer, p_H 2···6; *c* = 1); — 58,5° (27 °C, W.; p_H 4,6; *c* = 1); *nativ:* — 77,4° (20 °C···60 °C, W.); *denaturiert:* — 100° (20···60 °C; verd. NaOH).
Perseit: s. **D-Manno-D-Galaheptid**; *α-Perseulose* (= L-*Gala*-D-*fructoheptose*): — 90° → — 80° (W.).
Phaeophorbid B: — 128° (20 °C, Ac.).
Phaeophytin: -A: — 126° (20 °C, Me./Py.); **-B:** — 133° (20 °C, Me./Py.).
Phalloidin: + 55,7° (20 °C, Me.).
Phellandren: *α-*: 177,4°; *β-*: ± 52° (20 °C).
Phenanthren: *1,12-Dimethylbenzo(c)phenanthren-5-essigsaure:* — 362,7° ± 2,5° (24 °C, Ac.; *c* = 0,35).
α-Phenyläthylamin: ± 40,3° (22 °C, W.).
α-Phenyl-α-äthyl-glutarsäureimid: + 186° (25 °C, A.; *c* = 1).
Phenylalanin (s. auch **D-α-Aminohydratropasäure**): — 4,5° (5 n HCl; *c* = 0,5···2,5); — 7,5° (Eg.; *c* = 0,5···2,5); L-*Phenylalanin:* — 35,14° (20 °C, W.; *c* = 1,936); *-Acetyl-D-alanin:* — 51,8° (26 °C, A.); — 39,3° (25 °C; 540 mμ; W.; *c* = 1,2804); — 35,1° (20 °C, W.; *c* = 1,9); — — 10,0° (25 °C; 660 mμ; 1 n HCl; *c* = 3,1292); — 11,6° (589,3 mμ; desgl.); — 13,0° (540 mμ; desgl.); — 15,0° (460 mμ; desgl.). — — 2,34° (25 °C; 660 mμ; 1 n NaOH; *c* = 3,4236); — 1,17° (589,3 mμ; desgl.); — 0,22° (540 mμ; desgl.); + 1,17° (500 mμ; desgl.); + 3,66° (460 mμ; desgl.).
Phenylbernsteinsäure: + 148° (A.; *c* = 1,5).
Phenylglycin: + 168° (5 n HCl; *c* = 0,5···2,5).
Phenylmilchsäure: — 19,71° (20 °C, W.; *c* = 1); — 19,9° (W.; *c* = 3,2); *p-Oxyphenylmilchsaure.* — 18,48° (20 °C, W.; *c* = 2,38).
1-Phenylpropanol-(1): + 27,35° (17 °C, rein); — 32,48° (20 °C, A.; *c* = 5); *1-Phenyl-propanol-(2):* — 26,6° (rein); + 32,18° (23 °C; 546,1 mμ); + 16,16° (20 °C, A.; *c* = 5,6).
Phenylserin: alle in W. (u. in 6 n HCl); bei 25 °C; *c* = 2: *threo-β-Phenyl-*L*-serin:* — 31,3° (— 48,6°); — 51,1° (Eg.; *c* = 0,5···2,5); *-*D*-serin:* + 32,2° (+ 48,0°); *erythro-β-Phenyl-*L*-serin:* + 8,2° (+ 81,3°); + 59,9° (Eg.; *c* = 0,5···2,5); *-*D*-serin:* — 8,2° (— 82,0°).
Phlorizin (= Phloretin-2'-β-D-glucosid): — 52° (96%ig. A.; *c* = 3,2).
Phosphorverbindungen: *Thiophosphorsaureester: o-methyl-S-Methyl-O-p-nitrophenyl-thiophosphat:* — 35,6° (22 °C, Me.; *c* = 0,5); *S-Aethyl-:* — 10,4° ± 0,8° (22 °C, Me.; *c* = 0,6); *-S-Propyl-:* — 9,1° ± 0,14° (22 °C, Me.; *c* = 0,4). — *Methyl-äthyl-phenyl-benzyl-phosphonium-jodid:* + 24° (25 °C).
Phthiocerol: — 4,2··· — 4,8° (Chlf.; *c* = 4); *Phthionsaure:* + 12,5°.
Physostigmin: — 79° (20 °C, Chlf.; *c* = 2); — 84° (578 mμ); — 94° (546,1 mμ); — 133° (436 mμ).
Phytol: 0°··· + 0,20° (18 °C).
Picein: s. Salicinerein.
Picrocrocin: — 58° (20 °C, W.); *4-Hydroxy-β-cyclocitral:* — 87° (20 °C, 90%ig. A.); *Picrocin: s. Desosamin.*
Pilocarpin: + 106° (18 °C, W.); *-HCl:* + 90° ± 1° (18 °C, W.; *c* = 0,9···2); *Isopilocarpin-HBr:* + 33° (W.); *c* = 2,3). (+)- *u.* (—)-*Pinan:* + 21,33° u — 23,73° (20 °C). — *Pinen:* D-*α-*: + 48,3° ··· + 51,5°; *α-Pinen:* — 0,543° (17 °C, 11 Vol-% in A.); L-*β-*: + 20,8° u. — 21,5°··· — 22°; + 15,93° (20 °C, A.; *c* = 0,8630); L-*α-*: — 43,4°··· — 51,5°.
Pinit: + 65,5° (25 °C, W.); *s. Inosit.*
L-Pipecolin: + 7,5° ± 2° (15···22 °C, A.; *c* = 1,5···14); L-*Pipecolinsaure:* — 25,4° (18 °C, W.; *c* = 5).
D-Piperitol: + 40,22° (16 °C); *α-Piperitol:* — 34,1°.

Planteose: + 125,2° (W.; c = 4); + $2H_2O$: + 131° (20°C, W.; c = 0,38). — *Plantebiose:* + 125° (W.; c = 1,8).
Pneumococcen-polysaccharid: I: + 300°; **II:** + 74°; **III:** — 33°; —„**C**": + 61° (W.); **-Typ IV:** + 33° (W.); **-Typ XIV:** + 12° (W.).
Polamidon-HCl (= L-2-Dimethylamino-4,4-diphenylheptanon-(5)-HCl): — 150° (20°C, W.).
D-Polyglutaminsäure: s. Glutaminsäure.
Polymyxin: — 40° (23°C, W.; c = 1,05).
Polypeptinsulfat: — 93,3° (20°C, 70%ig. wssr. Propanol; c = 3).
Porphyrin c: — 172° (17°C, weißes Licht; HCl; c = 0,1).
Primverose: + 24,1° → — 3,3° (W.; c = 2,5); *β-Heptacetyl-:* — 23,5° (20°C, Chlf.); *Monotropitosid:* — 58,2° (w.-frei;) *Primverin:* — 71,5° (20°C, W.).
Progesteron: + 193,5° (20°C, A.).
L-Prolin: — 60,4° (5 n HCl; c = 0,5···2,5); — 60,0° (Eg.; c = 0,5···2,5); — 52,6° (20°C, 0,5 n HCl; c = 0,575; 10 Mol HCl pro Mol Prolin); — 85,0° (23,4°C, W.; c = 1,001); — 93,0° (20°C, 0,6 n KOH; c = 2,42; 3 Mol KOH pro Mol Prolin. — — 103° (30°C; 540 mμ; W.; c = 1,6100). — — 47,3° (30°C; 660 mμ; 1 n HCl; c = 1,7236); — 58,0° (589,3 mμ; desgl.); — 69,6° (540 mμ; desgl.); — 105° (440 mμ; desgl.). — — 76,2° (30°C; 660 mμ; 1 n NaOH; c = 1,8208); — 99,1° (589,3 mμ; desgl.); — 121° (540 mμ; desgl.); — 195° (440 mμ; desgl.). — *Poly-L-prolin: -I:* + 40,0° (25°C, W.); *-II:* — 540° (25°C, W.).
Propandiol-1,2: + 20,1° (25°C, W.; c = 8).
Propionoyl-glycerid: *Monopropionoyl-L-1-glycerid:* — 0,83°; *Dipropionoyl-L-1,2-glycerid:* — 1,10°.
Protaminsulfat: — 97,4° (20°C, W.).
D-Psicose: + 2,9°··· + 3,1° (20°C, W.); + 4,7° (25°C, W.; c = 4,3).
Purinribonucleosid: — 48,6° (25°C, W.; c = 1,0).
Pustulin: — 44°.
Pyrazolidin: (+)-*1,2-Diphenyl-3,5-dioxo-4(β-phenylsulfinylathyl)-pyrazolidin:* + 67,1° (22°C, A.; c = 2,04); + 109,3° (25°C, Chlf.; c = 0,5).
Pyrrolidoncarbonsäure: s. Glutaminsäure.

Quabrachamin: + 111° (25°C; Chl.); *Quabrachit:* s. Inosit.
D-Quercit: + 25° (20°C, W.); *Quercitrin:* — 73,8° (Hg; A.); *Quercituron:* — 50° (50%ig. Py./W.); *Hyperin:* — 59° (24°C, Py./A.). — *L-Quercit:* — 49,5° (W.).

Raffinose: + 123,23° (20°C, W.; c = 10,014); *Phenylazobenzoat:* + 146° (25°C; 643,8 mμ; Chlf.).
Ranunculin: — 80,7° (17°C, W.).
Raphanin: — 141° (20°C, A.).
Raupin: + 63° (20°C, W.; + Eg.; c = 2); *Rauwolfinin:* — 34,5° (32°C, A.); *Rauwolscin:* — 40° (30°C, A.).
Reserpin: — 126° ± 5° (19°···28°C, Chlf.; c = 0,3···1,2); *Reserpinin:* — 126° ± 5° (20···25°C Chlf.; c = 0,5···1,2).
D- u. L-Rhamnit: ± 12,4° (W.). — *D-Rhamnose:* — 8,25° (16,5°C, W.; c = 10); *Phenylosazon:* — 95,2° (Py.); *D-Rhamnonsaure-γ-lacton:* — 40,9° (W.); *L-Rhamnal:* + 45,5° (W.). — *α-L-Rhamnose:* — 8,6° → + 8,2° (20°C, W.; c = 4); L-(+)-: + 38,4° → 8,9° (20°C, W.; c = 4); *Phenylosazon:* + 94° (20°C, Py.); *p-Nitro-phenylhydrazon:* + 21,4° (20°C); *2-Naphthylhydrazon:* + 8,4° (Me.); *Semicarbazon:* + 75° → + 57° (20°C, W.). — *D-Isorhamnose-(6-Desoxy-D-glucose):* + 72,3° → + 29,7° (20°C, W.; c = 10). — *Rhamninose:* — 41,0° (W.); — 26,4° (75%ig. A.). — *α-L-Rhamnohexose:* — 80° → — 61,4° (20°C, W.; c = 9,67).
Rhodochlorin: — 453° (20°C, Ac.); *Rhodosamin:* — 48,2° (20°C, W.); *L-Rhodeose:* s. *α-L-Fucose.*
Ribonucleinsäure (Hefe): + 98° (25°C, W.; c = 1); + 149° (0,08 Mol/l KCl; desgl.); + 74° (3,2 Mol/l Harnstoff; desgl.); + 118° (0,08 Mol/l KCl + 3,2 Mol/l Harnstoff; desgl.); ~ + 135° (25°C, 0,03 m Phosphatpuffer, p_H 7.3; c = 0,4).
D-Ribose: — 23,1° → — 23,7°; *p-Bromphenylhydrazon:* — 5,7° (20°C, A.); *β-Methylglucosid:* — 113,6° (20°C); *D-Ribonsaure-γ-lacton:* + 18,4° (W.); *β-Methyl-D-ribosid:* — 113,6° (W.). — *3-Desoxy-3-amino-D-ribose:* — 25° (W.). — *D-Ribose-3-phosphorsaure:* + 38,9° (28°C; halbgesatt. H_3BO_3); *Na_2-Salz:* — 9,73° (28°C, W.); *Brucinsalz:* — 33,3° (26°C, 50%ig. Py.); *-5-phosphorsaure:* + 16,54° (W.); + 22,8° (20°C, 0,2 n HCl); *D-3-Phosphoribonsaure:* — 6,05° (25°C; 546 mμ; W.); *D-5-Phosphoribonsaure:* — 10,42° (35°C; 546 mμ; W.). — *D-Ribulose:* + 16° (21°C, W.; Glgew.); *-5-phosphorsaure:* — 40° (20°C, W.); *-o-nitrophenylhydrazon:* — 52° (20°C). — L-Ribose: + 20,3° → + 20,7° (20°C, W.; c = 4).
Ricin-elaidinsäure: + 6,67° (20°C, A.); *Ricinolsaure:* + 7,15° (26°C, Ac.); *Ricinstearolsaure:* + 13,67° (Ac.).
Robinin: — 100,5° (85%ig. A.); *Robinose:* + 5,2° → + 1,9° (W.); — 16,9° (90%ig. A.); *Robinobiose:* + 2,7° → 0° (25°C, W.).
Roccellsäure: + 17,4° (A.).
Ruscogenin: — 127°C.
Rutin: — 30° (20°C, W.); — 34° (W. + A.); *α-Rutinose:* + 3,2° → — 0,8° (10°C, W.).

Saccharose A: + 66,5° (20°C, W.); + 50,51° (20°C; 672 mμ; W.; c = 26); + 78,16° (20°C; 546 mμ; W.; c = 26); + 66,412° + 0,1267 p — 0,000376 p^2 (20°C, W.; p = 0···50); $[\alpha]^{20} = \frac{21,648°}{\lambda^2 - 0,0213}$, (302···547 mμ; W.; c = 10···26); *Saccharose-?-phosphorsaure:* + 42,9° (25°C, W.); *Phenylazobenzoat:* + 35° (25°C; 643,8 mμ; Chlf.); *Octaacetat:* + 59,6° (20°C, Chlf.); *Isosaccharose:* + 34,2° (W.); *Saccharose C:* — 24,6° (W.); *Saccharose D:* + 19,0° (W.).
Salicinerin: — 88,87° (20°C, W.); *Salicin:* — 62,65° (20°C, W.; c = 5); *Populin:* — 29° (21°C, 80% W. + 20% Ac.); *Glycosmin:* — 36° (25°C, A.); *Salicylpopulin:* — 15° (22°C, 95%ig. A.) *Salireposid:* — 37° (Py. + Ac.).

Santenon: −4,65° (20%ig. A.); *Santonin:* −161,0° (20°C, A.; c = 1,78); L-*Santonin:* −173° (18°C, A.; c = 1,4); *β-Santonin:* −137,2° (19°C, Chlf.; c = 5); *-ψ-:* −169° (20°C, Chlf.). — *Tetrahydrosantonin:* *α-Form:* 3-Oxo-5:11α(H),4:6β(H)-eudesman-6:13-olid: +27,9° (15°C, Chlf.; c = 2,1); *β-Form:* 3-Oxo-11α(H),4:5:6β(H)-eudesman-6:13-olid: +10,1° (15°C, Chlf.; c = 0,77); *γ-Form:* 3-Oxo-4:5:11α(H),6β(H)-eudesman-6:13-olid: +71,5° (16°C, Chlf.; c = 0,64).
D-Sarmentose: +15,8° (20°C, W.; c = 1,08; Glgew.).
Scillabiose: −24,8° (20°C); *Scillatriose:* −19,2° (20°C, W.; c = 1,3); *Scillaren:* −73,8° (75°C, A.); *Scillaridin A:* −62,7° (Me., Chlf. = 1 : 4).
Scopolamin: −33° (W.); −18° (A.).
Secalin: −37,6° (20°C, W.).
β-Sedoheptit: s. L-Gulo-D-taloheptit; Sedoheptulose: +2° → +3° (W.; c = 10); *Sedoheptulosen-α-⟨2,6⟩β⟨2,7⟩:* −146° (W.).
Selachoylalkohol: −4,5° (15°C); *-acetat:* −8,6°.
Seminose: s. **D-Mannose.**
L-Serin: +15,1° (5 n HCl; c = 0,5···2,5); +14,5° (25°C, 1 n HCl; c = 9,344°; 1 Mol HCl pro Mol Serin); −6,83° (20°C, W.; c = 10.414); *-phosphorsaure:* +7,2° (23°C, W.); *Acetyl-L-Serin:* −2,1° (24°C, W.; c = 2); +14,8° (24°C, A.; c = 1,9).
Serumalbumin: *nativ:* −71,1° (20°··· ca. 60°C, W.); *denaturiert:* −96,0° (20°··· ca. 50°C; verd. NaOH); *Rind:* −59° (27°C, Glykokollpuffer, p_H 7; c = 1); −62,2° (27°C, W.; p_H 5.1; c = 1); *krist., Rind:* −78,1° (20°C; 546 mμ; W.); *γ-Globulin, Rind:* −48° (27°C, Glykokollpuffer, p_H 7; c = 1).
Shikimisäure: −246,3° (W.); −176° (22°C, A.); *Dehydro-:* −57° (28°C, A.).
Sialinsäure: *Rind:* +8° ± 2° (22°C, W.); *Schwein:* −31° ± 2° (22°C, W.); *Ei:* −32° ± 2° (22°C, W.).
Sinigrin: −17,6°.
Solabiose: +40,7° (22°C, W.; c = 1,37); *Solatriose:* −4,5° (20°C, W.; c = 1,64); *Solamargin:* −105° (Me.); *Solanidin:* −27,3° (Chlf.); *Solanin:* −42,16° (20°C, verd. HCl); −59,45° (Py.); *Solasodin:* −92,4° (Bzl.); *Solasonin:* −68° (A.).
Sophorose: (w.-frei); +20° (20°C, W.; Glgew.).
D-Sorbit: −2,0° (20°C, W.); +6,63° (Boraxlsg.); *3,6-Anhydro-D-Sorbit:* −7,47° (W.); *Isosorbit:* +43,9° (25°C, W.). — *D-Sorbose:* +42,9° (20°C, W.; c = 12); *α-Methyl-D-Sorbosid:* +88,5° (W.). — *L-Sorbose:* −43,1° (18°C, W.); −43,7→43,4° (20°C, W.; c = 12); *Phenylosazon:* −6° (Me.); *β-Methylglucosid:* −88,5° (20°C, W.); *Pentaacetat:* 2,9° (Chlf.); *α-Methyl-L-sorbosid:* −88,7° (W.); *β-:* +39,0° (W.); *L-Sorbose-1-phosphorsaures K:* −16,5° (W.); *Ba-Salz:* −7,2° (W.); *-6-phosphorsaures Ba:* −12,0° (29°C); *L-Sorbo-1-uronsäure:* −48° (W.); *-Brucinsalz:* −24°; *-6-uronsaure:* −13,5° (W.).
Spartein: −16,42° (W.); −11,3° (A.); *-bisulfat:* −27° (W.).
Sphingomyelin: +5,30°···+5,35° (Chlf./Me. = 1 : 1); *Rinderhirn* (Nervonsäure: Stearinsäure: Lignoceninsaure = 2 : 2 : 1): +6,25° (22°C, Chlf./Me. = 1 : 1; c = 4).
Spinacin: −169,9° (19,5°C).
Stachydrin: −26,2° (18°C, W.; c = 6); *Stachyose + 4H₂O:* +130° (20°C, W.; c = 2); +148° (20°C, W.); *Tetradecaacetyl-:* +120° (22°C, A.).
Stärke: ∼+189° (W.); +193,8°···+194,5° (20°C, W.; c = 0,5); im $CaCl_2$-Verfahren: HEYNS: +203° (20°C); Molybdatverfahren: +183,7°. — Siehe auch Dextrin.
Stearinsäure: vgl. **Distearin:** *Stearoyl-L-1-glycerid:* −3,58°.
Stercobilin: −140° (20°C, 0,1 n NaOH; c = 0,1006); −320° (20°C, Chlf.; c = 0,0465); *-HCl:* −1870° (20°C; Chlf.); −1700° (20°C; 690 mμ; Chlf.; c = 0,020); −1090° (20°C; 656 mμ; Eg.; c = 0,050). — *Stercobilin: HCl-Salz:* M · 10^{-3}; Wendepunkte (Chlf.): +60° (ca. 485 mμ); −75° (ca. 495 mμ); −10° (ca. 565 mμ).
Streptomycin: +84° (verd. HCl); *-B-HCl:* −54,1° (20°C, W.; c = 1); *Hydroxystreptomycin + 3 HCl:* −91° (28°C, W.); *Streptolin-HCl:* −22° (W.; c = 1,8); *Streptothricin:* −51,3° (25°C, W.; c = 1,4).
Strophantidin: +41°; *-k:* +30,5° (A.); *-β:* +32,6° (W.); *k-Strophantosid:* +14°. — *Strophantobiose:* +31,1° (20°C, W.; c = 2); *-triose:* +7,75° (20°C, W.; c = 2).
Strychnin: −128° (A.; p = 0,9); −109,9° (90%ig. A.).
Styracit: s. ***1,5*-Anhydro-D-mannit.**
Subtilin: −36° ± 1° (25°C, W.; c = 0,865); −29,9° (25°C; 1%ig. Eg.; c = 2,5).
L-Sulforaphen: −108° ± 2° (Chlf.; c = 1,37···1,67); −136° + 2° (A.; c = 1,378).

D-Tagatose: −1,6° (20°C, W.; c = 1,87); *α-D-:* +0,8° → −3,9° (578 mμ; W.); *Diaceton-Derivat:* +71,8° (20°C, W.); *3,4-Anhydro-β-D-tagatose⟨1,5⟩:* −56,0° → 16,8° (W.); *D-Tagatose-6-phosphorsaures Ba:* +5,65° (25°C, W.). — *L-:* −2,3° (W.); *D-Tagaturonsäure:* −12,55° (19°C, W.; c = 1,60).
D-Talit: +3,2° (25°C, W.; c = 1,8). — *α-D-Talose:* +30° → +20,6° (21°C, W.); *β-D-Talose:* +13,2° → +21,0° (W.); *L-(−)-Talomethylose* (= *L-Epifucose*): +36,9° (W.); *3,4-Anhydro-D-talosan-α[1,5]β[1,6]:* −49,5° (W.). — *L-Talose:* −16,9° (W.; Glgew.). — *Talonsäure:* +17° → −22° (25°C, W.; 10 Tage).
Terpentin: $[\alpha]_D^{20}$ = −37° − 0,00482 p − 0,00013 p^2 (A.; p = 0···90); = −37° − 0,0265 p (Benzin; p = 0···91); *D-Terpinenol-(4):* +25°; *D-α-Terpineol:* +106°; *L-α-:* −117,5°; *D-Terpinol-(4):* +25°; *L-Terpinol:* −24,32° (20°C).
Terramycin: −196,6° (25°C, 0,1 n HCl; c = 1).
Testosteron: +104° (A.); *-propionat:* +83°···+90° (25°C, Dioxan; c = 1).
Tetracyclin-HCl: −257,9° (25°C, W.); *Pyrrolidinmethyl-:* −183° (20°C, Me.); +54,3° (20°C, Dioxan; c = 2).

Thebain: −217° ± 1,5° (15···25°C; 95%ig. A.; c = 1···2); −229,5° (Chlf.; c = 5); −218,6° (A.); *-HCl:* −168,3° (W.).
Thevetin: −67° (16°C; Chlf.); D-*Thevetose:* +23,2° → +35,4° ± 1° (W.). — L-*Thevetose:* −49,6° ± 1° → −36,9° ± 1° (18°C, W.; c = 1,462).
2-Thiolhistidin: −9,5° (25°C, 1,0 n HCl; c = 1,0).
Threit: s. Erythrit.
L-Threonin: −15,0° (5 n HCl; c = 0,5···2,5); −28,3° (26°C, W.; c = 1,09); −30,0° (Eg., c = 0,5···2,5); *N-Phthaloyl-*L*-threonin* (*Brucinsalz*)*:* −37,5° ± 1° (20°C, Methylcellosolve; c = 1,5); des D-*Threonin:* +3,3° (desgl.); D-*Threonin-phosphorsaure:* −7,37° (24°C, W.); *allo-:* +29,6° (5 n HCl; c = 0,5···2,5); *-allo-*L*-:* −9,1° (26°C, W., c = 1,643); +38,0° (Eg.; c = 0,25).
Threonsäure: +33,0° (W.); *Phenylhydrazid:* −31,2° (W.). — L-*Threose:* −24,6° (W., Glgew.); +29,1° → +19,6° (22°C, W.); *Triacetyl:* +35,5° (20°C, Chlf.).
Thymidin: +32,5° (25°C, 1 n NaOH); +32,8° (16°C, 1 n NaOH; c = 1,04); *Thymidylsaure:* −4,4° (21°C, W.; c = 0,4; als Ca-Salz); *Desoxythymidylsaures Ba:* −44° (21°C, W.).
Thyminose: −40,0° (25°C); −60,0° → −50,0° (W.); −90,6° → −40,0° (25°C, Py.); *-benzylphenylhydrazon:* −17,5° (25°C, Py.).
L-Thyronin: +26° (22°C, A.-HCl = 2 : 1; c = 1,06); −54,7° (20°C, A.; c = 0,74).
Thyroxin: −4,4° (0,13 n NaOH in 70%ig. A.; c = 3; 3 Mol NaOH pro Mol Thyroxin); vgl. auch Tyrosin.
Tokopherol: *α*-: −0,32° (25°C; 546 mμ; A.); −3,0° (Bzl.); *β*-: +2,9° (25°C; 546 mμ; A.); *γ*-: +2,2° (25°C; 546 mμ; A.) −2,4° (Bzl.).
Tomatin: −30° (Py.).
α,α′-Trehalose·$2H_2O$: +178,3° (20°C, W.; c = 7); *-phosphorsaure:* +185° (546 mμ; W.). — *p-Phenylazobenzoat:* +210° (25°C; 643,8 mμ; Chlf.); *Octaacetat:* +162° (20°C, Chlf.); *Hexaacetat:* +158,3° (19°C, Chlf.). — *α,β-Trehalose* (= *Neo-*)*:* +67,1° → +70° (W.); *β,β-Trehalose* (= *Iso-*)*:* −41,5° (W.).
Triticin: −51,4° (20°C, W.; c = 2).
Tropasäure: −79° (15°C, W.; c = 1,5).
Trypsin: *nativ:* −39,6° (20°···30°C; W.); −50,0° (60°C, W.); *denaturiert:* −63,2° (20°···60°C; 0,1 n NaOH).
L-Tryptophan: +2,4° (20°C; 0,5 n HCl; c = 1,02; 10 Mol HCl pro Mol Tryptophan); *-HCl:* −7,8° (20°C, W.; c = 1,02; 1 Mol HCl pro Mol Tryptophan); −32,15° (25°C, W.; c = 2,07); −34° (Eg.; c = 0,5···2,5); +6,17° (20°C, 0,5 n NaOH; c = 2,426; 4 Mol NaOH pro Mol Tryptophan). — −3,50° (31°C; 660 mμ; 1 n HCl; c = 3,0948); −1,75° (589,3 mμ; desgl.); −0,48° (540 mμ; desgl.); +0,80° (500 mμ; desgl.); +8,76° (440 mμ; desgl.). — +1,90° (31°C; 660 mμ; 1 n NaOH; c = 3,7044); +2,90° (589,3 mμ; desgl.); +4,34° (540 mμ; desgl.); +169° (460 mμ; desgl.). — L-*Hydroxytryptophan:* +39,2° (20°C, 1 n NaOH; c = 1,7).
Tuberculostearinsaure: −0,05° (26°C).
Turanose: +27,3° → +75,8° (20°C, W.; c = 4); *Heptaacetyl:* +37,0° (20°C, Chlf.).
L-Tyrosin: −8,64° (20°C, 6,3 n HCl; c = 4,40; 28 HCl pro Mol Tyrosin); +22° (18°C, W., Maximum); −14,2° (25°C; 540 mμ; 2 n HCl; c = 1,9076); −14,5° (18°C, 1 n HCl; c = 0,906; 2 Mol HCl pro Mol Tyrosin; ∼+22° (18°C, W.; Maximum); −16,8° (25°C; 540 mμ; 2 n NaOH; c = 3,8216). — : *-Na:* −16,1° (18°C, W.; c = 0,906; 1 Mol NaOH pro Mol Tyrosin); −16,2° (18°C, 3 n NaOH; c = 0,906; 60 Mol NaOH pro Mol Tyrosin). — −7,95° (25°C; 700,0 mμ; 0,5 n HCl; c = 2); −11,0° (589,0 mμ; desgl.); −14,4° (430,0 mμ; desgl.); +1,16° (352,0 mμ; desgl.); +2,76° (350,0 mμ; desgl.); +23,2° (330,0 mμ; desgl.). — *3,4-Dihydroxyphenyl-*L*-alanin:* −39,5° (15°C, W.; c = 3,8); −12° (20°C, 4%ig. HCl, c = 1,0); L-*3-Monojodtyrosin:* −4,4° (20°C; 1 n HCl); *3,5-Dijodtyrosin:* +2,89° (20°C, 1,1 n HCl; c = 5,08; 9 Mol HCl pro Mol Dijodtyrosin); +2,27° (20°C, 13,4 n NH_4OH); *3,5-Dibrom-*L*-tyrosin:* +1,3° (20°C, verd. HCl).
Tyvelose: ca. +25° ± 2° (20°C, W.).

Umbelliferose: +125,3° (20°C, W.; c = 2).
Umbilicin: −81° (20°C, S.; c = 2).
Uridin: +9,6° (16°C, W.; c = 2); *2′-uracilsaures Brucin:* −76,1° (17°C, Py.); *3′-Uracilsaure:* +22,3° (22°C, W.; c = 2); +6,5° (2%ig. NaOH); *saures NH_4-Salz:* +13,0° (20°C, W.); *Na_2-Salz·$4H_2O$:* +19,8° (25°C, W.); *Dibrucinsalz·$7H_2O$:* −20° (20°C); −55° (20°C, Py.); *5′-uracilsaures Dibrucin:* −69,7° (20°C, Py.).
D-Urobilin-HCl: [*M*]·10^{-3}, Wendepunkte (Chlf.): −133° (ca. 470 mμ); +160° (ca. 500 mμ).
Usninsäure: D- u. L-: ±495° (20°C; Chlf.).
Uzarin: −27,0°.

Valeriansäure: L-*α-Keto-β-methyl-:* −16,8°; vgl. *Mevalonsaure: β-Methyl-:* +10,4° (25°C).
L-Valin: +28,8° (20°C, 6,0 n HCl; c = 3,4; 20 Mol HCl pro Mol Valin); +28,2° (5 n HCl; c = 0,5 bis 2,5); +6,42° (20°C, W.; c = 3,58); −7,26° (25°C; 540 mμ; W.; c = 2,7812); +62,0° (Eg.; c = 0,5···2,5). — −17,7° (25°C; 660 mμ; 1 n HCl; c = 3,1732); −23,6° (589,3 mμ; desgl.); −28,2° (540 mμ; desgl.); −49,5° (440 mμ; desgl.). — : −12,5° (25°C; 660 mμ; 1 n NaOH; c = 3,5600); −15,7° (589,3 mμ, desgl.); −19,0° (540 mμ, desgl.); −30,4° (440 mμ; desgl.).
Vanillosid: −88,63° (20°C, W.).
Vasopressin: *Lysinvasopressin:* −47,5° (20°C, W.; c = 0,90), −23,0° (21,5°C; 1 n Eg., c = 0,5); *Oxypressin:* −33° (23°C; 0,1 n Eg.; c = 0,57).
D-Verbenol: *trans-:* +168,45°; *cis-:* +65,3°.
Vicianose: *α-Form:* +56,6° → +40,5° (W.); *β-Form:* +15,8° → +39,7° (W.); *Gem:* −53° bis −54,4° (W.).
Vicin: −12,5° (20°C, 0,2 n NaOH).

Violaxanthin: + 35° (25 °C, Cd.; Chlf.).
itamin B_{12}: − 59° (23 °C; 656,3 mμ; W.); − 110° (20 °C; 643,8 mμ; W.); *-$B_{12}a$:* − 15° (23 °C; 643,8 mμ; W.); *-$B_{12}c$:* + 50° (23 °C; 643,8 mμ; W.).
Vitamin D_2: + 103° (A.); + 124° (546 mμ; A.); + 35,3° (Benzin); + 39,5° (546 mμ; Benzin); *Vitamin D_3:* + 83° (Ac.); *Vitamin D_4:* + 89,3° (Ac.).
Volemit: s. Manno-taloheptid.

D-Weinsäure: + 17,20° − 1,735 *p* (20 °C, W.; *p* = 0,2···1.1); − $[\alpha]^{20}_D$: + 15,61° − 0,315 *p* (20 °C, W.; *p* = 1,2···4,7); + 14,83° − 0,149 *p* (20 °C, W.; *p* = 4,7···18); D-*weinsaures K:* + 27,03° + 0,1453 *p* (20 °C, W.; *p* = 0,6···9); -Na: + 31,41° − 0,06766 *p* (20 °C, W.; *p* = 6,8···19); *K,Na:* + 29,75° − 0,0078 *c* (W.); *-Li:* + 35,84° (W.; *c* = 8,31); *Natriumammonium-Salz:* [*M*] = + 62,1° (20 °C, W.); *NaOOC·CD(OH)·C(OH)D·COONH₄:* + 62,1° (desgl.); L-(−)-*Weinsäure:* + 660° (18 °C; 13%ig. Ammonmolybdat in 0,83 n Eg.; 0,0334 Mol/l).

Xanthophyll: + 160° (20 °C; 643 mμ; Chlf.); + 145° (20 °C; 643 mμ; Essigester); *-epoxyd:* − 225° (18 °C, Cd.; Bzl.).
Xanthosin: − 51,2° (30 °C, 0,35 n NaOH; *c* = 1,0 als Dihydrat); *-3'-phosphorsäure:* − 41,66° (22 °C, 5%ig. NaOH).
D-Xylal: − 254,5° (W.).
α-D-Xylose: + 93,6° → + 18,8° (20 °C, W.; *c* = 4); + 18,095° + 0,06986 *p* (W.; *p* = 0···33); *Benzylphenylhydrazon:* − 33° (A.; *c* = 0,57); *2-Naphthylhydrazon:* + 18,6° (Me.); *-1-phosphorsaures K:* + 76° (W.); *-Na_2:* + 323,2° (W.); *-Ba:* + 65° (W.); *-5'-phosphorsaure:* + 4,0° (22 °C, halbgesatt. H_3BO_3): *-Ba:* + 7,7° (20 °C). — D-*Xylosamin-HCl:* + 80° → + 40° (W.); *α-Methyl-*D-*xylosid:* + 153,9° (W.); *-β:* − 65,5° (W.); *2-O-Methyl-β-*D-*xylose:* − 21° → + 34° (18 °C, W.; *c* = 0,73; 3 Min. → 120 Min.). — D-*Xylonsäure:* − 2,9° → + 20,1° (W.); *-γ-lacton:* + 91,8° → + 24,9° (W.). — D-*Xylulose:* + 36,5° (25 °C, W.); L-*Xyloketose:* + 33,1° (20 °C, W.; *c* = 2); + 31,5° (Py.; Glgew.). — *β-Xylobiose:* − 32,0° → − 25,5° (W.); *β-*D-*Xylotriose:* − 39,4° → − 47,0° (W.); *β-*D-*Xylotetraose:* − 48,80° → − 60,0° (W.); D-*Xylopentaose:* − 66,0° (W.); D-*Xylohexaose:* − 72,8° (W.); *β-*D-*Xyloheptaose:* − 74° (W.). — *β-*L-*Xylulose:* − 79,3° → − 18,6° (20 °C; *c* = 9,94).

Zeaxanthin: − 40° ··· − 44° (Chlf.); *-dipalmitinsaureester:* − 45° (20 °C, Chlf.).
Zein: − 89,4° (20 °C, 0,1 n NaOH).
D-Zuckersäure: + 6,9° → + 20,6° (19 °C, W.); *-1,4-lacton:* + 34° (20 °C, W.; *c* = 1,5); *-3,6-lacton:* + 42° → + 45° (20 °C, W.; *c* = 0,9); *Anhydrozuckersaure:* + 39,7° (20 °C, W.; *c* = 8).

IV. Absorptionsspektren

A. Ultraviolette Absorptionsspektren

Von **F. A. Neugebauer**, Heidelberg

Inhalt: Literatur — 1. Theoretische Einführung mit vergleichenden Tabellen. — 2. Alphabetisches Verzeichnis der UV-Absorptionsspektren, Abbildungen und Tabellen S. 859.

Literatur. *Kortum, G.:* Kolorimetrie, Photometrie und Spektrometrie, 3. Aufl., Berlin/Göttingen/Heidelberg 1955. — *Pestemer, M.*, u. *D. Brück:* Absorptions-Spektroskopie im Sichtbaren und Ultraviolett, in Houben-Weyl, Methoden der organischen Chemie, 4. Aufl., III. Bd., 2. Tl. Stuttgart 1955. — *Ferguson, L. N.:* Relationships between Absorption Spectra and Chemical Constitution of Organic Molecules, Chem. Rev. **43**, 385 (1948).

Kurvensammlungen. *Pestemer, M., G. Scheibe, A. Schöntag* u. *D. Bruck:* Lichtabsorption von Lösungen im Sichtbaren und Ultraviolett, in Landolt-Börnstein, Zahlenwerte und Funktionen, 6. Aufl., Bd. I, 3. Tl., Berlin-Göttingen-Heidelberg 1951. — American Petroleum Institute Research Project 44, Ultraviolet Spectral Data. Carnegie Institute of Technology, Pittsburgh, Pa., and Bureau of Standards, Washington, D. C. — *Friedel, R. A.*, and *M. Orchin:* Ultraviolet Spectra of Aromatic Compounds, New York u. London 1951. — *Kamlet, M. J.:* Organic Electronic Spectral Data, V. I, 1946—1952, New York u. London 1960.

Spezielle Zusammenfassungen. *Morton, R. A.:* The Application of Absorption Spectra to the Study of Vitamins and Hormons, 2. Aufl., London 1942. — *Heilmeyer, L.:* Medizinische Spektrophotometrie, Jena 1933. — Steroide: *Dorfman, L.:* Chem. Rev. **53**, 47 (1953). — *Fieser, L. F., M. Fieser* u. *S. Rajagopalan:* J. Org. Chemistry **13**, 800 (1948). — *Dannenberg, H.:* Abh. preuß. Akad. Wiss. **21**, 3 (1939). — Polyene-Carotinoide: *Karrer, P.*, u. *E. Jucker:* Carotinoide, Basel 1948. — *Fieser, L. F.:* J. Org. Chemistry **15**, 930 (1950). — Aromaten: *Clar, E.:* Aromatische Kohlenwasserstoffe, 2. Aufl., Berlin-Göttingen-Heidelberg 1952. — *Jones, R. N.:* Chem. Rev. **32**, 1 (1943). — Pyrrolfarbstoffe: *Fischer, H.*, u. *A. Stern:* Die Chemie des Pyrrols, II. Bd., 2. Tl., Leipzig 1940. — Proteine: *Dannenberg, H.:* Angew. Chem. **63**, 208 (1951).

1. Theoretische Einführung

Die Hauptanwendungsgebiete der UV-Absorptionsspektroskopie liegen in der Konstitutionsermittlung, in der quantitativen Analyse und in der Untersuchung von Gleichgewichten.

Das Grundgesetz der Absorptionsspektrometrie ist das Gesetz von *Bouguer-Lambert-Beer:*

$$E = \log \frac{I_0}{I} = \varepsilon \cdot c \cdot d = \varepsilon' \cdot c' \cdot d; \qquad \frac{E}{d} = m = \varepsilon \cdot c = \varepsilon' \cdot c'$$

(E = Extinktion, I_0 = Intensität des eintretenden Lichtes, I = Intensität des durchgelassenen Lichtes, Proportionalitätsfaktor ε = molarer dekadischer Extinktionskoeffizient mit der Dimension [Liter/Mol · cm], c = Konzentration in Mol/Liter, d = Schichtdicke in cm; ε' = spezieller Extinktionskoeffizient mit der Dimension [cm^2/mg] oder [Liter/g · cm], c' = Konzentration in g/Liter; m = dekadischer Extinktionsmodul in cm^{-1}). Der spezielle Extinktionskoeffizient ε' wird verwendet, wenn das Molekulargewicht der betreffenden Substanz unbekannt ist, und die Konzentration nur in g/Liter angegeben werden kann.

Das Bouguer-Lambert-Beersche Gesetz ist ein Grenzgesetz für sehr verdünnte Lösungen und gilt nur für monochromatische Strahlung und für konstante äußere Bedingungen von Temperatur und Lösungsmittel. Abweichungen von diesem Gesetz bewirken dissoziationsfähige oder assoziationsfähige Moleküle (Radikale; Moleküle mit Carboxyl-, Hydroxyl-, Amino- oder Carbonylgruppen).

Die Extinktionskoeffizienten als Funktion der zugehörigen Wellenlänge λ oder als Funktion der zugehörigen Wellenzahl $\tilde{\nu}$ aufgetragen ergeben das Absorptionsspektrum einer Verbindung. Als Ordinate wählt man zweckmäßig $\log \varepsilon$ oder $\log \varepsilon'$, weil die Form der Absorptionskurve auch bei unbekannter Konzentration immer die gleiche bleibt (typische Farbkurve; $\log \varepsilon = \log E - \log c \cdot d$). Als Abszisse benützt man die Wellenlänge λ in mμ oder die Wellenzahl $\tilde{\nu} = \frac{1}{\lambda}$ in cm^{-1} von links nach rechts ansteigend.

Daneben findet man in der Literatur zur Darstellung der Ordinate folgende Größen: Extinktion E, molarer dekadischer Extinktionskoeffizient ε, spezieller Extinktionskoeffizient ε', molarer natürlicher Extinktionskoeffizient $\varkappa = \frac{1}{c \cdot d} \ln \frac{I_0}{I} = 2{,}303\,\varepsilon$, Extinktionskoeffizient $\varepsilon\% = E \frac{1\%}{1\,\text{cm}}$ entspricht $10\,\varepsilon'$ (dieser Extinktionskoeffizient ist auf die Konzentration 1 g/100 cm^3 und die Schichtdicke 1 cm bezogen) und die Durchlässigkeit $D = \frac{I}{I_0}\,100\%$.

Nach *M. Pestemer* und *G. Scheibe* [*1*] sollen in Zukunft alle UV-Spektren in einem einheitlichen Maßstab dargestellt werden: Abszisse = Wellenzahl $\tilde{\nu}$ von links nach rechts ansteigend (die Wellenzahl $\tilde{\nu}$ ist proportional der Anregungsenergie des Elektronenüberganges); Ordinate = $\log \varepsilon$; Längenverhältnis ($\Delta \log \varepsilon = 1$) : ($\Delta \tilde{\nu} = 5000\,cm^{-1}$) = 8 : 5. Da man aber im internationalen Schrifttum von Organikern und Biochemikern UV-Daten fast ausschließlich in Form von mμ-Angaben findet, werden die Kurven hier dementsprechend wiedergegeben. Abb. 19 soll die Umrechnung von λ in $\tilde{\nu}$ erleichtern.

Der Wellenlängenbereich für die Absorptionsmessung im Sichtbaren und UV erstreckt sich von 800 bis 175 mμ. Die Absorption in diesem Bereich beruht auf dem Übergang eines Moleküls mit bestimmten Strukturelementen aus einem Elektronenzustand niedriger Energie, normalerweise dem Grundzustand, in stationäre Zustände höherer Energie, also auf einer Elektronenanregung. Die Anregungsenergie bestimmt die Lage der Bande ($E = \frac{1}{\lambda} \cdot h \cdot c = \tilde{\nu} \cdot h \cdot c$, h = Plancksches Wirkungsquantum, c = Lichtgeschwindigkeit); die Absorptionsintensität ist dem Quadrat des Übergangsmomentes proportional. Diese bestimmten Strukturelemente organischer Moleküle werden als Chromophore bezeichnet. Sie lassen sich in 2 Gruppen einteilen:

a) Chromophore mit $\pi \rightarrow \pi^*$-Elektronenübergängen, das sind Übergänge zwischen den höchsten besetzten und den niedrigsten unbesetzten π-Molekular-

[*1*] Angew. Chem. **66**, 553 (1954).

bahnen in ungesättigten Verbindungen: $\rangle C{=}C\langle$, $\rangle C{=}O\rangle$, $\rangle C{=}\overline{N}{-}$, $\rangle C{=}S\rangle$, $-\overline{N}{=}\overline{N}-$, $-\overline{N}{=}O\rangle$, $-C{\equiv}C-$.

b) Chromophore mit $n\rightarrow\sigma^*$- oder $n\rightarrow\pi^*$-Elektronenübergängen (auch als Auxochrome bezeichnet); sie beruhen auf dem Übergang zwischen nicht bindenden atomaren Elektronenpaaren und angeregten σ^*- oder π^*-Molekularbahnen in Molekülen, die Atome mit einsamen Elektronenpaaren enthalten: $R{-}\overline{\underline{Br}}|$, $R{-}\overline{\underline{J}}|$, $R{-}\overline{\underline{O}}{-}R'$, $R{-}\overline{\underline{S}}{-}R'$, $R{-}\overline{N}\langle^{R'}_{R''}$.

Die molaren dekadischen Extinktionskoeffizienten für $\pi\rightarrow\pi^*$-Übergänge sind erheblich größer (ca. $5 \cdot 10^3-10^5$) als die der $n\rightarrow\pi^*$-Übergänge (ca. 10—100).

Die Absorption einzelner Chromophore ist gering und liegt am kurzwelligen Ende des angegebenen Bereichs. Befinden sich mehrere Chromophore in einem Molekül und sind sie durch mehrere gesättigte Atome ohne einsame Elektronenpaare voneinander getrennt, dann bleibt die Lage der Bande fast immer erhalten, während die Extinktion der Zahl der vorhandenen Chromophore entsprechend anwächst. Sind Chromophore benachbart angeordnet, so beobachtet man eine für das betreffende mesomere Bindungssystem charakteristische Absorption bei größerer Wellenlänge. Alkylgruppen an einzelnen Doppelbindungen und an konjugierten Doppelbindungen verursachen eine langwellige Verschiebung der $\pi\rightarrow\pi^*$-Bande, die von deren Anzahl und deren Lage am konjugierten System abhängig ist (Tab. 1). Cyclopropylrest, Äthylenoxydgruppe und in viel geringerem

Tabelle 1. **Absorptionsmaxima von konjugierten Dienen und Dienonen**

Verbindung	Hauptbande λ_{max} [mμ]	ε	Vorbande λ_{max} [mμ]	ε	Lösungsmittel
Butadien	217	21000			Hexan
Isopren	223	19000			"
Piperylen	223,5	26000			"
2,3-Dimethylbutadien	225	20400			"
1,4-Dimethylbutadien	227	25500			"
Cyclohexadien	256	9900			"
Acrolein	208		327,8	12,6	Alkohol
Methylvinylketon	219		324	24	"
Crotonaldehyd	217	16000	320,5	19,5	"
Äthylidenaceton	224	9730	313,5	37,5	"
Mesityloxyd	235	14000	313,5	58	"

Maße Vierringsysteme in unmittelbarer Nachbarschaft von π-Bindungen zeigen einen bathochromen Effekt. Wird die maximale Längsdehnung des Konjugationssystems in der bevorzugten Zickzacklage durch Ringschluß verhindert, so nimmt die Absorptionsintensität stark ab, und das Bandenmaximum wird beträchtlich langwellig verschoben. Bei symmetrischer homocyclischer Konjugation (Benzol) beobachtet man eine besonders kurzwellige Absorption, weil die energetische Stabilisierung des Grundzustandes die der Anregungszustände relativ überwiegt. Bei Chromophoren mit Doppelbindung und einsamen Elektronenpaaren (Carbonylgruppe) findet man neben der Hauptbande oft eine längerwellige Vorbande, die einem $n\rightarrow\pi^*$-Übergang zugeordnet wird. Alkylsubstituenten an diesen Chromophoren verlagern die Hauptbande ebenfalls bathochrom, die Vorbande jedoch kürzerwellig oder hypsochrom (Tab. 1).

Die Absorptionsspektren von chromophoren Systemen mit sauren und basischen Gruppen (Carbonsäuren, Phenole, Amine, Methine) sind p_H-abhängig, wenn das chromophore System durch die Salzbildung in größerem Ausmaß verändert wird. So bewirkt die Blockierung von einsamen Elektronenpaaren des chromophoren Systems eine erhebliche hypsochrome, die Lösung eine bathochrome Verschiebung des Spektrums (Anilin → Anilinium-Ion, Phenol → Phenolat-Ion), während bei der Salzbildung der Benzoesäure oder des Pyridins das

π-Elektronensystem wenig beeinflußt wird, und man nur geringe Änderungen der UV-Absorption findet (Tab. 2). Besonders starke bathochrome Verschiebungen treten dann auf, wenn durch Salzbildung ein symmetrisches π-Elektronensystem entsteht (Polymethinfarbstoffe).

Tabelle 2. **Lage der Absorptionsmaxima bei der Umwandlung einiger Verbindungen in Derivate**

Verbindungen	λ_{max} [mμ]	$\varepsilon \cdot 10^{-3}$	λ_{max} [mμ]	$\varepsilon \cdot 10^{-3}$	Lösungsmittel
α-β ungesättigte substituierte Carbonylverbindungen und deren	234 ± 20	6—19			Alkohol
Oxime *	236 ± 6,5	12—23			"
Semicarbazone *	267 ± 7,5	10—35			"
Thiosemicarbazone *	301,5 ± 2	25—37			"
2,4-Dinitrophenylhydrazone*	380 ± 7	25—35			"
Phenol	210,5	6,2	270	1,45	Wasser
Anisol	217	6,4	269	1,48	"
Phenolat-Ion	235	9,4	287	2,6	"
Phenylacetat			261	0,25	Hexan
Anisol			269,5	2,76	"
Phenol			272,3	2,52	"
Anilin	230	8,6	280	1,43	Wasser
Anilinium-Ion	203	7,5	254	0,16	"
Benzol	203,5	7,4	254	0,204	"
Benzoesäuremethylester	228	11,8	272	0,88	Alkohol
Benzoesaure	227	10.47	272	0,84	"
Benzamid	225	8,9	265	0,56	"
Benzoat-Ion	222	8,83	262	0,62	"
Benzoesaure	230	11,6	273	0,97	Wasser
Benzoat-Ion	224	8 7	268	0,56	"

* bei diesen Carbonylderivaten verschwindet die Vorbande

Polare Lösungsmittel beeinflussen die Absorptionsspektren von Dipolchromophoren beträchtlich. Die langwellige Vorbande (Carbonylchromophor) wird hypsochrom, die intensive Hauptbande bathochrom verschoben. Sterische Abschirmungen am Lösungsmittelmolekül (z. B. Längerwerden der Alkylketten bei den Alkoholen) verringern die Verschiebungseffekte.

	Losungsmittel	Hauptbande λ_{max} [mμ]	Vorbande λ_{max} [mμ]
Mesityloxyd	Hexan	228	327
	Alkohol	235	315
	Wasser	245	303
Aceton	Hexan		279,5
	Methanol		270
	Äthanol		272
	Propanol		273
	Butanol		273,6

M. Pestemer [2, 3], *G. Hesse* und *H. Schildknecht* [4] geben Zusammenfassungen uber die Reinigung von Lösungsmitteln.

[2] Angew. Chem. **63**, 118 (1951)
[3] Angew. Chem. **67**, 740 (1955)
[4] Angew. Chem. **67**, 737 (1955)

Tabelle 3. **UV-Durchlässigkeit von Lösungsmitteln (Schichtdicke 1 cm)**

Lösungsmittel	30% Durchlässigkeit (Vergleich: Wasser) Handelsprodukt		Durchlässigkeitsgrenze nach *M. Pestemer* [2, 3]
	rein mμ	für UV-Mess.* mμ	gereinigt mμ
Petroläther	220		195
Ligroin	220		195
Hexan	215	< 210	195
Heptan	215	< 210	195
Octan	215		195
i-Octan	215	< 210	195
Cyclohexan	260	215	195
Benzol	280	280	270
Toluol	285		275
Methylenchlorid	265	235	240
Chloroform	250	250	240
Tetrachlorkohlenstoff	270	265	257
Schwefelkohlenstoff	385		340
Methanol	220	215	200
Äthanol, 95%	215	210	200
Isopropylalkohol	290	210	
Diäthyläther	225	210	200
Tetrahydrofuran	310		274
Dioxan	255	225	
Aceton	335	335	
Essigsäureäthylester	260		250
Anilin			320
Pyridin	305		275
Wasser			185

* Lösungsmittel fur die UV-Spektroskopie: „Merck“

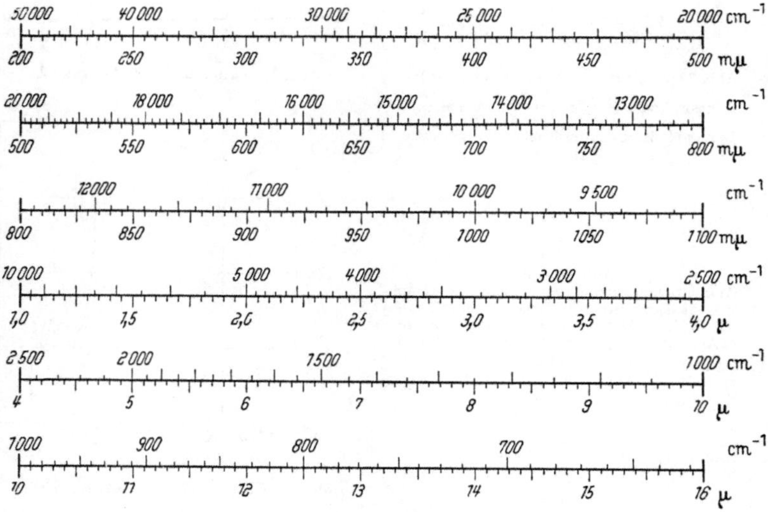

Abb. 19. Diagramm zum Umrechnen von Wellenlängen in Wellenzahlen.

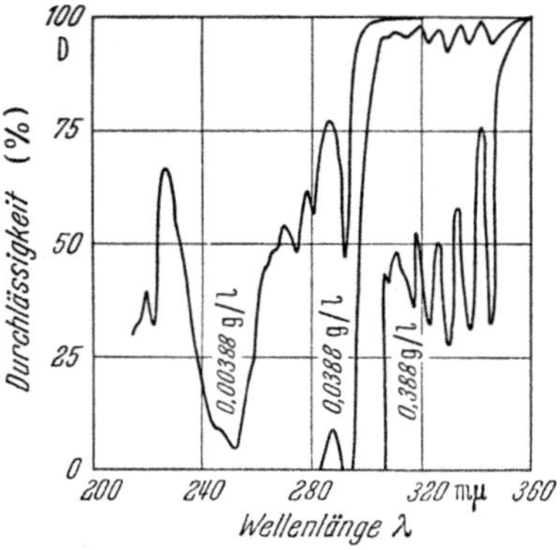

Abb. 20. Ordinate: Durchlassigkeit $D = \frac{I}{I_0}$, Abszisse: Wellenlänge λ.

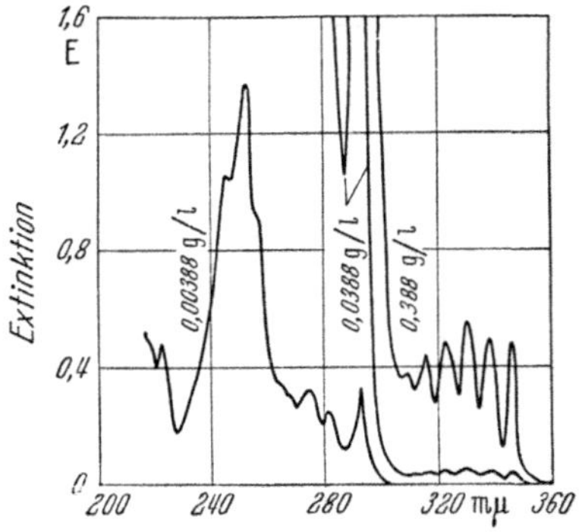

Abb. 21. Ordinate: Extinktion $E = \log \frac{I_0}{I}$; Abszisse: λ. Die Minima der Abb. 20 werden hier Maxima.

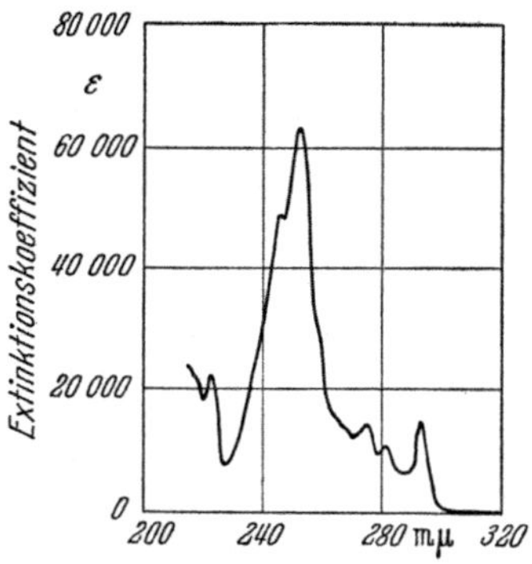

Abb. 22. Ordinate: molarer dekadischer Extinktionskoeffizient $\varepsilon = \frac{E}{c \cdot d}$; Abszisse: λ. Der ε-Maßstab unterdruckt die schwache Vorbande.

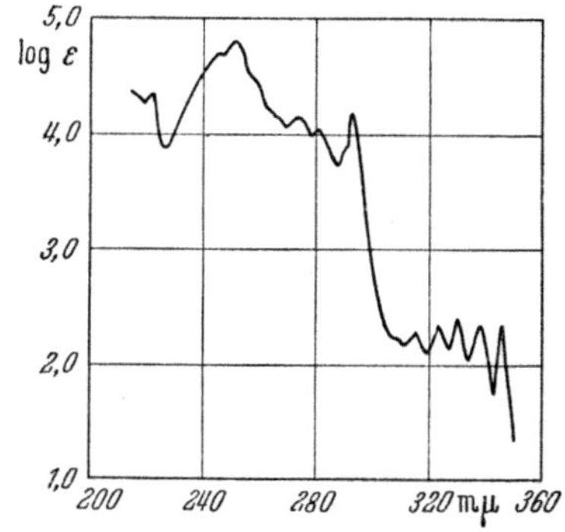

Abb. 23. Ordinate: log ε; Abszisse: λ.

Abb. 20—24.
Absorptionsspektrum des Phenanthrens in verschiedenen Koordinatensystemen. [*Friedel, R. A.*, u. *M. Orchin*: Ultraviolet Spectra of Aromatic Compounds, New York u. London 1951, 6].

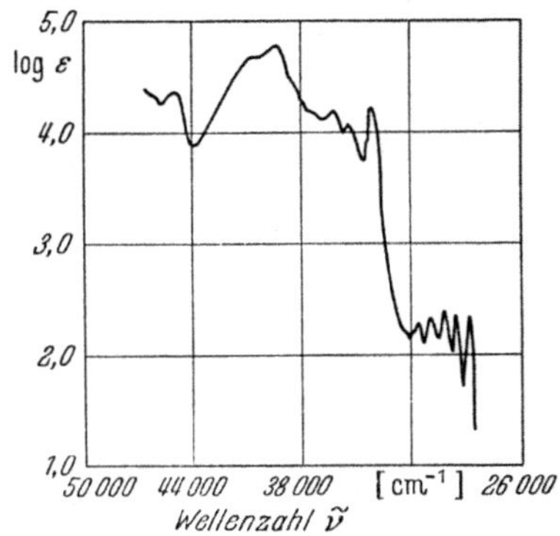

Abb. 24. Ordinate: log ε; Abszisse: Wellenzahl $\tilde{\nu} = \frac{1}{\lambda}$.

2. Alphabetisches Verzeichnis der UV-Absorptionspektren

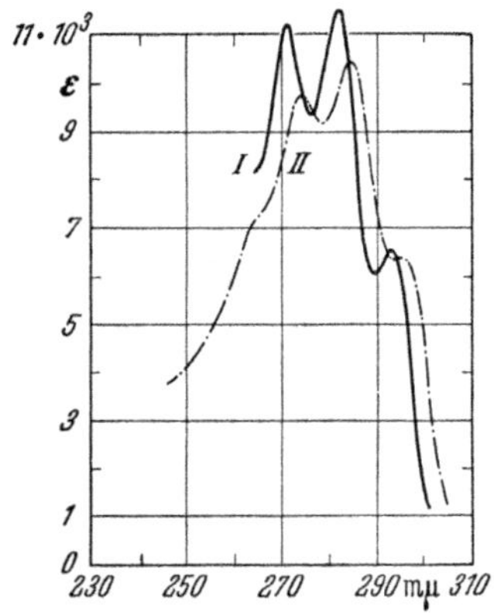

Abb. 25. I. Ergosterin in Hexan; II. Ergosterin in Chloroform [*Huber, W., G. W. Ewing* u. *J. Kriger*: J. Amer. chem. Soc. **67**, 609 (1945)].

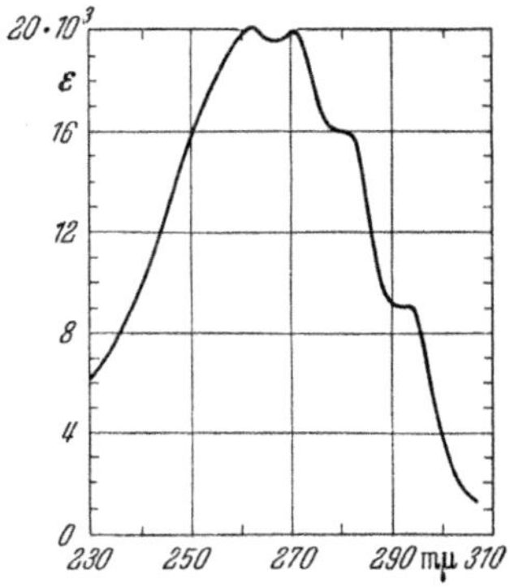

Abb. 26. Ergosterin-[4-nitro-benzoat] in Hexan [*Huber, W., G. W. Ewing* u. J. *Kriger*: J. Amer. chem. Soc. **67**, 609 (1945)].

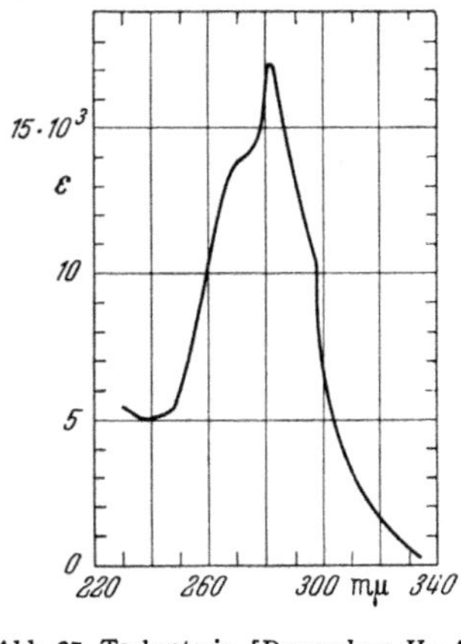

Abb. 27. Tachysterin$_3$ [*Dannenberg, H.*: Abh. preuß. Akad. Wiss. **21**, 3 (1939)].

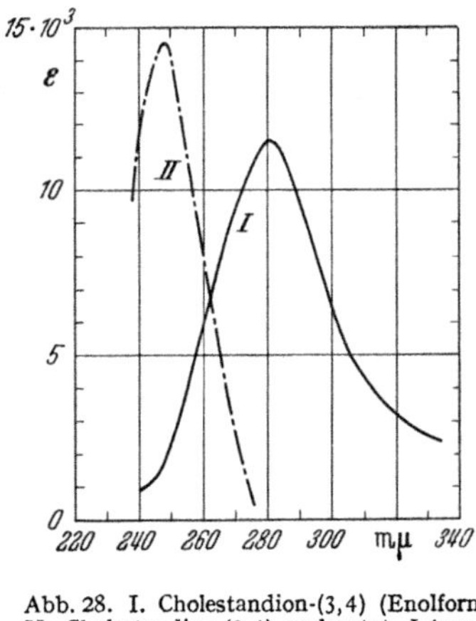

Abb. 28. I. Cholestandion-(3,4) (Enolform); II. Cholestandion-(3,4)-enolacetat, Lösungsmittel: Chloroform [*Dannenberg, H.*: Abh. preuß. Akad. Wiss. **21**, 3 (1939)].

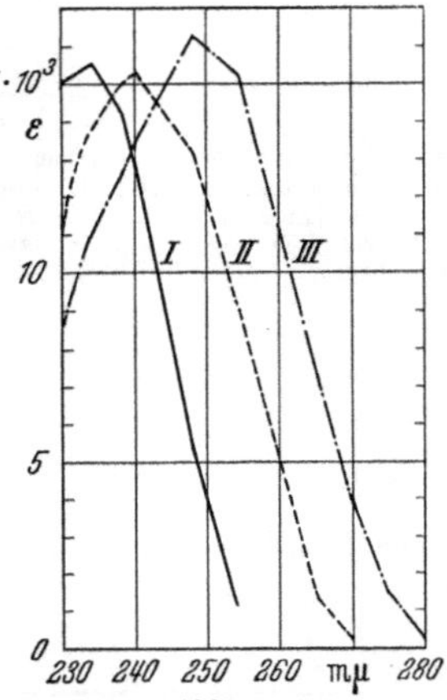

Abb. 29.
I. Testosteron in Äther; II. Testosteron in Methanol; III. 16-Hydroxy-testosteron in Wasser. Progesteron, Desoxycorticosteron, Corticosteron, Cortisol, Aldosteron enthalten das gleiche chromophore System und zeigen das gleiche Spektrum [*Dannenberg, H.:* Abh. preuß. Akad. Wiss. **21**, 3 (1939)].

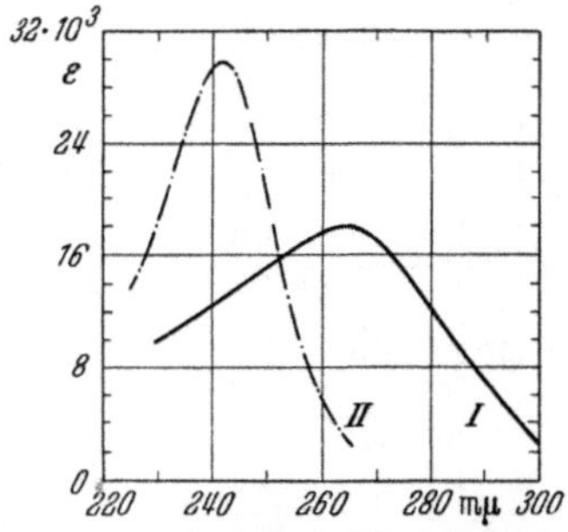

Abb. 30. I. Vitamin D_2 in Alkohol (Vitamin D_3 besitzt das gleiche Spektrum); II. Vitamin-D_2-[4-nitro-benzoat] in Alkohol [*Huber, W., G. W. Ewing* u. *J. Kriger:* J. Amer. chem. Soc. **67**, 609 (1945)].

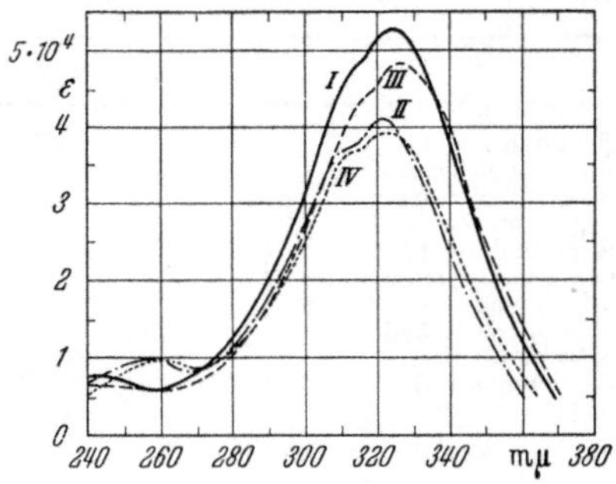

Abb. 31. Vitamin A. Isomere in Äthanol: I. all-trans; II. 9-cis; III. 13-cis; IV. 9,13-di-cis [*Robeson, C. D., J. D. Cawley, L. Weisler, M. H. Stern, C. C. Eddinger u. A. J. Chechak:* J. Amer. chem. Soc. **77**, 4111 (1955)].

Tabelle 4. **Absorptionsdaten des Vitamins A und seiner Derivate**

Robeson, C. D., J. D. Cawley, L. Weisler, M. H. Stern, C. C. Eddinger u. *A. J. Chechak:* J. Amer. chem. Soc. **77**, 4111 (1955). — *Robeson, C. D., W. P. Blum, J. M. Dieterle, J. D. Cawley* u. *J. G. Baxter:* J. Amer. chem. Soc. **77**, 4120 (1955). — *Pommer, H.:* Privatmitteilung. — *Wald, G., P. K. Brown, R. Hubbard* u. *W. Oroshnik:* Proc. Soc. nat. Acad. Sci. (USA) **41**, 438 (1955). — *Brown, P. K.,* u. *G. Wald:* J. biol. Chem. **222**, 865 (1956).

	Vitamin A		Lösungsmittel	Vitamin-A-acetat		Lösungsmittel
	λ_{max} [mμ]	ε		λ_{max} [mμ]	ε	
all-trans	325	52800	Äthanol	328	53900	Cyclohexan
9-cis	323	42300	„	323	39400	Äthanol
11-cis	319	34900	„			
13-cis	328	48300	„	328	47000	„
9,13-dicis	324	39500	„	324	36500	„
11,13-dicis	312	25200	„			

	Retinin		Lösungsmittel	Vitamin-A-säure-methylester		Lösungsmittel
	λ_{max} [mμ]	ε		λ_{max} [mμ]	ε	
all-trans	381	43400	Äthanol	357	47800	Cyclohexan
9-cis	373	36100	„	350	35700	Methanol
11-cis	376	24900	„			
13-cis	375	35600	„	359	38400	Äthanol
9,13-dicis	468	32400	„	352	34000	„
11,13-dicis	373	19900	„			

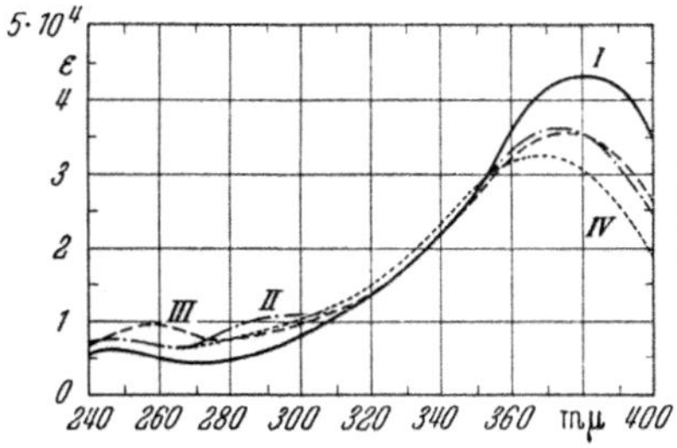

Abb. 32. Vitamin-A-aldehyd Isomere in Äthanol: I. all-trans; II. 9-cis; III. 13-cis; IV. 9,13-di-cis [*Robeson, C. D., W. P. Blum, J. M. Dieterle, J. D. Cawley u. J. G. Baxter:* J. Amer. chem. Soc. **77**, 4120 (1955).]

Tabelle 5. **Lage der Absorptionsmaxima von β-Carotinderivaten in Schwefelkohlenstoff**

Karrer, P., u. *E. **Jucker:*** Carotinoide, Basel 1948.

	$\lambda_{max\,I}$ [mμ]	$\lambda_{max\,II}$ [mμ]	$\lambda_{max\,III}$ [mμ]
β-Carotin	520	485	450
β-Carotin-mono-epoxyd	511	479	
β-Carotin-di-epoxyd	502	472	
Oxy-β-carotin	508	475	446
Semi-β-carotinon	538	499	
Oxy-semi-β-carotinon	534	495	465
β-Carotinon	538	499	466
β-Carotinonaldehyd	491	459	430
β-Dihydrocarotin	461	432	
Dehydro-β-carotin	543	504	472

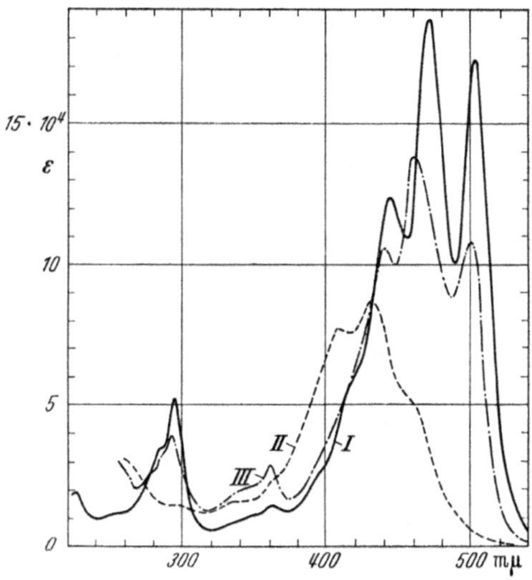

Abb. 33. Lycopin in Hexan: I. Frische Lösung der all-trans-Verbindung; II. frische Lösung der all-cis-Verbindung; III. Mischung der Stereoisomeren nach der katalytischen Einwirkung von Jod im Licht bei Raumtemperatur [*Zechmeister, L.:* Chem. Rev. **34**, 267 (1944)].

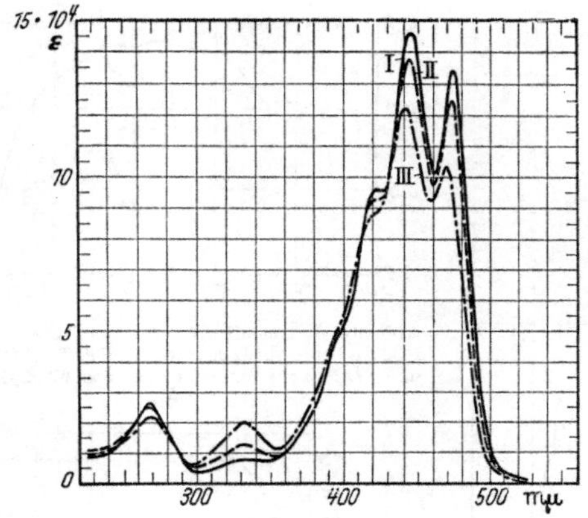

Abb. 34. α-Carotin in Hexan: I. frische Lösung der all-trans-Verbindung; II. Mischung der Stereoisomeren nach 45 Min. Kochen unter Rückfluß im Dunkeln; III. Mischung der Stereoisomeren nach der katalytischen Einwirkung von Jod im Licht bei Raumtemperatur [*Zechmeister, L.*: Chem. Rev. **34**, 295 (1944)].

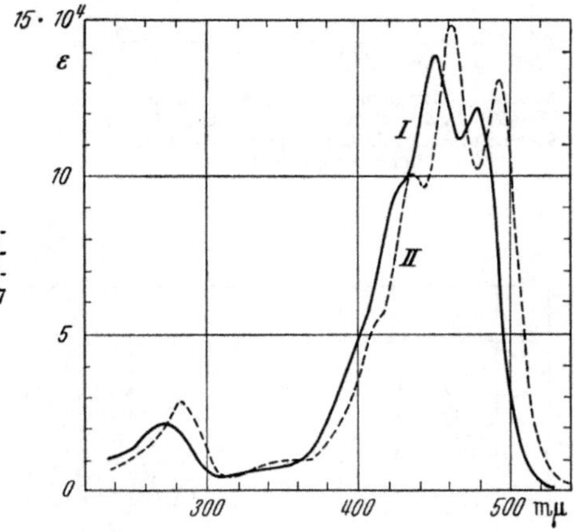

Abb. 35. I. β-Carotin; II. γ-Carotin, frische Lösungen der all-trans-Verbindungen in Hexan [*Zechmeister, L.*: Chem. Rev. **34**, 267 (1944)].

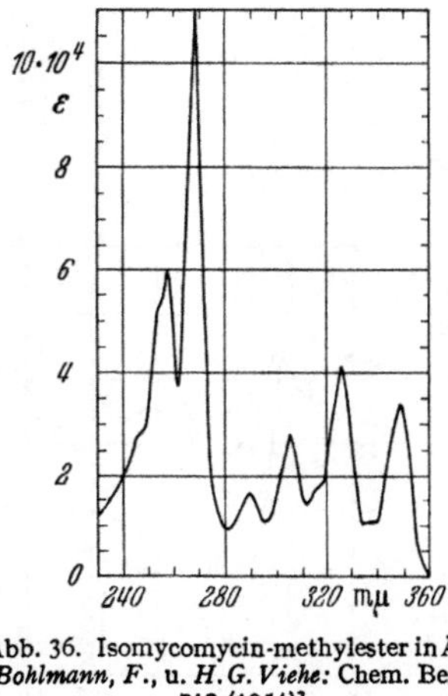

Abb. 36. Isomycomycin-methylester in Äther [*Bohlmann, F.*, u. *H.G. Viehe*: Chem. Ber. **87**, 712 (1954)].

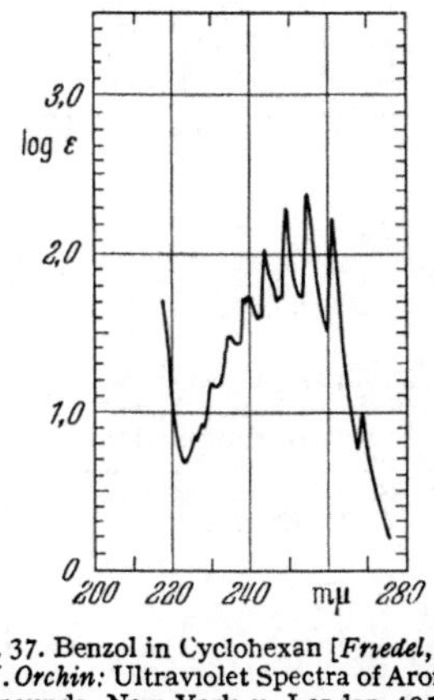

Abb. 37. Benzol in Cyclohexan [*Friedel, R.A.*, u. *M. Orchin*: Ultraviolet Spectra of Aromatic Compounds, New York u. London 1951, 7].

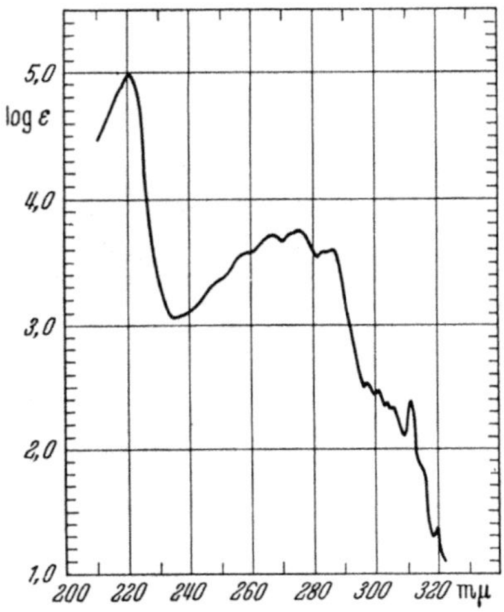

Abb. 38. Naphthalin in 95% Äthanol [*Friedel, R. A.*, u. *M. Orchin:* Ultraviolet Spectra of Aromatic Compounds, New York u. London 1951, 195].

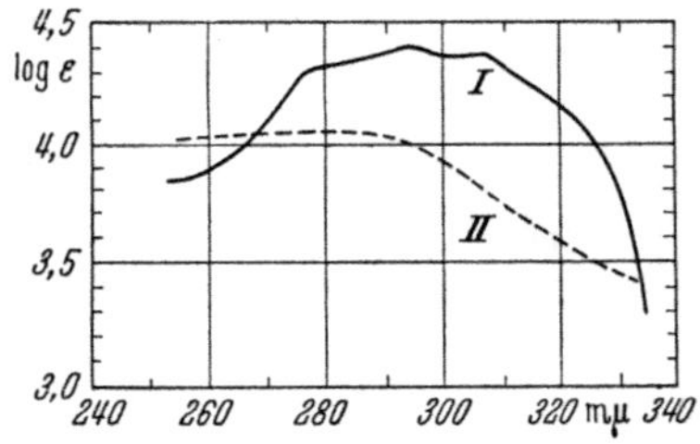

Abb. 39. I. trans-Stilben; II. cis-Stilben in i-Octan bei −90° [*Lewis, G. N., Th. T. Magel* u. *D. Lipkin:* J. Amer. chem. Soc. **62**, 2973 (1940)].

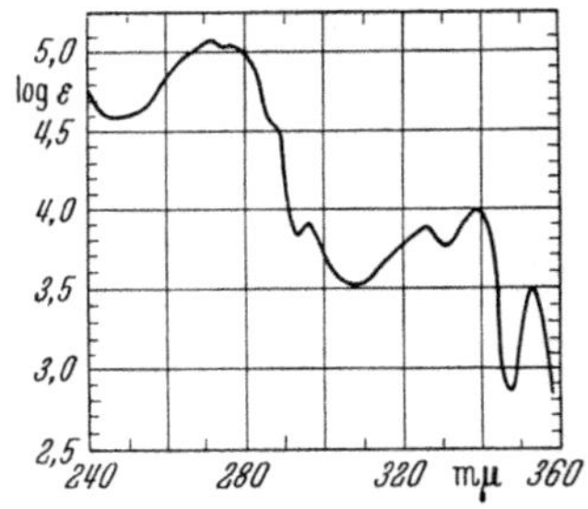

Abb. 40. Azulen in Cyclohexan [*Nunn, J. R.*, u. *W. S. Rapson:* J. chem. Soc. (London) **1949**, 825].

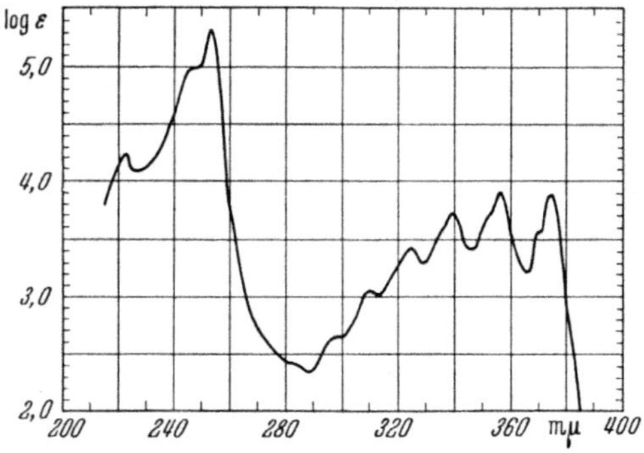

Abb. 41. Anthracen in Cyclohexan [*Friedel, R. A.*, u. *M. Orchin:* Ultraviolet Spectra of Aromatic Compounds, New York u. London 1951, 388].

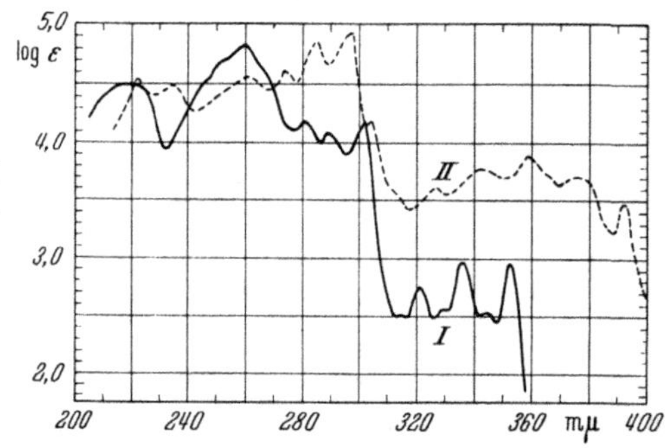

Abb. 42. I. 1,2-Cyclopentenophenanthren in Äthanol; II. 20-Methyl-cholanthren in Äthanol [*Mayneord, W. V.*, u. *E. M. F. Roe:* Proc. Roy. Soc. (London), Ser. A **156**, 299 (1935)].

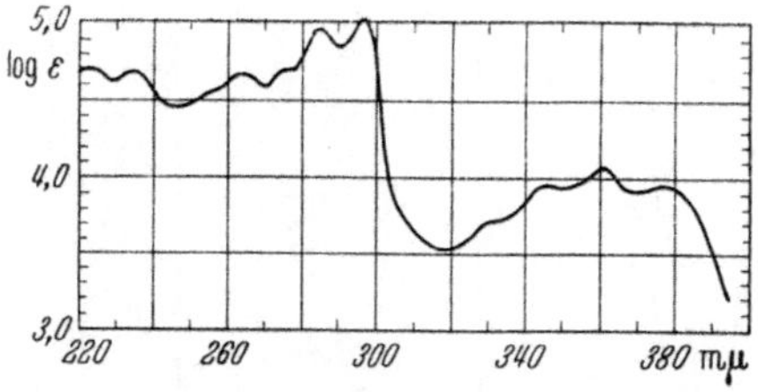

Abb. 43. 9,10-Dimethyl-1,2-benzanthracen in 95%ig. Äthanol [*Friedel, R. A.*, u. *M. Orchin:* Ultraviolet Spectra of Aromatic Compounds, New York u. London 1951, 513].

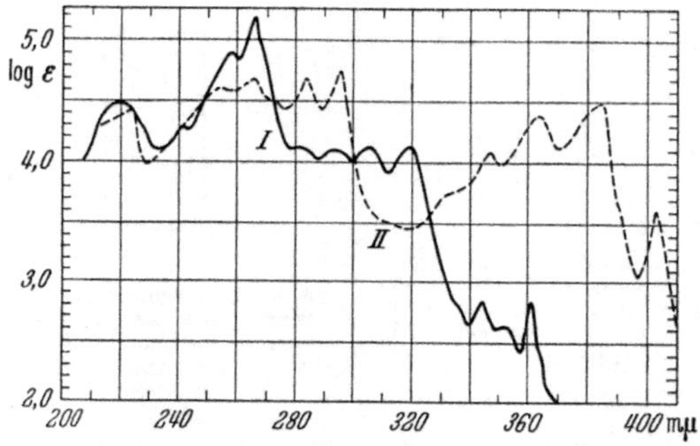

Abb. 44. I. Chrysen in 95% Äthanol [*Friedel, R. A.*, u. *M. Orchin:* Ultraviolet Spectra of Aromatic Compounds, New York u. London 1951, 447]; II. 3,4-Benzpyren in Alkohol [*Clar, E.:* Aromatische Kohlenwasserstoffe, 2. Aufl., Berlin, Göttingen, Heidelberg 1952, S 336].

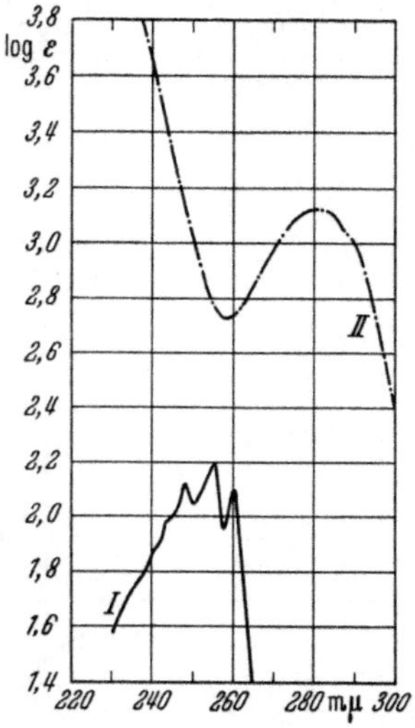

Abb. 45. I. Aniliniumion in 0.01 n HCl; II. Anilin in 0.001 n NaOH [*Kortüm, G.:* Z. physik. Chem. Abt. B **42**, 39 (1939)].

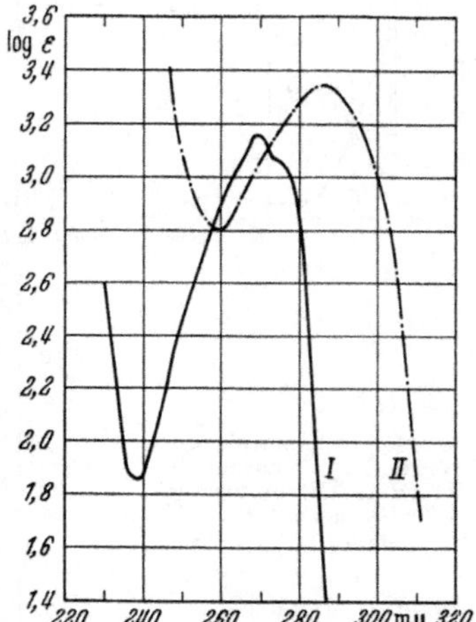

Abb. 46. I. Phenol in 0.001 n HCl; II. Phenolation in 0.001 n NaOH [*Kortüm, G.:* Z. physik. Chem. Abt. B **42**, 39 (1939)].

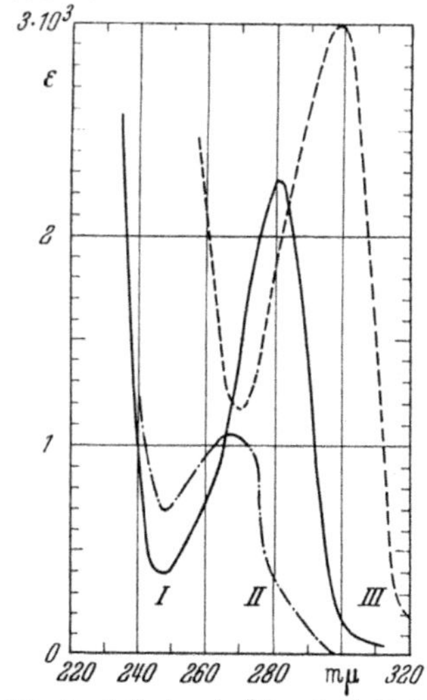

Abb. 47. I. Oestron in Äthanol; II. Oestronacetat in Äther [*Dannenberg, H.:* Abh. preuß. Akad. Wiss. **21**, 3 (1939)]; III. Oestron in 0.01 n NaOH [*Callow, R. K.:* Biochem. J. **30**, 906 (1936)].

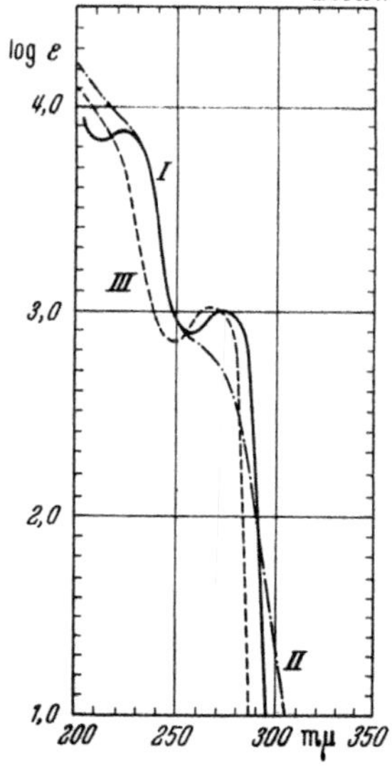

Abb. 48. I. Benzoesäure in Äthanol; II. Na-Benzoat in Wasser; III. Benzoesauremethylester in Äthanol [*Csokau, P.:* Z. physik. Chem. Abt. A **191**, 164 (1942)].

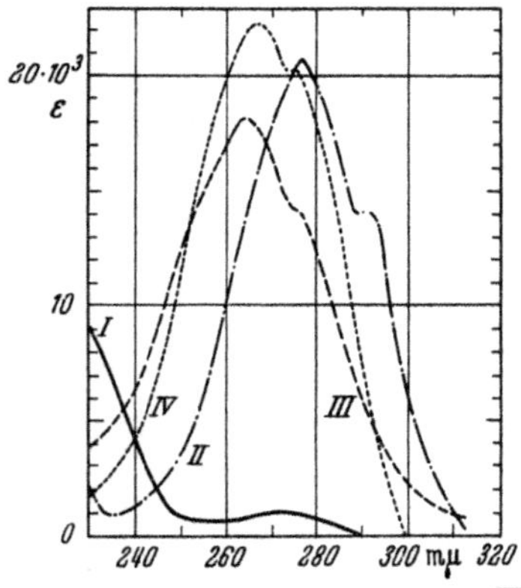

Abb. 49. p-Aminobenzoesäure: I. in 0.1 n HCl; II. in Äther; III. in 0.05 n, IV. p-Acetaminobenzoesaure in Äthanol [*Dannenberg, H.:* Z. Naturforsch. **4b**, 327 (1949)].

Abb. 50. I. Kynurenin-sulfat in Wasser; II. Kynureninsulfat in 0.1 n HCl; III. Acetophenon in Äther [*Dannenberg, H.:* Z. Naturforsch **4b**, 327 (1949)].

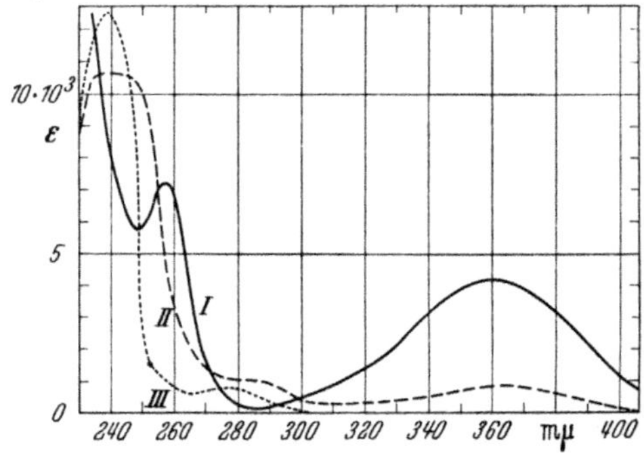

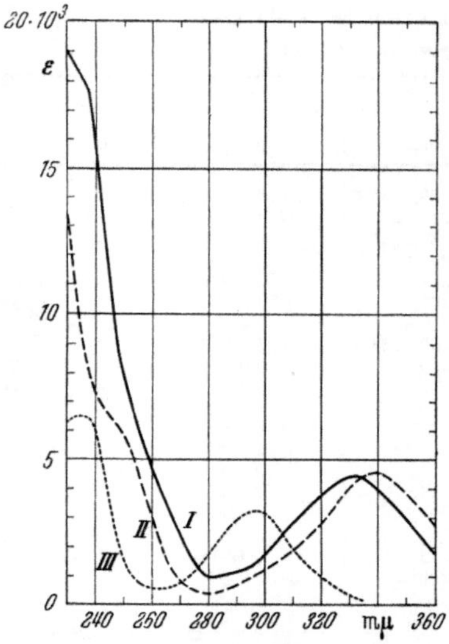

Abb. 51. 3-Hydroxyanthranilsaure-hydrochlorid: I. in 0.05 NaOH; II. in Äthanol; III. in 0.1 n HCl [*Dannenberg, H.:* Z. Naturforsch. **4b**, 327 (1949)].

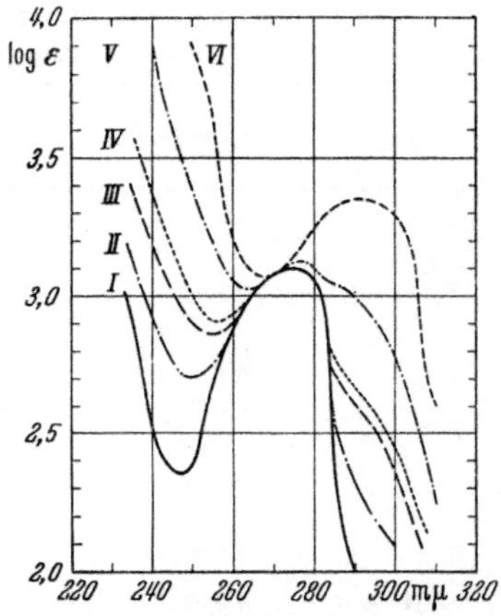

Abb. 52. L-Tyrosin bei verschiedenem p_H: I. p_H 6—7; II. p_H 8.4; III. p_H 8.8; IV. p_H 9; V. p_H 9.6; VI. p_H 13 [*Kratky, O.*, u. *E. Schauenstein:* Z. Naturforsch. **5b**, 281 (1950)].

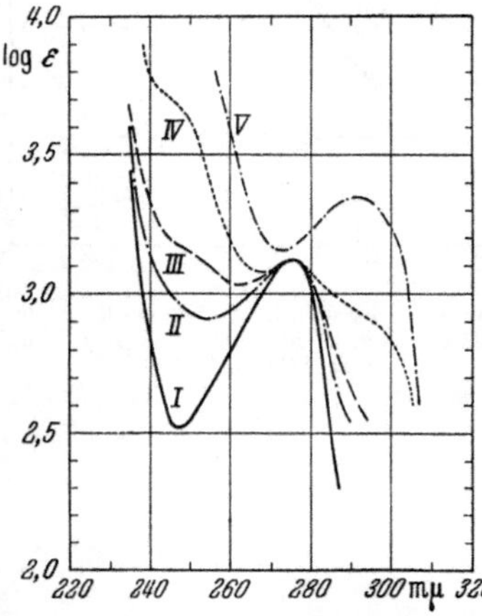

Abb. 53. Glycyl-L-tyrosin-anhydrid bei verschiedenem p_H: I. p_H 6—7; II. p_H 8.4; III. und IV. p_H 8.8—9.0; V. p_H 9.5; VI. p_H 13.0 [*Kratky, O.*, u. *E. Schauenstein:* Z. Naturforsch. **5b**, 281 (1950)].

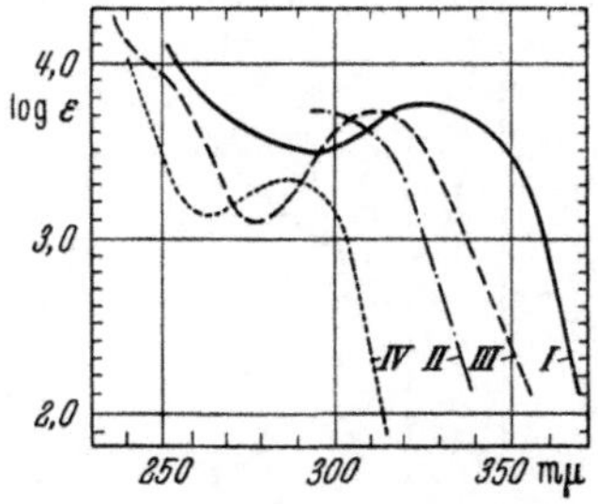

Abb. 54. I. Thyroxin in 0.02 n NaOH; II. Thyroxin in 0.014 n HCl; III. 3,5-Dijodtyrosin in 0.02 n NaOH; IV. 3,5-Dijodtyrosin in 0.1 n HCl [*Ginsel, L. A.:* Biochem. J. **33**, 428 (1939)].

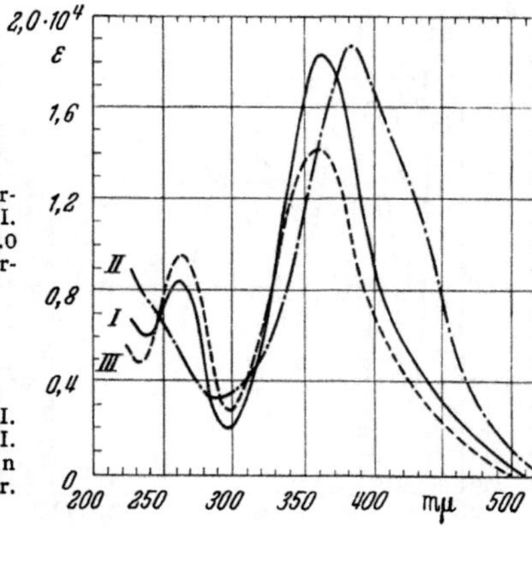

Abb. 55. N-[2,4-Dinitro-phenyl]-aminosäuren: I. DNP-L-Valin, 16,3 mg/Liter; II. DNP-Hydroxy-L-prolin, 14,4 mg/Liter; III. DNP-L-Arginin, 20.9 mg/Liter; alle in 1 n NaOH [*Rao, K. R.*, u. *H. A. Sober:* J. Amer. chem. Soc. **76**, 1328 (1954)].

Tabelle 6. **Absorptionsdaten der Aminosäuren**
Dannenberg, H.: Angew. Chem. **63**, 208 (1951).

Aminosäure	Lösungsmittel	Maxima mμ	Maxima ε	Minima mμ	Minima ε
Tryptophan	95% Äthanol	275, **280**, 290,5	5410, **5770**, 4970		
	25% Äthanol	(270), **281**, 287,5	(4600), **5300**, 4330		
	Wasser	271, **280**, **282,5** 287,5	4600, **5190**, 4810		
	0,1 HCl	278	5450	244	1475
	0,1 NaOH	281	5030	246	950
	0,1 NaOH	280,5	5250		
	pH = 8	(271), **280**, 288	(5200), 5400, 4500		
Tyrosin	50% Äthanol	279	1600	247	200
	0,1 HCl	277,5	1500	246,5	50
	pH 4,3	276	1500		
	pH = 8	275	1300		
	pH 12.0	240, 293	11500, 2600		
	0,1 NaOH	294	2550	264	850
	0,1 NaOH	293	2390		
Phenylalanin	0,1 NaOH	258,5	200		
	pH = 8	258	208		
Histidin	50% Äthanol	220	9000		
Cystin (Hydrochlorid)	Wasser	Inflexion 250	400		

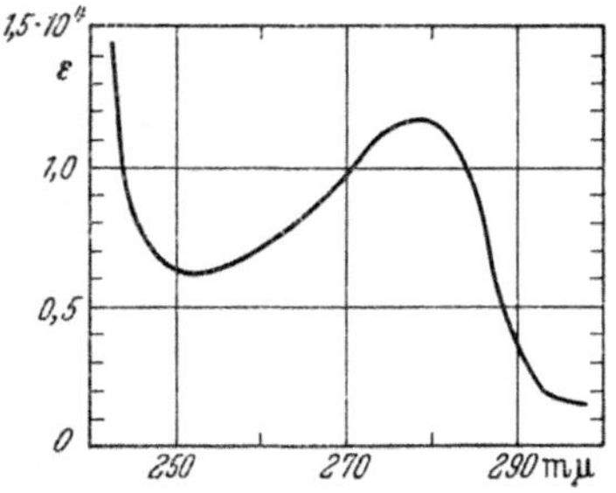

Abb. 56. Kristallisiertes Trypsin in Wasser [*Uber, F. M.*, u. *V. R. Ells:* J. biol. Chem. **141**, 232 (1941)].

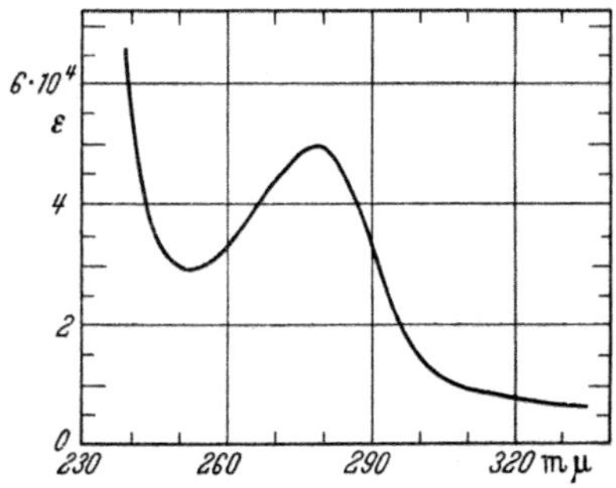

Abb. 57. Kristallisierte Ribonuclease in Wasser [*Uber, F. M.*, u. *V. R. Ells:* J. biol. Chem. **141**, 229 (1941)].

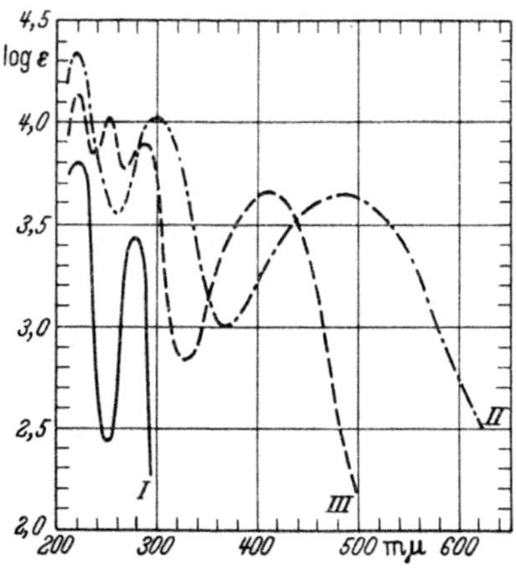

Abb. 58. I. Adrenalin; II. Adrenochrom; III. Adrenolutin, alle in Wasser [*Lund, A.:* Acta pharmacol. toxicol. **5**, 121 (1949)].

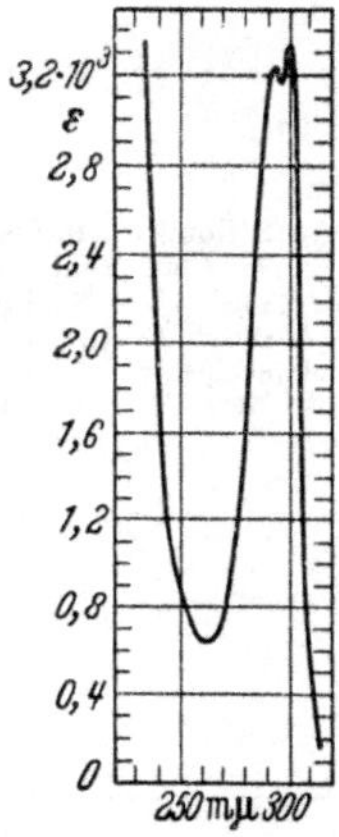

Abb. 59. DL-α-Tokopherol in Hexan [*Webb, T. J., L. J. Smith, W. A. Bastedo, H. E. Ungnade, W. W. Prichard, H. H. Hoehn, S. Wawzonek, J. W. Opie u. F. L. Austin:* J. org. Chem. **4**, 389 (1939)].

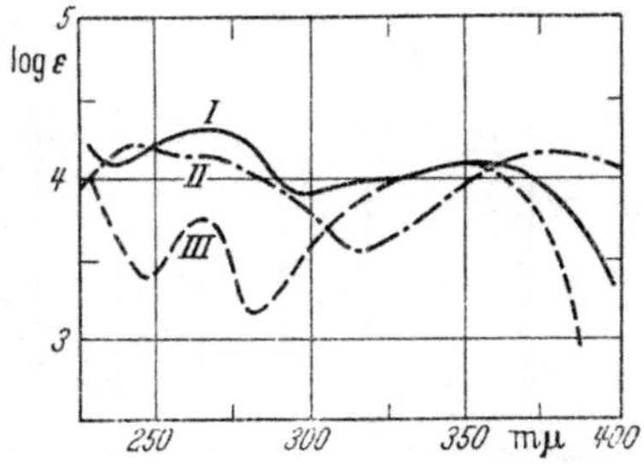

Abb. 60. Terramycin: I. in äthanol. Säure; II. in äthanol. Lauge [*Hochstein, F. A., C. R. Stephens, L. H. Conover, P. P. Regna, R. Pasternack, P. N. Gordon, F. J. Pilgrim, K. J. Brunings* u. *R. B. Woodward:* J. Amer. chem. Soc. **75**, 5455 (1953)].

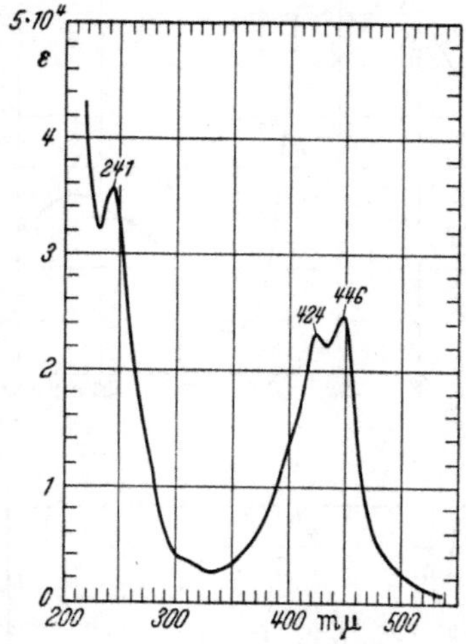

Abb. 61. Actinomycin C_3 in Cyclohexan [*Brockmann, H.:* Fortschr. Chem. org. Naturstoffe (Wien) **18**, 1 (1910)].

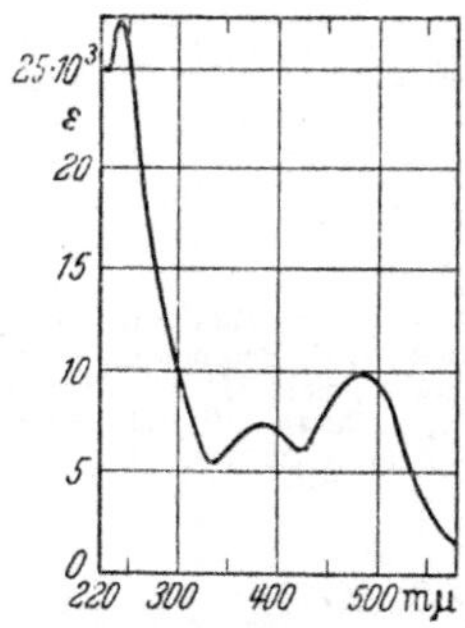

Abb. 62. Xanthommatin in 5 n Salzsäure [*Butenandt, A., U. Schiedt* u. *E. Biekert:* Liebigs Ann. Chem. **588**, 106 (1954)].

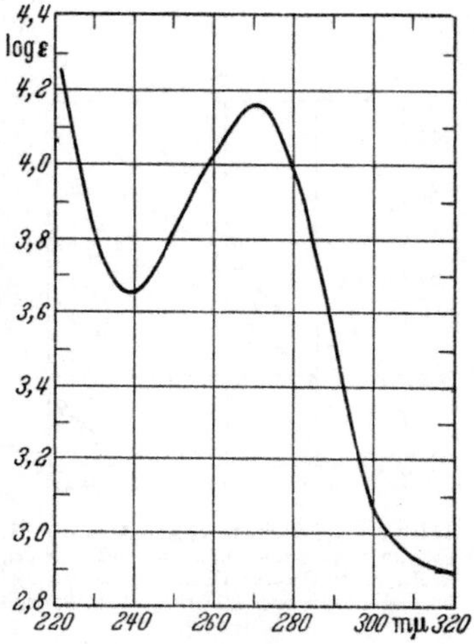

Abb. 63. Ubichinon aus Hefe in Cyclohexan [*Gloor, M., O. Isler, R. A. Morton, R. Ruegg* u. *O. Wiss:* Helv. chim. Acta **41**, 2357 (1958)].

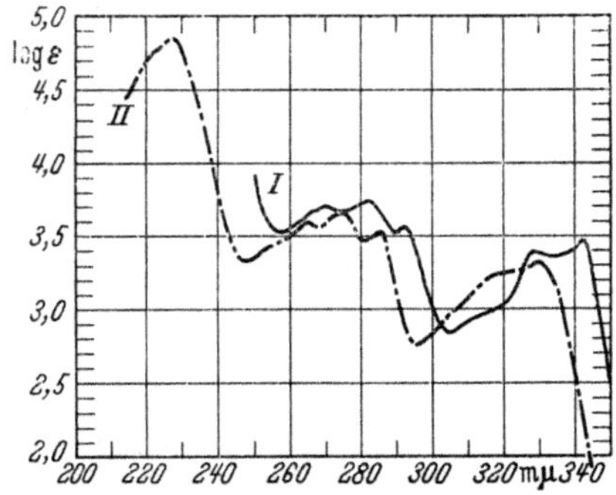

Abb. 64. I. Equilenin in Alkohol [*Dannenberg, H.:* Abh. preuß. Akad. Wiss. **21**, 3 (1939)]; II. β-Naphthol in Alkohol [*Friedel, R. A.*, u. *M. Orchin:* Ultraviolet Spectra of Aromatic Compounds, New York u. London 1951, 237].

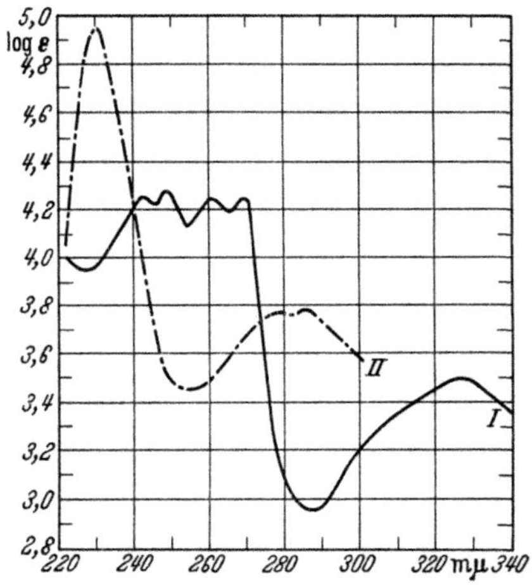

Abb. 65. I. Racemisches Vitamin K_1 in Petroläther; II. Racemisches Dihydrovitamin-K_1-diacetat in Äthanol [*Isler, O.*, u. *K. Doebel:* Helv. chim. Acta **37**, 225 (1954)].

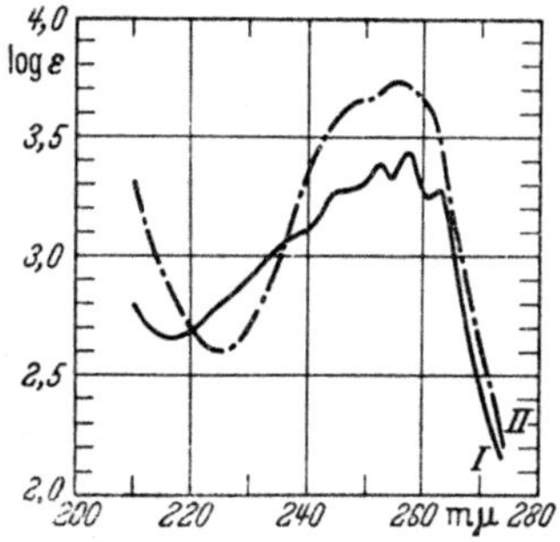

Abb. 66. I. Pyridin in 95%ig. Äthanol; II. Pyridin in 0.045 n äthanolischer HCl [*Friedel, R. A.*, u. *M. Orchin:* Ultraviolet Spectra of Aromatic Compounds, New York u. London 1951, 101].

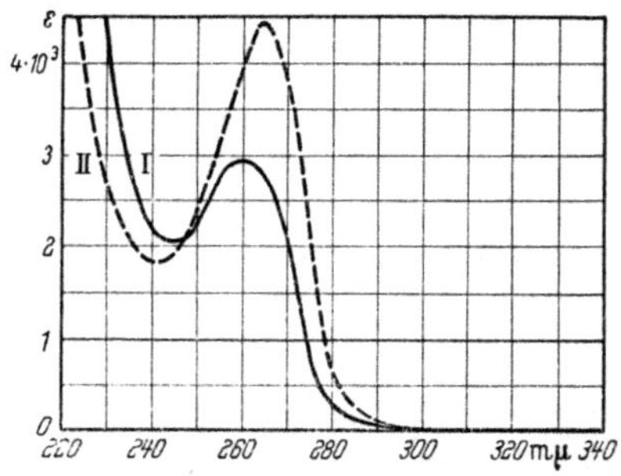

Abb. 67. I. Nicotinamid; II. N^1-Methylnicotinamid-chlorid. In Wasser bei p_H 7, $c = 2 \times 10^{-4}$ Mol/Liter [*Cantoni, G. L.:* J. biol. Chem. **189**, 212 (1951)].

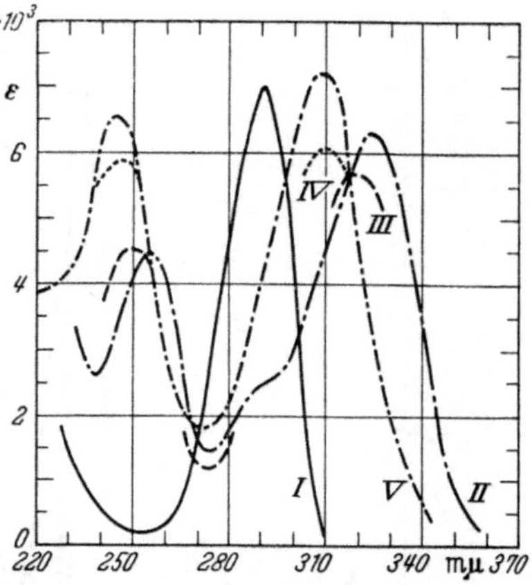

Abb. 68. Vitamin B_6, Pyridoxin-hydrochlorid in Wasser bei verschiedenem p_H: I. p_H 2.1; II. p_H 6.6; III. p_H 8; IV. p_H 10.2; V. p_H 14 [*Harris, St. A., T. J. Webb* u. *K. Folkers:* J. Amer. chem. Soc. **62**, 3198 (1940)].

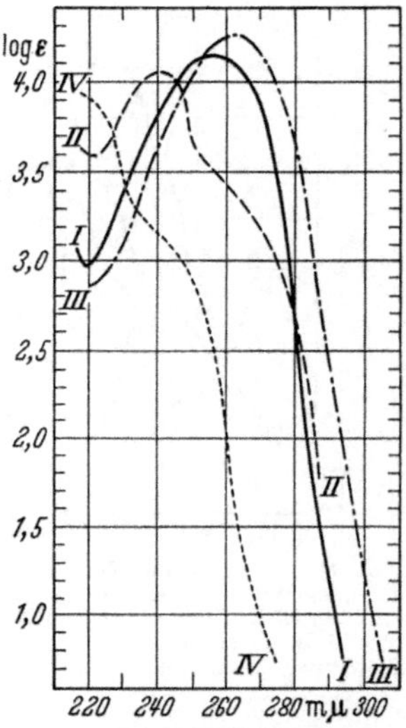

Abb. 69. I. 4-Pyridon in Methanol; II. 4-Pyridon in 0.1 m Natriummethylat; III. N-Methyl-4-pyridon in Methanol; IV. 4-Methoxy-pyridin in Methanol [*Specker, H.*, u. *H. Gawrosch:* Ber. dtsch. chem. Ges. **75**, 1338, (1942)].

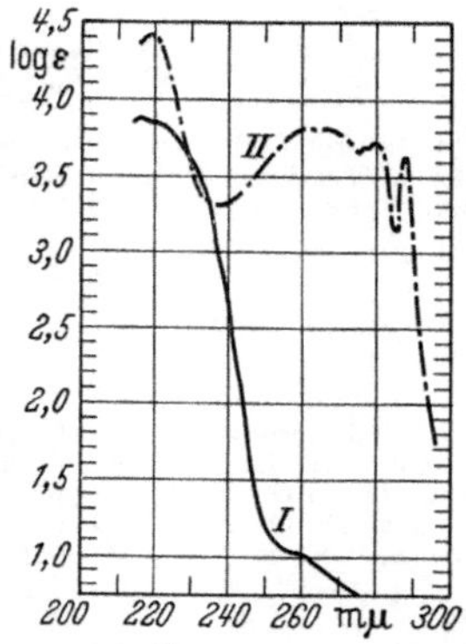

Abb. 70. I. N-Äthyl-pyrrol in i-Octan; II. Indol in Cyclohexan [*Friedel, R. A.*, u. *M. Orchin:* Ultraviolet Spectra of Aromatic Compounds, New York u. London 1951, 1 u. 192].

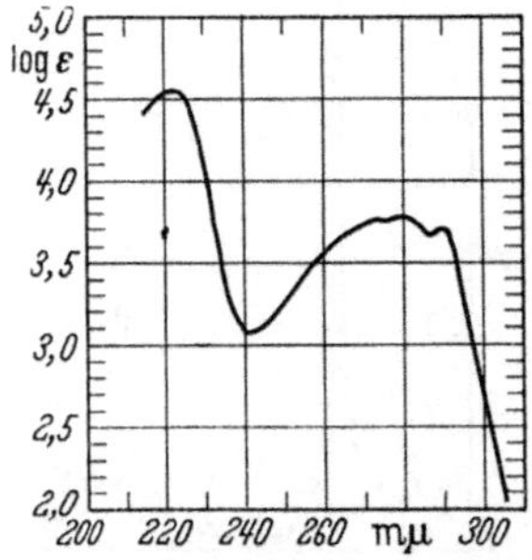

Abb. 71. Tryptophan in 95%ig. Äthanol; Indolyl-(3)-essigsaure und Tryptamin besitzen das gleiche Spektrum [*Friedel, R. A.*, u. *M. Orchin:* Ultraviolet Spectra of Aromatic Compounds, New York u. London 1951, 194].

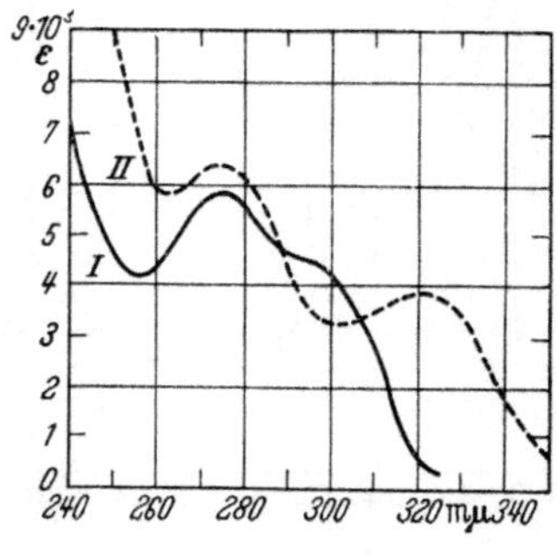

Abb. 72. I. Serotonin in Wasser bei p_H 5.4; II. bei p_H 11.6 [*Rapport, M. M.:* J. biol. Chem. **180**, 961 (1949)].

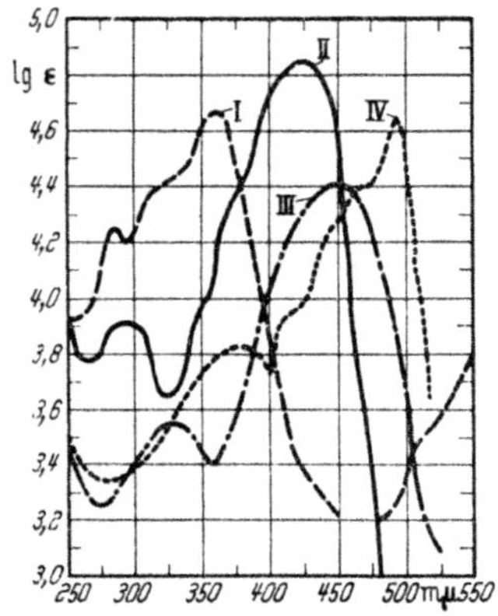

Abb. 73. I. Glaukobilin-IX-α-dimethylester; II. Mesobilirubin-IX-α-dimethylester; III. Urobilin-IX-α; IV. Urobilin-IX-α-hydrochlorid. In Dioxan [*Pruckner, F.*, u. *A. Stern:* Z. physik. Chem. Abt. A **180**, 38 (1937)].

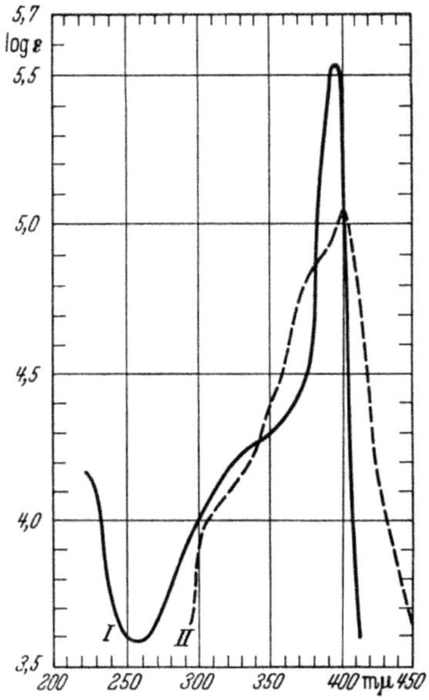

Abb. 74. I. Porphin; II. Ätioporphyrin, beide in Dioxan [*Pruckner, F.*, u. *A. Stern:* Z. physik. Chem. Abt. A **177**, 387 (1936)].

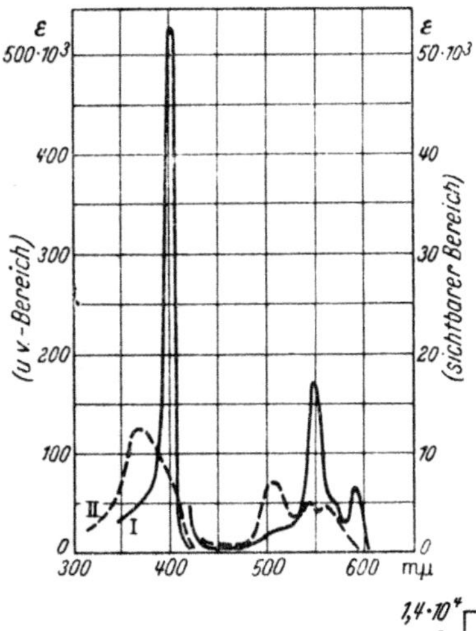

Abb. 75. Koproporphyrin: I. in 0.15 n HCl; II. in 0.1 n NaOH (im sichtbaren Bereich ist die Ordinate um den Faktor 10 größer gewählt als im UV) [*Jope, E. M.*, and *J. R. P. O'Brien:* Biochem. J. **39**, 240 (1945)].

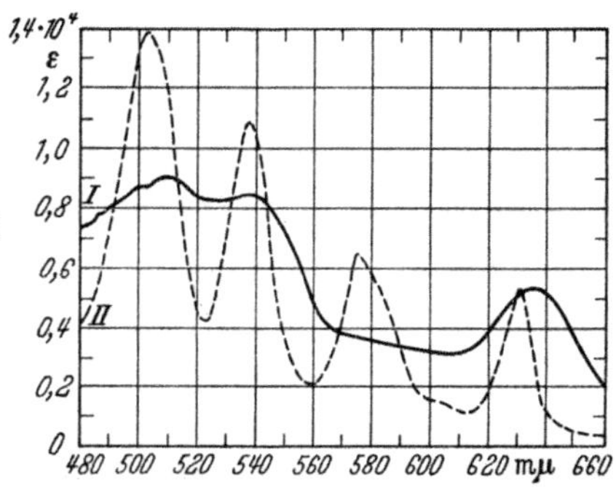

Abb. 76. I. Hämin, II. Protoporphyrin, beide in Dioxan [*Stern, A.*, u. *H. Wenderlein:* Z. physik. Chem. Abt. A **174**, 81 (1935)].

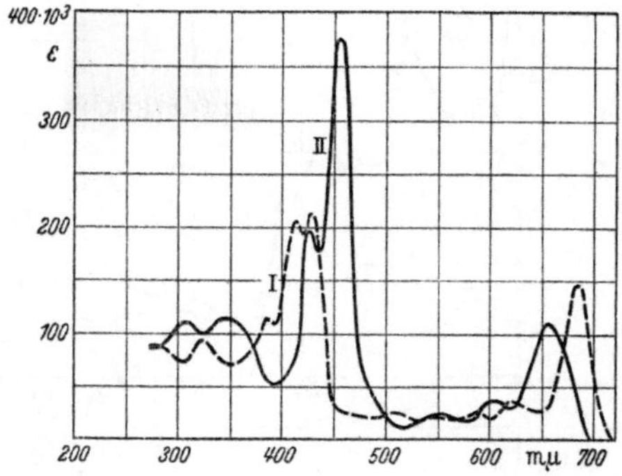

Abb. 77. I. Chlorophyll a; II. Chlorophyll b, in Benzol [*Winterstein, A.*, u. *G. Stein:* Z. physiol. Chem. **20**, 268 (1933)].

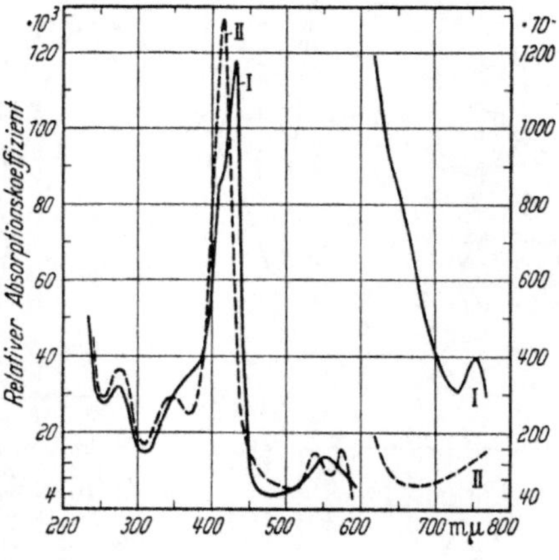

Abb. 78. Hamoglobin (I) und Oxyhamoglobin (II) [*Sidwell* jr., *A. E.*, *R. H. Munch*, *E. S. Guzman Barron* and *T. R. Hogness:* J. biol. Chem. **123**, 342 (1938)].

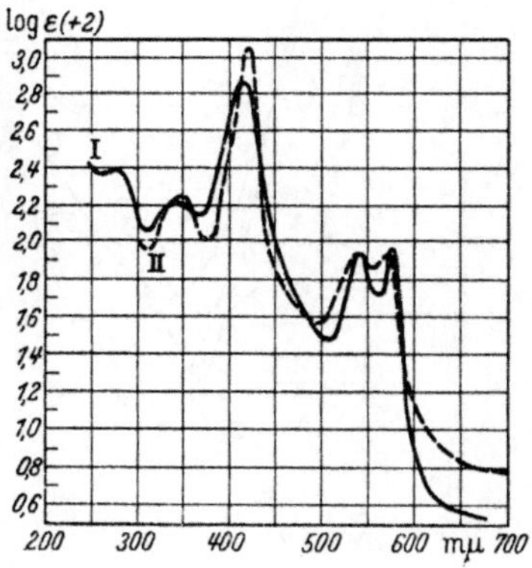

Abb. 79. I. O_2-Hamoglobin; II. CO-Hämoglobin, $c = 0{,}1\%$ [*Heilmeyer, L.:* Medizinische Spektrophotometrie, Jena 1933, S. 63]

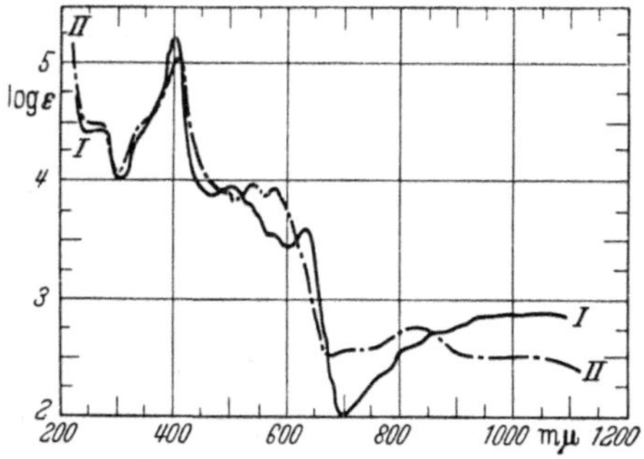

Abb. 80. Methämoglobin: I. p_H 6.8; II. p_H 9.05 [*Havemann, R.*, u. *P. Wolf:* Z. physik. Chem. Abt. A **201**, 246 (1952)].

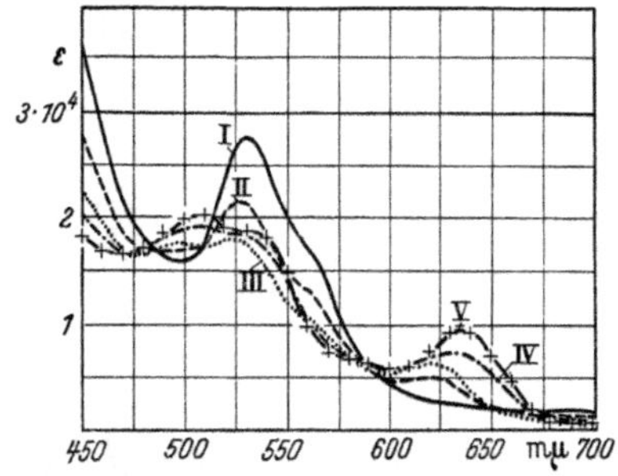

Abb. 81. Ferricytochrom c bei verschiedenem p_H: I. p_H 7.0; II. p_H 2.43; III. p_H 1.59; IV. p_H 0.47; V. p_H 0.3 [*Theorell, H.*, u. *Å. Åkesson:* J. Amer. chem. Soc. **63**, 1812 (1941)].

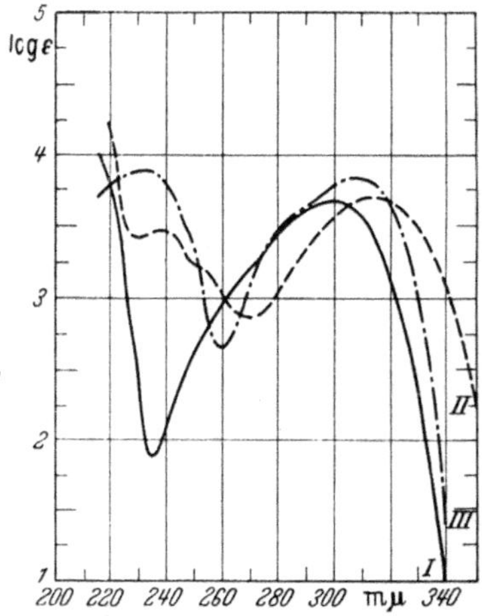

Abb. 82. I. 2-Hydroxy-pyrimidin bei p_H 6.2; II. 2-Hydroxy-purin bei p_H 6.1; III. 2-Hydroxypteridin bei p_H 7.1 [*Albert, A.:* Fortschr. Chem. org. Naturstoffe (Wien) **11**, 350 (1954)].

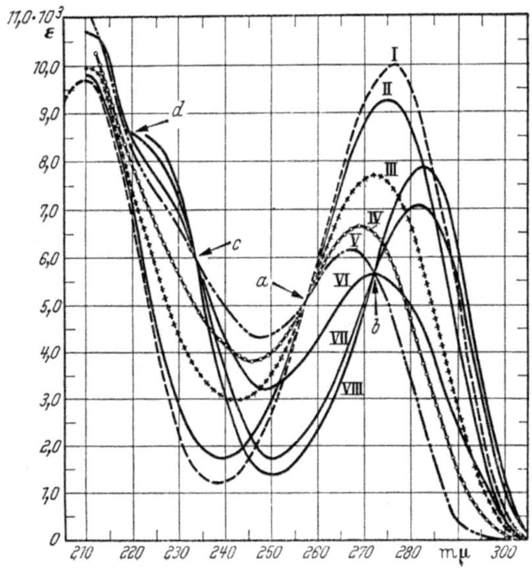

Abb. 83. Cytosin bei verschiedenem p_H: I. p_H 1.0; II. p_H 3.6; III. p_H 4.4; IV. p_H 5.0; V. p_H 7.2; VI. p_H 12.0; VII. p_H 13.0, VIII. p_H 14.0. Isobestische Punkte: *a* fur pK_1 4.45; *b* fur pK_2 12.2. 5-Methyl-cytosin gibt bei allen p_H-Werten entsprechende, aber um ca. 5 mμ bathochrom verschobene Kurven [*Shugar, D.*, u. *J. J. Fox:* Biochim. biophysica Acta **9**, 202 (1952)].

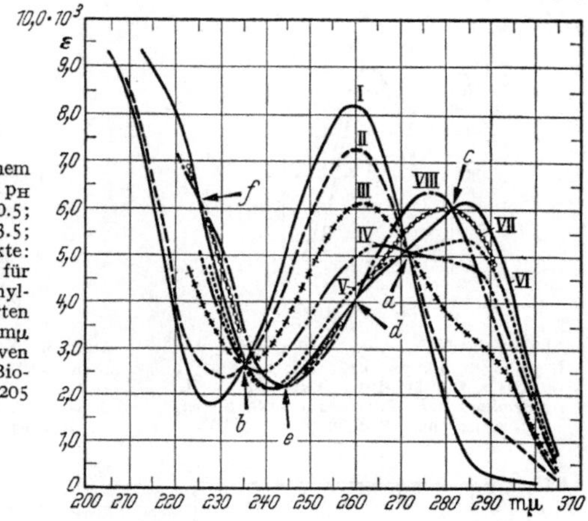

Abb. 84. Uracil bei verschiedenem p_H: I. p_H 7.2; II. p_H 8.7; III. p_H 9.5; IV. p_H 10.0; V. p_H 10.5; VI. p_H 13.0; VII. p_H 13.5; VIII. p_H 14. Isobestische Punkte: *a* und *b* für $pK_1 = 9.5$; *c, d, e* für $pK_2 > 13$. Thymin (5-Methyl-uracil) gibt bei allen p_H-Werten entsprechende, aber um ca. 5 mμ bathochrom verschobene Kurven [*Shugar, D.*, u. *J. J. Fox:* Biochim. biophysica Acta **9**, 205 (1952)].

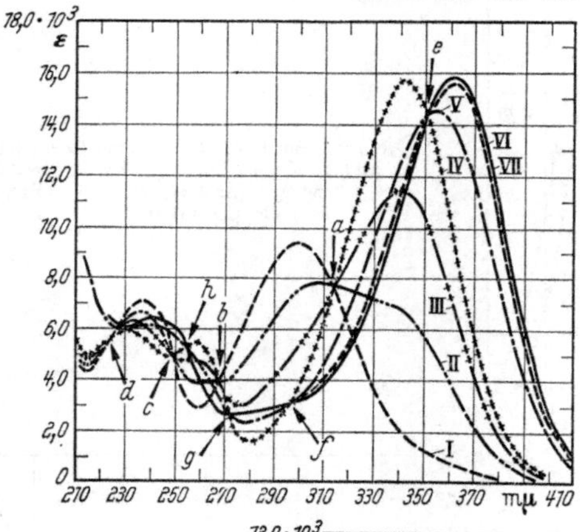

Abb. 85. 5-Nitro-uracil bei verschiedenem p_H: I. p_H 2.0, II. p_H 5.0; III. p_H 5.6; IV. p_H 7.2; V. p_H 12.0; VI. p_H 13.0; VII. p_H 14.0. Isobestische Punkte: *a, b, c* und *d* für $pK_1 = 5.3$; *e, f, g* und *h* fur $pK_2 = 11.7$ [*Shugar, D.*, and *J. J. Fox:* Biochim. biophysica Acta **9**, 210 (1952)].

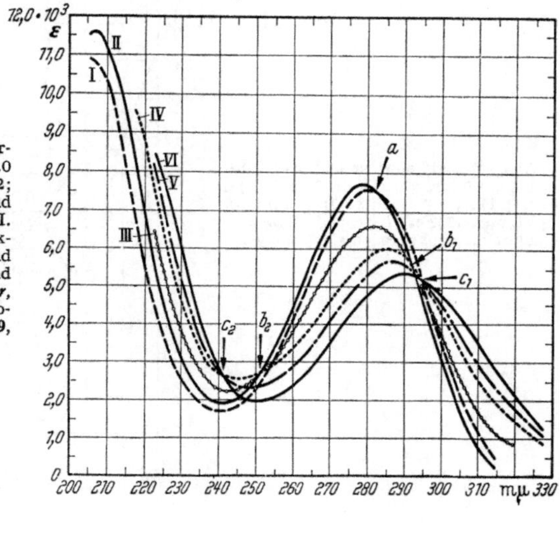

Abb. 86. Orotsäure bei verschiedenem p_H: I. p_H 1.0 bis 2.0; II. p_H 3.6 und 7.2; III. p_H 9.5; IV. p_H 12.0 und 13.0; V. p_H 13.5; VI. p_H 14.0. Isobestische Punkte: *a* für $pK_1 \sim 2.8$; b_1 und b_2 für $pK_2 = 9.45$, c_1 und c_2 für $pK_3 > 13$ [*Shugar, D.*, and *J. J. Fox:* Biochim. biophysica Acta **9**, 211 (1952)].

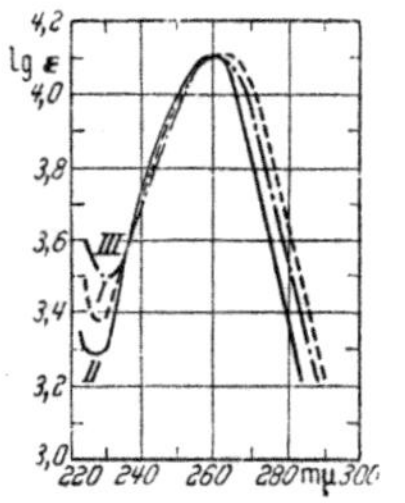

Abb. 87. Adenin bei verschiedenem p_H: I. p_H 1.99; II. p_H 6.47; III. p_H 8.99; $c = 7{,}03 \times 10^{-5}$ Mol/Liter [*Cavalieri, L. F., A. Bendich, J. F. Tinker* and *G. B. Brown*: J. Amer. chem. Soc. **70**, 3876 (1948)].

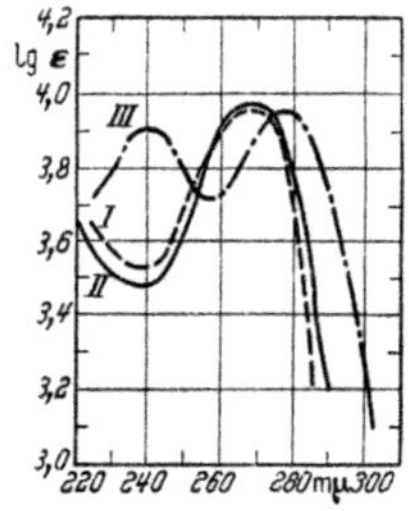

Abb. 88. Xanthin bei verschiedenem p_H: I. p_H 2.01; II. p_H 6.58; III. p_H 9.02; $c = 7{,}37 \times 10^{-5}$ Mol/Liter [*Cavalieri, L. F., A. Bendich, J. F. Tinker* and *G. B. Brown*: J. Amer. chem. Soc. **70**, 3876 (1948)].

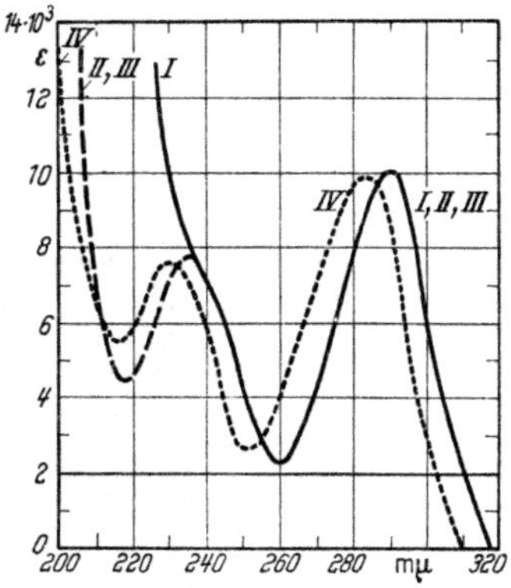

Abb. 89. Harnsäure bei verschiedenem p_H: I. p_H 9.1; II. p_H 7.8; III. p_H 6.8; IV. p_H 2.0. $c = 1{,}7$ mg-% [*Schlenk, F.*: Adv. Enzymology **9**, 481 (1949)].

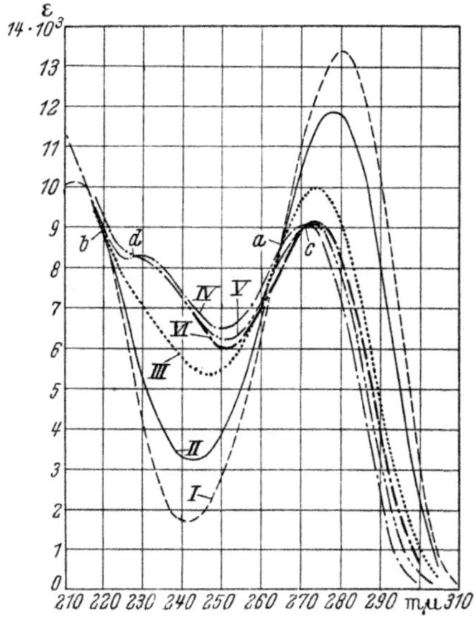

Abb. 90. Cytidin bei verschiedenem p_H: I. p_H 1.0 und 2.0; II. p_H 3.6; III. p_H 4.4; IV. p_H 7.2 und 12.0; V. p_H 13.0; VI. p_H 14.0 [*Fox, J. J.*, and *D. Shugar*: Biochim. biophysica Acta **9**, 372 (1952)].

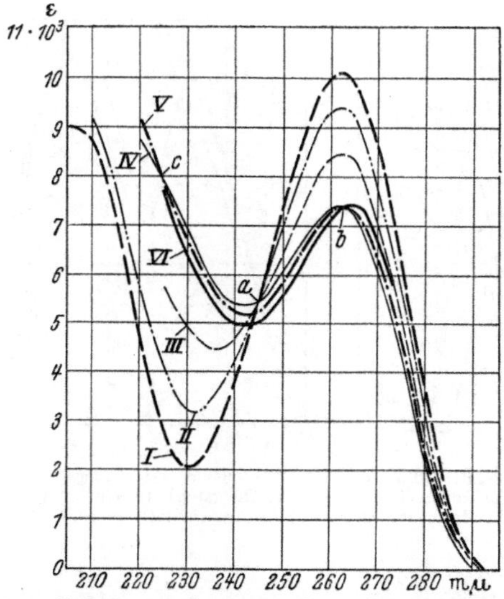

Abb. 91. Uridin bei verschiedenem p_H: I. p_H 1.0 und 7.2; II. p_H 8.6; III. p_H 9.5; IV. p_H 12.0; V. p_H 13.0; VI. p_H 14.0 [*Fox, J. J.*, and *D. Shugar:* Biochim. biophysica Acta 9, 379 (1952)].

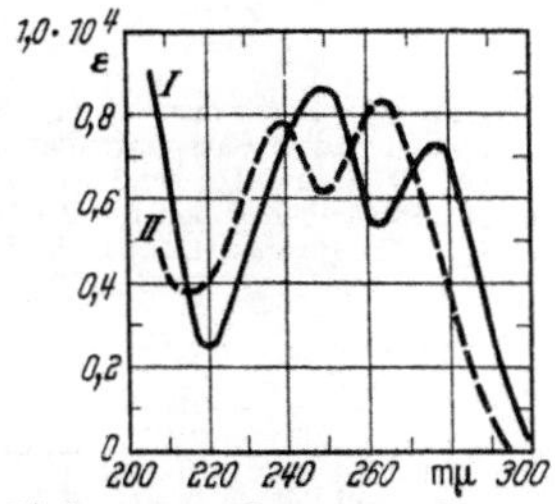

Abb. 92. Xanthosin bei verschiedenem p_H: I. p_H 10.0; II. p_H 5.0 [*Schlenk, F.:* Adv. Enzymology 9, 484 (1949)].

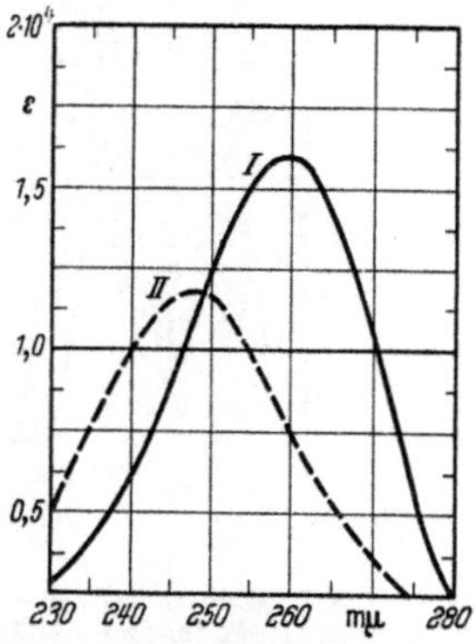

Abb. 93. I. Adenosin-triphosphat und Adenosin-monophosphat; II. Inosin-monophosphat. $c = 4 \times 10^{-5}$ Mol/Liter [*Schlenk, F.:* Adv. Enzymology 9, 488 (1949)].

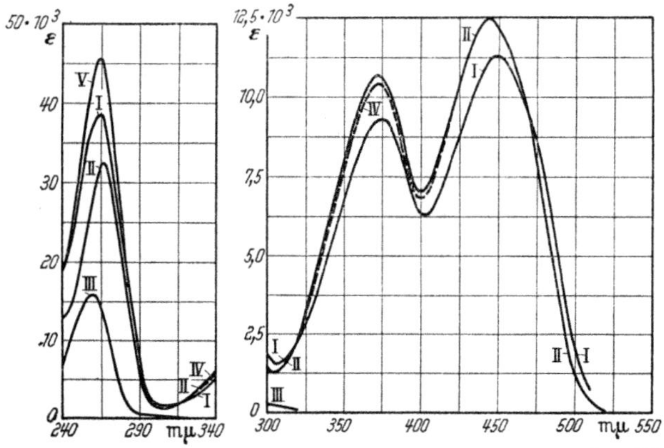

Abb. 94. I. Flavin-adenin-dinucleotid; II. Lactoflavin; III. Adenosin-5'-phosphat; IV. Flavin-mononucleotid und Riboflavinylglucosid; V. Theoretisches Spektrum von Adenosin-5'-phosphat + Flavin-mononucleoid [*Whitby, L. G.*: Biochem. J. **54**, 440 (1953)].

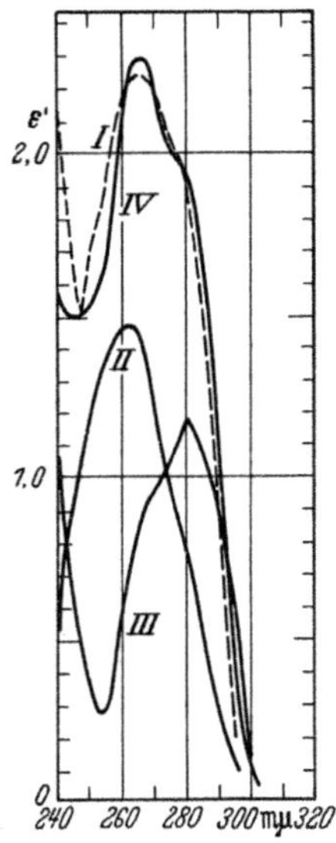

Abb. 95. Zusammensetzung der Tabakmosaikvirus-Absorption in 0.1 m Phosphatpuffer bei p_H 7: I. Reine Absorption des TM-Virus; II. Nukleinsäure-Komponente des TM-Virus; III. Preotein-Komponente des TM-Virus; IV. Additionskurve II + III [*Schramm, G.*, u. *H. Dannenberg:* Ber. dtsch. chem. Ges. **77**, 53 (1944)].

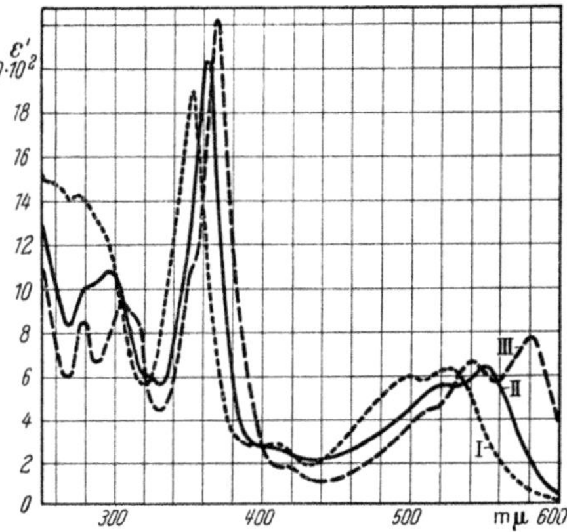

Abb. 96. Vitamin-B_{12}-Faktor III in Wasser: I. Hydroxo-(Aquo)-Form, p_H 6—7; II. Monocyano-Form, p_H 6—7; III. Dicyano-Form, p_H 10 [*Friedrich, W.*, u. *K. Bernhauer*, persönl. Mitt.].

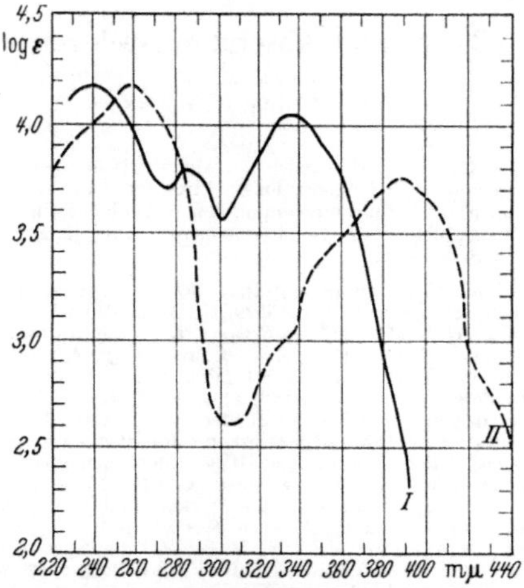

Abb. 97. I. Leukopterin in 0.1 n NaOH; II. Xanthopterin in 0.1 n NaOH [*Purrmann, R.:* Fortschr. Chem. org. Naturstoffe (Wien) **4**, 64 (1945)].

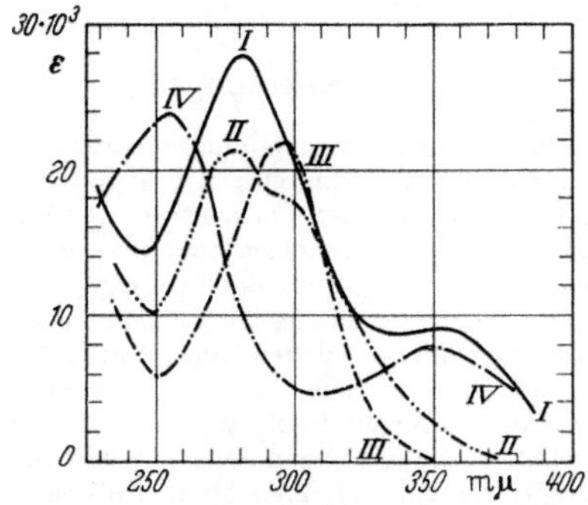

Abb. 98. I. Folsäure; II. Dihydrofolsäure; III. Tetrahydrofolsäure; IV. N(10)-Formylfolsaure, alle bei p_H 8 [*Jaenicke, L.:* Angew. Chem. **73**, 449 (1961)].

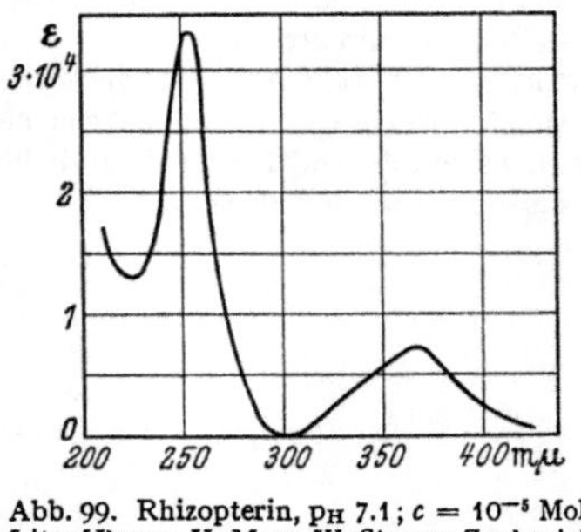

Abb. 99. Rhizopterin, p_H 7.1; $c = 10^{-5}$ Mol/Liter [*Rauen, H. M.*, u. *W. Stamm:* Z. physiol. Chem. **289**, 209 (1952)].

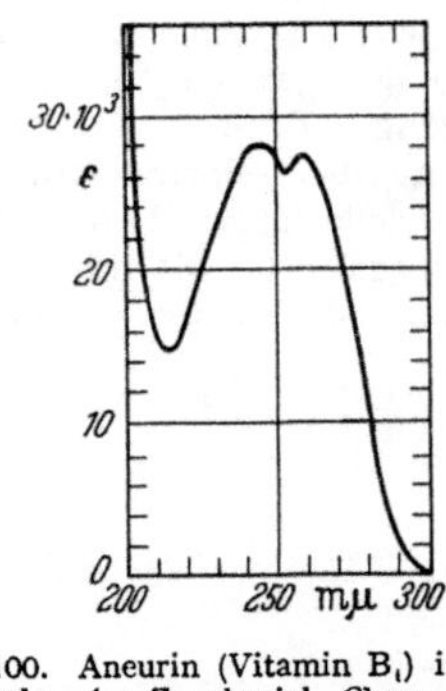

Abb. 100. Aneurin (Vitamin B_1) in Wasser [*Smakula, A.:* Z. physiol. Chem. **230**, 231 (1934)].

B. Infrarot-Absorptionsspektren

Von **W. Otting**, Heidelberg

Inhalt. Literatur. — 1. Vorbemerkungen. — 2. Alphabetisches Verzeichnis der IR-Absorptionsspektren. — 3. Verzeichnis der IR-Absorptionsspektren nach charakteristischen Atomgruppen geordnet. — 4. Reziprokentabelle zur Umrechnung von Wellenlängen in Wellenzahlen. — Spektrale Zuordnungstafeln (Abb. 101—102 S. 884—896). — Abbildungen der IR-Absorptionsspektren (Abb. 103—151 S. 896—912).

Literatur. *Barker, S. A., E. J. Bourne,* and *D. H. Whiffen:* Use of Infrared Analysis in the Determination of Carbohydrate Structure, in *Glick, D.:* Methods of Biochemical Analysis, New York—London 1956, Vol. **III**, S. 213—245. — *Bellamy, L. J.:* The Infrared Spectra of Complex Molecules, 2. Ed., London u. New York 1958. — *Bellamy, L. J.:* Ultrarot Spektrum und chemische Konstitution, Übersetzung von *W. Brügel,* Darmstadt 1955. — *Brügel, W.:* Einführung in die Ultrarotspektroskopie, 2. Aufl., Darmstadt 1957. — *Dobriner, K., E. R. Katzenellenbogen,* and *R. N. Jones:* Infrared Absorption Spectra of Steroids, an Atlas, New York—London 1953. Vol. **II** 1958. — Dokumentation der Molekülspektroskopie, Randlochkartei Weinheim u. London. — *Hoyer, H.:* Infrarotspektroskopie, in *Houben-Weyl,* Methoden der Organischen Chemie, Band **III**, Teil 2, Physikalische Forschungsmethoden, S. 795—900. — *Jones, R. N.:* The Application of Infrared and Raman Spectrometry to the Elucidation of Molecular Structure, in *Weissberger:* Technique of Organic Chemistry, New York—London 1956, Vol. **IX**, Chemical Applications of Spectroscopy, S. 247—580. — *Neely, W. B.:* Infrared Spectra of Carbohydrates, in *Wolfrom, M. L.:* Advances in Carbohydrate Chemistry, New York 1957, Vol. **12**, S. 13—33. — *Rosenkrantz, H.:* Analysis of Steroids by Infrared Spectrometry, in *Glick, D.:* Methods of Biochemical Analysis, New York—London 1955, Vol. **II**, S. 1—55. — *Rosenkrantz, H.:* The Infrared Analysis of Vitamins, Hormones, and Coenzymes, in *Glick, D.:* Methods of Biochemical Analysis, New York—London 1957, Vol. **V**, S. 407—453. — *Sadtler,* Research Laboratories, Catalog of Infrared Spectrograms, Philadelphia 2, Pa.

1. Vorbemerkungen

Die Infrarotspektren sind zur qualitativen und quantitativen Bestimmung von molekularen Strukturgruppen in Verbindungen geeignet. Aus den Zuordnungstafeln Abb. 101—102 können die Bereiche entnommen werden, in denen charakteristische Banden bestimmter Strukturelemente zu erwarten sind.

Die wiedergegebenen Spektren wurden mit einem Doppelstrahlgerät (Modell 21 der Firma Perkin-Elmer) und NaCl-Prisma aufgenommen. Die meisten Spektren sind Aufnahmen von Festsubstanzen, die fein verteilt in KBr-Scheiben eingepreßt waren. Diese Art der Aufnahme ist auch bei schwerlöslichen Substanzen möglich. Die Spektren sind frei von Störungen durch Eigenabsorption des Lösungsmittels. Lediglich absorbierte Luftfeuchtigkeit kann bei 2,95 μ stören. Die Banden werden jedoch durch Kristallgitterkräfte und Assoziationen etwas beeinflußt. Die Auswahl der Spektren wurde in erster Linie nach didaktischen Gesichtspunkten getroffen. Eine Zuordnung für charakteristische Banden ist angegeben. Die in Klammern angeführten griechischen Buchstaben sind Symbole für die Schwingungstypen: ν = Valenzschwingung, δ = Deformationsschwingung, γ = Kippschwingung („wagging"), ϱ = Pendelschwingung („rocking"), ω = Gerüstschwingung, Index-s = symmetrisch, Index-as = antisymmetrisch.

Die meisten selbstregistrierenden IR-Spektrometer zeichnen die Spektren linear in Wellenlängen. In der Literatur setzt sich die Angabe von Frequenzwerten in Wellenzahlen für die Bandenlagen immer mehr durch. Die Reziprokentabelle (Seite 882—883) soll die Wellenlänge-Wellenzahl-Umrechnung erleichtern.

2. Alphabetisches Verzeichnis der IR-Absorptionsspektren

3. Verzeichnis der IR-Absorptionsspektren nach charakteristischen Atomgruppen geordnet

4. Reziprokentabelle zur Umrechnung von Wellenlängen in Wellenzahlen

	0	1	2	3	4	5	6	7	8	9
1.0	10000	9901	9804	9709	9615	9524	9434	9346	9259	9174
1.1	9091	9009	8929	8850	8772	8696	8621	8547	8475	8403
1.2	8333	8264	8197	8130	8065	8000	7937	7874	7813	7752
1.3	7692	7634	7576	7519	7463	7407	7353	7299	7246	7194
1.4	7143	7092	7042	6993	6944	6897	6849	6803	6757	6711
1.5	6667	6623	6579	6536	6494	6452	6410	6369	6329	6289
1.6	6250	6211	6173	6135	6098	6061	6024	5988	5952	5917
1.7	5882	5848	5814	5780	5747	5714	5682	5650	5618	5587
1.8	5556	5525	5495	5464	5435	5405	5376	5348	5319	5291
1.9	5263	5236	5208	5181	5155	5128	5102	5076	5051	5025
2.0	5000	4975	4950	4926	4902	4878	4854	4831	4808	4785
2.1	4762	4739	4717	4695	4673	4651	4630	4608	4587	4566
2.2	4545	4525	4505	4484	4464	4444	4425	4405	4386	4367
2.3	4348	4329	4310	4292	4274	4255	4237	4219	4202	4184
2.4	4167	4149	4132	4115	4098	4082	4065	4049	4032	4016
2.5	4000	3984	3968	3953	3937	3922	3906	3891	3876	3861
2.6	3846	3831	3817	3802	3788	3774	3759	3745	3731	3717
2.7	3704	3690	3676	3663	3650	3636	3623	3610	3597	3584
2.8	3571	3559	3546	3534	3521	3509	3497	3484	3472	3460
2.9	3448	3436	3425	3413	3401	3390	3378	3367	3356	3344
3.0	3333	3322	3311	3300	3289	3279	3268	3257	3247	3236
3.1	3226	3215	3205	3195	3185	3175	3165	3155	3145	3135
3.2	3125	3115	3106	3096	3086	3077	3067	3058	3049	3040
3.3	3030	3021	3012	3003	2994	2985	2976	2967	2959	2950
3.4	2941	2933	2924	2915	2907	2899	2890	2882	2874	2865
3.5	2857	2849	2841	2833	2825	2817	2809	2801	2793	2786
3.6	2778	2770	2762	2755	2747	2740	2732	2725	2717	2710
3.7	2703	2695	2688	2681	2674	2667	2660	2653	2646	2639
3.8	2632	2625	2618	2611	2604	2597	2591	2584	2577	2571
3.9	2564	2558	2551	2545	2538	2532	2525	2519	2513	2506
4.0	2500	2494	2488	2481	2475	2469	2463	2457	2451	2445
4.1	2439	2433	2427	2421	2415	2410	2404	2398	2392	2387
4.2	2381	2375	2370	2364	2358	2353	2347	2342	2336	2331
4.3	2326	2320	2315	2309	2304	2299	2294	2288	2283	2278
4.4	2273	2268	2262	2257	2252	2247	2242	2237	2232	2227
4.5	2222	2217	2212	2208	2203	2198	2193	2188	2183	2179
4.6	2174	2169	2165	2160	2155	2151	2146	2141	2137	2132
4.7	2128	2123	2119	2114	2110	2105	2101	2096	2092	2088
4.8	2083	2079	2075	2070	2066	2062	2058	2053	2049	2045
4.9	2041	2037	2033	2028	2024	2020	2016	2012	2008	2004
5.0	2000	1996	1992	1988	1984	1980	1976	1972	1969	1965
5.1	1961	1957	1953	1949	1946	1942	1938	1934	1931	1927
5.2	1923	1919	1916	1912	1908	1905	1901	1898	1894	1890
5.3	1887	1883	1880	1876	1873	1869	1866	1862	1859	1855
5.4	1852	1848	1845	1842	1838	1835	1832	1828	1825	1821
5.5	1818	1815	1812	1808	1805	1802	1799	1795	1792	1789
5.6	1786	1783	1779	1776	1773	1770	1767	1764	1761	1757
	0	1	2	3	4	5	6	7	8	9

Fortsetzung

	0	1	2	3	4	5	6	7	8	9
5.7	1754	1751	1748	1745	1742	1739	1736	1733	1730	1727
5.8	1724	1721	1718	1715	1712	1709	1706	1704	1701	1698
5.9	1695	1692	1689	1686	1684	1681	1678	1675	1672	1669
6.0	1667	1664	1661	1658	1656	1653	1650	1647	1645	1642
6.1	1639	1637	1634	1631	1629	1626	1623	1621	1618	1616
6.2	1613	1610	1608	1605	1603	1600	1597	1595	1592	1590
6.3	1587	1585	1582	1580	1577	1575	1572	1570	1567	1565
6.4	1563	1560	1558	1555	1553	1550	1548	1546	1543	1541
6.5	1538	1536	1534	1531	1529	1527	1524	1522	1520	1517
6.6	1515	1513	1511	1508	1506	1504	1502	1499	1497	1495
6.7	1493	1490	1488	1486	1484	1481	1479	1477	1475	1473
6.8	1471	1468	1466	1464	1462	1460	1458	1456	1453	1451
6.9	1449	1447	1445	1443	1441	1439	1437	1435	1433	1431
7.0	1429	1427	1425	1422	1420	1418	1416	1414	1412	1410
7.1	1408	1406	1404	1403	1401	1399	1397	1395	1393	1391
7.2	1389	1387	1385	1383	1381	1379	1377	1376	1374	1372
7.3	1370	1368	1366	1364	1362	1361	1359	1357	1355	1353
7.4	1351	1350	1348	1346	1344	1342	1340	1339	1337	1335
7.5	1333	1332	1330	1328	1326	1325	1323	1321	1319	1318
7.6	1316	1314	1312	1311	1309	1307	1305	1304	1302	1300
7.7	1299	1297	1295	1294	1292	1290	1289	1287	1285	1284
7.8	1282	1280	1279	1277	1276	1274	1272	1271	1269	1267
7.9	1266	1264	1263	1261	1259	1258	1256	1255	1253	1252
8.0	1250	1248	1247	1245	1244	1242	1241	1239	1238	1236
8.1	1235	1233	1232	1230	1229	1227	1225	1224	1222	1221
8.2	1220	1218	1217	1215	1214	1212	1211	1209	1208	1206
8.3	1205	1203	1202	1200	1199	1198	1196	1195	1193	1192
8.4	1190	1189	1188	1186	1185	1183	1182	1181	1179	1178
8.5	1176	1175	1174	1172	1171	1170	1168	1167	1166	1164
8.6	1163	1161	1160	1159	1157	1156	1155	1153	1152	1151
8.7	1149	1148	1147	1145	1144	1143	1142	1140	1139	1138
8.8	1136	1135	1134	1133	1131	1130	1129	1127	1126	1125
8.9	1124	1122	1121	1120	1119	1117	1116	1115	1114	1112
9.0	1111	1110	1109	1107	1106	1105	1104	1103	1101	1100
9.1	1099	1098	1096	1095	1094	1093	1092	1091	1089	1088
9.2	1087	1086	1085	1083	1082	1081	1080	1079	1078	1076
9.3	1075	1074	1073	1072	1071	1070	1068	1067	1066	1065
9.4	1064	1063	1062	1060	1059	1058	1057	1056	1055	1054
9.5	1053	1052	1050	1049	1048	1047	1046	1045	1044	1043
9.6	1042	1041	1040	1038	1037	1036	1035	1034	1033	1032
9.7	1031	1030	1029	1028	1027	1026	1025	1024	1022	1021
9.8	1020	1019	1018	1017	1016	1015	1014	1013	1012	1011
9.9	1010	1009	1008	1007	1006	1005	1004	1003	1002	1001
	0	1	2	3	4	5	6	7	8	9

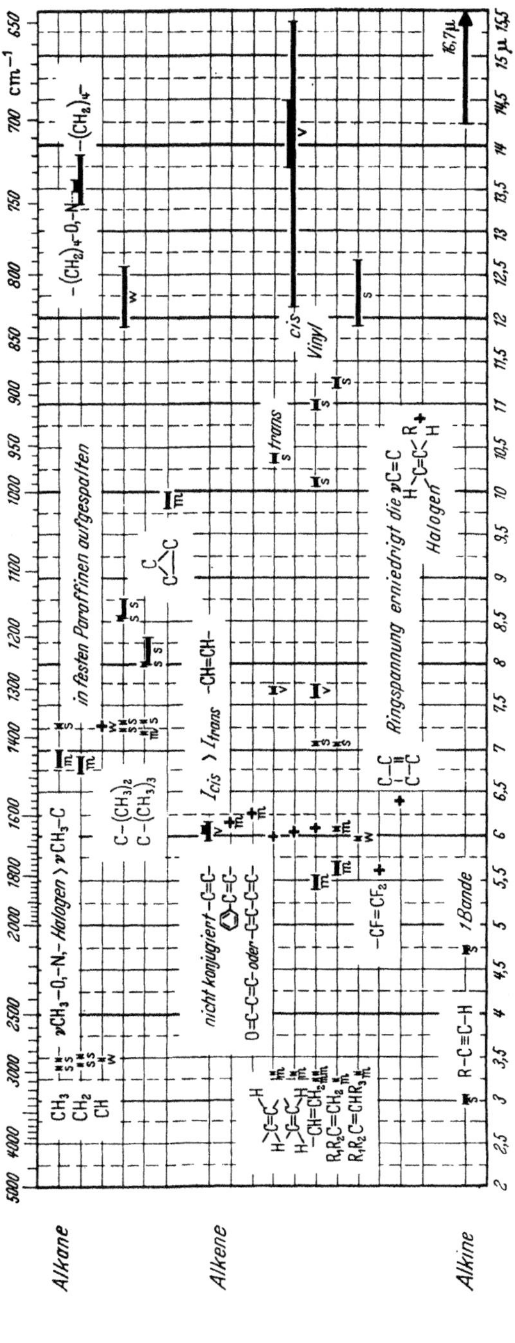

Abb. 101. Spektrale Zuordnungstafel für den Bereich von 2—15,5 μ.

Intensitätsangaben: s = stark, ss = sehr stark, m = mittel, v = veränderlich, w = schwach

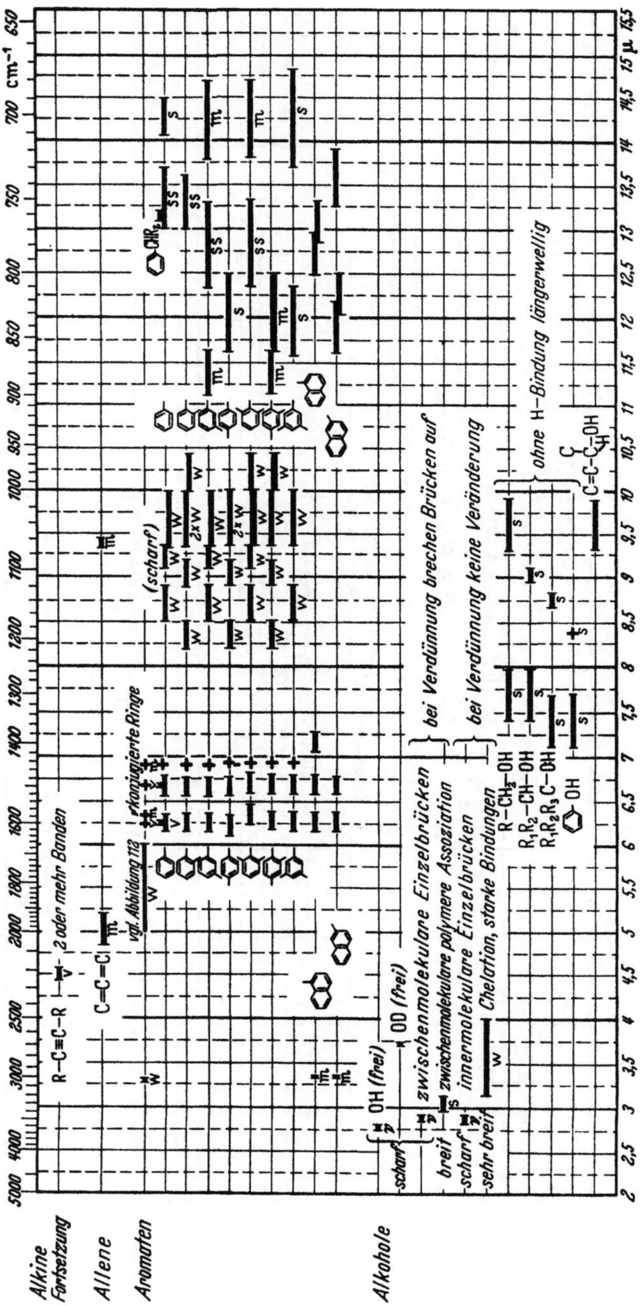

Alkine Fortsetzung
Allene
Aromaten
Alkohole
5000 4000 3000 2500 2000 1800 1600 1400 1300 1200 1100 1000 950 900 850 800 750 700 650 cm⁻¹
2 2,5 3 3,5 4 4,5 5 5,5 6 6,5 7 7,5 8 8,5 9 9,5 10 10,5 11 11,5 12 12,5 13 13,5 14 14,5 15 μ 15,5
R–C≡C–R
2 oder mehr Banden
C=C=C
vgl. Abbildung 112
konjugierte Ringe
(scharf)
OH (frei)
OD (frei)
scharf
breit
scharf
sehr breit
zwischenmolekulare Einzelbrücken
zwischenmolekulare polymere Assoziation
innermolekulare Einzelbrücken
Chelation, starke Bindungen
bei Verdünnung brechen Brücken auf
bei Verdünnung keine Veränderung
ohne H–Bindung längerwellig
R–CH2–OH
R1R2–CH–OH
R1R2R3C–OH

Fortsetzung.

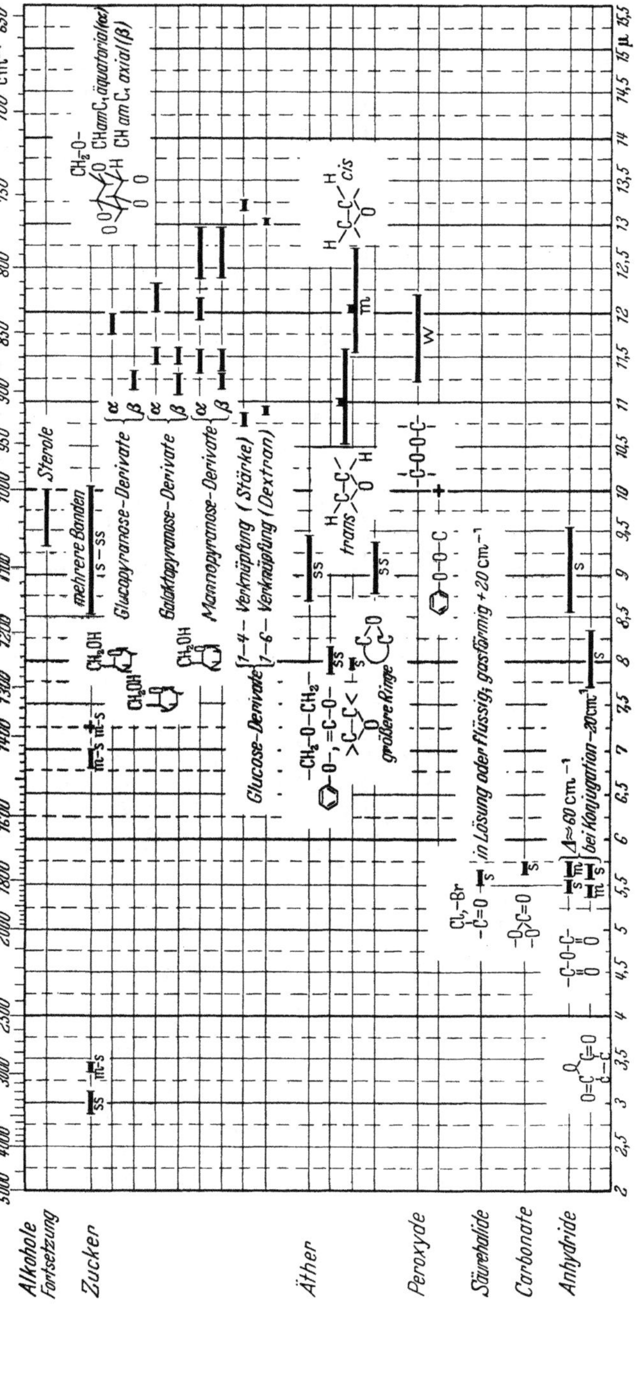

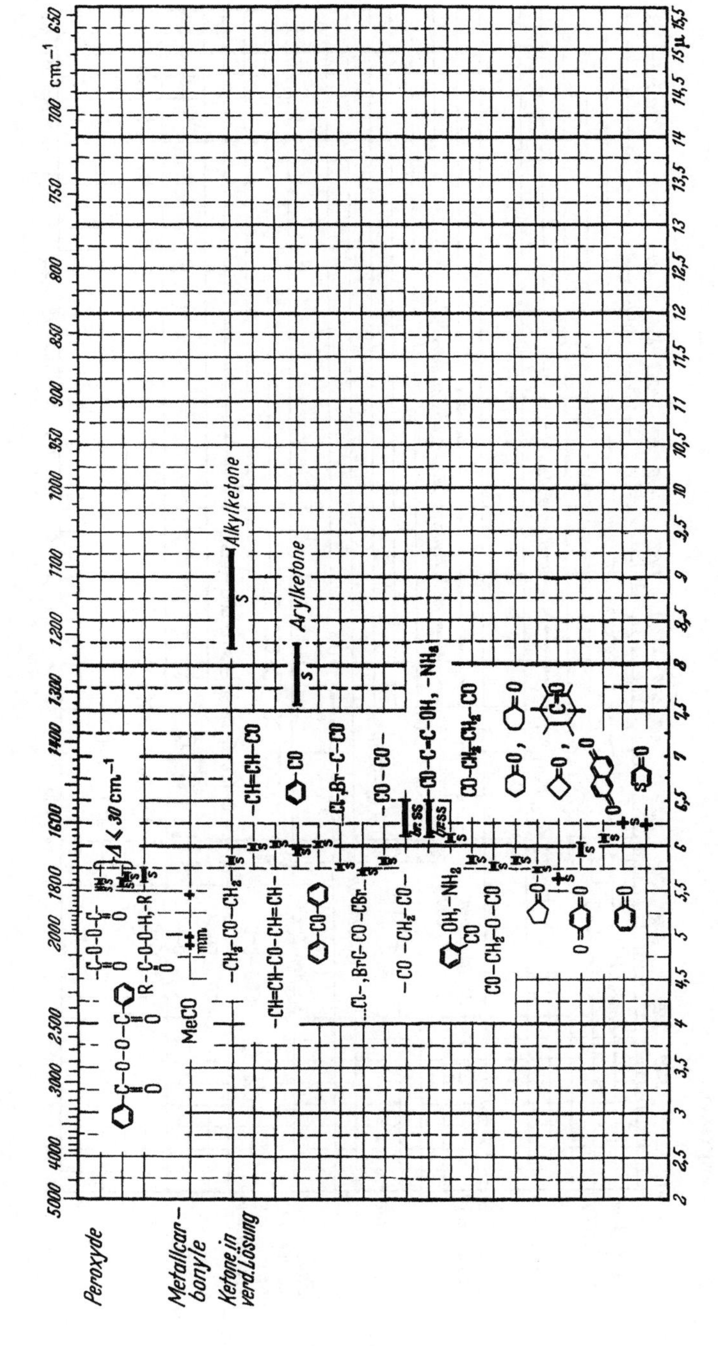
Peroxyde
Metallcarbonyle
Ketone in verd. Lösung
Alkylketone
Arylketone
MeCO
Δ ≤ 30 cm⁻¹
5000 4000 3000 2500 2000 1800 1600 1400 1300 1200 1100 1000 950 900 850 800 750 700 cm⁻¹ 650
2 2,5 3 3,5 4 4,5 5 5,5 6 6,5 7 7,5 8 8,5 9 9,5 10 10,5 11 11,5 12 12,5 13 13,5 14 14,5 15μ 15,5

Fortsetzung.

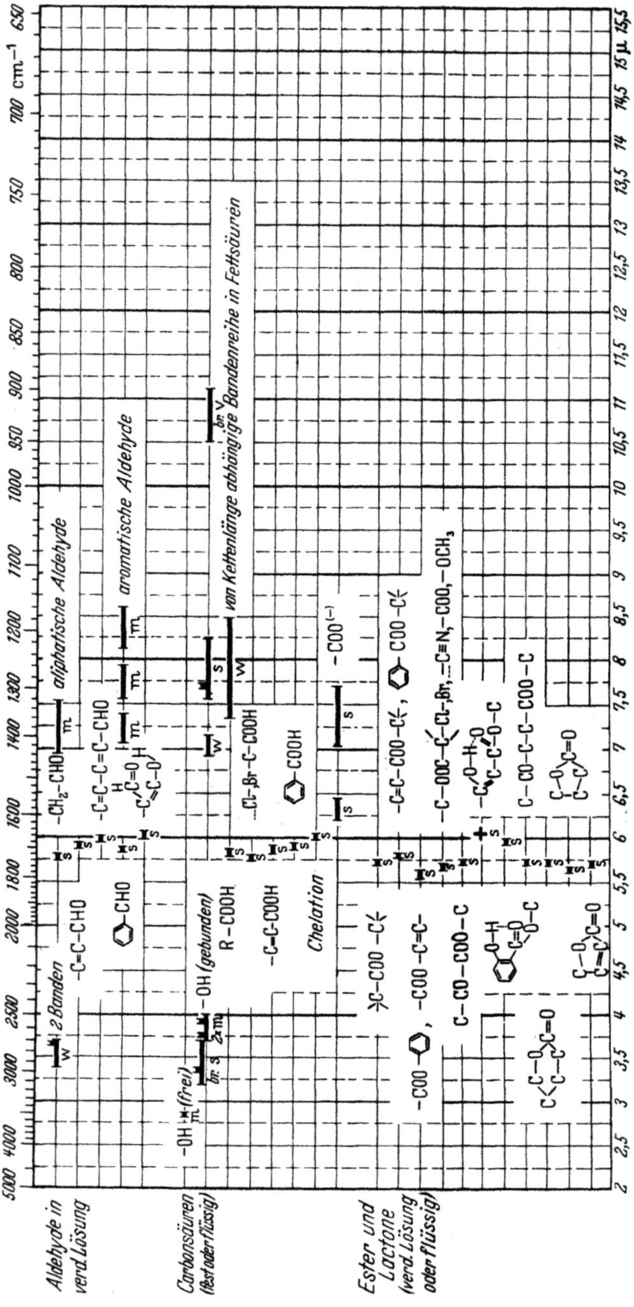

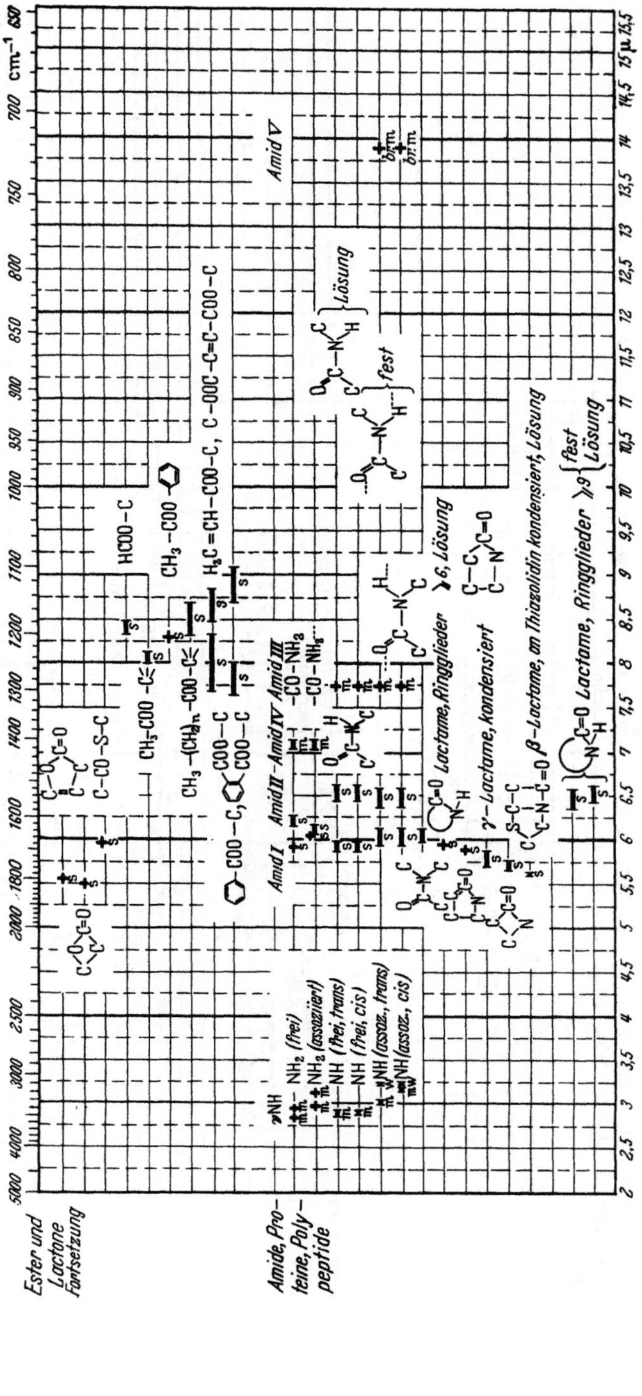
Ester und Lactone Fortsetzung
Amide, Proteine, Polypeptide
cm⁻¹
μ
HCOO-C
Amid I
Amid II
Amid III
Amid IV
Amid V
νNH
Lösung
fest
Lactame, Ringglieder ≫6, Lösung
γ-Lactame, kondensiert
β-Lactame, am Thiazolidin kondensiert, Lösung
Lactame, Ringglieder ≫9

Fortsetzung.

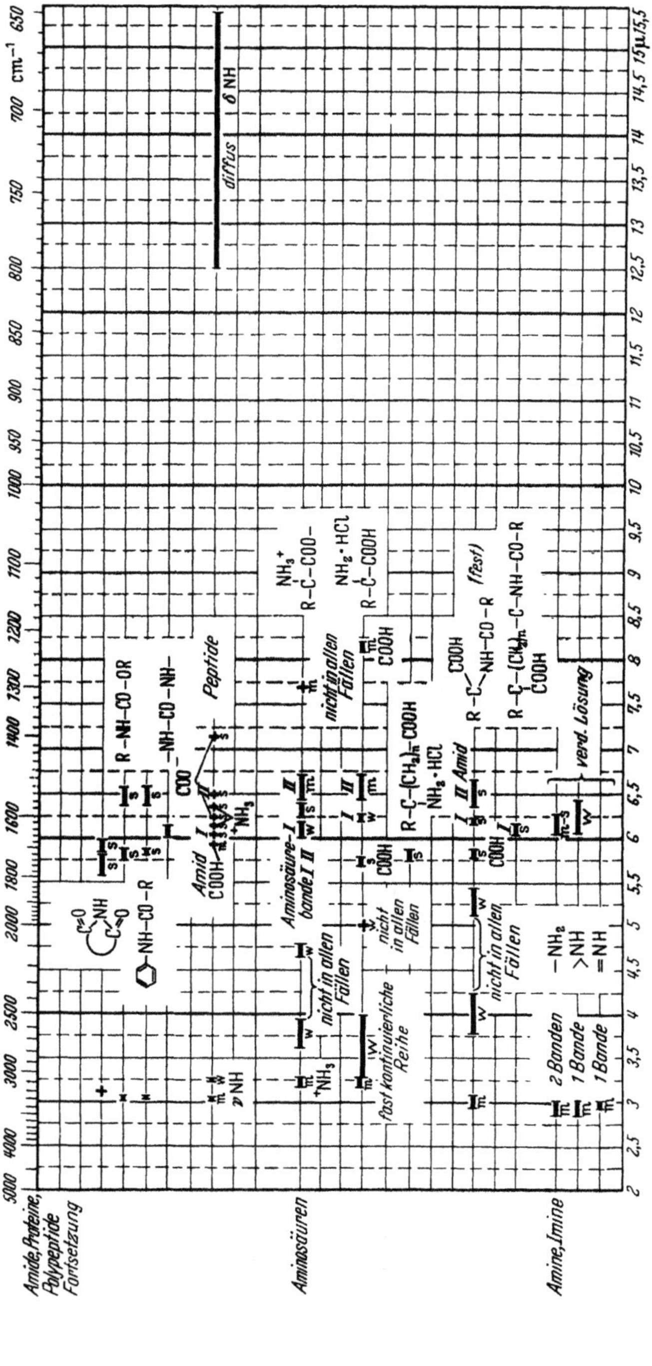

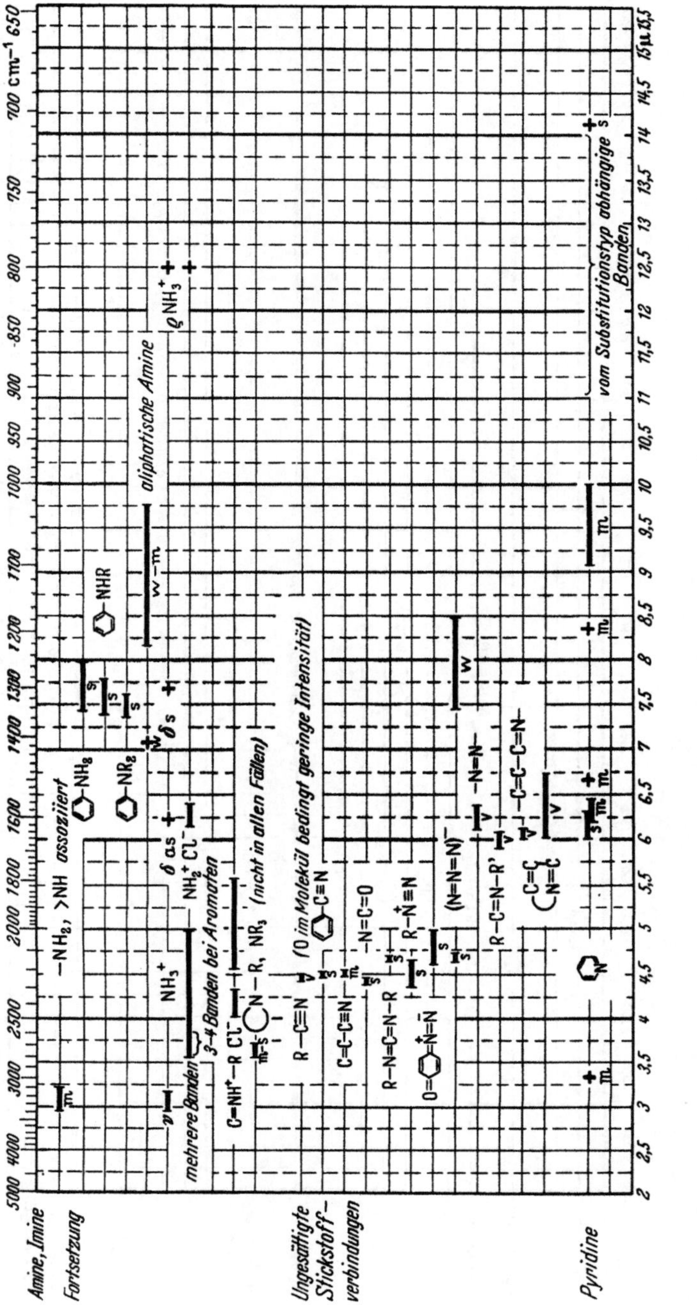
Amine, Imine Fortsetzung
$-NH_2$, >NH assoziiert
NHR
NH_2
NR_2
aliphatische Amine
w–m
$\varrho\,NH_3^+$
δ s
δ as
NH_3^+
$NH_2^+\,Cl^-$
mehrere Banden
3–4 Banden bei Aromaten
$C{=}NH^+{-}R\;Cl^-$
$N{-}R,\ NR_3$ (nicht in allen Fällen)
Ungesättigte Stickstoff-verbindungen
(0 im Molekül bedingt geringe Intensität)
$R{-}C{\equiv}N$
$C{\equiv}N$
$C{=}C{-}C{\equiv}N$
$-N{=}C{=}O$
$R{-}N{=}C{=}N{-}R$
$R{-}\overset{+}{N}{\equiv}N$
$(N{=}N{=}N)^-$
$-N{=}N-$
$R{-}C{=}N{-}R'$
$-C{=}C{-}C{=}N-$
Pyridine
vom Substitutionstyp abhängige Banden
5000 4000 3000 2500 2000 1800 1600 1400 1300 1200 1100 1000 950 900 850 800 750 700 650 cm^{-1}
2 2,5 3 3,5 4 4,5 5 5,5 6 6,5 7 7,5 8 8,5 9 9,5 10 10,5 11 11,5 12 12,5 13 13,5 14 14,5 15 15,5 µ

Fortsetzung.

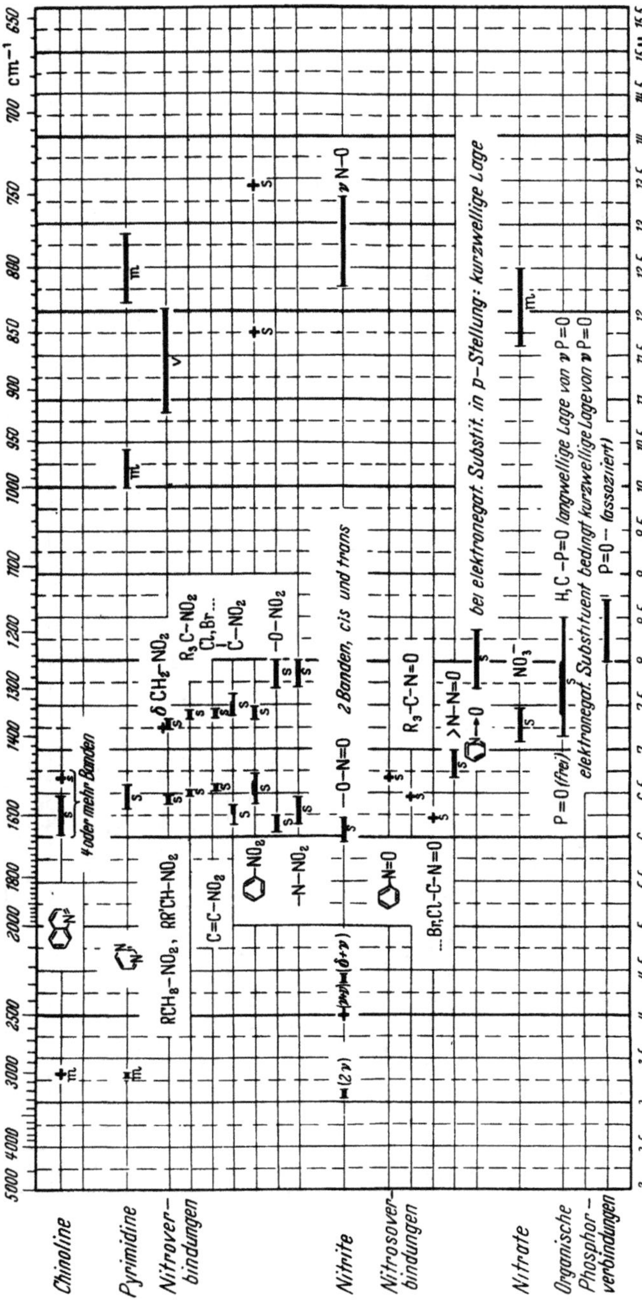

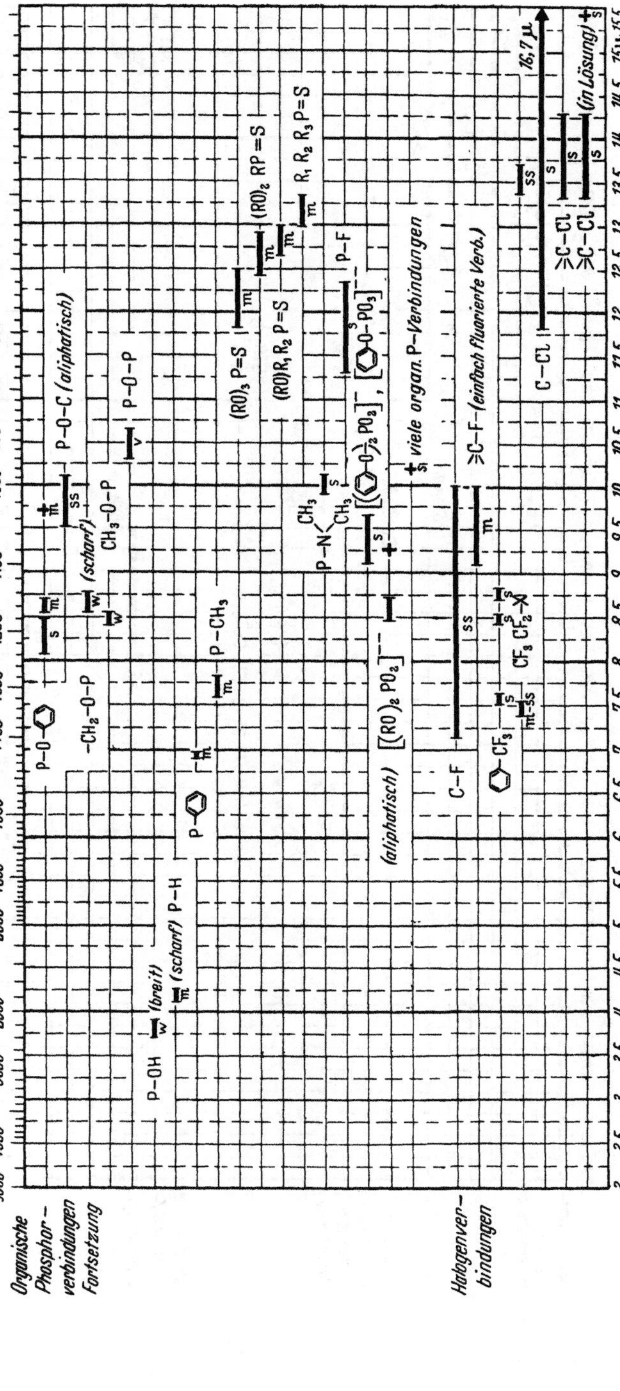

Organische Phosphorverbindungen Fortsetzung
Halogenverbindungen
cm⁻¹ 5000 4000 3000 2500 2000 1800 1600 1400 1300 1200 1100 1000 950 900 850 800 750 700 650
2 2,5 3 3,5 4 4,5 5 5,5 6 6,5 7 7,5 8 8,5 9 9,5 10 10,5 11 11,5 12 12,5 13 13,5 14 14,5 15 μ 15,5
P–O–C (aliphatisch)
(scharf)
–CH2–O–P
CH3–O–P
P–O–P
P–OH
(breit)
(scharf) P–H
P–CH3
(RO)3 P=S
(RO)2 RP=S
(RO)R1 R2 P=S
R1 R2 R3 P=S
P–F
(aliphatisch) [(RO)2 PO2]⁻
viele organ. P–Verbindungen
C–F
C–F–(einfach fluorierte Verb.)
CF3 CF2–X
C–Cl
16,7 μ
C–Cl
C–Cl (in Lösung)

Fortsetzung.

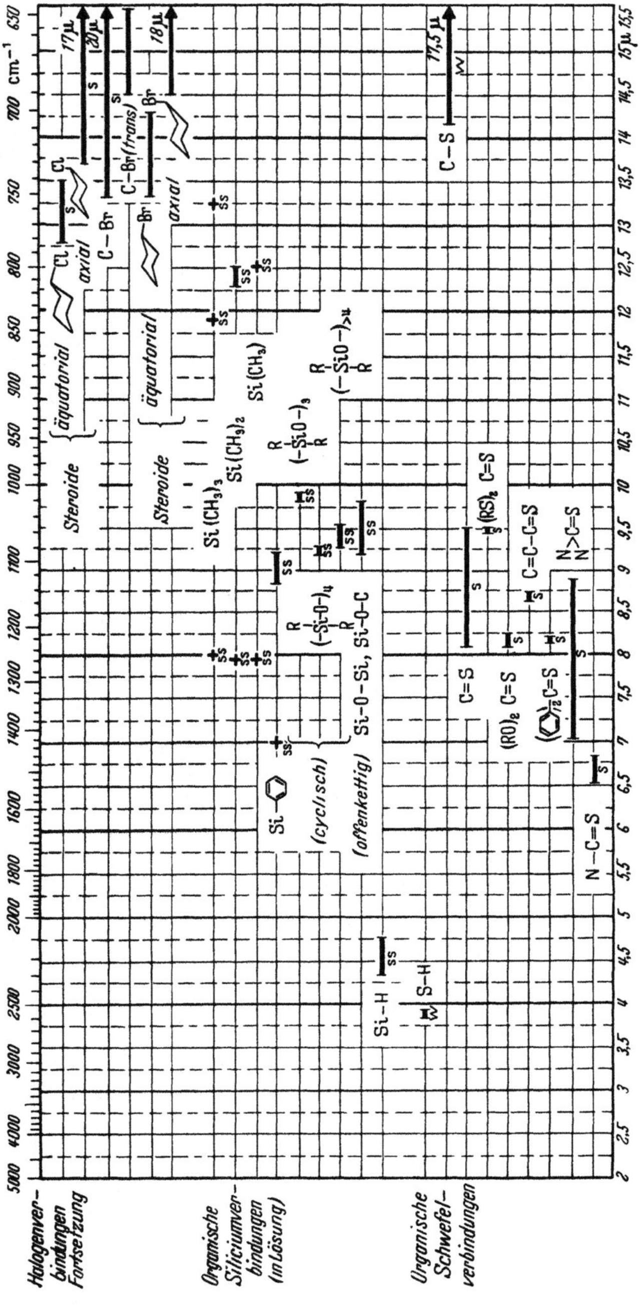

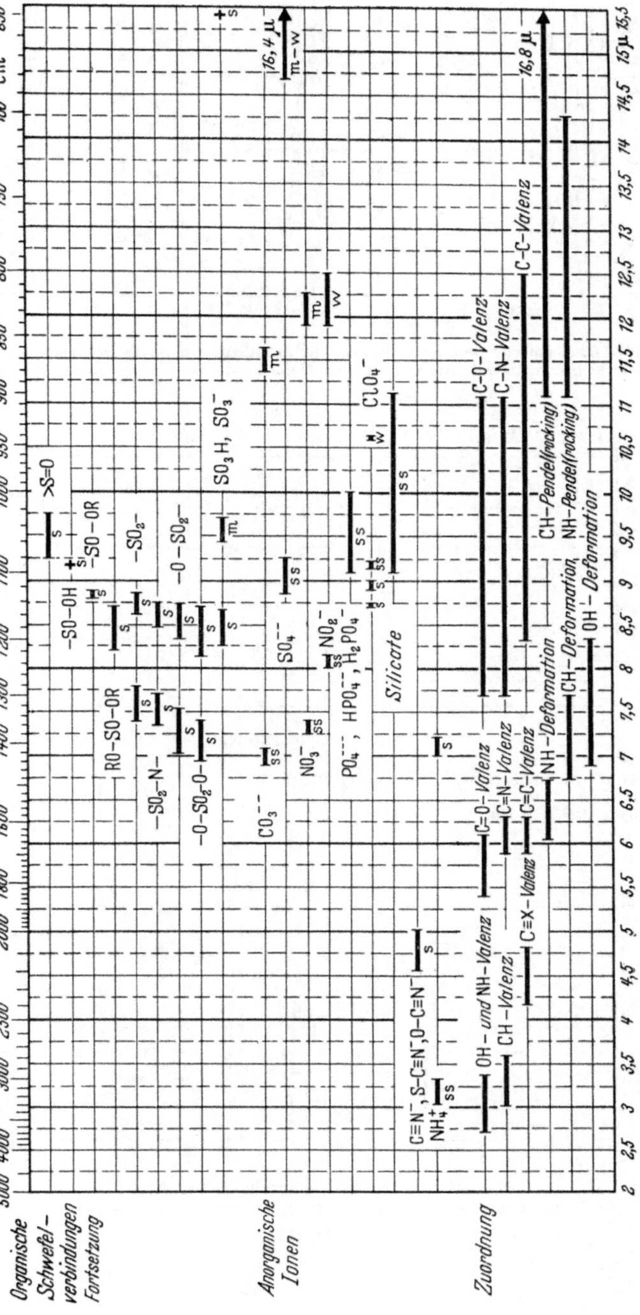
Organische Schwefelverbindungen Fortsetzung
Anorganische Ionen
Zuordnung
cm⁻¹
μ
>S=O
-SO-OH
-SO-OR
RO-SO-OR
-SO₂-
-SO₂-N-
-O-SO₂-
-O-SO₂-O-
SO₃H, SO₃⁻
CO₃⁻⁻
SO₄⁻⁻
NO₃⁻
NO₂⁻
PO₄⁻⁻⁻, HPO₄⁻⁻, H₂PO₄⁻
ClO₄⁻
Silicate
C≡N⁻, S-C≡N⁻, O-C≡N⁻
NH₄⁺
16,4 μ
16,8 μ
OH- und NH-Valenz
CH-Valenz
C≡X-Valenz
C=O-Valenz
C=N-Valenz
C=C-Valenz
NH-Deformation
CH-Deformation
OH-Deformation
C-O-Valenz
C-N-Valenz
C-C-Valenz
CH-Pendel(rocking)
NH-Pendel(rocking)

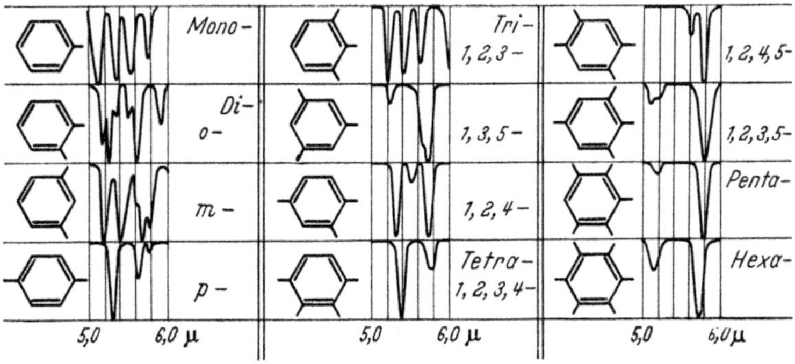

Abb. 102. Bandenmuster fur die verschiedenen Substitutionstypen des Benzols bei relativ großer Schichtdicke (schematisiert). [Aus *Houben-Weyl*, Methoden der Org. Chemie, Bd. **III**, Tl. 2, S. 853]

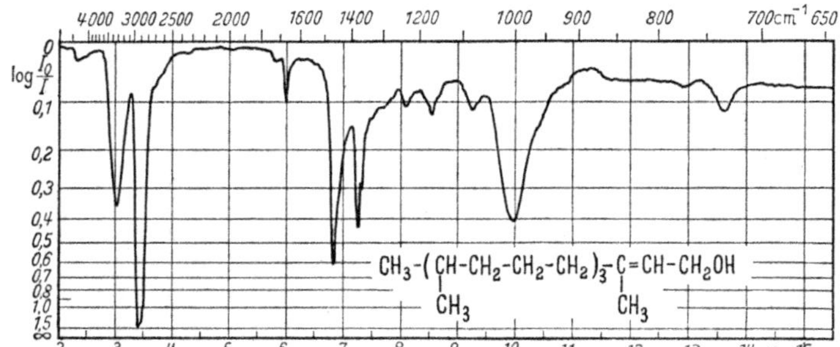

Abb. 103. Phytol (flussig)

3,04 µ	OH (ν)	7,25 µ	$(CH_3)_2CH-$	7,50 µ	$\rangle$CH (δ)
3,43 µ	CH (aliphat.) (ν)	7,33 µ		8,10 µ	OH (δ)
6,00 µ	C=C (ν)	8,55 µ		10 µ	C—O—H (ν_{CO})
6,83 µ	CH_2, CH_3 (δ)			13,63 µ	CH_2-Kette (ϱ)

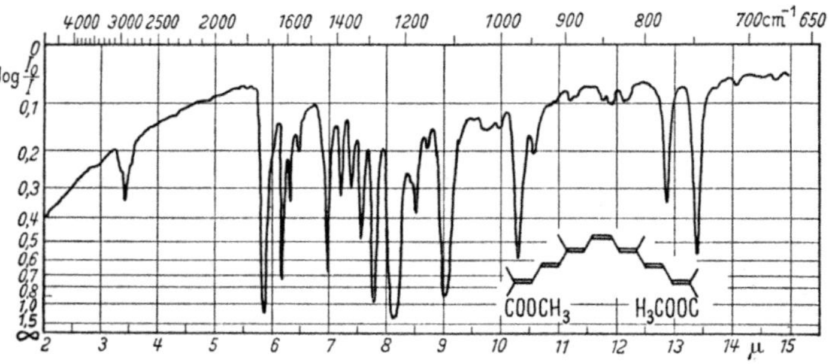

Abb. 104. 8,8′-cis-Crocetin-dimethylester (in KBr)

3,95 µ	CH (olefin.) (ν)	6,98 µ	CH_3 (δ_{as})	9,02 µ	—C—O (ν)
3,42 µ	CH_3 (ν)	7,20 µ	CH_3 (δ_s)	10,31 µ	H\C=C\H (trans)
3,52 µ		7,40 µ			
5,88 µ	C=O (ν)	8,13 µ	=C—O (ν)	12,88 µ	H/C=C\H (cis)
6,18 µ	C=C (ν)				
6,31 µ					
6,47 µ					

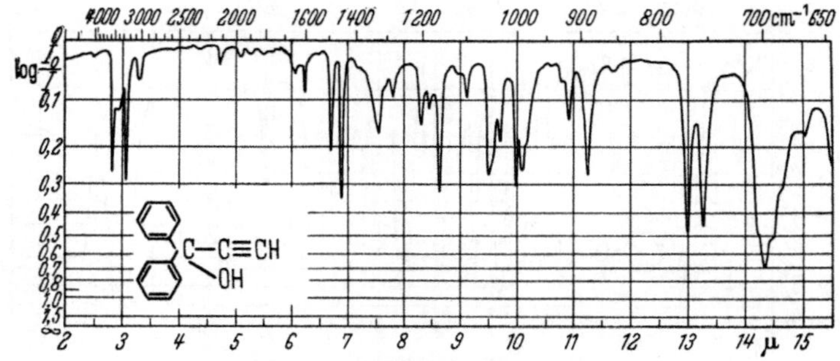

Abb. 105. 1,1-Diphenyl-propinol-(1) (in KBr)

2,81 μ OH (frei) (ν)
2,92 μ OH (assoz.) (ν)
3,05 μ ≡CH (ν)
3,28 μ CH (arom.) (ν)
4,71 μ C≡C (endständig) (ν)

5,09 μ, 5,25 μ, 5,50 μ, 5,65 μ 

6,24 μ, 6,70 μ, 6,88 μ  (ω)

7,55 μ OH (δ)

12,98 μ, 13,26 μ, 14,33 μ 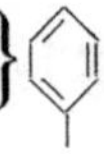 (γ)

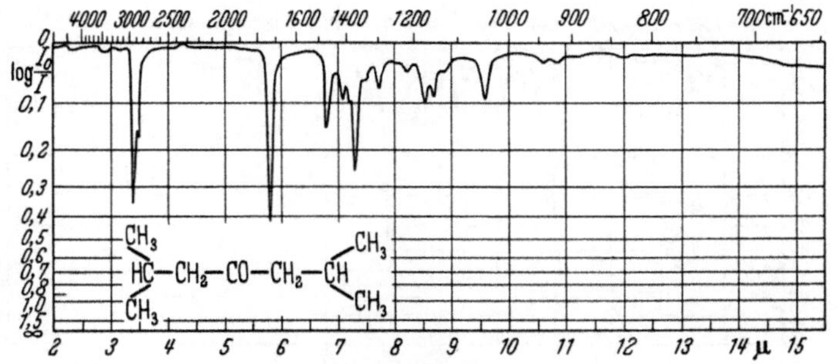

Abb. 106. Di-isobutyl-keton (flüssig)

3,39 μ, 3,49 μ CH (ν)
5,82 μ C=O (ν)
6,81 μ CH_2, CH_3 (δ)
7,31 μ CH_3 (δ)
8,57 μ, 8,72 μ $(CH_3)_2$—CH—

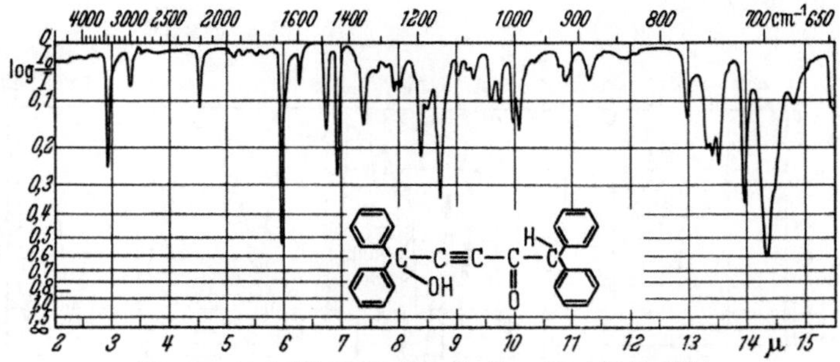

Abb. 107. 1,1,5,5-Tetraphenyl-pentin-(2)-on-(4)-ol-(1) (in KBr)

2,92 μ OH (ν)
3,32 μ CH (arom.) (ν)
3,50 μ CH (aliph.) (ν)
4,52 μ C≡C (mittelständig, polar) (ν)

5,13 μ, 5,28 μ, 5,53 μ, 5,69 μ 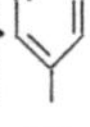

5,95 μ C=O (konj.) (ν)

6,25 μ, 6,72 μ, 6,90 μ  (ω)

7,36 μ OH (δ)

8,70 μ R_1, R_2—C—O (ν), R_3

13,3—13,5 μ, 13,95 μ, 14,35 μ  (γ)

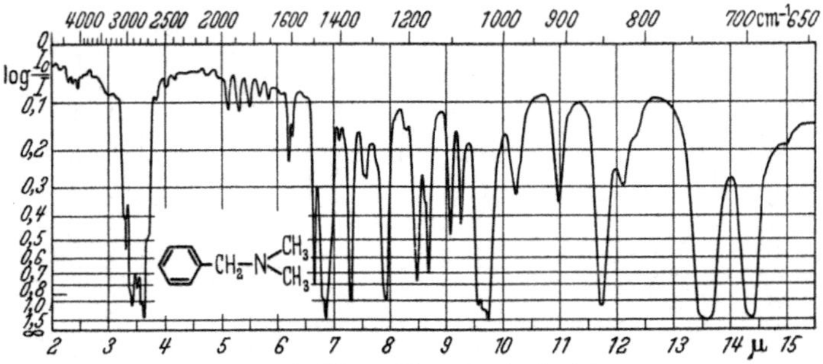

Abb. 108. Dimethyl-benzyl-amin (flüssig)

3,31 µ CH (arom.) (ν)
3,42 µ CH (aliph.) (ν)
3,5–3,7 µ CH (C–N–CH₃ (ν) / CH₃)

5,13 µ, 5,32 µ, 5,52 µ, 5,70 µ 

6,23 µ, 6,30 µ, 6,69 µ, 6,8 µ  (ω)

6,8 µ CH_2, CH_3 (δ)
7,33 µ CH_3 (δ)

13,6 µ, 14,4 µ CH  (γ)

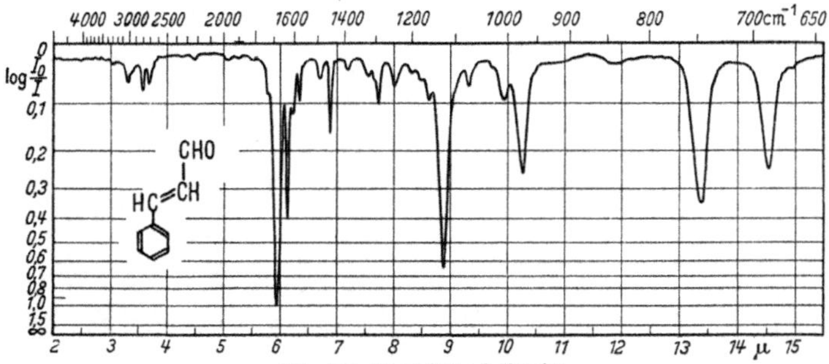

Abb. 109. Zimtaldehyd (flüssig)

3,30 µ CH (arom.) (ν)
3,58 µ (ν 5,95 µ + ν 8,90 µ) } Aldehyd
3,68 µ CH (Aldehyd) (ν) } Aldehyd
5,95 µ C=O (konj.) (ν)
6,13 µ C=C (ν)

6,21 µ, 6,34 µ, 6,70 µ, 6,88 µ  (ω)

10,28 µ H–C=C–H (trans)

13,40 µ, 14,56 µ CH  (γ)

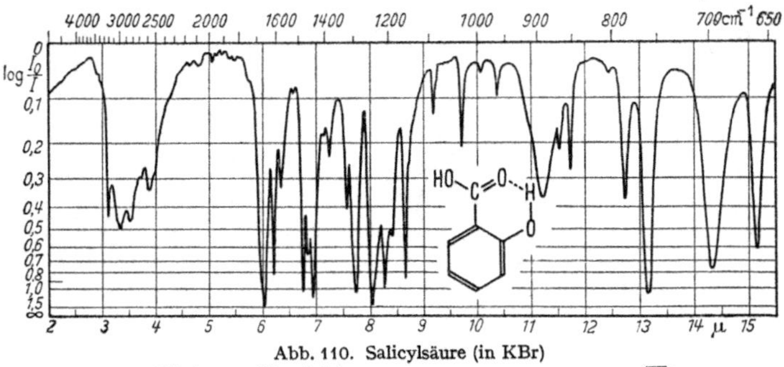

Abb. 110. Salicylsäure (in KBr)

3,1–4 µ OH (assoz., Säure) (ν)
6,03 µ C=O (assoz., konj.) (ν)

6,20 µ, 6,35 µ, 6,75 µ  (ω)

7,75–8,65 µ =C–O, –O (ν)

13,18 µ CH 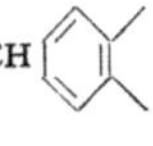 (γ)

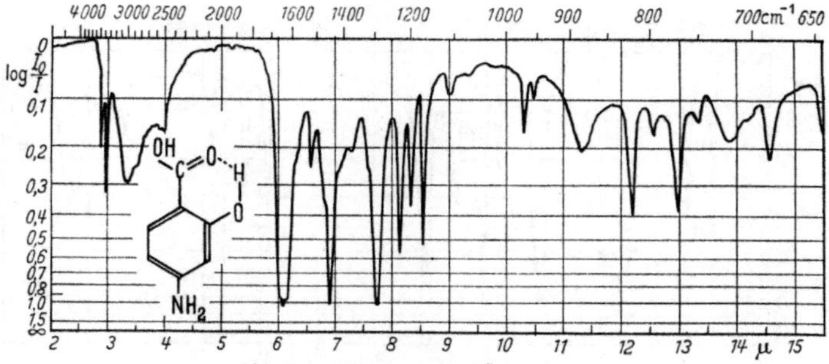

Abb. 111. p-Amino-salicylsäure (in KBr)

2,88 μ } NH_2 (ν)
2,97 μ }
3,3–4 μ OH (assoz., Säure) (ν)
6,06 μ C=O (assoz., konj.) (ν)
7,7–8,6 μ =C–O,  O (ν)

11,3 μ } CH 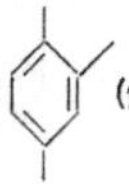 (γ)
12,2 μ }

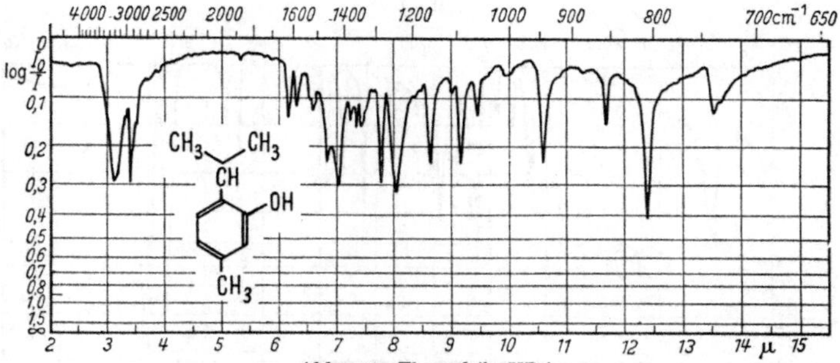

Abb. 112. Thymol (in KBr)

3,12 μ OH (assoz.) (ν)
3,30 μ CH (arom.) (ν)
3,40 μ } CH (aliph.) (ν)
3,51 μ }

6,16 μ }
6,30 μ } 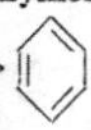 (ω)
6,60 μ }
7,25 μ }
7,35 μ } $(CH_3)_2$–C–
8,64 μ }

8,05 μ =C–O (ν)

11,70 μ } CH 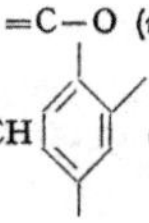 (γ)
12,40 μ }

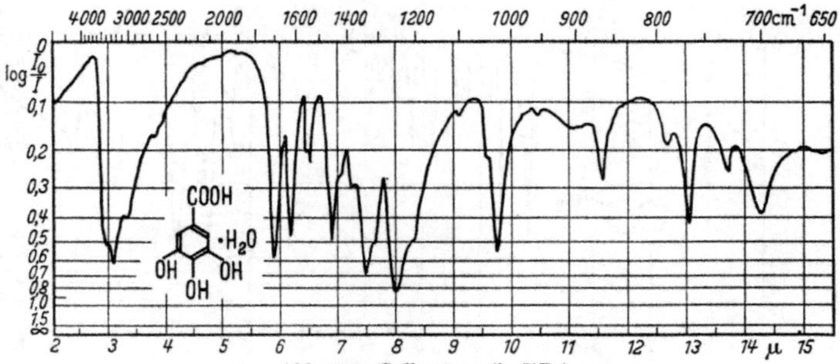

Abb. 113. Gallussäure (in KBr)

2,9–3,9 μ OH (assoz., Säure) (ν)
5,88 μ C=O (ν)

6,18 μ }  (ω)
6,5 μ }

8,0 μ =C–O, 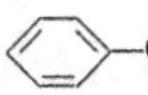 O (ν)

11,56 μ CH 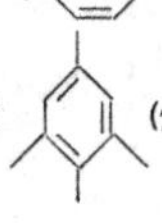 (γ)

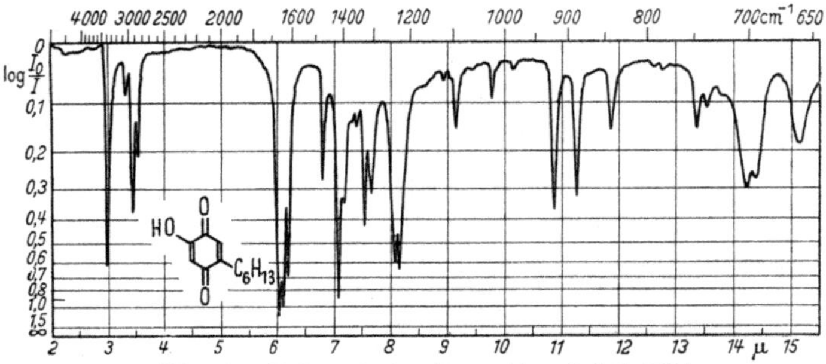

Abb. 114. 2-Hydroxy-5-n-hexyl-benzochinon-(1,4) (in KBr)

2,98 μ OH (ν)
3,30 μ CH (arom.) (ν)
3,4–3,5 μ CH (aliph.) (ν)
6,04 μ, 6,10 μ } C=O (ν)

6,20 μ, 6,80 μ, 7,53 μ, 7,65 μ, 9,15 μ, 10,86 μ, 11,25 μ } Ring

7,08 μ, 7,17 μ } CH_2, CH_3 (δ)
8,06 μ, 8,15 μ } =C—O (ν)
11,85 μ CH (γ)

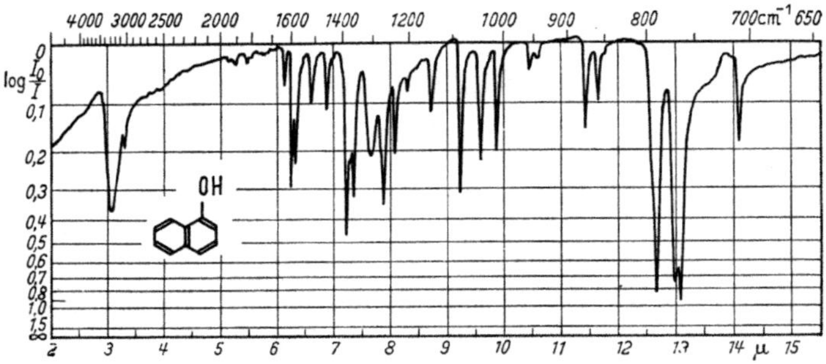

Abb. 115. α-Naphthol (in KBr)

3,06 μ OH (ν)
3,30 μ CH (arom.) (ν)

6,13 μ, 6,25 μ, 6,33 μ, 6,60 μ } Gerüst (ω)

12,68 μ, 13,00 μ, 13,08 μ } CH (α-Naphthalin) (γ)

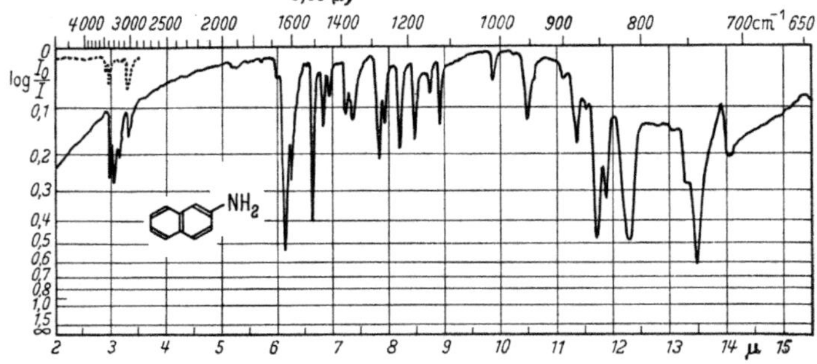

Abb. 116. β-Naphthylamin (in KBr, ... Lsg. in CCl_4)

2,90 μ, 2,96 μ } NH_2 (frei, in Lsg.) (ν)
2,98 μ, 3,05 μ, 3,16 μ } NH_2 (assoz., fest) (ν)
3,30 μ CH (arom.) (ν)
6,14 μ NH_2 (δ)

6,14 μ, 6,25 μ, 6,33 μ, 6,61 μ } Gerüst (ω)

11,70 μ, 12,30 μ, 13 48 μ } CH (β-Naphthalin) (γ)

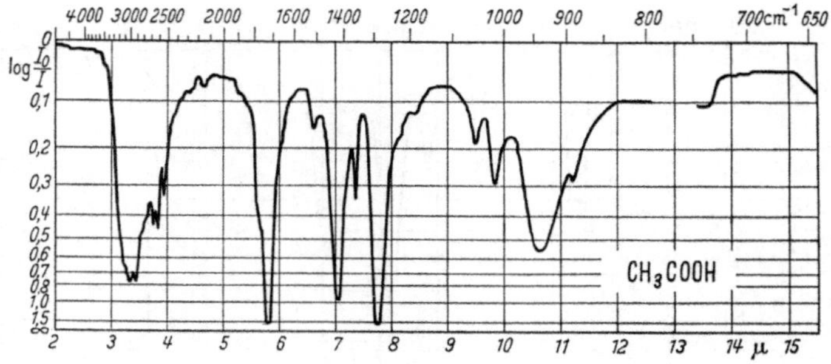

Abb. 117. Essigsäure (4% in CCl_4; 0,1 mm)

3–4 μ	OH (assoz., Säure) (ν)	7,75 μ	=C–O (ν)
5,80 μ	C=O (ν)	10,65 μ	OH (γ)

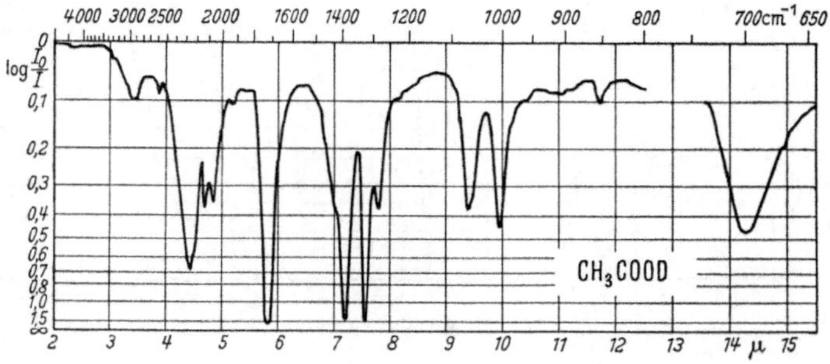

Abb. 118. Deuterierte Essigsäure (4% in CCl_4; 0,1 mm)

4,42 μ, 4,68 μ, 4,84 μ	OD (assoz., Säure) (ν)	5,80 μ	C=O (ν)
		7,60 μ	=C–O (ν)
		14,3 μ	OD (γ)

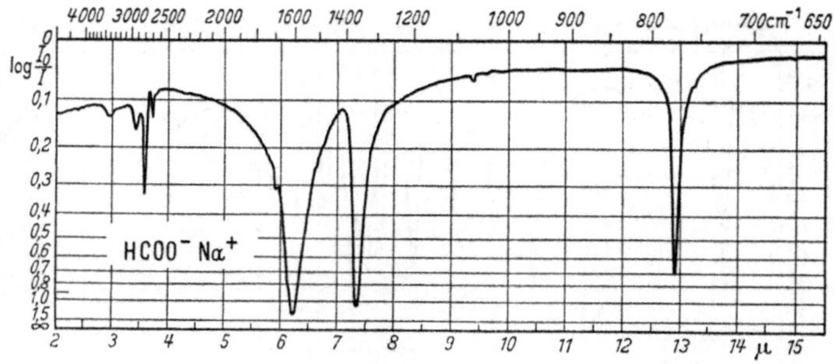

Abb. 119. Natriumformiat (in KBr)

3,43 μ	COO^- (ν 6,23 μ + ν 7,35 μ)	6,23 μ	COO^- (ν_{as})
3,57 μ	CH (ν)	7,35 μ	COO^- (ν_s)
3,72 μ	COO^- (2 · ν 7,35 μ)	**12,90 μ**	CH (γ)

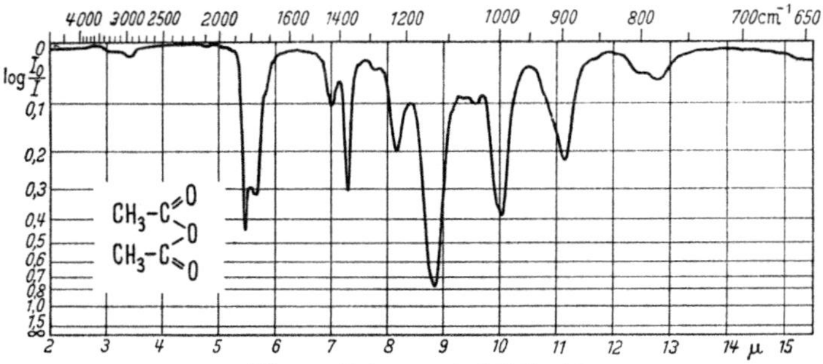

Abb. 120. Essigsäureanhydrid (flüssig)

5,48 μ, 5,68 μ: C–C(=O)–O–C(=O)–C (ν)

8,86 μ: =C–O–C= (offenkettig) (ν)

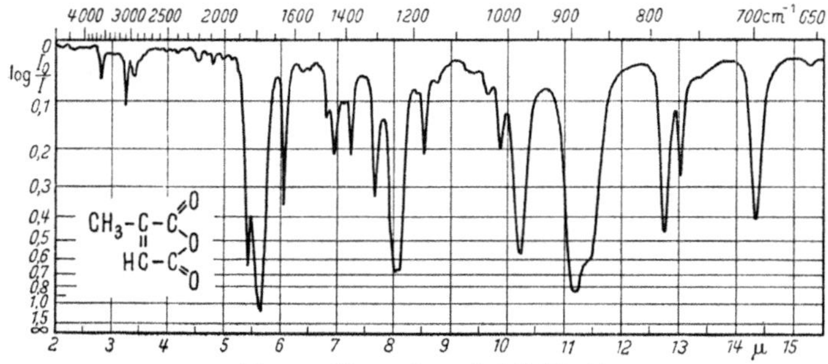

Abb. 121. Citraconsäureanhydrid (flüssig)

2,80 μ C=O (2ν)

3,24 μ =CH (ν)

3,42 μ CH_3 (ν)

5,42 μ, 5,65 μ 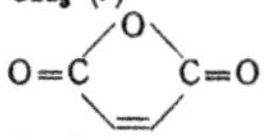 (Anhydrid, cyclisch) (ν)

6,05 μ C=C (ν)

8,05 μ, 8,10 μ =C–O–C= (cyclische Verbindung mit Ringspannung) (ν)

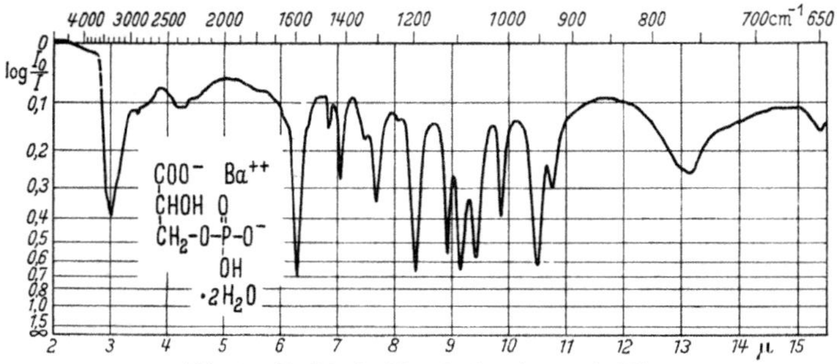

Abb. 122. Ba-Salz der Phosphoglycerinsäure in KBr)

3,0 μ OH (ν)

4–4,5 μ POH (ν)

6,30 μ COO^- (ν_{as})

7,68 μ COO^- (ν_s)

8,37 μ P=O (assoz.) (ν)

8,9–10,5 μ C–O, P–O (ν), POH (δ)

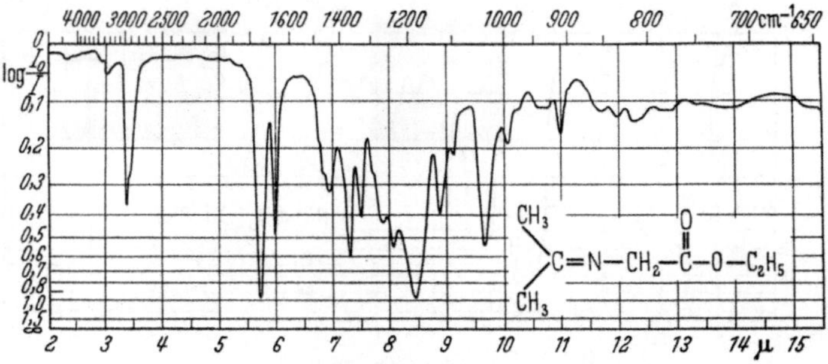

Abb. 123. N-Isopropyliden-glycin-äthylester (flüssig)

3,38 µ, 3,42 µ } CH (ν)
5,75 µ C=O (ν)
6,00 µ C=N (ν)
7,32 µ CH_3 (δ)
8,46 µ =C—O (ν)
9,67 µ —C—O (ν)

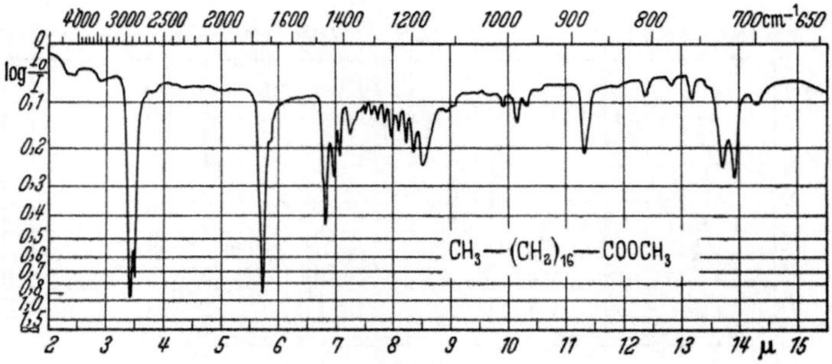

Abb. 124. Stearinsäuremethylester (Kristallfilm auf NaCl)

3,44 µ, 3,51 µ } CH (ν)
5,75 µ C=O (ν)

7,53 µ, 7,65 µ, 7,75 µ, 7,87 µ, 7,98 µ, 8,11 µ, 8,25 µ, 8,37 µ } **Für Kettenlänge typische Bandenfolge langer CH_2-Ketten**

13,73 µ, 13,93 µ } $(CH_2)_n$ (ϱ)

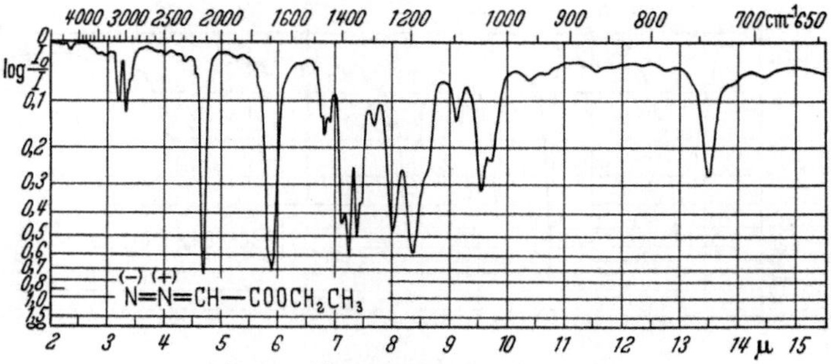

Abb. 125. Diazoessigsäureäthylester (flüssig)

4,72 µ $\overset{(-)}{N}=\overset{(+)}{N}=$ (ν)
5,90 µ C=O (konj.) (ν)

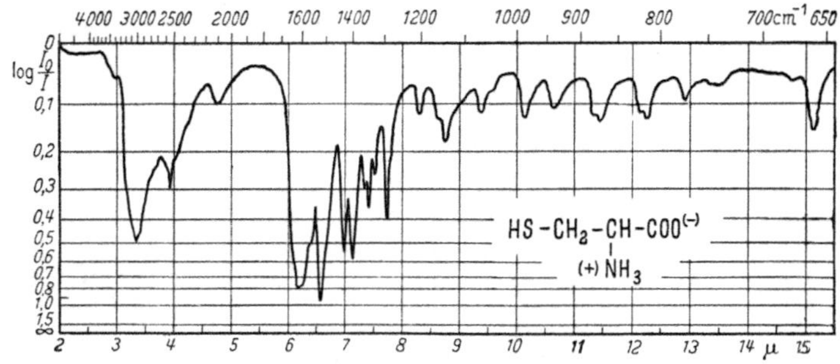

Abb. 126. Cystein (in KBr)

~3,25 µ	(+)NH$_3$ (ν)	3,94 µ	SH (ν)
3,35 µ	CH (ν)	6,1—6,3 µ	$^+$NH$_3$ I (δ), COO$^-$ (ν) Aminosäure
3,75—4,25 µ	Aminosäure	6,58 µ	$^+$NH$_3$ II (δ) Aminosäure
4,75 µ	Aminosäure	7,73 µ	Aminosäure

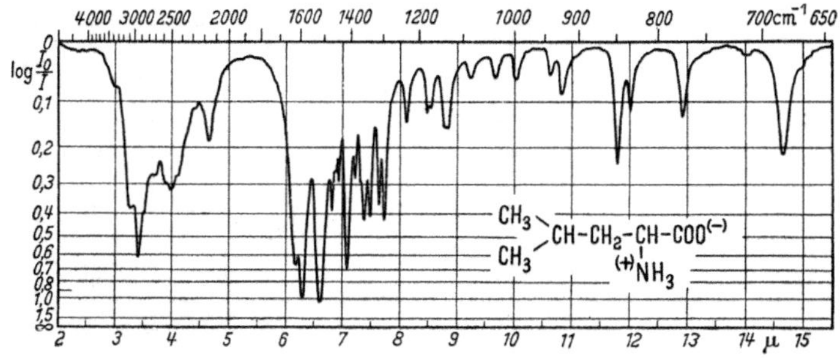

Abb. 127. Leucin (in KBr)

3,28 µ	(+)NH$_3$ (ν)	6,18 µ	$^+$NH$_3$ I (δ) Aminosäure
3,42 µ	CH (ν)	6,62 µ	$^+$NH$_3$ II (δ) Aminosäure
3,52 µ	CH (ν)	6,30 µ	COO$^-$ (ν) Aminosäure
3,75—4,25 µ	Aminosäure	7,73 µ	Aminosäure
4,66 µ	Aminosäure		

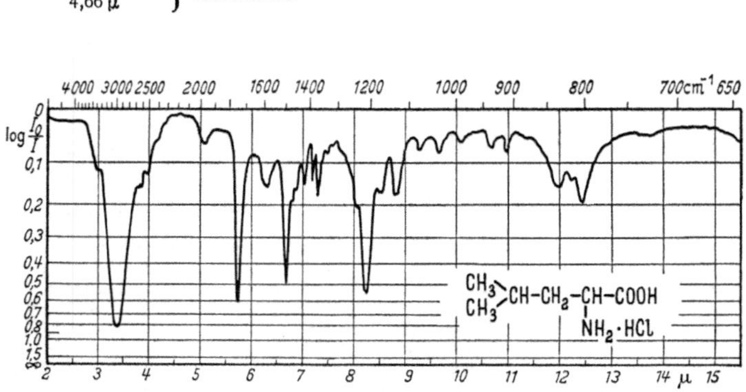

Abb. 128. Leucin-HCl (in KBr)

3,4 µ	CH (ν), (+)NH$_3$ (ν)	5,74 µ	C=O (ν) Aminosäure-hydrochlorid
3,4—4 µ	Aminosäure-hydrochlorid	6,30 µ	(+)NH$_3$ I (δ) Aminosäure-hydrochlorid
5,05 µ	Aminosäure-hydrochlorid	6,70 µ	(+)NH$_3$ II (δ) Aminosäure-hydrochlorid
		8,25 µ	=C—O (ν)

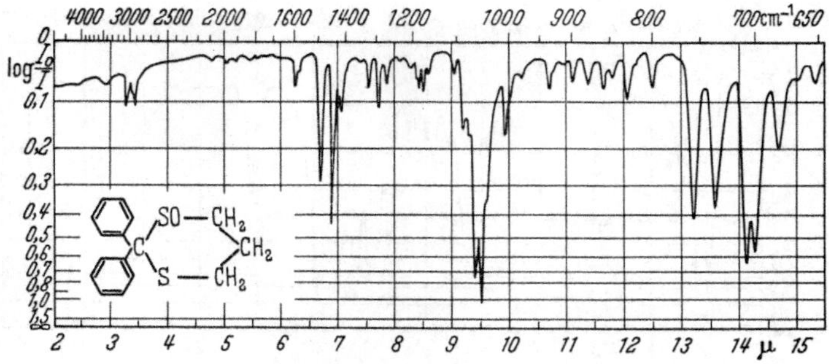

Abb. 129. 2,2-Diphenyl-1,3-dithian-1-oxyd (in KBr)

3,28 μ CH (arom.) (ν)

3,37 μ, 3,42 μ } CH (aliph.) (ν)

6,27 μ, 6,33 μ, 6,72 μ, 6,91 μ }  (ω)

6,91 μ CH_2 (δ)

9,44 μ, 9,53 μ } S=O (ν)

13,25 μ, 13,62 μ, 14,16 μ, 14,30 μ } 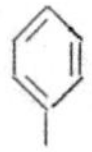 (γ

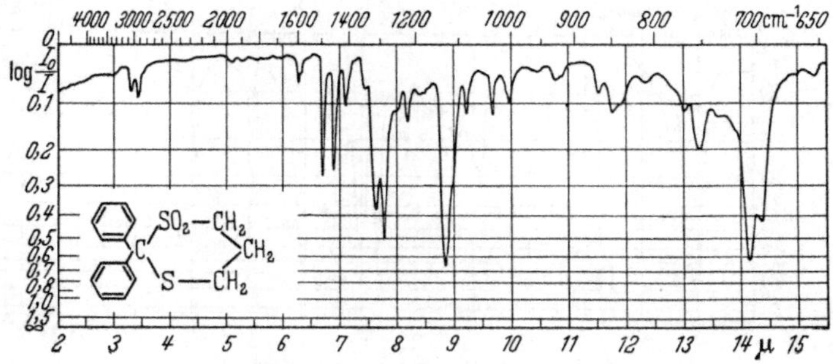

Abb. 130. 2,2-Diphenyl-1,3-dithian-1,1-dioxyd (in KBr)

7,63 μ, 7,77 μ } SO_2 (ν_{as})

8,85 μ SO_2 (ν_s)

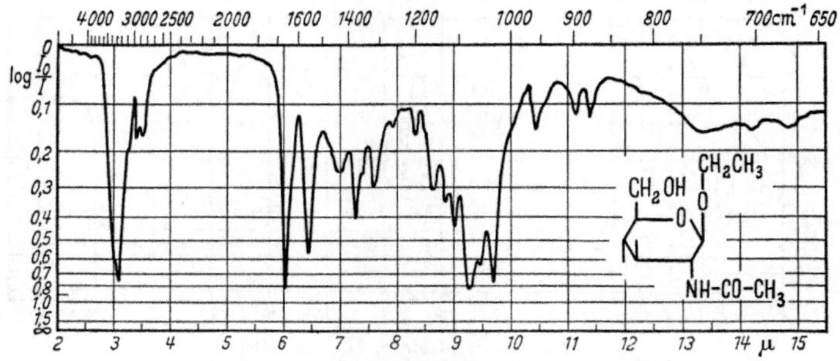

Abb. 131. *β*-Äthyl-N-acetyl-glucosaminid (in KBr)

6,05 μ Amid I, **6,45 μ Amid II** } O=C–NH ($-\overset{O}{\overset{\|}{C}}-NH$)

11,15 μ *β***-Konfiguration**

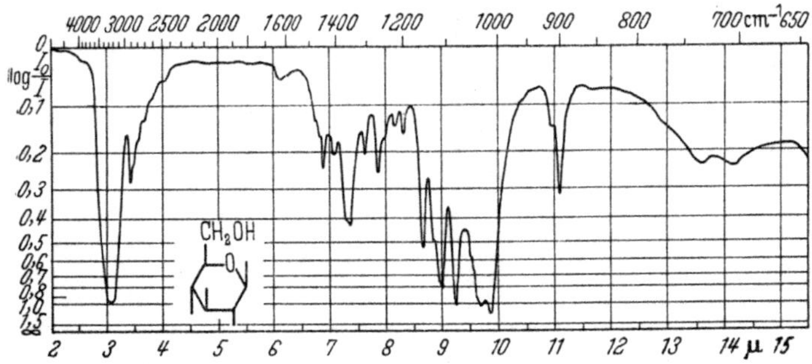

Abb. 132. β-D-Glucose (in KBr)

3,1 μ	OH (ν)		8,7–9,9 μ	C–O (ν)
3,43 μ	CH (ν)		11,11 μ	β-Konfiguration
7,35 μ	OH (δ)			

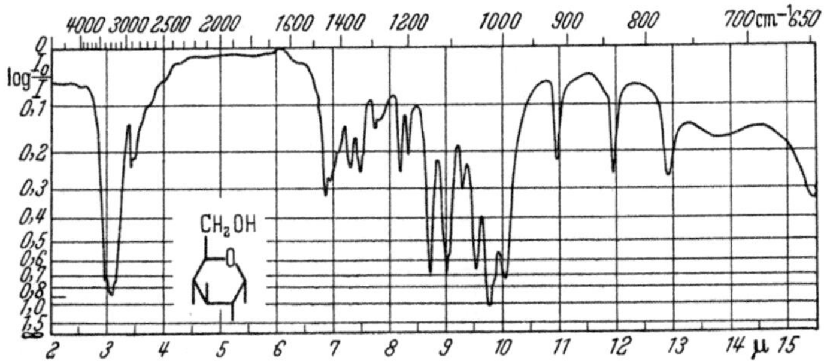

Abb. 133. α-D-Glucose (in KBr)

8,7–10,1 C–O (ν) 11,94 μ α-Konfiguration

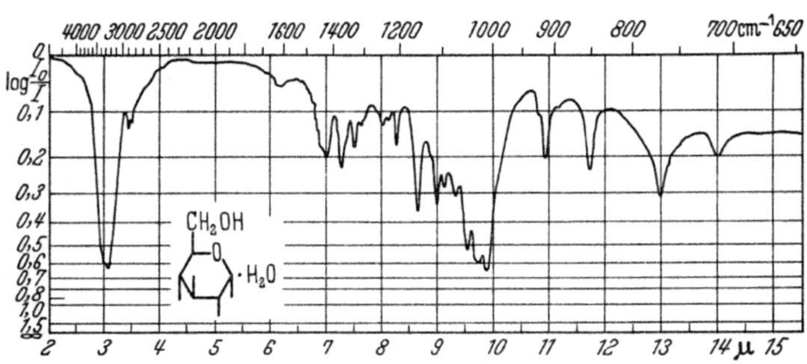

Abb. 134. α-D-Glucose·H_2O (in KBr)

8,6–9,9 μ C–O (ν) 11,75 μ α-Konfiguration

Glucose kann im KBr-Preßling mit eingeschlossener Feuchtigkeit reagieren und bildet Glucose ·H_2O. Dieses Spektrum ist anders als das von Glucose. Wird der Preßling getrocknet, so geht das Kristallwasser verloren und man erhält wieder das Spektrum von Glucose.

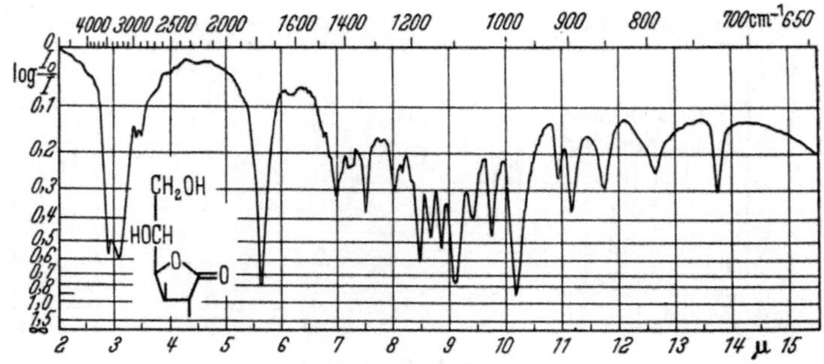

Abb. 135. D-Gluconsäure-γ-lacton (in KBr)
5,64 µ C=O (γ-Lacton) (ν)

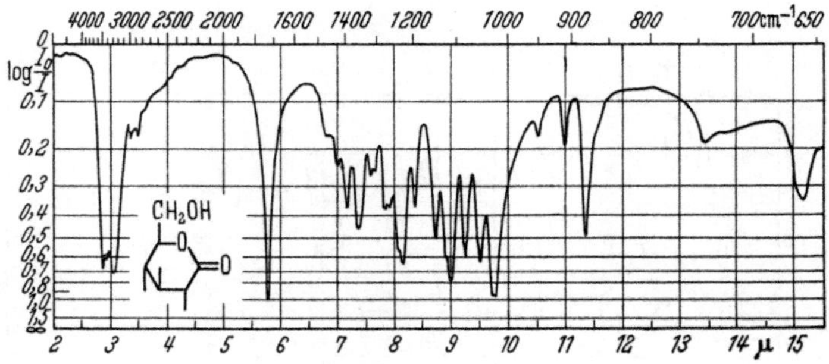

Abb. 136. D-Gluconsäure-δ-lacton (in KBr)
5,77 µ C=O (δ-Lacton) (ν)

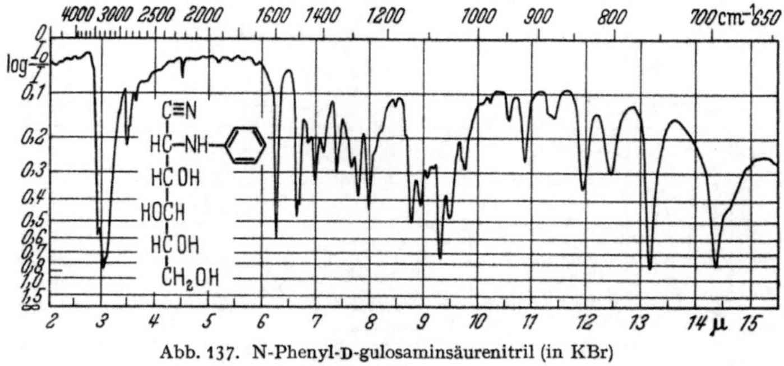

Abb. 137. N-Phenyl-D-gulosaminsäurenitril (in KBr)
4,50 µ C≡N (ν)

6,24 µ  (ω) (polarer Ring, starke Bande)

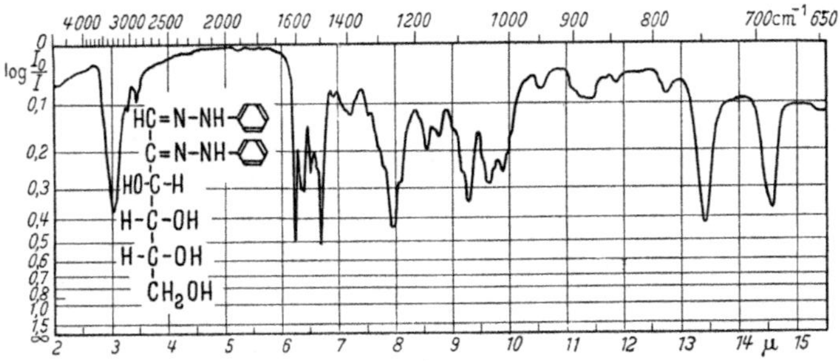

Abb. 138. Glucosazon (in KBr)

3,05 μ OH, NH (ν)
3,30 μ CH (arom.) (ν)
3,45 μ CH (aliph.) (ν)
6,23 μ C=N (ν)

6,35 μ, 6,68 μ  (ω)

7,95 μ N— 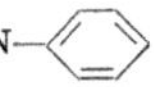 (ν)

13,40 μ, 14,57 μ CH  — (γ)

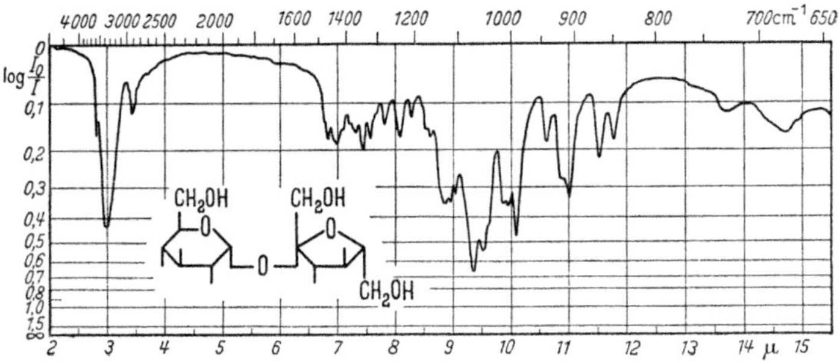

Abb. 139. Rohrzucker (in KBr)

2,80 μ OH (frei) (ν)
2,96 μ, 3,01 μ OH (assoz.) (ν)
8,8—10,1 μ —C—O (ν)
11,76 μ α-Konfiguration

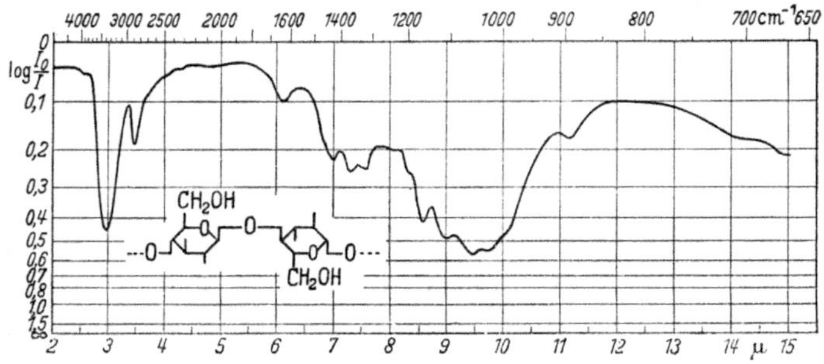

Abb. 140. Cellulose (Zellmehl) (in KBr)
11,18 μ β-Konfiguration

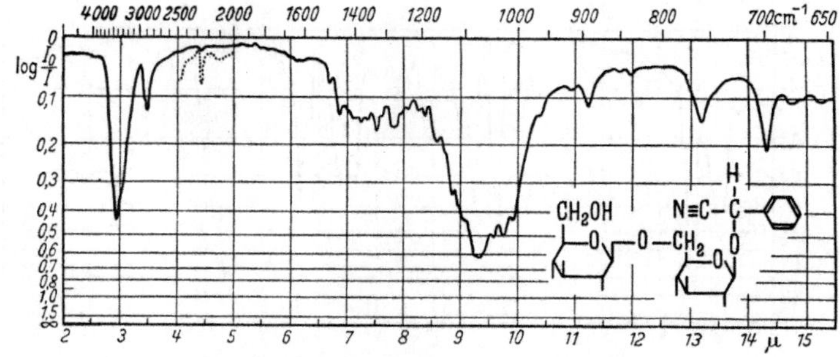

Abb. 141. Amygdalin (in KBr) (punktierte Linie = 6fache Substanzmenge)

4,43 μ C≡N (ν)
11,24 μ β-Konfiguration
13,17 μ, 14,30 μ } CH ⟨phenyl⟩— (γ)

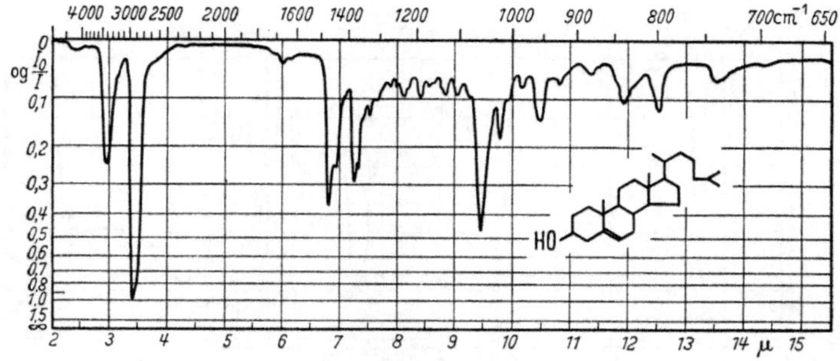

Abb. 142. Cholesterin (in KBr)

2,95 μ OH (ν)
6,00 μ C=C (ν)
9,47 μ —C—O (ν)
11,92 μ, 12,52 μ } Δ^5-Steroid

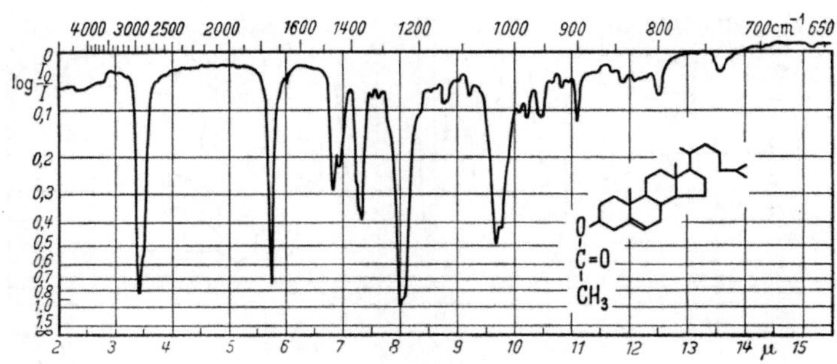

Abb. 143. Cholesterinacetat (in KBr)

5,75 μ C=O (ν)
6,00 μ C=C (ν)
8 μ =C—O (ν)
9,67 μ —C—O
11,89 μ, 12,53 μ } Δ^5-Steroid

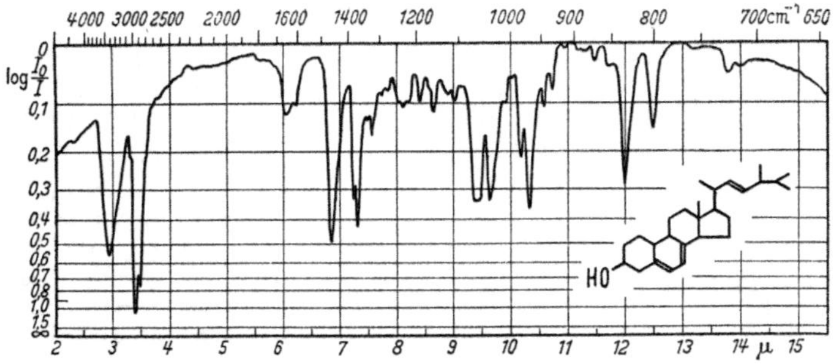

Abb. 144. Ergosterin (in KBr)

3,30 μ CH (olefin.) (ν)
3,40 μ, 3,50 μ CH (aliph.) (ν)
6,05—6,25 μ C=C (ν)
10,34 μ H\C=C\H (trans)
12,00 μ, 12,49 μ $\Delta^{5,7}$-Steroid

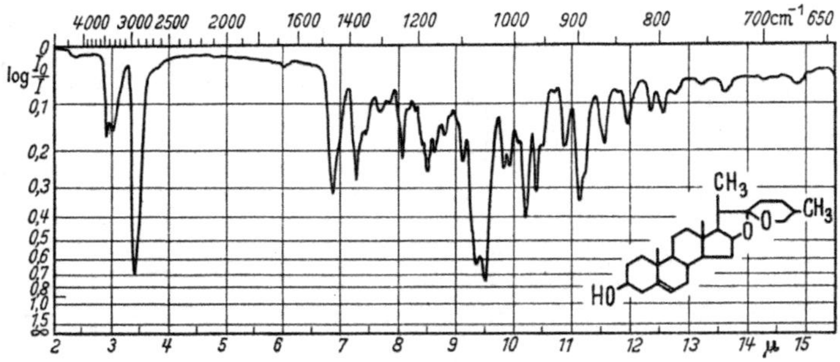

Abb. 145. Diosgenin (in KBr)

9,99 μ C=C (ν)
9,36 μ, 5,50 μ —C—O (ν)
10,19 μ, 10,87 μ, 11,13 μ, 11,55 μ 22a-Spirostan (Isosapogenin) $\mathrm{Int.}_{11,13\,\mu} > \mathrm{Int.}_{10,87\,\mu}$ ≡ Iso-Verb.
11,95 μ, 12,57 μ Δ^{5}-Steroid

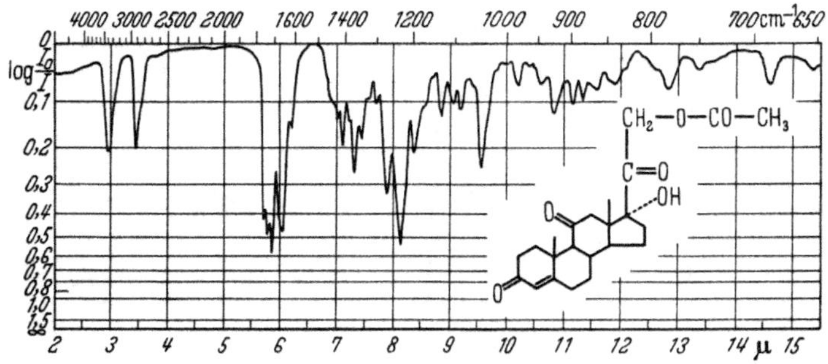

Abb. 146. Cortisonacetat (in KBr)

5,72 μ C=O (Ester) (ν)
5,79 μ C=O (Keton) (ν)
5,87 μ C=O (Ringketon) (ν)
6,04 μ C=O (konj. Ringketon) (ν)
6,20 μ C=C (konj.) (ν)

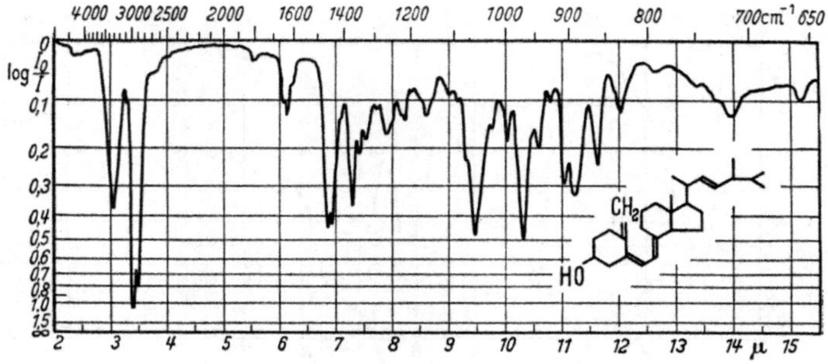

Abb. 147. Vitamin D_2 (Calciferol) (in KBr).

3,25 µ CH (olefin.) (ν)
6,01 µ, 6,05 µ, 6,13 µ, 6,21 µ } C=C (ν)
9,45 µ —C—O (ν)

10,32 µ H\C=C\H (trans)
5,52 µ, 11,22 µ } > $C{=}CH_2$
12,00 µ > C=C < H

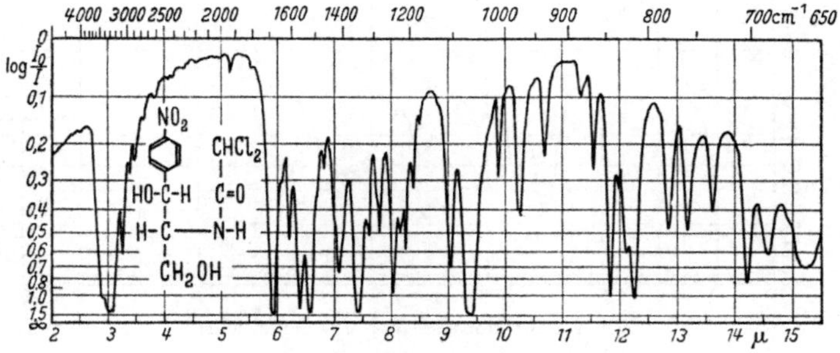

Abb. 148. p-Chloramphenicol (in KBr).

5,16 µ 
5,92 µ Amid I } Kurzwellige Lage, Einfluß der
6,40 µ Amid II } CCl_2-Gruppe auf die C=O-Gruppe.
6,58 µ NO_2 (ν_{as})
7,42 µ NO_2 (ν_s)
9,4 µ —C—O (ν)
11,84—12,25 µ NO_2 (δ),  (γ)

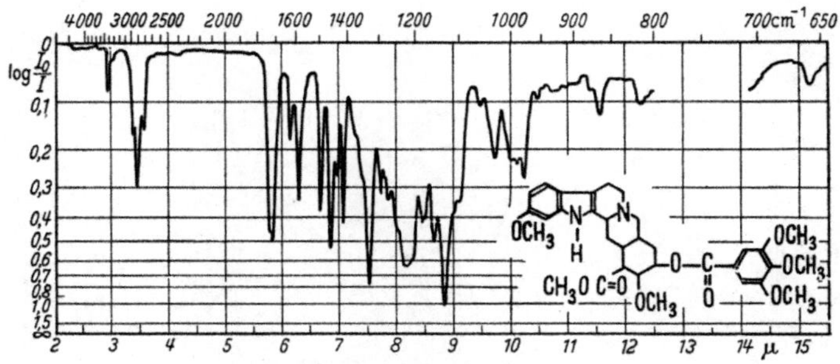

Abb. 149. Reserpin (50 mg/cm³ $HCCl_3$, 0,11 mm).

2,94 µ NH (ν)
5,78 µ, 5,83 µ } C=O (ν)

6,14 µ, 6,29 µ, 6,66 µ }  (ω)

8,2 µ =C—O (ν)
8,85 µ —C—O (ν)

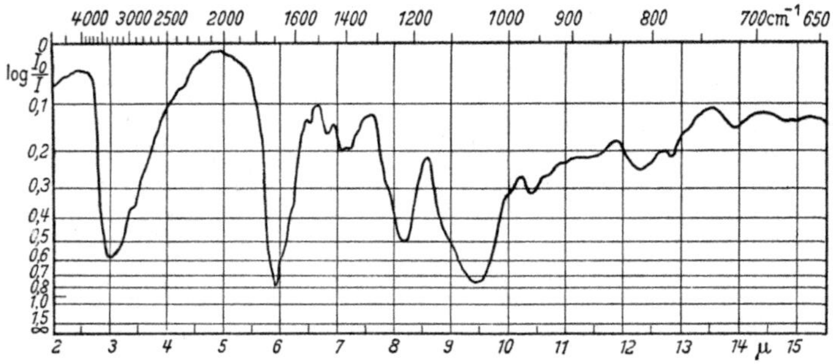

Abb. 150. Nucleinsäure aus Hefe (in KBr).

~ 3 μ OH, NH, NH_2 (ν)
3,45 μ CH (ν)
5,9 μ, 6,1 μ, 6,2 μ } C=O, C=N, C=C (ν)
8,2 μ =C—O (ν), P=O (ν)
9,5 μ —C—O (ν), P—O—C (ν)

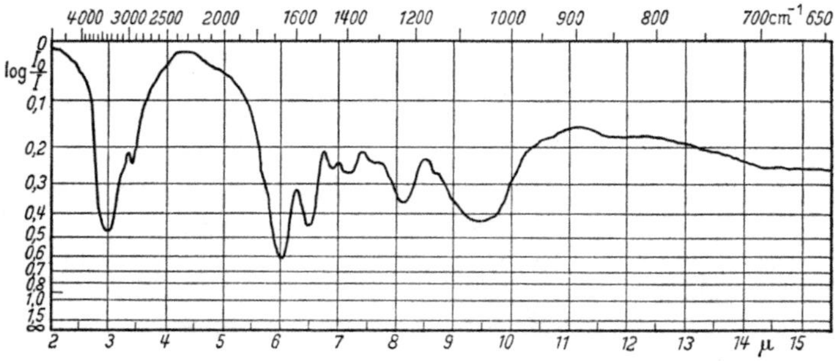

Abb. 151. Streptobacterium plantarum (in KBr).

3,0 μ OH, NH (ν)
3,4 μ CH (ν)
6 μ C=O, C=N C=C (ν)
6 μ, 6,5 μ } —C(=O)—NH—
8,2 μ =C—O (ν), P=O (ν)
9,5 μ —C—O (ν), P—O—C (ν)

V. Isotopenhaltige organische Verbindungen von biochemischem Interesse

Von **H. Simon** und **G. Müllhofer**, Munchen

Inhalt. 1. ^{14}C-haltige Verbindungen. — 2. Deuteriumhaltige Verbindungen. — 3. Tritiumhaltige Verbindungen. — 4. ^{15}N-haltige Verbindungen. — 5. ^{18}O-haltige Verbindungen. — 6. ^{32}P-haltige Verbindungen. — 7. ^{35}S-haltige Verbindungen. — 8. Literatur zu 1—7. — 9. Biosynthetisch dargestellte ^{14}C-haltige Verbindungen, deren Gewinnung vor 1956 publiziert wurde. — 10. Literatur zu 9.

Vorbemerkungen. Seit dem Erscheinen der 1. Auflage dieses Taschenbuches ist die Synthese so vieler markierter Verbindungen beschrieben worden, daß hier nicht mehr alle aufgeführt werden können. Die Darstellung der hier zusammengestellten Verbindungen fallt in die Zeit von 1956 bis Anfang 1961. Es sind auch solche Verbindungen aufgeführt, deren Synthese fruher schon einmal publiziert wurde. Die Vollständigkeit kann nicht garantiert werden. Die Verbindungen sind nach der Summenformel (System Chemical Abstracts) geordnet. Substanzen ohne definierte Summenformel sind am Ende der einzelnen Listen alphabetisch geordnet. Für Synthesen, die vor 1956 publiziert wurden, existiert ein wohlbekanntes Standardwerk: *A. Murray, III* and *D. L. Williams*, Organic Syntheses with Isotopes, Part I and II, New York, London 1958. Da dieses Werk jedoch keine biosynthetisch gewonnenen Praparate enthält, wurde hier eine Liste der wichtigsten ^{14}C-markierten Verbindungen, die fruher auf biochemischem Weg dargestellt wurden, aufgenommen.

Eine große Zahl markierter Verbindungen, deren Synthese vor 1956 beschrieben wurde, ist auch zusammengefaßt in „Methods of Enzymology", Hrsg. *Colowick, S. P.*, u. *N. O. Kaplan:* **4**, 425—915, New York 1957, oder *Weygand, F.*, u. *H. Simon:* Herstellung isotopenhaltiger Verbindungen in „Houben-Weyl", Methoden der organischen Chemie, Band 4/2, Stuttgart 1955. Schließlich sei darauf hingewiesen, daß es eine große Anzahl markierter Verbindungen zu kaufen gibt, u. a. solche, für die keine Synthese beschrieben ist. Die umfassendste Liste: International Directory of Radioisotopes, second Edition. The International Atomic Energy Agency, Kärntner Ring, Wien, 1962.

Intermolekular doppelmarkierte Verbindungen können grundsätzlich nach zwei Möglichkeiten gewonnen werden: 1. Man stellt die verschieden einfach markierten Verbindungen her und mischt diese. 2. Man führt die Isotope in einem Synthesegang ein, indem man zwei oder mehr markierte Bausteine einsetzt.

Die Position der Markierung wird durch die Massenzahl oder einen Stern angegeben.

1. ^{14}C-haltige Verbindungen

Summenformel	Name der Verbindung	Herstellungsmethode und Bemerkungen	Literatur
$CBaN_2$	Bariumcyanamid-^{14}C	Bariumcarbonat + NH_3 bei 800 °C.	[*114*]
CNK	Kaliumcyanid-^{14}C	Erhitzen von $BaCO_3$, Kaliumazid u. metall. K, Ausbeute 94—96%. Austausch zwischen $Ba^{14}CO_3$ und KCN. Falls z. B. 1 mM$Ba^{14}CO_3$ von 10 mC/mM mit 10 mM KCN umgesetzt werden: Isotopenausbeute 90%. Sehr einfaches und zuverlassiges Verfahren.	[*167*, *202*] [*9*, *238*]
CH_2N_2	Cyanamid-^{14}C	Aus BaNCN mit Schwefelsaure.	[*114*]
	Diazomethan-^{14}C	Nitrosomethylharnstoff (siehe $C_2H_5N_3O_2$).	[*234*]
CH_2O_2	Formiat-^{14}C	Biosynthese.	[*25*]
CH_3J	Methyljodid-^{14}C	Aus Methanol nach der Zeisel-Methode. 95—100% Ausbeute. Kein Vakuumsystem erforderlich.	[*219*]
CH_3NO_2	Nitromethan-^{14}C		[*159*]
CH_4N_2O	Harnstoff-^{14}C	Aus KCN. 70% Ausbeute 4 mg Maßstab.	[*49*, *79*]
CH_5N_3O	Semicarbazid-^{14}C	Harnstoff + Hydrazinhydrat. 79% Ausbeute als Hydrochlorid.	[*53*]
CH_5N_3S	Thiosemicarbazid-^{14}C	Siehe 6-Azauracil-2-^{14}C ($C_3H_3N_3O_2$).	[*53*]
C_2H_2O	Keten-(methylen-^{14}C)	Pyrolyse von Aceton.	[*3*]
$C_2H_2O_3$	Glyoxylsaure-1,2-^{14}C	Elektrolyt. Red. von Oxalsaure. Ausbeute 95%. µM Maßstab. Reduktion von Oxalsäure mit Natriumamalgam.	[*147*] [*178*]
$C_2H_2O_4$	Oxalsäure-^{14}C		[*287*]
$C_2H_3BrO_2$	Bromessigsaure-1-^{14}C	Bromierung von Essigsaure	[*79*]
$C_2H_4N_4$	Dicyandiamid-^{14}C	Siehe 1,1-Dimethyl-guanylguanidin-2,4-^{14}C. ($C_4H_{11}N_5$) 70—80% Ausbeute, bez. auf $BaCO_3$.	[*114*]
$C_2H_4O_3$	Glykolsaure-1- oder -2-^{14}C	Aus Glycin-1- oder -2-^{14}C mit $BaNO_2$ und Schwefelsaure.	[*161a*]
C_2H_5Br	Äthylbromid-1-^{14}C	Aus Äthanol mit HBr. 88% Ausbeute.	[*281*]
$C_2H_5NO_2$	Glycin-1-^{14}C	Aus NaCN. 57% Ausbeute.	[*96*]
	Glycin-2-^{14}C	Aus Bromessigsaure + Ammoniak. Aus 2-Amino-N,N-di'phenylacetamidin-2-^{14}C.	[*78*] [*176*, *266*]

$C_2H_5N_3O_2$	Nitrosomethylharnstoff-(methyl-^{14}C)		[234]
C_2H_6O	Äthanol-1-^{14}C	Red. von Acetylchlorid mit $LiAlH_4$.	[282]
C_2H_7N	Dimethylamin-^{14}C	Durch Hydrolyse von N-Dimethyl-p-toluolsulfamid. 78% Ausbeute.	[82]
$C_2H_8N_2$	Äthylendiamin-^{14}C	Aus Äthylendibromid. 20% Ausbeute.	[134a]
C_3H_3NO	Acetylcyanid-2-^{14}C	Acetylbromid + Kupfercyanid. 65% Ausbeute.	[79]
$C_3H_3N_3O_2$	6-Azauracil-2-^{14}C	Glyoxylsauresemicarbazon-^{14}C (s. Semicarbazid).	[53]
		Aus $CCl_3 \cdot CH(OH) \cdot NH \cdot NH \cdot \overset{*}{C} \begin{smallmatrix} \diagup NH \\ \diagdown SCH_3 \end{smallmatrix}$	[53]
	6-Azauracil-5,6-^{14}C	Aus Thiosemicarbazon von Glyoxylsäure-1,2-^{14}C.	[178]
$C_3H_4O_3$	Brenztraubensäure-2-^{14}C	$CH_3 \cdot \overset{*}{C}OBr \xrightarrow[65\%]{CuCN} CH_3\overset{*}{C}O \cdot CN \xrightarrow[85\%]{HCl} CH_3 \cdot \overset{*}{C}OCO_2H$.	[79]
$C_3H_4O_4$	Malonsäure-2-^{14}C	Natrium-cyanoacetat.	[137]
$C_3H_5BrO_2$	Bromessigsauremethylester-1-^{14}C	Essigsaure → Bromessigsäure u. Veresterung mit Diazomethan.	[79]
C_3H_5NO	Äthylencyanhydrin-(cyan-^{14}C)	Chlorhydrin + $K\overset{*}{C}N$. 15 g Maßstab.	[245]
$C_3H_6N_2$	β-Aminopropionitril-1-^{14}C	Acrylnitril + NH_3.	[245]
$C_3H_6N_2O_2$	Cycloserin-3-^{14}C		[142a]
	Cycloserin-5-^{14}C	Serin-2-^{14}C → 3-Chlor-2-amino-propionsäure-hydrochlorid; Cyclisierung.	[54]
C_3H_6O	Aceton-2-^{14}C	Bariumacetat.	[264]
$C_3H_6O_3$	Dihydroxyaceton-^{14}C		[24]
	Hydracrylsäure-1,2,3-^{14}C	Aus 2-Bromäthanol-1,2-^{14}C	[274]
C_3H_7NO	Dimethyl-^{14}C-formamid	Ameisensäure + Dimethylamin.	[241a]
$C_3H_7NO_2$	DL-Alanin-1-^{14}C	Analog Glycin-1-^{14}C ($C_2H_5NO_2$).	[96]
		Addition von NH_3 + HCN an Acetaldehyd; Verseifung.	[78]
	Alanin-3-^{14}C	N-Formylmalonester + CH_3J.	[78]
	β-Alanin-3-^{14}C	Red. von Cyanessigsäure.	[54]
$C_3H_7NO_3$	Serin-1-^{14}C		142a
$C_3H_8O_3$	Glycerin-1,3-^{14}C	Red. von Diacetylglycerinsäureester mit $LiAlH_4$.	[133]

Fortsetzung

Summenformel	Name der Verbindung	Herstellungsmethode und Bemerkungen	Literatur
$C_4H_3BrN_2O_2$	5-Bromuracil-^{14}C		[180]
$C_4H_4N_2O_2$	Uracil-2,4,5,6-^{14}C	Aus Harnstoff-^{14}C und Cyanessigsäure-1,2,3-^{14}C.	[84]
$C_4H_4N_2O_3$	Barbitursäure-2-^{14}C	Kondensation von Harnstoff mit Diäthylmalonester.	[49]
	Barbitursäure-5-^{14}C	Harnstoff + Malonsäure.	[137]
$C_4H_5NO_2$	Cyanessigsäure-^{14}C-methylester	Cyanessigsäure + Dimethylsulfat. 85—90% Ausbeute.	[138]
$C_4H_5N_3O$	Cytosin-2-^{14}C	Harnstoff + β-Äthoxyacrylnitril.	[57]
$C_4H_5N_3O_2$	4-Aminouracil-2-^{14}C	Harnstoff + Cyanessigester. 55% Ausbeute.	[276]
	4-Azathymin-^{14}C		[179]
	6-Azathymin-4-^{14}C	Brenztraubensäure + Thiosemicarbazid.	[178]
$C_4H_6N_2O_2$	2,5-Diketopiperazin-3,6-^{14}C	Glycin-2-^{14}C.	[185]
$C_4H_6N_4O$	4-Amino-imidazol-5-carboxamid-4-^{14}C	23% Ausbeute, bez. auf $BaCO_3$.	[192]
$C_4H_6O_5$	DL-Äpfelsäure-2,3-^{14}C		[213]
$C_4H_7NO_4$	Asparaginsäure-3-^{14}C	Aus Bromessigsäureäthylester-1-^{14}C + N-Formylaminomalonester.	[78]
	Asparaginsäure-4-^{14}C	Aus Bromessigsäureäthylester-2-^{14}C + N-Formylaminomalonester.	[78]
$C_4H_7N_5O$	2,4,5-Triamino-6-hydroxypyrimidin-5-^{14}C	Guanidin + Cyanessigester-2-^{14}C; Nitrosierung u. Red.; 71,5% Ausbeute.	[140]
$C_4H_9NO_2$	α-Methyl-β-alanin-3-^{14}C		[177]
$C_4H_{11}N_5$	1,1-Dimethyl-guanylguanidin-2,4-^{14}C	Aus Dicyandiamid. Ausbeute bezogen auf Dicyandiamid 62%. Isotopenausbeute bezogen auf $BaCO_3$ 38%.	[114]
$C_4H_{12}N_2$	Putrescin-1-^{14}C	Katalyt. Reduktion des Dinitrils.	[251]
C_5Cl_6	Hexachlorcyclopentadien-^{14}C	Siehe Aldrin ($C_{12}H_8Cl_6$).	[260]
$C_5H_3BrN_2O_4$	5-Brom-orotsäure-^{14}C		[180]
$C_5H_4N_2O_4$	Orotsäure-2-^{14}C	aus Ureidobernsteinsäure ($C_5H_8N_2O_5$).	[252]
		Harnstoff + Citronensäure in Oleum; Oxyd. der entstehenden Uracilessigsäure.	[78, 79]
	Orotsäure-(carboxyl-^{14}C)	2,4-Diäthoxy-6-lithiumpyrimidin + CO_2. 39% Ausbeute.	[154]
$C_5H_4N_4O_2$	Xanthin-5-^{14}C	Guanin + HNO_2. 94—96% Ausbeute.	[140]

C_5H_5N	Pyridin-2-^{14}C	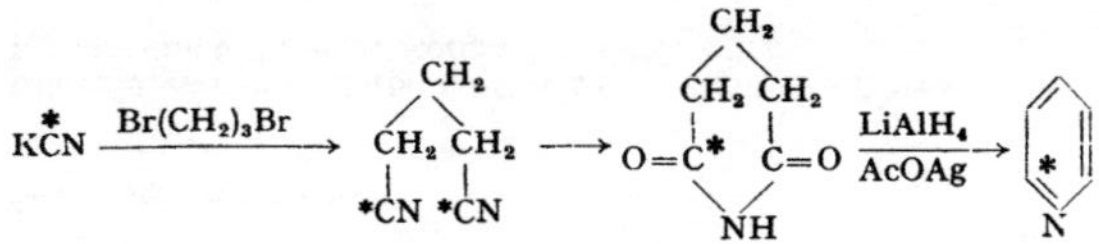 80 mM Maßstab. 5,2% Ausbeute, bezogen auf KC*N.	[15]
	Pyridin-3-^{14}C	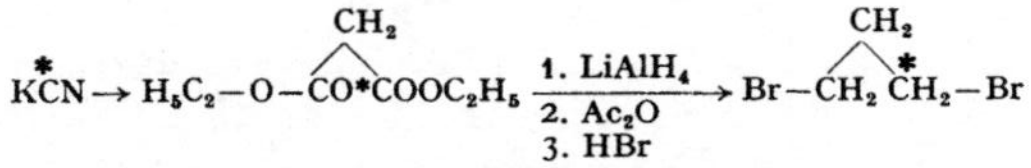 80 mM Maßstab. 5,2% Ausbeute, bezogen auf KC*N.	[15]
$C_5H_5NO_2$	Pyrrol-2-carbonsäure-(carboxyl-^{14}C)	Grignardreaktion. 50% Ausbeute.	[158]
$C_5H_5N_5$	Adenin-8-^{14}C	4,5,6-Triaminopyrimidin wird formyliert und in Formylmorpholin cyclisiert. Teilweiser Austausch der Formylgruppen.	[136]
$C_5H_5N_5O$	Guanin-5-^{14}C	2,4,5-Triamino-6-hydroxy-pyrimidin + Formamid. 97% Ausbeute.	[140]
$C_5H_7N_3O_2$	5-Hydroxymethyl-cytosin-2-^{14}C	Harnstoff + Cyanessigester + Orthoameisensaureester. Red. des Cytosincarbonsaureesters mit $LiAlH_4$. 30% Ausbeute.	[276]
$C_5H_8N_2O_5$	Ureidobernsteinsaure-(carbonyl-^{14}C)	Harnstoff + Asparaginsaure. 36% Ausbeute 5 mM.	[252]
$C_5H_8O_3$	Lävulinsaure-1-^{14}C	$CH_3COCH_2 \cdot CH_2Cl + Na\overset{*}{C}N \rightarrow CH_3COCH_2CH_2 \cdot \overset{*}{C}N \xrightarrow{\text{Hydrolyse}} CH_3COCH_2 \cdot CH_2 \cdot \overset{*}{C}O_2H$. 88% Ausbeute.	[171]
$C_5H_9NO_3$	δ-Aminolavulinsaure-4-^{14}C	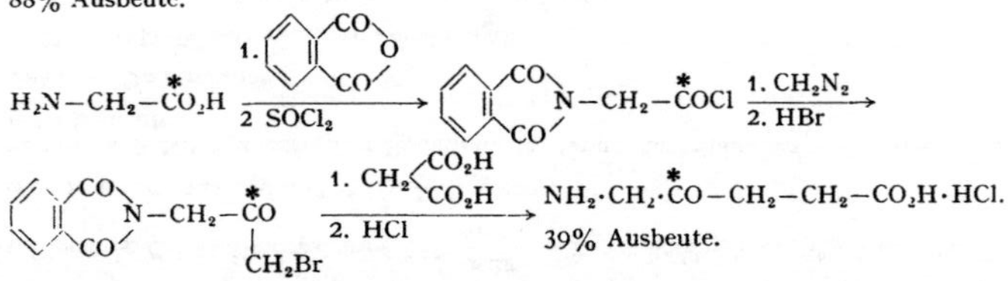 39% Ausbeute.	[206]
$C_5H_9NO_4$	Glutaminsaure-4-^{14}C	Phthalimidomalonsaurediathylester-2-^{14}C mit β-Brompropionsaureathylester.	[78]
$C_5H_{10}O_4$	Desoxyribose-^{14}C	Biosynthese.	[235]
	D-2-Desoxyribose-1-^{14}C	Aus einer Mischung partiell acetylierter 1-Nitropentitole. (Siehe D-Ribose-1-^{14}C, $C_5H_{10}O_5$.)	[187]

Fortsetzung

Summenformel	Name der Verbindung	Herstellungsmethode und Bemerkungen	Literatur
$C_5H_{10}O_5$	D-Arabinose-5-C^{14}	D-Glucose-6-C^{14} → Gluconsäure-6-C^{14} $\xrightarrow[\text{Abbau}]{\text{Ruff-}}$ D-Arabinose-5-^{14}C. 58% Ausbeute.	[*123*]
	D-Ribose-^{14}C	Biosynthetisch aus Glycin-2-^{14}C in Rattenleber.	[*235*]
	D-Ribose-1-^{14}C	Erythrose + Nitromethan, Nef-Reaktion, Trennung der Epimeren auf Cellulosesäulen. 19% Ausbeute.	[*187*]
$C_5H_{11}NO_2$	Betain-2-^{14}C	Glycin + Diazomethan.	[*176*]
$C_5H_{11}NO_2S$	DL-Methionin-1-^{14}C	NaCN + β-Methylmercaptopropionaldehyd.	[*251*]
$C_5H_{11}N_3O_3$	α-Amino-γ-carbamido-^{14}C-buttersäure	2,4-Diaminobuttersäure + NaOCN. 34% Ausbeute.	[*239*]
$C_6H_3ClN_2O_4$	1-Chlor-2,4-dinitrobenzol-^{14}C	Nitrierung von Chlorbenzol.	[*18a*]
$C_6H_3FN_2O_4$	1-Fluor-2,4-dinitrobenzol-^{14}C	Aus 1-Chlor-2,4-dinitrobenzol-^{14}C- mit KF in Nitrobenzol.	[*18a*]
$C_6H_4O_2$	p-Benzochinon-2,6-^{14}C	Aus Aceton-1,3-^{14}C und Nitromalonaldehyd.	[*267*]
$C_6H_5NO_3$	4-Nitro-phenol-2,6-^{14}C	Siehe 4-Aminobenzoesäure ($C_7H_7NO_2$).	[*139*]
$C_6H_5N_5O_2$	Xanthopterin-4a-^{14}C	Kondensation von 2,4,5-Triamino-6-hydroxy-pyrimidinsulfat mit Glyoxylsäureesterhalbacetal. 81–85% Ausbeute.	[*140*]
$C_6H_6Cl_6$	1,2,3,4,5,6-Hexachlorocyclohexan-^{36}Cl-^{14}C	Photochlorierung von Benzol-^{14}C.	[*86*]
$C_6H_6N_2O_4$	Uracil-essigsäure-2-^{14}C	Siehe Synthese von Orotsäure ($C_5H_4N_2O_4$).	[*78, 79*]
$C_6H_6O_2$	Chinol-2,3,5,6-^{14}C		[*201*]
$C_6H_6O_3$	5-Hydroxy-methyl-furfurol-^{14}C	Aus biosynth. Zuckern.	[*284*]
$C_6H_8N_2$	Phenylhydrazin-1-^{14}C	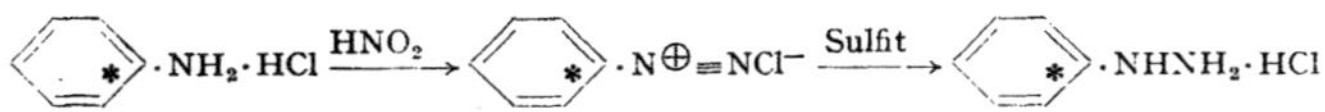	[*30c*]
$C_6H_8O_6$	L-Ascorbinsäure-1,2,3,4,5,6-^{14}C	Siehe Ascorbinsäure-6-^{14}C.	[*71*]
	L-Ascorbinsäure-2,3,4,5,6-^{14}C		[*224*]
	L-Ascorbinsäure-6-^{14}C	Gluconsäure-1-^{14}C → Sorbit-6-^{14}C → L-Sorbose-6-^{14}C → Diaceton-L-sorbose-6-^{14}C → 2-Keto-L-gulonsäure-6-^{14}C → L-Ascorbinsäure-6-^{14}C.	[*97*]
	D-Glucuronsäurelacton-^{14}C		[*188*]

$C_6H_9N_3O_2S$	DL-2-Mercaptohistidin-x-^{14}C	Acetaminocyanessigsäureathylester-2-^{14}C	[241]
$C_6H_{10}N_2O_4$	3,6-Dihydroxymethyl-^{14}C-2,5-diketo-piperazin	Cyclisierung von Serin. 39% Ausbeute.	[186]
$C_6H_{10}O_3$	β-Hydroxy-β-methyl-δ-valerolacton-2-^{14}C	Siehe Mevalonsäure-2-^{14}C ($C_6H_{12}O_4$).	[127]
$(C_6H_{10}O_5)n$	Dextran	Siehe bei Substanzen ohne Summenformel.	[242]
$C_6H_{10}O_7$	D-Glucuronsäure-6-^{14}C	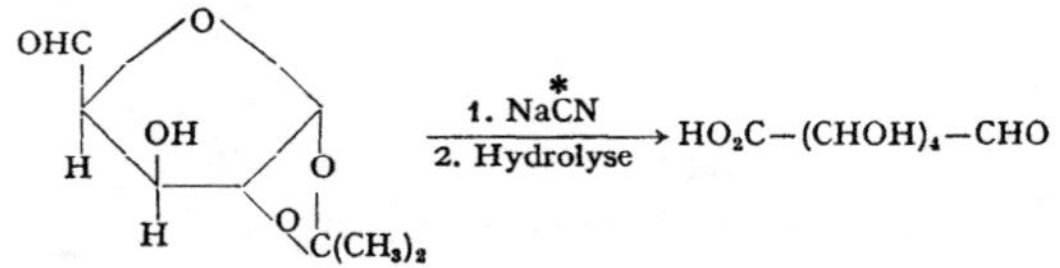	
$C_6H_{11}NO_4$	DL-α-Aminopimelinsaure-6-^{14}C	Das bei der Darstellung von DL-Lysin-6-^{14}C anfallende Nitril wird verseift.	[30c]
$C_6H_{12}O_4$	Mevalonsäure-2-^{14}C	$CH_3OOCCH_2Br + CH_3COCH_2CH_2OAc \rightarrow CH_3OOCCH_2\cdot\overset{CH_3}{\underset{OH}{C}}\cdot CH_2\cdot CH_2OAc \rightarrow HO_2C\cdot CH_2\cdot\overset{CH_3}{\underset{OH}{C}}\cdot CH_2\cdot CH_2OH$	[127]
$C_6H_{12}O_6$	Fructose-6-^{14}C	Aus Glucose-6-^{14}C durch Lobry-de-Bruyn-van-Eckenstein-Umlagerung. Umlagerung findet zu 30% statt.	[228]
	D-Fructose-4,5-^{14}C	Enzymatischer Austausch mit Triose-1,2-^{14}C.	[162a]
	D-Glucose-^{14}C	Biosynthese.	[235]
	D-Glucose-1-^{14}C	Cyanhydrinmethode. 70% Isotopenausbeute an β-Naphthylhydrazon. Spaltung mit Benzaldehyd. Grammaßstab.	[80]
		Nitromethanmethode. Grammaßstab.	
	D-Glucose-3,4-^{14}C	Biosynthese.	[197]
	D-Glucose-4,5-^{14}C	Siehe Fructose-4,5-^{14}C.	[162a]
	D-Glucose-6-^{14}C	Aus 1,2-0-Isopropyliden-glucuronsäurelacton-6-^{14}C durch Reduktion und Hydrolyse. 84% Ausbeute (siehe ($C_6H_{10}O_7$)).	[242]
	Mannose-1-^{14}C	Siehe Glucose-1-^{14}C.	[80]

Fortsetzung

Summenformel	Name der Verbindung	Herstellungsmethode und Bemerkungen	Literatur
	Meso-Inosit-^{14}C	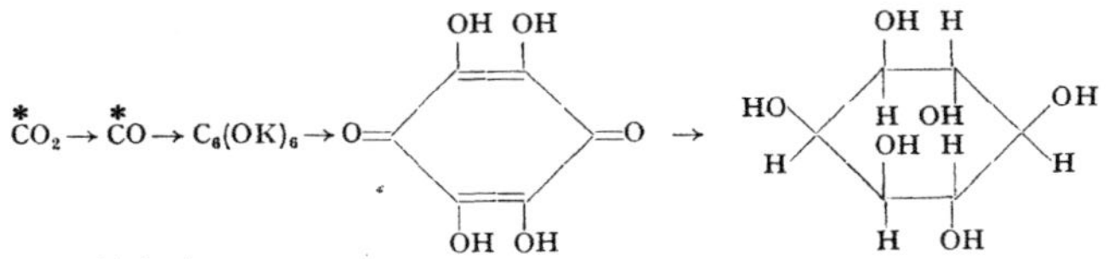 2–3,2% Ausbeute.	[275]
		Biosynthese.	[182]
	Meso-Inosit-2-^{14}C	6-Nitroaldose wird cyclisiert, reduziert und mit HNO_2 umgesetzt. 2,5% Ausbeute.	[210]
$C_6H_{13}NO_2$	DL-Leucin-1-^{14}C	Siehe Glycin-1-^{14}C ($C_2H_5O_2N$).	[96]
	DL-Norleucin-2-^{14}C	$CH_3[CH_2]_3\cdot\overset{*}{C}H(Br)\cdot CO_2H + NH_3 \rightarrow CH_3[CH_2]_3CH(NH_2)CO_2H$. 0,2 Mol Maßstab.	[132]
$C_6H_{13}N_3O_3$	Citrullin-(ureido-^{14}C)	α,δ-Diamino-valeriansäure + $NaO\overset{*}{C}N$. Ausbeute 55–65%.	[239]
$C_6H_{13}O_9P$	Galaktose-1-phosphat-^{14}C	Enzymat. aus Galaktose-^{14}C.	[5]
$C_6H_{14}N_2O_2$	DL-Lysin-1-^{14}C	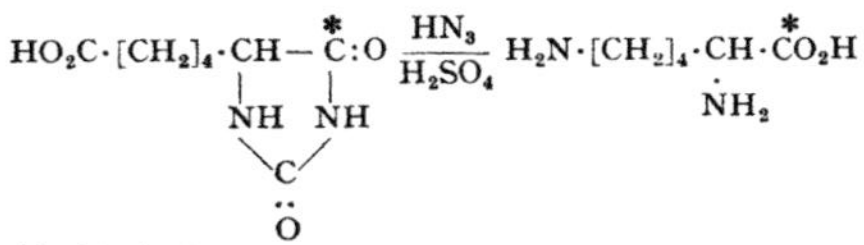 66,5% Ausbeute.	[221]
$C_6H_{14}N_2O_2$	DL-Lysin-6-^{14}C	$Br[CH_2]_3C(COOR)_2(NHCOCH_3) \xrightarrow[\text{Hydrierung, Hydrolyse}]{K^{14}CN} H_2N\overset{*}{C}H_2[CH_2]_3CH(NH_2)\cdot CO_2H$	[30c]
$C_6H_{14}O_6$	Mannit-^{14}C	Biosynthese aus $^{14}CO_2$ in Fucus vesiculosus. 63% Ausbeute.	[26]
$C_7H_5FO_2$	p-Fluorbenzoesäure-(carboxyl-^{14}C)	$FC_6H_4MgBr + CO_2$.	[203]

$C_7H_5NO_4$	4-Nitrobenzoesäure-2,6-^{14}C	Siehe 4-Aminobenzoesäure-2,6-^{14}C.	[139]
$C_7H_5N_5O_4$	Isoxanthopterincarbonsäure-4a-^{14}C	2,4,5-Triamino-6-hydroxy-pyrimidin-5-^{14}C + Mesoxalesterhydrat. 95% Ausbeute.	[140]
C_7H_6O	Benzaldehyd-(carbonyl-^{14}C)	Aus Benzoesäurehydrazid nach *McFadven* u. *Stevens*.	[269]
$C_7H_6O_2$	4-Hydroxy-benzaldehyd-(carbonyl-^{14}C)	Rosenmund-Reduktion von p-Benzoxybenzoylchlorid.	[40]
$C_7H_6O_2S$	p-Thio-benzoesäure-(carboxyl-^{14}C)	Aus HSC_6H_4Br durch Grignard-Reaktion.	[203]
$C_7H_6O_3$	Salicylsäure-(carboxyl-^{14}C)	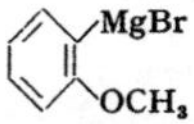 $\xrightarrow[HJ]{\overset{*}{C}O_2}$ Salicylsäure. 65% Ausbeute.	[173, 33]
$C_7H_6O_4$	Gentisinsäure-(carboxyl-^{14}C)	Oxydation von Salicylsäure mit Kaliumpersulfat. 72% Ausbeute.	[173]
C_7H_7Cl	Benzylchlorid-7-^{14}C	Siehe Benzylalkohol-7-^{14}C (C_7H_8O).	[203]
$C_7H_7NO_2$	4-Aminobenzoesäure-2,6-^{14}C	40 mg Maßstab. 35% Ausbeute. Aus Nitromalonaldehyd + Aceton-1,3-^{14}C.	[139]
C_7H_8O	Benzylalkohol-7-^{14}C	Reduktion von Benzoesäure mit $LiAlH_4$.	[203]
$C_7H_9NO_2S$	2-Thienylalanin-3-^{14}C	N-Acetylaminomalonester-Methode.	[200]
$C_7H_{15}NO_3$	Homocitrullin-^{14}C	Analog Citrullin ($C_6H_{13}N_3O_3$). 66% Ausbeute.	[239]
$C_7H_{16}ClNO_2$	Acetyl-^{14}C-cholin		[70]
$C_7H_{19}N_3$	Spermidin-^{14}C	Putrescin-1-^{14}C + Acrylnitril. 1,38 mM Maßstab.	[129]
C_8H_8O	Acetophenon-(carbonyl-^{14}C)	Natriumacetat + Oxalylchlorid + Benzol. 85% Ausbeute. (Gute allgemeine Darstellungsmethode.)	[28]
$C_8H_8O_2$	4-Hydroxy-acetophenon-(carbonyl-^{14}C)	Siehe Acetophenon-(carbonyl-^{14}C). 37% Ausbeute.	[28]
$C_8H_8O_3$	Vanillin-(carbonyl-^{14}C)		[144]
$C_8H_8O_4$	Vanillinsäure-(carbonyl-^{14}C)	Aus der O-Benzylverbindung.	[144, 145]
$C_8H_{10}O_3$	Vanillylalkohol-(carbinol-^{14}C)	Hydrierung von Vanillin. 53% Ausbeute.	[144]
$C_8H_{12}N_2O_3$	5,5-Diäthylbarbitursäure-2-^{14}C	Kondensation von Harnstoff-^{14}C mit entspr. Malonester, siehe Barbitursäure-2-^{14}C ($C_4H_4O_3N_2$).	[49]
$C_8H_{13}NO$	Tropinon-(methyl-^{14}C)	Siehe Atropin-^{14}C ($C_{17}H_{23}O_3N$).	[273, 273a]
$C_8H_{16}ClNO$	Tropin-hydrochlorid-(N-methyl-^{14}C)	Siehe Atropin-(N-$^{14}CH_3$) ($C_{17}H_{23}O_3N$).	[273a]
$C_8H_{18}Cd$	Diisobutylcadmium-1-^{14}C	Isobutylmagnesiumbromid und Cadmiumchlorid.	[151]
$C_9H_6Cl_6O_3S$	Thiodan-5a,9a-^{14}C		[95]

Fortsetzung

Summenformel	Name der Verbindung	Herstellungsmethode und Bemerkungen	Literatur
C_9H_7NO	3-Formylindol-(formyl-^{14}C)	Dimethylformamid + Indol. 72% Ausbeute.	[241a]
$C_9H_8O_2$	cis-Zimtsaure-3-C^{14}	Chromatographische Trennung von cis- und trans-Zimtsaure.	[59]
	trans-Zimtsaure-3-^{14}C	Benzaldehyd + Malonsáure.	[269]
$C_9H_8O_4$	Acetylsalicylsaure-(acetyl-1-^{14}C)	Acetylchlorid + Salicylsaure in Pyridin. 62% Ausbeute bez. auf $Ba\overset{*}{C}O_3$.	[173]
	Acetylsalicylsaure-(carbonyl-^{14}C)	Siehe Salicylursaure $C_9H_9O_4N$.	[173]
	4-Hydroxy-phenylbrenztraubensaure-3-^{14}C	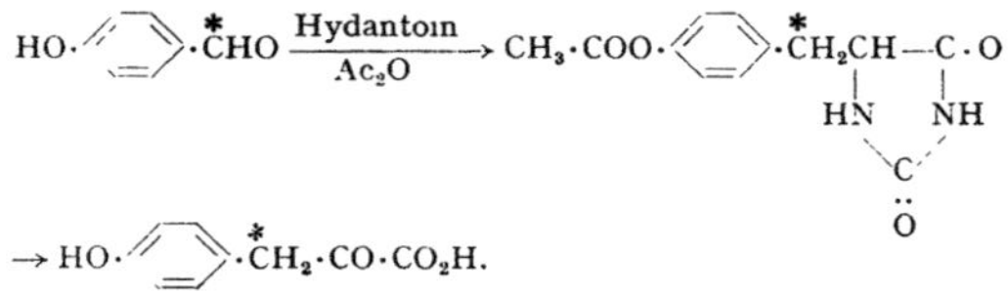	[29]
$C_9H_9NO_4$	Salicylursaure-(carbonamid-^{14}C)	Aus Acetylsalicylsaurechlorid + Glycin.	[173]
$C_9H_{10}FNO_2$	p-Fluorphenylalanin-3-^{14}C	Aus N-Acetylmalonsaure + p-Fluorbenzylchlorid.	[203, 200]
$C_9H_{10}O_3$	Tropasaure-1-^{14}C	Grignard-Reaktion.	[273a]
$C_9H_{11}NO_2$	Phenylalanin-1-^{14}C		[127a]
	Phenylalanin-3-^{14}C	Acetaminomalonester + Benzylchlorid.	[203, 200]
$C_9H_{11}NO_2S$	β-(p-Thiophenyl)-α-alanin-β-^{14}C	Aus p-Thiobenzylchlorid nach der N-Acetylaminomalonester-Methode.	[203]
$C_9H_{11}N_5O_3$	Biopterin-2-^{14}C	Aus 5-Desoxyarabinose und 2,4,5-Triamino-6-hydroxy-pyrimidin-2-^{14}C mit Hydrazinhydrat in Acetatpuffer. (Stark mit Isobiopterin verunreinigt).	[215a]
$C_9H_{13}N_3O_5$	Cytidin-2-^{14}C-(ribosyl-T)	Siehe in Tabelle T-markierter Verbindungen.	[57]
$C_9H_{15}N_3O_2S$	DL-Ergothionein-^{14}C	Aus 2-Mercaptohistidin.	[241]
$C_{10}H_7NO_3$	Kynurensaure-2-^{14}C	Aus Kynurenin mit L-Aminosaureoxydase + Katalase.	[254]
$C_{10}H_7NO_4$	4,8-Dioxychinolin-2-carbonsaure-4-^{14}C	Aus 1-Methoxy-2-aminobenzol und Oxalylessigsaurediathylester-1-^{14}C. 39% Ausbeute, bezogen auf Na-Acetat-^{14}C.	[220]
$C_{10}H_{10}O_4$	Ferulasaure-3-^{14}C	Vanillin + Malonester.	[144]

	Vanilloylacetyl-3-^{14}C	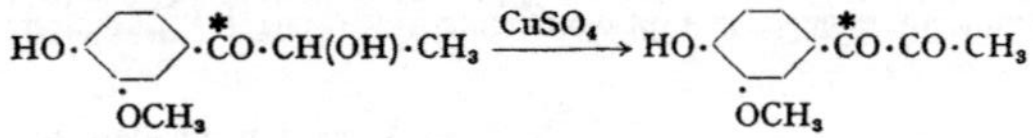	[144]
$C_{10}H_{12}N_2$	2-Benzylimidazolin-2-^{14}C	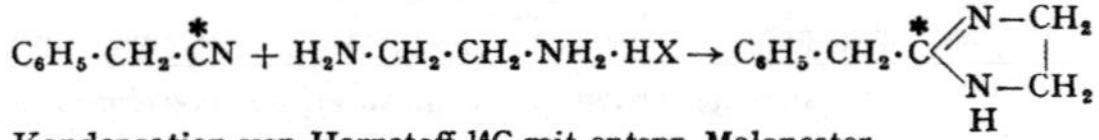	[285]
$C_{10}H_{12}N_2O_3$	5,5-Diallyl-barbitursäure-2-^{14}C	Kondensation von Harnstoff-^{14}C mit entspr. Malonester.	[49]
	Kynurenin-^{14}C	18% Ausbeute, bezogen auf $BaCO_3$. 10 Synthesestufen.	[36a]
$C_{10}H_{12}O_3$	Coniferylalkohol-3-^{14}C	Reduktion von O-Acetylferulasaurechlorid mit $LiAlH_4$ (siehe Ferulasaure $C_{10}H_{10}O_4$).	[144]
	1-(4-Hydroxy-3-methoxy-phenyl)-2-propanon-1-^{14}C	Kondensationsprodukt aus Vanillin und Nitroäthan, Nef-Reaktion vornehmen.	[144]
$C_{10}H_{13}NO_2$	Fusarinsäure-(carboxyl-^{14}C)	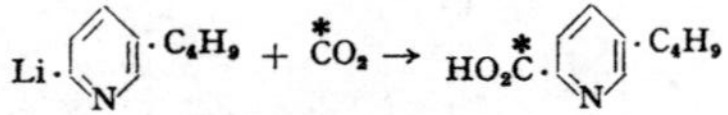	[113a]
	Fusarinsäure-2,5-^{14}C	Aus Propionsäurechlorid-1-^{14}C.	[27]
$C_{10}H_{14}$	p-Cymol-^{14}C	Umsatz von $(CH_3)_2CH\cdot C_6H_4\cdot \overset{*}{C}H_2\cdot Br$ mit $LiAlH_4$.	[109]
$C_{10}H_{14}N_2O_5$	Thymidin-2-^{14}C	Austauschreaktionen zwischen unmarkiertem Thymidin u. Thymin-2-^{14}C in Gegenwart von Nucleosidphosphorylase.	[193]
$C_{10}H_{18}O$	Linalool-^{14}C	$\overset{*}{C}H_2:\overset{*}{C}HBr \xrightarrow[THF]{Mg} \overset{*}{C}H_2:\overset{*}{C}HMgBr + CO\cdot(CH_3)\cdot[CH_2]_2\cdot CH:C(CH_3)_2 \rightarrow \overset{*}{C}H_2:\overset{*}{C}H\cdot C(OH)(CH_3)\cdot[CH_2]_2\cdot CH:C(CH_3)_2$	[93]
$C_{10}H_{26}N_4$	Spermin-^{14}C	Aus Putrescin-1-^{14}C + Acrylnitril (1,38 mM).	[129]
$C_{11}H_{12}N_2O_2$	DL-Tryptophan-7a-^{14}C	Aus Phenylhydrazin-1-^{14}C (siehe $C_6H_8N_2$).	[30e]
$C_{11}H_{12}O_8P_2$	2-Methyl-^{14}C-naphthohydrochinon-1,4-bis-phosphorsaure	Aus 2-Methylnaphthohydrochinon mit $POCl_3$. 38% Ausbeute.	[148a]
$C_{11}H_{14}N_2O_2$	α-Phenyl-α-äthyl-acetylharnstoff-^{14}C	Phenyläthylacetylchlorid + Harnstoff. 75% Ausbeute.	[104]
$C_{11}H_{18}N_2O_3$	5-Äthyl-5-isoamyl-barbitursaure-2-^{14}C	Kondensation von Harnstoff-^{14}C mit entspr. Malonester.	[49]

Fortsetzung

Summenformel	Name der Verbindung	Herstellungsmethode und Bemerkungen	Literatur
$C_{12}H_8Cl_6$	Aldrin-^{14}C	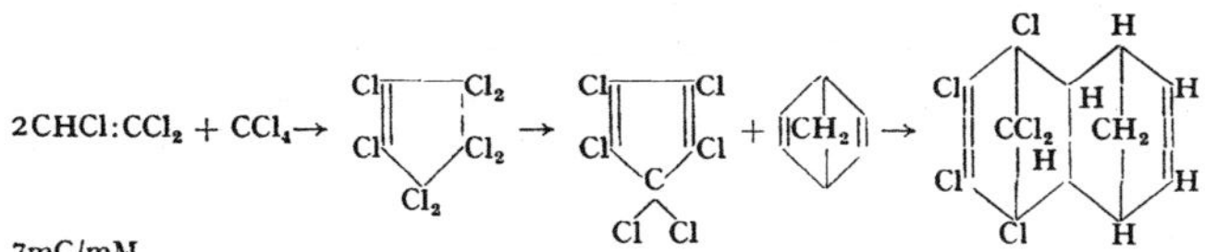 7mC/mM	[260]
	Isodrin-^{14}C	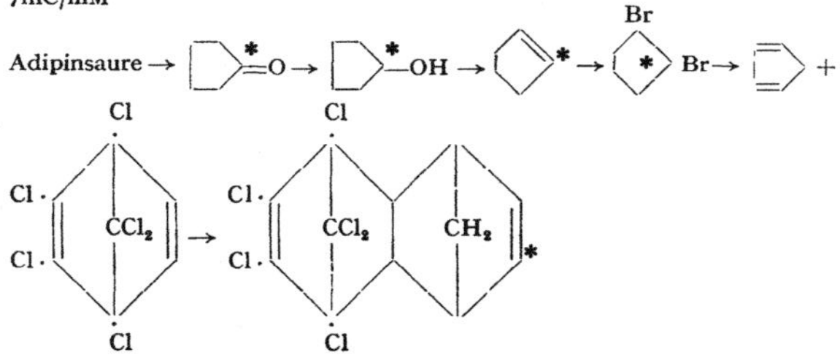 7% Ausbeute, bezogen auf Adipinsaure.	[47]
$C_{12}H_8Cl_6O$	Dieldrin-^{14}C	Aus Aldrin. 0,5 mM Maßstab.	[260]
	Endrin-^{14}C	Aus Isodrin mit Peressigsaure.	[44]
$C_{12}H_8N_2$	1,10-Phenanthrolin-2,4,7,9-^{14}C	Kondensation von o-Phenylendiamin mit Glycerin-1-^{14}C nach *Skraup*. 44% Ausbeute, bezogen auf Glycerin.	[87]
$C_{12}H_{12}N_2O_3$	5-Äthyl-5-phenyl-barbitursaure-2-^{14}C	Kondensation von Harnstoff-^{14}C mit entspr. Malonester.	[49]
$C_{12}H_{16}N_2$	3-(2-Aminobutyl-1-^{14}C)-indol	Umsetzung von β-Formylindol mit Nitropropan und Reduktion mit $LiAlH_4$.	[241a]
$C_{12}H_{16}O_4$	2-Athoxy-propioguajakon-3-^{14}C	Aus Propionsaurechlorid-1-^{14}C.	[144]
$C_{12}H_{17}NO$	N,N-Diathyl-m-toluamid-(carboxy-^{14}C)		[107]
$C_{12}H_{22}O_{10}$	Methyl-3-O-α-D-glucopyranosyl-^{14}C-β-D-xylopyranosid	Maltose-$^{14}C_{12}$ + Methyl-β-D-xylopyranosid + Penicillium lilacinum transglucosylase Methyl-3-O-α-D-glucopyranosyl-^{14}C-β-D-xylopyranosid + Glucose-^{14}C.	[16]

$C_{12}H_{22}O_{11}$	β-Gentiobiose-1-^{14}C	Abbau von Gentiobiose nach *Ruff-Fenton* zu β-D-Glucosido-D-arabinose und anschließender Cyanhydrinsynthese mit NaC*N. 24,3% Ausbeute.	[243]
	Maltose-1-^{14}C	3-(α-D-Glucosido)-D-arabinose + NaC*N. Abtrennung der entspr. epimeren Form als Li-Salz der Maltobionsaure-1-^{14}C. Anschließend Natriumamalgam-Reduktion des Lactons. 42% Ausbeute.	[122]
	Rohrzucker-^{14}C	Biosynthese mit Zuckerrubenblättern.	[189]
$C_{13}H_{11}NO$	2-Amino-1-fluorenol-1-^{14}C	Reduktion der Nitroverbindung mit Zinkstaub.	[181]
$C_{13}H_{12}N_4O_2$	Lumiflavin-4a-^{14}C	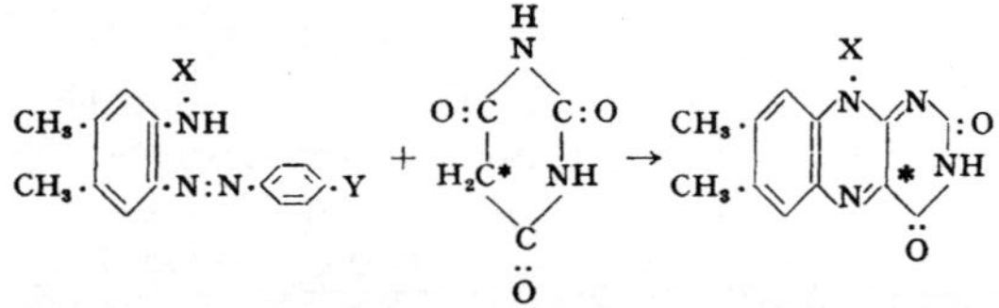	[137]
$C_{13}H_{14}N_2O_4S_2$	Diphenylmethan-(4,4′)-disulfon-saure-diamid-(methylen-^{14}C)	*Wolff-Kishner*-Reduktion von Benzophenon und Umsatz mit Chlorsulfonsaure + Ammoniak. 14,6% Ausbeute, bezogen auf $BaCO_3$.	[172]
$C_{14}H_8O_2$	Anthrachinon-9-10-^{14}C	Phthalsäureanhydrid + Benzol.	[112]
$C_{14}H_{10}$	Anthracen-9-^{14}C	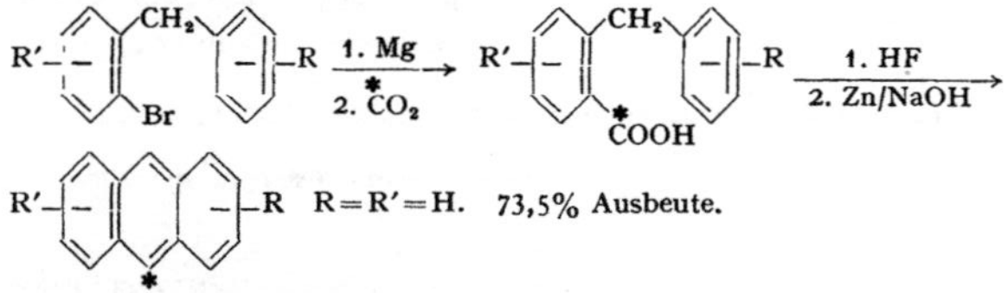 R=R′=H. 73,5% Ausbeute.	[52, 51a, 112]
$C_{14}H_{15}N_3$	Dimethylamino-azobenzol-1,1′,2,2′,-3,3′,4,4′,5,5′,6,6′-^{14}C	Analog Dimethylaminoazobenzol-4-^{14}C.	[119]
	Dimethylamino-azobenzol-4-^{14}C	Dimethylanilin + Phenyldiazoniumchlorid. 39,4% Ausbeute.	[119]
$C_{14}H_{18}O_9$	Glucovanillinsäure-(carboxyl-^{14}C)	Aus Tetraacetylglucovanillin.	[144]
$C_{14}H_{20}O_7$	Glucokresol-(methyl-^{14}C)	Pentaacetylglucose + 2-Methoxy-4-methylphenol.	[144]
$C_{14}H_{20}O_8$	Glucovanillylalkohol-(carbinol-^{14}C)	Reduktion von Glucovanillin mit Natriumamalgam. 60% Ausbeute.	[144]

Fortsetzung

Summenformel	Name der Verbindung	Herstellungsmethode und Bemerkungen	Literatur
$C_{15}H_{10}O_4$	Chrysin-2-^{14}C		[47]
$C_{15}H_{10}O_7$	Quercetin-2-^{14}C	3,4-Dimethoxyjodbenzol mit Kupfercyanid. Das Nitril wird nach bekannten Verfahren umgesetzt.	[111]
$C_{15}H_{11}ClN_2O$	1-m-Chlorphenyl-3-phenyl-5-pyrazolon 4-^{14}C	Siehe $C_{16}H_{13}ClN_2O$.	[100]
$C_{15}H_{12}O_4$	Dihydrochrysin-2-^{14}C		[47]
$C_{15}H_{13}NO_2$	N-(1-Hydroxy-2-fluorenyl-1-^{14}C)-acetamid.	Aus dem Amin mit Essigsäureanhydrid.	[181]
	N-(7-Hydroxy-2-fluorenyl)-acetamid-9-^{14}C	Biosynthese bei Gabe von 2-Fluorenylacetamid-9-^{14}C an Meerschweinchen.	[271]
$C_{15}H_{24}N_2O_{17}P_2$	Uridin-diphosphogalaktose-^{14}C	Enzymat. Synthese aus Galaktose-^{14}C.	[5]
	Uridin-diphosphoglucose-^{14}C	Enzymat. Synthese aus Glucose-^{14}C.	[5]
$C_{16}H_{12}O_4$	Tectochrysin-2-^{14}C	Aus 3-Brom-5,7-dimethoxy-flavanon-^{14}C, siehe $C_{17}H_{15}BrO_4$, durch Erhitzen auf 100°. 20% Ausbeute; unter teilweiser Entmethylierung in Stellung 5.	[47]
$C_{16}H_{13}ClN_2O$	1-o-Chlorphenyl-3-phenyl-4-methyl-5-pyrazolon-4-^{14}C	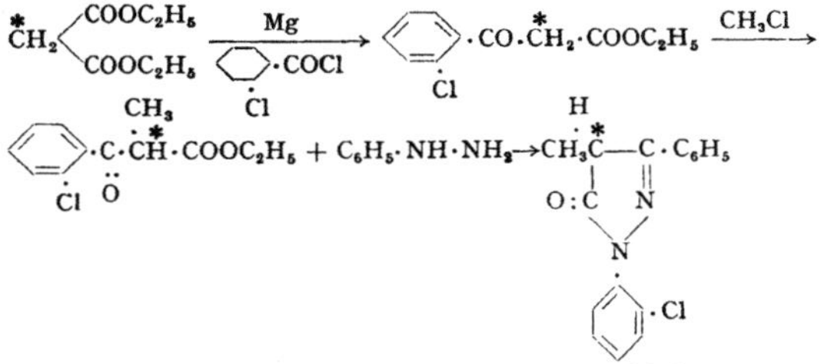 Ausbeute 70% (auch die entspr. m- und p-Chlorverbindungen). Anstelle von CH_3 auch: H, C_2H_5, C_4H_9, C_5H_{11}, C_6H_{13}, C_7H_{15}, C_8H_{17}, C_9H_{19}, ⬡·CH_2. Ausbeute 39 und 86%.	[100]
$C_{16}H_{14}N_2O$	2-Methyl-3-o-tolyl-chinazolon-4-2-^{14}C	Aus Acetylchlorid-1-^{14}C. 73% Ausbeute.	[115]
$C_{16}H_{14}O_4$	Dihydrotectochrysin-2-^{14}C		[47]
$C_{16}H_{18}N_2O$	Elymoclavin-^{14}C	Biosynthese aus markierten Mevalonsauren oder Tryptophan. 5—10% Einbauraten.	[107b]

$C_{16}H_{26}O_2$	Hexadekatriensäure-^{14}C	Biosynthese aus $^{14}CO_2$ (s. Palmitinsaure $C_{16}H_{32}O_2$).	[168]
$C_{16}H_{28}O_2$	Hexadekadiensäure-^{14}C	Biosynthese aus $^{14}CO_2$ (s. Palmitinsaure $C_{16}H_{32}O_2$).	[168]
$C_{16}H_{30}O_2$	Hexadekaensaure-^{14}C	Biosynthese aus $^{14}CO_2$ (s. Palmitinsäure $C_{16}H_{32}O_2$).	[168]
$C_{16}H_{31}ClO$	Palmitinsäure-chlorid-1-^{14}C	Aus Palmitinsaure mit $SOCl_2$.	[108]
$C_{16}H_{32}O_2$	Palmitinsaure-^{14}C	Biosynthese aus $^{14}CO_2$ mit Chlorella pyrenoidosa. Isolierung der neutralen + sauren Fettbestandteile, Trennung nach Kettenlangen, fraktionierte Destillation der Methylester.	[168]
	Palmitinsaure-1-^{14}C	Grignard-Reaktion. 72% Ausbeute.	[108]
$C_{16}H_{33}J$	Cetyljodid-1-^{14}C	Aus Cetylalkohol-1-^{14}C (siehe $C_{16}H_{34}O$)	[168]
$C_{16}H_{34}O$	Cetylalkohol-1-^{14}C	Palmitinsaure-1-^{14}C $\xrightarrow{LiAlH_4}$ Cetylalkohol-1-^{14}C.	[168]
$C_{17}H_{14}O_4$	5,7-Dimethoxy-flavon-2-^{14}C	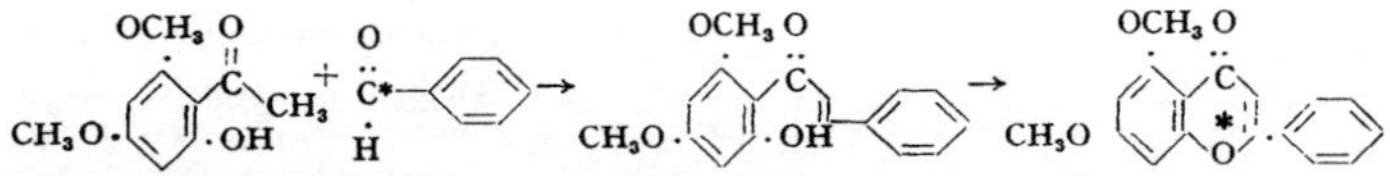	[47]
		Aus 3-Brom-5,7-dimethoxy-flavanon-^{14}C (siehe $C_{17}H_{15}BrO_4$), durch Erhitzen in siedendem Pyridin. 80% Ausbeute.	[47]
$C_{17}H_{15}BrO_4$	3-Brom-5,7-dimethoxy-flavanon-2-^{14}C	Aus 5,7-Dimethoxy-flavanon-^{14}C.	[47]
$C_{17}H_{16}O_4$	5,7-Dimethoxy-flavanon-2-^{14}C	Durch Erhitzen des entspr. aus Benzaldehyd-^{14}C gewonnenen Chalcons in Essigsaure. 60% Ausbeute.	[47]
$C_{17}H_{19}NO_3$	Morphin-^{14}C	Biosynthese mit DL-Tyrosin-2-^{14}C und DL-Phenylalanin-2-^{14}C.	[17, 155]
	Morphin-(N-methyl-^{14}C)	N-Methylierung von Normorphin mit Formaldehyd-^{14}C und Ameisensaure.	[4, 214]
$C_{17}H_{20}N_4O_6$	Riboflavin-4a-^{14}C	Siehe Lumiflavin-4a-^{14}C ($C_{13}H_{12}N_4O_2$).	[137]
$C_{17}H_{21}NO_4$	Cocain-(C_6H_5-^{14}CO)		[272a]
	Cocain-(O-$^{14}CH_3$)		[272a]
	Cocain-(N-$^{14}CH_3$)		[272a]
$C_{17}H_{23}NO_3$	Atropin-(N-methyl-^{14}C)	Aus Methylamin-^{14}C nach der Robinsonschen Synthese. 50% Ausbeute.	[273, 273a]
	Tropasäure-1-^{14}C-tropylester	Aus Acetyltropasäurechlorid.	[273a]
$C_{17}H_{24}JNO_3$	N-Methyl-(^{14}C)-atropinium-jodid		[272a]

Fortsetzung

Summenformel	Name der Verbindung	Herstellungsmethode und Bemerkungen	Literatur
$C_{18}H_{22}O_3$	16-Ketooestradiol-17β-(16-^{14}C)	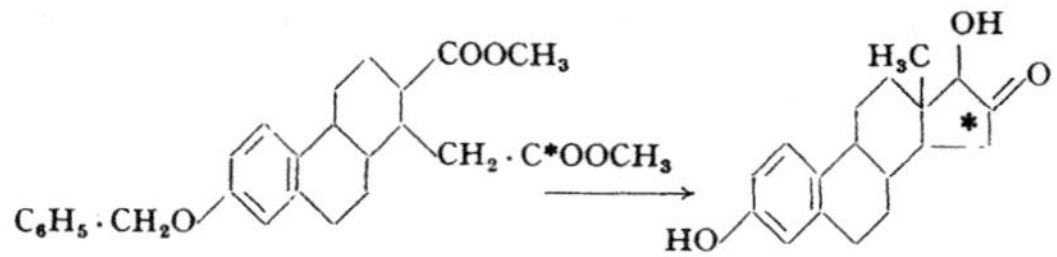	[160]
$C_{18}H_{24}O_3$	Oestriol-16-^{14}C	Biosynthese aus Oestradiol-16-^{14}C	[90]
		Reduktion von 16-Keto-Oestradiol-17β-(16-^{14}C) mit Na-Amalgam. 42% Ausbeute.	[161]
$C_{18}H_{30}O_2$	Linolensaure-^{14}C	Biosynthese aus $^{14}CO_2$ (s. Palmitinsaure $C_{16}H_{32}O_2$).	[168]
	α- und γ-Linolensaure-1-^{14}C	Grignard-Reaktion. 3,3 mM Maßstab.	[191]
$C_{18}H_{32}O_2$	Linolsaure-^{14}C	Biosynthese aus $^{14}CO_2$ (s. Palmitinsaure $C_{16}H_{32}O_2$).	[168]
$C_{18}H_{34}O_2$	Olsaure-^{14}C	Biosynthese aus $^{14}CO_2$ (s. Palmitinsaure $C_{16}H_{32}O_2$).	[168]
	Olsaure-1-^{14}C	Olsaure→ threo,9,10-Dibromolsaure → Silbersalz→ threo-1,8,9-Tribromheptadecan→ cis-1-Brom-8-heptadecen → Olsaure-1-^{14}C	[190]
		Aus 9,10-Dibromostearinsaure-1-^{14}C-athylester.	[246]
$C_{18}H_{36}O_2$	Stearinsaure-^{14}C	Biosynthese aus $^{14}CO_2$ (s. Palmitinsaure $C_{16}H_{32}O_2$).	[168]
$C_{18}H_{36}O_4$	9,10-Dihydroxystearinsaure-1-^{14}C	$K\overset{*}{C}N$ + 1-Brom-8,9-dihydroxyheptadecan. 3 mM Maßstab.	[246]
$C_{19}H_{15}ClN_4$	Triphenyltetrazoliumchlorid-(tetrazol-5-^{14}C)	Aus Benzaldehyd-^{14}C. 45% Ausbeute.	[170a]
$C_{19}H_{24}N_4O_2$	Bis-(p-guanylphenoxy)-1,5-pentan-1-^{14}C	Aus 1,5-Dibrompentan-1,5-^{14}C + p-Hydroxybenzonitril. Ausbeute 31%, bezogen auf $BaCO_3$.	[202]
	Bis-(p-guanyl-^{14}C-phenoxy)-1,5-pentan	Siehe bei Bis-(p-guanylphenoxy)-1,5-pentan-1-^{14}C.	[202]
$C_{19}H_{26}ClNO_4$	Acetylatropin-hydrochlorid-(N-methyl-^{14}C)	Siehe Atropin-(N-$^{14}CH_3$).	[273 273a]
$C_{20}H_{21}NO_4$	Papaverin-(isochinolin-1-^{14}C)	Aus 3,4-Dimethoxybenzoesaurechlorid. Ausbeute 21%, bezogen auf $BaCO_3$.	[236]

$C_{20}H_{25}NO_2$	Spasmolytin-(carbonyl-^{14}C)	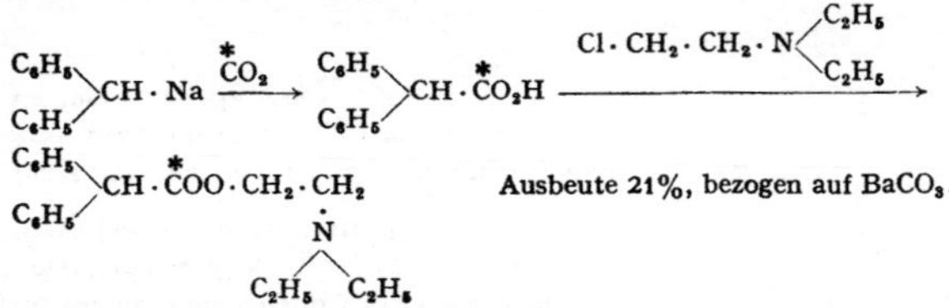 Ausbeute 21%, bezogen auf $BaCO_3$.	[6]
$C_{20}H_{30}O$	Vitamin-A-2-^{14}C	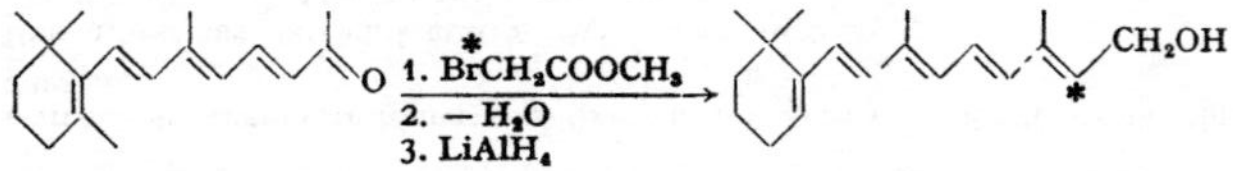 Es werden 3 Isomere erhalten, all-trans-, 2-cis- und 6-cis-Vitamin-A-2-^{14}C. 20% Ausbeute.	[101]
$C_{20}H_{38}Br_2O_2$	9,10-Dibromstearinsäure-1-^{14}C-äthylester	Aus 9,10-Dihydroxystearinsäure-1-^{14}C.	[246]
$C_{21}H_{30}O_3$	Methyl-3-ketoätiochol-4-enat-4-^{14}C	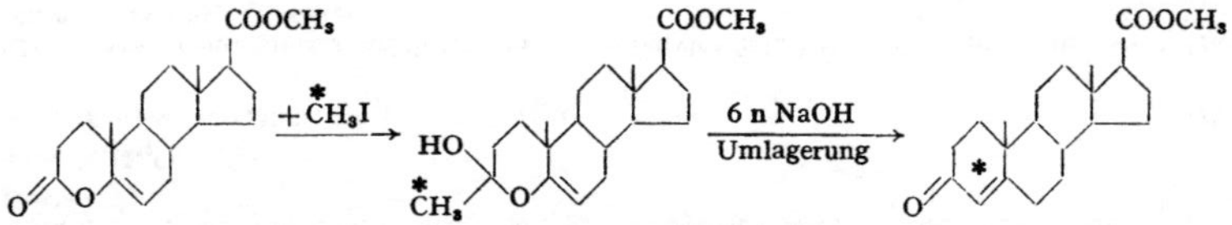	[261]
$C_{21}H_{32}O_2$	3-β-Hydroxypregn-5-en-20-on-4-^{14}C	Darstellung aus Bisnorchol-5-en-3β,20,21-triol-4-^{14}C. Siehe $C_{22}H_{36}O_3$.	[263]
$C_{22}H_{14}$	1,2,3,4-Dibenzanthracen-9-^{14}C	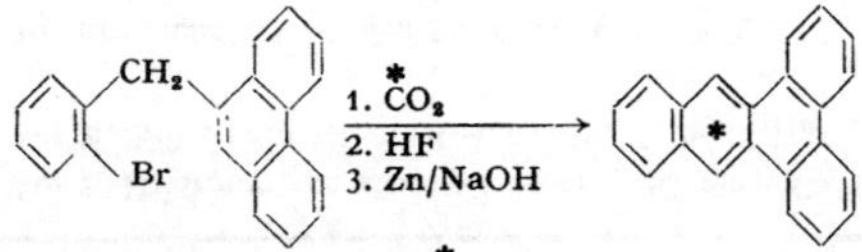 10 mM. 30% Ausbeute auf CO_2.	[92]
	1,2,5,6-Dibenzanthracen	Siehe Anthracen $C_{14}H_{10}$.	[51]

Fortsetzung

Summenformel	Name der Verbindung	Herstellungsmethode und Bemerkungen	Literatur
$C_{22}H_{32}O$	Bisnorchola-4,20-dien-3-on-4-^{14}C	Aus 20-Hydroxy-bisnorchol-4-en-3-on-4-^{14}C. Siehe $C_{22}H_{34}O_2$.	[*263*]
$C_{22}H_{32}O_4$	3β-Acetoxyätiochol-5-en-säure-4-^{14}C	Aus Methyl-3-ketoätiochol-4-enat-4-^{14}C. Siehe $C_{21}H_{30}O_3$.	[*263*]
$C_{22}H_{34}O_2$	20-Hydroxy-bisnorchol-4-en-3-on-4-^{14}C		[*263*]
$C_{22}H_{36}O_3$	Bisnorchol-5-en-3β-20,21-triol-4-^{14}C	Aus Bisnorchola-5,20-dien-3β-olacetat mit OsO_4.	[*263*]
$C_{24}H_{36}O_2$	Bisnorchola-5,20-dien-3β-ol-acetat-4-^{14}C	Aus Bisnorchola-4-20-dien-3-on-4-^{14}C (s. $C_{22}H_{32}O$).	[*263*]
$C_{24}H_{38}N_7O_{19}P_3S$	Malonyl-^{14}C-coenzym A	Malonsäure (1-^{14}C oder 2-^{14}C, 1 mM) wurde mit Thiophenol verestert und mit CoA umgeestert.	[*262*]
$C_{25}H_{36}O_5$	3β,21-Diacetoxypregn-5-en-20-on-4-^{14}C	Siehe $C_{22}H_{32}O_4$.	[*263*]
$C_{27}H_{32}O_5$	Dimethyl-marrianolat-3-benzyläther-^{14}C	Siehe 16-Ketooestradiol-17β-(16-^{14}C)($C_{18}H_{22}O_3$).	[*160*]
$C_{27}H_{46}O$	Cholesterin-24-^{14}C	(Δ^5-3β)-Acetoxynorcholensäurechlorid und Diisobutylcadmium-^{14}C. 50% Ausbeute, bezogen auf Isobutylbromid.	[*151*]
$C_{27}H_{46}O_2$	22-Ketocholesterin-23-^{14}C	Mit Isopentylcadmium-1-^{14}C.	[*134*]
$C_{28}H_{44}O$	Ergocalciferol-^{14}C (Vitamin D_2)	Aus Ergosterin-^{14}C uniform markiert.	[*244*]
$C_{30}H_{50}$	Squalen-11,14-^{14}C		[*283*]
$C_{31}H_{46}O_2$	Vitamin-K_1-^{14}C. 2-Methyl-3-phythyl-(1,2-^{14}C)-1,4-naphthochinon	Kondensation von Isophytol mit 2-Methylnaphthochinon.	[*30*]
$C_{33}H_{40}N_2O_9$	Reserpin-^{14}C	Durch Neutronenbestrahlung von Reserpin in Gegenwart von stickstoffhaltigen Verbindungen.	[*232*]
$C_{50}H_{83(81)}NO_{21}$	Tomatin-^{14}C	Biosynthese aus Natriumacetat. Aktivitätsausbeute 0,2%.	[*231*]
$C_{51}H_{98}O_6$	Tripalmitin-(carbonyl-^{14}C)	Aus Palmitinsäurechlorid-1-^{14}C + Glycerin.	[*108*]
$C_{63}H_{90}CoN_{14}O_{14}P$	Vitamin-B_{12}-^{14}C	Biosynthese aus CO_2.	[*196*]
	Dextran	Biosynthese aus Rohrzucker-^{14}C.	[*270*]
	Dextran-(carboxyl-^{14}C)	Umsetzung von Dextran mit $Na\overset{*}{C}N$ und anschließende Verseifung. 88% Ausbeute.	[*184*]
	Eiweiß-^{14}C	Biosynthese mit Chlorella pyrenoidosa.	[*91*]
	Inulin-(carboxy-^{14}C)	Aus Inulin und $Na^{14}CN$.	[*184*]
	Perlon-(carbonyl-^{14}C)		[*78*]
	Polypeptidyl-proteine-^{14}C		[*136*]
	Polysaccharide-^{14}C	Biosynthese aus $^{14}CO_2$.	[*10*]

2. Deuterium-haltige Verbindungen

Summenformel	Name der Verbindung	Herstellungsmethode und Bemerkungen	Literatur
C_2H_6O	Äthanol-2,2,2-D	$CD_3MgBr \xrightarrow{CH_2O} H_2C\langle{}^{OMgBr}_{CD_3} \xrightarrow{\text{verd. } H_2SO_4} CD_3 \cdot CH_2OH$.	[60]
$C_4H_8O_2$	Isobuttersaure-α-D	$(CH_3)_2C(COOC_2H_5)_2 \xrightarrow[SOCl_2]{KOH} (CH_3)_2C(COCl)_2 \xrightarrow[\text{Erhitzen}]{D_2O} (CH_3)_2CD \cdot CO_2H$.	[211]
C_5H_8	Isopren-D_8	Aus $DC{\equiv}CK + CD_3{\cdot}CO{\cdot}CD_3$.	[61]
$C_5H_{10}O_2$	Valeriansaure-D_6		[40]
$C_5H_{10}O_5$	D-Arabinose-1-D	Siehe Galaktose-1-D.	[247]
	D-Xylose-1-D	Siehe Galaktose-1-D.	[247]
$C_5H_{11}NO$	Valeriansaureamid-D_6		[41]
C_6H_6	Benzol-1,2-D	Aus 1,2-Dijodbenzol über Grignard-Verbindung.	[217]
	Benzol-D_6	Austausch von Benzol mit DCl; D-Gehalt 99,3%. 72% Ausbeute.	[46]
C_6H_7N	Anilin-2,3-D	Benzamid-2,3-D und Hypobromit.	[216]
$C_6H_{10}O_8$	Talomucinsaure-D		[165]
$C_6H_{12}O_6$	D-Galaktose-1-D	Reduktion des Lactons mit Natriumamalgam in D_2O.	[247]
	D-Glucose-1-D	Siehe D-Galaktose-1-D.	[247]
	D-Mannose-1-D	Siehe Galaktose-1-D.	[247]
$C_7H_6O_2$	Benzoesaure-2,3-D	Oxyd. von Toluol-2,3-D mit $KMnO_4$.	[216]
	Benzoesáure-2,6-D	Aus Aminobenzoesáure-2,6-D durch Eliminierung der Aminogruppe.	[216]
$C_{10}H_8$	Azulen-1,3-D	Durch Austausch mit D_3PO_4.	[18]
	Naphthalin-1-D	Aus Grignard-Verbindung durch Zersetzen mit D_2O.	[135]
	Naphthalin D_8	Aus DC⋮CD.	[39]
$C_{10}H_8O$	2-Naphthol-1-D	Durch Austausch von 2-Naphthol mit D_2O.	[135]

Fortsetzung

Summenformel	Name der Verbindung	Herstellungsmethode und Bemerkungen	Literatur
	1-Naphthol-2,4-D	Durch Austausch von 1-Naphthol mit D_2O.	[135]
$C_{12}H_{24}O_2$	Laurinsaure-2,2-D	Vgl. Laurinsäure-2,2-D-methylester.	[*121*]
	Laurinsäure-12,12,12-D	Vgl. Laurinsäure-12,12,12-D-methylester.	[*121*]
	Laurinsaure-2,2,12,12,12-D	Durch Decarboxylierung des entspr. Malonsäurederivats.	[*121*]
$C_{13}H_{22}O_2$	Dodecin-10-säuremethylester-12,12,12-D	AgC⋮C·$[CH_2]_8COO \cdot CH_3 + CD_3J$.	[*121*]
$C_{13}H_{24}O_4$	n-Decylmalonsäure-2-D	Verseifung des Esters mit NaOD.	[*121*]
$C_{13}H_{26}O_2$	Laurinsaure-2,2,12,12,12-D-methyl-(D_3)-ester	Aus Laurinsaure-2,2,12,12,12-D + CD_3Br.	[*121*]
	Laurinsaure-2,2,12,12,12-D-methylester	Umsetzung des Silbersalzes mit CH_3J.	[*121*]
	Laurinsaure-2,2-D-methyl-(D_3)-ester	Umsetzung des Silbersalzes mit CD_3Br.	[*121*]
$C_{16}H_{11}NO_2$	2-Phenyl-chinolin-4-carbonsaure-D_5		[*41*]
$C_{21}H_{30}O_5$	Hydro-cortison-11-α-D	Vgl. $C_{23}H_{32}O_6$.	[*32*]
$C_{22}H_{14}$	Dibenzo-(a,h)-anthracen-1,2,3,4,5,6-D	Aus DC≡CD über Naphthalin-D_8	[*39*]
$C_{23}H_{32}O_6$	17,20,20,21-Bismethylendioxy-11α-deutero-11β-hydroxy-4-pregnen-3-on	Durch Reduktion von 17,20,20,21-Bismethylendioxy-4-pregnen-3,11-dion mit $LiAlD_4$.	[*32*]
	11α-Deuterohydrocortison-21-acetat	Siehe $C_{21}H_{30}O_5$ bzw. $C_{23}H_{32}O_6$.	[*32*]

3. Tritium-haltige Verbindungen

Summenformel	Name der Verbindung	Herstellungsmethode und Bemerkungen	Literatur
CH_2O	Formaldehyd-T	Aus Glycin-T (siehe $C_2H_5NO_2$) mit Ninhydrin	[*12*]
CH_2O_2	Ameisensaure-T	Hydrolyse von KCN in TOH bei 170°, 24 Std.	[*212*]
$C_2H_5NO_2$	Glycin-2-T	Decarboxylierung von Aminomalonsäure in HOT.	[*12*]
$C_3H_6O_3$	Dihydroxyaceton-1-T	Aus D- oder L-Glycerin-1-T durch Oxydation mit Acetobacter suboxydans.	[*98*]
$C_3H_7NO_2$	Alanin-T	Wilzbach-Methode beschleunigt durch elektrische Entladung.	[*233a*]

$C_3H_7NO_2S$	DL-Cystein-3-T	Siehe Cystin-3-T ($C_6H_{12}N_2O_4S_2$).	[12]
	DL-Cystein-2-T	Siehe Cystin-2-T ($C_6H_{12}N_2O_4S_2$).	[12]
$C_3H_8O_3$	Glycerin-1-T	Aus Glycerinaldehyd mit $LiBH_4$(T)	[98]
C_4H_4S	Thiophen-T	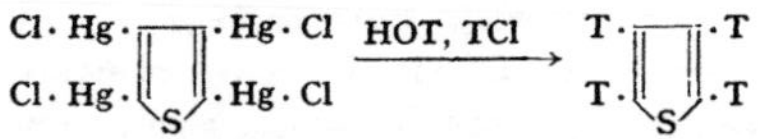	[37]
$C_4H_6O_3$	Essigsäureanhydrid-T	Durch Austausch mit H_2SO_4 und TOH.	[35]
$C_4H_8O_4$	L-glycero-Tetrulose-1 oder 4-T	Aus D- oder L-Erythrit-1-T mit Acetobacter suboxydans.	[98]
$C_4H_{10}O_4$	D- bzw. L-Erythrit-1-T	Aus Erythrose durch Red. mit $LiBH_4$(T).	[98]
$C_5H_{10}O$	Isovaleraldehyd-(methyl-T)	Aus Leucin-(methyl-T).	[76]
$C_5H_{10}O_2$	Valeriansäure-2,3,4,5-T	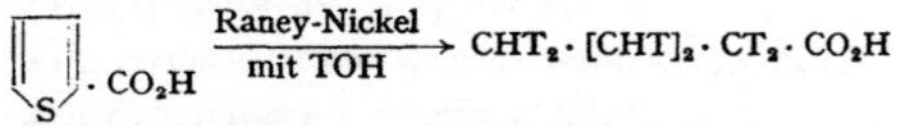	[38]
	iso-Valeriansäure-2,3-T	Durch katalyt. Hydrierung von $(CH_3)_2CH{:}CH \cdot CO_2H$ mit Tritiumgas.	[22]
$C_5H_{10}O_5$	D-threo-Pentulose-1- bzw. 5-T	Oxydation der entspr. Pentite mit Acetobacter suboxydans.	[98]
	L-erythro-Pentulose-1- bzw. 5-T	Oxydation der entspr. Pentite mit Acetobacter suboxydans.	[98]
	D-Arabinose-1-T	Analog Galaktose-1-T.	[124]
	D-Ribose-1-T	Analog Galaktose-1-T.	[124]
	D-Xylose-1-T	Analog Galaktose-1-T.	[124]
	D-Xylose-5-T	Reduktion der 5-Aldo-1,2-O-isopropyliden-D-xylopentofuranose mit $LiBH_4$(T).	[125]
$C_5H_{11}NO_2$	Valin-2,3-T	Hydrierung von 2-Phenyl-4-isopropylidenoxazol-5-on.	[62]
$C_5H_{12}O_5$	D-Ribit-1-T	Aus D-Ribose durch Reduktion mit $LiBH_4$(T), spez. Aktivität 59,8 μc/mg. Radiochem. Ausbeute 80%.	[98]
	D-Lyxit-1-T	Aus D-Lyxose durch Reduktion mit $LiBH_4$(T), spez. Aktivität 60,0 μc/mg. Radiochem. Ausbeute 86%.	[98]
	D- oder L-Arabit-1-T	Reduktion von D- oder L-Arabinose mit $LiBH_4$(T) bzw. D-Arabono-γ-lacton.	[98]
	D- oder L-Ribotit-1-T	Reduktion von D- oder L-Ribose mit $LiBH_4$(T).	[98]
	D- oder L-Xylit-1-T	Reduktion von D- oder L-Xylose mit $LiBH_4$(T).	[98]

Fortsetzung

Summenformel	Name der Verbindung	Herstellungsmethode und Bemerkungen	Literatur
$C_6H_3BrN_2O_4$	1-Brom-2,4-dinitrobenzol-T	Nitrierung von Brombenzol-T.	[*18a*]
$C_6H_3FN_2O_4$	1-Fluor-2,4-dinitrobenzol-T	1-Brom-2,4-dinitrobenzol-T mit KF in Nitrobenzol bei 190°.	[*18a*]
$C_6H_8O_6$	L-Ascorbinsaure-6-T	Aus L-Sorbose-6-T.	[*98*]
$C_6H_{12}N_2O_4S_2$	DL-Cystin-3-T	Formaldehyd-T und Diathyl-N-benzylthiocarbonylaminomalonat.	[*12*]
	DL-Cystin-2-T	Decarboxylierung von Acetamido-β-benzylthiomethylmalonsaure in HOT. Ausbeute 37%.	[*12*]
$C_6H_{12}O_2$	Capronsäure-3,4,5,6-T	Aus Thienylessigsäure mit Raney-Nickel mit HOT (vgl. Valeriansäure $C_5H_{10}O_2$).	[*38*]
$C_6H_{12}O_4$	Mevalonsäure-2-T	Aus Bromessigsäure-2-T nach *K. Folkers* et al.	[*107b*]
	Mevalonsaure-4-T	Aus Bromessigsaure-2-T nach *K. Folkers* et al.	[*107b*]
$C_6H_{12}O_5$	L-Rhamnose-1-T	Reduktion des γ-Lactons mit $LiBH_4$(T).	[*124*]
$C_6H_{12}O_6$	D-Fructose-1,6-T	Aus D-Mannit-1,6-T durch Oxydation mit Acetobacter suboxydans.	[*98*]
	D-Galaktose-1-T	Reduktion von D-Galaktonsaure-γ-lacton in Pyridin mit $LiBH_4$(T). Ausbeute 25%.	[*124*]
	D-Glucose-1-T	Analog Galaktose-1-T. Ausbeute 53%.	[*124*]
	D-Glucose-6-T	D-1,2-Acetonylglucuronsaurelacton wird mit $NaBH_4$(T) reduziert.	[*183, 125*]
	D-Mannose-1-T	Analog Galaktose-1-T. Ausbeute 20%.	[*124*]
	L-Psicose-1-T	Aus L-Allit-1-T durch Oxydation mit Acetobacter suboxydans.	[*98*]
	L-Psicose-6-T	Aus D-Allit-1-T durch Oxydation mit Acetobacter suboxydans.	[*98*]
	L-Sorbose-1-T	Aus L-Gulit-1-T durch Oxydation mit Acetobacter suboxydans.	[*98*]
	L-Sorbose-6-T	Aus D-Glucit-1-T durch Oxydation mit Acetobacter suboxydans.	[*98*]
	D-Tagatose-1-T	Aus D-Talit-1-T durch Oxydation mit Acetobacter suboxydans.	[*98*]
	D-Tagatose-6-T	Aus Altrit-1-T durch Oxydation mit Acetobacter suboxydans.	[*98*]
	Inosit-T	Wilzbach-Methode u. chem Methode.	[*2*]
$C_6H_{13}NO_2$	Leucin-(methyl-T)	Durch katalyt. Hydrierung bei Normaldruck.	[*76*]
$C_6H_{14}N_2O_2$	DL-Lysin-4,5-T	Durch Hydrierung von (4-Amino-buten-2-yl)-malonsaurediathylester mit HT.	[*31*]
$C_6H_{14}O_5$	L-Rhamnit-1-T	Aus L-Rhamnono-γ-lacton durch Reduktion mit $LiBH_4$(T). Radiochem. Ausbeute 75,5%.	[*98*]
$C_6H_{11}O_6$	D-Allit-1-T	Aus D-Allose durch Reduktion mit $LiBH_4$(T).	[*98*]

	L-Allit-1-T	Aus L-Allose durch Reduktion mit $LiBH_4$(T).	[98]
	D-Altrit-1-T	Aus D-Altrose durch Reduktion mit $LiBH_4$(T).	[98]
	L-Altrit-1-T	Aus L-Altrose durch Reduktion mit $LiBH_4$(T).	[98]
	D-Galaktit-1-T	Aus D-Galaktose oder D-Galaktonolacton durch Reduktion mit $LiBH_4$(T).	[98]
	L-Galaktit-1-T	Aus L-Galaktose durch Reduktion mit $LiBH_4$(T).	[98]
	D-Glucit-1-T	Aus D-Glucose oder D-Gluconolacton durch Reduktion mit $LiBH_4$(T).	[98]
	L-Glucit-1-T	Aus L-Glucose durch Reduktion mit $LiBH_4$(T).	[98]
	D-Gulit-1-T	Aus D-Gulose oder L-Gulonolacton durch Reduktion mit $LiBH_4$(T).	[98]
	L-Gulit-1-T	Aus L-Gulose durch Reduktion mit $LiBH_4$(T)	[98]
	D-Idit-1-(6)-T	Aus D-Idose durch Reduktion mit $LiBH_4$(T).	[98]
	L-Idit-1-(6)-T	Aus L-Idose durch Reduktion mit $LiBH_4$(T).	[98]
	D-Mannit-1,6-T	Aus D-Mannose oder D-Mannonolacton durch Reduktion mit $LiBH_4$(T).	[98]
	L-Mannit-1,6-T	Aus L-Mannose durch Reduktion mit $LiBH_4$(T).	[98]
	D-Talit-1-T	Aus D-Talose durch Reduktion mit $LiBH_4$(T).	[98]
	L-Talit-1-T	Aus L-Talose durch Reduktion mit $LiBH_4$(T).	[98]
	D-Galaktit-2-T	Aus D-Tagatose durch Reduktion mit $LiBH_4$(T). Radiochem. Ausbeute 23%.	[98]
	D-Talit-2-T	Aus D-Tagatose durch Reduktion mit $LiBH_4$(T). Radiochem. Ausbeute 60%.	[98]
	D-Glucit-2-T	Aus D-Fructose durch Reduktion mit $LiBH_4$(T). Radiochem. Ausbeute 42%.	[98]
	D-Glucit-5-T	Aus L-Sorbose durch Reduktion mit $LiBH_4$(T).	[98]
	L-Idit-2,5-T	Aus L-Sorbose durch Reduktion mit $LiBH_4$(T).	[98]
	D-Mannit-2,5-T	Aus D-Fructose durch Reduktion mit $LiBH_4$(T).	[98]
$C_7H_5NO_4$	p-Nitrobenzoesäure-T	Austausch mit TOH/H_2SO_4 bei 250°. Ausbeute 70%.	[42]
$C_7H_6O_2$	Benzoesäure-T	Wilzbach-Methode.	[280]
	Toluchinon-(methyl-T)	Siehe $C_9H_{10}O_4$.	[250]
$C_7H_7NO_3$	p-Aminosalicylsäure-T	Wilzbach-Methode.	[113, 225]
C_7H_8	Toluol-T	Wilzbach-Methode.	[280]

Fortsetzung

Summenformel	Name der Verbindung	Herstellungsmethode und Bemerkungen	Literatur
C_7H_8O	Anisol-T	Wilzbach-Methode, T-Verteilung wird bestimmt.	[48]
$C_7H_{14}O_2$	n-Heptansäure-2,3,4,5,6,7-T	Aus β-Thienylacrylsäure mit Raney-Nickel in TOH.	[38]
$C_7H_{16}O_7$	D-glycero-D-gulo-Heptit-1-T	Aus D-glycero-D-gulo-Heptono-γ-lacton durch Reduktion mit $LiBH_4$ (T.). Radiochem. Ausbeute 67,4%.	[98]
	D-glycero-D-galacto-Heptit-2-T	Aus D-Manno-heptulose durch Reduktion mit $LiBH_4$(T). Radiochem. Ausbeute 33,2%.	[98]
	D-glycero-D-ido-Heptit-2-T	Aus D-Gluco-heptulose durch Reduktion mit $LiBH_4$(T). Radiochem. Ausbeute 32,1%.	[98]
	D-glycero-D-gulo-Heptit-2-T	Aus D-Gluco-heptulose durch Reduktion mit $LiBH_4$(T). Radiochem. Ausbeute 27%.	[98]
	D-glycero-D-talo-Heptit-2-T	Durch Reduktion von D-Manno-heptulose mit $LiBH_4$(T). Radiochem. Ausbeute 60,0%.	[98]
$C_8H_8O_3$	5-Methoxy-2-methyl-(T)-benzochinon	Siehe $C_9H_{10}O_4$.	[250]
$C_9H_9J_2NO_3$	3,5-Di-jodtyrosin-T	Siehe Thyroxin ($C_{15}H_{11}O_4NJ_4$).	[257]
$C_9H_{10}O_2$	Trimethyl-(T)-benzochinon	Siehe $C_9H_{10}O_4$.	[250]
$C_9H_{10}O_4$	5,6-Dimethoxy-2-methyl-(T)-benzochinon	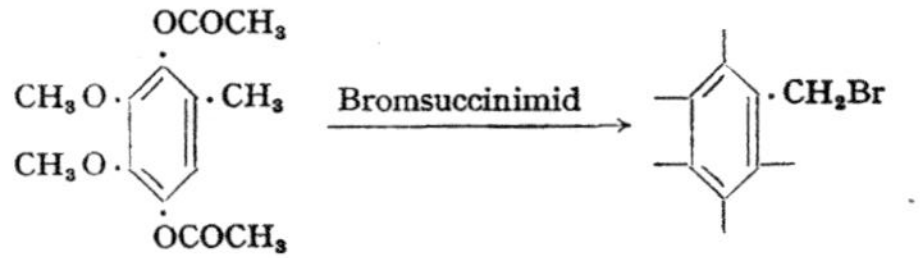 anschließend wird Br mit HT katalytisch entfernt.	[250]
$C_9H_{11}NO_3$	Tyrosin-2,3-T	Siehe Thyroxin ($C_{15}H_{11}O_4NJ_4$).	[257]
$C_9H_{13}N_3O_5$	Cytidin-2-^{14}C-(ribosyl-T)	Cytosin-2-^{14}C → N-Acetylcytosin → N-Acetylcytosinquecksilber + 1,2,3,5-Tetra-acetyl-β-D-ribofuranose-T. 12% Ausbeute.	[57]
$C_{10}H_{13}N_5O_4$	Adenosin-(ribosyl-T)	Kombinierte Wilzbach- und chem. Methode.	[105]
$C_{10}H_{14}N_2O_5$	Thymidin-T	Durch Austauschreaktion. Untersuchungen über die Verteilung der Radioaktivität.	[265, 259, 64]
		Wilzbach-Methode.	[198]

$C_{11}H_8Na_4O_8P_2$	Tetra-Na-2-methyl-1:4-naphthochinol-diphosphat	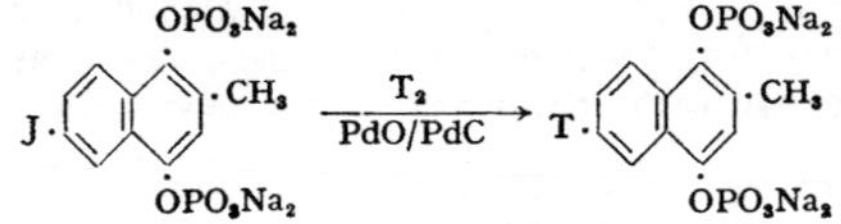	[169a]
$C_{11}H_8O_2$	2-Methyl-(T)-naphthochinon-1,4	Katalyt. Reduktion von 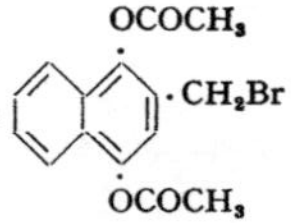	[30]
	2-Methyl-1,4-naphthochinon-3-T	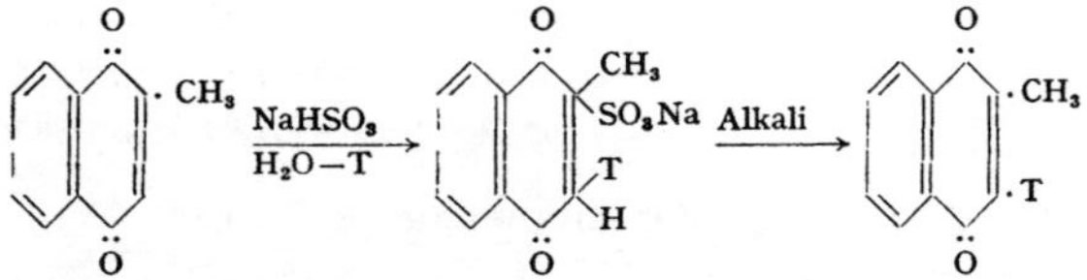 Ausbeute ca. 100%.	[169]
$C_{11}H_{12}N_2O_2$	D-Tryptophan-T	Erhitzen des Hydrochlorids in TOH auf 110°. Keine nachweisbare Racemisierung.	[107c]
$C_{11}H_{14}N_4O_4S$	6-Methylmercapto-9-β-D-ribofuranosylpurin-(ribosyl-T)	Kombinierte Wilzbach- und chem Methode.	[105]
$C_{12}H_{22}O_{11}$	Maltose-1-T	Reduktion des δ-Lactons mit $LiBH_4$(T) in Pyridin. Ausbeute 50%.	[124]
	Lactose-1-T	Reduktion des δ-Lactons mit $LiBH_4$(T) in Pyridin. Ausbeute 44%.	[124]
	Rohrzucker-T	Wilzbach-Methode.	[280]
$C_{12}H_{24}O_{11}$	4-O-β-Galaktopyranosyl-D-glucit-1-T	Aus Lactobiono-γ-lacton durch Reduktion mit $LiBH_4$(T). Radiochem. Ausbeute 61,3%.	[98]
$C_{12}H_{26}N_4O_6$	Neomycin T	Wilzbach-Methode.	[128]
$C_{13}H_{18}O_9$	1,2,3,5-Tetra-O-acetyl-D-ribofuranose-T	Wilzbach-Methode.	[105]
$C_{14}H_{42}O_4$	Adipinsäure-dioctylester-T	2-Äthyl-3-propylacrolein → Alkohol verestert mit Adipinsäurechlorid, hydriert mit HT.	[162]
$C_{15}H_{11}J_4NO_4$	Thyroxin-2,3-T	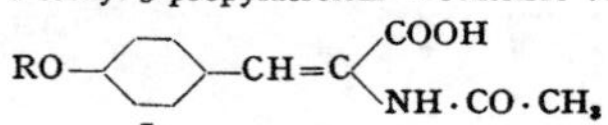 wird mit HT hydriert, bzw. Umsatz mit TJ	[257, 218a]
$C_{15}H_{12}J_3NO_4$	3,3′,5′-Trijodthyronin-T	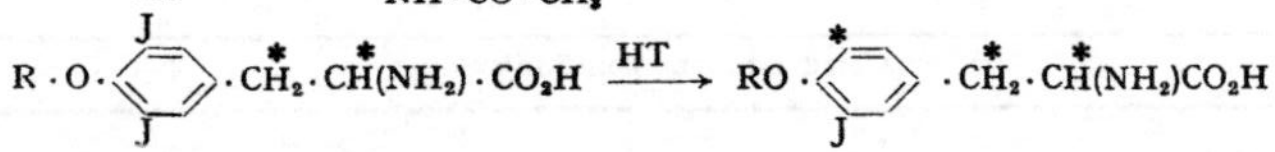	[218a]

Fortsetzung

Summenformel	Name der Verbindung	Herstellungsmethode und Bemerkungen	Literatur
	3, 5, 3′-Trijodthyronin-T	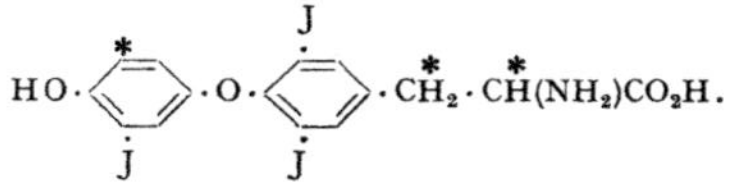	[*218a*]
$C_{15}H_{13}J_2NO_4$	3, 5-Dijodthyronin-α, β-T	Hydrierung der entsprechenden α, β-ungesättigten Verbindung mit HJ(T).	[*218a*]
	3, 3′-Dijodthyronin-T	($C_{15}H_{12}J_3NO_4$) · 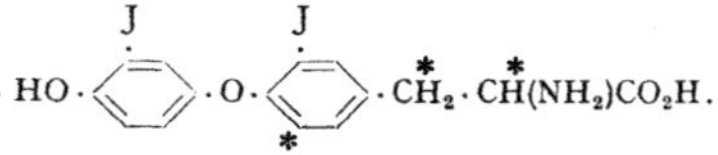	[*218a*]
	3, 5-Di-Jod-L-thyronin-2′ T oder 6′ T		[*174a*]
$C_{15}H_{14}JNO_4$	3-Jodthyronin-T	($C_{15}H_{12}J_3NO_4$) · 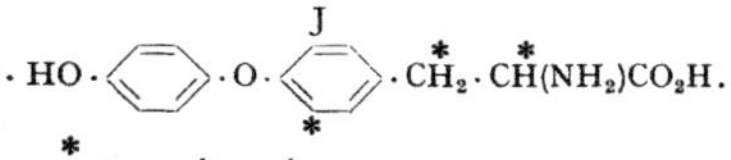	[*218a*]
$C_{15}H_{15}NO_4$	Thyronin-T	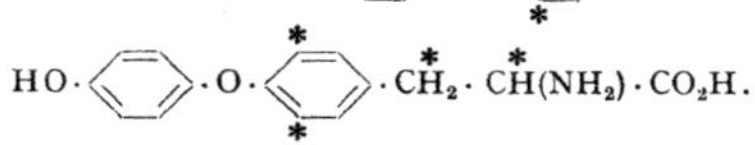	[*218a*]
$C_{16}H_{18}N_2O$	Elymoclavin-T	Biosynthese aus Mevalonsäure-2- oder 4-T.	[*107b*]
$C_{16}H_{18}N_2O_4S$	Benzylpenicillinsäure-T	Biosynthese aus Cystin-2- oder 3-T.	[*12*]
$C_{16}H_{32}O_2$	Palmitinsäure-T	Wilzbach-Methode.	[*83, 128*]
$C_{16}H_{34}O$	Hexadecanol-T	Wilzbach-Methode.	[*128*]
$C_{17}H_{19}NO_3$	Morphin-T	Wilzbach-Methode. Chromatographische Methode zur Abtrennung des Dehydromorphins wird angegeben.	[*175, 1*]
$C_{17}H_{23}NO_3$	Atropin-T		[*272a*]
$C_{18}H_{22}O_2$	Hexoestrol-T	Durch katalyt. Hydrierung. Maßstab 50 µM.	[*102, 103*]
	Oestron-6, 7-T	Katalyt. Reduktion von 6-Dehydrooestronacetat und Verseifung. 17,5 mC/mg. 0,1 mM Maßstab.	[*77*]
$C_{18}H_{24}O_2$	17β-Oestradiol-6, 7-T	Red. von Oestron-6, 7-T mit $NaBH_4$. 0,1 mM, 82% Ausbeute. Siehe Oestron ($C_{18}H_{22}O_2$).	[*77*]
$C_{18}H_{24}O_3$	Oestriol-6, 7-T	Aus Oestron-,6 7-T über Enolacetat, Epoxyd und Aufspaltung mit $LiAlH_4$. 43% Ausbeute.	[*77*]
$C_{18}H_{30}O_2$	Linolensäure-T	Wilzbach-Methode.	[*83*]

$C_{18}H_{32}O_2$	Linolsaure-T	Wilzbach-Methode.	[83]
$C_{18}H_{34}O_2$	Ölsäure-T	Wilzbach-Methode.	[83]
$C_{18}H_{35}NO$	Ölsaureamid-T	Wilzbach-Methode.	[128]
$C_{18}H_{36}O_2$	Stearinsaure-T	Wilzbach-Methode.	[128, 83]
	Stearinsäure-9,10,11,12-T	Siehe Valeriansaure-T ($C_5H_{10}O_2$).	[38]
$C_{19}H_{19}N_7O_6$	Folsaure-T	Austausch in HOT.	[18b]
$C_{19}H_{28}O_2$	Testosteron-1,2-T	Hydrierung von 1-Dehydrotestosteron mit HT.	[195]
$C_{19}H_{34}O_2$	Linolsaure-methylester-T		[131]
$C_{19}H_{36}O_2$	Ölsaure-methylester-T		[131]
$C_{19}H_{38}O_2$	Tuberculostearinsaure-T_6 (9-Methyl-stearinsäure)	Siehe Valeriansäure-T ($C_5H_{10}O_2$).	[38]
$C_{20}H_{16}$	7,12-Dimethylbenz-(a)-anthracen-T	Austausch mit H_2O-T in AcOH mit Pt-Katalysator (3 mM).	[56]
$C_{20}H_{24}O_3$	Oestronacetat-6,7-T	Katalyt. Reduktion von 6-Dehydrooestronacetat.	[77]
$C_{21}H_{26}O_5$	Aldosteron-16-T	Biosynthese aus Progesteron-16-T.	[14]
$C_{21}H_{30}O_2$	Progesteron-7-α-T	Durch Hydrierung mit HT.	[110]
	Progesteron-16-T	Durch katalyt. Hydrierung.	[199, 14, 13a]
$C_{21}H_{30}O_4$	Corticosteron-16-T	Biosynthese aus Progesteron-16-T.	[14]
	Corticosteron-1,2-T	Hydrierung von 1-Dehydrocorticosteron mit HT.	[195]
$C_{21}H_{30}O_5$	Hydrocortison-16-T	Biosynthese aus Progesteron-16-T.	[14]
	Hydrocortison-1,2-T	Hydrierung von 1,4-Pregnadien-11β,17α,21-triol,3,20-dion mit HT.	[194a]
	Hydrocortison-T		[195]
$C_{21}H_{32}O_2$	Pregnenolon-7-α-T	Durch Hydrierung.	[195, 110]
$C_{21}H_{32}O_3$	17-α-Hydroxypregnenolon-T	Wilzbach-Methode. Gute Beschreibung der Reinigung.	[240]
$C_{21}H_{41}N_7O_{12}$	Dihydrostreptomycin-T	Durch katalyt. Hydrierung.	[6]
$C_{22}H_{24}N_2O_8$	Tetracyclin-T	Wilzbach-Methode und chem. Methoden.	[7]
	Tetracyclin-7-T	Reduktive Eliminierung des Chlors aus Chlortetracyclin mit HT. 30% Ausbeute.	[8, 256]
$C_{23}H_{38}N_7O_{17}P_3S$	Acetyl-coenzym-A-(acetyl-T)	Austausch von Acetyl-CoA mit $(CH_2TCO)_2O$.	[35]

Fortsetzung

Summenformel	Name der Verbindung	Herstellungsmethode und Bemerkungen	Literatur
$C_{24}H_{40}O_5$	Cholsaure-6-α,6β,8β-T	Erhitzen von 3α,12α-Diacetoxy-7-ketocholansäuremethylester mit CH_3COOT in Äther. Red. mit $NaBH_4$ und Hydrolyse.	[*230*]
	Cholsaure-T	Wilzbach-Methode. Die Verteilung wird bestimmt.	[*43, 23*]
$C_{25}H_{32}FO_8$	Triamcinolon-T	Wilzbach-Methode. Gute Beschreibung der Reinigung.	[*94*]
$C_{27}H_{46}O$	Cholesterin-6-T	Chem. Synthese unter Verwendung von $NaBH_4$(T).	[*229*]
	Cholesterin-24,25-T	Aus Isovaleriansaure-2,3-T und Δ^5-3β-Hydroxycholensäure durch anodische Synthese nach *Kolbe*.	[*22, 157*]
	Cholesterin-T	Wilzbach-Methode.	[*280, 13*]
$C_{29}H_{50}O$	β-Sitosterol-T	Wilzbach-Methode ergab 10% Reduktion der Doppelbindung. Dihydrositosterol hatte 60% der T-Aktivität.	[*272*]
		Durch katalyt. Austausch, vernachlassigbare Aktivitat der Doppelbindung.	[*272*]
$C_{31}H_{46}O_2$	Vitamin-K_1, 2-Methyl-T-3-phytyl-1,4-naphthochinon	Siehe $C_{11}H_8O_2$.	[*30*]
$C_{33}H_{40}N_2O_9$	Reserpin-T	Tritium-Rückstoß-Methode.	[*222*]
$C_{41}H_{64}O_{13}$	Digitoxin-T	Wilzbach-Methode.	[*280*]
$C_{57}H_{104}O_6$	Triolein-T	Durch katalyt. Austausch.	[*146*]
	Antikorper-T	Aus Valin-T Biosynthese.	[*63*]
	Arginin-vasopressin-T	Wilzbach-Methode.	[*246a*]
	Desoxyribonucleinsaure-T	Wilzbach-Methode.	[*34*]
	γ-Globulin-T	Wilzbach-Methode. 1,3 mC/100 mg.	[*198*]
	Gonadotropin-T	Wilzbach-Methode. 4,76 mC/190 mg.	[*198*]
	Humanalbumin-T	Wilzbach-Methode. 6 mC/235 mg.	[*198*]
	Hyaluronsäure-T	Wilzbach-Methode. 3,4 mC/50 mg.	[*198*]
	Insulin-T	Wilzbach-Methode. Gereinigtes Produkt 4,6 μC/mg.	[*117, 118*]
	Protein-T	Wilzbach-Methode.	[*249*]
	Tetanus-Toxin-T	Wilzbach-Methode.	[*240a*]

4. ^{15}N-haltige Verbindungen

Summenformel	Name der Verbindung	Herstellungsmethode und Bemerkungen	Literatur
CH_5N	Methylamin-^{15}N	Aus Acetamid-^{15}N durch Hofmann-Abbau.	[*56a*]
$C_2H_5NO_2$	Glycin-^{15}N	Bromessigsäuremethylester und Phthalimidkalium-^{15}N.	[*166*]
		Enzymatische Synthese aus Glyoxylsäure und Glutamin-^{15}N.	[*155a*]
$C_3H_7NO_2$	Alanin-^{15}N	Analog Glycin-^{15}N.	[*166*]
$C_4H_{12}N_2$	Putrescin-^{15}N	Aus Phthalimidkalium-^{15}N und 1,4-Dibrombutan.	[*251*]
$C_5H_9NO_3$	δ-Amino-lävulinsaure-^{15}N	Aus Phthalimidkalium-^{15}N und δ-Bromlavulinsaure. 85% Ausbeute.	[*207*]
$C_5H_9NO_4$	Glutaminsäure-^{15}N	Analog Glycin-^{15}N.	[*166*]
$C_5H_{11}NO_2$	Valin-^{15}N	Analog Glycin-^{15}N.	[*166*]
$C_5H_{12}N_2O_2$	Ornithin-α-^{15}N	Analog Glycin-^{15}N. Siehe Lysin-6-^{15}N.	[*165a, 166*]
$C_6H_9N_3O_2$	Histidin-^{15}N	Biosynthese mit Hilfe von Neurospora crassa und $^{15}NH_4$-Citrat.	[*174*]
$C_6H_{14}N_2O_2$	Lysin-α-^{15}N	Analog Glycin-^{15}N.	[*166*]
	Lysin-6-^{15}N	Aus δ-Phthaloylaminobutyl-3-phenylhydantoin.	[*165a*]
$C_6H_{14}N_4O_2$	Arginin-^{15}N	$(CH_3O)(CH_3S)C:NH + \overset{*}{N}H_4Cl \rightarrow CH_3SH + (CH_3O)(\overset{*}{N}H_2)C:NH\ HCl +$ $NH_2\cdot[CH_2]_3\cdot CH(CO_2H)\cdot NH_2 \rightarrow NH_2\cdot C(:\overset{*}{N}H)\cdot NH\cdot[CH_2]_3\cdot CH(CO_2H)(NH_2)$	[*204*]
$C_8H_5NO_2$	Phthalimid-^{15}N	Phthalsäure + $^{15}NH_3$.	[*167*]
$C_9H_{11}NO_2$	Phenylalanin-^{15}N	Analog Glycin-^{15}N.	[*166*]
$C_9H_{11}NO_3$	Tyrosin-^{15}N	Analog Glycin-^{15}N.	[*166*]
$C_{12}H_8FNO_2$	4′-Fluor-4-nitrobiphenyl-^{15}N	4-Fluor-biphenyl + $H^{15}NO_3$.	[*66*]
$C_{12}H_9NO_2$	4-Nitrobiphenyl-^{15}N	Biphenyl + $H^{15}NO_3$.	[*66*]
$C_{12}H_{11}N$	4-Aminobiphenyl-^{15}N	Reduktion von 4-Nitrobiphenyl.	[*66*]

Fortsetzung

Summenformel	Name der Verbindung	Herstellungsmethode und Bemerkungen	Literatur
$C_{14}H_{12}FNO$	4′-Fluor-4-acetylaminobiphenyl-^{15}N	Aus 4′-Fluor-4-nitrobiphenyl-^{15}N.	*[66]*
$C_{14}H_{13}NO$	4-Acetylaminobiphenyl-^{15}N	Aus-4-Aminobiphenyl-^{15}N.	*[66]*
$C_{15}H_{11}NO_4$	2-Nitro-7-acetoxyfluoren-^{15}N	Aus 2-Acetoxyfluoren + $H^{15}NO_3$.	*[66]*
$C_{15}H_{13}NO_2$	N-(7-Hydroxy-2-fluorenyl)-acetamid-^{15}N	Aus 2-Nitro-7-acetoxyfluoren-^{15}N.	*[66]*

5. ^{18}O-haltige Verbindungen

Summenformel	Name der Verbindung	Herstellungsmethode und Bemerkungen	Literatur
C_2H_3ClO	Acetylchlorid-^{18}O	Aus Essigsaure-^{18}O mit Thionylchlorid.	*[170]*
$C_2H_3KO_2$	Kaliumacetat-^{18}O	Austausch von Essigsaure mit $^{18}H_2O$ bei 110°, 18 Std.	*[36]*
C_2H_6O	Äthanol-^{18}O	Austausch von Essigsaure mit $^{18}H_2O$ und Reduktion.	*[149, 150]*
$C_4H_6O_3$	Essigsaureanhydrid-^{18}O	Aus Acetylchlorid und Natriumacetat.	*[170]*
$C_4H_6O_4$	Acetylperoxyd-(carbonyl-^{18}O)	Acetanhydrid und Bariumperoxyd	*[170]*
C_4H_8O	Butyraldehyd-^{18}O		*[248]*
$C_5H_9NO_4$	Glutaminsaure-^{18}O		*[141, 143]*
		Austausch von Glutaminsaurehydrochlorid bei 125°, 36 Std. (Glutaminsaure-(γ-carboxyl-^{18}O).	*[36]*
$C_5H_{10}N_2O_3$	Glutamin-^{18}O	Enzymatisch aus Glutaminsaure-^{18}O.	*[36, 143]*
$C_6H_{12}O_6$	Glucose-1-^{18}O		*[218]*
C_7H_6O	Benzaldehyd-^{18}O		*[248]*
C_7H_7NO	Benzamid-^{18}O		*[218]*
$C_7H_6O_2$	Benzoesaure-^{18}O	Aus Benzotrichlorid und $^{18}H_2O$.	*[73, 75]*
$C_9H_{10}O$	Hydratropaldehyd-^{18}O	Durch Austausch in $^{18}H_2O$ mit H_2SO_4.	*[74]*
$C_9H_{11}NO_2$	Phenylalanin-^{18}O und Derivate	Durch Austausch in $^{18}H_2O$.	*[19]*

$C_9H_{12}O$	Hydratropalkohol-^{18}O	Reduktion des Aldehyds.	*[67]*
$C_{10}H_{12}N_2O_3$	L-Kynurenin-^{18}O	Enzymatische Hydroxylierung.	*[226, 227]*
$C_{10}H_{14}N_5O_7P$	Adenosinmonophosphat-^{18}O	Enzymatische Darstellung.	*[142]*
$C_{10}H_{16}N_5O_{13}P_3$	Adenosintriphosphat-^{18}O	Enzymatisch aus $H_3P^{18}O_4$.	*[58]*
$C_{14}H_{10}O_3$	Benzoesaureanhydrid-^{18}O	Benzoylchlorid-^{18}O und Silberbenzoat.	*[75]*

6. ^{32}P-haltige Verbindungen

Summenformel	Name der Verbindung	Herstellungsmethode und Bemerkungen	Literatur
$C_3H_9O_6P$	α-Glycerophosphorsaure-^{32}P		*[68]*
	β-Glycerophosphorsaure-^{32}P		*[68]*
$C_4H_{10}FO_2P$	Sarin-^{32}P	$(CH_3)_2CHO\cdot\overset{CH_3}{\dot{P}}\cdot F$ über $\ddot{O}$ (O an P)	*[215]*
$C_4H_{11}O_4P$	Mono-butylphosphat-^{32}P	Austausch von $H_3{}^{32}PO_4$ mit Tributylphosphat bei erhohter Temperatur, Ausbeute, bezogen auf ^{32}P, 44%. Maßstab 15 mM.	*[116]*
$C_6H_{13}O_9P$	α-Glucose-1-phosphat-^{32}P		*[68]*
$C_6H_{14}FO_3P$	Di-isopropyl-phosphor-fluorid-^{32}P	$^{32}PCl_3 + C_3H_7OH \rightarrow (C_3H_7O)_2{}^{32}POH \xrightarrow[2.\ NH_4F]{1.\ Cl_2} (C_3H_7O)_2POF$.	*[194]*
$C_9H_{16}N_3O_{14}P_3$	Cytidin-triphosphat-α-^{32}P	Enzymatisch aus Cytidinmonophosphat.	*[272a]*
$C_{10}H_{15}N_5O_{10}P_2$	Adenosindiphosphat-β-^{32}P	Kondensation von AMP mit $H_3{}^{32}PO_4$ durch Dicyclohexylcarbodiimid. 57% Ausbeute.	*[164]*
$C_{10}H_{16}N_5O_{13}P_3$	Adenosintriphosphat-^{32}P	1) ADP + $H_3{}^{32}PO_4$ (Ausbeute 36%). 2) AMP + $H_4{}^{32}PO_7$, Markierung in β- und γ-Stellung (Ausbeute 39%).	*[164]*
		Durch Erythrocyten.	*[258]*
	Adenosintriphosphat-β-^{32}P	Aus AMP, Phosphorsaure-^{32}P und Dicyclohexylcarbodiimid → ADP; Umsetzung mit Phosphoenolbrenztraubensaure und Pyruvatkinase.	*[255]*
	Adenosintriphosphat-γ-^{32}P	Phosphoroxychlorid ^{32}P + Chlormilchsaure → Phosphoenolbrenztraubensaure ^{32}P; Umsatz mit ADP (vgl. oben).	*[253]*

Fortsetzung

Summenformel	Name der Verbindung	Herstellungsmethode und Bemerkungen	Literatur
$C_{10}H_{17}N_5O_{16}P_4$	Adenosintetraphosphat-^{32}P	ATP + $H_3\,^{32}PO_4$, vgl. ADP. Markierung nicht bestimmt. 11% Ausbeute.	[164]
$C_{12}H_{21}N_2O_3PS$	Diazinon-^{32}P	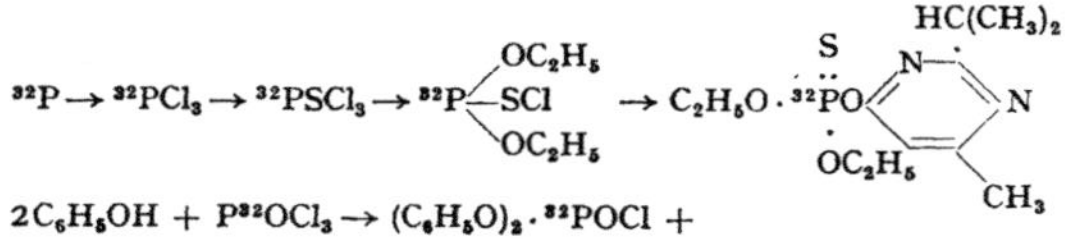 12–26% Ausbeute.	[163]
$C_{18}H_{17}NO_7P_2$	4-(0,0-Diphenyl-phosphoramido)-phenyl-phosphorsäure-^{32}P	$2C_6H_5OH + P^{32}OCl_3 \rightarrow (C_6H_5O)_2 \cdot {}^{32}POCl$ + 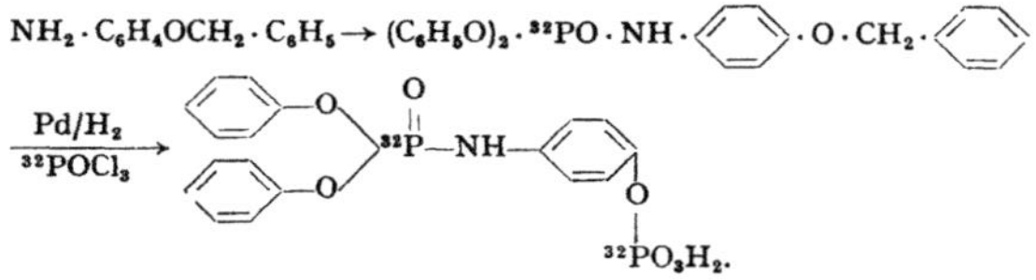	[113b]
$C_{63}H_{90}CoN_{14}O_{14}P$	Vitamin B_{12}—^{32}P	Biosynthese aus $KH_2{}^{32}PO_4$.	[196]

7. ³⁵S-haltige Verbindungen

Summenformel	Name der Verbindung	Herstellungsmethode und Bemerkungen	Literatur
H_2S	Schwefelwasserstoff-^{35}S	$Na_2{}^{35}SO_4$ + Kalium. 100% Ausbeute.	[237]
		Reduktion von $Na_2{}^{35}SO_4$ mit HJ, HCO_2H und Natriumhypophosphit. 80% Ausbeute.	[279]
CHNS	Isothiocyanat-^{35}S		[120]
CH_4N_2S	Thioharnstoff-^{35}S	$H_2{}^{35}S$ + Cyanamid. 90,5% Ausbeute.	[237]
$C_2H_4NNaS_2$	Natrium-N-methyl-dithiocarbamat-^{35}S		[233]
$C_2H_4O_2S$	Thioglykolsaure-^{35}S	$H_2{}^{35}S$ + Chloressigsaure. 65% Ausbeute.	[237]
C_2H_7NS	Cysteamin-^{35}S	Äthylenimin + $H_2{}^{35}S$. 55% Ausbeute.	[81, 237]

$C_2H_7NO_2S$	Hypotaurin-^{35}S	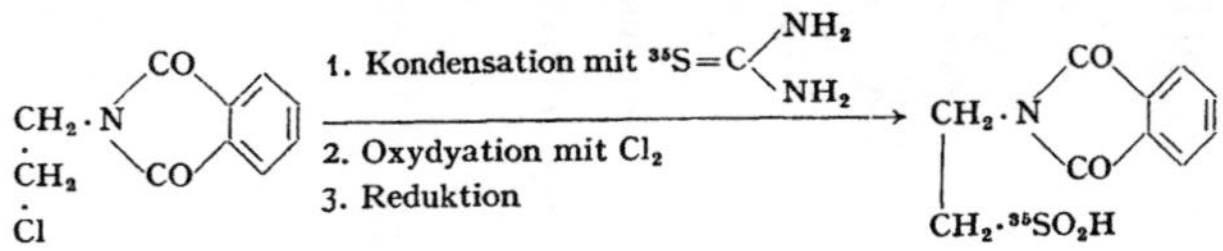 mM Maßstab. 37% Ausbeute.	[205, 85]
$C_2H_7O_3NS$	Taurin-^{35}S	Biosynthese aus $H_2{}^{35}SO_4$.	[53a]
C_3H_5KOS	Kalium-athylxanthat-^{35}S	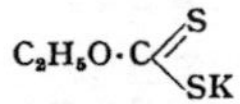	[233]
$C_3H_7NO_2S$	Cystein-^{35}S	Durch elektrolyt. Reduktion von Cystin.	[89]
		Biosynthese. Vgl. Cystin ($C_6H_{12}O_4N_2S_2$).	[53a]
$C_3H_7NO_4S$	DL-Amino-2-sulfin-3-propionsaure-^{35}S	Aus Cystin. 55% Ausbeute. 2 mM Maßstab.	[88]
$C_4H_4N_2OS$	2-Thiouracil-^{35}S	Aus Thioharnstoff.	[286]
C_4H_4S	Thiophen-^{35}S	Aus $H_2{}^{35}S$.	[37]
$C_4H_{12}N_2S_2$	Cystamin-^{35}S	Oxydation von Cysteamin mit H_2O_2.	[81]
C_5H_4OS	Formyl-2-thiophen-^{35}S	Siehe Thiophen-^{35}S (siehe C_4H_4S).	[37]
$C_5H_4O_2S$	Thiophen-α-carbonsäure-^{35}S	Siehe Thiophen-^{35}S (siehe C_4H_4S).	[37]
$C_5H_{11}NO_2S$	Methionin-^{35}S	Biosynthese.	[191a]
$C_6H_{12}N_2O_4S_2$	L-Cystin-^{35}S	Die Cysteindesulfhydrase des embryonalen Huhnereidottersackes katalysiert den Austausch des Schwefels zwischen L-Cystein und SH^-. $HO_2C \cdot CH(NH_2) \cdot CH_2 \cdot S^- + {}^{35}SH^- \rightleftharpoons HO_2C \cdot CH(NH_2) \cdot CH_2 \cdot {}^{35}S^- + SH^-$. Das gebildete Cystein-$^{35}S$ ist von der L-Form und wird als Cystin isoliert.	[53a]
$C_6H_{12}N_2S_4$	Tetramethyl-thiuramdisulfid-^{35}S		[21]
C_7H_5NS	Phenylisothiocyanat-^{35}S	Durch Austausch mit $NH_4H^{35}S$.	[278]
$C_7H_5NS_2$	2-Mercapto-^{35}S-benzthiazol	Aus 2-Chlorbenzthiazol mit $NaH^{35}S$. 76% Ausbeute.	[20]
$C_{12}H_{18}ClN_4O_4PS$	Thiamin-chlorid-phosphorsaureester-^{35}S		[223]
$C_{12}H_{18}Br_2N_4OS$	Thiaminbromid-hydrobromid-^{35}S		[268]
$C_{17}H_{19}ClN_2S$	Aminazin-^{35}S (Chlorpromazin)		[99]
$C_{17}H_{20}N_2S$	Promazin-^{35}S		[99]
$C_{17}H_{25}JO_2S$	Thiospasmin-^{35}S		[208, 209]
$C_{20}H_{25}NO_2S$	2,2-Diphenyl-2-hydroxy-thioessigsaure-diathylamino-athylester	Aus Thioharnstoff.	[153]

8. Literaturverzeichnis zu den Tabellen 1—7

[*1*] *Achor, L. B.:* J. Pharmacol. Exp. Therap. **112**, 117 (1958).
[*2*] *Agranoff, B. W., R. M. Bradley* and *R. O. Brady:* J. biol. Chem. **233**, 1077 (1958).
[*3*] *Alderhout, J. J., G. K. Koch* et *A. H. W. Aten:* Rec. Trav. chim. **76**, 712 (1957).
[*4*] *Anderson K. S.*, and *L. A. Woods:* J. Org. Chem. **24**, 274 (1959).
[*5*] *Anderson, E. P., E. S. Maxwell* and *R. M. Burton:* J. Amer chem. Soc. **81**, 6514 (1959).
[*6*] *André, T.:* Nature **177**, 379 (1956).
[*7*] *André, T.:* Antibiotics and Chemotherapy **8**, 195 (1958).
[*8*] André, *T.*, and *S. Ullberg:* J. Amer. chem. Soc. **79**, 494 (1957).
[*9*] *Andreeva, O. I.*, and *G. I. Kostikova:* Conference on the Use of Radioisotopes in the Physical Science and Industry, Copenhagen Sept. 1960.
[*10*] *Andrews, P.*, and *L. Hough:* J. Chem. Soc. **1958**, 4483.
[*11*] *Andrews, K. J. M., D. H. Marrian* and *D. R. Maxwell:* J. Chem. Soc. **1956**, 1844.
[*12*] *Arnstein, H. R. V.*, and *J. C. Crawhall:* Biochem. J. **67**, 180 (1957).
[*13*] *Avigan, J.:* J. biol. Chem. **234**, 787 (1959).
[*13a*] *Ayres, P. J.:* Symposium on the Detection and Use of Tritium in the physical and biological Sciences, Wien 1961.
[*14*] *Ayres, P. J., W. H. Pearlman, J. F. Tait* and *S. A. S. Tait:* Biochem. J. **70**, 230 (1958).
[*15*] *Bak, B.*, and *N. Clauson-Kaas:* Acta Chem. Scand. **12**, 995 (1958).
[*16*] *Barker, S. A., M. C. Keith, M. Stacey* and *D. B. E. Stroud:* Conference on the Use of Radioisotopes in the Physical Science and Industry, Copenhagen, Sept. 1960.
[*17*] *Battersby, A. R.*, and *B. J. T. Harper:* Chem. and Industr. **1958**, 364.
[*18*] *Bauder, A.*, u. *H. H. Gunthard:* Helv. Chim. Acta **41**, 889 (1958).
[*18a*] *Beale, D.*, and *J. K. Whitehead:* Symposium on the Detection and Use of Tritium in the physical and biological Sciences, Wien 1961.
[*18b*] *Belcher, E. H., B. Anderson, J. Chanarin* u. *D. L. Mollin:* Radioaktive Isotope in Klinik und Forschung, 4. Band, S. 184, Munchen und Berlin 1960.
[*19*] *Bender, M. L.*, and *B. W. Turnquest:* J. Amer. chem. Soc. **79**, 1889 (1957).
[*20*] *Bentov, M.:* Centre d'études nucléaires de Saclay Rapport CEA Nr. 831 (1958).
[*21*] *Bentov, M.:* Centre d'études nucléaires de Saclay Rapport CEA Nr. 832 (1958).
[*22*] *Bergstrom, S., S. Lindstedt* and *D. Sen:* Acta Chem. Scand. **11**, 1692 (1957).
[*23*] *Bergstrom, S.*, and *S. Lindstedt:* Acta Chem. Scand. **11**, 1275 (1957).
[*24*] *Bermejo, J.*, y *A. M. Municio:* Anales real Soc. espan. Fis. Quim. **56**, B661 (1960).
[*25*] *Bhattacharya, P. K.:* J. Sci. Ind. Res., India **17C**, 95 (1958).
[*26*] *Bidwell, R. G. S., J. S. Craigie* and *G. Krotkov:* Science **128**, 776 (1958).
[*27*] *Biland, H., F. Lohse* u. *E. Hardegger:* Helv. Chim. Acta **43**, 1436 (1960).
[*28*] *Billek, G.*, u. *E. F. Herrmann:* Monatsh. Chem. **88**, 735 (1957).
[*29*] *Billek, G.*, u. *E. F. Herrmann:* Monatsh. Chem. **90**, 89 (1959).
[*30*] *Billeter, M.*, u. *C. Martius:* Biochem. Z. **333**, 430 (1960).
[*30a*] Biochemical Preparations **5**, 62, New York, London 1957.
[*30b*] Biochemical Preparations **7**, 5, New York, London 1960.
[*30c*] Biochemical Preparations **8**, 85, New York, London 1961.
[*30d*] Biochemical Preparations **8**, 80, New York, London 1961.
[*30e*] Biochemical Preparations **6**, 90, London 1958.
[*31*] *Birkofer, L.*, u. *K. Hempel:* Chem. Ber. **93**, 2282 (1960).
[*31a*] *Bloch, K.:* Methods of Enzymology **IV**, 732, New York 1957.
[*32*] *Bollinger, F. W.*, and *N. L. Wendler:* J. Org. Chem. **24**, 1139 (1959).
[*33*] *Bonsquet, W. F.*, and *J. E. Christian:* J. Amer. Pharmaceut. Assoc. **49**, 406 (1960).
[*34*] *Bosenfreund, E., H. S. Rosenkranz* and *A. Bendich:* J. Mol. Biol. **1** 195 (1959).
[*35*] *Bové, J., R. O. Martin, L. L. Ingraham* and *P. K. Stumpf:* J. biol. Chem. **234**, 999 (1959).
[*36*] *Boyer, P. D., O. J. Koeppe* and *W. W. Luchsinger·* J. Amer. chem. Soc. **78**, 356 (1956).
[*36a*] *Butenandt, A.*, and *R. Beckmann:* Ann. Acad. Sci. Fennicae, Ser. A II, No. 60, 275 (1955).
[*37*] *Buu-Hoi, N. P.:* Bull. Soc. chim. France **1958**, 1407.
[*38*] *Buu-Hoi, N. P.:* Nature **180**, 385 (1957).
[*39*] *Buu-Hoi, N. P.*, et *D. Lavit:* Bull. Soc. chim. France **1960**, 346.
[*40*] *Buu-Hoi N. P.*, et *N. D. Xuong.* Compt. rend. **247**, 654 (1958)
[*41*] *Buu-Hoi, N. P.*, et *N. D. Xuong:* Compt. rend. **247**, 564 (1958).
[*42*] *Bradley, J. E. S.:* Nature **178**, 1193 (1956).
[*43*] *Bradlow. H. L., D. K. Kukushima* and *M. Tsutsui:* Chem. and Ind. **1959**, 1124.
[*44*] *Brooks, G. T.:* J. Chem. Soc. **1958**, 3693.
[*45*] *Brooks, G. T.:* Chem. and Ind. **1958**, 194.
[*46*] *Brullmann, M., H. J. Gerber* u. *D. Meier:* Helv. Chim. Acta **41**, 1831 (1958).
[*47*] *Brulé, D.*, et *C. Menter:* Compt. rend. **250**, 365 (1960).

[48] *Cacace, F., A. Guarino, G. Montefinale* and *E. Possaguo:* Internat. J. Appl. Radiation Isotopes **8**, 82 (1960).
[49] *Cacace, F.*, et *G. Montefinale:* Ricerca sci. **28**, 1419 (1958).
[50] *Cameron, G. G., N. Grassie* and *S. J. Thomson:* J. Chem. Soc. **1960**, 1411.
[51] *Catch, J. R.*, and *E. A. Evans:* J. Chem. Soc. **1957**, 2796.
[51a] *Catch, J. R.*, and *E. A. Evans:* J. Chem. Soc. **1957**, 2787.
[52] *Catch, J. R.*, and *E. A. Evans:* Chem. and Ind. **1957**, 78.
[53] *Chang, P. K.*, and *T. L. V. Ulbricht:* J. Amer. chem. Soc. **80**, 976 (1958).
[53a] *Chapeville, F., H. Maier-Huser* and *P. Fromageot:* Conference on the Use of Radioisotopes in the Physical Science and Industry, Copenhagen Sept. 1960.
[54] *Chutný, B., A. Habersbergerová, P. Kourim, J. Kucera, J. Marávek, O. Pitak, J. Urban* and *J. Zikmund:* Peaceful Uses of Atomic Energy Sec. Int. Conf. Genf **20**, 99 (1958).
[55] *Claeson, G.*, and *G. Androes:* University of California Rad. Laboratory Report 9208.
[56] *Clements, G. R.*, and *W. T. Hill:* Science **125**, 603 (1957).
[56a] *Clusius, K.*, u. *F. Endtinger:* Helv. Chim. Acta **41**, 1823 (1958).
[57] *Codington, J. F., R. Fecher, M. H. Maguire, R. Y. Thomson* and *G. B. Brown:* J. Amer. chem. Soc. **80**, 5164 (1958).
[58] *Cohn, M.*, and *G. R. Drysdale:* J. biol. Chem. **216**, 831 (1955).
[59] *Comte, P., A. Ville, G. Zwingelstein* et *J. Favre-Bonvin:* Bull. Soc. chim. France **1958**, 1355.
[60] *Corval, M.:* Bull. Soc. chim. France **1958**, 969.
[61] *Craig, D., F. A. Regenass* and *R. B. Fowler:* J. Org. Chem. **24**, 240 (1959).
[62] *Crawhall, J. C.*, and *D. G. Smyth:* Biochem. J. **69**, 280 (1958).
[63] *Crawhall, J. C., J. D. Hawkins* and *D. G. Smyth:* Biochem. J. **69**, 286 (1958).
[64] *Crowter, D. G., E. A. Evans* and *R. W. Lambert:* Chem. and Ind. **1960**, 899.
[65] *Curtin, D. Y., E. W. Flynn* and *R. F. Nystrom:* J. Amer. chem. Soc. **80**, 4599 (1958).
[66] *Dahlgard, M.:* J. Org. Chem. **25**, 469 (1960).
[67] *Dahn, H.*, u. *H. Hauth:* Helv. Chim. Acta **42**, 1214 (1959).
[68] *Dalem-Simon, Y.:* Peaceful Uses of Atomic Energy Sec. Int. Conf. Genf **20**, 78 (1958).
[69] *Dashkevich, L. B.:* Zhur. obshchei Khim. **27**, 724 (1957).
[70] *Dashkevich, L. B.*, and *V. S. Karpinskii:* Zhur. obshchei Khim. **28**, 3011 (1958).
[71] *Dayton, P. G.:* J. Org. Chem. **21**, 1535 (1956).
[72] *Denney, D. B.* J. Amer. chem. Soc. **77**, 1706 (1957).
[73] *Denney, D. B.*, and *D. G. Denney:* J. Amer. chem. Soc. **79**, 4806 (1957).
[74] *Denney, D. B.*, and *B. Goldstein:* J. Amer. chem. Soc. **79**, 4948 (1957).
[75] *Denney, D. B.*, and *M. A. Greenbaum:* J. Amer. chem. Soc. **79**, 3701 (1957).
[76] *Done, J.*, and *P. R. Payne:* Biochem. J. **64**, 266 (1956).
[77] *O'Donnell, V. J.*, and *W. H. Pearlman:* Biochem. J. **69**, 38p (1958).
[78] *Drehmann, U.:* Chem. Tech. (Berlin) **10**, 474 (1958).
[79] *Drehmann, U.*, u. *H. J. Born:* J. prakt. Chem. **5**, 200 (1957).
[80] *Drehmann, U.*, u. *K. Uhlig:* J. prakt. Chem. **8**, 33 (1959).
[81] *Drehmann, U.*, u. *K. Wiesener:* J. prakt. Chem. **7**, 304 (1959).
[82] *Dutton, A. H.*, and *D. F. Heath:* J. Chem. Soc. **1956**, 1892.
[83] *Dutton, H. J., E. P. Jones, L. H. Mason* and *R. F. Nystrom:* Chem. and Ind. **1958**, 1176.
[84] *Ehrensvärd, G.*, and *J. Liljekvist:* Acta Chem. Scand. **13**, 2070 (1959).
[85] *Eldjarn, L., A. Pihl* and *A. Sverdrup:* J. biol. Chem. **223**, 353 (1956).
[86] *Elias, H., K. H. Lieser* u. *H. W. Kohlschutter:* Chem. Ber. **93**, 2125 (1960).
[87] *Ellis, P., R. G. Wilkins* and *M. J. G. Williams:* J. Chem. Soc. **1956**, 3975.
[88] *Emiliozzi, R.*, et *L. Pichat:* Bull. Soc. chim. France **1959**, 1887.
[89] *Emiliozzi, R., L. Pichat* et *M. Herbert:* Bull. Soc. chim. France **1959**, 1544.
[90] *Engel, L. L., B. Baggett* and *M. Halla:* Biochim. biophysica Acta **30**, 435 (1958).
[91] *Erb, W.*, u. *W. Maurer:* Biochem. Z. **332**, 388 (1960).
[92] *Evans, E. A.:* J. Chem. Soc. **1958**, 3737.
[93] *Filip, J.*, and *J. Morávek:* Chem. and Ind. **1959**, 1408.
[94] *Florini, J. R.:* J. biol. Chem. **235**, 367 (1960).
[95] *Forman, S. E.*, and *B. L. Gilbert:* J. Agric. Food Chem. **8**, 193 (1960).
[96] *Fromm, H. J.:* J. Org. Chem. **22**, 611 (1957).
[97] *Frush, H. L.*, and *H. S. Isbell:* I. Res. Nat. Bur. Stand. **59**, 289 (1957).
[98] *Frush, H. L., H. S. Isbell* and *A. J. Fatiadi:* J. Res. Nat. Bur. Stand. **64 A**, 433 (1960).
[99] *Fyodorov, N. A.:* Peaceful Uses of Atomic Energy Sec. Int. Conf. Genf **24**, 205 (1958).
[100] *Gagnon, P. E., J. L. Boivin* and *Y. Laflaume:* Canad. J. Chem. **34**, 530 (1956).
[101] *Garbers, C. F.:* J. Chem. Soc. **1956**, 3234.
[102] *Glascock, R. F.*, and *G. S. Pope:* Biochem. J. **75**, 328 (1960).
[103] *Glascock, R. F.*, and *W. G. Hoekstra:* Biochem. J. **72**, 673 (1959).
[104] *Gold-Aubert, P.:* Helv. Chim. Acta **41**, 1512 (1958).
[105] *Gordon, M. P., O. M. Intrieri* and *G. B. Brown:* J. Amer. chem. Soc. **80**, 5161 (1958).

[*106*] *Gordon, M. P., O. M. Intrieri* and *G. B. Brown:* J. Amer. chem. Soc. **80**, 5164 (1958).
[*107*] *Green, N.:* J. Econ. Entomol. **51**, 707 (1958).
[*107a*] *Greenberg, D. M.*, and *M. Rothstein:* Methods of Enzymology **IV**, 652, New York 1957.
[*107b*] *Gröger, D., K. Mothes, H. Simon, H. G. Floß* u. *F. Weygand:* Z. Naturforsch. **15b**, 141 (1960).
[*107c*] *Gröger, D., K. Mothes, H. Simon, H. G. Floß* u. *F. Weygand:* Z. Naturforsch. im Druck.
[*108*] *Guermont, J. P.*, et *L. Pichat:* Bull. Soc. chim. France **1958**, 1338.
[*109*] *Guermont, J. P.*, et *L. Pichat:* Bull. Soc. chim. France **1959**, 580.
[*110*] *Gut, M.*, u. *M. Uskokovic:* Naturwiss. **47**, 40 (1960).
[*111*] *Gutzke, M. E., D. W. Fox, L. S. Ciereszko* and *S. H. Wender:* J. Org. Chem. **22**, 1271 (1957).
[*112*] *Hadler, H. J.*, and *C. R. Raha:* J. Org. Chem. **22**, 433 (1957).
[*113*] *Hanngren, A.*, and *J. Rydberg:* Acta Chem. Scand. **11**, 202 (1957).
[*113a*] *Hardegger, E.*, u. *E. Nikles:* Helv. Chim. Acta **39**, 223 (1956).
[*113b*] *Harris, S. A.*, and *J. P. Hummel:* J. Amer. chem. Soc. **78**, 2568 (1956).
[*114*] *Herbert, M.*, et *L. Pichat:* Bull. Soc. chim. France **1960**, 21.
[*115*] *Herbert, M.*, et *L. Pichat:* Centre d'études nucléaires de Saclay Rapport CEA Nr. 1302 (1959).
[*116*] *Higgins, C. E.*, and *W. H. Baldwin:* J. Org. Chem. **21**, 1156 (1956).
[*117*] *v. Holt, C.*, u. *L. v. Holt:* Naturwiss. **45**, 289 (1958).
[*118*] *v. Holt, C., I. Voelker* and *L. v. Holt:* Biochim. biophysica Acta **38**, 88 (1960).
[*119*] *Hromatka, O., L. Petzelbauer* u. *E. Broda:* Monatsh. Chem. **88**, 317 (1957).
[*120*] *Iliceto, A.*, et *F. D'Angell:* Gazzetta **89**, 1950 (1959).
[*121*] *Isabelle, M. E.*, and *L. C. Leitch:* Canad. J. Chem. **36**, 440 (1958).
[*122*] *Isbell, H. S.*, and *R. Schaffer:* J. Amer. chem. Soc. **78**. 1887 (1956).
[*123*] *Isbell, H. S., N. B. Holt* and *H. L. Frush:* J. Res. Nat. Bur. Stand. **57**, 95 (1956).
[*124*] *Isbell, H. S., H. L. Frush, N. B. Holt* and *J. D. Moyer:* J. Res. Nat. Bur. Stand. **64A**, 177 (1960).
[*125*] *Isbell, H. S., H. L. Frush, N. B. Holt* and *J. D. Moyer:* J. Res. Nat. Bur. Stand. **64A**, 359 (1960).
[*126*] *Ishidate, M.*, and *W. Tsukagoshi:* Chem. and Pharm. Bull. (Japan) **8**, 8789 (1960).
[*127*] *Isler, O., R. Rüegg, J. Würsch, K. F. Gey* u. *A. Pletscher:* Helv. Chim. Acta **40**, 2369 (1957).
[*127a*] *Ivanov, H.:* Compt. rend. Acad. bulg. Sci. **11**, 213 (1958).
[*128*] *Jackson, E. L., G. W. Kittinger* and *F. P. Krause:* Nucleonics **18**, 102 (1960).
[*129*] *Jackson, E. L.*, and *S. M. Rosenthal:* J. Org. Chem. **25**, 1055 (1960).
[*130*] *Jeffery, D.*, and *A. Fry:* J. Org. Chem. **22**, 735 (1957).
[*131*] *Jones, E. P., L. H. Mason, H. J. Dutton* and *R. F. Nystrom:* J. Org. Chem. **25**, 1413 (1960).
[*132*] *Kaneko, J. J., A. L. Black* and *M. Kleiber:* J. Org. Chem. **23**, 637 (1958).
[*133*] *Karnovsky, M. L., G. Hauser* and *D. Elwyn:* J. biol. Chem. **226**, 881 (1957).
[*134*] *Kautský, G. J., C. J. Bouboulis, R. R. Becker* and *C. G. King:* J. biol. Chem. **233**, 1340 (1958).
[*134a*] *Kigoshi, K.*, and *S. Okomoto:* Bull. Chem. Soc. Japan **29**, 438 (1956).
[*135*] *Koller, E. J.*, u. *H. Zollinger:* Helv. Chim. Acta **39**, 1610 (1956).
[*136*] *Konigsberg, W. H.*, and *R. R. Becker:* J. Amer. chem. Soc. **81**, 1428 (1959).
[*136a*] *Korn, E. D.:* Methods of Enzymology **IV**, 615, New York 1957.
[*137*] *Korte, F.*, u. *G. Ludwig:* Annalen **615**, 94 (1958).
[*138*] *Korte, F.*, u. *H. Barkemeyer:* Chem. Ber. **90**, 392 (1957).
[*139*] *Korte, F.*, u. *H. Barkemeyer:* Chem. Ber. **90**, 2739 (1957).
[*140*] *Korte, F.*, u. *H. Barkemeyer:* Chem. Ber. **89**, 2400 (1956).
[*141*] *Koshland, D. E. jr.:* Peaceful Uses of Atomic Energy Sec. Int. Conf. Genf **12**, 414 (1956).
[*142*] *Koshland, D. E. jr.*, and *S. S. Springhorn:* J. biol. Chem. **221**, 469 (1956).
[*142a*] *Kourim, P.*, and *J. Zikmund:* Coll. Czech. Chem. Comm. **26**, 717 (1961).
[*143*] *Kowalsky, A., C. Wyttenbach, L. Langer* and *D. E. Koshland* jr.: J. biol. Chem. **219**, 719 (1956).
[*144*] *Kratzl, K., G. Billek, A. Graf* u. *W. Schweers:* Monatshefte **87**, 60 (1956).
[*145*] *Kratzl, K.:* Holzforsch. **7**, 66 (1953).
[*146*] *Kritchevsky, D., R. F. J. McCandless, J. E. Knoll* and *M. L. Eidinoff:* J. Amer. chem. Soc. **77**, 6655 (1955).
[*147*] *Krupka, R. M., G. H. N. Towers:* Nature **181**, 335 (1958).
[*148*] *Kryukov, B.*, and *V. K. Butyugin:* Izvest. Akad. Nauk S.S.S.R., Otdel. khim. Nauk **1957**, 1404.
[*148a*] *Kucera, J.:* Cesk. Farm. **9**, 298 (1960).
[*149*] *Kudryavtsev, R. V.*, and *D. N. Kursanov:* Zhur. obshchei Khim. **26**, 2984 (1956).
[*150*] *Kursanov, D. N.*, and *R. V. Kudryavtsev:* Zhur. obshchei Khim. **26**, 2987 (1956); C. A. **51**, 7814.
[*150a*] *Kursanov, D. N., R. V. Kudryavtsev:* Zhur. obshchei Khim. **26**, 1040 (1956); C. A. **50**, 16 666.

[151] *Kurath, P., F. M. Ganis* u. *M. Radakowich:* Helv. Chim. Acta **40**, 933 (1957).
[152] *Kusch, P.:* Nucl. Sci. Abstr. **11**, 4489 (1957).
[153] *Kuznetsov, S. G., Z. J. Bobyshera* u. *E. M. Balonova:* Zhur. obshchei Khim. **28**, 635 (1958).
[154] *Langley, B. W.:* J. Amer. chem. Soc. **78**, 2136 (1956).
[155] *Leete, E.:* Chem. and Ind. **1958**, 977.
[155a] *Lerman, M. J.:* Voprosy Med. Khim. **6**, 513 (1960).
[156] *Lerman, M. I.*, and *V. I. Maimind:* Voprosy Med. Khim. **6**, 203 (1960).
[157] *LeRoy, G. V., R. G. Gould, R. G. Bergenstahl, H. Werbin* and *J. J. Kabura:* J. Laborat. Clin. Med. **49**, 858 (1957).
[158] *Letellier, G.*, and *L. P. Bouthillier:* Canad. J. Biochem. Physiol. **35**, 811 (1957).
[159] *Levin, P. I.:* Izvest. Akad. Nauk S.S.S.R., Otdel. khim. Nauk **1958**, 1388.
[160] *Levitz, M.*, and *J. R. Spitzer:* J. biol. Chem. **222**, 979 (1956).
[161] *Levitz, M., J. R. Spitzer* and *G. H. Twombly:* J. biol. Chem. **231**, 787 (1958).
[161a] *Lewis, K. F.*, and *S. Weinhouse:* Methods of Enzymology **IV**, 609, New York 1957.
[162] *Lindström, G. B.:* Acta Chem. Scand. **13**, 848 (1959).
[162a] *Ljungdahl, L., H. G. Wood, E. Racker* u. *D. Couri:* J. biol. Chem. **236**, 1622 (1961).
[163] *Louloudes, S. J., J. N. Kaplanis* and *C. C. Roan:* J. Org. Chem. **21**, 685 (1956).
[164] *Lowenstein, J. M.:* Biochem. J. **65**, 197 (1957).
[165] *Mai, L.:* Zhur. obshchei Khim. **27**, 3192 (1957).
[166] *Maimind, V. J., K. M. Ermoleav* and *M. M. Shemyakin:* Zhur. obshchei Khim. **26**, 2313 (1956).
[167] *Maimind, V. J., B. V. Tokarev, E. Gomes, R. G. Vdovina, K. M. Ermoleav* and *M. M. Shemyakin:* Zhur. obshchei Khim. **26**, 1962 (1956).
[168] *Mangold, H. K.*, and *H. Schlenk:* J. biol. Chem. **229**, 731 (1958).
[169] *Marrian, D. H.:* J. Chem. Soc. **1957**, 499.
[169a] *Marrian, D. H., B. Marshall, J. S. Mitchell* and *I. Simon-Reuss:* Symposium on the Detection and Use of Tritium in the physical and biological Sciences. Wien 1961.
[170] *Martin, J. C.*, and *E. H. Drew:* J. Amer. chem. Soc. **83**, 1232 (1961).
[170a] *Marton, J., J. Meisel* and *T. Gosztonyi:* Conference on the Use of Radioisotopes in the physical Science and Industry, Copenhagen Sept. 1960.
[171] *Matkovskii, K., J.*, and *A. A. Yasnikov:* Ukrain. khim. Zhur. **21**, 721 (1955).
[172] *Medenwald, H., L. Koester* u. *W. Maul:* Z. physiol. Chem. **312**, 99 (1958).
[173] *Medeuwald, H.*, u. *G. L. Haberland:* Z. physiol. Chem. **306**, 229 (1957).
[174] *Melville, D. B.. M. L. Ludwig, E. Inamine* u. *J. R. Rachele:* J. biol. Chem. **234**, 1195 (1959).
[174a] *Michel, R., R. Truchot, H. Tronloisel* and *B. Poillot:* Bull. Soc. Chim. biol. **42**, 1207 (1960).
[175] *Misra, A. L.*, and *L. A. Woods:* Nature **185**, 304 (1960).
[176] *Möckel, P.*, u. *G, Stärk:* Chem. Tech. (Berlin) **11**, 383 (1959).
[177] *Monkovič, I., P. Strohal, L. Filipovič* and *K. Balenovič:* Peaceful Uses of Atomic Energy Sec. Int. Conf. Genf **20**, 97 (1958).
[178] *Morávek, J.:* Chem. and Ind. **1957**, 1387.
[179] *Morávek, J.:* Chem. Listy **52**, 2147 (1958).
[180] *Morávek, J.*, and *J. Filip:* Coll. Czech. Chem. Comm. **25**, 2697 (1960).
[181] *Morgan, M. A.*. and *H. R. Gutmann:* J. Org. Chem. **24**, 1163 (1959).
[182] *Moscatelli, E. A.*, and *J. Larner:* Arch. Biochem. Biophys. **80**, 26 (1959).
[183] *Moss, G.:* Arch. Biochem. Biophys. **90**, 111 (1960).
[184] *Moyer, J. D.*, and *H. S. Isbell:* J. Res. Nat. Bur. Stand. **61**, 71 (1958).
[185] *Municio, A. M.:* Publ. Inst. Quim. „Alonso Barba" **9**, 129 (1957).
[186] *Municio, A. M.:* Publ. Inst. Quim. „Alonso Barba" **9**, 181 (1957).
[187] *Murray, D. H.*, and *G. C. Butler:* Canad. J. Chem. **37**, 1776 (1959).
[188] *Nakajima, Y.*, and *M. Kawada:* J. Pharm. Soc. Japan **80**, 700 (1960).
[189] *Nelson, C. D.*, and *D. C. Mortimer:* Canad. J. Biochem. Physiol. **37**, 193 (1959).
[190] *Nevenzel, J. C.*, and *D. R. Howton:* J. Org. Chem. **22**, 319 (1957).
[191] *Nevenzel, J. C.*, and *D. R. Howton:* J. Org. Chem. **23**, 933 (1958).
[191a] *Niklas, A.:* Z. physiol. Chem. **301**, 194 (1955).
[192] *Noguchi, T.:* Pharm. Bull. (Japan) **4**, 130 (1956).
[193] *Nygaard, O. F.*, and *R. L. Potter:* Radiation Res. **10**, 462 (1959).
[194] *Oosterbaan, R. A.*, and *J. van Rotterdam:* J. Amer. chem. Soc. **78**, 5641 (1956).
[194a] *Osinski, P. A.:* Symposium on the Detection and Use of Tritium in the physical and biological Sciences, Wien 1961.
[195] *Osinski, P.*, and *H. Vanderhaeghe:* Rec. Trav. chim. **79**, 216 (1960).
[196] *Ostrowski, W.:* Peaceful Uses of Atomic Energy Sec. Int. Conf. Genf **24**, 68 (1958).
[197] *Palmstierna, H.*, and *G. Ehrensvärd:* Acta Chem. Scand. **10**, 691 (1956).
[198] *Pany, J.:* Naturwiss. **46**, 515 (1959).
[199] *Pearlman, W. H.:* Biochem. J. **66**, 17 (1957).
[200] *Pichat, L.:* Peaceful Uses of Atomic Energy Sec. Int. Conf. Genf **20**, 82 (1958).

[201] *Pichat, L.*, et *C. Baret:* Bull. Soc. chim. France **1960**, 1757.
[202] *Pichat, L., C. Baret* et *M. Audinot:* Bull. Soc. chim. France **1956**, 151.
[203] *Pichat, L.*, et *P. Carbonnier:* Centre d'études nucléaires de Saclay Rapport CEA Nr. 1148 (1959).
[204] *Pichat, L.*, et *J. Clement:* Centre d'études nucléaires de Saclay Rapport CEA Nr. 403 (1955).
[205] *Pichat, L.*, et *M. Herbert:* Bull. Soc. chim. France **1958**, 820.
[206] *Pichat, L.*, et *M. Herbert:* Bull. Soc. chim. France **1957**, 673.
[207] *Pichat, L., M. Hucleux* et *M. Herbert:* Bull. Soc. chim. France **1956**, 1750.
[208] *Pitak, O.*, and *J. Zikmund:* Coll. Czech. Chem. Comm. **24**, 4053 (1959).
[209] *Pitak, O.*, and *J. Zikmund:* Peaceful Uses of Atomic Energy Sec. Int. Conf. Genf **20**, 99 (1958).
[210] *Posternak, T., W. H. Schopfer* u. *R. Huguenin:* Helv. Chim. Acta **40**, 1875 (1957).
[211] *Price, C. C. E. L. Eliel* and *R. J. Convery:* J. Org. Chem. **22**, 347 (1957).
[212] *Rachele, J. R., E. J. Kuchinskas, J. E. Knoll* and *M. L. Eidinoff:* Arch. Biochem. Biophys. **81**, 55 (1959).
[213] *Raha, C. R.*, and *S. P. Sen:* J. Sci. Ind. Res., India **17B**, 236 (1958).
[214] *Rapoport, H., C. H. Lovell* and *B. M. Tolbert:* J. Amer. chem. Soc. **73**, 5900 (1951).
[215] *Reesor, J. B., B. J. Perry* and *E. Sherlock:* Canad. J. Chem. **38**, 1416 (1960).
[215a] *Rembold, H.*, u. *G. Hanser:* Z. physiol. Chem. **319**, 213 (1960).
[216] *Renauld, R. N., D. Kovachic* and *L. C. Leitch:* Canad. J. Chem. **39**, 21 (1961).
[217] *Riemschneider, R.:* Chem. Ber. **89**, 2713 (1956).
[218] *Rittenberg, D.*, and *L. Ponticorvo:* Internat. J. Appl. Radiation Isotopes **1**, **2**, 208 (1956)
[218a] *Roche, J., J. Nunez* et *C. Jacquemin:* Symposium on the Detection and Use of Tritium in the physical and biological Sciences, Wien 1961. TTS 134.
[219] *Ronzio, A. R.:* Microchem. J. **4**, 163 (1960).
[220] *Rothstein, M.:* J. Org. Chem. **22**, 324 (1957).
[221] *Rothstein, M.:* J. Amer. chem. Soc. **79**, 2009 (1957).
[222] *Rowland, F. S.*, and *P. Numerof:* Internat. J. Appl. Radiation Isotopes **1**, **2**, 246 (1957).
[223] *Rozanov, A. Y.:* Biokhimiya **25**, 233 (1960).
[224] *Rudoff, S.:* Diss. Abs. **19**, 1551 (1959).
[225] *Rydberg, J.*, and *Å. Hanngren:* Acta Chem. Scand. **12**, 332 (1958).
[226] *Saito, Y., O. Hayaishi* and *S. Rothberg:* J. biol. Chem. **229**, 921 (1957).
[227] *Saito, Y., O. Hayaishi* and *S. Rothberg:* Fed. Proc. **16**, 240 (1957).
[228] *Salomon, L. L.*, and *J. E. Johnson:* Arch. Biochem. Biophys. **82**, 179 (1959).
[229] *Samuelsson, B.:* J. biol. Chem. **234**, **2852** (1959).
[230] *Samuelsson, B.:* J. biol. Chem. **235**, 361 (1960).
[231] *Sander, H.*, u. *H. Grisebach:* Z. Naturforsch. **13b**, 755 (1958).
[232] *Santoro, V.*, et *E. G. Minozzi:* Ricerca sci. **29**, 2243 (1959).
[233] *Sato, T.:* J. Chem. Soc. Japan **81**, 1338 (1960).
[233a] *Sato, Y.*, and *T. Takahashi:* Bull. Chem. Soc. Japan **34**, 169 (1961).
[234] *Semenow, D. A., E. F. Cox* and *J. D. Roberts:* J. Amer. chem. Soc. **78**, 3221 (1956).
[235] *Shreeve, W. W.:* J. biol. Chem. **234**, 246 (1959).
[236] *Shrinivasan, V. R.*, u. *F. Turba:* Biochem. Z. **327**, 362 (1956).
[237] *Simon, H.*, u. *G. Apel:* Z. Naturforsch. **11b**, 693 (1956).
[238] *Simon, H.*, u. *J. Walter:* Unveröffentlicht.
[239] *Smith, L. H.*, jr : J. Amer. chem. Soc. **77**, 6691 (1955).
[240] *Solomon, S., A. C. Carter* and *S. Lieberman:* J. biol. Chem. **235**, 351 (1960).
[240a] *Speirs, R. S.:* Sympsoium on the Detection and Use of Tritium in the physical and biological Sciences, Wien 1961.
[241] *Sunko, D. E.*, and *G. Wolf:* J. Amer. chem. Soc. **80**, 4405 (1958).
[241a] *Szmuszkovicz, J.*, and *R. C. Thomas:* J. Org. Chem. **26**, 960 (1961).
[242] *Schaffer, R.*, and *H. S. Isbell:* J. Res. Nat. Bur. Stand. **56**, 191 (1956).
[243] *Schaffer, R.*, and *H. S. Isbell:* J. Res. Nat. Bur. Stand. **57**, 333 (1956).
[244] *Schaltegger, H.:* Helv. Chim. Acta **43**, 1448 (1960).
[245] *Schilling, E. D.*, and *F. M. Strong:* J. Org. Chem. **22**, 349 (1957).
[246] *v. Schuching, S.*, and *E. Stutzmann:* J. Org. Chem. **24**, 245 (1959).
[246a] *Schwartz, I. L., H. Rasmussen, M. A. Schoessler, L. Silver* and *C. T. O. Fong:* Proc. Nat. Acad. Sci. (Washington) **46**, 1988 (1960).
[247] *Stacey, M., R. H. Moore, S. A. Barker, H. Weigel, E. J. Bourne* and *D. H. Whiffen:* Peaceful Uses of Atomic Energy Sec. Int. Conf. Genf **20**, 251 (1958).
[248] *Stasiuk, F., W. A. Sheppard* and *A. N. Bourns:* Canad. J. Chem. **34**, 123 (1956).
[249] *Steinberg, D., M. Vaughan, C. B. Anfinsen* and *J. Gorry:* Science **126**, 447 (1957).
[250] *Stoffel, W.*, u. *C. Martius:* Biochem. Z. **333**, 440 (1960).
[251] *Tabor, H., S. M. Rosenthal* and *C. W. Tabor:* J. biol. Chem. **233**, 907 (1958).
[252] *Takayama, S., T. Noguchi, Y. Miura* and *M. Ishidate:* Pharm. Bull. (Japan) **4**, 492 (1956).

[253] *Tanaka, R.:* J. Biochem. (Japan) **47**, 207 (1960).
[254] *Tanaka, R.*, and *E. J. Behrman*· Analyt. Biochem. **1**, 181 (1960).
[255] *Tanaka, R., Y. Mano* and *N. Shimazono:* Biochim. biophysica Acta **27**, 642 (1958).
[256] *Taskesne, E. I., G. Tonelli, L. Alfano* and *D. A. Buyske:* Internat. J. Appl. Radiation Isotopes **8**, 52 (1960).
[257] *Tata, J. R.*, and *A. D. Brownstone:* Nature **185**, 34 (1960).
[258] *Tatibana, M., M. Nakao* and *K. Miyamoto:* J. Biochem. **46**, 711 (1959).
[259] *Taylor, J. H., P. S. Woods* and *W. L. Hughes:* Proc. Nat. Acad. Sci. U.S.A. **43**, 122 (1957).
[260] *Thomas, D. J.*, and *A. E. Kilner:* Conference on the Use of Radioisotopes in the Physical Science and Industry, Copenhagen, Sept. 1960.
[261] *Thompson, L. M., C. H. Yates* and *A. D. Odell:* J. Amer. chem. Soc. **76**, 1194 (1954).
[262] *Trams, E. G.*, and *R. O. Brady:* J. Amer. chem. Soc. **82**, 2972 (1960).
[263] *Uskokovic, M., R. J. Dorfman* and *M. Gut:* J. Org. Chem. **23**, 1947 (1958).
[264] *Vercier. P.:* Bull. Soc. chim. France **1958**, 1122.
[265] *Verly, W. G.*, and *G. Hunebelle:* Bull. Soc. chim. belges **66**, 640 (1957).
[266] *Venker, P.*, u. *J. Klecker:* J. prakt. Chem. **11**, 222 (1960).
[267] *Venker, P.*, u. *E. Pobitschka:* J. prakt. Chem. **10**, 303 (1960).
[268] *Verrett, M. J.*, and *L. R. Cerecedo:* J. Org. Chem. **22**, 1695 (1957).
[269] *Ville, A., P. Comte, G. Zwingelstein* et *J. Favre-Bonvin:* Bull. Soc. chim. France **1958**, 1352.
[270] *Weigel, H.*, and *K. Walton:* Nature **183**, 981 (1959).
[271] *Weisburger, J. H., E. K. Weisburger* and *H. P. Morris:* Arch. Biochem. Biophys. **80**, 187 (1959).
[271a] *Weiss, S. B.:* Proc. Nat. Acad. Sci. (Washington) **46**, 1020 (1960).
[272] *Werbin, H., I. L. Chaikoff* and *M. R. Imada:* Arch. Biochem. Biophys. **89**, 213 (1960).
[272a] *Werner, G.:* MPI fur Hirnforschg., Marburg, priv. Mitt.
[273] *Werner, G.*, u. *E. Kassner:* Naturwiss. **46**, 649 (1959).
[273a] *Werner, G., H. L. Schmidt* u. *E. Kassner:* Ann. Chem., im Druck.
[274] *Westfahl, J. C.*, and *T. L. Gresham:* J. Org. Chem. **21**, 1145 (1956).
[275] *Weygand, F.*, u. *E. Schulze:* Z. Naturforsch. **11b**, 370 (1956).
[276] *Weygand, F.*, u. *O. P. Swoboda:* Z. Naturforsch. **11b**, 369 (1956).
[277] *Wiberg, K. B.*, and *K. A. Saegebarth:* J. Amer. chem. Soc. **79**, 6256 (1957).
[278] *Wieland, T., H. Merz* u. *A. Rennecke:* Chem. Ber. **91**, 683 (1958).
[279] *Wieland, T.*, u. *H. Krantz:* Chem. Ber. **91**, 681 (1958).
[280] *Wilzbach, K. E.:* J. Amer. chem. Soc. **79**, 1013 (1957).
[281] *Wolff, R. E.*, et *L. Pichat:* Centre d'études nucléaires de Saclay Rapport CEA Nr. 812 (1958).
[282] *Wolff, R. E.*, et *L. Pichat:* Centre d'études nucléaires de Saclay Rapport CEA Nr. 795 (1958).
[283] *Wolff, R. E.*, et *L. Pichat:* Compt. rend. **246**, 1868 (1958).
[284] *Yasmikov, A. A.:* Doklady Akad. Nauk S.S.S.R. **105**, 106 (1955).
[285] *Ziegler, J. B.*, and *A. C. Shabica:* J. Org. Chem. **24**, 1133 (1959).
[286] *Ziegler, J. B., A. C. Shabica* and *M. Sonnenberg:* J. Org. Chem. **23**, 1546 (1958).
[287] *Zielinski, M.*, and *H. Wincel:* Roczniki Chem. **32**, 1189 (1958).

9. Biosynthetisch dargestellte ^{14}C-haltige Verbindungen, deren Gewinnung vor 1956 publiziert wurde

Summenformel	Name der Verbindung	Lit.	Summenformel	Name der Verbindung	Lit.
$C_3H_6O_2$	Propionsaure	[44]	$C_5H_6O_5$	α-Ketoglutarsaure	[19, 27]
$C_3H_6O_3$	D-Milchsaure	[12, 58]	$C_5H_7N_3O_2$	5-Hydroxymethylcytosin	[21]
	L-Milchsaure	[12, 58]	$C_5H_8O_2$	3-Methylcrotonsaure	[65]
	DL-Milchsaure	[28]	$C_5H_9NO_2$	L-Prolin	[21, 96, 98]
$C_3H_7NO_2$	L-Alanin	[69, 98]	$C_5H_9NO_4$	L-Glutaminsaure	[96, 98]
$C_3H_7NO_2S$	L-Cystein	[98]	$C_5H_{10}N_2O_3$	L-Glutamin	[11]
$C_3H_7NO_3$	L-Serin	[98, 69]	$C_5H_{11}NO_2$	L-Valin	[98 92]
$C_3H_8O_{10}P_2$	Diphosphoglycerinsaure	[7]	$C_5H_{11}NO_2S$	L-Methionin	[9, 98]
$C_4H_4N_2O_2$	Uracil	[20, 54, 55]	$C_6H_6O_4$	Kojisaure	[1]
$C_4H_4O_4$	Fumarsaure	[27]		trans, trans-Muconsaure	[59]
$C_4H_4O_5$	Oxalessigsaure	[47]	$C_6H_6O_6$	Aconitsaure	[27]
$C_4H_5N_3O$	Cytosin	[21, 54, 55]		cis-Aconitsaure	[103]
$C_4H_6N_4O_3$	Allantoin	[46]	$C_6H_8O_7$	Citronensaure	[27, 19, 80]
$C_4H_6O_3$	Acetessigsaure	[106]		Isocitronensaure	[27]
$C_4H_6O_4$	Bernsteinsaure	[27, 110]	$C_6H_9N_3O_2$	L-Histidin	[26, 30]
$C_4H_6O_5$	Apfelsaure	[27, 110]	$C_6H_{10}O_5$	3-Hydroxy-3-methylglutarsaure	[66, 76]
$C_4H_7NO_4$	L-Asparaginsaure	[69, 97, 98]	$C_6H_{10}O_7$	D-Glucuronsaure	[52]
$C_4H_8N_2O_3$	L-Asparagin	[53, 69]		2-Keto-D-gluconsaure	[17]
$C_4H_9NO_3$	L-Threonin	[98, 97]	$C_6H_{12}N_2O_4S_2$	L-Cystin	[84, 88]
$C_5H_4N_4O$	Hypoxanthin	[39]	$C_6H_{12}O_2$	Capronsaure	[63]
$C_5H_5N_5$	Adenin	[20, 21, 55]	$C_6H_{12}O_6$	D-Galaktose	[24, 71]
$C_5H_5N_5O$	Guanin	[20, 21, 55]		Glucose	[50]
$C_5H_6N_2O_2$	Thymin	[54, 21, 55]		D-Glucose-3 4	[19, 2]

$C_6H_{13}NO_2$	L-Leucin	[84]	$C_{10}H_{17}N_3O_6S$	Glutathion	[42]
	L-Isoleucin	[84, 98]	$C_{11}H_{12}N_2O_2$	L-Tryptophan	[93, 70]
$C_6H_{13}O_9P$	Glucose-1-phosphat	[43]	$C_{12}H_{22}O_{11}$	Lactose	[64, 6, 69]
	Glucose-6-phosphat	[45]		Maltose	[89, 5]
$C_6H_{14}N_2O_2$	L-Lysin	[98]		Rohrzucker	[83, 56, 37]
$C_6H_{14}O_{12}P_2$	L-Arginin	[104, 98]	$C_{14}H_{20}N_2O_4S$	Penicillin-F	[48]
$C_6H_{14}N_4O_2$	Glucose-1,6-diphosphat	[82]	$C_{16}H_{18}N_2O_4S$	Benzylpenicillin	[3, 48, 90]
$C_7H_6O_4$	Protocatechusaure	[94]	$C_{16}H_{26}N_2O_4S$	Penicillin-K	[48]
$C_7H_7NO_2$	Anthranilsäure	[94]	$C_{16}H_{32}O_2$	Palmitinsaure	[63, 23]
$C_7H_{11}NO_4$	α-Äthyl-β-methyltartrimid	[107]	$C_{17}H_{19}NO_3$	Morphin	[39a]
$C_7H_{14}N_2O_4S$	Cystathionin	[9]	$C_{17}H_{20}N_4O_6$	Riboflavin	[61, 60, 57]
$C_7H_{14}O_7$	Sedoheptulose	[95]	$C_{17}H_{23}NO_3$	Atropin	[50]
$C_8H_8O_3$	Vanillin	[91]	$C_{18}H_{21}NO_3$	Codein	[39a]
$C_8H_9NO_4$	Hamatinsaure	[78]	$C_{18}H_{32}O_{16}$	Raffinose	[56]
$C_9H_{11}NO_2$	L-Phenylalanin	[18, 98, 105]	$C_{18}H_{36}O_2$	Stearinsaure	[63, 23]
$C_9H_{11}NO_3$	L-Tyrosin	[98, 105]	$C_{18}H_{37}NO_2$	Sphingosin	[81]
$C_9H_{13}NO_3$	L-Adrenalin	[25]	$C_{19}H_{21}NO_3$	Thebain	[39a]
$C_9H_{13}N_2O_9P$	Uracylsaure	[108, 99]	$C_{19}H_{22}N_2O$	Cinchonin	[51]
$C_9H_{13}N_3O_5$	Cytidin	[74]		Cinchonidin	[51]
$C_9H_{14}N_3O_8P$	Cytosylsaure	[74, 46]	$C_{19}H_{27}ClO$	3β-Chloro-5-androsten-17-on	[102]
$C_9H_{18}O_8$	α-D-Galaktopyranosyl-glycerin	[8]	$C_{19}H_{28}O_2$	Testosteron	[87]
$C_{10}H_{13}N_5O_4$	Adenosin	[101]		Dehydroepiandrosteron	[87, 102]
$C_{10}H_{13}N_5O_5$	Guanosin	[74]	$C_{19}H_{29}ClO$	3β-Chloro-5-androsten-17β-ol	[102]
$C_{10}H_{14}N_2$	Nicotin	[14]	$C_{19}H_{30}O_2$	Androsteron	[102]
$C_{10}H_{14}N_5O_7P$	Adenylsaure	[101]		5 Androsten 3β,17β-diol	[102]
$C_{10}H_{14}N_5O_8P$	Guanylsaure	[73]		3α-Hydroxy-17-ätiocholanon	[102]

Fortsetzung

Summenformel	Name der Verbindung	Lit.	Summenformel	Name der Verbindung	Lit.
$C_{20}H_{21}NO_4$	Papaverin	*[39a]*	$C_{34}H_{32}ClFeN_4O_4$	Hamin	*[10, 72]*
$C_{20}H_{24}N_2O_2$	Chinin	*[51]*	$C_{34}H_{34}N_4O_4$	Protoporphyrin-IX	*[79]*
	Chinidin	*[51]*	$C_{40}H_{38}N_4O_{16}$	Uroporphyrin-III	*[77]*
$C_{20}H_{32}O_2$	Arachidonsaure	*[49]*	$C_{40}H_{56}$	Carotin	*[16, 32 33]*
$C_{20}H_{40}O$	Phytol	*[32]*		β-Carotin	*[34, 31]*
$C_{21}H_{23}NO_6$	Colchicein	*[4]*	$C_{40}H_{56}O_2$	Xanthophyll	*[32]*
$C_{21}H_{30}O_5$	17-Hydroxycorticosteron	*[35]*	$C_{41}H_{64}O_{13}$	Digitoxin	*[41, 29]*
$C_{21}H_{39}N_7O_{12}$	Streptomycin	*[40]*	$C_{55}H_{72}MgN_4O_5$	Chlorophyll	*[50]*
$C_{22}H_{23}NO_7$	Narcotin	*[39a]*		Albumin	*[50]*
$C_{22}H_{25}NO_6$	Colchicin	*[4]*		Glykogen-3,4	*[2, 38]*
$C_{24}H_{40}O_5$	Cholsaure	*[109]*		Hamoglobin	*[10]*
$C_{27}H_{46}O$	Cholesterin	*[66, 67, 85]*		Hyaluronsaure	*[75]*
$C_{27}H_{46}O_3$	3β, 5α-Dihydroxy-6-cholestanon	*[86]*		Lignin	*[13, 15, 91]*
$C_{28}H_{44}O$	Ergosterol	*[36]*		Starke	*[5, 68, 100]*
$C_{30}H_{50}$	Squalen	*[22, 62, 85]*			

10. Literatur zu Tabelle 9

[1] *Arnstein, H. R. V.*, and *R. Bentley:* Nature **166**, 948 (1950).
[2] *Arnstein, H. R. V.*, and *R. Bentley:* Biochem. J. **54**, 517 (1953).
[3] *Ashton, G. C.*, and *M. C. Foster:* Analyst **80**, 128 (1955).
[4] *Back, A.*, and *E. J. Walaszek:* Cancer Res. **13**, 552 (1953); Science **116**, 225 (1952).
[5] *Barker, S. A., A. Bebbington* and *E. J. Bourne:* J. Chem. Soc. **1953**, 4051.
[6] *Barry, J. M.:* Nature **169**, 878 (1952).
[7] *Bartlett, G. R.*, and *A. A. Marlow:* J. Laborat. Clin. Med. **42**, 188 (1953).
[8] *Bean, R. C., E. W. Putman, R. E. Trucco, W. Z. Hassid:* J. biol. Chem. **204**, 169 (1953).
[9] *Berg, P.:* J. biol. Chem. **205**, 145 (1953).
[10] *Berlin, N. I., C. Hewitt* and *C. Lotz:* Biochem. J. **58**, 498 (1954).
[11] *Bidwell, R. G. S., G. Krotkov* and *G. B. Reed:* Arch. Biochem. Biophys. **48**, 72 (1954).
[12] *Bond, H. W.:* J. biol. Chem. **175**, 531 (1948).
[13] *Brown, S. A., K. G. Tanner* and *J. E. Stone:* Canad. J. Chem. **31**, 755 (1953).
[14] *Byerrum, R. U., R. L. Hamill* and *Ch. D. Ball:* J. biol. Chem. **210**, 645 (1954).
[15] *Byerrum, R. U., J. H. Flokstra, L. J. Dewey* and *Ch. D. Ball:* J. biol. Chem. **210**, 633 (1954).
[17] *Claridge, C. A.*, and *C. H. Werkman:* Arch. Biochem. Biophys. **51**, 395 (1954).
[16] *Chichester, C. O., P. S. Wong* and *G. Mackinney:* Plant Physiol. **29** 238 (1954).
[18] *Clark, H. C., N. F. Curtis* and *A. L. Odell:* J. Chem. Soc. **63**, (1954).
[19] *Cleland, W. W.*, and *M. J. Johnson.* J. biol. Chem. **208**, 679 (1954).
[20] *Cohen, S.:* J. biol. Chem. **211**, 337 (1954).
[21] *Cohen, S.*, and *L. L. Weed:* J. biol. Chem. **209**, 789 (1954).
[22] *Cornforth, J. W.*, and *G. Popjak:* Biochem. J. **58**, 403 (1954).
[23] *Dauben, W. G., E. Hoerger* and *J. W. Petersen:* J. Amer. chem. Soc. **75**, 2347 (1953).
[24] *Dimant, E., V. R. Smith* and *H. A. Lardy:* J. biol. Chem. **201**, 85 (1953).
[25] *Doull, J., K. P. Dubois* and *E. M. K. Geiling:* Arch. intern. pharmacodyn. **86**, 454 (1951); Fed. Prod. 8, 286 (1949).
[26] *Frantz, I. D. jr., H. Feigelman, A. S. Werner, M. P. Smythe:* J. biol. Chem. **195**, 423 (1952).
[27] *Frohman, C. E.*, and *J. M. Orten:* J. biol. Chem. **205**, 717 (1953).
[28] *Gastel, R.*, and *M. Gibbs:* Amer. J. Bot. **37**, 668 (1950); Nuclear Sci. Abstr. **4**, 5586 (1950); AECU-895.
[29] *Geiling, E. M. K., F. E. Kelsey, B. J. McIntosh* and *A. Ganz:* Science **108**, 558 (1948).
[30] *Gilvarg, C.*, and *K. Bloch:* J. biol. Chem. **193**, 339 (1951).
[31] *Glover, J.*, and *E. R. Redfearn:* Biochem. J. **34**, VIII (1953).
[32] *Godnev, T. N.*, and *A. A. Shlyk:* Doklady Akad. Nauk SSSR **94**, 301 (1954); C. A. **48**, 6514b (1954).
[33] *Grob, E. C., G. G. Poretti, A. v. Muralt* and *W. H. Schopfer:* Experientia **7**, 218 (1951).
[34] *Grob, E. C.*, and *R. Butler:* Helv. chim. Acta **37**, 1908 (1954); Experientia **10**, 250 (1954).
[35] *Haines, W. J., E. D. Nielson, N. A. Drake* and *O. R. Woods:* Arch. Biochem. Biophys. **32**, 218 (1951).
[36] *Hanahan, D. J.*, and *S. J. Wakil:* J. Amer. chem. Soc. **75**, 273 (1953).
[37] *Hartt, C. E.*, and *G. O. Burr:* Proc. Intern. Botan. Congr. Stockholm 1950, **7**, 148 (1953); C. A. **48**, 12929g (1954).
[38] *Horecker, B. L., M. Gibbs, H. Klenow* and *P. Z. Smyrniotis:* J. biol. Chem. **207**, 393 (1954).
[39] *Hultin, T.:* Arkiv Kemi. **6**, 195 (1953).
[39a] *McIntosh, B. J.:* J. Amer. Pharm. Assoc., Sci. Ed. **39**, 512 (1950).
[40] *Karow, E. O., C. Rosenblum, R. L. Peck* and *D. T. Woodbury:* J. Amer. chem. Soc. **74**, 3056 (1952).
[41] *Kimura, T.:* Fed. Proc. **8**, 308 (1949).
[42] *Krimsky, I.*, and *E. Racker:* J. biol. Chem. **198**, 721 (1952).
[43] *Larner, J.:* J. biol. Chem. **202**, 491 (1953).
[44] *Leaver, F. W.:* J. Amer. chem. Soc. **72**, 5326 (1950).
[45] *Longinotti, L.*, and *F. Pocchiari:* Gazetta Chim. **84**, 1171 (1954).
[46] *Marrian, D. H., V. L. Spicer, M. E. Balis* and *G. B. Brown:* J. biol. Chem. **189**, 533 (1951).
[47] *Marshall, L. M.*, and *F. Friedberg:* J. biol. Chem. **199**, 783 (1952).
[48] *Martin, E., J. Berky, C. Godzesky, P. Miller, J. Tome* and *R. W. Stone:* J. biol. Chem. **203**, 239 (1953).
[49] *Mead, J. F., G. Steinberg* and *D. R. Howton:* J. biol. Chem. **205**, 683 (1953).
[50] *Merenova, V. I.:* Biokhimiya **19**, 698 (1954); Nuclear Sci. Abstr. **9**, 2105 (1955).
[51] *de Moerloose, P.*, and *R. Ruyssen:* Pharm. Tijdschr. Belg. **30**, 97 (1953); C. A. **48**, 820e (1954).
[52] *Mosbach, E. H.*, and *C. G. King:* J. biol. Chem. **185**, 491 (1950).
[53] *Nelson, C. D., G. Krotkov* and *G. B. Reed:* Arch. Biochem. Biophys. **44**, 218 (1953).
[54] *Newton, J. W., A. G. Marr, J. B. Wilson:* J. Bacteriol. **67**, 233 (1954).
[55] *Newton, J. W.*, and *J. B. Wilson:* J. Bacteriol. **68**, 74 (1954).

[56] *Noggle, G. R.*, and *L. P. Zill:* Plant Physiol. **28**, 731 (1953).
[57] *McNutt, W. S.:* J. biol. Chem. **210**, 511 (1954).
[58] *Olson, R. E.:* Cancer Res. **11**, 571 (1951).
[59] *Parke, D. V.*, and *R. T. Williams.* Biochem. J. **54**, 231 (1953).
[60] *Plaut, G. W. E.:* J. biol. Chem. **211**, 111 (1954).
[61] *Plaut, G. W. E.:* J. biol. Chem. **208** 513 (1954).
[62] *Popjak, G.:* Arch. Biochem. Biophys. **48**, 102 (1954).
[63] *Popjak, G.*, and *A. Tietz:* Biochem. J. **56**, 46 (1954).
[64] *Popjak, G., G. D. Hunter* and *T. H. French:* Biochem. J. **54**, 238 (1953).
[65] *Rabinowitz, J. L.:* J. Amer. chem. Soc. **76**, 3037 (1954).
[66] *Rabinowitz, J. L.*, and *S. Gurin:* J. biol. Chem. **208**, 307 (1954).
[67] *Rabinowitz, J. L.*, and *S. Gurin:* J. Amer. chem. Soc. **76**, 5168 (1954).
[68] *Rabinowitz, M., M. E. Olson* and *D. M. Greenberg:* J. biol. Chem. **210**, 837 (1954).
[69] *Racusen, D. W.*, and *S. Aronoff.* Arch. Biochem. Biophys. **51**, 68 (1954).
[70] *Rafelson, M. E. jr., G. Ehrensvard, M. Bashford, E. Saluste* and *C.-G. Heden:* J. biol. Chem. **211**, 725 (1954).
[71] *Reiss, O. K.*, and *J. M. Barry:* Biochem. J. **55**, 783 (1953).
[72] *Richmond, J. E.*, and *K. Salomon:* Nuclear Sci. Abstr. **8**, 5487 (1954).
[73] *Roll, P. M., H. Weinfeld* and *G. B. Brown:* Biochim. biophysica Acta **13**, 141 (1954).
[74] *Rose, I. A.* and *B. S. Schweigert:* J. biol. Chem. **202**, 635 (1953).
[75] *Roseman, S., J. Ludowieg, F. E. Moses* and *A. Dorfman:* J. biol. Chem. **206**, 665 (1954).
[76] *Rudney, H.:* J. Amer. chem. Soc. **76**, 2595 (1954).
[77] *Salomon, K., J. E. Richmond* and *K. I. Altman:* J. biol. Chem. **196**, 463 (1952).
[78] *Shemin, D., C. S. Russell* and *T. Abramsky:* J. Amer. chem. Soc. **76**, 1204 (1954).
[79] *Shemin, D.*, and *C. S. Russell:* J. Amer. chem. Soc. **75**, 4873 (1953).
[80] *Shu, P., A. Funk* and *A. C. Neish:* Canad. J. Biochem. Physiol. **32**, 68 (1954).
[81] *Sprinson, D. B.*, and *A. Coulon:* J. biol. Chem. **207**, 585 (1954).
[82] *Sutherland, E. W.:* J. biol. Chem. **180**, 1053 (1949).
[83] *Sverak, L., O. Suschny* and *E. Broda:* Monatsh. Chem. **84**, 931 (1953).
[84] *Schieler, L., L. E. McClure* and *M. S. Dunn:* J. biol. Chem. **203**, 1039 (1953).
[85] *Schwenk, E., D. Todd* and *Ch. A. Fish:* Arch. Biochem. Biophys. **49**, 187 (1954).
[86] *Schwenk, E., N. T. Werthessen*, and *H. Rosenkrantz:* Arch. Biochem. Biophys. **37**, 247 (1952).
[87] *Schwenk, E., N. T. Werthessen* and *A. F. Colton:* Arch. Biochem. Biophys. **48**, 322 (1954).
[88] *Steele, R.:* J. biol. Chem. **198**, 237 (1952).
[89] *Stetten, M. R.*, and *DeWitt Stetten jr.:* J. biol. Chem. **207**, 331 (1954).
[90] *Stevens, C. M., P. Vohra* and *Ch. W. DeLong:* J. biol. Chem. **211**, 297 (1954).
[91] *Stone, J. E.:* Canad. J. Chem. **31**, 207 (1953).
[92] *Strassman, M., A. J. Thomas* and *S. Weinhouse:* J. Amer. chem. Soc. **75**, 5135 (1953).
[93] *Tatum, E. L.*, and *D. Shemin:* J. biol. Chem. **209**, 671 (1954).
[94] *Tatum, E. L., S. R. Gross, G. Ehrensvärd* and *L. Garnjobst:* Proc. Nat. Acad. Sci. (Washington) **40**, 271 (1954).
[95] *Tolbert, N. E.*, and *L. P. Zill:* Plant Physiol. **29**, 288 (1954).
[96] *Tomlinson, N.:* J. biol. Chem. **209**, 605 (1954).
[97] *Tomlinson, N.:* J. biol. Chem. **209**, 597 (1954).
[98] *Tomlinson, N.*, and *H. A. Barker:* J. biol. Chem. **209**, 585 (1954).
[99] *Totter, J. R., E. Volkin* and *C. E. Carter:* J. Amer. chem. Soc. **73**, 1521 (1951).
[100] *Turba, F.*, and *Ch. Scholtissek:* Z. physiol. Chem. **296**, 87 (1954).
[101] *Turba, F.*, and *H. Schuster:* Biochem. Z. **325**, 537 (1954).
[102] *Ungar, F.*, and *R. I. Dorfman:* J. biol. Chem. **205**, 125 (1953).
[103] *Vishniac, W.*, and *S. Ochoa:* J. biol. Chem. **195** 75 (1952).
[104] *Vogel, H. J., P. H. Abelson* and *E. T. Botton:* Biochim. biophysica Acta **11**, 584 (1953).
[105] *Wada, T., M. Nomura, H. Mitsui, B. Maruo* and *S. Akabori:* Radioisotopes (Japan) **3**, Nr. 2, 19 (1954); C. A. **49**, 15847c (1955).
[106] *Weinhouse, S., R. H. Millington* and *M. Strassman:* J. Amer. chem. Soc. **73**, 1421 (1951).
[107] *Wittenberg, J.*, and *D. Shemin:* J. biol. Chem. **185**, 102 (1950).
[108] *Wright, L. D., Ch. S. Miller, H. R. Skeggs* and *J. W. Huff, L. L. Weed* and *D. W. Wilson:* J. Amer. chem. Soc. **73**, 1898 (1951).
[109] *Zabin, I.*, and *W. F. Barker:* J. biol. Chem. **205**, 633 (1953).
[110] *Zbinovsky, V.*, and *R. H. Burris:* Plant Physiol. **27**, 240 (1952).

Nachtrag zum Kapitel

Polysaccharide

Von **E. Husemann** und **R. Werner**, Freiburg/Br.

Xylan aus Algen

Lineares Xylan mit β-1,3-glykosidischen Bindungen. — *Charakteristik:* ll. in verd. Laugen; wl. in W.; $[\alpha]_D$ −35; (W.). — *V.:* In der grünen Alge Caulerpa filiformis. — *Isolierung:* Nach Entfernung der sulfathaltigen Polysaccharide durch Extraktion mit W. laßt sich das Xylan mit verd. NaOH bei Raumtemp. extrahieren.
Lit.: *Mackie, I. M.*, u. *E. Percival:* J. chem. Soc. 1959, 115.
Das Xylan aus der roten Alge Rhodymenia palmata enthalt neben β-1,3-Bindungen noch β-1,4-Bindungen.
Lit.: *Chanda, S. K.*, u. *E. Percival:* Nature **166**, 787 (1950).

Porphyran

Sulfathaltiges Galaktan; enthält D- u. L-Galaktose, 3,6-Anhydro-L-Galaktose u. 6-O-Methyl-D-Galaktose; die meisten Sulfatgruppen sind am C_6 der L-Galaktose esterartig gebunden. — *V.:* In Porphyra umbilicalis. — *Charakteristik:* Die Alge enthalt eine Sulfatase, die entweder selbst oder zusammen mit anderen Enzymen die Bildung von 3,6-Anhydro-L-Galaktose aus L-Galaktose-6-sulfat katalysiert.
Lit.: *Rees, D. A.:* Biochem. J. **80**, 449 (1961).

Chondroitinsulfat D

Struktur ahnlich dem Chondroitinsulfat C, enthalt jedoch noch zusatzlich Sulfatgruppen an C_2 oder C_3 der D-Glucuronsaure gebunden (1,3 Sulfatreste pro Disaccharideinheit). — *V.:* In der Knorpelsubstanz von Haifisch. — *Charakteristik:* Wie Chondroitinsulfat C, wird durch Chondroitinase aus Proteus vulgaris wie die anderen Chondroitinsulfate abgebaut.
Lit.: *Susuki, S.:* J. biol. Chem. **235**, 3580 (1960).

Teichinsäuren

a) Aus Lactobacillus casei: Enthält statt Ribit Glycerin, dessen C_2-Hydroxylgruppe mit D-Alanin verestert ist.
b) Aus Lactobacillus arabinosus: Struktur wie oben, nur sind Mono- und Di-Glucoside vorhanden, und alle glucosidischen Bindungen besitzen die α-Konfiguration.
c) Aus Staphylococcus aureus H: Polyribitphosphat mit N-Acetyl-D-Glucosaminresten und D-Alanin.

Phosphomannan aus Hansenula capsulata

Polysaccharid aus 2-O-β-D-Mannopyranosyl-D-Mannose-Einheiten, die über Phosphorsaure als Phosphodiester in α-1,6-Bindung verknupft sind. Über α-1,2-Bindungen sind noch einzelne Mannosereste als Seitenketten angefugt.

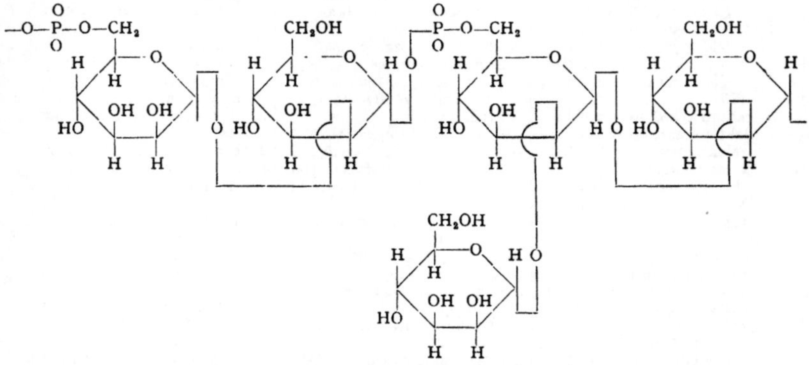

Charakteristik: Ähnlich wie das Phosphomannan aus Hansenula holstii.
Lit.: *Slodki, M. E.:* Biochim. biophys. Acta **69**, 96 (1963).

Sachverzeichnis

Die Kennzeichnung geschutzter Namen durch ® = registered, international ubliche Bezeichnung fur geschutzte Warenzeichen, ist nach sorgfaltiger Prufung vorgenommen worden. Wenn in Einzelfallen Warenzeichen versehentlich nicht gekennzeichnet sein sollten, so berechtigt dies nicht zu der Annahme, daß es sich um einen freien Handelsnamen (Freizeichen, Trivialnamen usw.) handelt. Verfasser und Verlag verwahren sich dagegen, daß das vorliegende Werk hierfur als Beweis herangezogen wird.

721/14/62

GPSR Compliance

The European Union's (EU) General Product Safety Regulation (GPSR) is a set of rules that requires consumer products to be safe and our obligations to ensure this.

If you have any concerns about our products, you can contact us on ProductSafety@springernature.com

In case Publisher is established outside the EU, the EU authorized representative is:

Springer Nature Customer Service Center GmbH
Europaplatz 3
69115 Heidelberg, Germany

Batch number: 10682534

Printed by Printforce, the Netherlands

BIOCHEMISCHES TASCHENBUCH

ZWEITER TEIL

BIOCHEMISCHES TASCHENBUCH

HERAUSGEGEBEN VON

PROFESSOR DR. H. M. RAUEN

MÜNSTER/WESTF.

MIT EINEM GELEITWORT VON

PROFESSOR DR. RICHARD KUHN

HEIDELBERG

ZWEITE VÖLLIG NEUBEARBEITETE AUFLAGE

UNTER REDAKTIONELLER MITARBEIT VON

MARIANNE RAUEN-BUCHKA

ZWEITER TEIL

MIT 166 ABBILDUNGEN

SPRINGER-VERLAG BERLIN HEIDELBERG GMBH

ISBN 978-3-642-85768-3 ISBN 978-3-642-85767-6 (eBook)
DOI 10.1007/978-3-642-85767-6

Ursprünglich erschienen bei Springer-Verlag, Berlin/Göttingen/Heidelberg 1964

Softcover reprint of the hardcover 2nd edition 1964

Library of Congress Catalog Card Number: 64-12 601

Titel Nr. 1217

Inhaltsverzeichnis

Achtes Kapitel

Seite

Körper- und Zellbestandteile

Neuntes Kapitel

Biologische Strukturen

Zehntes Kapitel

Biologische Funktionen

Elftes Kapitel

Biochemische Arbeitsmethoden

Erster Teil

Inhaltsübersicht:

Räumliche Struktur der Stoffe

Von **H. Zahn**, **G. Heidemann** und **G. Valk**, Aachen

I. Begriffe der Valenztheorie

(Nach *F. Seel* [*1*])

1. Stöchiometrische Wertigkeit (stoichiometric valence) eines Elementes in einer Verbindung: Gibt an, wie viele als einwertig erkannte Atome oder Atomgruppen ein Atom des betrachteten Elementes binden oder ersetzen kann. Auch definiert als:

$$\text{Wertigkeit eines Elementes} \equiv \frac{\text{Atomgewicht}}{\text{Äquivalentgewicht}}.$$

Bezeichnung mit römischen Ziffern, z. B. $\overset{I}{H}_2\overset{II}{O}$.

2. Ionenwertigkeit (ionic valence): Ladungszahl eines Ions.

$$\text{Ionenwertigkeit} \equiv \frac{\text{Ionengewicht}}{\text{Ionenäquivalentgewicht}}.$$

Bezeichnung durch eine hochgestellte Zahl mit anschließendem + oder —-Zeichen, z. B. Ca^{2+}.

Allgemeine Bezeichnung eines Elektrolyten als n,m-wertig, z. B. Na_2SO_4 als 1,2-wertiges Salz.

3. Wertigkeit einer Verbindung. Ergibt sich aus der chemischen Gleichung, welche der betrachteten Reaktion zugrunde liegt. Definiert als:

$$\text{Wertigkeit einer Verbindung} \equiv \frac{\text{Molekulargewicht}}{\text{Äquivalentgewicht}},$$

z. B. ist H_2SO_4 eine 2-wertige Säure, $KMnO_4$ in sauren Lösungen ein 5-wertiges Oxydationsmittel und Glycerin ein 3-wertiger Alkohol.

4. Oxydationszahl oder Oxydationsstufe (oxidation number) eines Elementes: Ladungszahl eines Atoms, wenn man eine Verbindung heterolytisch, d. h. unter Berücksichtigung der relativen Elektronenaffinitäten in Atomionen (evtl. auch neutrale Atome) aufspaltet. Bezeichnung durch arabische Ziffern mit Vorzeichen über dem Element, z. B.

$$\overset{-3}{N}H_3, \quad \overset{+7}{Mn}O_4^{\ominus}$$

5. Koordinationszahl (coordination number): Zahl der Atome, welche sich in unmittelbarer Nachbarschaft des betrachteten Atoms befinden, z. B. SO_4^{2-} mit koordinativ vierzähligem Schwefel, NaCl-Gitter mit der Koordinationszahl 6.

1 Rauen, Biochem. Taschenbuch, 2. Aufl., II

Struktur-Substanz-Formel (*Niggli*) von Natriumchlorid: $\{NaCl_{6/6}\}G$; G bedeutet Gitter, der Zahlenbruch gibt die Koordinationszahlen des ersten und zweiten Atoms an.

Koordinationsformel für das Thiosulfation:

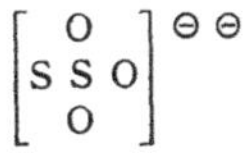

6. Bindigkeit oder Bindungswertigkeit (covalence) eines Elementes: Anzahl der von einem Atom betätigten Atombindungen, z. B. vierbindiger Stickstoff im Ammoniumion:

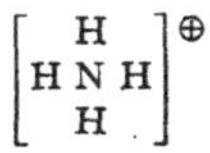

7. Formale Ladung (formal charge) eines Atoms im Molekülverband: Ladungszahl eines Atoms, wenn man eine Verbindung homolytisch trennt, d. h. die Elektronen jeder Atombindung gleichmäßig auf die Bindungspartner verteilt, z. B. Aminoxid mit formaler Ladung $+1$ am N und -1 am O:

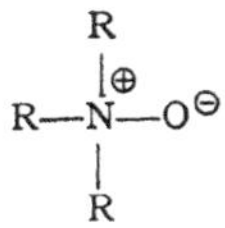

II. Begriffe der Stereochemie des Kohlenstoffs

A. Strukturbegriffe

1. Konstitution gibt die gegenseitigen Beziehungen der Atome bezüglich ihrer Anordnungs- und Bindungsart innerhalb eines Moleküls an. Sie wird durch eine Konstitutionsformel wiedergegeben, in der Elektronenpaare durch Striche angedeutet sind, z. B. Cystein:

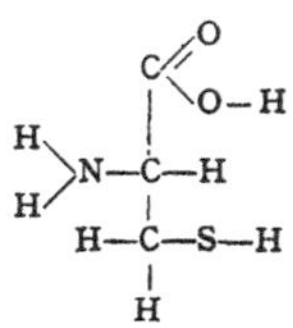

2. Konfiguration ist der durch die Richtung der Valenzen definierte räumliche Bau eines Moleküls. Für eine Konfigurationsumwandlung ist immer ein aktivierter, trigonaler Bindungszustand erforderlich. Zur Veranschaulichung der Konfiguration eines Moleküls bedarf es räumlicher Modelle; sie lassen sich wiedergeben durch:

a) Perspektivformel, in welcher das Kohlenstoffgerüst schräg von der Seite betrachtet wird, z. B. α-D-Glucose (Pyranose):

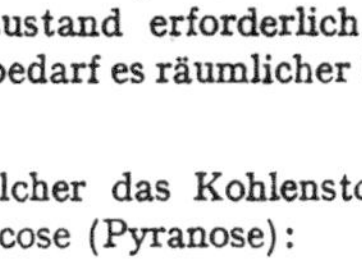

b) Projektionsformel, in welcher das Raummodell in die Papierebene projiziert ist. Bei Verbindungen mit asymmetrischen Kohlenstoffatomen ordnet man die C-Atome untereinander an, beginnend mit dem Atom höchster Oxydationsstufe, z. B.

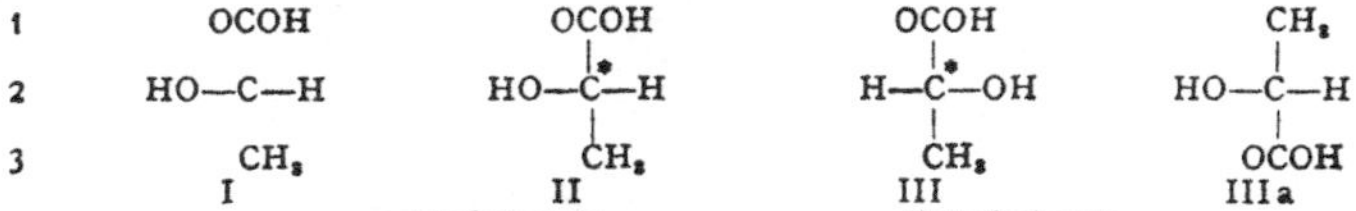

I II III IIIa

rechtsdrehende linksdrehende

Milchsäure

Man denkt sich das mittlere, asymmetrische Kohlenstoffatom (Atom 2) der Milchsäure (I) in der Papierebene liegend. Die Kette der drei Kohlenstoffatome ist gewinkelt; Atom 1 und 3 denkt man sich unter die Papierebene verlegt. In der Formel (I) sind die nach unten führenden Bindungen gestrichelt gezeichnet. Bei dieser Anordnung rücken die beiden anderen Liganden des asymmetrischen C-Atoms über die Papierebene; die nach oben gerichteten Bindungen sind durch Striche bezeichnet. Kehrt man jetzt zu der üblichen Schreibweise zurück (II), so bedeutet sie, daß die am asymmetrischen C-Atom (*) vertikal geschriebenen Bindungen hinter die Papierebene weisen und daß die horizontal geschriebenen Bindungen über die Papierebene führen. Die räumliche Vorstellung wird noch einfacher, wenn man sich in II die Kette der drei Kohlenstoffatome platt in die Papierebene gedrückt denkt und sich merkt, daß HO· und ·H über der Papierebene liegen. II ist somit der Ausdruck für einen der beiden Antipoden, während zwangsläufig III zum Ausdruck für den anderen Antipoden wird. Man kennt die tatsächliche (absolute) räumliche Anordnung der beiden aktiven Milchsäuren. II stellt, wie wir heute wissen, die rechtsdrehende, III die linksdrehende Milchsäure dar. Selbstverständlich bleibt auch in diesen Substanzen die freie Drehbarkeit der C—C-Bindungen erhalten. Wir können daher in den Formeln II und III das Carbonyl mit dem gleichen Recht „herumdrehen" und HOCO schreiben. Dagegen dürfen ganze Projektionsformeln nur in der Papierebene gedreht werden, und zwar nur derart, daß die vertikal geschriebenen Bindungen auch nach der Drehung wieder vertikal und die horizontal geschriebenen wieder horizontal stehen. Dies bedeutet, daß nur um 180° gedreht werden darf.[1] Die Formel III darf z. B. auch wie IIIa geschrieben werden. Denn diese Schreibweise bedeutet (wie III), daß $\cdot CH_3$ und ·COOH unter und ·H und ·OH über der Papierebene liegen [*2*].

3. Konformation[2]

3. Konformation[2] gibt die Raumlage der einzelnen Atome im Molekülverband an, die durch Drehung um Einfachbindungen erzeugt und nicht mit-

[1] Für Verbindungen mit einem asymmetrischen C-Atom, das beiderseits mit C verbunden ist, benutzt man aus Gründen der Raumersparnis auch eine horizontale Schreibweise der Kette (Drehung um 90°), z. B. für II:

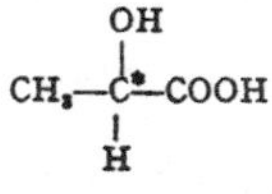

Hier muß der obere Teil von II rechts liegen, d. h. II wird im Uhrzeigersinn um 90° gedreht. Auch in diesem Falle liegen CH_3 und COOH hinter, H und OH über der Ebene. Für die Ableitung von Konfigurationsformeln muß jedoch stets auf die senkrechte Schreibweise zurückgegriffen werden.

[2] Dieser Ausdruck hat sich leider noch nicht allgemein durchgesetzt: [*3*] „Während im deutschen Sprachgebrauch der Name Konstellation [*4*] eingeführt wurde, hat sich im Ausland der einige Jahre früher vorgeschlagene Name Konformation [*5*] eingebürgert. Obwohl der Name Konstellation den Vorzug einer größeren Anschaulichkeit besitzt [*6*], sollte im Interesse einer einheitlichen internationalen Benennung der Name Konformation verwendet werden. Der Physiker verwendet den Namen Rotationsisomerie [*7*] oft zur Kennzeichnung der thermodynamisch bevorzugten Anordnungen."

einander zur Deckung gebracht werden können. Bei Drehung um eine C—C-Bindung sind unendlich viele Konformationen möglich. Ihre zweidimensionale Darstellung erfolgt zweckmäßig in perspektivischer Zeichnung oder in der viel verwendeten Newman-Projektion [8], z. B. die beiden Grenzkonformationen des Äthans:

gestaffelt (staggered)

ekliptisch (eclipsed)

Allgemein sind eine Reihe von ausgezeichneten Grenzlagen bei der Rotation um eine Einfachbindung möglich [3]:

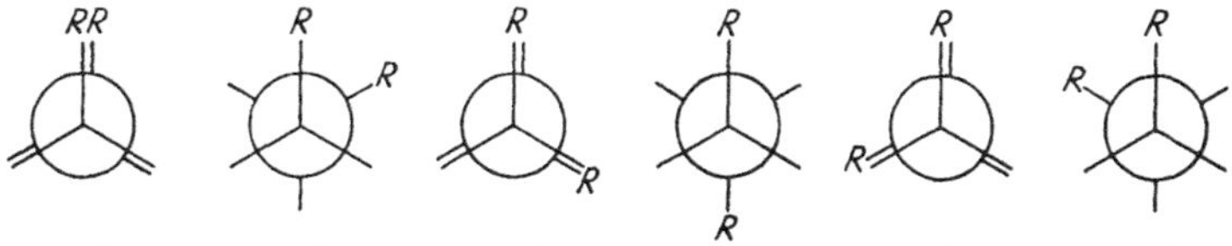

φ^0 φ^1 φ^2 φ^3 φ^4 φ^5

Hierfür sind verschiedene Bezeichnungen üblich [3]:

Symbol	Deutsche Namen	Englische Namen	Neuer Vorschlag[1]
φ^0	ekliptisch, verdeckt, planar-syn, Atom-Atom	*fully eclipsed*	± syn-periplanar
φ^1	windschief, syn, schief-syn	*gauche, skew*	+ syn-clinal
φ^2	teilweise verdeckt, schief-anti	*partially eclipsed*	+ anti-clinal
φ^3	gestaffelt, planar-anti, auf Lücke, anti, trans, Atom-Lücke	*fully staggered, anti*	± anti-periplanar
φ^4	teilweise verdeckt, schief-anti	*partially eclipsed*	− anti-clinal
φ^5	windschief, syn, schief-syn	*gauche, skew*	− syn-clinal

Die Anordnungen s-cis (oder cisoid) und s-trans (oder transoid) werden bei Einfachbindungen (s = single) mit partiellem Doppelbindungscharakter unterschieden [10], z. B. sekundäre Amide:

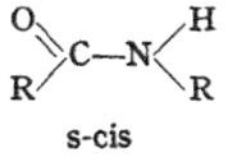

s-cis

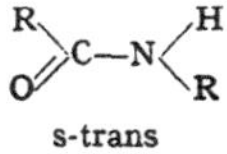

s-trans

B. Modelle

1. Im Raummodell[2] bedeuten die Kugeln die Atommittelpunkte, die Stäbe die Bindungen.

2. Die Atomkalotten-Modelle[3] geben außer der Bindungsrichtung und dem Abstand der Atome auch deren Raumerfüllung wieder (Wirkungsradien s. Tab. 7, S. 16).

---

[1] Der Torsionswinkel darf eine Abweichung von 30° gegenüber den ausgezeichneten Grenzlagen haben.

[2] z. B. Barton-Modell [11], Dreiding-Modell der Firma W. Büchi, Flawil, Schweiz, und Petersen-Modell [12].

[3] z. B. Stuart-Briegleb-Modelle [13] und Hartley-Robinson-Modelle [14].

C. Isomerie

1. Strukturisomerie

Die Isomeren unterscheiden sich in ihrer Konstitution.

a) Gerüstisomerie. Wird verursacht durch Unterschiede im Kohlenstoffgerüst, z. B. Butan (gerade, unverzweigte C-Kette) und Isobutan (verzweigte C-Kette).

b) Stellungsisomerie. Ist begründet in der Tatsache, daß ein Atom oder eine Atomgruppe innerhalb eines Moleküls verschiedene Stellungen einnehmen kann, z. B. 1-Chlorpropan und 2-Chlorpropan.

c) Funktionsisomerie. Die Isomeren besitzen verschiedene funktionelle Gruppen, z. B. Dimethyläther und Äthanol.

2. Stereoisomerie

Die Isomeren besitzen gleiche Konstitution, unterscheiden sich aber in ihrer Konfiguration. Für die Erscheinung der Stereoisomerie sind im wesentlichen zwei Ursachen verantwortlich.

1. Die Valenzen des vierbindigen C-Atoms sind nach den Ecken eines Tetraeders hin ausgerichtet; der Winkel zwischen zwei Valenzen (Valenzwinkel) beträgt theoretisch 109° 28′.

2. Aufhebung der freien Drehbarkeit um die C—C-Bindung. Dies kann erfolgen durch Einführung einer starren Doppelbindung, durch Ringbildung, wobei der Ring die Funktion der starren Doppelbindung übernimmt, oder durch sterische Hinderung.

a) Optische Isomerie (Spiegelbildisomerie),

Optische Isomere sind durch ein oder mehrere Asymmetriezentren innerhalb eines Moleküls gekennzeichnet. Ein Asymmetriezentrum kommt dadurch zustande, daß Atome oder Atomgruppen innerhalb eines Moleküls so angeordnet sind, daß Bild und Spiegelbild nicht zur Deckung gebracht werden können. Optische Isomerie ist stets von optischer Aktivität begleitet, vorausgesetzt, daß mehrere gleichwertige Asymmetriezentren in einem Molekül nicht symmetrisch angeordnet sind, was zu einer intramolekularen Kompensation der Aktivität führt.

α) Optische Aktivität

Als optisch aktiv werden Verbindungen bezeichnet, welche die Schwingungsebene des polarisierten Lichtes um definierte Betrage nach rechts (+) oder links (—) zu drehen vermögen. Voraussetzung für das Auftreten optischer Aktivität ist eine Asymmetrie des Moleküls. Der häufigste und wichtigste Fall einer solchen Asymmetrie liegt vor, wenn das Molekül ein asymmetrisches C-Atom besitzt, d. h. ein C-Atom, das vier verschiedene Liganden bindet, wodurch der Tetraeder um das C-Atom asymmetrisch wird. Das betreffende C-Atom wird als Asymmetriezentrum bezeichnet.

Beispiel:

Milchsaure

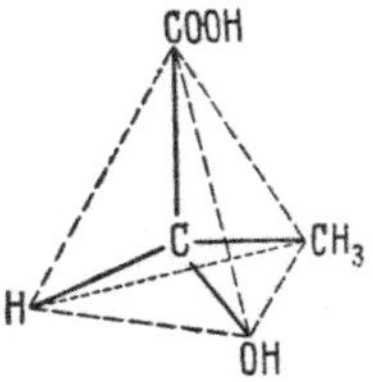

Raumformel

$$\begin{array}{c} COOH \\ | \\ H—C—OH \\ | \\ CH_3 \end{array}$$

Strukturformel

Schon der Unterschied zwischen Wasserstoff und Deuterium reicht aus, um eine Asymmetrie zu verursachen [*15*] (Isotopen-Asymmetrie). Ein C-Atom, das an vier verschiedene Liganden gebunden ist, von denen zwei optisch aktiv sind, aber entgegengesetzten Drehsinn aufweisen, nennt man pseudoasymmetrisch, weil seine Asymmetrie nicht ausreicht, um dem gesamten Molekül eine optische Aktivität zu verleihen. Vielfach tritt jedoch auch Molekülasymmetrie in Abwesenheit eines asymmetrischen C-Atoms auf. Eine solche Asymmetrie wird durch die besondere Art des Molekülbaues (Ringschluß oder sonstige Behinderung der freien Drehbarkeit) erzeugt und gibt ebenfalls Anlaß zum Auftreten optischer Aktivität.

Beispiele:

Inosit

(daneben existieren sieben optisch inaktive Formen)

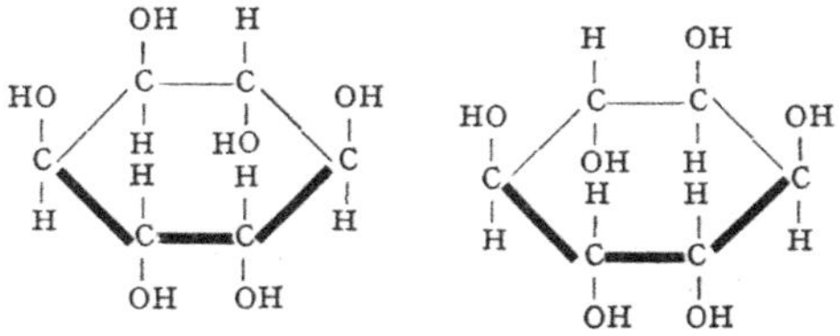

o,o'-Dinitrodiphensäure (Atropisomerie)

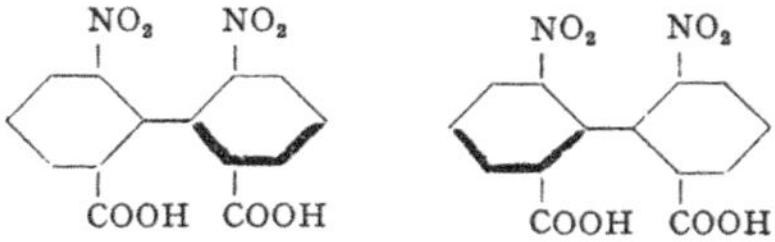

4-Bromgentisinsäure-dekamethylenäther (Ansaisomerie)

1,3-Diphenyl-1,3-di-α-naphthyl-allen (Allenisomerie)

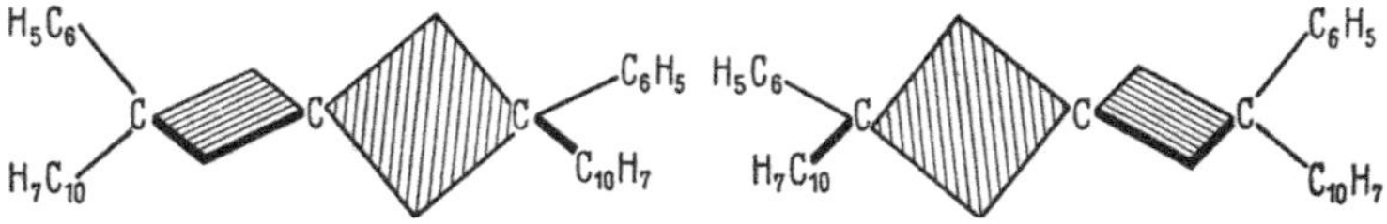

Spiro-heptan-dicarbonsäure (Spiranisomerie)

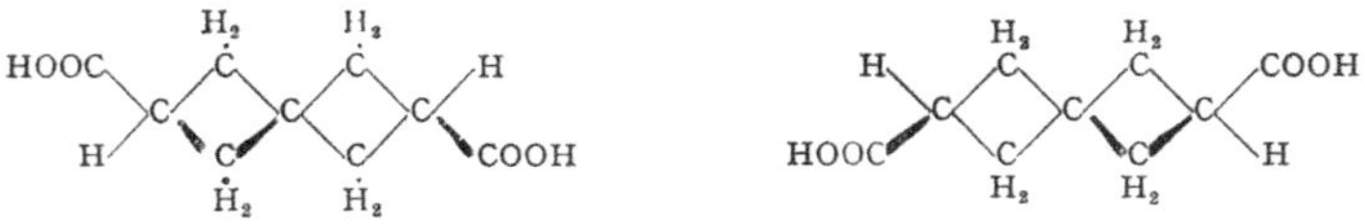

Die beobachtete Drehung wird im Polarimeter gemessen. Sie ist abhängig von:

1. Konzentration der betreffenden Verbindung
2. Ionisierungszustand der betreffenden Verbindung
3. Temperatur
4. Lösungsmittel
5. Wellenlänge des polarisierten Lichtes (diese Abhängigkeit heißt Rotationsdispersion).

Zur Charakterisierung einer optisch aktiven Verbindung ermittelt man die spezifische Drehung $[\alpha]$ oder die molekulare Drehung $[M]$, die durch folgende Gleichungen definiert sind:

Spezifische Drehung: $$[\alpha]_\lambda^\vartheta = \frac{100 \cdot \alpha}{l \cdot c} = \frac{100 \cdot \alpha}{l \cdot \varrho \cdot p} = \frac{1000 \cdot \alpha}{l \cdot n \cdot M}$$

Molekulare Drehung: $$[M]_\lambda^\vartheta = [\alpha]_\lambda^\vartheta \cdot \frac{M}{100} = \frac{\alpha \cdot 10}{l \cdot n}.$$

In diesen Gleichungen bedeuten:

ϑ = Meßtemperatur [°C],

λ = verwendete Wellenlänge in Å oder [mμ]; für die Wellenlänge der meistens verwendeten D-Linie des Natriums wird im allgemeinen statt des Zahlenwertes 5893 Å der Buchstabe D eingesetzt.

α = gemessener Drehwert [Winkelgrad],

l = Schichtdicke der Lösung [dm],

c = Menge der optisch aktiven Verbindung in 100 ml Lösung [g],

p = Menge der optisch aktiven Verbindung in 100 g Lösung [g],

ϱ = Dichte der Lösung,

n = Anzahl der Mole der optisch aktiven Verbindung in 1000 ml Lösung (Molarität),

M = Molgewicht der optisch aktiven Verbindung.

Die vollständige Angabe einer spezifischen oder molekularen Drehung, zu der auch Lösungsmittel- und Konzentrationsangabe gehören, sieht folgendermaßen aus:

$$[\alpha]_D^{25\,°C} = +28{,}3° \quad (c = 5\% \text{ in Chloroform}).$$

β) Verbindungen mit einem asymmetrischen C-Atom

Für den Fall, daß nur ein asymmetrisches C-Atom vorliegt (z. B. Milchsäure), sind nur zwei optische Isomere möglich. Diese beiden Formen, die sich wie Bild und Spiegelbild verhalten, heißen optische Antipoden, Enantiomorphe oder Enantiomere. Enantiomorphe Paare können durch Drehen oder Klappen nicht zur Deckung gebracht werden. Sie stimmen in allen skalaren Eigenschaften wie Schmelzpunkt, Löslichkeit, Molvolumen, chemische Eigenschaften überein, unterscheiden sich aber in ihren vektoriellen Eigenschaften:

1. Sie kristallisieren häufig in spiegelbildlichen Kristallformen.

2. Der Drehsinn ist entgegengesetzt, jedoch sind die Absolutbeträge der Drehung gleich.

3. Das chemische Verhalten gegenüber optisch aktiven Verbindungen ist verschieden, z. B. Stoffwechsel der D- und L-Aminosäuren, spezifische Vergärbarkeit von Zuckern, Katalyse von Reaktionen in lebenden Zellen durch optisch aktive Enzyme, stärkere Blutdruckerhöhung von (—)-Adrenalin gegenüber (+)-Adrenalin.

γ) Racemische Gemische

Gemische, in denen Rechts- und Linksformen zu gleichen Teilen vorliegen, heißen racemische Gemische. Da sich die beiden Antipoden chemisch nicht voneinander unterscheiden, zeigt auch das Gemisch die gleichen chemischen Eigenschaften wie die einzelnen Komponenten. Beim Auskristallisieren eines racemischen Gemisches sind drei Fälle möglich:

1. Die Antipoden kristallisieren in spiegelbildlichen Formen getrennt aus, wodurch eine mechanische Auslese möglich wird. Der Niederschlag ist ein Konglomerat von Kristallen, von denen der eine Teil nur die Rechtsform, der andere nur die Linksform enthält.

Beispiel: $NaNH_4$-Tartrat unterhalb 27 °C.

2. Die Antipoden kristallisieren gemeinsam in einer Molekülverbindung, dem Racemat, aus. Das Racemat unterscheidet sich in Löslichkeit, Schmelzpunkt, Kristalltracht und eventuell auch Kristallwassergehalt von den kristallisierten Antipoden.

Beispiel: Traubensäure.

3. Die Antipoden bilden lückenlose Mischkristalle, sog. pseudoracemische Mischkristalle.

δ) Verbindungen mit zwei oder mehr asymmetrischen C-Atomen

Enthält eine Verbindung zwei asymmetrische C-Atome, die gleich sind (d. h. gleiche Liganden binden), so sind vier optische Isomere möglich:

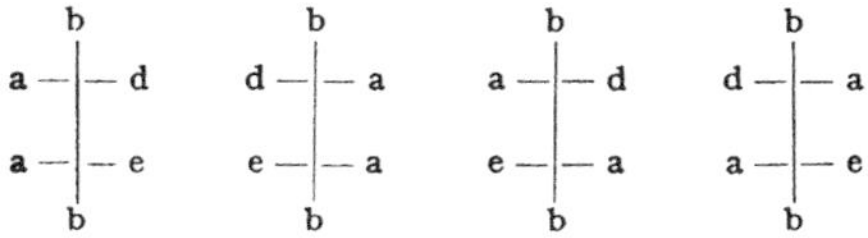

I II III IV

Von diesen vier Isomeren sind je zwei (I + II, III + IV) enantiomorphe Paare, die wiederum zwei racemische Modifikationen bilden können. Insgesamt sind also sechs Formen möglich. I und III unterscheiden sich in ihrer Konfiguration und sind keine Spiegelbilder voneinander. Diese optischen Isomere sind demzufolge nicht enantiomorph, man nennt sie Diastereomere. Diastereomere unterscheiden sich in physikalischen und chemischen Eigenschaften.

Sind die beiden asymmetrischen C-Atome gleich, so gibt es zwei enantiomorphe Formen (V und VI) und zwei weitere Formen, die zu den beiden ersten diastereomer sind (VII und VIII). Sie verhalten sich wie Bild und Spiegelbild, sind aber auf Grund einer symmetrischen Anordnung der asymmetrischen C-Atome optisch inaktiv. Solche Formen nennt man Mesoformen:

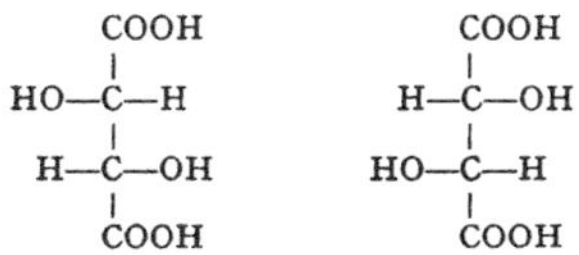

(−)-Weinsäure V (+)-Weinsäure VI

F 170 °C

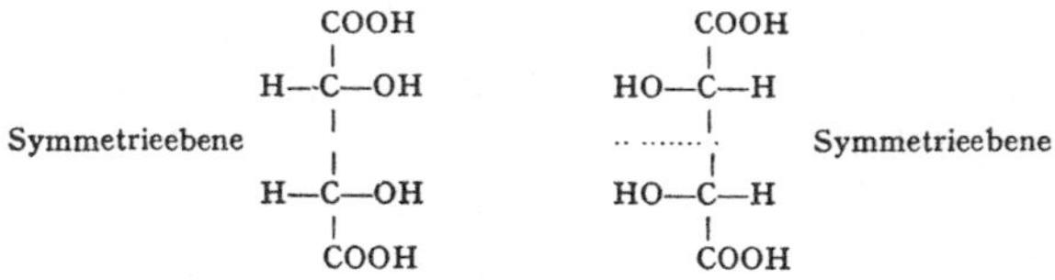

meso-Weinsäure

VII VIII

F 140°C

Die beiden Mesoformen (VII und VIII) sind mit den enantiomorphen Formen V und VI diastereomer und besitzen demzufolge andere physikalische und chemische Eigenschaften.

Bei zwei oder mehr asymmetrischen C-Atomen ist die Gesamtzahl der möglichen optischen Isomeren $= 2^n$ (n = Anzahl der asymmetrischen C-Atome) unter der Voraussetzung, daß alle asymmetrischen C-Atome verschieden sind. Beim Auftreten von Mesoformen verringert sich die Anzahl der Isomeren.

Unter der Voraussetzung, daß sich alle asymmetrischen C-Atome in einer Kette befinden, läßt sich die Anzahl der optisch aktiven Formen (= a) und die der Mesoformen (= m) folgendermaßen bestimmen:

n = Gesamtzahl der asymmetrischen C-Atome (auch pseudoasymmetrische).

1. Alle asymmetrischen C-Atome sind verschieden:

$$a = 2^n; \qquad m = 0.$$

2. Das Molekül enthält gleiche asymmetrische C-Atome, n ist eine gerade Zahl:

$$a = 2^{(n-1)}; \qquad m = 2^{\left(\frac{n-2}{2}\right)}.$$

3. Das Molekül besitzt gleiche asymmetrische C-Atome, n ist eine ungerade Zahl:

$$a = 2^{(n-1)} - 2^{\left(\frac{n-1}{2}\right)}; \qquad m = 2^{\left(\frac{n-1}{2}\right)}.$$

ε) Epimere Formen

Diastereomere Formen, die sich nur in der Konfiguration an einem asymmetrischen C-Atom unterscheiden, das sich darüber hinaus noch durch leichte Invertierbarkeit auszeichnet, nennt man Epimere, z. B. Glucose und Mannose (unterscheiden sich nur am C-Atom 2). Die Umwandlung epimerer Formen ineinander heißt Epimerisierung. Glucose-Allose, Glucose-Galaktose sind keine Epimeren, da sie sich am C-Atom 3 bzw. 4 unterscheiden und nicht ohne weiteres ineinander umwandelbar sind. Der Begriff Epimerie ist nicht auf die Zuckerchemie beschränkt. So sind z. B. die diastereomeren Paare Catechin und Epicatechin, Cinchonin und Epicinchonin, Dihydrocholesterin und Epidihydrocholesterin epimer.

ζ) Veränderung der optischen Aktivität

I. Racemisierung

Die Umwandlung optischer Antipoden in ein racemisches Gemisch (z. B. bei gewissen chemischen Reaktionen) heißt Racemisierung. Sie bedingt den Stellungswechsel von wenigstens zwei Gruppen am asymmetrischen C-Atom. Die Reaktion ist im allgemeinen I. Ordnung. Nach der Gleichung

$$k = \frac{1}{t} \cdot \log \frac{\alpha_0}{\alpha_t}$$

(α_0 und α_t = Drehung zur Zeit 0 bzw. t) kann die Geschwindigkeitskonstante k durch Drehungsmessungen ermittelt werden.

II. Walden-Umkehr

Unter Walden-Umkehr werden heute alle Reaktionen zusammengefaßt, bei denen Konfigurationsumkehr auftritt, z. B. Reaktionen am asymmetrischen C-Atom.

Beispiel:

(−)-Chlorbernsteinsäure

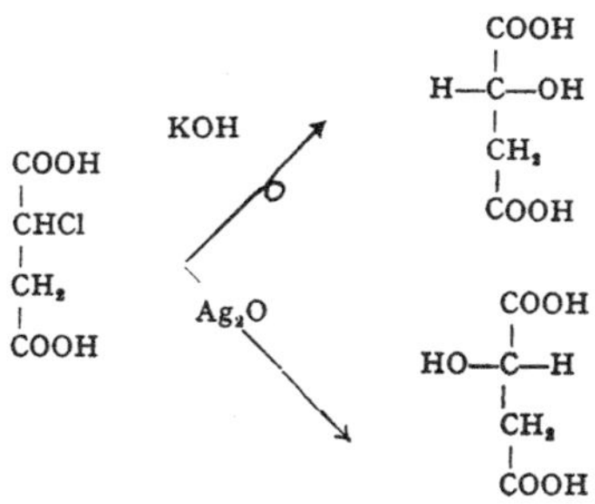

(+)-Äpfelsäure

(−)-Äpfelsäure

In Formelgleichungen wird die Umkehr durch das Zeichen $\xrightarrow{\sigma}$ angedeutet. Verläuft die Walden-Umkehr vollständig, so gelingt die Umwandlung einer optisch aktiven Verbindung in ihre Antipoden; bei unvollständigem Verlauf, z. B. von Austauschreaktionen (J^- gegen radioaktiv markiertes J^-), tritt Racemisierung auf.

Beispiel (vollst. Umkehr):

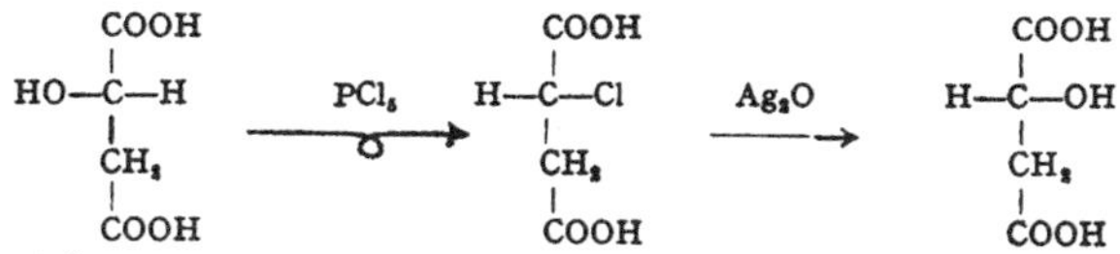

(−)-Äpfelsäure (+)-Chlorbernsteinsäure (+)-Äpfelsäure

Das Auftreten der Walden-Umkehr ist abhängig von der Natur des angreifenden Agens (KOH, Ag_2O) und vom Substrat.

Bei bimolekularen nucleophilen Substitutionen an einem optisch aktiven C-Atom tritt ohne Rücksicht auf konstitutionelle Details Walden-Umkehr ein. Verlaufen die Reaktionen nach einem monomolekularen nucleophilen Substitutionsmechanismus, so tritt in Abhängigkeit von der Stabilität des Carboniumions in mehr oder weniger großem Umfang Umkehrung ein, wenn nicht durch die Anwesenheit konfigurationsstabilisierender Gruppen (z. B. α-Carboxylation) die Konfiguration überwiegend erhalten bleibt [*16*].

η) Konfigurationsnomenklatur

Die Konfiguration wird mit großen Buchstaben D- und L- unabhängig vom Drehsinn, für den (+)- (rechts) und (−)- (links) Zeichen verwendet werden, bezeichnet. Bezugssubstanz für Konfigurationszuordnungen ist der Glycerinaldehyd (relative Konfiguration):

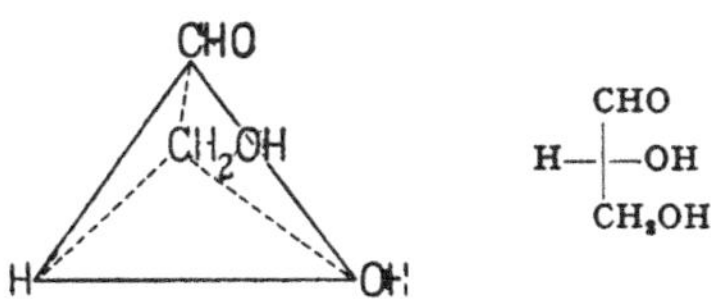

D-(+)-Glycerinaldehyd

Alle Verbindungen, die konfigurativ mit dem (+)-Glycerinaldehyd verwandt sind, ordnet man der D-Reihe, solche, die mit (—)-Glycerinaldehyd verwandt sind, der L-Reihe zu. Aus dieser willkürlichen Definition wird klar, daß zwischen Drehsinn und Konfiguration keine Beziehung besteht. Die absolute Konfiguration einer Verbindung, d. h. die wirkliche Konfiguration des Moleküls im Raum, kann heute mit Hilfe der Röntgenanalyse bestimmt werden.

Enthält eine Verbindung mehrere asymmetrische C-Atome, so schreibt man das des Glycerinaldehyds ans untere Ende:

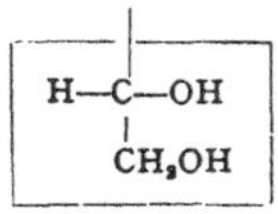
D-Reihe

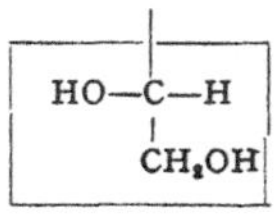
L-Reihe

ϑ) Optische Reinheit

Unter der optischen Reinheit eines teilweise getrennten Gemisches versteht man den prozentualen Anteil eines Enantiomeren an der Gesamtmenge. In einem Antipodenpaar (racemisches Gemisch) gibt es keinen Überschuß einer Komponente, die optische Reinheit ist 0%. In einem vollständig getrennten Material ist die Menge des Enantiomeren gleich der Gesamtmenge, die optische Reinheit ist 100%.

Für die optische Reinheit sind verschiedene Kriterien entwickelt worden, die aber alle nicht hinreichend zuverlässig sind. Ein kristallisiertes Enantiomeres wird oft für optisch rein gehalten, wenn Schmelzpunkt und Drehung beim Umkristallisieren unverändert bleiben. Dieses Kriterium reicht nicht aus, wenn die Antipoden feste Lösungen bilden.

Die Bestimmung der optischen Reinheit einer Verbindung kann nach folgenden Methoden erfolgen:

1. Enzymatisch;

2. Isotopen-Verdünnungsanalyse;

3. Überführung einer Verbindung unbekannter optischer Reinheit in eine Verbindung, deren Reinheit bekannt ist.

b) Geometrische Isomerie (cis-trans-Isomerie)

Voraussetzung für das Auftreten dieser Isomerie ist die Aufhebung der freien Drehbarkeit um die C—C-Einfachbindung durch Einführung einer Doppelbindung oder Ringschluß. Die Isomeren unterscheiden sich durch eine verschiedene räumliche Anordnung der Substituenten an der Doppelbindung oder am Ring.

α) Äthylenisomerie

Isomerie an der C—C-Doppelbindung. Beim Vorhandensein einer Doppelbindung sind zwei Isomere möglich:

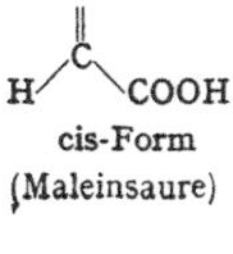
cis-Form
(Maleinsaure)

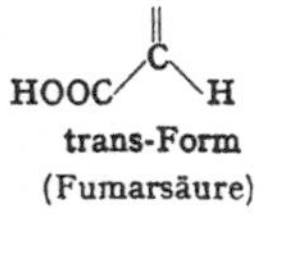
trans-Form
(Fumarsäure)

Die Isomeren unterscheiden sich in ihren chemischen und physikalischen Eigenschaften und verhalten sich nicht wie Bild und Spiegelbild. Sie besitzen unterschiedliche Energieinhalte und sind ineinander umwandelbar (z. B. durch Säurekatalyse oder UV-Licht). Bei mehreren Doppelbindungen erhöht sich die Zahl der Isomeren.

β) Isomerie durch Ringschluß

Die Funktion der Doppelbindung übernimmt ein nichtaromatischer Ring. Ist das Ringsystem gleichzeitig asymmetrisch, so zeigen die geometrischen Isomeren auch optische Aktivität.

Beispiele:

cis-trans-Isomerie ohne optische Aktivität:

cis- trans-

Perhydroterephthalsäure

cis-trans-Isomerie mit optischer Aktivität:

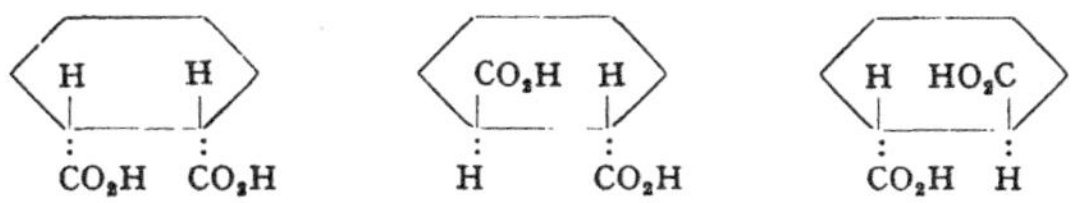

cis-(inaktiv) (+)- und (−)-trans-

Perhydrophthalsaure

γ) Konformations-(Rotations-)Isomerie

Konformationsisomere oder Konformere unterscheiden sich in ihrer Konformation. Obwohl durch Rotation um die C—C-Einfachbindung beliebig viele Konformationen möglich sind, bezeichnet man im allgemeinen nur die mit einem Energieminimum als Konformere, da nur diese beständig sind. Ursache für die Existenz von Konformeren sind die bei der Drehung um die C—C-Einfachbindung auftretenden Energieschwellen (die bei mittleren Ringen zur Pitzerspannung führen).

Die drei ekliptischen und gestaffelten Konformationen des Äthans besitzen verschiedene, aber untereinander gleiche Energieinhalte. Die Umwandlungsenergie beträgt 3,04 kcal/Mol [*17*]. Die drei gestaffelten Konformationen stellen Konformere dar, die alle gleich sind. Beim Butan sind drei Konformere möglich, welche wiederum die drei gestaffelten Konformationen (Energieminima) darstellen. Da von diesen wiederum zwei gleich sind, bleiben somit zwei stabile Konformere, die anti-periplanare und die syn-clinale Konformation, die sich in ihrem Energieinhalt um 0,5 bis 0,8 kcal/Mol unterscheiden [*3*]. Das Butan liegt bei Zimmertemperatur zu 80% in der energieärmsten anti-periplanaren Form vor. Die beiden gespannten Konformationen sind gegenüber der anti-periplanaren Form um 2,9 bis 3,3 kcal/Mol bzw. mehr als 3,6 kcal/Mol energiereicher [*3*].

Beim Cyclohexan unterscheiden sich die beiden stabilsten Konformeren (Sessel- und Wannenform) um ungefähr 6 kcal/Mol [*3*]. Von diesen beiden Formen ist die energieärmere Sesselform die stabilere.

III. Strukturparameter

A. Bindungslängen, Valenzwinkel und Ionenradien

Der Abstand von einem Atommittelpunkt zum anderen innerhalb einer Bindung wird als Bindungslänge definiert. Ist in einem Molekül das Atom *A* mit den Atomen *B* und *C* verbunden, so bezeichnet man den Winkel *ABC* als Valenzwinkel. Die Werte können durch Röntgen-, Elektronen- und Neutronenbeugung sowie spektroskopisch (Mikrowellen, Infrarot, Raman, Banden) erhalten werden.

Die Moleküldimensionen sind vom Hybridisierungszustand der beteiligten Atome abhängig; daher lassen sich keine allgemeinen Daten angeben, sondern nur die bestimmter Moleküle, z. B.:

Tabelle 1. **Bindungslängen zweiatomiger Moleküle, spektroskopisch bestimmt**
Nach [*18*]

Molekül	Bindungslänge [Å]	Molekül	Bindungslange [Å]
H—H	0,7415 ± 0,0001	F—F	1,418 ± 0,001
H—F	0,9175 ± 0,0005	Cl—Cl	1,988
H—Cl	1,2744	Br—Br	2,283
H—Br	1,408	J—J	2,6666
H—J	1,608	J—Cl	2,32070
O—O	1,20741 ± 0,00002	N—O	1,1507
N—N	1,0976 ± 0,0001	S—S	1,887
C—O	1,1282		

Praktische Bedeutung haben die Mittelwerte von Bindungslängen in mehratomigen Molekülen, aus denen sich Rückschlüsse auf die Bindungslängen noch nicht vermessener Moleküle ziehen lassen.

Tabelle 2. **Mittelwerte von Bindungslängen in mehratomigen Molekülen.** Nach [*18*]

Bindung	Abstand ± Standardabweichung [Å]	Bindung	Abstand ± Standardabweichung [Å]
C—C	1,541 ± 0,003	**C—N**	
C—C=C	1,52₅ ± 0,01	paraffinisch, 3bindig	1,472 ± 0,005
C—C_6H_5	1,52 ± 0,01	4bindig	1,479 ± 0,005
C—C=O	1,516 ± 0,005	aromatisch	1,426 ± 0,012
C_6H_5—C=O	1,47 ± 0,02	heterocyclisch	1,352 ± 0,005
O=C—C=O	1,49 ± 0,01	Amidbindung	1,322 ± 0,003
C=C—C=C	1,466 ± 0,005		
C—C≡C	1,460 ± 0,003	**C—O**	
C≡C—C≡C	1,373 ± 0,004	paraffinisch	1,43 ± 0,01
		aromatisch	1,36 ± 0,01
C-C-aromatisch	1,395 ± 0,003	heterocyclisch	1,371 ± 0,016
C=C	1,337 ± 0,006	Sauren und Ester	
C=C—C=C	1,34 ± 0,01	langere Bindung	1,36 ± 0,01
C=C=C	1,309 ± 0,005	kurzere Bindung	1,23 ± 0,01
C≡C	1,204 ± 0,002	Carboxylation	1,26 ± 0,01
C≡C—C≡C	1,206 ± 0,004	Aldehyde und Ketone	1,23 ± 0,01
		Amide	1,23 ± 0,01
C—H			
paraffinisch, monosubst.	1,101 ± 0,003	**C—S**	
disubst.	1,073 ± 0,004	paraffinisch	1,81 ± 0,01
trisubst.	1,070 ± 0,007	heterocyclisch	1,73 ± 0,01
aromatisch	1,084 ± 0,006	**O—H**	0,960 ± 0,005
olefinisch	1,07 ± 0,01	**O—O**	1,48 ± 0,01
acetylenisch	1,056 ± 0,003	**S—H**	1,34 ± 0,01
		S—S	2,04 ± 0,01

Tabelle 3. **Bindungslängen und Valenzwinkel einiger Aminosäuren.** Zusammengestellt nach [*18*, *19* u. *37*]

	Bindungslängen [Å]				Bindungswinkel [Grad]				
	C—O	Cα—CO	Cα—C	Cα —N	O—C—O	O—C—Cα	N—Cα—CO	C—Cα—CO	N—Cα—C
α-Glycin	1,25 1,27	1,52	—	1,47	126	117	112	—	—
DL-Alanin	1,21 1,27	1,54	1,51	1,50	125	113 121	108	111	110
DL-Serin	1,27	1,53	1,51	1,49	125	117	110	110	111
L-Threonin	1,24 1,25	1,52	1,54	1,49	127	116 117	110	113	108
Hydroxy-L-Prolin	1,25 1,27	1,52	1,53	1,50	126	115 119	111	113	105
L-Glutaminsäure	1,24 1,27	1,55	1,56	1,45	127	115 117	109	110	113
α-DL-Methionin	1,21 1,28	1,47	1,55	1,52	121	119 120	112	111	110

Tabelle 4. **Bindungslängen und Valenzwinkel von Peptidgruppen.** Zusammengestellt nach [*20*, *21*, *22* u. *23*]

	Bindungslängen [Å]				Bindungswinkel [Grad]				
	C=O	N—CO	C—Cα	N—Cα	N—H···O	O—C—N	O—C—Cα	N—C—Cα	C—N—Cα
α-Glycylglycin	1,24	1,32	1,56	1,47		124	121	114	119
β-Glycylglycin	1,23	1,24	1,50	1,48		125	121	114	122
N-Acetylglycin	1,24	1,32	1,50		3,03	121	121	118	120
Diketopiperazin	1,25	1,33	1,47		2,85	120	120	120	120
N-Methylacetamid	1,23	1,29	1,55		2,83	125	122	113	117
Acetanilid	1,23	1,33	1,48		2,97	122	120	118	129
N,N'-Diglycyl-L-cystin·2 H_2O	1,21	1,35	1,55	1,48	3,31	125	121	113	122
L-Leucyl-L-prolyl-glycin	1,27	1,34	1,50	1,45	3,19	122	119	119	121
	1,24	1,31	1,52	1,45		123	121	115	122
Glycyl-DL-phenyl-alanyl-glycin·H_2O	1,21	1,39	1,53	1,46	3,00	126	123	110	118
	1,23	1,34	1,55	1,46	2,89	124	122	114	120
Tosyl-L-prolyl-L-hydroxyprolin·H_2O	1,24	1,32	1,51	1,45	—	114	133	111	115

Tabelle 5. **Radien [Å] einiger biologisch wichtiger Ionen**
Zusammengestellt nach [24]

Kationen				Anionen	
Na^+	0,98	Fe^{2+}	0,75	F^-	1,33
Mg^{2+}	0,69	Fe^{3+}	0,53	Cl^-	1,81
Al^{3+}	0,45	Co^{2+}	0,73	Br^-	1,96
S^{2+}	1,90	Cu^{2+}	0,69	J^-	2,19
K^+	1,33	Zn^{2+}	0,70	CN^-	1,45
Ca^{2+}	0,99	NH_4^+	1,45	OH^-	1,95
Mn^{2+}	0,80	OH_3^+	1,40		

B. Inter- und intramolekulare Wechselwirkungen

Tabelle 6. **Abhängigkeit der Wechselwirkungsenergien vom Abstand.** Nach [25]

Wechselwirkung	potentielle Energie	Beispiel
Ion—Ion	$\sim 1/r$	Elektrolyte, Ampholyte
Ion—Dipol	$\sim 1/r^2$	Solvatation von Ionen und von polaren Molekeln in ionenhaltigen Lösemitteln
Dipol	$\sim 1/r^3$	Dipol—Dipol-Orientierung
Multipol	$\sim 1/r^n$ mit $n > 5$	Quadrupole etc.
Induktion	$\sim 1/r^6$	Wirkung zwischen Dipolen und polarisierbaren Systemen
Dispersion	$\sim 1/r^6$	Van der Waals-London-Kräfte

Dispersionskräfte sind zurückzuführen auf zeitlich fluktuierende Dipolfelder, die von der Rotation der Elektronen um ihre Kerne herrühren. Der Beitrag der Dispersionskräfte ist oft größer als der Dipol- und Induktionseffekt.

1. Wirkungsradien

Nähern sich zwei Atome, so wirken sie mit anziehenden und abstoßenden Kräften aufeinander. Die Wechselwirkung kann durch eine Potentialkurve wiedergegeben werden. Nach dieser Kurve (Abb. 1) hat die potentielle Energie E_p

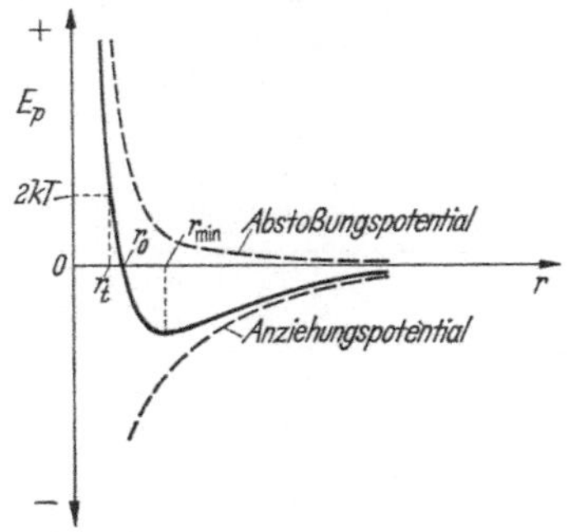

Abb. 1. Potential der anziehenden und abstoßenden Kräfte und Gesamtpotential (ausgezogene Kurve)

zwischen zwei Atomen beim Abstand d_{min} ein Minimum. Der Wirkungsradius ist, falls zwei gleiche Atome vorliegen,

$$r_{min} = \frac{d_{min}}{2} .$$

Aus den Wirkungsradien kann der Wirkungsabstand d_{min} für den Fall errechnet werden, bei dem sich zwei verschiedenartige Atome (A und B) nähern. Es gilt dann:

$$d_{min} = r_{A_{min}} + r_{B_{min}} .$$

Tabelle 7. **Wirkungsradien gebundener Atome.** Nach [*26*]

Atom	Wirkungsradien nach *Stuart*, ausgeglichene Werte		Werte nach *Briegleb*		Wirkungsradien nach *Pauling*	Ionenradien
	r^*_T	r^*_0	r^*_{min}	r^*_T	r^*_{min}	r_{I_0}
H gebunden an C, O, N	<0,9	—	1,2	$0{,}9_5$	1,2	—
H in einer Wasserstoffbrücke	—	—	—	0,5	—	—
C_{al}, σ-Elektronen	$(1{,}3_5)$	—	—	(1,3)	—	—
C_{ar} und C=C, π-Elektronen, r^*_{max} ⊥ Valenzrichtung	—	—	—	1,6	—	—
Si	1,7	—	2,0	—	—	2,7
N, Aminostickstoff	$1{,}3_5$	1,4	$1{,}5_5$	1,4	1,5	1,7
⁄N =, r^*_{max} ⊥ Valenzrichtung	—	—	—	1,6	—	—
P	$1{,}5_5$	1,7	$1{,}8_5$	—	1,9	2,1
As	1,7	1,8	$1{,}9_5$	—	2,0	2,2
Sb	1,8	1,9	$2{,}0_5$	—	2,2	2,45
⁄O⁀ organische Moleküle	1,2	1,3	1,4	$1{,}2_3$	1,4	1,4
O = (Carbonyl), π-Elektronen, r^*_{max} ⊥ Valenzrichtung	—	—	—	1,6	—	—
S	1,4	$1{,}5_5$	1,7	—	1,85	1,85
Se	1,5	$1{,}6_5$	1,8	—	2,0	2,0
Te	1,6	$1{,}7_5$	1,9	—	2,2	2,2
F	$1{,}2_5$	1,3	1,5	1,3	1,35	1,35
Cl	$1{,}5_5$	$1{,}6_5$	1,8	$1{,}5_5$	1,80	1,80
Br	1,70	1,8	$1{,}9_5$	$1{,}7_5$	1,95	1,95
J	1,80	1,9	$2{,}0_5$	1,90	2,15	2,15
CH_3	—	—	2,0	—	—	—
Benzolring, halbe Dicke	—	—	$1{,}8_5$	1,6	—	—

2. Wasserstoffbrückenbindung

Die Wasserstoffbrückenbindung stellt einen Zwischentyp zwischen gewöhnlicher Molekülattraktion und echter Valenzbildung dar (Nebenvalenz; der Wasserstoff wird koordinativ zweiwertig). Die extrem hohen lokalen Felder entsprechen

Tabelle 8. **Vergleich von Wasserstoffbrücken- und van der Waals-Abständen**[1]
Zusammengestellt nach [*27* u. *28*]

X—H···Y	Protonendonator	Summe der van der Waals-Radien von X und Y [Å]		mittlerer X···Y-Abstand [Å]
O—H···O	Org. Säuren	2,80		2,63
	Phenole			2,67
	Alkohole			2,74
	H_2O in org. Substanzen			2,80
O—H···N	Alle	2,90	(3,05)	2,80
N—H···O	Ammoniumsalze	2,90	(3,05)	2,88
	Amide			2,93
	Amine			3,04
N—H···N	Alle	3,00	(3,30)	3,10
O—H···Cl	Alle	3,20		3,08
N—H···F	Alle	2,85	(3,00)	2,78
N—H···Cl	Alle	3,30	(3,45)	3,21
F—H···F	Alle	2,70		2,44
C—H···O	Alle	3,32		3,12

[1] Van der Waals-Radien nach [*29*]. Die eingeklammerten Werte basieren auf einem wahrscheinlicheren van der Waals-Radius für Stickstoff: 1,65 Å anstatt 1,5 Å.

Wechselwirkungsenergien, die mit den chemischen Bindungsenergien verglichen werden können. Allen Wasserstoffbrücken ist die Struktur X—H···Y gemeinsam. Die linke Seite bezeichnet man als Protonendonator, die rechte als Protonenakzeptor. Der X···Y-Abstand ist kürzer als die Summe der van der Waals-Radien.

Die Wasserstoffbrückenbindung und die Dipol-Wechselwirkung, die oft gemeinsam wirken und sich nicht eindeutig gegeneinander abgrenzen lassen, sind in vielen Fällen für Assoziationen (Molekülverbindungen) verantwortlich. Wichtige Beispiele hierfür liefern die Dimerisation von Carboxylgruppen (Tab. 9), die Salzbrücken [*30*] (Tab. 10) und interpeptidischen Wechselwirkungen in Proteinen (Tab. 4) und die intramolekulare Assoziation der Basen in den Nucleinsäuren (Tab. 11).

Tabelle 9. **Strukturparameter für Essigsäure.** Nach [*27*]

	monomer (Gas)	dimer (Gas)	kristallin
r (C—O) Å	1,43 ± 0,03	1,36 ± 0,04	1,29 ± 0,02
r (C=O) Å	1,24 ± 0,03	1,25 ± 0,03	1,24 ± 0,02
r (O···O) Å	–	2,76 ± 0,05	2,61 ± 0,02
O—C=O	130 ± 8°	130 ± 3°	122 ± 2°

Tabelle 10. **N^+—H...O (Carboxyl-)Bindungslängen in Salzbrücken von kristallisierten Aminosäuren und Peptiden**
Zusammengestellt nach [*27*, *31* u. *32*]

Verbindung	N^+···O [Å]		
Glycin	2,76	2,88	2,93
β-Glycylglycin	2,68	2,81	
Alanin (DL)	2,80	2,84	2,88
Norleucin (DL)	2,73	2,87	
Serin (DL)	2,81	2,87	
Glutaminsäure (L)	2,86	2,92	2,94
Lysin · HCl·2 H_2O (L)	2,79		
Asparagin·H_2O	2,81		

Tabelle 11. **Brückenbindungslängen in Pyrimidinen und Purinen**
Zusammengestellt nach [*27*]

Verbindung	N—H···O [Å]	N—H···N [Å]
Adenin·HCl·½ H_2O		2,99
Guanin·HCl·H_2O	2,62	3,08
Theophyllin	2,76	
Uracil	2,81	
	2,86	
Cytidin	2,93	

3. Hydrophobe Bindung

Hydrophobe Bindungen sind intra- oder intermolekulare Wechselwirkungen zwischen unpolaren Gruppen in wäßrigen Medien (Micellbildung); ihre Stabilisierung ist bedingt durch eine Entropieabnahme des bei Assoziation der unpolaren Gruppen verdrängten Wassers [*33*].

IV. Raummodelle von Naturstoffen

Wiedergegeben werden die Konformationen der Verbindungen, wie sie in den Kristallen vorliegen. Alle Modelle wurden aus röntgenographischen Daten der Kristalluntersuchung abgeleitet und einheitlich umgezeichnet. Wenn nicht anders angegeben, beträgt der Abbildungsmaßstab 1 : 10^8, d. h. 1 Å = 1 cm.

● = Kohlenstoff ○ = Sauerstoff ⊙ = Stickstoff
⊗ = Schwefel ∘ = Wasserstoff

A. Aliphatische Carbonsäuren

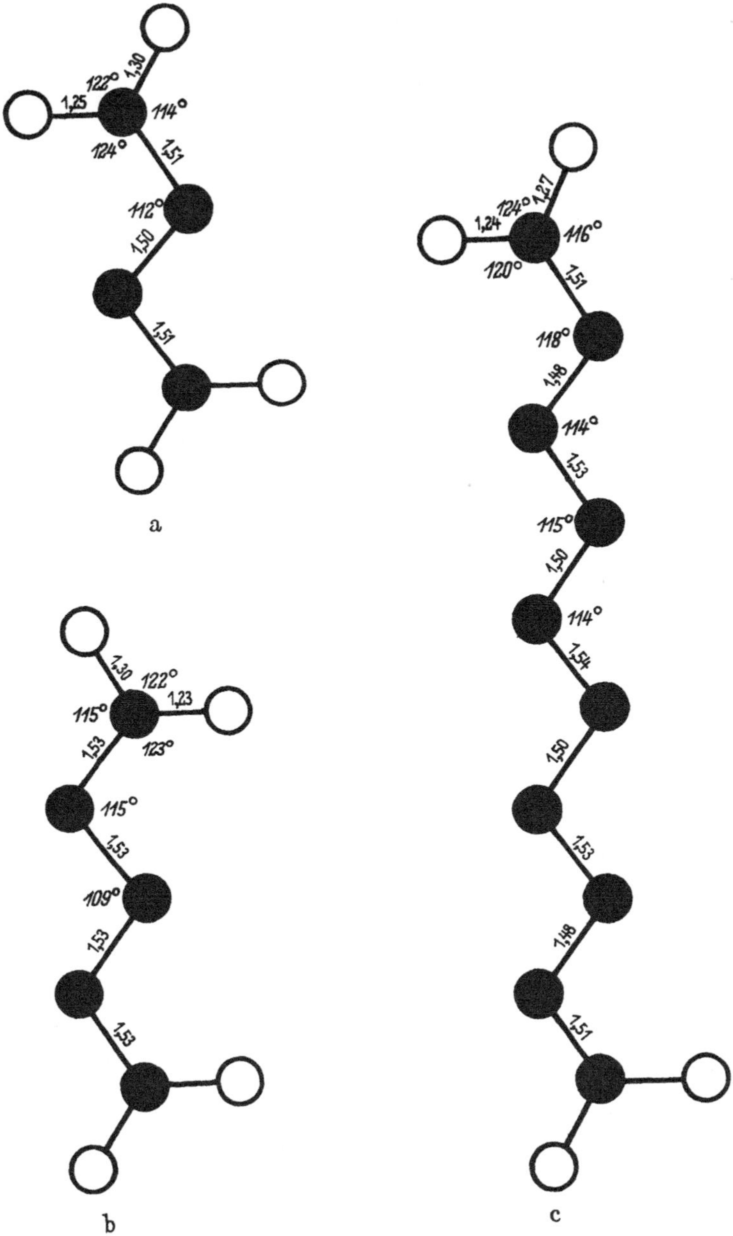

Abb. 2. Gestalt und Kernabstände von a) Bernsteinsäure (β), b) Glutarsäure (β) und c) Sebacinsäure. Nach [*18*]

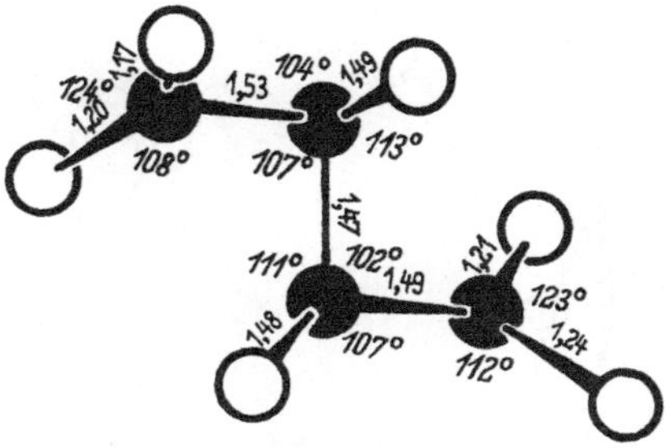

Abb. 3. Molekularabmessungen und Konfiguration von Weinsäure. Nach [*18*]

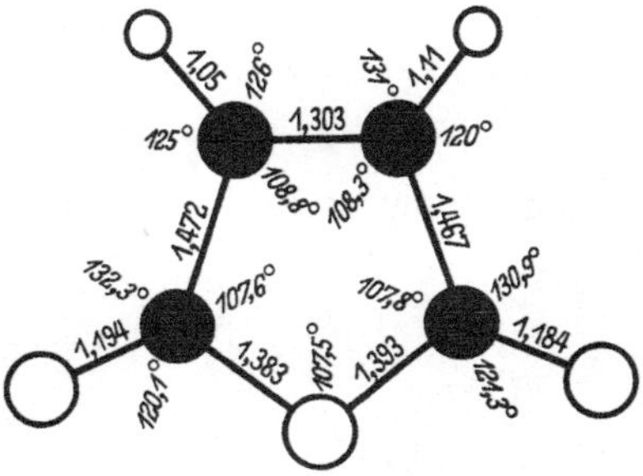

Abb. 4. Atomabstände und Winkel von Maleinsäureanhydrid. Nach [*34*].

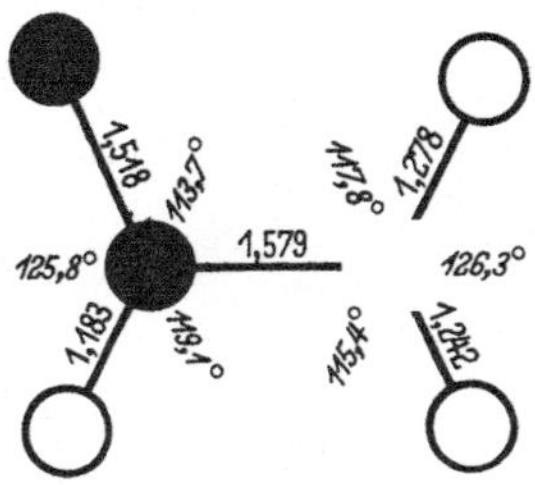

Abb. 5. Atomabstände und Winkel des Na-Salzes der Brenztraubensäure Nach [*35*]

B. Kohlenhydrate

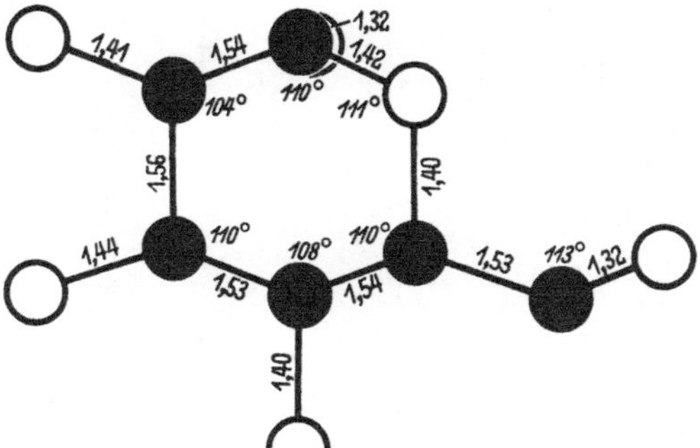

Abb. 6. α-D-Glucose (Projektion entlang der *c*-Achse des Kristalls). Nach [*18*]

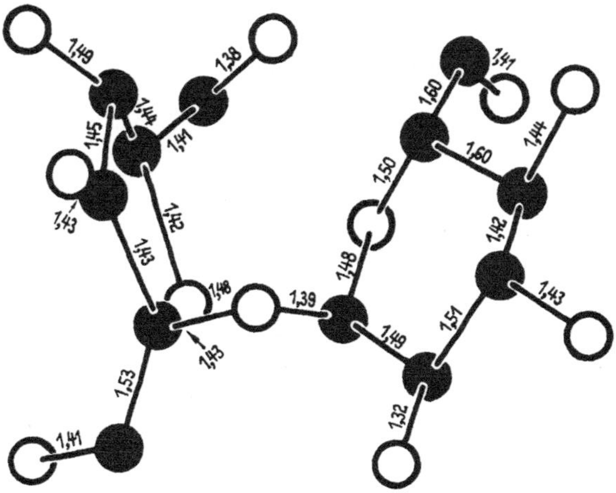

Abb. 7. Perspektivische Zeichnung des Rohrzuckermoleküls. Nach [36]

C. Aminosäuren und Oligopeptide

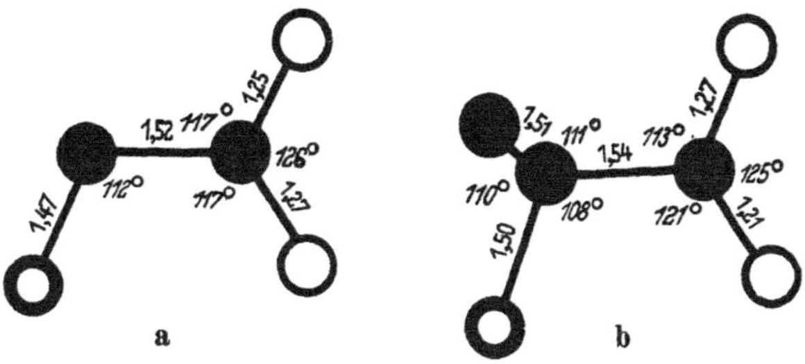

a b

Abb. 8. a) Glycin nach [37] und b) DL-Alanin nach [18]

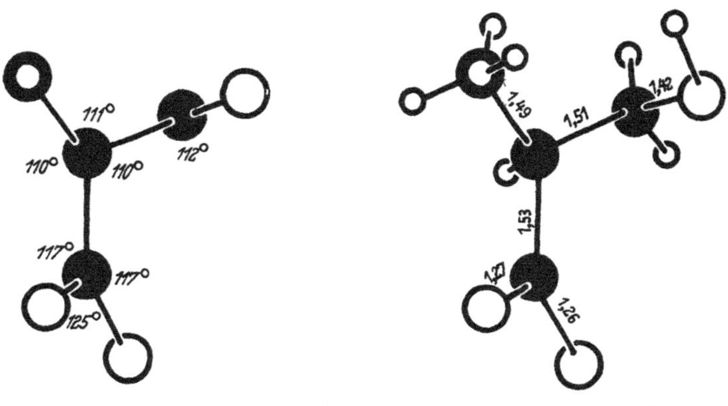

Abb. 9. DL-Serin; links: Valenzwinkel, rechts: Kernabstände. Nach [18]

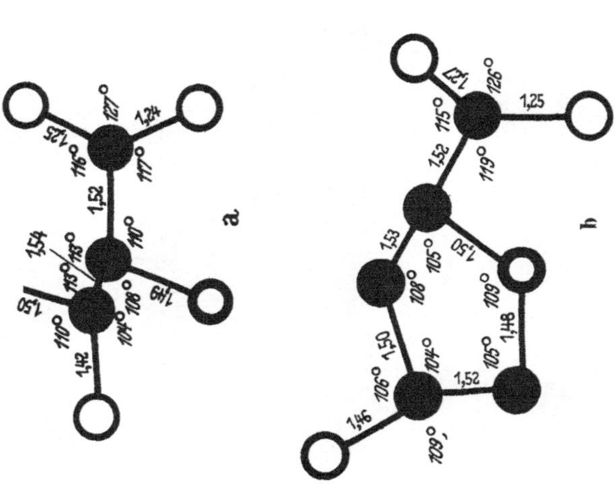

Abb. 11. a) L-Threonin und b) Hydroxy-L-prolin. Nach [18]

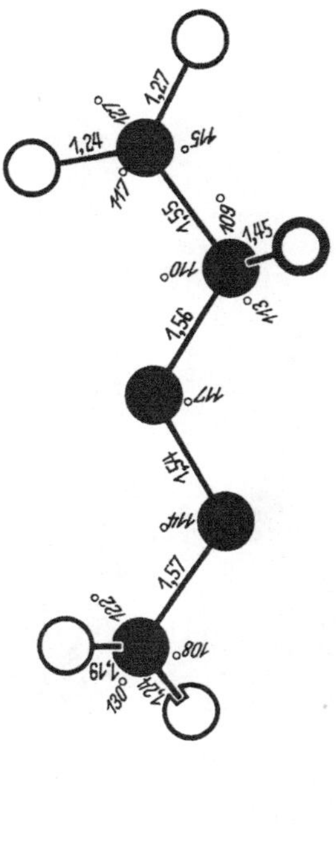

Abb 10 L-Glutaminsäure. Nach [18]

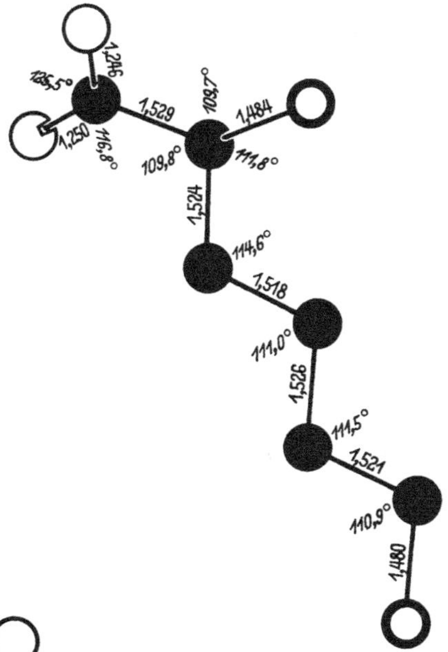

Abb. 12. Konfiguration und Konformation des L-Lysin·HCl·2 H_2O. Nach [*31*]

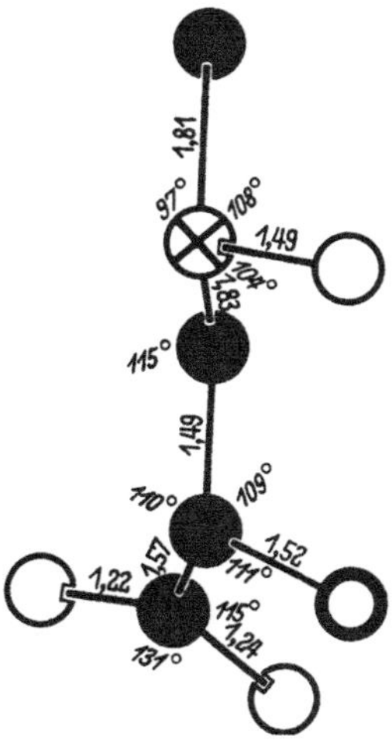

Abb. 13. Absolute Konfiguration von (+)-S-Methyl-L-cysteinsulfoxid. Nach [*39*]

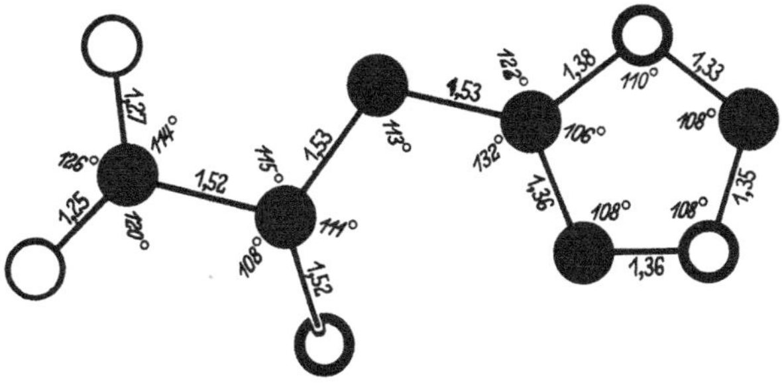

Abb. 14. L-Histidin·HCl·H_2O. Nach [*38*]

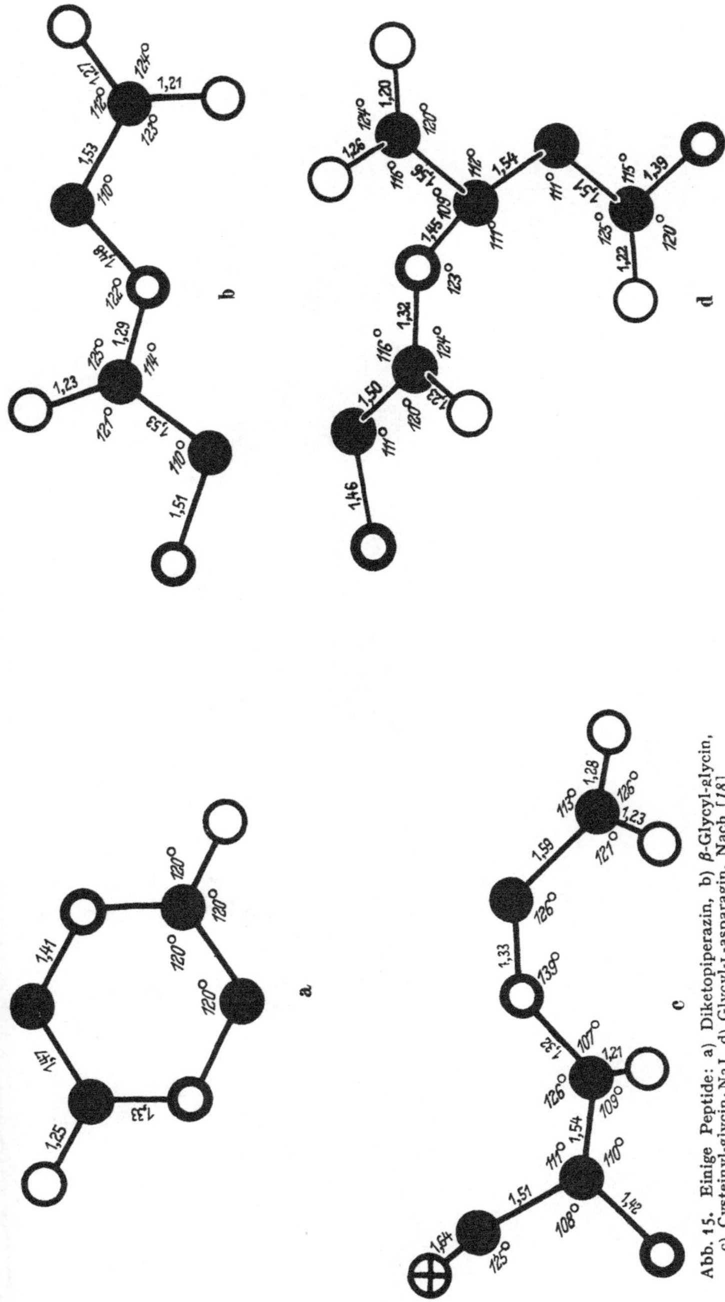

Abb. 15. Einige Peptide: a) Diketopiperazin, b) β-Glycyl-glycin, c) Cysteinyl-glycin·NaJ, d) Glycyl-L-asparagin. Nach [18]

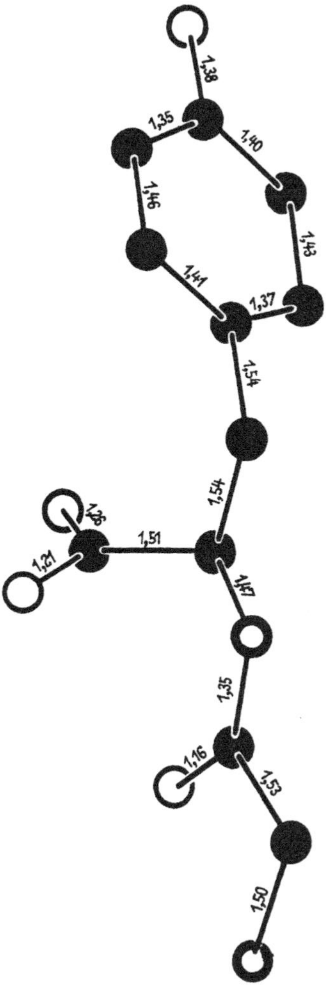

Abb. 16. Glycyl-L-tyrosin · HCl. Nach [18]

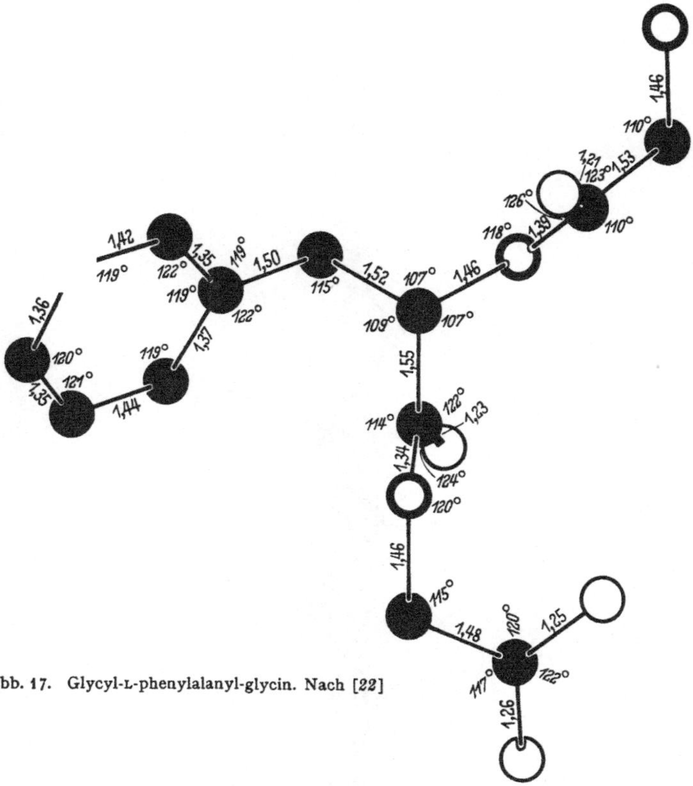

Abb. 17. Glycyl-L-phenylalanyl-glycin. Nach [22]

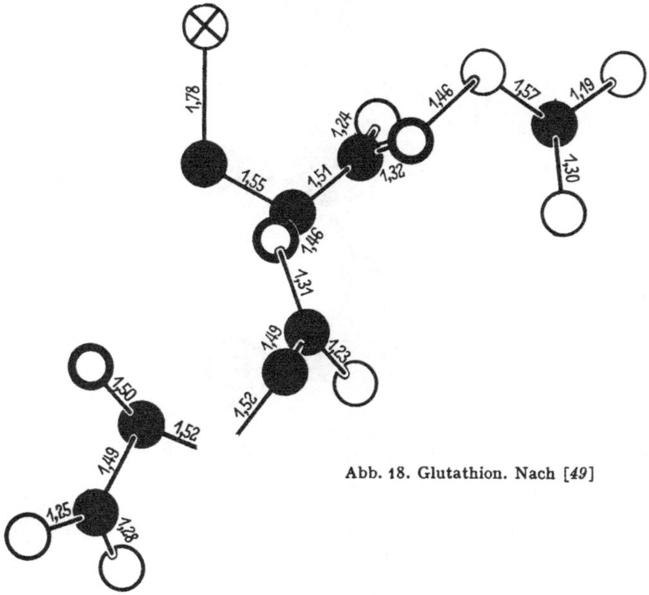

Abb. 18. Glutathion. Nach [49]

D. Polypeptide und Proteine

Die im folgenden abgebildeten Modelle sind nicht durch eine vollständige Kristallstrukturanalyse eindeutig abgeleitet, sondern beruhen auf einer Kombination von Röntgendaten und stereochemischen Überlegungen.

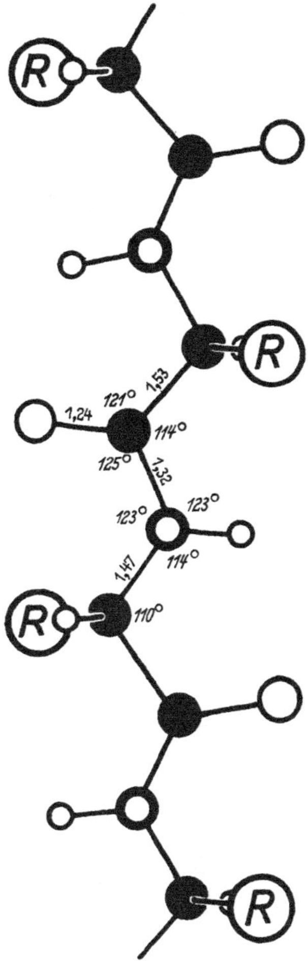

Abb. 19. Schema einer voll ausgestreckten Polypeptidkette; *R* Seitenketten. Nach [*40*]

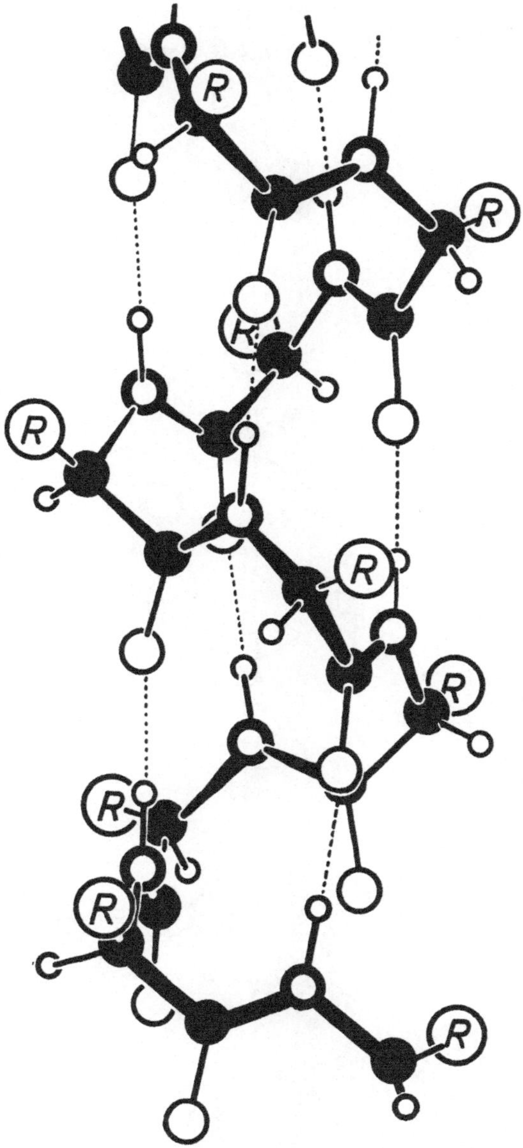

Abb. 20. Teil der α-Helix mit 3,7- Aminosäureresten je Windung. Nach [*41*]

E. Nucleinsäure-Bausteine

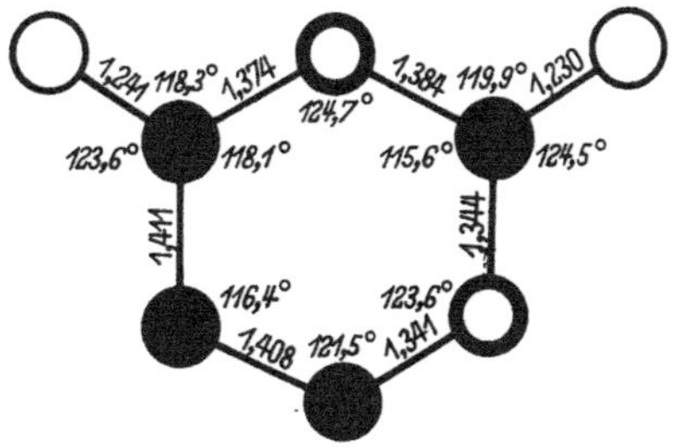

a

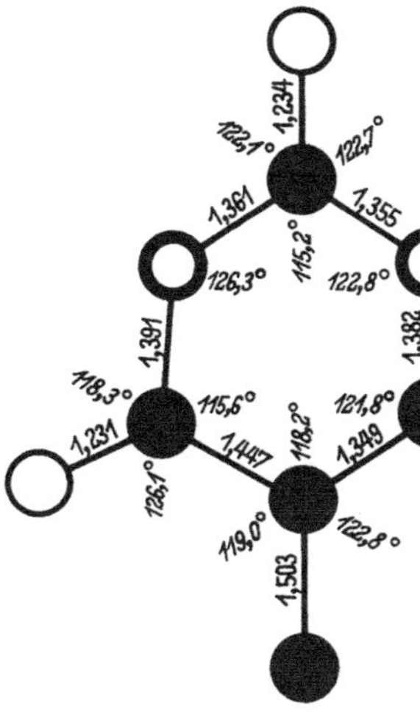

b

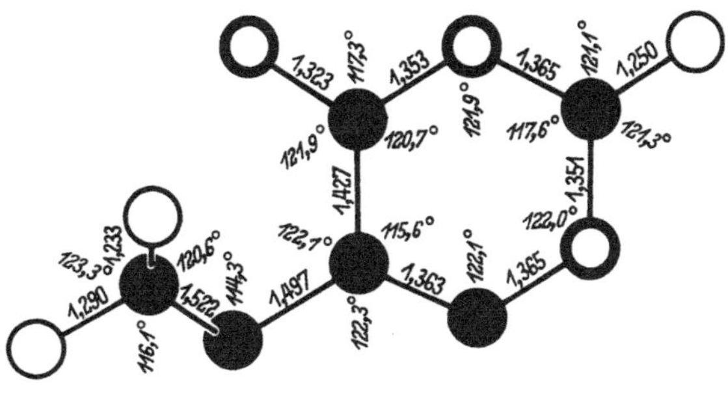

c

Abb. 21. Einige Basen: a) Uracil [*18*], b) Thymin·H_2O [*42*], c) 5-Carboxymethylcytosin [*43*],

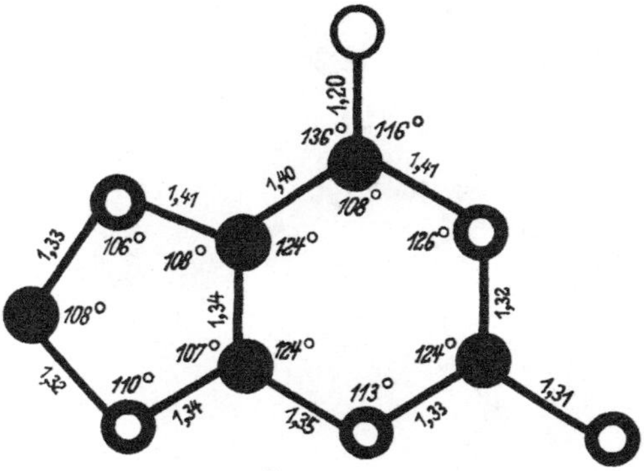

d

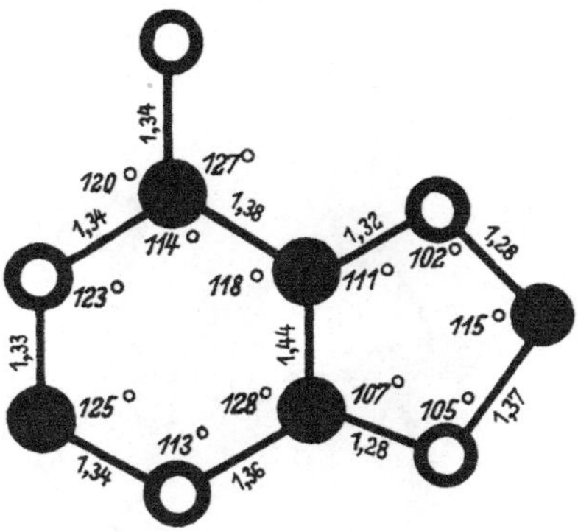

e

Abb. 21. (Fortsetzung) d) Guanin · HCl · H_2O [*18*], e) Adenin · HCl · 1/2 H_2O [*18*]

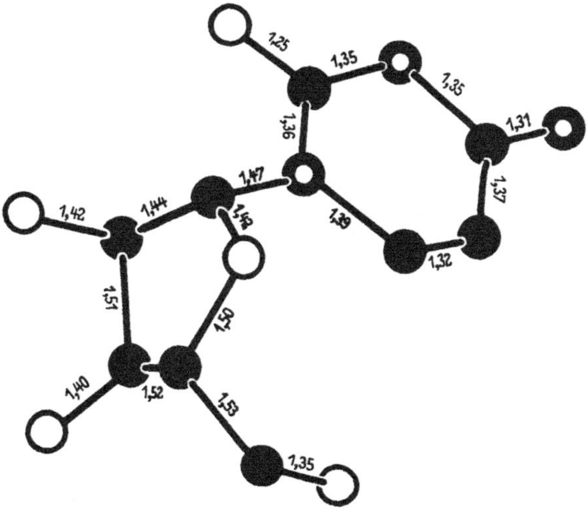

Abb. 22. Cytidin [*18*]

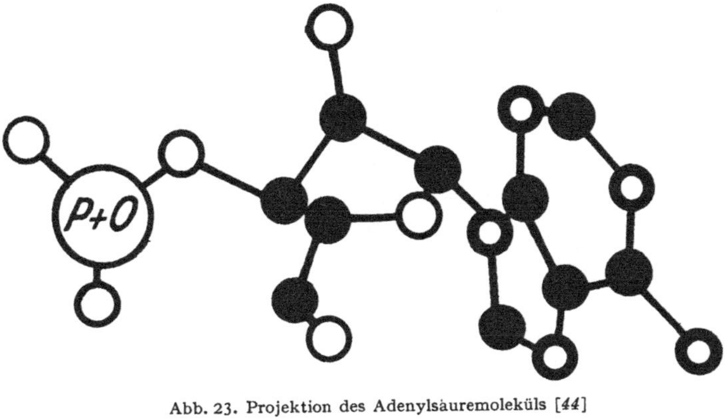

Abb. 23. Projektion des Adenylsäuremoleküls [*44*]

F. Verschiedene Verbindungen

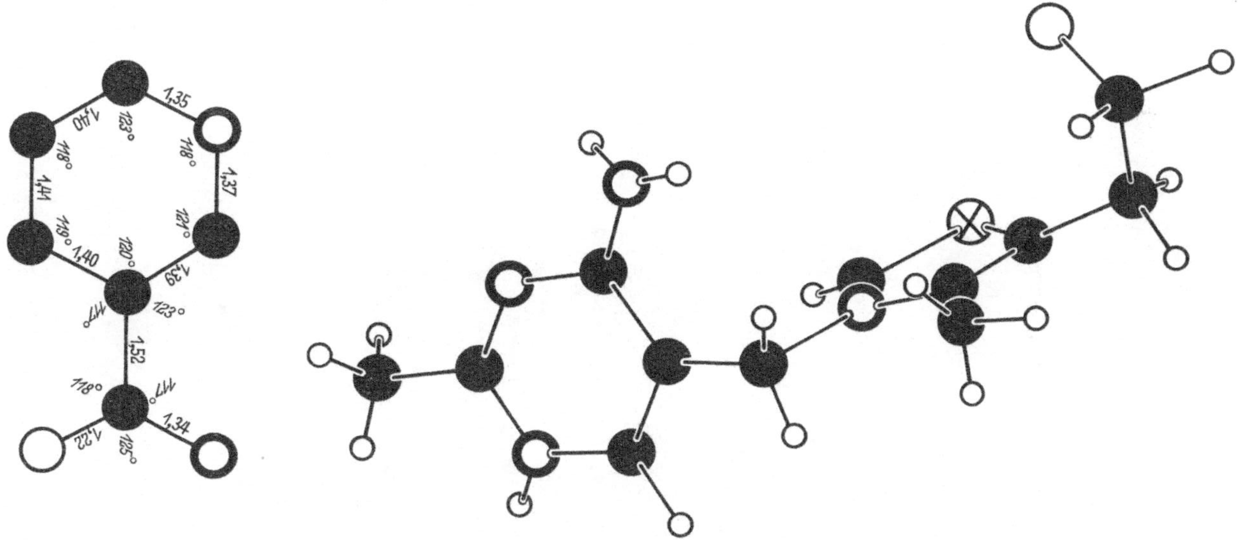

Abb. 24. Nicotinamid [*18*] und Thiamin · HCl [*45*]

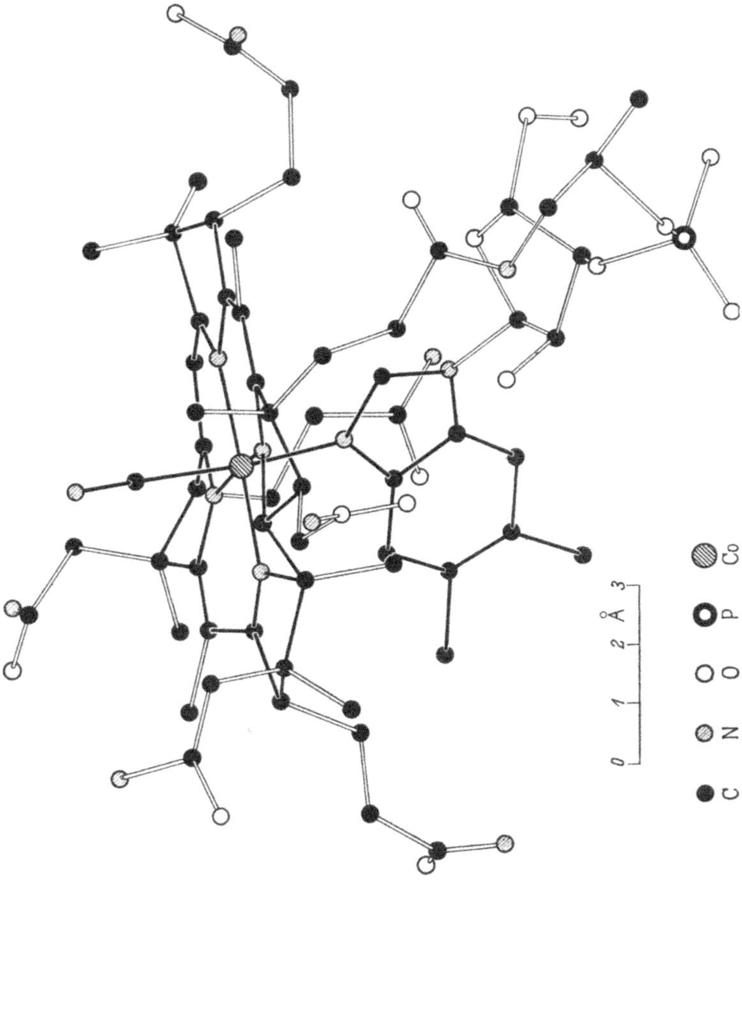

Abb. 25. Vitamin B_{12}. Nach [46]

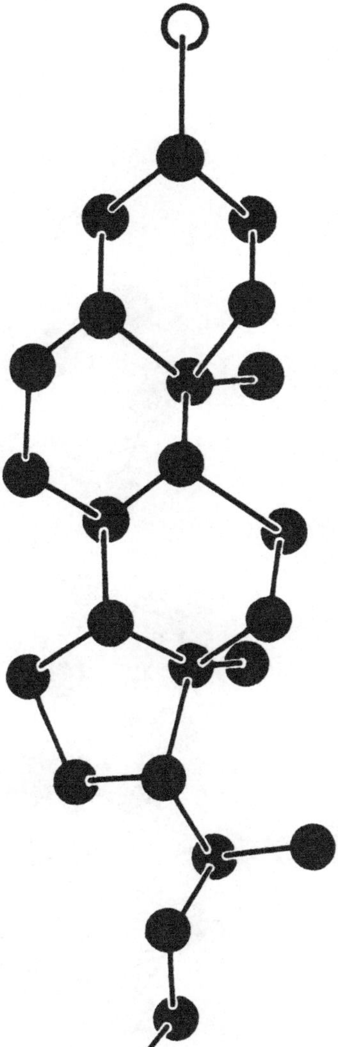

Abb. 26. Projektion von Cholesteryljodid [47]

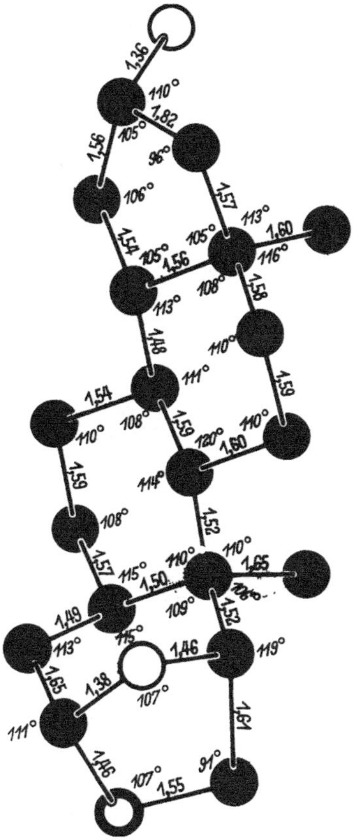

Abb. 27. Samandarin · HBr. Nach [*48*]

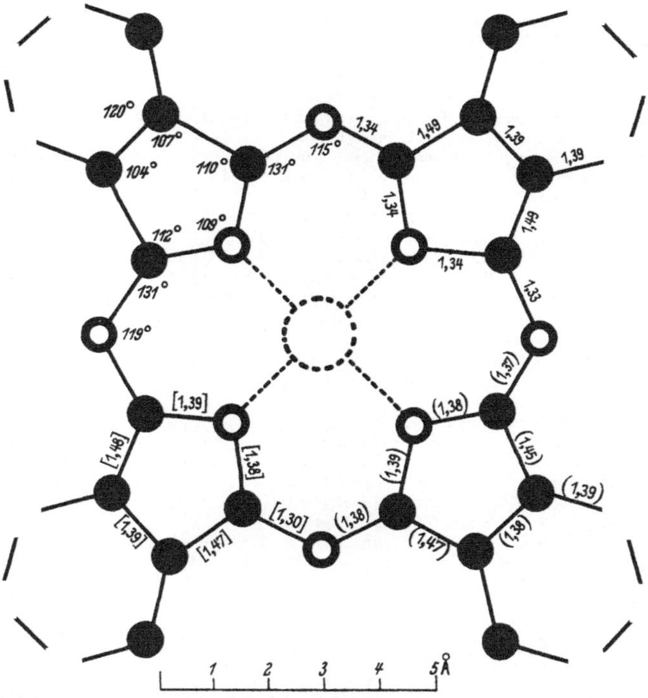

Abb. 28. Kernabstände und Valenzwinkel von Phthalocyanin. Oben: Dimensionen im freien Molekül. Unten rechts in runden Klammern: Dimensionen im Nickel-Phthalocyanin. Unten links in eckigen Klammern: Platinverbindung. Nach [18]

Literatur

[1] *Seel, F.:* Angew. Chem. **66**, 581 (1954).
[2] *Freudenberg, K.:* Organische Chemie, 7. Aufl. S. 173. Heidelberg 1950.
[3] *Lau, H. H.:* Angew. Chem. **73**, 423 (1961).
[4] *Ebel, F*, in *K. Freudenberg:* Stereochemie, S. 825. Leipzig und Wien 1933.
[5] *Haworth, W. N.:* The Constitution of Sugars, S. 90. London 1929.
[6] *Hückel, W.:* Theoretische Grundlagen der Organischen Chemie, 8. Aufl., S. 56. Leipzig 1955.
[7] *Wittig, G.:* Stereochemie, S. 317. Leipzig 1930.
[8] *Newman, M. S.:* J. chem. Educat. **32**, 344 (1955).
[9] *Klyne, W.*, u. *V. Prelog:* Experientia **16**, 521 (1960).
[10] *Mulliken, R. S.:* Rev. mod. Phys. **14**, 265 (1942).
[11] *Barton, D. H. R.:* Chem. and Ind. **1956**, 1136.
[12] Beschrieben in Chem. Engng. News 37, 108 (1959).
[13] *Briegleb, G.:* Fortschr. chem. Forsch. **1**, 64, 642 (1950).
[14] *Hartley, G. S.*, u. *C. Robinson:* Trans. Faraday Soc. **48**, 84 (1952).
[15] *Alexander, E. R.*, u. *A. G. Pinkus:* J. Amer. Chem. Soc. **71**, 1786 (1949).
Eliel, E. L.: J. Amer. chem. Soc. **17**, 3970 (1949).
[16] *Ingold, C. K.:* Structure and Mechanism in Organic Chemistry, 3. Aufl., New York 1960.
[17] *Lide, jr., D. R.:* J. chem. Phys. **29**, 1426 (1958).
[18] *Sutton, L. E.:* Tables of Interatomic Distances and Configuration in Molecules and Ions, The Chemical Society, Special Publ. No. 11, London 1958.
[19] *Marsh, R. E.:* Acta Cryst. **11**, 654 (1958).
[20] *Bamford, C. H., A. Elliott* u. *W. H. Hanby:* Synthetic Polypeptides. New York 1956.
[21] *Leung, C. Y.*, u. *R. E. Marsh:* Acta Cryst. *11*, 17 (1958).
[22] *Marsh, R. E.*, u. *J. Pickworth-Glusker:* Acta Cryst. **14**, 1110 (1961).
[23] *Fridrichsons, J.*, u. *A. McL. Mathieson:* Acta Cryst. **15**, 569 (1962).
[24] *Ketelaar, J. A. A.:* Chemical Constitution. Amsterdam 1958.
[25] *Müller, F. H.*, in *K. A. Wolf:* Struktur und physikalisches Verhalten der Kunststoffe. Berlin, Göttingen, Heidelberg 1962.
[26] *Stuart, H. A.:* Die Struktur des freien Moleküls. Berlin, Göttingen, Heidelberg 1952.
[27] *Pimentel, G. C.*, u. *A. L. McClellan:* The Hydrogen Bond. S. Francisco und London 1960.
[28] *Sutor, D. J.:* Nature **195**, 68 (1962).
[29] *Pauling, L.:* The Nature of the Chemical Bond. London 1952.
[30] *Alexander, P.*, u. *R. F. Hudson:* Wool, its Chemistry and Physics, S. 214. London 1954.
[31] *Wright, D. A.*, u. *R. E. Marsh:* Acta Cryst. **15**, 54 (1962).
[32] *Kartha, G.*, u. *A. de Vries:* Nature **192**, 862 (1961).
[33] *Kauzmann, W.:* Adv. Protein Chemistry **14**, 1 (1959).
Némethy, G., u. *H. A. Scheraga:* J. chem. Phys. **36**, 3382, 3401 (1962).
[34] *Marsh, R. E., E. Ubell* u. *H. E. Wilcox:* Acta Cryst. **15**, 35 (1962).
[35] *Tavale, S. S., L. M. Pant* u. *A. B. Biswas:* Acta Cryst. **14**, 1281 (1961).
[36] *Beevers, C. A.*, u. *W. Cochran:* Nature **157**, 231, 872 (1946).
[37] *Marsh, E.:* Acta Cryst. **11**, 654 (1958).
[38] *Donohue, J., L. R. Levine* u. *J. S. Rollet:* Acta Cryst. **9**, 655 (1956).
[39] *Hine, R.:* Acta Cryst. **15**, 635 (1962).
[40] *Corey, R. B.*, u. *L. Pauling:* Proc. R. Soc. London **B 141**, 10 (1953).
[41] *Pauling, L., R. B. Corey* u. *H. R. Branson:* Proc. Nat. Acad. Sci. USA **37**, 205 (1951).
[42] *Gerdil, R.:* Acta Cryst. **14**, 333 (1961).
[43] *Marsh, R. E., R. Bierstedt* u. *E. L. Eichhorn:* Acta Cryst. **15**, 310 (1962).
[44] *Brown, D. M., G. D. Fasman, D. I. Magrath, A. R. Todd, W. Cochran* u. *W. M. Woolfson:* Nature **172**, 1184 (1953).
[45] *Kraut, J.*, u. *H. J. Reed:* Acta Cryst. **15**, 747 (1962).
[46] *Klyne, W.*, in *J. K. Grant* u. *W. Klyne:* Steric Aspects of the Chemistry and Biochemistry of Natural Products, Biochemical Society Symposia No. 19. Cambridge 1960.
[47] *Carlisle, C. H.*, u. *D. Crowfoot:* Proc. Roy. Soc. London **A 184**, 64 (1945).
[48] *Weitz, G.*, u. *E. Wölfel:* Acta Cryst. **15**, 484 (1962).
[49] *Wright, W. B.:* Acta Cryts. **11**, 632 (1958).

Fünftes Kapitel

Physikalische Chemie

I. Physikalische Chemie der Lösungen

Von **J. Stauff** und **R. Jaenicke**, Frankfurt/Main

A. Theorie

Thermodynamische Definitionen. Um ein System bezüglich seines energetischen Zustandes zu kennzeichnen, benutzt man thermodynamische Funktionen. Bei den Systemen der Biochemie handelt es sich in den meisten Fällen um Lösungen, die unter konstantem Druck stehen, daher wird hier als Funktion die freie Energie bei konstantem Druck, d. i. die freie Enthalpie G[1], gewählt. G hängt mit den Funktionen U der inneren Energie, der Entropie S, der freien Energie F (bei konstantem Volumen) und der Druck-Volumenarbeit pV wie folgt zusammen:

$$G = F + pV = U - TS + pV \tag{1}$$

Änderungen des Systems durch chemische Reaktionen machen sich durch Änderungen von G bemerkbar; endliche Änderungen werden durch das Zeichen Δ

[1] Im angelsächsischen Schrifttum wird diese als „Gibbs Function" bezeichnet.

gekennzeichnet. Ist bei isothermer und reversibler Führung des Prozesses die Änderung der freien Enthalpie $\delta G = 0$, so herrscht Gleichgewicht (G hat an dieser Stelle ein Minimum). In abgeschlossenen (adiabatischen) Systemen lautet die Bedingung $\delta S = 0$ (S hat hier ein Maximum).

Chemisches Potential. Die Änderung der freien Enthalpie des Systems bei Änderung der Molzahl n_A eines Stoffes A, unter Konstanthaltung des Druckes, der Temperatur und der Molzahlen sämtlicher anderen Stoffe, heißt das chemische Potential μ_A oder die partielle molare freie Enthalpie dieses Stoffes:

$$\left(\frac{\partial G}{\partial n_A}\right)_{p,\,T,\,n_B,\,n_C\,\ldots\,=\,\text{const}} = \mu_A . \tag{2}$$

Aufteilung der chemischen Potentiale in Grund- (Normal-, Standard-) und Restgrößen: Liegt ein Stoff bei Normalbedingungen ($T = 298{,}1\,°\text{K}$, $p = 1$ Atm., bei Lösungen: Aktivität $a = 1$, mit der Eigenschaft der unendlich verdünnten Lösung) vor, so bezeichnet man das chemische Potential dieses Zustandes als chemisches Normal- (Standard-, Grund-) Potential μ_0 bzw. μ_{0A}, μ_{0B} usw. Befindet er sich in einem anderen als dem Normalzustand, so kann er bei Lösungen durch Verdünnen oder Konzentrieren in diesen überführt werden. Die dabei auftretende Änderung der freien Enthalpie ist gleich der Verdünnungsarbeit $RT \ln \frac{a_A}{1}$, a_A ist die Aktivität des Stoffes A, sie ist definiert durch

$$a_A = f_A \cdot c_A \tag{3}$$

(c_A bedeutet die stöchiometrische Konzentration des Stoffes A, f_A den Aktivitätskoeffizienten. Näheres hierüber im Abschnitt „Aktivitätskoeffizienten").

Die chemischen Potentiale der Stoffe $A, B \cdots$ mit den Aktivitäten a_A, $a_B \cdots$ betragen dann:

$$\begin{aligned} \mu_A &= \mu_{0A} + RT \ln a_A \\ \mu_B &= \mu_{0B} + RT \ln a_B . \end{aligned} \tag{4}$$

Gleichgewicht. Chemische Reaktionen zwischen den Stoffen A, B, $\cdots$, wobei die Stoffe $C, D \cdots$, gemäß der Gleichung

$$\nu_A A + \nu_B B + \cdots \rightleftarrows \nu_C C + \nu_D D + \cdots$$

entstehen, sind umkehrbar. Im allgemeinen sind die Reaktionsgeschwindigkeiten in beiden Richtungen verschieden.

Kinetische Definition des Gleichgewichts. Sind die Reaktionsgeschwindigkeiten in beiden Richtungen gleich, so herrscht *Gleichgewicht*. Das Verhältnis der Geschwindigkeitskonstanten (vgl. Abschnitt Reaktionskinetik, S. 159) der Hin- und Rückreaktion ist dann konstant.

ΔG einer Reaktion bei konstanter Temperatur und konstantem Druck, Massenwirkungsgesetz. Die Änderung der freien Enthalpie ist bei isothermer und reversibler Führung der angegebenen chemischen Reaktion für die verschwindenden Stoffe:

$$-\Delta G' = -\mu_A dn_A - \mu_B dn_B - \cdots$$

für die entstehenden Stoffe:

$$+\Delta G'' = \mu_C dn_C + \mu_D dn_D + \cdots .$$

Im Gleichgewicht soll die Gesamtänderung von G verschwinden, es gilt also $-\Delta G' + \Delta G'' = 0$, und damit

$$-\mu_A dn_A - \mu_B dn_B - \cdots + \mu_C dn_C + \mu_D dn_D + \cdots = 0 . \tag{5}$$

Reagieren $\nu_A, \nu_B, \ldots$ Äquivalente, so wird $dn_A = \nu_A dn$, $dn_B = \nu_B dn, \ldots$ Aus Gl. (5) wird unter Berücksichtigung von Gl. (4)

$$\begin{aligned} &\nu_A \mu_{0A} + \nu_B \mu_{0B} + \cdots - \nu_C \mu_{0C} - \nu_D \mu_{0D} = \\ &- \nu_A RT \ln a_A - \nu_B RT \ln a_B - \cdots \\ &+ \nu_C RT \ln a_C + \nu_D RT \ln a_D + \cdots \equiv -\Delta G_0 . \end{aligned} \tag{6}$$

Die linke Seite besteht nur aus einer Summe von Konstanten, sie ist demnach eine Konstante, welche als ΔG_0, freie Reaktionsenthalpie im Normal- (Standard-) Zustand, bezeichnet wird. Ihr Vorzeichen wird definitionsgemäß negativ gewählt. Diese Konstante kann willkürlich einer anderen Konstanten definitionsgemäß wie folgt gleichgesetzt werden

$$-\Delta G_0 = RT \ln K^*. \qquad (7)$$

Aus Gl. (6) und (7) erhält man dann:

$$\frac{a_C^{\nu_C}\, a_D^{\nu_D} \ldots}{a_A^{\nu_A}\, a_B^{\nu_B} \ldots} = K^* = e^{-\frac{\Delta G_0}{RT}}. \qquad (8)$$

Dies ist das Massenwirkungsgesetz (abgekürzt MWG) in allgemeiner Form, die Konstante K^* ist die „thermodynamische" Gleichgewichtskonstante, ΔG_0 ist die freie Reaktionsenthalpie (Reaktionsarbeit) unter Normalbedingungen, d. h. wenn alle Reaktionsteilnehmer bei Normaltemperatur die Aktivität 1 besitzen.

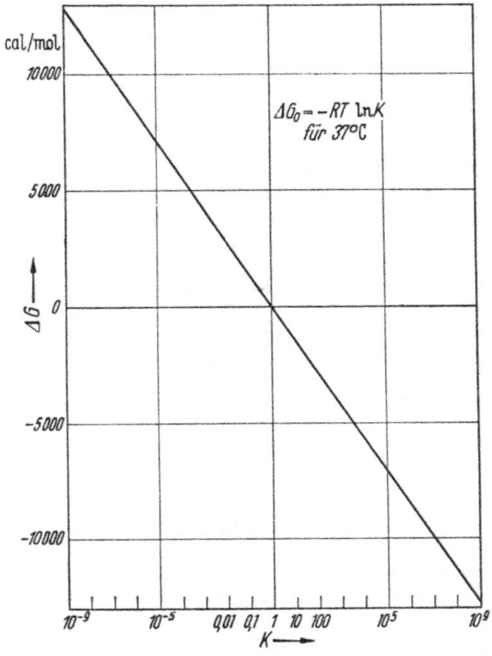

Abb. 29. $\Delta G_0 = -RT \ln K$. Um ΔG_0 fur 25° zu erhalten, **muß mit** 0,962, fur 18° mit 0,940 multipliziert werden

Mit dem Wert von 1,987 cal/grad/Mol für R und dem Umrechnungsfaktor von natürlichen auf Briggssche Logarithmen erhält man

$$\Delta G_0 = -4{,}575\,(273{,}1 + t) \log K^*. \qquad (9)$$

Diese Beziehung ist in der Abb. 29 für 37 °C dargestellt.

Konzentrationsabhängiges MWG. Setzt man in Gl. (8) statt der Aktivität die Konzentration ein, so erhält man

$$\frac{c_C^{\nu_C}\, c_D^{\nu_D} \ldots}{c_A^{\nu_A}\, c_B^{\nu_B} \ldots} = K, \qquad (10)$$

Wegen $a = f \cdot c$ ergibt sich

$$K^* = \frac{f_C^{\nu_C} \cdot f_D^{\nu_D} \ldots}{f_A^{\nu_A} \cdot f_B^{\nu_B} \ldots} K. \tag{11}$$

K ist konzentrationsabhängig, K^* nicht. Bei sehr verdünnten Lösungen wird $f = 1$ und $K^* = K$.

MWG für Gase. Für ideal verdünnte Lösungen wird $a = c$ (vgl. Abschnitt Aktivitätskoeffizient S. 38, 48). Bei Gasreaktionen pflegt man die Mengen der beteiligten Gase in Partialdrucken anzugeben. Für ideale Gase gilt:

$$p = \frac{n}{v} RT = c\,RT.$$

Im Ausdruck des MWG wird

$$\frac{c_C^{\nu_C} c_D^{\nu_D} \ldots}{c_A^{\nu_A} c_B^{\nu_B} \ldots} \cdot (RT)^{\nu_C + \nu_D + \cdots - \nu_A - \nu_B - \cdots} = \frac{p_C^{\nu_C} p_D^{\nu_D} \ldots}{p_A^{\nu_A} p_B^{\nu_B} \ldots} = K_p \tag{12}$$

$$K_p = (RT)^{\nu_C + \nu_D + \cdots - \nu_A - \nu_B - \cdots} K. \tag{13}$$

Freie Normal- (Standard-) Enthalpien einzelner Substanzen. Die freie Reaktionsenthalpie und damit die Konstante K^* einer Reaktion läßt sich berechnen, wenn die freien Bildungsenthalpien im Normalzustand der einzelnen Stoffe bekannt sind. Die freie Normalenthalpie einer Reaktion ist die Summe dieser Werte, wobei das Vorzeichen der Werte der linken Seite der Reaktionsgleichung umzukehren ist, das Vorzeichen der rechts stehenden Werte bleibt unverändert. (Werte für Standardenthalpien s. [*47, 67, 68, 93*]). (Freie Enthalpien biochemisch wichtiger Gleichgewichte s. S. 121.)

Temperaturabhängigkeit der Gleichgewichtskonstante K. Für die Temperaturabhängigkeit gilt

$$\frac{d \ln K^*}{dT} = \frac{\Delta H_0}{RT^2}.$$

Für praktische Auswertungen benutzt man die Gleichung in der Form:

$$\Delta H_0 = -4{,}575 \frac{d \log K^*}{d\left(\frac{1}{T}\right)} \tag{14}$$

ΔH_0 = Reaktionsenthalpie ($\Delta H_0 = \Delta U_0 + p\Delta V = \Delta G_0 + T\Delta S_0$ = Wärmetönung bei konstantem Druck).

Konzentrationsmaße, rationelle und praktische Aktivitätskoeffizienten. Die Konzentrationseinheit der Thermodynamik, bei deren Anwendung in thermodynamischen Beziehungen die entsprechenden Energie-, Enthalpie- usw. Größen erhalten bleiben, ist der Molenbruch. Für das Lösungsmittel gilt

$$\gamma_1 = \frac{n_1}{n_1 + n_2} \tag{15}$$

(n_1 = Molzahl Lösungsmittel, n_2 = Molzahl gelöster Stoff),
für die gelösten Bestandteile:

$$\gamma_2 = \frac{n_2}{n_1 + n_2}, \tag{15a}$$

so daß folgt:

$$\gamma_1 + \gamma_2 = 1.$$

Für Wasser ist $\gamma_2 = \frac{n_2}{55{,}5 + n_2}$; in verdünnten Lösungen $\gamma_2 = \frac{n_2}{55{,}5}$. (15b)

Praktische Einheiten sind:

1. Litermolarität (Mol/L, molar): Zahl der Gramm-Mole pro Liter Lösung. Bezeichnung $c_2 = n_2 \cdot 1000/V$ (V = Volumen der Lösung in ml);
2. Kilogramm-Molarität (Mol/1000 g, molal; engl.: Molality): Zahl der Gramm-Mole, gelöst in 1000 g Lösungsmittel. Bezeichnung: $m_2 = n_2 \cdot 1000/n_1 M_1$.

Zur Umrechnung der verschiedenen Einheiten ineinander gelten unter Berücksichtigung des Ausdrucks für die Dichte einer Lösung $d = \frac{n_1 M_1 + n_2 M_2}{V}$ (M_1, M_2 = Molgewichte Lösungsmittel, gelöster Stoff) folgende Formeln:

$$c_2 = \frac{1000 \cdot d\gamma_2}{M_1 + \gamma_2 (M_2 - M_1)}; \quad \gamma_2 = \frac{c_2 M_1}{1000\, d - c_2 (M_2 - M_1)} \tag{16}$$

$$m_2 = \frac{1000\, \gamma_2}{M_1 (1 - \gamma_2)}; \quad \gamma_2 = \frac{m_2 M_1}{1000 + m_2 M_1} \tag{16a}$$

$$c_2 = \frac{m_2 d \cdot 1000}{1000 + m_2 M_2}; \quad m_2 = \frac{c_2 \cdot 1000}{d \cdot 1000 - c_2 M_2}. \tag{16b}$$

Zur Berechnung thermodynamischer Größen (freie Enthalpie usw.) müssen die Aktivitäten dimensionslos sein; da sie überdies konzentrationsunabhängig sein sollen, gilt:

$$a = f c = f_m m = f_\gamma \gamma,$$

f_γ nennt man den *rationellen*, f und f_m *praktische* Aktivitätskoeffizienten. Sie lassen sich mit Hilfe der Gl. (16a, b) leicht ineinander umrechnen. Für sehr kleine Konzentrationen ($\gamma_2 \ll 1$) wird (d_1 = Dichte des Lösungsmittels):

$$m_2 = \frac{1000}{M_1} \gamma_2 \quad \text{und} \quad c_2 = \frac{1000 \cdot d_1}{M_1} \gamma_2, \tag{17}$$

für verdünnte wäßrige Lösungen $m_2 \simeq c_2 \simeq 55{,}5\, \gamma_2$, sowie

$$f_m \simeq \frac{M_1}{1000} f_\gamma \quad \text{und} \quad f = \frac{M_1}{1000 d_1} f_\gamma, \tag{18}$$

erhält man: $f_m \simeq f \simeq \frac{1}{55{,}5} f_\gamma$.

Dissoziationsgrad und MWG in Lösungen. Bei Stoffen, die in mehrere Einzelbestandteile dissoziieren, kann aus dem MWG der Dissoziationsgrad bestimmt werden. Umgekehrt liefert die Kenntnis des Dissoziationsgrades die Konstante K. Bei der Reaktion

$$A_2 \rightleftharpoons 2A$$

ist der Dissoziationsgrad $\alpha = \frac{c_A}{c}$ (Gesamtkonz. $c = c_{A_2} + 2c_A$). Die Konz. der undissoziierten Substanz A_2 ist

$$c_{A_2} = c - c\alpha = c(1 - \alpha).$$

Der Ausdruck für das MWG lautet

$$\frac{4\, c\, \alpha^2}{1 - \alpha} = K. \tag{19}$$

Bei der Reaktion

$$A\, B \rightleftharpoons A + B$$

ist $c_A = c_B$ und $\alpha = \frac{c_A}{c} = \frac{c_B}{c}$; $c_{AB} = c(1 - \alpha)$.

Hier lautet das MWG:

$$\frac{c\alpha^2}{1 - \alpha} = K. \tag{20}$$

Dissoziationsgrad bei Elektrolytlösungen. Da die Abweichungen vom idealen Verhalten bei Elektrolytlösungen bereits bei geringen Konzentrationen (0,0001 molar) auftreten, muß hier mit Aktivitäten gerechnet werden. Da für die undissoziierte Substanz praktisch $a = c$, ($f = 1$) ist, braucht an Stelle von c_A bzw. c_B nur a_A und a_B gesetzt zu werden. Unter Benutzung des mittleren Aktivitätskoeffizienten $f_\pm$ ergibt sich dann

$$\frac{f_\pm^2 c\alpha^2}{1-\alpha} = K^* \tag{21}$$

(vgl. Abschnitt Aktivitätskoeffizient auf S. 38, 48).

Säure-Base-Gleichgewicht. Nach der Theorie von *Brönsted* ist eine Säure als Protonendonator und eine Base als Protonenacceptor aufzufassen. Ist A = Säure, B = Base, z die Wertigkeit der Säure bzw. deren Zahl an negativen Ladungen, gilt

$$A^{(z)} \rightleftharpoons B^{(z-1)} + H^+$$

$$(z = \ldots -3, -2, -1, 0, +1, +2, +3, \ldots)$$

Beispiele.

$$HAc \rightleftharpoons Ac^- + H^+ \qquad (z = 0)$$

$$H_2PO_4^- \rightleftharpoons HPO_4^{2-} + H^+ \qquad (z = 1)$$

$$NH_4^+ \rightleftharpoons NH_3 + H^+ \qquad (z = -1).$$

Es gilt für das MWG allgemein

$$\frac{a_{H^+} \cdot a_B}{a_A} = K_\alpha^* \tag{22}$$

mit K_α^* als thermodynamischer Dissoziationskonstante. Verwendung von Konzentrationen an Stelle der Aktivitäten führt nur in *großen Verdünnungen* zu Konstanten K_α, bei höheren Konzentrationen ist K_α konzentrationsabhängig.

Aciditätskonstante nach *Brönsted*:

$$K_A = a_{H^+} \cdot \frac{c_B}{c_A} \tag{23}$$

Basizitätskonstante:

$$K_B = \frac{1}{a_{H^+}} \cdot \frac{c_A}{c_B}. \tag{24}$$

(Grund für die Verwendung von Wasserstoffionen*aktivität* und Säure- und Basen*konzentrationen*: Meßbarkeit aller dieser Größen!) K_A und K_B sind konzentrationsabhängig.

Dissoziation des Wassers. Wasser dissoziiert nach der Gleichung.

$$H_2O \rightleftharpoons H^+ + OH^-.$$

Da die Aktivität des undissoziierten Wassers wegen des großen Überschusses konstant ist, gilt

$$K_W^* = a_{H^+} \cdot a_{OH^-}, \tag{25}$$

wobei die konstante Aktivität des Wassers in die Konstante K_W^* mit einbezogen ist (s. hierzu Tab. 1, Dissoziationskonstante des Wassers, S. 68).

Dissoziation einer Base unter Berücksichtigung des Wassers als Protonendonator (Ältere Definition der Basen-Dissoziationskonstante).

Die Reaktion $B + H^+ \rightleftharpoons B^+$ kann nur vonstatten gehen, wenn ein Protonendonator zugegen ist. Im allgemeinen ist dies Wasser.

Addiert man die Gleichungen

$$B + H^+ = B^+$$

$$H_2O = H^+ + OH^-,$$

so ergibt sich

$$B + H_2O = B^+ + OH^-.$$

Das MWG lautet hierfur

$$K_b^* = \frac{a_{B^+}\, a_{OH^-}}{a_B} = \frac{a_A \cdot a_{OH^-}}{a_B}. \tag{26}$$

Substituiert man a_{OH^-} nach Gl. (25) so erhält man:

$$K_b^* = \frac{K_W^*}{K_\alpha^*}. \tag{27}$$

Die Konstante K_b^* wurde früher als Dissoziationskonstante der Base angesehen. (Man findet in Tabellenwerken wie Landolt-Börnstein, International Critical Tables, Tables annuelles fast ausschließlich Angaben von K_b. Diese sind auch in Tab. 2 — 5 angeführt, eine Spalte der Tab. 2 — 5 enthält jedoch $p_K = -\log K_\alpha$).

Dissoziationskonstanten mehrwertiger Säuren und Basen. Mehrwertige Elektrolyte dissoziieren in mehreren Stufen, wobei für jede Stufe das MWG gilt:

1. $AB_2 \rightleftharpoons AB^- + B^+,$
2. $AB^- \rightleftharpoons A^{2-} + B^+.$

Die beiden Stufen werden durch je eine Dissoziationskonstante K_1 und K_{11} charakterisiert:

$$\frac{[AB^-]\,[B^+]}{[AB_2]} = K_1 \qquad \frac{[A^{2-}]\,[B^+]}{[AB^-]} = K_{11} \tag{28}$$

(die in eckigen Klammern gesetzten Symbole bedeuten Konzentrationen). Die erste Dissoziationskonstante ist immer größer als die folgenden. (S. hierzu Tab. 2 u. 3.)

Amphotere Elektrolyte. Manche Elektrolyte, wie etwa Aminosäuren, sind sowohl Säuren als Basen. Ihre Eigenschaften werden durch eine Säure- und eine Basenkonstante beschrieben, die wie folgt definiert sind:

$$\frac{[^+A^-]\,[H^+]}{[^+A]} = K_1 \qquad \frac{[A^-]\,[H^+]}{[^+A^-]} = K_2. \tag{29}$$

Die Dissoziationskonstanten der amphoteren Elektrolyte (speziell der Aminosäuren) werden im Schrifttum noch auf verschiedene Weise definiert. Außer der angeführten Definition nach *Brönsted* (Gl. 29) gibt es

1. die klassische Definition:

$$\frac{[A^-]\,[H^+]}{[A]} = K_a \qquad \frac{[^+A]\,[OH^-]}{[A]} = K_b. \tag{30}$$

2. die Definition der Zwitterionenform nach *Bjerrum*:

$$\frac{[^+A^-]\,[H^+]}{[^+A]} = K_\alpha \qquad \frac{[^+A^-]\,[OH^-]}{[A^-]} = K_\beta. \tag{31}$$

Zwischen den verschiedenen Konstanten bestehen die Beziehungen:

$$K_1 = K_\alpha = \frac{K_w}{K_b}; \tag{32}$$

$$K_2 = \frac{K_w}{K_\beta} = K_a \tag{32a}$$

K_w: Dissoziationskonstante des Wassers (s. hierzu Tab. 4, Dissoziationskonstante amphoterer Elektrolyte, S. 76).

Hydrolyse. Anionen schwacher Säuren und Kationen schwacher Basen reagieren mit Wasser unter Bildung undissoziierter Säure bzw. Base:

$$A^- + H_2O = HA + OH^-$$

$$B^+ + H_2O = BOH + H^+.$$

Zur Charakterisierung der Hydrolyse dient der Hydrolysegrad β; er ist das Verhältnis von undissoziierter Säure bzw. Base zur Gesamtkonzentration:

$$\beta = \frac{[HA]}{c} = \frac{[OH^-]}{c} \text{ (Säure) bzw. } \beta = \frac{[BOH]}{c} = \frac{[H^+]}{c} \text{ (Base).}$$

Wegen $[A^-] = c - [HA] = c(1 - \beta)$ ist nach dem MWG

$$\frac{[AH]\,[OH^-]}{[A^-]} = \frac{c\beta^2}{1-\beta} = K_h \text{ (Säure)} \qquad \frac{[BOH]\,[H^+]}{[B^+]} = K_h \text{ (Base).} \tag{33}$$

Setzt man für $[H^+]$ bzw. $[OH^-]$ in Gl. (33) die Ausdrücke $K_w/[OH^-]$ bzw. $K_w/[H^+]$ ein, so ergibt sich

$$K_h = \frac{K_w}{K_a} \text{ (Säure);} \quad K_h = \frac{K_w}{K_b} \text{ (Base).} \tag{34}$$

Aus Gl. (33) ergibt sich

$$\beta^2 = K_h \frac{1-\beta}{c}\text{; ist } \beta \ll 1\text{, so ist } \beta = \sqrt{K_h/c}\,.$$

Für die Konzentrationen $[OH^-]$ und $[H^+]$ ergibt sich in diesem Fall

$$[OH^-] = \sqrt{K_h\,c} \text{ (Säure);} \quad [H^+] = \sqrt{K_h\,c} \text{ (Base)} \tag{35}$$

p_H-Wert, Wasserstoffionenaktivität. Der ursprüngliche Begriff des p_H-Wertes bezog sich nach einer Definition von *Sörensen* auf die Konzentration der H^+-Ionen in einer Lösung, entsprechend

$$p_H \equiv -\log\,[H^+]. \tag{36}$$

Die Konzentration der Wasserstoffionen ist wegen des *nicht*idealen Verhaltens der praktisch in Frage kommenden Lösungen nur schwer zu messen, leichter ist die Messung der Wasserstoffionen-*Aktivität* (s. Abschn.: Messung des Ionenmilieus, S. 58). Die neuere Definition entspricht daher folgender Gleichung:

$$p_H \equiv -\log a_{H^+}. \tag{37}$$

Für die OH^--Ionen gilt eine entsprechende Gleichung

$$p_{OH} \equiv -\log a_{OH^-}. \tag{38}$$

Die gebräuchliche p_H-Skala geht von 0–14. Beim Neutralpunkt des Wassers ist $a_{H^+} = a_{OH^-}$. Aus dem MWG für das Wasser (Gl. 25) ergibt sich daher

$$p_H\,(\text{Neutralpunkt}) = -\frac{1}{2}\log K_w^*$$

(vgl. Tab. 1, S. 68).

p_H und Dissoziationskonstante schwacher Säuren und Basen. Definiert man entsprechend dem p_H-Wert

$$p_K \equiv -\log K_\alpha, \tag{39}$$

so lassen sich die Gleichungen des MWG in logarithmischer Form schreiben, was für viele praktische Zwecke vorteilhaft ist.

Es gilt im allgemeinsten Fall

$$p_H = p_{K^*} + \log\frac{a_B}{a_A} = p_{K^*} + \log\frac{[B]}{[A]} + \log\frac{f_B}{f_A} \tag{40}$$

$$p_H = p_K + \log\frac{[B]}{[A]} \tag{41}$$

(f_A, f_B ···Aktivitätskoeffizienten, vgl. Gl. (11)). p_{K*} ist eine Konstante, p_K nicht! K^*_α und p_{K*}-Werte finden sich in den Tab. 2—5. Für genaue Berechnungen ist auf die Temperaturabhängigkeit der Konstanten zu achten. [A] und [B] sind die im jeweiligen Gleichgewicht eingestellten Konzentrationen, *nicht* die Ausgangskonzentrationen.

Will man [A] und [B] durch die Ausgangskonzentrationen $[A_0]$ und $[B_0]$ ausdrücken, müssen die durch Dissoziation entstandenen Mengen addiert oder subtrahiert werden. Es ist

$$[A] = [A_0] - [H^+] + [OH^-]$$

$$[B] = [B_0] - [OH^-] + [H^+]$$

und

$$p_H = p_K + \log \frac{[B_0] - [OH^-] + [H^+]}{[A_0] - [H^+] + [OH^-]} \tag{42}$$

im mittleren p_H-Bereich (4—10) ist $[H^+] - [OH^-]$ neben $[A_0]$ bzw. $[B_0]$ vernachlässigbar klein, und es resultiert die Gleichung von *Henderson-Hasselbach*:

$$p_H = p_K + \log \frac{[B_0]}{[A_0]}\,. \tag{43}$$

Für schwache Säuren und Basen ist angenähert:

$$[H^+] \simeq [A^-] = [B]; \quad [OH^-] \simeq [B^+] = [A]$$

und

$$p_H = \frac{1}{2}(p_K - \log [A]) \tag{44}$$

$$p_{Kb} = -\log K_b = -\frac{1}{2}(p_{Kb} + \log [B])\,. \tag{45}$$

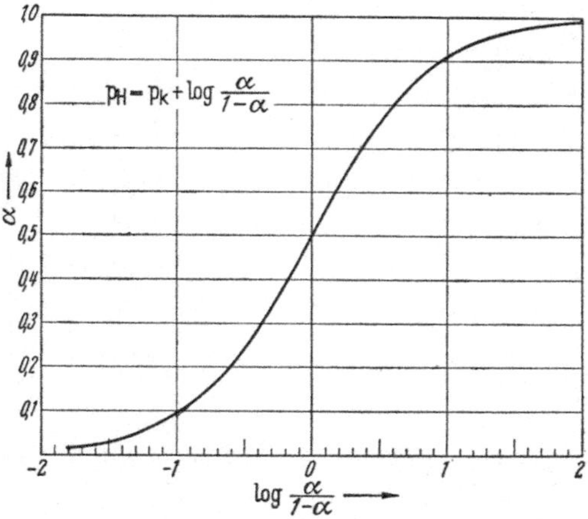

Abb. 30. $\alpha = f\left(\log \frac{\alpha}{1-\alpha}\right) = f(p_H - p_K) = f(p_H + p_{Kb})$. Zur Auffindung von α bei bekanntem p_K oder p_{Kb} und bestimmtem p_H wird die Differenz $p_H - p_K$ bzw. die Summe $p_H + p_{Kb}$ gebildet, die $\log(\alpha/(1-\alpha))$ entspricht. α kann dann aus dem Diagramm abgelesen werden. Beispiel: Wie groß ist α einer Milchsäurelösung vom p_H 4,60? $p_K = 3{,}90$, $p_H - p_A = 4{,}60 - 3{,}9 = +0{,}7$. $\alpha = 0{,}83$. Bei bekanntem (z.B. kolorimetrisch bestimmtem) α und bekanntem p_K bzw. p_{Kb} kann p_H bestimmt werden. *Beispiel:* α(gemessen) $= 0{,}25$; $-p_K = 8{,}3$; aus dem Diagramm abgelesen: $\log(\alpha/(1-\alpha)) = -0{,}47$; $p_H = \log(\alpha/(1-\alpha)) - p_{Kb} = -0{,}47 + 8{,}3 = 7{,}83$

Unter Berücksichtigung der Hydrolyse gilt für Salz aus:
starker Base und schwacher Säure

$$p_H = -\log K^*_W + \frac{1}{2}(p_{Kb} + \log c_{Salz}), \tag{46}$$

starker Säure und schwacher Base

$$p_H = -\log K_W^* - \frac{1}{2}(p_{Kb} + \log c_{Salz}), \tag{47}$$

schwacher Säure und schwacher Base

$$p_H = -\log K_W^* + \frac{1}{2}(p_K - p_{Kb}). \tag{48}$$

Mit $B = c\alpha$ und $A = c(1-\alpha)$ (α = Dissoziationsgrad vgl. S. 5) wird aus Gl. (41)

$$p_H = p_K + \log\frac{\alpha}{1-\alpha}. \tag{49}$$

Diese Beziehung ist in Abb. 30 dargestellt. Für $\alpha = 0{,}5$ ist $\log[\alpha/(1-\alpha)] = 0$ und $p_H = p_K$. Aus ihr lassen sich die Werte für α bei bekannten $p_H - p_K$, oder umgekehrt p_H-Werte bei gemessenen α und bekannten p_K bestimmen (kolorimetrische p_H-Bestimmung; vgl. dazu [*48*] Bd. I, S. 617).

Titrationskurven von Säuren und Basen. Wenn Säuren mit Basen titriert werden, ändert sich der p_H-Wert der Lösungen entsprechend den Gl. (41) (vgl. Abb. 31 u. 32). Auf diese Weise kann die Aciditätskonstante bestimmt werden. Bei Halb-Neutralisation ist $[A^-] = [HA]$ bzw. $[B^+] = [B]$ und $p_H = p_K$. Wie auf der Abb. 31 leicht zu erkennen ist, hat die Titrationskurve an dieser Stelle einen Wendepunkt.

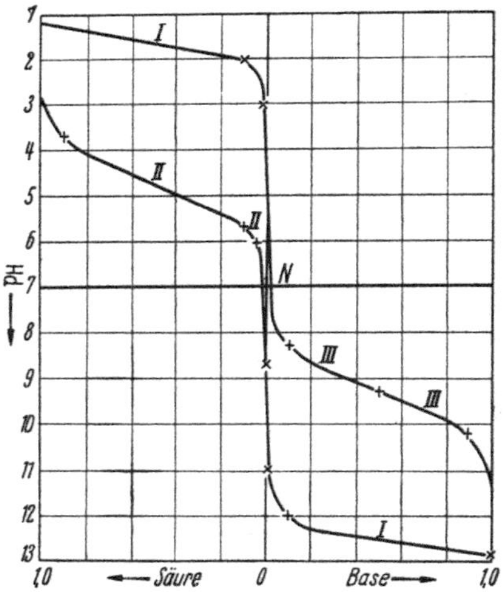

Abb. 31. Titrationskurven. (*I*) Starke Säure und starke Base, (*II*) schwache Säure, (*III*) schwache Base. Lit. [*61*]

Beim Neutralisationspunkt tritt ein scharfer Sprung des p_H-Wertes auf, der um so größer ist, je stärker die Säure oder Base ist, welche titriert wird. Amphotere Elektrolyte sowie mehrwertige Säuren und Basen besitzen zwei (oder mehr) Wendepunkte: p_{K_1} und p_{K_2}, (p_{K_3} ...) (Abb. 33). Trägt man bei diesen $[A^-]$, $[A^+]$ und $[^+A^-]$ in Abhängigkeit vom p_H auf, so ändern sich diese Werte, wie auf Abb. 34 gezeigt ist (Dissoziationsreste nach *Michaelis*).

Wegen der größeren Zahl von sauren und basischen Gruppen treten bei Proteinen keine deutlichen Wendepunkte der Titrationskurven auf (Abb. 35). (Ausführlich bei *Cohn* und *Edsall* [*20*]).

Zusatz von Formaldehyd zu Lösungen von Aminosäuren unterdrückt die Reaktion der H_2N-Gruppen, die Titrationskurve verläuft entsprechend der Kurve *a* (Abb. 33). Zugabe von Aceton oder Alkohol drängt die Dissoziation der HOOC-Gruppen zurück, die Kurve folgt der Kurve *b*, Abb. 33 (vgl. hierzu [*43*]).

Bei der Verwendung von Farbindikatoren bei der Säure-Base-Titration ist zu beachten, daß das Umschlagsgebiet des Indikators in den p_H-Sprung beim Neutralpunkt fällt (Tab. 10, Farbumschlagsgebiete von Indikatoren vgl. hierzu [*61*]).

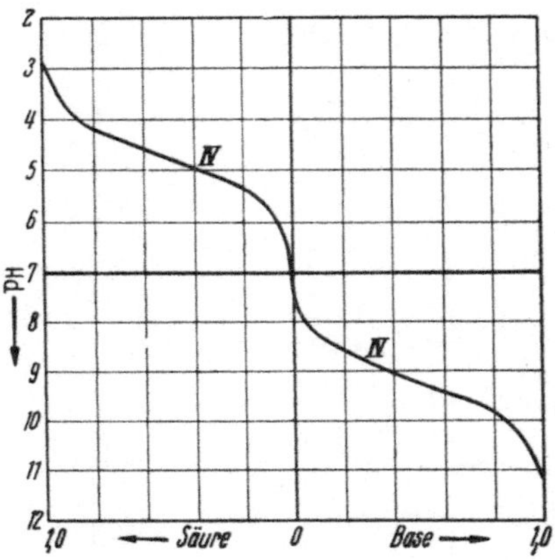

Abb. 32. Titrationskurve einer schwachen Säure mit einer schwachen Base. Lit. [*61*]

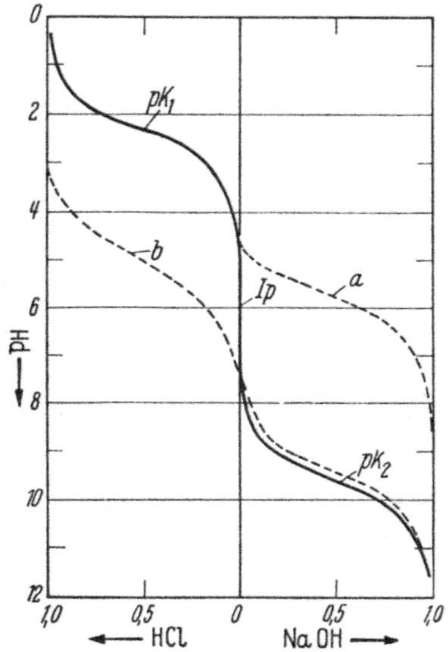

Abb. 33. Titrationskurve von Glycin. Lit. [*15*].

(*a*) bei Zusatz von Formaldehyd (18%),

(*b*) in waßrigem Aceton

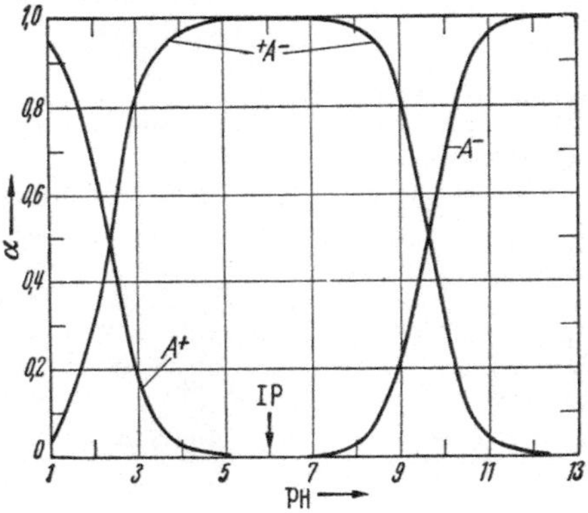

Abb. 34. Relative Mengen der Ionenformen des Glycins in Abhängigkeit vom p_H.
(A^+): $NH_3^+ \cdot CH_2 \cdot COOH$;
(A^-): $NH_2 \cdot CH_2 \cdot COO^-$;
($^+A^-$): $NH_3^+ \cdot CH_2 \cdot COO^-$;
IP: Isoelektrischer Punkt.
Lit. [*15*]

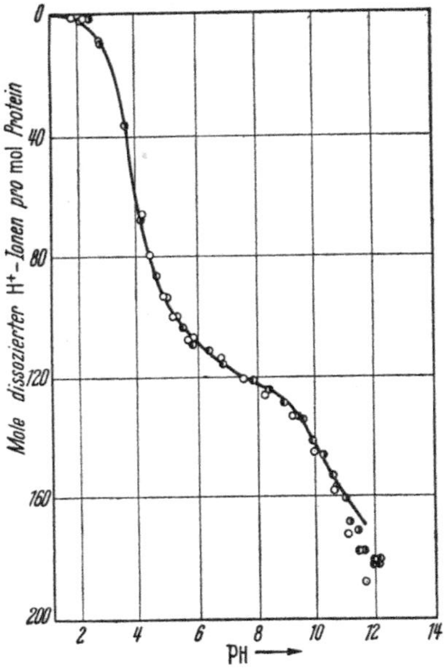

Abb. 35. Titrationskurve eines Proteins (menschliches Serum-Albumin) Temp. 25 °C, $J = 0{,}15$ (Kreise sind gemessen, Kurve berechnet). (Nach *C. Tanford*, [97])

Aktivitätskoeffizient von Elektrolytlösungen. Der Aktivitätskoeffizient verdünnter Elektrolytlösungen läßt sich nach der Theorie von *Debye-Hückel-Onsager* berechnen.

Für Ionenstärken (Definition Gl. (57) w. u.) bis zu etwa 0,005 gilt in wäßriger Lösung angenähert:

$$-\log f_i = A z_i^2 \sqrt{J} \qquad (50)$$

A: temperaturabhängige Konstante, vgl. Tab. 7,

z: Wertigkeit des Ions i,

J: Ionenstärke.

Für Ionenstärken bis zu etwa 0,1 wird die Gleichung

$$-\log f_i = \frac{A z_i^2 \sqrt{J}}{1 + 3{,}3 \cdot 10^7 r_i \sqrt{J}} \qquad (51)$$

benutzt. (r_i: Ionenradius.) Für die meisten im Bereich der Biochemie auftretenden Berechnungen (Puffersysteme) genügt es, für r_i einen Wert von $5 \cdot 10^{-8}$ zu benutzen. Man erhält dann

$$-\log f_i = z_i^2 A \cdot \frac{\sqrt{J}}{1 + 1{,}6 \sqrt{J}} = z_i^2 L_J . \qquad (52)$$

L_J und A sind in Tab. 7 für Ionenstärken von 0,001—0,1 und Temperaturen von 0—60 °C angegeben.

Für dipolare Ionen (Aminosäuren) ist eine Gleichung der Form

$$-\log f_i = K_J J \qquad (53)$$

anzuwenden (*Kirkwood* [59]).

Häufig benutzt man mittlere Aktivitätskoeffizienten [vgl. Gl. (21)]. Sie sind berechenbar nach

$$-\log f_{\pm} = z_+ \cdot z_- L_J . \qquad (54)$$

Einige Aktivitätskoeffizienten für Elektrolyte verschiedener Wertigkeitsstufen sind in der Tab. 6 zu finden.

Bei osmotischen Messungen von Elektrolyten (Gefrierpunktserniedrigung, Siedepunktserhöhung) ist die Abweichung vom idealen Verhalten ebenfalls zu berücksichtigen. Nach *Bjerrum* ist ein osmotischer Koeffizient, der diese Abweichungen beschreibt, definiert durch ($\Delta\pi$ = osmotischer Druck):

$$\frac{\Delta\pi\,(\text{real})}{\Delta\pi\,(\text{ideal})} \equiv f_0 \quad \text{oder} \quad \frac{\Delta\pi\,(\text{ideal}) - \Delta\pi\,(\text{real})}{\Delta\pi\,(\text{ideal})} \equiv 1 - f_0 . \qquad (55)$$

Nach der Debye-Hückelschen Theorie gilt für verdünnte Lösungen:

$$1 - f_0 = \frac{1{,}39 \cdot 10^6}{(\varepsilon T)^{3/2}} \frac{1}{\nu} \sum_1^i \nu_i z_i^2 \sqrt{J} \tag{56}$$

ν: Äquivalent des Ions, z_i: Wertigkeit (s. hierzu Tab. 6 Aktivitätskoeffizienten, S. 85).

Ionenstärke. Die Definition der Ionenstärke lautet

$$J \equiv \frac{1}{2} (z_1^2 c_1 + z_2^2 c_2 + \cdots z_i^2 c_i) = \frac{1}{2} \sum_1^i z_i^2 c_1 \tag{57}$$

z_i ist die Wertigkeit des Ions i, das in der Konzentration c_i vorliegt.

Die ionale Konzentration Γ entspricht dem doppelten Wert der Ionenstärke: $\Gamma = 2J$.

Beispiel: Ionenstärke von 0,06 mol Na_2HPO_4:

$$c_1 = 2\,[Na^+] = 2 \cdot 0{,}06 = 0{,}12$$

$$c_2 = [HPO_4^{2-}] = 0{,}06$$

$$z_1^2 = 1;\ (Na^+),\ z_2^2 = 4;\ (HPO_4^{2-})$$

$$J = \frac{1}{2} (1 \cdot 0{,}12 + 4 \cdot 0{,}06) = 0{,}18.$$

Praktische Berechnung von Säure-Base-Gleichgewichten in verdünnten Lösungen. Um den p_H-Wert einer verdünnten Säure-Base-Mischung bestimmter Konzentration oder Ionenstärke anzugeben, deren p_{K^*} bekannt ist (vgl. Tab. 2—5), muß $\log (f_B/f_A)$ berechnet werden. Nach Gl. (52) ist

$$\log \frac{f_B}{f_A} = z_A^2\, L_J - z_B^2\, L_J = (z_A^2 - z_B^2)\, L_J. \tag{58}$$

Mit $z_B = z_A - 1$ ergibt sich

$$\log \frac{f_B}{f_A} = (z_A + z_B)\, L_J = (2 z_A - 1)\, L_J. \tag{59}$$

Da z ursprünglich die Zahl der ***negativen*** Ladungen bedeutet, aber auch positive vorkommen können, kann z negativ oder positiv sein. Man geht am sichersten, wenn man die Größe $Z = 2z_A - 1$ benutzt und das Vorzeichen der Ladung als Vorzeichen von z_A wählt.

Beispiele:

$HAc \rightleftharpoons Ac^- + H^+$; $z_A = 0$; $Z = -1$

$H_2PO_4^- \rightleftharpoons HPO_4^{2-} + H^+$; $z_A = -1$; $Z = -3$

$C_2H_5NH_3^+ \rightleftharpoons C_2H_5NH_2 + H^+$; $z_A = +1$; $Z = +1$.

Aus Gl. (40) wird unter Verwendung von (59)

$$p_H = p_K^* + \log \frac{[B]}{[A]} + Z L_J. \tag{60}$$

Ebenso ergibt sich die Beziehung

$$p_K^* = p_K - Z L_J, \tag{61}$$

die zur näherungsweisen Berechnung der thermodynamischen Dissoziationskonstanten benutzt werden kann. Handelt es sich bei B um ein Zwitterion (Aminosäure), so ist in Gl. (60) an Stelle von ZL_J auf der rechten Seite die Größe $K_J J$ abzuziehen; ist A ein Zwitterion, ist $K_J J$ zuzufügen. (K_J hat für α-Aminosäuren den Wert von etwa 0,32, für Dipeptide etwa 0,6 vgl. [*28*]; einige Aktivitätskoeffizienten von Aminosäuren s. Tab. 6c).

Beispiel: p_H-Wert einer Mischung von 0,05 Mol/l Essigsäure und 0,05 Mol/l Na-Acetat bei 20 °C.

$$p_K^* = 4{,}756 \text{ (Tab. 5)}$$

$$\log\frac{0{,}05}{0{,}05} = 0; \quad z_A = 0; \quad Z = -1.$$

Aus Tab. 7 liest man für 20° und $J = 0{,}05$ einen Wert für L_J von 0,0831 ab. Mit $Z = -1$ ergibt dies

$$p_H = 4{,}756 - 0{,}0831 = 4{,}673.$$

Die Berechnung wird bei verschiedenen Konzentrationen von B und A durch die Berechnung der Ionenstärke der Mischung erschwert, vgl. hierzu die Anleitung unten.

Pufferlösungen. Der p_H-Wert einer Mischung aus Säure und Base wird nach Gl. (40)

1. durch p_K,
2. durch das Verhältnis $\frac{[B]}{[A]}$,
3. durch die Ionenstärke bzw. die Aktivitätskoeffizienten bestimmt.

Die graphischen Darstellungen der idealen Titrationskurve (Abb. 30) und der experimentell gefundenen (Abb. 31) lassen in der Umgebung von p_K einen Bereich erkennen, in dem relativ große Änderungen der Säure- bzw. Basen-Konzentration nur kleine p_H-Änderungen zur Folge haben. In diesem Gebiet wirkt die Säure-Base-Mischung als „Puffer" gegen p_H-Verschiebungen.

Pufferlösungen sind Säure-Base-Mischungen, deren p_H-Wert durch Gl. (40) bestimmt ist und nicht durch geringfügige äußere Einflüsse (z. B. Luftkohlensäure) verändert wird.

In den meisten Fällen sind Pufferlösungen Mischungen schwacher Säuren oder Basen mit ihren Salzen.

1. Bei Säure-Salz-Mischungen ist [Säure] = [A] und [Salz] = [B]. (*Beispiel:* HAc — NaAc: [HAc] = [A], $[Ac^-] = [Na^+]$ = [B]).

2. Bei Base-Salz-Mischungen ist [Salz] = [A] und [Base] = [B]. (*Beispiel:* $CH_3(NH_2)$–$CH_3(NH_2) \cdot HCl$: $[CH_3NH_3^+] = [Cl^-]$ = [A], $[CH_3NH_2]$ = [B]).

Es ist somit (im p_H-Bereich 4—10):

$$p_H = p_K + \log\frac{[\text{Salz}]}{[\text{Säure}]} \quad \text{im 1. Fall} \tag{62}$$

und

$$p_H = p_K + \log\frac{[\text{Base}]}{[\text{Salz}]} \quad \text{im 2. Fall.} \tag{63}$$

Berechnung von Pufferlösungen zwischen p_H 4 und 10 bis zur Ionenstärke 0,1. Zur Berechnung von Pufferlösungen bestimmter p_H-Werte aus vorgegebenen Säure-Base-Paaren dient Gl. (60). Sie ist wegen der Gültigkeit der Debye-Hückel-Korrektur L_J für die Aktivität bis zu Ionenstärken von etwa 0,1 nur in diesem Bereich anwendbar.

Will man Pufferlösungen höherer Ionenstärken berechnen, sind die individuellen Aktivitätskoeffizienten der einzelnen Partner in der Mischung oder der mittlere Aktivitätskoeffizient der Mischung (Gl. 54) einzusetzen. Dies ist nicht immer möglich.

Fall 1: Sehr verdünnte Lösungen ($c < 0{,}001$) oder bekanntes p_K.

Wenn p_K für die gewünschte Ionenstärke bekannt ist, braucht nur das Verhältnis [B]/[A] für den betreffenden p_H-Wert berechnet zu werden. Dasselbe gilt für Puffer mit Ionenstärken (oder Konzentrationen) kleiner als 0,001.

Es ist

$$\frac{[B]}{[A]} = \text{antilog}\,(p_H - p_K).^1 \tag{64}$$

Wenn die Gesamtkonzentration der Säure und Base (ohne etwaige Gegenionen) $c_{AB} = [A] + [B]$ ist, so ist auch

$$\frac{[B]}{[A]} = \frac{c_{AB} - [A]}{[A]} \quad \text{und} \quad [A] = \frac{c_{AB}}{1 + \frac{[B]}{[A]}} = \frac{c_{AB}}{1 + \text{antilog}\,(p_H - p_K)}. \tag{65}$$

Beispiel: Acetatpuffer $c_{AB} = 0{,}1$ $p_H = 3{,}8$; $p_K = 4{,}62$

$$[A] = [\text{Essigsäure}] = \frac{0{,}1}{1 + \text{antilog}\,(3{,}8 - 4{,}62)} = \frac{0{,}1}{1 + \text{antilog}\,(-0{,}82)}$$

$$= \frac{0{,}1}{1{,}151} = 0{,}868 \text{ Mol } (86{,}8 \text{ ml } 0{,}1 \text{ mol Essigsäure})$$

$[B] = [\text{Acetat}] = 0{,}1 - 0{,}0868 = 0{,}0132$ Mol (13,2 ml 0,1 mol Na-Acetat).

Ist die Gesamtkonzentration des Puffers von untergeordneter Bedeutung, können die Mischungen durch partielle Neutralisation der Säure mit der Base und umgekehrt hergestellt werden. Es ist dann

$[A] = [A_0] - [B]'$ bei Neutralisation von Säure mit Base und

$[B] = [B_0] - [A]'$ bei Neutralisation von Base mit Säure.

$[A_0]$ und $[B_0]$ sind Ausgangskonzentrationen von Säure und Base. Es ergibt sich dann für die Menge zuzusetzender Base (Säure) $[B]'$ (bzw. $[A]'$) zur Ausgangsmenge $[A_0]$ der Säure ($[B_0]$ der Base)

$$[B]' = \frac{[A_0]\,\text{antilog}\,(p_H - p_K)}{1 + \text{antilog}\,(p_H - p_K)} \tag{66}$$

bzw.

$$[A] = \frac{[B_0]\,\text{antilog}\,(p_H - p_K)}{1 + \text{antilog}\,(p_H - p_K)}. \tag{67}$$

Beispiel: TRIS als Base. $p_H = 8{,}4$; $p_K = 9$

$[B_0] = 0{,}06$; Zugabe HCl,

$$[A]' = [\text{HCl}] = \frac{0{,}06\,\text{antilog}\,(8{,}4-9)}{1 + \text{antilog}\,(8{,}4-9)} = 0{,}0189 \text{ mol HCl}.$$

Fall 2: Konzentrationen im Bereich 0,001–0,1; bekanntes p_K^*.

Im allgemeinen werden die konzentrationsunabhängigen (thermodynamischen) p_K^*-Werte vorliegen (vgl. Tab. 2 u. 3). In diesem Falle muß die Debye-Hückel-Korrektur L_J berechnet werden. Um L_J aus Tab. 7 abzulesen, muß die Ionenstärke des Puffers vorgegeben werden oder, falls es auf andere Parameter ankommt, berechnet werden. Für die praktische Herstellung des Puffers ist in jedem Fall der Zusammenhang zwischen Konzentration der Pufferbestandteile und der Ionenstärke zu ermitteln.

Berechnung der Ionenstärke von Pufferlösungen. In jeder Pufferlösung besteht zwischen der Gesamtkonzentration und der aller vorhandenen Ionen die Beziehung

$$c = \left(\sqrt{z_A^2} + 1\right)[A] + \left(\sqrt{z_B^2} + 1\right)[B]^*, \tag{68}$$

[1] antilog ist der Numerus zum Logarithmus ($p_H - p_K$). Tabellen fur antilog S. 1043.

* $\sqrt{z_A^2}$ wird verwendet, um vorzuschreiben, daß der Ausdruck auch bei negativem Vorzeichen von z_A positiv sein soll.

wenn 1-wertige Alkalisalze oder 1-wertige Säureanionen der Puffersäure oder -base verwendet werden; d. h. die Zahl der einwertigen Alkali- oder Säureionen ist gleich den Wertigkeiten z_A und z_B der Puffersäure oder -base. Es gilt dann für die Ionenstärke

$$J = p\,[A] + q\,[B] \tag{69}$$

mit

$$p = \frac{1}{2}\left(z_A^2 + \sqrt{z_A^2}\right) \tag{70}$$

und

$$q = \frac{1}{2}\left(z_B^2 + \sqrt{z_B^2}\right) = \frac{1}{2}\left[(z_A - 1)^2 + \sqrt{(z_A - 1)^2}\right]. \tag{70a}$$

Folgende Tabelle gibt die wichtigsten Faktoren p und q für verschiedene Säure-Basen-Wertigkeiten an:

z_A	z_B	Z	p	q
0	−1	−1	0	1
−1	−2	−3	1	3
−2	−3	−5	3	6
+1	0	+1	1	0
+2	+1	+3	3	1

Beispiel: Ionenstärke einer Mischung von $Na_2HPO_4 + KH_2PO_4$ (Phosphatpuffer nach *Sörensen*)

$[A] = [H_2PO_4^-]$ $\quad$ $[B] = [HPO_4^{2-}]$

$z_A = -1$ $\quad$ $z_B = -2$

$p = 1$ $\quad$ $q = 3$

$J = [H_2PO_4^-] + 3\,[HPO_4^{2-}]$.

Setzt man $[A] = c(1 - \alpha)$ und $[B] = c\alpha$, erhält man mit

$$J = c[p(1 - \alpha) + q\alpha] \tag{71}$$

eine einfache Beziehung, die zur Berechnung von Ionenstärken gegebener Pufferlösungen dienen kann. (Zur weiteren Vereinfachung sind Gleichungen zur Berechnung von J den Puffertabellen in Tab. 9 vorangestellt.)

Ebenso kann Gl. (71) zur Berechnung der Konzentration c eines Puffergemischs verwendet werden, wenn Ionenstärke und Zusammensetzung vorgegeben sind. Voraussetzung ist dabei, daß der p_H-Wert zwischen 4 und 10 liegt.

Beispiele: Ionenstärke von *Sörensen*-Phosphatpuffer p_H 7,0.

$$c = \frac{m}{15}; \quad p = 1, \quad q = 3.$$

In der Puffertabelle S. 96 sind die Vol.-% Na_2HPO_4 im Gemisch angegeben, für p_H 7,0 sind dies 61,2 Vol.-%. Da $\alpha = \frac{\text{Vol.-\%}}{100}$ ist und $[Na_2HPO_4] = [B] = c\alpha$ erhält man $\alpha = 0{,}612$ und $1 - \alpha = 0{,}388$. Dies ergibt:

$$J = 0{,}066\,(1 \cdot 0{,}388 + 3 \cdot 0{,}612) = 0{,}148.$$

Ionenstärke eines Veronal-Na/HCl-Puffers p_H 8,2; $c = 0{,}1$

$[A] = [\text{Veronal H}] = [HCl]$ $\quad$ $p = 0$

$[B] = [\text{Veronal-Na}]$ $\quad$ $q = 1$

$$J = 0 \cdot [\text{HCl}] + 1 \cdot [\text{Veronal-Na}] = [\text{Veronal-Na}] = \frac{0{,}1}{100}(100 - \text{Vol.-\% HCl}) =$$
$$= 0{,}1 - 0{,}001\,(\text{Vol.-\% HCl}).$$

Für stark saure Puffer gilt

$$J = p\,[\text{A}] + q\,[\text{B}] + \text{antilog}\,(-\text{p}_\text{H}), \tag{72}$$

für stark alkalische

$$J = p\,[\text{A}] + q\,[\text{B}] + \text{antilog}\,(\text{p}_\text{H} - p_w). \tag{73}$$

Herstellung von Pufferlösungen bis $J = 0{,}1$, deren p_K^*-Wert bekannt ist. p_K^*-Werte sind für die dort angegebenen Temperaturen den Tab. 2—5 zu entnehmen.

Der p_H-Wert ist nach Gl. (60) außer von [B]/[A] noch von ZL_J, also auch von J und den Wertigkeiten von A und B abhängig, so daß der Quotient nach der Gleichung

$$\frac{[\text{B}]}{[\text{A}]} = \frac{\alpha}{1-\alpha} = \text{antilog}\,(\text{p}_\text{H} - \text{p}_\text{K}^* + ZL_J) \tag{74}$$

berechnet werden muß. Die Gleichung erlaubt die Ermittlung von α, nicht aber die Absolutberechnung von [B] oder der Gesamtkonzentration c, doch kann bei bekanntem α, da J gegeben ist, c aus Gl. (71) nachträglich ermittelt werden. Die Berechnung zerfällt also in zwei Abschnitte:

1. Abschnitt: Berechnung von α nach Gl. (74)

$$\alpha = \frac{\text{antilog}\,(\text{p}_\text{H} - \text{p}_\text{K}^* + ZL_j)}{1 + \text{antilog}\,(\text{p}_\text{H} - \text{p}_\text{K}^* + ZL_j)} \tag{75}$$

(für geringe Genauigkeit genügt Abb. 30, an der α direkt abgelesen werden kann, die Abszisse ist dann für $\text{p}_\text{H} - (\text{p}_\text{K}^* - ZL_j)$ zu nehmen).

2. Abschnitt: Berechnung von c nach Gl. (71)

$$c = \frac{J}{p(1-\alpha) + q\alpha}, \tag{76}$$

$$[\text{B}] = c\alpha; \quad [\text{A}] = c(1-\alpha).$$

Beispiel: Trimethylamin-HCl, Ionenstärke 0,06, p_H 8,3

$$\text{p}_\text{K}^* = 9{,}798\ (25\,^\circ\text{C}) \quad [\text{A}] = [(\text{CH}_3)_3\text{NH}^+] = [\text{Trimethylamin-HCl}]$$

$$[\text{B}] = [(\text{CH}_3)_3\text{N}]$$

$$Z = +1,\ L_J = 0{,}09\ (\text{nach Tab. 7 für } 25\,^\circ\text{C})$$

$$p = 1;\ q = 0$$

$$\text{p}_\text{H} - \text{p}_\text{K}^* + ZL_J = 8{,}30 - 9{,}798 + 0{,}09$$
$$= -1{,}408$$

$$\text{antilog}\,(-1{,}408) = 0{,}0391$$

$$\alpha = \frac{0{,}0391}{1{,}0391} = 0{,}0377$$

$$c = \frac{0{,}06}{1 \cdot (1 - 0{,}0377)} = 0{,}0623.$$

Die Pufferlösung enthält $0{,}0623 \cdot 0{,}0377 = 0{,}0023$ mol Trimethylamin und $0{,}0623 \cdot 0{,}9632 = 0{,}06$ mol Trimethylamin-HCl.

In der Praxis würde man die Herstellung so vornehmen, daß 62,3 ml einer 0,1 mol Trimethylamin-HCl-Lösung mit 2,3 ml 0,1 mol NaOH versetzt und mit H_2O auf 100 ml aufgefüllt werden.

Herstellung von Pufferlösungen bestimmter Ionenstärke durch Verdünnen. Will man aus einer konzentrierten Pufferlösung bekannter Ionenstärke J_1 eine niedere Ionenstärke J_2 durch Verdünnen mit Wasser herstellen, so muß man beachten, daß wegen der unterschiedlichen Ionenstärke eine p_H-Verschiebung eintritt. Diese p_H-Verschiebung ist:

$$\Delta p_H = Z(L_{J1} - L_{J2}). \tag{77}$$

In der Praxis stellt man daher zunächst eine konzentrierte Pufferlösung mit einem Wert $p'_H = p_H + \Delta p_H$ her und verdünnt sie dann im Verhältnis der Ionenstärken J_2/J_1 [1].

Beispiel: Na Borat/HCl Puffer, p_H 8,50, $J_2 = 0{,}01$, $t = 25\,°C$ soll aus gleichem, 0,1 molarem Puffer mit $J_1 = \frac{1}{2}$ [Na-Borat] $= 0{,}1 \cdot (100 - 37{,}75)/100 = 0{,}1$ $62{,}25/100 = 0{,}06225$ hergestellt werden. Wie groß ist Δp_H?

$$Z = -1; \; L_{0,06225} = 0{,}091, \; L_{0,01} = 0{,}044,$$

$$\Delta p_H = -0{,}047.$$

Es wird ein Ausgangspuffer vom $p'_H = 8{,}50 - 0{,}047 \simeq 8{,}45$ nach Tab. 9d/25. durch Auffüllen von 35,9 ml HCl mit Na-Borat auf 100 ml hergestellt und 1 Teil davon mit Wasser auf 6,225 Teile verdünnt.

Wegen der nur angenäherten Gültigkeit der Debye-Hückel-Korrektur für den Aktivitätskoeffizienten sind in der Praxis die nach Berechnung hergestellten Pufferlösungen mit einem guten p_H-Meßgerät zu kontrollieren. Dies gilt insbesondere für hohe Ionenstärken, da Puffermischungen höherer Ionenstärken als 0,1, ebenso wie solche mit p_H-Werten unterhalb 3 oder oberhalb 10 sich nur sehr umständlich berechnen lassen; ihre p_H-Werte werden zweckmäßiger empirisch bestimmt.

Pufferkapazität. Die Pufferungsfähigkeit einer Säure-Base-Mischung gegenüber zugesetzten Mengen einer (fremden) Säure oder Base ist wie die Abb. 30 bis 34 zeigen, in der Nähe von p_K am größten und der Konzentration der Mischung proportional. Definitionsgemäß gilt:

$$\frac{dp_H}{dB} = \frac{0{,}4343}{[B]\,(c - [B])} \tag{78}$$

und nach *van Slyke*

$$\frac{d[B]}{dp_H} = 2{,}303\,[B]\left(1 - \frac{B}{c}\right) = 2{,}303\,c\alpha(1 - \alpha). \tag{79}$$

Farbindikatoren. Die Bestimmung des p_H-Wertes mit Hilfe von Farbindikatoren beruht darauf, daß eine Reihe von Farbstoffen in wäßriger Lösung ionisieren, wobei die Farbstoffionen vielfach ein anderes Absorptionsspektrum als die nichtionisierten Farbstoffe besitzen. Für den Fall einer Indikator-Farbstoffsäure, die im Gleichgewicht

$$\text{Indikator} \rightleftharpoons H^+ + \text{Indikator-Anion}$$

steht, gilt Gl. (41) und man erhält

$$p_H = p_K + \log\frac{[\text{Ind.}^-]}{[\text{Ind.}]} = p_K + \log\frac{\alpha}{1 - \alpha}, \tag{80}$$

---

[1] Durch die Herstellung von Pufferlösungen mit einem höheren oder niederen p_H-Wert weicht die Ionenstärke zwar von J_1 — mit deren Hilfe p_H berechnet wurde — ab, doch ist der dadurch entstehende Fehler so klein ($\sim 0{,}001 - 0{,}003\ p_H$), daß er für die p_H-Bestimmung vernachlässigt werden kann [*86*].

wenn α den Dissoziationsgrad (= Anteil des ionisierten Indikators) bedeutet. α kann spektralphotometrisch oder kolorimetrisch bestimmt werden (Methoden bei [*54*, *48*]).

Zur Bestimmung von $\alpha/(1-\alpha)$ bzw. $\log(\alpha/(1-\alpha))$ dient Abb. 30 (s. hierzu Tab. 10 Farbstoffindikatoren, S. 107 s. auch Abschn. Messung des Ionenmilieus, S. 58).

Die Bestimmung des p_H-Wertes mit Hilfe von Farbindikatoren ist von der *Ionenstärke* der untersuchten Lösung abhängig, da p_K und p_{Kb} konzentrationsabhängig sind. Bei proteinhaltigen Lösungen werden die Werte außerdem noch durch den sogenannten *Proteinfehler* beeinflußt, vgl. [*48*].

Löslichkeit. In einer gesättigten Lösung liegt folgendes Gleichgewicht vor:

$$A_{(\text{rein})} \rightleftharpoons A_{(\text{gelöst})}.$$

Im Gleichgewicht muß das chemische Potential des reinen Stoffes gleich dem des gelösten Stoffes sein. Für den reinen Stoff gilt

$$\mu_r = \mu_{or},$$

da er sich im Normal-(Standard-)Zustand befindet. Für den gelösten Stoff gilt

$$\mu_e = \mu_{oe} + RT \ln a_A.$$

Da $\mu_r = \mu_e$ ist, erhält man folgenden Ausdruck für die Sättigungsaktivität:

$$\ln a_A = \frac{\mu_r - \mu_{oe}}{RT}. \qquad a_A = e^{\frac{\mu_r - \mu_{oe}}{RT}} = f\, c_A. \tag{81}$$

Die *Löslichkeit* oder Sättigungskonzentration c_A ist noch vom Aktivitätskoeffizienten abhängig, sie ist nur in reinen Lösungen des Stoffes eine Konstante. Enthält die Lösung weitere Stoffe, die, wie besonders Elektrolyte, den Aktivitätskoeffizienten beeinflussen, so ändert sich die Löslichkeit entsprechend der Änderung des Aktivitätskoeffizienten. Bei Elektrolyten wird sie durch Zugabe von fremden Elektrolyten vergrößert (*Einsalzeffekt*, vgl. weiter unten).

Löslichkeitsprodukt. Bei gesättigten Lösungen von Elektrolyten besteht Gleichgewicht zwischen dem reinen Stoff und den in der Lösung vorhandenen Ionen:

$$A_{(\text{rein})} \rightleftharpoons A^+ + A^-,$$

entsprechend Gl. (81) erhält man daher:

$$a_A^+ \cdot a_A^- = L_p^*. \tag{82}$$

Den Ausdruck $c_+ \cdot c_-$ bezeichnet man als Löslichkeitsprodukt. Es gilt daher:

$$L_p^* = f_+ \cdot f_- \cdot L_p \simeq f_\pm^2 \cdot L_p. \tag{82a}$$

Konstanz von L_p bedeutet, daß Erhöhung der Konzentration des einen Ions eine Erniedrigung der Konzentration des anderen Ions bewirkt.

Da L_p vom Aktivitätskoeffizienten der Lösung abhängt, nimmt es mit zunehmender Ionenstärke zu.

Einsalz- und Aussalzeffekt. Der Aktivitätskoeffizient von Nichtelektrolyten wird unter Umständen durch Zugabe vom Fremdelektrolyten beeinflußt; z. B. kann deren Löslichkeit bei Erniedrigung von f zunehmen: *Einsalzeffekt.* Bei Erhöhung von f nimmt die Löslichkeit ab: *Aussalzeffekt.* Die Berechnung beider Effekte gelingt nur in Ausnahmefällen und in verdünnten Lösungen mit Hilfe der elektrostatischen Theorie, wobei auch individuelle Eigenschaften der Ionen, des Ionenradius sowie die Hydratation der Ionen eine Rolle spielen. Kationen sollen im allgemeinen eine aussalzende, Anionen eine einsalzende Wirkung ausüben, doch kann sich die Wirkung mit zunehmender Größe der Ionen umkehren, vgl. [62]. Zusatz von Fremdionen ändert die Löslichkeit amphoterer Elektrolyte wie Aminosäuren und Proteine. Zunächst steigt die Löslichkeit entsprechend dem Einsalzeffekt an, bei vielen Elektrolyten sinkt sie nach Durchlaufen eines Maximums wieder ab (Aussalzeffekt). Dies zeigen die Abb. 36 u. 37. Dieser Verlauf kann nach *Kirkwood* [59] formelmäßig beschrieben werden.

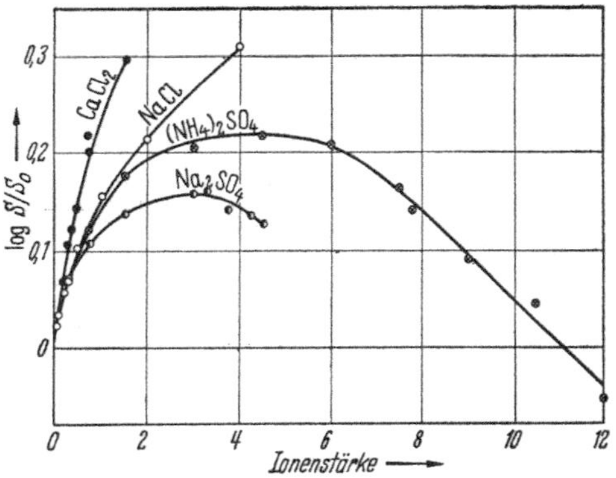

Abb. 36. Löslichkeit einer Aminosäure (Cystin) in Salzlösungen verschiedener Ionenstärke. (Nach *T. L. McMeekin* [72]). S_0: Löslichkeit bei der Ionenstärke 0 (reines Wasser); S: Löslichkeit in der Salzlösung

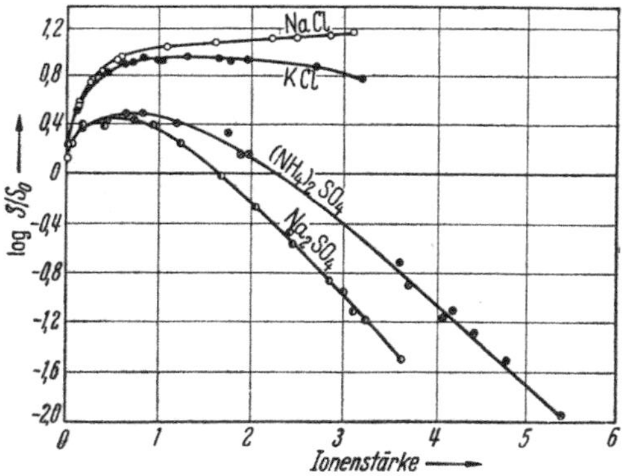

Abb. 37. Löslichkeit eines Proteins (Pferde-Carboxyhämoglobin) in Salzlösungen verschiedener Ionenstärke. (Nach *A. A. Green* [37]). S_0: Löslichkeit bei der Ionenstärke 0 (reines Wasser), S: Löslichkeit in der Salzlösung

Im allgemeinen Fall ergibt sich für $\log \frac{S}{S_0}$ (S_0 = Löslichkeit ohne, S = Löslichkeit mit Elektrolytzusatz) ein komplizierter Ausdruck. Für geringe Ionenstärken, kugelförmige Dipol-Ionen des Radius b mit punktförmigem Dipolmoment gilt nach *Kirkwood* [59]:

$$\log \frac{S}{S_0} = \frac{2\pi N_2 \varepsilon^2}{2{,}303\, D k T} \left(\frac{3\mu^2}{2 D a k T} - \frac{b^3}{a}\, \alpha(\varrho) \right) J. \tag{83}$$

(ε = Ladung des Protons, D = Dielektrizitätskonstante des Lösungsmittels, k = Boltzmannsche Konstante, b = effekt. Radius des dipolaren Ions, a = Summe der Radien des dipolaren- und des Fremdions, $\alpha(\varrho)$ eine von *Kirkwood* tabellierte Funktion von b/a). Der erste Term in der Klammer entspricht dem Einsalz-, der zweite dem Aussalzeffekt. Nicht nur einfache Ionen haben einen Einfluß auf die Löslichkeit, sondern auch dipolare Ionen (Aminosäuren). Derartige Einwirkungen veranschaulichen Abb. 38 u. 39.

Die Löslichkeit von Proteinen bei hoher Ionenstärke (Aussalzeffekt) läßt sich nach *Cohn* [*14*] durch eine einfache Gleichung beschreiben

$$\log \frac{S}{S_0} = -K_s J \qquad (84)$$

oder

$$\log S = \beta - K_s J \qquad (84\,a)$$

(β ist die hypothetische extrapolierte Löslichkeit bei $J = 0$, sie hängt von p_H und Temperatur ab). Der Wert von K_s gehorcht der Hofmeisterschen Reihe:

Citrat > Tartrat > SO_4 > Acetat > Cl > NO_3 > Br > J > CNS > Ion;

Th > Al > Ba > Sr > Ca > K > Na > Li > Ion.

Die Änderung von S mit dem p_H bei verschiedenen Ionenstärken zeigt Abb. 40. Einige Werte für K_s zeigt folgende Tabelle (nach *Cohn* und *Ferry* [*20*]).

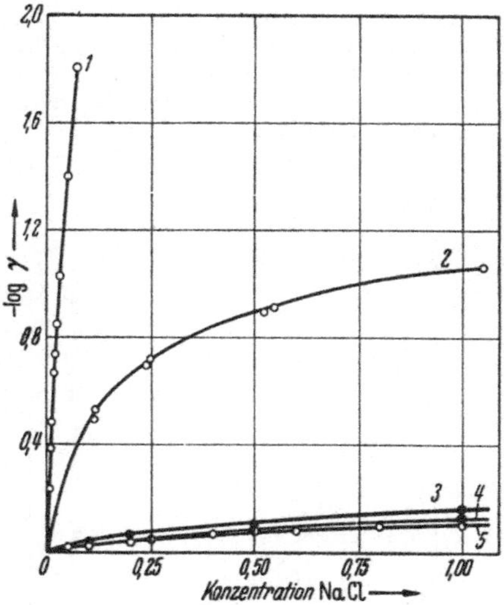

Abb. 38

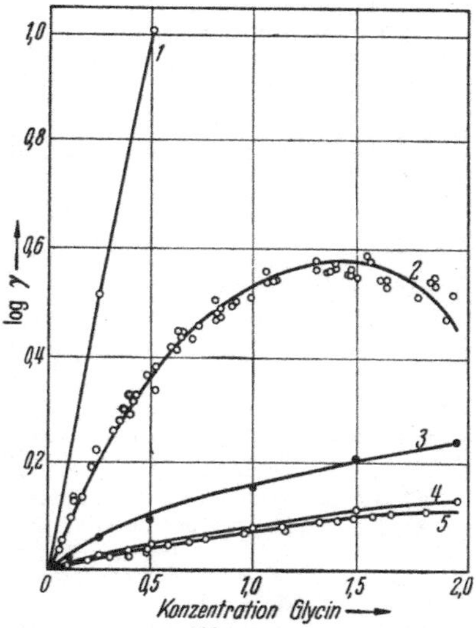

Abb. 39

Abb. 38 u. 39. Relativer Einfluß von NaCl (Abb. 38) u. Glycin (Abb. 39) auf die Löslichkeit von β'-Lactoglobulin (*1*), Pferde-Carboxyhämoglobin (*2*), Cystin (*3*), Asparagin (*4*) und Glycin (*5*). γ: Verhältnis der Löslichkeit in der Salzlösung zu der Löslichkeit in Wasser. Lit. [*27*]

	NaCl	$MgSO_4$	$(NH_4)_2SO_4$	Na_2SO_4	Phosphat
Cystin	—	—	0,05	—	—
α-Aminobuttersäure	0,04	—	—	—	—
Leucin	0,09	—	—	—	—
Tyrosin	0,31	—	—	—	—
β-Lactoglobulin	—	—	—	0,63	—
Hämoglobin (Pferd)	—	0,33	0,71	0,76	1,00
Hämoglobin (Mensch)	—	—	—	—	2,00
Myoglobin	—	—	0,94	—	—
Eialbumin	—	—	1,22	—	—
Fibrinogen	1,07	—	1,46	—	2,16

Messung des Ionenmilieus. *a) Leitfähigkeit.* Die spezifische Leitfähigkeit einer Elektrolytlösung ist definiert durch die Leitfähigkeit eines Lösungsvolumens von 1 cm² Querschnitt und 1 cm Länge. Dimension: 1/Widerstand (Ohm), Symbol: $\varkappa$.

Die Leitfähigkeit der Elektrolytlösungen hängt von der Zahl der in Lösung vorhandenen Ionen, deren Beweglichkeit sowie von Temperatur und Zähigkeit der Lösung ab. Die Zahl der Ionen ist bei starken Elektrolyten — vollständige Dissoziation — der Zahl der elektrochemischen Äquivalente (val) proportional. (val = Mol · Wertigkeit, Bezeichnung: η). Die Äquivalentleitfähigkeit ist daher $\Lambda = \varkappa/\eta$. Bei mittelstarken und schwachen Elektrolyten ist die gelöste Substanz nur zum Bruchteil α dissoziiert; die Äquivalentleitfähigkeit ist in diesem Fall α proportional. Bei unendlicher Verdünnung ist $\alpha = 1$; eine Bestimmung von α bei der Konzentration c beruht auf Messung der Äquivalentleitfähigkeit Λ_c bei dieser Konzentration und bei unendlicher Verdünnung (Λ_∞). Es gilt dann:

$$\alpha = \frac{\Lambda_c}{\Lambda_\infty}.$$

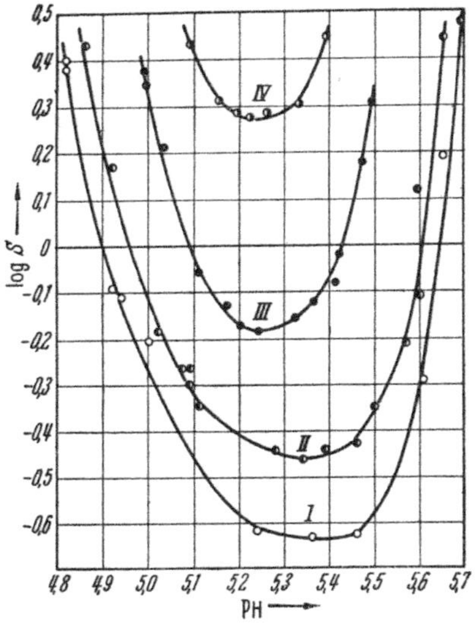

Abb. 40. Löslichkeit (S, g in 100 ml) des β-Lactoglobulins in Abhängigkeit vom p_H und von der Ionenstärke. (I): $J = 0{,}001$, (II): $J = 0{,}005$; (III): $J = 0{,}01$; (IV): $J = 0{,}02$. (Nach *A. Grönvall* [*40*])

Im Bereich starker Verdünnung gilt für schwache Elektrolyte das stöchiometrische Massenwirkungsgesetz. Wird α durch die Äquivalentleitfähigkeit ausgedrückt, erhält man dies in der Form des Ostwaldschen Verdünnungsgesetzes

$$K = \eta \frac{\Lambda_c^2}{\Lambda_\infty(\Lambda_\infty - \Lambda_c)}. \tag{85}$$

Bei höheren Konzentrationen kann zur Korrektur der sogenannte Leitfähigkeitskoeffizient f_λ eingeführt werden, der dem Aktivitätskoeffizienten entspricht, aber nicht mit ihm identisch ist

Für starke Elektrolyte gilt im Bereich sehr großer Verdünnungen das Kohlrauschsche Grenzgesetz, mit dessen Hilfe Λ_∞ extrapoliert werden kann.

$$\Lambda = \Lambda_\infty - b\sqrt{c}\,; \quad b\text{: Konstante.} \tag{86}$$

Meßmethodik vgl. [*60, 88*].

Leitfähigkeit einiger Elektrolyte und Standards s. Tab. 13, S. 112.

p_H-Messungen. Die für den Biochemiker wichtigste elektrochemische Methode ist die p_H-Messung mit Hilfe von Halbelementen, deren EMK ausschließlich durch die Wasserstoffionenaktivität bestimmt wird. Solche (Halb-) Elektroden sind die Pt(H_2)-Elektrode, die Chinhydron-Elektrode, die Glaselektrode und die Antimonelektrode.

Die Pt(H_2)-Elektrode. Das Potential der Wasserstoffelektrode ist durch

$$E = \frac{RT}{F} \ln \frac{a_{H^+}}{\sqrt{p_{H_2}}} \tag{87}$$

definiert.

Da sich die Kalomel-Normalelektrode positiv gegen die Normalwasserstoffelektrode auflädt, ergibt sich:

$$p_H = \frac{E_{(\text{gemessen})} - E_{(\text{Kalomel})}}{1{,}983 \cdot 10^{-4} \cdot (273{,}15 + t)} - \frac{1}{2} \log p_{(H_2)} \qquad (88)$$

(t = Celsiustemperatur, $p_{(H_2)}$ = Druck des Wasserstoffs in Atm.).

Graphisch dargestellt, ergibt der Zusammenhang zwischen p_H und gemessenem Potential bei konstantem H_2-Druck eine Gerade, deren Neigung von der reziproken absoluten Temperatur $1/T$ abhängt.

Für genaueste Messungen ist das Diffusionspotential zu berücksichtigen.

Bei durchströmendem Wasserstoff ist der Druck $p_{(H_2)}$ gleich dem am Barometer abgelesenen Luftdruck in Atmosphären, vermindert um den Dampfdruck des Wassers bei der Meßtemperatur. [Tabellen hierzu *23.*]

Die Chinhydronelektrode. Für Messungen bis zu p_H-Werten von etwa 7,8 ist die Chinhydronelektrode verwendbar, deren Handhabung bequemer als die der Wasserstoffelektrode ist. Zur p_H-Messung wird in die zu untersuchende Lösung eine sehr geringe Menge Chinhydron (Molekülverbindung zwischen Chinon und Hydrochinon) gegeben und eine Elektrode aus *blankem* Pt-Blech oder -Draht eingetaucht. An dieser Elektrode stellt sich das Redoxpotential zwischen Chinon und Hydrochinon ein. Es gilt:

$$E = E_{o\,(\text{Redox})} + \frac{RT}{F} \ln \frac{[\text{Chin}]\,[H^+]}{[\text{Hydrochin}]}. \qquad (89)$$

Bei konstantem Verhältnis Chinon:Hydrochinon, das durch Verwendung von Chinhydron gewährleistet ist, ist die EMK dieser Halbelektrode nur noch von der Wasserstoffionenkonzentration abhängig. Oberhalb p_H 8 wird Chinhydron zersetzt, daher ist die Elektrode nur bis zu 7,8 zu verwenden.

Die Glaselektrode. Die heute zur p_H-Messung am häufigsten benutzte Halbelektrode ist die Glaselektrode. Sie besteht aus einer mehr oder weniger dünnwandigen Glaskugel oder einer an einem Ende verschlossenen Glasröhre, die in die zu untersuchende Lösung eingetaucht wird. Das Innere der Glaskugel ist mit einer Lösung bestimmter Wasserstoffionenaktivität gefüllt, in welche eine Ableitelektrode (Chinhydronelektrode, Ag/AgCl-Elektrode usw.) eintaucht. Die dünne Glaswand wirkt wie eine Membran, die nur für Wasserstoffionen durchlässig ist; theoretisch sollte die EMK dieser Elektrode aus der Hendersonschen Formel für das Diffusionspotential erhalten werden, da es sich um den Übertritt von Ionen an einer Berührungsstelle zweier verschieden konzentrierter Lösungen handelt. Da $a_{H,2}$ im Innern der Glaselektrode konstant gehalten wird, sollte

$$E = E_a + \frac{RT}{F} \ln a_{H,1} \qquad (90)$$

gelten:

$$\left(\text{mit } E_a = \frac{RT}{F} \ln a_{H,2}\right).$$

Im praktischen Fall gibt diese Formel selten die gemessene EMK an, und zwar aus drei Gründen. Einmal besitzt die Glasmembran ein Eigenpotential, das sogenannte asymmetrische Potential, was sich dadurch bemerkbar macht, daß E_a nicht dem oben angegebenen Wert entspricht. Zweitens entspricht der Faktor von $\ln a_H$ vielfach nicht dem Wert RT/F. Drittens weicht die Beziehung im Gebiet oberhalb p_H 9 von der Geradlinigkeit ab, da sich in diesem Gebiet Einflüsse der Alkaliionen bemerkbar machen. Letzteres ist weitgehend von der Zusammensetzung und der Dicke der verwendeten Glasmembran abhängig.

Wegen dieser Schwierigkeiten verzichtet man bei der Verwendung von Glaselektroden auf Absolutmessung und eicht die benutzte Vorrichtung mit Pufferlösungen, deren p_H-Werte zweckmäßigerweise mit der Wasserstoff- oder Chinhydronelektrode kontrolliert sind. Für die Korrektur von Alkali- und Salzfehlern werden von den meisten Herstellerfirmen der Meßeinrichtungen Korrekturdiagramme oder Tabellen mitgegeben.

Es sind für Messungen im alkalischen Bereich (>12) alkalifeste Glaselektroden im Handel, für Messungen bei hohen Temperaturen (und hohen Drucken) gibt es ebenfalls Spezialelektroden (vgl. [*33*]).

Die Glaselektroden besitzen meist einen sehr hohen inneren Widerstand (10 bis 300 Megohm); die EMK-Messung muß daher elektrostatisch oder mit Röhrengeräten hohen Eingangswiderstandes vorgenommen werden.

Grenzflächenspannung. Grenzflächenspannungen treten allgemein an der Berührungsfläche zweier Phasen auf, im Falle einer Grenzfläche zwischen einer gasförmigen und einer flüssigen (oder festen) Phase spricht man von Oberflächenspannung. Die Verteilung der Kraftwirkungen der Moleküle, die sich in Grenzflächen befinden, ist eine andere als derjenigen, die sich im Innern der Phasen befinden; es resultiert hieraus eine Kraft, die in der Phasengrenzfläche einer Vergrößerung derselben entgegenwirkt. Ihre Einheit, gemessen in dyn/cm, ist die Kraft, die an 1 cm einer in der Grenzfläche befindlichen Linie angreift.

Grenzflächenaktivität. In der Grenzfläche befindliche Moleküle befinden sich gegenüber Molekülen im Innern in einem anderen energetischen Zustand und besitzen somit auch ein anderes chemisches Potential. Besteht eine der beiden Phasen z. B. aus einer flüssigen Mischung (Lösung), so kann sich eine Komponente der Mischung (z. B. der gelöste Stoff) in der Grenzfläche anreichern, wenn dort sein chemisches Potential niedriger ist als im Innern, und umgekehrt. Dies führt nach *Gibbs* zu einer Erniedrigung der Grenzflächenspannung σ. Der Zusammenhang lautet:

$$a = -\frac{c}{RT}\frac{d\sigma}{dc} = -\frac{1}{RT}\frac{d\sigma}{d\ln c}. \tag{91}$$

Bei Abnahme der Grenzflächenspannung mit dem Logarithmus der Konzentration reichert sich der Stoff in der Grenzfläche an, bei Zunahme tritt Verarmung ein. Substanzen, die sich anreichern und die Grenzflächenspannung herabsetzen, nennt man grenzflächenaktiv (kapillaraktiv).

(Siehe hierzu Tab. 15 Grenzflächenspannung, S. 114.)

Osmotischer Druck, Gefrierpunktserniedrigung und Siedepunktserhöhung. Nach *van'tHoff* ist der osmotische Druck einer verdünnten Lösung der Konzentration c_2 Mol/L gleich dem Druck, den die gelöste Substanz ausüben würde, wenn sie in derselben Konzentration als Dampf vorhanden wäre (ohne Gegenwart des Lösungsmittels!). Nach dem Gesetz für ideale Gase gilt dann:

$$P(osm) = c_2\,RT = c_2 \cdot 0{,}08206\;T. \tag{92}$$

Direkte Messungen des osmotischen Druckes zum Zweck der Molekulargewichtsbestimmung werden meist nur bei hochmolekularen Stoffen ausgeführt (vgl. S. 62). Für niedermolekulare Substanzen bietet sich die Methode der isothermen Destillation an, die auch als Mikromethode ausgebildet worden ist (*Hill* [*44*], *Brady* [*10*]).

Andererseits läßt sich der osmotische Druck (und damit mittelbar das Molekulargewicht) für niedermolekulare Substanzen aus der Gefrierpunktserniedrigung oder der Siedepunktserhöhung herleiten. Die molare Gefrierpunktserniedrigung E_G (d. h. die einer Lösung der Konzentration 1 Mol im Liter Lösung) ist eine Konstante des Lösungsmittels, sie beträgt für Wasser 1,86 °C/Mol. Die einer beliebigen wäßrigen Lösung ist

$$\Delta = E_G \cdot c_2 = 1{,}86 \cdot c_2. \tag{93}$$

Aus den Gleichungen (92) und (93) ergibt sich:

$$P(osm) = \frac{\Delta}{E_G}\,RT, \tag{94}$$

für wäßrige Lösungen ist:

$$P(osm) = \Delta \cdot 12{,}8 \quad \text{Atm. } (18°),$$
$$P(osm) = \Delta \cdot 13{,}17 \text{ Atm. } (25°),$$
$$P(osm) = \Delta \cdot 13{,}7 \quad \text{Atm. } (37°).$$

Durch Messungen des osmotischen Druckes bzw. der Gefrierpunktserniedrigung lassen sich Molekulargewichte bestimmen. Es ist $c_2 = \frac{c_g}{M_2}$, wenn c_g das Gewicht der gelösten Substanz im Liter Lösung und M_2 das Molgewicht bedeutet. In Gl. (92) bzw. (93) eingesetzt, erhält man:

$$M_2 = \frac{c_g}{P(osm)} RT = \frac{E c_g}{\Delta}. \tag{94 a}$$

Sind mehrere Stoffe gleichzeitig in der Lösung, so ist für c_2 die Summe der Konzentration aller Stoffe zu setzen; bei Elektrolyten ist die Summe der Konzentration der Ionen zu setzen:

$$P(osm) = \sum_1^i c_i RT.$$

Für schwache Elektrolyte, deren Dissoziationsgrad α ist, erhält man:

$$P(osm) = (1 + \alpha)\, c_2 RT. \tag{95}$$

Bei starken Elektrolyten ist der osmotische Koeffizient zu berücksichtigen [Gl. (46), (47)]:

$$P(osm) = \sum_1^i c_i f_{0i} RT. \tag{96}$$

Hochmolekulare Substanzen zeigen bereits bei großen Verdünnungen Abweichungen vom idealen Verhalten, für sie kann gesetzt werden:

$$P(osm) = \frac{c_g RT}{M_2} + B c_g^2 + \cdots; \tag{97}$$

der Virialkoeffizient B hängt weitgehend von der Gestalt und den Wechselwirkungen der gelösten Moleküle ab. Um Messungen des Molgewichts in solchen Lösungen auszuwerten, muß der osmotische Druck bei einer Reihe von Konzentrationen c_g bestimmt werden; trägt man $P(osm)/c_g$ gegen die Konzentration in ein Koordinatensystem ein, so erhält man aus $P(osm)/c_g$ bei $c_g = 0$ den Ausdruck $\frac{RT}{M_2}$, woraus sich das Molgewicht bestimmen läßt.

Wegen ihrer großen molaren Gefrierpunktserniedrigung E wird eine Reihe organischer Substanzen als Lösungsmittel verwendet. Dies hat den Vorteil, weniger empfindliche Thermometer für die Bestimmung von Δ benutzen zu können, das bei Wasser meist nur einige Hundertstel oder Zehntel Grad beträgt. Zahlenwerte für die molale Gefrierpunktserniedrigung vgl. Tab. 14, S. 113. Störung: Mischkristall- und Verbindungsbildung zwischen Lösungsmittel und gelöstem Stoff.

Weniger störungsempfindlich, dafür aber durch die Notwendigkeit der barometrischen Korrektur kompliziert und durch die Empfindlichkeit des Meßobjekts in der Anwendbarkeit beeinträchtigt, ist die Methode der Siedepunktserhöhung (Ebullioskopie). Die in der zu Gl. (93) analogen Beziehung auftretende molale Siedepunktserhöhung (ebullioskopische Konstante) E_s beträgt für Wasser 0,521 Grad/Mol. Zahlenwerte für andere Lösungsmittel vgl. Tab. 14, S. 113.

Kolloide und Makromoleküle. Wenn eine Substanz A in einer anderen B so fein zerteilt wird, daß dabei eine endliche Mischungsentropie auftritt, aber noch keine ideale oder reale Lösung entsteht, spricht man von einem kolloiden Zustand.

Man unterscheidet *Dispersionskolloide, Assoziationskolloide* und *Makromoleküle*; letztere befinden sich von Natur aus im kolloiden Zustand (kolloide Substanzen). Die zweite Gruppe geht ohne äußere Einwirkung — aus thermodynamischen Gründen — in den kolloiden Zustand über, während die erste Gruppe nur unter besonderen Bedingungen in diesen übergeführt werden kann (Näheres in [*94*]).

In der Biochemie sind hauptsächlich Makromoleküle von Bedeutung (Proteine, Nucleinsäuren, Polysaccharide), doch kommen auch Assoziationskolloide (Lipoide) vor. Erstere besitzen meist hohes Molekulargewicht, ihre Gestalt und Struktur bestimmen weitgehend ihr physikalisch-chemisches Verhalten. Assoziationskolloide sind hinsichtlich Größe, Gestalt und Struktur von den jeweiligen äußeren Bedingungen abhängig, sie sind dispersionsvariabel, während Makromoleküle wegen der festen intermolekularen Bindung ihrer Atome dispersionsinvariabel sind.

Viele biologisch bedeutsame Makromoleküle werden durch ihr Molekulargewicht, häufig auch durch Gestaltsfaktoren, charakterisiert. Da es oft schwierig ist, diese Größen einwandfrei zu ermitteln, begnügt man sich zur Kennzeichnung mit der Angabe einer von beiden Parametern abhängigen Größe, z. B. der Sedimentationskonstante.

Bestimmung der Größe von Makromolekülen (Molekulargewicht).

1. *Elektronenmikroskop*

Nur in den seltensten Fällen gelingt es, Makromoleküle im Elektronenmikroskop abzubilden; da hierfür spezielle Techniken angewandt werden müssen, sei auf die entsprechende Literatur verwiesen (z. B. *Reimer* [*82*]).

2. *Osmotischer Druck* (vgl. S. 60)

Theoretisch bestimmt man durch Messung des osmotischen Drucks eine Größe, die der Zahl der gelösten Moleküle proportional ist. Erst die Kenntnis der Größe N_L und der Gewichtskonzentration c_g führt zum Molekulargewicht. Dies ist nur bei monodispersen Systemen eindeutig; bei polydispersen Systemen erhält man den Zahlenmittelwert $\overline{M}_N$ des Molekulargewichts. Dieser ist definiert durch

$$\overline{M}_N \equiv \frac{\sum\limits_i n_i M_i}{\sum\limits_i n_i}. \tag{98}$$

Native Proteine sind — soweit sie als rein angesehen werden können — monodispers. Nucleinsäuren sind je nach Herstellungsmethode häufig polydispers.

Die Messung des osmotischen Drucks wird durch Bestimmung der Druckdifferenz zwischen einem „Innenraum“ und einem „Außenraum“ bestimmt, die durch eine für das Lösungsmittel durchlässige, aber die Makromoleküle undurchlässige Membran (Cellulose, Cellulosenitrat oder -acetat) getrennt sind. Experimentelle Methodik bei [*48*, Bd. 2, S. 36, *94*, *95*].

Bei in Wasser elektrolytisch dissoziierenden Makromolekülen wird die Messung durch den Donnan-Effekt gestört. (Vgl. S. 192.) Meist genügt es, den Lösungen ausreichende Mengen Fremd-Elektrolyt hinzuzufügen (Ionenstärke $\geq$ 0,05), um ihn zu unterdrücken; andernfalls ist eine Korrektur notwendig.

3. *Sedimentation*

Obwohl im Schwerefeld der Erde grundsätzlich alle sich in der Schwebe befindenden Partikel zu Boden sinken oder — bei geringerer Dichte — nach oben steigen, macht die entgegengesetzt wirkende Diffusion bei den hier interessierenden Makromolekülen diesen Effekt unmerklich, so daß er in dieser Weise nicht zur Bestimmung ihrer Masse benutzt werden kann. Durch Anwendung hoher Zentrifugalfelder in der Ultrazentrifuge läßt sich jedoch eine Bewegung der Partikeln erzwingen und ihre Geschwindigkeit quantitativ bestimmen. Nähere Einzelheiten s. „Ultrazentrifugation“, S. 746.

Die Diffusion läßt sich grundsätzlich ebenfalls zur Molekulargewichtsbestimmung benutzen, wenn die Gestalt des Moleküls genau bekannt ist; allgemein läßt sich das Molekulargewicht aus dem Quotienten von Sedimentations- und Diffusionskonstanten ermitteln (vgl. dazu [*35, 85*]).

4. *Lichtstreuung*

Licht wird beim Durchgang durch Materie gestreut. In Lösungen ist die Intensität dieses Streulichts eine Funktion des Molekulargewichts der gelösten Substanz. Bei großen Partikeln mit hohem Brechungsindex führt dies zu leicht erkennbaren Trübungen. (Ausführliches bei [*94, 95, 48* Bd. 2, S. 115).]

Bei der Bestimmung des Molekulargewichts einer gelösten Substanz durch Messung der Intensität des von ihr seitlich gestreuten Lichtes sind zwei Fälle zu unterscheiden.

a) Die gelösten Partikeln sind klein gegenüber der Wellenlänge des verwendeten Lichts (Durchmesser $d < \lambda/15$; λ = Lichtwellenlänge). Dieser Fall trifft für die meisten Proteinlösungen zu. Die Streulichtintensität ist unabhängig vom Winkel ϑ, den die Richtung des Beobachters mit der Richtung des Primärstrahls bildet, falls das Primärlicht senkrecht zur Ebene, die die beiden Richtungen bilden, polarisiert ist. Bei unpolarisiertem Licht hängt die Intensität i_ϑ auf folgende Weise von ϑ ab

$$i_\vartheta = i_{90}(1 + \cos^2\vartheta) \tag{99}$$

(i_{90} = Streulichtintensität in 90° Richtung).

Die Größe

$$R_0 \equiv \frac{i_{u,\vartheta}\, r^2}{I_{u,o}\, V(1 + \cos^2\vartheta)} \tag{100}$$

bezeichnet man als reduzierten Rayleigh-Koeffizienten ($i_{u,\vartheta}$ = Intensität des Streulichts im Winkel ϑ, r = Entfernung zwischen Beobachter (Photomultiplier) und Streuvolumen, $I_{u,o}$ = Intensität des unpolarisierten Primärlichts, V = Streuvolumen, ϑ = Beobachtungswinkel). Oft wird auch die Größe R_{90} ($\vartheta = 90°$, d.h. senkrecht zum Primärstrahl) benutzt, in welcher der Klammerausdruck des Nenners fortfällt. In der Praxis wird nicht mit absoluten Werten gerechnet, sondern die Messung auf einen Kalibrierungsstandard (z. B. Makromoleküle bekannten Molekulargewichts) bezogen. Für den Trübungskoeffizienten τ gilt

$$\tau = \frac{8}{3}\pi R_0. \tag{101}$$

Hieraus erhält man den Zusammenhang zum Molgewicht mit

$$\tau = \frac{32}{3}\,\frac{\pi^3 n_L^2}{\lambda_0^4}\left(\frac{\Delta n}{c_g}\right)^2 k\,T\,\frac{c_g}{\frac{d\Pi}{dc_g}} = H\,\frac{c_g}{\frac{d\Pi}{dc_g}} \tag{102}$$

n_L = Brechungsindex der Lösung, λ_0 = Wellenlänge des Primärlichts im Vakuum, $\Delta n/c_g$ = Brechungsinkrement der Lösung, k = Boltzmann-Konstante, T = absolute Temperatur, c_g = Gleichgewichtskonzentration, Π = osmotischer Druck der Lösung.

Das Molekular- bzw. Partikelgewicht erhält man durch graphische Auswertung, in dem $H c_g/\tau$ gegen c_g aufgetragen wird. Es gilt

$$\frac{H c_g}{\tau} = \frac{d\Pi}{dc_g} = \frac{RT}{M} + 2B^* c_g + \cdots. \tag{103}$$

Der durch Extrapolation gewonnene Abschnitt auf der Ordinate entspricht $1/M$, die Neigung $2B^*$ (2. Virial-Koeffizient).

Die Berechnung von H macht eine sehr genaue Bestimmung des Brechungsinkrements $\Delta n/c_g$ notwendig; Δn muß möglichst bis auf die 6. Dezimale genau ermittelt werden.

Polydispersität kann durch die Lichtstreuungsmethode nicht ohne weiteres erkannt werden. Ist Polydispersität anderweitig nachgewiesen, ergibt die Auswertung nach Gl. (103) den Gewichtsmittelwert des Molekulargewichts.

b) Die gelösten Partikeln sind in ihrer Größe mit der Wellenlänge des verwendeten Lichts vergleichbar ($d > \lambda/15$). Dieser Fall ist bei Proteinen sehr hohen Molekulargewichts, bei Nucleinsäuren und fadenförmigen Polysacchariden anzutreffen.

Die Streulichtintensität ist hier auch bei senkrecht zur Beobachtungsebene (vgl. oben) polarisiertem Licht von der Beobachtungsrichtung abhängig und dabei eine Funktion der Größe und der Gestalt der gelösten Partikeln. Dieser Effekt beruht auf Interferenzerscheinungen des Lichts im Innern der einzelnen Moleküle (vgl. dazu [*94*]). Es gilt jetzt:

$$\frac{3Hc_g}{8\pi V R_{\vartheta,V}} = \frac{RT}{MP(\vartheta)} + 2B^*c_g + \cdots, \qquad (104)$$

worin $P(\vartheta)$ den Partikelstreufaktor (Particle-Scattering-Factor, *Zimm* [*103*]) und $R_{\vartheta,V}$ den Rayleigh-Koeffizienten für vertikal polarisiertes Primärlicht bedeuten, welche die Interferenzfunktion beschreiben. Abb. 41 zeigt den Verlauf von $P(\vartheta)$

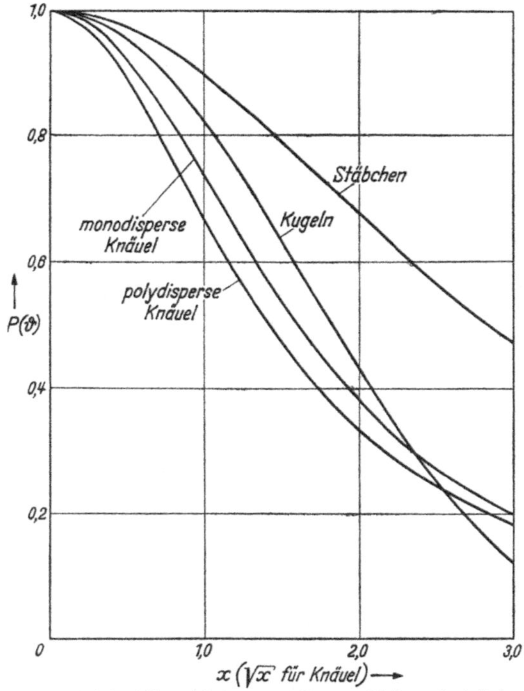

Abb. 41. $P(\vartheta)$ in Abhängigkeit von x für verschiedene Gestaltstypen

in Abhängigkeit von der Größenfunktion x für verschiedene Gestaltstypen der Partikel. Die Funktion x ist von der Gestalt abhängig, für Kugeln gilt beispielsweise

$$x = \frac{\pi}{\lambda_L} 2d \sin(\vartheta/2),$$

d = Kugeldurchmesser. x ist somit nicht nur vom Durchmesser der Kugel, sondern auch noch vom Beobachtungswinkel abhängig.

Die Bestimmung der Winkelabhängigkeit kann dazu dienen, den Gestaltstyp oder bei bekannten Typen die Lineardimensionen der Partikeln zu ermitteln. Meist begnügt man sich mit der Messung von Winkelpaaren, die zu 90° symmetrisch sind (z.B. 45° und 135°). Das Verhältnis der R-Werte beider Winkel wird als Dissymmetriekoeffizient z bezeichnet. z ist ebenfalls eine Funktion von Größe und Gestalt der Partikeln (vgl. [*94, 95*]), aus der sich in geeigneten Fällen beide bestimmen lassen. Eindeutige Ergebnisse erhält man aber nur bei monodispersen Systemen. Polydispersität läßt sich nur bei statistischen Fadenknäueln berücksichtigen.

Zur Molekulargewichtsbestimmung großer Partikeln ($d > \lambda/15$) nach Gl. (104) muß nicht nur — wie im Fall a) — auf die Konzentration Null, sondern auch auf den Winkel $\vartheta = 0$ extrapoliert werden, weil nur bei diesem Winkel die Einflüsse der inneren Interferenz verschwinden. Hierzu werden die R-Werte verschiedener Konzentrationen der Lösung der zu bestimmenden Substanz für jeweils mehrere Beobachtungswinkel ϑ gemessen und nach einer von *Zimm* [*103*] angegebenen Weise in einem Diagramm aufgetragen. Als Ordinate wird $Hc_g/R_{\vartheta,V}$, als Abszisse $\sin^2(\vartheta/2) + 100c_g$ gewählt. (Der Faktor 100 kann durch andere ersetzt werden, er dient nur zur Anpassung des Abszissenmaßstabes.) Eintragen der Meßergebnisse führt zu einem Diagramm mit 2 Begrenzungslinien, eine für $c_g = 0$ und eine für $\vartheta = 0$, beide schneiden sich in einem Punkt der Ordinate, der RT/M entspricht.

Röntgenkleinwinkelstreuung. Verwendet man bei der Lichtstreuung von Lösungen sehr kurzwelliges Licht (Röntgenstrahlen), so treten nur bei kleinen Winkeln Streueffekte auf. Die Intensität dieses Streulichts ist in unmittelbarer Nähe des Primärstrahls am größten, fällt aber sehr steil über wenige Winkelgrade ab. Aus dem Intensitätsverlauf lassen sich Dimensionen von Makromolekülen berechnen, wobei man wegen der kleinen Wellenlänge des Röntgenlichts auch relativ kleine Partikeln untersuchen kann. Über Methodisches und Theorie vgl. *Kratky* (in [*95, 65*]).

Viscosität. Die zwischen zwei benachbarten strömenden Schichten auftretende Schubspannung ist gleich der Änderung der Strömungsgeschwindigkeit senkrecht zur Strömungsrichtung (Geschwindigkeitsgradient!) mal einem Faktor η, der als Viscosität oder Zähigkeit bezeichnet wird. Im Falle einer Flüssigkeit, die durch eine Kapillare der Länge l und des Radius r strömt, ergibt sich, wenn Δp die Druckdifferenz zwischen den Enden der Kapillare bedeutet:

$$\frac{V}{t} = \frac{\pi \Delta p r^4}{8 l \eta} \text{ (Hagen-Poiseulle-Gesetz)} \qquad (105)$$

(V = Flüssigkeitsvolumen, das in der Zeit t durch die Kapillare strömt).

Einheit der Viscosität: 1 dyn sec/cm² = 1 Poise = 100 Centipoise (abgekürzt P und cP). Diese Größe wird als dynamische Zähigkeit bezeichnet; die kinematische Zähigkeit wird daraus durch Division durch die Dichte der Flüssigkeit erhalten (Einheit: 1 Stokes [abgekürzt St]).

$$\text{Relative Viscosität von Lösungen } \eta_{\text{rel}} = \frac{\eta\text{ (Lösung)}}{\eta\text{ (Lösungsmittel)}}$$

$$\text{Viscositätszahl (intrinsic viscosity)} = \lim_{c \to 0} \left[\frac{\eta_{\text{rel}} - 1}{c}\right] \equiv [\eta] \qquad (106)$$

(c = Konzentration des gelösten Stoffes in g/ml, bei „intrinsic viscosity" in g/100 ml).

(Siehe hierzu Tab. 16, S. 116.)

Die Viscosität von Lösungen kolloider Partikeln hängt nicht unmittelbar von deren Masse, sondern von ihrer Gestalt ab, woraus nur in bestimmten Fällen auf ihr Molekulargewicht geschlossen werden kann. Die Viscositätszahl $[\eta]$ ist bei

Kugeln nicht von ihrer Größe, sondern von ihrem Volumenanteil abhängig (*Einstein*). Es gilt

$$\eta_{\mathrm{rel}} - 1 = 2{,}5\,\varphi_2 \simeq 2{,}5\,\frac{c_2}{\varrho_2} \tag{106a}$$

$$\left(\varphi_2 = \frac{V_2}{V_1 + V_2} = \text{Volumenbruch}\right)$$

mit den Einzelvolumina V_1 = Lösungsmittel, V_2 = gelöste Substanz, c_2 = Gewichtskonzentration, ϱ_2 = Dichte der gelösten Substanz. Abweichungen von der Kugelgestalt machen sich durch Abweichung vom Faktor 2,5 bei der Konzentration 0 und in einer Konzentrationsabhängigkeit der Viscositätszahl bemerkbar.

Für starre Stäbchen (Rotationsellipsoide mit $p > 1$) erhält man nach *Kuhn* und *Kuhn* [*66*]

$$[\eta]_V = 1{,}6 + p^2 \left\{1/\left[15\left(\ln 2p - \frac{3}{2}\right)\right] + 1/\left[5\left(\ln 2p - \frac{1}{2}\right)\right]\right\}. \tag{107}$$

Für Scheiben (Rotationsellipsoide mit $p < 1$) erhält man

$$[\eta]_V = \frac{4}{9} + \frac{32}{15\pi p} \tag{108}$$

($p = a/b$, $2a$ = Länge, $2b$ = Durchmesser, $[\eta]_V = \lim\,[(\eta_{\mathrm{rel}} - 1)/\varphi_2]$).

Makromoleküle in wäßrigen Lösungen binden meist größere Mengen von Wasser. Da die Viscosität auf die geometrischen Abmessungen der gelösten Partikeln anspricht, muß ihre von der Hydratation herrührende Vergrößerung berücksichtigt werden. Die Bindung von Lösungsmittel vergrößert die Viscositätszahl in gleicher Weise wie es eine Volumenvergrößerung der Partikel tun würde. Zur Bestimmung des Achsenverhältnisses *b* muß daher die Hydratation des Makromoleküls genau bekannt sein (vgl. *Oncley* [*78*]).

Für Fadenmoleküle ergeben sich Zusammenhänge mit dem Molekulargewicht, wenn die Moleküle aus hydrodynamisch einander äquivalenten Bausteinen bestehen (Polymere). Allgemein wird angenommen

$$[\eta] = K'_m\, M^a, \tag{109}$$

wobei a zwischen 0,5 und 2 schwanken soll. (a ist 0,5÷1 bei partiell durchspülten Fadenknäueln, bei völlig undurchspülten soll es 0,5 sein, vgl. *Stuart* [*95*].)

Besser wird der Zusammenhang zwischen Viscositätszahl und Molekulargewicht von Fadenknäueln durch die Gleichung von *Flory* [*32*] beschrieben:

$$[\eta] = \Phi\,(\overline{h_0^2}/M)^{\frac{3}{2}}\, M^{\frac{1}{2}}\, \alpha. \tag{110}$$

Φ ist eine lösungsmittelunabhängige universelle Konstante mit dem Wert $3{,}62 \cdot 10^{23}$, α ist das Verhältnis $[\eta]/[\eta]_{\mathrm{ideal}}$; $[\eta]_{\mathrm{ideal}}$ = Viscositätszahl in einem idealen Lösungsmittel (beim Θ-Punkt nach *Flory* [*32*]) und $(\overline{h_0^2})^{\frac{1}{2}}$ der mittlere Fadenendenabstand des Knäuels.

Proteine haben meist kleine Viscositätszahlen, da sie oft nur wenig von der Kugelgestalt abweichen. Bei vielen ist jedoch die Abweichung beträchtlich.

Die Viscositätszahlen der Nucleinsäuren sind durchweg sehr hoch, da ihre Moleküle aus langen ziemlich steifen Nadeln bestehen.

Polysaccharide können sowohl als kompakte Moleküle (Stärke, Glykogen) als auch als Fäden vorliegen (Cellulose und deren Derivate, Dextrane); die Polyuronsäuren sind fast durchweg fadenförmig.

Geladene Fadenmoleküle (Polyelektrolyte) ändern ihre Ausdehnung mit dem Ladungszustand, ihre Viscosität hängt dann vom Dissoziationsgrad ihrer ionisierbaren Gruppen ab (Gelatine, Polyuronsäuren); das stark ionisierte Molekül ist weitgehend gestreckt, das ungeladene geknäuelt (vgl. dazu [*83*]).

Die Viscosität von anisometrischen Partikeln, insbesondere von Fadenmolekülen ist von der Strömungsgeschwindigkeit (genauer vom Strömungsgefälle dv/dx, x = Abstand zur festen Wand, relativ zu der sich die Flüssigkeit bewegt) abhängig. Diese „Strukturviscosität" tritt besonders bei hohen Konzentrationen auf, wo gegenseitige Beeinflussung der Moleküle einsetzen kann. In vielen Fällen ist zur genauen Ermittlung von $[\eta]$ eine Extrapolation der bei verschiedenem Strömungsgefälle gemessenen Werte auf das Strömungsgefälle 0 notwendig. (Experimentelle und methodische Einzelheiten bei [*48*, Bd. 2, S. 12, *95*], Theorie bei [*95*, *32*].) Bestimmung des Molgewichtes von Nucleinsäuren aus der Strukturviscosität bei *Zimm* [*104*].

Bestimmung der Gestalt. Zur Bestimmung der Gestalt von kolloiden Partikeln können folgende bereits aufgeführte Methoden herangezogen werden: Elektronenmikroskopie, Lichtstreuung (Dimensionen $>\lambda/10$), Röntgenkleinwinkelstreuung, Viscosität. Diese liefern unmittelbar oder mittelbar Dimensionen der Partikeln, durch die die Gestalt angenähert beschrieben werden kann. Weitere Methoden sind: Bestimmung des Reibungskoeffizienten und der Strömungsdoppelbrechung. (Näheres bei [*94*].)

Reibungskoeffizient (s. auch Abschnitt „Ultrazentrifugation", S. 746). Der Reibungskoeffizient ist definiert durch

$$K = f\,\frac{dx}{dt},$$

wobei K den Widerstand bedeutet, den ein Körper bei Bewegung durch eine homogene Flüssigkeit mit der Geschwindigkeit dx/dt erfährt. f ist für glatte, nicht solvatisierte Kugeln nach *Stokes* $6\pi r\eta$ (r = Kugelradius, η = Viscosität der Flüssigkeit). Ist das Volumen oder die Masse und die Dichte einer Partikel bekannt, läßt sich ihr Radius r berechnen, wenn angenommen wird, daß die Partikel eine Kugel sei. Es ist der Reibungskoeffizient einer Kugel

$$f_0 = 6\pi r\eta = 6\pi\eta\left(\frac{3M_j}{4\pi N_L \varrho_j}\right)^{\frac{1}{3}} \tag{111}$$

(M_j = Molekulargewicht, ϱ_j = Dichte der Partikel, N_L = Loschmidtsche Zahl).

Das Reibungsverhältnis f/f_0 ist der Quotient des gemessenen Reibungsfaktors f einer Partikel unbekannter Gestalt zum berechneten Faktor f_0, der als Kugel gedachten Partikel nach Gl. (111). f/f_0 nimmt mit wachsender Abweichung von der Kugelgestalt zu.

Der Reibungsfaktor f läßt sich aus der Diffusionskonstante nach

$$D = \frac{RT}{N_L f} \tag{112}$$

(R = Gaskonstante, T = absolute Temperatur) und der Sedimentationskonstante (vgl. S. 746)

$$s = \frac{M_j(1 - V_p\varrho_0)}{N_L f} \tag{113}$$

berechnen, falls diese experimentell bestimmt worden sind. Für das Reibungsverhältnis erhält man:

$$\frac{f}{f_0} = \frac{RT}{DN_L 6\pi\eta}\left(\frac{4\pi N_L \varrho_j}{3M_j}\right)^{\frac{1}{3}} = \frac{(1 - V_j\varrho_0)}{s\eta}\left(\frac{M_j^2}{162\pi^2 V_p N_L}\right)^{\frac{1}{3}} \tag{114}$$

(V_p = partielles spezifisches Volumen der gelösten Substanz).

Das Verfahren ist zur Bestimmung des Achsenverhältnisses a/b der Partikel dadurch eingeschränkt, daß — wie bei der Viscosität — der Reibungsfaktor durch die Hydratation der Partikeln beeinflußt wird. Um a/b aus f/f_0 zu berechnen, muß die Hydratation durch eine unabhängige Methode bestimmt worden sein. Es gilt nach *E. O. Kraemer* [*64*]

$$\left(\frac{f}{f_0}\right)_{\text{korr}} = \left(\frac{f}{f_0}\right)\left(1 + \frac{w}{\varrho_0 V_p}\right)^{\frac{1}{3}} \tag{115}$$

(w = Menge des pro g Substanz festgehaltenen Lösungsmittels, ϱ_0 = dessen Dichte).

Für Proteine ist von *Oncley* [*78*] das in Abb. 42 dargestellte Diagramm berechnet worden, aus dem bei gefundenem Achsenverhältnis (Parameter) und gesondert bestimmter Hydratation (Abszisse) a/b abgelesen werden kann. Man erhält 2 Werte, die den Bedingungen genügen, einen für das langgestreckte, einen

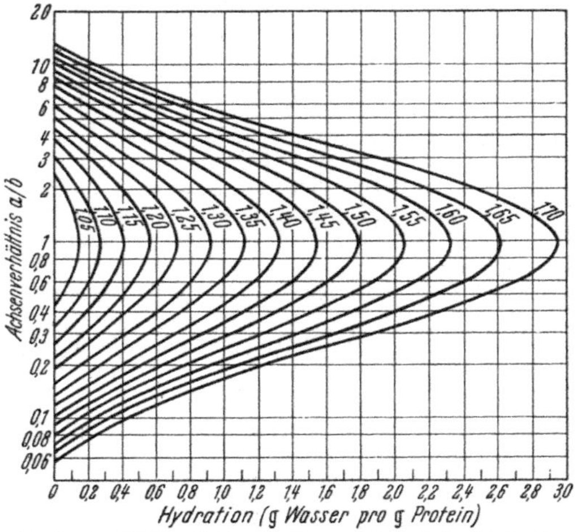

Abb. 42. Abhängigkeit von f/f_0 in Abhängigkeit von a/b und der Hydration bei Proteinen nach *Oncley* [*78*]

zweiten für das abgeplattete Ellipsoid. Zur Entscheidung zwischen beiden muß ein Modell entworfen werden, das auch mit anderen Eigenschaften der untersuchten Substanz übereinstimmt (vgl. [*94*]). Einige Reibungsverhältnisse für Proteine sind auf S. 767—828 ff., 1. Teil, aufgeführt.

Strömungsdoppelbrechung. Die Strömungsdoppelbrechung beruht auf der Ausrichtung anisometrischer (d. h. von der Kugelgestalt abweichender) Partikeln in einem Strömungsgefälle. Der Grad der Ausrichtung zu den Stromlinien hängt von der Rotationsdiffusion der Partikeln und dem Strömungsgefälle ab; aus den gewonnenen Meßwerten lassen sich bei starren Partikeln ebenfalls die Achsenverhältnisse von Rotationsellipsoiden bestimmen (Ausführliches bei [*48* Bd. II/2, S. 83; *51*].

B. Tabellen

Tabelle 1. **Dissoziationskonstante des Wassers**[1]

(K_w in Mol/L; Definition S. 42)

Temp. °C	$p_w = -\log K_w$	$K_w \cdot 10^{14}$	Neutralpunkt des Wassers p_H
0	14,9435	0,1139	7,4718
5	14,7338	0,1846	7,3669
10	14,5346	0,2920	7,2673
15	14,3463	0,4501	7,1732
20	14,1669	0,6797	7,0835
25	13,9965	1,005	6,9983
30	13,8330	1,462	6,9165
35	13,6801	2,076	6,8401
40	13,5348	2,896	6,7667
45	13,3960	3,978	6,6980
50	13,2617	5,409	6,6309
55	13,1369	7,191	6,5685
60	13,0171	9,451	6,5086

[1] Nach Messungen von *Harned, H. S.*, u. *R. A. Robinson* [*42*].

Tabelle 2–5. **Dissoziationskonstanten von Säuren und Basen** (s. S. 42)

In den folgenden Tabellen sind, soweit verfugbar, die konzentrationsunabhängigen thermodynamischen Konstanten K^* angegeben, die ebenso wie die entsprechenden p_K^*-Werte ($p_K = -\log K_a$) durch * gekennzeichnet sind. Die Konzentration c ist dabei entweder mit Hilfe theoretischer bzw. empirischer Formeln auf $c = 0$ extrapoliert [0 (c)], oder experimentell [→0] bestimmt. Die übrigen Angaben der Spalte 4 in Tab. 2a, b und 3a, b bezeichnen molare Konzentrationen bzw. „dil" = verdünnt und „var" = verschieden. Daten ohne Angaben zur Konzentration sind im allgemeinen im Bereich von 0,01–0,1 m bestimmt.

Die Zahlenwerte der Tab. 2a, b sind größtenteils den Tabellen in *Landolt-Bornstein* [67] Bd. II/7, S. 839ff. und *Bjerrum-Schwarzenbach-Sillén* [7] entnommen.

Tab. 3a, b enthalt Daten aus *Landolt-Börnstein* [LB] (loc. cit.), *Bjerrum-Schwarzenbach-Sillén* [BS] (loc. cit.), *Robinson-Stokes* [RS] [*84*], sowie aus [*14, 23, 41, 47, 93*]. Für Tab. 4a–d wurden außer den zuvor genannten Sammlungen *Cohn-Edsall* [*20*], *Alberty* [*1*] und insbesondere *Greenstein* und *Winitz* [*39*] herangezogen. Zusätzlich sei auf *Kortüm-Vogel-Andrassow:* Diss. Konst. Org. Säuren, London 1961, verwiesen, für „Gruppen-p_K-Werte" (intrinsic p_K) von Aminsäuren in Proteinen vgl. *C. Tanford:* Adr. Protein Chem. **17**, 112 (1962).

Wo die aus K_a resp. K_b berechneten p_{Ka}-Werte verschiedener Autoren stark voneinander abweichen, wurden verschiedene Werte oder der Variationsbereich ggf. mit Angabe der Herkunft aufgeführt.

Übersicht:

Tab. 2a. Anorganische Sauren $$K_a = \frac{c_{H^+} \cdot c_{Ac^-}}{c_{HAc}}.$$

Tab. 2b. Anorganische Basen $$K_b = \frac{c_{OH^-} \cdot c_{B^+}}{c_B}; \quad p_{K_b} = -\log K_b, \quad K_a = \frac{K_w}{K_b}.$$

Tab. 3a. Organische Sauren.
Tab. 3b. Organische Basen.

Tab. 4. Amphotere Elektrolyte $$p_{K_1} = -\log \frac{[^+A^-][H^+]}{[^+A]}; \quad p_{K_2} = -\log \frac{[A^-][H^+]}{[^+A^-]}$$

4a. α-Aminosauren.
4b. Peptide.
4c. Purine, Pyrimidine und ihre Derivate.
4d. Weitere amphotere Elektrolyte.

Tab. 5. p_{K^+}-Werte schwacher Elektrolyte und ihre Temperaturabhangigkeit

Tabelle 2. **Anorganische Säuren und Basen**

2a. **Anorganische Säuren** [*7, 67*]

Saure	Stufe	T °C	c	K_a	p_K
H_2O_2		20	0 (c)	$1{,}78 \cdot 10^{-12*}$	11.75*
HF		25	0 (c)	$6{,}76 \cdot 10^{-4*}$	3,17*
HClO		18	0 (c)	$2{,}95 \cdot 10^{-8*}$	7,53*
HBrO		25	0 (c)	$2{,}51 \cdot 10^{-9*}$	8,60*
HJO		25		$3{,}98 \cdot 10^{-11}$	10,4
HJO_3		25	→ 0	0,164*	0,785*
HJO_4		25	0 (c)	$2{,}29 \cdot 10^{-2*}$	1,64*
H_2S	1	25	0 (c)	$1{,}02 \cdot 10^{-7*}$	6,99*
	2	25	0 (c)	$1{,}29 \cdot 10^{-13*}$	12,89*
H_2SO_3	1	25	→ 0	$1{,}722 \cdot 10^{-2*}$	1,764*
	2	25	→ 0	$6{,}24 \cdot 10^{-8*}$	7,205*
H_2SO_4	2	25	→ 0	$1{,}15 \cdot 10^{-2*}$	1,94*
H_2SO_5	2	25		$4 \cdot 10^{-10}$	9,40
$H_2S_2O_3$	2	25	0 (c)	$1{,}9 \div 2{,}74 \cdot 10^{-2*}$	1,56÷1,72*
$H_2S_2O_4$	2	25	→ 0	$3{,}5 \cdot 10^{-3*}$	2,46*
H_3SO_3N		25	→ 0	$1{,}028 \cdot 10^{-1*}$	0,988*
H_2Se	1	25	0 (c)	$1{,}29 \cdot 10^{-4*}$	3,89*
	2	25	0 (c)	$1 \cdot 10^{-11*}$	11,0*
H_2SeO_3	1	25	0 (c)	$2{,}40 \cdot 10^{-3*}$	2,62*
	2	25	0 (c)	$4{,}79 \cdot 10^{-9*}$	8,32*
H_2SeO_4	1	25		∼3	∼0,20
	2	25	0 (c)	$8{,}91 \cdot 10^{-3}$	2,05
H_2Te	1	18		$2{,}27 \cdot 10^{-3}$	2,64
	2	25		$1{,}59 \cdot 10^{-9}$	8,80
H_2TeO_3	1	25		$3 \cdot 10^{-3}$	2,52
	2	25		$1{,}4 \div 4{,}3 \cdot 10^{-6}$	5,37÷5,85
H_2TeO_4	1	25	→ 0	$2{,}46 \cdot 10^{-8}$	7,61
	2	25	≦ 0,01	$4{,}07 \div 4{,}68 \cdot 10^{-11}$	10,33÷10,39

Tabelle 2a (Fortsetzung)

Säure	Stufe	T °C	*c*	K_a	pK
HN_3		25	→ 0	$1,91 \cdot 10^{-5}$*	4,72*
HNO_2		25	dil.	$5,13 \cdot 10^{-4}$	3,29
H_3PO_2	1	25		$1,01 \cdot 10^{-1}$	0,996
H_3PO_3	1	25		$7,1 \cdot 10^{-2}$	2,15
	2	18		$2,6 \cdot 10^{-7}$	6,59
H_3PO_4	1	25	→ 0	$7,112 \cdot 10^{-3}$*	2,148*
	2	25	→ 0	$6,34 \cdot 10^{-8}$*	7,198*
	3	25	→ 0	$4,37 \; 10^{-13}$*	12,360*
$H_4P_2O_7$	1	25	→ 0	$3,02 \cdot 10^{-2}$*	1,52*
	2	25	→ 0	$4,37 \cdot 10^{-3}$	2,36
	3	25	→ 0	$2,19 \cdot 10^{-7}$	6,60
	4	25	→ 0	$5,62 \cdot 10^{-10}$	9,25
$HAsO_2$ meta-	1	25		$9 \cdot 10^{-10}$	9,05
ortho-	1	25		$4 \cdot 10^{-10}$	9,40
	2	25		$2 \cdot 10^{-14}$	13,70
	3	32		$< 10^{-15}$	< 15
H_3AsO_4	1	25	0 (c)	$6,07 \cdot 10^{-3}$	2,22
	2	25	0 (c)	$1,05 \cdot 10^{-7}$	6,98
	3	18	var.	$2,95 \cdot 10^{-12}$	11,53
H_2CO_3	1 [1]	25		$1,32 \cdot 10^{-4}$	3,88
	1 [2]	25	→ 0	$4,45 \cdot 10^{-7}$*	6,352*
	2	25	→ 0	$4,79 \cdot 10^{-11}$*	10,32*
HCN		25	var.	$4,90 \cdot 10^{-10}$	9,31
HSCN		25		0,142	0,848
HCNO		~20	var.	$2,19 \cdot 10^{-4}$	3,66
H_4SiO_4	1	30	var.	$2,19 \cdot 10^{-10}$	9,66
	2	30	var.	$2,00 \cdot 10^{-12}$	11,7
	3−4	30	var.	$1,0 \cdot 10^{-12}$	12,0
H_3BO_3	1	20	→ 0	$7,33 \cdot 10^{-10}$*	9,135*
	2	20	→ 0	$1,78 \cdot 10^{-13}$*	12,75*
	3	20	→ 0	$1,59 \cdot 10^{-14}$*	13,8*
$Fe(OH)_2$		25	→ 0	$5 \cdot 10^{-9}$*	8,3*
ZnO_2		25		$3,6 \cdot 10^{-14}$	13,443
H_3AlO_3		25		$6 \cdot 10^{-12}$	11,22
H_2SnO_3		25		$4 \cdot 10^{-10}$	9,60
$Pb(OH)_2$	1	25		$9,6 \cdot 10^{-4}$	3,02
	2	25		$3 \cdot 10^{-8}$	7,52

[1] wahre Diss. $\frac{[H^+]\,[HCO_3^-]}{[H_2CO_3]}$ [2] scheinbare Diss. $\frac{[H^+]\,[HCO_3^-]}{[CO_2 + H_2CO_3]}$

2b. **Anorganische Basen** [*7, 67*]

Base	Stufe	T °C	*c*	K_b	pK_b	pK
HOJ		25		$3,0 \cdot 10^{-10}$	9,52	4,48
H_2TeO_3		18		$3,1 \cdot 10^{-11}$	10,51	3,73
NH_4OH	1	25		$1,78 \cdot 10^{-5}$	4,75	9,25
ND_4OD	1	25		$1,1 \cdot 10^{-5}$	4,96	9,04
NH_4Cl		25		$\sim 10^{-15}$	~15	~ −1
N_2H_4	1	25	→ 0	$8,5 \cdot 10^{-7}$*	6,07*	7,93
	2	25	→ 0	$8,9 \cdot 10^{-16}$*	15,05*	−1,05
NH_2OH		20	→ 0	$1,07 \cdot 10^{-8}$*	7,97*	6,12
As_2O_3		25		$1 \cdot 10^{-14}$	14	0
LiOH		25	→ 0	0,665*	0,177*	13,823
NaOH		25	→ 0	3,7÷5,9*	0,57÷0,77*	~13,33
$Mg(OH)_2$	2	25		$2,6 \cdot 10^{-3}$	2,59	11,41
$Ca(OH)_2$	1	25	0 (c)	$3,74 \cdot 10^{-3}$*	2,43*	11,57
	2	25	→ 0	$4,3 \cdot 10^{-2}$*	1,37*	12,63
$Sr(OH)_2$	2	25	→ 0	0,150*	$0,82_4$*	$13,17_6$
$Ba(OH)_2$	2	25	→ 0	0,23*	$0,63_8$*	$13,36_2$
$Fe(OH)_2$	2	25		$8,3 \cdot 10^{-7}$	6,08	7,92
AgOH		25		$1,1 \cdot 10^{-4}$	3,96	10,04
$Ag(NH_3)_2OH$		18		$3,31 \cdot 10^{-8}$	7,48	6,76
$Zn(OH)_2$	2	25		$1,5 \cdot 10^{-9}$	8,82	5,18
$Pb(OH)_2$	1	25		$9.6 \cdot 10^{-4}$	3,02	10,98
	2	25		$3 \cdot 10^{-8}$	7,52	6,48

Tabelle 3. **Organische Säuren und Basen**

3a. **Organische Säuren**

Säure	Stufe	T °C	c	K_a	p_K	Lit.[1]
Acetessigsäure		25		$2,6 \cdot 10^{-4}$	$3,58_5$	LB
Acetylaceton		25	→ 0	$1,18 \cdot 10^{-9*}$	8,93*	BS
Aconitsäure		25		$1,58 \cdot 10^{-3}$	2,80	LB
Acrylsäure		25	→ 0	$5,56 \cdot 10^{-5*}$	4,255*	LB
Adipinsäure	1	25	→ 0	$3,715 \cdot 10^{-5*}$	4,43*	LB
	2	25		$3,87 \cdot 10^{-6}$	5,41*	BS
L-Äpfelsäure	1	25	→ 0	$3,47 \cdot 10^{-4*}$	3,46*	LB BS
	2	25	→ 0	$8,91 \cdot 10^{-6*}$	5,05*	LB BS
Äthylmalonsäure	1	25	0,06	$1,26 \cdot 10^{-3}$	2,90	BS
	2	25	0,06	$2,82 \cdot 10^{-6}$	5,55	BS
Ameisensäure		25	→ 0	$1,772 \cdot 10^{-4*}$	3,751*	LB BS
Aminomalonsäure	1	20	→ 0	$4,79 \cdot 10^{-4*}$	3,32*	BS
	2	20	→ 0	$1,48 \cdot 10^{-10*}$	9,83*	BS
Ascorbinsäure	1	24	→ 0	$7,94 \cdot 10^{-5*}$	4,10*	LB
	2	16	→ 0	$1,62 \cdot 10^{-12*}$	11,79*	LB
Barbitursäure		25	→ 0	$9,23 \cdot 10^{-5*}$	4,035*	
Benzoesäure		25	→ 0	$6,295 \cdot 10^{-5*}$	4,201*	LB
Bernsteinsäure	1	25	→ 0	$6,21 \cdot 10^{-5*}$	4,207*	LB
	2	25	→ 0	$2,30 \div 3,31 \cdot 10^{-6*}$	$5,64 \div 5,48$*	RS BS
Bernsteinsäure-anhydrid		25		$6,8 \cdot 10^{-5}$	4,17	LB
Brenzweinsäure	1	25		$6,6 \cdot 10^{-5}$	4,18	LB
	2	25		$2,8 \cdot 10^{-6}$	5,55	LB
α-Brombuttersäure		25	→ 0	$1,07 \cdot 10^{-3*}$	2,97*	LB BS
Bromessigsäure		25	→ 0	$1,253 \cdot 10^{-3*}$	2,901*	LB BS
α-Brompropionsäure		25		$1,08 \cdot 10^{-3}$	2,97	
β-Brompropionsäure		25		$9,8 \cdot 10^{-5}$	4,01	
n-Buttersaure		25	→ 0	$1,515 \cdot 10^{-5*}$	4,819*	LB BS
iso-Buttersäure		25	→ 0	$1,419 \cdot 10^{-5*}$	4,848*	LB BS
Camphersäure	1	25		$2,95 \cdot 10^{-4}$	3,530	LB
	2	25		$1,05 \cdot 10^{-5}$	4,979	LB
	3	25		$3,7 \cdot 10^{-8}$	7,43	LB
n-Capron		25		$1,32 \cdot 10^{-5}$	4,88	LB
iso-Capron		25	→ 0	$1,57 \cdot 10^{-5*}$	$4,80_4$*	LB
Capronsäure		25	→ 0	$1,39 \cdot 10^{-5*}$	4,857*	RS
Caprylsäure		25		$1,26 \cdot 10^{-5}$	4,90	LB
Chloressigsäure (mono)		25	→ 0	$1,365 \cdot 10^{-3*}$	2,865*	RS
α-Chlorpropionsäure		25		$1,47 \cdot 10^{-3}$	2,83	
β-Chlorpropionsäure		25		$1,04 \cdot 10^{-4}$	3,98	
Citraconsäure	1	25		$5,14 \cdot 10^{-3*}$	$2,28_9$*	LB
	2	25		$7,15 \cdot 10^{-7*}$	$6,14_6$*	LB
Citronensäure	1	25	→ 0	$7,447 \cdot 10^{-4*}$	3,128*	BS
	2	25	→ 0	$1,73_8 \cdot 10^{-5*}$	4,76*	BS
	3	25	→ 0	$4,027 \cdot 10^{-7*}$	6,395*	BS
	4	25		$(1 \cdot 10^{-16})$	(16,0)	BS
n-Crotonsäure		25	→ 0	$1,975 \cdot 10^{-5*}$	4,704*	LB
iso-Crotonsäure		25		$4,16 \cdot 10^{-5}$	4,381	LB
Cyanessigsäure		25	→ 0	$3,360 \cdot 10^{-3*}$	2,474*	LB
Deuteroessigsäure [in D_2O]		25		$5,5 \cdot 10^{-6}$	5,66	
Dichloressigsäure		25	→ 0	$3,32 \cdot 10^{-2*}$	1,48*	LB
Diglykolsäure				$1,54 \cdot 10^{-4}$	3,813	LB
Dimethylmalonsäure	1	25	∼0,05	$8,32 \cdot 10^{-4}$	3,08	BS
	2	25	∼0,05	$1,55 \cdot 10^{-6}$	5,81	BS
Dithioweinsäure	1	20		$3,98 \cdot 10^{-3}$	2,40	BS
(= Dimercapto-	2	20		$3,47 \cdot 10^{-4}$	3,46	BS
bernsteinsäure)	3	20		$3,63 \cdot 10^{-10}$	9,44	BS
	4	20		$1,51 \cdot 10^{-12}$	11,82	BS
Essigsäure		25	→ 0	$1,754 \cdot 10^{-5*}$	4,756*	RS
Fluoressigsäure		25	→ 0	$2,5959 \cdot 10^{-3*}$	2,586*	LB
D-Fructose		25		$8,8 \cdot 10^{-13}$	12,06	LB
Fumarsäure	1	25	→ 0	$9,50 \cdot 10^{-4*}$	3,02*	LB BS
	2	25	→ 0	$4,80 \cdot 10^{-5*}$	4,32*	LB
Galaktose		18		$5 \cdot 10^{-13}$	12,3	LB
Gallussäure		25		$3,8 \cdot 10^{-5}$	4,42	LB
Gluconsäure		25		$2,75 \cdot 10^{-4}$	3,56	BS
D-Glucose		25		$5,1 \cdot 10^{-13}$	12,29	LB
Glutarsäure	1	25	→ 0	$4,535 \cdot 10^{-5*}$	$4,34_3$*	LB
	2	25		$5,34 \cdot 10^{-6}$	5,27	LB

[1] Literaturabkürzungen s. Einführung zu Tab. 2—5, S. 69.

Tabelle 3a (Fortsetzung)

Säure	Stufe	T °C	c	K_a	p_K	Lit.
Glycerin		17		7 · 10^{-15}	14,16	LB
Glycerinsäure		20		2,3 · 10^{-4}	3,64	LB
Glykolsäure		25	→ 0	1,475 · 10^{-4}*	3,831*	LB
Glyoxalsäure		25		5,10 · 10^{-7}	6,29	
Glyoxylsäure		25		5 · 10^{-4}	3,3	LB
Harnsäure	1	25		1,5 · 10^{-6}	5,82	
	2			5,0 · 10^{-11}	10,3	
n-Heptylsäure		18		1,42 · 10^{-5}	4,848	LB
Hippursäure		~20	→ 0	1,57 · 10^{-4}*	3,80*	
Hydrochinon	1	20		0,91 · 10^{-10}	10,04	LB
	2	20		1,5 · 10^{-12}	11,82	LB
m-Hydroxybenzoesäure	1	25	→ 0	8,34 · 10^{-5}*	4,079*	RS
	2	25	→ 0	1,02 · 10^{-10}*	9,99*	RS
p-Hydroxybenzoesäure	1	25	→ 0	2,62 · 10^{-5}*	4,582*	RS
	2	25		3,98 · 10^{-10}	9,4	RS
α-Hydroxybuttersäure		30	~0,1	2,24 · 10^{-4}	3,65	RS
β-Hydroxybuttersäure		25	0,2	4,07 · 10^{-5}	4,39	RS
γ-Hydroxybuttersäure		25		1,93 · 10^{-5}	4,71	RS
β-Hydroxypropionsäure		25	→ 0	1,86 · 10^{-4}	3,73	BS
Jodessigsäure		25	→ 0	6,680 · 10^{-4}*	3,175*	LB
Jodpropionsäure		35	→ 0	8,71 · 10^{-5}*	4,04*	BS
Korksäure	1	25		2,99 · 10^{-5}	4,524	LB
	2	25		3,95 · 10^{-6}	5,403	LB
Lactose		16,5		6 · 10^{-13}	12,22	LB
Lävulinsäure		25		2,55 · 10^{-5}	4,593	LB
Maleinsäure	1	25	→ 0	1,42 · 10^{-2}*	1,85* 1,92*	LB BS
	2	25	→ 0	8,57 · 10^{-7}*	6,07* 6,23*	LB BS
Malonsäure	1	25	→ 0	1,40 · 10^{-3}*	2,854*	LB BS
	2	25	→ 0	2,014 · 10^{-6}*	5,696*	LB
Maltose		17,5		2 · 10^{-12}	11,70	LB
Mandelsäure		25	→ 0	3,89 · 10^{-4}*	3,41* (3,37*)	BS (LB)
α-Mercaptobuttersäure		30	~0,1	2,97 · 10^{-4}	3,528	BS
Methylmalonsäure	1	25	~0,05	$0{,}89_2$ ÷ 1,07 · 10^{-4}	2,97 ÷ 3,05	LB BS
	2	25	~0,05	1,75 ÷ 3,47 · 10^{-4}	5,46 ÷ 5,76	LB BS
Milchsäure		25	→ 0	1,374 · 10^{-4}*	3,862*	LB
		100		8,4 · 10^{-4}	3,08	
Nicotinsäure		25		1,74 · 10^{-5}	4,76	
iso-Nicotinsäure	1	25		1,91 · 10^{-2}	1,72	
	2	25		1,1 · 10^{-5}	4,96	
Nitroessigsäure		18	0,2	4,57 · 10^{-2}	1,34	BS
o-Nitrophenol		25	→ 0	6,17 · 10^{-8}*	7,21*	RS
m-Nitrophenol		25	→ 0	3,99 · 10^{-9}*	8,399*	RS
p-Nitrophenol		25	→ 0	$7{,}09_6$ · 10^{-8}*	7,149*	RS
Oxalsäure	1	25	→ 0	$6{,}5_0$ · 10^{-2}*	1,19*	LB BS
	2	25	→ 0	5,18 · 10^{-5}*	4,286*	LB BS
Palmitinsäure		25		2,0 · 10^{-6}	5,70	LB
Peroxyameisensäure		20		8 · 10^{-8}	7,10	LB
Phenol		25	→ 0	1,15 · 10^{-10}*	9,393*	LB
Phenylessigsäure		25	→ 0	4,875 · 10^{-5}*	4,312*	LB BS
o-Phthalsäure	1	25	→ 0	1,123 · 10^{-3}*	2,950*	LB
	2	25	→ 0	3,906 · 10^{-6}*	5,408*	LB BS
iso-Phthalsäure	1	25	→ 0	5,0 · 10^{-3} ÷ 2,4 · 10^{-4}*	2,30 ÷ 3,62*	LB BS
	2	25	→ 0	2,2 ÷ 2,5 · 10^{-5}*	4,60 ÷ 4,66*	LB BS
tere-Phthalsäure	1	25		2,9 · 10^{-4}	3,54	LB
	2	25	→ 0	3,5 · 10^{-5}*	4,46*	LB
n-Pimelinsäure	1	25	→ 0	3,097 · 10^{-5}*	4,509*	LB
	2	25	→ 0	3,802 · 10^{-6}*	5,42*	
Propionsäure		25	→ 0	1,340 · 10^{-5}*	4,874*	LB RS BS
Resorcin		25		1,55 · 10^{-10}	9,81	LB
Saccharose		25		3,1 · 10^{-13}	12,51	
Salicylaldehyd		25		1,50 · 10^{-9}	8,80	BS
Salicylsäure	1	25	→ 0	1,07 · 10^{-3}*	2,97*	BS RS
	2	25		4,0 · 10^{-14}	13,4	
Sorbose		17,5		3 · 10^{-12}	11,52	

Tabelle 3a (Fortsetzung)

Säure	Stufe	T °C	c	K_a	pK	Lit.
Stearinsäure		35		$1{,}78 \cdot 10^{-6}$	5,75	LB
Suberonsäure	1	25		$3{,}0 \cdot 10^{-5}$	4,52	LB
	2	25		$1{,}9 \cdot 10^{-5}$	4,72	LB
Tartronsäure	1	25		$4{,}7 \cdot 10^{-3}$	2,33	LB
	2	25		$1{,}05 \cdot 10^{-5}$	4,98	LB
Thioglykolsäure	1	25	→ 0	$2{,}14 \cdot 10^{-4*}$	3,67*	LB
	2	25	→ 0	$2{,}09 \div 2{,}82 \cdot 10^{-11*}$	10,55÷10,68*	BS LB
Traubensäure		25		$1{,}1 \cdot 10^{-3}$	2,96	LB
Trichloressigsäure		25		$2{,}0 \cdot 10^{-1}$	0,70	BS
Trimethylessigsäure		25		$8{,}91 \cdot 10^{-6}$	5,05	LB
n-Valeriansäure		25	→ 0	$1{,}38 \cdot 10^{-5*}$	4,86*	LB BS
iso-Valeriansäure		25	→ 0	$1{,}66 \cdot 10^{-5*}$	4,78*	BS
Veronal		25		$3{,}72 \cdot 10^{-8}$	7,43	
Vinylessigsäure		25	→ 0	$4{,}445 \cdot 10^{-5*}$	4,352*	LB
D-Weinsaure	1	25	→ 0	$9{,}21 \cdot 10^{-4*}$	$3{,}03_6$*	LB
	2	25	→ 0	$4{,}31 \cdot 10^{-5*}$	$4{,}36_5$*	LB
L-Weinsäure	1	25		$9{,}7 \cdot 10^{-4}$	3,01	
meso-Weinsäure	1	25	→ 0	$6{,}0 \cdot 10^{-4*}$	3,22*	LB
	2	25	→ 0	$1{,}53 \cdot 10^{-5*}$	$4{,}81_5$*	LB
Zimtsäure		25		$3{,}65 \cdot 10^{-5*}$	4,438*	LB

3 b. **Organische Basen**

Base		T°C	c	K_b	pK_b	pK_a	Lit.
Acetamid		25		$3{,}1 \cdot 10^{-15}$	14,51	−0,51	LB
Acridin		25		$2{,}69 \cdot 10^{-9}$	8,570	5,430	LB
Adenin	1	25		$1{,}26 \cdot 10^{-10}$	9,90	4,10	LB
	2	25		$2{,}82 \cdot 10^{-5}$	4,55	9,45	LB
Äthanolamin (2-Hydroxy-äthylamin)		25		$3{,}98 \cdot 10^{-5}$	4,40	9,60	BS
Äthylamin		25	→ 0	$3{,}18 \cdot 10^{-4*}$	$3{,}49_8$*	10,50*	LB
				$(4{,}68 \cdot 10^{-4*})$	(3,33*)	(10,67*)	(BS)
Äthylanilin		25		$1{,}29 \cdot 10^{-9}$	8,89	5,11	LB
Äthylendiamin	1	25	→ 0	$6{,}887 \cdot 10^{-8*}$	7,162*	6,838*	RS
	2	25	→ 0	$9{,}12 \cdot 10^{-5*}$	4,040*	9,960*	RS
2-Amino-2-methyl-1,3-propandiol (Ammediol)		25	→ 0	$6{,}138 \cdot 10^{-6*}$	5,212*	8,788*	
2-Aminopyridin		25		$5{,}13 \cdot 10^{-8}$	7,29	6,71	BS
3-Aminopyridin		25		$1{,}07_2 \cdot 10^{-8}$	7,97	6,03	BS
4-Aminopyridin		25		$1{,}51_4 \cdot 10^{-5}$	4,82	9,18	BS
n-Amylamin		25	→ 0	$4{,}37 \cdot 10^{-4*}$	3,36*	10,64*	LB
iso Amylamin		25		$4{,}39 \cdot 10^{-4}$	$3{,}35_8$	$10{,}64_2$	LB
tert-Amylamin		25	→ 0	$5{,}25 \cdot 10^{-4*}$	3,28*	10,72*	LB
Anilin		25	→ 0	$3{,}82 \cdot 10^{-10*}$	9,418*	4,582*	LB
Apomorphin		15		$1{,}0 \cdot 10^{-7}$	7,0	7,35	LB
Atropin		11		$4{,}5 \cdot 10^{-5}$	4,35	10,14	LB
Benzidin	1	30		$5{,}6 \cdot 10^{-11}$	10,25	3,58	LB
	2	30		$9{,}3 \cdot 10^{-10}$	9,03	4,80	LB
Benzylamin		25		$2{,}35 \cdot 10^{-5}$	4,63	9,37 (9,62)	[47] (BS)
Betain		25		$7 \cdot 10^{-13}$	12,15	1,85	LB
Biguanid	1	32	0,05	$1{,}45 \cdot 10^{-11}$	10,84	2,94 (3,07)	LB (BS)
(Biguanidin)	2	32	0,05	$5{,}4 \cdot 10^{-3}$	2,27	11,51 (13,25)	LB (BS)
Brucin	1	15		$2 \cdot 10^{-12}$	11,7	2,65	LB
	2	15		$9{,}2 \cdot 10^{-7}$	6,04	8,31	LB
n-Butylamin		25	→ 0	$4{,}57 \cdot 10^{-4*}$	3,34*	10,66*	LB
						(10,71)	(BS)
iso-Butylamin		25		$2{,}7 \div 3{,}1 \cdot 10^{-4}$	3,57÷3,51	10,43÷10,49	LB
						(10,72)	(BS)
tert-Butylamin		25		$3{,}1 \div 3{,}4 \cdot 10^{-4}$	3,51÷3,47	10,49÷10,53	LB
Chinaldin		25		$4 \cdot 10^{-9}$	8,40	5,60	LB
Chinazolin		20	→ 0	$2{,}19 \cdot 10^{-11*}$	10,66*	3,51*	LB
Chinidin	1	15		$1{,}0 \cdot 10^{-10}$	10,00	4,35	LB
	2	15		$3{,}7 \cdot 10^{-6}$	5,43	8,92	LB
Chinin	1	15		$1{,}35 \cdot 10^{-10}$	9,87	4,48	LB
	2	15		$1{,}1 \cdot 10^{-6}$	5,96	8,39	LB
Chinolin		20	→ 0	$5{,}75 \cdot 10^{-10*}$	9,24*	4,93*	LB
iso-Chinolin		20	→ 0	$1{,}95 \cdot 10^{-9*}$	8,71*	5,46*	LB

Tabelle 3b (Fortsetzung)

Base		T°C	c	K_b	pK_b	pK_a	Lit.
Chinoxalin		20		~4,0 $\cdot 10^{-14}$	~13,4	~0,8	LB
Cinchonidin	1	15		8,4 $\cdot 10^{-11}$	10,08	4,27	LB
	2	15		1,6 $\cdot 10^{-6}$	5,80	8,55	LB
Cocain		15		2,6 $\cdot 10^{-6}$	5,59	8,76	LB
Codein		18	→ 0	7,9 $\cdot 10^{-7}$*	6,10*	8,14*	LB
Colchicin		15		4,5 $\cdot 10^{-13}$	12,35	2,00	LB
s-Collidin		25		2,05 $\cdot 10^{-7}$	6,69	7,31	LB
Coniin		15		8 $\cdot 10^{-4}$	3,10	11,25	
Diäthylamin		25	→ 0	9,6 $\cdot 10^{-4}$*	3,02*	10,98*	RS LB
Diäthylanilin		25	→ 0	3,65 $\cdot 10^{-8}$*	7,44*	6,56*	LB
Dimethyläthylamin		20		9,9 $\cdot 10^{-5}$	4,00	10,17	LB
Dimethylamin		17	→ 0	5,94 $\cdot 10^{-4}$*	3,222*	11,05*	LB
Dimethylanilin		25	→ 0	1,15 $\cdot 10^{-9}$*	8,94*	5,06*	LB
Diphenylamin		15		7,6 $\cdot 10^{-14}$	13,12	1,23	
Furfurylamin		30	1,0	1,15 $\cdot 10^{-5}$	4,94	8,89	BS
Guanidin · SO_4		25		2,5 $\cdot 10^{-14}$	13,60	0,40	LB
Guanin	1	25		5,0 $\cdot 10^{-13}$	12,30	1,70	LB
	2	25		6,3 $\cdot 10^{-8}$	7,20	6,80	LB
	3	25		5,0 $\cdot 10^{-4}$	3,30	10,70	LB
Harnstoff		25		1,5 $\cdot 10^{-14}$	13,82	0,18	LB
n-Heptylamin		25		1,10 $\cdot 10^{-4}$	3,96	10,04	BS
Hexamethylen-tetramin		20		9,12 $\cdot 10^{-10}$	9,04	5,13	BS
n-Hexylamin (tertiär)		25	→ 0	4,27 $\cdot 10^{-4}$*	3,37*	10,63*	LB
Hydroxychinolin	1	20		6,92 $\cdot 10^{-10}$	9,16	5,01	BS
	2	20		5,37 $\cdot 10^{-5}$	4,27	9,90	BS
Imidazol		25	0,135 ÷ 0,15	1,26 $\cdot 10^{-7}$	6,90	7,09 ÷ 7,12	BS
Isonicotinhydrazid	1	20	0,01	4,79 $\cdot 10^{-13}$	12,32	1,85	BS
	2	20	0,01	2,34 $\cdot 10^{-11}$	10,63	3,54	BS
	3	20	0,01	3,98 $\cdot 10^{-4}$	3,40	10,77	BS
Kreatinin		25		3,7 $\cdot 10^{-11}$	10,43	3,57	
2,4-Lutidin		25	0,5	9,77 $\cdot 10^{-8}$	7,01	6,99	BS
Melamin		25		1,0 $\cdot 10^{-9}$	9,00	5,00	LB
2-Mercaptoäthylamin	1	25	0,1	1,86 $\cdot 10^{-6}$	5,73	8,27	BS
	2	25	0,1	3,39 $\cdot 10^{-4}$	3,47	10,53	BS
2-Methoxyäthylamin		30	→ 0	2,34 $\cdot 10^{-5}$*	4,63*	9,20*	BS
3-Methoxypyridin		25	→ 0	8,13 $\cdot 10^{-10}$*	9,09*	4,91*	BS
4-Methoxypyridin		25	→ 0	2,95 $\cdot 10^{-8}$*	7,53*	6,47*	BS
Methylamin		25	→ 0	4,246 $\cdot 10^{-4}$*	3,371*	$10,62_8$*	LB
N-Methylanilin		25	1,0	6,03 $\cdot 10^{-10}$	9,22	4,78	BS
2-Methylthioäthyl-amin		30	→ 0	2,24 $\cdot 10^{-5}$*	4,65*	9,18*	BS
Morphin		15		6,8 $\cdot 10^{-7}$	6,17	8,18	LB
Morpholin		25	0,5	5,01 $\cdot 10^{-6}$	5,30	8,70	BS
α-Naphthylamin		25	→ 0	8,36 $\cdot 10^{-11}$*	10,08*	3,92*	LB
β-Naphthylamin		25	→ 0	1,29 $\cdot 10^{-10}$*	9,89*	4,11*	LB
Narcotin		15		1,5 $\cdot 10^{-8}$	7,82	6,522	LB
L-Nicotin	1	25		2,63 $\cdot 10^{-11}$	10,58	3,42	LB
	2	25		1,05 $\cdot 10^{-6}$	5,02	8,98	LB
DL-Nicotin	1	25		9 $\cdot 10^{-7}$	6,05	7,95	LB
Nicotin (*meso*)	1			9 $\cdot 10^{-5}$	4,05	9,95	LB
o-Nitroanilin		25	→ 0	5,25 $\cdot 10^{-15}$*	14,28*	−0,28*	RS
m-Nitroanilin		25	→ 0	2,82 $\cdot 10^{-12}$*	11,55*	2,45*	RS
p-Nitroanilin		25	→ 0	9,55 $\cdot 10^{-14}$*	13,02*	0,98*	RS
Papaverin		15		8,15 $\cdot 10^{-9}$	8,09	6,26	LB
Phenazin		25	→ 0	1,15 $\cdot 10^{-13}$*	12,94*	1,06*	LB
o-Phenylendiamin	1	25		3,3 $\cdot 10^{-10}$	9,48	4,52	LB
m-Phenylendiamin	1	21		3,6 $\cdot 10^{-12}$	11,44	2,69	LB
	2	21		6,0 $\cdot 10^{-10}$	9,22	4,91	LB
p-Phenylendiamin	1	21		1,5 $\cdot 10^{-11}$	10,82	3,31	LB
	2	21		9,5 $\cdot 10^{-9}$	8,02	6,11	LB
Phenylhydrazin		40		1,6 $\cdot 10^{-9}$	8,80	4,74	LB
α-Picolin		25	→ 0	9,3 $\cdot 10^{-9}$*	$8,03_2$*	5,97*	LB
β-Picolin		25	→ 0	4,8 $\cdot 10^{-9}$*	8,32*	5,68* (5,52*)	LB (BS)
γ-Picolin		25	→ 0	1,05 $\cdot 10^{-8}$*	7,98*	6,02* (6,08*)	LB (BS)

Tab. 3b (Fortsetzung)

Base		T°C	c	K_b	pK_b	pK_a	Lit.
Piperazin	1	20	0,1	$3{,}24 \cdot 10^{-9}$	8,49	5,68	BS
	2	20	0,1	$4{,}47 \cdot 10^{-5}$	4,35	9,82	BS
Piperidin		25		$1{,}32 \cdot 10^{-3}$	2,88	11,12	LB
Piperin		18		$5{,}8 \cdot 10^{-13}$	12,24	2,00	LB
Plasmochin	1	30	→ 0	$6{,}3 \cdot 10^{-11}$*	10,20*	3,63*	LB
	2	30	→ 0	$3{,}3 \cdot 10^{-4}$*	3,48*	10,35*	
n-Propylamin		25	→ 0	$5{,}62 \cdot 10^{-4}$*	3,25*	10,75*	LB
						(10,58)	(RS)
iso-Propylamin		25		$5{,}3 \cdot 10^{-4}$	3,28	10,72	LB
Pteridin		25		$1{,}41 \cdot 10^{-10}$	9,85	4,15	LB
Pyrazin		20	→ 0	$2{,}5 \cdot 10^{-14}$*	13,60*	0,51*	LB
Pyrazol		25		$3{,}0 \cdot 10^{-12}$	11,52	2,48	LB
Pyridazin		20	→ 0	$1{,}45 \cdot 10^{-12}$*	11,84*	2,33*	LB
Pyridin		25	→ 0	$1{,}51 \cdot 10^{-9}$*	8,82*	5,18*	BS
Pyrimidin		20	→ 0	$1{,}35 \cdot 10^{-13}$*	12,87*	1,13*	LB
Pyrrolidin		25		$1{,}3 \cdot 10^{-3}$	2,89	11,11	LB
Semicarbazid		40		$2{,}7 \cdot 10^{-11}$	10,57	2,97	LB
Strychnin	1	25		$2 \cdot 10^{-12}$	11,7	2,3	LB
	2	15		$1{,}0 \cdot 10^{-6}$	6,0	8,35	LB
Tetramethylen-diamin	1	22		$1{,}6 \cdot 10^{-5}$	4,80	9,30	LB
	2	22		$5{,}0 \cdot 10^{-4}$	3,30	10,80	LB
Thebain		15		$9 \cdot 10^{-7}$	6,05	8,30	LB
Thiazol		20		$2{,}29 \cdot 10^{-12}$	11,64	2,53	LB
Thioharnstoff		25		$1{,}1 \cdot 10^{-15}$	14,96	−0,96	LB
o-Toluidin		25	→ 0	$2{,}47 \cdot 10^{-10}$*	9,61*	4,39*	LB
m-Toluidin		25	→ 0	$4{,}92 \cdot 10^{-10}$*	9,31*	4,69*	LB
p-Toluidin		25	→ 0	$1{,}18 \cdot 10^{-9}$*	8,93*	5,07*	RS
Triäthanolamin		25	0,5	$7{,}94 \cdot 10^{-7}$	6,10	7,90	RS
Triäthylamin		25	→ 0	$5{,}65 \cdot 10^{-4}$*	3,25*	10,75*	LB
1,2,3-Triamino-propan	1	20	0,1	$3{,}55 \cdot 10^{-11}$	10,45	3,72	BS
	2	20	0,1	$6{,}03 \cdot 10^{-7}$	6,22	7,95	BS
	3	20	0,1	$2{,}63 \cdot 10^{-5}$	4,58	9,59	BS
Trimethylamin		25	→ 0	$6{,}281 \cdot 10^{-5}$*	4,202*	9,798*	LB RS
Trishydroxymethyl-aminomethan (TRIS)		20	→ 0	$1{,}132 \cdot 10^{-6}$*	5,946*	8,221*	[4b]
		25	→ 0	$1{,}191 \cdot 10^{-6}$*	5,924*	8,076*	
		30	→ 0	$1{,}271 \cdot 10^{-6}$*	5,896*	7,937*	

Tabelle 4. **Dissoziationskonstanten amphoterer Elektrolyte**

4a. α-**Aminosäuren** [*1, 20, 39, 67*]

Divalente AS	$p_{K_1}^{25\,°C}$	$p_{K_2}^{25\,°C}$	p_{K_3}	p_{K_4}	$p_I^{25\,°C}$
Glycin (p_K*)	2,350* (COOH)	9,778* (NH_3^+)			6,064
Glycin	2,34 (COOH)	9,60 (NH_3^+)			5,97
Sarkosin	2,24 (COOH)	10,01 (NH_3^+)			6,12
α-Alanin (p_K*)	2,348* (COOH)	9,867* (NH_3^+)			6,108
α-Alanin	2,34 (COOH)	9,69 (NH_3^+)			6,00
α-Amino-*n*-buttersäure (p_K*)	2,284* (COOH)	9,831* (NH_3^+)			6,058
α-Amino-*n*-buttersäure	2,55 (COOH)	9,60 (NH_3^+)			6,08
α-Amino-*iso*-buttersäure	2,35 (COOH)	10,21 (NH_3^+)			6,28
Valin (p_K*)	2,286* (COOH)	9,718* (NH_3^+)			6,002
Valin	2,32 (COOH)	9,62 (NH_3^+)			5,96
Hydroxyvalin	2,61 (COOH)	9,71 (NH_3^+)			6,16
Norvalin (p_K*)	2,318* (COOH)	9,806* (NH_3^+)			6,062
Norvalin	2,36 (COOH)	9,72 (NH_3^+)			6,04
Leucin (p_K*)	2,328* (COOH)	9,745* (NH_3^+)			6,037
Leucin	2,36 (COOH)	9,60 (NH_3^+)			5,98
L-Isoleucin	2,26 (COOH)	9,62 (NH_3^+)			5,94
L-Alloisoleucin	2,27 (COOH)	9,62 (NH_3^+)			5,94
Norleucin (p_K*)	2,334* (COOH)	9,833* (NH_3^+)			6,084
Norleucin	2,39 (COOH)	9,76 (NH_3^+)			6,08
Serin	2,21 (COOH)	9,15 (NH_3^+)			5,68
iso-Serin	2,78 (COOH)	9,27 (NH_3^+)			6,03
L-Threonin	2,15 (COOH)	9,12 (NH_3^+)			5,64
L-*allo*-Threonin	2,10 (COOH)	9,12 (NH_3^+)			5,61
Prolin	1,99 (COOH)	10,60 (NH_3^+)			6,30
L-Hydroxyprolin	1,82 (COOH)	9,65 (NH_3^+)			5,74
L-Allohydroxyprolin	1,98 (COOH)	9,60 (NH_3^+)			5,79
Phenylalanin	1,83 (COOH)	9,13 (NH_3^+)			5,48
Tryptophan	2,38 (COOH)	9,39 (NH_3^+)			5,89
Methionin	2,28 (COOH)	9,21 (NH_3^+)			5,74
Glutamin	2,17 (COOH)	9,13 (NH_3^+)			5,65
iso-Glutamin (α-Amid)	3,81 (COOH)	7,88 (NH_3^+)			5,85
Asparagin	2,02 (COOH)	8,80 (NH_3^+)			5,41
	(2,18)	(8,87)			
α-Hydroxyasparagin	2,31 (COOH)	7,17 (NH_3^+)			4,74
β-Hydroxyasparagin	2,12 (COOH)	8,26 (NH_3^+)			5,19

Tabelle 4 a (Fortsetzung)

Divalente AS	$p_{K_1}^{25\,°C}$	$p_{K_2}^{25\,°C}$	p_{K_3}	p_{K_4}	$p_I^{25\,°C}$
iso-Asparagin (α-Amid)	2,97 (COOH)	8,02 (NH_3^+)			5,50
Citrullin	2,43 (COOH)	9,41 (NH_3^+)			5,92
Taurin	1,5 (SO_3H)	8,74 (NH_3^+)			5,12
Histamin	5,97 (COOH)	9,80 (NH_3^+)			7,89
Aminomalonsäure (20 °C)	3,32 (COOH)	9,83 (NH_3^+)			6,58
Trivalente AS	$p_{K_1}^{25\,°C}$	$p_{K_2}^{25\,°C}$	$p_{K_3}^{25\,°C}$	$p_{K_4}^{25\,°C}$	$p_I^{25\,°C}$
Asparaginsäure	1,88 (COOH)	3,65 (COOH)	9,60 (NH_3^+)		2,77
Glutaminsaure (p_K*)	2,155* (COOH)	4,324* (COOH)	9,960* (NH_3^+)		3,240
Glutaminsäure	2,19 (COOH)	4,25 (COOH)	9,67 (NH_3^+)		3,22
β-Hydroxyglutaminsaure	2,09 (COOH)	4,18 (COOH)	9,20 (NH_3^+)		3,14
Tyrosin	2,20 (COOH)	9,11 (NH_3^+)	10,07 (OH)		5,66
Cystein	1,71 (COOH)	8,35	10,53—10,78		
Homocystein	2,22 (COOH)	8,87 (NH_3^+)	10,86 (SH)		
Cysteinsäure	1,89 (COOH)				
Histidin	1,80 (COOH)	5,99 (Im)	9,07 (NH_3^+)		7,47
Arginin	2,18 (COOH)	9,09 (NH_3^+)	11,99—13,2 (Guan.)		11,15 (11,99)
Lysin	2,20 (COOH)	8,90 (NH_3^+)	10,28 (NH_3^+)		9,59
δ-Hydroxylysin	2,13 (COOH)	8,62 (NH_3^+)	9,67 (NH_3^+)		9,15
Ornithin	1,94 (COOH)	8,65 (NH_3^+)	10,76 (NH_3^+)		9,70
Tetravalente AS					
L-Diaminopimelinsäure	1,80 (COOH)	2,20 (COOH)	8,80 (NH_3^+)	9,90 (NH_3^+)	5,50
Diaminopimelinsäure (meso)	1,80 (COOH)	2,20 (COOH)	8,80 (NH_3^+)	9,90 (NH_3^+)	5,50
DL-α-Aminotricarballylsäure	2,10 (COOH)	3,60 (COOH)	4,60 (COOH)	9,82 (NH_3^+)	2,87
allo-α-Aminotricarballylsäure	2,10 (COOH)	3,60 (COOH)	4,60 (COOH)	9,82 (NH_3^+)	2,87
L-Cystin (p_K*)	1,04* (COOH)	2,05* (COOH)	8,00* (NH_3^+)	10,25* (NH_3^+)	5,03
L-Cystin (35 °C)	<1 (COOH)	2,1 (COOH)	8,02 (NH_3^+)	8,71 (NH_3^+)	5,03
Homocystin	1,59 (COOH)	2,54 (COOH)	8,52 (NH_3^+)	9,44 (NH_3^+)	5,53
Octopin	1,40 (COOH)	2,30 (COOH)	8,72 (NH_3^+)	11,34 (Guan.)	5,51
Isooctopin	1,35 (COOH)	2,30 (COOH)	8,68 (NH_3^+)	11,25 (Guan.)	5,49

4b. Peptide [1, 20, 39, 67]

Abkürzungen: Ala: Alanin resp. Alanyl; Gly: Glycin (Glycyl); Leu: Leucin (Leucyl); Pro: Prolin; Val: Valin (Valyl); His: Histidin (Histidyl); Lys.: Lysin (Lysyl)

Bivalente Peptide	$p_{K_1}^{25\,°C}$	$p_{K_2}^{25\,°C}$	p_{K_3}	p_{K_4}	$p_I^{25\,°C}$
Ala-Ala (LL)	3,30 (COOH)	8,14 (NH_3^+)			5,72
Ala-Ala (LD)	3,12 (COOH)	8,30 (NH_3^+)			5,71
Ala-Ala-Ala (LLL)	3,39 (COOH)	8,03 (NH_3^+)			5,71
Ala-Ala-Ala (LLD)	3,37 (COOH)	8,05 (NH_3^+)			5,71
Ala-Ala-Ala (LDL)	3,31 (COOH)	8,13 (NH_3^+)			5,72
Ala-Ala-Ala (DLL)	3,37 (COOH)	8,06 (NH_3^+)			5,72
Ala-Ala-Ala-Ala (LLLL)	3,42 (COOH)	7,94 (NH_3^+)			5,68
Ala-Ala-Ala-Ala (LLDL)	3,24 (COOH)	7,93 (NH_3^+)			5,59
Ala-Ala-Ala-Ala (LDLL)	3,22 (COOH)	7,99 (NH_3^+)			5,61
Ala-Ala-Ala-Ala (DLLL)	3,42 (COOH)	7,99 (NH_3^+)			5,71
Ala-Gly	3,11 (COOH)	8,18 (NH_3^+)			5,64
Ala-Gly-Gly	3,21 (COOH)	8,15 (NH_3^+)			5,68
Ala-Pro	3,04 (COOH)	8,38 (NH_3^+)			5,71
Asparagyl-Gly	2,90 (COOH)	7,21 (NH_3^+)			5,06
Cyclo-L-Cystinyl	2,51 (COOH)	7,11 (NH_3^+)			4,81
N-Dimethyl-Gly-Gly	3,10 (COOH)	8,03 (NH_3^+)			5,57
Glutaminyl-Gly	3,15 (COOH)	7,52 (NH_3^+)			5,34
Gly-Ala	3,14 (COOH)	8,24 (NH_3^+)			5,69
Gly-Ala-Ala (LL)	3,38 (COOH)	8,10 (NH_3^+)			5,74
Gly-Ala-Ala (LD)	3,30 (COOH)	8,17 (NH_3^+)			5,74
Gly-Ala-Ala-Gly	3,30 (COOH)	7,93 (NH_3^+)			5,62
Gly-Asparagin	2,82 (COOH)	8,40 (NH_3^+)			5,61
Gly-Glutamin	2,88 (COOH)	8,29 (NH_3^+)			5,59
Gly-Gly	3,12 (COOH)	8,17 (NH_3^+)			5,65
Gly-Gly-Gly (p_K*)	3,42* (COOH)	7,66* (NH_3^+)			5,54
Gly-Gly-Gly	3,26 (COOH)	7,91 (NH_3^+)			5,59
Gly-Gly-Gly-Gly	3,05 (COOH)	7,75 (NH_3^+)			5,40
Gly-Gly-Gly-Gly-Gly	3,05 (COOH)	7,70 (NH_3^+)			5,38
Gly-Gly-Gly-Gly-Gly-Gly	3,05 (COOH)	7,60 (NH_3^+)			5,32
Gly-Leu	3,18 (COOH)	8,29 (NH_3^+)			5,73
Gly-Pro (p_K*)	(2,84*) (COOH)	(5,38*) (NH_3^+)			
Gly-Pro	2,84	8,53 ÷ 8,66 (NH_3^+)			5,69
Gly-Sarkosin	2,83 (COOH)	8,54 ÷ 8,77 (NH_3^+)			5,68
Gly-Val	3,17 (COOH)	8,25 (NH_3^+)			5,71

Tabelle 4 b (Fortsetzung)

Bivalente Peptide	$p_{K_1}^{25\,°C}$	$p_{K_2}^{25\,°C}$	p_{K_3}	p_{K_4}	$p_I^{25\,°C}$
Leu-Asparagin (20 °C)	2,93 (COOH)	8,23 (NH_3^+)			5,58
Leu-Gly (p_K*) (18 °C)	3,36* (COOH)	7,76* (NH_3^+)			
Leu-Gly	3,28 (COOH)	8,25 (NH_3^+)			5,77
Leu-Gly-Gly	3,31 (COOH)	7,94 (NH_3^+)			5,63
Leu-Isoserin (20 °C)	4,29 (COOH)	8,21 (NH_3^+)			6,25
Leu-Octaglycylglycin (20 °C)	2,33 (COOH)	7,84 (NH_3^+)			5,09
L-Methionyl-Methionin	3,20 (COOH)	7,53 (NH_3^+)			5,36
Phenylalanyl-Gly (p_K*)	4,12* (COOH)	9,32* (NH_3^+)			
Phenylalanyl-Gly	3,10 (COOH)	7,71 (NH_3^+)			5,50
Sarkosyl-Gly	3,10 (COOH)	8,51 (NH_3^+)			5,80
Sarkosyl-Leu	3,18 (COOH)	8,64 (NH_3^+)			5,91
Sarkosyl-Sarkosin	2,86 (COOH)	9,10 (NH_3^+)			5,98
Val-Gly (p_K*)	3,15* (COOH)	7,61* (NH_3^+)			5,38

Trivalente Peptide	$p_{K_1}^{25\,°C}$	$p_{K_2}^{25\,°C}$	$p_{K_3}^{25\,°C}$	$p_{K_4}^{25\,°C}$	$p_I^{25\,°C}$
Ala-Lys-Ala (LLL)	3,15 (COOH)	7,65 (NH_3^+)	10,30 (NH_3^+)		8,98
Aly-Lys-Ala (LDL)	3,33 (COOH)	7,97 (NH_3^+)	10,36 (NH_3^+)		9,17
Ala-Lys-Ala (LLD)	3,29 (COOH)	7,83 (NH_3^+)	10,49 (NH_3^+)		9,17
Ala-Lys-Ala-Ala (LLLL)	3,58 (COOH)	8,01 (NH_3^+)	10,58 (NH_3^+)		9,30
Ala-Lys-Ala-Ala (LDLL)	3,32 (COOH)	8,01 (NH_3^+)	10,37 (NH_3^+)		9,19
Ala-Lys-Ala-Ala-Ala (LLLLL)	3,53 (COOH)	7,75 (NH_3^+)	10,35 (NH_3^+)		9,05
Ala-Lys-Ala-Ala-Ala (LDLLL)	3,30 (COOH)	7,85 (NH_3^+)	10,29 (NH_3^+)		9,07
Anserin	2,64 (COOH)	7,04 (Im)	9,49 (NH_3^+)		8,27
Aspartyl-Gly	2,10 (COOH)	4,53 (COOH)	9,07 (NH_3^+)		3,31
Carnosin	2,64 (COOH)	6,83 (Im)	9,51 (NH_3^+)		8,17
Glutaminyl-Glutaminsäure	3,14 (COOH)	4,38 (COOH)	7,62 (NH_3^+)		
Gly-Asparaginsäure	2,81 (COOH)	4,45 (COOH)	8,60 (NH_3^+)		3,63
Gly-Tyrosin	2,98 (COOH)	8,40 (NH_3^+)	10,40 (OH)		5,69
His-Gly	2,40 (COOH)	5,80 (Im)	7,82 (NH_3^+)		6,81
Lys-Ala (LL)	3,22 (COOH)	7,62 (NH_3^+)	10,70 (NH_3^+)		9,16
Lys-Ala (LD)	3,00 (COOH)	7,74 (NH_3^+)	10,63 (NH_3^+)		9,19
Phenylalanyl-Arginin	2,66 (COOH)	7,57 (NH_3^+)	12,40 (Guan		9,99

Tabelle 4 b (Fortsetzung)

Tetravalente Peptide	$p_{K_1}^{25\,°C}$	$p_{K_2}^{25\,°C}$	$p_{K_3}^{25\,°C}$	$p_{K_4}^{25\,°C}$	$p_I^{25\,°C}$
Aspartyl-Asparaginsäure (LL)	2,70 (COOH)	3,40 (COOH)	4,70 (COOH)	8,26 (NH_3^+)	3,04
α-Aspartyl-Histidin (LL) (38 °C)	2,45 (COOH)	3,02 (COOH)	6,82 (Im)	7,98 (NH_3^+)	4,92
β-Aspartyl-Histidin (LL) (38 °C)	1,93 (COOH)	2,95 (COOH)	6,93 (Im)	8,72 (NH_3^+)	4,94
Aspartyl-Tyrosin (LL)	2,13 (COOH)	3,57 (COOH)	8,92 (COOH)	10,23 (OH)	2,85
Cysteinyl-Cystein (LL)	2,65 (COOH)	7,27	9,35	10,85	
L-Cystinyl-diglycin (35 °C)	3,12 (COOH)	3,12 (COOH)	6,36 (NH_3^+)	6,95 (NH_3^+)	4,74
L-Cystinyl-di-diglycin (35 °C)	3,21 (COOH)	3,21 (COOH)	6,01 (NH_3^+)	6,87 (NH_3^+)	4,61
Diglycyl-L-Cystin (35 °C)	2,71 (COOH)	2,71 (COOH)	7,94 (NH_3^+)	7,94 (NH_3^+)	5,33
Glutathion (reduziert) (= SH-Glutathion)	2,12 (COOH)	3,53 (COOH) (3,59)	8,66 (8,75)	9,12 (9,65)	
Histidyl-Histidin	2,25 (COOH)	5,60	6,80	7,80	
Lys-Glutaminsäure (LL)	2,93 (COOH)	4,47 (COOH)	7,75 (NH_3^+)	10,50 (NH_3^+)	6,10
Lys-Lys (LL)	3,01 (COOH)	7,53 (NH_3^+)	10,05 (NH_3^+)	11,01 (NH_3^+)	10,53
Lys-Lys (LD)	2,85 (COOH)	7,53 (NH_3^+)	9,92 (NH_3^+)	10,89 (NH_3^+)	10,41
Tyrosyl-Arginin	2,63 (COOH)	7,55	9,80	12,3	
Tyrosyl-Tyrosin	3,52 (COOH)	7,68	9,80	10,26	

Pentavalente Peptide	$p_{K_1}^{25\,°C}$	$p_{K_2}^{25\,°C}$	$p_{K_3}^{25\,°C}$	$p_{K_4}^{25\,°C}$	$p_{K_5}^{25\,°C}$	$p_I^{25\,°C}$
Lys-Lys-Lys (LLL)	3,08 (COOH)	7,34 (NH_3^+)	9,80 (NH_3^+)	10,54 (NH_3^+)	11,32 (NH_3^+)	10,93
Lys-Lys-Lys (LDL)	2,91 (COOH)	7,29 (NH_3^+)	9,79 (NH_3^+)	10,54 (NH_3^+)	11,42 (NH_3^+)	10,98
Lys-Lys-Lys (LDD)	2,94 (COOH)	7,14 (NH_3^+)	9,60 (NH_3^+)	10,38 (NH_3^+)	11,09 (NH_3^+)	10,74

Hexavalente Peptide	p_{K_1}	p_{K_2}	p_{K_3}	p_{K_4}	$p_{K_5}^{25\,°C}$	$p_{K_6}^{25\,°C}$
Glutathion (oxydiert) (= SS-Glutathion)	—	—	—	—	8,57 (NH_3^+)	9,54 (NH_3^+)

4c. **Purine, Pyrimidine und deren Derivate** [*7*, *14*, *23*, *67*, *84*]

	T °C	p_{K_1}	p_{K_2}	p_{K_3}
Adenin	25	<0	4,15	9,80
Adenosin	25	3,3	12,5	
Adenosin-diphosphat	25	3,95 (p_{K_3})	6,26 (p_{K_4})	
Adenosin-triphosphat	25		4,0 (p_{K_4})	6,48 (p_{K_5})
Adenylsäure-2′	25	0,89	3,80	6,15
Adenylsäure-3′	25		3,65	5,88
Adenylsäure-5′	25		3,74	6,05
Allantoin			8,96	
Alloxan			6,64	
2-Aminopurin		−0,28	3,80	9,93
Coffein			>14	
Cytidin		4,22	12,3	
Cytidylsäure-2′		0,8	4,36	6,17
Cytidylsäure-3′	25	0,8	4,29*	6,25*
Cytidylsäure-5′			4,5	6,3
Cytosin		4,60	12,16	
iso-Cytosin		4,01	9,42	
2,6-Diaminopurin		<1	5,09	10,77
Guanin	25	3,3	7,2	12,3
iso-Guanin		4,5	9,0	
Guanosin	25	1,6	9,16	12,3
Harnsäure		5,82	10,3	
Heteroxanthin	40	0,62		10,38
Hypoxanthin		1,98	8,94	12,10
Inosin		1,2	8,75	12,33
5-Methylcytosin		4,6	12,4	
1-Methylxanthin	25		7,7	12,0
3-Methylxanthin	25		8,1	11,3
7-Methylxanthin	25		8,3	
9-Methylxanthin	25		6,25	
Oxyuracil	25		8,64	
Paraxanthin	25		8,64	
Purin		2,39	8,93	
Theobromin	2		9,04	
	18	0,35	7,89	
Theophyllin	25	0,28	8,77	
Thiomethyluracil	25		7,35	
Thymidin			9,8	>13
Thymin	25	~0	9,94	>13
Uracil	25	~0,5	9,45	>13
Uridin	25		9,2	12,3
Xanthin		0,8	7,44	11,12
	40	0,21	9,91	
Xanthosin			5,75	~13

4d. **Weitere amphotere Elektrolyte**[1] [*7*, *14*, *23*, *67*, *84*]

Stoff	T °C	p_{K_1}	p_{K_2}	p_{K_3}
N-Äthylaminoessigsäure	25	2,30	10,10	
β-Alanin (p_K*)	25	3,551*	10,236*	
β-Alanin	25	3,60	10,19	
β-Aminoalanin	25	1,39	6,60	9,08
o-Aminobenzoesäure	25	2,108	4,946	
m-Aminobenzoesäure	25	3,125	4,744	
p-Aminobenzoesäure	25	2,413	4,853	
γ-Aminobuttersäure (p_K*)	25	4,031*	10,556*	
α-Aminobutyryl-α-amino-buttersäure	20	3,04	8,39	
ε-Amino-*n*-capronsäure	25	4,43	10,75	
o-Aminophenol	22	(4,82)	9,71	
m-Aminophenol	22	(4,28)	9,87	
p-Aminophenol	22	(5,59)	10,30	
γ-Amino-*n*-Valeriansäure	25	4,02	10,40	
δ-Amino-*n*-Valeriansäure	25	4,27	10,69	
Anthranilsäure	25	4,14÷4,80	11,86	
β-Carboxymethylamino-propionsäure	30	3,61	9,46	
o-Chlorphenylalanin	25	2,23	8,94	
m-Chlorphenylalanin	25	2,17	8,91	
p-Chlorphenylalanin	25	2,08	8,96	
α,β-Diaminopropionsäure	20	1,23	6,69	9,50
3,5-Dibrom-L-tyrosin	25	2,17	6,45 (OH)	7,60 (NH_3^+)
3,5-Dichlor-L-tyrosin	25	2,12	6,47 (OH)	7,62 (NH_3^+)
3,5-Dijod-L-tyrosin	25	2,12	6,48 (OH)	7,60 (NH_3^+)
o-Dimethylaminobenzoesäure	25	1,41	8,68	
m-Dimethylaminobenzoesäure		3,25	5,10	
p-Dimethylaminobenzoesäure		2,51	5,03	
Dimethylglycin	25	1,99	9,89	
N-Dimethylglycin	25	1,94	9,86	
L-Ephedrin	18	9,60	9,55	
D-γ-Ephedrin	18	9,84	9,80	
γ-Hydroxychinolin	20	4,79	9,51	
Kakodylsäure	20		6,246*	
	25	1,55	6,19	
o-Methylaminobenzoesäure	25	1,93	5,34	
m-Methylaminobenzoesäure	25	3,04	5,10	
p-Methylaminobenzoesäure	25	2,23	5,04	
Methylglycin	25	2,84	9,92	
N-Methylhistidin	22	1,79	6,48	8,85
Methylorange	18	1,99	3,47	
Methylrot	18	2,72	5,00	
o-Methyltyrosin (p_K*)	25	2,21*	9,35*	
DL-β-Phenyl-α-alanin	25	2,58	9,24	
Salicylsäure	25	2,97*	13,44	
Thioglykolsäure	25	3,67	10,31	
Tyramin	25	9,1	10,9	
DL-Thiol-Histidin	25	1,84	8,47	11,47
N-Trimethyltyrosin	25	1,5	9,75	

[1] p_{K_1} bezieht sich i. allg. auf COOH; p_{K_2} auf NH_3^+. Vgl. auch die p_K-Werte in Tab. 10.

Tabelle 5. **p_K*-Werte schwacher Elektrolyte und ihre Temperaturabhängigkeit**

(nach *Robinson-Stokes* [*84*])

$$p_K^* = -\log K_a^* = \frac{A_1}{T} - A_2 + A_3 T$$

Substanz (aq.)		p_K^* 25 °C	A_1	A_2	A_3
Acetyl-α-alanin		3,715	908,48	2,8416	0,011771
Acetyl-β-alanin		4,445	1279,32	3,9494	0,013763
Acetyl-α-amino-*n*-buttersäure		3,716	906,43	2,9315	0,012096
Acetyl-glycin		3,670	1248,54	4,8146	0,014411
Äthylendiamin-tetraessigsäure	K_3	6,273	1396,6	0,506	0,00704
Äthylendiamin-tetraessigsäure	K_4	10,948	1143,4	−7,241	−0,00043
Äthylen-diammonium-Ion	K_1	6,838	1925,89	−1,964	−0,005308

Tabelle 5. (Fortsetzung)

Substanz (aq.)	$p_K^{*\,25\,°C}$	A_1	A_2	A_3
Äthylen-diammonium-Ion K_2	9,960	2492,90	−2,010	−0,001371
α-Alanin K_1	2,348	1383,06	6,3639	0,013662
α-Alanin K_2	9,866	2941,55	1,8171	0,006095
β-Alanin K_1	3,552	1487,31	5,6516	0,014138
β-Alanin K_2	10,237	2799,04	−0,3062	0,003877
allo-Threonin K_1	2,108	1111,7	4,7982	0,010657
allo-Threonin K_2	9,096	2764,3	1,8531	0,005631
Ameisensäure	3,752	1342,85	5,2743	0,015168
2-Aminoäthanol-1-phosphorsäure K_2	5,838	1228,34	2,7328	0,01493
4-Aminobenzophenon	2,166	1917,9	7,312	0,01022
α-Amino-*n*-buttersäure K_1	2,286	1174,74	5,3735	0,012487
α-Amino-*n*-buttersäure K_2	9,830	2879,31	1,6446	0,006095
α-Amino-*iso*-buttersäure K_1	2,357	1344,95	6,3053	0,013924
α-Amino-*iso*-buttersäure K_2	10,205	3010,95	1,5404	0,005520
γ-Aminobuttersäure K_1	4,031	1209,07	3,7820	0,012605
γ-Aminobuttersäure K_2	10,556	2804,84	−0,5879	0,001880
ε-Aminocapronsäure K_1	4,373	1803,5	7,6874	0,020166
ε-Aminocapronsäure K_2	10,804	2708,6	−2,5445	−0,002757
α-Amino-*n*-valeriansäure K_1	2,318	1222,02	5,5238	0,012553
α-Amino-*n*-valeriansäure K_2	9,808	2618,57	−0,1669	0,002869
Aminotriessigsäure K_1	1,651	2422,5	14,936	0,02838
Aminotriessigsäure K_2	2,948	1404,8	6,829	0,01699
Aminotriessigsäure K_3	10,280	2148,6	1,047	0,01382
Ammonium-Ion	9,245	2835,76	0,6322	0,001225
Asparaginsäure K_1	1,990	1109,6	4,1563	0,008138
Asparaginsäure K_2	3,900	1706,3	6,7436	0,016506
Asparaginsäure K_3	10,002	2880,3	2,6890	0,010173
Benzoesäure	4,201	1590,2	6,394	0,01765
Bernsteinsäure K_1	4,207	1206,25	3,3266	0,011697
Bernsteinsäure K_2	5,638	1679,13	5,7043	0,019153
Borsäure	9,234	2237,94	3,305	0,016883
Bromessigsäure	2,901	939,55	4,2803	0,013515
n-Buttersäure	4,820	1033,39	2,6215	0,013334
iso-Buttersäure	4,848	950,27	2,1032	0,012625
n-Butylammonium-Ion	10,640	2942,44	−1,078	−0,001032
Capronsäure	4,857	966,12	2,1256	0,012550
iso-Capronsäure	4,845	935,01	1,9378	0,012230
N-Carbamyl-alanin	3,892	1088,10	3,5768	0,012810
N-Carbamyl-β-alanin	4,487	1152,77	3,1036	0,012490
N-Carbamyl-α-amino-*n*-buttersäure	3,886	1018,65	3,3079	0,012670
N-Carbamyl-α-amino-*iso*-buttersäure	4,463	1125,63	2,9285	0,012129
N-Carbamyl-γ-amino-buttersäure	4,683	1074,06	2,6066	0,012364
N-Carbamyl-glycin (Hydantoinsäure)	3,876	1364,94	5,0675	0,014640
Chloressigsäure	2,865	1229,13	6,1715	0,016486
Citronensäure K_1	3,128	1255,6	4,5635	0,011673
Citronensäure K_2	4,761	1585,2	5,4460	0,016399
Citronensäure K_3	6,396	1814,9	6,3664	0,022389
Cyanessigsäure	2,469	1029,79	5,0481	0,013626
Diäthylessigsäure	4,734	492,16	0,0453	0,010493
5:5-Diäthylbarbitursäure (Veronal)	7,980	2324,47	3,3491	0,011856
Dimethylammonium-Ion	10,774	1932,6	−6,495	−0,007389
Dimethyläthylen-diamino-diessigsäure K_1	5,987	86,4	−9,048	−0,01124
Dimethyläthylen-diamino-diessigsäure K_2	9,977	−458,8	−18,809	−0,02446
N-Dimethyl-glycin K_2	9,940	1209,07	−7,4407	−0,005217
2-2′-Dipyridinium-Ion	4,352	−64,4	−7,264	−0,00902
Ephedrinium-Ion	9,544	1834,51	−5,1480	−0,005894
γ-Ephedrinium-Ion	9,706	1832,21	−5,5189	0,006562
Essigsäure	4,756	1170,48	3,1649	0,013399
Fluoressigsäure	2,584	877,22	4,2999	0,013223
Germaniumsäure	8,775	−19841,0	−150,561	−0,25235
Glucose-1-phosphorsäure K_2	6,503	1432,16	3,4213	0,017177
Glutaminsäure K_1	2,30			
Glutaminsäure K_2	4,51			
Glutaminsäure K_3	9,95			
Glycerin-1-phosphorsäure K_2	6,657	1411,37	3,3605	0,017718
Glycerin-2-phosphorsäure K_1	1,329	1891,91	13,4799	0,02841
Glycerin-2-phosphorsäure K_2	6,650	1667,40	4,8394	0,01978
Glycin K_1	2,350	1332,17	5,8870	0,012643
Glycin K_2	9,780	2686,95	0,5103	0,004286

Tabelle 5. (Fortsetzung)

Substanz (aq.)		$p_K^{*\,25\,°C}$	A_1	A_2	A_3
Glycyl-alanin		3,153	691,79	1,8996	0,0091655
Glycyl-α-amino-*n*-buttersaure		3,155	727,94	2,2214	0,0098400
Glycyl-asparagin		2,942	1176,54	4,8520	0,012907
Glycyl-glycin	K_1	3,140	1003,35	3,5670	0,011207
Glycyl-glycin	K_2	8,252	2902,3	3,4932	0,006749
Glycyl-glycyl-glycin	K_1	3,225			
Glycyl-glycyl-glycin	K_2	8,090			
Glycyl-leucin		3,180	718,40	2,1910	0,0099294
Glycyl-serin		2,981	1090,92	4,1993	0,011087
Glykolsaure		3,831	1303,26	4,7845	0,014236
Hexamethylen-diammonium-Ion	K_1	9,840	2543,96	−2,776	0,004935
Hexamethylen-diammonium-Ion	K_2	10,931	3416,24	1,882	0,004527
Hydroxyprolin	K_1	1,818	1156,7	5,2753	0,010777
Hydroxyprolin	K_2	9,662	2442,9	−0,1266	0,004500
Jodessigsäure		3,174	716,15	2,6357	0,011429
Kohlensaure	K_1	6,352	3404,71	14,8435	0,032786
Kohlensaure	K_2	10,329	2902,39	6,4980	0,02379
Leucin	K_1	2,328	1283,60	6,0027	0,013505
Leucin	K_2	9,744	2819,38	1,2396	0,005127
iso-Leucin	K_1	2,318	1298,09	6,1967	0,013959
iso-Leucin	K_2	9,758	2933,52	2,0479	0,006578
Malonsäure	K_1	2,855			
Malonsaure	K_2	5,696	1703,31	6,5810	0,022014
Metanilsaure		3,738	1327,59	1,5533	0,002813
Methylamino-diessigsaure	K_1	2,148	0,9	−2,023	0,00041
Methylamino-diessigsaure	K_2	10,006	1648,8	−4,068	0,00137
Methoxy-essigsäure		3,750	974,26	3,6704	0,013325
3-Methoxy-alanin	K_1	2,038	1290,20	6,0134	0,012490
3-Methoxy-alanin	K_2	9,175	2788,60	2,0924	0,006423
Milchsäure		3,860	1286,49	4,8607	0,014776
Monoathanolammonium-Ion		9,498	2677,91	−0,3869	0,000428
Monomethylammonium-Ion		10,624	2568,3	−2,990	−0,003285
Norleucin	K_1	2,335	1193,30	5,2850	0,012130
Norleucin	K_2	9,834	2851,89	1,2891	0,005218
Orthanilsäure		2,459	1106,68	3,2314	0,006634
Oxalsaure	K_1	1,271			
Oxalsaure	K_2	4,266	1423,8	6,5007	0,020095
Phenolsulfonsaure		9,053	1961,2	1,1436	0,012139
Phosphorsaure	K_1	2,148	799,31	4,5535	0,013486
Phosphorsaure	K_2	7,198	1979,5	5,3541	0,019840
o-Phthalsaure	K_1	2,950	561,57	1,2843	0,007883
o-Phthalsaure	K_2	5,408	2175,83	9,5508	0,025694
Piperidinium-Ion		11,123	2105,6	−6,3535	−0,007687
Prolin	K_1	1,952	1512,6	7,9217	0,016094
Prolin	K_2	10,640	2230,4	−3,1592	0,000010
Propionsäure		4,874	1213,26	3,3860	0,014055
Propionyl-glycin		3,718	1101,03	3,7708	0,012730
n-Propylammonium-Ion		10,568	2742,67	−2,188	−0,002746
Sarkosin	K_2	10,200	2213,06	−2,4514	−0,001094
Serin	K_1	2,186	1311,2	5,6397	0,011496
Serin	K_2	9,208	2594,1	0,6031	0,003725
Sulfaminsaure		0,988	3792,8	24,122	0,041544
Sulfanilsaure		3,227	1143,71	1,2979	0,002314
Taurin	K_2	9,061	2458,49	0,0997	0,003069
Tellursäure		7,637	−1870,0	−27,276	−0,044833
Tetramethylenammonium-Ion	K_1	9,216	2610,48	−1,325	−0,002899
Tetramethylenammonium-Ion	K_2	10,753	2772,77	−2,122	−0,02245
Threonin	K_1	2,088	1716,1	8,5867	0,016504
Threonin	K_2	9,100	2631,1	1,2866	0,005237
Triathanolammonium-Ion		7,77			
Triathylammonium-Ion		10,715	806,43	−13,050	−0,01690
Trifluorbuttersäure		4,156			
Trifluorvaleriansaure		4,495			
Trimethylessigsaure		5,032	1044,58	2,4939	0,013490
Trimethylammonium-Ion		9,800	541,4	−12,611	−0,015525
Valeriansaure		4,842	921,38	1,8574	0,012105
iso-Valeriansaure		4,780	768,87	1,2582	0,011603
Valin	K_1	2,286	1245,31	6,0251	0,013868
Valin	K_2	9,719	2776,46	1,1033	0,005056
Weinsäure	K_1	3,033	1525,59	6,6558	0,015336
Weinsäure	K_2	4,366	1765,35	7,3015	0,019376

Tabelle 6. **Aktivitätskoeffizienten** (s. S. 48)

6a. Individuelle Aktivitätskoeffizienten anorganischer und organischer Ionen in Wasser bei 25 °C,

berechnet aus der Debye-Hückelschen Theorie nach *Kielland* [*55*]

r_i zugrunde gelegter Ionendurchmesser.

Aus den individuellen Aktivitatskoeffizienten kann mit ν_A = Zahl der Anionen und ν_B = Zahl der Kationen in Näherung der mittlere Aktivitatskoeffizient $f_{m\pm}$ nach

$$f_{m\pm} = (f_{m_A}{}^{\nu_A} \cdot f_{m_B}{}^{\nu_B})^{\frac{1}{\nu_A + \nu_B}}$$

berechnet werden.

Anorganische Ionen	$r_i \cdot 10^8$ (cm)	Gesamte ionale Konzentration $\Gamma = \sum_1^s c_i z_i^2$							
		0,001	0,002	0,005	0,01	0,02	0,05	0,1	0,2
H^+	9	0,975	0,967	0,950	0,933	0,914	0,88	0,86	0,83
Li^+	6	,975	,965	,948	,929	,907	,87	,835	,80
Rb^+, Cs^+, NH_4^+, Tl^+, Ag^+	2,5	,975	,964	,945	,924	,898	,85	,80	,75
K^+, Cl^-, Br^-, J^-, CN^-, NO_2^-, NO_3^-	3	,975	,964	,945	,925	,899	,85	,805	,755
OH^-, F^-, NCS^-, NCO^-, SH^-, ClO_3^-, ClO_4^-, BrO_3^-, JO_4^-, MnO_4^-	3,5	,975	,964	,946	,926	,900	,855	,81	,76
Na^+, $CdCl^+$, ClO_2^-, JO_3^-, HCO_3^-, $H_2PO_4^-$, HSO_3^-, $H_2AsO_4^-$, $[Co(NH_3)_4(NO_2)_2]^+$	4,5	,975	,964	,947	,928	,902	,86	,82	,775
Hg_2^{2+}, SO_4^{2-}, $S_2O_3^{2-}$, $S_2O_6^{2-}$, $S_2O_8^{2-}$, SeO_4^{2-}, CrO_4^{2-}, HPO_4^{2-}	4	,903	,867	,803	,740	,660	,545	,445	,355
Pb^{2+}, CO_3^{2-}, SO_3^{2-}, MoO_4^{2-}, $[Co(NH_3)_5Cl]^{2-}$, $[Fe(CN)_5NO]^{2-}$	4,5	,903	,868	,805	,742	,665	,55	,455	,37
Sr^{2+}, Ba^{2+}, Ra^{2+}, Cd^{2+}, Hg^{2+}, S^{2-}, $S_2O_4^{2-}$, WO_4^{2-}	5	,903	,868	,805	,744	,67	,555	,465	,38
Ca^{2+}, Cu^{2+}, Zn^{2+}, Sn^{2+}, Mn^{2+}, Fe^{2+}, Ni^{2+}, Co^{2+}	6	,905	,870	,809	,749	,675	,57	,485	,405
Mg^{2+}, Be^{2+}	8	,906	,872	,813	,755	,69	,595	,52	,45
PO_4^{3-}, $[Fe(CN)_6]^{3-}$, $[Cr(NH_3)_6]^{3+}$, $[Co(NH_3)_6]^{3+}$, $[Co(NH_3)_5 \cdot H_2O]^{3+}$	4	,796	,725	,612	,505	,395	,25	,16	,095
Al^{3+}, Fe^{3+}, Cr^{3+}, Sc^{3+}, Y^{3+}, La^{3+}, In^{3+}, Ce^{3+}, Pr^{3+}, Nd^{3+}, Sm^{3+}	9	,802	,738	,632	,54	,445	,325	,245	,18
$[Fe(CN)_6]^{4-}$	3	,668	,57	,425	,31	,20	,10	,048	,021
Th^{4+}, Zr^{4+}, Ce^{4+}, Sn^{4+}	11	,678	,588	,455	,35	,255	,155	,10	,065
Organische Ionen									
$HCOO^-$, H_2-Citrat$^-$, $CH_3NH_3^+$, $(CH_3)_2NH_2^+$	3,5	,975	,964	,946	,926	,900	,855	,81	,76
NH_3^+, CH_2CO_2H, $(CH_3)_3NH^+$, $C_2H_5NH_3^+$	4	,975	,964	,947	,927	,901	,855	,815	,77
$CH_3CO_2^-$, $CH_2ClCO_2^-$, $(CH_3)_4N^+$, $(C_2H_5)_2NH_2^+$, $NH_2CH_2CO_2^-$	4,5	,975	,964	,947	,928	,902	,86	,82	,775
$CHCl_2CO_2^-$, $CCl_3CO_2^-$, $(C_2H_5)_3NH^+$, $(C_3H_7)NH_3^+$	5	,975	,964	,947	,928	,904	,865	.83	,79
$C_6H_5CO_2^-$, $C_6H_4OHCO_2^-$, $C_6H_4ClCO_2^-$, $C_6H_5CH_2CO_2^-$, $CH_2{:}CHCH_2CO_2^-$, $(CH_3)_2C{:}CHCO_2^-$, $(C_2H_5)_4N^+$, $(C_3H_7)_2NH_2^+$	6	,975	,965	,948	,929	,907	,87	,835	,80
$[OC_6H_2(NO_2)_3]^-$, $(C_3H_7)_3NH^+$, $CH_3OC_6H_4CO_2^-$	7	,975	,965	,948	,930	,909	,875	,845	,81
$(C_6H_5)_2CHCO_2^-$, $(C_3H_7)_4N^+$	8	,975	,966	,949	,931	,912	,880	,85	,82
$(COO)_2^{2-}$, H-Citrat^{2-}	4,5	,903	,867	,804	,741	,662	,55	,45	,36
$H_2C(CO_2)_2^{2-}$, $(CH_2CO_2)_2^{2-}$, $(CHOHCO_2)_2^{2-}$	5	,903	,868	,805	,744	,67	,555	,465	,38
$C_6H_4(CO_2)_2^{2-}$, $H_2C(CH_2CO_2)_2^{2-}$, $(CH_2CH_2CO_2)_2^{2-}$	6	,905	,870	,809	,749	,675	,57	,485	,405
Kongorot·Anion^{2-}, $[O_2C(CH_2)_5CO_2]^{2-}$, $[O_2C(CH_2)_6CO_2]^{2-}$	7	,906	,872	,812	,755	,685	,58	,50	,425
Citrat^{3-}	5	,796	,728	,616	,51	,405	,27	,18	,115

6b. Aktivitätskoeffizienten einiger Elektrolyte und Nichtelektrolyte in wäßriger Lösung

f_m = praktischer Aktivitätskoeffizient $= \frac{a}{m}$ (m = Mol in 1000 g Wasser) 25 °C; $f_m' = \frac{a}{m}$ in der Nähe des Gefrierpunkts der Lösung

α) Elektrolyte

Stoff		Mol in 1000 g Wasser									
		0,001	0,002	0,005	0,01	0,02	0,05	0,1	0,2	0,5	1,0
		f_m bzw. f_m'									
HCl	f_m	0,9656	0,9521	0,9285	0,9043	0,8755	0,8304	0,7964	0,7667	0,7571	0,8090
HBr	f_m	—	—	—	0,91	0,88	0,84	0,81	0,78	0,78	0,87
HJ	f_m	—	—	0,927	0,902	0,88	0,822	0,787	0,772	—	—
H_2SO_4	f_m	0,837	0,767	0,646	0,543	0,444	—	0,379	—	0,221	0,186
HNO_3	f_m	0,9646	0,9513	0,9267	0,9017	0,8710	0,8228	0,7850	0,7479	0,7151	0,7198
LiCl	f_m	0,963$_1$	0,948$_0$	0,921$_2$	0,895	0,865	0,819	0,782	0,749	0,729	0,761
LiBr	f_m	0,966$_3$	0,953$_8$	0,931$_7$	0,909$_2$	0,882$_2$	0,841$_8$	0,810	0,783$_6$	0,782$_4$	0,8479
NaF	f_m'	—	—	0,926	0,900	0,866	0,807	0,752	0,692	0,615	—
NaCl	f_m	0,9659	0,9531	0,9296	0,9059	0,8767	0,8285	0,7858	0,7414	0,6885	0,6644
NaBr	f_m	0,9662	0,9551	0,9345	0,9137	0,8873	0,8445	0,8070	0,7683	0,7263	0,7169
NaJ	f_m	0,966	0,955	0,935	0,917	0,895	0,866	0,841	0,819	0,808	0,844
NaOH	f_m	—	—	—	0,905	0,871	0,815	0,772	0,724	0,678	0,668
Na_2SO_4	f_m'	0,887	0,847	0,778	0,714	0,641	0,536	0,453	—	—	—
Na_2CO_3	f_m'	0,891	0,855	0,791	0,729	0,660	0,565	0,488	0,393	0,281	—
Na_2HPO_4	f_m'	0,885	0,812	0,771	0,706	0,635	0,530	0,441	—	—	—
KCl	f_m	0,9652	0,9520	0,9274	0,9022	0,8706	0,8182	0,7707	0,7200	0,6552	0,611
$KClO_3$	f_m	0,9669	0,9548	0,9317	0,907	0,8752	0,8134	0,7546	—	—	—
KBr	f_m	0,9651	0,9521	0,9271	0,9033	0,8723	0,8217	0,7768	0,7282	0,6649	0,6249
KJ	f_m	0,965	0,951	0,927	0,905	0,879	0,837	0,799	0,757	0,706	0,680
KOH	f_m	—	—	0,924	0,898	0,864	0,805	0,754	0,705	0,666	0,675
K_2SO_4	f_m	0,889	—	0,781	0,715	0,642	0,529	0,441	0,361	—	—
KNO_3	f_m	0,9649	0,9514	0,9256	0,8982	0,8623	0,7991	0,7380	0,6646	0,546	0,444
K_2CO_3	f_m'	0,892	0,858	0,807	0,745	0,678	0,576	0,497	0,430	0,357	0,327
KCN	f_m'	—	—	0,926	0,900	0,866	0,809	0,755	0,696	0,617	0,615
KSCN	f_m'	—	—	0,926	0,902	0,872	0,820	0,771	0,714	0,629	0,555
$K_3[Fe(CN)_6]$	f_m'	0,785	0,717	0,618	0,547	0,467	0,365	0,291	0,226	0,155	—
$K_4[Fe(CN)_6]$	f_m'	0,650	0,564	0,447	0,360	0,279	0,189	0,134	0,094	—	—
NH_4Cl	f_m' (0 °C)	0,961	0,9438	0,911	0,880	0,845	0,790	0,742	0,689	0,6197	0,5741
NH_4Br	f_m'	0,964	0,949	0,901	0,870	0,834	0,780	0,733	0,683	0,617	0,572

Tabelle 6b (Fortsetzung)

Stoff		0,001	0,002	0,005	0,01	0,02	0,05	0,1	0,2	0,5	1,0
NH_4NO_3	f_m' (100°)	0,959	0,942	0,912	0,882	0,840	0,783	0,726	0,660	0,558	0,471
$MgCl_2$	f_m'	0,891	0,856	0,800	0,751	0,697	0,627	0,577	0,539	0,540	0,659
$MgSO_4$	f_m	—	—	—	—	0,378	0,262	0,195	0,142	0,091	0,067
$CaCl_2$	f_m	0,883	0,843	0,783	0,730	0,670	0,589	0,531	0,478	0,447	0,505
$BaCl_2$	f_m	0,881	0,840	0,774	0,716	0,651	0,564	0,499	0,436	0,392	0,388
$Ba(OH)_2$	f_m	—	0,853	0,773	0,712	0,627	0,526	0,443	0,370	—	—
$MnSO_4$	f_m'	0,780	0,718	0,621	0,536	0,446	0,333	0,247	0,176	0,110	0,080
$FeCl_3$	f_m'	0,80	0,74	0,65	0,59	0,54	0,47	0,41	0,36	0,35	0,42
$CuCl_2$	f_m	0,888	0,849	0,783	0,723	0,659	0,577	0,518	0,466	0,416	0,43
$CuSO_4$	f_m'	0,74	—	0,53	0,41	0,315	0,209	0,149	0,098	0,061	0,041
$AgNO_3$	f_m'	—	—	0,925	0,896	0,858	0,787	0,717	0,633	0,501	0,390
$ZnCl_2$	f_m	0,881	0,838	0,767	0,708	0,642	0,556	0,502	0,448	0,376	0,325
$ZnSO_4$	f_m	0,700	0,608	0,477	0,387	—	—	0,144	0,101	0,0596	0,0422
$SnCl_2$	f_m'	0,809	—	0,624	0,512	0,398	0,283	0,233	—	—	—
$Pb(NO_3)_2$	f_m'	0,885	0,841	0,763	0,687	0,596	0,464	0,373	0,275	0,168	0,112

β) **Nichtelektrolyte**

Stoff		Mol in 1000 g Wasser								
		0,02	0,05	0,1	0,2	0,5	1,0	2,0	4,0	6,0
		f_m bzw. f_m'								
Aceton	f_m	—	—	0,994	0,988	0,968	0,935	0,877	0,765	0,6
Äthylalkohol	f_m'	—	—	0,94	0,91	0,87	0,85	0,82	0,74	0,70
Anilin	f_m'	0,988	0,968	0,94	0,88	—	—	—	—	—
Butylalkohol	f_m'	0,9823	0,9638	0,9433	0,9161	0,8681	0,8227	—	—	—
Erythrit	f_m'	0,999	1,002	1,006	1,014	1,035	—	—	—	—
Glycerin	f_m'	—	—	—	—	1,02	1,02	1,05	—	—
Mannit	f_m'	0,999	0,999	1,000	1,002	—	—	—	—	—
Methylalkohol	f_m'	0,93	0,90	0,87	0,84	0,82	0,80	0,78	0,75	0,72
i-Propylalkohol	f_m'	0,9962	0,9903	0,9812	0,9655	0,9348	—	—	—	—
Rohrzucker	f_m	—	1,01	1,03	1,05	1,11	1,24	—	—	—

6c. Aktivitatskoefnzlionten einiger Aminosäuren und Peptide in wäßriger Lösung (25 °C)

Nach Mesoungen von *Snitth* und *Smith* [90] aus *Edsall-Wyman* [28]

Molalität m	Glycin	Alanin	Sarkosin	Serin	Threonin	Valin	Betain	Prolin	Hydroxy-prolin	β-Alanin	ε-Amino-capronsäure	Glycylglycin	Glycylalanin	Triglycin
	$-\log f_m$													
0,2	0,0173	−0,002	−0,002	0,016	0,005	−0,013	−0,030	−0,008	0,000	0,003	0,013	0,040	0,029	0,070
0,3	0,0252	−0,003	−0,003	0,025	0,007	−0,019	−0,044	−0,012	0,000			0,056	0,040	0,095
0,4	0,0326	−0,004				−0,025								
0,5	0,0395	−0,005	−0,005	0,042	0,011	−0,032	−0,074	−0,020	−0,001	0,005	0,022	0,082	0,054	
0,7	0,0521		−0,009		0,015		−0,104	−0,029	−0,001	0,006	0,024	0,102	0,061	
0,8	0,0578	−0,008												
1,0	0,0684	−0,010	−0,014		0,018		−0,147	−0,040	−0,003	0,005	0,026	0,128	0,068	
	0,0780	−0,012	−0,018		0,020		−0,176		−0,004	0,004	0,016	0,141	0,073	
1,5	0,0903	−0,015	−0,025		0,022		−0,219	−0,060	−0,006	0,000	−0,001	0,157		
1,7	0,0976	−0,017										0,164		
1,9		−0,020												
2,0	0,107		−0,038		0,025		−0,289	−0,081	−0,011	−0,007	−0,030			

Tabelle 7. Debye-Hückel-Korrektur

$$L_J = \frac{A\sqrt{J}}{1 + 1{,}6\sqrt{J}}$$ (s. S. 48 f.)

A	T \ J	0,001	0,002	0,003	0,004	0,005	0,006	0,007	0,008	0,009	0,01	0,02	0,03	0,04	0,05	0,06	0,07	0,08	0,09	0,10
0,4884	0°	0,0147	0,0204	0,0243	0,0281	0,0310	0,0336	0,0360	0,0382	0,0402	,0421	,0563	,0663	,0734	,0804	,0860	,0908	,0950	,0991	,1026
,4922	5	,0148	,0205	,0245	,0283	,0313	,0339	,0363	,0385	,0405	,0424	,0568	,0668	,0746	,0811	,0867	,0915	,0958	,0998	,1034
,4962	10	,0149	,0207	,0247	,0285	,0315	,0342	,0365	,0388	,0409	,0428	,0572	,0673	,0752	,0817	,0874	,0922	,0966	,1006	,1042
,5004	15	,0151	,0209	,0249	,0287	,0318	,0345	,0369	,0392	,0412	,0431	,0577	,0679	,0758	,0824	,0881	,0930	,0974	,1015	,1051
,5047	20	,0152	,0211	,0251	,0290	,0321	,0348	,0372	,0395	,0416	,0435	,0582	,0685	,0765	,0831	,0889	,0938	,0982	,1024	,1060
,5093	25	,0153	,0213	,0253	,0293	,0324	,0351	,0376	,0399	,0420	,0439	,0587	,0691	,0772	,0839	,0897	,0947	,0991	,1033	,1070
,5141	30	,0155	,0215	,0256	,0295	,0327	,0354	,0379	,0402	,0423	,0443	,0593	,0698	,0779	,0847	,0905	,0956	,1000	,1043	,1080
,5191	35	,0156	,0217	,0258	,0298	,0330	,0358	,0383	,0406	,0428	,0448	,0599	,0704	,0786	,0855	,0914	,0965	,1010	,1053	,1090
,5211	37	,0157	,0217	,0259	,0299	,0331	,0359	,0384	,0408	,0429	,0449	,0601	,0707	,0789	,0858	,0918	,0969	,1014	,1057	,1094
,5242	40	,0158	,0219	,0261	,0301	,0333	,0361	,0387	,0410	,0432	,0452	,0604	,0711	,0794	,0863	,0923	,0974	,1020	,1063	,1100
,5353	50	,0161	,0223	,0266	,0307	,0340	,0369	,0395	,0419	,0441	,0461	,0617	,0726	,0811	,0882	,0943	,0995	,1042	,1086	,1124
,5472	60	,0165	,0228	,0272	,0314	,0348	,0377	,0404	,0428	,0451	,0472	,0631	,0743	,0829	,0901	,0964	,1017	,1065	,1110	,1149

Tabelle 8. p_H-Standards

8a. p_H-Werte einiger Standardlösungen von 0 bis 95 °C

(Unter Zugrundelegung von 0,3357 V (18 °C) für die 0,1 n Kalomel-Elektrode[1]) aus *Robinson-Stokes* [*84*]

T °C	0,05 m K-Tetra-oxalat	KH-Tartrat ges. 25 °C	0,01 m KH-Tartrat	0,05 m KH-Phthalat	0,025 m K_2HPO_4 + 0,025 m NaH_2PO_4	0,01 m Borax	$Ca(OH)_2$ ges. 25 °C
0	1,671	—	3,710	4,012	6,983	9,463	13,428
5	1,671	—	3,690	4,005	6,950	9,389	13,208
10	1,669	—	3,671	4,001	6,922	9,328	13,004
15	1,674	—	3,655	4,000	6,896	9,273	12,809
20	1,676	—	3,647	4,001	6,878	9,223	12,629
25	1,681	3,555	3,637	4,005	6,860	9,177	12,454
30	1,685	3,547	3,633	4,011	6,849	9,135	12,296
35	1,693	3,545	3,629	4,019	6,842	9,100	12,135
40	1,697	3,543	3,630	4,030	6,837	9,066	11,985
45	1,704	3,545	3,634	4,043	6,834	9,037	11,841
50	1,712	3,549	3,640	4,059	6,833	9,012	11,704
55	1,719	3,556	3,646	4,077	6,836	8,987	11,575
60	1,726	3,565	3,654	4,097	6,840	8,961	11,454
70	1,74	3,58	—	4,12	6,85	8,93	—
80	1,77	3,61	—	4,16	6,86	8,89	—
90	1,80	3,65	—	4,20	6,88	8,85	—
95	1,81	3,68	—	4,23	6,89	8,83	—

8b. p_H-Werte einiger Lösungen bei 25 °C

(Unter Zugrundelegung von 0,3357 V (18 °C) für die 0,1 n Kalomel-Elektrode[1]) aus *Robinson-Stokes* [*84*]

Lösung	p_H
0,1 m HCl	1,092
0,01 m HCl + 0,09 m KCl	2,102
0,01 m Sulfaminsäure	2,083
0,05 m Citronensäure	2,238
0,01 m Citronensäure	2,624
0,1 m KH_2-Citrat	3,717
0,02 m KH_2-Citrat	3,836
0,01 m Ameisensäure + 0,01247 m K-Formiat + 0,01079 m KCl	3,800
0,02 m Bernsteinsäure + 0,01 m NaH-Succinat + 0,02 m NaCl	3,823
0,01 m Essigsäure + 0,01 m Na-Acetat	4,718
0,01 m Malonsäure + 0,01 m NaH-Malonat + 0,01 m NaCl	5,444
0,01 m NaH-Succinat + 0,01 m Na_2-Succinat	5,474
0,01 m Veronal + 0,009554 m Veronal-Na + 0,01592 m NaCl	7,903
0,01 m $NaHCO_3$ + 0,01 m Na_2CO_3	10,112
0,01 m Na_2CO_3	11,006
0,01 m Na_3PO_4	11,719
0,01 m NaOH	11,939
0,05 m NaOH	12,619

8c. p_H-Standards unter Zugrundelegung von 0,3380 V

(für die 0,1 n Kalomel-Elektrode [*30*])

Veibelsche Lösung:	0,09 m KCl (6,71 g) in 1 l 0,01 n HCl	p_H = 2,04 (20 °C)
Standard-Acetat:	200 ml n Essigsäure + 100 ml n NaOH mit Wasser auf 1 l auffüllen	p_H = 4,62 (T-unabh.)

[1] In den angelsächsischen Ländern wird für die 0,1 n Kalomel-Elektrode 0,3357 V (18 °C) als Standard-Wert angenommen [*2, 4a, 8*]. Die darauf bezogenen Werte sind um 0,04 p_H Einheiten höher als die früher verwendeten Standards, die auf 0,3380 V (18 °C) basieren [*8,3*]

Tabelle 9. **Pufferlösungen** (s. S. 50)

9a. **Anmerkungen**

Die folgenden Tabellen enthalten neben allgemeinen Puffersystemen mit hoher Pufferkapazität (vgl. S. 54) eine Anzahl speziell für biochemische und physiologische Untersuchungen geeignete Puffer. Die vorangestellte Übersichtstabelle (9b) gibt p_H-Bereich, Pufferkomponenten, Tabellen- und Literaturhinweise. Die Herstellungsvorschriften für die Lösungen sind in 9c zusammengefaßt.

In den Tabellen (9d) sind die p_H-Stufen in Abständen von 0,05, 0,1 oder 0,2 p_H-Einheiten angegeben. Zwischenwerte können durch graphische Interpolation, näherungsweise durch numerische Interpolation, erhalten werden. Bei hohen Anforderungen an die Genauigkeit empfiehlt es sich, die p_H-Einstellung mit einer geeichten Meßkette nachzuprüfen.

Soweit die Pufferlösungen nicht Lösungen konstanter Ionenstärke J darstellen (vgl. 9b Bemerkungen), sind einfache Formeln zur Berechnung von J an jedem Tabellenkopf angegeben. Bei Puffersystemen, deren p_H-Bereich mehrere Dissoziationsstufen der Komponenten überstreicht, läßt sich keine einfache Beziehung zur Berechnung von J angeben.

Allgemeine Literatur über Pufferlösungen und p_H-Messungen:
[*2*, *4a*, *17*, *30*, *34*, *61*, *62*, *63*, *70*, *74*, *84*, *86*].

Die p_H-Werte der Pufferlösungen beziehen sich im wesentlichen auf Messungen, die mit dem Wert 0,3380 V (18 °C) für die 0,1 n Kalomel-Elektrode berechnet worden sind („konventionelle p_H-Skala", ps_H-Skala [*86*]). Legt man die auf der Wasserstoffionen-Aktivität basierende pa_H-Skala zugrunde (mit 0,3357 V (18 °C) für die 0,1 n Kalomel-Elektrode, vgl. Fußnote Tab. 8), so ergibt sich wegen $pa_H \approx ps_H + 0{,}04$, daß die p_H-Werte der auf der „konventionellen" Basis berechneten Puffersysteme um 0,04 p_H-Einheiten unter den neuen Standardwerten liegen. Puffersysteme dieser Art (in Tab. 9b Spalte 4 durch $+\Delta$ gekennzeichnet) müssen also zur Angleichung an die pa_H-Standardisierung in ihren p_H-Angaben um 0,04 p_H erhöht werden.

Die Diagramme der Abb. 43 und 44 sind unter Verwendung des pa_H-Standardwertes aufgezeichnet.

9b. **Übersichtstabelle**

p_H	Pufferkomponenten	Tab. 9d Nr.	Bemerkungen	Lit.
	α) Allgemeine Puffersysteme			
1,2 — 3,1	KCl/HCl	1	J = const	[*8*, *18*]
1,1 — 3,3	Glycin/HCl	2	$+\Delta$	[*91*]
1,1 — 4,9	Na-Citrat/HCl	3	$+\Delta$	[*91*]
2,2 — 3,35	KH-Phthalat/HCl	4	$+\Delta$	[*8*, *17*]
2,6 — 4,8	Ameisensäure/Na-Formiat	5	J = const	[*69*]
3,0 — 6,6	Citronensäure/Na-Citrat	6		[*34*]
3,0 — 7,8	Na_2HPO_4/Citronensäure (*McIlvaine*)	7	$+\Delta$	[*71*]
3,6 — 5,6	Essigsäure/NaOH (Acetatpuffer)	8	$+\Delta$ Nomogramm: Abb. 43	[*9*, *16*, *21*, *37*, *101*]
3,8 — 6,0	Bernsteinsäure/NaOH	9		[*34*]
4,2 — 6,1	KH-Phthalat/NaOH	10	$+\Delta$	[*4*, *8*, *17*]
4,9 — 8,0	KH_2PO_4/Na_2HPO_4 (*Sörensen*)	11	$+\Delta$ atoxisch: Na statt K. (9d/38)	[*4*, *91*]
5,0 — 6,6	Na-Citrat/NaOH	12	$+\Delta$ J = const	[*91*]
5,2 — 6,8	NaH-Maleat/NaOH	13		[*98*]
5,0 — 7,4	Na-Kakodylat/HCl	14		[*80*]
5,2 — 8,6	TRIS-Maleat/NaOH	15		[*34*]
5,8 — 8,0	KH_2PO_4/NaOH	16		[*4*, *8*, *19*]
6,2 — 7,8	Imidazol/HCl	17	$+\Delta$	[*73*]
6,4 — 8,35	2,4,6-Collidin/HCl	18	$+\Delta$	[*34a*]
6,8 — 8,6	Triäthanolamin · HCl/NaOH	19	J = const	[*25*]
7,0 — 8,7	Triäthanolamin/HCl	20	J = const	[*25*]
7,0 — 8,8	Na-Pyrophosphat/HCl	21	$+\Delta$	[*50*]
7,0 — 8,4	Veronal-Na/HCl	22	$+\Delta$	[*12*, *74*]
7,2 — 9,0	Tris(hydroxymethyl)amino-methan/HCl	23	$+\Delta$ „TRIS"	[*34*]
7,65 — 9,0	Borsäure/Borax	24	$+\Delta$	[*79*]
7,75 — 9,15	Na-Borat/HCl	25	$+\Delta$	[*91*]
7,5 — 10,5	Veronal-Na_2CO_3/HCl	26		[*57*]
8,0 — 10,0	Diäthanolamin/HCl	27	J = const	[*25*]
8,25 — 10,35	Borsäure-KCl/Na_2CO_3 (*Atkins-Pantin*)	28	$+\Delta$	[*3*, *8*]
8,6 — 10,6	2-Amino-2-methyl-1,3-pro-pandiol/HCl	29	Ammediol „BIS"	[*34*]
8,35 — 12,90	Glycin/NaOH	30	$+\Delta$	[*91*]
9,25 — 10,75	Na-Borat/NaOH	31	$+\Delta$ J = const	[*91*]
9,2 — 10,8	$Na_2CO_3/NaHCO_3$	32	$Ca^{\cdot\cdot}$, $Mg^{\cdot\cdot}$ stören	[*26*]

Übersichtstabelle (Fortsetzung)

p_H	Pufferkomponenten	Tab. 9d Nr.	Bemerkungen	Lit.
	β) Universalpuffer			
4,0 –11,6	Britton-Robinson-Puffer (I)	33	$+\Delta$ für höhere Temperatur	[*12*] [*13*]
2,4 –12,0	Britton-Robinson-Puffer (II)	34	$+\Delta$	[*12*]
2,6 –12,0	Johnson-Lindsay-Puffer	35	$+\Delta$	[*52*]
2,0 –12,0	Universalpuffer nach *Davies*	36	meßbar bis ~240 mμ	[*24*]
2,0 –12,0	Teorell-Stenhagen-Puffer	37	$+\Delta$	[*99*]
2,0 –12,0	Na_2CO_3/BIS/NaH_2PO_4/ Citronensaure	–		[*29*]

p_H	*J*	Pufferkomponenten	Tab. 9d Nr.	Bemerkungen	Lit.
		γ) Puffersysteme mit konstanter Ionenstärke			
1,2 – 2,2	0,2	KCl/HCl	1		[*8, 18*]
3,1 – 4,1	0,2	Ammoniumformiat	39		[*46*]
4,5 – 6,8	0,2	Ammoniumacetat	39		[*46*]
2,6 – 4,8	0,1	Ameisensäure/Na-Formiat	5		[*69*]
5,0 – 6,6	0,3	Na-Citrat/NaOH	12	$+\Delta$	[*91*]
6,8 – 8,6	0,05	Triäthanolamin·HCl/NaOH	19		[*25*]
7,0 – 8,8	0,05	Triäthanolamin/HCl	20		[*25*]
8,0 –10,0	0,05	Diäthanolamin/HCl	27		[*25*]
9,25–10,75	0,1	Na-Borat/NaOH	31	$+\Delta$	[*91*]
–	0,6	Acetat/Phosphat	–		[*56*]
–	0,6	Glycin/Phosphat	–		[*56*]
		δ) Spezielle Puffersysteme			
		1. Weitere, nicht tabellierte Puffersysteme			
1,4 – 4,5		Weinsäure/Tartrat			[*5*]
2,3 – 3,5		Milchsäure/Lactat			[*5*]
2,5 – 5,7		Aconitsäure/NaOH			[*34*]
3,3 – 6,3		Propionsäure/Propionat			[*5*]
3,2 – 7,6		*ββ'*-Dimethylglutarsäure/NaOH			[*92*]
5,5 – 7,1		4-(oder 5-)Oxymethylimidazol/HCl			[*58*]
5,8 – 7,6		Na-Arsenat/HCl			[*25*]
6,0 – 8,0		$NaHCO_3$/5% CO_2			[*25*]
7,1 – 8,1		4-(oder 5-)Methylimidazol/HCl			[*58*]
7,0 – 8,2		N-Äthylmorpholin/HCl			[*25*]
8,1 – 9,3		2,4-(oder 2,5-)Dimethylimidazol/HCl			[*58*]
8,0 –10,2		K-p-Phenolsulfonat/NaOH			[*69*]
8,2 –11,2		NH_4Cl/NH_4OH			[*69*]
9,3 –10,0		Borax/NaOH			[*34*]
–		Tricarballylsäure/NaOH			[*11*]
		Puffer für Fermentationsprozesse			[*54*]
		2. Nicht toxische und isotonische Puffer (vgl. S. 117)			
4,4 – 6,6 8,6 –11,0		Piperazin/HCl	–		[*89*]
5,8 – 8,0		Na_2HPO_4/NaH_2PO_4 (isotonisch: 0,150 m)	38	$+\Delta$	[*36*]
7,0 – 8,4		Veronal-Na/HCl	22	$+\Delta$	[*12, 74*]
7,0 – 9,4		Glycylglycin/HCl	–		[*89*]
5,0 – 7,6		Na-Acetat/Borsäure			
		Na-Pyrophosphat (isotonisch: 0,163 m in 0,163 n HCl)			[*102*]
		Na-Citrat (isotonisch: 0,109 m in aq.)			[*102*]
7,8 8,8		Glycin/NaCl/NaOH bzw. Glycin/NaCl/$NaHCO_3$/NaOH			[*45*]

Übersichtstabelle (Fortsetzung)

p_H	Puffersystem	Tab. 9d Nr.	Bemerkungen	Lit.
	3. Flüchtige Puffer (zur Gefriertrocknung)			
3,1 – 4,1	Ammoniumformiat	39		[46]
4,5 – 6,8	Ammoniumacetat	39		[46]
5,3 – 9,6	Äthylendiammintetraacetat	—	erhält beim Lyophilisieren den p_H-Wert konstant; stört UV- und sichtbares Spektrum u. analyt. Reaktionen nicht	[31]
3 – 6	Triathylammoniumformiat	—	stören UV- und sichtbares Spektrum u. Ninhydrin-Reaktion nicht; stabil gegen Oxydation	[81]
	Triathylammoniumacetat	—		
7 – 12	Triäthylammoniumbicarbonat	—		
	Triäthylammoniumcarbonat	—		
	Ammoniumbicarbonat/CO_2	—		
	Ammoniumcarbonat	—		
	Collidinacetat	—		[77]
	Pyridiniumacetat	—		[75]
	4. Puffer zur Elektrophorese (s. auch δ 3.)			
2,0 – 3,5	NaCl + Glycin/HCl	40	$+\Delta$ $J = 0{,}1$ und $J = 0{,}2$	[76]
4,0 – 5,5	NaCl + Essigsäure/Na-Acetat			
6,0 – 7,5	NaCl + NaH_2PO_4/Na_2HPO_4			
8,0 – 9,0	NaCl + Veronal/HCl			
9,5 – 12,0	NaCl + Glycin/NaOH			

ε) Diagramme

1. $p_H - J$-Nomogramm Acetatpuffer Abb. 43 [9]
2. $p_H - J$-Diagramm NaH_2PO_4/K_2HPO_4 Abb. 44 [37]

9c. Herstellung der Pufferlösungen

1. KCl/HCl	a) 0,1 n KCl: 7,456 g/l
	b) 0,1 n HCl
2. Glycin/HCl	a) 0,1 m Glycin: 7,505 g + 0,1 m NaCl: 5,85 g/l
	b) 0,1 n HCl
3. Na-Citrat/HCl	a) 0,1 m Na-Citrat: 21,008 Citronensaure · 1 H_2O + 200 ml n NaOH auf 1 l
	b) 0,1 n HCl
4. KH-Phthalat/HCl	a) 0,2 m KH-Phthalat: 40,836 g/l
	b) 0,2 n HCl
	c) H_2O (CO_2-frei)
5. Ameisensäure/Na-Formiat	a) n Ameisensaure: 46,03 g/l
	b) n NaOH
6. Citronensäure/Na-Citrat	a) 0,1 m Citronensaure: 21,008 g Citronensaure · 1 H_2O/l
	b) 0,1 m Na-Citrat (s. 3a)
7. Na_2HPO_4/Citronensäure	a) 0,1 m Citronensaure (s. 6a)
	b) 0,2 m Na_2HPO_4: 35,63 g $Na_2HPO_4 \cdot 2\,H_2O$/l
8. Essigsäure/NaOH	a) n Essigsaure
	b) n NaOH
9. Bernsteinsaure/NaOH	a) 0,2 m Bernsteinsaure: 23,62 g/l
	b) 0,2 n NaOH
10. KH-Phthalat/NaOH	a) 0,2 m KH-Phthalat (s. 4a)
	b) 0,2 n NaOH (carbonatfrei)
	c) H_2O (CO_2-frei)
11. KH_2PO_4/Na_2HPO_4	a) m/15 KH_2PO_4: 9,078 g/l
	b) m/15 Na_2HPO_4: 11,876 g $Na_2HPO_4 \cdot 2\,H_2O$/l
12. Na-Citrat/NaOH	a) 0,1 m Citronensaure (s. 3a)
	b) 0,1 n NaOH (carbonatfrei)
13. NaH-Maleat/NaOH	a) 0,2 m NaH-Maleat: 23,2 g Maleinsaure (bzw. 19,6 g Maleinsäureanhydrid) + 8,0 g NaOH/l
	b) 0,2 n NaOH
14. Na-Kakodylat/HCl	a) 0,1 m $Na(CH_3)_2 \cdot AsO_2 \cdot 3\,H_2O$: 21,40 g/l
	b) 0,1 n HCl
15. TRIS-Maleat/NaOH	a) 0,2 m TRIS-Maleat: 24,2 g TRIS + 23,2 g Maleinsäure (bzw. 19,6 g Maleinsaureanhydrid)/l
	b) 0,2 n NaOH
16. KH_2PO_4/NaOH	a) 0,2 m KH_2PO_4: 27,22 g/l
	b) 0,2 n NaOH

17. Imidazol/HCl	a) 0,2 m Imidazol: 13,62 g/l
	b) 0,1 n HCl
18. 2,4,6-Collidin/HCl	a) 0,2 m 2,4,6-Collidin: 26,4 ml/l
	b) 0,1 n HCl
19. Triäthanolamin · HCl/NaOH	a) 0,1 m Triäthanolamin · HCl: 18,57 g/l[1]
	b) 0,1 n NaOH
20. Triäthanolamin/HCl	a) 0,01 m Triäthanolamin: 1,49 g/l
	b) 0,2 n HCl
21. Na-Pyrophosphat/HCl	a) 0,1 m $Na_4P_2O_7 \cdot 10\,H_2O$: 44,61 g/l
	b) 0,1 n HCl
22. Veronal-Na/HCl	a) 0,1 m Veronal-Na: 20,60 g/l
	b) 0,1 n HCl
23. TRIS/HCl	a) 0,2 m TRIS: 24,2 g/l
	b) 0,1 n HCl
24. Borsäure/Borax	a) 0,2 m H_3BO_3: 12,404 g + 0,05 m NaCl: 2,925 g/l
	b) 0,05 m $Na_2B_4O_7 \cdot 10\,H_2O$: 19,108 g/l
25. Na-Borat/HCl	a) 0,2 m Na-Borat: 12,404 g H_3BO_3 + 100 ml n NaOH auf 1 l
	b) 0,1 n HCl
26. Veronal-Na_2CO_3/HCl	a) 0,1 m Veronal-Na: 20,60 g/l
	b) 0,1 m Na_2CO_3: 10,6 g Na_2CO_3 (calc.) oder 28,62 g $Na_2CO_3 \cdot 10\,H_2O$/l
	c) 0,1 n HCl
27. Diäthanolamin/HCl	a) 0,2 m Diäthanolamin (K_{p1} = 142): 21,02 g/l
	b) 0,1 n HCl
28. Borsäure-KCl/Na_2CO_3	a) 0,2 m H_3BO_3: 12,404 g + 0,2 m KCl: 14,912 g/l
	b) 0,2 m Na_2CO_3: 21,2 g Na_2CO_3 (calc.) oder 57,24 g $Na_2CO_3 \cdot 10\,H_2O$
29. Ammediol („BIS")/HCl	a) 0,2 m 2-Amino-2-methyl-1,3-propandiol: 21,03 g/l
	b) 0,2 n HCl
30. Glycin/NaOH	a) 0,1 m Glycin (s. 2a)
	b) 0,1 n NaOH (carbonatfrei)
31. Na-Borat/NaOH	a) 0,2 m Na-Borat (s. 25a)
	b) 0,1 n NaOH
32. $Na_2CO_3/NaHCO_3$	a) 0,2 m Na_2CO_3 (s. 28b)
	b) 0,2 m $NaHCO_3$: 16,8 g/l
33. *Britton-Robinson* (I)	a) Stammlösung: je 0,04 mol H_3PO_4, CH_3COOH und H_3BO_3 in 1000 ml
	b) 0,2 n NaOH
34. *Britton-Robinson* (II)	a) Stammlösung: je 0,0286 m Citronensäure (6,01 g), KH_2PO_4 (3,892 g), H_3BO_3 (1,769 g), Veronal (5,268 g) und HCl (28,6 ml n/10) in 1000 ml
	b) 0,2 n NaOH
35. *Johnson-Lindsay*	a) Stammlösung: 6,008 g Citronensäure · 1 H_2O + 1,769 g H_3BO_3 + 3,893 g KH_2PO_4 + 5,266 g Diäthylbarbitursäure/l
	b) 0,2 n NaOH (carbonatfrei)
36. *Davies*	a) Stammlösung: 21,01 g Citronensäure · 1 H_2O + 13,61 g KH_2PO_4 + 19,07 g $Na_2B_4O_7 \cdot 10\,H_2O$ + 12,11 g TRIS + 7,46 g KCl in 1000 ml
	b) Lösung x: 0,4 n HCl
	c) Lösung y: 0,4 n NaOH
37. *Teorell-Stenhagen*	I. n NaOH (carbonatfrei)
	II. Phosphorsäure: 35 ml 85% H_3PO_4 auf 1 l; (genauer Gehalt: 10 ml II gegen I mit Phenolphthalein verschwindend rosa titrieren)
	III. Citronensäure · 1 H_2O: 70 g auf 1 l, Titerstellung wie bei II
	IV. H_3BO_3 krist.
	a) Stammlösung: Die genau 100 ml n NaOH äquivalenten Mengen von II und III in 1 l Meßkolben, dazu 3,54 g krist. H_3BO_3 und 343,0 ml n NaOH, Rest mit CO_2-freiem Wasser auf 1 l auffullen. Vor CO_2 geschützt aufbewahren
	b) 0,1 n HCl
38. Na_2HPO_4/NaH_2PO_4	a) 0,5 m $Na_2HPO_4 \cdot 12\,H_2O$: 179,1 g/l
	b) 0,5 m $NaH_2PO_4 \cdot H_2O$: 69,0 g/l
39a. Ammoniumformiat	a) 2 m HCOOH: 92,06 g/l
	b) n NH_4OH
39b. Ammoniumacetat	a) 2 m CH_3COOH: 120,1 g/l
	b) n NH_4OH
40. Elektrophorese-Puffer	5 m NaCl: 292,25 g/l
	1 m Glycin-NaCl: 75,07 g Gly + 58,45 g NaCl/l
	2 m Na-Acetat: 164,12 g/l
	0,5 m $Na_2HPO_4 \cdot 12\,H_2O$: 179,2 g/l
	4 m $NaH_2PO_4 \cdot H_2O$: 552,04 g/l
	0,5 m Veronal-Na: 103,8 g/l

[1] Herstellung: Triäthanolamin/Äthanol (1:1) mit konz. HCl neutralisieren, auf 0°C abkühlen, trocknen. F_p = 178 °C.

Tabelle 9d. **Puffersysteme**

1. KCl/HCl; p_H 1,2—3,1, Temp.: 25 °C, J = 0,1
Volum-% 0,1 n HCl im Gemisch

p_H	,0	,1	,2	,3	,4	,5	,6	,7	,8	,9
1	—	—	81,4	64,6	51,4	40,2	32,0	25,6	20,4	16,2
2	13,0	10,4	8,4		5,0				2,0	
3		0,5								

2. Glycin/HCl; p_H 1,1—3,3, Temp.: 25 °C, Temp.-koeff. < 0,001, J = 0,1 + antilog. $(-p_H)$
Volum-% 0,1 n HCl im Gemisch

p_H	,0	,05	,10	,15	,20	,25	,30	,35	,40	,45	,50	,55	,60	,65	,70	,75	,80	,85	,90	,95
1	—	—	94,3	89,8	85,4	81,4	77,4	74,2	71,1	68,4	66,2	64.2	62,0	60,2	58,3	56,5	54,7	53,8	51,1	49,6
2	48,1	46,6	45,1	43,8	42,4	41,0	39,7	38,0	36,4	34,6	33,4	31,6	30,4	28,9	27,2	25,6	24,0	22,4	20,8	19,3
3	17,9	16,5	15,2	14,0	12,0	11,0	10,8													

3. Na-Citrat/HCl; p_H 1,10—4,90, Temp.: 25 °C, Temp.-koeff. < 0,001, J = 0,003 [100 — (ml HCl)] + antilog $(-p_H)$ für $J \leq 3,2$
Volum-% 0,1 n HCl im Gemisch

p_H	,0	,05	,10	,15	,20	,25	,30	,35	,40	,45	,50	,55	,60	,65	,70	,75	,80	,85	,90	,95
1	—	—	95,2	91,6	88,9	86,5	84,1	83,4	80,7	79,2	77,8	76,6	75,4	74,4	73,5	72,6	71,8	71,1	70,5	69,9
2	69,4	68,8	68,3	67,9	67,4	66,9	66,4	66,0	65,5	65,0	64,6	64,1	63,6	63,1	62,7	62,2	61,7	61.2	60,7	60,2
3	59,7	59,1	58,5	58,0	57,3	56,7	56,0	55,3	54,6	53,9	53,2	52,4	51,6	50,7	49,9	49,0	48,1	47,1	46,2	45,1
4	44,0	42,7	41,5	40,3	38,9	37,4	35,7	34,0	32,1	30,2	28,1	25,6	21,1	20,4	17,8	15,0	12,0	8,6	4,4	

4. K-Hydrogenphthalat/HCl; p_H 2,2—3,35, Temp.: 20 °C, J = 0,05 + antilog. $(-p_H)$
ml 0,2 n HCl; 50 ml 0,2 m KH-Phthalat hinzufügen und auf 200 ml mit Wasser auffüllen

p_H	,0	,05	,10	,15	,20	,25	,30	,35	,40	,45	,50	,55	,60	,65	,70	,75	,80	,85	,90	,95
2	—	—	—	—	46,6	44,8	43,1	41,3	39,6	37,9	36,3	34,6	33,0	31,3	29,7	28,1	26,5	24,4	23,4	21,9
3	20,4	19,0	17,5	16,1	14,8	13,5	12,3	11,1												

5. Ameisensäure/Na-Formiat; p_H 2,6–4,8, Temp.: 25 °C, J = 0,1
ml n Ameisensäure; 10 ml n NaOH hinzufügen und mit Wasser auf 100 ml auffüllen

p_H	,0	,2	,4	,6	,8
2					84,4
3	56,6	39,3	28,4	21,6	17,3
4	14,6	12,9	11,8	11,1	10,7

6. Citronensäure/Na-Citrat; p_H 3,0–6,6, Temp.: 25 °C, 0,1 m
Volum-% 0,1 m Citronensäure im Gemisch

p_H	,0	,2	,4	,6	,8
3	93,0	86,0	80,0	74,5	70,0
4	65,5	61,5	57,0	51,5	46,0
5	41,0	36,5	32,0	27,5	23,5
6	19,0	14,0	10,0	7,0	—

7. Citronensäure/Dinatriumhydrogenphosphat; p_H 3,0–7,8, Temp.: 21 °C (McIlvaine-Puffer)
Vol.-% 0,2 m Dinatriumhydrogenphosphat im Gemisch

p_H	,00	,05	,10	,15	,20	,25	,30	,35	,40	,45	,50	,55	,60	,65	,70	,75	,80	,85	,90	,95
3	20,6	21,6	22,6	23,6	24,6	25,6	26,6	27,5	28,5	29,4	30,3	31,2	32,2	33,1	33,9	34,7	35,5	36,3	37,1	$37,8_5$
4	38,6	39,3	40,0	40,7	41,4	42,1	$42,7_5$	43,4	$44,0_5$	44,8	45,4	46,1	$46,7_5$	47,4	48,0	48,7	49,3	49,9	50,4	$50,9_5$
5	51,5	$52,0_5$	52,6	53,1	53,6	54,2	54,7	$55,2_5$	55,8	56,4	56,9	57,5	58,0	58,6	59,2	$59,8_5$	60,5	61,1	61,8	62,5
6	63,2	63,9	64,6	65,4	66,1	66,9	67,7	68,5	69,3	70,2	71,0	71,9	72,8	73,8	74,8	76,1	77,2	78,6	79,8	81,2
7	82,4				86,9				90,7				93,6				95,7			

8. Essigsäure/NaOH; p_H 3,6–5,6, Temp.: 18 °C (Acetatpuffer 0,2 n), J = 0,002 [ml NaOH]
ml 1 n NaOH + 100 ml 1 n Essigsäure mit Wasser auf 500 ml auffüllen

p_H	,00	,05	,10	,15	,20	,25	,30	,35	,40	,45	,50	,55	,60	,65	,70	,75	,80	,85	,90	,95
3													7,7	8,6	9,6	10,8	12,0	13,4	15,0	16,3
4	18,0	20,0	22,0	24,0	26,4	28,9	31,5	34,1	37,0	40,0	43,0	46,0	49,0	51,7	54,4	57,1	60,0	62,8	64,3	68,0
5	70,5	72,9	75,1	77,1	79,0	80,9	82,6	84,2	85,5	86,0	87,2	88,4	89,5							

9. Bernsteinsäure/NaOH; p_H 3,8–6,0, Temp.: 25 °C
ml 0,2 n NaOH; 25 ml 0,2 m Bernsteinsäure hinzufügen und mit Wasser auf 100 ml auffüllen

p_H	,0	,2	4,	,6	,8
3					7,5
4	10,0	13,3	16,7	20,0	23,5
5	26,7	30,3	34,2	37,5	40,7
6	43,5				

10. K-Hydrogenphthalat/NaOH; p_H 4,2–6,1, Temp.: 21 °C, $J = 0{,}05 + 0{,}002$ [ml NaOH]
ml 0,2 n NaOH; 50 ml KH-Phthalat hinzufügen und mit Wasser auf 200 ml auffullen

p_H	,00	,05	,10	,15	,20	,25	,30	,35	,40	,45	,50	,55	,60	,65	,70	,75	,80	,85	,90	,95
4					3,70	4,57	5,50	6,47	7,50	8,55	9,65	10,9	12,1$_5$	13,5	14,8$_5$	16,2$_5$	17,7	19,8	20,7	22,3
5	23,8	25,4	27,0	28,5	30,0	31,4	32,9	34,2	35,5	36,7	37,8	38,9	39,9	40,7$_5$	41,6	42,3	43,0	43,6	44,3	44,9
6	45,4	45,9$_5$	46,4																	

11. Kaliumhydrogenphosphat/Dinatriumhydrogenphosphat (Phosphatpuffer nach *Sörensen*);
p_H 4,9–8,0, Temp.: 25 °C, Temp.-koeff. –0,0027 $J = 0{,}0666 + 0{,}001333$ [ml Na_2HPO_4]

Vol.-% $\frac{m}{15}$ Dinatriumhydrogenphosphat im Gemisch

4																			0,60	0,75
5	0,95	1,15	1,35	1,55	1,80	2,05	2,30	2,65	3,00	3,45	3,90	4,35	4,90	5,50	6,20	7,00	7,90	8,80	9,80	10,8
6	12,1	13,5	15,0	16,7	18,4	20,1	22,1	24,2	26,4	28,7	31,3	34,1	37,2	40,0	43,0	46,0	49,2	52,2	55,2	58,1
7	61,2	64,3	67,0	69,8	72,6	75,4	77,7	79,9	81,8	83,5	85,2	86,9	88,5	89,9	91,2	92,4	93,0	94,6	95,5	96,3
8	96,9																			

12. Na-Citrat/NaOH; p_H 5,0–6,6, Temp.: 25 °C, Temp.-koeff. 0,0035
Vol.-% 0,1 n NaOH im Gemisch

5	3,6	7,0	9,7	12,4	14,9	17,5	19,6	21,6	23,7	25,7	27,7	29,4	31,0	32,5	34,0	35,3	36,4	37,5	38,5	39,5
6	40,4	41,4	42,0	42,7	43,4	44,1	44,6	45,1	45,5	45,9	46,3	46,7	47,0							

13. NaH-Maleat/NaOH; p_H 5,2—6,8, Temp.: 25 °C,
ml 0,2 n NaOH; 50 ml 0,2 m NaH — Maleat hinzufügen und mit Wasser auf 200 ml auffüllen

p_H	,0	,2	,4	,6	,8
5		7,2	10,5	15,3	20,8
6	26,9	33,0	38,0	41,6	44,4

14. Na-Kakodylat/HCl; p_H 5,0—7,4, Temp.: 15 °C, J = 0,05 + 0,0005 [ml HCl]
ml 0,1 n HCl; 100 ml 0,1 m Na-Kakodylat hinzufügen und mit Wasser auf 200 ml auffüllen

p_H	,0	,2	,4	,6	,8
5	93,5	90,1	85,2	78,4	69,6
6	59,1	47,7	36,5	26,6	18,6
7	12,6	8,3	5,4		

15. Tris(hydroxymethyl)aminomethan-Maleat/NaOH; p_H 5,2—8,6, Temp.: 23 °C, J = 0,05 + 0,002 [ml NaOH]
ml 0,2 n NaOH; 50 ml 0,2 m Tris-maleat hinzufügen und mit Wasser auf 200 ml auffüllen

p_H	,0	,2	,4	,6	,8
5		7,0	10,8	15,5	20,5
6	26,0	31,5	37,0	42,5	45,0
7	48,0	51,0	54,0	58,0	63,5
8	69,0	75,0	81,0	86,5	

16. KH_2PO_4/NaOH; p_H 5,8—8,0, Temp.: 20 °C, J = 0,05 + 0,02 [ml NaOH]
ml 0,2 n NaOH; 50 ml 0,2 m KH_2PO_4 hinzufügen und mit Wasser auf 200 ml auffullen

p_H	,0	,2	,4	,6	,8
5					3,72
6	5,70	8,60	12,60	17,80	23,65
7	29,63	35,00	39,50	42,80	45,20
8	46,80				

17. Imidazol/HCl; p_H 6,2—7,8, Temp.: 25 °C, J = 0,001 [ml HCl]
ml 0,1 n HCl, 25 ml 0,2 m Imidazollösung hinzufügen und mit Wasser auf 100 ml auffüllen

p_H	,00	,05	,10	,15	,20	,25	,30	,35	,40	,45	,50	,55	,60	,65	,70	,75	,80	,85	,90	,95
6					42,9	42,2	41,5	40,6	39,8	38,8	37,8	36,7	35,5	34,3	33,0	31,7	30,4	29,0	27,4	25,7
7	24,3	22,8	21,3	19,8	18,6	17,3	16,0	14,8	13,6	12,5	11,4	10,4	9,3	8,4	7,5	6,7	6,0			

18. 2,4,6-Collidin/HCl; p_H 6,5—8,35, Temp.: 23 °C; p_H 6,4—8,3, Temp.: 37 °C, J = 0,001 [ml HCl]
ml 0,1 n HCl, 25 ml 0,2 m 2,4,6-Collidinlösung hinzufügen und mit Wasser auf 100 ml auffüllen

p_H	,00	,05	,10	,15	,20	,25	,30	,35	,40	,45	,50	,55	,60	,65	,70	,75	,80	,85	,90	,95	
6											44,0	43,7	42,5	41,8	41,2	40,5	39,8	39,0	38,0	37,0	23°
7	35,5	34,5	33,2	31,9	30,5	29,0	27,5	26,2	25,0	23,6	22,3	20,7	19,3	18,0	16,6	15,4	14,1	13,0	12,0	11,0	23°
8	10,0	9,2	8,6	7,9	7,2	6,4	5,8	5,0													
6									44,5	43,7	43,0	42,2	41,6	40,9	40,1	39,3	38,3	37,2	36,2	35,0	37°
7	33,5	32,5	31,1	29,8	28,4	26,9	25,4	24,1	22,5	21,3	20,0	18,7	17,5	16,2	15,0	13,8	12,5	11,5	10,6	9,8	37°
8	9,0	8,3	7,5	6,8	6,0	5,3	4,7														

19. Triäthanolamin·HCl/NaOH; p_H 6,8—8,6; Temp.: 20 °C, J = 0,05
ml 0,1 n NaOH; 100 ml 0,1 m Triäthanolamin · HCl hinzufügen und mit Wasser auf 200 ml auffullen

p_H	,0	,2	,4	,6	,8
6					12,0
7	18,0	24,3	31,6	40,1	52,0
8	63,0	72,0	80,0	92,0	

20. Triathanolamin/HCl; p_H 7,0—8,7, Temp.: 25 °C, J = 0,05
ml 0,2 n HCl; 100 ml 0,01 m Triäthanolamin hinzufugen und mit Wasser auf 200 ml auffüllen

p_H	,0	,1	,2	,3	,4	,5	,6	,7	,8	,9
7	84,4	81,3	77,6	73,5	69,0	64,2	59,2	54,0	48,6	43,0
8	37,4	32,4	27,8	23,5	19,2	15,2	11,2	7,4		

21. Na-Pyrophosphat/HCl; p_H 7,0—8,8, Temp.: 25 °C
ml 0,1 n HCl + 50 ml 0,1 m $Na_4P_2O_7$

p_H	,0	,1	,2	,3	,4	,5	,6	,7	,8	,9
7	48,5	47,5	46,5	45,6	44,3	43,1	41,4	39,7	37,5	34,8
8	31,0	26,9	23,7	21,4	18,9	16,3	14,0	12,0	10,3	

22. Veronal-Na/HCl; p_H 7,0—8,4, Temp.: 25 °C, J = [Veronal-Na] = 0,001 (100 — [ml HCl])
Vol.-% 0,1 n HCl im Gemisch

p_H	,00	,05	,10	,15	,20	,25	,30	,35	,40	,45	,50	,55	,60	,65	,70	,75	,80	,85	,90	,95
7	46,4	46,0	45,6	45,1	44,6	44,0	43,3	42,6	41,8	$41,0_5$	40,2	39,4	38,4	37,4	36,3	35,0	33,8	32,4	31,1	29,7
8	28,4	27,1	25,7	24,4	23,1	21,7	20,4	19,0	17,9											

23. Tris(hydroxymethyl)aminomethan/HCl; p_H 7,2—9,1, Temp.: 23 °C; p_H 7,05—8,95, Temp.: 37 °C, J = 0,001 [ml HCl]
ml 0,1 n HCl; 25 ml 0,2 m TRIS hinzufügen und mit Wasser auf 100 ml auffüllen

p_H	,00	,05	,10	,15	,20	,25	,30	,35	,40	,45	,50	,55	,60	,65	,70	,75	,80	,85	,90	,95	
7					45,0	44,3	43,6	42,9	42,0	41,3	40,6	39,8	38,8	37,8	36,7	35,5	34,2	33,0	31,6	30,3	23°
8	28,9	27,5	26,0	24,7	23,3	21,9	20,5	19,0	17,5	16,0	15,0	14,0	12,7	11,7	10,7	9,8	8,8	8,0	7,3	6,6	23°
9	6,0	5,5	5,0																		23°
7		45,0	44,3	43,6	43,0	42,2	41,5	40,7	40,0	38,9	38,0	36,8	35,7	34,5	33,3	32,0	30,6	29,2	27,8	26,4	37°
8	25,0	23,6	22,3	20,9	19,5	18,0	16,7	15,5	14,3	13,1	12,0	11,0	10,0	9,0	8,2	7,4	6,7	6,1	5,6	5,0	37°

24. Borsäure/Borax; p_H 7,65—9,00, Temp.: 18 °C
Vol.-% 0,05 m Borax im Gemisch

p_H	,00	,05	,10	,15	,20	,25	,30	,35	,40	,45	,50	,55	,60	,65	,70	.75	,80	,85	,90	,95
7														16,3	17,6	19,1	20,6	22,1	23,7	25,3
8	27,1	28,9	30,8	32,8	35,0	37,2	39,4	42,0	44,4	47,0	49,4	52,0	55,0	57,9	60,7	63,8	67,2	70,6	74,9	77,8
9	81,6																			

25. Na-Borat/HCl; p_H 7,75—9,15, Temp.: 25°C, Temp.-koeff. —0,00³ bis —0,006, J = 0,001 [ml Na-Borat] = 0,001 (100 — [ml HCl])

Vol.-% 0,1 n HCl im Gemisch

p_H	,00	,05	,10	,15	,20	,25	,30	,35	,40	,45	,50	,55	,60	,65	,70	,75	,80	,85	,90	,95
7																47,1	46,6	$46{,}0_5$	$45{,}3_5$	$44{,}7_5$
8	$44{,}1_5$	43,5	$42{,}8_5$	42,2	$41{,}3_5$	40,4	39,3	$38{,}1_5$	$37{,}0_5$	35,9	$34{,}7_5$	33,4	32,0	30,6	28,8	26,8	24,5	22,0	19,5	17,0
9	14,4	$11{,}2_5$	8,1	5,0																

26. Veronal-Na_2CO_3/HCl; p_H 7,5—10,7, Temp.: 22°C; p_H 7,4—10,1, Temp.: 37°C (0,05 m)

ml 0,1 n HCl; 25 ml 0,1 m Na_2CO_3 + 25 ml 0,1 m Veronal-Na hinzufügen und mit Wasser auf 100 ml auffüllen

p_H	,0	,1	,2	,3	,4	,5	,6	,7	,8	,9	
7						49,4	46,8	45,0	42,1	39,9	22°C
8	37,8	35,8	34,1	32,4	31,0	29,5	28,4	27,3	26,4	25,6	22°C
9	25,0	23,6	22,6	21,4	20,2	19,0	17,8	16,5	15,0	13,3	22°C
10	11,7	10,1	8,8	7,5	6,1	5,0	3,7	2,5			22°C
7					51,5	48,7	46,1	43,6	41,2	38,9	37°C
8	36,7	35,0	32,9	31,2	29,5	28,4	27,3	26,2	25,1	24,0	37°C
9	23,0	21,8	20,7	19,6	18,1	16,6	15,2	13,7	12,3	10,8	37°C
10	9,3	7,5									37°C

27. Diäthanolamin/HCl; p_H 8,0—10,0, Temp.: 25°C, J = 0,05

ml 0,1 n HCl; 50 ml 0,2 m Diäthanolamin hinzufügen und mit Wasser auf 200 ml auffüllen

p_H	,0	,1	,2	,3	,4	,5	,6	,7	,8	,9
8	91,8	90,0	87,5	84,0	80,0	75,4	70,7	65,4	60,0	54,2
9	48,0	40,8	36,5	31,2	26,0	22,2	17,5	13,8	11,0	9,1
10	7,2									

28. Borsäure + KCl/Na_2CO_3; p_H 8,25—10,35, Temp.: 16°C

Vol.-% 0,2 m Na_2CO_3 im Gemisch

p_H	,00	,05	,10	,15	,20	,25	,30	,35	,40	,45	,50	,55	,60	,65	,70	,75	,80	,85	,90	,95
8						16,0	17,1	18,2	19,3	20,2	21,8	23,0	24,3	25,8	27,4	29,0	30,6	32,1	33,7	35,3
9	37,0	38,7	40,2	42,0	43,6	45,3	47,0	48,7	50,4	52,2	54,0	55,6	57,2	58,8	60,5	62,1	63,9	65,6	67,3	69,0
10	70,9	72,6	74,5	76,3	78,0	79,8	81,7	83,1												

29. 2-Amino-2-methyl-1,3-propandiol (Ammediol, BIS)/HCl; p_H 8,6—10,6, Temp.: 25°C, J = 0,001 [ml HCl]
ml 0,2 n HCl; 50 ml 0,2 m Ammediol hinzufügen und mit Wasser auf 200 ml auffüllen

p_H	,0	,2	,4	,6	,8
8				4,0	6,0
9	8,8	12,0	16,8	22,4	27,2
10	32,0	38,6	45,5		

30. Glycin/NaOH; p_H 8,55—12,90, Temp.: 20°C, Temp.-koeff. —0,033 bis —0,023, $J = 0{,}1 + \text{antilog}\,(p_H - p_W)$
Vol.-% 0,1 n NaOH im Gemisch

p_H	,00	,05	,10	,15	,20	,25	,30	,35	,40	,45	,50	,55	,60	,65	,70	,75	,80	,85	,90	,95
8												5,22	5,8	6,41	7,1	7,81	8,60	9,48	10,4	11,4
9	12,4	13,4	14,6	15,8	17,0	18,2	19,7	20,8	22,3	23,7	25,2	26,5	28,0	29,5	31,0	32,5	33,8	35,2	36,2	37,3
10	38,3	39,3	40,2	41,0$_5$	41,9	42,7	43,5	44,1$_5$	44,8	45,3	45,8	46,2$_5$	46,7	47,0$_5$	47,4	47,7	48,0	48,2$_5$	48,5	48,7
11	48,9	49,1$_5$	49,3$_5$	49,6	49,8	50,0	50,2	50,4	50,6	50,8	51,0	51,2	51,4	51,6$_5$	51,9$_5$	52,2$_5$	52,6	53,0	53,4	53,9
12	54,4$_5$	55,1$_5$	55,8	56.6	57,4	58,4	59,4	60,6	61,8	63,6	65,4	67,7	70,0	72,5	75,0	78,0	81,0	84,9	90,0	

31. Na-Borat/NaOH; p_H 9,25—10,75, Temp.: 20°C, Temp.-koeff. —0,032 bis —0,009, J = 0,1
Vol.-% 0,1 n NaOH im Gemisch

p_H	,00	,05	,10	,15	,20	,25	,30	,35	,40	,45	,50	,55	,60	,65	,70	,75	,80	,85	,90	,95
9						3,6	8,9	12,4	15,4	18,2	21,0	23,9	26,8	29,8	32,3	34,5	36,3	37,7	39,0	40,2
10	41,0	41,9	42,7	43,4	44,0	44,6	45,2	45,8	46,3	46,8	47,2	47,6	48,0	48,3	48,6	48,8$_5$				

32. $Na_2CO_3/NaHCO_3$; p_H 9,2—10,7, Temp.: 20°C, J = 0,001 ([ml $NaHCO_3$] + 3 [ml Na_2CO_3])
ml 0,2 m Na_2CO_3; mit 0,2 m $NaHCO_3$ auf 50 ml auffüllen, verdünnen auf 200 ml

p_H	,0	,1	,2	,3	,4	,5	,6	,7	,8	,9
9			4,0	7,5	9,5	13,0	16,0	19,5	22,0	25,0
10	27,5	30,0	33,0	35,5	38,5	40,5	42,5	45,0		

33. Universalpuffer nach *Britton* und *Robinson* (I); p_H 4,0—11,6; Temp.: 18 °C Vol.-% 0,2 n NaOH im Gemisch mit Stammlösung 33/a

p_H	,0	,2	,4	,6	,8
4	19,5	20,4	21,9	23,4	24,6$_5$
5	25,8	26,8	27,5	28,2	28,9
6	29,5	30,3	31,2	32 2$_5$	33,3$_5$
7	34,4	35,3$_5$	36,1	36,7	37,2
8	37,6	38,0	38,6	39,2	39,8
9	40,5	41,4	42,1	48,8	43,3$_5$
10	43,8	44,1	44,4	44,7$_5$	45,1$_5$
11	45,4	45,9$_5$	46,6	47,4	(48,0)

34. Universalpuffer nach *Britton* und *Robinson* (II); p_H 2,4—12,0, Temp.: 18 °C, *J* var. ml 0,2 n NaOH, 100 ml der Stammlösung hinzufügen

p_H	,0	,1	,2	,3	,4	,5	,6	,7	,8	,9
2					0,0	1,0	2,25	3,35	4,5	5,60
3	6,6	7,60	8,60	9,50	10,5	11,3	12,2	13,1	14,0	15,0
4	15,75	16,8	17,8	18,8	20,0	21,0	22,1	23,4	24,55	25,95
5	27,0	28,1	29,35	30,5	32,0	33,15	34,25	36,0	36,9	37,9
6	38,8	40,0	41,08	42,20	43,35	44,55	45,60	46,75	47,95	49,18
7	50,35	51,6	52,7	54,0	55,2	56,5	57,7	58,9	60,0	61,2
8	62,3	63,4	64,5	65,5	66,5	67,5	68,5	69,45	70,4	71,4
9	72,25	73,2	74,0	75,0	75,9	76,8	77,6	78,4	79,25	80,0
10	80,75	81,25	81,9	82,35	82,9	83,4	83,8	84,35	84,90	85,55
11	86,20	86,90	87,8	88,7	89,7	90,8	92,0	93,5	95,0	96,8
12	99,7									

35. Universalpuffer nach *Johnson* und *Lindsay*; p_H 2,6—12,0, Temp.: 18 °C ml 0,2 n NaOH + 100 ml Stammlösung 35/a

p_H	,0	,2	,4	,6	,8
2				2,0	4,3
3	6,4	8,3	10,1	11,8	13,7
4	15,5	17,6	19,9	22,4	24,8
5	27,1	29,5	31,8	34,2	36,5
6	38,9	41,2	43,5	46,0	48,3
7	50,6	52,9	55,8	58,6	61,7
8	63,7	65,6	67,5	69,3	71,0
9	72,7	74,0	75,9	77,6	79,3
10	80,8	82,0	82,9	83,9	84,9
11	86,0	87,7	89,7	92,0	95,0
12	99,6				

36. Universalpuffer nach *Davies* [24]; p_H 2,0–12,0, Temp.: 25°C (37°C), J = 0,1 ÷ 0,3, x ml 0,4 n HCl resp. y ml 0,4 n NaOH; 50 ml Stammlösung (36a) hinzufügen, mit Wasser auf 200 m auffullenl (Pufferkapazität ⟨β⟩ = 0,022)

p_H	Lösung	,0	,2	,4	,6	,8	$\overline{\Delta p_H}$[1]	J
	y = 0							
2		34,8	30,4	26,6	23,8	21,6	0,01	0,10
3	x	19,6	17,6	15,8	14,0	12,0	0,02	0,09
4		10,0	7,8	5,6	3,6	1,6	0,02	0,09
	x = 0							
5		0,4	2,8	5,0	7,4	9,4	0,01 ÷ 0,02	0,11
6		11,4	13,4	15,6	17,8	20,2	0,02 ÷ 0,04	0,14
7		22,4	24,0	26,6	28,6	30,8	0,04 ÷ 0,08	0,21
8	y	33,2	35,6	37,6	39,8	43,4	0,10 ÷ 0,14	0,25
9		46,2	49,0	52,0	54,6	56,8	0,17 ÷ 0,19	0,27
10		59,0	60,4	61,6	62,8	64,0	0,19 ÷ 0,22	0,29
11		65,6	67,0	68,8	71,0	73,8	0,23 ÷ 0,24	0,30
12		77,2						

[1] Mittlere p_H-Differenz $(p_H)_{25°} - (p_H)_{37°} \equiv \overline{\Delta p_H}$ bei 25 und 37°C fur die angegebene Pufferzusammensetzung.

37. Universalpuffer nach *Teorell* und *Stenhagen*; p_H 2–12, Temp.: 18°C, ml 0,1 n HCl + 100 ml Stammlösung 37a mit Wasser auf 500 ml auffüllen

p_H	,0	,2	,4	,6	,8
2	366,5	339,3	319,3	304,0	292,3
3	282,5	274,8	268,5	263,3	257,3
4	252,5	247,3	241,8	236,3	231,1
5	225,9	220,3	214,7	240,0	203,1
6	197,1	190,5	183,7	176,8	169,6
7	163,3	157,3	151,8	147,2	143,4
8	140,1	137,3	134,5	130,5	124,5
9	118,8	111,9	105,6	99,7	94,1
10	89,6	84,9	81,8	79,8	77,0
11	72,6	66,0	56,2	42,0	23,5
12	2,0				

38. Dinatriumhydrogenphosphat/Natriumdihydrogenphosphat; p_H 5,8–8,0, Temp.: 25°C ml 0,5 m Na_2HPO_4, mit 0,5 m NaH_2PO_4 auf 50 ml auffüllen, dann mit Wasser auf 200 ml auffüllen

p_H	,00	,05	,10	,15	,20	,25	,30	,35	,40	,45	,50	,55	,60	,65	,70	,75	,80	,85	,90	,95
5																	4,9	5,4	6,0	6,7
6	7,4	8,2	9,0	9,9	10,9	12,0	13,0	14,1	15,4	16,7	18,0	19,4	20,8	22,2	23,6	25,1	26,6	28,0	29,4	30,8
7	32,2	33,5	34,8	36,0	37,2	38,2	39,2	40,1	41,1	41,9	42,7	43,4	44,0	44,6	45,2	45,6	46,0	46,4	46,7	47,0
8	47,4																			

39. Ammoniumformiat- und Ammoniumacetat-Puffer; p_H 3–7, $J = 0,2$

Puffer	p_H	Volumanteile der Komponenten: ml 2 m Säure	Volumanteile der Komponenten: ml 1 m NH_4OH
0,2 m Ammoniumformiat	3,08	375 [HCOOH]	200
	3,40	263	200
	4,10	138	200
0,2 m Ammoniumacetat	4,48	220 [CH_3COOH]	200
	5,00	147	200
	5,46	114 } ?	200
	5,60	228 }	400
	6,80	260	500

40. Puffer zur Elektrophorese: p_H 2,0–12,0, Temp.: 2 °C, $J = 0,2$[1]
ml Ausgangslösungen mit Wasser auf 2000 ml aufgefüllt

p_H	5,0 m NaCl [1]	1,0 m Glycin 1,0 m NaCl	2,0 m HCl	2,0 m NaOH	2,0 m Na-Acetat	3,5 m Essigsäure	0,5 m Na_2HPO_4	4,0 m NaH_2PO_4	0,5 m Veronal-Na
2,0	72,0	10,6	14,7						
2,5	72,0	22,8	8,6						
3,0	72,0	31,6	4,2						
3,5	72,0	36,6	1,7						
4,0	72,0				20,0	33,7			
4,5	72,0				20,0	11,5			
5,0	72,0				20,0	3,7			
5,5	72,0				20,0	1,2			
6,0	72,0						9,2	6,6	
6,5	72,0						16,6	3,7	
7,0	72,0						22,7	1,6	
7,5	72,0						24,3	0,5	
8,0	72,0		10,4						80,0
8,5	72,0		5,3						80,0
9,0	72,0		2,0						80,0
9,5	72,0	34,5		2,7					
10,0	72,0	28,8		5,6					
10,5	72,0	23,2		8,4					
11,0	72,0	19,6		10,2					
11,5	72,0	17,6		11,2					
12,0	72,0	15,2		12,4					

[1] Für $J = 0,1$: 32 ml 5,0 m NaCl vorlegen; der Einfluß auf den p_H-Endwert ist gering.

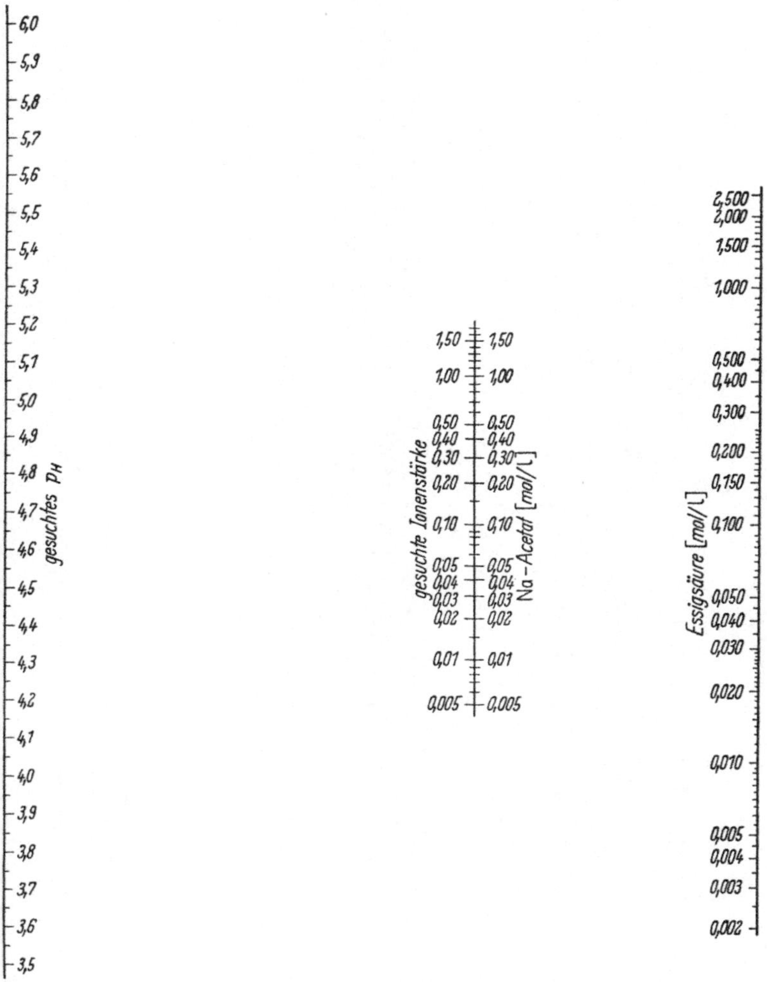

Abb. 43. Nomogramm zur Berechnung von Acetatpuffern verschiedener Ionenstärke. Man legt ein Lineal durch die Punkte für die gewünschte Ionenstärke und das gewünschte p_H und findet die Angabe für die erforderliche Essigsäurekonzentration. Die Konzentration des Na-Acetats ist gleich der Ionenstärke, Temp.: 25 °C. (Nach *W. C. Boyd*, [9])

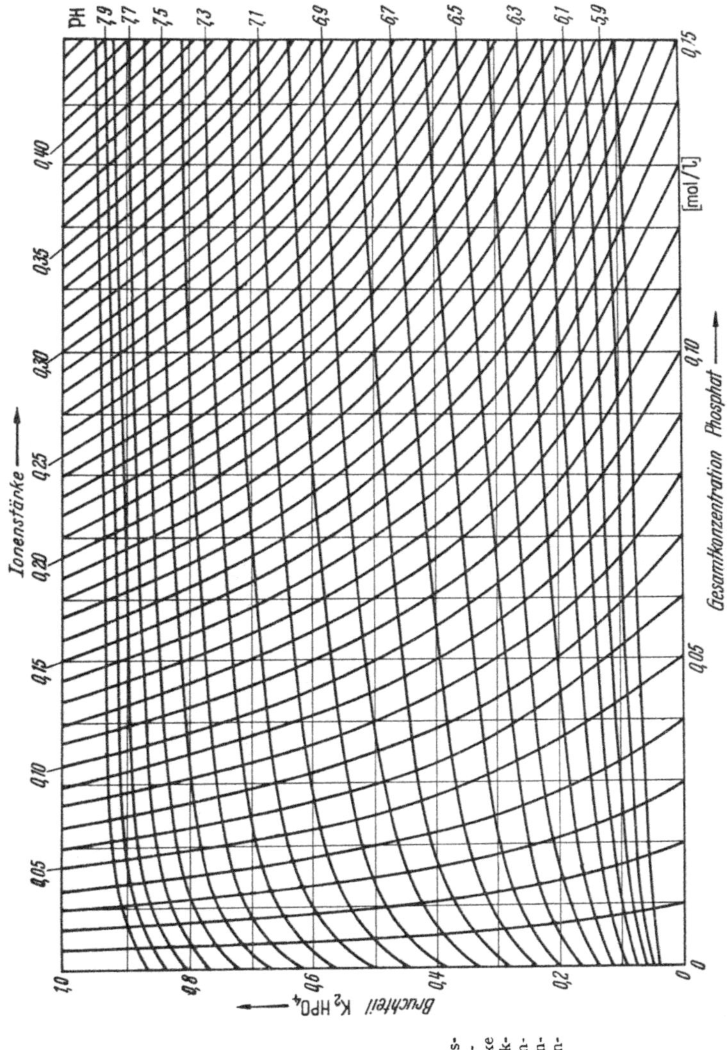

Abb. 44. Natriumdihydrogenphosphat-Dikaliumhydrogenphosphat-Puffer. Für pH und Ionenstärke gelten die an den Kurven vermerkten Zahlen. Für die Gesamtkonzentration des Phosphats und den Anteil K_2HPO_4 gilt das Koordinatennetz, Temp.: 25 °C. [Nach *A. A. Green*, 37]

Tabelle 10. **Indikatoren** (s. S. 54)

10a. **Indikatoren zur p_H-Messung**

bl blau, br braun, fbl farblos, ge gelb, gr grün, h hell, or orange, p purpur, r rot, v violett, aq Wasser, Alk Alkohol

Indikator *J*	p_{KJ}	T °C	Umschlagsintervall p_H		Farbwechsel sauer	Farbwechsel alkal.	Salzkonz. (n)	Lösung[1]
N-Benzylanilinsulfonphthalein	0,30 (I)	20	0,26	0,98	ge	bl	0,1—0,6	
N-Methylanilinsulfonphthalein	1,36 (I)	20	0,91	1,92	ge	bl	0,03—0,4	
Tropaeolin OO (Orange IV)	—	—	0,14	2,6	r	ge		0,1% [aq]
Methanilgelb	1,53	—	1,2	2,3	r	ge		0,1% [aq]
m-Kresolpurpur	1,51	20	1,2	2,8	r	ge	0,1	0,1% [aq]
N-Propylanilinsulfonphthalein	1,57 (I)	20	0,82	1,80	ge	bl	0,02—0,5	
Anilinsulfonphthalein	1,59 (I)	20	1,32	1,92	ge	bl	0,01—0,5	
Thymolblau	1,65	15—30	1,2	2,8	r	ge	0,1	0,1% [aq]
N-Äthylanilinsulfonphthalein	1,73 (I)	20	0,91	1,92	ge	bl	0,01—0,5	
p-Carboxybenzol-azodimethylanilin	2,35	—	1,0	3,0	r	ge		
Chinaldinrot	2,90	20	1,4	3,2	fbl	r	0,1	0,1% [Alk]
Dimethylgelb	3,34	20	2,9	4,1	r	ge	0,1	0,1% [90% Alk]
Methylorange	3,46	20	3,1	4,4	r	or	0,1	0,1% [aq]
2,6-Dinitrophenol	3,50	20	2,4	4,0	fbl	ge	0,1	0,1% [10% Alk]
Methylhelianthin	3,76	20	3,1	4,4	r	ge-gr	0	
Bromphenolblau	3,85	20	3,0	4,6	ge	bl	0,1	0,1% [aq]
Bromchlorphenolblau	—	—	3,0	4,6	ge	p		0,1% [Alk]
2,4-Dinitrophenol	3,90	20	2,0	4,7	fbl	ge	0,1	0,1% [10% Alk]
Kongorot	—	—	3,0	5,2	v	r		0,1% [aq]
Bromkresolgrün	4,66	20	3,8	5,4	ge	bl	0,1	0,1% [aq]
2,3-Dinitrophenol	4,92	25	3,9	5,9	fbl	ge		0,1% [10% Alk]
Methylrot	5,0	20	4,4	6,3	r	ge	0,1	0,1% [aq] oder 0,2% [Alk]
2,5-Dinitrophenol	5,1	20	4,0	6,0	fbl	ge	0,1	0,1% [20% Alk]
Äthylrot	5,42	20	4,7	6,5	h-v	gr	0	0,1% [aq]
3,4-Dinitrophenol	5,46	25	4,3	6,3	fbl	ge		0,1% [20% Alk]
Propylrot	5,48	20	4,8	6,5	bl-v	gr	0	0,1% [aq]
Chlorphenolrot	6,0	20	4,3	6,4	ge	r	0,1	0,1% [aq] oder 0,1% [20% Alk]
Bromkresolpurpur	6,12	20	5,2	6,8	ge	p	0,1	0,1% [aq]
2-Chlorindophenol	7,0	30	6,5	8,5	r	bl		
Bromthymolblau	7,10	20	6,0	7,6	ge	bl	0,1	0,1% [aq]
Lackmus	—	—	5,0	8,0	r	bl		1 % [aq]
p-Nitrophenol	7,0	20	5,0	7,6	fbl	ge		0,1% [aq]

Tabelle 10 a (Fortsetzung)

Indikator J	p_{KJ}	T °C	Umschlagsintervall p_H		Farbwechsel sauer	Farbwechsel alkal.	Salzkonz. (n)	Lösung[1]
o-Nitrophenol	7,17	—	5,0	7,0	fbl	ge		0,1% [aq]
Pinachrom	7,34	20	5,8	7,6	fbl	v	0	
Neutralrot	7,4	—	6,8	8,0	r	ge		0,1% [60% Alk]
Phenolrot	7,81	20	6,4	8,2	ge	r	0,1	0,1% [aq]
Rosolsäure	7,96	19	6,8	8,0	ge	r	0,1	0,1% [90% Alk]
o-Kresolrot	8,25	20	7,0	8,8	ge	r	0,1	0,1% [aq] oder 0,1% [20% Alk]
m-Nitrophenol	8,25	20	6,5	8,5	fbl	ge-or	0,1	0,1% [aq]
α-Naphtholphthalein	8,3	20	7,8	9,0	hr-br	bl-gr	0	0,1% [70% Alk]
m-Kresolpurpur	8,32	30	7,4	9,0	ge	p	0,1	0,1% [Alk]
Tropaeolin OOO (Orange I)	8,27	—	7,6	8,9	ge	r		0,1% [aq]
o-Kresolindophenol	8,4	30	8,0	9,6	r	bl		
Cyanin	8,62	19	6,6	8,6	fbl	bl	0,1	1 % [Alk] frisch verw.
Thymolblau	8,9 (II)	20	8,0	9,6	ge	bl	0,1	0,1% [aq] oder 0,1% [20% Alk]
Phenolphthalein	9,3	20	8,0	9,8	fbl	r-v	0	0,1% [50% Alk]
Thymolphthalein	—	—	9,3	10,5	fbl	bl		0,1% [80% Alk]
Tropaeolin OOO (Orange II)	—	—	10,2	11,8	or	r		0,1% [aq]
Alizaringelb R	—	—	10,1	12,1	ge	v		0,1% [aq]
Neutralblau R	11,22	20	11	12	bl	hr	0	
Neutralblau B	11,29	20	11	12	bl	r	0	
Chromechtorange R	11,71	20	11	13	ge	r	0	
Tropaeolin O (Resorcingelb)	12,1	—	11,1	12,7	ge	r-or		0,1% [aq]
Lanacylviolett	12,12	20	11	13	v	or	0	
Anilinsulfonphthalein	12,26 (II)	20	11,55	12,53	bl	ge	0,01—0,3	
Carbazolgelb W	~13,7	20	12	14	ge	r	0	
Chloranthinlichtblau	~13,8	20	13	14	bl	v	0	
Coelestinblau	~14,7	20	14,4	14,9	bl	r-v	0	

[1] Literatur zur Herstellung der Lösungen vgl. ***Landolt-Börnstein***, Bd. II/7, S. 938ff. [*67*]; dort Tabelle zur Abschätzung des Salzfehlers und des Lösungsmitteleinflusses.

10b. **Mischindikatoren** (nach *Lange* [68])

Nr.	Indikator *J*	c_J	Mischungsverhältnis	Farbe sauer	Umschlagspunkt	Farbe alkal.
1	Methylgelb Methylenblau	0,1% Alk 0,1% Alk	1:1	bl-v	3,25	gr
2	Methylorange Indocarmin	0,1% aq 0,25% aq	1:1	v	4,1	gr
3	Methylorange Anilinblau	0,1% aq 0,1% aq	1:1	v	4,3	gr
4	Bromkresolgrün Methylrot	0,1% Alk 0,2% Alk	3:1	r	5,1	gr
5	Methylrot Methylenblau	0,2% Alk 0,1% Alk	1:1	r-v	5,4	gr
6	Chlorphenolrot, Na-Salz Anilinblau	0,1% aq 0,1% aq	1:1	gr	5,8	hv
7	Bromkresolgrün, Na-Salz Chlorphenolrot, Na-Salz	0,1% aq 0,1% aq	1:1	ge-gr	6,1	bl-v
8	Bromkresolpurpur, Na-Salz Bromthymolblau, Na-Salz	0,1% aq 0,1% aq	1:1	ge	6,7	v-bl
9	Neutralrot Methylenblau	0,1% Alk 0,1% Alk	1:1	v-bl	7,0	gr
10	Neutralrot Bromthymolblau	0,1% Alk 0,1% Alk	1:1	hr	7,2	gr
11	Bromthymolblau, Na-Salz Phenolrot, Na-Salz	0,1% aq 0,1% aq	1:1	ge	7,5	v
12	Kresolrot, Na-Salz Thymolblau, Na-Salz	0,1% aq 0,1% aq	1:3	ge	8,3	v
13	Thymolblau Phenolphthalein	0,1% 50% Alk 0,1% 50% Alk	1:3	ge	9,0	v
14	Phenolphthalin Thymolphthalin	0,1% Alk 0,1% Alk	1:1	fbl	9,9	v
15	Nilblau Alizaringelb R	0,2% aq 0,1% Alk	2:1	gr	10,8	r-br

10c. **Fluorescenz-Indikatoren** (nach *Lange* [68])

Indikator	p_H-Intervall	Farbe sauer-alkalisch
Benzoflavin	−0,3 — 1,7	ge → gr
Eosin	0,0 — 3,0	fbl → gr
3,6-Dihydroxyphthalimid	0,0 — 2,4	bl → gr
4-Äthoxyacridon	1,2 — 3,2	gr → bl
3,6-Tetramethyldiaminoxanthon	1,2 — 3,4	gr → bl
Salicylsäure	2,5 — 4,0	fbl → bl
Phloxin	2,5 — 4,0	fbl → bl
Erythrosin B	2,5 — 4,0	fbl → gr
β-Naphthylamin	2,8 — 4,4	fbl → gr
Chromotropsäure	3,1 — 4,4	fbl → bl
α-Naphthylamin	3,4 — 4,8	fbl → v
Fluorescein	4,0 — 4,5	rosa-gr → gr
Chinasäure	4,0 — 5,0	ge → bl
β-Methylesculetin	4,0 — 6,2	fbl → bl
3,6-Dihydroxyxanthon	5,4 — 7,6	fbl → bl-v
3,6-Dihydroxyphthalsäure	5,8 — 8,2	bl → gr
3,6-Dihydroxyphthalimid	6,0 — 8,0	gr → ge-gr
Umbelliferon	6,5 — 8,0	fbl → bl
Cumarinsäure	7,2 — 9,0	fbl → gr
β-Naphthol	8,5 — 9,5	fbl → bl
β-Methylesculetin	9,0 —10,0	bl → gr
Acridinorange	8,4 —10,4	fbl → gr-ge

Tabelle 11. **Dichte ϱ, Dielektrizitätskonstante ε und Viskosität η reiner Lösungsmittel**[1]

Lösungsmittel	T °C	ϱ (g · cm^{-3})	ε	η (cP)
Aceton	25	0,78450	20,70	0,3040
Acetonitril	25	0,7768	36,7	0,344
Äthanol	25	0,7851	24,3	1,078
Ameisensäure	20	1,220	58,5 (16 °C)	1,7844
Ammoniak	−34	0,6826	22	0,2558
Benzol	25	0,87368	2,274	0,6028
Chloräthanol	20	1,202	25,8	
Chlorbenzol	20	1,10630	5,621 (25 °C)	0,799
Chloroform	20	1,4892	4,806	0,563
Cyanwasserstoff	18	0,6900	118,3	0,206
Cyclohexan	20	0,779	2,015 (25 °C)	0,960
Dichloräthylen	25	1,2453	10,36	0,785
Dimethylsulfoxyd	20	1,100	45,0	2,473
1,4-Dioxan	25	1,0280	2,209	1,196
Essigsäure	20	1,04923	6,15	1,222
Formamid	25	1,1292	109,5	3,302
N-Methylformamid	25	0,9988	182,4	1,65
N,N-Dimethylformamid	25	0,9441	36,7	0,76
N-Methylacetamid	35	0,9460	169,7	3,23
Methanol	25	0,7866	32,63	0,545
Nitrobenzol	25	1,1986	34,82	1,811
Nitromethan	30	1,12453	35,87	0,595
n-Propanol	25	0,7995	20,1	2,004
Pyridin	25	0,9779	12,0	0,8824
Schwefelsäure	25	1,8255	101	24,54
Tetrachlorkohlenstoff	20	1,594	2,228 (25 °C)	0,969
Triäthylamin	25	0,728	2,42	0,363
Trimethylamin		0,662 (−5 °C)	2,44 (25 °C)	
Wasser	25	0,997071	78,54	0,8973

[1] Nach *Kortüm* [*63*]; ergänzt aus *Robinson-Stokes* [*84*], S. 458, *Lange* [*68*], *Timmermans* [*100*] u. *Landolt-Börnstein* [*67*], Bd. II/6, S. 613f.

Tabelle 12. **Dielektrizitätskonstanten ε wäßriger Lösungen**[1]

Wasser: $\varepsilon_t = 78{,}54\,[1 - 4{,}579\,(10^{-3})\,(t - 25) + 1{,}19\,(10^{-5})\,(t - 25)^2 - 2{,}8\,(10^{-8})\,(t - 25)^3]$

Gelöster Stoff	T°C	ν_{Hz}	Gewichts-%														
			0	2	4	6	8	10	20	30	40	50	60	70	80	90	100
Aceton	25		78,54					73,0	67,0	61,0	54,6	48,2	41,8	35,7	29,6	24,0	19,1
Äthanol	23	0,5 MHz	81,5					76,5	71,2	65,0	56,8						24,3
Äthylenglykol	25		78,48					75,6	72,8	69,8	66,6	63,2	59,4	54,7	49,3	43,7	37,7
1,4-Dioxan	25	10^6	78,48						61,86		44,54		27,21		11,86		2,21
Glycerin	25	Ton	78,48							73,9	68,9	65,7	62,4	58,5	54,1	48,7	42,48
Methanol	25	HF	78,48						69,99		60,94		51,67		42,60		32,63
n-Propylalkohol	20		80,1					73,0	66,2	59,5	51,5	44,0	37,5	31,5	27,0	23,5	21,0
Tetrahydrofuran	20	10^6	80,1						66,46		49,77		33,04		18,75		7,58
Rohrzucker (Sucrose)	20	~1 MHz	80,1					78	75,4	72,6	69,5	66,2	62,0	55,5			4,9 ± 0,2
Lävulose	20	375 MHz	80,1					68	56	45	33	20,5	9				2,2 ± 0,2
Dextrose	20		80,1					78	75	72,4	69,0	65,2	~61				
Gelatine	25	9,2 MHz	78,4	83,5	87,5	90,0											
Ovalbumin	20	375 MHz	80,1	58,5	51,0	47,5	44,0	40	29		~21		~18		~17		16,3
Hämoglobin (p_H 2—12)	25	cm-Wellen	78,5					77,3	76,2		74,1		72,0		70,0		67,9

Gelöster Stoff	T°C	ν_{Hz}	Mol/l												
			0	0,25	0,5	0,75	1,0	2,0	3,0	4,0	5,0	6,0	7,0	8,0	9,0
Glycin *[2]	20	85 MHz	80,10	86,6	94,8	102,4	109,7								
Glycylglycin *	20	85 MHz	80,10	98,1	116,7										
Harnstoff *	15	333 MHz	81,95				85,51	88,31	90,43	92,29	94,10	95,85	97,32	98,68	99,84

[1] Daten aus *Landolt-Bornstein* [67], Bd. II/6, S. 742ff.
[2] Tri- bis Hexaglycin und weitere Aminosäuren s. *Landolt-Bornstein* (loc. cit.).
* Berechnet aus $\varepsilon/\varepsilon_W$.

Tabelle 13. **Leitfähigkeit**[1] (s. S. 58)

a) Tabelle zur Bestimmung von Widerstandskapazitäten von Leitfähigkeitsgefäßen (nach *Lange* [*68*])

T °C	Leitfähigkeit $\Omega^{-1} \cdot cm^{-1}$						
	KCl n	KCl 0,1 n	KCl 0,02 n	KCl 0,01 n	H_2SO_4 30%	NaCl ges.	$MgSO_4$ 17,4%
0	0,06541	0,00715	0,001521	0,000776	0,5184	0,1345	0,02877
1	0,06713	0,00736	0,001566	0,000800	0,5304	0,1386	0,02979
2	0,06886	0,00757	0,001612	0,000824	0,5425	0,1427	0,03083
3	0,07061	0,00779	0,001659	0,000848	0,5547	0,1469	0,03188
4	0,07237	0,00800	0,001705	0,000872	0,5669	0,1512	0,03294
5	0,07414	0,00822	0,001752	0,000896	0,5792	0,1555	0,03402
6	0,07593	0,00844	0,001800	0,000921	0,5915	0,1599	0,03512
7	0,07773	0,00866	0,001848	0,000945	0,6038	0,1643	0,03623
8	0,07954	0,00888	0,001896	0,000970	0,6161	0,1688	0,03735
9	0,08136	0,00911	0,001945	0,000995	0,6285	0,1734	0,03849
10	0,08319	0,00933	0,001994	0,001020	0,6408	0,1779	0,03963
11	0,08504	0,00956	0,002043	0,001045	0,6532	0,1826	0,04079
12	0,08689	0,00979	0,002093	0,001070	0,6656	0,1872	0,04197
13	0,08876	0,01002	0,002142	0,001095	0,6780	0,1919	0,04315
14	0,09063	0,01025	0,002193	0,001121	0,6904	0,1967	0,04434
15	0,09252	0,01048	0,002243	0,001147	0,7028	0,2015	0,04555
16	0,09441	0,01072	0,002294	0,001173	0,7151	0,2063	0,04676
17	0,09631	0,01095	0,002345	0,001199	0,7275	0,2112	0,04799
18	0,09822	0,01119	0,002397	0,001225	0,7398	0,2161	0,04922
19	0,10014	0,01143	0,002449	0,001251	0,7522	0,2210	0,05046
20	0,10207	0,01167	0,002501	0,001278	0,7645	0,2260	0,05171
21	0,10400	0,01191	0,002553	0,001305	0,7768	0,2310	0,05297
22	0,10594	0,01215	0,002606	0,001332	0,7890	0,2360	0,05424
23	0,10789	0,01239	0,002659	0,001359	0,8013	0,2411	0,05551
24	0,10984	0,01264	0,002712	0,001386	0,8135	0,2462	0,05679
25	0,11180	0,01288	0,002765	0,001413	0,8257	0,2513	0,05808
26	0,11377	0,01313	0,002819	0,001441	0,8378	0,2565	0,05937
27	0,11574	0,01337	0,002873	0,001468	0,8499	0,2616	0,06067
28	...	0,01362	0,002927	0,001496	0,8620	0,2669	0,06197
29	...	0,01387	0,002981	0,001524	0,8740	0,2721	0,06328
30	...	0,01412	0,003036	0,001552	0,8860	0,2774	0,06459
31	...	0,01437	0,003091	0,001581	0,8980	0,2827	0,06591
32	...	0,01462	0,003146	0,001609	0,9099	0,2880	0,06723
33	...	0,01488	0,003201	0,001638	0,9217	0,2933	0,06855
34	...	0,01513	0,003256	0,001667	0,9335	0,2987	0,06988
35	...	0,01539	0,003312	...	0,9453	0,3041	0,07121
36	...	0,01564	0,003368	...	0,9570	0,3095	0,07254

1. n KCl: Dichte bei 18 °C: 1,0449 (Lösen von 74,555 g KCl in Wasser zu 1 l Lösung; die 0,1 bis 0,01 n Lösungen durch Verdünnen der 1 n Lösung).
2. 30% H_2SO_4: Dichte bei 18 °C: 1,223 (Auffüllen von 378 g 97% Säure mit Wasser auf 1 l)
3. ges. NaCl: Dichte bei 18 °C: 1,2014.
4. 17,4% $MgSO_4$: Dichte bei 18 °C: 1,190 (Lösen von 552 g $MgSO_4 \cdot 7 H_2O$ in Wasser zu 1 l Lösung).

[1] Näheres s. *Kohlrausch* [*60*], ferner [*20, 28, 41, 63, 83, 84*].

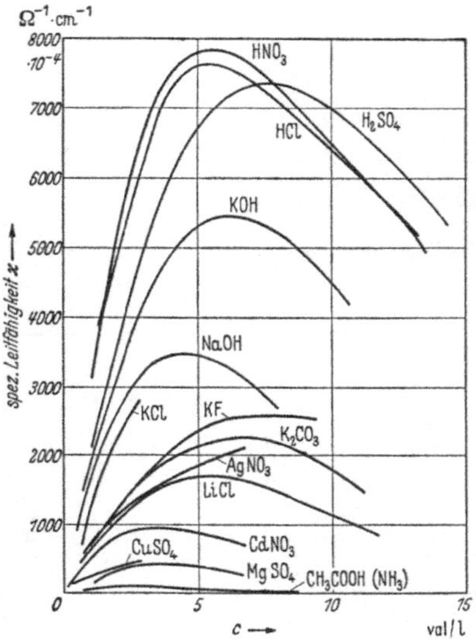

Abb. 45

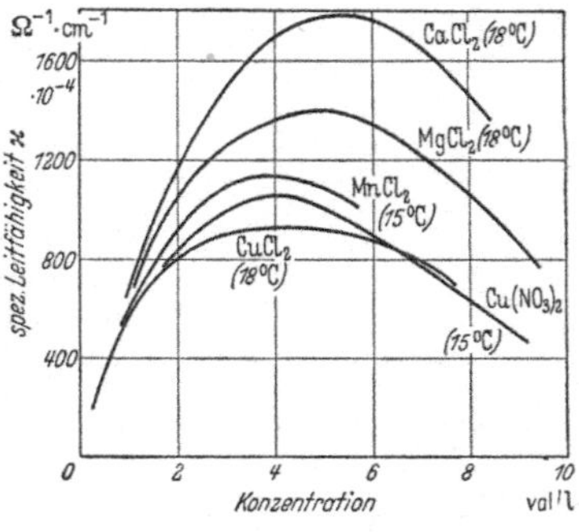

Abb. 46

Abb. 45 u. 46. Spezifische Leitfähigkeit von Elektrolyten in Abhängigkeit von der Konzentration. (Aus *D'Ans-Lax* [23])

Tabelle 14. Molale Gefrierpunktserniedrigung E_G und Siedepunktserhöhung E_s [1]

F: Schmelzpunkt; Kp: Siedepunkt;

$E_G(E_s)$: Grenzwert der Änderung (°C) von $F(Kp)$ für unendliche Verdünnung, die 1 Gramm-Mol einer nicht dissoziierenden Substanz in 1000 g des betreffenden Lösungsmittels hervorruft;

c_b: Barometer-Korrektur (°C) · torr⁻¹: $p_{Kp} \gtrless 760$ torr $\rightarrow c_b \gtrless 0$ (vgl. *Hoyt* und *Fink* [49])

Lösungsmittel	F °C	E_G	Kp °C	c_b	E_s
Wasser	0	1,858	100	0,0001	0,521
Acetophenon	19,7	4,83			
Äthylenbromid	9,98	12,5	131,5	0,0016	6,44
Ameisensäure	8,40	1,932	101		2,4
Benzol	5,50	5,075	80,15	0,0007	2,54
Benzophenon	48,1	9,8			
Bromoform	7,8	14,4			
Butanol (*tert.*)	25,4	8,31			
Camphan	154	29,5			
Campher	178,7—179,5	39,6—40,0	208,25	0,0015	5,95
Chloroform	—63,2	4,90	61,12	0,0009	3,80
Cyclohexan	6,2	20,2	81,5	0,0007	2,75
Cyclohexanol	23,6	38,2 (molar)			
1,2-Dibromäthan	9,975	12,5	130		6,43
Difluorotetrachloräthan (*symm.*)	24,7	37,7			
Dihydro-α-Dicyclopentadienon-(3)	53	92,0			
1,4-Dioxan	11,78	4,70	100,3		3,20
Diphenylamin	50,2	8,6			
Essigsäure	16,64	3,75	118,5	0,0008	3,08
Formamid	2,45	$3{,}56_6$			
Harnstoff	132,1	21,5			
n-Hexan	—95,45	1,83	68,7	0,0007	1,83
Isocamphan	65	44,5			
Nitrobenzol	5,668	6,89	210,85	0,0013	5,24
Phenol	40	7,1	182,2	0,0009	3,60
Pyridin	—40	4,97	115,8		4,97
Schwefelkohlenstoff			46,13	0,0006	2,34
Tetrabromäthan	0,13	21,7			
Tetrabrommethan	92,7	87,1			
p-Xylol	16	4,3			

[1] Nach *Landolt-Bornstein* [67], Bd. II/2, S. 844f., 917f.; dort weitere Daten.

Tabelle 15. **Grenzflächenspannung** (s. S. 60)

15 a. Oberflächenspannung des Wassers (dyn/cm)

Zehner \ Einer	Temperatur in °C 0	1	2	3	4	5	6	7	8	9
0	75,626	75,470	75,312	75,155	75,006	74,860	74,713	74,555	74,410	74,263
10	74,113	73,957	73,800	73,653	73,497	73,350	73,203	73,045	72,889	72,732
20	72,583	72,427	72,270	72,113	71,957	71,810	71,652	71,495	71,339	71,192
30	71,035	70,869	70,710	70,559	70,397	70,230	70,073	69,906	69,740	69,573
40	69,416	69,249	69,083	68,925	68,759	68,592	68,424	68,257	68,091	67,914
50	67,799	67,571	67,405	67,238	67,072	66,894	66,717	66,541	66,374	66,208
60	66,040	65,864	65,688	65,521	65,344	65,167	64,992	64,805	64,628	64,453
70	64,274	64,099	63,922	63,746	63,570	63,393	63,217	63,038	62,863	62,676
80	62,500	62,313	62,137	61,950	61,773	61,587	61,410	61,224	61,047	60,861
90	60,684	60,507	60,321	60,136	59,949	59,763	59,576	59,380	59,184	58,987
100	58,802									

15 b. Oberflächenspannung γ in dyn/cm von wäßrigen Lösungen einiger anorganischer Substanzen ($g = 981$ cm/sec²)

Stoff	T°C	Konzentration					
		1%	5%	10%	20%	50%	75%
HCl	20	72,92	72,46	72,25	71,44		
H_2SO_4	18			74,1	75,2	77,3	78,86
LiCl	18	73,2	74,75				
NaOH	20	73,17	74,6	77,3	85,8		
NaCl	18	72,7	73,95	75,51			
Na_2SO_4	18	72,75	73,82	75,15			
KCl	18	72,4	73,6	74,75	77,2		
KBr	18	78,85	73,25	73,9	75,25		
K_2CO_3	10	74,6	75,8	77	79,2	106,4	
NH_4OH	18	71,65	66,5	63,5	59,3		
NH_4Cl	18	72,6	73,3	74,5			
$MgSO_4$	18	73,1	73,75	74,25	77,6		
$CaCl_2$	18	72,72	73,7				
$Al_2(SO_4)_3$	18	73,6	74,5				
$FeSO_4$	18	73,6	73,62	73,9			
$CuSO_4$	30	71,25	71,8	72,37	73,5		
$ZnSO_4$	18	72,67	73,25	73,9	75,75		

15c. Oberflächenspannung γ in dyn/cm von wäßrigen Lösungen einiger organischer Substanzen ($g = 981$ cm/sec²)

Stoff	T°C	Konzentration in g-mol/l							
		0,0078	0,0156	0,0312	0,0625	0,125	0,25	0,5	1,0
Methanol	18						70,23	68,4	65,1
Äthanol	18	69,4	68,1	65,2	59,4				
Essigsäure	15				70,0	68,9	66,8	63,3	59,2
Propanol	15			68,0	66,8	63,3	57,7	50,5	42,4
Aceton	15			69,8	68,5	66,6	63,6	59,4	54,1
Propionsäure	15		70,4	69,3	67,5	64,4	60,1	54,1	47,3
n-Butanol	16—17	69,3	67	64,2	58,3	52,5	44,6	35,3	
iso-Butanol	18		69,8	66,6	60,9	54,2			
Methyläthylketon	19	71	70,3	68,5	65,5	62	57,3	50,3	43
Buttersäure	15	69,8	68,6	65,8	58,8	55,1	47,9	40,1	32,4
Essigsäure-äthylester	15	69,6	68,0	65,1	61,5	56,2	49,7	41,5	
iso-Amylalkohol	18	67,4	62,2	55,1					
Phenol	20	65,1	58,2	48,5	43,3				
Capronsäure	20	59,8	52,6	42,7					
o-Kresol	21	69,6	67	62	55,2	47,2			
Anilin	15				68,3	61,5			
Acetamid	15					71,5	70,9	67,7	67,9
Na-Laurat	20	47,0	41,5	39					
Na-Docecylsulfat	20	63,1[1]	58,4[2]	54,7[3]	50,5[4]				
Hexadecyltri-methylanenoniumchlorid	25	61,5[5]	55,0[6]	44,0[7]					

[1] 0,001.
[2] 0,0015.
[3] 0,002.
[4] 0,0025 g-mol/1000 g Wasser.
[5] 0,00025.
[6] 0,0005.
[7] 0,001 g-mol/l.

15d. Grenzflächenspannung γ in dyn/cm an der Grenzfläche von Wasser gegen organische Flüssigkeiten ($g = 981$ cm/sec²)

Stoff	T°C	γ	Stoff	T°C	γ
Acetanhydrid	30	3,6	Heptylaldehyd	20	13,74
Acetessigester	30	3,75	Heptylsäure	20	7,54
Amylalkohol	30	4,86	Hexan	20	51,1
iso-Amylalkohol	20	5,4	Kresol	30	4,28
Anilin	26	4,8	Kresylsäure	18	3,9
Benzin	20	48,3	Nitrobenzol	18	24,7
Benzol	20	34,96	Octylalkohol	30	8,97
n-Butanol	20	1,58	*sec*-Octylalkohol	30	9,65
iso-Butanol	18	1,76	Olivenöl	20	18,2
Capronsäureäthylester	20	21,29	Petroleum	20	48,3
Chloroform	20	27,7	Tetrachlorkohlenstoff	20	45,05
Äther	20	9,69	Toluol	30	34,6
Essigsäureäthylester	30	6,27	Xylol	30	36,4
Heptan	25	50,39			

Tabelle 16. **Viscosität**[1] (s. S. 65)

Eichwerte zur Viscosimeter-Kalibrierung

a) η von Wasser als Funktion der Temperatur (*Swindells* [*96*], *Kaye* [*53*]), vgl. auch „Ultrazentrifugation" Tab. 2 bis 4 (S. 764—766).
b) η wäßriger Rohrzuckerlösungen (*Bingham* u. *Jackson* [*6*]).
c) η wäßriger Glycerinlösungen (*Segur* u. *Oberstar* [*87*]).

16a. Viscosität von Wasser

T °C	η (cP)
0	1,7865
5	1,5138
10	1,3037
15	1,1369
20	1,0019
25	0,8909
30	0,7982
40	0,6540
50	0,5477
60	0,4674
70	0,4048
80	0,3554
90	0,3155
100	0,2829

16b. Viscosität von Rohrzucker in Wasser

Gew.-% / T °C	η (cP)		
	20%	40%	60%
0	3,804	14,77	238
5	3,154	11,56	156
10	2,652	9,794	109,8
15	2,267	7,468	74,6
20	1,960	6,200	56,5
25	1,704	5,187	43,86
30	1,504	4,382	33,78
40	1,193	3,249	21,28
50	0,970	2,497	14,01
60	0,808	1,982	9,83
70	0,685	1,608	7,15
80	0,590	1,334	5,40
90	—	1,123	4,15
100	—	0,960	3,34

16c. Viscosität von Glycerin-Wasser-Mischungen

T°C / Gew. %	η (cP)					
	0°	10°	20°	30°	40°	60°
10	2,44	1,74	1,31	1,03	0,826	0,575
20	3,44	2,41	1,76	1,35	1,07	0,731
30	5,14	3,49	2,50	1,87	1,46	0,956
40	8,25	5,37	3,72	2,72	2,07	1,30
50	14,6	9,01	6,00	4,21	3,10	1,86
60	29,9	17,4	10,8	7,19	5,08	2,85
70	76,0	38,8	22,5	14,1	9,40	4,86
80	255	116	60,1	33,9	20,8	9,42
90	1310	498	219	109	60,0	22,5
100	12070	3900	1412	612	284	81,3

[1] Weitere Zahlenangaben vgl. Tab. 11; ferner [*47, 68*].

Tabelle 17. **Vergleich der Dialysier-Zeiten einiger wäßriger Lösungen**
(*Craig* und *King* [22])

Substanz	Molekulargewicht	Halbwertszeit (min)	
		in 0,1 n Essigsäure	in 8,8 n Essigsäure
NaCl	58	10	37
Harnstoff	60	10	
Phenylalanin	165	33	85
Asparaginsäure	133	40	2,5 h
Ornithin · HCl	132	26	58
Glucose	180	35	60
Sucrose	342	60	3,2 h
Raffinose	504	190	4 h
DNP-Glycin	241		1,6 h
DNP-Gly-Leu	354		4 h
DNP-Orn-Ileu-Phe	558		5,5 h
Polymyxin B · HCl	1220	60	
Polypeptin · HCl	1150	66	
Tyrocidin A · HCl	1270		29 h
Bacitracin A	1500	2,7 h	8,7 h
Subtilin	3300	8,4 h	
Gramidin A	3800		76 h
Insulin	6000	keine meßbare Permeation	
Ribonuclease	13900	keine meßbare Permeation	

Isotonische Lösungen

Der osmotische Druck π des Blutserums beträgt im Mittel 7,62 Atm, seine Gefrierpunktserniedrigung Δ: 0,56 °C. Für physiologische Zwecke werden vielfach Lösungen benötigt, die den gleichen osmotischen Druck besitzen.

Das Diagramm der Abb. 47 zeigt Δ bzw. π verschiedener Substanzen in Abhängigkeit von der Gewichtskonzentration a_g (*g* Substanz in 100 ml Wasser). Der Schnittpunkt der verschiedenen Geraden mit der Linie $\Delta = 0{,}56$ bzw. 7,62 Atm ergibt die Konzentration, bei der die betreffende Lösung mit Blut isotonisch ist (z. B. $CaCl_2$ bei $a_g = 1{,}29$ g/100 ml H_2O).

Für die Gefrierpunktserniedrigung einer Mischung gilt:

$$\Delta = \Delta_1 + \Delta_2 + \Delta_3 + \cdots$$

und fur eine isotonische Lösung:

$$\Delta_1 + \Delta_2 + \Delta_3 + \cdots = 0{,}56.$$

Ist die nichtisotonische Lösung der Konzentration a_A einer bestimmten Substanz A vorgegeben, so kann man diese durch Zufügen der Menge a_B einer zweiten Substanz B isotonisch machen. Hierzu wird im Diagramm der zur Konzentration a_A gehörende Wert Δ_A der Substanz A aufgesucht; da jetzt gelten soll

$$\Delta_A + \Delta_B = 0{,}56, \text{ so ist } \Delta_B = 0{,}56 - \Delta_A.$$

Die zum Wert Δ_B gehörende Konzentration kann nun auf der Geraden für B abgelesen werden.

Beispiel: Es wird eine Lösung von 2,3 g Na-Citrat in 100 ml H_2O verlangt, die durch Zusatz von NaCl isotonisch gemacht werden soll. Zu ermitteln ist die erforderliche Menge NaCl.

1. Schritt: Aufsuchen von Δ_A(Na-Citrat) für $a_A = 2{,}3$ g/100 ml.
Aus dem Diagramm ergibt sich $\Delta_A = 0{,}34$.

2. Schritt: Subtraktion: $0{,}56 - \Delta_A = 0{,}56 - 0{,}34 = 0{,}22$.

3. Schritt: Aufsuchen von a_B (NaCl) für $\Delta_B = 0{,}22$.
Aus dem Diagramm ergibt sich $a_B = 0{,}36$ g/100 ml.

2,3 g Na-Citrat und 0,36 g NaCl werden in 100 ml Wasser gelöst. Da eine Abweichung von ± 10% des Wertes 0,56 tragbar sein soll, ist die Genauigkeit der graphischen Methode mehr als ausreichend.

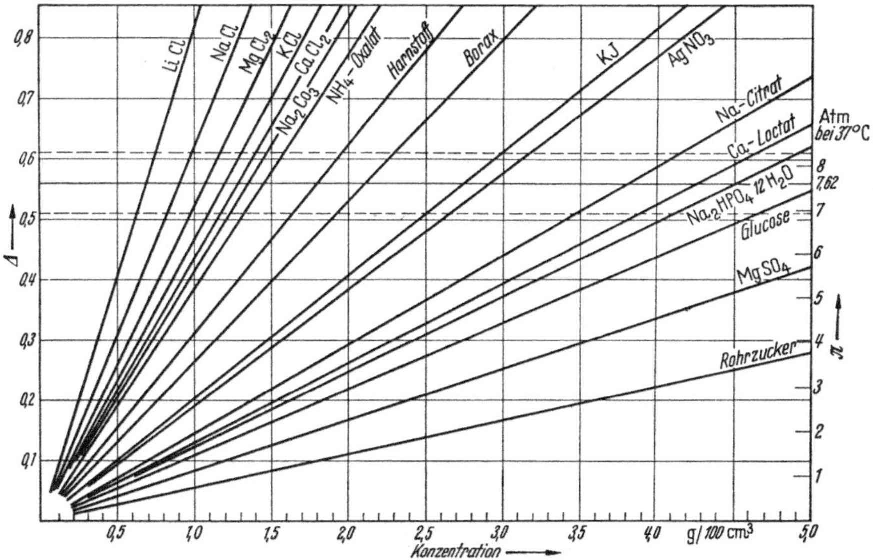

Abb. 47. Gefrierpunktserniedrigung Δ und osmotischer Druck π einiger Stoffe in Abhängigkeit von der Konzentration (g/100ml); 37°C. Δ für blut-isotonische Lösungen: 0,56. (π = 7.62 Atm. 37°)

Literatur

[1] *Alberty, R. A.*, in: The Proteins, Bd. I A, S. 461 f., New York 1953.
[2] American Society for Testing Materials; Symposium p_H-Measurement, Philadelphia 1947.
[3] *Atkins, W. R. G.*, u. *C. F. A. Pantin:* Biochem. J. **20**, 102 (1926).
[4] *Bates, R. G., W. J. Hamer, G. G. Manov* u. *S. F. Acree:* J. Res. nat. Bur. Stand. **29**, 183 (1942).
[4a] *Bates, R. G.:* Chem. Rev. **42**, 1 (1948).
[4b] *Bates, R. G.*, u. *G. D. Pinching:* J. Res. nat. Bur. Stand. **43**, 519 (1949).
[5] *Bertho, A.* u. *W. Grassmann:* Laboratory Methods of Biochemistry, London 1938.
[6] *Bingham, E. C.*, u. *R. F. Jackson:* Bur. Stand. Bull. **14**, 59 (1918).
[7] *Bjerrum, J., G. Schwarzenbach* u. *L. G. Sillén:* Stability Constants of Metall-Ion Complexes, IUPAC Special Publication No. 6/7, Chem. Soc. London 1957/58.
[8] *Bower, V. E.*, u. *R. G. Bates:* J. Res. nat. Bur. Stand. **55**, 197 (1955); Analyt. Chem. **28**, 1322 (1956).
[9] *Boyd, W. C.:* J. Amer. chem. Soc. **67**, 1035 (1945).
[10] *Brady, A. P., H. Huff* u. *J. W. McBain:* J. phys. Chem. **55**, 304 (1951).
[11] *Breusch, F. L.*, u. *H. Keskin:* Rev. Faculté sci. univ. Istanbul **6 A**, 88—93 (1940/41).
[12] *Britton, H. T. S.*, u. *R. A. Robinson:* J. chem. Soc. **1931**, 1456.
[13] *Britton, H. T. S.*, u. *G. Welford:* J. chem. Soc. **1937**, 1848.
[14] *Brown, H. C., D. H McDaniel* u. *O. Häfliger* in: Determination of Organic Structures by Physical Methods, New York 1955, S. 567 ff.
[15] *Bull, H. B.:* Physical Biochemistry, 2. Aufl. New York, London 1951.
[16] *Clark, W. M.:* Int. crit. Tables, Bd. 1, New York 1926.
[17] *Clark, W. M.:* The Determination of Hydrogen Ions, 3. Aufl. Baltimore 1928.
[18] *Clark, W. M.*, u. *H. A. Lubs:* J. Bact. **2**, 1 (1917).
[19] *Clark, W. M.*, u. *H. A. Lubs:* J. biol. Chem. **25**, 479 (1916).
[20] *Cohn, E. J.*, u. *J. T. Edsall:* Proteins, Amino Acids and Peptides, New York 1943.
[21] *Cohn, E. J., F. F. Heyroth* u. *M. F. Menkin:* J. Amer. chem. Soc. **50**, 696 (1928).
[22] *Craig, L. C.*, u. *T. P. King:* J. Amer. chem. Soc. **77**, 6620 (1955).
[23] *D'Ans, J.*, u. *E. Lax:* Taschenbuch fur Chemiker und Physiker, 2. Aufl., Berlin, Göttingen, Heidelberg 1949.
[24] *Davies, M. T.:* Analyst **84**, 248 (1959).
[25] *Dawson, R. M. C., D. C. Elliott, W. H. Elliott* u. *K. M. Jones:* Data for Biochemical Research, S. 194 ff., Oxford 1959.
[26] *Delory, G. E.*, u. *E. J. King:* Biochem. J. **39**, 245 (1945).
[27] *Edsall, J. T.*, in: Adv. in Protein Chemistry **3**, 415, New York 1947.
[28] *Edsall, J. T.*, u. *J. Wyman:* Biophysical Chemistry, Bd. 1, New York, 1958.
[29] *Ellis, D. A.:* Nature **191**, 1099 (1961).
[30] *Ender, F.*, in: Hoppe-Seyler/Thierfelder, 10. Aufl., Bd. I, S. 527, Berlin, Göttingen, Heidelberg 1953.
[31] *Fasella, P., C. Baglioni u. C. Turano:* Experientia **13**, 406 (1957).
[32] *Flory, P. J.:* Principles of Polymer Chemistry, Ithaca, New York 1953.
[33] *Fricke, H. K.:* Zucker **14**, 162, 188 (1961); Beitr. angew. Glasforsch. 1960, 175; *Ingold, W.:* Dechema-Monographie Bd. 43, Weinheim (1962).
[34] *Gomori, G.:* in: Methods in Enzymology, Bd. I, S. 138 ff., New York 1957.
[34a] *Gomori, G.:* Proc. Soc. exper. Biol. Med. **62**, 33 (1946).
[35] *Gosting, L. J.:* Adv. in Protein Chemistry **11**, 429 (1956).
[36] *Goyan, F. M.*, u. *H. C. Coutsouris:* J. Amer. Pharmaceut. Ass. (pract. Ed.) **10**, 146 (1949).
[37] *Green, A. A.:* J. Amer. chem. Soc. **55**, 2331 (1933).
[38] *Green, A. A.*, u. *W. L. Hughes:* in: Methods in Enzymology, Bd. I, S. 82, New York 1957.
[39] *Greenstein, J. P.*, u. *M. Winitz:* Chemistry of the Aminoacids, Bd. I, S. 486 ff., New York 1961.
[40] *Grönvall, A.:* Compt. rend. Lab. Carlsberg (Sér. chim.) **24**, Nr. 8—11 (1942).
[41] *Harned, H. S.*, u. *B. B. Owen:* Physical Chemistry of Electrolytic Solutions, 3. Aufl., New York 1958.
[42] *Harned, H. S.*, u. *R. A. Robinson:* Trans. Faraday Soc. **36**, 977 (1940).
[43] *Haurowitz, F.:* Chemistry and Biology of Proteins, S. 67, New York 1950.
[44] *Hill, A. V.:* Proc. Roy. Soc. London A, **127**, 9 (1930).
[45] *Hinsberg, K.*, u. *K. Lang:* Medizinische Chemie, 3. Aufl., München u. Berlin 1957.
[46] *Hirs, C. H. W., S. Moore* u. *W. H. Stein:* J. biol. Chem. **195**, 669, 677 (1952).

[47] *Hodgman, Ch. D.* (Hrs.): Handbook of Chemistry and Physics, 42. Aufl. Cleveland/Ohio 1960.
[48] *Hoppe-Seyler/Thierfelder*, Bd. I, 1953; Bd. II/2 1955, Berlin, Göttingen, Heidelberg.
[49] *Hoyt, C. S.*, u. *C. K. Fink:* J. phys. Chem. **41**, 453 (1937).
[50] *Israel, G. C.*, u. *K. D. Reeve:* Austral. Chem. Inst. J. Proc. **16**, 97 (1949).
[51] *Janeschitz-Kriegl, H.:* Rev. Sci. Instr. **31**, 119 (1960).
[52] *Johnson, W. C.*, u. *A. J. Lindsay:* Analyst **64**, 490 (1939).
[53] *Kaye, G. W. C.*, u. *T. H. Laby:* Tables of physical and chemical Constants, 11. Aufl., S. 36, London, New York, Toronto 1959.
[54] *Kendall, A. R.:* Proc. Soc. Dakota Acad. Sci. **19**, 32 (1939), zit. n. Chem. Abstr. **34**, 24144 (1948).
[55] *Kielland, J.:* J. Amer. chem. Soc. **59**, 1675 (1937).
[56] *Kilpi, S.:* Suomen Kemistilehti **23B**, 11 (1950); **24 B**, 3 (1951).
[57] *King, E. J.*, u. *G. E. Delory:* Enzymologia **8**, 278 (1940).
[58] *Kirby, A. H. M.* u. *A. Neuberger:* Biochem. J. **32**, 1146 (1938).
[59] *Kirkwood, J. G.* in: *Cohn-Edsall*, Proteins, Amino Acids and Peptides, 12. Kap., New York 1943.
[60] *Kohlrausch, F.:* Praktische Physik, Bd. 2, 20. Aufl., Stuttgart 1956.
[61] *Kolthoff, I. M.:* Säure-Base-Indikatoren, Berlin 1932; Acid-Base Indicators, New York 1937.
[62] *Kortüm, G.:* Elektrolytlösungen, S. 436, Leipzig 1941.
[63] *Kortüm, G.:* Lehrbuch der Elektrochemie, 2. Aufl., Weinheim 1957.
[64] *Kraemer, E. O.* in: *Svedberg-Pedersen:* Die Ultrazentrifuge, S. 52ff., Dresden u. Leipzig 1940.
[65] *Kratky, O.:* Angew. Chem. **72**, 467 (1960).
[66] *Kuhn, W.*, u. *H. Kuhn:* Helv. Chim. Acta **28**, 97 (1945).
[67] *Landolt-Börnstein:* Zahlenwerte u. Funktionen, 6. Aufl., Berlin, Göttingen, Heidelberg seit 1950.
[68] *Lange, N. A.:* Handbook of Chemistry, 10. Aufl., New York, Toronto, London 1961.
[69] *Long, C.* (Hrs.): Biochemist's Handbook, S. 30, London 1961.
[70] *Manov, G. G.*, u. *S. F. Acree:* ASTM Bull, No. **137**, 25 (1945).
[71] *McIlvaine, T. C.:* J. biol. Chem. **49**, 183 (1921).
[72] *McMeekin, T. L.*, *E. J. Cohn* and *M. H. Blanchard:* J. Amer. chem. Soc. **59**, 2717 (1937).
[73] *Mertz, E. T.*, u. *C. A. Owen:* Proc. Soc. exper. Biol. Med. **43**, 204 (1940).
[74] *Michaelis, L.:* J. biol. Chem. **87**, 33 (1930).
[75] *Michl, H.:* Mh. Chem. **82**, 489 (1951).
[76] *Miller, G. L.*, and *R. H. Golder:* Arch. Biochem. **29**, 420 (1950).
[77] *Newton, G. G. F.*, u. *E. P. Abraham:* Biochem. J. **58**, 103 (1954).
[78] *Oncley, J. L.:* Ann. N. Y. Acad. Sci. **41**, 121 (1941).
[79] *Palitzsch, S.:* Compt. rend. Lab. Carlsberg, (Sér. chim.) **11**, 199 (1915).
[80] *Plumel, M.:* Bull. Soc. chim. biol. **30**, 129 (1948).
[81] *Porath, J.:* Nature **175**, 478 (1955).
[82] *Reimer, L.:* Elektronenoptische Untersuchungs- und Praparationsmethoden, Berlin, Göttingen, Heidelberg 1959.
[83] *Rice, S. A.*, u. *M. Nagasawa:* Polyelectrolyte Solutions, New York, London 1961.
[84] *Robinson, R. A.*, u. *R. H. Stokes:* Electrolyte Solutions, London, 2. Aufl. 1959.
[85] *Schachmann, H. K.:* Ultracentrifugation, Diffusion and Viscometry in: Methods in Enzymology, Bd. IV, S. 32ff., New York 1957.
[86] *Schwabe, K.:* Fortschrittr. der p_H-Meßtechnik, 2. Aufl., Berlin 1958.
[87] *Segur, J. B.*, u. *H. E. Oberstar:* Ind. Eng. Chemistry **43**, 2117 (1951).
[88] *Shedlovsky, T.:* Conductivity, in: *A. Weissberger* (Hrs.) Technique of Organic Chemistry, 3. Aufl., Bd. IV, S. 3011, New York, London 1960.
[89] *Smith, M. E.*, u. *L. D. Smith:* Biol. Bull. **96**, 233 (1949).
[90] *Smith, P. K.*, u. *E. R. B. Smith:* J. biol. Chem. **117**, 209; **121**, 607 (1937); **132**, 47, 57 (1940).
[91] *Sörensen, S. P. L.:* Compt. rend. Lab. Carlsberg, (Sér. chim.) **8**, 1 (1909); Biochem. Z. **21**, 131; **22**, 352 (1909).
[92] *Stafford, A.*, *T. R. Watson* u. *M. J. Rand:* Biochim. Biophys. Acta **18**, 318 (1955).
[93] *Staude, H.:* Physikalisch-chemisches Taschenbuch, Leipzig 1949.
[94] *Stauff, J.:* Kolloidchemie, Berlin, Göttingen, Heidelberg 1960.
[95] *Stuart, H. A.:* Physik der Hochpolymeren, Bd. II. Das Makromolekül in Lösung, Berlin, Göttingen, Heidelberg 1953.

[96] *Swindells, J. F., J. R. Coe jr.* u. *T. B. Godfrey:* J. Res. nat. Bur. Stand. **48**, 1 (1952).
[97] *Tanford, C.:* J. Amer. chem. Soc. **72**, 441 (1950).
[98] *Temple, J. W.:* J. Amer. chem. Soc. **51**, 1754 (1929).
[99] *Teorell, T.*, u. *E. Stenhagen:* Biochem. Z. **299**, 417 (1939).
[100] *Timmermans, J.:* Physicochemical Constants of pure Organic Compounds, Amsterdam 1950.
[101] *Walpole, H.,:* J. chem. Soc. **1914**, 2501, 2521.
[102] *Wilbur, K.*, u. *H. B. Collier:* J. cell. comp. Physiol. **22**, 233 (1943).
[103] *Zimm, B.:* J. Chem. Phys. **16**, 1093, 1099 (1948).
[104] *Zimm, B.:* Proc. Natl. Acad. Sci **48**, 905 (1962).

II. Gleichgewichtskonstanten, Freie Energien und Redoxpotentiale biologisch wichtiger Reaktionen[1]

Von **A. W. Holldorf**, Freiburg i. Br.

Literatur: Jeweils an die Tabellen anschließend.

A. Einführung

Enzyme als *Biokatalysatoren* beschleunigen die Einstellung des Gleichgewichtes bei einem Reaktionsablauf. Die Kinetik gibt Auskunft über den Reaktionsverlauf, die Thermodynamik (energetische Betrachtungsweise) macht Aussagen über die zu erwartende Gleichgewichtslage und erlaubt damit bei einem mit den spezifischen Katalysatoren versehenen System vorauszusagen, in welcher Richtung und bis zu welchem Ausmaß ein Stoffumsatz erfolgen wird. Solche Aussagen sind für die Beurteilung isolierter Enzymreaktionen ebenso bedeutungsvoll wie für die Kennzeichnung des chemischen Geschehens in komplexen Systemen, insbesondere in intakten Zellen und Geweben.

Handelt es sich um reversible Vorgänge, wie dies bei vielen enzymatischen Reaktionen der Fall ist, so wird die angestrebte Gleichgewichtslage durch die Gleichgewichtskonstante und die eng damit zusammenhängende *Freie Enthalpie* der Reaktion oder Reaktionsfolge wiedergegeben. Die Freie Enthalpie ist demnach dafür verantwortlich, ob und in welcher Richtung eine Reaktion ablaufen kann bzw. wie weit sie abläuft, wenn die notwendigen Katalysatoren vorhanden sind. Die Gleichgewichtslage ist von der Art des Katalysators völlig unabhängig, es ist also gleichgültig, aus welcher Organismenart der Katalysator präpariert wird, wenn er nur dieselbe Bilanzreaktion katalysiert. Dagegen spielt die Natur und die Konzentration eines Enzyms dann eine Rolle, wenn seine molare Konzentration die Größenordnung der Konzentration der Reaktionspartner erreicht. Es spricht heute vieles dafür, daß dies bei lebenden Zellen häufig der Fall ist.

Ausgangspunkt für thermodynamische Betrachtungen des Biochemikers ist demnach die Freie Enthalpie. Da diese Größe in übersichtlicher Weise mit der Gleichgewichtskonstanten, dem Redoxpotential, der Reaktionswärme (Enthalpie) und der Entropie verknüpft ist, kann aus den letztgenannten Größen die Freie Enthalpie errechnet werden.

B. Nomenklatur

Die Freie Enthalpie einer Reaktion wird im älteren Schrifttum nach *Lewis* und *Randall* meist mit ΔF bezeichnet. In der vorliegenden Zusammenstellung wird die heute übliche Bezeichnung ΔG (Gibbssches Potential) benützt. Negatives

[1] Die Bearbeitung dieses Beitrages erfolgte in der ersten Auflage durch Herrn Professor Dr. *H. Holzer*, Freiburg i. Br. Ihm sei für die Erlaubnis zur Übernahme von Teilen seines Beitrages in die vorliegende Bearbeitung gedankt.

Vorzeichen bedeutet Energiefreisetzung (exergone Reaktion; freiwillig verlaufend), positives Vorzeichen bedeutet Energieverbrauch (endergone Reaktion, nur durch Energiezufuhr erzwingbar).

ΔG_0 = Freie Enthalpie unter Standardbedingungen;

ΔH_0 = Reaktionswärme bei konstantem Druck (Enthalpie) unter Standardbedingungen;

K = Gleichgewichtskonstante. Sie ist in dieser Zusammenstellung so definiert, daß die auf der rechten Seite der zugehörigen Reaktionsgleichung stehenden Reaktionspartner den Zähler bilden und die Reaktionspartner auf der linken Seite den Nenner. Bei den K-Werten handelt es sich in der Regel um gemessene Konstanten (= X_{apparent} in der angelsächsischen Literatur), d. h. bei der Ermittlung dieser Werte wurden lediglich die Konzentrationen der Reaktionspartner, nicht aber deren Aktivitäten in Rechnung gestellt.

E_0 = Redoxpotential unter Standardbedingungen.

Standardbedingungen: Konzentration gelöster Substanz 1 molar (exakter: Aktivität = 1), Wasser = 55,6 molar, T = 25 °C = 298 °K, Gase unter 1 at Druck, $p_H = 0$, bei Redoxsytemen $c_{ox} : c_{red} = 1$; wenn notwendig, wird der Aggregatzustand der Reaktionspartner in Klammern angegeben.

Zur Kennzeichnung ***physiologischer Standardbedingungen*** werden die Bezeichnungen G_0', E_0' verwendet. Hier liegen bezüglich Aktivität, Temperatur, $c_{ox} : c_{red} = 1$ usw. Standardbedingungen vor, nur das p_H beträgt nicht 0 sondern 7. Liegen weder Standardbedingungen noch physiologische Standardbedingungen vor, so wird dies besonders angegeben und die Bezeichnung ohne Index verwandt (E, G usw.).

C. Beziehungen zwischen Freier Enthalpie und Gleichgewichtskonstante

Siehe: Physikalische Chemie der Lösungen, S. 37 ff.

D. Beziehungen zwischen Freier Enthalpie und Redoxpotential

Es gilt

$$\Delta G_0 = \mathrm{n} \cdot \mathrm{f} \cdot \Delta E_0 .$$

Mit n = Zahl der an der Reaktion beteiligten Elektronen, f = Faradayscher Konstante = 23,068 kcal, ΔE_0 = Differenz der Redoxpotentiale der reagierenden Systeme in Volt ergibt sich ΔG_0 in kcal.

Zur Gewinnung des Redoxpotentials bei Standardbedingungen (E_0) aus Werten bei anderen Bedingungen (E) und umgekehrt dient folgende allgemeine Beziehung

$$E = E_0 + \frac{\mathrm{RT}}{\mathrm{n\,f}} \ln \frac{c_{ox}}{c_{red}} - \frac{\mathrm{N\,RT}}{\mathrm{n\,f}}\, p_H ,$$

wobei n = Zahl der am Redoxprozeß beteiligten Elektronen,

N = Zahl der am Redoxprozeß beteiligten Protonen.

Mit dekadischen Logarithmen und T = 298 °K (25 °C) ergibt sich

$$E = E_0 + \frac{0{,}0591}{\mathrm{n}} \log \frac{c_{ox}}{c_{red}} - \frac{\mathrm{N}}{\mathrm{n}}\, 0{,}0591\, p_H .$$

E. Tabellen[1]

1. ΔG und K-Werte

a) Komplexe Stoffwechselprozesse

	$\Delta G_0'$ (pH 7,0; 25 °C) kcal	ΔG_0 kcal	Lit.
Glucose + $6\,O_2 \rightarrow 6\,CO_2 + 6\,H_2O$	−688,5	−686,32	[2]
Glucose $\rightarrow$ 2 Lactat$^-$ + $2\,H^+$	−49,7	−27,9	[2]
Glucose $\rightarrow$ 2 Äthanol + $2\,CO_2$	−62,2	−55,9	[2]
$1^1/_2$ Glucose $\rightarrow$ 2 Propionat$^-$ + Acetat$^-$ + $3\,H^+$ + CO_2 + H_2O	−113,2	—	[3]
Glucose $\rightarrow$ Butyrat$^-$ + H^+ + $2\,CO_2$ + $2\,H_2$	−62,6	—	[3]
Glucose $\rightarrow$ Butyrat$^-$ + $3\,H^+$ + $2\,HCOO^-$	−61,4	—	[3]
2 Glucose $\rightarrow$ Butanol + Aceton + $5\,CO_2$ + $4\,H_2$	−112,1	—	[3]
2 Glucose + H_2O $\rightarrow$ 2 Lactat$^-$ + Acetat$^-$ + Äthanol + CO_2 + $2\,H_2$ + $3\,H^+$	−101,4	—	[3]
5 Glucose + $2\,H_2O$ $\rightarrow$ 2 Succinat^{2-} + 4 Acetat$^-$ + 4 Äthanol + 6 Fumarat^{2-} + $14\,H^+$	−288,7	—	[3]

[1] Die Einteilung der enzymatisch katalysierten Reaktionen folgt weitgehend den Richtlinien des „Report of the Commission on Enzymes of the International Union of Biochemistry, 1961“ Oxford, London, New York und Paris 1961.

	$\Delta G_0'$ (p_H 7,0; 25 °C) kcal	ΔG_0 kcal	Lit.
5 Glucose → 2 Succinat^{2-} + 2 Acetat$^-$ + 2 Äthanol + 2 CO_2 + 2 H_2 + 4 Lactat$^-$ + 10 H^+	−276,4	–	[*3*]
Glucose + 2 H_2O → 2 Acetat$^-$ + 2 H^+ + 2 CO_2	−48,0	–	[*5*]
Glucose + ATP → Glykogen + ADP + H_3PO_4	–	−3,7	[*4*]
Glykogen (ein Glucoserest) + H_2O → 2 Lactat$^-$ + 2 H^+	−56,7	−32,2	[*2*]
Glycerin → Propionat$^-$ + H^+ + H_2O	−36,4		[*3*]
Glycerin + CO_2 → Succinat^{2-} + 2 H^+ + H_2O	−32,3	–	[*3*]
Pyruvat$^-$ + 2½ O_2 + H^+ → 3 CO_2 + 2 H_2O	−273,5	−282,84	[*2*]
Pyruvat$^-$ + ½ O_2 + CoA-SH + H^+ → Acetyl-CoA + CO_2	−55	−66	[*2*]
Pyruvat$^-$ + ¼ SO_4^{2-} → Acetat$^-$ + CO_2 + ¼ (S^{2-} + HS^- + H_2S)	−22,77	–	[*6*]
Lactat$^-$ + ½ SO_4^{2-} → Acetat$^-$ + CO_2 + ½ (S^{2-} + HS^- + H_2S)	−24,08	–	[*6*]
3 Lactat$^-$ → 2 Propionat$^-$ + Acetat$^-$ + CO_2 + H_2O	−42,6		[*3*]
2 Lactat + 3 ATP + 3 H_2O → Glykogen + 3 ADP + 3 H_3PO_4	–	+28,4	[*4*]
2 Lactat + 2 ATP + 2 H_2O → Glucose + 2 ADP + 2 H_3PO_4	–	+32,0	[*4*]
Äthanol + O_2 → Acetat$^-$ + H^+ + H_2O	–	−109,1	[*5*]
Acetat$^-$ + H^+ + 2 O_2 → 2 CO_2 + 2 H_2O	−20,65	–	[*5*]
NADH + ½ O_2 + H^+ → NAD^+ + H_2O	−51,9	−61,91	[*2*]
$FADH_2$ + O_2 → FAD + H_2O_2	~ −20,0	–	[*1*]
Isocitrat^{3-} + ½ O_2 → Oxalsuccinat^{3-} + H_2O	−52,5	−52,95	[*2*]
α-Ketoglutarat^{2-} + ½ O_2 → Succinat^{2-} + CO_2	−69,8	−68,49	[*2*]
Succinat^{2-} + ½ O_2 → Fumarat^{2-} + H_2O	−35,7	−36,13	[*2*]
Malat^{2-} + ½ O_2 → Oxalacetat^{2-} + H_2O	−44,8	−45,24	[*2*]
½ Butyrat$^-$ + ½ O_2 + CoASH + ½ H^+ → Acetyl-CoA + H_2O	−36	−42,5	[*2*]
Palmitinsäure + 23 O_2 → 16 CO_2 + 16 H_2O	–	−2339,7	[*7*]
Glutamat^{+2-} + ½ O_2 → α-Ketoglutarat^{2-} + NH_4^+	−45,9	−43,63	[*2*]
Aspartat^{+2-} + ½ O_2 → Oxalacetat^{2-} + NH_4^+	−44,7	−42,42	[*2*]
Alanin^{+-} + ½ O_2 → Pyruvat$^-$ + NH_4^+	−45,8	−43,57	[*2*]
Alanin^{+-} + 2 Glycin^{+-} + 3 H_2O → 3 Acetat$^-$ + 3 NH_4^+ + HCO_3^- + H^+	−36,5	–	[*1*]
4 Glycin^{+-} + 4 H_2O → 4 NH_4^+ + 3 Acetat$^-$ + 2 HCO_3^- + H^+	−49	–	[*1*]
Glutamat^{+2-} + ATP + NH_4^+ ⇌ Glutamin^{+-} + ADP + HPO_4^{2-}	− 4,3	–	[*1*]
NH_4^+ + HCO_3^- + H_2O + Aspartat^{+2-} + 3 ATP → Harnstoff + Fumarat^{2-} + H^+ + 2 ADP + AMP + $HP_2O_7^{3-}$ + 2 HPO_4^-	−13	–	[*1*]

Literatur[1]

[*1*] *Cohen, P. P.*, u. *G. B. Brown jr.*: in Comparative Biochemistry **2**, 161. New York 1960.

[*2*] *Burton, K.*, u. *H. A. Krebs:* Biochem. J. **54**, 94 (1953).

[*3*] *Krebs, H. A.*, u. *H. L. Kornberg:* Erg. Physiol. **49**, 212 (1957).

[*4*] *Leloir, L. F.*, *C. E. Cardini* u. *E. Cabib:* in Comparative Biochemistry **2**, 97. New York 1960.

[*5*] *Netter, H.:* Theoretische Biochemie. Berlin-Göttingen-Heidelberg 1959.

[*6*] *Senez, J. C.:* Bact. Rev. **26**, 95 (1962).

[*7*] *Stumpf, P. K.*, u. *G. A. Barber:* in Comparative Biochemistry **1**, 75. New York 1960.

[1] Sofern Daten Sammelwerken entnommen wurden, sind die Originalarbeiten nicht angegeben.

b) Oxidoreduktionen

	ΔG_0* (kcal)	K*	Lit.
Äthanol + NAD$^+$ ⇌ Acetaldehyd + NAD + H$^+$	15,15	—	[1]
	15,01 (20°)	$8{,}01 \cdot 10^{-12}$	[1]
	5,15 (p_H 7)	—	[24]
Äthanol + AP-NAD$^+$ ⇌ Acetaldehyd + AP-NADH + H$^+$	—	$1{,}25 \cdot 10^{-9}$	[47]
		$1{,}09 \cdot 10^{-9}$	[21]
		$3 \cdot 10^{-9}$ (30°)	[26]
Aspartatsemialdehyd + NADH + H$^+$(NADPH + H$^+$) ⇌ Homoserin + NAD$^+$ (NADP$^+$)	—		
	—	$0{,}9-1{,}3 \cdot 10^{11}$	[2]
2,3-Butylenglykol + NAD$^+$ ⇌ Acetoin + NADH + H$^+$	—	$2{,}74 \cdot 10^{-10}$ (27°)	[43]
Glycerin + NAD$^+$ ⇌ Dihydroxyaceton + NADH + H$^+$	—	$5\ {,}1 \cdot 10^{-12}$	[9]
Propandiol + NADP$^+$ ⇌ Lactaldehyd + NADPH + H$^+$	—	$2{,}4 \cdot 10^{-13}$ (24°)	[17]
α-Glycerophosphat^{2-} + NAD$^+$ ⇌ Dihydroxyacetonphosphat^{2-} + NADH + H$^+$	15,30	$5{,}8 \cdot 10^{-12}$	[51]
	—	$5{,}7 \cdot 10^{-5}$ (p_H 7,0)	[4]
	—	$9{,}0 \cdot 10^{-5}$ (p_H 7,0; 37°)	[4]
Xylit + NAD$^+$ ⇌ D-Xylulose + NADH + H$^+$	—	$5{,}4 \cdot 10^{-11}$ (23°)	[10]
	—	$4{,}18 \cdot 10^{-11}$ (23°)	[19]
Xylit + NADP$^+$ ⇌ L-Xylulose + NADH + H$^+$	—	$2{,}97 \cdot 10^{-11}$ (23°)	[19]
Ribit + NAD$^+$ ⇌ D-Ribulose + NADH + H$^+$	—	$4{,}5 \cdot 10^{-11}$ (23°)	[10]
	—	$1{,}75 \cdot 10^{-11}$ (23°)	[19]
	—	$1{,}49 \cdot 10^{-10}$ (37°)	[13]
D-Sorbit + NAD$^+$ ⇌ D-Fructose + NADH + H$^+$	—	$11{,}4 \cdot 10^{-10}$ (23°)	[10]
	—	$4{,}19 \cdot 10^{-10}$ (23°)	[19]
D-Mannit + NAD$^+$ ⇌ D-Fructose + NADH + H$^+$	—	$3{,}59 \cdot 10^{-9}$ (23°)	[10]
L-Threit + NAD$^+$ ⇌ Erythrulose + NADH + H$^+$	—	$6{,}91 \cdot 10^{-12}$ (23°)	[19]
L-Idit + NAD$^+$ ⇌ L-Sorbose + NADH + H$^+$	—	$4{,}23 \cdot 10^{-10}$ (23°)	[19]
Allit + NAD$^+$ ⇌ D-Allulose + NADH + H$^+$	—	$1{,}44 \cdot 10^{-11}$ (23°)	[19]
D-Glycero-D-Glucoheptit + NAD$^+$ ⇌ D-Sedoheptulose + NADH + H$^+$	—	$5{,}54 \cdot 10^{-11}$ (23°)	[19]
Mannit-1-phosphat^{2-} + NAD$^+$ ⇌ Fructose-6-phosphat^{2-} + NADH + H$^+$	12,7	$4{,}9 \cdot 10^{-10}$ (23°)	[49]
Inosit + NAD$^+$ ⇌ Inosose + NADH + H$^+$	—	$3{,}8 \cdot 10^{-12}$	[30]
Dehydroshikimisäure + NADPH ⇌ Shikimisäure + NAD$^+$	—	5,7 (p_H 7,9; 30°)	[50]
		27,7 (p_H 7,0; 30°)	[50]
Glyoxylat$^-$ + NADH + H$^+$ ⇌ Glykolat$^-$ + NAD$^+$	−20,1	$6{,}06 \cdot 10^{14}$	[52]
L-Lactat$^-$ + NAD$^+$ ⇌ Pyruvat$^-$ + NADH + H$^+$	—	$5{,}3 \cdot 10^{-5}$ (p_H 7,0; 37°)	[4]
		$2{,}9 \cdot 10^{-5}$ (p_H 7,0)	[4]
	15,54	—	[7]
	6,00 (p_H 7)	—	]7]
L-Lactat$^-$ + AP-NAD$^+$ ⇌ Pyruvat$^-$ AP-NADH + H$^+$		$2{,}7 \cdot 10^{-10}$ (30°)	[26]
	—	$5{,}65 \cdot 10^{-10}$	[21]
Hydroxypyruvat$^-$ + NADH + H$^+$ ⇌ D-Glycerat$^-$ + NAD$^+$	—	$3{,}02 \cdot 10^{12}$ (23°)	[20]
	−17,0	$2{,}82 \cdot 10^{12}$	[52]
D-Glycerat$^-$+NAD$^+$ ⇌ Tartronatsemialdehyd$^-$ + NADH + H$^+$	18,0	$5{,}1 \cdot 10^{-14}$	[16]
	8,6 (p_H 7)	$2 \cdot 10^{-6}$ (p_H 7,5; 23°)	[16]
β-Hydroxybutyrat$^-$ + NAD$^+$ ⇌ Acetacetat$^-$ + NADH + H$^+$	—	$1{,}42 \cdot 10^{-9}$	[28]
β-Hydroxyisobutyrat$^-$ + NAD$^+$ ⇌ Methylmalonatsemialdehyd$^-$ + NADH + H$^+$	—	$3 \cdot 10^{-11}$	[38]

* ΔG_0 und K-Werte unter Standardbedingungen. Abweichungen in der Temperatur oder im p_H-Wert werden in Klammern angegeben; die Konzentrationen (bzw. Aktivitäten) der Reaktionspartner entsprechen nicht in allen Fällen den Standardbedingungen.

	ΔG_0 (kcal)	K	Lit.
Acetacetyl-CoA + NADH + H^+ ⇌ L-(+)-β-Hydroxybutyryl-CoA + NAD^+	–	$5{,}25 \cdot 10^{9}$	[31]
L-(+)-β-Hydroxybutyryl-CoA + NAD^+ ⇌ Acetacetyl-CoA + NADH + H^+	–	$2{,}17 \cdot 10^{-10}$	[41]
L-$Malat^{2-}$ + NAD^+ ⇌ $Oxalacetat^{2-}$ + + NADH + H^+	–	$7{,}2 \cdot 10^{-6}$ (p_H 7)	[4]
		$9{,}8 \cdot 10^{-6}$ (p_H 7; 37°)	[4]
	16,67	$7{,}5 \cdot 10^{-18}$	[8]
$Pyruvat^-$ + CO_2 + NADPH ⇌ L-$Malat^{2-}$ + $NADP^+$	–	19,6 (p_H 7,4; 22–25°)	[18]
	0,36 (p_H 7)	–	
	–0,22	–	[24]
α-$Ketoglutarat^{2-}$ + CO_2 + NADPH ⇌ D-$Isocitrat^{3-}$ + $NADP^+$	–	1,3 (p_H 7,0; 22°)	[34]
	2,01	–	[24]
D-Ribulose-5-$phosphat^{2-}$ + CO_2 + NADPH ⇌ ⇌ 6-$Phosphogluconat^{3-}$ + $NADP^+$	–	1,9 (p_H 7,4; 22°)	[22]
Glucose + NAD^+ ⇌ Gluconolacton + NADH	–2,41 (p_H 6,7; 30°)	15 (13–18) (p_H 6,7; 30°)	[44]
Glucose + NAD^+ ⇌ $Gluconat^-$ + NADH + 2 H^+	–7,11 (p_H 6,7; 30°)	–	[44]
Glucose-6-$phosphat^{2-}$ + $NADP^+$ ⇌ 6-$Phosphogluconolacton^{2-}$ + NADPH + H^+	–8,6 (28°)	$6{,}0 \cdot 10^{-7}$ (28°)	[14]
Galaktose + NAD^+ ⇌ Galaktonolacton-γ-lacton	–	$5{,}7 \cdot 10^{2}$ (p_H 6,7; 30°)	[12]
γ-$Hydroxybutyrat^-$ + NAD^+ ⇌ $Succinatsemialdehyd^-$ + NADH + H^+	0,49 (p_H 7)	$2{,}6 \cdot 10^{-7}$	[33]
Androsteron + NAD^+ ⇌ Androstan-3,17-dion + NADH + H^+	–	$7{,}42 \cdot 10^{-9}$	[23]
Dihydrocortison + NADH + H^+ ⇌ Tetrahydrocortison + NAD^+		$1{,}12 \cdot 10^{-7}$	[46]
Ätiocholan-3α-ol-17-on + NAD^+ ⇌ Ätiocholan-3,17-dion + NADH + H^+	–	$1{,}57 \cdot 10^{-9}$	[23]
Testosteron + NAD^+ ⇌ Δ4-Androsten-3,17-dion + NADH + H^+	–	$2{,}6 \cdot 10^{-8}$	[45]
Östradiol + NAD^+ ⇌ Östron + NADH + H^+	–	$1{,}8 \cdot 10^{-8}$	[29]
Progesteron + NADPH + H^+ ⇌ 4-Pregnen-20α-3-ol + $NADP^+$	–	$1{,}70 \cdot 10^{-7}$	[48]
$Formiat^-$ + NAD^+ ⇌ NADH + CO_2	–6,3	$3{,}5 \cdot 10^{4}$	[32]
$Pyruvat^-$ + H^+ ⇌ Acetaldehyd + CO_2	–14,41	–	[24]
	–4,72 (p_H 7)	–	[24]
$Pyruvat^-$ + CoA-SH + NAD^+ ⇌ Acetyl-CoA + NADH + CO_2		–	
	–9,08	–	[24]
	–9,38 (p_H 7)	–	[24]
Acetaldehyd + NAD^+ ⇌ $Acetat^-$ + NADH + H^+	–12,47 (p_H 7,0)	–	[6]
Acetaldehyd + H_2O ⇌ $Acetat^-$ + 3 H^+ + 2e	–8,14 (p_H 7)	–	[11]
Acetaldehyd + CoASH + NAD^+ ⇌ Acetyl-CoA + NADH + H^+	–4,22 (p_H 7)	$1{,}2 \cdot 10^{-4}$	[11]
	+5,33	–	[24]
Acetaldehyd + NAD^+ + H_2O ⇌ $Acetat^-$ + NADH + 2 H^+	–6,39	–	[24]
β-$Aspartylphosphat^{2-}$ + NADPH + H^+ ⇌ Aspartatsemialdehyd + HPO_4^{2-} + $NADP^+$	–	$3 \cdot 10^{6}$	[3]
Glyoxylat + NAD^+ + CoA-SH ⇌ Oxalyl-CoA + NADH + H^+	–7,85 (30°)	$1{,}7 \cdot 10^{6}$ (30°)	[23a]
$Alanin^{+-}$ + NAD^+ ⇌ $Pyruvat^-$ + NADH + H^+ + NH_4^+	17,79	$8{,}96 \cdot 10^{-14}$	[36]
	8,24 (p_H 7,0)	–	[36]
$Glutamat^{+2-}$ + NAD^+ + H_2O ⇌ α-$Ketoglutarat^{2-}$ + NADH + H^+ + NH_4^+	17,6 (27°)	$2{,}61 \cdot 10^{-15}$ (27°)	[35]
	18,82	$2{,}83 \cdot 10^{-11}$	[42]
	18,28	–	[24]
	7,65 (p_H 7)	–	[24]
	–	$1{,}1 \cdot 10^{-15}$ (30°)	[26]
$Glutamat^{+2-}$ + AP-NAD^+ + H_2O ⇌ α-$Ketoglutarat^{2-}$ + AP-NADH + H^+ + NH_4^+	–	$1{,}1 \cdot 10^{-12}$ (30°)	[26]
	–	$2{,}85 \cdot 10^{-14}$	[21]

	ΔG_0 (kcal)	K	Lit.
Glyoxylat$^-$ + NADH + H^+ + NH_4^+ ⇌ Glycin^{+-} + NAD^+ + H_2O	—	$4{,}4 \cdot 10^{10}$ (30°)	[15]
3-Phosphoglycerinaldehyd^{2-} + NAD^+ + HPO_4^{2-} ⇌ 1,3-Di-phosphoglycerat^{4-} + NADH + H^+	11,05 1,50 (p_H 7)	— —	[7] [5]
3-Phosphoglycerinaldehyd^{2-} + ADP^{3-} + HPO_4^{2-} + NAD^+ ⇌ 3-Phosphoglycerat^{3-} + NADH + H^+ + ATP^{4-}	+5,90	—	[24]
Leucin^{+-} + NAD^+ ⇌ α-Ketoisocapronat$^-$ + NADH + H^+ + NH_4^+	—	$11{,}1 \cdot 10^{-14}$ (p_H 11)	[40]
NAD^+ + NADPH ⇌ NADP + $NADP^+$	—	1,43 (37°)	[25]
NADH + H^+ ⇌ NAD^+ + H_2	−5,22	—	[24]
Orotsäure + NADH + H^+ ⇌ L-Dihydro-orotsäure + NAD^+	−3,17 (p_H 7; 20°)	$4{,}3 \cdot 10^{-10}$ (20°)	[27]
Orotsäure + NADPH + H^+ ⇌ L-Dihydro-orotsäure + $NADP^+$	—	$2{,}69 \cdot 10^{-9}$ (20°)	[46a]
Orotsäure + AP-NADH + H^+ ⇌ L-Dihydro-orotsäure + AP-NAD^+	—	$3{,}7 \cdot 10^{-8}$ (20°)	[27]
Dihydroliponsäure + NAD^+ ⇌ Liponsäure + NADH + H^+	—	0,128 (p_H 7,0; 20°)	[39]
D-Prolin + Δ^1-Piperidin-2-carboxylat ⇌ D-Pipecolinsäure + Δ^1-Pyrrolin-2-carboxylat	—	~6 (p_H 6,8; 38°)	[37]

Literatur

[1] *Bäcklin, K. I.:* Acta chem. Scand. **12**, 1279 (1958).
[2] *Black, S.*, u. *N. G. Wright:* J. biol. Chem. **213**, 51 (1955).
[3] *Black, S.*, u. *N. G. Wright:* J. biol. Chem. **213**, 39 (1955).
[4] *Bücher, T.*, u. *M. Klingenberg:* Angew. Chem. **70**, 552 (1958).
[5] *Burton, K.:* Erg. Physiol. **49**, 275 (1957).
[6] *Burton, K.:* Biochem. J. **59**, 44 (1955).
[7] *Burton, K.*, u. *H. A. Krebs:* Biochem. J. **54**, 94 (1953).
[8] *Burton, K.*, u. *T. H. Wilson:* Biochem. J. **54**, 86 (1953).
[9] *Burton, R. M.:* Methods in Enzymology **1**, 397. New York 1955.
[10] *Chakravorty, M., L. A. Veiga, M. Bacila* u. *B. L. Horecker:* J. biol. Chem. **237**, 1014 (1962).
[11] *Decker, K.:* Die aktivierte Essigsäure, Stuttgart 1959.
[12] *Doudoroff, M., C. R. Contopoulou* u. *S. Burns:* Proc. Intern. Symp. on Enzyme Chemistry, S. 313. Tokio u. Kyoto 1957.
[13] *Fromm, H. J.:* J. biol. Chem. **233**, 1049 (1958).
[14] *Glaser, L.*, u. *D. H. Brown:* J. biol. Chem. **216**, 67 (1955).
[15] *Goldman, D. S.*, u. *M. J. Wagner:* Biochim. Biophys. Acta **65**, 297 (1962).
[16] *Gotto, A. M.*, u. *H. L. Kornberg:* Biochem. J. **81**, 273 (1961).
[17] *Gupta, N. K.*, u. *W. G. Robinson:* J. biol. Chem. **235**, 1609 (1960).
[18] *Harary, I., S. R. Korey* u. *S. Ochoa:* J. biol. Chem. **203**, 595 (1953).
[19] *Hollmann, S.:* Z. physiol. Chem. **317**, 193 (1959).
[20] *Holzer, H.*, u. *A. Holldorf:* Biochem. Z. **329**, 292 (1957).
[21] *Holzer, H.*, u. *H. D. Söling:* Biochem. Z. **336**, 201 (1962).
[22] *Horecker, B. L.:* J. cell. comp. Physiol. **41**, Suppl. 1, 137 (1953).
[23] *Hurlock, B.*, u. *P. Talalay:* J. biol. Chem. **233**, 886 (1958).
[23a] *Jaenicke, L.*, persönliche Mitteilung.
[24] *Johnson, M. J.*, in *Boyer-Lardy-Myrbäck:* The Enzymes, 2. Aufl. 3, 407. New York 1960.
[25] *Kaplan, N. O., S. P. Colowick* u. *E. F. Neufeld:* J. biol. Chem. **205**, 1 (1953).
[26] *Kaplan, N. O., M. M. Ciotti* u. *F. E. Stolzenbach:* J. biol. Chem. **221**, 833 (1956).
[27] *Krakow, G.*, u. *B. Vennesland:* J. biol. Chem. **236**, 142 (1961).
[28] *Krebs, H. A., J. Mellanby* u. *D. H. Williamson:* Biochem. J. **82**, 96 (1962).
[29] *Langer, L. J.*, u. *L. L. Engel:* J. biol. Chem. **233**, 583 (1958).
[30] *Larner, J., W. T. Jackson, D. J. Graves* u. *R. J. Stamer:* Arch. Biochem. Biophys. **60**, 352 (1956).
[31] *Lynen, F.*, u. *O. Wieland:* in Methods in Enzymology, **1**, 566. New York 1955.
[32] *Mathews, M. B.*, u. *B. Vennesland:* J. biol. Chem. **186**, 667 (1950).
[33] *Nirenberg, M. W.*, u. *W. B. Jacoby:* J. biol. Chem. **235**, 954 (1960).

[34] *Ochoa, S.*, in Methods in Enzymology **1**, 699. New York 1955.
[35] *Olson, J. A.*, u. *C. B. Anfinsen:* J. biol. Chem. **202**, 841 (1953).
[36] *Pierard, A.*, u. *J. M. Wiame:* Biochim. biophys. Acta **37**, 490 (1960).
[37] *Radhakrishnan, A. N.*, u. *A. Meister:* J. biol. Chem. **233**, 444 (1958).
[38] *Robinson, W. G.*, u. *M. J. Coon:* J. biol. Chem. **225**, 511 (1957).
[39] *Sanadi, D. R.*, *M. Langley* u. *R. L. Searls:* J. biol. Chem. **234**, 178 (1959).
[40] *Sanwal, B. D.*, u. *M. W. Zink:* Arch. Biochem. Biophys. **94**, 430 (1961).
[41] *Stern, J. R.:* Biochim. biophys. Acta **26**, 448 (1957).
[42] *Strecker, H. J.:* Arch. Biochem. Biophys. **46**, 128 (1953).
[43] *Strecker, H. J.*, u. *I. Harary:* J. biol. Chem. **211**, 263 (1954).
[44] *Strecker, H. J.*, u. *S. Korkes:* J. biol. Chem. **196**, 769 (1952).
[45] *Talalay, P.*, u. *P. I. Marcus:* J. biol. Chem. **218**, 675 (1956).
[46] *Tomkins, G. M.:* J. biol. Chem. **218**, 437 (1956).
[46a] *Udaka, S.*, u. *B. Vennesland:* J. biol. Chem. **237**, 2018 (1962).
[47] *Wallenfels, K.*, u. *H. Diekmann.* Ann. **621**, 166 (1959).
[48] *Wiest, W. G.*, u. *R. B. Wilcox:* J. biol. Chem. **236**, 2425 (1961).
[49] *Wolff, J. B.*, u. *N. O. Kaplan:* J. biol. Chem. **218**, 849 (1956).
[50] *Yaniv, H.*, u. *C. Gilvarg:* J. biol. Chem. **213**, 787 (1955).
[51] *Young, H. L.*, u. *N. Pace:* Arch. Biochem. Biophys. **75**, 125 (1958).
[52] *Zelitch, I.:* J. biol. Chem. **216**, 553 (1955).

c) Transfer-Reaktionen (außer Phosphattransfer)

	$\Delta G_0'$* (kcal)	K'	Lit.
Übertragung von Einkohlenstoff-Körpern			
Dimethylacetothetin^{+-} + L-Homoserin^{+-} → Methylacetothetin^{-} + Methionin^{+-} + H^+	−5,6	—	[6]
	−15,1 (p_H 7)	—	[6]
Betain^{+-} + Homoserin^{+-} → Dimethylglycin^{+-} + Methionin^{+-}	−8,5	—	[6]
	−8,5 (p_H 7)	—	[6]
S-Methylmethioninsulfonium^{2+-} + Homoserin^{+-} → 2 Methionin^{+-} H^+	−2,0	—	[6]
	−11,5 (p_H 7)	—	[6]
N^5,N^{10}-Methylentetrahydrofolat + Glycin + H_2O ⇌ Tetrahydrofolat + Serin	—	$1{,}5 \cdot 10^{-3}$ (p_H 7,5)	[20]
HCHO + Tetrahydrofolat ⇌ N^5,N^{10}-Methylentetrahydrofolat + H_2O	—	$7{,}2 \cdot 10^{5}$ (p_H 7,5)	[20]
L-Serin ⇌ Glycin + HCHO	—	$9{,}1 \cdot 10^{-4}$ (p_H 7,5)	[20]
	−4,9	$3{,}6 \cdot 10^{-4}$ (p_H 7,2)	[1]
N-Formiminoglycin + Tetrahydrofolat ⇌ 5-Formiminotetrahydrofolat + Glycin	—	0,2 (p_H 7,0)	[16]
N-Formimino-L-Glutamat + Tetrahydrofolat ⇌ 5-Formiminotetrahydrofolat + L-Glutamat	—	0,5−1 (p_H 6,7)	[16]
	—	0,8−2,6 (p_H 7,6)	[24]
Oxalacetat + Propionyl-CoA ⇌ Pyruvat + Methylmalonyl-CoA	−0,39 (30°)	1,9 (30°; p_H 6,5)	[26]
Ornithin^{2+-} + Carbamylphosphat^{2-} ⇌ Citrullin^{+-} + HPO_4^{2-} + H^+		$1{,}02 \cdot 10^{5}$	[18]
Transketolase- und Transaldolase-Reaktionen			
Xylose-5-phosphat^{2-} + Ribose-5-phosphat^{2-} ⇌ Seduheptolose-7-phosphat^{2-} + 3-Phosphoglycerinaldehyd^{2-}	—	1,18−1,28 (p_H 7,6)	[4]
Xylulose-5-phosphat^{2-} + Erythrose-4-phosphat^{2-} ⇌ Fructose-6-phosphat^{2-} + 3-Phosphoglycerinaldehyd	—	8,7−11,9 (p_H 7,6)	[4]
Fructose-6-phosphat^{2-} + Glykolaldehyd ⇌ Erythrulose + Erythrose-4-phosphat^{2-}	—	0,0150−0,0152 (p_H 7,6)	[4]

* $\Delta G_0'$- und K'-Werte bei 25° und p_H 7,0; Abweichungen werden in Klammern angegeben.

	$\Delta G_0'$ (kcal)	K'	Lit.
Sedoheptulose-7-phosphat^{2-} + Triosephosphat^{2-} ⇌ Fructose-6-phosphat^{2-} + Tetrose-phosphat^{2-}	–	0,82 (p_H 7,6)	[10]
	–	0,95 (37°; p_H 7,4)	[25]
Übertragung von Acetylresten			
Acetylphosphat^{2-} + Imidazol ⇌ Acetyl-imidazol + HPO_4^{2-}	2,8	8,4 · 10^{3} (26°; p_H 7,8)	[22]
Acetylimidazol + Glutathion ⇌ Imidazol + Acetylglutathion	5,4	5,64 · 10^{2} (26°; p_H 7,8)	[22]
Acetyl-CoA + HPO_4^{2-} ⇌ Acetylphosphat^{2-} + CoA-SH	−2,56	1,35 · 10^{-2} (28°; p_H 8)	[23]
2-Acetyl-CoA ⇌ Acetacetyl-CoA + CoA-SH	–	1,56 · 10^{-5}	[5]
2 Acetyl-CoA + NADH ⇌ β-Hydroxybutyryl-CoA + NAD$^+$ + CoA-SH	–	7,8 · 10^{-2} (p_H 6,0)	[5]
	–	0,82 · 10^{-2} (p_H 7,0)	[5]
Succinat + 2ATP + 2CoA-SH + NADH + H^+ ⇌ 2 Acetyl-CoA + 2ADP + 2H_3PO_4 + NAD$^+$	–	2,83 · 10^{6} (27°)	[20a]
Übertragung von Zuckern und Nucleotiden			
Glucose-1-phosphat^{2-} + Glucose ⇌ Maltose HPO_4^{2-}	−0,9	4,4 (37°)	[7]
Glucose + Glucose-1-phosphat^{2-} ⇌ Cellobiose + HPO_4^{2-}	−0,9	4,4 (37°)	[3]
Glucose-1-phosphat^{2-} + Fructose ⇌ Saccharose + HPO_4^{2-}	+1,8	0,05 (30°; p_H 6,6)	[3]
Glucose-1-phosphat^{2-} ⇌ HPO_4^{2-} (Glykogenphosphorylase)		2,4 (30°; p_H 7,3)	[3]
		10,8 (30°; p_H 5)	
Fructose + UDP-Glucose ⇌ Saccharose + UDP	1,0	5 (37°; p_H 7,4)	[2]
Fructose-6-phosphat^{2-} + UDP-Glucose ⇌ UDP + Saccharose-6-phosphat^{2-}		5,3 · 10^{1} (38°; p_H 5,5)	[14]
		3,25 · 10^{3} (38°; p_H 7,5)	[14]
UTP + Glucose-1-phosphat ⇌ UDP-Glucose + $H_4P_2O_7$	0	1 (T ?; p_H 7,4)	[14a]
UDP-Glucose + Galaktose-1-phosphat ⇌ UDP-Galaktose + Glucose-1-phosphat	0	1,1 (37°; p_H 8,75)	[11a]
GTP + Mannose-1-phosphat ⇌ GDP-Mannose + $H_4P_2O_7$	0	1 (T ?; p_H 7,3)	[14b]
NAD + $H_4P_2O_7$ ⇌ Nicotinamidmononucleotid + ATP	−0,4	2,2 (37°; p_H 80; 0,003/Mg^{2+}),	[10b]
Desamido-NAD + $H_4P_2O_7$ ⇌ Nicotinsäure-mononucleotid + ATP	–	1,7 (37°; p_H 7,4; 0,01 M Mg^{2+})	[15a]
Guanosin + HPO_4^{2-} ⇌ Guanin + Ribose-1-phosphat^{2-}	–	1,9 · 10^{-2} (37°; p_H 7)	[27]
		5 · 10^{-3} (37°; p_H 6)	[3]
Hypoxanthin + Ribose-1-phosphat^{2-} ⇌ Inosin + HPO_4^{2-}	–	∼11 (p_H 7,4)	[3]
Uracil + Ribose-1-phosphat^{2-} ⇌ Uridin + HPO_4^{2-}	–	11 (37°)	[3]
Nicotinamid + Ribose-1-phosphat^{2-} ⇌ Nicotinamidribosid + HPO_4^{2-}	−4,2 (25°; p_H 0)	10^{-3} (p_H 7,0)	[3]
		10^{-4} (p_H 8,0)	[3]
Desoxyinosin + Guanin ⇌ Desoxyguanosin + Hypoxanthin	–	3,2 (p_H 6)	[19]

	$\Delta G_0'$ (kcal)	K'	Lit.
Desoxyguanosin + Hypoxanthin ⇌ Desoxyinosin + Guanin	–	0,35 (p_H 6)	[19]
Desoxycytidin + Adenin ⇌ Desoxyadenosin + Cytosin	–	5,6 (p_H 6)	[19]
Thymidin + Cytosin ⇌ Desoxycytidin + Thymin	–	0,18 (p_H 6)	[19]
Desoxyinosin + Azaguanin ⇌ Azaguanin-desoxynucleosid + Hypoxanthin	–	1,9 (p_H 6)	[19]
Orotsäure + 5-Phosphoribosyl-1-pyrophosphat ⇌ Orotidin-5-phosphat + $H_4P_2O_7$	+1,2	0,12 (30°; p_H 8,0)	[13]
Aminoimidazolcarboxamid + 5-Phosphoribosyl-1-pyrophosphat ⇌ Aminoimidazol-carboxamidribotid + $H_4P_2O_7$	−1,4	9,7 (38°; p_H 8)	[8]
Hydroxymethyl-pyrimidin-pyrophosphat + Thiazolphosphat ⇌ Thiaminmonophosphat + $H_4P_2O_7$	–	6 (4–9) (37°; p_H 9,2)	[12]
Übertragung von Aminogruppen			
L-Glutamat^{+2-} + Oxalacetat^{2-} ⇌ α-Ketoglutarat^{2-} + L-Aspartat^{2-}	–	6,74 (p_H 7,4)	[11]
L-Glutamat^{+2-} + Pyruvat^{-} ⇌ α-Ketoglutarat^{2-} + Alanin^{+-}	–	1,64 (37°; p_H 7,3) 1,52 (p_H 7,4)	[21] [11]
Tyrosin^{+-} + α-Ketoglutarat^{2-} ⇌ p-Hydroxyphenylpyruvat^{-} + Glutamat^{+2-}	−0,2	0,73 (p_H 7,4)	[10a]
γ-Hydroxyglutamat^{+2-} + Oxalacetat^{2-} ⇌ γ-Hydroxy-α-ketoglutarat^{2-} + Asparat^{+2-}	–	~1 (37°; p_H 8)	[9]
Imidazolacetolphosphat + Glutamat ⇌ Histidinolphosphat + α-Ketoglutarat	–	0,04 (37°; p_H 8,1)	[1a]
N-Succinyl-α-amino-ε-ketopimelinsäure + Glutamat ⇌ N-Succinyl-L-diaminopimelinsäure + α-Ketoglutarat	–	1,2 (37°; p_H 8,0)	[15]
L-Arginin + Glycin ⇌ L-Ornithin + Guanidinessigsäure	–	1,07 (38°; p_H 7,5)	[17]
Übertragung von Sulfat			
Sulfat + ATP ⇌ Adenylylsulfat + $H_4P_2O_7$	+11,0	$1 \cdot 10^{-8}$ (37°; p_H 8,0)	[18a]
ATP + Adenylsulfat ⇌ ADP + Phosphoadenylylsulfat	−6,0 (37°; p_H 8,0)	–	[18a]
p-Nitrophenol + Phosphoadenylylsulfat ⇌ p-Nitrophenylsulfat + Phosphoadenosinphosphat	−1,96	26,4 (30°; p_H 7,8)	[9a]
3,5-Dinitrophenol + Phosphoadenylylsulfat ⇌ 3,5-Dinitrophenylsulfat + Phosphoadenosinphosphat	−0,85	4,1 (30°; p_H 7,8)	[9a]
Übertragung von Coenzym A			
Succinyl-S-CoA + Acetacetat ⇌ Succinat + Acetacetyl-S-CoA	+3,47	$8,82 \cdot 10^{-3}$ (30°; p_H 8,1; $5,3 \cdot 10^{-3}$ M Mg^{2+})	[23a]

Literatur

[1] *Alexander, N.*, u. *D. M. Greenberg:* J. biol. Chem. **220**, 775 (1956).
[1a] *Ames, B. N.*, u. *B. L. Horecker:* J. biol. Chem. **220**, 113 (1956).
[2] *Cardini, C. E., L. F. Leloir* u. *J. Chiriboga:* J. biol. Chem. **214**, 149 (1955).
[3] *Cohen, M.*, in *Boyer-Lardy-Myrbäck:* The Enzymes, 2. Aufl. **5**, 179. New York 1961.
[4] *Datta, A. G.*, u. *E. Racker:* J. biol. Chem. **236**, 617 (1961).
[5] *Decker, K.:* Die aktivierte Essigsäure. Stuttgart 1959.
[6] *Durell, J., M. Rawitscher* u. *J. M. Sturtevant:* Biochim. biophys. Acta **56**, 552 (1962).
[7] *Fitting, C.*, u. *M. Doudoroff:* J. biol. Chem. **199**, 153 (1952).
[8] *Flaks, J. G., M. J. Erwin* u. *J. M. Buchanan:* J. biol. Chem. **228** 201 (1957).

[9] *Goldstone, A.*, u. *E. Adams:* J. biol. Chem. **237**, 3476 (1962).
[9a] *Gregory, J. D.*, u. *F. Lipmann:* J. biol. Chem. **229**, 1081 (1957).
[10] *Horecker, B. L.*, u. *P. Z. Smyrniotis:* J. biol. Chem. **212**, 811 (1955).
[10a] *Kenney, F. T.:* J. biol. Chem. **234**, 2707 (1959).
[10b] *Kornberg, A.:* J. biol. Chem. **182**, 779 (1950).
[11] *Krebs, H. A.:* Biochem. J. **54**, 82 (1953).
[11a] *Kurahashi, K.*, u. *A. Sugimura:* J. biol. Chem. **235**, 940 (1960).
[12] *Leder, I. G.:* J. biol. Chem. **236**, 3066 (1961).
[13] *Lieberman, I., A. Kornberg* u. *E. S. Simms:* J. biol. Chem. **235**, 403 (1955).
[14] *Mendiccino, J.:* J. biol. Chem. **235**, 3347 (1960).
[14a] *Munch-Petersen, A.:* Acta chem. Scand. **9**, 1523 (1955).
[14b] *Munch-Petersen, A.:* Acta chem. Scand. **10**, 928 (1956).
[15] *Peterkofsky, B.*, u. *C. Gilvarg:* J. biol. Chem. **236**, 1432 (1961).
[15a] *Preiss, J.*, u. *P. Handler:* J. biol. Chem. **233**, 493 (1958).
[16] *Rabinowitz, J. C.*, in *Boyer-Lardy-Myrbäck:* The Enzyms, 2. Aufl. **2**, 185. New York 1960.
[17] *Ratner, S.*, u. *O. Rochovansky:* Arch. Biochem. Biophys. **63**, 277 (1956).
[18] *Reichard, P.:* Act. chem. Scand. **11**, 523 (1957).
[18a] *Robbins, P. W.*, u. *F. Lipmann:* J. biol. Chem. **233**, 686 (1858).
[19] *Roush, A. H.*, u. *R. F. Betz:* J. biol. Chem. **233**, 261 (1858).
[20] *Scrimgeour, K. G.*, u. *F. M. Huennekens* in *Colowick/Kaplan:* Methods in Enzymology **5**, 838. New York 1962.
[20a] *Seaman, G. R.:* J. biol. Chem. **228**, 149 (1957).
[21] *Segal, H. L., D. S. Beattie* u. *S. Hopper:* J. biol. Chem. **237**, 1914 (1962).
[22] *Stadtman, E. R.*, in Mechanism of Enzyme Action (*W. D. McElroy* and *B. Glass*, Eds.) S. 581. Baltimore 1954.
[23] *Stadtman, E. R.:* J. biol. Chem. **196**, 535 (1952).
[23a] *Stern, J. R., M. J. Coon, A. del Campillo* u. *M. C. Schneider:* J. biol. Chem. **221**, 15 (1956).
[24] *Tabor, H.*, u. *L. Wyngarden:* J. biol. Chem. **234**, 1830 (1959).
[25] *Venkataraman, R.*, u. *E. Racker:* J. biol. Chem. **236**, 1876 (1961).
[26] *Wood, H. G.*, u. *R. Stjernholm:* Proc. Natl. Acad. Sci. **47**, 289 (1961).
[27] *Yamada, E. W.:* J. biol. Chem. **236**, 3043 (1961).

d) Phosphatübertragungen

	$\Delta G_0'$ (kcal)	K'	Lit.
Glucose + ATP ⇌ Glucose-6-phosphat + ADP	−3,05 (30°; p_H 6,0; 0,08 M Mg^{2+})	155 ± 31	[3]
	−4,7 (30°; p_H 7,0; ohne Mg^{2+})	−	[3]
	−4,4 (30°; p_H 7,0; 0,08 M Mg^{2+})	−	[3]
	−6,1 (30°; p_H 8,0; ohne Mg^{2+})	−	[3]
	−5,8 (30°; p_H 8,0; 0,08 M Mg^{2+})		[3]
	−3,6 (30°; p_H 6,0; ohne Mg^{2+})	386 ± 58	[3]
	−3,2 (37°; p_H 7,25; 0,005 M Mg^{2+})	170 ± 93	[3]
Galaktose + ATP ⇌ Galaktose-1-phosphat + ADP	−1,9 ± 0,1 (0,025 M Mg^{2+})	26 ± 3	[3]
Phosphoenolpyruvat + ADP ⇌ Pyruvat + ATP	−	$1{,}15 \cdot 10^3$ (30°; p_H 7,7−8,7; 0,0 Mg^{2+})	[7]
	−5,3 (30°; p_H 7,4; 0,002 M Mg^{2+})	$6{,}45 \cdot 10^3$	[3]

	$\Delta G_0'$ (kcal)	K'	Lit.
	−4,7 (30°; p_H 8,0; 0,002 M Mg^{2+})	2,21 · 10^3	[3]
	−4,1 (30°; p_H 8,4 0,002 M Mg^{2+})	9,1 · 10^2	[3]
	−4,6 (30°; p_H 7,6; 0,003 M Mg^{2+})	2,1 · 10^3	[3]
Acetylphosphat + ADP ⇌ Acetat + ATP	−3,2 (37°; p_H ?; Mg^{2+} ?)	177	[3]
	−3,1 (29°; p_H 7,0; 0,01 M Mg^{2+})	167	[3]
	−2,8 (29°; p_H 7,3; 0,01 M Mg^{2+})	110	[3]
Carbamat + ATP ⇌ Carbamylphosphat + ADP	—	0,04 (10°; p_H 9,5)	[6]
1,3-Diphosphoglycerat + ADP ⇌ Phosphoglycerat + ATP	−4,8 (25°; p_H 6,9; 0,005 M Mg^{2+})	3,2 · 10^3	[3]
	−4,8 (25°; p_H 6,9; 0,0 M Mg^{2+})	3,1 · 10^3	[3]
Aspartylphosphat + ADP ⇌ Aspartat + ATP	−4,5 (15°; p_H 8,0; 0,02 M Mg^{2+})	2,85 · 10^3	[3]
Kreatinphosphat + ADP ⇌ Kreatin + ATP	−2,6 (30°; p_H 7,4; 0,002 M Mg^{2+})	83	[3]
	−2,8 (30°; p_H 7,4; 0,006 M Mg^{2+})	102	[3]
	−2,8 (30°; p_H 7,4; 0,01 M Mg^{2+})	105	[3]
	−1,7 (30°; p_H 8,0; 0,002 M Mg^{2+})	22	[3]
	−2,0 (30°; p_H 8,0; 0,006 M Mg^{2+})	26	[3]
	−2,0 (30°; p_H 8,0; 0,01 M Mg^{2+})	28	[3]
	+0,1 (30°; p_H 9,8; 0,002 M Mg^{2+})	0,83	[3]
	0 (30°; p_H 9,8; 0,006 M Mg^{2+})	1	[3]
	0 (30°; p_H 9,8; 0,01 M Mg^{2+})	1,1	[3]
Argininphosphat + ADP ⇌ Arginin + ATP	−3,8 (20−45°; p_H 6,1; 0,0 M Mg^{2+})	500	[3]
	−1,1 (20−45°; p_H 9,1; 0,0 M Mg^{2+})	6	[3]
	−1,5 (20−45°; p_H 9,1; 0,01 M Mg^{2+})	12	[3]
	+0,6 (5°; p_H 7,3; 0,0002 M Mg^{2+})	0,38	[3]
	+0,6 5°; p_H 7,3; 0,001 M Mg^{2+})	0,38	[3]

	$\Delta G'_0$ (kcal)	K'	Lit.
	+1,2 (5°; pH 7,8; 0,0002 M Mg^{2+})	0,11	[3]
	−0,9 (5°; pH 7,6; 0,001 M Mg^{2+})	4,45	[3]
ATP + AMP $\rightleftharpoons$ 2ADP	—	1,43 (30°; pH 6,2; 0,01 M Mg^{2+})	[5]
	—	2,18 (30°; pH 6,6; 0,01 M Mg^{2+})	[5]
	—	2,18 (30°; pH 7,5; 0,01 M Mg^{2+})	[5]
	—	2,50 (30°; pH 7,9; 0,01 M Mg^{2+})	[5]
	—	3,6 (25°; pH 7,0; 0,025 M Mg^{2+})	[1]
	—	2,1 (25°; pH 7,0; 0,01 M Mg^{2+})	[1]
	−0,5 (20°; pH 6,0; 0,0 M Mg^{2+})	2,4	[3]
	−0,4 (20°; pH 6,0; 0,001 M Mg^{2+})	1,9	[3]
	−0,5 (25°; pH 7,4; 0,01 M Mg^{2+})	2,2	[3]
UTP + UMP $\rightleftharpoons$ 2UDP	0 (36°; pH 7,5; 0,007 M Mg^{2+})	0,94	[3]
ITP + ADP $\rightleftharpoons$ IDP + ADP	0 (37°; pH 6,0; 0,01 M Mg^{2+})	1	[3]
ATP + UDP $\rightleftharpoons$ UTP + ADP	0 (37°; pH 8,0; 0,01 M Mg^{2+})	1	[3]
Glucose-1-phosphat $\rightleftharpoons$ Glucose-6-phosphat	−1,7 (30°; pH 7,5; 0,008 M Mg^{2+})	17	[3]
	−1,7 (25°; pH 7,0; 0,025 M Mg^{2+})	17	[2]
	−1,95 (37°; pH 6,5; 0,008 M Mg^{2+})	25	[4]
2-Phosphoglycerat $\rightleftharpoons$ 3-Phosphoglycerat	−1,1 (24°; pH ?; Mg^{2+} ?)	6,5	[3]
	−1,1 (30°; pH 4,6−6,5; Mg^{2+} ?)	6,3	[8]

Literatur

[1] *Atkinson, M. R., R. M. Burton* u. *R. K. Morton:* Biochem. J. **78**, 813 (1961).
[2] *Atkinson, M. R., E. Johnson* u. *R. K. Morton:* Biochem. J. **79**, 12 (1961).
[3] *Atkinson, M. R.,* u. *R. K. Morton* in Comparative Biochemistry **2**, 1. New York 1960.
[4] *Ben-Zvi, R.,* u. *M. Schramm:* J. biol. Chem. **236**, 2186 (1961).
[5] *Callaghan, O. H.:* Biochem. J. **67**, 651 (1957).
[6] *Jones, M. E.* in: Methods in Enzymology **5**, 903. New York 1962.
[7] *Krimsky, I.:* J. biol. Chem. **234**, 232 (1959).
[8] *Rodwell, V. W., J. C. Towne* u. *S. Grisolia:* J. biol. Chem. **228**, 875 (1957).

e) Hydrolysen (außer Hydrolyse von Phosphatbindungen)

	$\Delta G_0'$ (kcal) (25°C; p_H 7,0)	Lit.
Acetyl-S-CoA + H_2O → CoA-SH + $Acetat^-$ + H^+	−8,25	[5]
	−8,63	[7]
	−7,2 bis −7,7	[6]
	−8,2	[2]
	−8,9 (p_H 7,5)	[2]
Acetylcholin + H_2O → Cholin + $Acetat^-$ + H^+	−5,1	[6]
Acetylimidazol + H_2O → Imidazol + $Acetat^-$ + H^+	−13,3	[6]
Propionyl-S-CoA + H_2O → $Propionat^-$ + CoA-SH + H^+	−8,2	[2]
	−8,9 (p_H 7,5)	[2]
Heptanoyl-S-CoA + H_2O → $Heptanoat^-$ + CoA-SH + H^+	−8,0	[2]
	−8,7 (p_H 7,5)	[2]
$Succinyl\text{-}S\text{-}CoA^-$ + H_2O → $Succinat^{2-}$ + CoA-SH + H^+	−7,8	[2]
	−8,5 (p_H 7,5)	[2]
Saccharose + H_2O → Glucose + Fructose	~ −6,6	[9]
Lactose + H_2O → Galaktose + Glucose	~ −3,0	[9]
Maltose + H_2O → 2 Glucose	~ −3,0	[9]
Glykogen [α(1→4)-Bindungen]	~ −4,3	[9]
Lävan [Fructofuranosyl-β-(2→6)-Bindungen]	~ −4,6	[9]
Dextran [Glucopyranosyl-α-(1→6)-Bindungen]	< −2,0	[9]
S-Adenoxyl-L-Homoserin + H_2O → Adenosin + L-Homocystein	(K = $1,4 \cdot 10^{-6}$)	[4]
Alanylglycin + H_2O → Alanin + Glycin	−4,13 (37,5°; p_H-unabhängig)	[1]
Glycylglycin + H_2O → 2 Glycin	−3,59 (37,5°; p_H-unabhängig)	[1]
Leucylglycin + H_2O → Leucin + Glycin	−3,31 (37,5°; p_H-unabhängig)	[1]
Hippursäure + H_2O → Benzoesäure + Glycin	−2,63 (37,5°; p_H-unabhängig)	[1]
Benzoylglycylglycin + H_2O → Glycylglycin + Benzoesäure	−1,10 (25°; p_H-unabhängig)	[1]
N-Benzoyltyrosylglycinamid + H_2O → N-Benzoyltyrosin + Glycinamid	−0,36 (37,5°; p_H-unabhängig)	[1]
Glutamin + H_2O → $Glutamat^{+2-}$ + NH_4^+	−3,42	[8]
Asparagin + H_2O → $Aspartat^{+2-}$ + NH_4^+	−3,6	[8]
Harnstoff + $2H^+$ + H_2O → $2NH_4^+$ + CO_2	−7,8	[3]
$Arginin^{2+-}$ + H_2O → $Ornithin^{2+-}$ + Harnstoff	−12,28	[3]
$Adenin_{(fest)}$ + H_2O → $Hypoxanthin_{(fest)}$ + NH_3	−2,8 (p_H 0)	[3]
$Guanin_{(fest)}$ + H_2O → $Xanthin_{(fest)}$ + NH_3	−0,6 (p_H 0)	[3]

Literatur

[1] *Borsook, H.*, in Chemical Pathways of Metabolism **2**, 173. New York 1954.

[2] *Burton, K.*, in Biochemists Handbook, S. 92. London 1961.

[3] *Cohen, P. P.*, u. *G. B. Brown jr.* in Comparative Biochemistry **2**, 161. New York 1960.

[4] *de la Haba, G.*, u. *G. L. Cantoni:* J. biol. Chem. **234**, 603 (1959).

[5] *Jaenicke, L.*, u. *F. Lynen* in *Boyer-Lardy-Myrbäck:* The Enzymes, 2. Aufl., **3**, 1. New York 1960.

[6] *Jencks, W. P., S. Cordes* u. *J. Carriuolo:* J. biol. Chem. **235**, 3608 (1960).

[7] *Johnson, M. J.*, in *Boyer-Lardy-Myrbäck:* The Enzymes, 2. Aufl., **3**, 407. New York 1960.

[8] *Kitzinger, C.*, u. *R. Hems:* Biochem. J. **71**, 395 (1959); *Benzinger, T., C. Kitzinger, R. Hems* u. *K. Burton:* Biochem. J. **71**, 400 (1959).

[9] *Leloir, L. F., C. E. Cardini* u. *E. Cabib:* in Comparative Biochemistry **2**, 97. New York 1960.

f) Hydrolyse von Phosphatbindungen

	$\Delta G_0'$ (25°; pH 7,0) kcal	Lit.
Glycerin-1-phosphat^{2-} + $H_2O \rightleftharpoons$ Glycerin + HPO_4^{2-}	−2,1	[1]
	−2,7 (20°; pH 5,8)	[1]
	−2,3 (37°; pH 6,7)	[1]
	−2,5 (37°; pH 7,5)	[1]
3-Phosphoglycerat^{3-} + $H_2O \rightleftharpoons$ Glycerat$^-$ + HPO_4^{2-}	−3,0 (30°; pH 8,5)	[1]
2-Phosphoglycerat^{3-} + $H_2O \rightleftharpoons$ Glycerat$^-$ + HPO_4^{2-}	−4,1 (38°; pH 8,5)	[1]
Glucose-6-phosphat^{2-} + $H_2O \rightleftharpoons$ Glucose + HPO_4^{2-}	−3,3	[1]
	−2,9 (38°; pH 8,5)	[1]
	−3,4 (38°; pH 5,8)	[1]
	−2,5 (37°; pH 8,2)	[1]
	−2,45 (37°; pH 7,4)	[1]
	−2,3	[3]
	−2,3 (pH 7,5)	[3]
Glucose-1-phosphat^{2-} + $H_2O \rightleftharpoons$ Glucose + HPO_4^{2-}	−5,0 (30°; 0,025 M Mg^{2+})	[1]
Galaktose-6-phosphat^{2-} + $H_2O \rightleftharpoons$ Galaktose + HPO_4^{2-}	−3,0 (38°; pH 8,5)	[1]
Galaktose-1-phosphat^{2-} + $H_2O \rightleftharpoons$ Galaktose + HPO_4^{2-}	−4,4 bis 4,6 (38°; pH 8,5)	[1]
	−5,0 (0,025 M Mg^{2+})	[1]
Mannose-6-phosphat^{2-} + $H_2O \rightleftharpoons$ Mannose + HPO_4^{2-}	−2,7 (38°; pH 8,5)	[1]
Fructose-6-phosphat^{2-} + $H_2O \rightleftharpoons$ Fructose + HPO_4^{2-}	−3,8 (30°)	[1]
	−3,4 (38°; pH 8,5)	[1]
Fructose-1-phosphat^{2-} + $H_2O \rightleftharpoons$ Fructose + HPO_4^{2-}	−2,8 (38°; pH 8,5)	[1]
	−3,5 (38°; pH 5,8)	[1]
ATP^{4-} + $H_2O \rightleftharpoons ADP^{3-}$ + HPO_4^{2-} + H^+	−7,7 (ohne Mg^{2+})	[2]
	−7,0 (0,025 M Mg^{2+})	[2]
	−9,3 (37°; pH 7,5; ohne Mg^{2+})	[2]
	−8,6 (37°; pH 7,5; 0,025 M Mg^{-+})	[2]
	−6,9 (0,025 M Mg^{-+})	[1]
ADP^{3-} + $H_2O \rightleftharpoons AMP^{2-}$ + HPO_4^{2-} + H^+	−6,4 (0,01 M Mg^{2+})	[1]
	−7,8	[3]
	−8,5 (pH 7,5)	[3]
ATP^{4-} + $H_2O \rightleftharpoons AMP^{2-}$ + $HP_2O_7^{3-}$ + H^+	−8,6 (37°; pH 7,5; 0,01 M Mg^{2+})	[1]
$HP_2O_7^{3-}$ + $H_2O \rightleftharpoons 2HPO_4^{2-}$ + H^+	−6,7 (37°; pH 6,4; 0,02 M Mg^{2+})	[1]
	−8, 0	[1]
	−8,3	[3]
	−8,9 (pH 7,5)	[3]
Acetylphosphat^{2-} + $H_2O \rightleftharpoons$ Acetat$^-$ + HPO_4^{2-} + H^+	−10,1 (29°)	[1]
	−10,5	[3]
	−11,2 (pH 7,5)	[3]
Argininphosphat^{+2-} + $H_2O \rightleftharpoons$ Arginin$^+$ + HPO_4^{2-}	−7,0 (pH 6,9; 0,0002 M Mg^{2+})	[1]
	−6, 9 (pH 7,6; 0,0002 M Mg^{2+})	[1]
	−8,5 (pH 7,6; 0,01 M Mg^{2+})	[1]
	−8,0 (pH 8,3; 0,01 M Mg^{2+})	[1]
Kreatinphosphat^{+2-} + $H_2O \rightleftharpoons$ Kreatin$^+$ + HPO_4^{2-}	−10,2 (pH 7,4; 0,01 M Mg^{2+})	[1]
	−10,2 (pH 8,0; 0,01 M Mg^{-+})	[1]
	−10,6 (pH 8,9; 0,01 M Mg^{2+})	[1]
	−10,4	[3]
	−10,4 (pH 7,5)	[3]
Aspartylphosphat^{2-} + $H_2O \rightleftharpoons HPO_4^{2-}$ + Aspartat$^-$ + H^+	−12,7 (15°; pH 8,0; 0,02 M Mg^{-+})	[1]
1,3-Diphosphoglycerat^{4-} + $H_2O \rightleftharpoons$ 3-Phosphoglycerat^{3-} + HPO_4^{2-} + H^+	−11,8 (pH 6,9; 0,005 M Mg^{2+})	[1]
	−13,6	[3]
	−14,3 (pH 7,5)	[3]

	$\Delta G_0'$ (25°; p_H 7,0) kcal	Lit.
Phosphoenolpyruvat^{3-} + $H_2O \rightleftharpoons$ Pyruvat$^-$ + HPO_4^{2-}	−13,3 (p_H 7,5)	[3]
	−12,2 (30°; p_H 7,6)	[1]
	−12,7 (30°; p_H 7,4)	[1]
	−12,9	[1]
	(30°; p_H 8,0 und 8,4)	[1]
Phosphoserin^{2-} + $H_2O \rightleftharpoons$ Serin + HPO_4^{2-}	−3,95 (35°; p_H 7,0)	[4]
	−3,41 (35°; p_H 9,7)	[4]

Literatur

[1] *Atkinson, M. R.*, u. *R. K. Morton:* in Comparative Biochemistry **2**, 1. New York 1960.
[2] *Benzinger, T., C. Kitzinger, R. Hems* u. *K. Burton:* Biochem. J. **71**, 400 (1959).
[3] *Burton, K.*, in Biochemists Handbook, S. 92. London 1961.
[4] *Vladimirova, G. E., A. I. Komkova* u. *N. A. Fedorova:* Biokhymiya **26**, 426 (1961).

g) Carboxylierungen und Decarboxylierungen

	$\Delta G_0'$ (25°; p_H 7,0) kcal	K'	Lit.
Pyruvat$^-$ + $H^+ \rightleftharpoons$ Acetaldehyd + CO_2	−4,72	—	[4]
	−14,41 (p_H 0)		[4]
	−5,1		[1]
Oxalacetat^{2-} + $H^+ \rightleftharpoons$ Pyruvat$^-$ + CO_2	−7,06		[4]
	−17,05 (p_H 0)		[4]
Oxalacetat^{2-} + $H_2O \rightleftharpoons$ Pyruvat$^-$ + HCO_3^-	−6,39 (p_H 0)		[2]
	−9,12		[2]
Phosphoenolpyruvat^{3-} + IDP^{3-} + HCO_3^- + $H^+ \rightleftharpoons$ Oxalacetat^{2-} + ITP^{4-} + H_2O	−9,3 (30°; p_H 0)	$5{,}86 \cdot 10^6$	[6]
Phosphoenolpyruvat^{3-} + IDP^{3-} + $CO_2 \rightleftharpoons$ Oxalacetat^{2-} + ITP^{4-}	−0,59 (30°; p_H 7,6)	2,69	[6]
Succinat^{2-} + HCO_3^- + $H^+ \rightleftharpoons$ α-Ketoglutarat^{2-} + 2 H_2O	−16,5 (p_H 0)		[5]
Oxalsuccinat^{3-} + $H^+ \rightleftharpoons$ α-Ketoglutarat^{2-} + CO_2	−16,43 (p_H 0)	—	[2]
	−8,6		
Oxalsuccinat^{3-} + $H_2O \rightleftharpoons$ α-Ketoglutarat^{2-} + HCO_3^-	−5,77 (p_H 0)		[2]
	−9,5		[2]
Propionyl-S-CoA + HCO_3^- + ATP $\rightleftharpoons$ Methylmalonyl-S-CoA + ADP^{3-} + HPO_4^{2-}	−2,97 (p_H 8,15; 37°)	$8{,}1 \cdot 10^{-3}$	[3]

Literatur

[1] *Burton, K.:* Erg. Physiol. **49**, 275 (1957).
[2] *Burton, K.*, u. *H. A. Krebs.* Biochem. J. **54**, 94 (1953).
[3] *Halm, D. R., J. Feng, C. S. Hegre* u. *M. D. Lane:* J. biol. Chem. **237**, 2140 (1962).
[4] *Johnson, M. J.*, in *Boyer-Lardy-Myrbäck:* The Enzymes, 2. Aufl. **3**, 407. New York 1960.
[5] *Kaplan, N. O.*, in *Sumner-Myrbäck:* The Enzymes **2**, 1, 55. New York 1951.
[6] *Utter, M. F.*, u. *K. Kurahashi:* J. biol. Chem. **207**, 821 (1954).

h) Lyase-Reaktionen

	$\Delta G_0'$ (kcal)	K'	Lit.
Formaldehyd + Dihydroxyacetonphosphat^{2-} ⇌ Erythrulose-1-phosphat^{2-}		1,5 (37°; p_H 7,2)	[*6*]
Desoxyribose-5-phosphat^{2-} + Acetaldehyd ⇌ 3 Phosphoglycerinaldehyd^{2-}		2,4 · 10^{-4} (37°; p_H 6,3)	[*17*]
2-Keto-3-desoxy-6-phosphogluconat^{3-} ⇌ 3-Phosphoglycerinaldehyd^{2-} + Pyruvat$^-$		1,6 · 10^{-3} (p_H 6,8)	[*8*]
2-Keto-3-desoxy-6-phosphogalaktonat^{3-} ⇌ 3-Phosphoglycerinaldehyd^{2-} + Pyruvat$^-$		3,7 · 10^{-3} (p_H 6,8)	[*8*]
Acetaldehyd + Glycin ⇌ Allothreonin		56 (37°; p_H 7,9)	[*13*]
Fructose-1,6-diphosphat^{4-} ⇌ Dihydroxyacetonphosphat^{2-} + 3-Phosphoglycerinaldehyd^{2-}	5,58	1,18 · 10^{-4} (37°)	[*15*] [*19*]
		0,3 · 10^{-3} (0°)	[*16*]
		1,5 · 10^{-3} (20°)	[*16*]
		7 · 10^{-3} (40°)	[*16*]
(weitere Daten s. [*16*])			
Fructose-1-phosphat^{2-} ⇌ Dihydroxyacetonphosphat^{2-} + Glycerinaldehyd	7,88	2,8 · 10^{-6} (37°)	[*15*] [*19*]
5,6-Didesoxyfructose-1-phosphat^{2-} ⇌ Dihydroxyacetonphosphat^{2-} + Propionaldehyd	3,06	6,9 · 10^{-3} (37°)	[*15*] [*19*]
5-Desoxyxylulose-1-phosphat^{2-} ⇌ Dihydroxyacetonphosphat^{2-} + Acetaldehyd	2,8	—	[*16*]
		0,2 (0°)	[*16*]
		0,4 (20°)	[*16*]
		0,7 (40°)	[*16*]
D-Xylulose-5-phosphat^{2-} + HPO_4^{2-} ⇌ Acetylphosphat^{2-} + 3-Phosphoglycerinaldehyd^{2-}	−13	—	[*10*]
Glyoxylat$^-$ + Succinat^{2-} ⇌ Isocitrat^{3-}	−2,1 (27°; p_H 6,7)	34,6	[*20*]
Oxalacetat^{2-} + Acetat$^-$ ⇌ Citrat^{3-}	−0,24	1,56 (27°; p_H 7,6)	[*21*]
	−0,7		[*4*]
	−0,45		[*12*]
	−0,16 (p_H 0)		[*12*]
Acetyl-S-CoA + Oxalacetat^{2-} + H_2O ⇌ Citrat^{3-} + CoA-SH + H^+	−7,72	8,38 · 10^{-3}	[*22*]
	−9,08		[*12*]
	+1,22 (p_H 0)		[*12*]
$CO_{2(Gas)}$ + H_2O ⇌ HCO_3^- + H^+	0,98		[*12*]
	10,66 (p_H 0)		[*12*]
Fumarat^{2-} + H_2O ⇌ Malat^{2-}	—	4,4 (p_H 6,5; H_2O = 1 M)	[*3*]
	−0,88		[*5*]
	−0,88 (p_H 0)		[*5*]
Citrat^{3-} : cis-Aconitat^{3-} : iso-Citrat^{3-}	—	89,1 : 4,3 : 6,6 (38°; p_H 6,8)	[*9*]
		90,9 : 2,9 : 6,2 (p_H 7,4)	[*14*]
cis-Aconitat^{3-} + H_2O ⇌ iso-Citrat^{3-}	−0,45		[*5*]
	−0,45 (p_H 0)		[*5*]
Citrat^{3-} ⇌ cis-Aconitat^{3-} + H_2O	+2,04		[*5*]
	+2,04 (p_H 0)		
Dehydrochinasäure ⇌ Dehydroshikimisäure + H_2O	−1,6	15 ± 1 (29°; p_H 7,4; H_2O = 1 M)	[*7*]
	−0,87	4,3 (p_H 7,4; H_2O = 1 M)	[*1*]

	$\Delta G'_0$ (kcal)	K′	Lit.
2-Phosphoglycerat^{2-} ⇌ Phosphoenolpyruvat + H_2O	−1,09	6,3 (p_H- und metallunabhängig H_2O = 1 M)	[25]
Crotonyl-S-CoA + H_2O ⇌ L(+)-β-Hydroxybutyryl-S-CoA	−0,73	$6{,}18 \cdot 10^{-2}$ (p_H 7,5)	[23]
iso-Crotonyl-S-CoA + H_2O ⇌ L(+)-β-Hydroxybutyryl-S-CoA	−1,0	$9{,}83 \cdot 10^{-2}$ (p_H 7,5)	[23]
trans-2-Hexenoyl-S-CoA + H_2O ⇌ L(+)-β-Hydroxyhexanoyl-S-CoA	−0,25	$2{,}74 \cdot 10^{-2}$ (p_H 7,5)	[23]
cis-2-Hexenoyl-S-CoA + H_2O ⇌ L(+)-β-Hydroxyhexanoyl-S-CoA	−0,96	$9{,}19 \cdot 10^{-2}$ (p_H 7,5)	[23]
Methylglutaconyl-S-CoA + H_2O ⇌ β-Hydroxymethylglutaryl-S-CoA	−1,0	5,5 (18°; p_H 7,4; H_2O = 1 M)	[11]
Aspartat^{+2-} ⇌ Fumarat^{2-} + NH_4^+		$2 \cdot 10^{-2}$ (37°; p_H 6,8)	[24]
β-Methylaspartat^{+2-} ⇌ Mesaconat^{2-} + NH_4^+	0,7	0,306 (p_H 9,7)	[2]
	0,85	0,238 (p_H 7,9)	[2]
Argininosuccinat^{2+3-} ⇌ Arginin^{2+-} + + Fumarat^{2-}	—	$11{,}4 \cdot 10^{-3}$ (38°; p_H 7,5)	[18]

Literatur

[1] *Balinsky, D.*, u. *D. D. Davis:* Biochem. J. **80**, 300 (1961).
[2] *Barker, H. A., R. D. Smyth, R. M. Wilson* u. *H. Weissbach:* J. biol. Chem. **234**, 320 (1959).
[3] *Bock, R. M.*, u. *R. A. Alberty:* J. Amer. chem. Soc. **75**, 1921 (1953).
[4] *Burton, K.:* Biochem. J. **59**, 44 (1955).
[5] *Burton, K.*, u. *H. A. Krebs:* Biochem. J. **54**, 94 (1954).
[6] *Charalampous, F. C.*, in Methods in Enzymology **5**, 283. New York 1962.
[7] *Davis, B. D.*, u. *S. Mitsuhashi:* Biochim. biophys. Acta **15**, 54 (1954).
[8] *Doudoroff, M.*, u. *C. W. Shuster:* Bact. Proc. **1962**, 112.
[9] *Eggleston, L. V.*, u. *H. A. Krebs:* Biochem. J. **45**, 578 (1949).
[10] *Heath, E. C., J. Hurwitz, B. L. Horecker* u. *A. Ginsburg:* J. biol. Chem. **231**, 1009 (1959).
[11] *Hilz, H., J. Knappe, E. Ringelmann* u. *F. Lynen:* Biochem. Z. **329**, 476 (1958).
[12] *Johnson, M. J.*, in *Boyer-Lardy-Myrbäck:* The Enzymes, 2. Aufl. **3**, 407. New York 1960.
[13] *Karasek, M. A.*, u. *D. M. Greenberg:* J. biol. Chem. **227**, 191 (1957).
[14] *Krebs, H. A.:* Biochem. J. **54**, 78 (1954).
[15] *Lehninger, A. L., J. Sice* u. *E. V. Jensen:* Biochim. biophys. Acta **17**, 285 (1955).
[16] *Meyerhof, O.*, in *Sumner-Myrbäck:* The Enzymes **2**, 1, 162. New York 1951.
[17] *Pricer, W. E.*, u. *B. L. Horecker:* J. biol. Chem. **235**, 1292 (1960).
[18] *Ratner, S.:* Advances in Enzymol. **15**, 319 (1954).
[19] *Rutter, W. J.*, in *Boyer-Lardy-Myrbäck:* The Enzymes, 2. Aufl. **5**, 341. New York 1961.
[20] *Smith, R. A.*, u. *I. C. Gunsalus:* J. biol. Chem. **229**, 305 (1957).
[21] *Smith, R. A., J. R. Stamer* u. *I. C. Gunsalus:* Biochim. biophys. Acta **19**, 567 (1956).
[22] *Stern, J. R.* in *Boyer-Lardy-Myrbäck:* The Enzymes, 2. Aufl. **5**, 367. New York 1961.
[23] *Stern, J. R.*, u. *A. del Campillo:* J. biol. Chem. **218**, 985 (1956).
[24] *Williams, V. R.*, u. *R. T. McIntyre:* J. biol. Chem. **217**, 467 (1955).
[25] *Wold, F.*, u. *C. E. Ballou:* J. biol. Chem. **227**, 301 (1957).

i) Isomerisierungen, Epimerisierungen und Racemisierungen

	$\Delta G'_0$ (25°; p_H 7) kcal	K'	Lit.
D-Alanin^{+-} ⇌ L-Alanin^{+-}	0	1 (37°; p_H 8,1)	[20]
D-Glutamat^{+2-} ⇌ L-Glutamat^{+2-}	0	1 (37°; p_H 6,8)	[12]
D-Mandelsäure ⇌ L-Mandelsäure	0	1 (30°)	[6]
L-Ribulose-5-phosphat^{2-} ⇌ D-Xylulose-5-phosphat^{2-}		1,86 (24°; p_H 8,4)	[18]
		1,2 (37°; p_H 6,0)	[2]
UDP-Galactose ⇌ UDP-Glucose		3 (p_H 7,1)	[7]
3-Phosphoglycerinaldehyd^{2-} ⇌ Dihydroxyacetonphosphat^{2-}	−1,8 (20°)	22 (0−40°)	[10]
D-Ribulose ⇌ D-Arabinose		5,6* (37°; p_H 8,0)	[3]
L-Ribulose ⇌ L-Arabinose		9 (30°)	[8]
D-Ribulose-5-phosphat^{2-} ⇌ D-Arabinose-5-phosphat^{2-}		3,4 (37°; p_H 8,0)	[17]
L-Fuculose ⇌ L-Fucose		8,1* (37°; p_H 8,0)	[5]
D-Xylulose ⇌ D-Xylose		5,2* (30°; p_H 7,5)	[15]
		6,1* (p_H 8,6)	[11]
D-Ribose ⇌ D-Ribulose		5* (30°; p_H 7,2)	[21]
Ribulose-5-phosphat^{2-} ⇌ Ribose-5-phosphat^{2-}		3 (37°; p_H 7,5)	[16]
Ribulose-5-phosphat^{2-} ⇌ Xylulose-5-phosphat^{2-}		3 (37°; p_H 7,5)	[16]
D-Fructose ⇌ D-Mannose		0,41* (30°; p_H 7,4)	[14]
D-Rhamnulose ⇌ D-Rhamnose		1,7* (30°; p_H 7,4)	[14]
D-Xylulose ⇌ D-Lyxose		2,6* (30°; p_H 7,4)	[14]
Fructose-6-phosphat^{2-} ⇌ Mannose-6-phosphat^{2-}		0,56 (37°; p_H 5,9)	[13]
Fructose-6-phosphat^{2-} ⇌ Glucose-6-phosphat^{2-}		3,85 (20°; p_H 8,0)	[9]
		3,36 (30°; p_H 8,0)	[9]
	−0,69	3,06 (38°; p_H 8,0)	[9]
UDP-Glucuronsäure ⇌ UDP-Galacturonsäure	—	1,1 (37°; p_H 7,5)	[4]
UDP-D-Arabinose ⇌ UDP-D-Xylose		1 (37°; p_H 7,5)	[4]
D-Tagaturonsäure ⇌ D-Galakturonsäure		4* (37°; p_H 8,0)	[1]
D-Glucuronsäure ⇌ D-Fructuronsäure		1,2* (37°; p_H 8,0)	[1]
Methylmalonyl-S-CoA ⇌ Succinyl-S-CoA	−1,4	10,5	[19]

Literatur

[1] *Ashwell, G., A. J. Wahba* u. *J. Hickman:* J. biol. Chem. **235**, 1559 (1960).
[2] *Burma, D. P.,* u. *B. L. Horecker:* J. biol. Chem. **231**, 1053 (1958).
[3] *Cohen, S. S.:* J. biol. Chem. **201**, 71 (1953).
[4] *Feingold, D. S., E. F. Neufled* u. *W. Z. Hassid:* J. biol. Chem. **235**, 910 (1960).
[5] *Green, M.,* u. *S. S. Cohen:* J. biol. Chem. **219**, 557 (1956).
[6] *Gunsalus, C. F., R. Y. Stanier* u. *I. C. Gunsalus:* J. Bacteriol. **66**, 548 (1953).
[7] *Hansen, R. G.,* u. *E. M. Craine:* J. biol. Chem. **208**, 293 (1954).
[8] *Heath, E. C., B. L. Horbecker, P. Z. Smirniotis* u. *Y. Tagaki:* J. biol. Chem. **231**, 1031 (1958).
[9] *Kahana, S., O. H. Lowry, D. W. Schulz, J. V. Passonneau* u. *E. J. Crawford:* J. biol. Chem. **235**, 2178 (1960).
[10] *Meyerhof, O.,* in *Sumner-Myrbäck:* The Enzymes **2**, 1, 162. New York 1951.
[11] *Mitsuhashi, S.,* u. *J. O. Lampen:* J. biol. Chem. **204**, 1011 (1953).
[12] *Narrod, S. A.,* u. *W. A. Wood:* Arch. Biochem. Biophys. **35**, 462 (1952).
[13] *Noltmann, E.,* u. *F. H. Bruns:* Biochem. Z. **330**, 514 (1958).
[14] *Palleroni, N. J.,* u. *M. Doudoroff:* J. biol. Chem. **218**, 535 (1956).
[15] *Slein, M. W.:* J. Amer. chem. Soc. **77**, 1663 (1955).
[16] *Tabachnick, M., P. A. Srere, J. Cooper* u. *E. Racker:* Arch. Biochem. Biophys. **74**, 315 (1958).
[17] *Volk, W. A.:* J. biol. Chem. **235**, 1550 (1960).
[18] *Wolin, M. J., F. J. Simpson* u. *W. A. Wood:* J. biol. Chem. **232**, 559 (1958).
[19] *Wood, H. G.,* u. *R. Stjernholm:* Proc. Nat. Acad. Sci. **47**, 303 (1961).
[20] *Wood, W. A.,* u. *I. C. Gunsalus*· J. biol. Chem. **190**, 403 (1951).
[21] *Zahnley, J. C., M. B. Pbols* u. *B. Axelrod:* Fed. Proc. **21**, 90 (1962).

---

* Bei diesen Reaktionen wurde eine Verschiebung des Gleichgewichtes auf die Seite der Ketosebildung durch Borationen beobachtet.

j) Ligase-Reaktionen

	$\Delta G'_0$ (25°; p_H 7) kcal	K'	Lit.
Acetat + CoA-SH + ATP ⇌ Acetyl-S-CoA + AMP + $H_4P_2O_7$	−0,6	2,7 (37°; p_H 7,5)	[1]
Propionat + CoA-SH + ATP ⇌ Propionyl-S-CoA + AMP + $H_4P_2O_7$	−0,1	1,15 (38°; p_H 8)	[1]
Succinat + CoA-SH + ATP ⇌ Succinyl-S-CoA + ADP + H_3PO_4	−0,75	3,7 (20°)	[4]
Glutamat + ATP + NH_3 ⇌ Glutamin + ADP + H_3PO_4	−4,7	$1,9 \cdot 10^{-3}$ (22°)	[5]
	−4,4	$1,2 \cdot 10^{-3}$ (37°)	[5]
	−4,9	$3,0 \cdot 10^{-3}$ (37°; p_H 7,9)	[5]
Citrullin + Aspartat + ATP ⇌ Argininosuccinat + AMP + $H_4P_2O_7$	—	0,14 (38°; p_H 5,9)	[6]
		2,14 (38°; p_H 6,91)	[6]
		38,3 (38°; p_H 7,7)	[6]
		69,5 (38°; p_H 7,79)	[6]

Literatur

[1] *Atkinson, M. R.*, u. *R. K. Morton:* in Comparative Biochemistry 2, 1. New York 1960.
[2] *Hele, P.:* J. biol. Chem. **206**, 671 (1954).
[3] *Jones, M. E.:* Fed. Proc. **12**, 708 (1953).
[4] *Kaufman, A.*, u. *S. G. A. Alivisatos:* J. biol. Chem. **216**, 141 (1955).
[5] *Levintow, L.*, u. *A. Meister:* J. biol. Chem. **209**, 265 (1954).
[6] *Schuegraf, A.*, *S. Ratner* u. *R. C. Warner:* J. biol. Chem. **235**, 3597 (1960).

2. Freie Energien und Redoxpotentiale von Stoffwechselzwischenprodukten

	$\Delta G'_0$ (25°; p_H 7) kcal	E' (25°; p_H 7) V	Methode*	Lit.
Acetaldehyd + H_2O/Acetat⁻ + H^+	−7,71	−0,581	a	[5]
Acetaldehyd + CoA-SH/Acetyl-S-CoA	0,11	−0,412	a	[5]
Alanin + H_2O/Pyruvat⁻ + NH_4^+	13,6	−0,119	a	[5]
	—	−0,127	b	[2]
Äthanol/Acetaldehyd	10,01	−0,197	a	[5]
	—	−0,200	c	[1]
Ascorbat⁻ + H^+/Dehydroascorbat⁻	—	−0,058	b	[3]
	—	−0,166 (p_H 4)	b	[5]
Aspartat⁻ + H_2O/Oxalacetat²⁻ + NH_4^+	14,62	−0,097	a	[5]
NH_4^+ + H_2O/NH_2OH + H^+	45	0,562	a	[5]
Butan-2,3-diol/Acetylmethylcarbinol	7,83	−0,244	a	[5]
Buttersäure/Crotonsaure	—	0,025	a	[7a]
Butyryl-S-CoA/Crotonyl-S-CoS	—	−0,015	c	[7a]
iso-Citrat³⁻ + H^+/α-Ketoglutarat²⁻ + $CO_{2(Gas)}$	1,8	−0,375	a	[5]
iso-Citrat³⁻/Oxalsuccinat³⁻	—	−0,317	c	[12]
2 Cystein/Cystin	3,42	−0,340	b	[5]
Glucose + H_2O/Gluconat⁻ + H^+	−2,7	−0,47	a	[5]
Glucose/Gluconolacton	2,30	−0,364	a	[5]
Glucose-6-phosphat²⁻ + H_2O/6-Phosphoglucono-δ-lacton²⁻ + H^+		−0,260 (p_H 6,4)	c	[6]
		−0,280 (p_H 7)	c	[6]
Glutamat⁻ + H_2O/α-Ketoglutarat²⁻ + NH_4^+	+13,49	−0,121	a	[5]
2GSH (Glutathion)/GS-SG	+3,42	−0,340	b	[5]
3-Phosphoglycerinaldehyd²⁻ + HPO_4^{2-}/1,3-Diphosphoglycerat⁴⁻	5,83	−0,286	a	[5]
α-Glycerophosphat²⁻/Dihydroxyacetonphosphat²⁻	10,24	−0,192	a	[5]
		−0,196	c	[14]
		−0,207 (37°)	c	[4]

* a = aus thermodynamischen Daten, b = nach potentiometrischen Messungen, c = ermittelt aus Gleichgewichten.

	$\Delta G'_0$ (25°; p_H 7) kcal	E' (25°; p_H 7) V	Methode	Lit.
Glycerat⁻/Hydroxypyruvat	11,78	−0,158	a	[5]
	—	−0,156	c	[15]
Glycerat⁻/Tartronatsemialdehyd⁻	—	−0,092	c	[7]
Glykolat⁻/Glyoxylat⁻	14,88	−0,090	a	[5]
	—	−0,087	c	[15]
Glyoxylat⁻ + H_2O/Oxalat^{2-} + H^+	−4,0	−0,50	a	[5]
$H_2O_2/O_{2(Gas)}$	32,7	0,295	a	[5]
$H_2S_{(Gas)}/S_{(rhombisch)}$	7,89	−0,243	a	[5]
$HS^- + H^+/S_{(rhombisch)}$	6,55	−0,272	a	[5]
β-Hydroxybutyrat⁻/Acetacetat⁻	3,5	−0,346	a	[5]
	—	−0,266	c	[10]
β-Hydroxybutyryl-S-CoA/Acetacetyl-S-CoA	8,1	−0,238	a	[5]
	—	−0,231	c	[11]
Hypoxanthin + H_2O/Xanthin	2,0	−0,370	b	[5]
α-Ketoglutarat^{2-} + H_2O/Succinat^{2-} + $CO_{2(Gas)}$	−11,92	−0,673	a	[5]
Lactat⁻/Pyruvat⁻	10,08	−0,185	c	[5]
	—	−0,204 (37°)	c	[4]
α-Liponsäure-$(SH)_2$/α-Liponsäure-S_2	—	−0,294 (p_H 7,1; 22°)	c	[13]
	—	−0,325	b	[8]
Malat^{2-}/Oxalacetat^{2-}	11,45	−0,166	a	[5]
	—	−0,177 (37°)	c	[4]
Malat^{2-} + H^+/Pyruvat⁻ + $CO_{2(Gas)}$	3,87	−0,330	a	[5]
NO_2^- + H_2O + NO_3^-	38,5	0,421	a	[5]
Orotat⁻/Dihydroorotat⁻	—	−0,252 (20°)	c	[9]
iso-Propanol/Aceton	5,89	−0,286	a	[5]
Pyruvat⁻ + H_2O/Acetat⁻ + $CO_{2(Gas)}$	−13,12	−0,699	a	[5]
Sorbit/Fructose	6,53	−0,272	a	[5]
Succinat^{2-}/Fumarat^{2-}	20,5	−0,031	a	[5]
SO_3^{2-} + H_2O/SO_4^{2-}	−1,9	−0,454	a	[5]
$S_2O_3^{2-}$ + $2H_2O$/$2SO_3^{2-}$ + $2H^+$	−5,2	−0,527	a	[5]
$S_2O_3^{2-}$ + H_2O/$S_2O_4^{2-}$	41,4	0,484	a	[5]
Wasser/$^1/_2 O_{2(Gas)}$	56,69	0,816	a	[5]
Xanthin + H_2O/Harnsäure	2,5	−0,36	b	[5]
Valin/α-Ketoisovaleriat⁻ + NH_4^+	—	−0,129 (30°)	b	[2]

Literatur

[1] *Bäcklin, K. I.:* Acta chem. Scand. **12**, 1279 (1958).
[2] *Banerjee, R.*, u. *R. Wurmser:* Biochim. biophys. Acta **59**, 216 (1962).
[3] *Ball, E. G.:* J. biol. Chem. **118**, 219 (1937).
[4] *Bücher, T.*, u. *M. Klingenberg:* Angew. Chem. **70**, 552 (1958).
[5] *Burton, K.*, in Biochemists Handbook S. 90. London 1961.
[6] *Glaser, L.*, u. *D. H. Brown:* J. biol. Chem. **216**, 67 (1955).
[7] *Gotto, A. M.*, u. *H. L. Kornberg:* Biochem. J. **81**, 273 (1961).
[7a] *Hauge, J. G.:* J. Amer. chem. Soc. **78**, 5266 (1956).
[8] *Ke, B.:* Biochim. biophys. Acta **21**, 650 (1957).
[9] *Krakow, G.*, u. *B. Vennesland:* J. biol. Chem. **236**, 142 (1961).
[10] *Krebs, H. A.*, *J. Mellanby* u. *D. H. Williamson:* Biochem. J. **82**, 96 (1962).
[11] *Lynen, F.*, u. *O. Wieland:* in Methods in Enzymology **1**, 566. New York 1955.
[12] *Ochoa, S.:* J. biol. Chem. **174**, 133 (1948).
[13] *Sanadi, D. R.*, *M. Langley* u. *R. L. Searls:* J. biol. Chem. **234**, 178 (1959).
[14] *Young, H. L.*, u. *N. Pace:* Arch. Biochem. Biophys. **75**, 125 (1958).
[15] *Zelitch, I.:* J. biol. Chem. **216**, 553 (1955).

3. Redoxpotentiale

a) Anorganische Systeme

Redoxsystem	Redoxpotential unter Standard-bedingungen E^0 (Volt)
$Ag^+ + e \rightleftharpoons Ag$	+0,7994
$Al^{3+} + 3e \rightleftharpoons Al$	−1,66
$As + 3H^+ + 3e \rightleftharpoons H_3As$	−0,60
$H_3AsO_4 + 2H^+ + 2e \rightleftharpoons HAsO_2 + 2H_2O$	+0,56
$Br_2 + 2e \rightleftharpoons 2Br^-$	+1,087
$CO_{2(Gas)} + 2H^+ + 2e \rightleftharpoons CO_{(Gas)} + H_2O$	−0,12
$CO_{2(Gas)} + 2H^+ + 2e \rightleftharpoons HCOOH$	−0,20
$Ca^{2+} + 2e \rightleftharpoons Ca$	−2,87
$Cl_{2(Gas)} + 2e \rightleftharpoons 2Cl^-$	+1,359
$HClO_2 + 2H^+ + 2e \rightleftharpoons HClO + H_2O$	+1,64
$ClO_{2(Gas)} + H^+ + e \rightleftharpoons HClO_2$	+1,27
$ClO_3^- + 2H^+ \rightleftharpoons ClO_{2(Gas)} + H_2O$	+1,15
$ClO_4^- + 2H^+ + 2e \rightleftharpoons ClO_3^- + H_2O$	+1,19
$Co^{2+} + 2e \rightleftharpoons Co$	−0,28
$Cr^{3+} + 3e \rightleftharpoons Cr$	−0,74
$Cr^{3+} + e \rightleftharpoons Cr^{2+}$	−0,40
$Cu^+ + e \rightleftharpoons Cu$	+0,521
$Cu^{2+} + 2e \rightleftharpoons Cu$	+0,337
$Cu^{2+} + e \rightleftharpoons Cu^+$	+0,153
$F_{2(Gas)} + 2e \rightleftharpoons 2F^-$	+2,87
$Fe^{2+} + 2e \rightleftharpoons Fe$	−0,440
$Fe^{3+} + e \rightleftharpoons Fe^{2+}$	+0,771
$Fe(CN)_6^{3-} + e \rightleftharpoons Fe(CN)_6^{4-}$	+0,356
$2H^+ + 2e \rightleftharpoons H_{2(Gas)}$	0,000
$Hg_2^{2+} + 2e \rightleftharpoons 2Hg$	+0,792
$2Hg^{2+} + 2e \rightleftharpoons Hg_2^{2+}$	+0,709
$J_2 + 2e \rightleftharpoons 2J^-$	+0,536
$2JO_3^- + 12H^+ + 10e \rightleftharpoons J_2 + 6H_2O$	+1,19
$H_5JO_6 + H^+ + 2e \rightleftharpoons JO_3^- + 3H_2O$	+1,6
$K^+ + e \rightleftharpoons K$	−2,925
$Li^+ + e \rightleftharpoons Li$	−3,03
$Mg^{2+} + 2e \rightleftharpoons Mg$	−2,37
$Mn^{2+} + 2e \rightleftharpoons Mn$	−1,190
$MnO_2 + 4H^+ + 2e \rightleftharpoons Mn^{2+} + 2H_2O$	+1,23
$MnO_4^- + 8H^+ + 5e \rightleftharpoons Mn^{2+} + 4H_2O$	+1,51
$MnO_4^- + 4H^+ + 3e \rightleftharpoons MnO_2 + 2H_2O$	+1,69
$MnO_4^- + e \rightleftharpoons MnO_4^{2-}$	+0,6
$MoO_2^{2+} + 2H^+ + e \rightleftharpoons MoO^{3+} + H_2O$	+0,48
$N_{2(Gas)} + 2H_2O + 4H^+ + 2e \rightleftharpoons 2H_3NOH^+$	−1,87
$H_2N_2O_2 + 2H^+ + 2e \rightleftharpoons N_{2(Gas)} + 2H_2O$	+2,65
$2NO_{(Gas)} + 2H^+ + 2e \rightleftharpoons H_2N_2O_2$	+0,71
$HNO_2 + H^+ + e \rightleftharpoons NO_{(Gas)} + H_2O$	+0,99
$N_2O_{4(Gas)} + 2H^+ + 2e \rightleftharpoons 2HNO_2$	+1,07
$NO_3^- + 3H^+ + 2e \rightleftharpoons HNO_2 + H_2O$	+0,94
$NO_3^- + NO_{(Gas)} + e \rightleftharpoons 2NO_2^-$	+0,49
$2NO_3^- + 4H^+ + 2e \rightleftharpoons N_2O_{4(Gas)} + 2H_2O$	+0,80
$Na^+ + e \rightleftharpoons Na$	−2,713
$H_2O_2 + 2H^+ + 2e \rightleftharpoons 2H_2O$	+1,77
$O_{2(Gas)} + 4H^+ + 4e \rightleftharpoons 2H_2O$	+1,229
$O_{2(Gas)} + 2H^+ + 2e \rightleftharpoons H_2O_2$	+0,69
$H_3PO_2 + H^+ + e \rightleftharpoons 2H_2O + P$	−0,51
$H_3PO_3 + 2H^+ + 2e \rightleftharpoons H_3PO_2 + H_2O$	−0,50
$H_3PO_4 + 2H^+ + 2e \rightleftharpoons H_3PO_3 + H_2O$	−0,276
$Pt^{2+} + 2e \rightleftharpoons Pt$	~ +1,2
$S + 2H^+ + 2e \rightleftharpoons H_2S$	+0,14
$S_2O_3^{2-} + 6H^+ + 4e \rightleftharpoons 2S + 3H_2O +$	+0,5
$2H_2SO_3 + 2H^+ + 4e \rightleftharpoons S_2O_3^{2-} + 3H_2O$	+0,40
$2SO_3^{2-} + 3H_2O + 4e \rightleftharpoons S_2O_3^{2-} + 6OH^-$	−0,58
$2H_2SO_3 + H^+ + 2e \rightleftharpoons HS_2O_4^- + 2H_2O$	−0,08

Redoxsystem	Redoxpotential unter Standard-bedingungen E^0 (Volt)
$2SO_3^{2-} + 2H_2O + 2e \rightleftharpoons S_2O_4^{2-} + 4OH^-$	−1,12
$S_2O_6^{2-} + 4H^+ + 2e \rightleftharpoons 2H_2SO_3$	+0,6
$SO_4^{2-} + 4H^+ + 2e \rightleftharpoons H_2SO_3 + H_2O$	+0,17
$SO_4^{2-} + H_2O + 2e \rightleftharpoons SO_3^{2-} + 2OH^-$	−0,93
$2SO_4^{2-} + 4H^+ + 2e \rightleftharpoons S_2O_6^{2-} + 2H_2O$	−0,2
$S_4O_6^{2-} + 2e \rightleftharpoons 2S_2O_3^{2-}$	+0,09
$S_2O_8^{2-} + 2e \rightleftharpoons 2SO_4^{2-}$	+2,0
$(CSN)^2 + 2e \rightleftharpoons 2CSN^-$	+0,77
$Se + 2H^+ + 2e \rightleftharpoons H_2Se$	−0,40
$H_2SeO_3 + 4H^+ + 4e \rightleftharpoons Se + 3H_2O$	+0,74
$SeO_4^{2-} + 4H^+ + 2e \rightleftharpoons H_2SeO_3 + H_2O$	+1,15
$SiO_2 + 4H^+ + 4e \rightleftharpoons Si + 2H_2O$	−0,86
$Sn^{2+} + 2e \rightleftharpoons Sn$	−0,140
$V^{3+} + e \rightleftharpoons V^{2+}$	−0,265
$Zn^{2+} + 2e \rightleftharpoons Zn$	−0,7628

Literatur

Latimer, W. M.: The Oxidation States of the Elements and their Potentials in Aqueous Solutions. 2. Aufl. Englewood Cliffs 1952.

Charlot, G., D. Bezier u. *J. Courtot:* Selected Constants Oxydo-Reduction Potentials. New York-Paris-London-Los Angeles 1958.

b) Nicotinamidnucleotid-Coenzyme

	T (°C)	*E* (p_H 7,0) Volt	*E* (p_H 0) Volt	Lit.
NAD^+	20	$-0,303_8$	$-0,099_7$	[*5*]
	25	$-0,308_7$	$-0,101_7$	[*5*]
	30	$-0,316_0$	$-0,105_5$	[*5*]
	35	$-0,322_7$	$-0,108_7$	[*5*]
	40	$-0,328_9$	$-0,111_4$	[*5*]
	25	−0,320		[*2*]
$NADP^+$	30	$-0,316_9$		[*6*]
3-Acetylpyridin-NAD^+	30	−0,248		[*4*]
	25	−0,252		[*3*]
	25	−0,260		[*3*]
Nicotinylhydrazid-NAD^+	25	−0,344		[*1*]
Nicotinylhydroxamsäure-NAD^+	25	−0,320		[*1*]
3-Pyridin-6-aldehyd-NAD^+	25	−0,262		[*7*]
3-Benzoyl-NAD^+	25	−0,247		[*1*]
Thionicotinamid-NAD^+	25	−0,285		[*1*]
3-Isobutyrylpyridin-NAD^+	25	−0,248		[*1*]
3-Pyridylacrylamid-NAD^+	25	−0,347		[*1*]
α-NAD^+	25	−0,341		[*7*]
Für NAD^+ gilt: $E_0'/\Delta T = -0,00131$ Volt/°C (p_H 7,0)				[*5*]
$E_0/\Delta T = -0,000608$ Volt/°C (p_H 0)				[*5*]

Literatur

[*1*] *Anderson, B. M.*, u. *N. O. Kaplan:* J. biol. Chem. **234**, 1226 (1959).

[*2*] *Burton, K.*, u. *T. H. Wilson:* J. biol. Chem. **54**, 86 (1953).

[*3*] *Holzer, H.*, u. *H. D. Söling:* Biochem. Z. **336**, 201 (1962).

[*4*] *Kaplan, N. O., M. M. Ciotti* u. *F. E. Stolzenbach:* J. biol. Chem. **221**, 833 (1956).

[*5*] *Rodkey, F. L.:* J. biol. Chem. **234** 188 (1959).

[*6*] *Rodkey, F. L.*, u. *J. A. Donovan jr.:* J. biol. Chem. **234**, 677 (1959).

[*7*] *Kaplan, N. O.*, in *Boyer-Lardy-Myrbäck:* The Enzymes, 2. Aufl. **3**, 105. New York 1960.

c) Alloxazine, Isoalloxazine, Flavine und Flavoproteide

	T°C	pH	E (Volt)	Lit.
Alloxazin	30	5,0	−0,170	[4]
5,6-Benzo-9-methyl-isoalloxazin	20	12,8	−0,50	[4]
9-Benzyl-isoalloxazin	20	4,70	−0,036	[4]
9-Cyclohexyl-isoalloxazin	20	4,70	−0,012	[4]
6,9-Dimethyl-isoalloxazin	20	7,0	−0,176	[4]
3,9-Dimethyl-isoalloxazin	20	7,0	−0,175	[4]
6,7-Dimethyl-9-D-arabityl-isoalloxazin (Araboflavin)	30	7,0	−0,208	[4]
6,7-Dimethyl-9-D-glucityl-isoalloxazin (Glucoflavin)	30	7,0	−0,208	[4]
6,7-Dimethyl-9-D-ribityl-isoalloxazin	20	7,0	−0,186	[4]
(Riboflavin)	30	7,0	−0,208	[4]
6,7-Dimethyl-9-D-xylityl-isoalloxazin (Xyloflavin)	20	4,70	−0,078	[4]
9-Hydroxy-propyl-isoalloxazin	20	7,0	−0,134	[4]
9-D-glucityl-isoalloxazin	30	7,0	−0,163	[4]
Isoalloxazin-9-acetat	20	4,70	−0,036	[4]
9-Methyl-isoalloxazin	20	7,0	−0,167	[4]
	30	7,0	−0,183	[4]
9-Hydroxyäthyl-isoalloxazin	20	7,0	−0,156	[4]
9-Phenyl-isoalloxazin	20	7,0	−0,126	[4]
	20	4,70	±0,0	[4]
6,8,9-Trimethyl-isoalloxazin	20	7,0	−0,109	[4]
6,7,9-Trimethyl-isoalloxazin (Lumiflavin)	20	7,0	−0,207	[4]
	30	7,0	−0,223	[4]
3,6,7-Trimethyl-9-gluticyl-isoalloxazin	20	4,70	−0,080	[4]
FMN	20	7,0	−0,187	[3]
	30	7,0	−0,219	[5]
	25	7,0	−0,210	[2]
	30	7,0	−0,190	[11]
FAD	30	7,0	−0,219	[5]
	25	7,0	−0,213	[2]
Flavoproteide				
Altes gelbes Enzym	30	7,0	−0,123	[11]
	38	7,0	−0,061	[3]
Butyryl-CoA-Dehydrogenase	25	7,0	0,187	[1]
DPNH-Cytochrom-Reductase	?	7,0	0	[8]
Vitamin-K-Reduktase	21	7,1	−0,127	[9]
Xanthinoxidase	38	7,0	−0,45	[6]
	?	7,0	−0,35	[7]
Dihydroliponsäuredehydrogenase	22	7,0	−0,34	[10]

Literatur

[1] *Green, D. E., S. Mii, H. R. Mahler* u. *R. M. Bock:* J. biol. Chem. **206**, 1 (1954).
[2] *Ke, B.:* Arch. Biochem. Biophys. **68**, 330 (1957).
[3] *Kuhn, R.*, u. *P. Boulanger:* Ber. dtsch. chem. Ges. **69**, 1557 (1936).
[4] *Lardy, H. A.:* Respiratory Enzymes. Minneapolis 1949.
[5] *Lowe, H. J.*, u. *W. M. Clark:* J. biol. Chem. **221**, 983 (1956).
[6] *Mackler, B., H. R. Mahler* u. *D. E. Green:* J. biol. Chem. **210**, 149 (1954).
[7] *Mahler, H. R.:* Proc. III. Intern. Congr. Biochem., S. 252. Brüssel 1955.
[8] *Mahler, H. R.*, u. *J. L. Glenn:* in Inorganic Nitrogen Metabolism (*W. D. McElroy* and *B. Glass*, Eds.) S. 575. Baltimore 1956.
[9] *Martius, C.*, u. *F. Märki:* Biochem. Z. **333**, 111 (1960).
[10] *Searls, R. L.*, u. *D. R. Sanadi:* Proc. Natl. Acad. Sci. **45**, 697 (1957).
[11] *Vestling, C. S.:* Acta Chem. Scand. **9**, 1600 (1955).

d) Porphyrinderivate, Cytochrome

	T °C	p_H	E (mV)	Lit.
Hämverbindungen				
Häm/Hämin (in Phosphatpuffer)	30	8,18	−226	[17]
desgl. (in Boratpuffer)	30	8,18	−188	[17]
desgl.	30	9,6	−240	[18]
Spirographis-Häm	30	7,22	−89	[2]
desgl.	30	9,63	−230	[2]
Hämochromogene				
Di-histidin-protoporphyrin	—	9,5	+138	[19]
Di-cyanid-protoporphyrin	30	9,89	+183	[19]
Di-nicotin-protoporphyrin	—	9,5	−53	[19]
Di-α-picolin-protoporphyrin	—	9,63	+33	[19]
Di-pilocarpin-protoporphyrin	30	9,63	+170	[19]
Di-pyridin-protoporphyrin	—	9,5	−17	[19]
Di-cyanid-spirographis-porphyrin	30	9,95	+113	[19]
Di-α-picolin-spirographis-porphyrin	30	9,63	+10	[19]
Di-pilocarpin-spirographis-porphyrin	30	9,63	+67	[19]
Di-α-picolin-hämatoporphyrin	30	9,63	+99	[19]
Di-cyanid-hämatoporphyrin	30	9,63	+200	[19]
Di-pyridin-hämatoporphyrin	30	9,63	−4	[19]
Di-cyanid-mesoporphyrin	30	9,63	+229	[19]
Di-pyridin-mesoporphyrin	30	9,63	+63	[19]
Di-cyanid-koproporphyrin	30	9,63	+247	[19]
Di-pyridin-koproporphyrin	30	9,63	+36	[19]
Di-pyridin-ätioporphyrin	30	9,63	+29	[19]
Di-α-picolin-mesoporphyrin-Co(II)	30	—	+185	[19]
Di-nicotin-mesoporphyrin-Co(II)	30	—	+192	[19]
Di-pyridin-mesoporphyrin-Co(II)	30	—	+265	[19]
Di-α-picolin-mesoporphyrin-Mn(II)	30	—	+320	[19]
Di-nicotin-mesoporphyrin-Mn(II)	30	—	+296	[19]
Di-pyridin-mesoporphyrin-Mn(II)	30	—	+387	[19]
Hämocyanin-/Methämocyanin-Cu(II)	—	7,0	+540	[19]
Globine				
Hämoglobin/Hämiglobin	10	5,0−6,6	+200	[9]
„ „	45	5,0−6,6	+140	[9]
Hämoglobin/Hämiglobin-cyanid	—	7,0	+252	[29]
Myoglobin/Metmyoglobin	30	7,0	+46	[26]
CO-Hämoglobin/Hämiglobin	—	7,0	+280	[29]
Hämoglobin/Oxyhämoglobin	—	7,0	+102	[29]
Hämoglobin/NO-Hämoglobin	—	7,0	+262	[29]
Chironomushämoglobin/Chironomushämiglobin	30	7,0	+35	[3]
Meerrettichperoxydase	30	7,0	−271	[10]
Cytochrome				
a (und a_3) Herzmuskel	20	7,4	−290	[1]
b „	20	7,4	−40	[1]
b „	25	7,0	+77	[13]
b „	30	7,0	−340	[7]
b „	26	7,0	+68(6 −78)	[6]
b Wunderbohnenkeimlinge (λ 555)		7,0	−30	[25]
b desgl. (λ 561)		7,0	+2	[25]
b_2 Hefe	—	6−8	+219	[4]
b_3 Pflanzen	—	7,0	+40	[11]
b_5 Leber (Mikrosomen)	26	7,0	+20	[28]
b_6 Pflanzen (Chloroplasten)	20	7,0	−60	[12]
c Herzmuskel	20	7,0	+225	[22]
c „	30	7,0	+254	[24]
c „	30	7,0	+251	[8]
c_1 „	30	7,0	+223	[8]
f Chloroplasten	30	6−7,7	+365	[5]
Bakterielle Cytochrome (überwiegend vom Cytochrom c-Typ)				
Azotobacter vinelandii (c_4)	—	6−7,5	+300	[27]
Azotobacter vinelandii (c_5)	—	6−7,5	+320	[27]
Chromatium (c_3)	—	7,0	−40	[20]

	T °C	p_H	E (mV)	Lit.
Cytochrome				
Desulfvibrio (λ 553)	30	7,0	−205	[23]
Micrococcus denitrificans (λ 550)	—	7,0	+250	[16]
Pseudomonas aeruginosa (λ 551)	—	—	+250	[14]
,, ,, (λ 552)	—	7,0	+300	[15]
,, ,, (λ 554)	—	—	+225	[14]
Rhodopseudomonas capsulatus (λ 550)	—	7,0	+330	[16]
,, palastris (λ 552)	—	7,0	+310	[16]
,, spharoides (λ 553)	—	7,0	+120	[21]
Rhodospirillum rubrum (λ 550)	—	7,0	+340	[16]

Literatur

[1] *Ball, E. G.:* Biochem. Z. **295**, 262 (1938).
[2] *Barron, E. S. G.:* J. biol. Chem. **133**, 51 (1940).
[3] *Behlke, J.*, u. *W. Scheler:* Acta biol. med. Germ. **8**, 88 (1962).
[4] *Cutolo, E.:* Arzneimittelforsch. **8**, 581 (1958).
[5] *Davenport, H. E.*, u. *R. Hill:* Proc. Royal Soc. B., **139**, 327 (1952).
[6] *Feldman, D.*, u. *D. D. Wainio:* J. biol. Chem. **235**, 3635 (1960).
[7] *Goldberger, R., A. Pumphrey* u. *A. Smith:* Biochim. biophys. Acta **58**, 307 (1962).
[8] *Green, D. E., J. Järnefelt* u. *H. Tisdale:* Biochim. biophys. Acta **31**, 34 (1959).
[9] *Havemann, R.:* Biochem. Z. **314**, 118 (1943).
[10] *Harbury, H.:* J. biol. Chem. **225**, 1009 (1957).
[11] *Hartree, E. F.:* Adv. Enzymol. **18**, 1 (1957).
[12] *Hill, R.:* Nature **174**, 501 (1954).
[13] *Holton, F. A.*, u. *J. Colpa-Boonstra:* Biochem. J. **76**, 179 (1960).
[14] *Horio, T.:* J. Biochem. (Tokyo) **45**, 267 (1958).
[15] *Kamen, M. D.*, u. *Y. Takeda:* Biochim. biophys. Acta **21**, 518 (1956).
[16] *Kamen, M. D.*, u. *L. P. Vernon:* Biochim. biophys. Acta **17**, 10 (1955).
[17] *Lardy, H. A.:* Respiratory Enzymes. Minneapolis 1949.
[18] *Lemberg, R.*, u. *J. W. Legge:* Hematin Compounds and Bile Pigments. New York 1949.
[19] *Martell, A. E.*, u *M. Calvin:* Die Chemie der Metallchelatverbindungen. Weinheim 1958.
[20] *Newton, J. W.*, u. *M. D. Kamen:* Biochim. biophys. Acta **21**, 71 (1956).
[21] *Orlando, J. A.:* Biochim. biophys. Acta **57**, 373 (1962).
[22] *Paul, K. G.:* Arch. Biochem. Biophys. **12**, 441 (1947).
[23] *Postgate, J.:* Biochim. biophys. Acta **18**, 427 (1955).
[24] *Rodkey, F. L.*, u. *E. G. Ball:* J. biol. Chem. **182**, 17 (1950).
[25] *Shichi, H.*, u. *D. P. Hackett:* J. biol. Chem. **237**, 2959 (1962).
[26] *Taylor, J. F.*, u. *G. T. Morgan:* J. biol. Chem. **141**, 15 (1942).
[27] *Tissieres, A.:* Biochem. J. **64**, 582 (1956).
[28] *Velick, S. F.*, u. *F. Strittmatter:* J. biol. Chem. **221**, 65 (1956).
[29] *Schmidt, O.:* Biochem. Z. **296**, 210 (1938).

e) Chinone

Die folgende Tabelle enthält nur Daten für einige ausgewählte Substanzen. Eine umfangreiche Sammlung von Daten für Redoxpotentiale von Chinonen, insbesondere auch in nichtwäßrigen Systemen, findet sich bei *Clark* [1].

	T (°C)	p_H	E (Volt)	Lit.
Anthrachinone				
Anthrachinon-1-sulfonat	25	0	0,195	[1]
	25	7	−0,218	[1]
Anthrachinon-2-sulfonat	25	0	0,187	[1]
	25	7	−0,225	[1]
Anthrachinon-2,6-disulfonat	25	0	0,228	[1]
	25	7	−0,184	[1]
Anthrachinon-1,5-disulfonat	25	0	0,239	[1]
	25	7	−0,174	[1]
Anthrachinon-2,7-disulfonat	25	0	0,229	[1]
	25	7	−0,182	[1]
1,2-Dihydroxyanthrachinon-6-sulfonat	25	7	−0,331	[1]

	T °C	pH	E (Volt)	Lit.
1,2-Benzochinone				
1,2-Benzochinon (Brenzkatechin)	30	0	0,792	[1]
Adrenalin	30	0	0,809	[1]
	30	7	0,380	[3]
Adrenalon	30	0	0,909	[1]
3,4-Dihydroxybenzoesäure	30	0	0,883	[1]
Pyrogallol	30	0	0,713	[1]
3,4,5-Trihydroxybenzoesäure (Gallussäure)	30	0	0,799	[1]
2,5-Dihydroxybenzoesäure (Gentisinsäure)	30	0	0,793	[1]
1,4-Benzochinone				
1,4-Benzochinon	25	0	0,69938	[1]
2-Chlor-1,4-benzochinon	25	0	0,7125	[1]
2-Brom-1,4-benzochinon	25	0	0,7151	[1]
2-Hydroxy-1,4-benzochinon	25	0	0,594	[1]
2-Methyl-1,4-benzochinon	25	0	0,6454	[1]
2,6-Dichlor-1,4-benzochinon	25	0	0,721	[1]
2,5-Dichlor-1,4-benzochinon	25	0	0,7230	[1]
2,5-Dihydroxyphenylessigsäure (Homogentisinsäure)	25	0	0,687	[1]
	25	7	0,260	[1]
Ubichinon (in 95% Äthanol; 0,2 n HCl + LiCl)	?	0	0,542	[2]
1,2-Naphthochinone				
1,2-Naphthochinon	25	0	0,547	[1]
	25	7	0,143	[3]
1,2-Naphthochinon-4-sulfonat	25	0	0,628	[1]
1,2-Naphthochinon-4,6-disulfonat	25	0	0,661	[1]
1,4-Naphthochinone				
1,4-Naphthochinon	25	0	0,470	[1]
	25	7	0,036	[1]
1,4-Naphthochinon-2-sulfonat	25	0	0,533	[1]
1,4-Naphthochinon-3-sulfonat	25	0	0,533	[1]
2-Chlor-1,4-naphthochinon*	25	0	0,510	[1]
2-Brom-1,4-naphthochinon*	25	0	0,509	[1]
2-Methyl-1,4-naphthochinon* (Menadion-Vitamin K_3)	25	0	0,422	[1]
2-Methyl-3-phytyl-1,4-naphthochinon* (Vitamin K_1)	20	0	0,363	[1]
5(oder 8)-Hydroxy-1,4-naphthochinon (Juglon)	20	0	0,428	[1]
	20	7	0,033	[1]
2(oder 3)-Hydroxy-1,4-naphthochinon	25	0	0,351	[1]
	25	7	−0,152	[1]
2-Methyl-3-hydroxy-1,4-naphthochinon (Phthiocol)	30	0	0,2978	[1]
	30	7	−0,180	[1]

Literatur

[1] *Clark, M. W.:* Oxidation-Reduction Potentials of Organic Systems. Baltimore 1960.
[2] *Morton, R. A., U. Gloor, O. Schindler, G. M. Wilson, L. H. Chopard-dit-Jean, F. W. Hemming, O. Isler, W. M. F. Leat, J. F. Pennock, R. Rüegg, U. Schwieter* u. *O. Wiss:* Helv. Chim. Acta **41**, 2343 (1958).
[3] *Lardy, H. A.:* Respiratory Enzymes. Minneapolis 1949.

f) Indophenole

Struktur: 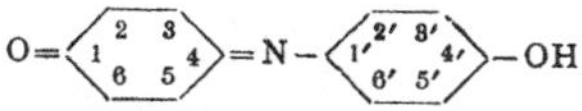

Alle E_0'-Werte bei pH 7,0 und + 30 °C in wäßrigen Puffern.

---

* in Äthanol-Wasser-Gemischen.

Substituenten	E_0' (Volt)	Lit.
keine	+0,228	[1]
2-Brom-	+0,231	[1]
3-Brom-	+0,248	[1]
2-Chlor-	+0,233	[1]
2,6-Dibrom-	+0,216	[1]
2,6-Dibrom-3'-chlor-	+0,223	[1]
2,6-Dibrom-2'-methoxy-	+0,161	[1]
2,6-Dibrom-2'-methyl-	+0,208	[1]
2,6-Dibrom-3'-methyl-	+0,185	[1]
2,6-Dibrom-2'-SO_3H	+0,273	[1]
2,6-Dibromo-3'-SO_3H	+0,242	[1]
2,6-Dichlor-	+0,217	[1]
2,6-Dichlor-3'-methyl-	+0,181	[1]
2,6-Dimethyl-	+0,148	[1]
2-Methyl-	+0,198	[1]
3-Methyl-	+0,211	[1]
2-Methyl-5-isopropyl	+0,172	[1]
3-SO_3H	+0,250	[3]
2,6,2'-Tribrom-	+0,254	[1]
2,6,2'-Trichlor-	+0,254	[1]
2,6,3'-Tribrom-	+0,223	[1]
2,6,3'-Trichlor-	+0,219	[1]
Weitere Indophenole, Indoaniline und Indamine:		
o-Indophenol	+0,225	[1]
Thymol-indophenol	+0,174	[2]
2-Sulfo-1-naphthol-indo-2,6'-dichlorphenol	+0,119	[2]
2-Sulfo-1-naphthol-indo-3',5'-dichlorphenol	+0,119	[2]
2-Sulfo-1-naphthol-indophenol-3'-sulfonsäure	+0,135	[3]
2-Sulfo-1-naphtol-indophenol	+0,123	[3]
Phenolblau	+0,222−0,224	[1]
o-Toluidinblau	+0,224	[1]
Bindschelers Grün	+0,224	[1]
Toluylenblau	+0,115	[1]

Literatur

[1] *Clark, W. M.:* Oxidation-Reduction Potentials of Organic Systems. Baltimore 1960
[2] *Lardy, H. A.:* Respiratory Enzymes. Minneapolis 1949.
[3] *Stern, K. G.:* Tab. biol. **10**, 1 (1935).

g) Andere Farbstoffe

	T °C	E (p_H 0) Volt	E (p_H 7) Volt
Aminophenole			
p-Aminophenol	25	0,779	0,314
p-Methylaminophenolsulfonsäure	20	0,792	0,324
p-Benzylaminophenol	25	0,764	0,285
p-Methylaminophenol	25	0,747	0,275
Azinfarbstoffe			
Dimethylphenosafranin	30	0,286	−0,260
Indulin Scarlet	30	0,047	−0,299
Lissamin-Blau	25	0,196	−0,253
Neutralblau	30	0,170	
Neutralrot	30	0,240	−0,325
Phenosafranin	30	0,280	−0,252
Rosindulin 2G	30	0,139	−0,281
Safranin T	30	0,235	−0,289
Rosindon-sulfat	30	0,25	−0,39
Tetraäthylphenosafranin	30	0,355	−0,254
Tetramethylphenosafranin	30	0,288	−0,273
Janusgrün	30?	—	0,21
Phenazinmethosulfat	30	—	0,080
Phenazinäthosulfat	30	—	0,055
4-Keto-N-Äthylphenazin	30	—	−0,055
Chlororaphin	30	0,274	−0,115
1-Hydroxyphenazin	30	0,205	−0,172
Pyocyanin	30	0,235	−0,034; −0,038

	T °C	E (pH 0) Volt	E (pH 7) Volt
Thiazinfarbstoffe			
Brilliant-Alizarinblau	25	—	−0,173
Methylenblau	30	0,532	0,011
Thiazinblau	25	0,537	0,027
Thionin	30	0,563	0,064
Thionol	30	0,53	0,037
Toluidinblau	20	0,534	0,034
Oxazinderivate			
Gallocyanin	25	—	0,021
Gallophenin	25	—	−0,142
Äthyl-Capriblau	30	0,540	−0,072
Methyl-Capriblau	30	0,477	−0,061
Kresylblau	30	0,583	0,047
Indigo- und Thioindigosulfonate			
Indigo-monosulfonat	30	0,262	−0,157
,, -disulfonat	30	0,291	−0,125
,, -trisulfonat	30	0,332	−0,081
,, -tetrasulfonat	30	0,365	−0,046
Thioindigo-disulfonat	25	0,347	0,014
,, -tetrasulfonat	30	0,409	0,063
Azofarbstoffe			
Azobenzol-4,4'-disulfonat	25	0,424	—
3,3'-Diaminoazobenzol	18	0,414	—
3,3'-Diamino-4,4'-dimethylazobenzol	25	0,367	—

Literatur

Clark, W. M.: Oxidation-Reduction Potentials of Organic Systems. Baltimore 1960; in diesem Werk finden sich noch zahlreiche weitere Daten über Redoxpotentiale verschiedener Stoffklassen.

h) Verschiedene Substanzen

	T °C	pH	E (Volt)	Lit.
Acridine				
Acridin	—	7,3	−0,313	[*1*]
1-Aminoacridin	—	7,3	−0,394	[*1*]
2-Aminoacridin	—	7,3	−0,486	[*1*]
3-Aminoacridin	—	7,3	−0,369	[*1*]
4-Aminoacridin	—	7,3	−0,301	[*1*]
5-Aminoacridin	—	7,3	−0,916	[*1*]
2,8-Diaminoacridin	—	7,3	−0,731	[*1*]
Dialursäure/Alloxan	25	0	0,3672	[*3*]
Luciferin	18	7,0	−0,050	[*3*]
Murexid	20	4,7	0,151	[*3*]
Nitrosoguanidin/Nitroguanidin	—	0	0,85	[*3*]
Phenylhydroxylamin/Nitrosobenzol	25	0	0,60	[*3*]
Porphyrexid	18	7,0	0,725	[*3*]
O-Thiokresol	25	7,0	−0,11	[*3*]
Thioglykolsäure	25	7,0	−0,14	[*3*]
Thiohistidin	25	7,0	−0,09	[*3*]
Thiophenol	25	7,0	−0,30	[*3*]
Toxoflavin	30	7,0	−0,049	[*3*]

	E (T ?; p_H 7,0)	Lit.
Tetrazolium/Formazan-Systeme[1]		
2,3,5-Triphenyl-tetrazoliumchlorid (TTC)	zwischen −0,125 u. −0,081	[2]
2,3-Diphenyl-5-methyl-tetrazoliumnitrat	„ −0,125 u. −0,081	[2]
2-o-Carboxyphenyl-3-phenyl-5-n-undecyl-tetrazoliumbromid	„ −0,289 u. −0,159	[2]
2-m-Carboxyphenyl-3-phenyl-5-n-undecyl-tetrazoliumbromid	„ −0,159 u. −0,129	[2]
2-p-Carboxyphenyl-3-phenyl-5-n-undecyl-tetrazoliumbromid	„ −0,129 u. −0,081	[2]
2-p-Carboxyphenyl-3,5-diphenyl-tetrazoliumbromid	„ −0,081 u. −0,046	[2]
2-m-Chlorphenyl-3,5-diphenyl-tetrazolium-nitrat	„ +0,062 u. +0,115	[2]
2-p-Sulfophenyl-3,5-diphenyl-tetrazolium-betain	„ ∓0,046 u. +0,011	[2]
2-0-Tolyl-3,5-diphenyl-tetrazoliumchlorid	„ +0,011 u. +0,062	[2]

Literatur

[1] *Breyer, B., G. S. Buchanan* u. *H. Duewell:* J. chem. Soc. **1944**, 360.
[2] *Jerchel, D., H. Geyer* u. *H. Holtkamp:* Ann. **613**, 137 (1958).
[3] *Lardy, H. A.:* Respiratory Enzymes. Minneapolis, Burgess 1949.

[1] in Phosphatpuffer + 30% Methanol.

III. Stabilitätskonstanten der Komplexe biologisch wichtiger Metalle und Liganden

Von **G. Weitzel** und **W. Schaeg**, Tübingen

Zusammenfassende Literatur: *Martell, A.*, u. *M. Calvin:* Chemie der Metallchelat-Verbindungen. Weinheim/Bergstr. 1958. — Stability Constants, Part I, Organic Ligands. London 1957 (The Chemical Society). — *Rossotti, F.*, u. *H. Rossotti:* Determination of Stability Constants. New York 1961. — *Schläfer, H. L.:* Komplexbildung in Lösung. Berlin-Göttingen-Heidelberg 1961.
Literaturverzeichnis: S. 158.

A. Einleitung

Die Komplexbildung ist eine Gleichgewichtsreaktion des protonisierten Liganden LH mit dem Metallion M. Im einfachsten Falle entspricht die Komplexbildung daher der Gl. (1):

$$M + LH \rightleftarrows ML + H^{\oplus}. \qquad (1)$$

Das eigentliche komplexbildende Agens ist also der entprotonisierte Ligand L. Die Stabilität des Komplexes ML_n wird nach Gl. (2) durch die Brutto-Bildungskonstante

$$K_s = \frac{[ML_n]}{[M] \cdot [L]^n} \qquad (2)$$

ausgedrückt, die sich aus den individuellen Bildungskonstanten

$$K_n = \frac{[ML_n]}{[ML_{n-1}] \cdot [L]} \qquad (3)$$

zusammensetzt und mit der Bruttobildungskonstante durch $K_s = K_1 \cdot K_2 \cdots K_n$ rechnerisch verknüpft ist. Die durchschnittliche Anzahl Ligandmoleküle pro

Metallion n ist gegeben durch die Anzahl und Konzentration der möglichen Komplexe.

$$\bar{n} = \frac{[ML] + 2[ML_2] \cdots + N[ML_n]}{[M] + [ML] + [ML_2] \cdots [ML_n]}. \qquad (4)$$

Aus den Wertepaaren $\bar{n}$ und den zugehörigen Konzentrationen an L lassen sich die individuellen und die Brutto-Bildungskonstanten nach verschiedenen Methoden (potentiometrische Titration, Spektrophotometrie, Verteilungsverfahren usw.) bestimmen. Die freie Metallionenkonzentration kann gemäß Gl. (2) ebenfalls zur Ermittlung von Komplexbildungskonstanten benutzt werden (Polarographie).

In den folgenden Tabellen entspricht somit die Stabilitätskonstante K_1 der Gl. (3), die Stabilitätskonstante K_1K_2 bzw. $K_1K_2K_3$ der Gl. (2). Das bevorzugte Verfahren zur Bestimmung der Stabilitätskonstanten ist die potentiometrische Titration des Liganden in Gegenwart des Metallions. Die rechnerische Auswertung der so erhaltenen Titrationskurven ist ohne Kenntnis der pK-Werte der an der Komplexbildung beteiligten funktionellen Gruppen nicht möglich. Daher werden in den folgenden Tabellen die Dissoziationskonstanten der untersuchten Liganden ebenfalls angegeben, zumal auch die strukturchemische Formulierung der Komplexe durch die Kenntnis der verschiedenen pK-Werte an Sicherheit gewinnt.

Zum Verständnis der Tabellen sind die folgenden Punkte zu beachten:

1. **Dissoziationskonstanten.** In den Tab. 1—3 ist die Dissoziationskonstante pK_1, welche der Carboxylgruppe entspricht, nicht angegeben, da im allgemeinen der pK-Wert der Carboxylgruppe zur Berechnung der Komplexstabilität nicht erforderlich ist. Die Konstante pK_2 entspricht, wenn nichts anderes vermerkt, der NH_2-Gruppe. pK_3 entspricht der jeweiligen 3. funktionellen Gruppe, soweit vorhanden. Bei den Pyridinderivaten in Tab. 3 ist die Zuordnung der pK-Werte zu den funktionellen Gruppen nicht immer eindeutig geklärt. In Tab. 4 entspricht pK_1 der Carboxylgruppe, pK_2 der jeweiligen 2. funktionellen Gruppe, soweit vorhanden. Sofern Dissoziationskonstanten in den Tabellen fehlen, wurden Meßmethoden benutzt, die die Bestimmung der Stabilitätskonstanten ohne Kenntnis der entsprechenden pK-Werte erlauben (Verteilungs-, Löslichkeits-, optische Verfahren).

2. **Metalle.** Alle angeführten Stabilitätskonstanten beziehen sich auf Komplexe der *2wertigen* Metallionen. Falls auch Konstanten für 3wertige Ionen bekannt sind (nur Fe^{3+}), finden sich diese in den Fußnoten.

3. **Hydrogenkomplexe.** Einige Liganden, z. B. Peptide, Nucleotide und Polycarbonsäuren, haben die Eigenschaft, bei niedrigen p_H-Werten (bes. mit Cu^{2+}, aber auch mit Mg^{2+} und Ca^{2+}) Hydrogenkomplexe auszubilden (5).

$$MH_nL \rightleftarrows MH_{n-1}L + H^{\oplus}. \qquad (5)$$

In Analogie zu (3) wird die Bildungskonstante des Hydrogenkomplexes durch (6) wiedergegeben:

$$K\frac{M}{MHL} = \frac{[MH_nL]}{[M] \cdot [H_{n-1}L]}. \qquad (6)$$

In den Tab. 4 und 5 werden Hydrogenkomplexe nur dann aufgeführt, wenn sie wesentlich oder ausschließlich (z. B. Citronensäure) an den möglichen Komplexgleichgewichten beteiligt sind.

4. **Die angegebenen Konstanten** beziehen sich auf Versuchstemperaturen von 20 — 25 °C u. Ionenstärken von 0,01 — 0,15.

5. **Die Präfixe** L, D und DL entfallen, da Stabilitätsunterschiede bei Liganden mit nur einem Asymmetriezentrum bislang nicht bekannt sind.

B. Tabellen

Tabelle 1. **Stabilitätskonstanten der Metallkomplexe von α-Aminosäuren** (Erklärung s. Einleitung)

Ligand	Dissoziationskonstanten		Stabilitätskonstanten (logarithmisch)													Lit.
			Ca	Mg	Cu		Co		Zn		Mn		Fe			
	pK_2	pK_3	K_1	K_1	K_1	K_1K_2	K_1	K_1K_2	K_1	K_1K_2	K_1	K_1K_2	K_1	K_1K_2		
Glycin	9,78	—	1,4	3,5	8,5	15,4	5,0	8,9	5,3	9,7	3,7	6,6	4,3	7,8		[1, 2]
Alanin	9,87	—	1,2	—	8,2	14,8	8,9	8,9	5,2	9,5	3,2	6,1	—	7,0		[1, 2, 3]
Serin	9,24	—	1,4	—	—	14,6	—	8,0	—	8,6	—	—	—	7,0		[1, 4, 5]
Threonin	9,00	—	—	—	—	14,5	—	—	—	8,6	—	—	—	—		[5, 6]
Valin	9,62	—	—	—	7,9	14,4	4,6	8,2	5,0	9,1	2,8	5,6	—	6,8		[2, 4]
Leucin	9,60	—	—	—	7,9	14,3	4,6	8,3	4,9	8,9	2,8	5,5	—	—		[2]
Ornithin	8,65	10,07	—	—	6,9	12,5	4,0	6,9	4,1	7,3	—	—	5,0	—		[7, 8]
Citrullin	9,69	—	—	—	—	—	—	3,0	—	8,7	—	—	—	—		[5]
Lysin	9,18	10,72	—	—	—	13,7	—	6,8	—	7,6	2,0	—	4,5	—		[8]
Arginin	9,08	12,48	—	—	—	13,9	—	7,4	—	7,8	2,0	—	3,2	—		[8]
Asparaginsäure	9,98	3,94	1,6	2,4	8,6	15,4	5,9	10,2	5,8	10,2	4,0	—	—	8,5		[8, 9, 10]
Asparagin	8,85	—	—	~ 4	—	14,9	—	8,4	—	8,7	—	~ 4,5	—	6,5		[4]
Glutaminsäure	9,95	4,28	2,1	1,9	7,9	14,4	5,1	8,5	5,5	9,5	3,3	—	4,6	—		[7, 8, 9]
Methionin	9,34	—	—	—	—	14,8	—	7,9	4,4	8,5	—	—	—	6,7		[4, 11, 12]
Cystein	8,48	10,55	—	—	—	—	—	16,9	9,9	18,7	4,1	—	6,2	—		[8, 12]
Prolin	10,68	—	—	—	—	16,8	—	9,3	—	10,2	—	5,5	—	8,3		[4]
Hydroxyprolin	9,47	—	—	—	8,3	15,4	—	—	—	9,6	—	—	—	—		[13, 14]
Phenylalanin	9,31	—	—	—	—	14,9	—	7,9	—	8,4	—	—	—	6,3		[5, 15]
Tyrosin	9,19	10,43	1,5	—	—	15,0	—	8,1	—	9,1	~ 2,4	—	—	7,1		[1, 8]
Tryptophan	9,39	—	—	—	—	15,9	—	8,5	—	9,3	—	~ 5	—	7,6		[15]
Histidin	9,20	6,08	—	—	—	18,3	—	13,9	—	12,0	—	7,7	—	9,3		[2, 8]

Tabelle 2. **Stabilitätskonstanten der Metallkomplexe von Peptiden** (Erklärung s. Einleitung)

Ligand	Dissoziations-konstanten		Stabilitätskonstanten (logarithmisch)								Lit.
			Cu		Co		Zn		Mn		
	pK_2	pK_3	K_1	K_1K_2	K_1	K_1K_2	K_1	K_1K_2	K_1	K_1K_2	
Glycyl-glycin[1]	8,23	—	6,0	11,7	3,5	5,9	3,8	6,6	2,2	—	[1, 16]
Triglycin	8,09	—	5,4	10,6	3,0	5,6	3,3	6,3	1,4	—	[17]
Tetraglycin[2]	7,95	—	—	—	5,5	—	3,0	—	—	—	[18]
Glycyl-alanin	8,19	—	5,8	9,0	3,1	5,7	4,1	—	—	—	[19, 20]
Glycyl-sarkosin	8,77	—	6,5	—	3,9	7,4	—	—	2,3	4,6	[21]
Glycyl-glycin-äthylester	7,79	—	4,7	—	2,2	4,0	—	—	—	—	[22]
Glycyl-leucin	8,38	—	6,1	9,4	—	—	3,6	—	—	—	[20, 23]
Glycyl-prolin	8,66	—	6,7	11,9	3,9	6,0	—	—	2,3	—	[21]
Glycyl-phenylalanin	8,16	—	5,5	8,6	3,0	5,3	3,8	—	—	—	[19, 20]
Glycyl-tyrosin	8,37	10,31	5,9	6,2	—	—	2,6	—	—	—	[23, 20]
Sarkosyl-glycin	8,63	—	5,3	—	2,9	5,3	—	—	~ 0,4	—	[21]
Sarkosyl-sarkosin	9,15	—	6,1	—	3,4	6,4	—	—	—	—	[24]
Sarkosyl-leucin	8,64	—	5,3	7,9	3,0	5,8	—	—	—	—	[24]
N-Dimethyl-glycyl-glycin	8,03	—	4,8	—	2,1	4,3	—	—	—	—	[22]
Leucyl-glycin	8,25	—	5,3	7,9	2,5	4,8	2,8	5,7	—	—	[23]
Leucyl-glycyl-glycin	7,94	—	4,7	8,5	2,1	4,3	2,4	5,5	—	—	[23]
Leucyl-tyrosin	7,84	10,09	—	—	2,4	4,5	3,0	5,7	—	—	[25]
SH-Glutathion	8,75	9,65	—	—	—	—	8,3	—	—	—	[12]
Phenylalanyl-glycin	7,62	—	4,7	—	2,1	4,1	—	—	—	—	[19]
Histidyl-leucin-methylester	7,88	6,12	—	—	—	—	5,3	9,5	—	—	[26]
Histidyl-asparaginsäure	7,78	6,15	—	—	—	—	5,3	9,8	—	—	[26]
Histidyl-glutaminsäure	7,96	6,37	—	—	—	—	5,3	9,5	—	—	[26]

[1] K_1 für Ca: 1,2; für Mg: 1,1. — [2] K_1 für Mg: 1,3.

Tabelle 3. **Stabilitätskonstanten der Metallkomplexe von Aminosäurederivaten, atypischen Aminosäuren, Aminen, Vitaminen und deren Derivaten**
(Erklärung s. Einleitung)

Ligand	Dissoziationskonstanten		Stabilitätskonstanten (logarithmisch)						Lit.
			Cu		Co		Zn		
	pK_2	pK_3	K_1	K_1K_2	K_1	K_1K_2	K_1	K_1K_2	
Glycinamid[1]	7,99	—	5,2	—	2,7	4,9	—	—	[22]
Sarkosin	10,09	—	7,9	16,5	3,4	6,4	—	—	[24]
Sarkosin-amid	8,35	—	4,7	8,9	2,4	4,1	—	—	[24]
β-Alanin	10,26	—	7,1	12,6	~7	—	4,0	—	[27, 4]
α,β-Diamino-propionsäure	6,76	9,34	—	—	—	11,9	—	11,6	[28]
α,β-Diamino-propionsäure-methylester	4,86	8,33	—	—	—	8,8	—	8,4	[28]
α,γ-Diamino-buttersäure	8,31	10,25	—	—	—	12,6	—	12,3	[28]
α,γ-Diamino-buttersäure-methylester	6,23	8,74	—	—	—	—	—	7,1	[28]
Leucinamid	7,84	—	4,8	8,7	2,0	3,9	—	—	[24]
Taurin	9,08	—	—	~8	—	~4	—	—	[4]
γ-Dimethyl-cystein (Penicillamin)	7,97	10,46	16,5	21,7	—	—	10,0	18,9	[29]
Cystein-methylester	6,58	8,99	—	—	—	—	8,4	16,2	[12]
Imidazolyl-4-glycin	9,01	4,55	—	—	—	9,8	—	9,8	[28]
Imidazolyl-4-glycin-methylester	6,97	3,42	—	—	—	8,5	—	8,4	[28]
1-Benzyl-histidin	9,30	5,36	—	—	—	—	6,3	11,7	[26]
1-Benzyl-histidin-amid	7,63	4,90	—	—	—	9,3	—	9,0	[30]
Histidin-methylester	7,60	5,39	—	—	—	—	5,0	9,4	[26]
Histidin-hydrazid	7,58	5,32	—	—	—	—	5,0	9,6	[26]
Histidinol	8,98	6,00	—	—	—	—	5,6	10,3	[26]
Imidazolyl-2-alanin	8,76	6,16	—	—	—	12,1	—	11,4	[30]
Imidazolyl-2-alanin-methylester	7,18	5,10	—	—	—	8,7	—	8,7	[30]
Pyrazol-3-alanin	8,95	~2,1	—	—	—	11,6	—	10,4	[30]
Glucosaminsäure	9,12	—	8,1	—	—	—	4,3	8,5	[31, 32]
Zucker-Aminosäure-Verbindungen									
Fructose-glycin (Amadori-Vdbg.)	8,18	12,35	7,3	14,2	—	—	4,1	9,5	[31]
Fructose-asparaginsäure(Amadori-Vbdg.)	8,43	12,75	10,1	17,4	—	—	5,4	10,4	[31]
Glucose-glycin (Heyns-Verbdg.)	7,42	12,47	7,3	13,8	—	—	4,6	—	[31]
Cystein-D-glucose	2,14	5,37	—	—	3,76	6,25	3,68	5,95	[33]
Cystein-D-mannose	2,15	5,23	—	—	2,43	—	2,67	4,97	[33]
Cystein-D-galaktose	2,18	5,67	—	—	3,94	6,29	3,90	6,00	[33]
Cystein-D-ribose	2,06	5,51	—	—	3,53	5,80	3,40	5,65	[33]
Cystein-D-xylose	2,23	5,43	—	—	3,83	6,27	3,80	5,94	[33]
Cystein-L-arabinose	2,26	5,66	—	—	4,10	6,75	4,10	6,61	[33]

Tabelle 3 (Fortsetzung)

Ligand	Dissoziationskonstanten		Stabilitätskonstanten (logarithmisch)						Lit.
			Cu		Co		Zn		
	pK_1	pK_2	K_1	K_1K_2	K_1	K_1K_2	K_1	K_1K_2	
Amine									
Cysteamin	8,35	10,81	—	—	—	—	9,9	18,3	[12]
Histamin	9,88	6,13	9,6	16,0	5,3	9,0	5,8	10,5	[34, 35]
					$K_1K_2K_3$: 11,0				
4-Aminomethyl-imidazol	9,45	4,47	—	—	—	—	5,0	8,8	[26]
Vitamine und Vitaminderivate									
Pteroylglutaminsäure	8,26	—	—	7,8	—	8,1	—	7,5	[37]
Riboflavin [2]	9,93	—	—	13,0	3,9	—	5,6	—	[37]
Nicotinsäure	4,78	—	3,2	—	3,0	—	3,0	—	[38]
Pyridoxol	4,90	8,95	5,6	10,9	3,9	7,8	4,5	9,0	[38]
	—N=	—OH							
Pyridoxamin [3]	10,13	4,28	10,2	16,0	5,1	9,6	5,7	—	[39]
	$-NH_2$	—OH							
Pyridoxal	4,24	8,64	4,6	—	2,7	—	—	—	[40]
	—N=	—OH							
Pyridoxal-glycin	9,81	8,54	15,0	—	—	—	8,1	—	[40, 41]
	$-NH_2$	—OH							
Pyridoxal-valin [4]	9,82	8,37	14,5	—	—	—	7,9	—	[40, 41]
Pyridoxyl-glycin	10,40	8,0	10,2	16,8	8,3	15,0	8,1	14,5	[40]
	—NH	—OH							
Pyridoxyl-alanin	10,53	7,99	9,1	14,7	7,8	14,2	7,7	13,8	[40]
Pyridoxyl-valin	10,87	8,03	9,2	15,7	7,4	13,3	7,6	13,4	[40]
Pyridoxyl-threonin	10,22	7,74	10,6	16,8	7,9	14,4	7,9	13,5	[40]
Pyridoxyl-tyrosin	9,77	7,79	10,9	16,8	7,3	13,0	7,2	12,7	[40]
Pyridoxyl-tryptophan	10,47	8,40	13,7	19,6	7,5	13,7	7,5	13,6	[40]
Pyridoxyl-isonicotinsäure-hydrazid	9,07	—	8,0	15,3	6,6	12,2	6,4	11,8	[40]
Isonicotinsäure-hydrazid	3,66	—	8,0	—	4,8	—	5,4	—	[42]
	—N=								

K_1-Werte für Mn: [1] ~1,5, — [2] 3,4, — [3] 3,6, — [4] 5,0.

Tabelle 4. **Stabilitätskonstanten der Metallkomplexe N-freier Säuren** (Erklärung s. Einleitung)

Ligand	Dissoziationskonstanten		Stabilitätskonstanten (logarithmisch)												Lit.
			Ca	Mg	Cu		Co		Zn		Mn		Fe		
	pK_1	pK_2	K_1	K_1	K_1	K_1K_2	K_1	K_1K_2	K_1	K_1K_2	K_1	K_1K_2	K_1	K_1K_2	
Glykolsäure	3,63 COOH	—	1,1	1,3	2,3	3,7	2,0	—	1,9	—	—	—	[1]		[*43–46*]
Thioglykolsäure	3,60	10,55 −SH	—	—	—	—	—	—	7,4	14,4	—	—	—	10,9	[*12, 47*]
Oxalsäure	1,14	3,85	~3	3,4	—	10,3	6,5	10,5	4,7	7,0	3,8	5,3	[2]	9,6	[*48–54*]
Milchsäure	3,86	—	1,4	1,4	—	2,7	—	1,7	2,2	3,8	—	—	—	—	[*55, 56*]
Phospho-enol-brenztraubensäure	3,40	6,35	—	2,3	—	—	2,6	—	4,0	—	2,8	—	—	—	[*57*]
Glycerinsäure	3,52	—	1,2	0,9	—	—	—	—	1,8	—	—	—	—	—	[*43*]
2-Phospho-glycerinsäure	3,55	7,0	—	2,5	—	—	3,0	—	3,4	—	3,1	—	—	—	[*57*]
Malonsäure	2,85	5,66	1,5	1,9	5,6	8,2	—	3,1	2,8	—	3,3	—	—	2,2	[*43, 56 58–60*]
Äpfelsäure	3,26	4,68	1,8	1,6	—	—	—	—	2,8	—	—	—	—	—	[*43*]
Gluconsäure	3,86	—	2,2	0,7	18,3	19,4	—	—	1,7	—	—	—	—	—	[*43, 61, 62*]
Kojisäure (Messung in 50%ig. Dioxan)	9,40 −OH	—	4,4 K_1K_2 7,1	—	9,3	16,5	6,8	12,0	7,4	13,2	—	—	—	—	[*63*]
Citronensäure (Nur Hydrogenkomplexe MHL)	3,08 pK_3: 6,38	4,66	4,9	—	14,2	—	—	—	—	—	—	—	3,1	[3]	[*50, 64, 65*]
Salicylsäure	2,97	—	—	—	10,6	18,5	6,8	11,4	6,9	—	5,9	9,6	—	—	[*66*]

[1] K_1 für Fe^{3+}: 4,7. — [2] $K_1K_2K_3$ für Fe^{3+}: 23,9. — [3] K_1 für Fe^{3+}: 11,9

Tabelle 5. **Stabilitätskonstanten der Metallkomplexe von Purinderivaten und Nucleotiden sowie von einigen Liganden besonderer Art** (Erklärung s. Einleitung)

Ligand	Dissoziations-konstanten		Stabilitätskonstanten (logarithmisch)									Lit.
			Ca	Mg		Cu	Co	Zn		Mn	Fe	
	pK_1	pK_2	K_1	K_1	$K\ \frac{M}{MHL}$	K_1	K_1	K_1	$K\ \frac{M}{MHL}$	K_1	K_1	
Guanosin	9,31	—	—	—	—	6,0	3,2	4,6	—	3,0	4,3	[37]
Xanthosin	5,67	—	—	—	—	3,4	2,8	2,4	—	—	<2	[37]
Inosin	8,82	—	—	—	—	~5	2,6	—	—	—	~3	[37]
Adenosin-3'-monophosphorsäure	6,55	3,93	1,4	1,7	—	—	2,6	2,7	—	2,3	—	[66—68]
	$-PO_3H^{\ominus}$	$-NH_2$										
Adenosin-diphosphat	6,61	4,21	2,8	3,2	1,6	—	3,7	4,1	2,3	3,9	—	[67—69]
Adenosin-triphosphat	6,73	4,26	3,6	4,0	1,5	5,5	4,6	4,8	2,8	4,8	—	[66—70]
Guanosin-triphosphat	—	—	3,6	4,0	—	—	4,6	—	—	4,7	—	[68]
Inosin-triphosphat	—	—	3,8	4,0	—	—	4,6	—	—	4,7	—	[68]
Cytidin-monophosphat	6,35	4,35	—	—	—	—	—	2,54	—	—	—	[67]
Cytidin-triphosphat	—	—	3,8	4,0	—	—	4,5	—	—	4,8	—	[68]
Uridin-triphosphat	—	—	3,7	4,0	—	—	4,6	—	—	4,8	—	[68]
Flavin-adenin-mononucleotid	—	—	2,1	2,0	—	—	2,4	—	—	2,2	—	[68]
Flavin-adenin-dinucleotid	—	—	2,0	2,0	—	—	2,4	—	—	2,4	—	[68]
Nicotinamid-dinucleotid (NAD, DPN)	—	3,76	—	—	—	—	—	2,1	—	—	—	[67]
RNA (Hefe)	—	—	3,1	3,1	—	—	3,0	3,2	—	3,1	4,4	[71]
DNA (Heringssperma)	—	—	—	3,0	—	—	3,3	3,8	—	3,1	3,5	[71]
Carboxypeptidase (Pankreas)	—	—	—	—	—	10,6	7,0	10,5	—	5,6	—	[72]
Transferrin (Siderophilin)	—	—	—	—	—	—	—	—	—	—	27,7	[73]
Aureomycin[1]	3,30	7,44	—	—	—	7,6	4,8	4,5	—	4,3	5,7	[74]
	pK_3: 9,27				K_1K_2: 12,6		—	—	—	—	10,4	
Terramycin[2]	3,10	7,26	—	—	—	7,2	5,1	4,6	—	4,3	5,6	[74]
	pK_3: 9,11				K_1K_2: 12,2		—	—	—	8,0	10,4	
Penicillin G	2,80	—	—	—	—	4,8	—	—	—	—	—	[75]
	−COOH				K_1K_2: 7,1		—	—	—	—	—	

[1] Stabilitatskonstanten für Fe^{3+}: $K_1 = 8{,}8$, $K_1K_2 = 16{,}0$, $K_1K_2K_3 = 21{,}6$.
[2] Stabilitätskonstanten für Fe^{3+}: $K_1 = 9{,}1$, $K_1K_2 = 16{,}3$, $K_1K_2K_3 = 22{,}0$.

Literatur

[1] nur Ca: *Davis, C. W.*, u. *G. M. Waind:* J. chem. Soc. (London) **1950**, 301.
[2] Mg bis Fe: *Maley, L. E.*, u. *D. P. Mellor:* Austral. J. Sci. Res. **2**, 579 (1949 A) und Nature **165**, 453 (1950).
[3] nur Fe: *Albert, A.:* Biochem. J. **67**, 646 (1950).
[4] Cu, Co, Fe: *Albert, A.:* Biochem. J. **67**, 531 (1950).
[5] nur Zn: *Perkins, D. J.:* Biochem. J. **55**, 649 (1953).
[6] nur Cu: *Li, N. C.*, u. *E. Doody:* J. Amer. chem. Soc. **74**, 4184 (1952).
[7] Cu, Co, Zn: *Rebertus, R. L.:* Diss. Urbana 1952.
[8] Cu, Co, Mn, Fe: *Albert, A.:* Biochem. J. **50**, 690 (1952).
[9] Ca, Mg: *Lamb, R. F.*, u. *A. E. Martell:* J. phys. chem. **57**, 690 (1953).
[10] Cu, Co, Zn: *Chaberek, S.*, u. *A. E. Martell:* J. Amer. chem. Soc. **74**, 6021 (1952).
[11] Cu: *Li, N. C.*, u. *E. Doody:* J. Amer. chem. Soc. **76**, 221 (1954).
[12] Zn: *Li, N. C.*, u. *R. A. Manning:* J. Amer. chem. Soc. **77**, 5225 (1955).
[13] *Li, N. C.*, *E. Doody* u. *J. M. White:* J. Amer chem. Soc. **80**, 5901 (1958).
[14] *Perkins, D. J.:* Biochem. J. **51**, 487 (1952).
[15] Cu, Co, Fe: *Albert, A.:* Biochem. J. **46**, Proc. XXXIX (1950).
[16] Mg bis Mn: *Monk, C. B.:* Trans. Faraday Soc. **47**, 292, 297 (1951).
[17] *Evans, J. I.*, u. *C. B Monk:* Trans. Faraday Soc. **51**, 1244 (1955).
[18] *Li, N. C.*, u. *C. M. Chen:* J. Amer. chem Soc. **80**, 5678 (1958).
[19] *Biester, J. L.*, u. *P. M. Ruoff:* J. Amer. chem. Soc. **81**, 6517 (1959).
[20] *Perkins, D. J.:* Biochem. J. **57**, 702 (1954).
[21] *Datta, S. P.*, u. *B. R. Rabin:* Trans. Faraday Soc. **52**, 1117, 1123 (1956).
[22] *Datta, S. P.*, u. *B. R. Rabin:* Biochim. biophys. acta **19**, 572 (1956).
[23] *Dobbie, H.*, u. *W. O. Kermak:* Biochem. J. **59**, 246, 257 (1955).
[24] *Datta, S. P.*, *R. Lebermann* u. *B. R. Rabin:* Trans. Faraday Soc. **55**, 1982, 2141 (1959).
[25] *Li, N. C.*, *G. W. Miller*, *N. Solony* u. *B. T. Gillis:* J. Amer. chem. Soc. **82**, 3737 (1960).
[26] *Weitzel, G.*, *W. Schaeg* u. *F. Schneider:* Liebigs Ann. Chem. **632**, 124 (1960).
[27] *Irving, H.:* J. chem. Soc. (London) **1954**, 3494.
[28] *Schaeg, W.*, u. *F. Schneider:* Z. physiol. Chem. **326**, 40 (1961).
[29] *Kuchinskas, E. J.*, u. *Y. Rosen:* Arch. Biochem. Biophys. **97**, 370 (1962).
[30] *Schneider, F.*, u. *W. Schaeg:* T. physiol. Chem. **327**, 74 (1962).
[31] *Drzeniek, R.:* Diss. Tübingen 1962.
[32] *Schaeg, W.:* Diss. Gießen 1957.
[33] *Weitzel, G.*, *J. Engelmann* u. *A. Fretzdorff:* Z. physiol. Chem. **315**, 236 (1959).
[34] Cu und Co: *Mickel, B. L.*, u. *A. C. Andrews.* J. Amer. chem. Soc. **77**, 323 (1955).
[35] Zn: *Hares, G. B.:* Diss. Pennsylvania State College 1952.
[36] *Gustafson, R. L.*, u. *A. E. Martell:* Arch. Biochem. Biophys. **68**, 485 (1957).
[37] *Albert, A.:* Biochem. J. **54**, 646 (1953).
[38] *Sack, K. A.:* Diplomarbeit Gießen 1957.
[39] *Gustafson, R. L.*, u. *A. E. Martell:* Arch. Biochem. Biophys. **68**, 485 (1957).
[40] *Sack, K. A.:* Diss. Gießen 1959.
[41] *Davis, L.*, *F. Roddy* u. *D. E. Metzler:* J. Amer. chem. Soc. **83**, 127 (1961).
[42] *Albert, A.:* Nature **177**, 525 (1956).
[43] Ca, Mg und Zn: *Kannan, R. K.*, u. *A. Kibrick:* J. Amer. chem. Soc. **60**, 2314 (1938).
[44] Cu: *Fronaeus, S.:* Diss. Lund 1948.
[45] *Evans, W. P.*, u. *C. B. Monk:* J. chem. Soc. **1954**, 550.
[46] Fe: *Bertin-Batsh*, C.: Ann. Chim. **7**, 481 (1952).
[47] *Leussing, D. L.*, u. *I. M. Kolthoff:* J. Amer. chem. Soc. **75**, 3904 (1953).
[48] Ca: Money, R. W., u. *C. W. Davis:* Trans. Faraday Soc. **28**, 609 (1932).
[49] Mg: *Davis, C. W.:* Trans. Faraday Soc. **23**, 351 (1927).
[50] Cu: *Meites, L.:* J. Amer. chem. Soc. **72**, 180, 184 (1950).
[51] Co: *Crouthamel, C. E.*, u. *D. S. Martin:* J. Amer. chem. Soc. **73**, 569 (1951).
[52] Zn: *Vossburgh, W. C.*, u *J. F. Beckman:* J. Amer. chem. Soc. **62**, 1028 (1940).
[53] Mn: *Money, R. W.*, u. *C. W. Davis:* J. chem. Soc. (London) **1934**, 400.
[54] $Fe^{(2+)}$ und $Fe^{(3+)}$: *Toropova, V. F.:* J. gen. chem. USSR **11**, 1211 (1941).
[55] Ca, Mg und Zn: *Davis, C. W.*, u. *C. B. Monk:* Trans. Faraday Soc. **50**, 132 (1954).
[56] Cu und Co: *Bobtelsky, M.*, u. *I. Bar-Gadda:* Bull. Soc. chim. France **1953**, 276, 687.
[57] Cu: *Davis, C. W.:* J. chem. Soc. (London) **1935**, 910.
[58] Mn: *Stock, D. I.*, u. *C. W. Davis:* J. chem. Soc. (London) **1949**, 1371.
[59] Fe: *Schaap, W. B.*, *H. A. Laitinen* u. *J. C. Bailar:* J. Amer. chem. Soc. **76**, 5868 (1954).
[60] Ca: *Heinz:* E.: Biochem. Z. **321**, 314 (1951).
[61] Cu: *Pecsok, R. L.*, u. *R. S. Juvet:* J. Amer. chem. Soc. **77**, 202 (1955)
[62] *Bryant, B. E.*, u. *W. C. Fernelius:* J. Amer. chem. Soc. **76**, 5351 (1954).

[63] Ca: *Bates, R. G.*, u. *G. D. Pinching:* J. Amer. chem. Soc. **71**, 1274 (1949).
[64] Fe: *Hamm, R. E.*, *Ch. M. Shull* u. *D. M. Grant:* J. Amer. chem. Soc. **76**, 2111 (1954).
[65] *Perrin, D. D.:* Nature **182**, 741 (1958).
[66] Ca: *Smith, R. M.*, u. *R. A. Alberty:* J. physic. chem. **60**, 180 (1956).
[67] Zn und Mg: *Weitzel, G.*, u. *Th. Spehr:* Z. physiol. Chem. **313**, 212 (1958).
[68] Co und Mn: *Walaas, E.:* Acta chem. Scand. **12**, 528 (1958).
[69] Ca: *Martell, A. E.* u. *G. Schwarzenbach:* Helv. chim. acta **39**, 653 (1956).
[70] Cu: *Brintzinger, H.*, u. *S. Fallab:* Helv. chim. acta **43**, 43 (1960).
[71] *Spehr, Th.:* Diss. Gießen 1959.
[72] *Coleman, J. E.*, u. *B. E. Vallee:* J. biol. Chem. **236**, 2244 (1961).
[73] *Davis, B.*, *P. Saltman* u. *S. Benson:* Biochem. Biophys. Res. Comm. **8**, 56 (1962).
[74] *Albert, A.:* Nature **172**, 201 (1953).
[75] *Weiss, A.*, *S. Fallab* u. *H. Erlenmeyer:* Helv. chim. acta **25**, 611 (1957).

IV. Kinetik

Von **H. Aebi**, Bern/Schweiz

A. Reaktionskinetik

In einem *homogenen System* ablaufende Reaktionen können folgendes Verhalten zeigen:

a) vollständiger (einseitiger) Reaktionsablauf,

b) unvollständiger Ablauf (Gleichgewichtsreaktion).

Reaktionsgeschwindigkeit = Maß für die in der Zeiteinheit umgesetzte Stoffmenge. Als Bezugsbasis kann gewählt werden:

a) Die *Konzentrationsabnahme* des Ausgangsstoffes a $(-dC_a)$ = Verbrauchsgeschwindigkeit $\left(-\frac{dC_a}{dt}\right)$,

b) die *Konzentrationszunahme* (Anreicherung) der (des) Endprodukte(s) $b(+dC_b)$ = Bildungsgeschwindigkeit $\left(+\frac{dC_b}{dt}\right)$.

Die Geschwindigkeitskonstante = k (spezifische Reaktionsgeschwindigkeit) bezeichnet die Reaktionsgeschwindigkeit bei der Konzentration 1. Dimension der Konzentration = Mol/Liter; Dimension der Zeit = Sekunde. k = Anzahl der Mole pro Liter, welche in 1 sec umgesetzt werden; $[k] = [\text{sec}^{-1}]$.

Die Größe k hängt ab von der Art der ablaufenden Reaktion und von den Versuchsbedingungen, unter denen sie gemessen wird.

Reaktionsordnung. Je nach Art des Reaktionsablaufes lassen sich bei chemischen Umsetzungen folgende Typen unterscheiden:

a) Reaktionen nullter Ordnung: Die Reaktionsgeschwindigkeit ist eine konstante Größe, welche von der Anfangskonzentration unabhängig ist. Vorkommen: besonders bei heterogenen Systemen.

b) Reaktionen erster Ordnung. Die Spaltungskurve ist in ihrem ganzen Verlauf durch a und k festgelegt. Die Geschwindigkeit des Reaktionsablaufes hängt bei dieser Umsetzungsart von der Konzentration einer einzigen Substanz im System ab. Es sind 2 Arten zu unterscheiden:

I. Alle *echten monomolekularen Reaktionen* (Typ: $A \rightarrow B + C$) zeigen einen Verlauf 1. Ordnung.

Beispiele: Zerfallsreaktionen radioaktiver Elemente; thermischer Zerfall organischer Verbindungen, z. B. von Äthyläther bei 400–600 °C ($C_2H_5{-}O{-}C_2H_5 \rightarrow CO + 2CH_4 + {}^1/_2C_2H_4$).

II. Zahlreiche *Reaktionen höherer Ordnung* haben scheinbar monomolekularen Charakter, weil sämtliche den Reaktionsablauf mitbestimmenden Konzentrationen bis auf eine sehr groß sind (= pseudomonomolekulare Reaktionen) oder weil die am langsamsten erfolgende Zwischenreaktion die Geschwindigkeit der ganzen Reaktionsfolge limitiert.

Beispiele: Rohrzuckerspaltung; Esterspaltung in saurem Milieu ($R_1{-}COO{-}R_2 + H_2O \rightarrow R_1{-}COOH + R_2{-}OH$); Zerfall von N_2O_5.

c) Reaktionen zweiter Ordnung. Diese Umsetzungsart resultiert dann, wenn zum erfolgreichen Reaktionsablauf 2 Moleküle zusammentreffen müssen (Zweierstoß) = bimolekulare Reaktion. Der Reaktionsablauf wird bestimmt durch die Konzentration der beiden an der Umsetzung beteiligten Verbindungen (Typ: $2AB \rightarrow A_2 + B_2$; oder $A + B \rightarrow C + D$). Sind die Anfangskonzentrationen beider gleich groß, so vereinfacht sich die Berechnung des Kurvenverlaufs wesentlich.

Beispiele: Esterbildung; Esterverseifung im alkalischen Milieu ($R_1{-}COO{-}R_2 + OH' \rightarrow R_1{-}COO' + R_2{-}OH$).

d) Reaktionen dritter Ordnung. Damit es zu einer Umsetzung kommt, bedarf es des gleichzeitigen Zusammentreffens der 3 an der Reaktion beteiligten Moleküle (Dreierstoß) = trimolekulare Reaktion (Typ: $A + B + C \rightarrow D$ oder $E + F$ usw.).

Beispiel: Bildung von NO_2 aus NO und O_2 ($O_2 + 2NO \rightarrow 2NO_2$).

e) Reaktionen mit gebrochenem Exponenten. Sie treten dann auf, wenn in einer Reaktionsfolge zwei Teilreaktionen verschiedener Ordnung in gleicher Weise limitieren oder wenn eine chemische Umsetzung gleichzeitig auf zwei verschiedenen Wegen vor sich geht, von denen ein jeder einer anderen Ordnung zugehört. Hier gilt:

$$\frac{dx}{dt} = k_n(a - x)^n, \quad \text{wobei} \quad 0 < n < 3.$$

Integrale Form dieser allgemeingültigen Gleichung:

$$k_n = \frac{1}{(n-1)a^{n-1} \cdot t}\left[\left(\frac{a}{a-x}\right)^{n-1} - 1\right]. \tag{1}$$

Unvollständig ablaufende (umkehrbare) Reaktionen. Gleichzeitiger Ablauf von 2 einander entgegengesetzt gerichteten Reaktionen (Typ: $A + B \rightleftarrows AB$ oder $A \rightleftarrows X$): Die Reaktion kommt (scheinbar) dort zum Stillstand, wo Bildungs- und Zerfallsgeschwindigkeit gleich groß sind (= Gleichgewicht).

Fall 1. $A + B \underset{k_1}{\overset{k_2}{\rightleftarrows}} AB$	Fall 2. $A \underset{k'}{\overset{k''}{\rightleftarrows}} X$	
Bildung = Reaktion 2. Ordnung Zerfall = Reaktion 1. Ordnung	Bildung und Zerfall sind Reaktionen erster Ordnung	
a) Bildungsgeschwindigkeit		
$+\frac{dx}{dt} = k_2(a-x)^2$	$+\frac{dx}{dt} = k'' \cdot (a-x)$	(2)
b) Zerfallsgeschwindigkeit		
$-\frac{dx}{dt} = k_1 x$	$-\frac{dx}{dt} = k' \cdot x$	(3)
c) Effektive Bildungsgeschwindigkeit		
$+\frac{dx}{dt} = k_2(a-x)^2 - k_1 x$	$+\frac{dx}{dt} = k''(a-x) - k'x$	(4)

d) Effektive Zerfallsgeschwindigkeit

$$-\frac{dx}{dt} = k_1 x - k_2(a - x)^2 \qquad\qquad -\frac{dx}{dt} = k'x - k''(a - x) \tag{5}$$

Nach Erreichen der *Gleichgewichtslage* gilt:

$$k_2(a - x)^2 = k_1 x \qquad\qquad k''(a - x) = k' \cdot x$$

$$K = \frac{k_1}{k_2} = \frac{(a - x)^2}{x} \qquad\qquad K = \frac{k'}{k''} = \frac{(a - x)}{x} \tag{6}$$

K = Gleichgewichtskonstante

Für den (einfachsten) Fall 2 gilt auf Grund der Gln. (5) und (6) nach Eliminierung von a folgende Differentialgleichung:

$$\frac{dx}{dt} = (k' + k'')\,(x_e - x); \tag{7}$$

integrale Form der Gleichung:

$$(k' + k'')\,t = 2{,}303 \log \frac{x_e}{x_e - x} \tag{8}$$

x_e = Konzentration an x nach Erreichen der Gleichgewichtslage,
a = Anfangskonzentration,
x = in der Zeit t umgesetzte Menge.

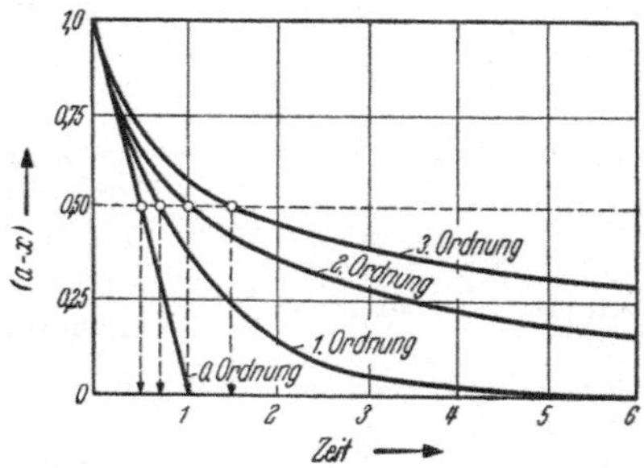

Abb. 48. Verlauf der Zeit-Umsatzkurve von Reaktionen verschiedener Ordnung
Darstellung der Größe $(a - x)$ als Funktion der Zeit
$(a - x)$ = Konzentration von noch nicht umgesetzter Substanz
Vereinfachende Annahmen: Ausgangskonzentration $a = 1$
Reaktionskonstanten $k_0, k_1, k_2, k_3 = 1$

Kinetik des Abbaues hochmolekularer Ketten (Eiweiße, Polysaccharide).

In einer derartigen Kette seien $(N + 1)$ Glieder durch N Bindungen miteinander verbunden. Sind durch partielle Hydrolyse s von den insgesamt N Bindungen aufgespalten worden, so beträgt der Hydrolysegrad α

$$\alpha = \frac{s}{N}. \tag{1}$$

Bei Gleichwertigkeit aller Bindungen ist die Wahrscheinlichkeit ihrer Spaltung $= \alpha$, diejenige der „Nichtspaltung" $= 1 - \alpha$. Die Wahrscheinlichkeit der Freisetzung eines einzelnen Gliedes der Kette ist α^2. Die Wahrscheinlichkeit, daß ein größeres Bruchstück von der Gliederzahl (n) freigesetzt wird, ist

$$\alpha^2(1 - \alpha)^{n-1}. \tag{2}$$

Anzahl der vorhandenen n-zähligen Bruchstücke:

$$Zn = \alpha^2(N + 1 - n)\,(1 - \alpha)^{n-1}; \tag{3}$$

erlaubte Vereinfachung, wenn $n \ll N$:

$$Zn = N\alpha^2(1 - \alpha)^{n-1}. \tag{4}$$

Tabelle 1. Reaktionskinetik (Formeln und Auswertungshilfen)
(Erklärung s. Fußnote)

	Reaktionen nullter Ordnung	Reaktionen erster Ordnung
Verhalten der Reaktionsgeschwindigkeit	konstant	während der Reaktion mit der *ersten* Potenz von noch nicht umgesetzter Substanz ($= a - x$) abnehmend
Formeln I (Differentialquotient)	$\frac{dx}{dt} = k(a - x)^{\circ} = k$	$\frac{dx}{dt} = k(a - x)$
Formeln II (Integrale Form) a) Auflösung nach k	k = konstant	$k = \frac{1}{t} \cdot \ln \frac{a}{(a - x)}$ $k = \frac{2{,}303}{t} \cdot \log \frac{a}{(a - x)}$
b) Auflösung nach x		$(a - x) = a \cdot e^{-kt}$ $x = a\left(1 - e^{-kt}\right)$
Größe der Halbwertszeit $t = \tau$, wenn $x = 0{,}5a$	$\tau = \frac{0{,}5}{k}$	$\tau = \frac{1}{k} \cdot \ln 2 = \frac{0{,}693}{k}$
Charakteristik des Kurvenverlaufs (vgl. Abb. 48)	Gerade (keine Verzögerung)	Reaktionsverzögerung gering: Die Kurve nähert sich der Abszisse bei relativ kleinen Werten für t
Verhalten von τ als Funktion von a	von a unabhängig	von a unabhängig
Dimension der Reaktionskonstanten (k)	—	$[k_1] = [t^{-1}]$
Überführung der Zeit-Umsatz-Kurve in eine Gerade* (Abszisse = t)	Bereits der Fall	$\log \frac{a}{(a - x)} = \frac{k}{2{,}303} \cdot t$ Ordinate: $\log \frac{a}{(a - x)}$ Steigung: $\frac{k}{2{,}303}$

Relative Werte für t als Funktion von $(a - x)$, wenn $a = 1$ und $k = 1$ (vgl. Abb. 48) = idealer Fall (Theorie!)	Nullter Ordnung: $(a - x)$	Nullter Ordnung: t	Erster Ordnung: t
	$(a - x) = 0{,}9$	$t = 0{,}1$	$t = 0{,}104$
	0,8	0,2	0,223
	0,7	0,3	0,356
	0,6	0,4	0,510
	0,5	$0{,}5 = \tau$	$0{,}693 = T$
	0,4	0,6	0,916
	0,3	0,7	1,204
	0,2	0,8	1,612
	0 1	0,9	2,303
	0,01	0,99	4,606
	0,001	0,999	6,909

a = Anfangskonzentration.
x = in der Zeit (t) umgesetzte Menge.
k = Geschwindigkeitskonstante (k_1, k_2, k_3).
τ = Halbwertszeit = Zeit, welche verstreicht, bis die Hälfte des ursprünglich vorhandenen Stoffes umgesetzt ist.

Fortsetzung von Tabelle 1

Reaktionen zweiter Ordnung a) Anfangskonzentration gleich ($a = b$)	Reaktionen zweiter Ordnung b) Anfangskonzentration ungleich ($a \neq b$)	Reaktionen dritter Ordnung einfachster Fall ($a = b = c$)
mit der *zweiten* Potenz von noch nicht umgesetzter Substanz ($= (a - x)^2$) abnehmend	mit dem *Produkt* der noch nicht umgesetzten Stoffe ($= (a - x)(b - x)$) abnehmend	mit der *dritten* Potenz von noch nicht umgesetzter Substanz ($= (a - x)^3$) abnehmend
$\frac{dx}{dt} = k(a - x)^2$	$\frac{dx}{dt} = k(a - x)(b - x)$	$\frac{dx}{dt} = k(a - x)^3$
$k = \frac{1}{t} \cdot \frac{x}{a(a - x)}$ $k = \frac{1}{t}\left(\frac{1}{a - x} - \frac{1}{a}\right)$	$k = \frac{1}{t(a - b)} \cdot \ln \frac{b(a - x)}{a(b - x)}$	$k = \frac{1}{t} \cdot \frac{2ax - x^2}{2a^2(a - x)^2}$ $k = \frac{1}{2a^2 t} \cdot \left[\left(\frac{a}{(a - x)}\right)^2 - 1\right]$
$x = a\left(1 - \frac{1}{1 + \text{kat}}\right)$	$x = \frac{a \cdot b\left(1 - e^{-kt(a-b)}\right)}{a - b \cdot e^{-kt(a-b)}}$	$x = a\left[1 - \frac{1}{\sqrt{1 + 2a^2 \cdot k \cdot t}}\right]$
$\tau = \frac{1}{k \cdot a}$	wenn $b > a$, gilt: $\tau = \frac{2,303}{k(b - a)} \cdot \log\left(2 - \frac{a}{b}\right)$	$\tau = \frac{3}{2k \cdot a^2}$
Reaktionsverzögerung mittelstark: Annäherung der Zeit-Umsatzkurve an die Abszisse erst bei sehr hohen Werten von t		Sehr starke Reaktionsverzögerung
Einfache umgekehrte Proportionalität zwischen τ und a		Umgekehrte Proportionalität zwischen τ und a^2
$[k_2] = [t^{-1} \cdot a^{-1}]$		$[k_3] = [t^{-1} \cdot a^{-2}]$
Wenn $a = b$, bestehen 2 Möglichkeiten: a) $\frac{1}{(a - x)} = kt + \frac{1}{a}$ Ordinate $= \frac{1}{(a - x)}$ Steigung: k	b) $\frac{a}{(a - x)} = a \cdot k \cdot t + 1$ Ordinate $= \frac{a}{(a - x)}$ Steigung: $a \cdot k$	
Wenn $a \neq b$: Auftragung von $\log \frac{b - x}{a - x}$ gegen t ergibt Gerade		

$(a - x)$	t (zweite Ordnung)	t (dritte Ordnung)
$(a - x) = 0,9$	$t = 0,111$	$t = 0,117$
0,8	0,250	0,281
0,7	0,428	0,520
0,6	0,666	0,889
0,5	$1,000 = \tau$	$1,500 = \tau$
0,4	1,500	2,625
0,3	2,333	5,055
0,2	4,000	12,000
0,1	9,000	49,500
0,01	99,0	(4999,5)
0,001	(999)	(500000)

$e = 2,718$ = Basis der natürlichen Logarithmen.

* = Umwandlung der betr. Gleichungen in die Form $y = mx + b$ (= Geradengleichung).

Ausbeute (φ_n) an n-zähligen Bruchstücken (bezogen auf die größtmögliche Ausbeute, welche beim Aufteilen der ganzen Kette in gleiche Bruchstücke resultieren würde):

$$\varphi_n = \frac{n \cdot Zn}{N} = n \cdot \alpha^2 (1 - \alpha)^{n-1}. \qquad (5)$$

Beim optimalen Hydrolysegrad $\left(\alpha_{max} = \frac{2}{n+1}\right)$ ergibt sich eine maximale Ausbeute von

$$\varphi_{max} = \frac{(n \cdot Zn)_{max}}{N} = n \left(\frac{2}{n+1}\right)^2 \left(\frac{n-1}{n+1}\right)^{n-1}. \qquad (6)$$

Tabelle 2. **Optimaler Hydrolysegrad und maximale Ausbeute von Bruchstücken verschiedener Gliederzahl (n)**[1]

Größe des Spaltproduktes $n =$	Optimaler Hydrolysegrad $\alpha_{max} =$	Maximale Ausbeute $\varphi_{max} =$	Größe des Spaltproduktes $n =$	Optimaler Hydrolysegrad $\alpha_{max} =$	Maximale Ausbeute $\varphi_{max} =$
1	1,0	1,0	7	0,250	0,078
2	0,667	0,298	8	0,222	0,068
3	0,500	0,187	9	0,200	0,060
4	0,400	0,138	10	0,182	0,054
5	0,333	0,110	20	0,095	0,027
6	0,286	0,091	40	0,049	0,014

Tabelle 3. **Ausbeute von Bruchstücken verschiedener Gliederzahl (n) bei verschiedenem Ausmaß der hydrolytischen Spaltung**

Berechnung der Größe Zn (Ausbeute) nach Gl. (4) für verschiedene Hydrolysegrade (α) und Gliederzahlen (n) des Spaltproduktes. Vereinfachende Annahme $N = 1000$ ($N \gg n$).

Hydrolysegrad (α)	Ausbeute an n-zähligem Spaltprodukt (φ_n) im Hydrolysat				
	$n = 1$	$n = 2$	$n = 3$	$n = 4$	$n = 6$
0,1	10	9	8,1	7,3	5,9
0,2	40	32	25,6	20,5	13,1
0,3	90	63	44,1	30,9	**15,1**
0,4	160	96	57,6	**34,6**	12,4
0,5	250	125	**62,5**	31,2	7,8
0,6	360	144	57,6	23,0	3,7
0,7	490	**147**	44,1	13,2	1,2
0,8	640	128	25,6	5,1	0,2
0,9	810	81	8,1	0,8	0,008
1,0	**1000**	0	0	0	0

B. Katalyse

Definition. Durch die Gegenwart eines Katalysators (= Reaktionsbeschleunigers) kann die Geschwindigkeit einer chemischen Umsetzung beträchtlich erhöht werden. Als idealer Katalysator gilt ein Stoff, welcher, ohne selbst bei der Reaktion eine bleibende Änderung zu erfahren, ohne also in die Bilanz der Ausgangs- und Endprodukte einzugehen, die Geschwindigkeit einer chemischen Umsetzung vergrößert (*W. Ostwald* 1891, *G. Bredig* 1903). Moderne Definitionen enthalten auch die Begriffe der Reaktionsauslösung und Lenkung: Nach *Mittasch* (1933) ist der Katalysator als ein Stoff zu betrachten, welcher — obgleich an einer Reaktion nicht unmittelbar beteiligt — diese hervorruft oder beschleunigt oder

[1] Nach *W. Kuhn*, Ber. dtsch. chem. Ges 63, 1503 (1930).

in bestimmte Bahnen lenkt. Weist der molekulardispers verteilte Katalysator denselben Aggregatzustand auf wie das System, in dem er sich befindet (z. B. Gasgemisch, Lösung), so spricht man von *homogener Katalyse*. Ist er als heterogene Beimengung zu betrachten, so bezeichnet man den Vorgang als eine *heterogene Katalyse*. (Feste Partikel in Gasen und Flüssigkeiten; Enzyme als kolloiddisperse Proteine = *mikroheterogene Katalyse*).

Merkmale katalytischer Reaktionen

a) Größte Wirksamkeit zugesetzter Spuren des Katalysators (Reaktionsbeschleunigung).

b) Der zugesetzte Katalysator ist nach Ablauf der Reaktion in der ursprünglichen Menge und unverändert vorhanden (*kein* Verbrauch).

c) Abhängigkeit der Reaktionsgeschwindigkeit von der Menge des zugesetzten Katalysators.

d) Wirkungsspezifität des Katalysators (Reaktionslenkung).

e) Der katalytische Effekt kann durch andere Substanzen wieder aufgehoben werden („Vergiftung" des Katalysators).

Wirkungsweise. Obwohl der Katalysator „unverbraucht" aus der katalysierten Reaktion hervorgeht, muß das Eingehen einer intermediären Bindung mit den umzusetzenden Molekülen angenommen werden. Die Reaktionsbeschleunigung ist darauf zurückzuführen, daß es zur erfolgreichen Umsetzung der mit dem Katalysator verbundenen Moleküle einer geringeren Anregungsenergie bedarf. Bei Gleichgewichtsreaktionen werden beide Teilreaktionen in gleichem Maße beschleunigt, so daß die Gleichgewichtslage nicht verschoben wird.

Homogene Katalyse in Lösungen. Intermediäre Bildung einer labilen Zwischenverbindung von höherer potentieller Energie.

a) Katalytische Wirkung anorganischer Ionen. Beispiel. Effekt der Wasserstoffionenkonzentration auf die Mutarotation von Glucoselösung ($A \rightarrow B$). Die beobachtete Reaktionsgeschwindigkeit (k) stellt die Summe dar aus (a) der „minimalen" Geschwindigkeitskonstanten $= k_O$ und (b) einer zusätzlichen Geschwindigkeitskonstanten $= k_H$:

$$k = k_O + k_H\,[H^+].$$

Der Vorgang kann wie folgt formuliert werden:

$$(A) + (H^+) \xrightarrow{k_H} (B) + (H^+) \quad \text{oder}$$

$$(A) + (H^+) \rightleftarrows (AH^+) \xrightarrow{k} (B) + (H^+).$$

Die Umsetzungsgeschwindigkeit (Differentialquotient) ist:

$$-\frac{d(A)}{dt} = k(AH) = k_H (A)\,(H^+).$$

Die in Klammern gesetzten Begriffe A, AH und H^+ bedeuten die mit den betreffenden Aktivitätskoeffizienten korrigierten Konzentrationen.

b) Katalytische Wirkung organischer Stoffe. Die katalytische Wirksamkeit dieser Stoffe ist gebunden an das Vorhandensein einer „aktiven" Gruppe, welche befähigt ist, mit dem umzusetzenden Stoff in Verbindung zu treten. Der Katalysator kann durch Modifikation seines Baues (z. B. durch Einführung „aktivierender" Gruppen) in seiner Wirkung stark gesteigert werden.

Heterogene Katalyse (Kontaktkatalyse). Voraussetzung für das Zustandekommen einer katalytischen Reaktion ist die Adsorption der reagierenden Moleküle an der Partikeloberfläche (= Phasengrenzfläche). Für das Ausmaß der Reaktionsbeschleunigung sind folgende Faktoren von Bedeutung: a) Die Größe und die Beschaffenheit der katalytisch wirkenden Oberfläche; b) die Konzentration an reagierenden Stoffen in der Umgebung; c) die Temperatur und d) die Besetzungsdichte an der Oberfläche. Fur das Zustandekommen einer Oberflächenkatalyse (Gefäßwand, Staub, poröses Material) sind entscheidend: a) Die im Sinne einer gesteigerten Reaktionsfähigkeit veränderte Struktur des adsorbierten Teilchens; b) die an der Phasengrenzfläche resultierende Konzentrationserhöhung und c) die Tatsache, daß die bei der Adsorption freiwerdende Energie (Adsorptionswärme) einen Teil der für die Auslösung der Reaktion erforderlichen Aktivierungsenergie liefern kann. Die Größe der Oberflächenbesetzung bzw. deren Abhängigkeit vom Druck oder Konzentration der Umgebung entscheidet über den Grad der Ordnung, welchem die katalysierte Reaktion gehorcht (bei geringer Oberflächenbesetzung: Reaktion erster Ordnung; bei starker [→ maximaler] Oberflächenbesetzung: Reaktion nullter Ordnung, da Ablauf [wenigstens am Anfang] von der Konzentration in der Umgebung unabhängig ist). Das Material, aus welchem die aktive Oberfläche besteht, entscheidet zudem über die Art der zu katalysierenden Reaktion: Reaktionslenkung durch Wahl spezifischer Katalysatoren oder von Mischkatalysatoren. Die Oberflächenkatalyse anorganischer Stoffe und die unten eingehend behandelte enzymatische Katalyse (S. 170) weisen manche gemeinsame Merkmale auf.

Autokatalyse. Auf diese besondere Form von Katalyse ist die eingangs gegebene Definition nicht anwendbar. Nach *Mittasch* handelt es sich um die „eigentümliche Erscheinung, daß ein Produkt (auch Zwischenprodukt) der Reaktion, welches zwar im Falle umkehrbarer Prozesse im homogenen System gleichgewichtsmäßig der stattfindenden Reaktion entgegenwirkt, sie doch allgemein in bezug auf die Geschwindigkeit des Verlaufes zu fördern vermag".

Tabelle 4. **Katalysatoren. Allgemeine Übersicht**[1]

Art der Reaktion	Als Katalysator verwendbar
1. Synthesen	Fe (Ni; Co), Cu (Ag), Zn, Cr(Mn) als Oxyde oder Doppelsalze, oft Gemische (evtl. als Carbonat, Carbonyl, Perchromat oder Perborat)
2. Spaltungsprozesse	Fe, Ni als Metall; Oxyde von Fe, Ni, Cu, W, U, Ti, Zn, Al, Cr, Th. Metalle der Pt-Gruppe; Chloride von Sn und Zn; Carbide (Fe, Ni, Mo). Gemische von Mg, Ni, Au, Cu
3. Wasseranlagerung	Oxyde von Al, Th, W, Mo, Ti, Cr, Zn, Cd, Hg, Fe; Komplexsalze mit Fe, Co, Ce; Säuren (H_2SO_4, H_3PO_4); Halogenide von Al, Cd, Zn; Oxalate (Ag, Cu, Fe, Ni, Co); Zn-Acetat, Carbonyle (V, W, Mo). Metaphosphat
4. Wasserentziehung	Oxyde, besonders Al_2O_3; Phosphat und Metaphosphat von Mg, Ca, Na; Al-Silicate, Na-Aluminat
5. Reduktionen	Metalle oder Oxyde (Gemische) von Ni, Cu, Fe, Co, Pd, Mg, Zn, Ag, Au, Pb, Sn, Hg, von deren Salzen besonders: Formiat, Acetat, Carbonat, Chlorid, Chromit und Chromat
6. Oxydationen	Pt und Pt-Legierungen; Gemische von Metalloxyden: Fe, Co, Mn, Cr, Cu, V, Si, Ti, Th, Al, Mo, Nb, Ta, Ni, Mn, Hg, Ag; Salze: Vanadat, Carbonat, Chromit, Borat, Molybdat
7. Hydrierungsprozesse	Ni (als Metall, Oxyd, Carbonat, Chlorid, Sulfat, Carbonyl usw.); Pt (als Oxyd, kolloidal, als Salze frei oder an Trägern adsorbiert); Fe (als Oxyd, Carbonyl, Salz besonders in Gemischen); Cu (als Oxyd, Carbonat, Chromat); Mo (als Oxyd, meist an Kohle adsorbiert); Zn (Metallstaub, Oxyd, Propionat, Butyrat)
8. Dehydrierungen	Pt, Pd (als Träger Asbest, Kohle oder Al_2O_3); Cr (als Oxyd, als Gel, in Gemischen besonders mit Cu); Zn, Ni, Ti
9. Halogenierungen	Halogenide von Schwermetallen (Fe, Zn, Sb, Sn, Hg, Bi, Cu), adsorbiert an Trägersubstanzen (Kohle, Silikate); Salze wie $AlCl_3$, $FeCl_3$, FeI_3, $SbCl_5$
10. Kondensationen	Basische Oxyde (Al_2O_3, UO_3, ThO_2, CaO, BaO, MgO, SrO, Li_2O, V_2O_5, SiO_2); Salze (Halogenide, auch Ag-Phosphat, $HgSO_4$)
11. Polymerisationen	Halogenide ($AlCl_3$, BF_3, $ZnCl_2$, $MgCl_2$); Säuren (H_2SO_4, H_3PO_4, $HClO_4$, H_2MoO_4); Persulfate, Peroxyde; Organische Komplexverbindungen, oft an Trägern (Silicagel, Kohle, Infusorienerde)

[1] Gekürzt nach *Berkman-Morell-Egloff:* Catalysis, Reinhold, New York 1940.

Beispiele: Spezifische Eigenkeimwirkung bei phasischen Umwandlungen, wie Kondensationen usw.; beschleunigende Wirkung der gebildeten Mn^{2+}-Ionen auf die Umsetzung von Permanganat mit Oxalsäure.

Charakteristischer Verlauf der Zeit-Umsatzkurve bei autokatalytischen Reaktionen: k und v mit t stetig zunehmend. Synergistische Wirkung von Autokatalyse und Fremdkatalyse kommen gelegentlich vor.

C. Reaktionsgeschwindigkeit und Temperatur; Aktivierungsenergie

Die Reaktionsgeschwindigkeit chemischer Reaktionen (spontan ablaufende und katalysierte) steigt mit der Temperatur exponentiell an. Nach der RGT-Regel von *van't Hoff* (1884) entspricht einer Temperaturzunahme von 10 °C eine Verdoppelung bis Verdreifachung der Reaktionsgeschwindigkeit. Demnach ist bei einer Temperatursteigerung von 1 °C mit einer Reaktionsbeschleunigung von etwa 10% zu rechnen. Dieser Temperaturkoeffizient (Q_{10}) beträgt für die meisten Enzymreaktionen 1,4—2,0, für chemische Reaktionen 2—4 (Extremwerte 1,4—7), dagegen für physikalische Vorgänge nur 1,03—1,3. Er ist definiert durch die Gleichung

$$Q_{10} = \frac{k_{t+10}}{k_t}. \tag{1}$$

Die Indices der Geschwindigkeitskonstanten (k) beziehen sich auf die entsprechenden Versuchstemperaturen in Grad Celsius. Zur Berechnung des Temperaturkoeffizienten Q_{10} auf Grund zweier beliebiger Geschwindigkeitskonstanten k_1 und k_2 (gemessen bei der Temperatur t_1 bzw. t_2) dient die Formel:

$$\log Q_{10} = \frac{10}{t_2 - t_1} \log \frac{k_2}{k_1}. \tag{2}$$

Es ist zu beachten, daß der Q_{10}-Wert oft selbst von der Temperatur abhängig ist. Dadurch wird die Anwendbarkeit und Gültigkeit dieser Beziehung stark eingeschränkt.

Eine präzisere Erfassung der Temperaturabhängigkeit chemischer Reaktionen selbst in großen Temperaturintervallen wird durch die von *Arrhenius* (1889) gegebene Gleichung ermöglicht:

$$\log k = B - \frac{A}{T}. \tag{3}$$

Werden auf der Ordinate $\log k$, auf der Abszisse die reziproke absolute Temperatur ($1/T$) aufgetragen, so resultiert eine Gerade, welche die Ordinate bei B schneidet und eine Steigung von $-A$ aufweist (vgl. Abb. 49). Die Größe A stellt auf Grund der in Gl. (4) dargestellten Beziehung ein Maß für die Aktivierungsenergie (E) der betreffenden Reaktion dar:

$$A = \frac{E}{2{,}303 \cdot R} = \frac{E}{4{,}575}. \tag{4}$$

Durch Einsetzen von Gl. (4) und Umformung lautet die allgemeine Formulierung von Gl. (3) wie folgt:

$$\log k = -\frac{E}{4{,}575 \cdot T} + B \tag{5a}$$

oder

$$\ln k = 2{,}303 \cdot B - \frac{E}{1{,}98 \cdot T} \tag{5b}$$

oder

$$\frac{d \ln k}{dT} = \frac{E}{RT^2} \tag{5c}$$

oder

$$k = H \cdot e^{-\frac{E}{RT}} \quad (\text{wenn } B = \log H). \tag{5d}$$

In den Gleichungen (3) bis (5d) bedeuten:

R = Gaskonstante = $1{,}987 \dfrac{\text{cal}}{\text{Mol}\cdot\text{Grad}}$,

E = Aktivierungsenergie, kritisches Inkrement; $[E] = \dfrac{\text{cal}}{\text{Mol}}$,

H = Häufigkeitsfaktor, Aktionskonstante; $[H]$ = Konzentration$^{-n+1}\cdot$Zeit^{-1} (wobei n = Ordnung der Reaktion),

T = absolute Temperatur in Grad Kelvin,

e = Basis der natürlichen Logarithmen = 2,718.

Die Aktivierungsenergie (E) einer Reaktion läßt sich auf Grund zweier Beobachtungspunkte (k_1 und k_2, gemessen bei T_1 resp. T_2) mit Hilfe folgender Beziehungen errechnen:

$$\ln\frac{k_2}{k_1} = \frac{E}{R}\left(\frac{1}{T_1} - \frac{1}{T_2}\right) \tag{6a}$$

oder

$$E = \frac{4{,}575\cdot T_1\cdot T_2}{T_2 - T_1}\cdot\log\frac{k_2}{k_1} \tag{6b}$$

oder

$$k_2 = k_1\cdot e^{\frac{E}{R}\left(\frac{T_2 - T_1}{T_1\cdot T_2}\right)}. \tag{6c}$$

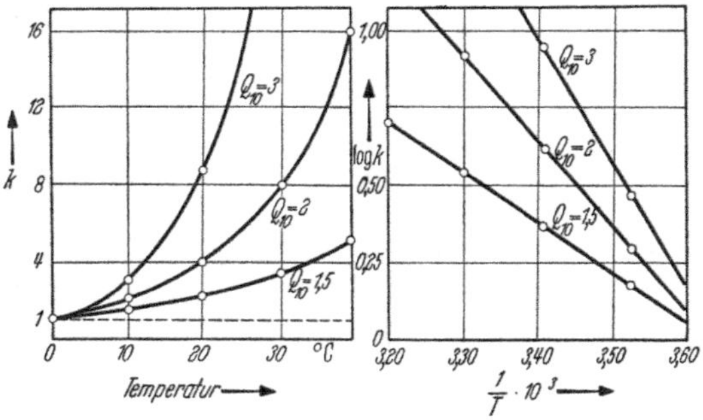

Abb. 49. Einfluß der Temperatur auf die Reaktionsgeschwindigkeit
Darstellung der Temperaturabhängigkeit von k fur Q_{10} = 1,5; 2,0 und 3,0
Vereinfachende Annahme:
spezifische Reaktionsgeschwindigkeit k bei 0°C: $k = 1$
T = absolute Temperatur (Grad Kelvin)
k = Reaktionskonstante, spez. Reaktionsgeschwindigkeit

Zur **Umrechnung zwischen dem Q_{10}-Wert** und der Aktivierungsenergie (E) dienen die folgenden Gleichungen:

Allgemein	Für den Bereich von 20—30 °C	
$E = 0{,}457\, T_1 T_2\cdot\log(Q_{10})$	$E = 40600\cdot\log(Q_{10})$	(7a)
$Q_{10} = 10^{\frac{2{,}19\,E}{T_1\cdot T_2}}$	$Q_{10} = 10^{2{,}47\cdot 10^{-5}E}$	(7b)

Bedeutung der Aktivierungsenergie (E). Auch bei exergonischen Umsetzungen — ob Katalysen oder nicht — werden im Verlauf der Reaktion Zwischenzustände durchschritten, welche energiereicher sind als Ausgangszustand *und* Endzustand: Es muß ein „Energieberg" überschritten werden; vgl. schematische Darstellung

(Abb. 50). Die hierzu erforderliche Aktivierungsenergie läßt sich aus dem Grad der Temperaturabhängigkeit der betreffenden Reaktion berechnen (vgl. Tab. 5). Eine der wichtigsten gemeinsamen Eigenschaften aller Katalysatoren ist diejenige, daß sie durch ihre Anwesenheit die Aktivierungsenergie (Aktivierungswärme) der beeinflußten Reaktion herabsetzen: Der zu überschreitende „Energieberg" wird erniedrigt.

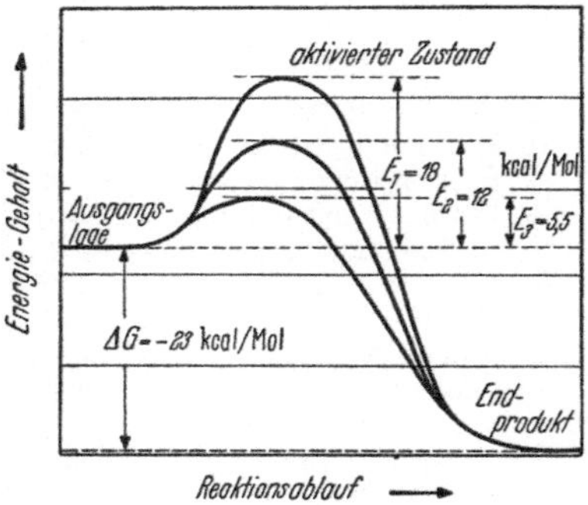

Abb. 50. Energieanderungen beim Reaktionsablauf; nach *Laidler* und *Eyring* (1940). (Beispiel: H_2O_2-Spaltung)
ΔG = Änderung an freier Energie (Wärmetönung der Reaktion)
$H_2O_2 \rightarrow H_2O + {}^1/_2\,O_2 - 23000$ cal/Mol
E_1 = Aktivierungsenergie beim Spontanzerfall
$E_1 = 18000$ cal/Mol ($k < 10^{-5}$)
E_2 = Aktivierungsenergie bei Kontaktkatalyse (Pt)
$E_2 = 12000$ cal/Mol ($k \sim 10^{-2}$)
E_3 = Aktivierungsenergie bei Zerlegung durch Katalase
$E_3 = 5500$ cal/Mol ($k \sim 10^{6}$)
k = Geschwindigkeitskonstante; spezifische Reaktionsgeschwindigkeit

Bedeutung des Häufigkeitsfaktors (H). Aus Gl. (3) bzw. dem Verlauf der dieser Gleichung genügenden Geraden (Abb. 49) geht hervor, daß B ($= \log H$) durch den Schnittpunkt mit der Ordinate gegeben ist; H ist somit ein Maß für die nach $\frac{1}{T} = 0$ bzw. $T = \infty$ extrapolierte Reaktionsgeschwindigkeit. Da bei $T = \infty$ (theoretisch) *alle* Zusammenstöße zwischen den miteinander reagierenden Teilchen erfolgreich verlaufen, ist die Größe H ein Maß für die relative Häufigkeit von Kollisionen, die sich pro Mol und Zeiteinheit ereignen (= Stoßzahl).

Maxwellsches Gesetz über die Geschwindigkeitsverteilung. Bei einer chemischen Reaktion verlaufen nur die Zusammenstöße derjenigen Teilchen erfolgreich, denen eine kinetische Energie innewohnt, die größer ist als die für die Umsetzung erforderliche Aktivierungsenergie. Die Häufigkeit, mit welcher dieser minimal erforderliche Energiebetrag in den reagierenden Teilchen enthalten ist, ist gegeben durch die Größe der für die Reaktion benötigten Aktivierungsenergie und durch die Art der Geschwindigkeitsverteilung.

Häufigkeit der insgesamt kollidierenden Moleküle (Z) = Stoßzahl:

$$Z = \sqrt{2} \cdot \pi \cdot r^2 \cdot u \cdot N^2. \qquad (8)$$

Häufigkeit der erfolgreichen Kollisionen (Z') = Häufigkeit des Vorkommens von Molekülen mit kinetischer Energie $\left(\frac{m v^2}{2}\right)$ größer als E:

$$Z' = \sqrt{2} \cdot \pi \cdot r^2 \cdot u \cdot N^2 \cdot e^{-\frac{E}{RT}}. \qquad (9)$$

Relative Haufigkeit der erfolgreichen Kollisionen $= \frac{Z'}{Z}$:

$$\frac{Z'}{Z} = e^{-\frac{E}{RT}} \quad (10a) \qquad \text{oder} \qquad \log\frac{Z'}{Z} = -\frac{E}{4{,}57 \cdot T}. \quad (10b)$$

Aus Formel (10) kann entnommen werden, daß die Temperaturabhängigkeit des Quotienten $\frac{Z'}{Z}$, der ein Maß für die Reaktionsgeschwindigkeit darstellt, mit steigendem Werte für E stark zunimmt. Ferner hat bei gleichbleibender Temperatur eine Herabsetzung von E, wie es für katalytische und enzymatische Reaktionen charakteristisch ist, eine Erhöhung des Quotienten $\frac{Z'}{Z}$, d. h. eine relative Vermehrung der erfolgreichen Kollisionen zur Folge. Die Beziehung zwischen der Häufigkeit aller Kollisionen (Stoßzahl Z) und des Häufigkeitsfaktors (H) ist gegeben durch die Beziehung:

$$H = \frac{Z}{N} . \tag{11}$$

In den Gln. (8) bis (11) bedeuten:

Z (bzw. Z') = Zahl aller (erfolgreichen) Zusammenstöße der Moleküle pro Sekunde bei der Konzentration von 1 Mol/l,
r = Teilchenradius (O_2 z. B. 2,9 AE),
u = mittlere Teilchengeschwindigkeit (O_2 bei 0 °C z. B. 425 m/sec),
N = Avogadrosche Zahl = $6{,}022 \cdot 10^{23}$,
e = Basis der natürlichen Logarithmen = 2,7183; π = 3,1416,
T = absolute Temperatur (Grad Kelvin),
R = Gaskonstante = 1,987 cal/Grad/Mol.

Tabelle 5. **Temperaturkoeffizient (Q_{10}) und Aktivierungsenergie (E) nach Gleichung (7a), berechnet für das Temperaturintervall von 20—30 °Celsius**

$\frac{k_2}{k_1} = Q_{10}$	$\log Q_{10}$	$E = 40600 \cdot \log Q_{10}$	$\frac{k_2}{k_1} = Q_{10}$	$\log Q_{10}$	$E = 40600 \cdot \log Q_{10}$
1,1	0,041	1665	2,6	0,415	16850
1,2	0,079	3200	2,7	0,431	17500
1,3	0,114	4620	2,8	0,447	18150
1,4	0,146	5920	2,9	0,463	18800
1,5	0,176	7150	3,0	0,477	19350
1,6	0,204	8280	3,2	0,505	20500
1,7	0,230	9330	3,4	0,532	21600
1,8	0,255	10350	3,6	0,556	22600
1,9	0,279	11300	3,8	0,580	23500
2,0	0,303	12300	4,0	0,602	24400
2,1	0,322	13080	4,5	0,653	26500
2,2	0,342	13900	5,0	0,699	28400
2,3	0,362	14700	5,5	0,740	30000
2,4	0,380	15400	6,0	0,778	31600
2,5	0,398	16150	10,0	1	40600

Literatur

[1] *Hinshelwood, C. N.:* The kinetics of chemical change, Oxford, 1940.
[2] *Schwab, G. M.:* Handbuch der Katalyse, Wien 1941.
[3] *Höber, R.:* Physikalische Chemie der Zellen und Gewebe, Bern 1947.
[4] *Berkman, S., J. C. Morell* and *G. Egloff:* Catalysis (inorganic and organic), New York 1940.

D. Spezielle Enzymkinetik

1. Mechanismus der Enzymwirkung

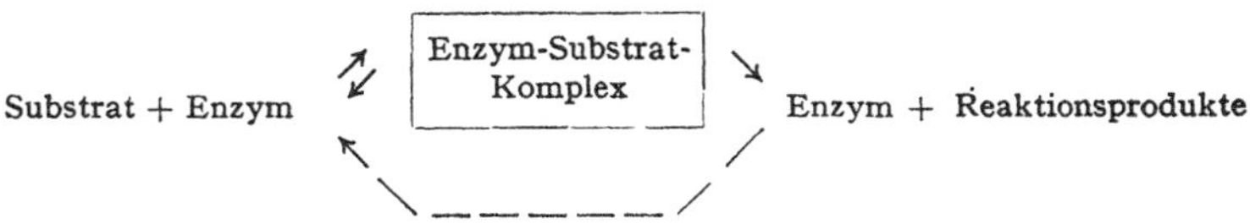

Annahme einer labilen Enzym-Substrat-Zwischenverbindung, auf deren Bildung und Zerfall das Massenwirkungsgesetz angewandt werden kann (*Michaelis* u. *Menten* [19], *Briggs* u. *Haldane* [20]).

Reaktionsgleichung und Reaktionskonstanten:

$$(E - ES) + (S) \underset{k_2}{\overset{k_1}{\rightleftarrows}} (ES) \underset{k_4}{\overset{k_3}{\rightleftarrows}} E\,P \underset{k_6}{\overset{k_5}{\rightleftarrows}} E + P \qquad (\text{z. B. } x_1 + x_2).$$

Es bedeuten: (E) = totale Enzymkonzentration, $(E-ES)$ = freies Enzym, (ES) = gebundenes Enzym. P = Reaktionsprodukte, $k_1 - k_6$ = Reaktionskonstanten*

a) Bildungsgeschwindigkeit von ES aus E und S = $k_1\,(E-ES)\,(S)$ Konstante 2. Ordnung

b) Zerfall von ES in E und S (= Rückreaktion) = $k_2\,(ES)$ } Konstanten 1. Ordnung

c) Zerfall von ES in E, x_1 und x_2 (= Vorwärtsreaktion) $\approx k_3\,(ES)$ }

Bildungsgeschwindigkeit des ES-Komplexes:

$$\frac{d(ES)}{dt} = k_1(E-ES)\,(S) - (k_2 + k_3)\,(ES). \tag{1}$$

Abnahme der Substratkonzentration (S):

$$-\frac{d(S)}{dt} = k_1(E - ES)\,(S) - k_2(ES). \tag{2}$$

Ablauf der Gesamtreaktion [Summe aus Gleichungen (1) und (2)]:

$$\frac{d(S + ES)}{dt} = k_3(ES). \tag{3}$$

In der Mehrzahl der Fälle wird der Ablauf der Gesamtreaktion durch k_3 limitiert ($k_3 < k_1, k_2$). *Cave:* Ausnahmen (vgl. S. 182). Im stationären Zustand, „steady state", $\left(\frac{d(ES)}{dt} = 0\right)$ gilt:

Umsetzung von Substrat = Ablauf der Gesamtreaktion = Bildung von Spaltprodukten

$$-\frac{d(S)}{dt} = +\frac{d(\text{Prod.})}{dt} = k_1(E - ES)\,(S) - k_2(ES) = k_3(ES). \tag{4a}$$

Daraus folgt:

$$\frac{(E - ES)\,(S)}{(ES)} = \frac{k_2 + k_3}{k_1} = K. \tag{4b}$$

$$K = \frac{\text{Konzentration an freiem Enzym } (E) \times \text{Konzentration an freiem Substrat } (S)}{\text{Konzentration an Enzym-Substratkomplex } (ES)}$$

= Gleichgewichtskonstante bzw. „Michaelis-Konstante" (Beispiele s. S. 690 bis 705)

= (scheinbare bzw. effektive) Dissoziationskonstante des Enzymsubstrat-Komplexes (ES).

2. Interpretation der Konstanten K

Es ist zu beachten, daß K auf verschiedene Arten definiert werden kann:

$K_S = \frac{(E)\,(S)}{(ES)} = \frac{k_2}{k_1}$ = „Substrat-Konstante" = Gleichgewichtskonstante für die Dissoziation des (ES)-Komplexes,

K_m = eig. „Michaelis-Konstante" = Halbsättigungskonzentration = (S) bei $V_{max}/2$ (K_m ist eine dynamische Größe von komplexer Bedeutung!).

---

* In Anlehnung an die Schreibweise in der physikalischen Chemie wird neuerdings die Verwendung der Indices k_1, k_2, k_3 für die Vorwärtsreaktionen und von k_{-1}, k_{-2}, k_{-3}, für die entsprechenden Rückreaktionen empfohlen (System C der I. U. B.) [*37*].

V_{max} bedeutet Reaktionsgeschwindigkeit bei maximaler Substratsättigung; sie wird neuerdings auch einfach mit V bezeichnet [37].
Zwischen K_s und K_m besteht folgende Beziehung:

$$K_m = \frac{k_2 + k_3}{k_1} = K_s + \frac{k_3}{k_1}. \tag{5}$$

K_m und K_s sind dann praktisch identisch, wenn $k_3 < k_2$, und k_3 vernachlässigt werden kann: $K_m = K_s = k_2/k_1$.

Der reziproke Wert von K, die sog. Affinitätskonstante $A = \frac{1}{K}$ wird heute nur noch selten benutzt.

3. Definition der Wechselzahl bzw. der katalytischen Konstanten [10]

Sind Masse für die Geschwindigkeit, mit welcher der oben skizzierte Kreisprozeß bei einer bestimmten enzymatischen Umsetzung in der Zeiteinheit abläuft.

Wechselzahl = Umsatzzahl = turnover number (TN) = catalytic centre activity; gibt die Anzahl von Substratmolekülen an, welche von *einem* aktiven Bezirk des Fermentmoleküls in der Minute erfolgreich umgesetzt werden. $TN = [\text{min}^{-1}]$.

Berechnung.

$$TN = \frac{\mu\text{Mol umgesetztes Substrat (oder gebildetes Produkt) während } n \text{ min}}{\mu\text{Mol Ferment} \times \text{Zahl der aktiven Bezirke} \times n.}$$

Ist die Anzahl der aktiven Bezirke pro Enzymmolekül nicht bekannt, dann ist diese Größe als molekulare Aktivität bzw. katalytische Konstante zu bezeichnen. Zahlenangaben über die Wechselzahl von Fermenten s. Liste auf S. 690—705.

4. Enzymaktivität in Abhängigkeit von der Substratkonzentration

Gl. (4b) ergibt umgeformt:

$$(ES) = \frac{(E)\,(S)}{K + (S)} \quad \text{oder} \quad \frac{(ES)}{(E)} = \frac{(S)}{K + (S)}. \tag{6}$$

Da zwischen (ES) und der resultierenden Reaktionsgeschwindigkeit direkte Proportionalität besteht, gilt für jede beobachtete Reaktionsgeschwindigkeit (v):

$$v = k(ES) \qquad \text{bzw.} \qquad v = k\,\frac{(E)\,(S)}{K + (S)}. \tag{7}$$

Eine enzymatische Reaktion läuft dann mit maximaler Geschwindigkeit (V_{max}) ab, wenn alle im System vorhandenen Fermentmoleküle mit Substrat gesättigt sind, d. h. wenn $S \gg (E)$ (k = Reaktionskonstante):

$$(E) = (ES), \qquad \text{somit} \qquad V_{max} = k \cdot (E).$$

Für irgendeine beobachtete Reaktionsgeschwindigkeit (v) gilt dann:

$$v = \frac{V_{max} \cdot (S)}{K + (S)} \quad \text{oder} \quad \frac{v}{V_{max}} = \frac{1}{1 + \frac{K}{(S)}}. \tag{8a}$$

Auflösung nach K ergibt:

$$K = (S)\left[\frac{V_{max}}{v} - 1\right]. \tag{8b}$$

Beträgt $v = \frac{V_{max}}{2}$, dann wird $K = (S)$.

Die Halbsättigungskonzentration bzw. „Michaelis-Konstante" K ist somit der Parameter der pS-Aktivitätskurve eines Fermentes.

Integrierte Form der Michaelis-Menten-Gleichung: Diese erlaubt die Auswertung von Meßwerten nach verschiedenen Zeiten, sofern die Abnahme der Reaktionsgeschwindigkeit einzig auf die Abnahme von (S) zurückzuführen ist. Wenn die bei Versuchsbeginn vorliegende Substratkonzentration (S_0) nach der Zeit t um den Betrag x abgenommen hat, gilt:

$$\frac{dx}{dt} = \frac{V_{max}\,((S_0) - x)}{K + (S_0) - x} \quad \text{und integriert:} \quad V_{max} \cdot t = x + K \ln \frac{(S_0)}{(S_0) - x}$$

$$\text{oder} \quad \frac{2 \cdot 303}{t} \cdot \log \frac{(S_0)}{(S_0) - x} = \frac{V_{max}}{K} - \frac{1}{K} \cdot \frac{x}{t}. \qquad \text{(9a, b, c)}$$

Vereinfachungen ergeben sich in folgenden Fällen:
a) $(S_0) \gg x$ und $(S_0) \gg K$ (d. h. bei Substratsättigung und kurzer Versuchsdauer)
2. Glied in Gl. (9b) entfällt: $V_{max} \cdot t = x$.
b) $(S_0) \ll K$ und $x \ll K$ (d. h. bei geringer Substratkonzentration).

$$\text{2. Glied in Gl. (9c) entfällt:} \quad \frac{2 \cdot 303}{t} \cdot \log \frac{(S_0)}{(S_0) - x} = \frac{V_{max}}{K}. \qquad \text{(9d)}$$

(Gleichungen (10)—(16) s. Tab. 6, Spalte 3, S. 174.)

Zur graphischen Bestimmung von K eignen sich vor allem die auf den Formeln (12) und (13) basierenden Darstellungen (s. Abb. 51), weil die gesuchte Funktion eine Gerade darstellt und die (experimentell meist nicht zugängliche) Größe V_{max} nicht bekannt zu sein braucht. Die integrierte Form der *Michaelis-Menten*-Gleichung erlaubt die Gegenüberstellung von Meßwerten bei verschiedener Versuchsdauer (vgl. Formelsammlung auf S. 174).

Im Verlauf der pS-Kurve sind *2 Bereiche* zu unterscheiden:

a) von $(S) = 0$ bis $(S) \approx 10 \cdot K$ bzw. $\frac{v}{V_{max}} = 0$ bzw. $\frac{v}{V_{max}} = \frac{10}{11} = 0{,}91$ — Reaktionsgeschwindigkeit (v) wird durch (S) begrenzt;

b) von $(S) \approx 10K$ bis $(S) \to \infty$ bzw. $\frac{v}{V_{max}} = 0{,}91$ bzw. $\frac{v}{V_{max}} = 1$ — Reaktionsgeschwindigkeit wird durch (E) begrenzt [direkte Proportionalität zwischen v bzw. V_{max} und (E)].

Einschränkung. Es sei darauf hingewiesen, daß alle diese Gleichungen wie auch diejenigen in den folgenden Abschnitten auf vereinfachenden Annahmen beruhen. Die Anwendbarkeit derselben ist in der Praxis meist gerechtfertigt. Es empfiehlt sich, die Gültigkeit dieser Annahmen in jedem speziellen Fall zu überprüfen. Nach *Straus* und *Goldstein* (1943) [25] sind die Gln. (17) und (18) für alle drei von diesen Autoren unterschiedenen „Zonen" A, B, C gültig:

$$(S) = K \frac{a}{(1 - a)} + aE, \qquad (17)$$

oder, falls die relativen Konzentrationen $S' = \frac{S}{K}$ bzw. $E' = \frac{E}{K}$ eingesetzt werden:

$$(S') = \frac{a}{(1 - a)} + aE'. \qquad (18)$$

a = relative Aktivität: $a = \frac{v}{V_{max}} = \frac{ES}{E}$.

Tabelle 6. **Darstellungsmöglichkeiten von v $\left(\text{bzw. } \frac{v}{V_{max}}\right)$ als Funktion von (S); (pS-Kurve, Substratsättigungskurve)**

Funktionsverlauf	Allgemeine Gleichung für die betr. Funktion	Spezielle Formulierung für v als Funktion der Substratkonzentration (S)	Einheiten auf Ordinate, Abszisse	Es bedeuten bei graphischer Darstellung: Ordinatenschnittpunkt ($x = 0$)	Schnittpunkt mit Abszisse ($y = 0$)	Steigung
Sättigungskurve (rechtwinklige Hyperbel)	$(a - v)(b + S) = \text{konstant}$	$(V_{max} - v)(K - S) = V_{max} \cdot K$ (10)	$y = v$ oder $\frac{v}{V_{max}}$; $x = (S)$	—	—	—
S-förmige Kurve (analog Dissoziationskurve)	$y = \frac{x}{a + x}$	$\frac{v}{V_{max}} = \frac{pS}{pK + pS}$; $pK = -\log K$; $pS = -\log S$ $pS = pK + \log \frac{V_{max} - v}{v}$ (11)	$y = v$ oder $\frac{v}{V_{max}}$ $x = \log (S)$ oder $= -\log (S) = pS$	Je nach Wahl der Einheit für (S) bzw. log (S)	bei $\log (S) = -\infty$ wird Abszisse asymptotisch erreicht	Maximum bei $v = \frac{V_{max}}{2}$ (Wendetangente)
Gerade	$y = mx + b$ Versuchsdauer t = konstant	nach *Lineweaver-Burk* 1934 [21]: a) $\frac{1}{v} = \frac{K}{V_{max}} \cdot \frac{1}{(S)} + \frac{1}{V_{max}}$ (12)	$y = \frac{1}{v}$; $x = \frac{1}{(S)}$	$\frac{1}{V_{max}}$	$-\frac{1}{K}$	$\frac{K}{V_{max}}$
		b) $\frac{(S)}{v} = \frac{(S)}{V_{max}} + \frac{K}{V_{max}}$ (13)	$y = \frac{(S)}{v}$; $x = (S)$	$\frac{K}{V_{max}}$	$-K$	$\frac{1}{V_{max}}$
		nach *Eadie*, 1942 [22]: c) $v = V_{max} - K \frac{v}{(S)}$ (14)	$y = v$; $x = \frac{v}{(S)}$ (oder umgekehrt)	V_{max}	$\frac{V_{max}}{K}$	$-K$
Gerade	$y = mx + b$ integrierte Form! Versuchsdauer t = variabel	nach *Walker* u. *Schmidt*, 1944 [23]: * d) $\frac{1}{t} \ln \frac{(So)}{(So) - a} = \frac{V_{max}}{K} - \frac{1}{K} \cdot \frac{a}{t}$ (15)	$y = \frac{1}{t} \cdot \ln \frac{(So)}{(So) - a}$ $x = \frac{a}{t}$ (oder umgekehrt)	—	V_{max}	$-\frac{1}{K}$
		nach *Banfield*, 1957 [24]: e) $-V_{max} \cdot t = (S) + K \cdot \ln (S) + \text{konst.}$ (16)	y = „Zeitdifferenz" $= t + \frac{(S)}{V_{max}}$ $x = \log (S)$	—	—	$-\frac{K}{V_{max}}$

* Zur Vermeidung von Verwechslungen ist hier x (= umgesetztes Substrat) mit a bezeichnet worden (vgl. Gl. (9), S. 173).

Die Größen E und S beziehen sich auf die Gesamtkonzentration (frei und gebunden).

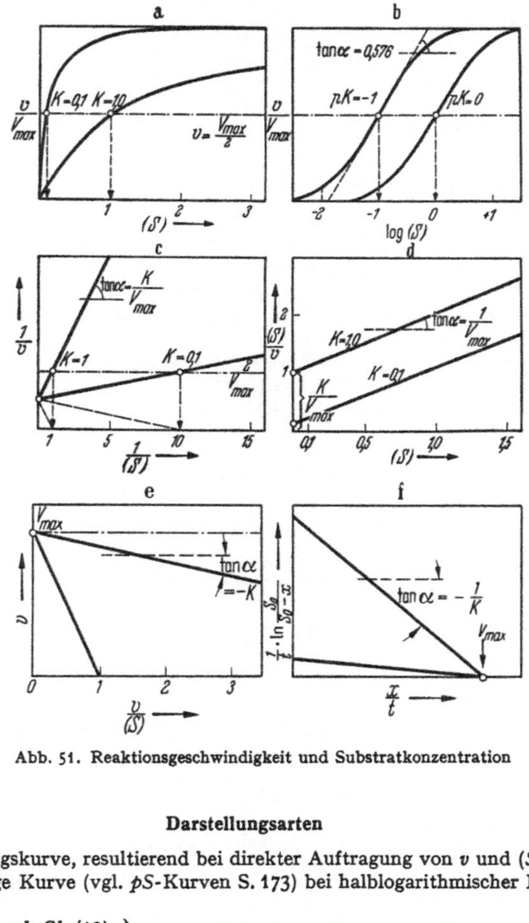

Abb. 51. Reaktionsgeschwindigkeit und Substratkonzentration

Darstellungsarten

a) Sättigungskurve, resultierend bei direkter Auftragung von v und (S); Gl. (10).
b) S-förmige Kurve (vgl. pS-Kurven S. 173) bei halblogarithmischer Darstellung Gl. (11).
c) Gerade nach Gl. (12) } nach *Lineweaver-Burk* [21] bzw. *Woolf*.
d) Gerade nach Gl. (13) }
e) Gerade nach Gl. (14) nach *Eadie* [22] bzw. *Augustinson*.
f) Darstellung der integrierten Form als Gerade nach Gl. (15).

5. Hemmung enzymatischer Reaktionen [10]

Unter Hemmung ist eine meist reversible, selten irreversible Veränderung der Fermentaktivität zu verstehen. Irreversible Schädigungen (Denaturierung) von Enzymen dürfen nicht als Hemmung betrachtet werden. Je nach „Wirkungsspektrum" lassen sich unspezifisch und spezifisch wirkende Hemmkörper unterscheiden; erstere wirken z. B. auf alle SH-Gruppen-tragenden Enzyme, letztere ausschließlich auf ein bestimmtes Ferment.

Das Ausmaß einer beobachteten Hemmung kann durch folgende Größen ausgedrückt werden:

a) *Restaktivität* $\alpha = \frac{v_i}{v} = \frac{\text{Reaktionsgeschw. in Gegenwart von } (I)}{\text{Reaktionsgeschw. ohne Inhibitor}}$ (19)

b) *Hemmungskoeffizient* $h = \frac{v - v_i}{v} = \frac{\text{prozentuale}}{\text{Aktivitätsverminderung.}}$ (20)

c) *Inhibitor-Index* $\Phi = \frac{(v - v_i)}{v_i}$ (21)

Die Größen a) und b) ergänzen sich gegenseitig zu 1:

$$\alpha = 1 - h; \qquad h = 1 - \alpha.$$

Beim Vorhandensein verschiedener Inhibitoren läßt sich die resultierende Summenwirkung durch Addition der einzelnen Inhibitor-Indices berechnen.

Es müssen folgende *Hemmungstypen* unterschieden werden:

a) nicht kompetitive Hemmung (gewöhnliche, echte Hemmung, Hemmung 2. Art);

b) Verdrängungshemmung (kompetitive Hemmung, Hemmung durch Affinität, Konkurrenzhemmung, Hemmung 1. Art);

c) Hemmung durch Substratüberschuß.

6. Die nicht kompetitive Hemmung

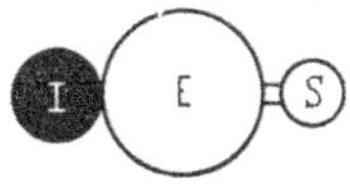

An das Fermentmolekül lagert sich ein Stoff (Inhibitor = I) an, der die Spaltungsgeschwindigkeit von ES vermindert. Die Bindungsverhältnisse am Coferment bzw. der substratbindenden Gruppe werden dadurch *nicht* beeinflußt: Die Michaelis-Konstante (K) bleibt unverändert; dagegen wird V_{max} herabgesetzt. Das relative Ausmaß der Hemmung ist bei allen Substratkonzentrationen gleich groß.

Schema:

a) $E + S \rightleftarrows ES \rightarrow E + \text{Prod.}$

b) $E + I \rightleftarrows EI$ und $EI + S \rightleftarrows EIS (\rightarrow E + \text{Prod.} + I)$[1].

c) $ES + I \rightleftarrows EIS.$

Dissoziationskonstanten von ES bzw. EIS:

$$\frac{(E)(S)}{(ES)} = \frac{(EI)(S)}{(EIS)} = K = \text{Michaelis-Konstante.}$$

Dissoziationskonstanten von EI bzw. EIS:

$$\frac{(E)(I)}{(EI)} = \frac{(ES)(I)}{(EIS)} = K_i = \frac{\text{Dissoziationskonstante der beiden}}{\text{Enzym-Inhibitorkomplexe.}}$$

Zwischen Inhibitorkonzentration (I), Restaktivität $\left(\alpha = \frac{v_i}{v}\right)$ und K_i, der Dissoziationskonstanten der Enzym-Inhibitorverbindung(en), besteht folgende Beziehung:

$$(I)\frac{\alpha}{1 - \alpha} = K_i; \quad (22) \qquad \text{ferner} \quad \frac{V_{\text{max}}}{V_{i\,\text{max}}} = \frac{v}{v_i} = 1 + \frac{(I)}{K_i}. \quad (23)$$

Einfachstes Verfahren zur Bestimmung von K_i: Bei einer Hemmung von 50% ($\alpha = 0{,}5$) wird $(I) = K_i$.

---

[1] EIS zerfällt gar nicht (oder nur langsam) in seine Spaltprodukte, d. h. E als EI und EIS ist inaktiv.

Restaktivität bzw. Hemmungskoeffizient werden allein durch (I) und K_i bestimmt und sind von (S) unabhängig. Folge: die *pS*-Kurve wird nach unten „gedrückt" (vgl. Abb. 52 a).

Durch Auflösen von Gl. (23) nach v und Einsetzen in Gl. (12) ergibt sich:

$$\frac{1}{v_i} = \left(1 + \frac{(I)}{K_i}\right)\left(\frac{K}{V_{\max}} \cdot \frac{1}{(S)} + \frac{1}{V_{\max}}\right). \tag{24}$$

oder

$$v_i = \frac{V_{\max}}{\left(1 + \frac{K}{(S)}\right)\left(1 + \frac{(I)}{K_i}\right)} = \frac{V_{i\,\max}}{1 + \frac{K}{(S)}}. \tag{25}$$

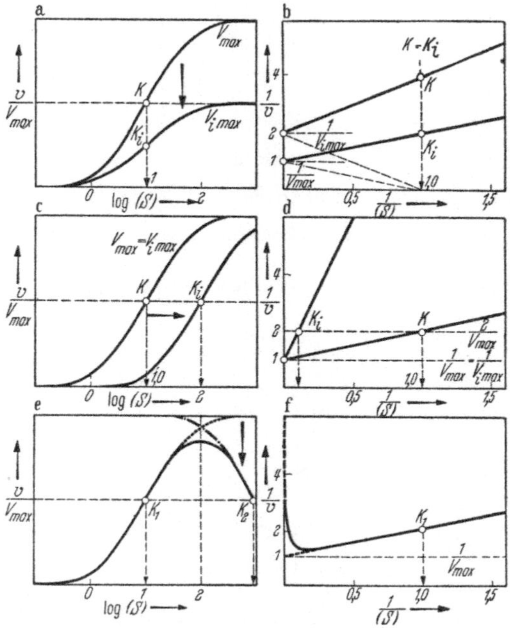

Abb. 52. Beeinflussung des Verlaufes von *pS*-Kurve (links) und der Geraden nach *Lineweaver* und *Burk* (rechts) durch verschiedene Hemmungstypen
a, b) nicht kompetitive Hemmung
c, d) Verdrängungshemmung
e, f) Hemmung durch Substratüberschuß

Darin bedeuten: v_i eine beobachtete und $V_{i\,\max}$ die größtmögliche Reaktionsgeschwindigkeit in Gegenwart von (I). Im Vergleich zum ungehemmten Zustand [Gl. (12)] sind hier bei der graphischen Darstellung alle Ordinatenwerte wie auch Steigung und Ordinatenschnittpunkt um den Faktor $\left(1 + \frac{(I)}{K_i}\right)$ erhöht (vgl. Abb. 52 b).

7. Die Verdrängungshemmung

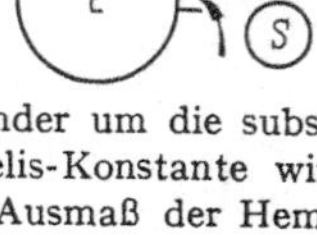

Inhibitor und Substrat konkurrieren miteinander um die substratbindende Gruppe (Co-Ferment) des Enzyms: Die Michaelis-Konstante wird scheinbar erhöht; $V_{\max}$ bleibt unverändert. Das relative Ausmaß der Hemmung hängt allein vom Verhältnis $(I):(S)$ ab.

Schema: $E + S \rightleftarrows ES \rightarrow E + \text{Prod.} \quad (ES = \text{aktiv})$,

$E + I \rightleftarrows EI \quad (EI = \text{inaktiv})$;

die entsprechenden Dissoziationskonstanten sind K für (ES) und K_i für (EI).

Es gelten folgende Beziehungen:

$$\frac{1}{\alpha} = \frac{v}{v_i} = \left(1 + \frac{K}{K_i}\right)\frac{(I)}{K + (S)}, \tag{26}$$

$$K_i = \frac{(I)K}{(K + (S))\left(\frac{1}{\alpha} - 1\right)}, \tag{27}$$

$$(I)\frac{\alpha}{1-\alpha} = K_i + \frac{K_i}{K}(S). \tag{28}$$

Gl. (28) ergibt bei einer Verdrängungshemmung eine geneigte Gerade mit der Steigung $\frac{K_i}{K}$, sofern $(I)\frac{\alpha}{1-\alpha}$ als Funktion von (S) aufgetragen wird. Bei der nicht kompetitiven Hemmung resultiert eine Horizontale (Abb. 53c). Beim direkten Auftragen (einfacher!) der reziproken Reaktionsgeschwindigkeiten $\left(\frac{1}{v}\right)$ gegen $\frac{1}{S}$ ergibt sich gleichfalls eine Gerade, welche Gl. (29) genügt:

$$\frac{1}{v_i} = \frac{K}{V_{\max}}\left(1 + \frac{(I)}{K_i}\right)\frac{1}{S} + \frac{1}{V_{\max}}. \tag{29}$$

oder

$$v_i = \frac{V_{\max}}{1 + \frac{K}{(S)}\left(1 + \frac{(I)}{K_i}\right)} = \frac{V_{\max}}{1 + \frac{K'}{(S)}}. \tag{30}$$

Bei der Verdrängungshemmung sind $V_{i\,\max} = V_{\max}$ und $K' > K$.

Im Vergleich zum ungehemmten Zustand [Gl. (12)] ist hier in der graphischen Darstellung $\left(\frac{1}{v}\middle/\frac{1}{S}\right)$ bei konstantem Ordinatenschnittpunkt einzig die Steigung der Geraden um den Faktor $\left(1 + \frac{(I)}{K_i}\right)$ erhöht (Abb. 52d). Bei Gegenwart von kompetitiv hemmenden Stoffen wird somit die Größe der Michaelis-Konstante (K) um denselben Faktor scheinbar erhöht. Berechnung des wahren Wertes für K auf Grund der bei verschiedenen Konzentrationen von I bestimmten scheinbaren Größen (K') mittels Gl. (31):

$$K' = K\left(1 + \frac{(I)}{K_i}\right). \tag{31}$$

Als Folge davon wird die pS-Kurve als Ganzes nach rechts parallel verschoben. Beim Auftragen der verschiedenen Werte für K' als Funktion von (I) resultiert eine Gerade, deren Ordinatenschnittpunkt eine direkte Ablesung von K erlaubt [*11*]. Gl. (31) ermöglicht zudem die Bestimmung von K_i:

$$(I) = K_i, \quad \text{wenn} \quad K' = 2\,K \quad (\text{Abb. 53d}).$$

Graphische Bestimmung von K_i nach *Dixon* [*10*]

1. Bestimmung von v (bzw. v_i) für verschiedene Inhibitorkonzentrationen (I) bei (S_1) = konstant und bei (S_2) = konstant $((S_1) < (S_2))$.

2. Auftragen der Meßwerte beider Versuchsreihen in ein Koordinatensystem $x = (I)$, $y = \frac{1}{v}\left(\text{bzw. } \frac{1}{v_i}\right)$.

3. Konstruktion der beiden resultierenden Geraden. Der Abszissenwert des Geradenschnittpunktes ergibt $-K_i$. Handelt es sich um eine reine Verdrängungshemmung und ist V_{max} (ohne Inhibitor) bekannt, ist eine 2. Versuchsreihe (bei (S_2)) nicht erforderlich und kann durch die durch V_{max} gegebene Horizontale ersetzt werden. Der Geradenschnittpunkt hat bei einer reinen Verdrängungshemmung die Koordinaten $x = -K_i$, $y = \frac{1}{V_{max}}$. Bei einer nicht kompetitiven Hemmung fällt dieser auf die Abszisse: $x = -K_i$, $y = 0$ (vgl. Abb. 53a, b).

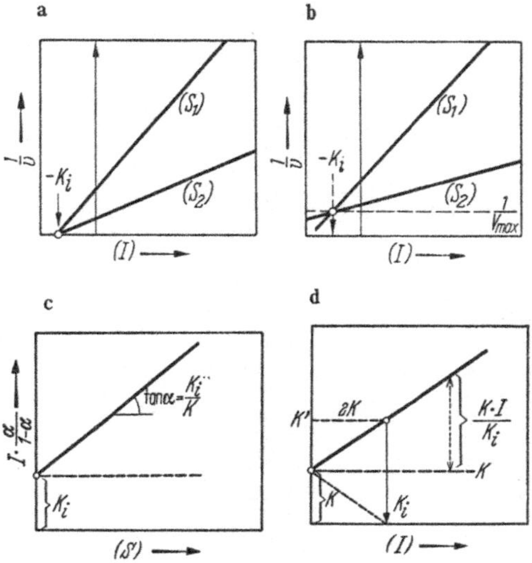

Abb. 53. Auswertung von Hemmungsversuchen

a) und b) graphische Bestimmung von K_i (nach *Dixon* [10])
a) nicht kompetitive, b) kompetitive Hemmung
c) graphische Ermittlung des Hemmungstyps und von K_i (nach *Hunter* u. *Downs* [26])
$I \cdot \frac{\alpha}{1-\alpha}$ = Inhibitorkonzentration, welche Fermentaktivität auf 50% reduziert
———— Verdrängungshemmung
.... nicht kompetitive Hemmung
d) Bestimmung der wahren Größe von K und K_i bei Verdrängungshemmungen
K' = scheinbare Dissoziationskonstante von ES
K = Michaelis-Konstante (wahrer Wert)
K_i = Dissoziationskonstante des Enzym-Inhibitor-Komplexes

8. Hemmung durch Substratüberschuß

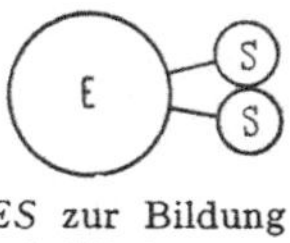

Bei hoher Substratkonzentration kann es außer zu ES zur Bildung eines inaktiven (evtl. wenig aktiven) Komplexes von der Formel ES_2 kommen. pS-Kurve zeigt Glockenform; V_{max} wird nie erreicht (Abb. 52e).

Schema:

(S) klein: $E + nS \rightleftarrows ES_n \rightarrow E + \text{Prod.}$ (häufigster Fall $n = 1$),

(S) groß: $ES_n + mS \rightleftarrows ES_{n+m}$ (praktisch inaktiv).

$$K_1 = \frac{(E)\,(S)^n}{(ES_n)}\,; \quad K_2 = \frac{(ES)^n\,(S)^m}{(ES_{n+m})}\,.$$

Sind $n = m$, so ist der Gipfel der pS-Kurve symmetrisch; wenn $n \neq m$, so resultiert eine asymmetrische Glockenkurve. Die Lage des Kurvenscheitels (= Substratkonzentration mit optimaler Reaktionsgeschwindigkeit) ist gegeben durch die Beziehung:

$$(S)_{\mathrm{opt}} = \sqrt[n+m]{K_1 \cdot K_2 \cdot \frac{n}{m}} \tag{32}$$

Der Verlauf der pS-Kurve genügt folgenden Gleichungen:

$$v = V_{\max} \left[\frac{1}{1 + \frac{K_1}{S^n} + \frac{S^m}{K_2}} \right]; \tag{33}$$

vereinfachte Gleichung, wenn $n = 1$:

$$v = \frac{V_{\max} \cdot (S)}{(S) + K_1 + \frac{(S)^{m+1}}{K_2}}; \tag{34}$$

Bestimmung von $V_{\max}$ mittels Gleichung:

$$\frac{(S)}{v} = \left(\frac{1}{V_{\max}}\right) \left(S + \frac{(S)^{m+n}}{K_2}\right) + \frac{K_1}{V_{\max}}. \tag{35}$$

Wenn $\frac{(S)}{v}$ als Funktion von (S) direkt aufgetragen wird, entspricht die Steigung der Tangente an dieser Kurve dem gesuchten Wert $\frac{1}{V_{\max}}$, sofern $(S) < K_2$, d. h. in Ordinatennähe. Der Schnittpunkt dieser Kurve mit der Ordinate liefert die Größe $\frac{K_1}{V_{\max}}$ und somit K_1. Die Größe $(n + m)$, d. h. die Zusammensetzung der inaktiven Enzym-Substratverbindung (ES_{n+m}) ist ebenfalls graphisch bestimmbar:

$$\log\left(\frac{(S)}{v} - \frac{K_1}{V_{\max}} - \frac{(S)}{V_{\max}}\right) = (n + m) \log (S) - \log K_2 \cdot V_{\max}. \tag{36}$$

Wird der linksseitige Term als Funktion von $\log (S)$ aufgetragen, so weist die resultierende Gerade eine Steigung von $(n + m)$ auf.

Beispiel: Phospho-monoesterase ES und ES_2 [27].

9. Kinetik fermentativer Prozesse, die vom Normalfall abweichen

a) Der (aktive) Enzym-Substrat-Komplex enthält mehrere Substratmoleküle

Typ: $E + nS \rightleftarrows ES_n \rightarrow E + \mathrm{Prod.}$

Graphisch erkennbar am Verlauf der pS-Kurve: Diese ist verstärkt S-förmig gekrümmt; die Steigung der Wendetangente (bei ES, d. h. $n = 1$, $\tan\alpha = 0{,}576$, $\alpha = 30°$) beträgt hier $\tan\alpha = n \cdot 0{,}576$. Bei $n = 2$ ist $\alpha = 49°$, bei $n = 3$ $\alpha = 60°$. Wird zur Darstellung die allgemeine Gl. (12) angewandt, ergibt sich an Stelle der Geraden eine flache S-förmige Kurve.

Hier gilt:

$$\frac{v}{V_{\max}} = \frac{(S)^n}{K + (S)^n} \quad \text{oder} \quad \frac{(ES_n)}{(E)} = \frac{(S)^n}{K}. \tag{37a, b}$$

Gl. (37) läßt sich als Gerade darstellen, wenn auf der Ordinate $\frac{1}{v}$, auf der Abszisse $\frac{1}{(S)^n}$ aufgetragen werden. Der Ordinatenschnittpunkt ergibt $\frac{1}{V_{\max}}$, die Steigung $\frac{K}{V_{\max}}$. Bei $v = \frac{V_{\max}}{2}$ wird $(S)^n = K$.

b) Konkurrenz zweier Substrate (S_1 und S_2) um dasselbe Enzym [*13*]:

Typ:

$$E + S_1 \underset{k_2}{\overset{k_1}{\rightleftarrows}} ES_1 \xrightarrow{k_3} E + P$$

$$E + S_2 \underset{k_2'}{\overset{k_1'}{\rightleftarrows}} ES_2 \xrightarrow{k_3'} E + P'.$$

Das Ausmaß, in welchem S_1 und S_2 umgesetzt werden, hängt ab:

1. vom Konzentrationsverhältnis $S_1 : S_2$,
2. vom Verhältnis der maximalen Umsatzgeschwindigkeiten

$$\frac{V_{\max_2}}{V_{\max_1}} = x$$

3. vom Quotienten aus den Michaelis-Konstanten $\frac{K_1}{K_2} = y$.

Die totale Umsatzgeschwindigkeit v_t ist gleich der Summe beider Einzelreaktionen

$$v_1 = \frac{V_{\max_1}}{1 + \frac{K_1}{S_1}\left(1 + \frac{S_2}{K_2}\right)}; \quad v_2 = \frac{V_{\max_2}}{1 + \frac{K_2}{S_2}\left(1 + \frac{S_1}{K_1}\right)} \qquad (38, 39)$$

$$v_t = v_1 + v_2 = \frac{V_{\max_1}\frac{S_1}{K_1} + V_{\max_2}\frac{S_2}{K_2}}{1 + \frac{S_1}{K_1} + \frac{S_2}{K_2}} = \frac{V_{\max_1}(S_1 + xyS_2)}{K_1 + S_1 + yS_2}. \qquad (40\text{a, b})$$

Wird $S_1 = S_2$ gesetzt, d. h. für äquimolare Gemische von S_1 und S_2, gilt:

$$v_t = \frac{(V_{\max_1}/K_1) + (V_{\max_2}/K_2)}{1/K_1 + 1/K_2 + 1/S}. \qquad (41)$$

Wenn $S \gg K_1$ bzw. K_2, entfällt $1/S$ ($\rightarrow 0$); y läßt sich dann auf Grund folgender vereinfachter Formel berechnen:

$$y = \frac{K_1}{K_2} = \frac{V_{\max_1} - V_{\max^*}}{V_{\max^*} - V_{\max_2}}. \qquad (42)$$

Darin bedeutet $V_{\max^*} = V_{\max}$ bei Zugabe von je 50% S_1 und S_2. Das Affinitätsverhältnis $y = K_1 : K_2$ ist somit bestimmbar durch getrennte Ermittlung von $V_{\max}$ in Gegenwart von S_1 und S_2 allein, sowie eines äquimolaren Gemisches beider Substrate (*Whittacker u. Adams*, 1949 [*28*]).

Es sind folgende Grenzfälle zu unterscheiden:

1.	2.
$V_{\max_1} > V_{\max_2}$ $K_1 = K_2$ $(y = 1;\ 0 < x < 1)$	$V_{\max_1} = V_{\max_2}$ $K_1 < K_2$ $(0 < y < 1;\ x = 1)$
v_1 bzw. v_2 sind lineare Funktionen von $S_2/S_1 + S_2$; die Abhängigkeit von v_1 bzw. v_2 vom Mischungsverhältnis ist um so größer je mehr x von 1 abweicht.	v_1 bzw. v_2 als Funktion von $S_2/S_1 + S_2$ um so stärker von der Linearität abweichend je mehr y von 1 entfernt.

In praxi handelt es sich meist um eine Kombination beider Falle.

Beispiele: Deuterium-Isotopie-Effekt bei Succinodehydrogenase (*Thorn* [*29*]); H-Donor-Konkurrenz bei Katalase (*Aebi* u. *Hassan* [*30*]).

N. B. x und y können sich auch gegensinnig verhalten; d. h. $V_{\max_1} > V_{\max_2}$ und $K_1 > K_2$; *Beispiel: Willstätter* et al. [*31*].

c) Konkurrenz zweier Enzyme um dasselbe Substrat [13]: Eine Reaktion wird durch 2 Fermente (E und E') oder durch 2 voneinander unabhängig wirkende aktive Bezirke eines Fermentes katalysiert.

Typ:
$$E + S \underset{k_2}{\overset{k_1}{\rightleftarrows}} ES \xrightarrow{k_3} E + P,$$

$$E' + S \underset{k_2'}{\overset{k_1'}{\rightleftarrows}} E'S \xrightarrow{k_3'} E' + P.$$

Sofern (E) und (E') konstant, gilt:

$$v_t = v_1 + v_2 = \frac{V_{\max_1}}{1 + \frac{K_1}{(S)}} + \frac{V_{\max_2}}{1 + \frac{K_2}{(S)}} \tag{43}$$

worin bedeuten:

$$V_{\max_1} = k_3\,(E) \quad \text{und} \quad V_{\max_2} = k_3'(E'),$$

$$K_1 = \frac{k_2 + k_3}{k_1} \quad \text{und} \quad K_2 = \frac{k_2' + k_3'}{k_1'}.$$

Bei der Darstellung von $1/v_t$ gegen $1/S$ ergibt sich:

(1) eine Gerade, sofern $K_1 = K_2$; Schnittpunkt mit Ordinate:

$y = \dfrac{1}{V_{\max_1} + V_{\max_2}}$; Schnittpunkt mit Abszisse: $x = -\dfrac{1}{K_1} = -\dfrac{1}{K_2}$;

(2) eine Hyperbel, wenn $K_1 \neq K_2$; Schnittpunkt(e) mit Abszisse: $x = -\dfrac{1}{K_1}$ und $-\dfrac{1}{K_2}$.

Wenn (S) klein, nähert sich Verlauf derjenigen Geraden, welche durch das Enzym mit der größeren Affinität zum Substrat gegeben ist.

d) Reaktionen, die unter Bildung eines binären Komplexes verlaufen (*Chance*, 1953 [14]):

E reagiert mit 1. Partner A (= Substrat oder Co-Enzym) unter Bildung eines Komplexes ES bzw. EA; dieser reagiert mit 2. Partner B (= Coenzym oder H-Donor):

$$E + A \underset{k_2}{\overset{k_1}{\rightleftarrows}} EA$$

$$EA + B \xrightarrow{k_3} E + C + D.$$

Für die Umsatzgeschwindigkeit im stationären Zustand gilt:

$$v = \frac{k_3\,(E)\,(B)}{1 + \frac{1}{(A)} \cdot \frac{(k_2 + k_3\,(B))}{k_1}}, \tag{44}$$

worin bedeutet:

$$\frac{k_2 + k_3(B)}{k_1} = K_a = \text{„Michaelis-Konstante" für das Substrat } A.$$

Aus Gl. (44) ist ersichtlich, daß K_a von (B) abhängt. Sofern $k_3(B) \gg k_2$ besteht Proportionalität zwischen K_a und (B). Eine „Pseudosättigung" ist zu beobachten, wenn (B) variiert und (A) konstant gehalten wird.

Beispiele:	$A =$	$B =$	$C =$	$D' =$	Literatur
Katalase	H_2O_2	H_2O_2	H_2O	H_2O	*Chance* [14]
	$R-OOH$	$R-H_2$	R	H_2O	
Peroxydase	H_2O_2 $R-OOH$	$R-H_2$	R	H_2O	
Leber-ADH	Coenzym $I-H_2$	Aldehyd	Alkohol	Coenzym I	*Theorell* u. *Chance* [32]

10. Die Abhängigkeit der Reaktionsgeschwindigkeit vom p_H

Das p_H-Optimum eines Fermentes wird durch den Scheitelpunkt der p_H-Aktivitätskurve festgelegt (vgl. S. 690—705). Der Verlauf entspricht in vielen Fällen demjenigen der Dissoziationsrestkurve eines Ampholyten, welche ihrerseits die Resultante zweier sich überschneidender Dissoziationskurven darstellt. (*Michaelis* (1911) [33]). Der prozentuale Anteil an Zwitterionen ($= \varrho$) in einer Ampholytlösung (Ferment) ist gegeben durch:

$$\varrho = \left[1 + \frac{K_a}{(H^+)} + \frac{K_b}{(OH^-)}\right]^{-1} = \left[1 + \frac{K_a}{(H^+)} + \frac{(H)^+}{K_b'}\right]^{-1}. \tag{45}$$

Darin bedeuten:

$$\varrho = \text{Dipolanteil} = \frac{\text{Konzentration an Zwitterionen}}{\text{Totale Ampholytkonzentration}},$$

$$K_a = \text{Säure-Dissoziationskonstante} = \frac{(H^+)\,(ROH^-)}{(HROH)}, \quad -\log K_a = pK_a,$$

$$K_b = \text{Basen-Dissoziationskonstante} = \frac{(HR^+)\,(OH^-)}{(HROH)}; \quad K_b' = \frac{K_w}{K_b} \tag{a}$$

$$\text{resp. } pK_b' = 14 - pK_b, \tag{b}$$

$$K_w = \text{Ionenprodukt von } H_2O = (H^+)\,(OH^-).$$

Unter der analogen Annahme, daß die Aktivität eines Enzyms vor allem durch 2 (Arten) dissoziierbare(r) Gruppen bestimmt wird — wobei die Form EH^- viel aktiver als E^{--} und EH_2 —, ergibt sich folgende Situation [13]:

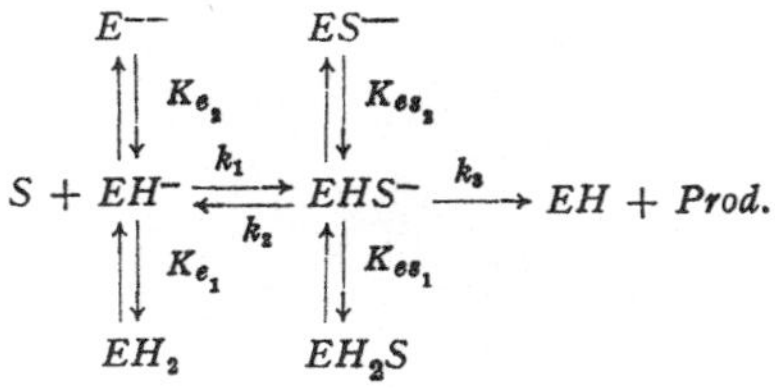

worin bedeuten:

$$K_{e_1} = \frac{(H^+)\,(EH^-)}{(EH_2)}; \quad K_{es_1} = \frac{(H^+)\,(EHS^-)}{(EH_2S)} \sim K_b,$$

$$K_{e_2} = \frac{(H^+)\,(E^{--})}{(EH^-)}; \quad K_{es_2} = \frac{(H^+)\,(ES^{--})}{(EHS^-)} \sim K_a.$$

Die p_H-Abhängigkeit von V_{max} und der „Substrat-Konstanten" K_s folgt den Gleichungen:

$$V_{max} = \frac{k_3 \cdot (E_{total})}{\left(1 + \frac{(H^+)}{K_{es_1}} + \frac{K_{es_2}}{(H^+)}\right)} \,. \tag{46}$$

$$K_s = \frac{(k_2 + k_3)}{k_1} \cdot \frac{1 + \frac{(H^+)}{K_{e_1}} + \frac{K_{e_2}}{(H^+)}}{1 + \frac{(H^+)}{K_{es_1}} + \frac{K_{es_2}}{(H^+)}} \,. \tag{47}$$

Die Lage des p_H-Optimums (bzw. von ϱ) ist bei symmetrischem Kurvenverlauf gegeben durch:

$$(H^+)_{opt} = \sqrt{K_a \cdot K_b'} \quad \text{bzw.} \quad p_{H\,opt} = \frac{pK_a + pK_b'}{2} \,. \tag{48}$$

Der relative Ordinatenwert (bzw. „Höhe") beim p_H-Optimum beträgt:

$$\varrho_{opt} = \frac{1}{1 + 2\sqrt{\frac{K_a}{K_b'}}} \,. \tag{49}$$

Die Ermittlung der Konstanten $K_a (pK_a)$ und $K_b' (pK_b')$ für eine beobachtete symmetrische Ampholyt-Dissoziationsrestkurve ist möglich auf Grund des Kurvenverlaufes, der bestimmt ist durch den Größenunterschied (Abstand) der beiden pK (Parameter der Dissoziationskurven). Beträgt der Unterschied über 3–4 p_H-Einheiten, so ist die Kurve breit und zeigt ein Plateau. Je näher die beiden Parameter zueinander kommen, desto schmaler und spitzer wird die Kurve (*Michaelis* [33], Abb. 54).

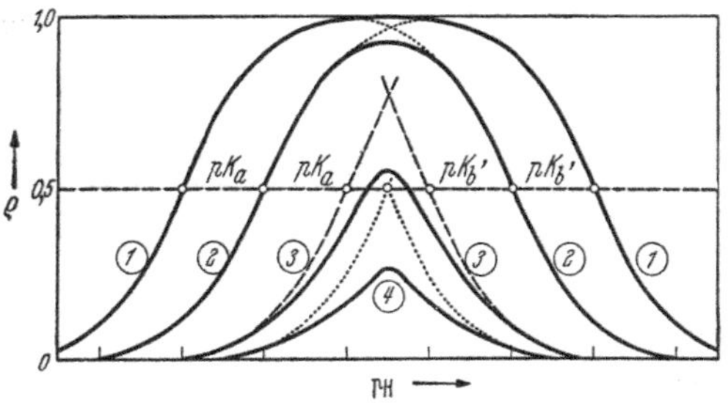

Abb. 54. Dissoziationsrestkurven für amphotere Elektrolyte (Proteine) mit unterschiedlichem ($pK_a - pK_b'$). ($pK_a - pK_b'$) = Abstand des Parameters der Saure-Dissoziationskurve von demjenigen der Basen-Dissoziationskurve. Die Dissoziationsrestkurve eines Ampholyten stellt die Resultante dieser beiden sich mehr oder weniger stark überschneidenden Kurven dar. ($pK_a - pK_b'$) betragt fur die Kurve *1* 5, Kurve *2* 3, Kurve *3* 1 und fur die Kurve *4* 0 p_H-Einheiten

Einige aus dem Kurvenverlauf ablesbare Daten, die zur Bestimmung von ($pK_a - pK_b'$) herangezogen werden können, sind in Abb. 55 wiedergegeben (*Aebi* [34]). Die aus dem Diagramm erhaltenen Daten für pK_a und pK_b' dürfen jedoch nicht – wie das ursprünglich getan worden ist – den Dissoziationskonstanten des Enzyms bzw. des Enzym-Substratkomplexes ohne weiteres gleichgesetzt werden. Es kann indessen auch bei der Aktivitätsbegrenzung durch andere Faktoren ein formal ganz analoger Kurvenverlauf resultieren. Der zu beiden

Seiten des p_H-Optimums erfolgende Aktivitätsabfall kann folgende Ursachen haben:

1. Dissoziation des freien Enzyms } als Kation
2. Dissoziation der Enzym-Substrat-Verbindung } oder Anion.
3. Änderung der Dissoziationsform des Substrates.
4. Stabilitätsabfall von E oder ES.
5. Starke p_H-Abhängigkeit der Michaelis-Konstanten.
6. Starke p_H-Abhängigkeit von V_{max}.
7. Löslichkeitsabfall eines Aktivators (evtl. des Substrates).

Abb. 55. Funktionen von $pK_a - pK_b'$ (Abstand des Parameters der Säure-Dissoziationskurve von demjenigen der Basen-Dissoziationskurve) zur Bestimmung des Verlaufs einer Ampholyt-Dissoziationsrestkurve [34]

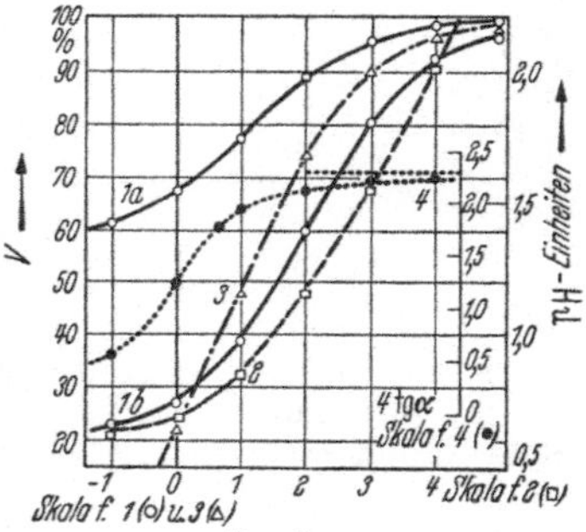

○ 1 a) Relative Abnahme von ϱ ± 0,5 p_H-Einheiten Entfernung vom p_H-Optimum,
○ 1 b) relative Abnahme von ϱ bei ± 1,0 p_H-Einheiten Entfernung vom p_H-Optimum; beide bezogen auf ϱ beim p_H-Optimum ($= \varrho_{max}$) · ϱ_{max} bedeutet den Dipolanteil resp. die Aktivitat beim p_H-Optimum
□ 2. Entfernung vom Kurvenscheitel (p_H-Optimum) in p_H-Einheiten, bei welcher ϱ auf den halben Wert absinkt, verglichen mit ϱ_{max} (beim p_H-Optimum)
△ 3. Absolute Größe von ϱ_{max}
● 4. Steigung der Wendetangente tan α (dargestellt: 4 · tan α)

Die Lage des p_H-Optimums hängt ab von:

a) *Enzym.* Art, Herkunft, Reinheitsgrad und Konzentration des Fermentes; „Alter" der Enzymlösung;

b) *Substrat.* Art (pK) und Konzentration des Substrates;

c) *Milieufaktoren.* Versuchsdauer, Temperatur, Gegenwart von Effektoren (Aktivatoren und Inhibitoren), deren Wirkung sich nur auf einen bestimmten Bereich der p_H-Aktivitätskurve erstreckt und so das p_H-Optimum verschieben kann. Art und Ionenstärke des Puffergemisches, Redoxpotential usw.

11. Die Temperaturabhängigkeit enzymatischer Reaktionen

Die Reaktionsgeschwindigkeit fermentativer Umsetzungen ist stark temperaturabhängig im Sinne der von *Arrhenius* gegebenen Gleichung (S. 168, vgl. Abb. 49). Diese Beziehung gilt jedoch nicht streng, da die Fermente in vitro bereits bei relativ niedriger Temperatur eine merkliche Inaktivierung erleiden. Daher stellt die Temperatur-Aktivitätskurve die Resultante zweier entgegengesetzt wirkender Prozesse dar, und zwar a) der Aktivität im eigentlichen Sinne, und b) der Inaktivierung des Fermentes (besonders bei längerer Versuchsdauer!). Die gegenseitige Lage der Kurven bestimmt das Temperaturoptimum. Die Aktivierungsenergie enzymatischer Reaktionen ist im allgemeinen noch geringer als diejenige der durch anorganische und organische Katalysatoren beschleunigten Reaktionen ($Q_{10} \sim 2$, Aktivierungsenergie von Fermenten, s. S. 170). Die zur Inaktivierung von Fermenten erforderlichen Energiebeträge sind dagegen sehr hoch und von gleicher Größenordnung wie diejenigen, die zur Eiweißdenaturierung benötigt werden. Der sehr große Temperaturkoeffizient ($Q_{10} \sim 10$) wirkt sich praktisch dahin aus, daß die Inaktivierungsgeschwindigkeit in einem kleinen Temperaturintervall von sehr geringen Werten zu fast momentanem Ablauf ansteigt. Dadurch wird das Bestehen eines „Inaktivierungspunktes" vorgetäuscht.

Da das kritische Inkrement (= E) bei der Inaktivierung um rund eine Zehnerpotenz größer ist als die Aktivierungsenergie der Enzymwirkung selbst, zeigt der Verlauf der ersteren Kurve als Funktion der Temperatur eine ungleich stärkere Krümmung und imponiert als rechtwinklige Hyperbel. Dies erklärt die Asymmetrie der Temperatur-Aktivitätskurve (Abb. 56). Aus praktischen und theoretischen Gründen (Definition der Int. Enzym-Einheiten [*37*]) sollte wenn möglich stets bei 25° gearbeitet werden.

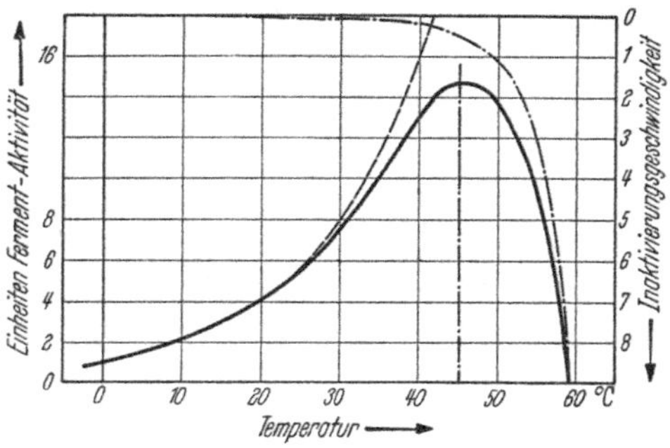

Abb. 56. Die Abhängigkeit der Fermentaktivität von der Temperatur

- - - - - - Fermentaktivität im engeren Sinne (dargestellt $Q_{10} = 2$)
············ Inaktivierung (dargestellt $Q_{10} = 10$)
———— Resultante = gemessene Aktivitat als Funktion der Versuchstemperatur
············ Lage des Temperaturoptimums. Annahme: Aktivität bei 0°C = 1

Die Resultanten-Natur des p_H-Optimums, insbesondere dessen Abhängigkeit von der Versuchsdauer, kommt mit Deutlichkeit aus der in Abb. 57c wiedergegebenen Kurvenschar zum Ausdruck.

12. Verlauf der Zeit-Umsatzkurve

Beim Zusammenbringen von Enzym- und Substratlösung sind bei der sich in der Folge abspielenden Umsetzung 3 Phasen zu unterscheiden (vgl. Abb. 57a) (*Chance* [*14*]; *Alberty* [*13*]):

1. Phase = initiale Phase (pre-steady-state)	2. Phase = stationäre Phase (steady-state)	3. Phase
$\frac{d(ES)}{dt}$ = positiv	$\frac{d(ES)}{dt} = 0$	$\frac{d(ES)}{dt}$ = negativ
Bildung von (ES) > Bildung von Reakt. prod.	Bildung von (ES) ~ Bildung von Reakt. prod.	jedoch meist $\frac{d(ES)}{dt} \ll \frac{d(S)}{dt}$
Bildung von (ES) ~ Abnahme von freiem (E)	Verhältnis zwischen freiem und gebundenem Enzym unverändert:	Mit fortschreitender Verknappung an Substrat geht ES in E über
$\frac{E}{ES}$ abnehmend	$\frac{E}{ES}$ = konst.	$\frac{E}{ES}$ zunehmend

Enzymatische Umsetzungen sind im stationären Zustand meist mono- oder bimolekulare Reaktionen; die beobachteten Zeit-Umsatzkurven sind somit erster oder zweiter Ordnung. Ist das Substrat im Überschuß vorhanden, so resultiert — wenigstens zu Beginn — eine Reaktion von (scheinbar) nullter Ordnung. Es ist zwischen den folgenden beiden Fällen zu unterscheiden:

A *Ausgangssituation* (in vitro) Substratüberschuß $(S) \gg K$, keine Reaktionsprodukte $(P = 0)$ (entspricht Phase 2).	B *Verhältnisse gegen Ende der Umsetzung (bzw. bei geringem Substratangebot*, z. B. in vivo). Substratkonzentration relativ gering; $((S) \sim K)$ Anreicherung von Reaktionsprodukten (entspricht Phase 3).
Die Reaktionsgeschwindigkeit zu Beginn (v_0) entspricht annähernd V_{max}, wobei v_0 im Bereiche des (rechten) asymptotischen Schenkels der pS-Kurve nur wenig (oder gar nicht) von (S) abhängig ist. Die relative Änderung von (S) ist zudem gering. Das Enzym ist mit S gesättigt.	Die Reaktionsgeschwindigkeit (v) hängt nicht nur von (E), sondern auch von (S) ab, da v in der Nähe des Wendepunktes der pS-Kurve von (S) stark abhängig ist. Dazu ändert sich (S) pro Zeiteinheit beträchtlich. Verstärkung der Reaktionsverzögerung durch zusätzliche Faktoren. Folge: Abweichung vom theoretischen Kurvenverlauf (siehe unten).
(Als ob) *Reaktion nullter Ordnung:* Zeit-Umsatzkurve = Gerade; Steigung der Geraden proportional k: $-\frac{d(S)}{dt} = k'$ = Maß für Geschwindigkeitskonstante (k). $k' = k(E)$. Es herrscht direkte Proportionalität zwischen Versuchsdauer und Umsatz, sowie Enzymmenge und Umsatz. Die zur Erzielung eines bestimmten Umsatzes erforderliche Versuchsdauer und Enzymmenge sind zueinander umgekehrt proportional.	*Reaktion erster Ordnung:* $(S \rightarrow \text{Prod.})$. Proportionalität zwischen (S) und v, wenn (E) = konstant: $-\frac{d(S)}{dt} = k \cdot (E) \cdot (S)$. *Reaktion zweiter Ordnung:* $(S_1 + S_2 \rightarrow \text{Prod.})$. Analog: $-\frac{d(S_1)}{dt} = -\frac{d(S_2)}{dt} = k(E)(S_1)(S_2)$. Darstellung und Gleichungen für den Verlauf dieser Zeit-Umsatzkurven siehe allg. Reaktionskinetik (Tab. 1, S. 162/163, Abb. 48).

Ursachen der Reaktionsverzögerung bei enzymatischen Umsetzungen

1. Abnahme der Substratkonzentration (S), da v proportional (S).

2. Anreicherung von kompetitiv hemmenden Reaktionsprodukten. Auch die umgesetzten Produkte haben oft noch eine gewisse „Affinität" zum Enzym.

3. Reversibilität der Reaktion: Je mehr Reaktionsprodukte anfallen, desto stärker macht sich die entgegengesetzt verlaufende Reaktion bemerkbar. (Erreichen eines Gleichgewichts!)

4. Abnahme der Konzentration an aktivem Enzym während der Inkubierung. Ursachen: a) Abdissozieren bzw. Abspaltung des Cofermentanteils. b) Partielle Inaktivierung (Denaturierung) des Fermentes im Verlauf der Reaktion. Dies ist besonders dann der Fall, wenn bei 37 °C oder mehr und in der Nähe der Stabilitätsgrenze inkubiert wird (p_H-Optimum $\neq$ Stabilitätsoptimum!).

5. p_H-Änderung im Versuchsansatz z. B. bei der Freisetzung saurer oder basischer Produkte oder bei ungenügender Pufferung des Systems.

6. Negative Autokatalyse.

Aufnahme einer Zeit-Umsatzkurve:

a) *Direkte* Verfolgung im Ansatz (z. B. optischer Test nach *O. Warburg*!) = Verfahren der Wahl:

1 Ansatz ergibt beliebig viele Meßpunkte und erlaubt eine kontinuierliche und verzögerungsfreie Aufnahme des gesamten Kurvenverlaufs. Mit der Messung kann meist kurz nach Start ($t \rightarrow 0$) begonnen werden, somit $v_{\text{beob}} \rightarrow v_0$.

b) *Indirekt* durch wiederholte Entnahme und Analyse aliquoter Proben aus dem Ansatz bzw. durch Ansetzen und Untersuchung einer größeren Anzahl paralleler Proben.

Nachteile: Relativ kompliziert, Information diskontinuierlich. 1 Ansatz ergibt 1 Meßwert. Pro Bestimmung sind mindestens 3 Ansätze bzw. Meßwerte erforderlich: Start ($t = 0$) = Blindwert = Ausgangslage; 2 Ansätze inkubiert von $0 - t_1$ bzw. von $0 - t_2$.

Regel: Bei Anwendung indirekter Methoden empfiehlt es sich *stets* den Verlauf der Zeit-Umsatzkurve aufzunehmen. Eine Reihe von Irrtums- bzw. Fehlermöglichkeiten sind in Abb. 57b dargestellt.

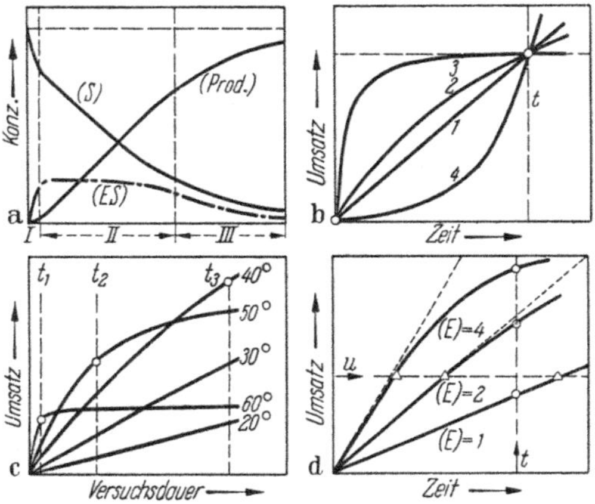

Abb. 57. Zeitlicher Ablauf enzymatischer Umsetzungen

a) Schematische Darstellung der 3 Phasen; Erklarung s. Text S. 186
b) Verschiedene Typen von Zeit-Umsatzkurven
1. Reaktion 0-ter Ordnung = Idealer Fall
2. Reaktion 1. Ordnung ($S > K_m$) = Häufigster Fall
3. Vorzeitiges Erreichen eines Plafond z. B. infolge „Aufbrauch" des Substrates oder Inaktivierung des Enzyms
4. Autokatalytischer Typ (z. B. in der initialen Phase oder bei bevorzugtem Abbau eines begleitenden Inhibitors = pseudo-Autokatalyse; echte Autokatalyse)
c) Einfluß von Temperatur und Versuchsdauer auf Verlauf der Zeit-Umsatzkurve und Temperatur-Optimum
d) Verhalten von Enzymkonzentration und Umsatz bei verschiedener Wahl der Einheit (△ = Zeit pro Standard-Umsatz U; ○ = umgesetzte Substratmenge pro Standard-Versuchsdauer t)

13. Bestimmung der enzymatischen Aktivität; Wahl der Einheit

Es ist nur ausnahmsweise möglich, eine beobachtete Fermentwirkung einer absoluten Menge von kristallisiertem Reinenzym zuzuordnen, sei es durch Isolierung des Fermentes oder durch spektrophotometrische Bestimmung (direktes Verfahren). In der Regel wird die enzymatische Aktivität unter genau standardisierten Versuchsbedingungen gemessen und auf eine willkürlich definierte Einheit der Fermentaktivität bezogen (indirektes Verfahren). Als Berechnungsgrundlage kann a) die in einer bestimmten Zeit beobachtete Abnahme der Substratkonzentration oder b) die Bildung von Reaktionsprodukt(en) dienen (vgl. Reaktionskinetik S. 159). Beim Arbeiten mit hohen Substratkonzentrationen und bei geringem Spaltungsausmaß ist b) als genaueres Verfahren vorzuziehen. In jedem Falle prüfe man die Zuverlässigkeit einer Fermentbestimmungsmethode a) durch Variation der Enzymkonzentration (Proportionalität zwischen Enzymmenge und gemessener Aktivität!) und b) Aufnahme einer Zeit-Umsatzkurve! (vgl. Abb. 57b). Die Standard-Bedingungen zur Definierung der Aktivitätseinheit können nach verschiedenen Gesichtspunkten festgelegt werden. Die folgenden beiden Verfahren sind gebräuchlich (vgl. Abb. 57d).

	A	B
Prinzip:	Es wird die in einer festgelegten Zeitspanne unter Standardbedingungen resultierende Ausbeute (A) bestimmt	Durch Verfolgung des Verlaufs der Zeit-Umsatzkurve wird diejenige Versuchsdauer ermittelt, welche zur Erzielung eines bestimmten Umsatzes (U) erforderlich ist
Konstante Bedingungen:	Alle (kontrollierbaren) Versuchsbedingungen + Versuchsdauer Zeit konstant: a Std, min, sec	Alle (kontrollierbaren) Versuchsbedingungen + Umsatz (Spaltungsausmaß abgebautes Substrat ($S - x$) gebildetes Produkt (x) } konstant
Variable:	Spaltungsausmaß	Zeit
Definition der Einheit:	$A = \frac{\text{umgesetzte Substratmenge}}{\text{Versuchsdauer}}$ z. B. $A = x$ mg/a min; $[A] = \text{mg}$	$\frac{1}{U} = \frac{\text{Zeit}}{\text{Standard-Umsatz}}$ z. B. $\frac{1}{U} = x$ min/a mg; $[U] = \text{min}^{-1}$
Benennung der Einheit, bezogen auf Gewichtseinheit Praparat (= Konzentration)	Katalytische Fahigkeit, Reaktionskonstante	Zeitwert
Anwendbarkeit und Voraussetzung	Da einfach auszuführen, in der Praxis sehr beliebt (Serienversuche!). Bedingung: direkte Proportionalitat zwischen Ferment, Zeit und Umsatz (Reaktion nullter Ordnung) $k' = k \cdot (E)$) andernfalls Verzerrung der Aktivitätsskala. $\frac{E_1}{E_2} = \frac{A_1}{A_2} = \frac{k'_1}{k'_2}$	Enzymkinetisch korrektes Verfahren (komplizierter). Vorteil: Direkte Proportionalitat zwischen Enzymkonzentration und reziproker Zeit besteht auch bei Reaktionen höherer Ordnung, d. h. ohne Rucksicht auf den Verlauf der Zeit-Umsatzkurve. $\frac{E_1}{E_2} = \frac{1}{t_1} : \frac{1}{t_2} = \frac{U_1}{U_2}$
Beispiel: Aktivitat der Saccharose (zit. nach *Sumner* und *Somers*)	Einheit von *Summer* und *Howell*: Aktivität derjenigen Enzymmenge, welche in einer saccharosehaltigen Lösung von genau beschriebener Zusammensetzung in 5 Minuten bei 20°C und $p_H = 4{,}5$ genau 1,0 mg Invertzucker freisetzt: x mg Invertzucker = x Einheiten	Einheit von *O'Sullivan* und *Tompson*: Anzahl Minuten, welche benötigt werden, um die im Ansatz befindlichen 4 g Saccharose bei 15,5°C und bei $p_H = 4{,}5$ bis zur optischen Aktivitat 0 zu invertieren. x min bzw. $\frac{1}{x}$ min = x Einheiten

14. Praktische Vorschläge für die Wahl von Enzym-Einheiten

Zur Angabe einer Enzym-Konzentration (= Aktivitätseinheit(en)/Bezugseinheit) kann grundsätzlich irgendeine willkürliche Einheit gewählt werden. Wenn immer möglich, sollten jedoch die Empfehlungen der I. U. B. (International Union of Biochemistry) und der I. U. P. A. C. (International Union of Pure and Applied Chemistry) berücksichtigt werden. Ein solches Vorgehen wird die Vergleichbarkeit von Resultaten der Literatur erheblich erleichtern [*35*, *36*, *37*]. Nach diesen Empfehlungen ist die Größe μ Mol umgesetztes Substrat (μ Aeq gespaltene Bindungen bei Makromolekülen) durchwegs als internationale Einheit der Enzym-Aktivität zu wählen, wobei die Messung bei Substratsättigung, 25 °C und sonst optimalen Bedingungen vorgenommen werden sollte [*37*, *38*].

Tabelle 7. **Wahl von Enzym-Einheiten; Möglichkeiten und Vorschläge zur Vereinheitlichung**

Material	Aktivitäts-Einheit (U)	Bezugseinheit	Bemerkungen
Reinenzym (gereinigtes Enzym)	Substratumsatz (mg/min) Extinktionsänderung (ΔE/min) p_H-Änderung (Δp_H/min) Gaswechsel (Q-Wert: μl Gas/Std.)	mg(g) Protein (6,25 × N)	Willkürliche Einheiten
	μ Mol Substratumsatz/min/mg Protein (ev. ml Lösung) (gemessen bei 25°, p_H- u. Substrat-Optimum)!		Spezifisches Aktivität = = Empfehlung der I. U. B. 1960 1000 U = 1 k-U (kilo-unit) 0,001 U = 1 m-U (milli-unit)
	Anzahl Moleküle Substrat/min/Molekül Enzym		Molekulare Wirksamkeit; katalytische Konstante
	Anzahl Moleküle Substrat/min/aktives Zentrum		Aktivität des katalytischen Zentrums; Wechselzahl; T. N.
Körper-flüssig-keiten (Serum, Liquor etc.)	Änderung irgendeiner Meßgröße/Zeit/ml		willkürliche Einheiten
	μ Mol Substratumsatz/min/ml oder 1000 ml		Internationale Einheit/l = Empfehlung der Joint Subcommission on Clinical Enzyme Units (I. U. P. A. C. u. I. U. B.) 1960
Gewebs-proben	μ Mol Substratumsatz/min/ (Bei Makromolekülen als Substrat gilt sinngemäß: μ Aeq. freigesetzter Gruppen bzw. Bindungen)	Frischgewicht (mg F. G.)	Abhängigkeit vom Qellungsgrad.
		Trockengewicht (mg T. G.)	Abhängigkeit vom Lipid u. Kohlenhydratgehalt.
		fettfreies Trockengewicht (mg F. F. T. G.)	Abhängigkeit vom Kohlenhydratgehalt.
		Total-N (mg, g)	—
		Protein-N (mg, g)	metabolisch inertes Eiweiß (Kollagen) wird miterfaßt!
		Nicht-Kollagen-Eiweiß (N. K. Protein)	—
		Zelle	—
		D. N. S.-Zelläquivalent	theoretisch die zuverlässigste chemische Bezugsgröße; bei Polyploidie nicht anwendbar!

15. Übersicht über die Faktoren, welche die Enzymaktivität beeinflussen

I. Enzym:

Menge,
Reinheitsgrad,
Art und Menge der unwirksamen Begleitstoffe (Ballaststoffe, „Schlepper“) und der begleitenden Effektoren,
Zustand des Fermentes („Alter der Lösung“),
Verminderung der aktiven Fermentmenge durch Dissoziation, Inaktivierung, Denaturierung, adsorptive Bindung usw.

II. Substrat:

Art und Konzentration,
Verhältnis Enzym/Substrat,
Dispersitätsgrad (kolloidal; grobdispers),
Anhäufung von Spaltprodukten und Affinität derselben zum Enzym.

III. Milieu:

Versuchstemperatur, Versuchsdauer,
Aktuelle Reaktion und Konstanthaltung derselben,
Art des Puffers (spezifische Effekte),
Art und Menge von Aktivatorzusätzen,
Gegenwart von Inhibitoren (Spuren in *E*, *S* oder im Milieu),
Zusammensetzung (Ionenstärke) des Milieus.

IV. Reaktionsablauf:

Positive und negative Autokatalyse,
Bestehen eines Gleichgewichtes,
Umkehrbarkeit der Reaktion.

Literatur

[1] *Bamann-Myrbäck:* Die Methoden der Fermentforschung. Leipzig 1941.
[2] *Oppenheimer, C.:* Die Fermente und ihre Wirkungen. Den Haag 1924; Supplemente 1936, 1939.
[3] *Haldane, J. B. S.:* Enzymes. London 1930.
[4] *Bersin, Th.:* Kurzes Lehrbuch der Enzymologie. Leipzig 1951.
[5] *Boyer, P. D., H. A. Lardy* u. *K. Myrbäck:* The Enzymes Bd. 1, 2. Aufl. New York 1959.
[6] *Sumner, J. B.,* u. *G. F. Somers:* Chemistry and methods of enzymes. New York 1947.
[7] *Lardy, H. A.:* Respiratory Enzymes. Minneapolis 1949.
[8] *Baldwin, E.:* Dynamic Aspects of Biochemistry. Cambridge 1949.
[9] *Hoffmann-Ostenhof, O.:* Enzymologie. Wien 1954.
[10] *Dixon, M.,* u. *E. C. Webb:* Enzymes. New York 1958.
[11] *Neilands, J. B.,* u. *P. K. Stumpf:* Outlines of Enzyme Chemistry, 2. Aufl. New York 1958.
[12] *Mehler, A.:* Introduction to Enzymology. New York 1957.
[13] *Alberty, R. A.:* Enzyme Kinetics. In: Advances in Enzymology **17**, 1 (1956).
[14] *Huennekens, F. M.,* u. *B. Chance:* Biological Reactions. In: Investigation of Rates and Mechanisms of Reactions; Bd. 8, Techniques of Organic Chemistry. New York u. London 1953.
[15] *Laidler, K. J.:* The Chemical Kinetics of Enzyme Action. Oxford 1958.
[16] *McElroy, W. D.,* u. *B. Glass:* Ed.: The Mechanism of Enzyme Action. Baltimore 1954.
[17] *Netter, H.:* Theoretische Biochemie. Berlin-Göttingen-Heidelberg 1959.
[18] Discussions Faraday Soc. No. 20. London 1955.
[19] *Michaelis, L.,* u. *M. Menten:* Biochem. Z. **49**, 333 (1913).
[20] *Briggs, G. E.,* u. *J. B. S. Haldane:* Biochem. J. **19**, 338 (1925).
[21] *Lineweaver, H.,* u. *D. Burk:* J. Amer. chem. Soc. **56**, 658 (1934).
[22] *Eadie, G. S.:* J. Biol. Chem. **146**, 85 (1942).
[23] *Walker, A. C.,* u. *C. L. A. Schmidt:* Arch. Biochem. **5**, 445 (1944).
[24] *Banfield, J. E.:* Experientia **13**, 403 (1957).
[25] a) *Straus, O. H.,* u. *A. Goldstein:* J. Gen. Physiol. **26**, 559 (1943); b) *Goldstein, A.*. J. Gen. Physiol. **27**, 529 (1944).
[26] *Hunter, A.,* u. *C. E. Downs*· J. Biol. Chem. **157**, 427 (1945).

[27] *Folley, S. J.*, u. *H. D. Kay:* Biochem. J. 29, 1837 (1935).
[28] *Whittaker, V. P.*, u. *D. H. Adams:* Nature 164, 315 (1949).
[29] *Thorn, M. B.:* Nature 164, 27 (1949).
[30] *Aebi, H.*, u. *A. Hassan:* Helv. Chim. Acta 43, 544 (1960).
[31] *Willstätter, R., R. Kuhn, O. Lind* u. *F. Memmen:* Z. physiol. Chem. 167, 303 (1927).
[32] *Theorell, H.*, u. *B. Chance:* Acta Chem. Scand. 5, 1127 (1951).
[33] *Michaelis, L.:* Biochem. Z. 33, 182 (1911).
[34] *Aebi, H.:* Helv. Chim. Acta 32, 2273 (1949).
[35] *Freeman M. E.:* Clin. Chim. Acta 6, 300 (1961).
[36] *King E. J.* u. *D. M. Campbell:* Clin. Chim. Acta 6, 301 (1961).
[37] Report of the Commission on Enzymes of the Int. Union of Biochemistry; Pergamon Press (1961).
[38] *Richterich R., P. Schafroth, J. P. Colombo* u. *F. Temperli:* Klin. Wschr. 39, 987 (1961).

V. Membranpotentiale, Donnan-Gleichgewichte und aktiver Transport

Von **H. Netter**, Kiel

A. Theoretisches über Elektrodenpotentiale

Bei allen elektromotorischen Zellen findet während der Stromentnahme eine freiwillige Konzentrationsänderung von Elektrolyten mit Abnahme in einem und Zunahme im anderen Elektrodenraum statt. Die dabei abgegebene elektrische Arbeit ist:

$$-\Delta G = n \cdot E \cdot F,$$

wo n die Zahl der transportierten Ionenäquivalente bedeutet. Das jeweils zu erwartende Potential ist für die Zellen ohne und mit Flüssigkeitsverbindung (Überführung) zwischen beiden Elektroden gesondert zu berechnen. F = Spannung, E = elektrochemisches Äquivalent (1 Faraday = 96500 Coul).

1. Elemente ohne Überführung

Beispiel 1: $-\mathrm{PtH_2}$ / HCl / AgCl (fest) / Ag +;

Vorgang: $\frac{1}{2}\mathrm{H_2} + \mathrm{AgCl} \rightarrow \mathrm{H^+} + \mathrm{Cl^-} + \mathrm{Ag}$.

Da die Aktivitäten der festen Stoffe und des H_2-Gases von 1 at gleich 1 sind und n hier ebenfalls gleich 1 ist, gilt für die Energieänderung bei diesem reversiblen Vorgang:

$$-\Delta G = \Delta G_0 - RT \ln a_{\mathrm{H}} \cdot a_{\mathrm{Cl}} = \Delta G_0 - RT \ln c_{\mathrm{H}} \cdot c_{\mathrm{Cl}} \cdot f^2 = E \cdot F$$

$$E = E_0 - \frac{RT}{F} \ln a_{\mathrm{H}} \cdot a_{\mathrm{Cl}}, \quad \text{wo} \quad E_0 = \frac{\Delta G_0}{F}.$$

Beispiel 2: $-\mathrm{PtH_2}$ / HCl / AgCl / Ag — Ag / AgCl / HCl / Pt H_2 +

c_2 c_1

Bei dieser Doppelkette gilt die angegebene Stromrichtung für $c_1 > c_2$. Bezeichnet a_1 (a_2) die mittlere Aktivität ($a_\pm$) der HCl mit c_1 (c_2), so gilt, weil $a_\pm^2 = a_{\mathrm{H^+}} \cdot a_{\mathrm{Cl^-}}$, für die Differenz beider Teilpotentiale der Halbelemente mit c_1 und c_2:

$$\Delta E = E_0 - \frac{RT}{F} \ln a_2^2 - \left[E_0 - \frac{RT}{F} \ln a_1^2\right] = 2\,\frac{RT}{F} \ln \frac{a_1}{a_2}.$$

2. **Elemente mit Überführung**

$$\text{Beispiel: } - \text{Pt } H_2 \,/\, \underset{c_2}{HCl} \overset{D}{|} \underset{c_1}{HCl} \,/\, \text{Pt } H_2 +$$

Da sich hier nur der Elektrodenvorgang: $\frac{1}{2}H_2 \rightarrow H^+ + e^-$ abspielt, wobei die Aktivität der H^+-Ionen von a_1 der Größe a_2 zustrebt, ergibt sich aus der Gleichsetzung der elektrischen mit der osmotischen Arbeit bei $n = 1$:

$$A_0 = RT \ln \frac{a_{H_1}}{a_{H_2}} = E \cdot F = A_e$$

das Potential zunächst zu:

$$E = \frac{R \cdot T}{F} \ln \frac{a_{H_1}}{a_{H_2}}.$$

(Nernst-Formel).

Dabei ist aber das an der Berührungsstelle D entstehende Potential vernachlässigt. Hierfür ist nach *Henderson*:

$$E_{Df} = \frac{R \cdot T}{F} \cdot \frac{u - v}{u + v} \ln \frac{a_1}{a_2}$$

zu setzen. Das Gesamtpotential ist:

$$E_t = \frac{R \cdot T}{F} \ln \frac{a_{H_1}}{a_{H_2}} + \frac{RT}{F} \cdot \frac{u - v}{u + v} \ln \frac{a_1}{a_2}.$$

Hier ist zu beachten, daß im ersten Term die nicht elektromotorisch bestimmbaren Einzelionenaktivitäten auftreten. Die Auswertung der Gleichung ist nur nach willkürlichen Festsetzungen über die singulären Aktivitätskoeffizienten möglich (z. B. der, daß $f_\pm = f_+ = f_-$). Wird $u \simeq v$, so ist der zweite Term wie bei KCl nahe oder gleich Null. Soll die Abhängigkeit der Potentiale von den Elektrolytaktivitäten bestimmt werden, dann muß E_{Df} klein gehalten werden (vgl. p_H-Messung, KCl-Brücken u. a.). Befinden sich umgekehrt bei D Diffusionshindernisse, wie sie besonders in Form von Membranen realisierbar sind, dann lassen sich in geeigneten Anordnungen, welche oft von den bisher beschriebenen abweichen, *Membranpotentiale* messen.

B. Membranpotentiale in Gleichgewichtssystemen

Gleichgewicht ist dann vorhanden, wenn das Salz auf beiden Seiten der Membran in den als wäßrig einzusetzenden Phasen das gleiche chemische Potential besitzt ($\mu' = \mu''$). Das chemische Potential eines Elektrolyten ist dem der Summe seiner Ionen gleich, z. B. $\mu_{HCl} = \mu_{H^+} + \mu_{Cl^-} = \mu_{0H} + RT \cdot \ln a_H + \mu_{0Cl} + RT \cdot \ln a_{Cl} = \mu_{0HCl} + RT \cdot \ln a_H \cdot a_{Cl}$.

Im Gleichgewicht ist daher: $\mu_0 + RT \cdot \ln a'_H \cdot a'_{Cl}$ mit $\mu_0 + RT \cdot \ln a''_H \cdot a''_{Cl}$ gleichzusetzen, so daß folgt: $RT \ln a'_H \cdot a'_{Cl} = RT \ln a''_H \cdot a''_{Cl}$ bzw.

$$a'_\pm = a''_\pm,$$

d. h. die mittlere Aktivität eines Elektrolyten hat im Gleichgewicht beiderseits die gleichen Werte. Es folgt:

$$[H^+]' \cdot [Cl^-]' \cdot (f'_\pm)^2 = [H^+]'' \cdot [Cl^-]'' \cdot (f''_\pm)^2.$$

Für ausreichend verdünnte Lösungen gilt $f' = f'' = 1$.

Man erhält so aus der Grundgleichung $a'_\pm = a''_\pm$:

$$[H^+]' \cdot [Cl^-]' = [H^+]'' \cdot [Cl^-]'' \qquad (\textit{Donnan } 1911 \ [1])$$

Am einfachsten sind die Systeme zu übersehen, bei denen nur auf einer Seite: $H \neq Cl$.

Liegt z. B. ein indiffusibles Kolloidkation mit der elektrochemischen Äquivalentkonzentration (z) und dem entsprechenden Gegenanion in der gleichen Konzentration z vor und ist im gleichen Raum noch ein Salz mit gleichem Anion in der Konzentration y zugegen, dann müssen hier mehr diffusible Anionen $(y + z)$ als Kationen (y) vorhanden sein.

Bezeichnet man die Konzentration des binären Salzes im kolloidfreien Raum mit x, dann gilt: $y(y + z) = x^2$ und allgemein: $y < x < (y + z)$, bzw.: $y : x = x : (y + z)$. Für HCl ist zu schreiben:

$$\frac{[H^+]_i}{[H^+]_a} = \frac{[Cl^-]_a}{[Cl^-]_i} \quad \text{und} \quad H_i < H_a \quad \text{sowie} \quad Cl_a < Cl_i,$$

wo die Indices a (außen) auf den kolloidfreien, i (innen) den kolloidhaltigen Raum zu beziehen sind.

Es ergeben sich folgende Konsequenzen:

1. Das Verteilungsgesetz gilt für alle gleichzeitig vorhandenen diffusiblen Ionenarten, z. B.

$$\frac{[H^+]_i}{[H^+]_a} = \frac{[K^+]_i}{[K^+]_a} = \sqrt{\frac{[Ca^{++}]_i}{[Ca^{++}]_a}} = \frac{[OH^-]_a}{[OH^-]_i} = \frac{[Cl^-]_a}{[Cl^-]_i} = r,$$

wobei der Donnan-Quotient r vom Verhältnis der Konzentration der diffusiblen zu den indiffusiblen Ladungsträgern abhängt.

2. Die in der Abweichung des r von 1 zum Ausdruck kommende Störung der Gleichverteilung ist um so größer, je höher der Anteil der indiffusiblen Ladungsäquivalente ist. Durch Steigerung der Elektrolytkonzentration oder Herabsetzung der Kolloidkonzentration wird also der Donnan-Effekt verkleinert.

3. Bei dialysierunfähigem Anion ist die Konzentration der diffusiblen Anionen außen höher, die der Kationen innen höher als außen. Damit ist es auch die H^+-Ionenkonzentration. Bei dialysierunfähigem Kation gilt das Gegenteil.

4. Die Summe der diffusiblen Ionen ist innen deswegen stets höher als außen, weil die Summe der Faktoren eines Produktes dann ein Minimum ist, wenn die Faktoren gleich sind, wie es außen zutrifft. Beim Donnan-Effekt wird der osmotische Druck also auf der Kolloidseite nicht nur durch das Kolloidion, sondern wesentlich durch die höhere Konzentration der diffusiblen Ionen gegenüber außen gesteigert. Diese Steigerung ist durch Depression des Donnan-Effektes nach 2., durch Verwendung von Ampholyten im IP oder durch Berechnung der Verfälschung durch den Donnan-Effekt mit Hilfe der Donnan-Korrektur (D_c) zu eliminieren.

$D_c = 2y + z - 2x$, für 2wertige Gegenionen gilt:

$$x^2 \cdot \frac{x}{2} = y^2 \frac{y + z}{2}, \qquad \text{daraus folgt:} \quad \boldsymbol{D_c} = \frac{3}{2} y + \frac{z}{2} - \frac{3}{2} x.$$

D_c ist also kleiner als im Falle der einwertigen Ionen. Umrechnung der Konzentrationswerte von D_c auf Druckgrößen ($p = D_c \cdot RT$) und Abziehen vom gemessenen osmotischem Druck ergibt den reinen Kollloiddruck [2].

5. Falls Donnan-Systeme sich im wahren elektrochemischen Gleichgewicht befinden, müssen sie bei Verwendung irgendwelcher Elektroden, welche für eine Art der vorhandenen Ionen reversibel sind, stromlos sein. Leitet man mit AgCl- oder PtH_2-Elektroden ab, dann wird diese Forderung nach Gleichgewichtseinstellung erfüllt, obwohl sowohl die $[Cl^-]$ wie die $[H^+]$ auf beiden Seiten verschieden ist:

$$PtH_2 \,/\, \underbrace{R^+Cl^- + HCl}_{i} \,\overset{}{\underset{M}{|}}\, \underset{a}{HCl} \,/\, PtH_2 \qquad E = 0.$$

Trennt man die Lösung von der Membran und verbindet sie durch eine KCl-Brücke, dann wird das Potential gemessen, welches nun bei dieser Konzentrationszelle mit Überführung dem Quotienten der Konzentrationen entspricht. Also mußte vorher an der Membran eine diesem Potential entgegengesetzt gleiche Spannung herrschen. Ihre Größe ist:

$$E_D = RT \ln r,$$

bzw. für einwertige Ionen bei 25° in dekadischen Logarithmen:

$$E_D = 59 \log r = 59 \log \frac{x}{y} = 59 \log \frac{y+z}{x} = \frac{59}{2} \log \left(1 + \frac{z}{y}\right) \text{mV}.$$

Für zweiwertige Gegenionen (z. B. Gelatinesulfat) gilt:

$$E_D = \frac{59}{3} \log \left(1 + \frac{z}{y}\right) \text{mV}.$$

Bei gleicher Dissoziation sind die Potentiale hier also um ⅓ kleiner.

Die Potentialrichtung ergibt sich aus dem Konzentrationsgefälle der beteiligten Ionen. Überwiegen bei dialysierunfähigem Anion die Kationen innen, dann streben sie nach außen und positivieren dort, während das Innere negativ bleibt; die gleiche Stromrichtung ergibt sich aus dem Konzentrationsgefälle der Anionen. Bei festgehaltenem Kation gilt das Umgekehrte. Das Membranpotential ist mit jeder reversiblen unpolarisierbaren Elektrode ableitbar, deren Elektrodenmaterial nicht direkt, sondern über Flüssigkeitsbrücken mit den Lösungen beiderseits der Membran verbunden ist. Meistens werden dazu zwei gleichartige Kalomelelektroden benutzt.

Es ist zu beachten, daß das Donnan-Gleichgewicht durch die singulären Ionenaktivitäten beschrieben wird und daß diese auch im Innenraum durch Verteilungs oder Potentialmessungen bestimmt werden könnten, wenn sie in der Außenlösung gegeben wären oder über ihre Größe hier bestimmte Annahmen gemacht würden.

Zahlenbeispiel zum Donnan-Gleichgewicht

z	y	x	D_c	$\frac{x}{y}$	E_D (mV)
1	10	10,476	0,0476	1,048	1,2
5	10	12,24	0,52	1,224	5,3
10	10	14,13	1,74	1,413	8,3
20	10	17,31	5,38	1,731	14,0
50	10	24,48	21,04	2,448	24,0
100	10	33,17	53,66	3,317	30,7

Einstellung eines Donnan-Gleichgewichtes bei Lösungen beiderseits einer permselektiven Kollodiummembran (nach *Söllner*). Die Membran ist für die Anionen im verwendeten Konzentrationsbereich undurchlässig [*47*]. Die Volumina beiderseits sind gleich (I = II). Saccharose permeiert nicht.

Konzentrationsangaben in mMol/L

Substanz	Anfang		Ende		theor.		Konzentration I/II	
	I	II	I	II	I	II	Exper.	theor.
NH_4^+	20,0	10,0	22,4	7,5	22,5	7,5	2,99	3,0
K^+	10,0	—	7,4	2,4	7,5	2,5	3,08	3,0
Cl^-	30,0	10,0	30,0	10,2	30,0	10,0	2,94	3,0
Saccharose		33,0		(33)				

Membranpotentiale in mV (*Loeb* [2] S. 143 u. 146)

Innen Gelatine (1%) mit ansteigendem Gehalt an HCl (a),
„ „ „ „ H_2SO_4 (b).

p_H innen	4,46	4,03	3,33	2,85	2,13	1,79	1,57
p_H außen	4,14	3,44	2,87	2,53	2,00	1,72	1,53
Δp_H 58,5	24,7	34,5	27,0	18,8	7,6	4,1	2,3
M. P.	24,0	33,0	26,0	16,5	6,4	3,7	2,1

p_H innen	4,76	4,34	3,98	3,49	3,12	2,78	2,06
p_H außen	4,61	3,99	3,60	3,18	2,88	2,61	2,00
Δp_H 58,5	8,8	20,5	22,2	18,1	14,0	10,0	3,5
M. P.	6,3	18,4	19,0	17,4	13,7	10,5	5,8

Einfluß der Wertigkeit der Säuren auf Membranpotentiale bei Gelatinelösungen
(*Loeb* [2] S. 150.)

p_H innen	M. P.		b/a
	b	a	
2,4	7,6	11,4	0,67
2,8	11,6	18,0	0,64
3,2	15,8	24,8	0,64
3,6	19,8	31,0	0,64
4,0	21,6	35,5	0,61
4,4	19,2	31,0	0,62

Einfluß von Salzen auf das Membranpotential bei Gelatinelösungen
(*Loeb* [2] S. 159ff.)

Äquivalent Konz.	$\frac{1}{32}$	$\frac{1}{128}$	$\frac{1}{512}$	$\frac{1}{048}$	0
$NaNO_3$	0	7	16	24	31
$CaCl_2$	1,8	5,7	14,5	23	28,6
Na_2SO_4	0	3,4	8,4	17	26,5

Der Abfall des M.P. und des osmotischen Druckes mit fallendem p_H entspricht einer Depression des Donnan-Effektes durch den Zusatz des Elektrolyten HCl. Die Abhängigkeit der Quellung und Viskosität vom p_H folgt der gleichen Gesetzmäßigkeit, soweit die Makromolekeln oder Mizellen dissoziable Gruppen tragen [3].

Setzt man die H^+- und Cl^--Ionenaktivität (a_{Cl}, a_H) in der eiweißfreien Lösung gleich, dann gibt das Donnan-Gleichgewicht aus p_H-Messungen:

$$a_{Cl_i} = \frac{(a_{H_a})^2}{a_{H_i}},$$

d. h. die Aktivität der Gegenionen [4].

Donnan-Gleichgewicht und osmotischer Druck nach [2] (Abb. 58 u. 59)

Weitere Anwendungen überall dort, wo strukturfixierte Ladungen sich im Elektrolytmilieu befinden, z. B. an der Oberfläche von Eiweißmizellen [5] oder an der Phasengrenze zwischen fettsäurehaltigen Ölen und wäßrigen Lösungen [6]; im Organismus zwischen dem eiweißhaltigen Plasma und den Körperflüssigkeiten.

Mineralverteilung zwischen Serum und eiweißarmen Körperflüssigkeiten:

	Eiweiß %	Na	K	Ca	Mg	Cl	r	Lit.
Serum	7,4	146	5,1	2,5	1,2	103		[7]
Liquor			3,0	1,52	1,25	121	0,85	[8]
Glaskörper		119	4,9	1,7	0,83	118	0,87	[7]
Kammerwasser	0,02	121	4,8	1,5	1,1	123	0,84	[7]

r ist für Cl berechnet; das zu erwartende E_D wäre demnach 4,6 mV [*9*]; mit den zuverlässigen Werten von *Gamble* ($r = 0{,}95$) ist E_D noch kleiner [*10*] und entspricht etwa den älteren Werten über die Verteilung zwischen Serum und Ödemflüssigkeit. Dort sind allerdings die K-Werte meistens für das Serum zu hoch, da der K-Austritt aus den roten Zellen nicht ausreichend verhindert wurde.

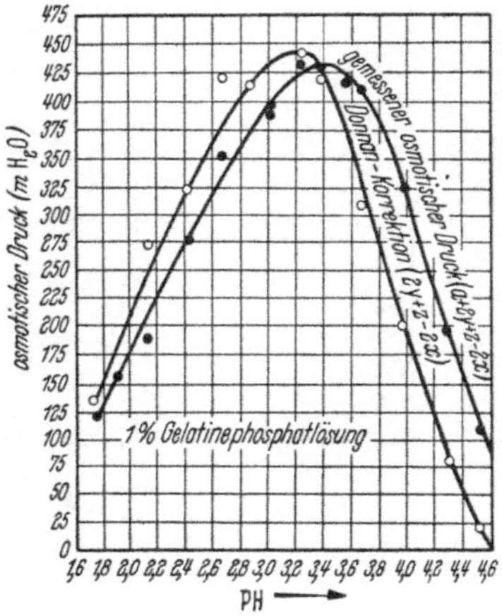

Abb. 58

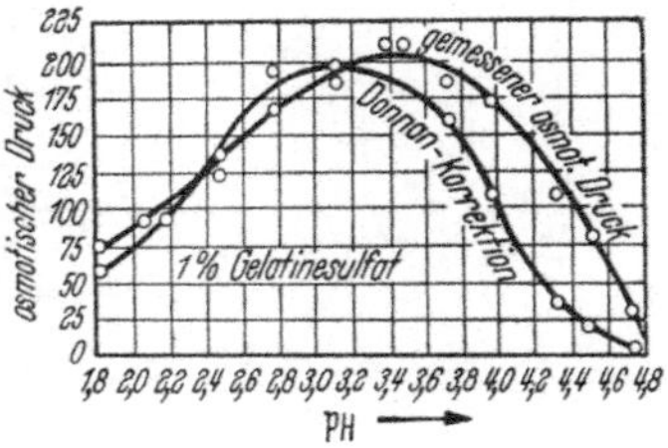

Abb. 59

Folk und Mitarbeiter [*11*] finden $r_K = 0{,}92$, $r_{Na} = 0{,}96$.

Für die Erythrocyten gilt:

$$\frac{[Cl^-]_i}{[Cl^-]_a} = \frac{[HCO_3^-]_i}{[HCO_3^-]_a} = \frac{[OH^-]_i}{[OH^-]_a} = \frac{[H^+]_a}{[H^+]_i} = r = \frac{[Cl^-]_i + [HCO_3^-]_i}{[Cl^-]_a + [HCO_3^-]_a}.$$

r ist von der Hb-Dissoziation abhängig, d. h. es wächst mit dem p_H, außerdem mit dem Sauerstoffsättigungsgrad (Abb. 60 [*12*]).

Sei $B_i = K_i + Na_i$ und $B_a = K_a + Na_a$,

$A_i = Cl_i + HCO_{3i}$ und $A_a = Cl_a + HCO_{3a}$,

dann erfordert das osmotische Gleichgewicht:

$$A_i + B_i = A_a + B_a.$$

Addition von Hb^- ergibt:

$$Hb^- + A_i + B_i = A_a + B_a + Hb^-; \quad \text{mit} \quad B_a = A_a \quad \text{und}$$

$$B_i = Hb^- + A_i \ \text{ist:}\ 2A_i + 2Hb^- = 2A_a + Hb^-;$$

d. h. die Ionensumme innen ist um Hb^- größer als die Ionensumme außen. Dann ist die Anionensumme innen um $\frac{Hb^-}{2}$ größer als außen:

$$A_i + Hb^- = A_a + \frac{Hb^-}{2} \quad \text{bzw.} \quad A_i = A_a - \frac{Hb^-}{2}.$$

Für r folgt

$$r = \frac{A_i}{A_a} = 1 - \frac{\mathrm{Hb}^-}{2A_a}.$$

Der kompliziertere Ansatz von *van Slyke* berucksichtigt außerdem die Dissoziation der Serumproteine [*12*].

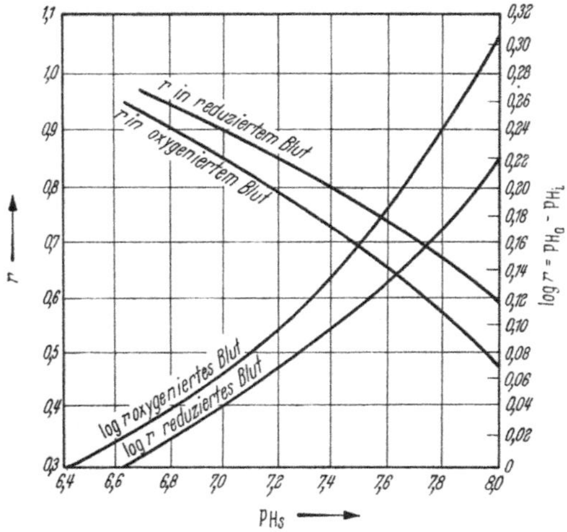

Abb. 60. Donnan-Verhältnis (r) und p_H bei Erythrocyten (nach [*12*])

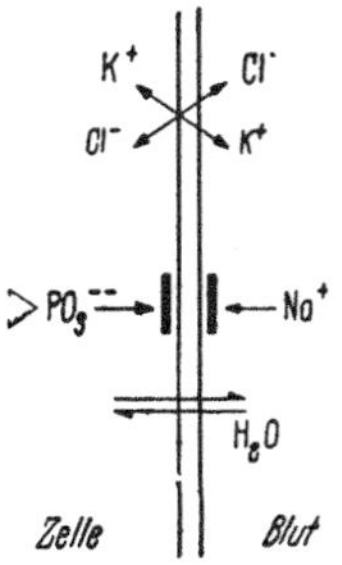

Abb. 61

Muskeln und Nerven sind für K und Cl in der Ruhe durchlässig [*14, 15*]. Praktisch gilt:

$$\mathrm{K}_i \cdot \mathrm{Cl}_i = \mathrm{K}_a \cdot \mathrm{Cl}_a; \qquad r = \frac{\mathrm{Cl}_i}{\mathrm{Cl}_a} \approx 0{,}02 - 0.03.$$

Es handelt sich um zwei gegeneinandergeschaltete Donnan-Systeme nach folgendem Schema: Abb. 61 [*13*].

Bei Meeresinvertebraten bestehen $^2/_3$ der Anionen des Nervenplasmas aus Carboxylgruppen der Aminodicarbonsäuren [*16*] und der Isäthionsäure [*16a*]. Die Ruhepotentiale der Gewebe beruhen teilweise auf Donnan-Potentialen (vgl. Spezialliteratur).

C. Membranpotentiale an Membranen mit Scheingleichgewichten

Sehr engporige oder aus stark dissoziiertem Material bestehende Membranen oder andere zwischengeschaltete Phasen bedingen oft ein elektromotorisches Verhalten, in dem vorübergehende Verteilungszustände zum Ausdruck kommen.

1. Porenmembranen

Selektiv ionenpermeable Austauschermembranen, zuerst studiert an knochentrockenen Kollodiummembranen, verhalten sich bei nicht zu hohen Salzkonzentrationen so, als ob sie nur einwertige Kationen im Gegentausch, nicht aber Anionen permeieren lassen; sie sind daher auch nicht für Salze durchlässig [*17*]. Theoretisch müßten sie dagegen die Einstellung eines osmotischen Gleichgewichtes erlauben. Die zwischen zwei verschiedenen Konzentrationen eines Elektrolyten entstehenden Potentiale können nach S. 193 als Diffusionspotentiale angesehen werden, welche wegen einer Vergrößerung des Unterschiedes zwischen u und v recht hoch ausfallen. Wird $v = 0$, d. h. permeieren Anionen nicht, dann wird aus

$$E = \frac{RT}{n \cdot F} \cdot \frac{u - v}{u + v} \ln \frac{c_1}{c_2}, \qquad \text{für } n = 1:$$

$$E = 59 \log \frac{c_1}{c_2} \text{ mV (für } t = 25°).$$

Gut selektive Membranen gehorchen dieser Beziehung tatsächlich, d. h. sie verhalten sich wie für das Kation reversible Elektroden. Sie geben z. B. bei Ableitung mit Kalomelelektroden für einen Konzentrationsquotienten 10 : 1 (log 10 = 1,0) $E = 59$ mV (maximaler Konzentrationseffekt). Dabei ist die verdünnte Lösung positiv. Würde man hier mit reversiblen Ag/AgCl-Elektroden oder mit Gaselektroden messen, dann würde bei direkter Ableitung nicht das Potential auf Null sinken; ein Zeichen dafür, daß ein thermodynamisches Gleichgewicht nicht vorliegt. Das Ungleichgewicht wird durch die sehr langsame Diffusion über lange Zeit erhalten bleiben. So lange können sich die beweglichen Ionen in dem Diffusionsstrom jener Elektrolyte, welche durch geeignete Konzentrationsbedingungen das Potential bestimmen, nach einem temporären Gleichgewicht verteilen (partielles Ionengleichgewicht); *Teorell*; *Wilbrandt* [*18, 19*]. Es ist z. B. gezeigt worden, daß ein H-Ionen-Überschuß auf einer Seite aus beiderseits gleichkonzentrierten K-Salzen dieses Kation im Gegentausch mit H^+ gegen das Konzentrationsgefälle befördert, etwa bis zur Erreichung des Scheingleichgewichtes [*20*]:

$$\frac{[H_i]}{[H_a]} = \frac{[K_i]}{[K_a]}.$$

Auch an weiterporigen Membranen lassen sich solche Effekte feststellen; sie sind nur flüchtiger, weil hier der Diffusionsvorgang gegenüber dem Ionenaustausch im Vordergrund steht [*21*].

Auch bei Verwendung von Salzen mit verschiedenen Kationen der Beweglichkeit u_1 auf der einen und u_2 auf der anderen Seite, aber nun in gleicher Konzentration beiderseits entstehen Potentiale. Sie müßten sich nach *Plancks* Diffusionsformel:

$$E_D = 59 \log \frac{u_1 + v}{u_2 + v} \text{ mV} \quad \text{bzw.} \quad \text{für } v = 0: \quad E = 59 \log \frac{u_1}{u_2} \text{ mV}$$

berechnen lassen. Gemessen werden aber wesentlich höhere M.P. Formal ist das Verhalten daher so, als ob die Unterschiede der Ionenbeweglichkeiten in der Membran vergrößert würden. Umgekehrt läßt sich das Verhältnis der scheinbaren Beweglichkeit in der Pore aus dem gemessenen Potential entnehmen [*22, 23, 24*].

Eine genauere Analyse erfordert die Kenntnis der Festionenkonzentration [*25*] des Membranmaterials (Selektivitätskonstante). Denn von ihr hängt die Größe des lokalen Donnan-Potentials ab, das sich zwischen der Flüssigkeit und dem festen Membranmaterial auf jeder Seite ausbildet. In der Pore selbst entsteht ein Diffusionspotential, das durch den Konzentrationsgradienten der am stärksten vertretenen Ionenarten unterhalten und durch die Differenz der Ionenbeweglichkeiten bestimmt wird. Das Gesamtpotential ergibt sich dann als Summe des nach *Henderson* oder *Planck* berechneten Diffusions-Potentials und der Differenz der beiden Donnan-Potentiale. Als Selektivität wird das Verhältnis der Zahl der in gleicher Zeit permeierenden Kationen (n_K) zu den durchtretenden Anionen (n_A) bezeichnet [*26, 27*]. Sei A die Festionenkonzentration in val/L und x die Außenkonzentration des Salzes, y die in der Grenzphase des Porenmaterials, und sei weiter n_K bzw. n_A der Konzentration der permeierenden Ionen in der Pore proportional, dann ergibt sich über

$$x^2 = y \cdot (y + A) \quad \text{und} \quad \frac{n_K}{n_A} = \frac{u \cdot (y + A)}{v \cdot y}$$

bei negativer Wandladung:

$$\frac{n_K}{n_A} = \frac{u}{v} \frac{\sqrt{4x^2 + A^2} + A}{\sqrt{4x^2 + A^2} - A}.$$

Die Selektivität ist also von der Konzentration x und von A, der sog. Selektivitätskonstanten, abhängig; mit wachsender Salzkonzentration wird sie geringer [*26*, *28*, *25*]. Die Kombination vorstehender Beziehung mit dem Nernstschen Differentialansatz für das Diffusionspotential liefert nach Integration einen Ausdruck für das Membranpotential, der sich aus einem Term für den Diffusions- und einen für den Donnan-Anteil zusammensetzt. Seine Auswertung erfolgt nach *Meyer-Sievers* graphisch und liefert die Selektivitätskonstante aus dem gemessenen Potentialwert. Ihre Gewinnung wird erleichtert, wenn die Außenkonzentration relativ klein gegenüber der Festionenkonzentration ist, d. h. bei großem A. Dann werden die Donnan-Potentiale allein ausschlaggebend:

$$E = \frac{RT}{F} \ln \frac{a_1}{a_2} \cdot \frac{\sqrt{4a_2 + A^2} + A}{\sqrt{4a_1 + A^2} + A}, \quad [24].$$

Der Sinn der Selektivität richtet sich in der Weise nach der Ladung des Membranmaterials, daß positive Festladungen bevorzugten Anionendurchtritt und negative selektive Kationenpermeabilität bedingen [*17*, *29*].

Die quantitative *Theorie der Membranpotentiale* wird um so komplizierter, je mehr kritische Ionen an ihrem Zustandekommen teilhaben. (Polyionische Potentiale [*49*, *50*]). Am einfachsten liegen die Verhältnisse beim Vorhandensein von 2 selektiv permeierenden Ionen mit der Wertigkeit $n = 1$ in gleicher Konzentration und möglichst mit gleichen indifferenten, d. h. nicht permeierenden Gegenionen beiderseits (bionische Potentiale, E_{BIP}).

Hier heben sich die beiderseitigen entgegengesetzt gerichteten Donnan-Potentiale praktisch heraus, und auch ein elektroosmotischer Term für die Wasserbewegung kann oft vernachlässigt werden; vgl. dagegen *Graydon* und *Stewart* [*51*], welche Abweichungen von der Theorie durch quantitative Berücksichtigung der elektroosmotischen Wasserbewegung in der Membran deuten konnten; siehe auch *Meares* u. *Ussing* [*52*]. Die Höhe der biionischen Potentiale kann als Maß für die Selektivität der geprüften Membran gegenüber den beiden permeierenden Ionen angesehen werden.

Wenn z. B. wie bei Kationenaustauschern die Anionen sich nicht an der Potentialbildung beteiligen, also ihre Beweglichkeit $v = 0$ ist, gilt nach *Michaelis* (1926) für das Diffusionspotential bei $a_1 = a_2$:

$$E_{BIP} = \frac{RT}{F} \ln \frac{u_1}{u_2}.$$

Der hiernach aus dem gemessenen Potential entnommene Quotient der Kationenleitfähigkeit zeigt für die Membran sehr viel größere Unterschiede als für die Beweglichkeit in freier Lösung an. Jedoch sind die Quotienten bei den Austauscher- oder den permselektiven Membranen trotz guter Selektivität deswegen wiederum geringer, weil die Michaelismembranen sehr wasserarm waren und extrem geringe Porenweiten (*Bergsma* u. *Stavermann* [*53*]) besaßen. Die Theorie hat aber weiter ergeben, daß die Quotienten der Ionenbeweglichkeit tatsächlich auf diese Weise nicht erfaßt werden, bzw. nicht potentialbestimmend wirken.

Eine theoretische Analyse der u- bzw. v-Werte für die kritischen Kationen- bzw. Anionenpotentiale im Membraninneren zeigt nun auch, daß sie nicht den reinen Beweglichkeitswerten entsprechen, so wie sie es in freier Lösung tun. *Söllner* [*54*] ersetzte die Quotienten der Ionenbeweglichkeit durch die der Überführungszahlen („transference numbers") τ in der Membran. *Marshal* [*55*] wieder sah in diesen das Produkt aus der Aktivität (a) und der Ionenbeweglichkeit (u bzw. v) in der Porenflüssigkeit und *Wyllie* [*49*] zeigte, daß die Aktivität in beiden

Lösungen ($a_1; a_2$), mit dem Quotienten der Aktivitätsfaktoren in der Membran (K_s) multipliziert, ein praktisch genügendes Maß für die Aktivität der Ionen in der Pore sei. Der Quotient K_s bringt die spezifische Selektivität der Membran zum Ausdruck. Man würde für eine kationenselektive Membran somit erhalten:

$$E_{BIP} = \frac{RT}{F} \ln \left(K_s \cdot \frac{a_1 u_1}{a_2 \cdot u_2} \right) = \frac{RT}{F} \ln \frac{\tau_1 \cdot a_1}{\tau_2 \cdot a_2}.$$

Bei gleichen Außenkonzentrationen würde also das Potential nur dann durch den Quotienten der Ionenbeweglichkeit in den Poren zutreffend beschrieben sein, wenn $K_s = 1$ wäre.

Thermodynamisch sind die Begründungen für vorstehende Formulierungen nicht exakt, da die Voraussetzung für die dabei erfolgte Anwendung der Thermodynamik irreversibler Vorgänge nicht gegeben ist. Denn die zu beschreibenden Zustände sind zu weit vom thermodynamischen Gleichgewicht entfernt. Eine exakte Analyse (*Scatchard* [*56*]) führt aber schließlich doch unter Fortlassung eines Termes für die Mitnahme negativer Ionen in der Pore und für den gleichzeitig erfolgenden Wassertransport bei einfachen Systemen zu der soeben gegebenen Formel.

Darüber hinaus läßt sich die Verwendung der Überführungszahlen in der Membran folgendermaßen unter Benutzung der gemessenen Membranpotentiale experimentell begründen.

1. Es wurden unter Anlegung eines geeigneten Potentials die Überführungszahlen mit Hilfe analytisch bestimmter Ionenmengen gemessen, welche in die von den entsprechenden Membranen abgetrennten Räume gelangt waren. Die Übereinstimmung mit den aus den gemessenen Potentialen nach vorstehender Formel folgenden Werten ist gut (*Bergsma* und *Stavermann* ([*53*]).

2. Das Verhältnis der direkt an Membranen gemessenen elektrischen Leitfähigkeiten wurde bestimmt, und zwar für solche, die in Parallelversuchen mit Lösungen des einen oder mit solchen des anderen Elektrolyten (z. B. KCl und NaCl) in der betreffenden Konzentration getränkt waren. Das Leitfähigkeitsverhältnis lieferte nach obiger Formel ebenfalls das gemessene Potential [*57*].

3. Der Quotient der analytisch bestimmten Durchtrittsgeschwindigkeit beim Kationenaustausch läßt sich an den selektiven Membranen dann ermitteln, wenn sich auf der Ausgangsseite die Ionen in gleicher Konzentration befinden (z. B. Na^+ und K^+) und gegen ein 3. Kation auf der Gegenseite getauscht werden. Der Quotient der übergetretenen K- und Na-Ionen ergibt das Fluxverhältnis, das nun seinerseits, wie der Vergleich mit E_{BIP} bei gleichen Außenkonzentrationen der durch die Membran getrennten Kationen ergibt, dem Verhältnis der Überführungszahlen gleich ist (*Söllner* [*48*]).

Potentiale an Ölketten (sog. Phasengrenzpotentiale) [*Beutner*, *36*].

Protolytische Ketten [*Shedlovsky*, *37*].

Glasketten (s. S. 59).

Zahlenbeispiele

Potentiale gleichkonzentrierter Lösungen

Lösung I	Lösung II	EMK (im Mittel)
KCl	HCl	− 93
KCl	RbCl	− 8
KCl	NH_4Cl	− 6
KCl	KCl	0
KCl	NaCl	+ 48
KCl	LiCl	+ 74
HCl	RbCl	+ 87
HCl	NaCl	+140
HCl	LiCl	+185
KCl	KBr	− 2
KCl	KJ	0

$\frac{m}{10}$ gegen $\frac{m}{10}$ KCl oder $\frac{m}{10}$ HCl an selektiv kationenpermeabler Kollodiummembran. Die Vorzeichen beziehen sich auf Lösung II (in mV). (Nach *Michaelis* [17]).

Die aus vorstehender Tabelle sich ergebende Beweglichkeit der Ionen in der Membran (1) verglichen mit der in freier Lösung (2)

	Li	Na	K	Rb	H
1	0,048	0,14	1	2,8	42,5
2	0,52	0,65	1	1,04	4,9

Für niedrigohmige permselektive Membranen gibt *Söllner* folgende Quotienten der Überführungszahlen an [48]:

$K^+ / Na^+ = 2{,}5$; $K^+ / Li^+ = 6{,}3$; $Na^+ / Li^+ = 2{,}6$; $J^- / Cl^- = 2{,}9$;
$SCN^- / Cl^- = 6{,}2$; $Cl^- / JO_3^- = 7{,}1$; $Cl^- / Ac^- = 7{,}3$; $SCN^- / Ac^- = 39{,}0$.

Potentiale an verschieden gut selektiven Membranen

Bei KCl/KCl bewirkt Zwischenschaltung von 0,1 0,01	Membran-potential
Pergamentpapier	10 mV
mit Wachs imprägniertem Filtrierpapier	21,2 mV
mit Mastix imprägniertem Filtrierpapier	24,2 mV
mit Kautschuk imprägniertem Filtrierpapier	29,3 mV
Kollodiummembran	55 mV

Diese Membranpotentiale (Dialysepotentiale) fallen außer dem letzten mit der Zeit schnell ab [38].

Nach *Schlögl* zeigen Ionen gleichen Vorzeichens wie die Membranladung mit zunehmender Konzentration eine Abnahme, entgegengesetzt geladene eine Zunahme der Beweglichkeit in der Membran [28]. Durch Messung der Wanderungsgeschwindigkeit radioaktiver Indikatoren nach dem Prinzip der wandernden Grenzschicht läßt sich das Produkt der Konzentration und Beweglichkeit beider Ionen in der Membran bestimmen und hieraus das Membranpotential berechnen; Übereinstimmung in weiterem Konzentrationsbereich als nach *Meyer-Sievers* [39].

Über Leitfähigkeit in Ionentauschermembranen und potentiometrische Bestimmung von $f_{\pm}$ in der Membran [24].

Söllner und Mitarbeiter haben die Herstellung von Membranen gelehrt, die bei hoher Membranladung, also guter Selektivität, im Gegensatz zu den trockenen Kollodiummembranen, relativ kleinen elektrischen Widerstand zeigen, so daß sie gut zur potentiometrischen Bestimmung von Elektrolytaktivitäten Verwendung finden können [30, 31]. Auch selektive Austauschermembranen haben einen hohen Festionengehalt und entsprechend geringen Membranwiderstand [24].

Potentiale an Kationentauschermembranen zur Messung von Elektrolytaktivitäten bei Gegenwart von nur einer Kationenart in Lösung [40]. Benutzt wurden Formaldehydkondensate mit Phenolsulfosäure (theoretische Potentiale gestrichelt).

Man hat sehr oft versucht, Ionenaustauschermembranen aufzubauen, deren Potentiale spezifisch auf einzelne Ionenarten in Ionengemischen ansprechen. *C. W. Carr* bestimmte Ca^{2+}- und Mg^{2+}-Aktivitäten an sulfonierten Polystyrolmembranen [41, 41a]. So gut geeignete Membranen für die Messung der Elektrolytaktivitäten beim Vorliegen nur eines Elektrolyten mit einem Potentialbestimmenden Ion verwendbar sind und auch zu richtigen Ergebnissen, z. B. über die Ionenbindung an Proteine [41a], geführt haben, so wenig konnten potentiometrisch in Ionengemischen befriedigende Resultate erhalten werden. Der Einbau z. B. von Dipikrylamin in negative Membranen nach *Skogseid* [65] zur spezifischen Messung von K^+-Aktivitäten hat praktisch ebensowenig befriedigt wie die Präparation von positiven Membranen zur Messung von Anionenaktivitäten [66].

Bessere Spezifität als Porenmembranen zeigen membranartig angeordnete Lipoidschichten, welche geeignete fettlösliche Elektrolyte enthalten. Gut spezifische Ca^{2+}-Elektroden erhielten *Tendeloo* und *Krips*. Aus Ca-Oxalat, mit Hilfe des Detergents Arlacel 85 (Sorbitan-tri-oleat, Atlas Powder Comp.) in geschmol-

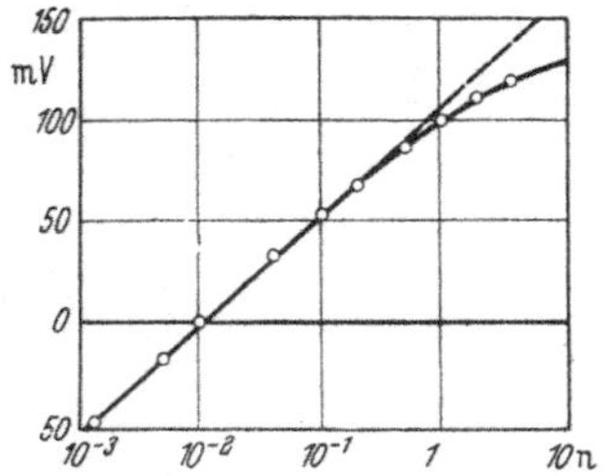

Abb. 62. Membran als Na-Elektrode. Auf einer Seite 10^{-2} n, auf der anderen variiert. Theoretischer Verlauf gestrichelt

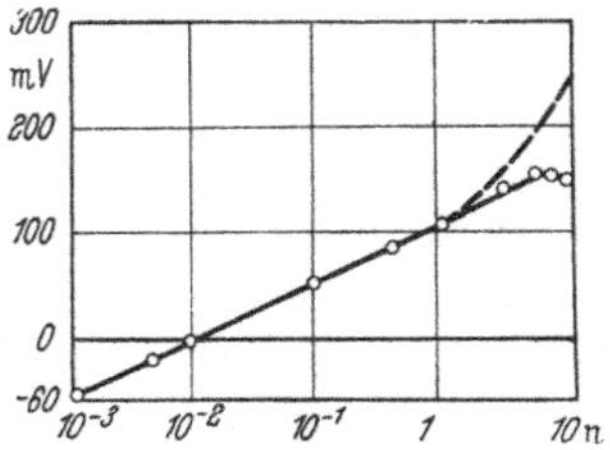

Abb. 63. Membran als H-Elektrode. HCl auf einer Seite 10^{-2} n, auf der anderen variiert

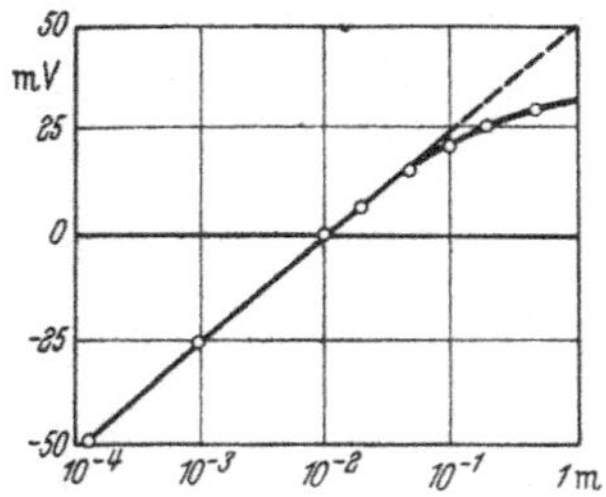

Abb. 64. Membran als Ba-Elektrode

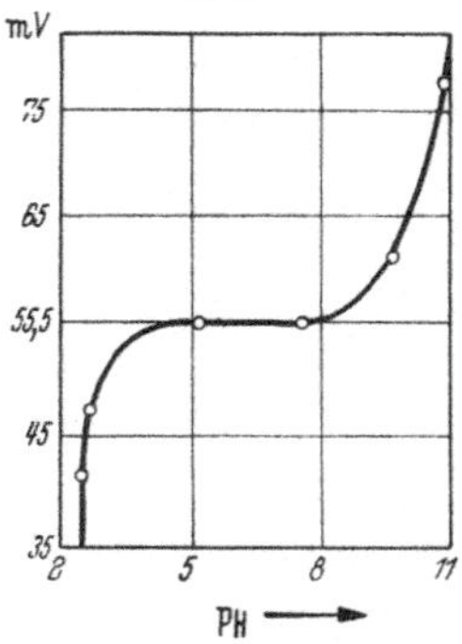

Abb. 65. p_H-Abhängigkeit einer Na-Elektrode. $10^{-3}/10^{-2}$ n. 10^{-2} n bei p_H 6,5; p_H der 10^{-3} n variiert

zenem Paraffin gelöst, werden geeignet geformte Membranelektroden gefertigt; es eignen sich auch Ca-Salze von Osazonen der Didehydroweinsäure. Sie sind sehr wenig p_H-abhängig und werden auch durch Mg^{2+} sehr wenig beeinflußt. Die Spezifität für Ca^{2+} ist beachtlich. Die Gegenwart von Eiweiß stört die Elektrodenfunktion nicht, dagegen konnte die Ca^{2+}-Bindung an Eiweiß gut gemessen werden [*67*].

Über die Messung von Aktivitätskoeffizienten starker Elektrolyte mit Hilfe von hochselektiven Kationenaustauschermembranen als Mittelleitern in einer Helmholtzschen Doppelkette (s. *Kahlweit* (*68*]).

Konzentrations-Potentiale an „megapermselektiven" Collodium-Membranen [*42*]

KCl C_1	KCl C_2	theor.	Collodium	Protamin-Collodium
m	m	mV	mV	mV
0,64	0,32	15,9	12,6	−11,5
0,32	0,16	16,0	14,4	−13,8
0,16	0,08	16,2	15,6	−14,3
0,08	0,04	16,3	16,3	−15,8
0,04	0,02	16,6	16,6	−16,0
0,02	0,01	16,9	16,9	−16,2
0,01	0,005	17,1	17,1	−16,2

Widerstand hochdurchlässiger selektiver Collodium-Membranen [*42*]

Oxydationszeit in 1 n NaOH	M. P. für 0,1 M KCl/0,01 M KCl	Widerstand in 0,1 M KCl
min.	mV	Ω 50 cm²
4	54,8	80
6	54,6	22
10	54,5	8
14	54,6	2
18	Membran zerstört	

Die Werte der Selektivitätskonstanten gehen an oxydierten Membranen [*43*] bis 560 mÄquiv./L, bei Austauschern noch höher [*24*].

Herstellungstechnik der „megapermselektiven" Membranen [*44*].

Über Mosaikmembranen [*45*].

Über anormale Osmose und Membranladung [*46*].

2. Aktiver Transport [*59*]

Meßbare Potentiale sind an *transversale Ionenbewegungen* geknüpft. Die treibende Kraft für diese Bewegungen ist 1. der Konzentrationsunterschied beiderseits der Membran, d. h. die Differenz der chemischen Potentiale und 2. das in der Pore aufrecht erhaltene elektrische Potential, insgesamt also der Unterschied im sog. elektrochemischen Potential. Nach dem in der Pore aufrechterhaltenen elektrischen Potential richtet sich auch die Verteilung der neben den kritischen in geringerer Konzentration vorhandenen oder viel langsamer bewegten sog. passiven Ionen. Sie werden in der Richtung bewegt, daß sich der log des Quotienten ihrer Aktivitäten, multipliziert mit 0,059 /n dem Wert jenes Potentials annähert, das so zu einem Potential der partiellen Donnan-Verteilung in einen Elektrolytfluß wird (*Teorell* [*18, 21, 27*]). Vgl. dazu den „transitory overshoot" bei Einstellung des Donnan-Gleichgewichtes (*Neihof* u. *Söllner* [*58*]).

Der *Ionenfluß* selbst muß als die in der Zeiteinheit durch Einheit des Querschnittes hindurchtretende Menge der Elektrizitätsträger angesehen werden; er besitzt damit die physikalische Dimension einer Stromstärke. Seine Größe wird durch das Produkt aus Triebkraft und Leitfähigkeit bestimmt; letztere ergibt sich wiederum aus Ionenbeweglichkeit mal Konzentration.

Die an einem Kation angreifende Triebkraft (Tr^+) selbst ist der Gradient des elektrochemischen Potentials nach der Strecke in Richtung der Strömung:

$$-Tr^+ = \frac{d\mu^+}{dx} + n \cdot F\frac{dE}{dx} = RT\frac{d\ln a^+}{dx} + n \cdot F\frac{dE}{dx}; \quad (\text{da: } d\mu^+ = RT\, d\ln a^+).$$

Nach Integration und Multiplikation mit $\mu \cdot a$ erhält man die Fluxgröße; das Verhältnis von Influx zum Outflux ergibt sich dann zu:

$$\frac{\Phi\ \text{ein}}{\Phi\ \text{aus}} = \frac{a_a}{a_i} \cdot e^{\frac{nFE}{RT}} \quad \text{bzw.} \quad RT\ln\frac{\Phi\ \text{ein}\cdot a_i}{\Phi\ \text{aus}\cdot a_a}a = nFE,$$

wo a_a die Außen- und a_i die Innenkonzentration des Kations ist (*Teorell* [*32*]; *Ussing* [*33*]). Bei gleicher Konzentration des kritischen Ions beiderseits ist danach das Membran-Potential allein für die Größe des passiven Transportes bestimmend. Nach den Erfahrungen *Ussings* muß die vorstehende Formel auf der rechten Seite noch um ein additives Glied erweitert werden, welches den Einfluß einer Strömung des Lösungsmittels auf den Ionenfluß in den Poren berücksichtigt („solvent drag"). Er wird bestimmt durch das Verhältnis: Volumenfluß des Lösungsmittels (ΔW) zur Diffusionskonstanten des betrachteten Ions, bezogen auf die effektiv wirksame Porenweite A und addiert für alle Einzelschichten der Membran senkrecht zur Strömungsrichtung:

$$\frac{\Delta W}{D} \int_0^{x_0} \frac{1}{A} \, dx \, .$$

Beim Fehlen von osmotischen Gradienten zwischen beiden Seiten läßt sich auch an biologischen Membranen, z. B. der Froschhaut, ein Einfluß der osmotischen Strömung auf den Ionenflux praktisch vollständig ausschalten.

Eine unter solchen Bedingungen noch gefundene Abweichung des Fluxquotienten von der Ussing-Formel wird ganz allgemein auf das Eingreifen von Stoffwechselprozessen, d. h. auf *aktiven Transport* zurückgeführt. Unter aktivem Transport wird eine Stoffbewegung verstanden, welche unter Aufnahme chemischer Energie gegen das Konzentrationsgefälle erfolgt oder mit dem Konzentrationsgefälle schneller verläuft, als nach der Differenz der elektrochemischen Potentiale, d. h. nach der Ussing-Teorell-Formel, zu erwarten ist. Es handelt sich also um endergonische Stoffbewegungen, wobei hinzugefügt werden muß, daß durch chemische Reaktionen freigemachte Energie von dem Transportmechanismus verwertet wird.

Der klarste Beweis für das Vorliegen eines aktiven Transportes wurde durch *Ussing* für die von außen nach innen erfolgende Na^+-Bewegung an der Froschhaut erbracht. Ihr folgt die erforderliche Bewegung des Anions (z. B. Cl^-) passiv. Durch diesen Vorgang wird gleichzeitig das Froschhaut-Bestandspotential (außen negativ) erzeugt. Zur Aufrechterhaltung des osmotischen Gleichgewichtes spielt der aktive Transport wohl an allen Zellen eine entscheidende Rolle; denn ohne die nach außen schaffende Na-Ionenpumpe würde der Elektrolytanteil am kolloidosmotischen Zellüberdruck (vgl. S. 194) jede Zelle duich fortdauernde Wasseraufnahme zerstören. Eine besondere Funktion vollzieht der aktive Transport bei der Aufnahme von Aminosäuren, besonders in schnellwachsende Zellen, und vor allem bei den mannigfachen Konzentrationssteigerungen im Laufe der Sekretionsvorgänge in den Drüsen und der Niere.

Die Verwertung von osmotischer Energie aus der freiwilligen Bewegung eines Stoffes zur Konzentrierung eines anderen wird nach den z. Z. bestehenden Gepflogenheiten nicht als aktiver Transport bezeichnet. Bei diesem wird generell in der Ausdrucksweise der Thermodynamik irreversibler Vorgänge ein einseitig gerichteter Stoff- oder Energieflux zur Erzeugung einer entgegengesetzt gerichteten Stoffbewegung eingesetzt. Die Analyse des aktiven Transportes hat den Mechanismus der Verknüpfung des Flusses chemischer Energie mit der bergauf („uphill") vor sich gehenden Stoffbewegung aufzuklären. Physikalisch ist der Mechanismus noch unbekannt. Allgemein jedoch werden in der Membran gelöst oder mindestens von einer zur anderen Membranseite rotierbar vorhandene Trägerstoffe, sog. Carrier [*59*] angenommen. Sie können sich mit dem zu transportierenden Stoff auf der einen Seite vereinigen, als Komplex die Membran nach der anderen durchdringen und hier den Stoff abgeben. Darauf diffundieren sie unbeladen nach der Aufnahmeseite zurück. Da die Zellmembranen lipoiden Charakter tragen, müssen diffundierende Carriersubstanzen lipoidlöslich sein.

Durch Zirkulation können sie auch ohne Aufnahme chemischer Energie Stoffbewegungen ermöglichen. Zu ihnen gehört die erleichterte Diffusion, d. h. eine Bewegung z. B. lipoidunlöslicher Stoffe in der Richtung des Konzentrationsgefälles, welche nur auf dem Wege über den Carrierkomplex zustande kommt. Die Aufnahmegeschwindigkeit wird hier durch die Menge und Diffusionsgeschwindigkeit des Carriers begrenzt; sie wächst mit der Außenkonzentration des lipoidunlöslichen Stoffes und erreicht — wie bei allen durch Carrier vermittelten Transporten — den Höchstwert bei Aufsättigung des Trägers.

a) Bewegung gelöster Stoffe aus [*64*]

freie Diffusion	
Katalysierte Diffusion	(über H-Brücken oder Adsorption)
erleichterte Diffusion exchange diffusion induzierter Gegentransport	durch Carrier ohne Aufnahme chemischer Energie
gesteigerte Diffusion „bergauf" Transport	durch Carrier mit Aufnahme chemischer Energie

Die einfachste durch einen Carrier vermittelte Transporterscheinung konnte erst durch Versuche mit Tracern erkannt werden. ^{42}K wird z. B. sehr schnell gegen das ^{39}K des Zellinnern bis zu einem Gleichgewicht zwischen beiden Partnern getauscht, weil beide Ionen praktisch die gleiche Affinität zum Carrier besitzen. Energiezufuhr ist nicht erforderlich, da die Konzentration beider K-Isotope sich

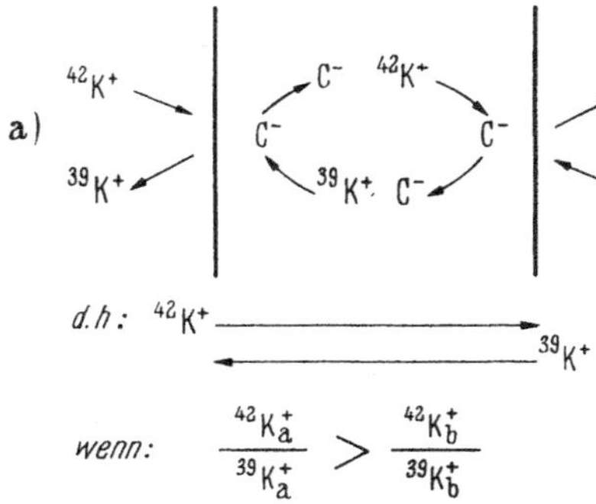

Abb. 66. Carrier exchange diffusion. Bei sehr kleinem $^{42}K/^{39}K$-Verhaltnis auf einer Seite findet eine Isotopenbewegung nur zu dieser Seite hin statt (aus [*64*])

durch Gegentausch über den Carrier solange verändert, bis für sie ein gleiches Verteilungsverhältnis beiderseits der Membran erreicht ist. (Carrier-exchange-diffusion: *Ussing*). Nach dem gleichen Prinzip werden auch markierte Aminosäuren an Ascites-Tumorzellen getauscht (*Heinz* [*60*]).

Bei Erythrocyten fanden *Rosenberg* und *Wilbrandt* [*61*] für Zucker einen „induzierten Gegentransport", der auf dem gleichen Prinzip beruht, d. h. hier auf einer nahezu gleichen Affinität von Mannose und Glucose zum Carrier. Mit Mannose angereicherte Blutkörperchen tauschen, in Glucoselösung gebracht, Mannose gegen am Carrier äquivalent hereinwandernde Glucose heraus. Dabei wird die Glucose gegen ein Konzentrationsgefälle hereingeführt, solange wie das Konzentrationsgefälle für Mannose von innen nach außen noch größer ist als das für die Glucose in gleicher Richtung. Die Energie zum Bergauftransport wird hier aus dem noch höheren Konzentrationsgefälle der Mannose (oder Xylose) gewonnen.

Beim *aktiven Transport* wird unter Energieaufnahme aus Stoffwechselreaktionen entweder eine Bewegung in Richtung des Konzentrationsgefälles gefördert, oder es wird — wie es am häufigsten untersucht wurde — eine Bewegung gegen das Konzentrationsgefälle ermöglicht. Ein aktiv transportierender Carrier erfährt bei jedem Transportcyclus eine revertierbare, energiebenötigende chemische Verwandlung. Er existiert also in mindestens zwei Formen. Ob die Energiezuführung auf der aufnehmenden Seite, d. h. bei der Bildung des Komplexes oder auf der Abgabeseite zur Umwandlung des wieder freigesetzten Carriers in den aufnahmebereiten Zustand erfolgt, ist heute noch nicht auszusagen, da sichere Beweise für die chemische Natur eines bestimmten Carriers z. Z. noch nicht vorliegen. Die Schwierigkeiten liegen darin, daß die Zahl der aktiv transportierenden Zellorte sehr klein ist; sie dürfte etwa 1000 pro Erythrocyten und damit ungefähr ein hunderstel Prozent seiner Oberfläche ausmachen. Kationen-Carrier werden an vielen Objekten (Blutzellen, marklose Nerven u. a.) durch Strophantin elektiv gehemmt [*62*]. Da auch membrangebundene ATP-asen durch den gleichen Stoff in gleich niedriger Konzentration gehemmt werden, ist es wahrscheinlich, daß eine Energie- und vielleicht auch Phosphat-Beteiligung aus ATP für den Betrieb des aktiven Transportvorganges wesentlich ist. Auch für die Notwendigkeit von aerob getriebenen Oxydoreduktionsvorgängen am Carrier, speziell für den Kationen-Transport, sprechen eine Reihe von Beobachtungen (Redox-Carrier nach *Conway* [*63*]). In jedem Fall ist mit dem Vorkommen von enzymatischen Systemen bestimmter räumlicher Anordnung an den aktiv transportierenden Membranorten zu rechnen.

Beweise für den aktiven Na^+-Transport an der Froschhaut nach *Ussing*. Der durch den Na^+-Transport hervorgerufene einwärts gerichtete elektrische Ruhestrom wird durch einen von außen angelegten entgegengesetzt gerichteten kompensiert, wobei die notwendige Stromstärke registriert wird. Gleichzeitig wird der Na^+-Fluß in beiden Richtungen durch Tracer bestimmt. Die Tabelle zeigt, daß Na-Transport und kompensierender Gegenstrom von gleicher Größe sind.

b) Versuchswerte für Influx, Efflux und Netto-Flux (≡ Influx minus Efflux)

bei Na^+-Ionen an verschiedenen lebenden Membranen in $\mu\mu$mol cm^{-2} sec^{-1} (nach *Ussing*, aus [*13*])

	Influx	Efflux	Netto-Flux
1. Erythrocyten (Mensch)	0,15	0,15	—
2. Musc. sartorius		14	—
Musc. sartorius	16		
3. Nerven (Sepia-Axon)	61	31	30
4. a) Froschhaut mit Gegenspannung	115	115	—
b) Froschhaut, kurz geschlossen	500	20	480
5. Nierentubulus (Mensch)	—	—	3000

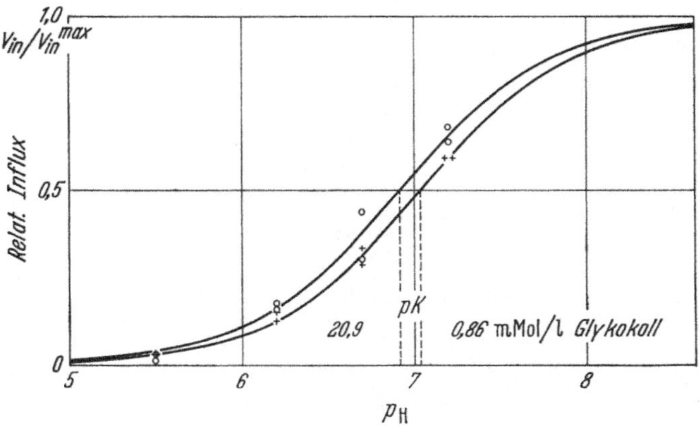

Abb. 67. *Einfluß der* H-*Ionen auf den Glykokollinflux in Ehrlich-Ascites-Tumorzellen bei verschiedenen extracellulären Glykokollkonzentrationen.* Die relativen Flux-Werte sind um eine kleine p_H-unabhängige Effluxkomponente vermindert. Der Maximal-Influx ist durch Extrapolation erhalten worden. Die gestrichelten Geraden geben die Wendepunkte bei den extracellularen Glykokollkonzentrationen von 0,86 mMol pro l (rechts) und von 20,9 mMol pro l (links) an (nach *H. Kromphardt* und *E. Heinz*, in Vorbereitung)

Kurzschlußströme und Na-Flux-Werte in µ Amp/cm² bei verschiedenen Froschhäuten (nach *Ussing*, 1954)

	µamps/cm²			
	I_{Na}	O_{Na}	$I_{Na}-O_{Na}$	Kurzschlußstrom
1	20,1	2,4	17,7	17,8
2	11,1	1,5	9,6	9,9
3	40,1	0,89	39,2	38,6
4	62,5	2,2	60,3	56,8
5	47,9	2,5	45,4	44,3

Literatur

[1] *Donnan, F. G.:* Z. Elektrochem. **17**, 572 (1941); *Guggenheim, E. A. K.*, und *F. G. Donnan:* Z. physik. Chem. A. **162**, 350 (1942); *Bolam, T. R.:* Die Donnan-Gleichgewichte, Dresden. u. Leipzig 1934; *Adair, G. S.:* Trans. Faraday Soc. **33**, 1106 (1937).

[2] *Loeb, J.:* Die Eiweißkörper usw. Berlin 1924.

[3] *Procter, H. R.*, and *J. A. Wilson:* Soc. **109**, 307 (1916); *Jordan-Loyd, D.*, and *W. B. Plaess:* Biochem. *J.* **21**, 1352 (1927); **22**, 1007 (1928).

[4] *Rona, P.*, und *H. H. Weber:* Biochem. Z. **203**, 429 (1928).

[5] *Danielli, J. F.:* Biochem. J. **35**, 470 (1941).

[6] *Danielli, J. F.:* Proc. R. Soc. London B **122**, 155 (1937) u. Kap. 21 aus: *Davson, H.*, and *J. F. Danielli:* The Permeability of natural Membranes, Cambridge, 1942; *Netter, K. J.:* Biochem. Z. **325**, 54, 64 (1953).

[7] *Duke-Elder, St.:* Biochem. J. **21**, 66 (1927).

[8] *Stary, Z.*, u. *R. Winternitz:* Z. physiol. Chem. **212**, 215 (1932).

[9] *Hecht, G.:* Biochem. Z. **165**, 214 (1925).

[10] *Gamble, J. L.:* Extracell. Fluid. Harvard Univ. Press 1949.

[11] *Folk, B. P., K. L. Zierler* and *L. Lilienthal:* Am. J. Physiol. **153**, 381 (1948).

[12] *van Slyke, D. D., H. Wu* and *F. C. McLean:* J. biol. Chem. **56**, 765 (1923); *Henderson, L. J.:* Blut, Dresden u. Leipzig 1932.

[13] *Netter, H.:* Theoretische Biochemie, Berlin, Göttingen, Heidelberg 1959.

[14] *Boyle, P. J.*, and *E. J. Conway:* J. Physiol. London **100**, 1 (1941).

[15] *Küsel, H.*, und *H. Netter:* Biochem. Z. **323**, 39 (1952).

[16] *Lewis, P. R.:* Biochem. J. **56**, 330 (1953).

[16 a] *Koechlin, A. B.:* Proc. Nat. Ac. Sci. (Wash.) **40**, 60 (1954).

[17] *Michaelis, L.:* Naturwiss. **14**, 33 (1926); *Michaelis* u. *A. Fujita:* Biochem. Z. **161**, 47 (1925).

[18] *Teorell, T.:* Proc. Soc. exp. Biol. Med. **33**, 282 (1935).

[19] *Wilbrandt, W.:* J. gen. Physiol. **18**, 933 (1935).

[20] *Netter, H.:* Pflugers Arch. **220**, 107 (1928).

[21] *Teorell, T.:* J. gen. Physiol. **21**. 107 (1937).

[22] *Weech, A. A.*, and *L. Michaelis:* J. gen. Physiol. **12**, 55 (1928).

[23] *Söllner, K.:* J. physic. Chem. **53**, 1211 (1949).

[24] *Manecke, G.*, und *K. F. Bonhoeffer:* Z. Elektrochem. **55**, 475 (1951).

[25] *Schmidt, G.:* Z. Elektrochem. **54**, 424 (1950); **55**, 229, 295, 684 (1952).

[26] *Meyer, K. H.*, und *J. F. Sievers:* Helv. chim. Acta **19**, 649, 987 (1936).

[27] *Teorell, T.:* Progress in Biophysics. **3**, 305 (1953).

[28] *Schlögl, R.:* Z. Elektrochem. ,**56** 195 (1953); **58**, 672 (1954).

[29] *Mond, R.*, und *F. Hoffmann:* Pflügers Arch. **220**, 194 (1928).

[30] *Söllner, K., C. W. Carr* and *H. P. Gregor:* J. gen. Physiol. **28**, 179 (1945); *Söllner, K.*, and *H. P. Gregor:* J. Colloid. Sci. **6**, 557 (1951) u. **7**, 37 (1952); *Carr, C. W.* and *L. Topol:* J. physic. Chem. **54**, 176 (1949).

[31] *Klingmuller, G.:* Dissertation, Kiel 1943.

[32] *Teorell, T.:* Z. Elektrochem. **54**, 460 (1951).

[33] *Ussing, H. H.:* Z. Elektrochem. **55**, 470 (1951).

[34] *Schwietzer, C. H.*, und *H. Passow:* Pflugers Arch. **256**, 419 (1953).

[35] *Wilbrandt, W.:* Pflugers Arch. **246**, 291 (1942).

[36] *Beutner, R.:* Die Entstehung elektrischer Ströme in lebendem Gewebe, Stuttgart 1920.

[37] *Shedlovsky, Th.:* Science N. Y. **113**, 562 (1951).

[38] *Manegold, E.*, und *K. Kalmick:* Kolloid-Z. **86**, 186 (1939).

[39] *Schlögl, R.*, und *F. Helfferich:* Z. Elektrochem. **56**, 644 (1952).

[40] *Schindewolf, E.*, und *K. F. Bonhoeffer:* Z. Elektrochem. **57**, 216 (1953).

[41] *Carr, C. W.:* Arch. Biochem. **42**, 147 (1952).

[41a] *Carr, C. W.*: Arch. Biochem. **42**, 147 (1952); **46**, 417, 424 (1953); *Carr, C. W.*, u. *K. R. Woods:* Arch. Biochem. **61**, 1 (1955); *Gregor, M. P., H. Jacobsen, R. C. Shair* u. *D. M. Wetstone:* J. Physic. Chem. **55**, 141 (157); *Gregor, M. P.*, u. *D. M. Wetstone:* J. Physic. Chem. **27**, 147, 151 (1957); *Gregor, M. P.*, u. *E. Katner:* J. Physic. Chem. **61**, 1169 (1957).
[42] *Carr, C. W., H. P. Gregor* and *K. Söllner:* J. gen. Physiol. **61**, 179 (1945).
[43] *Sòllner, K.*, and *C. W. Carr:* J. gen. Physiol. **28**, 1 (1945).
[44] *Carr, C. W.*, and *K. Sollner:* J. gen. Physiol. **28**, 119 (1945).
[45] *Neihoff, R.*, and *K. Söllner:* J. physic. Chem. **54**, 157 (1950).
[46] *Söllner, K., I. Abram* and *C. W. Carr:* J. gen. Physiol. **25**, 7 (1942); **26**, 17 (1943).
[47] *Söllner, K.*: Ann. N. Y. Acad. Sci. **57**, 177 (1953).
[48] *Neihoff, R.*, u. *K. Sollner:* Disc. Faraday Soc. **21**, 94 (1956).
[49] *Wyllie, M. R. J.*: J. Physic. Chem. **21**, 67, 73 (1954).
[50] *Dray, S.*, u. *K. Sollner:* Biochem. Biophys. Acta **18**, 341 (1955); **21**, 126 (1956); **22**, 213, 220 (1956).
[51] *Graydon, W. F.*, u. *R. J. Stewart:* J. phys. Chem. **59**, 86 (1955).
[52] *Meares, P.*, u. *H. H. Ussing:* Trans. Faraday SoI. **55**, 142, 244 (1959).
[53] *Bergsma, F.*, u. *A. J. Stavermann:* Disc. Faraday Soc. **21**, 61 (1956).
[54] *Sollner, K.*: J. physic. Chem. **21**, 1211, 1226 (1949).
[55] *Marshall, T. J.*: J. physic. Chem. **52**, 1284 (1948).
[56] *Scatchard, G.*: J. Amer. chem. Soc. **75**, 2883 (1953).
[57] *Wyllie, M. R. J.*, u. *S. L. Kanaan:* J. physic. Chem. **58**, 73 (1954).
[58] *Neihoff, R.*, u. *K. Sollner:* J. physic. Chem. **61**, 159 (1957).
[59] Biochemie des aktiven Transportes, 12. Mosbach Kolloquium, Berlin, Gottingen, Heidelberg 1961.
[60] *Heinz, E.*: Aktiver Transport von Aminosäuren in [59] S. 167.
[61] *Rosenberg, Th.*, u. W. *Wilbrandt:* J. Gen. Physiol. **41**, 289 (1957).
[62] *Schatzmann, H. J.*: Helv. physiol. pharmakol. Acta **11**, 346 (1953); *Glynn, J. M.*. Progr. Biophys. Chem. **8**, 241 (1957).
[63] *Conway, E. J.*: Int. Rev. Cytol. **4**, 377 (1955).
[64] *Netter, H.*: Mögliche Mechanismen u. Modelle f. aktive Transportvorgange in [59] S. 15.
[65] *Skogseid, A.*: Thesis, Oslo 1948.
[66] *Bonhoeffer, K. F.*: Disc, Faraday Soc. **21**, 219 (1956).
[67] *Tendeloo, H. J. C.*, u. *A. Krips:* Rec. Trav. Chim. Pays-Bas. **76**, 703, 946 (1957); **77**, 406, 678 (1958); **78**, 177 (1959).; vgl. *Barrer, R. M.*, u. *S. D. James:* J. Phys. Chem. **64**, 417, 421 (1960) und *Bose, S. K.*: J. Indian Chem. Soc. **37**, 189 (1960).
[68] *Kahlweit, M.*: Z. physic. Chem. N. F. **6**, 45 (1956).

Sechstes Kapitel

Radioaktivität

Von **H. Houtermans**, Wien

Inhalt: 1. Wichtige radioaktive Nuklide (Tab. 1). — 2. Absorption von Alpha-, Beta- und Gamma-Strahlen. — 3. Isotopie-Effekte. — 4 Szintillatoren. — 5. Nachweismethoden für ^{14}C und ^{3}H. — 6. Spezielle Statistik bei Radioaktivitatsmessungen. — 7. Strahlenschutz.

Literatur. *Broda, E.*: Radioisotope in der Biochemie, Wien 1958. — *Arnoff, S.*: Techniques of Radiobiochemistry, Ames /Iowa 1957. — *Lindner, R.*: Kern- und Radiochemie. Berlin, Göttingen, Heidelberg 1961. — International Directory of Radioisotopes, International Atomic Energy Agency, Wien 1961. — Recommandations of the International Commission on Radiological Protection, Report of Committee II, New York 1959.

1. Wichtige radioaktive Nuklide (zum Kauf angeboten)

Tabelle 1

Erlauterungen: Spalte 2: a = Jahre; d = Tage; h = Stunden; m = Minuten
Spalte 3: E. E. = Elektroneneinfang
Spalte 10: Die spezifische Aktivitat ist pro g des natürlichen Isotopengemisches des Ausgangselements angegeben.
Spalte 11: Die Werte geben die Gamma-Dosisleistung von 1 mc des Nuklids in 1 Meter Abstand in Milliröntgen pro Stunde an.
Zusammenfassung der Fußnoten 1—35 s. S. 221.

1	2	3	4	5	6	7	8	9	10	11
Nuklid	Halbwertszeit	Zerfall			γ-Strahlung			Gebräuchlichste Herstellungsverfahren	Spezifische Aktivität (1 Woche Reaktor mit 10^{12} n/s · cm²) mC/g	Spez. Dosisleistung $\frac{mr}{mC \cdot h} \cdot m^2$
		Art	Maximalenergie in keV	Wahrsch. pro Zerfall	Energie in keV	γ-Strahlen pro Zerfall	Konv.-Elektr. pro Zerfall			
$^{3}_{1}H$	12,26 a	β⁻	18	100%	—	—		⁶Li(n, α)		—
$^{7}_{4}Be$	53,5 d	E. E.		·100%	477	≈ 12%		¹²C(p, 3p3n)		
$^{14}_{6}C$	5568 a	β⁻	155 [1]	100%	—	—		¹⁴N(n, p)		
$^{22}_{11}Na$	2,58 a	β+ E. E.	544	89% 11%	1274 511	100% 2 · 100%		²⁴Mg(d, α)		1,2
^{24}Na	15,0 h	β⁻	1390	100%	1370 2750	100% 100%		²³Na(n, γ)	380	1,84
$^{28}_{12}Mg$	21,4 h	β⁻	420	100%	32 40 95 1350	96% 30% 30% 70%	4%	³⁷Cl(p,...)		
$^{31}_{14}Si$	2,64 h	β⁻	1470	≈100%	1260	0,07%		³⁰Si(n, γ)	1,9	
$^{32}_{15}P$	14,45 d	β⁻	1710	100%	—	—		³¹P(n, γ) ³²S(n, p)	25	
$^{35}_{16}S$	87 d	β⁻	167	100%	—	—		³⁴S(n, γ) ³⁵Cl(n, p)	0,260	
$^{36}_{17}Cl$	3,1 · 10⁵ a	β⁻ E. E.	714	98,3% 1,7%	—	—		³⁵Cl(n, γ)	0,00038	
$^{37}_{17}A$	34 d	E. E.			—	—		⁴⁰Ca(n, α)		

Tabelle 1 (Fortsetzung)

1	2	3	4	5	6	7	8	9	10	11
Nuklid	Halbwertszeit	Zerfall			γ-Strahlung			Gebräuchlichste Herstellungsverfahren	Spezifische Aktivität (1 Woche Reaktor mit 10^{12} n/s · cm²) mC/g	Spez. Dosisleistung $\frac{mr}{mC \cdot h} \cdot m^2$
		Art	Maximalenergie in keV	Wahrsch. pro Zerfall	Energie in keV	γ-Strahlen pro Zerfall	Konv.-Elektr. pro Zerfall			
$^{42}_{19}K$	12,5 h	β^-	2000 3600	18% 82%	1530	18%		$^{41}K(n, \gamma)$	37	0,14
$^{45}_{20}Ca$	165 d	β^-	254	100%	—	—		$^{44}Ca(n, \gamma)$	0,150	
^{47}Ca	4,7 d	β^-	660 1940	82% 18%	480 830 1310	6% 6% 76%		$^{46}Ca(n, \gamma)$		
$^{46}_{21}Sc$	84 d	β^-	357	100%	892 1118	100% 100%		$^{45}Sc(n, \gamma)$	4	1,09
^{47}Sc	3,45 d	β^-	440 600	≈ 70% ≈ 30%	160	70%		uber $^{47}_{20}Ca$		
$^{48}_{23}V$	16,1 d	β^+ E. E.	698	56% 44%	986 1314 2250 511	98% 98% 2% 2 · 100%		Ti(p, x · n)		1,56
$^{51}_{24}Cr$	27,8 d	E. E.		100%	323	≈ 8%		$^{50}Cr(n, \gamma)$	29	0,015
$^{52}_{25}Mn$	5,7 d	β^+ E. E.	580	33% 67%	730 940 1450 511	100% 100% 100% 2 · 33%		$^{56}Fe(p, \alpha n)$		1,86
^{54}Mn	291 d	E. E.		100%	840	100%		$^{56}Fe(d, \alpha)$		0,47
^{56}Mn	2,58 h	β^-	330 750 1050 2860	1% 15% 24% 60%	845 1810 2120 . . . 3400	99% 24% 15% klein		$^{55}Mn(n, \gamma)$	3900	0,83
$^{55}_{26}Fe$	2,7 a	E. E.		100%				$^{54}Fe(n, \gamma)$	0,2	

^{59}Fe	44,5 d	β^-	270 460 1560	46% 54% 0,3%	190 1110 1290	3% 57% 43%		^{58}Fe(n, γ)	0,082	0,64
$^{57}_{27}$Co	267 d	E. E.		100%	14 122 136	≈6% ≈92% ≈6%	87% 1% 1%	^{56}Fe(d, n)		1,76
^{58}Co	71 d	β^+ E. E.	470	≈15% ≈85%	810 814 1600 511	1,5% 99,5% 0,5% 2 · 15%		^{58}Ni(n, p)		0,55
^{60}Co	5,30 a	β^-	314	100%	1173 1332	100% 100%		^{59}Co(n, γ)	21	1,32
$^{63}_{28}$Ni	125 a	β^-	67	100%	—	—		^{62}Ni(n, γ)	0,019	
$^{64}_{29}$Cu	12,8 h	β^- β^+ E. E.	570 660	38% 19% 43%	1340 511	0,6% 2 · 19%		^{63}Cu(n, γ)	790	0,12
$^{65}_{30}$Zn	245 d	β^+ E. E.	326	1,7% 98,3%	1140 511	49% 2 · 1,7%		^{64}Zn(n, γ)	0,97	0,27
^{69}mZn	13,9 h	I. Ü. β^-	 900	100% [2]	440	95%	5%	^{68}Zn(n, γ)	4,5	
$^{66}_{31}$Ga	9,5 h	β^+ E. E.	4150 ... 	50% 8% 42%	828 1037 ... 4830	5% 37% ... 2%		^{66}Zn(d, 2n)		
^{67}Ga	79 h	E. E.		100%	93,3 ... 870	41%		Zn + d		
^{72}Ga	14 h	β^-	670 960 1510 1940 2530 3170	41% 35% 7% 7% 5% 5%	601 ... 2510	7% 186% 17%		^{71}Ga(n, γ)	460	1,16
$^{68}_{32}$Ge	288 d	E. E. β^+ E. E.	 820 1890	100% 2% 86% 12%	— 1080 511	— 4% 2 · 88%		^{69}Ga(p, 2n) } [3]		
^{71}Ge	11 d	E. E.		100%				^{70}Ge(n, γ)	50	

Tabelle 1 (Fortsetzung)

1	2	3	4	5	6	7	8	9	10	11
		Zerfall			γ-Strahlung					
Nuklid	Halbwertszeit	Art	Maximalenergie in keV	Wahrsch. pro Zerfall	Energie in keV	γ-Strahlen pro Zerfall	Konv.-Elektr. pro Zerfall	Gebräuchlichste Herstellungsverfahren	Spezifische Aktivität (1 Woche Reaktor mit 10^{13} n/s · cm²) mC/g	Spez. Dosisleistung $\frac{mr}{mC \cdot h} \cdot m^2$
$^{74}_{33}As$	18 d	β+	910	26,1%	596	61%		^{74}Ge(d, 2n)		0,44
			1510	3,6%	635	14,5%				
		β−	720	14,5%	511	2 · 30%				
			1360	17,7%						
		E. E.		38,1%						
^{76}As	26,5 h	β−	310	1%	559	45%		^{75}As(n, γ)	1100	0,24
			550	1%	...	...				
			1200	7%	2080	1%				
			1750	4%						
			2410	31%						
			2970	56%						
^{77}As	38,7 h	β−	160	2,8%	87	< 1%		^{76}Ge(n, γ) [5]	2,5	
			438	2,8%	160					
			684	94,4%	245	≈ 8,5% [4]				
					525	≈ 2,7%				
$^{75}_{34}Se$	120 d	E. E.		100%	136	40%	1%	^{74}Se(n, γ)	1,6	0,20
					269	54%				
					281	28%				
					405	15%				
					66					
					...	< 20%				
					577					
$^{82}_{35}Br$	36 h	β−	440	100%	553	69%		^{81}Br(n, γ)	110	1,46
					618	44%				
					698	30%				
					777	89%				
					827	25%				
					1044	31%				
					1319	30%				
					1477	18%				

$^{85}_{36}$Kr	10,6 a	β^-	150	⩾0,7%	514	≈0,7%		U(n, f)			
			672	⩽99,3%							
$^{86}_{37}$Ru	18,7 d	β^-	696	9%	1081	9%		^{85}Rb(n, γ)	25		0,05
			1777	91%							
$^{85}_{38}$Sr	64 d	E. E.		100%	514	≈99%	≈1%	^{84}Sr(n, γ)			
								^{85}Rb(d, 2n)	0,1		0,3
^{89}Sr	50,4 d	β^-	1500	100%	—	—		^{88}Sr(n, γ)	0,61		
^{90}Sr	28 a	β^-	540	100%	—	—		U(n, f)		[6]	
$^{88}_{39}$Y	105 d	β^+	560	0,7%	899	92%		Sr + d			
		E. E.		99,3%	1840	100%		Sr + p			
					2760	0,5%					
					511	2 · 0,7%					
^{90}Y	64,4 h	β^-	2260	100%	—	—		^{89}Y(n, γ)	180		
								U(n, f)		[7]	
^{91}Y	58 d	β^-	360	0,2%	1190	0,2%		U(n, f)			
			1550	≈100%							
$^{95}_{40}$Zr	65 d	β^-	360	43%	726	55%		^{94}Zr(n, γ)	0,150		0,41
			396	45%	760	43%		U(n, f)		[8]	
			885	2%							
			1130	0,4%							
^{97}Zr	17,0 h	β^-	450	≈10%	500 bis 2600 }	klein		^{96}Zr(n, γ)	0,260		
			1910	90%							
			1270	100%	670	100%		[9]			
					750	90%		[10]			
$^{95}_{41}$Nb	35 d	β^-	160	99%	767	99%		[8]			0,42
			930	1%							
$^{99}_{42}$Mo	67 h	β^-	450	14%	180	?		^{98}Mo(n, γ)	16		
			870	≈1%	...			U(n, f)		[11]	
			1230	85%	780						
					140	≈80%				[12]	
$^{99}_{43}$Tc	2,1 · 10^5 a	β^-	290	100%	—	—		s. ^{99}Mo			
$^{97}_{44}$Ru	2,9 d	E. E.		100%	109	≈3%		^{96}Ru(n, γ)		[13]	
					219	≈93%					
					325	≈7%					
^{103}Ru	40 d	β^-	120	≈7%	500	90%		^{102}Ru(n, γ)	7,3		
			220	≈90%	610	7%		U(n, f)			
			700	≈3%	...	1%					

Tabelle 1 (Fortsetzung)

1	2	3	4	5	6	7	8	9	10	11
Nuklid	Halbwertszeit	Zerfall			γ-Strahlung			Gebräuchlichste Herstellungsverfahren	Spezifische Aktivität (1 Woche Reaktor mit 10^{12} n/s · cm²) mC/g	Spez. Dosisleistung $\frac{mr}{mC \cdot h} \cdot m^2$
		Art	Maximalenergie in keV	Wahrsch. pro Zerfall	Energie in keV	γ-Strahlen pro Zerfall	Konv.-Elektr. pro Zerfall			
^{106}Ru	1,0 a	β^- β^-	39 1100 2000 2440 3100 3530	100% 1% 3% 12% 12% 72%	— 510 620 ... 2900	— 21% 11%		U(n, f)	[14]	
$^{105}_{45}$Rh	35,6 h	β^-	250 560	≈ 30% ≈ 70%	310	≈ 30%		^{104}Ru(n, γ)	19/g Ru [15]	
$^{103}_{46}$Pd	17 d	E. E.		100%	... 500	} klein		^{102}Pd(n, γ)	1,3	
^{109}Pd	13,5 h	β^-	1025	100%	88	4% [16]	96%	^{108}Pd(n, γ)	410	
$^{110m}_{47}$Ag	253 d	I. Ü. β^-	 85 530 2870	2% 65% 33% 2% [17]	116 } 656 } ≈0% ... 1504 } ≈ 280%	≈0% ≈ 280%		^{109}Ag(n, γ)	3,9	1,43
^{111}Ag	7,5 d	β^-	690 790 1050	6% 1% 93%	247 342	1% 6%		^{110}Pd(n, γ) [18]	1,9	
$^{109}_{48}$Cd	470 d	E. E.		100%	88	≈ 5%	≈ 95%	^{109}Ag(d, 2n)		
^{115m}Cd	43 d	β^-	200 335 687 1630	0,3% 1% 2% 96,7%	485 935 1300	0,3% 2,3% 1%		^{114}Cd(n, γ)	0,55	
^{115}Cd	2,3 d	β^-	590 630 850 1110 840	24% 13% 1% 62% 5% [19]	490 520 .. 340	12% 25% 47%		^{114}Cd(n, γ)	38	

$^{114m}_{49}In$	50 d	E. E.		3,5%	556	3,5%		$^{113}In(n, \gamma)$	27	
					722					
		I. Ü.		96,5%	191	18,5%	78%			
		β^-	670	0,2%	1300	0,2% [20]				
			1984	99%						
		E. E.		0,8%						
$^{113}_{50}Sn$	118 d	E. E.		100%	260	2%		$^{112}Sn(n, \gamma)$	0,059	
					390	67% [21]	31%			
^{121}Sn	28 h	β^-	380	100%	—	—		$^{120}Sn(n, \gamma)$	6,1	
$^{122}_{51}Sb$	2,74 d	β^-	740	4%	570	66%		$^{121}Sb(n, \gamma)$	400	0,24
			1400	63%	690	3%				
			1970	30%	1260	1%				
		E. E.		3%	1140	1%				
^{124}Sb	60 d	β^-	220	11%	610	99%		$^{123}Sb(n, \gamma)$	9,5	0,98
			610	51%	720	14%				
			950	6%	1700	50%				
			1590	≈7%	...	<27%				
			1660	≈2%						
			2310	23%						
^{125}Sb	2,0 a	β^-	120	29%	427 }	groß		$^{124}Sn(n, \gamma)$ [23]	0,092/g Sn	
			300	45%	595 }					
			440	12%	...					
			612	14%	35 } [22]					
					110 }					
$^{127m}_{52}Te$	105 d	β^-	730	2%	89	0%	98%	$^{126}Te(n, \gamma)$	0,085	
		I. Ü.		98%						
^{127}Te	9,4 h	β^-	700	99%	...	klein		$^{126}Te(n, \gamma)$	19	
			...	≈1%						
^{132}Te	78 h	β^-	220	100%	53	15%	85%	U(n, f) [24]		0,34
					230	95%	5%			
$^{131}_{53}I$	8,04 d	β^-	250	3%	80	2%	4%	$^{130}Te(n, \gamma)$ [25]	3,9/g Te	0,22
			330	9%	280	5%	0,3%	U(n, f)		
			610	87%	360	80%	1%			
			810	1%	640	9%				
					720	3%				
^{132}I	2,3 h	β^-	730	15%	530	27%		U(n, f)^{132}Te		
			900	20%	670	100%				1,18
			1160	23%	780	85%				
			1530	24%	...	54%				
			2120	18%	2200	2%				

Tabelle 1 (Fortsetzung)

1	2	3	4	5	6	7	8	9	10	11
			Zerfall			γ-Strahlung				
Nuklid	Halbwertszeit	Art	Maximalenergie in keV	Wahrsch. pro Zerfall	Energie in keV	γ-Strahlen pro Zerfall	Konv.-Elektr. pro Zerfall	Gebrauchlichste Herstellungsverfahren	Spezifische Aktivität (1 Woche Reaktor mit 10^{12} n/s · cm²) mC/g	Spez. Dosisleistung $\frac{mr}{mC \cdot h} \cdot m^2$
$^{133}_{54}$Xe	5,3 d	β^-	340	100%	81	35%	65%	U (n, f)		
$^{131}_{55}$Cs	9,9 d	E. E.		100%	—	—		^{130}Ba (n, γ) [26]	0,07/g Ba	
^{134}Cs	2,2 a	β^-	86	20%	570	24%		^{133}Cs (n, γ)	21	0,87
			280	3%	605	98%				
			650	75%	800	90%				
			890	≈ 1,5%	1370	3,3%				
			1450	≈ 0,2%	...	< 6%				
^{137}Cs	30 a	β^-	514	92%	662	82% [27]	10%	U (n, f)		
			1180	8%						
$^{131}_{56}$Ba	11,5 d	E. E.		100%	120	?		^{130}Ba (n, γ) [26]	0,36	
					...					
^{133}Ba	7,5 a	E. E.		100%	81	37%	54%	^{132}Ba (n, γ)	0,0012	
					270	6%				
					300	22%	2%			
					360	56%	5%			
					380	11%				
					...					
^{140}Ba	12,8 d	β^-	480	25%	30	0%	≈ 90%	U (n, f) [28]		1,24 [29]
			590	10%	160	10%	0,6%			
			830	5%	300	5%				
			1020	60%	440	5%				
					540	26%				
$^{140}_{57}$La	40,2 h	β^-	830	12%	320	19%	1%	^{139}La (n, γ)	880	1,24 [29]
			1100	26%	491	40%		U (n, f) [28]		
			1380	45%	815	19%				
			1710	10%	923	10%				
			2200	7%	1600	95%				
					...	klein				
$^{141}_{58}$Ce	32,5 d	β^-	435	70%	145	49%	21%	^{140}Ce (n, γ)	3,8	0,035
			580	30%				U (n, f)		

^{144}Ce	284 d	β^- β^-	186 240 320 803 2290 2980	20% 8% 72% 1% 1% 98%	≤ 59 80 133 691 1490 2180	≤ 0,7% 1,5% 11% 1,6% 0,3% 0,8%	≤ 4,1% 3,5% 6,3%	U (n, f) [30] via ^{144}Pr		
$^{147}_{61}$Pm	2,6 a	β^-	225	100%	—	—		U (n, f) ^{146}Nd (n, γ)	 0,024/g Nd	
$^{170}_{69}$Tm	127 d	β^- E. E.	883 967	22% 78% 15%	84	3%	19%	^{169}Tm (n, γ)	410	0,0025
$^{182}_{73}$Ta	115 d	β^-	180 363 443 ...	38% 20% 23% 19%	66 ... 1290	180%	75%	^{181}Ta (n, γ)	62	0,68
$^{185}_{74}$W	74 d	β^-	432	100%	—	—		^{184}W (n, γ)	3,1	
^{187}W	24,0 h	β^-	620 1310 ...	64% 20% 16%	72 ... 773	102%		^{186}W (n, γ)	830	0,3
$^{186}_{75}$Re	90 h	β^- E. E.	934 1071	23% 73% 4%	137 ... 123	11% klein ≈ 2%	12%	^{185}Re (n, γ)	2600	
^{188}Re	17 h	β^-	klein 1960 2120	1% 20% 79%	155 ...	10% ≤ 2%	10%	^{187}Re (n, γ)	3800	
$^{191}_{97}$Os	14,6 d	β^-	143	100%	42 129	0% [31] 20% [31]	100% 80%	^{190}Os (n, γ)	45	
^{193}Os	31,5 h	β^-	677 855 997 1063 1136	10% 12% 5% 33% 40%	73 139 280 460 ...	0% 3% 1,3% 4% klein	14% 7% 0,3%	^{192}Os (n, γ)	54	
$^{192}_{77}$Ir	74,4 d	β^- E. E.	240 540 670	6% 40% 50% 4%	296 308 316 468 (10 γ) 613	30% 29% 83% 53% 18% 7%		^{191}Ir (n, γ)	1700	0,48

Tabelle 1 (Fortsetzung)

1	2	3	4	5	6	7	8	9	10	11
Nuklid	Halbwerts-zeit	Zerfall			γ-Strahlung			Gebrauchlichste Herstellungs-verfahren	Spezifische Aktivitat (1 Woche Reaktor mit 10^{12} n/s · cm²) mC/g	Spez. Dosis-leistung $\frac{mr}{mC \cdot h} \cdot m^2$
		Art	Maximal-energie in keV	Wahrsch. pro Zerfall	Energie in keV	γ-Strahlen pro Zerfall	Konv. Elektr. pro Zerfall			
^{194}Ir	19,7 h	β^-	... 1910 2240	17% 15% 68%	328 bis 2000 (20 γ)	24% <23%	5%	$^{193}Ir(n, \gamma)$	6800	
$^{193m}_{78}Pt$	4,4 d	I. Ü.		100%	12,7 135,5	klein klein	groß groß	$^{192}Pt(n, \gamma)$	36	
^{193}Pt		E. E.								
$^{197}_{78}Pt$	18 h	β^-	470 480 670	0,9% 10,6% 88,5%	77 191 279	21% 2,5% 1,4%	78% 7,5% 0,4%	$^{196}Pt(n, \gamma)$	18	
$^{195}_{79}Au$	185 d	E. E.		100%	31 99 130	klein	groß	Pt(d, xn)		
^{198}Au	2,69 d	β^-	290 960	1% 99%	411 680 1090	96,1% 1,1% 0,26%	3,6%	$^{197}Au(n, \gamma)$	6200	0,23
^{199}Au	3,15 d	β^-	250 300 460	24% 70% 6%	50 158 208	0,3% 41% 9%	4% 39% 8%	$^{198}Pt(n, \gamma)$ [32]	17/g Pt	
$^{197m}_{80}Hg$	23 h	I. Ü. E. E.		97% 3%	133 164 130 } 280 } 440 }	31% 4,5% 3% [33]	66% 92,5%	$^{196}Hg(n, \gamma)$ [34]		
^{197}Hg	65 h	E. E.		100%	77 190	29% 0,5%	70% 0,5%	$^{196}Hg(n, \gamma)$ [34]	350	
^{203}Hg	46 d	β^-	210	100%	279	83%	17%	$^{202}Hg(n, \gamma)$	8,9	0,13
$^{204}_{81}Tl$	3,9 a	β^- E. E.	770	98% 2%	—	—		$^{203}Tl(n, \gamma)$	0,55	

$^{210}_{82}Pb$ (RaD)	19,4 a	β^-	17 63	85% 15%	47	5%	80%	nat. [35]	
$^{206}_{83}Bi$	6,3 d	E. E.		100%	107 … 1720	≈ 50%		$^{206}Pb(d, 2n)$	
^{210}Bi (RaE)	5,0 d	β^-	1170	100%	—	—		$^{209}Bi(n, \gamma)$ [35] nat.	0,83
$^{210}_{84}Po$	138 d	α	5,305	100%	800	10^{-3}%		$^{209}Bi(n, \gamma)$ [35] nat.	0,014 g Bi
$^{239}_{94}Pu$	$2,44 \cdot 10^4$ a	α	5,096 5,134 5,147	10,7% 16,8% 72,5%	—	—		$^{238}U(n, \gamma)$	

1 via $Ag^{109\,m}$ (40 s)
2 via Zn^{69} (55 m)
3 via Ga^{68} (68 m)
4 via $Se^{77\,m}$ (17,5 s)
5 $^{76}Ge(n, \gamma)\ ^{77\,m}Ge \xrightarrow[54\,s]{\beta} {}^{77}As$
und $^{77}Ge \xrightarrow[11{,}3\,h]{\beta} {}^{77}As$
6 $^{90}Sr \xrightarrow[28\,a]{\beta^-} {}^{90}Y \xrightarrow[64{,}4\,h]{\beta^-} {}^{90}Zr$ (stabil)
7 via ^{90}Sr
8 $^{95}Zr \xrightarrow[65\,d]{} {}^{95}Nb \xrightarrow[35\,d]{} {}^{95}Mo$ (stabil)
9 via ^{97}Nb (74 m)
10 via $^{97\,m}Nb$ (60 s)
11 $^{99}Mo \xrightarrow[67\,h]{\beta^-} {}^{99}Tc \xrightarrow[2 \cdot 10^5\,a]{\beta^-} {}^{99}Ru$
12 via $^{99\,m}Tc$ (6 h)
13 ^{97}Ru (2,9 a) $\xrightarrow{0{,}04\,\%} {}^{99\,m}Tc \xrightarrow[9{,}1\,d]{I.\ Ü.} {}^{97}Tc$; ^{97}Ru (2,9 a) $\rightarrow {}^{97}Tc$
$\xrightarrow[2{,}6 10^6\,a]{E.\ E.} {}^{97}Mo$ (stabil)
14 $^{106}Ru \xrightarrow[1{,}0\,a]{} {}^{106}Rh \xrightarrow[30\,s]{} {}^{106}Pd$
15 $^{104}Ru(n, \gamma)\ ^{105}Ru \xrightarrow[4{,}5\,h]{\beta^-} {}^{105}Rh \xrightarrow[35{,}6\,h]{\beta^-} Pd$
16 via ^{109}Ag (41 s)
17 via ^{110}Ag (24 s)
18 $^{110}Pd(n, \gamma)\ Pd^{111} \xrightarrow[22\,m]{\beta} {}^{111}Ag$
19 via $^{115\,m}In$ (4,5 h)
20 via ^{114}In (72 s)
21 via $^{113\,m}In$ (104 m)
22 via $^{125\,m}Te$ (58 d)
23 $^{124}Sn(n, \gamma)\ ^{125}Sn \xrightarrow[10\,m]{\beta} {}^{125}Sb$
24 $^{132}Te \xrightarrow[78\,h]{} {}^{132}I \xrightarrow[2{,}3\,h]{} {}^{132}Xe$
25 $^{130}Te(n, \gamma)\ ^{131}Te \xrightarrow[25\,m]{\beta} {}^{131}I$
26 $^{130}Ba(n, \gamma)\ ^{131}Ba \xrightarrow[11{,}5\,d]{E.\ E.} {}^{131}Cs$
27 via ^{137}Ba (2,6 m)
28 $U(n, f)\ ^{140}Ba \xrightarrow[12{,}4\,d]{} {}^{140}La \xrightarrow[40{,}2\,h]{}$ stabil
29 ^{140}Ba und ^{140}La zusammen
30 $U(n, f)\ ^{144}Ce \xrightarrow[284\,d]{\beta^-} {}^{144}Pr \xrightarrow[17{,}3]{\beta^-}$ stabil
31 via $^{101\,m}Ir$ (4,9 s)
32 $^{198}Pt(n, \gamma)\ ^{199}Pt \xrightarrow[30\,m]{\beta^-} {}^{199}Au$
33 via $^{197\,m}Au$ (7,4 s)
34 $^{196}Hg(n, \gamma) \rightarrow {}^{197\,m}Hg \xrightarrow{23\,h} {}^{197}Hg$; $^{196}Hg(n, \gamma) \rightarrow {}^{197}Hg \xrightarrow[65\,h]{}$ stabil
35 $^{210}Pb \xrightarrow[19{,}4\,a]{} {}^{210}Bi \xrightarrow[5{,}0\,d]{} {}^{210}Po \xrightarrow[138\,d]{}$ stabil

2. Absorption von Alpha-, Beta- und Gamma-Strahlen

a) Alpha-Strahlen

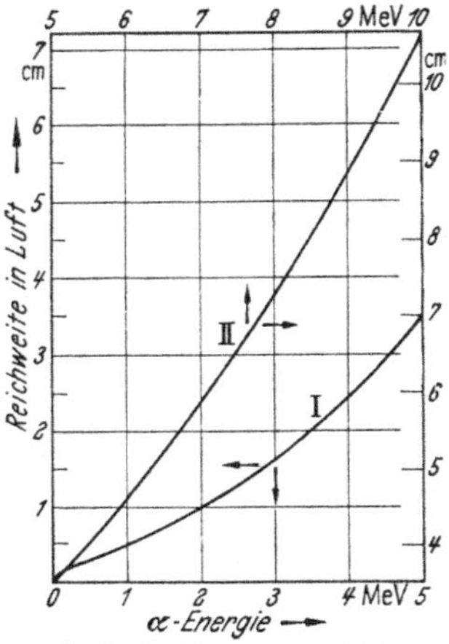

Abb. 68. Reichweite von Alpha-Strahlen in Luft (15 °C, 1 atm) Kurve I 0—5 MeV, II 5—10 MeV

Zur Berechnung der Reichweite R von Alpha-Teilchen in einem Material des mittleren Atomgewichtes A und der Dichte ϱ aus der bekannten Reichweiten in Luft R_0 (Abb. 68) gilt:

$$R = 3{,}2 \cdot 10^{-4} \frac{R_0 \cdot \sqrt{A}}{\varrho}$$

R in cm, ϱ in g/cm^9.

b) Beta-Strahlen

Für Beta-Spektren (β^- und β^+) hängt die Maximalreichweite R in Materialien kleiner Ordnungszahl ($z < 20$) nur von der Flächendichte ab; die in Abb. 69 dargestellten Kurven, die für Aluminium gemessen wurden, gelten also in diesem gesamten Bereich.

Absorptionsgesetz: Wird zwischen ein Fensterzählrohr o. ä. als Detektor und ein dünnes beta-strahlendes Präparat eine

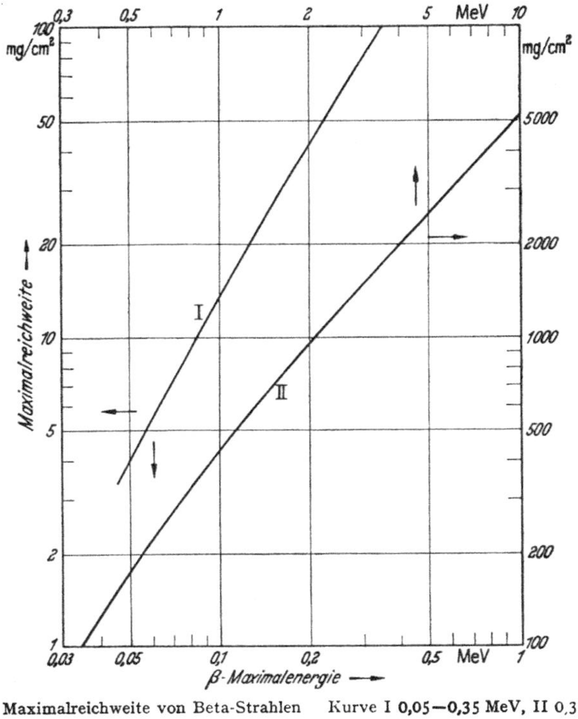

Abb. 69. Maximalreichweite von Beta-Strahlen Kurve I 0,05—0,35 MeV, II 0,35—10 MeV

absorbierende Platte geschaltet, so gilt oft annähernd ein Exponentialgesetz mit einer Halbwertsdicke $d_{1/2}$ für die Zählrate als Funktion der Absorberdicke d:

$$N = N_0 \cdot 2^{-d/d_{1/2}}.$$

Als Faustregel kann hierbei gelten: $d_{1/2} = \frac{1}{10} R$ (s. Abb. 69).

Selbstabsorption. Bei Präparaten, deren Dicke nicht sehr klein gegen die Maximalreichweite der β-Strahlen ist, muß die Absorption der Strahlung im Präparat selbst berücksichtigt werden. Abb. 70 zeigt die Zunahme der mit einer typischen Fensterzählrohranordnung registrierten Impulsrate als Funktion der Präparatdicke. Ohne Selbstabsorption wäre die Impulsrate der Präparatdicke proportional (gebrochene Linien).

Rückstreuung. Die von einem Präparat in Richtung der Präparatunterlage emittierten β-Strahlen können dort in den Detektor zurückgestreut werden. Bei

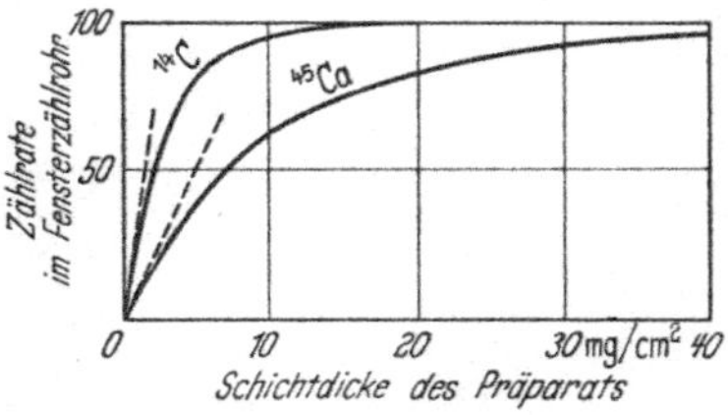

Abb. 70. Selbstabsorption für ^{14}C und ^{45}Ca

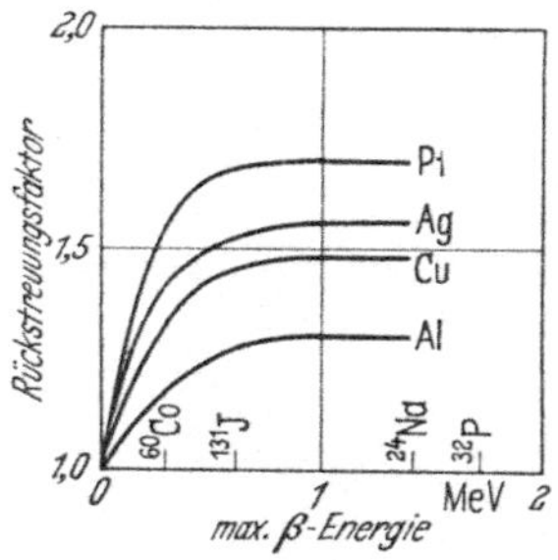

Abb. 71. Sattigungsruckstreuung fur Al, Cu, Ag und Pt als Praparatunterlage

einem dünnen Präparat wächst die Zählrate also zunächst als Funktion der Unterlagendicke, um schließlich einen Sättigungswert zu erreichen. Als Rückstreufaktor soll hier das Verhältnis

$$\frac{\text{Zählrate mit Präparatunterlage}}{\text{Zahlrate für Praparat ohne Unterlage}}$$

bezeichnet werden, wobei die Absorption im Präparat vernachlässigbar sein soll (Abb. 71).

c) Gamma-Strahlen

Die Absorption von Gamma-Strahlen in Materie wird durch die folgenden 3 Effekte erwirkt:

Photoeffekt (Übertragung der gesamten Energie auf ein Elektron): τ.

Comptoneffekt (unelastische Streuung an einem Elektron): σ.

Paarerzeugung (Umwandlung des Quants in ein Elektronenpaar): K.

Die Zahl der Quanten, die in einem Absorber der Dicke d keinen der obigen Effekte bewirkt haben, nimmt als Funktion von d exponentiell ab:

$$N = N_0 \cdot e^{-\mu d} = N_0 \cdot 2^{-\frac{d}{d_{1/2}}} \quad \text{mit} \quad \mu = \tau + \sigma + K.$$

μ = linearer Absorptionskoeffizient; $d_{1/2}$ = Halbwertsdicke, also $d_{1/2} = \frac{0{,}693}{\mu}$

τ, σ, K = Absorptionskoeffizienten für die einzelnen Effekte.

In Abb. 72 sind die einzelnen linearen Absorptionskoeffizienten für Blei als Funktion der γ-Energie dargestellt. Abb. 73 zeigt die γ-Halbwertsdicke für H_2O, Al, Fe und Pb.

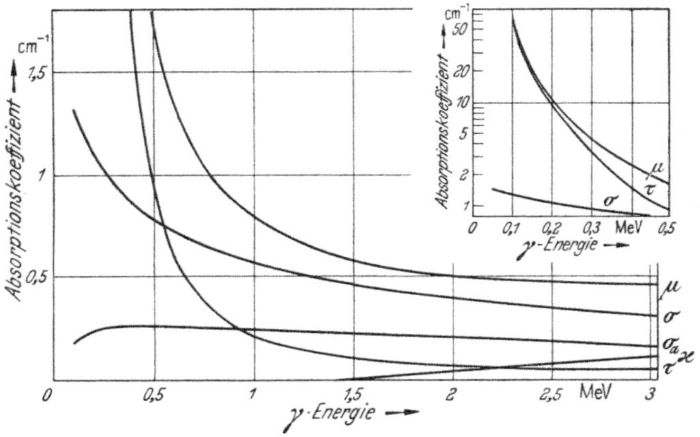

Abb. 72. Halbwertsdicken von H_2O, Al, Fe, Pb fur Gamma-Strahlen

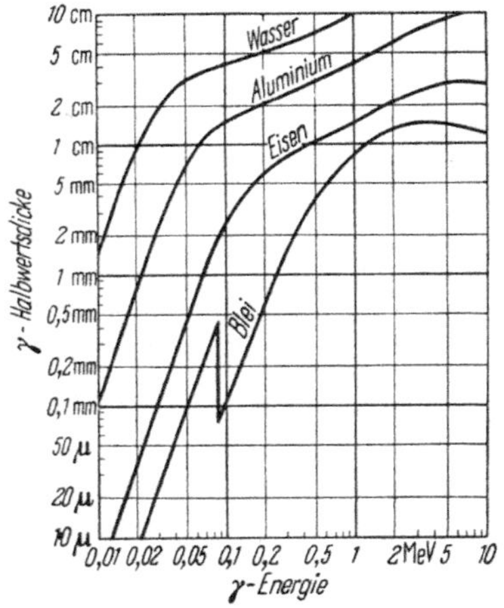

Abb. 73. Linearer Absorptionskoeffizient von NaJ-Kristall fur Gamma-Strahlen

3. Isotopie-Effekte

Mit bestimmten Isotopen markierte chemische Verbindungen können sich u. U. merklich anders verhalten als solche, die das natürliche Isotopengemisch enthalten. Da hierfür nur die verschiedene Masse der Atome verantwortlich ist, treten merkliche Unterschiede vor allem bei leichten Isotopen auf, besonders also $^2_1$D und $^3_1$T, aber auch $^{14}_6$C. Nehmen die betreffenden Atome an Reaktionen von ganzen Molekülen teil, so wird natürlich der Isotopieeffekt entsprechend kleiner sein. Einige Beispiele sollen einen Begriff der Größenordnung dieser Effekte geben; der Verteilungskoeffizient ist hierbei das Verhältnis der relativen Häufigkeiten des Isotops in den beiden Verbindungen.

a) Gleichgewichtseffekte

Tabelle 2. **Einige Verteilungskoeffizienten für Wasserstoffisotope**

Isotop	Verbindung I	Verbindung II	Verteilungs-koeffizient
$^2_1$D	H_2O	gasf. H_2 (25 °C)	3,7
$^3_1$T	H_2O	gasf. H_2 (25 °C)	6,3
$^2_1$D	Carboxylgruppe der Essigsaure	gasf. H_2	3,83
$^3_1$H	Carboxylgruppe der Essigsäure	gasf. H_2	6,86

Diese Werte gelten natürlich nur für sehr kleine relative Häufigkeiten des Isotops und hängen stark von der Temperatur ab.

b) Kinetische Effekte

Die Reaktionsgeschwindigkeit ist in der Regel um so größer, je leichter das Isotop ist. Der Isotopieeffekt sei hier durch die Größe

$$K = \frac{\text{Reaktionsgeschwindigkeit bei Markierung}}{\text{Reaktionsgeschwindigkeit bei nat. Isotopengemisch}}$$

charakterisiert. Theoretisch soll $(1 - k)$ linear mit der Massendifferenz steigen. Beispiele in Tab. 3.

Tabelle 3. **Isotopieeffekt der Reaktionsgeschwindigkeit**

Reaktion	Isotope		K
Alkalische Hydrolyse von Tripropyl-Silan T	$^{3}_{1}T$	$^{1}_{1}H$	0,80
Oxydation an der Methylengruppe von Äthanol ($^{3}_{1}T$) zu Acetaldehyd durch Brom	^{3}T	^{1}H	0,57
Enzymatische Verseifung von Harnstoff (^{14}C)	^{14}C	^{12}C	0,99
Verseifung von Harnstoff (^{14}C) durch Saure	^{14}C	^{12}C	0,948

4. Szintillatoren

Folgende Eigenschaften lumineszierender Substanzen sind bei ihrer Verwendung in Szintillationszählern wichtig (Tab. 4):

a) Emissionsspektrum

Das Spektrum der Lichtemission muß möglichst gut mit dem Empfindlichkeitsspektrum des Lichtdetektors, also meist der Photokatode des Sekundärelektronenvervielfachers, übereinstimmen.

b) Abklingzeit

Bei vielen Anwendungen ist es wesentlich, daß die Abklingzeit möglichst klein ist, um hohe Zählraten oder kleine Koinzidenzauflösungszeiten zu ermöglichen.

c) Dichte und chemische Zusammensetzung

Vor allem für den Nachweis von γ-Strahlen soll die Dichte des Szintillators groß sein, damit ein hoher Anteil der einfallenden Strahlung absorbiert wird. Außerdem soll die Ordnungszahl der Substanz möglichst hoch sein. Aus Abb. 74 läßt sich die Primärabsorption von γ-Strahlen in Natriumjodidkristallen abschätzen.

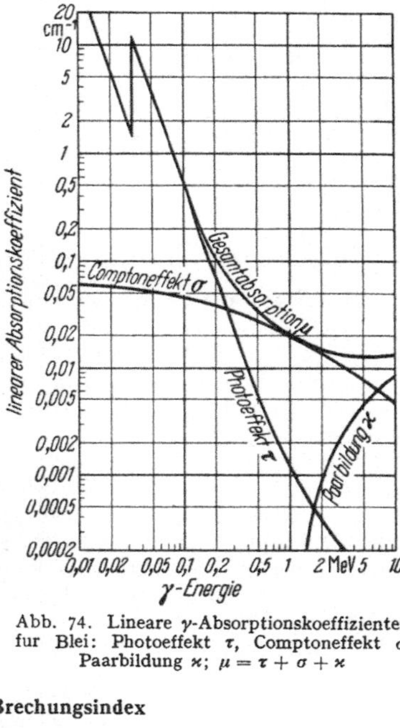

Abb. 74. Lineare γ-Absorptionskoeffizienten fur Blei: Photoeffekt τ, Comptoneffekt σ, Paarbildung $\varkappa$; $\mu = \tau + \sigma + \varkappa$

d) Optischer Brechungsindex

Das Licht, das primär nicht in Richtung der Photokatode emittiert wird, soll zur Vergrößerung der Ausbeute durch Totalreflektion oder äußere Reflektion (Aluminium oder Magnesiumoxyd) wieder zurückgeworfen werden.

e) Lichtausbeute

Diese kann etwa durch die Zahl der aus der Photokatode ausgelösten Sekundärelektronen charakterisiert werden, die ein bestimmter Energieverlust des energiereichen Teilchens im Mittel im Szintillator bewirkt. Für handelsübliche NaJ-Kristalle sind es etwa 3 Sekundärelektronen pro keV Energieverlust von β- und γ-Strahlen.

Da die Lichtausbeute stark von geringfügigen Änderungen der chemischen Zusammensetzung sowie von den Reflektions- und Lichtübertragungsverhältnissen abhängt, können die in Tab. 4 angeführten Werte nur einen Anhalt darstellen.

Tabelle 4.
Eigenschaften wichtiger Szintillatoren für den Nachweis ionisierender Strahlen

Szintillierende Substanz	Maximum des Emissionsspektrums Å	Abklingzeit 10^{-8} s	Dichte g/ml	Opt. Brechungsindex	Relative Lichtausbeute
Anorgan. Kristalle					
NaJ(Tl)	4100	25	3,67	1,77	2,1
CsJ(Tl)		≈ 500	4,50	1,79	0,6
LiJ[Eu)	4400	140	4,06		0,75
ZnS(Ag)	4400	300	4,10	2,37	2,0 (β) 3,8 (α)
Organ. Kristalle					
Anthrazen ($C_{14}H_{10}$)	4400	3,6	1,25	1,59	1,0
Transstilben ($C_{14}H_{12}$)	4100	0,6	1,16	1,62	0,6
Flüssigkeiten					
p-Terphenyl in Xylol, 5 g/l	4000	0,3	0,86	1,50	0,38
p-Terphenyl in Xylol, 4 g/l, + POPOP, 0,1 g/l			0,86		0,61
PPO in Toluol, 4 g/l			0,87	1,50	0,5
PPO in Toluol, 3 g/l, + POPOP, 0,1 g/l			0,87		0,72
Kunststoffe					
p-Terphenyl, 36 g/l, und POPOP, 1 g/l in Polyvinyltoluol (plastisch)					0,52

Abkürzungen: POPOP = 1,4-bis-2(5-Phenyloxazol-)benzol, PPO = 2,5-Diphenyloxazol

5. Nachweismethoden für ^{14}C und ^{3}H

In Tab. 5 sind charakteristische Werte für die gebräuchlichsten Verfahren zum Nachweis energiearmer Beta-Strahlen aufgeführt; die Angaben für ^{14}C gelten annähernd auch für ^{35}S.

a) Verwendung fester Präparate

Dies ist die einfachste und billigste, aber auch unempfindlichste und ungenaueste Methode. Während für ^{14}C ein Fensterzählrohr genügt, wird für ^{3}H ein meist kostspieligerer fensterloser Zähler benötigt.

Annahmen für Tab. 5: Für ^{14}C Fensterzählrohr mit Hintergrund $H = 10$ cpm und Ansprechwahrscheinlichkeit $\varepsilon = 5\%$. Für ^{3}H Durchflußzähler mit $H = 50$ cpm und $\varepsilon = 2\%$.

b) Proportionalzähler (gasförmiges Präparat)

Hier ist die Überführung der zu messenden Substanz in ein zur Zählung geeignetes Gas (CO_2, CH_4, H_2 usw.) ein relativ umständlicher und zeitraubender Prozeß (Vakuumapparatur). Sonst ist die Methode mindestens ebenso empfindlich und genau wie die Szintillationsmethoden. Mit einem Antikoinzidenzring kann der

Hintergrund zusätzlich vermindert werden, so daß die minimal nachweisbare Aktivität gemäß Sp. 3 in Tab. 5 auf 0,5 dpm herabgesetzt wird.

Annahmen für Tab. 5: $H =$ 60 cpm (Abschirmung 5 cm Pb), ε nahezu 100%.

c) Ionisationskammer

Besonders geeignet ist diese Methode für kontinuierliche Operation, wie etwa die Aktivitätsmessung der ausgeatmeten vorgetrockneten Luft. Wie beim Proportionalzähler muß Gas entwickelt werden, jedoch ist die Art des Gases nicht so kritisch.

Annahmen für Tab. 5: $H = 10^{-16}$ A; minimal nachweisbarer Strom $2 \cdot 10^{-17}$ A. Empfindlichkeit 10^{-16} A/dps für ^{14}C und $3 \cdot 10^{-17}$ A/dps für ^{3}H.

d) Szintillationen in Flüssigkeit

Bei geeigneter chemischer Zusammensetzung der Proben kann für eine Messung mehr Material verwendet werden als bei allen anderen Methoden, z. B. bis zu nahe 100% der gesamten Szintillationsflüssigkeit (20–60 ml) bei Toluol und Xylol, bis mehr als 5% bei H_2O. Mit Hilfe von Gelen ist auch dieVerwendung von Suspensionen möglich. Aminosäuren und manche Gewebearten können ohne Umarbeitung gezählt werden. Die Szintillationen dürfen jedoch nicht durch Verfärbung usw. unterdrückt werden.

Ein Multiplier. Zur Herabsetzung des Hintergrundes sind Kühlung der Photokatode, sorgfältige Auswahl der Röhre und andere Vorsichtsmaßnahmen nötig. *H* kann so zwischen 25 und 2000 cpm betragen.

Annahmen für Tab. 5: $H =$ 50 cpm für ^{14}C und 100 cpm für ^{3}H.

Zwei Multiplier in Koinzidenz. Hierdurch kann der Hintergrund noch weiter vermindert werden, jedoch wird auch die Ansprechwahrscheinlichkeit etwas kleiner.

Tabelle 5. **Vergleich verschiedener Methoden für den Nachweis von ^{14}C und ^{3}H** (Erklärungen s. S. 228)

Methode	Empfindlichkeit: Benötigte Aktivität [dps]				Genauigkeit: Mittlerer Gesamtfehler einer Messung [%]				Maximale wirksame Substanzmenge
	gut meßbar ± 1% Meßdauer 2 h		noch nachweisbar ± 25% Meßdauer 4 h		10000 dpm; gezählt 20000 c		100 dpm; Meßdauer 2 h		
	^{14}C	^{3}H	^{14}C	^{3}H	^{14}C	^{3}H	^{14}C	^{3}H	
a) Feste Präparate	4000	2100	20	200	3–5	6–10	7–10	—	^{14}C: 25 mg/cm² ^{3}H: 0,7 mg/cm²
b) Proportionalzähler	275	275	2	2	1,9	1,9	3,3	3,3	^{14}C: ¹/₄ Volumen ^{3}H: ¹/₂ Volumen
c) Ionisationskammer	240	1500	8	40	0,75	1	4	12	Kammervolumen
d) Szintillation in Flüssigkeit 1 Multiplier	200	1000	2	10	1	2	2	7	1 mg bis Gesamtvolumen des Gefaßes
2 Multiplier in Koinzidenz	275	1750	3	30	1	3	3	15	

Annahmen für Tab. 5: $\varepsilon = 75\%$ für ^{14}C und 20% für ^{3}H.
Abkürzungen: dps Zerfallsakte (decays) pro minute
dpm Zerfallsakte pro Sekunde
cps gezählte Impulse (counts) pro Sekunde
cpm gezählte Impulse pro Minute
z. B.: $1\ \mu c = 3{,}7 \cdot 10^4$ dps $= 2{,}22 \cdot 10^6$ dpm.

6. Spezielle Statistik bei Radioaktivitätsmessungen

Bei der Registrierung der Strahlung radioaktiver Stoffe ist die Zahl der registrierten Elementarereignisse oft relativ klein, so daß sich neben anderen Fehlerquellen die rein statistischen Fehler bemerkbar machen. Auf die hierfür allgemeingültigen Gesetzmäßigkeiten (Poisson- bzw. Gauß-Verteilung, mittlerer Fehler usw.) wird im 12. Kapitel, S. 959ff., ausführlich eingegangen; spezielle Probleme ergeben sich dagegen aus der Art des Nachweises.

a) Mittlerer statistischer Fehler

Werden n Impulse pro Sekunde eine Zeit T_m lang gezählt, so beträgt die mittlere prozentuale Abweichung σ (68% Wahrscheinlichkeit, daß der wahre Wert innerhalb $\pm\sigma$ mit dem gemessenen übereinstimmt):

$$\sigma = \frac{100}{\sqrt{n \cdot T_m}}\ \%.$$

Im allgemeinen muß man vom Bruttoeffekt n_{E+H} den „Hintergrund“ n_H abziehen, um den Nettoeffekt n_E zu erhalten.

$$n_E = n_{E+H} - n_H.$$

Dann gilt für den Fehler von n_E:

$$\sigma_E = \frac{100}{n_{E+H} - n_H} \sqrt{\frac{n_{E+H}}{T_{E+H}} + \frac{n_H}{T_H}}\ \%$$

b) Totzeitkorrektur

Meistens ist für eine Meßanordnung eine einzige Totzeit τ maßgeblich, die durch den Detektor (z. B. G.-Zählrohr) oder die erste Untersetzerstufe gegeben ist. Impulse, die innerhalb τ auf einen anderen gezählten Impuls folgen, werden also nicht gezahlt. Für die mit einer beliebig schnell registrierenden Apparatur ($\tau \to 0$) gezählte Impulsrate n_0 gilt dann, wenn n_τ die tatsächliche gezählte ist:

$$n_0 = \frac{n_\tau}{1 - n_\tau \cdot \tau}.$$

Die durch die relativ lange Totzeit mechanischer Zählwerke bewirkte Korrektion spielt infolge geeigneter elektronischer Untersetzung im allgemeinen keine Rolle.

c) Totzeitermittlung

Am einfachsten verwendet man hierzu die „Zwei-Apparate-Methode“, für die man zwei am besten gamma-strahlende Präparate benutzt. Hierzu sind Messungen der Zählraten für die folgenden Anordnungen auszuführen:

α) Heranstellen des Präparates 1 an das Nachweisinstrument bis zur Erzielung der maximalen Zählrate, die bei späteren Messungen registriert werden soll.

β) Hinzustellen des Präparates 2, so daß die Strahlung jedes Präparates in das Nachweisinstrument möglichst wenig durch Absorption oder Streuung im anderen Präparat beeinflußt wird. Präparat 1 bleibt in genau der gleichen Stellung.

γ) Entfernen des Präparates 1.

Die Zählraten der drei Registrierungen nach Abzug des Hintergrundes seien n_1, n_{1+2} und n_2; dann gilt:

$$\tau = \frac{n_1 + n_2 - n_{1+2}}{2 n_1 n_2}.$$

Man wählt zweckmäßig $n_1 \approx n_2 = n$, so daß $n_{1+2} \approx 2n$, und zählt n_1 und n_2 eine Zeit t, n_{1+2} aber $2t$ lang. Dann gilt für den mittleren Fehler von τ:

$$\pm \Delta\tau = \sqrt{\frac{3}{n^3 \cdot t}}.$$

7. Strahlenschutz

a) Maximal zulässige Strahlungsdosen

(Einheiten r, rad usw. s. S. 47, 1. Teil)

Gemaß den Empfehlungen der Internationalen Kommission für Strahlenschutz (ICRP) aus dem Jahre 1958 gilt für die maximal zulässigen Dosen energiereicher Strahlungen (auszugsweise und vereinfacht):

α) Berufsmäßige Strahlenbelastung. Für die Gonaden, die blutbildenden Organe und die Augenlinsen gilt als maximal zulässige Gesamtdosis $D_{\max}$ in rem bei einem Alter von N Jahren:

$$D_{\max} = 5(N - 18).$$

Dies entspricht bei mehr als 18 Jahre alten Personen und gleichbleibender Strahlenbelastung einer Dosisleistung von

5 rem/Jahr oder 0,1 rem/Woche.

Bei intermittierender Strahlenbelastung gelten jedoch außerdem folgende Begrenzungen:

Tabelle 6. **Maximal zulässige Gesamtstrahlendosis pro Vierteljahr**

Organ	Gesamtdosis pro Vierteljahr
Gonaden, blutbildende Organe, Augenlinse	3 rem
Haut	8 rem
Hande + Unterarme, Fuße und Fußknöchel	20 rem
Andere innere Organe (außer Gonaden, Schilddruse, blutbildenden Organen)	4 rem

Bei Bestrahlung von außen kann die Gefährdung durch bestimmte Präparate aus der in Sp. 11 der Tab. 1 angegebenen spezifischen Gamma-Dosisleistung in 1 m Abstand abgeschätzt werden; für Gamma-Strahlen gilt 1 rem = 1 r.

β) Gesamtbevölkerung (außer medizinischer Strahlenbelastung).

Gesamtbelastung pro Person: 5 rem. (genetische Dosis).

b) Maximal zulässige Konzentrationen (MZK) von radioaktiven Nukliden in Wasser und in Luft

α) Berufsmäßige Strahlenbelastung. In Tab. 7 sind die MZK für die wichtigsten Nuklide angegeben, die sich aus einer Dosisleistung im kritischen Organ von 0,1 rem/Woche ergeben. Diese Personengruppe dürfte also ständig ihren Wasserbedarf (Trinkwasser und Wasser in Nahrungsmitteln) mit Wasser decken, für das diese MZK gelten. Entsprechendes gilt für die Atemluft.

β) **Gesamtbevölkerung.** Unter der Annahme, daß die genetische Dosis nach obigem Abschn. α), β) bis zum 30. Jahr nicht überschritten werden soll, ergeben sich für die Gesamtbevölkerung MZK, die 1/30 der in Tab. 7 aufgeführten Werte betragen. Umgebungsstrahlung und medizinische Strahlenbelastung sind hierbei noch nicht berücksichtigt, die eine weitere Herabsetzung auf 1/100 des MZK aus Tab. 6 ergeben können.

Diese MZK gelten nur, wenn in Wasser oder Luft das betreffende Nuklid als einzige radioaktive Substanz enthalten ist.

Tabelle 7.

Maximal zulässige Aktivitäten im menschlichen Körper und maximal zulässige Aktivitätskonzentrationen in Wasser und Luft (MZK)

Abkürzungen für die kritischen Organe:

Fe	Fett	Le	Leber	Ni	Nieren
GK	Gesamtkörper	Lu	Lunge	Pa	Pankreas
Ha	Haut	MD	Magen-Darm-Kanal	Pr	Prostata
KG	Körpergewebe	Mi	Milz	Te	Testes
Kn	Knochen	Mu	Muskeln	Th	Schilddrüse

Radionuklid		Halbwertszeit	Kritisches Organ	Maximal zulässige Gesamtaktivität im Körper (ständig) μc	Maximal zulässige Konzentration	
					Wasser μc/ml	Luft μc/ml
$^{3}_{1}$H(HTO)		12,26 a	KG GK	10^3	0,03	$2\cdot10^{-6}$
$_{3}$H	gasf.		Ha			$4\cdot10^{-4}$
$^{7}_{4}$Be	lösl.	53,5 d	MD GK	600	0,02	$2\cdot10^{-6}$
	unlösl.		MD LU		0,02	$4\cdot10^{-7}$
$^{14}_{6}$C(CO_2)	lösl.	5568 a	Fe	300	$8\cdot10^{-3}$	10^{-6}
	gasf.		GK			10^{-5}
$^{22}_{11}$Na	lösl.	2,58 a	GK	10	$4\cdot10^{-4}$	$6\cdot10^{-8}$
	unlösl.		LU MD		$3\cdot10^{-4}$	$3\cdot10^{-9}$
$^{24}_{11}$Na	lösl.	15,0 h	MD	7	$2\cdot10^{-3}$	$4\cdot10^{-7}$
	unlösl.		MD		$3\cdot10^{-4}$	$5\cdot10^{-8}$
$^{32}_{15}$P	lösl.	14,45 d	Kn	6	$2\cdot10^{-4}$	$2\cdot10^{-8}$
	unlösl.		MD LU		$2\cdot10^{-4}$	$3\cdot10^{-8}$
$^{35}_{16}$S	lösl.	87 d	Te	90	$6\cdot10^{-4}$	$9\cdot10^{-8}$
	unlösl.		MD LU		$3\cdot10^{-3}$	$9\cdot10^{-8}$
$^{36}_{17}$Cl	lösl.	$3{,}1\cdot10^{5}$ a	GK	80	$8\cdot10^{-4}$	10^{-7}
	unlösl.		MD LU		$6\cdot10^{-4}$	$8\cdot10^{-9}$
$^{37}_{18}$A	gasf.	34 d	Ha			10^{-3}
$^{42}_{19}$K	lösl.	12,4 h	MD	10	$3\cdot10^{-3}$	$7\cdot10^{-7}$
	unlösl.		MD		$2\cdot10^{-4}$	$4\cdot10^{-8}$
$^{45}_{20}$Ca	lösl.	165 d	Kn	30	$9\cdot10^{-5}$	10^{-8}
	unlösl.		MD LU		$2\cdot10^{-3}$	$4\cdot10^{-8}$
$^{47}_{20}$Ca	lösl.	4,7 d	Kn	5	$5\cdot10^{-4}$	$6\cdot10^{-8}$
	unlösl.		MD LU		$3\cdot10^{-4}$	$6\cdot10^{-8}$
$^{46}_{21}$Sc	lösl.	84 d	MD Le	10	$4\cdot10^{-4}$	$8\cdot10^{-8}$
	unlösl.		MD LU		$4\cdot10^{-4}$	$8\cdot10^{-9}$
$^{48}_{23}$V	lösl.	16,1 d	MD	8	$3\cdot10^{-4}$	$6\cdot10^{-8}$
	unlösl.		MD LU		$3\cdot10^{-4}$	$2\cdot10^{-8}$
$^{51}_{24}$Cr	lösl.	27,8 d	MD GK	800	0,02	$4\cdot10^{-6}$
	unlösl.		MD LU		0,02	$8\cdot10^{-7}$
$^{54}_{25}$Mn	lösl.	291 d	MD Le	20	10^{-3}	10^{-7}
	unlösl.		MD LU		10^{-3}	10^{-8}
$^{55}_{26}$Fe	lösl.	2,7 a	Mi	10^3	$8\cdot10^{-3}$	$3\cdot10^{-7}$
	unlösl.		MD LU		0,02	$3\cdot10^{-7}$
$^{59}_{26}$Fe	lösl.	44,5 d	MD Mi	20	$6\cdot10^{-4}$	$5\cdot10^{-8}$
	unlösl.		MD LU		$5\cdot10^{-4}$	$2\cdot10^{-8}$
$^{58}_{27}$Co	lösl.	71 d	MD GK	30	10^{-3}	$3\cdot10^{-7}$
	unlösl.		MD LU		$9\cdot10^{-4}$	$2\cdot10^{-8}$
$^{60}_{27}$Co	lösl.	5,3 a	MD GK	10	$5\cdot10^{-4}$	10^{-7}
	unlösl.		MD LU		$3\cdot10^{-4}$	$3\cdot10^{-9}$
$^{65}_{28}$Ni	lösl.	65 h	MD	4	10^{-3}	$3\cdot10^{-7}$
	unlösl.		MD		10^{-3}	$2\cdot10^{-7}$

Tabelle 7 (Fortsetzung)

Radionuklid		Halbwertszeit	Kritisches Organ	Maximal zulässige Gesamtaktivitat im Körper (ständig) μc	Maximal zulässige Konzentration: Wasser μc/ml	Maximal zulässige Konzentration: Luft μc/ml
${}^{64}_{29}$Cu	lösl.	12,8 h	MD	10	$3 \cdot 10^{-3}$	$7 \cdot 10^{-7}$
	unlösl.		MD		$2 \cdot 10^{-3}$	$4 \cdot 10^{-7}$
${}^{65}_{30}$Zn	lösl.	245 d	GK Pr Le	60	10^{-3}	$4 \cdot 10^{-8}$
	unlösl.		MD LU		$2 \cdot 10^{-3}$	$2 \cdot 10^{-8}$
${}^{69}_{30}$Zn	lösl.	13,9 h	MD Pr	0,8	0,02	$2 \cdot 10^{-6}$
	unlösl.		MD		0,02	$3 \cdot 10^{-6}$
${}^{72}_{31}$Ga	lösl.	14 h	MD	5	$4 \cdot 10^{-4}$	$8 \cdot 10^{-8}$
	unlösl.		MD		$4 \cdot 10^{-4}$	$6 \cdot 10^{-8}$
${}^{71}_{32}$Ge	lösl.	11 d	MD	100	0,02	$4 \cdot 10^{-6}$
	unlösl.		MD LU		0,02	$2 \cdot 10^{-6}$
${}^{74}_{33}$As	lösl.	18 d	MD	40	$5 \cdot 10^{-4}$	10^{-7}
	unlösl.		MD LU		$5 \cdot 10^{-4}$	$4 \cdot 10^{-8}$
${}^{76}_{33}$As	lösl.	26,5 h	MD	20	$2 \cdot 10^{-4}$	$4 \cdot 10^{-8}$
	unlösl.		MD		$2 \cdot 10^{-4}$	$3 \cdot 10^{-8}$
${}^{75}_{34}$Se	lösl.	120 d	Ni GK	90	$3 \cdot 10^{-3}$	$4 \cdot 10^{-7}$
	unlösl.		MD LU		$3 \cdot 10^{-3}$	$4 \cdot 10^{-8}$
${}^{82}_{35}$Br	lösl.	36 h	GK MD	10	$3 \cdot 10^{-3}$	$4 \cdot 10^{-7}$
	unlösl.		MD		$4 \cdot 10^{-4}$	$6 \cdot 10^{-8}$
${}^{85}_{36}$Kr	gasf.	10,6 a	GK			$3 \cdot 10^{-6}$
${}^{85}_{38}$Sr	lösl.	84 d	GK	60	10^{-3}	$8 \cdot 10^{-8}$
	unlösl.		MD LU		$2 \cdot 10^{-3}$	$4 \cdot 10^{-8}$
${}^{89}_{38}$Sr	lösl.	50,4 d	Kn	4	10^{-4}	10^{-8}
	unlösl.		MD LU		$3 \cdot 10^{-4}$	10^{-8}
${}^{90}_{38}$Sr	lösl.	28 a	Kn	2	10^{-6}	10^{-10}
	unlösl.		MD LU		$4 \cdot 10^{-4}$	$2 \cdot 10^{-9}$
${}^{90}_{39}$Y	lösl.	64,4 h	MD	3	$2 \cdot 10^{-4}$	$4 \cdot 10^{-8}$
	unlösl.		MD		$2 \cdot 10^{-4}$	$3 \cdot 10^{-8}$
${}^{91}_{39}$Y	lösl.	58 d	MD Kn	5	$3 \cdot 10^{-4}$	10^{-8}
	unlösl.		MD LU		$3 \cdot 10^{-4}$	10^{-8}
${}^{95}_{40}$Zr	lösl.	65 d	MD GK	20	$6 \cdot 10^{-4}$	$4 \cdot 10^{-8}$
	unlösl.		MD LU		$6 \cdot 10^{-4}$	10^{-8}
${}^{95}_{41}$Nb	lösl.	35 d	MD GK	40	10^{-3}	$2 \cdot 10^{-7}$
	unlösl.		MD LU		10^{-3}	$3 \cdot 10^{-8}$
${}^{99}_{42}$Mo	lösl.	67 h	Ni MD	8	$2 \cdot 10^{-3}$	$3 \cdot 10^{-7}$
	unlösl.		MD		$4 \cdot 10^{-4}$	$7 \cdot 10^{-8}$
${}^{99}_{43}$Tc	lösl.	$2{,}1 \cdot 10^{5}$ a	MD	10	$3 \cdot 10^{-3}$	$7 \cdot 10^{-7}$
	unlösl.		MD LU		$2 \cdot 10^{-3}$	$2 \cdot 10^{-8}$
${}^{97}_{44}$Ru	lösl.	2,9 d	MD	30	$4 \cdot 10^{-3}$	$8 \cdot 10^{-7}$
	unlösl.		MD LU		$3 \cdot 10^{-3}$	$6 \cdot 10^{-7}$
${}^{103}_{44}$Ru	lösl.	40 d	MD	20	$8 \cdot 10^{-4}$	$2 \cdot 10^{-7}$
	unlösl.		MD LU		$8 \cdot 10^{-4}$	$3 \cdot 10^{-8}$
${}^{105}_{44}$Ru	lösl.	4,5 h	MD	2	10^{-3}	$2 \cdot 10^{-7}$
	unlösl.		MD		10^{-3}	$2 \cdot 10^{-7}$
${}^{106}_{44}$Ru	lösl.	1,0 a	MD	3	10^{-4}	$3 \cdot 10^{-8}$
	unlösl.		MD LU		10^{-4}	$2 \cdot 10^{-9}$
${}^{105}_{45}$Rh	lösl.	35,6 h	MD	40	10^{-3}	$3 \cdot 10^{-7}$
	unlösl.		MD		10^{-3}	$2 \cdot 10^{-7}$
${}^{103}_{46}$Pd	lösl.	17 h	MD Ni	20	$3 \cdot 10^{-3}$	$5 \cdot 10^{-7}$
	unlösl.		MD Lu		$3 \cdot 10^{-3}$	$3 \cdot 10^{-7}$
${}^{109}_{46}$Pd	lösl.	13,5 h	MD	7	$9 \cdot 10^{-4}$	$2 \cdot 10^{-7}$
	unlösl.		MD		$7 \cdot 10^{-4}$	10^{-7}
${}^{110m}_{47}$Ag	lösl.	253 d	MD	10	$3 \cdot 10^{-4}$	$7 \cdot 10^{-8}$
	unlösl.		MD Lu		$3 \cdot 10^{-4}$	$3 \cdot 10^{-9}$
${}^{111}_{47}$Ag	lösl.	7,5 d	MD	20	$4 \cdot 10^{-4}$	10^{-7}
	unlösl.		MD		$4 \cdot 10^{-4}$	$8 \cdot 10^{-8}$
${}^{109}_{48}$Cd	lösl.	470 d	MD Le Ni	20	$2 \cdot 10^{-3}$	$2 \cdot 10^{-8}$
	unlösl.		MD Lu		$2 \cdot 10^{-3}$	$3 \cdot 10^{-8}$
${}^{115m}_{48}$Cd	lösl.	43 d	MD Le Ni	3	$3 \cdot 10^{-4}$	10^{-8}
	unlösl.		MD Lu		$3 \cdot 10^{-4}$	10^{-8}
${}^{115}_{48}$Cd	lösl.	2,3 d	MD	3	$3 \cdot 10^{-4}$	$8 \cdot 10^{-8}$
	unlösl.		MD		$4 \cdot 10^{-4}$	$6 \cdot 10^{-8}$
${}^{114m}_{49}$In	lösl.	50 d	MD Ni Mi	6	$2 \cdot 10^{-4}$	$4 \cdot 10^{-8}$
	unlösl.		MD Lu		$2 \cdot 10^{-4}$	$7 \cdot 10^{-9}$
${}^{113}_{50}$Sn	lösl.	118 d	MD Kn	30	$9 \cdot 10^{-4}$	10^{-7}
	unlösl.		MD Lu		$8 \cdot 10^{-4}$	$2 \cdot 10^{-8}$

Tabelle 7 (Fortsetzung)

Radionuklid		Halbwerts-zeit	Kritisches Organ	Maximal zulässige Gesamt-aktivität im Körper (ständig) μc	Maximal zulässige Konzentration	
					Wasser μc/ml	Luft μc/ml
$^{122}_{51}Sb$	lösl.	2,74 d	MD	20	$3 \cdot 10^{-4}$	$6 \cdot 10^{-8}$
	unlösl.		MD		$3 \cdot 10^{-4}$	$5 \cdot 10^{-8}$
$^{124}_{51}Sb$	lösl.	60 d	MD GK	10	$2 \cdot 10^{-4}$	$5 \cdot 10^{-8}$
	unlösl.		MD Lu		$2 \cdot 10^{-4}$	$7 \cdot 10^{-9}$
$^{125}_{51}Sb$	lösl.	2,0 a	MD Lu GK Kn	40	10^{-3}	$2 \cdot 10^{-7}$
	unlösl.		MD Lu		10^{-3}	$9 \cdot 10^{-9}$
$^{132}_{52}Te$	lösl.	78 h	MD	3	$3 \cdot 10^{-4}$	$7 \cdot 10^{-8}$
	unlösl.		MD		$2 \cdot 10^{-4}$	$4 \cdot 10^{-8}$
$^{129}_{53}I$	lösl.	$1{,}6 \cdot 10^{7}$ a	Th	3.	$4 \cdot 10^{-6}$	$6 \cdot 10^{-10}$
	unlösl.		MD Lu		$2 \cdot 10^{-3}$	$2 \cdot 10^{-8}$
$^{131}_{53}I$	lösl.	8,04 d	Th	0,7	$2 \cdot 10^{-5}$	$3 \cdot 10^{-9}$
	unlösl.		MD Lu		$6 \cdot 10^{-4}$	10^{-7}
$^{132}_{53}I$	lösl.	2,3 h	Th	0,3	$6 \cdot 10^{-4}$	$8 \cdot 10^{-8}$
	unlösl.		MD		$2 \cdot 10^{-3}$	$3 \cdot 10^{-7}$
$^{133}_{53}I$	lösl.	20,9 h	Th	0,3	$7 \cdot 10^{-5}$	10^{-8}
	unlösl.		MD		$4 \cdot 10^{-4}$	$7 \cdot 10^{-8}$
$^{133}_{54}Xe$	gasf.	5,3 d	GK			$3 \cdot 10^{-6}$
$^{131}_{55}Cs$	lösl.	9,9 d	GK Le	700	0,02	$4 \cdot 10^{-6}$
	unlösl.		MD Lu		$9 \cdot 10^{-3}$	10^{-6}
$^{134}_{55}Cs$	lösl.	2,2 a	GK	20	$9 \cdot 10^{-5}$	10^{-8}
	unlösl.		MD Lu		$4 \cdot 10^{-4}$	$4 \cdot 10^{-9}$
$^{137}_{55}Cs$	lösl.	30 a	GK Le Mi Mu	30	$2 \cdot 10^{-4}$	$2 \cdot 10^{-8}$
	unlösl.		MD Lu		$4 \cdot 10^{-4}$	$5 \cdot 10^{-9}$
$^{131}_{56}Ba$	lösl.	11,3 d	MD	50	$2 \cdot 10^{-3}$	$4 \cdot 10^{-7}$
	unlösl.		MD Lu		$2 \cdot 10^{-3}$	10^{-7}
$^{140}_{56}Ba$	lösl.	12,8 d	MD Kn	4	$3 \cdot 10^{-4}$	$4 \cdot 10^{-8}$
	unlösl.		MD Lu		$2 \cdot 10^{-4}$	10^{-8}
$^{140}_{57}La$	lösl.	40,2 h	MD	9	$2 \cdot 10^{-4}$	$5 \cdot 10^{-8}$
	unlösl.		MD		$2 \cdot 10^{-4}$	$4 \cdot 10^{-8}$
$^{141}_{58}Ce$	lösl.	32,5 d	MD Le Kn	30	$9 \cdot 10^{-4}$	$2 \cdot 10^{-7}$
	unlösl.		MD Lu		$9 \cdot 10^{-4}$	$5 \cdot 10^{-8}$
$^{143}_{58}Ce$	lösl.	33,4 h	MD	7	$4 \cdot 10^{-4}$	$9 \cdot 10^{-8}$
	unlösl.		MD		$4 \cdot 10^{-4}$	$7 \cdot 10^{-8}$
$^{144}_{58}Ce$	lösl.	284 d	MD Kn Le	5	10^{-4}	$3 \cdot 10^{-9}$
	unlösl.		MD Lu		10^{-4}	$2 \cdot 10^{-9}$
$^{152}_{63}Eu$	lösl.	13 a	MD Ni	20	$8 \cdot 10^{-4}$	$4 \cdot 10^{-9}$
	unlösl.		MD Lu		$8 \cdot 10^{-4}$	$6 \cdot 10^{-9}$
$^{170}_{69}Tm$	losl.	127 d	MD Kn	9	$5 \cdot 10^{-4}$	10^{-8}
	unlösl.		MD Lu		$5 \cdot 10^{-4}$	10^{-8}
$^{182}_{73}Ta$	lösl.	115 d	MD Le	7	$4 \cdot 10^{-4}$	10^{-8}
	unlosl.		MD Lu		$4 \cdot 10^{-4}$	$7 \cdot 10^{-9}$
$^{181}_{74}W$	lösl.	140 d	MD	70	$4 \cdot 10^{-3}$	$8 \cdot 10^{-7}$
	unlösl.		MD Lu		$3 \cdot 10^{-3}$	$4 \cdot 10^{-8}$
$^{185}_{74}W$	lösl.	74 d	MD	30	10^{-3}	$3 \cdot 10^{-7}$
	unlösl.		MD Lu		10^{-3}	$4 \cdot 10^{-8}$
$^{187}_{74}W$	lösl.	24 h	MD	30	$7 \cdot 10^{-4}$	$2 \cdot 10^{-7}$
	unlösl.		MD		$6 \cdot 10^{-4}$	10^{-7}
$^{186}_{75}Re$	lösl.	90 h	MD	20	$9 \cdot 10^{-4}$	$2 \cdot 10^{-7}$
	unlösl.		MD		$5 \cdot 10^{-4}$	$8 \cdot 10^{-8}$
$^{188}_{75}Re$	lösl.	17 h	MD	7	$6 \cdot 10^{-4}$	10^{-7}
	unlösl.		MD		$3 \cdot 10^{-4}$	$6 \cdot 10^{-8}$
$^{191}_{76}Os$	lösl.	14,6 d	MD	20	$2 \cdot 10^{-3}$	$4 \cdot 10^{-7}$
	unlösl.		MD Lu		$2 \cdot 10^{-3}$	10^{-7}
$^{193}_{76}Os$	lösl.	31,5 h	MD	10	$6 \cdot 10^{-4}$	10^{-7}
	unlösl.		MD		$5 \cdot 10^{-4}$	$9 \cdot 10^{-8}$
$^{192}_{77}Ir$	lösl.	74,4 d	MD Ni Mi	6	$4 \cdot 10^{-4}$	$4 \cdot 10^{-8}$
	unlosl.		MD Lu		$4 \cdot 10^{-4}$	$9 \cdot 10^{-9}$
$^{194}_{77}Ir$	lösl.	19,7 h	MD	7	$3 \cdot 10^{-4}$	$8 \cdot 10^{-8}$
	unlösl.		MD		$3 \cdot 10^{-4}$	$5 \cdot 10^{-8}$
$^{197}_{78}Pt$	lösl.	18 h	MD	10	10^{-3}	$3 \cdot 10^{-7}$
	unlösl.		MD		10^{-3}	$2 \cdot 10^{-7}$
$^{198}_{79}Au$	lösl.	2,69 d	MD	20	$5 \cdot 10^{-4}$	10^{-7}
	unlösl.		MD		$5 \cdot 10^{-4}$	$8 \cdot 10^{-8}$
$^{199}_{79}Au$	lösl.	3,15 d	MD	70	$2 \cdot 10^{-3}$	$4 \cdot 10^{-7}$
	unlösl.		MD		$2 \cdot 10^{-3}$	$3 \cdot 10^{-7}$

Tabelle 7 (Fortsetzung)

Radionuklid	Halbwerts-zeit	Kritisches Organ	Maximal zulässige Gesamt-aktivität im Körper (ständig) μc	Maximal zulassige Konzentration Wasser μc/ml	Maximal zulassige Konzentration Luft μc/ml
$^{197}_{80}$Hg lösl.	65 h	Ni	20	$3 \cdot 10^{-3}$	$4 \cdot 10^{-7}$
unlösl.		MD		$5 \cdot 10^{-3}$	$9 \cdot 10^{-7}$
$^{203}_{80}$Hg lösl.	46 d	Ni	4	$2 \cdot 10^{-4}$	$2 \cdot 10^{-8}$
unlösl.		MD Lu		10^{-3}	$4 \cdot 10^{-8}$
$^{204}_{81}$Tl lösl.	3,9 a	MD Ni	10	10^{-3}	$2 \cdot 10^{-7}$
unlösl.		MD Lu		$6 \cdot 10^{-4}$	$9 \cdot 10^{-9}$
$^{210}_{82}$Pb lösl.	19,4 a	Ni GK	0,4	10^{-6}	$4 \cdot 10^{-11}$
unlösl.		MD Lu		$2 \cdot 10^{-3}$	$8 \cdot 10^{-11}$
$^{206}_{83}$Bi lösl.	6,3 d	MD Ni	1	$4 \cdot 10^{-4}$	$6 \cdot 10^{-8}$
unlösl.		MD Lu		$4 \cdot 10^{-4}$	$5 \cdot 10^{-8}$
$^{207}_{83}$Bi lösl.	5,0 d	MD Ni	2	$6 \cdot 10^{-4}$	$6 \cdot 10^{-8}$
unlösl.		MD Lu		$6 \cdot 10^{-4}$	$5 \cdot 10^{-9}$
$^{210}_{84}$Po lösl.	138,4 d	Mi Ni	0,03	$7 \cdot 10^{-6}$	$2 \cdot 10^{-10}$
unlösl.		MD Lu		$3 \cdot 10^{-4}$	$7 \cdot 10^{-11}$
$^{224}_{88}$Ra lösl.	3,64 d	Kn	0,06	$2 \cdot 10^{-5}$	$2 \cdot 10^{-9}$
unlösl.		MD Lu		$5 \cdot 10^{-5}$	$2 \cdot 10^{-10}$
$^{226}_{88}$Ra lösl.	1620 a	Kn	0,1	10^{-7}	10^{-11}
unlösl.		MD		$3 \cdot 10^{-4}$	$6 \cdot 10^{-8}$
$^{228}_{88}$Ra lösl.	6,7 a	Kn	0,06	$3 \cdot 10^{-7}$	$2 \cdot 10^{-11}$
unlösl.		MD Lu		$3 \cdot 10^{-4}$	10^{-11}
$^{227}_{89}$Ac lösl.	22 a	Kn	0,03	$2 \cdot 10^{-5}$	$8 \cdot 10^{-13}$
unlösl.		MD Lu		$3 \cdot 10^{-3}$	$9 \cdot 10^{-12}$
$^{228}_{90}$Th lösl.	1,91 a	Kn	0,02	$7 \cdot 10^{-5}$	$3 \cdot 10^{-12}$
unlösl.		MD Lu		10^{-4}	$2 \cdot 10^{-12}$
$^{232}_{90}$Th lösl.	$1{,}39 \cdot 10^{11}$ a	Kn	0,04	$2 \cdot 10^{-5}$	$7 \cdot 10^{-13}$
unlösl.		MD Lu		$4 \cdot 10^{-4}$	$4 \cdot 10^{-12}$
$_{90}$Th-Nat. lösl.		Kn	0,01	10^{-5}	$6 \cdot 10^{-13}$
unlösl.		MD Lu		10^{-4}	10^{-12}
$^{233}_{91}$Pa lösl.	27,0 d	MD Ni	40	10^{-3}	$2 \cdot 10^{-7}$
unlösl.		MD Lu		10^{-3}	$6 \cdot 10^{-8}$
$^{235}_{92}$U lösl.	$7 \cdot 10^{8}$ a	MD Ni Kn	0,03	$3 \cdot 10^{-4}$	$2 \cdot 10^{-10}$
unlösl.		MD Lu		$3 \cdot 10^{-4}$	$4 \cdot 10^{-11}$
$^{238}_{92}$U lösl.	$4{,}51 \cdot 10^{9}$ a	MD Ni	$5 \cdot 10^{-3}$	$4 \cdot 10^{-4}$	$3 \cdot 10^{-11}$
unlösl.		MD Lu		$4 \cdot 10^{-4}$	$5 \cdot 10^{-11}$
$_{92}$U-Nat. lösl.		MD Ni	$5 \cdot 10^{-3}$	$2 \cdot 10^{-4}$	$3 \cdot 10^{-11}$
unlösl.		MD Lu		$2 \cdot 10^{-4}$	$2 \cdot 10^{-11}$
$^{239}_{94}$Pu lösl.	$2{,}44 \cdot 10^{4}$ a	Kn	0,04	$5 \cdot 10^{-5}$	$6 \cdot 10^{-13}$
unlösl.		MD Lu		$3 \cdot 10^{-4}$	10^{-11}
Nicht identifiziertes Gemisch				10^{-7}	$4 \cdot 10^{-13}$
dito, aber ohne ^{226}Ra und ^{228}Ra				10^{-6}	
dito, aber ohne α-Strahlen					10^{-11}

Siebentes Kapitel

Tierversuche

I. Zucht und Pflege von Versuchstieren

Von **W. Grab** und **W. Münker**, Gießen

A. Allgemeines und Tierschutzgesetz

1. Allgemeine Grundsätze für Tierversuche

In Deutschland sind Tierversuche nur nach den Richtlinien des Tierschutzgesetzes [*1*] (Neufassung seit 1954 in Vorbereitung) gestattet. Die Medizinal- und Veterinärbehörde kann sich durch unangesagte Kontrollbesuche in den Laboratorien davon überzeugen, ob die Tierversuche dem Gesetz entsprechend durchgeführt werden; sie kann unzureichende Sorgfalt beanstanden, auf Abstellen von Mißständen dringen und bei Nichtbeachten ihrer Anordnungen Tierversuche verbieten.

Sorgfalt in der Planung der Versuche und Haltung der Tiere liegt auch im Interesse der Versuchsführung, da dann mit geringstem Einsatz die verläßlichsten Ergebnisse erzielt werden.

2. Auszug aus dem Deutschen Tierschutzgesetz

(Vom 24. Nov. 1933 [1])

§ 1

(1) Verboten ist, ein Tier unnötig zu quälen oder roh zu mißhandeln.

(2) Ein Tier quält, wer ihm länger dauernde oder sich wiederholende erhebliche Schmerzen oder Leiden verursacht; unnötig ist das Quälen, soweit es keinem vernünftigen, berechtigten Zweck dient. Ein Tier mißhandelt, wer ihm erhebliche Schmerzen verursacht; eine Mißhandlung ist roh, wenn sie einer gefühllosen Gesinnung entspringt.

§ 2

Verboten ist:

1. Ein Tier in Haltung, Pflege oder Unterbringung oder bei der Beförderung derart zu vernachlässigen, daß es dadurch erhebliche Schmerzen oder erheblichen Schaden erleidet;

Absatz 2 bis 12 betreffen Vorschriften, die für Versuchstiere selten in Betracht kommen.

§ 3 und § 4 betreffen keine Versuchstiere.

§ 5

Verboten ist, Eingriffe oder Behandlungen, die mit erheblichen Schmerzen oder Schädigungen verbunden sind, an lebenden Tieren zu Versuchszwecken vorzunehmen, soweit nicht die Vorschriften der §§ 6 bis 8 etwas anderes bestimmen.

§ 6

(1) Der Reichsminister des Inneren kann auf Vorschlag der zuständigen Reichs- oder obersten Landesbehörde bestimmten wissenschaftlich geleiteten Instituten oder Laboratorien die Erlaubnis zur Vornahme wissenschaftlicher Versuche an lebenden Tieren erteilen, sofern der wissenschaftliche Leiter über die erforderliche fachmännische Ausbildung und Zuverlässigkeit verfügt, geeignete Einrichtungen für die Vornahme der Tierversuche vorhanden sind und Gewähr für gute Wartung und Unterbringung der Versuchstiere gegeben ist.

(2) Der Reichsminister des Inneren kann die Erteilung der Erlaubnis anderen obersten Landesbehörden überlassen.

(3) Die Erlaubnis kann jederzeit ohne Entschädigung zurückgezogen werden.

§ 7

Bei Ausführung der Tierversuche (§ 5) sind folgende Vorschriften zu beachten:

1. Die Versuche dürfen nur unter voller Verantwortung des wissenschaftlichen Leiters oder des von ihm besonders ermächtigten Stellvertreters ausgeführt werden.

2. Die Versuche dürfen nur von wissenschaftlich hierzu vorgebildeten Personen oder unter deren Leitung und nur unter Vermeidung jeder für den Zweck entbehrlichen Schmerzerregung vorgenommen werden.

3. Versuche zu Forschungszwecken sind nur dann zu unternehmen, wenn sie einen bestimmten, bisher von der Wissenschaft noch nicht bestätigten Erfolg erwarten lassen oder soweit sie zur Klärung bisher ungelöster Fragen dienen.

4. Die Versuche sind, sofern nicht nach dem Urteil des wissenschaftlichen Leiters der Zweck des Versuches dies unbedingt ausschließt oder der mit dem Eingriff verbundene Schmerz geringfügiger ist als die mit einer Betäubung verbundene Beeinträchtigung des Wohlbefindens des Versuchstieres, nur unter Betäubung vorzunehmen.

An demselben unbetäubten Tier darf nicht mehr als ein schwerer operativer oder schmerzhafter unblutiger Versuch ausgeführt werden.

Tiere, die nach Beendigung schwerer, insbesondere mit operativen Eingriffen verbundener Versuche unter erheblichen Schmerzen zu leiden haben, sind, sofern dies nach dem Urteil des wissenschaftlichen Leiters mit dem Zweck des Versuches vereinbar ist, alsbald schmerzlos zu töten.

5. Versuche an Pferden, Hunden, Katzen oder Affen dürfen nur dann ausgeführt werden, wenn durch Versuche an anderen Tieren der beabsichtigte Zweck nicht erreicht werden kann.

6. Es dürfen nicht mehr Tiere verwendet werden, als zur Klärung der betreffenden Frage notwendig ist.

7. Tierversuche zu Lehrzwecken sind nur dann gestattet, wenn andere Lehrmittel, z. B. Bild, Modell, Präparat, Film, nicht ausreichen.

8. Über die Art der verwendeten Tiere, den Zweck, die Durchführung und das Ergebnis der Versuche sind Aufzeichnungen zu machen.

§ 8

Den Vorschriften der §§ 5 bis 7 unterliegen nicht Tierversuche für Belange der Rechtspflege sowie Impfungen und Blutentnahmen an lebenden Tieren zum Zwecke der Erkennung von Krankheiten der Menschen oder Tiere oder zur Gewinnung oder Prüfung (Wertbestimmung) von Seren oder Impfstoffen nach bereits erprobten oder staatlich anerkannten Verfahren. Doch sind auch diese Tiere alsbald schmerzlos zu töten, wenn sie unter erheblichen Schmerzen zu leiden haben und die Tötung mit dem Zwecke des Versuches vereinbar ist.

Die §§ 9 bis 15 des Tierschutzgesetzes enthalten Strafbestimmungen und verwaltungsrechtliche Vorschriften.

3. Durchführung von Tierversuchen

a) Wahl der Tierart. Man sucht nach einer Tierart, die bei der zu prüfenden Reaktion eine hochspezifische und möglichst empfindliche Veränderung erkennen läßt. Gibt es mehrere Tierarten, die gleich gut geeignet sind, so wählt man jene, die leicht zu füttern, billig und resistent gegen Infektionen ist. Wichtig ist, daß die Lebensbedingungen leicht nachzuahmen sind, die Tiere sich in Gefangenschaft züchten lassen und dabei keine abnormen Reaktionen entwickeln.

In vielen Ländern ist es üblich, den Zuchtstamm der Tiere in den Publikationen wegen der besseren Reproduzierbarkeit anzugeben.

b) Neue Tierarten. Es ist ratsam, immer wieder neue Tierarten zu erproben. Oft unterscheiden sich nahe verwandte Tierarten so voneinander, daß man bei der einen oder anderen eine spezifische Empfindlichkeit entdeckt, die unter Umständen die mühsame statistische Auswertung der Befunde von weniger empfindlichen Tieren erspart.

Die Tierzuchtanstalten (s. S. 236 u. 278) haben heute eine beachtliche Auswahl an Tiermaterial für hochspezialisierte Versuche bereit, wie tumorempfindliche Tierstämme, tumortragende Tiere, hypophysektomierte Tiere usw. und entwickeln diese ständig weiter.

c) Bezugsquellen für Laboratoriumstiere

α) Zentralinstitut für Versuchstierzucht, Hannover-Linden, Lettow-Vorbeck-Allee 57

β) Medizinische Forschungsanstalt der Max-Planck-Gesellschaft, Göttingen.

γ) Bundesverband Deutscher Versuchstierzüchter e. V. (BDV) 4806 Werther/Westfalen, Ravensbergerstr. 23.

d) Quarantäne. Diese ist bei der Überführung fremder Tiere in bewohnten Stall immer *empfehlenswert*. Man halt neugekaufte Tiere für mehrere Wochen in getrenntem Raum abgesondert und beobachtet sie. Gegen Einschleppen von Infektionen schützt man sich durch regelmäßiges Sterilisieren von Käfigen, Streu, Futter usw.

e) Markierung von Tieren. Buntscheckige Tiere eines Wurfes lassen sich leicht *nach dem Fell ordnen*: s(chwarz), w(eiß), sw li(nks), sw re(chts), sw Kopf, sw Schwanz. li, re, Kopf, Schwanz bedeuten einen Farbklex von gesättigter Pikrinsäurelösung im Fell. *Pikrinsäure* färbt das Haar echt und schmeckt so bitter, daß sie nicht abgeleckt wird. Auch *Karbolfuchsin* und *Malachitgrün* sind geeignet.

Käufliche Ohrmarken setzen lange Ohren voraus, sie werden auch leicht herausgenagt. *Lochung der Ohren* bleibt auf die Dauer nur sichtbar, wenn das Loch groß genug ist und nicht wieder zuwächst. *Verschiedene Lochformen* wachsen zu und werden mit der Zeit rund. *Tiefe Kerbung* der Ohren reicht bei Ratten *gut* aus und kann wie beim Lochkartensystem zur Kennzeichnung vieler Tiere dienen [*33*].

Tätowieren gestattet die Markierung mit Schriftzeichen im geschorenen Fell. *Vögel* markiert man mit *Fußringen* oder *Flügelmarken*, bei *Fischen* befestigt man bunte *Glasperlen* mit korrosionsfreiem Draht an den Flossen. Die Kombination verschiedenfarbiger Perlen erlaubt große Reihen.

f) Die biologische Variationsbreite. Bei Verwendung sehr homogenen Tiermaterials wird zwar die Vergleichbarkeit der Versuchsergebnisse, d. h. die Schärfe der Aussage, verbessert, aber die Aussagen können weniger verallgemeinert werden, da ihre Gültigkeit nur auf dieses Tiermaterial beschränkt ist. Dagegen liefert weniger homogenes Tiermaterial weniger scharfe Unterscheidungen und verlangt höheren Aufwand an Versuchstieren, aber diese Ergebnisse sind allgemeiner gultig.

g) Das Führen von Tagebüchern uber Tierversuche ist *vorgeschrieben*. Tagebücher über Wachstum und verbrauchtes Futter sind ratsam, da sie die Kontrolle über Gesundheitszustand der Tiere und die Aufsicht uber das Personal des Tierstalls erleichtern.

h) Euthanasie. Zur schmerzlosen Tötung kleiner Nagetiere genügt meist ein Exsiccator, in den man langsam (bei raschem Einströmen kommt es zu Erstikkungskrämpfen) *Leuchtgas* zu dem eingesetzten Tier einströmen läßt. Man kann auch an Stelle von Leuchtgas einen mit *Äther* getränkten Wattebausch verwenden. Achtung, Feuergefahr! Kleine Tiere können auch unter *Anästhesie entblutet* werden, z. B. aus Axilla, wobei man das Blut für eine Analyse verwenden kann. Bei größeren Tieren, die in Narkose sind, genügt es, eine große Dosis eines Barbiturates i. v. zu injizieren, z. B. *Pentobarbital* oder auch *Chloroform* (s. S. 324 ff). Bei Hunden und Katzen eignet sich am besten eine *gesättigte Lösung* von *Magnesiumsulfat*. Schmerzlose Tötung durch einen Schuß ist zwar billig, aber es besteht die Gefahr, daß mit der Waffe Unfug getrieben wird. Stattdessen sind bei größeren Tieren die üblichen *Bolzenschußapparate* zu empfehlen, die sich sehr bewährt haben.

i) Abfälle. Tote Tiere, schmutzige Streu, gesammelte Ausscheidungen müssen *rasch* und *sicher vernichtet* werden. Tote Tiere sind sofort aus den Käfigen zu entfernen und zu verbrennen. Bei kleinen elektrischen Verbrennungsöfen muß man für Abzug der Heizgase sorgen. Abfälle kann man in eine Grube werfen und mit Chlorkalk bedecken.

Wird mit infektiösem Material gearbeitet, so müssen die Käfige und Kotbleche vor dem Reinigen desinfiziert werden. *Lit.:* [*2, 3, 3a, 6, 7, 8, 10*].

B. Die wichtigsten Tierarten für Tierversuche

1. Ratten

Die zahmen Laboratoriumsratten sind Abkömmlinge von zwei Wildformen, die in Deutschland vorkommen: Wilde Hausratte, Rattus rattus, mit langem Schwanz und Wanderratte, Rattus norvegicus, mit kurzem Schwanz, Rücken falb oder gescheckt. Von beiden Arten gibt es Albinos, die seit etwa hundert Jahren domestiziert sind.

a) **Zahme weiße Ratte, Rattus norvegicus.** — Weißes Fell, rote Augen, langer nackter Schwanz. — *Vorkommen:* Mitteleuropa. — *Nahrung:* Täglich etwa 15 g Standardfutter R. — Lebt etwa 3 Jahre. Für Versuche 2 Jahre verwendbar. — Ältere Tiere neigen zu spontaner Geschwulstbildung. — *Haltung, Zucht, Krankheiten* s. Abschn. D—G. — *Verwendung:* Physiologische, pharmakologische und mikrobiologische Versuche. — *Bezug:* Privatfirmen, Tierzuchtanstalten (s. S. 236 u. 271). — *Lit.:* [*2, 3, 3a, 5, 6, 7, 8, 10*].

b) **Wistar-Ratten, Albino.** — *Bezug:* Privatfirmen, Tierzuchtanstalten (s. S. 236 u. 271). — *Lit.:* [*2, 3, 3a*].

c) **Sprague-Dawley, Albino.** — *Bezug:* Privatfirmen, Tierzuchtanstalten (s. S. 236 u. 271).

d) **Haubenratte E 3, Albino,** mit brauner Kappe. — *Bezug:* Tierzuchtanstalten (s. S. 236). — *Verwendung:* Versuche über Leukämie. — *Lit.:* [*2, 3, 3a, 6*]. — Siehe auch Beitrag *Spiegel* S. 271.

e) **Schwarze Ratte, Rattus rattus.** — Schwarzes Fell, nicht gescheckt.

f) **Baumwoll-** oder **Sumpfratte, Sigmodon hispidus.** — Aussehen ähnlich der Wiesenmaus, aber langer nackter Schwanz und kurze Beine. Rücken hellbraun mit schwarz gesprenkelt, Bauch weiß. — *Vorkommen:* Südstaaten der USA am Mexikanischen Golf. — Sehr gefräßig. Bösartig. — *Verwendung:* Versuche mit Poliomyelitis-Virus. — *Lit.:* [*2*].

2. Mäuse

Die zahme weiße Maus ist ein Abkömmling der Hausmaus Mus musculus, aus der Familie Muridae. — Leib 9 cm lang. Wild leben in Deutschland u. a. noch die

Waldmaus, Apodemus sylvat., 9 cm lang, in Wäldern und Bergen, die Feldmaus, Microtus arvalis, Brandmaus, Mus agrar., 10 cm lang, rotbraun und die Zwergmaus, Mus minut., 7 cm lang, in Wiesen und Getreidefeldern. — *Lit.:* [*2, 3, 3a, 4, 6, 7, 8, 10*].

a) **Zahme Laboratoriumsmaus.** — Weiß mit roten Augen, oder schwarz, falb, gescheckt mit dunklen Augen. — *Vorkommen:* Mitteleuropa. — *Bezug:* Privatfirmen, Tierzuchtanstalten S. 236 u. 269. — *Nahrung:* Einzelheiten s. S. 250ff. Zu Standardfutter tägl. Zulage von etwa 5 g Frischgemuse. — *Zucht:* Zucht leicht. Gekaufte Tiere 30 Tage in Quarantäne. Lebenserwartung 280—580 Tage. Mäuse haben Rangordnung, Führung durch starkes Männchen, nur kräftigster Bock begattet. Bildung von Großfamilien, deren Revier gegen Fremde verteidigt wird. Domestizierte Tiere werden verträglicher. — Fruchtbarkeit der Weibchen < 10 Monate, Zuchtfähigkeit 6—8 Monate lang, Männchen länger. Zu Versuchen geeignet < 1 Jahr. Ältere Tiere neigen zu Geschwulstbildung, jedoch weniger als Ratten.

Das Zentralinstitut für Versuchstierzucht (Adresse s. S. 236) hat z. Z. 11 verschiedene Mäuserassen aus drei Zuchtstämmen. Davon sind die Hälfte Albinos, die anderen schwarz-braun, braun, grau, schmutzfarben und isabellfarben. — *Verwendung:* 2—3 Arten für lymphatische Leukämie, Nierenerkrankungen, Lungentumoren. 5—8 Arten für Mammacarcinom und sonstige Tumoren. — Eine Art für Viren (Rabies, japanische Pferdeencephalitis, Influenza, Poliomyelitis). — Die Mäuse sind frei von Salmonellen, Ektromelie, lymphocytärer Meningitis und Toxoplasmose. — Angabe weiterer Stämme s. S. 269, Inzuchtstämme für Tierversuche.

b) **Rehmaus (deer mouse), Peromyscus.** — Größer als Hausmaus. — *Vorkommen:* Nordamerika. — Standardfutter (s. S. 250). — Kein widerlicher Geruch, selbst nicht bei mehreren tausend Tieren. — *Lit.:* [*2*].

c) **Erdmaus, Microtus agrestis** oder **Microtus hirtus.** — 10 cm lang. — *Vorkommen:* Europa. — *Nahrung:* Heu und Mischkörnerfutter, s. S. 251, Abschn. C. — Tiere leben im Laboratorium nur etwa 220 Tage. Zuchtkolonien kurzlebig, domestizieren daher kaum. Sehr bissig. — *Verwendung:* Für viele Viruskrankheiten. — *Lit.:* [*2*].

d) **Wühlmaus, Microtus orcadensis.** — 12 cm lang. Rücken dunkel, nach Flanken zu heller; grauweiße Füße, ähnlich Waldwühlmaus. — *Vorkommen:* Nordeuropa, Norddeutschland. — *Nahrung:* Standard-Körnerfutter, Heu, Wasser. Nagt Holz, Wurzeln, Rinde; frißt Larven, Fleisch und Früchte. — *Zucht* leicht, Tiere leben länger als Erdmaus. — *Verwendung:* Tuberkulose. — *Lit.:* [*2*].

3. Meerschweinchen, Cavia cobaya

Weiß, braun-rot scheckig, schwarz-braun. Glatt und wirbelhaarig. — *Vorkommen:* Peru, Südamerika. — *Nahrung:* Standardfutter für Kaninchen, s. S. 251, Abschn. C. Hafer, Heu, frisches Gras, Kohl, Salat, viele Karotten an Stelle von Trinkwasser. Tägl. 5 mg Ascorbinsäure in 10 ml Trinkwasser. — *Zucht:* Leicht. Entwickelt aus Zuchttieren eines anderen Laboratoriums, deren Gesundheitszustand und Konstitution bekannt sind. Gekaufte Tiere 10 Tage in Quarantäne, Zuchttiere 60 Tage! — *Verwendung:* Versuche über Vitamin-C-Bedarf bzw. Skorbut, Anaphylaxie, in der Serologie, Immunforschung, Bakteriologie, besonders Tuberkulose. Zwei gegen Tuberkulose resistente Inzuchtstämme züchtet die University of Kansas, Dpt. of Anatomy, Lawrence, Kansas USA. — *Lit.:* [*2, 3, 3a, 8, 10*].

4. Frettchen, Putorius furo

Leib 45 cm lang, Schwanz 13 cm. Weißlich-gelb, Augen rot. Verwandter des Iltis.

Es gibt **Albino-Frettchen** und **Iltis-Frettchen**, diese sind beige mit braun und widerstandsfähiger. Eine dunklere Rasse wird in England gezüchtet[1].

Vorkommen: Europa. — *Nahrung:* Brot und Haferflocken in Milch eingeweicht, Weizenkörner, geschabtes Fleisch. — *Zucht:* Leicht. Mit 9 Monaten geschlechtsreif. 42 Tage Tragzeit, 5—10 Junge/Wurf. Junge nackt, blind, Augen offen nach 28 Tagen. Laktationszeit 28 Tage. Gekaufte Tiere 14 Tage Quarantäne. **Tgl.** Rektaltemperatur messen, 38,5°—39,5 °C normal. Tiere und Ausscheidungen riechen widerlich. Holzhütten mit Asbest auskleiden oder im Freien auf gepflastertem Hof halten mit Schlafboxen. Bissig, wenn Handberührung nicht gewöhnt. Beim Anfassen im Nacken Hals und Schulter ganz umgreifen. — *Verwendung:* Virusforschung, besonders Hundestaupe und Influenza. — *Lit.:* [*2, 3, 3a*].

5. Goldhamster, Mesocricetus auratus

Vorkommen: Aleppo, Syrien. — **Varietäten: Cricetulus griseus** aus Südeuropa und China, **Cricetus cricetus** aus Europa und **transkaukasischer Goldhamster** aus der Sowjetunion. — Länge 12—16 cm, tief goldbraun, gegen Haarwurzeln dunkelgrau, Bauch hellgrau, weiß gesprenkelt, kurzhaarig. Große, innen nackte Ohre, schwarze Augen, große Backentaschen, Haut sehr lose. — *Nahrung:* In Gefangenschaft omnivor. Standardfutter wie für Ratten s. Abschn. C, S. 251. Oder Körnermischfutter mit Nüssen und Biskuit. Zulagen an rohen Karotten, Grünfutter, frische Kuhmilch, Brot, gehacktes Fleisch. — *Zucht:* Leicht, meist Aleppostamm. Sehr flink, leicht erregbar. Bissig nur, wenn verängstigt, bei zarter Behandlung wenig Gefahr. — *Verwendung:* Untersuchungen über Harnausscheidung. Harnsammlung einfach, da Tiere immer an gleichem Platz urinieren, z. B. über mullbespanntem Glastrichter. Untersuchungen über Tularämie und Histoplasmose. Empfindlich gegen folgende Erreger: Leptospiren, Salmonellen, Schistosoma mansoni, Erreger von Lymphogranulom und Encephalitis. — *Lit.:* [*2, 3, 3a*].

6. Kaninchen, Lepus cuniculus

a) **Deutsches Landkaninchen:** 3—4 kg.

b) **Weiße Wiener:** Weiß mit blauen Augen. 3—4 kg. — Erbliche Neigung zu Krampfanfällen. Eklampsieversuche, Allergie- und Hautteste.

c) **Albino-Kaninchen:** Weiß mit roten Augen. — Hautteste.

d) **Zwergkaninchen** (Hermelin): Weiß mit roten Augen. Nur 1,3 kg. — Allergie- und Hautteste.

e) **Himalaja-Kaninchen** und **Neuseeländer Weiße:** Hautteste.

f) **Hängeohr-Hasen** (Widder): Lange Ohren, günstig für Blutentnahme und Injektionen.

g) **Belgische Riesen:** Gewicht bis zu 6 kg. Lange Ohren, gute Blutentnahme.

h) **Angora-Kaninchen:** Sehr langhaarig.

i) **Holländer-Kaninchen:** 2—3 kg. Schwarz-weiß. Werden schnell fett.

k) **Castor-Rex-Kaninchen:** 3—4 kg. Samtartiges, schokoladenbraunes Fell, sehr kurzhaarig.

l) **Blaue Wiener:** Blaugrau bis stahlblau, blaue Augen.

Nahrung: Kaninchen haben großen Dickdarm und übergroßes Coecum mit spezifischer Flora. Standardfutter K, s. Abschn. C, S. 251. Bei trockenem Standardfutter reines frisches Wasser. Grünfutter nur, wenn frei von Ausscheidungen der Wildkaninchen, sonst Möhren und Rüben. Lecksalz im Käfig aufhängen. Futtermengen: Normaltier 100—150 g, Trächtige bis 250 g, Säugende bis 500 g, spätere Säugezeit bis zu 1 kg, 6 Wochen alte Junge bis 150 g. — *Zucht:* Leicht. Kannibalen aussondern. Beste Böcke und Häsinnen nach Zuchtbuch auswählen. Häsin zum Bock setzen, nicht umgekehrt. 18 Tage nach 1. Kopulation nochmal

[1] Auskunft: The Laboratory Animals Centre Medical Research Council Carshalton Surrey England.

kopulieren. — *Blutentnahme:* Tiere nicht erschrecken. Anfassen an Nackenhaut, aber immer Steiß unterstützen! Für Blutentnahme, Narkosebeginn und Injektion Kaninchenkasten benutzen. Glatte Tischflächen zum Arbeiten ungeeignet, immer Handtuch unterlegen; zum Schlundsondieren in Handtuch einwickeln. — *Verwendung:* Außer wie bei den einzelnen Arten angegeben zur Differenzierung der Typen von Tuberkulosebakterien. Variation der Empfindlichkeit gegen Tb durch Inzucht. Für Allergie- und Hautteste weiße Tiere, die dafür besonders empfindlich sind. Sonst sind Albinotiere nicht anfälliger als bunte. Fell und Kaninchen gut für dermatologische Versuche. Spezialstämme für Eklampsieversuche. Häufige Blutentnahmen an Rassen mit langen Ohren. — *Lit.:* [*2, 3, 3a*].

7. Ziege, Capra hircus

Deutsche Edelziege, weiß, bunt, schwarz bis braun, gescheckt, hornlos. — *Gewicht:* Weibchen 50—70 kg, Männchen 70—100 kg. — *Nahrung:* Mit Futter wählerisch. Im Sommer auf Weide; Grünfutter, am besten Klee. Im Winter Grundfutter, gutes Heu gemischt zu gleichen Teilen mit Futterrüben, vorher eingeweichte Trockenschnitzel und Silage, Zulagen an Kraftfutter, Haferschrot, Weizenkleie, Lupinenschrot, Sojabohnen, Kalksalze, Lecksalz. Reines Trinkwasser, im Winter angewärmt. Bei Futtervergiftung Abführmittel und Kohlesuspension. Junge Ziegen brauchen viel Vigantol. — *Zucht:* Brunstzeit von Oktober bis Ende Januar. Kitz wird nach 5 Monaten geboren. Wachsen sehr rasch, sind früh gereift. Alter an den bleibenden Zähnen zu erkennen. — *Bezug:* Über Tierzuchtämter. — *Narkose:* 0,08 g Chloralhydrat/kg streng i. v. in Vena jugularis. Gasnarkose mit Maske und Intubation mit Cyclopropan-O_2-Gemisch. Pentobarbital wenig geeignet, da Tiere unterschiedlich reagieren. *Blutentnahme* aus Vena jugularis. — *Verwendung:* Milchbildung, Sekretion, Zuchtstudien, Blutspender, pharmakologische Versuche. — *Lit.:* [*2, 15, 16*].

8. Schaf, Ovis aries

a) **Landschaf.**

b) **Deutsches Bergschaf:** Besonders genugsam, wird leicht zahm. Man bevorzugt kleine Tiere bis zu 50—60 kg.

c) **Heidschnucken.**

Bezug: Über Tierzuchtämter. — *Nahrung:* Ähnlich wie Ziege. Im Sommer auf Weide, Grünfutter, am besten Klee. Im Winter Heu. Ergänzen durch N-haltiges Futter, Haferschrot, Weizenschrot, Reiskörner, Leckstein, Futterkalk. Reines Wasser. Bei Futtervergiftung Abführmittel. — *Haltung:* Sanft behandeln. Vier Tiere vertragen sich besser als nur zwei. — *Narkose:* Pentobarbital 30 mg/kg gelöst in 10%ig. wäßrig. Chloralhydrat 80 mg/kg i. v., langsam injizieren. Dosierung nach Wirkung. Epiduralanästhesie vorteilhaft. — *Blutentnahme:* Aus Vena jugularis. Landschaf ist geduldig und geeignet für Kanülierung des Rumen. Vor Operation Rumen entleeren. Nach Operation warm halten. Manche Tiere lassen sich gut operieren. Venen zarter als bei Hund! — *Verwendung:* Blutspender, Serologie, Fortpflanzung, Foetalentwicklung. — *Lit.:* [*2, 3, 15, 16*].

9. Schwein, Sus scrofa domestica

Zwergschwein (Dwarf-Pig) vorteilhaft. — *Gewicht:* Nach 5 Monaten etwa 12 kg. — *Nahrung:* Allesfresser, gekochtes warmes Futter oder Trockenfutter aus Automaten; Trinkwasser anbieten. — *Verwendung:* Versuche an Stoffwechsel, Herz, Gleichgewichtsstörungen, Lichtwirkung auf Haut. — *Bezug:* Institut für Tierzucht und Haustiergenetik, Göttingen, Plesseweg 22. — *Lit.:* [*2, 15, 16*].

10. Igel, Erinaceus europaeus

Nahrung: Gekochtes Fleisch, Hackfleisch, rohe Leber, Kartoffeln, Karottengemüse, Obst, Biskuit, Milch, Milchbreie. — *Zucht:* Möglich. Im Laboratorium bei

+ 18 °C halten. Winterschlaf in kühlem dunklem Raum, viel Heu, etwas Trockenfutter. — *Verwendung:* Winterschlafversuche, Wärmeregulation, Sexualcyclus, Endokrinologie. Versuchstechnik schwierig wegen Stacheln. — *Lit.:* [*34*].

11. Fledermaus, z. B. Plecotus auritus

Verwendung: Versuche über Winterschlaf, Endokrinologie. — *Lit.:* [*34*].

12. Siebenschläfer, Glis glis

Körper 17 cm lang, Schwanz ebenso lang und buschig. Gewicht 170—220 g. Farbe wechselnd, abhängig von Tierstamm und Jahreszeit; Oberteile meist silbergrau, unten hellgrau. — *Vorkommen:* Wild in Deutschland, aber selten und unter Naturschutz. — *Nahrung:* Standardfutter R mit Zulagen von süßen Früchten und Nüssen. Reines Trinkwasser. — *Zucht:* Käfig 60×35 cm, 9 cm hoch mit 2 Siebböden. Wurf hat 2—8 Junge (Juni). Nachttiere. Machen 7 Monate Winterschlaf. Beginn zwischen Mitte September und Mitte November. Reihenfolge: Erwachsene Männchen zuerst, dann die Weibchen, zuletzt die Jungen. Im Laboratorium dauert Winterschlaf nur mehrere Wochen, manche Arten machen gar keinen. — *Lit.:* [*2*].

13. Hauskatze, Felis maniculata domestica, Felis catus

Nahrung: Genauer Bedarf nicht bekannt. $^1/_4$ Standardfutter R in Milch aufgeweicht + $^3/_4$ Fleisch oder gekochter Fisch. Große Katze pro Tag 120—180 g Fleisch oder 200 g Fisch, $^1/_4$ l Milch. Nudeln und Gemüse beliebt, tgl. Zulage an Vitamin A. Wenig Salz, aber Knochenmehl. Gefrierfleisch abbrühen. Trinknapf mit frischem Wasser. Morgens tgl. ausreichend Futter. Nach 30 Min. Reste entfernen, damit Tier kein verdorbenes Futter frißt, was Durchfall verursacht. Ebenfalls vermeiden: verdorbenes Abfallfleisch, ansaure Milch. — *Verwendung:* Gutes Kreislaufsystem, daher zu Operationen, in Physiologie und Pharmakologie. Gekaufte Katzen 30 Tage Quarantäne. Empfindlich gegen Infektionen mit Viren, Parasiten. Arzneimittel in beliebte Leckerbissen einwickeln, kleiner Zusatz an Baldrian. — Katzen nur im Genick anfassen, dicke Lederhandschuhe benutzen. Tier in Handtuch einwickeln oder in Katzenleder: großes Ledertuch mit 5 angenähten Riemchen. — *Lit.:* [*3a, 15, 16*].

14. Hund, Canis familiaris

Vier Rassengruppen:

a) **Schäfer-, Polarhund, Spitz, Terrier, Pinscher.**

b) **Hirten-, Sennen-, Jagdhund, Pudel** (Hängeohren; kurze Beine, z. B. Dachshund).

c) **Windhund** (Schädel lang, Skelett gestreckt, mit Rachendachhypophyse).

d) **Möpse, Bulldoggen** (Schädel kurz, Skelett gedrungen, ohne Rachendachhypophyse).

Bastardhunde (Mongrel) für physiologische, pharmakologische, chemotherapeutische Versuche. — *Nahrung:* Gleichmäßige Fütterung wichtig, da biologische Reaktionen davon abhängen. Differierende Versuchsergebnisse nicht nur durch Rasse- sondern auch durch Kostunterschiede verursacht, daher Standardisierung des Futters ratsam. Tägliche Futtermengen: Hunde <6 kg 120 g, <14 kg 120 bis 250 g, <22 kg 250—500 g, <32 kg 500—750 g. Erwachsene Tiere 1× tgl. breiiges warmes Futter aus $^1/_3$ leicht verdaulichen Kohlenhydraten (Gries, Reis, Futterhaferflocken, Kleie), $^1/_3$ Gemuse, $^1/_3$ Fleisch, halb gekocht, halb roh. Fisch roh, gekocht, geräuchert. Zulagen an Kalbsknochen und Knorpel, keine Schädel-, Geflügel-, Röhrenknochen. Tgl. ein Teelöffel Lebertran und Knochenmehl. Rohes

Fleisch und rohes Gemüse gegen Ende der Mahlzeiten zugeben, damit sie nicht vorher herausgefischt werden. Lunge ist wertlos, dagegen Leber, Herz, Hammelkopf, Pferdefleisch wertvoll. Wichtig: Suppenkräuter, Zwiebel, Knoblauch, Porree, Majoran. Vermeiden: Teigwaren nur wenig und nicht regelmäßig, keine scharfgewürzten Saucen, wenig Zucker. Abends harte Hundekuchen in Milch eingeweicht. Für lange Versuchszeiten mit absolut konstantem Futter nimmt man trockene Dauerwaren. Viel frisches Wasser. Futterreste nach $^1/_2$ Stunde entfernen, da verdorbenes Futter Durchfall verursacht. — *Welpen fressen* von 3.—4. Woche an feste Nahrung. 3× tgl. warme Mahlzeiten, 2.—6. Monat 2× tgl., nach 6. Monat 1× tgl. Zulagen: Hundekuchen mit warmer Milch mit 15% rohem Fleisch. Standardfutter oder Milchsuppen aus Haferflocken, Gries, Reis. — *Zucht:* Leicht bei genügend Platz. Wurfgeschwister günstig für lang dauernde Versuche. Sehr sauber halten. Kotreste sofort entfernen, da Hunde Exkremente fressen. Waschbare Kokosmatte oder Schaumgummiunterlage mit Holzrost als Lager. Fell besonders in Frühjahr und Herbst striegeln. Im ersten Halbjahr nicht baden; erwachsene Tiere nur 2—3× im Jahr: 25° warmes Wasser und Seife. Ohren trocken halten. Auslauf in Luft und Sonne, im Sommer schattiger Platz. In Hundehütte Torfstreu. — *Lit.:* [*15, 25, 26, 27*].

15. Affen

Versuchstiere meist aus der artenreichen Gattung der Macacen, Ordnung Simiae, Unterordnung Catarrhini (Schmalnasen).

a) **Eigentlicher Macac, Pithecus fascicularis.** — Länge Scheitel—Steiß 50 bis 60 cm, Schwanz 60 cm. Gewicht 5—10 kg. Farbe: Oberseite braun-schwarz meliert, Unterseite weiß-grau. Gesicht haarlos, bleigrau. — *Vorkommen:* Java, Südasien. — *Zucht:* Möglich. Periodische Menstruation, 7 Monate Tragzeit. Das Junge wird erst gesäugt, später aber als lästiger Konkurrent empfunden und braucht gesonderte Fütterung. Billig, anspruchslos, zähmbar, anhänglich. — *Verwendung:* Versuche über Infektionskrankheiten aller Art, Serologie und Stoffwechsel. — *Lit.:* [*33, 34*].

b) **Rhesus-Äffchen, Simia rhesus.** — Länge—Scheitel—Steiß 40—60 cm, Schwanz 20 cm bis Stummelschwanz. Kräftig, untersetzt. Rücken reichlich behaart, Bauch spärlich. Schlaffe Haut an Hals, Brust, Bauch bildet Wammen. Gesicht haarlos, fleischfarben. Gesäßschwielen hochrot. — *Vorkommen:* Südost-Asien. — *Zucht:* Möglich. Wetterhart. Auch in gemäßigtem Klima gut zu halten. Unberechenbare Reaktionen. Bald gutmütig und leicht zähmbar, bald schnell erregbar und dann wütend, jähzornig, mürrisch. Wegen Bissigkeit älteren Männchen Eckzähne ziehen. — *Lit.:* [*33, 34*].

Nahrung: Affen trinken viel. Wassergefäß stets gefüllt halten, am besten 2× tgl. dünnen schwarzen Tee. Trinkgefäß so anbringen, daß Tiere es nicht umkippen können. Mahlzeiten 3× tgl., möglichst abwechslungsreich. Nicht verbrauchtes Futter wird verwüstet, lieber knappe und mehrere Mahlzeiten geben. Bei Standardfütterung 120—150 g Kaninchenfutter tgl., s. S. 251, Abschn. C. Dazu Salat, Karotten, Tomaten. Tgl. mindestens 20 mg Ascorbinsäure in frischem Wasser. Nördlich der Alpen pro Monat etwa 1 mg Vitamin D, am besten in Tablettenform. Beliebt sind: Klee, Gras, Brennessel, rohes Gemüse, Salate, alle frischen Früchte; Mais, Weizen, Sonnenblumenkerne, Erbsen, Bohnen, Erdnüsse, Reis. Kartoffeln zusammengekocht mit Gemüse, Fenchel, Zwiebeln; Suppen aus Maizena, altbackenes Weißbrot, Brot von Sojamehl mit Nährsalzen. Im Sommer Knoblauch, Gerbsäure in Form von Baumzweigen, Eichenlaub, Ahornblättern. Ob die Nahrung bekömmlich ist, zeigt der Kot, der geformt sein muß. Bei schmierigen oder flüssigen Exkrementen 1—2 Tage Fasten, Kohlepulver, Brombeerblättertee, Tannin. Axillartemperatur 36,5—37°, junge Tiere bis 38° normal, Puls bei kleinen Tieren 120—150. Fiebernde Tiere isoliert und warm halten.

Haltung: Anspruchsvoller als alle anderen Tiere. Zur Säuberung kann man das Tier warm baden, muß es aber gut abtrocknen, Fingernägel stumpf feilen. Zur Zahnpflege dienen Baumzweige zum Kauen. Raumtemperatur nie unter 15 °C, Luftzug streng vermeiden. Schlafkiste mit festem Polster und belaubten Baumzweigen. Käfig muß sehr geräumig und mit Kletterbaum, Schaukel, Turngeräten und Holzklotz ausgestattet sein. Sonniger Außenraum zweckmäßig. Gitterschleuse vor dem Käfig, um entsprungene Tiere einzufangen! Affen sind sehr unsauber, besudeln Käfig und Futter und fressen Exkremente. Am besten Gitterfußboden, so daß Futter und Exkremente auf Schublade mit Torfmull fallen. — Nur junge Affen gewöhnen sich aneinander. Gefährten sollen gleich stark sein, sonst wird schwächerer unterdrückt. Einzelnen Affen nie zu fremdem Rudel geben, sondern nur zu Einzeltier. Neue Affen nicht streicheln, sondern mit ihnen plaudern, sie füttern und beschäftigen. — Affen brechen gerne aus. Nur mit starken Handschuhen geschützt kann man Affen am Genick anfassen. Am besten ist, Tier in Wolldecke einzuwickeln, zusammengedrehtes Tuch durch den Mund ziehen und im Nacken knoten. Transport im Sack. Häufig verwendete Affen bekommen Halsband mit Kette daran, keine Karabinerhaken oder Lederschnallen, die die Tiere öffnen. Niemals Kette um Leib legen. Bei bissigen Affen Kette durch Gasrohr ziehen, mit dem man Tier vom Leib hält.

16. Hühner und Küken, Gallus domesticus

Neue Tiere in gesondertem Raum halten. Nur kräftige Eintagsküken aus sehr sorgfältig geführten Geflügelfarmen kaufen. Erwachsenes Geflügel und Küken nicht zusammen halten. Für Küken und erwachsene Tiere Drahtgitterboden; Sauberkeit sehr wichtig. Starke Temperaturschwankungen vermeiden. — *Zucht:* Bruteier nur von Hennen nehmen, die aus kontrollierten Zuchten stammen. Brutapparat mit Gebrauchsanweisung benutzen. 12 Bruteier = 750 g, bei 12 °C halten, täglich drehen, innerhalb einer Woche bebrüten. — *Nahrung:* In den ersten Lebenstagen wenig, dann 3 Wochen lang Jungkükenfutter, später Kükenfutter. Für ausgewachsene Tiere Standardfutter. Spurenelemente (Fe, Mn, Cu, Co) in Trinkwasser. — *Verwendung:* Vitaminversuche, besonders D_3, K; Virus- und andere Infektionskrankheiten. — *Lit.:* [*2, 3, 3a, 10, 28, 29, 30*].

17. Taube, Columba

Nahrung: Körner von Hafer, Weizen, Reis. — *Zucht:* Leicht. Brauchen höheren Käfig mit Sitzstangen, da sie fliegen sollen. Zur Beobachtung genügt Drahtkäfig 30×30×30. — *Verwendung:* Vitamin-B_1-Versuche, Prolaktin und Virus. — *Lit.:* [*2*].

18. Kanarienvögel, Serinus canarius und Reisfinken, Oryzaephilus oryzornis

Nahrung: Körnermischfutter aus Vogelhandlung, Ölsamen. — Genaue Angaben für Pflege, Zucht und Eingewöhnung von Tropenvögeln siehe Lit. [*2*]. — *Verwendung:* Versuche über Malaria. — *Lit.:* [*2*].

19. Wasserfrosch, Rana esculenta

Länge 6—8 cm; grün mit schwarzen Flecken und gelben Längsstreifen, Unterseite weiß.

Grasfrosch, Rana temporaria. Länge 6—8 cm, braune bis rotbraune Brust, Bauch rotbraun gefleckt oder marmoriert. — *Nahrung:* Frösche überleben längere Hungerzeiten. Es ist aber besser, sie auch im Winter ständig zu füttern. Maden und Mehlwürmer werden auf den trockenen Stellen im Froschbecken (Absitzsteine) verteilt. Fliegenmaden und Mehlwürmer kann man kaufen, aber auch selbst züchten. — Die Frösche werden meist im Herbst gekauft und ein Jahr lang im Laboratorium gehalten. Sommertemperatur 16 °C, im Winter über 10 °C, da sonst Winterschlaf. Großes Spülbecken mit 5 cm hohem Überlauf, Maschengitterdeckel genügt. Ziegelsteine, die aus dem Wasser ragen, dienen zum Absitzen. Laufendes Leitungswasser, dadurch Selbstbelüftung. Schädlich sind Verunreinigungen des Wassers durch Zink, Blei, andere Metalle, Chlor. Regenwasser immer günstig. Becken vor direkter Besonnung schützen. — *Verwendung:* Membranphysiologie an Muskeln, Nerven und Haut. Hormonversuche. Pharmakologische Versuche. — *Lit.:* [*2*].

20. Kröten, Bufo vulgaris

Länge 8—12 cm, grau-braun, drüsenreiche, schlüpfrige Haut. — *Nahrung:* Würmer, Kerbtiere, Fliegen, Spinnen, unbehaarte Raupen. — Für Kröten muß die Umgebung nicht so feucht sein wie für Frösche, sie sitzen lieber zwischen Steinen auf feuchtem Sand. Sie lernen schnell, ihr Futter zu finden, wenn man es immer an die gleiche Stelle legt. — *Verwendung:* Wie bei Fröschen. — *Lit.:* [*2, 3, 3a*].

21. Krallenfrosch, Xenopus laevis

Bezug: Aus Südafrika oder von deutschen Importeuren. — *Nahrung und Haltung:* Der Krallenfrosch ist reiner Fleischfresser mit sehr kurzem Darmkanal so daß schon kurz nach dem Füttern die Nahrungsreste wieder ausgestoßen werden. Gehacktes rohes Fleisch, Leber, Regenwürmer, Daphnien, Zyklops und Enchythreen sind geeignet. 1 Pfund gehacktes Fleisch pro Woche genügt für 500 Tiere. Eine Woche Fasten schadet nichts. — Sie bevorzugen eine Temperatur von 24 °C, vertragen 10—30 °C. Hitze ist gefährlicher als Kälte. Wasser muß oft gewechselt werden, da Tiere es rasch verunreinigen. Vorteilhaft ist ein Aquarium mit schrägem Boden, Rinne als Schlammfang und durchlöchertes Sitzblech, ständig langsam Wasser durchfließen lassen. Für den Versuch hält man die Tiere in Gläsern mit Siebplatte zum Sitzen, so daß die Eier zu Boden fallen und für das Tier nicht erreichbar sind. — *Verwendung:* Hormonversuche, Schwangerschaftstest, Hypophysen- und Keimdrüsenversuche. Für Hormonversuche bestellt man nur Weibchen, die etwas größer sind als Männchen. Erwachsene Weibchen haben gut ausgebildete Labia an der Kloake, die den Männchen fehlen; Unterscheidung an kleinen Tieren ist schwierig, die Hautfarbe läßt keinen Schluß auf das Geschlecht zu. Übergroße Weibchen bis zu 12,5 cm sind nur für Zuchtzwecke tauglich. — *Lit.:* [*2, 3, 3a, 32, 33*].

22. Kaulquappen

Zucht und Nahrung: Man hält den Laich in Schalen unter tropfendem Wasserhahn oder wechselt Wasser täglich und belüftet. Geschlüpfte Kaulquappen trennt man von dem Laichschleim, fischt sie mit Löffel heraus und bringt sie in die Zuchtschale. Ihr Boden wird mit Teichschlamm oder $^1/_2$ cm hoch mit Gartenerde und einigen Steinen ausgelegt und mit Wasserpflanzen wie Elodea, Algen, Kresse, Wasserlinsen bepflanzt. Helles Licht ist fur das Wachstum der kleinen Pflanzen günstig, die von den Kaulquappen gern gefressen werden, da sie vorwiegend Pflanzenfresser sind. Nach Durchbruch der Hinterbeine gibt man kleine Mengen von tierischem Eiweiß, z. B. kleine Würfelchen von hartgekochtem Ei oder zerschnittenem Regenwurm, die noch so groß sind, daß man die Futterreste entfernen kann, um Faulnis und Schimmelbildung zu vermeiden. Rohes Fleisch hangt man von der Seite her in die Schale und entfernt den Rest nach 3 Stunden, wenn er gequollen oder ausgelaugt ist. Gegen Ende der Metamorphose werden Steinplatten in die Schalen gelegt, damit die Fröschlein das Wasser verlassen können. Die Schalen in mit Mull bespannte Käfige setzen, da die jungen Frösche weghüpfen. — *Verwendung:* Versuche über Metamorphose und Entwicklung. — *Lit.:* [*2, 3, 3a*].

23. Salamander

Nach Metamorphose leicht zu füttern. Fleischfresser: Daphnien, Maden, Würmer. Nehmen gern aus der Pipette Futter. Erwachsene Tiere brauchen großen luftigen Behälter mit Boden aus feuchter Erde und Nischen zwischen den Steinen, Moos, Grünpflanzen. Entlaufen leicht! — *Verwendung:* Versuche über Regeneration. — *Lit.:* [*2, 32, 33*].

24. Molche, Axolotl

(für endokrinologische Versuche u. a.) und weitere Amphibien und Reptilien siehe *Spezialliteratur:* [*2, 3, 3a, 32, 33, 40*].

25. Süßwasserfische

Stichlinge, Phoxinus phoxinus, Goldfische, Carrassius auratus und **Forellen, Salmoniden** werden für endokrinologische und physiologische Versuche gerne verwendet. Man braucht großes Becken, rasch fließendes Wasser, gute Belüftung, Wasserpflanzen und entsprechendes Futter, meist Insektenlarven; Tiere können aber auch pflanzliches Protein und Kohlenhydrate verwerten. — *Lit.:* [*2, 3a*].

26. Blutegel, Hirudo medicinalis

Gehört zu Ringelwurmern, Anneliden. 6—10 cm lang, quergeringelt mit kraftiger Längsmuskulatur. *Haltung:* Leicht im Aquarium mit einzelnen Wasserpflanzen und einer Spur Eisen, z. B. rostige Nägel! — *Verwendung:* Pharmakologisches Testobjekt. — *Lit.:* [*2, 34*].

27. Meerestiere wie Muscheln, Krabben, Tintenfische

dienen für viele physiologische Versuche an Muskeln, Nervensystem, Sinnesorganen. Werden an zoologischen Stationen gehalten, Einzelheiten von dort. Adressen: Biologische Anstalt Helgoland; Stazione zoologica Napoli, Villa comunale; Senckenberg am Meer, Schleuse Wilhelmshaven für Strandtiere.

28. Mehlmotten, Fliegenmaden, Raupen

Für entomologische Untersuchungen. — Zucht für Futterzwecke. — *Lit.:* [*2, 3, 3a*]. Andere niedere Tiere: [*32, 33*].

C. Tierhaltung

1. Tierstall und Einrichtung

a) Der Tierstall soll in einem besonderen Gebäude im Windschatten des Laboratoriums liegen, die Räume zur Beobachtung von Versuchstieren in einem besonderen Flügel, im Keller oder obersten Stockwerk des Instituts, um Geruchsbelästigung auszuschließen; Heizung, Lüftung ohne Zugluft!

Eine Anzahl von Nebenräumen ist unbedingt notwendig: um Tiergruppen getrennt voneinander zu halten, zur Reinigung verschmutzter Käfige, zur Beseitigung des Unrates und zum Sterilisieren von Käfigen und Futternäpfen, für Futtervorräte, Vorratsraum für saubere Käfige, Futter- und Trinkgeschirre, sowie eine Futterküche, für den Tierwärter Aufenthaltsraum, Toilette und Duschraum. Elektrische Leitungen sollen unter Putz liegen, die Schalter gegen Feuchtigkeit gesichert. Türen müssen dicht schließen mit Selbstschließern, damit streunende Tiere nicht durchschlüpfen können. *Reinigung:* Allgemeine Sauberkeit ist oberstes Gebot. Fußböden, Wände und Decken sollen abwaschbar sein, die Ecken gerundet. Streicht man Decken, Wände, Möbel mit einem farblosen Lack aus Kunstharz auf Harnstoff-Formaldehyd-Basis, der Insekticide (DDT, Aldrin (= Hexachlor-

Hexahydro-di-Methanonaphthalin-Hexachlorbenzol) in übersättigter Lösung enthält, so blühen aus der festen durchsichtigen Lackschicht Mikrokristalle des Insekticids aus; solche Flächen lassen sich abwaschen, und die Kristallblüten wachsen nach, so lange der Gehalt des Lackes an Insekticid nicht erschöpft ist. Man erreicht so einen wirksamen Schutz gegen Ungeziefer für zwei bis mehrere Jahre ([*2*, *3a*, *8*]).

Die Tierräume werden mit sek. Natriumphosphat- und warmer Seifenlösung gescheuert, Schmutzecken sauber gemacht. Käfige und Futterbehälter 2mal wöchentlich mit warmer Seifenlösung waschen, gut spülen und mit Hypochloritlösung 1:10000 oder 4%iger Zephirollösung oder Sagrotan oder Quartammon entkeimen. Futter- und Trinknäpfe 5—10 Min. in dieser Desinfektionslösung liegen lassen und dann gut spülen. Gewaschene Käfige gut trocknen lassen, bevor Tiere eingesetzt werden.

Infektionen werden in den Tierstall eingeschleppt durch die Schuhe von Besuchern, durch streunende wilde Ratten, Mäuse, Katzen, verwilderte Versuchstiere. Ungeziefer und Infektionen sind leichter durch Vorbeugung auszuschließen, als zu beseitigen. Die Ansteckung der Versuchstiere erfolgt gewöhnlich durch infizierte Nahrung und über die Atemwege. Buchführung über verendete Tiere und Untersuchung der toten Tieren erleichtert die Erkennung von Infektionen.

Ungeziefer ist eine sehr häufige Plage und muß unter allen Umständen bekämpft werden. Fliegen, Flöhe, Läuse tragen Krankheitserreger (Bakterien, Viren, Protozoen), sind Zwischenwirte im Entwicklungszyklus von Parasiten, bewirken Blutverlust und Hautkrankheiten. Kakerlaken verwüsten gestapeltes Futter.

Ungeziefer zu vermeiden ist nicht schwer, wenn Wände, Böden, Käfige und Futterbehälter sauber gehalten werden. Gekaufte Tiere sind häufig verlaust oder räudig; daher Tierversandkästen nie in den Tierstall tragen und gekaufte Tiere in Quarantäne setzen.

Zur Bekämpfung des Ungeziefers zuerst alle Abfälle beseitigen, Gerümpel entfernen, Ausscheidungen von Tieren und alte Streu verbrennen, Flur und Wände abseifen, Holzhütten soweit wie möglich durch Metallkäfige ersetzen.

Fliegen und Maden müssen vordringlich bekämpft werden, da sie hintereinander Faeces und Nahrungsmittel berühren und eine Plage für die Umgebung sind. Besonders wichtig bei Tier-Versuchslaboratorien in Krankenhäusern. Fliegenfänger aufhängen und Giftschalen mit 1—2% Formaldehyd in Milch täglich frisch oder Tugon-Fliegenteller aufstellen. Räuchermittel wie Jacutin oder Fumette haben sich sehr bewährt. Langfristigen Schutz gewährt Besprühen von Wänden, Käfigen, Lampen und Möbeln mit Nexa-Spray oder mit 5%iger Lösung von DDT in Kerosin.

Kakerlaken brüten um so schneller, je wärmer es ist; verstecken sich tagsüber in Ritzen neben Heizungsröhren, verderben nachts Tierfutter. Mit Handgebläse Insektenpulver in die Ritzen blasen, z. B. 10% Pyrethrum, 40% Borsäure, 50% Kaolinstaub oder andere moderne Insecticide.

Flöhe: Talkum mit 5% DDT tief in das Haar oder Federkleid einstreuen, Käfigboden mit 4%igem Lysolwasser waschen, an unzugänglichen Stellen Naphthalinflocken verstreuen. Hunde und Katzen: siehe Seite 260 und 262.

Läuse (Ratten, Mäuse, Kaninchen, Meerschweinchen, Vögel). Fell und Gefieder zurückstreichen und Talkumpuder mit 5% DDT an die Haarwurzeln streuen. Käfige reinigen, DDT-Pulver in Ecken. Vorsicht bei jungen Mäusen, die durch DDT-Puder, den sie resorbieren, zugrunde gehen können.

Wanzen. Bei viel Wanzen Vergasen mit Blausäure durch Kammerjäger. Bei weniger genügt Besprühen der Wände mit 5%igem DDT in geruchlosem Kerosin. Besonders die Ritzen besprühen, 50 ml/m² Wandfläche. Film an Wand und Möbeln hält mehrere Monate, für Säugetiere und Vögel harmlos.

Milben machen Räude (Krätze) bei Säugetieren und Vögeln, bei Geflügel knotige Verdickung unter den Schuppen der Beine. Lockerung und Zerstörung des Gefieders bis auf den Mittelkiel. Verseuchte Tiere isolieren, lokal behandeln mit Schwefelsalbe oder Mitigal, an kahlen Stellen der Vogelbeine und Rattenschwänze gut einreiben. Bei Vogelmilben und Federlingen Behandlung mit Kontaktinsekticiden. Bei blutsaugenden Milben Besprühen der Käfige mit Anthracenöl und Kreosot. Metallkäfige erhitzen und auf Tische stellen, deren Beine in Wasserschalen stehen. Räude und Ohrräude bei höheren Säugetieren siehe Tierkrankheiten!

Zecken kommen bei Hunden vor und müssen entfernt werden z. B. durch Betupfen mit Alkohol, Petroläther oder ähnlichem; durch Zecken können Protozoenerkrankungen übertragen werden.

Insekten im Körnerfutter sind Rüsselkäfer, Mehlmotten, Raupen und Maden. Sie vermindern den Nährwert der Vorräte, machen Futter muffig und widerlich, begünstigen Schimmelbildung und die Vermehrung von Milben. Nicht zu viel Futter stapeln; alte Bestände erst verbrauchen, nicht mit neuem Futter vermengen. Trockenes Futter, wie Weizen, Kleie, Mehl, Haferflocken, Mais, wird in geschlossenen Metallbehältern 60—90 min auf 100° erhitzt, z. B. in eisernen Kesseln, und dadurch sterilisiert. Zur Vergasung genügt luftdichter Kasten, in dem die Futterstoffe wie auf Obsthürden in 10 cm hoher Schicht ausgebreitet sind. 500 ml CS_2 oder $CHCl_3/m^3$ Raum fur 24 Std. einwirkend sind genügend, anschließend 24 Std. Lüftung.

Streunende Ratten und Mause schleppen viel Krankheiten ein. Daher Futtermittel in Metallbuchsen halten, verstreutes Futter bald beseitigen, Brutstatten der Ratten und Mause in unbenutzten benachbarten Kellern ausschließen und versteckte Eintrittspforten, wie Luftungsschachte, offene Fenster, Turspalten, vermeiden. Mäuselöcher mit Zement verschmieren, Mausefallen auf Mausepfad, nicht in den offenen Raum stellen. Zelio-Körner und -Paste als Giftköder [*2*, *3a*, *8*, *10*].

Tote Tiere aus den Käfigen sofort entfernen, untersuchen und verbrennen. Größere Tiere müssen nach gesetzlicher Vorschrift von der „Tierkörperbeseitigungsanstalt" auf Antrag weggeschafft werden (Tierkörperbeseitigungsgesetz vom 1. Februar 1939, RGBl. I, S. 187).

b) Einrichtung. Käfige, Möbel, Gestelle in den Tierräumen sollen aus Material bestehen, das sich leicht reinigen und desinfizieren läßt, das keine Ritzen bekommt, und das von den Tieren nicht angenagt und von ihren Ausscheidungen nicht angegriffen wird. Holz ist daher meist ungeeignet; dagegen sind brauchbar: Glas, Emaille, Steingut, bestimmte Kunststoffe; von den Metallen: Eisen mit Anstrich, verzinkter Maschendraht, Zinkblech, Blech und Draht aus V2A-Stahl.

Die Käfige müssen das Tier so sicher einschließen, daß es nicht entweichen kann. Mäuse und Ratten heben den zu leichten Deckel ihres Käfigs hoch; Kaninchen und Affen lernen einfache Verschlüsse zu öffnen, so daß Vorhängeschlösser notwendig werden.

Die Käfige müssen dem Tier so viel Bewegungsraum lassen, daß es gesund bleibt und seinem Wesen entsprechend leben kann. Maße von Käfigen s. Tab. 1.

Die Käfige müssen stabil, leicht, billig und einfach zu bedienen sein. Futter und Wasserbehälter sollten so groß sein, daß der Vorrat für mehrere Tage reicht. Ausscheidungen sowie verdorbenes Futter müssen sich leicht entfernen lassen ohne das Tier zu stören.

Man verwendet:

α) *Einzelkäfige* für Haltung oder vorübergehende Beobachtung *eines* Tieres.

β) *Sammelkäfige* für *Gruppen* von Tieren bzw. *Brut*käfige.

γ) *Reihenkäfige, Käfigbatterien,* an Wand montiert oder fahrbar.

δ) Käfige mit automatischer Fütterung, Tränkung und Beseitigung der Ausscheidungen.

α) *Einzelkäfige:* zur Beobachtung von Mäusen und Ratten Glasstutzen oder Marmeladengläser; Frösche auf Emailleteller in wenig Wasser mit darübergesetzter Glasglocke. Meerschweinchen und Frettchen setzt man in leeres Aquarium. Für Katzen und Hunde benutzt man fahrbare Käfige mit Wänden aus dickem Drahtglas bzw. Gitterstäben, so daß das Tier sich nicht verletzen kann.

Verzichtet man auf die Beobachtung, so bewähren sich als Einzelkäfige weiße Emailletöpfe mit Siebboden, vgl. Abb. 76. Für Ratten und Meerschweinchen verwendet man größere Töpfe Ø 30 cm, Höhe 26 cm.

Sehr praktisch sind Makrolonkäfige[1] aus durchsichtigem Kunststoff; oberer Abschluß durch Maschendraht mit Futterraufe und Wasserbehälter, dessen Mundstück in den Käfig reicht. Der Lichteinfall durch den Deckel ist ausreichend.

Emailletöpfe und Makrolonkäfige sind stabil, billig und leicht zu sterilisieren.

Einzelkäfige ganz aus Maschendraht kann man auch hängend anordnen, wobei die Ausscheidungen durch den Siebboden auf ein Kotblech fallen. Für Meerschweinchen und Kaninchen benutzt man einfache Kasten aus Zinkblech, 50 cm lang, 36 cm breit und hoch mit vorgesetztem Deckel aus Maschendraht. Der bodenlose Kasten steht in einer Blechwanne mit Streu aus Hobelspänen und Torf. Teurere Kaninchenkäfige haben Siebboden und darunter Kotschublade. Futterbehälter und Wasserflaschen werden vor das Gitter gehängt.

[1] Makrolonkäfige werden von PAG Presswerk AG (43) Essen-Bergeborbeck, Lüschershofstr. 80a geliefert, dazugehörige Deckel von Firma Becker, (462) Castrop-Rauxel.

Tabelle 1. **Größenmaße**

Tierart	Normalkäfig Boden cm × cm	Normalkäfig Höhe cm	Einzelkäfig zur Beobachtung Boden cm × cm	Einzelkäfig zur Beobachtung Höhe cm
Ratte Hamster	60 × 60 Zinkblech 0,7 mm; Drahtgitterwände, 1 cm Maschenweite fur 10–15 wachsende oder 6–8 erwachsene Tiere	25–30	25 × 25 Glasstutzen, 3 cm über Boden Zinkdrahtsieb, 1 cm Maschenweite	20
Maus	20 × 60 Zinkblech 0,6 mm; Keine Drahtböden! Hobelspäne als Streu. Für 30 wachsende oder 10–12 erwachsene Tiere	20	9–15 ⌀ Glasstutzen, Deckel bleibeschwert, Bodensiebe 0,6 cm Maschenweite	21
Meerschweinchen	90 × 60 Zinkblech; fester Boden mit Hobelspänen für 10–12 Tiere	30	45 × 30 Drahtgitterkafig für 1–2 Tiere. Erhöhter Drahtboden	30
Kaninchen	150–180 × 90 Holz. Drahtgitterwand mit 1 cm Maschenweite	60	55 × 50 Drahtgitterkäfig 1 cm Maschenweite	40
Goldhamster	Metall- oder Glas-Aquarien mit Sandboden. Männchen und Weibchen trennen. Hamsterkolonien in besonderem Raum halten, sorgfältig frei von Ungeziefer		30 × 30	15
Katzen	100 × 100 Drahtglaskäfig. Drahtboden mit ausziehbarer Kotpfanne	200	50 × 60	40
Hunde, klein bis mittelgroß	120 × 200 Gitterkafig	220	90 × 65 100 × 75 je nach Größe	65 80
Küken Hühner	32 × 53 für etwa 5 Tiere. 10 cm vom Boden Zinkdrahtrost	33	60 × 60 Zinkdraht mit ausziehbarem Kotblech	60
Kanarienvögel Reisfinken	16 × 20 Gitterkafig für je 1 Tier. Ausziehbares Kotblech	19	wie Normalkafig	
Affen	140 × 100 Gitterkäfig für 5 Affen; davor Schleuse aus Drahtgitter	270	80 × 60 Drahtgitterkafig mit auswechselbarem Holzrost	105

Im Sommer gelegentlich Zusatzheizung mit Wärmestrahler

β) *Sammelkäfige:* für Vorratstiere, zur Quarantäne, als Zuchtkäfige. Für Gruppen von Mäusen, Ratten, Meerschweinchen kann man saubere Kaninchenkäfige verwenden. Meerschweinchen und Kaninchen brauchen einen Auslauf; man hält sie daher in Betonwannen von 2–3 m² Fläche, die mit glasierten Platten ausgekleidet sein können. Katzen und Affen benötigen hohe weitraumige Gitterkäfige, denen ein Fanggitter vorgebaut ist, in der sich herausspringende Tiere wieder einfangen lassen. Hunde brauchen ebenfalls Auslauf, den man durch Zusammenfassen mehrerer Einzelboxen erhalten kann. Schwere Futterschale aus Steingut, die nicht umgeworfen werden kann.

γ) *Größere Reihen* von gleichartigen Käfigen faßt man als *Batterien* zusammen. Man stellt dann die Käfige in einfache Regale z. B. aus Leichtmetall (Dexion) oder auf gestrichene Bretter, die auf Konsolen an senkrechten Schienen an der Wand befestigt sind und in der Höhe leicht verstellbar sind. Vor diese mehrreihige Front von Käfigen kann man dann noch „Vorhänge" anbringen: das sind 1 m breite Schiebetüren, aus durchscheinendem Kunststoff in Metallrahmen, die an

für Tierkäfige [2]

Zuchtkafig für Weibchen mit Jungen: Boden cm × cm	Höhe cm	Temperatur bei 45—55% Luftfeuchtigkeit	Bemerkungen
60 × 20	25	24,5—29,5 °C	Futternapfe aus Zn-Blech zum Einhangen oder Raufen aus Draht in Loch im Deckel befestigt. Trinkkolbchen
15 × 40	15	24,5—29,5 °C	Drahthulse fur wurstförmiges Standardfutter. Trinkkolbchen
90 × 60 fur 5 tragende Sauen	30	18—21—(24°) vor Hitze und Kalte schutzen!	In Betonwannen
90 × 60 Dach gegen Regen. Inneres Trittbrett. Loch im Kafig. Nistkiste: 50 × 30	60 / 30	im Freien oder ungeheizten Raumen	Futterturm mit Querschlitz unten. Lecksalz aufhangen. Mannchen werden bei 32° Außentemperatur steril. Vgl. Abb. 75, S. 252
verdunkeln, viel Heu		20—22°	Fressen Holz an. Alte u. neue Tiere gleichen Geschlechts nur in bisher unbenutztem Kafig mischen
100 × 60 150 × 60	40 40	21—29°	
großer Zwinger mit Hundehutte		18—24°	Schalldichter Raum
pro Tier: 60 cm² Bodenflache 3 Wochen. 120 cm² v. 3.—6. Woche, 240 cm² v. 6.—8. Woche		Raum: 24—26° Kasten: 32° pro Woche um 3° senken auf 24°	Kukenraum mit Infrarotlampen einseitig erwarmen. Tier sucht Temperaturoptimum auf
importieren		18—24°	Glasfutternapfe von außen anhangen
immer importieren		alte Angabe: 26,5—32°, neue Angabe: 20—24°	

oder elektrischem Ofen erforderlich.

zwei Deckenschienen hängen, und bis zum Boden reichen. Sie lassen sich vor den Käfigen zu einer fast geschlossenen Wand zusammenschieben, hinter der ein gut ziehender Ventilator für genügenden Luftwechsel sorgt. Da der Luftstrom aus dem Labor über die Käfigwand zum Ventilator streicht, ist eine Geruchsbelästigung von den Käfigbatterien ausgeschlossen.

Man kann die Käfigbatterien auch auf einen leicht beweglichen Wagen montieren. Dies erspart Platz, weil der Wagen in einer Ecke abgestellt werden kann. Statt der Kotschubladen kann man ein größeres Kotblech für mehrere Käfige verwenden, das mit saugendem Papier belegt ist und so Urin und Exkremente festhält, die zusammen mit dem Papier leicht verbrannt werden können.

δ): Wird bei den *fahrbaren* oder *an die Wand montierten Käfigbatterien* das gemeinsame Kotblech mit Wasser berieselt, und wird das Kotblech durch eine einfache Kippvorrichtung alle 5—10 Min. entleert, so hat man eine Batterie von Käfigen mit automatischer Wartung. Solche Aggregate sind zwar teuer, sparen aber Arbeitszeit des Tierpflegers.

2. Pflege und Futter

a) Pflege. In Einzelkäfigen mit geschlossenem Boden (Gläsern, Emailletöpfen, Kotschubladen) muß unter dem Siebboden noch eine Streu sein. Torfstreu hat sich bei Mäusen wenig bewährt, da Torfstaub in Atemwege eindringt, wenn Tiere wühlen. Am besten bewährten sich Hobelspäne (nicht Sägespäne) in dünnen Lamellen mit guter Saugfähigkeit.

Man darf aber *keine* Hobelspäne von Holz verwenden, das mit *Holzschutzmitteln* gegen Fäulnis imprägniert ist, da diese sehr giftig sind! Verschmutzte Hobelspäne können leicht verbrannt werden. Auch in unseren einfachen Kaninchenkäfigen verwenden wir meist Hobelspäne, gelegentlich aber auch Torf als Streu. Für Affen und Katzen eignen sich Kotpfannen in Schubladenform, 1 cm hoch mit Flußsand bestreut.

Bellende Hunde im Tierstall sind eine große Belästigung für die ganze Umgebung. Die operative Verhinderung des Bellens wird in Deutschland abgelehnt. Nur durch schalldichte Wände, Doppelfenster und Ausschaltung äußerer Reize (undurchsichtige Fenster) kann man das Bellen der Tiere einschränken. Umpflanzen der Hunderäume mit dichtem Strauchwerk dient als Schallfänger.

Kotbleche sind täglich zu entleeren und zu reinigen; verschmutzte Streu 2mal in der Woche, Trinkwasser täglich wechseln; Zuteilung von Futter je nach Tierart. Alle 8—14 Tage müssen die Tiere in saubere sterile Käfige umgesetzt werden. Die Käfige werden mit heißem Wasserstrahl von Schmutz gereinigt und durch Hitze oder Formaldehyddämpfe sterilisiert. Bei Versuchen mit Infektionen, die auf den Menschen übertragbar sind, ist es zum Schutz des Pflegepersonals notwendig, Kotbleche und Käfige vor dem Reinigen zu sterilisieren!

Die Sammlung von Urin ist nur bei Einzelkäfigen sinnvoll; bei Ratten kann man eine Blasenfistel anlegen und den Harn über einen dünnen Polyäthylenschlauch in ein Sammelgefäß entleeren. In anderen Fällen genügt es, ebenso wie bei Meerschweinchen und Kaninchen, die Tiere auf einen Siebboden zu setzen über einen Glastrichter mit silikonierter Oberfläche, so daß der Harn in das Sammelgefäß abläuft. Eingetrockneten Harn kann man durch Nachspülen mit destilliertem Wasser für die Analyse retten. Bei größeren Tieren wird die Harnsammlung einfach: man hält sie in einem Käfig mit Siebboden, unter dem Glas- oder lackierter Metalltrichter angebracht sind. Grobe Schmutzteilchen dürfen nicht in den Harn fallen, sie werden durch einen Stopfen aus Glaswolle im Trichter zurückgehalten. Das Harnsammelgefäß muß oft entleert werden.

Die Sammlung von Kot gelingt nur bei kleinen Nagetieren mit geformtem Kot in einfacher Weise. Bei Hunden muß für Abgrenzung von Fütterungsperioden der Kot gefärbt werden, z. B. mit Tierkohle oder bunten Gummistückchen.

b) Futter. *Küchenabfälle* sollte man *nicht* verfüttern, weil sie inkonstant zusammengesetzt sind, oft stark gewürzt; die breiige Nahrung, die sich rasch zersetzt, namentlich über Nacht, bekommt den Tieren nicht.

Zusammensetzung, Geruch, Geschmack, Form und Härte des Futters müssen jeder Tierart besonders angemessen sein. Man unterscheidet: α) Standardfutter, β) Frischfutter, γ) Dauerfutter, δ) Zuchtfutter, ε) Spezialfutter.

α) *Standardfutter:*

Es wird empfohlen, soweit als möglich Standardfutter zu benutzen, das gleichmäßig zusammengesetzt, haltbar ist, den Futterbedarf optimal deckt und dadurch die Reaktionsweise der Tiere einheitlich gestaltet.

Standardfutter kann fertig bezogen oder selbst hergestellt werden. Fertige Standardfutter für Laboratoriumstiere mit Analysenzahlen:

Standardfutter des Zentralinstituts für Tierzucht (vgl. S. 236); *Spezialfutterwerke:* Altromin GmbH (491) Lage, Postf. 285; Latz KG (535) Euskirchen, Versuchstier- und Laborbedarf Krämer & Co (5) Köln, Oberländerufer 118 und „Purina" von *Ralston Purina Company, St. Louis 2, Missouri.* Von diesem Standardfutter werden gewöhnlich mehrere Typen hergestellt, da Pflanzenfresser,

Hunde, Geflügel und Jungtiere besonderes Futter benötigen. Die Fabriken für Spezialfutter stellen auf Anfrage auch Sondermischungen von Preß- oder Backfutter her.

Standardfutter wird in Bröckchen (Pellets) von 4 Größen und sonstigen Formen geliefert.

Das Futter ist trocken und in verschlossenen Blechbüchsen gut haltbar. Man bringt es in hängende Futterraufen, die am Boden vergitterten Auslaß haben, so daß nur aufgerichtete Tiere das Futter erreichen und es daher nicht besudeln können. Das Zurückwägen unverbrauchten Futters wird dadurch erleichtert; die erhöhten Kosten bei der Herstellung des geformten Futters werden wieder aufgewogen, da das Tier kein Futter verstreuen kann.

Standardfutter	Prot.	Fett	Rohfaser	Asche	Ca	
Typ R (Ratten)	26,8	5,6	4,4	7,3	1,4	Angaben amerikanischer Herkunft
K (Kaninchen)	15,0	2,5	16,2	8,0	1,1	
H (Hunde)	23,8	5,5	4,2	10,4	2,2	
G (Geflügel)	20,7	3,7	4,2	6,8	1,4	
Latz	29,8	4,8	2,8	4,6		Angaben der Hersteller
Altromin R (Ratten)	19,2	4,0	5,3	6,5	1,4	
K (Kaninchen)	18,2	4,9	13,9	7,5	1,2	

Typ R: für Mäuse, Ratten, Katzen, Affen, Goldhamster und Hunde.

Typ K: für Kaninchen, Meerschweinchen, andere Pflanzenfresser.

Typ H: für Hunde, Welpen.

Typ G: für Geflügel; für Eintagsküken und junge Küken gibt es besondere Standardfutter.

Man kann nach *Lembeck* [*11*] Standardfutter selbst herstellen aus 30% Weizen- oder Haferschrot, 35% Futtermehl (Weizenmehl), 5% Trockenhefe, 7,5% Fischmehl, 7,5% Fleischmehl, 10% Magermilchpulver, 2% Lebertran DAB. 6, 1% Weizenkeimöl, 2% Salzmischung. Das trocken gut gemischte Futter wird mit Wasser angeteigt, durch den Fleischwolf gedreht und der wurstförmig austretende Teig in passende Stücke geschnitten und bei 70 °C getrocknet. Ein kerzenförmiges Stück Futter kann in einer Drahtspirale am Käfigrand aufgehängt werden. Die Formung des Standardfutters hat entschiedene Vorteile gegenüber dem bisher üblichen Standardfutter aus Körnermischungen.

Der Bedarf an Mineralstoffen wird durch die unveränderten natürlichen Nahrungsmittel gedeckt. Salzgemische im Futter sind daher nur notwendig, wenn die natürlichen Nahrungsmittel ihre Mineralstoffe teilweise verloren haben, z. B. bei Extraktion usw. Wesentlich ist, daß dem Versuchstier alle lebensnotwendigen Mineralstoffe angeboten werden. Verwendet man überwiegend natürliche Futtermittel, wie Getreidekörner, Heu, Gemüse, Fleisch, so genügen deren Salze meist vollständig. Zusatz von wenig NaCl ist empfehlenswert, weil salziger Geschmack den Tieren zusagt. Hunde und Küken brauchen Zulage an Calcium, am besten Knochenmehl.

Mineralsalzgemisch „Bayer" für Kaninchen, Hühner, Hunde enthält: Ca, Phosphat, Mg, Spurenelemente.

Die Salzgemische der Literatur sind für den Sonderfall entwickelt worden, daß das Futter überwiegend aus mineralfreien Nährstoffen (wie Aminosäuren, Kristallzucker, extrahiertem Casein, Stärke) zusammengesetzt ist, wie man sie zur Erzeugung von Mangelkrankheiten benötigt.

Vitaminzulagen benötigt man nur dann, wenn überwiegend reine Nährstoffe für die Futtermischung verwendet worden sind.

Zwei Ausnahmen sind wichtig: Meerschweinchen beanspruchen pro Tier und Tag 2—5 mg Ascorbinsäure, Affen 20 mg. Ascorbinsäurelösungen täglich frisch herstellen und mit der Pipette geben. Außerdem brauchen alle Zucht- und Versuchstiere fettlösliche Vitamine, am besten Lebertran. Diese Zusätze werden den Standardfuttern zugemischt.

β) *Frischfutter* ist als Beifutter vielfach zweckmäßig: Frisches Gras für Kaninchen, Ziegen, Schafe, frisches Obst (Bananen, Orangen, Tomaten) fur Affen, frische Magermilch für säugende Tiere, frisches Fleisch und Fisch, roh und gekocht, für Katzen und Hunde.

Frisches Futter muß in bestem Zustand sein; welke Gemuse, Faulstellen im Obst müssen sorgfaltig herausgelesen werden.

γ) *Dauerfutter* dient als haltbarer Vorrat und als Kraftfutter. Als Dauerfutter eignen sich: ganze Körner von Weizen, Hafer, Mais, Reis, Sojaschrot; Trockenhefe in Büchsen, Heu, Rüben in der Miete. Dauerfutter bezieht man preiswert von landwirtschaftlichen Genossenschaften.

δ) *Zuchtfutter:* Bei Ratten, Mäusen, Kaninchen, Meerschweinchen ist es zweckmäßig, bei der Zucht ein proteinreiches Futter vorzusehen, für die tragenden und säugenden Weibchen außerdem noch Zulagen an Vitaminen, Calcium, Eisen, Phosphat-Verbindungen.

ε) *Spezialfutter* sind notwendig z. B. fur operierte Tiere, für Tiere mit experimentell gestörtem Stoffwechsel. Richtlinien für optimales Futter bei diesen Sonderfällen ergeben sich aus der pathologischen Physiologie der betreffenden Erkrankungen. (*Spezialfuttermischungen* s. S. 272ff. und S. 298ff.)

Spezialfutter für selten verwendete Versuchstiere wie Frettchen, Affen, Schildkröten, Schlangen und Wassertiere sind in Stichworten in der Beschreibung der Tiere in Abschn. B eingefugt.

c) Fütterung. Bei vielen Tierarten ist es zweckmaßig Standardfutter mit Frisch- oder Spezialfutter zu kombinieren, wie im Abschn. B angegeben.

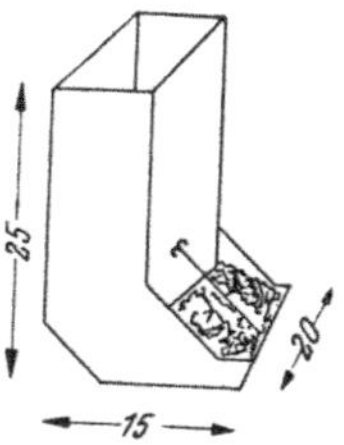

Abb. 75. Futterturm für Kaninchenkäfige. Das geformte Standardfutter, das im Turm vor Verwüstung geschutzt ist, rutscht nach, sobald der flach liegende untere Futtertrog leer gefressen ist. Maße in cm

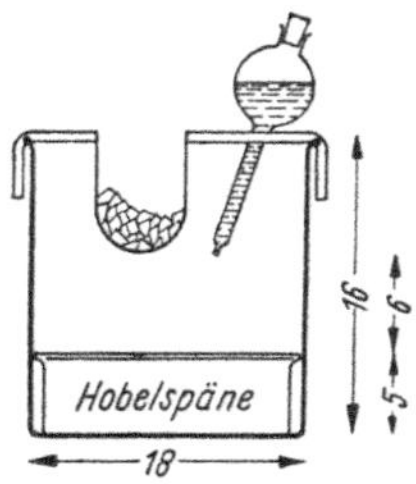

Abb. 76. Rattenkessel aus Emaille mit Bodensieb (darunter Hobelspäne) und Siebdeckel, in den hängende Futterraufe eingearbeitet ist. Trinkkölbchen aus Glas. Maße in cm

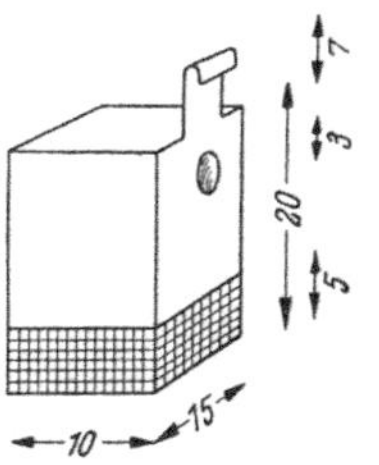

Abb. 77. Hangender Futterbehalter, oben aus Blech, unten aus Maschendraht, so daß die Ratten und Mäuse von unten her am Futter nagen können, ohne es zu verstreuen. Runde Einfüllöffnung oben an Kafigwand anliegend. Maße in cm

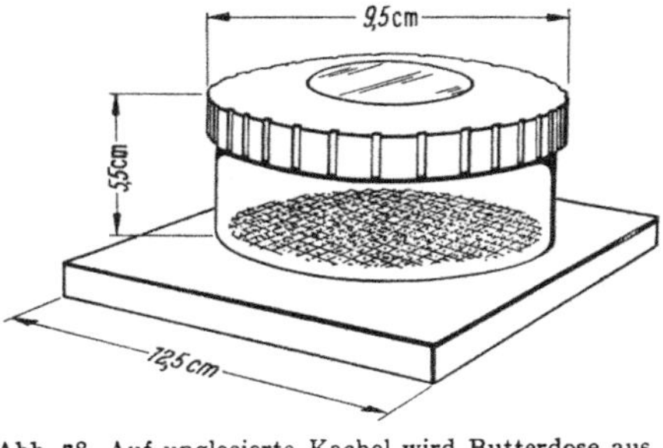

Abb. 78. Auf unglasierte Kachel wird Butterdose aus Kunststoff aufgeklebt. In Schraubdeckel ist 4,5 cm weites Loch geschnitten. Über Futter liegt Maschendraht 6 mm Weite

α) *Futterbehälter* sind bei Sammelkäfigen so groß zu wählen, daß ihr Vorrat für mehrere Tage reicht. Es darf aber immer nur wenig Futter offen liegen, damit die Tiere den Futtervorrat nicht besudeln und verstreuen können. Geeignete Futterbehalter zeigen Abb. 75 und 77.

Häufig benötigt man Futternäpfe, aus denen das nicht verbrauchte Futter zurückgewogen werden kann. Ein geeignetes Modell zeigt Abb. 78.

β) Als *Trinkgefäße* dienen bei Kleintieren flache Glasflaschen mit Gummistopfen und eingesetztem Glasröhrchen mit Mundstück. Durchsichtige Glasgeräte können auf Sauberkeit kontrolliert werden. Flache Fläschchen aus Kunststoffen sind raumsparend, bruchsicher, aber oft undurchsichtig; besser sind durchsichtige Makrolonflaschchen für Tierversuche[1].

γ) Zu *trinken* gibt man in der Regel frisches Leitungswasser, taglich zu erneuern. Katzen sowie säugende Kaninchen, Hunde erhalten frische oder vollsaure Milch in einer flachen Schale angeboten, die nicht umgeworfen werden kann. Angesäuerte Milch sollte nicht verwendet werden. Futternäpfe aus Zinkblech werden durch saure Milch angegriffen. Futternäpfe aus Kunststoff sind zu leicht, werden zuweilen angenagt.

D. Daten für die Entwicklungskontrolle von Versuchstieren

Richtzahlen für normale Entwicklung von Versuchstieren

Fur Ratten und Mäuse geben die nachstehenden Diagramme die Beziehung zwischen Lebensalter und Körpergewicht. Für Meerschweinchen, Kaninchen, Katzen und Hunde kann man ein ähnliches Diagramm weniger verwerten, da Wachstum und Entwicklung bei den Tierrassen zu sehr verschieden sind.

Einen besseren Maßstab für die Gesundheit als das Körpergewicht gibt das Blutbild der Tiere bei mehrfacher Untersuchung sowie einige Stoffwechselgrößen wie Körpertemperatur, Pulszahl, Atemzüge, Harn, Eintritt der Geschlechtsreife, Entwicklung der Zahne usw. In der nachstehenden Tab. 2 sind einige dieser Größen aufgeführt.

Tabelle 2. **Normalzahlen für gesunde Tiere** [*14, 15, 35, 36, 39*]

Tier	Atemzuge je Min.	Pulszahl je Min.	Rectale Körper-temp. °C	Hb g/v	Ery-thr. Mill. /mm³	Leucoc. in Tau-send /mm³	Anteil Segm. %	Bem.
Hund, jung	20–22	110–120	37,5–39	13,2	7,2	10	78	
Hund, alt	14–16	große 60–80	37,5–39	13,2	7,2	10	78	
		kleine 80–120	37,5–39					
Katze	20–30	junge 130–140	38–39,5	12,2	7,4	9	68	
		alte 100–120	38–39,5					
Kaninchen	50–60	120–150	38,5–39,5	7,1	5,3	8	50	
Meerschw.	100–150		37,8–39,5	11,1	5,3	15	38	
Ratte	100–150	450–550		14,7	9,3	15	16	60 g schwer
Maus		520–780		12,9	9,7	7	46	
Igel				12,9	11,6	6	25	
Rhesusaffe	15–30	60–70	37,5–38,5	9,4	6,3	7	36	
Haushuhn	15–30	180–440 Mittel 312	40,5–43 Mittel 40,8	10,2	3,1	25	30	
Taube	50–70	140–400 Mittel 244	41–44,1 Mittel 40,8	13,0	4,1	10–31	41	
Frosch				7,3	0,38	3–20	26	

Die Pulszahl (bei hohen Frequenzen elektrokardiographisch geschrieben) ist bei Erregung, heißem Raum, Muskelbewegung, Schwangerschaft höher. Die Körpertemperatur ist morgens niedriger als abends, 2 Stunden nach der Nahrungsaufnahme noch erhöht. Atemzüge stehen in Relation zur Pulszahl.

[1] Zu beziehen durch PAG Presswerk AG (43) Essen-Bergeborbeck, Lüschershofstr. 80a.

Tabelle 3. **Richtzahlen**

Die Tabelle gibt Richtzahlen für die Zucht im Laboratorium. Kolonne 1 zeigt den spätesten Weibchen, wenn sie sich zum erstenmal decken sollen. Kolonne 3 zeigt, wie viele Weibchen Klammern die Extremzahlen, zwischen den Klammern die Normalzahlen an Jungen, die Zeit sind Tiere meist steril.

Tierart	1 Geschlechts-reif n. Tagen	2 Zuchtreif nach Tagen	3 Zuchtein-heit M. W.	4 Cyclusdauer Tage	5 Brunst-dauer Tage
Ratte	w. 46–63 (60–80 g)	w. 100–140 (150–200 g)	1 5	4–5(–7)	2–5
Maus	w. 35–42 (12–15 g)	w. 60–70 (18–20 g)	1 9	3–4	3
Meerschweinchen	m. 60 w. 35–40 zuchtfahig: m. 2 Jahre w. 1 Jahr	w. (90)–120–180	1 5	18 nicht konst.	
Kaninchen	Wild: 240–300 Haus: 90–120	m. 180–210 w. 150–180-(300) Riesen: 270–360	1 2 Häsin zum Bock führen	Ovulation beim Bespringen	Immer befruchtungsbereit, am besten Frühjahr u. Sommer
Goldhamster	w. 70–105 zuchtfähig bis 9. Monat, leben 2 Jahre	w. uber 105	2 4–5 oder 1 + 1 sterile W. n. Östrogen-Injektion fruchtbar	10–12	4–5
Katze	150–180 (300)	360 deckbar 4–5 Jahre	1 15–20	2–3mal pro Jahr; Ovulation spontan?	3–15
Hund	(180)–210–270–(360)	m. 720 w. 540		m. fortlaufend Spermatogenese w. 2× im Jahr Febr. Marz Aug./Sept.	10 Tage lg. 11.–13. Tg. n. Vaginalblutung Konzeptionsoptimum

Für manche Hormonuntersuchungen ist die Trag- und Brutzeit in Tagen von folgenden Rind 280; Mensch 285; Esel 360; Schaf 150; Ziege 152; Hennen (19)–21; (24)–28; Gans

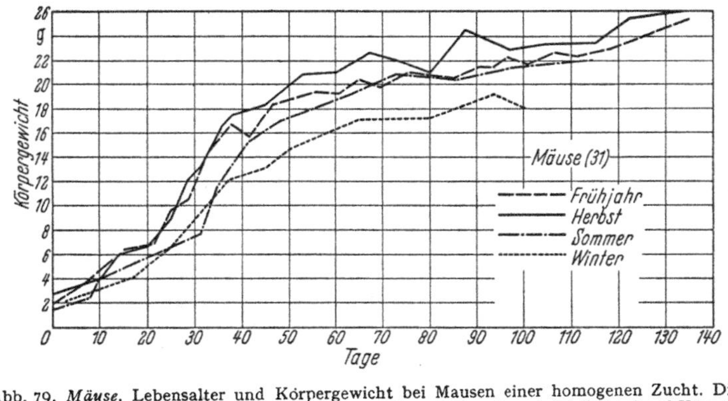

Abb. 79. *Mäuse*. Lebensalter und Körpergewicht bei Mausen einer homogenen Zucht. Die Kurven geben Mittelwerte für je 3 Wurfe junger Mäuse (Männchen + Weibchen) auf Körner-Standardfutter, die mit Zulagen an Milch und Frischgemüse aufgezogen worden sind. Maximalstreuung ± 10%, in der warmen Jahreszeit häufiger nach oben, in der kalten häufiger nach unten

bei Fortpflanzung [*2, 3a*]

Zeitpunkt zur Trennung der Geschlechter. Kolonne 2 zeigt das Alter von Männchen und bei einer guten Zucht von einem Männchen gedeckt werden können. Kolonne 7 zeigt in man bei Zucht zuläßt, Kolonne 10 ist die Saugezeit, wichtig für Fütterung. Während dieser

6 Tragzeit Tage	7 Junge/Wurf	8 Würfe/Jahr	9 Augen offen nach Tagen	10 Laktationsperiode in Tagen
21	(1)–6–8–(17)	3–4 w. zuchtfähig $1^1/_2$ Jahre	10–12	21–28 1 Weibchen für 6–8 Junge
20–(22–24)	(2)–6–7–(12)	w. zuchtfähig $^1/_2$ Jahr	7–10	28 vom 10. Tag an Zusatz
66–70	(1)–2–(6)	3–4 mit zus. 10 bis 12 Jungen	bei alten Sauen mit offenen Augen geboren	21. Nach 1–2 Tagen. feste Nahrung zugeben. Amme für unterernährte Tiere. Tiere mit 170 g absetzen
28–33–(35) je schwerer Rasse und je weniger Junge, um so länger	(1)–7–8–(18)	4–5	10	42–56. Amme nimmt Junge unter 3 Tagen Alter. Nach 3–4 Wochen zufüttern
16	3–4 später: 7–(14)	4–5	11 mit 9 g; nackt geb. 2 g; Haare n. 5 Tagen	15–21
(56)–60	4–6–(10)		10	(28)–35–42
(58)–59–65	(2)–4–10–(12) vollständiges Fell		10	42–56

Tieren wichtig: Schimpanse und Orang 280; Rhesusaffe 160–174; Schwein 115; Pferd 333; 26–(33); Ente 28–(32); Taube 17–19; Kanarienvogel 12–14: Frosch bei 20°–21–28.

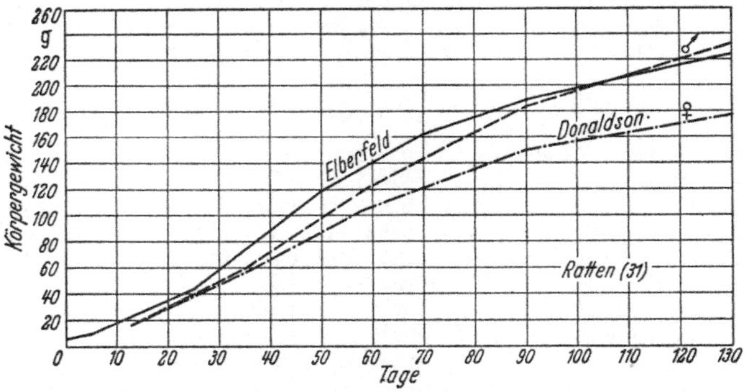

Abb. 80. *Ratten*. Lebensalter und Körpergewicht bei Ratten einer homogenen Zucht. Die kontinuierlich gezeichnete Kurve gibt den Mittelwert aus der Beobachtung von je 3 Würfen junger Ratten (Männchen + Weibchen) – aufgewachsen während der vier verschiedenen Jahreszeiten – gehalten auf Standard-Körnerfutter mit Milch- und Salatzulage. Die Wachstumskurve streut für die einzelnen Jahreszeiten um maximal ± 12% des Körpergewichtes, wobei die Tiere während der warmen Jahreszeit häufiger nach oben, während der Wintermonate nach unten streuen. Zum Vergleich die Wachstumskurven aus *Donaldson* [*3a*] für Männchen und Weibchen, die bei den Männchen um 10% nierdiger liegt als die Kurve von *Pittenger* [Amer. J. Pharmacy **100**, 63 (1928)]

Meerschweinchen nehmen taglich im Mittel 7 g zu, wiegen am 10. Lebenstag 100 g und am 56. Lebenstag 440 g [*28*].

Bei Kaninchen sind die Rassenunterschiede im Wachstum groß.

Katzen nehmen im Monat 500 g zu. Die Milchzahne erscheinen vom 8. Tage an, Milchgebiß ist nach 8 Wochen vollstandig, Zahnwechsel im 4.—6. Monat, bleibendes Gebiß nach 7—9 Monaten. Zahnformel $\frac{314}{313}$, Tier nach 12—18 Monaten ausgewachsen, bei gesunden Tieren Harn klargelb.

Das Alter von Hunden wird ebenfalls nach Zähnen beurteilt: Nach 3—4 Wochen erscheinen Milchhakenzahne, bis 5. Woche Milchschneidezähne. Von bleibenden Zähnen erscheinen mit 3—4 Monaten die Zangen- und Mittelzähne, mit 3—5 Monaten die Eckzähne und mit 4—6 Monaten die Hakenzähne. Die Molaren werden nicht gewechselt, erscheinen vom 4.—7. Monat, dann Gebiß vollständig. Große Hunde wechseln Zahne fruher als kleine, kurzköpfige Rassen haben oben nur 4, unten 5 Backzähne. Zur Schatzung spateren Alters dient die Abnutzung der Schneidezähne. Mit 7 Jahren wird ihre Reibflache oval, mit 8 Jahren sind die Hakenzähne abgenutzt, im 10. Jahr ist die Reibfläche der Schneidezähne nach vorn abfallend, mit 12 Jahren fallen die Zangen im Ober- und Unterkiefer aus.

E. Tierkrankheiten

In den folgenden Abschnitten werden die Krankheiten von Versuchstieren kurz besprochen, um das Erkennen der Krankheiten zu erleichtern und um Vorschläge für Abhilfe oder für Verhütungsmaßnahmen zu geben. Manche Erreger von Tierkrankheiten sind auch für den Menschen pathogen und bilden eine Gefahr für alle Personen, die mit den Versuchstieren zu tun haben, s. auch Bundesseuchengesetz [*38*]. Bestimmte seuchenhafte Tierkrankheiten müssen nach gesetzlichen Bestimmungen [*37, 37a*] der örtlichen Ordnungsbehörde sofort angezeigt werden. Auch der Verdacht auf bestimmte Krankheiten ist meldepflichtig. Für Einzelheiten sei auf die angegebene Literatur verwiesen. Bei gehäuften Spontanerkrankungen soll grundsatzlich ein Tierarzt zugezogen werden.

Kranke Tiere kann man im allgemeinen daran erkennen, daß ihr Appetit vermindert ist, Haar- bzw. Federkleid stumpf und struppig werden und die Bewegungen eingeschränkt sind. Die Aufmerksamkeit und die Reaktion auf außere Reize sind herabgesetzt. Oft ist die Körpertemperatur erhöht, manchmal auch erniedrigt. Junge Tiere hören auf zu wachsen. Das Körpergewicht nimmt ab.

1. Mäuse

Salmonellosen, Paratyphus. — Erreger: Salm. typhimurium, Salm. enteritidis. — Plötzliche Todesfalle, Bindehautentzündung, Durchfall oder Kümmern, struppiges Fell, Abmagerung. — Darmentzündung, Milzschwellung, manchmal grau-weiße Herdveränderungen in Leber oder Milz. Latente Infektionen ohne jegliche Erscheinungen sind nicht selten. Sie können durch ungunstige Haltungsbedingungen aktiviert werden. — Salmonellen sind z.T. menschenpathogen. — Entfernung und bakteriologische Untersuchung aller verendeten und kranken Tiere; Desinfektion der Käfige und Futtergefäße; Verwendung von nicht infiziertem Standardfutter; Fernhaltung wilder Mäuse und Ratten; spezielle therapeutische Maßnahmen wenig wirksam.

Pasteurellose, Hämorrhagische Septikämie. — Erreger: Pasteurella multocida. Besonders nach Erkältungen, Transporten usw. — Meist akuter Verlauf, Tod innerhalb 24 Stunden. Gesträubtes Fell, Bindehautentzündung, Atembeschwerden, Durchfall. Hohe Sterblichkeit. — Tötung und unschädliche Beseitigung der kranken und ansteckungsverdächtigen Tiere, Desinfektion, hygienische Haltung.

Mäuseseptikämie. — Erreger: Erysipelothrix insidiosa. — Appetitlosigkeit, Tiere sitzen mit gekrümmtem Rücken und gesträubtem Fell an einer Stelle; Bindehautentzündung; Verstopfung; Tod nach 2—4 Tagen. — Menschenpathogen. — Bei Wundinfektionen Rotlauf. — Behandlung mit Penicillin und anderen Antibiotica möglich, sonst Tötung und unschädliche Beseitigung der kranken und verdächtigen Tiere, Desinfektion.

Ektromelie, Mäusepocken. — Erreger: Virus. Als latente Infektion in vielen Zuchten verbreitet, Krankheit oft durch Haltungsfehler oder sonstige Belastungen ausgelöst, bei Jungtieren hohe Sterblichkeit. — Bei akutem Verlauf: Keine spezifischen Symptome, Appetitlosigkeit, Tod. — Bei chronischem Verlauf: Schwellungen an Gliedmaßenenden, Ohren, Nase, Schwanz, Krustenbildung, Absterben der Gliedmaßen, Ohren usw. — Herdveränderungen in Milz und Leber. — Tötung des Bestandes, Desinfektion, Ankauf nur aus bekannten Zuchten, Fernhalten von Wildmäusen.

Choriomeningitis. — Erreger: Virus. Vor allem erkranken Jungtiere. — Verlangsamtes Wachstum, struppiges Fell, Abmagerung, Konjunktivitis, Durchfall, als latente Infektion weit verbreitet. — Menschenpathogen. — Bekämpfung s. Ektromelie.

Mäusepoliomyelitis. — Erreger: Verschiedene Viren. — Störung des Allgemeinbefindens, Lähmungen, Krämpfe, häufig auch latente Infektionen. Bekämpfung s. Ektromelie.

Darmentzündungen durch Infektionen mit Viren, Proteus, E. coli. — Rhinitiden, Bronchopneumonien, Pneumonien durch Infektionen mit Viren, Haemophilus, Alcaligenes, Streptokokken, Klebsiella. — Bekämpfung: Absonderung der kranken Tiere, hygienische Haltung.

Verschiedene Arten von Tumoren.

Parasiten. — Befall mit verschiedenen *Band-* und *Rundwürmern.* — Bei starkem Befall: Durchfall, Abmagerung, Tod. — Häufige Erneuerung der Einstreu oder Haltung auf Drahtrosten, Fütterung aus Drahtraufen, häufige Sterilisation der Käfige.

Läuse, Flöhe (Übertragung von Fleckfieber und Pest auf den Menschen) und *Milben.* — Beunruhigung, Rückgang im Ernährungszustand, Hautentzündungen, Resistenzschwächung. — Wiederholtes Einpudern mit Kontaktinsektiziden, dreimaliges Baden im Abstand von 11 Tagen in handwarmer 0,5%iger Alodan-Waschmittellösung, häufige Sterilisation der Käfige. — *Lit.* [*2, 6, 7, 8, 8a, 14, 17, 18, 19, 20, 42*].

2. Ratten

Salmonellose, Paratyphus: s. Krankheiten der Mäuse, eine der häufigsten Infektionskrankheiten bei Ratten, nicht selten latente Infektionen, Gefahr durch Dauerausscheider.

Pasteurellose, Mäuseseptikämie können bei Ratten vorkommen, s. Mäusekrankheiten.

Rhinitis contagiosa, Bronchopneumonie und *Pneumonie.* — Erreger: Infektionen mit Viren, Pasteurellen, Hämophilus, Alcaligenes, Klebsiellen, Streptokokken; Fehler in der Tierhaltung. — Schleimig-eitriger Nasenausfluß, Niesen, Bindehautentzündung, Atembeschwerden. Oft hohe Sterblichkeit, besonders bei erwachsenen Ratten. — Bekämpfung: Ausmerzung der erkrankten Tiere, hygienische Haltung, isolierte Nachzucht aus gesunden Stämmen.

Otitis media und *Labyrinthitis.* — Erreger: Nicht einheitlich, verschiedene Eitererreger, Infektion soll während oder nach Nasen-Rachenentzündung durch Eustachische Röhre aufsteigen, oft keine Bakterien nachzuweisen; Vitamin A-Mangel soll begünstigend wirken. — Schiefhalten des Kopfes, Manege- oder Rollbewegungen. — Bekämpfung: s. bei Rhinitis contagiosa.

Ratten können mit *Spirillum minus* (Erreger der Rattenbißkrankheit = Sodoku) oder *Leptospiren,* besonders Leptospira icterohaemorrhagiae (Erreger der

Weilschen Krankheit) latent infiziert sein und durch Biß oder Ausscheidungen Infektionen von Menschen verursachen.

Coccidiose. — Erreger: Eimeria-Arten. — Durchfall, Kachexie, besonders bei jungen Ratten.

Bandwürmer: s. Mäusekrankheiten. Wildratten Träger von Trichinella spiralis.

Läuse und *Flöhe:* Rattenflöhe übertragen Trypanosoma lewisi (weit verbreitet bei Ratten), Pasteurella pestis (Pesterreger) und die Finnen der Bandwürmer. Behandlung siehe Mäuse.

Räude. — Erreger: Notoedres alepis. — Juckreiz, Haarausfall, Krustenbildung, besonders an Nase, Ohren und Schwanz, zum Teil warzenähnliche Wucherungen der Haut. — Vollbad (Eintauchen) in warmem Wasser mit Zusatz von Kontaktinsektizid als Emulsion (Suspension). — *Lit.*: [*2, 5, 6, 7, 8, 8a, 14, 17, 18, 19, 20*].

3. Meerschweinchen

Salmonellose, Pasteurellose, Pseudotuberkulose, Streptokokkeninfektionen, Rhinitis contagiosa, Bronchopneumonien und Pneumonien verschiedener Genese können zu empfindlichen Verlusten in Meerschweinchenbeständen führen, siehe Mäuse- bzw. Kaninchenkrankheiten.

Tuberkulose. — Erreger: Mycobact. tuberculosis (humane und bovine-Stämme). Spontaninfektionen selten. Meerschweinchen bei experimenteller Infektion jedoch hochempfänglich. — Langsamer Verlauf, Abmagerung, Kachexie, Tod. — Je nach Infektionsweg tuberkulöse Herde in der Lunge oder in den Bauchorganen und den regionären Lymphknoten oder Generalisation. Für bestimmte Untersuchungen Meerschweinchen vor Übernahme in den Versuch einer intracutanen Tuberkulinprobe unterziehen.

Meerschweinchenlähmung. — Erreger: Virus. Inkubationszeit 9—23 Tage. — Abmagerung, nach wenigen Tagen Lähmungserscheinungen, besonders schlaffe Lähmung der Hinterhand, in seltenen Fällen Zittern und klonische Krämpfe. Tod nach 4—14 Tagen. — Menningo-myelo-encephalitis mit Veränderungen vor allem an den Meningen und im Lumbalmark, ferner Hals- und Brustmark und Gehirn. — Absonderung der kranken Tiere. Zugekaufte Tiere 4 Wochen in Quarantäne.

Meerschweinchenpest. — Erreger: Virus. — Krämpfe, Lähmungen oder Allgemeinstörungen ohne charakteristische Symptome, Tod nach 2—3 Tagen. — Hyperämie des Verdauungskanals, der Leber und der Milz.

Trichophytie, Glatzflechte. — Erreger: Trichophyton- oder Microsporonpilze. — An Nase, Augen, Ohren, Hals oder Beinen umschriebene kleine Flächen mit Haarausfall, leichter Rötung oder Bläschenbildung, Schuppen, später dicke borkenartige Krusten. — Manche Pilze menschenpathogen! — Erkrankte Tiere absondern, Behandlung mit 10%iger Salizylsalbe, verdünnter Jodtinktur oder Mycostatica wie Griseofulvin (Likuden) oder Jadit.

Darmprotozoen. — Erreger: Entamoeba cobaya, Eimeria caviae, Tritrichomonas caviae. — Gelegentlich Durchfälle und Verluste. — Wurmbefall ohne große Bedeutung.

Haarlinge: Bei starkem Befall Beunruhigung, Haarausfall, Ekzeme. — Kontaktinsektizide.

Räude: s. Kaninchenkrankheiten. — *Lit.*: [*2, 7, 8, 8a, 14, 17, 18, 19, 20, 21*].

4. Goldhamster

Schnupfen, Pneumonien wie bei anderen Nagern. — *Durchfälle* oft infolge Fütterungs- und Haltungsfehlern. — *Salmonellosen,* Pasteurellose, Pseudotuberkulose, Toxoplasmose, Befall mit Würmern, Lausen, Flöhen, Räudemilben, s. Krankheiten der anderen Nagetiere. — *Lit.*: [*2, 7, 8, 14, 17, 18*].

5. Kaninchen

Pasteurellose, Hämorrhagische Septikämie: Erreger: Past. multocida. Erkrankungen häufig nach Erkältungen, Transporten oder anderen Belastungen. —

Akuter Verlauf: Plötzliche Todesfälle oder Verlust nach 1—2tägigen Störungen des Allgemeinbefindens. Subakuter bis chronischer Verlauf: Schnupfen, Lidbindehautentzündung, Mattigkeit, Husten, Atemnot, Abmagerung, gelegentlich Abszeßbildung in der Unterhaut oder Krämpfe. — Blutungen in den Serosen und den Schleimhäuten, Herzbeutel-, Brustfell- und Bauchfellentzündung, Entzündung der Nasenschleimhaut, kruppöse Lungenentzündung. Keine Milzschwellung! — Behandlung mit Pasteurella-Immunserum, Streptomycin, Tetracyclinen; noch gesunde Tiere in infizierten Beständen absondern, mit Pasteurella-Immunserum impfen. Vorbeugung: Quarantäne für zugekaufte Tiere für 10 Tage, evtl. Schutzimpfungen mit Pasteurella-Vakzinen.

Schnupfen, Bronchopneumonien, Pneumonien anderer Ursachen s. Mäuse- und Rattenkrankheiten.

Pseudotuberkulose, Rodentiose, Nagertuberkulose: Erreger: Pasteurella pseudotuberculosis. — Manchmal akuter, meist jedoch langsamer Verlauf. — Symptome undeutlich, Nachlassen des Appetits, Trauern, Abmagerung, Kachexie. — Hirsekorn- bis haselnußgroße, weißgelbliche, zum Teil verkäste Nekroseherde in Milz, Leber, Lunge, Niere, Darmwand, Schwellung und Verkäsung der Lymphknoten. — Menschenpathogen! — Ausmerzung der kranken Tiere, Desinfektion, Vermeidung von Haltungsfehlern. Erreger empfindlich gegen Streptomycin, jedoch wird Krankheit meist erst erkannt, wenn bereits fortgeschrittene Veränderungen vorliegen; Behandlung bewirkt dann höchstens Lebensverlängerung.

Tuberkulose. — Erreger: Mycobact. tuberculosis. Spontane Tuberkulose sehr selten, Kaninchen empfänglich für bovine und aviäre Tuberkulosebakterien.

Tularämie, Hasenpest. — Erreger: Pasteurella tularensis. — Akuter, rasch zu Tode führender Verlauf oder chronischer Verlauf mit ähnlichen klinischen Symptomen und path.-anatomischen Veränderungen wie bei Pseudotuberkulose. Ansteckung durch Kontakt oder durch infizierte Stechfliegen, Mücken, Zecken, Läuse usw. — Menschenpathogen! — Tötung und unschädliche Beseitigung aller kranken und ansteckungsverdächtigen Tiere, Desinfektion.

Listeriose, infektiöse Mononucleose. — Erreger: Listeria monocytogenes. — Septikämische Form: Konjunktivitis, Rhinitis, Störungen des Allgemeinbefindens, bei tragenden Häsinnen Aborte. — Kleine grau-weiße Herdveränderungen in Leber, Milz, Niere, Lunge, Metritis, Vermehrung der Monocyten im Blut. — Zentralnervöse Form: Verdrehen des Kopfes, Kreisbewegungen, Lähmungen, Tod. — Eitrige Encephalomyelitis. — Menschenpathogen! — Absonderung der kranken Tiere, Behandlung mit Tetracyclinen möglich, Desinfektion.

Lähmungen der Hinterhand. — Nicht selten. Ursachen: Außer Infektionskrankheiten, Quetschungen oder Blutungen im Rückenmark nach Sprüngen oder Schlägen, genetische Faktoren.

Spirochätose, Kaninchensyphilis. — Erreger: Treponema cuniculi. — Geschlechtskrankheit. Eine Woche bis 2 Monate nach dem Begattungsakt linsengroße Knötchen an den Geschlechtsorganen, daraus entwickeln sich Geschwüre, Schwellung der Umgebung. Bei Generalisation: Knötchen und Geschwüre an Lippen, Augenlidern, gelegentlich Lähmungen. — Behandlung mit Neosalvarsan 0,01 g/kg Körpergewicht i. v. oder Solusalvarsan 0,2 ml/kg Körpergewicht i. m., evtl. Wiederholung nach 1 Woche; örtliche Behandlung mit leicht desinfizierenden Salben, kranke Tiere bis 3 Wochen nach der klinischen Heilung isolieren.

Myxomatose. — Erreger: Virus. — Katarrhalisch-eitrige Konjunktivitis, Rhinitis, Schwellung der Augenlider, der Lippen, der Nase und des Nasenrückens, des Ohrgrundes, der Umgebung der Afteröffnung und der äußeren Geschlechtsteile, Lungenentzündung, Kachexie, Tod innerhalb 2 Wochen. Hohe Sterblichkeit. Ansteckung durch Kontakt oder stechende Insekten. — Bei Seuchengefahr strenge Kontrolle der Bestände, Mücken- und Fliegenbekämpfung in den Ställen, Insektennetze vor den Öffnungen der Ställe bzw. Käfige anbringen. Bei Seuchenausbruch Tötung und unschädliche Beseitigung des Bestandes, Desinfektion mit 2%iger NaOH-Lösung.

Coccidiose. — Erreger: Eimeria-Arten. — Verlustreichste Krankheit bei Jungkaninchen. — Darmcoccidiose: Durchfall, Blähsucht, Abmagerung, Anämie, Krämpfe, Kachexie. — Lebercoccidiose: Vergrößerung der Leber mit gelb-weißen Eiterherden, evtl. Bauchwassersucht, kein Durchfall, oft jedoch zusammen mit Darmcoccidiose. Ansteckung durch Aufnahme infizierten Futters. — Verhütung der Neuansteckung durch häufige Erneuerung der Einstreu oder Haltung der Tiere auf Holz- oder Drahtrosten. Fütterung aus Raufen, häufige Desinfektion der Käfige, Futter- und Tränkeeinrichtungen (heiße Sodalösung, Dekaseptol, Eimeran). Behandlung mit Sulfonamiden wie Eleudron, Ganda, Sulfapyrazin oder mit Nitrofurazon.

Blähsucht. — Ursachen: Außer Coccidiose und Wurmbefall verdorbenes, besonders erhitztes Grünfutter, junger Klee oder schwerverdauliches Trockenfutter. — Anregung der Darmperistaltik, z. B. durch Esmodil, Einläufe mit Seifenwasser, orale Gaben von Istizin (0,3) oder Rizinusöl (3—5 ml).

Toxoplasmose. — Erreger: Toxoplasma gondii. — Struppiges Fell, Appetitlosigkeit, Apathie, Durchfall, Atemnot, Lähmungen, häufig latente Infektionen! — Vergrößerung von Milz und Leber mit knötchenartigen Herdveränderungen, Lungenentzündung, Exsudat in Brust- und Bauchhöhle, Darmentzündung, Pseudozysten und einzel liegende Parasiten im Gehirn mit und ohne entzündliche Gewebsreaktion. — Menschenpathogen! — Bekämpfung: s. Tularämie.

Wurmbefall. Lungenwürmer. — Niesen, Husten, Atembeschwerden, Schwäche. — *Magenwürmer, Peitschenwürmer, Pfriemenschwänze, Bandwürmer, Leberegel:* Verdauungsstörungen, Durchfall, Abmagerung, Blutarmut, Krämpfe. — Häufige Kotentfernung und Desinfektion, in manchen Fällen medikamentöse Behandlung möglich. — *Bandwurmfinnen:* z. B. Cysticercus pisiformis, Finne des Hundebandwurms. — Verdauungsstörungen, Blutarmut, Abmagerung. — Erbsengroße Bläschen meist im Netz oder Gekröse, streifenförmige Leberveränderungen durch Wanderung der Larven, Bauchfellentzündungen. — Verhütung: Keine Verfütterung von Futter, welches durch Hundekot verunreinigt ist.

Räude: Kopfräude. — Erreger: Notoedres cuniculi. — Schuppen- und borkenartige Krusten an Lippen, Nasenrücken, Ohrgrund, Umgebung der Augen, Abmagerung. — *Ohrräude:* Erreger: Psoroptes und Chorioptes cuniculi. — Zunächst Knoten und Bläschen, dann Krusten in den Falten der Innenohrmuschel und am Ohrgrund, starker Juckreiz, bei Durchbruch in das Mittelohr Schiefhalten des Kopfes, Rollbewegungen, Krämpfe. — Absonderung der kranken Tiere, Desinfektion. Behandlung: Entfernen der Borken nach Erweichen mit Ölen, Einsprühen bzw. Einpudern mit Kontaktinsektiziden.

Favus, Erbgrind. — Erreger: Achorionpilze. — Schüsselförmige oder flachkugelige gelbe Krusten vor allem am Kopf und an den Pfoten. — Behandlung: s. Trichophytie der Meerschweinchen.

Trichophytie: s. Meerschweinchenkrankheiten. — *Lit.*: [*2, 7, 8, 8a, 14, 15, 16, 17, 18, 19, 20, 21, 22*].

6. Katzen

Erbrechen, Durchfall, Verstopfung, Krämpfe, Ekzeme, Dermatitiden s. Hundekrankheiten.

Katzenseuche, ansteckende Magendarmentzündung, Panleukopenie. — Erreger: Virus. — Es können Katzen jeden Alters erkranken, besonders gefährdet sind Tiere unter 2 Jahren. — Inkubationszeit 2—6 Tage. — Fieber, Appetitlosigkeit, Apathie, häufiges Erbrechen, Durchfall, in manchen Fällen Husten, starke Verminderung der Leukocyten (unter 1000 pro cmm). Tod meist nach wenigen Tagen. Hohe Sterblichkeit. Oft Komplikationen durch Sekundärinfektionen mit Salmonellen, Pasteurellen, Streptokokken usw. — Dünndarm-, auch Magen- und Dickdarmentzündung, Schwellung der Gekröselymphknoten, Milzschwellung, hämorrhagische Erweichung des Knochenmarks. Nach Sekundärinfektionen Lungen-, Brustfell- und Bauchfellentzündung. — Symptomatische Behandlung: Wärme, Flüssigkeitersatz durch physiolog. NaCl-Lösung s. c., 10%ige Traubenzuckerlösung, 10 bis 20 ml s. c., Streptomycin, Chloramphenicol, Tetracycline, Sulfonamide gegen bakterielle Sekundärinfektionen. Vorbeugung durch Schutzimpfung mit Katzenseuche-Vaccine (Behringwerke, Marburg).

Katzenstaupe, Feline Distemper. — Erreger: Virus. — Niesen, Conjunctivitis, Fieber, Appetitlosigkeit, Rachenentzündung, Speichelfluß, Atembeschwerden, Husten, Bronchitis, Pneumonie, seltener auch Durchfall. — Applikation von Tetracyclin-Präparaten. Omnamycin, unspezifische Reiztherapie, Vitamin A-Gaben, Behandlung der Symptome. Schutzimpfstoffe gegen Katzenstaupe sind bisher nicht verfügbar.

Tollwut. — Erreger: Virus. — Ansteckung in der Regel durch Biß wutkranker Tiere. Inkubationszeit: 1 Woche bis mehrere Monate. — Katzen verkriechen sich an dunkle Stellen, miauen anhaltend, fauchen, springen Menschen und Tiere an, beißen und kratzen. Lähmung der Kehlkopf-, Kau- und Zungenmuskulatur, die Stimme wird heiser und eigentümlich schreiend, Speichelfluß, Lähmungen, besonders der Hinterhand. — Anzeigepflicht! Bei Verdacht sofort Anzeige an örtliche Ordnungsbehörde. Tiere einsperren, jede Berührung vermeiden, Heilversuche verboten! Veterinärbehördliche Maßnahmen. Wenn Menschen verletzt oder sonst in enge Berührung gekommen sind, sofort in ärztliche Behandlung (s. auch Hundekrankheiten).

Pseudowut, Aujeszkysche Krankheit. — Erreger: Virus. — Ansteckungsquelle hauptsächlich infizierte Ratten, Inkubationszeit 3—6 Tage. — Mattigkeit, Appetitlosigkeit, zunächst Belecken, später intensives Benagen oder Kratzen einer Körperstelle, so daß Abschürfungen und Wunden entstehen, Aufregungserscheinungen, jedoch keine Angriffslust, zunächst erhöhte, später herabgesetzte Reflexerregbarkeit, Muskelzuckungen, Speichelfluß, Schlucklähmung, Atembeschwerden, Tod. — Schmerzlose Tötung der Tiere, Desinfektion (2%ige Natronlauge).

Tuberkulose. — Erreger: Mycobact. tuberculosis (bovine und humane Stämme). — Wechselnder Appetit, Abmagerung, struppiges Fell, Abgeschlagenheit. Bei *Tb.* der Atemwege Niesen, Husten, Kurzatmigkeit, schleimig-eitriger Nasenausfluß, Erbrechen. *Bei Darm-Tb.* abwechselnd Verstopfung und Durchfall, Schmerzhaftigkeit des Bauches, Bauchwassersucht. Bei *Haut-Tb.* knotenartige Verdickungen der Haut, flache granulierende Geschwüre besonders an Kopf und Hals, Vergrößerung der zugehörigen Lymphknoten. — Lunge: Sarkomartige, produktive und exsudative Prozesse. Bauchhöhle: Knötchen und Geschwüre am Darm, Knötchen am Bauchfell, Herdveränderungen in Leber und Nieren, Vergrößerung der Lymphknoten, Ascites, häufig Generalisation. — Menschenpathogen! — Tötung der Tiere, Desinfektion (3%ige Formalin-Lösg. oder Hitze).

Pseudotuberkulose, Salmonellose, Pasteurellose, Streptokokkeninfektionen, Toxoplasmose können vorkommen. — Bekämpfung siehe S. 259 u. 260.

Haut- und *Haarpilzerkrankungen* s. Trichophytie und Favus der Kaninchen bzw. Meerschweinchen.

Coccidiose. — Erreger: Isospora- und Eimeriaarten. — Bei Jungtieren: Appetitlosigkeit, Durchfall, Erbrechen, Leib aufgetrieben, Abmagerung. Bei erwachsenen Tieren: Kümmern, schlechter Nährzustand. — Behandlung: s. Coccidiose der Kaninchen, außerdem evtl. symptomatische Behandlung.

Befall mit Spulwürmern und *Bandwürmern:* s. Hundekrankheiten; außerdem Lungenwürmer, Lungenhaarwürmer, Trichinen, Saugwürmer.

Kopfräude. — Erreger: Notoedres cati. — An den Ohren und im Nacken beginnend, auf den Kopf, die Pfoten, auch auf den ganzen Körper übergehend Knötchen, Bläschen, kleieartige Beläge, später dicke Borken. — Einreibung mit 0,05 bis 0,1%iger Lösung von γ-Hexachlorcyclohexan (γ-HCH) in Paraffinöl.

Ohrräude. — Erreger: Otodectes cynotis. — Kratzen, Schütteln des Kopfes, starke Absonderung von Ohrenschmalz, Entzündung der Haut im Gehörgang, Krustenbildung, bei Übergreifen auf das Mittelohr Schiefhalten des Kopfes, Gleichgewichtsstörungen, Krämpfe usw. — Reinigung des Gehörgangs mit Paraffinöl, Auswischen mit HCH-Lösung (0,1% γ-Gehalt) in Paraffinöl oder 10%igem Jodglycerin.

Befall mit *Flöhen.* — Erreger: Ctenocephalides felis. — Juckreiz, Beunruhigung, Abmagerung, Blutarmut, Dermatitis. Katzen- und Hundefloh sind Zwischenwirte des Bandwurms Dipylidium caninum. — Wiederholtes Einpudern der Tiere mit Kontaktinsektiziden, gleichzeitig Bekämpfung der Brut durch Sauberhaltung und häufige Desinfektion der Unterkunft, Besprühen oder Bestreuen mit Kontaktinsektiziden. — Bekämpfung der Läuse und Haarlinge wie bei Flöhen. — *Lit.*: [*2, 8, 8a, 15, 16, 17, 18, 19, 20, 21, 23, 24, 24a*].

7. Hunde

Erbrechen: Außer bei Infektions- und parasitären Krankheiten bei Fremdkörpern im Rachen, Schlund und Darm, bei Grasfressen, Magenüberladung, Vergiftungen, Nieren-, Gehirnerkrankungen. Erbrechen in manchen Fällen erwünscht (Magenüberladung, Vergiftungen), sonst Ursache abstellen. Antemetika z. B. Nautisanzäpfchen, Luminal-Natrium-Lösg. s. c.; 1—2 Tage hungern lassen, dann Diät wie Kamillentee, Fleischsuppe mit Haferschleim usw.

Durchfall: Bei Infektions- und parasitären Krankheiten; häufig auch nach Fütterungsfehlern. — Abstellen des schädlichen Futters; milde Abführmittel wie Ricinusöl 5—10 g, $MgSO_4$ 5—10 g in 5%iger Lösung, Carbo medicinalis täglich 3×0,2—2,0 g; evtl. Antibiotica; leicht verdauliche Diät wie Reis-, Haferschleimsuppe, Fleischbrühe, gehacktes Fleisch.

Verstopfung: Kann u. a. durch überwiegende Fütterung von Knochen, Hundekuchen, Brot entstehen. — Klistiere mit Seifenlösung, Ölen, manuelle oder instrumentelle Entfernung der Kotballen, Verabreichung von Istizin, Ricinusöl.

Krämpfe: Bei Infektions-, Gehirn-, Nierenkrankheiten, parasitären Krankheiten, Vergiftungen.

Ekzeme, Dermatitiden entstehen z. T. selbständig, durch Infektionen, Parasitenbefall, z. T. als Symptom innerer Erkrankungen, z. B. bei Leber- und Nierenerkrankungen, Hormonstörungen, Stoffwechselstörungen. Therapie von Fall zu Fall von Tierarzt zu entscheiden.

Nierenerkrankungen, Endometritiden, Myalgien, Tumoren nicht selten.

Staupe. — Erreger: Virus. — Empfänglich sind alle Hunde, Erkrankungen meist im Alter von 2—12 Monaten. — Perakut: Hohes Fieber, Tod nach 2—3 Tagen. — Akut: Fieber, kontinuierlich oder remittierend, Appetitlosigkeit, Apathie, Conjunctivitis, evtl. Keratitis, seröser, später eitriger Nasenausfluß, Husten, Rachenentzündung, Erbrechen, Durchfall, in vielen Fällen Exanthem (rote Fleckchen, Bläschen, kleine Borken) besonders an Innenflächen der Schenkel und Bauchwand, nervöse Erscheinungen, Gereiztheit, tonische und klonische Krämpfe einzelner Muskelgruppen an Kopf, Hals, Beinen oder der gesamten Körpermuskulatur, Lähmungen. Nicht selten Komplikationen durch Sekundärinfektionen, besonders wenn Tiere in schlechtem Haltungs- und Ernährungszustand. Verlauf oft tödlich. — Absonderung kranker Tiere, Desinfektion (3%ige Natronlauge), Injektion von Immunserum, unspezifische Reiztherapie, Antibiotica, symptomatische Behandlung. Vorbeugung: Schutzimpfung mit Staupevirus-Vaccinen, verschiedene Impfstoffe. z. T. kombiniert mit Hepatitis contagiosa-Virus- und Leptospiren-Vaccine (Behringwerke, Marburg).

Hepatitis contagiosa. — Erreger: Virus. — Es erkranken hauptsächlich Welpen und Junghunde. — Fieber, Apathie, starker Durst, Conjunctivitis, Schmerz bei Druck auf regio xiphoid, Durchfall, epileptiforme Krämpfe, Ataxien, Lähmungen, Tod manchmal in Stunden, meist nach 2—4 Tagen. — Für Mensch apathogen; potentielle Pathogenität möglich. — Injektionen von Immunseren, symptomatische Behandlung, Vorbeugung: Schutzimpfung s. auch bei Staupe.

Tollwut. — Erreger: Virus. — Ansteckung in der Regel durch Biß wutkranker Tiere. Inkubationszeit 1 Woche bis mehrere Monate, im Durchschnitt 2—8 Wochen. — Verkriechen an dunkle Stellen, Ungehorsam, Unruhe, Schnappen in die Luft, Schreckhaftigkeit, Schwierigkeiten beim Schlingen, Speichelfluß, später

Drang zum Entweichen, Angriffs- und Beißlust, Tobsuchtsanfälle, verstörter Gesichtsausdruck, heulendes heiseres Bellen, Lähmung der Kehlkopf-, Kau-, Augenmuskulatur, Lähmungen der Gliedmaßen- und Rumpfmuskulatur. — Menschenpathogen! — Wird in großer Menge mit Speichel ausgeschieden, auch vor Auftreten verdächtiger Symptome! Ansteckung durch Wunden und Schleimhäute möglich. Vorsicht! Anzeigepflicht! s. Tollwut der Katzen.

Stuttgarter Hundeseuche, Hundetyphus, Leptospirose. — Erreger: Leptospira canicola. — Akut: Hohes Fieber, Apathie, starker, oft blutiger Durchfall, Erbrechen, übler Mundgeruch. Chronisch: Häufiges Erbrechen, Freßunlust, Durst, Nierenentzündung, urinöser Mundgeruch, Geschwüre in der Mundschleimhaut, Krämpfe, Abmagerung, Exsikkose, Sterblichkeit 60—70%. — Menschenpathogen! — Behandlung: s. Weilsche Krankheit.

Weilsche Krankheit, ansteckende Gelbsucht, Leptospirose. — Erreger: Leptospira icterohämorrhagiae. — Mattigkeit, Appetitlosigkeit, Erbrechen, Ikterus, Harn gelb oder bräunlich durch Gallenfarbstoffe, evtl. Blutungen in den Schleimhäuten, Verlauf meist tödlich. — Leptospiren pathogen für Menschen. Vorsicht! — Absonderung kranker Tiere, Desinfektion, frühzeitige Anwendung von Immunserum, Tetracyclinen, Chloramphenicol, Streptomycin, symptomatische Behandlung. Wenn Nieren- bzw. Leberschäden fortgeschritten, kein Erfolg. Nach klinischer Heilung oft Dauerausscheidung von Leptospiren mit dem Harn. — Vorbeugung: Schutzimpfung, s. auch Staupe.

Toxoplasmose. — Erreger: Toxoplasma gondii. — Erbrechen, Appetitlosigkeit, starker Durchfall, Conjunctivitis, Apathie, Muskelzuckungen, epileptiforme Krämpfe, Ataxien, Lähmungen, Bronchopneumonien (Verwechslungsmöglichkeit mit Staupe, Hepatitis contagiosa, Tollwut, Leptospirose), Aborte, Frühgeburten, Tod der Welpen. Nicht selten latente Infektionen! — Pathogen für Menschen. Vorsicht! — Infizierte Hunde als Versuchstiere nicht brauchbar, Gefährdung des Menschen, Tötung der Tiere, Desinfektion.

Tuberkulose, Pseudowut, Coccidiose, Haut- und *Haarpilzerkrankungen:* s. Krankheiten der Katzen, Kaninchen, Meerschweinchen.

Spulwurmbefall. — Erreger: Toxocara canis. Kommt sehr häufig vor. — Wechselnder Appetit, Durchfall, Verstopfung, Erbrechen, Auftreibung des Bauches, Abmagerung, Blutarmut, nervöse Erscheinungen, Krämpfe, plötzliche Todesfälle. — Behandlung der Muttertiere vor dem Werfen oder der Welpen im Alter von 6 Wochen. Chenopodiumöl 0,1 g pro kg mit 1—3 Löffeln Ricinusöl oder Ascaridol, Canivermol, Mandaverm, gute Erfolge mit 0,2 g/kg Piperazin-Adipat als Paste. — *Hakenwurm-, Peitschenwurmbefall:* Abmagerung, Durchfall, Anämie.

Bandwurmbefall: Durchfall, Abmagerung, Unruhe, Afterrutschen, Anämie, manchmal Krämpfe, Ataxien. — Arecolin. hydrobrom. 1—2,5 mg/kg (Nemural 6 mg/kg) Yomesan-Tabletten. Unschädliche Beseitigung des Kotes nach der Wurmkur. Keine Verfütterung rohen, finnenhaltigen Fleisches, Bekämpfung der Flöhe, die Zwischenwirt von Dipylidium caninum sind (s. Flohbefall der Katze).

Sarkoptesräude. — Erreger: Sarcoptes canis. — Knötchen, Pusteln, Schuppenbildung, Krusten am Kopf (bes. Ohrenspitzen), Vorderbrust, Unterbauch, Schenkelinnenflächen, heftiger Juckreiz, Abmagerung, Kachexie. Übertragbar auf Menschen (Krätze).

Demodexräude. — Erreger: Demodex canis. Besonders bei jungen Hunden, die durch schlechte Ernährung, Wurmbefall, Infektionskrankheiten usw. geschwächt sind. — Haarausfall, Schuppenbildung oder Knötchen-, Pustel-, Falten- und Borkenbildung an Oberlippe, Nasenrücken, Augenlidern, Hals, Beinen, Rumpfseiten, Schwellung der regionalen Lymphknoten. — Gute, zweckmäßige Ernährung, Abstellen der schwächenden Einflüsse, Behandlung schwierig, Abscheren der Haare, Abreiben mit Äther-Alkohol, Bestreichen mit alkoholischer γ-HCH-Lösung, Perugenlösung, Odylen, evtl. HCH-Präparate per os oder Neguvon. Bei pustulöser Form Injektion von Penicillin gegen Staphylokokken.

Ohrräude, Befall mit *Haarlingen, Läusen, Flöhen:* s. Krankheiten der Katze. — *Lit.:* [*2, 8, 8a, 15, 16, 17, 18, 19, 20, 21, 25, 26, 27*].

8. Affen

Erkältungskrankheiten. — Ursachen: Transporte, Umsetzen von geheizter in ungeheizte Unterkunft, Zugluft. — Schnupfen, Conjunctivitis, Husten, evtl. Appetitlosigkeit, Durchfall. — Vorbeugung: Vermeidung von Zugluft, allmählich Gewöhnung von höherer auf niedrigere Umgebungstemperatur (Freiluftaufenthalt grundsätzlich nicht schädlich). — Infrarotbestrahlung, Zulagen an 20—50 mg Ascorbinsäure (Tabletten in Honig einhüllen, aus Löffel lecken lassen), symptomatische Behandlung wie bei Kindern, evtl. Antibiotica.

Verdauungsstörungen: Häufig durch Fütterungsfehler. — Verschiedengradige Durchfälle, Appetitlosigkeit, Fieber. — Abstellen der Ursache, häufige abwechslungsreiche Fütterung, Carbo medicinalis, Reis- und Haferschleimsuppen, evtl. Sulfonamide oder Antibiotica.

Tuberkulose. — Erreger: Mycobact. tuberculosis. Häufige Krankheit in Affengehegen — Trauern, wechselnder Appetit, Abmagerung, Husten, Atembeschwerden. — Bei Verdacht Röntgenuntersuchung. Tuberkulinisierung. Tötung der infizierten Tiere. — Vorbeugung: Hygienische Haltung, Aufteilung in kleine Gruppen.

Bakterielle Ruhr. — Erreger: Shigella-Arten. — Anfangs Beimischung von etwas Blut oder Schleim zum Kot, später profuser, dünnflüssiger und blutiger Durchfall. — Isolierung verdächtiger Tiere, Desinfektion, Behandlung mit Immunserum, Antibiotica (Tetracycline, Chloramphenicol) oder Sulfonamiden (Eleudron, Eubasin, Resulfon).

Verschiedene andere, durch Viren oder Bakterien verursachte Infektionskrankheiten können vorkommen.

Endoparasitenbefall: Protozoen und Wurmerkrankungen können Durchfall, Abmagerung, Todesfälle verursachen. — Hygienische Haltung, häufige Entfernung des Kots und Desinfektion der Unterkünfte, Behandlung kausal (mikroskopische Kotuntersuchung) und symptomatisch.

Ektoparasitenbefall: Kontaktinsektizide. — *Lit.*: [*2, 8, 14, 18*].

9. Hühner

Newcastle-Disease, atypische Geflügelpest. — Erreger: Virus. — Trauern, Atemnot, Durchfall, auffälliger Rückgang in der Legeleistung, nicht selten, besonders bei Küken, nervöse Erscheinungen, Kopfverdrehung, Lähmungen, Krämpfe, Sterblichkeit unterschiedlich, bei erwachsenen Hühnern oft auch milder chronischer Verlauf. — Punktförmige Blutungen in der Tracheal-, Drüsenmagen-, Darmschleimhaut, auf den Eifollikeln und den Serosen oder keine makroskopischen Veränderungen. — Infektion der Eier möglich. — Anzeigepflicht! — Bei Verdacht Anzeige an örtliche Ordnungsbehörde. Veterinärbehördliche Maßnahmen. Vorbeugung: Schutzimpfung der Bestände.

Klassische Geflügelpest. — Erreger: Virus. — Schlagartige Erkrankung fast aller Tiere eines Bestandes, Schwäche, Blaufärbung und manchmal Ödeme der Kopfanhänge, Atembeschwerden, profuser Durchfall, stürmischer Verlauf, hohe Sterblichkeit. — Petechiale Blutungen auf Serosae und Schleimhäuten. — Anzeigepflicht! Siehe Newcastle-Disease.

Leukose. — Erreger: Virus. — Aleukämische und leukämische Formen, Infektion schon im Ei oder in den ersten Lebenswochen. Es erkranken vorwiegend junge Hühner im Alter von 4—18 Monaten. — Unbestimmte und oft geringe Erscheinungen, verminderter Appetit, Abmagerung, Verkleinerung und blasse Farbe der Kopfanhänge, Rückgang in der Legeleistung, manchmal Durchfall, Ascites (Pinguinstellung), nicht selten plötzliche Verblutung nach Organrissen. — Auffallende Vergrößerung und leukotische Veränderungen von Leber, Milz, Nieren, Eierstock, Lunge oder anderen Organen. — Behandlung aussichtslos. Zukauf aus gesunden Zuchten; strenge Trennung der Küken bis zum Alter von 10 Wochen von Althennen, welche Virusausscheider sein können.

Pocken, Diphtheroid. — Erreger: Virus. — Haut- und Schleimhautform, oft beide Formen. — Hautform: Erst grau-gelbe, glänzende, später schwarz-braune, warzenähnliche Erhebungen an Kamm, Kehllappen, Schnabelwinkeln, Augenlidern, sonstigen Hautstellen. — Schleimhautform: Kleine weiß-gelbe Herdchen, später fest anhaftende, flächenhafte, diptheroide Beläge in Schnabelhöhle, Kehlkopf, Trachea, Nase, Nasennebenhöhlen. Atemnot, Sekundärinfektionen, Todesfälle. — Behandlung symptomatisch. — Vorbeugung: Hygienische Haltung, vitaminreiche Fütterung, aktive Immunisierung.

Coryza contagiosa, ansteckender Schnupfen. — Erreger: Nicht einheitlich; Verschiedene Bakterienarten, evtl. Pilze, Viren. Naßkalte Witterung, Transporte, Vitamin A- oder D_3-Mangel begünstigend. — Schleimig-eitriges Sekret bei Druck auf die Nasendeckel. Niesen, Atembeschwerden rasselnde oder piepende Töne beim Atmen, Schnabelatmung, Eintrocknung der Schnabelschleimhaut; grau-gelbe Beläge (Pips), Conjunctivitis, Verklebung der Lider, Entzündung und Auftreibung der Nasennebenhöhlen (Eulenkopf), Lungen- und Luftsackinfektionen. Nachlassen der Legeleistung, Abmagerung, Todesfälle. — Hygienische Haltung, Vitamin A- und D-Behandlung, Injektion und lokale Behandlung mit Streptomycin und Tetracyclinpräparaten.

Mycoplasmose, chronische Atmungskrankheit. — Erreger: Mycoplasmen = PPLO. — Symptome und Behandlung ähnlich wie bei Coryza contagiosa, Zukauf aus gesunden Zuchten, Blutuntersuchungen. — Infektion der Eier möglich.

Hühnertyphus, weiße Kükenruhr, Pullorumseuche. — Erreger: Salmonella gallinarum (pullorum). — Hühnertyphus (bei erwachsenen Tieren). Oft latente Infektionen, sonst Durchfall, Legenot, Ascites (Pinguinstellung), plötzliche Todesfälle. — Eierstocks-, Eileiter-, Leibeshöhlenentzündung, Darmentzündung, nekrotische Herdchen in der Leber. — Weiße Kükenruhr: Wärmebedürfnis, Hängenlassen der Flügel, Schläfrigkeit, Durchfall, dünnflüssiger, weiß-grünlicher Kot, Atembeschwerden. — Mangelnde Dottersackresorption, Darmentzündung. — Infektion der Eier möglich. — Therapie unbefriedigend, Tötung der kranken und der serologisch positiven Tiere, Zukauf nur aus als „pullorumfrei" anerkannten Zuchten.

Tuberkulose. — Erreger: Mycobact. avium. — Chronischer Verlauf: Schlechte Legeleistung, Abmagerung, Verkleinerung und Blaßwerden des Kammes und der Kehllappen, Durchfall, Schwäche in den Beinen, Kachexie. — Tuberkulöse Herde in Darmwand, Leber, Milz. — Tuberkulinisierung des Bestandes, alle tuberkulinpositiven oder klinisch verdächtigen Tiere ausmerzen, Hühner nicht länger als 2 Jahre halten.

Geflügelcholera. — Erreger: Pasteurella multocida. — Plötzliche Todesfälle, Mattigkeit, Blaurotfärbung der Kopfanhänge, Appetitlosigkeit, profuser, zum Teil blutiger Durchfall; bei chronischem Verlauf Apathie, Abmagerung, Gelenkentzündungen, Kehllappenödeme (Läppchenkrankheit), Atembeschwerden, Leibeshöhlenentzündung. — Anzeigepflicht! — Vorbeugung: Vermeidung von Haltungs- und Fütterungsfehlern. Behandlung mit Immunserum, Antibiotica, Sulfonamiden möglich.

Coccidiose, rote Kükenruhr. — Erreger: Eimeriaarten. Verlustreich bei Küken in 2.—8. Woche. Blinddarmcoccidiose: Mattigkeit, gesträubtes Gefieder, Wachstumsstillstand, blutiger Kot, Tod. — Haemorrhagische Blinddarmentzündung, in chronischen Fällen gelbe käsige Pfröpfe im Blinddarm. — Dünndarmcoccidiose: Mattigkeit, Durchfall, Blässe, Abmagerung. — Punktförmige Blutungen und Entzündungserscheinungen am Dünndarm. — Verabreichung von Sulfonamiden wie Eleudron, Solusupronal, Debenal, Codrinal, Furacin-Präparaten, Vitaminen A, D_3, B_2. Desinfektion mit Schwefelkohlenstoff-Phenolderivaten heißer Sodalösung. — Vorbeugung: Aufzucht der Küken auf Drahtrosten, unbedingt Abtrennung von Alttieren. Prophylaktische Verabreichung von Coccidiostatica wie Nitrofurazon, Nitrophenid usw.

Ansteckende Hühnerlähmung, ansteckende Gehirn-Rückenmarksentzündung, infektiöse Bronchitis, infektiöse Laryngotracheitis, Listeriose, Toxoplasmose u. a. Krankheiten s. Schrifttum [28, 29, 30].

Spulwurmbefall. — Erreger: Ascaridia gallina. — Mattigkeit, Durchfall, Abmagerung, Todesfälle. — Piperazin-, Phenothiazinpräparate, Vitamin A und B. — Jungtiere getrennt von erwachsenen aufziehen, Auslaufwechsel.

Haarwurmbefall. — Erreger: Capillaria-Arten. — Durchfall, Abmagerung, Anämie, Lähmungen, Todesfälle. — Therapie unbefriedigend, Phenothiazin, Vitamine, hygienische Maßnahmen, s. Spulwurmbefall.

Bandwurmbefall. — Erreger: Verschiedene Bandwurmarten. — Symptome und Therapie s. Haarwurmbefall.

Fußräude, Kalkbeine. — Erreger: Cnemidocoptes mutans. — Dicke, kalkartige grau-weiße Borken an den Füßen. — Entfernung der Borken nach Erweichen in Glycerin oder Seifenlösung, Bestreichen oder Eintauchen der Füße in Insektizidlösungen (DDT, HCH).

Vogelmilben, Federlinge, Flöhe verursachen Unruhe, Federausfall, Abmagerung, Anämie, Todesfälle. — Behandlung der Tiere, Legenester und Ställe mit Kontaktinsektizidpräparaten. — *Lit.*: [*15, 16, 17, 18, 19, 20, 28, 29, 30*].

Die Krankheiten weiterer Versuchstiere z. B. anderer Säugetiere Vögel, Amphibien sind in [*2*] bei den einzelnen Tierarten angeführt. Fischkrankheiten speziell bei [*31*].

F. Tierversuche mit radioaktiven Isotopen

Für Tierversuche mit Isotopen gelten ebenso die Bestimmungen der ersten Strahlenschutzverordnung, wie für Arbeiten in chemischen Laboratorien, vgl. Bundesgesetzblatt I 430 vom 24. Juni 1960; als Sonderdruck zu beziehen von Bundesanzeiger Verlags-Gesellschaft m. b. H. Bonn/Köln.

Nach dieser Verordnung ist das Arbeiten mit radioaktiven Isotopen genehmigungspflichtig und wird durch Gewerbeaufsichtsämter laufend überwacht. Daher dürfen weder Ausscheidungen, Organproben, ausgeatmete Luft noch Kadaver von Tieren aus dem Laboratorium herausgebracht werden, wenn sie höhere Aktivitäten enthalten, als die nach der Verordnung für jedes einzelne Isotop erlaubt ist. Sind in den Versuchstieren Stoffe mit größeren Aktivitäten harter Strahlung enthalten (selten bei Untersuchung mit markierten Stoffen), so ist auch eine entsprechende Abschirmung notwendig. Dabei ist die Ortsdosis am Arbeitsplatz bzw. am Käfig besonders zu beachten!

1. Tierarten

Man wählt jenes Versuchstier, das sich für die geplante biologische und biochemische Untersuchung am besten eignet. Wählt man ein kleineres Tier, so hat man den Vorteil der geringeren Kosten bei ^{14}C markierten Verbindungen und man braucht weniger aktives Material zu stapeln und später zu beseitigen. Nachteilig ist, daß es bei kleinen Tieren schwierig ist, das Präparat exakt zu dosieren und zu geben oder z. B. Blut oder Harn zu gewinnen. Bei kurzlebigen Isotopen sind daher aus biologischen Gründen größere Versuchstiere wie Kaninchen, Hunde, Ziegen, Schafe bequemer.

2. Haltung der Tiere

Sie ist je nach den zu untersuchenden Isotopen verschieden. Bei Stoffen, die mit ^{14}C oder Tritium markiert sind, oder bei flüchtigen markierten Stoffen, müssen die Tiere unter gut ziehenden Abzügen gehalten werden, deren Abluft bei höheren Aktivitäten über Absorber zu leiten ist. Gewöhnlich genügt intensive Lufterneuerung, da flüchtige Aktivitäten bei Tierversuchen meist gering sind. In den Tierräumen dürfen die Wände nicht mit karbonathaltigem Putz verkleidet sein, da dieser CO_2 austauscht. Über dem Verputz sind daher Kunststoffolien anzubringen, die von Zeit zu Zeit erneuert werden können.

Um Harn oder Kot zu gewinnen, müssen die Tiere im Stoffwechselkäfig gehalten werden. Bei organischen Verbindungen sind zweckmäßig Käfige aus V2A- oder V4A-Stahl oder Glas. Bei anorganischen radioaktiven Verbindungen ist zuweilen Kunststoff vorteilhafter. Das Material der Käfige soll möglichst wenig radioaktives Material adsorbieren oder gegen eigene Verbindung austauschen. Bei kurzlebigen Isotopen kann man Tiere auch auf saugender Streu, z. B. Hobelspänen oder Torf, halten, wenn die Ausscheidungen nicht untersucht werden sollen. Verschmutzte Streu ist in besonderen Behältern zu sammeln, damit sie nach Abklingen der Aktivität verbrannt werden kann.

Keinesfalls dürfen Tiere, die radioaktive Isotope enthalten, im allgemeinen Stall mit anderen Tieren vermischt werden.

3. Beseitigung der Tierkörper

Bei kurzlebigen Isotopen, deren HWZ $<$ ein Monat ist, kann man die Versuchstiere in Kunststoffsäcke packen und dann bei $-10°$ 8 bis 10 HWZ lang halten, und dann verbrennen. Genaue Beschriftung der Säcke und Kontrolle durch vorgeschriebene Buchführung. Bei langlebigen Isotopen in Versuchstieren ist verschieden zu verfahren: ^{14}C und Tritiumhaltige sehr geringe Aktivitäten kann man mit großen Mengen inaktivem Material mischen und verbrennen ohne daß die zulässige Verseuchung der Abgase überschritten wird (Vorausberechnung). Bei größeren Aktivitäten langlebiger Isotopen müssen die Tiere mit oder ohne Veraschung gelagert werden, die Spezialöfen zur Verbrennung sind teuer und liefern oft viel aktive flüchtige Stoffe. Nasse Veraschung ist daher vorzuziehen. Ausfällung des aktiven Materials und chemische Trennung von großen Volumen inaktiven Materials. Geeignete Lagerplätze für radioaktiv langlebige Isotope sind zur Zeit in Deutschland noch selten!

Literatur

[*1*] Reichsgesetzblatt I vom 25. November 1933, S. 987.
Giese-Kahler: Tierschutzrecht, Berlin 1939.

[*2*] The UFAW Handbook, The Care and Management of Laboratory Animals, 2. Aufl. London 1957.

[*3*] *Jung, S.:* Grundlagen für die Zucht und Haltung der wichtigsten Versuchstiere (Kaninchen, Meerschweinchen, Ratten, Mäuse, Goldhamster, Hunde, Katzen, Frettchen, Schaf, Huhn, Kröte, Frosch). Mit kurzer Anatomie der Brust- und Bauchorgane von Kaninchen, Meerschweinchen, Ratte, Maus und Goldhamster, Stuttgart 1962.

[*3a*] *Farris, E. J.:* The Care and Breeding of Laboratory Animals, New York u. London 1960.

[*4*] *Snell, G. D.:* Biology of the Laboratory Mouse, New York 1956.

[*5*] *Farris, E. J.*, u. *J. Q. Griffith:* The rat in laboratory investigation 2. Aufl. Philadelphia, London u. Montreal 1949

[*6*] *Hagemann, E.*, u. *G. Schmidt:* Ratte und Maus, Versuchstiere in der Forschung, Berlin 1960.

[*7*] *Hagemann, E.:* Kleines Handbuch der Laboratoriums-Tierzucht, Reutlingen 1957.

[*8*] *Koch, W.*, u. *G. Heim:* Die Haltung und Zucht von Versuchstieren, Stuttgart 1955.

[*8a*] *Hoffmann, G.:* Abriß der Laboratoriumstierkunde, Jena 1961.

[*9*] *Dorn, K.:* Wege zum Erfolg in der Rassekaninchenzucht, Berlin 1949.

[*10*] *Lane-Petter, W.:* Provision of Laboratory Animals for Research, Amsterdam 1961.

[*11*] *Lembeck, F.:* Arzneimittelforsch. 3, 50 (1953).

[*12*] *Bolz, W.:* Allgemeinnarkose beim Tier (Wild, Zoo- und Laboratoriumstiere), Stuttgart 1961.

[*13*] *Ther, L.:* Pharmakologische Methoden, Stuttgart 1949.

[*14*] *Cohrs, P.*, *R. Jaffé* u. *H. Meesen:* Pathologie der Laboratoriumstiere, Berlin, Göttingen, Heidelberg 1958.

[*15*] *v. Hutyra, J.*, *J. Marek*, *J. Manninger* u. *R. J. Mocsy:* Spezielle Pathologie und Therapie der Haustiere, 11. Aufl., Jena 1959.

[*16*] *Frohner, E.*, u. *R. Reinhardt*· Lehrbuch der Arzmeimittellehre für Tierärzte, 18. Aufl., Stuttgart 1950.

[*17*] *Schmid, F.*, u. *E. Hieronymi:* Die parasitaren Krankheiten unserer Haustiere, 5. Aufl., Berlin 1949.

[18] *Borchert, A.*: Lehrbuch der Parasitologie für Tierärzte, 2. Aufl., Leipzig 1958.
[19] *Beller, K.*, u. *R. Bieling:* Viruskrankheiten II, 2. Aufl., Leipzig 1950.
[20] *Gildemeister, Haagen* u. *Waldmann:* Handbuch der Viruskrankheiten, Jena 1939.
[21] *Ainsworth, G. C.*, u. *P. K. C. Austwick:* Fungal diseases of animals, Commonwealth Agricultural Bureaux, Farnham Royal 1959.
[22] *Seifried, O.*: Die Krankheiten des Kaninchens, 2. Aufl., Berlin 1937.
[23] *Reinhardt, R., F. Schwangart* u. *R. Wetzel:* Die Krankheiten der Katze, 2. Aufl., Hannover 1952.
[23a] *Weyers, H.*: Zur Klinik ansteckender Katzenkrankheiten, Katzenseuche, Katzenstaupe. Münch. Tierärztl. Wschr. **67**, 333 (1954).
[24] *Ackermann, O.*: Die Katzenseuche — infektiöse Enteritis oder Panleukopenie der Katze und ihre Bekämpfung durch aktive Immunisierung. Die Blauen Hefte für den Tierarzt **1959**, 215.
[24a] *Kraft, H.*: Die Katzenseuchen aus klinischer Sicht. Tierärztl. Umschau **16**, 350 (1961).
[25] *Müller, G.*, u. *R. Reinhardt:* Der kranke Hund, 7. Aufl., Berlin 1951.
[26] *Hoskins, H. P., I. V. Lacroix* u. *K. Mayer:* Canine medicine, 2. Aufl. California 1959.
[27] *Christoph, H.-J.*: Abriß der Klinik der Hundekrankheiten, Jena 1960.
[28] *Hilbrich, P.*: Das Huhn — ein wirtschaftlicher Faktor. Leverkusen, Frankfurt-Hoechst u. Marburg 1958.
[29] *Fritsche, D.*, u. *E. Gerriets:* Geflügelkrankheiten. 2. Aufl. Berlin u. Hamburg 1962.
[30] *Biester, H. E.*, u. *L. H. Schwarte:* Diseases of poultry, 4. Aufl. Ames, Iowa 1959.
[31] *Schäperclaus, W.*: Fischkrankheiten, 3. Aufl., Berlin 1954.
[32] *Abderhalden, E.*: Handb. biol. Arb.-meth. IX, Teil 1, 2. Halfte, Band 1.
[33] *Abderhalden, E.*: Handb. biol. Arb.-meth. IX, Teil 7.
[34] Brehms Tierleben, Berchtesgaden 1954.
[35] *Schermer, S.*: Die Blutmorphologie der Laboratoriumstiere, Leipzig 1954.
[36] *Wirth, D.*: Grundlage einer klinischen Hämatologie der Haustiere, 2. Aufl., Wien 1950.
[37] Viehseuchengesetz v. 26. Juni 1909, Reichsgesetzblatt I 1909, 519.
[37a] *Hellich, M.*, u. *K.R. Störike:* Die Deutsche Tierseuchengesetzgebung, 2. Aufl., Berlin 1953.
[38] Bundesseuchengesetz vom 18. Juli 1961 (Bundesgesetzblatt I, S. 1012, in Kraft seit 1. Januar 1963).
[39] *Scheunert, A., J. Brüggemann, V. Horn* u. *H. Hill:* Lehrbuch der Veterinarphysiologie, 4. Auflage, Berlin-Hamburg 1961.
[40] *Reichenbach-Klinke, H. H.*: Krankheiten der Reptilien, Stuttgart 1963.
[41] *Habermehl, K. H.*: Die Altersbestimmung bei Haustieren, Pelztieren und beim jagdbaren Wild, Berlin-Hamburg 1961.
[42] *Heine, W.*: Über die Bedeutung der Ektoparasiten und uber eine einfache Methode ihrer Beseitigung bei Maus und Ratte. Dtsch. tierarztliche Wochenschrift **69**, 699 (1962).

II. Inzuchtstämme für Tierversuche

Von **A. Spiegel**, Hannover-Linden

A. Anwendung des Begriffes „Inzucht"

Die Bezeichnung *Inzuchtstamm* wird vielfach ohne die notwendige Kritik gebraucht. So wird meist ein Stamm, bei dem durch viele Generationen hindurch die Zuchttiere stets nur aus dem eigenen Nachwuchs herausgesucht und regellos verpaart werden (*random breeding*), fälschlich als Inzuchtstamm bezeichnet. Es handelt sich dabei jedoch nur um einen in Koloniezucht (*closed colony*) gehaltenen Stamm. Wenn ein solcher Stamm auf ein Pärchen oder auf wenige, miteinander verwandte Tiere zurückgeht, früher sogar durch einige Generationen Bruder-Schwester-Inzucht getrieben wurde, so können Tiere aus derartigen Zuchten in vieler Hinsicht einheitlich reagieren und daher für eine Reihe von Untersuchungen brauchbar sein. Hierher gehören z. B. die Mäusestämme CF 1 und CFW[1] (Carworth Farms, Inc., New City, Rockland County, New York, USA) und NMRI (Naval Medical Research Institute, Bethesda, Maryland, USA).

[1] Der Stamm CFW geht auf die sog. „Swiss"-Maus zurück, d. h. auf einen ursprünglich von Dr. *Clara Lynch* aus einigen von *A. de Coulon* (Lausanne) nach USA gebrachten Tieren weitergezüchteten Stamm. Für die meisten im Handel heute als „Swiss"-Mäuse angebotenen Tiere muß diese Herkunft als zweifelhaft angesehen werden.

Als Inzuchtstamm wird auf Grund der Definition des Committee on Standardized Genetic Nomenclature for Mice [1] ein Stamm bezeichnet, der über 20 oder mehr Generationen in Bruder-Schwester-Verpaarung gezüchtet wurde. Statt einer Bruder-Schwester-Verpaarung kann auch eine Verpaarung mit dem jüngeren Elternteil durchgeführt werden.

Inzuchtstämme gibt es bisher hauptsächlich bei der Maus. Im Appendix 2 der Standardized Nomenclature for Inbred Strains of Mice, Second Listing, sind 202 Stämme bzw. Unterstämme aufgeführt. Außer den zu ihrer Bezeichnung verwandten Symbolen finden sich dort folgende Angaben: Herkunft, Zahl der Inzuchtgenerationen, Charakteristik und der Name des oder der Forscher bzw. des Institutes, in dem der Stamm gehalten wird. Eine noch vollständigere Liste s. Beilage zu Mouse News Letter [2] Nr. 25 (Juli 1961). Bezüglich Literatur vgl. auch Suppl. to Mouse News Letter: Selected references added to the *Roscoe B. Jackson* Memorial Laboratory (Bar Harbor, Maine), sowie Handbook on Genetically Standardized Jax Mice.

B. Die gebräuchlichsten Mäuseinzuchtstämme

1. A/Heston (A/He)

Herkunft: Von *Strong* zu *Bittner* 1927, zu *Heston* 1938, zum *Roscoe B. Jackson Memorial Laboratory, Bar Harbor, Maine, USA.* 1948 (F 77), zum *Zentralinstitut für Verzuchstierzucht (Z. f. V.), Hannover* 1960 (F 113), dort jetzt F 119.

Charakteristik: Bei Zuchtweibchen häufiges Auftreten von Mammacarcinomen (70—80%), selten bei virginellen Weibchen. In beiden Geschlechtern häufiges Vorkommen von Lungentumoren (50% bei Männchen, 30% bei Weibchen). Bei alten Tieren oft Nierenerkrankungen. Besonders bei alten Männchen hoher Gehalt der Milz an Mastzellen. Lebenserwartung: 15—18 Monate. — Albino.

2. A/Jax (Syn.: A/Cloudman)

Herkunft: Von *Strong zu Cloudman* 1928, zum Jackson Laboratory, Bar Harbor 1947 (F 73), zum *Z. f. V., Hannover* 1960 (F 109), dort jetzt F 112.

Charakteristik: 28% Mammacarcinome bei Zuchtweibchen, Lungentumoren ca. 50% bei Männchen und ca. 40% bei Weibchen. Geringerer Prozentsatz an Granulocyten gegenüber anderen A-Stämmen. Lebenserwartung: 16—19 Monate. — Albino.

3. AB (Syn.: Agnes Bluhm)

Herkunft: *Dr. Agnes Bluhm* ca. 1930, Bruder-Schwester-Inzucht bis 1943. Durch den Krieg unterbrochen. Von *Kaufmann zu Kröning* 1950, dort jetzt F 46.

Charakteristik: Keine Mammacarcinome oder Sarkome, außer nach Röntgenbestrahlung. Geringe Rate von Lungentumoren und Lymphomen. — Albino.

4. AKR

Herkunft: Von *Furth* 1928—1936 ingezüchtet, dann *Rockefeller-Institut*, zu *Mrs. Rhoads*, zu *C. Lynch*, zum *Jackson Laboratory, Bar Harbor*, zum *Z. f. V., Hannover* 1960 (F 58), dort jetzt F 65.

Charakteristik: In beiden Geschlechtern schon vor dem Alter von 12 Monaten Auftreten von lymphatischer Leukämie. Auftreten sonstiger Tumoren sehr gering. Lebenserwartung: ca. 16—18 Monate für nicht leukämische Tiere. — Albino.

5. CE

Herkunft: Von *Knight zu Eaton*, zu *Woolley*, zu *Speirs*, zum *Jackson Laboratory, Bar Harbor* 1948, zum *Z. f V., Hannover* 1958 (F 15). Einige Generationen Koloniezucht ohne Geschwisterverpaarung, dann wieder Inzucht (jetzt F 7).

Charakteristik: Verschiedene endokrine Tumoren, nach Kastration nach der Geburt vermehrtes Auftreten von Nebennierenrindencarcinomen. Im Alter ca. 40% Ovarialtumoren. — Farbe: Isabell. — Lebenserwartung: ungenügend bekannt.

6. C 3 H/He

Herkunft: Ursprünglich *Strong*, zu *Andervont* 1930, zu *Heston* 1941 (F 35), zum *Jackson Laboratory, Bar Harbor* (F 48), zum *Z. f. V.*, *Hannover* 1960 (F 91), jetzt dort F 85.

Charakteristik: Bei über 90% der Zuchtweibchen Auftreten von Mammacarcinomen in relativ frühem Alter. Bis zum Alter von 9 Monaten sterben daran ca. 50%. Häufig multiple Tumoren und Lungenmetastasen. Bei virginellen Weibchen ebenfalls häufig Mammacarcinome, aber im späteren Alter. Geringe Erythrocyten- und Leukocytenzahlen. Männchen in höherem Alter ca. 25% Hepatome. — Farbe: Agouti. — Lebenserwartung: Männchen ca. 20—24 Monate, Weibchen ca. 10—12 Monate.

7. C 57 BL/6

Herkunft: Von *Little* zu *Fekete*, zu *Hall*, zum *Jackson Laboratory, Bar Harbor* (F 22), zum *Z. f. V.*, *Hannover* 1960 (F 63), jetzt dort F 71.

Charakteristik: Bei virginellen Weibchen keine, bei Zuchtweibchen unter 1% Mammacarcinome. Bei über 18 Monate alten Tieren geringgradiges Auftreten von verschiedenen inneren Tumoren, besonders von Lymphosarkomen. Empfindlich für Tuberkuloseimpfung. Für Stoffwechseluntersuchungen, Strahlenwirkungen, Arzneimittel bzw. toxikologische Untersuchungen, Untersuchungen auf carcinogene Stoffe geeignet. — Farbe: Schwarz-braun. — Lebenserwartung: Sehr widerstandsfähige, langlebige Tiere. (> 24 Monate).

8. C 57 BR/cd

Herkunft: Von *Little* zu *Cloudman*, zu *Heston* 1938, zum *Jackson Laboratory, Bar Harbor* 1947 (F 66) zum *Z. f. V.*, *Hannover* 1960 (F 101), dort jetzt F 109.

Charakteristik: Unter 1% Mammacarcinome, bei Männchen 14% Hepatome, Auftreten von Hauttumoren. Geeignet für Arbeiten über Nebennierenrindenhormone, lebhafte eosinophile Reaktion. — Farbe: Braun. — Lebenserwartung: 18—21 Monate.

9. C 57 L/He

Herkunft: Von *Murray* zu *Cloudman*, zu *Heston* 1938, zum *Jackson Laboratory, Bar Harbor* 1947 (F 66), zum *Z. f. V.*, *Hannover* 1960 (F 78), jetzt dort F 81.

Charakteristik: Wenig Mammacarcinome, Neigung zur Bildung von Lebercarcinomen, Auftreten von Hauttumoren, wenig Ovarialtumoren, Neigung zu entzündlichen Nierenerkrankungen. — Farbe: Bleigrau. — Lebenserwartung: 18—21 Monate.

10. DBA/2

Herkunft: *Little* (seit 1909) zu *Mider* 1938, zu *Heston*, zum *Jackson Laboratory, Bar Harbor* 1948 (F 26), zum *Z. f. V.*, *Hannover* 1960 (F 66), jetzt dort F 73.

Charakteristik: Wenig Mammacarcinome bei alten Zuchtweibchen. Nach Kastration nach der Geburt Nebennierenrindenhyperplasie mit feminisierender Wirkung. Geräuschempfindlich im Alter von ca. 35 Tagen, — Farbe: Grau. — Lebenserwartung: 15—19 Monate.

Es sei darauf hingewiesen, daß F 1-Bastarde von Inzuchtstämmen besonders frohwüchsige, widerstandsfähige Tiere sind und sich z. B. im pharmakologischen Test als gleichförmiger erwiesen haben als die Ausgangsstämme (3,4). Besonders bekannt sind z. B. die F 1-Bastarde von C 57 BL/6-Weibchen und DBA/2-Männchen, AKR-Weibchen und DBA/2-Männchen und von C 57 L/He-Weibchen und A/He-Männchen.

C. Die gebräuchlichsten Rattenstämme

Die gebräuchlichsten Rattenstämme sind die Albinostämme *Wistar* (Herkunft: Wistar Institute of Anatomy and Biology, Philadelphia, Pa, USA) und *Sprague-Dawley* (Herkunft: Sprague-Dawley, Inc., Madison, Wisconsin, USA.). Beide Stämme werden an vielen Stellen, jedoch fast nur in Koloniezucht, gehalten. Es handelt sich also meist nicht um Inzuchtstämme nach der oben gegebenen Definition, und die an verschiedenen Stellen gehaltenen Zuchten müssen als voneinander erheblich verschieden angesehen werden. In Deutschland hat *Kröning* (Medizinische Forschungsanstalt der Max-Planck-Gesellschaft, Göttingen) seit 1951 (vorher bei Professor *Jürgensen*, Hoffmann-La Roche, Basel, der den Stamm ca. 1930 aus USA. erhalten hat) einen Wistarstamm bis F 26 ingezüchtet. Von diesem Stamm hat das Z. f. V. in Hannover 1957 Tiere erhalten, die zunächst in Koloniezucht, ab 1959 wieder in Bruder-Schwester-Inzucht (jetzt F 5) gehalten werden. Außerdem hat das Z. f. V. 1957 einen Sprague-Dawley-Stamm von Kröning (F 15) und einen Haubenrattenstamm E 3 (F 16) übernommen, die beide nach vorübergehender Koloniezucht ab 1959 weiter ingezüchtet wurden.

Eine Festlegung der charakteristischen Eigenarten dieser Stämme wie bei den Mäusestämmen ist noch nicht möglich.

Außerdem werden Ratteninzuchtstämme noch gehalten bzw. entwickelt von *Druckrey* (Chirurgische Universitätsklinik, Freiburg i. Br.) [*5*], dessen Stämme BD I und BD III bis F 43, BD IV bis F 35 und BD II bis F 27 gezüchtet worden sind, sowie von *Ruhenstroth* (Max-Planck-Institut für Biochemie, München), der einen 1953 von den Farbenfabriken Bayer AG übernommenen Albinostamm bis F 20 ingezüchtet hat.

D. Andere Säugetiere

Inzuchtstämme von *Kaninchen, Meerschweinchen, Goldhamstern* und *anderen Versuchssäugetieren* sind in Deutschland *nicht verfügbar*, obwohl früher zum mindesten bei Meerschweinchen solche Stämme existiert haben. Das Ergebnis einer Umfrage über die in der Welt vorhandenen ingezüchteten oder in Inzucht befindlichen Stämme bzw. solche mit besonderen genetischen Merkmalen wird demnächst veröffentlicht werden. Sie wird durchgeführt von *G. E. Jay jr.*, Genetics and Animal Resources Officer, Cancer Chemotherapy, National Service Center, Bethesda 14, MD., USA[1].

Literatur

[*1*] Standardized Nomenclature for Mice, Second Listing, prepared by The Committee on Standardized Genetic Nomenclature for Mice. Cancer Res. (Chicago) **20**, 145—169 (1960).

[*2*] Mouse News Letter. Jährlich zweimal in hektographierter Form herausgegeben vom Internationalen Committee on Laboratory Animals und vom Laboratory Animals Centre M. R. C. Laboratories, Woodmansterne Road, Carshalton, Surrey, England. (Auf Anforderung kostenlose Zusendung).

[*3*] *McLaren, A.*, u. *D. Michi:* Are inbred strains suitable for bio-assay? Nature **173**, 686 (1953).

[*4*] *Biggers, I. D.*, u. *P. I. Claringbold:* Why use inbred lines? Nature **174**, 596 (1954).

[*5*] *Druckrey, H.:* Züchtung erbreiner Rattenstämme. Arch. exper. Path. Pharm. **238**, 232 (1960).

[1] Anfragen dieser Art werden auch im Zentralinstitut für Versuchstierzucht, Hannover-Linden, Lettow-Vorbeck-Allee 57 bearbeitet.

III. Zuchtdiäten und Kostformen für Versuchstiere

Von **J. Brüggemann, K. Drepper** und **H. Zucker,** München

A. Laboratoriumstiere

(Ratten, Mäuse, Meerschweinchen, Kaninchen, Hunde, Katzen, Affen)

Literatur. Zusammenfassende Darstellungen bei [*62a, 93, 96*], S. 296ff.

1. Die Ernährung der Ratte

a) Normale Ernährung während des Wachstums

α) **Futterbedarf.** Gepreßtes Futter mit 19% Rohprotein [*64*].

Das Futter kann geformt (Pellets, Bröckchen, Kekse u. a.) oder in geschrotetem oder gemahlenem Zustand verabfolgt werden. Auf jeden Fall sollte angestrebt werden, das Futter als homogene Mischung, lufttrocken (jedoch staubarm) zu verabfolgen, so daß keine Verderbnis eintreten kann und keine Beifütterung (Möhren etc.) erforderlich ist. Futtervergeudung kann durch die Verwendung von Raufen für geformtes Futter oder entsprechenden Futtereinrichtungen für Schrot- oder Mehlfutter [*117*] vermieden werden.

Körpergewicht der Ratte in g	Tagesfutterbedarf in g
30— 50	6
50— 75	7— 8
75—100	8— 9
100—125	10—13
125—150	13—18
150—175	18—23

β) **Wasseraufnahme.** Die Wasseraufnahme der Laboratoriumstiere ist stark abhängig von der Raumtemperatur, die 20—25 °C (in der ersten Zeit nach dem Absetzen etwas höher) und der relativen Luftfeuchtigkeit, die etwa 50—60% betragen sollten. Wachsende Ratten nehmen 5—10—15 ml Wasser täglich auf; den Tieren sollte ständig frisches Wasser zur freien Aufnahme zur Verfügung stehen (Trinkflaschen oder Kölbchen).

γ) **Energiebedarf.** 3100—3700 (?) cal/kg Futter [*28*],
800 g Gesamtnährstoff/kg Futter [*37*],
290 ausnutzbare Calorien/kg Körpergewicht [*65*].

Der Energiebedarf für die Erhaltung (Grundumsatz) ist 70,4 × Gewicht in $kg^{0,734}$ [*11*] zu dem 25% für die normalen Lebensvorgänge (activity increment) hinzugerechnet werden sollten [*111*].

δ) **Rohproteinbedarf.** (Angaben in % der Ration)
25—30 [*42*],
19—23 [*64*],
18—20 (bei Bedarfsdeckung an essentiellen Aminosäuren und 800 g Gesamtnährstoff/kg Futter, [*37*]).

ε) **Aminosäurenbedarf.** Literaturangaben nicht absolut zuverlassig.

Wahrscheinlich steigt für optimales Wachstum der Ratte der Bedarf an essentiellen Aminosäuren mit steigendem Rohproteingehalt in der Nahrung an wie es für das Schwein festgestellt wurde [*8*]. Die L-Form ist die natürlich vorkommende Konfiguration.

ζ) **Bedarf an lebensnotwendigen Aminosäuren.** (Angaben in % der Ration)

Rohprotein	[*61, 147*] 20	[*141*] 10
L-Lysin	1,0	0,90
L-Arginin	0,2	0,21
L-Histidin	0,4	0,25
L-Tryptophan	0,2	0,15
L-Phenylalanin oder	0,5	0,42
L-Phenylalanin + L-Tyrosin	0,9	0,72
L-Methionin oder	0,6	0,16
L-Methionin + L-Cystin	0,9	0,50
L-Threonin	0,5	0,50
L-Leucin	0,8	0,70
L-Isoleucin	0,5	0,55
L-Valin	0,7	0,55

η) **Bedarf an unverdaulichen Ballaststoffen.** Scheinbar kein Bedarf, doch wird insbesondere bei Verwendung „synthetischer" Rationen der Zusatz von 3% Cellulose [*21*], teilweise auch 5% [*152*] oder 6% [*88, 179*], für einen normalen Durchgang des Futters durch den Verdauungstrakt empfohlen. Die Ratte kann etwa 30% der aufgenommenen Cellulose verwerten [*79*].

ϑ) **Mineralstoffbedarf.** (Angaben in % der Ration [*28, 42*]).

Ca	0,5 –0,6	Na	0,5
P	0,35–0,45	Cl	0,3
K	0,5	Mg	0,05

ι) **Spurenelementbedarf.** (Angaben in mg je kg der Ration [*28, 42*]).

Fe	50	Co	(Bedarf zweifelhaft)	0,04
Cu	20	Mo	„ „	0,10
Mn	20	Br	„ „	0,50
Zn	4	F	„ „	0,04
J	0,2	Al	„ „	0,10
		As	„ „	0,20

Der Bedarf für Mangan wird zu 2,0 mg/kg Futter angegeben [*174*].

κ) **Vitaminbedarf.** (Angaben je kg Futter [*14, 27, 28, 38, 42*]).

Vitamin A	3000 I. E.	Vitamin B_1 (Thiamin)	1–2 mg
Vitamin D	1000 I. E. (kein Bedarf bei Ca : P = 1 : 1 bis 2 : 1 und 0,5% P im Futter)	Vitamin B_2 (Riboflavin)	3–5 mg
		Vitamin B_6 (Pyridoxin)	1–2 mg
		Vitamin B_{12}	20–30 mcg
		Pantothensäure	10 mg
Vitamin E	50 mg	Nicotinsäure	10 mg (Bedarf nur bei Tryptophanmangel)
Vitamin K_3 (Menadion)	1 mg		
		Cholin	1000 mg

Folsäure (Pteroylglutaminsäure), Biotin, Inosit und p-Aminobenzoesäure werden unter normalen Bedingungen nicht benötigt. Häufig werden jedoch diese Vitamine wie auch Vitamin C, für das kein Fütterungsbedarf besteht, in die Rationen eingeschlossen. Verschiedenartige Rattenstämme haben evtl. einen unterschiedlichen Minimalbedarf für einzelne Nahrungsfaktoren [*71*].

λ) **Standardfutter.** Fertiges Standardfutter für wachsende Ratten kann in Deutschland und aus den USA von mehreren Herstellern bezogen werden (vgl. Bezugsquellennachweis). Standardfutter, die mit recht guter Reproduzierbarkeit selbst hergestellt werden können, wurden von [*73*] u. [*94*] beschrieben. Andere vor allem im anglo-amerikanischen Raum gebräuchliche Standardfutter finden sich bei [*173*].

Zusammensetzung gebräuchlicher Standardfutter:

1. Altromin R, vgl. Bezugsquellennachweis S. 294 (Angaben in %): Fischmehl (65% Rohprotein) 6,8; Fleischfuttermehl (65% Rohprotein) 6,3; Trockenfutterhefe 2,7; Futterknochenschrot, unentleimt 1,2; Gerste 48; Hafer 18;

Mais 12; Luzernegrünmehl 4; $CaHPO_4 \cdot 2H_2O$ (angereichert mit Vitaminen und Spurenelementen) 1.

2. Latz-Standardkost, vgl. Bezugsquellennachweis S. 294 (Angaben in %): Weizenvollkornmehl 53; Gerstenvollkornmehl 15; Sojaextraktionsschrot 5; Trockenrindfleisch 5; Vollmilchpulver 5; Magermilchpulver 5; Brauereitrockenhefe 5; Fischmehl 3,5; Luzerneheumehl 2; Knochenschrot 3; Lebertran 1; NaCl 0,5.

3. Sniff, vgl. Bezugsquellennachweis S. 294 (Angaben in %): Gerste 35; Weizen 12; Mais 10; Sojaextraktionsschrot 6,9; Fischmehl 6,1; Dorschmehl 1; Molkenpulver 1; Fishsolubles 2; Haferflocken 8; Weizenkleie 5; Tapiokamehl 4; Weizenkeime 3,5; Distiller Solubles 2; Luzernegrünmehl 1,7; Mineralstoffmischung [*191*] 1; $CaHPO_4 \cdot 2H_2O$ 0,5; Vitaminvormischung 0,3.

4. „Diet No. 41" [*15*] (Angaben in %): Weizenvollmehl 46; Hafervollmehl 40; Fischmehl 8; Trockenmagermilch 3; Trockenhefe 1; Lebertran 1; NaCl 1.

5. „Diet No. 1" [*173*] (Thomson Cube) (Angaben in %): Weizennachmehl 17,7; Weizenvollmehl 17,7; Hafervollmehl 17,7; Gerstenvollmehl 8,8; Maisvollmehl 8,8; Tierkörpermehl 8,8; Dorschmehl 4,5; Trockenmagermilch 14; Trockenhefe 1,2; Lebertran 0,4; NaCl 0,4.

6. „Diet No. 86" [*173*] (Angaben in %): Weizenvollmehl 50; Gerstenvollmehl 25; Dorschmehl 7; Tierkörpermehl 6; Brauereitrockenhefe 5; Heumehl 5; Lebertran 1; NaCl 1.

7. Murinal R, vgl. Bezugsquellennachweis S. 294 (genaue Zusammensetzung nicht bekannt).

8. Purina Laboratory Chow, vgl. Bezugsquellennachweis S. 294 (Zusammensetzung nicht bekannt).

Die Verwendung von Standardfuttern bietet den Vorteil, daß bei vergleichbaren Haltungsbedingungen reproduzierbare Leistungen erzielt werden. Die Standardfutterformen sind z. T. seit vielen Jahren bewährt und werden in immer gleicher Zusammensetzung geliefert. Genaue Analysenwerte, die z. T. alle beim Nahrungsbedarf angegebenen Bedarfswerte umfassen, können bei den entsprechenden Herstellern erfragt werden.

Anmerkung: Ölige Lösungen (Lebertran, Weizenkeimöl u. a.) für die Verabreichung der fettlöslichen Vitamine sind nicht mehr erforderlich, nachdem pulverförmige, stabile, resorptionsfähige Präparate dieser Vitamine verfügbar sind (vgl. Bezugsquellennachweis, Vitamine). Bei Verwendung von Hefen als Ergänzung der B-Vitamine muß auf eine Standardisierung der B-Vitaminkonzentrationen größter Wert gelegt werden. Andernfalls ist es richtiger (und häufig auch billiger!), Vitaminmischungen aus synthetisch hergestellten käuflichen Präparaten selbst herzustellen.

b) Spezialfutter für Mangelzustände während des Wachstums

Für die Untersuchung spezifischer Mangelzustände oder besonderer Relationen einzelner Rationsinhaltsstoffe bei wachsenden Ratten ist die Herstellung von Rationen erforderlich, die hinsichtlich aller Inhaltsstoffe den Bedarf decken mit Ausnahme derjenigen Komponenten, die geprüft werden sollen. Ggf. sind Vorbehandlungen von Einzelkomponenten notwendig, um bestimmte Inhaltsstoffe zu entfernen (z. B. Extraktion von Casein zur Herstellung von vitaminfreiem Casein mehrfach mit siedendem Äthanol u. a.).

Am besten und allgemeinsten verwendbar sind Rationen, die aus exakt definierten chemischen Verbindungen zusammengesetzt sind. So wurde eine Ration aus einem Gemisch von L-Aminosäuren, Rohrzucker, Harnstoff-methyl-linolat (als Fettkomponente), sowie Mineralstoff- und Vitaminmischungen in Untersuchungen uber drei Generationen verwendet [*154*]. Die Gewichtszunahmen waren jedoch gering. Auch eine chemisch reine, klar gelöste, flüssige Rattendiät wurde beschrieben [*62*].

In eigenen, bisher unveröffentlichten Versuchen hat sich folgendes halbsynthetische Futter hervorragend bewährt (Angaben in %): Reisstärke, DAB 6, 60; Pflanzenöl, raff. 5; Cellulosepulver 4; Mineralstoffmischung[1] 6; Vitaminvormischung auf Reisstärke[2] 2; Proteintrager[3]; Glucose DAB 6 ad 100.

Unter Verwendung mineralstoff- und vitaminarmer Rohproteintrager sowie Ausscheidung der jeweils zu untersuchenden Komponenten aus den Vormischungen erscheint dieses Futter zur Herstellung von spezifischen Mineralstoff- und/oder Vitaminmangeldiaten gut geeignet. Durch Erhöhung der Fettkonzentration im Austausch gegen Glucose oder Reisstärke können unterschiedliche Energiegehalte eingestellt werden. Aminosäurenmangeldiaten werden durch Verwendung von Rohproteinträgern, welche die zu prüfende Aminosäure in unzureichender Konzentration enthalten, hergestellt.

α) **Rationen mit unterschiedlichem Energiegehalt** können durch Verwendung von Komponenten mit verschiedenem Gehalt an Calorien (meist wird der Gehalt an Brutto-Calorien für die Errechnung verwendet) oder mit unterschiedlichem Gesamtnährstoffgehalt in g/kg hergestellt werden.

In der Literatur liegen lediglich Angaben über den Gehalt einzelner Nährstoffe an umsetzbarer Energie und Nettoenergie für Ratten vor [*122*, *123*, *124*].

Nahrstoff	Umsetzbare Energie Cal/g	Nettoenergie Cal/g
Starke	4085	3080
Dorschmehlprotein	5035	3195
Erdnußol	9650	8015
Saccharose	3990	2925
Lactose	3795	2815
Glucose	3765	2775
Fructose	3810	2570
Galaktose	2060	1530

Es wird darauf hingewiesen [*122*, *123*, *124*], daß eine gute Übereinstimmung mit den an Schweinen ermittelten Werten besteht. Es erscheint daher berechtigt, das bisher für Schweine gebräuchliche System der Energiebewertung (Gesamtnahrstoff, Futterwerttabellen [*55*]) bis zum Vorliegen genauerer Werte auch für Ratten zu verwenden [*37*, *64*].

Häufig werden unterschiedliche Energiegehalte der Diäten durch unterschiedliche Fettmengen erreicht [*29*, *32*, *104*].

Eine absolut fettfreie Kost [*83*], in der durch Austausch von Glucose gegen Fett in unterschiedlicher Menge unterschiedliche Energiegehalte eingestellt werden können (Angaben in %) besteht aus:

Casein 30; Glucose 64; Mineralstoffmischungen USP XIV ([*176*] vgl. S. 278) 3,5; $CaCO_3$ 0,5; Cellulose (Alphacell) 2.

Vitaminergänzung je kg Futter (mg): β-Carotin 10; Vitamin D_2 0,5; Vitamin E-Acetat 100; Vitamin E 20; Vitamin K_3 10; Vitamin $B_1 \cdot HCl$ 1; Vitamin B_2 4; Vitamin $B_6 \cdot HCl$ 4; Vitamin B_{12} (0,1% Trituration?) 5; Ca-Pantothenat 10; Nicotinsäure 100; Cholincitrat 1000; Folsäure 2,5; Biotin 0,025; Inosit 1000; p-Aminobenzoesäure 300.

---

[1] Die Mineralstoffmischung enthält in 60 g (= in 1000 g Diät): $CaCO_3$, rein 15 g; $Ca_3(PO_4)_2$ 14 g; K_2HPO_4 (sicc) 10 g; NaCl 8 g; Na_2HPO_4 (sicc) 7 g; $MgSO_4 \cdot 7H_2O$ 5 g; Fe-Citrat 440 mg; $MnSO_4 \cdot 4H_2O$ 450 mg; $ZnCO_3$ 40 mg; $CuSO_4 \cdot 5H_2O$ 20 mg; KJ 0,5 mg; NaF 10 mg.

[2] Die Vitaminvormischung enthält in 20 g (= in 1000 g Diät): Vitamin A 5000 I. E.; Vitamin D_3 500 I. E.; Vitamin E 50 mg; Vitamin K_3 1 mg; Vitamin B_1 20 mg; Vitamin B_2 20 mg; Vitamin B_6 10 mg; Vitamin B_{12} 30 mcg; Pantothensäure (Ca-Salz) 50 mg; Nicotinsäure 50 mg; Cholinchlorid 2000 mg; Folsaure 2 mg; Biotin 200 mcg; Inosit 250 mg; p-Aminobenzoesaure 100 mg; Vitamin C 20 mg.

[3] Je nach gewunschter Rohproteinkonzentration. Mit alkalilöslichem Casein, Merck, wurden bei 10% Rohprotein im Futter (0,1% DL-Methioninerganzung) durchschnittliche Gewichtszunahmen von 5 g je Tag erzielt (Körpergewicht 50—100 g).

Andere fettfreie Rationen werden von verschiedenen Firmen angeboten (vgl. Bezugsquellennachweis S. 295).

β) Proteinmangeldiäten

Zur Prüfung der Rohproteinqualität werden rohproteinfreie oder rohproteinarme Diäten verwendet, denen der zu untersuchende Rohproteinträger zugesetzt wird.

Von der Gesellschaft für Ernährungsphysiologie der Haustiere, Arbeitskreis für Eiweißbewertung, wird 1962 folgende Diät empfohlen: Rohrzucker 10%, Sojaöl 5%; Cellulosepulver 4%, Mineralstoffmischung[1] 6%, Vitaminvormischung[2], 2%, zu prüfender Proteinträger in einer Menge, daß 10% Rohprotein in der Trockensubstanz der Gesamtration enthalten sind, Reisstärke DAB 6 ad 100%.

Weitere Angaben über Rationen für Rohproteinqualitätsprüfungen finden sich bei [*34, 95, 114, 170*] (Milchuntersuchungen); [*51, 186*] (Depletion-Repletion-Methode); [*166*] (Fischmehluntersuchungen); [*185*] (Nahrungs- und Futtermittel).

Eiweißarme Diäten können von verschiedenen Firmen (vgl. Bezugsquellennachweis S. 295) bezogen werden.

Aminosäurenmangelrationen können durch Verwendung von Proteinen, denen die betreffende Aminosäure fehlt (oder die diese in extrem geringer Konzentration enthält) hergestellt werden. Häufig enthalten derartige Proteine andere Aminosäuren in hohem Überschuß, so daß Aminosäurenimbalanzen auftreten können.

In vielen Fällen läßt sich eine Imbalanz jedoch durch Kombination verschiedener gereinigter Proteine (Casein, Weizenkleber, Gelatine, Zein, Dracket C 1 Assay-Protein, vgl. Bezugsquellennachweis S. 294) vermeiden, wobei der spezifisch gewünschte Aminosäurenmangel jedoch erhalten bleibt. So könnten in den Rationen [*89, 139*] statt der angegebenen Aminosäurenmischungen derartige Proteinkombinationen für die Erzeugung von Lysin- und Tryptophanmangel, wahrscheinlich auch noch weiterer Aminosäurenmängel Verwendung finden.

Allgemeiner anwendbar, aber auch wesentlich kostspieliger, sind Rationen, die Mischungen essentieller und (zur Deckung des Rohproteinbedarfs) nicht essentieller Aminosäuren enthalten, aus denen die betreffende Aminosäure fortgelassen bzw. nur bis zu der gewünschten Konzentration hinzugefügt wurde (vgl. Bezugsquellennachweis, S. 294, Aminosäuren).

Folgende Ration (Angaben in %) wird empfohlen [*139*]:

Mischung der essentiellen Aminosäuren[3] 5,368; Mischung der nichtessentiellen Aminosäuren[4], 8; vitaminierter Rohrzucker[5], 15; Maisöl[6], 2; Mineralstoffmischung[7], 4; Natriumchlorid 1; Cellulose 2; Dextrin 62,632.

Rohproteingehalt (N×6,25) 10%, Verfütterung ad libitum.

Mit dieser Ration wurden tägliche Gewichtszunahmen von 4,4 g je Tier (Sprague-Dawley-Ratten, Anfangsgewicht 50 g) über eine Zeitdauer von 4 Wochen erzielt.

---

[1] Die Mineralstoffmischung enthält in 60 g (= in 1000 g Diät): $CaCO_3$, rein 15 g; $Ca_3(PO_4)_2$ 14 g; K_2HPO_4 (sicc) 10 g; NaCl 8 g; Na_2HPO_4 (sicc) 7 g; $MgSO_4 \cdot 7\,H_2O$ 5 g; Fe-Citrat 440 mg; $MnSO_4 \cdot 4\,H_2O$ 450 mg; $ZnCO_3$ 40 mg; $CuSO_4 \cdot 5\,H_2O$ 20 mg; KJ 0,5 mg; NaF 10 mg.

[2] Die Vitaminvormischung enthalt in 20 g (= in 1000 g Diat): Vitamin A 5000 I. E.; Vitamin D_3 500 I. E.; Vitamin E 50 mg; Vitamin K_3 1 mg; Vitamin B_1 20 mg; Vitamin B_2 20 mg; Vitamin B_6 10 mg; Vitamin B_{12} 30 mcg; Pantothensaure (Ca-Salz) 50 mg; Nicotinsäure 50 mg; Cholinchlorid 2 g; Folsaure 2 mg; Biotin 200 mcg; Inosit 250 mg; p-Aminobenzoesäure 100 mg; Vitamin C 20 mg; Reisstärke, ad 20 g.

[3] L-Lysin·HCl 1,125 g; L-Histidin·HCl (Monohydrat) 0,325 g; L-Arginin·HCl 0,268 g; L-Tryptophan 0,15 g; L-Phenylalanin 0,70 g; L-Methionin 0,50 g; L-Threonin 0,50 g; L-Leucin 0,70 g; L-Isoleucin 0,55 g; L-Valin 0,55 g (Summe 5,368 g).

[4] L-Glutaminsäure 3,328 g; L-Asparaginsaure 1,016 g; DL-Serin 0,984 g; DL-Alanin 0,472 g; L-Prolin 1,896 g; Glycin 0,304 g (Summe 8,0 g).

[5] In 150 g vitaminiertem Rohrzucker (= 1000 g Diat) sind enthalten: Vitamin B_1·HCl 15 mg; Vitamin B_2 15 mg; Ca-Pantothenat 75 mg; Vitamin B_6·HCl 7,5 mg; Nicotinsäure 30 mg; Folsaure 3 mg; p-Aminobenzoesaure 75 mg; Vitamin K_3 0,15 mg; Biotin 0,15 g; Vitamin B_{12} (in Mannit?) 1,5 g; Inosit 0,45 g; Cholinchlorid 0,90 g; Rohrzucker ad 150 g.

[6] In 20 g Maisöl (= 1000 g Diat) sind enthalten: Vitamin A 4000 I. E.; Vitamin D 2000 I. E.; α-Tokopherol 100 mg.

[7] Nach [*176*] vgl. S. 278.

[*149*] konnte mit seiner gereinigten Diät, die als einzige N-Quelle Aminosäuren enthielt, durchschnittliche tägliche Zunahmen von über 5 g (Anfangsgewicht 44 g) während einer Zeit von 3 Wochen erzielen (Angaben in %): Aminosäurenmischung 25,45[1]; Dextrin 39,25; Rohrzucker 12,0; Cellulosepulver 2,0; Mineralstoffmischung 5,0; Lebertran 1,0; Schmalz 15,0; Cholin 0,2; Inosit 0,1; Aureomycin 0,01. (Ergänzung je kg Futter mit Folsäure 2 mg; Vitamin B_{12} 50 mcg.)

Eine andere Aminosäurendiat findet sich bei [*70*].

Ration für Untersuchungen über die Beziehungen zwischen Aminosäurenkonzentration und Nicotinsäurebedarf (Angaben in %) [*89*]:

Aminosäurengemisch 18,19[2]; Mineralstoffmischung 4,00[3]; Vitaminvormischung 2,00[4]; Maisöl 5,00; Rohrzucker ad 100,00.

Andere Rationen enthalten einen geringen Prozentsatz von Casein [*66*, *140*] oder Fibrin [*91*, *92*], denen Aminosäurengemische zugegeben werden.

Über die Verwertbarkeit von D-Aminosäuren: [*61*].

Spezifische Aminosäurenmangelrationen vgl. S. 295 (Spezialfutter)

Lysin-Mangel [*12*], Angaben in %:

Weißbrot 76 (enthält 5% Magermilchpulver); Maisöl 4; Rohrzucker 16,27; Mineralstoffmischung USP XIII [*175*], vgl. S. 278, 3; Vitaminvormischung 0,73[5].

Lysin-Mangel [*119*], Angaben in %:

Weizenkleber 10; Mineralstoffmischung (entsprechend dem Bedarf) 5; Maisöl 5; Vitaminvormischung (entsprechend dem Bedarf) 0,25; Cholinchlorid 0,15; Dextrin 79,60.

γ) **Für Untersuchungen über den Mineralstoff-Stoffwechsel** bei wachsenden Ratten ist eine möglichst mineralstoffarme, aber sonst vollwertige Grunddiät anzusetzen, deren Mineralstoffgehalte genau bekannt sind. (Angaben über den Mineralstoffgehalt von Futtermitteln finden sich z. B. in [189]. In Ergänzung zur Grundration können mit Hilfe der unten angegebenen Mineralstoffgemische (S. 278) unter Fortlassen oder begrenzter Zumischung der zu untersuchenden Komponenten (oder auf Grund der Bedarfszahlen mit einer je nach dem Zweck eigens zusammengestellten Mineralstoffmischung) spezifische Mangelzustände oder bestimmte Relationen der Mineralstoffe zueinander oder zu anderen Futterinhaltsstoffen hergestellt werden. Zu beachten ist, daß die Mineralstoffe in ihren Mischungen aber auch nach Beimischung zum Futter die Wirksamkeit einzelner Vitamine besonders bei feuchter Lagerung schon innerhalb weniger Tage herabsetzen können. Die Verwendung stabilisierter Vitaminpräparate ist daher unbedingt zu empfehlen.

Mineralstoffmangelrationen und spezifische Mangelmineralstoffmischungen werden von verschiedenen Firmen (vgl. Bezugsquellennachweis S. 295) für Jod, Magnesium, Kalium, Natrium, Chlor, Eisen, Phosphor und Calcium hergestellt

---

[1] (Angaben in g): L-Lysin·HCl 18,5; L-Histidin·HCl 1,0; L-Arginin·HCl 0,8; DL-Tryptophan 0,5; DL-Phenylalanin 1,3; L-Tyrosin 0,8; DL-Methionin 0,8; L-Cystin 0,3; DL-Threonin 1,5; L-Leucin 2,0; DL-Isoleucin 3,0; DL-Valin 2,8; L-Glutaminsäure 4,0; L-Asparaginsaure 0,6; L-Asparagin·H_2O 0,6; DL-Serin 0,5; DL-Alanin 0,6; L-Prolin 0,5; Glykokoll 0,4; $NaHCO_3$ 1,6 (Summe 25,45 g).

[2] L-Lysin·HCl 1,24 g; L-Histidin·HCl·H_2O 0,54 g; L-Arginin·HCl 0,75 g; DL-Tryptophan 0,10—0,11 g; DL-Phenylalanin 0,90 g; L-Leucin 0,80 g; DL-Isoleucin 1,00 g; DL-Threonin 1,00 g; DL-Methionin 0,60 g; DL-Valin 1,40 g; DL-Alanin 1,54 g; L-Asparaginsaure 1,57 g; L-Cystin 0,26 g; Glycin 0,90 g; L-Glutaminsaure 2,00 g; L-Prolin 1,15 g; DL-Serin 0,64 g; L-Tyrosin 1,80 g (Summe 18,19 g).

Das Aminosaurengemisch entspricht (bei verringertem Tryptophangehalt) den Angaben von [*142*].

[3] Mineralstoffmischung nach *Phillips* und *Hart* (1935) [*134*], vgl. S. 278.

[4] Vitaminvormischung nach [*69*].

[5] Enthält in 7,3 g (= 1000 g Diät): Vitamin A 14400 I. E.; Vitamin D 1600 I. E.; Vitamin E 80 mg; Vitamin K_3 36 mg; Vitamin B_1·HCl 16 mg; Vitamin B_2 16 mg; Vitamin B_6·HCl 16 mg; Vitamin B_{12} 22 mcg; Ca-Pantothenat 48 mg; Nicotinsäure 72 mg; Cholinchlorid 1200 mg; Folsäure 1,4 mg; Biotin 0,30 mg; Inosit 80 mg; p-Aminobenzoesäure 80 mg; Ascorbinsäure 700 mg.

(Zusammensetzung, Preise und Lieferbedingungen sind kurzzeitig von dort zu erfragen).

Diäten zur Untersuchung der *Wirkung von Fluor* auf den Stoffwechsel wachsender Ratten: [*161*]. *Zinkmangel-Untersuchungen:* [*45*].

Gebräuchliche Mineralsalzmischungen für Rattenrationen

(Angaben in % der Mineralsalzmischung)

1. USP XIV [*176*]:
$CaCO_3$ 6,860; Ca-Citrat 30,830; $CaHPO_4 \cdot 2H_2O$ 11,280; K_2HPO_4 21,880; KCl 12,470; NaCl 7,710; $MgSO_4$ (sicc.) 3,830; $MgCO_3$ 3,520; Fe(III)-Ammoniumcitrat 1,526; $MnSO_4 \cdot H_2O$ 0,020; $CuSO_4 \cdot 5H_2O$ 0,008; KJ 0,004; NaF 0,050; $AlNH_4(SO_4)_2 \cdot 12H_2O$ 0,009.
2. USP XIII [*175*]:
Ca-Lactat 32,69; $Ca(H_2PO_4)_2$ 13,58; K_2HPO_4 23,99; NaCl 4,35; $NaH_2PO_4 \cdot H_2O$ 8,73; $MgSO_4 \cdot 7H_2O$ 13,70; Fe(III)-Citrat·$6H_2O$ 2,96.
3. *Wesson, Osborne* u. *Mendel* (1932) [*180*]:
$CaCO_3$ 21,00; $Ca_3(PO_4)_2$ 14,90; KH_2PO_4 31,00; KCl 12,00; NaCl 10,50; $MgSO_4$ 9,00; $FePO_4 \cdot 2H_2O$ 1,47; $MnSO_4$ 0,02; $CuSO_4 \cdot 5H_2O$ 0,039; KJ 0,005; NaF 0,058; $KAl(SO_4)_2 \cdot 12H_2O$ 0,009.
4. *Hegstedt* u. Mitarb. (1941) [*68*]:
$CaCO_3$ 29,315; $CaHPO_4 \cdot 2H_2O$ 7,328; K_2HPO_4 31,513; NaCl 16,373; $MgSO_4 \cdot 7H_2O$ 9,967; Fe(III)-Citrat 2,685; $MnSO_4 \cdot 4H_2O$ 2,687; $CuSO_4 \cdot 5H_2O$ 0,029; $ZnCl_2$ 0,024; KJ 0,078.
5. *Phillips* u. *Hart* (1935) [*134*]:
$CaCO_3$ 30,00; $CaHPO_4 \cdot 2H_2O$ 7,5; K_2HPO_4 32,2; NaCl 16,7; $MgSO_4 \cdot 7H_2O$ 10,2; Fe(III)-Citrat 2,75; $MnSO_4 \cdot H_2O$ 0,51; $CuSO_4 \cdot 5H_2O$ 0,03; $CoCl_2 \cdot 6H_2O$ 0,005; $ZnCl_2$ 0,025; KJ 0,08.
6. *McCollum* u. *Davies* (1918) [*109*]:
Ca-Lactat 35,19; $CaHPO_4 \cdot 2H_2O$ 14,6; K_2HPO_4 25,78; NaCl 4,67; $NaH_2PO_4 \cdot H_2O$ 9,38; $MgSO_4$ 7,19; Fe(III)-Citrat·$6H_2O$ 3,19.
7. *Jones* u. *Foster* (1942) [*80*]:
$CaCO_3$ 38,14; KH_2PO_4 38,90; NaCl 13,93; $MgSO_4$ 5,73; $FeSO_4 \cdot 7H_2O$ 2,70; $MnSO_4 \cdot H_2O$ 0,445; $CuSO_4 \cdot 5H_2O$ 0,048; $CoCl_2 \cdot 6H_2O$ 0,002; $ZnCl_2$ 0,026; KJ 0,079.
8. *Hubbel* u. Mitarb. (1937) [*76*]:
$CaCO_3$ 54,30; KH_2PO_4 21,20; KCl 11,20; NaCl 6,90; $MgSO_4 \cdot 7H_2O$ 1,60; $MgCO_3$ 2,50; $FePO_4 \cdot 2H_2O$ 2,05; $MnSO_4 \cdot H_2O$ 0,035; $CuSO_4 \cdot 5H_2O$ 0,09; KJ 0,008; NaF 0,10; $KAl(SO_4)_2 \cdot 12H_2O$ 0,017.
9. *Fox* u. *Briggs* (1960) [*46*]:
$CaCO_3$ 16,666; $CaHPO_4 \cdot 2H_2O$ 47,333; KCl 11,666; NaCl 6,666; Na_2HPO_4 11,666; $MgSO_4$ 5,000; Fe-Citrat 0,333; $MnSO_4 \cdot H_2O$ 0,417; $CuSO_4 \cdot 5H_2O$ 0,017; $ZnCO_3$ 0,217; KJ 0,017.
10. Ca-frei (vgl. Bezugsquellennachweis S. 295):
K-Citrat 20,485; KCl 19,577; K_2SO_4 2,072; NaCl 9,056; $MgCl_2 \cdot 6H_2O$ 47,092; Fe(III)-Citrat·$6H_2O$ 1,623; $MnSO_4 \cdot H_2O$ 0,023; KJ 0,005; NaF 0,058; $KAl(SO_4)_2 \cdot 12H_2O$ 0,011.
11. P-frei (vgl. Bezugsquellennachweis S. 295):
$CaCO_3$ 18,04; Ca-Lactat 37,80; KCl 24,91; NaCl 9,02; $MgSO_4$ 7,73; Fe(III)-Citrat 2,382; $MnSO_4$ 0,021; $CuSO_4 \cdot 5H_2O$ 0,035; KJ 0,004; NaF 0,050; $KAl(SO_4)_2 \cdot 12H_2O$ 0,008.
12. Na-frei (vgl. Bezugsquellennachweis S. 295):
$CaCO_3$ 37,5; KH_2PO_4 28,4; KCl 18,9; MgO 3,8; Fe(III)-Citrat 9,5; $CuSO_4 \cdot 5H_2O$ 1,9.

δ) **Vitaminmangelzustände** lassen sich mit Hilfe von Grundrationen, deren Komponenten keine Vitamine enthalten, aber sonst vollwertig sind, herstellen. Diese Grundrationen sollten so beschaffen sein, daß eine vollwertige Vitaminergänzung normales Wachstum gewährleistet, so daß die Fortlassung oder ungenügende Ergänzung des zu prüfenden Vitamins die typischen Mangelsymptome hervorruft.

Vitaminfreie bzw. Vitaminmangelrationen werden von verschiedenen Firmen (vgl. Bezugsquellennachweis S. 295) angeboten.

Eine allgemein verwendbare Ration [*154a*], Angaben m %:

Casein, vitaminfrei 24; Pflanzenöl, hydriert 20; Rohrzucker 52; Mineralstoffmischung (*Jones* und *Foster*, 1942 [*80*], vgl. S. 278) 4.

Vitaminergänzung in mg je kg Futter: Vitamin A 52000 I.E.; Vitamin D 10000 I.E.; Vitamin E 22; Vitamin K_3 60; Vitamin B_1·HCl 30; Vitamin B_2 30; Vitamin B_6·HCl 30; Vitamin B_{12} 0,012; Ca-Pantothenat 40; Nicotinsäure 40; Cholinchlorid 800; Folsäure 30; Biotin 3; Inosit 800; p-Aminobenzoesäure 400.

Vitamin A-Mangel (USP XIV [*176*]), Angaben in %:

Casein, vitaminfrei 18; Stärke 65; bestrahlte Hefe 8; Baumwollsamenöl 5; Mineralstoffmischung USP XIV [*176*], vgl. S. 278, 4.

Eine Zusammenstellung verschiedener Vitamin A-Mangeldiäten ähnlicher Zusammensetzung gibt [*64*] an.

Für die Prüfung von Vitamin A-Konzentraten sowie auch die Testung der Vitamin A-Wirksamkeit von Futtermitteln wurde der Vitamin A-Leberspeicherungstest in den letzten Jahren vielfach verwendet [*2, 16, 23*].

Vorbedingung ist eine Verarmung der Leber an Vitamin A, die mit einer Vitamin A-Mangeldiät erreicht wird: [*17*], Angaben in %:

Gerstenschrot 80,0; Casein 10,0; Trockenbierhefe 5,0; Olivenöl 3,0; $CaCO_3$ 1,0; $CaHPO_4 \cdot 2H_2O$ 0,5; NaCl 0,5.

Ergänzung pro kg Futter: Vitamin D_3 1000 I.E.; Vitamin E-Acetat 20 mg; Mangansulfat 320 mg.

Vitamin-D-Mangeldiäten sind für die Vitamin D-Bestimmung im Rattentest von besonderer Bedeutung. Zu beachten ist bei dieser Methode, daß bei der Ernährung der Elterntiere eine Ration verwendet werden muß, die genügende Fruchtbarkeit gewährleistet, jedoch bei den für den Versuch vorgesehenen Jungtieren eine Prädisposition für die Rachitis erzeugt.

Zuchtration [*82*], Angaben in %:

Weizenschrot 46; Maisschrot 31; Magermilchpulver 5; Sojaschrot 7; Luzernegrünmehl 5; Vitaminvormischung (Vitamin D-frei) 3; Mineralstoffmischung 3 (enthält in %: $CaCO_3$ 40; $CaHPO_4 \cdot 2H_2O$ 33; Viehsalz 24,5; $MgCO_3$ 2; Spurenelemente (Fe:Cu:Mn:Co = 5:1,5:1:0,2) 0,5. Andere Zuchtrationen: [*5*] und [*56*].

Rachitogene Diäten (hoher Ca/P-Quotient, wegen der kurzen Dauer der Verabreichung erscheint allgemein eine zusätzliche Vitaminierung nicht erforderlich), [*82*], Angaben in %:

Maismehl[1] 39; Weizenmehl[1] 39; Sojaschrot, extrahiert 17,5; $CaCO_3$ 3,5; NaCl 1,0.

USP XIV [*176*], Angaben in %:

Gelber Mais, gemahlen (verschiedene Maisprovenienzen sind für rachitogene Diäten ungeeignet) 76; Kleber, gemahlen 20; $CaCO_3$ 3; NaCl 1.

AOAC, 1955, [*3*], Angaben in %:

Casein 12,0; Weizennachmehl 25,0; Gelber Mais, gemahlen (verschiedene Maisprovenienzen sind für rachitogene Diäten ungeeignet) 58,0; $Ca(PO_4)_2$ 2,0; NaCl, jodiert 1,0; Trockenbierhefe 2,0.

Weitere Angaben rachitogener Diäten: [*56*] und [*153*].

Vitamin E-Mangelrationen: [*105*] (Angaben in %): Casein, vitaminfrei 20; Glucose 56; Schmalz 10; Mineralstoffmischung [*76*], vgl. S. 278, 4; Trockenbierhefe 10; zusätzlich je kg Futter Vitamin A 10000 I.E.; Vitamin D 800 I.E.

Eine ähnliche Ration: [*50*].

[*177*] (Angaben in %): Casein, vitaminfrei 24; Glucose 60; Schmalz 10; Mineralstoffmischung [*176*] (vgl. S. 278) 4; Lebertran 2. Vitaminergänzung je kg Futter: β-Carotin 3 mg; Vitamin D_2 10 mcg; Vitamin K_3 25 mg; Vitamin $B_1 \cdot HCl$ 15 mg; Vitamin B_2 10 mg; Vitamin B_6 5 mg; Vitamin B_{12} 50 mcg; Ca-Pantothenat 50 mg; Nicotinsäure 20 mg; Cholinchlorid 1000 mg; Folsäure 50 mg; Biotin 0,3 mg; Inosit 400 mg; p-Aminobenzoesäure 10 mg.

Eine ähnliche Ration geben [*116*] an.

Vitamin K-Mangeldiäten: [*7*] (Angaben in %): Casein, vitaminfrei 25; Glucose 68; Mineralstoffmischung (*Hubbel* u. Mitarb., 1937 [*76*], vgl. S. 278) 4; Vitaminvormischung auf Rohrzucker 2; Maisöl 1. Vitaminergänzung in 20 g (= 1000 g Diät): Vitamin A-Acetat 3,1 mg; Vitamin D_2 0,045 mg; Vitamin E 50 mg; Vitamin $B_1 \cdot HCl$ 4 mg; Vitamin B_2 8 mg; Vitamin $B_6 \cdot HCl$ 4 mg; Vitamin B_{12} (krist.) 0,3 mg; Ca-Pantothenat 40 mg; Nicotinsäure 40 mg; Biotin 0,2 mg; Inosit 200 mg.

---

[1] Verwendung nach halbjahriger Ablagerung.

Vitamin B-Komplex-Mangeldiät: [*57, 188*] (Angaben in %): Casein, vitaminfrei 18; Rohrzucker 68; Pflanzenöl, hydriert 10; Mineralstoffmischung (USP XIV oder *Hubbel* u. Mitarb., 1937 [*76, 176*], vgl. S. 278) 4; geeignet für Untersuchungen über die Vitamine B_1, B_2, B_6, Nicotinsäure (bei voller Tryptophanversorgung), Pantothensäure. Enthält nur Spuren an Vitamin A und D. Volle Vitaminergänzung außer Testvitaminen erforderlich. Koprophagie verhüten (Gitterroste), ggf. Vitamin B-Komplexsynthese der Darmmikroorganismen durch Antibiotica (bis zu 200 mg/kg Futter) oder Sulfonamide hemmen. Bei Verabreichung von Antivitaminen kann die Zeit bis zum Auftreten von Vitaminmangelerscheinungen abgekürzt werden [*102*].

Eine spezifische Vitamin B_1-Mangeldiät: [*182*].

Vitamin B_6-Mangeldiät: [*13*] (Angaben in %): Casein, vitaminfrei, 26,00; Rohrzucker 18,15; Maisstärke 36,00; Maisöl 15,00; Mineralstoffmischung (*Jones* und *Foster*, 1942 [*80*], vgl. S. 278) 4,00; L-Cystin 0,15; Cholinchlorid 0,40; Inosit 0 20; p-Aminobenzoesäure 0,10; Vitaminergänzung außer Vitamin B_6.

Weitere Vitamin B_6-Mangeldiäten: [*115, 172, 181, 182*].

Viamin B_{12}-Mangeldiäten: [*81*] (Angaben in %): Sojaschrot, handelsüblich 46,35; Vollmais, geschrotet, 46,35; Maisöl 5,00; Cystin 0,30; $CaHPO_4 \cdot 2H_2O$ 0,92; $CaCO_3$ 0,60; NaCl, jodiert, 0,44; $MnSO_4 \cdot H_2O$ 0,04. Vitaminergänzung in mg je kg Futter: Vitamin $B_1 \cdot HCl$ 2; Vitamin B_2 3; Nicotinsäure 15; Vitamin $B_6 \cdot HCl$ 2,8; Ca-Pantothenat 20; Folsäure 0,2; Biotin 0,1; Inosit 100; Cholinchlorid 1000.

[*126*] (Angaben in %): Sojaschrot 70; Glucose 22; Mineralstoffmischung 4; Schmalz 4. Vitaminergänzung in mg je kg Futter: Vitamin A 20000 I.E.; Vitamin D 2800 I.E.; Vitamin E 30; Vitamin K_3 10; Vitamin $B_1 \cdot HCl$ 16; Vitamin B_2 16; Vitamin $B_6 \cdot HCl$ 16; Pantothensäure 40; Cholinchlorid 1000; Folsäure 5; Botin 0,2.

Weitere Vitamin B_{12}-Mangeldiäten: [*43, 97, 149*].

Cholin-Mangeldiät: [*57*] (Angaben in %): Casein, vitaminfrei, 6,0; Erdnußmehl, extrahiert (kontinuierlich mit heißem absolutem Methanol 3 Tage lang) 20,0; Glucose 64,8; Mineralstoffmischung (*Hegsted* u. Mitarb. 1941 [*68*], vgl. S. 278) 4,0; Lebertran 2,0; Maisöl 3,0. Vitaminergänzung in mg je kg Futter: Vitamin B_1 4; Vitamin B_2 8; Vitamin $B_6 \cdot HCl$ 4; Ca-Pantothenat 20; Nicotinsäure 20.

Folsäure-Mangeldiät: [*57*] u. [*188*] (Angaben in %): Casein, vitaminfrei, 22,00; Gelatine 8,00; Glucose 53,00; Sojaöl 5,00; Mineralstoffmischung [*176*] 4,30; Cellulosepulver 4,00; Ca-Gluconat 3,00; Cholinchlorid 0,25; L-Cystin 0,45. Vitaminergänzung in mg je kg Futter: Vitamin A 8000 I.E.; Vitamin D 4400 I.E.; Vitamin E 11; Vitamin K_3 0,4; Vitamin $B_1 \cdot HCl$ 0,7; Vitamin B_2 1; Vitamin B_6 1; Ca-Pantothenat 7; Nicotinsäure 7; Cholinchlorid 440; Biotin 0,07; Inosit 220; p-Aminobenzoesäure 11.

Diese Diät kann zum Studium der enteralen bzw. intermediären Folsäuresynthese Verwendung finden.

Biotin-Mangeldiät: [*148*] (Angaben in %): Eiklarpulver 30,0; Maisstärke 47,9; Baumwollsamenöl 14,0; Lebertran 3,0; Mineralstoffmischung (*Phillips* und *Hart*, 1935 [*133, 134*], vgl. S. 278) 5,0; Cholinchlorid 0,1. Vitaminergänzung in mg je kg Futter: Vitamin K_3 5; Vitamin $B_1 \cdot HCl$ 5; Vitamin B_2 8; Vitamin $B_6 \cdot HCl$ 5; Vitamin B_{12} 0,07; Ca-Pantothenat 40; Nicotinsäure 40; Folsäure 2; Inosit 100; p-Aminobenzoesäure 100.

Diese Diät kann zum Studium der enteralen bzw. intermediären Biotinsynthese Verwendung finden.

ε) **Verschiedene Kostformen.** *Cariogene Diät.* [*155*] (Angaben in %): Rohrzucker 67; Casein 24; Öl 5; Mineralstoffmischung [*176*] (vgl. S. 278) 4. Vitamin und Leberextraktergänzung. Verfütterung mit Magensonde nach [*85*].

[*36*] (Angaben in %): Glucose 18; Trockenlebermehl 2; Getreidemehl 78,52; $CaHPO_4$ 0,88; $CaCO_3$ 0,6; Vitaminergänzung.

[*150*] (Angaben in %): Rohrzucker 61; Luzerneblattmehl 3; Vollmilchpulver 35; NaCl 1.

Andere cariogene Diäten: [*108*, *112*].

Diät zur Erzeugung eines Mangels an essentiellen Fettsäuren: [*6*, *7*] (Angaben in %): Casein, vitaminfrei, 25; Glucose 69; Mineralstoffmischung (*Hubbel* u. Mitarb., 1937 [*76*], vgl. S. 278) 4; Rohrzucker, vitaminiert, 2; Volle Vitaminergänzung, fettlösliche Vitamine in 95% Alkohol, Drahtgitterhaltung.

Weitere Mangeldiät für essentielle Fettsäuren bei [*131*].

Cholesterinfreie Diät [*57*] (Angaben in %): Casein, vitaminfrei, 25; Rohrzucker 71; Mineralstoffmischung [*176*] 4. (Ergänzung mit B-Vitaminen.)

[*188*] (Angaben in %): Casein, vitaminfrei, 25; Rohrzucker 65; Alphacell (Cellulosepulver) 16; NaCl 4. (Ergänzung mit fett- und wasserlöslichen Vitaminen), vgl. auch Rationen mit unterschiedlichem Energiegehalt.

Blutcholesterinsteigernde Diät [*121*] (Angaben in %): Casein, vitaminfrei, (2% Methionin enthaltend) 20; gehärtetes Kokosöl (Palmin) 25; Rohrzucker 50; Mineralstoffmischung (*Hegsted*, 1941 [*68*], vgl. S. 278) 4; Cholesterin 1; Cholsäure 0,5. Vitaminergänzung in mg je kg Futter: Vitamin $B_1 \cdot HCl$ 8,0; Vitamin B_2 6,0; Vitamin B_6 4,0; Vitamin B_{12} 0,04; Ca-Pantothenat 40,0; Nicotinsäure 50; Cholinchlorid 2000; Folsäure 4,0; Biotin 0,2; Inosit 200; Vitamin A, D, E, K in täglichen Dosen.

c) Ernährung ausgewachsener Ratten

Der Futterverzehr liegt bei 20—30 g Tier/Tag (je nach Gewicht). Der Nahrungsbedarf im Prozent des Futters kann etwa gleich hoch angenommen werden wie für wachsende Ratten. Zum Teil wird allerdings der Minimalbedarf zur Erhaltung wesentlich geringer angegeben (vgl. [*64*]), klare Abgrenzungen zwischen Erhaltung und Wachstum sind jedoch aus der Literatur nicht ersichtlich, so daß man im allgemeinen ausschließlich die bei der wachsenden Ratte beschriebenen Standardfutter verwenden wird, durch die der Erhaltungsbedarf voll gedeckt wird. Für *Untersuchungen spezifischer Futterinhaltsstoffe* an dem ausgewachsenen Organismus oder an der *alternden* Ratte finden die *gleichen* Rationen wie für das *wachsende* Tier Verwendung.

Eine Ration, die sich in den Glaxo Laboratories Ltd., Greenford, für die *reine Fütterung auf Erhaltung* gut bewährt hat [*5*] (Angaben in %):

Vollweizen, fein gemahlen 36,1; Gerstenschrot, fein gemahlen, 25,0; Maisschrot 12,5; Fischmehl (66% Rohprotein) 8,5; Sojaschrot (44% Rohprotein) 8,5; Erdnußschrot (50% Rohprotein) 5,0; $CaHPO_4 \cdot 2H_2O$ 0,5; NaCl 1,0; Melasse 2,5; Vitaminvormischung 0,4. Ergänzung in mg je kg Futter: Vitamin A 4000 I.E.; Vitamin D_3 1000 I.E.; Vitamin E 2; Vitamin B_2 6; Ca-Pantothenat 4; Cholinchlorid 200; BHT (Antioxydans) 125; Spurenelementvormischung 347.

d) Fütterung in der Rattenzucht

Auch hier haben sich Standardfutter (vgl. Wachstum der Ratte), die ohne jede Ergänzung den Bedarf voll decken, hervorragend bewährt. Der Minimalbedarf an Nährstoffen für Lactation und Trächtigkeit liegt bei den Mineralstoffen und Spurenelementen z. T. über dem Erhaltungsbedarf und etwa so hoch wie für wachsende Ratten, so daß für Untersuchungen über den Einfluß der Nahrungszusammensetzung auf Fruchtbarkeit, Aufzuchtleistung u. a. die gleichen Rationen wie für das wachsende Tier verwendet werden können.

Für Versuche mit *höchster Genauigkeit* wird die Verwendung einer hoch gereinigten Diät auch in der Rattenzucht empfohlen [*84*] (Angaben in %): Casein 30; Glucose 54; Schmalz 10; Mineralstoffmischung [*176*] (vgl. S. 278) 4; Cellulosepulver 2. Vitaminergänzung in mg je kg Futter: β-Carotin 3; Calciferol 0,01; Vitamin E-Acetat 40; Vitamin $B_1 \cdot HCl$ 2; Vitamin B_2 4; Vitamin B_6 4; Ca-Pantothenat 10; Nicotinsäure 100; Cholin 1000; Inosit 1000; p-Aminobenzoesäure 300.

Fruchtbarkeit, Aufzuchtleistung und Wachstum der Jungtiere wurden über 8 Jahre beobachtet. Sie waren „natürlichen" Rationen entsprechend. Diese Ration erscheint wegen ihrer einfachen Modifizierbarkeit sehr geeignet für Untersuchungen in der Zucht, im Erhaltungsstoffwechsel und im Wachstum.

2. Die Ernährung der Maus

Der Bedarf der Maus an essentiellen Nährstoffen stimmt weitgehend mit dem der Ratte überein. Zwar werden von einzelnen Autoren unterschiedliche Bedarfszahlen für Vitamine [*28*], Rohprotein [*60*] u. a. lebensnotwendige Futterinhaltsstoffe mitgeteilt, doch ist allgemein über den Nahrungsbedarf der Maus so wenig bekannt, daß nur empirisch aus den befriedigenden Leistungen bei Wachstum, Zucht und Haltung der Mäuse bei Verabreichung von Rattendiäten geschlossen werden kann, daß der Bedarf der beiden Tierarten (bezogen auf das Futter) etwa gleich ist.

Für eine normale Haltung und Zucht empfiehlt sich die Verwendung gleicher Standardfutter wie sie bei wachsenden Ratten beschrieben wurden (vgl. Bezugsquellennachweis S. 294). Eine Beifütterung ist nicht erforderlich. Futteraufnahme je ausgewachsenes Tier etwa 5 g täglich.

a) Eine halbsynthetische Diät für Mäuse. [*44*] (Angaben in %): Casein, vitaminfrei, 30; Dextrin 60; Maisöl 5; Mineralstoffmischung 5. Die Mineralstoffmischung enthält in 50 g (= 1000 g Diät) (Angaben in g): $CaHPO_4$ 27,80; K_2HPO_4 9,20; NaCl 9,20; $MgSO_4$ 2,30; Fe-Citrat 1,20; $CoCl_2 \cdot 6H_2O$ 0,02; ZnJ_2 0,01; $CuBO_4$ 0,02; $AlF_3 \cdot H_2O$ 0,02; $MnSO_4 \cdot H_2O$ 0,23. Vitaminzusätze in mg je kg Futter: Vitamin A 10000 I.E.; Vitamin D 1000 I.E.; Vitamin E 50; Vitamin K_3 10; Vtamin B_1 10; Vitamin B_2 20; Vitamin B_6 10; Pantothensäure 100; Nicotinsäure 50; Cholinchlorid 1500; Folsäure 5; Biotin 0,2.

Diese Ration wurde auch mit einer Modifikation (20% Casein + 7% Rohrzucker + 3% Cellulosepulver statt 30% Casein) verwendet [*24*].

Eine sehr einfache *halbsynthetische Ration* [*171*] (Angaben in %): Eieralbumin 20; Stärke 76; Mineralstoffmischung (*Wesson*, 1932 [*180*], vgl. S. 278) 4. Vitaminergänzung in mg je kg Futter: Vitamin $B_1 \cdot$HCl 6; Vitamin B_2 6; Vitamin $B_6 \cdot$HCl 6; Vitamin B_{12} 0,05; Ca-Pantothenat 20; Nicotinsäure 20; Cholinchlorid 1000; Folsäure 1; Inosit 500; p-Aminobenzoesäure 300; Vitamin K_3 1; (10 γ Vitamin A; 0,02 γ Calciferol und 0,5 mg Vitamin E-Acetat je Tier wöchentlich).

b) Für Untersuchungen über den Methioninstoffwechsel der Maus verwendete [*149*] folgende Diät (Angaben in %): Casein 12; Maisöl 4; Lebertran 1; Mineralstoffmischung [*176*] (vgl. S. 278) 4; L-Cystin 0,3; Rohrzucker ad 100. Vitaminergänzung in mg je kg Futter: Vitamin E 50; Vitamin E-Acetat 50; Vitamin B_1 6; Vitamin B_2 6; Vitamin B_6 6; Vitamin B_{12} 0,1; Ca-Pantothenat 30; Nicotinsäure 25; Cholinchlorid 4000; Biotin 0,5; Inosit 1000; Folsäure 10.

Eine *vielseitig verwendbare* halbsynthetische Ration für Mäuse beschrieben [*39*] (Angaben in %): Glucose 64; Casein 24; Mineralstoffmischung [*176*] (vgl. S. 278) 5; Baumwollsamenöl 5; Cellulosepulver 2. Vitaminergänzung in mg je kg Futter: Vitamin A 5000 I.E.; Vitamin D_2 500 I.E.; Vitamin E-Acetat 100; Vitamin K_3 5; Vitamin $B_1 \cdot$HCl 10; Vitamin B_2 10; Vitamin $B_6 \cdot$HCl 10; Vitamin B_{12} 0,15; Ca-Pantothenat 60; Nicotinsäure 100; Ascorbinsäure 200; Folsäure 10; Biotin 4; Inosit 800; p-Aminobenzoesäure 400. Vitaminergänzung unter Abzug einer entsprechenden Menge Glucose.

Eine *ähnliche Ration* verwendeten auch [*165*]. Mit Hilfe dieser Ration sind bei entsprechender Abwandlung **Untersuchungen über Eiweißkomponenten, Mineralstoffe, Spurenelemente, Vitamine** und **Futtermittelzusätze** durchführbar.

c) Untersuchungen über die Zuchtleistung von Mäusen. [*22*] (Angaben in %): Sojaschrot 80; Glucose 10; „Wesson-Öl" (angereichert mit fettlöslichen Vitaminen) 6; Mineralstoffmischung (*Wesson*, 1932 [*180*], vgl. S. 278) 4. Vitaminergänzung in mg je kg Futter: Vitamin B_1 5; Vitamin B_2 10; Vitamin B_6 5; Vitamin B_{12} 0,02; Ca-Pantothenat 30; Nicotinsäure 10; Cholinchlorid 1500; Folsäure 1; Biotin 0,2; Inosit 1000; p-Aminobenzoesäure 1000; Vitamin K_3 10; Oleum percomorphum 24 Tropfen; DL-Methionin 0,6%.

Eine besonders für die *Milchproduktion bei Mäusen* geeignete Ration wird von [*98*] angegeben (Angaben in %): Magermilchpulver 40; Rohcasein 15; Dextrin 15;

Maisöl 15; Lebermehl 5; Mineralstoffmischung (*Hubbel* u. Mitarb. 1937 [*76*], vgl. S. 278) 5; Cellulosepulver 5.

Bei Untersuchungen über den *Einfluß von Fett auf den Nicotinsäurebedarf* der Maus wurde folgende Diät verwendet [*130*] (Angaben in %): Casein, vitaminfrei, 9; L-Cystin 0,4; Rohrzucker 85,6; Mineralstoffmischung (*Hubbel* u. Mitarb., 1937 [*76*], vgl. S. 278) 5. Vitaminergänzung in mg je kg Futter: Vitamin A 20000 I.E.; Vitamin D 4000 I.E.; Vitamin E 2,6; Vitamin K_3 2; Vitamin $B_1 \cdot HCl$ 4; Vitamin B_2 10; Vitamin $B_6 \cdot HCl$ 4; Ca-Pantothenat 40; Cholinchlorid 2000; Folsäure 5,6; Biotin 0,25; Inosit 2000. Vitaminergänzung und Fettzufuhr im Austausch gegen Rohrzucker, verschiedene Nicotinsäureergänzungen.

3. Die Ernährung der Meerschweinchen

a) Normale Kost und Zuchtdiät

Der Bedarf an Nährstoffen ist bisher nur wenig untersucht. Im Gegensatz zu den anderen Laboratoriumstieren (außer Affen) hat das Meerschweinchen einen Nahrungsbedarf an Vitamin C, der etwa 4 mg/Tier/Tag beträgt (= 200 mg/kg Futter). Für Zuchttiere sollten 8 mg Vitamin C/Tier/Tag gegeben werden [*138*]. Zusammenfassende Darstellung über den Nahrungsbedarf der Meerschweinchen: [*143*].

Für die normale Haltung und Zucht empfiehlt sich die Verwendung von Standardfuttern, wie sie z. B. von verschiedenen Firmen (vgl. Bezugsquellennachweis S. 294) hergestellt werden. Zusammensetzung des Meerschweinchen-Standardfutters *Altromin Ms* (vgl. Bezugsquellennachweis S. 294) Angaben in %: Fischmehl (65% Rohprotein) 3; Süßmolkenpulver 3; extrahiertes Sojaschrot 7,5; Fishsolubles (getrocknet) 1,5; Luzernegrünmehl 35; Haferschrot 15; Gerstenschrot 15; Weizenkleie 10; Sonnenblumenkerne 5; Weizenkeime 3; Trockenfutterhefe (Waldhof) 1; $CaHPO_4$ (mit Vitaminen und Spurenelementen angereichert) 1. (Chem. Analysen und garantierter Wirkstoffgehalt sind beim Hersteller zu erfragen.)

Eine zusätzliche Fütterung ist bei Verwendung dieser Standardfutter nicht erforderlich. Der Vitamin C-Gehalt ist für eine gewisse Zeitdauer garantiert. *Futteraufnahme* je ausgewachsenes Tier etwa 30 g täglich. Für spezielle Untersuchungen können z. T. ebenfalls diese Standardfutter verwendet werden (z. B. Standardfutter ist nach längerer Ablagerung Vitamin C-frei) oder es werden „gereinigte" Diäten verabreicht.

b) Mangeldiäten

[*144*] haben für Meerschweinchen folgende *halbsynthetische Diät* entwickelt (Angaben in %): Casein, vitaminfrei, 30; Maisöl 7,3; Rohrzucker 10,3; Cellophan-Gries 15; Maisstärke 20; Glucose 7,8; K-Acetat 2,5; Mg-Oxyd 5; Mineralstoffmischung [*176*] (vgl. S. 278) 6; Cholinchlorid 0,2; Vitamin C 0,2; Inosit 0,2. Vitaminergänzung in mg je kg Futter: Vitamin A-Acetat 6; Vitamin D_3 0,04; Vitamin E-Acetat 20; Vitamin K 2; Vitamin $B_1 \cdot HCl$ 16; Vitamin B_2 16; Vitamin $B_6 \cdot HCl$ 16; Vitamin B_{12} 0,04; Ca-Pantothenat 40; Nicotinsäure 200; Folsäure 10; Biotin 0,6. (Ähnliche Rationen: [*145, 146*].)

Mit geringer Modifikation (Cellulosepulver statt Cellophan-Gries, Maisöl 5%, dafür mehr Rohrzucker) fand diese Ration auch von [*4*] Verwendung.

α) **Vitaminmangel.** [*57*] und [*188*] stellen *Vitamin A-Mangel-* sowie auch Vitamin A- und *Vitamin C-Mangeldiäten* für Meerschweinchen her (Angaben in %): Vitamin A- und Vitamin C-Mangeldiät: Casein, vitaminfrei, 30,0; Rohrzucker 12,0; Cellulosepulver 15,0; Maisstärke 20,0; Glucose 8,0; Mineralstoffmischung (*Hegsted*, 1941 [*68*], vgl. S. 278) 4,0; MgO 0,5; K-Acetat 2,5; Maisöl 7,4. Vitaminergänzung in mg je kg Futter: Vitamin D_3 0,04; Vitamin E 20; Vitamin K_3 2; Vitamin B_1 20; Vitamin B_2 30; Vitamin B_6 20; Vitamin B_{12} (in Mannit) 40; Ca-Pantothenat 80; Nicotinsäure 200; Cholinchlorid 3500; Biotin 1; Inosit 2000; Folsäure 10; p-Aminobenzoesäure 100.

Vitamin E-Mangeldiät: [*160*] Pantothensäuremangeldiät: [*137*].

Für Untersuchungen über den *Nicotinsäurestoffwechsel* wurde folgende Ration angegeben [*33*] (Angaben in %): Rohrzucker 10; Gelatine 10; Mineralstoffmischung (*Phillips* und *Hart*, 1935 [*133, 134*] vgl. S. 278) 4; Luzernemehl 5; Extrahiertes Sojaschrot 17; Maisvollmehl 53,7; Cholinchlorid 0,3; jeden zweiten Tag 25 mg Ascorbinsäure je Tier.

Folsäuremangeldiät: [*184*]; *Biotinmangeldiät:* [*26*].

β) **Mineralstoffwechsel.** Rationen zum Studium des *Mineralstoffwechsels* bei Meerschweinchen: [*74*].

Synthetische Diät für Untersuchungen über den *Manganbedarf* des Meerschweinchens [*40*] (Angaben in %): Casein, vitaminfrei, 30; Maisstärke 20; Glucose 10,6; Rohrzucker 10; Cellulosepulver 10; Agar (Mangan-arm) 5; Mineralstoffmischung 6; Baumwollsamenöl 5; K-Acetat 2,5; MgO 0,5; Inosit 0,2; Cholinchlorid 0,2. Mineralstoffmischung enthält in 60 g (= 1000 g Diät): (Angaben in g): $CaCO_3$ 21,20; K_2HPO_4 22,98; NaCl 11,84; $FeSO_4 \cdot 7\,H_2O$ 1,76; $MgSO_4 \cdot 7\,H_2O$ 1,97; KJ 0,05; $ZnCO_3$ 0,02; $CuSO_4 \cdot 5\,H_2O$ 0,02; $MnSO_4$ 0,16. Vitaminzusätze in mg je kg Futter: Vitamin A 6000 I.E.; Vitamin D 600 I.E.; Vitamin E 100; Vitamin K_3 5; Vitamin $B_1 \cdot$HCl 16; Vitamin B_2 16; Vitamin $B_6 \cdot$HCl 16; Vitamin B_{12} 0,05; Ca-Pantothenat 40; Nicotinsäure 200; Folsäure 10; Biotin 1; p-Aminobenzoesäure 100. Ascorbinsäure 15 mg täglich je Tier.

4. Die Ernährung des Laboratorium-Kaninchens

a) Normale Kost und Zuchtdiät

Auch in der Haltung und Zucht von Kaninchen ist die Verwendung von Standardfuttern (vgl. Bezugsquellennachweis S. 294) zu empfehlen. Eine Zusatzfütterung ist nicht erforderlich.

Die US Rabbit Experiment Station, Fontana, California (USA) verwendet folgende Ration (Angaben in %): Luzerneheumehl (sonnengetrocknet) 40; Sojaschrot (44% Rohprotein) 18; Gerstenvollmehl 18,5; Leinschrot (Expeller) 4; Hafer 4; Weizenfutter (wheatmixed feed) 15; NaCl 0,5.

Eine Ration mit gereinigtem Eiweiß (Dracket C 1, vgl. Bezugsquellennachweis S. 294) gibt [*168*] an.

b) Mangeldiäten

α) **Fettfreie Diät.** [*35*] (Angaben in %): Kartoffelstärke 60; Casein, vitaminfrei, 25; Cellulosepulver 10; Mineralstoffmischung [*176*] (vgl. S. 278) (ergänzt mit Spurenelementen Fe, Cu, Mn, J) 5. Vitaminzusätze in mg je kg Futter: Vitamin A-Palmitat 6660 I. E.; Vitamin D (Calciferol) 0,2; Vitamin E 75; Vitamin K_3 0,75; Vitamin B_1-Nitrat 0,7; Vitamin B_2 6; Vitamin $B_6 \cdot$HCl 7; Vitamin B_{12} 0,05; Ca-Pantothenat 15; Nicotinsäure 200; Cholin 1000; Folsäure 1; Inosit 100; p-Aminobenzoesäure 2.

Bei Untersuchungen über den *Fettstoffwechsel* verwendeten [*120*] folgende Diät (Angaben in %): Casein 20; Rohrzucker 30; Weizenmehl 39; Erdnußöl 6; Mineralstoffmischung [*176*] (vgl. S. 278) 5. Vitaminergänzung in mg je kg Futter: Vitamin $B_1 \cdot$HCl 3; Vitamin B_2 3; Vitamin $B_6 \cdot$HCl 3; Ca-Pantothenat 17; Nicotinsäure 30; Cholinchlorid 200; Folsäure 0,0002; Biotin 0,2; Inosit 200; p-Aminobenzoesäure 3; Vitamin K_3 0,3; Vitamin A-, D- und E-Ergänzung täglich.

β) **Untersuchungen über Arteriosclerose.** [*178*] verabreichten für ihre *Arteriosclerose-Untersuchungen* folgende Diät an Kaninchen (Angaben in %): Sojaschrot (44% Rohprotein) 45; Rohrzucker 29,35; Cellulosepulver 5; Mineralstoffmischung (*Wesson*, 1932 [*180*], vgl. S. 278) 5; Baumwollsamenöl 13; Lebertran 2; Cholesterin 0,35; Cholinchlorid 0,2; Vitaminvormischung 0,1.

Sehr gut modifizierbare halbsynthetische Rationen für Arterioscleroseuntersuchungen für Kaninchen [*53, 54*] (Angaben in %): Fett 24; Rohcasein 25; Cellulose 20; Weizenstärke 16,3; Rohrzucker 6; Mineralstoffmischung 4; K-Acetat 2,5; MgO 0,5; NaCl 0,7; Vitaminvormischung 0,5; Cholinchlorid 0,5. Vitaminergänzung in mg je kg Futter: Vitamin A 10000 I.E.; Vitamin D_3 100 I.E.; Vitamin E-Acetat 50; Vitamin D (Dicalciumsalz der Diphosphorsäure) 10; Vitamin $B_1 \cdot HCl$ 50; Vitamin B_2 50; Vitamin $B_6 \cdot HCl$ 50; Ca-Pantothenat 50; Nicotinsäure 80; Folsäure 0,5; Biotin 0,5; Inosit 150; p-Aminobenzoesaure 350; Vitamin C 50; ergänzt mit Rohrzucker. Mineralstoffmischung enthält in 40 g (= 1000 g Diät, Angaben in g): Ca-Lactat 13,90; Fe-Citrat · $3 H_2O$ 1,27; K_2HPO_4 10,29; $CaH_4(PO_4)_2 \cdot H_2O$ 584; $NaH_2PO_4 \cdot H_2O$ 3,72; $MgSO_4$ 2,86; NaCl 1,85; $CuSO_4 \cdot 5 H_2O$ 0,05; $MnSO_4 \cdot 4 H_2O$ 0,21; KJ 0,004.

γ) **Kaliummangeldiät.** [*75*] (Angaben in %): Casein, extrahiert, 20; Rohrzucker 57; Cellulosepulver 10; Schmalz 6; Lebertran 2; $Ca(H_2PO_4)_2$ 3,6; $MgSO_4$ 0,65; NaCl 0,55; Fe-Citrat 0,15; $MnSO_4$ 0,02; Spurenelemente 0,03. Vitaminergänzung in mg je kg Futter: Vitamin E-Acetat 100; Vitamin K_3 2; Vitamin B_1 5; Vitamin B_2 5; Vitamin B_6 5; Vitamin B_{12} 0,05; Ca-Pantothenat 30; Nicotinsäure 40; Cholinchlorid 2000; Folsäure 1; Biotin 0,1; Inosit 200. (K-Gehalt der Ration 0,009%.)

[*106*] verabreichten bei Untersuchungen über Manganmangel folgende Ration (Angaben in %): Gemahlenes Sojaheu 80; Glucose 10,15; Rohcasein 4; Wesson-Öl 5,6; Manganvormischung (12,3 $MnSO_4 \cdot H_2O$ + 87,7 g Glucose) 0,25.

Vitamin E-, *Cholin-* und *Kalium-Mangeldiäten* für Kaninchen: [*10*], Ration für Koprophagieuntersuchungen: [*167*].

5. Die Ernährung von Versuchshunden

Zuverlässige Bedarfszahlen werden von [*192*] angegeben.

Nährstoffbedarf (Angaben in % der Ration)

	Trockenfutter	feucht-krümeliges Futter
Wasser	8–10	70–75
Protein-Mindestbedarf für Wachstum	18,0	6,0
Protein-Mindestbedarf für Erhaltung	13,5	4,5
Kohlenhydrate für Wachstum	bis 70,0	bis 23,0
Kohlenhydrate für Erhaltung	bis 75,0	bis 25,0
Fett	4,5	1,5
Calcium (Minimalbedarf)	1,0	0,4
Phosphor (Minimalbedarf)	0,8	0,3
NaCl	1,4	0,5
Kalium	0,8	0,3

Spurenelement- und Vitaminbedarf (Angaben je kg Futter)

	Trockenfutter	feucht-krümeliges Futter
Eisen mg	48	18
Kupfer mg	5,5	2,2
Cobalt mg	2,2	0,7
Magnesium mg	440	154
Mangan mg	4,4	1,5
Zink mg	4,4	1,5
Jod mg	1,1	0,4
Vitamin A I. E.	4000	1300
Vitamin D I. E.	ca. 300	ca. 100
Vitamin E (Wachstum) mg	44	15,4
Vitamin B_{12} mcg	22	8,8
Vitamin B_1 mg	0,7	0,2
Vitamin B_2 mg	1,8	0,7
Vitamin B_6 mg	0,9	0,3
Pantothensaure mg	2,0	0,9
Nicotinsaure mg	9,0	3,3
Cholin mg	1230	440

Die Bedarfszahlen beziehen sich auf große Hunde; kleine Hunde, die bezogen auf das Körpergewicht mehr Futter aufnehmen, werden bei Verwendung der angegebenen Bedarfszahlen reichlich versorgt.

In der gleichen Veröffentlichung [*192*] finden sich Angaben uber den täglichen Futtermengenbedarf und den Bedarf pro kg Körpergewicht täglich.

Der Proteinmengenbedarf ist stark abhängig von der Proteinqualität (Aminosäurenzusammensetzung) und Verdaulichkeit. Der Energiebedarf sinkt mit steigendem Körpergewicht von 141 Cal (1 kg Körpergewicht) über 75 Cal (10 kg Körpergewicht) bis 49 Cal je kg Körpergewicht (50 kg Körpergewicht) ab.

Ein gewisser Fettgehalt sollte in der Ration wegen der Versorgung mit ess. Fettsäuren und zur Verhinderung von Haut- und Haarkleidschäden immer vorhanden sein.

Eine ausreichende Mineralstoffversorgung ist mit Hilfe der Mineralstoffmischung von [*134*] (vgl. S. 278) bei einer Konzentration von 4% im Trockenfutter möglich.

Vereinzelte Angaben bezogen auf kg/Körpergewicht finden sich auch in [*65*]. Zusammenfassende Darstellungen über die Probleme der Hundefütterung finden sich bei [*163*] und [*9*]. Für die Aufzucht, Haltung und Zucht von Versuchshunden ist die Verwendung von Standardfutter zu empfehlen.

Vielseitig modifizierbare halbsynthetische Diät. [*110*] (Angaben in %): Casein, vitaminfrei, 18; Rohrzucker 67; Baumwollsamenöl 11; Mineralstoffmischung (*Wesson*, 1932 [*180*], vgl. S. 278) 4. Je Tier/Tag wurden in Gelatinekapseln zusätzlich verabreicht: Vitamin A 2500 I.E.; Vitamin D 500 I.E. sowie je kg Körpergewicht/Tag Vitamin B_1·HCl 1 mg; Vitamin B_2 1 mg; Vitamin B_6·HCl 0,6 mg; Ca-Pantothenat 0,5 mg; Cholinchlorid 25 mg.

Gereinigte Diäten für Untersuchungen über den **Cholin-** und **Vitamin-B_{12}-Bedarf** bei Hunden: [*151*]. Untersuchungen über die **Proteinqualität** bei Hunden: [*99*]. Grundrationen für Hunde zur Untersuchung des **Mineralstoffwechsels:** [*77, 78*].

6. Die Ernährung der Katzen

Der Bedarf an Nährstoffen ist nur z. T. bekannt [*41, 58*]. Für normale Haltung und Zucht von Katzen werden Standardfutter (vgl. Bezugsquellennachweis S. 295) hergestellt.

Ein natürliches Futter wird von [*31*] angegeben (Angaben in %): Rohcasein 10; Rindfleisch, roh u. gemahlen, 20; Kokosfett, hydriert, 20; Sardinen, gekocht u. ausgenommen, 20; Hafer, gekocht u. abgepreßt, 15; Kartoffeln, gekocht u. gemust, 10; Lebertran 3; Knochenfuttermehl 2.

Dieselben Autoren verwendeten ein **halbsynthetisches Futter** folgender Zusammensetzung (Angaben in %): Rohcasein 42; Rohrzucker 25,5; Kokosfett, hydriert, 24; Gelatine 2,5; Mineralstoffmischung (*Phillips* und *Hart*, 1935 [*133, 134*], vgl. S. 278) 5,5; Cholinchlorid 0,5. Vitaminergänzung in mg je kg Futter: (1× wöchentlich: Vitamin A 2500 I.E.; Vitamin D 50 I.E.; Vitamin E 15 mg); Vitamin B_1 10; Vitamin B_2 10; Vitamin B_6 20; Ca-Pantothenat 20; Nicotinsäure 100; Folsäure 5; Biotin 0,2; Inosit 30; p-Aminobenzoesäure 10; Vitamin K_3 10.

[*30*] verabreichten für Vitamin B_2-Stoffwechseluntersuchungen ebenfalls eine *gereinigte Ration* (Angaben in %): Casein, vitaminfrei, 33; Gelatine 2; Schmalz 5; Erdnußöl 5; Mineralstoffmischung (*Phillips* und *Hart*, 1935 [*133, 134*], vgl. S. 278) 5; Rohrzucker ad 100. (Ergänzung mit fett- und wasserlöslichen Vitaminen.)

Ältere Angaben einer *synthetischen Katzendiät* finden sich bei [*90*].

[*59*] verwendeten fur die **Ermittlung des Vitamin-B_2-Bedarfs** folgende Rationen (Angaben in %): a) Casein 32,1; Rohrzucker 37,6; Maisöl 12,5; Fett, hydriert, 12,5; Lebertran 1; Mineralstoffmischung (*Hegsted*, 1941 [*68*], vgl. S. 278) 4; Cholin 0,3; (= Ration mit hohem Fettanteil). — b) Casein 25,5; Rohrzucker 65,2; Maisöl 2; Fett, hydriert, 2; Lebertran 1; Mineralstoffmischung [*68*] (vgl.

S. 278) 4; Cholin 0,3. (= Ration mit hohem Kohlenhydratanteil.) Vitaminergänzung in mg je kg Futter: Vitamin K_3 1; Vitamin B_1 4; Vitamin B_2 4; Vitamin B_6 4; Ca-Pantothenat 20; Nicotinsäure 40; Folsäure 1; Biotin 0,2.

7. Die Ernährung der Affen

Affen haben wie die Meerschweinchen einen Vitamin C-Bedarf von etwa 25 mg/Tier/Tag (= etwa 75 mg Vitamin C/kg Futter). Für normale Aufzucht, Haltung und Zucht empfiehlt sich die Verwendung eines Standardfutters (vgl. Bezugsquellennachweis S. 295). Für Untersuchungen über die Ernährung von Affen wird häufig die Diät von [*103*] verwendet (Angaben in %): Casein, vitaminfrei, 25; Rohrzucker 60,3; Mineralstoffmischung (*Hegsted* u. Mitarb. 1941 [*68*], vgl. S. 278) 4; Maisöl 8; Lebertran 2; Cholinchlorid 0,5; p-Aminobenzoesäure 0,1; Inosit 0,1 (bei Arteriosklerose-Untersuchungen Cholesterin 5 und höherer Fettgehalt im Austausch gegen Rohrzucker), tägliche Vitaminergänzung. Eine ähnliche Diät verwendeten [*135, 136*].

B. Geflügel (Hühner, Küken)

1. Normale und halbsynthetische Diäten

Ein Bezugsquellennachweis für die Diätbestandteile, Küken usw. findet sich am Schluß des Kapitels, S. 294 ff.

Bei den aufgeführten Diäten handelt es sich für die betreffenden Untersuchungen um bereits experimentell bewährte Kostformen, welche auch die in den letzten Jahren erarbeiteten Erkenntnisse auf allen Gebieten des Nährstoff-, Mineral- und Vitaminbedarfs weitgehend berücksichtigen und dadurch den früher gebräuchlichen Diäten häufig überlegen sind.

Die hier wiedergegebenen Zusammensetzungen sind nicht in allen Fällen völlig identisch mit der Originaldiät. Zum Teil erfolgte eine Angleichung von Zusätzen etc. an runde Zahlen des metrischen Systems, zum Teil wurden ungebräuchliche bzw. schwer beschaffbare Komponenten eliminiert. Auch die Zahl der Mineralstoffmischungen wurde reduziert. Diese Änderungen tangieren jedoch in keinem Falle die Brauchbarkeit der Diäten für die vorgesehenen Zwecke.

a) Bedarfszahlen für Küken (pro kg Diät bzw. %)[1]

Protein (N×6,25)		20 %	Glykokoll	1,0%
L-Lysin		1,0%		
L-Arginin		1,2%	Vitamin A	2600 I.E.
L-Histidin		0,3%	Vitamin D_3	200 I.E.
L-Tryptophan		0,2%	Vitamin E	[2]
L-Phenylalanin		1,4%	Vitamin K_1	0,53 mg
oder L-Phenylalanin	0,7%		Vitamin B_1 (Thiamin)	1,8 mg
+ L-Tyrosin	0,7%		Vitamin B_2 (Riboflavin)	2,9 mg
L-Methionin		0,8%	Vitamin B_6 (Pyridoxin)	2,9 mg
oder L-Methionin	0,45%		Vitamin B_{12}	9,0 mcg
+ L-Cystin	0,35%		Pantothensäure	9,2 mg
L-Threonin		0,6%	Nicotinsäure	26,0 mg
L-Leucin		1,4%	Cholin	1300 mg
L-Isoleucin		0,6%	Biotin	90 mcg
L-Valin		0,8%	Folsäure	0,55 mg

[1] Nach [*127*]. Die angegebenen Werte stellen den *Minimalbedarf* dar und enthalten keine Sicherheitsspannen. Sie beziehen sich auf ein Futter von durchschnittlicher Energiekonzentration (etwa 75% verd. Gesamtnahrstoff; etwa 2000 Cal. prod. Energie bzw. 2900 Cal umsetzbare Energie/kg). Änderungen des Energie-, des Proteingehaltes sowie einzelner Diatbestandteile und Inhaltsstoffe können den Bedarf an einigen essentiellen Nahrungsfaktoren stark verandern.

[2] *Der Vitamin E-„Bedarf"* variiert je nach Diätzusammensetzung zwischen unter der Nachweisgrenze liegenden Spuren und *einigen -zig mg/kg* Diat. Ein Zusatz von ca. 20 mg α-Tokopherolacetat/kg ist im allgemeinen ausreichend.

Calcium	1,0 %	Eisen	20 mg
Phosphor	0,6 %	Kupfer	2 mg
Kalium	0,2 %	Mangan	55 mg
Natrium	0,15%	Zink	45 mg
Magnesium	0,05%	Jod	1 mg

b) Standarddiät für Küken. [*18*] (Angaben in %): Maisschrot, fein, 51,1; Sojaschrot (50% Rohprotein) 36,0; Rindertalg 5,0; Trockenmolke, entzuckert, 2,0; Fishsolubles, getrocknet 1,0; $CaHPO_4 \cdot 2H_2O$ 2,5; $CaCO_3$ 1,0; NaCl, jodiert, 0,4; Vormischung 1,0. Vormischung enthält in 10 g (= in 1000 g Diät): DL-Methionin 1 g; Vitamin A 5000 I.E.; Vitamin D_3 1000 I.E.; α-Tokopherol 10 mg; Vitamin K_3 1 mg; Vitamin B_2 3 mg; Vitamin B_{12} 10 mcg; Ca-Pantothenat 5 mg; Nicotinsäure 30 mg; Cholinchlorid 100 mg; $MnSO_4 \cdot 4H_2O$ 200 mg; $ZnCO_3$ 50 mg; Aureomycin 50 mg; Penicillin 10 mg; (bei Bodenhaltung ist Zusatz eines Coccidiostaticums erforderlich).

Schnellwachsende, schwere Rassen erreichen mit dieser Diät ein durchschnittliches 4-Wochengewicht von ca. 600 g (♂). Futterbedarf/Tier 1 kg bis zu 4 Wochen, 3 kg bis zu 8 Wochen (1450 g ♂).

Die Diät zeichnet sich durch gute Reproduzierbarkeit der Leistungen (Konstanz der Qualität der Bestandteile) aus. Sie ist besonders geeignet für pharmakologische Arbeiten sowie als Kontrolldiät für Untersuchungen der verschiedensten Art.

c) Käufliche Alleinfutter (Mischfutter für Küken siehe Bezugsquellennachweis S. 294.

d) Halbsynthetische Diät für Küken (isoliertes Sojaprotein) [*18*], modifiziert nach [*100*] (Angaben in %): Glucose DAB6, 40; Drackett C-1 Assay Protein 35; raffiniertes Sojaöl[1] 15; Mineralsalzmischung[2] 6; Cellulosepulver 2; Vormischung[3] 2.

Die Diät enthält ohne Vormischung etwa pro kg: Vitamin B_1 0,1 mg; Vitamin B_2 0,4 mg; Vitamin B_6 1,7 mg; Vitamin B_{12} nicht nachweisbar; Ca-Pantothenat 1,5 mg; Nicotinsäure 2 mg; Cholinchlorid 0,7 mg; Folsäure 1 mg; Inosit 100 mg; Biotin 0,1 mg; p-Aminobenzoesäure 0,2 mg.

Bei Entfallen der betreffenden Elemente aus der Mineralstoffmischung enthält die Diät pro kg etwa: Ca 70 mg; P 2,8 g; Mg 45 mg; Na 230 mg; K 640 mg; Cl 7 mg; S (ohne Methioninzusatz, z. T. Rückstände von Zusätzen aus der Proteinisolation) 2,5 g; Mn 20 mg; Fe 50 mg; Cu 3 mg; Co 40 mcg; Zn 8 mg; J 100 mcg.

Schnellwachsende, schwere Rassen erreichen mit dieser Diät ein 4-Wochengewicht von 650—670 g (♂). Futterbedarf/Tier etwa 1 kg bis zu 4 Wochen, 2,5 kg bis zu 8 Wochen (1700 g ♂).

Die Diät eignet sich für die verschiedensten Mangel- und Bedarfsstudien (siehe Gehalte an B-Vitaminen und Mineralstoffen).

e) Halbsynthetische Diät für Küken, Casein/Gelatine, [*19*], wie Diät (1.d) lediglich anstatt 35% Drackett C-1 Assay Protein 25% Casein und 10% Gelatine; der Glykokollzusatz entfällt. Leistung und Futterverbrauch etwa wie bei (1.d).

Geringfügiges Arginindefizit (= ca. 5% des Bedarfs).

f) Energiearme, proteinreiche Diät, wie Diät (1.d) bzw. (1.e), jedoch Glucose 45% anstatt 40; Sojaöl 3% anstatt 15; Cellulose 8% anstatt 2; Mineralstoffmischung wie Diät (1.d) (vgl. S. 288) 5% anstatt 6.

---

[1] Stabilisiert mit 250 mg Butylhydroxytoluol/kg Öl.

[2] Enthält in 60 g (= 1000 g Diät): $CaCO_3$ 15 g; $Ca_3(PO_4)_2$ 14 g; K_2HPO_4 (siccum) 10 g; NaCl 8 g; Na_2HPO_4 (siccum) 7 g; $MgSO_4 \cdot 7H_2O$ 5 g; Fe-Citrat 450 mg; $MnSO_4 \cdot 4H_2O$ 450 mg; $ZnCO_3$ 40 mg; $CuSO_4 \cdot 5H_2O$ 20 mg; KJ 40 mg.

[3] Enthält in 20 g (= 1000 g Diät): DL-Methionin 6 g; Glykokoll 4 g; Vitamin A 10000 I.E.; Vitamin D_3 1000 I. E.; α-Tokopherol 25 mg; Vitamin K_3 2 mg; Vitamin B_1 25 mg; Vitamin B_2 15 mg; Vitamin B_6 8 mg; Vitamin B_{12} 30 mcg; Ca-Pantothenat 20 mg; Nicotinsaure 100 mg; Cholinchlorid 2 g; Folsäure 4 mg; Biotin 300 mcg; Ascorbinsäure 25 mg; Aureomycin 50 mg; Penicillin 10 mg; Glucose ad 20 g.

g) Proteinarme, energiereiche Diät, wie Diät (1.d), jedoch 24% Drackett C-1 Assay Protein anstatt 35; DL-Methionin 0,5%; Glykokoll 0,25%, Glucose entsprechend erhöht. Mit dieser Diät wird annähernd gleiches Wachstum erzielt wie mit Diät (1.d).

Ausgehend von diesem Minimum fur optimales Wachstum kann der Proteingehalt beliebig herabgesetzt bzw. modifiziert werden.

2. Vitaminmangeldiäten

Besonderer Wert ist auf eine Kükenbezugsquelle mit ganzjährig genormter Fütterung der Mutterhennen (vgl. Bezugsquellennachweis S. 294) zu legen, da die an sich schon hohe individuelle Variabilität im Vitaminbedarf durch unterschiedliche Reserven aus dem Brutei überlagert wird.

Die schnelle Erzeugung klinischer Vitaminmangelsymptome wird — insbesondere bei den meisten B-Vitaminen — mit zunehmendem Alter schwieriger. Die Küken sollten deshalb vom ersten Lebenstag an ausschließlich die Mangeldiät erhalten.

Koprophagie und Verunreinigung des Trinkwassers (mikrobielle Vitaminsynthese!) müssen als zusätzliche Variable soweit wie möglich vermieden werden.

a) Einfache Vitamin A-arme Diät. [*17*] (Angaben in %): Gerstenschrot 80; Casein 10; Trockenhefe 5; Olivenöl 3; $CaCO_3$ 1; $CaHPO_4 \cdot 2H_2O$ 0,5; NaCl 0,5.

Die Diät eignet sich für Küken bis zum Alter von 3—4 Wochen. *Vitamin A-Verarmung, Leberspeicherungstest*, jedoch nicht für Wachstumsteste.

b) Vitamin A-freie Diät. [*20*], wie Diät (1.e), vgl. S. 288, Vitamin A in der Vormischung entfällt. Die Diät ergibt maximales Wachstum, rasche Verarmung und auch bei sehr reichlicher Vitamin A-Speicherung der Eintagsküken (ca. 200 I.E./Leber) Vitamin A-Mangelsymptome innerhalb von 10—20 Tagen.

c) Vitamin D- (bzw. Ca-, Sr- und P-) Studien. Diät (1.f) nach [*128*] (Angaben in %): Weizenschrot 36; Maisschrot 30; Sojaschrot 13,5; Magermilchpulver 10; Trockenhefe 3; Luzernegrünmehl 6; NaCl 1; Holzkohlenpulver 0,5; Ca-Gehalt 0,53%; P-Gehalt 0,44%.

Nach einer Vorperiode von 7 Tagen (= Ca-, P- und Vitamin D-Depletion) erhalten die Küken *mineralreguliertes Testfutter* aus 94,8% dieser Diät; 4,2% Knochenmehl und 1% Öl (zur Aufnahme der auf D-Aktivität zu prüfenden Substanz). Mit dieser Diät wurden die bisher umfangreichsten Untersuchungen über die Beziehungen Vitamin D_2:D_3:Ca:P durchgefuhrt.

Diät nach [*118*] (Angaben in %): Mais 66,28; Sojaschrot (44% Rohprotein) 33; Methionin 0,2; NaCl 0,50; $MnSO_4 \cdot H_2O$ 0,02; Zusätze pro kg Diät: Vitamin A 4000 I.E.; Vitamin E 25 mg; Vitamin K_3 0,5 mg; Vitamin B_2 5 mg; Vitamin B_{12} 80 mcg; Ca-Pantothenat 6 mg; Nicotinsäure 8 mg; Cholinchlorid 600 mg; $ZnCO_3$ 50 mg; KJ 1,4 mg.

Der Gesamt-P-Gehalt beträgt etwa 0,35% (ca. 0,10% „anorgan. P"), der Ca-Gehalt etwa 0,10%. Optimale Zunahmen wurden bei dieser Diät mit 1% Ca; 0,6% „anorgan. P" und 220 I.E. Vitamin D_3 pro kg Diät erreicht.

Für derartige Untersuchungen dürften sich ebenso — oder wegen der damit erzielten höheren Wachstumsrate noch besser — die Diäten (1.b) und (1.d) (vgl. S. 288) bei entsprechender Variierung des Ca-, P- und Vitamin D-Gehaltes eignen. Bei P-Mangelstudien ist Diät (1.g) vorzuziehen.

d) Vitamin E. Wie Diät (1.d) oder (1.e) (vgl. S. 288), jedoch Vormischung ohne Tokopherol und mit 5000 I.E. Vitamin A anstatt 10000; ohne Antioxydans, nicht-hydriertes Fischöl 4% und raffiniertes Sojaöl (3 Tage O_2-belüftet) 3% anstatt 14% Sojaöl, Glucose entsprechend erhöht.

Andere Vitamin E-Mangeldiäten bei [*162*] (Legehennen- und Kükenrationen) sowie [*1*] und [*187*]. Herstellung standardisierter peroxydierter Fette nach [*101*]: 1 kg Baumwollsamenöl wird bei 35—40 °C mit 5 g Laurylperoxyd (feingemahlen) versetzt bis zur vollständigen Lösung. Unter ständigem Rühren erfolgt Erhitzung auf 115 °C für 20 Minuten. Nach Abkühlung werden 0,1% Butylhydroxytoluol und 0,1% Butylhydroxyanisol zugesetzt. Hierdurch wird bei Schonung der Linolsäure etwa 90% des Tokopherols zerstört.

e) Vitamin-K-freie Diät nach [*125*] (Angaben in %): Glucose 55,5; Drackett C-1 Assay Protein 21,7; UGF-Konzentrat[1] 10; Vitamin E-freies Schweineschmalz 3; Cellulose 3; DL-Methionin 0,7; Glykokoll 0,3; Vitamin- und Mineralsalzmischung 8,8.

Vitamine pro kg Diät: Vitamin A 5000 I.E.; Vitamin D_3 1000 I.E.; Vitamin E 25 mg; Vitamin B_1·HCl 10 mg; Vitamin B_2 10 mg; Vitamin B_6·HCl 4,5 mg; Vitamin B_{12} 20 mcg; Ca-Pantothenat 20 mg; Nicotinsäure 50 mg; Folsäure 4 mg; Biotin 0,2 mg; Inosit 250 mg; außerdem Diphenyl-p-phenylendiamin 220 mg.

Mineralstoffe pro kg Diät: $CaHPO_4$ 21,52 g; $CaCO_3$ 14,92 g; KH_2PO_4 8,67g; NaCl 6,00 g; $MgSO_4$ 2,5 g; $FeSO_4 \cdot 7H_2O$ 0,333 g; $MnSO_4 \cdot H_2O$ 0,333 g; $CuSO_4 \cdot 5H_2O$ 16,7 mcg; $ZnCl_2$ 10 mcg; $Na_2MoO_4 \cdot 2H_2O$ 8,3 mcg; KJ 2,6 mcg; $CoCl_2 \cdot 6H_2O$ 1,7 mcg.

Als Vitamin K-Mangeldiät (stark verlängerte Prothrombinzeit 2—4 Wochen nach Beginn der Fütterung) eignet sich außerdem Diät (1.b) (vgl. S. 288), wobei lediglich der Rindertalg durch 5% Vitamin K-freies Fett oder auch durch Maisschrot ersetzt wird und der Vitamin K-Zusatz zur Vormischung unterbleibt.

Weitere Vitamin K-Mangeldiäten siehe [*132*]. Eine Beschleunigung des Auftretens der Vitamin K-Mangelsymptome ist bei allen Diäten durch Zusatz von 0,1% Sulfaquinoxalin zu erreichen. Koprophagie ist weitgehendst zu verhindern (Haltung auf Drahtgitter, laufende Reinigung der Wassergefäße).

f) Vitamin B_1-Mangeldiät. Modifiziert nach [*169*] (Angaben in %): Rohrzucker 58; Drackett C-1 Assay Protein 22; gemahlene Erdnußschalen 13; Mineralstoffmischung 5; Vitaminvormischung 2. Als Mineralstoffmischung eignet sich diejenige von Ration (1.d) (vgl. S. 288), die Vormischung von Ration (1.d) (vgl. S. 288) wird ohne Vitamin B_1 und ohne Aureomycin und Penicillin verwendet. Als Vitamin B_1-Mangeldiät eignet sich weiterhin Diät (1.d) (vgl. S. 288) ohne Vitamin B_1 und Antibiotica, der Fettanteil wird zweckmäßig auf 5% der Proteingehalt auf 25% verringert und Glucose entsprechend erhöht.

Bei leichten Rassen (Leghornkuken) entwickeln sich die Vitamin B_1-Mangelsymptome schneller.

B_1-Mangel kann in den meisten Fällen innerhalb von 3—6 Tagen erzeugt werden, wenn die Zufuhr weniger als ca. 25% des Optimalbedarfs beträgt.

g) Vitamin B_2-Mangeldiät. Diat (1.f) (vgl. S. 288) ohne Trockenmolke und Fishsolubles, Vitamin B_2- und Antibioticazusatz in der Vormischung unterbleibt. Diät (1.d) (vgl. S. 288) ohne Vitamin B_2- und Antibioticazusatz. Erste Mangelsymptome nach ca. 8—14 Tagen.

h) Vitamin B_6-Mangeldiät. Nach [*52*] (Angaben in %): Glucose 63; Drackett C-1 Assay Protein 22; Mineralstoffmischung 6; raffiniertes Sojaöl 5; Cellulose 2; Vitaminvormischung 2. Mineralstoffmischung wie Diät (1d) (vgl. S. 288), Vitaminvormischung wie Diat (1.d) (vgl. S. 288), jedoch ohne Vitamin B_6 und ohne Antibiotica. Mangelsymptome nach 8—10 Tagen.

i) Vitamin B_{12}-Mangeldiät. Diat (1.b) (vgl. S. 288) ohne Trockenmolke und Fishsolubles und Talg, mit 20% Schweineschmalz (im Austausch gegen Mais). In der Vormischung entfallen Vitamin B_{12}, Methionin und Antibiotica (vgl. [*47*].)

Oder Diät (1.d) (vgl. S. 288) ohne Vitamin B_{12}, Methionin und Antibiotica, jedoch mit 0,3% Cystin (vgl. [*48*]).

[1] Zusammensetzung des UGF (unidentified growth factor)-Konzentrates: Distillers Solubles 55%, Trockenmolke (entzuckert) 30%; getr. Fishsolubles 15%. Diese Mischung wird 24—48 Std. mit Aceton extrahiert.

Depletionszeit von mehreren Wochen erforderlich (ältere Tiere wesentlich länger), wenn die Küken nicht von B_{12}-frei ernährten Hennen stammen.

3. Aminosäuremangeldiäten

Aminosäurenversuche werden zweckmäßigerweise erst am 5. bis 7. Lebenstag begonnen, da wegen der teilweisen Ernährung aus dem Dottersack vorher keine wesentliche Wachstumsbeeinflussung durch unterschiedliches Aminosäurenangebot erfolgt.

Bei starkem Aminosauremangel ist stets mit Kannibalismus zu rechnen. Völliger Wachstumsstillstand meist bei ca. 20—35% des Bedarfs an der betreffenden Aminosäure.

a) Aminosäurendiät. Wie Diat (1.d) (vgl. S. 288), jedoch ohne Antibiotica, Methionin und Glykokoll, 35% Drackett C-1 Assay Protein ersetzt durch 5,27% Glucose, 1% $NaHCO_3$ und 28,73% Aminosäurenmischung.

Zusammensetzung der Aminosaurenmischung [*86*]:

L-Arginin · HCl 1,4 g; L-Histidin · HCl 0,51 g; L-Lysin · HCl 1,54 g; L-Tyrosin 0,80 g; L-Tryptophan 0,18 g; L-Phenylalanin 1,18 g; L-Cystin 0,40 g; DL-Methionin 0,20 g; DL-Threonin[1] 1,16 g; L-Leucin 1,66 g; DL-Isoleucin[1] 1,68 g; DL-Valin[1] 1,92 g; Glykokoll 0,5 g; L-Glutaminsaure 15,0; Summe = 28,73.

Eine weitere Leistungsverbesserung kann durch Zugabe (auf Kosten von Glutaminsäure) von 4 nicht-essentiellen Aminosäuren und Arginin erreicht werden: L-Arginin · HCl 1,0 g; DL-Serin 3,8 g; L-Asparaginsäure 2,0 g; DL-Alanin 1,9 g; L-Prolin 3,7 g. [*87*].

b) Argininmangeldiät wie Diät (1.e) (vgl. S. 288), jedoch anstatt Casein und Gelatine nur Casein (35%). Führt in 2—3 Wochen zum Tode.

c) Thioaminosäurenmangeldiät. Wie Diät (1.d) (vgl. S. 288), Drackett C-1 Assay Protein 24 anstatt 35%, Glucose auf 55% erhöhen. Methionin- und Antibioticazusatz entfallt, Glykokoll 0,25%. (Der Methioninerganzungsbedarf für optimales Wachstum betragt etwa 0,5% der Diät.) Herabsetzung der Wachstumsrate ca. 50% gegenüber Optimalversorgung.

d) Lysinmangeldiät. [*63*] (Angaben in %): Sesamschrot 45; Glucose 44,65; Maisöl 2; Luzernegrünmehl 3; Mineralstoffmischung 5; DL-Methionin 0,15; Cholinchlorid 0,20. Als Mineralstoffmischung eignet sich diejenige von Ration (1.d) (vgl. S. 288). Vitaminergänzung pro kg Diät: Vitamin A 4500 I.E.; Vitamin D_3 1500 I.E.; Vitamin E 20 mg; Menadion-Na-bisulfit 1 mg; Vitamin B_1·HCl 2 mg; Vitamin B_2 3 mg; Vitamin B_6·HCl 3 mg; Vitamin B_{12} 10 mcg; Ca-Pantothenat 10 mg; Nicotinsaure 25 mg; Folsäure 0,5 mg; Biotin 0,1 mg; Penicillin 10 mg. Die Diät enthält etwa 0,55% Lysin. Der Lysinergänzungsbedarf betragt etwa 0,5%.

e) Lysin- bzw. Tryptophanmangeldiät. Nach [*18*] (Angaben in %): Zein 15,2; Gelatine 6,6; Drackett C-1 Assay Protein 4,4; Glucose 54,80; Sojaöl 10; Mineralstoffmischung von Diät (1.d) (vgl. S. 288) 5; Cellulosepulver 1; Vitaminvormischung von Diat (1.d) (vgl. S. 288) 3, jedoch ohne Methionin, Glykokoll und Antibiotica. Die Vormischung wird erganzt durch (pro kg Diät): L-Arginin · HCl 4,66 g; L-Histidin · HCl · H_2O 1,5 g; DL-Methionin 5 g; DL-Threonin 2 g; DL-Valin 3 g; DL-Tryptophan 3 g; L-Lysin · HCl 7,5 g. Ohne Ergänzung enthält die Diät etwa 0,05% Tryptophan und 0,55% Lysin.

4. Mangel an Spurenelementen

a) Eisen- bzw. Kupfermangeldiät. Nach [*72*] (Angaben in %): Glucose 31,7; Trockenmagermilch 60; raffiniertes Pflanzenöl 5; DL-Methionin 0,3; L-Argi-

[1] Bei Verwendung der L-Form 50% der angegebenen Menge.

nin · HCl 0,5; Glykokoll 0,5; NaCl (p. a.) 0,5; $MgSO_4 \cdot 7H_2O$ (p. a.) 0,5; Vormischung[1] 1,0.

Der *optimale Ergänzungsbedarf für maximale Hämoglobinwerte* beträgt etwa 40 mg Eisen und 4 mg Kupfer je kg Ration.

b) Manganmangeldiät. Diät (1.b) mit purissimum bzw. p.a. Mineralsalzen ohne $MnSO_4$; Diät (1.d) entsprechend. Symptome nach ca. 2–4 Wochen. Optimaler Ergänzungsbedarf ca. 50 ppm Mn.

c) Zinkmangeldiät. Diät (1.d) ohne $ZnCO_3$; evtl. analytische Überprüfung der verwendeten CaSalze! Optimaler Ergänzungsbedarf ca. 35 ppm Zn.

C. Schweine (Ferkel)

Die mutterlose Aufzucht von Ferkeln bietet bei entsprechender Sorgfalt heute keinerlei Schwierigkeiten mehr, wenn die Tiere im Alter von 5–7 Tagen von der Sau abgesetzt werden. Es lassen sich im Mittel sogar bessere Ergebnisse erzielen als bei natürlicher Aufzucht.

Nur unvollkommen gelingt dagegen die Aufzucht ohne Kolostrum. Sie ist möglich, jedoch mit Einbußen in der Anfangsentwicklung und evtl. Verlusten verbunden.

1. Kolostrumfreie Ernährung von Ferkeln

Nach [*107*]

a) Kuh-Kolostrum während der ersten beiden Lebenstage 5mal pro Tag ad libitum *oder*

b) Frische Kuhmilch 5mal pro Tag ad libitum, Ergänzung pro kg Kuhmilch mit Vitamin A 2000 I.E.; Vitamin D_3 2000 I.E.; Fe 10 mg; Mn 5 mg; Cu 1 mg; Zn 5 mg.

Am ersten Lebenstag werden pro Ferkel 10 ml Sauen-γ-Globulin injiziert (5 ml subcutan und 5 ml intraperitoneal).

Es empfiehlt sich, nur sehr kräftige Ferkel von hohem Geburtsgewicht (über 1,5 kg) für die kolostrumfreie Aufzucht zu verwenden. Ein ständiger Antibioticaschutz (ca. 50 mg eines Tetracyclins/Tier/Tag) ist nötig. Als Wärmequelle eignen sich am besten Infrarotlampen.

2. Ferkelernährung von 5–10 Lebenstagen an

Angaben in %: Trockenmagermilch (beste Qualität) 40; Casein 15; Haferflocken (gemahlen) 25; Rohrzucker oder Lactose 10; Fett (Schweineschmalz oder Schmalz: Sojaöl = 5:2) 7; $CaHPO_4 \cdot 2H_2O$ 1,2; $CaCO_3$ 0,4; NaCl 0,4; Vormischung[2] 1.

Mit dieser Ration (trocken ad libitum verabreicht, Wasser zur freien Aufnahme) werden 8-Wochengewichte von 16–22 kg erzielt. Ein bewährtes Milchaustauschpulver für Ferkel ist „Bi-Lactal" (vgl. Bezugsquellennachweis S. 295). Von der 4. Lebenswoche ab kann eine wesentliche Verbilligung durch Einsatz eines Ferkelstarters erzielt werden. Für weitere Diäten, Bedarfszahlen etc. siehe [*49*].

3. Halbsynthetische Diät für Ferkel (ab 14 Tage)

Modifiziert nach [*25*] (Angaben in %): Drackett C-1 Assay Protein *oder* Casein 25; Glucose 30; Maisstärke 32; raffiniertes Pflanzenöl 5; Cellulose 3; DL-

---

[1] Enthält in 10 g (= 1000 g Diät): Vitamin A 5000 I. E.; Vitamin D_3 400 I. E.; Vitamin E 10 mg; Menadion-Na-bisulfit 1 mg; Vitamin B_1 3,5 mg; Vitamin B_2 5 mg; Vitamin B_{12} 20 mcg; Ca-Pantothenat 20 mg; Nicotinsäure 50 mg; $MnSO_4 \cdot H_2O$ (p. a.) 220 mg.

[2] Enthält in 10 g (= 1000 g Diät): Vitamin A 10000 I. E.; Vitamin D_3 1000 I.E.; Vitamin E 20 mg; Vitamin K_3 1 mg; Vitamin B_2 5 mg; Vitamin B_{12} 20 mcg; Ca-Pantothenat 10 mg; Nicotinsäure 25 mg; Ascorbinsäure 50 mg; Cholinchlorid 1000 mg; Fe 100 mg; Zn 80 mg; Mn 50 mg; Cu 10 mg; J 1 mg; Aureomycin oder Terramycin 200 mg.

Methionin 0,20; $CaHPO_4 \cdot 2H_2O$ 2; NaCl, jodiert 0,5; KCl 0,5; KH_2PO_4 0,5; $MgSO_4 \cdot 3H_2O$ 0,3; Vitaminvormischung[1] 1.

Diese Diät ist für *Mineral-*, *Spurenelement-* und *Vitaminstudien* geeignet.

4. Vitamin E-Mangeldiäten

Teilweiser Ersatz der Glucose und Stärke durch 30% Vitamin E-freies Schmalz und/oder Ersatz der Proteinkomponente durch 40% U. S. Torulahefe und 0,3% Cystin, Reduzierung der Vitamin A-Menge auf 2000 I.E./kg.

D. Rinder und Schafe

1. Kälber

Zur Aufzucht bei Fehlen von Vollmilch (nach Verabreichung des Kolostrums vom 2. Lebenstag an) eignen sich sog. Milchaustauschfutter (milkreplacer) in Pulverform, die mit Wasser angerührt werden (ca. 150 g/L Wasser).

a) Milchaustauschfutter (Angaben in %): Trockenmagermilch (beste Qualitat) 70; Trockenmolke („Süßmolkenpulver") 10; Casein 7; raffinierte Pflanzenfette (60% Palmöl, 20% Kokosfett, 20% Sojaöl) 10; $CaHPO_4 \cdot 2H_2O$ 1,2; $MgSO_4 \cdot 7H_2O$ 0,4; NaCl, jodiert 0,4; Vitaminvormischung[2] 1.

Ein bewährtes Milchaustauschfutter für Kälber ist *Beromilch* (vgl. Bezugsquellennachweis S. 295).

b) Vitamin-B-Mangeldiäten für Kälber siehe [*159*] und dort zitierte frühere Arbeiten.

c) Halbsynthetische Diät für Kälber für Untersuchungen über Mineralstoffe und Spurenelemente siehe [*113*].

2. Wiederkäuer

a) Ca-, P-, Vitamin-D-Untersuchungen an Kälbern ab 12 Wochen nach [*183*] (Angaben in %): Schrot von entkeimtem Mais 40; melassierte Trockenschnitzel (ohne Scheideschlamm!) 15; Glucose 15; Pflanzenöl 5; Maisstärke 14,5; Blutmehl 9; Harnstoff 0,5; NaCl 1,0. Ergänzung pro kg Diät: Vitamin A 8000 I.E.; (Vitamin D 1000 I.E.); Vitamin E 20 mg; Fe 50 mg; Cu 10 mg; Mn 20 mg; Co 1 mg; Zn 50 mg.

Die Diät enthält etwa 0,20% Ca und 0,10% P. Der Ca-Bedarf betragt etwa 0,40%, der P-Bedarf etwa 0,20%.

b) Eiweißstudien an Wiederkäuern (auch Untersuchungen über *Mineralstoffe, Vitamine* usw.).

Halbsynthetische Diät für Schafe (mit funktionsfähigem Pansen) nach [*129*] (Angaben in %): Maisstärke 24,1; Glucose 24,1; Pflanzenöl 1; Cellulose 40; Harnstoff 4,2; Mineralstoffmischung[3] 6,5; Cholinchlorid 0,1; Vitamin A und D.

Zusatz von 0,4% DL-Methionin verbessert die Diät, doch nicht in dem Ausmaß wie N-äquivalenter Ersatz des Harnstoffs durch Drackett C-1 Assay Protein.

c) Energiestoffwechselstudien und Biochemie der Pansenfettsäurenbildung. Maisschrot und gehäckseltes Luzerneheu — entsprechend dem Energie- und

---

[1] Enthält in 10 g (= 1000 g Diät): Vitamin A 5000 I. E.; Vitamin D_3 500 I. E.; Vitamin E 20 mg; Vitamin K_3 1 mg; Vitamin $B_1 \cdot HCl$ 6 mg; Vitamin B_2 8 mg; Vitamin B_{12} 50 mcg; Ca-Pantcthenat 20 mg; Nicotinsäure 30 mg; Cholinchlorid 1200 mg; p-Aminobenzoesäure 5 mg; Biotin 0,2 mg; Inosit 100 mg; Folsäure 5 mg; Vitamin C 100 mg; Aureomycin oder Terramycin 50 mg; Fe 100 mg; Zn 80 mg; Mn 50 mg; Cu 10 mg.

[2] Enthält in 10 g (= 1000 g Diät): Vitamin A 15000 I. E.; Vitamin D_3 1000 I. E.; Vitamin E 40 mg; Aureomycin oder Terramycin 100 mg.

[3] Enthält (Angaben in %): K_2CO_3 31,55; $CaHPO_4$ 48,94; $MgSO_4$ 10,75; NaCl 7,43; $FeSO_4$ 0,91; $MnSO_4$ 0,10; $Na_2B_4O_7$ 0,19; $CuCO_3$ 0,02; KJ 0,03; $ZnSO_4$ 0,07; $CoCl_2$ 0,0003; MoO_3 0,0008.

Proteinbedarf (vgl. [*190*]) verabreicht und evtl. durch Leinschrot ergänzt — ergibt *normale* Pansenflora von normaler Zusammensetzung und Fettsäurenproduktion. Schrot von erhitztem Mais und gemahlenes, pelletiertes Luzerneheu bewirken ein Ansteigen der Bildung flüchtiger Fettsäuren bei Verringerung des Quotienten $\frac{\text{Mol.-\% Essigsäure}}{\text{Mol.-\% Propionsäure}}$.

Diese Veränderung der Flora und ihrer biochemischen Leistungen ist proportional der Erhöhung des Anteils von erhitztem Mais an der Gesamtration. Sie wird verstärkt durch Linolsäureverabreichung (2mal täglich 150 ml).

Eine Verringerung des Quotienten Essigsäure:Propionsäure führt zu einer drastischen Senkung des Milchfettgehaltes; beim wachsenden Wiederkäuer zu verbesserter Ausnutzung der Futterenergie für produktive Zwecke. Vgl. [*157*, *158*].

E. Bezugsquellennachweis

1. Rationskomponenten

Stärke, Glucose, Zein: Maizena, Hamburg 1, Spaldingstr. 218.

Lactose, Rohcasein, Milchprodukte: Molkerei Meggle, Wasserburg/Inn.

Vitamine, Provitamine: Deutsche Hoffmann-La Roche AG., Grenzach/Baden (auch pulverförmige, stabilisierte Konzentrate fettlöslicher Vitamine).

Vitamine, extrah. Casein, Cellulose, Mineral- und Spurenelementsalze: Merck, Darmstadt.

Mineral- und Spurenelementsalze: Riedel de Haen, Seelze b. Hannover.

Gelatine: Gelatinefabrik Göppingen, Württbg. und Scheidemandel u. Motard, Wiesbaden-Schierstein.

Cellulose: Aschaffenburger Zellstoffwerke, Redenfelden/Obb., E. Merck & Co., Darmstadt.

Drackett C-1 Assay Protein: Archer Daniel Midland Co., Minneapolis, Minn., USA.

Aminosäuren: Degussa, Frankfurt/Main, Weißfrauenstr. 9.

Vitamin A-freies Schweineschmalz: Distillation Products Industries, Rochester, N. Y., USA.

Pflanzenöle, Fette, Fettsäuren (roh und raffiniert): Harburger Ölwerke Brinckman & Mergell, Hamburg-Harburg.

50er Sojaschrot, Ölschrote: Holtz & Willemsen, Krefeld-Uerdingen.

Injizierbare γ-Globulinpräparationen: Armour Laboratories pharmaceutical Division, Kankakee, Ill., USA.

Sulfaquinoxalin und Coccidiostatica für Kükenfutter: Merck & Co., Rahway, N. J., USA.

Rohstoffe und andere Rationskomponenten: Nachweis durch Fachverband der Futtermittelindustrie, Hamburg 11, Börsenbrücke 2a.

2. Rationen

Fertige Mischfutter (Alleinfutter) für landw. Nutztiere: Nachweis durch Fachverband der Futtermittelindustrie, Hamburg 11, Börsenbrücke 2a.

3. Standardfutter

a) Ratten und Mäuse. Altromin R: Altrogge, Spezialfutterwerk, Lage/Lippe.

Latz-Standardkost: Latz, Spezialfutterfabrik, Euskirchen/Rheinland.

Sniff: Intermast, Bochum-Hövel.

„Murinal" M u. R: Bayrische Kraftfutter-Gesellschaft mbH., Landshut/Bayern.

Purina Laboratory Chow: Ralston Purina Comp., St. Louis 2, Missouri USA.

b) Meerschweinchen und Kaninchen. Altrogge, Spezialfutterwerk, Lage/Lippe, Ralston Purina Comp., St. Louis 2, Missouri, USA.

c) Hunde, Katzen und Affen. Ralston Purina Comp., St. Louis 2, Missouri, USA.

4. Spezialfutter

Untersuchungen über *Kohlenhydrate, Fett, Eiweiß, Mineralstoffe, Vitamine:*
Altrogge, Spezialfutterwerk, Lage/Lippe.
General Biochemicals Inc., Chagrin Falls, Ohio, USA.
Nutritional Biochemicals Corp., Cleveland 28, Ohio, USA.
„Bi-Lactal": Extraktionswerk H. W. Schaumann, Uetersen/Holstein.
„Beromilch": H. Becker GmbH., Düsseldorf-Hafen, Speditionsstr. 15b.

5. Tiermaterial

Ratten, Mäuse, Meerschweinchen, Kaninchen, Hunde, Katzen, Affen u. a.

Nachweis durch: Bundesverband Deutscher Versuchstierzüchter, Werther, Kr. Halle/Westfalen (Geschäftsführer: Dr. Wilk).

Zentralinstitut für Versuchstierzucht, Hannover-Linden, Lettow-Vorbeck-Allee 57.

Eintagsküken (nach Geschlecht sortiert) ganzjährig: Lohmann & Co., Cuxhaven.

Literatur

[1] *Amato, S. V.*, u. *H. M. Scott:* Poultry Sci. **38**, 176 (1959).
[2] *Ames, S. R.*, u. *Ph. L. Harris:* Analyt. Chem. **28**, 874 (1956).
[3] AOAC: Association of Official Agricultural Chemists, Official Methodes of Analysis, Washington 1955.
[4] *Axelrod, A. E., S. Hopper* u. *D. A. Long.* J. Nutrit. **74**, 58 (1961).
[5] *Bacharach, A. L., W. F. J. Cuthbertson* u. *G. W. Flynn:* Symp. of Laboratory Animals Centre, London 1958.
[6] *Barnes, R. H., S. Tuthill, E. Kwong* u. *G. Fiala:* J. Nutrit. **68**, 121 (1959).
[7] *Barnes, R. H.*, u. *G. Fiala:* J. Nutrit. **68**, 603 (1959).
[8] *Becker, D. E.:* Proceedings of Cornell Nutrition Conference, S. 35 (1960).
[9] *Bourne, G. H.*· Lab. Animals Bureau, M. R. C. Lab., Collected Papers **5**, 81 (1957).
[10] *Bowman, O. M.*, u. *I. A. Dyer:* J. Nutrit. **72**, 289 (1960).
[11] *Brody, S.*, u. *R. C. Poctor:* Missouri Agr. Exp. Stat. Res. Bull. **166**, 89 (1932).
[12] *Brown, J. W., N. W. Flodin, E. H. Gray* u. *O. E. Payntner:* Cereal Chem. **36**, 545 (1959).
[13] *Brown, M. L.:* J. Nutrit. **71**, 235 (1960).
[14] *Brown, R. A.*, u. *M. Sturtevant:* Vitamins and Hormons **7**, 171 (1949).
[15] *Bruce, H. M.*, u. *A. S. Parkes:* J. Hyg. **47**, 202 (1949).
[16] *Brüggemann, Johs.*, u. *J. Tiews:* Z. f. Tierern. u. Futtermittelkd. **11**, 20 (1956).
[17] *Brüggemann, Johs.*, u. *J. Tiews:* Internat. Z. f. Vitaminforschung **XXX**, 279 (1960).
[18] *Brüggemann, Johs.*, u. *H. Zucker:* Arch. f. Geflügelkunde **24**, 279 (1960).
[19] *Brüggemann, Johs.*, u. *H. Zucker:* unveröffentlicht, 1960, 1961.
[20] *Brüggemann, Johs., J. Tiews*, u. *H. Zucker:* unveröffentlicht 1961.
[21] *Campbell, C. J., M. M. McCabe, R. A. Brown* u. *A. D. Emmett:* Amer. J. Physiol. **144**, 348 (1945).
[22] *Carter, M. W., G. Matrone* u. *W. G. Smart:* J. Nutrit. **55**, 639 (1955).
[23] *Christensen, N. O., R. Elkjähr, A. Engelund, T. Munch* u. *P. Terp:* Nord. Vet. Med. **10**, 49 (1958).
[24] *Coleman, D. L.*, u. *W. T. West*· J. Nutrit. **73**, 273 (1961).
[25] *Conrad, J. H.*, u. *W. M. Beeson:* J. Anim. Sci. **16**, 589 (1957).
[26] *Coots, M. C., A. E. Harper* u. *C. A. Elvehjem:* J. Nutrit. **67**, 525 (1959).
[27] *Coward, K. H.:* Vitamin requirements of laboratory animals, Tech. Note Nr. 1 (revised), London, Laboratory Animals Bureau 1953.
[28] *Cuthbertson, W. F. J.:* Proc. of the Nutrition Society **16**, 70 (1957).
[29] *da Costa, E.*, u. *R. Clayton:* J. Nutrit. **40**, 537 (1950).
[30] *da Silva, C. A., A. B. Fajer, R. C. Angelis, M. A. Pontes, A. M. Giesbrecht* u. *R. Fried:* J. Nutrit. **68**, 213 (1959).
[31] *da Silva, A. C., M. F. M. Guerios* u. *S. R. Monsao:* J. Nutrit. **67**, 537 (1959).
[32] *Deull, H. J.:* Pers. Mitt.
[33] *Decker, R. H.*, u. *L. M. Henderson:* J. Nutrit. **68**, 17 (1959).
[34] *de Groot, A. P.*, u. *C. Engel:* J. Dairy Research **23**, 257 (1936).
[35] *Diller, E. R., M. Korzenovsky* u. *O. A. Harwey:* J. Nutrit **73**, 14 (1961).

[36] *Dodds, M. L.:* J. Nutrit. **71**, 317 (1960).
[37] *Drepper, K.:* unveröffentlicht 1960.
[38] *Emerson, G. A.:* Proc. Soc. exper. Biol. Med. **70**, 392 (1949).
[39] *Ershoff, B. H.*, u. *H. J. Hernandez:* J. Nutrit. **69**, 172 (1959).
[40] *Everson, G. J., L. S. Hurley* u. *J. F. Geiger:* J. Nutrit. **68**, 49 (1959).
[41] *Exley, S. H.:* J. Am. Vet. Med. Assoc. **132**, 538 (1958).
[42] *Farris, E. J.*, u. *J. Q. Griffith:* The Rat in Laboratory Investigation, J. B. Lippincott, Corp. Philadelphia, London, Montreal 1949.
[43] *Fatterpaker, P., S. P. Manjrekar, H. Marfatia, A. G. Mulgaonkar, D. V. Rege* u. *A. Screnivasan:* J. Nutrit. **71**, 371 (1960).
[44] *Fenton, P. F.*, u. *C. J. Carr:* J. Nutrit. **43**, 441 (1951).
[45] *Forbes, R. M.*, u. *M. Yohe:* J. Nutrit. **70**, 53 (1960).
[46] *Fox, M. R. S.*, u. *G. M. Briggs:* J. Nutrit. **72**, 243 (1960).
[47] *Fox, M. R. S., L. O. Ortiz* u. *G. M. Briggs:* Proc. Soc. exper. Biol. Med. **93**, 501 (1956).
[48] *Fox, M. R. S., L. O. Ortiz* u. *G. M. Briggs:* J. Nutrit. **68**, 371 (1959).
[49] *Freese, H. H.*, u. *H. Hencke:* Die Anwendung von Milchaustauschfuttermitteln in der Ferkelaufzucht, Monographie, Inst. f. Tierpathologie, Univ. Göttingen. 1961.
[50] *Friedman, L., W. Weiss, F. Wherry* u. *O. L. Kline:* J. Nutrit. **65**, 143 (1958).
[51] *Frost, D. V.*, u. *H. R. Sandy:* J. biol. Chem. **189**, 249 (1951).
[52] *Fuller, H. L.*, u. *P. E. Kifer:* Poultry Sci. **38**, 255 (1959).
[53] *Funch, J. P., E. Nielsen* u. *H. Dam:* Brit. J. Nutrit. **14**, 1 (1960a).
[54] *Funch, J. P., B. Krogh* u. *H. Dam:* Brit. J. Nutrit. **14**, 355 (1960b).
[55] Futterwerttabellen der DLG, Schweine, Band 50, Frankfurt/Main 1958.
[56] *Gebauer, H., D. Führich* u. *K. Nickisch:* Vitamine und Hormone **7**, 269 (1956).
[57] Gen. Biochem. Inc., GBI Bulletin D 15, 1961, Ohio, USA.
[58] *Gershoff, S. N.:* J. Am. Vet. Med. Assoc. **134**, 139 (1959).
[59] *Gershoff, S. N., S. B. Andrus* u. *D. M. Hegstedt:* J. Nutrit. **68**, 75 (1959).
[60] *Goettsch, M.:* J. Nutrit. **70**, 307 (1960).
[61] *Greenstein, J. P.*, u. *M. Winitz:* Chemistry of the Amino Acids. New York, London 1961.
[62] *Greenstein, J. P., A. O. Ozey, C. B. Birnbaum*, u. *M. Winitz:* J. Nutr. Cancer Inst. **24**, 211 (1960).
[62a] *Griffin, C. A., C. M. McCay, G. Sperling* u. *R. G. Lloyd:* Proc. Animal Care Panel **7**, 212 (1957).
[63] *Grimminger, P.*, u. *H. M. Scott:* J. Nutrit. **68**, 429 (1959).
[64] *Hagemann, E.:* Ratte und Maus, Berlin 1960.
[65] Handbook of Biological Data, Philadelphia u. London, 1956.
[66] *Harper, A. E.:* J. Nutrit. **68**, 405 (1959).
[67] *Hawk, P. B.*, u. *B. L. Oser:* Science **74**, 369 (1931)
[68] *Hegstedt, D. M., R. C. Mills, C. A. Elvehjem* u. *E. B. Hart:* J. biol. Chem. **138**, 459 (1941).
[69] *Henderson, L. M., O. J. Koeppe* u. *H. H. Zimmermann:* J. biol. Chem. **201**, 697 (1953)
[70] *Hepburn, F. N., W. K. Calhoun* u. *W. B. Bradley:* J. Nutrit. **72**, 163 (1960).
[71] *Heston, W. E., G. E. Jay, H. Kaunitz, H. P. Morris, J .B. Nelson, S. M. Posley, C. A. Slanetz, L. M. Zucker* u. *T. F. Zucker:* Rat quality a Consideration of Heredity Diet and Disease. The National Vitamin Foundation, Incorp., New York 22, N. Y. USA. (1953).
[72] *Hill, Ch. H.*, u. *G. Matrone:* J. Nutrit. **73**, 425 (1961).
[73] *Horn, K. H.:* Pharmazie **14**, 274 (1959).
[74] *House, W. B.*, u. *A. G. Hogan:* J. Nutrit. **55**, 507 (1955).
[75] *Hove,, E. L.*, u. *J. F. Herndorn:* J. Nutrit. **55**, 364 (1955).
[76] *Hubbell, R. B., L. B. Mendel* u. *A. J. Wakeman:* J. Nutrit. **14**, 273 (1937).
[77] *Jenkins, K. J.*, u. *P. H. Phillips:* J. Nutrit. **70**, 235 (1960a).
[78] *Jenkins, K. J.*, u. *P. H. Phillips:* J. Nutrit. **70**, 241 (1960b).
[79] *Johnson, R. B., D. A. Peterson* u. *D. M. Tolbert:* J. Nutrit. **72**, 353 (1960).
[80] *Jones, J. H.*, u. *C. J. Foster:* J. Nutrit. **24**, 245 (1942).
[81] *Jukes, T. H.*, u. *W. L. Williams:* The Vitamins, New York 1954.
[82] *Karg, H.:* Die Nahrung, **6**, 430 (1962).
[83] *Kaunitz, H., C. A. Slanetz, R. E. Johnson* u. *V. K. Babayan:* J. Nutrit. **71**, 400 (1960).
[84] *Kaunitz, H.:* Rat quality a Consideration of Heredity Diet and Disease, National Vitamin Foundation, Inc., N. Y., 1953.
[85] *Kite, O W., J .H. Shaw* u. *R. F. Sognnaes:* J. Nutrit. **42**, 89 (1950).
[86] *Klain, G. J., H. M. Scott* u. *B. C. Johnson:* Poultry Sci. **39**, 39 (1960).
[87] *Klain, G. J., H. M. Scott* u. *B. C. Johnson:* Poultry Sci. **38**, 489 (1959).
[88] *Koch, W.*, u. *G. Heim:* Die Haltung und Zucht von Versuchstieren, Stuttgart 1955.
[89] *Koeppe, O. J.*, u. *L. M. Henderson:* J. Nutrit. **55**, 23 (1955).

[90] *Krehl, W. A., G. R. Cowgill* u. *A. D. Whedon:* J. Nutrit. **55**, 35 (1955).
[91] *Kumpta, U. S.,* u. *A. E. Harper:* J. Nutrit. **71**, 310 (1960).
[92] *Kumpta, U. S., L. G. Ellies* u. *A. E. Harper:* J. Nutrit. **73**, 230 (1961).
[93] Laboratory Animals Bureau, M. R. C. Lab., Collected Papers, Vol. 5, London 1957.
[94] *Lambeck, F.:* Arzneimittelforschung **3**, 50 (1953).
[95] *Landis, J.:* Mitt. aus dem Gebiet d. Lebensmitteluntersuchung und Hygiene, Bern, **48**, 505 (1957).
[96] *Lewis, H. E.:* J. Animal Technicans Assoc. **8**, 36 (1957).
[97] *Ling, C. T.,* u. *B. F. Chow:* J. biol. Chem. **198**, 439 (1952).
[98] *Lyon, J. B., H. L. Williams* u. *E. A. Arnold:* J. Nutrit. **66**, 261 (1958).
[99] *Mabee, D. M.,* u. *A. F. Morgan:* J. Nutrit. **43**, 261 (1961).
[100] *Machlin, L. J.,* u. *R. S. Gordon:* Poultry Sci. **37**, 1460 (1958).
[101] *Maddy, K. H.,* u. *L. Machlin:* 1961, pers. Mitt.
[102] *Mameesch, M. S., R. E. Webb, H. W. Norton* u. *B. C. Johnson:* J. Nutrit. **69**, 81 (1959).
[103] *Mann, G. V., S. B. Andrus, A. M. McNally* u. *F. J. Stare:* J. exp. Med. **98**, 195 (1953).
[104] *Marshall, M. W., H. E. Hildebrand, J. L. Dupont* u. *M. Womack:* J. Nutrit. **69**, 371 (1959).
[105] *Mason, K. E.,* u. *P. L. Harris:* Biol. Symp. **12**, 478 (1947) for Vitamin E assays and research.
[106] *Matrone, G., R. H. Hartmann* u. *A. J. Clawson:* J. Nutrit. **67**, 309 (1959).
[107] *Matrone, G., E. L. Thomason* u. *C. R. Bunn:* J. Nutrit. **72**, 459 (1960).
[108] *McClure, F. J.:* J. Nutrit. **43**, 303 (1951).
[109] *McCollum, E. V.,* u. *N. Davis:* J. biol. Chem. **33**, 55 (1918).
[110] *McDaniel, E. G., J. M. Hundley* u. *W. H. Sebrell:* J. Nutrit. **55**, 623 (1955).
[111] *Metta, V. Ch., J. A. Firth* u. *B. C. Johnson:* J. Nutrit. **71**, 332 (1960).
[112] *Miller, C. D.,* u. *C. A. Schlack:* J. Nutrit. **66**, 105, 113 (1958).
[113] *Miller, J. K.,* u. *W. J. Miller:* J. Dairy Sci. **43**, 1854 (1960).
[114] *Miller, D. S.,* u. *A. E. Bender:* Brit. J. Nutrit. **9**, 382 (1955).
[115] *Mirone, L.,* u. *Ch. D. Jackson:* J. Nutrit. **67**, 167 (1959).
[116] *Moore, T., J. M. Sherman* u. *K. R. Symonds:* J. Nutrit. **65**, 183 (1958).
[117] *Müller, R.,* u. *D. Hötzel:* Arch. f. Tierern. **5**, 65 (1955).
[118] *Mraz, F. R.:* J. Nutrit. **73**, 409 (1961).
[119] *Munaver, S. M.,* u. *A. E. Harper:* J. Nutrit. **69**, 58 (1959).
[120] *Nath, M. C.,* u. *A. Saika:* J. Nutrit. **69**, 403 (1959).
[121] *Nath, N., R. Wiener, A. E. Harper* u. *C. A. Elvehjem:* J. Nutrit. **67**, 289 (1959).
[122] *Nehring, K.:* Futter und Fütterung, **3**, 17 (1961).
[123] *Nehring, K., L. Hoffmann* u. *R. Schiemann:* Arch. f. Tierern. **9**, 85 (1958).
[124] *Nehring, K., R. Schiemann, L. Hoffmann* u. *W. Klippel:* Arch. f. Tierern. **10**, 275 (1960).
[125] *Nelson, T. S.,* u. *L. C. Norris:* J. Nutrit. **72**, 137 (1960).
[126] *Newborne, P. M.,* u. *B. L. O'Dell:* J. Nutrit. **68**, 343 (1959).
[127] NRC = National Research Council, publ. 827 (1961) Nutrient requirements of Poultry National Academy of Sciences, Washington, D. C. USA.
[128] *Olsson, N.:* Studien über die Verwendbarkeit wachsender Küken zur Bestimmung des antirachitischen Effektes von Vit. D u. ultraviolettem Licht. Lund 1941.
[129] *Oltjen, R., R. Sirney* u. *A. O. Tillman:* J. Anim. Sci. **19**, 1282 (1960).
[130] *Pearson, W. N., J. S. Valenzaela* u. *J. van Eys:* J. Nutrit. **66**, 277 (1958).
[131] *Peifer, J. J.,* u. *R. T. Holman:* J. Nutrit. **68**, 155 (1959).
[132] *Perdue, H. S.,* u. *D. V. Frost:* Feedstuffs **32**, Nr. 4, S. 34 (1960).
[133] *Phillips, P. H.,* u. *E. B. Hart:* Science **86**, 298 (1935).
[134] *Phillips, P. H.,* u. *E. B. Hart:* J. biol. Chem. **109**, 657 (1935).
[135] *Portman, O. W., T. Hayashida* u. *D. Bruno:* J. Nutrit. **69**, 245 (1959).
[136] *Portman, O. W., D. M. Hegsted, F. J. Store, D. Bruno, R. Murphy* u. *L. Sinisterra.* J. exp. Med. **104**, 812 (1956).
[137] *Pudelkewicz, C.,* u. *C. Roderuck:* J. Nutrit. **70**, 348 (1960).
[138] *Pye, O. F., C. M. Taylor* u. *P. E. Fontanares:* Federation Proc. **18**, Abstr. No. 2132 (MAR.), 1959.
[139] *Rama Rao, P. B., Ch. V. Metta* u. *B. C. Johnson:* J. Nutrit. **71**, 327 (1960).
[140] *Rama Rao, P. B., Ch. V. Metta* u. *B. C. Johnson:* J. Nutrit. **69**, 387 (1959).
[141] *Rama Rao, P B., H. W. Norton* u. *B. C. Johnson:* J. Nutrit. **73**, 38 (1961).
[142] *Ramazarma, G. B., L. M. Henderson* u. *C. A Elvehjem:* J. Nutrit. **38**, 177 (1949).
[143] *Reid, M. E.:* Proc. Animal Care Panel **8**, 23 (1958).
[144] *Reid, M. E.,* u. *G. M. Briggs:* J. Nutrit. **51**, 341 (1953).
[145] *Reid, M. E.,* u. *M. G. Martin:* J. Nutrit. **67**, 611 (1959).
[146] *Reid, M. E.,* u. *L. v. Sallmann:* J. Nutrit. **70**, 307 (1960).
[147] *Rose, W. C., L. C. Smith, M. Womack* u. *M. Shane:* J. biol. Chem. **181**, 307 (1949).

[148] *Rubin, S. H., L. Drekter* u. *E. H. Moyer:* Proc. Soc. exper. Biol. Med. **58**, 352 (1945).
[149] *Sauberlich, H. E.:* J. Nutrit. **68**, 141; **69**, 309 (1959); **74**, 298 (1961).
[150] *Schafer, W. G.:* Science **110**, 143 (1949).
[151] *Schaefer, A. E., D. H. Copeland* u. *W. D. Salmon:* J. Nutrit. **43**, 201 (1951).
[152] *Schiller, K.:* Inst. f. Tierern., Völkenrode, pers. Mitt. 1961.
[153] *Schneider, H.,* u. *H. Steenbock:* J. biol. Chem. **128**, 159 (1939).
[154] *Schultze, M. O.:* J. Nutrit. **61**, 585 (1957).
[154a] *Scott, E. M.,* u. *I. Griffith:* J. Nutrit. **65**, 419 (1958).
[155] *Shaw, J. H.:* J. dent. Res. **26**, 47 (1947).
[156] *Shaw, J. C., W. L. Ensor, H. F. Tellechea, A. N. Eusebio, E. C. Leffel* u. *S. Lakshmanan:* J. Dairy Sci. **42**, 189, 692, 1238 (1959).
[157] *Shaw, J. C., R. R. Robinson, M. E. Senger, S. Lakshmanan* u. *T. R. Lewis:* J. Nutrit. **69**, 235 (1959).
[158] *J. C. Shaw, W. L. Ensor, H. F. Tellechea* u. *S. D. Lee:* J. Nutrit. **71**, 203 (1960).
[159] *Sheppard, A. J.,* u. *B. O. Johnson:* J. Nutrit. **61**, 195 (1957).
[160] *Seidel, J. C.,* u. *A. E. Harper:* J. Nutrit. **70**, 147 (1960).
[161] *Sievert, A. H.,* u. *P. H. Phillips:* J. Nutrit. **68**, 109 (1959).
[162] *Singsen, E. P., L. D. Matterson, A. Kozeff, P. H. Bunnell* u. *E. L. Jungherr:* Poultry Sci. **33**, 192 (1954).
[163] *Slanetz, C. A.:* Gaines Dog Research Progr., Winter 1958—59, pp. 3—4.
[164] *Spektor, H.:* J. biol. Chem. **173**, 659 (1948).
[165] *Spirtes, M. A.,* u. *C. Alper:* J. Nutrit. **73**, 374 (1961).
[166] *Sure, B.,* u. *L. Easterling:* J. Nutrit. **48**, 401 (1952).
[167] *Thacker, E. J.,* u. *C. S. Brandt:* J. Nutrit. **55**, 375 (1955).
[168] *Thacker, E. J.:* J. Nutrit. **69**, 28 (1959).
[169] *Thornton, P. A.,* u. *J. V. Shutze:* Poultry Sci. **39**, 192 (1960).
[170] *Tomarelli, R. M., N. Minnick, E. D'Amato* u. *F. W. Bernhart:* J. Nutrit. **68**, 265 (1959).
[171] *Tove, S. B.,* u. *F. H. Smith:* Proc. Soc. exper. Biol. Med. **97**, 42 (1958).
[172] *Tulpule, P. G.,* u. *J. N. Williams:* J. Nutrit. **57**, 529 (1955).
[173] UFAW Handbook on the care and management of laboratory animals, Second Edition. The Universities Federation for Animal Welfare, 7 a Lamb's Conduit Passage, London, W. C. 1 (1959).
[174] *Urban, T. J.:* J. Nutrit. **69**, 158 (1959).
[175] US-Pharmacopeia XIII.
[176] US-Pharmacopeia XIV.
[177] *Wei Cheng, D., T. A. Bairnson, A. N. Rao* u. *S. Subbammal:* J. Nutrit. **71**, 54 (1960).
[178] *Wells, W. W.,* u. *S. O. Anderson:* J. Nutrit. **68**, 541 (1959).
[179] *Welsh, C. P.,* u. *B. Wright:* J. Nutrit. **25**, 555 (1943).
[180] *Wesson, L. G.:* Science **75**, 339 (1932).
[181] *Williams, M. A., N. L. Cohen* u. *B. Hata:* J. Nutrit. **68**, 25 (1959).
[182] *Williams, J. N.,* u. *C. E. Anderson:* J. Nutrit. **69**, 229 (1959).
[183] *Wise, M. B., R. A. Wentworth* u. *S. E. Smith:* J. Anim. Sci. **20**, 329 (1961).
[184] *Woodruff, C. W., S. L. Clark* u. *E. B. Bridgeforth:* J. Nutrit. **51**, 23 (1953).
[185] *Zimmermann, G.:* Diss. Zürich 1952.
[186] *Zucker, H., V. W. Hays, V. C. Speer* u. *D. V. Catron:* J. Nutrit. **65**, 327 (1958).
[187] *Scott, M. L.* u. *G. S. Stoewsand:* Poultry Sci **40**, 1517 (1961).
[188] Nutr. Biochem. Corp., Cleveland 28, Ohio, USA.
[189] Futterwerttabellen der Deutschen Landwirtschaftsgesellschaft, Band 62, Mineralstoffe, Frankfurt/Main, 1960.
[190] Futterwerttabellen der Deutschen Landwirtschaftsgesellschaft, Band 17, Wiederkauer, Frankfurt/Main, 1961.
[191] Mineralstoffmischung der Deutschen Landwirtschaftsgesellschaft IIa, Frankfurt/Main.
[192] NRC = National Research Council, publ. 300, 1953 Nutrient Requirments for Dogs, National Academy of Sciences, Washington D. C., USA.

IV. Spezialfuttermischungen für Hormonversuche

Von **H. E. Voss**, Mannheim

A. Einführung

Experimentelle und klinische Untersuchungen haben gezeigt, daß chronisches und akutes Hungern, Einschränkung der kalorischen Versorgung, Mangel an Vitaminen oder Mineralstoffen, in manchen Fällen aber auch ein Übermaß an Nahrung oder an bestimmten Komponenten die Funktion der endokrinen Drüsen verändern kann. Eine in qualitativer und quantitativer Hinsicht ausgewogene bzw. dem speziellen Versuchsziel angepaßte Ernährung gehört daher zu den Grundbedingungen jedes Hormonversuches. Eine solche Ernährung läßt sich zwar auch durch Verwendung der in vielen Laboratorien noch üblichen Verfütterung von solchen Nahrungsmitteln wie Brot, Fleisch, Milch, Küchenabfällen[1], Frischgemüse u. ä. für Mäuse, Ratten, Hamster, Katzen, Hunde und Affen erreichen, aber gerade für diese Versuchstiergruppen werden neuerdings Standardkostpräparate benutzt, die garantierte Mengen der notwendigen Nahrungs- und Ergänzungsstoffe enthalten. Als Beispiel sei die Zusammensetzung eines in Deutschland erhältlichen Präparates der *Fa. Latz, Euskirchen (Rheinland)*, und andrerseits des in fast allen amerikanischen Veröffentlichungen wiederkehrenden „*Purina Lab Chow*" wiedergegeben (vgl. auch S. 294ff.):

Tabelle 1. **Analyse von Standardkostpräparaten**

	I. Latz[2] %	II. Purina Lab Chow[3] %	III. Purina Fox Chow[3] %
Protein	21,19	26,86	24,4
Fett	4,13	5,63	6,0
Stickstofffreie Extraktivstoffe	67,27	46,46	} 61,0
Rohfaser	2,80	4,44	
Asche	4,61	7,33	9,0

Die notwendigen Vitamine werden bei I durch Zusammensetzung der Kost aus Vollkornmehlen, Vollmilchpulver, Trockenhefe, Lebertran, Weizenkeimöl u. a. zugeführt, bei II und III durch Zusatz der Reinvitamine. Die Trockenwürfel sind durch Wasser oder Magermilch (in den letzten Tagen der Gravidität oder während der Lactation durch Vollmilch) als Getränk zu ergänzen. Zu empfehlen ist bei II der Zusatz von frischen Grüngemüsen (für Mäuse), von Frischfleisch (für Katzen), von Ascorbinsäure (2—5 mg tgl. für Meerschweinchen), von Frischobst oder -gemüse oder Ascorbinsäure (für Affen), von frischem Salat oder Kohl (für Hamster)[4]. Nach eigenen Erfahrungen ist für Mäuse und Ratten eine ausschließliche Fütterung mit I zwar möglich, aber kostspieliger, als wenn man den halben Tagesbedarf durch Hafer und Brot ersetzt; für Ratten ist Zusatz von Frischfleisch und Salat (1—2mal wöchtl.) zu empfehlen. Die Fa. Latz stellt außer der obigen Standardkost für Ratten und Mäuse auch Standardfutter für andere Tierarten her, wie Affen, Hunde, Katzen usw.

Der ausreichende Gehalt der Nahrung an vollwertigem Eiweiß ist besonders wichtig, da die Verfütterung eines hinsichtlich einer oder mehrerer essentiellen Aminosäuren unzulänglichen Futtereiweißes zu einer Einschränkung der Proteinsynthesen, besonders auch der Proteohormone führt und die Wirkungen exogener Hormone, soweit sie sich z. B. im Wachstum des Gesamtkörpers oder einzelner Erfolgsorgane äußern, wesentlich zu verandern imstande ist [*82*]. Auch der Eiweißstatus des Körpers vor Beginn des Versuches ist ein Faktor, der die Versuchsergebnisse weitgehend zu beeinflussen vermag: befindet sich der Körper des Versuchstieres infolge einer vorausgegangenen ungenügenden Diät in einem Zustand von Eiweißmangel, so kann die Zufuhr z. B. eines „tropen" Hormons der Hypophyse die Entwicklung und den Aufbau des betreffenden Erfolgsorgans

[1] Getrocknete Kuchenabfalle sind ausgezeichnet geeignet, wenn man eine NaCl-reiche Kost verfüttern will [*26*]; als Gegenstück dazu besteht die NaCl-arme Vergleichs-Kost aus trocknen Maccaroni, Karotten und frischem Fleisch (für Versuche uber Diurese und Antidiurese und Ausscheidung von Natrium bei Ratten).

[2] Nach [*7*].

[3] Nach Prospekten der Firma.

[4] Nach persönlicher Mitteilung von *W. S. Loewe*, Pharmacol. Dept., Univ. of Salt Lake City, Utah, USA.

auf Kosten anderer Organe fördern, die eingeschmolzen werden und deren Eiweiß, zu Aminosäuren abgebaut, für das genannte Erfolgsorgan verwendet wird. Das Mindestmaß an Nahrungseiweiß, welches z. B. die Fortpflanzung, die Lactation und das Wachstum gestattet, liegt für die Ratte bei 16,7% der Nahrung [*45*]. Während der Proteinverarmung des Körpers durch 15tägige Verfütterung einer eiweißfreien Diät und anschließend innerhalb weiterer 15 Tage einer Wiederauffüllung der Proteinvorräte des Körpers mittels einer Volldiät (24% Casein an Stelle entsprechender Kohlenhydrate) wurde durch Gaben von Wachstumshormon, Insulin oder Cortison weder der primäre Gewichtsverlust noch die nachfolgende Gewichtszunahme beeinflußt [*43*]. Abweichende Resultate werden bei längerer Dauer (60 Tage) der eiweißfreien Ernährung hinsichtlich der Wirkung einiger Hormone (Thyroxin, ACTH, Testosteronpropionat, Oestradiolbenzoat,

Tabelle 2. **Zusammensetzung der Diäten zur Eiweißverarmung bzw. Wiederauffüllung der Eiweißvorräte des Körpers bei Ratten** (nach *Wissler* u. Mitarb. [*135*]; pro 100 g Diät)

Nahrungsbestandteile	Einheiten	Basal- und Kontrolldiaten				Wiederauffüllungsdiäten		
		3 E	3 K	4 E	4 K	I	II	III
Lactalbumin	g	—	—	—	—	11,8	—	—
Dehydr. Rindfleisch	g	—	—	—	—	—	34	—
„Amigen"	g	—	—	—	—	—	—	26,5
Casein	g	—	22	—	22	—	—	—
Karotten	g	30	30	—	—	—	30	—
Ruffex (Rohfasern)	g	5	5	5	5	5	5	5
Speck	g	4	4	4	4	3,2	—	4
Maisstärke	g	44	22	71	49	61	10	47
Salzmischung s. S. 301	g	4	4	4	4	4	4	4
Bierhefe	g	2	2	—	—	—	2	—
Leber-Konzentrat	g	1	1	1	1	1	1	1
Wasser	ml	10	10	15	15	14	14	12,5
Thiamin	μg	—	—	540	540	540	—	540
Riboflavin	μg	500	500	830	830	830	500	830
Niacin	μg	—	—	1340	1340	1340	—	1340
Pyridoxin-HCl	μg	200	200	600	600	600	200	600
Calcium-Pantothenat	μg	200	200	1275	1275	1275	200	1275
Cholinchlorid	mg	100	100	180	180	180	100	180
Lebertran:								
Vitamin A	U.S.P.E	200	200	400	400	400	200	400
Vitamin D	U.S.P.E	29	29	59	58	58	29	58
Prozent Protein (N × 6,25)		1,9	21,1	0,8	20,3	9,8	21,8	20,6

Somatotropin) auf die Wiederherstellung des Gewichts und die Regeneration der Organe erhalten, wenn man den Rattenmännchen anschließend während 30 Tagen eine Diät mit 7% Casein gab [*4*]; diese Eiweißgabe gestattet aber nur eine unvollkommene Wiedergutmachung der durch absoluten Eiweißmangel bedingten Schäden.

Diät für Eiweißverarmung [*135*] bei Versuchsratten zum Studium immunologischer Fragen und hormonal beeinflußter Vorgänge des Eiweißstoffwechsels s. Tab. 2, unter 3 E, 4 E; Kontrolldiäten mit Zusatz von Casein sind unter 3 K und 4 K verzeichnet. Das *Wiederauffüllen der Körpervorräte an Eiweiß* erfolgt durch Zusätze von Lactalbumin (W I) bzw. dehydr. Rindfleisch (W II) bzw. „Amigen", einem enzymatischen Casein-Abbauprodukt (W III) zur eiweißfreien Grunddiät.

Hungerdiäten fur Ratten [*108*]: Fur die Kontrolltiere Diät A ad libitum, Versuchsratten $^1/_4$ der von den Kontrollen verzehrten Menge; die Ratten auf „Hungerdiät B" erhielten zwar die gleiche Menge Eiweiß wie die Kontrollen, aber nur $^1/_4$ der Kalorien:

Tabelle 3. **Hungerdiäten** (nach *Rivero-Fontan* u. Mitarb. [*105*])

	Diat A, 100 g	Diat B, 100 g
Dextrose, wasserfrei	72 g	24 g
Casein	16 g	64 g
Maisöl	8 g	8 g
Salzgemisch nach USP XII, Nr. 2[1]	4 g	4 g

Zu je 100 g dieser Diäten wurden hinzugefügt: 0,3 mg Riboflavin, 0,2 mg Thiaminhydrochlorid, 2,5 mg Nicotinsäure, 4,0 mg Calciumpantothenat, 0,5 mg Pyridoxin, 10,0 mg Inosit, 100 mg Cholinchlorid, 1,0 mg Methylnaphthochinon. Jede Ratte bekam 3mal wöchtl. 2 Tropfen Lebertran und 1 μg α-Tokopherol.

Stoffwechselbeeinflussung durch Hormone des Hypophysenvorderlappens und der abhängigen peripheren endokrinen Drüsen [*35*]. Ratten-Standardkost: 67,5% Weizen, 15% Casein, 7,5% Magermilchtrockenpulver, 6,75% hydr. Pflanzenöl, 1% Fischöl, 0,75% NaCl, 1,5% $CaCO_3$; KJ wurde in einer Menge zugesetzt, daß der J-Gehalt 0,9—1,0 μg/g betrug. Der O_2-Verbrauch in Litern wurde mit Faktor 4,80 in Calorien/Std. umgerechnet. Nach der Benedictschen Formel für die Ratte auf m² Oberfläche berechnet:

$$\text{Fläche in m}^2 = \frac{9{,}0 \times \sqrt[3]{(\text{Körp.-Gew. in g})^2}}{10000}$$

ergab sich die „standard metabolic rate" und nicht die „basal metabolic rate", wie sie für den Menschen definiert ist.

Selbstherstellung von Rattenkeks (was wesentlich zur Verbilligung beiträgt):

Tabelle 4. **Rezept für Rattenkeks** (nach *Lembeck* [*84*])

Bestandteile	Gewichts-Prozente	Prozente der Gesamtkosten
Weizen- oder Haferschrot	30,0	19,0
Futtermehl	35,0	14,0
Hefe	5,0	4,0
Fisch- und Knochenmehl	15,0	16,0
Trockenmagermilch	10,0	22,0
Lebertran	2,0	5,0
Weizenkeimöl	1,0	3,0
Salzmischung[2]	2,0	6,0
Herstellungskosten		11,0

Eine weitere *Grundregel* für die Ernährung in *Hormonversuchen* ist, daß die Nahrung garantiert *frei sein muß vom Hormon*, dessen Wirkung untersucht werden soll, und ebenso von anderen Hormonen, welche die Wirkung des zu prüfenden Wirkstoffes in der einen oder anderen Weise zu beeinflussen vermögen (s. u. unter Thyreoidea, Nebennierenrinde, Oestrogene). Diese Forderung gilt nicht nur für Hormone, deren orale Wirksamkeit feststeht, wie Thyroxin oder Nebennierenrinde-Steroide, sondern ganz allgemein, da z. B. bei den Sexualhormonen, die im allgemeinen bei oraler Aufnahme in der Leber inaktiviert werden, neu entdeckte oder neu synthetisierte Verbindungen existieren, die der enzymatischen Inaktivierung mehr oder weniger vollständig entgehen; sogar bei

[1] Natriumchlorid 1,73 g, Magnesiumsulfat 5,45 g, Natriumbiphosphat 3,47 g, Kaliumphosphat 9,54 g, Calciumbiphosphat 5,40 g, Ferricitrat 1,18 g, Calciumlactat 13,0 g.

[2] Salzmischung nach *Parkes*: 45% $CaCO_2$, 45% NaCl, 9,75% Fe citr., 0,25% KJ. Die Analyse ergab: Gehalt an Eiweiß 20,7%, Fett 8,7%, Wasser 12,2%, Asche 4,3%, Kohlenhydraten 54,1%. Eine Menge von 12,0 g tgl. ergab ein Wachstum von 50,0 g bei Ratten, das auch durch Anbieten von größeren Mengen nicht mehr nennenswert gesteigert werden konnte. Die Kost eignet sich auch fur die Aufzucht von Mäusen und Goldhamstern.

den Proteohormonen der Hypophyse stößt man hin und wieder auf Beobachtungen, die eine Wirksamkeit per os möglich erscheinen lassen (Gonadotropine [*132*], Erythropoietin [*22*]). Das Futter darf aber auch keine nicht-hormonalen Stoffe enthalten, welche die zu prüfende Hormonwirkung in signifikanter Weise zu hemmen oder zu fördern imstande sind: z. B. hemmt Vitamin A in hohen Dosen die oestrogene Verhornung der Vaginalschleimhaut der kastrierten Ratte im Allen-Doisy-Test [*61*]; ebenso wird diese Reaktion auch durch androgene Hormone gehemmt, die allerdings nur ausnahmsweise in den notwendigen hohen Dosen im Futter vorkommen dürften. Besonders in chronischen Versuchen von langer Dauer können im Futter vorhandene, wenn auch sehr geringe Mengen derartiger Hemm- oder Förderungsstoffe zur Auswirkung gelangen; so wird darauf hingewiesen [*19*], daß der Zusatz von Rapsöl zum Futter den Cholesteringehalt der Nebennierenrinde bei Ratten im Lauf von mehreren Wochen auf das 3—5fache zu steigern und dadurch mit der Wirkung anderer adrenocorticotroper Agentien, wie z. B. der ACTH-Zufuhr, zu interferieren vermag.

Das Prinzip des „pair fed“: darunter ist zu verstehen, daß die mengenmäßige Ernährung der unbehandelten Kontrolltiere eines Versuches jener Menge von Nahrung angepaßt wird, die von den Versuchstieren freiwillig aufgenommen wird. Dieses Fütterungsprinzip ist besonders bei allen vergleichenden Stoffwechselversuchen, gegebenenfalls auch bei Überlebenstesten zu berucksichtigen. Einer der Gründe, warum pair feeding eine wesentliche und unumgängliche Vorbedingung z. B. für alle experimentellen Untersuchungen über die Beziehungen zwischen Ernährung und Fortpflanzung ist, liegt in der Schwierigkeit, bei auf Mangelernährung beruhenden Störungen der Fortpflanzung zwischen den primären Wirkungen, die auf dem Mangel einer spezifischen Nahrungskomponente, eines Vitamins, eines Spurenelements oder einer essentiellen Aminosäure beruhen, und den secundären Effekten zu unterscheiden, die von dem verminderten Appetit, der verringerten Nahrungsaufnahme und schließlich der Unterernährung herrühren, die alle die Folge einer quantitativen Mangeldiät sein können [*92*]. Die Beeinflussung des Appetits der Versuchstiere und damit der aufgenommenen Nahrungsmengen kann auch bei sonst wirkungsähnlichen Stoffen verschieden sein und muß daher bei der Wirkungsbeurteilung in Betracht gezogen werden. So bewirken z. B. natürliche und künstliche Oestrogene eine Wachstumshemmung bei Ratten, wobei Diäthylstilboestrol durch Herabsetzung des Appetits wirkt, während die natürlichen Oestrogene keine Verminderung der Nahrungsaufnahme bedingen und daher auf anderem Weg hemmend wirken müssen [*94*].

Der Fütterungsrhythmus kann einen ausgesprochenen Einfluß auf die Ausnutzung des Futters haben. So konnte eine vermehrte Fettstapelung bei normalen Ratten festgestellt werden, wenn sie ihre Tagesration auf einmal auffraßen; vermutlich findet eine beschleunigte und vermehrte Umwandlung von Kohlenhydraten in Fett statt, während die für die Mobilisierung des Fetts notwendigen hormonalen Umstellungen offenbar zurückgedrängt werden [*113*]. Ein Lipide mobilisierender Stoff wurde im Plasma von Meerschweinchen, Pferden, Hunden und Ratten nachgewiesen [*116a*], dessen i. v.-Injektion bei fastenden Versuchspersonen zu einer prompten Erhöhung des Plasmagehalts an Cholesterin, Fettsäuren und Lipidphosphor führt; diese Wirkung wird durch eine Verfütterung mit einer Aminosäurenmahlzeit nicht verandert, während sie nach einer Verfütterung mit 100 g Glucose oder 180 ml 40%iger Sahne blockiert wird [*136*].

Zu beachten ist, besonders bei Vitaminmangel-Versuchen, inwieweit ein in der Diät anwesender Stoff einen ihr mangelnden Nahrungsbestandteil zu vertreten oder zu ersetzen vermag: So konnte nachgewiesen werden [*30*], daß der Zusatz von 3,0 g Ascorbinsäure pro 100 g einer Vitamin-B_1-Mangeldiät sowohl die spezifischen als auch die viel verbreiteteren unspezifischen Folgen des Vitamin-B_1-Mangels weitgehend aufzuheben vermag (untersucht an Nebennieren, Schilddrüsen und Hoden von 60 g schweren Wistarratten).

Die Zwangsfütterung mit der Magensonde bedeutet einen Stress, der zu einer Mehrausschüttung von Nebennierenrinden-Hormonen führen kann; bei zwangsgefütterten Ratten wurde eine Vergrößerung der Nebennieren gegenüber den Kontrollratten auf ad libitum-Aufnahme der gleichen Kost beobachtet [*130*].

Vorkommen von Hormonen in menschlichen Nahrungsmitteln (Milch, Fleisch, Gemüse, Obst usw.), das bei der Verfütterung an Versuchstiere berücksichtigt werden muß: [*100, 105*].

Für Hormonversuche an Goldfischen (Carassius auratus) wird ungekochtes Hafermehl als Futter empfohlen [*8*]. Feinverteilte Leber ist eine ausgezeichnete Nahrung für Forellen [*125*], leider fault sie rasch und verdirbt das Wasser. Um dies zu vermeiden, wird die Leber unter Zusatz von 5 g Salz pro 1 pound (= 453,6 g) Leber fein zerstückelt und mit 120 ml einer 33%igen Lösung von Gelatine verrührt. Man läßt das Gemisch absetzen und verteilt es wieder fein, bevor man es verfüttert.

Wenig untersucht, aber vielleicht von größerer Bedeutung sind jene Substanzen im Futter, welche die Futteraufnahme durch *Zügelung des Appetits* einschränken. Bei Kühen wirken in dieser Weise Natriumacetat, Essigsäure und Propionsäure; diese sind im Silofutter in signifikanten Mengen vorhanden und vielleicht dafür verantwortlich, daß Kühe weniger Futter in Form von Silage zu sich nehmen als in Form von Heu [*32*].

Zu Versuchen über die Beeinflussung der Entwicklungsgeschwindigkeit durch *Regenerationsprozesse* [*75a*] nimmt man Larven vom Krallenfrosch (Xenopus laevis) unter Fütterung mit verschiedenen Mischungen von Nahrungspulvern:

Mischung I: Brennessel-, Leberpulver und Trockenmilch;
Mischung II: Zusatz von Gelbei und Hefe zu Mischung I;
Mischung III: Ersatz der Hälfte der Leber in Mischung I durch Rindfleisch.
Mischung II und III wurden mit Vitaminen angereichert.

Eine Übersicht über die *Bedeutung diätetischer Faktoren* für die Fortpflanzung bei Ratten s. [*127a*], über die Ernährungsbeziehungen zwischen Trächtigkeit und Lactation bei der Sau s. [*110a*].

B. Thyreoidea

Bei allen Versuchen, die sich mit Schilddrüsenstoffen oder mit in ihrer Wirkung ähnlichen Substanzen beschäftigen, ist der *Jodgehalt der Nahrungsmittel*, die in dieser Hinsicht stark variieren [*31*], zu berücksichtigen. Kompletter Thyroxinmangel bei Ratten durch die Eliminierung aller bekannten Thyroxinquellen [*83*]: Entfernen der Schilddrüse, zusätzlich die operierten Tiere auf eine *Thyroxin- und Jod-Mangeldiät* setzen. Als Grundmangeldiät (L, R—O) nimmt man die Diät Nr. 342 [*106a*], die dadurch verbessert wurde, daß der Leberbestandteil entweder durch ein Tiermehl, das aus getrockneten Carcassen thyreoidektomierter Ratten hergestellt war und als eine thyroxinfreie Eiweißquelle betrachtet wird (R—5 bzw. R—10), oder aber durch Leber ersetzt wurde, die durch Extraktion thyroxinfrei gemacht wurde (L—2 bzw. L—10) (Tab. 5):

Tabelle 5. **Thyroxin- und Jod-Mangeldiät** (nach *Leblond* u. *Earthly* [*83*])

Diät	Bestandteile in %						
	Schweineleber	NaCl	$CaCO_3$	Bierhefe	Weizenkeime	Maismehl	Tiermehl
L, R—0 Grundmangeldiat	0	1	1	10	18	70	0
R—5 Grundmangeldiat + 5% Tiermehl	0	1	1	10	18	65	5
R—30 Grundmangeldiat + 30% Tiermehl	0	1	1	10	18	40	30
L—2 Grundmangeldiät + 2% Leber	2	1	1	10	18	68	0
L—10 Grundmangeldiat + 10% Leber	10	1	1	10	18	60	0

Der durchschnittliche Jodgehalt der L—2 und L—10-Diäten betrug 4,0 µgJ/100 g. Der Jodgehalt der anderen Diäten lag zwischen 1 und 10 µg J/100 g; demgegenüber hat die synthetische Purina Fox Chow-Nahrung (s. Tab. 1, III) einen Jodgehalt von 200 µgJ/100 g. L—2 und L—10 sind stark kropferzeugend. Da bei der Schilddrüsenentfernung gleichzeitig auch die Nebenschilddrüsen mitentfernt wurden, erhielten die Versuchsratten an Stelle von Leitungswasser in der ersten Woche post op. eine 1%ige Calciumlactat-Lösung als Trinkwasser vorgesetzt, um parathyreoprive Tetanie- und Todesfalle auszuschließen.

Es ist zu beachten, daß eine bevorzugte Ernährung mit Kohlgemüsen durch die darin enthaltenen *anti-thyreoidalen Stoffe* zu einer *Depression der Schilddrüsenfunktion* und indirekt zu verschiedenen Stoffwechselveränderungen und zu einer Herabsetzung der Fertilität der weiblichen Versuchstiere führen kann [*21*]. Ratten, an denen *Grundumsatzbestimmungen* ausgeführt werden sollen, werden mit Milch und Brot gefüttert und 16 Stunden vor dem Versuch auf Fasten gesetzt. Als Grundnahrung für *Thyroxinversuche an Kaulquappen* wird gekochter, feingemahlener Spinat der Kultur im Leitungswasser zugesetzt [*66*]. Wenn man Leberpulver zufüttert, so wählt man eines mit niedrigem Gehalt an gebundenem Jod [*78*]; es soll so fein verteilt sein, daß es durch ein Sieb von 200 Maschen pro Zoll hindurchgeht; es kann auch durch Magermilchpulver ersetzt werden. Die Schilddrüsenfunktion soll bei *menschlichen Versuchspersonen* durch eine leichte Mangelernährung *nicht beeinflußt* werden [*118*].

Bei Versuchen über die *Stoffwechselwirkungen von Thyroxin* muß stets an den Synergismus von Thyroxin und Adrenalin gedacht werden [*124*]; so dürfte nach diesen Untersuchungen die Potenzierung der calorigenen Wirkung des endogenen Adrenalins die Hauptaufgabe von Thyroxin bei der Kälteanpassung sein.

C. Parathyreoidea

Beim Hund, dem Versuchstier der Wahl zum Studium der *Folgen der Parathyreoidektomie,* wird die parathyreoprive Tetanie durch eine fleischfreie Spezialdiät, bestehend aus reichlich Kohlenhydraten (Weißbrot) + Milch ad libitum und 50—125 g Lactose pro Tag, vollkommen verhindert [*33*]; das gleiche wird erreicht durch orale Gaben von 1,5—3,0 g Calciumacetat/kg/Tag [*5*], und zwar mit der Schlundsonde. Im Gegensatz dazu werden die Folgeerscheinungen durch *Fleischdiät verstärkt* [*44*]: Hunde, bei denen das Elektrokardiogramm nach Parathyreoidektomie untersucht wird, bekommen als Standarddiät 100 g Fleisch pro Tag und Brot und Milch ad libitum. Einfluß von Thyroxin auf den Stoffwechsel von Aminosäuren bei thyreo-parathyreopriven Ratten [*59*]: zur Standardkost (s. o.) als Trinkwasser eine wäßrige Lösung von 1,8% Calciumlactat und 0,2% Calciumchlorid; 24 Std. vor Versuchsbeginn werden Futter und Trinkwasser entzogen.

Für Versuche an Ratten über das Verhalten der Parathyreoidea bei diätetisch erzeugter Rachitis und Tetanie verwendet man [*56*] für die Kontrollratten eine Vollkost, bestehend aus Vollmilch und Trockenbrot, als rachitogene Ca-reiche und P-arme Diät die MacCollum-Kost, s. S. 278 während sich die Ca-arme Kost zusammensetzt aus: Casein 22,25%, Maismehl 71,75%, Preßhefe 4% und NaCl 2%. (Weitere rachitogene Kostformen und Salzmischungen s. S. 278 ff.)

D. Pankreas

Im Auswertungsversuch am Kaninchen scheint die Zusammensetzung der Nahrung von geringem Einfluß auf die *Genauigkeit der Insulinbestimmung* zu sein, vorausgesetzt, daß die Ernährung quantitativ und qualitativ ausreichend ist. Hafer und Kleie, ergänzt durch frisches Grünfutter, und Wasser ad libitum geben die gleichen Resultate [*119*] wie mit einer anderen Diat [*83a*]. Die Nahrung wird den Versuchstieren am Vortag des Versuches und am Versuchstag selbst bis zur letzten Blutentnahme entzogen.

Bei der Auswertung des Insulins an der Maus ist auf die Gleichmäßigkeit der Ernährung zu achten, da eine Änderung in der Zusammensetzung auf den Kurvenverlauf von Einfluß sein kann [*110*]. Die letzte Fütterung der zum Versuch bestimmten Mäuse soll am Vortag um Mittag stattfinden: Die Zeitspanne bis zum Versuch am nächsten Vormittag kann als ausreichend für die Nüchternheit der Tiere betrachtet werden [*119*].

Für Versuche über den Einfluß von Wachstumshormon und Insulin auf das Körpergewicht und die Stickstoff-Retention bei zu 99,5% pankreatektomierten Ratten werden die Versuchstiere entweder auf der gewöhnlichen Laboratoriumsdiät gehalten, die aus Brot, Milch, Mais, Hefe, Lebertran und Alfalfa besteht, oder sie erhalten Diät Nr. 4370 obenstehender Zusammensetzung.

Tabelle 6. **Diät-Nr. 4370**
(nach *Scow* u. Mitarb. [*115*, *116*])

Casein (vitaminfrei)	20,0%
L-Cystin	0,3%
Dextrin	66,7%
Maisöl	8,0%
Salzgemisch [1]	4,0%
Vitamin A 55000 U. S. P. E/g Vitamin D 11000 U. S. P. E/g	0,3 g/kg Diat
Vitamin E	50,0 mg/kg Diat
Vitaminpulver S—1 [2]	1,0%

Zum Studium der *Relation zwischen den A- und B-Zellen* der Pankreasinseln werden Rattenmännchen mit folgender Diät aufgezogen (nachdem auch die Mütter der Versuchsratten die gleiche Diät erhalten hatten) [*58*]: 38,0 cal-% Kohlenhydrate, 24,5 cal-% Fett, 37,5 cal-% Eiweiß, 3,5% Salze nach [*65*], Vitamine.

Alloxan-diabetische Ratten auf einer modifizierten McCollum-Diät I [*81*, *86*]: Ganzweizenmehl 67,5%, Casein 15,0%, Magermilchpulver 7,5%, jodiertes NaCl 0,75%, $CaCO_3$ 1,5%, hydr. Pflanzenöl 6,75%, Fischöl (Vit. A + D-Konzentrat) 1,0%; KJ-Lösung zugesetzt in einer Menge von 1,0 μg J/g Diät (450 mg KJ/Liter, 300 ml/270,5 lb Diat (1 lb = 453,6 g). Die hypophysektomierten Ratten erhalten dieses Nahrungsgemisch in angefeuchtetem Zustande. Allen Ratten 2—3mal wöchtl. eine Salatzulage, Raumtemperatur 24 °C. Eine die *Kataraktbildung* hervorrufende Hyperglykämie kann bei eben entwöhnten Ratten durch Alloxaninjektionen oder durch die Verfütterung einer Diät mit 35% Galaktose oder 35% Xylose erzielt werden; aber während alle mit Galaktose oder Xylose gefütterten Ratten innerhalb von weniger als 20 Tagen eine Kataraktbildung aufwiesen, kam es bei den Alloxanratten nur in weniger als 30% der Versuchstiere und mit bedeutender Verzögerung zur Kataraktbildung [*122*].

Mortalität und das Auftreten von diabetischen Symptomen nimmt bei solchen Ratten zu, die wenig Eiweiß im Futter erhalten, und vermindern sich bei reichlichem Eiweißangebot im Vergleich zu Tieren, die mit reichlich Kohlenhydraten ernährt werden. Bei fettreicher Ernährung werden die Ergebnisse von der Art des Fettes bestimmt [*109*].

Einfluß der *Dauer des Fastens auf die Insulinase-Aktivität* und die hypoglykämische Reaktion auf Insulin an Mäusemännchen von 20—30 g bei Nahrungsentzug für 0, 20, 40, 60, 80, 100 und 120 Std. [*94a*]. Fasten über Nacht genügte für die orale Prüfung von L-Tryptophan-Metaboliten an Rattenmännchen von 150—300 g [*94a*]. Für *Glucagon-Untersuchungen* sollen männliche Ratten von 190—250 g 18 Std. vor dem Versuch fasten [*96*]; gleiche Dauer des Fastens, bei freiem Zutritt zum Trinkwasser [*24*]; bei Hunden wurde eine Dauer von 12 Std. des Nahrungsentzuges für ausreichend angesehen [*18*].

---

[1] Salzgemisch nach [*65*].
[2] Enthalt pro 100 g: 40 mg Thiamin, 60 mg Riboflavin, 50 mg Pyridoxin, 400 mg Ca-Pantothenat, 400 mg Nicotinsaure, 20 g Cholin, 2 g Inosit, 200 mg Biotin-Pulver [3], 20 mg Folsaure, 20 mg Vitamin K, 77210 mg Starke.
[3] Biotinpulver ist eine Mischung von 10 mg Biotin in 1,0 g Starke.

E. Nebennierenrinde

Bei adrenalektomierten Ratten, den gebräuchlichsten Versuchstieren für die Auswertung von Nebennierenrinden-Hormonen, ist der NaCl-Gehalt der Nahrung bzw. des Trinkwassers entscheidend für das Überleben bzw. Sterben der Tiere. Die 0,5% NaCl im Standardfutter I zusammen mit physiol. Kochsalzlösung als Trinkwasser genügen, um erwachsene adrenalektomierte Ratten am Leben zu erhalten. Diese Verhältnisse werden in den einzelnen, für adrenalektomierte Ratten angegebenen Diäten berücksichtigt.

Tabelle 7. **Diät a) für adrenalektomierte Ratten** [*6,121*]

Diät b) für adrenalektomierte Ratten [*7*]: Standardkost I + physiol. Kochsalzlösung als Trinkwasser.

Gemahlener Ganzweizen	67,5%	Außerdem pro kg dieser Diat Zusatz von 3,5 g Sardilene (Fischöl-Konzentrat mit 3000 USP. E Vitamin A und 400 Küken-E. Vitamin D pro g).
Casein	15,0%	
Magermilch-Trockenpulver	7,5%	
NaCl (mit 0,01% K)	0,75%	
$CaCO_3$	1,5%	
Hydriertes Pflanzenöl	6,75%	

Tabelle 8. **Diät c) für adrenalektomierte Ratten** [*68*]

	Kohlen-hydratreich g	Eiweiß-reich g	Fett-reich g	Gemischt g
Trockenhefe	100	100	100	100
Osborne-Mendel-Salzgemisch (s. S. 278)	40	40	40	40
Weizenkeimöl	10	10	10	10
Lebertran	10	10	10	10
Cellulose-Mehl	120	120	120	120
Maisöl	10	10	10	175
Vollmilch-Trockenpulver	—	—	—	600
Casein	160	830	160	—
Dextrin	460	—	—	—
Stärke	500	—	—	—
Butterfett	—	140	140	—
Verhaltnis der Calorienzahl in Prozenten				
Kohlenhydrate	77,6	2,3	2,3	20,1
Protein	16,2	67,5	16,2	16,3
Fett	6,2	30,2	81,5	63,6

Einfluß einer proteinreichen Diat auf Größe und Wirksamkeit der Nebennierenrinde bei Ratten unter einer der folgenden Diäten [*128*]: I. Rohes Rindfleisch + Lebertran und 5% Osborne-Mendel-Salzgemisch (s. S. 278) (enthaltend 55% Protein und 40% Fett); II. Casein 78%, Maisöl 5%, Bierhefe 10%, Salzgemisch 5%, Lebertran 2%; III. Casein 60%, Glucose 20%, Maisöl 4%, Hefe 10%, Salzgemisch 5%, Lebertran 1%.

Die glykosurische Wirkung von Cortison in hohen Dosen kann bei normalen Rattenmännchen unter einer an Kohlenhydraten mittelreichen Kost und unter zusätzlicher Injektion von Diäthylstilboestrol schon mit viel geringeren Dosen von Cortison erzielt werden:

Tabelle 9. **Diät für glykosurische Wirkung von Cortison** [*67*]

Cellulose-Mehl	60 g	Maisöl	200 g
Osborne-Mendel-Salzgemisch	40 g	Starke	200 g
Trockenhefe	100 g	Casein	160 g
Weizenkeimöl	10 g	Dextrin	190 g
Lebertran	10 g	Saccharose	200 g
Vitamin K	100 mg	Wasser auf 2000 ml	

Die Steigerung des *NaCl-Gehalts der Nahrung* von 0,33% auf 0,67 und auf 1,04% hatte ***keinen Einfluß*** auf die Normalisierung der Lactation bei adrenalektomierten Ratten [*23*].

Beim Studium des *Nahrungseinflusses auf die Wirkung der Corticosteroide* auf Blutzucker und Glykogengehalt der Leber wurden adrenalektomierte Mäusemännchen nach 24stündigem Fasten (bei freiem Zugang zum Trinkwasser, d. h. zur NaCl-Lösung) entweder auf eine normale Standardkost, auf eine reine Glucosediät oder auf eine reine Caseindiät gesetzt, ohne daß wesentliche Unterschiede festgestellt werden konnten [*14*]. Einfluß von Cortison auf den Eiweißstoffwechsel bei Ratten unter einer eiweiß- und energiereichen (I), einer eiweißarmen (II) oder einer eiweißfreien (III) Diät [*46*]: Um 9 Uhr erhielten alle Tiere eine Vitamin-Mineralstoffe-Rohfaser-Mischung, um 17 Uhr die gesamte tägliche Eiweißmenge (I: 2,4 g Eiweiß (Casein), 1,2 g Kohlenhydrate (je zur Hälfte Glucose und Kartoffelstärke), 0,4 g Fett (Margarine); II: 1,2 g Casein, 2,5 g Kohlenhydrate, 0,4 g Fett; III: 3,8 g Kohlenhydrate). Als Energiezufuhr erhielten die Ratten mit der Morgenmahlzeit wechselnde Mengen von Kohlenhydraten.

Einfluß der Art und Menge der Nahrung auf die *Reaktion der Nebennierenrinde auf Kältewirkung* an Ratten mit Hilfe von 3 Diätarten geprüft, denen die notwendigen Vitamine und eine Salzmischung nach [*134*] beigefügt wurden [*123*]:

Tabelle 10. **Rattendiät für Reaktion der Nebennierenrinde auf Kältewirkung** [*123*]

	Fettreiche Diät %	Kohlenhydratreiche Diät %	Eiweißreiche Diät %
Casein	25	18	76
Sucrose	31	78	20
Fett	42	2	2
Salzmischung (nach [*134*])	2	2	2

Daß eine langdauernde, drastisch *salzarme Diät* mit der Aufrechterhaltung einer *normalen Nebennierenrinden-Funktion* vereinbar ist, zeigten Versuche an drei Hochdruckpatienten, die 20 bzw. 32 bzw. 58 Monate auf einer Kost gehalten wurden, die nur 100—150 mg Na (in Form von 250—375 mg NaCl) tgl. enthielt [*28*].

Um zu prüfen, ob *Amphenon* (1,2-bis(p-Amino-phenyl)-2-methylpropanon) eine diuretische Wirkung besitzt und die Sekretion von Mineralocorticoiden in den Nebennieren hemmt, wurden Ratten mit einer Diät aus dialysiertem Milchpulver (um die Elektrolyte zu entfernen) unter Zusatz von 30% Glucose und den entsprechenden Vitaminen ernährt; das Amphenon wurde der Nahrung zugemischt (200 mg/kg/Tag) [*99*].

Der *NTQ-Test für ACTH-Präparate* [*62*] (Quotient aus Nebennieren-Gewicht: Thymusgewicht) wird an normalen, 3 Wochen alten Rattenmannchen ausgefuhrt, die ab Versuchsbeginn ausschließlich mit Milch und Weißbrot ad libitum ernährt werden.

F. Hoden (Androgene)

Untersuchungen uber Veränderungen an den Erfolgsorganen der spezifischen männlichen Androgenwirkung durch die Kastration bzw. durch die Behandlung mit männlichen Sexualhormonen bedürfen bei den gebräuchlichen Versuchstieren (Ratten, Mäusen, Hähnen) keiner besonderen Kostformen, sofern die Nahrung qualitativ und quantitativ ausreichend ist. Da die spezifische Androgenwirkung sich in den meisten Testverfahren in Wachstumsvorgängen äußert, ist ein Eiweißmangel in der Nahrung sorgfältig zu vermeiden, ebenso auch bei der Prüfung auf anabole Androgenwirkungen. Empfehlenswert ist es, die Versuchstiere, besonders die Hähnchen, 24 Std. vor der Kastration hungern zu lassen, weil die gefüllten Därme bei der Operation sehr störend sein können.

Eine gedrängte kritische Übersicht über die Zusammenhänge zwischen Qualität und Quantität der Nahrung einerseits und der innersekretorischen Aktivität und spermatogenetischen Funktion des Hodens andrerseits s. bei [*92*]. Die meisten Daten der Literatur beziehen sich auf Rattenversuche und dürfen nicht ohne weiteres auf andere Saugerarten einschließlich des Menschen übertragen werden. Aufschlußreich sind die Untersuchungen an eineiigen Zwillingsstierkälbern, von denen der eine Partner eine reichliche Normaldiät (N) und der andere eine Unterernahrungsdiät (U) erhielt [*29*]:

Tabelle 11. **Tägliche Nahrungsmengen der Normal- (N-) und Unterernährungs- (U-) Diät bei Kälberpaar I** [*29*]

		Dez.	Jan.	Febr.	Marz
Milch (kg)	N	4,5	6,7	6,7	6,7
	U	0	0	0	0
„Konzentrat" (kg)	N	1,0	1,4	1,6	1,8
s. u.[1]	U	0,4	0,5	0,6	0,7
Rüben (kg)	N	1,8	2,2	3,1	4,0
	U	0,6	0,8	1,1	1,3
Heu (kg)	N	ad lib.	ad lib.	ad lib.	ad lib.
	U	1,1	1,8	2,2	2,7

Tabelle 12. **Tägliche Nahrungsmengen der Normal- (N-) und Unterernährungs- (U-) Diät bei Kälberpaar II** [*29*]

Alter in Monaten	Milch (Liter)		Konzentrat (kg)		Rüben (kg)		Heu (kg)	
	N	U	N	U	N	U	N	U
2 u. 3	4,5	0	0,9	0,3	1,8	0,6	ad lib.	1,4
4	4,5	0	1,4	0,5	2,2	0,7	ad lib.	1,8
5	4,5	0	1,6	0,5	3,1	1,0	ad lib.	2,2
6	4,5	0	1,8	0,6	4,0	1,3	ad lib.	2,7
7	4,5	0	2,2	0,7	5,4	1,8	ad lib.	3,1
8	4,5	0	2,7	0,9	6,7	2,3	ad lib.	3,6
9 u. 10	0	0	3,6	1,2	6,7	2,3	ad lib.	4,1

Konzentratzusammensetzung, Salzlecken und Lebertran wie in Tab. 11.

Tabelle 13. **Tägliche Nahrungsmengen der Normaldiät bei einem Partner von Kälberpaar III; Unterernährungsdiät = $^1/_3$ der Normaldiät** [*29*]

Monat des Versuches	Milch (Liter)	Konzentrat (kg)	Rüben (kg)	Heu
1	4,5	0,7	0,9	ad lib.
2	4,5	0,9	1,3	ad lib.
3	4,5	1,4	2,2	ad lib.
4	4,5	1,8	3,2	ad lib.
5	4,5	2,3	4,0	ad lib.
6	4,5	2,7	5,5	ad lib.
7	4,5	3,2	6,8	ad lib.
8	4,5	3,6	6,8	ad lib.

Ähnliche Versuche an eineiigen Stierkalbzwillingen wurden von [*9*] durchgeführt.

Untersuchungen uber die *hormonale Regulation der Ausnutzung der Proteine* für die Hämopoese [*4a*] an Rattenmannchen: Hoden oder Schilddrusen oder beide Organe entfernt; eiweißfreie Diät (Saccharose 79,3 g, Dextrin 10 g, Erdnußöl 5 g, Salzgemisch Nr. 22 von [*98*] 5,7 g) oder eiweißhaltige Diät (Ersatz von 18 g Saccharose der obigen Diat durch 18 g Casein) (Vitaminzusatze bei

[1] Das „Konzentrat' bestand aus (in %): Hafer 30, Gerste 20, Kleie 25, Leinsaatkuchen 10, Knochenmehl 10, Fischmehl 5. Beide Kälber hatten freien Zugang zu den Salzlecken und erhielten tgl. Lebertran in einer Menge von 1% des Konzentratkonsums beim N-Kalb.

beiden Diäten: Ascorbinsäure 25 mg, Aneurin 1 mg, Lactoflavin 2 mg, Nicotinsäureamid 20 mg, Pyridoxin 2 mg, Ca-Pantothenat 3 mg, Pteroylglutaminsäure 100 µg, Inosit 60 mg, D-Biotin 70 µg, Tokopherol 1 mg, Vitamin K 1 mg, 2 Tropfen einer Lösung von Vitamin A und D mit 50000 I. E. Vitamin A und 10000 I. E. Vitamin D pro ml, Cholinchlorid 500 mg, alles gelöst in Wasser).

Beeinflussung der *nephrotropen Wirkung von Testosteron* (und von Thyroxin, allein oder in Kombination) durch den *Eiweißgehalt* der Nahrung an Ratten bei eiweißarmer und bei eiweißreicher Kost [*52*]:

Tabelle 14. **Proteindiät für nephrotrope Wirkung von Testosteron** [*52*]

	Proteinarm %	Proteinreich %
Casein	8	48
Zucker	68	28
Pflanzenfett	10	10
Agar	4	4
Trockenhefe	4	4
Lebertran	2	2
Salzgemisch (s. S. 301 [1])	4	4
	1,32 g-% N entsprechend 8% Protein[1]	6,58 g-% N entsprechend 41% Protein

Mäuse, die zu Versuchen über die *Beeinflussung der β Glucuronidase der Niere* durch Androgene dienen, erhalten eine synthetische Diät mit 25% Protein und 25% Fett, dazu je 22% Rohrzucker und Dextrin nebst Salzgemisch (s. S. 301 [1]) und Vitamine [*40*].

Einfluß von *proteinreicher*, *-armer* und *-freier* Diät auf *sexuelle Reifung*, Organgewicht und histochemische Unterschiede beim infantilen Rattenmännchen [*64*]:

Tabelle 15. **Diät mit verschiedenem Proteingehalt** [*64*]

	18% Casein	6% Casein	0% Casein
Casein	180	60	0
Dextrose	220	340	400
Dextrin	257	257	257
Cellulosemehl	20	20	20
Salzgemisch nach [*134*][2]	40	40	40
Crisco[3]	250	250	250
Maisöl	20	20	20
Cholinchlorid	2	2	2

Mit Zusatz von allen bekannten Vitaminen.

Die *anabole Testosteronwirkung* an Mäusen [*63*], die entweder eine Normaldiät (50 Teile pulverisierte Fox-Keks, 50 Teile Vitamin-B-freies Futter der *General Biochemical Inc., Chagrin Falls, Ohio*, 1 Teil Lebertran, Vitamin-B-Komplex mit 5 mg Thiamin, 40 mg Riboflavin, 10 mg Pyridoxin pro Tag und Maus) oder eine eiweißreiche Diät (nach [*74*]: 46,4 g Casein, 31,5 g Zucker, 7,4 g hydriertes Pflanzenöl, 3,7 g Salz, 1,8 g Ruffex (Rohfasern), 9,2 g Hefe) erhalten. Versuchsratten zum Studium der anabolen Steroidwirkung [*3*]: 1,4% N entspr. 9,35% Protein, so daß die Ratten bei einer Nahrungszufuhr von 10—11 g/Tag etwa 150—175 mg N tgl. erhalten. In Versuchen an Ratten uber den Einfluß von Testosteronpropionat auf die Eiweißverarmung des Körpers durch eine eiweißfreie Diät und die Wiederauffüllung des Eiweißgehalts durch eine Normalkost

[1] Nach [*93*] genügen fur die Ratte 8% Eiweiß in der Gesamtnahrung zur Aufrechterhaltung eines normalen Wachstums (zit. n. [*52*]).
[2] Modifizierte Osborne-Mendel-Salzmischung (s. [*134*]).
[3] Hydriertes Baumwollsamenöl.

mit etwa 24% Eiweiß (Purina, Lab Chow s. Tab. 1) bewährte sich eine eiweißfreie Kost folgender Zusammensetzung [*42*]: Maisstärke 1100 g, Ruffex (Rohfasern) 100 g, U. S. P. Salzgemisch II 80 g, Lebertran 65 g, Weizenkeimöl 65 g, Speck 80 g, Cholinchlorid 4,2 g, Ca-Pantothenat 0,08 g, Inosit 0,5 g, Nicotinsäure 0,1 g, Thiamin 0,08 g, Riboflavin 0,07 g, Pyridoxin 0,03 g, p-Aminobenzoesäure 0,5 g, Biotin 0,005 g, Folsäure 0,005 g, Vitamin B_{12} 10 μg, Leberrohextrakt 2 ml. Bei diesen Diäten konnte ein Einfluß von Testosteron auf die Verarmung an Eiweiß oder die Wiederauffüllung des Eiweißgehaltes nicht festgestellt werden. Einfluß von Testosteron und Wachstumshormon auf Körpergewichtszunahme und Proteinspeicherung [*72*, *73*, *75*]. Einfluß der Schilddrüse auf den anabolen Effekt von Testosteron [*97*]. Gaben von Testosteronpropionat wirken den hemmenden Einflüssen einer ungenügenden Ernährung auf das Erwachen der Copulationsneigung bei jungen Rattenmännchen so vollkommen entgegen, daß man bei ihnen die Copulationsreaktion früher beobachtet als bei den normal gefütterten, aber nicht injizierten Kontrollmännchen [*123a*].

Die Veränderungen in Hoden, Nebenniere, Hypophyse und accessorischen männlichen Geschlechtsorganen unter dem *Einfluß von wachsenden Tumoren* [*53*]: entweder Normaldiät (Brot 6mal wöchtl., Milch 3mal, Rattenkekse 2mal, Margarine, „marmite" (Trockenbierhefe), Lebertran, Hundekuchen, Haferflocken je 1mal wöchtl.; frisches Trinkwasser tägl.) oder Zuchtdiät, bestehend aus einem Mischfutter 6mal wöchtl., Rattenkeksen 2mal, „marmite", Kohlblättern, Lebertran, Hundekuchen, Haferflocken je 1mal wöchtl., frisches Trinkwasser tgl. Zusammensetzung der Rattenkekse in %: Kleie 17,4, Weizenschrot 17,4, Haferschrot 17,4, Maisschrot 8,7, Gerstenschrot 8,7, Fischmehl 4,8, Fleisch- und Knochenmehl 9,6, Trockenmagermilch 14,0, Trockenhefe 1,2, Salz 0,4, Lebertran 0,4. Zusammensetzung des Mischfutters in %: Grieben 50, eingeweichtes Brot 25, Milchpulver 6, Casein 5, Bemax[1] 4, Kleie 4, Hefe 3, Salz 1, Lebertran 1, Kalk 1.

Wirkung von *Testosteronpropionat* auf die *Vesiculardrüsen* der Ratte unter einer Purina Lab Chow-Diät, mit Zusatz von frischen Mohrrüben und Schweineleber [*102*]. Die Wirkungen einer Hungerdiät auf die Bursa Fabricii bei Tauben s. [*31a*].

Die bei Stoffwechselversuchen manchmal wichtige *getrennte Sammlung von Harn und Faeces* beim *Hähnchen* ermöglicht eine Operationsmethode [*41b*], bei der die Versuchstiere mit Hühnernormalkost ernährt werden können und nicht einer Spezialdiät bedürfen, wie bei der Operationsmethode nach [*109a*].

G. Ovarium (Oestrogene, Gestagene)

Literaturübersicht [*103*] über die *Bedeutung von Ernährungsfaktoren für die tierische Fortpflanzung*, enthält Diskussion über quantitative Fragen (Unterernährung, Überernährung) und qualitative Einflüsse von Proteinen, Jodproteinen, Kohlenhydraten, Fetten, Mineralstoffen, Vitaminen, Hormonen (Oestrogenen, Androgenen, Gonadotropinen) und einzelnen speziellen Nahrungsmitteln.

Bei der Kastration von Mäuse-, Ratten-, Meerschweinchen- und Kaninchenweibchen sind keine besonderen Kostvorschriften zu beachten. Bei der Prüfung oestrogener Hormonpräparate im Allen-Doisy-Test (oestrale Verhornung der Vaginalschleimhaut) ist darauf zu achten, daß die Kost der Tiere genügend Vitamin A enthält, weil ein Vitamin-A-Mangel zur Kolpokeratose führt und so zu einer Täuschung hinsichtlich des Oestrogengehalts den Anlaß geben kann [61]; andererseits können Überdosierungen von Vitamin A zu einer Hemmung der Oestrusreaktion an der Vaginalschleimhaut führen [*60*].

Der Gehalt des Weidegrases an oestrogenen Stoffen kann die Produktion verschiedener Hormone beeinflussen: Die Zunahme an Oestrogenen im frischen Weidegras im Frühling gegenüber dem Winterheu fördert die Wiederaufnahme

---

[1] Vitamin-B-Gemisch, pro ml enthaltend 100 mg B_1, 2 mg B_2, 4 mg B_6, 100 mg Nicotinsaureamid, 4 mg Panthotensaure.

der oestrischen Cyclen durch Reaktivierung der Hypophyse (Gonadotropine) und auch die Milchbildung [*41, 10*], während ein ubermäßiger Gehalt an Oestrogenen in den Weidepflanzen schwere Veränderungen an den Genitalorganen und eine Beeinträchtigung der Fertilitat der weiblichen Weidetiere nach sich zieht [*27*], vgl. auch [*133*]. Im Hinblick auf den Einfluß der in pflanzlichen Futtermitteln enthaltenen Oestrogene (s. o. und Einfuhrung, S. 301) ist auf die Methode zum *Nachweis oestrogener Stoffe* in frischem und getrocknetem pflanzlichen Futter mittels kombinierter Aceton- und Ätherextraktion zu verweisen [*13*].

Bei der *Verfütterung von Milch* an jugendliche Versuchstiere ist zu beachten, daß die in ihr enthaltenen Hormone, hauptsächlich und im besonderen die Oestrogene, einen hemmenden Einfluß auf die sexuelle Funktion der Männchen haben können, da sie zum Teil auch per os wirksam sind [*38*].

Für die *Regulierung der Cholesterinämie* bei der Ratte durch die gonadalen Wirkstoffe ist eine *hypercholesterinämische Kost* wichtig [*39*]: Cholesterin 5%, Natriumcholat 1,5%, Casein 20%, Maisöl 8%, Lebertran 2%, Rohrzucker 59%, Salzgemisch 4% (s. S. 301 [1]), dazu die bekannten Vitamine und Spurenstoffe; pro 100 g dieser Diät wurden 6,0 g Cellulosemehl zugesetzt. Jede erwachsene Ratte erhält 16 g dieser Diät tgl.

Einen *katabolen Einfluß* übt das *Oestradiolbenzoat* bei der kastrierten Ratte aus, während Progesteron und Prolactin Gewichtszunahmen bewirken; sie sind auch in der Trächtigkeit wirksam [*16, 20*]. Den Einfluß von Progesteron-Injektionen bei der Vitamin-A-Mangel-Ratte verfolgt man unter der folgenden A-Vitamin-freien Diät: Dextrin 63,5 g, vitaminfreies Casein 17,0 g, Salzgemisch nach Osborne-Mendel 4,0 g [*134*], Trockenbierhefe 3,5 g, vitaminfreies Arachisöl 12,0 g [*47*]. Bei Gaben von Progesteron an trächtige Versuchsratten ist zu beachten, daß sie (direkt oder indirekt) die Mobilisierung von Nährstoffen aus den mütterlichen Speichern zu beeinflussen oder die Placentafunktionen zu fördern scheinen [*69*]. Die Folgen einer Überdosierung von Vitamin A, soweit sie sich am Skeletsystem äußern (intensive Knochenresorption, multiple Spontanfrakturen) oder die Wachstumshemmung betreffen, können durch Gaben von Wachstumshormon verhindert werden; dagegen werden die hämorrhagischen Erscheinungen nur gemildert [*116b*].

H. Hypophyse

Die Einflüsse einer reichlichen Normaldiät und einer eingeschränkten Diät (= 70% der Normaldiät) auf die Histologie der Hypophyse, der Nebenniere und der Schilddrüse wurde bei Schweinen (Sauen) im Verlauf einer Gabe über 10 Generationen verfolgt [*54*].

Seitdem die Technik der *Hypophysektomie* (s. S. 320) weitgehend vervollkommnet und vereinfacht wurde und diese Operation auch an den kleinen Laboratoriumstieren vielfach ausgeführt wird, sind zahlreiche Diatvorschriften für die postoperativ zunächst sehr anfälligen Versuchstiere ausgearbeitet worden. Den *Amphibienlarven (Kaulquappen)* wird in der ersten Woche nach der Operation kein Futter gegeben [*129*], später Hefepulver in Wasser gelöst, tgl. erneuert und ein- oder zweimal wöchtl. Zugabe von Spinat- und Leberpulver.

Mäuse füttert man mit Purina-Fox-Chow-Standardkost (s. Tab. 1, Nr. III) und einmal wöchtl. zusätzlich mit Haferflocken; Wasser oder 5%ige Glucoselösung ad libitum [*120*]. Für die Auswertung von Wachstumshormon an hypophysektomierten Mäusen wird eine leicht modifizierte McCollum-Diät I (nach [*6*], s. Tab. 7), ad libitum verfüttert [*87*].

Ratten. a) Standardkost (s. o.) mit Zugabe von Milch, Brot, Konserven- oder Frischfleisch und Frischgemüse [*76*].

b) Nach den ausgedehnten Erfahrungen des Instituts von *H. M. Evans* in Berkeley (California) ist die für Mäuse empfohlene [*87*] modifizierte McCollum-Diät I (nach [*6*], s. Tab. 7) auch für Ratten empfehlenswert.

c) Besonders viel verwendete Diät in drei Modifikationen, die sich in ihrem Caloriengehalt unterscheiden:

Tabelle 16. **Diät für hypophysektomierte Ratten** [*117*]

	Diät 1 g	Diät 2 g	Diät 3 g
Saccharose	67	67	31
Casein	24	24	24
Salzgemisch (s. S. 301 [1])	4	4	4
Maisöl	5	5	5
Schweinefett	—	—	16
Cellulosemehl	—	20	—
Ganzleber	2	2	2
1 : 20 Leberkonzentratpulver	2	2	2

Zum vitaminfreien Casein werden auf je 24 g zugesetzt: 350 μg Aneurin-HCl, 350 μg Lactoflavin, 350 μg Pyridoxin-HCl, 2,5 mg Nicotinsäure, 2,0 g Calcium-Pantothenat, 100 mg Cholinchlorid, 100 mg Inosit, 30 mg p-Aminobenzoesäure. Zu je 5,0 g Maisöl werden zugesetzt: 1,1 mg β-Carotin, 300 I. E. bestrahltes Ergosterin, 0,6 mg 2-Methyl-1,4-naphthochinon, 5,0 mg α-Tokopherol. Die *Leberpräparate* wurden von *The Wilson Laboratories, Chicago,* bezogen. Dieses Standardfutter wurde ad libitum gegeben, ebenso Wasser. Die Aufnahme ergab in den ersten 35 Tagen eine Calorienzufuhr von etwa 22,8 kcal bei Diät 1 und von 22,5 kcal bei Diät 2 und 3. Bei Größenzunahme der Ratten betrug die tgl. Calorienzufuhr etwa 45 kcal: bei dieser Aufnahme nahmen die Ratten 4—5 g tgl. zu. Ihre Körperzusammensetzung (112 Tage post op.) war die gleiche wie bei normalen, auf dieser Kost gehaltenen Ratten. Angaben über die günstige Wirkung dieser Diät bei infantilen [*117*] Ratten konnten aber an erwachsenen Ratten nicht bestätigt werden [*25*].

d) Diät aus Vollmilchtrockenpulver, das mit Wasser angerührt und dem 2—3% Traubenzucker zugesetzt wird, und Weißbrötchen erhält hypophysektomierte Ratten in kurzfristigen Versuchen in gutem Zustand [*127*].

e) Mischfutter für hypophysektomierte und mit Insulin behandelte Ratten: Pferdefleisch (892 g), getrocknete Weißbrotkrumen (345 g), Ganzweizenmehl (396 g), Traubenzucker (80 g), mit Frischmilch angerührt (1 Quart = 1,136 Liter) [*111*].

f) Hypophysektomierten Ratten, die zwecks Entwicklung der Milchdrüsen mit Oestron und Progesteron behandelt werden und zusätzlich Insulininjektionen bekommen, muß außer Brot, Hundekuchen, gemischter Körnernahrung und Frischmilch auch noch 50%ige Glucoselösung mit darin eingeweichten Brotstücken gegeben werden [*1*].

g) Hypophysektomierte Ratten mit zusätzlichen Zerstörungen im Hypothalamusgebiet gehen bei der gewöhnlichen synthetischen Standardrattenkost bald zugrunde [*95*]; um sie über längere Zeit am Leben zu erhalten, gibt man eine aus rohem Fleisch, Weißbrot, Salat und Mohrrüben bestehende Kost.

Rattenfutter bei der Auswertung von Hypophysenhormonen [*51*]: „*Bertels rat food*" der *Bertels Oliefabrieken, Omval 50, Amsterdam* O. Zusammensetzung: 60% eines Gemisches von Weizen/Arachisöl (90% Weizen, 10% Arachisöl); 8% geschälter Hafer; 7% Leinsaatkuchen; 10% Tiermehl; 5% Magermilchpulver; 5% Luzernenmehl; 4% einer Vitamin-B-Kombination; 1% Salzgemisch (s. S. 301 [1]) und 0,1% Vitamin A + D-Öl. Das Futter wird mit Wasser aufgeweicht und hin und wieder durch Gaben von altem Brot und Rinderkaldaunen ergänzt.

Hunde. Pro 10 kg Körpergewicht tgl. 75 g „cracker meal" (= pulverisiertes Standardfutter), 30 g Magermilchpulver, 30 g Fleisch-(Leber-)Rückstand, 10 g Bierhefe, 5 ml Lebertran, 17 ml Maisöl, 3 g Salzgemisch (NaCl, Kaliumphosphat Eisen- und Magnesiumcitrat) [*15*]. Diese Diät, mit Wasser angerührt, ergibt etwa 785 Calorien, bestehend aus 74 g Kohlenhydrat, 34 g Fett und 45 g Eiweiß;

sie wird auf zwei Mahlzeiten tgl. verteilt. Gelegentlich, wenn eine Mahlzeit abgelehnt wird, kann man sie durch äquicalorische Mengen von Fleisch, Fisch oder Milch ersetzen; Wasser ad libitum.

Hypophysektomierte Affen erhalten zusätzlich zur gewöhnlichen („Rockland"-) Affendiät tgl. frisches Obst und Gemüse, gekochten Reis, Eier und Rosinenbrot [*70*].

Thyroxin übt einen ausgesprochenen protein-anabolen Einfluß bei hypophysektomierten Ratten aus, doch darf die Dosis von 5,0 μg/100 g Körp.-Gew. nicht überschritten werden, die der Thyroxinproduktion der normalen Ratte entspricht [*114*].

Neben den obigen Vorschriften, die für alle Versuche mit hypophysektomierten Tieren gelten, gleichgültig um welches der tropen Hypophysenhormone es sich handelt, sind bei den einzelnen Hormonen einige *Spezialvorschriften* zu berücksichtigen. So gilt die bei der Schilddrüse erwähnte Prüfung des Jodgehaltes der Nahrungsmittel auch für Versuche mit *thyreotropem* Hormon. Die Interferenz des Nahrungseinflusses wird bei der Prüfung auf Thyreotropin (und gleichzeitig auf Schilddrüsenstoffe) dadurch ausgeschaltet, daß man sogenannte „stasis-Kaulquappen" (Hemmungskaulquappen) benutzt, d. h. Tiere, die bis zum Stadium von 3—5 mm Länge der Hinterextremitäten bei reichlicher Nahrung aufgezogen und dann auf absoluten Hunger gesetzt werden, der während der ganzen Versuchsdauer beibehalten wird, wodurch bei den unbehandelten Tieren alle Wachstums- und Differenzierungsvorgänge zum Stillstand kommen [*2*]. Die Beurteilung des Thyreotropingehaltes erfolgt am Wachstum der Schilddrüsenzellen, diejenige des Schilddrüsenhormons an der wieder in Gang kommenden Metamorphose.

Veränderungen in der *thyreotropen Aktivität* von Plasma und Hypophyse nach Thyreoidektomie an Rattenmännchen, die auf drei verschiedenen Kostformen gehalten wurden [*41a*]: 1. Körnerdiät = Mangeldiät, auch an Jod; 2. Körnerdiät + Jod (1 μg ^{127}J/ml Trinkwasser, wobei die Tiere etwa 15 μg Jod in Form von JNa pro Tier und Tag aufnehmen; 3. Normalkost. Zur Analyse des modifizierten Effekts des Jodspiegels der Nahrung auf die Reaktion der Schilddrüse hypophysektomierter Ratten auf Thyreotropin setzt man die Ratten auf eine Diät, die entweder weniger als 0,1 mg Jod/kg enthielt oder die mit 1,8 mg oder mit 18 mg J als JNa pro kg ergänzt war [*55*].

Eine verbesserte *Auswertungsmethode für Thyreotropin*, beruhend auf dem Schwund von ^{131}J aus der Schilddrüse von nicht gefütterten Eintagsküken s. [*11*]. Feststellung einer Thyreotropin-Hemmsubstanz an Küken [*85*]: Einen Tag alte männliche Küken der Weißen Leghornrasse erhalten 5—10 μc ^{131}J intraperitoneal und werden ad libitum mit einer von Jodsalzen befreiten Kost gefüttert, die 0,1 mg% Na-L-Thyroxin enthält; Aqua dest. als Trinkwasser; Futterentzug 20 Std. vor Versuchsbeginn.

Die Beeinflussung des *Gonadotropingehalts* der Hypophyse durch *chronische Unterernährung* wird verschieden beurteilt: Nach 30tägiger Unterernährung Hypophysen reicher an Gonadotropin als bei normal ernährten Ratten [*107*], der Gonadotropingehalt unverändert, einerlei ob man die Ratten ad libitum fressen läßt oder nur $^3/_4$ oder $^1/_2$ oder $^1/_4$ der ad libitum-Menge gibt oder die Tiere ganz hungern läßt [*94*]; dagegen nimmt der Gehalt an *luteotropem Hormon* (Prolactin) *parallel* zur *Futtermenge ab*[1]. Zur Gonadotropinauswertung an Eintagsküken Mangelfutter aus Maiskolbenmehl, bei dem das Wachstum gehemmt wird und die innersekretorischen Drüsen auf infantiler Größe verharren: das Hodengewicht ist bei diesen Mangelküken ein empfindlicherer Indikator für die Wirkung gonadotroper Hormone als bei normal ernährten Küken [*80*]. Veränderungen der gonadotropen Aktivität beobachtete man sowohl bei natriumreicher Kost, bei der die

---

[1] *L. T. Samuels* (Ann. Conf. Protein Metabolism **8**, 11—16, 1952) hat uber den Einfluß des Gehalts der Nahrung an Eiweiß und verschiedenen Aminosäuren auf das endokrine System der Versuchstiere berichtet, doch waren uns seine Ausführungen leider nicht zugänglich.

Ratten mit Futter und Trinkwasser etwa 1,05—1,15 g NaCl/Tag zu sich nahmen, als auch bei natriumfreier Kost [*126*].

Ratten, die durch eine bestimmte Vitamin-B-Mangelkost [*57*] anöstrisch gemacht wurden, kann man für die *Auswertung von Chorion- und Serumgonadotropin* nehmen [*104*]; Zusammensetzung der Kost: 73% Reisstärke, 20% vitaminfreies Casein, 2% Lebertran, 5% Salzgemisch (s. S. 301[1]). Nach 2wöchiger Verfütterung dieser Kost sind die Ratten anöstrisch und können in den Versuch genommen werden, nach dessen Ablauf sie für 10—14 Tage auf eine komplette Diät gesetzt werden; dann können sie erneut auf die Mangeldiät rückversetzt und nach zwei Wochen erneut in Versuch genommen werden.

In Versuchen über die Beziehungen zwischen *ACTH-Sekretion und Pantothensäuremangel* gibt man den Versuchsratten eine Pantothensäuremangeldiät folgender Zusammensetzung [*34*]: Hydr. Baumwollsamenöl 180 g, vitaminfreies Casein 440 g, Rohrzucker 1280 g, Salzgemisch 200 g, Lebertran 80 ml, gemischte Tokopherole 150 mg = etwa 6 Tropfen, unter Zusatz von 6 mg Thiamin, 6 mg Pyridoxin, 10 mg Riboflavin, 2 mg Folsäure, 1 mg Biotin, 20 mg Niacin, 600 mg Cholin, 100 mg Inosit, 100 mg Synkavit (synthet. Vitamin K) und (nur bei der Kontrolldiät!) 20 mg Calciumpantothenat. Die Trockenbestandteile werden in die geschmolzenen Fettbestandteile eingetragen; die Vitamine werden, in 25 bis 50% Äthylalkohol gelöst, beigefügt; Aufbewahrung im Kühlschrank.

Durch eine besondere Anfälligkeit und Appetitlosigkeit zeichnen sich die einer kombinierten Hypophysen- und Nebennierenentfernung unterworfenen Ratten aus; solche Tiere kann man über längere Zeit am Leben erhalten durch folgende Diät:

Tabelle 17. **Diät für hypophys- + adrenalektomierte Ratten** [*101*]

	Allgemeine Diät, in %	Diät fur trachtige und laktierende Tiere, in %
Gemahlener Ganzweizen	68,5	67,5
Casein	5,0	15,0
Vollmilchpulver	—	10,0
Pflanzenöl	—	5,25
Calciumcarbonat	—	1,50
Jod-NaCl	—	0,75
Fischöl	5,0	—
Luzernenmehl	10,0	—
Fischfleisch	10,0	—
NaCl	1,5	—

Auf 1 kg werden 16 ml „Sardilene“ zugesetzt (vgl. S. 306, Tab. 7, Diät a). Beide Kostformen werden mit Wasser zu einer Paste verrieben; außerdem erhalten die Tiere Karotten, Salat und als Getränk statt des Wassers eine Lösung von 5% Glucose und 1% NaCl. Vgl. dazu auch [*131*].

Die Untersuchung des *Wirkungsmechanismus* des *Wachstumshormons* kann man an Ratten vornehmen, die an intermittierenden Nahrungsentzug angepaßt waren [*36*]. Grundnahrung: 49,2 cal-% Kohlenhydrate, 25,4 cal-% Eiweiß und 25,4 cal-% Fett; 6 Wochen Anpassungszeit an den intermittierenden Nahrungsentzug, mit allmählich zunehmender Länge der Entzugsperioden von 1—3 Tagen und zwischengeschalteten Nahrungstagen (bei ständigem freien Zugang zum Trinkwasser). Die zunehmende Anpassung äußerte sich darin, daß solche Tiere während der Futtertage größere Mengen Glykogen in der Leber ablagerten als die normal gefütterten Kontrollratten. Eine proteinfreie Diät, bestehend aus 88% Rohrzucker, 8% hydriertem Baumwollsamenöl, 4% Salzgemisch (s. S. 301[1]) und krist. Vitaminen für Wachstumshormon- und Gonadotropin-Versuche an Ratten s. [*120a*].

Bei der Bestimmung des *Luteotropins* (Prolactins) an Tauben ist es zu empfehlen, die Tiere 24 Std. vor dem Töten auf Hunger zu setzen, um störende Überreste der Nahrung im Kropf zu vermeiden. Für die Auswertung von Prolactin nimmt man die hypophysektomierte Landform des Molches Diemyctilus (Triturus) viridescens, die über Monate ohne Futter gehalten werden kann [50]; wenn nötig, dienen Enchytraeiden-Würmer oder Drosophila-Mutanten mit verkümmerten Flügeln („vestigial" oder „miniature wing") als geeignetes Futter.

Vergleich der Wirkung von *hypophysärem Rinder-Wachstumshormon* auf die *Cholesterinbildung* in der Leber hypophysektomierter Ratten bei Normalkost, bestehend aus 46,5% Kohlenhydraten (im wesentlichen Weizenschrot), 24,7% Protein, 5,2% Fett, 4% Rohfasern, oder kohlenhydratreicher, fettfreier Kost, bestehend aus 60% Kohlenhydraten (im wesentlichen Glucose), 22% Protein, 9,8% Rohfasern + Vitaminen [12].

Die Ausbildung einer Fettleber bei hypophys-thyreoidektomierten Hunden wird durch Zusatz von 25 g Pankreas oder 2 g Methionin tgl. zur Grunddiät (30 g/kg Magerfleisch, Saccharose, Vitamine, Salzgemisch) verhindert [37].

Hypophysektomierte Ratten, die nach einer Periode der Zwangs- oder ad-libitum-Fütterung auf Hunger gesetzt werden, können zum Teil eine Blutzuckerhöhe aufrechterhalten und Überlebenszeiten erreichen wie die normalen Kontrollratten [106].

Hypophys-adrenal-gonadektomierte Ratten, auch wenn sie eine 1%ige NaCl-Lösung als Trinkwasser erhalten, überleben nur bei Gabe von kleinen Corticoidmengen oder bei Ersatz der synthetischen Nahrung durch Milch und Brot den 10-Tage-Versuch [88], s. auch [101].

In Versuchen über den Einfluß des Hypophysenvorderlappens auf das Wachstum des lymphoiden Gewebes wird von [89] in der Ratten-Standarddiät ein Gehalt von 1 kg Ewomin purum in 10 kg angegeben. Nach Rückfrage bringt dieser ungewöhnlich hoch erscheinende Zusatz von D-Vitamin keine blutchemischen oder skelet-biophysischen Veränderungen mit sich und die Tiere entwickeln sich optimal bei dieser Kost [90].

Für die Auswertung des *Adiuretins* an Ratten nach *Burn* ist es wichtig, daß das Futter einen konstanten und definierten NaCl-Gehalt besitzt, und daß den Tieren Wasser ad libitum zur Verfügung steht. Darum ist z. B. eine Fütterung mit Küchenabfällen zu vermeiden; Hafer und Gerste zu gleichen Teilen, gemischt mit einem Zusatz von getrockneten Garneelen, haben sich als zweckmäßig erwiesen [137]. Am Versuchstag bleiben die Ratten nüchtern, doch steht ihnen Wasser ad libitum zur Verfügung.

Wird das *Intermedin*, das melanophorenwirksame Hormon der Hypophyse, am Krallenfrosch (Xenopus laevis) ausgewertet, so ist bei seiner Wartung darauf Rücksicht zu nehmen, daß dieses Amphibium tropischer Länder erst bei einer Umgebungstemperatur von +16 °C gelegentlich Nahrung zu sich nimmt und, nach einer längeren Fastenzeit, bei +20—25 °C begierig frißt und die Gewebsverluste der Hungerperiode restituiert [77, 79]. Um die Fütterung des Krallenfrosches, aber auch der einheimischen Frösche und Kröten, saisonunabhängig zu machen und diese Versuchstiere das ganze Jahr über für die hormonalen Schwangerschaftsreaktionen benutzen zu können, füttert man mit Pferdeleber, Herz und natürlich geronnenem Blut, auch Blutserum oder Plasma verschiedenster Schlachttiere, ferner mit Placenta (gekocht!) [17]; alles muß sorgfältig zerkleinert werden bis unter die Größe von Kaffeebohnen. Männliche Versuchsfrösche (Rana pipiens) kann man zwangsweise mit Leber füttern, da die Ernährung einen gewissen Einfluß auf die Empfindlichkeit gegenüber Choriongonadotropin zu haben scheint [71]. Dieser Einfluß kann jedoch vernachlässigt werden, wenn man die Frösche in einem Kühlraum hält. Hypophysektomierte Frösche werden für Chloridbilanzversuche im Keller bei 15—17 °C ohne Fütterung gehalten. Im Test an der Elritze sind Hungertiere nicht nur leichter zu halten, sondern die Intermedinreaktion ist an ihnen auch viel regelmäßiger auslösbar [99a].

I. Verschiedenes

Bei der *Prüfung von Thymusextrakten* im Fütterungsversuch an Kaulquappen des Krallenfrosches Xenopus laevis verwendet man eine Normaldiät aus Hafermehl mit Zusatz von 0,5% Trockenhefe, dem die verschiedenen Thymusfraktionen zugemischt werden [*112*].

Für Versuche über den *Einfluß von Alter und Geschlecht* der Versuchstiere (Albinoratten) und von Testosteronpropionat bei den Rattenweibchen auf die Fähigkeit zur *Speicherung von Ergothionein*, das im Körper nicht synthetisiert, sondern nur aus der Nahrung bezogen wird, ist eine Diät zu verwenden, die aus Purina Laboratory Chow (s. Tab. 1, II) besteht und zu der zusätzlich zweimal wöchtl. Grünfutter gegeben wird: die Ergothionein-haltigen Bestandteile dieser Diät sind Lebermehl, Maisschrot und Haferflocken. Die zur Vorbereitung der Ratten gegebene Ergothioneinfreie Diät besteht aus 18% Casein, 68% Sucrose, 10% Pflanzenöl, 4% Salzen (U. S. P.-Salzgemisch Nr. 2, s. S. 301[1]) und allen Vitaminen [*91*].

In Versuchen über die Wirkung von *Adrenalin* auf die Stickstoffausscheidung im Harn ernährt man die Versuchsratten mit einer purinfreien Kost, bestehend aus Trockenmilch, Kohlenhydraten, Lipiden und Vitaminen (Absetzen des Futters 12 Std. vor Versuchsbeginn) [*48*]. Vergleichsversuche mit *Acetylcholin* [*49*] wurden mit der gleichen Diät angesetzt, doch wurde das Futter den Ratten erst 4 Std. vor dem Versuch entzogen und in den meisten Versuchen zusätzlicher Stickstoff in Form einer i. p. Injektion von Glycin (200 mg/kg K.-Gew.) gegeben.

Besondere Kostformen für Versuche mit *Relaxin* sind *nicht* angegeben worden.

Literatur

[*1*] *Ahren, K.:* Acta endocr. (Kbh.) **30**, 435 (1959).
[*2*] *d'Angelo, S. A.*, u. *A. S. Gordon:* Endocrinology **46**, 39 (1950).
[*3*] *Arnold, A., A. L. Beyler* u. *G. O. Potts:* Proc. Soc. exper. Biol. Med. (N. Y.) **102**, 184 (1959).
[*4*] *Aschkenasy, A.*, u. *F. Dray:* C. R. Soc. Biol. (Paris) **147**, 1722 (1953).
[*4a*] *Aschkenasy, A.*, u. *P. Pariente:* Acta haematol. (Basel) **9**, 29 (1943).
[*5*] *Asher, L.:* Physiologie d. Inneren Sekretion, Bern 1936.
[*6*] *Asling, C. W., M. M. Nelson, H. V. Wright* u. *H. M. Evans:* Anat. Rec. **121**, 775 (1955).
[*7*] *Bahner, Fr.:* Rö.-Labor.-Praxis **6**, 220 (1953).
[*8*] *Bailey, R. E.:* J. exper. Zool. **136**, 455 (1957).
[*9*] *Bane, A.:* Acta agric. scand. **4**, 95 (1954); zit. n. *Davies* u. Mitarb. (1957).
[*10*] *Bartlett, S., S. J. Folley, S. J. Rowland, D. H. Curnow* u. *S. A. Simpson:* Nature **162**, 845 (1948).
[*11*] *Bates, R. W., J. Cornfield, A. M. Laskev* u. *T. B. Howard:* Endocrinology **60**, 225 (1957).
[*12*] *Bauman, J. W., R. Hill, N. S. Nejad* u. *I. L. Chaikoff:* Endocrinology **65**, 73 (1959).
[*13*] *Bickoff, E. M., A. N. Booth, A. L. Livingston, A. P. Hendrickson* u. *R. L. Lyman:* J. Anim. Sci. **18**, 1000 (1959).
[*14*] *Block, B. P.*, u. *G. S. Cox:* Nature **184**, 721 (1959).
[*15*] *de Bodo, R. C., M. Kurtz, A. Ancovitz* u. *S. P. Kiang:* Amer. J. Physiol. **163**, 310 (1950).
[*16*] *Bourdel, G.*, u. *R. Jacquot:* C. R. Acad. Sci. (Paris) **248**, 2249 (1959).
[*17*] *Brazel, E.:* Dtsch. Aquarien- u. Terrarien-Z. **2**, 194 (1949).
[*18*] *Cahill, G. F.*, jr., *S. Zottu* u. *A. Scott Earle:* Endocrinology **60**, 265 (1957).
[*19*] *Carroll, K. K.*, u. *R. L. Noble:* Endocrinology **51**, 476 (1952).
[*20*] *Champigny, O., G. Bourdel* u. *R. Jacquot:* C. R. Acad. Sci. (Paris) **251**, 1578, 1664 (1960).
[*21*] *Chesney, A. M., T. A. Clawson* u. *B. Webster:* Bull. Johns Hopkins Hosp. **43**, 261 (1928); zit. n. *Folley* (1948/49).
[*22*] *Contopoulos, A. N., D. C. van Dyke, M. E. Simpson, J. F. Garcia, R. L. Huff, B. S. Williams* u. *H. M. Evans:* Blood **8**, 131, 139 (1953).
[*23*] *Cowie, A. T.:* Endocrinology **51**, 217 (1952).
[*24*] *Cox, R. W., E. D. Henley, H. T. Narahara, P. P. Vanardsel* jr. u. *R. H. Williams:* Endocrinology **60**, 277 (1957).
[*25*] *Crafts, R. C.:* Endocrinology **46**, 586 (1950).
[*26*] *Croxatto, H.*, u. *B. Zamorano:* Acta physiol. lat.-amer. **7**, 33 (1957).
[*27*] *Curnow, D. H., T. J. Robinson* u. *E. J. Underwood:* Austr. J. exper. Biol. Med. Sci. **26**, 171 (1948); zit. n. *Folley* (1948/49).
[*28*] *Dahl, L. E., L. Silver, R. W. Christie* u. *J. Genest:* Nature **185**, 110 (1960).
[*29*] *Davies, D. V., T. Mann* u. *L. E. A. Rowson:* Proc. Roy. Soc., London, Ser. B, Biol. Sci. **147**, 332 (1957).
[*30*] *Delost, P.*, u. *Th. Terroine:* Arch. Sci. physiol. (Paris) **13**, 115 (1959).

[31] *Dodd, J. M.*, u. *F. W. Landgrebe:* Nature **172**, 121 (1953).
[31a] *Doming, C. J.*, u. *D. R. Naik:* Science and Culture (Calcutta) **28**, 291 (1962).
[32] *Dowden, D. R.*, u. *D. R. Jacobson:* Nature **188**, 148 (1960).
[33] *Dragstedt, L. R.*, *K. Phillips* u. *A. C. Sudan:* Amer. J. Physiol. **65**, 368 (1923).
[34] *Eisenstein, A. B.:* persönl. Mitteil. (1957).
[35] *Evans, E. S.*, *A. N. Contopoulos* u. *M. E. Simpson:* Endocrinology **60**, 403 (1957).
[36] *Fábry, P.*, u. *Z. Hruza:* Physiol. bohemoslov., Fremdspr. Ausg. **5**, Suppl., 10 (1956).
[37] *Feinberg, H.*, *J. L. Chaikoff*, *C. Entenman* u. *F. L. Reichert:* Proc. Soc. exper. Biol. Med. **81**, 729 (1952).
[38] *Ferrando, R.*, *J. Boisselot-Lefebvres* u. *A. R. Ratsimamanga:* C. R. Soc. Biol. (Paris) **154**, 579 (1960).
[39] *Fillios, L. C.:* Endocrinology **60**, 22 (1957).
[40] *Fishman, W. H.*, *M. Artenstein* u. *S. Green:* Endocrinology **57**, 646 (1955).
[41] *Folley, S. J.:* Brit. J. Nutrit. **3**, 91 (1948/49).
[41a] *Fontaine, Y. A.:* J. Physiol. (Paris) **49**, 1119 (1957).
[41b] *Fussell, M. H.:* Nature **185**, 332 (1960).
[42] *Geiger, E.*, u. *I. ElRawi:* Metabolism (N. Y.) **1**, 145 (1952).
[43] *Geiger, E.*, *B. H. Ershoff*, *L. Wassermann* u. *L. ElRawi:* Proc. Soc. exper. Biol. Med. (N. Y.) **82**, 629 (1953).
[44] *Giachetti, A.*, u. *P. Peruzzi:* Arch. Fisiol. (Firenze) **52**, 415 (1952).
[45] *Goettsch, M.:* Arch. Biochem. Biophys. **21**, 289 (1949).
[46] *Goodlad, G. A. J.*, u. *H. N. Munro:* Biochem. J. **73**, 343 (1959).
[47] *Grangaud, R.*, u. *Th. Conquy:* C. R. Acad. Sci. (Paris) **246**, 3274 (1958).
[48] *Granitsas, A. N.:* Amer. J. Physiol. **198**, 603 (1960).
[49] *Granitsas, A. N.:* Amer. J. Physiol. **198**, 811 (1960).
[50] *Grant, W. C.* jr.: Endocrinology **64**, 839 (1959).
[51] *Groot, C. A. de:* persönl. Mitteil. (1957).
[52] *Gross, F.*, u. *E. Stricker:* Arch. int. Pharmacodyn. Therap. **88**, 127 (1951).
[53] *Haddow, A.*, *E. S. Horning* u. *N. C. Smith:* Schweiz. Med. Wschr. **87**, 396 (1957).
[54] *Hafez, E. S. E.*, *M. E. Ensminger* u. *N. E. Eshiet:* Acta endocr. (Kbh.) **35**, 441 (1960).
[55] *Halmi, N. S.*, u. *B. N. Spirtos:* Endocrinology **56**, 157 (1955).
[56] *Hanssler, H.:* Z. ges. exper. Med. **123**, 91 (1954).
[57] *Heard, R. D. H.*, u. *S. S. Winton:* J. Physiol. **96**, 248 (1939).
[58] *Hellman, B.:* Acta endocr. (Kbh.) **31**, 80 (1959).
[59] *Hoberman, H. D.*, u. *J. Graff:* Yale J. Biol. Med. **23**, 195 (1950); zit. n. Kongr. Zbl. inn. Med. **144**, 151 (1953).
[60] *Hohlweg, W.:* Klin. Wschr. **29**, 193 (1951).
[61] *Hohlweg, W.*, u. *M. Dohrn:* Z. ges. exper. Med. **71**, 726 (1930).
[62] *Hohlweg, W.*, *U. Laschet*, *G. Dorner* u. *E. Daume:* Acta endocr. (Kbh.) **35**, 501 (1960).
[63] *Homburger, F.*, u. *A. O. Pettergill:* Endocrinology **57**, 296 (1955).
[64] *Horn, E. H.:* Endocrinology **57**, 399 (1955).
[65] *Hubbel, R. B.*, *B. L. Mendel* u. *A. J. Wakeman:* J. Nutrit. **14**, 273 (1937).
[66] *Hüter, Fr.:* B. Z. **318**, 211 (1947).
[67] *Ingle, Dw. J.:* Amer. J. Physiol. **172**, 115 (1953).
[68] *Ingle, Dw. J.*, *G. B. Günther* u. *J. Nezamis:* Endocrinology **32**, 410 (1943).
[69] *Kendall, K. A.*, u. *R. L Hays:* J. Nutrit. **70**, 10 (1960).
[70] *Knobil, E.*, *A. Morse*, *R. C. Wolf* u. *R. O. Greep:* Endocrinology **62**, 348 (1958).
[71] *Kontaxis, N. E.*, *J. R. Maher* u. *D. E. Pickering:* Science **121**, 729 (1955).
[72] *Kochakian, Ch. D.:* Proc. Soc. exper. Biol. Med. **103**, 196 (1960).
[73] *Kochakian, Ch. D.*, u. *B. R. Endahl:* Proc. Soc. exper. Biol. Med. **100**, 520 (1959).
[74] *Kochakian, Ch. D.*, u. *van der Mark:* Proc. Soc. exper. Biol. Med. **79**, 74 (1952).
[75] *Kochakian, Ch. D.*, u. *J. A. Webster:* Endocrinology **63**, 737 (1958).
[75a] *Kucias, J.:* Naturwiss. **47**, 525 (1960).
[76] *Landau, D.*, u. *A. S. Gordon:* Endocrinology **51**, 157 (1952).
[77] *Landgrebe, F. W.:* J. exper. Biol. **16**, 89 (1939); zit. n. [*30*].
[78] *Landgrebe, F. W.:* persönl. Mitteil. (1953).
[79] *Landgrebe, F. W.*, u. *H. Waring:* Biol. assay of the melanophore expanding hormone from the pituitary. In: *Emmens* (Hrs.): Hormone Assay. New York 1950.
[80] *Lane, J. J.*, u. *J. R. Paysinger:* Proc. Soc. exper. Biol. Med. **84**, 396 (1953).
[81] *Lawrence, A. M.*, *A. N. Contopoulos* u. *M. E. Simpson:* Proc. Soc. exper. Biol. Med. **99**, 35 (1958).
[82] *Leathem, J. H.:* Rec. Progr. Horm. Res. **14**, 141 (1958).
[83] *Leblond, C. P.*, u. *H. Earthly:* Endocrinology **51**, 26 (1952).
[83a] *Lejtes, S. M.*, u. *N. A. Isicenko:* Fiziol. Ž. SSSR. **38**, 500 (1952); zit. n. Ber. Physiol **157**, 381 (1953).

[84] *Lembeck, F.:* Arzneimittel-Forsch. **3,** 50 (1953).
[85] *Lepp, A.:* Proc. Soc. exper. Biol. Med. **100,** 683 (1959).
[86] *Li, Ch. H., P. Fønss-Bech, I. I. Geschwind, T. Hayashida, G. Hungerford, A. J. Lostroh, W. R. Lyons, H. D. Moon, W. O. Reinhardt* u. *M. Sideman:* J. exper. Med. **105,** 335 (1957).
[87] *Lostroh, A. J.,* u. *Ch. H. Li:* Endocrinology **60,** 308 (1957).
[88] *Lostroh, A. J.,* u. *Ch. H. Li:* Acta endocr. (Kbh.) **25,** 1 (1957).
[89] *Lundin, P. M.:* Acta endocr. (Kbh.), Suppl. 40 (1958).
[90] *Lundin, P. M.:* persönl. Mitteil. (1959).
[91] *Mackenzie, J. B.,* u. *C. G. Mackenzie:* J. biol. Chem. **225,** 651 (1957).
[92] *Mann, T.:* Proc. Nutrit. Soc. **19,** 15 (1960).
[93] *McCollum, E. V.,* u. *M. Davis:* J. biol. Chem. **15,** 167 (1913).
[94] *Meites, J.,* u. *J. O. Reed:* Amer. J. Physiol. **159,** 281 (1949); Proc. Soc. exper. Biol. Med. **70,** 513 (1949).
[94a] *Mirsky, I. A., Gl. Perisutti* u. *R. Jinks:* Endocrinology **60,** 303, 318 (1957).
[95] *Moll, J.:* Z. Zellforsch. **46,** 686 (1957).
[96] *Narahara, H. T.,* u. *R. H. Williams:* Endocrinology **60,** 285 (1957).
[97] *Noach, E. L., H. Wijnans* u. *S. E. de Jongh:* Verh. Kon. Akad. Wet., Amsterdam, Ser. C: **55,** 562 (1952).
[98] *Orent, E.:* Proc. Soc. exper. Biol. Med. **44,** 199 (1940).
[99] *Pagni, G.,* u. *J. J. Hoet:* Folia endocr. (Pisa) **13,** 411 (1960).
[99a] *Peczenik, O.:* Z. vergl. Physiol. **19,** 84 (1933).
[100] *Perrault, M., J. Boisselot-Lefebvres* u. *A. R. Ratsimamanga:* Revue du Pract. **10,** 2245 (1960).
[101] *Ponse, K.:* persönl. Mitteil. (1953).
[102] *Porter, J. C.,* u. *R. M. Melampy:* Endocrinology **51,** 412 (1952).
[103] *Pozo Loro, R.:* Arch. Zootecn. (Spanien) **7,** 16 (1958).
[104] *Pugsley, L. I.:* Canad. J. Biochem. Physiol. **35,** 889 (1957).
[105] *Ratsimamanga, A. R.,* u. *J. Boisselot-Lefebvres:* L'alimentation et la vie **47,** 137 (1959).
[106] *Reinecke, R. M., L. T. Samuels* u. *S. Roberts:* Proc. Soc. exper. Biol. Med. **80,** 382 (1952).
[106a] *Remington, R. E.:* J. Nutrit. **13,** 223 [(1937).
[107] *Rinaldini, L. M.:* J. Endocrinol. **6,** 54 (1949).
[108] *Rivero-Fontan, J., K. E. Paschkis, E. West* u. *A. Cantarow:* Endocrinology **51,** 100 (1952).
[109] *Rodriguez, R. R.* u. *W. A. Krehl:* Amer. J. Physiol. **169,** 295 (1952); zit. n. Ber. Physiol, **158,** 70 (1953).
[109a] *Rothschild, I.:* Poultry Sci. **26,** 157 (1947).
[110] *Rowlinson, H. R.,* u. *J. M. Lesford:* Quart. J. Pharmacy **21,** 259 (1948); zit. n. *K. L. Smith* [119].
[110a] *Salmon-Legagneur, E., u. R. Jacquot:* C. R. Acad. Sci. (Paris) **253,** 1618 (1961).
[111] *Salter, J.,* u. *Ch. H. Best:* Brit. med. J. **1953,** II, 353.
[112] *Schneider, L.:* Roux's Arch. **149,** 644 (1957).
[113] *Schwiegk, H.:* Internist **1,** 350 (1960).
[114] *Scow, R. O.:* Endocrinology **55,** 344 (1954).
[115] *Scow, R. O.:* Endocrinology **60,** 359 (1957).
[116] *Scow, R. O., E. M. Wagner* u. *E. Ronov:* Endocrinology **62,** 593 (1958).
[116a] *Seifter, J.,* u. *D. Baeder:* Proc. Soc. exper. Biol. Med. **86,** 709 (1954); **91,** 42 (1956).
[116b] *Selye, H.:* J. Endocrin. **16,** 231 (1957).
[117] *Shaw, J. H.,* u. *R. O. Greep:* Endocrinology **44,** 520 (1949).
[118] *Skanse, B., I. Borg* u. *I. Hedenskog:* Acta med. scand. **163,** 131 (1959).
[119] *Smith, K. L.:* Insulin. In: *Emmens* (Hrs.): Hormone Assay, N. Y. 1950.
[120] *Speirs, R. S.:* Endocrinology **52,** 300 (1953).
[120a] *Srebnik, H. H., M. M. Nelson* u. *M. E. Simpson:* Proc. Soc. exper. Biol. Med. **99,** 57 (1959); **101,** 97 (1959).
[121] *Stein, J. D., L. L. Bennett, A. A. Batts* u. *Ch. H. Li:* Amer. J. Physiol. **171,** 587 (1952).
[122] *Sterling, R. E.,* u. *P. L. Day:* Proc. Soc. exper. Biol. Med. **78,** 431 (1951).
[123] *Sterling, R. E.,* u. *B. B. Longwell:* Endocrinology **53,** 106 (1953).
[123a] *Stone, C. P.:* J. comp. Psychol. **33** 97 (1942); zit. nach *Fr. A. Beach,* Hormones and Behavior, New York-London, 1949.
[124] *Swanson, H. E.:* Endocrinology **60,** 205 (1957).
[125] *Swift, D. R.:* Nature **187,** 1133 (1960).
[126] *Takasugi, N.:* J. Fac. Sci. Univ. Tokyo, Sect. 4, **8,** 549 (1959).
[127] *Taugner, R.:* persönl. Mitteil. (1953).
[127a] *Tedeschi, G. G., A. Trentalance u. W. Feltrin;* Arch. Sci. biol. (Bologna) **45,** 107, 119 (1961).

[128] *Tepperman, J., Fr. L. Engel* u. *C. N. H. Long:* Endocrinology **32**, 403 (1943).
[129] *Thing, E.:* Acta endocr. (Kbh.) **11**, 363 (1952).
[130] *Troop, R. C.:* Endocrinology **62**, 385 (1958).
[131] *Velardo, J. Th.:* Fertil. and Steril. **11**, 343 (1960).
[132] *Vogeler, L.:* Endokrinologie **27**, 263 (1950).
[133] *Voss, H. E.:* Umschau **50**, 610 (1950).
[134] *Wesson, L. G.:* Science **75**, 339 (1932).
[135] *Wissler, R. W., R. L. Woolbridge, C. H. Steffee* u. *P. R. Cannon:* J. Immunol. **52**, 267 (1946).
[136] *Zarafonetis, C. J. D., Gl. M. Miller, J. Seifter* u. *D. Baeder:* Amer. J. Med. Sci. **235**, 410 (1958).
[137] *Zeller, G.:* persönl. Mitteil. (1953).

V. Exstirpation und Transplantation endokriner Drüsen

(Zusammenstellung von methodischem Prinzip und Literatur)

Von **H. E. Voss**, Mannheim

Zusammenfassende Literatur [*5, 14, 40, 41, 65*] s. S. 322ff.

A. Thyreoidea

Chirurgische Methoden der *Schilddrüsenexstirpation* an folgenden Tierarten [*14*]: Kaulquappen, Ambystomalarven, Frosch, Huhn, Maus, Ratte, Meerschweinchen, Kaninchen, Katze, Hund und Ziege; neuere Angaben für das Meerschweinchen [*19*] und für Ratten [*13*]. Eine neuartige Methode der vollkommenen Ausschaltung der Schilddrüse durch Injektion von radioaktivem Jod (^{131}J), das in der Drüse gespeichert wird, unter Erhaltung des Nebenschilddrüsengewebes und der benachbarten Organe [*35, 36*]. Dieses schonende Verfahren ist besonders für die Anwendung bei jugendlichen und neugeborenen Tieren (Ratten) geeignet. Methoden der *Transplantation und Implantation der Schilddrüse* [*14*]. [*31*] haben festgestellt, daß die Autotransplantation von Schilddrüsengewebe ins präportale Gebiet zu einer Inaktivierung der in ihm produzierten Wirkstoffe führt, weil die ins Pfortaderblut aufgenommenen Hormone in die Leber gelangen und vermutlich hier in unwirksame Abbauprodukte umgewandelt werden.

B. Parathyreoidea

Methoden der chirurgischen *Epithelkörperchenentfernung* für folgende Tierarten angegeben: Frosch, Huhn, Maus, Ratte, Meerschweinchen, Kaninchen, Katze, Hund und Schaf [*14*]. Nach neueren Erfahrungen zerstört man die Epithelkörperchen bei der Ratte durch Elektrokoagulation [*29*], zugleich mit dem oberen Pol der Schilddrüse; beim Kaninchen dagegen entfernt man sie auf chirurgischem Weg, während man bei Meerschweinchen und Affen den gesamten Nebenschilddrüsen-Schildddrüsen-Komplex operativ entfernt. [*91*] verfahren ebenso bei der Ratte. [*28*] lehnen die frühere Methode der Entfernung der Epithelkörperchen bei der Ratte durch Scherenschnitt ganz ab, weil hierbei häufig größere Blutungen vorkommen und zerstören die Epithelkörperchen mittels punktförmiger Verschorfung mit einem feinen Thermokauter, wobei alle Blutverluste vermieden werden. [*34*] exstirpieren die Epithelkörperchen gesondert beim Hund auf chirurgischem Weg, ebenso [*77*] bei der Ente. Zur Parathyreoidektomie vgl. auch [*78*].

Die Methoden der *Transplantation und Implantation der Epithelkörperchen* sind bei [*14*] beschrieben.

C. Pankreas

Ältere Angaben bei [*108*] und [*39*]. Die *Pankreatektomie* ist bei Hunden und Katzen nach [*50, 75, 26*] unmittelbar gefolgt von schwerem Diabetes und führt, wenn kein Insulin gegeben wird, in wenigen Tagen zum Tode in diabetischem Koma. An Ratten ist die Pankreatektomie wegen gewisser anatomischer Besonderheiten (weite Ausbreitung, zahlreiche Ausführgänge) mit Schwierigkeiten verbunden und hat in zahlreichen früheren Versuchen niemals zum sofortigen Diabetes geführt, mit Ausnahme von Angaben bei [*30*]. Erst mit der Methode von [*94*] gelang es, bis zu 99,5% des Pankreas zu entfernen, mit nachfolgender Hyperglykämie, Glykosurie, Ketonämie, Fettleber und viel Fett in den Zellen der Nierentubuli; ohne Behandlung mit relativ hohen Dosen Insulin (2,5 I. E./g Nahrung) sterben alle Ratten innerhalb von 48 Std. Die Pankreatektomie bei Enten beschreibt [*86*], bei Schlangen [*52*]. Die Erzeugung eines Diabetes mellitus auf chemischem Weg gelang als ersten [*27*] durch die Injektion von Alloxan (vgl. dazu [*5*]). Literaturangaben über die Versuche einer *Transplantation des Pankreas* [*41*]. Versuche zur Exstirpation und Transplantation des Pankreas bei Salamandern [*30 b*].

D. Nebennieren

Exstirpationsverfahren für folgende Tierarten [*14*]: Frösche und Kröten, Maus, Ratte, Meerschweinchen, Kaninchen, Katze und Hund. Für die Ratte, die das wichtigste Versuchstier für die Auswertung von Nebennierenextrakten und reinen Corticosteroiden darstellt, vgl. auch [*102,33*]; in der letztgenannten Arbeit sind auch Daten über die Methodik der *Nebennierentransplantation* zu finden, ferner bei [*68e, 54a, 82a*].

E. Hoden

Chirurgische Verfahren der Kastration beim männlichen Tier für folgende Arten [*14*]: Fisch, Hahn, Maus, Ratte, Meerschweinchen, Kaninchen und Hund. Ausführlich [*72*], hier auch *Spezialmethoden* für die partielle Hodenentfernung, den experimentellen Kryptorchismus, die Hodentransplantation, die Injektion von Hodensubstanz, Parabiose, Transplantation von Geschlechtsmerkmalen. Eine ausführliche Darstellung der Kastrations- und Substitutionsverfahren am Hoden [*93*]. Die Überpflanzung von Hoden unter die Nierenkapsel [*68c*] und in die vordere Augenkammer bei der Ratte [*102a*], bei Mäuseweibchen in die Muskeln [*30a*], in die Milz bei der Maus [*69*], in den Thymus und die Schilddrüse beim Meerschweinchen [*68a, 68b*]. Embryonalen Kükenhoden überpflanzte [*68d*] mit gutem Erfolg auf den erwachsenen Kapaun. Daten über die Prostatektomie beim Tier in [*67*], über die Kammentfernung beim Hahn [*88*].

F. Ovarium

Die *Kastration* und ihre Folgen beim weiblichen Tier [*41*], für niedere Wirbeltiere [*72*], für die kleineren Laboratoriumstiere [*14*] und größere Säugetiere (Katze und Hündin) [*14*]. Partialkastration und andere Eingriffe am Ovarium [*72*].

Die Methodik der *Ovarialtransplantation* [*14, 86b, 8a*]; Bedeutung des Nervensystems für die Einheilung [*102b*]. Besondere Formen der Ovarialtransplantation: In den Hoden [*92, 68, 103*]; in die Niere [*71, 74*]; in die Milz [*12, 73*]; in die Milz von Affen [*106*]; in die Ohrmuschel bei Ratten [*46*]; auf die Vesiculardrüsen bei Ratten [*58*]; „Syngenesio-Transplantate" [*21*]. Aufbewahrung und Transplantation befruchteter Kanincheneier [*57a*].

G. Hypophyse

Allgemeines [*14, 89, 61*]. *Hypophysektomie:* Beim Hund [*8, 6, 20a, 81, 81a*]; bei der Ziege [*21a*]; bei der Katze [*3*]; beim Kaninchen [*107, 84, 29a, 86a*]; beim

Meerschweinchen [*85*, *6*, *18*]; bei der Ratte [*99*, *64*, *15*, *11*]; bei der Maus [*76*, *10*]; beim Vogel (Huhn, Ente, Taube) [*47*, *93a*]; bei Reptilien [*51*, *25*]; beim Frosch [*48*]; bei Kaulquappen [*4*, *98*]; bei Tritonlarven [*63*]; bei Fischen [*1*, *45*].

Partielle Hypophysektomie: bei der Ratte [*54*]; beim Kaninchen [*17*]; beim Frettchen [*23*]; beim Hund [*59*, *38*]. Siehe auch 4. Symposion Dtsch. Ges. Endokr., Berlin, Göttingen, Heidelberg 1957.

Die *periphere Ausschaltung* von Hypophysenvorderlappenhormonen (Gonadotropinen, Thyreotropin) gelingt durch die Injektion von Extrakten aus Lithospermum sp., zum Teil auch von Chinon bzw. Hydrochinon [*22*, *87*, *60*].

Die *Hypophysen-Transplantation bzw. -Implantation* kann erfolgen subcutan, intramusculär, in die Hirn- und Rückenmarkshöhle [*14*], in den Hoden [*32*], in die Niere [*49*] oder in die vordere Augenkammer [*44*, *82*], subarachnoidal unter die Eminentia mediana des Tuber cinereum, unter den Temporallappen des Großhirnes [*43*, *55*].

H. Thymus

Die *Thymektomie* soll stets bei jungen (infantilen) Tieren vor der Geschlechtsreife durchgeführt werden. Allgemeines [*20*, *100b*]; bei Fröschen und Salamandern [*42*]; bei Mäusen [*83*, *57*]; bei Ratten [*95*]; [*62*] (sehr elegante und schonende Methode!); [*79*]; bei Ferkeln, Hunden und Katzen [*70*].

Die *Thymusinvolution* durch ACTH (Test für das adrenocorticotrope Hormon) [*16*, *100*, *100a* *101a*, *90*, *24*]. Histologische Veränderungen des Thymus bei der Maus während der Involution und Regeneration nach der Behandlung mit Hydrocortison [*54b*].

Die *Thymustransplantation:* Allgemeines [*20*]; bei Meerschweinchen [*56*, *20*]; bei Ratten [*53*, *96*]; bei Kaninchen [*80*, *110*; Autotransplantation in die Milz].

I. Placenta

Placenta-Implantation bei hypophysektomierten Ratten zur Erhaltung der Schwangerschaft [*9*]; vgl. dazu auch [*104*].

K. Epiphyse

Epiphysektomie bei der Ratte [*97*, *109*, *7*, *101*]; bei Schildkröten [*6a*]; Zerstörung durch Implantation von ^{90}Yttrium [*49a*] bei der Ratte. Angaben zur Epiphysen-Implantation bei der Ratte [*101*], ferner bei [*37*] über die Implantation der Epiphysen von Stieren, Ratten und Küken bei Tauben und über die Implantation von Epiphysen bei Schildkröten [*6a*]. Besonders gute Ergebnisse quoad Einheilung und Überleben bei der Ratte mit intratesticulärer Einpflanzung der Epiphyse mittels Trocart [*20b*].

L. Mamma

Totale Mammektomie bei Mäusen und Ratten [*27a*].

Technik der Autotransplantation der Mamma in die Halsgegend bei Ziegen [*70a*].

M. Hormondrüsen wirbelloser Tiere

Der zusammenfassende Aufsatz von [*66*] über die Hormone der wirbellosen Tiere orientiert auch über die Methodik der Hormonforschung, darunter auch über Exstirpation und Transplantation der Hormondrüsen bei Wirbellosen. Vgl. dazu auch [*105*] über die Androgene bei Wirbellosen.

Literatur

[1] *Abramowitz, A. A.:* Science **1937** I, 609.
[2] *Adler, L.:* Ovarium; in Handbuch d. inneren Sekretion, Hrs. *Hirsch, M.* Leipzig, Bd. 2, 945 (1929).
[3] *Allan, H.,* u. *P. Wiles:* J. Physiol. **75**, 23 (1932).
[4] *Allen, E.:* Science **44**, 280 (1916).
[5] *Ammon, R.,* u. *W. Dirscherl:* Fermente, Hormone, Vitamine; 3. Aufl., Stuttgart, Bd. **2**, Hormone 1960.
[6] *Anselmino, K. J.,* u. *R. I. Pencharz:* Z. ges. exper. Med. **93**, 660 (1935).
[6a] *Aron, E., Ch. Combescot* u. *J. Demaret:* C. R. Acad. Sci. (Paris) **250**, 3386 (1960).
[7] *Asagoe, Y.,* u. *A. Hamamoto:* Yonago Acta med. **3**, 192 (1959).
[8] *Aschner, B.:* Hypophyse; in Handbuch d. inneren Sekretion, l. c., Bd. **2**, I. Halfte 277 (1929).
[8a] *Athias, M.,* u. *A. Guimarais:* C. R. Soc. Biol. (Paris) **113**, 733 (1933).
[9] *Averill, St. C., E. W. Ray* u. *W. R. Lyons:* Proc. Soc. exper. Biol. Med. **75**, 3 (1950).
[10] *Bahner, Fr.,* u. *H. v. Graff:* Acta endocr. (Kbh.) **24**, 333 (1957).
[11] *Bernasconi, C.:* Acta endocr. (Kbh.) **23**, 184, 196, 371 (1956); **24**, 50, 61 (1957).
[12] *Biskind, M. S.,* u. *G. R. Biskind:* Proc. Soc. exper. Biol. Med. **55**, 176 (1944).
[13] *Boas, N. F.,* u. *J. B. Foley:* Endocrinology **56**, 305 (1955).
[14] *Bomskov, Chr.:* Methodik d. Hormonforschung, 2 Bde. Leipzig, 1937 u. 1939.
[15] *Brolin, S. E., H. Carstensen* u. *B. Hellman:* Acta endocr. (Kbh.) **22**, 68 (1956).
[16] *Bruce, H. M., A. S. Parkes* u. *W. L. M. Perry:* Lancet **1952** I, 790.
[17] *Campbell, H. J.:* J. Physiol. **149**, 394 (1959).
[18] *Clayton, B. E.,* u. *J. M. Worden:* J. Endocr. **20**, 24, 36 (1960).
[19] *Comsa, J.:* Arch. ges. Physiol. **263**, 628 (1957).
[20] *Comsa, J.:* Physiologie et Pathophysiologie du thymus, Paris 1959.
[20a] *Cope, O.,* u. *G. A. Donaldson:* Endocrinology **24**, 475 (1939).
[20b] *Cosnier, J.:* C. R. Soc. Biol. (Paris) **154**, 651 (1960).
[21] *Coujard, R.,* u. *M. Maillet:* C. R. Acad. Sci. (Paris) **248**, 1712 (1959).
[21a] *Cowie, A. T.,* u. *J. S. Tindal:* J. Endocrin. **22**, 313 (1961).
[22] *Cranston, E. M.:* J. Pharmacol. exper. Ther. **83**, 130 (1945).
[23] *Donovan, B. T.,* u. *G. W. Harris:* J. Physiol. **131**, 102 (1956).
[24] *Dorfman, R. I., A. S. Dorfman* u. *G. Laubach:* Proc. Soc. exper. Biol. Med. **100**, 63 (1959).
[25] *Drager, G. A.:* Texas Rep. Biol. Med. **7**, 468 (1949).
[26] *Dragstedt, L. R.:* Ann. Surg. (Philadelphia) **118**, 576 (1943).
[27] *Dunn, J. F., H. L. Sheehan* u. *N. G. B. McLetchie:* Lancet **1943** I, 484.
[27a] *Dux, A.:* Nature **196**, 287 (1962).
[28] *Eger, W.,* u. *G. Brennecke:* Z. ges. exper. Med. **124**, 407 (1954).
[29] *Elliott, J. R.,* u. *Sm. Freeman:* Endocrinology **59**, 181 (1956).
[29a] *Firor, W. M.:* Amer. J. Physiol. **104**, 204 (1933).
[30] *Foglia, V. G.:* Rev. Soc. argent. Biol. **20**, 21 (1944); **23**, 107 (1947).
[30a] *Frankl, O.,* u. *G. Halter:* Endokrinologie **11**, 92 (1932).
[30b] *Frye, B. E.:* Anat. Rec. **144**, 97 (1962).
[31] *Gabe, M.,* u. *L. Arvy:* Experientia **3**, 193 (1947).
[32] *Gardner, W. M.,* u. *R. T. Hill:* Proc. Soc. exper. Biol. Med. **32**, 1382 (1935).
[33] *Geiringer, E.:* J. Gerontol. **11**, 8 (1958).
[34] *Giachetti, A.,* u. *P. Peruzzi:* Arch. Fisiol. (Firenze) **52**, 415, 430 (1953).
[35] *Goldberg, R. C.,* u. *I. L. Chaikoff:* Endocrinology **45**, 64 (1949).
[36] *Gorbman, A.:* Proc. Soc. exper. Biol. Med. **71**, 237 (1949).
[37] *Grunewald-Lowenstein, M.:* Exper. Med. and Surg. **10**, 135 (1952).
[38] *Haase, G. E.:* Endokrinologie **27**, 258 (1950).
[39] *Haberlandt, F. H. O.:* Verh. Dtsch. Naturforsch. u. Ärzte, Düsseldorf 1926.
[40] *Haberlandt, F. H. O.:* Die operative Technik des Tierexperiments, Berlin 1937.
[41] Handbuch der Inneren Sekretion, Hrs. *M. Hirsch*, Leipzig, Bd. 2, I, 1929, II, 1933.
[42] *Harms, J. W.:* Morph. Jahrb. **92**, 256 (1952); Z. Naturforsch. **10b**, 648 (1955).
[43] *Harris, G. W.,* u. *D. Jacobsohn:* Proc. Roy. Soc. London, Ser. B **139**, 263 (1952).
[44] *Haterius, H. O., M. Schweizer u. H. A. Charipper:* Endocrinology **19**, 673 (1935).
[45] *Hatey, J.:* C. R. Soc. Biol. (Paris) **145**, 172 (1951).
[46] *Hill, R. T.:* Endocrinology **21**, 495, 633 (1937).
[47] *Hill, R. T.,* u. *A. S. Parkes:* Proc. Roy. Soc. London, Ser. B, Biol. Sci., **115**, 402 (1934).
[48] *Hogben, L. T.,* u. *Fr. R. Winton:* Proc. Roy. Soc. London, Ser. B, Biol. Sci. **94**, 204 (1923).
[49] *Hohlweg, W.,* u. *K. Junkmann:* Klin. Wschr. **1932**, 32; **1934**, 92.

[49a] *Holmgren, U.*, u. *G. Notter*. Nature **189**, 773 (1961).
[50] *Houssay, B. A.*, u. *A. Biasotti:* Rev. Soc. argent. Biol. **6**, 251 (1930).
[51] *Houssay, B. A.*, u. *A. Biasotti:* Rev. Soc. argent. Biol. **9**, 29 (1933); C. R. Soc. Biol. (Paris) **113**, 469 (1933).
[52] *Houssay, B. A.*, u. *J. C. Penhos:* Acta endocr. (Kbh.) **35**, 313 (1960).
[53] *In, T.:* J. Chosen med. Ass. (Jap.) **29**, 26 (1939).
[54] *Ingle, Dw. J.:* Endocrinology **61**, 173 (1957).
[54a] *Isaacs, J. P.*, *A. Blalock* u. *Cl. J. Migeon:* Bull. Johns Hopkins Hosp. **107**, 105 (1960).
[54b] *Ito, T.*, u. *T. Hoshino:* Z. Zellforsch. **56**, 445 (1962); Anat. Anz. **109**, 436 (1961).
[55] *Jacobsohn, D.*, u. *C. B. Jørgensen:* Acta physiol. scand. (Stockh.) **36**, 1 (1956).
[56] *Jordan, H. E.*, u. *G. W. Horsley:* Anat. Rec. **35**, 279 (1927).
[57] *Kaplan, H. S.:* J. Nat. Cancer Inst. **11**, 83 (1950).
[57a] *Kardymowicz, O.:* Nature **193**, 486 (1962).
[58] *Katsh, S.:* Endocrinology **47**, 370 (1950).
[59] *Keller, A. D.*, u. *C. G. Breckenridge:* Amer. J. Physiol. **150**, 222 (1947).
[60] *Kemper, F.*, u. *A. Loeser:* Arzneimittelforsch. **7**, 4 (1957).
[61] *Kief, H.*, u. *F. Schierhölter:* Z. ges. exp. Med. **119**, 647 (1952).
[62] *Kirchhoff, H.:* Geburtsh. u. Frauenhkde. **18**, 626 (1958).
[63] *Klatt, B.:* Arch. Entw. Mechan. **123**, 747 (1931).
[64] *Knobil, E.*, u. *W. L. Caton:* Endocrinology **53**, 198 (1953).
[65] *Koch, W.*, u. *G. Heim:* Die Haltung und Zucht der Versuchstiere; Ferd. Enke Verlag, Stuttgart (1955).
[66] *Koller, G.:* Die Hormone der wirbellosen Tiere, in Ammon-Dirscherl, l. c. Bd. **2**, 814ff. (1960).
[67] *Krähenbuhl, Ch.:* Arch. internat. Physiol. **65**, 360 (1957).
[68] *Krause, W.:* Dtsch. Med. Wschr. **1923**, H. 42.
[68a] *Kuhlmann, N.:* C. R. Acad. Sci. (Paris) **253**, 732 (1961).
[68b] *Kuhlmann, N.*, u. *M. Aron:* Arch. Anat. Histol. Embryol. **44**, Suppl. 139 (1962).
[68c] *Larkin, J. H.:* Amer. J. Anat. **106**, 73 (1960).
[68d] *Leroy, P.:* Ann. Endocr. (Paris) **9**, 552 (1948).
[68e] *Levy, S. E.*, u. *A. Blalock:* Ann. Surg. (Philadelphia) **109**, 84 (1939).
[69] *Li, Ch. H.*, *C. A. Pfeiffer* u. *W. M. Gardner:* Proc. Soc. exp. Biol. Med. **64**, 319 (1947).
[70] *Lindeberg, W.:* Folia neuropathol. eston. (Dorpat) **2**, 42 (1924).
[70a] *Linzell, J. L.:* Nature **188**, 596 (1960).
[71] *Lipschütz, A.:* Arch. ges. Physiol. **207**, 548 (1925).
[72] *Lipschütz, A.:* Handb. Biol. Arbeitsmeth., Abtlg. V, Teil 3B, H. 3, 357 (1926).
[73] *Lipschütz, A.:* Steroid hormones and tumors; Baltimore (1950).
[74] *Lipschütz, A.*, u. *H. E. Voss:* Arch. ges. Physiol. **207**, 563 (1925).
[75] *Long, C. N. H.*, u. *F. D. W. Lukens:* J. exper. Med. (N. Y.) **63**, 465 (1936).
[76] *Lostroh, A. J.*, u. *Ch. W. Jordan jr.:* Proc. Soc. exper. Biol. Med. **90**, 267 (1955).
[77] *Mandel, L.*, *J. Clavert* u. *P. Mandel:* C. R. Soc. Biol. (Paris) **146**, 1805 (1952).
[78] *Mandl, F.:* Surgery (S. Louis) **21**, 394 (1947).
[79] *Manning, M.:* J. Endocr. (Lond.) **19**, 143 (1959).
[80] *Marine, D.*, *O. Manley* u. *E. J. Bowman:* J. exper. Med. (N. Y.) **40**, 429 (1924).
[81] *Markowitz, J.:* Experimental Surgery; Baltimore (1954).
[81a] *Markowitz, J.*, u. *J. Archibald:* Canad. J. Biochem. a. Physiol. **34**, 422 (1956).
[82] *Martinovitch, P. N.:* Nature (Lond.) **165**, 33 (1950); **185**, 155 (1960).
[82a] *May, R. M.* u. *J. Chadefaut:* C. R. Acad. Sci. (Paris) **256**, 1024 (1963).
[83] *McEndy, D. P.*, *M. C. Boon* u. *J. Furth:* Cancer Res. **4**, 377 (1944).
[84] *McPhail, M. K.:* Proc. Roy. Soc. London, Ser. B, Biol. Sci. **117**, 45 (1935).
[85] *McPhail, M. K.*, u. *A. S. Parkes:* Proc. Roy. Soc. London, Ser. B, Biol. Sci. **114**, 10 (1933).
[86] *Mialhe, P.:* C. R. Acad. Sci. (Paris) **241**, 1500 (1955).
[86a] *Mochiki, Y.:* Mitt. Japan. Ges. Gynakol. **28**, 11 (1933).
[86b] *Newton, W. H.:* Endocrinology **24**, 468 (1939).
[87] *Noble, R. L.*, *E. R. Plunkett*, u. *R. C. B. Graham:* J. Endocr. (Lond.) **10**, 212 (1954).
[88] *Piana, G.:* Biol. Lat. (Milano) **1**, 497 (1949).
[89] *Pickford, M.:* Analyst **76**, 681 (1951).
[90] *Rerup, Cl.:* Acta endocr. (Kbh.) **29**, 93 (1958).
[91] *Rubin, B. L.*, u. *R. I. Dorfman:* Proc. Soc. exper. Biol. Med. **83**, 223 (1953).
[92] *Sand, Kn.:* J. Physiol. Pathol. génér. (Paris) **20**, 472 (1922).
[93] *Sand, Kn.:* Physiologie des Hodens; in Handbuch d. inneren Sekretion, l. c. Bd. **2**, 2079ff., 1933.
[93a] *Schooley, J. P.:* Endocrinology **24**, 877 (1939); **25**, 372 (1939).
[94] *Scow, R. O.:* Endocrinology **60**, 359 (1957).

[95] *Segaloff, A.:* in *Griffith* u. *Farris:* The rat in laboratory investigations, Philadelphia, S. 368 (1942).
[96] *Shibata, K.:* Gunma J. Med. Sci. **2**, 273 (1953); **4**, 55 (1955).
[97] *Simonnet, H.,* u. *L. Thiéblot:* Acta endocr. (Kbh.) **7**, 306 (1951).
[98] *Smith, P. E.:* Science **44**, 755 (1916).
[99] *Smith, P. E.:* Amer. J. Anat. **45**, 205 (1930).
[100] *Stephenson, N. R.:* Canad. J. Biochem. Physiol. **32**, 689 (1954); **34**, 253 (1956).
[100a] *Stephenson, N. R.:* J. Pharm. (Lond.) **12**, 416 (1960).
[100b] *Tesseraux, H.:* Physiologie u. Pathologie des Thymus, 2. Aufl. Leipzig (1959).
[101] *Thiéblot, L.:* Rev. Canad. Biol. **13**, 189 (1954).
[101a] *Thing, E.:* Acta endocr. (Kbh.) **13**, 343 (1953).
[102] *Tuchmann-Duplessis, H.:* C. R. Soc. Biol. (Paris) **144**, 250 (1950).
[102a] *Turner, Cl. D.:* Amer. J. Anat. **64**, 101–159 (1939).
[102b] *Volkova, O. V.:* Arch. Anat. Gistol. Embriol. **40**, 17 (1961).
[103] *Voss, H. E.:* Arch. path. Anat. **261**, 425 (1926).
[104] *Voss, H. E.:* Biologia Gen. (Wien) **3**, 571 (1927).
[105] *Voss, H. E.:* Arzneimittelforsch. **11**, 302 (1961).
[106] *Wagenen, G. van,* u. *W. M. Gardner:* Endocrinology **46**, 265 (1950).
[107] *White, W. E.:* Proc. Roy. Soc. London, Ser. B, Biol. Sci. **114**, 66 (1933).
[108] *Witzel, O.:* Arch. ges. Physiol. **106**, 173 (1905).
[109] *Wurtman, R. J., M. D. Altschule* u. *U. Holmgren:* Amer. J. Physiol. **197**, 108 (1959).
[110] *Yamanoi, S.:* Zbl. Chirurgie **1921**, 785; Frankfurter Z. Pathol. **64**, 356 (1922).

VI. Narkose, Injektion und Blutentnahme bei Versuchstieren

Von **W. Rummel** und **E. Seifen,** Homburg/Saar

A. Narkose

Bei tierexperimentellen Arbeiten ist — von anderen Gesichtspunkten abgesehen — allein schon zur Herstellung einwandfreier Versuchsbedingungen eine zweckentsprechende Narkose unerläßlich. „Jede Fesselung oder auch das gewaltsame Überstülpen der Narkosemaske vor Beginn des Versuchs bei Anwendung von Inhalationsnarkosen darf heute — wenige Fragestellungen ausgenommen — als Kunstfehler gelten. Ja, jede Inhalationsnarkose überhaupt, da sie doch niemals ohne Abwehr und ohne Gewalttat möglich ist[1]." Schon das Fixieren des Tieres führt auf nervösem Wege zu einer ungewöhnlichen Freisetzung von Wirkstoffen und einem abnormen Kreislaufverhalten mit all ihren unübersehbaren Secundäreffekten. Mit diesen Erscheinungen ist allerdings auch bei unsachgemäßer Injektionsnarkose, die entweder mit Gewalt erzwungen wurde oder zu flach ist und darum nur Erregung erzeugt, oder zu tief ist und zu Herz-, Kreislauf- und Organschäden führt, zu rechnen.

Die Wahl des Narkoticums richtet sich nach der Tierart, nach der voraussichtlichen Dauer des Eingriffs oder auch nach anderen Gesichtspunkten. Der Wunsch, den Blutdruck z. B. möglichst hoch zu halten, ist Anlaß dafür, Chloralose den Barbituraten gegenüber vor allem bei der Katze zu bevorzugen. Die eventuelle Störung einer chemischen Analyse durch die Gegenwart eines bestimmten Narkoticums kann außerdem die Wahl beeinflussen.

1. Narkose bei kleinen Tieren

Kleine Tiere, Frösche, Mäuse, Ratten und Meerschweinchen können vorteilhaft mit Äther narkotisiert werden, ohne jene Widerwärtigkeiten, die es geraten sein lassen, dieses Inhalationsnarkoticum bei größeren Tieren nur in äußerst seltenen Fällen anzuwenden, z. B. zur Herstellung eines nichtnarkotisierten, großhirnlosen, wachen Präparates. Am besten setzt man die Tiere unter ein um-

[1] *Rein, H.:* Klin. Woschr. **13**, 870 (1934).

gestülptes Tierglas oder in einen Kasten mit Schaufenster. Je höher die Konzentration gehalten wird, desto rascher wird das Stadium der Erregung durchlaufen. Zur Fortführung der Narkose dient ein mit Äther getränkter Wattebausch in einem Trichter oder einem Becherglas. Der Verlust der Stell- und Haltereflexe zeigt den Beginn des operativ brauchbaren Stadiums an. Man drosselt die Zufuhr, wenn die Atemtätigkeit nachläßt, und steigert sie, wenn die ersten Zeichen einer wiederkehrenden Reagibilität auftreten. Vor- und Nachteil ist dabei die rasche Wiederherstellung der Spontanaktivität.

2. Narkose bei großen Tieren

Die Injektionsnarkose sollte auch bei größeren Tieren völlig undramatisch verlaufen. Bei geschickter Handhabung und einwandfreiem Injektionsinstrumentarium nehmen die Tiere praktisch keine Notiz vom Einstich. Mit Sicherheit lassen sich Erregungszustände durch Praemedikation mit Morphin oder einem Tranquillizer vermeiden. Beim Hund injiziert man s.c. 1—3 mg/kg Morphin 1 Std. vor Narkosebeginn. In den meisten Fällen führt Morphin beim Hund zu Erbrechen, Hypersalivation und Kotabgang bevor die hypnotische Wirkung voll zur Geltung kommt. Bei der Katze führt es in jedem Fall zu einer psychomotorischen Erregung.

Tranquillizer, die für Tiere besonders geeignet sind: *Chlorpromazin, Perphenazin* und *Promazin.* Die Anwendung der Tranquillizer bietet 3 Vorteile: 1. wilde Tiere werden durch den Zähmungseffekt („tamming") gefügig gemacht; 2. die zur gewünschten Narkosetiefe notwendige Narkoticummenge wird auf $^3/_4$ bis $^2/_3$ der normalen Dosis reduziert; 3. Die Narkosedauer verlängert sich um das 3—5fache. Nachteilig kann sich unter Umständen, besonders bei zu hoher Dosierung, 1. eine wesentliche Verlängerung der Erholungsphase, 2. der blutdruck- und temperatursenkende Effekt dieser Tranquillizer auswirken. — Tranquillizer werden im allgemeinen s.c. injiziert. Die Wirkung tritt innerhalb von 15 bis 40 Minuten ein. Der Zeitpunkt für die Applikation liegt am günstigsten 1—2 Std. vor Narkosebeginn. Die Mittel können unter die Haut (s.c.), in den Muskel (i.m.), in die Bauchhöhle (i.p.) oder in die Vene (i.v.) gespritzt werden. Die Dosis muß pro kg Körpergewicht berechnet sein, da die einmal verabfolgte Menge auch zur Wirkung gelangt. Der Depoteffekt, der bei s.c.-Injektion am stärksten und bei i.p. geringer ist, kann wegen der über den eigentlichen Eingriff hinausgehenden Ruhigstellung des Tieres erwünscht sein. Allerdings gibt die langsamere Resorption auch unter Umständen Anlaß zu einer längeren Erregungsphase. Durch eine Verteilung des Mittels auf mehrere kleinere Einzeldepots läßt sich die Resorption beschleunigen. Man muß vermeiden, das Narkoticum in das Fettgewebe zu injizieren. Dort kann es so sehr festgehalten werden, daß auch bei richtiger Dosierung keine Narkose zustande kommt. Intravenös muß langsam und unter Kontrolle der Wirkung gespritzt werden, da sonst das Herz Konzentrationen erreichen, die schädigen. Diese Dosierung nach Wirkung bei i.v.-Applikation ermöglicht außerdem eine gewisse Anpassung an die individuelle, oft sehr verschiedene Narkoseempfindlichkeit der Tiere.

Narkose. Bei s.c.-, i.m.- und i.p.-Narkose muß je nach Narkoticum u. U. bis zu 2 Stunden geduldig der Eintritt einer ausreichend tiefen Narkose abgewartet werden. Die Tiere sollen sich dabei in einer dunklen, möglichst geräuscharmen Umgebung befinden, was bei der hohen akustischen Empfindlichkeit mancher Tiere beachtet werden muß.

Der Nachschlaf kann manchmal 24 Std. und länger dauern. Vor Unterkühlung sind die Tiere bis zum Erwachen zu schützen. Während des Nachschlafs wendet man die Tiere von Zeit zu Zeit, um Pneumonien zu verhüten. Wenn man für die Dauer des Eingriffs zusätzlich mit Äther die Narkose vertieft, kann man mit $^2/_3$ der in der Tabelle angegebenen Dosen der Injektionsnarkotica als Basis auskommen. Zur Vermeidung der bei Äthernarkose auftretenden Hypersekretion der Speicheldrüsen und der damit verbundenen Aspirationsgefahr gibt man bei den größeren Tieren 0,1—0,25 mg/kg Atropin vorher. Das ist bei Mäusen, Ratten und

Tabellarische Übersicht über Narkose

Narkoticum	Tierart	i.v. Dosis mg/kg	i.v. Konz. d. Lsg. %	i.v. Ein-tritt	i.v. Dauer Std.	i.p. Dosis mg/kg	i.p. Konz. d. Lsg. %
Hexobarbital (Evipan)	Hund	60	2	sofort	1–2	80	10
	Katze	60	2	sofort	5–7	70–90	10
	Kaninchen	60	2	sofort	5–7	80	10
	Meerschw.	70–80	1	sofort	1–2	120–150	2
	(Hund–Meerschw.: Injektion in 2 Min.)						
	Ratte					140–240	2
	Maus					140–220	1
Methitural (Thiogenal) (Neraval)	Hund	35–40	10	sofort	1/4–1/2	80–100	10
	Katze	35–40	10	sofort	3/4–1 1/2		
	Kaninchen	30	10	sofort	1/4–3/4		
	Meerschw.	—	—	—	—	100	2
	Ratte	25–30	2	sofort		120	2
	Maus	25–30	2	sofort			
Pernocton	Hund	40	10	sofort	3–8		
	Katze	40	10	sofort	3–8		
	Kaninchen	75–100	10	sofort	3–6		
	Huhn	35	10	sofort	20–30 Min.		
	Schaf	35–45	10	sofort			
		Injektion in wenigstens 2 Min. Gefahr: Herzschaden!					
Aprobarbital (Numal)	Hund	50	10		3–6	50–75	10
	Katze	40	10		4–8	50	10
	Kaninchen	50	10		3–6	50–60	10
Pentobarbital (Nembutal)	Hund	25–35	10	sofort	2	40–50	2
	Katze	25	10	sofort	1–3	40–50	2
Phanodorm-Calcium	Hund					70–80	10
	Katze					70–80	10
Chloralose (in 25% Urethan warm gelöst; nicht kochen!)	Hund	75–100	5	sofort	6–10	—	—
	Katze	75–100	5	sofort	und	80–100	5
	Kaninchen	75–100	5	sofort	länger	—	—
Äthylurethan	Katze						
	Kaninchen						
	Meerschw.						
	Ratte						
	Maus						
	Frosch						
Chloralhydrat	Hund	100–150				250–300	
	Katze	75–120				180–220	
	Kaninchen	300–400				500–1000	
	Meerschw.	300					
Tranquillizer							
Chloropromazin (Megaphen)	Hund	1–3	1	5–15			
	Katze	0,15	1	5–15			
	Kaninchen	2,5–5	1	5–15			
Perphenacin (Decentan)	Hund	1	1	5–10			
	Katze	1–2	1	5–10			
	Kaninchen	2	1	5–10			
Promazin (Verophen)	Hund	0,5–1	1	5–10			
	Katze	0,15	1	5–10			

und Praemedikation bei Versuchstieren

		s.c.			
Eintritt Min.	Dauer Std.	Dosis mg/kg	Konz. d. Lsg. %	Eintritt Min.	Dauer Std.
5–10	3–4				
10–15	2–3				
10	5–7				
5–10	3–4				
5–10	2–6				
5–10	1–2				
2–5	$\frac{3}{4}$–$1\frac{1}{2}$				
5	$\frac{1}{4}$–$\frac{1}{2}$				
2–5	$\frac{1}{4}$–$\frac{1}{2}$				
		50	10	30–45	6–8
		50	10	30–45	6–8
		auf 4–5 Depots verteilt Hunden wird manchmal zur Verstärkung des Effektes bzw. zur Verminderung der üblichen Dosis 30 Min. vorher 2,5 mg/kg Morphium s.c. gegeben			
15–20 15–20 15–20	3–6 4–8 3–6	Bei Hunden kann die Dosis um $\frac{1}{3}$ herabgesetzt werden, wenn 30 Min. vorher 2,5 mg/kg Morphin s.c. injiziert werden			
15–30	1–3				
15–30	1–3				
15–20	4–6				
15–20	4–6				
— ca. 60 —	— 6–10 —	Bei Hunden ist es oft nötig, alle 2 Std. $\frac{1}{4}$–$\frac{1}{2}$ Dosis nachzuinjizieren			
		2 g	25	1–2 h	24 und länger
		2 g	25	1–2 h	24 und länger
		1–2 g	10–25	1–2 h	24 und länger
		1–2 g	10–25	1–2 h	24 und länger
		1–2 g	10–25	1–2 h	} 24 und länger
		15 mg/10 g	10	1 h	}
		500–1000			
		300			

		10	1	20–40	
		5–10	1	20–40	
		10–20	1	20–40	
		1–2	1	20–40	
		2–4	1	20–40	
		2–5	1	20–40	
		1–3	1	20–40	
		1–3	1	20–40	

Meerschweinchen nicht nötig. Bei längerer Nachwirkung des Narkoticums führt man den Tieren s.c. physiologische Kochsalz- oder Tyrodelösung zu. Der Schlaf kann im Bedarfsfall durch Cardiazol, einem spezifischen Antagonisten der Barbiturate, abgekürzt werden. Wenn die Dosierung sich nach der Wirkung richtet, besteht keine Gefahr, daß Krämpfe ausgelöst werden. Coramin eignet sich dagegen nicht. Als Gegenmittel bei einer Beeinträchtigung der Atmung, wie sie nach Morphium auftreten kann, ist Levallorphan (Lorfan, Hoffmann-la Roche) sehr brauchbar. Chloralose, Urethan und Pernocton sind ungeeignet für Eingriffe, nach denen die Tiere wieder erwachen sollen, dagegen gut für lange Versuche, bei denen man die Tiere nicht überleben läßt. Für derartige Experimente empfiehlt sich künstliche Atmung, um inkonstante Verhältnisse z. B. als Folge schwankender CO_2-Konzentration im Blut zu vermeiden.

Curare darf nur verwendet werden, wenn gleichzeitig eine zentrale Anaesthesie und künstliche Beatmung gesichert ist.

Eine lokale Anaesthesie dürfte nur in *wenigen* Fällen zu rechtfertigen sein. Für bestimmte Eingriffe ist die Kombination von Tranquillizern und Lokalanaesthetica angebracht.

B. Injektion und Blutentnahme

1. **Zur Injektion** unter die *Haut* (s.c.) hebt man eine Falte auf dem Rücken ab. Wegen der unterschiedlichen Resorption müssen unbedingt dieselben Stellen bei den in Vergleich gezogenen Tieren gewählt werden. Für eine genaue Dosierung eignet sich am besten eine Tuberkulinspritze, vorausgesetzt daß die Konzentration der Lösung auch darauf eingestellt ist. Die Nadel wird möglichst schräg weit unter die Haut geführt, damit es nachher zum elastischen Verschluß des Stichkanals kommt. Bei zu prall gefüllter Quaddel können undefinierbare Mengen wieder auslaufen! Deshalb muß man bisweilen größere Flächen unterspritzen und u. U. den Stichkanal mit Kollodium oder Mastix zukleben. — In die *Bauchhöhle* (i.p.) dürfen keine stark reizenden Lösungen gespritzt werden, da eine lokale Hyperämie entsteht, die zum Kollaps führen kann, und diese Nebenwirkung täuscht dann ein falsches Ergebnis vor (Autopsie!). Beim Einstich ist der Kopf nach unten zu halten, damit die Eingeweide in den oberen Teil der Bauchhöhle ausweichen (kurz angeschliffene Kanüle). (Nicht in die gefüllte Harnblase injizieren!) — Bei Injektion in die *Vene* (i.v.) langsam spritzen, abgesehen von pharmakologischen Kreislaufeffekten können bei zu großem Volumen secundäre Effekte entstehen.

2. **Die Blutentnahme** geschieht meistens auf dem gleichen Wege wie die i.v.-Injektion. Die Gesamtblutmenge beträgt $^1/_{13}$ des Körpergewichtes. Davon kann $^1/_4$ und u. U. $^1/_3$ entnommen werden, ohne daß die Tiere eingehen. Bei guter Haltung beträgt die nötige Pause dann 4—6 Wochen. Nach der Entnahme spritzt man das 2—3fache des entzogenen Volumens einer physiologischen Salzlösung s.c., i.v. dagegen nicht mehr als der abgezapften Menge entspricht. Entbluten läßt man die Tiere nach Eröffnen eines großen Gefäßes am besten in die Bauch- oder Brusthöhle, von hier kann dann abpipettiert werden. — Bei der Gewinnung von Bluttropfen darf das Gewebe nicht ausgepreßt werden.

a) **Hund**: *Injektion i.v.* In die V. saphena parva. Ein Hinterbein wird unterhalb des Kniegelenks mit 2 Händen umfaßt und gestaut. Auf der Außenseite über dem Sprunggelenk tritt dann die Vene hervor. — In Narkose benützt man die Vena jugularis oder die Vena femoralis.

Blutentnahme. Größere Mengen auf die gleiche Weise. Tropfen aus einem Einschnitt ins Ohr, am besten mit einem Rasiermesserchen.

b) **Katze**: *Injektion i.v.* In die V. femoralis. Stauung erfolgt durch Kompression mit einem Finger in der Leistengegend. (Bei geschicktem Umgang gelingt es z. B. bei Injektion eines Narkoticums, das Tier unter Schnurren in Narkose zu versetzen, vorausgesetzt, daß das Tier nicht besonders scheu und wild ist oder gerade eine Verfolgungsjagd durch das Labor hinter sich hat.) Für wiederholte i.v.-Injektionen ist die Katze ihrer Psyche nach ungeeignet im Gegensatz zu Hund und Kaninchen. — In Narkose auch in V. jugularis.

Blutentnahme. Größere Mengen aus der V. femoralis, Tropfen aus einem Schnitt ins Ohr.

c) **Kaninchen:** *Injektion i.v.* In die Randvenen der Ohren.

Blutentnahme. Kleine Mengen durch Lanzetteinstich in die Ohrvenen, größere Mengen, bis zu 40 ml, mit der Spritze aus der Ohrarterie entnehmen. Tier in Käfig schräg auf den Kopf stellen; zur Unterstützung Wärmehyperämie (Lampe), womit man Xyloleinreibung vermeiden kann.

d) **Meerschweinchen:** *Injektion i.v.* In eine Ohrvene bei größeren Exemplaren mit hellen Ohren (20er-Kanüle). In Narkose in Hals- oder Beinvene.

Blutentnahme. Kleine Mengen durch Einschnitt oder Einstich mit der Lanzette in die Ohrvene nach Hyperämisierung durch Wärme (Lampe) oder Xylol. Größere Mengen durch Herzpunktion (Äthernarkose!) oder aus einer freigelegten Hals- oder Beinvene. 500—600 g schwere Tiere überleben eine Entnahme von 8—10 ml.

e) **Ratten und Mäuse:** *Injektion i.v.* In eine Schwanzvene. Tiere vor der Injektion in Kasten unter Wärmelampe setzen (Hyperämie). Dann in Metallhülse oder Kästchen, Schwanz durch ein Loch, an der Wurzel mit Finger oder Klemme stauen. Die 3 Schwanzvenen werden dann gut sichtbar. — In Narkose auch in die Halsvene.

Blutentnahme. Tropfen durch Anstechen einer gestauten Schwanzvene mit Injektionsnadel oder durch Kupieren der Schwanzspitze. Blut gerinnt bei Ratte besonders rasch! Bis zu 1 ml kann durch Anschneiden des sublingualen Venenplexus gewonnen werden. Dabei werden die Vv. iugulares durch Spannen der Haut des Halses gestaut, das Maul mit einer Pinzette aufgesperrt und die Zunge mit einer Branche der Pinzette gegen den Gaumen gepreßt. Nach Anschneiden der Vv. Blut sofort mit Pipette aufsaugen. Nach Loslassen der Stauung und Zurückfallen der Zunge steht die Blutung im allgemeinen schnell. Auf diese Weise kann wiederholt Blut entnommen werden. Größere Mengen durch Herzpunktion in Äthernarkose. Ratten von 250—300 g überleben die Entnahme von 5 ml.

Bei der *Maus* verfährt man wie bei der Ratte. Kleinere Mengen können wiederholt gewonnen werden durch Eingehen mit einer heparinisierten Glaskapillare vom inneren Augenwinkel vorsichtig am Bulbus entlang zum retrobulbären Venenplexus; bei Stauung der Vv. iugulares saugt sich die Kapillare von selbst voll. Es können so bis zu 0,2 ml Blut entnommen werden [7].

f) **Vogel:** *Injektion i.v.* In die Flügelvene am inneren vorderen Flügelrand. In Narkose auch in Halsvene.

Blutentnahme. Tropfen bei Hühnern durch Einschneiden des Kamms, größere Mengen aus Flügel- oder Halsvene.

g) **Frosch:** Injektion in Bauchlymphsack oder besser i.p., da aus der Einstichstelle durch die Haut unkontrollierbare Mengen zurücklaufen können.

Literatur

[1] *Farris, E. J.*, u. *J. Q. Griffith:* The Rat. Philadelphia, London 1949.

[2] *Haberland, H. F. O.:* Handb. biol. Arb.-Meth. (*Abderhalden*), Abt. V, Teil 3C. Berlin, Wien 1934.

[3] *Trendelenburg, W.:* Handb. biol. Arb.-Meth. (*Abderhalden*), Abt. V, Teil 5B. Berlin, Wien 1923.

[4] *Ther, L.:* Pharmakologische Methoden. Stuttgart 1949.

[5] *Bolz, W.:* Allgemeinnarkose beim Tier. Stuttgart 1961.

[6] *Schermer, S.:* Die Blutmorphologie der Laboratoriumstiere. Leipzig 1954.

[7] *Riley, V.:* Proc. Soc. exper. Biol. Med. **104**, 751 (1960).

Achtes Kapitel

Körper- und Zellbestandteile

I. Allgemeines und Hauptorgane

Von E. **Kolb**, Leipzig

Literatur: Wegen Raumersparnis wurden die Arbeiten zur Belegung der einzelnen Angaben in dem folgenden Kapitel nur in sehr beschränktem Umfange aufgenommen; soweit möglich, wird auf *Übersichtsreferate*, *Monographien* und *Handbücher* verwiesen, die den Zugang zur Originalliteratur erleichtern. Schrifttumsangaben aus tiermedizinischen Zeitschriften beziehen sich auf die Werte von Haus- bzw. Laboratoriumstieren. Für spezielle Orientierung werden folgende Werke empfohlen:

Abderhalden, E.: Biochemisches Handlexikon, Berlin 1911—1933. — *Albritton, E. C.*: Standard Values in Blood, Philadelphia 1952. — *Cremer, H. D.*, u. *J. Führ:* Untersuchung der Organe, in Hoppe-Seyler/Thierfelder, Bd. 5, Berlin 1953. — *Cremer, H. D.*: Chemie der Zähne, in Handb. Zahnheilkunde, München 1954. — *Flaschenträger, B.*: Physiologische Chemie, Berlin 1951—1959. — *Hinsberg, K.*: Medizinische Chemie, München 1957. — *Hoppe-Seyler/Thierfelder*, Bd. 5, Untersuchung der Organe, Körperflüssigkeiten und Ausscheidungen. — *Kolb, E.*: Lehrbuch der Physiologie der Haustiere, Jena 1962. — *Lang, K.*, u. *G. Siebert:* Aufarbeitung von Geweben und Zellen, in Hoppe-Seyler/Thierfelder, Bd. 2, Berlin 1954. — *Lohmann, K.*, u. *A. Kossel:* Physiologische Chemie, in D'Ans und Lax, Taschenbuch fur Chemiker und Physiker, Berlin 1949. — *Long, C.*: The Biochemist's Handbook, London 1960. — *Mangold, E.*: Handbuch der Ernährung und des Stoffwechsels der landwirtschaftlichen Nutztiere, Berlin 1929—1932. — *Oppenheimer, C.*: Handbuch der Biochemie des Menschen und der Tiere, Jena 1924—1936. — *Peters, I. P.*, u. *D. D. van Slyke:* Quantitative Clinical Chemistry, Vol. 1, Baltimore 1946. — *Spector, S. W.*: Handbook of Biological Data, Philadelphia 1956. — *Suderman, F. W.*, u. *F. Boerner:* Normal Values in Clinical Medicine, Philadelphia 1950.

A. Chemischer Aufbau des Organismus

1. Elementare Zusammensetzung

Von den 92 Grundelementen des periodischen Systems ist nur ein kleiner Teil der *Elemente* für den *Aufbau der Organismen* von Bedeutung:

Kohlenstoff, Wasserstoff, Sauerstoff, Stickstoff, Schwefel, Phosphor, Chlor, Kalium, Natrium, Calcium, Magnesium, Eisen.

Spurenelemente:

Tiere: Kupfer, Mangan, Zink, Kobalt, Fluor, Jod, Selen, Molybdän.
Pflanzen: Kupfer, Mangan, Zink, Bor, Molybdän, Silicium.

Ungefähre elementare Zusammensetzung des menschlichen Körpers
(Gewicht 70 kg)

Element	%-Gehalt	in kg	Element	%-Gehalt	in kg
Sauerstoff	63,0	44	Chlor	0,1	0,07
Kohlenstoff	20,0	14	Magnesium	0,05	0,03
Wasserstoff	10,0	7	Eisen	0,008	0,0056
Stickstoff	3,0	2,1	Mangan	0,00013	
Calcium	1,5	1	Kupfer	0,00015	
Phosphor	1,0	0,7	Jod	Spuren	
Kalium	0,25	0,17	Kobalt	Spuren	
Schwefel	0,2	0,14	Zink	Spuren	
Natrium	0,15	0,07	Fluor	Spuren	

Daneben werden noch eine Reihe weiterer Stoffe (z. B. Al, Sn, Br, Cr, Li, Ti, Ni) in den Organismen gefunden, die zum Teil bei Pflanzen wachstumssteigernd wirken; eine biologische Notwendigkeit ihrer Zufuhr bei Tieren hat sich bisher mit Sicherheit nicht nachweisen lassen.

2. Chemische Zusammensetzung des Gesamtorganismus

Die *Hauptbestandteile* des tierischen Organismus sind *Wasser*, *Eiweißstoffe*, *Fettstoffe*, *Mineralstoffe* und *Kohlenhydrate*. Der Anteil dieser Verbindungen ist von Alter, Geschlecht, Ernährungszustand abhängig. Unter pathologischen Verhältnissen sind vielfach Abweichungen nachweisbar. Beim Menschen rechnet man mit folgenden *Durchschnittswerten*:

Zusammensetzung des Menschen (in %)

	jugendlicher Organismus	erwachsener Organismus
Wasser	65,9	60
Eiweißstoffe	16,8	19
Fette und Lipoide	10,5	15
Mineralstoffe	5,6	5
Kohlenhydrate	1,2	1

Für die Beurteilung des Anteils eines Elements bzw. einer Verbindung in einem Organ am Gesamtorganismus ist die Kenntnis der *Organanteile* von Bedeutung, wie sie nachfolgend für den Menschen angeführt ist:

Organverteilung beim Menschen (in %)

Muskeln	40	Lungen	2
Skelet (davon 4% Knochenmark)	17	Magen, Darm	2
Haut (etwa 8%) und Unterhautfettgewebe	18	Nieren	0,5
Blut	8	Herz	0,5
Leber	2,5	Milz	0,25
Gehirn	2	sonstige Organe	7,25

Die *chemische Zusammensetzung* des Organismus von *Nutztieren* wird im besonderen durch den Mastzustand beeinflußt.

Zusammensetzung einiger Nutztiere in gutem Ernährungszustand (in %)

	Pferd	Schwein	Schaf	Huhn
Wasser	60	58	60	56
Eiweißstoffe	17	15	16	21
Fette und Lipoide	16,7	23	19	18,2
Mineralstoffe	4,5	2,8	3,4	3,2
Kohlenhydrate	1,8	1,2	1,6	1,6

Die Änderungen des Anteils einiger chemischer Bestandteile im tierischen Organismus vom Zeitpunkt unmittelbar nach der *Geburt* bis zum *erwachsenen Zustand* sind aus nachfolgender Aufstellung ersichtlich:

Allgemeine Zusammensetzung des Menschen und einiger Tierarten
(bezogen auf fettfreie Feuchtsubstanz)

	Mensch		Schwein		Katze	
	Neugeb.	Erw.	Neugeb.	Erw.	Neugeb.	Erw.
Gewicht, kg	3,56	65,0	1,46	125	0,118	4,0
Wasser, g-%	82,3	72,8	85,1	75,6	82,2	74,4
Eiweiß, g-% ($N \times 6{,}25$)	14,1	19,4	11,4	19,6	15,2	21,0
Na, mg-%	226	217	241	150	231	150
K, mg-%	205	280	209	280	222	300
Ca, mg-%	955	2305	999	1200	661	1300
Mg, mg-%	26,0	45,5	31,9	45,0	26,1	45,0
P, mg-%	558	1345	575	700	436	800
Fe, mg-%	9,39	7,4	2,92	9,0	5,54	6,0
Cu, mg-%	0,47	0,17	0,32	0,25	0,29	0,15
Zn, mg-%	1,92	2,8	1,01	2,5	2,87	2,3

Fortsetzung

	Kaninchen		Meerschweinchen		Ratte	
	Neugeb.	Erw.	Neugeb.	15 Tage alt	Neugeb.	Erw.
Gewicht, kg	0,054	2,6	0,08	0,11	0,006	0,35
Wasser, g-%	86,5	72,8	78,9	79,3	87,0	73,7
Eiweiß, g-% (N × 6,25)	11,3	23,2	16,5	16,9	10,9	22,1
Na, mg-%	243	150	173	186	236	150
K, mg-%	206	300	250	258	208	300
Ca, mg-%	484	1300	1131	1060	306	1300
Mg, mg-%	23,4	50,0	41,4	41,3	25,1	40,0
P, mg-%	361	700	741	626	356	700
Fe, mg-%	13,5	6,0	6,68	6,08	5,86	6,0
Cu, mg-%	0,40	0,15	0,69	0,45	0,43	0,2
Zn, mg-%	2,25	5,0	3,50	2,59	2,44	3,0

Widdowson, E. M.: Nature, London **166**, 626 (1950) (Neugeborene).
Spray, C. M., u. *E. M. Widdowson:* Brit. J. Nutrit. **4**, 332 (1951) (Erwachsene).

Chemische Zusammensetzung des menschlichen Körpers
(Analyse einer Leiche im Gewicht von 70,55 kg, in %)

	% vom Körpergew.	H_2O	Äther-extrakt	Roh-protein	Asche	Ca	P
Haut	7,81	64,68	13,00	22,19	0,68	0,0205	0,060
Skelet	14,84	31,81	17,18	18,93	28,91	11,02	4,83
Zahne	0,06	5,00	—	23,00	70,90	24,42	11,81
Quergestr. Muskulatur	31,56	79,52	3,35	16,50	0,93	0,0099	0,116
Gehirn, Rückenmark	2,52	73,33	12,68	12,06	1,37	0,0188	0,352
Leber	3,41	71,46	10,35	16,19	0,88	0,0102	0,148
Herz	0,69	73,69	9,26	15,88	0,80	0,0078	0,113
Lungen	4,15	83,74	1,54	13,38	0,95	0,0116	0,114
Milz	0,19	78,69	1,19	17,81	1,13	0,0079	0,217
Nieren	0,51	79,47	4,01	14,69	0,96	0,0130	0,174
Pankreas	0,16	73,08	13,08	12,69	0,93	0,0143	0,155
Darmtrakt	2,07	79,07	6,24	13,19	0,86	0,0125	0,115
Fettgewebe	13,63	50,09	42,44	7,06	0,51	0,0116	0,048
Übriges Gewebe	17,42	75,50	12,30	14,00	0,99	0,055	0,055
Darminhalt	0,80						
Galle	0,15						
Haare	0,03						

3. Übersichtstabellen über das Vorkommen einzelner Elemente und Verbindungen im Tierkörper

Anorganische Stoffe in verschiedenen Geweben vom Menschen
(in mg-% bezogen auf Frischsubstanz)

	Leber	Niere	Milz	Lunge	Herz-muskel	Skelet-muskel
Natrium	120—150	165—250	150—225	240	80—160	65—105
Kalium	170—250	170—300	160—300	150	275—350	300—435
Calcium	7—10	10—25	10—14	10—30	6—10	6—8
Magnesium	14—17	12—24	12—18	7	12—20	18—22
Phosphat (P)	180—240	170	350—400	95—120		150—200
Eisen	10—40	8—20	20—50	2—22	8—15	10—20
Schwefel	240	165	200	130		
Chlorid (Cl)	96—150	190—260	160—200	200—350	125—185	50—110

Gehalt einiger Organe beim Menschen an Spurenelementen
(Angaben bezogen auf 100 g Feuchtgewicht)

	Leber	Niere	Lunge	Gehirn	Pankreas	Herz-muskel	Skelet-muskel
Aluminium, γ	80—200	30—150	50—100	4—50	40—200	60—200	15—100
Arsen, γ	2—5	2—4	2—4	2—4		2—3	2—3
Blei, γ	200	140	0—300			50—80	40—80
Brom, γ	200—750	350—830	400—550	200—500	200—600	550—630	300—600
Fluor, γ	40—300	6—200	90—170	60—70	140—200	20—120	20—120
Jod, γ	5—7	5—7	5—7	2—3		5—7	3—5
Kobalt, γ	2,5	2,5—11	2	4,0	35	3	0,5—1
Kupfer, γ	120—900	100—400	35—150	200—400	50—250	70—270	20—120
Mangan, γ	100—400	20—200	10—40	30—40	100—250	10—30	10—50
Quecksilber, γ	1—12	2—50	0,5—0,9	0,5—13		0,1—1,0	0,1—4,0
Rubidium, γ	0,3—1,0	0,3—0,8	0,3—1,2	bis 0,3	bis 0,5	0,3—1,2	0,4—1,2
Titan, γ	5—6	1,5—3,0	3	1,7—4,3	3,0	1,5—3,0	4—8
Zink, mg	3—5	3—5	1—2	0,5—1,5	2,0—3,0	2,0	2,5—4,5
Zinn, γ	60—300	20—200	50—200	200—300	300—400	20—200	10—150

Natrium- und Kaliumgehalt in verschiedenen Organen von entbluteten Schlachtrindern (in mg pro 100 g Frischgewicht)

	Natrium	Kalium
Herzmuskel	96 (74—114)	300 (219—369)
Skeletmuskel	57 (40—78)	412 (302—516)
Haut	164 (125—214)	96 (40—142)
Gehirn	122 (74—168)	288 (239—371)
Leber	89 (60—126)	283 (224—361)
Lunge	163 (93—230)	239 (151—300)
Milz	81 (59—102)	382 (252—480)
Niere, Rinde	163 (133—181)	234 (152—368)
Niere, Mark	258 (201—280)	221 (165—313)
Pansen	126 (66—168)	295 (212—408)
Labmagen	117 (77—165)	247 (138—313)
Darm	124 (78—170)	240 (145—315)

Bentz, H., H. I. Eymmer u. *O. Melzer:* Acta vet. hung. **9**, 123 (1959). — *Bentz, H.*, u. *B. Handrick:* Arch. exper. Vet. med. **15**, 74 (1961).

Der Natrium- und Kaliumgehalt in verschiedenen Organen von entbluteten Schlachtschweinen (in mg pro 100 g Frischgewicht)

	Natrium	Kalium
Herzmuskel	100 (60—124)	347 (267—405)
Skeletmuskel	52 (40—75)	436 (345—499)
Haut	156 (108—225)	50 (31—73)
Gehirn	136 (101—164)	305 (211—402)
Leber	97 (74—121)	323 (251—408)
Lunge	183 (99—244)	277 (165—337)
Milz	84 (62—115)	432 (323—503)
Niere, Rinde	155 (118—193)	253 (191—363)
Niere, Mark	284 (133—400)	247 (184—363)
Magen	122 (72—165)	281 (150—366)
Darm	109 (47—156)	193 (89—274)

Bentz, H., u. *P. Bresan:* Arch. exper. Vet. med. **13**, 57 (1959). — *Bentz, H.*, u. *M. Kühnert:* Arch. exper. Vet. med. **13**, 692 (1959). — *Bentz, H., H. I. Eymmer* u. *B. Handrick:* Acta vet. hung. **9**, 123 (1959).

Lipoidzusammensetzung der Organe von 15, 45 und 70 Tage alten Ratten
(in % der Trockensubstanz)

Organ	Alter (Tage)	Gesamtfett	Neutralfett	Phosphatide	Kephalin	Lecithin	Sphingomyelin	Cerebroside	Freies Cholesterin	Cholesterinester
Gehirn	15	32,62	2,80	21,34	10,37	7,04	3,93	3,77	4,44	0,27
	45	43,80	2,14	26,43	17,07	5,37	3,99	8,52	6,57	0,14
	70	44,63	1,95	27,19	18,05	4,87	4,27	8,42	7,05	0,02
Herz	15	19,30	2,90	12,85	5,53	6,30	1,02	2,32	0,77	0,46
	45			14,16	6,15	7,59	0,42	2,14	0,43	0,28
	70			15,38	9,01	5,89	0,48	1,37	0,45	0,21
Niere	15	19,26	4,43	11,99	5,83	5,21	0,95	1,20	1,16	0,84
	45	21,33	3,57	14,15	7,19	5,19	1,77	1,58	0,88	1,15
	70	21,59	3,16	15,19	7,40	5,96	1,83	1,30	1,00	0,94
Lunge	15	20,97	6,92	10,75	3,73	5,04	1,98	0,86	1,00	1,44
	45	21,30	5,51	12,49	3,22	7,17	2,10	1,16	1,15	0,99
	70	21,86	4,75	13,75	4,63	6,53	2,59	0,91	1,43	1,02
Testes	15	19,69	5,96	10,32	3,19	6,03	1,10	1,86	1,31	0,24
	45	22,63	2,97	14,54	7,39	6,09	1,06	3,67	0,82	0,63
	70	23,18	2,77	14,97	7,74	6,19	1,04	3,96	0,82	0,66
Leber	15	19,85	6,35	11,67	5,18	6,05	0,44	0,12	0,27	1,44
	45	17,43	3,29	12,64	6,61	5,55	0,48	0,62	0,31	0,57
	70	20,20	5,22	13,90	7,70	5,85	0,35	0,13	0,29	0,66
Thymus	15	18,98	6,89	9,72	5,23	3,63	0,86	1,34	0,57	0,46
	45			11,66	7,27	3,73	0,66	0,52	0,28	0,62
	70			10,75	6,75	3,28	0,72	1,14	0,24	0,61
Milz	15	11,69	2,74	6,93	1,38	5,03	0,52	0,60	1,34	0,08
	45	13,41	2,11	9,57	5,20	3,44	0,93	0,28	0,93	0,52
	70			10,76	6,17	3,48	1,11	0,84	1,08	0,51
Skeletmuskel	15	27,79	19,85	5,95	1,42	4,05	0,48	1,45	0,20	0,61
	45	16,61	8,77	5,17	2,71	2,30	0,16	2,41	0,09	0,17
	70	15,84	3,44	8,57	4,84	3,56	0,17	3,57	0,12	0,14

Williams, H. H., H. Galbraith, M. Kaucher, E. Z. Moyer, A. J. Richards u. *I. G. Macy:* J. biol. Chem. **161**, 475 (1946).

Vorkommen einiger Vitamine der B-Gruppe in verschiedenen Organen des Menschen (in mg pro 100 g Feuchtgewicht)

	Vitamin B_1	Vitamin B_2	Niacin	Pantothensäure	Biotin	Inosit
Nebennieren	0,16	0,82	2,4	0,80	0,035	69
Ovar	0,06	0,43	1,8	0,39	0,003	58
Testes	0,08	0,2	1,6	0,50	0,009	160
Leber	0,22	1,6	5,8	4,30	0,074	66
Niere	0,28	2,0	3,7	1,90	0,067	124
Lunge	0,15	0,19	1,8	0,50	0,019	40
Milz	0,11	0,36	2,3	0,54	0,006	103
Milchdrüse	0,06	0,43	1,8	0,39	0,003	58
Magen	0,06	0,52	1,9	0,61	0,019	76
Ileum	0,06	0,42	1,9	0,53	0,006	75
Colon	0,10	0,21	1,3	0,50	0,009	78
Gehirn	0,16	0,25	2,0	1,50	0,058	151
Herzmuskel	0,36	0,83	4,1	1,60	0,017	50
Skeletmuskel	0,12	0,20	4,7	1,20	0,004	45
Glatte Muskulatur	0,12	0,23	3,1	0,62	0,006	58
Haut	0,05	0,12	0,8	0,31	0,002	20

Der Noradrenalin- und Adrenalingehalt im Gewebe von Ratten
(in µmg/g Gewebe)

	Noradrenalin	Adrenalin
Herz	530 ± 44	160 ± 17
Gehirn	440 ± 41	210 ± 7,8
Milz	260 ± 33	64 ± 8,4
Zwerchfell	220 ± 12	54 ± 6,5
Niere	160 ± 17	43 ± 5
Leber	80 ± 6,7	22 ± 3,1
Lunge	62 ± 6,5	23 ± 2,1
Skeletmuskel	52 ± 3,9	15 ± 1,5

Montagu, K. A.: Biochem. J. **63**, 559 (1956).

Gesamtreduktion und wahre Glucose im Gewebe von Ratten
(in mg/100 g Gewebe)

	Gesamt-reduktion	Wahre Glucose
Gehirn	20	8
Hoden	34	9
Skeletmuskel	50	22
Zwerchfell	49	25
Milz	24	23
Niere	54	51
Lunge	63	63
Leber	88	82

Gey, K. F.: Biochem. J. **64**, 145 (1956).

B. Chemie der Zelle

1. Bestandteile der Zelle

Die tierische Zelle besteht im wesentlichen aus *4 Bestandteilen:* dem *Zellkern*, dem *Cytoplasma*, den *Mitochondrien* und den *Mikrosomen*. Alle Bestandteile stehen funktionell in engster Wechselwirkung. *Volumenmäßig* verteilen sich die genannten Bestandteile in *Leber-* und *Nierenzellen* etwa wie folgt (in %):

Zellkerne	6–8	Mikrosomen	15–20
Mitochondrien	15–25	Cytoplasma	47–64

Die *Zellzahl* je Gramm Gewebe ist in den einzelnen Organen sehr verschieden. In der Rattenleber wurde pro Gramm Gewebe eine Zellzahl von $133 \cdot 10^6$ ermittelt.

Eigenschaften der Leberzelle von der Ratte

Durchmesser der Zelle	25–30 µ
Volumen des Zellkerns	220–230 μ^3

Prozentualer Gehalt verschiedener Gewebe an Zellkernen

Rinderherz	5	Knochenmark, Kalb	13
Kalbsherz	6	Pankreas, Rind	9
Kalbsleber	13	Niere, Huhn	15
Kalbsniere	20	Erythrocyten, Huhn	14
Kalbsthymus	61	Leber, Pferd	9

Allfrey, V., H. Stern, A. E. Mirsky u. *H. Saetren:* J. gen. Physiol. **35**, 529 (1952)

Mitochondrien

Mitochondrien sind kugelförmige bis fadenförmige Gebilde, die einen Durchmesser von 0,5–2 µ aufweisen und eine Länge bis zu 20 µ aufweisen können. In der Leberzelle von Ratten sind durchschnittlich etwa 2500 Mitochondrien nachweisbar, was einer Zahl von etwa $33 \cdot 10^{10}$ pro Gramm frischer Leber entspricht.

Die Mitochondrien stellen hochorganisierte *Multienzymsysteme* dar, in denen u. a. die Enzymsysteme des Citratcyclus und der biologischen Endoxydation lokalisiert sind.

Mikrosomen

Die Mikrosomen stellen kugelförmige bis ovale Partikel dar, die einen Durchmesser von 50—150 mμ aufweisen. Sie verfügen u. a. in reichem Maße über die Enzyme der Proteinsynthese.

Chemisch-analytische Untersuchungen über die Strukturelemente der Zelle sind in den letzten Jahren in großem Umfange durchgeführt worden. Bei der Beurteilung der Werte sind die jeweiligen Versuchsbedingungen zu beachten, die teilweise recht unterschiedlich sind und Differenzen in den Ergebnissen bedingen.

Anteil verschiedener Zellfraktionen und -bestandteile in der Rattenleber
(Fraktionierung in 0,88 m Saccharose + Puffer)

Bestandteil und Gehalt des Homogenats (in g/100 g)	Prozentuale Verteilung auf die Fraktionen			
	Zellkerne	Mitochondrien	Mikrosomen	Cytoplasma
Eiweiß (12,9)	13	30	12,5	39
DNA (0,23)	97	4,5	—	—
RNA (0,64)	9	30	27	30
Riboflavin (0,0022)	6	53	12,5	30

Price, J. M., E. C. Miller u. *J. A. Miller:* J. biol. Chem. **173**, 345 (1948).

Die intrazelluläre Verteilung einiger Vitamine bzw. Cofermente in der Leber

Wirkstoff	Tierart	Homogenat	Zellkerne	Mitochondrien	Mikrosomen	Cytoplasma	
Vitamin A	Ratte	187	29	35	116		γ/g Frischgewicht
Cocarboxylase	Ratte	11,3—12,8	1,3—2,0	3,5—3,8	0,2—0,5	5—5,2	„ „
Lactoflavin	Maus	17,5	3,8	8,7	2,0	3,6	„ „
	Ratte	26,9	2,9	10,5	7,6	7,0	„ „
Pyridoxin	Maus	6,0	0,5	2,0	0,3	3,0	„ „
„	Ratte	6,4	0,3	2,6	0,4	3,1	„ „
Pantothensäure	Ratte	1,9	0,2	0,3	0,1	0,5	„ „
Coenzym A	Ratte	166—174	39—40	82—95	3,8—8,6	33—57	Lipmann-E./g Frischgewicht
Vitamin B_{12}	Maus	0,51	0,042	0,275	0,024	0,150	γ/g

Gewebsatmung, Wasserhaushalt und Größe der Leber verschiedener Tierarten
(s. hierzu auf S. 379)

Art	O_2-Verbrauch von Leberschnitten in mm^3/St. u. mg Trockengewicht	Trockengewichtsanteil in %	Relatives Lebergewicht, g Leber pro 100 g Körpergewicht	Körpergewicht in kg
Maus	16,1 ± 0,9	28,9	4,8	0,028
Goldhamster	11,2 ± 0,2	28,1	4,2	0,1
Ratte	8,4 ± 0,7	31,0	3,6	0,18
Meerschweinchen	6,8 ± 0,5	28,8	3,5	0,5
Kaninchen	6,3 ± 0,9	28,0	3,0	1,0
Schaf	2,6 ± 0,2	27,5	2,5	40
Rind	2,5 ± 0,3	28,2	1,1	300
Pferd	2,1 ± 0,1	29,1	1,2	750

Größe der Mitochondrienfraktion, der Succinodehydrogenase-Aktivität und der Pyruvatoxydation in der Leber verschiedener Tierarten
(s. hierzu auch S. 379)

Art	Mitochondrienfraktion in % des Gesamt-N des Homogenats	Succinodehydrogenaseaktivitat im Gesamthomogenat $Q_{O_2}(N) = \frac{mm^3 O_2}{St \cdot mg\,N}$	Pyruvatoxydation im Gesamthomogenat $Q_{O_2}(N)$
Maus	22,2 ± 0,7	1047 ± 67	198 ± 8
Goldhamster	19,6 ± 1,2	563 ± 12	122 ± 9
Ratte	22,8 ± 1,8	692 ± 102	120 ± 11
Meerschweinchen	14,5 ± 1,2	490 ± 88	47 ± 1,0
Kaninchen	11,0 ± 1,2	422 ± 53	52 ± 0,9
Schaf	10,0 ± 0,8	407 ± 21	47 ± 4,3
Rind	9,6 ± 0,4	430 ± 35	53 ± 6,1
Pferd	8,3 ± 0,6	370 ± 30	24 ± 1,0

Aebi, H., u. *P. Ebnoter:* Biochem. Z. **328**, 126 (1956).

Cytochrom c-Gehalt und Cytochromoxydase-Aktivität der Leber verschiedener Tierarten

Art	Cytochrom-c-Gehalt in mg-%	Cytochromoxydase-Aktivitat $Q_{O_2} = \frac{mm^3 O_2}{St \cdot mgN}$
Maus	8,2 ± 0,8	2771 ± 71
Goldhamster	5,8 ± 0,3	1821 ± 49
Ratte	7,2 ± 0,3	2519 ± 73
Meerschweinchen	4,5 ± 0,9	1360 ± 57
Kaninchen	2,1 ± 0,2	767 ± 43
Schaf	1,3 ± 0,2	455 ± 44
Rind	1,0 ± 0,5	382 ± 23
Pferd	1,0 ± 0,5	410 ± 108

Aebi, H., u. *P. Ebnöter:* Biochem. Z. **328**, 126 (1956).

Der Gehalt von Mitochondrien aus Rinderleber an Adenosin-5-phosphaten

Zahl der Versuche	$Q_{O_2}(N)$	AMP µg/mgN	ADP µg/mgN	ATP µg/mgN
25	37,3 ± 11,1	3,0 ± 1,08	6,96 ± 1,85	31,6 ± 10,04

Gesamtgehalt an Adenosin-5-phosphaten (AMP + ADP + ATP) 0,089 µMol/mg Mitochondrien-N.

Landahn, G., u. *E. Rasch:* Biochem. Z. **330**, 509 (1958).

Der Gehalt von Mitochondrien aus Rattenleber an Adénosin-5-phosphaten
(in µMol/mg N)

AMP	ADP	ATP	Gesamtgehalt
0,009	0,017	0,063	0,089

Raaflaub, I.: Helv. physiol. pharmacol. Acta **11**, 142 (1953).

Metabolitgehalt normaler Rattenlebern (Frierstop)

A: Metabolitgehalt ohne Korrektur, B: Metabolitgehalt für Blutanteil korrigiert, C: Metabolitgehalt für den extracellulären Raum korrigiert; Angaben in Nano-Mol/g frisches Gewebe (= 10^{-9} Mol/g).

	Lactat	Pyruvat	Oxalacetat	Isocitrat	Malat	Glycerin-1-phosphat	Dihydroxyacetonphosphat
A	1540	154	8	21	443	253	38
B	1550	147		23	480	274	41
C	1110	116	11	29	615	346	52

	Glucose-6-phosphat	Fructose-6-phosphat	Fructose-1,6-diphosphat	3-Phosphoglycerat	ATP	ADP
A	370	112	22	380	2900	900
B	400	121	23	410	3080	960
C	511	156	31	528	4040	1250

Angaben für Ribonucleinsäure-Phosphor (RNA-P) und Desoxyribonucleinsäure-Phosphor (DNA-P) (in µMol/g frisches Gewebe)

	RNA-P	DNA-P
A	14,6	4,7
B	15,8	5,1
C	20,3	6,5

Der mittlere Blutgehalt des nach der Frierstop-Methode gewonnenen Lebergewebes beträgt durchschnittlich 7,6%.

Hohorst, H. J., F. H. Krentz u. *Th. Bücher:* Biochem. Z. **332**, 18 (1959).

Metabolitgehalt von Rattenblut
(Angaben in Nano-Mol/g = 10^{-9} Mol/g)

	Lactat	Pyruvat	Dihydroxy-aceton-phosphat	Glucose-6-phosphat	Fructose-1,6-di-phosphat	ATP	ADP
Vollblut	2230	190	25	18	12	436	98
Plasma	2960	234	—	—	—	—	—

Hohorst, H. J., F. H. Krentz u. *Th. Bücher:* Biochem. Z **332**, 18 (1959).

Pyridinnucleotid- und Cytochrom-c-Gehalt in Mitochondrien verschiedener Organe der Ratte
(Angabe der Mittelwerte und der Schwankungsbreite)

		Leber	Herz	Niere	Hirn
Pyridinnucleotid-Gehalt, bezogen auf Protein (in µMol/g)	NAD	1,9 (1,2—2,7)	4,2 (3,2—5,9)	4,0 (2,2—5,0)	1,3 (0,94—1,72)
	NADP	3,4 (1,9—5,2)	1,0 (0,6—1,3)	0,76 (0,5—0,98)	0,2 (0,14—0,24)
Molverhältnis NADP/NAD		1,7	0,24	0,19	0,15
Cytochrom-c-Gehalt (in µMol/g Protein)		0,3	0,42	0,33	0,16
Molverhältnis: NAD/Cytochrom c		6,5	10	12	8,1
NADP/Cytochrom c		11,5	2,4	2,3	1,3

Klingenberg, M., W. Slenczka u. *E. Ritt:* Biochem. Z. **332**, 47 (1959).

Pyridinnucleotid-Gehalt der Mitochondrien aus Ascites-Tumorzellen
(Angaben in µMol/g Protein)

NADH	2,1 (1,5—2,8)
NAD	3,2 (1,5—4,4)

Borst, P., u. *P. Colpa-Boonstra:* Biochem. J. **76**, 60 P (1960).

Bestandteile der Leberzelle der Ratte

Gesamtgewebe

Protein, mg pro g Frischgewebe	129
Fettstoffe, in % der Trockensubstanz	15,2
Phosphatide, in % der Trockensubstanz	8,3
Cholesterin, in % der Trockensubstanz	2,4
Neutralfette, in % der Trockensubstanz	4,1
DNA, mg pro g Frischgewebe	2,3
DNA, in % der Trockensubstanz	0,7—0,9
DNA-Phosphor, mg pro g Frischgewebe	0,21—0,25
RNA, mg pro g Frischgewebe	6,4
RNA-Phosphor, mg pro g Frischgewebe	0,77—1,1

Zellkern

Nucleoproteide, mg pro g Frischgewebe	20
Fettstoffe, in % der Trockensubstanz	10,5–18,1
DNA, pro Zellkern in μμg	6,0–11,1
DNA, mg pro g Frischgewebe	1,84
DNA, in % der Trockensubstanz	4,4–30
RNA, mg pro g Frischgewebe	0,64
RNA, in % der Trockensubstanz	2,9–7,6
Mitochondrien	
Protein, mg pro g Frischgewebe	35–40
Fettstoffe, in % der Trockensubstanz	25–30
Mikrosomen	
Protein, mg pro g Frischgewebe	19–21
Fettstoffe, in % der Trockensubstanz	40
RNA, in % der Gesamtnucleinsäuren	50

Anteil verschiedener Zellfraktionen und -bestandteile in der Rattenniere
(Fraktionierung in 0,25 m Saccharoselösung)

Bestandteil	Gehalt des Homogenats (in g/100 g)	Prozentuale Verteilung auf die Fraktionen			
		Zellkerne	Mitochondrien	Mikrosomen	Cytoplasma
Stickstoff	2,2	23	20	16	47
DNA	0,43	100	—	—	—
RNA	0,37	16	12	14	58

Schneider, W. C., u. *V. R. Potter:* J. biol. Chem. **177**, 893 (1949).

Die prozentuale Verteilung verschiedener Fermente in Zellbestandteilen der Nierenrinde von Ratten (Fraktionierung in 0,88 m Saccharoselösung)

	Zellkerne	Mitochondrien	Mikrosomen	Cytoplasma
Stickstoff	17	25	16	42
Cytochromoxydase	29	60	8,5	2
Saure Phosphatase	32	30	14	23
Saure Ribonuclease	38	21	4,5	36
Saure Desoxyribonuclease	43	24	6	27
Kathepsin	25	38	14,5	23
β-Glucuronidase	24	33	11	31

Straus, W.: J. biophys. biochem. Cytol. **3**, 933 (1957).

Gehalt und Verteilung verschiedener Stoffe in der Milz von Mäusen
(Fraktionierung in 0,44 m Saccharoselösung)

Bestandteil (und Gehalt des Homogenats in g/100 g)	Zellkerne	Mitochondrien	Mikrosomen	Cytoplasma
Stickstoff (2,6)	48	6,5	7,5	29
DNA (0,135)	93	1	1	1
RNA (0,086)	36	6,5	25	22
Succinatoxydase	15	68	28	31
ATP-ase	18	16,5	50	9,5

Maxwell, E. S., u. *G. Ashwell:* Arch. Biochem. Biophys. **43**, 389 (1953).

Bestandteile der Leberzellen der Maus

Gesamtgewebe	
Protein, mg pro g Frischgewebe	126
Phosphatide, mg pro g Frischgewebe	30
DNA, mg pro g Frischgewebe	2,85
RNA, mg pro g Frischgewebe	9,0
Zellkern	
Nucleoproteide, in %	66,0
DNA, in %	27,0
RNA, in %	3,4

Mitochondrien	
Gesamt-N, in % der Trockensubstanz	12,1
Gesamtfettstoffe, in % der Trockensubstanz	27,4
Phosphatide, % der Gesamtfettstoffe	56,6
Cholesterin, % der Gesamtfettstoffe	12,6
Neutralfette, % der Gesamtfettstoffe	30,8
Mikrosomen	
Gesamt-N, in % der Trockensubstanz	10,3
Gesamtfettstoffe, in % der Trockensubstanz	35,1
Phosphatide, % der Gesamtfettstoffe	62,7
Cholesterin, % der Gesamtfettstoffe	14,5
Neutralfette, % der Gesamtfettstoffe	22,8

Bestandteile der Leberzellen des Kaninchens

Gesamtgewebe	
DNA, P in mg pro g Frischgewebe	0,16—0,29
RNA, P in mg pro g Frischgewebe	0,44—0,76
Mitochondrien	
Gesamt-N, in % der Trockensubstanz	10,5
Gesamtfettstoffe, in % der Trockensubstanz	29,6
Mikrosomen	
Gesamt-N, in % der Trockensubstanz	9,0
Gesamtfettstoffe, in % der Trockensubstanz	43,4

Bestandteile der Leberzellen des Meerschweinchens

Mitochondrien	
Gesamt-N, in % der Trockensubstanz	15,0
Gesamtfettstoffe, in % der Trockensubstanz	25,0
Mikrosomen	
Gesamt-N, in % der Trockensubstanz	9,15
Gesamtfettstoffe, in % der Trockensubstanz	40—45

2. Stoffwechsel von Gewebeschnitten

Stoffwechsel von Gewebeschnitten der Ratte

Gewebe	Lösung	Substrat (in mMol)	Q_{O_2}	$Q_M^{O_2}$	$Q_M^{N_2}$	RQ
Niere	Ringer-Bicarbonat	Fructose, 11	25,7	0,1	3,5	0,91
,,	,, ,,	Glucose, 11	21,8	0,3	5,1	0,86
,,	Krebs-Ringer-	Pyruvat, 11	30,2			
,,	Phosphat	Succinat,	38,0			
Hirnrinde	Krebs-Ringer-	Glucose, 11	13,7	1,3	8,7	0,92
Retina	Bicarbonat	Glucose, 10	26,5	35,0	64,0	0,91
,,	Serum	Glucose, 11	28,5	40,3		0,88
Hoden	Krebs-Ringer-Bicarbonat	Glucose, 11	12,1	6,3	11,7	0,95
Herzkammer	Krebs-Ringer-	Glucose, 11	7,6			
,,	Phosphat	Pyruvat, 5	15,4			
Zwerchfell	Krebs-Ringer-	—	5,5	0,6	1,0	0,94
,,	Phosphat	Glucose, 11	7,4	1,4		0,94
Leber	Ringer-Bicarbonat	Glucose, 11	11,5	1,9	2,3	0,67
,,	,, ,,	Fructose, 11	7,8	3,1	3,8	0,78
,,	Krebs-Ringer-	Succinat, 10	17,9			
,,	Phosphat	Pyruvat, 10	16,5			
Lunge	Ringer-Phosphat	Glucose, 10	7,6			0,85
,,	,, ,,	Succinat, 10	10			
Milchdrüse						
trächtiges Tier	Krebs-Ringer-	Glucose, 16	1,2	0,9		0,8
lact. Tier	Bicarbonat	Glucose, 16	9,3	1,7	9,6	1,55
Nebennieren-rinde	Krebs-Ringer-Phosphat	Glucose, 11	4,1			0,76
Lymphknoten	,, ,,	Glucose, 10	8,4			
Knochenmark	Ringer-Bicarbonat	Glucose, 10	3,7	2,7	10	
Milz	Krebs-Ringer-Bicarbonat	Fructose, 11	11,4	3,8	5,6	0,83
Jejunum-Mucosa	Serum	Glucose, 11	16,3	25,2	22,9	0,87

Stoffwechsel von Gewebeschnitten des Kaninchens

Gewebe	Lösung	Substrat (in mMol)	Q_{O_2}	*RQ*
Nierenrinde	Krebs-Ringer-Bicarbonat	Lactat, 20	16,9	0,86
"	" " "	Succinat, 20	17	0,94
Hirnrinde	" " "	Glucose, 11	8,2	
"	" " "	ohne	4,8	1,02
Peripherer Nerv	Krebs-Ringer-Phosphat	Glucose, 10	0,8	
Herzmuskel	" " "	Glucose, 11	2,4	
Skeletmuskel	" " "	Glucose, 11	1,7	0,91
"	" " "	ohne	1,1	0,92
Leber	" " "	Glucose, 10	3,1—4,5	
Lunge	Ringer-Phosphat	ohne	6,7	
"	" "	Succinat, 10	7,9	
Milchdrüse, 7. Tag Lactation	Krebs-Ringer-Bicarbonat	Glucose, 16	6,6	1,45
Nebennieren	Krebs-Ringer-Phosphat	Glucose, 10	2,5	
Knochenmark	Ringer-Phosphat	Acetat, 10	4,5	
Lymphknoten	Krebs-Ringer-Phosphat	Glucose, 10	8,4	
Dickdarm	Ringer-Bicarbonat	Glucose, 10	11,1	
Blinddarm	Krebs-Ringer-Phosphat	Glucose, 10	8,7	0,93

Stoffwechsel von Gewebeschnitten des Meerschweinchens

Gewebe	Lösung	Substrat (in mMol)	Q_{O_2}	*RQ*
Niere	Ringer-Phosphat	Glucose, 11	13—20	
"	Krebs-Ringer-Bicarbonat	Acetat, 15	18,1—18,6	
Hirnrinde	Krebs-Ringer-Phosphat	Glucose, 11	8,1—10,9	
"	" " "	ohne	4,8—8,3	0,98
Hoden	Ringer-Phosphat	Glucose, 10	8,7	
Herzmuskel	Serum	Glucose, 11	7,3	
Zwerchfell	Krebs-Ringer-Phosphat	Glucose, 11	4,2	
Leber	" " "	ohne	3,8—7,6	0,85
"	" " "	Acetat, 10	7,0	
"	" " "	Propionat, 10	9,7	
Lunge	" " "	ohne	7,4	
Milchdrüse, 2.—10. Tag Lactation	" " "	ohne	5,6	
Pankreas	" " "	ohne	2,9	
Submaxillaris	" " "	ohne	5,0	
Milz	" " "	ohne	8,3	
Dunndarm	" " "	Glucose, 11	12,6	
Dickdarm	" " "	Glucose, 11	14,6	

C. Körperflüssigkeiten

1. Blut, Plasma, Serum

Literatur. *Albritton, E. C.:* Standard Values in Blood, Philadelphia (1952). — *Krebs, H. A.:* Chemical composition of blood plasma and serum, Ann. Rev. Biochem. **19**, 409 (1950).

Das Blut besteht aus *korpuskulären Elementen* (Erythrocyten, Leukocyten, Thrombocyten) und dem *Blutplasma*. Bei der Blutgerinnung werden die korpuskulären Elemente größtenteils im Blutkuchen eingeschlossen, aus dem nach einiger Zeit das Blutserum ausgepreßt wird. Den Volumenanteil der korpuskulären Elemente gibt der Hämatokritwert an, der in graduierten Kapillaren nach Zentrifugation abgelesen wird.

Der Hämatokritwert beim Menschen und bei einigen Tierarten
(in Volumen-%)

Mensch	41–45	Kaninchen	40–42
Pferd (Kaltblut)	30–34	Meerschweinchen	41–43
Pferd (Vollblut)	39–43	Ratte	45–47
Rind	38–42	Maus	40–44
Schaf	31–34	Huhn	38–42
Ziege	32–35	Gans	42–45
Schwein	40–43	Ente	38–42
Hund	44–46	Taube	56–59
Katze	39–42	Frosch	28–32

Das Blutvolumen beim Menschen und bei einigen Tierarten
(in ml Blut pro kg Körpergewicht)

Mensch	70–80	Schwein	65–74
Pferd	75–90	Hund	75–80
Rind	64–82	Katze	65–70
Schaf	80	Kaninchen	65–75
Ziege	60–70	Geflügel	78–92

Spezifisches Gewicht des Blutes und des Serums beim Menschen und bei einigen Tierarten

	Blut	Serum
Mensch	1,056 (1,052–1,061)	1,024 (1,022–1,026)
Pferd	1,052 (1,045–1,057)	1,027
Rind	1,052 (1,046–1,058)	1,027
Schaf	1,051 (1,041–1,061)	1,027
Ziege	1,042 (1,036–1,048)	1,025
Schwein	1,046 (1,039–1,054)	1,030
Hund	1,056 (1,051–1,062)	1,026
Katze	1,051 (1,045–1,057)	1,027
Huhn	1,054	1,023
Gans	1,055	1,020
Ente	1,056	1,020

Der p_H-Wert des Blutes beim Menschen und bei einigen Tierarten

Mensch	7,34–7,39	Hund	7,3 –7,4
Pferd	7,30–7,45	Katze	7,35–7,50
Rind	7,35–7,50	Kaninchen	7,2 –7,5
Schaf	7,36–7,55	Meerschweinchen	7,3 –7,5
Ziege	7,38–7,60	Ratte	7,4 –7,5
Schwein	7,35–7,45	Huhn	7,45–7,6

Erythrocytenzahl im Blute des Menschen und einiger Tierarten
(in Millionen pro µl)

Mensch, männl.	5,4	(4,6– 6)	Katze	7	(6,5– 9)
Mensch, weibl.	4,8	(4 – 5,5)	Kaninchen	5	(4 – 6)
Pferd, Kaltbl.	6,9	(6 – 8)	Meerschweinchen	5,4	(4,5– 6)
Pferd, Vollbl.	8,9	(8 –10)	Ratte	8	(5,5–10)
Rind	6,3	(5 – 7)	Huhn	3,5	(3 – 4)
Schaf	8,1	(7 – 9)	Gans	3	(2,6–3,3)
Ziege	14	(13 –17)	Ente	3,8	(3 – 4,5)
Schwein	6,5	(5 – 8)	Frosch	0,4	(0,2– 0,6)
Hund	6,2	(5 – 8)			

Hämoglobingehalt im Blute des Menschen und einiger Tierarten
(in g pro 100 ml)

Mensch	15	(12–17)	Katze	11	(8–14)
Pferd	11,1	(8–14)	Kaninchen	12	(9–15)
Rind	12	(9–14)	Meerschweinchen	14	(11–16)
Schaf	12,5	(10–15)	Ratte	15	(12–17)
Ziege	10,5	(8–14)	Maus	15	(12–18)
Schwein	12	(10–14)	Huhn	11	(8–12)
Hund	14	(11–16)	Gans	11	(8–12)

Die Erythrocytenoberfläche des Menschen und einiger Tierarten in ihrer Beziehung zum Körpergewicht

Species	Gewicht (kg)	Erythrocyten-oberfläche (in m²)	Erythrocyten-oberfläche pro kg Körpergewicht
Mensch	70	2500	36
Pferd	500	14000	28
Rind	500	16000	32
Schaf	40	1280	32
Schwein	100	300	30

Osmotische Resistenz der Erythrocyten

Die osmotische Resistenz der Erythrocyten wird in Kochsalzlösungen absteigender Konzentration (von 0,95 bis 0,0) bestimmt. Der Beginn der Hämolyse wird als *Minimalresistenz*, die Beendigung als *Maximalresistenz* bezeichnet. Die Differenz beider Werte ergibt die *Resistenzbreite*.

Osmotische Resistenz der Erythrocyten des Menschen und einiger Tierarten
(in Kochsalzlösung, in %)

	Minimal-Resistenz	Maximal-Resistenz		Minimal-Resistenz	Maximal-Resistenz
Mensch	0,44	0,31	Katze	0,69	0,50
Pferd	0,59	0,39	Kaninchen	0,57	0,45
Rind	0,59	0,42	Meerschweinchen	0,45	0,33
Schaf	0,60	0,45	Ratte	0,48	0,38
Ziege	0,62	0,48	Maus	0,54	0,33
Schwein	0,74	0,45	Huhn	0,40	0,32
Hund	0,46	0,33			

Übersichtstabelle über einige Bestandteile des Blutes und des Plasmas bzw. Serums vom Menschen
(Angaben auf 100 ml bezogen)

	Blut	S Serum bzw. P Plasma	Erythrocyten
Wasser, g	81 (80−83)	S 91 (90−92)	63 (60−66)
Hämoglobin, g	15		33 (30−40)
Gesamtprotein, g	19 (18−21)	S 6,5−7,6	35 (34−38)
Albumin, g		S 4,4 (4,0−4,8)	
Globulin, g		S 2,6 (1,8−3,3)	
α_1-Globulin, g		S 0,3 (0,2−0,4)	
α_2-Globulin, g		S 0,6 (0,4−0,7)	
β-Globulin, g		S 0,8 (0,6−1,1)	
γ-Globulin, g		S 0,9 (0,6−1,2)	
Fibrinogen, mg		P 300 (220−380)	
Gesamtfettstoffe, mg	560 (400−720)	P 530 (380−675)	600 (410−780)
Neutralfette, mg	135 (85−240)	P 245 (40−325)	95 (15−150)
Phosphatide, mg	245 (180−300)	P 160 (110−250)	350 (280−420)
Gesamtcholesterin, mg	175 (130−230)	P 145 (105−200)	
Freies Cholesterin, mg	95 (80−110)	P 45 (30−60)	
Estercholesterin, mg	80 (50−115)	P 100 (75−135)	
Glykogen, mg	5 (1−15)		
Glucose, mg	90 (70−120)	P 100 (80−130)	75 (60−90)
Milchsäure, mg	15 (10−25)		
Rest-N, mg		S 30 (25−43)	
Kreatin, mg	3,9 (2,9−4,9)	2,6 (2−3)	8 (6−10)
Kreatinin, mg	0,9	0,9 (0,7−1,1)	1,8 (1,7−1,9)
Ribonucleinsaure, mg	64 (48−79)	4,9 (3,9−5,9)	
Natrium, mg	190 (165−210)	S 320 (310−340)	42 (20−65)
Kalium, mg	190 (160−240)	S 17 (16−20)	370 (345−390)
Calcium, mg	7 (6−8)	S 10 (9−11)	2
Magnesium, mg	3,8 (3,6−4,5)	S 2,1 (1,6−2,4)	6,2
Eisen, mg	48 (43−52)	S 0,1 (0,06−0,2)	100
Chlorid (Cl), mg	290 (260−310)	S 360 (340−380)	270
Anorg. Phosph. (P), mg	2,5 (2−4)	S 3,4 (2,5−4)	4 (3−5)
Ges.-Phosph. (P), mg	35 (30−40)	S 14 (12−15)	66 (62−68)
Bicarbonat, mg		S 226 (205−280)	

Übersichtstabelle über einige Bestandteile von Blut und Serum bei Haustieren
(Angaben auf 100 ml bezogen)

	Pferd	Rind	Schaf	Schwein	Hund
Gesamtblut					
Wasser, g	78	80	81	80	80
Hämoglobin, g	11,1	12	12,5	12	14
Zucker, mg	55–95	40–70	30–50	45–75	60–80
Natrium, mg	200	260	280	215	310
Kalium, mg	170	40	35	170	28
Calcium, mg	4	7	5	5	6
Magnesium, mg	4	5	3	3,5	4
Eisen, mg	58	40	34	42	45
Chlorid, mg	280	310	310	300	300
Gesamtphosphat (P), mg	27	18	17	21	43
Anorg. Phosphat (P), mg	3	4	4	5	3
Milchsäure, mg	14	12	10	10	12
Serum					
Wasser, g	90	91	91	91	92
Eiweiß, g	7,1	7,0	6,5	7,3	6,5
Fibrinogen, g	0,3	0,6	0,36	0,5	0,25
Rest-N, mg	34	31	28	32	29
Ges.-Cholesterin, mg	99	110	120	150	160
Ges.-Bilirubin, mg	1,1	0,2	0,2	0,2	0,1
Natrium, mg	320	325	330	335	330
Kalium, mg	18	17	18	20	20
Calcium, mg	10	10	10	10	11
Magnesium, mg	2,8	3	2,5	3	2,3
Eisen, γ	125	100	120	180	140
Kupfer, γ	130	85	80	220	140
Chlorid, mg	360	370	370	370	390

Übersichtstabelle über einige Bestandteile von Blut und Serum bei Laboratoriumstieren (Angaben bezogen auf 100 ml)

	Kaninchen	Meerschweinchen	Ratte	Katze
Gesamtblut				
Wasser, g	82	81	80	80
Hämoglobin, g	12	14	15	11
Zucker, mg	85	95	75	80
Calcium, mg	5	5	6	4
Magnesium, mg	4	4	4	4
Ges.-Phosphat (P), mg	48	35,0	41,0	26,5
Lipoidphosphat (P), mg	14	8,1	9,9	14,9
Anorg. Phosphat (P), mg	2,7	3,8	3,0	4,1
Säurelösl. Phosphat (P), mg	30	20,7	25,3	5,7
Serum				
Wasser, g	92,5	92	92	92,5
Protein, g	7,0	6,2	6,1	7,0
Rest-N, mg	25	30	35	35
Ges.-Cholesterin, mg	45	35	55	90
Natrium, mg	365	335	350	330
Kalium, mg	22	22	23	22
Calcium, mg	10	10,5	12	10
Magnesium, mg	2,8	2,5	3,2	2,7
Chlorid, mg	390	370	370	380
Anorg. Phosphat (P), mg	3	3,5	3,8	3,5

a. Die Plasmaproteine

Literatur. *Antweiler, H. J.:* Die quantitative Elektrophorese in der Medizin, Berlin (1957). — *Dittmer, A.:* Papierelektrophorese, Jena (1956). — *Riva, G.:* Das Serumeiweißbild, Bern (1957). — *Wuhrmann, F.,* u. *Ch. Wunderly:* Die Bluteiweißkörper des Menschen, Basel (1952).

Die *Plasmaproteine* stellen ein *Gemisch* verschiedener Eiweißkörper dar, das tierartliche Unterschiede aufweist. Schon unter *normalen Verhältnissen* findet man nicht unbeträchtliche *Schwankungen* im Anteil der einzelnen Fraktionen. Bei zahlreichen *Erkrankungen* des Organismus treten charakteristische Veränderungen in der Menge und im Anteil der einzelnen Fraktionen auf, die zum Teil *diagnostisch* und *prognostisch* verwendet werden können.

Zur *Trennung* der Plasmaproteine stehen verschiedene Methoden zur Verfügung, von denen die *Papierelektrophorese* eine besonders weite Verbreitung gefunden hat. Nachfolgende Angaben über die Zusammensetzung der Serumproteine beziehen sich auf elektrophoretische Untersuchungen, die meist unter Anwendung eines Veronal-Natrium-Puffers durchgeführt wurden, wie er im allgemeinen im klinisch-chemischen Laboratorium Anwendung findet.

α) Zusammensetzung der Serumproteine beim Menschen

Gesamteiweißgehalt, g-%	7,2	(6,5—7,6)
Albumine, rel.-%	59	(55—65)
α_1-Globulin, rel.-%	4,3	(3—6)
α_2-Globulin, rel.-%	7,7	(6—10)
β-Globulin, rel.-%	12,5	(9—13)
γ-Globulin, rel.-%	16,5	(12—20)

Die Abhängigkeit der Plasmaproteine vom Alter beim Menschen (in g/100 ml)

Alter	Gesamtprotein	Albumin	Globuline		
			alpha-	beta-	gamma-
Geburt	6,18	3,82	0,78	0,60	0,97
6—46 Wochen	6,36	3,92	1,25	0,74	0,21
1—4 Jahre	7,2	4,37	1,23	0,80	0,52
5—11 Jahre	7,57	4,23	1,22	0,91	0,76
13—17 Jahre	7,24	4,40	1,06	0,79	0,63

Stickstoffgehalt der Plasmaproteinfraktionen

	Stickstoffgehalt in %	Faktor zur Berechnung des Eiweißgehaltes
Albumin	15,95	6,27
α-Globulin	11,90	8,41
β-Globulin	14,84	6,73
γ-Globulin	16,03	6,24
Fibrinogen	16,09	5,92
Gesamtplasmaprotein	14,09	6,72

Aminosäurezusammensetzung der Plasmaproteine vom Menschen (in %)

	Albumin	Globulin			Fibrinogen
		alpha-	beta-	gamma-	
Alanin					3,7
Arginin	6,2	7,7	6,8	4,8	7,8
Asparaginsäure	10,4	9,0	9,8	8,8	13,1
Cystin 1/2	5,6	} 1,5	} 3,4	2,4	2,3
Cystein	0,7			0,7	0,4
Glutaminsäure	17,4	21,6	14,5	11,8	14,6
Glykokoll	1,6	3,1	5,6	4,2	5,6
Histidin	3,5	2,8	2,8	2,5	2,6
Isoleucin	1,7	1,7	5,0	2,7	4,8
Leucin	11,0	14,2	8,2	9,3	7,1
Lysin	12,3	8,9	6,6	8,1	9,2
Methionin	1,3	1,4	1,7	1,1	2,5
Phenylalanin	7,8	4,6	4,7	4,6	4,6
Prolin	5,1	4,7	7,1	8,1	5,7
Serin	3,7	5,0	7,1	11,4	6,9
Threonin	5,0	4,9	6,1	8,4	6,2
Tryptophan	0,2	1,9	2,0	2,9	3,3
Tyrosin	4,7	4,5	6,0	6,8	5,4
Valin	7,7	5,2	7,0	9,7	4,1

β) Die Serumproteine bei Haus- und Laboratoriumstieren

Die Serumproteine beim Pferd

Gesamteiweißgehalt, g-%	7,1 (6,0–7,8)	α_3-Globulin	10,6 (7,2–16,7)
Albumine, rel.-%	40,6 (32,4–49,6)	β_1-Globulin	11,9 (4,6–18)
Globuline, rel.-%		β_2-Globulin	9,1 (4,4–15,6)
α_1-Globulin	2,5 (1–4,2)	γ-Globulin	22,7 (10–32)
α_2-Globulin	2,6 (1,3–4,2)		

Die genannten Zahlen stellen Mittelwerte von erwachsenen Pferden dar. Auf die Gliederung in α- und β-Fraktionen wird häufig verzichtet, da die Trennung nicht selten unscharf verläuft. Die *Abhängigkeit* der *Serumproteine* vom *Alter* ist aus nachfolgender Aufstellung ersichtlich:

Alter	Albumin	Globulin alpha-	Globulin beta-	Globulin gamma-		Gesamt-protein
Neugeboren	65	32	3	–	rel.-%	3,7 g-%
5 Tage (säugend)	37	36	25	2	rel.-%	5,25 g-%
8 Monate	33	14	25	28	rel.-%	6,8 g-%
2½ Jahre	30	11	33	26	rel.-%	7,0 g-%
10 Jahre	30	11	12	47	rel.-%	7,0 g-%

Polson, A.: Nature London, **152**, 413 (1943). — *Gürtler, H.:* Vet. Diss. Leipzig 1956.

Die Serumproteine beim Rind

Gesamteiweißgehalt, g-%	7,0 (6,2–7,6)	α-Globulin	15,1 (7,4–25,7)
Albumine, rel.-%	41,9 (29,1–59,8)	β-Globulin	16,4 (6,2–26,0)
Globuline, rel.-%		γ-Globulin	26,6 (12,3–40)

In den Globulinen kann bei der α-Fraktion eine Auftrennung bis zu 3 Unterfraktionen ($\alpha_{1,2,3}$), bei der β-Fraktion in 2 ($\beta_{1,2}$) und bei der γ-Fraktion bis zu 4 Unterfraktionen ($\gamma_{0,1,2,3}$) erzielt werden.

Die *Altersabhängigkeit* der *Serumproteine* ist nachfolgend dargestellt:

Alter	Albumin	Globulin alpha-	Globulin beta-	Globulin gamma-		Gesamt-protein
Neugeboren	63,3	27,4	7,9	1,4	rel.-%	4,24 g-%
18–24 Stunden	50,1	27,1	12,4	10,1	rel.-%	5,4 g-%
12–21 Tage	52,4	30,7	10,8	8,6	rel.-%	5,9 g-%
5 Monate	51,2	18,2	8,3	22,3	rel.-%	6,1 g-%
1½ Jahre	48,9	15,0	7,7	28,5	rel.-%	6,7 g-%
8 Jahre	45	15,4	8,0	31,6	rel.-%	7,1 g-%

Kalms, W.: Vet. Diss. Leipzig 1957. — *Pierce, A. E.:* J. Hyg. **53**, 247 (1955). — *Winkler, D.:* Dtsch. tierärztl. Wschr. **62**, 515 (1955).

Die Serumproteine beim Schaf

Gesamteiweißgehalt, g-%	6,5 (5,9–7,4)	β-Globulin, rel.-%	10,5 (7–15)
Albumine, rel.-%	41,2 (33–48)	γ-Globulin, rel.-%	29,8 (20–37)
α_1-Globulin, rel.-%	18,5 (13–26)		

Bei den α-Globulinen werden bis zu 3, bei den γ-Globulinen 2 Unterfraktionen beschrieben.

Ketz, H.-A: Arch. exper. Vet. med. **13**, 508 (1959).

Die Serumproteine bei der Ziege

Gesamteiweißgehalt, g-%	7,3 (6,2–7,9)	β_1-Globulin, rel.-%	10,6 (4–16)
Albumine, rel.-%	43,4 (28–60)	β_2-Globulin, rel.-%	7,0 (3–15)
α-Globulin, rel.-%	12,0 (7–17)	γ-Globulin, rel.-%	25,6 (13–38)

Bei der α-Fraktion ist eine Auftrennung bis zu 3 Unterfraktionen ($\alpha_{1,2}$ und $_3$) beschrieben worden.

Boguth, W.: Zbl. Vet. med. **1**, 168 (1954). — *Lehrmann, H.-G.:* Vet. Diss. Hannover 1959. — *Richter, W.:* Vet. Diss. Leipzig 1957.

Die Serumproteine beim Schwein

Gesamteiweißgehalt, g-%	7,3 (6,5–7,9)	β-Globulin, rel.-%	17 (12–22)
Albumine, rel.-%	44 (31–50)	γ-Globulin, rel.-%	15 (8–30)
α-Globulin, rel.-%	23,5 (10–27)		

Beim α-Globulin wurden bis zu 3 Unterfraktionen ($\alpha_{0,1}$ und $_2$), beim β-Globulin bis zu 2 ($\beta_{1,2}$) und beim γ-Globulin ebenfalls bis zu 2 ($\gamma_{1,2}$) Unterfraktionen gefunden. Verschiedentlich wurde festgestellt, daß in der qualitativen Aufteilung der Globuline Ähnlichkeit mit der beim Menschen besteht.

Altersabhängigkeit der Plasmaproteinzusammensetzung beim Schwein

Alter	Albumin	Globulin alpha-	Globulin beta-	Globulin gamma-		Gesamteiweiß
Neugeboren	13	68	19	—	rel.-%	2,4 g-%
1 Tag	13	29	33	25	rel.-%	4,9 g-%
1 Woche	25	22	29	24	rel.-%	5,4 g-%
2 Wochen	46	19	25	10	rel.-%	5,6 g-%
4 Wochen	61	17	16	6	rel.-%	6,4 g-%
8 Wochen	49	25	14	12	rel.-%	6,4 g-%
3 Monate	40	20	17	23	rel.-%	8,0 g-%

Der Gesamteiweißgehalt und die quantitative Verteilung der einzelnen Fraktionen hängen beim Schwein außer vom *Alter* noch wesentlich von der *Fütterung* ab.

Cartwright, G. E., Smith, E. L., D. M. Brown u. *M. M. Wintrobe:* J. biol. Chem. **1761**, 585 (1948). — *Giglietti, A.*, u. *G. Tiecco:* Arch. vet. Ital. **6**, 25 (1955). — *Rutquist, L.:* Amer. J. vet. Res. **19**, 25 (1958). — *Schumann, G.:* Vet. Diss. Hannover 1957.

Die Serumproteine beim Hund

Gesamteiweißgehalt, g-%	6,5 (5,5–7,0)	β-Globulin, rel.-%	21 (15–26)
Albumine, rel.-%	44 (33–56)	γ-Globulin, rel.-%	11 (6–17)
α-Globulin, rel.-%	24 (16–32)		

Häufig wurde eine Aufteilung des α-Globulins bis zu 4 Unterfraktionen ($\alpha_{1,2,3,4}$), des β-Globulins bis zu 2 ($\beta_{1,2}$) beobachtet.

Beim Hund wurde mit steigendem Alter (wie bei anderen Tierarten) ein Anstieg des Serumproteingehaltes festgestellt.

Boguth, W.: Naturwiss. **40**, 22 (1953). — *Gajsinskaja, O. M., V. V. Lvova* u. *V. D. Ispenskaja:* Biochimija **19**, 319 (1954).

Die Serumproteine der Katze

Gesamteiweißgehalt, g-%	7,0 (6–8)	β-Globulin, rel.-%	13
Albumine, rel.-%	54,7 ± 6,58	γ-Globulin, rel.-%	16,3
α-Globulin, rel.-%	16		

In den meisten Fällen konnten bei den α-Globulinen 2–3 Unterfraktionen ($\alpha_{1,2,3}$) und bei den β-Globulinen 2 Unterfraktionen ($\beta_{1,2}$) ermittelt werden.

Wilde, J., u. *G. Naumann:* Z. exper. Med. **129**, 368 (1957).

Die Serumproteine beim Kaninchen

Gesamteiweißgehalt, g-%	7,0 (6,5–7,5)	α_2-Globulin, rel.-%	5,5 (3–7)
Albumine, rel.-%	63,6 (58–67)	β-Globulin, rel.-%	10,5 (5–15)
α_1-Globulin, rel.-%	7,4 (5–10)	γ-Globulin, rel.-%	11,6 (8–14)

Neben der Aufteilung in 2 α-Unterfraktionen wurden oft auch 2 β-Unterfraktionen ($\beta_{1,2}$) gefunden.

Heymann, G., u. *H. Wahlig:* Z. Immunitatsforsch. exper. Therap. **115**, 185 (1958).

Die Serumproteine beim Meerschweinchen

Gesamteiweißgehalt, g-%	6,2 ± 0,3	β_1-Globulin, rel.-%	5,7 ± 0,6
Albumine, rel.-%	45,5 ± 2,5	β_2-Globulin, rel.-%	9,0 ± 1,6
α_1-Globulin, rel.-%	6,8 ± 1,6	γ-Globulin, rel.-%	11,0 ± 2,5
α_2-Globulin, rel.-%	22,0 ± 4,0		

Die Serumproteine der Ratte

Gesamteiweißgehalt, g-%	6,1 (5,8—6,8)	α_2-Globulin, rel.-%	8,8 ± 1,8
Albumine, rel.-%	46,5 ± 5,2	β-Globulin, rel.-%	21,1 ± 2,6
α_1-Globulin, rel.-%	12,5 ± 2,5	γ-Globulin, rel.-%	11,5 ± 5,9

In manchen Fällen ist bei der Ratte eine Unterfraktion zwischen der α_2- und der β-Fraktion nachweisbar.

Deutsch, H. F., u. *M. B. Goodloe:* J. biol. Chem. **1611**, (1945). — *Moore, D. H.:* J. biol. Chem. **161**, 21 (1945). — *Scheiffarth, F.*, u. *G. Berg:* Z. ges. exper. Med. **119**, 505 (1952). — *Scheiffarth, F.*, *G. Berg* u. *H. Götz:* Ärztl. Wschr. **10**, 833 (1955).

Die Serumproteine der Maus

Gesamteiweißgehalt, g-%	6,3 ± 0,4	α_3-Globulin, rel.-%	5,4 ± 1,0
Albumine, rel.-%	42,9 ± 5,1	β-Globulin, rel.-%	20,2 ± 2,9
α_1-Globulin, rel.-%	4,2 ± 0,7	γ-Globulin, rel.-%	16,3 ± 1,6
α_2-Globulin, rel.-%	11,0 ± 2,1		

Die Serumproteine beim Geflügel

Der Gesamteiweißgehalt im Serum von Geflügel steigt nach dem Ausschlüpfen bis zur Geschlechtsreife stetig an. Bei weiblichen Tieren erreicht er mit dem Einsetzen der Legetätigkeit sein Maximum von etwa 5,0 g-%, um dann auf Werte von etwa 3,8—4,4 g-% abzufallen.

Hühner

Alter	Albumine in rel.-%	Globulin alpha₁-	alpha₂-	alpha₃- in rel.-%	beta-	gamma-	Gesamt-protein in g-%
Küken, 2 Tage	28,5	27,3	7,0	9,5	17,7	10,0	2,6
„ 1 Woche	38,6	26,2	8,7	11,6	9,9	5,0	3,2
„ 3 Wochen	45,9	23,1	10,3	6,7	8,2	5,8	3,4
„ 3 Monate	52,6	18,1	6,1	6,9	11,3	5,0	3,9
Hennen, legend	34,4	7,6	5,3	8,3	26,5	13,6	4,2
Hähne	53,1	16,6	6,5	8,2	9,6	6,0	4,0

Heim, W. G., u. *A. M. Schechtman:* J. biol. Chem. **209**, 241 (1954).

Gänse (ca. 11 Monate) und Enten (ca. 6 Monate alt)

Präalbumin in rel.-%	Albumine in rel.-%	Globulin alpha₁-	alpha₂-	alpha₃- in rel.-%	beta-	gamma-	Gesamt-protein in g-%
Gänse							
2,9	58,3	7,7	6,2	4,4	13,2	7,3	4,6
Enten							
5,5	52,0	9,3	5,3	3,6	14,1	10,2	3,8

Reichardt, E.: Vet. Diss. Leipzig 1961.

Das Fibrinogen

Das Fibrinogen im Plasma des Menschen und verschiedener Tierarten
(in mg pro 100 ml)

Mensch	300 (220—380)	Schwein	500 (350—650)
Mensch, neugeboren	100 (80—130)	Hund	250 (150—300)
Pferd	300 (260—350)	Meerschweinchen	330 (250—400)
Rind	600 (400—700)	Ratte	250 (160—340)
Schaf	360 (250—450)		

Abweichungen. Eine *Vermehrung* des Fibrinogengehalts im Plasma liegt bei akuten und chronischen Entzündungen, insbesondere bei Pneumonie vor.

Ein *Absinken* der Fibrinogenwerte im Plasma erfolgt bei einer Schädigung der Funktion des Leberparenchyms.

Schulz, F. H.: Das Fibrinogen, Leipzig 1953. — *Kolb, E.*, u. *A. Müller:* Zbl. Vet. med. **6**, 14 (1959).

b. Die Serumfermente

Literatur. *Abderhalden, R.:* Klinische Enzymologie, Stuttgart 1958. — *Bruns, F.:* Clin. Chim. Acta 2, 257 (1957). — *Richterich, R.:* Enzymopathologie, Berlin 1958.

Im Serum der Menschen und der Tiere sind zahlreiche Fermente nachweisbar, die von bestimmten Organen in den Kreislauf gelangen, um dann abgebaut bzw. ausgeschieden zu werden. Unter normalen Verhältnissen schwankt die Aktivität der Serumfermente innerhalb bestimmter Grenzen. Bei verschiedenen *Erkrankungen* treten ganz charakteristische *Abweichungen* auf, die diagnostisch und prognostisch verwertet werden können.

α) Hydrolasen

Alkalische Phosphatase

Einheiten. 1 King-Armstrong-Einheit (KA-E) entspricht derjenigen Fermentmenge in 100 ml Serum, die aus Phenylphosphat bei einem p_H-Wert von 9 (Puffer: Veronalnatrium) in 30 Min. 1 mg Phenol abspaltet.

1 Bodansky-Einheit (B-E) entspricht derjenigen Fermentmenge in 100 ml Serum, die aus β-Glycerophosphat bei einem p_H-Wert von 8,6 in einer Stunde 1 mg Phenol frei macht.

Normalwerte (Mensch): 6—13 KA-E bei Kindern
5—10 KA-E bei Erwachsenen
5—15 B-E bei Kindern
2— 5 B-E bei Erwachsenen

Abweichungen. Erhöhte Werte der alkalischen Phosphatase geben Hinweise bei:

Knochenerkrankungen mit gesteigerter Osteoblastentätigkeit, z. B. Rachitis, Ostitis deformans usw.;

verschiedenen Ikterusformen (Verschlußikterus);

Vorliegen von Metastasen maligner Tumoren.

Erniedrigte Werte bei bestimmten Formen von Lebercirrhose, bei Carcinomkachexie sowie bei Kretinismus.

Saure Phosphatase

Einheit. 1 Gutman-Einheit (G-E) entspricht derjenigen Fermentmenge in 100 ml Serum, die aus Phenylphosphat bei einem p_H-Wert von 4,9 (Citratpuffer) in 30 Min. 1 mg Phenol abspaltet.

Normalwert. 1—3 Gutman-Einheiten (Mensch).

Abweichung. Erhöhte Werte beim Prostatacarcinom.

Diastase

Einheit. 1 Somogyi-Einheit (S-E) entspricht derjenigen Fermentmenge in 100 ml Serum, die aus Stärke in 30 Min. (Inkubation bei 40° C) eine der Reduktionskraft von 1 mg Glucose entsprechende Menge von reduzierend wirkenden Stoffen freisetzt.

Normalwert. 80 (60—150) S-E.

Abweichung. Erhöhte Werte bei akuter Pankreatitis und bei Pankreas-Carcinomen.

Erniedrigte Werte bei schwerer Hepatitis, insbesondere wenn mit Nekrotisierung einhergehend.

Lipase

Einheiten. Lipase-Konstante (L-K) nach der Methode von Rona und Michaelis.

1 Lipase-Einheit nach *Cherry* und *Crandal* ist diejenige Fermentmenge, die innerhalb von 24 Stunden aus Olivenöl eine Fettsäuremenge abspaltet, die 1 ml 1/20 n NaOH entspricht.

Normalwert. Lipasekonstante 0,005. 0,1—0,9 Lipase-Einheiten.

Abweichung. Erhöhte Werte bei akuter Pankreatitis und bei Pankreas-Carcinom mit Organschädigung.

Alkalische und saure Phosphatase, Diastase und Lipase im Serum von Haustieren

	Alkalische Phosphatase (KA-E)	Saure Phosphatase (G-E)	Diastase (S-E)	Lipase (L-K)
Pferd	9,0	1,3	459	0,0269
Rind	10,8	1,7	270	0,0017
Schaf	17,8	1,6	249	0,0016
Schwein	9,9	4,5	254	0,0016
Hund	5,7	1,8	488	0,0071

Kolb, E.: Naturwiss. **42**, 418 (1955).

Cholinesterasen

Im Blute hat man 2 Cholinesterasen zu unterscheiden: Die sogenannte „echte" Cholinesterase (auch Acetylcholinesterase genannt) ist in den Erythrocyten nachweisbar, die „unspezifische" Cholinesterase (auch als Pseudocholinesterase bezeichnet) findet sich im Serum.

Einheit. 1 Cholinesteraseeinheit (Ch-E) nach *Ammon* und *Zapp* entspricht derjenigen Fermentmenge, die bei 37°C und bei einem p_H-Wert von 7,4 in 60 Min. $^1/_{1000}$ Millimol Acetylcholin spaltet; dies entspricht der Freisetzung von 22,4 μl CO_2 unter den gewählten Versuchsbedingungen.

Normalwert. 7—10 Ch-E im Serum (Mensch).

Abweichung. Senkung bei Vergiftung mit bestimmten Kontaktinsektiziden.

Ammon, R., u. *F. Zapp:* Klin. Wschr. **33**, 759 (1955).

Cholinesterase-Aktivität im Blut bzw. Serum einiger Tierarten
(in Ch-E, bezogen auf jeweils 0,05 ml)

	Blut	Serum
Pferd	7,5	10,2
Rind	3,4	0,15
Schaf	1,5	0,1
Ziege	0,8	0,06
Schwein	3,6	1,7
Hund	4,0	9,7
Huhn	2,6	1,2
Gans	1,9	0,9
Ente	2,9	1,2

Kolb, E.: Zbl. Vet. med. **4**, 967 (1957).

β) Desmolasen

Aldolase

Die Aldolase findet sich vorwiegend in den Erythrocyten sowie in Leber und Herzmuskel.

Einheit. Die Fermentaktivität wird in der Menge an Fructose-1,6-diphosphat (FDP) (in μl) ausgedrückt, die bei 37°C und bei einem p_H-Wert von 7,4 je Stunde durch 1 ml Serum gespalten wird.

Normalwerte (Mensch). 3—8 μl FDP/St./ml Serum.

Abweichungen. Erhöhte Werte bei bestimmten Lebererkrankungen (akute Hepatitis) sowie bei Herzinfarkt.

Speziesunterschiede: s. *Bruns, F. H.*, u. *C. Kirchner:* Naturwiss. **41**, 141 (1954).

γ) Oxydoreduktasen

Milchsäuredehydrogenase

Einheit. 1 Milchsäuredehydrogenase-Einheit (MD-E) nach *Wroblewski* entspricht derjenigen Fermentmenge in 1 ml Serum, die bei 24—27°C in 3 ml Ansatz die DPN-Extinktion bei einer Wellenlänge von 340 mμ um 0,001 in 1 Min. ändert.

Normalwerte. 250—850 MD-E.

Abweichungen. Erhöhte Werte bei Herzinfarkt sowie in bestimmten Stadien der Hepatitis.

Wroblewski, F., u. *I. S. LaDue:* Proc. Soc. exper. Biol. Med. **90**, 210 (1955).

Äpfelsäuredehydrogenase

Die Äpfelsäuredehydrogenase kommt in größeren Mengen in Herz- und Skeletmuskel sowie in Leber, Nieren und Gehirn vor.

Einheiten und Methode: Siegel, A., u. *R. J. Bing:* Proc. Soc. exper. Biol. Med. **91**, 604 (1956).

Normalwerte. 79 (50—104) Einheiten nach *Siegel-Bing.*

Abweichungen. Erhöhte Werte bei Herzinfarkt sowie bei akuter und chronischer Hepatitis.

δ) Transferasen

Glutaminsäure-Oxalessigsäure-Transaminase (GOT)

Die GOT kommt besonders reichlich in Herz- und Skeletmuskulatur sowie in Leber, Niere, Gehirn und Lunge vor.

Einheiten. 1 SGOT-Einheit nach *Karmen* entspricht derjenigen Fermentmenge, die in 1 ml Serum bei einer Wellenlänge von 340 mμ bei 23 °C in 3 ml Ansatz in 1 Min. eine Änderung der Extinktion um 0,001 bewirkt.

LaDue, I. S., F. Wroblewski u. *A. Karmen:* Science **120**, 3117 (1954).

Normalwerte (in Karmen-Einheiten pro ml Serum):

Mensch	22 ± 7	Maus	115
Pferd	165 ± 33,8	Hühner	229,7 ± 69,6
Rind	43,8 ± 5,7	Gänse	134 ± 66,8
Schwein	22,5 ± 7,7	Enten	99,6 ± 65
Hund	26,0 ± 9,5	Puten	377,4 ± 15,9
Ratte	55,0 ± 20		

Grün, E., H. Gürtler u. *E. Kolb:* Arch. exp. Vet. med. **15**, 1259 (1961).

Abweichungen. Erhöhte Werte bei Herzinfarkt, bei progressiver Muskeldystrophie, bei akuter Pankreatitis sowie Lebererkrankungen.

Glutaminsäure-Brenztraubensäure-Transaminase

Das Ferment findet sich besonders reichlich in der Leber und Muskulatur; es tritt bei verschiedenen Lebererkrankungen sowie bei Zerfall von Muskelgewebe in erhöhter Konzentration im Serum auf.

c. Die eiweißfreien, N-haltigen Blutbestandteile

Der Reststickstoff sowie niedermolekulare N-haltige Verbindungen

Als Reststickstoff bezeichnet man den nach Ausfällung der Eiweißstoffe im Blut bzw. Serumfiltrat nachweisbaren Stickstoff. Er umfaßt im wesentlichen Verbindungen, die durch die *Nieren* ausgeschieden werden und gibt daher Hinweise über die *Funktionstüchtigkeit* dieses Organs. Bei Niereninsuffizienz (Urämie) ist der Rest-N im Serum stark erhöht.

Der Rest-N-Gehalt des Serums vom Menschen und von verschiedenen Tierarten
(in mg/100 ml)

Mensch	30 (25—43)	Hund	29 (17—38)
Pferd	34 (20—40)	Katze	35 (30—45)
Rind	31 (20—40)	Kaninchen	25 (15—40)
Schaf	28 (20—38)	Ratte	35 (30—50)
Ziege	36 (30—43)	Huhn	28 (20—36)
Schwein	32 (20—45)		

Rest-N und N-haltige Verbindungen nichtproteinartiger Natur im Serum und Blut beim Menschen (in mg N bzw. der Verbindung in 100 ml)

	Serum	Blut
Rest-N	30 (25–43)	32 (28–45)
Harnstoff-N	12 (10–18)	12 (10–15)
Harnstoff	26 (20–38)	26 (20–33)
Aminosäure-N	4,5 (3–5)	5,5 (4,5–7)
Harnsäure-N	1,2 (0,7–1,6)	0,7 (0,4–1,3)
Harnsäure	3 (2–4)	2 (1–3)
Kreatinin-N	0,5 (0,4–0,6)	0,5 (0,4–0,6)
Kreatinin	1,1 (1–1,3)	1,3 (1,2–1,5)
Glutathion-N	–	4,6 (4,4–4,8)
Glutathion	–	25 (24–40)
Nucleotid-N	–	5,8 (4–7)
Ergothionin-N	–	3,3 (2,9–3,7)
Ergothionin	–	18 (16–20)

Freie Aminosäuren in Blut und Plasma beim Menschen (in mg/100 ml)

	Blut	Plasma
Alanin	4,0	4,0 (2,6–5,3)
Arginin	1,0	2,3 (1,1–3,5)
Asparaginsäure	0,4	1,0 (0,9–1,2)
Cystin	0,9	1,4 (0,8–2,0)
Glutaminsäure	0,6	0,8 (0,6–1,7)
Glykokoll	1,8	1,8 (1,3–2,3)
Histidin	1,3	1,4 (1,1–1,8)
Isoleucin	1,3	1,6 (1,0–2,2)
Leucin	1,7	1,9 (1,3–2,5)
Lysin	2,2	3,0 (2,1–3,8)
Methionin	0,5	0,5 (0,3–0,6)
Phenylalanin	1,0	1,4 (0,5–2,2)
Prolin	1,8	2,5 (2,4–2,7)
Threonin	1,6	2,0 (1,1–2,9)
Tryptophan	0,7	1,1 (0,7–1,5)
Tyrosin	1,1	1,5 (0,8–2,2)
Valin	2,4	2,8 (2,2–3,5)

Harnstoffgehalt im Serum einiger Tierarten (in mg pro 100 ml)

	Harnstoff
Pferd	38,7 ± 6,4
Rind	
Winterfütterung	21,2 ± 6,8
Weide	36,6 ± 2,5
Hund	25,0
Ratte	34,0

d. Kohlenhydrate im Blut bzw. im Plasma

α) Freie Kohlenhydrate

Bei den Kohlenhydraten des Blutes unterscheidet man zwischen *freien* und *gebundenen Kohlenhydraten*. Die freien Kohlenhydrate des Blutes bzw. des Plasmas bestehen bei allen Tierarten nach der Geburt größtenteils aus Glucose.

Mit den älteren Methoden der Blutzuckerbestimmung wurde im allgemeinen nicht der echte Gehalt an Kohlenhydraten bestimmt, sondern der Gesamtgehalt an reduzierenden Substanzen = *Gesamtreduktion*. Die Differenz zwischen Gesamtreduktionswert und Gehalt an echter Glucose wird als sogenannte Restreduktion bezeichnet und ist hauptsächlich durch die Anwesenheit von Glutathion, Adenosintriphosphat, Ascorbinsäure und Glucuronsäure bestimmt. Nachfolgende Aufstellung bezieht sich auf den Gehalt des Blutes an „wahrer Glucose“. Die *Restreduktion* beträgt bei Säugetieren rund 20–30, beim Geflügel 40–60 mg (bezogen auf Glucose) pro 100 ml.

Der Gehalt des Blutes an Glucose beim Menschen und bei verschiedenen Tierarten (in mg/100 ml)

Mensch, neugeboren	60 (50–80)		Kaninchen	85 (65–110)
„ erwachsen	90 (70–120)		Meerschweinchen	95 (80–130)
Pferd	75 (55–95)		Ratte	75 (60–100)
Rind	50 (40–70)		Maus	130 (80–180)
Schaf	40 (30–50)		Huhn	160 (125–210)
Ziege	55 (45–70)		Gans	140 (100–190)
Schwein	60 (45–75)		Ente	130 (90–180)
Hund	70 (60–90)		Frosch	40 (30–65)
Katze	80 (65–100)			

Kolb, E.: Arch. exper. Vet. med. **10**, 859 (1956).

Auf den *Blutzucker* sind verschiedene Faktoren von *Einfluß*: So wird nach kohlenhydratreicher Nahrung beim Menschen ein Anstieg des Blutzuckers bis zu 100% beschrieben.

Bei verschiedenen Tierarten, z. B. bei der Ratte, liegen signifikante rassenbedingte Unterschiede vor. Zur Bestimmung des Blutzuckers entnimmt man die Probe zweckmäßigerweise morgens im nüchternen Zustand.

Erwähnt sei noch, daß die *Placenta* bei verschiedenen Tierarten die Glucose in Fructose überführt, so daß sich bei diesen im fetalen Blut sowie zum Zeitpunkt der Geburt hauptsächlich nur Fructose als Blutzucker findet. Auch beim erwachsenen Menschen sowie bei erwachsenen Tieren ist Fructose, wenn auch meist in sehr niedrigen Konzentrationen, im Blut nachweisbar.

Der Gehalt des Blutes (B) bzw. Serums (S) vom Menschen und von einigen Tierarten an Fructose (in mg pro 100 ml)

Mensch, erwachsen	S	7,5	Katze, Fetus und neugeboren	B	0,9
Fohlen, neugeboren	B	111 ± 27	Kaninchen, Fetus u. neugeboren	B	1,6
Kalb, neugeboren	B	108	Meerschweinchen, Fetus und neugeboren	B	0,4
Ziegenlamm, neugeboren	B	50	Ratte, Fetus und neugeboren	B	0,1
Ferkel, Fetus u. neugeboren	B	72			
Hund, Fetus und neugeboren	B	1,1			

Goodwin, R. F.: J. Physiol. **132**, 146; **134**, 88 (1956).

Pathologische Veränderungen. Erhöhung der Blutzuckerwerte bei Diabetes mellitus, bei verschiedenen akuten Infektionskrankheiten sowie bei Überfunktion der Schilddrüse; Verminderung bei Hyperinsulinismus, bei Lebererkrankungen sowie im Hungerzustand.

β) Proteingebundene Kohlenhydrate im Serum des Menschen und verschiedener Tierarten

An proteingebundenen Kohlenhydraten kommen im Serum vor: *Galaktose*, *Mannose*, *Fucose*, *Glucosamin* und *Galaktosamin*. Veränderungen der proteingebundenen Kohlenhydrate im Serum wurden bei zahlreichen Erkrankungen festgestellt, insbesondere bei Entzündungen. Für die Bestimmung der proteingebundenen Hexosen verwendet man meist einen Galaktose-Mannose-Standard.

Proteingebundene Hexose und proteingebundenes Hexosamin im Serum beim Menschen und bei einigen Tierarten (in mg/100 ml)

	Hexose	Hexosamin
Mensch		
Normalwerte	121 ± 2,1	83 ± 4,1
aktive Tuberkulose	204 ± 15,6	211 ± 9
bakterielle Endocarditis	167 ± 19,3	144 ± 11
Krebs (fortgeschritten)	195 ± 25,1	203 ± 12
Parenchym. Lebererkrankung	141 ± 6,4	158 ± 9,5
Haustiere		
Rind	150 ± 14,6	109 ± 9,2
Schaf	138 ± 17,6	91 ± 19,2
Pferd	216 ± 35,7	141 ± 17,1
Schwein	190 ± 20,6	147 ± 17,8

Kolb, E.: Arch. exper. Vet. med. **12**, 951 (1958). — *Winzler, R. J.:* Methods Biochem. Analysis **2**, 279 (1955).

Die Verteilung der proteingebundenen Kohlenhydrate auf die einzelnen Serumproteinfraktionen beim Menschen

Proteingebundene Kohlenhydrate insgesamt (in mg pro 100 ml Serum).
Verteilung (in %):

Albumine	8,7 ± 2,1
α_1-Globulin	21,2 ± 2,9
α_2-Globulin	36 ± 3,4
β-Globulin	22,5 ± 3,5
γ-Globulin	8,2 ± 2,6

Laurell, G., u. *A. Skoog:* Scand. J. Clin. Lab. Inv. **8**, 21 (1956).

γ) Mucoproteine im Serum des Menschen und verschiedener Haustiere

Mucoproteine sind relativ niedermolekulare, kohlenhydratreiche Proteine, die im Gegensatz zu den meisten Eiweißstoffen mit Sulfosalicylsäure bzw. Perchlorsäure nicht fällbar sind; ihre Abscheidung erfolgt mit Hilfe von Phosphorwolframsäure, und sie werden auf Grund ihres Hexose- und Tyrosingehaltes oder mit der Biuretreaktion quantitativ charakterisiert.

Mucoproteingehalt im Serum des Menschen (unter normalen und pathologischen Verhältnissen) sowie verschiedener Tierarten (in mg/100 ml)

	Hexose	Tyrosin	Protein
Mensch			
Normalwert	12,4 ± 0,5	3,4 ± 0,3	61 ± 2,8
Tuberkulose	24 ± 1,2		115 ± 8,6
Krebs (fortgeschritten)	33 ± 2,6	8,5 ± 0,7	125 ± 9,6
Pferd	5		36
Rind	19 ± 5,4	5,5 ± 2,1	157 ± 53
Schaf	14 ± 4,9	4,4 ± 1,8	118 ± 42
Hund	10		83
Kaninchen	12		124
Meerschweinchen	33		318
Ratte	18		226

Kolb, E., u. *H. Gürtler:* Zbl. Vet. med. **5**, 589 (1958). — *Weimer, H.*, u. *F. A. Quinn:* Clin. chim. Acta **3**, 419 (1958). — *Winzler, R. J.:* Methods Biochem. Analysis **2**, 279 (1955).

e. Fettstoffe

Die Fettstoffe stellen eine sehr heterogene Gruppe von Verbindungen dar, die sowohl in den korpuskularen Elementen als auch im Plasma vorkommen. Während der Gehalt an den verschiedenen Fettstoffen in den Blutzellen weitgehend konstant ist, weisen diese im Plasma beträchtliche Schwankungen in Abhängigkeit von der Nahrungsaufnahme, vom Ernährungszustand, von der Leistung des Organismus, vom Alter sowie vom Gesundheitszustand auf.

Die Fettstoffe im Blut und im Plasma beim Menschen (in mg pro 100 ml)

	Blut	Plasma
Gesamtfettstoffe	560 (400—720)	530 (380—675)
Neutralfette	135 (85—240)	245 (40—325)
Phosphatide	245 (180—300)	160 (110—250)
Gesamt-Cholesterin	175 (130—230)	145 (105—200)
Cholesterin, frei	95 (80—110)	45 (30—60)
Cholesterin, verestert	80 (50—115)	100 (75—135)

Die Fettstoffe im Serum bzw. Plasma bei einigen Säugetieren
(in mg pro 100 ml)

	Gesamt-Fettstoffe	Gesamt-Cholesterin	Ester-Cholesterin	Phosphatide	Neutralfette
Pferd	280 (160—420)	100 (65—220)		130 (75—210)	45 (4—150)
Rind	350 (190—500)	110 (90—160)	70 (50—100)	85 (50—150)	60 (10—100)
Hund	500 (300—600)	160 (140—200)	125 (110—140)	250 (220—280)	120
Katze	375 (200—600)	90 (50—140)	60 (40—110)	130 (50—170)	100 (10—240)
Kaninchen	240 (100—400)	45 (30—70)	25 (20—30)	80 (50—130)	105 (10—200)
Meerschweinchen	170 (100—250)	35 (20—45)	20	50 (30—70)	80 (0—140)
Ratte (Albino)	230 (120—400)	55 (35—75)	30 (20—40)	80 (50—130)	85

Während der Trächtigkeit und Laktation steigt der Gehalt an Cholesterin bis zur oberen Grenze der Schwankungsbreite.

Die Fettstoffe im Blut beim Huhn (in mg pro 100 ml)

	Gesamt-Fettstoffe	Gesamt-Cholesterin	Ester-Cholesterin	Phosphatide	Neutralfette
Mannliche Tiere	428	114	22	299	15
Weibliche Tiere, unreif	446	117	35	282	47
Weibliche Tiere, legend	1689	125	16	642	922

Lorenz, F. W., C. Entenman u. *I. L. Chaikoff:* J. biol. Chem. **122**, 619 (1938).

Gesamtfettsäuregehalt im Plasma des Menschen und einiger Tierarten
(in mg pro 100 ml)

Mensch, neugeboren	140 ± 57	Schwein	184 ± 61
„ erw. männl.	359 ± 115	Hund	307 ± 34
„ erw. weibl.	362 ± 62	Katze	228 ± 82
„ erw. gravid	595 ± 85	Kaninchen	169 ± 66
Rind, neugeboren	27,8 ± 8	Meerschweinchen	116 ± 29
„ erwachsen	154 ± 29	Ratte	152 ± 23
Schaf, erwachsen	140 ± 23		

f. Organische Säuren im Blut (bzw. Plasma)

Verschiedene organische Säuren sind regelmäßige Bestandteile des Blutes; ihre Konzentration wird durch Muskelarbeit, Verdauungsvorgänge usw. beeinflußt. Bei verschiedenen Erkrankungen treten Änderungen der Konzentration auf.

Die Milchsäure im Blut des Menschen und einiger Tierarten (in mg pro 100 ml)

Mensch	15 (10—25)	Schwein	15 (10—20)
Pferd	15 (8—20)	Hund	15 (10—25)
Rind	12 (5—20)	Katze	9 (6—15)
Schaf	10 (8—20)	Kaninchen	10 (5—15)
Ziege	10 (8—12)	Ratte	10 (5—15)

Bei starker Muskelarbeit steigt die Milchsäure im Blut bis um das Zehnfache des Normalwertes an.

Die Zitronensäure im Blut bzw. Serum des Menschen und einiger Tierarten
(in mg pro 100 ml)

	Blut	Serum
Mensch	1,4	2,4
Pferd	0,9	2,2
Rind	3,1	5,1
Schaf	4,0	5,0
Schwein	1,5	2,8
Hund	2,4	3,3

Kolb, E., u. *U. Busse:* Zbl. Vet. med. 3, 697 (1956).

Weitere im Plasma von Säugetieren regelmäßig nachweisbare **organische Säuren** sind (in mg pro 100 ml):

Brenztraubensäure	0,3—2
α-Ketoglutarsäure	0,2—1,6
Äpfelsäure	0,1—0,6
Bernsteinsäure	0,1—0,7

sowie Spuren von Fumarsäure und Oxalsäure.

Niedere (flüchtige) Fettsäuren

Flüchtige Fettsäuren sind in Spuren im Blut aller Tiere nachweisbar; in höheren Konzentrationen finden sie sich bei Pflanzenfressern, bei denen sie im Verlaufe der mikrobiellen Gärungsvorgänge in den Vormägen bzw. im Dickdarm gebildet werden.

Flüchtige Fettsäuren im Blut des Menschen und einiger Tierarten
(in mg pro 100 ml)

Mensch	1,68	Ziege	6,08
Pferd	3,34	Hund	1,81
Rind	5,36	Katze	1,91
Schaf, nüchtern	2,59	Kaninchen	7,05
„ gefüttert	6,30		

Annison, E. F.: Biochem. J. **58**, 670 (1954).

Acetonkörper

Der Gehalt des Blutes an *Ketokörpern* beim *Menschen* liegt im Bereich von 0,8—1,8 mg pro 100 ml; davon entfallen 0,4—0,8 mg pro 100 ml auf Aceton und 0,4—1,0 mg pro 100 ml auf die Acetessigsäure. Beim Diabetes mellitus sind die Werte erhöht (bis zu 30 mg pro 100 ml). Für *Ratten* und *andere Nagetiere* (Kaninchen, Maus) wird der Gehalt des Blutes an Acetonkörpern unter physiologischen Verhältnissen mit 0,2—1,6 mg pro 100 ml angegeben. Im Hungerzustand steigen die Werte bis um das 30fache an.

Mayes, P. A.: Biochem. J. **71**, 459 (1959).

Beim *Rind* liegt der Gehalt des Blutes an Ketokörpern während der Trächtigkeit im Bereich von 3—6,5 mg pro 100 ml. Mit Beginn der Laktation steigen die Werte an (bis auf Werte von etwa 10—15 mg pro 100 ml).

Horrocks, D., u. *J. Paterson:* J. Comp. Therap. **70**, 109 (1960).

g. Farbstoffe des Serums

Die wichtigsten Farbstoffe des Serums sind die Gallenfarbstoffe (Bilirubin) und die Carotinoide. Ein Teil des Bilirubins reagiert unmittelbar („direktes" Bilirubin), ein Teil erst nach Zusatz von Alkohol bzw. Coffein („indirektes" Bilirubin). Bei Tieren führt Hungern zu einem Anstieg der Bilirubinwerte, weswegen diese bei Schlachttieren höher als unter Normalverhältnissen liegen.

Gesamtbilirubin und „direktes" Bilirubin im Serum des Menschen und einiger Tierarten
(in mg pro 100 ml)

	Direktes Bilirubin	Gesamt-Bilirubin
Mensch	0,3	0,5 (0,3—0,7)
Pferd	0,5	1,1
Rind (Schlachttiere)	0,1	0,2
Schaf	0,1	0,2
Schwein	0,1	0,2
Hund	—	0,1

Carotine finden sich vor allem im Plasma von Rindern und Hühnern; im Winter liegen die Werte niedriger als im Sommer.

Berger, H.-I.: Zbl. Vet. med. **3**, 273 (1956).

h. Vitamine

Der Vitamingehalt im Blut bzw. im Plasma wird im besonderen durch die Vitamin-Versorgungslage beeinflußt. Bei Mangel an einem Vitamin sinken die

Werte im Blut bzw. im Plasma ab. Zu berücksichtigen ist die tierartlich verschiedene Bildung und Resorption bestimmter Vitamine durch die Mikroflora des Darmkanals.

Vitamine im Blut bzw. im Plasma des Menschen
(Angaben pro 100 ml)

	Blut	Plasma
Vitamin A, γ	13 (9–17)	50 (30–60)
Carotin, γ	120 (20–300)	220 (40–540)
Vitamin B_1, γ	12 (6–16)	7 (2–9)
Vitamin B_2, γ	20 (15–60)	8 (5–18)
Vitamin B_6, γ	10 (5–20)	8 (1–18)
Niacin, γ	600 (200–900)	75 (25–150)
Pantothensäure, γ	30 (15–45)	15 (6–35)
Cholin, frei, mg	2,5 (1–4)	1,5 (1–2,5)
Biotin, γ	1,2 (0,8–1,7)	1,3 (1,0–1,7)
Gesamt-Folsäure, γ	3,5 (2,5–5,3)	1,7 (1,5–5,0)
Vitamin B_{12}, γ	0,08 (0,06–0,14)	0,04 (0,02–0,06)
Vitamin C, mg	0,6 (0,2–0,7)	0,7 (0,2–2,5)
Vitamin D (D_2), γ		2,8 (1,7–4,1)
Vitamin E, mg		1,2 (0,9–1,9)
Inosit, mg	0,6 (0,3–0,9)	0,5 (0,3–0,8)

Der Gehalt des Blutes bzw. der Blutzellen des Menschen an Cofermenten
(Angaben pro 100 ml)

Cocarboxylase, γ, Blut	11,2 ± 1,5	
Coenzym A, γ, Blutzellen	210–280	
Flavinadenindinucleotid, Blutzellen, γ	300	
Pyridinnucleotide, mg, Blut	3,6 ± 0,5	(insgesamt,
„ mg, Blutzellen	7,7 ± 0,8	als NAD)

Fettlösliche Vitamine im Blut bzw. im Plasma von einigen Tierarten
(Angaben pro 100 ml)

	Blut	Plasma
Vitamin A, γ		
Pferd	8 (6–10)	12 (9–16)
Rind	14 (6–20)	25 10–40)
Schaf	24 (14–31)	35 (20–45)
Schwein	12 (5–20)	20 (10–35)
Hund	1,5 (0–3)	3 (0–5)
Kaninchen	25 (15–70)	45 (30–130)
Huhn	31 (10–68)	45 (15–100)
Carotin, γ		
Pferd		40 (10–200)
Rind		70 (50–2000)
Schaf		10 (5–20)
Schwein		7 (0–10)
Huhn		150 (50–1000)
Vitamin D (D_2), γ		
Rind		6,8
Schaf		1,3 (1,1–1,8)
Schwein		3,0 (2,6–3,4)
Huhn		2,5
Vitamin E, γ		
Pferd		300 (200–400)
Rind		400 (200–500)
Schaf		120 (60–180)
Schwein		100 (90–150)
Huhn		50 (20–350)
Ratte		20 (10–30)

Wasserlösliche Vitamine im Blut bzw. im Plasma von einigen Tierarten
(Angaben pro 100 ml)

	Blut	Plasma
Vitamin B_1, γ		
Pferd	1,5 (1,1—1,7)	
Rind	500 (400—800)	
Schaf	600 (400—1200)	
Schwein	20 (17—30)	
Hund	7 (5—9)	2,1
Ratte	20,5 (10—25)	
Vitamin B_2, γ		
Pferd		1,2
Rind	45 (40—50)	
Schaf	27 (24—30)	0,9
Schwein	95	3
Hund	97 (90—100)	2 5
Ratte	45 (20—65)	2,5
Huhn	20 (10—40)	35 (30—50)
Vitamin B_6, γ		
Affe	11,2 (6—20)	
Schaf	12	
Maus	40	
Niacin, mg		
Pferd	0,6	
Rind	0,9	
Schaf	1 (0,4—1,4)	
Schwein	0,5	
Hund	0,5	
Ratte	1,4	
Pantothensäure, γ		
Pferd	45 (35—55)	38 (30—45)
Schaf	35 (20—50)	25 (20—30)
Schwein	35 (30—40)	35 (30—40)
Hund	25 (15—35)	30 (15—40)
Kaninchen	20 (15—35)	25 (20—30)
Huhn	45 (40—50)	
Gesamt-Folsaure, γ		
Rind	2,5 (2,1—3)	2 (1,8—2,2)
Schaf	4,6 (3,5—5,5)	2,8
Schwein	2,8 (2,3—3,1)	2 (1,8—2,1)
Huhn	3 (2,2—4,3)	3,5 (3—4,2)
Vitamin B_{12}, γ		
Pferd	0,2 (0,12—0,34)	
Rind	0,05 (0,04—0,05)	
Schaf	0,07 (0,06—0,09)	
Schwein	0,1 (0,08—0,13)	
Hund	0,09 (0,05—0,11)	
Kaninchen	1,01 (0,6—1,5)	
Huhn	0,56 (0,38—0,66)	
Vitamin C, mg		
Pferd		0,5 (0,2—1,5)
Rind		0,5 (0,2—1,5)
Schaf		0,5 (0,4—0,8)
Schwein		0,4 (0,2—1,2)
Geflügel	1,2 (1,0—2,0)	1,4 (0,8—2 5)

i. Kationen

Durchschnittswerte des Natriumgehaltes in Blut, Serum und Erythrocyten des Menschen und einiger Tierarten (in mg pro 100 ml)

	Blut	Serum	Erythrocyten
Mensch	180	320	40
Pferd	200	320	55
Rind	260	325	170
Schaf	280	330	205
Ziege	250	320	120
Schwein	215	335	25
Hund	310	330	300
Huhn	245	375	60
Taube	190	315	30

Durchschnittswerte des Kaliumgehaltes in Blut, Serum und Erythrocyten des Menschen und einiger Tierarten (in mg pro 100 ml)

	Blut	Serum	Erythrocyten
Mensch	180	18	370
Pferd	170	18	360
Rind	40	17	80
Schaf	36	18	80
Ziege	85	18	200
Schwein	170	20	370
Hund	28	20	33
Kaninchen	160	22	420
Huhn	190	22	390
Taube	180	21	430

Vogel, G., u. *H.-A. Ketz:* Z. vgl. Physiol. **38**, 558 (1956).

Anmerkung. Bei verschiedenen Tierarten (z. B. beim Schaf) sind *rassenbedingte Unterschiede* im *Kalium-* und *Natriumgehalt* der *Erythrocyten* nachgewiesen. Bei Schafen in Großbritannien konnten 2 Rassen mit unterschiedlichem Kalium- und Natriumgehalt in den Erythrocyten ermittelt werden: bei einer betrug der Durchschnittswert in den Erythrocyten für Kalium 347 mg und für Natrium 78,2 mg pro 100 ml, bei der anderen 93,6 mg K und 184 mg Na pro 100 ml.

Evans, J. V.: Nature, London **174**, 931 (1954).

Pathologische Abweichungen. Ein Anstieg des Natriumgehaltes im Serum ist bei verschiedenen Herz- und Nierenerkrankungen nachweisbar, ein Abfall bei Nebenniereninsuffizienz.

Calcium- und Magnesiumgehalt in Blut und Serum des Menschen und einiger Tierarten (in mg pro 100 ml)

	Calcium		Magnesium	
	Blut	Serum	Blut	Serum
Mensch	6	10	3	2,3
Pferd	4	10	4	2,8
Rind	7	10	5	3
Schaf	5	10	3	2,5
Ziege	5	10	3,7	3,2
Schwein	5	10	3,5	3
Hund	6	11	4	2,3
Katze	6	10	3,8	2,7
Kaninchen	6	10	3,5	2,9
Ratte	7	12	5,5	3,2
Huhn	8—20	14—35	5,0	3—9

Eine Abnahme des Calciumgehaltes im Serum tritt bei Unterfunktion der Nebenschilddrüsen sowie bei Rachitis und Osteomalacie auf.

Beim *Huhn* steigen der Calcium- und Magnesiumgehalt im Plasma mit Beginn der Legeperiode stark an; dieser Anstieg ist durch *Östrogene* experimentell auslösbar. Der Gehalt an diffusiblem Calcium bei Legehennen beträgt 7 mg-%, der an nicht diffusiblem 17 mg-%.

k. Anionen

Unter den Anionen des Blutes stehen das Chlorid und das Bicarbonat mengenmäßig an erster Stelle; weitere wichtige Anionen sind das Phosphat, das Sulfat sowie die Proteine.

Chloridgehalt in Blut und Serum des Menschen und einiger Tierarten
(in mg pro 100 ml)

	Blut	Serum
Mensch	285	360
Pferd	280	360
Rind	310	370
Schaf	310	370
Ziege	290	370
Schwein	290	370
Hund	300	390
Kaninchen	290	390
Ratte	300	370

Eine *Erhöhung* des Chloridgehaltes liegt bei verschiedenen Nierenerkrankungen, eine *Erniedrigung* nach heftigem Erbrechen (Salzsäureverlust) sowie bei Insuffizienz der NNR vor.

Der Gehalt an Bicarbonat im Blut bzw. im Plasma
(in mg pro 100 ml)

Mensch	Blut	175,7
Schaf	Plasma	142,7 ± 23,2
Hund	Plasma	144,0 ± 8,5
Ratte	Plasma	170,8 ± 21,4

Phosphatgehalt und -fraktionen im Blut des Menschen
(in mg P pro 100 ml)

Gesamt-P	36	(33—38)	Hexosephosphorsaureester	6
Anorg. P	3,3		Lipoidphosphat	10
ATP (P)	6,4	(5,9—7,7)	Säurelösl. P	19
Diphosphoglycerinsaure	11			

Die Verteilung des Phosphats im Blut einiger Tierarten
(mg pro 100 ml)

	Pferd	Rind	Schaf	Schwein	Hund	Huhn
Gesamt-P	27	18	17	21	43	91
Lipoid-P	8	9,5	9,2	11,5	14,6	9,5
Nuclein-P	0,6	—	—	—	3,6	47,4
Anorg. P	1,8	6	5	5,4	3,2	3,2

Der Gehalt an ATP im Blut und in den Erythrocyten des Menschen und einiger Tierarten (in mg pro 100 ml)

	Blut	Erythrocyten
Mensch	45 (43–53)	72
Pferd		20
Rind		27
Schaf	17	45
Schwein	65	115
Hund	20	50
Katze	20	45
Kaninchen	50	110
Meerschweinchen	28	58
Ratte	38	77
Huhn	27	57
Frosch	14	24

Schwefelverbindungen im Blut und Plasma vom Menschen (in mg der Verbindung pro 100 ml)

	Plasma	Blut
Glutathion	–	40
Ergothionin	–	4
Indikan	0–0,6	0,8
Gesamtsulfat	3,3 (2,7–3,9)	
Anorg. Sulfat	2,7 (2,4–3,3)	
Sulfatester	0,3 (0–0,6)	

1. Spurenelemente

Eisen

Das Eisen ist im Plasma an ein β_1-Globulin (Siderophilin) gebunden und daher nicht dialysierbar; die Fähigkeit des Plasmas zur Fixierung von Eisen wird als *Eisenbindungskapazität* bezeichnet. Normalerweise ist das Siderophilin nur zu etwa 30–40% mit Eisen „gesättigt".

Der Eisengehalt im Serum des Menschen und verschiedener Tierarten (in γ pro 100 ml)

	Serum
Mensch	110 (80–140)
Pferd	125 (80–300)
Rind	100 (60–240)
Schaf	90 (50–220)
Schwein	160 (70–280)
Hund	120 (70–190)
Kaninchen	100 (60–200)
Huhn	180 (100–800)
Gans	170 (100–800)
Ente	180 (100–800)

Bei *Tieren* wird der Eisengehalt des Plasmas stark durch die *Futteraufnahme* (Eisenresorption) beeinflußt, besonders während der Wachstumsphase, wenn ein hoher Eisenbedarf besteht. Unter diesen Umständen treten *Tagesschwankungen* im Eisen-Serumspiegel bis zu 200 γ/100 ml auf. Beim *Geflügel* steigen die Werte im Serum zu Beginn der *Legeperiode* bis zu 1200 γ/100 ml an. Werte unter 50 γ pro 100 ml im Serum deuten auf das Bestehen eines Eisenmangels oder auf andere pathologische Zustande hin.

Das Plasmaeisen wird beim *Menschen* täglich etwa 6–7mal erneuert.

Kupfer

Das Kupfer ist im Plasma gleichfalls an die β_1-Globuline gebunden. Der *Serumkupfergehalt* wird durch die *Leber* reguliert und durch die Aufnahme kupferreicher Nahrung beeinflußt. Bei zahlreichen Infektionskrankheiten sinkt der Kupfergehalt im Serum ab.

Der Kupfergehalt im Blut bzw. im Serum des Menschen und verschiedener Tierarten (in γ pro 100 ml)

	Blut	Serum
Mensch	90–120	80–140
Pferd	80–220	70–210
Rind	70–140	70–140
Schaf	70–140	60–140
Schwein	170–250	160–240
Huhn	15–40	20–40

Zink

Das Zink ist Bestandteil der in den *Erythrocyten* vorkommenden *Carboanhydrase*; im Serum ist Zink an Proteine gebunden.

Der Zinkgehalt in Blut und Serum (in γ pro 100 ml)

	Blut	Serum
Mensch	500–1000	200–400
Pferd	200	100
Rind	300	150
Schwein	350	75
Hund	500	320
Kaninchen	600	300
Meerschweinchen	700	320

Kobalt

Der Kobaltgehalt im Blut (in γ/100 ml)

	Blut
Mensch	0,5–1
Rind	0,2–1
Schaf	0,53 ± 0,15

Mangan

Der Mangangehalt im Blut bzw. Serum (in γ/100 ml)

	Blut	Serum
Mensch	13–25	2–10
Rind	4,1–4,6	
Kaninchen		4,8 ± 3,5

Jod

Gesamt-Jodgehalt im Blut bzw. Serum (in γ/100 ml)

Mensch	3,5–8	Hund	2,0–4,5
Pferd	3–6	Ratte	3,9
Rind	2,5–6,5	Huhn	1,6
Schaf	3–8	Ente	1,1
Schwein	1,5–5,5		

Brown, H., A. M. Reingold u. *M. Samson:* J. Clin. Endocrin. Metabol. **13**, 444 (1952).
Bumgardner, H., u. *S. Schaffner:* Poultry Sci. **36**, 207 (1957).

Sonstige Elemente im Blut des Menschen

Arsen	64 γ/100 ml
Blei	27 ± 5 γ/100 ml
Fluor	280 γ/100 ml

2. Sonstige extracelluläre Körperflüssigkeiten

a. Lymphe

Einige Bestandteile von Plasma und Lymphe des Ductus thoracicus beim Menschen (Angaben pro 100 ml)

	Plasma	Lymphe (D. th.)
Protein, g	6,8	2,8–3,6
Albumin, g	4,4	1,6–2,4
Globulin, g	2,5	1,2
Rest-N, mg	30	25
Kreatinin, mg	1	1
Glucose, mg	90	90
Cholesterin, mg	120	75
Natrium, mg	320	320
Kalium, mg	17	17
Calcium, mg	10	9
Chlorid (Cl), mg	350	350
Anorg. Phosphat (P), mg	4	4

Vergleichende Darstellung der Lymphe (Truncus cervicalis) und des Blutplasmas beim Hund (Angaben pro 100 ml)

	Plasma	Lymphe
Protein, g	6,2 (5,6–7,2)	3,3 (1,4–4,6)
Rest-N, mg	32 (21–46)	35 (20–45)
Harnstoff, mg	22 (18–22)	24 (20–33)
Kreatinin, mg	1,4 (1,2–1,5)	1,4 (1,3–1,5)
Zucker, mg	123 (112–143)	132 (107–144)
Natriumchlorid, mg	678 (649–721)	711 (690–730)
Gesamtphosphat (als P), mg	22 (18–26)	12 (10–14)
Anorg. Phosphat (als P), mg	5,6 (4,4–6,9)	5,9 (4,7–7,3)
Calcium, mg	11,7 (10,9–12,9)	9,8 (9–10,8)

Hein, J. W.: Amer. J. Physiol. **103**, 553 (1933).

b. Der Liquor cerebrospinalis

Der Liquor cerebrospinalis wird von den Plexi choreoidei gebildet und wird in den subarachnoidealen Räumen des Gehirns und Rückenmarks ruckresorbiert. Er stellt im wesentlichen ein Flüssigkeitspolster für das gegen mechanische Einflüsse sehr empfindliche Zentralnervensystem dar. Im Laufe eines Tages wird der Liquor mehrmals erneuert. Die klinisch-chemische und cytologische Untersuchung des Liquors ist für die Diagnostik von Erkrankungen des Zentralnervensystems von Bedeutung.

Fankhauser, R.: Zbl. Vet. med. **1**, 136 (1954). — *Meyer, H.:* Der Liquor, Berlin 1949. — *Roeder, F.,* u. *O. Rehm:* Die Cerebrospinalflüssigkeit, Berlin 1942.

Eigenschaften und Bestandteile des Liquor cerebrospinalis beim Menschen (quantit. Angaben bezogen auf 100 ml)

Menge	100–150 ml	Zucker, mg	40–80
Druck	100–200 mm Wassersäule	Cholesterin, mg	60–220
Dichte	1005–1009	Milchsaure, mg	9–27
Gefrierpunkt	−0,56 bis −0,60 °C	Natrium, mg	300–340
p_H-Wert	7,35–7,4	Kalium, mg	11–16
Trockensubstanz, g	1,06–1,1	Calcium, mg	4–6
Gesamtprotein, mg	15–45	Magnesium, mg	1–3
Albumin	12–36	Natriumchlorid, mg	690–750
Globulin	3–9		

Die Elektrolytzusammensetzung des Liquor cerebrospinalis beim Menschen
(in mÄquiv./L)

Natrium	151	Chlorid	125
Kalium	4	Carbonat	28
Calcium	3	Phosphat	1
Magnesium	5	Sulfat	1
	163		155

Shol, A. T.: Mineral Metabolism, New York 1939.

Eigenschaften und Bestandteile des Liquor cerebrospinalis beim Pferd
(quantit. Angaben in mg bezogen auf 100 ml)

Druck (Seitenlage, in mm Wassersaule)	379	(272–490)	Globuline		
p_H-Wert	7,25	(7,13–7,36)	Fohlen	10	(4–20)
Spezifisches Gewicht	1006	(1004–1008)	erwachsene Tiere	9	(3–18)
Gesamteiweiß			Rest-N	27	(14–39)
Fohlen	65	(44–77)	Zucker	57	(40–78)
erwachsene Tiere	48	(29–71)	Calcium	6	(5–7)
Albumine			Magnesium	2	(1–3)
Fohlen	55	(38–69)	Kalium	13	(10–14)
erwachsene Tiere	39	(23–68)	Natriumchlorid	737	(690–790)
			Phosphat, anorg. P	1,5	(1–2)

Eigenschaften und Bestandteile des Liquor cerebrospinalis von Rind, Hund und Kaninchen (quantit. Angaben in mg bezogen auf 100 ml)

Rind		*Kaninchen*	
Spezifisches Gewicht	1005–1008	Spezifisches Gewicht	1005
Gesamteiweiß	16–33	Gesamteiweiß	15–19
Zucker	35–70	Rest-N	6–17
Calcium	5–6	Zucker	50–57
Kalium	11–14	Natriumchlorid	600–730
Hund			
Spezifisches Gewicht	1003–1012		
Gesamteiweiß	23–55		
Albumine	17–38		
Globuline	6–17		
Zucker	61–116		
Natriumchlorid	700–750		

c. Die Synovialflüssigkeit

Bestandteile der Synovialflüssigkeit des Kniegelenks vom Menschen

Volumen, ml	1,1 (0,3–3,5)	Eiweißstoffe, g/100 ml	2,5–3,8
Trockensubstanz, in %	3,4 (1,2–4,8)	Albumine	1,9
p_H-Wert	7,4 (7,3–7,45)	Globuline	0,9
Spezifisches Gewicht	1008–1015	Mucin	0,4–1,0
		Hyaluronsaure, mg/100 ml	155
		Kalium, mÄquiv./L	4
		Natrium, mÄquiv./L	135

Bestandteile der Synovialflüssigkeit des Sprunggelenks vom Rind

Volumen, ml	25	(5–65)	Hyaluronsaure, mg/100 ml	20–25	
Trockensubstanz, in %	2,1	(1,7–3,9)	Zucker, mg/100 ml	65	(45–95)
p_H-Wert	7,3	(7,25–7,4)	Harnsäure, mg/100 ml	1,5	(1,2–2,1)
Spezifisches Gewicht	1009–1012		Kalium, mÄquiv./L	4,0	(3,6–4,4)
Eiweißstoffe, g/100 ml	1,1	(0,8–1,4)	Natrium, mÄquiv./L	145	(140–148)
Albumine	0,7	(0,5–0,9)	Magnesium, mÄquiv./L	1,4	(1,3–1,7)
Globuline	0,2		Phosphat (P), mÄquiv./L	2,2	(1,5–3)
Mucin	0,2	(0,1–0,25)	Bicarbonat mÄquiv./L	29	(25–32)

d. Die Tränenflüssigkeit

Die Aufgabe der Tränenflüssigkeit besteht in der Befeuchtung der Corneaoberfläche und im Abschwemmen von kleinen Verunreinigungen.

Eigenschaften und Bestandteile der Tränenflüssigkeit des Menschen

p_H-Wert	7,35	Rest-N, mg/100 ml	51
Sekretmenge pro Tag, ml	1–3	Reduz. Substanz, mg/100 ml	65
Wasser, %	98,2	Gesamt-N, mg/100 ml	160
Trockensubstanz, %	1,8	Nichteiweiß-N, mg/100 ml	50
Natriumchlorid, mg/100 ml	660	Citrat, mg/100 ml	0,6
Eiweißstoffe, mg/100 ml	670	Vitamin C, mg/100 ml	0,6
Albumin, mg/100 ml	395	Lactoflavin, mg/100 ml	0,005
Globulin, mg/100 ml	275	Ammoniak, mg/100 ml	0,005

e. Pleura-, Pericardial- und Peritonealflüssigkeit

Bestandteile der Pleura-, Pericardial- und Peritonealflüssigkeit des Menschen vergleichsweise zum Plasma

	Pleura-flussigkeit	Pericardial-flüssigkeit	Peritoneal-flüssigkeit	Plasma
Wasser, g-%	98 (96–99)	97	97 (95–99)	91
Mineralstoffe, g-%	0,76	0,67	0,98	0,7–0,9
p_H-Wert	7,2	7,3	7,4	7,36
Eiweiß, g-%	1,8 (0,3–4,1)	3,3 (0,8–4,9)	2,1 (0,1–3,5)	6,9
Albumin, g-%	1,0 (0,8–1,2)	2,0	0,9 (0,4–1,6)	4,4
Globulin, g-%	0,8 (0,4–1,2)	0,6	0,8 (0,4–1,7)	2,5
Fibrinogen, g-%	0,1	0,03	0,1	0,3
Natrium, mÄquiv./L	140	135	135 (125–155)	140–155
Kalium, mÄquiv./L	4,8	4,5	4,1 (2,0–5,6)	3,6
Chlorid, mÄquiv./L	100	125	109	102

f. Pathologische Flüssigkeitsansammlungen

Unter pathologischen Verhältnissen kann es zu Flüssigkeitsansammlungen in den Körperhöhlen (Brusthöhle, Herzbeutel) sowie im Gewebe kommen. Bei den *pathologischen Ergussen* unterscheidet man zwischen Transsudat und Exsudat: Als *Transsudat* bezeichnet man die nicht entzündlichen, eiweißarmen Ergüsse; die *Exsudate* entstehen auf Basis von Entzündungen und sind relativ eiweißreich. Zwischen Transsudaten und Exsudaten bestehen fließende Übergänge.

Die wichtigsten Unterschiede zwischen Transsudaten und Exsudaten

	Transsudat	Exsudat
Spezifisches Gewicht	1003–1015	uber 1018
Formelemente	wenige oder keine Zellen	viele Zellen
Eiweißstoffe	bis 0,3%	0,3–0,7%
Fibrinogen	fehlt oder ist nur in geringen Mengen vorhanden, keine spontane Gerinnung	reichlich vorhanden, meist tritt spontan Gerinnung ein

D. Verdauungssekrete

In den Verdauungskanal ergießen sich die Sekrete verschiedener Drüsen, die für den Abbau der Nahrungsmittel wichtige Stoffe enthalten. Beim *Menschen* wird mit der täglichen Sekretion folgender Mengen an Verdauungssäften gerechnet:

Speichel	1,0–1,5 Liter
Magensaft	3,0–5,0 ,,
Galle	0,6–1,2 ,,
Pankreassaft	0,8–1,0 ,,
Darmsaft	2,0–3,0 ,,

Somit werden beim Menschen täglich etwa 7,4–11,7 Liter an Verdauungssäften sezerniert.

Demgegenüber werden beim *Pferd* folgende Mengen an täglich abgegebenen Verdauungssekreten ermittelt:

Speichel	40 Liter
Magensaft	20 ,,
Galle	6 ,,
Pankreassaft	10 ,,
Darmsaft	10 ,,

1. Der Speichel

Eigenschaften und Bestandteile des Speichels vom Menschen

p_H-Wert	6,7 (5,6–7,6)	Glucose, mg/100 ml	20 (12–28)
Dichte	1,01–1,02	Citrat, mg/100 ml	1,0 (0,2–3)
Gefrierpunktserniedrigung	0,34–0,7	Cholesterin, mg/100 ml	8 (3–15)
Ruhesekretion, ml/Min.	0,6 (0,1–1,8)	Natrium, mg/100 ml	40 (15–55)
Trockensubstanz, g/100 ml	0,6 (0,1–1,0)	Kalium, mg/100 ml	55 (45–60)
Aschenbestandteile, g/100 ml	0,2	Calcium, mg/100 ml	6 (4–10)
Mucin, mg/100 ml	270 (100–600)	Anorg. Phosphat (P), mg/100 ml	15 (7–20)
Gesamt-N, mg/100 ml	90 (40–125)	Gesamtphosphat (P), mg/100 ml	19
Nichteiweiß-N, mg/100 ml	35 (10–60)	Chlorid, mg/100 ml	60 (40–70)

Eigenschaften und Bestandteile des Speichels von Haustieren

	Pferd	Rind	Schaf	Ziege	Schwein
p_H-Wert	7,3–8,4	8,1–8,2	8,4–8,7	8,1–8,3	7,1–7,4
Dichte	1,001–1,008	1,002–1,009	1,009–1,011	1,002–1,06	1,002–1,009
Trockensubstanz, g/100 ml	1,0	0,8	1,1	1,3	0,4
Asche, g/100 ml	0,1–0,5	0,5	0,7–0,9	0,5	0,1–0,4

2. Der Magensaft

Die chemische Zusammensetzung des Magensaftes ist von den Bedingungen abhängig, unter denen er gewonnen wurde. Besonders zu berücksichtigen ist, ob das Sekret unverändert, oder nach Filtration, Zentrifugation oder Enteiweißen zur Analyse gelangt. Nachfolgend sind einige Bestandteile des Magensaftes vom Menschen, der mittels Sonde gewonnen wurde, angegeben. Bei den Daten für den Magensaft vom Hund handelt es sich um Magensaft, der nach Scheinfütterung mittels Magenfistel gewonnen wurde.

Chemische Bestandteile des Magensaftes von Mensch und Hund

	Mensch	Hund
Spezifisches Gewicht	1002–1009	1004–1009
Wasser, g-%	99,2–99,5	96,6
HCl, frei, g-%	0,25 (0,15–0,6)	0,5 (0,4–0,6)
Gesamt-HCl, g-%	0,58 (0,2–0,7)	0,6 (0,55–0,65)
Asche, g-%	0,13 (0,11–0,14)	0,13
Natrium, mg-%	100 (40–200)	40 (20–60)
Kalium, mg-%	70 (30–150)	40 (30–50)
Magnesium, mg-%	2 (0,5–4)	3 (0,5–6)
Calcium, mg-%	9 (5–18)	20 (15–25)
Gesamt-N, mg-%	50 (30–75)	60 (50–80)
Protein-N, mg-%	20	19
Aminosäure-N, mg-%	9 (7–14)	10 (8–12)

3. Der Pankreassaft

Der Pankreassaft enthält zahlreiche für die Verdauungsvorgänge im Dünndarm wichtige Fermente:

Proteasen. Die Proteasen des Pankreas werden in inaktiver Form von den Drüsenzellen abgegeben und im Dünndarm aktiviert, so das Trypsinogen, das Chymotrypsinogen sowie die Procarboxypeptidasen.

Amylase. Die Pankreasamylase ist ein sehr wichtiges Ferment für den Stärkeabbau.

Lipase. Die Pankreaslipase ist wichtig für die Fettspaltung; sie wird durch die Galle aktiviert.

Ein sehr geringer Teil der in den Drüsenzellen gebildeten Fermente gelangt in das Blut und wird teilweise in Spuren im Harn ausgeschieden. Bei *Verschluß* des *Pankreasganges* und bei schweren *entzündlichen* (insbesondere mit Nekrosen einhergehenden) *Prozessen* steigt der Pankreasfermentgehalt im Blut und Harn an, was diagnostisch verwertet werden kann.

Allgemeine Eigenschaften

Das *spezifische Gewicht* des Pankreassaftes beim *Menschen* liegt zwischen 1007 bis 1015, beim *Hund* zwischen 1007 bis 1042. *Der* p_H-*Wert* beim *Menschen* schwankt im allgemeinen zwischen 7,2 bis 8,5, beim *Hund* zwischen 7,2 bis 9. Die *Gefrierpunktserniedrigung* beträgt beim *Menschen* durchschnittlich 0,63 °C, beim *Hund* 0,61 °C (Schwankungsbreite 0,56 bis 0,66).

Chemische Bestandteile des Pankreassaftes vom Menschen

Wasser, g-%	98,9 (98,4—99,6)	Kalium, mÄquiv./L	4,1—5,6
Trockensubstanz, g-%	1,1 (0,4—1,6)	Natrium, mÄquiv./L	138
Mineralstoffe, mg/100 ml	520—860	Calcium, mÄquiv./L	2,2—3,2
Eiweißstoffe, mg/100 ml	190—340	Magnesium, mÄquiv./L	0,3
Albumin, mg/100 ml	60	Bicarbonat, mÄquiv./L	60—75
Globulin, mg/100 ml	40	Phosphat, mÄquiv./L	0,03—1,2
Glucose, mg/100 ml	9—18	Sulfat, mÄquiv./L	8,4

Chemische Bestandteile des Pankreassaftes vom Hund

Wasser, g-%	97 (94—98,6)	Kalium, mÄquiv./L	3—7
Trockensubstanz, g-%	3 (1,4—6)	Natrium, mÄquiv./L	150—160
Mineralstoffe, mg/100 ml	840—970	Calcium, mÄquiv./L	1,8—2
Gesamt-N, mg/100 ml	280—940	Magnesium, mÄquiv./L	0,2—1,4
Protein-N, mg/100 ml	75—90	Bicarbonat, mÄquiv./L	50—150
Glucose, mg/100 ml	15—30	Phosphat, mÄquiv./L	0,2—0,5

4. Die Galle

Allgemeine Eigenschaften

Die Galle des Menschen weist eine gelbbraune Farbe auf. Bei Pflanzenfressern, besonders bei Wiederkäuern, ist die Galle durch Biliverdin grün gefärbt.

Das *spezifische Gewicht* der Lebergalle beträgt 1008—1016, das der Blasengalle 1012—1040. Der *osmotische Druck* der Galle entspricht ungefähr dem des Blutes. Die *Gefrierpunktserniedrigung* beträgt 0,56—0,61 °C.

Pro Tag werden beim *Menschen* etwa 0,1—1,2 *Liter* an Galle in das Duodenum abgegeben (etwa 16 ml Galle/kg Körpergewicht und Tag). Der p_H-*Wert* schwankt im Bereich von 7,1—7,3 (maximale Schwankung 6,9—7,7).

Zusammensetzung von Lebergalle und Blasengalle vom Menschen und einigen Tierarten (Angaben in g/Liter)

	Mensch		Hund		Schwein	Rind
	Lebergalle	Blasengalle	Lebergalle	Blasengalle	Blasengalle	Blasengalle
Wasser	967—977	820	955—977	776—886	811—885	894
Trockensubstanz	23—33	180	23—45	114—246	115—189	106
Gesamt-N	0,7—0,9	4,9	0,7—1,0	2,6—6,4	3,7—4,8	2,7
Gesamt-P	0,1—0,2	1,4	0,1—0,15	0,9—2,8	0,5—1,2	0,2
Cholin	0,4—0,9	5,5	0,4—0,6	3,4—11,1	1,8—4,5	0,8
Gallensaure Salze	7—14	115	5—24	79—150	85—120	72
Fettsäuren	1,6—3,4	24	1,8—2,7	16—50	8,2—20	3,7
Lecithin	1,0—5,8	35	2,5—4	23—70	12—29	5,2
Cholesterin	0,8—2,1	4,3	0,08—0,15	0,8—1,0	1,3—1,8	0,4
Protein	1,4—2,7	4,5	1,3—2,1	1,9—5,2	2,8—4,1	4,2
Bilirubin	0,32—0,62	1,4	0,42—0,55	0,9—1,7	0,3—0,6	
Gesamt-Kohlenhydrat	0,4—0,9	2,4		7,4—9,4	1,2—3,0	
Reduzierende Zucker	0,2—0,5	0,8		0,6—0,7	0,4—1,5	

Durchschnittliche Gallenbildung (in ml pro g Leber bzw. pro kg Körpergewicht) bei verschiedenen Tierarten

Tierart	ml Galle je g Leber in 24 Stunden	ml Galle je kg Körper-Gew. in 24 Stunden
a) *Starke Gallensekretion; keine Gallenblase*		
Taube	1,64	40,1
Pferd	1,46	20,8
Ratte	1,25	47,1
b) *Starke Gallensekretion; Gallenblase vorhanden; niedrige physiologische Kapazität; Gallenblase konzentrationsfähig*		
Meerschweinchen	6,50	228,0
Kaninchen	4,53	118,0
Hamster	3,03	72,3
c) *Geringe Gallensekretion; Gallenblase mit niederer physiologischer Kapazität; keine Konzentrationsfähigkeit*		
Schwein	1.04	25,2
Schaf	0,98	12,1
Ziege	0,87	11,8
Rind	0,86	15,4
d) *Geringe Gallensekretion; Gallenblase mit großer physiologischer Kapazität; hohe Konzentrationsfähigkeit*		
Ente	0,91	10,2
Mensch	0,64	16,0
Maus	0,63	34,9
Huhn	0,58	14,2
Hund	0,36	12,0
Katze	0,45	14,0

5. Darmsaft und Sekret der Duodenaldrüsen

Mit der Sonde aus dem Dünndarm gewonnener Darmsaft stellt ein Gemisch aus Magensaft, Galle, Pankreassaft und Sekreten der Duodenaldrüsen dar. Die Reaktion des Darmsaftes wird gegen die unteren Darmabschnitte hin zunehmend alkalisch. Die p_H-*Werte* liegen beim *Menschen* im Duodenum zwischen 5,9 und 6,6, im oberen Jejunum zwischen 6,2 und 6,7 und im unteren Jejunum zwischen 6,2 und 7,3.

Das Sekret der Duodenaldrüsen (Brunnersche Drüsen, Lieberkühnsche Drusen) ist durch Anlegen von Fisteln zu gewinnen. Durch Vagusreizung und durch Sekretin ist eine Stimulierung der Sekretion zu erreichen.

Eigenschaften und Bestandteile des Sekrets der Duodenaldrüsen vom Menschen

p_H-Wert	5,8—7,6	Bicarbonat, mÄquiv./L	9— 40
Spezifisches Gewicht	1010	Chlorid, mÄquiv./L	64—120
Trockensubstanz, g/100 ml	1,5	Natrium, mÄquiv./L	85—144
Mineralstoffe, g/100 ml	0,7—0,9	Kalium, mÄquiv./L	2— 10

Eigenschaften und Bestandteile des Sekretes der Duodenaldrüsen von Hund, Katze und Ziege

	Hund	Katze	Ziege
p_H-Wert	6,3—7,3	8,7—8,9	8,2—8,4
Spezifisches Gewicht	1009	1009	1007—1008
Trockensubstanz, g/100 ml	1,5	1,3	1,5
Asche, g/100 ml	0,7—0,9	0,8	0,8

E. Sonstige Sekrete und Exkrete

1. Die Milch

Die Milch des Menschen

Während einer Laktationsperiode weist die Milch des Menschen erhebliche Veränderungen auf, wie aus nachfolgender Aufstellung ersichtlich ist.

Änderungen der Zusammensetzung der Muttermilch während des Stillens
(Angaben pro 100 ml)

Bestandteile	Kolostrum	Übergangsmilch 6.–10. Tag	Spätere Milch
Wasser, g	87 (83–90)	86 (84–90)	88 (83–90)
Trockensubstanz, g	13	14	12
Asche, g	0,33 (0,2–0,6)	0,24 (0,1–0,4)	0,21 (0,1–0,4)
Eiweißstoffe, g	2,7 (2–4)	1,6 (1–3)	1,2 (1–2)
Casein, g	1,2	0,7	0,4
Lactose, g	5,3	6,6	7,0
Fett, g	2,9	3,6	3,8
Ess. Fettsäuren, mg	246		346
Vitamin A, mg	0,1 (0,02–0,4)	0,1 (0,06–0,2)	0,06 (0,02–0,2)
Vitamin B_1, γ	15 (5–85)	10 (5–25)	16 (5–25)
Vitamin B_2, γ	30 (12–50)	35 (25–50)	40 (25–100)
Vitamin B_6, γ			50 (10–100)
Biotin, γ	0,1	0,4	0,4
Niacin, γ	75	175	170 (100–500)
Pantothensäure, γ	180	280	190
Inosit, mg			40 (20–55)
Folsäure, γ	0,05	0,02	0,2
Vitamin B_{12}, γ			0,04
Vitamin C, mg	4,4	5,4	4,3
Vitamin D, (als Vit. D_2,) γ			0,01
Vitamin E, mg	1,3	1,3	0,6
Vitamin K, γ			2
Natrium, mg	40	30	15 (10–20)
Kalium, mg	75	65	55 (40–80)
Magnesium, mg	4	4	4 (2–6)
Calcium, mg	32	34	33 (20–50)
Eisen, mg	0,09	0,05	0,15 (0,1–0,2)
Mangan, γ			0,7
Kupfer, mg	0,05	0,05	0,04 (0,02–0,07)
Jod, γ	12	4	7 (4–9)
Zink, mg	0,6	0,7	0,5
Phosphor, mg	15	17	20 (15–30)
Schwefel, mg	22	20	14 (10–20)
Chlorid, mg	90	55	45 (40–70)

Sonstige Eigenschaften der Milch des Menschen

p_H-Wert (frisch)	6,97	Verseifungszahl	205
Cal/100 g	69–71	Reichert-Meißl-Zahl (flücht. wasserlösl. Fettsäuren)	0,8
Spezifisches Gewicht	1028–1034	Polenske-Zahl (flücht. wasserunlösl. Fettsäuren)	1,2
Säuregrad[1]	2,0		
Jodzahl	61–62		

[1] = Säuregrad nach Soxhlet-Henkel, in ml 0,25 n NaOH auf 100 ml Milch bis zum Umschlag von Phenolphthalein.

Aminosäuregehalt der Milchproteine des Menschen und der Kuh
(in mg pro 100 ml Milch)

	Mensch	Kuh
Alanin	35	75
Arginin	51 (28–67)	124 (90–173)
Asparaginsäure	116	166
Cystin	29 (20–41)	29 (23–34)
Glutaminsäure	230	680
Glykokoll	0	11
Histidin	23 (12–38)	80 (51–130)
Isoleucin	86 (46–114)	212 (159–290)
Leucin	161 (72–228)	356 (240–400)
Lysin	79 (50–111)	257 (184–382)
Methionin	23 (6–36)	87 (50–140)
Phenylalanin	64 (30–77)	173 (111–228)
Prolin	80	250
Serin	69	160
Threonin	62 (40–76)	152 (115–220)
Tryptophan	22 (13–31)	50 (36–80)
Tyrosin	62 (47–78)	190 (158–251)
Valin	90 (48–133)	228 (171–321)

Die Milch von Wiederkäuern

Die Milch von Wiederkäuern weist erhebliche *rassenbedingte Unterschiede* auf, auch ändert sich ihre Zusammensetzung im Verlaufe der *Laktationsperiode* wesentlich. Veränderungen in der Zusammensetzung der Milch können bei verschiedenen Eutererkrankungen diagnostisch verwertet werden.

Veränderungen der Milch bei Holsteiner Kühen in den ersten Tagen der Laktation

Zeit nach dem Kalben	Spezifisches Gewicht	Trockensubstanz (%)	Asche (%)	Protein (%)	Fett (%)	Lactose (%)
Geburt	1,0337	27,42	1,37	13,97	8,45	3,63
6 Stunden	1,0345	27,47	1,07	9,34	13,02	4,04
12 „	1,0316	15,63	0,89	4,77	5,68	4,29
24 „	1,0297	13,98	0,87	3,99	4,88	4,24
36 „	1,0304	13,54	0,86	3,85	4,08	4,75
52 „	1,0297	13,35	0,86	3,66	4,14	4,69
68 „	1,0298	14,17	0,84	3,79	5,19	4,35

Die Veränderungen der Mineralbestandteile der Milch bei Holsteiner Kühen in den ersten Tagen der Laktation (Angaben in mg pro 100 ml)

Zeit nach dem Kalben	Calcium	Magnesium	Kalium	Natrium	Phosphat (als P)	Chlorid (als Cl)
Geburt	0,256	0,037	0,137	0,074	0,235	0,118
6 Stunden	0,196	0,027	0,128	0,061	0,178	0,118
12 „	0,154	0,014	0,132	0,051	0,146	0,101
24 „	0,150	0,013	0,145	0,050	0,137	0,102
52 „	0,154	0,013	0,152	0,054	0,125	0,103
84 „	0,167	0,012	0,174	0,053	0,131	0,099

Durchschnittliche Zusammensetzung der Milch von Wiederkäuern

	Kuhmilch		Schafmilch	Ziegenmilch
	Höhenrasse	Niederungsrasse		
Spezifisches Gewicht	1,033	1,031	1,0355	1,031
Trockensubstanz, %	12,8	12,9	13,3–20	10–14
Gesamtprotein, %	3,44	3,3	4,5–6,5	3,3–3,8
Casein, %	2,75	2,5	4,2	2,6
Fett, %	3,6	3,2	3–10	2,5–6
Lactose, %	4,9	4,6	4–6,6	4–5
Asche, %	0,8	0,8	0,8–1,3	0,85

Vitamin- und Mineralstoffbestandteile der Kuh- und Ziegenmilch

Bestandteile (pro 100 ml)	Kuhmilch	Ziegenmilch
Vitamin A, γ	40 (20–90)	
Carotin, γ	30 (20–90)	
Vitamin B_1, γ	40 (27–90)	48 (30–70)
Vitamin B_2, γ	160 (100–200)	120 (80–200)
Vitamin B_6, γ	50 (20–90)	7 (4–13)
Niacin, γ	85 (60–90)	270 (200–320)
Pantothensäure, γ	350 (155–500)	290 (130–340)
Biotin, γ	3,5	6,3
Folsäure, γ	0,2 (0,1–5)	0,03
Inosit, mg	13 (5–30)	20 (15–25)
Vitamin C, mg	1,6 (0,2–3,1)	1,4 (0,1–3,2)
Vitamin D (als D_2), γ	0,06 (0,01–0,1)	
Vitamin E, mg	0,1	
Vitamin K (als K_1), γ	8	
Calcium, mg	125	130
Magnesium, mg	12	16
Kalium, mg	140	180
Natrium, mg	60	40
Phosphat (als P), mg	96 (60–120)	105 (80–160)
Schwefel, mg	30 (24–40)	16

Der Gehalt der Kolostralmilch und der späteren Milch der Kuh an Spurenelementen (bezogen auf 100 ml)

	Kolostrum	Spätere Milch
Eisen, γ	150—300	30—120
Kupfer, γ	48—70	15—50
Mangan, γ	10—20	2—15
Molybdän, γ	3—8	2—5
Kobalt, γ	0,2—0,8	0,02—0,1
Jod, γ	20—35	5—20

Anteil der verschiedenen Fettsäuren am Milchfett der Kuh (in Mol-%)

Gesättigte Fettsauren	Mol-%		Ungesättigte Fettsäuren	Mol-%
C_4	10,2	Einfach ungesattigt	C_{10}	0,2
C_6	2,5		C_{12}	0,2
C_8	1,3		C_{14}	0,9
C_{10}	1,5		C_{16}	2,8
C_{12}	3,3		C_{18}	31,4
C_{14}	8,6			
C_{16}	21,1	Doppelt ungesättigt	C_{18}	4,9
C_{18}	9,9	Sonstige ungesattigte		0,5
C_{20}	0,7			
Insgesamt	59,1%		Insgesamt	40,9%

Anteil der verschiedenen Fettsäuren am Milchfett von Mensch und Tier (in Mol-%)

Art des Milch-fettes	Art und Menge der gesattigten Fettsäuren, nach der Zahl der C-Atome bezeichnet				Art und Menge d. ungesattigten Fettsauren		Wichtigste kurzkettige Fettsäuren
	C_4-C_{12}	C_{14}	C_{16}	C_{18}	Öl-säure	and. Vertreter	
Mensch	10	9	23	9	34	15	Laurinsaure
Schwein	2	2	28	6	35	28	—
Pferd	22	7	15	3	37	16	Caprin- u. Laurinsaure
Kamel	17	8	28	10	34	3	Butter- u. Laurinsaure
Schaf	27	10	22	11	22	8	Butter- u. Caprinsaure
Ziege	36	12	24	5	17	6	Butter- u. Caprinsaure
Kuh	21	8	24	11	29	7	Buttersäure
Buffel	22	11	27	12	21	7	Buttersaure

Prozentualer Anteil der verschiedenen Eiweißstoffe am Milcheiweiß der Kuh

Fraktion	Proz. Anteil am Milcheiweiß	Besondere Eigenschaften
Caseine:		
α-Casein	45—63	1% Phosphor
β-Casein	19—28	0,6% Phosphor
γ-Casein	3—7	0,11% Phosphor
β-Lactoglobulin	7—12	1,1% Cystein
α-Lactalbumin	2—5	7% Tryptophan
Milch-Serumalbumin	0,7—1,3	anscheinend mit dem Serumalbumin identisch
Immunglobuline:		
Euglobulin	0,8—1,7	in besonders hoher Konzentration im Kolostrum; enthalten Hexose und Hexosamin
Pseudoglobulin	0,6—1,4	

Hauptbestandteile der Milch verschiedener Tierarten (in %)

Tierart	Trockensubstanz	Fettgehalt	Eiweiß	Lactose	Asche
Stute	10,9	1,6	2,4	6,4	0,4
Esel	9,9	1,4	1,9	6,2	0,5
Hund	23,7	9,5	9,3	3,0	1,2
Katze	18,4	6,3	10,1	4,4	0,75
Fuchs	18,4	5,9	6,6	4.9	0,93
Kamel	12,3	3,4	3,5	4,8	0,71
Bison	13,1	1,7	4,8	5,7	0,9
Reh	34,1	19,7	10,4	2,6	1,4
Lama	13,5	3,2	3,9	5,6	0,8
Ren	35,2	20,3	10,7	2,5	1,4
Zebra	13,8	4,8	3,0	5,3	0,7
Walfisch	35,2	21,2	11,1	1,6	1,7
Schwein	17,2	5,1	7,1	3,7	1,1
Kaninchen	18,7	13,1	12,3	1,9	2,3
Meerschweinchen	18,1	7,2	7,4	2,7	0,85
Ratte	17,5	12,6	9,2	3.3	1,4

Zusammensetzung und Kaloriengehalt von Kuhmilch und Kuhmilchprodukten (in g bzw. Kalorien in 100 ml oder in 100 g)

	Wasser	N-haltige Verbindungen	Fett	Lactose	Mineralstoffe	Nutzbare Kalorien
Milch	87,3	3,4	3,7	4,8	0,8	66
Molke	93,6	0,8	0,2	4,8	0,6	24
Magermilch	90,5	4,0	0,1	4,7	0,8	37
Buttermilch	90,1	3,9	1,0	4,2	0,7	42
Rahm, süß	72,3	3,5	10,0	4,0	0,6	124
Kondensmilch, ungezuckert	61,5	11,2	11,4	14,0	2,0	206
Sauermilchkäse	52,4	36,6	6,0	0,9	4,1	222
Magerkäse	43,1	35,6	12,4	4,2	4,7	283
Magermilchpulver	4,0	35,5	1,5	45,6	7,8	330
Kondensmilch, gezuckert	26,4	10,5	10,1	51,0	2,0	339
Halbfetter Kase	40,2	29,1	24,4	2,1	4,2	346
Fettkäse	36,3	26,2	29,5	3,4	3,5	381
Trockenvollmilch	3,0	23,1	23,1	42,4	8,5	474

2. Der Schweiß

Eigenschaften und Bestandteile des Schweißes vom Menschen (pro 100 ml)

Spezifisches Gewicht	1,001—1,006	reduz. Substanzen (als Glucose), mg	2,8—40
p_H-Wert	3,8—6,5	Fluchtige Säuren, (ml) 0,1 n	2,4—5,6
Wassergehalt, %	99,2—99,7	Milchsaure, mg	225 (45—452)
Calcium, mg	2,1 (1—8)	Arginin, mg	13,5
Magnesium, mg	0,2 (0,1—4,5)	Histidin, mg	8,0
Kalium, mg	21—126	Isoleucin, mg	2,3
Natrium, mg	29—294	Leucin, mg	2,7
Phosphor, mg	0,5 (0,1—2)	Lysin, mg	2,3
Schwefel, mg	0,7—7,4	Phenylalanin, mg	2,2
Chlorid, mg	60 (30—300)	Threonin, mg	5,4
Gesamt-N, mg	31 (27—64)	Tryptophan, mg	1,1
Aminosaure-N, mg	2,8 (1,6—4,8)	Tyrosin, mg	3,2
Kreatinin, mg	0,4 (0,1—1,3)	Valin, mg	3
Harnstoff, mg	26 (12—57)		
Harnsäure, mg	1,4 (0,7—2,5)		

3. Der Harn

Die *Harnmenge* ist von der Wasseraufnahme abhängig und kann innerhalb weiter Grenzen schwanken. Bei extrem hoher Flüssigkeitsaufnahme können täglich bis zu 20 Liter Harn gebildet werden. Eine Polyurie findet sich im besonderen beim Diabetes insipidus. Im allgemeinen ist mit folgenden *Harnmengen* beim *Menschen* zu rechnen:

Kleinkinder	100 – 400 ml	pro Tag
Kinder	400 – 800 ml	,, ,,
Erwachsene	800 – 2000 ml	,, ,,

Die *Harnmenge* bei *Haustieren* ist ebenfalls beträchtlichen Schwankungen unterworfen, wobei man mit folgenden Werten unter normalen Verhältnissen zu rechnen hat:

Rinder	12 (6 – 25) l	pro Tag
Pferde	6 (3 – 10) l	,, ,,
Schafe und Ziegen	1 (0,5 – 2) l	,, ,,
Schweine	4 (2 – 6) l	,, ,,
Hunde, je nach Größe	0,2 – 2 l	,, ,,
Katzen, je nach Größe	0,08 – 0,4 l	,, ,,

Das *spezifische Gewicht* des Harns schwankt innerhalb weiter Grenzen und kann zwischen 1,001 und 1,050 liegen. Das spezifische Gewicht gibt Hinweise für die Konzentration der im Harn gelösten Stoffe, aus dem man den Gehalt an Trockensubstanz ungefähr berechnen kann: Dabei wird die 2. und 3. Stelle hinter dem Komma mit 2,6 multipliziert. Bei einem spezifischen Gewicht des Harns von 1,016 ergibt sich somit ein ungefährer Gehalt an Trockensubstanz von $16 \times 2{,}6 = 41{,}6$ g pro Liter.

Unter den üblichen Ernährungs- und Lebensverhältnissen schwankt das *spezifische Gewicht* des Harns vom *Menschen* nur in geringen Grenzen und liegt im Bereich von 1,015 bis 1,020.

Bei *Haustieren* bestehen im spezifischen Gewicht des Harns beträchtliche Unterschiede, wobei der Harn von Pflanzenfressern die durchschnittlich höchsten Werte liefert.

Spezifisches Gewicht des Harns von Haustieren

	Mittelwert	Schwankungsbreite
Pferd	1,040	1,025 – 1,060
Rind	1,032	1,025 – 1,045
Schaf	1,030	1,020 – 1,045
Ziege	1,030	1,015 – 1,045
Schwein	1,015	1,010 – 1,050
Hund	1,025	1,015 – 1,060
Katze	1,030	1,020 – 1,040

Die *Reaktion* des Harns ist von den Ernährungsverhältnissen abhängig. Unter den üblichen Ernährungsverhältnissen liegt die Harnreaktion beim Menschen im schwachsauren Bereich (p_H 4 – 6). Bei vegetarischer Ernährung kann eine leichte alkalische Reaktion bestehen.

Abhängigkeit der Harnreaktion beim Menschen von der Ernährung

Kostform	p_H-Wert
Kohlenhydratnahrung	5,84 – 5,89
Milch	5,86 – 6,06
Fleisch	5,27 – 5,38
Vegetarische Kost	6,50 – 7,50

Die *Reaktion* des *Harns* bei *Haustieren* ist unterschiedlich. Bei *Omnivoren* (Hund, Katze) liegt die Harnreaktion im sauren Bereich, bei *Herbivoren* (Pferd, Wiederkäuer) im schwach alkalischen Bereich: p_H-Wert 7,1 – 8,7. Bei Verfütterung phosphatreicher Futtermittel kann auch bei Pflanzenfressern eine schwach saure Reaktion eintreten.

Die *Gesamtausscheidung* an *festen Substanzen* im Harn beträgt beim *Menschen* pro Tag etwa 50 – 70 g, wovon die Hälfte auf anorganische Verbindungen entfallen.

Eigenschaften und Bestandteile des Harns vom Menschen
(die Zahlenangaben beziehen sich auf die Tagesmenge)

Harnmenge, ml	800–2000	Harnstoff, g	25–35
Gefrierpunkts-erniedrigung, °C	1,3–2,3	Harnsäure, g	0,2–1
		Citronensäure, g	0,1–0,3
p_H-Wert	4–6	Kreatinin, g	1–1,5
Spezifisches Gewicht	1,015–1,020	Hippursaure, g	0,7
NaCl, g	15	Purinbasen, mg	15–60
K, g	1,7–3,4	Porphyrine, mg	0,02–0,1
Ca, g	0,01–0,4	Urobilinogen, mg	0–4
Mg, g	0,02–0,18	Indoxylschwefel-säure, mg	0–32
NH_3, g	0,5–1		
SO_4, g	2,0–3,5	Phenole, mg	70–120
PO_4, g	2,5–3,5	Glucuronsaure, mg	40–400
Gesamt-N, g	10–17	Steroide, mg	50–250

Der Harn enthält ferner in wechselnden Mengen sogenannte *Spurenelemente*, deren Konzentration im allgemeinen wie folgt liegt:

Die Ausscheidung an Spurenelementen im Harn vom Menschen
(in mg pro Tag)

Element	Ausscheidung im Harn	Element	Ausscheidung im Harn
Lithium	0,7	Zink	0,3
Aluminium	0,04–0,1	Zinn	0,01–0,02
Mangan	0,01–0,02	Bor	9,0–20
Kobalt	0,03	Fluor	0,3–1,5
Nickel	0,14–0,25	Brom	3,0–5,0
Kupfer	0,02–0,05	Jod	0,017–0,060

Untersuchungen über Wasseraufnahme und -ausscheidung ergaben, daß diese beiden Größen altersabhängig sind: Jugendliche Tiere scheiden dabei relativ mehr Flüssigkeit aus als erwachsene Tiere. Die Harnmolarität verhält sich dementsprechend, wie aus nachfolgender Aufstellung ersichtlich ist:

Mittlere Wasseraufnahme pro 24 Std. in Beziehung zum Körpergewicht, zur Körperoberfläche sowie Harnfluß und Harnmolarität bei Haustieren

Tierart	Mittlere Wasseraufnahme pro 24 Std.		Mittlerer Harnfluß $ml \cdot min^{-1} \cdot m^{-1}$	Mittlere Harnmolarıtat mOsmol/l
	$ml \cdot kg^{-1}$	$ml \cdot m^{-2}$		
Kalb	145	5300	2,6	338
Rind	57	4500	0,8	1080
Ziegenlamm	128	2200	1,1	295
Ziege	33	790	0,8	784
Schaf	24	810	1,0	1198
Pferd	27	2400	0,5	1150
Ferkel	128	2300	1,2	236
Läuferschwein	53	1560	0,6	368

Ketz, H.-A.: Zbl. **Vet.** med. **7,** 411 (1960).

Die *Ausscheidung* an *Wasser* und *Elektrolyten* im Harn hängt von der Aufnahme und von den Bedürfnissen des Organismus für diese Verbindungen ab. Die Retention der einzelnen Elemente ist in Abhängigkeit von den Ernährungsverhältnissen tierartlich sehr verschieden. Bei *wachsenden Tieren* ergeben sich folgende Verhältnisse:

Die renal ausgeschiedenen Wasser- und Elektrolytmengen pro 24 Std.
(in % der oral aufgenommenen Mengen)

Tierart	Wasser	Na	K	Cl	Ca	Gesamt-P
Kalb	55	61	24	92	0,5	19
Ziegenlamm	75	59	98	98	0,9	23
Ferkel	84	83	80	96	0,9	26

Aus vorstehender Aufstellung geht hervor, daß bei säugenden Jungtieren das für den Knochenaufbau besonders notwendige Calcium und Phosphat in erheblichem Umfang retiniert werden.

Die *Ausscheidungsleistung* der *Nieren* liegt beim *Menschen* und bei Haussäugetieren, bezogen auf die Körperoberfläche, annähernd in der gleichen Größenordnung. Eine Ausnahme bildet besonders das Kalium, das bei den Pflanzenfressern in großem Umfange aufgenommen und renal abgegeben wird.

Vergleich der relativen renalen Elektrolytausscheidung in g/24 Std./m² zwischen Mensch (1,7 m²) und Haussäugetieren
(Mittelwerte aus größeren Versuchsreihen)

	Natrium	Kalium	Chlorid	Calcium	Anorg. P
Mensch	2,9	1,7	4,6	0,12	1,4
Rind	1,0	29,0	7,1	0,02	—
Kalb	2,1	13,2	6,7	0,12	1,0
Ziege	0,4	7,0	5,3	0,02	—
Ziegenlamm	0,6	3,4	2,0	0,07	0,4
Schaf	2,3	7,0	7,0	0,07	0,4
Pferd	0,8	15,0	1,0	0,18	0,2
Schwein (50 kg)	1,9	7,0	4,7	0,20	0,7
Läuferschwein	0,4	3,9	2,9	0,12	0,5
Saugferkel	0,8	3,4	2,4	0,68	0,4

Ketz, H.-A.: Zbl. Vet. med. 7, 332 (1960).

4. Die Faeces

Menge und Zusammensetzung der Faeces sind von der Art der Nahrung und den Mengenverhältnissen der Nahrungsbestandteile abhängig. In der *Zusammensetzung* der Faeces bestehen daher beträchtliche tierartliche Unterschiede. Ganz allgemein setzen sich die Faeces aus folgenden Bestandteilen zusammen:

a) Unverdauliche Nahrungsbestandteile (z. B. Keratin, inkrustierende Stoffe wie Lignin).

b) Verdauliche, aber nicht verdaute Bestandteile, die teils schwer verdaulich sind (Cellulose, Knorpel, Sehnen) oder sich der Verdauung entzogen haben (Inhalt von Pflanzenzellen).

c) Nicht resorbierte Verdauungsprodukte (Fettsäuren).

d) Mikroorganismen (bis zu 42% der Trockensubstanz bei Fleischfressern).

e) Sekretions- und Exkretionsprodukte der Drüsen des Magendarmkanals (Gallenbestandteile, Mucin).

Die *Quantität der Faeces* ist von der Art und Menge der aufgenommenen Nahrung abhängig. Reine Fleischnahrung liefert nur wenig, Pflanzennahrung — besonders wenn sie viel Rohfaser enthält — viel Kot.

Beim *Menschen* rechnet man mit einer täglichen Kotmenge von 100—400 g. Bei vegetarischer Ernährung kann die Kotmenge auch beträchtlich höher liegen.

Bei *Haus- und Nutztieren* rechnet man mit folgenden Kotmengen:

a) Beim *Pferd* werden pro Tag 15—25 kg Kot unter den üblichen Ernährungsverhältnissen abgegeben; bei Fütterung mit Hafer, Häcksel und Heu liegen die Werte bei 10—15 kg.

b) Beim *Rind* schwankt die abgesetzte Kotmenge zwischen 15 und 35 kg; sie ist im besonderen vom Anteil an Kraftfuttermitteln abhängig, die gut verwertet werden.

Beim *Schaf* werden pro Tag 1—3 kg Faeces abgesetzt.

c) Beim *Schwein* werden unter den üblichen Ernährungsverhältnissen täglich etwa 2—2,5 kg Kot abgesetzt.

d) Beim *Hund* ist die Kotmenge ebenfalls sehr stark von den Fütterungsverhältnissen abhängig. Bei reiner Fleischnahrung rechnet man mit einer Kotmenge von 30—100 g, bei Verabreichung von pflanzlichen Futtermitteln mit 100—600 g.

Der Wassergehalt der Faeces ist von der Art der Nahrung und von der Geschwindigkeit der Darmpassage abhängig. Im allgemeinen weist der Kot des *Menschen* einen Wassergehalt von 65—75% auf. Ein Kot mit einem Wassergehalt von 80% ist von weicher Konsistenz. Bei einem Wassergehalt von 85% ist der Kot von breiiger Beschaffenheit.

Der *Wassergehalt* der *Faeces* von *Haustieren*:

a) Der *Pferdekot* bildet bei der üblichen Fütterung (aus Körnern, Häcksel und Heu) lockere Ballen von bräunlich-grünlicher Farbe. Sein Wassergehalt schwankt zwischen 73 und 78%.

b) Das *Rind* liefert einen breiigen, meist dunkelgrün gefärbten Kot mit einem Wassergehalt von 80—85%. Unter bestimmten Fütterungsbedingungen wird ein weniger wasserreicher Kot (70—75% Wasser) abgesetzt, an dem eine Formung nachweisbar ist.

c) Der *Schaf*- und *Ziegenkot* bildet kleine, feste, meist platt abgerundete oder ovale, dunkelgrüne Bälle, die teils einzeln, teils in Strängen angeordnet abgehen. Der Wassergehalt schwankt zwischen 60 und 75%.

d) Das *Schwein* bildet meist einen weichen, breiartigen Kot mit einem Wassergehalt von 65—80%.

e) Beim *Hund* schwankt er zwischen 60 und 75%; er beträgt bei Fleischkost etwa 65%, bei pflanzlicher Ernährung 75%.

Eigenschaften und Bestandteile der Faeces des Menschen

(Durchschnittswerte bezogen auf 24 Stunden)

Menge, g	100—400
Trockensubstanz (T.-S.), g	30—35
Wassergehalt, %	65—75
pH-Wert	6,9—7,7
Gesamtfett, % der T.-S.	10—30
Fettsäuren, % der T.-S.	2—10
Stickstoff, g	1—2
Natrium, g	0,15
Kalium, g	0,40
Calcium, g	0,50
Magnesium, g	0,2
Chlorid, g	0,1
Phosphat (als P), g	0,50
Schwefel, g	0,12
Histamin, mg	1—4
Urobilinogen, mg	20—200

Die *Farbe der Faeces* schwankt normalerweise zwischen hell- bis dunkelbraun und ist vor allem durch *Stercobilin* und durch *Mesobilifuscin* bedingt.

Der *Geruch* wird in erster Linie durch Fäulnisprodukte wie *Skatol*, *Indol* und *Schwefelverbindungen* sowie durch *niedere Fettsäuren* bedingt.

Der *Energiegehalt* des Trockenkotes schwankt zwischen 4,5 und 5,4 Cal pro g.

Aufnahme und Ausscheidung von Mineralstoffen in Harn und Kot

Element	Aufnahme mit der Nahrung	Tagesausscheidung im Harn	Tagesausscheidung im Kot	Literatur
Natrium, g	1,8—2,2	1,6—2,1	0,1—0,3	a)
Kalium, g	4,4—6,2	3,9—5,9	0,1—0,5	a)
Calcium, g	0,43—0,87	0,13—0,26	0,3—0,7	a)
Magnesium, g	0,28—0,55	0,06—0,16	0,17—0,52	a)
Phosphor, g	1,3—2,1	1,0—1,8	0,3—0,7	a)
Aluminium, mg	10—40	0,04—0,1	10—40	b)
Blei, mg	0,29	0,01—0,02	0,32	b)
Bor, mg	9—20	9—20		b)
Brom, mg		3—5		b)
Fluor, mg	0,3—1,5	0,3—1,5		b)
Kobalt, mg		0,03	0,15	b)
Kupfer, mg	2,3	0,02—0,05	2,0	b)
Lithium, mg	1,6—2,6	0,7	0,7—2,0	b)
Mangan, mg	4,3	0,01—0,02	3,5—4,5	b)
Nickel, mg	0,25—0,42	0,14—0,25	0,10—0,17	b)
Silber, mg	0,088	0,0	0,058	b)
Silicium, mg		3—20	70—170	b)
Zink, mg	6—40	9,3	3—20	b)
Zinn, mg	17	0,01—0,02	22	b)

a) *Cremer, H. D.*, u. *K. Franta:* Biochemisches Taschenbuch 1. Aufl., S. 849, 1956: Ernährungsversuch mit vorwiegend vegetarischer Kost. — b) *Lang, K.*, u. *O. F. Ranke:* Stoffwechsel und Ernährung, Berlin 1950.

Aschezusammensetzung des Meconiums von Mensch und Pferd (in g)

In 100 g Asche wurden gefunden:	Meconium (Mensch)	Meconium (Fohlen)
Unlöslich in HCl	0,67	0,3
Fe_2O_3	0,87	0,8
CaO	8,0	18,76
MgO	4,32	2,65
P_2O_5	10,66	10,21
SO_3	47,05	38,42
Alkalien	24,42	21,92
Chlorid	—	8,4

F. Konkremente

1. Gallensteine

a) Mensch

Nach der *Zusammensetzung* sind beim *Menschen* 3 Formen von Gallensteinen zu unterscheiden:

a) *Cholesterinsteine*
b) *Cholesterin-Pigment-Kalksteine*
c) *Pigment-Kalksteine*

Häufig bestehen Kombinationen insofern, als Rinde und Kern verschiedene Zusammensetzung aufweisen.

a) *Cholesterinsteine.* Große, gelbweiße, eiförmige, meist in der Einzahl vorhandene Steine mit meist glatter Oberfläche; sie finden sich in Gallenblasen, die keine entzündlichen Veränderungen aufweisen; sie bestehen meist zu über 99% aus Cholesterin und enthalten kein Bilirubin und nur Spuren von Calcium.

b) *Cholesterin-Pigment-Kalksteine.* Erbsen- bis bohnengroß und mehr oder weniger dunkel gefärbt; sie können in größerer Zahl vorkommen und bestehen aus kristallinem Cholesterin, aus Calcium-Bilirubinat und -Biliverdinat sowie in geringem Umfange aus Calciumcarbonat und -phosphat; sie bilden die häufigste Form von Gallenkonkrementen.

Zusammensetzung:	94 %	Cholesterin
	1,09%	Calcium
	0,13%	Magnesium
	1,06%	Carbonat
	0,4 %	Phosphat
	3 %	Gallenfarbstoffe

c) *Pigment-Kalksteine.* Unregelmäßig geformte, schwarze, harte Steine mit körniger Oberfläche, die meist in der Mehrzahl auftreten; sie enthalten als *Hauptbestandteile:* Calcium-Bilirubinat, Calciumphosphat, Calciumcarbonat, Magnesiumsalze, ferner Cholesterin (in wenigen Prozenten) und Calcium-Biliverdinat.

b) Tiere

Gallensteine bei *Tieren* sind relativ selten zu beobachten.

Rind. Bei der Analyse von Rindergallensteinen wurde ein hoher Anteil von Calcium-Bilirubinat festgestellt, während Cholesterin nur in geringen Mengen vorhanden war.

Bestandteile:	20–37 %	Bilirubin
	0,1–0,3 %	Cholesterin
	1,6–5,1 %	Calcium
	0,1 %	Magnesium
	0,01 %	Kupfer
	0,006–0,045%	Eisen
	0,01–0,2 %	Zink

2. Nierensteine

a) Mensch

Nierensteine werden beim *Menschen* relativ häufig beobachtet, in verschiedener Größe, die von feinstem Grieß bis zu Steinen von 500 g Gewicht reichen. Am häufigsten treten erbsengroße Konkremente auf, die meist ohne Komplikationen abgehen. Nach der Zusammensetzung werden unterschieden:

a) *Harnsäuresteine* sind die häufigsten Nierensteine, die in verschiedener Größe und Form vorkommen und meist gelbbraun bis dunkelrotbraun gefärbt sind. Schichten von Harnsäure werden vielfach von anderen Schichten, am häufigsten von Calciumoxalat, unterbrochen.

b) *Oxalatsteine* sind nach den Harnsäuresteinen die häufigsten Konkremente. Kleine Steine sind meist glatt, während die größeren eine rauhe, höckerige Oberfläche aufweisen.

c) *Phosphatsteine* kommen in den verschiedensten Formen und Größen vor und bestehen aus Calciumphosphat, Magnesiumphosphat sowie aus Magnesium-ammonium-phosphat; ihr Kern besteht häufig aus Uraten und Oxalaten.

d) *Calciumcarbonatsteine* sind meist klein von Sandkorn- bis zu Haselnußgröße; meist enthalten sie noch Phosphate und Calciumoxalat; sie kommen beim Menschen, vergleichsweise zu den vorgenannten Konkrementen, relativ selten vor.

b) Tiere

Die Zusammensetzung der Nierensteine ist nach den Ernährungsverhältnissen verschieden.

Pflanzenfresser. Bei Pflanzenfressern dominieren Steine aus kohlensaurem Calcium und Magnesium. Als durchschnittliche *Zusammensetzung* wird angegeben:

80—87%	$CaCO_3$
4— 9%	$MgCO_3$
4— 6%	$Ca_3(PO_4)_2$
2—17%	Calciumoxalat

Fleischfresser. Die Zusammensetzung der Harnsteine entspricht im wesentlichen den Verhältnissen beim Menschen. Als wesentlichste Bestandteile werden gefunden: Magnesium-ammoniumphosphat, Calciumphosphat, Calciumoxalat und Harnsäure. Nicht selten werden Cystinsteine gefunden. Bei der Untersuchung von 122 Konkrementen an Hunden ergab sich nach dem Hauptanteil folgende Klassifizierung:

Phosphatsteine	75
Oxalatsteine	19
Cystinsteine	14
Uratsteine	14

White, E. G., R. J. Treacher u. *P. Porter:* J. Comp. Path. Therap. 71, 201 (1961).

3. Sonstige Steinbildungen

a) Speichelsteine

In den Ausführungsgängen der Speicheldrüsen kann es zur Bildung von sogenannten Speichelsteinen kommen, die hauptsächlich aus Calciumcarbonat und -phosphat bestehen.

b) Pankreassteine

In den Ausführungsgängen des Pankreas kommt es in seltenen Fällen zur Bildung von Konkrementen, vornehmlich im Verlaufe entzündlicher Erkrankungen. Die Pankreassteine bestehen vornehmlich aus Calciumcarbonat und -phosphat.

c) Darmsteine

Beim Menschen ist das Vorkommen von Darmsteinen außerordentlich selten. Bei Tieren wird über die Bildung von Darmsteinen bei calcium- und phosphatreicher Fütterung berichtet. Bei Pferden, die sehr viel Kleie erhalten (Müllereipferde), wird über das gehäufte Auftreten von Darmsteinen berichtet, die hauptsächlich aus Magnesiumammoniumphosphat sowie aus Calciumphosphat bestehen.

G. Chemie der Organe bzw. Gewebe

1. Leber

Der Anteil der Leber am Organismus ist tierartlich verschieden. Die Zusammensetzung wird im besonderen durch die Ernährung beeinflußt. Bei eiweißreicher Ernährung ist die Leber in der Lage, Protein zu speichern. Bei kalorienreicher Ernährung werden Glykogen und Fette in bestimmtem Umfange angereichert.

Veränderungen der chemischen Zusammensetzung der Leber sind bei zahlreichen Erkrankungen nachweisbar. Besonders erwähnenswert sind die Thesauriosen (Speicherkrankheiten), so die Glykogenose (Glykogenspeicherkrankheit) und der Morbus Gaucher (Anreicherung von Kerasin).

Durchschnittliches Verhältnis von Lebergewicht zu Körpergewicht beim Menschen und verschiedenen Tierarten

Mensch	1 : 33	Meerschweinchen	1 : 30
Schaf	1 : 80	Ratte	1 : 26
Ziege	1 : 76	Maus	1 : 14
Pferd	1 : 72	Ente	1 : 42
Rind	1 : 55	Huhn	1 : 37
Schwein	1 : 42	Taube	1 : 33
Kaninchen	1 : 37	Sperling	1 : 18
Katze	1 : 30	Kröte	1 : 36

Die angegebenen Werte beziehen sich auf erwachsene Tiere; bei Neugeborenen und Jungtieren liegt der Anteil der Leber am Körpergewicht höher. Beim *Menschen* rechnet man mit folgenden Durchschnittswerten (in % vom Körpergewicht):

Mensch, neugeboren	4,7
10 Jahre alt	3,4
erwachsen	3,0

Bestandteile der Leber des Menschen
(Angaben pro 100 g Feuchtgewicht)

Wasser, g	71—81	Ascorbinsäure, mg	5
Asche, g	1,4—1,6	Calcium, mg	7,2—9,4
Eiweiß, g	16—20	Chlorid, mg	96—150
Nichtprotein-N, mg	100—400	Eisen, mg	10—30
DNA (als P der DNA), mg	19	Kupfer, mg	1,0—10
RNA (als P der RNA), mg	37	Magnesium, mg	14—17
Kollagen, g	0,5—1,5	Mangan, mg	0,08—0,12
Elastin, g	0,1—0,5	Phosphat (P), mg	180—240
Fettstoffe, g	4—6,5	Kalium, mg	170—250
Phosphatide, g	1,2—2,5	Natrium, mg	120—150
Cholesterin, g	0,2—0,4	Zink, mg	3—5
Glykogen, g	3—7		

Bestandteile der Leber einiger Tierarten
(Angaben pro 100 g Feuchtgewicht)

	Rind	Kaninchen	Ratte
Wasser, g	69—71	70—76	69—72
Asche, g	1,4	1,2—2	1,4—1,6
Eiweiß, g	20	19	16—22
Fettstoffe, g	6—7,4	5—6	5—6
Phosphatide, g	2,9—3,5	2,5	2,2—2,7
Cholesterin, g	0,32	0,05	0,25—0,3
Calcium, mg	8,3	5—16	3—10
Chlorid, mg		105—160	90—115
Kalium, mg	225—395	190—260	350—440
Kupfer, mg	8,5	3—6	2,1—20
Magnesium, mg	12—14	13	14—19
Natrium, mg	80—300	75—140	90—200
Zink, mg	3,0—10,0	5—22	3—10

Die *chemische Zusammensetzung* der Leber während der Entwicklung ist *unterschiedlich*: mit zunehmendem Alter nehmen der Wasser- und Kochsalzgehalt ab, während der Kollagenanteil ansteigt.

Die Veränderung einiger chemischer Bestandteile der Leber des Menschen während der Entwicklung (Angaben pro kg Frischgewicht)

	Feten 20–22 Wochen	Kinder Neugeboren	Kinder 4–7 Monate	Erwachsene
Lebergewicht, g	10,7	125	310	1570
In % d. Körpergewichts	4,2	4,6	4,0	2,4
Wasser, g	812	786	764	711
Gesamt-N, g	22,1	22,6	24,4	28,2
Na, mÄquiv.	54,8	59,8	51,0	42,5
K, mÄquiv.	92,9	58,7	66,2	75,0
Ca, mÄquiv.	2,3	3,0	4,4	2,8
Mg, mÄquiv.	14,7	10,4	11,8	15,2
Cl, mÄquiv.	57,1	55,8	42,8	38,3
P, mMol	88,0	56,5	82,5	86,0

Widdowson, E. M., u. *I. W. Dickerson:* Biochem. J. **77**, 30 (1960).

Gehalt der Leber an einzelnen Elementen und Verbindungen

Der Gehalt der Leber an verschiedenen *Mineralstoffen* wird durch intensive Muskelarbeit verändert, wobei im wesentlichen ein Kaliumverlust und eine Anreicherung von Natriumionen erfolgen. Die Veränderungen bei Ratten, die 22 bis 26 Stunden in einer Trommel liefen, sind nachfolgend dargestellt:

Die Veränderungen des Mineralstoffgehaltes der Rattenleber bei intensiver Muskelarbeit (Angaben in mg pro 100 g Feuchtsubstanz)

	Normaltiere	Ermüdete Tiere
K	428	350
Na	99	177
Ca	8	9
Mg	15	20
Cl	69	60

Kaunitz, H., u. *L. Selzer:* Z. ges. exper. Med. **102**, 349 (1938).

Eisen-, *Kupfer-* und *Zink*gehalt der Leber und Milz (zusammen verascht) sind bei *neugeborenen Tieren* recht unterschiedlich:

Eisen-, Kupfer- und Zinkgehalt in Leber und Milz (zusammen) von Neugeborenen

	in mg-% in der Feuchtsubstanz			in % des Gesamtgehaltes des Körpers		
	Fe	Cu	Zn	Fe	Cu	Zn
Mensch	22,1	4,2	7,0	14	44	23
Schwein	8,5	5,4	3,0	8	48	8
Katze	23,2	2,0	15,0	23	40	28
Kaninchen	84,5	2,8	9,3	33	38	22
Meerschweinchen	4,1	5,1	4,3	5	58	9
Ratte	14,8	2,0	9,9	17	30	27
Maus	16,0	4,7	19,9	14	40	26

Widdowson, E. M.: Nature **166**, 626 (1950).

Eisengehalt von Säugetieren gegen Ende der Säugeperiode

Art	Alter in Tagen	Gesamteisen mg/kg	Hämoglobineisen mg/kg	Lebereisen mg/kg	Milzeisen mg/kg
Mensch	180–420	37,3	15,6	1,90	0,22
Schwein	12	24,2	14,8	0,16	0,08
Ziege	12	25,9	13,6	0,67	0,08
Meerschweinchen	6–16	29,8	17,1	2,00	—
Katze	27	20,5	12,5	0,86	—
Ratte	15–19	20,1	11,4	—	—
Hund	20–30	24,4	15,5	1,20	0,13
Kaninchen	15–19	21,7	13,1	0,97	0,13

Glykogengehalt der Leber sowie des Herz- und Skeletmuskels bei einigen Tierarten
(in mg-% der Feuchtsubstanz)

	Leber	Herzmuskel	Skeletmuskel
Hund	800–6700	330–520	670
Kaninchen	770–4500	390	280–2200
Meerschweinchen	2000–9500	240	850–5300
Ratte	200–8300	520 (400–650)	570–1230

Der Vitamin-A-Gehalt in der Leber des Menschen und einiger Tierarten
(in I.E. pro 1 g Feuchtsubstanz)

Mensch	220	(50–600)
Pferd	480	
Fohlen	20	
Rind	150	(100–800)
Kalb	120	(40–150)
Schaf	500	(200–1000)
Lamm	60	
Schwein	85	(60–500)
Ferkel	20	
Ziege	520	
Hund	180	
Katze	145	
Nerz	1880	
Kaninchen	185	
Meerschweinchen	70	
Huhn	900	
Huhnchen	60	
Ente	250	
Ente, einige Tage alt	10	
Gans	330	

Harms, F.: Vitamin A, Vet. Habil. Schrift, Hannover 1942. — *Moore, Th.*: Vitamin A, London 1957.

Die Lipoidverteilung in der Rinderleber
(in % des Trockengewichtes)

Gesamtfettstoffe	20–25
Neutralfett	5,5–6,0
Cholesterin, frei	0,4–0,5
Cholesterin, Ester	0,4–0,5
Phosphatide	14–19
Kephalin	5–8,5
Lecithin	8–10
Sphingomyelin	0,7–0,8

Kaucher, M., H. Galbraith, V. Button u. *H. H. Williams*: Arch. Biochem. **3**, 203 (1943).

Freie Aminosäuren in der Rattenleber bei Hunger und kohlenhydrat-, eiweiß- und fettreichem Futter (in mg-%)

	Hunger	Kohlenhydrat-reiches Futter	Eiweißreiches Futter	Fettreiches Futter
Valin	12,30	5,10	10,70	6,10
Leucin	7,58	5,46	9,08	5,70
Isoleucin	5,60	3,38	7,72	4,27
Methionin	2,99	0,92	2,35	1,94
Phenylalanin	4,40	2,68	3,76	3,34
Histidin	6,60	8,50	7,80	7,10
Arginin	1,10	0.19	0,89	0,52
Lysin	14,10	8,30	11,60	10,10
Tryptophan	0,15	0,03	0,21	0,12
Threonin	11,60	5,10	8,90	6,70
Glykokoll	25,10	28,50	20,00	28,60
Alanin	49,40	109,00	65,50	57,70
Cystin	1,60	0,86	1,60	0,76
Serin	19,60	17,60	11,60	25,80
Asparaginsaure	21,80	29,90	16,10	25,40
Glutaminsaure	130,50	121,00	139,00	123,00
Tyrosin	4,25	2,36	2,84	2,87
Prolin	6,06	4,00	6,65	4,88
Oxyprolin	1,70	0,47	1,40	0,58
	326,43	353,35	327,70	315,48

Der Nucleinsäuregehalt in der Leber von Ratten und Mäusen
(in mg-% der Feuchtsubstanz)

	DNA	RNA
Ratte	192	588
Maus	285 (260–400)	900 (700–1000)

2. Niere

Gewicht einer Niere des Menschen und einiger Tierarten (in g)

	Gewicht	Verhältnis Nieren- zum Körpergewicht
Mensch	120–200	1 : 240
Pferd	450–750	1 : 500–700
Rind	520–720	1 : 300
Schwein	200–280	1 : 150

Chemische Bestandteile des Nierengewebes von Mensch, Rind und Ratte
(Angaben pro 100 g Feuchtgewicht)

	Mensch	Rind	Ratte
Wassergehalt, g	76–79	75	75–77
Asche, g	0,8	1,1	1,3–1,5
Protein, g	18	15	18
Gesamtfettstoffe, g	5,3	4,4	1,1–3
Cholesterin, g	0,3–0,4	0,4	0,3
Natrium, mg	190 (165–250)	145–170	160
Kalium, mg	190 (170–300)	225–240	300–330
Calcium, mg	19 (10–25)	14	6–11
Magnesium, mg	21 (12–24)	13	18–25
Chlorid, mg	190–260	240	200–320
Phosphat (P), mg	170	260	300
Eisen, mg	8–20	11–15	8–14
Kupfer, mg	0,2–0,4	1,1	0,8
Mangan, mg	0,02–0,03	0,03	0,06
Zink, mg	5,4	2–6	3,5

Bei Analysen von Nierengeweben ist zu berücksichtigen, daß *Rinde* und *Mark* sich in ihrer *Zusammensetzung unterscheiden.* Zur Entfernung von Blutbestandteilen empfiehlt sich die Durchströmung mit physiologischer Kochsalzlösung.

Die Veränderung der chemischen Zusammensetzung der Niere des Menschen im Verlaufe der Entwicklung (Angaben pro kg Frischgewicht)

	Feten 20–22 Wochen	Neugeborene	Erwachsene
Gewicht beider Nieren, g	1,73	28	340
In % d. Körpergewichts	0,68	1,02	0,52
Wasser, g	884	841	810
Gesamt-N, g	14,2	19,2	24,5
Na, mÄquiv.	68	75,5	82,0
K, mÄquiv.	66,5	56,0	57,0
Ca, mÄquiv.	17,4	7,7	7,0
Mg, mÄquiv.	8,6	8,7	8,6
Cl, mÄquiv.	59,6	56,4	67,8
P, mMol	65,5	61,0	57,5

Widdowson, E. M., u. *I. W. Dickerson:* Biochem. J. **77**, 30 (1960).

Freie Aminosäuren in der Rattenniere (in γ/g Feuchtsubstanz

Cystin	255 (177–312)	Isoleucin	217 (114–295)
Threonin	304 (214–400)	Lysin	230 (153–367)
Methionin	46 (27–73)	Phenylalanin	222 (146–294)
Valin	326 (210–433)	Tyrosin	139 (96–188)
Arginin	268 (160–373)	Tryptophan	44 (27–67)
Leucin	569 (351–752)	Histidin	48 (29–60

Solomon, J. D., C. A. Johnson, A. L. Sheffner u. *O. Bergeim:* J. biol. Chem. **189**, 629 (1951).

Aminosäurezusammensetzung des Proteins der Niere
(in g Aminosäure pro 100 g Protein)

Cystin	1,5	Isoleucin	5,2
Threonin	4,6	Lysin	5,5
Methionin	2,7	Phenylalanin	5,5
Valin	5,3	Tyrosin	4,8
Arginin	6,3	Tryptophan	1,7
Leucin	7,9	Histidin	2,7

3. Lunge

Der *Gewichtsanteil* der Lunge am Körpergewicht ist tierartlich verschieden. Zu berücksichtigen ist, ob das Lungengewicht im entbluteten oder im nicht entbluteten Zustand bestimmt wird. Beim *Menschen* wird der Anteil der Lunge am Körpergewicht im allgemeinen mit 2–4% angegeben. Bei *Haustieren* nimmt man einen Gewichtsanteil von durchschnittlich 2% an. Die *chemische Zusammensetzung* der Lunge ist vom *Alter* und *Ernährungszustand* abhängig.

Chemische Bestandteile der Lunge des Menschen
(Angaben bezogen auf 100 g Frischgewicht)

Wasser, %	78–80	Natrium, mg	240
Mineral-bestandteile, %	1,1	Kalium, mg	150
		Calcium, mg	10–30
Eiweißstoffe, %	14,9–16,7	Magnesium, mg	7–10
Fettstoffe, %	3–7	Chlorid, mg	260
Phosphatide, %	2–5	Phosphat (P), mg	95–120
Cholesterin, %	0,4–0,5	Eisen, mg	2–22
Kohlenhydrate, %	0,08–0,1	Kupfer, mg	0,1

Wasseranteil der Lunge verschiedener Tierarten (in %)

Rind	80	Kaninchen	80–82
Hund	78	Ratte	77–85

4. Milz

Der *Gewichtsanteil* der Milz ist tierartlich verschieden und sehr vom Blutgehalt abhängig. Beim *Menschen* rechnet man mit einem Gewichtsanteil von 0,1–0,2%, beim *Pferd* mit 0,1–0,3%, beim *Hund* mit 0,2–0,4% und bei der *Ratte* mit durchschnittlich 0,23% des Körpergewichtes. Die *chemische Zusammensetzung* wird insbesondere bei den Tieren, bei denen die Milz in größerem Maße als Blutspeicher fungiert, durch den Füllungszustand mit Blut beeinflußt. Bei Schlachttieren ist die Milz relativ blutarm.

Chemische Bestandteile der Milz des Menschen
(bezogen auf 100 g Frischgewicht)

Wasser, %	76–81	Natrium, mg	150–225
Mineralbestandteile, %	1,5	Kalium, mg	160–300
Eiweißstoffe, %	17,5	Calcium, mg	10–14
Kollagen, %	0,6–1,5	Magnesium, mg	12–18
Elastin, %	0,13–0,5	Chlorid, mg	160–200
Gesamtfettstoffe, %	3–4	Phosphat (P), mg	350–400
Phosphatide, %	1,1–2,2	Eisen, mg	20–50

5. Endokrine Drüsen

Der Wassergehalt verschiedener endokriner Drüsen (in %)

Hypophysenvorderlappen	78	Thymus	82
Hypophysenhinterlappen	79	Nebennierenrinde	79
Schilddrüse	75	Nebennierenmark	79
Nebenschilddruse	78	Pankreas	75

a) Hypophyse

Die Größe der Hypophyse ist nach Tierart verschieden und von Alter, Geschlecht, Gravidität, Ernährungs- und Leistungszustand abhangig.

Das Gewicht der Hypophyse beim Menschen und einigen Tierarten (in mg)

Mensch, neugeboren	95—121
„ erwachsen, männlich	526 ± 97
„ erwachsen, weiblich	618 ± 89
Pferd	2000—3500
Rind	2000—4000
Kaninchen, erwachsen, männlich	28,1
„ erwachsen, weiblich	38,8
Meerschweinchen, erwachsen, männl.	16,1
„ erwachsen, weibl.	15,2
Ratte, erwachsen, männlich	7,99 ± 0,35
„ erwachsen, weiblich	10,49 ± 0,29
Taube, erwachsen, männlich	3,9
„ erwachsen, weiblich	4,3

Der Anteil der verschiedenen Abschnitte an der Hypophyse bei Mensch, Kaninchen und Ratte (in mg)

	Pars glandularis	Pars intermedia	Pars neuralis
Mensch, erwachsen, männlich	394 ± 84	10,8 ± 9,7	121 ± 35
„ erwachsen, weiblich	503 ± 81	9,6 ± 12,5	104 ± 22

Rasmussen, A. T.: Amer. J. Anat. **42**, 1 (1928); **55**, 253 (1934).

Kaninchen, erwachsen, männl.	13,2 ± 0,48	2,61 ± 0,14	3,64 ± 0,26
„ erwachsen, weibl.	18,62 ± 0,79	3,31 ± 0,22	4,35 ± 0,16

Hammer, A.: Z. mikr. Forsch. **29**, 1 (1932).

Ratte, erwachsen, männlich	6,58 ± 0,3	0,54 ± 0,04	0,87 ± 0,03
„ erwachsen, weiblich	9,18 ± 0,28	0,51 ± 0,02	0,8 ± 0,02

Stein, S. J.: Anat. Rec. **56**, 15 (1933); Endocrinol. **17**, 187 (1933).

Zusammensetzung der Hypophyse vom Rind (in % des Frischgewichts)

	Vorderlappen	Hinterlappen
a) *Trockensubstanz*	22,77	20,32
b) *Eiweiß*	17,66	13,46
Protein-P	0,12	0,01
Protein-S	0,18	0,20
Protein-N	2,39	1,68
c) *Lipoide*	3,16	4,0
Lipoid-P	0,09	0,12
Cholesterin	0,37	0,43
d) *Extraktivstoffe*	1,95	2,87
Organische Extraktivstoffe	1,56	2,44
Zucker	0,34	0,22
Anorganische Extraktivstoffe	0,39	0,43
Phosphor	0,06	0,07

MacArthur, C. G.: J. Amer. chem. Soc. **41**, 1225 (1919).

b) Schilddrüse

Der Gewichtsanteil der Schilddrüse am Körpergewicht ist tierartlich verschieden und vom Alter sowie vom Ernährungs- und Funktionszustand abhängig.

Das Gewicht der Schilddrüse des Menschen und verschiedener Tierarten (in g)

Mensch		
Fetus, 4.—7. Monat	0,9	(0,09—2,1)
Kind, 1.—10. Jahr	8	
Jugendliche, 10.—20. Jahr	24	
Erwachsene	27,0	(20—45)
Kropfbildung	70—400	
Pferd	20—35	
Rind	21—36	
Schaf	4—7	
Schwein	12—30	
Hund	3—12	
Kaninchen	0,15	
Ratte	0,020	(0,011—0,029)
Huhn	0,055	(0,02—0,09)
Truthahn	0,11	(0,09—0,14)

Der *Gewichtsanteil* der Schilddrüse am Gesamtgewicht des Körpers wurde beim *Schaf* mit 0,018%, beim *Hund* mit 0,019 (0,014–0,032)% und bei der *Ratte* mit 0,02 (0,004–0,075)% ermittelt.

Der *Jodgehalt* der Schilddrüse ist von verschiedenen Faktoren wie *Jodzufuhr, Jahreszeit, Funktionszustand* und *Trainingszustand* abhängig.

Gesamtjod und thyroxingebundenes Jod in der Schilddrüse des Menschen und einiger Tiere (in mg pro 100 g Frischgewicht)

	Gesamtjod	Thyroxin-gebundenes Jod
Mensch	49,9 (26,6–147)	12,8
Pferd	75 (59–102)	23 (15–31)
Rind	122,5 (67–199)	41 (19–59)
Schaf	101 (44–222)	40 (13–63)
Schwein	77 (42–146)	
Hund	171 (22–345)	100 (56–138)
Kaninchen	50 (17–98)	15 (4–34)
Ratte	86 (19–115)	
Huhn	114 (44–300)	27 (9–51)
Truthahn	143 (100–200)	

c) Nebenschilddrüse

Ausbildung und Größe der Nebenschilddrüsen sind tierartlich sehr verschieden. Beim *Menschen* sind mehrere (meist 2–4) Epithelkörperchen mit einem *Gewicht* von je 20–40 mg (insgesamt 80–140 mg) vorhanden. Größe und Funktionszustand der Drüse sind von der *Calciumzufuhr* sowie von der *Belastung* des Calciumstoffwechsels (Gravidität, Laktation) *abhängig*. Angaben über chemische Bestandteile der Nebenschilddrüsen liegen nur in geringem Umfange vor.

d) Thymusdrüse

Die *Größe* der Thymusdrüse ist hauptsächlich vom *Alter* abhängig. Sie liegt im kranialen Teil der Brusthöhle und am Halsteil der Luftröhre. Nach der Geburt nimmt sie mit fortschreitendem Wachstum an Umfang ab und wird zum Teil durch Fettgewebe ersetzt.

Die *Ausbildung* des *Thymus* ist beim *Menschen* im 2. bis 3. Lebensjahr am stärksten; mit dem 20. bis 25. Lebensjahr ist er bis auf Reste geschwunden.

Beim *Kalb* nimmt der Thymus nach der Geburt an Umfang rasch zu und erreicht mit 4–6 Wochen ein Gewicht von 400–600 g. Kälberthymus ist besonders hinsichtlich seiner Kerneiweißstoffe (s. auch S. 335) eingehend untersucht worden.

e) Bauchspeicheldrüse

Das endokrin wirksame Gewebe der Bauchspeicheldrüse stellen die sogenannten *Langerhansschen Inseln* dar, deren *Volumenanteil* etwa 1–2% beträgt. Die Inseln bestehen normalerweise zu etwa 50–75% aus sogenannten beta-Zellen, die das Insulin synthetisieren, sowie zu etwa 25% aus den alpha-Zellen, die das Glukagon bilden.

Durchschnittsgewicht des Pankreas vom Menschen und einigen Tierarten (in g)

Mensch	100–200	Hund	5–30
Pferd	250–400	Katze	2–5
Rind	250–400	Ratte	0,4–0,8
Schaf	70–120	Maus	0,05
Schwein	70–110		

Zusammensetzung des Pankreas (bezogen auf 100 g Frischgewicht)

Wasser, g	71–75	Magnesium, mg	16–28
Natrium, mg	87	Chlorid, mg	180–220
Kalium, mg	226	Phosphat (P), mg	82
Calcium, mg	7–16	Zink, mg	20

f) Nebennieren

Die *Größe* und die *chemische Zusammensetzung* der Nebennieren sind tierartlich verschieden und vom Funktionszustand der Drüsen abhängig. Beim *Menschen* wiegen die Nebennieren 11 – 15 g, beim Rind 20 – 45 g, beim *Schwein* 8 – 15 g und beim *Kaninchen* 0,4 – 5 g.

Chemische Zusammensetzung der Nebennieren des Menschen
(bezogen auf 100 g Frischgewicht)

Wasser, g	78 – 84	Inosit, g	0,07
Natrium, mg	44	Vitamin B_1, mg	0,16
Kalium, mg	103	Vitamin B_2, mg	0,82
Calcium, mg	16	Niacin, mg	2,4
Magnesium, mg	10	Pantothensäure, mg	0,8
Cholesterin, g	3 – 5	Biotin, mg	0,035
Phosphatide, g	2	Adrenalin, mg	36
Ascorbinsäure, g	0,4	Noradrenalin, mg	91

6. Muskulatur

a) Herzmuskulatur

Der Anteil des Herzens am Körpergewicht ist tierartlich verschieden, auch innerhalb einer Tierart bestehen beträchtliche Schwankungen.

Gewicht des Herzens und Anteil am Körpergewicht beim Menschen und bei einigen Tierarten

	Gewicht in g	In % des Körpergewichtes
Mensch	300	0,7
Pferd	2500 – 5500	0,6 – 1
Rind	1400 – 3600	0,5 – 0,6
Schwein	230 – 600	0,3 – 0,4
Hund	60 – 130	0,8 – 1,2

Die *Zusammensetzung* der verschiedenen *Herzabschnitte* ist *unterschiedlich* und steht mit der funktionellen Belastung im Zusammenhang. Bei Analysen ist daher genau die Lokalisation der Entnahme der Probe zu beachten.

Chemische Bestandteile des Gesamtherzens sowie verschiedener Herzabschnitte vom Menschen (Angaben bezogen auf 100 g Feuchtgewicht)

	Gesamtherz	Linker Ventrikel	Rechter Ventrikel	Vorkammern
Wasser, g	79 (74 – 82)	75 – 82	78 – 82	80 – 84
Asche, g	0,8 – 1,1			
Protein, g	16			
Kollagen, g	1,4	0,6 – 1,4	1,2 – 2,0	3,4 – 4,0
Glykogen, mg	100 – 400			
Fettstoffe, g	4,3			
Calcium, mg	6 – 10	5 – 10	5 – 15	6 – 10
Magnesium, mg	12 – 20	13 – 25	13 – 30	10 – 15
Natrium, mg	80 – 160	85 – 140	80 – 165	75 – 200
Kalium, mg	250 – 350	305	280	180 – 280
Phosphat (P), mg		145 – 235	125 – 185	
Eisen, mg	8 – 15			
Kupfer, mg	0,07 – 0,27			
Mangan, mg	0,01 – 0,03			

Chemische Bestandteile des Herzens (Gesamt-Herzmuskel) von Tieren
(Angaben pro 100 g Feuchtgewicht)

	Rind	Schwein	Hund	Kaninchen	Ratte
Wasser, %	70–77	80	76–81	76–80	76–83
Asche, %	0,92	1,1		1,0	
Protein, %	16,5	16	18	17	
Kollagen, %	1,9		2,7	0,9	0,8
Glykogen, mg			440–495	335–640	240–680
Fettstoffe, %	3,1–19,5			4	0,4–2,4
Calcium, mg	10		9,3	12	5–15
Magnesium, mg	20–35		21–23	51	18–26
Phosphat (P), mg	160–235		217	175–240	240
Chlorid, mg	100–140		110–135	125–180	85–110
Eisen, mg	4,2–6,2			12,4	5–11
Kupfer, mg	0,76	1,5	0,5	0,4	0,2
Mangan, mg	0,03	0,2	0,21	0,02	0,06
Zink, mg			2	1,1–6,1	

Bei verschiedenen *Erkrankungen* des Herzmuskels und zunehmendem *Alter* treten *Veränderungen* der chemischen *Zusammensetzung* auf. Bei Herzinsuffizienz sind Verschiebungen des Natrium- und Kaliumgehaltes nachweisbar.

Wasser-, Natrium- und Kaliumgehalt in normalen Ventrikeln und bei Herzinsuffizienz beim Menschen (Angaben in mg pro 100 g)

	Normale Herzen	Herzinsuffizienz
	Kalium	Kalium
Linker Ventrikel	307 ± 29	245 ± 45
Rechter Ventrikel	274 ± 22	156 ± 29
	Natrium	Natrium
Linker Ventrikel	121 ± 10	136 ± 28
Rechter Ventrikel	126 ± 13	183 ± 39
	Wasser	Wasser
Linker Ventrikel	77,8 ± 1,96	79,2 ± 1,4
Rechter Ventrikel	78,2 ± 1,26	81,7 ± 1,4

Dittrich, H.: Beitr. path. Anat. u. allg. Path. **121**, 426 (1959).

Altersabhängigkeit des Natrium- und Kaliumgehaltes im menschlichen Herzen
(Angaben in mg pro 100 g fettfreie Trockensubstanz)

	Natrium	Kalium
Vorkammern		
Fetus, 20–22 Wochen	971	1599
Neugeboren	853 (787–920)	948 (866–1084)
5–7 Monate alt	789 (754–823)	967 (905–1030)
Erwachsen		1162 (1076–1248)
Rechte Kammer		
Fetus, 20–22 Wochen	722	1892
Neugeboren	938 (832–1044)	1174 (1030–1424)
5–7 Monate alt	837 791–1183	1131 (1053–1205)
Erwachsen		1330 (1236–1424)
Linke Kammer		
Fetus, 20–22 Wochen	971	1970
Neugeboren	853 (787–920)	1139 (952–1268)
5–7 Monate alt	789 (754–823)	1205 (1096–1310)
Erwachsen		1576 (1412–1747)

Zusammensetzung des menschlichen Herzens (Gesamthomogenat) in verschiedenen Altersabschnitten
(Durchschnittswerte bezogen auf 1 kg fettfreies Feuchtgewicht)

	Fetus 20—22 Wo.	Neugeboren	Kind 5—7 Monate	Erwachsen
Gewicht des Herzens, g	1,6	17	40	230
Wasser, g	860	841	830	827
Gesamt-N, g	14	19,6	21	22,9
Nichteiweiß-N, g	1,5	1,7	1,7	2,2
Kollagen-N, g	0,8	2,0	3,5	2,4
Na, mÄquiv.	46,1	64,2	59,8	57,8
K, mÄquiv.	81,1	54,3	49,3	66,5
Cl, mÄquiv.	41	45,2	49,3	45,6
P, mMol	49,7	47,0	49,5	49,0
Ca, mÄquiv.		7,4	8,2	
Mg, mÄquiv.		10,9	11,0	13,2

Widdowson, E. M., u. *I. W. Dickerson:* Biochem. J. 77, 30 (1960).

Verteilung von Natrium und Kalium in Vorkammern und Kammern bei Rind und Schwein
(entblutete Tiere, Angaben in mg-% bezogen auf Feuchtgewicht)

Rind	Natrium	Kalium
Linke Vorkammer	94 (85—101)	247 (216—269)
Rechte „	121 (104—141)	188 (160—219)
Linke Kammer	72 (67—80)	283 (156—298)
Rechte „	86 (79—95)	250 (236—291)

Becker, K.: Vet.-Diss. Berlin 1960.

Schwein	Natrium	Kalium
Linke Vorkammer	99 (70—120)	222 (183—291)
Rechte „	106 (90—127)	205 (175—262)
Linke Kammer	97 (83—129)	298 (272—344)
Rechte „	99 (83—132)	275 (250—327)

Verteilung von Natrium und Kalium in Vorkammern und Kammern beim Schwein
(nicht entblutete, durch Ätherinjektion getötete Tiere, in mg-% bezogen auf Feuchtgewicht)

	Natrium	Kalium
Linke Vorkammer	197	241
Rechte „	174	249
Linke Kammer	111	319
Rechte „	148	291

Kolb, E., I. Müller, H. Seidel u. *T. Ellrich:* Zbl. Vet. med. 9, 664 (1962).

b) Skeletmuskulatur

Die Muskulatur besitzt gewebemäßig den größten Anteil am Körpergewicht Die *chemische Zusammensetzung* des Skeletmuskels ist beträchtlichen Schwankungen unterworfen, wobei *Alter*, *Ernährungs-* und *Trainingszustand* von Einfluß sind. Unterschiede im Gehalt an bestimmten Verbindungen bestehen bei den verschiedenen Tierarten, ferner bei den einzelnen Muskeln, die zu deren funktionellen Eigentümlichkeiten in Beziehung stehen.

Chemische Bestandteile der Muskulatur vom Menschen
(bezogen auf 100 g Feuchtsubstanz)

Wasser, g	74–82	Natrium, mg	65–105
Asche, g	1,1	Kalium, mg	300–435
Protein, g	18,5	Calcium, mg	6,5–7,4
Gesamtfettstoffe, g	7,6	Magnesium, mg	18,4–21,5
Cholesterin, mg	40	Phosphat (P), mg	150–200
Glykogen, g	1,3–2,2	Chlorid, mg	45–110
Kreatin, mg	440	Eisen, mg	10–15

Chemische Bestandteile der Skeletmuskulatur einiger Tierarten
(Angaben pro 100 g Feuchtgewicht)

	Rind	Schaf	Hund	Kaninchen	Ratte
Wasser, g	70	64–70	73–76	68–80	76
Asche, g	0,8–1	0,85	0,9–1,2	1,0–1,4	1,3
Protein, g	19,3	17,1	18	19	19
Glykogen, g	1,3–2,2	0,8–2,5	0,5–2	0,5–2	0,5–2
Fettstoffe, g	4–8	5–10	4–9	3–6	3–8
Calcium, mg	11–20	10–20	10–20	18	8
Magnesium, mg	32	33	40	29	27
Natrium, mg	40–100	60–100	40–75	40–70	40–60
Kalium, mg	300–500	300–400	300–400	415	385–475
Phosphat (P), mg	210	185–210	185–205	245	185–250
Chlorid, mg	55	70	50–75	50–100	40–140
Eisen, mg	2,8–3,7	2–4	3–5	3–4	2–4

Im Vergleich zu Jugendlichen liegt beim Erwachsenen der Gehalt an Wasser und an Natrium niedriger, der an Kalium dagegen höher. Chronische Unterernährung führt zu einer Zunahme des Natrium- und des Wassergehaltes im Gewebe.

Veränderung der Zusammensetzung des Skeletmuskels vom Menschen während der Entwicklung (Angaben pro kg Frischgewicht)

	Feten		Kinder		Erwachsene
	13–14 Wo.	20–22 Wo.	neugeboren	4–7 Mon.	
Wasser, g	907	887	804	785	760
Gesamt-N, g	11,2	14,8	20,7	29,1	32,3
Natrium, mÄquiv.	101	90,6	60,1	50,1	30,0
Kalium, mÄquiv.	56,3	57,6	57,7	89,5	102
Calcium, mÄquiv.	5,6	7,1	4,3	3,1	2,8
Magnesium, mÄquiv.	11,7	10,5	14,8	20,0	19,2
Chlorid, mÄquiv.	76,4	65,6	42,6	35,5	22,1
Phosphor, mMol	36,5	40,0	47,0	64,9	65,0

Dickerson, I. W., u. *E. M. Widdowson:* Biochem. J. **74**, 247 (1960).

Einfluß von Alter und Unterernährung auf einige Bestandteile der Oberschenkelmuskulatur vom Schwein
(Angaben bezogen auf 1 kg Frischgewebe)

	Unterernährte Tiere		Normalernahrung	
Gewicht, kg:	3,4 u. 3,6	6,7–12,7	3,5–12,3	ca. 200
Wasser, g	838	828	784	735
Gesamt-N, g	21,9	23,7	27,8	31,1
Nichteiweiß-N, g	1,8	2,6	3,9	4,0
Sarkoplasma-N, g	1,6	4,4	5,0	7,6
Fibrillarer Protein-N, g	6,9	13,1	16,2	18,7
Na, mÄquiv.	84,5	61,2	30,0	24,2
K, mÄquiv.	52,5	73,7	106	92,5
Ca, mÄquiv.	7,7	2,6	2,4	2,3
Mg, mÄquiv.	11,5	13,0	19,6	23,2
P, mMol	44,5	48,5	76,2	68,0
Cl, mÄquiv.	63,8	43,6	26,9	21,1

Widdowson, E. M., J. W. T. Dickerson u. *R. A. McCance:* Brit. J. Nutr. **14**, 457 (1960).

Veränderung der N-haltigen Bestandteile im Skeletmuskel des Menschen während der Entwicklung (in g pro kg Frischgewicht)

	Feten 20–22 Wo.	Kinder		Erwachsene
		neugeboren	4–7 Mon.	
Protein-N	13,5	18,5	25,8	27,5
Nichteiweiß-N	1,7	2,4	3,2	3,0
Sarkoplasma-N	3,7	3,9	5,0	6,7
Fibrillärer Protein-N	8,7	10,9	17,0	19,9
Kollagen-N	1,3	2,8	2,9	1,0

Veränderung der N-haltigen Bestandteile im Skeletmuskel des Schweins während der Entwicklung (in g pro kg Frischgewicht)

	Feten 90 Tage	Ferkel		Erwachsene Tiere
		neugeboren	4–6 Wo.	
Protein-N	9,4	11,0	23,2	28,4
Nichteiweiß-N	2,0	2,6	4,1	4,3
Sarkoplasma-N	2,4	2,2	5,2	8,0
Fibrillärer Protein-N	6,1	6,5	16,1	19,8
Kollagen-N	1,2	1,3	1,9	1,2

Dickerson, I. W., u. *E. M. Widdowson:* Biochem. J. **74**, 247 (1959).

Natrium- und Kaliumgehalt in verschiedenen Abschnitten des Skeletmuskels bei entbluteten Schweinen (in mg pro 100 g Frischgewicht)

	Natrium	Kalium
M. masseter	97	393
Antebrachial-M.	75	461
Longissimus dorsi-M.	67	449
Psoas-M.	67	434
Bauch-M.	83	389
Adduktor-M.	74	438
Quadriceps-M.	69	454
Tibialis-M.	75	432
Mittelwert aller Proben	76	433

Kolb, E., I. Muller, H. Seidel u. *T. Ellruh·* Zbl. Vet. med. **9**, 664 (1962).

c) Zwerchfell

Eigenschaften und Bestandteile des Zwerchfells von der Ratte

Frischgewicht, in % des Körpergewichts	0,12–0,14
Trockengewicht, mg	50–100
Wassergehalt, %	74–78
Kohlenhydrate (in mg Glucose pro 100 g)	350–600 (gefuttert) 100–300 (im Hunger)
Eiweiß, %	etwa 20
Gesamt-N, %	3,2
Saurelöslicher P, mMol/100 g	3,9
Anorganischer P, mMol/100 g	1,16–1,26
Phosphokreatin, mMol/100 g	0,58
ATP, mMol/100 g	0,39
Natrium, gesamt, mMol/100 g	4,2
Natrium, intrazellulär, mMol/100 g	0,96
Kalium, gesamt, mMol/100 g	8,62
Kalium, intrazellular, mMol/100 g	8,23
NAD, mMol/100 g	0,05

7. Fortpflanzungsorgane

a) Männliche Geschlechtsorgane

Cole, H. H., u. *P. T. Cupps:* Reproduction in domestic animals, New York 1959. — *Götze, R.:* Besamung und Unfruchtbarkeit der Haussäugetiere, Hannover 1949. — *Mann, T.:* Biochemistry of semen, London 1954.

Bestandteile von Testes und Prostata des Menschen
(in g pro 100 g Frischgewicht)

	Testes	Prostata
Wasser	84	80—84
Trockensubstanz	16	16—20
Asche		0,83
Fettstoffe		1,2
Cholesterin	0,22—0,8	

Menge und Spermienkonzentration des Ejakulats vom Menschen und einigen Tierarten

Spezies	Ejakulatmenge (in ml)		Spermienzahl (1000/μl)	
	Mittelwert	Schwankungsbreite	Mittelwert	Schwankungsbreite
Mensch	3,5	2—6	100	50—150
Hengst	70	30—300	120	30—800
Bulle	4	2—10	1000	300—2000
Schafbock	1	0,7—2	3000	2000—5000
Ziegenbock	0,7	0,5—0,9	2600	900—6000
Eber	250	150—500	100	25—300
Hund	6	2—15	3000	1000—9000
Kaninchen	1	0,4—6	700	100—2000
Hahn	0,5	0,2—1,5	3800	2000—8000
Truthahn	0,3	0,2—0,8	7000	5000—9000

Die Untersuchung des Spermas mittels mikroskopischer und chemischer Verfahren liefert wichtige Anhaltspunkte zur Beurteilung der *Funktion der Testes* und der accessorischen Geschlechtsdrüsen sowie der Befruchtungsfähigkeit. Beurteilt werden insbesondere: *Spermienzahl, Beweglichkeit, Form* der Spermien, *Stoffwechsel* der Spermien, *Citrat-* und *Fructosegehalt* des Spermas.

Bestandteile des Samenblasensekretes des Menschen und einiger Tierarten
(Angaben pro 100 ml)

	Mensch	Bulle	Eber	Meerschweinchen
Wasser, g	88	93	84	91
Fructose, mg	315	970	52	57
Citrat, mg	125	670	560	193
Ascorbinsaure, mg	5	14	4	9
Anorg. Phosphat (P), mg	10	7	3	5
Säurelösl. Phosphat (P), mg	57	23	32	67

Eigenschaften und Bestandteile des Prostatasekretes des Menschen

Wassergehalt, in %	93	(92,7—93,6)
Dichte	1,022	(1,018—1,027)
p_H-Wert	6,5	(6,3—6,6)
Anteil am Ejakulat, in %	13—32	
Fructose, mg/100 ml	16	(2—48)
Gesamtfettstoffe, mg/100 ml	285	(260—310)
Gesamt-N, mg/100 ml	415	
Nichteiweiß-N, mg/100 ml	54	
Natrium, mg/100 ml	350	(340—365)
Kalium, mg/100 ml	180	(120—210)
Chlorid, mg/100 ml	135	(120—150)
Citrat, mg/100 ml	1200	(500—2700)

Bestandteile des Ejakulats vom Menschen und einigen Tierarten
(Angaben pro 100 ml)

	Mensch	Hengst	Bulle	Eber	Schafbock
Trockensubstanz, g	8,2	2,5	9,5	4,6	14,8
p_H-Wert	7,1–7,5	7,2–7,8	6,4–7,8	7,3–7,9	5,9–7,3
Gesamt-N, mg	913	167	756	613	875
Rest-N, mg	75	55	48	22	57
Fructose, mg	224	15	224	12	247
Citrat, mg	376	50	720	141	137
Lactat, mg	35	15	29	27	36
Natrium, mg	281	68	109	450	103
Kalium, mg	89	62	288	243	71
Calcium, mg	25	20	34	5	9
Magnesium, mg	14	3	12	11	3
Anorg. Phosphat (P), mg	11		9	2	12
Säurelösl.Phosphat (P), mg	57		33	24	171
Lipoidphosphat (P), mg	6		9	6	29
Gesamtphosphat (P), mg	112	19	82	66	357

b) Weibliche Geschlechtsorgane

Bestandteile des Ovars und des Uterus der Ratte
(bezogen auf 100 g Feuchtgewicht)

	Ovar	Uterus
Wasser, g	73–75	82–85
Trockensubstanz, g	25–27	15–18
Asche, g	1,1–1,6	0,9–1,1
Chlorid, mg		140–150
Kalium, mg		240–260

Die chemische Zusammensetzung des Ovars und des Uterus ist vom Funktionszustand der Organe abhängig, so daß bei Analysen jeweils der Stand des Genitalcyclus zu berücksichtigen ist. Erhebliche Unterschiede bestehen auch zwischen infantilen und geschlechtsreifen Tieren.

Veränderungen im Fettstoffgehalt der Corpora lutea von Schweineovarien während des Genitalcyclus (in g/100 g Frischgewicht)

Tage nach dem letzten Östrus	Phosphatide	Cholesterin		Neutralfett
		frei	verestert	
2	1,4	0,23	0,24	1,2
9–10	2,3	0,26	0,20	0,5
14	4,1	0,28	0,22	2,2
16–17	2,4	0,41	0,51	2,7
19–20	2,1	0,43	0,45	3,6
24–25	0,7	0,43	0,59	0,1

Anmerkung: Die Corpora lutea befanden sich vom 8.–14. Tage in voller Blüte.
Bloor, W. R., R. Okey u. *G. W. Corner:* J. Biol. Chem. **86**, 291 (1930).

Proteingehalt der Follikelflüssigkeit vom Menschen (in g/100 ml)

Gesamtprotein	6,12
Albumin	2,74
α_1-Globulin	0,41
α_2-Globulin	0,42
β-Globulin	0,85
γ-Globulin	1,70

Perloff, W. H., J. Schultz, E. J. Farris u. *H. Balin:* Fert. and Steril. **6**, 11 (1955).

Veränderungen der Zusammensetzung von Schleimhaut und Muskelschicht beim Affen (Macaca mulatta) während des Genitalcyclus
(in g/100 g Feuchtgewicht)

	Trocken-substanz	Gesamt-N	Glykogen	Phos-phatide	Cho-lesterin, frei	Neutral-fett
Schleimhaut						
Proliferationsphase	13,7	1,74	0,30	0,42	0,18	0,26
Sekretionsphase	15,4	1,86	0,52	0,75	0,26	0,45
Beginn der Menstruation	18,5	2,31	0,57	0,57	0,28	0,50
Muskelschicht						
Proliferationsphase	20,9	2,68	0,25	0,33	0,19	0,13
Sekretionsphase	21,1	2,92	0,27	0,53	0,21	0,13
Beginn der Menstruation	22,0	3,04	0,24	0,44	0,18	0,13

Van Dyke, H. B., u. *G. Chen:* Amer. J. Anat. **58**, 473 (1936); **66**, 411 (1940).

Anorganische Bestandteile der Uterusmuskulatur von Mensch und Rind
(in mg/100 g Feuchtgewicht)

Kalium	Mensch	199
	Rind	98—114
Natrium	Mensch	157
	Rind	216—219
Calcium	Mensch	6,4
	Rind	8,2—10,7
Magnesium	Mensch	3,8
	Rind	6,5—9,1
Gesamt-P	Rind	61—69

Organische Phosphatverbindungen im Uterus von Kaninchen und Ratte
(in mg/100 g Frischgewicht)

	Kaninchen	Ratte
Gesamtsäurelöslicher-P	55,4 ± 1,3	43,1 ± 1,8
Anorganischer-P	19 ± 1,2	22,2 ± 1,8
Phosphagen-P	1,0	0,7 ± 0,6
Adenosintriphosphat-P	1,4 ± 0,4	2,3 ± 0,8

c) Milchdrüse

Die Zusammensetzung der Milchdrüse ist vom Alter der Tiere, vom Funktionszustand und auch vom Füllungszustand mit Milch abhängig.

Kon, S. K., u. *A. T. Cowie:* The mammary gland, New York 1961. — *Ziegler, H.*, u. *W. Mosimann:* Anatomie und Physiologie der Rindermilchdrüse, Berlin 1960.

Bestandteile des weitgehend von Milch befreiten Gewebes der Rindermilchdrüse
(in g pro 100 g Gewebe)

Wasser	76,4	(72,3—80)
Eiweißstoffe	11,8	(9,4—14,6)
Fettstoffe	9,5	(5,0—14,0)
Lactose	1,1	(0,1— 2,3)
Asche	1,2	(0,9— 1,5)

d) Fortpflanzung beim Geflügel (Das Geflügelei)

Sturkie, P. D.: Avian Physiology, New York 1954.

Durchschnittsgewicht und Hauptbestandteile des Eies verschiedener Geflügelarten
(in g)

	Gesamt-gewicht	Eidotter		Eiweiß		Eischale	
		Gewicht	%-Anteil	Gewicht	%-Anteil	Gewicht	%-Anteil
Huhn	57	18,2	32	33,6	59	5,2	9
Ente	75	26,3	35	40,4	54	8,3	11
Gans	195	68,3	35	105,3	54	21,4	11
Truthuhn	80	26,4	33	45,6	57	8,0	10

Chemische Bestandteile und Kalorienwerte des Eies verschiedener Geflügelarten

	Durch-schnitts-gewicht (g)	Wasser-gehalt %	Eiweiß-gehalt %	Fett-gehalt %	Asche-gehalt %	Kalorien-wert Cal/100 g
Huhn						
Gesamtei	52	74,3	12,4	11,2	0,9	182
Eiweiß		88,1	10,2	0,05	0,6	58
Dotter		48,1	16,7	33,0	1,1	412
Ente						
Gesamtei	67	70,1	13,5	14,5	1,0	215
Eiweiß		86,9	11,2	0,05	0,8	68
Dotter		45,3	17,3	35,7	1,2	441
Gans						
Gesamtei	174	70,0	13,9	13,7	1,1	218
Eiweiß		86,5	11,5	0,03	0,8	69
Dotter		43,7	17,7	36,1	1,5	448
Truthuhn						
Gesamtei	72	73,7	13,2	11,4	0,8	195
Eiweiß		86,6	11,5	0,03	0,8	69
Dotter		48,3	16,7	33,1	1,2	413

Vitamine im Hühnerei

	Gesamtei		Dotter	
	insgesamt	pro g Ei	insgesamt	pro g Dotter
Vitamin A, I. E.	58	1,1 (0,01−7,7)	58	3,2 (0,04−22,2)
Vitamin D, I. E.	40	0,77 (0,1−16,3)	40	2,2 (0,3−47,2)
Vitamin E, γ	432	8,3 (5,5−26,0)	432	24 (16−75)
Vitamin K, γ	42	0,8	42	2,3
Vitamin B_1, γ	90	1,7 (0,7−6,3)	90	5,0 (1,9−18,2)
Vitamin B_2, γ	207	3,6 (1,4−5,5)	83	4,7 (2,3−7,9)
Vitamin B_6, γ	125	2,5 (2,4−2,8)	55	3,1 (2,6−3,6)
Niacin, γ	31	0,66 (0,61−0,70)	2,8	0,16 (0,14−0,18)
Pantothensäure, γ	610	11,7 (8,6−16,1)	510	28,3 (21,1−37,5)
Biotin, γ	10,8	0,21 (0,16−0,26)	8,5	0,47 (0,37−0,62)
Cholin, mg	250	4,8 (4,4−5,6)	251	14,9 (14,5−15,8)
Folsäure, γ	4,6	0,08 (0,078−0,081)	4,1	0,23 (0,22−0,23)
Vitamin B_{12}, γ	0,39	0,0075	0,36	0,02

Aminosäurezusammensetzung von Eiweiß und Dotterprotein im Hühnerei
(in g pro 100 g Protein)

	Eiweiß	Dotter		Eiweiß	Dotter
Alanin	6,8	—	Lysin	6,5	6,4
Arginin	6,2	7,7	Methionin	4,6	2,5
Asparaginsäure	8,9	5,5	Phenylalanin	7,2	5,2
Cystin	3,5	1,8	Prolin	4,9	4,4
Glutaminsäure	13,0	12,1	Serin	7,9	8,9
Glykokoll	3,6	3,5	Threonin	4,9	6,1
Histidin	2,6	2,8	Tryptophan	1,7	1,7
Isoleucin	7,1	6,9	Tyrosin	4,2	5,0
Leucin	8,9	8,4	Valin	7,2	7,3

Mineralbestandteile von Hühnerei, Eiweiß und Dotter

	Gesamtei	Eiweiß	Dotter
Calcium, mg-%	60	10	140
Magnesium, mg-%	50	10	130
Natrium, mg-%	130	160	70
Kalium, mg-%	140	170	110
Phosphat (P), mg-%	220	100	590
Chlorid, mg-%	130	150	120
Schwefel, mg-%	180	200	160
Eisen, mg pro Ei	1,0	0	1,0
Kupfer, mg pro Ei	0,11	0,02	0,09
Jod, mg pro Ei	0,007	0,002	0,005
Mangan, mg pro Ei	0,014	0,002	0,012
Zink, mg pro Ei	0,807	0,007	0,8
Fluor, mg pro Ei	0,09	0,008	0,082
Arsen, mg pro Ei	0,004	0,0006	0,0034
Brom, mg pro Ei	0,12	Spuren	0,12
Blei, mg pro Ei	0,22	0,08	0,14

8. Haut und Hautanhangsgebilde

a) Haut

Der *Gewichtsanteil* der Haut ist tierartlich verschieden: Beim *Menschen* beträgt er 5—9% des Körpergewichtes. Bei den verschiedenen *Tierarten* wird ein Schwankungsbereich von 11—25% Gewichtsanteil am Gesamtgewicht angegeben.

Chemische Bestandteile der Haut des Menschen

(bezogen auf 100 g *Frischgewicht*)

Wasser, g	63—71	Natrium, mg	100—360
Mineralstoffe, g	0,5—0,9	Kalium, mg	200—300
Fettfreie Trockensubstanz, g	25—33	Calcium, mg	10—30
		Magnesium, mg	20—30
Fettstoffe, g	0,8—11	Phosphat (als P), mg	40—85
Glykogen, mg	45—115	Chlorid, mg	190—460
Glucose, mg	55—80	Schwefel, mg	70—90
Hyaluronsäure, mg	19—30	Eisen, mg	1—2
Histamin, mg	0,1—0,14		

Chemische Bestandteile der Haut des Menschen

(bezogen auf *fettfreies Gewebe* (a) bzw. auf *Trockensubstanz* (b))

Wasser, %	70—75[a]	Vitamin B_1, mg-%	20—40[b]
Mineralbestandteile, %	1,4—2,6[a,b]	Vitamin B_2, mg-%	1,2—3,4[b]
Gesamt-N, %	16,1[a,b]	Vitamin B_6, mg-%	18—66[b]
Kollagen-N, %	11,3[a,b]	Niacin, mg-%	0,9—2,4[b]
Nichteiweiß-N, %	3,0[a,b]	Pantothensäure, mg-%	0,13—0,71[b]
Kollagen, %	35—40[a]	Inosit, mg-%	23—79[b]
Blei, mg-%	25—135[b]	Folsäure, γ-%	0,9—15[b]
Eisen, mg-%	0,9—5,9[b]	Cobalamin, γ-%	1,6—2,4[b]
Jod, mg-%	0,1—0,2[b]	Biotin, γ-%	2,3—8,5[b]
Kupfer, mg-%	3—19[a,b]	Ascorbinsäure, mg-%	0,2—0,7[b]
Schwefel, mg-%	290—340[b]		
Zink, mg-%	1,2—5,5[a]		

b) Hautanhangsgebilde

Chemische Bestandteile der Haare bzw. Federn

Die Bestandteile der Haare des Menschen sind unterschiedlich und vom Alter, Geschlecht sowie von den Lebensbedingungen und Ernährungsverhältnissen, hierbei vor allem von dem Gehalt an Schwermetallen, abhängig.

Wasser

Die Angaben über den Wassergehalt sind unterschiedlich und von den Untersuchungsbedingungen abhängig. Für menschliches Haar ist mit einem normalen Wassergehalt von 4—5% zu rechnen.

Für Hühnerfedern wird ein Wassergehalt von 10—20% angegeben.

Mineralstoffe

Bezogen auf fettfreie Trockensubstanz liegt der Mineralstoffgehalt bei 0,2 bis 0,7%. Wichtige Aschebestandteile sind (in %):

Natrium	6–11
Kalium	1–25
Calcium	6–14
Magnesium	1– 2

Mineralstoffkonzentrationen in 100 g frischem Menschenhaar

Schwefel, g	3–4	Eisen, mg	10–15
Phosphor, mg	60–95	Kupfer, mg	6–12
Arsen, γ	30–240	Kobalt, mg	1–2
Brom, mg	0,2–0,7	Chrom, mg	0,1–0,2
Calcium, mg	18–22	Quecksilber, γ	3–5
Blei, mg	1–30	Uran, γ	0,01–0,1
Mangan, mg	2–4	Nickel, mg	0,5–0,8
Zink, mg	10–40	Fluor, mg	0,1–0,25

Verschiedene *Mineralstoffe* werden bei Aufnahme in den Tierkörper über das übliche Maß hinaus in den *Haaren gespeichert*. Von den *toxisch* wirkenden Elementen sind hiervon besonders *Arsen*, *Blei*, *Fluor*, *Quecksilber* und *Thallium* zu nennen.

Bei *Meerschweinchen* liegt der *Arsengehalt* der Haare zwischen 12 und 24%. Bei chronischer Arsenvergiftung steigen die Werte auf 1300–3700% an.

Der *Bleigehalt* der Haare des *Menschen* schwankt recht beträchtlich; er liegt zwischen 1–30 mg-%. Bei Bleiarbeitern wurden Werte zwischen 30 und 385 mg-% ermittelt. Bei Meerschweinchen beträgt der Bleigehalt in den Haaren um 0,04 bis 0,64 mg-%.

In Haaren von *Kaninchen* mit chronischer *Fluorintoxikation* wurden Werte von 7–11 mg-% ermittelt.

Organische Bestandteile

Hauptbestandteil des Haares sind die Keratinsubstanzen, die reich an S-haltigen Aminosäuren sind. Der Aufbau der Keratine ist tierartlich verschieden.

Stickstoff-, Schwefel- und Cystingehalt der Haare des Menschen und einiger Tierarten (in %)

Haar von	Stickstoff	Schwefel	Cystin
Mensch	15,4	5,0	15,5
Schimpanse	16,7	4,3	15,5
Ziege	16,2	3,1	8,9
Kuh	15,3	3,7	13,4
Lamm	15,4	3,6	13,1
Kamel	15,1	3,1	11,0

Gesamtlipoid- und Cholesteringehalt von Haaren bzw. Federn

	Gesamt-lipoide %	Cholesterin frei	Cholesterin gesamt
		in % der Gesamtlipoide	
Mensch, erwachsen	4,3–8,4	0,8–1,4	1,2–5,4
Kind, 2–13 Jahre	2,9–4,2	6,5–7,0	8,7–11,8
Kaninchen	1,5–1,7	31–40	34–41
Ratte	4,3	9,6	13,3
Katze	5,3	8,7	10,3
Hund	1,8	–	30,9
Schaf	8,9–13,7	3,6–5,6	4,6–12,5
Truthahn	1,1–1,9	–	14–26
Gans	1,9	–	13,6
Ente	3,2	5,4	9,4

9. Das Auge

a) Die Lederhaut (Sklera)

Die Lederhaut besteht zum großen Teil aus derben bindegewebigen Fasern. Ihr *Wassergehalt* beträgt etwa 70%. Die *Trockensubstanz* besteht zum größten Teil aus Eiweißstoffen:

Kollagen	79 %
Mucoproteid	10,7%
Elastin	7 %

Der *Lipoidgehalt* der Sklera vom *Rind* beträgt etwa 0,6%.

Mineralbestandteile der Lederhaut von Kalb, Rind und Schwein
(in mg-%)

	K	Na	Mg	Ca	Cl	P	S
Kalb	75	160	2	11	213	13	39
Rind	71	183	2	18	244	11	46
Schwein	89	175	2	8	276	13	37

b) Die Hornhaut (Cornea)

Die Hornhaut bildet den vorderen Teil der Augenkapsel und besitzt beim *Menschen* einen *Durchmesser* von 11–12 mm und eine Dicke von etwa 0,6 mm.

Der *Wassergehalt* der Hornhaut beim *Rind* schwankt zwischen 81 und 85%; er nimmt mit steigendem Alter ab.

Das *Eiweiß* der *Hornhaut* (zum größten Teil wasserunlöslich):

Kollagen	78,5%
Mucoproteid	16,4%
Elastin	2,5%

Die *Eiweißstoffe* der Cornea und der Sklera sind durch einen hohen Gehalt an Glykokoll und an Glutaminsäure ausgezeichnet, wie aus nachfolgender Aufstellung der Aminosäurekomponenten der Cornea- und Skleraproteine ersichtlich ist:

Aminosäuren im Gesamteiweiß der Cornea und Sklera des Menschen (in g-%)

	Cornea	Sklera		Cornea	Sklera
Glykokoll	18,0	17,5	Threonin	2,8	2,7
Valin	3,8	3,7	Histidin	0,7	0,8
Leucin	4,7	4,0	Arginin	7,6	7,6
Isoleucin	3,0	2,4	Methionin	1,1	1,2
Asparaginsaure	7,4	6,6	Lysin	3,8	3,8
Glutaminsäure	11,0	10,8	Phenylalanin	2,9	2,3
Serin	4,3	3,8	Tyrosin (Minimalwerte)	1,4	1,3

Der Gehalt der Hornhaut an *Mineralstoffen* ist vom Alter der *Tiere* abhangig. Beim Rind wurde mit zunehmendem Alter eine Abnahme des Kaliumgehaltes und eine Zunahme des Natrium- und Calciumgehaltes festgestellt.

Mineralbestandteile der Hornhaut von Kalb, Rind und Schwein (in mg-%)

	K	Na	Mg	Ca	Cl	P	S
Kalb	101	247	3	7	225	16,0	75
Rind	66	262	3	10	260	13,7	94
Schwein	120	288	4	5	330	12,7	75

Bei der Untersuchung der *Verteilung* einiger *Schwermetalle* in der Cornea vom *Rind* wurde festgestellt, daß diese im Epithel in höherer Konzentration als im Stroma vorkommen.

Eisen, Kupfer, Zink und Mangan in der Cornea vom Rind
(in γ je 100 g Frischgewicht)

	Fe	Cu	Zn	Mn
Ganze Cornea	257	176	211	11,3
Epithel	616	455	376	46,1
Stroma	197	131	117	8,2

c) Die Linse (Lens crystallina)

Das Linsengewicht nimmt mit steigendem Alter zu:

Linsengewicht und Lebensalter bei Mensch und Rind (Gewicht in g)

Neugeborenes	0,10	Kalb, 3 Wochen alt	0,9—1,0
Kind, 10 Jahre alt	0,16	Rind, 1 Jahr alt	1,6
Erwachsener, 25 Jahre alt	0,22	„ 2 Jahre alt	1,7—2,9
„ 65 „ „	0,35	„ 5 „ „	2,0—2,5
		„ 10 „ „	2,4—2,8
		„ 16 „ „	2,5—2,8

Der *Wassergehalt* der Linse schwankt zwischen 60 und 70%; er ist beim jugendlichen Organismus etwas höher als im Alter. Der *Eiweißgehalt* ist ebenfalls vom Alter abhängig: So findet beim *Rind* eine Zunahme des Eiweißgehaltes in der Linse von 32% im jugendlichen Organismus bis auf 37% im Alter statt.

Der Gehalt an *Mineralstoffen* in der Linse ist ebenfalls vom Alter abhängig, wie insbesondere Untersuchungen an Linsen von Kälbern und Rindern gezeigt haben.

Mineralstoffe in der Linse von Kalb, Rind und Schwein (in mg-%)

	K	Na	Mg	Ca	Cl	S
Kalb	375	61	7	0,5	66	164
Rind	404	46	8	6	69	156
Schwein	284	116	7	0,4	116	123

Der Gehalt an *anorganischem Phosphat* der Linse von *Rind, Kaninchen* und *Meerschweinchen* beträgt 5—10 mg-% P, der Gehalt an säurelöslichem, *organisch gebundenem Phosphat* 30—50 mg-% P. Beim *Menschen* wurden in der Linse folgende Konzentrationen unter Normalverhältnissen bzw. bei Katarakt festgestellt:

Mineralstoffe in der Linse vom Menschen (in mg-% der Trockensubstanz)

	K	Na	Ca	Cl	P	S
Normal	635	385	29	97	179	466
Reife Katarakt	92	622	201	325	128	553

In der Linse von *Rindern* wurden folgende Mengen an *Schwermetallen* (in γ/100 g Frischgewicht) nachgewiesen:

Der Gehalt an Eisen, Kupfer, Zink und Mangan in der Linse vom Rind
(γ pro 100 g Frischgewicht)

Fe	Cu	Zn	Mn
32	169	280	18

Die *Linsenproteine* sind in den letzten Jahren hinsichtlich ihrer Eigenschaften und ihres Aminosäureaufbaus bei den verschiedenen Säugetieren eingehend untersucht worden. Beim Linseneiweiß kann man unterscheiden:

Das *Albumoid*, das in Wasser und in Kochsalzlösung unlöslich ist; ferner das α-*Krystallin*, das β-*Krystallin* und das *Albumin*, die wasserlöslich sind.

Zusammensetzung der Proteine in der Augenlinse (in % vom Protein)

	Gesamt-protein	Albumoid	α-Krystallin	β-Krystallin	Albumin
Arginin	10,4—11,9	10,8	10,6	11,2	11,6
Asparaginsaure		6,3	7,5	18,6	10,2
Glutaminsäure	16,2—16,8	8,0	11,4	13,0	11,5
Glycerin	4,5—5,9				
Histidin	3,5—4,9	3,9	3,7	4,5	3,2
Isoleucin	5,2—6,4	6,2	5,8	4,7	4,8
Leucin	7,8—9,4	8,3	7,7	6,7	7,0
Lysin	5,1—6,0	5,7	4,8	5,1	4,0
Methionin	2,2—2,9	1,8	1,6	2,5	4,0
Phenylalanin	7,8—9,2	9,5	10,6	6,0	4,8
Serin	6,0—8,4				
Tyrosin	6,4—7,9	4,7	5,4	8,3	6,1
Threonin	3,3—4,8	6,0	4,4	3,2	5,8
Valin	5,1—6,1	6,0	5,3	4,4	3,7
Cystin	0,1—1,5	0,7	1,4	1,8	2,1
Tryptophan	3,3—3,4	2,4	2,5	1,8	1,6

Schaeffer, A. J., u. *S. Shankman:* Amer. J. Ophthalm. 33, 1049 (1950). — *Schaeffer, A. J.*, u. *J. D. Murray:* Arch. Ophthalm., Chicago 43, 1056 (1950).

Der Gehalt an *stickstoffhaltigen* Verbindungen *nichteiweißartiger* Natur wurde in verschiedenen Linsen zu 80—110 mg-% N festgestellt.

Die junge *Rinderlinse* enthält etwa 320 mg-% *Lipoide*, die hauptsächlich aus Phosphatiden (190 mg-%) und Cholesterin (70 mg-%) bestehen.

Der Gehalt an *Glucose* in der Linse beim *Menschen* liegt zwischen 50—90 mg-%.

d) Die Gefäßhaut (Uvea)

Die Gefäßhaut des menschlichen Auges besteht aus 3 Teilen: der *Aderhaut* (*Chorioidea*), dem *Strahlenkörper* (*Corpus ciliare*) und der *Regenbogenhaut* (*Iris*). Bei der chemischen Analyse ist zu berücksichtigen, daß die Gefäßhaut ein sehr heterogenes Gewebe ist, das insbesondere reich an Blutgefäßen und an Blut ist.

Der *Wassergehalt* der *Gefäßhaut* liegt zwischen 75 und 80%. Zwischen den einzelnen Anteilen bestehen beträchtliche Unterschiede: So enthält der Ciliarkörper vom Rind in der Muskelschicht etwa 83%, in den Ciliarfortsätzen dagegen nur 73% Wasser.

Der Anteil an *Mineralbestandteilen* in der Gefäßhaut wird stark durch das *Alter* beeinflußt, wie insbesondere Untersuchungen an Kälbern und Rindern ergaben:

Mineralbestandteile in Iris, Ciliarkörper und Aderhaut von Kalb, Rind und Schwein (in mg-% des Frischgewichtes)

		K	Na	Mg	Ca	Cl	P	S
Iris	Kalb	102	182	7	38	214	29	19
	Rind	84	189	3	39	218	25	9
	Schwein	114	179	4	38	317	24	75
Ciliarkorper	Kalb	115	240	16	12	193	42	56,5
	Rind	97	218	6	13	178	38	87
	Schwein	99	220	6	25	262	32	78
Aderhaut	Kalb	77	164	15	60	177	26	33
	Rind	37	175	22	63	147	73	43
	Schwein	65	103	9	32	174	25	49

Das *Eiweiß* der *Gefäßhaut* ist zum großen Teil in Wasser unlöslich.

Eiweißgehalt der Chorioidea und Iris vom Rind (in g-% des Frischgewichtes)

Eiweiß	Chorioidea	Iris
Albumine und Globuline	2,4	1,0
Unlösliche Proteine	8,5	11,2
Mucoide	2,1	3,3
Kollagene	4,8	7,2
Elastine	1,6	0,7
„Pigmente" (Farbstoffgruppe + Eiweiß der Pigmentgranula)	3,3	3,6

Lipoide kommen in der Chorioidea vom *Rind* in einer Konzentration von 1,3%, in der Iris von 1,1% vor.

e) Die Netzhaut (Retina)

Die Netzhaut weist einen äußerst komplizierten Aufbau auf, wobei auch die verschiedenen Schichten in chemischer Hinsicht Unterschiede aufweisen.

Die *festen Bestandteile* der Netzhaut bilden 10—17% der frischen Substanz. Der *Trockensubstanzanteil* liegt bei *Kaninchen* bei 15,8% und beim *Hund* bei 16,6%; niedrigere Werte (von 11,7—12,2%) werden beim Meerschweinchen, beim Schaf, beim Schwein und beim Rind gefunden.

Etwa die Hälfte des Trockenrückstandes bilden Eiweißstoffe, 20—25% Lipoide, den Rest niedrigmolekulare organische Bestandteile, Mineralstoffe usw.

Bei der Untersuchung des *Mineralstoffgehalts* der Retina ist der Zeitpunkt der Entnahme des Materials zu berücksichtigen, da das Gewebe Kalium verliert und Natrium aufnimmt.

Mineralstoffgehalt der Netzhaut von Kalb, Rind und Schwein
(in mg-% des frischen Organs)

	H_2O	K	Na	Mg	Ca	Cl
Kalb	89	66	154	8	10	142
Rind	89	50	155	3	12	147
Schwein	90	93	150	4	14	170

In der Kaninchennetzhaut wurde ein *Gesamtphosphorgehalt* von 260 bis 270 mg-% festgestellt, wovon etwa 70% säureunlöslich waren. Der Gehalt an *anorganischem Phosphat* betrug in der *dunkeladaptierten* Netzhaut 13 mg-%, in der *helladaptierten* Netzhaut 18 mg-%. Der Gehalt an *Eiweißstoffen* in der Retina liegt zwischen 6 und 8%, etwa 80% der Proteine sind wasserlöslich.

In der Netzhaut vom Rind wurde ein Gehalt an *Desoxyribonucleinsäure* von 400—700 mg-% und an *Ribonucleinsäure* von 95—200 mg-% festgestellt.

In der Retina vom Rind liegt der Gehalt an *Lipoiden* zwischen 2,3 und 3,4% der frischen Substanz, was 20—30% der Trockensubstanz entspricht; den Hauptanteil bilden Phosphatide.

Die Fettstoffe in der Netzhaut des Rindes (in g-%)

	Frischgewicht	Trockengewicht	% der Gesamtlipoide
Gesamtlipoide	2,3	19,7	100
Fette	0,3	2,5	13
Phosphatide	1,6	13,7	70
Lecithin	0,8	7,0	36
Kephalin	0,5	4,8	24
Sphingomyelin	0,2	1,9	10
Cerebroside	0,1	0,8	4
Cholesterin	0,2	2,0	10
Carotinoide *)	0,0005	0,004	
Unverseifbares unbekannter Natur	0,04	0,3	1,5
Freie Fettsäuren	0,03	0,3	1,5

*) Xanthophylle wurden nicht gefunden.

f) Der Sehnerv (Nervus opticus)

Im Sehnerven vom *Rind* wurde ein *Wassergehalt* von 69% festgestellt; mehr als die Hälfte der *Trockensubstanz* besteht aus *Lipoiden.*

Eiweiß und Lipoide im Nervus opticus vom Rind (in g-%)

	Frischgewicht	Trockengewicht
Eiweiß	12,1	41,7
Lipoide (gesamt)	16,2	52,7
Cholesterin	3,9	12,7
Phosphatide	7,6	24,7
Cerebroside	3,6	11,6

g) Das Kammerwasser (Humor aquaeus)

Das Kammerwasser stellt eine wasserklare Flüssigkeit dar; der *Trockensubstanzanteil* beträgt 1,1%, das *spezifische Gewicht* 1,004–1,009. Der p_H-*Wert* im Kammerwasser von Kaninchen liegt bei 5,5–7,6.

Hinsichtlich des Gehaltes an *Mineralstoffen* bestehen kleine tierartliche Unterschiede.

Mineralbestandteile im Kammerwasser und Glaskörper vom Rind (in mg-%)

	Kammerwasser	Glaskörper
Natrium	339	338
Kalium	19	19,1
Calcium	6,2	6,9
Magnesium	1,1	1,0
Chlorid	437	441
Phosphor (anorganisch)	2,8	1,0
Schwefel (anorganisch)	1,2	1,4

Der *Eiweißgehalt* im Kammerwasser beim *Menschen* liegt zwischen 10 und 30 mg-%, der an *Rest-N* zwischen 12 und 40 mg-%. *Lipoide* sind nur in Spuren (etwa 4 mg-%) nachweisbar.

h) Der Glaskörper (Corpus vitreum)

Der Glaskörper stellt eine halbfeste, gallertige Masse dar, die zu rund 99% *aus Wasser* besteht. Der *Eiweißgehalt* wurde beim *Kaninchen* zu 8–16 mg-%, beim *Pferd* zu 20 mg-% und beim *Rind* zu 40 mg-% ermittelt. Das *lösliche Eiweiß* besteht aus Albumin und Globulin; das *Restprotein* wird als *Vitrein* bezeichnet, es baut das Fadenwerk des Glaskörpers auf und zeigt Eigenschaften der Kollagene. Etwa $^1/_3$ der organischen Substanz des Glaskörpers beim Rind besteht aus *Hyaluronsäure.*

Davson, H.: Physiology of the Ocular and Cerebrospinal Fluids, London 1956. — *Krause, A. C.:* The Biochemistry of the Eye, Baltimore 1934. — *Pirie, A.,* u. *R. van Heyningen:* Biochemistry of the Eye, Oxford 1956. — *Süllmann, H.:* Chemie des Auges, in Tab. biol. **22/2**, 120 (1951). — *Süllmann, H.:* Auge und Tränen, in: *Flaschenträger-Lehnartz,* 2a, 864.

II. Gehirn, Rückenmark und Nerven

Von **U. Liedtke** und **H. Debuch,** Köln

Literatur s. S. 409

Das Gesamtgehirn des erwachsenen Menschen besteht aus 77–78% Wasser, 1% anorganischen Salzen, 2% löslicher organischer Substanz, 1% Kohlenhydraten, 8% Proteinen und 10–11% Lipoiden [*31*].

A. Wasser und anorganische Stoffe

(Mensch und verschiedene Säugetiere)

Gehirn

Mineralien (mg/100 g Frischgewicht) [*40*]

Na 117—220; K 340—370; Ca 3,2—5,8; Mg 6,8—9,9; Zn 0,6—1,5; Fe 0,68 bis 0,93; Cu 0,05—0,40; Mn 0,03; Sn Spur beim Menschen, 0,2—0,3 beim Rind; Al 0,004; Mo Spur; Co 0,004; Ni 0,002; Ag 0,003; Ti 0,0017—0,0043; Rb 0—4,0; U 0,0003; Si 5—17 (mg % Trockengewicht); As 0,012—0,018; Hg 0—0,009 (0,001—0,050 bei Amalgamträgern); Pb 0—0,39 (hohe Werte bei Bleivergiftung); F 0,06; Cl 130—160; Br 0,2; J 0,001—0,003.

Ba, Sr, V und Au konnten bisher nicht nachgewiesen werden.

Gesamtkationen (μ Äqu./g Frischgewicht) [*31*]: 166 (Na^+ 57; K^+ 96; Ca^+ 2; verschiedene 11).

Gesamtanionen: 75 (Cl^- 37; HCO_3^- 12; Phosphate 16; einfache org. Säuren 10).

Verteilung von Wasser, Mineralien, Phosphor, Schwefel und Stickstoff in grauer und weißer Substanz (Wasser in g, sonst mg/100 g Frischgewicht. Werte in Klammern für weiße Substanz) [*38*]:

Wasser 81—87 (67—74); Gesamtasche 1000—2600 (700—2700); Natrium 110—210 (100—230); Kalium 210—380 (180—380); Calcium 10—13 (14—16); Magnesium 20—23 (26—41); Chlor 110—220 (90—180); Gesamt-Phosphor 190 bis 290 (330—490); anorganischer Phosphor 29—64 (11—60); säurelöslicher P 71—190 (60—186); RNA-P 10—11 (4—5); DNA-P 4—5 (5—6); Phosphoprotein-P 2—3 (2—3); Inositid-P 8—9 (19—23); Gesamt-Schwefel 56—78 (92—150); Gesamt-Stickstoff 1500—1850 (1800—1900); Protein-N 1100—1320 (1220—1240); säurelöslicher N 110—330 (110—470); Amino-N 87—112 (82—105); Lipoid-N 146—295 (308—335).

In frischen Rattenhirnschnitten wurde folgende Verteilung des Stickstoffs gefunden [*48*]: Ammoniak-N 0,55; Nichteiweiß-N (ohne Ammoniak-N) 7,14; Lipoid-N 5,27; Nucleoproteid-N 21,77; Protein-N 61,87; Humin-N 3,39% des Gesamtstickstoffs.

Topographische Verteilung von Wasser und Elektrolyten im Kaninchenhirn [*2*] (ml Wasser bzw. mÄqu./100 g Trockenhirn)

	H_2O	Na	K	Cl
Cortex	465	34,8	53,8	24,2
Nucl. caud.	423	32,0	47,1	21,7
Thalamus	303	22,0	36,0	14,3
Corp. quadr. sup.	341	25,7	39,3	16,4
Cerebellum	363	27,2	43,2	16,7
Medulla obl.	261	19,6	31,9	12,0

Extra- (e) und intrazelluläre (i) Verteilung von Wasser und Natrium im Kaninchenhirn [*2*] (ml Wasser bzw. mÄqu./100 g Trockenhirn)

	$H_2O_{(e)}$	$H_2O_{(i)}$	$Na_{(e)}$	$Na_{(i)}$
Cortex	202	263	30,3	4,5
Nucl. caud.	180	243	27,0	5,0
Thalamus	119	184	17,7	4,3
Corp. quadr. sup.	136	205	20,4	5,3
Cerebellum	138	225	20,7	6,0
Medulla ob.	99	162	14,8	4,6

B. Lipoide

Gehirn

Die Lipoide machen 49—54% der Trockensubstanz des Gesamtgehirns des Menschen aus. Davon entfallen etwa auf die Gesamtphosphatide 25%, auf die Cerebroside 13%, auf das Cholesterin 11% und auf die Neutralfette 3%.

Bei 70 Tage alten Ratten wurde gefunden (% Trockengewicht): Gesamtlipoide 44,6; Phosphatide 27,2; Sphingomyelin 4,3; Cerebroside 8,4; Cholesterin 7,1%.

Vom Gewicht der Hirnhemispharen des Menschen entfallen 61,0—62,3% auf die weiße und 37,7—39,0% auf die graue Substanz, davon 33% auf die Rinde und 6% auf die Ganglien.

Verteilung der Lipoide in weißer und grauer Hirnsubstanz des Menschen
(% Trockengewicht)

	Weiße Substanz			Graue Substanz		
	[*5*]	[*11*]	[*19*]	[*5*]	[*11*]	[*19*]
Trockensubstanz % Feuchtgewicht	29,2	27,1		15,1	17,8	
Gesamtlipoide % Trockengewicht	62,6	63,5	54,4	36,4	44,3	32,8
Glycerinphosphatide	24,2	15,5	17,0	19,9	16,2	18,0
Lecithin	5,7	4,8	4,6	7,3	6,5	6,3
Kephalin	17,1	10,7	12,4	11,3	9,7	11,7
Diphosphoinositid	1,4			1,3		
Sphingolipoide	19,7	29,2	23,1	6,0	15,0	8,5
Sphingomyelin	3,7	7,8	6,8	1,8	5,5	3,0
Cerebroside	16,0	21,4	16,3	4,2	9,5	5,5
Cholesterin	13,8	18,8	14,3	5,1	13,1	6,3
Unbekannte Lipoide	4,9			5,4		

Ein Teil der für das Kephalin angegebenen Werte enthält wahrscheinlich die für das *Plasmologen*, das mit 9,6% des Trockengewichtes für die weiße und mit 7,6% für die graue Substanz bestimmt wurde [*43*]. Der Anteil an Kephalin B beträgt in der grauen Substanz 2% und in der weißen 3% d. Tr. [*5*].

Gangliosidgehalt [*21*]: 0,63% d. Tr. in der Hirnrinde und 0,42% im Basalgangliengrau.

$^1/_4$ bis $^1/_5$ der Cerebroside ist mit Schwefelsäure verestert [*3*], der Gehalt an Sulfatiden wird für die weiße Substanz mit 3—4% d. Tr. angegeben.

a) Glycerinphosphatide

Es kommen nur α-Glycerinphosphatide vor. Die Glycerinphosphatide zeichnen sich durch einen hohen Gehalt an ungesättigten Fettsäuren aus.

Fettsäuren der Glycerinphosphatide aus Gehirn [*25*]

C_{14}	gesattigt						
C_{16}	,,	monoen					
C_{18}	,,	,,					
C_{20}	,,	,,	dien (6)	trien (6 oder 9)	tetraen (6)		
C_{22}	—	—	—	,, (9)	,, (6)	pentaen (3 oder 6)	hexaen (3)
C_{24}	gesattigt	—	—	—	,, (6)	—	—

Die Doppelbindungen liegen im Divinylmethanrhythmus vor. Die Zahlen in Klammern geben die Lage der ersten Doppelbindung, von der Methylgruppe aus gezählt, an.

Zusammensetzung des Fettsäuregemisches verschiedener Glycerinphosphatide des Gehirns in % der Gesamtfettsäuren [*23*]

	Gesattigte Fettsäuren				Ungesättigte Fettsäuren			
	C_{14}	C_{16}	C_{18}	C_{20-24}	C_{16}	C_{18}	C_{20}	C_{22}
Lecithin	0,1	30,1	10,3	1,3	3,1	46,0	8,5	0,6
Colaminkephalin	—	6,5	38,6	3,7	2,4	34,2	8,9	5,7
Serinkephalin	—	3,2	32,7	—	—	51,6	7,1	5,4
Colaminplasmalogen	—	—	—	—	—	53,0	24,5	22,5

α) **Lecithine.** Die gesättigten Fettsäuren verhalten sich zu den ungesättigten wie 2:3, es existieren also ungesättigte Lecithine.

β) **Kephaline.** a) Colamin-, b) Serin-Kephaline.

Die Colaminkephalin-Fraktion besteht zu etwa 70% aus Colaminplasmalogenen. Reines Serinkephalin ist noch nicht mit Sicherheit isoliert worden. Das Colaminkephalin der grauen Substanz ist reicher an hochungesättigten Fettsäuren als das der weißen.

γ) **Plasmalogene** [*23*]. Aldehydgehalt der Glycerinphosphatidfraktionen des Gehirns in % (berechnet als Dimethylacetale): Lecithin 0,7—0,8; Serinkephalin 4,7—5,3; Colaminkephalin 22—26.

Colaminplasmalogen: Über 50% ungesättigte C_{18}-Aldehyde, überwiegend Oleinaldehyd. Daneben gesättigte C_{16}- und C_{18}-Aldehyde im Verhältnis 2:3. Im Colaminplasmalogen der grauen Substanz finden sich mehr hochungesättigte Fettsäuren als in dem der weißen Hirnsubstanz.

δ) **Inositphosphatide.** Mono- und Diphosphoinositide.

b) Sphingolipoide

α) **Sphingomyelin.** Fettsäuren [*25*]: Hauptsächlich Stearin-, Lignocerin- und Nervonsäure, hochungesättigte fehlen ganz. (C_{16}: 2,3% ; C_{18}: 46,4% ; C_{20}: 2,1% ; C_{22}: 5,6% ; C_{24}: 33,7% ; C_{26}: 9,9%.)

β) **Cerebroside** [*25*]

	Fettsaure	% der Fettsäuren der Gesamt-hirncerebroside
Kerasin	Lignocerinsaure	10
Cerebron	Cerebronsaure	46
Nervon	Nervonsäure (20% davon C_{26}-monoen)	18
Oxynervon	α-Oxynervonsäure (bzw. ihr Isomeres)	14
	nicht identifiziert	12

Von den Cerebrosidschwefelsäureestern wurde bisher erst Cerebronsulfat (K-Salz) isoliert.

γ) **Ganglioside.** In dem Gangliosidgemisch aus menschlichem Gehirn wurden sowohl hexosaminhaltige als auch hexosaminfreie Ganglioside aufgefunden. Die bisher in der Struktur aufgeklarten hexosaminhaltigen Ganglioside hatten folgende Zusammensetzung: Fettsäure : Sphingosin : Glucose : Galaktose : Galaktosamin : Neuraminsäure = 1:1:1:1:1:1 bzw. 1:1:1:2:1:2 [*27, 27a*]. Fettsäuren: Vor allem Stearinsäure neben kleineren Mengen Lignocerin- und Cerebronsäure.

c) Cholesterin

Im Gehirn fast ausschließlich in unveresterter Form.

Chemische Topographie der Lipoide in menschlichem Gehirn [*34*]
(% Trockengewicht)

	Gesamt-lipoide	Phosphatide	Gesamt-Cholesterin	Jodzahl	Lipoid-P	Lipoid-N
Cor. rad.	57,30	40,33	15,15	84	1,23	1,04
Frontalweiß	55,37	38,54	14,23	84	1,19	1,05
Parietalweiß	57,18	40,86	14,79	84	1,20	1,11
Hirnstamm	54,21	38,59	13,51	88	1,22	1,04
Thalamus	47,10	33,86	11,23	95	1,20	0,96
Nucl. caud.	33,46	24,12	6,65	116	1,04	—
Frontalrinde	31,98	24,17	5,98	129	1,01	0,92
Parietalrinde	32,77	24,71	6,23	129	1,00	0,97

Lipoidfraktionen einiger Großhirn- und Kleinhirnschichten und der dazugehörigen weißen Substanz vom Affen [*35*, *36*] (mMol/kg Trockengewicht)

	Kephalin	Lecithin	Sphingomyelin	P-freie Sphingolipoide	Cholesterin
Großhirn:					
motor. Rinde (Molekularschicht)	143	126	50	22	139
dazugehörige weiße Substanz	210	87	91	145	329
Sehrinde (Molekularschicht)	136	116	37	9	168
dazugehörige weiße Substanz	229	78	81	114	428
Kleinhirn:					
Molekularschicht	131	138	44	10	131
Körnerschicht	88	95	33	43	107
dazugehörige weiße Substanz	199	103	78	169	364

Veränderungen des Gehirngewebes bei Formalinfixierung

Das Gewicht des Hirngewebes nimmt bei Formalinfixierung im Verlaufe der ersten 6 Monate zu (bis um 40%) und nimmt dann allmählich wieder ab [*37*]. Nach zwei Jahren wurde eine Abnahme um 2%, nach vier Jahren eine solche von 20 bis 25% festgestellt. Bei zehntägiger Fixierung in 10%igem Formalin wurde eine Abnahme des Wassergehaltes um 1,3–6,3% in der weißen Substanz und um 1,1–6,2% in der Hirnrinde festgestellt. Während sich Cerebrosid- und Cholesteringehalt auch bei längerer Fixierung nicht oder nur unwesentlich ändern, wurde für Phospholipoide schon nach fünf Tagen eine Abnahme festgestellt [*12*] (% Trockengewicht; Werte in Klammern: nach Fixierung):

Weiße Substanz: Lecithin 6,6 (5,0); Kephalin 13,1 (10,6); Sphingomyelin 8,1 (4,6).

Cortex: Lecithin 6,3 (5,2); Kephalin 14,3 (8,4); Sphingomyelin 4,2 (3,2).

Der Gangliosidgehalt ändert sich ebenfalls wesentlich, da die Neuraminsäure abgespalten wird [*28*]. Nach sechsjähriger Fixierung wurde eine Abnahme um etwa 30% festgestellt. Auch der Gehalt an wasserlöslichem Hexosamin nimmt erheblich ab.

2. Rückenmark

(menschliches Gesamt-) [*41*, *42*]

Mittlerer Wassergehalt 73,6%; mittlerer Lipoidgehalt der Trockensubstanz 60%. Die Trockensubstanz enthält 17,1–22,8% Phosphatide, 11,1–15,3% Cerebroside und 0,25–0,75 (stark altersabhängig) Ganglioside.

Asche 3,9%; Natrium 514,8%; Kalium 279,7%; Calcium 31,1% (Mittelwerte für das 21.–50. Lebensjahr).

Die Gesamtlipoidfraktion enthält (Mittelwert 21.–50. J.): 22,1% (unverseift), 12,0% (verseift) Sterine; 1,64% Plasmalogene; 20,79% Cerebroside; 1,13% Ganglioside; 1,24% Phosphor; 1,25% Stickstoff; 0,54% Schwefel.

3. Peripherer Nerv

(Mensch, verschiedene Säugetiere [*16*]; % Frischgewicht): Wasser 56–71; Asche 1,0–1,1; säurelöslicher N 0,13–0,18; Amino-N 0,08–0,14; Na 0,17–0,45; K 0,12–0,22; Ca 0,015–0,027; Chlor 0,17–0,28; Schwefel 0,07–0,12; Gesamt-P 0,20–0,48; anorganischer P 0,011–0,032; säurelöslicher P 0,028–0,062.

Lipoide: Gesamtlipoide 16,7–21,5; Gesamtphospholipoide 2,2–10,6; Lecithin 0,3–1,4; Kephalin 0,4–5,2; Sphingomyelin u. Kephalin B 1,3–4,7; Cerebroside 1,1–4,7; Plasmalogenaldehyde (berechnet als äquimol. Palmital u. Stearal) 0,51–0,59; Inositphosphatide 0,35–0,74; Ganglioside 0,1; Cholesterin 1,1–4,5.

4. Nervenfasern, Nervenzelle

Verteilung der Lipoide in Markscheide und Axon [*5*] (berechnet, nur gültig fur die Fasern des ZNS. % Frischgewicht, in Klammern Werte für Axon): Wasser

50 (88); Lecithin 2,4 (1,1); Colaminkephalin 3,9 (1,15); Serinkephalin 4,2 (0,22); Sphingomyelin u. Kephalin B 4,8 (0,24); Cerebroside 9,8 (0,35); Cholesterin 8,4 (0,2).

Das Colaminkephalin liegt überwiegend in Form des Plasmalogens vor.

Die weiße Substanz des Gehirns enthält 50% Axone und 50% Myelinscheiden, die des Rückenmarks 34% Axone und 66% Markscheiden. Der Proteingehalt des Axons beträgt 30—40% d. Tr.

Zusammensetzung der Nervenzelle [*33*]. Der Nervenzellkörper (Cytoplasma + Kern) enthält 65% Wasser. Die Trockensubstanz besteht aus 70% Proteinen, 20—25% Lipoiden, 3—5% Nucleinsäuren und 3—5% Metaboliten. Die Kerne zeigen dieselbe Lipoidkonzentration wie der übrige Zellkörper.

Verteilung der Lipoide menschlicher Hirnrindenzellen in Kern und Cytoplasma [*46*] (% Trockengewicht, Werte für das Cytoplasma in Klammern): Lecithin 4,4 (5,4); Kephalin 6,5 (11,9); Sphingomyelin 2,1 (3,0); Cerebroside 10,0 (4,7); Cholesterin 4,1 (5,4).

Lipoidzusammensetzung von Groß- und Kleinhirnrindenzellkernen [*13*] (% des Gesamtlipoids, in Klammern Werte für die Kleinhirnkerne): Phosphatide 37,5 (44,0); Sphingomyelin 3,8 (4,8); Lecithin 9,0 (27,6); Plasmalogene 3,9 (3,4); Kephalin 20,8 (8,2); Gangliosid 1,3 (0,4); Cerebrosid 17,5 (18,4); Cholesterin 23,0 (20,5).

Eiweiß. Im sauren Hydrolysat von Nervenzellkernen wurden 13 Aminosäuren gefunden [*1*]: Asparaginsäure, Glutaminsäure, Serin, Glykokoll, Threonin, Alanin, Valin, Leucin bzw. Isoleucin, Prolin, Cystein, Tyrosin, Arginin und Histidin.

Verhältnis N:P im Nervenzellkern = 8,2:1.

Nucleinsäuren. Große Nervenzellen wie Spinalganglien- und Vorderhornzellen enthalten $200-1000 \cdot 10^{-12}$ g RNA und etwa $6 \cdot 10^{-12}$ g DNA. RNA:DNA etwa 100:1 [*12*].

Gliazellen. Enthalten mehr Lipoide als die Nervenzellen (70—80% der Trockensubstanz).

C. Eiweißstoffe

Proteine und Lipoproteide sollen 90% der Hirntrockensubstanz ausmachen, [*39*] jedoch werden Lipoid-Eiweiß-Bindungen bei der Aufarbeitung leicht gespalten. Während etwas mehr als die Hälfte der trocknen grauen Substanz aus Eiweißstoffen besteht, finden sich im Weiß doppelt soviel Lipoide wie Eiweiße. Ein Teil der Eiweißstoffe ist löslich in Wasser oder verdünnten Neutralsalzlösungen. Das Verhältnis von löslichem zu unlöslichem Protein beträgt in der Hirnrinde 1:2, im Weiß etwa 1:4.

Proteingehalt des Gehirns erwachsener Menschen [*20*]
(Proteinwerte als % Frischgewicht)

	Wasser	Gesamteiweiß	Lösl. Eiweiß*	Unlösl. Eiweiß
Rindengrau	82,26	9,15	3,11	6,04
Weiße Substanz	69,18	10,52	2,22	8,30

* (löslich in 0,05 m Phosphatpuffer)

1. Lösliche Eiweißkörper

Die löslichen Eiweißkörper des Gehirns sind vorwiegend Globuline. Bei Sättigung mit Magnesiumsulfat werden sie vollständig ausgefällt. Der periphere Nerv enthält dagegen bedeutende Mengen Albumin. Bei der elektrophoretischen Trennung der löslichen Proteine werden die einzelnen Fraktionen im allgemeinen nach den entsprechend wandernden Blutserumfraktionen benannt. Je nach Methodik wurden bis zu zehn Fraktionen getrennt.

Relative Beträge für lösliche Proteine in menschlicher Hirnrinde bei papierelektrophoretischer Trennung [20]: Prä-Albumin 1,3; Albumin 5,2; α_1-Globulin 7,2; α_2-Globulin 16,5; β-$_1$Globulin 23,2; β_2-Globulin 24,6; γ-Globulin 22,0.

Fraktionen des löslichen* Proteins aus normalem menschlichem Gehirn [20] (Tiselius-Elektrophorese, in % d. Gesamt- Proteins. N in mg% Frischgewicht)

	Stickstoff	Albumin	α-Globulin		β-Globulin		γ-Globulin	
			α_1	α_2	β_1	β_2	γ_1	γ_2
Cortex	497,4	13,5	10,9	25,7	12,0	17,0	9,3	11,6
Weiße Substanz	355,0	26,5	8,9	14,3	12,6	17,4	11,8	8,5

*(löslich in 0,05 m Phosphatpuffer)

2. Unlösliche Eiweißkörper

Proteolipoide A, B und C [14]: 2,0–2,5% des Frischgewichtes der weißen Substanz, auch im Grau nachgewiesen. Labile Verbindungen mit der Löslichkeit von Lipoiden, deren Bindung leicht gelöst werden kann, z. B. schon durch Trocknen. Die Eiweißkomponente aller Proteolipoide enthält 1,76% S.

Proteolipoid A. Gemisch aus Proteolipoid und freien Lipoiden. 20% Eiweiß; als Lipoidanteil 60–75% Cerebroside und 5–15% Glycerinphosphatide. 3,8 bis 4,3% N; 0,2–0,4% P.

Proteolipoid B. 50% Eiweiß; 20% Cerebrosid und 30% Phosphatid, davon die Hälfte Sphingomyelin; 1% Galaktose. 8,2% N; 1,3% P.

Proteolipoid C. 70–75% Eiweiß, Rest im wesentlichen Phosphatide; 1% KH. 10,5–11% N; 1,3% P.

Zusammensetzung der Eiweißkomponente eines Proteolipoids aus weißer Hirnsubstanz [17] (N-Gehalt in % des Proteins): Leucin, Isoleucin und Phenylalanin 2,49; Methionin 0,36; Tyrosin und Valin 1,01; Prolin 0,28; Alanin und Glutaminsäure 1,81; Threonin 0,84; Asparaginsäure 0,43; Serin 0,71; Glykoll 1,14; Arginin 1,01; Lysin 0,91; Histidin 0,64; Cystin 0,45; Ammoniak 0,89.
Gesamtmenge 12,97; Protein 14,0.

Eine trypsinresistente Proteinfraktion [15] findet sich im Eiweiß der grauen und der weißen Substanz in etwa gleichem Prozentsatz (6,0 mg/100 mg Protein im Gesamtgehirn des Rindes). Sie enthält Phosphoinositid in salzartiger Bindung. 10,0% N; 1,43% S; 1,25% P.

Das Neurokeratin der Markscheiden ist wahrscheinlich ein kombiniertes Abbauprodukt aus den Proteinanteilen der Proteolipoide und der trypsinresistenten Proteinfraktion. Es macht $^1/_3$ der lipoidfreien weißen Trockensubstanz aus.

Aminosäurezusammensetzung von Neurokeratin [4] (g Aminosäuren/16 g N; papierchromatographisch): Arginin 4,2; Histidin 2,9; Lysin 6,3; Tyrosin 7,2; Tryptophan 1,3; Phenylalanin 15,2; Cystin 4,3; Methionin 1,6; Serin 3,3; Threonin 9,2; Leucin 15,3; Isoleucin 11,3; Valin 5,7; Glykokoll 5,0; Alanin 9,1; Glutaminsäure 11,9; Asparaginsäure 3,7; Prolin 3,4; Hydroxyprolin 0.
Das Neurosklerin [47] wurde aus Mäusehirn isoliert. Es ist unlöslich in Wasser und hat hochlipophile Eigenschaften. 50% seines Amino-N stammen aus Alanin, Glykokoll, Isoleucin und Leucin.

Ein Liponucleoproteid (Ribosetyp) findet sich in der Nissl-Substanz.

Cerebrocupreine I, II und III. Cerebrocuprein I aus normalem menschlichem Gehirn enthält 0,3% Kupfer.

Kollagen und **Elastin** machen nur 0,2% des Eiweißgehaltes aus.

3. Aminosäurezusammensetzung von Gesamtprotein aus Gehirn und Rückenmark [*4*, *9*]

(g Aminosäuren/16 g N, Werte für das Rückenmark in Klammern): Arginin 7,4 (5,4); Histidin 3,2 (2,6); Lysin 7,0 (6,3); Tyrosin 4,1; Tryptophan 1,3; Phenylalanin 5,2 (4,3); Cystin 2,0; Methionin 3,0 (1,6); Serin 7,1; Threonin 5,8 (3,3); Leucin 7,4 (6,5); Isoleucin 5,1 (3,4); Valin 4,8 (4,2); Glykokoll 4,8 (7,1); Glutaminsäure 11,7 (10,7); Asparaginsäure 10,0 (8,5).

In der Aminosäurezusammensetzung der Gesamthirnproteine beim Menschen und verschiedenen Tieren finden sich kaum Differenzen.

4. Freie Aminosäuren im Gehirn [*44*]

(mg/100 g Frischgewicht): Asparaginsäure 29,7; Asparagin 1,4; Glutaminsäure 128; Glutamin >50; Glykokoll 10,1; Alanin 8,4; γ-Aminobuttersäure 23,4; Valin 2,1; Leucin 1,8; Isoleucin 1,2; Serin 7,6; Threonin 2,6; Methionin 1,5; Cystin 1,0; Taurin 24,0; Glutathion 27,1; Prolin $<1{,}6$; Phenylalanin 1,2; Tyrosin 1,2; Tryptophan $<0{,}7$; Histidin 0,9; Ornithin 0,6; Lysin 2,0; Arginin 1,4; Citrullin $<0{,}4$.

D. Kohlenhydrate

Glykogenwerte sind in den einzelnen Gehirnteilen verschieden, am höchsten in Cortex, Nucl. caud. und Thalamus. 15 Minuten post mortem sind 80—85% des Glykogens abgebaut, nach zwei Stunden ist es nicht mehr nachzuweisen [*40*]. Der Milchsäuregehalt steigt schnell an. Während Krampfanfällen wurde bei Versuchstieren eine Abnahme des Glykogengehaltes um 30%, des Glucosegehaltes um 41% (Katze) und ein Anstieg der Milchsäurewerte um 240% (Ratte) gemessen.

Kohlenhydratgehalt des Säugetiergehirns [*16*] (% Frischgewicht): Glykogen 0,087—0,128; Glucose 0,058—0,102; Milchsäure 0,013—0,023; Metaboliten: Glucose-1-PO_4 0,0026—0,026; Glucose-6-PO_4 0,0026—0,052; Fructose-6-PO_4 0,0026 bis 0,0078; Fructose-1,6-di-PO_4 0,0010—0,0027; 3-Phosphoglycerinaldehyd und Dihydroxyaceton-PO_4 0,0051; Glycerinphosphorsäure 0,0019—0,0093; Phosphoenolbrenztraubensäure 0,013; Pyruvat 0,00088—0,00176.

Hexosamin [*7*]: Hexosamingehalt in grauer und weißer Substanz ist etwa gleich, 0,08—0,1% des Frischgewichtes. Davon liegen 0,06% als Mucopolysaccharid und Mucoidprotein vor (entspricht 0,15—0,25% Mucopolysaccharid und Mucoid in frischem und 0,6—1,0% im Trockengewebe). Im Rinderhirn gehen 22% des Hexosamins in den Chloroform-Methanol-Extrakt, 8% in den Wasserextrakt und 63% verbleiben im Rückstand.

E. Nucleinsäuren

Nucleinsäuregehalt des Kaninchengehirns [*32*] (mg-% Tr.)

	RNA	DNA
Graue Substanz der Hemisphären	156	38,6
Weiße „ „ „	144	32,7
Kleinhirn	195	127,0

In der grauen und weißen Substanz des Hundegehirns wurden folgende Werte gefunden [*29*] (UV-Adsorption; mg P/100 g Frischgewicht; Werte für die weiße Substanz in Klammern):

Gesamtnucleinsäuren 15,2 (10,7); DNA 4,9 (5,8); RNA 10,3 (4,9).

F. Vitamine und weitere Bestandteile [*10*, *31*]

Werte aus verschiedenen Säugergehirnen, mg bezogen auf 100 g Frischgewebe.

Vitamine: Aneurin 88—150; Riboflavin 0,25—0,50; Nicotinsäureamid 2—4; Pyridoxin 0,5—1,5; Pantothensäure 1,5—2,6; Biotin 58; Ascorbinsäure 3—15.

Weitere Bestandteile: ATP 106—154; DPN 9,9—18,0; Phosphokreatin 61—80; Kreatin 130; Kreatinin 1; Gesamtinosit 200—300; Colamin 20,7; Cholin 6,8 (nach Extraktion der Lipoide); Ammoniak 0,28; Acetylcholin 0,13—0,34; Histamin 0,01; Glykocyamin 1,6; Noradrenalin 0,0045 (Cortex), 0,16 (Hypothalamus); Serotonin 0,05 (Gesamtgehirn), 0,16 (Hypothalamus).

Literatur

[1] *Albert, E.:* Z. physiol. Chem. **308**, 189 (1957).
[2] *Aprison, M. H., A. Lukenbill* u. *W. E. Segar:* J. Neurochem. **5**, 151 (1960).
[3] *Blix, G.:* Z. physiol. Chem. **219**, 82 (1933).
[4] *Block, R. J.:* Arch. Biochem. Biophys. **31**, 266 (1951).
[5] *Brante, G.:* Act. Physiol. Scand. **18**, Suppl. 63 (1949).
[6] *Brante, G.:* in „Biochemistry of the Developing Nervous System", New York 1955.
[7] *Brante, G.:* in „Metabolism of the Nervous System", London 1957.
[8] *Bürger, M.:* Fette, Seifen **60**, 253 (1958).
[9] *Camien, M. N., M. S. Dunn, R. B. Malin, Ph. J. Reiner* u. *J. Tarbett:* Univ. Calif. Publ. Physiol. **8**, 327 (1949), zit. n. [10].
[10] *Cremer, H. D.,* u. *J. Führ:* in Hoppe-Seyler/Thierfelder, Bd. V, Berlin, Göttingen, Heidelberg 1953.
[11] *Cumings, J. N.:* Brain **76**, 553 (1953).
[12] *Cumings, J. N.:* Modern Scientific Aspects of Neurology, London 1960.
[13] *Debuch, H.,* u. *A. Stammler:* Z. physiol. Chem. **305**, 115 (1956).
[14] *Folch-Pi, J.,* u. *F. N. LeBaron:* Fed. Proc. **10**, 183 (1951), zit. n. [39].
[15] *Folch-Pi, J.,* u. *F. N. LeBaron:* J. Neurochem. **1**, 101 (1956).
[16] *Folch-Pi, J.,* u. *F. N. LeBaron:* in „Metabolism of the Nervous System", London 1957.
[17] *Folch-Pi, J.,* u. *M. Lees:* J. biol. Chem. **191**, 807 (1951).
[18] *Froehlich, A.:* in „Cerebral Lipidoses", Oxford 1957.
[19] *Johnson, A. C., A. R. McNabb* u. *R. J. Rossiter:* Biochem. J. **44**, 494 (1949).
[20] *Kiyota, K.:* J. Neurochem. **4**, 202 (1958).
[21] *Klenk, E.:* in „Chemie und Stoffwechsel des Nervengewebes", 3. Mosbacher Kolloquium, Berlin, Göttingen, Heidelberg 1952.
[22] *Klenk, E.:* Verh. dtsch. Ges. inn. Med. **61**, 331 (1955).
[23] *Klenk, E.:* in „Proc. of the IV. Intern. Congr. of Biochem. Vienna, Bd. III, London 1958.
[24] *Klenk, E.,* u. *P. Böhm:* Z. physiol. Chem. **288**, 98 (1951).
[25] *Klenk, E.,* u. *H. Debuch:* in „Modern Scientific Aspects of Neurology", London 1960.
[26] *Klenk, E., H. Debuch* u. *H. Daun:* Z. physiol. Chem. **292**, 241 (1953).
[27] *Klenk, E.,* u. *W. Gielen:* Z. physiol. Chem. **319**, 283 (1960).
[27a] *Klenk, E.,* u. *W. Gielen.* Z. physiol. Chem., z. Zt. im Druck.
[28] *Klenk, E., W. Vater* u. *G. Bartsch:* J. Neurochem. **1**, 203 (1957).
[29] *Logan, J. E., W. A. Mannell* u. *R. J. Rossiter:* Biochem. J. **51**, 470 (1952).
[30] *Manery, J. F.:* in „Biology of Mental Health and Disease", New York 1952, zit. n. [16].
[31] *McIlwain, H.:* Biochemistry and the Central Nervous System, London 1955.
[32] *Palladin, A. V.:* in „Biochemistry of the Developing Nervous System", New York 1955.
[33] *Pope, A.,* u. *H. H. Hess:* in „Metabolism of the Nervous System", London 1957.
[34] *Randall, L. O.:* J. biol. Chem. **124**, 481 (1938).
[35] *Robin, E., D. E. Smith* u. *K. M. Eydt:* J. Neurochem. **1**, 54 (1956).
[36] *Robin, E., D. E. Smith* u. *K. M. Eydt:* J. biol. Chem. **220**, 677 (1956).
[37] *Rodnight, R.:* J. Neurochem. **1**, 207 (1957).
[38] *Rossiter, R. J.:* in „Neurochemistry", Illinois 1955.
[39] *Richter, D.:* Brit. Med. J. **1**, 1255 (1959).
[40] *Schmidt, C. G.:* in *Flaschenträger, B.* u. *E. Lehnartz* „Physiol. Chemie", Bd. II/2a, Berlin, Göttingen, Heidelberg 1956.
[41] *Seige, K.:* Z. Alternsforsch. **14**, 51 (1960).
[42] *Seige, K.,* u. *V. Thierbach:* Z. Alternsforsch. **15**, 46 (1961).
[43] *Stammler, A., U., Stammler* u. *H. Debuch:* Z. physiol. Chem. **296**, 80 (1954).
[44] *Tallan, H. H., S. Moore* u. *W. H. Stein:* J. biol. Chem. **211**, 927 (1954).
[45] *Thannhauser, S. J.:* Lipidosis, 2. Aufl., New York 1950, zit. n. [18].
[46] *Tyrell, L. W.,* u. *D. Richter:* Biochem. J. **49**, 11 (1951).
[47] *Uzman, L. L.,* u. *H. Rosen:* Arch. Biochem. Biophys. **76**, 490 (1958).
[48] *Vrba, R.,* u. *J. Folbergova:* in „Proc. of the IV. Intern. Congr. of Biochem. Vienna 1958" Bd. III, London 1958.

III. Knochen, Knorpel, Zähne

Von **H. D. Cremer** und **W. Büttner**, Gießen

A. Knochen

Der Wassergehalt beträgt je nach Lokalisation und abhängig vom Ernährungszustand zwischen 5,9 und 44%. *Der Aschegehalt* liegt zwischen 27 und 64,5%; Gehalt an *organischer Substanz* 15–33%; *Fettgehalt* 1,2–5,8%; *Gesamtstickstoff* 3,6–12,8%.

Zusammensetzung des Knochens
(Femurdiaphyse Rind, in % Frischgewicht)

Anorganische Substanz	71,92
Organische Substanz	
Mucopolysaccharid-Protein-Komplex	0,24
Kollagen	18,64
Unlösliches Protein	1,02
Wasser	8,18

Eastoe, J E., u. *B. Eastoe:* Biochem. J. **57**, 453 (1954).

Mineralgehalt der Knochen (Mengenelemente)
(in % der Asche)

	Asche	Ca	P	Mg	CO_2	Na	K
Mensch [*1, 2*], Femur	68,7	38,5	17,0	0,53	5,7		
Tibia	65,1	38,3	17,1	0,58	5,3		
Crista ilica	53,5	38,8	17,5	0,50	5,8	0,73	0,09
Rippe	56,0	38,8	17,7	0,50	5,4	0,79	0,09
Wirbelknochen	49,8	37,8	17,5	0,50	5,3	0,73	0,18
Brustbein	48,6	38,4	18,1	0,46	4,7	0,67	0,06
Rind [*3*]		36,1	16,4	0,74	4,6		
Hund [*3*]		35,7	15,6	0,46	5,6		1,87
Kaninchen [*3*]		36,3	16,0	0,53	5,7		
Ratte [*3*]		37,5	17,2	0,85			
Fisch (Makrele) [*3*]		36,7	17,4	2,76	2,8		0,20
Vögel, Huhn [*3*]		37,2	16,4	0,51	5,5		
Truthahn [*4*]	61,4	39,0	17,8	0,90	5,8	0,85	0,06

[*1*] *McClure, F. J., H. G. McCann* u. *N. C. Leone:* Pub. Health Rep. **73**, 741 (1958).
[*2*] *Zipkin, I., F. J. McClure* u. *W. A. Lee:* Arch. Oral Biol. **2**, 190 (1960).
[*3*] *Cremer, H. D.*, u. *J. Führ:* Untersuchung der Organe, in Hoppe-Seyler/Thierfelder, Bd. 5, Berlin, Göttingen, Heidelberg (1953).
[*4*] *Likins, R. C., K. A. Piez* u. *M. L. Kunde:* Calcification in Biological Systems. Washington (1960).

Gehalt an weiteren Elementen im Knochen (bezogen auf Frischsubstanz): **Fe** (Hund) 7,4–32,8 mg %; 2,7 mg% bei normalen, 1,3 mg% bei anämischen Ratten; **Pb** (Jugendliche) 1 mg%, (Erwachsene) 8—10 mg%, 15 mg% (Bleivergiftung); **S** 0,08–0,27%; **B** 1,6–14 mg%; **Zn** 10,0 mg% (Mensch), 17,8 mg% (Ratte), 12,6 mg% (Katze). In Trockensubstanz **Si**: 8,7–11,5 mg% (Ratte).

In Knochenasche: Sr 0,016–0,022%; **U** 0,01–0,5 γ%.

Qualitativer Nachweis von *Spurenelementen* in Knochen: Ag, As, Bi, Li, Mo, Ni, Se, Sn, Ba, letzteres jedoch nur bei Pflanzenfressern.

Im Jahre 1955 lag im Weltdurchschnitt im Skelet des Menschen eine durch ^{90}Sr bedingte Radioaktivität von 0,12 μμC je g Ca vor (*Kulp, J. L., W, R. Eckelmann* u. *A. R. Schulert:* Science **125**, 219 (1957).

^{90}Sr/Ca-Verhältnis im Knochen des Menschen im Jahre 1960 in der Bundesrepublik Deutschland

(^{90}Sr in μμC/g Ca)

Alter in Jahren	mittel	maximal
0—5	etwa 2	3,2
5—20	etwa 1	2,0
über 20	0,3	0,6

Scheuermann, W.: Z. Ernährungswiss. 2, 123 (1962).

Fluorgehalt von Knochen verschiedener Species

(in % der Trockensubstanz)

Mensch und Säugetiere	0,03—0,07	Meeresvögel	0,10—0,60
Meerestiere	0,24—0,83	Fossiler Menschenschädel	0,15
Landvögel	0,04—0,22	Fossile Fische	2,17—2,84

Klement, R.: Ber. Dtsch. chem. Ges. 68, 2012 (1935).

Der Fluorgehalt im Skelett ist abhängig vom Lebensalter und vom Fluorgehalt des Trinkwassers und der Nahrung.

Fluorgehalt im Femur des menschlichen Fötus

(mg% in der Asche)

Alter des Fötus (Monate)	Zahl der Proben	F
4	4	0,4—0,6
5	5	2,0—4,0
6	4	5,0—6,0
7	4	7,0—9,0
8	2	9,5—10,5
9	5	11,0—14,0

Brzezinski, A., B. Bercovici u. *I. Gedalia:* J. Obst. and Gynecol. 15, 329 (1960).

Fluorgehalt des menschlichen Knochens (Rippe)

(in % fettfreier Trockensubstanz)

F im Trinkwasser (mg F/Liter)	Lebensalter (Jahre)	F im Knochen
	13	0,022
0,1—0,5	22	0,094
	50	0,184
	83	0,189
	38	0,198
0,8	52	0,225
	80	0,270
	6	0,071
1,9	24	0,222
	55	0,414
	66	0,414
	26	0,458
4,0	53	0,401
	71	0,449

Jackson, D., S. M. Weidman: J. Path. and Bact. 76, 451 (1958).
Zipkin, I., F. J. McClure, N. C. Leone u. *W. A. Lee:* Pub. Health Rep. 73, 732 (1958).

Zusammensetzung handelsüblicher Knochenmehle
(Mittelwerte 18 verschiedener Proben)

in % Trockensubstanz		in mg% der Asche	
Protein	7,59	Al	234,4
Fett	0,93	Ba	36,1
Asche	81,09	Cu	1,6
Ca	31,70	F	80,3
P	13,73	Fe	96,4
Mg	0,64	Mn	4,9
S	0,22	Na	500,0
		Sr	243,3
		Zn	48,9

Blosser, T. H., W. H. Abbtt, A. O. Shaw, U. S. Ashworth u. *E. P. Smith:* J. Animal Sci. 13, 152 (1954).

Organische Bestandteile. Der Gehalt an *Citronensäure* schwankt betrachtlich: Mensch 0,7—1,9%; Pferd 0,27%; Rind, Schwein, Ratte, Maus und Gans 0,5 bis 0,9%; Huhn 1,1%; Truthahn 1,2—2,6%; Möve 0,6—2,6%; Fisch (Hering) 4,27%. — Der *Milchsäuregehalt* nimmt mit dem Alter der Tiere ab; er beträgt bei Kaninchen 0,08—0,27%, Schaf 0,3—1,0% (Diaphyse), 0,6—3,8% (Epiphyse). — *Glykogen* 160—320 mg% (Rattenepiphyse). — *Glucosamin* (als Hydrochlorid) 0,10—0,26%, *Chondroitinschwefelsäure* 0,1—0,2% (Kalb).

Aminosäuren im Kollagen des Rindes
(in %)

	Sehne		Knochen Spongiosa	Knochen Compacta	
Hydroxyprolin	9,4	(9,2)	10,2	9,8	(10,0)
Prolin	11,7	(12,6)	11,8	12,3	(12,3)
Glykokoll	34,4	(32,4)	33,3	33,7	(31,9)
Alanin	10,8		10,1	10,9	
Valin	2,2		2,2	2,0	
Isoleucin	1,1		1,1	1,1	
Leucin	2,7		2,6	2,5	
Phenylalanin	1,3		1,4	1,3	
Tyrosin	0,49		0,40	0,43	
Serin	3,4		3,6	3,4	
Threonin	1,7		1,8	1,6	
Methionin	0,59		0,53	0,50	
Asparaginsäure	4,6		4,6	4,5	
Glutaminsäure	7,4		7,8	7,4	
Hydroxylysin	1,1	(0,89)	0,50	0,57	(0,35)
Lysin	2,0	(2,2)	2,8	2,6	(2,8)
Histidin	0,46		0,40	0,41	
Arginin	4,7		4,9	5,0	

( ) = Einzelwerte Mensch
Piez, K. A., u. *R. C. Likins:* Calcification in Biological Systems. Washington (1960).

Zusammensetzung von normalem Knochenmark (Kaninchen)

Wasser (%)	39,0—63,5	Phosphor:	
Fettfreier Trockenrückstand (%)	8,7—14,3	Gesamt- (mg % P)	157—323
Schwefel:		Anorganischer- (mg %P)	31—61
Gesamtschwefel (mg% S)	130—220		
Organischer Schwefel (mg% S)	7,3—23,0	Stickstoff:	
Nichteiweißschwefel:		Gesamt- (% N)	1,37—2,11
Anorganisches Sulfat (mg% S)	12,6—38,6	Lipoid-N (mg% N)	61—131
Ätherlösliches Sulfat (mg% S)	0—10,6	Rest-N (mg% N)	216—368

Dietz, A. A.: Arch. Biochem. 23, 211 (1949).

Im frischen Knochenmark liegt Fe in einem Bereich um 20 mg% (Ratte) vor; Cu in rotem Knochenmark 0,20—0,36 mg%, im Fettmark 0,07—0,09 mg% (Mensch); Ti 1,9 γ%.

B. Knorpel

Der Wassergehalt (60—85%) hängt von der Lokalisation und der Art des Knorpels ab. Niedere Werte finden sich z. B. im Rippenknorpel des Erwachsenen, höhere im Patellarknorpel des Kindes (80%), im Nucleus pulposus (77—85%). — *Aschegehalt* etwa 4%. — Von der Trockensubstanz beträgt die *organische Substanz* mehr als 80%, der *N-Gehalt* im Mittel 6,8%. — Von *Chondroitinschwefelsäure* findet sich im hyalinen Knorpel 36—44%, im elastischen Knorpel 26—30%, im Faserknorpel (Meniscus) 15%. — *Glykogengehalt* 0,03—0,3%.

Zusammensetzung von Knorpel
(Mineralwerte in mg% der Trockensubstanz. Mittelwerte aus 6—8 Bestimmungen)

	Rind		Hund
	Trachea	Nasenseptum	Rippen und Gelenke
Cl	420 ± 59,7	800 ± 20,3	640—890
Na	2170 ± 76	1980 ± 156	1850—2200
K	340 ± 77,5	757 ± 103	780—980
SO_4	1470 ± 125	1020 ± 77	1000—1100
Ca	243 ± 17,2	155 ± 10,4	180—220
Mg	85 ± 7,8	60 ± 2,6	84—96
Gesamt-N %	12,01 ± 0,28	12,57 ± 0,25	12—13
Kollagen-N %	8,04 ± 0,39	8,53 ± 0,25	7,5—8,5

Eichelberger, L., T. D. Brower u. *M. Roma:* Amer. J. Physiol. **166**, 328 (1951).

Außer den in der Tabelle aufgeführten anorganischen Bestandteilen sind in der Knorpelasche 3,1% P sowie in der Trockensubstanz 9—18% S, 0,3—1,5 mg% F sowie Pb bis zu 0,2 mg% (Frischsubst.) und 5 γ% Ti (Frischsubst.) enthalten.

C. Zähne

Die Zahnhartgewebe sind Zahnschmelz, Dentin und Zement. Die Grundsubstanz bildet das knochenähnliche Dentin; es ist an der Wurzel von einer dünnen Zementschicht (echtes Knochengewebe) umgeben. Das Dentin der Zahnkrone ist vom Zahnschmelz bedeckt. Er beträgt 20—40% der Zahnsubstanz. Mit einem *Wassergehalt* von 1—3% ist der Zahnschmelz das *wasserärmste Gewebe* im menschlichen Körper.

Gewicht menschlicher bleibender Zähne
(in g Frischsubstanz)

		Oberkiefer	Unterkiefer
Schneidezahn	1	0,87—1,62	0,30—0,78
	2	0,52—1,17	0,44—0,93
Eckzahn		0,85—1,84	0,75—1,62
Prämolar	1	0,90—1,76	0,73—1,39
	2	0,87—1,38	0,79—1,51
Molar	1	1,98—3,18	1,78—3,18
	2	1,41—2,91	1,51—2,90
	3	1,07—2,44	1,51—2,81

Gewicht von Rattenzähnen
(in mg Trockensubstanz)

		Oberkiefer	Unterkiefer
Jungtiere	Nagezahn	8,9–11,7	12,1–14,0
(17–21 Tage)	1. Molar	6,0–10,8	7,7–9,1
	2. Molar	3,0–6,6	4,8–6,0
	3. Molar	0,5–1,6	0,6–1,6
Erwachsene Tiere	Nagezahn	58,3–71,5	55,7–80,2
(10–15 Monate)	1. Molar	11,4–16,8	14,8–17,6
	2. Molar	8,0–11,2	8,5–11,8
	3. Molar	4,2–6,3	4,1–6,4

Cremer, H. D.: Chemie der Zahne in Handb. Zahnheilkde. Munchen (1954).

Spezifisches Gewicht der Zahnhartgewebe verschiedener Species

Species	Schmelz	Dentin	Zement
Mensch	2,89–3,02	2,00–2,30	2,01–2,05
Pferd	2,93–2,94	$<$2,19	
Ochse	2,91–2,92	$<$2,05	
Schwein	2,54–2,88	$<$2,15	
Hund	2,90–2,91	2,05	
Ratte	2,72–2,92	2,10	
Elefant	2,88–2,90		
Flußpferd	2,87–2,88		

Leicester, H. M.: Biochemistry of the Teeth. St. Louis (1949).
Dürr, U.: Beitrag zur chemischen Zusammensetzung von Zähnen. Diss. Gießen (1962).

Zusammensetzung bleibender menschlicher Zähne

	Schmelz Schwankungsbreite	Schmelz M. W.	Dentin Schwankungsbreite	Dentin M. W.
Organische Bestandteile (% Tr. S.)	0,2–1,1	0,8	18–24	20,0
Anorganische Bestandteile (% Tr. S.)	98,9–99,8	99,2	76–82	80,0
Wasser (% Frischsubstanz)		2,0		11,0

Brudevold, F.: Chemistry and Prevention of Dental Caries. Springfield, Ill. (1962).

Organische Bestandteile bleibender menschlicher Zähne
(in % der Trockensubstanz)

	Schmelz	Dentin
Citronensäure	0,10	0,9
Peptide	0,15	
Glykoprotein	0,10	
Kollagen	0,09	18,0
Keratin	0,15	
Polysaccharide		0,2–0,6
Fett		0,2–0,3

Stack, M. V.: Ann. New York Acad. Sci. **60**, 585 (1955).

Aminosäuregehalt menschlicher Zähne
(in % des Proteins)

	fötaler Schmelz[1] (in Entwicklung)	Schmelz[2] ausgereift	Dentin[3]
Alanin	2,03	11,10	11,20
Glykokoll	6,50	30,40	32,90
Valin	3,96	3,38	2,50
Leucin	9,13	4,19	2,40
Isoleucin	3,27	1,63	0,93
Prolin	25,10	4,70	11,60
Phenylalanin	2,34	4,58	1,60
Tyrosin	5,34	0,69	0,64
Serin	6,25	7,55	3,30
Threonin	3,81	4,48	1,70
Cystin	$<0,40$	0,61	—
Methionin	4,23	0,83	0,53
Arginin	2,33	4,70	5,20
Histidin	6,45	0,90	0,47
Lysin	1,77	3,12	2,20
Asparaginsäure	3,03	4,58	4,60
Glutaminsäure	14,20	7,80	7,40
Hydroxyprolin	—	4,73	—
Hydroxylysin	—	—	0,96

[1] *Eastoe, J. E.*: Nature 187, 411 (1960); [2] *Hess, W. C., C. Y. Lee* u. *B. A. Neidig*: J. Dent. Res. 32, 585 (1953); [3] *Piez, K. A.*: Science 134, 841 (1961).

Anorganische Bestandteile bleibender menschlicher Zähne
(Mengenelemente, in % der Trockensubstanz)

	Schmelz		Dentin	
	Schwankungsbreite	M. W.	Schwankungsbreite	M. W.
Ca	34—39	36,0	25—29	27,0
P	17—18	17,5	12—14	13,0
Ca/P	1,95—2,17	2,08	1,92—2,10	2,07
CO_2	1,95—3,00	2,50	3,00—3,57	3,30
Na	0,68—1,16	0,77		0,75
Mg	0,25—0,56	0,42	0,73—0,96	0,84
Cl	0,19—0,65	0,25		0,39
K		0,05		0,07

Leicester, H. M.: Biochemistry of the teeth. St. Louis (1949).
Brudevold, F.: Chemistry and Prevention of Dental Caries. Springfield, Ill. (1962).
Samsahl, K., u. *R. Söremark*: Aktiebolaget Atomenergi, Stockholm (1961).

Anorganische Bestandteile bleibender menschlicher Zähne
(Spurenelemente, in µg/g = p.p.m. der Trockensubstanz)

	Schmelz	Dentin
Ag	0,0047	
Au	0,02	0,03
Bi	0,1	
Br	4,6	4,0
Co	0,004	
Cr	0,005	
Cu	0,26	0,21
F	100,0	233,0[1]
Fe	200,0	70,0
Mn	0,54	0,19
Pb	16,0	45,0
Rb	5,25	
Sb	0,0065	
Se	2,6	4,5 (Milchzähne)
	0,35	0,43 (bleibende Zähne)
Sr	94,0	70,0
V	32,0	25,0
W	0,24	2,6
Zn	276,0	199,0.

[1] Der F-Gehalt ist abhängig vom F-Gehalt des Trinkwassers (s. folgende Tabelle).
Außerdem wurden in Zähnen die folgenden Elemente spektrographisch qualitativ nachgewiesen: Al, As, B, Ba, Hg, Li, Ni, Si, Sn, Ti.

Leicester, H. M.: Biochemistry of the Teeth. St. Louis (1949).
Samsahl, K., u. *R. Söremark*: Aktiebolag. Atomenergi. Stockholm (1961).
Dürr, U.: Diss. Gießen (1962).

Fluorgehalt menschlicher bleibender Zähne in Abhängigkeit vom Fluorgehalt des Trinkwassers
(in % der Trockensubstanz)

F im Trinkwasser (mg/Liter)	Fluorgehalt Schmelz	Fluorgehalt Dentin
0,1	0,0086	0,0216
0,2—0,4	0,0103	0,0300
1,1—1,2	0,0140	0,0440
1,9		0,0425
2,5—5,0	0,0345	0,0762
7,6	0,0658	0,1277

McClure, F. J., u. *R. C. Likins*: J. Dent. Res. **30**, 172 (1951).

Die Resistenz des Zahnes gegen Karies hängt weitgehend von der Widerstandskraft der Schmelzoberfläche ab. In jüngerer Zeit interessierte man sich daher für die Oberflächenchemie des Zahnschmelzes. Es zeigte sich, daß viele Elemente nicht gleichmäßig in Schmelz und Dentin verteilt sind, sondern daß ein Konzentrationsgefälle von außen nach innen besteht. In Schichtanalysen wurden jeweils 5—6 Schichten von der Außenschicht des Schmelzes nach dem Dentin hin bzw. beim Dentin nach der Pulpa hin untersucht. Fast alle Spurenelemente lagen in den äußeren Schichten des Schmelzes in weit höheren Konzentrationen vor als in den darauffolgenden Schichten. Dies trifft insbesondere für das Element Fluor zu.

Konzentrationsbereich einzelner Elemente im Schmelz bleibender menschlicher Zähne
(in μg/g = p.p.m. der Trockensubstanz)

Cu	12—30
F	133—3370
Fe	110—640
Pb	35—550
Sn	0—80
Sr	25—350
Zn	430—2100

Brudevold, F., L. T. Steadman u. *F. A. Smith*: Ann. New York Acad. Sci. **85**, 110 (1960).
Dürr, U.: Diss. Gießen (1962).

Die Analyse von ^{90}Sr in Milchzähnen, welche nach ihrem Ersatz durch bleibende Zähne routinemäßig gesammelt werden, kann Rückschlüsse geben auf die Menge radioaktiver Niederschläge, denen die Bevölkerung einer bestimmten Gegend ausgesetzt war. Aus den Werten können ferner Rückschlüsse gezogen werden auf die noch im Skelett verbliebene Menge an ^{90}Sr. Folgende Werte aus dem Gebiet von St. Louis, USA.:

Konzentration von ^{90}Sr in Milchzähnen
(Angaben in μμC pro g Ca der Probe)

Geburtsjahr	Zahl der Zähne	Gewicht der Probe (g)	Ca der Probe (g)	^{90}Sr (μμ C/g Ca)
1951	90	11,67	3,31	0,155 ± 0,029
1952	90	12,31	3,45	0,188 ± 0,021
1953	90	9,23	2,60	0,324 ± 0,030
1954	78	7,71	2,15	0,725 ± 0,058

Reiss, L. Z.: Science **134**, 1669 (1961).

Mineralgehalt von Zähnen verschiedener Säugetiere
(in % bzw. µg/g = p.p.m. der Asche)

	Schmelz						Dentin					
	Ca (%)	P (%)	Mg (%)	F (µg/g)	Mn (µg/g)	V (µg/g)	Ca (%)	P (%)	Mg (%)	F (µg/g)	Mn (µg/g)	V (µg/g)
Pferd	36,2	17,5	0,57	52	1,5	29,9	36,2	17,8	0,95	141	3,4	32,7
Fohlen	37,1	17,6		31	6,2	34,7	36,0	18,0		47	3,0	31,6
Rind	37,5	17,9	0,32	65	5,7	32,4	37,4	17,7	1,12	367	3,7	32,9
Kalb	37,4	17,6		10	16,1	34,4	34,7	17,1		26	8,3	34,9
Schwein	38,1	17,6	0,60	60	8,1	36,6	36,2	17,5		188	7,7	32,3
Hund	37,9	18,0	1,50	55	8,6	41,5	36,3	17,9	1,54	276	7,4	29,0
Affe	37,5	17,0					35,0	16,9				
Elefant	36,7	17,5		23			36,1	17,8	4,05	78		
Pottwal							35,9	18,0		1930		
Goldhamster	39,5	19,5	0,35				35,1	19,4	0,68			
Ratte	35,0	17,6	0,13	74			35,2	17,4	0,38	130		

Der **CO_2-Gehalt** schwankt bei den einzelnen Species von 1,9–3,8 % in Schmelz und von 2,2–3,5 % in Dentin, bezogen auf Trockensubstanz. Für Einzelangaben der quantitativen und qualitativen Analyse weiterer **Spurenelemente** wird verwiesen auf: *Leicester, H. M.:* Biochemistry of the Teeth, St. Louis (1949) und *Dürr, U.:* Diss. Giessen (1962).

IV. Bindegewebe

Von **E. Buddecke**, Tübingen

Literatur s. S. 422.

A. Allgemeines, Definition

Bindegewebe entsteht aus allen drei Keimblättern des embryonalen Gewebes, vor allem aus dem Mesenchym. Durch Differenzierungsprozeß Umwandlung zu einem bestimmten, der speziellen physiologischen Funktion und Lokalisation angepaßten Reife- und Entwicklungszustand. Besteht hauptsächlich aus extrazellulären Komponenten (Fasern und Grundsubstanz).

Vorkommen:

a) spezielle Bindegewebsformen (geformtes Stützgewebe): Knorpel, Knochen Sehnen, Hornhaut, Sclera und Glaskörper des Auges, Corium der Haut, Lunge, Blutgefäßsystem.

b) Nicht organspezifisches Bindegewebe (ungeformtes Stützgewebe): durchzieht mehr oder weniger kontinuierlich den ganzen Organismus, verbindet, unterteilt, durchsetzt, umhüllt alle Organe als Stütz- und Gerüstwerk (u. a. Omentum, Arachnoidea, Leptomeninx, Pleura).

B. Chemische Bausteine des Bindegewebes

a) Bindegewebszelle. (Fibroblast, Fibrocyt bzw. spezielle Zellformen z. B. Mastzellen). Chemisch heterogenes System mit Baubestandteilen aus allen biogenen Stoffklassen. Enzym-Ausstattung für Biosynthese und Stoffumsatz im Kohlenhydrat-, Eiweiß- und Lipoid-Stoffwechsel.

b) Kollagen. Scleroproteid mit 0,2% Kohlenhydrat (Hexosen), Darstellung S. 792, 1. Teil; Aminosäurezusammensetzung S. 795, 1. Teil, chemische Bestimmung [*15*, *16*], Kollagengehalt von Organen bzw. Geweben Tab. 1.

c) Elastin. Darstellung S. 792, 1. Teil, Aminosaurezusammensetzung S. 793, 1. Teil, chemische Bestimmung [*19*], Elastingehalt von Organen bzw. Geweben Tab. 1.

d) Grundsubstanz

α) Proteine unbekannter Struktur und Funktion, Bluteiweißkörper, Stoffwechselvorstufen des Kollagens (Prokollagen, Tropokollagen).

β) Kohlenhydrat-Proteinkomplexe (Glykoproteide, die als prosthetische Gruppe hexosamin- und uronsäure- oder neutralzuckerhaltige Poly- oder Oligosaccharide in polarer (salzartiger) oder kovalenter Bindung enthalten. Maß für Gesamtmenge: Hexosamingehalt (Bestimmung nach [*1*], Gehalt s. Tab. 1).

I. Anionische Heteropolysaccharide (saure Mucopolysaccharide), Nomenklatur [*53*] Darstellung [*2*, *6*, *7*], Chemie S. 731, 1. Teil, physikalisch-chemische Kenngrößen Tab. 2, Trennung von Mucopolysaccharidgemischen durch fraktionierte Äthanolfällung der Calciumsalze [*44*], durch Fraktionierung der Cetylpyridiniumkomplexe mit Neutralsalzen [*8*, *27*, *30*], durch Ionenaustauschchromatographie an Dowex 1×2 [*30*], durch Elektrophorese [*46*]. Mucopolysaccharid-Gehalt von Organen bzw. Geweben Tab. 3. Chemische Zusammensetzung von Hyaluronsäure verschiedener Herkunft Tab. 4.

II. Neutrale Mucopolysaccharide: Proteine, die als prosthetische Gruppe Oligosaccharide mit endständiger Neuraminsäure, Aminozucker, Galaktose, Mannose und L-Fucose enthalten. Chemie [*27*, *45*], Vorkommen in Organen und Geweben [*9*, *11*].

γ) Niedrigmolekulare Bestandteile des Blutes (s. S. 341 ff., 1. Teil).

δ) Elektrolyte (Tab. 5) charakteristisch für Bindegewebe oder bindegewebige Organe: Na-Gehalt (Extrazellulärraum) höher als K-Gehalt.

C. Stoffwechsel des Bindegewebes

Biosynthese des Kollagens, Kollagenase, Elastase [*9*], Biosynthese der anionischen Heteropolysaccharide [*10*, *12*], Hyaluronidase und Mucopolysaccharidasen [*6*]. Biologische Halbwertszeiten von Bausteinen des Bindegewebes Tab. 6.

Tabelle 1. **Hexosamin-, Kollagen- und Elastingehalt bindegewebiger Organe**

Organ	Species	% des Trockengewichtes			Literatur
		Hexosamin	Kollagen	Elastin	
Nasenknorpel	Rind	9,5	37,8		[*24*]
Rippenknorpel	Mensch	4,8–8,67			[*25*]
Faserknorpel (Disc. interv.)	Mensch	6,0–8,0	38,7–50,0	0,9–5,8	[*51*]
Haut	Mensch		71,9–79,0		[*1*, *35*]
(Corium)	Ratte	0,152	67,6		[*13*, *17*]
	Kalb	0,5	73,6		[*52*]
Lunge	Ratte	0,56	11,3	5,19; 4,89	[*13*, *17*]
	Mensch	0,32–0,54	12,5–24,8	9,3–13,0	[*51*]
Aorta (abd.)	Mensch	0,31–0,78	22,4	28,6	[*28*]
		0,18–0,3	28,0	30,0	[*22*, *35*]
		0,40–0,70			[*23*]
Aorta (Arcus)	Ratte	0,15	25,6	47,35	[*13*, *17*]
Herzklappen	Mensch	1,5–1,83	23,0–27,0		[*38*]
Sehne (Chorda tend.)	Rind		84,6	4,88	[*17*]
Achillessehne	Mensch	0,05–0,1	86,0	2,0	[*5*, *35*]
Lig. nuchae	Elefant	0,03	17,0	81,0	[*5*, *35*]
Knochen	Ratte	0,06	15,1		[*5*, *17*]
Zähne	Ratte		0,2– 4,7		
			10,8		[*17*]
Auge (Cornea)	Rind	1,7–1,8	78,5	2,5	[*4*]
Auge (Sclera)	Rind,	0,3–0,5	76,0	0,3	[*35*, *63*]
	Elefant		79,0	7,0	[*4*]
Niere	Ratte	0,60	15,7 (Mensch)		[*13*, *26*]
Milz	Ratte	0,40	3,5	0,55	[*13*, *17*]
Leber	Ratte	0,24	0,64		[*13*, *17*]
Skeletmuskel	Ratte	0,14	5,75		[*13*, *17*]
Magen (Cardia)	Ratte		23,6	1,64	[*1*, *35*]

Tabelle 2. **Physikalisch-chemische Kenngrößen anionischer Heteropolysaccharide** [*6*, *50*, *52*]

	Chondroitin 4-sulfat	Chondroitin 4-sulfat-Protein	Hyaluronat	Heparin
Molekulargewicht · 10^6				
M_W (Lichtstreuung)	0,05	0,47	0,3–8,0	
M_{SD} (Sedimentation Diffusion)	0,039	0,27	0,1–10,0	0,017–0,029
M_n (Osmose)	0,04			
$S_0 \cdot 10^{-13}$ (Svedberg)	2,6–2,9	8,9	2,8–3,6	2,0–2,9
Elektr. Beweglichkeit $cm^2/V/sec \cdot 10^{-5}$	12		9–14	8–24
partielles spez. Volumen (*V)	0,55	0,58	0,60–0,86	0,50
$[\eta] = \lim_{c \to 0^*} \eta$ red	<2	2,1	10–40	<2
$[\alpha]_D^{20}$	−30 bis −33	−32,5	−70 bis −80	+45 bis +70

* c = g/100 ml

Tabelle 3. **Anionische Heteropolysaccharide (saure Mucopolysaccharide) bindegewebiger Organe und Gewebe**

HA = Hyaluronat, CH = Chondroitin, CS = Chondroitinsulfat, A = CS 4-sulfat, B = Dermatansulfat, C = CS 6-sulfat, HS = Heparinsulfat, HEP = Heparin, KS = Keratansulfat.
Angaben der einzelnen sauren Mucopolysaccharide in % der total sauren Mucopolysaccharide.
+ = qualitativ bestimmt, % Anteil nicht ermittelt. — = fehlt bezw. nicht nachgewiesen.

Organ	Species	H_2O	saure MPS total (% Tr. Gew.)	HA	CH	% der totalen MPS: CS A	CS B	CS C	HS	HEP	KS	Literatur
Aorta	Mensch	68—75%	0,85—1,2	20—25			10	65	5			[21]
Aorta	Mensch					50	15		15	20		[22]
Rippenknorpel	Mensch (20 J.)	80%	15—20	—	—	85	—	—	—	—	15	[20]
	Mensch (80 J.)		10	—	—	—	—	55	—	—	45	[20]
Nasenknorpel	Rind		19,0; 39,0	—	—	100	—	—	—	—	—	[33]
Bandscheibe	Mensch	77—85%	30	—	—	45	—	—	—	—	50	[42]
Bandscheibe	Mensch (neugeb.)		25	—	—	90		5			5	[51]
Bandscheibe	Mensch (80 J.)		15	—	—	10		40			50	[51]
Haut	Mensch (Erw.)	70%	0,5—1,0	30			64	0,1				[25]
Haut	Mensch (Embryo)	82—86%		78			5—12	20				[32]
Haut	Ratte		0,5	58			22			12,5		[30]
Plasma	Mensch	90—92%	0,015 [1]	—	—	80—90	—	—	—	—	—	[31]
Sehne	Kaninchen	57—67%	0,2	+			+	+				[5, 36]
Knochen	Rind	5,89%	0,25	—	—	100	—	—	—	—	—	[6]
Knochen	Mensch	2,2—4,4%	0,2	—	—	+	—	—	—	—	+	[5]
Auge (Sclera)	Rind	70%	0,7—0,9	—	—	—	50—56	40—48	—	—	—	[36]
Auge (Cornea)	Rind	81—85%	2,2—4,2	—	45	10	—	—	—	—	50	[37, 39]
Auge (Glaskörper)	Rind	99%	0,034 [2]	100	—	—	—	—	—	—	—	[6]
Lunge	Rind	76,7—80%	0,7	—	—	+	+	—	—	+	—	[5]
Harn	Mensch (Hurler Syndrom)	—	0,194 [1]				70		30			[11]

[1] g/100 ml. — [2] mg% Frischgewicht.

Tabelle 4. **Analysendaten proteinfreier Hyaluronsäure verschiedener Herkunft** (Ergebnisse in molekularen Verhältniszahlen Gesamt N = 1,00; aus [*10*] S. 52)

Herkunft	Hexosamin	Hexuronsäure	Acetyl	$[\alpha]_D^{20}$	S
Glaskörper (Rind)	0,99	1,06	1,22	−51	
Nabelschnur (Mensch)	1,00	1,04	1,30	−65	Spuren
Synovialflüssigkeit (Rind)	0,80−1,05	0,81−1,09	0,84−1,12	−68,8−77,4	
Haut (Schwein)	0,89	0,99		−77	0,3
Haut (Kaninchen)	0,98	1,02	1,04		0,03
Knochen (Kalb)	0,95	0,95		−70	0,05
Aorta (Rind)	0,82	0,87		−76	0,05
Herzklappe (Mensch)	0,99	1,04		−73	0,05
Eileiter (Huhn)	0,98	1,00	0,92	−81,5	0
Elektr. Organ (Aal)	0,91	0,95		−75	0,05
Pleuraflüssigkeit Mesotheliom (Mensch)	1,04	1,01	0,94	−77,9	0
Streptococcus (Stamm A Lancefield)	1,10	1,17		−97	0

Tabelle 5. **Mineralgehalt bindegewebiger Organe** (abgerundete z. T. umgerechnete Werte in mg% Frischgewicbt, bzw. *) = m-Mol

Organ	Species	Na	K	Ca	Mg	Cl	SO_4	Lit.
Trachea	Rind	628	98	70	24	122	170*	[*29*]
Rippenknorpel Costal cart.	Hund 7−10 Wo.	529	225	51	23	185	109*	[*29*]
Gelenkknorpel Artic. cart.	Hund 7−10 Wo.	492	206	52	20	198	102*	[*29*]
Sehne		178	41			255−302		[*1*]
Haut	Hund	222	89	10	7	308		[*3*]
Auge (Cornea)	Rind	263	66	10	3	260	94	[*1*]
„ (Glaskörper)	Rind	322	30	13	2	396	5	[*1*]
„ (Sclera)	Rind	183	71	18	2	224	50	[*1*]
Lunge	versch. Tiere	244	147	18	49	200−350		[*1*]
Aorta (normal)	Mensch	80−90	40−50	120	11		130	[*28, 40*] [*41*]
Aorta (arteriosclerotisch)	Mensch	80−110	20−30	800−3000	46		400	[*28, 40*] [*41*]

Tabelle 6. **Biologische Halbwertszeit (t $^1/_2$) von Bausteinen des Bindegewebes**

Baustein	Organ	Species	Halbwertszeit (Tage)	Isotop	Lit.
Hyaluronsäure	Haut	Kaninchen	3−4	Glucose-U-^{14}C	[*47*]
Chondroitinsulfat	Haut	Kaninchen	7−8	Glucose-U-^{14}C $^{35}SO_4$	[*47*]
„	Sclera	Ratte	10	$^{35}SO_4$	
„	Aorta	Ratte (neugeb.)	4−5	$^{35}SO_4$	[*33*]
„	Aorta	Ratte (2 J.)	9−10	$^{35}SO_4$	[*33*]
„	Rippenkn.	Ratte (neugeb.	7−8	$^{35}SO_4$	[*33*]
„	„	„ (2 J.)	16	$^{35}SO_4$	[*33*]
„	Haut	„ (neugeb.)	2−3	$^{35}SO_4$	[*33*]
„	„	„ (2 J.)	12−14	$^{35}SO_4$	[*33*]
„	Leber	„ (neugeb.)	1−2	$^{35}SO_4$	[*33*]
„	„	„ (2 J.)	3−4	$^{35}SO_4$	[*33*]
Kollagen (total)	Sehne	Ratte	110	Prolin-U-^{14}C	[*48*]
„ (total)	Haut	Ratte	60	Prolin-U-^{14}C	[*48*]
„ (unlösl.)	Haut	Ratte	>150	Prolin-U-^{14}C	
„ (citratlösl.)	Haut	Ratte	25	Prolin-U^{14}C-	[*48*]
„ (alkalilösl.)	Haut	Ratte	1−2	α-^{14}C-Glycin	[*49*]
„ („fast component“)	Knochen	Ratte	4	Prolin-U-^{14}C	[*48*]
Kollagen („slow component“)	Knochen	Ratte	~40	Prolin-U-^{14}C	[*48*]
Kollagen (total)	Muskel	Ratte	50	Prolin-U-^{14}C	[*48*]
„ (total)	Niere	Ratte	~300	Prolin-U-^{14}C	[*48*]

Literatur

Handbücher, Monographien

[1] *Hoppe-Seyler/Thierfelder:* Handbuch d. phys. u. path.-chem. Analyse Band V, S. 447ff. Berlin-Göttingen-Heidelberg (1953).
[2] *Hoppe-Seyler/Thierfelder:* Handbuch d. phys. u. path.-chem.Analyse Band IV, S. 662ff. Berlin-Göttingen-Heidelberg (1960).
[3] *Flaschenträger, B.*, u. *E. Lehnhartz:* Physiol. Chemie II/2b, S. 244ff. Berlin-Göttingen-Heidelberg (1957).
[4] *Flaschenträger, B.*, u. *E. Lehnhartz:* Physiol. Chemie II/2a. Berlin-Göttingen-Heidelberg (1956).
[5] Chemie und Stoffwechsel von Binde- und Knochengewebe, 7. Colloquium der Ges. f. Physiol. Chem. Berlin-Göttingen-Heidelberg (1956).
[6] *Gibian, H.:* Mucopolysaccharide und Mucopolysaccharidasen. Wien (1959).
[7] *Colowick, S. P.*, u. *N. O. Kaplan:* Methods in Enzymology Vol. III, p. 20ff. New York N. Y. (1957).
[8] *Glick, D.:* Methods in Biochemical Analysis, Vol. VIII, p. 145. New York N. Y. (1960).
[9] *Hall, D. A.:* The Chemistry of Connective Tissue. Springfield (Ill.) (1961).
[10] The Biochemistry of Mucopolysaccharides of Connective Tissue, Biochemical Society Symposia No. 20, Cambridge (1961).
[11] *Hauss, W. H.*, u. *H. Losse:* Struktur und Stoffwechsel des Bindegewebes. Stuttgart (1960).
[12] *Springer, G. F.:* Polysaccharides in Biology, Transactions of the fourth Conference Josiah Macy jr. Foundation. New York N. Y. (1959).

Einzelarbeiten

[13] *Boas, N.:* J. biol. Chem. **204**, 533 (1953).
[14] *Lee, Y. C.*, u. *R. Montgomery:* Arch. Biochem. Biophys. **93**, 292 (1961).
[15] *Woessner, J. F., jr.:* Arch. Biochem. Biophys. **93**, 440 (1961).
[16] *Stegemann, H.:* Z. physiol. Chem. **311**, 41 (1958).
[17] *Neuman, R. E.*, u. *M. A. Logan:* J. biol. Chem. **186**, 549 (1950).
[18] *Chvapil, M.:* Chem. Abstr. **42**, 16583 (1958).
[19] *Scorzelli, V.:* Giorn. Biochim. **7**, 20 (1958).
[20] *Kaplan, D.*, u. *K. Meyer:* Nature **183**, 1267 (1959).
[21] *Kaplan, D.*, u. *K. Meyer:* Proc. Soc. exper. Biol. Med. **105**, 78 (1960).
[22] *Dyrbye, M. O.:* Acta chem. scand. **13**, 2119 (1949).
[23] *Müller-Spreer, H. C., U. Werber* u. *K. D. Voigt:* Klin. Wschr. **38**, 28 (1960).
[24] *Schubert, M.:* Federation Proc. **17**, 1099 (1958).
[25] *Johnson, B.*, u. *M. Schubert:* J. clin. Invest. **39**, 1752 (1960).
[26] *Fernandez de Cicero, M., I. Montfort* u. *R. P. Tamayo:* Rev. latinoam. anat. patol. **3**, 17 (1959); Chem. Abstr. **54**, 17642 (1960).
[27] *Buddecke, E.:* Z. physiol. Chem. **318**, 33 (1960).
[28] *Buddecke, E.:* Z. physiol. Chem. **310**, 187 (1958).
[29] *Kruhøffer, P. W., J. Hess Thaysen* u. *N. A. Thorn:* in *Eichler, O.*, u. *A. Farah* (Herausgeber) Handb. exper. Pharmakol. Bd. 13. Berlin-Göttingen-Heidelberg (1960), S. 196ff.
[30] *Schiller, S., A. Glover* u. *A. Dorfman:* J. biol. Chem. **236**, 983 (1961).
[31] *Schiller, S.:* Biochim. biophys. Acta **29**, 413 (1958).
[32] *Loewi, G.*, u. *K. Meyer:* Biochim. biophysica Acta **27**, 453 (1958).
[33] *Hauss, H.*, u. *G. Junge-Hülsing:* Dtsch. med. Wschr. **86**, 763 (1961).
[34] *Dulce, H. J.:* Z. physiol. Chem. **319**, 257 (1960).
[35] *Lowry, O. H., D. R. Gilligan* u. *E. M. Katersky:* J. biol. Chem. **139**, 795 (1941).
[36] *Polatnik, J., A. J. La Tessa* u. *M. M. Katzin:* Biochim. biophys. Acta **26**, 361, 365 (1957).
[37] *Davidson, E. A.*, u. *K. Meyer:* J. biol. Chem. **211**, 605 (1954).
[38] *Bürger, M.:* Münchner Med. Wschr. **103**, 1459 (1961).
[39] *Woodin, A. M.:* Biochem. J. **51**, 319 (1952); **58**, 50 (1954).
[40] *Buck, R. C.:* A. M. A. Arch. Path. **51**, 319 (1951).
[41] *Hevelke, G.:* Dtsch. Arch. Klin. Med. **203**, 528 (1956).
[42] *Davidson, E. A.*, u. *B. Woodhall:* J. biol. Chem. **234**, 2951 (1959).
[43] *Marbet, R.*, u. *A. Winterstein:* Helv. chim. Acta **32/2**, 2311 (1951).
[44] *Meyer, K., E. Davidson, A. Linker* u. *P. Hoffman:* Biochim. biophys. Acta **21**, 506 (1956).
[45] *Glegg, R. E., D. Eidinger* u. *C. P. Leblond:* Science **120**, 839 (1954).
[46] *Glegg, R. E.*, u. *E. Eidinger:* Arch. Biochem. Biophys. **55**, 19 (1955).

[47] *Dorfman, A.*, u. *S. Schiller:* Recent Progress in Hormone Research **14**, 427 (1958).
[48] *Gerber, G., G. Gerber* u. *K. I. Altman:* J. biol. Chem. **235**, 2653 (1960).
[49] *Harkness, E., A. M. Marko, H. M. Muir* u. *A. Neuberger:* Biochem. J. **56**, 558 (1954).
[50] *Elias, H. G.*, u. *F. Patat:* Zur Isolierung und Charakterisierung von Chondroitinschwefelsäuren. Mainz, Wiesbaden. Abhandlungen d. Math. nat. wiss. Klasse Jahrgang 1960, Nr. 4.
[51] *Buddecke, E.:* unveröffentlicht.
[52] *Buddecke, E., W. Kröz u. E. Lanka:* Z. physiol. Chem. **330**, 196 (1963).
[53] *Florkin, M.* u. *E. H. Stotz:* Comprehensive Biochemistry, Vol. 5, S. 262 ff., Amsterdam, London, New York (1963).

V. Die Nucleinsäuren in Viren und Organismen

(Arten, Darstellung, Gehalte)

Von **R. K. Zahn**, Frankfurt (Main)

Zusammenfassende Literatur: [*1*] *Chargaff, E.*, u. *J. N. Davidson:* The Nucleic Acids. New York, Vol. I u. II, 1955; Vol. III, 1960. — [*2*] *McElroy, W. D.*, u. *B. Glass:* The Chemical Basis of Heredity. Baltimore 1957. — [*3*] 9. Colloquium der Gesellschaft für Physiologische Chemie, Chemie der Genetik. Berlin, Göttingen, Heidelberg 1959. — [*4*] *Jordan, D. O.:* The Chemistry of Nucleic Acids. London 1960. — [*5*] *Steiner, R. F.*, u. *F. Beers:* Polynucleotides. Amsterdam, London, New York, Princeton 1961. — [*6*] *Sueoka, N.:* J. Mol. Biol. 3, 31 (1961). — [*7*] Deoxyribonucleic Acid: Structure, Synthesis and Functions. Oxford, London, New York, Paris 1962. — [*8*] Acides Ribonucleiques et Polyphosphates: Structure, Synthèse et Fonctions. Paris 1962.

Literaturverzeichnis S. 434.

A. Nucleinsäure-Arten

Die Nucleinsäuren lassen sich nach verschiedenen Gesichtspunkten gliedern, z. B.:

a) *nach der Art ihres Kohlenhydrates*

	Frühere deutsche Bez.	Englische Bez.	Franz. Bez.	Neben dem physikalisch-chemischen und biologischen Verhalten ist charakteristisch das:	
				Fehlen von	Vorhandensein von
Desoxyribonucleinsauren	DNS	DNA	ADN	Uracil, Ribose	Thymin, Desoxyribose
Ribonucleinsäuren	RNS	RNA	ARN	Thymin, Desoxyribose	Uracil, Ribose
DNA-RNA-Verbindungen	DNS-RNS	Hybrids, Bastards		—	Thymin, Uracil Ribose, Desoxyribose

b) *nach dem Ort ihres Vorkommens* innerhalb der Zellen, bzw. ihrer vermutlichen Funktion.

B. Desoxyribonucleinsäure-Arten

	Literatur
1. Kern-DNA der Bakterien und chromosomale DNA höherer Organismen	[*1*]
Diese DNA wird als Zwillingsmolekül angesehen (s. jedoch [*8, 9, 10*])	[*2, 3, 4, 5*]

	Literatur
Das Verhältnis der Basen ist stets $\frac{\text{Mol Purinbasen}}{\text{Mol Pyrimidinbasen}} = 1$	[*1, 2, 3, 11*]
2. Infektiöse DNA der Viren	[*12, 13, 14, 7*]
Zwillingsmolekül wie bei 1. mit Ausnahme sehr kleiner Phagen, deren DNA einstrangig ist	[*15, 16, 17*]
3. „Reserve-DNA" im Cytoplasma von Eiern	[*18, 19, 20*]
Reserve-DNA der Bakterien	[*21*]
Anzahl der Stränge unbekannt	
4. DNA in Chloroplasten der Pflanzen mit unbekannter Funktion. Konstitution unbekannt	[*22, 23, 24, 25, 26, 28*]
5. Extrazelluläre DNA, z. B. von Bakterien, wobei die Genese unklar ist	[*28*]
Teilweise mit Sicherheit zweistrangig	
6. Polydesoxyribonucleotide als Fermentbestandteil	[*29*]
Nicht zweistrangig	
7. Denaturierte DNA	[*30, 31*]
Einstrangig oder weitgehend einstrangig	
8. Unphysiologische und künstliche DNA	
A. In vivo synthetisierte, unphysiologische DNA bei Bakterien	[*32, 33, 34, 35*]
B_1. In vitro enzymatisch synthetisierte DNA	[*36, 37, 38, 39, 40*]
B_2. Adenin-Thymin-DNA	[*41*]
B_3. Guanin-Cytosin-DNA	[*42*]
B_4. Unnatürliche Bausteine enthaltende DNA	[*37, 43*]
C. In vitro strangdenaturierte DNA	
a) renaturiert innerhalb der gleichen Art	[*30, 31*]
b) renaturiert zwischen verschiedenen Arten	[*30, 31*]
D. Anderweitig geänderte DNA	
a) durch Strahlung veränderte DNA	[*21, 44, 45, 46*]
b) durch chemische Agentien veränderte DNA (durch Farbstoffe, alkylierende Agentien usw.)	[*47, 48*]
c) Purin-frei gemachte DNA (Apurinsäure)	[*49*]
d) Pyrimidin-frei gemachte DNA (Apyrimidinsäure)	[*50*]
E. Durch Evolutionsprozeß entstandene DNA.	[*51, 52, 53, 54*]

C. Ribonucleinsäure-Arten

(1—6 sind einstrangige, bzw. in sich selbst zurückgefaltete und so partiell doppelstrangige Moleküle.)

1. RNA des Nucleolus	[*55, 56*]
2. Ribosomale RNA	[*57*]
In allen Organismen ähnlich zusammengesetzt	[*58*]
3. l-RNA (lösliche RNA, soluble RNA = s-RNA)	[*59, 60, 61*]
Typische Basensequenz an den Enden	
4. m-RNA (Messenger-RNA, ARN messager)	[*62*]
5. Infektiöse RNA der Viren	[*63, 64, 65*]
6. Künstliche RNA, z. B.	
a) enzymatisch synthetisierte einstrangige RNA	[*40, 66, 67*]
b) mehrstrangige RNA	[*68, 69*]
7. Unnatürliche Bausteine enthaltende RNA	[*70*]
Apyrimidin-RNA	[*35, 71*]
DNA-RNA-Verbindungen.	[*72—75*]

D. Darstellung der Nucleinsäuren

Die Darstellung hat in der Regel die Gewinnung biologisch aktiver oder physikalisch-chemisch unversehrter Präparate zum Ziel. Dabei ist vor allem auf Entfernung bzw. auf Hemmung von nucleinsäurespaltenden Enzymen (DNasen, RNasen, Diesterasen) zu achten. Es ist zu bedenken, daß auch der Untersucher solche Enzyme einschleppen kann. Ferner bewirken Schwermetalle, extremes p_H und niedrige Ionenstärke krasse Änderungen des physiko-chemischen Verhaltens. Bei der DNA-Darstellung haben sich, abgesehen von Spezialfällen, besonders die Verfahren mit Detergentien, kombiniert mit Erwärmung und Chloroformschüttelung, bei der RNA-Darstellung die mit Phenol, kombiniert mit Bentonitbehandlung, bewährt.

Tabelle 1. **Darstellung von Nucleinsäuren**

Nr.	Stichwort zur Charakterisierung der Präparationsmethode	Besonders brauchbar für folgende Organismen, Organe, Fraktionen	Bemerkungen, Vor- und Nachteile, Einschränkungen	Literatur
1	*Nucleoprotamin*: 1. Darstellung cytoplasma-armer Kerne (Waschung bei niedriger Ionenstarke, verd. Citrat) 2. Auflösung der Kerne in 10% NaCl-Lsg. 3. Umfällung in H_2O, Alkohol oder verd. Salzlsg.	Spermatozoen von Fischen und Vögeln, Nucleoprotamine	ungeeignet für Nucleohistone	[*76–81*]
2	*Nucleo-histon*: 1. Waschen des Materials mit 0,15 m NaCl + Citrat 2. Auflösen in H_2O 3. Umfällen → 0,15 m Salz → Wasser	Thymus Nucleohistone	Abbau durch DNase, Schädigung durch niedr. Ionenstarke	[*82–84*]
3	*Nucleo-histon*: 1. Waschen wie Nr. 2. 2. Auflösen in 10%ig. NaCl-Lsg. 3. Umfällen → 0,15 m Salz → 10%ig. NaCl-Lsg.	Nucleohistone Thymus	Evtl. Abbau durch DNase II	[*85, 86*]
4	*Nucleo-histon*: 1. Waschen bei alkalischem p_H mit Komplexon 2. Auflösen in Wasser	Nucleohistone Thymus	Unrein, evtl. Abbau durch DNase II. Schädigung durch niedr. Ionenstärke	[*87*]
5	*Nucleo-histon*: 1. Waschen wie 1 2. wie 1 3. klar zentrifugieren 4. Alkohol fällen	Nucleohistone Thymus	DNase-Hemmung nicht ausreichend. Protein-Denaturierung nicht im dissozierten Zustand	[*88*]
6	*Sevag-Verfahren* 1. Nucleoprotein lösen in starker Salzlösung 2. Schütteln mit Chloroform-Octanol, Isoamylalkohol	DNA und RNA	Evtl. große Verluste, wenn Nucleoprotein schlecht dissoziiert. Gute mechanische Unversehrtheit der DNA. Auch für RNA	[*89, 90*]

Tabelle 1 (Fortsetzung)

Nr.	Stichwort zur Charakterisierung der Präparationsmethode	Besonders brauchbar für folgende Organismen, Organe, Fraktionen	Bemerkungen Vor- und Nachteile, Einschränkungen	Literatur
7	1. Nucleoprotein lösen in starker Salzlösung 2. Sättigen mit Salz (Ausfällung des Proteins) 3. Abzentrifugieren, oder Abfiltrieren mit Kieselgur 4. Fällen in Alkohol 5. Umfällen	DNA aus Nucleoprotaminen und Histonen	Evtl. Schädigung durch Schwermetallspuren (Kieselgur, langwierig) Gefahr des Abbaues durch DNasen	[*83*, *84*]
8	1. Nucleoprotein lösen 2. Zugabe von Detergens 3. Einstellung der Salz- und H^+-Konz. 4. Abtrennung des ausgefällten Proteins von gelöster DNA	Fischspermatozoen, kernhaltige Erythrocyten, Zellkernpräparationen DNA und RNA	Hohe Ausbeuten, geringe Reinheit Keine Trennung von DNA und RNA	[*91*, *92*]
9	1. Direkte Freisetzung durch p-Aminosalicylat u. Phenol 2. Fällung der DNA mit 2-Äthoxy-Äthanol	Parenchymatöse Organe DNA (RNA)	Hohe Ausbeute, Gefahr der Denaturierung. Bei Tumor-DNA hoher Proteingehalt	[*93*]
10	1. Lysis von Bakterien (Lysozym, Laurylsulfat etc.) 2. Proteindenaturierung im dissoziierten Zustand (Perchlorat 1 m, Schütteln mit Chloroform-Isoamylalkohol) 3. RNA-Entfernung (RNase-Einwirkung) 4. DNA-Fallung (Isopropanol)	DNA und RNA-Darstellung, aus Bakterien: RNA (bes. gramnegative) DNA-Isolierung aus gefriergetrockneten Bakterien möglich. Brauchbar auch für andere Zellen	Nicht für alle Bakterien brauchbar Hohe biolog. Aktivitat der DNA	[*94*–*99*]
11	1. Zerstörung der Bakterienhülle 2. Mischen mit gepufferter konz. CsCl-Lösg. bis spez. Gew. 1.705 3. Zentrifugieren bei ca. 100000 × g mehrere Tage im Schwingbackenrotor 4. Anbohren der Zentrifugenbecher am Boden und auslaufenlassen in Fraktionssammler Reihenfolge: a) RNA b) denat. DNA c) native DNA d) Proteine	Analytische Darstellung von RNA und DNA bes. aus Bakterien mit paucidispersen Makromolekülpopulationen	Relative Trennung vieler Komponenten ohne chemischen Eingriff Evtl. Reinheit gering	[*98*, *100*–*103*]
12	a) Isolierung spezifischer Strukturen: Nucleoli Ribosomen s-RNA Virus	RNA Zellen, parenchymatöse Organe, Virus-infizierte Pflanzen	Langwierig, aber immer anzustreben	[*56*, *98*, *104*]
13	b) Darstellung des Nucleoproteins	Ribonucleoprotein parenchymatöse Organe, Bakterien, Hefe	Produkt ist oft ein Artefakt	[*105*, *106*, *107*]

Tabelle 1 (Fortsetzung)

Nr.	Stichwort zur Charakterisierung der Präparationsmethode	Besonders brauchbar für folgende Organismen, Organe, Fraktionen	Bemerkungen, Vor- und Nachteile, Einschränkungen	Literatur
14	1. Schüttelextraktion in Gegenwart von Zn^{++} 2. Bentonitbehandlung 3. Äthanol-Zink-Fällung 4. Ammonsulfat-Fällung	Hefe-Ribo-Nucleoprotein	Gefahr der Zerstörung durch Schwermetalle	[*108*]
15	1. Ribonucleoprotein extrahieren mit 0.15 m NaCl 2. RNA-Fallung mit 2 m Guanidin 3. Deproteinisierung mit Chloroform-Octanol 4. Fällung mit Alkohol	RNA Saugetier-Organe	Günstig wo, RNasen die Extraktion nicht stören	[*109*]
16	1. wie 9 2. Abtrennung der Proteinkomponente durch Phenol und EDTA 3. Hochmolekulare RNA-Fällung durch NaCl.	RNA, DNA aus Säugetier-Geweben	Relativ hochmolekulare RNA Bei manchen Geweben hoher Proteingehalt	[*93*, *110*—*114*]
17	1. Erhitzen des Ribonucleoproteins bei 0.15 m NaCl oder Zugabe von Alkohol zur Coagulation des Proteins 2. Abtrennung und Fällung der RNA	RNA aus Viren und Nucleoprotein	Gefahr der Zerstörung der RNA	[*115*—*117*]
18	1. Trocknen, entfetten 2. wie unter 8, evtl. DNA durch DNase zerstören	RNA aus Hefen, Bakterien-Trockenmaterial	Gefahr der Zerstörung bereits beim Trocknen	[*93*]
19	Entfernung von RNase — Aktivitäten aus RNA. Schütteln mit Bentonit	Brauchbar für alle RNA-Arten	Wichtig, da RNasen auf der menschlichen Haut vorhanden! (Kontakt durch Hande vermeiden)	[*108*]
20	1. Chromatographie 2. Gegenstromverteilung 3. Chemische Methoden 4. Kombination der Gegenstromverteilung mit Oxydationsverfahren	Darstellung aminosäurespezifischer s-RNA-Fraktionen (vorwiegend aus Hefe)	Vorläufig keine Reindarstellung möglich	[*118*] [*119*] [*120*, *121*] [*122*]

E. Nucleinsäuregehalte von Viren und Organismen

1. Desoxyribonucleinsäure-Gehalte

Der DNA-Gehalt aller somatischen Zellen eines Organismus ist im allgemeinen als konstant und gleich anzusehen. In einzelnen Organen gibt es jedoch, dem Chromosomensatz der Zellen entsprechend, Abweichungen, die im Verhältnis ganzzahliger Vielfacher zueinander stehen. Manche Tumoren jedoch zeigen nicht-ganzzahlige Abweichungen des DNA-Gehaltes (Aneuploidie).

Die Geschlechtszellen haben nur den halben DNA-Gehalt der somatischen Zellen (Haploide Zellen).

Die Eier vieler Spezies zeigen stark erhöhte DNA-Gehalte, die als Reserve-DNA für den sich entwickelnden, nur beschränkt zur DNA-Synthese befähigten Keim zu deuten sind. Bakterien und Hefen zeigen ebenfalls u. U. starke DNA-

Ansammlungen. Die Konstanz des DNA-Gehaltes von Zellen ermöglicht eine Bestimmung der Zellzahl in vielen Geweben.

a) Desoxyribonucleotidhaltiges Enzym

Cytochrom-b_2-DNA-Komplex enthält 14—15 Desoxyribonucleotide pro Mol Haem [*28*, *29*].

Tabelle 2. **DNA-haltige Viren**

Gruppen und deren typische Vertreter	Partikelgewicht Gesamt	Partikelgewicht DNA-Anteil	DNA-Gehalt	Absolut-Gewicht des DNA-Anteils	Literatur
Papillom-Virus	$4.5 \cdot 10^7$	$3.9 \cdot 10^6$	8.7%	$6.4 \cdot 10^{-18}$ g	[*123*, *124*]
Pocken-Virus Vaccine, Element.-Körperchen	$3.2 \cdot 10^9$	$2 \cdot 10^8$	5.6%	$3.3 \cdot 10^{-16}$ g	[*123*, *124*]
Bacteriophagen T_2	$2.0 \cdot 10^8$	$9 \cdot 10^7$	44% 50%	$1.5 \cdot 10^{-16}$ g	[*123*, *124*]
Bacteriophagen T_4		$1.4 \cdot 10^8$		$2.3 \cdot 10^{-16}$ g	[*125*]
Polyeder-Virus v. Bombyx mori	$3 \cdot 10^8$	$4 \cdot 10^7$	13%	$6.6 \cdot 10^{-17}$ g	[*123*]
Bacteriophagen T_1		$4 \cdot 10^7$		ca. $7 \cdot 10^{-17}$ g	[*126*]
Bacteriophagen T_3		$5 \cdot 10^7$		ca. $9 \cdot 10^{-17}$ g	[*126*]
Bacteriophagen T_5		$1 \cdot 10^8$		ca. $2 \cdot 10^{-16}$ g	[*126*]
Bacteriophagen T_7		$5 \cdot 10^8$		ca. $6-9 \cdot 10^{-16}$ g	[*126*]
Bacteriophagen λ vir		$6 \cdot 10^7$		ca. $1 \cdot 10^{-16}$ g	[*126*]
Salmonella A 1		$4 \cdot 10^7$		ca. $6 \cdot 10^{-16}$ g	[*126*]
P 22		$4 \cdot 10^7$		ca. $7 \cdot 10^{-16}$ g	[*126*]
⌀ X 174	$6.2 \cdot 10^6$	$2 \cdot 10^6$; $1.7 \cdot 10^6$	25%	ca. $3 \cdot 10^{-18}$ g	[*15*, *126*]

Tabelle 3. **DNA-Gehalt von Bakterien und Hefen**

Species	Gewicht des Organismus oder der Zelle Feucht (g)	Gewicht des Organismus oder der Zelle Trocken (g)	DNA-Anteil in % Feucht (g)	DNA-Anteil in % Trocken (g)	DNA-absol. in g	Literatur
Haemophilus influenzae					$2 \cdot 10^{-15}$	[*127*]
Escherichia coli				5.2	10^{-14}	[*124*, *128*]
				3.7		
Staphylococcus				2.8		
Bacillus anthracis				1.2		[*124*]
Salmonella typhosa				4.4		
Sacchar. cerevisiae	$7.5 \cdot 10^{-11}$	$2.2 \cdot 10^{-11}$	0.044	0.15	$3.3 \cdot 10^{-14}$	[*129*]
Haploid					$2 \cdot 10^{-14}$	
Diploid					$4 \cdot 10^{-14}$	
Triploid					$6 \cdot 10^{-14}$	[*128*]
Tetraploid					$8 \cdot 10^{-14}$	
Diploid					$17 \cdot 10^{-14}$	[*129*]
Bac. subtilis, Sporen				1.5		
Corynebacter. diphteriae				1.7		
Pseudomonas aerugin.				4.9		[*124*]
Vibrio comma				2.1		
Rickettsia prowazeki				1.5		

Tabelle 3a. **DNA-Gehalt von Pflanzenzellkernen**

Der DNA-Gehalt des *pflanzlichen Zellkernes*	Literatur
5—10% des Kernfeuchtgewichtes 20—30% des Kerntrockengewichtes 6—60 · 10^{-12} g DNA für den diploiden Kern	[*130*]
„DNA-Gehalt" gereinigter (pigment- und lipoidfreier) *pflanzlicher Chloroplasten* beträgt 0.7%	[*22*, *27*, *131*]

Tabelle 4. **DNA-Gehalt von Fisch-Erythrocyten** (in 10^{-12} g)

Species		DNA-Gehalt nach Lit. [*132*]	[*133, 134*]
Agnatha	Neunauge (Petromyzon)	5	
Elasmobranchii	Hai (Carcharias obscurus)	5.46	
	Hai (Carcharias longimanus)	6.67	
Chondrostei	Stör (Acipenser sturio)	3.2	
Holostei	Schlammfisch (Amia)	2.3	
Teleostei			
Clupeidae	(Harengula sardinia)	2.04	
	Alse (Alosa)	1.97	
Cyprinidae	Karpfen (Cyprinus carpio)	3.49	3.2
	Barbe (Barbus barbus)		3.4
	Rotauge (Leuciscus rutilus)		1.9
	Schleie (Tinca tinca)		1.7
Percidae	Flußbarsch (Perca fluviatilis)		1.9
Esocidae	Hecht (Esox lucius)		1.7
Salmonidae	Regenbogen-Forelle (Salmo irideus)		4.9
Anguilidae	Europäischer Flußaal (Anguilla anguilla)		1.9
Siluridae	Zwergwels (Ameiurus nebulosus)	1.89	1.8
Scaridae	Papageienfisch (Pseudoscarus guacamaia)	2.5	
	Papageienfisch (Sparisoma brachiale)	2.45	
	(Scarus croicensis)	2.58	
Balistidae	Drückerfisch (Balistes capriscus)	1.07	
Carangidae	Bonito (Zonichthys falcatus)	1.35	
	Bastardmakrele (Caranx lactus)	1.21	
	(Decapterus punctatus)	1.32	
Acanthuridae	Doktorfisch (Acanthurus hepatus)	1.38	
Ostraciontidae	Kofferfisch (Lactophrys quadricornis)	1.91	
Aulostomatidae	Trompetenfisch (Aulostomus maculatus)	1.39	
Holocentridae	(Holocentrus ascensionis)	1.31	
Mugilidae-	Meeräsche (Mugil curema)	1.38	
Sphyraenidae	Barracuda (Sphyraena barracuda)	1.37	
Sparidae	(Calamus calamus)	2.24	
	Meerbrassen (Diplodus argenteus)	1.61	
Haemulidae	(Haemulon sciurus)	1.20	
	(Haemulon flavilineatum)	1.33	
Gerridae	(Eucinostomus guba)	0.94	
Lutianidae	(Ocyurus chrysurus)	2.1	
	(Lutianus griseus)	2.1	
	(Lutianus hastingsi)	2.1	
Belonidae	amerik. Hornhecht (Tylosurus acus)	2.2	
Serranidae	Zackenbarsch (Epinephelus guttatus)	2.09	
	Zackenbarsch (Cephalopholis fulvus)	1.93	
	Zackenbarsch (Epinephelus striatus)	2.05	
	Zackenbarsch (Mycteroperca tigris)	2.2	
	Zackenbarsch (Trisotropis venosus)	1.83	

Tabelle 5. **DNA-Gehalt verschiedener tierischer Zellen und Gewebe**

Species	DNA-Gehalt in 10^{-12} g				Literatur
Schwamm	0.11				
Qualle	0.66				*[132]*
See-Igel	1.96				
Paracentrotus lividus					
Ei	16.6				*[135]*
Sperma	0.71				
Napfschnecke	1.00				*[132]*
Fisch; Quastenflosser (Latimeria)	5.6				*[136]*
Dipnoae					
Afrikanischer Lungenfisch (Protopterus)	100				
Amphibien					
Amphiuma	168				*[132]*
Necturus	48.4				
Frosch	15.0				
Rana platyrrhina					
Pronucleus	65000				*[137]*
Ei	73000				
Sperma	8.6				*[135]*
Sperma	11–13				*[136]*
Kröte	7.33				*[132]*
Bufo vulgaris formosus					
Ei	670000				*[138]*
Reptilien					
Green turtle (engl.)	5.27				
Wood turtle (engl.)	4.92				
Schnapp-Schildkröte	4.97				
Alligator	4.98				*[132]*
Wasserschlange	5.02				
Pilot snake (engl.)	4.28				
Black racer snake (engl.)	2.85				
Vögel					
Haushuhn	2.34	2.2		2.3	*[132, 133, 134, 139]*
Perlhuhn	2.27				*[132]*
Gans	2.92	1.9			*[132–134]*
Ente	2.65	2.2			*[132–134]*
Taube		2.0			
Truthahn		1.9			*[133, 134]*
Fasan		1.7			
Sperling		1.9			
Säuger					
Rind		6.4	6.9	7.1	*[133, 134, 139, 140]*
Schwein		5.1	6.8		*[133, 134]*
Meerschweinchen		5.9			*[133, 134]*
Hund		5.3	6.7		*[133, 134, 140]*
Mensch		6.0	6.8		*[133, 134, 140]*
Hela-Zelle	14–15				*[141]*
Kaninchen		5.3		6.5	*[133, 134, 139]*
Pferd		5.8			*[133, 134]*
Schaf		5.7	6.8		*[133, 134, 140]*
Ratte		5.7			*[133, 134]*
Maus		5.0			*[133, 134]*

Tabelle 6. **DNA-Gehalt von Zellkernen aus verschiedenen Geweben verschiedener Species** ($\times 10^{-12}$ g) [*19*]

	Stier		Schwein	Hund	Ratte				Ente	Hahn		Kröte	Karpfen		Alse	Bachforelle	Regenbogen-forelle	Hecht	Schleie
Leber	6.4	6.22–8.40	5.0	5.3	10.7	10.1	8.2	9.40	2.1	2.39	2.44–2.68		3.0	3.33	2.01				
Thymus	6.4	7.15																	
Niere	6.4	6.25–6.81	5.2	5.3	7.3	6.7	5.5	6.72			2.31–2.48								
Pankreas	6.6										2.43–2.74								
Milz	6.8							6.52			2.52–2.66								
Erythrocyten									2.3	2.34	2.55–2.61	7.33	3.3	3.49	1.97	5.79	4.9	1.7	1.7
Leukocyten								6.60											
Lunge								6.71											
Darm								7.60											
Speicheldrüse								7.55											
Herz								6.46			2.6								
Knochenmark								6.90			2.57–2.65								
Sperma	3.3	2.82								1.26		3.70	1.60	1.64	0.91	2.67	2.45	0.85	0.85

Tabelle 7. **Desoxyribonucleinsäuregehalt in Säugetierzellkernen**

(Werte in 10^{-12} g DNA je Zellkern. — [*142*])

Siebert gibt für den Säugetierzellkern allgemein einen DNA-Gehalt von $5-6 \cdot 10^{-12}$ g DNA an.

Organ Tier	DNA-Gehalt 10^{-12} g
Leber	5.5—6.5
Niere	5.2—6.5
Pankreas	6.7
Thymus	6.3—6.9
Milz	6.5
Leukocyten	6.7—6.9
Prostata	7.7
Knochenmark	6.2—9.7
Spermatozoen	2.8—3.4
Rind	6.4
Schwein	5.1
Hund	5.3
Mensch	6.0
Pferd	5.8
Maus	5.0
Meerschweinchen	5.9
Kaninchen	5.3
Hammel	5.7

Tabelle 8. **DNA-Gehalt von Kernen in verschiedenen Geweben des Rindes** [*19*].

Organ	DNA in 10^{-12} g	Zahl der Kerntypen	Wahrscheinliche Chromosomen-Zahl
Thymus	6.6	1	Diploid
Leber	6.4	2	Diploid
Pankreas	6.9	6	Diploid
Niere	5.9	10	Diploid
Sperma	3.3	1	Haploid

Tabelle 9. **Meßergebnisse an Zellkernen mit haploidem und diploidem Chromosomensatz nach UV-Photometrie (DNA) und interferenzmikroskopischen Trockengewichtsbestimmungen** [*143*]

Species Zellart	UV-Photometrie DNA $\times 10^{-12}$ g	Chemische Bestimmung DNA $\times 10^{-12}$ g	Trockengewicht $\times 10^{-12}$ g
Mensch			
Spermien	3.1	3.4	6.1
Thymus	6.8	6.8	13.8
Stier			
Spermien	3.2	3.2	8.1
Thymus	6.5	6.4	14.4
Kaninchen			
Spermien	3.2	3.1	6.7
Thymus	5.7	5.3—7.2	13.5
Ratte			
Spermien	3.1	—	5.8
Thymus	6.0	7.5	10.8
Hahn			
Spermien	1.5	1.3	2.5
Erythrocyten	3.5	2.4	4.6—7.0
Forelle			
Spermien	2.5	2.5	4.4
Erythrocyten	5.4	4.8—5.3	8.3

Tabelle 10. **Der DNA-Gehalt tierischer Gewebe** [*144*]

Tier	Organ	DNA-Anteil	Gemessen als	Bemerkungen
Kalb	Thymus	30—33	% d. Tr.-Gew.	
Kalb	Thymus	26	% d. Tr.-Gew.	Prot./DNA = 2.85
Kalb	Leber	15	% d. Tr.-Gew.	Prot./DNA = 5.7
Kalb	Niere	17	% d. Tr.-Gew.	Prot./DNA = 4.6
Kalb	Herz	19	% d. Tr.-Gew.	Prot./DNA = 4.2
Kalb	Knochenmark	23.5	% d. Tr.-Gew.	Prot./DNA = 3.3
Rind	Herz	16.5	% d. Tr.-Gew.	Prot./DNA = 5.1
Rind	Pankreas	17	% d. Tr.-Gew.	Prot./DNA = 4.8
Pferd	Pankreas	22	% d. Tr.-Gew.	Prot./DNA = 3.45
Pferd	Leber	12	% d. Tr.-Gew.	Prot./DNA = 7.3
Pferd	Leber	18	% d. Tr.-Gew.	fastend Prot./DNA = 4.55
Maus	Leber	27	% d. Tr.-Gew.	ZBC-Linie
Hühnchen	Erythrocyten	25	% d. Tr.-Gew.	Prot./DNA = 2.9
	Thyreoidea	50.5	% d. Kerns	
Ratte	Leber	2.52	mg/g Frischgew.	
Ratte	Leber	3.26	mg/g Frischgew.	Proteinarme Nahrung
Maus	Leber	2.19—2.70	mg/g Frischgew.	C^3H
Hamster	Leber	1.75—1.93	mg/g Frischgew.	
Rind	Leber	0.9 —1.9	% d. Nucleinsäure	

2. Ribonucleinsäuregehalte

Die Ribonucleinsäuregehalte der Viren sind feste, charakteristische Größen. Bei den meisten Organismen besagt der RNA-Gehalt wahrscheinlich als speciescharakteristische oder organcharakteristische zelluläre Größe wenig, sondern unterliegt je nach Ernahrungs- und Funktionszustand starken, quantitativen Schwankungen.

Tabelle 11. **RNA-haltige Viren**

Gruppen und deren typische Vertreter	Partikelgewicht Gesamt	Partikelgewicht RNA-Anteil	RNA-Gehalt	Absolut-Gew. des RNA-Anteils	Literatur
1. Sphärische Pflanzen-Viren	$1.1 \cdot 10^{7}$	$1.8 \cdot 10^{6}$	16.5%	$3.0 \cdot 10^{-18}$ g	[*123*]
a) Tomato-bushy-stunt		$1.7 \cdot 10^{6}$		$2.8 \cdot 10^{-18}$ g	[*124, 145*]
b) Turnip-Yellow-Mosaic-Virus	$5.0 \cdot 10^{6}$	$1.7 \cdot 10^{6}$	34%	$2.8 \cdot 10^{-18}$ g	[*145*]
c) Southern-Bean-Mosaic-Virus	$6.6 \cdot 10^{6}$	$1.4 \cdot 10^{6}$	21%	$2.3 \cdot 10^{-18}$ g	[*123, 145*]
d) Tabak-Necrose-Virus	$8.0 \cdot 10^{6}$	$1.5 \cdot 10^{6}$	18%	$2.4 \cdot 10^{-18}$ g	[*123, 145*]
e) Tobacco-Ringspot	$3.4 \cdot 10^{6}$	$1.5 \cdot 10^{6}$	44%	$2.5 \cdot 10^{-18}$ g	[*123, 145*]
2. Stäbchenförmige Pflanzen-Viren	$4.0 \cdot 10^{7}$	$2.2 \cdot 10^{6}$	5–6%	$3.6 \cdot 10^{-18}$ g	[*145*]
a) Tabak-Mosaic-Virus			5.6%		[*123*]
			6 %		[*124*]
b) Kartoffel-X-Virus	3.6 bis $3.9 \cdot 10^{7}$	$2.0 \cdot 10^{6}$	5–6%	$3.3 \cdot 10^{-18}$ g	[*145*]
3. Entero-Viren Poliomyelitis-Virus	$6.8 \cdot 10^{6}$	$1.8 \cdot 10^{6}$	22–30%	$3.0 \cdot 10^{-18}$ g	[*123*]
4. Equine Encephalitis	$5 \cdot 10^{7}$	$2 \cdot 10^{6}$	4.4%	$3.3 \cdot 10^{-18}$ g	[*145*]
Western-Equine-Encephalitis-Virus	$2.4 \cdot 10^{7}$	$1.0 \cdot 10^{6}$	4.4%	$1.7 \cdot 10^{-18}$ g	[*123*]
Eastern-Equine-Encephalomyelitis-Virus			4.4%		[*124*]
5. Influenza-Gruppe					
Grippe-Virus	$2.0 \cdot 10^{8}$	$2.2 \cdot 10^{6}$	1.0%	$3.6 \cdot 10^{-18}$ g	[*123*]
Geflügel-Pest-Virus	$1.5 \cdot 10^{8}$	$2.7 \cdot 10^{6}$	1.8%	$4.5 \cdot 10^{-18}$ g	[*123*]
6. Multiforme Viren Newcastle-Disease-Virus	$8.0 \cdot 10^{8}$	$3.2 \cdot 10^{7}$	4.0%	$5.3 \cdot 10^{-17}$ g	[*123, 145*]
5. und 6. Zusammengefaßt als Myxoviren					
Rib-grass-Mosaic-Virus	$4 \cdot 10^{7}$	$2.4 \cdot 10^{6}$	6%	$4.0 \cdot 10^{-18}$ g	[*124, 146*]
Cucumber (CV 4)	$4 \cdot 10^{7}$	$2.4 \cdot 10^{6}$	6%	$4.0 \cdot 10^{-18}$ g	[*124, 145*]
Alfalfa-Mosaic-Virus			15%		[*124*]

Tabelle 12. **RNA-Gehalt von Bakterien und Hefen**

Species	Gewicht des Organismus oder der Zellen Feucht (g)	Gewicht des Organismus oder der Zellen Trocken (g)	RNA-Anteil in % Feucht (g)	RNA-Anteil in % Trocken (g)	RNA-absol. in g	Literatur
Staphylococcus				8.8		[*124*]
Bacillus anthracis				3.2		[*124*]
Escherichia coli				19.1		[*124*]
Salmonella typhosa				8.7		[*124*]
Saccharomyces cerevisiae	$7.5 \cdot 10^{-11}$	$2.2 \cdot 10^{-11}$				[*129*]
haploid					$5 \cdot 10^{-13}$	[*147*]
diploid					$9 \cdot 10^{-13}$	[*147*]
triploid					$15 \cdot 10^{-13}$	[*147*]
tetraploid					$15 \cdot 10^{-13}$	[*147*]
diploid					$30 \cdot 10^{-13}$	[*148*]
Bact. subtilis, Sporen				4.4		[*124*]
Corynebact. diphteriae				4.8		[*124*]
Pseudomonas aeruginosa				4.4		[*124*]
Vibrio comma				1.6		[*124*]

Anmerkung: Es ist zu bedenken, daß der RNA-Gehalt bei den Organismen je nach Ernährungszustand stark schwanken kann.

Tabelle 12a. **RNA-Gehalt von Pflanzenzellkernen**

Der RNA-Gehalt des *pflanzlichen Zellkernes* ist ca. $^1/_{10}$–$^1/_5$ des DNA-Gehaltes	Literatur
„RNA-Gehalt" gereinigter (pigment- und lipoidfreier) *pflanzlicher Chloroplasten* beträgt ca. 2.7%.	[*130*]

Tabelle 13. **Der RNA-Gehalt tierischer Gewebe** [*144*]

Tier	Organ	RNA-Anteil	gemessen als	Bemerkungen
Rind	Thymus	0.6–1.3	% d. Nucleinsäure	
Rind	Milz	0.7–1.1	% d. Nucleinsäure	
Kaninchen	Leber	2.0	% d. Nucleinsäure	
Kaninchen	Niere	1.2	% d. Nucleinsäure	
Ratte	Leber	2.9–4.5	% d. Nucleinsäure	
Ratte	Leber	4.0–5.6	% d. Nucleinsäure	regenerierende Leber
Huhn	Leber	2.0–2.2	% d. Nucleinsäure	
Huhn	Thymus	1.3–1.4	% d. Nucleinsäure	
Huhn	Erythrocyten	0.7–2.5	% d. Nucleinsäure	
Dorsch	Sperma	0.3	% d. Nucleinsäure	
Lachs	Sperma	0.1	% d. Nucleinsäure	
Hering	Sperma	0.0–0.2	% d. Nucleinsäure	
Maus	Leber	3.4	% d. Kerns	ZBC-Linie
	Thyreoidea	7.5	% d. Kerns	
Ratte	Leber	1.13	mg/g Frischgew.	
Ratte	Leber	0.96	mg/g Frischgew.	bei proteinarmer Nahrung
Maus	Leber	0.43–1.75	mg/g Frischgew.	
Hamster	Leber	1.19	mg/g Frischgew.	

Literatur

[*1*] *Chargaff, E.*, u. *J. N. Davidson:* The Nucleic Acids. a) Band I (1955); b) Band II (1955); c) Band III (1960).
[*2*] *Watson, J. D.*, u. *F. H. Crick:* Cold Spring Harbor Symp. Biol. **18**, 123 (1953).
[*3*] *Watson, J. D.*, u. *F. H. Crick:* Nature **171**, 737 (1953).
[*4*] bis [*6*] *Feughelman, M.*, *L. Langridge*, *W. E. Seeds*, *A. R. Stokes*, *H. R. Wilson*, *C. W. Hooper*, *M. H. F. Wilkins*, *R. K. Barclay* u. *L. D. Hamilton:* Nature **175**, 834 (1955).
[*7*] 9. Colloquium der Ges. f. Physiol. Chemie, Chemie der Genetik. Berlin, Göttingen, Heidelberg (1959).
[*8*] *Cavalieri, L. F.*, u. *B. H. Rosenberg:* Biophys. J. **1**, 317 (1961).
[*9*] *Cavalieri, L. F.*, u. *B. H. Rosenberg:* Biophys. J. **1**, 323 (1961).
[*10*] *Cavalieri, L. F.*, u. *B. H. Rosenberg:* Biophys. J. **1**, 337 (1961).
[*11*] *Kornberg, A.:* Science **131**, 1503 (1960).
[*12*] *Herriott, R. M.:* Science **134**, 256 (1961).
[*13*] *Herriott, R. M.*, *J. H. Connolly* u. *S. Gupta:* Nature **189**, 817 (1961).
[*14*] *Herriott, R. M.:* Science **134**, 256 (1961).
[*15*] *Sinsheimer, R. L.:* J. Mol. Biol. **1**, 43 (1959).
[*16*] *Tessman, I.*, *E. S. Tessman* u. *G. S. Stent:* Virol. **4**, 209 (1957).
[*17*] *Tessman, I.:* Virol. **7**, 263 (1959).
[*18*] *Sze, L. C.:* J. exptl. Zool. **122**, 577 (1953).
[*19*] *Vendrely, R.:* Lit [*1b*], S. 155.
[*20*] *Fraenkel-Conrat, H. L.*, *W. H. Ward*, *N. S. Snell* u. *E. D. Ducay:* J. Amer. chem. Soc. **72**, 3826 (1952).
[*21*] *Eckart, W.*, u. *A. Wacker:* Z. Naturforschg. **15b**, 429 (1960).
[*22*] *Cooper, W. D.*, u. *H. S. Loring:* J. biol. Chem. **228**, 813 (1957).
[*23*] *Metzner, H.:* Biochem. Z. **71**, 257 (1952).
[*24*] *Metzner, H.:* Naturwiss. **39**, 64 (1952).
[*25*] *Chiba, Y.*, u. *K. Sugahara:* Arch. Biochem. Biophys. **71**, 367 (1957).
[*26*] *Böttger, I.*, u. *R. Wollgiehn:* Flora (Jena) **146**, 302 (1958).
[*27*] *Stocking, C. R.*, u. *E. M. Gifford jr.:* Biochem. Biophys. Res. Comm. **1**, 159 (1959).
[*28*] *Catlin, B. W.*, u. *L. S. Cunningham:* J. gen. Microbiol. **19**, 522 (1958).
[*29*] *Appleby, C. A.*, u. *R. K. Morton:* Biochem. J. **75**, 258 (1960).
[*30*] *Marmur, J.*, u. *D. Lane:* Proc. Natl. Acad. Sci. U.S. **46**, 453 (1960).
[*31*] *Doty, P.*, *Marmur, J.*, *J. Eigner* u. *C. Schildkraut:* Proc. Natl. Acad. Sci. U.S. **46**, 461 (1960).

[32] *Wacker, A.:* Erwin-Bauer-Gedächtnisvorlesung I, Abhandl. Deutsch. Akad. Wiss. Berlin **1**, 66 (1960).
[33] *Wacker, A., S. Kirschfeld, D. Hartmann* u. *D. Weinblum:* J. Mol. Biol. **2**, 69 (1960).
[34] *Wacker, A., S. Kirschfeld* u. *L. Träger:* J. Mol. Biol. **2**, 241 (1960).
[35] *Bendich, A.:* Bull. N. Y. Acad. Med. **37**, 661 (1961).
[36] *Kornberg, A.:* Angew. Chem. **72**, 231 (1960).
[37] *Lehman, I. R.:* Ann. N. Y. Acad. Sci. **81**, 745 (1959).
[38] *Bollum, F. J.:* Feder. Proc. **19**, 305 (1960).
[39] *Josse, J.,* u. *A. Kornberg:* Feder. Proc. **19**, 303 (1960).
[40] *Whitelock, O. V. St.:* Ann. N. Y. Acad. Sci. **81**, 511 (1959).
[41] *Schachman, H. K., J. Adler, C. M. Radding, I. R. Lehman* u. *A. Kornberg:* J. biol. Chem. **235**, 3242 (1961).
[42] *Josse, J., A. D. Kaiser* u. *A. Kornberg:* J. biol. Chem. **236**, 864 (1961).
[43] *Wacker, A., S. Kirschfeld* u. *D. Weinblum:* J. Mol. Biol. **2**, 72 (1960).
[44] *Shugar, D.:* Lit. [*1c*], S. 39–103.
[45] *Wacker, A., H. Dellweg* u. *E. Lodemann:* Angew. Chem. **73**, 64 (1961).
[46] *Wacker, A.:* Dtsch. med. Wschr. **86**, 735 (1961).
[47] *Bautz, E.,* u. *E. Freese:* Proc. Natl. Acad. Sci. U.S. **46**, 1585 (1960).
[48] Deoxyribonucleic Acid: Structure, Synthesis and Function. Oxford, London, New York, Paris 1962.
[49] *Chargaff, E.:* Lit. [*1a*], S. 341.
[50] *Takemura, S.:* Biochim. biophys. Acta **29**, 447 (1958).
[51] *Roka, L.:* 6. Coll. d. Ges. f. Physiol. Chem.: Vergleichend biochemische Fragen. Berlin-Göttingen-Heidelberg 1956, S. 1–20.
[52] *Rich, A.:* Lit. [*38*], S. 721.
[53] *Oparin, A. I.:* Die Entstehung des Lebens auf der Erde. Berlin 1949.
[54] *Bernal, J. D.:* The Origin of Life on the Earth. London, New York, Paris 1959.
[55] *Stich, H.:* Experientia **12**, 7 (1956).
[56] *Brachet, J.:* The Biochemistry of Development. London, New York, Paris 1960.
[57] *Hoagland, M. R.:* Lit. [*1c*], S. 357.
[58] *Ts'o, P., J. Bonner* u. *H. Dintzis:* Arch. Biochem. Biophys. **76**, 225 (1958).
[59] *Tissiers, A.:* J. Mol. Biol. **1**, 287 (1960).
[60] *Brown, G. L.,* u. *G. Zubay:* J. Mol. Biol. **2**, 287 (1960).
[61] *Littlefield, H. W., E. B. Keller, J. Groos* u. *P. C. Zamecnik:* J. biol. Chem. **217**, 111 (1955).
[62] *Lwoff, A.:* Proc. Roy. Soc. B **154**, 1 (1961).
[63] *Schramm, G.:* Lit. [*123*], S. 299.
[64] *Gierer, A.,* u. *G. Schramm:* Nature **177**, 702 (1956).
[65] *Fraenkel-Conrat, H. L.:* J. Amer. chem. Soc. **78**, 882 (1956).
[66] *Ochoa, S.:* Angew. Chem. **72**, 225 (1960).
[67] *Griffin, B., A. Todd* u. *A. Rich:* Proc. Natl. Acad. Sci. U.S. **44**, 1123 (1958).
[68] *Rich, A.,* u. *D. R. Davies:* J. Amer. chem. Soc. **78**, 3548 (1956).
[69] *Felsenfeld, G., D. R. Davies* u. *A. Rich:* J. Amer. chem. Soc. **79**, 2023 (1957).
[70] *Matthews, R. E. F.:* Pharm. Rev. **10**, 359 (1958).
[71] *Takemura, S.,* u. *M. Miyazaki:* Bull. chem. Soc. Jap. **32**, 926 (1959).
[72] *Furth, J. J., J. Hurwitz* u. *M. Doldmann:* Biochem. Biophys. Res. Comm. **4**, 362 (1961).
[73] *Hall, B. D.,* u. *Spiegelman:* Proc. Natl. Acad. Sci. U. S. **47**, 137 (1961).
[74] *Schildkraut, C. L., J. Marmur, J. R. Fresco* u. *P. Doty:* J. biol. Chem. **236**, PC 2 (1961).
[75] *Rich, A.:* Proc. Natl. Acad. Sci. U. S. **46**, 1044 (1960).
[76] *Mirsky, A. E.,* u. *A. W. Pollister:* Proc. Natl. Acad. Sci. U. S. **28**, 344 (1942).
[77] *Felix, K., H. Fischer, A. Krekels* u. *R. Mohr:* Z. physiol. Chem. **287**, 224 (1951).
[78] *Siebert, G.:* Fraktionierung tierischer Gewebe in wäßrigen und nichtwäßrigen Medien. Biochem. Taschenbuch, 1. Aufl., S. 904. 1956.
[79] *Hammarsten, E.:* Biochem. Z. **144**, 383 (1923).
[80] *Felix, K., H. Fischer, A. Krekels* u. *R. Mohr:* Z. physiol. Chem. **289**, 10 (1951).
[81] *Felix, K., H. Fischer* u. *A. Krekels:* Z. physiol. Chem. **289**, 127 (1952).
[82] *Crampton, C. F., R. Lipschitz* u. *E. Chargaff:* J. biol. Chem. **206**, 499 (1954).
[83] *Signer, R.,* u. *H. Schwander:* Helv. chim. Acta **32**, 853 (1949).
[84] *Schwander, H.,* u. *R. Signer:* Helv. chim. Acta **33**, 1521 (1950).
[85] *Mirsky, A. E.,* u. *A. W. Pollister:* J. gen. Physiol. **30**, 117 (1946).
[86] *Fleming, M.,* u. *D. O. Jordan:* Disc. Farad. Soc. **13**, 217 (1953).
[87] *Doty, P.,* u. *G. Zubay:* J. Amer. chem. Soc. **78**, 6207 (1956).
[88] *Gulland, J. M., D. O. Jordan* u. *C. J. Threlfall:* J. Chem. Soc. **78**, 1129 (1957).
[89] *Sevag, M. G.:* Biochem. Z. **273**, 419 (1934).
[90] *Sevag, M. G., D. B. Lackman* u. *S. Smolens:* J. biol. Chem. **124**, 425 (1938).
[91] *Marko, A. M.,* u. *J. A. V. Butler:* J. biol. Chem. **190**, 165 (1951).

[92] *Kay, R. M., N. S. Simmons* u. *A. L. Dounce:* J. Amer. chem. Soc. **74**, 1724 (1952).
[93] *Kirby, K. S.:* Biochem. J. **66**, 495 (1957).
[94] *Marmur, J.:* J. Mol. Biol. **3**, 208 (1961).
[95] *Eddy, A. A.,* u. *D. H. Williamson:* Nature **179**, 1252 (1957).
[96] *McCarty, M.:* J. Exptl. Med. **96**, 555 (1952).
[97] *Weibull, C.:* Ann. Rev. Microbiol. **12**, 1 (1958).
[98] *Schneider, J. H.:* J. biol. Chem. **234**, 2728 (1959).
[99] *Zahn, R. K., E. Tiesler, A. K. Kleinschmidt* u. *D. Lang:* Biochem. Z. **336**, 281 (1962).
[100] *Meselson, M., F. W. Stahl,* u. *J. Vinograd:* Proc. Natl. Acad. Sci. U.S. **42**, 581 (1957).
[101] *Meselson, M.,* u. *F. W. Stahl:* Proc. Natl. Acad. Sci. U.S. **44**, 671 (1958).
[102] *Sueoka, N.:* Proc. Natl. Acad. Sci. U.S. **45**, 1480 (1959).
[103] *Siegel, A.,* u. *W. Hudson:* Biochim. biophys. Acta **34**, 254 (1959).
[104] *van Lancker, J. L.,* u. *R. L. Holtzer:* J. biol. Chem. **234**, 2359 (1959).
[105] *Mirsky, A. E.,* u. *A. W. Pollister:* J. gen. Physiol. **30**, 109 (1946).
[106] *Kerr, S. E.,* u. *K. Seraidarian:* J. biol. Chem. **180**, 1203 (1949).
[107] *Chargaff, E.:* Lit. [*1a*], S. 374f.
[108] *Brownhill, T. J., A. S. Jones* u. *M. Stacey:* Biochem. J. **73**, 434 (1959).
[109] *Volkin, E.,* u. *C. E. Carter:* J. Amer. chem. Soc. **73**, 1516 (1951).
[110] *Kirby, K. S.:* Biochem. J. **64**, 405 (1956).
[111] *Sibatani, A., K. Yamana, K. Kimura* u. *H. Okagaki:* Biochim. biophys. Acta **33**, 590 (1959).
[112] *Kirby, K. S.:* Biochem. J. **70**, 260 (1958).
[113] *Kirby, K. S.:* Biochim. biophys. Acta **36**, 117 (1959).
[114] *Laskov, R., E. Margoliash, U. Z. Littauer* u. *H. Eisenberg:* Biochim. biophys. Acta **33**, 247 (1959).
[115] *Knight, C. A.:* J. biol. Chem. **197**, 241 (1952).
[116] *Cohen, S. S.,* u. *W. M. Stanley:* J. biol. Chem. **144**, 589 (1942).
[117] *Markham, R.,* u. *J. D. Smith:* Biochem. J. **49**, 401 (1951).
[118] *Hartmann, G.,* u. *U. Coy:* Biochim. biophys. Acta **47**, 612 (1961).
[119] *Holley, R. W., J. Apgar, B. P. Doctor, J. Farrow, M. A. Marini* u. *S. H. Merril:* J. biol. Chem. **236**, 200 (1961).
[120] *Zamecnik, P. C., M. L. Stephenson* u. *J. F. Scott:* Proc. Natl. Acad. Sci. U. S. **46**, 811 (1960).
[121] *Saponara, A.,* u. *R. M. Bock:* Feder. Proc. **20**, 356 (1961).
[122] *Zachau, H. G., M. Tada, W. B. Lawson* u. *M. Schweiger:* Biochim. biophys. Acta **53**, 221 (1961).
[123] *Stoops, R.:* Nucleoproteins, Interscience Publ. New York 1959.
[124] *Spector, W. S.:* Handbook of Biological Data. London 1956.
[125] *Magasanik, R.:* Lit. [*1a*], S. 383.
[126] *Sinsheimer, R. L.:* Lit. [*1c*], S. 194.
[127] *Zamenhof, S., H. E. Alexander* u. *G. Leidy:* J. exptl. Med. **98**, 373 (1953).
[128] *Morser, M. L.,* u. *L. E. Cartler:* J. Bact. **58**, 314 (1959).
[129] *Chargaff, E.,* u. *S. Zamenhof:* J. biol. Chem. **173**, 327 (1948).
[130] *Ruhland, W.:* Handbuch der Pflanzenphysiologie, Band I u. II. Berlin-Göttingen-Heidelberg (1955).
[131] *Mothes, K.:* Naturwiss. **47**, 337 (1960).
[132] *Mirsky, A. E.,* u. *H. Ris:* J. gen. Physiol. **34**, 451 (1951).
[133] *Vendrely, R.,* u. *C. Vendrely:* Experientia **5**, 327 (1949).
[134] *Vendrely, C.:* Bull. biol. France et Belg. **86**, 1 (1952).
[135] *Hoff-Jørgensen, E.:* Recent Development in Cell Physiology (Colston Papers). London 1954.
[136] *Vialli, M.:* Rend. I st. Lombardo Sci. Lettere **91**, 680 (1957).
[137] *Hoff-Jørgensen, E.,* u. *E. Zeuthen:* Nature **169**, 243 (1952).
[138] *Hasegawa, H.:* Nature **175**, 103 (1955).
[139] *McIndoe, W. M.,* u. *I. N. Davidson:* Brit. J. Cancer **6**, 200 (1952).
[140] *Metais, P., S. Cuny* u. *P. Mandel:* Compt. rend. soc. biol. **145**, 1235 (1951).
[141] *Jerwell, K. F., C. R. Diniz* u. *G. C. Mueller:* Arch. Biochem. Biophys. **78**, 157 (1958).
[142] *Siebert, G.:* Lit. [7], Der Zellkern der somatischen Zelle.
[143] *Sandritter, W.:* Dtsch. med. Wschr. **86**, 2177 (1961).
[144] *Bahr, G. F.:* Lit. [*130b*], S. 550.
[145] *Schuster, H.:* Lit. [*1c*], S. 247.
[146] *Magasanik, B.:* Lit. [*1a*], S. 383.
[147] *Ogur, M., S. Minckler, G. Lindegren* u. *C. C. Lindegren:* Arch. Biochem. Biophys. **40**, 175 (1952).
[148] *Katchman, B. J.,* u. *O. O'Fetty:* J. Bact. **69**, 607 (1955).

Neuntes Kapitel

Biologische Strukturen

I. Histochemische Methoden

Von **P. Gedigk** und **V. Totović**, Marburg/Lahn

Bei der Erforschung der chemischen Eigenschaften von morphologischen Strukturen ergeben sich zwei Fragestellungen: 1. Die chemische Zusammensetzung morphologischer Substrate, und 2. die morphologische Lokalisation von chemischen Substanzen. Man kann diese Probleme mit zwei grundsätzlich verschiedenen Methoden angehen.

1. Die mikroskopische Histochemie (Mikroskopische Chemie „in situ" bzw. Histotopochemie) erforscht die chemischen Eigenschaften eines Strukturelementes direkt im Gewebe, wobei physikalische und chemische Analysenverfahren auf den histologischen Schnitt angewendet werden, so daß die Gewebsstrukturen erhalten bleiben und eine morphologische Orientierung noch möglich ist.

2. Die Extraktions- und Fraktionierungsmethoden zerstören die Gewebsstrukturen und isolieren die einzelnen Gewebsbestandteile, die chemisch analysiert werden (Mikroskopische Chemie „extra situm").

A. Allgemeine Technik

Eine histochemische Untersuchung besteht aus folgenden Arbeitsgängen:

1. Vorbehandlung des Gewebes
   a) Fixieren des Gewebes
   b) Herstellung der Schnitte
      α) Native Schnitte
      β) Gefriertrocknung und Gefrieraustauschverfahren
      γ) Herstellung von formalinfixierten Gefrierschnitten
      δ) Einbetten des Gewebes und Schneiden des eingebetteten Materials
      ε) Aufkleben der Schnitte
   c) Behandlung der Schnitte bis zu den histochemischen Reaktionen.
2. Histochemische Reaktionen.
3. Nachbehandlung der Schnitte nach der histochemischen Reaktion
   a) Kernfärbungen
   b) Einschließen der Schnitte.

Die Methoden zur Vor- und Nachbehandlung des Gewebes sind der üblichen histologischen Technik angepaßt und nur für spezielle Fälle geändert worden. Mikrotomtechnik und übliche histologische Färbeverfahren bleiben unberücksichtigt.

Literatur. *Baker, J. R.*: Principles of biological microtechnique, London 1958. — *Gomori, G.*: Microscopic Histochemistry. Chicago 1952. — *Lillie, R. D.*: Histopathologic Technic and Practical Histochemistry. New York, Toronto 1954. — *Lison, L.*: Histochimie et Cytochimie animales. Paris 1960. — *McManus, J. F. A.*, u. *R. W. Mowry*: Staining Methods, Histological and Histochemical. New York 1960. — *Pearse, A. G. E.*: Histochemistry, Theoretical and Applied. London 1960. — *Romeis, B.*: Mikroskopische Technik. München 1948. — *Roulet, F.*: Methoden der Pathologischen Histologie. Wien 1948.

1. Vorbehandlung des Gewebes vor der histochemischen Reaktion

a) Fixierung

Die Fixierung verhindert die postmortalen Veränderungen des Gewebes und erhält die morphologische Struktur in einem möglichst lebensgetreuen Zustand. Native Schnitte und Gefriertrocknung werden angewandt, wenn unverändertes Gewebe verlangt wird und die chemische Fixierung stört. In vielen Fällen kann aber auf eine chemische Fixierung und reguläre histologische Vorbehandlung nicht verzichtet werden, da wasserlösliche Stoffe, z. B. native Proteine, während des Arbeitsganges in die Umgebung oder die Reaktionslösung diffundieren können und es so zum Verlust von Gewebsbausteinen kommt oder zu einer Verlagerung von Strukturelementen und damit zu einer falschen Lokalisation im histologischen Schnitt.

Wahl des Fixierungsmittels.

Aus der allgemeinen histologischen Technik ist eine Reihe von verschiedenen Fixierungsmischungen bekannt, deren Verwendung in der Histochemie jedoch beschränkt ist.

Formalin ist für die meisten histochemischen Reaktionen zweckmäßig. Es ist aber keineswegs ein Universalfixierungsmittel und bei einigen Nachweisverfahren nicht brauchbar. In den entsprechenden Kapiteln werden die jeweils geeigneten Fixierungslösungen angegeben.

Fixierungsmittel: α) Formaldehyd, β) Schwermetallverbindungen, γ) Äthanol bzw. Aceton.

α) *Formaldehyd* bewirkt im Gewebe eine Reihe von Reaktionen. Am wichtigsten ist die Bildung von Methylenbrücken zwischen benachbarten Proteinketten, durch die das Gewebe stabilisiert wird. Der Vorteil der Formaldehydfixierung besteht einerseits in der verhältnismäßig milden Fixierung, bei der nur wenige reaktionsfähige Gruppen der Eiweißkörper durch Additionsverbindungen blokkiert werden, und andererseits darin, daß sich die hierbei gebildeten Methylenbrücken und Oxymethylverbindungen größtenteils hydrolytisch spalten lassen, also viele Reaktionen des Formaldehyds mit Proteinen reversibel sind. Wässert man die formalinfixierten Gewebsstücke gründlich, so wird die Mehrzahl der reaktionsfähigen Gruppen schließlich wieder frei.

Reversible Reaktionen des Formaldehydes erfolgen mit: Amino-, Imino-, Guanidin-, Hydroxyl-, Carboxyl-, Sulfhydrylgruppen, Säureamiden und Peptiden.

Irreversible Reaktionen mit: aromatischem Wasserstoff im Tyrosin, Tryptophan, Phenylalanin und Histidin.

β) *Schwermetallionen.* Für die Fixierung mit Schwermetallionen verwendet man Hg- und Cr-Verbindungen. Bei der histochemischen Prüfung auf saure Gruppen und HS-Gruppen sind Hg-Fixierungslösungen nicht zu verwenden, da sie diese Gruppen blockieren. Es ist noch wenig bekannt, inwieweit Cr-Verbindungen unter histologischen Bedingungen mit anderen als HOOC- und HS-Gruppen der Proteine reagieren, so daß man mit Cr-Verbindungen möglichst nicht fixieren sollte.

γ) *Alkohol und Aceton.* Diese beiden Proteinfallungsmittel sind fur die Histochemie der Fermente gunstig, da deren Aktivität durch diese Fixierungsmittel relativ wenig beeinträchtigt wird. Außerdem bleiben wasserlösliche Substanzen wie Glykogen im Gewebe liegen. Ein Nachteil ist die schlechte Konservierung der morphologischen Strukturen.

Zusammensetzung der in der Histochemie üblichen Fixierungslösungen

Einfache Formalinlösung. 5—10%iges Formaldehyd; aus 40%ig. Formalin durch Verdünnen mit Wasser hergestellt.

Gepufferte neutrale Formalinlösung nach Lillie. 40%iges Formalin 100 ml, dest. Wasser 900 ml, $NaH_2PO_4 \cdot H_2O$ 4,0 g, Na_2HPO_4 (wasserfrei) 6,5 g.

Formalincalciumlösung nach Baker. 40%iges Formalin 100 ml, 10%iges Calciumchlorid (wasserfrei) in wäßriger Lösung 100 ml, dest. Wasser 800 ml, 1 Stück Kreide, die den neutralen p_H-Wert aufrechterhält.

Sublimat-Formalin nach Heidenhain. Sublimat 4,5 g, Kochsalz 0,5 g, dest. Wasser 80 ml, 40%iges Formalin 20 ml.

Susa-Gemisch nach Heidenhain. Sublimat 4,5 g, Kochsalz 0,5 g, dest. Wasser 80 ml, Trichloressigsäure 2,0 g, Eisessig 4 ml, 40%iges Formalin 20 ml.

Bouinsches Gemisch. Gesättigte wäßrige Pikrinsäurelösung 60 ml, 40%iges Formalin 20 ml, Eisessig 4 ml.

Abs. Äthanol. Abs. Aceton. Die Gewebsstücke müssen in ganz dünnen Scheiben (1—2 mm) geschnitten und die jeweiligen Fixierungsmittel wiederholt gewechselt werden.

Für *Nucleinsäuren* ist die *Lösung nach Carnoy* besonders geeignet. Abs. Äthanol 60 ml, Chloroform 30 ml, Eisessig 10 ml.

b) Herstellung der Schnitte

α) Native Schnitte

Das Messertiefkühlverfahren (*Schulz-Brauns* 1931; *Adamstone* und *Taylor* 1948) gestattet die Untersuchung frischer, unfixierter Gewebe. Das unbehandelte (native) Gewebe wird mit CO_2 eingefroren und dann mit einem durch CO_2 tiefgekühlten Messer auf dem Mikrotom geschnitten. Das schnelle Bearbeiten und Fehlen der Vorbehandlung des Gewebes sind die Hauptvorteile dieser Methode. Ein Nachteil ist die Diffusion und damit falsche Lokalisation von wasserlöslichen Verbindungen. Außerdem können Artefakte durch Eiskristallbildung entstehen.

Das Kryostatverfahren ist eine Vervollkommnung der Messertiefkühlmethode. Beim Kryostaten ist das Mikrotom in einer tiefgekühlten Kammer (Tiefkühlschrank) eingebaut, so daß Mikrotom, Messer und Gewebe einer gleichmäßigen Temperatur ausgesetzt sind (—10 bis —20 °C). Vorteile: 1. Herstellung dünner Serienschnitte (bis zu 1 μ) von unfixiertem Gewebe. 2. Schnitte können wesentlich einfacher als bei der Messertiefkühlmethode auf den Objektträger aufgenommen werden. 3. Kein Auftauen der Schnitte solange das Gewebe in der Kammer verbleibt. 4. Einige histochemische Reaktionen können direkt am gefrorenen Schnitt durchgeführt werden (z. B. histoautoradiographische Verfahren). Literatur s. *Pearse* 1960; *Lison* 1960.

Methodische Hinweise: Je nach Art des Materials soll die Innentemperatur des Kryostaten zwischen —10 bis —20 °C liegen. Die Gewebsstücke werden entweder in flüssiger Luft, tiefgekühltem Isopentan (—160 °C), tiefgekühltem Propan, tiefgekühltem Dichlordifluormethan oder auf einem Spezialtisch (z. B. bei System *Dittes-Duspiva*) mit CO_2 eingefroren. Ein Einrollen der Schnitte wird durch ein Glasstreckplättchen verhindert: Der Schnitt rutscht zwischen dem Messer und der Glasstreckplatte hindurch und wird sofort auf einem darunterliegenden gekühlten Glasobjektträger mit einem Pinsel oder einer Nadel aufgefangen.

β) Gefriertrocknung und Gefrieraustauschverfahren

Bei der *Gefriertrocknung* werden kleine Gewebsstücke bei niedrigen Temperaturen rasch eingefroren. Die Trocknung erfolgt im Vakuum unter Umgehung des flüssigen Aggregatzustandes, d. h. durch direkte Überführung von Eis in Dampf. Anschließend wird das wasserfreie Gewebe einige Sekunden bis wenige Minuten mit Paraffin oder z. B. Polyäthylenglykol durchtränkt. Bei diesem Verfahren werden viele Fehlerquellen, die sonst beim Fixieren und Einbetten auftreten können, vermieden. Vor allem wird die Konzentration der einzelnen Substanzen im Gewebe nicht verändert; auch der räumliche Zusammenhang der Gewebsbestandteile bleibt gut erhalten (Methodik s. *Neumann* 1955, 1958).

Für das *Gefrieraustauschverfahren* (Freezing substitution) werden die Gewebsstückchen zunächst eingefroren und dann bei etwa —20 bis —50 °C in ein bei dieser Temperatur flüssiges organisches Lösungsmittel (Alkohol, Äther, Chloroform oder Glykol) gelegt. Durch Diffusion kommt es zu einem Austausch von dem zu Eis gefrorenen Gewebswasser mit den umgebenden organischen Lösungsmitteln. Dieser Austauschprozeß dauert einige Tage. Danach folgt bei höherer Temperatur das übliche Verfahren zur Einbettung mit Paraffin, Polyäthylenglykol usw. Die Methode hat den Vorteil, daß Diffusionserscheinungen weitgehend vermieden werden (Methodik s. *Lison* 1960).

γ) Gefrierschnitte von fixiertem Material

Bei dem einfachen *Gefrierschnittverfahren* werden 2—5 mm dicke formalinfixierte, gründlich gewässerte Gewebsstücke durch CO_2 eingefroren und direkt auf dem Gefriermikrotom geschnitten. Die Schnitte werden vom Messer mit einem Pinsel in dest. Wasser gebracht. Diese Methode ermöglicht ein rasches Arbeiten und eignet sich besonders zur histochemischen Bestimmung von Lipiden und Enzymen.

δ) Einbettungsverfahren

Je nach den erforderlichen histochemischen Untersuchungen wahlt man die Einbettungsmedien: Gelatine, Polyäthylenglykole, Paraffin, Celloidin.

Mit der *Gelatine-Einbettung* gelingt es, von leicht zerreißendem und wenig zusammenhängendem Gewebe Gefrierschnitte anzufertigen. Sie wird hauptsächlich bei der Darstellung von Lipiden angewandt. Die Methode hat sich weiterhin in der Enzymhistochemie bewährt. Von *Pearse* ist ein modifiziertes Verfahren der Gelatine-Einbettung angegeben worden, bei dem eine schonende Behandlung der Fermente möglich ist: Dünne Gewebsstücke werden für 10—16 Std. bei +4 °C in 15%igem neutralem Formalin fixiert und anschließend 30 Min. in fließendem Wasser gewaschen. Dann wird das Gewebe für 1 Std. bei +37 °C in Gelatine (15 g Gelatine + 15 ml Glycerin + 70 ml dest. Wasser + ein kleiner Kristall Thymol) gebracht. Abkühlen lassen und 1 Std. bei +17 bis 22 °C in 40%igem Formalin härten. Die Gewebsstücke müssen dabei von Gelatine umgeben sein und dürfen nicht mit dem Formalin in Berührung kommen. Waschen. Blöckchen bei höchstens +4 °C aufheben.

Die Polyäthylenglykole (*Carbowaxe*) sind in jedem Verhältnis mit Wasser mischbar. Für die histologische Technik sind sie insofern geeignet, als mit ihnen eine Entwässerung und Einbettung des Gewebes gelingt, ohne daß die sonst übliche Vorbehandlung mit wasserentziehenden Fettlösungsmitteln erforderlich ist. Das Verfahren ist besonders für die Untersuchung von Lipiden geeignet. Die bei der Carbowaxeinbettung gewonnenen Blöckchen besitzen eine harte, paraffinähnliche Konsistenz und können auf dem Paraffinmikrotom geschnitten werden.

Lösungen: 1. Das Carbowax erhitzen, bis an der geschmolzenen Oberfläche Dämpfe erscheinen. Dann bei +50 °C Wasser hinzugeben und eine 70%ige und 90%ige wäßrige Carbowax-Lösung herstellen. Das geschmolzene 100%ige Carbowax sowie die 70%ige und 90%ige Lösung sollen bei +48 bis 50 °C aufbewahrt werden. 2. Mischung aus 40 Teilen Diäthylenglykol, 50 Teilen dest. Wasser und 10 Teilen 40%igem Formalin. 3. 10 g gekörnte Gelatine werden bei +32 bis 35 °C in 60 ml Wasser gelöst. Es werden 50 ml Glycerin hinzugesetzt, durch Gaze filtriert und 1 g Phenol hinzugegeben.

Durchführung der Carbowaxeinbettung (nach *Pearse*). 3—4 mm dicke Gewebsstücke 24—48 Std. bei Zimmertemperatur in neutralem 6%igem Formalin fixieren. Dann Gewebe bei +48 bis 52 °C 30 Min. in 70%iges, 45 Min. in 90%iges und 60 Min. in 100%iges Carbowax bringen, wobei die Carbowax-Lösungen immer wieder umgerührt werden; in mit Wachs gefüllte Papierbecher einbetten und bei +4 °C härten. Die Blöckchen sollen vor dem Schneiden abgekühlt werden. — Die angefertigten Schnitte werden kurz in Lösung 2 gespült und auf Objektträger gebracht, die von einer hauchdünnen Schicht der Lösung 3 bedeckt sind. Anschließend 10 Min. bei +37 °C trocknen.

Paraffineinbettung. Für die meisten histochemischen Untersuchungen ist Paraffin das geeignetste Einbettungsmittel. Es laßt sich ausgezeichnet auf dem Mikrotom schneiden und verändert die Strukturelemente chemisch nur geringfügig. Der Nachteil der Paraffineinbettung liegt darin, daß das Gewebe zunächst entwässert werden muß, und daß dabei die Lipide herausgelöst werden. Außerdem läßt sich eine gewisse Schrumpfung des Materials nicht vermeiden. Vor der Einbettung müssen die fixierten Gewebsstückchen zunächst zur Entfernung des überschüssigen Fixierungsmittels gründlich gewässert werden. Anschließend wird das Material in eine wasserentziehende Flüssigkeit wie Äthanol, Dioxan oder Aceton gebracht. Dann muß das Entwässerungsmittel aus dem Gewebe entfernt und durch ein Paraffinlösungsmittel ersetzt werden. Hierfür sind geeignet: Benzol, Toluol oder eine Methylbenzoatcelloidin-Lösung. Dann folgt die Durchtränkung des Gewebsstückchens mit Paraffin (F + 55 bis 58 °C). Das vollständig mit Paraffin durchtränkte Gewebsstück wird schließlich als Paraffinblock gegossen und nach dem Erstarren des Paraffins mit dem Mikrotom geschnitten. Der fertige Paraffinschnitt wird kurz in warmem Wasser gestreckt (nicht über 45 °C) und dann auf einen fettfreien, von einer dünnen Schicht Eiweißglycerin bedeckten Objektträger aufgezogen (s. unten Aufkleben der Schnitte).

Die Dauer der einzelnen Arbeitsgänge hängt von der Art und Größe des Objektes ab. Eine allgemein gültige Arbeitsvorschrift läßt sich daher nicht aufstellen. Zur groben Orientierung wird im folgenden ein Einbettungsschema für ein 3 bis 4 mm dickes Gewebsstück angegeben:

1. Fixierung:	etwa 24 Std.	
2. Wässern:	6 Std.	
3. Entwässern:	a) mit 70%igem Äthanol	2—4 Std.
	b) 2 × mit 96%igem Äthanol	6 Std.
	c) 2 × mit abs. Äthanol	12 Std.
4. Entfernung des Äthanols mit drei verschiedenen Chargen Toluol:		
	Toluol I	1 Std.
	Toluol II	1 Std.
	Toluol III	1 Std.
5. Durchtrankung mit drei verschiedenen Paraffinbadern bei + 56 bis 58 °C:		
	Paraffin I	2 Std.
	Paraffin II	3 Std.
	Paraffin III	6 Std.
5. Gießen des Paraffinblockes und Erstarrenlassen.		

Beschleunigte Paraffineinbettung im Vakuum:

Die einzelnen Arbeitsgänge lassen sich abkurzen, wenn kleine und sehr dunne Gewebsstückchen verwendet werden. Das Einbettungsverfahren selbst kann wesentlich beschleunigt werden, wenn die Durchtränkung des Gewebes mit Paraffin im Vakuumbrutschrank erfolgt (2—3 nacheinanderfolgende Paraffinbäder je eine Stunde bei + 56 bis 58 °C, 30—40 Torr).

Celloidineinbettung. Bei der Einbettung mit Celloidin (Nitrocellulose) wird das fixierte Gewebe wie bei der Paraffineinbettung entwässert und dann mit Nitrocellulose durchtränkt, die in einer Alkohol-Äther-Mischung (1 : 1) aufgelöst ist. Das Gewebe wird hierbei nicht erwärmt. Das Verfahren ist jedoch umstandlicher und empfindlicher als die Paraffineinbettung und erfordert erheblich mehr Zeit. Es ist für histochemische Untersuchungen weniger geeignet und wird in der Regel für histologische Untersuchungen von solchen Geweben genommen, die sich nach der Paraffineinbettung schwer schneiden lassen. (Näheres s. *Romeis*, *Roulet*).

ε) Aufkleben der Schnitte

Sehr oft besteht die Gefahr, daß die Schnitte zerreißen. Um dieses Auseinanderreißen des Gewebes zu vermeiden, muß man die fertigen Schnitte auf einen Objektträger aufziehen (aufkleben): Die messertiefgekühlten- und Kryostatschnitte müssen grundsätzlich auf die Objektträger aufgezogen werden. Das Aufkleben erfolgt hier durch Kapillarattraktion beim Auftauen der Schnitte. Das Aufkleben der formalinfixierten Gefrierschnitte ist nur dann erforderlich, wenn es sich um sehr zarte Gewebe handelt, so daß die Schnitte nicht freischwimmend weiter bearbeitet werden können. Paraffinschnitte werden in der Regel auf die Objektträger aufgeklebt, da das Einbettungsmittel vor den meisten Färbeprozessen entfernt werden muß.

Am einfachsten ist das Aufkleben mit *Wasser*. Der Schnitt haftet durch Kapillarattraktion am Objektträger (Technik s. *Romeis*).

Zuverlässiger ist das Aufkleben der Schnitte mit *Eiweiß*. Man spreitet Hühnereiweißglycerin-Lösung (Herstellung s. *Romeis*, *Roulet*) oder Serumalbuminlösung (gleiche Teile 10%iger Serumalbuminlösung und Glycerin) in einer dünnen Schicht auf den Objektträger, zieht ihn kurz ein- bis zweimal durch die Spitze einer Bunsenflamme, bringt den Schnitt auf den Objektträger und drückt ihn mit einem feinen Pinsel an. Die Objektträger werden mit den aufgezogenen Schnitten mehrere Stunden im Brutschrank getrocknet. Die Temperatur soll dabei nur wenig unter dem Schmelzpunkt des Paraffins liegen.

c) Behandlung der Schnitte bis zu den histochemischen Reaktionen

α) Die *messertiefgekühlten- und Kryostatschnitte* werden meistens nicht vorbehandelt. Nur für einzelne histochemische Reaktionen ist u. U. eine Nachfixierung erforderlich. Darauf wird bei den Arbeitsvorschriften jeweils hingewiesen.

β) Auch die *Gefrierschnitte* brauchen in der Regel nicht vorbehandelt zu werden. Sie werden freischwimmend in dest. Wasser und anschließend direkt in das Reaktionsgemisch gebracht. Gelegentlich müssen für einzelne histochemische Reaktionen auch die Gefrierschnitte vorbehandelt werden. Bei den Arbeitsvorschriften wird jeweils darauf hingewiesen.

γ) Aus den *Paraffinschnitten* muß vor der histochemischen Reaktion das Paraffin fast immer entfernt werden. Dazu stellt man die trockenen Schnitte 5—10 Min. in zwei Xylolbäder. Dann werden die Schnitte in absolutes (5 Min.), in 96%iges (5 Min.), in 70%iges Äthanol (2 Min.) und schließlich in dest. Wasser gebracht („absteigende Äthanolreihe"). Die von diesem Standardschema der Entparaffinierung erforderlichen Abweichungen werden im Rahmen der Arbeitsvorschriften für die einzelnen histochemischen Reaktionen behandelt.

2. Histochemische Reaktionen s. Abschnitt B, S. 444

3. Nachbehandlung der Schnitte nach der histochemischen Reaktion

a) Kernfärbungen

Es ist zweckmäßig, im Anschluß an eine histochemische Reaktion die Zellkerne anzufärben, um eine bessere morphologische Orientierung im Präparat zu erreichen. Gute Zusammenstellungen der üblichen Kernfarbstoffe finden sich in den Monographien von *Lillie*, *Romeis* und *Roulet*, s. Literatur S. 438).

Bewährte Farblösungen:

Haemalaun nach Mayer: Haematoxylin 0,1 g, Natriumjodat ($NaJO_3$) 0,02 g, Kalialaun 5,0 g, dest. Wasser 100 ml; über Nacht lösen, dann zusetzen: Chloralhydrat 5,0 g, Zitronensäure 0,1 g und 5 Min. kochen. Da der Lösung ein Oxydationsmittel ($NaJO_3$) zugegeben ist, muß sie nicht „reifen" (Oxydierung des Haematoxylins in Haematein). Die angesetzte Lösung ist sofort gebrauchsfertig. Färbedauer eine halbe bis fünf Minuten, je nach dem gewünschten Farbton. Danach in fließendem Wasser gründlich waschen („bläuen").

Saures Haematoxylin nach Ehrlich:

4 g Haematoxylin werden in 200 ml 96%ig. Äthanol gelöst, dazu gibt man 200 ml dest. Wasser, 200 ml reinstes Glycerin, 6 g Kalialaun und 20 ml Eisessig. Die fertige Lösung soll 2—3 Wochen dem Licht ausgesetzt und wiederholt umgeschüttelt werden. Die Flasche ist in dieser Zeit nur mit Filtrierpapier zu schließen. Färbedauer: 10—15 Min. Die Schnitte müssen nach der Färbung gut gewässert und evtl. in 1%ig. Salzsäurealkohol kurz differenziert werden.

Kernechtrot: 0,1 g Kernechtrot wird durch Kochen in 100 ml einer 5%igen wäßrigen Aluminiumsulfatlösung gelöst und nach Erkalten filtriert. Färbedauer 10—15 Min.

Zur Kernfärbung können auch einige Methoden aus der Nucleinsäurehistochemie verwandt werden: Gallocyanin-Chromalaun, Feulgen-Reaktion u. a.

Außerdem eignen sich hierzu alle basischen Farbstoffe, die zur Darstellung saurer Gruppen genommen werden: Methylenblau, Toluidinblau u. a.

b) Einschließen der Schnitte

Zur mikroskopischen Untersuchung der gefärbten Schnitte muß man diese aufhellen; zur Konservierung werden sie eingeschlossen. Der Schnitt wird zunächst in einer der unten angegebenen Lösungen wenige Minuten aufgehellt und nach kurzem Abtropfen dieser Flüssigkeit mit 1—2 Tropfen des gewählten Einschlußmittels bedeckt. Dann legt man unter Vermeidung von Luftblasen ein Deckglas auf. Beim Einschließen kommt es hauptsächlich darauf an, daß die Färbungen von dem Einschlußmittel nicht angegriffen werden und daß die benutzten Substanzen optische Eigenschaften besitzen, welche optimales Mikroskopieren ermöglichen. Für viele histochemische Reaktionen sind spezielle Methoden zum Aufhellen und Einschließen erforderlich. In den entsprechenden Kapiteln wird darauf hingewiesen.

α) Aufhellen und Einschließen in wasserlösliche Einschlußmittel

Das Einschließen der Schnitte in wasserlöslichen Einschlußmitteln ist erforderlich, wenn die histochemisch dargestellte Struktur bzw. Verbindung im Entwässerungsmittel löslich ist (z. B. Lipide), oder wenn eine Nachbehandlung mit Entwässerungsmitteln zu einer Zerstörung des Reaktionsproduktes führt.

Aufhellen: 1. Glycerin. 2. Gesättigte wäßrige Kaliumacetat-Lösung.

Einschließen:

1. *Glycerin.*

2. *Glycerin-Gelatine nach Kaiser.* 15 g Gelatine werden unter leichtem Erwärmen in 100 ml dest. Wasser gelöst, 100 g Glycerin hinzugesetzt und 15 Min. unter Umrühren im Wasserbad erhitzt. Die warme Lösung wird durch Glaswolle filtriert und auf 100 ml ein Tropfen Phenol hinzugegeben. Das Gemisch wird vor dem Gebrauch im Wasserbad oder im Brutschrank erwärmt (Brechungsindex $n = 1{,}47$). Glycerin-Gelatine nach *Kaiser* ist auch in handelsfertiger Form zu bekommen.

3. *Gelatine-Balsam nach Heringa.* 26 g krist. Laevulose werden in 15 ml Wasser gelöst und nach dem Abkühlen 1,125 g Gelatine hinzugefügt. Man läßt das Gemisch quellen, erwärmt auf 50 °C, setzt 0,075 g Kalialaun hinzu und filtriert. Vor Gebrauch verflüssigt man eine kleine Menge bei +37 °C im Brutschrank und setzt pro ml einen Tropfen Formalin hinzu. Der Schnitt muß nach dem Eindecken für 10 Min. bei +37 °C in den Brutschrank gebracht werden, damit sich der Balsam gut verteilt.

4. *Gummisirup nach v. Apathy.* 50 g farblose Stücke von Gummiarabicum werden in einem Gazebeutel eingeschlossen, in 30 ml Wasser aufgehängt und im Wasserbad bis zur Lösung der Gummimasse erwärmt. 50 g Rohrzucker werden in 20 ml Wasser gelöst, zu der Gummilösung hinzugesetzt und gut gemischt. Schließlich wird 1 ml Formalin oder 0,5 g Thymol zugegeben (Brechungsindex $n = 1{,}524$).

5. *Karion-F, flüssig „Merck".*

Bei Verwendung von Glycerin, Glycerin-Gelatine, Gelatine-Balsam oder Karion F müssen die Präparate luftdicht mit Deckglaskitt abgeschlossen werden, falls sie längere Zeit aufbewahrt werden sollen.

β) Aufhellen und Einschließen in wasserunlöslichen Einschlußmitteln

Als wasserunlösliche Einschlußmittel werden Harze, Öle oder Kunststoffe verwendet, die einen geeigneten Lichtbrechungsindex besitzen und möglichst schnell erstarren. Beim Einschließen in diese Mittel muß der gefärbte Schnitt völlig entwässert sein, da es sonst zu Trübung oder Schlierenbildung kommt. Anschließend muß das Entwässerungsmittel entfernt werden. Entwässern, Aufhellen und Einschließen der gefärbten Schnitte werden in der Regel nach folgendem Schema durchgeführt: Kurzes Einbringen der Schnitte in 70%iges Äthanol (1 Min.), in 96%iges Äthanol (2× 1 Min.) und in abs. Äthanol (möglichst zweimal gewechselt,

3 Min.) („ansteigende Äthanolreihe"), dann werden die wasserfreien Schnitte durch Einbringen in Xylol oder Toluol aufgehellt und in ein geeignetes Einschlußmittel eingeschlossen.

Einschlußmittel: 1. Kanadabalsam, 2. Cedernöl, 3. Paraffinöl, 4. Vorzüglich bewährt haben sich synthetische Balsame: Caedax, Eukitt usw.

B. Mikroskopische Histochemie

Proteine

Die Methoden zum histochemischen Nachweis von Proteinen beruhen auf der Gegenwart bestimmter reaktionsfähiger Gruppen in dem Proteinmolekül, die zu den Aminosäuren gehören. Keine histochemische Methode ist daher für alle Proteine in der gleichen Weise brauchbar. Je nach dem Anteil einer bestimmten Aminosäure am Aufbau eines Proteins fällt die jeweilige histochemische Reaktion mehr oder weniger deutlich bis negativ aus. In allen Fällen ist deshalb nur ein positives Resultat verwertbar. Der negative Ausfall einer Reaktion spricht nur dafür, daß die betreffende Aminosäure in sehr kleinen, histochemisch nicht erfaßbaren Mengen vorhanden ist oder ganz fehlt; er spricht jedoch keinesfalls gegen das Vorkommen von Proteinen in dem untersuchten Gewebselement. Nur Aminosäuren im Proteinverband können mit histochemischen Methoden nachgewiesen werden. Einfache Aminosauren und niedermolekulare Polypeptide werden beim Fixieren und Einbetten aus dem Gewebe herausgelöst.

Nach *Gössner* und *Burstone* lassen sich die derzeitigen Protein- (bzw. Aminosäuren-) Reaktionen in drei Gruppen einteilen:

1. Reaktionen zum Nachweis einzelner Gruppen bzw. Aminosäuren (Tab. 1, s. unten).
2. Reaktionen zum gleichzeitigen Nachweis verschiedener reaktionsfähiger Gruppen bzw. Aminosauren (Tab. 2, S. 450).
3. Blockierung reaktionsfahiger Gruppen in Proteinen (Tab. 3, S. 453).

Tabelle 1. **Methoden zum Nachweis einzelner reaktionsfähiger Gruppen bzw. Aminosäuren in Proteinen**

Reaktionsfähige Gruppe bzw. Aminosäure	Reaktion
Aminogruppen	*Oxydative Desaminierungsmethoden:* Ninhydrin-Schiff-Reaktion Alloxan-Schiff-Reaktion Chloramin T-Schiff-Reaktion *Azomethin-Reaktion mit Hydroxynaphthaldehyd* *O-Diacetylbenzol-Reaktion*
Tyrosin	*Millon-Reaktion*
Tryptophan	*Ehrlichsche Aldehydreaktion mit Dimethyl-Aminobenzaldehyd* Dimethylaminobenzaldehyd-Nitrit-Reaktion Rosindol-Reaktion Benzyliden-Reaktion *Xanthydrol-Reaktion* *Naphthylathylendiamin-Reaktion*
Arginin	*Sakaguchi-Reaktion*
Sulfhydryl-Gruppen	*Reduktionsmethoden:* Reduktionstest mit Kaliumferricyanid Alkalische Tetrazolium-Reaktion *Merkaptidbildung mit Mercuriorange nach Bennett* *Dihydroxy-dinaphthyl-disulfid-Reaktion* *Naphthylmaleinimid-Reaktion* *Oxydation mit Perameisensäure*

1. Reaktionen zum Nachweis einzelner Gruppen bzw. Aminosäuren

a) Reaktionen zum Nachweis der eiweißgebundenen Aminogruppen

Erfaßt werden nur reaktionsfähige, d. h. terminale und laterale (δ- und ε-Gruppen der Diaminosäuren) Aminogruppen in einer Peptidkette.

α) Oxydative Desaminierungsmethoden

Behandelt man die Gewebe mit bestimmten Oxydationsmitteln, so werden reaktionsfähige eiweißgebundene α-Aminogruppen unter der Bildung eines um ein C-Atom ärmeren Aldehydrestes abgespalten. Dieser wird mit dem Schiffschen Reagens oder einem anderen Verfahren dargestellt.

Ninhydrin-Schiff- und Alloxan-Schiff-Reaktion (*Yasuma* und *Ichikawa*, 1952, 1953)

Fixierung: 85%iges Äthanol, Carnoy oder Äthanol mit 5% Essigsäure. Kryostatschnitte ohne Fixierung unmittelbar in das Reagens bringen.

Durchführung: 1. Schnitte entparaffinieren und in abs. Äthanol bringen, 2. 0,5%ige Ninhydrin- bzw. 1%ige Alloxan-Lösung in abs. Äthanol, 16—20 Std. bei + 37 °C, 3. Kurz in Wasser waschen, 4. 30 Min. Schiffsches Reagens, (s. S. 477) bei Zimmertemperatur, 5. In Sulfitbad (200 ml dest. Wasser + 10 ml 10%iger Natriumbisulfit-Lösung + 10 ml n HCl) 3mal je 2 Min. spülen, 6. 10 Min. in fließendem Wasser waschen, 7. Evtl. Kernfärbung in Mayerschem Haemalaun, 8. In fließendem Wasser waschen, 9. Ansteigende Äthanolreihe, Xylol, Balsam.

Ergebnis: Eiweißgebundene NH_2-Gruppen färben sich rot bis rotviolett.

Chloramin T-Schiff-Reaktion (*Burstone* 1955)

Fixierung: Carnoy, kaltes Aceton.

Durchführung: 1. Entparaffinierte Schnitte in dest. Wasser bringen, 2. 1%ige Chloramin T-Lösung in M/15 Phosphatpuffer p_H 7,5, 6 Std. bei + 37 °C, 3. Kurz in dest. Wasser waschen, 4. 3 Min. in 5%iger Natriumthiosulfat-Lösung waschen, 5. 30 Min. mit Schiffschem Reagens (s. S. 477) behandeln, 6. Im Sulfitbad (s. oben) 3mal je 2 Min. spülen, 7. 30 Min. in fließendem Wasser waschen, 8. Ansteigende Äthanolreihe, Xylol, Balsam.

Ergebnis: Eiweißgebundene NH_2-Gruppen färben sich rötlich bis rotviolett.

β) Azomethinmethode mit Hydroxynaphthaldehyd (*Weiss, Tsou* und *Seligman* 1954). Mit 3-Hydroxy-2-naphthaldehyd reagieren eiweißgebundene, freie primare Aminogruppen unter der Bildung einer leicht gelblichen Azomethinverbindung („Schiffsche Base"). Durch die Kupplung mit tetrazotiertem Di-o-anisidin (Echtblausalz B) entsteht ein roter oder blauer Azofarbstoff.

Fixierung: Äthanol; Carnoy; Aceton.

Durchführung: 1. Entparaffinierte Schnitte in dest. Wasser waschen, 2. Mit Hydroxynaphthaldehyd-Lösung 1 Std. bei Zimmertemperatur behandeln (20 mg 3-Hydroxy-2-naphthaldehyd in 20 ml Aceton + 30 ml 0,1 m Veronal-Acetat-Puffer p_H 8,5 lösen. Unmittelbar vor dem Gebrauch ansetzen!), 3. 3mal je 5 Min. in dest. Wasser waschen, 4. Schnitte in eine Kuvette mit 0,1 m Veronal-Acetat-Puffer p_H 7,4 bringen. Auf die Oberfläche der Pufferlösung 25 mg tetrazotiertes Di-o-anisidin einstreuen und danach durch Schütteln lösen. In dieser Lösung bleiben die Schnitte 3—5 Min., 5. 5 Min. in fließendem Wasser waschen, 6. In Glycerin-Gelatine oder nach Entwässerung und Aufhellen in Balsam einschließen.

Ergebnis: Wenn die reaktiven NH_2-Gruppen reichlich vorhanden sind, entsteht ein blauer, wenn sie in kleinerer Menge vorhanden sind, ein roter Farbstoff.

γ) Die ortho-Diacetylbenzol-Methode (*Voß* 1940; *Wartenberg* 1956) dient zum Nachweis freier α-Aminogruppen. Dabei färben sich die NH_2-haltigen Strukturelemente rot bis blaurosa an.

Lösung: Unmittelbar vor dem Gebrauch werden gleiche Teile einer 2%igen o-Diacetylbenzol-Lösung in 70%igem Äthanol und 0,1 m Veronal-Acetat-Puffer

(p_H 8,2) gemischt. — o-Diacetylbenzol ist nicht im Handel. Seine Herstellung ist von *Riemschneider* und *Weygand* angegeben (1955).

Durchführung: 1. Entparaffinierte Schnitte in dest. Wasser bringen, 2. 5—10 Min. in 0,1 m Veronal-Acetat-Puffer von p_H 8,2 waschen, 3. Für 30 bis 60 Min. bei Zimmertemperatur in die o-Diacetylbenzol-Lösung bringen, 4. Kurz in 0,1 m Veronal-Acetat-Puffer (p_H 7,0) waschen, 5. In dreimal gewechseltem dest. Wasser waschen, 6. Ansteigende Äthanolreihe, Xylol, Balsam.

b) Methode zum Nachweis von Tyrosin

*Millon*sche Reaktion nach *Baker* (1956)

Die ursprüngliche Methode ist für Celloidinschnitte vorgesehen. Erfahrungsgemäß werden mit Paraffinschnitten die gleichen Ergebnisse erzielt.

Fixierung: Formalin.

Herstellung des Millonschen Reagens: Zu 100 ml einer 10%igen wäßrigen H_2SO_4-Lösung werden 10 g $HgSO_4$ gegeben und durch Erwärmen gelöst. Danach auffüllen mit dest. Wasser auf 200 ml und 0,5 ml einer 0,25%igen wäßrigen $NaNO_2$-Lösung zugeben.

Durchführung: 1. Entparaffinieren und über 50%iges Äthanol in dest. Wasser bringen. 2. Schnitte in einen mit dem Millonschen Reagens aufgefüllten Glasbecher bringen, kurz kochen. 3. Bei Zimmertemperatur abkühlen, 4. Schnitte je 2 Min. in 3 Chargen dest. Wasser waschen. 5. In Glycerin-Gelatine oder nach Entwässerung und Aufhellen in Balsam einschließen.

Ergebnis: Tyrosin enthaltende Proteine färben sich rot oder gelblich-rot.

c) Methoden zum Nachweis von Tryptophan

α) Kondensationsreaktionen mit p-Dimethylaminobenzaldehyd

Mit der Ehrlichschen Aldehydreaktion werden Indolderivate (Tryptophan, Tryptamin, Serotonin und Skatol) dargestellt.

Dimethylaminobenzaldehyd-Nitrit-Reaktion (*Adams* 1957)

Fixierung: Neutrales Formalin (6—24 Std.); 1%iges trichloressigsaures Äthanol; 70%iges Methanol oder 10%ige wäßrige Sulfosalicylsäure-Lösung. Aufkleben der Paraffinschnitte mit Chromatgelatine besser als mit Eiweißglycerin.

Durchführung: 1. Entparaffinierte Schnitte in abs. Äthanol bringen. 2. An der Luft bei Zimmertemperatur trocknen oder mit einem dünnen Celloidinfilm überziehen (0,25%ige Celloidin-Lösung in Äthanoläthergemisch 1 : 1), 3. 1 Min. mit 5%iger Lösung von p-Dimethylaminobenzaldehyd in konz. HCl behandeln. 4. Für 1 Min. in 1%ige Lösung von $NaNO_2$ in konz. HCl bringen. 5. 30 Sek. in fließendem Wasser waschen. 6. Kurz in 1%iges HCl-Äthanol bringen. 7. Ansteigende Äthanolreihe, Xylol, Balsam.

Ergebnis: Tryptophan enthaltende Proteine färben sich in verschiedener Intensität dunkelblau.

Rosindol-Reaktion (*Glenner* 1957, *Burstone* 1959)

Fixierung: 10%iges Calciumacetat-Formalin, 3—6 Std. oder neutrales Formalin, 6 Std.

Durchführung: 1. Entparaffinierte Schnitte in abs. Äthanol bringen und 30 Sek. an der Luft trocknen. 2. 3 Min. bei +24 °C mit p-Dimethylaminobenzaldehyd-Lösung behandeln (1 g DMAB + 5 ml 60%iger Perchlorsäure + 1 ml konz. HCl + 34 ml Eisessig). 3. Für 1 Min. bei +25 °C in eine unmittelbar vor dem Gebrauch angesetzte Lösung von 35 ml Eisessig + 5 ml konz. HCl + 0,5 g Natriumnitrit bringen. 4. In 2 Chargen Eisessig je 1 Min. waschen. 5. Kurz in Eisessig-Xylol-Mischung 1 : 1, sowie Eisessig-Xylol 1 : 4 bringen. 6. In dreimal gewechseltem Xylol aufhellen, Balsam.

Ergebnis: Tryptophan enthaltende Proteine färben sich dunkelblau.

Benzyliden-Reaktion nach *Glenner* und *Lillie* (1957)

Fixierung: 10%iges Calciumacetat-Formalin, 3—6 Std.

Herstellung der frischen diazotierten S-Säure: 240 mg S-Säure zu 3 ml n HCl und 6 ml dest. Wasser geben. Abkühlen auf +4°C; danach 1 ml n $NaNO_2$ (0,69 g Natriumnitrit/10 ml dest. Wasser) zusetzen. 15 Min. rühren.

Durchführung: 1. Entparaffinierte Schnitte in abs. Äthanol bringen. 2. 30 Sek. an der Luft trocknen. 3. 5 Min. bei +25°C mit p-Dimethylaminobenzaldehyd-Lösung behandeln (1 g DMAB + 10 ml konz. HCl + 30 ml Eisessig). 4. Je eine Min. in 3mal gewechseltem Eisessig waschen. 5. Schnitte für 5 Min. in eine Mischung von 40 ml Eisessig und 1 ml frisch diazotierter S-Säure bei Zimmertemperatur bringen. 6. Je eine Min. in 3mal gewechseltem Eisessig waschen. 7. Kurz in Eisessig-Xylol-Mischung 1 : 1, sowie Eisessig-Xylol 1 : 4 bringen. 8. In 3 Chargen reinem Xylol aufhellen, Balsam.

Ergebnis: Indolderivate färben sich in Abhängigkeit von ihrer Konzentration blaß- bis dunkelblau.

β) Xanthydrol-Reaktion zum Tryptophan-Nachweis nach *Lillie* (1957)

Bei der Reaktion von Xanthydrol mit Tryptophan (Tryptamin, Indol, Skatol und Pyrrol) bildet sich ein violettes, nicht stabiles Kondensationsprodukt.

Fixierung: 10%iges Calciumacetat-Formalin oder neutrales Formalin, 3, 24 oder 48 Std.

Durchführung: 1. Entparaffinierte Schnitte in abs. Äthanol bringen und 30 Sek. an der Luft trocknen. 2. 5 Min. mit Xanthydrol-Lösung behandeln (Xanthydrol 2,5 g, Eisessig 90 ml, konz. HCl 10 ml). 3. Kurz in 3mal gewechselten Eisessig bringen. 4. Kurz in Eisessig-Xylol 1 : 1, sowie Eisessig-Xylol 1 : 4 bringen. 5. In drei Chargen Xylol aufhellen, Balsam.

γ) Naphthyläthylendiamin (NED)-Methode nach *Bruemer*, *Carver* und *Thomas* (1957)

Bei der Nitrierung von Tryptophan und anschließender Behandlung mit N(1-Naphthyl)-äthylendiamin (N(1-Naphthyl)-äthylendiammoniumdichlorid) entsteht ein purpurroter Azofarbstoff.

Fixierung: Carnoy, Formalin.

Durchführung: Sämtliche Arbeitsgänge, wenn nicht anders angeführt, bei 0° bis +4°C vornehmen. 1. Schnitte mit Xylol entparaffinieren und in 50%iges eiskaltes Äthanol bringen. 2. 15 Min. mit frisch vorbereiteter Mischung von gleichen Teilen einer 8%igen wäßrigen Natriumnitrit-Lösung und 6 n HCl behandeln, 3. Zweimal in dest. Wasser je 5 Min. waschen. 4. Für 15 Min. in 2%ige N-(1-Naphthyl)-äthylendiamin-Lösung in 96%igem Äthanol bringen, das 1 n HCl enthält. 5. Entwässern in eisgekühltem 70%igem tertiärem Butanol unter Zugabe von einigen Tropfen konz. H_2SO_4. 6. Weitere Entwässerung bei Zimmertemperatur in abs. tertiärem Butanol unter Zugabe von einigen Tropfen H_2SO_4. 7. In 2 Chargen Xylol, das 2% Essigsäure enthält, bei Zimmertemperatur klären; Balsam.

Ergebnis: Tryptophan enthaltende Proteine färben sich purpurrot.

d) Arginin-Nachweis nach Sakaguchi (*Baker* 1944, 1947)

Bei der Einwirkung von α-Naphthol und Natriumhypochlorit (oder Hypobromit) werden argininhaltige Proteine rot (oder rosa) gefärbt (Sakaguchi-Reaktion, 1925).

Fixierung: Zenkersches Gemisch, Bouinsches Gemisch, Susa-Gemisch oder Sublimat-Formol nach *Heidenhain*; 24stündige Fixierung in neutralem Formalin ebenfalls möglich.

Herstellen der α-Naphthol-Hypochlorit-Lösung: Zu 4 ml 1%iger NaOH 4 Tropfen einer 1%igen α-Naphthol-Lösung in 70%igem Äthanol und 8 Tropfen einer 1%igen Natriumhypochlorit-Lösung hinzugeben. Reagens unmittelbar vor dem Gebrauch ansetzen.

Durchführung: 1. Schnitte entparaffinieren und mit einem dünnen Celloidinfilm überziehen (1%ige Celloidin-Lösung in Äthanol-Äther-Gemisch 1 : 1); danach in 70%igem Äthanol härten. 2. Gründlich in dest. Wasser waschen. 3. Schnitte aus dem Wasser nehmen und an der Luft solange hin und her bewegen bis sie beinahe trocken sind. 5. 15 Min. mit α-Naphthol-Natriumhypochlorit-Lösung behandeln. 6. Einbringen in eine Mischung von gleichen Teilen von getrocknetem Pyridin und wasserfreiem Chloroform. 7. Eindecken in Pyridin-Chloroform-Mischung oder in getrocknetem Pyridin. Mit Deckglaskitt umranden. Die Schnitte sind nicht haltbar.

e) Reaktionen zum Nachweis der eiweißgebundenen Sulfhydryl- und Disulfidgruppen

Für den histochemischen Nachweis von SH- und SS-Gruppen sind besondere Vorsichtsmaßnahmen bei der Vorbehandlung des Gewebes erforderlich. Für die Fixierung ist 2—10%ige Trichloressigsäure am vorteilhaftesten. Mit Formalin erhält man erheblich schlechtere Resultate. Schwermetallhaltige Fixierungsmittel sind unbrauchbar. — Gefrierschnitte sind am günstigsten. Falls Paraffinschnitte erforderlich sind, soll der Einbettungsprozeß so schnell wie möglich (im Vakuum) erfolgen. Fast alle histochemischen Methoden erfassen nur SH-Gruppen. Disulfidgruppen müssen vor dem Nachweis in der Regel zunächst mit geeigneten Reduktionsmitteln (KCN, Thioglykolsäure) zu SH-Gruppen reduziert werden.

Reduktion der SS- in SH-Gruppen

Mit Kaliumcyanid. Läßt man eine wäßrige Kaliumcyanid-Lösung 10 Min. bei Zimmertemperatur auf die Gewebsschnitte einwirken, so werden die Disulfid-Gruppen zu reaktionsfähigen SH-Gruppen reduziert und können dann durch eine Sulfhydrylgruppen-Nachweis-Methode dargestellt werden.

Mit Thioglykolsäure. 1. Entparaffinierte Schnitte mit einem Film von 0,5%-igem Celloidin bedecken (0,5 g Celloidin in 100 ml einer Mischung von gleichen Teilen abs. Äthanol und Äther). 2. Mit einer 0,5 m Thioglykolsäure-Lösung von p_H 8,0 bei +37 °C 4 Std. behandeln (p_H-Wert der Lösung durch Zugabe von 0,1 n NaOH einstellen). 3. In fließendem Wasser waschen. 4. Kurz in 1%iger Essigsäure spülen. 5. In dest. Wasser waschen.

α) Der Reduktionstest nach *Schmorl* sowie *Chèvremont* und *Frédéric* (1943) beruht auf der Reduktion des Ferricyanids durch die SH-Gruppen des Gewebes zu Ferrocyanid, das sich mit dem Ferri-Ion zu Berlinerblau (Ferriferrocyanid) verbindet. Diese Reaktion ist fur SH-Gruppen allerdings nicht spezifisch, da auch eine Reihe von anderen Stoffen z. B. Äthylenverbindungen, Ascorbinsäure, Indolverbindungen sowie Pyrrol- und Phenolderivate das Ferricyanidion reduzieren können.

Bei der Einwirkung von Quecksilberchlorid, Phenylquecksilberchlorid oder N-Äthylmaleinimid verlieren die SH-Gruppen ihre Reaktionsfähigkeit. Das Vorliegen von aktiven SH-Gruppen kann nur bei denjenigen Strukturen angenommen werden, die im unvorbehandelten Schnitt eine positive und in den mit Blockierungsmitteln behandelten Praparaten eine negative Chèvremont-Frédéric-Reaktion geben.

Herstellung des Ferricyanid-Reagens: 75 ml einer 1%igen waßrigen Ferrisulfat(Eisen-III-Sulfat)-Lösung werden zu 25 ml einer frisch angesetzten 0,1%igen Kaliumferricyanid-Lösung zugegeben. Die Lösung soll sofort gebraucht werden.

Durchführung: 1. Schnitte in dest. Wasser waschen. 2. Dreimal je 10 Min. mit jeweils frisch angesetztem Ferricyanid-Reagens behandeln. 3. Gründlich in dest. Wasser waschen. 4. Kernfärbung mit Kernechtrot. 5. Mit dest. Wasser waschen. 6. Ansteigende Äthanolreihe, Xylol, Balsam.

β) Die alkalische Tetrazolium-Methode (*Barrnett* und *Seligman* 1954; *Gomori* 1956; *Burstone* 1959) beruht auf der Fähigkeit der SH-Gruppen, farblose Tetrazoliumsalze zu gefärbten Formazanen zu reduzieren. Da auch andere Substanzen, wie Lipide und Kohlenhydrate eine Reduktionsfähigkeit besitzen, sind die Tetrazoliummethoden für den Nachweis von SH- und SS-Gruppen nicht spezifisch und Kontrollschnitte erforderlich. Tetrazoliummethoden eignen sich nur für gleichzeitige Nachweise von SS- und SH-Gruppen. Dabei sollen SS-Gruppen entweder vor oder im Laufe der Reaktion in SH-Gruppen reduziert werden.

Lösung: 1 g Kaliumcyanid in 10 bis 15 ml dest. Wasser lösen und ein Tropfen Phenolphthalein-Lösung zugeben. Etwa 15 ml 1 m Essigsäure tropfenweise bis zur Entfärbung des Phenolphthaleins hinzugeben. Zusatz von 20 ml Borat-Puffer (p_H 8,8) sowie von 5 ml alkoholischer Neotetrazolium-Lösung (25 mg Neotetrazoliumchlorid in 5 ml Äthanol). Die Lösung ist gut verschlossen im Kühlschrank mehrere Wochen haltbar. Vor dem Gebrauch filtrieren.

Durchführung: 1. Entparaffinierte Schnitte für 16—20 Std. in eine wäßrige 0,5 m Thioglykolsäure-Lösung p_H 8,0 bringen (p_H-Wert durch Zugabe von 0,1 n NaOH einstellen). 2. Gründlich in dest. Wasser waschen. 3. Kurz in 0,25%iger Essigsäure spülen und erneut in dest. Wasser waschen. 4. 1—2 Std. bei +50 °C mit KCN-Tetrazolium-Lösung behandeln. 5. In dest. Wasser waschen. 6. In Glycerin-Gelatine einschließen.

Ergebnis: SH-Gruppen-haltige Strukturen färben sich rot.

γ) **Die Mercuriorange (RSR)-Methode nach *Benett*** (1948) beruht auf der Reaktionsfähigkeit der SH-Gruppen mit Alkyl- oder Arylquecksilberverbindungen unter der Bildung von Mercaptiden. So werden mit Mercuriorange (1-(4-Chlorquecksilberphenylazo)-2-naphthol; RSR = rotes Sulfhydryl-Reagens) SH-haltige Strukturelemente deutlich rot gefärbt. Obwohl die Mercaptid-Bildung zwischen RSR und SH-Gruppen spezifisch ist, besteht wegen der Fettlöslichkeit des Reagens die Möglichkeit von unspezifischen Färbungen. Das Ergebnis ist deshalb durch Kontrollschnitte zu sichern.

Herstellung des RSR s. *Pearse* 1960; das RSR ist auch als 1-(4-Chlormercuriphenylazo)-2-naphthol handelsfertig zu beziehen. Es wird als gesättigte Lösung in Toluol, in n-Butanol, n-Propanol oder Dimethylformamid verwandt.

Durchführung: Für formalinfixierte Paraffinschnitte: 1. In Xylol entparaffinierte Schnitte in abs. Äthanol bringen. 2. Für 16—48 Std. mit gesättigter Lösung von RSR in Dimethylformamid behandeln. 3. In abs. Äthanol waschen. 4. Xylol, Balsam.

Für unfixierte Kryostat- und gefriergetrocknete Schnitte: 1. Schnitte aus Wasser in 75%iges Äthanol bringen. 2. Gesättigte Lösung von RSR in Dimethylformamid, 16—48 Std. 3. 2mal in 75%igem Äthanol waschen. 4. 50%iges Äthanol. 5. In dest. Wasser spülen. 6. In Glycerin-Gelatine einschließen.

δ) **Dihydroxy-dinaphthyl-disulfid (DDD)-Methode** (*Barrnett* und *Seligman* 1952, 1953)

Behandelt man die Schnitte mit einer gepufferten Lösung von 2,2'-Dihydroxy-6,6'-dinaphthyl-disulfid so entsteht mit eiweißgebundenen SH-Gruppen eine farblose Verbindung, die sich mit tetrazotiertem Di-o-anisidin zu einem roten oder rotblauen Azofarbstoff kuppeln läßt. Die manchmal vorkommende unspezifische schwache Anfärbung des Bindegewebes ist entweder auf die aus dem Gewebe nicht entfernten Reste des Reagens bzw. des Zwischenproduktes (6-Thio-2-naphthol) oder auf die Kupplungsreaktion mit Histidin und Tyrosin zurückzuführen. Kontrollen erforderlich.

Fixierung: Trichloressigsaures Äthanol (2—10%ig), Carnoy, Formalin. Die Paraffineinbettung muß schnell erfolgen (Vakuum). Beim Aufziehen der Schnitte auf die Objektträger nur wenig Eiweißglycerin verwenden.

Durchführung: 1. Schnitte in Xylol entparaffinieren und nach dem Spülen in abs. Äthanol mit 0,5%igem Collodium (Celloidin-Lösung) überziehen (0,5 g Celloidin in 100 ml einer Mischung von gleichen Teilen abs. Äthanol und Äther lösen).

2. Nach dem Antrocknen des dünnen Celloidinfilmes in 70%igem Äthanol härten — dann in dest. Wasser waschen. 3. Eine Stunde bei + 50 °C mit DDD-Reagens behandeln (50 mg 2,2'-Dihydroxy-6,6'-dinaphthyl-disulfid; 30 ml abs. Äthanol; 70 ml Veronal-Natrium-Puffer p_H 8,5). 4. Die Kuvette mit Schnitten in DDD-Lösung 10 Min. bei Zimmertemperatur abkühlen lassen. 5. Kurz in dest. Wasser waschen. 6. Mit 0,01%iger Essigsäure (p_H etwa 4—4,5) 10 Min. waschen. 7. Aufsteigende Äthanolreihe. 8. Abs. Äthanol-Äther-Mischung 1 : 1, 1 Min. 9. Äther 5 Min. (zweimal wechseln). 10. Absteigende Äthanolreihe (mit Äthanol-Äther-Gemisch anfangen). 11. In dest. Wasser spülen. 12. Schnitte bei Zimmertemperatur für 2 Min. in frisch angesetzte 0,1%ige Lösung von tetrazotiertem Di-o-anisidin (Fast Blue B Salt; Echtblausalz B) in 0,1 m Phosphat-Puffer p_H 7,4 stellen. 13. In dest. Wasser waschen. 14. Entweder in Glycerin-Gelatine oder über ansteigende Äthanolreihe und Xylol in Balsam einschließen.

ε) **α-Naphthylmaleinimid-Reaktion** (*Seligman, Tsou* und *Barrnett* 1954)

Bei der Reaktion von SH-Gruppen mit N-(4-Hydroxy-1-naphthyl)-isomaleinimid (HNI) entsteht eine farblose Verbindung, die mit einem Diazoniumsalz zu einem roten bzw. blauen Farbstoff gekuppelt werden kann. Dieser Azofarbstoff gibt im UV-Licht eine intensive rote Fluorescenz (366 mμ). Die Reaktion ist deshalb für fluorescenzmikroskopische Untersuchungen geeignet und erfaßt auch kleine Mengen von SH-Gruppen. Kontrollen erforderlich.

Durchführung: 1. Entparaffinierte Schnitte in Äthanol bringen. 2. Mit HNI-Lösung 4—16 Std. bei + 37 °C behandeln (25—50 mg N-(4-Hydroxy-1-naphthyl)-isomaleinimid in 40 ml Dimethylformamid lösen). 3. Kurz in 70%igem Äthanol spülen. 4. In dest. Wasser waschen. 5. 5—10 Min. bei Zimmertemperatur mit alkalischer Echtblausalz B-Lösung behandeln (40 mg tetrazotiertes Di-o-anisidin in 80 ml 0,1 n Tris-(hydroxymethyl)-aminomethanpuffer p_H 9,0 lösen; vor dem Gebrauch filtrieren). 6. In fließendem Wasser waschen. 7. Ansteigende Äthanolreihe, Xylol, fluorescenzfreier Balsam (am besten Eukitt).

ς) **Nachweis von SS- (und SH-) Gruppen durch Oxydation mit Perameisensäure** (*Pearse* 1951)

Dieses Verfahren beruht auf der Oxydation von Cystin durch Perameisensäure zu Alanin-β-Sulfin bzw. Alanin-β-Sulfonsäure. Die hierbei entstandenen HSO_2- und HSO_3-Gruppen können mit dem Schiffschen Reagens angefärbt werden. Besser lassen sie sich durch die Messung der Basophilie erkennen. Es kann angenommen werden, daß Gewebselemente, die im unbehandelten Schnitt nicht basophil sind und dann nach der Oxydation mit Perameisensäure noch bei p_H 2,8 Methylenblau binden, reaktionsfähige SS- bzw. SH-Gruppen enthalten.

Perameisensäure-Lösung: Zu 40 ml 98%iger Ameisensäure werden 4 ml 30%iges frisches Wasserstoffperoxyd und 0,5 ml konz. H_2SO_4 zugegeben. Die Mischung soll etwa eine Stunde vor dem Gebrauch angesetzt werden.

Tabelle 2. **Methoden zum gleichzeitigen Nachweis verschiedener reaktionsfähiger Gruppen bzw. Aminosäuren nach *Gößner***

Reaktion	Reaktionsfähige Gruppe bzw. Aminosäure							
	Tyrosin	Tryptophan	Histidin	Lysin	Arginin	Hydroxyprolin	Amino-Gruppen	Sulfhydril-Gruppen
Tetrazonium-Reaktion (*Danielli, Pearse*)	+	+	+	+	+			+
Dinitrofluorbenzol-Reaktion (*Danielli, Burstone*)	+		+	+			+	+
Nitrobenzoylchlorid-Reaktion (*Burstone*)	+	+		+	+	+	+	+

Durchführung: 1. Entparaffinierte Schnitte in dest. Wasser waschen. 2. 10—30 Min. mit Perameisensäure-Lösung behandeln. 3. 2—5 Min. in Wasser waschen. 4. Schiffsches Reagens (s. S. 477), 30—60 Min. 5. 10 Min. in lauwarmen, fließendem Wasser waschen. 6. Ansteigende Äthanolreihe, Xylol, Balsam.

Zweckmäßiger ist es, die Schnitte im Anschluß an die Perameisensäure-Oxydation in eine $5 \cdot 10^{-4}$ m Methylenblau-Lösung bringen, die mit Glykokollpuffer auf p_H 2,8 eingestellt ist (vgl. Basophilie S. 463). Auch eine Färbung mit Alcianblau oder Astrablau kann angeschlossen werden (s. S. 463)

2. Methoden zum gleichzeitigen Nachweis verschiedener reaktionsfähiger Gruppen bzw. Aminosäuren

Bei diesen Methoden handelt es sich um Kondensations- und Kupplungsreaktionen an reaktionsfähigen Gruppen der Proteine. Die zunächst entstehenden Kondensations- bzw. Kupplungsprodukte sind entweder ungefärbt oder nur geringgradig gefärbt. Deshalb müssen chromogene Reaktionen angeschlossen werden, die zu intensiv gefärbten Reaktionsprodukten führen. Diese Verfahren ermöglichen eine gute morphologische Analyse und sind in dieser Hinsicht den meisten unter 1. (S. 445) genannten Reaktionen überlegen.

a) Tetrazonium-Reaktion (*Danielli* 1947; *Pearse* 1960; *Lison* 1960)

Die Reaktion beruht auf der Kupplung der Phenolgruppe des Tyrosins, der Indolgruppe des Tryptophans und der Imidazolgruppe des Histidins mit tetrazotiertem Benzidin. Die freibleibende Diazogruppe des Benzidins wird anschließend mit H-Säure (1-Amino-8-naphthol-3,6-disulfonsäure) gekuppelt. Es entsteht eine tiefrotbraune stabile, nicht diffusible Proteinfarbstoffverbindung. Außer den aromatischen Aminosäuren sollten u. U. auch purin- und pyrimidinhaltige Verbindungen mit der Tetrazonium-Reaktion im histologischen Schnitt darstellbar sein (*Mitchell* 1942; *Danielli* 1953).

Fixierung: Formalin, Äthanol.

Herstellung des tetrazotierten Benzidins: Zu 3 ml einer 2%igen Suspension von Benzidin in 2 n HCl werden bei +4 °C 1 ml (8 Tropfen) einer eiskalten, frischen 5%igen Natriumnitrit-Lösung hinzugefügt. Die Mischung wird bei +4 °C 10 Min. kräftig geschüttelt und darf kein ungelöstes Benzidin mehr enthalten. 10 ml einer eiskalten, gesättigten, wäßrigen, frischen Soda-Lösung (Na_2CO_3) werden hinzugegeben. Die Lösung wird goldgelb; sie muß klar bleiben. Mit eisgekühltem dest. Wasser auf 40 ml auffüllen. Die Lösung ist nicht haltbar.

Durchführung: 1. Schnitte in Wasser bringen. 2. Bei +4 °C 15 Min. mit frisch tetrazotiertem Benzidin behandeln. 3. Schnitte in Wasser spülen. 4. 3mal je 2 Min. in eine Veronal-Acetat-Puffer-Lösung von p_H 9,2 bei Zimmertemperatur bringen. 5. Für 15 Min. bei Zimmertemperatur in eine gesättigte Lösung von H-Säure (1 g auf 50 ml) in Veronal-Acetat-Puffer-Lösung p_H 9,2 stellen. 6. 3 Min. mit dest. Wasser spülen. 7. Ansteigende Äthanolreihe, Xylol, Balsam.

Tetrazonium-Reaktion nach Benzoylierung (*Mitchell, Danielli*)

Durch Behandlung mit Benzoylchlorid werden die aromatischen Aminosäuren in der Regel für die Kupplungsreaktion blockiert. Eine positive Tetrazoniumreaktion nach Benzoylierung spricht entweder für das Vorliegen von purin- und pyrimidinhaltigen Verbindungen (*Mitchell, Danielli*) oder ist als Hinweis auf eine besondere räumliche Anordnung bzw. einen bestimmten Polymerisationsgrad der Proteine zu bewerten (*Pearse*). Durchführung der Benzoylierung s. Blockierungsreaktionen (s. S. 452).

b) Bei der Dinitrofluorbenzol (DNFB)-Methode (*Sanger* 1945, 1949; *Danielli* 1953; *Burstone* 1955) reagiert DNFB mit den α- und ε-Aminogruppen der Proteine unter Bildung einer gelblichen Verbindung. Mit Histidin, Tyrosin und SH-

Gruppen entstehen farblose Verbindungen. Da auch die gelbliche Farbe der DNFB-Protein-Verbindungen nicht für die mikroskopische Darstellung ausreicht, werden die Nitrogruppen in Aminogruppen reduziert, dann diazotiert und schließlich mit einem Naphthol oder Amin zu einem intensiv gefärbten roten bis orangeroten Azofarbstoff gekuppelt.

Fixierung: Äthanol, Aceton, Formalin.

Durchführung: 1. Schnitte entparaffinieren, über abs. Äthanol in 95%iges Äthanol bringen. 2. Bei Zimmertemperatur 20—24 Std. mit 1%iger DNFB-Lösung in 95%igem Äthanol, welche 0,01 n NaOH enthält, behandeln. 3. Gründlich in 4 Chargen 90%igem Äthanol und anschließend in dest. Wasser spülen. 4. Bei +45 °C 40 Min. in 5%ige wäßrige Natriumdithionit(Natriumhydrosulfit)-Lösung bringen bis die gelbe Farbe verschwindet. 5. 5 Min. bei + 5 °C mit eiskalter salpetriger Säure diazotieren (zu 50 ml einer 5%igen eisgekühlten Natriumnitrit-Lösung werden 3 ml eisgekühlter 10%iger Schwefelsäure hinzugegeben. Die Lösung numittelbar vor dem Gebrauch ansetzen). 6. Kurz in kalter (+ 5 °C) 1/8 m Borax-Lösung spülen. 7. 15 Min. mit kalter gesättigter H-Säure-Lösung von p_H 9,2 behandeln (gesättigte H-Säure-Lösung in eiskaltem dest. Wasser herstellen; Zugabe von 2,5 ml 1/8 m Borax-Lösung zu 100 ml H-Säure-Lösung ergibt den p_H-Wert von 9,2). 8. Gründlich in dest. Wasser waschen. 9. Ansteigende Äthanolreihe, Xylol, Balsam.

c) p-Nitrobenzoylchlorid-Methode (*Burstone* 1955)

Aminogruppen, Phenolgruppe des Tyrosins, Indolgruppe des Tryptophans, OH-Gruppe des Hydroxyprolins, Guanidingruppe des Arginins sowie Sulfhydrylgruppen können im Gewebsschnitt mit p-Nitrobenzoylchlorid reagieren. Das Reaktionsprodukt läßt sich sichtbar machen, indem man die Nitrogruppe zu einer Aminogruppe reduziert, dann diazotiert und anschließend mit H-Saure zu einem rotbraun gefärbten Azofarbstoff kuppelt.

Fixierung: Äthanol, Aceton, Formalin.

Durchführung: 1. Schnitte entparaffinieren und aus abs. Äthanol in wasserfreies Pyridin bringen. 2. Für 4—6 Std. bei Zimmertemperatur in eine 5%ige p-Nitrobenzoylchlorid-Lösung in wasserfreiem Pyridin bringen. 3. Gründlich in 96%igem Äthanol und danach in dest. Wasser waschen. 4. 40 Min. bei +45 °C in eine 5%ige wäßrige Natriumdithionit(Natriumhydrosulfit)-Lösung stellen. 5. 5 Min. bei + 5 °C in eiskalter salpetriger Säure diazotieren (zu 50 ml einer 5%igen eisgekühlten Natriumnitrit-Lösung werden 3 ml eisgekühlte 10%ige Schwefelsäure hinzugegeben. Lösung unmittelbar vor dem Gebrauch ansetzen). 6. Kurz in kalter (+ 5 °C) 1/8 m Borax-Lösung spülen. 7. 15 Min. mit gesättigter kalter H-Säure-Lösung behandeln (gesättigte H-Säure-Lösung in eiskaltem dest. Wasser herstellen; Zugabe von 2,5 ml 1/8 m Borax-Lösung zu 100 ml H-Säure-Lösung ergibt den p_H-Wert von 9,2). 8. Gründlich in dest. Wasser spülen. 9. Ansteigende Äthanolreihe, Xylol, Balsam.

3. Blockierung reaktionsfähiger Gruppen in Proteinen

Mit diesen Verfahren wird die Reaktionsfähigkeit bestimmter chemischer Gruppen zerstört oder reversibel blockiert. Sie sind zur Kontrolle von histochemischen Reaktionen von großer Bedeutung. Vor allem kann der Substratbereich einzelner Methoden durch die Ausscheidung genau definierter chemischer Gruppen eingeengt werden.

Andererseits sind die Produkte einiger „Blockierungsreaktionen" gefarbt oder fähig, durch entsprechende Nachbehandlung gefarbte Komplexe zu bilden, so daß diese Verfahren gleichzeitig als Nachweisreaktionen bestimmter reaktionsfahiger Gruppen dienen (z. B. oxydative Desaminierung, Bildung der Schiffschen Basen, Dinitrofluorbenzol- und Nitrobenzoylchlorid-Reaktion).

Tabelle 3. **Wirkung verschiedener Blockierungsreaktionen auf Tetrazonium-, Dinitrofluorbenzol- und Nitrobenzoylchlorid-Reaktion nach *Gößner***

	Aminosäure bzw. reaktionsfahige Gruppe	Benzoylchlorid	van Slyke	Jodierung	Dinitrofluorbenzol
Tetrazonium-Reaktion	Tyrosin	–	+	–	–
	Tryptophan	–	+	+	+
	Histidin	+	+	+	–
	Lysin	–	+	+	–
	Arginin	–	+	+	+
	Sulfhydrilgruppen	–	+	+	–
Dinitrofluorbenzol	Tyrosin	–	+	–	–
	Histidin	+	+	+	–
	Lysin	–	+	+	–
	α-Aminogruppen	–	–	+	–
	Sulhydrilgruppen	–	+	+	–
Nitrobenzoylchlorid	Tyrosin	–	+	–	–
	Tryptophan	–	+	+	+
	Lysin	–	+	+	–
	Arginin	–	+	+	+
	Hydroxyprolin	–	+	+	+
	α-Aminogruppen	–	–	+	–
	Sulfhydrilgruppen	–	+	+	–

Abkurzungen: – = Reaktion blockiert
+ = Reaktion nicht beeinflußt

a) Desaminierung

(*Lillie* 1954; *Burstone* 1955)

Bei der Behandlung der Schnitte mit salpetriger Säure (van Slyke's Reagens) werden die Aminogruppen zerstört.

Durchführung: Entparaffinicrte und in dest. Wasser gewaschene Schnitte werden bei 0° bis +4 °C 18–48 Std. in einer frisch angesetzten Mischung von gleichen Teilen eiskalter 5%iger wäßriger Natriumnitrit-Lösung und eiskalter 10%iger Essigsäure behandelt.

b) Acylierung

(*Danielli* 1953; *Burstone* 1955)

Bei der Behandlung mit Säureanhydriden und -chloriden werden die freien Aminogruppen, sowie Hydroxy-, Phenol- und Sulfhydrylgruppen blockiert. Als Acylierungsreagentien werden Anhydride von Essigsäure, Benzoesäure und Phthalsäure sowie Benzoylchlorid und p-Nitrobenzoylchlorid verwendet (10–20%ige Lösungen in wasserfreiem Pyridin).

α) **Acetylierung.** 1. Schnitte entparaffinieren und in abs. Äthanol bringen, 2. Petrol-Äther (oder Petrol-Benzin), 3 Min. 3. Nach Lufttrocknung für 8 Min. in Brutschrank bei +60 bis 80 °C stellen. 4. Mit 10%iger Essigsäureanhydrid-Lösung in wasserfreiem Pyridin bei Zimmertemperatur bis 24 Std. oder bei +100 °C 4–8 Std. behandeln. 5. In drei Chargen abs. Aceton waschen. 6. Absteigende Äthanolreihe, dest. Wasser.

Verseifung: Die Blockade mit Essigsäureanhydrid ist reversibel. Durch die Behandlung mit einer 1%igen KOH-Lösung in 70%igem Äthanol (20 Min. bei Zimmertemperatur) werden blockierte Gruppen wieder reaktionsfähig.

β) **Benzoylierung.** 1. Schnitte entparaffinieren und in abs. Äthanol bringen, 2. Petrol-Äther (oder Petrol-Benzin), 3 Min. 3. Nach Lufttrocknung für 8 Min. in Brutschrank bei +60 bis 80 °C stellen. 4. 10–20 Std. bei Zimmertemperatur mit 10%iger Benzoylchlorid-Lösung in wasserfreiem Pyridin behandeln. 5. In drei Chargen abs. Aceton waschen. 6. Absteigende Äthanolreihe, dest. Wasser.

c) Methylierung

(*Fisher und Lillie* 1954)

Läßt man Methanol in schwachsaurem Milieu auf das Gewebe einwirken, so werden die Carboxylgruppen verestert. Durch eine längere Behandlung mit Methanol wird auch die Basophilie anderer Gewebselemente weitgehend unterdrückt. Außer Carboxylgruppen können also noch andere saure Gruppen, wie Sulfongruppen und Phosphorsäure methyliert werden.

Durchführung: 1. Entparaffinierte Schnitte über abs. Äthanol in Methanol bringen. 2. Mit Methanol, das etwa 0,05 bis 0,1 n HCl enthält (1 ml konz. HCl in 100 ml Methanol) 24—48 Std. bei Zimmertemperatur oder 2—4 Std. bei + 58 °C behandeln.

Demethylierung: Durch eine Behandlung der methylierten Schnitte mit Kaliumpermanganat (0,5%ige wäßrige Lösung; bei Zimmertemperatur 20 Min.) werden die veresterten sauren Gruppen wieder frei.

d) Dinitrophenylierung

Behandelt man die Gewebe mit Dinitrofluorbenzol (DNFB), so werden Amino-, Phenol-, Imidazol- und Sulfhydrylgruppen blockiert (vgl. DNFB-Reaktion nach *Burstone*).

DNFB-Blockade (*Burstone* 1955). Entparaffinierte Schnitte aus abs. Äthanol für 24 Std. bei Zimmertemperatur in 2,4-Dinitrofluorbenzol-Lösung bringen (1%ige DNFB-Lösung in 95%igem Äthanol, das 0,01 n NaOH enthält).

e) Oxydation mit Perameisensäure, Peressigsäure und Persulfat

(*Danielli* 1947; *Pearse* 1951; *Boyland, Sims* und *Williams* 1956)

Behandelt man das Gewebe mit oben genannten Per-Säuren, so werden einige Aminosauren selektiv zerstört (Tryptophan, Cystin).

α) **Perameisensäure-Oxydation** (Tryptophan; Indolring; Cystin)

Ansetzen der Perameisensäure-Lösung: Zu 40 ml 98%iger Ameisensäure werden 4 ml frisches 30%iges Wasserstoffperoxyd und 0,5 ml konz. Schwefelsäure unter ständigem Rühren zugegeben. Die Lösung muß unmittelbar vor dem Gebrauch angesetzt werden.

Durchführung: Entparaffinierte Schnitte in dest. Wasser bringen und anschließend mit der Perameisensäure-Lösung 15—60 Min. bei Zimmertemperatur behandeln.

β) **Peressigsäure-Oxydation** (Tryptophan; Cystin)

Ansetzen der Peressigsäure-Lösung: Zu 10 ml Essigsäureanhydrid werden unter ständigem Rühren 5 ml frisches 30%iges Wasserstoffperoxyd zugegeben. Dieses Reagens kann bis zu 2 Std. stehen bleiben. Vor dem Gebrauch wird die Peressigsäure-Lösung mit gleichen Teilen dest. Wasser verdünnt.

Durchführung: Entparaffinierte Schnitte in dest. Wasser bringen und 2 bis 4 Std. bei Zimmertemperatur in Peressigsäure-Lösung behandeln.

γ) **Persulfat-Oxydation** (Tryptophan)

Entparaffinierte Schnitte in dest. Wasser bringen und 12—18 Std. bei Zimmertemperatur mit einer frischen 2,5%igen Kaliumpersulfat($K_2S_2O_8$)-Lösung in 0,5 n KOH behandeln.

f) Jodierung

Bei der Behandlung der Schnitte mit Jodlösung werden die freien Tyrosin-Gruppen in Dijodtyrosin-Gruppen umgewandelt. Außer dem Tyrosin werden teilweise auch Tryptophan und Prolin jodiert. Histidin läßt sich nur in geringem Ausmaße blockieren.

α) **Blockade mit wäßriger Kaliumjodid-Lösung.** Entparaffinierte Schnitte in Wasser bringen und bei 20 °C mit einer 15%igen waßrigen Kaliumjodid-Lösung oder mit Lugolscher Lösung 12 Std. behandeln (*Gössner*).

β) **Jodierung mit alkoholischer Jodlösung.** Schnitte entparaffinieren und über abs. Äthanol für 24 Std. bei Zimmertemperatur in eine 1%ige Jodlösung in 96%igem Äthanol bringen (*Burstone*).

g) Blockierung der SH- und SS-Gruppen

α) **Carboxyalkylierung**

Bei der Behandlung mit Jodessigsaure (Jodacetat) und Jodessigsäureamid (Jodacetamid) werden die SH-Gruppen irreversibel blockiert (*Rapkine* 1933; *Pearse* 1960).

Durchführung: 1. Entparaffinierte Schnitte in dest. Wasser bringen. 2. 20 Std. bei +37 °C mit einer 0,1 m wäßrigen Jodessigsäure-Lösung behandeln (Lösung durch Titrieren mit 0,1 n NaOH auf p_H 8,0 einstellen).

β) **Maleinimid-Blockade**

Durchführung: 1. Entparaffinierte Schnitte in dest. Wasser bringen. 2. 4 Std. bei +37 °C mit einer 0,1 m N-Äthylmaleinimid-Lösung in 0,1 m Phosphatpuffer (p_H 7,4) behandeln. 3. Mit 1%iger Essigsaure und anschließend mit fließendem Wasser waschen.

γ) **Merkaptid-Blockaden** (*Yao* 1949)

Blockade mit Quecksilberchlorid. Entparaffinierte Schnitte in dest. Wasser bringen und anschließend 24 Std. bei +60 °C mit gesättigter wäßriger Quecksilberchlorid-Lösung behandeln.

Blockade mit Phenylquecksilberchlorid. Entparaffinierte und in dest. Wasser gewaschene Schnitte für 48—72 Std. bei Zimmertemperatur mit einer gesättigten Phenylquecksilberchlorid-Lösung in 80%igem Äthanol (oder in abs. n-Butanol) behandeln.

Statt Phenylquecksilberchlorid können auch Phenylquecksilberacetat, Tolylquecksilberchlorid und Methylquecksilberjodid (alle in einer Konzentration von 0,01 m in n-Propanol) verwendet werden.

δ) **Blockade der SH-Gruppen durch Oxydierung** (*Pearse* 1960)

Die Gewebssulfhydrylgruppen können reversibel in Disulfidgruppen oxydiert und dadurch für die SH-Gruppen-Nachweismethoden blockiert werden. Als ein geeignetes, mildes Oxydierungsmittel hat sich Jod in waßriger oder alkoholischer Lösung bewährt.

Durchführung: 1. Entparaffinierte Schnitte in dest. Wasser bringen. 2. 4 Std. bei Zimmertemperatur mit einer 0,0015 m wäßrigen Jodlösung behandeln (38 mg Jod + 33 mg Kaliumjodid in 100 ml dest. Wasser lösen. Lösung durch Titrieren mit 0,01 n HCl auf p_H 3,2 einstellen).

Nucleinsäuren

Die histochemischen Methoden zum Nachweis von Nucleinsäuren (NS) beziehen sich jeweils auf einen bestimmten Baustein. So werden die Purin- und Pyrimidinbasen durch die UV-Absorption (*Caspersson*) nachgewiesen, die Kohlenhydratkomponente mit den Reaktionen von *Feulgen* und *Turchini* dargestellt. Der Phosphorsäurebaustein bedingt die Affinität der NS für basische Farbstoffe. Er kann zudem mit der Ammoniummolybdatmethode von *Serra* und *Lopes* im histologischen Schnitt sichtbar gemacht werden (*Sandritter* 1955; *Kurnick* 1955).

Für den histochemischen Nachweis der NS spielt ihre Fixierung und Konservierung im histologischen Schnitt eine wichtige Rolle. Die Desoxyribonucleinsäuren (DNA) werden wegen ihres hohen Polymerisationsgrades und ihrer Bindung

Tabelle 4. **Histochemische Methoden zum Nachweis von Nucleinsäuren**

Baustein	Fixierung	Einbettung	Methode	DNA	RNA	Bemerkungen
Purin bzw. Pyrimidinbase	GT, C, F	P	UV-Absorption	+	+	spezifisch, für quantitative Untersuchungen geeignet
Pentose	C, F	P	*Feulgen*	+	—	spezifisch, für quantitative Untersuchungen geeignet
	C, F	P	*Turchini*	blau	gelbrot	
Phosphorsäure	C, F	P	*Serra-Lopes*	+	(+)	
	C, F	P	Basophilie	+	+	wegen ungenügender Spezifität Kontrolle erforderlich
	C, F	P	Gallocyanin-Chromalaun	+	+	wegen ungenügender Spezifität Kontrolle erforderlich
	C, F	P	Methylgrün-Pyronin	grün	rot	Gelingen der Färbung weitgehend von schonender Vorbehandlung und p_H-Wert der Färbelösungen abhängig. Ungenügende Spezifität, Kontrolle erforderlich
Extraktionsverfahren	C, F	P	Ribonuclease	—	+	spezifisch, zuverlässig
	C, F	P	Desoxyribonuclease	+	—	spezifisch; Wirkungsweise der üblichen Fermentpräparate nicht einheitlich
	C, F	P	Perchlorsäure	—	+	Spezifität umstritten

Abkürzungen: F = Formalinfixierung, C = Carnoy, P = Paraffineinbettung, GT = Gefriertrocknung

an Eiweißstoffe bei der Fixierung und Einbettung sowie bei dem Färbeprozeß nur sehr wenig oder überhaupt nicht aus dem Schnitt herausgelöst. Einen nennenswerten Verlust von DNA braucht man daher bei den üblichen Verfahren nicht zu befürchten. Dagegen wird die DNA leicht durch Wärmeeinwirkung oder durch eine Behandlung der Schnitte mit Säuren z. T. depolymerisiert, so daß sie ihre Anfärbbarkeit mit Methylgrün verliert. Ihr Verhalten bei der Feulgen-Reaktion wird jedoch nicht geändert, ebenso wie ihre Basophilie oder ihre Absorption im UV-Licht nicht abgeschwächt werden.

Die Ribonucleinsäuren (RNA) sind weniger polymerisiert als die DNA. Sie werden daher bei dem Fixierungsprozeß und bei den einzelnen histochemischen Reaktionen leicht aus dem Gewebe herausgelöst. Sie sind gegen Säureeinwirkung und Wärme besonders empfindlich. Auch bei der Behandlung des Gewebes mit Salzlösungen können sie extrahiert werden.

Es gibt kein ideales Fixierungsmittel für NS. Besonders gut geeignet ist jedoch das Carnoysche Gemisch. Häufig reicht auch eine kurze Fixierung in neutralem Formalin aus (*Kurnick* 1952, 1955; *Pearse* 1960).

Die Tab. 4 vermittelt einen Überblick über die verschiedenen Methoden der Nucleinsäurehistochemie, die sich jeweils auf einen bestimmten Baustein beziehen.

1. Reaktionen auf die Kohlenhydratkomponente

a) Die Feulgen-Reaktion (Nuclealreaktion; *Feulgen* und *Rossenbeck* 1924; *Feulgen* und *Voit* 1924) besteht aus zwei chemischen Reaktionen: Aus der hydrolytischen Spaltung der DNA und aus dem Nachweis freigesetzter Aldehydgruppen mit dem Schiffschen Reagens.

Bei der vorsichtigen sauren Hydrolyse werden die DNA depolymerisiert und die glykosidischen Bindungen zwischen dem Pentose-Baustein und den Purinbasen Guanin und Adenin, aufgebrochen. Die Purinderivate werden dadurch entfernt, während in der Desoxypentose eine reaktionsfähige, mit fuchsinschwefliger Säure darstellbare Aldehydgruppe frei wird.

Die Reaktion ist spezifisch, insbesondere wird die RNA bei der Feulgen-Reaktion nicht erfaßt. Man muß sich jedoch durch Kontrollschnitte davon überzeugen, daß das untersuchte Strukturelement nicht von vornherein reaktionsfähige Aldehydgruppen enthält, daß also die Schiff-Reaktion nur nach der sauren Hydrolyse positiv ist.

Fixierung: Carnoy, Formalin u. a.

Durchführung: 1. Entparaffinierte Schnitte in dest. Wasser bringen. 2. Kurz in kalte n HCl tauchen. 3. Bei +60 °C für 5—30 Min. (je nach der Art des Fixierungsmittels) in n HCl bringen. 4. Kurz in kalte n HCl tauchen und anschließend in dest. Wasser waschen. 5. Mit dem Schiffschen Reagens (s. S. 477) eine halbe bis $1^1/_2$ Std. behandeln. 6. Jeweils 2 Min. mit 3 Chargen von frisch angesetzten Sulfit-Bädern spülen (5 ml 10%iger $K_2S_2O_5$-Lösung + 5 ml n HCl mit dest. Wasser auf 100 ml auffüllen). 7. Kurz in Wasser waschen. 8. Ansteigende Äthanolreihe, Xylol, Balsam.

Neben üblicher Hydrolyse in n HCl wird eine Reihe anderer Reagentien (Perchlorsäure, Trichloressigsäure, Phosphorsäure, Salpetersäure, Brom) empfohlen, die teilweise bei Zimmertemperatur verwendet werden können (Literatur s. *Lison*).

b) Bei der Methode von Turchini wird das Gewebe einer milden sauren Hydrolyse unterworfen und anschließend mit Phenyltrioxyfluoron oder Methyltrioxyfluoron behandelt. Hierbei reagieren die Kohlenhydratkomponenten der Nucleinsäuren mit den Fluoronen unter Bildung farbiger Verbindungen. Mit der Desoxyribose entsteht dabei eine blaue bis violette, mit der Ribose eine gelbliche bis gelbrosa Verbindung. Eine Kontrolle des Ergebnisses durch Behandlung der Schnitte mit den Nucleasen ist unbedingt erforderlich (*Turchini*, *Castel* und *Kien* 1944; *Backler* und *Alexander* 1952).

2. Nachweis der Phosphorsäure

Bei dem Verfahren von *Serra* und *Lopes* wird der Phosphatbaustein der DNA nachgewiesen. Das Gewebe wird im Anschluß an die saure Hydrolyse mit Ammoniummolybdat behandelt. Es entsteht Phosphormolybdat, das mit Benzidin zu einer tiefblauen Verbindung reduziert wird (*Serra* und *Queiroz-Lopes* 1945).

3. Nachweis auf Grund der Basophilie

Als basische Farbstoffe haben sich Methylenblau, Gallocyanin-Chromalaun, Methylgrün und Pyronin bewährt. Keine Färbemethode ist jedoch für Nucleinsäuren spezifisch, da außerdem noch saure Mucopolysaccharide und saure Lipide angefärbt werden. Man muß sich daher durch Kontrollschnitte davon überzeugen, daß den in einem bestimmten Gewebselement nachgewiesenen sauren Gruppen Nucleinsäuren zugrunde liegen. Hierfür stehen zunächst die enzymatischen Hydrolysen mit Desoxyribonuclease und Ribonuclease sowie das Extraktionsverfahren mit Perchlorsäure zur Verfügung. Darüber hinaus empfiehlt es sich, durch die PAS-Reaktion, die Färbung mit Alcianblau oder Astrablau sowie die Prüfung der Metachromasie die Anwesenheit saurer Mucopolysaccharide und durch Fettfärbungen die Anwesenheit von Lipiden auszuschließen. (*Pischinger* 1926; *Stenram* 1954; *Mayersbach* 1956).

a) Methylenblau-Färbung

Am zuverlässigsten ist die Messung der Basophilie mit gepufferten Methylenblau-Lösungen (s. S. 463). Bei einer Methylenblau-Bindefähigkeit unterhalb p_H 4 darf das Vorliegen von Nucleinsäuren, sauren Mucopolysacchariden oder sauren Lipiden angenommen werden. — Durchführung s. S. 463.

b) Gallocyanin-Chromalaun-Färbung

wird zur Darstellung der beiden Nucleinsäuren vielfach als eine einfache progressive Färbung verwandt. Dabei färben sich die beiden Nucleinsäuren dunkelblau an. Das gefärbte Produkt ist gegen eine alkoholische Entwässerung widerstandsfähig. Bei niedrigen p_H-Werten (1,5 bis 1,75) ist die Methode relativ spezifisch (*de Boer* und *Sarnaker* 1956). Da die erzielte Farbintensität in vitro in einer stöchiometrischen Beziehung zu der vorhandenen Menge der DNA- und RNA steht, wird die Gallocyanin-Chromalaun-Färbung auch für die quantitativen Bestimmungen verwandt (*Einarson* 1951; *Sandritter* 1952; *Diefenbach* und *Sandritter* 1954).

Methode nach de Boer und Sarnaker (1956)

Fixierung: Carnoy, Formalin.

Herstellung der Gallocyanin-Chromalaun-Lösung: 600 mg Gallocyanin werden in 200 ml dest. Wasser gelöst und eine Min. kräftig geschüttelt. Filtrieren. Das Filterpapier mit aufgehobenem Niederschlag in 200 ml einer 5%igen wäßrigen Chromalaun-Lösung bringen und auf dem Wasserbad 30 Min. kochen. Abkühlen, filtrieren. Den p_H-Wert auf 1,6 mit 1%iger HCl einstellen.

Durchführung: 1. Entparaffinierte Schnitte in dest. Wasser waschen 2. 24—48 Std. mit Gallocyanin-Chromalaun-Lösung behandeln. 3. Eine Min. mit angesäuertem dest. Wasser (mit HCl auf p_H 1,6 eingestellt) waschen. 4. Waschen mit angesäuertem dest. Wasser mehrmals wiederholen, bis kein Farbstoff mehr entfernt wird. 5. Ansteigende Äthanolreihe, Xylol, Balsam.

c) Methylgrün-Pyronin-Färbung (*Brachet* 1942; *Kurnick* 1952; *Lison* 1960)

Behandelt man die Schnitte mit einer Mischung dieser Farbstoffe, so werden die RNA-haltigen Strukturen mit Pyronin rot gefärbt, während die DNA infolge ihrer Affinität für Methylgrün einen grünen Farbton annimmt. Da mit diesen beiden basischen Farbstoffen noch saure Mucopolysaccharide und saure Lipide angefärbt werden können, ist es erforderlich, das Ergebnis durch Kontrollschnitte zu sichern, die mit Ribo- und Desoxyribonuclease behandelt worden sind. — Die unterschiedliche Affinität der DNA und RNA für Methylgrün und Pyronin beruht auf ihrem verschiedenen Polymerisationsgrad. Die hochpolymere DNA nimmt Methylgrün an. Nach einer teilweisen Depolymerisierung wird sie jedoch genau wie die RNA mit Pyronin angefärbt. Bei der Methylgrün-Pyronin-Methode muß daher das Gewebe bei der Fixierung, Einbettung und Färbung besonders schonend behandelt werden. Es besteht sonst die Gefahr, daß die DNA depolymerisiert wird und ihre Affinität für Methylgrün verliert.

Fixierung: 10%iges neutrales Formalin (p_H 7,0 $\pm$ 0,2) 4—16 Std.; Carnoy.

Methylgrün-Pyronin-Stammlösung: a) 2%ige wäßrige Lösung von Methylgrün wird mit Chloroform im Überschuß in einem Scheidetrichter im Laufe von 2—3 Tagen mehrmals geschüttelt und dekantiert bis das Chloroform kein Methylviolett mehr enthält. — b) 2,5%ige wäßrige Pyronin G- oder Pyronin Y-Lösung wird ebenfalls mit Chloroform gereinigt, da handelsfertiges Pyronin chloroformlösliche Verunreinigungen enthält. — c) Gleiche Mengen von beiden Lösungen werden gemischt.

Durchführung: 1. Entparaffinierte Schnitte in dest. Wasser bringen. 2. 30—60 Min. bei 0° bis +5 °C mit frisch angesetzter Methylgrun-Pyronin-Lösung behandeln (20 ml Methylgrün-Pyronin-Stammlösung (c) + 20 ml 0,1 m Acetat- oder Phosphatpuffer p_H 4,5 bis 5,2 + 60 ml dest. Wasser. Der p_H-Wert der Farblösung soll so eingestellt werden, daß es zur selektiven Anfärbung der Nucleinsäuren mit beiden Farbstoffen kommt. Der richtige p_H-Wert ist sowohl von dem Fixierungsmittel als auch von der Natur des Gewebes abhangig und muß von Fall zu Fall ermittelt werden.) 3. 2—3 Sek. mit Wasser spülen und sofort mit Filterpapier abtrocknen. Objektträger um das Präparat und auf der Rückseite abwischen. 4. Schnitte für 5 Sek. in n-Butanol bringen. 5. Kurz in reinem Xylol unter Bewegung der Objektträger waschen. 6. Zwei Chargen reines Xylol, Balsam.

4. Nachweis mit spezifischen Fermenten

a) Der Ribonucleasetest. Bei der Einwirkung von Ribonuclease wird die RNA depolymerisiert und aus dem histologischen Schnitt entfernt. Das Ferment greift die DNA nicht an und ist daher zur Unterscheidung zwischen den beiden Nucleinsäuren geeignet. Viele Ribonucleasepräparate sind jedoch durch Beimengungen von proteolytischen Fermenten verunreinigt. In solchen Fällen ist es zweckmäßig, die Ribonuclease-Lösung für 10 Min. auf +80 °C zu erhitzen, um die proteolytischen Enzyme zu zerstören. Die Aktivität der Ribonuclease, deren Temperaturoptimum bei +65 °C liegt, wird dadurch nicht wesentlich beeinträchtigt. Fehlresultate können ferner dadurch entstehen, daß die RNA bereits durch die fermentfreie Pufferlösung aus dem Gewebe entfernt werden. Da sich die RNA in dest. Wasser erst bei höheren Temperaturen lösen und das p_H der Fermentlösung nicht exakt eingestellt werden muß (p_H 5—8), soll die Ribonuclease nur in dest. Wasser — ohne jeden Pufferzusatz — gelöst werden.

Fixierung: Die Einwirkung der Ribonuclease kann durch die Fixierung des Gewebes beinträchtigt werden; so werden die RNA bei der Verwendung bichromathaltiger Fixierungsmittel, insbesondere Zenker-Formalin usw. nur sehr schwer oder gar nicht von dem Ferment angegriffen. Als geeignete Fixierungsflüssigkeit hat sich die Lösung nach *Carnoy* (oder evtl. Formalin) erwiesen (*Brachet* 1940, 1953; *Stowell* und *Zorzoli* 1947; *Kurnick* 1955).

Durchführung: 1. Entparaffinierte Schnitte in dest. Wasser bringen. 2. Für eine Std. bei +37 °C in Ribonuclease-Lösung stellen (Ribonuclease aus Rinderpankreas, salzfrei, proteasefrei; Aktivität mindestens 50 Kunitz-Einheiten per mg; 0,5—1 mg Enzym pro 1 ml dest. Wasser). 3. In fließendem Wasser waschen. 4. Beliebige Färbung mit einem basischen Farbstoff.

b) Die Desoxyribonuclease depolymerisiert die DNA und kann in entsprechender Weise verwandt werden wie die Ribonuclease. In der Histochemie sind mit diesem Ferment bisher uneinheitliche Ergebnisse erzielt worden. Wegen der Schwierigkeit, ein wirklich reines Präparat zu bekommen, ist bei der Bewertung des Desoxyribonucleasetestes Vorsicht geboten (*Brachet* und *Sheaver* 1948; *Vercauteren* 1950; *Kurnick* 1954; *Jackson* und *Dessau* 1954).

5. Extraktionsverfahren

Zur Entfernung der Nucleinsäuren aus dem histologischen Schnitt gibt es noch eine Reihe von chemischen Extraktionsverfahren, die jedoch der enzymatischen Hydrolyse unterlegen sind. Sie sollten nur angewandt werden, wenn die spezifischen Fermente nicht zur Verfügung stehen. — Auch durch Einwirkung von Salzsäure, Natriumchlorid-Lösung oder Pufferlösungen bei höheren Temperaturen in alkalischem Milieu (*Brachet* 1940) können die Nucleinsäuren entfernt werden, während andere basophile Substanzen, wie die sauren Polysaccharide oder sauren Lipide erheblich resistenter sind.

Perchlorsäure-Extraktion (*Erickson*, *Sax* und *Ogur* 1949)

Durchfuhrung: 1. Entparaffinierte Schnitte in dest. Wasser bringen. 2. Zur Entfernung von RNA bei +4 °C für 12 bis 18 Std. in eine 10%ige Perchlorsäure-Lösung bringen. Zur Entfernung von beiden Nucleinsäuren Schnitte mit 5%iger Perchlorsäure bei +60 °C 20—30 Min. behandeln. 3. 1—5 Min. in 1%iger Natriumcarbonat-Lösung neutralisieren. 4. In dest. Wasser waschen. 5. Beliebige Färbung mit einem basischen Farbstoff.

Kohlenhydrate

In histologischen Präparaten sind in der Regel nur Polysaccharide bzw. Mucopolysaccharide und Glykoproteide erfaßbar. Eine histochemische Darstellung von Monosacchariden stößt auf Schwierigkeiten, da sie größtenteils bei dem Fixieren und Einbetten diffundieren und aus dem Gewebe herausgelöst werden.

Die histochemischen Reaktionen zum Nachweis von Kohlenhydraten lassen sich folgendermaßen einteilen:

1. Auf der Oxydation von 1,2-Glykolgruppen beruhende Reaktionen.
2. Auf Veresterung der OH-Gruppen beruhende Reaktionen.
3. Auf der Gegenwart von sauren Gruppen (—COOH und $—OSO_3H$) beruhende Reaktionen.
4. Blockierungsreaktionen einzelner reaktionsfähiger Gruppen.
5. Methoden der enzymatischen Hydrolyse.

1. Auf der Oxydation von 1,2-Glykolgruppen beruhende Reaktionen

Durch Einwirkung von bestimmten Oxydationsmitteln wie Perjodsäure (*McManus* 1946; *Lillie* 1947; *Hotchkiss* 1948), Chromsäure (*Bauer* 1933), Kaliumpermanganat (*Casella* 1942), Bleitetraacetat (*Crippa* 1951), Natriumwismutat (*Lhotka* 1952) u. a., werden α-Glykolgruppen in Kohlenhydraten und kohlehydrathaltigen Verbindungen unter der Spaltung der Kohlenstoff-Kohlenstoff-Bindung oxydiert. Die dabei entstehenden Aldehyde werden mit einem Aldehyd-Reagens (Schiffsches Reagens, Methenamin-Silber) nachgewiesen.

Aus theoretischen und praktischen Gründen (*Gedigk* 1952) ist die *Perjodsäure-Schiff-Reaktion* (*PAS-Reaktion = periodic acid-Schiff-reaction*) die wichtigste Reaktion dieser Gruppe.

Außer den α-Glykolen können Carbonylverbindungen (z. B. α-Ketole) sowie α-Aminoalkohole und u. U. auch Äthylengruppen mit der Perjodsäure unter der Bildung von Aldehyden reagieren.

Von kohlehydrathaltigen Verbindungen fallen die Ribo- und Desoxyribonucleinsäuren für die PAS-Methode aus, da die Ribose und die Desoxyribose im Nucleotidverband keine benachbarten, reaktionsfähigen Hydroxylgruppen besitzen. Auch saure Mucopolysaccharide sind wegen des Fehlens freier, benachbarter Hydroxylgruppen in der Regel PAS-negativ. Nur Heparinmonosulfat reagiert positiv. Eiweißkörper spielen bei der PAS-Reaktion keine Rolle, weil die Aminogruppen der Hydroxyaminosäuren durch Peptidbindungen in Anspruch genommen werden und für die Oxydation blockiert sind. Die wenigen, evtl. am Ende von Polypeptidketten stehenden reaktionsfähigen Hydroxyaminosäuren sowie die Aminosäure Hydroxylysin brauchen nicht berücksichtigt zu werden. Demnach weist man mit der PAS-Reaktion im histologischen Schnitt folgende Substanzen nach:

I. *Polysaccharide:* Glykogen, Stärke, Cellulose.

II. *Neutrale Mucopolysaccharide:* z. B. Polysaccharide der Bakterienkapseln, neutrale MPS des Magenschleimes.

III. *Muco- und Glykoproteide:* z. B. Schleim der Speicheldrüsen, Seromucoid und Seroglykoid, Magenschleim, Choriongonadotropin, hypophysäre Gonadotropine, Thyreotropin, Thyreoglobulin, Fraktionen von Serumalbumin, Serumglobulin, Reticulin und Kollagen.

IV. *Glykolipide:* z. B. Ganglioside, Cerebroside (Phrenosin und Kerasin), Inositolphosphatide.

V. *Ungesättigte Fettsäuren in Neutralfetten und Phospholipiden:* z. B. Sphingomyelin, Lipopigmente (Lipofuscine und Ceroid).

Da die Darstellung und Eliminierung der Lipide in der Regel keine Schwierigkeiten bereitet (s. Abschn. Lipide), kommt es im Wesentlichen auf eine Unterscheidung der Gruppen I bis III an, wobei nur in seltenen Fällen noch einfache (nicht veresterte) saure Mucopolysaccharide berücksichtigt werden müssen.

Tabelle 5. **Histochemischer Nachweis von Kohlenhydraten**

Reaktion	Polysaccharide			Neutrale Muco-Polysaccharide		Saure Mucopolysaccharide				Muco- und Glyko-proteide	Glyko-lipide	Neutralfette		Ein-fache Proteine
							Mesenchymale							
	Glyko-gen	Stärke	Cellu-lose	Chitin	Frak-tion des Magen-schleims usw.	Epithe-liale	Hyalu-ron-sulfalt CSS Typ A	CSS Typ B	CSS Typ C			unge-sättigte	ge-sättigte	
PAS	+	+	+	−	+	−	−	−	−	+	+	+	−	−
Sulfonierung	+	+	+		+	0	0	0	0	+	±	−	−	−
PFAS	−	−	−	−	−	−	−	−	−	−	+	+	−	−
Acetylierung	+	+	+	+	+	0	0	0	0	+	±**	−	0	0
Bromierung	−	−	−	−	−	0	0	0	0	−	±**	+	0	0
Methylenblau bis p_H	ca. 6	ca. 6	ca. 6	über 4	über 4	unter 4	unter 4	unter 4	unter 4	über 4	4	unter 4	über 4	ca. 6
Metachromasie	−	−	−	−	−	+	+	+	+	−	−	−	−	−
Astrablau, Alcianblau	−	−	−	−	−	+	+	+	+	−	−	(+)	−	−
Eisenbindung	−	−	−	−	−	+	+	+	+	−	−	(+)	−	±
Tetrazoniumreaktion	−	−	−	+	+*	±	+	+*	+*	+	−	−	−	+
Sudanschwarz	−	−	−	−	−	−	−	−	−	−	+	+	+	−
Diastase	+	−	−	−	−	−	−	−	−	−	−	−	−	−
Hyaluronidase	−	−	−	−	−	−	+	−	−	−	−	−	−	−
Extraktion mit Fett-lösungsmitteln	−	−	−	−	−	−	−	−	−	−	+	±	+	−

+ positive Reaktion, − negative Reaktion, (+) schwach positiv, +* falls eine Bindung an Proteine vorliegt. ** teilweise blockiert. CSS Chondroitinschwefelsäure: Typ A im Knorpel, Typ B in Aorta, Haut, Sehnen, Typ C in Nabelschnur, Reaktion 0 unzweckmäßig. PAS: Periodic acid-Schiff-reaction. — PFAS: Performic acid-Schiff-reaction.

a) PAS-Reaktion nach *McManus* (1946)

Fixierung: Formalin sowie die meisten gebräuchlichen Fixationsmittel.

Durchführung: 1. Entparaffinierte Schnitte in dest. Wasser bringen. 2. 2—5 Min. mit 0,5%iger wäßriger Perjodsäure-Lösung behandeln. 3. In dest. Wasser waschen. 4. Schiffsches Reagens (s. S. 477), 10—15 Min. 5. 5—10 Min. in fließendem Wasser waschen. 6. Kernfärbung mit Mayerschem Haemalaun, 45 Sek. 7. 5—10 Min. in fließendem Wasser waschen. 8. Aufsteigende Äthanolreihe, Xylol, Balsam.

b) PAS-Reaktion nach *Hotchkiss* (1948)

Fixierung: wie oben.

Lösungen: a) Perjodsäure-Lösung: Zu 400 mg Perjodsäure werden 10 ml dest. Wasser und 5 ml m/5 Natrium-Acetat-Lösung zugegeben. Dann mit reinem, absolutem Äthanol auf 50 ml auffüllen. — Die Lösung muß bei + 4 °C im Dunkeln aufbewahrt werden und ist etwa 1—2 Wochen haltbar. — b) Reduzierende Lösung: Zu 1 g Kaliumjodid und 1 g Natriumthiosulfat werden 30 ml abs. Äthanol, 20 ml dest. Wasser und 0,5 ml 2 n HCl hinzugegeben. Der sich bildende Schwefelniederschlag kann vernachlässigt werden.

Durchführung: 1. Schnitte entparaffinieren und in 70%igem Äthanol auswaschen. 2. Für 10 Min. in Perjodsäure-Lösung bringen. 3. Kurz in 70%igem Äthanol spülen. 4. Reduzierende Lösung nach *Hotchkiss*, 1—2 Min. 5. Kurz in 70%igem Äthanol spülen. 6. Schiffsches Reagens, 10—20 Min. 7. 20 Min. in fließendem Wasser waschen. 8. Kernfärbung in Mayerschem Haemalaun, 45 Sek. 9. 5—10 Min. in fließendem Wasser waschen. 10. Ansteigende Äthanolreihe, Xylol, Balsam.

2. Auf Veresterung der OH-Gruppen beruhende Reaktionen

Bei der Behandlung der Gewebsschnitte mit Schwefelsäure, Chlorsulfonsäure, Phosphorsäure oder Phosphoroxychlorid werden die OH-Gruppen der Polysaccharide bzw. Mucopolysaccharide verestert und dann auf Grund der erhöhten Basophilie oder Metachromasie dargestellt (*Kramer* und *Windrum* 1954; *Landing* und *Hall* 1955, 1956; *Lewis* und *Grillo* 1959; *Amoo* und *Gedigk* 1962).

a) Chlorsulfonsäure-Reaktion

Fixierung: Formalin.

Chlorsulfonsäure-Pyridin-Gemisch: Zu 100 ml Pyridin in einem durch ein Kochsalz-Eis-Gemisch gekühlten Kolben werden unter ständigem Rühren tropfenweise 18 ml Chlorsulfonsäure zugegeben. Die Mischung ist bei Zimmertemperatur fast fest und muß vor dem Gebrauch vorsichtig umgerührt werden.

Durchführung: 1. Schnitte in Xylol entparaffinieren. 2. 20 Min. bei + 60 °C mit dem Chlorsulfonsäure-Pyridin-Gemisch behandeln. 3. 3 Min. mit warmem Wasser (+ 70 °C) spülen. 4. 5 Min. in dest. Wasser waschen. 5. 8 Min. in Toluidinblau-Lösung bei Zimmertemperatur färben (95 ml n HCl und 5 ml einer 0,4%igen wäßrigen Toluidinblau-Lösung; p_H 0,35). 6. In 1%igem HCl-Alkohol 35 Sek. differenzieren. Anschließend sofort mit dest. Wasser waschen. 7. 80 Sek. mit Kernechtrot färben. 8. Kurz in 1%igem HCl-Alkohol differenzieren. 9. In dest. Wasser waschen. 10. Ansteigende Äthanolreihe, Xylol, Balsam.

b) Phosphoroxychlorid-Reaktion

Fixierung: Formalin.

Durchführung: 1. Schnitte entparaffinieren und in Pyridin waschen. 2. 3 Std. bei + 60 °C mit Phosphoroxychlorid-Pyridin-Mischung behandeln (1,5 ml Phosphoroxychlorid in 100 ml Pyridin). 3. In Pyridin, dann in abs. Äthanol waschen. 4. Absteigende Äthanolreihe. 5. 10 Min. in Leitungswasser waschen. 6. 8 Min. bei Zimmertemperatur mit Toluidinblau färben (5 ml einer 0,4%igen wäßrigen Toluidinblau-Lösung + 95 ml 0,25 n HCl). 7. In dest. Wasser waschen. 8. Ansteigende Äthanolreihe, Xylol, Balsam.

3. Auf der Gegenwart der sauren Gruppen ($-OSO_3H$ und $-COOH$) beruhende Reaktionen

a) Messung der Basophilie (*Pischinger* 1926, 1927; *Dempsey* und *Singer* 1946; *Dempsey* und Mitarb. 1947, 1950). Als Maß für die Basophilie wird diejenige Wasserstoffionenkonzentration angesehen, bei der die sichtbare Bindefähigkeit eines Gewebselementes für basische Farbstoffe, insbesondere für Methylenblau, erlischt. Die Fähigkeit, im sauren Bereich — unter p_H 4 — Methylenblau zu binden, kann als Zeichen für das Vorliegen von Schwefelsäuregruppen und somit von sauren Mucopolysacchariden gewertet werden. Da auch die Nucleinsäuren und oxydierte ungesättigte Lipide in diesem sauren Milieu basische Farbstoffe binden können, müssen diese beiden Stoffgruppen gegebenenfalls vor der Prüfung der Basophilie aus dem Schnitt entfernt werden.

Fixierung: Formalin.

Durchführung: Schnitte für 24 Std. bei $+25\,°C \pm 1\,°C$ in $5 \cdot 10^{-4}$ M wäßrige Methylenblau-Lösungen bringen, die mit Glycin-, Acetat- oder Phosphat-Puffer auf das jeweilige p_H eingestellt werden. Die gepufferten Farbstofflösungen sollen eine Ionenstarke von 0,01 haben. — Schnitte kurz in dest. Wasser waschen, in dest. Wasser einschließen und sofort im Mikroskop betrachten. Dann entweder in Glycerin-Gelatine oder nach einem kurzen Entwässern und Aufhellen in Balsam einschließen.

b) Prüfung der Metachromasie. Vom histochemischen Standpunkt wird die Metachromasie definiert als deutlich sichtbare Änderung des Absorptionsspektrums eines Farbstoffes bei der Verbindung mit bestimmten Gewebselementen. Die Entwicklung dieses metachromatischen Farbumschlages beruht offenbar auf einer Polymerisierung der Farbstoffmolekel (*Michaelis* und *Granick* 1945; *Graumann* 1959). Zur Erzeugung und Prüfung der Metachromasie sind besonders die Thiazinfarbstoffe Toluidinblau und Thionin geeignet. Über die Unterscheidung verschiedener Metachromasieformen (β, γ) s. *Michaelis* (1947), *Sylvén* (1954, 1959), *Pearse* (1960).

Die wichtigsten metachromatischen Substanzen sind die hochmolekularen Schwefelsäureester, also die sauren Mucopolysaccharide. Außerdem lassen sich u. U. auch schwefelsäurefreie, saure Mucopolysaccharide und Nucleinsäuren metachromatisch anfärben.

Da es ohne Schwierigkeiten möglich ist, die Nucleinsäuren histochemisch zu erkennen und gegebenenfalls enzymatisch aus dem Gewebe zu entfernen, kann die Metachromasie zur histochemischen Abgrenzung der sauren Mucopolysaccharide herangezogen werden (vgl. *Pearse* 1960).

Eine weitere Unterscheidung zwischen den einzelnen sauren Mucopolysacchariden kann durch die Bestimmung der „Stärke der Metachromotropie" erzielt werden (s. *Graumann* 1959, 1961).

Toluidinblau-Färbung

Fixierung: Formalin; besonders geeignet ist eine Mischung von basischem Bleiacetat und Formalin (zu 4 g basischem Bleiacetat gibt man 10 ml 40%iges Formalin und 90 ml dest. Wasser).

Durchführung: Die Schnitte werden für 6 Std. in eine 0,5%ige waßrige Toluidinblau-Lösung gebracht und zur Beurteilung der Metachromasie in der Toluidinblau-Lösung oder nach kurzem Abspülen in dest. Wasser eingeschlossen.

Beim Einschließen in Glycerin-Gelatine verschwindet in der Regel die Metachromasie (außer der sog. resistenten Metachromasie). — Ein Einschließen in Karion F (flüssig, Merck) ist zweckmäßig, wenn die Präparate einige Tage (bis 2 Wochen) aufbewahrt werden sollen.

c) Die Färbungen mit den Kupferphthalocyanin-Farbstoffen Alcianblau und Astrablau dienen zur Darstellung von sauren Mucopolysacchariden. Bei strenger Einhaltung von Farbstoffkonzentration und Färbedauer sind diese Färbungen für saure Polysaccharide weitgehend spezifisch. Eine Kontrolle durch die Methylierung ist empfehlenswert.

Fixierung: Unfixiert, Formalin, Bouin, Carnoy.

Durchführung der Alcianblaufärbung nach *Steedman* (1950): 1. Entparaffinierte Schnitte in Wasser waschen. 2. Frisch filtrierte 0,1%ige Alcianblau-8-GS-Lösung in 3%iger Essigsaure, 10—30 Min. 3. In dest. Wasser spülen. 4. Kernfärbung mit Kernechtrot. 5. In dest. Wasser waschen. 6. Ansteigende Äthanolreihe, Xylol, Balsam.

Durchführung der Astrablau-Färbung (*Gedigk* 1956, *Pioch* 1957). 1. Entparaffinierte Schnitte in dest. Wasser waschen. 2. 1%ige Lösung von Astrablau in 1%iger Essigsäure, 10 Min. 3. Kurz in Wasser waschen. 4. Kernfärbung mit Kernechtrot. 5. In dest. Wasser waschen. 6. Ansteigende Äthanolreihe, Xylol, Balsam.

d) Prüfung der Eisenbindung (*Hale* 1946) beruht auf der Behandlung der Schnitte mit kolloidalem, dialysiertem Ferrihydroxyd. Das Eisen wird von den sauren Gruppen, und zwar hauptsächlich von Schwefelsäureestern, sowie u. U. auch von Phosphorsäureestern und Carboxylgruppen der Gewebselemente, gebunden und dann mit der Berlinerblau-Reaktion nachgewiesen. Im wesentlichen werden saure Mucopolysaccharide dargestellt. Da außerdem in geringem Umfang auch Eiweißstoffe und oxydierte ungesättigte Lipide im histologischen Schnitt kolloidales Ferrihydroxyd binden können, ist dieses Verfahren für die Identifizierung der sauren Mucopolysaccharide nur bedingt brauchbar. In jedem Fall muß das Ergebnis durch Kontrollschnitte gesichert werden (*Rinehart* und *Abul Haj* 1951, *Gedigk* 1952, *Gomori* 1954, *Graumann* 1958).

Methode nach *Rinehart* und *Abul Haj* (1951)

Fixierung: Formalin oder Carnoy. Besonders geeignet sind native oder in Wolmanscher Mischung (5 ml Eisessig + 95 ml abs. Äthanol) nachfixierte Kryostatschnitte.

Herstellung der kolloidalen Eisenlösung: 27,5 g granuliertes Eisen-III-Chlorid (oder 30,0 g in Klumpen) werden in 100 ml dest. Wasser gelöst. Zugabe von 40 ml Glycerin und 10 ml 28%iges Ammoniak. Das sich bildende Praezipitat wird durch Umrühren gelöst. Dann weitere Zugaben von je 5, 3, 2 und 2 ml Ammoniak. Dazwischen ist jeweils zur vollstandigen Lösung das Praezipitat umzurühren oder zu schütteln. Die Lösung muß dann klar und dunkelrot-braun sein. Danach Einbringen der Eisenlösung in einen nahtlosen Cellophanschlauch und gegen das 3fache bis 4fache Volumen dest. Wasser dialysieren. Die Außenflüssigkeit wird im Laufe von 3 Tagen etwa 10mal gewechselt. Während des Dialysierens nimmt das Volumen der Eisenlösung um das Dreifache zu. Die dialysierte Lösung ist über Monate haltbar.

Durchführung: 1. Entparaffinierte Schnitte in dest. Wasser bringen. 2. 1 Min. in 3%iger Essigsäure-Lösung spülen. 3. Für 20 Min. in eine Mischung von 4 Teilen von kolloidalem Eisen + 1 Teil Eisessig bringen. 4. Gut in dest. Wasser waschen. 5. Berlinerblau-Reaktion (s. S. 486). 6. In dreimal gewechseltem dest. Wasser waschen. 7. Kernfärbung mit Kernechtrot. 8. In dest. Wasser waschen. 9. Ansteigende Äthanolreihe, Xylol, Balsam.

4. Blockierungsreaktionen für Polysaccharide

a) Unterscheidung der mit der PAS-Reaktion darstellbaren α-Glykole (und α-Aminoalkohole) von Äthylengruppen

α) Bei dem Acetylierungstest werden die reaktionsfahigen Hydroxyl- (und Amino-) Gruppen zunächst durch Behandlung mit einer Essigsäureanhydrid-Lösung acetyliert und für die Oxydation blockiert. In den mit Essigsäureanhydrid vorbehandelten Schnitten haben dann praktisch alle PAS-positiven Substanzen ihre Reaktionsfähigkeit verloren. Eine Ausnahme bilden nur die ungesättigten Carbonsäuren, deren Doppelbindungen bei der Acetylierung nicht angegriffen werden und deren Oxydierbarkeit somit erhalten bleibt. *Die ungesättigten Fettsäuren lassen sich auf diese Weise von den α-Glykolen (und α-Aminoalkoholen) abgrenzen.*

Durch schwaches Alkali lassen sich aus den veresterten Glykolen die Acetylgruppen wieder entfernen (Verseifung). Es entstehen erneut reaktionsfähige Hydroxylgruppen, die mit der Perjodsäure-Schiff-Technik darstellbar sind. (*McManus* und *Cason* 1950, *Pearse* 1950.)

Durchführung der Acetylierung (*Lillie* 1954): 1. Entparaffinierte Schnitte in Wasser waschen. 2. Bei Zimmertemperatur für 1—24 Std. in 40%ige Essigsäureanhydrid-Lösung in wasserfreies Pyridin stellen. 3. Gründlich in Wasser waschen. 4. PAS-Reaktion durchführen.

Durchführung der Verseifung: 1. Zunächst Acetylierung in der Essigsäureanhydrid-Pyridin-Lösung wie oben. 2. Schnitte in dest. Wasser spülen. 3. Bei Zimmertemperatur für 45 Min. in 0,1 n KOH bringen. 4. Gründlich in dest. Wasser waschen. 5. PAS-Reaktion durchführen.

β) **Bei dem Bromierungstest** (s. S. 471) wird Brom an Äthylengruppen angelagert. Es entsteht eine gesättigte Verbindung, die nunmehr weder für Perjodsäure noch für Perameisensäure (s. S. 471) angreifbar ist. Die Reaktion der Glykole mit der Perjodsäure wird durch die Bromierung der Schnitte nicht beeinträchtigt. *Auf diese Weise kann zwischen PAS-positiven Äthylen- und α-Glykolgruppen unterschieden werden.*

b) Blockierung der sauren Gruppen

Läßt man Methanol in schwachsaurem Milieu auf das Gewebe einwirken, so werden die sauren Gruppen, insbesondere *Carboxyl-* und *Sulfosäure-Gruppen* verestert. Die Basophilie und Metachromasie der Gewebselemente wird dadurch fast völlig unterdrückt. — Durch Kaliumpermanganat werden die veresterten sauren Gruppen wieder frei, so daß sich die Basophilie der Gewebselemente wiederum einstellt (*Fisher* und *Lillie* 1954).

Durchführung der Methylierung: 1. Entparaffinierte Schnitte in dest. Wasser waschen. 2. Mit saurem Methanol (Methanol, das 0,05 bis 0,1 n HCl enthält) bei +37 °C 24—48 Std. behandeln. 3. In dest. Wasser spülen. 4. Die entsprechende Nachweis-Reaktion durchführen (Toluidinblau-Färbung, Alcianblau-Färbung usw.).

Durchführung der Demethylierung: 1. Schnitte wie oben methylieren und anschließend in dest. Wasser waschen. 2. 20 Min. bei Zimmertemperatur in eine 0,5%ige wäßrige Kaliumpermanganat-Lösung stellen. 3. Kurz in 2%iger Oxalsäure-Lösung waschen. 4. In dest. Wasser waschen. 5. Die entsprechende Nachweisreaktion durchführen.

5. Methoden der enzymatischen Hydrolyse

a) Diastase-Test. Durch Behandlung mit Diastase oder Ptyalin wird Glykogen aus den Schnitten entfernt.

Durchführung: Die Schnitte werden eine Std. bei +37 °C mit einer 1%igen Diastase-Lösung bebrütet, der 0,8% NaCl hinzugesetzt wird, und die mit 0,1 m Phosphatpuffer auf p_H 6,8 eingestellt wird.

b) Hyaluronidase-Test. Einige saure Mucopolysaccharide (z. B. Chondroitin-Schwefelsäure und Hyaluronsäure) können durch enzymatische Hydrolyse mit Hyaluronidase aus dem Schnitt entfernt und somit in indirektem Verfahren nachgewiesen werden. Am besten hat sich Testes-Hyaluronidase bewährt. Eine histochemische Differenzierung zwischen verschiedenen sauren Mucopolysacchariden durch Verwendung von Hyaluronidasen mit verschiedener Substratspezifität ist nicht ohne weiteres möglich (Literatur s. *Pearse* 1960).

Durchführung: 1. Entparaffinierte Schnitte in dest. Wasser waschen. 2. 3 Std. bei +37 °C in Hyaluronidase-Lösung inkubieren (1 mg Ferment pro 1 ml einer 0,85%igen NaCl-Lösung). 3. Gründlich mit dest. Wasser waschen. 4. Die gewünschte Farbreaktion durchführen (Toluidinblau-Färbung, Alcianblau-Färbung usw.). — Als Kontrolle dienen die Schnitte, die bei +37 °C für 3 Std. in einer 0,85%igen NaCl-Lösung (p_H 5,8) behandelt werden.

6. Darstellung des Glykogens

Die Fixierung und Konservierung des wasserlöslichen Glykogens bereitet in der Regel Schwierigkeiten.

Gute Ergebnisse bietet die Fixierung nach *Lison*: Die Gewebsstücke werden für 18 Std. in eine auf —80°C abgekühlte Fixierungsmischung von 85 Teilen in 96%igem Äthanol gesättigter Pikrinsäure, 10 Teilen 40%igem Formalin und 5 Teilen Eisessig gebracht. Die tiefe Temperatur wird durch eine Mischung von Aceton + Kohlensäureschnee erzeugt. Dann wird die Mischung im Laufe von 24 Std. bis zur Zimmertemperatur langsam erwärmt. Das Gewebe wird in 96%iges Äthanol überführt und wie üblich eingebettet. — Außerdem hat sich eine auf —5°C abgekühlte Carnoysche Lösung als Fixierungsmittel für Glykogen bewährt (*Graumann* 1957).

Eine spezifische Nachweisreaktion für Glykogen gibt es nicht. *Am besten hat sich die PAS-Reaktion in Verbindung mit dem Diastase-Test bewährt.* Vor der PAS-Reaktion sollen die Schnitte mit einem Celloidinfilm (s. u.) bedeckt werden. Auch die Bestsche Carminfärbung ist für die Darstellung des Glykogens geeignet. Glykogen wird dabei leuchtend rot gefärbt (*Best* 1906, *Lison* 1960).

Bestsche Carminfärbung für Glykogen

Lösungen: a) Carmin-Stamm-Lösung. 2 g Carmin, 1 g Kaliumcarbonat, 5 g Kaliumchlorid in 60 ml dest. Wasser lösen und einige Min. kochen. Nachdem die Lösung erkaltet ist, filtrieren und 20 ml Ammoniak (D 0,880) hinzusetzen. Die Lösung ist nur einige Wochen haltbar. — b) Verdünnte Carmin-Lösung. 20 ml filtrierte Best-Carmin-Stamm-Lösung, 30 ml Ammoniak, 30 ml Methanol (nur wenige Tage haltbar!). c) Differenzierungsflüssigkeit. 40 ml Methanol, 80 ml abs. Äthanol, 100 ml dest. Wasser.

Durchführung: 1. Entparaffinierte Schnitte in abs. Äthanol bringen. 2. Für 2 Min. in eine 1%ige Celloidin-Lösung (in einer Mischung von gleichen Teilen abs. Äthanol und Äther) stellen. 3. An der Luft trocknen lassen, in 70%igem Äthanol härten und anschließend in Wasser bringen. 4. Kernfärbung in Mayerschem Haemalaun (sehr kräftig). 5. Wenn nötig, in salzsaurem Äthanol (1%ig) differenzieren und schnell in Wasser waschen. 6. 20 Min. in verdünnter Carmin-Lösung (b) färben. 7. Differenzieren in Lösung (c) ohne vorher abzuspülen, bis die gewechselte Flüssigkeit klar bleibt (höchstens 5 Min.). 8. Abspülen in 80%igem Äthanol. 9. Ansteigende Äthanolreihe, Xylol, Balsam.

Lipide

In Anlehnung an *Lison* teilen wir die histochemischen Verfahren für Lipide in allgemeine Methoden ein, die für alle Fettstoffe geeignet sind, und in spezielle Methoden, die zur Erfassung einzelner chemischer Gruppen und zur Darstellung bestimmter Lipide dienen:

A. Allgemeine Methoden:
   1. Prüfung der Löslichkeit.
   2. Färbung mit fettlöslichen Farbstoffen.
   3. Prüfung auf Doppelbrechung.

B. Spezielle Methoden:
   1. Nachweis von ungesättigten Lipiden (Äthylen-Gruppen, konjugierte Doppelbindungen usw.)
   2. Nachweis von Phospholipiden.
   3. Nachweis von sauren Lipiden.
   4. Nachweis von Peroxyden.
   5. Nachweis von Cholesterin und Cholesterinester.
   6. Plasmalreaktion nach *Feulgen* und *Voit*.
   7. Nachweis von Ketosteroiden.

Die Histochemie der Lipide weist einige grundsätzliche Schwierigkeiten auf. Die Lipidpartikel im biologischen Material bestehen aus Mischungen der verschiedensten Fettstoffe und sind oft an andere Substanzen gebunden (z. B. Lipoproteide). Die physikalisch-chemischen und chemischen Eigenschaften der einzelnen Lipide, insbesondere ihre Löslichkeit, werden jedoch von den einzelnen Komponenten der Mischungen und von der Nichtlipidkomponente erheblich beeinflußt. Die an reinen Substanzen ermittelten chemischen Eigenschaften dürfen daher nicht ohne weiteres auf den histologischen Schnitt übertragen werden.

Auch die *Fixierung der Lipide* stellt ein besonderes Problem dar. Im allgemeinen wird das Gewebe für die histologische Untersuchung der Lipide in 5—10%igem Formalin fixiert und im Gefrierschnitt untersucht. Dies ist jedoch keineswegs optimal, da eine Reihe von Lipiden, besonders Phospholipide in Formalin löslich sind. So führt eine längere Formalinfixierung häufig zum völligen Verlust der kleinen, vornehmlich aus Phospholipiden bestehenden Lipidteilchen. Dieser Nachteil läßt sich bis zu einem gewissen Grade durch Zusatz von Calciumchlorid zur Fixierungslösung ausschalten, da die Calciumionen verhindern, daß sich diese Lipide im Fixierungsmittel lösen. Durch die weitere Behandlung des Gewebes mit Kaliumbichromat können die Phospholipide zu schlechtlöslichen Verbindungen oxydiert werden. — Andererseits wird durch die Formalinfixierung die Löslichkeit einiger Lipide in organischen Lösungsmitteln vermindert und ihre Färbbarkeit mit Fettfarbstoffen verstärkt. — Flüssige Lipide können bei der Fixierung auskristallisieren und im polarisierten Licht anisotrope Eigenschaften aufweisen. Ungesättigte Fettsäuren können bei längerer Behandlung mit Formalin oxydiert werden.

Allgemeine Methoden

1. Prüfung der Löslichkeit

Die Lipide werden in der Biochemie als Substanzen definiert, die in Fettlösungsmitteln, wie Alkohol, Äther, Chloroform usw. löslich sind und die sich im Wasser nicht lösen. Diese Definition läßt sich nicht ohne weiteres auf die Histochemie übertragen (*Lison* 1936). So findet man im histologischen Schnitt häufig Lipide, die aus den oben genannten Gründen — und zwar vor allem wegen ihrer Bindung an Proteine oder ihrer Oxydation zu unlöslichen Verbindungen — auch bei der Paraffineinbettung nicht extrahiert werden.

In der Histochemie ist daher bei der Beurteilung der Löslichkeit von Lipiden größte Vorsicht geboten. Trotzdem können in manchen Fällen Fettextraktionsmethoden zu histochemischer Charakterisierung einzelner Lipide herangezogen werden, indem man den Nachweis für Lipide vor und nach der Behandlung des Gewebes mit unterschiedlichen Fettlösungsmitteln anwendet. *Pearse* (1960) bevorzugt dabei unfixierte Kryostatschnitte, die anschließend in verschiedenen Fixierungsmitteln nachfixiert werden können.

a) Pyridin-Extraktionsmethode (*Baker* 1946)

Das Gewebe soll in schwacher Bouinscher Lösung fixiert werden, damit sich auch die Phosphatide vollkommen extrahieren lassen.

Durchführung: 1. Kleine Gewebsstücke werden 20 Std. in einer schwachen Fixierungslösung nach Bouin fixiert (zu 50 ml einer gesättigten wäßrigen Pikrinsäure-Lösung werden 10 ml 40%iges Formalin, 5 ml Eisessig und 35 ml dest. Wasser hinzugesetzt). 2. Anschließend für eine Stunde in 70%iges Äthanol und dann für 30 Min. in 50%iges Äthanol bringen. 3. 30 Min. in fließendem Wasser waschen. 4. Für 2 Std. bei Zimmertemperatur in Pyridin bringen. 5. 24 Std. bei +60 °C mit Pyridin behandeln. 6. 2. Std. in fließendem Wasser waschen.

b) Lipidextraktion nach *Keilig* (1944)

2—3 mm dicke, unfixierte Gewebsstücke mit verschiedenen organischen Lösungsmitteln jeweils 24 Std. behandeln. Dabei wird jedes Lösungsmittel 3mal gewechselt. Nach der Extraktion Gewebe mit Wasser waschen, Gefrierschnitte anfertigen und mit Sudanschwarz färben (s. S. 469).

Die einzelnen Lipide werden dabei in folgender Reihenfolge entfernt:

1. Kaltes Aceton	Neutralfette, Cholesterin, Cholesterinester und Ketosteroide
2. Siedendes Aceton	Cerebroside
3. Siedender Äther	Phospholipide
4. Siedendes Chloroform-Methanol-Gemisch	alle Lipide.

Bei der Beurteilung der Keiligschen Extraktion ist große Vorsicht geboten. Nach der Einwirkung von Aceton können Lipide verlagert und falsch lokalisiert werden. Kontrolluntersuchungen mit verschiedenen Methoden erforderlich.

2. Färbung mit fettlöslichen Farbstoffen

Die meisten Methoden zur histologischen Darstellung von Lipiden beruhen auf der Lösung von fettlöslichen Farbstoffen (sog. „Lysochromen" nach *Baker* 1958) oder fettlöslichen Fluorochromen in den Lipidpartikeln. Diese Anfärbung der Lipide ist also ein physikalisch-chemischer Vorgang. Die wasserunlöslichen Fettfarbstoffe werden in der Regel in Mischungen von organischen Lösungsmitteln und Wasser gelöst, deren Zusammensetzung so gewahlt wird, daß der Verteilungs koeffizient zwischen der Mischung und den Fettstoffen sehr klein ist. Werden die histologischen Schnitte mit derartigen Fettfarbstofflösungen behandelt, so lösen sich die Farbstoffe in den Fettpartikeln. Bei allen Methoden ist die Auswahl des Lösungsmittels besonders wichtig, da dieses u. U. die Lipide aus dem Gewebe extrahieren kann.

Folgende Fettfärbemethoden haben sich für histologische Zwecke als besonders geeignet erwiesen:

	Farbstoff	Lösung	Literatur
Lichtmikroskopische Methoden	Sudan III und IV	70%iges Äthanol oder Herxheimersche Lösung	*Kay* u. *Whitehead* 1941
	Sudanschwarz B	55–70%iges Äthanol	*Lison* 1960
	Sudanschwarz B	70%iges Methanol oder 35%iges tert. Butanol	*Lison, Hadler, Sampaio* (*Lison* 1960)
	Sudanschwarz B	50%iges Diacetin	*Leach* 1938
	Ölrot O	65%iges Isopropanol	*Lillie* 1944
	Verschiedene Sudane	Propylenglykol	*Chifelle* u. *Putt* 1951
	Scharlachrot	50%iges Diacetin	*Gross* 1930
Fluorescenzmikroskopische Methoden	3,4-Benzpyren	Coffein (waßr. Lösung)	*Berg* 1951
	Phosphin 3 R	Dest. Wasser	*Volk* u. *Popper* 1944

a) Spezifität der Färbungen mit fettlöslichen Farbstoffen

Im tierischen Organismus sind keine Substanzen bekannt, deren Verteilungskoeffizient für Fettfarbstoffe so niedrig ist wie bei den Lipiden. Daher sind diese Färbemethoden für Lipide spezifisch. Jedoch können durch technische Fehler falsche Resultate erzielt werden:

α) Falsche negative Ergebnisse

Herauslösen der Fettstoffe bei der Fixierung. Dieser Verlust betrifft vornehmlich die Phospholipide, weniger die Neutralfette. Durch Zusatz von Calciumsalzen zu der Fixierungslösung und durch die anschließende Behandlung des Gewebes mit Kaliumbichromat kann dieser Fehler weitgehend verhindert werden.

Die *Lipidpartikel* können *bei der Färbung durch das Lösungsmittel entfernt* werden. Auch hier sind Phospholipide stärker gefährdet als Neutralfette. Es empfiehlt sich, bei allen kritischen Untersuchungen Lösungsmittel zu verwenden, welche die Lipide nicht oder nicht nennenswert aus dem Schnitt herauslösen. Besonders geeignet ist die Benzpyren-Coffein-Methode von *Berg*. Außerdem sind als Lösungsmittel Isopropanol, Diacetin, Propylenglykol besonders geeignet.

Einige Fettstoffe nehmen keinen Farbstoff an. Hierbei handelt es sich meist um auskristallisierte Lipide. Die Kristallisation von Fettstoffen erfolgt in histologischen Präparaten nach langdauernder Fixierung in Formalin; sie hängt von dem Schmelzpunkt der Lipide und von der Temperatur im Laboratorium ab. Zur Ausschaltung dieses Fehlers sollte man sich vor der Färbung durch Untersuchung in polarisiertem Licht davon überzeugen, daß alle Lipide flüssig sind. Lassen sich auskristallisierte Lipide nachweisen, so muß man die Schnitte zur Verflüssigung der Lipide vor dem Färbeprozeß für 15—20 Min. in warmes Wasser (+ 50 bis 60 °C) bringen (*Lison*).

β) **Falsche positive Resultate** können durch das Auskristallisieren des Farbstoffes im Gewebe hervorgerufen werden. Gröbere kristalline Farbstoffniederschläge sind leicht als solche zu erkennen und geben kaum Anlaß zu Fehldeutungen. Kleinste submikroskopische Niederschläge führen dagegen häufig zu einer diffusen Anfärbung von Gewebsstrukturen. Zur Vermeidung dieses Fehlers sollte man keine *übersättigten* Farbstofflösungen nehmen. Außerdem müssen die Schnitte vor und nach der Färbung mit dem gleichen Lösungsmittel behandelt werden, in dem der Farbstoff gelöst worden ist. Die Kuvetten sowie die Flaschen zur Aufbewahrung der Farbstofflösungen sollen fest verschlossen sein, um das Verdunsten des Lösungsmittels und damit die Konzentrierung des Farbstoffes zu verhindern.

b) Lichtmikroskopische Methoden

Sudanfärbung nach *Kay* und *Whitehead* (1941)

Sudanlösung: Von einer Mischung gleicher Mengen Sudan III und IV (jeweils 1 g auf 100 ml Lösungsmittel) wird eine gesättigte Lösung in der Herxheimer-Mischung (gleiche Teile von Aceton und 70%igem Äthanol) hergestellt. Die Farbstofflösung muß in einem fest verschlossenen Gefäß aufbewahrt und vor dem Gebrauch filtriert werden.

Durchführung: 1. Gefrierschnitte in dest. Wasser bringen. 2. Kurz in 70%igem Äthanol spülen. 3. Anschließend in der Sudanlösung 1 Min. färben. 4. Kurz in 50%igem Äthanol spülen. 5. Gründlich in dest. Wasser waschen. 6. Kernfärbung in Mayerschem Haemalaun, 3—5 Min. 7. In dest. Wasser waschen, dem einige Tropfen Ammoniak zugesetzt worden sind. 8. In Glycerin-Gelatine eindecken.

Färbung mit Sudanschwarz B für Routineuntersuchungen (*Lison* 1960)

Fixierung: 10%iges neutrales Formalin, Calciumformol nach *Baker*.

Durchführung: 1. Gefrierschnitte in dest. Wasser bringen. 2. 30 Sek. in 55%igem Äthanol spülen. 3. 15—45 Min. mit Sudanschwarz B färben (gesättigte Sudanschwarz-B-Lösung in 55—60%igem Äthanol. Die Lösung höchstens 8 bis 15 Tage haltbar). 4. 30 Sek. in 50%igem Äthanol spülen. 6. Kurz in dest. Wasser waschen. 7. Kernfärbung mit Kernechtrot. 8. Kurz in dest. Wasser waschen und in Glycerin-Gelatine eindecken.

Färbung mit Sudanschwarz B nach *Lison, Hadler* und *Sampaio* (*Lison* 1960)

Fixierung: a) Für Gefrierschnitte: Calciumformol nach *Baker* oder 10%ige Formalinlösung in m/20 Phosphatpuffer, p_H 7. b) Für Paraffinschnitte: Sublimat-Bichromat nach *Elftman*, 1—3 Tage (2,5 g Kaliumbichromat werden in einer 5%igen wäßrigen Sublimat-Lösung gelöst).

Durchführung: 1. Schnitte in dest. Wasser bringen. 2. Kurz in 30%igem tertiärem Butanol spülen. 3. 1—2 Std. in geschlossener Kuvette (!) mit Sudanschwarz färben (gesättigte Lösung von Sudanschwarz B in 35%igem tertiärem Butanol). 4. 30 Sek. in 30%igem tertiärem Butanol spülen. 5. In dest. Wasser waschen. 6. Eindecken in Glycerin-Gelatine.

Färbung mit Ölrot für neutrale Fette (*Lillie* 1944)

Fixierung: Formalin.

Ölrot O-Lösung: 0,5 Ölrot O (Oil Red O) in 100 ml 98%igem Isopropanol lösen. Vor dem Gebrauch mit dest. Wasser verdünnen (6 : 4), 24 Std. stehen lassen, filtrieren.

Durchführung: 1. Gefrierschnitte in dest. Wasser bringen. 2. Kurz in 60%igem Isopropanol spülen. 3. Für 10 Min. in frisch filtrierte, verdünnte Ölrot-Lösung bringen. 4. In 60%igem Isopropanol kurz spülen. 5. In dest. Wasser waschen. 6. Kernfärbung in Mayerschem Haemalaun, 5 Min. 7. 10 Min. in fließendem Wasser waschen. 8. In Glycerin-Gelatine eindecken.

c) Fluorescenzmikroskopische Methoden

Benzpyren-Färbung (*Berg* 1951)

Die Fluorochromierung mit Benzpyren ermöglicht eine fluorescenzmikroskopische Darstellung von feinsten Lipidtröpfchen sowie Lipoproteinkomplexen und eignet sich dadurch für die feinere Untersuchung der Lipidverteilung. — Die Lipidpartikel geben eine blaue oder bläulich-weiße Fluorescenz.

Fixierung: Formalin; Formol-Calcium.

Benzpyren-Lösung: Zu 100 ml einer gesättigten filtrierten Lösung von Coffein in Wasser (etwa 1,5%ig) werden 0,002 g 3,4-Benzpyren hinzugefügt. Lösung 2 Tage bei + 37 °C stehen lassen, filtrieren und mit dem gleichen Volumen dest. Wasser verdünnen. 2 Std. stehen lassen und nochmals filtrieren. Die Lösung enthält ungefähr 0,00075 g Benzpyren in 100 ml. Sie muß im Dunkeln gut verschlossen aufbewahrt werden und ist einige Monate haltbar.

Durchführung: 1. Gefrierschnitte in dest. Wasser bringen. 2. 20 Min. mit Benzpyren-Coffein-Lösung behandeln. 3. Schnitte kurz in Wasser waschen und auf Objektträger aufziehen. 4. In Wasser eindecken und sofort im Fluorescenzmikroskop untersuchen. Die Schnitte sind nicht haltbar.

Fluorochromierung der Lipide mit Phosphin 3 R (*Volk* und *Popper* 1944)

Phosphin 3 R vermittelt Lipiden eine klare silberweiße Fluorescenz, die sich von der Eigenfluorescenz des Gewebes deutlich unterscheidet. Fettsäuren, Seifen und Cholesterin werden nicht dargestellt.

Fixierung: Formol-Calcium.

Durchführung: 1. Gefrierschnitte in dest. Wasser bringen. 2. 3 Min. mit 0,1%iger wäßriger Lösung von Phosphin 3 R behandeln. 3. Kurz mit dest. Wasser waschen. 4. In dest. Wasser einschließen und mit dem Fluorescenzmikroskop untersuchen.

3. Prüfung auf Doppelbrechung

Die polarisationsmikroskopische Untersuchung hat nur wenig Wert fur die Lipidhistochemie. Die meisten im tierischen Organismus vorkommenden Lipide sind in frischem Zustand flussig und einfachbrechend. Beim Abkühlen können sie doppelbrechende Kristalle bilden. Die Kristallisation der Lipide hangt also zunächst von der jeweiligen Laboratoriumstemperatur ab; sie wird daruber hinaus durch die Vorbehandlung des Gewebes mit Fixierungs-, Einbettungs- und Einschlußmitteln beeinflußt. Bei polarisationsmikroskopischer Untersuchung können die Lipide in *drei Zustandsformen* vorkommen (*Lison*):

Einfachbrechend. Es ist kein Ruckschluß auf die chemische Natur des Lipids möglich. Es kann sich um Neutralfette oder Fettsäuren handeln. Auch Cholesterin und Phospholipide können einfachbrechend sein, falls die Kristallisation aus irgendwelchen Gründen verhindert wird.

Doppeltbrechend. Keine Rückschlüsse. Jedes kristallisierte Lipid kann in diesem Zustand vorliegen.

Doppeltbrechend mit Malteserkreuz. Das Auftreten eines Malteserkreuzes in polarisiertem Licht spricht für das Vorliegen flüssiger Sphärokristalle (sog. Parakristalle). Eine Neigung zur Bildung von Sphärokristallen besitzen in einem bestimmten Temperaturbereich Phosphatide, Cerebroside und Cholesterinester; dagegen nicht Neutralfette oder Fettsäuren.

Neben der Eigendoppelbrechung können bestimmte Lipide sog. *Formdoppelbrechung* aufweisen. Es handelt sich dabei um Lipide, die in histologischen Strukturen bimolekulare Filme bilden können (s. *Schmidt* 1958).

Spezielle Methoden

1. Nachweis von ungesättigten Lipiden

(Äthylengruppen, konjugierte Doppelbindungen usw.)

a) Perameisensäure-Schiff-Reaktion
(Performic acid-Schiff-reaction = PFAS, *Lillie* 1952; *Pearse* 1951)

Diese Methode dient zur histochemischen Darstellung von Äthylenverbindungen. Die Äthylengruppen werden hierbei von der Perameisensäure zu Schiff-positiven Aldehyden oxydiert.

Es ist bekannt (*Pearse* 1951), daß auch Cystin von der Perameisensäure angegriffen und zu Alanin-β-Sulfonsäure und Alanin-β-Sulfinsäure oxydiert wird, die sich gleichfalls mit fuchsinschwefliger Säure anfärben lassen. Die oxydierten Schiff-positiven Schwefelverbindungen können jedoch wegen ihrer Basophilie leicht von den bei der Oxydation von Äthylengruppen entstandenen Aldehyden unterschieden werden (s. S. 450).

Fixierung: Formalin für Gefrierschnitte; Formalin und evtl. Nachchromierung für Paraffinschnitte.

Perameisensäure-Lösung: Zu 8 ml 90%iger Ameisensäure werden 31 ml 30%iges Wasserstoffsuperoxyd und 0,22 ml konz. Schwefelsäure hinzugegeben. Da die größte Menge der Perameisensäure erst nach $1^1/_2$ Std. gebildet ist, wird das Reagens 30 Min. vor Gebrauch angesetzt.

Durchführung: 1. Entparaffinierte Schnitte in dest. Wasser bringen. 2. 90 Min. bei Zimmertemperatur mit Perameisensäurelösung behandeln. 3. 10 Min. mit fließendem Wasser waschen. 4. Schiffsches Reagens (s. S. 477), 20 Min. 5. Dreimal je 2 Min. im Sulfidbad waschen (s. S. 477). 6. Fließendes Wasser, 10 Min. 7. Evtl. Kernfärbung mit Mayerschem Haemalaun, 45 Sek. 8. In fließendem Wasser waschen. 9. In Glycerin-Gelatine einschließen oder entwässern, Xylol, Balsam.

b) Bromierungstest zur Blockierung von Äthylengruppen (*Lillie* 1952)

Bei der Behandlung der Schnitte mit einer Lösung von Brom in Tetrachlorkohlenstoff wird Brom an Doppelbindungen angelagert. Es entsteht eine gesättigte Verbindung, die für die Perameisensäure nicht angreifbar ist (vgl. auch Abgrenzung der PAS-positiven Äthylengruppen von α-Glykolgruppen, s. S. 465).

Durchführung: 1. Paraffinschnitte in Xylol entparaffinieren. 2. In 2 Chargen Tetrachlorkohlenstoff waschen. 3. 1 Std. mit Bromlösung (2 ml Brom + 58 ml Tetrachlorkohlenstoff) behandeln. 4. In 2 Chargen Tetrachlorkohlenstoff waschen. 5. Absteigende Äthanolreihe, dest. Wasser. 6. Die ausgewählte histochemische Reaktion durchführen.

Für leicht lösliche Lipide empfiehlt *Lillie* (1952) Gefrierschnitte anzufertigen und folgendes Bromierungsverfahren durchzuführen: 1. Gefrierschnitte aus dem dest. Wasser auf Objektträger aufziehen und 10—15 Min. in der Luft trocknen. 2. 1—6 Std. mit Bromwasser behandeln (1 ml Brom + 39 ml dest.

Wasser; stets frisch ansetzen!). 3. Mit dest. Wasser waschen. 4. 1—2 Min. mit 0,5%iger wäßriger Natriummetabisulfit-Lösung behandeln. 5. In fließendem Wasser waschen. 6. Ausgewählte histochemische Reaktion durchführen.

c) Reaktion mit Osmiumtetroxyd (OsO_4)

Läßt man OsO_4 auf den histologischen Schnitt einwirken, so werden an Strukturen, welche ungesättigte Lipide enthalten, schwarze niederwertige Osmiumoxyde gebunden (*Schulze* 1864). Dieses Verfahren ist für histologische Untersuchungen durchaus brauchbar. Als histochemische Methode ist es jedoch von den modernen Verfahren, wie der Perameisensäure-Oxydation usw., verdrängt worden.

2. Nachweis von Phospholipiden

a) Haematein-Methode zum Phosphatidnachweis nach *Baker* (1946)

Bei dieser Methode wird das in einer Formalin-Calciumchlorid-Lösung fixierte Gewebe mit Kaliumbichromat behandelt. Die Phospholipide werden dabei oxydiert und verbinden sich mit dem Chrom. Die Anwesenheit des gebundenen Chroms läßt sich anschließend durch die Behandlung der Schnitte mit saurem Haematein nachweisen; es entsteht eine tiefschwarze Chromhaemateinverbindung. Die Art der Bindung des Chroms an die Phospholipide bzw. Phosphatide ist noch nicht genau geklärt. Es wird angenommen, daß bei der Einwirkung des Bichromates auf mehrfach ungesättigte Fettsäuren infolge der Oxydation saure Gruppen entstehen, die ein Chromsalz bilden. Durch Testversuche ist es erwiesen, daß die Bakersche Reaktion, sofern es sich um Fettstoffe handelt, für Phosphatide spezifisch ist. — Da jedoch auch andere Stoffe, z. B. Mucopolysaccharide und evtl. Nucleinsäuren, mit der Bakerschen Methode schwarz gefärbt werden können, muß man sich durch Sudanfärbung zunächst von der Lipidnatur der betreffenden Gewebsstruktur überzeugen. Außerdem ist es erforderlich, das Ergebnis an Schnitten zu überprüfen, aus denen die Lipide durch Extraktionsverfahren entfernt worden sind (s. S. 467).

Fixierung: Formol-Calcium nach *Baker* (s. S. 439).

Ansetzen der Lösungen:

a) Bichromat-Calcium-Lösung: 5 g Kaliumbichromat und 1 g wasserfreies Calciumchlorid werden in 100 ml dest. Wasser gelöst.

b) Saures Haematein: Zu 0,05 g Haematoxylin werden 48 ml Wasser und 1 ml 1%iges Natriumjodat ($NaJO_3$) gegeben. Die Lösung wird bis zum Sieden erhitzt, abgekühlt und 1 ml Eisessig hinzugefügt. Sie ist nur einen Tag haltbar.

c) Borax-Kaliumferricyanid-Lösung: 0,25 g Kaliumferricyanid und 0,25 g Natriumtetraborat werden in 100 ml Wasser gelöst. Die Lösung soll in der Kälte und im Dunkeln aufbewahrt werden.

Durchführung: 1. Kleine Gewebsstücke 6—18 Std. in Formalin-Calcium-Lösung fixieren. 2. Gewebe 18 Std. bei +22 °C und anschließend 24 Std. bei +60 °C mit der Bichromat-Calcium-Lösung behandeln. 3. In dest. Wasser waschen und Gefrierschnitte anfertigen. 4. Für eine Std. bei +60 °C in Bichromat-Calcium-Lösung bringen. 5. Gründlich in dest. Wasser waschen. 6. 5 Std. bei +37 °C mit der sauren Haematein-Lösung behandeln. 7. In dest. Wasser waschen. 8. Für 18 Std. bei +37 °C in die Borax-Kaliumferricyanid-Lösung stellen. 9. In dest. Wasser waschen. 10. In Glycerin-Gelatine eindecken. — Kontrolle mit extrahierten Schnitten erforderlich.

b) Kupferphthalocyanin-Methode (*Klüver* und *Barrera* 1953, 1954; *Pearse* 1955; *Pearse* und *Almeida* 1958)

Behandelt man Schnitte mit einer Lösung der Kupferphthalocyanin-Farbstoffe Luxol Fast Blue MBS (Dupont) oder Methasol Fast Blue 2 G (I. C. I.) in Äthanol oder Chloroform, so werden die Phospholipide blau angefärbt. Dabei wird der Farbstoff von dem Cholinbaustein der Phospholipide gebunden. Obwohl die Reaktion nicht spezifisch ist, dient sie neben dem Haematein-Test nach *Baker* als wichtige Nachweismethode für Phospholipide.

Fixierung: Formol-Calcium nach *Baker*.

Durchführung: 1. Gefrier- oder Paraffinschnitte in abs. Äthanol bringen. 2. Bei + 56 bis 60 °C 6 bis 18 Std. mit einer 0,1%igen Lösung von Luxol Fast Blue MBS oder Methasol Fast Blue 2 G in 95%igem Äthanol behandeln. 3. In 70%igem Äthanol spülen. 4. In dest. Wasser waschen. 5. $^1/_2$—2 Std. mit einer 0,05%igen wäßrigen Lithiumcarbonat-Lösung differenzieren (90 Min. für formalinfixierte Gefrierschnitte). 6. In dest. Wasser waschen. 7. Gegenfärbung mit 1%iger wäßriger Neutralrot-Lösung, 1—30 Min. (Kontrolle unter dem Mikroskop). 8. In dest. Wasser waschen. 9. Ansteigende Äthanolreihe, Xylol, Balsam.

3. Nachweis von sauren Lipiden

a) Prüfung der Basophilie

Der Nachweis von sauren Lipiden kann am sichersten durch die Prüfung der Basophilie mit gepufferten Methylenblaulösungen erfolgen. Eine Abgrenzung gegen saure Polysaccharide oder Nucleinsäuren ist u. U. erforderlich (Durchführung s. S. 463).

b) Nilblau-Färbung (*Lorrain-Smith* 1908; *Lison* 1936; *Cain* 1947)

Mit der Nilblaufärbung werden Neutralfette rot, saure Lipide blau gefärbt. Die unterschiedliche Anfärbung beruht darauf, daß im handelsüblichen Farbstoffpräparat außer dem basischen Farbstoff Nilblau noch ein fettlöslicher Farbstoff, das Nilrot, vorkommt. Das Nilrot verhält sich wie die üblichen Fettfarbstoffe und färbt alle Lipide schwach rötlich. Das Nilblau verhält sich wie andere basische Farbstoffe; es färbt saure Lipide blau und überdeckt deren schwach-rötliche Anfärbung.

Eine Rotfärbung mit der Nilblau-Sulfat-Methode darf daher als Zeichen für das Vorliegen von neutralen Lipiden gewertet werden. Die Blaufärbung ist jedoch für saure Lipide nicht spezifisch, da auch andere basophile Substanzen blau gefärbt werden. Bei blaugefärbten Strukturelementen muß daher die Lipidnatur mit anderen Methoden nachgewiesen werden.

α) Nilblau-Methode nach *Lison* (1936, 1960)

Fixierung: Formalin; Formol-Calcium nach *Baker*.

Durchführung: 1. Gefrierschnitte für 10—20 Min. in eine 1%ige wäßrige Nilblausulfat-Lösung bringen. 2. Kurz in dest. Wasser spülen. 3. 30—60 Sek. in 1%iger Essigsäure differenzieren. 4. In dest. Wasser waschen. 5. In Glycerin-Gelatine einschließen.

β) Nilbau-Methode für Phospholipide nach *Menschik* (1953)

Fixierung: Formol-Calcium nach *Baker* 6—12 Std.

Durchführung: 1. Gefrierschnitte für 90 Min. bei + 60 °C in eine Nilblausulfat-Lösung bringen (zu 100 ml einer wäßrigen gesattigten Nilblausulfat-Lösung werden 10 ml 0,5%iger H_2SO_4 zugegeben; vor dem Gebrauch 2 Std. kochen). 2. In dest. Wasser waschen. 3. Für 30 Min. in warmes Aceton (+ 50 °C) bringen, das allmählich auf Zimmertemperatur abkühlt. 5. In 5%iger Essigsäure 30 Min. differenzieren. 6. In dest. Wasser waschen. 7. 3 Min. in 0,5%iger HCl differenzieren. 8. In dest. Wasser waschen. 9. In Glycerin-Gelatine einschließen.

4. Nachweis von Peroxyden

a) Bei der Durchführung der Nadi-Oxydase-Reaktion können lipidhaltige Strukturen mit Indophenolblau blau gefärbt werden. Es handelt sich dabei nicht um einen Oxydase-Nachweis, sondern um die Oxydation des Reagens durch die Peroxyde von Lipiden (Durchführung s. *Lison*, *Roulet*).

b) Der Test von *Dam* und *Granados* (1945; *Glavind, Granados, Hartmann* und *Dam* 1949) beruht auf der Oxydation der Leukoform von 2,6-Dichlorphenolindophenol (3,5-Dichlor-4,4'-dioxydiphenylamin) durch Peroxyde in Gegenwart von Haemin als Katalysator. Die peroxydhaltigen Strukturen färben sich dunkelrot an.

Es empfiehlt sich, native oder nachfixierte Kryostatschnitte zu verwenden (5 Min. in einer 10%igen Lösung von Formalin in 40%igem Äthanol). Auch formalinfixierte Gefrierschnitte sind brauchbar.

Herstellung der Leukoform von 2,6-Dichlorphenolindophenol (3,5-Dichlor-4,4'-dioxydiphenylamin).

Zu 25 ml 0,1 n 2,6-Dichlorphenolindophenol-Lösung in 50%igem Äthanol werden 25 ml 0,1 n Ascorbinsäure-Lösung in 50%igem Äthanol zugegeben. Schütteln. Fällung des Natriumsalzes des reduzierten 2,6-Dichlorphenolindophenols durch tropfenweise Zugabe einer gesättigten Lösung von Natriumchlorid in abs. Äthanol. Zentrifugieren; den Überstand verwerfen. Das Zentrifugat wird in abs. Äthanol gelöst und unter Zugabe von Aqua dest. wiederum gefällt. Dieses Reinigungsverfahren mehrmals wiederholen. Das letzte Präzipitat auf Filterpapier auffangen, trocknen und zum Ansetzen der Lösung verwenden.

Herstellung der Lösung: 25 mg 3,5-Dichlor-4,4'-dioxydiphenylaminnatrium werden in 3,5 ml abs. Äthanol gelöst. Zugabe von 5 ml dest. Wasser und danach von 0,74 ml der Haemin-Stammlösung (40 mg Haemin und 10 ml Pyridin werden in 20 ml Eisessig gelöst). Unmittelbar vor dem Gebrauch ansetzen!

Durchführung: 1. Schnitte in dest. Wasser bringen. 2. Mit Filterpapier abtrocknen. 3. 3—5 Min. bei Zimmertemperatur mit der 3,5-Dichlor-4,4'-dioxydiphenylaminnatrium-Lösung behandeln. 4. In dest. Wasser spulen. 5. Einschließen in Glycerin-Gelatine.

5. Nachweis von Cholesterin und Cholesterinestern

Die Liebermann-Burchard-Schultz-Reaktion beruht auf der Oxydation des Cholesterins und der Cholesterinester durch Sonnenlicht oder durch Ferrichlorid zu Oxycholesterin und der anschließenden Behandlung der Schnitte mit einer Eisessig-Schwefelsäure-Mischung. Hierbei entsteht zunächst eine blaue, violette oder rote Färbung, die für Cholesterin nicht charakteristisch ist und diagnostisch nicht verwertet werden darf. Wenn Cholesterin oder seine Ester vorliegen, so schlägt die Farbe nach sehr kurzer Zeit, häufig nach wenigen Sekunden, in Grün um. Diese grüne (oder blau-grüne) Farbe ist für Cholesterin und Cholesterinester kennzeichnend (*Schultz* 1924; *Schultz* und *Löhr* 1925).

a) Modifikation nach *Weber, Philipps* und *Bell* (1956)

Fixierung: Calcium-Cadmium-Formol nach *Baker* bei +4 °C 7 Tage.

Durchführung: 1. Gefrierschnitte 24 Std. in mehrmals gewechseltem dest. Wasser waschen. 2. Für 7 Tage bei +37 °C in eine 2,5%ige Lösung von Ferriammonium-Sulfat in 0,2 m Acetat-Puffer stellen (2,5 g Ferriammoniumsulfat werden in 100 ml 0,2 m Acetat-Puffer p_H 3,0 gelöst. Nach Lösung des Ferriammoniumsulfates sinkt der p_H-Wert auf 2,0). 3. Eine Std. in drei Chargen 0,2 m Acetat-Puffer, p_H 3,0, waschen. 4. In dest. Wasser waschen. 5. Für 10 Min. in eine 5%ige waßrige Formalin-Lösung bringen. 6. Gefrierschnitte auf Objektträger aufziehen und mit Filterpapier abtupfen (Schnitte dürfen nicht austrocknen!). 7. Einen Tropfen einer Mischung von gleichen Teilen konz. Schwefelsäure und Eisessig auf die untere Seite eines Deckglases bringen und damit den Schnitt bedecken. Vorsichtig bewegen, damit sich das Reagens gleichmäßig verteilt. Sofort untersuchen. Schnitte nicht haltbar.

b) Modifikation nach *Romieu* (1927)

Fixierung: Formalin.

Durchführung: 1. Gefrierschnitte aus dem dest. Wasser auf die Objektträger aufziehen und trocknen lassen. 2. Schnitte für 3—15 Sek. mit ei nem Tropfen

Tabelle 6. **Histochemische Methoden zum Nachweis von Lipiden**

Chem. Gruppe	Fixierung	Einbettung	Reaktion	Ergebnis	Spezifität
Äthylengruppen (ungesättigte Lipide)	FC	G (evtl. P)	Perameisensäure-Schiff	rot	Ungesättigte Lipide. Es können auch SS- und SH-Gruppen reagieren.
	FC	G (evtl. P)	Osmiumtetroxyd	schwarz (blauschwarz)	unspezifisch
	FC	G (evtl. P)	Bromierungstest	Blockierungsreaktion	
Phospholipide	FC	G	Chromierung (saurer Haematein-Test nach *Baker*)	schwarz (blauschwarz)	unter den Lipiden spezifisch für Phospholipide. Positiv reagierende Nucleinsäuren, Mucopolysaccharide durch Kontrollen ausschließen.
	FC	G, P	Kupferphthalocyanin-Färbung (Luxol-Fast-Blue)	blau	unspezifisch; Kontrollen erforderlich
Saure Gruppen (saure Lipide)	FC	G	Basophilie	Methylenblaubindung unter p_H 4	unspezifisch, Kontrollen erforderlich
	FC	G	Nilblausulfat	saure Lipide blau neutrale Lipide rot	unspezifisch, Kontrollen erforderlich
Peroxyde	FC	G	Test von *Damm* u. *Granados*	rot	
	FC	G	Nadi-Reaktion	blau	Abgrenzung gegen Fermentreaktion erforderlich
Cholesterin und Cholesterinester	FC	G	*Liebermann-Burchard-Schultz*	blau-grün	
Plasmalogen	N	G	Plasmalreaktion (*Feulgen* u. *Voit*)	rot	Abgrenzung gegen Pseudoplasmalreaktionen erforderlich

Abkürzungen: FC = Formol-Calcium, P = Paraffineinbettung, G = Gefrierschnitt, N = nativer Schnitt (Messertiefkühlung, Kryostat).

konz. Schwefelsäure bedecken. 3. 2—3 Tropfen Essigsäureanhydrid hinzugeben. 4. Reagens abgießen; Schnitte mit Essigsäureanhydrid waschen und einschließen. Sofort untersuchen. Präparate nicht haltbar.

c) **Abgrenzung zwischen Cholesterin und seinen Estern** (*Feigin* 1956). Bei dieser Methode werden die Cholesterinester in Alkohol-Äther-Mischung extrahiert. Dagegen wird der Cholesterin-Digitonin-Komplex nicht extrahiert und gibt eine positive Liebermann-Burchard-Schultzsche Reaktion.

Fixierung: Formalin.

Durchführung: 1. Gefrierschnitte für 3 Std. bei Zimmertemperatur in 0,5%ige Lösung von Digitonin in 40%igem Äthanol stellen. 2. Für 3 Std. bei Zimmertemperatur in eine Äthanol-Äther-Mischung (1 : 1) bringen. 3. Den extrahierten Schnitt zusammen mit einem nicht vorbehandelten Kontrollschnitt in 2,5%ige wäßrige Ferriammoniumsulfat-Lösung für 2—4 Tage bei + 37 °C stellen. 4. Nachweisreaktion für Cholesterin durchführen.

Ergebnis: Cholesterinester werden nur in dem Kontrollschnitt dargestellt, während der freie Cholesterin-Digitonin-Komplex in beiden Schnitten angefärbt ist.

6. Die Plasmalreaktion

Die Plasmalreaktion (*Feulgen* und *Voit* 1934; *Lison* 1960) dient zum Nachweis von Plasmalogen. Durch die kurze Einwirkung von Sublimat auf die nativen Schnitte werden aus dem Plasmalogen höhere Aldehyde abgespalten, die sich mit dem Schiffschen Reagens sichtbar machen lassen.

Die kurze Behandlung des unfixierten Gewebes mit Sublimat ist eine wesentliche Voraussetzung für die Plasmalreaktion. Entsteht eine Rotfärbung mit dem Schiffschen Reagens ohne vorherige Sublimatbehandlung, oder wird an Stelle des Sublimates eine andere Substanz zur Vorbehandlung der Schnitte genommen, z. B. ein Oxydationsmittel, so handelt es sich um eine sog. Pseudoplasmalreaktion. Ihr liegen häufig Oxydationsvorgänge an ungesättigten Lipiden zugrunde (s. *Lison* 1960).

Durchführung: 1. Native-, messertiefgekühlte- oder Kryostatschnitte auf Objektträger bringen und kurz über der Flamme erhitzen. 2. 3—5 Min. mit einer 1%igen wäßrigen Quecksilberchlorid-Lösung behandeln. 3. Anschließend für 10—15 Min. in Schiffsches Reagens (s. S. 477) bringen. 4. 3mal je 2 Min. mit Bisulfit-Lösung waschen, (5 ml 10%iges Kaliumbisulfit + 5 ml n HCl + 100 ml dest. Wasser). 5. In Wasser waschen. 6. In Wasser oder Glycerin-Gelatine eindecken. — In den Kontrollschnitten wird die Sublimatbehandlung weggelassen.

7. Nachweis von Ketosteroiden

Für den Nachweis von Ketosteroiden werden Reaktionen für Carbonylverbindungen herangezogen. Dabei muß eine Abgrenzung gegen Aldehyde vorgenommen werden, was erhebliche Schwierigkeiten bereitet. (Siehe Nachweismethoden für Carbonylverbindungen, sowie *Deane* und *Andrews* 1953; *Karnowsky* und *Deane* 1955).

Nachweis von Carbonylgruppen

Die Bedeutung des histochemischen Nachweises von Carbonylverbindungen beruht zunächst auf der unmittelbaren Darstellung von biochemisch wichtigen Aldehyden und Ketonen. Außerdem werden aber bei vielen histochemischen Verfahren in bestimmten Substanzen Carbonylgruppen gebildet, die dann im histologischen Schnitt sichtbar gemacht werden können. Man wendet folgende Methoden zur histochemischen Darstellung von Carbonylgruppen an (s. Tabelle 7, S. 479):

1. Schiffsche Reaktion

Wird basisches Fuchsin (Parafuchsin) mit einem Überschuß schwefliger Säure behandelt, so entfärbt es sich völlig. In Anwesenheit von Aldehyden (und einigen Ketonen) entsteht eine rote bis rotviolette Additionsverbindung.

Schiffsches Reagens nach *Graumann* (1953)

0,5 g Pararosanilin, acridinfrei, werden in 15 ml n HCl unter Schütteln ohne Erwärmen vollständig gelöst. Zusatz von 85 ml Kaliummetabisulfit-Lösung (0,5 g/85 ml dest. Wasser). Die klare kräftig-rote Lösung hellt sich allmählich auf und schlägt nach Gelb um. Nach 24 Std. mit 300 mg Aktivkohle 2 Min. lang schütteln und anschließend filtrieren. Das farblose Filtrat ist sofort gebrauchsfertig und im Kühlschrank mehrere Monate haltbar.

Durchführung: 1. Schnitte in dest. Wasser bringen. 2. 5—20 Min. bei Zimmertemperatur mit dem Schiffschen Reagens behandeln. 3. Im Sulfitbad (200 ml dest. Wasser + 10 ml 10%iger Natriumbisulfit-Lösung + 10 ml n HCl) 3mal je 2 Min. spülen. 4. 10—30 Min. in Wasser waschen. 5. Kernfärbung mit Mayerschem Haemalaun, 45 Sek. 6. 10 Min. in fließendem Leitungswasser waschen. 7. Ansteigende Äthanolreihe, Xylol, Balsam.

2. Reduktion von ammoniakalischen Silbernitratlösungen

An Gewebselementen, die Aldehydgruppen enthalten, bilden sich grauschwarze Silberniederschläge. Diese Reaktionen sind weniger empfindlich als die Schiffsche Reaktion und nur im alkalischen Bereich anwendbar. Besonders geeignet ist die Hexamethylentetramin-Silberlösung (Methenamin-Silber) nach *Gomori* (1952).

3. Reaktionen mit aromatischen Hydrazinen und ihren Derivaten

Carbonylverbindungen reagieren auch im histologischen Schnitt mit aromatischen Hydrazinen und ihren Derivaten unter der Bildung schwach gelb gefärbter Hydrazone. Durch die Kupplung mit einem geeigneten Diazoniumsalz entstehen tief gefärbte Verbindungen.

a) Naphthoesäurehydrazid-Reaktion (*Ashbel* und *Seligman* 1949)

Fixierung: Formalin. Entfernung von Formalinresten durch gründliche Wässerung erforderlich.

Naphthoesäurehydrazid-Lösung: 0,1 g 2-Hydroxy-3-naphthoesäurehydrazid werden in 100 ml reinem 50%igem Äthanol, das 5% Essigsäure enthält, bei +60 bis 70 °C unter ständigem Umrühren gelöst.

Durchführung: 1. Schnitte in dest. Wasser bringen. 2. 1—3 Std. bei +60 °C mit Naphtoesäurehydrazid-Lösung behandeln. 3. In 3 Chargen 50%igem Äthanol waschen, das 5% Essigsäure enthält. 4. In 3 Chargen reinem 50%igem Äthanol waschen. 5. Gründlich in dest. Wasser waschen. 6. Schnitte in alkoholische Phosphatpufferlösung bringen (Mischung von gleichen Teilen 0,1 m Phosphatpuffer, p_H 7,2—7,5, und reinem abs. Äthanol). 7. 0,1% tetrazotiertes Di-o-anisidin (Fast Blue B Salt; Echtblausalz B) hinzugeben. Die benötigte Menge des Diazoniumsalzes (etwa 100 mg auf eine Kuvette mit 100 ml alkoholischer Pufferlösung) in einigen ml dest. Wasser lösen. Durch Hin- und Herbewegen der Schnitte mischen und Schnitte 2—5 Min. in der Lösung lassen. 8. In fließendem Wasser waschen. 9. In Glycerin-Gelatine oder nach Entwässerung und Aufhellen in Balsam eindecken.

b) Phenylhydrazin-Formazan-Reaktion (*Seligman*, *Gofstein* und *Rutenberg* 1949; *Pearse* 1953)

Die Phenylhydrazone von Aldehyden können mit in Pyridin gelösten Diazoniumsalzen unter Bildung von wasserunlöslichen, gefärbten Formazanen gekuppelt werden. Diese Reaktion ist für Aldehyde spezifisch. Die Phenylhydrazone von Ketonen sind wegen des Fehlens von ersetzbarem Wasserstoff nicht reaktionsfähig.

Fixierung: Formalin.

Lösung: Zu einer Mischung von 30 ml dest. Pyridin und 10 ml dest. Wasser unmittelbar vor dem Gebrauch 100 mg stabiles Diazotat des Di-o-anisidins (Fast Blue B Salt; Echtblausalz B) oder des 5-Nitroanisidins (Fast Red B Salt) hinzusetzen.

Durchführung: 1. Entparaffinierte Schnitte in Wasser bringen. Gefrierschnitte nach grundlichem Waschen in dest. Wasser auf die Objektträger aufziehen. 2. Schnitte 12—24 Std. bei +22 °C oder 30 Min. bei +60 °C mit Phenylhydrazin-Lösung behandeln (10 ml Phenylhydrazin + 20 ml Eisessig + 60 ml dest. Wasser). 4. In 2 Chargen 5%iger Essigsäure waschen. 4. Mit dest. Wasser waschen. 5. 4—6 Min. mit der Diazoniumsalz-Pyridin-Lösung behandeln. 6. Kurz in Aceton und anschließend in dest. Wasser waschen. 7. Schnell in Äthanol entwässern, Xylol, Balsam.

4. Reaktionen zur Blockierung von Carbonylverbindungen

Da die Reaktionsfähigkeit der Carbonylgruppen im Gewebe von verschiedenen Faktoren abhängt, wie z. B. von dem physikalischen Zustand und der räumlichen Anordnung der untersuchten Substanz usw., ist ein negativer Ausfall der Blockierungsreaktion nur bedingt beweiskräftig. Für histochemische Untersuchungen haben sich besonders folgende Reaktionen bewährt:

a) Natriumbisulfit (*Feulgen* und *Voit* 1924)

Schnitte für 2—8 Std. bei Zimmertemperatur in eine Mischung von 20 ml Äthanol und 80 ml 50%iger wäßriger Natriumbisulfit-Lösung bringen. — Die Addititionsverbindung kann durch Einwirkung von verdünnten Alkalien und Säuren wieder gespalten werden.

b) Phenylhydrazin (*Verne* 1929; *Bennett* 1939/40)

Behandelt man Schnitte 2—3 Std. bei +60 °C mit einer Mischung von 10 ml Phenylhydrazin, 20 ml Eisessig und 70 ml dest. Wasser, so werden die Carbonylgruppen unter der Bildung von Phenylhydrazonen blockiert. Die Blockade ist resistent gegen Perjodsäure.

c) 2,4-Dinitrophenylhydrazin (*Danielli* 1949)

Die Schnitte werden 20 Std. bei 0 °C mit einer gesättigten Lösung von 2,4-Dinitrophenylhydrazin in n HCl behandelt. Danach in kalter (0°)C n HCl und anschließend in dest. Wasser waschen.

d) Hydroxylamin (*Danielli* 1949)

20 g Hydroxylamin-HCl und 40 g Natriumacetat werden in 80 ml Wasser gelöst. Schnitte 1—3 Std. bei +22 °C in diese Lösung bringen. Blockade gegen Perjodsäure-Oxydation nicht resistent (*Staple* 1958).

e) Semicarbazid (*Bennett* 1940; *Pearse* 1960)

4 g Semicarbazid-HCl und 10 g krist. Natriumacetat werden in 80 ml Wasser gelöst. Schnitte für 2—3 Std. bei +60 °C in diese Lösung bringen. Die Blockade ist reversibel.

Tabelle 7. **Methoden zum Nachweis von Carbonylgruppen**

Fixierung	Einbettung	Reaktion	Ergebnis	Spezifität
F; FC	G P	Schiff	rotviolett	vorwiegend Aldehyde, einige Ketone (?)
F; FC	G P	Ammoniakalische Silberlösung (Methenamin-Silber)	braunschwarz	vorwiegend Aldehyde, einige Ketone
F; FC	G P	Naphthoesäure-hydrazidreaktion	blauviolett	Aldehyde und Ketone
F; FC	G P	Phenylhydrazin-Formazan	rot bis rotbraun	nur Aldehyde
F; FC	G P	Natriumbisulfit	Blockierungs-Reaktionen	Aldehyde und Ketone
F; FC	G P	Hydroxylamin		Aldehyde und Ketone
F; FC	G P	Phenylhydrazin		Aldehyde und Ketone
F; FC	G P	2,4-Dinitrophenylhydrazin		Aldehyde und Ketone
F; FC	G P	Semicarbazid		Aldehyde und Ketone
F; FC	G P	Thiosemicarbazid		Aldehyde und Ketone
F; FC	G P	Anilin		Aldehyde und Ketone
F; FC	G P	Dimedon		nur Aldehyde

Abkürzungen: F = Formalin, FC = Formol-Calcium, G = Gefrierschnitt, P = Paraffineinbettung.

Tabelle 8. **Methoden zum Nachweis einiger Metalle**

	Reagens	Prinzip der Reaktion	Seite
Ag	Rubeanwasserstoffsäure	II	480
Al	Aurin-Tricarbonsäure	I	481
Au	Zinnchlorid	III	481
	Dimethylaminobenzylidenrhodanin	II	481
Ba	Natriumrhodizonat	II	482
Be	Naphthochromgrün B	I	482
	Solochrom-Azurin	II	482
Bi	Chinin-Jodid	III	482
	Brucin-Jodid	III	483
Ca	Ammoniumoxalat	III	483
	Schwefelsäure	III	483
	Alizarinrot S	I	484
	Kernechtrot	I	484
	Silbernitrat	IV	484
	Napthochromgrün B	I	482
Cu	Rubeanwasserstoffsäure	II	485
	Dimethylaminobenzylidenrhodanin	II	485
Fe II	Kaliumferricyanid	III	486
Fe III	Kaliumferrocyanid	III	486
Hg	Zinnchlorid	III	486
	Diphenylcarbazid	II	486
	H_2S	III	487
K	Kobaltnitrit	III	487
Ni	Haematoxylin	I	487
Pb	Kaliumbichromat	III	488
	Natriumrhodizonat	II	488
	H_2S	III	488
Pd	Dimethylaminobenzylidenrhodanin	II	487
U	Kaliumferrocyanid	III	489
Zn	Diphenylthiocarbazon	II	490

I. Lackbildung; II. Chelatbildung; III. Bildung eines gefärbten Salzes; IV. Ersatz eines anorganischen Ions durch ein anderes Ion und Nachweis desselben.

f) Thiosemicarbazid (*Bennett* 1940)

8 g Thiosemicarbazid und 4 ml Eisessig werden in 80 ml dest. Wasser gelöst. Schnitte für 2—3 Std. bei +60°C in diese Lösung bringen. Die Blockade ist reversibel.

g) Anilinblockade (*Lillie* 1954, *Lillie* und *Glenner* 1957)

Schnitte 20—30 Min. bei +22°C mit 10%iger Anilin-Lösung in Eisessig behandeln. Blockade gegen Perjodsäure-Oxydation resistent.

h) Dimedon (*Verne* 1929) ist zur Blockierung von Aldehyden geeignet. Mit Ketonen bildet es keine Kondensationsprodukte, so daß diese Reaktion zur Unterscheidung zwischen diesen Carbonylverbindungen verwendet werden kann (*Wild* 1947).

Die Schnitte werden für 1—16 Std. bei +60°C (oder 2—3 Tage bei +22°C) in eine gesättigte Lösung von Dimedon in 5%iger Essigsäure gebracht.

Anorganische Stoffe

Von den histochemischen Nachweismethoden für anorganische Ionen liefern nur sehr wenige zufriedenstellende Resultate. Die meisten Verfahren halten bezüglich ihrer Spezifität oder Empfindlichkeit sowie der Lokalisation des Substrates einer strengen Kritik nicht stand. Eine Ausnahme bildet der Nachweis von Eisen.

Es gelingt daher nur selten, das natürliche Vorkommen anorganischer Ionen in einem Gewebe histochemisch zu erfassen. Man ist bei derartigen Untersuchungen weitgehend auf die Methoden der Zellfraktionierung angewiesen. Diese Methoden sind jedoch anders zu bewerten, wenn es darum geht, anorganische Substanzen nachzuweisen, die künstlich (durch Gewalteinwirkung oder therapeutisch) in den Organismus eingeführt worden sind, und deren Schicksal histologisch verfolgt werden soll. Hier weiß man in der Regel von vornherein, um welche Substanzen es sich handelt; an die Spezifität der Methoden brauchen daher keine großen Anforderungen gestellt werden. Weiterhin liegen diese Stoffe meist in großen Mengen und in einem reaktionsfähigen Zustand vor, so daß die Empfindlichkeit der Nachweismethoden nicht allzu groß sein muß. Entscheidend für die Bewertung einer Methode ist dann nur die Exaktheit der Lokalisation der anorganischen Substanzen.

Im folgenden sind die zuverlässigsten Verfahren zusammengestellt. Es wird von der jeweiligen Fragestellung und den damit verbundenen Anforderungen an die Spezifität, Empfindlichkeit und Lokalisation abhängen, welcher Methode der Vorzug gegeben werden muß. Vielfach dürfte es ratsam sein, zur Kontrolle mehrere, sich überschneidende Methoden anzuwenden.

Bei allen Methoden zum Nachweis anorganischer Ionen ist bei der Fixierung und Einbettung des Gewebes besondere Vorsicht geboten, weil gerade die niedermolekularen anorganischen Verbindungen durch die Vorbehandlung des Gewebes in ihrer Zusammensetzung und ihrer Lagerung leicht zu beeinflussen sind. Es ist daher ratsam, mit Gefrierschnitten zu arbeiten und, wenn möglich, von einer Fixierung abzusehen. In vielen Fällen sind die nativen messertiefgekühlten oder Kryostatschnitte oder die Gefriertrocknung die günstigsten Methoden.

Die Methoden zum Nachweis anorganischer Ionen beruhen auf vier Prinzipien: 1. Lackbildung, 2. Chelatbildung, 3. Bildung eines gefärbten Salzes, 4. Ersatz eines anorganischen Ions durch ein anderes Ion und Nachweis desselben (s. Tabelle 8. S. 479)

1. Ag

Chelatbildung mit Rubeanwasserstoffsäure (*Okamoto, Utamura, Akagi* 1939; *Gedigk* und *Pioch* 1956)

Fixierung: Äthanol, Formalin. — Paraffin-, Celloidin- oder Gefrierschnitte.

Durchführung: 1. Entparaffinierte Schnitte in dest. Wasser bringen. 2. Für 20 Min. in verdünntes Chlorwasser stellen. 3. In dest. Wasser waschen. 4. 2 bis 5 Std. bei +36 °C mit Rubeanwasserstoffsäure-Lösung behandeln, (2—5 ml 1%iger Ammoniaklösung + 2 bis 5 ml 0,1%iger Rubeanwasserstoffsäure-Lösung in abs. Äthanol + 100 ml dest. Wasser). 5. Mit dest. Wasser waschen. 6. Kernfärbung mit Kernechtrot. 7. In dest. Wasser waschen. 8. Ansteigende Äthanolreihe, Xylol, Balsam.

Ergebnis: Silberverbindungen braunschwarz, Kupfer grünschwarz, Nickel violett, Kobalt gelblichbraun.

2. Al

Lackbildung mit Aurin-Tricarbonsäure (*Irwin* 1955; *Gedigk* und *Pioch* 1956)

Fixierung: Formalin. — Gefrierschnitte oder Paraffinschnitte.

Lösungen:

a) *Ammoniumacetatpuffer:* 60 ml 5 m Ammoniumchlorid-Lösung + 60 ml 5 m Ammoniumacetat-Lösung + 10 ml 6 n HCl. Auf p_H 5,2 einstellen.

b) *Aurin-Tricarbonsäure-Lösung:* 2 g Aurin-Tricarbonsäure in einigen ml Ammoniumacetatpuffer lösen und mit dest. Wasser auf 100 ml auffüllen. Auf +75 °C erhitzen und bei dieser Temperatur 15 Min. stehenlassen. Warme Lösung filtrieren.

c) *Differenzierungsflüssigkeit:* 50 ml Ammoniumacetatpuffer + 22 ml 1,6 m Ammoniumcarbonat-Lösung. Auf p_H 7,2 einstellen.

Durchführung: 1. Entparaffinierte Schnitte in dest. Wasser bringen. 2. Für 5—10 Min. bei +75 °C in Aurin-Tricarbonsäure-Lösung bringen (falls Schnitte abschwimmen bei +60 °C entsprechend länger behandeln). 3. In dest. Wasser waschen. 4. Mit Differenzierungsflüssigkeit (c) 3—5 Sek. behandeln. 5. Kurz mit 1%iger wäßriger Methylenblau-Lösung gegenfärben. 6. In dest. Wasser waschen. 7. Ansteigende Äthanolreihe, Xylol, Balsam.

Ergebnis: Aluminiumverbindungen tiefrot.

3. Au

a) Reduktion von anorganischen Goldsalzen mit Zinnchlorid (*Christeller* 1927)

Fixierung: Formalin, Alkohol; Einbettung: Paraffin.

Durchführung: 1. Entparaffinierte Schnitte in dest. Wasser bringen. 2. 36 Std. bei + 56 °C mit Zinnchlorid-Lösung behandeln (40 ml frisch angesetzte 5%ige Lösung von $SnCl_2 \cdot 2H_2O$ + 5 ml konz. HCl). 3. Gründlich in Wasser waschen. 4. Ansteigende Äthanolreihe, Xylol, Balsam.

Ergebnis: Goldverbindungen schwarz, braun oder braun-rot. Lokalisation schlecht.

b) Chelatbildung mit Dimethylaminobenzylidenrhodanin (*Okamoto, Akagi* und *Mikami* 1939)

Fixierung: Formalin oder Äthanol. — Paraffin-, Celloidin- oder Gefrierschnitte.

Lösung: 10—20 ml gesättigte alkoholische p-Dimethylaminobenzylidenrhodanin-Lösung + 1 bis 3 ml n Salpetersäure + 5 bis 10 ml 3%iges Wasserstoffsuperoxyd + 100 ml dest. Wasser.

Durchführung: 1. Entparaffinierte Schnitte in dest. Wasser bringen. 2. 24 Std. bei +36 °C mit Dimethylaminobenzylidenrhodanin-Lösung behandeln. 3. Mit dest. Wasser waschen. 4. Evtl. Kernfärbung mit Haemalaun und anschließende Wässerung. 5. Ansteigende Äthanolreihe, Xylol, Balsam.

Ergebnis: Goldverbindungen violett-rot oder braunrot, nicht spezifisch.

4. Ba

Chelatbildung mit Rhodizonsäure (*Waterhouse* 1951; *Pearse* 1960)

Fixierung: 10%iges wäßriges Formalin oder 10%ige Formalinlösung in 70%igem Äthanol. — Gefrier- oder Paraffinschnitte.

Durchführung: 1. Schnitte in dest. Wasser bringen. 2. 1—2 Std. bei +37 °C (Gefrierschnitte) oder bei +60 °C (Paraffinschnitte) mit frischer 0,2%iger wäßriger Natriumrhodizonat-Lösung behandeln. 3. Kurz in dest. Wasser waschen. 4. Die zunächst schwarzen Bariumrhodizonat-Niederschläge können durch eine Behandlung mit 20%iger HCl in rote saure Salze umgewandelt werden. 5. Mit dest. Wasser waschen. 6. Ansteigende Äthanolreihe, Xylol, Balsam.

Die Methode ist nicht spezifisch, da verschiedene Schwermetalle mit Rhodizonsäure gefärbte Chelate bilden. Ba- und Sr-Verbindungen werden intensiv rot gefärbt. Durch eine Vorbehandlung mit wäßriger Kaliumchromat-Lösung vor der Einwirkung der Rhodizonat-Lösung wird die Farbentwicklung mit Barium verhindert, nicht dagegen die durch Strontium. Durch die Behandlung mit Salzsäure werden die Strontiumsalze herausgelöst.

Quecksilber- und Bleirhodizonate sind bei Verwendung einer neutralen Rhodizonat-Lösung violett angefärbt.

5. Be

a) Lackbildung mit Naphthochromgrün B (*Denz* 1949)

Fixierung: Formalin, Äthanol. — Gefrier- oder Paraffinschnitte.

Durchführung: 1. Entparaffinierte Schnitte in dest. Wasser bringen. 2. 30 Min. bei +37 °C mit einer 0,1%igen Naphthochromgrün-B-Lösung in 0,1 m Phosphatpuffer p_H 5,0 behandeln. 3. Mit dest. Wasser waschen. 4. 30 Min. mit abs. Äthanol differenzieren. 5. In dest. Wasser waschen. 6. Ansteigende Äthanolreihe, Xylol, Balsam.

Ergebnis: Berylliumverbindungen apfelgrün.

Bei der Verwendung einer *sauren* Naphthochromgrün-Lösung (p_H 5) wird Calcium herausgelöst. Aluminium reagiert nur, wenn es in größeren Mengen vorhanden ist.

Falls *Calcium- und Aluminiumverbindungen* nachgewiesen werden sollen, verwendet man folgendes Verfahren: 1. Entparaffinierte Schnitte in dest. Wasser bringen. 2. 5—10 Min. bei Zimmertemperatur mit einer 0,1—0,2%igen wäßrigen Naphthochromgrün B-Lösung behandeln. 3. In dest. Wasser waschen. 4. Ansteigende Äthanolreihe, Xylol, Balsam.

Ergebnis: Calciumverbindungen braun bis braunrot; Aluminiumverbindungen tiefgrün.

b) Chelatbildung mit Solochrom-Azurin (*Pearse* 1957)

Fixierung: Formalin; Einbettung: Paraffin.

Durchführung: 1. Entparaffinierte Schnitte in dest. Wasser bringen. 2. 30 Min. mit 0,2%iger Solochrom-Azurin-Lösung in 2%iger NaOH behandeln. 3. In dest. Wasser waschen. 4. Ansteigende Äthanolreihe, Xylol, Balsam.

Ergebnis: Berylliumverbindungen fast schwarz; bei der Behandlung mit Säuren ändert sich die Farbe in braun-orange. Aluminiumverbindungen werden im alkalischen Milieu herausgelöst; Calciumverbindungen können durch eine Behandlung mit verdünnten Säuren eliminiert werden.

6. Bi

a) Chinin-Jodid-Methode (*Komaya* 1925; *Christeller* 1926)

Fixierung: Formalin. — Gefrier- oder Paraffinschnitte.

Lösungen: a) 1,0 g Chininsulfat in 50 ml dest. Wasser lösen, dazu 10 Tropfen 25%iger HNO_3 geben.

b) 4%ige wäßrige Kaliumjodid-Lösung.

c) Unmittelbar vor dem Gebrauch gleiche Teile der Lösung a) und b) mischen; zu je 10 ml Mischung 2 Tropfen 25%iger HNO_3 zusetzen; filtrieren.

Durchführung: 1. Schnitte in dest. Wasser bringen. 2. 5 Min. mit 1%iger wäßriger Gentianaviolett-Lösung oder 2—5 Min. mit Lithium-Carmin färben (2,5 g Carmin werden in 100 ml gesättigter wäßriger Lösung von Lithium-Carbonat gelöst und 10—15 Min. aufgekocht. Nach Erkalten filtrieren). 3. 30—60 Min. in 0,5—1%igem Salzsäurealkohol differenzieren. 4. Gründlich in dest. Wasser waschen. 5. Eine Min. mit Lösung c) behandeln. 6. Erneut in Wasser waschen, dem auf 100 ml 20 Tropfen 25%iger HNO_3 zugesetzt sind. 7. Gefrierschnitte auf Objektträger bringen. Mit Filterpapier abtrocknen. 8. Carbol-Xylol-Alkohol (5 : 5 : 2). 9. Carbol-Xylol, Balsam.

Ergebnis: Wismutverbindungen orangegelb bis braungelb.

b) Brucin-Jodid-Methode (*Castel* 1935, 1936; *Wachstein* und *Zak* 1946)

Fixierung: Formalin. — Gefrier- und Paraffinschnitte.

Lösungen: a) Modifiziertes Castel-Reagens: 0,25 g Brucinsulfat in 100 ml dest. Wasser mit Zusatz von 3 Tropfen konz. Schwefelsäure lösen. 2 g Kaliumjodid zugeben. Im Dunkeln aufbewahren. Vor Gebrauch filtrieren.

b) Laevuolse-Lösung: 30 g Laevulose unter Erwärmen auf +37 °C in 20 ml dest. Wasser lösen (etwa 24 Std.); dann 1 Tropfen verdünntes Castel-Reagens zugeben (1 Teil Lösung a mit 3 Teilen dest. Wasser verdünnen).

Durchführung: 1. Entparaffinierte Schnitte in dest. Wasser bringen; falls Gefrierschnitte benutzt werden, diese auf Objektträger aufziehen. 2. Schnitte mit Filterpapier abtrocknen. 3. Für 10—15 Sek. in 30%iges Wasserstoffperoxyd bringen. 4. In fließendem Wasser waschen. 5. Für 1 Std. in Castel-Reagens (a) bringen. 6. In verdünntem Castel-Reagens waschen (1 : 3). 7. 4 Min. Gegenfärbung mit Lichtgrün SF (1 ml 1%iger wäßriger Lichtgrün-SF-Lösung zu 100 ml unverdünntem Castel-Reagens zugeben. Filtrieren). 8. In dest. Wasser waschen. 9. In Laevulose-Lösung (b) einschließen.

Ergebnis: Wismutverbindungen orangerot.

7. Ca

a) Nachweis von löslichem Calcium

Methode nach *Rabl* (1923)

Bei der Fixierung der Gewebe mit einer Mischung von gleichen Teilen 10%igem Formalin und gesättigter Ammoniumoxalat-Lösung wird das lösliche Calcium in Form von typischen Calciumoxalatkristallen ausgefällt. Die Reaktion ist spezifisch, wegen der schlechten Lokalisation aber nur bedingt brauchbar.

b) Nachweis von unlöslichem oder schwerlöslichem Calcium

α) Gips-Methode (*Schujeninoff* 1897)

Fixierung: Formalin; Einbettung: Paraffin.

Durchführung: 1. Entparaffinierte Schnitte in Aceton bringen. 2. An der Luft trocknen lassen. 3. 1—2 Tropfen 5%ige Schwefelsäure auf den Schnitt bringen; dann Deckglas auflegen und sofort im Mikroskop untersuchen. Präparate nicht haltbar.

Es entstehen charakteristische Calciumsulfatkristalle. — Reaktion spezifisch Lokalisation schlecht.

β) Calciumnachweismethoden, die auf Lackbildungen beruhen

Alizarinrot-S-Methode (*Dahl* 1952)

Fixierung: Äthanol; Einbettung: Paraffin.

Alizarinrot-S-Lösung: 0,5 g Alizarinrot S werden in 45 ml dest. Wasser gelöst. Zugabe von 5 ml einer verdünnten Ammoniaklösung (28%iges Ammoniak wird mit dest. Wasser im Verhältnis 1 : 100 verdünnt) unter dauerndem Rühren. Auf p_H 6,3—6,5 einstellen.

Durchführung: 1. Entparaffinierte Schnitte in dest. Wasser bringen. 2. 2 Min. mit Alizarinrot-S-Lösung behandeln. 3. 5—10 Sek. in Wasser waschen. 4. Für 15 Sek. in saures Äthanol bringen (95%iges Äthanol, das 0,001 n HCl enthält). 5. Ansteigende Äthanolreihe, Xylol, Balsam.

Ergebnis: Calciumablagerungen organgerot; anorganisches Eisen purpur.

Modifikation der Alizarinrot-S-Färbung nach *Mc Gee-Russel* (1958)

Fixierung: Formalin, Formalin-Alkohol. Saure- oder metallhaltige Fixierungsmittel sind zu vermeiden; Einbettung: Paraffin.

Alizarinrot-S-Lösung: 2%ige wäßrige Alizarinrot-S-Lösung mit verdünntem Ammoniak (1 : 100) auf p_H 4,1—4,3 einstellen.

Durchführung: 1. Entparaffinierte Schnitte in 50%iges Äthanol bringen. 2. Kurz in dest. Wasser waschen. 3. 30 Sek. bis 5 Min. mit Alizarinrot-S-Lösung behandeln (Kontrolle im Mikroskop). 4. Schnitte ohne Waschen mit Filtrierpapier trocknen. 5. Für 10—20 Sek. in reines abs. Aceton bringen. 6. Aceton-Xylol (1 : 1), 10—20 Sek. 7. Reines Xylol, Balsam.

Ergebnis: Calciumablagerungen orangerot (doppelbrechend), übrige Strukturen rosa.

Kernechtrot-Methode nach *McGee-Russel* (1955, 1958)

Fixierung: Formalin; Paraffin- oder Gefrierschnitte.

Kernechtrot-Lösung: Etwa 2 g Kernechtrot in 100 ml Wasser lösen und kräftig schütteln. Filtrieren. Filtrat verwerfen. Von dem auf dem Filterpapier aufgefangenen ungelösten Farbstoff eine gesättigte wäßrige Lösung ansetzen.

Durchführung: 1. Entparaffinierte Schnitte in dest. Wasser bringen. 2. Mit gesättigter Kernechtrot-Lösung 5—55 Min. behandeln (nicht überfärben! Kontrolle im Mikroskop). 3. Ohne zu waschen Schnitte mit Filterpapier trocknen. 4. Für 20 Sek. in reines Aceton bringen. 5. Aceton-Xylol (1 : 1), 20 Sek. 6. Reines Xylol, Balsam.

Ergebnis: Calciumablagerungen leuchtend rot, andere Strukturen rosa.

Weitere Lackbildungsmethode: s. **Naphthochromgrün-B-Methode,** (S. 482)

γ) **Die Silbernitrat-Methode nach *v. Kóssa*** (1901) beruht auf dem Ersatz des Calciums im Calciumphosphat und Calciumcarbonat durch Silberionen. Diese werden anschließend am Tageslicht „entwickelt" und mit Natriumthiosulfat fixiert. Streng genommen handelt es sich also nicht um einen Nachweis für Calcium, sondern für Phosphat- und Carbonatanionen.

Fixierung: Formalin, Äthanol. — Paraffin- oder Gefrierschnitte.

Durchführung: 1. Entparaffinierte Schnitte gründlich in dest. Wasser waschen. 2. Für 15—30 Min. bei hellem Tageslicht oder UV-Licht in 0,5—1%ige wäßrige Silbernitratlösung stellen. 3. In dest. Wasser waschen. 4. $^1/_2$—1 Min. mit 5%iger Natriumthiosulfat-Lösung behandeln. 5. In fließendem Wasser waschen. 6. Kernfärbung mit 1%iger wäßriger Neutralrot-Lösung 30 Sek. 7. In dest. Wasser waschen. 8. Ansteigende Äthanolreihe, Xylol, Balsam.

Ergebnis: Phosphate und Carbonate färben sich tiefschwarz.

c) **Nachweis von maskiertem Calcium** erfolgt am besten durch Veraschung der Schnitte (*Policard* 1928).

8. Cu

a) Chelatbildung mit Rubeanwasserstoffsäure (*Okamoto* und *Utamura* 1938; *Gedigk* und *Pioch* 1956)

Fixierung: Äthanol, Formalin. Paraffin-, Celloidin- oder Gefrierschnitte.

Durchführung: 1. Schnitte in dest. Wasser bringen. 2. Für 12—24 Std. bei +36 °C in eine frische Mischung von 2—5 ml 0,1%iger Rubeanwasserstoffsäure-Lösung in abs. Äthanol und 100 ml 10%iger wäßriger Natriumacetat-Lösung bringen. 3. Mit dest. Wasser waschen. 4. Kernfärbung mit Kernechtrot. 5. In dest. Wasser waschen. 6. Ansteigende Äthanolreihe, Xylol, Balsam.

Ergebnis: Kupferverbindungen grünlichschwarz; Quecksilber- und Silberverbindungen braunschwarz; Nickel blauviolett; Kobalt gelbbraun.

b) Modifikation der Okamoto-Methode nach *Uzman* (1956)

Die Fixierung erfolgt gleichzeitig mit der Nachweisreaktion.

Durchführung: 1. 1—2 mm dicke Scheiben von unfixiertem Gewebe für 10 Min. in 0,1%ige Rubeanwasserstoffsäure-Lösung in 70%igem Äthanol bringen. 2. Der Lösung 200 mg Natriumacetat pro 100 ml zugeben. Gewebe in dieser Mischung 24—48 Std. lassen. 3. Für 60—90 Min. in 70%iges Äthanol bringen. 4. Für 24 Std. in abs. Äthanol stellen. 5. Über Chloroform in *Paraffin einbetten*. 6. Paraffinschnitte anfertigen. 7. Schnitte in Xylol entparaffinieren und in Balsam eindecken.

Ergebnis: Kupferverbindungen schwarz.

Die Modifikation von *Uzman* kann auch an *formalinfixierten Paraffinschnitten* durchgeführt werden. Dabei müssen zur Freisetzung des eiweißgebundenen Kupfers die in Xylol entparaffinierten Schnitte zunächst für 15 Min. den Dämpfen von konz. HCl ausgesetzt werden. Danach die Schnitte für 15 Min. in abs. Äthanol stellen und anschließend die Reaktion durchführen bis zum Punkt 3. Ansteigende Äthanolreihe, Xylol, Balsam.

c) Chelatbildung mit Dimethylaminobenzylidenrhodanin (*Okamoto* und *Utamura* 1938)

Fixierung: Äthanol oder Formalin. Paraffin-, Celloidin- oder Gefrierschnitte.

Durchführung: 1. Entparaffinierte Schnitte in dest. Wasser bringen. 2. Für 12—24 Std. bei +37 °C in Dimethylaminobenzylidenrhodanin-Lösung stellen (3 ml einer gesättigten p-Dimethylaminobenzylidenrhodanin-Lösung in abs. Äthanol + 100 ml dest. Wasser). 3. In dest. Wasser waschen. 4. Kernfärbung mit Mayerschem Haemalaun. 5. Gründlich in fließendem Wasser waschen. 6. Ansteigende Äthanolreihe, Xylol, Balsam.

Ergebnis: Kupferverbindungen rotviolett oder rotbraun. Methode nicht spezifisch, da sich auch Pd, Pb, Au, Ag und Hg anfärben.

Kontrolle: Kupfer reagiert nicht im sauren Milieu. Eine negative Reaktion nach der Zugabe von 1—4 ml n HNO_3 zum Reaktionsgemisch spricht für das Vorliegen des Kupfers.

9. Fe II

Turnbullblau-Methode (*Tirmann* 1898; *Schmeltzer* 1933)

Fixierung: Formalin. Paraffin- oder Gefrierschnitte.

Durchführung: 1. Entparaffinierte Schnitte in dest. Wasser bringen. (2. Wenn auch das dreiwertige Eisen erfaßt sein soll, die Schnitte 1—24 Std. mit 10%iger Ammoniumsulfid-Lösung behandeln. Sonst diesen Schritt weglassen.) 3. Gründlich in dest. Wasser waschen. 4. 10—20 Min. mit einer frisch zubereiteten Mischung von gleichen Teilen 20%iger wäßriger Kaliumferricyanid-Lösung und 1%iger Salzsäure behandeln. 5. Gründlich in dest. Wasser waschen. 6. Kernfärbung mit Kernechtrot. 7. In dest. Wasser waschen. 8. Ansteigende Äthanolreihe, Xylol, Balsam.

Ergebnis: Eisen-II-Verbindungen tiefblau.

10. Fe III

Berlinerblau-Methode (*Perls* 1867; *Lison* 1936)

Fixierung: Formalin; Einbettung: Paraffin; Gefrierschnitte weniger zu empfehlen.

Durchführung: 1. Entparaffinierte Schnitte in dest. Wasser bringen. 2. Für 30—60 Min. in eine frisch angesetzte Mischung von gleichen Teilen 2%iger Kaliumferrocyanid-Lösung und 2%iger HCl stellen (falls die Schnitte länger als 30 Min. behandelt werden, soll die Lösung nach 30 Min. neu angesetzt werden). 3. In dest. Wasser waschen. 4. Kernfärbung mit Kernechtrot. 5. In dest. Wasser waschen. 6. Ansteigende Äthanolreihe, Xylol, Balsam.

Ergebnis: Eisen-III-Verbindungen tiefblau.

11. Hg

a) Zinnchlorid-Methode

(*Mazza* und *Lombardo* 1904; *Cambar* 1940; *Lison* 1953)

Fixierung: Formalin, Äthanol, Carnoy; Einbettung: Paraffin.

Durchführung: 1. Fixierte Gewebsstücke gründlich in dest. Wasser waschen. 2. Für 12—24 Std. in Zinnchlorid-Lösung bringen (25 g $SnCl_2 \cdot 2H_2O$ + 25 ml verd. HCl + 75 ml dest. Wasser). 3. Mit dest. Wasser waschen. 4. In Paraffin einbetten. 5. Paraffinschnitte in Xylol entparaffinieren und in Balsam eindecken. 6. Falls Gegenfärbung erforderlich, Schnitte nach Xylol über absteigende Äthanolreihe in dest. Wasser bringen. 7. Kernfärbung mit Kernechtrot. 8. In dest. Wasser waschen. 9. Ansteigende Äthanolreihe, Xylol, Balsam.

Ergebnis: Quecksilberverbindungen schwarz.

Methode nicht spezifisch. Kontrollen erforderlich.

b) Chelatbildung mit Diphenylcarbazid (*Brandino* 1927; *Lison* 1953)

Fixierung: Formalin; Äthanol, Carnoy; Einbettung: Paraffin.

Durchführung: 1. Entparaffinierte Schnitte in abs. Äthanol bringen. 2. Einige Min. mit 1%iger alkoholischer Diphenylcarbazid-Lösung behandeln. 3. In abs. Äthanol waschen. 4. Xylol, Balsam.

Ergebnis: Quecksilberverbindungen violett.

Methode nicht spezifisch.

c) **Sulfid-Silber-Verfahren** (s. *Timm* 1933, 1958, 1961, sowie S. 488).

12. K

Kaliumnachweis nach *Crout* und *Jennings* (1957)

Fixierung: Gefriertrocknung; Einbettung: Paraffin.

Lösungen:

a) 25 g Kobaltnitrat in 50 ml dest. Wasser lösen; Zugabe von 12,5 ml Essigsäure.

b) 120 g Natriumnitrit in 180 ml dest. Wasser lösen.

c) Zur gesamten Lösung a) werden 210 ml Lösung b) zugegeben. Durch die Mischung 1—2 Std. Luft perlen lassen, um das NO_2 zu entfernen. Im Kühlschrank abkühlen und vor dem Gebrauch kalt filtrieren.

Durchführung: 1. Gefriergetrocknete 10 μ dicke Paraffinschnitte bei Zimmertemperatur zum Entparaffinieren direkt in Petroläther bringen (nicht auf Objektträger aufziehen). 2. Freischwimmende Schnitte in ein frisches Petrolätherbad bringen. 3. Auf Objektträger (ohne Eiweißglycerin) aufziehen und an der Luft trocknen lassen. Dann mit Filterpapier leicht andrücken. 4. Aufgeklebte Schnitte für 15 Min. in die eiskalte Kobaltnitritlösung (c) bringen. 5. Mit Filterpapier abtrocknen und jeweils 15 Sek. in 3 Chargen eiskaltem Wasser spülen. 6. Ansteigende Äthanolreihe, Xylol, Balsam.

Ergebnis: Kaliumkobaltnitrit erscheint als gelbliches Kristall. Reaktion spezifisch; Lokalisation unsicher.

13. Ni

Lackbildung mit Haematoxylin (*Cretin* und *Pouyanne* 1933)

Fixierung: 30 ml 40%iges Formalin + 100 ml physiologische Kochsalzlösung + 5 Tropfen Ammoniumsulfid-Lösung. Nach der Fixierung Gewebe in wäßriger Ammoniumphosphat-Lösung waschen und Gefrierschnitte anfertigen.

Durchführung: 1. Schnitte fur 20—30 Min. in alkoholische Haematoxylin-Lösung bringen. 2. In dest. Wasser waschen. 3. Ansteigende Äthanolreihe, Xylol, Balsam.

Ergebnis: Nickelverbindungen violett bis blau. Methode unspezifisch.

14. Pd

Chelatbildung mit Dimethylaminobenzylidenrhodanin nach *Okamoto, Mikami* und *Nishida* (1939)

Fixierung: Formalin, abs. Äthanol. — Gefrier- oder Paraffinschnitte.

Durchführung: 1. Falls Gefrierschnitte verwendet werden, auf Objektträger aufziehen, an der Luft trocknen. 2. Trockene Schnitte mit Chlorgas behandeln. 3. 24 Std. bei +36 °C mit Dimethylaminobenzylidenrhodanin-Lösung behandeln (3—5 ml gesattigte p-Dimethylaminobenzylidenrhodanin-Lösung in abs. Äthanol + 1 bis 3 ml n HNO_3 + 100 ml dest. Wasser). 4. Mit dest. Wasser waschen. 5. Gegenfärbung mit Mayerschem Haemalaun. 6. In fließendem Wasser waschen. 7. Ansteigende Äthanolreihe, Xylol, Balsam.

Ergebnis: Palladiumverbindungen rotviolett. Methode empfindlich, jedoch unspezifisch; Ag, Au, Hg und Cu reagieren gleichfalls.

15. Pb

a) Chromat-Methode (*Frankenberger* 1921; *Cretin* 1929)

Fixierung: 4 Tage in Regaudscher Flüssigkeit (80 ml 3%iger wäßriger Kaliumbichromat-Lösung + 20 ml 40%iges Formalin). — Paraffin- oder Gefrierschnitte.

Durchführung: 1. Fixiertes Gewebe 6 Std. in fließendem Wasser waschen. 2. a) Falls Paraffinschnitte erforderlich: Entwässern und in Paraffin einbetten. Schnitte entparaffinieren und in dest. Wasser bringen. b) Gefrierschnitte in dest. Wasser bringen. 3. Gegenfärbung mit 0,5%iger wäßriger Toluidinblau-Lösung 1 Min. 4. In dest. Wasser waschen. 5. Ansteigende Äthanolreihe, Xylol, Balsam.

Ergebnis: Bleiverbindungen erscheinen als gelbliches Bleichromat. Reaktion ist spezifisch; Lokalisation gut.

b) Modifizierte Chromat-Methode nach *Fairhall* (1940)

Fixierung: Formalin; Einbettung: Paraffin.

Durchführung: 1. Entparaffinierte Schnitte in dest. Wasser bringen. 2. Mehrere Tage mit 2%iger Kaliumchromat-Lösung in 1%iger Essigsäure behandeln, dabei Kuvetten gut verschließen. 3. 2 Std. in fließendem Wasser waschen. 4. Gegenfärbung mit 0,5%iger wäßriger Toluidinblau-Lösung, 1 Min. 5. Kurz in dest. Wasser waschen. 6. Ansteigende Äthanolreihe, Xylol, Balsam.

c) Rhodizonat-Methode (*Molnar* 1952; *Lillie* 1954; *Gedigk* und *Pioch* 1956)

Fixierung: Formalin; u. U. native, messertiefgekühlte oder Kryostatschnitte. — Paraffin- oder Gefrierschnitte.

Durchführung: 1. a) Entparaffinierte Paraffinschnitte und formalinfixierte Gefrierschnitte für 30—60 Min. in eine frisch angesetzte 0,2%ige Natriumrhodizonat-Lösung in 1%iger Essigsäure bringen. b) Bei nativen messertiefgekühlten oder Kryostatschnitten soll Natriumrhodizonat-Lösung 4—10% Formalin enthalten. 2. Schnitte für 30 Sek. in 0,1%ige Lichtgrün-SF-Lösung in 1%iger Essigsäure bringen. 3. In Glycerin-Gelatine einschließen oder ansteigende Äthanolreihe, Xylol, Balsam.

Ergebnis: Bleiablagerungen scharlachrot.

Methode nicht spezifisch, weil die Rhodizonat-Lösung auch mit einer Reihe anderer Metallverbindungen gefärbte Niederschläge gibt. Bei der Durchführung der Färbung im sauren Bereich (p_H 2,8) laßt sich die Zahl der Reaktionspartner erheblich einengen. Eine vorausgehende Behandlung der Schnitte mit verdünnter Schwefelsäure erhöht die Spezifität.

Beim Nachweis von Blei in Knochen Entkalkung mit 5—10%iger Schwefelsäure-Lösung durchführen, welche 5—10% Natriumsulfat enthält. Dabei werden die Bleiablagerungen in unlösliches Bleisulfat überführt (*Gomori* 1952).

d) Sulfidsilberverfahren (*Timm* 1936, 1958; *Voigt* 1957)

Wird die Fixierungsflüssigkeit mit H_2S gesättigt, so werden die Schwermetalle und zwar vor allem Blei, in unlösliche Sulfide überführt. Größere Bleipartikel sind im Mikroskop gut sichtbar. Liegen ganz kleine Teilchen vor, so können diese im Dunkelfeld nachgewiesen werden. Da die Schwermetallsulfidablagerungen argyrophil sind, lagern sie aus einer Silbernitratlösung, welche ein Reduktionsmittel enthält, Silber an. Sie sind dann besonders deutlich sichtbar.

Fixierung: Mit H_2S gesättigtes 70%iges Äthanol, 10—12 Std.; Einbettung: Paraffin.

Lösungen: a) 40%ige Gummiarabicum-Lösung: 40 g ungemahlenes Gummiarabicum werden in 100 ml Aqua dest. gelöst. 14 Tage stehen lassen. Täglich mit einem Glasstab umrühren (der Lösung einige Kristalle Thymol zugeben).

b) 10%ige wäßrige Silbernitrat-Lösung. 14 Tage vor dem Gebrauch im Dunkeln stehenlassen.

c) Reduktionsmittel: 0,4 g Hydrochinon + 0,9 g Zitronensäure + 20 ml Aqua bidest. 5 Min. kräftig schütteln. Vor dem Gebrauch 12 Std. im Dunkeln stehenlassen. Lösung darf nicht älter als 24 Std. sein.

d) Entwicklungslösung (unmittelbar vor dem Gebrauch ansetzen): 60 ml 40%ige wäßrige Gummiarabicum-Lösung werden mit 0,5 ml 10%iger wäßriger Silbernitrat-Lösung 10 Min. kräftig geschüttelt. Danach 5 ml des Reduktionsmittels hinzugeben und 30 Sek. schütteln. Lösung muß sofort gebraucht werden.

Durchführung: 1. Paraffinschnitte ohne Klebemittel auf die Objektträger aufziehen. 2. In Xylol entparaffinieren, absteigende Äthanolreihe (nur reines Äthanol verwenden) und in Aqua bidest. wässern. 3. Aufgezogene Schnitte in eine flache Schale bringen und mit Entwicklungslösung übergießen. 4. Bei kunstlichem Licht (60-W-Lampe in einer Entfernung von etwa 40 cm über die Schale) $1^1/_2$—2 Std. entwickeln. 5. In fließendem Wasser waschen. 6. Gegenfärbung mit Kernechtrot oder Haemalaun. 7. In dest. Wasser und dann in fließendem Wasser waschen. 8. Ansteigende Äthanolreihe, Xylol, Balsam.

Zur Vermeidung von Niederschlägen während des ganzen Färbevorganges sowie bei der Verdünnung des Alkohols und beim Ansetzen der Lösungen immer in Quarzglas doppeltdest. Wasser benutzen. Methode nicht spezifisch. Kontrollen erforderlich (s. auch *Timm* und *Neth* 1959 sowie *Voigt* 1959).

Fixierung und Entkalkung der Knochen für die Sulfidsilber-Methode:

1. Fixierung: wie oben. 2. Abspülen mit H_2S gesättigtem doppeltdest. Wasser. 3. Entkalken in 30%iger mit H_2S gesättigter Ameisensäure. 4. Nach Entkalkung mehrmals in 5%iger wäßriger mit H_2S gesättigter Natriumsulfat-Lösung waschen. 5. Mit H_2S gesättigtem doppeldest. Wasser waschen. 6. In Paraffin einbetten.

16. U

a) Methode nach *Gérard* und *Cordier* (1932)

Fixierung: Formalin, Alkohol; Einbettung: Paraffin.

Durchführung: 1. Entparaffinierte Schnitte in dest. Wasser bringen. 2. Für 30—60 Min. in eine Mischung von gleichen Teilen 2%iger Kaliumferrocyanid-Lösung und 2%iger HCl bringen. 3. Mit dest. Wasser waschen. 4. Ansteigende Äthanolreihe, Xylol, Balsam.

Ergebnis: Uranverbindungen dunkelbraun. Die Methode ist spezifisch.

b) Methode nach *Schneider* (1903)

Fixierung: In Mischung aus 50 ml 5%iger Kaliumferrocyanid-Lösung + 50 ml gesättigter Pikrinsäure-Lösung + 10 ml verd. HCl. Nach Fixierung mit 4%iger HCl waschen.

Ansteigende Äthanolreihe (mit angesäuertem 80%igem Äthanol beginnen, weiter wie üblich). In Paraffin einbetten. Paraffinschnitte in Xylol entparaffinieren und in Balsam einschließen.

Ergebnis: Uranverbindungen dunkelbraun.

17. Zn

a) Dithizon-Methode

(*Mager*, *McNary* und *Lionetti* 1953)

Fixierung: Gefriertrocknung oder native Schnitte; Einbettung: Paraffin für gefriergetrocknetes Material; native messertiefgekühlte Schnitte oder Kryostatschnitte.

Stammlösungen:

a) 0,01%ige Diphenylthiocarbazon-Lösung in abs. Aceton.

b) Komplexbildender Puffer: 55 g Natriumthiosulfat (krist. $10\,H_2O$) + 9 g Natriumacetat ($CH_3COONa \cdot 3\,H_2O$) + 1 g KCN mit Wasser auf 100 ml auffüllen und lösen. Durch Zugabe von Essigsäure auf p_H 5,5 einstellen; mit dest. Wasser auf 200 ml auffüllen. Mit einer Dithizon-CCl_4-Lösung ausschütteln, um Zinkspuren zu entfernen.

c) Verdünnte Stammlösung a): 1,5 Teile Lösung a) + 1 Teil dest. Wasser.

d) 24 ml Stammlösung a) mit 18 ml dest. Wasser mischen. Mit n Essigsäure auf p_H 3,7 einstellen. Zugabe von 5,8 ml Pufferlösung b) und 0,2 ml 20%ige Kaliumnatriumtartrat-Lösung.

Durchführung: 1. Je einen Schnitt für 10 Min. in Lösung c) und Lösung d) stellen. 2. Mit Chloroform waschen. 3. Kurz in dest. Wasser waschen. 4. In Fructose-Sirup eindecken.

Ergebnis: Zinkverbindungen rot bis purpurrot.

b) Sulfid-Silber-Verfahren (s. S. 488)

Nachweis einiger anorganischer Anionen

1. Anorganisches Phosphat

a) Molybdat-Methode nach *Serra* und *Queiroz-Lopes* (1945)

Fixierung: Formalin; Einbettung: Paraffin.

Durchführung: 1. Entparaffinierte Schnitte in dest. Wasserbringen. 2. Fur 3—5 Min. mit Molybdat-HNO_3-Mischung behandeln (Mischung von gleichen Teilen 5%igem Ammonium-Molybdat und 1%iger HNO_3). 3. In dest. Wasser waschen. 4. Für 1 Min. in Benzidin-Lösung bringen (0,05 g Benzidin + 10 ml Eisessig mit dest. Wasser auf 100 ml auffüllen). 5. In 30%igem wäßrigem Natrium-Acetat waschen. 6. Schnitte in 30%igem Natrium-Acetat eindecken; Deckglas mit Paraffin abdichten.

Ergebnis: Phosphatverbindungen blau. — Farbe blaßt nach wenigen Stunden ab; Lokalisation schlecht.

b) Molybdat-Methode nach *Cheng* (1956)

Fixierung: 20%iges Formalin, neutralisiert durch die Passage an einer Ionenaustauschsäule.

Durchführung: 1. 20—50 μ dicke Gefrierschnitte in Acetatpuffer p_H 4,0 bringen (0,1 n Essigsäure + 0,025 n Natrium-Acetat). 2. 10 Min. bei +37 °C mit Molybdän-Säure-Lösung behandeln (1,5%ige Lösung von Ammonium-Molybdat in 0,005 n Schwefelsäure; mit gleichem Teil Acetat-Puffer auf p_H 4,0 einstellen). 3. Auf Objektträger aufziehen, Flüssigkeit abgießen. 4. Mit 1—2 Tropfen 2%iger Ascorbinsäure-Lösung bedecken und einschließen (2%ige wäßrige Ascorbinsäure-Lösung mit Acetatpuffer auf p_H 4,0 einstellen). Sofort untersuchen.

Ergebnis: Anorganische Phosphate blau.

2. Nachweis für Carbonate nach *Bunting* (1951)

Fixierung: Formalin; Einbettung: Paraffin.

Durchführung: 1. Entparaffinierte Schnitte in Aceton bringen; anschließend trocknen. 2. Den zur Untersuchung kommenden Bereich mit einem klaren Mineralöl bedecken. 3. Einen kleinen Tropfen 5%ige Schwefelsäure unter das Öl einspritzen. 4. Im Mikroskop untersuchen. Falls sich kleine Gasbläschen entwickeln, soll die Säure entfernt und durch einen Tropfen von gesättigtem wäßrigem Bariumhydroxyd ersetzt werden.

Ergebnis: Bildung der Gasbläschen sowie Bildung eines weißlichen Niederschlages beim Einwirken von Bariumhydroxyd sprechen für das Vorliegen von Carbonaten.

Methode spezifisch; Lokalisation sehr schlecht.

3. Nachweis von Chlorid-, Jodid- und Sulfationen

Siehe *Lison* 1960.

Literatur

Adams, C. W. M.: J. Clin. Path. **10**, 56 (1957).
Adamstone, F. B., u. *A. B. Taylor:* Stain Technol. **23**, 109 (1948).
Amoo, E. (Gedigk, P.): Dissert. Bonn 1962.
Ashbel, R., u. *A. M. Seligman:* Endocrinology **44**, 569 (1949).

Baker, J. R.: Quart. J. micr. Sci. **85**, 1 (1944).
Baker, J. R.: Quart. J. micr. Sci. **87**, 441 (1946).
Baker, J. R.: Quart. J. micr. Sci. **88**, 115 (1947).
Baker, J. R.: Quart. J. micr. Sci. **97**, 161 (1956).
Baker, J. R.: Principles of biological microtechnique, London 1958.
Backler, B. S., u. *W. F. Alexander:* Stain Technol. **27**, 147 (1952).
Barrnett, J. R., u. *A. M. Seligman:* Science **116**, 323 (1952).
Barrnett, J. R.: J. Nat. Cancer Inst. **13**, 905 (1953).
Barrnett, J. R., u. *A. M. Seligman:* J. Nat. Cancer Inst. **14**, 769 (1954).
Bauer, H.: Z. Zellforsch. mikr. Anat. **15**, 225 (1932).
Bauer, H.: Z. mikr. Anat. Forsch. **33**, 143 (1933).
Bennett, H. S.: Proc. Soc. exper. Biol. Med. **42**, 786 (1939).
Bennett, H. S.: Amer. J. Anat. **67**, 151 (1940).
Bennett, H. S.: Anat. Rec. **100**, 640 (1948).
Bennett, H. S., u. *D. A. Xyphantis:* J. Amer. chem. Soc. **70**, 3522 (1948).
Berg, N. O.: Acta path. scand. Suppl. 90 (1951).
Best, F.: Z. wiss. Mikrosk. **23**, 319 (1906).
de Boer, J., u. *R. Sarnaker:* Med. Proc. S. A. **2**, 218 (1956).
Boyland, E., P. Sims u. *D. C. Williams:* Biochem. J. **62**, 546 (1956).
Brachet, J.: C. R. Soc. Biol. **133**, 88 (1940).
Brachet, J.: Embryologie chimique, Paris 1947.
Brachet, J.: Quart. J. Micr. Sci. **94**, 1 (1953).
Brachet, J., u. *I. R. Shaver:* Stain Technol. **23**, 177 (1948).
Brandino, G.: Studi Sassar. **5**, 85 (1927).
Bruemmer, N. C., M. J. Carver u. *L. E. Thomas:* J. Histochem. Cytochem. **5**, 140 (1957).
Bunting, H.: Stain Technol. **24**, 109 (1949).
Bunting, H.: Arch. Path. **52**, 458 (1951).
Burstone, M. S.: J. Histochem. Cytochem. **3**, 32 (1955).
Burstone, M. S.. Histochemical methods for protein detection, in „Handbuch der Histochemie". Hrs. von *W. Graumann* u. *K. Neumann*. 3, T. 2, S. 244—284. Stuttgart 1959.

Cain, A. J.: Quart. J. micr. Sci. **88**, 383 (1947).
Cambar, R.: Zit. nach *Lison* 1953.
Cameron, G. R.: J. Path. Bact. **33**, 929 (1930).
Casella, C.: Anat. Anz. **93**, 289 (1942).
Castel, P.: Arch. Soc. Sc. Med. Biol. Montpellier **16**, 587 (1934/35).
Castel, P.: Bull. Histol. appl. **13**, 290 (1936).
Cheng, K-K.: J. Path. Bact. **71**, 265 (1956).
Chèvremont, M., u. *J. Frédéric:* Arch. Biol. **54**, 589 (1943).

Chiffelle, T. L., u. *F. A. Putt:* Stain Technol. **26**, 51 (1951).
Christeller, E.: Med. Klinik **22**, 619 (1926).
Christeller, E.: Verh. dtsch. Ges. Path. **22**, 173 (1927).
Cretin, A.: C. R. Assoc. Anat. **24**, 171 (1929).
Cretin, A.: Bull. Histol. appl. **334**, 125 (1924).
Cretin, A., u. *L. Pouyanne:* Bordeaux Chirurg. **1**, 321 (1933).
Crippa, A.: Boll. Soc. ital. biol. sper. **27**, 599 (1951).
Crout, J. R., u. *R. B. Jennings:* J. Histochem. Cytochem. **5**, 170 (1957).

Dahl, L. K.: Proc. Soc. exper. Biol. Med. **80**, 474 (1952).
Dam, H., u. *H. Granados:* Acta physiol. scand. **10**, 162 (1945).
Dam, H., u. *H. Granados:* Science **102**, 327 (1945).
Danielli, J. F.: Symp. Soc. exper. Biol. **1**, 101 (1947).
Danielli, J. F.: Cold Spring Harbor Symp. Quant. Biol. **14**, 32 (1949).
Danielli, J. F.: Cytochemistry, a critical approach. New York 1953.
Deane, H. W., u. *J. S. Andrews:* J. Histochem. Cytochem. **1**, 283 (1953).
Dempsey, E. W., u. *M. Singer:* Endocrinology **38**, 270 (1946).
Dempsey, E. W., M. Singer, H. Bunting, u. *G. B. Wislocki:* Anat. Rec. **98**, 417 (1947).
Dempsey, E. W., M. Singer u. *G. B. Wislocki:* Stain Technol. **25**, 73 (1950).
Denny, J. J., W. D. Robson u. *D. A. Irwin:* Canad. Med. Assoc. J. **40**, 213 (1939).
Denz, F. A.: Quart. J. Micr. Sci. **90**, 317 (1949).

Einarson, L. A.: Amer. J. Path. **8**, 295 (1932).
Einarson, L. A.: Acta path. microbiol. scand. **28**, 82 (1951).
Erickson, R. O., K. B. Sax u. *M. Ogur:* Science **110**, 472 (1949).

Fairhall, R. T., u. *R. R. Sayers:* U. S. Publ. Health Bull. **253**, **1** (1940).
Feigin, I.: J. biophys. biochem. Cytol. **2**, 213 (1956).
Feigl, F.: Spot Tests, Vol. II, New York 1954.
Feulgen, R., u. *H. Rossenbeck:* Z. physiol. Chem. **135**, 203 (1924).
Feulgen, R., u. *K. Voit:* Z. physiol. Chem. **135**, 249 (1924).
Feulgen, R., u. *K. Voit:* Pflügers Arch. Physiol. **206**, 389 (1924).
Fisher, C. R., u. *R. D. Lillie:* J. Histochem. Cytochem. **2**, 81 (1954).
Frankenberger, Z.: C. R. Assoc. Anat. **16**, 241 (1921).

Gedigk, P.: Klin. Wschr. **30**, 1057 (1952).
Gedigk, P.: Zbl. Path. **95**, 486 (1956).
Gedigk, P., u. *W. Pioch:* Beitr. path. Anat. **116**, 124 (1956).
Gedigk, P., u. *G. Strauss:* Virchow's Arch. **324**, 373 (1953).
Gérard, P., u. *R. Cordier:* C. R. Soc. Biol. **43**, 367 (1932).
Gersh, I.: Anat. Rec. **70**, 311 (1938).
Glavind, J., H. Granados, S. Hartman u. *H. Dam:* Experientia **5**, 84 (1949).
Glenner, G. G.: J. Histochem. Cytochem. **5**, 297 (1957).
Glenner, G. G., u. *R. D. Lillie:* J. Histochem. Cytochem. **5**, 279 (1957).
Gomori, G.: Microscopic Histochemistry. Chicago 1952.
Gomori, G.: Quart. J. Micr. Sci. **97**, 1 (1956).
Gössner, W.: Z. wiss. Mikroskop. **61**, 377 (1954).
Gössner, W.: Histochemie **2**, 199 (1961).
Graumann, W.: Z. wiss. Mikroskop. **61**, 225 (1953).
Graumann, W.: Acta histochem. **4**, 29 (1957).
Graumann, W.: Acta histochem. **5**, 49 (1958).
Graumann, W.: Verh. 6. Symp. Arbeitsgem. f. Histochem., Kiel, Acta histochem., Suppl. **2**, 217 (1959).
Graumann, W.: Histochemie **2**, 244 (1961).
Graumann, W., u. *W. Clauss:* Acta histochem. **6**, 1 (1958).
Gross, W.: Z. wiss. Mikroskop. **47**, 64 (1930).

Hale, C. W.: Nature **157**, 802 (1946).
Herxheimer, G. W.: Zbl. Path. **14**, 841 (1903).
Hotchkiss, R. D.: Arch. Biochem. **16**, 131 (1948).

Irwin, D. A.: Arch. industr. Health **12**, 218 (1955).

Jackson, B., u. *F. I. Dessau:* Stain Technol. **30**, 9 (1955).

Karnowsky, M. L., u. *H. W. Deane:* J. Histochem. Cytochem. 3, 85 (1955).
Kay, W. W., u. *R. Whitehead:* J. Path. Bact. **53**, 279 (1941).
Keilig, I.: Virch. Arch. **312**, 405 (1944).
Klüver, H., u. *E. Barrera:* J. Neuropath., Exp. Neurol. **12**, 400 (1953).
Klüver, H., u. *E. Barrera:* J. Psychol. **37**, 199 (1954).
Komaya, G.: Arch. Dermatol. **149**, 277 (1925).

v. Kossa, J.: Beitr. path. Anat. **29**, 163 (1901).
Kramer, H., u. *G. Windrum:* J. Histochem. Cytochem. **2**, 196 (1954).
Kramer, H., u. *G. Windrum:* J. Histochem. Cytochem. **3**, 227 (1955).
Kurnick, N. B.: Stain Technol. **27**, 233 (1952).
Kurnick, N. B.: J. Amer. chem. Soc. **76**, 417 (1954).
Kurnick, N. B.: Stain Technol. **30**, 213 (1955).
Kurnick, N. B.: Int. Rev. Cytol. **4**, 221 (1955).
Landing, B. H., u. *H. E. Hall:* Lab. Invest. **4**, 275 (1955).
Landing, B. H., u. *H. E. Hall:* J. Histochem. Cytochem. **4**, 41 (1956).
Leach, E. H.: J. Path. Bact. **47**, 635 (1938).
Lewis, P. R., u. *T. A. J. Grillo:* Histochemie **1**, 391 (1958).
Lhotka, J. F.: Stain Technol. **27**, 213 (1952).
Lillie, R. D.: Stain Technol. **19**, 55 (1944).
Lillie, R. D.: J. Laborat. Clin. Med. **32**, 910 (1947).
Lillie, R. D.: Bull. int. Ass. Med. Mus. **27**, 23 (1947).
Lillie, R. D.: Stain Technol. **27**, 37 (1952).
Lillie, R. D.: Histopathologic Technic and Practical Histochemistry. New York, Toronto 1954.
Lillie, R. D.: J. Histochem. Cytochem. **5**, 118 (1957).
Lillie, R. D., u. *J. Greco:* Stain Technol. **22**, 67 (1947).
Lillie, R. D., u. *G. G. Glenner:* J. Histochem. Cytochem. **5**, 167 (1957).
Lison, L.: Histochemie Animale. Paris 1936.
Lison, L.: Histochemie et Cytochemie Animales. Paris 1953.
Lison, L.: Histochemie et Cytochemie Animales. Paris 1960.
Lorrain-Smith, J.: J. Path. Bact. **12**, 1 (1908).
Mager, M., W. F. McNary u. *F. Lionetti:* J. Histochem. Cytochem. **1**, 493 (1953).
Mayer, P.: Z. wiss. Mikroskop. **20**, 409 (1904).
Mayersbach, H.: Acta Histochemia **3**, 128 (1956).
Mazza, M., u. *C. Lombardo:* Zit. *Lison* 1953.
McGee-Russel, S. M.: Nature **175**, 301 (1955).
McGee-Russel, S. M.: J. Histochem. Cytochem. **6**, 22 (1958).
McManus, J. F. A.: Nature **158**, 202 (1946).
McManus, J. F. A.: Stain Technol. **23**, 99 (1948).
McManus, J. F. A., u. *J. E. Cason:* J. exper. Med. **91**, 651 (1950).
McManus, J. F. A., u. *R. W. Mowry:* Staining Methods, Histological and Histochemical. New York 1960.
Menschik, Z.: Stain Technol. **28**, 13 (1953).
Michaelis, L.: Cold Spring. Harbor Symp. quant. Biol. **12**, 131 (1947).
Michaelis, L., u. *S. Granick:* J. Amer. chem. Soc. **67**, 1212 (1945).
Mitchell, J. S.: Brit. J. Exp. Path. **23**, 296 (1942).
Molnar, J.: Stain Technol. **27**, 221 (1952).
Müller, G.: Acta histochem. **6**, 218 (1959).
Neumann, K.: Grundriß der Gefriertrocknung, Göttingen 1955.
Neumann, K.: Anwendung der Gefriertrocknung für histochemische Untersuchungen in: *Graumann, W.,* u. *K. Neumann:* Handbuch der Histochemie, Band I/1, S. 1—77. Stuttgart 1958.
Okamoto, K., T. Akagi u. *G. Mikami:* Acta Schol. med. Kioto **22**, 373 (1939).
Okamoto, K., M. Mikami u. *M. Nishida:* Acta Schol. med. Kioto **22**, 382 (1939).
Okamoto, K., u. *M. Utamura:* Acta Schol. med. Kioto **20**, 573 (1938).
Okamoto, K., M. Utamura u. *T. Akagi:* Acta Schol. med. Kioto **22**, 361 (1939).
Pearse, A. G. E.: Stain Technol. **25**, 95 (1950).
Pearse, A. G. E.: J. Clin. Path. **4**, 1 (1951).
Pearse, A. G. E.: Quart. J. micr. Sci. **32**, 393 (1951).
Pearse, A. G. E.: Histochemistry, Theoretical and Applied. London 1953.
Pearse, A. G. E.: J. Path. Bact. **70**, 554 (1955).
Pearse, A. G. E.: Acta histochem. **4**, 95 (1957).
Pearse, A. G. E.: Histochemistry, Theoretical and Applied. London 1960.
Perls, M.: Virchows Arch. **39**, 42 (1867).
Pioch, W.: Virchows Arch. **330**, 337 (1957).
Pischinger, A.: Z. Zellforsch. **3**, 169 (1926).
Rabl, C. H. R.: Klin. Wschr. **2**, 1644 (1923).
Rapkine, L.: C. R. Soc. Biol. **112**, 79 und 1794 (1933).
Riemschneider, R. u. *C. Weygand:* Mh. Chemie **86**, 201 (1955).
Rinehart, J. F., u. *S. K. Abu'l-Haj:* Arch. Path. **52**, 189 (1951).

Romeis, B.: Mikroskopische Technik. München 1948.
Romieu, M.: C. R. Soc. Biol. **96**, 1232 (1927).
Roulet, F.: Methoden der Pathologischen Histologie. Wien 1948.

Sakaguchi, S.: J. biol. Chem. **5**, 25 (1925).
Sandritter, W.: Z. wiss. Mikroskop. **62**, 283 (1955).
Sandritter, W.: Z. wiss. Mikroskop. **61**, 30 (1952).
Sandritter, W., H. Diefenbach u. *F. Krantz*: Experientia **10**, 210 (1954).
Sanger, F.: Biochem. J. **39**, 507 (1945).
Sanger, F.: Cold Spring Harbor Symp. Quant. Biol. **14**, 153 (1949).
Schmeltzer, W.: Z. wiss. Mikroskop. **50**, 99 (1933).
Schmidt, W. J.: in *Graumann, W.*, u. *K. Neumann*: Handbuch der Histochemie Band I/1 S. 171—191 Stuttgart 1958.
Schneider, G.: Scand. Arch. Physiol. **14**, 383 (1903).
Schujeninoff, S.: Z. Heilk. **18**, 79 (1897).
Schultz, A.: Zbl. Path. **35**, 314 (1924).
Schultz, A., u. *G. Löhr*: Zbl. Path. **36**, 529 (1925).
Schultz-Brauns, O.: Zbl. Path. **50**, 273 (1931).
Seligman, A. M., R. Gofstein u. *A. M. Rutenberg*: Cancer Res. **9**, 366 (1949).
Seligman, A. M., K. Tsou u. *R. J. Barrnett*: J. Histochem. Cytochem. **2**, 484 (1954).
Serra, J. A., u. *A. Queiroz Lopes*: Port. Acta biol. **1**, 111 (1945).
Singer, M.: Intern. Rev. Cytol. **1**, 211 (1952).
Steedman, H. F.: Quart. J. micr. Sci. **91**, 477 (1950).
Stenram, U.: Acta anat. **20**, 36 (1954).
Stowell, R. E., u. *A. Zorzoli*: Stain Technol. **22**, 51 (1947).
Sylvèn, B.: Quart. J. micr. Sci. **95**, 327 (1954).
Sylvèn, B.: 1959 zit. *Pearse* 1960.

Timm, F.: Virchows. Arch. **297**, 502 (1936).
Timm, F.: Z. ges. exper. Med. **88**, 191 (1933).
Timm, F.: Dtsch. Z. Gerichtl. Med. **46**, 706 (1958).
Timm, F.: Beitr. gerichtl. Med. **21**, 195 (1961).
Timm, F., u. *R. Neth*: Histochemie **1**, 403 (1959).
Tirmann, J.: Görbersdorfer Veröffentl. **2**, 101 (1898).
Truc, E.: Bull. Histol. appl. **6**, 393 (1929).
Tsou, K.-C, R. J. Barrnett u. *A. M. Seligman*: J. Amer. chem. Soc. **77**, 4613 (1955).
Turchini, J., P. Castel u. *K. V. Kien*: Bull. Histol. appl. **21**, 124 (1944).

Uzman, L. L.: Lab. Invest. **5**, 299 (1956).

Van Slyke, D., u. *F. J. Birchard*: J. biol. Chem. **16**, 539 (1913).
Vercauteren, R.: Bull. Soc. Chim. Biol. **32**, 473 (1950).
Verne, J.: Arch. Anat. Micr. **25**, 137 (1929).
Verne, J.: Ann. Physiol. et Physicochim. Biol. **5**, 245 (1929).
Voigt, G.: Z. wiss. Mikroskop. **63**, 345 (1957).
Voigt, G.: Virchows Arch. **332**, 295 (1959).
Volk, B. W., u. *H. Popper*: Amer. J. Clin. Path. **14**, 234 (1944).

Wachstein, M., u. *F. G. Zak*: Amer. J. Path. **22**, 603 (1946).
Wartenberg, H.: Acta histochem. **3**, 145 (1956).
Wartenberg, H.: Acta histochem. **6**, 276 (1959).
Waterhouse, D. F.: Nature **167**, 358 (1951).
Weber, A. F., M. G. Philips u. *J. T. Bell*: *jr.* J. Histochem. Cytochem. **4**, 308 (1956).
Weiss, L. P., K. Tsou u. *A. M. Seligman*: J. Histochem. Cytochem **2**, 29 (1954).
Wild, F., in: Characterization of Organic Compounds, Cambridge 1947, S. 110—136.

Yao, T.: Quart. J. Micr. Sci. **90**, 401 (1949).
Yasuma, A., u. *T. Ichikawa*: Nagoya J. med. Sci. **15**, 96 (1952).
Yasuma, A., u. *T. Ichikawa*: J. Laborat. Clin. Med. **41**, 296 (1953).

II. Spezielle histochemische Methoden

Von **F. Duspiva**, Heidelberg

Inhalt: A. Vorbemerkungen. — B. Mikroskopischer Nachweis von Enzymen (Tab. 1 Zusammenstellung der Methoden S. 496) — C. Physikalische Methoden S. 502. — 1. Fluorescenzmikroskopie. 2. UV-Histospektrographie. 3. Quantitative Nucleinsäure-

A. Vorbemerkungen

Mit den Methoden der *mikroskopischen Histochemie* (vgl. Abschn. B) wird der analytische Nachweis von enzymatischer Aktivität „in situ" durchgeführt, wobei auf eine möglichst gute Erhaltung der Feinstruktur des Gewebes während aller Phasen des Testes besonders geachtet werden muß. Eine quantitative Erfassung der enzymatischen Aktivität ist aus verschiedenen Gründen schwierig zu erreichen und liegt deshalb nicht im primären Aufgabenkreis dieser Methodik. Die *Mikrodissektionstechnik* beruht auf der Zerteilung einer komplexen biologischen Probe mit dem Mikromanipulator oder dem Mikrotom in einzelne Teilstücke (Probennahme, vgl. Abschn. D 1), die bereits von Natur aus homogen sind oder nur noch aus wenigen Strukturelementen bestehen, deren Anteil mengenmäßig bestimmt werden kann (Bezugsgrößen, vgl. Abschn. D 2). Die gewonnenen Proben werden extrahiert, evtl. nach Homogenisation (z. B. durch Frieren und Auftauen, Glycerin u. dgl.). Die enzymatische Aktivität wird in den Extrakten, die meist ein Volumen von nur wenigen μl besitzen, mittels besonderer Mikromethoden (Spezielle Methoden, Abschn. D 3) quantitativ bestimmt. Eine genauere Lokalisation der Enzyme läßt sich durch eine eingehende Untersuchung der Korrelation enzymatischer Aktivität zur Verteilung bestimmter Strukturelemente in einer Serie von Proben aus dem betreffenden Organ erreichen.

B. Mikroskopischer Nachweis von Enzymen

Ein Gewebeschnitt wird in die gepufferte Substratlösung eingetragen. Die an den Enzymorten einsetzende enzymatische Reaktion führt in der Regel zur Bildung diffusibler Primärprodukte. Dem Substrat wird deshalb ein Reagens beigegeben, das mit einem der auftretenden Spaltprodukte einen schwerlöslichen Farbstoff bildet, der in unmittelbarer Nähe des Enzymortes ausfallen soll. Von der Abfangreaktion wird deshalb gefordert, daß sie 1. mit hoher Geschwindigkeit abläuft, 2. eine nicht kristalline, sehr feinkörnige Fällung liefert, die 3. eine hohe Farbkraft und 4. eine genügende Substantivität besitzt, um von den Proteinen des Zellortes festgehalten zu werden. Zwischen der enzymatischen Aktivität am Zellort und der im Test entwickelten Farbstoffmenge soll eine gute Korrelation bestehen, um eine Messung oder mindestens eine annähernd richtige Abschätzung der Enzymaktivität zu ermöglichen. Geeignete Methoden hierzu sind: *Mikrospektrophotometrie* [*2*], *Interferenzmikroskopie* [*3*] und *radiochemische Methoden* [*4*]. Da Gefrierschnitte beim Auftauen in physiologischen Salzlösungen stärkere Veränderungen in ihrer Feinstruktur erleiden, sollte man keine ungeschützten Gefrierschnitte verwenden. Eine Schutzwirkung geben: 0,44—0,88 m Rohrzuckerlösung, 7,5%ige Polyvinylpyrrolidon-(PVP)-Lösung oder 6%ige Dextranlösung. Manche Enzyme vertragen eine *Vorfixation* des Gewebes in eiskaltem Aceton, 8%iger Formaldehydlösung oder im Calcium-Formol-Gemisch nach *Baker*. Man kann die Gefrierschnitte auch in Aceton oder Äthanol bei —60°C fixieren: freezing-substitution-technique [*5*]. Die Methode der Gefriertrocknung mit anschließender Paraffintechnik zur Gewinnung von Schnitten erhält zahlreiche Enzyme bei guter Aktivität; die Zellstrukturen sind jedoch nicht fixiert und können im Verlauf des Testes schwere Veränderungen durchmachen. Eine geeignete nachträgliche Fixation wird in jedem einzelnen Fall gesondert erprobt werden müssen.

Alle histochemischen Teste müssen durch umsichtig angestellte Kontrollansätze ergänzt werden, um alle möglichen Nebenreaktionen zu erfassen und ausschließen zu können.

Tabelle 1. **Methoden zum mikrosko-**

Lfd. Nr.	Enzym	Fixation	Entwässerung	Einbettung und Schneidetechnik	Vorbehandlung	Substratlösung
1 a	Alkalische Phosphatase	abs. Aceton, 24 Std., 2–3mal wechseln, 4 °C	abs. Äthanol, 2mal je 6 Std., 20 °C; Methylbenzoat; Benzol, 2mal je 30 Min.	Paraffin (54–56 °C), 3mal je 20 Min., Einbetten. Schnitte: 5–10 μ	Entparaffinieren über Xylol, abs. Äthanol, 1%ig. Celloidin in Äthanol-Äther, absteigende Äthanol-Wasser-Reihe, Wasser. Wenn nötig, entkalken in Citratpuffer, p_H4,5–5,0	a) *Kobaltmethode* 20 ml 2%ig. Na-Glycerophosphatlösung (oder anderer Phosphorsäureester), 20 ml 2%ig. $CaCl_2$-Lösung, 1 ml 2%ig. $MgCl_2$-Lösung, 10 ml 0,2 m Ammediol-HCl-Puffer, p_H 9,6 (oder anderer phosphatfreier Puffer bei gleichem p_H). 19 ml dest. Wasser (bei Verwendung chemisch reiner Reagentien muß etwas Orthophosphat zugesetzt werden, um die Substratlösung mit Ca-phosphat zu sattigen).
1 b		4%iges neutralisiertes Formalin 4 °C, 2–24 Std.	entfallt	Gefrierschnitte im Kryostaten, 5–10 μ	Schutzlösung zur Strukturerhaltung (vgl. S. 495)	b) *Azofarbstoffmethode* 10 ml TRIS-Puffer, 0,2 m, p_H 9,0, 50 mg Na-α-Naphthylphosphat (oder ein Naphthol-AS-phosphat) 89 ml dest. Wasser, 100 mg tetrazotiertes o-Dianisidin-HCl (oder Variaminblausalz B) 1 ml 1%ig. $MgCl_2$-Lösung
1 c		Gefriertrocknung [6]	entfällt	Vakuumeinbettung in Paraffin	Entparaffinieren über Petroläther, Trocknen an der Luft oder Fixierung in eiskaltem abs. Äthanol, absteigende Alkoholreihe bis Wasser	
2 a	Saure Phosphatase	eiskaltes 80%ig. Äthanol; 12–24 Std.	wie 1 a	Paraffin, wie 1 a	entparaffinieren, wie 1 a	a) *Bleimethode* 500 ml 0,05 m Acetatpuffer, p_H 5,3, 50 ml 3%ig. Na-α-Glycerophosphatlösung, 0,8 g Bleiacetat
2 b		kaltes 4%ig. neutrales Formalin (möglichst kurzfristig) oder keine Fixierung.	entfällt	Gefrierschnitte im Kryostaten 5–10 μ	wie 1 b	b) *Azofarbstoffmethode* (I) 25 ml 0,2 m Acetatpuffer, p_H 5,2–6,0, (II) 25 ml Substratlösung, enthält 5 mg Na-α-Naphthylphosphat (oder den Ester eines Naphthol-AS-Derivates) mit etwas Aceton in Lösung gebracht und auf 25 ml mit Wasser aufgefüllt. In der Mischung von (I) und (II) löst man 30 bis 60 mg eines geeigneten
2 c		Gefriertrocknung [6]	entfällt	Vakuumeinbettung in Paraffin	Entparaffinieren wie 1 c	

pischen Nachweis von Enzymen

Inkubation	Nachbehandlung	Gegenfärbung	Einschluß	Literatur
1—2 Std. bei 37 °C in einer Färbeküvette. *Kontrollen:* a) durch Hitze-inaktivierte Schnitte (90 °C) oder b) Inkubation in substratfreiem Medium	Nach gutem Auswaschen in dest. Wasser oder 40%ig. Acetonlösung: 1. Tauchen in 1—2%ig. $Co(NO_3)_2$-Lösung, 5 Min, wässern und anschließend 2. Tauchen in stark verdünnte $(NH_4)_2S$-Lösung; wässern	beliebig; Hämatoxylinfärbung empfehlenswert	Kanadabalsam *Enzymorte:* braunschwarz (CoS)	*Takamatsu, H.:* Trans. jap. path. Soc. **29**, 492 (1939); *Gomori, G.:* Proc. Soc. exper. Biol. Med. **42**, 23 (1939); Biochim. biophys. Acta **8**, 162 (1952).
1—20 Min bei 17—22 °C in einer Farbeküvette	Waschen in dest. Wasser, 1—3 Min.	Hämalaun oder Eosin; Auswaschen in fließendem Wasser oder entfällt	Glycerin-Gelatine oder wasserlöslicher Plast. *Enzymorte:* dunkelblau	*Menten, M. L., J. Junge* u. *M. H. Green:* Proc. Soc. exper. Biol. Med. **57**, 82 (1944); *Burstone, M. S.:* J. Histochem. Cytoohem. **6**, 322 (1958); *Gössner, W.:* Histochemie **1**, 48 (1958).
0,5—1 Std. bei 37 °C	1. Abspulen in Wasser, 2%ig. Essigsaurelösung, 1 Min. abermaliges Auswaschen, anschließend 2. Tauchen in stark verdünnte $(NH_4)_2S$-Lösung, Auswaschen.	wie 1a	Kanadabalsam *Enzymorte:* braun bis schwarz (PbS)	*Gomori, G.:* Stain Tech. **25**, 81 (1950); *Pratt, O. E.:* Biochem. J. **55**, 140 (1953).
1—20 Min. bei 17—22 °C	Waschen in dest. Wasser, 1—3 Min.	Hämalaun oder entfällt	Glycerin-Gelatine oder wasserlöslicher Plast. *Enzymorte:* je nach Art der Diazoniumbase dunkelrot, dunkelblau oder schwarz	*Burton, J. F.:* J. Histochem. Cytochem. **2**, 88 (1954); *Burstone, M. S.:* J. Histochem. Cytochem. **6**, 322 (1958).

Tabelle 1. **Methoden zum mikrosko-**

Lfd. Nr.	Enzym	Fixation	Entwasserung	Einbettung und Schneidetechnik	Vorbehandlung	Substratlösung
						stabilen Diazoniumsalzes (empfehlenswert: Echtrotsalz ITR, Echtgranatsalz GBC oder Anthrachinon-1-diazoniumchlorid) und fügt 2 Tropfen einer 10%ig. $MnCl_2$-Lösung zu.
3a	Esterase	Kaltes Formalin, 4%ig (möglichst kurzfristig oder ohne Fixierung)	entfällt	Gefrierschnitte im Kryostaten, 5—10 μ	Schutzlosung zur Strukturerhaltung (vgl. S. 495)	(I) 25 ml 0,2 m TRIS-Puffer, p_H 7,1. (II) 25 ml Substratlösung, enthält 5 mg α-Naphthylacetat (oder Ester eines Naphthol-AS-Derivates) mit etwas Aceton in Lösung gebracht und mit Wasser auf 25 ml aufgefullt. In der Mischung von (I) und (II) löst man 30 bis 60 mg eines geeigneten stabilen Diazoniumsalzes (empfehlenswert: Echtblausalz BB, Echtgranatsalz GBC)
3b		Gefriertrocknung [6]	entfällt	Vakuumeinbettung in Paraffin	Entparaffinieren in Petroläther; Trocknen oder Nachfixierung (muß fallweise erprobt werden)	
4	Cholinesterase	entfallt	entfällt	Native Gefrierschnitte im Kryostaten, Montage auf gelatinierte Objektträger, Trocknen im Kryostaten	Zur Darstellung der spezif. Inaktivierung: Behandlung der Schnitte in $5 \cdot 10^{-5}$m Eserinlösung in Veronalpuffer, p_H7,8, 30 Min. bei 20°C. (Auch die Substratlösung muß Eserin in gleicher Endkonzentration enthalten.)	50 ml 2 n NaCl-Lösung, 50 ml 0,1 m Veronalpuffer, p_H 7,8, 10 mg β-Naphthylacetat in 1 ml Aceton gelöst, 5 ml 3%ig. $CaCl_2$-Lösung, 40 mg Diazoniumsalz des 4-Benzoylamino-2,5-dimethoxyanilins (Echtblau RR)
5		entfallt. Fixation kann in folg. Gemisch versucht werden: 1 Gew.-% trock. $CaCl_2$ in 4%ig. Formaldehydlösung auflösen und zu je 100 ml dieser Lösung 1 g gekörntes	entfällt	Gefrierschnitte im Kryostaten, 5—10 μ	Zur Entfernung endogener Substrate abspülen in 0,1 m Phosphatpuffer, p_H 7,4	a) *Fur an NAD (DPN) gebundene Enzyme:* 0,2 ml 1,09 m Äthanollösung, 0,1 ml ADH (Alkoholdehydrogenase, krist.), 1,5 mg je ml, 0,3 ml 0,5 m Na-L-malat-Lösung, 0,5 ml 0,5 m Na-L-glutamat-Lösung, 0,2 ml NAD-Lösung, 5 mg je ml 0,2 ml 0,1 m Semicarbazid-Lösung, 0,7 ml Tetrazolblau, oder Nitrotetrazolblau-Lösung, 1 mg je ml 0,8 ml 0,1 m Phosphatpuffer, p_H 7,4

pischen Nachweis von Enzymen (Fortsetzung)

Inkubation	Nachbehandlung	Gegen-färbung	Einschluß	Literatur
1—20 Min. 17—22°C	Waschen in dest. Wasser, 1—3 Min.,	Hämalaun oder entfällt	Glyceringelatine *Enzymorte:* je nach Art der Diazoniumbase dunkelrot oder blauschwarz	*Gomori, G.:* Int. Rev. Cytol. **1**, 323 (1952); *Burstone, M. S.:* J. Histochem. Cytochem. **6**, 322 (1958); *Gössner, W.:* Histochemie **1**, 48 (1958).
10—20 Min. bei 37°C	Waschen in fließendem Leitungswasser, 5 Min.	passende Kernfärbung oder entfällt	Glyceringelatine *Enzymorte:* blauschwarz	*Ravin, H. A., S. J. Zacks* u. *A. M. Seligman:* J. Pharm. exp. Therap. **107**, 37 (1953).
0,5—2 Std. unter Stickstoffstrom (anaerob)	Waschen in 0,9ig. NaCl-Lösung mit Zusatz von 0,6%ig. Essigsäurelösung, Fixation in 4%ig. Formalin, Waschen in Wasser, 80%ig. Alkohol und Wasser	entfällt	Glyceringelatine *Enzymorte:* rötlich-purpur bis blau	*Farber, E., Sternberg, W. H., Dunlap, C. E., Louviere, C. D.* u. *E. Bueding:* J. Histochem. Cytochem. **4**, 254, 266, 284, 347, 357 (1956).

Tabelle 1. **Methoden zum mikrosko-**

Lfd. Nr.	Enzym	Fixation	Entwässerung	Einbettung und Schneidetechnik	Vorbehandlung	Substratlösung
	Flavoprotein-Cytochrom *c*-Reduktase	$CaCO_3$ zusetzen. Der dekantierte Überstand wird eiskalt verwendet. (Bakers Ca-Formol-Gemisch)				b) *Fur an NADP (TPN) gebundene Enzyme:* 0,15 ml 0,5 m Na-L-malat-Lösung, 0,15 ml 0,5 m Na-citrat-Lösung, 0,1 ml NADP-Lösung, 2 mg je ml, 0,3 ml 0,005 m $MgCl_2$-Lösung, 0,2 ml 0,1 m Cystein-HCl-Lösung, 0,5 ml 3%ig. Methylcellulose-Lösung, 0,7 ml Tetrazolsalzlösung (wie unter a), 0,9 ml 0,05 m Veronalpuffer, p_H 7,4
6	Succinodehydrogenase	entfallt	entfallt	Native Gefrierschnitte im Kryostaten	Abspulen in 0,1 m Phosphatpuffer, p_H 7,4	10 ml 0,2 m Phosphatpuffer enthaltend 0,2% KCN, auf p_H 7,6 eingestellt, 10 ml 0,2 m Na-Succinat-Losung, 10 ml Nitrotetrazolblau-Losung [2 mg je ml], 10 ml Salzlösung (2 ml 2,33 m $CaCl_2$- + 2 ml 0,05 m $MgCl_2$- + 20 ml 0,6 m $NaHCO_3$- + 8 ml 0,01 m $AlCl_3$-Lösung + 68 ml Wasser).
7a		Formaldehyddampfe oder entfallt	entfallt	Gefrierschnitte im Kryostaten oder lebende Zellen	entfallt	(I) 10 g α-Naphthol in 10 ml sied. Wasser schmelzen und tropfenweise NaOH (25%ig) bis zur Lsg. zusetzen. Filtrieren. (II) 1 g Dimethyl-p-phenylendiamin in 100 ml Wasser lösen. Vor Gebrauch: Gleiche Teile (I) u. (II) mischen

pischen Nachweis von Enzymen (Fortsetzung)

Inkubation	Nachbehandlung	Gegenfarbung	Einschluß	Literatur
10—120 Min. 37 °C	Fixieren in 10%ig. Formalin, 30 Min.	entfallt	Glyceringelatine sofort auswerten, da Scharfe der Farbung nachläßt	*Seligman, A. M.*, u. *S. H. Rutenburg:* Science **113**, 317 (1951); *Goebel, A.*, u. *H. Puchtler:* Virchows Arch. **326**, 312 (1955).
Schnitte: In flacher Schale unter öfterem Schwenken (O_2-Zutritt) farben.	Waschen in dest. Wasser. Fàrbung in Lugolscher Lsg. oder verd. Li_2CO_3-Lsg. stabilisieren	Alaun-Karmin, Safranin	Glycerin, Glyceringelatine	*Romeis, B.:* Mikroskop. Technik, 15. Aufl. München 1948.
Lebende Zellen: 2 ml 1%ig. Lösung (I) (ohne NaOH-Zusatz) + 2 ml 0,1%ig. Lösung (II) + 8 ml 0,067 m Phosphatpuffer, p_H 6—7 10—60 Min., inkubieren.	Lebende Zellen: Auswaschen in Puffer-Lösung.		Lebendbeobachtung	*Perner, E. S.:* Biol. Zbl. **71**, 43 (1952).

Tabelle 1. **Methoden zum mikrosko-**

Lfd. Nr.	Enzym	Fixation	Entwässerung	Einbettung und Schneidetechnik	Vorbehandlung	Substratlösung
7b	Cytochromoxydase	entfällt	entfallt	Native Gefrierschnitte oder dicke Handschnitte durch frisch exzidiertes Gewebe		10—15 mg p-Aminodiphenylamin u. 10 bis 15 mg p-Methoxy-p-aminodiphenylamin (oder ein Naphthol-AS-Derivat) mit 0,5 ml Äthanol in Lösung bringen u. mit 35 ml dest. Wasser und 15 ml 0,2 m Tris-Puffer, p_H 7,4, mischen. Trube Suspension filtrieren

C. Physikalische Methoden

1. Fluorescenzmikroskopie

Zum Nachweis und zur Lokalisation *primär* fluorescierender Inhaltsstoffe der Zelle, z. B. der Vitamine A [*7*], Riboflavin [*8*], Thiamin [*8*], gewisser cancerogener Kohlenwasserstoffe, Chemotherapeutica, Uransalze und 8-Hydroxychinolinsalze von Metallen [*9*]. Direktbeobachtung oder spektroskopische Prüfung des Fluorescenzlichtes. *Sekundäre* Fluorescenz (mit Fluorochromen) histochemisch nicht direkt verwertbar. — *Präparation:* Gefriertrocknung, Paraffinschnitte (3—8 μ) auf UV-durchlässigen Objektträger montieren, entparaffinieren, trocknen, Einschluß in nicht fluorescierendes, die Substanz nicht lösendes Medium (Mineralöl, Wasser, Glycerin u. a.).

2. UV-Histospektrographie [*10*]

Ermittlung lokaler Nucleinsäurekonzentrationen und Konzentrationsänderungen einer bestimmten Zellstruktur (angenommene Dichte = 1) aus dem Extinktionswert bei 260 nm. Berücksichtigung von Streulicht und Lichtverlusten durch verschiedene Brechungsindices der Strukturelemente erforderlich. Die Eiweißkonzentration auf Grund der Extinktion von Tyrosin, Tryptophan und Phenylalanin bei 280 nm wegen der stark wechselnden Zusammensetzung der Proteine innerhalb der Zelle nur annähernd schätzbar. — Kombination des UV-flying-spot-Mikroskops [*11*] mit Fernsehtechnik und Analyse der Helligkeitsgrade einzelner Zeilen des Schirmbildes mit dem Kathodenstrahl-Oscilloskop („elektronische Dissektion") siehe [*12*].

3. Quantitative Nucleinsäurebestimmung und Mikrophorese

Bestimmung von RNA bzw. DNA in mit dem Mikromanipulator aus Carnoy-fixierten Schnitten isolierten Zellstrukturen (Kernteile, einzelne Nucleolen u. a.) mittels Extraktion mit RNase bzw. DNase und nachfolgender UV-Photographie und Densitometrie der getrockneten Extrakte. Bereich und Fehler: 50 bis 500 pg ±10% [*13*]. Die Basenzusammensetzung der RNA diskreter Zellstrukturen kann nach Hydrolyse der RNase-Extrakte mittels Elektrophorese („Mikrophorese") in hochviskosem Puffer auf einer einzelnen Kunstseidenfaser (z. B. 10—15 mm lang, 4000 V, 6—9 Min.) und nachfolgender UV-Photographie und Densitometrie bestimmt werden. Bereich 100 bis 1000 pg [*14*].

pischen Nachweis von Enzymen (Fortsetzung)

Inkubation	Nachbehandlung	Gegenfärbung	Einschluß	Literatur
15—60 Min., bei 20°C	Chelation des gebildeten Farbstoffes in 10%ig. Formalin, enthaltend 10% Co-Acetat und 0,02 m Acetatpuffer, p_H 5,2, (1 Std. od. länger). Waschen in fließendem Wasser. Dicke Schnitte mittels Gefriertrocknung in Paraffin einbetten	entfallt	Gefrierschnitte in Glyceringelatine einlegen. Paraffinschnitte in Petroläther entparaffinieren u. in Permount einbetten. Sofort auswerten, da Brillanz der Färbung nachläßt	*Burstone, M. S.:* J. Histochem. **7**, 112 (1959); **8**, 63, 225 (1960).

4. Weitere Methoden

Mikrospektralphotometrie (s. Abschn. B und [*2*]). — Interferenz-Mikroskopie (s. Abschn. B und [*3*]). — Röntgenmikroradiographie (s. Abschn. D 2 e).

D. Methoden der quantitativen histochemischen Analyse

(Unter Mitarbeit von **H.-W. Hagens**, Heidelberg)

1. Probennahme

a) Flüssige Proben (Vacuolen-Inhalt, Kernsaft von Oocyten u. dgl.): Aufsammeln in Glaskapillaren, evtl. mittels Mikromanipulator; mikroskopische Mes-

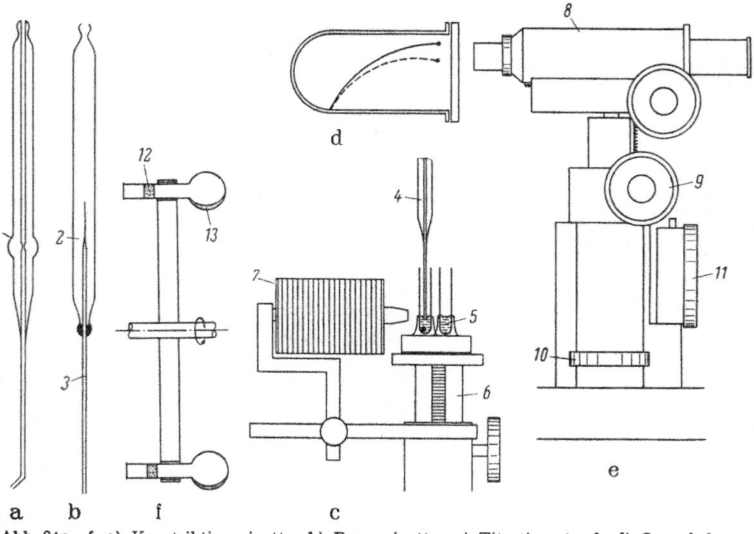

Abb. 81a—f. a) Konstriktionspipette; b) Bremspipette; c) Titrationsstand; d) Quarzfadenwaage; e) Kathetometer-Mikroskop; f) Diffusionsapparat fur die N-Bestimmung. *1* Konstriktion, *2* Kapillarbremse, *3* Haarmarke, *4* Burettenspitze, *5* Mikrogefäß, links mit Rührkörper, *6* Stand mit Zahntrieb, *7* Magnet, *8* Mikroskop, *9* Grobtrieb, *10* Feintrieb, *11* Meßuhr, *12* Auffangsäure im Hals des Diffusionsgefaßes, *13* veraschte Probe und Lauge.

sung der Länge der aufgesaugten Flüssigkeitssäule. Eichung der Kapillaren durch Abmessung von Farbstofflösungen und photometrischer Bestimmung der Farbstoffmenge.

b) Einzeller oder isolierte Zellen. Isolieren und Übertragen mittels Bremspipetten (Abb. 81 b).

c) Stratifizierung lebender Zellen zur Anreicherung von Cytoplasmakomponenten in wohlabgegrenzten Zonen. Beispiele: *Seeigeleier* zentrifugieren (10000 × g, 3—4 Min.) im isopyknischen Niveau eines Dichtegradienten, erzielt durch partielle Mischung von Seewasser mit einer 0,95 m Rohrzuckerlösung. *Amöben* im Zentrifugenmikroskop zentrifugieren in einem durch partielle Mischung mit 5—30%ig. Gummi-arabicum-Lösungen hergestellten Milieu. Zerteilung der Zonen durch prolongiertes Zentrifugieren (Seeigeleier) oder mittels Glasnadeln (Amöben).

d) Organe zeigen öfter einen ausgesprochenen histologischen Schichtenbau parallel zur Oberfläche (Magenschleimhaut, Niere, Retina u. a.). Gewinnung eines Bohrkerns aus dem tiefgekühlten Organ senkrecht zur Schichtfolge mit zylindrischem, scharfrandigen Stahlrohr (∅ 2,5 mm); den gefrorenen Gewebezylinder auf dem Tisch eines Gefriermikrotoms montieren, im Kryostaten (—16 bis —25 °C) in Schnittserie senkrecht zur Längsachse des Zylinders zerlegen, die Schnitte in periodischer Folge der Reihe nach zu enzymatischen Analysen, Kontrollanalysen, zur histologischen Auswertung und Bezugsgrößen-Bestimmung verwenden. Auswertung: Ein übereinstimmender Verlauf der enzymatischen Aktivität und des zahlenmäßigen Anteils eines bestimmten Zelltyps innerhalb einer Schnittserie bedeutet, daß diese Zellart als Träger des betreffenden Enzyms gelten kann.

2. Bestimmung der Bezugsgrößen

a) Trockengewicht. Zell- und Gewebeproben ab 0,1 μg. Quarzfadenwaage [*15*]: Belastbarkeit 20—300 μg, Empfindlichkeit 0,01 μg. Prinzip (Abb. 81 d): einseitig befestigter Quarzfaden, freies waagrechtes Ende mit Waagschale (Glasmembran), Knopf aus Khotinsky-Zement oder Haken; Messung der Deflektion mit Kathetometer-Mikroskop; Eichung mit Nitrophenol-Kristallen, die nachfolgend gelöst und photometriert werden.

b) Reduziertes Gewicht (*RW*) der biologischen Probe (x) (Gewicht W_x, Volumen v_x) im natürlichen Medium (Dichte φ_m):

$$RW_x = W_x - v_x \varphi_m. \quad [16]$$

Bestimmung im Gradientenrohr [*16a*]: Dichtegradient von 1,01 bis 0,99 aus Mischungen von Rein-Petroleum und Brombenzol, Temp. 20 °C ± 0,003°. Eichung mit Standardtropfen aus D_2O—H_2O-Mischungen. Die Probe (x) in einem Tropfen Medium (Volumen v) sinkt auf das der Dichte φ entsprechende isopyknische Niveau. Dann gilt:

$$RW_x = (\varphi - \varphi_m)\, v.$$

Bestimmung von v und Tropfenposition zwischen zwei Standardtropfen mit Kathetometer-Mikroskop. Interpolation vgl. Abschn. D3d. Genauigkeit für $v = 0{,}1$ μl: $0{,}5 \cdot 10^{-3}$ μg *RW*. Bestimmung auf der Taucherwaage [*17*]: Cartesianischer Taucher (vgl. Abschn. D3c) mit Kragen aus Polystyrol oder Polyäthylen zur Aufnahme der Probe (Abb. 83 d); wird beim Gleichgewichtsdruck p_0 von einer Luftblase (Volumen V_0) im Medium (Kulturflüssigkeit) der Dichte φ_m in Schwebe gehalten. RW_x ist der Differenz $\Delta p_x = p_x - p_0$ des Gleichgewichtsdruckes von beladener und unbeladener Waage proportional:

$$RW_x = Z \cdot \frac{-\Delta p_x}{p + \Delta p_x}\,; \; p = B + p_0; \; B = 1000 \text{ cm Brodie}.$$

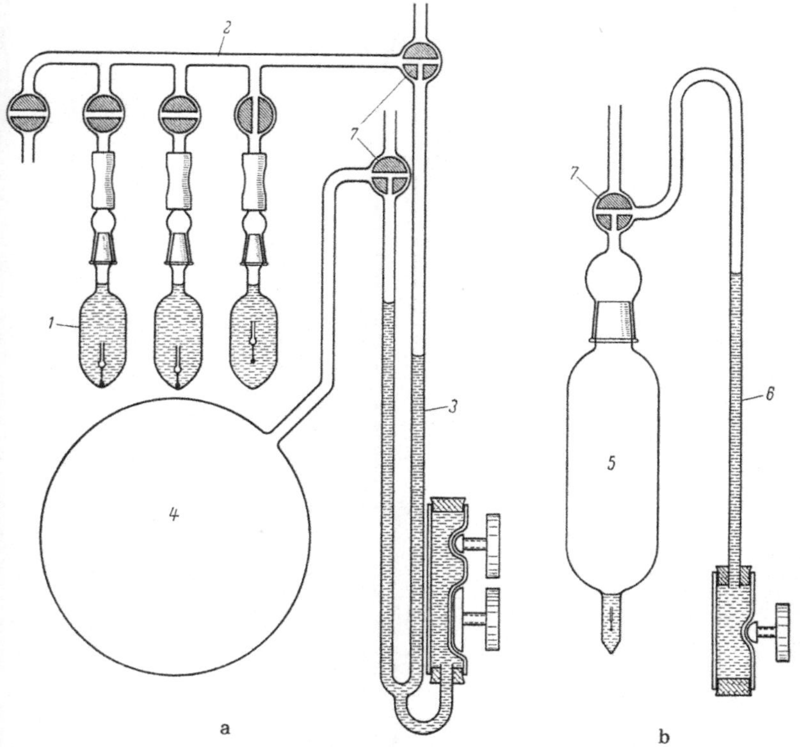

Abb. 82 a u. b. a) Taucher-Apparat, schematisch; b) Druckbürette, schematisch. *1* Flotationsgefäß, *2* Druckverteiler, *3* Manometer mit Druckapparat für Grob- und Feinregulierung, *4* Luftflasche, *5* Flotationsgefäß mit vergrößertem Luftvolumen, *6* Druckburette, *7* Dreiweghahn

Taucherwaagen-Konstante $Z = RW$ der unbeladenen Taucherwaage:

$$Z = V_0 \varphi_m .$$

Kalibrierung der Waage mit einem Standardkörper (*st*) von bekanntem *RW* (z.B. Polystyrolkugel):

$$Z = RW_{st} \cdot \frac{p + \Delta p_{st}}{-\Delta p_{st}} .$$

Empfindlichkeit je nach Größe von V_0: 1 bis $10 \cdot 10^{-3}\,\mu g$ *RW*.

c) Volumen. Gewebezylinder ausstanzen und im Kryostaten in Schnitte bekannter Dicke zerlegen (vgl. Abschn. D1). — Regelmäßig geformte Zellen ausmessen. Unregelmäßig geformte Zellen (z. B. Amöben) in einer Kompressionskammer auf bekannte Dicke zusammenpressen, photographieren und planimetrieren [*18*].

d) Dichte. Bestimmung der Dichte lebender Zellen und Zellbestandteile für die indirekte Gewichts- oder Volumenbestimmung [*19*] in einem Dichtegradienten aus hochpolymerem „Ficoll" (Hersteller: Pharmacia Ltd., Kopenhagen, Vanløse, Dänemark) in Wasser oder Nährsalzlösung [*20*]. Eichung des Gradienten mit kleinen Hohlkugeln aus Glas, deren spez. Gew. im Petroleum-Brombenzol-Gradienten gegen KCl-Lösungen bekannter Dichte bestimmt wird [*21*].

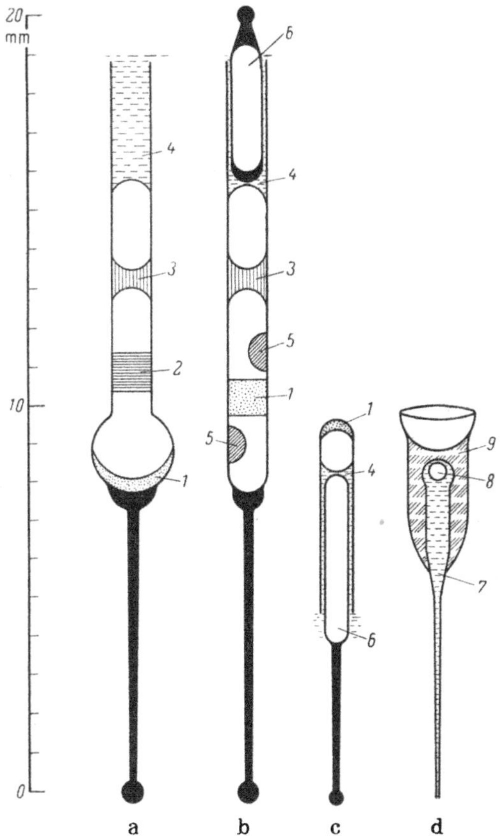

Abb. 83 a—d. a) Standardtaucher, gefüllt für Atmungsmessung; b) Zylindrischer Standardtaucher, anaerob gefüllt; c) Stopfentaucher für empfindliche Atmungsmessungen; d) Taucherwaage. *1* Reaktionsgemisch bzw. Probe in Medium, *2* Absorptionslösung (NaOH), *3* Paraffinöltropfen, *4* als Mündungstropfen hereinragendes Flotationsmedium, *5* Seitentropfen, *6* hohler Glasstopfen, *7* Glaskörper mit Kapillare, *8* Luftblase, *9* Polyäthylenkopf mit Kragen

e) Massenbestimmung mit Röntgen-Mikroradiographie [*22*]. Die Absorption von Röntgenstrahlen (8—10 Å) durch biologisches Material ist dessen Masse proportional. Röntgenstrahlung (300 V, 9 μ-Al-Filter) bildet das Präparat (5—10 μ dicker Gefrierschnitt) und ein Vergleichssystem aus Nitrocelluloselamellen bekannter Masse auf einem Lippmann-Film 1:1 ab. Densitometrie des Radiogramms mit Mikroskop-Photometer (Vergr. 500—800fach). Bestimmung von Lipiden, RNA und Protein als Massendifferenz vor und nach Extraktion mit Chloroform bzw. RNase. Auflösungsvermögen der Methode bei 4 μ^2.

f) Massenbestimmung mit Interferenz-Mikroskopie. Für Bestimmung von Trockenmasse, Dicke, Feststoff- und Wasserkonzentration in unfixierten bzw. lebenden Zell- und Gewebestrukturen. Eingehende Darstellung der Methode bei [*23*].

g) N-Bestimmung. Mikromodifikation des Kjeldahl-Verfahrens [*24*]. Proben $> 3\,\mu g$ N werden in kleinen Reagensgläsern mit 24 μl Veraschungsgemisch

(100 ml 50%ig. H_2SO_4 + 1 g $CuSO_4$ + 1 g K_2SO_4 + 1 g SeO_2) im elektrisch geheizten Sandbad aufgeschlossen (3 Std., 300°C). Nach Erkalten 200 µl Wasser zufügen, mischen, 90 µl übertragen in Diffusionsgefäß (Rundkölbchen, Ø 10 mm, Hals silikoniert, 22 mm lang, Ø 5 mm), mit 36 µl 18 n NaOH unterschichten, in den Hals 45 µl 0,004 n H_2SO_4 mit 0,016% Bromkresolgrün als Film legen, Gefäß mit perforiertem „Parafilm" verschließen, in waagrechter Lage auf einem motorgetriebenen Rad (waagrechte Achse) 30 Min. mit 30 Umdr./Min. und 40°C rotieren lassen (vgl. Abb. 81 f); den Säurefilm nachfolgend mit 0,01 n NaOH, oder nach Zusatz einer entsprechenden Menge Na_2HPO_4 mit Säure gegen einen Farbstandard (p_H = 4,6) zurücktitrieren. Erforderliche Mischung während der Titration durch elektromagnetische Vibration des Diffusionsgefäßes. Fehler etwa 0,05 µg N. — Bestimmung von 0,1 bis 1,0 ± 0,005 µg N nach [*25*]. — Statt Titration auch photometrische NH_4-Bestimmung nach der Phenol-Hypochlorit-Methode [*26*].

h) Protein-Bestimmung. Prinzip [*27*]: Protein lösen, mit Bromsulfalein bei p_H2—3 fällen, Reagens-Überschuß bei p_H>10 photometrieren. — Durchführung [*28*]. Reagens: 26 µl 5%ig. wäßr. Lösung von Bromsulfalein = Phenoltetrabrom-phthaleindinatriumsulfonat + 20 ml n HCl + 1,92 g Citronensäure mit Wasser auf 50 ml auffüllen. Puffer (0,4 m p_H 11): 2,94 g sec. Monoäthanolaminphosphat + 1,65 g prim. Triäthanolaminphosphat [*29*] + 21,8 ml 2n NaOH mit Wasser auf 50 ml auffüllen. — 18 µl der Probe (Homogenat, Gewebeschnitt oder Zelle in Wasser) mit 70 µl n KOH mischen und lösen (30 Min., 40°C), 18 µl der klaren Lösung in 50 µl Reagens einpipettieren, mischen, 2×10 Min. bei 13000 x g zentrifugieren; 50 µl des Überstandes in 70 µl Puffer pipettieren, bei 580 nm photometrieren. — Bereich: 0,02—1,0 µg Protein-N. Protein-Überschuß stört. — Fehler: bei 6 Leerwerten und 3 Protein-Parallelen entspricht der Fehler der Differenz der Mittelwerte ±0,002 µg Protein-N. Weitere 5—10fache Empfindlichkeitssteigerung durch Reduktion der Volumina möglich. Eichung der Methode für jede untersuchte Protein- bzw. Gewebeart mit Kjeldahl-N-Bestimmung erforderlich.

i) Zellzahl [*30*]. Gewinnung der Schnitte nach Abschn. D1d. Schnitte auf Objektträger aufkleben, fixieren, färben. Zählung aller Kerne und Kernstücke der betreffenden Zellart in 6—10 zufallsmäßig über den Schnitt verteilten Zählfeldern (Netzokular). Berechnung: Zellzahl pro Schnitt

$$n = \frac{d}{d+h}\left[\bar{x} \pm \left(\sqrt{\frac{\Sigma(x-\bar{x})^2}{q(q-1)}} \cdot \sqrt{1-\frac{qf}{Q'}}\right)\right] \cdot \frac{Q'}{f} \cdot \frac{Q'}{Q}$$

(d = Schnittdicke, h = Kernhöhe, $\bar{x}$ = Mittelwert der Zellzahl pro Zählfeld, $\Sigma(x-\bar{x})^2$ = Quadratsumme der Abweichungen der Einzelzählungen (x) von $\bar{x}$, q = Zahl der ausgezählten Felder, f = Fläche eines Zählfeldes, Q = Fläche des frischen Schnittes = Querschnitt der Stanze, Q' = Fläche des gefärbten Schnittes).

3. Spezielle analytische Verfahren

a) Titrimetrische Methoden

α) Geräte.

Reaktionsgefäße: Röhrchen aus Pyrex- oder Gerateglas 20 mit rundem Boden, Länge 20 mm, innerer Ø 4 mm, silikoniert (z. B. mit Dow Corning-Hahnfett ausreiben, nachpolieren, bei 150°C mindestens 4 Std. „backen"). — Stopfen: Plastikschlauch mit Glasperle verschlossen. — Pipetten: Konstriktionspipetten (Abb. 81 a) ab 2 µl Inhalt (Sonderausführung 0,1—2 µl), Fehler ≤0,2%. — Eichung: gravimetrisch mit Wasser, photometrisch mit Nitrophenol-Lösung oder iodometrisch mit KJO_3-Lösung. Halbautomatische Pipettierung mit Pumpe und Druckregler möglich [*25*]. — Bremspipette (mit Haarmarke, 0,1—20 µl Inhalt, Abb. 81 b) zur Übertragung von Zellen, Gewebeproben und schwer pipettierbaren Homogenaten. — Rührer: intermittierend geschalteter Elektromagnet und kleiner Fe-haltiger Rührkörper („Floh"; vgl. Abb. 81 c). — Elektromagnetischer Vibrator. — Motormischer: Motor mit einseitig abgeflachter Achse („buzzer"). — Büretten: Rehberg-Bürette (kalibrierte Kapillare, Vorschub der Titrationslösung mit Hg und Schraube). — Scholander-Bürette und ähnliche käufliche Dosimeter (Vorschub mit Hg oder Mikroinjektionsspritze und Mikrometerschraube).

β) Beispiele.

Peptidasen (Acetontitration). Substrat: 0,2 m Peptid mit NaOH auf gewünschten p_H-Wert eingestellt; Zusatz von Aktivatoren. — Ansatz: 7 µl Substrat + 7 µl Enzymlösung (Extrakt oder 30%ig. Glycerin + Gewebeprobe). Sistieren mit 30 µl 0,05 n alkohol. HCl. Zusatz von 150 µl wasserfreiem Aceton + Naphthylrot (20 mg pro 100 ml). Titration mit 0,05 n äthanolischer HCl auf Orange. Fehler: 0,08 µl 0,05 n HCl entsprechend $5{,}6 \cdot 10^{-5}$ mg Amino-N.

Trypsin (Formoltitration). Substrat: 4%ig. Casein mit NaOH auf $p_H = 4{,}8$ eingestellt. — Ansatz: 7 µl Substrat + 7 µl Enzymlösung + 7 µl 0,1 m-Veronalpuffer, p_H 8,4. Verschluß mit Natronkalkröhrchen. Sistieren mit 100 µl 6%ig. Formalin, enthaltend 8 µl 0,1%ig. äthanol. Phenolphthaleinlösung. Überschichten der Probe mit Paraffinöl. Titration mit 0,05 n wäßriger Tetramethylammoniumhydroxydlösung auf stark rosa. Fehler: $7 \cdot 10^{-5}$ mg Amino-N.

Amylase (reduktometrisch). Substrat: 1,5% lösliche Stärke in 0,03 m Phosphatpuffer, u. U. unter Zusatz von NaCl und EDTA. Ansatz: 5 µl Substrat + 5 µl Enzymlösung. Sistieren: 10 µl Carbonatpuffer p_H 10,2 (5 Vol. 0,4 n Na_2CO_3 + 1 Vol. 0,4 n HCl). Bestimmung: Zusatz von 6 µl 0,1 n Jod-Jodkalilösung zum Ansatz. In den Hals des Reaktionsgefäßes Film von 10 µl 1,2 n H_2SO_4 und in 5 mm Abstand Film von 10 µl 0,5%iger Stärke-Lsg. anbringen. 20 Min. bei 20°C stehenlassen. Zentrifugieren. Sofortige Titration mit 0,02 n Na-Thiosulfatlösung. Fehler 0,04 µl 0,02 n Na-Thiosulfatlösung.

Cholinesterase (acidimetrisch). Substrat: 0,4%ig. Acetylcholinchlorid in 0,1 n Veronalpuffer, p_H 8,0. Ansatz: 6 µl Substratlösung + 6 µl Enzymlösung. Sistieren: 50 µl Eserin-Indikatorlösung (0,01 g Eserinsulfat in 10 ml Wasser, enthaltend 1,5 ml 0,04%ig. Bromkreosolpurpurlösung). Titration mit 0,05 n wäßriger HCl gegen Farbstandard (10 ml Phosphatpuffer, p_H 5,9 + 1 ml 0,04%ig. Bromkreosolpurpurlösung).

b) Photometrische Methoden

α) Geräte.

Mikroskop-Photometer: Mikroskop mit Photo-Aufsatz, monochromatisches Licht über Planspiegel und Kondensor durch Kapillarküvette (10—50 µl) auf Kreuztisch. — Mikroadaptor zum Beckman-Spektralphotometer DU und anderen Fabrikaten, Küvetten 50—200 µl, Sonderausführung 15 µl Inhalt.

β) Beispiele.

Alkalische Phosphatase (Bestimmung des Phosphats). Substrat: 10 mg Na-Glycerinphosphat, 40 mg Veronal-Na, 2,5 mg $MgCl_2$, Einstellen auf p_H 9,35. Auffüllen auf 1 ml.

Ansatz: 5 µl Substrat + 5 µl Enzymlösung. Sistieren: 10 µl 0,25% Uranylsulfat in 5,0%iger Trichloressigsäure. Zentrifugieren. 4 µl Überstand + 4 µl 4 n H_2SO_4 + 4 µl 3%ig. Ammoniummolybdat + 4 µl 0,08%ig. Zinn-(II)-chlorid in konz. HCl, mischen, 15—30 Sek. stehen lassen. Photometrieren bei 660 nm. Abweichung:

bei 3 Parallelpartien 5% im Mittel.
bei 5 Parallelpartien 3%

Phosphatase (Bestimmung des Alkohols; nach [*31*], modifiziert): Substrat-Puffer = 0,03 m Na_2-p-Nitrophenylphosphat in Acetatpuffer, p_H 4,6 (saure Phosphatase) bzw. Tris-Puffer, p_H 9,1 (alkalische Phosphatase). Ansatz: 26 µl Substratpuffer + 7 µl Enzymlösung, sistieren mit 200 µl n NaOH, bei 400 nm photometrieren. Bereich und Fehler: $0{,}5-10\cdot10^{-9}\pm0{,}6\cdot10^{-10}$ Mol Nitrophenol.

Mikroadaptation aller Methoden zur Bestimmung von Enzymen und Metaboliten nach dem Prinzip des photometrischen Testes nach *Warburg*. Geeignete Ausstattung: Eppendorf-Photometer mit Kompensograph (Netheler & Hinz, Hamburg); Mikroküvetten 200—300 µl Inhalt, 10 mm Tiefe); Konstriktionspipetten; Bremspipetten.

c) Gasometrische Methoden (Cartesianisches Taucher-Mikrorespirometer[1])

Prinzip [33]. Läuft eine Reaktion, die mit der Bildung (dem Verbrauch) eines Gases verbunden ist, in einem kleinen, einseitig offenen, in einer Flüssigkeit schwebenden Glaskölbchen (Taucher) ab, so wird sich das Volumen des im Taucher eingeschlossenen Gases ändern. Der Taucher steigt (fällt). Es ist ein höherer (niedrigerer) Druck erforderlich, um dasjenige Gasvolumen (V) wieder herzustellen, das den Taucher auf einem bestimmten, mikroskopisch kontrollierten Niveau des Flotationsgefäßes gerade in Schwebe hält.

Anwendung. Messung der Atmung, Gärung und der enzymatischen Aktivität von einzelnen Zellen, Zellteilen oder kleinen Organproben und Homogenaten. Alle mit der manometrischen Technik nach *Warburg* zu messenden Reaktionen lassen sich auf das Taucher-Respirometer übertragen: Steigerung der Empfindlichkeit um das $10^3 - 5\cdot10^5$fache.

α) **Standardtaucher.** *Technische Angaben* [34]. Wasserbad: 100—150 l Inhalt, Wärmeisolierung mit Beobachtungsfenstern, kräftige, vibrationsfreie Rührung, Temp.-konstanz ±0,002°. — Flotationsmedium: 27,2 g $NaNO_3$ + 13,7 g NaCl + 0,2 g Na-taurocholat + 3 Tropfen 0,1 n HCl in 59,1 ml dest. Wasser lösen, aliquoten Teil mit 0,01 n HCl gegen Bromkresolpurpur (p_H 5,8—6,0) titrieren, berechnetes Vol. 0,1 n HCl der Hauptmenge zusetzen, filtrieren. Dichte ca. 1,33. Genaue Dichtebestimmung mit Fehler <0,5% erforderlich. — Manometer: U-förmiges Glasrohr, Lumen 2 mm, Schenkellänge 150 cm, Teilung in mm, Druckapparat zur Grob- und Feineinstellung des Gleichgewichtsdruckes (Abb. 82 a), Manometerflüssigkeit nach *Krebs*. Gegen Luftflasche (Inhalt ca. 5 l) messen, die zu Versuchsbeginn gegen die Atmosphäre geschlossen wird. Thermobarometer nicht erforderlich. — Taucher: Aus Geräteglas 20, Halslumen 0,9 mm, Wandstärke 0,1 mm, Kammerlänge 8—12 mm, Schwanzlänge 8 mm, Gesamtvolumen 5—12 µl, Taucher innen silikoniert [35]. Die gebräuchlichsten Formen siehe Abb. 83a, b. — Füllung des Tauchers: Mit kalibrierten Kapillar- oder feinen Bremspipetten. Soll der Taucher mit einem anderen Gas als Luft beschickt werden, erfolgt Begasung und Füllung unter gasgesättigtem Wasser in einer Küvette [36]. Im Falle leichtlöslicher Gase (CO_2) ist Einführung eines hohlen Glasstopfens mit Spez. Gew. = Dichte des Flotationsmediums erforderlich. Lösungen (Substrat, Hemmstoff), die als Seitentropfen angebracht sind, können während des Versuchs mit dem Halstropfen, der die Reaktionsmischung bzw. das zu untersuchende Material enthält, mittels eines kurzen Über- bzw. Unterdrucks gemischt werden. — Kalibrierung: Das Gewicht G_D des leeren Tauchers für eine bestimmte Beschickung durch Aufschmelzen oder Abschleifen von Glas am Schwanzende auf 0,05 mg genau justieren (v = Volumen, φ = Dichte von Öl bzw. Reaktionsgemisch R, Absorptionslösung A, Mündungstropfen M, Flotationsmedium m oder Glas, v_T = Gesamtvolumen, durch Auswägen bestimmt):

$$G_D = \frac{v_T\varphi_m - v_{\text{Öl}}\varphi_{\text{Öl}} - v_R\varphi_R - v_A\varphi_A - v_M\varphi_m}{1-(\varphi_m/\varphi_{\text{glas}})}\,.$$

[1] Eine Reihe weiterer, auf spezielle Aufgaben zugeschnittene Methoden haben eine vergleichsweise geringe Verbreitung gefunden. Übersicht bei [32].

Die Taucherkonstante V = Gasvolumen des gefüllten, in seiner Gleichgewichtslage schwebenden Tauchers ergibt sich aus der Tauchergleichung [33]:

$$\varphi_m = \frac{G_D + v_{\text{öl}}\,\varphi_{\text{öl}} + v_R\,\varphi_R + v_A\,\varphi_A}{V + v_{\text{öl}} + v_R + v_A + G_D/\varphi_{\text{glas}}};$$

$$V = \frac{G_D + v_{\text{öl}}\,\varphi_{\text{öl}} + v_R\,\varphi_R + v_A\,\varphi_A - v_{\text{öl}}\,\varphi_m - v_R\,\varphi_m - v_A\,\varphi_m - G_D\,\varphi_m/\varphi_{\text{glas}}}{\varphi_m}$$

oder:

$$V = G_D\left(\frac{1}{\varphi_m} - \frac{1}{\varphi_{\text{glas}}}\right) - v_{\text{öl}}\left(1 - \frac{\varphi_{\text{öl}}}{\varphi_m}\right) - v_R\left(1 - \frac{\varphi_R}{\varphi_m}\right) - v_A\left(1 - \frac{\varphi_A}{\varphi_m}\right).$$

Berechnung der Messung: Die am Manometer abgelesene Druckänderung ΔP ist der Änderung das Gasvolumens ΔV im Taucher direkt proportional. Die Berechnung von ΔV erfolgt nach einer der folgenden Formeln.

1. Fall: Alle Tauchergase (O_2, N_2, H_2) sind in den Flüssigkeiten der Taucherfüllung wenig löslich.

Beispiel: Atmungsmessung mit CO_2-Absorption.

$$\Delta V = \frac{V\,\Delta P}{P_0}.$$

2. Fall: Neben konstantem Gehalt an schwerlöslichen Gasen veränderlicher Gehalt an CO_2. Bedingungen: $v_{CO_2} \lesseqgtr 0{,}05\,V$, $v_{\text{öl}} < 0{,}5\,\mu l$, Glasstopfen im Mündungstropfen.

Beispiel: Esterase-Bestimmung in Bicarbonatpuffer.

$$\Delta V = \frac{V\,\Delta P}{P_0}\left(1 + \frac{v_R\,\alpha_{CO_2}}{V}\right).$$

3. Fall: Es ändert sich der Gehalt an CO_2 und der eines schwerlöslichen Gases. Bedingungen: $v_{CO_2} \lesseqgtr 0{,}05\,V$, $v_R < 0{,}2\,V$, Glasstopfen im Mündungstropfen.

Beispiel: Atmungsmessung ohne CO_2-Absorption zur RQ-Bestimmung.

$$\frac{V\,\Delta P}{P_0} = \Delta v_{O_2} + \frac{\Delta v_{CO_2}}{1 + \dfrac{v_R\,\alpha_{CO_2} + v_{\text{öl}}\,\beta_{CO_2}}{V}}$$

Es bedeuten: P_0 = Normaldruck = 1000 cm Manometerflüssigkeit; α_{CO_2}, β_{CO_2} = Absorptionskoeffizient von CO_2 in Wasser bzw. in Paraffinöl (0,78 bzw. 0,91 bei 24 °C); v_{O_2}, v_{CO_2} = Volumina von O_2 bzw. CO_2 im Taucher.

β) **Stopfen-Taucher** [37]. Für besonders empfindliche und exakte Atmungsmessungen dem Standard-Taucher vorzuziehen. Die Taucherkammer ist von einem langen Hohlstopfen verschlossen, der den größten Teil des Tauchergewichts kompensiert, den Druckausgleich erlaubt und den Gasaustausch mit dem Flotationsmedium (isotonische NaOH) unterdrückt: Gasverlust etwa $2 \cdot 10^{-5}$ V/Std. $V = 0{,}05-1{,}5\,\mu l$ (Abb. 83c). — Berechnung von V unmöglich. Bestimmung: Ausmessen des Gasraums im nahezu schwebenden Taucher, oder Bestimmung des reduzierten Gewichts *RW* des gasleeren Tauchers auf der Taucherwaage im Flotationsmedium [38]:

$$V = \frac{RW_d}{\varphi_m}.$$

γ) **Druckbürette** [39]. Der stark vergrößerte geschlossene Luftraum über dem Flotationsmedium wird mit einer Sperrflüssigkeit um meßbare Beträge, die an einer graduierten Kapillare abgelesen werden, verkleinert (vergrößert) und damit der Druck erhöht (verringert). Je nach dem Verhältnis von Luftvolumen zu Kapillarquerschnitt ist die Druckbürette (Abb. 82b) 10—100mal empfindlicher als die üblichen Manometer.

d) Dilatometrische Methoden [16]

Isotherme chemische Reaktionen in ca. 0,1—0,2 μl Flüssigkeitsvolumen können gemessen werden, wenn man die mit der Reaktion verbundene Änderung der Dichte im Petroleum-Brombenzol-Dichtegradienten (vgl. Abschn. D 2 b) verfolgt. Brauchbar für die Messung von Peptid-, Amid- und Esterspaltungen. — 20 cm langer Gradient von $(\varphi_x - 0{,}01)$ bis $(\varphi_x + 0{,}01)$; φ_x = Dichte des Ansatzes. Eichung mit Standardtropfen von KCl-Lösungen bekannter Dichte. Bestimmung der Tropfenposition mit dem Kathetometer-Mikroskop. Die Dichte des Ansatztropfens zur Zeit t (Volumen v, Position h_x zwischen h_a und h_b der Standardtropfen a und b, Dichten φ_a, φ_b) ist

$$\varphi_x = \varphi_b - \frac{(\varphi_b - \varphi_a)(h_x - h_b)}{h_b - h_a}.$$

φ_x als Funktion von t ist eine Gerade, deren Neigung (s) ein Maß fur die Enzymaktivität (q) ist:

$$q = \frac{s\,v}{\omega\,\varphi_{x(t)}}\,; \quad \omega = \text{Kontraktionskonstante.}$$

Fehler: $0{,}3 \cdot 10^{-10}$ Mol Substratspaltung. Die Peptidase-Aktivitat eines einzelnen Seeigeleies überschreitet diesen Wert in 20 Sek.

Literatur

[1] Zusammenfassende Darstellungen:
Glick, D.: Techniques of Histo- and Cytochemistry. New York 1949.
Linderstrøm-Lang, K., u. *H. Holter:* Die enzymatische Histochemie in *Bamann, E.,* u. *K. Myrbäck:* Die Methoden der Fermentforschung **2**, 1132 (1940).
Pearse, A. G. E.: Histochemistry, 2. Aufl., London 1953.
Duspiva, F.: Enzymatische Histochemie, in: *Hoppe-Seyler/Thierfelder,* Bd. 2, 10. Aufl., Berlin, Göttingen, Heidelberg 1955.
Deane, H. W., R. J. Barrnett u. *A. M. Seligman:* Histochemische Methoden zum Nachweis der Enzymaktivität, in *Graumann, W.,* u. *K. H. Neumann:* Hdb. der Histochemie. Bd. **7**, Enzyme, 1. Teil, Stuttgart 1960.

[2] *Naora, H.:* Microspektrophotometry in visible light range, in *Graumann, W.,* u. *K. H. Neumann:* Hdb. der Histochemie. Bd. **1**, Allgemeine Methodik, 1. Teil, 192, Stuttgart 1958.
Sandritter, W.: Ultraviolettmikrospektrophotometrie, ebenda 220—338.

[3] *Hale, A. J.:* The interference microscope in biological research. Edinburgh u. London. *Davies, H. G., R. Barler* u. *J. F. Danielli:* Nature **173**, 1234 (1954).

[4] *Shugar, D., H. Sierakowska* u. *A. Szenberg:* Acta biochim. polonica **5**, 27 (1958).

[5] *Chang, J. P.,* u. *S. H. Hori:* J. Histochem. Cytochem. **9**, 292 (1961).

[6] *Neumann, K. H.:* Anwendung der Gefriertrocknung für mikrochemische Untersuchungen. In *Graumann, W.,* u. *K. H. Neumann:* Hdb. der Histochemie, Bd. **9**, Allgemeine Methodik, 1. Teil, Stuttgart 1958.

[7] *Popper, H.,* u. *M. Elsasser:* Can. 7. Res. E. **3**, 45 (1941). — *Popper, H.:* Physiol. Rev. **24**, 205 (1944).

[8] *Sjöstrand, F.:* Acta anat. **1**, Suppl. 1, 163 (1945/46); Nature **157**, 698 (1946); Acta physiol. Scand. **42**, 12 (1946).

[9] *Glick, D.,* l. c. [1].

[10] *Caspersson, T.:* Chromosoma **5**, 562 (1940); *Sandritter, W.:* l. c. [2].

[11] *Montgomery, P., O'B., W. A. Bonner* u. *F. F. Roberts:* Proc. Soc. Exper. Biol. Med. **93**, 409 (1956); *Montgomery, P. O'B.,* u. *W. A. Bonner:* Scientific Am. **198** (5), 38 (1958).

[12] *Kopac, M. J.:* In "The Cell" Hrs. *Brachet, J.,* u. *A. E. Mirsky,* **1**, Kap. 6, 161 (1959).

[13] *Edström, J.-E.,* u. *J. Kawiak:* J. Biophys. Biochem. Cytol. **9**, 619 (1961).

[14] *Edström, J.-E.:* J. Biophys. Biochem. Cytol. **8**, 39, 47 (1960).

[15] *Lowry, O. H.:* J. biol. Chem. **140**, 183 (1941); J. Histochem. Cytochem. **1**, 420 (1953).

[16] *Linderstrøm-Lang, K.,* u. *H. Lanz jr.:* C. R. Lab. Carlsberg, Sér. chim. **21**, 315 (1938).

[16a] *Levi, H.,* u. *E. Zeuthen:* C. R. Lab. Carlsberg, Sér. chim. **25**, 273 (1946).

[17] *Zeuthen, E.:* C. R. Lab. Carlsberg, Sér. chim. **26**, 243 (1948); *Lovtrup, S.:* C. R. Lab. Carlsberg, Sér. chim. **27**, 125 (1950); *Hagens, H. W.:* Histochemie **1**, 109 (1958).

[18] *Lumsden, C. E.,* u. *C. V. Robinson:* C. R. Lab. Carlsberg, Sér. chim. **28**, 358 (1953).

[19] *Løvtrup, S.:* C. R. Lab. Carlsberg, Sér. chim. **27**, 137 (1950).
[20] *Holter, H.*, u. *K. Max Møller:* Exper. Cell Res. **15**, 631 (1958).
[21] *Ottesen, M.*, u. *R. Weber:* C. R. Lab. Carlsberg, Sér. chim. **29**, 417 (1955).
[22] *Engström, A.*, u. *B. Lindström:* Biochim. Biophys. Acta **4**, 351 (1950); *Brattg rd, S.-O.*, u. *H. Hyden:* Acta radiol. Stockholm, Suppl. 94 (1952).
[23] *Hale, A. J.*, l. c. [3]; *Davies, H. G., M. F. H. Wilkins, J. Chayen* u. *H. La Couq:* Quart. J. micr. Sci. **95**, 271 (1953); *Barer, R.:* Nature **172**, 1098 (1953).
[24] *Boell, E. J.*, u. *S. C. Shen:* Exper. Cell Res. **7**, 147 (1954).
[25] *Brühl, D., H. Holter, K. Linderstrøm-Lang* u. *K. Rozits:* C. R. Lab. Carlsberg, Sér. chim. **25**, 289 (1946).
[26] *Russell, J. A.:* J. biol. Chem. **156**, 457 (1944).
[27] *Nayyar, S. N.*, u. *D. Glick:* J. Histochem. Cytochem. **2**, 282 (1954).
[28] *Hagens, H. W.:* Unveröffentlicht.
[29] *Thies, H.*, u. *G. Kallinich:* Biochem. Z. **324**, 485 (1953).
[30] *Rask-Nielsen, R.:* C. R. Lab. Carlsberg (II) **25**, 1 (1944).
[31] *Boman, H. G.:* Biochim. Biophys. Acta **16**, 245 (1955).
[32] *Glick, D.:* l. c. [1].
[33] *Linderstrøm-Lang, K.:* Nature **140**, 108 (1937); C. R. Lab. Carlsberg, Sér. chim. **24**, 333 (1943).
[34] *Holter, H.:* C. R. Lab. Carlsberg, Sér. chim. **24**, 399 (1943).
[35] *Schwartz, S.:* C. R. Lab. Carlsberg, Sér. chim. **24**, 79 (1949).
[36] *Waterlow, J. C.*, u. *A. Borrow:* C. R. Lab. Carlsberg, Sér. chim. **27**, 93 (1949).
[37] *Zeuthen, E.:* Biol. Bull. **98**, 139 (1950); **108**, 366 (1955).
[38] *Hagens, H. W.:* Verh. Dtsch. Zool. Ges., Saarbrücken 1961, Zool. Anz., 25. Suppl., 350 (1962).
[39] *Zeuthen, E.:* J. Embryol. exp. Morph. **1**, 239 (1953).

III. Histoautoradiographie

Von **W. Oehlert**, Freiburg i. B.

Zusammenfassende Literatur: *Pelc, S. R.:* Autoradiographic technique: Nature, **160**, 749, 1947. — *Boyd, G. A.* u. *A. Williams:* Stripping-film techniques for histological autoradiographs. Proc. Soc. exper. biol. Med. **69**, 225, 1948. — *Niklas, A.* u. *W. Maurer:* Autoradiographie. In Hoppe-Seyler/Thierfelder, Handbuch der physiologisch- und pathologisch-chemischen Analyse, 10. Aufl., Band 2, Berlin, Göttingen, Heidelberg 1955. — *Harbers, E.:* Autoradiographie als histochemisches Untersuchungsverfahren. In Hdb. d. Histochemie, Band 1, 1958.

A. Vorbereitung der Gewebsschnitte

Da jedes Autoradiogramm so gut oder so schlecht ist, wie der dazu verwandte Gewebsschnitt bez. Zellausstrich, muß auf die Herstellung der Gewebsschnitte bzw. Ausstriche besondere Sorgfalt verwandt werden.

Grundsätzlich sind für die Histoautoradiographie alle Gewebsschnitte und Ausstrichpräparate geeignet, die auch gute Ergebnisse mit den verschiedenen üblichen Färbemethoden ergeben würden. Die Wahl des Fixationsmittels spielt für die Herstellung von Autoradiogrammen so lange keine Rolle, als es nicht (bei ungenügender Entfernung aus dem Gewebsschnitt) zu einer chemischen Beeinflussung des autoradiographischen Filmes bzw. der Emulsion führt. Die Wahl des Einbettungsverfahrens bzw. des Mikrotoms zur Herstellung der Schnitte bleibt dem einzelnen Untersucher überlassen und hat auf die Herstellung von Autoradiogrammen dann keinen Einfluß, wenn dadurch die Haftung der Photoemulsion auf dem Schnitt nicht beeinträchtigt wird. Zu dicke Gewebsschnitte sind in gleicher Weise für die autoradiographische Untersuchung ungeeignet wie sie auch bei der üblichen histologischen Untersuchung des gefärbten Präparates schlechte Ergebnisse liefern. Bei der Herstellung der Gewebsschnitte und der Vorbereitung der histologischen Präparate für die Autoradiographie sollten folgende Dinge beachtet werden:

Reinigung der Objektträger. Zum Aufziehen der Gewebsschnitte dürfen nur restlos entfettete und völlig saubere Objektträger verwandt werden. Die im Handel befindlichen „chemisch gereinigten" Objektträger haben sich nicht bewährt. Für die Säuberung der Objektträger wird folgendes Verfahren empfohlen:

Einlegen der Objektträger für 24 Std. in auf 70 °C erwärmte Chromschwefelsäure. 24 Std. Wässerung der Objektträger unter fließendem Wasser. Abspülen der Objektträger in destilliertem Wasser bei stark kalkhaltigem Leitungswasser. Aufbewahrung der Objektträger in 90% reinem Alkohol oder Aceton und Abreiben der Objektträger vor dem Gebrauch mit einem nicht flusenden Tuch.

Entparaffinierung der Schnitte. Von besonderer Wichtigkeit ist die gründliche Entparaffinierung der Gewebsschnitte. Jeder kleinste Rest von Paraffin im Gewebsschnitt oder auf dem umgebenden Objektträgerglas verhindert die feste Haftung der Emulsion bzw. des Stripping-Filmes und führt zur Blasenbildung oder zum Abheben der gesamten Emulsion während des Entwicklungsvorganges oder während des Wässerns. Bei der Entparaffinierung sollte man die Schnitte grundsätzlich zweimal durch Xylol und die absteigende Alkoholreihe ziehen und die Entparaffinierungslösungen nach zweimaligem Gebrauch wechseln. Dies empfiehlt sich schon deshalb, weil jeder Aktivitätsrückstand, der auf dem Objektträger oder dem Gewebsschnitt verbleibt, zu einer Untergrundschwärzung führen kann. Aus dem gleichen Grunde sollte man auch zur Paraffineinbettung der für die Autoradiographie bestimmten Gewebe auf keinen Fall bereits vorher zur Einbettung aktiven Materials verwandtes Paraffin erneut benutzen.

B. Herstellung von Histoautoradiogrammen mit flüssiger Emulsion

Die im folgenden beschriebene Anwendung flüssiger Emulsionen bei der Herstellung von Histoautoradiogrammen gilt für folgende Emulsionsarten: Ilford G. 5, K. 2 und L. 4 sowie für alle flüssigen Emulsionen in Gelform der Firmen Kodak und Eastman-Kodak.

Bereitung der Emulsion. Die Emulsionen in Gelform werden in kleinen, braunen Flaschen geliefert und liegen in Form makkaroniartiger, etwa 2—3 cm langer, viereckiger puddingartiger Stückchen vor. Die Auflösung der Emulsionsstücke erfolgt bei einer Temperatur von 50 °C. Die Auflösung wird entweder sogleich mit Wasser vorgenommen oder aber die Emulsion wird zunächst geschmolzen und dann mit Wasser verdünnt. Das Mengenverhältnis von Emulsion zu Wasser richtet sich nach der gewünschten Schichtdicke der Emulsion über dem Gewebsschnitt. Im allgemeinen sollte man auf einen Teil Emulsion 2 Teile Wasser geben. Eine stärkere Verdünnung ergibt dünnere Filmschichten und hat eine größere Empfindlichkeit der Emulsion zur Folge. Eine zu starke Verdünnung der Emulsion führt zu einer ungleichmäßigen Verteilung der Silberbromidkristalle in der Trägerschicht, zu verstärkter Untergrundschwärzung und zur Verklumpung der autoradiographischen Silberkörner.

Wir benutzen im allgemeinen zur Herstellung der flüssigen Emulsionen ein kleines Becherglas von 25 ml Inhalt, welches in ein Wasserbad von 50 °C gehängt wird. Nach Auflösen der Emulsion in dem zweifachen Volumen Aqua dest. hat die flüssige Emulsion eine milchige, wenig viscöse Beschaffenheit. Bei der Auflösung der Emulsion soll nur wenig mit einem Glasstab gerührt werden, um die Bildung von Luftblasen zu vermeiden. Die fertige Emulsion kann durch ein feines Kunststoffsieb oder durch ein Mullfilter gegossen werden, um Luftblasen und nicht gelöste Emulsionsteile zu entfernen. Da die gelöste Emulsion beim Erkalten wieder erstarrt, empfiehlt es sich, die Emulsion während der weiteren Manipulationen im Wasserbad von 40—50 °C zu belassen.

Auftragen der Emulsion. Für die Überschichtung des Objekttragers mit der Photoemulsion stehen zwei Möglichkeiten zur Verfügung: 1. Die Emulsion wird auf den Objektträger aufgegossen und mit einem Glasstab oder einem feinen Pinsel gleichmäßig über den Gewebsschnitt verteilt. Hierbei sollte man sich hüten, mit dem Glasstab direkt über den Gewebsschuitt zu kratzen. Nach dem Aufbringen der flüssigen Emulsion wird der Objektträger waagerecht entweder auf eine Glasplatte oder in eine aufrecht stehende Glasküvette gelegt, wobei sich bei entsprechender Konsistenz die gleichmäßige Verteilung der Emulsion erhält. 2. Der Objektträger wird in die Emulsionslösung eingetaucht und nach Abputzen der Emulsion von der Unterseite des Objektträgers waagerecht auf eine Glasplatte oder in eine Küvette gelegt. Auch hierbei erfolgt eine Gleichverteilung der Emulsion, wenn die Konsistenz richtig ist. Um Emulsion zu sparen, empfiehlt es sich bei dieser Methode bereits beim Aufziehen der Gewebsschnitte darauf zu achten, daß die Gewebsschnitte an einem Ende des Objektträgers liegen, damit nur ein kleiner Teil des Objektträgers eingetaucht werden muß.

Trocknung und Exposition. Die waagerecht liegenden mit Emulsion bestrichenen Objektträger werden nun zum Trocknen in einen Trockenschrank oder unter lichtdichten Bedingungen in einen staubfreien Luftstrom gebracht, wo sie innerhalb von wenigen Stunden getrocknet sind. Die Trockenzeit hängt von der Dicke der aufgetragenen Emulsion ab. Nach Abschluß des Trockenprozesses werden die Präparate in lichtdichten Kästen bei Temperaturen von 14—16 °C oder darunter exponiert.

Alle Manipulationen, vom Öffnen der Emulsionsbehälter bis zum Einbringen der Präparate in den Trockenschrank sind bei Dunkelkammerbeleuchtung durchzuführen. Die Exposition der getrockneten Autoradiogramme hat bei völliger Dunkelheit zu erfolgen. Da die Emulsionen in flüssigem Zustand verhältnismäßig wenig lichtempfindlich sind und erst nach dem Trocknen ihre volle Empfindlichkeit erreichen, kann bei der Herstellung von Emulsionsautoradiogrammen bei hellerem Licht gearbeitet werden als bei der Herstellung von Stripping-Film-Autoradiogrammen. Als Lichtquellen haben sich uns bewährt: Ilford S safelight (Nr. 902) für die allgemeine Dunkelkammerbeleuchtung und Ilford F Safelight (Nr. 904) für die direkte Beleuchtung des Arbeitstisches.

Entwicklung und Fixierung. Nach Abschluß der Belichtungszeit erfolgen Entwicklung und Fixierung der Autoradiogramme. Bei den üblichen histoautoradiographischen Präparaten mit einer Emulsionsschichtdicke von weniger als 10 μ beträgt die Entwicklungszeit 20 Min., die Fixationszeit 40 Min. Bei diesen dünnen Emulsionsschichten werden die Präparate aus den Expositionskästen unmittelbar in die Entwicklerlösung gebracht. Erfolgte die Exposition bei erheblich niedrigeren Temperaturen als der Temperatur des Entwicklungsvorganges (+14—16 °C), so sollten die Präparate vor dem Einbringen in die Entwicklerlösung auf die entsprechende Temperatur gebracht werden. Nach einer Entwicklungszeit von 20 Min. werden die Präparate in Wasser abgespült und dann sofort in die Fixationslösung gebracht, in der sie 40 Min. verbleiben. Zwar kann man zwischen Entwicklungsprozeß und Fixation die Präparate für eine Minute in eine 1%ige Essigsäurelösung bringen, um den Entwicklungsprozeß schnell zu stoppen, doch hat sich dies für die von uns verwandten Emulsionsschichtdicken von weniger als 10 μ als überflüssig erwiesen. Nach Abschluß der Fixation werden die Präparate mindestens eine Stunde lang in fließendem Leitungswasser gewässert. Bei sehr kalkhaltigem Leitungswasser müssen die Autoradiogramme nach dem Wässern mit destilliertem Wasser abgespült werden. Entwicklung und Fixation sind dann richtig abgelaufen, wenn die photographische Emulsion nach dem Wässern glasklar und praktisch unsichtbar ist. Es sei nochmals darauf hingewiesen, daß der gesamte Entwicklungs- und Fixationsprozeß bei einer konstanten Temperatur von +14 bis 16 °C ablaufen soll.

Ansetzen der Entwicklerlösung

18,0 g wasserfreies Natriumsulfit (Na_2SO_3), 4,5 g Amidol (Diaminophenol) Firma Merck werden in 1000 ml Aqua dest. gelöst.

Der Lösung werden 0,8 g Kaliumbromid zugesetzt. Die fertige Entwicklerlösung muß wasserhell sein und ein p_H von 7,0 besitzen. Die Lösung ist nicht haltbar und muß für jeden Entwicklungsprozeß neu angesetzt werden.

Eine ähnliche Lösung ist unter dem Namen „Brussels amido" developer bekannt. Sie unterscheidet sich von der genannten Lösung nur durch den Zusatz von 35,0 g Borsäure auf 1000 ml Lösung. Wir haben bei der Benutzung beider Lösungen keine Unterschiede beobachtet.

Ansetzen der Fixierlösung

300 ml einer wäßrigen, gesättigten Natrium-Thiosulfatlösung ($Na_2S_2O_3$) werden zu 600 ml Aqua dest. gegeben. Sowohl die gesättigte Natrium-Thiosulfatlösung als auch die fertige, verdünnte Fixierlösung sind längere Zeit haltbar.

C. Herstellung von Histoautoradiogrammen mit vorgefertigtem Stripping-Film

Vorbereitung des fertigen Films. Der Stripping-Film der Firmen Kodak, Eastman-Kodak und Ilford wird in Form von Glasplatten geliefert, die als Träger für den Film dienen. Der Stripping-Film liegt mit seiner Trägerschicht der Glasplatte auf, die Emulsionsschicht bildet die Oberfläche. Von dieser Glasplatte muß der Film in entsprechenden Stücken abgelöst werden. Das Schneiden der Stücke erfolgt am besten mit Hilfe einer einfachen Rasierklinge und eines Lineals. Die einzelnen Filmstreifen sollen so groß sein, daß sie zu beiden Seiten des Objektträgers umgeschlagen werden können. Mit der Rasierklinge wird eine Ecke des Filmstückes angehoben, welches dann von hier aus vorsichtig von der Glasplatte abgezogen wird. Hierbei neigt der dünne Film zum Einrollen, was auf jeden Fall verhindert werden muß. Je trockener der Film gelagert war, um so größer ist seine Tendenz zum Einrollen und um so größer ist auch die Gefahr elektrostatischer Entladungen, die zu Untergrundschwärzungen des Filmes führen können. Das abgezogene Filmstück wird nun mit der Emulsionsschicht nach unten auf etwa +20 °C warmes Wasser gebracht. Nach 1—2 Min. streckt sich der Film, der nun völlig ausgebreitet mit der Emulsionsschicht nach unten auf der Wasseroberfläche schwimmt. Bei dem relativ dunklen Rotlicht, bei dem gearbeitet werden muß, erkennt man den hellen Filmstreifen am besten gegen einen dunklen Untergrund. Es ist deshalb empfehlenswert, mit dunklen Kunststoffschalen zu arbeiten.

Auftragen auf Objektträger. Der auf dem Wasser schwimmende Filmstreifen wird nun mit einem Objektträger unterfahren, dem der Gewebsschnitt aufsitzt. Dabei ist darauf zu achten, daß der Filmstreifen den gesamten Gewebsschnitt überdeckt und die beiden Seiten des Objektträgers uberragt. Beim Herausheben des Objektträgers aus dem Wasser legt sich der Film glatt über den Gewebsschnitt und die überstehenden Enden legen sich der Unterseite des Objektträgers fest an. Etwaige Falten können jetzt noch durch vorsichtiges Verziehen des Filmes an den Kanten des Objektträgers beseitigt werden. Dabei sollte man sich hüten, zu stark aufzudrücken, damit die scharfe Kante des Objektträgers den weichen Film nicht durchschneidet.

Trocknung und Exposition. Der Objektträger mit dem nassen Film wird nun schräg zum Trocknen aufgestellt, wobei das Trockengestell vor der Dunkelkammerbeleuchtung geschutzt aufgestellt werden soll. Bei normaler Raumtemperatur von +18—20 °C und normaler Luftfeuchtigkeit sind die Autoradiogramme nach 2—6 Stunden getrocknet und können nun in die Belichtungskästen gebracht werden. Die Trocknung der Stripping-Film-Autoradiogramme kann durch einen nicht zu starken Luftstrom beschleunigt werden.

Als Belichtungskästen dienen entweder vorgefertigte Belichtungskasten aus Kunststoff, die 20 Präparate aufnehmen und die im Handel käuflich zu erwerben sind oder einfache lichtdichte Pappkästen. Jedem Belichtungskasten sollte eine kleine Trockenpatrone beigegeben werden, um eine zu starke Wasseraufnahme des Films zu verhindern. Die gunstigste Temperatur während der Belichtung liegt bei +14—16 °C. Bei sehr langen Belichtungszeiten sollten tiefere Temperaturen (+5 °C) gewählt werden.

Es sei darauf hingewiesen, daß bei Belichtungszeiten, die über 3 Wochen hinausgehen, eine Löschung des latenten Bildes durch Oxydationsvorgänge beobachtet wird (fading-effect). Dieser fading-effect kann weitgehend vermieden werden, wenn die Autoradiogramme bei langen Belichtungszeiten in einer Stickstoffatmosphäre gelagert werden.

Entwicklung und Fixation. Zur Entwicklung können die einzelnen Präparate in Glasküvetten gestellt werden, die dann in die Entwicklerlösung gesetzt werden. Andere Vorschriften besagen, daß die Präparate einzeln und waagerecht in Entwicklerschalen gelegt werden müssen, wenn eine gleichmäßige Entwicklung gewährleistet werden soll. Die Temperatur der Entwicklerlösung soll bei + 14 bis 16 °C liegen und während der Entwicklungszeit konstant gehalten werden. Die Entwicklerschalen sollen während der Entwicklungszeit gleichmäßig bewegt werden. Die Entwicklungszeit beträgt bei dauernder Bewegung der Entwicklungsflüssigkeit 4 Min. Nach Abspülen der Praparate kommen sie direkt in eine Fixationslösung gleicher Temperatur, in der sie 20 Min. lang wiederum bei dauernder Bewegung der Flüssigkeit verbleiben. Andere Vorschriften schlagen eine Unterbrechung des Entwicklungsvorganges durch Einbringen der Praparate für eine Minute in 1%ige Essigsäurelösung vor.

Nach Abschluß des Fixationsprozesses erfolgt 30—60 Min. Wasserung unter fließendem Leitungswasser. Ist das Wasser besonders kalkhaltig, werden die Autoradiogramme anschließend in destilliertem Wasser gewaschen. Nach der Wässerung werden die jetzt klaren und durchsichtigen Autoradiogramme in staubfreier Atmosphäre getrocknet.

Ansetzen der Entwicklerlösung für Stripping-Film-Autoradiogramme

Es werden gelöst:

2,2 g Metol in 50 ml Aqua dest.
72,0 g wasserfreies Natriumsulfit bei + 40—50 °C in 400 ml Aqua dest.
8,8 g Hydrochinon bei + 70 °C in 100 ml Aqua dest.
130,0 g kristallisiertes Natriumkarbonat bei + 75 – 80 °C in 300 ml Aqua dest.
4,0 g Kaliumbromid in 150 ml Aqua dest. (kalt).

Nach Erkalten der einzelnen Lösungen werden diese in der angegebenen Reihenfolge durch ein Faltenfilter zusammengegossen. Der fertige Entwickler soll wasserhell und klar sein. Er ist in einer dunklen Flasche mit Schliffstopfen aufzubewahren und ist so lange brauchbar, wie die wasserhelle, klare Beschaffenheit erhalten bleibt.

Als Fixierlösung dient das ubliche im Handel kaufliche Fixiersalz in der für die Fixierung von Filmmaterial üblichen Lösung.

D. Verwendung von Zwischenschichten bei der Emulsions- und Stripping-Film-Autoradiographie

Im allgemeinen können die flüssigen Emulsionen oder der Stripping-Film unmittelbar auf den Gewebsschnitt gebracht werden, ohne daß eine chemische Beeinflussung der Photoemulsion zu befürchten ist. Anders liegen die Verhältnisse, wenn es sich um Gewebsschnitte von Versuchstieren handelt, denen chemische Substanzen verabreicht wurden, die eine chemische Beeinflussung der Emulsion bewirken wie z. B. Quecksilbersalze.

In solchen Fällen muß der Gewebsschnitt mit einem dünnen Schutzfilm überzogen werden, welcher den direkten Kontakt zwischen Emulsion und Gewebsschnitt verhindert, aber noch genügend Zerfallspartikel hindurchläßt, um eine Schwärzung der darüberliegenden Photoemulsion zu erreichen. Zum Überziehen der Gewebsschnitte benutzt man entweder dünne Celloidinlösungen (1%ige Celloidinlösung, wobei als Lösungsmittel Äther-Alkohol 50 : 50 dient) oder eine verdünnte Chromalaun-Gelatinelösung, die folgendermaßen hergestellt wird:

2,5 g Gelatine werden unter sterilen Verhältnissen in 50 ml Aqua dest. bei +37 °C gelöst. Nach Abkühlen werden der Lösung 0,25 g Chromalaun zugesetzt. Die Lösung muß im Kühlschrank aufbewahrt werden und ist nur begrenzte Zeit haltbar. Das Überziehen der Gewebsschnitte erfolgt durch einfaches Eintauchen der Objektträger in die entsprechenden Lösungen und anschließende Trocknung.

Durch das Eintauchen der Gewebsschnitte in diese Lösungen und die Herstellung eines dünnen Schutzfilmes verhindert man nicht nur eine chemische Beeinflussung der Photoemulsion, sondern erreicht gleichzeitig ein gutes Haften des Stripping-Films auf dem Objektträger. Andererseits wird durch diese Zwischenschicht das Auflösungsvermögen des Autoradiogrammes verschlechtert und bei Isotopen geringer Reichweite ein Teil der Zerfallspartikel absorbiert.

E. Färbung der Emulsions- und Stripping-Film-Autoradiogramme

Die Gewebsschnitte können entweder vor der Herstellung der Autoradiogramme oder aber nach vollendeter Entwicklungs- und Fixationszeit und anschließender Wässerung durch die Emulsionsschicht hindurch gefärbt werden.

Werden die Gewebsschnitte vor der Herstellung der Autoradiogramme gefärbt, so muß eine erhebliche Ausbleichung der Färbung durch das zur photographischen Fixierung verwandte Natrium-Thiosulfat berücksichtigt werden. Die Feulgenfärbung wird nur wenig beeinträchtigt.

Bei Färbungen des fertigen Autoradiogrammes wird von der Gelatineschicht der Photoemulsion Farbe mit aufgenommen, was die Beurteilung des Gewebsschnittes erschwert. Durch die üblichen Differenzierungsflüssigkeiten kann man jedoch eine weitgehende Entfärbung der Emulsion erreichen, ohne eine völlige Entfärbung des darunterliegenden Schnittes zu bewirken. Eine Beeinträchtigung der Photoemulsion durch Färbe- und Differenzierungsmittel haben wir nicht beobachten können. Es sei jedoch darauf hingewiesen, daß alle Manipulationen bei Temperaturen unter +20 °C durchzuführen sind, da bei höheren Temperaturen eine Ablösung der Emulsionsschicht erfolgt. Auf die Färbungen im einzelnen kann hier nicht eingegangen werden.

F. Histoautoradiographie wasserlöslicher Stoffe

Da bei den bisher besprochenen autoradiographischen Methoden die Gewebsschnitte entweder unter Wasser mit dem autoradiographischen Film bedeckt oder mit flüssigen Emulsionen bestrichen werden, eignen sich diese nicht für den autoradiographischen Nachweis wasserlöslicher Substanzen. Hierfür wurden folgende Variationen der autoradiographischen Technik entwickelt:

Methode nach *Fitzgerald*. Von *Fitzgerald, P. J.*: Laborat. Invest. **10**, 846 (1961), wird eine Technik der Autoradiographie mit Stripping-Film angegeben, die es ermöglichen soll, die intrazelluläre Lokalisation wasserlöslicher markierter Substanzen nachzuweisen, ohne daß ein wesentlicher Aktivitätsverlust eintritt.

Nach Injektion des radioaktiven Materials werden die Versuchstiere in einem Kuhlraum getötet, die Organe entnommen, mit einem gekühlten Messer in etwa 1 mm dicke Stücke geschnitten und auf eine dünne Aluminiumfolie gebracht. Diese Folie mit dem aufgelegten Gewebsstück wird in eine auf die Temperatur des flüssigen Stickstoffs abgekühlte Isopentanlösung getaucht. Nach dieser Einfrierung der Gewebsstücke werden diese bei —20° bis —30° C im Kryostat in zwei bis fünf μ dicke Gewebsschnitte zerlegt, die bei der gleichen Temperatur auf einen gläsernen Objektträger gebracht werden. Die Gewebsschnitte werden entweder in Alkohol oder in einem Gefriertrocknungsapparat entwässert. Zur Herstellung von Autoradiogrammen werden die Schnitte dem Gefriertrocknungsapparat oder der Entwässerungslösung entnommen. Dabei bildet sich ein dünner Feuchtigkeitsfilm über Objekttrager und Praparat. Nun wird ein Streifen des abgelösten Stripping-Films trocken mit der Emulsionsfläche auf den Objektträger gebracht und mit einem Gummiroller gleichmäßig angedrückt. Da nach dem einfachen Auflegen und Andrücken des Stripping-Filmes während des Entwicklungsprozesses ein Ablösen des Filmes beobachtet wird, empfiehlt es sich, die Filmstücke so groß zu schneiden, daß sie an mehreren Stellen den Objektträger überragen. Die überstehenden Filmstücke werden dann angefeuchtet und gegen die Unterseite des Objektträgers gepreßt. Trotz dieser Maßnahme werden häufig Blasenbildungen zwischen Emulsion und Gewebsschnitt und Faltungen des Filmes beobachtet. Zahlreiche Filme lösten sich während des Entwicklungsprozesses ab. Auch ein Einbringen der Objektträger in eine Kammer mit hoher Luftfeuchtigkeit vor dem Entwicklungsprozeß konnte diese Nachteile nicht völlig beseitigen. Die Entwicklung und Fixation der Präparate nach Abschluß der Expositionszeit erfolgt in der gleichen Weise wie für die in üblicher Weise hergestellten Stripping-Film-Autoradiogramme. Zur Anfärbung der Autoradiogramme wurden die üblichen Farblösungen in einer etwas geringeren Konzentration benützt.

Eine weitere Methode für die Histoautoradiographie wasserlöslicher Stoffe, die jedoch nur für wenige Objekte anwendbar ist, wird von *Waser* angegeben (*Waser, P. G.*, u. *U. Lüthi:* Arch. Internat. Pharmacodyn. CXII, 272 (1957)]. Bei dieser Methode wird nach Injektion des radioaktiven Materials das Versuchstier durch Entbluten getötet. Das Zwerchfell wird mit den unteren Rippen herauspräpariert, über eine Stahlhülse gebracht und mit einem Stahlring wie in einem Stickrahmen festgeklemmt und gespannt. Der Durchmesser der Stahlhülse beträgt für die Verwendung beim Mäusezwerchfell 20—22 mm. Nach völliger Lufttrocknung des Präparates kann dies zur Autoradiographie verwandt werden, indem es auf einen Röntgenfilm aufgelegt und durch ein Gewicht fest angepreßt wird (Ilford X Ray PM_2). Nach entsprechender Belichtungszeit wird der Film mit Gevaert G. 220 Entwickler 6 Min. entwickelt und anschließend fixiert. Die Fixierlösung besteht aus 200 g Natrium-Thiosulfat krist. und 20 g Natriumbisulfit auf 1000 ml Wasser. Vor Gebrauch werden 100 ml der Fixierlösung 18,5 ml Kodak Liquid Hardener F 53 zugesetzt. Mittels dieser Methode konnte autoradiographisch die Bindung von markiertem Curarin und Decamethonium an die motorischen Endplatten nachgewiesen werden. Diese Methode ist verständlicherweise nur für flächenhafte Organe bzw. Gewebe anwendbar.

G. Herstellung von Autoradiogrammen für die elektronenmikroskopische Untersuchung

Über die Herstellung ultradünner Schnitte und die verschiedenen Fixationsmethoden kann hier nicht gesprochen werden. Wir gehen von den fertigen auf Objektträgern befindlichen Dünnschnitten aus, die mit einer photographischen Emulsion bedeckt werden sollen. Über die Verdünnung der photographischen Emulsion und die Art des Auftragens auf den Ultradünnschnitt werden sehr unterschiedliche Angaben gemacht. Bei uns hat sich das folgende Verfahren bewährt:

Verdünnen und Auftragen der Emulsion. Ilford Emulsion in Gel-Form G. 5, L. 4 oder K. 2 wird bei +50 °C in einem kleinen Becherglas geschmolzen. Zu 2 ml der geschmolzenen Emulsion werden 2 ml dest. Wasser der gleichen Temperatur zugesetzt. Dieser verdünnten Emulsionslösung wird ein Tropfen einer 0,05%-igen Lösung von Natrium-laurylsulfat beigegeben. Dieser Zusatz von Natriumlaurylsulfat soll eine gleichmäßige Verteilung der Silberbromidkristalle in der Emulsionslösung bewirken. Mit einer Drahtschlinge, die einen Durchmesser von 1—2 cm besitzt, wird aus der flüssigen Emulsionslösung ein Emulsionsfilm herausgenommen. Die Dicke dieses Emulsionsfilmes kann durch ein Bestreichen mit einem Glasstab variiert werden. Dieser Emulsionsfilm wird dann über den Objektträger gestülpt.

Eine andere Möglichkeit, einen dünnen Emulsionsfilm herzustellen, besteht darin, daß man mit einem Glasröhrchen wie bei einer Seifenlösung durch vorsichtiges Blasen eine Emulsionsblase erzeugt, wobei man durch die Größe der Blase die Emulsionsdicke regulieren kann. Diese Blase wird dann auf die Objektträgeroberfläche gebracht und beim Platzen der Blase legt sich ein dünner Emulsionsfilm über den Gewebsschnitt.

In beiden Fällen wird der hauchdünne Film in einem staubfreien Luftstrom getrocknet. Die Objektträger kommen dann in lichtdichte Kästen, in denen sie exponiert werden.

Die Expositionszeiten sind wegen der dünnen Gewebs-Schnitte weit größer als bei den üblichen Histoautoradiogrammen. Zur Entwicklung und Fixation werden die für die flüssige Emulsion angegebenen Entwicklungs- bzw..Fixationslösungen verwandt. Entwicklungs- und Fixationszeiten können bei den hauchdünnen Emulsionen auf 5—10 Min. abgekürzt werden.

Da die Gelatine der Trägerschicht bei der Betrachtung im Elektronenmikroskop stört, kann diese durch Pepsinlösungen abgedaut werden.

Bei guter Technik imponieren die Silberkörner des Autoradiogramms im Elektronenmikroskop wie locker aufgespulte Wollknäuel.

H. Artefakte im Autoradiogramm und ihre Ursachen

Zu starke Untergrundschwärzung in diffuser Verteilung

Mögliche Ursachen: Durch zu lange Lagerung oder Belichtung verdorbene Emulsion.
Lichteinfall während der Expositionszeit oder zu lange Expositionszeit.
Zu hohe Temperaturen während der Entwicklung.
Chemische Einwirkung von seiten des histologischen Schnittes oder des nicht richtig gereinigten Objektträgers.
Falsche Entwickler- oder Fixationslösung.

Fleckförmige Untergrundschwärzung ohne Beziehung zu bestimmten Gewebsbezirken

Mögliche Ursachen: Fingerabdrücke auf der Emulsion.
Von aufliegenden Staubpartikeln ausgehende Schwärzung.
Nicht richtig entparaffinierte Gewebsschnitte.
Mechanische Irritation der Emulsion bei der Herstellung der Autoradiogramme oder während der Expositionszeit.

Ablösen der gesamten Emulsion oder Blasenbildungen unter der Emulsion

Mögliche Ursachen: Nicht vollständig entfettete Objektträger.
Nicht vollständig entparaffinierte Gewebsschnitte.
Zu große Temperaturunterschiede zwischen Expositions- und Entwicklermedium.

Braune Verfärbung bzw. Schwinden der Silberkörner im fertigen Autoradiogramm

Mögliche Ursachen: Zu kurze Fixationszeit der Autoradiogramme oder zu kurze Wässerungszeit.
Einwirkung bestimmter Substanzen auf die Filmschicht bei der Farbung bzw. Differenzierung der Autoradiogramme.

I. Characteristica und Anwendungsbereich einiger photographischer Emulsionen

Flüssige Emulsionen in Gel-Form der Firma Ilford, die sich für die Histoautoradiographie eignen:

Ilford G.5. Mittlerer Silberkorndurchmesser im entwickelten und fixierten Autoradiogramm = 0,27 μ. Außerordentlich empfindliche Emulsion, die auch bei geringen Aktivitätsdosen und relativ kurzer Expositionszeit gute Ergebnisse liefert. Bei entsprechender Emulsionsdicke zur Spurenautoradiographie gut geeignet. Der Nachteil der Emulsion besteht einmal in dem relativ großen Silberkorndurchmesser und der damit verbundenen Neigung der Silberkörner zur Verklumpung. Zum anderen in der nicht ganz zu vermeidenden leichten Untergrundschwärzung. Die Emulsion ist sehr gut geeignet für die Beurteilung von Übersichts-Autoradiogrammen, die sich auch bei kleiner Vergrößerung gut photographieren lassen. Die quantitative Auswertung durch Silberkornzählung wird wegen der Neigung zur Verklumpung der Silberkörner erschwert. Die Belichtungszeit der Autoradiogramme beträgt bei einer Aktivitätsdosis von 2 μC/g Körpergewicht bei Injektion von ^{3}H-Thymidin 5 Tage.

Ilford K.2. Mittlerer Silberkorndurchmesser im Autoradiogramm = 0,20 μ. Etwas weniger empfindliche Emulsion, die bei gleichen Aktivitätsdosen etwa die dreifache Belichtungszeit benötigt wie Ilford G.5. Die Silberkörner neigen auch bei sehr dichter Lagerung nicht zur Verklumpung und lassen sich deshalb gut auszählen. Zur Photographie sind die belichteten Autoradiogramme nur bei starken Vergrößerungen geeignet. Wegen der relativ geringen Empfindlichkeit sind die Untergrundschwärzungen auch bei langen Belichtungszeiten sehr gering.

Ilford K.5. Die Emulsion ist empfindlicher als Ilford K.2 und besitzt im belichteten Autoradiogramm den gleichen Silberkorndurchmesser.

Ilford L.4 und L.2. Mittlerer Silberkorndurchmesser im Autoradiogramm = 0,14 μ. Von etwa gleicher Empfindlichkeit wie Ilford K.5 bzw. K.2. Wegen des außerordentlich kleinen Silberkorndurchmessers sind diese Emulsionen für die Histoautoradiographie sowohl für Silberkornzählungen als auch für die photographische Reproduktion weniger gut geeignet. Diese Emulsionen sollten gute Ergebnisse bei der Autoradiographie am Ultradünnschnitt geben. Erfahrungen hierüber liegen noch nicht vor.

Stripping-Film, Kodak AR 10. Mittlerer Silberkorndurchmesser im Autoradiogramm wenig kleiner als bei Ilford K.2. Die Emulsionsdicke beträgt ca. 5 μ, die Trägerschichtdicke ca. 10 μ. Die Empfindlichkeit des Stripping-Films ist geringer als diejenige der flüssigen Emulsion K.2. Dementsprechend sind die notwendigen Belichtungszeiten länger. Stripping-Film ist wegen seiner konstanten Schichtdicke besonders gut geeignet für die quantiative Auswertung der Autoradiogramme durch Silberkornzählungen.

Über die von der Firma Kodak und Eastman-Kodak angefertigten flüssigen Emulsionen und über den von der Firma Ilford hergestellten Stripping-Film liegen keine eigenen Erfahrungen vor.

Eastman-Kodak, NTB, NTB I, NTB II. Etwa gleiche Empfindlichkeit wie Ilford K.2 und gleicher Silberkorndurchmesser. Sehr geringe Untergrundschwärzung bei kurzen Entwicklungszeiten.

K. Die Doppelemulsionstechnik zum Nachweis verschieden markierter Substanzen gleicher Lokalisation

Mit dieser Methode gelingt es, in *einem* Autoradiogramm Aufschlüsse über den Stoffwechsel bzw. Umsatz zwei verschiedener Substanzen gleichzeitig zu gewinnen. So kann man z. B. nach gleichzeitiger Injektion von Tritium-markiertem Uridin und ^{14}C-markiertem Thymidin einmal den Einbau von Uridin in die RNA und gleichzeitig den Einbau von Thymidin in die DNA verfolgen, wenn man auf Grund der verschiedenen Reichweite der beiden Betastrahler und des dadurch bedingten unterschiedlichen autoradiographischen Bildes Einbauort und Einbaugröße beider Substanzen lokalisiert.

Technisch geht man hierbei folgendermaßen vor. Nach Behandlung der histologischen Schnitte in bereits vorher beschriebener Weise wird entsprechend der

Emulsionstechnik eine flüssige Emulsion über den Gewebsschnitt gebracht, die in üblicher Weise nach Abschluß der Expositionszeit photographisch entwickelt und fixiert sowie anschließend gefärbt wird. Dieses gefärbte Autoradiogramm wird mit einer dünnen Celloidinlösung überzogen (1%ige Celloidinlösung). In der Dunkelkammer wird nun eine weitere, etwas dickere Emulsionsschicht über den Gewebsschnitt gebracht. Hierbei kann man entweder die gleiche Emulsion verwenden oder aber eine Emulsion mit einem unterschiedlichen Silberkorndurchmesser wählen. Nach entsprechender Expositionszeit wird auch diese Emulsionsschicht photographisch entwickelt und fixiert. Das Autoradiogramm wird dann in üblicher Weise mit einem Deckglas und Canada-Balsam bzw. mit Eukitt eingedeckt. Bei der mikroskopischen Untersuchung dieser Präparate wird man nun in der unteren Filmschicht eine autoradiographische Schwärzung finden, die sowohl von der ^{3}H-markierten als auch von der ^{14}C-markierten Substanz herrührt. In der zweiten durch einen Celloidinfilm von der ersten getrennten Emulsionsschicht wird man dagegen ausschließlich Silberkörner finden, die von den Betateilchen des stärkeren Betastrahlers, in diesem Falle des ^{14}C, herrühren. Man wird demnach im Autoradiogramm zwischen Zellen bzw. Gewebsbestandteilen unterscheiden können, die 1. ausschließlich die ^{3}H-markierte Substanz eingebaut haben, 2. die ausschließlich ^{14}C-Markierung besitzen und 3. die beide Markierungen aufweisen. In gleicher Weise kann natürlich auch eine ^{3}H-markierte Substanz mit einem ^{35}S-markierten Molekül kombiniert werden.

(*Baserga, R.:* Two-emulsion autoradiography for the simultaneous demonstration of precursors of deoxyribonucleic and riborucleic acids. J. Histochem. and Cytochem. **9**, 586 (1961).)

L. Squash-Präparate und Autoradiographie

Neben der üblichen Methode der Herstellung von Squash-Präparaten, die wie Gewebsschnitte mit einer photographischen Emulsion bedeckt werden können, wurde von *Nagata*, *Shibata* und *Omochi* (*Nagati, T.*, *Shibata, O.*, u. *S. Omochi:* Histochemie **2**, 255 (1961)) eine schonendere Herstellungstechnik mitgeteilt, die es erlaubt, im Autoradiogramm Einzelzellen zu beurteilen. Hierbei wird das zu untersuchende Gewebe in kleine Zylinder mit einem Durchmesser von 2—3 mm zerschnitten. Diese Gewebsfragmente werden für 30 Min. in Ranviers $^{1}/_{3}$ Alkohol gebracht. Nach Zugabe von zahlreichen Glaskugeln mit einem Durchmesser von 6—7 mm wird das Gewebe in einem Oszillator bei einer Frequenz von 5 Oszillationen pro Sek. geschüttelt. Hierbei erfolgt innerhalb von 5—10 Min. eine vollkommene Isolierung der Einzelzellen. Die Mischung wird nach vollständiger Einzelzellisolierung, die unter dem Mikroskop geprüft wird, zentrifugiert. Das Sediment wird in eine Lösung von Eiweiß-Glycerin gebracht, wie sie auch für die Herstellung von Paraffinschnitten verwandt wird, und dann wie ein Blutausstrich ausgestrichen. Nach 5 Min. Fixation der Ausstriche in Carnoyscher Lösung werden die Ausstriche über eine absteigende Alkoholreihe in destilliertes Wasser gebracht. Durch Eintauchen in eine 0,5%ige Gelatinelösung, der 0,05% Chromalaun zugesetzt wird, werden die Präparate mit einem dünnen Gelatinefilm überzogen. Anschließend werden die Präparate getrocknet und dann mit einer photographischen Emulsion überzogen. Hierbei kann sowohl die flüssige Emulsion als auch der Stripping-Film verwandt werden.

IV. Makroautoradiographie

(Autoradiographie an Ganztierschnitten)

Von **W. Oehlert**, Freiburg i. Br.

Einführung. Während die Histoautoradiographie bei entsprechendem Auflösungsvermögen Einblicke in Stoffwechselvorgänge innerhalb verschiedener Gewebe, innerhalb einzelner Zellen und bestimmter Zellbestandteile ermöglicht, versucht man mittels der Makroautoradiographie die Verteilung bestimmter radioaktiv markierter Substanzen auf die verschiedenen Organe und Gewebe des gesamten Organismus zu erfassen. Das Auflösungsvermögen dieser Methode ist weitaus geringer als das der Histoautoradiographie und reicht bei guter Technik bis zu einzelnen Organteilen, beim Dünndarm zum Beispiel bis zur Unterscheidung von Schleimhaut und Muskulatur.

Methodik. Wir unterscheiden zwei verschiedene Techniken. Die eine arbeitet am Gefrierschnitt, wobei das gesamte Tier nach Einfrieren mittels eines großflächigen Mikrotoms in Schnitte bis zu einer Dünne von 50—150 μ zerlegt wird. Die Schnitte werden auf Objektträger aufgezogen und dann mit Emulsion oder mit vorgefertigtem Film bedeckt. Die zweite Methode arbeitet mit einer Fräse, mit der vom eingefrorenen Tierkörper solange Substanz abgefräst wird, bis man sich auf dem gewünschten Sagittalschnitt befindet. Die Oberfläche wird dann mit einem Film bedeckt, der nach entsprechender Exposition abgezogen wird. Danach kann eine weitere Schicht abgefräst und eine tiefere Ebene autoradiographisch untersucht werden.

Beide Techniken arbeiten bei möglichst tiefen Temperaturen, um eine Diffusion des zu untersuchenden Stoffes vom Orte der stärksten Konzentration in die Umgebung hinein möglichst zu vermeiden. Das plötzliche, schnelle Einfrieren der zu untersuchenden Objekte bei sehr tiefen Temperaturen und die Tatsache, daß bei der Anfertigung der Autoradiogramme das Gewebe nicht mehr mit Wasser in Berührung kommt, ermöglicht auch die Untersuchung der Verteilung wasserlöslicher markierter Substanzen. Der Nachteil der Methode besteht neben der geringen Auflösung in der Unmöglichkeit, allein auf Grund der autoradiographischen Untersuchung Aussagen über die chemische Bindung der nachgewiesenen Radioaktivität zu machen.

Durchführung der Technik. Nach Injektion des radioaktiv markierten Materials werden die Versuchstiere zu den gewünschten Versuchszeiten direkt in flüssigen Stickstoff gebracht (—195 °C), wodurch der sofortige Tod eintritt. Bei gleichbleibender Temperatur werden sie in einen Einbettungsrahmen gebracht, der mit einer Mischung von Wasser und Alkohol gefüllt wird. Diese Lösung gefriert sofort und damit ist das Objekt fest eingefroren. Der gesamte Block wird nun unter eine Fräse gebracht, die unter einer Plexiglashaube bei tiefer Temperatur installiert ist. Man fräst bis zu der Schicht ab, die man untersuchen will und bringt den Block sofort wieder in die Temperatur des flüssigen Stickstoffs. Jetzt legt man über die plan gefräste Fläche des eingefrorenen Tierkörpers einen photographischen Film (Zahnfilm) der mittels eines Duraluminiumplättchens und Metallklammern fest auf die Fläche gepreßt wird. Eine Zwischenschicht ist nicht notwendig, da bei den tiefen Temperaturen keine chemischen Einwirkungen von Seiten des Gewebes auf den Film zu befürchten sind. Die Exposition erfolgt nun in einem lichtdichten Isoliergefäß bei der Temperatur des flüssigen Stickstoffes. Nach der entsprechenden Belichtungszeit wird der Film abgenommen und bei normaler Temperatur entwickelt. Die untersuchte Fläche kann photographiert werden, wobei wegen der Erhaltung der natürlichen Farben bei diesen Temperaturen auch Farbfotos angefertigt werden können. (*Pellerin, P.:* Path. Biol. **9**, 233 (1961)).

V. Tissue Preparations in Vitro

By **H. A. Krebs, W. Bartley, D. E. Griffiths** and **L. A. Stocken**[1], Oxford

Index

[1] Sections A, B and C 1—4 by *H. A. Krebs.* — Section C 5 by *H. A. Krebs* and *W. Bartley.* — Section D by *W. Bartley.* — Section E by *D. E. Griffiths.* — Section F by *L. A. Stocken.*

A. Media for the incubation of animal tissues

1. Bicarbonate-buffered media

The older saline media for the incubation of animal tissues were designed to contain the essential inorganic constituents of serum, but the balanced salt solutions of *Ringer*, *Locke* and *Tyrode* were only rough imitations of serum, their chief deficiency being the absence of bicarbonate and free CO_2. *Barkan*, *Broemser* and *Hahn* (1921) experimenting on frogs' tissue were the first to use salt solutions containing physiological amounts of bicarbonate and CO_2. *Warburg* (1924) introduced a similar solution for experiments on mammalian tissues but this was still deficient in magnesium and phosphate. The nearest approximation to blood serum is the medium of *Krebs* and *Henseleit* (1932). This has proved superior in many physiological experiments in that it maintained physiological activity at a higher level and for longer periods. The medium is prepared from the following isotonic stock solutions which should be made from analytical reagents and doubly distilled water

1. 0.9% sodium chloride (0.154 M.).

2. 1.15% potassium chloride (0.154 M.).

3. 0.11 M calcium chloride (owing to the hygroscopical nature of calcium chloride the solution must be adjusted by titration. 5 ml. require 11 ml. 0.1 N. silver nitrate with $KCrO_4$ as indicator).

4. 2.11% primary potassium phosphate (KH_2PO_4) (0.154 M.).

5. 3.82% magnesium sulphate ($MgSO_4 \cdot 7\,H_2O$) (0.154 M.).

6. 1.3% sodium bicarbonate (0.154 M.). The solution must be gassed with CO_2 (100%) until colourless when tested with phenolphthalein, in order to convert such carbonate as may be present into bicarbonate. The stock solution has to be tested with phenolphthalein from time to time and re-gassed if alkaline.

7. Gas mixtures containing 5% CO_2, generally 95% O_2, 5% CO_2 or 95% N_2, 5% CO_2.

From the stock solutions are prepared:

Saline (a) (low in bicarbonate and CO_2) by mixing

1000 ml.	solution	(1)
40 ,,	,,	(2)
30 ,,	,,	(3)
10 ,,	,,	(4)
10 ,,	,,	(5)
30 ,,	,,	(6)

This solution may be made in larger quantities and stored. It is used for two purposes: (1) for the rapid preparation of saline (b), (2) as a temporary medium for tissues and slices, e. g. during the cutting of slices. Since the saline (b) must be kept saturated with 5% CO_2, if the correct p_H is to be maintained, it is more convenient to use saline (a) during the manipulations of the tissue preceding the actual experiment.

Saline (b), the balanced salt solution, by mixing

100 ml. saline (a)
16.5 ml. solution (6)

The mixture is saturated with a gas mixture containing 5% CO_2. Owing to the rapid evaporation of the CO_2 on exposure to air, the solution is not easy to store and is therefore best freshly prepared.

Saline (b) contains 141 mM. Na, 5.8 mM. K, 2.5 mM. Ca, 1.16 mM. Mg, 122 mM. Cl, 25 mM. HCO_3, 1.16 mM. phosphate and 1.16 mM. sulphate. These concentrations are very similar to those of mammalian blood plasma. Species variations among mammals are relatively slight. The total ionic concentration of frog plasma is lower than in mammals but the relative proportion of the various ions is approximately the same. A medium isotonic with frog serum may be prepared by diluting 65 volumes of mammalian salines with 25 volumes of water.

Magnesium sulphate may be replaced in the above media by magnesium chloride solution. The sulphate concentration in the blood plasma varies from species to species and there is no evidence indicating that sulphate is essential to any physiological process.

It is advisable in aerobic experiments to use gas mixtures with an oxygen pressure of near 1 atmosphere in order to safeguard an adequate supply of oxygen to the tissues. Some tissues however are damaged by prolonged exposure to oxygen of 1 atmosphere or above (*Stadie, Riggs* and *Haugaard*, 1945; *Dickens*, 1946; *Mann* and *Quastel*, 1946). According to *Dickens* the sensitivity of rat tissues to O_2 decreases in the order brain > liver > testis > kidney > lung > muscle.

2. Phosphate-buffered salines

It is sometimes useful to avoid a medium requiring gas mixtures containing 5% CO_2. In such cases either saline (a) (which however has a relatively low buffering capacity) or a phosphate-buffered saline in which the bicarbonate buffer is replaced by phosphate may be used. A stock phosphate buffer (0.1 M.; p_H 7.4) is prepared by dissolving 17.8 gr. $Na_2PO_4 \cdot 2H_2O$ and 20 ml. N HCl, in a total volume of 1000 ml. When this buffer is used in place of bicarbonate buffer, a precipitate of calcium phosphate appears and for this reason it is usual to omit the calcium chloride. The calcium-free phosphate buffered saline is prepared by mixing 100 ml. solution (1), 4 ml. solution (2), 1 ml. solution (4), 1 ml. solution (5) and 10 to 20 ml. of the phosphate buffer. The rates of many metabolic processes have been found to be of the same order in bicarbonate buffered and phosphate buffered salines, but differences have been observed occasionally (see, e. g. *Krebs*, et al., 1963; *Mellanby* and *Williamson*, 1963). Calcium ions are known to prevent or to reduce the loss of protein from tissue slices (*Cutting* and *McCance*, 1947).

3. Other buffers

Buffers other than phosphate and bicarbonate/CO_2 are likely to be less indifferent to complex tissue preparations although they may be harmless to many isolated enzymes. They should therefore be avoided. The best of the alternatives is probably tris buffer (tris[hydroxymethyl]aminomethane). The buffering capacity of this reagent however is low at the physiological p_H (for the preparation of the buffer see *Colowick, S. P.*, and *N. O. Kaplan*, 1955).

4. Serum

Plasma or serum, being the natural environment of animal tissues, suggest themselves as the most physiological standard media. Plasma requires the addition of anticoagulant and several of these, e. g. fluoride or oxalate, are unsuitable as they inhibit metabolic processes. Among the suitable substances heparin is least likely to affect tissue metabolism but relatively large amounts are required to prevent coagulation in the presence of tissues. In general serum is therefore preferable to plasma. The absence of fibrinogen from the medium is less likely to affect activities of the tissues than the addition of an anticoagulant. Experience shows that only in a few special circumstances is serum advantageous over saline media and it has the disadvantage that its composition is complex, partly unkown and variable. In many experiments the relatively high concentration of the metabolite under investigation may be inconvenient from the point of view of analytical estimations.

Serum may lose part of its glucose and bicarbonate content before its separation from the clot owing to the lactic acid production by the red and white cells. It is therefore essential to determine the glucose and bicarbonate concentration before the use of the serum and to add enough of these substances to make the concentration of glucose 10 to 20 mM. and that of bicarbonate equivalent to about 25 mM. Moreover saturation of the serum with a gas mixture containing about 5% CO_2 is essential in order to keep p_H within the physiological range. If it is desired to use serum in the absence of CO_2, e. g. in air or in manometer vessels containing alkali in the centre well, the bulk of the bicarbonate of the serum has to be removed with HCl in order to avoid an unphysiological alkalinity.

5. Addition of substrates to media

Some tissues contain a sufficient store of substrate for the maintenance of metabolism, e. g. liver, kidney or muscle of well-fed animals. These tissues maintain a high respiration for several hours if suspended in substrate-free saline. The majority of tissues however store very little substrate; their metabolism falls off after short periods, often 10 to 20 minutes, unless a substrate is provided. Some substrates can serve as fuels of respiration in practically all tissues, e. g. glucose, lactate or pyruvate. Other substrates such as fatty acids, ketone bodies or amino acids are not universally utilised.

Substrates should be added to the medium in neutral and approximately isotonic solutions (0.1 to 0.2 M.). Acids are generally used as sodium salts and bases as chloride salts. The final concentration of the substrates may vary between 5 and 40 mM. Higher concentrations may have inhibitory effects.

Maximum rates of respiration are obtained in media to which a mixture of substrates has been added, for example 4 ml. 0.16 M. sodium pyruvate, 7 ml. 0.1 M. sodium fumarate, 4 ml. 0.16 M. sodium glutamate, and 5 ml. 0.3 M. glucose per 110 ml. medium (*Krebs*, 1950).

6. Media for anaerobic experiments

Commercial gases and gas mixtures may contain traces of oxygen or become contaminated with air when transferred to the incubation vessels. If strictly anaerobic conditions are required, oxygen may be removed by one of the following methods: (1) passing the gas through a tube containing copper filings heated to 450 °C (for method see *Elliott*, 1949); (2) placing an oxygen-absorbing agent in the centre well of the flask in which the experiment is carried out. Reagents recommended are either (a) moist sticks of yellow phosphorus (2—3 mm. diameter) which is one of the most active absorbants. The surface of the sticks must be freshly scraped in order to provide a reactive surface. The scraping should be carried out under ice-cold water. Cooling the sticks prevents the sticks from reacting rapidly with the oxygen of the air before the latter has been displaced from the incubation vessel; (b) a solution of $CrCl_2$ prepared according to *Warburg, Kubowitz* and *Christian* (1931); (c) an alkaline solution of Na-anthrahydroquinone sulphate and Na-hydrosulphite (*Fieser*, 1934) prepared by dissolving, in the absence of air, 0.1 gr. of the former and 0.8 gr. of the latter in 10 ml. N KOH. This mixture also absorbs CO_2 and the scope of its use is therefore more limited.

B. Incubation vessels

Vessels used for metabolic experiments should be fitted with arrangements for gas-tight sealing and for filling the gas space with stored gases. Another essential consideration in the design is the necessity of having a shallow layer of liquid in the flask which provides optimal conditions for rapid gas exchange. It is furthermore essential to shake the vessels in order to move the slices in the medium and to equilibrate gas space and liquid phase.

Manometer vessels according to Warburg of various sizes are very suitable. Flasks for large-scale experiments have been described by *Krebs* and *Eggleston* (1945). A commercially available apparatus designed for many parallel incubations is that described by *Dubnoff* (1948). Suitable shaking arrangements available in many laboratories are those used in the manometric technique.

C. Handling animal tissues

1. General Comments

Tissues should be used as quickly as possible after the removal from the body. If delay is unavoidable the material should be rapidly cooled by immersion in ice-cold saline and kept at a low temperature. The rate at which the metabolism of excised tissues deteriorates (i. e. loses its activities irreversibly) varies from tissue to tissue; most tissues preserve their activities best at low temperatures.

The maintenance of all cell activities depends on the supply of nutrients and the removal of the end-products of metabolism. The more rapid the rate of activities, the greater is generally the dependence on nutrients. In vivo the supply and removal of metabolites is provided by the circulation of the blood. In the tissue preparations discussed in this article (which excludes the perfused organ) the circulation must be replaced by other arrangements which allow rapid diffusion between medium and tissue and between tissue and gas phase. These objectives are achieved by using small pieces of tissue — sliced, minced or homogenised tissue — and by shaking the preparation continuously in the suspending medium.

In order to express the rates of metabolic activities of tissues and tissue preparations it is essential to have a reference standard for the quantity of tissue. The dry weight, obtained by drying to constancy at 105 °C or in a desiccator, has been commonly used. Whilst this is satisfactory for many tissues it is far from ideal for those tissues which, like liver, can store substantial amounts of inert material such as fat or glycogen. In these cases, the nitrogen or protein content is a more reliable indication of the active cell material. A suitable method for the determination of protein is that of Lowry et al. (1951, see also *Layne*, 1957). A reference unit still less variable with nutritional and other environmental circumstances is the DNA content, as determined according to *Burton* (1956).

Another reference standard, suitable for homogenates, is the cell count as determined by the counting of nuclei. The diluted homogenate is stained with orcein and the nuclei are counted in a hemacytometer (for a description of the method see *Weber* and *Cantero*, 1957).

2. Slicing

It is the object of slicing to preserve as much as is possible of the tissue structure and at the same time to create a sufficiently large surface which permits the adequate diffusion of oxygen and substrates into the tissue. Tools required are (1) a razor as used in histological work (one side flat) or safety razor blades with holder (see *Elliott*, 1955). This latter type of slicer is generally preferred. The most satisfactory blades are those without holes made from thick steel of the 'Ever Ready' type[1]. The backs must be removed from the blades. (2) Several pairs of small forceps with straight and with curved ends about 12 cm. long. (3) Scissors of various sizes. (4) Crystallising dishes of about 6 cm diameter and petri dishes. (5) Glass staining wells as used in histological work.

The tissue is placed on filter paper resting on the inverted staining well. The upper part of the tissue is sliced horizontally with a moist razor blade so as to leave a piece of tissue about 5 mm. thick adhering to the filter paper. According to a procedure of *Deutsch* (1936) the tissue is gently pressed by means of an histological slide, preferably having a frosted surface of medium coarse grain, and the razor blade is guided through the tissue underneath the slide by gentle sawing movements. The frosted surface of the glass holds the tissue firmly and flat and the process of cutting can be easily watched, because the frosted surface is transparent in its wet state. By this method it is possible to obtain suitable slices from almost any tissue.

Various microtomes have been devised which mechanise the process of slicing and assist in the preparation of material of constant and controlled thickness. A satisfactory instrument is that of *Stadie* and *Riggs* (1944) which can be easily constructed in a laboratory workshop or purchased from Arthur H. Thomas Co., Philadelphia, Pa. A mechanical tissue chopper especially useful for the preparation of larger quantities of tissue has been described by *McIlwain* and *Buddle* (1953) and *McIlwain* (1961).

In some instances — depending on the dryness of the atmosphere and on the nature of the tissue — it is desirable to prepare the slices in a humid box so as to avoid dehydration. Suitable chambers have been described by *Sperry* and *Brand* (1939), *Field*, 2d (1948) and *Elliott* (1955).

Freezing with carbon dioxide, as practiced for histological purposes, destroys the metabolic activity of the tissue.

The thickness of the slices should be between 0.2 and 0.4 mm. in the case of most mammalian tissues. The limiting thickness up to which a diffusion through the tissue is sufficiently rapid to supply enough substrate varies because it depends on the rate of metabolism. Slices may therefore be thicker than 0.4 mm. if the temperature is low (cold-blooded animals) or if the metabolism is slow, as it is, e. g., in connective or adipose tissue (for the theory of diffusion through tissues and of the limits of thickness see *Warburg*, 1923; *Hill*, 1928; *Gerard*, 1931; *Leuthardt*, 1938).

The thickness of a slice may be measured by placing the Petri dish containing the slice on square paper so as to measure the area of the slice. The slice is then weighed on a torsion balance. As the specific gravity of the tissue is near 1, the ratio weight/surface gives the approximate average thickness. The determination of the thickness is usually unnecessary. Sufficient indication of the thickness is obtained by lifting the slice out of the medium with forceps and holding it at one corner. A thin slice collapses but a thick one retains its shape.

[1] Obtainable from Ever Ready Razor Products Ltd., 26/28 Bedford Row, London, W. 1.

Thinness alone is no guarantee of adequate oxygenation of slices suspended in an incubation medium. Diffusion of O_2 from the gas phase into the medium may become a limiting factor, even at high rates of shaking, if the oxygen consumption is greater than, say, 2 μl O_2 per minute per ml medium. Many metabolic experiments have been vitiated by paying insufficient attention to oxygenation (see, e. g., *Krebs* et al., 1963). Regular checks are required to test whether the rate of the process under investigation is independent of the amount of tissue in the suspension.

3. Treatment of individual tissues

a) Liver. The metabolism of liver depends more than that of any other tissue on the state of nutrition and attention must therefore be paid in all experiments on liver metabolism as to whether the tissue comes from a well-fed or starved animal, and whether the diet had any special features. No definite differences in the metabolism of different lobes have as yet been established.

b) Kidney. Before slicing, the fibrous capsule must be removed. The kidney of the smaller mammals is split into halves lengthwise in order to provide a flat plane on which the tissue rests for the slicing operation. Slices from the three different layers — the outer brown-coloured cortex, the red-brown medulla and the grey papilli — should be kept apart when uniform material is required.

c) Brain. The chief metabolic activities of the brain are localised in the grey matter and for quantitative work it is therefore desirable to use white and grey matter separately. Grey matter can be obtained from the cortex of the hemisphere or the basal ganglia. The brains of larger animals, e. g. pig and sheep, are wrapped in a tough pia mater which impedes the smooth movement of the razor blade. It is therefore necessary to remove the pia with forceps before slicing. In the smaller animals — rat, guinea pig or rabbit — the pia is so soft that it does not interfere with slicing operations.

d) Retina. Retina when detached from the choroid is sufficiently thin to be used directly for metabolic experiments. It is prepared as follows: the eye-ball is freed from the external muscles and tendons, and is opened with small pointed scissors by a circular cut along the equator. The posterior part of the eye-ball is then placed in a suitable medium (serum or saline). The corpus vitrium is carefully detached from the retina and the latter is removed from the choroid by blunt preparation with a small spatula whilst the choroid together with the sclera is held by a pair of forceps. In bigger animals the part of the retina near to the entrance of the optical nerve has to be cut off from the nerve. Rat retina readily breaks away from the optic nerve during the blunt preparation. The rat is the most suitable species among the ordinary laboratory animals as the retina of rabbits and guinea pigs tends to break into small pieces when detached and shaken in a saline medium.

e) Red blood cells. Although red cells by far prevail in respect of volume among the cellular elements in vertebrate blood, the activities of the white elements can make a major contribution to blood metabolism because per unit of weight their metabolism can be 10 to 50 times greater than that of the red cells. The most satisfactory method of obtaining reasonably pure suspensions of red cells is centrifugation of heparinized blood, and washing with a saline medium on the centrifuge. The high affinity of oxygen for haemoglobin makes it difficult to free blood from oxygen for anaerobic experiments. Anaerobic conditions can be obtained without difficulty by treating the blood with carbon monoxide.

f) Blood platelets. Platelets may be separated from red cells and leucocytes by differential centrifugation of heparinized blood (*Born* and *Gillson*, 1958).

g) White blood cells. Suspensions of leucocytes (as first shown by *Hamburger* and *Hekma*, 1907; *Hamburger*, 1926, see also *Stähelin*, *Suter* and *Karnovsky*, 1956) can be obtained by injecting guinea pigs intraperitoneally with various chemotactic agents such as 8—10 ml sterile 12% sodium caseinate solution in saline, 8—10 ml. 0.001% glycogen in saline or 20 ml. sterile liquid paraffin. Casein-induced exudates are harvested after 16 hours by bleeding the animal to death and washing the peritoneal cavity several times with a total amount of 30—40 ml. saline medium containing 0.005% heparin. Glycogen-induced exudates are collected 5 days after injection of the irritant and liquid-paraffin-induced exudates after 9 days. The paraffin is removed by centrifugation. Casein-induced exudates consist mainly of polymorphonuclear leucocytes. They have been extensively used for the study of phagocytosis (*Stähelin* et al., 1956; *Sbarra* and *Karnovsky*, 1959, 1960; *Karnovsky* and *Wallach*, 1961; *Iyer*, *Islam* and *Quastel*, 1961). Glycogen-induced exudates contain a substantial proportion of monocytes. Liquid-paraffin-induced exudates contain about 75% monocytes.

h) Lymphocytes. Lymphocytes can be obtained in major quantities by a thoracic duct fistula (*Gowans*, 1957). Lymph node cell suspensions may be prepared according to *Eisen*, *Kern*, *Newton* and *Helmreich* (1959) from guinea pig lymph nodes taken from the axillary, popliteal, inguinal and cervical regions and from the mesentery in the following way. The lymph nodes are placed on a supporting disk of 50-mesh stainless steel wire screen of about 30 mm diameter mounted on a shallow stainless steel cylinder immersed in sufficient medium to keep the tissue wet. Cells are combed with 50-mesh stainless steel wire screens (about 12×10 mm.) from the lymph nodes. The base of the cylinder is notched to allow free flow of medium, and the complete assembly is supported in a small dish surrounded by an ice-water mixture. Cells released from the nodes are collected by centrifugation at 140 g. for 10 minutes at 4 °C. The packed cells are then resuspended in fresh cold medium by gentle mixing with a glass rod, and filtered through a small Büchner funnel (1.5 cm. diameter) mounted in a test tube with side arm tubulature. The filtering surface should be 325-mesh stainless steel wire cloth. Gentle suction is required at times to facilitate filtration. The concentration of cells in the final suspension is estimated by counting in a standard hemocytometer.

i) Thymus and thymocytes. A method of preparing thymocytes similar to that for the preparation of lymph node cells has been described by *Ord* and *Stocken* (1958). The thymus gland can also be used in the form of slices.

k) Bone marrow. Suspensions of bone marrow cells are prepared by transferring the marrow from the femora, tibiae and humori of rats and rabbits into saline and shaking gently for a few minutes. Some remaining bigger particles may be removed by brief centrifugation. The removal of the marrow from the bones of small animals can be achieved in the following way: the epiphyses are cut off and a small rubber tube is attached to the diaphysis. The marrow is then blown into the medium (see also *Warren*, 1942).

l) Testis. Testis does not lend itself to slicing but sufficiently thin layers of tissue can be obtained in the following manner: the serous covering of the testes is slit and the convoluted tubulae are pulled out and suspended in the saline medium. Pieces of the size of a small pea are then cut off and teased out by means of two pairs of small forceps until they form a loose network. Rat testis is particularly suitable for this treatment. In some other species the convolute is more closely knit, and the unravelling is therefore more difficult.

m) Spermatozoa. Spermatozoa are available from artificial insemination centres. Alternatively the epididymis of guinea pigs or rats may be immersed in saline medium and chopped with a pair of scissors. On shaking and stirring the spermatozoa pass into the medium. The epididymal tissue is removed by short centrifugation. Suspensions of spermatozoa may be obtained in a similar manner from testis, but such suspensions may be contaminated with spermatoblasts.

n) Lung. Lung tissue can be sliced satisfactorily by the method of *Deutsch* as described on p 11. A special arrangement for investigation of lung metabolism in which an inflated lobe of rat lung is used has been designed by *Laser* (1932).

o) Choroid plexus. The choroid plexus is sufficiently thin to be used without slicing. The lateral ventricle of rabbit's brain is opened and the plexus is found lying loosely in the cavity. Rabbit plexus must be suspended in a serum because irreversible damage occurs in saline media, resulting in a low metabolic rate. The plexus of larger animals appears to be less sensitive to the abnormal conditions of the saline medium. Sheep plexus shows a high and constant rate of glycolysis when suspended in glucose-containing saline media.

p) Striated muscle. Slices of skeletal or heart muscle, unlike other tissue slices, lose most of their metabolic activity if suspended in a saline medium. This exceptional behaviour is probably connected with specific structure of muscle tissue in which the smallest cellular unit is so large that on slicing injury to each unit is inevitable. In most other tissues only a few per cent of the cells are directly damaged by preparing slices of 0.3 to 0.5 mm. thickness. Slices of muscle tissue offer no advantage over minced tissue.

Certain muscles may be used as a whole because they are sufficiently thin, such as the diaphragm of mice or young rats or the sartorius of the frog. The metabolic activity of different muscles varies a great deal. One of the most active muscles is the breast muscle of flying birds (pigeon) and the heart muscle of mammals. An even greater activity is shown by the flight muscles of insects.

q) Smooth muscle. A convenient smooth muscle is the gizzard of birds. Pigeon gizzard is easy to slice and gives linearly proceeding respiration and glycolysis when suspended in a saline medium. Another suitable smooth muscle is the taenia of the guinea pig colon (*Bülbring*, 1953).

r) Adipose tissue. The epididymal fat bodies of the rat or other small rodents is a convenient tissue for experimenting on adipose tissue. The brown intrascapular fat bodies though smaller are equally suitable. Since the rates of metabolism in adipose tissue are rather low, the material may be used without slicing and if it is teased out into relatively thin pieces (see *Wertheimer* and *Shapiro*, 1948; *Winegrad* and *Renold*, 1958; *Beloff-Chain* et al., 1956).

s) Mammary gland. The lactating mammary gland of laboratory and farm animals can be readily sliced (*Grant* 1936; *Malpress* and *Morrison*, 1950; *Heyworth* and *Bacon*, 1955).

t) Seminal vesicle mucosa. *Levey* and *Szego* (1955) and *Breuer* and *Whittam* (1957) have used the mucosa of seminal vesicles of guinea pigs for the study of ion movements and metabolism. The seminal vesicles of guinea pigs are anatomically different from those of rats and are shaped in the form of a wide duct which can be opened; the mucosa can then be conveniently sliced, each area providing one slice.

u) Gastric mucosa. Sheets of sheep gastric mucosa (abomasum) can be obtained by dissecting a mucosal flap and freeing it from the submucosa (*Davies* 1948; *Pennington*, 1952). A specially useful material for the study of metabolism and secretion is the gastric mucosa of frogs (Rana temporaria) and toads (Bufo bufo). *Davies* (1948) has evolved the following technique for isolating the intact mucosa. The stomach, with the greater curvature upwards, is gently pressed with the left thumb and forefinger to tighten the muscle coats. A small longitudinal incision is made with a razor and continued to both ends with fine scissors without damaging the mucosa. Starting from the pyloric end the intact tube of the mucosa is separated from the muscles with fine forceps and pulled free. During the dissection the tissue is frequently damped with saline. The tissue may be used *open* or *tied*. The tied tissue is used when a collection of the secretion is required. The pyloric end is closed with fine silk thread and the lumen completely emptied by gentle stroking with curved forceps. Next the cardiac end is tied.

v) Intestinal mucosa. A valuable preparation for the study of the physiology and biochemistry of the isolated small intestine is the everted sac method of *Wilson* and *Wiseman* (1954) (see also *Wiseman*, 1961, and *Wilson*, 1962). This involves the use of small segments of the intestine turned inside out, filled with fluid and tied at both ends. The golden hamster and the rat lend themselves well to this treatment. The main object of everting the intestine is to provide optimal conditions for the ready oxygenation of the mucosa. The distended sac separates the individual villi and offers a very large surface of contact with the oxygenated solution. As the oxygen requirement of the epithelial cells is very high, it is quite impossible to saturate them with oxygen without eversion. For the eversion a smooth glass rod about 1.5 mm. in diameter and about 15 cm. long is required. The end of the rod should be slightly flattened. One end of a piece of small intestine is caught on the end of the rod and invaginated. The intestine is then gently rolled over its invaginated end until the invaginated part passes out of the lumen at the other end of the length of intestine. The method is fully described by *Wiseman* (1961).

w) Tumour tissue. Many tumours, especially the spontaneous ones, are 'contaminated' with connective tissue and necrotic elements which are metabolically almost inactive. The degree of 'contamination' has to be considered in the interpretation of quantitative experiments and a histological check of the material is therefore essential. Comparatively uniform are the transplanted experimental tumours in their early stages, before they develop necroses. Most tumours are easy to slice. By far the most satisfactory type of tumour cell for quantitative work is the ascites tumour which can be prepared in the form of uniform cell suspensions (see *Loewenthal* and *Jahn*, 1932; *Lettré*, 1941, 1950; *Klein*, 1950, 1951).

4. Mincing

Mincing has the advantage over slicing that large quantities of tissue can be rapidly converted into a tissue particle suspension and that it provides a relatively uniform material for a series of parallel experiments. Tissue destruction is somewhat greater than in slices, except in the case of skeletal and cardiac muscles. For the study of these tissues minces have been particularly useful, but they have now been largely superseded by homogenates.

Household meat mincers yield a comparatively coarse and uneven mince even after repeated passages. An instrument which produces a very fine and uniform mince is the 'Latapie' mill obtainable from Arthur Thomas, Co., Philadelphia and A. Gallenkamp, London. An alternative apparatus giving larger particles is the Fischer press, originally designed for the preparation of chick embryo extracts in tissue culture work. It is suitable for soft tissues only (obtainable from Jouan et Cie, Paris). The tissue and the mincing instrument should be ice-cold. The mince is collected in a tared beaker, weighed and suspended in a measured quantity of an ice-cold medium. It is easier to obtain a uniform suspension if the mince is first stirred with a glass rod in about 1 volume of medium until it is broken up and if the rest of the medium is added later. Suspensions of minced tissue are conveniently handled with special wide-mouthed pipettes having an orifice of 1.5 to 2.0 mm. diameter. The suspension must be vigorously swirled or stirred whilst being drawn into the pipette since the particles rapidly settle.

Phosphate-buffered media are commonly used for suspending the tissue. Calcium ions are omitted because they inhibit the metabolism of many tissues. The proportion of tissue to medium depends on the metabolic activity. For pigeon breast muscle, mammalian heart or rat liver, a final dilution of 1 in 10 is suitable. Less active tissue should be diluted with no more than 3 to 5 parts of medium. Excessive dilution (beyond 10 to 15 parts in some tissues, and beyond 3 to 5 in others) leads to loss of metabolic activity.

5. Homogenates

a) General aspects. Whereas slices and mince represent assemblies of cells, in which the great majority of cells are in the normal environment, i. e. neighboured by other cells, and are thus in a near-physiological state, homogenates (a term introduced by *Potter*, 1941) are tissue preparations in which the majority of cells is disrupted. They are thus assemblies of enzyme systems rather than of cells.

As the homogenate retains all tissue components, their activities are a quantitative reflection of the enzymic capacity of the tissue.

Homogenates may appear homogeneous on inspection with the naked eye, but are in fact suspensions of cell organelles. A feature of homogenates of many tissues is the high activity of autolytic enzymes which destroy coenzymes and other cell constituents. The effects of these autolytic enzymes during the preparation of homogenates is minimized by working at near 0° and using suitable suspension media. The loss of activity on incubation may be delayed by addition of ATP (up to 5 mM.) and DPN (1 mM.) and nicotinamide (20 mM.). The latter inhibits the fission of DPN at the nicotinamide riboside linkage (*Mann* and *Quastel*, 1941; *Handler* and *Klein*, 1942). The stability of homogenates varies with the tissue. Active and relatively stable homogenates are readily obtained from, e. g., liver, kidney cortex, brain, mammary gland, vertebrate heart and pigeon breast muscle. In many other animal tissues the respiration of the isolated mitochondria is much more stable than that of the whole homogenate because of the removal of the coenzyme-destroying enzymes by the process of fractionation. However, though less stable, homogenates cannot be replaced by mitochondria when multi-enzyme systems of the cell involving cytoplasmic components are to be studied.

b) Apparatus. Tissues are broken up by liquid shear forces either by forcing them through a narrow gap or by exposing them to violent agitation. An early apparatus employing the first principle is the homogenizer of *Potter* and *Elvehjem* (1936). This consists of a tube and a power-driven pestle revolving at a speed of about 1000—2000 r. p. m. Numerous modifications of this principle have been elaborated (see *Allfrey*, 1959; *Aldridge, Emery* and *Street*, 1960). The apparatus may be made of glass, stainless steel, plastics (teflon) and combinations of these. For the details of the construction see *Potter* (1955) and *Aldridge* et al. The gap between tube and pestle is important. *Potter* specifies 0.23 mm. Many types of homogenizers are now commercially available.

Tissues removed from the animal should be chilled by placing them in ice-cold saline for a few minutes. After blotting the tissue is first minced or chopped and then placed in the homogenizer tube containing a measured volume of cold homogenization medium. While the pestle is rotating the tube is moved up and down rapidly. Usually 6—10 passages of the pestle through the cylinder are sufficient if the speed of the pestle is 1000—2000 r. p. m. The degree of homogenization should be checked microscopically and the conditions should be adjusted to give maximum homogenization in the minimum time. Fuller operational details are given by *Allfrey* (1959) and *Potter* (1955).

Tissue disintegration by violent agitation of the medium is achieved by the Waring Blendor and other blade homogenizers in which the tissue is rapidly stirred by a high-speed mechanically impelled metal propellor.

c) Media for homogenates. If homogenates are to be used as such for metabolic experiments (as opposed to the fractionation of the components) phosphate or tris buffered isotonic salines are used. Numerous variations have been used according to the nature of the experiments. KCl rather than NaCl is usually the main ionic constituent and calcium ions are usually omitted. Ethylenediaminetetraacetate (0.5—1 mM.) has often been found advantageous in preserving activities. Sucrose (0.3 M.), carefully neutralized, can partly or fully replace KCl. The extent of dilution of the tissue should be of the same order as for minces. Excessive dilution causes loss or even complete disappearance of activities.

D. Isolation of cell organelles and their components

1. General Aspects

The study of the isolated cell organelles and their fragments has become of great importance in the analysis of biochemical mechanisms because they are the smallest multi-enzyme system units functioning as an integral whole. The pioneer work in this field is due to *Bensley* and *Hoerr* (1934), *Claude* (1940, 1948) and *Hogeboom, Schneider* and *Pallade* (1948). Innumerable modifications of the basic techniques have been evolved to suit different materials and different purposes. A comprehensive survey of the subject is that of *Allfrey* (1959). Further reviews are those of *Hogeboom* (1955), *Axelrod* (1955), *Anderson* (1956) and *Schneider* (1957).

The first step in the fractionation of cell components is the homogenization of the tissue, already discussed in the preceding section. When used as a starting material for fractionating tissues, media other than salines are often advantageous. Most widely used is 0.25 M sucrose prepared from analytical reagent grade material in freshly-distilled water and adjusted to p_H 7.0 to 7.8 by the addition of NaOH, or KOH, or tris buffer. Other additions which have proved useful are 0.05 to 1 mM. ethylenediamine tetraacetate (*Slater* and *Cleland*, 1953; *Lewis* and *Slater*, 1954; *Beaufay, Hers, Berthet* and *de Duve*, 1954), (7%) polyvinyl pyrollidone (*Woods*, 1954; *Novikoff*, 1956), or (6—12%) dextran ("Intradex", Glaxo Laboratories Ltd.) (*Hogeboom*, 1955; *Birkbeck* and *Reid*, 1956).

Centrifugation is the standard method of separating the various cell organelles and their fragments from each other. Two different principles are employed. The most widely used technique is differential centrifugation, a process which separates particles on account of their differences in size. Another technique is density gradient centrifugation which separates particles on account of their differences in density.

2. Differential centrifugation

The intracellular organelles do not differ greatly in density but do differ appreciably in size, and the sedimentation rates of the particles are therefore largely determined by size. In the case of rat liver the diameter of the nuclei averages about 6 μ, that of mitochondria 1 μ, and that of microsomes 0.1 to 0.15 μ. As a first approximation spherical particles of the same density sediment at rates which are proportional to the squares of the radii. Since the squares of radii of liver nuclei, mitochondria and microsomes differ by factors of 10, the best 'purity' obtainable for any cell fraction by one centrifugation is 90%. Further purification of a sedimented fraction can be achieved by the washing procedure described below.

The sedimentation of a particle is determined by the product of time and centrifugal force (g$\times$min.). The absolute magnitude of g$\times$min. for a particle depends on the viscosity of the suspending medium, the size of the particle and the difference in density between the particle and the medium. In choosing a medium for differential centrifugation it is therefore important that the density and viscosity of the medium are such that the particles sediment with a convenient speed and at a convenient centrifugal force. It is also essential that the medium maintains as nearly as possible the morphological, physiological and biochemical properties of the particle. Experience has shown that 0.25 M. sucrose, sometimes supplemented by the reagents already mentioned, is the most satisfactory basic medium.

Since the value of g.$\times$min. depends on the mean distance between the particle and the bottom of the centrifuge tube, the exact details of any procedure vary with the equipment used. The following directions apply to the heads and tubes of the International Refrigerated Centrifuge model PR 2 and describe the fractionation of liver homogenate into nuclei, mitochondria, microsomes and soluble fraction. All manipulations must be carried out at near 0°. Sufficient homogenate is placed in 50 ml. centrifuge tubes of approximately 10 cm. length, to fill the tubes about three-quarters. In rotor 822 the unbroken cells and nuclei are sedimented under these conditions at 6,000 g.$\times$min. (conveniently 600 g., 10 min.). The supernatant is decanted and stored at 0°, and the residue is resuspended evenly in 1.5 volumes of the medium. The suspension is then centrifuged in the same rotor and tubes at 3,400 g.×min. (340 g., 10 min.). This 'washing procedure' may be repeated. The sediment contains nuclei contaminated with cell debris and unbroken cells. If a purer preparation of nuclei is required other techniques must be used (see p. 538).

The combined supernatants are centrifuged at 53,000 g. × min. (2,700 g., 20 min.) of rotor 822 and 50 ml tubes are used, and at 80,000 g. × min. (8,000 g., 10 min.) if the high-speed, 4-place rotor 296 is used. The supernatant is decanted from the pellet which consists mainly of mitochondria and the pinkish, freely-flowing, loosely-packed 'fluffy' layer on top of the pellet is either discarded or stored separately if required. The pellet is resuspended in 1.5 volumes of medium and centrifuged at 85,000 g. × min. (8,500 g., 10 min.) in rotor 296. A fluffy layer again appears on top of the mitochondrial pellet. If the fluffy layer is to be collected it is subjected to the same washing procedure as the mitochondrial fraction and the resulting supernatant is combined with the mitochondrial supernatant. To obtain the 'soluble fraction' the combined supernatants are centrifuged at 1,800 g. × min., preferably in the Spinco Rotor 20 (30,000 g., 60 min). The material remaining unsedimented after this treatment is the 'soluble fraction'.

3. Special procedures for the isolation of Mitochondria

a) Sheep heart mitochondria (*Kulka*, 1958). Free the heart from fat and mince in a chilled Latapie mill. Suspend 60–80 gr. of minced tissue in six volumes of medium containing 0.135 M. KCl, 0.01 M. potassium phosphate buffer p_H 7.4 and 1 mM. ethylenediamine tetraacetate. Homogenise in a stainless steel *Potter-Elvehjem* homogenizer in 50 ml. batches. Centrifuge at 6,000 g.×min. to remove nuclei and debris. Centrifuge the supernatant at 81,000 g.×min. The sediment consists mainly of mitochondria (sarcosomes). Resuspend in 25 ml. medium and centrifuge at 102,000 g.×min. The washing may be repeated. A similar preparation of mitochondria from beef heart has been described by *Crane*, *Glenn* and *Green* (1956). The method of *Hatefi*, *Jurtshuk* and *Haavik* (1961) uses the bacterial proteinase of *Hagihara* et al. (1958) and gives high yields of mitochondria from beef heart.

b) Skeletal muscle mitochondria. (See *Bellamy*, 1960; *Pennington*, 1961; *Chappell* and *Perry*, 1953). The whole legs of rats or mice are cut off and chilled in ground ice. After cooling for 15 minutes the muscles are removed and minced in a chilled Latapie mincer. The mince is suspended in 10 volumes of 0.25 M. sucrose solution and homogenized in a *Potter-Elvehjem* homogenizer. The homogenate is centrifuged at 10,000 g.×min. and the supernatant fluid is decanted and stored in ice. The residue is suspended in the same volume of 0.25 M sucrose. and again centrifuged at 10,000 g.×min. The supernatant is added to the first supernatant and the mixture is centrifuged once more at 10,000 g. × min. The sediment consists mainly of muscle fibres and is discarded. The supernatant is now centrifuged at 120,000 g.×min. The sediment consists of mitochondria which are washed by resuspension in a volume of medium four times that of the original mince, and centrifugation at 120,000 g.×min.

c) Mitochondria from insect tissue. The flight muscles of insects possess an exceptionally high respiratory activity, and their mitochondria are often very large (up to 4 μ diameter). Insect mitochondria have been prepared from Drosophila by *Watanabe* and *Williams* (1951); from the blow fly by *Watanabe* and *Williams* (1953) and *Slater* and *Lewis* (1954); from the housefly by *Sacktor* (1952, 1953) and from the locust by *Bellamy* (1958) and by *Klingenberg* and *Bücher* (1959).

d) Mitochondria from crustacean tissues. *Bellamy* (1960) has prepared mitochondria from the skeletal muscle of Carcinus by the following method. After killing the crab the appendages are severed close to the body and broken open with bone forceps. The muscle is removed intact, minced, weighed, suspended in 5 volumes of 1 M. sucrose solution and homogenized in a *Potter-Elvehjem* apparatus. The homogenate is centrifuged at 10,000 g. × min. to sediment muscle fibres and nuclei. The viscous supernatant is diluted with an equal volume of 1 M. sucrose and centrifuged at 140,000 g. × min. The sediment consists of mitochondria which are washed by suspension in half the original volume of 1 M. sucrose and re-sedimentation at 140,000 g. × min. Three washings are required.

To prepare mitochondria of the hepatopancreas (*Bellamy*, 1960) the carapace of Maia or Homarus is removed with bone forceps immediately after killing and the hepatopancreas is taken out with blunt forceps and cooled in ice. The whole organ is then homogenized in 5 volumes of 1 M. sucrose solution. The fibrous cell debris is sedimented at 30,000 g. × min., and the mitochondria are obtained by centrifuging the supernatant fluid at 37,000g. × min. They are washed with half the original volume of 1 M. sucrose.

e) Mitochondria from plant material. The earlier work on the preparation of mitochondria from plant material has been summarized by *Axelrod* (1955) and by *Stauffer* (1957). In recent years mitochondria have been prepared from a large number of different plant materials. The methods are essentially minor modifications of those elaborated for animal tissues (see, e. g., *Pierpoint*, 1959, 1962; *Dalgarno* and *Birt*, 1962).

4. Density gradient centrifugation

This method is not suitable for the primary fractionation because it is inherently incapable of handling large quantities of material. Its value lies in the further fractionation of organelles within one class. Successive layers of sucrose solutions of different concentrations (or other media) are layered in a centrifuge tube and the suspension to be fractionated is placed on the top. The mixture is centrifuged at maximal centrifugal force. Centrifuges with fly-out heads must be used. Tests are required to determine the time taken for the completion of the particle distribution according to density. In most cases one hour's centrifugation in the SWG 25 Head of the Spinco preparative centrifuge at maximum g. is sufficient. For a detailed description of the methods of layering and of handling the layers after centrifugation the reader is referred to *Anderson* (1956). Examples which illustrate the application of the principles and describe the procedures for specific cases (adrenal medulla and brain respectively) are found in papers by *Blaschko*, *Hagen* and *Hagen* (1957) and *Whittaker* (1959).

E. Preparation of submitochondrial particles

1. General comments

Several types of submitochondrial particles of varying degrees of structural integrity have been prepared from mitochondria. These have proved especially valuable in the study of the properties of electron transport systems and of the mechanism of oxidative phosphorylation. The particles are fragments of mitochondrial membranes and are capable of catalyzing the oxidation of succinate, β-hydroxybutyrate, choline and reduced DPN by molecular oxygen and other electron acceptors. The capacity to oxidise fatty acids and intermediates of the tricarboxylic acid cycle except succinate has, as a rule, been lost. Some particle preparations, in contrast to others, retain the capacity for oxidative phosphorylation when supplied with succinate, β-hydroxybutyrate or reduced DPN. This has led to their division into 'non-phosphorylating' and 'phosphorylating' particles, a difference which is probably due to the loss of specific proteins which are referred to as 'coupling factors' and which, when added, can restore the phosphorylating capacity to nonphosphorylating particles (*Linnane* and *Titchener*, 1960; *Penefsky*, *Pullman*, *Datta* and *Racker*, 1960).

The disruption of mitochondria is brought about by various methods, e. g.,

(a) treatment with detergents, such as digitonin, bile salts or non-ionic synthetic detergents like triton WR 1339 (*Cooper* and *Lehninger*, 1956; *Devlin* and *Lehninger*, 1958; *Abood* and *Alexander*, 1957);

(b) mechanical disintegration in a high speed blendor (*Kielley* and *Kielley*, 1953; *Conover, Danielson* and *Ernster*, 1963) or by high speed shaking with glass beads (*Penefsky, Pullman, Datta* and *Racker*, 1960);

(c) sonication (*Kielley* and *Bronk*, 1958; *McMurray, Maley* and *Lardy*, 1958; *Linnane* and *Ziegler*, 1958);

(d) treatment with ethanol (*Ziegler, Lester* and *Green*, 1956) and exposure to alkaline conditions (*Crane, Glenn* and *Green*, 1956).

The main starting materials for the preparation of submitochondrial particles have been mammalian liver and heart mitochondria. After disruption of the mitochondria the particles are isolated by differential centrifugation. The unbroken mitochondria and larger fragments are removed at 20,000 to 30,000 g. for 10 min. and the supernatant is centrifuged at 100,000 g. for 30 to 60 min. The pellet obtained is the submitochondrial fraction; it is resuspended in a small volume of medium. Similar techniques are suitable for the preparation of submitochondrial particles from bacteria and yeast (*Hovenkamp*, 1959; *Brodie*, 1959; *Utter, Keech* and *Nossal*, 1958; *Bruemmer, Wilson, Glenn* and *Crane*, 1957). The earliest preparation of mitochondrial fragments (though not recognised as such at the time) was the heart muscle preparation of *Keilin* and *Hartree* (1940), *Slater* (1949), *Tsou* (1951) and *Cleland* and *Slater* (1953). This preparation does not require the prior isolation of the mitochondria, it is obtained from a heart muscle homogenate by grinding with sand.

A few procedures described below have been selected as examples for a more detailed treatment mainly on the basis of good reproducibility.

2. Digitonin particles

(*Cooper* and *Lehninger*, 1956; *Devlin* and *Lehninger*, 1958; *Vignais* and *Vignais*, 1960.)

Rat liver mitochondria isolated by differential centrifugation and washed twice with 0.25 M. sucrose are homogenized in a cold 1% solution of digitonin (5 ml. of a 1% digitonin solution are added to the mitochondria obtained from one rat liver). After standing for 30 minutes at about 2° the suspension is centrifuged at 35,000 g. for 15 min. The supernatant suspension is poured off and centrifuged at 110,000 g. for 30 min. The sedimented particles are resuspended in a small volume of distilled water and used immediately. They carry out oxidative phosphorylation in the presence of succinate, β-hydroxybutyrate and reduced DPN. Failure to obtain highly active particles can usually be ascribed to one of the following causes: (a) digitonin may contain impurities, especially metal ions. Commercial samples should be recrystallised (*Devlin* and *Lehninger*, 1958; *Vignais* and *Vignais*, 1960); (b) the success depends on the correct ratio of protein to digitonin. In the above description the amount of protein is expressed as the quantity of mitochondria obtained from a given quantity of liver. So far no absolute value of the ratio of protein to digitonin, based on protein determinations, is available.

3. Sonication

(*Linnane* and *Ziegler*, 1958)

The method described by Linnane and Ziegler (see also *Löw* and *Vallin*, 1963) starts with relatively large quantities of heart mitochondria (1—10 gr.) which in many laboratories are not readily available. The following modification (*Griffiths*, unpublished) requires much smaller quantites of heart mitochondria and supplies phosphorylating particles from beef, sheep and rat heart. This type of preparation catalyses the oxidation of succinate and reduced DPN, but not of β-hydroxybutyrate, despite the fact that the particles contain a β-hydroxybutyric dehydrogenase.

Heart mitochondria are isolated by differential centrifugation, suspended in neutral 0.25 M. sucrose and kept in a deep freeze for at least 48 hours, with at least two thawings during this time period. To 5 ml. of the suspension, containing 20—30 mg. of protein/ml., are added 1 ml. of 0.5 M. tris sulphate buffer of p_H 7.4 and distilled water to 25 ml. This suspension is placed in a conical flask made from stainless steel, the base of which is the oscillator, and treated at 4 °C for 30 seconds in a 500 watt Mullard magnetostrictor oscillator (Type A 7590 B) operating at 25 Kc./sec. (Mullards Ltd., Mullard House, Torrington Square, London, W. C. 1). Sonication can also be performed with the M. S. E. 60 watt sonic oscillator (Measuring & Scientific Equipment, Ltd., Spenser Street, London, S. W. 1) operating at 20 Kc./sec. at peak output. In this case the suspension is placed in a 50 ml. beaker cooled in ice water and the 2 cm. probe of the M. S. E. sonic oscillator is used, dipping 2—3 mm. below the surface of the suspension. Sonication is carried out for 1—2 minutes and the suspension is centrifuged immediately at 30,000 g. for 5 min. in the No. 40 rotor of the Spinco ultracentrifuge. The decanted supernatant is centrifuged at 100,000 g. for 30 min. and the precipitate is dispersed in neutral 0.25 M. sucrose with the aid of a small glass homogenizer.

It should be emphasised that adequate buffering is important as the particles may produce acid during the preparation and storage. This leads to clumping of the particles during centrifugation.

Kielley and *Bronk* (1958) have described a method for preparing submitochondrial particles from rat liver by sonication. Mitochondria are prepared from 20 gr. of rat liver by homogenisation in 0.25 M. sucrose and isolated by differential centrifugation. The particles are washed twice with 0.25 M. sucrose and once with about 20 ml. 0.03 M. phosphate, p_H 7.0 (20,000 g. for 10 min.). The supernatant is discarded and the sediment is suspended in 10 ml. of 0.03 M. phosphate buffer, p_H 7.0. The suspension is then treated in the sonic oscillator at 2—4° (30 seconds with the *Raytheon* and *Mullard* instruments or 60 seconds with the M. S. E. instrument). After centrifugation at 25,000 g. for 20 min. the supernatant fluid is poured off and re-centrifuged at 100,000 × g. for 30 min. The red-brown pellet is resuspended in 7 ml. of 0.03 M. phosphate buffer, p_H 7, and centrifuged at 100,000 g. for 30 minutes. The sediment is then suspended in 0.03 M. phosphate p_H 7, or in neutral 0.25 M. sucrose. An essential feature of the method is the use of hypotonic phosphate buffer which causes a more rapid disruption. This preparation oxidises succinate, reduced NAD and β-hydroxybutyrate and these reactions are coupled with phosphorylation. It also oxidises choline but no phosphorylation occurs with this substrate.

4. Non-phosphorylating particles

Mitochondrial fragments capable of oxidising succinate and reduced DPN have proved useful for the enzymic determination of succinate. They can be prepared by prolonged (3—5 min.) sonication of heart or liver mitochondria (*Kielley* and *Bronk*, 1958). A large scale method for preparation of the *Keilin-Hartree* heart muscle particles has been described by *King* (1961).

5. Purification of the electron transport system

The further fractionation and purification of the electron transport system requires special facilities for the rapid handling at low temperatures of large quantities of mitochondria as well as special experience in the use of detergent and salt fractionation (*Hatefi* et al., 1961). The reader is referred to the papers of *Hatefi* et al. (1961) and of *Green* (1961) for further information.

F. Preparation of cell nuclei

1. General comments

The preparation of pure nuclei, free from other cell components and at the same time biochemically intact, is beset with difficulties. The so-called nuclear membrane is inadequate to prevent loss and exchange of cellular constituents and none of the methods so far devised is free from features which cannot be fairly criticised. A full discussion of the problem has been given in reviews by *Allfrey* (1959), *Dounce* (1955) and *Roodyn* (1959). The success of any chosen method depends at least as much on the skill of the operator as on the selection of the apparatus or medium. Broadly speaking two separate approaches are used: (1) isolation in a non-aqueous solvent; (2) isolation in sucrose or saline solutions. The first yields nuclei from which lipid has been extracted; the second gives nuclei which may either have gained or lost water soluble materials. Both kinds of preparations are liable to contain whole cells and adherent cytoplasm. These defects can be detected by suitable staining procedures, phase contrast examination or electron microscopy.

2. Preparation in aqueous media

The earliest attempts to isolate nuclei were made by *Miescher* (1871) who used HCl-pepsin to liberate the nuclei from pus cells. The modern usage of an acid medium stems from the observation by *Crossman* (1937) that 0.2 M. citric acid releases nuclei as seen under the microscope. *Stoneburg* (1939), followed by *Dounce* (1943) and *Mirsky* and *Pollister* (1946), used more dilute (0.05 M. or less) solutions of citric acid. These concentrations are usually too high for the preservation of full enzymic activities but the method is quick and provides a high yield of clean nuclei which have been used for the assay of stable constituents in many tissues.

The cooled, chopped tissue is homogenized in 4 to 10 volumes of the citric acid solution at 0° in a Waring blendor; the time of operation and speed of the blendor depends on the material and must be established by trial and error. A partial separation of nuclei, whole cells, debris and cytoplasmic particles is effected by filtration through cloth such as muslin, nylon or napped flannel, or by centrifugation, and the subsequent purification of the nuclei is carried out by means of a second homogenization of the nuclear fraction with repeated filtration and centrifugation. The details and variants of this method are given by *Allfrey* (1959) and by *Dounce* (1955).

More generally used media are those containing sucrose and a small amount of calcium or magnesium which prevents aggregation and mechanical damage (*Schneider* and *Peterman*, 1950). The tissue is suspended in ice-cold 0.25 M. sucrose containing 3.3 mM. calcium chloride, homogenized in a Waring blendor or other device (*Allfrey*, 1959; *Philpot* and *Stanier*, 1956) and the nuclei are isolated by filtration and centrifugation. Modifications of the sucrose medium include the addition of buffers (*Wilbur* and *Anderson*, 1951; *Barnes*, *Esnouf* and *Stocken*, 1956), glycerol and glycerophosphate (*Philpot* and *Stanier*, 1956). Other solutes such as ethylene glycol, gum arabic, polyvinyl pyrrolidone (see *Allfrey*, 1959) and buffered ionic media (*Barnes*, *Esnouf* and *Stocken*, 1956; *Creasey* and *Stocken*, 1959) have also proved useful. The use of density differences rather than differences in sedimentation rates originated with *Chauveau* et al. (1956) who obtained a 50% yield of morphologically very well preserved liver nuclei free from cytoplasmic contamination. Similar preparations have been made by *Zharskij* and *Georgiew* (1959) and *Wilczok* and *Chorazy* (1960) but their enzymic properties are not yet established.

3. Preparation of nuclei in non-aqueous media

Since its introduction by *Behrens* (1932) this procedure has undergone many modifications (see *Allfrey*, 1959; *Dounce*, 1955; *Roodyn*, 1959). This technique aims at fixing the soluble constituents of the cell within their compartments. The exchange of soluble substances between cytoplasm, nucleus and other compartments is minimized by rapid freezing of the tissue and evaporation of the water from the frozen state. It is not possible to give here a detailed description of the methods employed for grinding the desiccated tissue and separating the nuclei from cell debris, but attention is drawn to the following points: (1) after freezing the tissue, preferably in liquid nitrogen, it is coarsely powdered and lyophilized at a *low* temperature; (2) the resultant powder, suspended in a suitable solvent, is ground in a ball mill or similar device for such a time as will yield a reasonable proportion of liberated nuclei without major damage to the nuclei; (3) the nuclei are isolated by repeated centrifugation and resuspension in carefully chosen mixtures of solvents (cyclohexane and CCl_4) the specific gravity of which is measured at the operating temperature; (4) the separation process is carried out at 0—4 °C with frequent microscopical examination of the material.

G. References

Abood, L. G., and *L. Alexander:* J. biol. Chem. **227**, 717 (1957).
Aldridge, W. N., R. C. Emery and *B. W. Street:* Biochem. J. **77**, 326 (1960).
Allfrey, V. R., in The Cell I, 193 (edited by *J. Brachet* and *A. E. Mirsky*. Academic Press Inc., New York 1959).
Anderson, N. G., in Physical Techniques in Biological Research (edited by *G. Oster* and *A. W. Pollister*, Academic Press, Inc., New York 1956) **III**, 299.
Axelrod, B.: in Methods in Enzymology **I**, 19 (edited by *S. P. Colowick* and *N. O. Kaplan*, Academic Press Inc., New York 1955).
Barkan, G., P. L. Broemser and *A. Hahn:* Z. f. Biologie **74**, 1 (1921).
Barnes, D. H. W., M. P. Esnouf and *L. A. Stocken:* in Advances in Radiobiology, p. 211 (edited by *G. de Havesy, A. Forssberg* and *J. D. Abbatt*, Oliver and Boyd, Edingburgh 1956).
Beaufay, H., H. G. Hers, J. Berthet and *C. de Duve:* Bull. Soc. Chim. biol., Paris **36**, 1539 (1954).
Behrens, M.: Z. physiol. Chem. **209**, 59 (1932).
Bellamy, D.: Biochem. J. **70**, 580 (1958).
Bellamy, D.: D. Phil. Thesis. Oxford University 1960.
Beloff-Chain, A., R. Cantanzaro, E. B. Chain, I. Masi and *F. Pocchiari:* Selected papers, Istit. Sup. Sanita **I**, part iii, 345, 1956.
Bensley, R. R., and *N. L. Hoerr:* Anat. Record **60**, 499 (1934).
Birkbeck, M. S. C., and *E. Reid:* Biochim. biophys. Acta **20**, 419 (1956).
Blaschko, H., J. M. Hagen and *P. Hagen:* J. Physiol. **139**, 316 (1957).
Born, G. V. R., and *R. E. Gillson:* J. Physiol. **146**, 472 (1959).
Breuer, H. J., and *R. Whittam:* J. Physiol. **135**, 213 (1957).
Brodie, A. F.,: J. biol. Chem. **234**, 398 (1959).
Bruemmer, J. H., P. W. Wilson, J. L. Glenn and *F. L. Crane:* J. Bact. **73**, 113 (1957).
Bülbring, E.: J. Physiol. **122**, 111 (1953).
Burton, K.: Biochem. J. **62**, 315 (1956).
Chappell, J. B., and *S. V. Perry:* Biochem. J. **55**, 586 (1953).
Chauveau, J., Y. Moule and *Ch. Rouiller:* Exp. cell Res. **11**, 317 (1956).
Claude, A.: Science **91**, 77 (1940).
Claude, A.: Harvey Lect. **43**, 121 (1948).
Cleland, K. W., and *E. C. Slater:* Quart. J. Microscop. Sci. **94**, 329 (1953).
Colowick, S. P., and *N. O. Kaplan:* in Methods in Enzymology **I**, 144 (Academic Press Inc., New York 1955).
Cooper, C., and *A. L. Lehninger:* J. biol. Chem. **219**, 489, 519 (1956).
Conover, T. E., L. Danielson and *L. Ernster:* Biochim. biophys. Acta **67**, 254 (1963).
Crane, F. L., J. L. Glenn and *D. E. Green:* Biochim. biophys. Acta **22**, 475 (1956).
Creasey, W. A., and *L. A. Stocken:* Biochem. J. **72**, 519 (1959).
Crossman, G.: Science **85**, 250 (1937).
Cutting, M., and *R. A. McCance:* J. Physiol. **106**, 405 (1947).
Dalgarno, L., and *L. M. Birt:* Biochem. J. **83**, 195 (1962).
Davies, R. E.: Biochem. J. **42**, 609 (1948).
Deutsch, W.: J. Physiol. **87**, 56 P (1936).
Devlin, T. M., and *A. L. Lehninger:* J. biol. Chem. **233**, 1586 (1958).
Dickens, F.: Biochem. J. **40**, 145 (1946).
Dounce, A. L.: J. biol. Chem. **151**, 221, 235 (1943).

Dounce, A. L.: in The Nucleic Acids **II**, 93 (edited by *E. Chargoff* and *J. N. Davidson*, Academic Press Inc., New York 1955).
Dubnoff, J. W.: Arch. Biochem. **17**, 327 (1948).
Eisen, H. N., M. Kern, W. T. Newton and *E. Helmreich:* J. Exp. Med. **110**, 187 (1959).
Elliott, K. A. C.: Canad. J. Research **27**, 299 (1949).
Elliott, K. A. C.: in Methods in Enzymology **I**, 3 (edited by *S. P. Colowick* and *N. O. Kaplan*, Academic Press Inc., New York 1955).
Field, 2d, J.: in Methods in Medical Research **I**, 289 (edited by *V. R. Potter*, Year Book Publishers Inc., Chicago 1948).
Fieser, L. F.: J. Amer. chem. Soc. **46**, 2639 (1934).
Gerard, R. W.: Biol. Bull. **60**, 227 (1931).
Gowans, J. L.: Proc. Exp. Path. **38**, 67 (1957); J. Physiol. **146**, 54 (1957).
Grant, G. A.: Biochem. J. **30**, 2027 (1936).
Green, D. E.: in Transactions of the Plenary Sessions Vth Intern. Congress Biochem., Moscow 1961 (Pergamon Press Ltd., London 1961).
Hagihara, B., H. Matsubara, M. Nakai and *K. Okunuki:* J. Biochem., Tokyo **45**, 185 (1958).
Hamburger, J. H., and *E. Hekma:* Biochem. Z. **3**, 88 (1907).
Hamburger, J. H.: Abderhaldens Handbuch der biolog. Arbeitsmethoden, Abt. **4**, 4 (1926).
Handler, P., and *J. R. Klein:* J. biol. Chem. **143**, 49 (1942); **144**, 453 (1949).
Hatefi, Y., P. Jurtshuk and *A. G. Haavik:* Arch. Biochem. Biophys. **94**, 148 (1961); Biochim. biophys. Acta **52**, 106 (1961).
Heyworth, R., and *J. S. D. Bacon:* Biochem. J. **61**, 224 (1955).
Hill, A. V.: Proc. Roy. Soc. **B 104**, 39 (1928).
Hogeboom, G. H., W. C. Schneider and *G. E. Pallade:* J. biol. Chem. **172**, 619 (1948).
Hogeboom, G. H.: in Methods in Enzymology **I**, 16 (edited by *S. P. Colowick* and *N. O. Kaplan*, Academic Press Inc., New York (1955).
Hovenkamp, H. G.: Nature **184**, 471 (1959).
Iyer, G. Y. N., M. F. Islam and *J. H. Quastel:* Nature **192**, 535 (1961).
Karnovsky, M. L., and *D. F. H. Wallach:* J. biol. Chem. **236**, 1895 (1961).
Keilin, D., and *E. F. Hartree:* Proc. Roy. Soc. **B 129**, 277 (1940).
Kielley, W. W., and *R. K. Kielley:* J. biol. Chem. **200** 213 (1953).
Kielley, W. W., and *J. R. Bronk:* J. biol. Chem. **230**, 521 (1958).
King, T. E.: J. biol. Chem. **236**, 2342 (1961).
Klein, G.: Cancer **3**, 1052 (1950).
Klein, G.: The Production of Ascites Tumcurs. Uppsala 1951.
Klingenberg, M., and *Th. Bücher:* Biochem. Z. **331**, 312 (1959).
Krebs, H. A.: Biochim. Biophys. Acta **4**, 249 (1950).
Krebs, H. A., and *K. Henseleit:* Hoppe-Seyl. Z. f. physiol. Chem. **210**, 33 (1932).
Krebs, H. A., and *L. V. Eggleston:* Biochem. J. **39**, 408 (1945).
Krebs, H. A, D. A. H. Bennett, P. de Gasquet, T. Gascoyne and *T. Yoshida:* Biochem. J. **86**, 22 (1963).
Kulka, R. G.: D. Phil. Thesis, Oxford University 1958.
Laser, H.: Biochem. Z. **248**, 9 (1932).
Layne, E.: in Methods in Enzymology **III**, 447 (edited by *S. P. Colowick* and *N. O. Kaplan*, Academic Press Inc., New York 1957).
Lettré, H.: Z. physiol. Chem. **268**, 59 (1941).
Lettré, H.: Z. Krebsforsch. **57**, 1950 (1950).
Leuthardt, F.: Biochem. Z. **299**, 281 (1938).
Levey, H. A., and *C. M. Szego:* Amer. J. Physiol. **182**, 507 (1955); **193**, 371 (1955).
Lewis, S. E., and *E. C. Slater:* Biochem. J. **58**, 207 (1954).
Linnane, A. W., and *D. Ziegler:* Biochim. biophys. Acta **29**, 630 (1958).
Linnane, A. W., and *E. B. Titchener:* Biochim. biophys. Acta **39**, 469 (1960).
Loewenthal, H., and *G. Jahn:* Z. Krebsforsch. **37**, 439 (1932).
Löw, H., and *I. Vallin:* Biochim. biophys. Acta **69**, 361 (1963).
Lowry, O. H., N. J. Rosebrough, A. L. Farr and *R. J. Randall:* J. biol. Chem. **193**, 265 (1951).
McIlwain, H., and *H. L. Buddle:* Biochem. J. **53**, 412 (1953).
McIlwain, H.: Biochem. J. **78**, 213 (1961).
McMurray, W. C., G. F. Maley and *H. A. Lardy:* J. biol. Chem. **230**, 219 (1958).
Malpress, F. H., and *A. B. Morrison:* Biochem. J. **46**, 307 (1950).
Mann, P. J. G., and *J. H. Quastel.* Biochem. J. **35**, 502 (1941).
Mann, P. J. G., and *J. H. Quastel:* Biochem. J. **40**, 139 (1946).
Mellanby, J., and *D. H. Williamson:* Biochem. J. **88**, 440 (1963).
Miescher, F.: Hoppe-Seylers medizinisch-chemische Untersuchungen **4**, 441 (1871).
Mirsky, A. E., and *A. W. Pollister:* J. gen. Physiol. **30**, 101 (1946).
Novikoff, A. B.: J. Biophys. Biochem. Catol. **2**, sup. 65 (1956).

Ord, M. G., and *L. A. Stocken:* Biochem. J. **68**, 410 (1958).
Penefsky, H. S., M. E. Pullman, A. Datta and *E. Racker:* J. biol. Chem. **235**, 3330 (1960).
Pennington, R. J.: Biochem. J. **51**, 251 (1952).
Pennington, R. J.: Biochem. J. **80**, 649 (1961).
Philpot, J. St. L., and *J. E. Stanier:* Biochem. J. **63**, 214 (1956).
Pierpoint, W. S.: Biochem. J. **71**, 518 (1959).
Pierpoint, W. S.: Biochem. J. **82**, 143 (1962).
Potter, V. R.: J. biol. Chem. **141**, 775 (1941).
Potter, V. R.: in Methods in Enzymology **I**, 10 (edited by *S. P. Colowick* and *N. O. Kaplan*, Academic Press Inc., New York 1955).
Potter, V. R., and *C. A. Elvehjem:* J. biol. Chem. **114**, 495 (1936).
Roodyn, D. B.: Internat. R. v. Cytol. **VIII**, 279 (Academic Press Inc., New York 1959).
Sacktor, B. C.: J. gen. Physiol. **36**, 371 (1952).
Sacktor, B. C.: J. gen. Physiol. **37**, 343 (1953).
Sbarra, A. J., and *M. L. Karnovsky.* J. biol. Chem. **234**, 1355 (1959).
Sbarra, A. J., and *M. L. Karnovsky:* J. biol. Chem. **235**, 2224 (1960).
Schneider, R. M., and *M. L. Peterman:* Cancer Res. **10**, 751 (1950).
Schneider, W. C.: in Manometric Techniques, p. 188 (edited by *W. W. Umbreit, R. H. Burris* and *J. F. Stauffer*, Burgess Publishing Co., Minneapolis 1957).
Slater, E. C.: Biochem. Z. **45**, 1 (1949).
Slater, E. C., and *K. W. Cleland:* Biochem. J. **45**, 566 (1953).
Slater, E. C., and *S. E. Lewis:* Biochem. J. **55**, 337 (1954).
Sperry, W. M., and *F. C. Brand:* Proc. Soc. Exptl. Biol. Med. **42**, 147 (1939).
Stadie, W. C., and *B. C. Riggs:* J. biol. Chem. **154**, 687 (1944).
Stadie, W. C., B. C. Riggs and *N. Haugaard:* Amer. J. Med. Sci. **207**, 84 (1944).
Stähelin, H., E. Suter and *M. L. Karnovsky:* J. Exper. Med. **104**, 121 (1956).
Stauffer, J. F.: in Manometric Techniques (edited by *W. W. Umbreit, R. H. Burris* and *J. F. Stauffer*, Burgess Publishing Co., Minneapolis 1957).
Stoneburg, C. A.: J. biol. Chem. **129**, 189 (1939).
Tsou, C. L.: Biochem. J. **49**, 362 (1951).
Utter, M. F., D. B. Keech and *P. N. Nossal:* Biochem. J. **68**, 431 (1958).
Vignais, P. V., and *P. M. Vignais:* Biochim. biophys. Acta **43**, 431 (1960).
Warburg, O.: Biochem. Z. **142**, 317 (1923).
Warburg, O.: Biochem. Z. **152**, 51 (1924).
Warburg, O., F. Kubowitz and *W. Christian:* Biochem. Z. **242**, 170 (1931).
Warren, C. O.: J. cell. comp. Physiol. **19**, 193 (1942).
Watanabe, M. I., and *C. M. Williams:* J. gen. Physiol. **34**, 675 (1951).
Watanabe, M. I., and *C. M. Williams:* J. gen. Physiol. **37**, 71 (1953).
Weber, G., and *A. Cantero:* Endocrinology **61**, 701 (1957).
Wertheimer, E., and *B. Shapiro:* Physiol. Revs. **28**, 451 (1948).
Whittaker, V. P.: Biochem. J. **72**, 694 (1959).
Wilbur, K. M., and *N. G. Anderson:* Exp. Cell. Res. **2**, 47 (1951).
Wilczok, T., and *K. Chorazy:* Nature **188**, 516 (1960).
Wilson, T. H., and *G. Wiseman:* J. Physiol. **123**, 116, 126 (1954).
Wilson, T. H.: Intestinal Absorption (W. B. Saunders Co., Philadelphia and London 1962).
Winegrad, A. I., and *A. E. Renold:* J. biol. Chem. **233**, 267 (1958).
Wiseman, G.: Methods in Medical Research **9**, 287 (1961).
Woods, M. W.: Proc. Soc. Exptl. Biol. Med. **87**, 71 (1954).
Zharskij, I. B., and *G. P. Georgiew:* Biochimia **24**, 192 (1959).
Ziegler, D., R. Lester and *D. E. Green:* Biochim. biophys. Acta **21**, 80 (1956).

VI. Gewinnung von Zellkernen und anderen Zellfraktionen in nichtwäßrigen Medien

Von **G. Siebert**, Mainz

1. Einleitung

Die Gewinnung von Zellkernen und anderen Zellstrukturen in nichtwaßrigen Medien ist vor 30 Jahren von *Behrens* [*1*] ausgearbeitet und später von *Mirsky* u. Mitarb. [*2*] modifiziert worden. Die in dieser Mitteilung beschriebenen Modifikationen sind speziell fur Enzymarbeiten entwickelt [*3*] und berucksichtigen die allgemeine Entwicklung der Biochemie der Zellstrukturen. Ein Teil der Angaben ist bisher nicht publiziert [4].

Die Isolierung von Zellkernen aus Schweineniere und Rattenleber wird nachstehend im Detail geschildert; die Anwendung der Methode auf andere Gewebe und evtl. auch auf andere Zellpartikel ist ohne weiteres möglich, wenn man sich alle Kriterien vergegenwärtigt, die im folgenden geschildert werden.

2. Prinzip

Das Gewebe wird nach dem Frierstop-Verfahren [5] in seinem chemischen Zustand fixiert, durch Lyophilisierung getrocknet und zur Zerstörung der Zellen gemahlen. Durch Zentrifugieren in Gemischen organischer Lösungsmittel unter strikt kontrollierten Bedingungen, unterbrochen durch Sieben, werden die Zellkerne von anderen Bestandteilen nach dem spezifischen Gewicht getrennt.

3. Anwendungsmöglichkeit

Das Verfahren hat sich als erstaunlich leistungsfähig erwiesen [6]; Verlagerungen von Zellinhaltsstoffen kommen praktisch nicht vor (Extraktion in wäßrigen Suspensionsflüssigkeiten; Adsorption an Oberflächen). Für das Studium leichtlöslicher Substanzen incl. Enzyme in Zellkernen ist es unentbehrlich [7, 8]; nach Meinung des Verf. ist es für Zellkernuntersuchungen stets vorzuziehen, außer wenn ausdrücklich Gegengründe bestehen (Lipidstudien; Nachweis einer Enzymdenaturierung). Die Ausbeute an Zellkernen beträgt, um der erreichbaren Reinheit willen, 10—15% (bezogen auf DNA).

Kritisch sind folgende Schritte: 1. Verhinderung von Diffusionsprozessen zwischen verschiedenen Zellstrukturen vor und während der Trocknung; Abhilfe geschieht durch das Frierstop-Verfahren. 2. Verhinderung von Proteindenaturierung durch die organischen Lösungsmittel; Abhilfe geschieht durch rasches Arbeiten bei Kühlraumtemperatur und strikte Fernhaltung von Wasser; Lösungsmitteleffekte können durch geeignete Kontrollversuche erkannt werden. 3. Lipidverluste durch die organischen Lösungsmittel; Abhilfe ist nicht möglich. Dies ist der einzige Punkt, der der Anwendbarkeit der Methode feste Grenzen setzt.

4. Arbeitsvorschriften

a) Allgemeines. Die Gewebe werden nach dem Frierstop-Verfahren [5] erhalten, indem sie am lebenden, narkotisierten Tier zwischen 2 Metallstücke, die die Temperatur flüssiger Luft haben, gepreßt werden. Läßt die Lage des Gewebes ein Gefrieren in situ nicht zu, kann man es auf eine auf —65 °C gekühlte Glasfläche (Filtrierstutzen im Kältebad des Ultrakryostaten UK 60 der Fa. Meßgerätewerk Lauda) auffrieren; Schlachthofmaterial wird ebenfalls so eingefroren, z. B. Schweinenierenrinde. Wird die Frierstop-Methode nicht verwendet, sind Kontrollversuche mit verschieden langen Zeitspannen zwischen Entnahme der Gewebe und Durchfrieren nötig, um eventuelle Diffusionseffekte zu erkennen.

Das Trocknen der Gewebe geschieht im Vakuum von mindestens 1 Torr über Silicagel (ca. 12 g/g Frischgewebe), konz. H_2SO_4 (ca. 20 ml/g) oder P_2O_5 (ca. 3 g/g Frischgewebe), z. B. im Gefrier-Vakuum-Trockenschrank GVT 500 der Fa. Heräus oder in Exsiccatoren von 40 cm Durchmesser.

Nach dem Trocknen wird das Gewebe im Mixer trocken bei voller Geschwindigkeit zerkleinert und zur Entfernung von Bindegewebe, Gefäßen etc. durch das Prüfsieb 0,40 (DIN 1171), 256 Maschen/cm², Nylongewebe, gegeben. Je nach Art des Gewebes erhält man $^3/_4$ bis $^4/_5$ des Trockengewichts an Parenchym-Pulver.

Das durchgesiebte Gewebe wird in einer Porzellan-Kugelmühle, in Petroläther (*Kp* 50—75, Merck Nr. 1773) suspendiert, im Kälteraum bei +2 °C 30—55 Std. gemahlen; man verwendet je 100 g Gewebepulver 450 ml Petroläther und 600 g Porzellankugeln von 1,5—2 cm Durchmesser. Die Kugelmühle dreht sich mit 60—80 U/min. Dichtungsmaterial für die Kugelmühle ist erschöpfend im Soxhlet-

Apparat mit Petroläther extrahiertes Gummimaterial Nr. 4103 der Fa. Hessische Gummiwarenfabrik Peter, Klein-Auheim bei Hanau. Statt des Mahlens in der Kugelmühle kann auch mit 700 g Glasperlen von 4 mm Durchmesser je 100 g Gewebepulver auf der Schüttelmaschine geschüttelt werden.

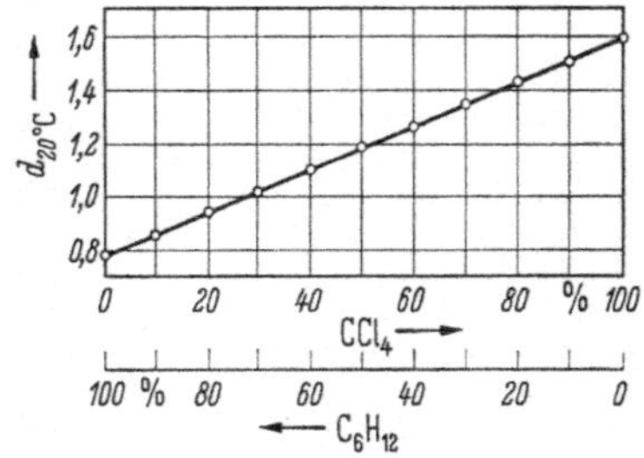

Abb. 84. Dichtewerte von Cyclohexan-Tetrachlorkohlenstoff-Gemischen bei +20 °C

Als Lösungsmittel dienen Cyclohexan (Merck Nr. 9666) und Tetrachlorkohlenstoff (Merck Nr. 2222); Dichtewerte ihrer Gemische sind in Abb. 84 eingetragen. Es ist zweckmäßig, die Gemische bei Raumtemperatur herzustellen und die bei der Zentrifugier-Temperatur von 0 °C benötigte Dichte aus dem Diagramm der Abb. 85 zu entnehmen.

Alle Chargen von Lösungsmitteln werden, besonders bei Wiedergebrauch, auf Abwesenheit von Feuchtigkeit geprüft. Gebrauchte Lösungsmittelgemische können nach Filtration zur Entfernung von Gewebsbestandteilen und nach Destillation erneut verwendet werden. Bei der Destillation erhält man nach Verwerfen von 2 Vorläufen mit einer Ausbeute von 75—80% eine konstant siedende Fraktion, die bei +76,2—77,8 °C übergeht und entsprechend der Dichte (+20 °C) von 1,24 rund 43% Cyclohexan enthält.

Alle Zentrifugierungen werden in Stahl- oder Glasbechern im Schwingkopfaufsatz einer Kühlzentrifuge bei 0 °C und 2000 × g (wenn nicht anders angegeben) vorgenommen; es ist wesentlich, daß bei Manipulationen wie Resuspendieren oder Tarieren keine Erwärmung eintritt.

Nach der letzten Zentrifugation werden die Zellfraktionen zur Entfernung des Cyclohexan-Tetrachlorkohlenstoff-Gemisches 2mal mit Petroläther (*Kp* 50—75, Merck Nr. 1773) auf der Zentrifuge gewaschen; das Sediment wird dann im Zentrifugenglas in einen Exsiccator gebracht, der mit $CaCl_2$ und Paraffin-Spänen (*F* etwa 57) beschickt ist, und im Vakuum der Wasserstrahlpumpe getrocknet. Vollständige Entfernung der Lösungsmittel ist entscheidend für die Haltbarkeit der Zellfraktionen. Zellkern-Adenosintriphosphatasen aus Schweineniere sind nach 4 Jahren noch voll aktiv. Die Zellfraktionen werden bei −18 °C in Gegenwart eines Trocknungsmittels wie Silicagel aufbewahrt.

Der Mahlvorgang in der Kugelmühle und die Sedimentationen in der Zentrifuge werden unter dem Lichtmikroskop verfolgt; man färbt am besten mit einer 0,1proz. wäßrigen Kristallviolett-Lösung an, die die Zellkerne kräftig blau, das Cytoplasma schwach blau färbt und Bindegewebe ungefärbt läßt. Auf absolut fettfreien Objektträgern haftet ein in Lösungsmitteln aufgebrachter Ausstrich genügend fest, daß man ohne Fixation auskommt.

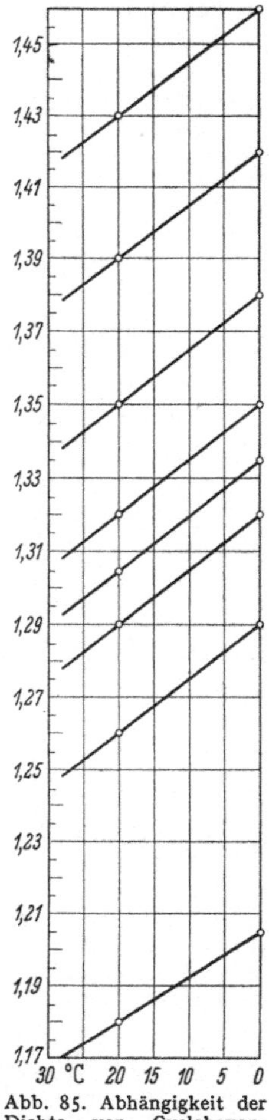

Abb. 85. Abhängigkeit der Dichte von Cyclohexan-Tetrachlorkohlenstoff-Gemischen von der Temperatur zwischen 0 und +25 °C

Um Lösungsmittel-Effekte, z. B. im Sinne einer Enzymdenaturierung, zu erkennen, benötigt man ein Vergleichspräparat aus nicht-fraktioniertem Gewebe, das gleich lange und der gleichen Zahl frischer Chargen von Lösungsmittelgemischen ausgesetzt worden ist wie die Zellkerne. Hierbei muß eine Fraktionierung des Gewebes, z. B. durch Entfernung kleiner cytoplasmatischer Partikel, vermieden werden, da sonst eine Aktivitätsverminderung von Enzymen gegenüber dem Parenchympulver vorgetäuscht werden kann. Man zentrifugiert daher diese Vergleichspräparation bei mindestens 25000 × g zu den gleichen Zeiten und in denselben Gemischen (*d* nicht über 1,000) wie die eigentlichen Zellkerne. Infolge der Lösungsmittelbehandlung kommt es zu einem Lipidverlust, der in Rattenleber und Schweineniere 12% des Trockengewichtes, in Rinderhirn ca. 40% beträgt; drastische Nachextraktion im Soxhlet-Apparat mit Methanol-Chloroform oder Pyridin liefert dann noch 2—3% vom Trockengewicht an petrolätherlöslichem Lipid.

b) Zellkerne aus Schweineniere. Die Zellsuspension wird nach dem Mahlen in der Kugelmühle zunächst durch mehrfaches Behandeln mit Lösungsmittelgemisch *d* = 1,200 oder Petroläther von Lipiden befreit. Dann wird in Lösungsmittelgemischen suspendiert, deren Dichte so eingestellt ist, daß entweder die Zellkerne sedimentiert werden und leichteres Cytoplasma im Überstand bleibt, oder daß die Zellkerne flotieren und schwerere Partikel im Bodensatz sind. Nach

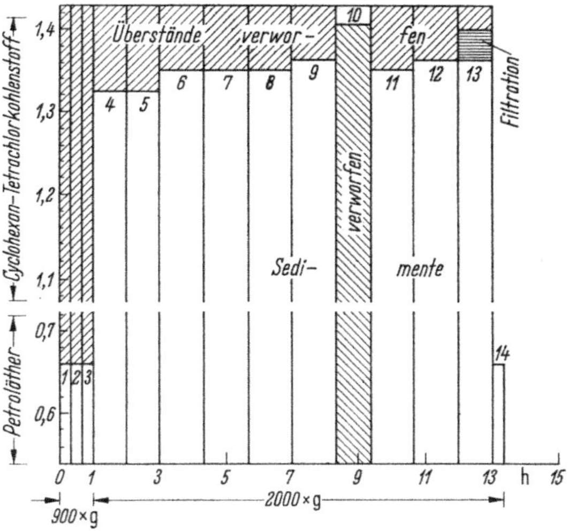

Abb. 86. Diagramm für Dichtewerte und Zentrifugierdauer bei der Gewinnung von Zellkernen aus Schweinenierenrinde. Die mit Ziffern bezeichneten Fraktionen werden weiterverarbeitet

jeder Zentrifugation überzeugt man sich durch einen mikroskopischen Ausstrich, wo sich die gewünschte Zellfraktion befindet. Die Erfahrung bei etwa 30 Präparationen hat gezeigt, daß man schematisch vorgehen kann, wie in Abb. 86 angegeben. Eine nähere Beschreibung erübrigt sich deswegen.

c) Zellkerne aus Rattenleber. Die Gewinnung von Rattenleberzellkernen laßt sich nicht wie oben schematisieren; sie scheint in stärkerem Maße vom Glykogengehalt (daher muß grundsätzlich 24 Std. vor Tötung das Futter entzogen werden), von der experimentellen Vorbehandlung (Infusionen, Leberregeneration o. ä.) und vom Ausmaß der eingetretenen Entblutung abzuhängen. Man beginnt mit 3 Zentrifugationen à 20 Min. bei 900 g und *d* = 1,200, ein Vorgehen, das für alle

Gewebe zu empfehlen ist. Danach muß unter laufender mikroskopischer Kontrolle in individueller Weise vorgegangen werden, wobei man aber in jedem Falle zum Ziel kommt. Die folgenden Anhaltspunkte stammen aus der Erfahrung mit 55 Präparationen der letzten 5 Jahre.

Man entfernt viel Cytoplasma durch 2 Zentrifugationen à 60 Min. bei 2000×g und $d = 1{,}315$. Anschließend wird 2mal für 80 Min. bei 2000×g und $d = 1{,}330$ zentrifugiert; hierbei gelangen die meisten Erythrocyten in den Überstand. Dann wird 60 Min. bei 2000×g und $d = 1{,}370$ zentrifugiert; das Sediment enthält kaum Zellkerne, aber u. a. den Abrieb aus der Kugelmühle; der zellkernhaltige Überstand ist zur Befreiung von Bindegewebsresten evtl. zu filtrieren, am besten durch das Filtertuch Perlon endlos FSch A 9006 der Fa. Filtra, Neubeckum-Westf. Man zentrifugiert wieder 60 Min. bei 2000×g und $d = 1{,}330$ und anschließend so oft bei Dichtewerten, die meist zwischen 1,330 und 1,340 liegen, bis im Ausstrich des Überstandes keine meßbaren Mengen von Cytoplasma mehr gefunden werden.

Wenn nötig, werden die Flotation bei $d = 1{,}370$ und die Sedimentationen bei $d = 1{,}330-1{,}340$ wiederholt, bis die Zellkerne unter dem Mikroskop rein sind. In analogem Vorgehen zu diesem Verfahren wird man auch mit allen anderen Geweben Erfolg haben, z. B. mit Rinderhirn, Rattenherz und Rattenniere.

5. Reinheitskriterien für Zellkerne

Die Mahl- und Sedimentationsvorgänge kann man aus praktischen Gründen nur am gefärbten Ausstrich unter dem Mikroskop verfolgen; zur endgültigen Beurteilung der Qualität einer Präparation reicht dies nicht aus. Wertvoll ist die Bestimmung von DNA und RNA [*9—11*]. Die DNA-Konzentration liegt in den Zellkernen um den Faktor höher, der sich aus dem prozentualen Anteil des Zellkerns an der Gesamtzelle ergibt; für Rattenleber und Schweineniere findet man 9—12fache Anstiege. Die RNA-Konzentration ist in Zellkernen etwas (+22% in Schweineniere, +11% in Rattenleber) höher als im nichtfraktionierten Gewebe. Daraus ergeben sich die in Tab. 1 zusammengestellten RNA/DNA-Quotienten [*4*].

Tabelle 1. **Analysendaten von Zellkernen nach Isolierung in nichtwäßrigen Medien** [*4*]

	Schweineniere		Rattenleber	
	nicht-fraktioniertes Gewebe	Zellkerne	nicht-fraktioniertes Gewebe	Zellkerne
n	23	37	33	43
RNA (% Tr.-Gew.)	2,8 ± 0,57	3,4 ± 0,65	3,6 ± 0,42	4,0 ± 0,44
RNA/DNA	1,5 ± 0,41	0,19 ± 0,036	3,2 ± 0,49	0,36 ± 0,075

Die entsprechenden Quotienten betragen bei Rinderhirn 1,50 bzw. 0,28, bei Rattenniere 1,70 bzw. 0,24, bei Rattenherz 4,95 bzw. 0,22, jeweils für nichtfraktioniertes Gewebe bzw. Zellkerne. Bei allen Zellkernisolierungen in wäßrigen Medien tritt ein RNA-Verlust der Zellkerne infolge Extraktion ein; der RNA/DNA-Quotient muß also bei in Rohrzuckerlösung isolierten Zellkernen einen noch kleineren Zahlenwert aufweisen, als die hier beschriebenen Zellkerne. Signifikante Abweichungen dieser Quotienten zu höheren Zahlenwerten hin disqualifizieren die betreffende Zellkernpräparation.

Unabhängig hiervon stammt ein weiteres, wesentliches Reinheitskriterium aus Messungen von Leitenzymen für potentiell verunreinigende Zellfraktionen. Geeignete Leitenzyme für in nichtwäßrigen Medien isolierte Zellkerne sind [*4*]: DPN-Pyrophosphorylase für Zellkerne, Glutamatdehydrogenase für Mitochondrien, Katalase für Microbodies, saure Phosphatase für Lysosomen, Glucose-6-phosphatase und DPN-Nucleosidase für Mikrosomen. Zur vollen Auswertung dieser Messungen muß man die ungefähren prozentualen Anteile der jeweiligen

Cytoplasmafraktion an der Zelle kennen; für Leber und Niere kann man mit ca. 20% Mitochondrien, ca. je 1% Microbodies und Lysosomen und ca. 10% Mikrosomen rechnen.

Findet man eine Zunahme der spezifischen Aktivität eines Enzyms mit Zunahme der DNA-Konzentration in der Zellkernfraktion, so handelt es sich um ein ausschließlich nucleäres Enzym; in diesem Fall gibt die Berechnung der Aktivität pro Gewichtseinheit DNA konstante Werte, unabhängig von der Natur der jeweiligen Zellfraktion. Findet man im Gegensatz dazu eine Abnahme der spezifischen Aktivität eines Enzyms mit Zunahme der DNA-Konzentration, so handelt es sich um ein nicht-nucleäres, nur außerhalb des Zellkerns vorkommendes Enzym (z. B. Glutamatdehydrogenase, Katalase). Ergibt sich keine Änderung der spezifischen Aktivität eines Enzyms mit Änderung der DNA-Konzentration einer Zellkernpräparation, dann liegt gleichmäßige Verteilung vor, d. h. dieses Enzym kommt zu dem Prozentsatz, den der Zellkern von der Zelle einnimmt, auch im Zellkern vor (z. B. Glykolyse-Enzyme). Es kann in kritischen Fällen nützlich sein, bewußt Zellkern-Fraktionen von ungenügender Reinheit aus dem Darstellungsgang abzuzweigen, um für Studien mit Leitenzymen über Zellkern-Fraktionen zu verfügen, deren DNA-Konzentration z. B. zwischen 10 und 22% (Rattenleber) schwankt.

6. Cytoplasma-Fraktionen

Bei der Reinigung von Zellkernen fallen Cytoplasma-Fraktionen an, die kaum Zellkerntrümmer enthalten. 3 Fraktionen lassen sich in reproduzierbarer Weise wie folgt gewinnen: Den in Petroläthersuspension nach 20 Min. bei $900 \times g$ erhaltenen Überstand zentrifugiert man 20 Min. bei $1500 \times g$: Cytoplasma Ia. Den jetzt erhaltenen Überstand zentrifugiert man 20 Min. bei $25000 \times g$: Cytoplasma Ib. — Führt man bei der Zellkerngewinnung eine Zentrifugation (oben nicht erwähnt) von 20 Min. bei $1500 \times g$ und $d = 1{,}200$ durch, so erhält man einen Überstand, der nach 60 Min. bei $2000 \times g$ Cytoplasma II liefert. Diese Fraktionen haben zwischen 0,22 und 0,34% DNA, 3,2 und 5,5% RNA und damit RNA/DNA-Quotienten von 12—15 (Rattenleber und Schweineniere). Manche nichtnucleären Enzyme wie Glutamatdehydrogenase, Katalase, Kathepsin, β-Glucuronidase etc. sind gegenüber dem nichtfraktionierten Gewebe bis zu 3fach angereichert.

Solche Cytoplasmafraktionen sind für Vergleichszwecke nützlich, wenn es sich um eine hauptsächlich im Zellkern lokalisierte Substanz handelt wie z. B. Na^+ [*12*], da in solchen Fällen die Korrektur des nichtfraktionierten Gewebes auf Zellkerngehalt zu Unsicherheiten führen kann. Ferner besteht die Möglichkeit, daß eine Weiterentwicklung und Verfeinerung der hier beschriebenen Verfahren zur weitgehend reinen Isolierung cytoplasmatischer Partikel führen wird; damit würden alle Vorteile des Arbeitens in nichtwäßrigen Medien auch für Cytoplasmafraktionen nutzbar.

Literatur

[*1*] *Behrens, M.*: Handb. biol. Arb.-Meth. Abt. V. Teil 10/II. S. 1363ff. Biochem. Taschenb. 1. Aufl. S. 910.
[*2*] *Allfrey, V. G., H. Stern, A. E. Mirsky* u. *H. Saetren:* J. gen. Physiol. **35**, 529 (1952).
[*3*] *Siebert, G.*: Biochem. Z. **334**, 369 (1961).
[*4*] *Siebert, G.*, u. *R. Beyer:* Unveröffentlicht.
[*5*] *Hohorst, H. J., F. H. Kreutz* u. *T. Bücher:* Biochem. Z. **332**, 18 (1959).
[*6*] *Siebert, G.*: Exp. Cell Res. Suppl. **9**, 389 (1963).
[*7*] *Siebert, G.*: Exper. **14**, 449 (1958).
[*8*] *Keir, H. M., R. M. S. Smellie* u. *G. Siebert:* Nature **196**, 752 (1962).
[*9*] *Schneider, W. C.*: J. biol. Chem. **164**, 747 (1946).
[*10*] *Lusena, C. V.*: Canad. J. Chem. **29**, 107 (1951).
[*11*] *Dische, Z.*: Mikrochemie **8**, 4 (1930).
[*12*] *Langendorf, H., G. Siebert, I. Lorenz, R. Hannover* u. *R. Beyer:* Biochem. Z. **335**, 273 (1961).

Zehntes Kapitel

Biologische Funktionen

I. Lebenszeit von Zellen sowie Halbwertszeiten, Umsatzraten und Austauschgeschwindigkeiten von Körperbestandteilen und von Fremdstoffen

Von **E. Kolb**, Leipzig

Allgemeines Schrifttum

Aronoff, S.: Techniques of Radiobiochemistry. Ames 1956. — *Boyd, G. A.*: Autoradiography in Biology and Medicine. New York 1955. — *Elkington*, J. *R.*, u. *T. S. Danowski:* The Body Fluids; Basic Physiology and Practical Therapeutics. London 1955. — *Francis, G. E., W. Mulligan* u. *A. Wormall:* Isotopic tracers. London 1954. — *Lang, K.:* Der intermediäre Stoffwechsel. Berlin 1952. — *Maurer, W.*, u. *K. Schmeiser:* Das Arbeiten mit Radioisotopen, in Hoppe-Seyler-Thierfelder: Handbuch der physiol.-chem. Analyse, Bd. 2. Berlin 1955. — *Owen, C. A.:* Diagnostic radioisotopes. Springfield 1959. — *Schwiegk, H.*, u. *F. Turba:* Künstliche radioaktive Isotope in Physiologie, Diagnostik und Therapie. Berlin 1961. — *Schmeiser, K.:* Radioaktive Isotope. Berlin 1957. — *Vetter, H.*, u. *N. Veall:* Radioisotopen-Technik in der klinischen Forschung und Diagnostik. München 1960. —

Die biologische Halbwertszeit (half life) ist diejenige Zeit, die zur Synthese oder zum Abbau der Hälfte einer bestimmten Substanzmenge (im Körper oder in einem Organ) notwendig ist (bzw. diejenige Zeit, in der von einer Verbindung des Körpers — z. B. von Wasser — die Hälfte derselben ausgeschieden und durch aus der Nahrung stammende Moleküle ersetzt worden ist).

Die mittlere Lebensdauer (turnover time = T) eines Moleküls berechnet sich aus der Halbwertszeit ($t/2$) wie folgt:

$$T = \frac{t/2}{\ln 2} = t/2 \cdot 1{,}44$$

Die täglich umgesetzte Substanzmenge (turnover rate) läßt sich aus der Gesamtmenge einer Substanz im Organismus und aus der mittleren Lebensdauer eines Stoffes wie folgt berechnen:

$$\text{Tagesumsatz} = \frac{\text{Gesamt-Substanzmenge}}{\text{Mittlere Lebensdauer}}\,.$$

A. Lebensdauer von Zellen

1. Lebensdauer von Blutzellen

Normale Lebensdauer der Erythrocyten vom Menschen und von verschiedenen Tierarten (in Tagen)

Mensch	110—130	Kalb	55
Pferd	140—150	Ratte	50
Hund	110—120	Kaninchen	50—60
Katze	65—80	Maus	20—30
Schwein	60—65	Ente	35—45
Rind	50—60	Huhn	28—35

Berlin, N. I., T. A. Waldmann u. *S. M. Weissman:* Physiol. Rev. **39**, 577 (1959).
Schalm, O. W.: Veterinary Hematology. London 1961.

Lebensdauer der Erythrocyten vom Schwein bei Mangelernährung (in Tagen)

Kupfermangel	13
Folsäuremangel	17
Pyridoxinmangel	60–65

Bush, J. A., W. N. Jensen, H. Ashenbrucker, G. E. Cartwright u. *M. M. Wintrobe:* J. exper. Med. **103**, 161 (1956).

Lebensdauer der Leukocyten vom Menschen und von verschiedenen Tierarten (in Tagen)

Granulocyten	Mensch	9
Lymphocyten	,,	3–4
Granulocyten	Ratte	0,04
Lymphocyten	,,	0,3
,,	Hund	0,5
,,	Katze	0,2–0,3
,,	Kaninchen	0,2–0,3

Leblond, C. P., u. *B. E. Walker:* Physiol. Rev. **36**, 255 (1956).

2. Lebensdauer von Zellen der Epidermis

Zellpopulation der Malpighischen Zone (Stratum granulosum, spinosum und cylindricum)	Mensch, Bauchregion	100 Tage
	,, Unterarm	13 ,,
	Ratte, Fußballen	19,1 ,,
	Maus, Ohr	28 ,,
Malpighische Zone + Stratum corneum	Meerschweinchen, Fußballen	40–45 Tage

Katzberg, A. A.: Anat. Rec. **112**, Suppl., 116 (1952).
Volkman, R. von: Anat. Nachr. **1**, 86 (1950).

3. Lebensdauer von Zellen des Magendarmkanals

Mundhöhle

Epithel	Kaninchen	8,5 Tage

Magen

Fundusregion, Zylinderepithel	Ratte	3 ,,
Fundusregion, mucinbildende Nebenzellen	Ratte	6,5 ,,
Pylorusregion, Zylinderepithel	Ratte	1,9 ,,
Pylorusregion, Drüsenzellen	Ratte	1,8 ,,

Stevens, C. E., u. *C. P. Leblond:* Anat. Rec. **115**, 231 (1953).
Leblond, C. P., u. *B. E. Walker:* Physiol. Rev. **36**, 264 (1956).

Duodenum

Epithel	Ratte	0,7 Tage
Drüsen- und Becherzellen	Ratte	1,6 ,,
Drüsen- und Becherzellen	Katze	2,3 ,,

Leblond, C. P., u. *C. E. Stevens:* Anat. Rec. **100**, 357 (1948).
McMinn, R. M.: J. Anat. **88**, 527 (1954).

Jejunum

Epithel	Ratte	1,4 Tage
Epithel	Maus	1,8 ,,

Widner, W. R., J. B. Storer u. *C. C. Lushbangh:* Cancer Res. **11**, 877 (1951).
Knowlton, N. P., u. *W. R. Widner:* Cancer Res. **10**, 59 (1950).

Ileum

Epithel	Ratte	1,4 Tage
Epithel	Katze	2,8 ,,

4. Lebensdauer von Zellen der Atmungsorgane

Trachea

Epithel	Ratte	47,6 Tage

Lunge

Alveolarepithelien	Ratte	8,1 bzw. 29,4 Tage

Bertalanffy, F. D., u. *C. P. Leblond:* Anat. Rec. **115**, 515 (1953).

5. Lebensdauer von Zellen des Urogenitalsystems

			Lit.-Angabe
Harnblase			
Epithel, oberflächliche Schicht	Ratte	33 Tage	a)
Epithel, tiefere Schicht	Ratte	64 „	a)
Hoden			
Keimepithel	Ratte	16 b) bzw. 27 Tage	c)
Keimepithel	Maus	24 „	d)
Keimepithel	Schafbock	40 „	e)

a) *Leblond, C. P., M. Vulpe* u. *F. D. Bertalanffy:* J. Urol. 73, 311 (1955).
b) *Roosen-Runge, E. C.:* Amer. J. Anat. **88**, 163 (1951).
c) *Shaver, S. S.:* Amer. J. Anat. **92**, 391 (1953).
d) *Fogg, L. C.,* u. *R. F. Cowing:* Exp. Cell Res. 3, 19 (1952).
e) *Ortavant, R.:* Compt. rend. Soc. biol. **148**, 804 (1954).

6. Lebensdauer von Zellen der blutbildenden Organe

Knochenmark		
erythroblastische Reihe	Ratte	2,5 Tage
erythroblastische Reihe	Maus	4,1 „
myeloblastische Reihe	Ratte	4,4 „
myeloblastische Reihe	Maus	6,5 „
Lymphknoten und Milz		
Lymphocyten	Ratte	6—12 Tage
Thymus		
Lymphocyten	Ratte	2,5 „

Leblond, C. P., u. *B. E. Walker:* Physiol. Rev. **36**, 264 (1956).

B. Halbwertszeiten, Umsatzraten und Austauschgeschwindigkeiten von Körperbestandteilen

1. Allgemeine Daten

Tägliche Eiweißneubildung des erwachsenen Menschen

	Neubildung (in g)
Hämoglobin	8
Plasma-Albumin	17
Plasma-Globulin	5
Lebereiweiß	23
Eiweiß von Muskel, Haut	32
Eiweiß sonst. Organe	13
Eiweißneubildung, insgesamt	98

Lang, K.: Der intermediäre Stoffwechsel. Berlin 1952.

Vergleich der täglichen Neubildung von Eiweiß-N und der Halbwertszeit des Eiweißes bei Mensch und Ratte

	Bestand in g	Tägliche Neubildung in g	Halbwertszeit in Tagen
Mensch, 70 kg			
Gesamt-Eiweiß-N	1750	15,3	80
Leber- und Plasmaprotein-N	90	6,2	10
Eiweiß-N der anderen inneren Organe	60	2,1	20
Eiweiß-N von Muskulatur, Haut, Skelet usw.	1600	7,0	158
Ratte (Werte pro kg)			
Gesamt-Eiweiß-N	25	1,01	17
Eiweiß-N von Plasma, Leber und anderen inneren Organen	2,2	0,26	6
Eiweiß-N von Muskulatur, Haut, Skelet usw.	22,8	0,75	21

Sprinson, D. B., u. *D. Rittenberg:* Fed. Proc. 7, 191 (1948); J. biol. Chem. **180**, 715 (1949); **184**, 405 (1950).

Biologische Halbwertszeit einiger Elemente im menschlichen Körper (in Tagen)

Natrium	10	Jod	21
Kalium	15	Brom	10
Chlorid	10		

Vetter, H., u. *N. Veall:* Radioisotopen-Technik in der klinischen Forschung und Diagnostik. München 1960, S. 174.

2. Plasmaproteine

Halbwertszeiten vom menschlichen Gesamt-Plasmaprotein und von einzelnen Plasmafraktionen (in Tagen)

Gesamtproteine	20–40
Albumine	30–35
Globuline	9–20

Niklas, A., u. *H. Poliwoda:* Biochem. Z. **326**, 97 (1954).

Albumin		γ-Globuline	
Mensch (männl.)	20	Mensch (männl.)	19
Mensch (weibl.)	20	Mensch (weibl.)	18

London, I. M.: in *Youmans*, Symposia on Nutrition, II. Plasma Proteins. Springfield 1950, S. 72.

Fibrinogen

Mensch 8,1

Madden, R. E., u. *R. G. Gould:* J. biol. Chem. **196**, 641 (1952).

Halbwertszeiten vom Gesamt-Plasmaprotein bei verschiedenen Tierarten (in Tagen)

		Lit.-Ang.			Lit.-Ang.
Hund	5,2–6,4	a)	Ratte	2,6	c)
Hund	6,6	b)	Ratte	5	d)

a) *Tarver, H.:* Adv. biol. med. Physics **2**, 281 (1951).
b) *Forker, L. L.*, u. *I. L. Chaikoff:* J. biol. Chem. **196**, 829 (1952).
c) *Friedberg, F., H. Tarver* u. *D. M. Greenberg:* J. biol. Chem. **173**, 355 (1948).
d) *Niklas, A.*, u. *W. Maurer:* Biochem. Z. **323**, 89 (1952).

Halbwertszeiten der Albumine und γ-Globuline bei der Ratte

Albumine	3,7 Tage
γ-Globuline	5 „

Jeffay, H., u. *R. J. Winzler:* J. biol. Chem. **231**, 101 (1958).

Die Umsatzgeschwindigkeit der Plasmaproteine ist insbesondere vom Alter und von den Ernährungsverhältnissen abhängig:

Halbwertszeiten von Plasmaproteinen bei wachsenden bzw. erwachsenen Ratten (in Tagen)

	Albumin	γ-Globuline
Wachsende Tiere	1,3–2,0	6,1–13,8
Erwachsene Tiere	2,6–2,9	4,3– 4,4

Jeffay, H.: J. Biol. Chem. **235**, 2352 (1960).

Halbwertszeiten der Plasmaproteine von Ratten bei unterschiedlichem Proteingehalt des Futters

bei proteinfreier Ernährung	17 Tage
„ 25% Protein im Futter	5,1 „
„ 65% Protein im Futter	2,9 „

Steinbock, H. L., u. *H. Tarver:* J. biol. Chem. **209**, 127 (1954).

Halbwertszeiten von homologen, mit ^{131}Jod-markierten Proteinen beim Menschen und bei verschiedenen Tierarten (in Tagen)

Species	Albumin	γ-Globuline
Mensch	15	13,1
Rind	20,7	21,2
Hund	8,2	8,0
Kaninchen	5,7	4,6
Maus	1,2	1,9

Dixon, F. J., D. W. Talmage, P. H. Maurer u. *M. P. Deichmiller:* J. exper. Med. **96**, 313 (1952).
Dixon, F. J., P. H. Maurer u. *M. P. Deichmiller:* Proc. Soc. exper. Biol. Med. **83**, 287 (1953).

Verlauf des Einbaus von markiertem Methionin in die Serumeiweißfraktionen bei Ratten

Nach peroraler Gabe von Methionin (^{35}S) Beginn der Markierung

der Albumine	nach	15 Min.
„ Globuline	„	30 „

zunächst der α_2-Globuline, dann der β- und γ-Globuline. Maximum der Markierung nach 5—7 Std. Nach 24 Std. steiler, dann bis zum 12. Tag langsamer Abfall.
Niklas, A., u. *W. Maurer:* Biochem. Z. **323**, 89 (1952).

Halbwertszeiten verschiedener Plasmaproteinfraktionen beim Kaninchen (in Tagen)

Methode	Albumin	α-Globuline	β-Globuline	γ-Globuline	Fibrinogen	Lit.
^{35}S	7,4	3,1	2,5	4,5		a)
^{35}S	7,1		3	6		b)
^{35}S					2,3	c)
^{35}S	7,1			6,3		d)
^{131}J	8,4			6,0		e)
^{14}C	7,9			6,2		e)
^{131}J	8,5			6,2		f)
^{14}C	7,5			6,6		f)

a) *Niklas, A., W. Maurer* u. *H. Krause:* Biochem. Z. **325**, 464 (1954).
b) *Schultze, B.:* Biochem. Z. **329**, 144 (1957).
c) *Maurer, W.,* u. *K. Gerdes:* Biochem. Z. **330**, 150 (1957).
d) *Stevens, K. M., I. Gray* u. *M. S. Schwartz:* Amer. J. Physiol. **175**, 147 (1953).
e) *McFarlane, A. S.:* Biochem. J. **62**, 135 (1956).
f) *Cohn, S., R. C. Holloway, C. Matthews* u. *A. S. McFarlane:* Biochem. J. **62**, 143 (1956).

3. Leberproteine

Halbwertszeit der Leberproteine beim Menschen und bei der Ratte

Mensch 10 Tage
Sprinson, D. B., u. *D. Rittenberg:* J. biol. Chem. **184**, 405 (1950).

Ratte 1,8—3,8 Tage
Swick, R. W.: J. biol. Chem. **231**, 751 (1958).

Ratte 2,6 Tage
Niklas, A., E. Quincke, W. Maurer u. *H. Neyen:* Biochem. Z. **330**, 1 (1958).

4. Proteine verschiedener Organe

Spezifische Aktivität der Proteine fötaler und mütterlicher Organe von Ratten (Impulse/Min.), bezogen auf 10 mg Protein (a) bzw. 0,5 g Feuchtgewicht (b), nach Gaben von 50 μc Glycin-2-^{14}C

Embryonengewicht	1,2 g		1,9 g		3,6 g		4,2 g		4,6 g	
	a	b	a	b	a	b	a	b	a	b
Muttertier										
Leber	100	355	94	519	68	286	60	196	91	383
Muskel	10	25	9	45	4	15	6	17	7	30
Gehirn	5	13	7	21	2	9	3	14	3	11
Embryonen										
Leber	102	175	78	117	43	70	50	64	72	130
Muskel	73	73	95	105	40	40	23	25	33	80
Gehirn	35	46	48	63	26	53	21	35	26	50

Schreier, K., K. Wirth u. *W. Hack:* Z. physiol. Chem. **304**, 186 (1956).

Mittlere biologische Halbwertszeit und Neubildungsrate von eiweißgebundenem Methionin verschiedener Organe von Ratten

(freies Methionin s. S. 559)

Organ	Mittl. biol. Halbwertszeit Tage	Gesamt-Methioningehalt des Organs mg	Neubildungsrate γ/Min.
Magen	2,4	3,33	0,66
Darm	1,8	32,40	8,68
Nieren	2,1	7,26	1,63
Milz	2,6	3,73	0,69
Lunge	2,4	7,10	1,42
Gehirn	8,9	3,35	0,18
Leber	2,8	50,85	8,88
Herz	8,2	3,90	0,23
Muskulatur	22,2	356,30	7,73

Niklas, A., E. Quincke, W. Maurer u. *H. Neyen:* Biochem. Z. **330**, 1 (1958).

Umsatzrate von Serum- und Körpereiweiß beim Kaninchen

(bestimmt mit ^{35}S-Methionin)

Umsatzrate:	Gesamt-Serumeiweiß	3,77 γ Methionin/Min.
	Albumine	0,4 γ ,,
	Globuline	2,4 γ ,,
Biol. Halbwertszeit:	Gesamt-Serumeiweiß	12,8 Tage
	Albumine	10 ,,
	Globuline	2—5 ,,
Umsatzrate:	Gesamt-Körpereiweiß	246 mg Methionin/Tag
Biol. Halbwertszeit		14 Tage

Die Gesamtmenge des freien Methionins im Körper (13,8 mg) wird in 29 Min. einmal umgesetzt.

Maurer, W., A. Niklas u. *G. Lehnert:* Biochem. Z. **326**, 28 (1954).

5. Spezielle Proteine

Umsatzzeiten von Kollagen in verschiedenen Organen bei der Ratte (in Tagen)

Umsatzzeit = Zeit bis zum Abfall der Aktivität auf 37% der Ausgangswerte

Sehnen	110	Leber	30
Muskel	50	Darm	20
Haut	60	Niere	300

Gerber, G., G. Gerber u. *K. J. Altman:* J. biol. Chem. **235**, 2653 (1960).

6. Peptide

Halbwertszeit von Glutathion in den Erythrocyten bei der Ratte

Markierung mit Glycin-2-^{14}C: etwa 65 Std.

Mortensen, R. A., M. J. Haley u. *H. A. Elder:* J. biol. Chem. **218**, 269 (1956).

Halbwertszeit von Glutathion in der Leber von Kaninchen

Markierung mit Glutaminsäure-^{15}N: 2—4 Std.

Waelsch, H., u. *D. Rittenberg:* J. biol. Chem. **144**, 53 (1942).

7. Nucleinsäuren

Halbwertszeiten von RNA und DNA in der Leber von Ratten nach Untersuchungen mit markiertem Adenin und Guanin

RNA	220 Std.
DNA	150—160 ,,

Tyner, E. P., C. Heidelberger u. *G. A. Lepage:* Cancer Res. **12**, 158 (1952).

Halbwertszeiten der RNA des Kerns und des Cytoplasmas von Leberzellen der Maus

Kern-RNA	14 Std.
Cytoplasma-RNA	5–7 Tage

Hurlbert, R. B., u. *V. R. Potter:* J. biol. Chem. **195**, 257 (1952).

Einbau von Adenin in Nucleotide

Adenin wird rasch in die verschiedenen Nucleotide: 5-Adenylsäure, Adenosin-di- und triphosphat, Guanosylmono-, -di- und -triphosphat, Inosinsäure, Niacin-adenin-dinucleotid eingebaut.

Bennett, E. L., u. *B. J. Krückel:* Biochim. biophys. Acta **17**, 515 (1955).

Halbwertszeiten der Adenylsäure, der RNA und der DNA in verschiedenen Organen der Maus (nach Untersuchungen mittels markierten Adenins)

Anmerkung: In verschiedenen Organen war eine schnell umgesetzte von einer langsam umgesetzten Fraktion zu unterscheiden.

	Adenylsäure	RNA-Adenin	DNA-Adenin
Dünndarm			
schnell erneuerte Fraktion (SEF)	18	17	21 Std.
langsam erneuerte Fraktion (LEF)	5,6	6,0	7,0 Tage
% SEF	94	93	89
Dickdarm			
SEF	23	19	18 Std.
LEF	5,5	5,0	5,0 Tage
% SEF	89	83	79
Schlachtkörper			
SEF	–	–	35 Std.
LEF	12	12	7 Tage
% SEF	–	–	82
Leber			
SEF	17	–	– Std.
LEF	5,2	5,5	16 Tage
% SEF	71	–	–
Lunge			
SEF	24	–	32 Std.
LEF	7	10,3	20 Tage
% SEF	80	–	–
Niere			
SEF	22	–	– Std.
LEF	4,8	5,5–7,0	40 Tage
% SEF	75	–	–
Magen			
SEF	18–24	15	16 Std.
LEF	6,5	7,5	6,8 Tage
% SEF	70–80	60	68
Milz und Hoden			
SEF	28	–	– Std.
LEF	7,7	11–14	– Tage
% SEF	70	–	–
Herz			
Insgesamt	11	–	– Tage

Bennett, E. L., u. *B. J. Krückel:* Biochim. biophys. Acta **17**, 503 (1955).

Ribonucleinsäure-Umsatz bei der Ratte
Umsatzzeiten der Ribonucleinsäure aus verschiedenen Organen bzw. Organbestandteilen der Ratte

Komponente		Umsatzzeit (Tage) Langsam erneuerte RNA	Schnell erneuerte RNA
Leber	Gesamt-RNA	7,2	–
,,	Kern-RNA	20	–
,,	Mitochondrien- und Mikrosomen-RNA	7,2	1
Darm	Gesamt-RNA	3,6–4,2	0,5
Muskel	Gesamt-RNA	17	–
Niere	Gesamt-RNA	8,7	1
Hoden	Gesamt-RNA	4,6	–
Milz	Gesamt-RNA	5	2

Umsatzzeit = Zeit, die bis zum Absinken der Aktivität der Verbindung auf 37% des Ausgangswertes vergeht.

Gerber, G., G. Gerber u. *K. J. Altman:* J. biol. Chem. **235**, 2682 (1960).

Spezifische Aktivität der Nucleinsäuren fötaler und mütterlicher Organe von Ratten (Impulse/Min.), bezogen auf 10 mg Pentose (a) bzw. 0,5 g Feuchtgewicht (b), nach Gaben von 50 µc Glycin-2-^{14}C

Embryonengewicht	1,2 g		1,9 g		3,6 g		4,2 g		4,6 g	
	a	b	a	b	a	b	a	b	a	b
					Ribonucleinsauren					
Muttertier										
Leber	672	81	500	57	398	48	440	53	398	48
Muskel	152	5	142	6	399	12	366	11	182	6
Gehirn	167	5	249	6	332	9	336	8	222	6
Embryonen										
Leber	1904	68	433	39	285	30	263	30	224	27
Muskel	742	29	515	17	550	15	582	14	582	14
Gehirn	235	12	307	12	366	11	317	12	378	14
					Desoxyribonucleinsauren					
Muttertier										
Leber	–	–	100	4	158	6	150	6	150	6
Muskel	210	8	300	12	238	10	286	12	190	8
Gehirn	25	2	49	4	26	2	50	4	51	4
Embryonen										
Leber	25	2	365	22	304	14	227	10	350	14
Muskel	333	6	500	10	400	12	143	4	214	6
Gehirn	200	4	300	12	222	12	114	8	50	4

Schreier, K., K. Wirth u. *W. Hack:* Z. physiol. Chem. **304**, 186 (1956).

8. Kohlenhydrate

Durchschnittlicher Kohlenhydratbestand des erwachsenen Menschen

Muskelglykogen	150–300 g	Gewebszucker	20 g
Leberglykogen	50–100 g	Blutzucker	5 g

Bei körperlicher Ruhe werden pro Min. etwa 150–200 mg Zucker aus dem Blut an die Gewebe abgegeben.

Lang, K.: Der intermediäre Stoffwechsel. Berlin 1952, S. 64 ff.

Glucose-Verteilungsraum beim Menschen

17% des Körpergewichtes

Durchschnittliche Glucosepool-Größe:
0,15 g/kg Körpergewicht

Umsatz: 0,69% des Pools pro Min.

Baker, N., W. W. Shreeve, R. A. Shipley, G. E. Incefy u. *M. Miller:* J. biol. Chem. **211**, 575 (1954).

Der Blutzuckerumsatz bei verschiedenen Species

Anmerkung: Zum Zwecke eines Vergleichs innerhalb der verschiedenen Species wurde die Umsatzgeschwindigkeit auf die mit der Stoffwechselintensität im Zusammenhang stehende Körpergröße (Körpergewicht $^{3/4}$) bezogen.

Species	Durchschn. Körper-gewicht kg	Umsatz-geschwindig-keit g/Std./kg $^{3/4}$	Zeit nach der letzten Fütterung Std.	Lit.
Ratte	0,24	0,89	4	a)
,,	0,20	0,37	16	a)
Hund	6,80	0,40	16	b)
,,	19,50	0,27	16	c)
Mensch	73,00	0,25	16	d)
Schaf	54,00	0,37	16	e)
,,	44,00	0,28	16	e)
,,	44,00	0,28	1	e)
,,	44,00	0,19	96	e)

a) *Baker, N., R. A. Shipley, R. E. Clark* u. *G. E. Incefy:* Amer. J. Physiol. **196**, 245 (1959).
b) *Searle, G. L., E. H. Strisower* u. *I. L. Chaikoff:* Amer. J. Physiol. **176**, 190 (1954).
c) *Steele, R., J. S. Wall, R. C. de Bodo* u. *N. Altszuler:* Amer. J. Physiol. **187**, 15 (1956).
d) *Shreeve, W. W., N. Baker, M. Miller, R. A. Shipley, G. E. Incefy* u. *J. W. Craig:* Metabolism **5**, 22 (1956).
e) *Kronfeld, D. S.,* u. *M. G. Simesen:* Amer. J. Physiol. **201**, 639 (1961).

Blutzuckerumsatz bei Ratten

	Halbwerts-zeit Min.	Glucosepool mg/100 g Kgw.	Umsatzrate mg/100 g/Min.
A. Normalgruppe	19	57,80	2,06
B. Gruppe, 15 Std. nach der letzten Nahrungsaufnahme	31	47,07	1,04

Holt, C. v., H. Schmidt, H. Feldmann u. *I. Hallmann:* Biochem. Z. **334**, 524 (1961).

Der Kohlenhydratumsatz unter besonderen Verhältnissen

Der Glucoseverteilungsraum bei der Ratte beträgt 20% des Körpergewichtes. Es werden:

während der Verdauung	1,0 mg Glucose/Min.
während des Hungerns	0,6 mg/Min.

der Oxydation bzw. der Verwertung zur Fettsynthese zugeführt. Turnover-Time des Blutzuckers: 2—3 Min.

Baker, N., R. A. Shipley, R. E. Clark u. *G. E. Incefy:* Amer. J. Physiol. **196**, 245 (1959).

Umsatz von ^{14}C-markierter Glucose bei alloxandiabetischen Ratten nach i.v. Verabreichung

	Normal	Bei Alloxan-diabetes
Glucose-Pool (mg/100 g)	127	262
Turnover-Time (Min.)	74	74
Turnover-Rate (mg/100 g/Std.)	103	213
Glucose im Harn (mg/100 g)	0	80—135
Glucoseanteil, zu CO_2 oxydiert	69	59

Teller, D. D., E. H. Strisower u. *I. L. Chaikoff:* J. biol. Chem. **187**, 571 (1950).

Der Umsatz ^{14}C-markierter Glucose bei diabetischen Hunden (Gewicht 6—7,5 kg)

	Normal	ohne Pankreas mit Insulin	ohne Pankreas ohne Insulin
Glucose-Pool (g/Hund)	2,9—4,3	5,3—6,2	12,2—21,3
Turnover-Time (Std.)	1,2—1,7	1,4—1,9	3,0—4,3
Turnover-Rate (g/Std./Tier)	2,0—2,5	2,8—4,3	3,0—4,2
Glucose, zu CO_2 oxydiert (g/Std./Tier)	1,7—2,3	1,5—2,0	0,6—0,8
Glucose im Harn (%)	0	0,3—0,4	43—53

Teller, D. D., I. L. Chaikoff, E. H. Strisower u. *G. L. Searle:* J. biol. Chem. **188**, 865 (1951).

Weitere Untersuchungen

Hund, erwachsen, normal: Glucose-Pool 4,94 g
Umsatz: 4,8 mg/kg/Min.

Nach Verabreichung von Insulin stieg der Glucoseumsatz im Verlaufe von 10 Min. auf 300% an, um nach weiteren 15 Min. wieder den Ausgangswert zu erreichen.

Dunn, D. F., B. Friedman, A. R. Maass, G. A. Reichard u. *S. Weinhouse:* J. biol. Chem. **225**, 225 (1957).

Glykogenumsatz

Halbwertszeit des Leber- und Muskelglykogens bei der Ratte

Leberglykogen	1 Tag
Muskelglykogen	3,6 Tage

Stetten, D. W., u. *G. B. Brown:* J. biol. Chem. **155**, 231 (1944).

Umfangreiche Schrifttumssammlung hierzu:

Stetten, D. W., u. *M. R. Stetten:* Glycogen metabolism, Physiol. Rev. **40**, 505 (1960).

9. Fettsäuren

Halbwertszeiten von Fettsäuren in Geweben von Laboratoriumstieren

a) Maus

Depotfettgewebe	5—6 Tage
Leber	2,6—2,8 Tage

Stetten, D. W., u. *G. F. Grail:* J. biol. Chem. **148**, 509 (1943).

b) Ratte

Depotfett, gesättigte Fettsauren	16—17 Tage
Depotfett, ungesattigte Fettsäuren	19—20 Tage
Leber, gesättigte Fettsäuren	1 Tag
Leber, ungesättigte Fettsäuren	2 Tage

Piehl, A., K. Bloch u. *H. S. Anker:* J. biol. Chem. **183**, 441 (1950).

Umsatzgeschwindigkeiten freier Fettsäuren im Plasma des Hundes

Die Umsatzgeschwindigkeit freier Fettsäuren im Plasma ist von deren Konzentration abhängig und steigt entsprechend der Zunahme derselben an.

Schwankungsbreite:	2,1—58,5	μÄquiv./kg/Min.
Werte 8 Std. nach der Futteraufnahme	10,1—26,8	,,
Narkose mit Natriumpentobarbital	2,3— 8	,,
Nach Noradrenalinverabreichung (0,25—0,3 μg/kg/Min.)	52,7	,,

Nach der Nahrungsaufnahme entstammen 21—31% der abgegebenen CO_2-Menge der Oxydation von Fettsäuren. Etwa 18—27% der aus dem Plasma abgegebenen freien Fettsäuren werden unmittelbar der Oxydation zugeführt.

Armstrong, D. T., R. Steele, N. Altszuler, A. Dunn, I. S. Bishop u. *R. C. de Bodo:* Amer. J. Physiol. **201**, 9 (1961).

Halbwertszeiten der Linolsäure in verschiedenen Fettgeweben der Ratte (in Tagen)

Subkutanes Fettgewebe	77
Fett an Genitalorganen	75
Fett des Mesenteriums	65
Schlachtkörper	62
Perirenales Fettgewebe	60

Wagner, H., E. Seelig u. *K. Bernhard:* Z. physiol. Chem. **313**, 235 (1958).

Halbwertszeiten der Erucasäure in verschiedenen Geweben der Ratte (in Tagen)

Fett der Genitalorgane	31
Fett des Mesenteriums	25
Perirenales Fettgewebe	18
Lunge	23
Darm	30
Haut	24
Schlachtkörper	21

Wagner, H., E. Seelig u. *K. Bernhard:* Z. physiol. Chem. **312**, 104 (1958).

Halbwertszeit der Sorbinsäure (bzw. Capronsäure) bei der Ratte

Nach Verabreichung von Sorbinsäure (in Dosen von 61—1213 mg/kg) wurden jeweils

85% zu CO_2

oxydiert. Die Halbwertszeit lag — in Abhängigkeit von der Dosis — zwischen 40—110 Min.

Fingerhut, M., B. Schmidt u. *K. Lang:* Biochem. Z. **336**, 118 (1962).

10. Phosphatide

Mittlere Lebenszeit der Plasmaphosphatide beim Hund

Markierung:	^{32}P	6—8 Std.
„	^{14}C-Fettsäuren	6—9 Std.

Weinman, E. O., I. L. Chaikoff, C. Entenman u. *W. G. Dauben:* J. biol. Chem. **187**, 643 (1950).

Die **Umsatzrate** der **Plasmaphosphatide** schwankt **beim Hund** (mit einem Gewicht von 6—8 kg) zwischen 130 und 200 mg je Std. Nach Entfernung der Leber steigt die mittlere Lebenszeit der Plasmaphosphatide auf das 10—30fache an.

Chaikoff, I. L., u. *D. B. Zilversmit:* Adv. biol. med. Physics **1**, 322 (1948).

Plasmaphosphatid-Synthese und -Abgabe beim Huhn

a) Bei Hähnchen treten pro Std. 1,51 mg P als Phosphatid in das Blut ein

b) Nach Verabreichung von Diäthylstilböstrol (1 mg/kg Körpergewicht) treten 5 mg P als Phopshatid in das Blut ein

Demgegenüber betrug die Abwanderung bei

a) 1,47 mg P als Phosphatid pro Std. und bei
b) 2,76 mg P „ „ „ „

Unter dem Einfluß des Diäthylstilböstrols kommt es zu einer starken *Erhöhung* des *Phosphatidgehaltes* im Plasma.

Flock, E. V., u. *I. L. Bollman:* J. biol. Chem. **156**, 151 (1944).

Die Halbwertszeit der Phosphatide im Plasma beim Rind beträgt 7 Std.

Riis, R. M., I. R. Suick u. *M. Kleiber:* Amer. J. Physiol. **198**, 45 (1960).

11. Cholesterin

Cholesterinumsatz beim Menschen

Halbwertszeit, Serum-Cholesterin	8 Tage
„ Leber-Cholesterin	6 „
Tagliche Neubildung von Serumcholesterin	500—600 mg

Cholesterinumsatz beim Affen

Cholesterin-Serumspiegel und Halbwertszeit bei Cebus-Affen werden von den Ernährungsverhältnissen beeinflußt. Bei einem Kalorienanteil von 45% in Form von Getreideöl bzw. von Schmalz (ohne bzw. mit Zulage von Cholesterin) lagen die Werte wie folgt:

	Serum-Cholesterin mg-%	Halbwertszeit Tage
Getreideöl	237	8,8
Getreideöl + Cholesterin	268	8,4
Schmalz + Cholesterin	601	6,6

Hegsted, D. M., Gotsis, A. u. *F. I. Stare:* J. Nutr. **63**, 377 (1957).

Cholesterinumsatz bei der Ratte

	Halbwertszeit Tage	Mittlere Lebensdauer Tage	Umsatz mg/Tag/100 g
Schlachtkörper	11,9	17,2	8,8
Haut	8,2	11,9	33,4
Darm	2,1	3,0	52,0
Leber	0,63	0,91	250,0
Serum	2,5	3,6	19,8

Wong, R. K., u. *I. T. van Bruggen:* J. biol. Chem. **235**, 30 (1960).

12. Hormone

Umsatzgrößen von Plasma-Corticosteroiden beim Menschen

	Plasma-Konzentration γ/100 ml	Pool-Größe mg	Halbe Lebenszeit Std.	Umsatz mg/24 Std.
17-Hydroxycorticosteron	14—16	1,1—2,4	1,0—2,3	17—29
Corticosteron	0,8	0,2—0,4	0,8—1,5	2,9—5,3
Aldosteron	0,04	0,01	1,4	0,102

Peterson, R. E., u. *I. B. Wyngaarden:* J. Clin. Invest. **35**, 522 (1956).
Peterson, R. E.: Rec. Progr. Horm. Res. **15**, 231 (1959).
Peterson, R. E.: J. Clin. Endocrin. Metabol. **20**, 320 (1960).
Peterson, R. E., u. *C. E. Pierce:* J. Clin. Invest. **29**, 741 (1960).

Umsatzgröße von Plasma-Progesteron beim Menschen

Frauen, letztes Drittel der Schwangerschaft	250 mg/24 Std. gebildet
Umsatzzeit des Plasma-Progesterons	1,5—3,6 Min.

Pearlman, W. H.: Biochem. J. **67**, 1 (1957).
Short, R. V., u. *B. Eton:* J. Endocrin. **18**, 418 (1959).

13. Sonstige organische Verbindungen

a) Alkohole

Methanol

Bei der Ratte wird Methylalkohol in einer Menge von 25 mg/kg pro Std. unabhängig von der Konzentration verbrannt. Nach Ablauf von 48 Std. waren von einer verabreichten Methanolmenge

65% zu CO_2 oxydiert,
14% als Methanol ausgeatmet,
3% als Methanol im Harn ausgeschieden,
3% als Ameisensäure im Harn ausgeschieden und
4% in den Geweben gebunden.

Die größten Umsätze entfallen auf Leber und Nieren, gefolgt von Herz- und Skeletmuskulatur.

Äthanol

Maximaler Äthanolumsatz beim Menschen: 175 mg/kg/Std.

Bartlett, G. R.: Amer. J. Physiol. **163**, 614, 619 (1950).

Nach Verabreichung markierten Äthanols an Ratten (1 g/kg per os) waren

75% innerhalb von 5 Std. bzw.
90% innerhalb von 10 Std. zu CO_2 oxydiert.

Bartlett, G. R., u. *N. N. Barnet:* Quart. J. Alcohol **10**, 381 (1949).

Propanol, Butanol

n-Propanol und n-Butanol werden wesentlich schneller als Äthanol oxydiert.

Berggren, S. M.: Scand. Arch. Physiol. **78**, 249 (1938).

Glycerin

Glycerin wird vom Organismus rasch abgebaut bzw. für Synthesen verwendet. Nach Verabreichung ^{14}C-markierten Glycerins an Ratten (i.p. Injektion) ergab sich nach 24 Std. folgende prozentuale Verteilung des ^{14}C:

Ausgeatmetes CO_2	80	Leberglykogen	0,8
Harn	6,2	Schlachtkörperlipoide	3,6
Kot	1,5	Leberlipoide	0,64
Leber	5,5		

Doerschuk, A. P.: J. biol. Chem. **193**, 39 (1951); **195**, 855 (1952).

b) Säuren

Dicarbonsäuren

Halbwertszeit der Oxalsäure bei Ratten

49 bzw. 52 Std.

Ausscheidung:	bis zu 66,5% im Harn
	„ „ 14,5% „ Kot
	„ „ 8,8% als CO_2 in der Exspirationsluft
Retention:	1,1% im Knochen
	0,3–0,8% in sonstigen Geweben.

Brubacher, G., M. Just, H. Bodur u. *K. Bernhard:* Z. physiol. Chem. **304**, 173 (1956).

Halbwertszeit bei der Ratte: 60 Std.

Curtin, C. O., u. *C. G. King:* J. biol. Chem. **216**, 539 (1955).

Aminosäuren

Bilanz des Methioninumsatzes beim Kaninchen

(proteingebundenes Methionin s. S. 552)

Größe des Methioninpools	= Menge des freien Methionins im Organismus	= 13,8 mg
Abfluß aus dem Methioninpool	Einbau von freiem Methionin in Serumeiweiß	= 5,4 mg/Tag
	Einbau von freiem Methionin in das übrige Körpereiweiß	= 346 mg/Tag
	Irreversibler Umbau von freiem Methionin	= 351 mg/Tag
	Summe aller Abgaben des Methioninpools	= 702,4 mg/Tag
Zufluß zum Methioninpool	Aus dem Abbau von Körpereiweiß entstehendes freies Methionin	= 686 mg/Tag

Maurer, W., A. Niklas u. *G. Lehnert:* Biochem. Z. **326**, 28 (1954).

Gallensäuren

Ausscheidung bei Ratten nach Untersuchungen mit ^{14}C-24-markierten Cholsäuren

normal: 15–20 mg/kg/Tag

Bei gleichzeitiger Verabreichung von Antibiotika infolge Ausschaltung der Darmflora war der Umsatz reduziert.

Lindstedt, S., u. *A. Norman:* Acta physiol. Scand. **38**, 121, 129 (1956).

Der Gallensäureumsatz bei Ratten ist von der Kostform abhängig. Bei synthetischen Mischungen mit Saccharosezusatz betrug er

8 mg/kg/Tag,

bei stärkereichen Mischungen

36 mg/kg/Tag.

Portman, O. W., u. *P. Murphy:* Arch. Biochem. Biophys. **76**, 367 (1958).

c) N-haltige Verbindungen

Konzentration an Kreatin bei Säugetieren

Skeletmuskulatur	200—800 mg%
Herzmuskulatur	200 mg%
glatte Muskulatur	100—130 mg%
Gehirn	60—120 mg%

Rund 98% des Kreatins liegen in der Muskulatur vor, wovon 50—60% auf Kreatinphosphat entfallen.

Beim Menschen werden pro Tag rund 2% des Kreatinbestandes ausgeschieden.

Halbwertszeit des Kreatins im Körper: 29 Tage.

Bloch, K., u. *R. Schönheimer:* J. biol. Chem. **138**, 155 (1941).

Retention von ^{35}S-markiertem Cysteamin bei der Ratte

Nach Verabreichung von 7,5 mg/100 g Körpergewicht werden

75—85% innerhalb von 10 Tagen ausgeschieden.

Der retinierte Teil des ^{35}S besteht zu

75—90% aus Taurin und liegt im Fell zu
22—30% und im übrigen Körper zu
3— 7% in proteingebundener Form vor.

Vom proteingebundenen ^{35}S entfallen:

40—60%	auf Cysteamin-Cystein-Disulfid
6— 7%	auf Cystin
8%	auf Sulfat
2%	auf Taurin
Rest	Sonstiges

Nach Cysteamin-Belastung	Senkung der Retention um $^1/_3$
Nach Bestrahlung (500 r)	„ „ „ „ $^1/_4$
Nach Belastung und Bestrahlung	„ „ „ „ $^2/_5$

Lauber, K., H. Aebi u. *A. Zuppinger:* Biochem. Z. **322**, 434 (1960).

14. Anorganische Bestandteile

a) Natrium

Das Gleichgewicht von ^{24}Na, das durch ein konstant bleibendes Verteilungsvolumen nachgewiesen wird, ist bei gesunden Personen nach 12 Std. erreicht; bei Patienten mit Ödemen, Ascites oder anderen abnormen Flüssigkeitsansammlungen ist etwa die doppelte Zeit erforderlich.

O'Meara, M. P., L. W. Birkenfeld, F. A. Gotch u. *I. S. Edelmann:* J. Clin. Invest. **34**, 784 (1957).

Das austauschbare Natrium umfaßt etwa 70% des gesamten Körpernatriums (Rest im Knochen).

Normalwerte:

43 mÄqu/kg Körpergewicht bei erwachsenen Männern
40 „ „ „ „ Frauen

Tägliche Schwankungen betragen ± 5% und sind auf nicht gleichmäßige Aufnahme zurückzuführen.

Veall, N., H. J. Fisher, J. C. Browne u. *J. E. Bradley:* Lancet **1**, 419 (1955).

Das austauschbare Natrium bei *Neugeborenen* ist — bezogen auf die Gewichtseinheit — etwa doppelt so hoch wie bei Erwachsenen; es nimmt im ersten Jahr entsprechend der Zunahme der relativen Muskelmasse rasch ab.

Christian, J. R., P. J. Talso, M. P. Karazeris, N. R. Spafford, H. Jackson u. *M. Larson:* Amer. J. Dis. Child. **92**, 325 (1956).
Corsa, L., D. Gribetz, C. Cook u. *N. Talbot:* Pediatrics **17**, 184 (1956).

b) Kalium

Das Verteilungsgleichgewicht nach Verabreichung von ^{42}K wird nach etwa 24 Std. erreicht. Eine Verlängerung der Zeit liegt bei Patienten mit kardialem Ödem, Zirrhose, Ascites vor.

Normalwerte: 45 mÄqu/kg bei Männern
35 „ „ Frauen

Mit steigendem Alter nimmt das austauschbare Kalium infolge Reduzierung des Muskelmasse ab. In der Altersgruppe zwischen 61 und 80 Jahren wurden folgende Werte ermittelt:

Männer 35 mÄqu/kg Körpergewicht
Frauen 28 „ „

Sagild, U.: Scand. J. Clin. Lab. Invest. **8**, 44 (1956).

c) Chlorid

Bei gesunden Personen wird verabreichtes ^{82}Br mit dem Chlorid des Körpers im Verlaufe von 4—6 Std. ins Gleichgewicht gesetzt.

Nicholson, J. P., u. *J. F. Zilva:* Clin. Chim. Acta **2**, 340 (1957).

Untersuchungen an Tieren lassen erkennen, daß etwa 90% des Chlorids sich extrazellulär befinden, während der Rest hauptsächlich in den Erythrocyten sowie im Darmlumen vorliegt.

Normalwert: 29 mÄqu/kg Körpergewicht.

Transkapilläre Austauschrate für Natrium und Chlorid

Meerschweinchen

In der Min. werden aus dem Plasma 60% des Natriums und 60% des Chlorids gegen die entsprechenden Ionen des Gewebes ausgetauscht.

Cowie, D. B., L. B. Flexner u. *W. S. Wilde:* Amer. J. Physiol. **158**, 231 (1949).

Hund

Chloridaustausch pro Min. 75% des Plasmachlorids, d. h. täglich passieren 3960 g Chlorid, das sind rund 6600 g Natriumchlorid, die Gefäßwände beim Hund; das entspricht 120% des Körpergewichtes.

Burch, G. E., S. A. Threefoot u. *C. T. Ray:* J. Lab. Clin. Med. **35**, 331 (1950).

d) Phosphat

Gehalt der Gewebe an energiereichem Phosphat (in mg-%)

Gewebe	Adenosin-triphosphat-P	Kreatin-phosphat-P
Muskel, Warmblüter	32	60
Muskel, Frosch	24	54
Tumoren	8—14	1—3
Niere	6—10	
Milz	17	
Herz	9	4—7
Uterus	8	1—4
Gehirn	5	12

Lipmann, F.: Adv. Enzymol. **1**, 99 (1941).

Umsatz energiereichen Phosphats im Rattenmuskel

Austauschverhältnis des Phosphats im ATP: endständiges Phosphat 100, mittelständiges Phosphat 75, riboseständiges Phosphat 5.

Nach *Arbeitsleistung* ist die Aufnahme von ^{32}P aus dem Blut relativ gering. Nach einer kurzen Arbeitszeit von 5 Min. sind bereits mehr als 50% des labilen P des ATP (das sind durchschnittlich 22,4 mg) gespalten. In der Erholungsphase sind nach 15 Min. erst 10,5 mg P im Rahmen der Resynthese von ATP eingebaut.

Demgegenüber erfolgt die Resynthese von Phosphokreatin schneller: Nach einer Arbeitszeit von 1 Min. waren 40 mg P aus Phosphokreatin abgespalten, von denen nach 4 Min. bereits wieder 80% in Phosphokreatin eingebaut waren.

Flock, E. V., u. *I. L. Bollman:* J. biol. Chem. **152**, 371 (1944).

Nach Verabreichung von ^{32}P dringt das Phosphat besonders rasch in die Zellen der Leber, der Darmschleimhaut und der Niere ein. Gehirn, Muskulatur und Erythrocyten nehmen Phosphat nur langsam auf. In Leber, Darmschleimhaut und Nieren wird das Phosphat besonders zur Synthese von Phosphatiden herangezogen.

Spezifische Aktivität des Lipoid-P verschiedener Organe des Hundes nach Verabreichung von ^{32}P

Stunden nach ip. Injektion	Prozent des injizierten ^{32}P je g Phosphatid-P				
	Plasma	Leber	Niere	Dünndarm	Muskel
6	3,8	8,0	4,8	3,8	0,15
18	8,3	8,5	5,3	5,0	0,38
36	10,5	10,3	7,3	9,5	0,30
96	7,0	6,5	6,8	5,3	2,50

Chaikoff, I. L., u. *D. B. Zilversmit:* Adv. biol. med. Physics **1**, 322 (1948).

Ein Teil des Phosphats wird fortlaufend zur Synthese von Nucleotiden verwendet. In der Leber erfolgt die Nucleotidsynthese für Ribonucleinsäuren in den Zellkernen rascher als in den anderen Zellelementen.

Radioaktivität in Nucleotiden aus Ribonucleinsäuren von Leberzellen nach Verabreichung von $^{32}PO_4$ (Impulse/100 γ P pro Min.)

Nucleotid	Ganzes Gewebe	Zellkerne	Mitochondrien	Mikrosomen	Zellplasma
Cytidylsäure	300	2900	200	65	345
Adenylsäure	285	3300	216	128	360
Guanylsäure	121	1925	188	30	135
Uridylsäure	482	2600	325	120	314

Davidson, I. N., W. M. McIndol u. *R. M. Smellie:* Biochem. J. **49**, 36 (1951).

Einbau von ^{32}P in die Nucleotide der DNA bei Ratten und Mäusen

Spezifische Aktivitäten verschiedener Nucleotide aus DNA nach Verabreichung von ^{32}P (Angaben in Impulsen/Min./γ P_2O_5, Werte bei den verschiedenen Geweben infolge unterschiedlicher Dosierung nicht vergleichbar).

	Zeit in Std. nach Injektion	Desoxyadenylsäure	Desoxyguanylsäure	Desoxycytidylsäure	Thymidylsäure
Ratte, Leber	1	0,19	0,29	0,55	0,77
Ratte, Milz	1	7,18	12,2	15,1	23,1
Maus, Milz	1	6,8	11,2	13,2	18,7
Maus, Ehrlich-Ascites Carcinom	1	13,3	15,2	26,9	58,1
Ratte, Hepatom	1	0,28	0,3	0,96	1,19
Ratte, Jensen-Sarkom	1	0,66	0,92	1,86	3,34
Maus, Ehrlich-Ascites Carcinom	4	27,4	34,7	36,1	46,5
Maus, Milz	4	10,2	12,0	12,9	15,4
Maus, Leber	16	1,67	1,61	1,75	1,91
Maus, Milz	16	12,6	14,0	13,8	13,5

Langen, P., u. *E. Liss:* Biochem. Z. **335**, 187 (1961).

Einbau von ^{32}P in verschiedene Gewebe von jungen bzw. erwachsenen Hühnern (Analyse 8 Std. nach Verabreichung von ^{32}P)

	Phosphatgehalt (in % P)		Spez. Aktivität	
	Jungtiere	Erwachsene	Jungtiere	Erwachsene
Leber	0,38	0,37	10,7	9,75
Gehirn	0,35	0,33	0,7	0,39
Sehnen	0,11	2,56	3,64	0,18
Brustbein	4,83	5,66	2,23	0,36
Mittelfußknochen	4,19	5,22	2,39	0,15
Schnabel	0,12	0,06	0,94	0,77
Krallen	2,46	1,78	1,84	0,29
Brustgefieder	0,09	0,03	3,58	0,67
Schwungfedern	0,07	0,03	5,24	0,13

Bernhard, K., R. Buzina u. *G. Brubacher:* Z. physiol. Chem. **294**, 97 (1953).

e) Schwefel

Verteilung des ^{35}S nach Verabreichung von 1,66 mg S (als Na_2S) an Ratten im Gewicht von 200 g

% der Gesamtdosis

Harn, Gesamt-S	65	Nieren	0,15
„ , Gesamt-Sulfat-S	49	Leber	0,23
„ , freier Sulfat-S	38	Haut	1,45
Faeces	3	Blut	0,49
Magendarmkanal	6	Muskel	0,75
Knochen	2,3		

Dziewiatkowski, D. D.: J. biol. Chem. **161**, 723 (1945).

f) Spurenelemente

Eisen

Eisenumsatz im Plasma

Mensch

	Halbwertszeit	Plasmaeisenumsatz	
	1,17 Std.	1,48 (1,0—2,7) mg/Std.	0,38 mg pro Std. und pro L. Blut

Pollycove, H.: Eisenstoffwechsel, in: *Thannhauser*, Lehrbuch des Stoffwechsels und der Stoffwechselkrankheiten. Stuttgart 1957, S. 846.

Plasmaeisenumsatz: 0,36—0,52 mg/kg/Tag
Durchschnitt: 0,42 mg/kg/Tag

Heilmeyer, H., u. *W. Keiderling:* Strahlentherapie **100**, 169 (1956).

Ratte Halbwertszeit 95—138 Min.

Berlin, N. I., R. L. Huff u. *T. G. Hennessy:* J. biol. Chem. **188**, 445 (1951).

Schwein

Halbwertszeit	Plasmaeisenumsatz
1,19 ± 0,26 Std.	1,11 ± 0,34 mg/kg/Tag

Jensen, W. N., J. A. Bush, H. Ashenbrucker, G. E. Cartwright u. *M. M. Wintrobe:* J. exper. Med. **103**, 145 (1956).

Wiederkäuer

Umsatzrate des Plasmaeisens

Lämmer, 3 Monate alt	0,97 mg/kg/Tag
„ 1 Jahr „	0,56 „
Kälber, 3 Monate „	0,81 „

Baker, N. F., u. *J. R. Douglas:* Amer. J. Vet. Res. **18**, 295 (1957).

Eisenumsatz im Knochenmark

Ratte Halbwertszeit 1—2 Tage

Copp, D. H., u. *D. M. Greenberg:* J. biol. Chem. **164**, 398 (1946).

Gesamteisenumsatz

Bei Mäusen werden täglich 0,5% des Eisenbestandes des Körpers abgegeben. Mittlere Lebenszeit: 200 Tage.

Stevens, A. R., P. L. White, D. M. Megsted u. *C. A. Finck:* J. biol. Chem. **203**, 161 (1953).

Jod

Thyroxinumsatzzahlen

(in γ organisch gebundenen Jods, das pro kg Körpergewicht und pro Tag verbraucht wird)

Mensch	2,4	Ratte	20—40
Hund	8,4	Meerschweinchen	2,5

Jones, H. B.: Adv. biol. med. Physics **2**, 66 (1951).

Die **Jod-Plasmaclearance** beim **Menschen** beträgt: Normalwerte 8—38 ml/Min., Durchschnitt: 16 ml/Min.

Überfunktion der Schilddrüse 200—1390 ml/Min., Durchschnitt: 486 ml/Min.

Myant, N. B., E. E. Pochin u. *E. A. Goldie:* J. Clin. Sci. **8**, 109 (1949).

Aufnahme von ^{131}J in die Schilddrüse beim Menschen

Nach Verabreichung von ^{131}J in Dosen von 40—100 μC werden nach Ablauf von 24 Std. im Durchschnitt

bei gesunden Personen	25%
bei Überfunktion der Schilddruse	55%
bei Unterfunktion der Schilddrüse	5%

des Isotops in der Schilddrüse gefunden.

Ausscheidung von ^{131}J beim Menschen

Nach Aufnahme markierten Jods werden folgende Mengen (in % der aufgenommenen Dosis) mit dem Harn wieder abgegeben:

bei gesunden Personen	42—80%
bei Überfunktion der Schilddrüse	5—43%
bei Unterfunktion der Schilddrüse	48—93%

Quinsby, E. H.: Adv. biol. med. Physics **2**, 248, 250 (1951).

Verteilung und Umsatz von L-Thyroxin bei Jungbullen
(nach i.v. Injektion von 2,5 bzw. 5 mg Thyroxin)

Alter: 6,2—7,6 Monate; Gewicht:	198—264 kg
Plasma, proteingebundes Jod, γ %	3,94
Verteilungsraum des Thyroxins, in % des Körpergewichts	9,07
Thyroxin-Sekretion, in mg pro Tier und Tag	0,995—1,285
Thyroxin-Sekretion, in mg pro 100 amerik. Pfund	0,231
Halbwertszeit, in Std.	18

Verteilung und Umsatz von L-Trijodthyronin bei Jungbullen
(nach i.v. Verabreichung von 5,58 bzw. 11,16 mg)

Alter: 6,2—7,8 Monate; Gewicht	216—255 kg
Plasma, proteingebundenes Jod, γ %	4,34
Verteilungsraum des L-Trijodthyronins, in% des Körpergewichts	37,5
Halbwertszeit, in Std.	5,1

Mixner, I. P., u. *H. D. Lennon:* J. Dairy Sci. **41**, 840 (1958).

Thyroxinumsatz bei Kälbern und nicht laktierenden Rindern

Kälber, Alter: 18 und 22 Tage

Thyroxin, Halbwertszeit, in Std.	44,4—48,5
Verteilungsraum des Thyroxins, in % des Körpergewichts	19,1—22
Thyroxin-Sekretion, in mg pro Tier und Tag	0,344
Thyroxin-Sekretion, in mg pro 100 amerik. Pfund	0,328

Rinder, nicht laktierend	
Gewicht: 1213 amerik. Pfund	
Plasma, proteingebundenes Jod, γ %	5,26
Thyroxin, Halbwertszeit, in Std.	46,3
Verteilungsraum des Thyroxins, in % des Körpergewichts	10—11,4
Thyroxin-Sekretion, in mg pro Tier und Tag	1,56—1,73
Thyroxin-Sekretion, in mg pro 100 amerik. Pfund	0,13—0,144

Post, T. B., u. *I. P. Mixner:* J. Dairy Sci. **44**, 2265 (1961).

Thyroxinumsatz bei Milchkühen

	Frühjahr	Sommer	Herbst	Durchschnitt
Körpergewicht, (amerik. Pfund)	1370	1320	1240	1353
Zahl der Tiere	6	6	2	
Plasma, proteingebundenes Jod, γ%	3,51	3,57	3,85	3,76
Thyroxin, Umsatzrate pro Tag	0,6649	0,6428	0,5148	
Thyroxin, Halbwertszeit, Tage				1,03
Verteilungsraum des Thyroxins, in % des Körpergewichts	12,36	11,27	10,14	10,99
Thyroxin-Sekretion, in mg pro Tier und Tag	2,5	2,34	1,81	
Thyroxin-Sekretion, in mg pro 100 amerik. Pfund	0,183	0,176	0,145	

Mixner, I. P., u. *H. D. Lennon:* Proc. 15. Intern. Dairy Congr. 1, 20 (1959).

Fluor

Verteilung von Fluor (^{18}F) im Blut und in Organen von Ratten im Abstand von 1,4 und 9 Std. nach i.v. Injektion

	1 Std.	4 Std.	9 Std.
Blut	0,08	0,008	0,005% der Dos./g
Molaren	1,68	1,64	1,33 % ,, ,,
Schneidezähne	2,72	3,12	3,01 % ,, ,,
Knorpel	0,2	0,12	0,17 % ,, ,,
Niere	0,15	0,02	0,01 % ,, ,,
Haut	0,08	0,01	0,01 % ,, ,,
Muskel	0,06	0,008	0,004% ,, ,,
Leber	0,06	0,008	0,005% ,, ,,
Magen	0,06	0,01	0,008% ,, ,,
Dünndarm	0,06	0,008	0,004% ,, ,,
Dickdarm	0,04	0,01	0,01 % ,, ,,
Skelet	47,2	52,8	48,5 % Dos./Organ
Schilddruse	0,001	0,001	0,001% ,,
Harn	29,1	28,5	36,0 % Dos./Harn
Faeces	0,08	0,26	0,93 % Dos./Faec.

Wallace-Durbin, P.: J. dent. Res. 33, 789 (1954).

Zink

Zinkgehalt in Geweben der Ratte

	Gesamtes Zink γ/100 g Körpergew.	Zinkkonzentration γ/g Feuchtgewicht
Gesamtkörper	2950 ± 360	29,5 ± 3,6
Skelet	797 ± 38	
Femur	79,7 ± 3,8	
Haarkleid	333 ± 34	260 ± 26
Skeletmuskel	516 ± 40	12,9 ± 1,0
Leber	123 ± 16	29,7 ± 2,8
Niere	21,9 ± 3,4	23,4 ± 3,9
Milz	6,4 ± 1,7	24,0
Hoden	31,5 ± 3,9	21,6 ± 4,2
Gesamtblut	20,7	3,88 ± 0,22
Plasma	5,1	1,67 ± 0,1
Erythrocyten	16,5	6,9
Gesamt-Weichgewebe	1808 ± 364	19,9 ± 1,0

Retention von ^{65}Zn nach i.v. Verabreichung an Ratten

	Durchschnittliche prozentuale Retention nach			
	35	77	100	259 Tagen
Skelet	11,3	15,0	14,5	12,3
Haar	12,0	7,6	7,1	1,0
Haut	8,2	3,9	4,7	—
Skeletmuskel	9,5	2,4	2,2	—
Leber	1,6	0,7	0,4	—
Niere	0,2	—	0,1	—
Milz	0,1	0,2	—	—
Dunndarm	1,6	0,2	0,4	—
Dickdarm	0,4	—	0,1	—
Hoden	0,7	—	—	—
Gehirn	0,1	—	0,1	—
Lunge	0,2	—	—	—

Gilbert, I. G., u. *D. M. Taylor:* Biochim. biophys. Acta **21**, 545 (1956).

Kupfer

Die Verteilung von Kupfer im Blut und Organen von Ratten und Meerschweinchen nach Injektion markierten Kupfers

	Std. nach Injektion	Durchschnittliche Meßwerte
Ratten		
Leber	24	3,81
Milz	24	0,92
Knochenmark	24	4,9
Niere	24	3,26
Blutzellen	48	0,24
Blutplasma	48	2,89
Lunge	48	1,01
Nebenniere	48	1,3
Meerschweinchen		
Leber	8	6,83
Niere	8	4,44
Milz	8	0,31
Blutzellen	8	0,12
Blutplasma	8	0,32
Leber	24	8,33
Milz	24	0,43
Knochenmark	24	0,76
Blutzellen	24	0,17
Blutplasma	24	0,29

Schubert, G., M. Maurer u. *W. Riezler:* Z. ges. inn. Med. 3, 170 (1948).

Sonstige Spurenelemente

Weitere Angaben über die Verteilung von Spurenelementen im Körper nach Aufnahme von markierten Verbindungen s. *Schwiegk, H.*, u. *F. Turba:* Künstliche radioaktive Isotope in Physiologie, Diagnostik und Therapie, Bd. II, Berlin 1961.

15. Wasser

Halbwertszeit von Körperwasser

Mensch. Pro Tag werden etwa 3—6% des Körperwassers gegen zugeführtes bzw. bei der Oxydation von organischen Verbindungen entstehendes Wasser ausgetauscht. — Halbwertszeit: 9,3 Tage.

Moore, F. D.: Science **104**, 157 (1946).

Ratte. Halbwertszeit: 3,3 Tage.

Thompson, R. C.: J. biol. Chem. **200**, 731 (1952).

II. Chemische Stoffe mit Tumorwirkung im Versuchstier

Von **F. Bär** und **I. Neckel** †, Berlin-Dahlem

Literatur. Food Protection Committee, Food and Nutrition Board, National Academy of Sciences—National Research Council Publication 749, Washington 1960: Problems in the evaluation of carcinogenic hazard from use of food additives. — *Hartwell, J. L.*: Survey of compounds which have been tested for carcinogenic activity, Public Health Serv. Publ. No. 149 Washington US Govt. Print Office 1951. — *Shubik, P.*, and *J. L. Hartwell*: Supplement 1, 1957. — Brit. Med. J. 1960, II, 1941.

Vorbemerkungen

Beim Versuchstier konnte bisher nur für einige Carcinogene eine Verbindung zu den Krebsfällen des Menschen hergestellt werden, so daß die Eigenschaft der Tumorauslösung zunächst als Ausdruck für eine biologische Wirkung unter besonderen Versuchsbedingungen anzusehen ist. Die Auswahl der chemischen Stoffe wurde nach den bisher geprüften und begründeten Unterlagen vorgenommen, wobei die Reproduzierbarkeit, geeignete Versuchstierzahl und das prozentuale Auftreten von Tumoren für die Wertung in Frage kamen. Über die Durchführung und Verwertbarkeit der verschiedenen Tierteste herrscht in den Fachkreisen noch keine allgemeine Übereinstimmung.

Die Angaben entsprechen der Reihenfolge: chemische Verbindung (geordnet nach chemischen Gruppen bzw. alphabetisch) — Versuchstier — Substanzmenge oder tägl. Dosis (bzw. Anzahl der Pinselungen) — Art der Zufuhr — Latenz- oder Versuchszeit — Tumortyp oder Lokalisation — spezielle Literatur (Numerierung).

Abkürzungen: A = Adenome, Ac = Adenocarcinome, C = Carcinome, Ch = Cholangiome, F = Fibrome, H = Hepatome, Hä = Hämangioendotheliome, P = Papillome, S = Sarkome, T = Tumoren (bei Fehlen näherer Angaben oder Vorliegen verschiedener Tumorarten), Te = Teratome, Mo = Monate, Wo = Wochen.

A. Anorganische Verbindungen

1. Arsenverbindungen

Kaliumarsenit

Maus, 0,052 mg tagl., po, T (Lunge).

2. Berylliumverbindungen

Berylliumoxyd oder BeO, ZnO, SiO_2 (1 : 1 : 1)

Kaninchen, 0,013—0,116 g Be/kg, iv, 16 Mo, S (Knochen) [*1*].

Berylliumsilikat

Kaninchen, 1 g, iv, 8 Mo, S (Knochen) (*1*).

Zinkberylliumsilikat

Kaninchen, 1—2,1 g, iv (10—6×10—30% wäßr. Susp.), 120 Wo, S (Knochen); 230 bis 850 mg (2,3 bzw. 14% BeO), iv, 11—24 Mo, S (Knochen) [*2*].

3. Chromverbindungen

Calciumchromat (auch gesintert)

Ratte, 10 mg oder 12,5 mg (in Gelatinekapseln), Implantat, 7 Mo, S (lokal) [*3*].

Chromoxyd (gesintert)

Ratte, 25 mg (in Fett), Implantat, 7 Mo, S (lokal) [*3*].

4. Nickelverbindungen

Nickeltetracarbonyl

Ratte, 0,03 mg/lt. 3× wöch. 30 Min. oder 0,25 mg/lt. 1×, Inhal., C (Lunge) [*4*].

5. Selenverbindungen

Selen

Ratte, 60—100 mg Se, Kost, 18—24 Mo, C (Leber).

Ammoniumkaliumselenid

Ratte, 10 ppm (als Se), Kost, 24 Mo, C (Leber).

6. Zinkverbindungen

Zinkchlorid

Hahn, 0,4 ml 5—10%, in die Hoden, 51—92 Tage, Te.

Zinknitrat

Hahn, 0,1—0,2 ml 10%, in die Hoden, 41 Tage, Te.

Zinksulfat

Hahn, 0,15—0,30 ml 10%, 1×, in die Hoden, 159 Tage, Te.

B. Organische Verbindungen

1. Aliphatische Verbindungen

DL-Äthionin

Ratte, 0,2%, Kost, 100 Tage, H und Ch; 0,25%, Kost, 8–9 Mo, C (Leber) [*5*, *6*].

Äthylenimin und Derivate

Äthylenimin

Ratte, 1–1,2 mg/100 g, sc, in Wasser 166–447 Tage, in Öl 355–511 Tage, S (lokal) [*7a*, *b*].

Acetyläthylenimin

Maus, 3,6–4 mg/20 g (in Öl), sc, 185–347 Tage, S (lokal) [*7a*, *b*].
Ratte, 8–16 mg, sc, in Wasser 245–266 Tage, in Öl 24–393 Tage, S (lokal) [*7a*, *b*].

1,3-Bis-(äthyleniminosulfonyl)-propan

Ratte, 8 mg/100 g, sc, S (lokal) [*7a*, *b*].

Butyryläthylenimin

Maus, 9,75 mg/20 g (in Öl), sc, 225–328 Tage, S (lokal) [*7a*, *b*].
Ratte, 22,5 mg/100 g (in Öl oder Wasser), sc, 177–344 Tage, S (lokal) [*7a*, *b*].

Caproyläthylenimin

Maus, 15,3 mg/20 g (in Öl), sc, 228–460 Tage, S (lokal).
Ratte 50 mg/100 g, sc (in Öl oder Carbowax 300), 196–378 Tage, S (lokal) [*7a*, *b*].

4-Chlor-6-äthylenimino-2-phenylpyrimidin

Ratte, 96 mg/100 g, sc (in Öl), 111–154 Tage, S (lokal) [*7a*, *b*].

Diäthylacetyläthylenimin

Maus, 9,75 mg/20 g, sc (in Öl), 158–313 Tage, S (lokal).
Ratte, 43 mg/100 g, sc (in Öl oder Carbowax 300), 154–346 Tage, S (lokal) [*7a*, *b*].

Myristoyläthylenimin

Maus, 80 mg/20 g (in Öl), sc, 228–395 Tage, S (lokal).
Ratte, 330 mg/100 g (in Öl), 150–229 Tage, S (lokal) [*7a*, *b*].

β-Naphthoyl-äthylenimin

Ratte, 95,5–125 g, sc (in Öl), 170–358 Tage, S (lokal) [*7a*, *b*].

Nonanoyläthylenimin

Maus, 10 mg/20 g, sc (in Carbowax 300), 142–324 Tage, S (lokal) [*7a*, *b*].

Oleyläthylenimin

Ratte, 170 mg/100 g, sc (in Öl), 138–178 Tage, S (lokal) [*7a*, *b*].

Stearoyläthylenimin

Ratte, 110 mg/100 g, sc (in Erdnußöl), 254–509 Tage, S (lokal) [*7a*, *b*].

Carbamate

Äthylurethan

Maus, 7 Wo 0,1%, Trinkwasser, 5 Mo, A (Lunge); 0,5–1 mg/g wöch., ip, 13 Wo, A (Lunge); 600 mg, Haut, 68 Wo, T (Mamma, ♀), A (Lunge, Zunahme), maligne mesenchymale T (♂); 1800 mg, Haut, 64,4 Wo, außerdem A (Tranendruse) [*8*].
Ratte, 13 Wo 1× wöch. 10%ig, 0,01 ml/g, ip, 15 Mo, A (Lunge).
Goldhamster, 0,2%, Trinkwasser, tagl. ca. 20 mg, 56 Wo, melanotische T (Rucken- und Kopfhaut), P (Magen); 2× wöch. 30 mg als 20%ige Lösung, Haut, ca. 50 Wo, P (Magen) [*9*].

Isopropylcarbamat

Maus, 0,5 mg/g, ip, 13 Wo, T (Lunge).

Chloroform

Maus, 0,012 und 0,024 ml/g, po (in Öl), 3 Mo, H.

Lost

N-Lost (Methyl-bis-(2-chloräthyl)amin-hydrochlorid)

Maus, 0,2–2 mg, sc, 17 Wo, P und S (lokal), Ha (Leber); 0,003–0,004 mg, iv, 13–16 Wo, T (Lunge) [*12a*, *b*].

S-Lost (β,β'-Dichlordiäthylsulfid; Bis-(2-chloräthyl)sulfid)

Maus, 0,15 mg, iv, >18 Mo, A (Lunge, Zunahme) [*12b*].

Nitrosamine (auch aromatische Verbindungen)

Dimethylnitrosamin

Ratte, 40—150 mg, Kost, 27 Wo, H, S (Leber) [*10*]; 10 u. 50 ppm, Kost, 102 Wo bzw. 8—42 Wo, T (Leber, Nieren); 100 ppm, 2—4 Wo, oder 30 mg/kg (1 ×) po, T (Nieren) [*11*].

N-Methyl-N-nitrosoanilin

Ratte, 14 mg/kg, Kost, 250 Tage, C (Speiseröhre) [*10 b*].

Verschiedene Verbindungen

Polyoxyäthylen(20)-sorbitanmonostearat

Ratte, 3—6 g, sc, 12—24 Mo, S (lokal).

Polyoxyäthylen(8)-stearat

Ratte, 2—3 kg, Kost, 15—24 Mo, T (Harnblase).

β-Propiolacton

Maus, 7,5 mg wöch., Haut, 27 Wo, P, 40 Wo, C (Haut) [*13*].
Ratte, 44—48 mg, sc (in Öl), 192—386 Tage, S (lokal) [*7 b*].

Propylenoxyd

Ratte, 150 mg/100 g, sc, in Wasser, 158—737 Tage, in Öl, 507—739 Tage, S (lokal) [*7 a*].

Semicarbazid-hydrochlorid

Maus, 0,1%, Kost, 7 Mo, A (Lunge) [*14*].

Tetrachlorkohlenstoff

Maus, 0,115—0,145 ml bzw. 0,003—0,048 ml/g, po (in Öl), 5 Mo, H.

Thioacetamid

Ratte, 0,035%, Kost, 19 Wo, T (Gallengang) [*15*].

Thioharnstoff

Ratte, 0,01—1%, Kost bzw. 2—5 g, 2 Jahre, H; ca. 27,5 ml in 6 Mo, ip, dann 0,2%, Trinkwasser, uber 1 Jahr, C u. S (Gesicht) [*16*].

Thiouracil

Ratte, 0,1%, Trinkwasser, 700 Tage, T (Schilddrüse).

4-Vinyl-cyclohexendioxyd

Maus, in 12 Mo ca. 16 mg, Haut, 21 Mo, C (Haut) u. S.

2. Benzol-Derivate

2-Amino-4,5-dimethylphenol, 2-Aminohydroxyacetophenon und 3-Hydroxyanthranilsäure

Maus, 1,4 — 2,4 mg (20%ig in Cholesterin oder Paraffin), in die Blase, 30—40 Wo, P, A u. C [*17a, b*].

Aramit (2-(p-tert.-Butylphenoxy)-isopropyl-2-chloräthylsulfit)

Ratte, 20—25 g (bzw. 0,5%), Kost, 9 Mo, C (Leber).
Hund, 100—150 g, Kost, 27—41 Mo, Ac (Gallengang und Gallenblase) [*18*].

4-N-Dimethylamino-triphenylmethan

Ratte, 360 mg, sc (12× in 12 Wo), ca. 28 Mo, S (lokal) [*41*].

Diphenylderivate

4-Aminodiphenyl

Ratte, 3,6—5,8 g/kg (in 250—376 Tagen), sc (in Öl), ca. 570 Tage, T (Darm) [*28 a*].
Hund, 8—14 g/kg, po, 21—35 Mo, C (Blase) [*29*].

Benzidin

Maus, 312 mg, sc (in Öl), 70 Wo, H [*20 b*].

3,3'-Dihydroxybenzidin

Ratte, 5—8 g, Kost, 20 Wo, H, Ac (Colon und Vormagen), C (Blase) u. T (Gehörgangstalgdrüsen) [*31*].

4-Dimethylaminodiphenyl

Ratte, 8 Mo, 0,105%, Kost, 10 Mo, C (Mamma u. Gehörgang), H (gutartig) u. F.

3,2'-Dimethyl-4-aminodiphenyl

Ratte, 2,8–3,5 g/kg (in 131–141 Tagen), sc (in Öl), 80–259 Tage, T (Darm), 193 bis 252 Tage, S (Speicheldrüsen), 153–176 Tage, C (Gehörgangstalgdrusen) [*28a*]; 2,3 g/kg, sc, 233 Tage, P (Blase), [*28c*].

3,3'-Dimethyl-4-aminodiphenyl

Ratte, 1,2 g/kg, sc, 300 Tage, T (Darm- und Gehörgang) [*28b*].

4'-Fluor-4-aminodiphenyl

Ratte, 160–240 mg/100 g (in 20 Wo), sc, 381–626 Tage, H, Ch u. T (Nieren) [*30*].

3-Hydroxy-4-aminodiphenyl

Maus, ca. 1–1,5 mg (in Paraffin), in die Blase, 25–40 Wo, C [*26*].

3-Methyl-4-aminodiphenyl

Ratte, 1,6 g/kg, sc, 300 Tage, T (Darm- und Gehörgang) [*28b*].

p-Nitrodiphenyl

Hund, 92–129 g = 5,5–10 g/kg, po, 25–33 Mo, C (Blase) [*33*].

4'-Nitro-3-hydroxy-4-aminodiphenyl

Maus, 1–1,5 mg (in Paraffin), in die Blase, 25–40 Wo, C [*26*].

N-2-Diphenylacetamid

Ratte, 2,3 mg tägl., Kost, mindestens 8 Mo, C (Uterus) [*32*].

N-4-Diphenylacetamid

Ratte, 2,7 mg tagl., Kost, mindestens 8 Mo, C (Uterus), Ac und C (Brust) [*32*].

N-4-(4'-Fluor)-diphenylacetamid

Ratte, 2,6 mg tagl., Kost, mindestens 8 Mo, T (Niere und Leber), Carcinosarkome (Gehörgang, Uterus und Dünndarm) [*32*].

Dulcin

Ratte, 75–125 g, Kost, 15–24 Mo, C (Leber); 1%, Kost, 21–24 Mo, P (Harnwege) [*34a, b*].

Farbstoffe

Auramin (Tetramethyl-diaminodiphenyl-ketonimin)

Maus, 728 mg (in 52 Wo), Kost, 70 Wo, H [*20b*].

Azofarbstoffe (auch Naphthalin- und heterocyclische Verbindungen)

p-Aminoazobenzol

Ratte, 1–1½ Jahre 0,25–1,0%, Kost, 2 Jahre, H und C (Gallengang).

o-Aminoazotoluol (Sudangelb RR)

Maus, 20 mg (je 1 mg in Lösung), Haut, 6 Wo, A (Leber) [*19*]; 20–40 mg, sc, S (lokal) und Hä (Brusthöhle); 100 mg, sc, 10 Mo, T (Lungen); 10 mg-Kristalle, 6 × sc, 11 Mo, C (Leber); 4–40 ml (0,1–1 ml woch.), sc, 280 Tage, H und A.
Hund, 35–75 g, po, 30–62 Mo, T (Harnblase, Leber und Gallenblase).

Benzol-azo-2-anthrol

Maus, 624 mg (wöch. 12 mg), sc, 34 Wo, Spindelzell-S, P, Ha u. C (Magen) [*20b*].

Diacetyl-o-aminoazotoluol

Ratte, 0,2–0,3%, Kost, 412 Tage, P (Blase) u. Ac (Leber).

2-Dimethylaminoazobenzol

Maus, 1,4–2,4 mg (in Paraffin oder Cholesterin), in die Blase, 30 Wo, P, A und C [*17b*].

p-Dimethylaminoazobenzol (Buttergelb)

Ratte, ca. 1 g, Kost (tagl. 3–30 mg/Tier bzw. 15–150 mg/kg) je nach Dosierung 700 bis 34 Tage, A u. C (Leber) (21). 0,06%, Kost 170 Tage, bzw. 3–4 g, 6–12 Mo, T (Leber) [*22a, d, 23*].
Hund, 75–175 g, po, 38–40 Mo, T (Harnblase).

p-Dimethylaminobenzol-1-azo-1-naphthalin

Ratte, 0,075%, Kost, 210–270 Tage, C (Leber), Cholangio-H, [*22a, c, d*], F u. Fibro-A (Mamma ♂) [*22b*].

p-Dimethylaminobenzol-1-azo-2-naphthalin

Ratte, 0,075%, Kost, 80 Tage, C (Leber); 230 Tage, H u. C (Gallengang) [*22c, d*].

3'-(4-Dimethylaminophenyl)-azopyridin

Ratte, 0,06%, Kost, 199—250 Tage, C (Leber) [23].

2,3'-Dimethyl-azobenzol

Ratte, 0,2—0,3%, Kost, 122 Tage, P (Blase).

2,3'-Dimethylazobenzol-4'-methylcarbonat (ungenau: 4-Carbomethoxy-2,3'-dimethylazobenzol)

Ratte, 0,1—0,3%, Kost, 500 Tage, P (Blase).

Direkt-Blau BB (4,4'-Diaminodiphenyl ⇉ 1-Amino-8-oxy-3,6-disulfosäure, Na-Salz)

Ratte, 150 mg (15× 10 mg), sc, 165—200 Tage, S (lokal) [24].

Gelb OB (FD and C Yellow 4; 2-Methyl-1-aminobenzol → 2-Aminonaphthalin)

Ratte, 100—150 mg, sc, 18—24 Mo, S (lokal).

4'-Hydroxy-2,3'-azotoluol

Maus (nur C 57 bc), 5 mg (in Öl oder als Pille), sc, >175 Tage, S.
Ratte, 0,2—0,3%, Kost, 270 Tage, P (Blase).

2'-Methyl-4-dimethylaminoazobenzol

Ratte, 3 Mo, 0,064%, Kost, 4 Mo, T (Leber).

3'-Methyl-4-dimethylaminoazobenzol

Ratte, 3 Mo, 0,06%, Kost, 4 Mo, H.

N-Methyl-p-aminoazobenzol

Ratte, 0,056%, Kost, 132—250 Tage, C (Leber) [23].

N-Methyl-4'-äthyl-p-aminoazobenzol

Ratte, 0,064%, Kost, 104—223 Tage, C (Leber) [23].

N-Methyl-2'-methyl-p-aminoazobenzol

Ratte, 0,06%, Kost, 98—250 Tage, C (Leber) [23].

N-Methyl-3'-methyl-p-aminoazobenzol

Ratte, 0,06%, Kost, 141—225 Tage, C (Leber) [23].

N-Methyl-4'-methyl-p-aminoazobenzol

Ratte, 0,06%, Kost, 148—250 Tage, C (Leber) [23].

Orange I (FD und C Orange 1; Tropäolin)

Ratte, 1,5—2 g, sc, 12—18 Mo, S (lokal).

Orange SS (o-Tolylazo-2-oxynaphthalin oder 2-Methyl-1-aminobenzol → 2-Oxynaphthalin, FD und C Orange 2)

Maus, 138 mg, po und sc bzw. 300 mg, sc, 46 Wo bzw. 62 Wo, Ac (Darm), sc, S (lokal) [20 a, b].

Oxalyl-o-aminoazotoluol

Ratte, 0,3%, Kost, 167 Tage; 0,2%, 335 Tage; 0,1%, 447 Tage, T (Leber) u. P (Blase).

Pyridin-4-azo-p-dimethylanilin

Ratte, 4 Mo, 0,06%, Kost, 6 Mo, H [25 a].

Pyridin-1-oxyd-4-azo-p-dimethylanilin

Ratte, 0,06%, Kost, 4 Mo, H [25 a].

2-Methylpyridin-4-azo-p-dimethylanilin, Pyridin-1-oxyd-3-azo-p-dimethylanilin, 2-Methylpyridin-1-oxyd-4-azo-p-dimethylanilin, 3-Methylpyridin-1-oxyd-4-azo-p-dimethylanilin, 2,6-Dimethylpyridin-1-oxyd-4-azo-p-dimethylanilin

Ratte, 0,06%, Kost, 4 Mo, H [25 b].

4-Succinyl-amino-2,3'-dimethylazobenzol

Ratte, 0,15—0,45%, Kost, über 380 Tage, H und A (Leber).

Sudan I (Aminobenzol → 2-Oxynaphthalin)

Maus, 127,5—150 mg (in Öl), sc, 600 Tage, H; Pille mit 1—1,5 mg (in Paraffin), in die Blase, 25—40 Wo, C [26].

Sudan IV (o-Aminoazotoluol → 2-Oxynaphthalin)

Ratte, 2,8 g, Kost, 272 Tage, H [27].

Sudanbraun RR (1-Aminonaphthalin → 1,3-Phenylendiamin; techn.)

Ratte, 7,5 g, Kost, 624 Tage, S (Leber, Netz und Pleura); 8,1 g, 656 Tage, lymphat. Leukämie; 9,6 g, 769 Tage, C (Vormagen) [*27*].

Trypanblau (3,3'-Dimethyl-4,4'-diaminodiphenyl ⇄ 1-Amino-8-oxy-naphthalin-3,6-disulfosäure, Na-Salz)

Ratte, 120 mg, sc, ca. 161 Tage, S (Lymphdrüsen).

Triphenylmethanfarbstoffe

Fast Green FCF (FD und C green No. 3)

Ratte, 0,8—1,35 g bzw. 1,5—2 g, sc, 9—10 bzw. 12—18 Mo, S (lokal) [auch *42*].

Guinea-Grün B (FD und C green No. 1)

Ratte, 1,5—2 g, sc, 18—24 Mo, S (lokal).

Lichtgrün SF gelblich (FD und C green No. 2)

Ratte, 0,8—1,35 g bzw. 1,5—2 g, sc, 9—10 bzw. 12—18 Mo, S (lokal) [auch *42*, *43*].

Methylgrün, techn. (light green SF)

Ratte, in 33 Wo, 1,7 g (2%ig), sc, 35—85 Wo, S (lokal) [*44*].

Parafuchsin

Ratte, 370—650 mg, sc, 300—515 Tage, S (lokal) [*45*].

Patentblau FCF (Brilliantblau FCF, FD und C blue No. 1)

Ratte, 0,8—1,35 g bzw. 1,5—2 g, sc, 9—10 Mo bzw. 12—18 Mo, S (lokal) [auch *42*].

Säureviolett 6B (Benzylviolett 4B, FD und C violet No. 1)

Ratte, 1,5—2 g, sc, 12—18 Mo, S (lokal).

Fluoren-Derivate

2-Acetylaminofluoren

Maus, 5 Wo 0,03%, dann 20 Wo 0,05 %, Kost, 84 Wo, T (Mamma, Blase, Leber).

Ratte, in 25 Wo 700 mg bzw. 0,05% (2,5—5 mg woch.), Kost, 33—42 Wo, oder ca. 175 mg bzw. in 18 Wo 4 mg/100 g, po (in Öl), 25—33 Wo, oder Haut, 3× wöch. (in Aceton, ca. 0,5 bis 1 mg wöch.), T (Leber, Mamma, Gehörgang) [auch *87*], auch C (Darm, Lunge); 10 bis 20 mg (in Öl), sc (Pharynx), 227 Tage, T (Speicheldrüsen, Nebenschilddrüsen).

2-Aminofluoren

Maus, 220 mg, sc (in Öl), 616 Tage, H.

Ratte, 1,62 mMol/kg bzw. 0,05%, Kost, 5—10 Mo, T (Leber, Mamma, Gehorgang, Dünndarm) [auch *87*]; Haut (in Benzol oder Aceton), 280 bzw. 408 Tage, H u. T (Mamma, Gehörgang, Haut) [auch *87*].

N,N-Diacetyl-2-aminofluoren

Ratte, 0,05%, Kost, oder Haut (in Aceton, ca. 0,5 mg bis 1 mg wöch.), T (Leber, Mamma, Gehörgang) [*87*].

1,2,5,6-Dibenzfluoren

Maus, 37 Wo, 0,4% (in Öl) bzw. 0,3% (in Aceton oder Benzol), 2× wöch., Haut, 31 Wo bzw. 1 Jahr, P und C (Haut).

1,2,7,8-Dibenzfluoren

Maus 0,3% (in Benzol), 2× woch., Haut, 508 Tage, P und C (Haut).

N-Dimethyl-2-aminofluoren

Ratte, in 25 Wo 700 mg, Kost, 63 Wo, T (Darm, Lungen); ca. 350 mg po, 34 Wo, T (Gehörgang, Mamma) [*35*].

N-(2-Fluorenyl)-phthalaminsäure

Ratte, in 9,9 Mo ca. 1,2 g, Kost, 18 Mo, C (hepatozellular) [*83*].

N-Methyl-2-aminofluoren

Ratte, in 25 Wo 612,5 mg, Kost, H und T (Lungen). Ratte, ca. 306 mg po, 34 Wo, H und T (Gehörgang, Lunge und Mamma) [*35*].

2-Nitrofluoren

Ratte, 0,05% Kost oder Haut (in Aceton, ca. 0,5—1 mg wöch.), T (Mamma, Gehorgang) [*87*].

Gallussäure

Ratte, 3—4 g/kg, sc, 100 Tage, H und Ch [*36*].

p-Hydroxy-diphenylamin-glycidyläther

Ratte, in 125 Tagen 475 mg/100 g, sc, 286—456 Tage, S (lokal) [*7a*].

p-Hydroxy-kynurenin

Maus, 1,4–2,4 mg (in Paraffin oder Cholesterin), in die Blase, 30 Wo, P, A und C [*17b*].

Indican

Maus, ca. 0,5 mg/kg, sc, 14 Tage, Leukämien [*37*].

Stilben-Derivate

4-Aminostilben

Ratte, 270 mg po, ca. 10 Mo, C (Gehörgang); in 7 Wo 14 mg, sc, 163–488 Tage, C (Gehörgang) und A (Mamma); in 8 Wo 40 mg, sc, 372–449 Tage, auch S (lokal).

4,4'-Dihydroxy-α,β-diäthylstilben (Diäthylstilböstrol)

Maus, 0,5 γ/Tag, Kost, 134 Mo, T (Mamma); 6–8 mg (in Cholesterin), sc, 16 Mo, T (Mamma, Hoden); ♂, 150 γ wöch. (in Öl), sc, 23 Mo, T (Mamma); ca. 1,75 mg (in Cholesterin), intravaginal, 205 Tage, Cervical- u. Vaginal-C [*39*].

Ratte, 4–15 mg (in Cholesterin), sc, ca. 450 Tage, C (Mamma, Blase); Implantat, 15 Mo, A (Hypophyse).

Goldhamster, 0,6 mg (Krist.), sc, 320–496 Tage, A, Ac und C (Nieren); 20 mg (Pillen), sc, 300–400 Tage, C (Nieren).

4-Dimethylaminostilben

Ratte, 75–950 mg/kg, Kost, 750–279 Tage, C (Gehörgang) [*38*]; 60 mg, Kost, 267 bis 424 Tage, C (Gehörgang), Ch u. A (Lunge, Mamma).

4-Nitrostilben

Ratte, 540 mg, Kost, 400 Tage, P und C (Magen) [*40*].

Verschiedene Verbindungen

Saccharin

Maus, 1,4–2,4 mg (in Paraffin oder Cholesterin), in die Blase, 30 Wo, P, A und C [*17b*].

Tetraphenylmethan

Maus, 0,5%ig in Benzol 2× wöch., Haut, 351 Tage, P und C (Haut).

3. Kondensierte carbocyclische Verbindungen

(außer Azo-Verbindungen)

Naphthalin-Reihe

2-Naphthylamin

Maus (IF), 20–23,6 g (in Öl), po, 50–59 Wo, [*46*]; 72 Wo, Ch; 89 Wo, H; Maus (CBA), 14,4 g po, oder 9,6 g, Kost, ca. 60 Wo, H [*46*]; 312 mg, sc (in Öl), 70 Wo, H [*20b*].

Kaninchen, 1 mg tägl., sc, 14 Mo, P und C (Blase).

Hund, tägl. po (in Wasser), 26 Mo, P und C (Blase).

1-Methoxy-2-naphthylamin

Maus, ca. 1–1,5 mg (in Paraffin), in die Blase, 25–40 Wo, C [*26*].

2-Amino-1-naphthol (hydrochlorid)

Maus, 100 mg/100 g, sc (in Öl), 40 Wo, S (lokal) [*46*]; 1–1,5 mg (in Paraffin), in die Blase, 25–40 Wo, C [*26*].

2-Amino-1-naphthol-glucosiduronsäure

Maus, 1,4–2,4 mg (in Paraffin oder Cholesterin), in die Blase, 30 Wo, P, A und C [*17b*].

Anthracen-Reihe

Anthracen

Ratte, 660 mg, sc, 27–29 Mo, S (lokal) [*47*].

2-Anthramin

Maus, 1–1,5 mg (in Paraffin), in die Blase, 25–40 Wo, C [*26*].

9,10-Dimethylanthracen

Maus, 0,3% (in Benzol) 2× wöch., Haut, 669 Tage, P und C (Haut), P und T (Lunge).

Phenanthren-Reihe

10-Methyl-1,2-cyclopentenophenanthren

Maus, 0,4% (in Benzol) 2× wöch., Haut, 460 Tage, P und C (Haut).

1,2,3,4-Tetramethylphenanthren

Maus, 0,3% (in Benzol), Haut, 399–486 Tage, P und C (Haut), P und A (Lunge).

Steranthren

Maus, 0,4% (in Benzol) 2× wöch., Haut, 5 Mo, C (lokal) [*48*].

Chrysen-Reihe

Chrysen

Maus, 5 mg (in Tricaprylin), sc, 22 Mo, S (lokal).

5,6-Dimethylchrysen

Maus, 0,3% (in Benzol) 2× wöch., Haut, 389 Tage, P und C (Haut); 2 mg (in Tricaprylin) sc, 171 Tage, S (lokal); 5 mg (in Öl), wiederholt, sc, 355 Tage, Lungenepitheliome.

5-Methylchrysen

Maus, 4—9 mg (in Tricaprylin), sc, 125—136 Tage, S (lokal) und A (Lunge) [*88*].

4,5-Methylenchrysen

Maus, 18 mg (in Tricaprylin), sc, 235 Tage, S (lokal) [*88*].

1,2-Benzanthracen-Reihe

1,2-Benzanthracen

Maus, 2% (in Benzol), Haut, 584 Tage, C (Haut); 0,4% (in Öl) 2× wöch., 68 Wo, P; 0,05 mg, sc, 161—438 Tage, S (lokal) [auch *49*].
Ratte, 0,06%, Kost, >14 Mo, H.

5 n-Amyl-1,2-benzanthracen und 5-Äthyl-1,2-benzanthracen

Maus, 0,3% (in Benzol) 2× wöch., Haut, 454 Tage, P und C (Haut).

10-Äthyl-1,2-benzanthracen

Maus, 5 + 10 mg (Kristalle), sc, 12 Mo, S (lokal).

5 n-Butyl-1,2-benzanthracen

Maus, 0,3% (in Benzol) 2× wöch., Haut, 406 Tage, P und C (Haut).

5-Chlor-10-methyl-1,2-benzanthracen

Maus, 1 + 1 mg (in Schmalz), sc, 4—9 Mo, S (lokal).

5-Cyan-10-methyl-1,2-benzanthracen

Maus, 5 mg (Kristalle), sc, 3—5 Mo, S (lokal).

5,6-Cyclopenteno-1,2-benzanthracen

Maus, 0,1 und 0,3% (in Benzol) 2× wöch., Haut, 200 Tage bzw. 0,03%, 795 Tage, P und C (Haut); 0,2% (in Schmalz), sc, 364 Tage, S (lokal).

6,7-Cyclopenteno-1,2-benzanthracen

Maus, 0,3% (in Benzol) 2× wöch., Haut, 559 Tage, P und C (Haut).

9,10-Diäthyl-1,2-benzanthracen

Maus, 0,3% (in Benzol) 2× wöch., Haut, 424 Tage, P.

4,9-Dimethyl-1,2-benzanthracen und 4,10-Dimethyl-1,2-benzanthracen

Maus, 1 mg (in Schmalz), sc, 5—14 Mo, S (lokal).

5,6-Dimethyl-1,2-benzanthracen

Maus, 0,3% (in Benzol) 2× wöch., Haut, 486—588 Tage, P und C (Haut).

5,9-Dimethyl-1,2-benzanthracen und 5,10-Dimethyl-1,2-benzanthracen

Maus, 1 mg (in Schmalz), sc, 4 Mo, S (lokal).

6,7-Dimethyl-1,2-benzanthracen

Maus, 0,3% (in Benzol) 2× wöch., Haut, 486—588 Tage, P und C (Haut).

7,12-Dimethyl-1,2-benzanthracen

Ratte, 2 mg, im, 67—139 Tage, T (lokal) [*84*].

8,10 Dimethyl-1,2-benzanthracen

Maus, 2 mg (in Tricaprylin), sc, 133 Tage, S (lokal).

9,10-Dimethyl-1,2-benzanthracen

Maus, in 10 Wo 2,7 mg, po, 6 Mo, P und C (Vormagen); 0,3% (in Benzol) 2× wöch., Haut, 83—172 Tage, P und C (Haut); 0,5% (in Benzol) 2× wöch., 3—4 Mo, P und S; 6 mg (in Öl), 3 Mo, T (Ovar); 4 Mo, T (Brust) (50); 1 mg (in Öl), sc, S und C (Haut).
Ratte, 2 mg, im, 67—139 Tage, T (lokal) [*84*].
Meerschweinchen, in 4 Mo 3—5 mg (in Öl), sc, 7 Mo, S (lokal) [*50*].
Goldhamster, je ca. 0,2 mg (1%ig, in Öl) 1—3× wöch., 1—18 Wo, oder 800 γ (in Öl) bzw. 50 γ (in Aceton), 1×, Haut, ca. 58 Wo, melanotische T, P und C [*52*].

8,9-Dimethylen-1,2-benzanthracen (8,9-Ace-1,2-benzanthracen)

Maus, 10 mg (Kristalle), 2× sc, 7—10 Mo, S (lokal) [*53*].

5 n-Hexyl-1,2-benzanthracen

Maus, 0,3% (in Benzol) 2 × wöch., Haut, 471 Tage, P und C (Haut).

3-Hydroxy-1,2-benzanthracen

Maus, 10 + 10 + 5 + 6 mg (Kristalle), sc, S (lokal).

5-Isopropyl-1,2-benzanthracen

Maus, 0,3% (in Benzol) 2× woch., Haut, 338 Tage, C (Haut); 5 mg (in Öl), wiederholt, sc, 378 Tage, S (lokal).

6-Isopropyl-1,2-benzanthracen

Maus, 0,3% (in Benzol) 2× wöch., Haut, 384 Tage, P und C (Haut).

3-Methoxy-1,2-benzanthracen

Maus, 10 + 10 + 5 mg (Kristalle), sc, 15 Mo, S (lokal).

5-Methoxy-1,2-benzanthracen

Maus, 1,5 mg (in Tricaprylin), sc, 16 Mo, S (lokal) [*54*].

3-Methoxy-10-methyl-1,2-benzanthracen

Maus, 5 + 12,5 mg (in Schmalz) und 5 mg (Kristalle), sc, 9—18 Mo, S (lokal).

3-Methyl-1,2-benzanthracen

Maus, 5 mg (in Öl) wiederholt, sc, 276 Tage, S (lokal).

4-Methyl-1,2-benzanthracen

Maus, 2 mg (Kristalle), sc, 14 Mo, T.

5-Methyl-1,2-benzanthracen

Maus, 0,3% (in Benzol) 2× wöch., Haut, 433 Tage, P und C (Haut); sc, 9 Mo, S (lokal).

6-Methyl-1,2-benzanthracen

Maus, 0,3% (in Benzol) 2× wöch., Haut, 717 Tage, P und C (Haut).

7-Methyl-1,2-benzanthracen

Maus, 5 mg (in Öl) wiederholt, sc, 309 Tage, S.

9-Methyl-1,2-benzanthracen

Maus, 0,3% (in Benzol) 2× wöch., Haut, 528 Tage, P und C (Haut); 1 mg (in Schmalz) wiederholt, sc, 8—9 Mo, S (lokal).

10-Methyl-1,2-benzanthracen

Maus, 0,3% (in Benzol) 2× wöch., Haut, 280 Tage, P und C (Haut); 5 mg (Kristalle) oder 0,05 mg (in Schmalz), sc, 11 Mo, oder 3,2 mg (in Tricaprylin), sc, 24 Mo, S (lokal).

5 n-Propyl-1,2-benzanthracen

Maus, 0,3% (in Benzol oder Aceton) 2×wöch., 347 Tage, P und C (Haut).

5,6,9,10-Tetramethyl-1,2-benzanthracen

Maus, 0,3% (in Benzol) 2× wöch., Haut, 202 Tage, P und C (Haut); 5 mg (in Öl), sc, 212 Tage, S (lokal).

5,9,10-Trimethyl-1,2-benzanthracen

Maus, 0,06% (in Benzol) 2× wöch., Haut, > 7 Mo, P, C (Haut) und S.

6,9,10-Trimethyl-1,2-benzanthracen

Maus, 0,3% (in Benzol) 2× wöch., 171 Tage, P und C (Haut); 5 mg (in Öl) wiederholt, sc, 320 Tage, S (lokal).

3,4-Benzphenanthren-Reihe

3,4-Benzphenanthren, 2-Äthyl-3,4-benzphenanthren, 2-Isopropyl-3,4-benzphenanthren, 1-Methyl-3,4-benzphenanthren

Maus, 0,3% (in Benzol) 2× wöch., Haut, 260—419 Tage, P und C (Haut).

2-Methyl-3,4-benzphenanthren

Maus, 0,3% (in Benzol) 2× wöch., Haut, 115—165 Tage, P und C (Haut); 1 mg (in Öl), sc, 40 Wo, S (lokal) und T (Lunge).

6-Methyl-3,4-benzphenanthren

Maus, 0,3% (inBenzol) 2× wöch., Haut, 678 Tage, P; 5 mg (in Öl) wiederholt, sc, 674 Tage, S (lokal).

7-Methyl-3,4-benzphenanthren

Maus, 0,3% (in Benzol) 2× wöch., Haut, 641 Tage, P und C (Haut).

8-Methyl-3,4-benzphenanthren

Maus, 0,3% (in Benzol) 2× wöch., Haut, 584 Tage, P und C (Haut).

2-n-Propyl-3,4-benzphenanthren

Maus, 0,3% (in Benzol) 2× wöch., Haut, 549 Tage, C (Haut).

Acenaphthanthracen

Maus, 0,3% (in Benzol) 2× wöch., Haut, 535 Tage, P und C (Haut).

Benzo (b)-fluoranthren und Benzo (γ)-fluoranthren

Maus, 0,5%ig 3× wöch., Haut, 3—4 Mo, P und C (Haut) [*55*].

Cholanthren-Reihe

Cholanthren

Maus, 0,3% (in Benzol) 2× wöch., Haut, 126 Tage, C (Haut), 224 Tage, P; 10 mg (Kristalle), sc, 106 Tage, oder 1,25 mg (in Schmalz), wiederholt sc, 13 Mo, S (lokal).

Ratte, 0,2% (in Schmalz) wiederholt, sc, 25 Wo, S (lokal).

20-Äthylcholanthren und 16,20-Dimethylcholanthren

Maus, 10 mg (Kristalle), sc, 6—13 Mo, S (lokal).

20-Isopropylcholanthren

Maus, 2 + 5 mg (Kristalle), sc, 5 Mo, S (lokal).

20-Methylcholanthren

Maus, 9 mg, po, 1 Jahr, T (Mamma), Lympho-S und A (Lunge); 12 Wo 0,3% (in Aceton) 1× wöch., Haut, 230 Tage, P und C (Haut); 0,5% in Benzol, 105 Tage, außerdem Lymphomatose; 0,021 bzw. 0,0045 mg, sc, 2× 48 Mo, S (lokal), C oder gemischte T [auch *56*]; 0,04 ml, im, 183—272 Tage, S (lokal); 0,5 mg (in Paraffin), in die Lunge, 18 Mo, A und S (Lunge) und Lympho-S (Thymus).

Ratte, 1—1,5 mg (in Paraffin oder Cholesterin), in die Blase, 152—702 Tage, T [*57a, b*]; 3 mg (in Öl) oder 5,835 mg (in Cholesterin), in die Lunge, 134—500 Tage, S und C (Lunge) [*58*].

Meerschweinchen, 3×10 mg/ml (in Öl), sc, 170 Tage, S (lokal); 30 mg (Dispersion), iv, 58—62 Mo, T (Lunge).

15-Hydroxy-20-methylcholanthren

Maus, 1 mg (in Schmalz) wiederholt, sc, 4 Mo, S (lokal).

3,4-Benzpyren-Reihe

3,4-Benzpyren

Maus, 9 Wo 0,3% (in Benzol) 2× wöch. bzw. 0,5% (in Aceton) 1× wöch., Haut, 53 bis 56 Wo, P und C (Haut); 0,101 mg bzw. 0,012 mg (in Öl), sc, 3 Mo, S (lokal), C oder gemischte T; 7,75 mg (1%ig in Öl), im, 6 Mo, C (auch Haut) und S; 0,5 mg (in Paraffin), in die Lunge, 24 Mo, A und S (Lunge), Lympho-S (Thymus) und Leukamien; 0,05 ml (in Schmalz), in die Milz, 4—21 Mo, T (lokal sowie Brust und Lunge) und Leukämien.

Ratte, 3 mg (in Öl) oder 5,75 mg (2 Pillen in Cholesterin), in die Lunge, 195—384 Tage, S (Lunge) [*58*].

Meerschweinchen, 5 mg (in Glycerin), sc, 340 Tage, S (lokal).

10-Isopropenyl-3,4-benzpyren

Maus, Haut, 8 Mo, P.

5-Methoxy-3,4-benzpyren

Maus, 0,5 mg (in Tricaprylin), sc, 16—24 Mo, S (lokal) [*54*].

7(oder 6)-Methoxy-3,4-benzpyren und 8-Methoxy-3,4-benzpyren

Maus, 0,5 mg (in Tricaprylin), sc, 6—15 Mo, S (lokal) [*54*].

5-Methyl-3,4-benzpyren

Maus, 2 mg (Kristalle), sc, 3 Mo, S (lokal).

Dibenzanthracen-Reihe

1,2,5,6-Dibenzanthracen

Maus, in 7 Mo 10 mg, Kost, 420 Tage, P (Magen); 24 Wo 0,5% (in Benzol) 2× wöch. bzw. gesättigte Lösung (in Aceton) 1× wöch., Haut, 9 Mo bzw. 30 Wo, P und C (Haut); 0,016 mg bzw. 0,003 mg, sc, 3,72 Mo, S, C oder gemischte T; 0,075—6 mg, sc, 5 Mo, T (Lunge); 0,5 mg, iv, 4 Mo, A (Lunge); 0,5 mg (in Paraffin), in die Lunge, 18—27 Mo, A und S (Lunge) und Lympho-S (Thymus); 1,4—2,4 mg (in Paraffin oder Cholesterin), in die Blase, 30 Wo, P, A und C [*17b*]; 0,5 mg (in Paraffin), in Flanke und Mamma, 21 Mo, S (lokal).

Ratte, Kaninchen, 1% in Paraffin, sc, 275—500 Tage, S (lokal).

9,10-Dibenzyl-1,2,5,6-dibenzanthracen

Maus, 0,3% (in Benzol) 2× wöch., 450 Tage, C (Haut).

9,10-Dihydro-1,2,5,6-dibenzanthracen

Maus, 0,3% (in Benzol) 2× wöch., Haut, 619 Tage, P.

1,2,5,6-Dibenzanthracen-9,10-endo-α,β-succinat (wasserlöslich)

Maus, 38–68 mg (0,3%ig), sc, oder 22,5 mg, ip, 8–13 Mo, T (Zwerchfell, Magen, Peritoneum, nahe Injektionsstelle) [*59*].

9,10-Dimethyl-1,2,5,6-dibenzanthracen

Maus, 0,3% (in Benzol) 2× wöch., 410 Tage, P.

9,10-Dimethyl-1,2,7,8-dibenzanthracen

Maus, 0,3% (in Benzol) 2× wöch., Haut, ca. 30 Wo, T (Haut); 2 mg, sc, 5 Mo, S (lokal).

3-Methoxy-1,2,5,6-dibenzanthracen

Maus, 0,5 mg (in Tricaprylin), sc, A (Lunge) und H [*54*].

9-Methoxy-1,2,5,6-dibenzanthracen

Maus, 0,3% (in Benzol) 2× wöch., Haut, 441 Tage, P und C (Haut).

2′-Methyl-1,2,5,6-dibenzanthracen

Maus, 0,3% (in Benzol) 2× wöch., Haut, 730 Tage, C (Haut).

3′-Methyl-1,2,5,6-dibenzanthracen

Maus, 0,3% (in Benzol) 2× wöch., Haut, 503 Tage, P und C (Haut).

4-Methyl-1,2,5,6-dibenzanthracen

Maus, 0,3% (in Benzol) 2× wöch., Haut, 291 Tage, P und C (Haut).

9-Methyl-1,2,5,6-dibenzanthracen

Maus, 2 mg (Kristalle), sc, 3 Mo, S (lokal).

1′,9-Methylen-1,2,5,6-dibenzanthracen

Maus, 2×10 mg (Kristalle), sc, 5–13 Mo, S (lokal).

Dibenzphenanthren-Reihe

1,2,3,4-Dibenzphenanthren

Maus, ca. 5 mg wöch., po, 594 Tage, T (Leber); 0,3% (in Benzol) 3× wöch., Haut, 258 Tage, P und C (Haut); 5 mg (in Öl), sc, 211 Tage, S (lokal) und Ch.

1,2,5,6-Dibenzphenanthren

Maus, 5 mg (in Öl) wiederholt, sc, 513 Tage, S (lokal).

Phenanthra-acenaphthen

Maus, 0,3% (in Benzol) 2× wöch., Haut, 539 Tage, P und C (Haut).

1,12-Benzoperylen

Maus, 0,6 mg (in Öl), sc, 236–360 Tage, S (lokal) [*60b*].

3,4,8,9-Dibenzpyren

Maus, 0,3% (in Benzol) 2× wöch., Haut, 350 Tage, C (Haut) und A (Lunge); 0,5 mg (in Öl, monatlich), sc, 6 Mo, Ac.
Ratte, 0,1–0,5 mg, im, 6–8 Mo, S (lokal).

Naphtho-(2′,3′-3,4)-pyren

Maus, 1,8 mg (in Öl), sc, 160–259 Tage, S (lokal) [*60c*].

4. Heterocyclische Verbindungen

(außer Azo-Verbindungen)

O-haltig

2-Aminodiphenylenoxyd

Ratte, 0,01%, Kost, 459–627 Tage, C (Kopf), H, S (Hals) und Lympho-S (Mediastinum) [*61*].

3-Methoxy-2-aminodiphenylenoxyd

Ratte, 0,1%, Kost, >12 Mo, C (Harnblase) [*61*].

S-haltig

4,9-Dimethyl-2,3,5,6-dibenzothiophantren (Thiosteres von 9,10-Dimethyl-1,2,7,8-dibenzanthracen)

Maus, 0,5% (in Benzol) 2× wöch., Haut, 8 Mo, C (Haut) [*62*].

6,12-Dimethyl-benzo-(1,2-b-5,4- [bzw. 4,5-]b′)-dithionaphthen (Thiostere von 9,10-Dimethyl-1,2,7,8- [bzw. 1,2,5,6]-dibenzanthracen)

Maus, 2 mg (in Tricaprylin), sc, 4–6 Mo, S (lokal) [*62*].

N-haltig

3,5-Benzopyrido(3′,2′:1,2)carbazol

Maus, 0,6 mg (in Öl) 3× monatl., sc, >100 Tage, S [*60 d*].

1,2,5,6-Dibenzacridin

Maus, 0,3% (in Benzol) 2× wöch., Haut, 482 Tage, P und C (Haut); 5 mg (in Öl) wiederholt, sc, 246 Tage, S (lokal); 0,5 mg (in Tricaprylin) oder 1 mg (in Öl), sc, 14 bzw. 40 Wo, T (Lunge).

1,2,7,8-Dibenzacridin (3,4,5,6-)

Maus, 0,3% (in Benzol) 2× wöch., Haut, 597 Tage, C (Haut); 5 mg (in Öl) wiederholt, sc, 583 Tage, S (lokal); 1 mg (in Öl), sc, 40 Wo, T (Lunge).

1,2,5,6-Dibenzocarbazol

Maus, 0,3% (in Benzol) 2× wöch., Haut, ca. 264 Tage, P und C (Haut).

3,4,5,6-Dibenzocarbazol

Maus, 1,2 bzw. 3 mg (in Öl), sc, 66—186 bzw. 219 Tage, S (lokal) [*60 a*, *85*].

8-Hydroxychinolin

Maus, 1,4—2,4 mg (in Paraffin oder Cholesterin), in die Blase, 30 Wo, P, A und C [*17 a*, *b*].

Isonicotinsäurehydrazid

Maus, 2—7 Mo 0,06—0,25%, Kost, 7 Mo, A (Lunge) (14); in 3 Mo 82 mg, ip, $7^1/_2$ Mo, A (Lunge) und Leukämien [*63*].

Na-isonicotinyl-hydrazid-methansulfonat (Neoiscotin)

Maus, 0,4%, Kost, 7 Mo, A (Lunge) [*14*].

Phenazin, 1,2,3,4-Dibenzophenazin, 1,2,5,6-Dibenzophenazin, 1,2,7,8-Dibenzophenazin

Ratte, 1,5 mg (in Cholesterin oder Paraffin), in die Blase, 100—672 Tage, C [*57b*].

Polyvinylpyrrolidon

Ratte, 3—6 g, sc, 12—24 Mo, S (lokal).

Pyrazinamid

Maus, 3%, Kost, 7 Mo, A (Lunge) [*14*].

Triäthylenimin-triazin (Triäthylenmelamin)

Maus, 0,0075 mg, ip, 100 Tage, A (Lunge, Zunahme).

Ratte (Labor-Stamm), 1 mg/100 g wiederholt (in Öl), sc, 240—250 Tage, S (lokal); (Wistar), 438—506 Tage, H und T (Ovar) [*7a*].

Tricyclochinazolin

Maus, in 40 Wo 24 mg (0,1%ig), Haut, 110—280 Tage, P (meist lokal).

Ratte, 40 mg, sc, S (lokal) [*64*].

Xanthin

Maus, 1,4—2,4 mg (in Paraffin oder Cholesterin), in die Blase, 30 Wo, C [*17b*].

5. Substanzgemische, Reaktions- und Umwandlungsprodukte

Alkaloide

Alkaloide aus Senecio jacobaea

Ratte, 0,05 mg/ml (1—2 Wo), nach 7 Wo 0,03, 3× wöch., Trinkwasser, 1 Jahr, H und C (Leber) [*65*].

Isatidin

Ratte, 0,03 und 0,05 mg/ml 3× wöch., Trinkwasser, 1 Jahr, H und C (Leber); 2 mg (in Tricaprylin), ip, dann 0,5% (in Alkohol) 3× wöch., Haut, 11—18 Mo, H [*65*].

Retrorsin

Ratte, 0,03 und 0,05 mg/ml 3× wöch., Trinkwasser, 1 Jahr, H [*65*].

Mutterkorn (roh)

Ratte, 250—600 g, Kost, 18—27 Mo, Neuro-F (Ohr).

Tanninhaltige Extrakte

Myrtan, Quebracho, Mimosa

Maus, in 12 Wo 750 mg/kg, sc, S (lokal) [*66*].

Quebracho, Mimosa

Ratte, in 12 Mo 350 mg/kg, sc, 1 Jahr, S (lokal) [*66*].

Gerbsäure, Myrobalane, Kastanie

Maus, in 12 Wo 750 mg/kg, sc, T (Leber) [*66*].

Fette, erhitzt

Schmalz, Pfanzenöl bzw. „Spry"

Ratte, 2,5—18 g/Wo, Kost (4 Generationen), ca. 12 Mo, C (Magen, Zunahme); in 10 Wo 9 ml Schmalz bzw. 13 ml „Spry", sc, ca. 12 Mo, S (lokal) [*67, 68*].

Tabakteere

Maus, konz. oder 0,01—1%ig 1—3× wöch. (je 25—60 mg), Haut, 5—7 Mo, P; 10—17 Mo, C (Haut) [*69, 70a, b, 71, 72*]; in 13 Mo ca. 5,6—8,4 g, auch A und C (Lunge) [*73*].

Ruß (Benzolextrakt)

Maus, 12 Mo 3× wöch., C (Haut) [*86*].

Mineralöle und deren Verarbeitungsprodukte

Creosotöl

Maus, 1—1,3 ml, Haut, 20—26 Wo, P und C (Haut) [*74, 75, 51*]; 0,25—0,3 ml, Haut, 10 Mo, A (Lunge, Zunahme) [*75*].

Gemischte Öle (Creosot, Anthracen-Öle und Öl aus der Naphthalin-Wiedergewinnung)

Maus, 0,4 ml (80%ig in Toluol), Haut, 21 Wo, bzw. 0,12 ml (20%ig in Toluol), Haut, 26 Wo, P und C (Haut) [*74*].

„Bergius-Öle"

Maus, (1 : 1 mit Äther) 1× wöch., Haut, 5—10 Mo, P [*76a*]; 2 Jahre, auch C [*76b*]; 0,1 ml (in Wollfett), im, 17 Mo, S (lokal) [*76a*].

Ratte, 0,05 ml (in Wollfett), im, 13—17 Mo, S (lokal) [*76a*].

Kaninchen, 2× wöch., Haut, 2 Jahre, P und C (Haut) [*76b*].

„Fischer-Tropsch-Öle"

Maus, in 3 Mo 0,03 ml, im, 15—18 Mo, A (Lunge) und H [*76a*].

Öl aus Krack-Verfahren

Ratte, je 15 mg, 3× wöch., Haut, 29 Tage, P; 73 Tage, C (Haut); 1× wöch., 161 Tage, P, 260 Tage, C (Haut) [*77*].

Petroleum-Asphalt

Maus, 2× wöch. (in Benzol), Haut, 54 Wo, C (Haut); 1%ig (in Öl), 0,2 ml 2× wöch., sc, 36 Wo, S (lokal) [*78*].

Schieferöl-Fraktion

Maus, 6 Mo 1× wöch., 1%ig (in Xylol), dann 40%ig (in Äther), Haut, 20 Mo, C (Haut) [*76a*].

Erdschwarz M 90

Ratte, 350 mg (in 70%ig. Glycerin), sc, 395 Tage, S (lokal) [*82*].

Schneidöl

Maus, 3× wöch. 50—100 mg, Haut, 144—255 Tage, P und C (Haut) [*79*].

Reaktionsprodukte

Ozonbehandlung aliphatischer Kohlenwasserstoffe

Maus, 3× wöch. (in Aceton), Haut, 421 Tage, P und C (Haut) [*80*].

Produkt aus Tetralin mit Aluminiumchlorid

Maus, Haut, 256 Tage, P und C (Haut) [*81*].

Produkt aus Naphthalin und Brombenzol mit Aluminiumchlorid

Maus, Haut, 279 Tage, P und C (Haut) [*81*].

Literatur

[*1*] *Dutra, F. R.*, u. *E. I. Largent:* Amer. J. Path. **26**, 197—202 (1950).

[*2*] *Hoagland, M. B., R. S. Grier* u. *M. B. Hood:* Cancer Res. **10**, 629—35 (1950).

[*3a*] *Hueper, W. C.*, u. *W. W. Payne:* Amer. Ind. Hyg. Assoc. J. **20**, 274—80 (1959).

[*3b*] *Payne, W. W.:* Arch. Industr. Health **21**, 530—35 (1960).

[*4*] *Sundermann, F. W., A. J. Donnelly, B. West* u. *J. F. Kincaid:* Arch. Industr. Health **20**, 36—41 (1959).

[*5*] *Popper, J., J. de Huerga* u. *Ch. Yesinick:* Science **118**, 80—82 (1953).

[*6*] *Farber, E.:* Arch. Pathol. **62**, 445—53 (1956).

[*7a*] *Walpole, A. L.:* Ann. N.Y. Acad. Sci. **68**, 750—61 (1958).

[*7b*] *Walpole, A. L., D. C. Roberts, F. L. Rose, J. A. Hendry* u. *R. F. Homer:* Brit. J. Pharmacol. **9**, 306—323 (1954).

[8] *Tannenbaum, A.*, u. *H. Silverstone:* Cancer Res. **18**, 1225–1231 (1958).
[9] *Pietra, G.*, u. *P. Shubik:* J. Nat. Cancer Inst. **25**, 627–30 (1960).
[10a] *Schmähl, D.*, u. *R. Preussmann:* Naturwiss. **46**, 175 (1959).
[10b] *Druckrey, H., R. Preussmann, D. Schmähl* u. *G. Blum:* Naturwiss. **48**, 722 (1961).
[11] *Magee, P. N.*, u. *J. M. Barnes:* Acta Unio Intern. contra cancrum **15**, 187–90 (1959).
[12a] *Heston, W. E.:* J. Nat. Cancer Inst. **10**, 125–30 (1949).
[12b] *Heston, W. E.:* J. Nat. Cancer Inst. **14**, 131–40 (1953).
[13] *Roe, F. J.*, u. *O. M. Glendenning:* Brit. J. Cancer **10**, 357–62 (1956).
[14] *Mori, V., A. Yasuno* u. *K. Matsumoto:* Gann **51**, 83–89 (1960).
[15] *Gupta, D. N.:* Nature **175**, 257 (1955).
[16] *Rosin, A.*, u. *M. Rachmilewitz:* Cancer Res. **14**, 494–6 (1954).
[17a] *Boyland, E.*, u. *G. Watson:* Nature **177**, 837–8 (1956).
[17b] *Allen, M. J., E. Boyland, C. E. Dukes, E. S. Horning* u. *J. G. Watson:* Brit. J. Cancer **11**, 212–28 (1957).
[18] *Sternberg, S. S., H. Popper, B. L. Oser* u. *M. Oser:* Amer. J. Pathol. **35**, 691 (1959).
[19] *Gel'shtein, V. J.:* Arkh. Patol. **15**, 58–66 (1953).
[20a] *Bonser, G. M., D. B. Clayson* u. *J. W. Jull:* Nature **174**, 879 (1954).
[20b] *Bonser, G. M., D. B. Clayson* u. *J. W. Jull:* Brit. J. Cancer **10**, 653–67 (1956).
[21] *Druckrey, H.*, u. *K. Küpfmüller:* Z. Naturf. **3b**, 254 (1948).
[22a] *Mulay, A. S.*, u. *H. J. Firminger:* J. Nat. Cancer Inst. **13**, 35–56 (1952).
[22b] *Mulay, A. S.*, u. *H. J. Firminger:* J. Nat. Cancer Inst. **13**, 57–71 (1952).
[22c] *Mulay, A. S.*, u. *Ch. C. Congdon:* J. Nat. Cancer Inst. **14**, 571–8 (1953).
[22d] *Mulay, A. S.*, u. *R. W. O'Gara:* Proc. Soc. exper. Biol. Med. **100**, 320–22 (1959).
[23] *Sugiura, O. K., M. L. Crossley* u. *Ch. J. Kensler:* J. Nat. Cancer Inst. **15**, 67–72 (1954).
[24] *Fujita, K., T. Mine, S. Iwase, T. Mizuno, T. Takayanagi, J. Suayama* u. *T. Arai:* Brit. J. Exper. Path. 291–6 (1957).
[25a] *Brown, E. V., R. Vaessinger, P. Malloy, J. J. Travers, P. McCarthy* u. *L. R. Cerecedo:* Cancer Res. **14**, 22–4 (1954).
[25b] *Brown, E. V., P. L. Malloy, P. McCarthy, M. J. Verrett* u. *L. R. Cerecedo:* Cancer Res. **14**, 715–17 (1954).
[26] *Clayson, D. B., J. W. Jull* u. *G. M. Bonser:* Brit. Journ. Cancer **12**, 222–30 (1958).
[27] *Hackmann, Ch.:* Z. Krebsforsch. **57**, 530–41 (1951).
[28a] *Walpole, A. L., M. H. C. Williams* u. *D. C. Roberts:* Brit. J. industr. Med. **9**, 255–63 (1952).
[28b] *Walpole, A. L., M. H. C. Williams, D. C. Roberts* u. *J. A. Hendry:* Acta Unio Internat. contra cancrum **10**, 174–5 (1954).
[28c] *Walpole, A. L., M. H. C. Williams* u. *D. C. Roberts:* Brit. J. Cancer **9**, 170–6 (1955).
[29] *Deichmann, W. B., J. L. Radomsky, W. A. D. Anderson, M. W. Coplan* u. *F. M. Woons:* Ind. Med. and Surg. **27**, 25–6 (1958).
[30] *Matthews, J. J.*, u. *A. L. Walpole:* Brit. J. Cancer **12**, 234–41 (1958).
[31] *Baker, R. K.:* Cancer Res. **13**, 137–140 (1953).
[32] *Morris, H., C. A. Velat* u. *B. P. Wagner:* J. Nat. Cancer Inst. **18**, 101–15 (1957).
[33] *Coplan, M. M.:* J. Amer. Med. Assoc. **172**, 1613 (1960).
[34a] *Bär, F.*, u. *F. Griepentrog:* Naturwiss. **45**, 390–1 (1958).
[34b] *Griepentrog, F.:* Arzneimittelforsch. **9**, 123–5 (1959).
[35] *Bielschowsky, F.*, u. *M. Bielschowsky:* Brit. J. of Cancer **6**, 89–92 (1952).
[36] *Korpassy, B.:* Cancer Res. **19**, 501–4 (1959).
[37] *Ehrhart, H.*, u. *W. Stich:* Blut **3**, 276–77 (1957).
[38] *Druckrey, H.:* Arch. exper. Path. Pharm. **238**, 67–73 (1960).
[39] *Gardner, W.:* Cancer Res. **19**, 170–76 (1959).
[40] *Druckrey, H.:* Naturw. **42**, 128 (1955).
[41] *Druckrey, H.*, u. *D. Schmähl:* Naturwiss. **42**, 215 (1955).
[42] *Nelson, A. A.*, u. *C. E. Hagan:* Fed. Proc. **12**, 397–8 (1953).
[43] *Gross, E.:* Arch. exper. Path. u. Pharm. **225**, 175–9 (1955).
[44] *Harris, P. N.:* Cancer Res. **7**, 35–36 (1947).
[45] *Druckrey, H., A. H. Nieper* u. *H. W. Lo:* Naturwiss. **43**, 543–44 (1956).
[46] *Bonser, G. M., D. B. Clayson, J. W. Jull* u. *L. N. Pyrah:* Brit. J. Cancer **6**, 412–423 (1952).
[47] *Druckrey, H.*, u. *D. Schmähl:* Naturwiss. **42**, 159–60 (1955); Z. Krebsforsch. **60**, 697–710 (1955).
[48] *Dannenberg, H.:* Angew. Chem. **67**, 716–17 (1955).
[49] *Steiner, P. E.*, u. *J. H. Edgcomb:* Cancer Res. **12**, 657 (1952).
[50] *Marchant, J.:* Brit. J. Cancer **13**, 652–61 (1959).
[51] *Boutwell, R. K.*, u. *D. K. Bosch:* Cancer Res. **18**, 1171–75 (1958).
[52] *Shubik, Ph., G. Pietra* u. *G. Della Porta:* Cancer Res. **20**, 100–05 (1960).
[53] *Shear, M. J.:* Amer. J. Cancer **28**, 334–44 (1936).
[54] *Schoental, R.*, u. *M. A. Head:* Brit. J. Cancer **9**, 457–60 (1955).

[55] *Wynder, E. L.*, u. *D. Hoffmann:* Cancer 12, No. 6, 1195–99 (1959).
[56] *Bryan, W. R.*, u. *M. B. Shimkin:* J. Natl. Cancer Inst. 3, 503 (1943).
[57a] *Rudali, G., H. Chalvet* u. *F. Winternitz:* Compt. rend. Acad. Sci. 240, 1738–40 (1955).
[57b] *Rudali, G.*, u. *F. Winternitz:* Rev. franc. études clin. et biol. 3, 357–66 (1958).
[58] *Blacklock, J. W. S.:* Brit. J. Cancer 11, 181–91 (1957).
[59] *Burrows, H.*, u. *J. W. Cook:* Amer. J. Cancer 27, 267–78 (1936).
[60a] *Lacassagne, A., N. Ph. Buu-Hoi, F. Zajdela* u. *N. D. Xuong:* Bull. Assoc. franc. étude du cancer 42, 3–13 (1955).
[60b] *Lacassagne, A., N. Ph. Buu-Hoi* u. *F. Zajdela:* Compt. rend. Acad. Sci. 245, 991–94 (1957).
[60c] *Lacassagne, A., N. Ph. Buu-Hoi* u. *F. Zajdela:* Compt. rend. Acad. Sci. (Paris) 250, 3547–48 (1960).
[60d] *Lacassagne, A., N. Ph. Buu-Hoi, F. Zajdela, F. Perin* u. *P. Jacquignon:* Nature 191, 1005 (1961).
[61] *Hackmann, Ch.:* Z. f. Krebsforsch. 61, 45–54 (1956).
[62] *Waravdekar, S. S.*, u. *K. J. Ranadive:* J. Nat. Cancer Inst. 18, 556–67 (1957).
[63] *Juhasz, J., J. Balò* u. *G. Kendrey:* Z. f. Krebsforsch. 62, 188–96 (1957).
[64] *Baldwin, R. W., G. J. Cunningham* u. *M. W. Partridge:* Brit. J. Cancer 13, 94–98 (1959).
[65] *Schoental, R., M. A. Head* u. *P. R. Peacock:* Brit. J. Cancer 8, 458–65 (1954).
[66] *Kirby, K. S.:* Brit. J. Cancer 14, 147–50 (1960).
[67] *Lane, A., D. Blickenstaff* u. *A. C. Ivy:* J. Amer. Med. Ass. 145, 514 (1951).
[68] *Dobrovolskaia-Zavadskaia, N.*, u. *V. Momsikoff:* Bull. Assoc. franç. étude du cancer 37, 329–46 (1950).
[69] *Wynder, L., G. Wright* u. *J. Lam:* Cancer 11, 1140–48 (1958).
[70a] *Wynder, E. L., E. A. Graham* u. *A. B. Croninger:* Cancer Res. 13, No. 12, 855–64 (1953).
[70b] *Croninger, A. B., E. A. Graham* u. *E. L. Wynder:* Cancer Res. 18, 1263–71 (1958).
[71] *Guérin, M.*, u. *J. L. Cuzin:* Bull. Assoc. franç. étude du cancer 45, 400–16 (1958).
[72] *Orris, L., B. L. van Duuren, A. J. Kosak, N. Nelson* u. *F. L. Schmitt:* J. Nat. Cancer Inst. 21, 557–61 (1958).
[73] *Dipaolo, J. A.*, u. *G. E. Moore:* J. Nat. Cancer Inst. 23, 529–34 (1959).
[74] *Poel, W. E.*, u. *A. G. Kammer:* J. Nat. Cancer Inst. 18, 41–55 (1957).
[75] *Roe, F. J. C., D. Bosch* u. *R. K. Boutwell:* Cancer Res. 18, 1176–78 (1958).
[76a] *Hueper, W. C.:* Arch. Ind. Hyg. 8, 307–27 (1953).
[76b] *Hueper, W. C.:* Industr. Med. and Surgery 25, 51–55 (1956).
[77] *Smith, W. E., D. A. Sunderland* u. *K. Sugiura:* Arch. Ind. Hyg. 4, 299–314 (1951).
[78] *Simmers, M. H., E. Podolak* u. *R. Kinosita:* Proc. Soc. exper. Biol. Med. 101, 266–68 (1959).
[79] *Gilman, J. P. W.*, u. *S. D. Vesselinovitch:* Brit. J. industr. Med. 12, 244–48 (1955).
[80] *Kotin, P., H. L. Falk* u. *M. Thomas:* Cancer 9, 905–09 (1956).
[81] *Kennaway, E. L.:* Biochem. J. 24, 1, 497–504 (1930).
[82] *Druckrey, H.*, u. *P. Bannasch:* Arzneimittelforsch. 11, 429–30 (1961).
[83] *Morris, H. P., H. Sidransky, B. P. Wagner* u. *H. M. Dyer:* Cancer Res. 20, 1252–54 (1960).
[84] *Simpson, M. E.*, u. *E. S. Evans:* Cancer Res. 19, 1096–1104 (1959).
[85] *Strong, L. C., G. M. Smith* u. *W. U. Gardner:* Yale Journ. Biol. Med. 10, 335–46 (1938).
[86] *Nau, C. A., J. Neal* u. *V. Stembridge:* Arch. Ind. Hlth. 18, 511–20 (1958).
[87] *Morris, H. P., S. Dubnick, T. B. Dunn* u. *B. B. Westfall:* Acta Unio Intern. contra Cancrum 6, 47–51 (1948).
[88] *Dunlap, Ch. E.*, u. *S. Warren:* Cancer Res. 3, 606–07 (1943).

III. Biologische Wirkungen und Eigenschaften von Nucleinsäuren, Nucleoproteinen, sowie vorwiegend nucleinsäure-haltiger Strukturen und Fraktionen

Von **R. K. Zahn**, Frankfurt (Main)

Ein Teil der aufgezählten Wirkungen ist bislang lediglich im Reagensglas bekannt. Es wird jedoch von vielen Forschern angenommen, daß damit ein in vivo waltendes Prinzip erkannt wurde, daß also der biochemischen und biologischen Wirkung das gleiche Prinzip zugrunde liegt. Literatur S. 589.

A. Desoxyribonucleinsäuren

Prinzip	Bezeichnung des Vorganges	Material Species Organ Fraktion	Biolog. Objekt Test-Objekt	Wirkung	Bemerkungen	Literatur
Übertragung von Informationen durch intakte DNA-haltige Strukturen auf Organismen	1. Befruchtung	Haploide Zellen	Haploide Zellen	Natürliche oder künstliche Befruchtung mit Übertragung erblicher Eigenschaften parentaler Individuen auf Folgegenerationen	Mit DNase-Aktivitätssteigerungen verbunden	[*1, 2, 3*]
	2. Kernpfropfung, Petogenese	Haploider Zellkern Diploider Zellkern	Kernlos gemachte Zelle	Übertragung von Erbinformationen. U. U. Auslösung von Teilung und Entwicklung	Mit DNase-Aktivitätssteigerungen verbunden	[*4*]
	3. Virus-Infektion	Bakteriophagen	Bakterien	Übertragung erblicher Eigenschaften eines (Donor-) Bakterienstammes durch Phagen auf einen anderen (Receptor-) Stamm	Nicht durch DNase störbar	[*5, 6, 7, 8, 9, 10, 11*]
		Shope Papillom Virus	Nagetiere	Virus-Infektion Papillom		[*12*]
Übertragung von Informationen durch DNA auf Organismen	4. Phagen-Transformation	DNA	Harnstoffbehandelte T_4-Phagen in E. coli-Sphaeroplasten	Genetische Rekombination zwischen DNA und Phage		[*13*]
	5. Bakterien-Transformation	DNA aus Diplococcus	Kompetente Zellen der gleichen Species	Erbliche Fähigkeiten zur Bildung der Kapselantigene	Nur „kompetente" Zellen können transformiert werden	
		D. pneumoniae		Typ III		
		D. pneumoniae		Typen II, VI, XIV		
		D. pneumoniae		Typen I, VIII		[*14*]
		D. pneumoniae		Intermediärer Typ II		
		D. pneumoniae		Intermediärer Typ III		
		D. pneumoniae		Wiederhergestellter Typ III		
		D. pneumoniae		Abweichender Typ III		
		Haemophilus influenzae		Typen a, b, c, d, e, f		
		H. influenzae		Gemischter Typ a, b		
		Neisseria meningitidis		Typen I, II		
		Escherichia coli		Antigen S_1		

	Diplococcus pneumoniae		Vererbung der Oberflächen-Faktoren Rauh- (nicht-faseriges)-Antigen		
	D. pneumoniae		Extrem rauh (faserig) M-Protein-Antigen		[*14*]
		Kompetente Zellen von:	*Erbliche Fähigkeit der Arzneimittelresistenz gegen:* Penicillin		
	D. pneumoniae	S. viridans	Streptomycin		
	S. viridans	D. pneumoniae	Streptomycin		
	S. salivarius	D. pneumoniae	Streptomycin		
	S. salivarius	S. viridans	Streptomycin		
	D. pneumoniae		Streptomycin		
	H. influenzae	Gleiche Species	Streptomycin		
	E. coli		Streptomycin		
	E. coli	D. pneumoniae	Streptomycin		
	D. pneumoniae		Sulfanilamid		
	D. pneumoniae		Streptomycin		
	D. pneunomiae	Gleiche Species	Canavanin		
	Xantomonas		Streptomycin		
	D. pneumoniae		Sulfathiazol		
	E. coli	D. pneumoniae	Sulfathiazol		
	H. influenzae		Erythromycin		
	D. pneumoniae	Gleiche Species	Sulfanilamid		
	E. coli		Proflavin		
	D. pneumoniae		A-Methopterin		
	DNA aus		*Erbliche Empfindlichkeit gegenüber dem Arzneimittel:*		
	E. coli		Streptomycin		
	D. pneumoniae		Streptomycin und Mannit-Oxydation		
	D. pneumoniae		Salicin		
	D. pneumoniae	Gleiche Species	Lysin-Eigensynthese		[*14*]
	E. coli		Pyrimidin-Eigensynthese		
	E. coli		Vitamin B_{12}-(Methionin-) Eigensynthese		
„Unechte Transduktion“ (Transformation)	Äußerlich an Phagen adsorbierte Wirts-DNA	Bakterien (Bacillus sp.)	Übertragung genetischer Eigenschaften von einem Wirtsbakterium mittels Phagen auf ein (Receptor-) Bakterium	Durch DNase zerstörbar	[*15, 15a*]
Erzeugung von Virus-Infektionen	DNA aus Bakteriophagen	Bakterien	Nachweis der Entstehung von Vollvirus		[*16, 6, 17*]
	DNA aus Bakteriophagen	Protoplasten aus E. coli Zellkulturen	Erzeugung einer Phagen-Infektion		[*18*]

Prinzip	Bezeichnung des Vorganges	Material Species Organ Fraktion	Biolog. Objekt Test-Objekt	Wirkung	Bemerkungen	Literatur
		DNA aus mit SE-Polyom-Virus infizierten Zellen	Zellkulturen Nagetiere	Virus-Infektion in Kulturzellen und Tieren; Tumor-Entstehung in Nagern		[*19*, *20*, *21*, *22*, *23*]
		DNA aus mit BB-T_2-Virus infizierten Mäuse-Zellkulturen	Zellkulturen, Mäuse	Mit der DNA behandelte Zellkulturen erzeugen nach Injektion in neugeborene Ratten Sarkomata		[*24*]
		DNA aus mit Shope-Papillom-Virus infizierten Nagetieren	Nagetiere	Papillom-Bildung		[*25*]
	Erbanderung bei Enten	DNA aus Erythrocyten oder Spermien von Enten	Junge Enten	Erzeugung phänotypischer und genotypischer erbstabiler Veränderungen bisher unbekannter Art	Versuch gelang nur einmal	[*26*, *27*, *28*]
	Antigenität	DNA	Kaninchen	Erzeugung direkt oder indirekt reagierender spezifischer Antikörper	DNA mit Protein verunreinigt!	[*29*]
		1. Nucleoproteid aus Bakterien	Kaninchen	Injektion erzeugt präzipitierende Antikörper		[*30*]
		2. Reine Bakterien-DNA	Kaninchen-Anti-Nucleoproteid-Serum	Absättigung des Serums verhindert Präcipitation von Nucleoproteid		[*30*]
Übertragung von Informationen durch DNA in vitro	Informations-gesteuerte DNA-Synthese	Denaturierte DNA in Verbindung mit Desoxyribonucleosid-triphosphaten und Mg^{++}	Zellbreie aus Bakterien, regenerierender Rattenleber oder gereinigte Fermentpräparationen von Desoxyribonucleotid-Polymerasen	Synthese von DNA, deren Basenzusammensetzung und -Sequenz derjenigen der zugesetzten, denaturierten Primer-DNA entspricht		[*31*, *32*, *33*, *34*, *35*, *35a*]
	Informations-gesteuerte RNA-Synthese	Ribonucleosid-triphosphate, DNA	Enzymsystem aus E. coli	Das Verhältnis $(A + G)/(U + C)$ der synthetisierten RNA ist eins. Die Basenzusammensetzung der RNA-Anteile entspricht derjenigen der DNA		[*36*, *35*]
	Informations-gesteuerte Protein-Synthese	s-RNA m-RNA	Subzellulare Präparationen	Protein-Synthese		[*35*]

Nicht diataktische Wirkungen (d. h. nicht an den speziellen Informationsgehalt gebundene Wirkungen) von DNA	Eindringen von DNA in Zellen	Homologe und heterologe DNA	Gewebskultur-Zellen	DNA dringt weitgehend unversehrt in die Zelle ein	Denaturierte (einstrangige) DNA dringt nicht ein	[37, 38, 39, 40] [41]
	Eindringen von DNA in Zellkerne	Hochmolekulare radioaktiv markierte DNA	Granulocyten, Myelocyten, Reticulum-Zellen, Megakaryocyten, Lymphocyten, Erythroblasten	Aufnahme in Kerne, bzw. Teilregionen von Zellkernen		[42, 40]
	Desoxyribonuclease-Aktivitäts-Steigerung	Hochmolekulare native DNA (artfremd)	Kaninchen, Ratte	Steigerung von DNase-Aktivitäten im Blut und Organen	DNA-Menge ca. 10 mg/kg für eine Woche	[43, 44]
		„Thymonucleinsäure"	Ratte	Starke Steigerung der DNase-Aktivität. Atmung in den Leberzellen vermindert. Dehydrogenase-Aktivitäten verändert	450 mg DNA! in 360 Tagen pro Tier	[45, 46, 47]
	Desoxyribonuclease-Hemmung	Hochmolekulare, native, arteigene oder artfremde DNA	In Teilung begriffene Frosch- oder Seeigeleier	Aufhebung des teilungsbeschleunigenden Effektes der DNase. Hemmung der Zellteilung zusammen mit DNase	Bei alleine unwirksamer DNase-Konz.	[48] [49]
	Wirkungen auf Lipoid-Regulation	Hochmolekulare, native DNA von Kaninchen oder auch artfremde DNA	Kaninchen	Fixierung der Blut-Cholesterin-Werte, Phospholipide und Neutralfette. Abnahme der Werte auf Lebenszeit. Verfütterung von 0,5% Cholesterin 4 Monate nach DNA-Injektion führt zum Tod der Tiere	Einmalige Injektion von 10^{-3}–10^{-4} g DNA pro Tier	[50, 50a, 50b]
	Carcinogene Wirkungen	DNA aus Heringsspermien	Mause	Injektion ruft Carcinom hervor		[51]
			Buntbarsch (Aequidens maroni)	Injektion ruft Carcinom hervor		[52]
		RNA und DNA aus Tumormäusen oder Nicht-Tumormäusen	Tumoranfallige Mäuse	Injektion erzeugt Leukamie		[53, 54]
	Lupus-Erythematodes-Phänomen	Hochmolekulare DNA oder Nucleoprotein	Lupus-Erythematodes-Faktor und Zellkerne	Inaktivierung des L. E.-Faktors durch DNA oder Nucleoprotein		[55]

B. Ribonucleinsäuren

Prinzip	Bezeichnung des Vorganges	Material	Biolog. Objekt Test-Objekt	Wirkung	Bemerkungen	Literatur
Übertragung von Informationen durch intakte RNA-haltige Strukturen	Virus-Infektion	RNA-haltige Viren	Pflanzliche oder tierische Zellen	Erzeugung einer typischen Virus-Infektion mit Virus-Vermehrung	Nicht durch RNase störbar	[56, 6]
Übertragung von Informationen durch RNA auf Organismen	Erzeugung von Virus-Infektionen bei Pflanzen und pflanzlichen Gewebs- und Zellkulturen	RNA aus gereinigtem Tabak-Mosaik-Virus	Tabakpflanzen	Ca 0,1% typische Infektionen im Vergleich zum Vollvirus	Mol.-Gew. der RNA ca. $2 \cdot 10^6$	[57, 58, 59]
		Durch Hitze-Denaturierung gereinigte RNA aus gereinigtem Tobacco-Ringspot-Virus	Pflanzliche Gewebe	0,1—1% Infektionen im Vergleich zum Vollvirus	RNase-empfindlich	[6, 60]
		Durch Hitze-Denaturierung gereinigte RNA aus gereinigtem Turnip-Yellow-Mosaik-Virus	Pflanzliche Gewebe	0,1—0,5% Infektionen im Vergleich zum Vollvirus	RNase-empfindlich	[60]
		Mit Detergens und Phenol gereinigte RNA aus Tomato-Bushy-Stunt-Virus	Pflanzliche Gewebe	0,1% Infektionen im Vergleich zum Vollvirus	RNase-empfindlich	[60]
		Mit der Phenolmethode hergestellte RNA aus Tabak-Blättern, die mit Gurken-Mosaik-Virus I infiziert waren	Pflanzliche Gewebe	ca. 5% Infektionen im Vergleich zum Vollvirus	RNase-empfindlich	[60]
		Mit der Phenolmethode hergestellte RNA aus Gurkenblättern, die mit dem Nekrotisierenden Ringspot-Virus infiziert waren	Pflanzliche Gewebe	ca. 1% Infektionen im Vergleich zum Vollvirus		[60]
	Erzeugung von Virus-Infektionen bei Tieren und tierischen Zellkulturen	RNA aus der mit Influenza A infizierten Chorioallantois Membran	Tierische Gewebe	ca. 0,4% Infektionen im Vergleich zum Vollvirus		[61]
		RNA aus teilgereinigtem Influenza-Virus A	Tierische Gewebe	Infektionen		[60]
		RNA aus mit Mengo-Encephalitis-Virus infizierten Ehrlich-Ascites-Tumor-Zellen	Tierische Gewebe	0,1% Infektionen im Vergleich zum Vollvirus	Mol.-Gew. der RNA $1-2 \cdot 10^6$	[60]

	RNA aus mit West Nile Encephalitis Virus infizierten Ehrlich-Ascites-Tumor-Zellen	(Ganztier) Chorioallantois	0,1% Infektionen im Vergleich zum Vollvirus	Mol.-Gew. der RNA $1-2 \cdot 10^6$	[60]
	RNA aus mit Semliki-Forest-Encephalitis-Virus infizierten Mäuse-Hirnen	Membran von Hühnerembryonen oder Gewebe-Kulturen	0,1% Infektionen im Vergleich zum Vollvirus		[60]
	RNA aus dem virusfreien Überstand von Ascites-Zellen, die mit Encephalomyocarditis-Virus infiziert waren	Membran von Hühnerembryonen oder Gewebekulturen	Infektionen		[60]
	RNA aus mit Murray-Valley-Encephalitis-Virus infizierten Mäuse-Hirnen	Tier-Gewebe	1% Infektionen im Vergleich zum Vollvirus		[60]
	RNA aus mit Encephalitis infizierten Mäuse-Hirnen oder Hühner-Embryonen	Tier-Gewebe	Infektionen	Mol.-Gew. der RNA $2 \cdot 10^6$	[60]
	RNA aus Western-Equine-Encephalitis-Virus	Tier-Gewebe	1–4% Infektionen im Vergleich zum Vollvirus		[60]
	RNA aus mit Encephalomyelitis-Virus infizierten Mäuse-Hirnen und aus teilgereinigtem Virus	Tier-Gewebe	Infektionen		[60]
	RNA aus mit Maul- und Klauenseuche infizierten Schweine-Nieren-Kulturen und aus teilgereinigtem Virus	Tier-Gewebe	Infektionen		[60]
	RNA aus mit Maul- und Klauenseuche infizierten Mäusen	Tier-Gewebe	Infektionen	Mol.-Gew. der RNA $3{,}1 \cdot 10^6$	[60]
	RNA aus mit Maul- und Klauenseuche infizierten Rinderzungen	Tier-Gewebe	Infektionen		[60]
	RNA aus Hirn und Rückenmark von mit Polio-Virus II infizierten Goldhamstern	Tier-Gewebe	0,1% Infektionen im Vergleich zum Vollvirus	Mol.-Gew. der RNA $1-2 \cdot 10^6$	[60]
	RNA aus teilgereinigtem Polio-Virus I und II	Tier-Gewebe			[60]
	RNA aus hochgereinigtem Polio-Virus aus hochgereinigtem Coxsackie-Virus aus teilgereinigtem Polio-Virus I aus teilgereinigtem Coxsackie A-1				[60]
	Coxsackie B-1 ECHO 8				[60]

Prinzip	Bezeichnung des Vorganges	Material	Biolog. Objekt Test-Objekt	Wirkung	Bemerkungen	Literatur
Übertragung von Informationen durch RNA in vitro	Informationsübertragung durch Botschafter-RNA von DNA auf Ribosomen	m-RNA (Messenger-RNA, ARN messager, Botschafter-RNA)	Subzelluläre Partikel-Suspensionen	Die der spezifischen DNA basenkomplementäre RNA vereinigt sich mit Ribosomen, die so vorübergehend die Fahigkeit zur Proteinsynthese gewinnen	In manchen Systemen wirken synthetische RNA als m-RNA	[*62*, *63*, *64*]
Nicht diataktische Wirkungen (d. h. nicht an den speziellen Informationsgehalt gebundene Wirkungen) von RNA	spezifische DNase-Inhibierung	RNA einiger Bakterien und Viren	Streptococcen-DNase	Hemmung der DNase in vitro durch geringe Konzentration von arteigener RNA, aber nicht durch heterologe RNA		[*65*, *66*]
	Carcinogene Wirkung	RNA oder DNA a) aus Tumormäusen und Nicht-Tumormäusen b) aus menschlichen Tumoren	Tumorsusceptible Mäuse	Injektion erzeugt Leukämie	Widerspruche in der Literatur	[*53*] [*67*]
	Diabetogene Wirkung	RNA	Kaninchen	Injektion von RNA erzeugt Hyperglykämie und evtl. Diabetes	Hohe Dosen (ca 1‰ des Körpergewichtes erforderlich)	[*68*, *68a*]
	Aminosaure-Aktivierung durch s-RNA	s-RNA Aminosauren	Aktivierende Enzyme	Veresterung spezifischer Aminosäuren mit 2'- oder 3'-Hydroxyl einer Ribose im stets terminalen Adenin-Nucleotid eines spezifischen s-RNA-Moleküls. Amino-Acyladenylat-Bildung	Spezifität bezüglich 1. s-RNA 2. Aminosäuren 3. Aktivierendes Enzym	[*68*, *70*, *71*]

Literatur

[1] *Ries, E.*, u. *M. Gersch:* Biologie der Zelle. Leipzig 1953.
[2] *Mazia, D.:* Growth **13**, Suppl. 6 (1949).
[3] *McElroy, W. D.*, u. *B. Glass:* The Chemical Basis of Heredity. Baltimore 1957.
[4] *Briggs, R.*, u. *T. J. King:* J. Exptl. Zoology **122**, 485 (1953).
[5] *Adams, M. H.:* Bacteriophages, New York 1959.
[6] The viruses. New York 1959.
[7] *Lederberg, J.*, *E. Lederberg*, *N. D. Zinder* u. *E. R. Lively:* Cold Spring Harb. Symp. Quant. Biol. **16**, 413 (1951).
[8] *Lederberg, J.:* Angew. Chem. **71**, 473 (1959).
[9] *Luria, S. E.*, *D. K. Fraser*, *J. N. Adams* u. *J. W. Burrous:* Cold Spring Harb. Symp. Quant. Biol. **18**, 71 (1958).
[10] *Campbell, A.:* Cold Spring Harb. Symp. Quant, Biol. **18**, 83 (1958).
[11] *Lwoff, A.:* Bacteriol. Rev. **17**, 269 (1953).
[12] *Watson, J. D.*, u. *J. W. Littlefield:* J. mol. Biol. **2**, 161 (1960).
[13] *van de Pol, J. H.*, *G. Veldhuisen* u. *J. A. Cohen:* Biochim. biophys. Acta **48**, 417 (1961).
[14] *Wacker, A.:* 9. Colloq. Ges. f. Physiolog. Chemie. Chemie der Genetik. Berlin-Göttingen-Heidelberg 1959.
[15] *Cohen, S. S.:* J. biol. Chem. **148**, 511 (1947).
[15a] *Brown, E. R.*, *W. B. Cherry*, *M. D. Moody* u. *M. A. Gordon:* J. Bacteriol. **69**, 590 (1955).
[16] *Guthrie, G. D.*, u. *R. Sinsheimer:* J. mol. Biol. **2**, 297 (1960).
[17] *Herriott, R. M.:* Science **134**, 256 (1961).
[18] *Meyer, M.*, *R. P. Mackal*, *M. Tao* u. *E. A. Evans:* J. biol. Chem. **236**, 1141 (1961).
[19] *Bendich, A.:* Bull. N. Y. Acad. Med. II **37**, 661 (1961).
[20] *Di Mayorca, G. P.*, *B. E. Eddy*, *S. E. Stewart*, *W. S. Hunter*, *C. Friend* u. *A. Bendich:* Proc. Natl. Acad. Sci. **45**, 1805 (1959).
[21] *Eddy, B. E.*, u. *S. E. Stewart:* Amer. J. Publ. Health **49**, 1486 (1959).
[22] *Vogt, M.*, u. *R. Dulbecco:* Proc. Natl. Acad. Sci. **46**, 365 (1960).
[23] *Smith, J. D.*, *G. Freeman*, *M. Vogt* u. *R. Dulbecco:* Virology **12**, 185 (1960).
[24] *Graffi, A.*, u. *D. Fritz:* Rev. franc. Et. clin. biol. **5**, 388 (1960).
[25] *Ito, Y.:* Virology **12**, 596 (1960).
[26] *Benoit, J.*, *P. Leroy*, *C. Vendrely* u. *R. Vendrely:* Compt. rend. Acad. Sci. Paris **244**, 2320 (1957).
[27] *Benoit, J.*, *P. Leroy*, *C. Vendrely* u. *R. Vendrely:* Compt. rend. Acad. Sci. Paris **245**, 448 (1957).
[28] *Benoit, J.*, *P. Leroy*, *C. Vendrely* u. *R. Vendrely:* Compt. rend. Acad. Sci. Paris **247**, 1049 (1958).
[29] *Phillips, J. H.*, *W. Braun* u. *O. J. Plescia:* Nature **181**, 573 (1958).
[30] *Sangl, H.:* Inaugural-Dissertation der Naturwiss. Fakultät der Univ. Frankfurt/M., D 30, (1956).
[31] *Kornberg, A.:* Angew. Chem. **72**, 231 (1960).
[32] *Bollum, F. J.:* Ann. N. Y. Acad. Sci. **81**, 792 (1952).
[33] *Bollum, F. J.:* J. biol. Chem. **234**, 2733 (1959).
[34] *Bollum, F. J.:* Feder. Proc. **19**, 305 (1960).
[35] *Rich, A.:* Proc. Natl. Acad. Sci. **46**, 1044 (1960).
[35a] *Josse, J.*, *A. D. Kaiser* u. *A. Kornberg:* J. biol. Chem. **236**, 864 (1961).
[36] *Furth, J. J.*, *J. Hurwitz* u. *M. Goldmann:* Biochem. Biophys. Res. Comm. **4**, 362 (1961).
[37] *Gartler, S. M.:* Nature **184**, 1505 (1959).
[38] *Chorazy, M. R.*, *H. H. Baldwin* u. *R. K. Boutwell:* Feder. Proc. **19**, 307 (1960).
[39] *King, D. W.*, u. *K. G. Bensch:* Feder. Proc. **19**, 308 (1960).
[40] *Borenfreund, E.*, u. *A. Bendich:* J. Biophys. Biochem. Cytol. **9**, 81 (1961).
[41] *Lerman, L. S.*, u. *L. J. Tolmach:* Biochim. biophys. Acta **33**, 371 (1959).
[42] *Hill, M.:* Nature **189**, 916 (1961).
[43] *Zahn, R. K.*, *A. Docter*, *B. Heicke*, *H. Kuhlemann*, *G. Ochs*, *E. Torz*, *R. Torz*, *W. Ziegler* u. *G. Zahn:* Nature **182**, 1679 (1958).
[44] *Sadron, C.:* Les Nucleoprotéines. New York 1959, S. 43.
[45] *Parhon, C. J.*, *J. Kaplan-Banu*, *J. Flechner* u. *J. Birner:* C. 1950/54, S. 5392.
[46] *Soru, E.*, *J. Kaplan-Banu* u. *J. Albrecht:* C. 1950/54, S. 5393.
[47] *Soru, E.*, *J. Kaplan-Banu*, *J. Albrecht* u. *Gh. Sibiceanu:* C. 1950/54, S. 5392.
[48] *Kiefer, G.*, *R. Kiefer*, *G. Zahn* u. *R. K. Zahn:* Biochem. Z. **334**, 49 (1961).
[49] *Kiefer, G.*, u. *R. K. Zahn:* Naturwiss. **48**, 581 (1961).
[50] *Savitzky, J. P.:* Amer. J. Physiol. **197**, 1359 (1959).
[50a] *Savitzky, J. P.:* Amer. J. Physiol. **199**, 143 (1960).

[50b] *Savitzky, J. P.:* Amer. J. Physiol. **200**, 541 (1961).
[51] *Hewer, T. F.*, u. *E. S. Meek:* Nature **181**, 990 (1958).
[52] *Stolk, A.:* Naturwiss. **47**, 88 (1960).
[53] *Hays, E. F., N. S. Simmons* u. *W. S. Beck:* Nature **180**, 1419 (1957).
[54] *Latarjet, R., N. Rebeyrotte* u. *E. Maustachi:* C. R. Acad. Sci. Paris **246**, 853 (1958).
[55] *Miescher, P.:* Der Hautarzt **8**, 502 (1957).
[56] *Schramm, G.:* Ann. Rev. Biochem. **27**, 101 (1958).
[57] *Fraenkel-Conrat, H.:* J. Amer. chem. **78**, 802 (1956).
[58] *Gierer, A.*, u. *G. Schramm:* Nature **177**, 702 (1956).
[59] *Gierer, A.*, u. *G. Schramm:* Z. Naturforsch. **11b**, 138 (1956).
[60] *Kozloff, L. M.:* Ann. Rev. Biochem. **29**, 475 (1959).
[61] *Maassab, H. F.:* Proc. Natl. Acad. Sci. **45**, 877 (1959).
[62] *Lwoff, A.:* Proc. Roy. Soc. **154b**, 1 (1961).
[63] *Doi, R. D., M. L. Hirsch* u. *S. Spiegelman:* Bacteriol. Proc. 182 (1961).
[64] *Gras, F.*, u. *S. Naono:* Protein Biosynthesis. London, New York 1961.
[65] *Bernheimer, A. W.:* Biochem. J. **53**, 53 (1953).
[66] *Catlin, B. W.:* Science **124**, 441 (1956).
[67] *Lacour, F., J. Lacour, J. Harel* u. *J. Huppert:* J. Natl. Cancer Inst. **24**, 301 (1960)
[68] *Brada, Z.:* Pharmaz. Zentralhalle **92**, 269 (1953).
[68a] *Brada, Z.:* Nature **171**, 524 (1953).
[69] *Zachau, H. G., G. Acs* u. *F. Lipmann:* Proc. Nat. Acad. Sci. **44**, 885 (1958).
[70] *Zamecnik, P. C., M. L. Stephenson* u. *C. T. Yu:* Protein Biosynthesis. London New York 1961.
[71] *Weil, J. H., J. P. Ebel* u. *R. Monier:* Nature **192**, 169 (1960).

IV. Tabellen von Stoffwechselquotienten

A. tierischer und menschlicher Gewebe und Zellen in vitro

(durch manometrische Messungen bestimmt)

B. pflanzlicher Zellen und Gewebe

Von **F. Kubowitz**, Freiburg/Br.

Batch number: 10691412

Printed by Printforce, the Netherlands

BIOCHEMISCHES TASCHENBUCH

ZWEITER TEIL

BIOCHEMISCHES TASCHENBUCH

HERAUSGEGEBEN VON

PROFESSOR DR. H. M. RAUEN
MÜNSTER/WESTF.

MIT EINEM GELEITWORT VON

PROFESSOR DR. RICHARD KUHN
HEIDELBERG

ZWEITE VÖLLIG NEUBEARBEITETE AUFLAGE

UNTER REDAKTIONELLER MITARBEIT VON
MARIANNE RAUEN-BUCHKA

ZWEITER TEIL

MIT 166 ABBILDUNGEN

SPRINGER-VERLAG BERLIN HEIDELBERG GMBH

ISBN 978-3-642-85768-3 ISBN 978-3-642-85767-6 (eBook)
DOI 10.1007/978-3-642-85767-6

Ursprünglich erschienen bei Springer-Verlag, Berlin/Göttingen/Heidelberg 1964

Softcover reprint of the hardcover 2nd edition 1964

Library of Congress Catalog Card Number: 64-12601

Titel Nr. 1217

Inhaltsverzeichnis

Achtes Kapitel

Seite

Körper- und Zellbestandteile

Neuntes Kapitel

Biologische Strukturen

Zehntes Kapitel

Biologische Funktionen

Elftes Kapitel

Biochemische Arbeitsmethoden

Erster Teil

Inhaltsübersicht:

[50b] *Savitzky, J. P.:* Amer. J. Physiol. **200**, 541 (1961).
[51] *Hewer, T. F.,* u. *E. S. Meek:* Nature **181**, 990 (1958).
[52] *Stolk, A.:* Naturwiss. **47**, 88 (1960).
[53] *Hays, E. F., N. S. Simmons* u. *W. S. Beck:* Nature **180**, 1419 (1957).
[54] *Latarjet, R., N. Rebeyrotte* u. *E. Maustachi:* C. R. Acad. Sci. Paris **246**, 853 (1958).
[55] *Miescher, P.:* Der Hautarzt **8**, 502 (1957).
[56] *Schramm, G.:* Ann. Rev. Biochem. **27**, 101 (1958).
[57] *Fraenkel-Conrat, H.:* J. Amer. chem. **78**, 802 (1956).
[58] *Gierer, A.,* u. *G. Schramm:* Nature **177**, 702 (1956).
[59] *Gierer, A.,* u. *G. Schramm:* Z. Naturforsch. **11b**, 138 (1956).
[60] *Kozloff, L. M.:* Ann. Rev. Biochem. **29**, 475 (1959).
[61] *Maassab, H. F.:* Proc. Natl. Acad. Sci. **45**, 877 (1959).
[62] *Lwoff, A.:* Proc. Roy. Soc. **154b**, 1 (1961).
[63] *Doi, R. D., M. L. Hirsch* u. *S. Spiegelman:* Bacteriol. Proc. 182 (1961).
[64] *Gras, F.,* u. *S. Naono:* Protein Biosynthesis. London, New York 1961.
[65] *Bernheimer, A. W.:* Biochem. J. **53**, 53 (1953).
[66] *Catlin, B. W.:* Science **124**, 441 (1956).
[67] *Lacour, F., J. Lacour, J. Harel* u. *J. Huppert:* J. Natl. Cancer Inst. **24**, 301 (1960)
[68] *Brada, Z.:* Pharmaz. Zentralhalle **92**, 269 (1953).
[68a] *Brada, Z.:* Nature **171**, 524 (1953).
[69] *Zachau, H. G., G. Acs* u. *F. Lipmann:* Proc. Nat. Acad. Sci. **44**, 885 (1958).
[70] *Zamecnik, P. C., M. L. Stephenson* u. *C. T. Yu:* Protein Biosynthesis. London New York 1961.
[71] *Weil, J. H., J. P. Ebel* u. *R. Monier:* Nature **192**, 169 (1960).

IV. Tabellen von Stoffwechselquotienten

A. tierischer und menschlicher Gewebe und Zellen in vitro

(durch manometrische Messungen bestimmt)

B. pflanzlicher Zellen und Gewebe

Von **F. Kubowitz**, Freiburg/Br.

A. Tierische und menschliche Gewebe und Zellen

Gewebeart	Species	Milieu	Temp.	p_H	Q_{O_2}	$Q^{O_2}_{CO_2}$	$Q^{O_2}_M$	$Q^{N_2}_M$	Lit.
Niere	Maus	R + Bi + Gl.	37,5°	7,4	−20,4		0	+3,7	[2]
”	Ratte	”	”	”	−21		0	+3,7	[1]
”	”	”	”	”	−18,5				[3]
”	”	”	”	”	−19,5	+16,9	0	+2,1	[6]
”	”	” + m/500 HCN	”	”	89% gehemmt				[6]
”	”	+ m/100 HCN	”	”	96% gehemmt				[6]
”	”	Krebsringer-Phosphat + Gl.	”	”	−16				[4]
”	Kaninchen	R + Bi + Gl.	”	”	−10		0	+5,2	[5]
”	Hund	”	”	”	−18,5				[7]
”	Mensch	”	”	”	−10				[7]
Milz	Ratte	R + Bi + Gl.	”	”	−12		0	+8,3	[12]
”	”	”	”	”	−12,3			+3	[6]
”	”	+ m/500 HCN	”	”	82% gehemmt				[6]
”	”	+ m/100 HCN	”	”	95% gehemmt				[6]
”	”	Rattenserum	38°	”	−12,5		0	+9	[15]
”	Kaninchen	R + Bi + Gl.	37,5°	”	−10,5		0	+10,5	[5]
Lunge	Maus	R + Bi + Gl.	37,5°		−7,5		0	+1,5	[2]
”	Ratte	”	37,5°		−7,8		0	+1	[14]
”	Ratte (Embryo)	Rattenserum	38°		−10		0	+14	[15]
”	Mensch (Embryo, 4. Monat)	R + Bi + Gl.	37,5°	7,4	−3,7		0	+11	[7]
Muskel (Zwerchfell)	Ratte	R + Bi + Gl.	38°		−6				[25]
”	”	+ m/50. Lactat	38°		−8,1				[25]
”	”	R + Bi + Gl. + m/50 Pyruvat	38°		−9,8				[25]
Muskel (Dickdarm)	Kaninchen	R + Bi + Gl.	37,5°		−2,6		+0,8	+6,1	[1b]
”	”	Kaninchen-Serum	37,5°		−3,8		0	+7,1	[1b]
Magen	Taube	R + Bi + Gl.	38°		−3,8		0	+1	[1b]
”	Mensch	”	37,5°	7,4	−1,3		0	+2,3	[1b]
Darm	Frosch	”			−0,5		0	+0,5	[9]

Gewebeart	Species	Milieu	Temp.	p_H	Q_{O_2}	$Q^{O_2}_{CO_2}$	$Q^{O_2}_M$	$Q^{N_2}_M$	Lit.
Herz (embryonal; 4 Tage alt)	Huhn	Hühnerserum	38°		−30		+12,5	+52	[22]
„ 6 „ „	„	„	38°		−14,6		+0	+25	[22]
„ 7 „ „	„	„	38°		−15,1		+3,3	+15	[22]
Darmschleimhaut	Ratte	R + Bi + Gl.	37,5°	7,4	−12,4		+1,6	+3,5	[1]
Dickdarmschleimhaut	„	„	37,5°	7,4	−14,6		0	+1,5	[1b]
„	Kaninchen	„	37,5°	7,4	−11		0	+14	[1b]
„	„	Kaninchen-Serum	37,5°	7,4	−11		0	+12,6	[1b]
Magenschleimhaut	Mensch	R + Bi + Gl.	37,5°	7,4	−9,6			+13,9	[1b]
Mastdarmschleimhaut	„	„	37,5°	7,4	−11,3			+13,5	[1b]
Gehirn	Maus	„	38°	7,4	−11				[7]
Gehirn (graue Substanz)	Ratte	„	37,5°	7,4	−10,7		+2,5	+19	[1]
Gehirn	Kaninchen	Kaninchen-Serum	37,5°		−8/−11			+10/+20	[5]
Stammganglien	„	„	37,5°		−7/−10			+12,5	[16]
Hypophyse	Maus	Mäuseserum	38°		−8		+1	+14	[15]
„	Ratte	Rattenserum	38°		−12		0	+13	[15]
Nebenniere	Maus	Mäuseserum	38°		−6		0	+3	[15]
„	Ratte	Rattenserum	38°		−10		0	+3	[15]
„	Meerschweinchen	Meerschweinchenserum	38°		−6		+1	+4	[15]
Hoden	Ratte	Rattenserum	38°		−11		+2	+7	[15]
„	„	R + Bi + Gl.	37,5°	7,4	−12,3		+2,5	+8,5	[1]
„	„	Pferdeserum (inaktiv. 56°)	37,5°	7,4	−10,3				[1]
„	„	R + Bi + Gl.	38°	7,4	−11				[12]
„	Kaninchen	„	37,5°	7,4	−7,7			+8,1	[5]
Spermatozoen	Ratte	Rattenserum	37,5°		−6		+1	+5	[15]
„	Meerschweinchen	Meerschweinchenserum	37,5°		−7			+33	[17]
„	Stier	Stierserum	37,5°		−9			+28	[17]
Placenta	Maus	Mäuseserum	38°		−3/−7,5		+3/+4	+11/+16	[15]
Placenta (Tr.-Gewicht) (2,5 mg)	Ratte	R + Bi + Gl.	37,5°	7,4	−7,7			+18	[19]
„ (10 mg)	„	„	37,5°	7,4	−5,1			+13	[19]
„ (52 mg)	„	„	37,5°	7,4	−3,7			+12	[19]
„ (75 mg)	„	„	37,5°	7,4	−1,2			+11	[19]

Placenta	Mensch (1. bis 3. Monat d. Schwangerschaft)	R + Bi + Gl.	37,5°		−2/−9			+7/+19	[20]
,,	Mensch (reif)	,,	37,5°		−1/−3			+1/+6	[21]
Uterusschleimhaut (Basalschicht)	Mensch	Menschenserum	37,5°		−8			+13	[18]
Ovarium	Maus	Mauseserum	38°		−9,2		+0,5	+5,5	[15]
Chorion	Ratte	Rattenserum	37,5°		−18		0	+33	[22]
Chorion + Amnion	Maus	Ascites + Bi + Gl.	38°	7,4	−16		0	+36	[42]
,,	Kaninchen	Kaninchenserum	38°		−2,5/−6,5			+5/+13	[23]
Leber	Maus	R + Bi + Gl.	37,5°	7,4	−18,5				[2]
,,	Ratte	,,	37,5°	7,4	−9/−13		0	+3/+4	[1]
,,	,,	,,	37,5°	7,4	−15	+13	0	+2,5	[6]
,,	,,	R + Bi + Gl. + m/500 HCN	37,5°	7,4	87% gehemmt				[6]
,,	,,	R + Bi + Gl. + m/100 HCN	37,5°	7,4	99% gehemmt				[6]
,,	,,	R + Bi + Gl.	37,5°	7,4	−10	+8,7	0	+4,1	[8]
					(Mittelwerte von 12 Messungen)				
,,	,,	Rattenserum	37,5°		−14				[1b]
,,	,,	R + Bi + m/50 Lactat	37,5°	7,4	−14/−20				[9]
,,	Meerschweinchen	R + Bi + Gl.	37,5°	7,4	−3,5/−7		0	+2,5/+4,5	[10]
,,	Kaninchen	,,	37,5°	7,4	−7,7		0	+3,5	[5]
,,	Hund	,,	37,5°	7,4	−6,5				[7]
,,	Huhn	Hühnerserum	38°		−14,5		0	+3	[11]
,,	Huhn (Embryo)	,,	38°		−15,4		+1,5	+10,5	[11]
,,	Mensch (Embryo, 4. Monat)	R + Bi + Gl.	37,5°	7,4	−6,3		0	+9,5	[7]
Submaxillaris	Ratte	R + Bi + Gl.	37,5°	7,4	−9/−24		0	+3,3/+7	[1b]
	Kaninchen	,,	37,5°	7,4	−4,1		0	+3,5	[1]
,,	Mensch	,,	37,5°	7,4	−6,2		0	+8	[1b]
Pankreas	Kaninchen	R + Bi + Gl.	37,5°	7,4	−4,6		0	+3,5	[1]
	Hund	,,	37,5°	7,4	−3,2		0	+4,2	[1]
Schilddrüse	Ratte	,,	37,5°	7,4	−13		0	+2,1	[1]
,,	Kaninchen	Kaninchenserum	37,5°		−11,5		0	+2,5	[1b]

Gewebeart	Species	Milieu	Temp.	p_H	Q_{O_2}	$Q_{CO_2}^{O_2}$	$Q_M^{O_2}$	$Q_M^{N_2}$	Lit.
Schilddrüse (Colloidstruma)	Hund	Hundeserum	37,5°		−9,1		0	+4	[24]
	Mensch	Menschenserum	37,5°		−8,2			+11,4	[24]
Lymphdrüse	Mensch (o. B.)	R + Bi + Gl.	37,5°	7,4	−4		+2	+4,7	[1]
Thymus	Ratte (3 Wochen alt)	,,	37,5°	7,4	−5,8		+0,6	+8,2	[1]
Plexus chorioideus	Kaninchen	Kaninchenserum	37,5°		−20		0	+10	[16]
Haut (oberste Epidermis)	Maus (neugeboren)	R + Bi + Gl.	38°	7,4	−5,7		0	+5,3	[26]
,,	Ratte	,,	38°	7,4	−3,6		0	+7,1	[21]
,,	Kaninchen	,,	38°	7,4	−1		0	+2	[27]
,,	Huhn	,,	38°	7,4	−2		0	+1,5	[27]
,,	Taube	,,	38°	7,4	−1		0	+1,7	[27]
,,	Mensch	,,	37,5°	7,4	−1/−3,8		0	+3,5/+11	[28]
Netzhaut (Retina)	Ratte	,,	37,5°	7,4	−31		+45	+88	[1]
,,	Huhn	Hühnerserum	40°		0(?)			+100	[30]
,,	Huhn (Embryo 16 Tage alt)	,,	40°		−10,6			+88	[30]
,,	Taube	Taubenserum	40°		0(?)			+160	[30]
,,	Frosch	R + Bi + Gl.	15°	7,4	−3,3		0	+5,5	[31]
,,	,,	,,	20°	7,4	−4,5		0	+11,4	[31]
,,	,,	,,	20°	7,4	−3,5		+0,7	+9,5	[34]
,,	,,	,,	25°	7,4	−5,9		0	+17,5	[31]
,,	,,	,,	35°	7,4	−7,9		+2,6	+33	[31]
,,	,,	,,	40°	7,4	−4,4		+41	+42	[31]
,,	Fisch (Leuciscus rutilus)	,,	10°	7,4	−2		0	+5	[32]
,,		,,	20°	7,4	−5,5		+0,6	+15	[32]
,,	,,	,,	30°	7,4	−9,6		+1	+29	[32]
,,	,,	,,	37,5°	7,4	−28		+27	+60	[32]
Augenlinse	Maus	Mäuseserum	38°	7,4	0		+1	+1	[15]

Augenlinse	Ratte (Embryonen)	Rattenserum	38°	7,4					
20 Linsen: 0,54 mg Tr.	10 Embr.: 400mg Tr.	,,	38°	7,4	−9		+16,5	+28	[15]
20 ,, 0,74 ,, ,,	10 ,, : 580 ,, ,,	,,	38°	7,4	−7,7		+18,4	+26	
21 ,, 1,93 ,, ,,	11 ,, : 2200 ,, ,,	,,	38°		−3,5		+12,8	+23	
15 ,, 2,25 ,, ,,	8 ,, : 1700 ,, ,,	,,	38°		−4,8		+11,8	+18	
Augenlinse	Schwein	,,	38°		−20[1]				[34]
					([1] = $\mu l\ O_2$ pro Linse u. Stunde)				
Tuberculöses Granulationsgewebe	Meerschweinchen	R + Bi + Gl.	37,5°	7,4	−6,7		+6	+14,5	[44]
Callusgewebe	Kaninchen	,,	37,5°	7,4	−5		+6,3	+8,7	[44]
Infekt. Myxom	Kaninchen	,,	37,5°	7,4	−2,4		+2,2	+6,6	[45]
Hautwarzen	Mensch	,,	37,5°	7,4	−1,5		+2	+2	[33]
Rachenmandel (hyperplast.)	Mensch (o. B.)	,,	37,5°	7,4	−5		+3,5	+13	[1]
	Mensch	,,	37,5°	7,4	−9,7		+10,4	+13,4	[1]
Gaumenmandel (Hyperplast.)	Mensch	,,	37,5°	7,4	−9,4		+9	+17,9	[1]
Blasenpapillom (fast 100 % Epithelzellen)	Mensch	,,	37,5°	7,4	−13		+16	+26	[1]
Nasenpolyp	Mensch	,,	37,5°	7,4	−5,2		+4,6	+14	[1]
Tumoren (maligne)									
Teerkrebs	Maus	R + Bi + Gl.	37,5°	7,4	−6,5/−21		+7/+14	+21/+37	[33]
Ascites-Krebs-Zellen Susp.	Ratte	Krebsascites + Bi + Gl.	38°	7,4	−8		+25	+75	[42]
Flexner-Jobling Carcinom	Ratte	R + Bi + Gl.	37,5°	7,4	−7,2		+25	+31	[1]
					(Mittelwerte aus 19 Messungen)				
Jensensarcom	Ratte	,,	37,5°	7,4	−9		+17	+35	[41]
					(Mittelwerte aus 9 Messungen)				
Kato-Sarcom	Kaninchen	,,	37,5°	7,4	−7		+14	+22,5	[5]
Roussarcom	Huhn	,,	38,5°	7,4	−5,2	+5	+19,4	+29,7	[1c]
,,	,,	,,	37,5°	7,4	−6,2		+11	+16	[43]
,,	,,	Hühnerserum (gesundes Huhn)	37,5°		−4,8		+11,3	+21,8	[43]
,,	,,	Hühnerserum (m. Roussarcom)	37,5°		−6		+11,4	+19,6	[43]
Lippencarcinom (Plattenepithelcarcinom m. 50−70% Krebszellen)	Mensch	Serum vom selben Menschen	37,5°	7,4	−3,4		+9,2	+16,3	[43]
	,,	Menschenserum (o. B.)	37,5°	7,4	−3,8		+9,7	+16,1	[43]
Hautcarcinom (50−70% Carcinomzellen)	,,	Serum vom selben Menschen	37,5°	7,4	−3,1		+6,8	+13,8	[43]
	,,	Menschenserum (o. B.)	37,5°	7,4	−3,8		+8,1	+14,1	[43]

38*

Gewebeart	Species	Milieu	Temp.	p_H	Q_{O_2}	$Q_{CO_2}^{O_2}$	$Q_M^{O_2}$	$Q_M^{N_2}$	Lit.
Mammacarcinom (Scirrhus, mit 20—40% Carcinomzellen)	,,	„Carcinomserum"	37,5°	7,4	−2,6		+4,3	+11,1	[43]
	,,	Menschenserum (o. B.)	37,5°	7,4	−1,9		+6,3	+16	[43]
Sarcom (Struma maligna)	,,	„Sarcomserum"	37,5°	7,4	−6,9		+11,1	+15,8	[43]
	,,	Menschenserum (o. B.)	37,5°	7,4	−9,9		+11,1	+14,6	[48]
Peniscarcinom (etwa 50% Carcinomzellen)	,,	R + Bi + Gl.	37,5°	7,4	−7,9		+18	+28,6	[1]
Blutzellen (Zell-Suspensionen)									
Erythrocyten	Kaninchen	defibrin. Blut	37,5°	7,05	−0,1		+0,3	+0,43	[35]
,,	,,	R + Bi + Gl.	37,5°	7,4	−0,05		+0,35	+0,45	[46]
,,	Gans	defibrin. Blut	37,5°	7,4	−0,6		±0	+0,4	[35]
,,	Kaninchen	0,9% NaCl-Lösung			−2		+0,6	+4,6	[46]
„Morawitzzellen" (nach Phenylhydrazinbehandlung in vivo)	Kaninchen	R + Bi + Gl.	37,5°	7,4	−5		+2	+11,5	[47]
Leukocyten	Ratte	Citratplasma + Bi + Gl.	38°	7,4	−9		+2,2	+20	[13]
,, (experim. erzeugte Exsudatleukocyten)	Kaninchen	Citratringerlösung + Bi + Gl.	37,5°	7,4	−4,4 (Mittelwerte von 3 Messungen)		+14	+20	[36]
Leukocyten	Gans	,,	37,5°	7,4	−4,4 (Mittelwerte von 4 Messungen)		+1,8	+12	[36]
Lymphocyten	Mensch (o. B.)	,,	37,5°	7,4	−12		0	+12	[37]
Lymphocyten (bei lymphat. Leukämie)	Mensch	,,	37,5°	7,4	−5,8		0	+11	[37]
Thrombocyten	Ratte	Citratplasma + Bi + Gl.	37,5°	7,4	−6,2		+1	+25	[13]
,,	Hund	,,	37,5°	7,4	−5,1 (Mittelwerte aus 5 Messungen)		0	+18,5	[38]
,,	Mensch	,,	37,5°	7,4	−8,4		+5,3	+21	[38]
Knochenmarkzellen (20% rote, 80% weiße aus Humerus, Femur und Tibia)	Ratte	R + Bi + Gl.	38°	7,4	−13 (Erste halbe Stunde		+3,8	+26	[13]
	,,		38°	7,4	−3,7 vierte halbe Stunde Meßzeit)		+12,5	+21	[13]
	,,	Rattenserum	38°	7,4	−9,8		+3,7	+21	[13]

Explantate (in vitro gezüchtete Gewebe) **Fibroblasten aus Embryonenherzen** n. 1. Überpflanzg.	Huhn	Huhnerserum 0,25% Glucose $2,7 \cdot 10^{-2}$ m Na-Bicarbonat	38°	7,4	−22		+8	+43	[22]
n. 4. „			38°	7,4	−15		+5	+23	[22]
n. 6. „		„	38°	7,4	−11		+7	+17,5	[22]
n. 8. „		„	38°	7,4	−12		+4,5	+19	[22]
n. 3000. „		„	38°	7,4	−12		+6	+17	[22]
Epithel aus embryonalem Gehirn	Huhn	„	38°	7,4	−24,5	+24	+12,5	+34	[22]
Osteoblasten 47. Passage 0. Tag	Huhn	Kulturmedium aus Hühnerplasma-Embryonalextrakt-Thyrodelösung	38°	7,4	−18		+23	+78	[39]
1. „			38°	7,4	−31,5		+24	+73	[39]
2. „			38°	7,4	−30		+24	+48	[39]

Ergänzende Anmerkungen zu A

Daß der Sauerstoffverbrauch (Atmung) im Dunkeln von Kohlenmonoxyd — im Licht reversibel — gehemmt wird, ist für die folgend angeführten tierischen Gewebe und Zellen nachgewiesen worden:

Huhnembryo; Ratten-Leber, -Embryo, -Chorion, -Retina, -Jensensarcom, -Leukocyten, -Blutplättchen und -Knochenmarkzellen [*15a, 68a*].

Zu den Methoden: *Manometrie:* [*1, 1a, 1d, 1e, 52*]. *Gewebeschnitte:* [*1a, 1d, 1e, 52*]. *Gefäßpaarmethode:* [*1a, 1e, 40, 52*]. *Milchsauregärung*, Abhangigkeit von der Temperatur, vom p_H, von der Bicarbonatkonzentration und von der Glucosekonzentration: [*1, 1e, 52*]. *Messung in Serum:* [*35, 40, 52*]. *Gasmischungen:* [*46, 52*]. *Ringerlösung:* [*1a, 1e, 52*]; unter R + Bi + Gl. = Ringerlösung + Bicarbonat + Glucose wird im allgemeinen (nach *O. Warburg*) eine Lösung folgender Mischung verwendet:

96 Teile	0,9%ig.	NaCl-Lsg.	(0,154 molar)	20 Teile	1,3%ig.	$NaHCO_3$-Lsg.	(0,154 molar); vorher mit CO_2 durchströmt [*1a*]
2 „	1,15%ig.	KCl- „	(0,154 molar)	1,2 „	20 %ig.	Glucose- „	
2 „	1,22%ig.	CaCl- „	(0,11 molar; titriert)				

Die Mischung wird vor dem Gebrauch bei der Meßtemperatur (= Temp.) für die Messung der Atmung von *suspendierten Zellen* mit 5% CO_2/Luft, für die Messung der Atmung von *Gewebsschnitten* mit 5% CO_2/Sauerstoff und fur die Messung der *anaeroben Gärung* mit 5% CO_2/sauerstofffreiem Stickstoff bzw. Argon usw. durchströmt (gesattigt). Mit den gleichen Gasen werden die entsprechenden Manometer + Gefäße gefüllt. Andere Medien siehe z. B. [*52*].

Als **Stoffwechselquotienten** werden — nach *O. Warburg* — die, wie folgt definierten, Quotienten angewendet:

Sauerstoffverbrauch (Atmung) $Q_{O_2} = \frac{\mu l\ O_2 \text{ verbraucht}}{\text{mg Gewebetrockengewicht u. Std.}}$, dabei entstehendes CO_2 $Q^{O_2}_{CO_2} = \frac{\mu l\ CO_2 \text{ entwickelt}}{\text{mg Gewebetrockengewicht u. Std.}}$

Für die „Gärungskohlensäure“ = Kohlendioxyd, entstanden durch Reaktion der Milchsäure mit dem Bicarbonat der Ringerlösung:

aerob $Q^{O_2}_{M} = \frac{\mu l\ CO_2 \text{ entwickelt}}{\text{mg Gewebetrockengewicht u. Std.}}$ und anerob $Q^{N_2}_{M} = \frac{\mu l\ CO_2 \text{ entwickelt}}{\text{mg Gewebetrockengewicht u. Std.}}$.

B. Bakterien, Hefen, Algen und höhere Pflanzen

Species Kulturbedingungen	Meßbedingungen und Ergebnisse	Lit.
Aerobacter aerogenes Kulturflüss. + Ammoniumsulfat + KH_2PO_4 + Trypton + Substratzusätze; $p_H = 6{,}6$ bei 30°; 48 Std. belüftet; beim Züchten	gemessen bei 30° in m/20 Phosphatpuffer p_H 7,0 (in Einsatz KOH); Luft + m/50 Substrat	[53]

	Q_{O_2}				
	Glucose	Acetat	Succinat oder Fumarat	Pyruvat	α-Ketoglutarat
+ Glucose	−30	−1	−13	−15	−8
+ Acetat	−35	−44	−40	−15	−14
+ Citrat	−18	−12,5			−16

Species Kulturbedingungen	Meßbedingungen und Ergebnisse	Lit.
Azotobacter chroococcum Kulturflüss. + Glucose (± Molybdat) bei 22°; belüftet	Ringerlsg. + Glucose in Luft	[54]

	bei 10°	bei 28°
Kulturalter 1 Tag:	Q_{O_2} −800	Q_{O_2} −6000
„ 2 Tage:	−475	−2700
„ 3 Tage:	−300	−1500

Species Kulturbedingungen	Meßbedingungen und Ergebnisse	Lit.
Azotobacter chroococcum Mannithaltiger Agar bei 24°; 32 Std.	in 0,15 m Phosphatpuffer p_H 7,4 + 1% Mannit; (Einsatz KOH) bei +25° in Luft: Q_{O_2} −1250 } HCN u. CO bei +25° in 10% O_2: −1000 } hemmen bei +3° 10% u. 20% O_2: ∼ −20; CO hemmt; im Licht reversibel	[55]
Bacillus subtilis (Stamm P. C. 1220, *Sporen*) Bouillon-Agar bei 32°; 2 bis 3 Wochen	m/10 Phosphatpuffer p_H 7 in Luft bei 32° (im Einsatz KOH) ohne Glucose: Q_{O_2} −4,5 | + 0,5% Glucose: Q_{O_2} −9,5	[56]
Bacterium subtilis (Marburg, Stamm C 4) Fleichextr.-Pepton-Agar, bei 37°; 48 Std., dann in Kulturflüss. bei 37° 10 Std. belüftet	m/16 Phosphatpuffer p_H 7 in 0,9% NaCl + m/60 Glucose; in Luft bei 37°: Q_{O_2} −100 | + 2,6 10^{-3} mol. Bicarb. + Glucose; 5% CO_2 in N_2 bei 37°: Q_M +100	[57]
Escherichia coli **Bact. coli commune** Bouillon-Pepton-Hefeextrakt-Agar bei 37°; 20 Std.	m/10 Phosphatpuffer 6,5 in Luft bei 40° + m/100 Substrat (im Einsatz KOH)	[58]

	Glucose	Acetat	Succinat	Lactat	Lactat + Glucose	Lactat + Succinat
Q_{O_2}	−220	−140	−200	−285	−310	−360

Species Kulturbedingungen	Meßbedingungen und Ergebnisse	Lit.
Lactobacillus bulgaricus Spez. Leberextrakt bei 37°; 8 Std. bei 49,5°; 5 Std.	Kulturmedium + Glucose gem. bei 37° 1. Std. Q_{O_2} −530 | 5. Std. −110 | 7. Std. −40 gem. bei 49° 1. Std. Q_{O_2} −550 | 5. Std. −25 | 7. Std. −11 vom Kulturmedium in Allisonlsg. + Glucose überführt und darin gemessen (= „ruhende" Zellen) bei 37° Q_{O_2} −34; bei 49° Q_{O_2} −55	[59]
Bacterium delbrückii (Acidificans longissimus) (Inst. f. Gärungsgewerbe Berlin) Milchsäurebacillus, wächst meist anaerob Bierwürze (Maische) + Kreide; p_H etwa 5,5 bei 40°; 20 Std.	Zellen dürfen nur sehr vorsichtig fraktioniert zentrifugiert und in Würze konzentriert werden; Q_{O_2} ist je Fraktion etwas verschieden. gemessen in etwa neutraler Maische bei 37,5° (in Einsatz KOH) in Luft Q_{O_2} −13/−16 (zeitlich konst.) Gemessen in m/20 KH_2PO_4 + 1% Gluc. + 5% Würze 2-Gefäßmethode; 37,7° in Luft Q_{O_2} −9, Q_{CO_2} +12	[60]

Species Kulturbedingungen	Meßbedingungen und Ergebnisse	Lit.
	gemessen in Würze p_H etwa 5,5 (KOH im Einsatz) bei 37,5°	

in:	2,5% O_2	5% O_2	10% O_2	Luft	100% O_2
Q_{O_2}	−5,3	−10,5	−13	−14,5	−17

Keine Hemmung durch HCN; $\frac{95\%\ CO}{5\%\ O_2}$ hemmt nicht; Methylenblau steigert proportional der Konzentration

Species Kulturbedingungen	Meßbedingungen und Ergebnisse	Lit.
Bacterium pasteurianum (Essigbakterien) Bouillon-Pepton-Bierwürze-Agar + 3% Gluc. + 4% Äthanol bei 28°; 44 Std.	gemessen in m/10 Acetatpuffer p_H 5,6 + 1% Äthanol in Luft (KOH in Einsatz) bei 10° Q_{O_2} −200; (CO hemmt; im Licht reversibel) bei 38° Q_{O_2} −1000	[61] [62]
Leuconostoc citrovorum Trypton-Hefeextr. Leberextr. Tomatenextr.-Agar + Glucose und Lactose p_H 6,5, bei 37°; 16 Std.	gemessen in m/15 Phosphatpuffer p_H 7,0 + 0,25% Glucose (1 bis 2 Citrovorumeinheiten pro 10 ml); in Luft (KOH im Einsatz) bei 38° Q_{O_2} −8/−10, $Q_{CO_2}^{O_2}$ +9/+12	[63]
Streptococcus faecalis (Stamm B 33 A) Rinderinf.-Brühe, Trypton + K_2HPO_4 + 0,15% Glucose Schüttelkultur, dünne Schicht (aerob = Luft) bei 38°; 18 Std.	gemessen in m/30 Phosphatpuffer p_H 6,9 + m/60 Glucose, in Luft (KOH im Einsatz) bei 38° Q_{O_2} −100; m/1000 HCN hemmt nicht	[64]
Streptococcus pyogenes aus Blutbrühe in Pepton-Pferdeserum + Glucose bei 37°; 16/24 Std.	gemessen in m/15 Phosphatpuffer p_H 7,4 + 0,9% NaCl; bei +37,5°	[65]

	in Luft (KOH im Einsatz) Q_{O_2}	in 5% CO_2, 95% N_2 (+ 0,2 mol Bicarb.) $Q_{CO_2}^{N_2}$
+m/10 Glucose	−13/−30	+50/+135
+ Hefeextrakt	−100/−160	+200/+400
in Kanin. Serum + 0,1 m Glucose	−70/100	+200/400

Sulfonamid hemmt die Atmung

Species Kulturbedingungen	Meßbedingungen und Ergebnisse	Lit.
Micrococcen Bouillon-Pepton-Agar p_H 7 bei 20°; 34 Std.	gemessen in m/30 Phosphatpuffer p_H 6,7 (im Einsatz KOH) bei 35° in Luft (berechnet 1 mg Kjeldahl-Stickstoff, = 8,35 mg Zelltrocken-Gewicht)	[66

Micrococcus		ohne Zusatz	+ m/50 Substrat: Gluc.	Maltose	Sacchar.	Äthanol	Acetat	Lactat
luteus	Q_{O_2}	−5	−17	−17	−24	−18	−17	−8
flavus	Q_{O_2}	−2,5	−9	−23	−17	−23	−19	−70
aurantiacus	Q_{O_2}	−2	−17	−5	−47	−40	−7	−29
cinne baretts	Q_{O_2}	−4,5	−38	−44	−50	−48	−60	−65
fruen denreichii	Q_{O_2}	−3,5	−24	−24	−22	−66	−3,8	−40

Species Kulturbedingungen	Meßbedingungen und Ergebnisse	Lit.
Micrococcus candicans (Hygiene Inst. Berlin) Bouillon-Agar bei 30°; 20 Std.	gemessen in m/20 Na-K-Phosphatpuffer p_H 7,4 + 1% Glucose (KOH im Einsatz) bei +1° Q_{O_2} −2,3 i. Luft bis 0,5 · 10^{-6} Atm O_2 „ +5° „ −5,9 „ „ „ 5 · 10^{-6} „ „ „ +10° „ −14 „ „ „ 5 · 10^{-6} „ „	[67]

<table>
<tr><th>Species
Kulturbedingungen</th><th>Meßbedingungen und Ergebnisse</th><th>Lit.</th></tr>
<tr><td>Hefen</td><td></td><td></td></tr>
<tr><td>Bäckerhefe
Preßhefe (Norddeutsche Hefe-Industrie)</td><td>
<table>
<tr><th>Meßmedien</th><th>Temp.</th><th>Q_{O_2}</th><th>$Q_{CO_2}^{O_2} \oplus$</th><th>$Q_{CO_2}^{anaer.}$</th></tr>
<tr><td>m/5 KH_2PO_4+1 % Gluc.</td><td>−3,5°</td><td>−2,7</td><td>+5,2</td><td>+7,4</td></tr>
<tr><td>m/20 „ „</td><td>0°</td><td>−4,4</td><td>+5,4</td><td>+11</td></tr>
<tr><td>„ „ „</td><td>+10°</td><td>−18,6</td><td>+28</td><td>+56</td></tr>
<tr><td>„ „ „</td><td>+20°</td><td>−48</td><td>+67</td><td>+170</td></tr>
<tr><td>„ „ „</td><td>+30°</td><td>−110</td><td>+167</td><td>+412</td></tr>
<tr><td>„ „ „</td><td>+37,5°</td><td>−160</td><td>+160</td><td>+555</td></tr>
</table>
Aerob i. Luft (+ KOH i. Eins.); Anaerob i. Argon
(Die Atmung von Bäckerhefe wird von HCN gehemmt. Die Hemmung durch CO ist vom Verhältnis CO/O_2 abhängig; sie ist im Licht reversibel.)</td><td>[31]

[29]
[48]</td></tr>
<tr><td>Bäckerhefe</td><td>Gefäßpaarmethode, aerob in Luft;
Anaerob = + 10^{-3} mol HCN
<table>
<tr><th></th><th>Q_{O_2}</th><th>$Q_{CO_2}^{O_2} \oplus$</th><th>$Q_{CO_2}^{N_2}$</th></tr>
<tr><td>m/20 KH_2PO_4; m/18 Glucose bei +20°</td><td>−65</td><td>+32</td><td>+130</td></tr>
</table>
$\oplus$ = Gärungs-CO_2</td><td>[48]</td></tr>
<tr><td>Bäckerhefe
Germania-Hefe
(Nordd. Hefe-Industrie Hamburg; Stamm A)</td><td>Gefäßpaarmethode; aerob: O_2, anaerob: Argon; bei +20°
<table>
<tr><th></th><th>Q_{O_2}</th><th>$Q_{CO_2}^{O_2} \oplus$</th><th>$Q_{CO_2}^{anaer.}$</th></tr>
<tr><td>in m/20 KH_2PO_4 + m/18 Glucose</td><td>−46</td><td>+5,5</td><td>+121</td></tr>
<tr><td>in Bierwürze</td><td>−46</td><td>+55</td><td>+165</td></tr>
</table></td><td>[49]</td></tr>
<tr><td>Bäckerhefe

(Fa. Haak, Guben)
(Inst. für Gärungsgewerbe Berlin)
(Fa. Christiansen, Flensburg)</td><td>In Bierwürze: aerob: Luft (KOH im Einsatz) anaerob in Stickstoff
<table>
<tr><th>bei 20°</th><th>Q_{O_2}</th><th>$Q_{CO_2}^{N_2}$</th></tr>
<tr><td>(Fa. Haak, Guben)</td><td>−96</td><td>+192</td></tr>
<tr><td>(Inst. für Gärungsgewerbe Berlin)</td><td>−78</td><td>+227</td></tr>
<tr><td>(Fa. Christiansen, Flensburg)</td><td>−20</td><td>+246</td></tr>
</table></td><td>[68]</td></tr>
<tr><td>Untergärige Bierhefe</td><td>
<table>
<tr><th>bei 28°</th><th>Q_{O_2}</th><th>$Q_{CO_2}^{O_2} \oplus$</th><th>$Q_{CO}^{anaerob}$</th></tr>
<tr><td></td><td>−8/−14</td><td>+130/+218</td><td>+155/+235</td></tr>
</table></td><td>[50]</td></tr>
<tr><td>Untergärige Bierhefe
(Patzenhofer, Berlin)</td><td>bei 30° gemessen in m/20 Phosphatpuffer p_H 7 + 1% Glucose in Luft
Q_{O_2} −15/−20</td><td>[60]</td></tr>
<tr><td>Weinhefe
Saccharomyces wine</td><td>bei 27° Q_{O_2} −57 $Q_{CO_2}^{N_2}$ +177</td><td>[51]</td></tr>
<tr><td>Kulturhefe, Rasse 12
(Inst. für Gärungsgewerbe Berlin)
Bierwürze, durchlüftet</td><td>gemessen in Bierwürze bei 20°
<table>
<tr><th></th><th>in Luft</th><th>in Stickstoff</th></tr>
<tr><td>bei 30°; 8 Std.</td><td>Q_{O_2} −11</td><td>$Q_{CO_2}^{N_2}$ +240</td></tr>
<tr><td>bei 30°, 3 Tage</td><td>Q_{O_2} −49</td><td>$Q_{CO_2}^{N_2}$ +175</td></tr>
</table></td><td>[68]</td></tr>
<tr><td>Kulturhefe
Torula utilis
(Inst. fur Gärungsgewerbe Berlin)</td><td>Gemessen in m/20 KH_2PO_4 + 1% Glucose (KOH im Einsatz) in Luft
<table>
<tr><th>Kultur</th><th>Meßtemp.</th><th>Q_{O_2}</th><th>Lit.</th></tr>
<tr><td>Bierwürze-Agar + Glucose bei 30°; 20 Std.</td><td>bei + 5°</td><td>−12</td><td rowspan="2">[29]</td></tr>
<tr><td>„</td><td>„ +20°</td><td>−62</td></tr>
<tr><td>bei 30°; 14 Std.</td><td>„ +20°</td><td>−71</td><td rowspan="4">[61]</td></tr>
<tr><td>„ 30°; 40 „</td><td>„ +20°</td><td>−37</td></tr>
<tr><td>„ 30°; 15 „</td><td>„ +10°</td><td>−40</td></tr>
<tr><td>„ 30°; 15 „</td><td>„ + 0,2°</td><td>−10</td></tr>
</table>
CO hemmt; im Licht reversibel</td><td>[29]
[61]</td></tr>
</table>

Species Kulturbedingungen	Meßbedingungen und Ergebnisse	Lit.
Aspergillus oryzae Reis-Agar Mycelium aerob Kulturalter 56 Std. " 66 " " 86 "	in Luft bei +20° Q_{O_2} −29 −22 −13,5	[69]
Aspergillus oryzae Bierwürzeagar bei 30°; 15 Std.	in m/20 KH_2PO_4 + 1% Glucose in Luft bei 15° Q_{O_2} −25; CO hemmt	[70]
Aspergillus niger, Mycelium Bierwürzeagar, dann in Nitrat-$MgSO_4$, K_2HPO_4; 1,5 cm hoch bei 30°; 4 Tage	Kulturmedium + Phosphat p_H 6,5 + Glucose Q_{O_2} −12,7 + Pyrophosph. −9 HCN hemmt	[71]
Neurospora crassa, Mycelium bei 25°; 72 Std.	gemessen bei 30° in m/10 Phosphat p_H 6,3 in Luft Strain: 50−2, 50−4, 50−6, 50−8 Q_{O_2} o. Substr.: −17, −38, −21, −11 " + Pyruvat: −39, −44, −26, −27	[72]
Penicillium notatum Kulturmedium nach *Moyer* u. *Coghill* + Glucose und Lactose bei 20−24°; Kulturalter 2 Tage " 3 " " 4 " " 5 " " 6 " " 7 "	Gemessen in m/20 Phosphatpuffer p_H 7,3 (in Luft) + Lactose (Corn steep Medium) bei 22° Q_{O_2} − 6,35 −15,5 −16,25 −10,0 − 6,5 − 2,25	[73]
Pseudomonas fluorescens Agar + Phosphat, NH_4Cl und 1% Äthanol bei 26°; 4 Tage	gemessen in m/15 Phosphatpuffer p_H 7,2 in Luft oxydiert werden Glucose, Fructose und Mannit etwa gleich schnell; Mannose 5mal langsamer (keine Q_{O_2}-Werte angegeben)	[74]
Clostridium butyricum (Buttersäurebakterien) (Inst. fur Gärungsgewerbe Berlin) anerob in Malzmaische + Calciumcarbonat bei 37° 22 Std. anschließend bei 23° 5 Std.	gemessen in m/20 Phosphatpuffer p_H 6,65 + 1% Glucose; in Argonatm. Die Kultursuspension enthält verschieden stark gärende Zellen; diese durch fraktioniertes Zentrifugieren getrennt: bei +15° 1. Sediment Q_{CO_2+H} +14 " 2. " " +70 " 3. " " +112 " 4. " " +106 bei 25° 3. u. 4. " " +195 " 7° 3. u. 4. " " + 22 Die Gärung wird durch HCN und durch CO — im Licht reversibel — gehemmt: außer Glucose wird auch Pyruvat gespalten.	[75]
Algen		
Blaugrüne Alge **Anabaena variabilis**	bei 25° Q_{O_2} −1,7 Q_{CO_2} +1,55	[76]
Grüne Alge **Chlorella pyrenoidea** (Chl. vulgaris Beyerink) in Tageslicht u. kunstl. Beleuchtung in Knopscher Salzlsg. bei Raumtemp. u. Durchleiten von 4% CO_2 i. Luft	gemessen in Knopscher Lösung im Dunkeln im Gasraum: 4% CO_2 in Luft bei 10° Q_{O_2} −2,5 $Q^{O_2}_{CO_2}$ +2,6 (m/1000 HCN hemmt 13%) bei 10° Q_{O_2} −1,9 (in Dunkeln) bei 20° Q_{O_2} −3,55 bei 30° Q_{O_2} −7,35	[77] [78]

Species Kulturbedingungen	Meßbedingungen und Ergebnisse	Lit.
Chlorella vulgaris Kulturbedingungen wie bei [77]	gemessen in Ringerlsg.; anaerob + m/60 Bicarb.	[79]

	im Dunkeln; Luft		4% CO_2 i. N_2	
bei 20° o. Substr.	Q_{O_2}	−2	$Q_{CO_2}^{N_2}$	0
„ + Glucose	„	−5,4	„	+1,3
„ + Fructose	„	−4	„	+1,2
„ + Mannose	„	−5	„	+1
„ + Galaktose	„	−4,4	„	+0,5

Species Kulturbedingungen	Meßbedingungen und Ergebnisse	Lit.
Scenedesmus basiliensis Kulturbedingungen wie [77]	o. Substr. Q_{O_2} −1,5 + Glucose Q_{O_2} −6,0; (10^{-4} m HCN hemmt 50%)	[79]
Chlorella pyrenoidosa Kulturbedingungen wie bei [77]	gemessen in m/30 Phosphatpuffer p_H 6,2 bei 25° (im Einsatz KOH) im Dunkeln in Luft; Zusatz von Phthiocol	[80]

Konzentration	0	10^{-5} m	10^{-4} m	10^{-3} m
ohne Glucose; Q_{O_2}	−1,05	−2,1	−5,15	−7,3
+ 0,5% „ ; „	−13,5	−11,5	−9,0	−4,3

Species Kulturbedingungen	Meßbedingungen und Ergebnisse	Lit.
Braunalge		
Gracilaria confervoides	bei 25° Q_{O_2} −1,7	[81]
Flechten		[82]
Cetraria islandica	bei 30° Q_{O_2} −0,5	
Lobaria scrobiculata	bei 30° −0,5	
Parmelia centrifuga	bei 30° −0,2	
Peltigera aphtosa	bei 30° −0,9	
Höhere Pflanzen		
Lathyrus odoratus maxima alba (Wicke; weißblühend) Samen 20 Std. in Wasser quellen, dann auf feuchtem Filterpapier; ⌀ unter 0,8 mm	gemessen in Ringerlsg. bei 20° (im Dunkeln)	[83]

	aerob in Luft intakte Samen	anaerob in 5% CO_2/N_2 R + Bi Samenschnitte
Q_{O_2}	−0,08	−0,215
$Q_{CO_2}^{O_2}$	+0,045	0
$Q_{CO_2}^{N_2}$	+0,17 (Alkoholgärung)	+0,20

Lathyrus odoratus — gemessen in Ringerlsg. bei 20° (im Dunkeln) — [83]

	aerob in Luft		anaerob: 5% CO_2/N_2 (+ Bi.)	
Keimlinge; 4 Tage alt	Q_{O_2}	−4,3	$Q_{CO_2}^{N_2}$	+3
Sprossen	„	−3,5	„	+1
Blätter	„	−1,7	„	+0,7
Wurzeln	„	−1,6	„	+1
Lathyrus odoratus				
Blumen(Blüten-blatt)	„	−3,3	„	+1,3
Fruchtknoten	„	−3	„	+0,9
Caltha palustris				
Blatt	„	−1	„	+1
Stengel (geschnitten)	„	−1,2	„	+0,8
Valeriana officinalis				
Blatt	„	−1,8	„	+1,1
Ipoauraca grandiflora				
Blatt (junge Pflanze)	„	−2,2	„	+0,8
Stengel	„	−2,5	„	+1,1
Wurzel	„	−2,4	„	+1,2

Species Kulturbedingungen				Lit.
Lycopersicum esculentum (Tomatenblattsegment)	bei 28°	Q_{O_2} −4,3		[84]
Nicotiana glauca (Tabakblattsegment)	bei 28°	„ −2,5		[85]
Zea mais (corn) (Samen, keimend)	bei 25°	„ −1	$Q_{CO_2}^{O_2}$ +1	[86]
Allium cepa (Zwiebelsegment)	bei 25°	„ −11	„ +11	[87]

Literatur

[1] *Warburg, O., K. Posener* u. *E. Negelein:* Bio. Z. **152**, 309 (1925).
[1a] *Warburg, O.:* Bio. Z. **152**, 51 (1924).
[1b] *Rosenthal, O.,* u. *A. Lasnitzki:* Bio. Z. **196**, 340 (1928).
[1c] *Warburg, O.:* Bio. Z. **160**, 307 (1925).
[1d] *Warburg, O.:* Bio. Z. **142**, 317 (1923).
[1e] *Warburg, O.:* Stoffwechsel der Tumoren, Berlin: Springer 1926.
[2] *Ogata, Y.:* Jap. J. med. Sc. Trans III, Biophysics **2**, 131 (1932).
[3] *Lasnitzky, A.:* C. r. Soc. biol. **143**, 967 (1949).
[4] *Barker, S. B.,* u. *H. S. Schwartz:* Proc. Soc. exper. Biol. Med. **83**, 500 (1953).
[5] *Ebina, T.,* u. *J. Tohoku:* J. exper. Med. **13**, 424 (1929).
[6] *Alt, H. W.:* Bio. Z. **221**, 498 (1930).
[7] *Krebs, H. A.:* unveröffentlicht.
[8] *Druckrey, H., F. Bresciani* u. *H. Schneider:* Z. f. Naturforsch. **13b**, 516 (1958).
[9] *Meyerhof, O.,* u. *K. Lohmann:* Bio. Z. **171**, 381, 403, 421 (1926).
[10] *Meier, R.,* u. *E. Thomas:* Arch. exper. Path. **169**, 655 (1933).
[11] *Tamiya, Ch.:* Bio. Z. **189**, 114, 175 (1927).
[12] *Murphy, J. B.:* J. Gen. Physiol. **3**, 115 (1925).
[13] *Fujita, A.:* Klin. Wschr. **7**, 897 (1928).
[14] *Laser, H.:* Bio. Z. **248**, 9 (1932).
[15] *Fujita, A.:* Bio. Z. **197**, 175, 189 (1928).
[15a] *Fujita, A.:* Bio. Z. **197**, 189 (1928).
[16] *Krebs, H. A.:* Z. f. Neurol. **134**, 643 (1931).
[17] *Redenz, E.:* Bio. Z. **257**, 234 (1933).
[18] *Raab, E.:* Arch. f. Gynäkol. **138**, 726 (1929).
[19] *Adler, K.:* Arch. f. Gynakol. **140**, 338 (1930).
[20] *Loeser, A.:* Arch. f. Gynäkol. **148**, 118 (1932).
[21] *Kumanomido, S.:* Bio. Z. **193**, 315 (1928).
[22] *Warburg, O.,* u. *F. Kubowitz:* Bio. Z. **189**, 242 (1927).
[23] *Blair, J. R.:* J. Cancer. Res. **12**, 369 (1928).
[24] *Sturm, A.:* Z. exper. Med. **74**, 555 (1930).
[25] *Meyerhof, O.:* Bio. Z. **157**, 459 (1925).
[26] *Loebell, R. O.:* Bio. Z. **161**, 219 (1925).
[27] *Crabtree, H. G.:* Biochem. J. **22**, 1289 (1928).
[28] *Wohlgemuth, J.,* u. *E. Klopstock:* Bio. Z. **175**, 202 (1926).
[29] *Warburg, O.,* u. *F. Kubowitz:* Bio. Z. **214**, 19 (1929).
[30] *Krebs, H. A.:* Bio. Z. **189**, 57 (1927).
[31] *Kubowitz, F.:* Bio. Z. **204**, 475 (1929).
[32] *Nakashima, M.:* Bio. Z. **204**, 479 (1929).
[33] *Crabtree, H. G.:* Biochem. J. **23**, 536 (1929).
[34] *Kronfeld, P.:* Z. f. Augenheilk. **65**, 41 (1928).
[35] *Negelein, E.:* Bio. Z. **158**, 121 (1925).
[36] *Fleischmann, W.,* u. *F. Kubowitz:* Bio. Z. **181**, 395 (1927).
[37] *Schloßmann, H.:* Bio. Z. **219**, 463 (1930).
[38] *Endres, G.,* u. *F. Kubowitz:* Bio. Z. **191**, 305 (1927).
[39] *Laser, H.:* Bio. Z. **251**, 2 (1932).
[40] *Warburg, O.:* Bio. Z. **164**, 481 (1925).
[41] *Okamoto, Y.:* Bio. Z. **160**, 52 (1925).
[42] *Warburg, O., K. Gawehn* u. *A. W. Geissler:* Z. f. Naturforsch. **11b**, 657 (1956).
[43] *Krebs, H. A.,* u. *F. Kubowitz:* Bio. Z. **189**, 194 (1927).
[44] *Neuhaus, C.:* Beitrage path. Anat. (*Ziegler*) **83**, 383 (1929).
[45] *Barron, E. S. G.:* J. exper. Med. **55**, 829 (1932).
[46] *Warburg, O., F. Kubowitz* u. *W. Christian:* Bio. Z. **242**, 170 (1931).
[47] *Leiner, G.:* Bio. Z. **276**, 186 (1935).
[48] *Warburg, O.:* Bio. Z. **177**, 471 (1926).
[49] *Kiesow, L.:* Z. f. Naturforsch. **14b**. 224 (1959).
[50] *Holtz, P., M. Exner* u. *H. J. Schumann:* Arch. exper. Path. **205**, 243 (1948).
[51] *Cayrol, P.:* Am. J. Physiol. **9**, 999 (1933).
[52] *Umbreit, W. W., R. H. Burris* u. *J. F. Stauffer:* Manometric Techniques and Tissue Metabolism, Minneapolis 1951.
[53] *Ajl, S. J.,* u. *T. O. Wong:* J. Bact. **61**, 379 (1951).
[54] *Meyerhof, O.,* u. *W. Schulz:* Bio. Z. **250**, 35 (1932).
[55] *Negelein, E.,* u. *W. Gerischer:* Bio. Z. **268**, 1 (1934).
[56] *Crook, P. G.:* J. Bact. **63**, 193 (1952).

[57] *Gary, N. D.*, u. *R. C. Bard:* J. Bact. **64**, 501 (1952).
[58] *Krebs, H. A.:* Biochem. J. **31**, 2095 (1937).
[59] *Stern, R. M.*, u. *W. C. Frazier:* J. Bact. **42**, 501 (1941).
[60] *Kubowitz, F.:* unveröffentlicht.
[61] *Kubowitz, F.*, u. *E. Haas:* Bio. Z. **255**, 247 (1933).
[62] *Warburg, O.*, u. *E. Negelein:* Bio. Z. **262**, 237 (1933).
[63] *Chang, S. C., M. Silverman* u. *B. C. Keresztesy:* J. Bact. **62**, 753 (1951).
[64] *Seeley, H. W.*, u. *P. J. Vandemark:* J. Bact. **61**, 27 (1951).
[65] *Sevag, M. G.*, u. *M. Shelburne:* J. Bact. **43**, 411 (1942).
[66] *Nunheimer, T. D.*, u. *F. W. Fabian:* J. Bact. **44**, 215 (1942).
[67] *Warburg, O.*, u. *F. Kubowitz:* Bio. Z. **214**, 5 (1930).
[68] *Warburg, O.:* Bio. Z. **189**, 350 (1927).
[68a] *Warburg, O.:* Bio. Z. **189**, 369 (1927).
[69] *Tamiya, H.:* Advances i. Enzymology **2**, 183 (1942).
[70] *Warburg, O.*, u. *F. Kubowitz:* Bio. Z. **214**, 24 (1929).
[71] *Mann, T.:* Biochem. J. **38**, 339 (1944).
[72] *Strauss, B. S.:* Arch. Biochem. Biophys. **36**, 33 (1952).
[73] *Wolf, F. T.:* Arch. Biochem. Biophys. **13**, 83 (1947).
[74] *Sebeck, O. K.*, u. *C. I. Randles:* J. Bact. **63**, 693 (1952).
[75] *Kubowitz, F.:* Bio. Z. **274**, 285 (1934).
[76] *Kratz, W. A.*, u. *J. Myers:* Plant Physiol. **30**, 275 (1955).
[77] *Warburg, O.*, u. *E. Negelein:* Z. f. physik. Chem. **CII**, 235 (1922).
[78] *Yabusoe, M.:* Bio. Z. **152**, 498 (1925).
[79] *Genevois, L.:* Bio. Z. **186**, 461 (1927).
[80] *Gaffron, H.:* J. Gen. Physiol. **28**, 259 (1945).
[81] *Watanabe, A.:* Acta Phytochim. Japan **9**, 235 (1937).
[82] *Scholander, P. F., W. Flagg, V. Walters* u. *L. Irving:* A,. J. Botany **39**, 707 (1952).
[83] *Genevois, L.:* Bio. Z. **191**, 147 (1927).
[84] *Klein, R. M.:* Arch. Biochem. **30**, 207 (1951).
[85] *Newcomb, E. H.:* A,. J. Botany **37**, 264 (1950).
[86] *Leach, W.:* Proc. Roy. Soc. London B **119**, 507 (1936).
[87] *Berry, L. J.:* J. Cellular Physiol. **33**, 41 (1949).

V. Mikrobiologische Reaktionen

Von **F. Korte, G. Snatzke** und **I. Korte**, Bonn

Zusammenfassende Literatur. *Eppstein, S. H., P. D. Meister, H. C. Murray* und *D. H. Peterson:* Vitamins and Hormones **14**, 359 (1956). — *Peterson, D. H.:* IV. International Congress of Biochemistry, Wien 1958. — *Stodola, F. H.:* Chemical Transformations by Microorganisms, New York 1958. — *Tamm, Ch.:* Angew. Chemie **74**, 225 (1962). — Literatur S. 612.

Die folgende Tabelle erhebt keinen Anspruch auf Vollständigkeit, sondern gibt für die wichtigsten Reaktionen einige Beispiele. Falls nicht anders erwähnt, ist nur das Hauptprodukt angeführt. Bei den Mikroorganismen werden Artnamen nicht angegeben, wenn die Art unbekannt ist, oder die Reaktion von mehreren Species durchgeführt werden kann. Auf die exakte Stammbezeichnung wird verzichtet. Die benötigten Mikroorganismen sind u. a. zu beziehen durch die „American Type Culture Collection" (ATCC), Washington, D. C., USA., das „Centralbureau voor Schimmelcultures" (CBS) Baarn, Niederlande, und die „Agriculture Collection, Northern Utilization Research and Development Division" (NRRL), Peoria, Illinois, USA. Es sei darauf hingewiesen, daß ein Organismus nicht unbedingt in der Lage sein muß, an jedem Substrat in gleicher Weise zu reagieren.

1. Steroide

Reaktion	Verbindung	Organismus
Monohydroxylierungen		
1α	Δ^{4}-Androsten-3,17-dion	Penicillium
	Δ^{5}-Androsten-3β-ol-17-on	Penicillium
1β	Digitoxigenin	Mucorales
2β	Δ^{4}-Androsten-3,17-dion	Penicillium
	Reichstein S	Streptomyces
		Rhizoctonia ferrugena
	17α-Hydroxy-progesteron	Sclerotinia libertiana [1]
5β	Digitoxigenin	Mucor parasiticus
6β	viele Androstan- und Pregnanderivate	Rhizopus arrhizus
		Mucor
		Helicostylum
		Cunninghamella blakesleeana
		Cephalothecium
		Streptomyces
		Gibberella saubinetti
7α	Cortexon	Curvularia
		Peziza
7β	4-Methyl-testosteron	Rhizopus nigricans
	Δ^{4}-Androsten-3,17-dion	Rhizopus nigricans
	5α-Pregnan-3β-ol-20-on	Rhizopus
	5α-Pregnan-3β,21-diol-20-on	Rhizopus
9α	Progesteron	Streptomyces aureofaciens
10β	19-nor-Testosteron	Rhizopus nigricans
11α	Testosteron	Rhizopus nigricans
	Androsten- und Pregnenderivate mit der Δ^{4}-3-Ketongruppe	Rhizopus arrhizus
	Progesteron	Rhizopus
		Bacillus cereus
	17α-Hydroxy-progesteron	Absidia regnieri
	Reichstein S	Absidia regnieri
	Cortexon	Cephalothecium roseum
		Rhizopus nigricans
11β	Progesteron	Curvularia lunata
	Reichstein S	Streptomyces fradiae
		Cunninghamella blakesleeana
		Curvularia lunata
	Cortexon	Curvularia lunata
12β	Digitoxigenin	Fusarium lini
		Gibberella saubinetti
		Gibberella fujikuroi
		Helicostylum piriforme
	Gitoxigenin	Gibberella saubinetti
	Oleandrigenin	Gibberella saubinetti
	Bufalin	Fusarium lini
14α	Dehydro-corticosteron	Absidia regnieri
	Androsten- und Pregnenderivate mit der Δ^{4}-3-Ketongruppe	Mucor parasiticus
		Mucor griseo-cyanus
		Cunninghamella
		Helicostylum
15α	Δ^{4}-Androsten-3,17-dion	Fusarium lini
	Testosteron	Fusarium lini
	Δ^{4}-Androsten-11β-ol-3,17-dion	Fusarium lini
		Gibberella saubinetti
	Progesteron	Colletotrichum antirrhini
		Penicillium urticae
		Phycomyces blakesleeanus
		Fusarium
		Gibberella
		Helminthosporium sativum [2]
	Cortexon	Fusarium lini
15β	Progesteron	Bacillus megaterium
		Helminthosporium sativum [2]
	Cortexon	Fusarium
		Lenzites abietina
16α	Östradiol, Östron	Streptomyces halstedii
		Streptomyces mediocidicus
		Streptomyces bikiniensis
	Progesteron	Streptomyces
	Cortexon	Streptomyces
	9α-Fluorcortison	Streptomyces roseochromogenus

Reaktion	Verbindung	Organismus
16β	Digitoxigenin	Helicostylum piriforme
		Cunninghamella blakesleeana
17α	Corticosteron	Cephalothecium roseum
	Cortexon	
	Dehydro-corticosteron	
	11α-Hydroxy-progesteron	Dactylium dendroides
19	Reichstein S	Corticium sasaki [3]
21	Progesteron	Ophiobolus herpotrichus
	11-Ketoprogesteron	
	17α-Hydroxy-progesteron	
	16-Dehydro-progesteron, Progesteron	Kabatiella phoradendri [4]
	19-nor-Progesteron	Aspergillus niger
	11-Ketoprogesteron	
	6β-Hydroxy-progesteron	
	14α-Hydroxy-progesteron	
	und andere	
Dihydroxylierungen		
1β, 7β	Digoxigenin	Mucorales
5β, 7β	Digoxigenin	Mucorales
	Digitoxigenin	Absidia orchidis [5]
6β, 11α	Progesteron	Aspergillus niger
6β, 17α	Cortexon	Cephalothecium roseum
7α, 14α	Reichstein S	Curvularia lunata
7α, 15β	Progesteron	Helminthosporium sativum [2]
7β, 11α	Δ^{5}-Pregnen-3β-ol-20-on	Rhizopus arrhizus
7β, 15β	Progesteron	Helminthosporium sativum [2]
11α, 17α	Cortexon	Cephalothecium roseum
11α, 21	Progesteron	Aspergillus niger
11β, 14α	17α-Hydroxy-progesteron	Curvularia lunata
11β, 21	Progesteron	Curvularia lunata
12β, 15β	Progesteron	Calonectria decora
14α, 15β	Progesteron	Helminthosporium sativum [2]
Epoxylierungen (Organismen, die in ein gesättigtes Steroid eine axiale OH-Gruppe einführen können, sind im allgemeinen in der Lage, ungesättigte Steroide, die an der gleichen Stelle eine Doppelbindung enthalten, zu epoxylieren.)		
9β, 11β	$\Delta^{9(11)}$-Dehydro-Reichstein S	Curvularia lunata
		Cunninghamella blakesleeana
14α, 15α	Δ^{14}-Dehydro-Reichstein S	Cunninghamella blakesleeana
		Curvularia lunata
Dehydrierungen		
a) >CHOH → >C=O		
3α	Androsteron	Pseudomonas
	Δ^{5}-Dehydro-androsteron (unter Doppelbindungswanderung → Δ^{4})	Corynebacterium
3β	Δ^{5}-Androsten-3β,17β-diol (unter Doppelbindungswanderung → Δ^{4})	Micrococcus dehydrogenans
	Δ^{5}-Androsten-3β-ol-20-on (unter Doppelbindungswanderung → Δ^{4})	Corynebacterium simplex [6]
	19-nor-Testosteron (unter Doppelbindungswanderung → Östradiol)	Corynebacterium simplex [6]
17β	Testosteron	Pseudomonas
	Östradiol	Fusarium lini
		Rhizopus arrhizus
3β, 17β	Androstan-3β,17β-diol	Micrococcus dehydrogenans
	Δ^{5}-Androsten-3β,17β-diol (unter Doppelbindungswanderung → Δ^{4})	Flavobacterium
		Hefe
b) >CH—CH< → >C=C<		
1 : 2	Cortison, Cortisol	Corynebacterium simplex
		Fusarium solani
		Calonectria decora
		Ophiobolus herpotrichus
		Didymella lycopersici
		Septomyxa affinis
		und andere
7 : 8	Cholestern	Azotobacter

Reaktion	Verbindung	Organismus
Hydrierungen		
a) >C=O → >CHOH		
3	5β-Pregnan-3,11,20-trion (→ 3α und 3β)	Hefe Pseudomonas
	5α-Pregnan-11α-ol-3,20-dion (→ 3α und 3β)	Hefe Pseudomonas
	5α-Pregnan-3,11,20-trion (→ 3α)	Hefe
17	Δ^4-Androsten-3,17-dion (→ 17β)	Trichomonas gallinae Trichomonas foetus Hefe
	Östron (→ 17β)	Trichomonas gallinae Trichomonas foetus Rhizopus arrhizus Fusarium lini
20	Cortexon Progesteron 16α-Hydroxy-progesteron Reichstein S Cortison Cortisol Prednison Prednisolon (→ 20β)	Streptomyces griseus und andere
	$\Delta^{1,4}$-Pregnadien-17α,21-diol-3,11,20-trion (→ 20β)	Curvularia lunata
22	Δ^4-3-Keto-bisnor-cholen-22-al	Penicillium lilacinum
b) >C=C< → >CH—CH<		
1	Δ^1-Androsten-3,17-dion	Hefe
4	Testosteron (→ 5α und 5β)	Streptomyces griseus
Acetylierungen und Amidierungen		
21-Acetylierung	16α,17α-Isopropyliden-21-ol-20-ketone	Trichoderma glauca
21-Acetamidierung	9α-Fluor-cortisol (CH_2OH → $CH_2NH \cdot COCH_3$)	Streptomyces roseochromogenus [7]
Spaltungen von C–C-Bindungen mit Folgereaktionen		
3—4	Δ^4-Cholesten-3-on → Windaus' Ketosäure (Spaltung der Δ, Decarboxylierung, Oxydation zur Säure)	Proactinomyces erythropolis
13—17	Δ^4-Androsten-3,17-dion, Testosteron → Testololacton (Spaltung der C—C, Oxydation zur Hydroxysäure und Lactonisierung)	Aspergillus, Penicillium
17—20	Progesteron → Testosteron (Spaltung der C—C, Oxydation zum sec. Alkohol)	Penicillium notatum, Cladiosporum resinae
	5α-Pregnan-3,17-dion → Androstan-3,17-dion (Spaltung der C—C, Oxydation zum Keton)	Fusarium solani, Fusarium caucasium
	Progesteron → Δ^4-Androsten-3,17-dion (Spaltung der C—C, Oxydation zum Keton)	Cladiosporum resinae
20—21, 22	Δ^4-Cholesten-3-on → Δ^4-3-Ketoätiensäure (Spaltung der C—C, Oxydation zur Säure)	Proactinomyces erythropolis

Komplexe Reaktionen

Ausgangsprodukt	Endprodukt	Organismus
Δ^{14}-Dehydro-cortexolon	14α,15α-Oxidocortisol	Curvularia lunata
Desoxycorticosteron-acetat	6β-Hydroxy-desoxy-corticosteron	Rhizopus arrhizus [8]

Ausgangsprodukt	Endprodukt	Organismus
Desoxycorticosteron-acetat	11-epi-Corticosteron	Rhizopus nigricans [8]
Δ^5-Androsten-3β,17β-diol	Δ^4-Androsten-3,17-dion	Hefe
Δ^5-Pregnen-3β,20β-diol	Δ^1-Dehydro-progesteron	Corynebacterium simplex [6]
19-nor-Testosteron	Östron	Corynebacterium simplex
2α-Methyl-19-nor-testosteron	2-Methylöstron	C. simplex
4-Methyl-19-nor-testosteron	4-Methylöstron	C. simplex
$\Delta^{4,17(20)}$-Pregnadien-11β, 21-diol-3-on	$\Delta^{4,17(20)}$-Pregnadien-6β, 21-diol-3,11-dion	Rhizopus arrhizus
$\Delta^{4,17(20)}$-Pregnadien-11β, 21-diol-3-on	$\Delta^{4,17(20)}$-Pregnadien-9α, 21-diol-3,11-dion	Helicostylum piriforme, Cunninghamella blakesleeana
Östradiol	16α-Hydroxy-östron	Streptomyces
Östron	16α-Hydroxy-östradiol	Streptomyces
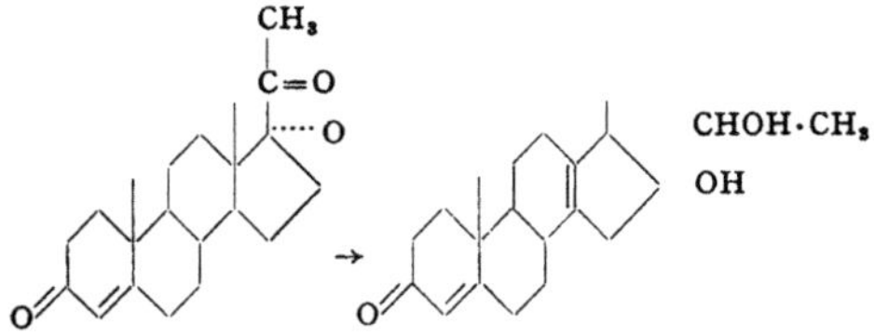		Hefe
Progesteron	5α-Pregnan-3β-ol-20-on	Streptomyces griseus
Cortexon	5α-Pregnan-3β,21-diol-20-on	Streptomyces griseus
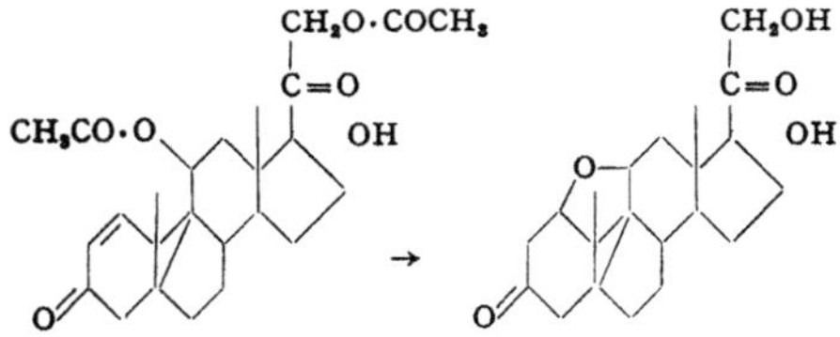		Flavobacterium dehydrogenans, var. hydrolyticum
Cortisol-diacetat	Cortisol	Flavobacterium dehydrogenans, var. hydrolyticum
Δ^4-Androsten-3,17-dion	Testosteron-acetat	Saccharomyces fragilis
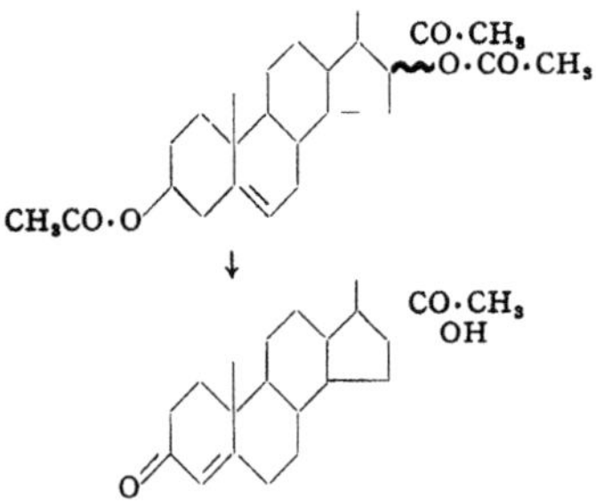		Flavobacterium dehydrogenans [9]
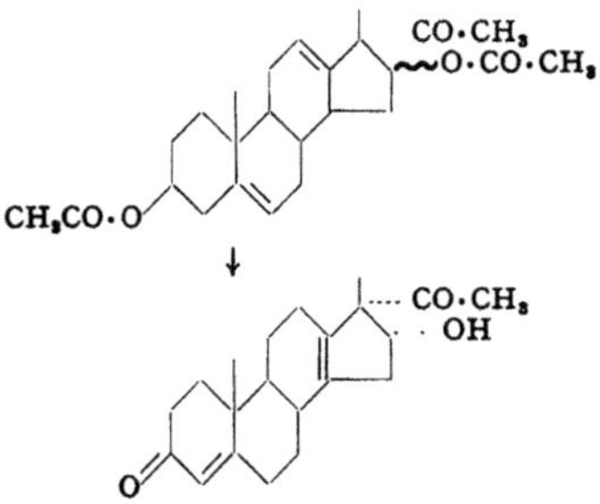		Flavobacterium dehydrogenans [9]

Ausgangsprodukt	Endprodukt	Organismus
Digitonin	Digitogenin + Zucker	Bacterium
Progesteron	Testololacton	Cephalosporium subverticillatum
Progesteron, Cortexon und Reichstein S	Δ^4-Androsten-3,17-dion und Testololacton	Penicillium und Aspergillus
Progesteron	$\Delta^{1,4}$-Androstadien-3,17-dion	Streptomyces lavendulae
Cholsäure	Δ^4-7α-Hydroxy-3,12-diketo-bisnor-cholensäure	Streptomyces gelaticus
Strophanthidin →	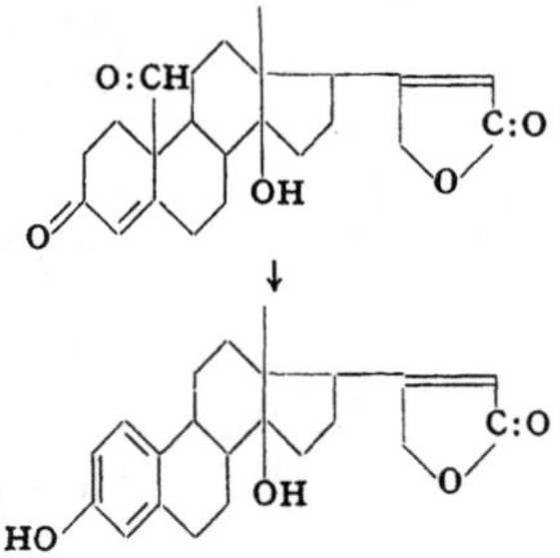	Nocardia restrictus [10]
Δ^4-Androsten-3,17-dion →	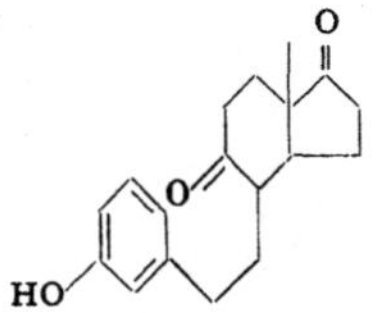	Pseudomonas Mycobacterium smegmatis
Progesteron →	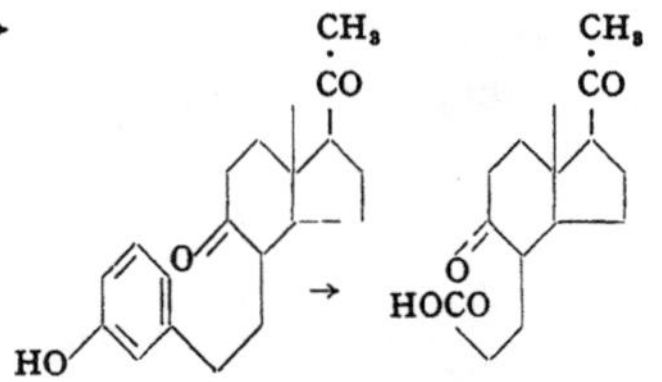	Mycobacterium smegmatis
Progesteron	Δ^4-6β-Hydroxy-androsten-3,17-dion	Gliocladium catenulatum
Progesteron	Testosteronacetat	Cladiosporum resinae

2. Nichtsteroide

Reaktion	Organismus
Reduktion	
Chloral → CCl_3CH_2OH	Hefe
$(CH_3)_2C:CH\cdot CH_2\cdot CH_2\cdot \overset{O}{\ddot{C}}\cdot CH_3 \rightarrow$ $(CH_3)_2C:CH\cdot CH_2\cdot CH_2\cdot \overset{OH}{\dot{C}H}\cdot CH_3$	Hefe
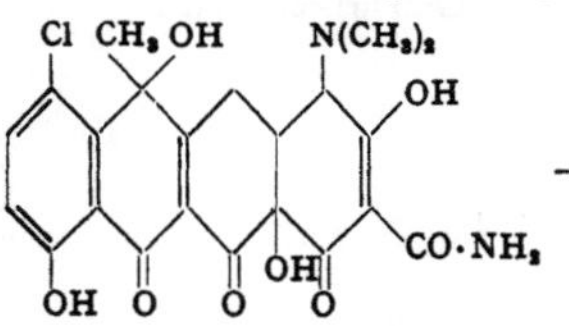 → Aureomycin	Streptomyces aureofaciens

Reaktion	Organismus
Hydrolyse	
Alginsäure → β-D-Mannuronsäure	Pseudomonas alginolique-faciens
Penicillin G → 6-Amino-penicillansäure	Streptomyces lavendulae Escherichia coli
Decarboxylierung	
Lysin → $H_2N\cdot[CH_2]_5\cdot NH_2$	Escherichia coli
α-Ketoglutarsäure → Bernsteinsäure	Hefe
Desaminierung	
Tyrosin → 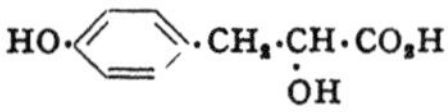	Geotrichum candidum
Phenylalanin → Phenylbrenztraubensäure	Aspergillus oryzae
Aminierung	
Fumarsäure → Asparaginsäure	Hefe (NH_4Cl)
Phosphorylierung	
Mannose → Mannose-6-phosphat	Hefe
Dehydratisierung	
Glycerin → Acrolein	Bacillus amaracrylus
Kondensation	
Benzaldehyd + Acetaldehyd → $C_6H_5\cdot\underset{OH}{CH}\cdot\overset{O}{C}\cdot CH_3$	Hefe
Methylierung	
$CH_3\cdot\overset{O}{\underset{ONa}{As}}\cdot ONa \rightarrow As(CH_3)_3$	Penicillium brevicaule
Entmethylierung	
Colchicin → Monodesmethyl-colchicin	Streptomyces griseus
Thiocolchicin → Monodesmethyl-thiocolchicin	Streptomyces griseus
Dismutierung	
$CH_3\cdot\underset{OH}{CH}\cdot CH_2\cdot CHO \rightarrow CH_3\cdot\underset{OH}{CH}\cdot CH_2\cdot CH_2\cdot OH + CH_3\cdot\underset{OH}{CH}\cdot CH_2\cdot CO_2H$	Bacterium ascendens
Amidierung	
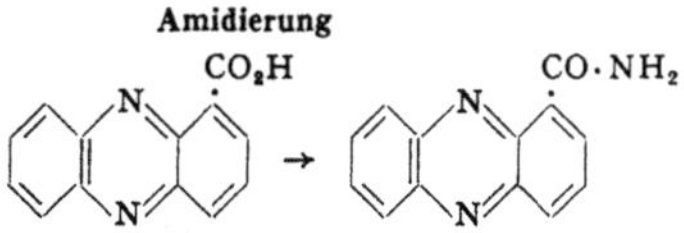	Bacillus chlororaphis
Veresterung	
Gallussäure $\xrightarrow{C_2H_5OH}$ Gallussäure-äthylester	Hefe

Reaktion	Organismus
Acetylierung	
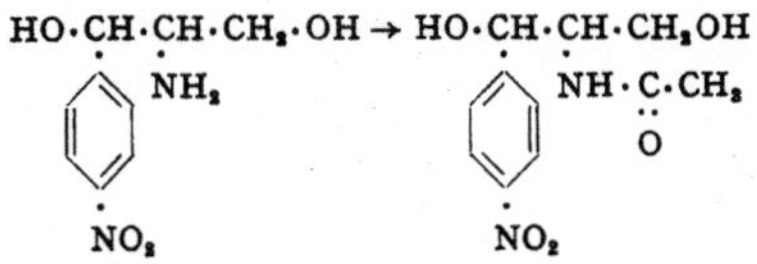	Streptomyces venezuelae
D-Glucose → 6-O-Acetyl-D-glucose	Bacillus megaterium
Hydroxylierung	
α-Pinen → cis-Verbenol	Aspergillus niger
12a-Desoxy-tetracyclin → Tetracyclin	Curvularia lunata
Yohimban-Derivate → 10-Hydroxy-Verbindungen	Streptomyces platensis, Cunninghamella blakesleeana
Oxydation	
Heptite → Heptulosen	Acetobacter suboxydans
Glucose → Gluconsäure	Pseudomonas ovalis
Glucose → 2-Keto-gluconsäure	Pseudomonas fluorescens
Lactose → Lactobionsäure	Pseudomonas graveolens
Maltose → Maltobionsäure	Pseudomonas graveolens
	P. quercito-pyrogallica
	P. gluconicum
	P. woodsii
	P. calcoacetica
Transglykosidierung	
Saccharose → Dextran + Fructose	Leuconostoc mesenteroides
Glucose-1-phosphat + Fructose → Saccharose	Pseudomonas saccharophila
Maltose → Panose	Aspergillus niger
Maltose + Glucose → Isomaltose + 6α-Isomaltosyl-D-glucose	Aspergillus oryzae
Maltose + Glucose → Isomaltose	Penicillium chrysogenum
Lactose + N-Acetyl-D-glucosamin → Galaktosyl-(1 → 4)-N-acetyl-D-glucosamin	Lactobacillus bifidus
Saccharose → β-D-Fructofuranosyl-(2 → 1)-saccharose	Aspergillus niger
Saccharose + Lactose → O-β-D-Galakto-pyranosyl-(1 → 4)-O-[α-glucopyranosyl-(1 → 2)]-D-glucopyranose	Betacoccus arabinosaceus
β-O-Phenyl-galaktosid + N-Acetyl-D-glucosamin → Galaktosyl-(1 → 6)-N-acetyl-D-glucosamin	Escherichia coli
Raffinose + Xylose → Xylsucrose	Aerobacter levanicum
Raffinose + Glucose → Saccharose	Aerobacter levanicum
Saccharose + Cellobiose → β-D-Glucopyranosyl-(1 → 4)-α-D-glucopyranosyl-(1 → 2)-glucopyranose	Betacoccus arabinosaceus
Saccharose + Glucose → 2-β-D-Fructopyranosyl-D-glucose + 3-β-D-Fructopyranosyl-D-glucose	Aerobacter levanicum
Saccharose + Methyl-α-D-glucosid → Methyl-α-D-isomaltosid $\xrightarrow{+\text{ Saccharose}}$ Glucosyl-(1 → 6)-glucosyl-(1 → 6)-methyl-α-D-glucosid $\xrightarrow{+\text{ Saccharose}}$ Glucosyl-(1 → 6)-glucosyl-(1 → 6)-glucosyl-(1 → 6)-methyl-α-D-glucosid $\xrightarrow{+\text{ Saccharose}}$ Glucosyl-(1 → 6)-glucosyl-(1 → 6)-glucosyl-(1 → 6)-glucosyl-(1 → 6)-methyl-α-D-glucosid	Leuconostoc mesenteroides
Saccharose → Isomaltulose	Leuconostoc mesenteroides

Reaktion	Organismus
Komplexe Reaktionen	
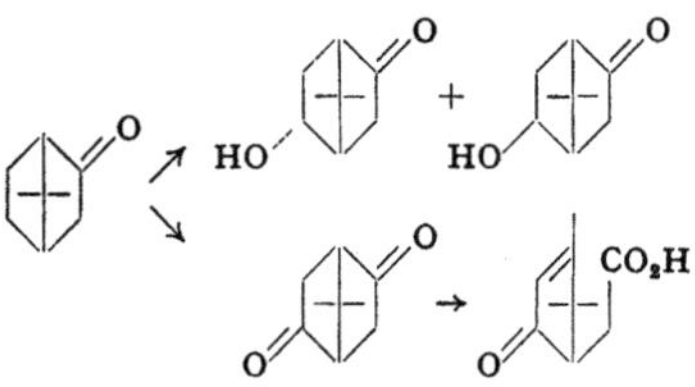	Pseudomonas
Indol → 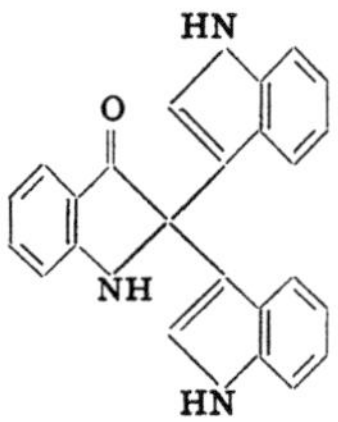	Claviceps purpurea
Tryptamin, β-Indolyl-essigsäure → 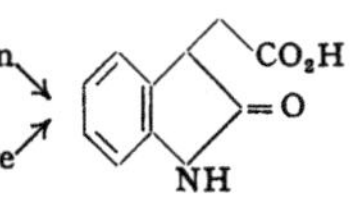	Hygrophorus conicus
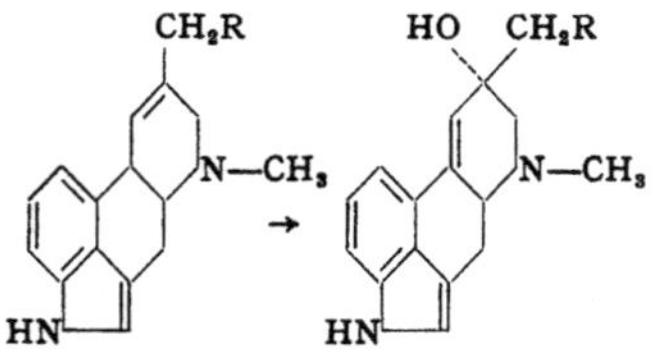 R = H oder OH	Psilocybe semperviva
Saccharose → Fructose-1,6-diphosphat	Hefe

Literatur

[1] *Tanabe, K., R. Takasaki, R. Hayashi* u. *M. Shirasaka:* Chem. Pharm. Bull. (Japan) **7**, 804 (1959).

[2] *Tsuda, K., T. Asai, J. Sato, T. Tanaka* u. *H. Hasigawa:* Chem. Pharm. Bull. (Japan) **9**, 735 (1961).

[3] *Hagiwara, H.:* J. Pharm. Soc. Japan **80**, 965 (1960).

[4] *Laskin, A., M. Giuducci* u. *J. Fried:* U. S. P. 2, 977. 286; Chem. Abst. **1961**, 18007i.

[5] *Ishii, H., Y. Nozaki, T. Okumura* u. *D. Satoh:* J. Pharm. Soc. Japan **81**, 1051 (1961).

[6] *Charney, W., A. Nobile, C. Federbush, D. Sutter, P. L. Perlman, H. L. Herzog, C. C. Payne, M. E. Tully, M. Jevnik Gentles* u. *E. B. Hershberg:* Tetrahedron **18**, 591 (1962).

[7] *Smith, L., M. Marx, H. Mendelsohn, T. Foell* u. *J. Goodman:* J. Amer. Chem. Soc. **84**, 1265 (1962).

[8] *Eppstein, S. H., P. D. Meister, D. H. Peterson, H. C. Murray, H. Marian Leigh, D. A. Lyttle, L. M. Reineke* u. *A. Weintraub:* J. Amer. chem. Soc. **75**, 408 (1953).

[9] *Shapiro, E., M. Steinberg, D. Gould, M. Jevnik Gentles, H. Herzog, M. Gilmore, W. Charney, E. Hershberg* u. *L. Mandell:* J. Amer. chem. Soc. **81**, 6483 (1959).

[10] *Kupchan, S. M., C. Sih, N. Katsui* u. *O. El Tayeb:* J. Amer. chem. Soc. **84**, 1752 (1962).

VI. Pesticide

(Chemische Mittel zur Schädlingsbekämpfung)

Von **K. H. Büchel** und **F. Korte**, Schloß Birlinghoven/Siegkreis

Zusammenfassende Literatur. *Frensch, H.:* Chemische Schadlingsbekämpfung; *Winnacker-Küchler:* Chem. Technologie Band 4, Org. Technologie II, S. 1062. München 1960. — *Negherbon, W. O.:* Handbook of Toxicology, Vol. III. Philadelphia and London 1959. — *Shepard, H. H.:* The Chemistry and Action of Insekticides. McGraw-Hill Book Comp. Inc. 1959. — *Perkow, W.:* Die Insekticide. Heidelberg 1956. — *Schrader, G.:* Die Entwicklung neuer Insekticide. Weinheim/Bergstraße 1952. — *Eichler, W.:* Insekticide Heutzutage. Berlin 1954. — *Metcalf, R. L.:* Advances in Pestcontrol Research, Bd. 2. New York 1958. — *Schicke, H. G.:* Ullmanns Enzyklop. d. techn. Chemie, Band 13, S. 582. München 1962.

Einleitung und Systematik. Aufgabe der chemischen Schädlingsbekämpfung ist die vorbeugende Verhinderung und direkte Abwehr der Einwirkung von Schadinsekten, Nagetieren, Pilzen, Bakterien und Viren auf Gesundheit, Ernährung und Wirtschaftsgüter des Menschen. Man unterscheidet daher im Wesentlichen: Pflanzenschutz, Vorratsschutz, Holzschutz und hygienische Schädlingsbekämpfung (*H. Frensch* [*1*]).

Die Verwendung von Chemikalien zur Bekämpfung von Pilzen und Insekten war schon im Altertum bekannt, wie z. B. die Wirkung des Schwefels (Homer, 1000 v. Chr.), oder die Verwendung von Arsenik als Insekticid (China, 900 v. Chr.). Im 17. Jahrhundert erkannte man die Wirkung des Tabaksaftes und um 1800 die der Pyrethrum-Blüten. Die heute anhaltende stürmische Entwicklung auf allen Gebieten der chemischen Schädlingsbekämpfung setzte kurz vor dem zweiten Weltkrieg mit der Entdeckung der insekticiden Wirksamkeit von organischen Phosphorsäureestern (Bayer), Carbazolderivaten (Hoechst) und des 2,2-Bis-(4-chlorphenyl)-1,1,1-trichloräthers = DDT (Geigy) ein. Seitdem ist eine sehr große Anzahl von chemischen Substanzen in der Schädlingsbekämpfung zum Einsatz gekommen.

Aus der Fülle der bekanntgewordenen Pesticide gibt die nachfolgende Aufstellung eine Auswahl der wichtigsten Vertreter der einzelnen Substanzklassen. Die Wirkstoffe sind — wie in Literatur [*1*] und Praxis üblich — nach ihrem Wirkungscharakter eingeteilt in:

Insekticide:	Insektentötende Mittel; Fraß-, Kontakt- und Atemgifte, Niederschlagsmittel (knock-down agents) sowie systemisch wirkende Mittel (systemisch = über den Saftstrom der Pflanze wirkend).
Acaricide:	(oder Miticide) Milbentötende Mittel.
Ovicide:	Insekteneier und Milbeneier abtötende Mittel.
Fungicide:	Pilzvernichtungsmittel.
Nematicide:	Nematoden tötende Praparate.
Herbicide:	Unkrautvernichtungsmittel.
Rodenticide:	Ratten- und Mäusevernichtungsmittel.
Molluscicide:	Schneckenvernichtungsmittel.
Chemo-Sterilantien:	Mittel, die Schädlinge nicht direkt abtöten, sondern durch Sterilisation deren Ausbreitung verhindern.
Repellents:	Abwehrstoffe gegen Insekten, die diese nicht töten, sondern durch abschreckende Eigenschaften vom Anfliegen, Saugen und Stechen abhalten.

A. Insekticide

1. Natürliche Insekticide

Natürliche anorganische Insekticide sind z. B. Kryolith ($AlF_3 \cdot 3NaF$), Schwefel und Arsenik. Bei den natürlichen organischen Insekticiden handelt es sich meist um Pflanzeninhaltsstoffe.

L-Nicotin (N-Methyl-2-(3'-pyridyl)-pyrrolidin)

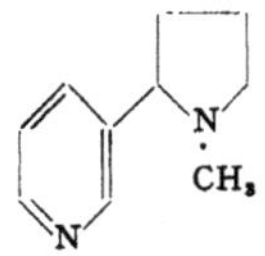

Kp_{760} 247 (Z.) LD_{50}: 50–60 mg/kg Ratte p. o.
V: In Nicotiana-Arten wie z. B. Nicotiana tabacum, N. rustica.
Verwendung: Als Atem-, Kontakt- und Fraßgift für fressende und saugende Insekten. Ähnlich wirksam ist L-*Anabasin* (*2-(3'-Pyridyl)-piperidin*).

Pyrethrum

Gemisch von vier verschiedenen Estern:

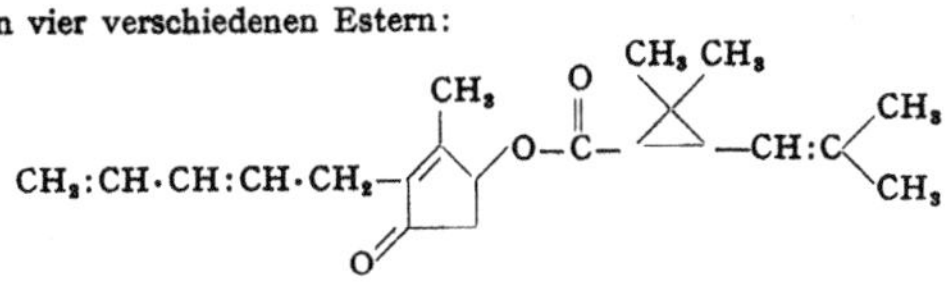

Pyrethrin I

Ester von Pyrethrolon mit Chrysanthemum-monocarbonsäure.

Pyrethrin II: Ester von Pyrethrolon mit Chrysanthemumdicarbonsäure-monomethylester.

Cinerin I: Ester von Cinerolon mit Chrysanthemum-monocarbonsäure.

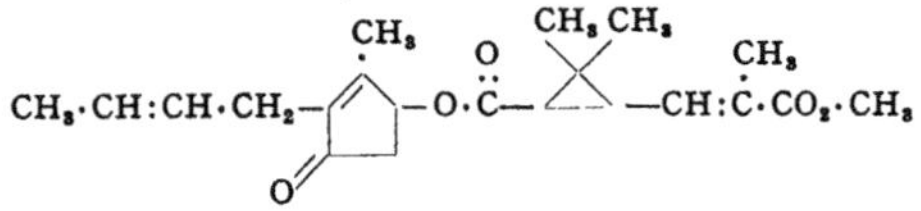

Cinerin II

Ester von Cinerolon mit Chrysanthemum-dicarbonsäure-monomethylester.
$Kp_{0.1}$ 170 bis 200 (Z.); LD_{50}: 1500 mg/kg Ratte p. o.
V:. In Chrysanthemum-Arten z. B. Chrysanthemum cinerariaefolium.
Verwend.: Als Pflanzenextrakt gegen Fliegen, Haushalts- und Vorratsschädlinge. Als Fraß-, Kontakt-, Muskel- und Nervengift. Gute „knock-down" Wirkung (Niederschlagseffekt). Als wirkungssteigender Zusatz (Synergist) wird u. a. *Piperonyl-butoxyd* verwendet.

Rotenon

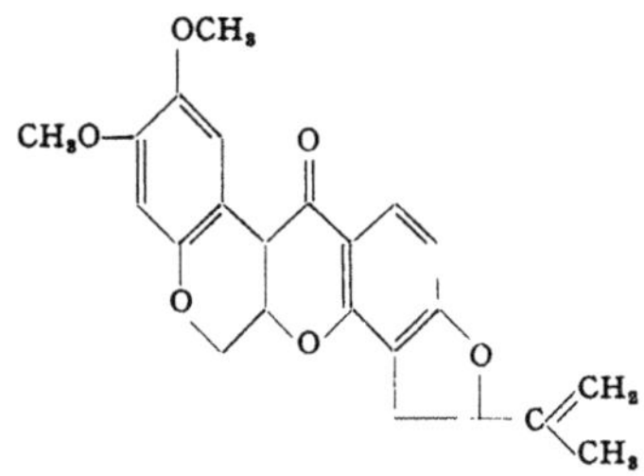

$C_{23}H_{22}O_6$

F 163 LD_{50}: 3000 mg/kg Kaninchen p. o., LD_{50}: 132 mg/kg Ratte p. o.
V.: In den Wurzeln von Derris-Arten (z. B. Derris elliptica), sowie in Tephrosia, Lonchocarpus, Milettia und Mundulea-Arten.
Neben dem Rotenon enthalten die Pflanzenextrakte noch weitere, strukturell verwandte „Rotenoide" [*2*, *3*], Deguelin, Toxicarol, Tephrosin, Sumatrol, Mallaccol, die als isolierte Substanzen schwächer wirksam sind als Rotenon.
Verwend.: Von den Eingeborenen Malayas als Fisch- und Pfeilgift. Als Kontakt- und Fraßgift im Obst- und Gemüsebau bis kurz vor der Ernte, da Rotenoide durch Sauerstoff und Licht schnell abgebaut werden.

2. Anorganische Insekticide

Bis zu Beginn des zweiten Weltkrieges waren anorganische Metallsalze die hauptsächlich verwendeten Pflanzenschutzmittel, wie z. B. Arsen-, Quecksilber-, Kupfer-, Thallium-, Selen- und Bor-Verbindungen. Mit dem Aufkommen der Kontaktinsekticide wurde ihre Bedeutung geringer. Die wichtigsten Vertreter sind:

Schweinfurter Grün (Pariser Grün) $(CH_3CO_2)_2Cu \cdot 3\,Cu(AsO_2)_2$

Kupfer(II)acetat und Kupfermeta-arsenit im Verhältnis 1 : 3 „Kupferacetoarsenit" LD_{50}: 22 mg/kg Ratte p. o.

Kalkarsen $Ca_3(AsO_4)_2$

Calciumarsenat LD: 20 mg/kg Ratte p. o.

Bleiarsen $PbHASO_4 + Pb_3(AsO_4)_2$

Secundäres und tertiäres Bleiarsenat LD_{50}: ca. 100 mg/kg Ratte p. o.
Verwend.: Als Fraß- und Magengift, z. B. gegen Obstmaden.

3. Chlorierte Kohlenwasserstoffe

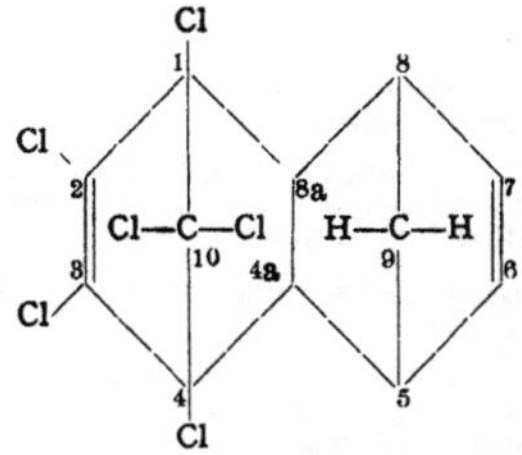

Aldrin (1,2,3,4,10,10-Hexachlor-1,4,4a,5,8,8a-hexahydro-1,4-endo-exo-5,8-dimethano-naphthalin)

F 104 LD_{50}: 67 mg/kg Ratte p. o.

Verwend.: Als Kontakt-, Fraß- und Atemgift gegen zahlreiche Insekten und Milben, sowie zur Bodenentseuchung. Isodrin ist ein Stereoisomeres des Aldrins mit ähnlichem Wirkungsspektrum.

Hersteller: Shell.

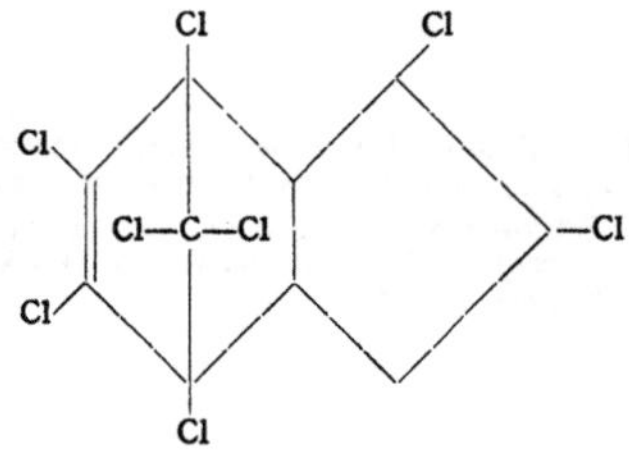

Chlordan (1,2,4,5,6,7,8,8-Octachlor-4,7-endo-methylen-3a,4,7,7a-tetrahydroindan)

Kp_2 175 LD_{50}: 470–590 mg/kg Ratte p. o.

Verwend.: Zur Bekampfung zahlreicher saugender und beißender Insekten und als Bodeninsekticid.

Hersteller: Velsicol.

DDT (2,2-Bis-(p-Chlorphenyl)-1,1,1-trichloräthan)

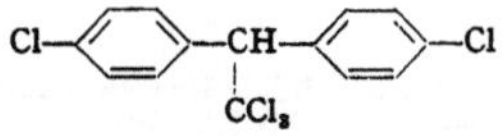

F 108–109 LD_{50}: 250 mg/kg Ratte p. o.

Verwend.: Als Kontaktinsekticid mit breitem Wirkungsspektrum auf fast allen Gebieten der Schädlingsbekämpfung. Wird im menschlichen und tierischen Fett gespeichert [*4*].

Hersteller: Geigy u. a.

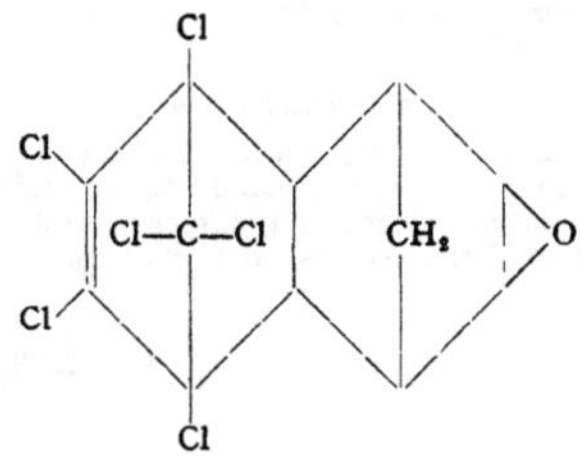

Dieldrin (1,2,3,4,10,10-Hexachlor-6,7-epoxy-1,4,4a,5,6,7,8,8a-octahydro-1,4-endo,exo-5,8-dimethanonaphthalin)

F 176–177 LD_{50}: 87 mg/kg Ratte p. o.

Verwend.: Zur Bekämpfung von Hausfliegen, Heuschrecken, Baumwollschädlingen, Ameisen und Anophelesmucken.

Endrin ist ein Stereoisomeres des Dieldrins mit ahnlichem, breitem Wirkungsspektrum sowie rodenticider Wirkung.

Hersteller: Shell.

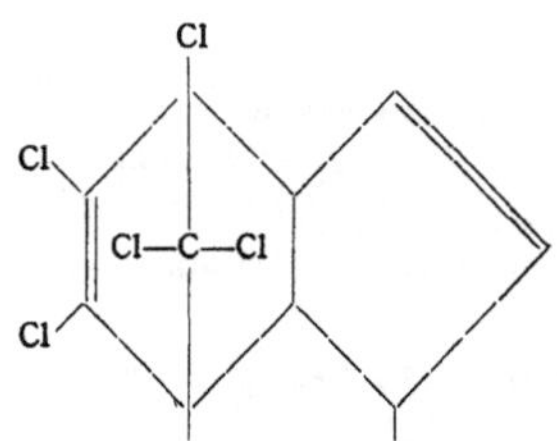

Heptachlor (1,4,5,6,7,8,8-Heptachlor-3a,4,7,7a-tetrahydro-4,7-endomethano-inden)

F 95–96 LD_{50}: 90 mg/kg Ratte p. o.

Verwend.: Als Kontakt- und Fraßgift gegen zahlreiche Schadlinge (z. B. gegen Baumwollkapselkäfer, Fliegen, Schaben u. a. m.).

Hersteller: Velsicol.

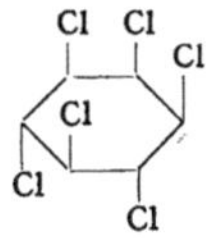

Lindan (Gammexan, γ-BHC; γ-1,2,3,4,5,6-Hexachlorcyclohexan)

F 112,5 LD_{50}: 125 mg/kg Ratte p. o.
Verwend.: Kontakt- und Fraßgift gegen alle fressende und saugende Insekten.
Hersteller: I. C. I. u. a.

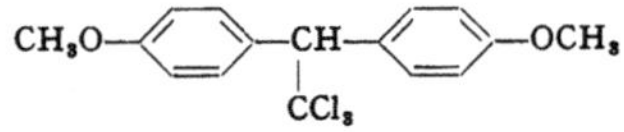

Methoxychlor (2,2-Bis-(p-methoxy-phenyl)-1,1,1-trichloräthan)

F 81 LD_{50}: 6000 mg/kg Ratte
Verwend.: gegen Haushaltsungeziefer (Stubenfliegen, Wanzen, Schaben).
Hersteller: DuPont.

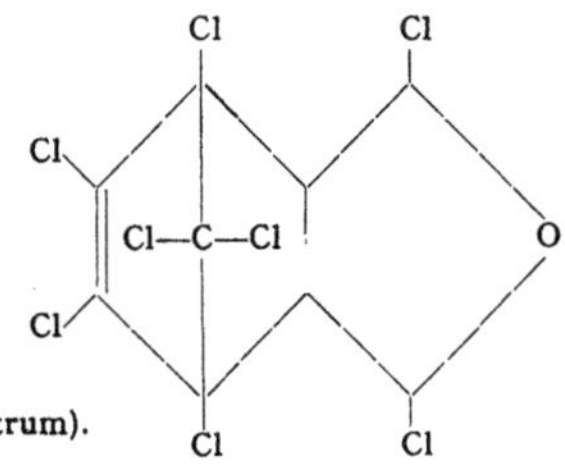

Telodrin (Exo-cis-1,3-endo-4,5,6,7,8,8-octachlor-3a,4,7,7a-tetrahydro-4,7-methanophtalan)

F 120—121,5 LD_{50}: 8,7 mg/kg Ratte p. o.
Verwend.: Als Insekticid (breites Wirkungsspektrum).
Hersteller: Shell.

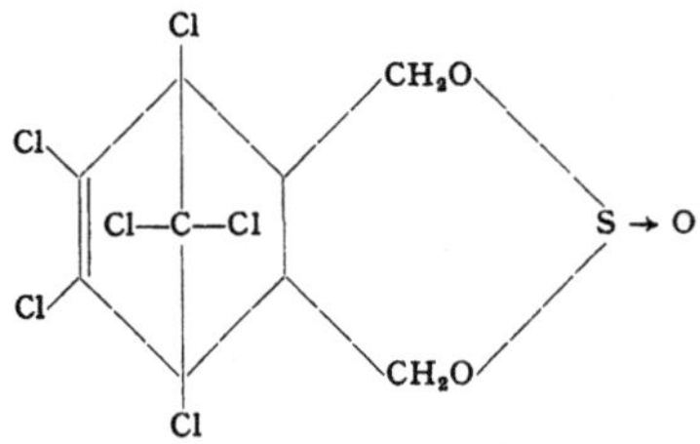

Thiodan (α,β-1,2,3,4,7,7-Hexachlor-bicyclo-(2,2,1)-hepten-(2)-bis-5,6-hydroxy-methylen-sulfid)

F 90—100 (techn. Prod.; 2 isomere Formen) LD_{50}: ca. 110 mg/kg Ratte p. o.
Verwend.: Als Insekticid (Dauerwirkung). Nicht giftig fur Bienen.
Hersteller: Hoechst.

Toxaphen („Polychlorcamphen") $C_{10}H_{10}Cl_8$

Genaue Konstitution nicht bekannt.
F 65—90 LD_{50}: ca. 69 mg/kg Ratte p. o.
Verwend.: Gegen Heuschrecken und Baumwollschädlinge.
Hersteller: Hercules Powder Comp.

4. Phosphorsäureester

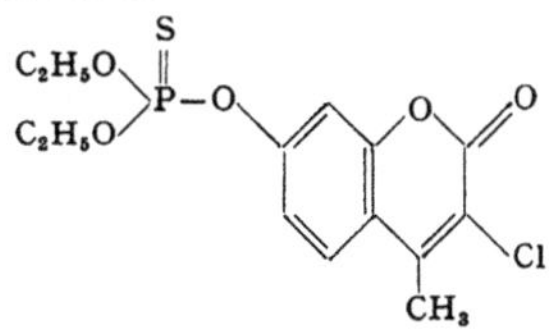

Asuntol, Resitox (Diäthyl-(3-chlor-4-methyl-7-hydroxycumarinyl)thiophosphat)

F 95 LD_{50}: 90—110 mg/kg Ratte p. o.
Verwend.: In der Veterinärmedizin zur Bekampfung von Ekto- und Endoparasiten sowie zur Stallfliegenkontrolle.
Hersteller: Bayer, Chemargo Corp.

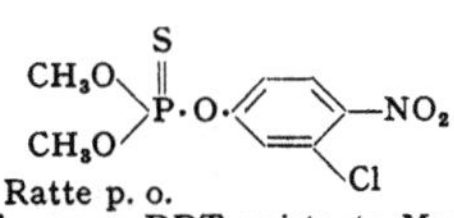

Chlorthion (3-Chlor-4-nitrophenyl-dimethyl-thiophosphat)

$Kp_{0,1}$ 125, *F* 21 LD_{50}: 500—625 mg/kg Ratte p. o.
Verwend.: Gegen Baumwollschädlinge sowie gegen DDT-resistente Mosquitolarven und Fliegen.
Hersteller: Bayer.

DDVP, Vapona (Dimethyl-2,2-dichlorvinyl-phosphat)

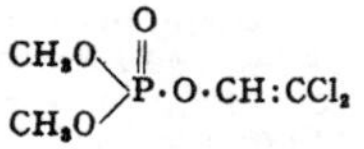

Kp_{14} 120 LD_{50}: 80 mg/kg Ratte p. o.
Verwend.: Wegen seiner hohen Flüchtigkeit als schnell wirkendes Fliegen- und Mosquitomittel geeignet.
Hersteller: Bayer, Ciba, Shell, Montrose Chem. Comp.

Diazinon (Basudin) (Thiophosphorsäure-(2-isopropyl-4-methyl-pyrimidyl-6)-diäthylester)

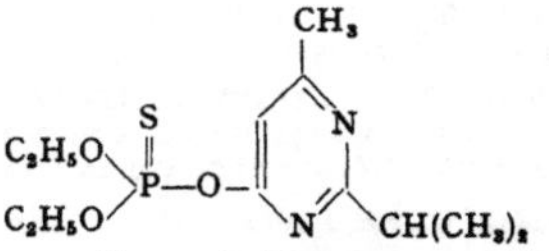

$Kp_{0,01}$ 67 LD_{50}: ca. 240 mg/kg Ratte p. o.
Verwend.: In der Hygiene und im Veterinarwesen z. B. zur Bekämpfung von Stuben- und Stallfliegen.
Hersteller: Geigy.

Dibrom (Dimethyl-(1,2)-dibrom-2,2-dichloräthyl-phosphat)

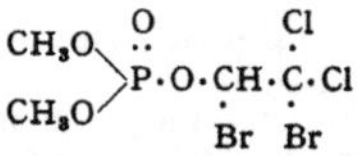

Viscoses Öl LD_{50}: 430 mg/kg Ratte p. o.
Verwend.: z. B. im Hygienesektor.
Hersteller: Californ. Spray Chem. Corp.

Dipterex (O,O-Dimethyl-1-hydroxy-2,2,2-trichloräthylphosphonat)

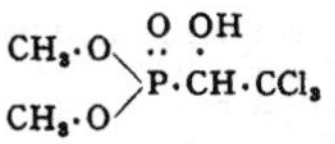

F 83–84 LD_{50}: 450 mg/kg Ratte p. o.
Verwend.: z. B. gegen Stubenfliegen sowie als systematisch wirkendes Mittel im Pflanzenschutz.
Hersteller: Bayer.

Gusathion (O,O-Dimethyl-S-(4-oxobenzotriazino-3-methyl)-dithiophosphat)

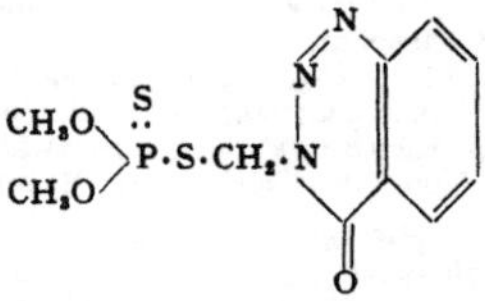

F 73–74 LD_{50}: 25 mg/kg Ratte p. o.
Verwend.: Zur Bekämpfung von Insekten und Acariciden (lange Wirkungsdauer).
Hersteller: Bayer.

Lebaycid, Baytex (4-Methylmercapto-3-methylphenyl-dimethyl-thiophosphat)

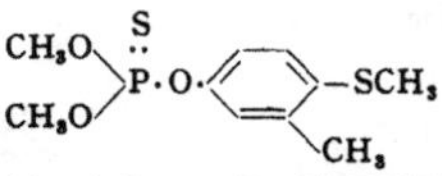

$Kp_{0,01}$ 87 LD_{50}: 250 mg/kg Ratte p. o.
Verwend.: Als Kontakt- und Systeminsekticid mit langer Residual-Wirkung und in der Veterinärmedizin.
Hersteller: Bayer.

Malathion (O,O-Dimethyl-S-(1,2-dicarbäthoxyäthyl)-dithiophosphat)

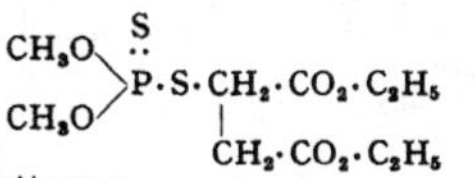

$Kp_{0,1}$ 156–157 LD_{50}: ca. 1500 mg/kg Ratte p. o.
Verwend.: Zur Bekämpfung von Insekten und Milben im Hygienesektor.
Hersteller: American Cyanamid Comp.

Parathion, E 605 (p-Nitrophenyl-diäthyl-thiophosphorsäureester)

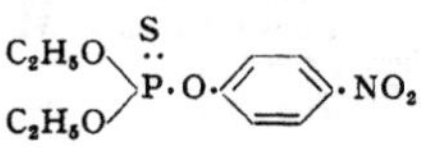

$Kp_{0,05}$ 113 LD_{50}: 5–8 mg/kg Ratte p. o.
Verwend.: Als Kontaktinsekticid mit großer Breitenwirkung auf fast allen Gebieten der Schädlingsbekämpfung. *Methylparathion* ist das Dimethyl-analoge des E 605 mit etwas niedrigerer Toxicität. LD_{50}: 30 mg/kg Ratte p. o.
Hersteller: Bayer u. a. m.

Phosdrin (Dimethyl-2-methoxy-carbonyl-1-methylvinylphosphat)

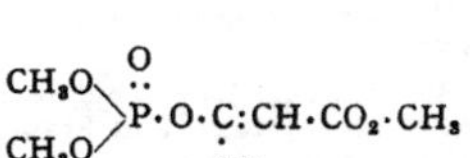

(Das techn. Produkt ist ein Gemisch aus cis- und trans-Isomeren (66 : 34) von denen die cis-Form etwa 100mal aktiver ist als die trans-Form [5]).
Kp_1 106–107 LD_{50}: 6–9 mg/kg Ratte p. o.
Verwend.: Als Kontakt- und Systeminsekticid im Obst- und Gemüsebau. Besitzt keine Residual-Wirkung und kann bis zu 3 Tagen vor der Ernte angewendet werden.
Hersteller: Shell.

Phosphamidon (Dimethyl-(2-chlor-2-diäthyl-carbamoyl-1-methyl-vinyl)-phosphat)

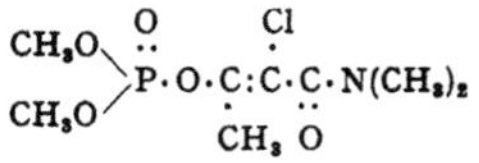

$Kp_{0,0001}$ 120 LD_{50}: 20—25 mg/kg Ratte p. o. [6]
Verwend.: Gegen Obst- und Baumwollschädlinge.
Hersteller: Ciba.

Rogor (N-Methyl-(dimethyl-dithio-phosphoryl)-acetamid)

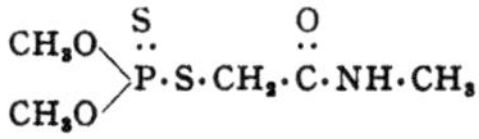

F 50—51 LD_{50}: 150—200 mg/kg Ratte p. o.
Verwend.: Als systemisch wirkendes Insekticid und Acaricid.
Hersteller: Montecatini, Amer. Cyanamid Comp.

Schradan, OMPA, Pestox

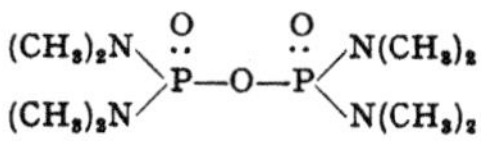

$Kp_{0,3}$ 118—120 LD_{50}: 9—10 mg/kg Ratte p. o.
Verwend.: Als systemisch wirkendes Insekticid.
Hersteller: Bayer, I. C. I., Fisons, Murphy.

Systox (O, O-Diäthyl-O-äthylmercapto-äthyl-thiophosphat)

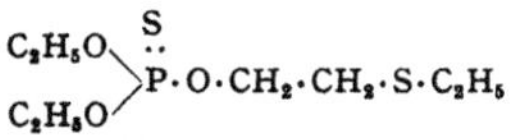

Kp_1 118 LD_{50}: 7—14 mg/kg Ratte p. o.
Verwend.: Zur spezifischen Bekämpfung von Blattläusen und Spinnmilben (wirkt systemisch).
Metasystox ist das Dimethylanaloge des Systox und zeichnet sich durch eine niedrige Warmblütertoxicität aus.
(LD_{50}: ca. 138 mg/kg Ratte p. o.)
Hersteller: Bayer.

TEPP (Tetraäthylpyrophosphat)

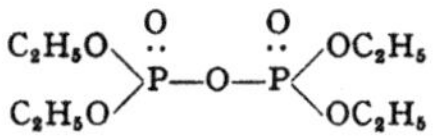

(Das techn. Produkt enthält größere Mengen Hexaäthyltetraphosphat, HETP).
Kp_1 135—139 LD_{50}: 1,4—2 mg/kg Ratte p. o.
Verwend.: Gegen Blattläuse und Spinnmilben. Als *Bladafum* (Tetraäthyl-dithiophosphat, Sulfo-TEPP) in Räucherpatronen für Gewächshäuser.
Hersteller: Monsanto, Calif. Spray, Bayer.

Thimet (O,O-Diäthyl-S-(methylmercapto-äthyl)-dithiophosphat)

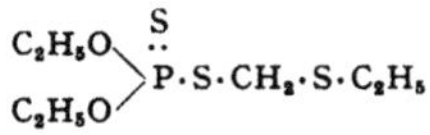

$Kp_{0,8}$ 118—120 LD_{50}: 1—2 mg/kg Ratte p. o.
Verwend.: Saatgutbeizung und Bodeninsekticid.
Hersteller: Amer. Cyanamid Comp.

5. Carbamate

Dimetan (5,5-Dimethyl-dihydroresorcin-dimethyl-carbamat)

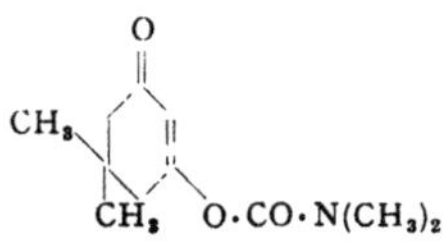

F 45—46 LD_{50}: 150 mg/kg Ratte p. o.
Verwend.: Kontakt- und Systeminsekticid gegen Blattlause.
Hersteller: Geigy.

Pyramat (2-Propyl-4-methyl-6-oxy-pyrimidyl-dimethylcarbamat)

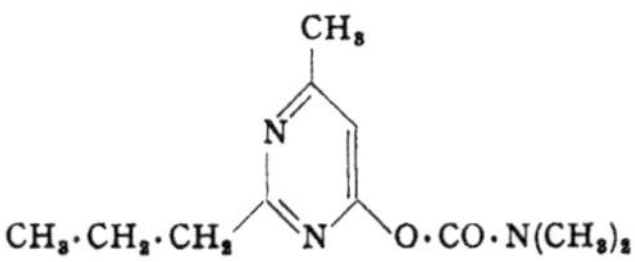

Viscoses Öl LD_{50}: 200 mg/kg Ratte p. o.
Verwend.: Als schnell wirkendes Fliegengift in Aerosol-Zubereitungen.
Hersteller: Geigy.

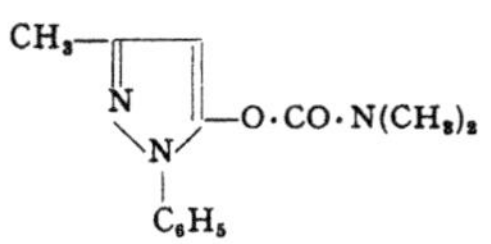

Pyrolan (1-Phenyl-3-methyl-pyrazolyl-dimethylcarbamat)

F 48—49 LD_{50}: 50—90 mg/kg Ratte p. o.
Verwend.: Als Kontakt- und Fraßgift gegen Blattlause und Fliegen.
Hersteller: Geigy.

Sevin (N-Methyl-naphthyl-carbamat)

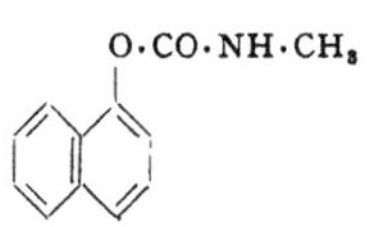

F 142 LD_{50}: 500—700 mg/kg Ratte p. o.
Verwend.: z. B. gegen Baumwollschadlinge.
Hersteller: Union Carbide.

6. Insekticide verschiedener Stoffklassen

Allethrin (DL-cis, trans-Chrysanthemum-monocarbonsäureester des D,1,2-Allyl-4-oxy-3-methyl-2-cyclopenten-1-ons)

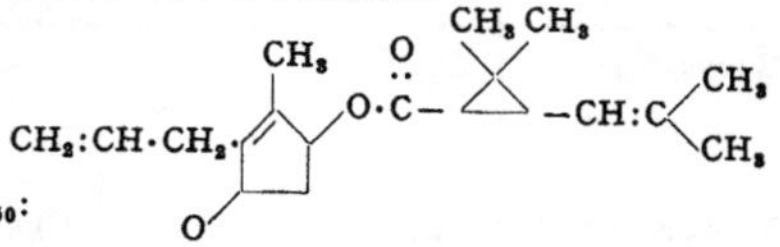

$Kp_{0,11}$ 160 (Z.); D_{20}: 1,005–1,015; LD_{50}: 680–920 mg/kg Ratte p. o.
Verwend.: Zur Bekämpfung von Hausfliegen (guter Niederschlagseffekt).
Hersteller: Carbide and Carbon Chem. Co.

Lethane 384 (β-Butoxy-B'-thiocyano-diäthylester)

$CH_2 \cdot CH_2 \cdot O \cdot C_4H_9$
O
$CH_2 \cdot CH_2 \cdot SCN$

$Kp_{0,35}$ 124 LD_{50}: 90 mg/kg Ratte p. o.
Verwend.: z. B. gegen Blattläuse und Spinnmilben (kontaktinsekticide Wirkung).
Hersteller: Röhm und Haas.

Thanite (Isobornyl-rhodanacetat)

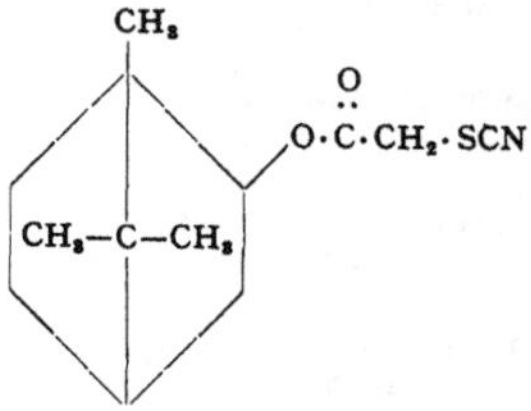

Viscoses Öl LD_{50}: 1000–6000 mg/kg Ratte p. o.
Verwend.: z. B. als Zusatz zu DDT oder Toxaphen zur Erzielung eines besseren Sofort-Effektes.
Hersteller: Hercules.

7. Chemische Mittel für den Vorratsschutz

Neben dem Schutz der wachsenden Kulturen ist die Sicherung des in vielen Millionen Tonnen lagernden Erntegutes von großer Wichtigkeit. Die Anforderungen an Vorratsschutzmittel unterscheiden sich erheblich von denen an Pflanzenschutzmitteln. Ihre Anwendung soll zu völliger Vernichtung der Schädlinge einschließlich aller Entwicklungsstadien führen, denn eine nur 95%ige Abtötung ermöglicht z. B. später die ungehinderte Vermehrung des Restbestandes. Infolge der Rückstandsprobleme sind die modernen Kontaktgifte (z. B. als Aerosole) für den Vorratsschutz nicht besonders geeignet. Man verwendet daher im Vorratsschutz hauptsächlich gasförmige oder vergasbare Präparate, obwohl diese gegenüber den Kontaktgiften eine geringere Dauerwirkung besitzen. Das große Diffusionsvermögen der Gase gewährleistet eine sichere Kontrolle der Schädlinge auch bei großen Vorratsmengen.

Die Anwendung von gasförmigen Mitteln erfolgt möglichst in geschlossenen Begasungskammern, Silos oder abgedichteten Räumen.

Wichtige Begasungsmittel im Vorratsschutz

Name	Formel	*Kp*	Toxicität	Anwendung
Acrylnitril (Ventox)	$CH_2{:}CH \cdot CN$	77	LD_{50}: 93 mg/kg Ratte p. o.	Getreidebegasung (gegen Haushaltsungeziefer)
Äthylbromid	C_2H_5Br	38		Entseuchung von Lagerhausern
Äthylenoxyd (Cartox)	C_2H_4O	11,6	LC_{50}: (Ratte): 7,2 mg/L 4 Std. inhaliert	Getreidebegasung
Äthylformiat	$C_3H_6O_2$	54	LC_{100} (Ratte): 24,2 mg/L 4 Std. inhaliert	Getreidebegasung
Blausäure	HCN	25,6	LC_{100} (Mensch): 1 mg/kg p. o.	Raumbegasung, Schutz von Obstkulturen. Handelsform: Zyklon B. Flüssige Blausaure + Chlor- und Brom-Verb. als Reizstoffe + Trägermasse (Diatomit)

Name	Formel	Kp	Toxicität	Anwendung
Kohlendioxyd	CO_2	−79		Verwendung als Zusatzmittel: regt die Atemtätigkeit der Insekten an.
Methallylchlorid	C_4H_7Cl	72	MLC (Maus): 0,362 mg/L 10 Min. inhaliert	Raumbegasung
Methylbromid	CH_3Br	3,6	LC_{100} (Ratte): 0,63 mg/L 6 Std. inhaliert	Getreidebegasung Entseuchung von Lagerhäusern
Methylformiat	$C_2H_4O_2$	32		Getreidebegasung
Phosphorwasserstoff	PH_3	−87	LC_{100} (Mensch): ca. 10 mg/m³ 6 Std. inhaliert	Begasungsmittel für Getreide
Schwefeldioxyd	SO_2	−10	LC_{100} (Maus): 1,6 mg/L 5 Std. inhaliert	Desinfektion
Schwefelkohlenstoff	CS_2	46	LC_{100} (Mensch): ca. 15 g/m³ 3−4 Std. inhaliert	Getreidebegasung
Tetrachlorkohlenstoff	CCl_4	77	LD_{50} (Ratte): 7,46 g/kg p. o.	Raumbegasung, Bodendesinfektion
Trichloracetonitril (Tritox)	CCl_3CN	85		Raumbegasung (auch gegen Hausungeziefer)

B. Acaricide

Das verstärkte Auftreten von Spinnmilben wird z. T. dem Einsatz von chlorierten Kohlenwasserstoffen zugeschrieben, die gegen diese Schädlinge wenig wirksam sind, aber deren natürliche Feinde vernichten. Dadurch wurde die Entwicklung spezieller Milbenmittel notwendig.

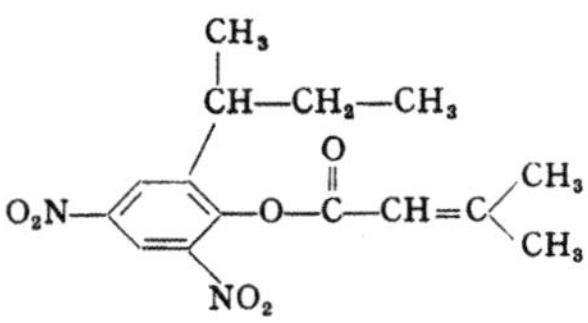

Acricid (4,6-Dinitro-2-sec.butylphenol-dimethylacrylsäureester)

LD_{50}: 165 mg/kg Ratte p. o.
Verwend.: Gegen Spinnmilben und echte Mehltaupilze z. B. im Obstbau. Nicht toxisch gegen Bienen.
Hersteller: Hoechst.

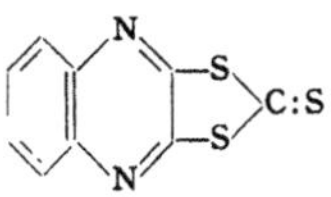

Eradex (Chinoxalin-2,3-trithio-carbonat)

F 180 LD_{50}: 3400 mg/kg Ratte p. o. [7].
Verwend.: Milbenmittel mit großer Dauerwirkung. Besitzt auch fungicide Eigenschaften.
Hersteller: Bayer.

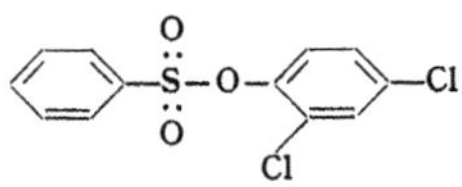

Genite (2,4-Dichlorphenylbenzolsulfonsäureester)

F 46−47
Verwend.: Ovicid wirksames Milbenmittel.
Hersteller: Allied Chem.

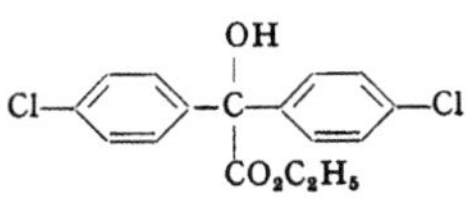

Gesaspint (Chlorbenzylat; **4,4'-Dichlorbenzilsäure-äthylester)**

$Kp_{0,06}$ 141−142 LD_{50}: 4850 mg/kg Ratte p. o.
Verwend.: Gegen die beweglichen und Ruhe-Stadien sowie die Sommereier der Milben. Gut wirksam gegen Bienenmilben, ohne die Wirtstiere zu schädigen.
Hersteller: Geigy.

Kelthane (4,4'-Dichlorphenyl-trichloräthanol)

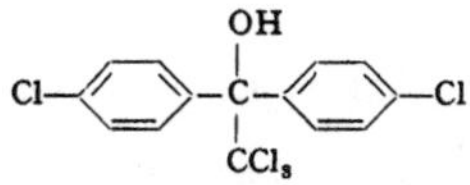

F 104–105 LD_{50}: 575–800 mg/kg Ratte p. o.
Verwend.: Gegen Spinnmilben. Besitzt auch ovicide Wirksamkeit.
Hersteller: Röhm und Haas.

Phenkapton (O, O-Diäthyl-S-methyl-mercapto-(3,6-dichlorphenyl)-dithiophosphat)

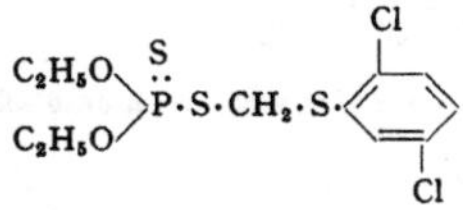

Viscoses Öl LD_{50}: 185 mg/kg Ratte p. o.
Verwend.: Gegen Rote Spinne (Obstbaum-Spinnmilbe, Metatetranychus ulmi, Paratetranychus pilosus). Auch ovicide Wirksamkeit.
Hersteller: Geigy.

Tedion (2,4,5,4'-Tetrachlordiphenylsulfon)

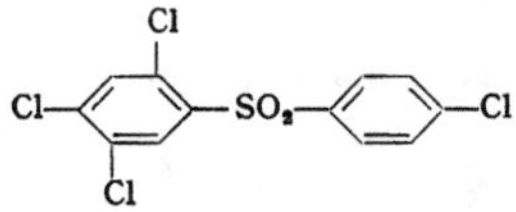

F 145–146. Toxicität: hohe Dosen p. o. (Mäuse) verursachen keine Vergiftung.
Verwend.: Spezifisches Milbenmittel. Ungiftig für Bienen.
Hersteller: Philips Duphar.

C. Ovicide

Chlorfenson, Ovotran (p-Chlorphenyl-p-chlorbenzolsulfonat)

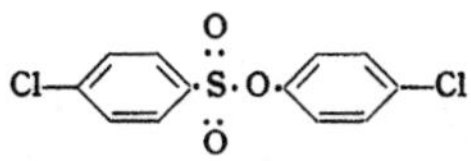

F 86,5 LD_{50}: 2050 mg/kg Ratte p. o.
Verwend.: Hauptsächlich gegen Milbeneier. Zeigen geringen „knock down" Effekt bei ausgewachsenen Milben. (Ähnliche Benzolsulfonate s. unter B. Acaricide, S. 620).
Hersteller: Dow Chem. Corp.

Gebutox; DNBP; Dinoseb (4,6-Dinitro-2-sec.-butylphenol)

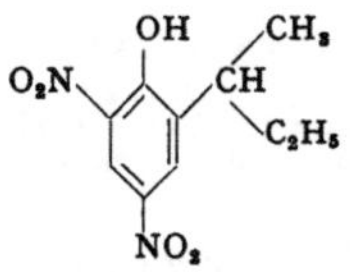

F 48, techn. Prod. ~28 LD_{50}: 40 mg/kg Ratte p. o.
Verwend.: Als wäßrige Salzlösung (z. B. Triäthanolaminsalz) gegen Wintereier. Insekticide und acaricide Wirksamkeit.
Hersteller: z. B. Hoechst, Dow Chem. Corp.

Sinox (DNOK; 4,6-Dinitro-o-kresol)

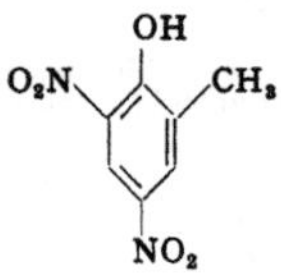

F 85,8 LD_{50}: 40–65 mg/kg Ratte p. o.
Verwend.: Wegen phytotoxischer Eigenschaften hauptsächlich zur Bekämpfung der Wintereier von Insekten und Milben.
Hersteller: G. Truffant et Cie.

D. Fungicide

Anorganische Chemikalien sind als Basisfungicide schon seit langem in Gebrauch, z. B. Schwefel, Kupfersulfat (Bordeaux-Brühe, mit Kalkzuschlag), Kupferoxychlorid ($3\,Cu(OH)_2 \cdot CuCl_2$) sowie organ. Quecksilber-Verbindungen (R—Hg—R').

Die Kupfer- und Schwefelempfindlichkeit vieler Obstsorten sowie Schwierigkeiten bei der Bekämpfung vieler Pilzkrankheiten machte die Entwicklung spezieller Fungicide erforderlich.

Brestan (Triphenyl-zinnacetat)

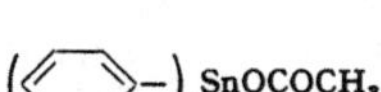

F 124–125 LD_{50}: 125 mg/kg Ratte p. o.
Verwend.: Gegen Phytohphthora und Cercospora im Rübenbau, sowie gegen Septoria apii.
Hersteller: Hoechst.

Captan, Orthocid (N-Trichlormethylthio-tetrahydro-phtalimid)

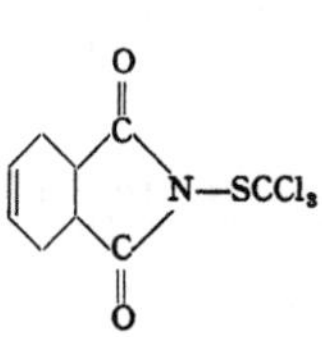

F 172
Verwend.: Breit wirksames Fungicid mit ausgezeichneter Wirkung gegen Obstschorf.
Hersteller: z. B. Esso.

Phygon (2,3-Dichlor-1,4-naphthochinon)

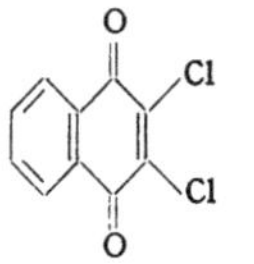

F 193
Verwend.: Als Beizmittel für Saatgut. Ähnlich wirksam ist *Spergon* (*Tetrachlor-p-chinon*).
Hersteller: U. S. Rubber.

Thiram, Pomarsol (Tetramethyl-thiuram-disulfid)

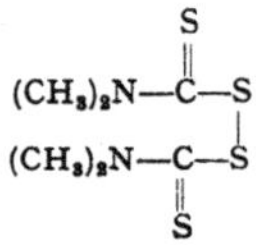

F 75
Verwend.: Gegen Fusicladium sowie als Beizmittel. Besitzt auch eine gewisse insekticide Wirkung als Fraßgift. Repellent gegen Vögelfraß.
Hersteller: z. B. Bayer, DuPont.

Ziram, Fuklasin (Zink-dimethyl-dithiocarbamat)

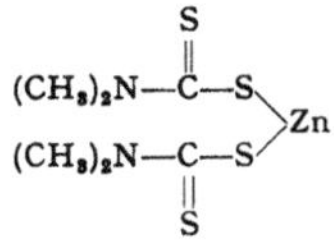

F 240
Verwend.: Im Obstbau gegen Schorfkrankheiten. Holzschutz gegen Termiten. Ähnliche Wirksamkeit besitzt *Ferbam* (*Ferri-dimethyl-dithio-carbamat*).
Hersteller: DuPont, Schering.

E. Nematicide

Die Stengel-Wurzelgallen sowie Cysten bildenden Älchen (Nematoden) werden meist durch Bodenbegasungsmittel wie Schwefelkohlenstoff, Methylbromid, Dibromchlorpropan, 1,2-Dibromäthan und Tetrachlorkohlenstoff bekämpft. Weitere Beispiele sind:

Chlorpikrin (Picfume, Trichlornitromethan) CCl_3NO_2

Kp_{760} 112,4 LC: 2 mg/L inhaliert bei Warmblütern.
Verwend.: Im Gemisch mit Tetrachlorkohlenstoff oder Methylbromid zur Nematodenbekämpfung. Boden-Insekticid und Boden-Fungicid. Giftig gegen alle Insekten.
Hersteller: Dow Chem. Corp.

D-D (1,2-Dichlorpropan + 1,3-Dichlorpropen (Verhältnis 1 : 2))

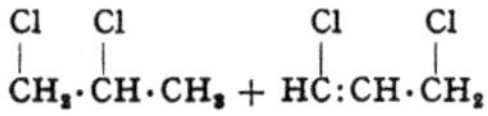

Kp ca. 90—130 LD_{50}: 140 mg/kg Ratte p. o.
Verwend.: Zur Nematodenbekämpfung. Allgemein als Bodenpesticid.
Hersteller: Shell.

Nemagon (1,2-Dibrom-3-chlorpropan)

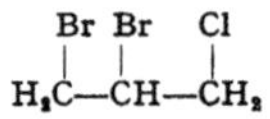

Kp 196 LD_{50}: 172 mg/kg Ratte p. o.
Verwend.: Nematodenbekämpfung und Bodenentseuchung.
Hersteller: Shell.

Vapam, Sistan (Na-Salz der N-Methyl-dithiocarbaminsäure)

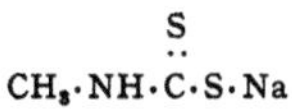

LD_{50}: 820 mg/kg Ratte p. o.
Verwend.: Nematodenbekämpfung, Bodenbegasung (fungicide Wirkung).
Hersteller: Stauffer, I. C. I., Chem. Ind. Corp., Merck.

F. Herbicide

Ältere Unkrautbekämpfungsmittel mit Radikalwirkung sind z. B. anorganische Chemikalien wie Borax, Ammoniumrhodamid, Calciumcyanamid, Arsenverbindungen, Natriumbichromat, Zinkchlorid. Wegen der z. T. kurzen Dauerwirkung, hohen Toxicität oder zu langen Dauerwirkung (Chlorate) und wegen der Schwierigkeit der Pflege großer Monokulturen besteht großes Interesse an besseren und selektiv-wirkenden Präparaten. Aus der Fülle der Handelsprodukte werden einige typische Beispiele angeführt:

Amizol, Amitrol, 3 A-T, Weedazol (3-Amino-1,2,4-triazol)

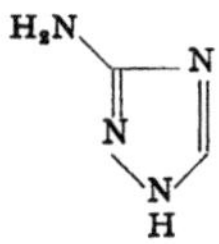

F 153—159 LD_{50}: 14700 mg/kg Ratte p. o.
Verwend.: Als Totalherbicid. Stört die Chlorophyllbildung bei Pflanzen.
Hersteller: American Chem. Paint., Amer. Cyanamid Comp., Achem. Prod. Inc.

Aretit (4,6-Dinitro-2-sec.-butylphenol-essigsäureester)

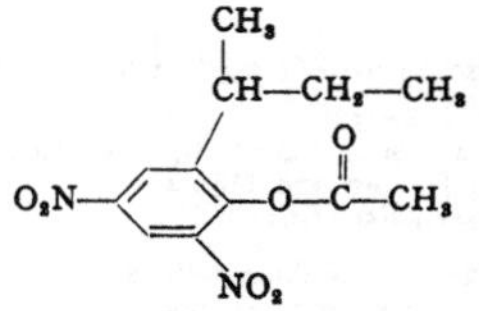

Verwend.: Als selectives Herbicid gegen dicotyle Unkrautpflanzen (z. B. Ackersenf).
Hersteller: Hoechst.

2,4-D, Weedone (2,4-Dichlorphenoxy-essigsäure)

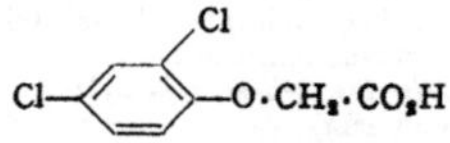

F 138
Verwend.: Selektive Bekämpfung von zweikeimblättrigen Unkräutern. Die Aufnahme von 2,4-D erfolgt auch durch die Blätter (physiologische Wirkung), über den Saftstrom erfolgt Weitertransport in Stiele und Wurzeln. Weiterhin Verwendung als „Wuchshormon" und zur Bildung kernloser Früchte (Zitronen, Orangen). Ähnlich wirksam ist *2,4,5-T (2,4,5-Trichlorphenoxyessigsäure)*.
Hersteller: American Chem. Paint, Dow, I. C. I., DuPont, BASF. u. a. m.

Dalapon, Basfapon, Gramevin (2,2-Dichlor-propionsäure)

$CH_3 \cdot CCl_2 \cdot CO_2H$

Kp_{14} 90–92 *Natriumsalz: F* 193–197
Verwend.: Als Natriumsalz zur Bekämpfung von Gräsern.
Hersteller: Dow, BASF, Shell.

2,6-DBN (Dichlorbenil; 2,6-Dichlorbenzonitril)

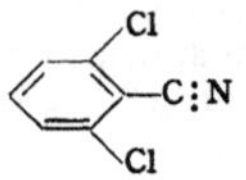

F 140–142 LD_{50}: > 1500 mg/kg Ratte p. o.
Verwend.: Selektiv wirkendes Unkrautvernichtungsmittel, z. B. im Reisbau.
Hersteller: Philips, Shell.

Monuron (CMU, Karmex), (3-(p-Chlorphenyl)-1,1-dimethylharnstoff)

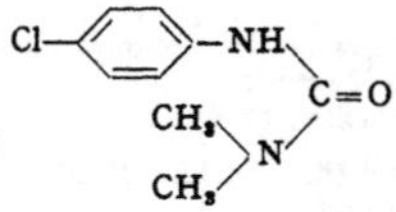

F 170
Verwend.: Zur Unkrautvertilgung. Selektive Anwendung in Spargel-, Ananas-, Baumwoll- und Zuckerrohr-Kulturen.
Hersteller: DuPont.

Nata, TCA (Trichloressigsäure) $Cl_3C \cdot CO_2H$

F 56–59
Verwend.: Als Natriumsalz zur Vernichtung von Gräsern.
Hersteller: Hoechst, Lech-Chemie u. a. m.

Propham, I.P.C. (Isopropyl-N-phenyl-carbamat)

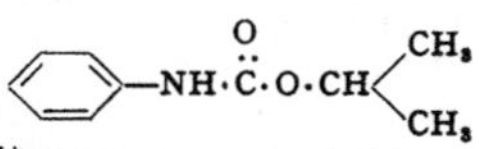

F 87 Toxicität: niedrig gegen Warmblüter.
Verwend.: Spezifisches Herbicid für Monokotyledonen im Sproß- oder Samenzustand. Wird im Boden durch Mikroorganismen schnell zerstört. Verstärkte Wirksamkeit besitzt *Chlorpropham (Isopropyl-N-(3-chlorphenyl)-carbamat)*.
Hersteller: Colombia Southern.

Simazin (4-Chlor-2,6-äthylamino-S-triazin)

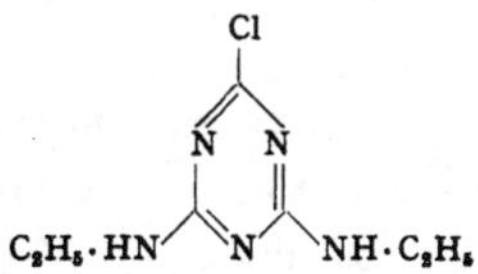

F 225 LD_{50}: 5000 mg/kg Mausp. o.
Verwend.: Unkrautvernichtungsmittel.
Hersteller: Geigy.

G. Rodenticide

Nagergifte werden im allgemeinen als Mischköder (Verhältnis Gift zu Lockspeise 1 : 20) verabreicht. Lange bekannte Nagergifte sind z. B. Thalliumsulfat, Zinkphosphid, Strychnin und Extrakte der roten Meerzwiebel (Bulbus scillae). Einige neuere Präparate sind:

Pival (2-Pivalyl-1,3-indandion)

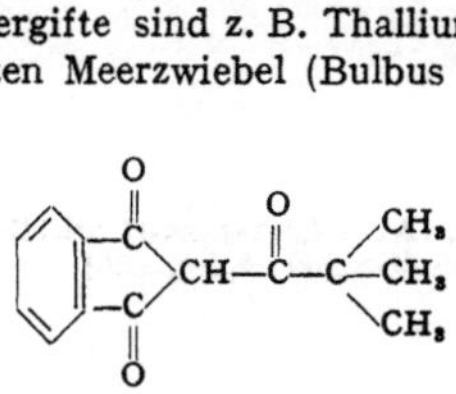

F 108,5–110,5 LD_{67}: 25 mg/kg Ratte p. o.
Verwend.: Ratten- und Mausebekämpfung. Pival ist auch insekticid, z. B. starkes Kontaktgift für Ha usfliegen.
Hersteller: Kilgore Chem. Co. u. a,

Racumin (3-(α-Tetralyl)-4-hydroxycumarin)

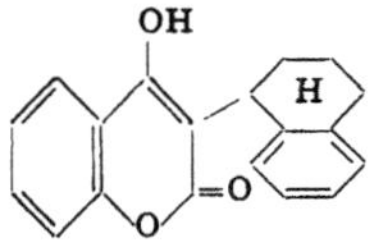

F 172—176 LD_{50}: 1,5 mg/kg Ratte p. o. [8]
Verwend.: Als Streupulver oder Fertigköder gegen Ratten und Mäuse.
Hersteller: Bayer.

Warfarin (3-(α-Phenyl-β-acetyläthyl)-4-hydroxycumarin) sowie
Cumachlor (3-(α-p-Chlorphenyl-β-acetyläthyl)-4-hydroxycumarin und
Fumarin (3-(α-Furyl-β-acetyläthyl)-4-hydroxy-cumarin)

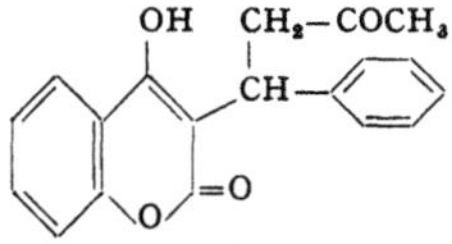

F 159—161
Verwend.: Zur Ratten- und Mausebekampfung. Die rodenticide Wirkung der Hydroxycumarinderivate wird durch Hemmung der Blutgerinnung und Schädigung der Gefaße verursacht.

H. Molluscicide

Metaldehyd und Kupfersulfat sind altbekannte Schneckenvernichtungsmittel. Die Erreger der Bilharziose, z. B. die blutparasitischen Schistosomen, benützen während ihrer Entwicklung Wasserschnecken als Zwischenwirte. In jüngster Zeit ist eine Bekämpfung dieser Krankheit durch Vernichtung der als Zwischenwirte dienenden Mollusken stark forciert worden (Welt-Gesundheitsorganisation) und machte die Entwicklung spezieller Molluscicide erforderlich.

Aqualin (Acrolein) $CH_2{:}CH{\cdot}CHO$

F 52,5 LD_{50}: 42 mg/kg Ratte p. o.
Verwend.: Zur Bekämpfung von aquatischen Unkrautern und Wasserschnecken. Industrielles Bakterícid.
Hersteller: Shell.

Bayluscid (5,2′-Dichlor-4′-nitro-salicyl-anilid)

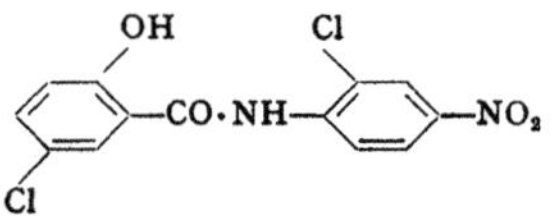

F 230 Toxicität: Max. Vertraglichkeit > 2500 mg/kg Maus p. o.
Verwend.: Als Äthanolaminsalz zur Bekämpfung medizinisch wichtiger Süßwasserschnecken wie z. B. die verschiedenen Spezies der Gattungen Astralorbis, Planorbis, Bulinus, Physopsis und Limnaea [9].
Hersteller: Bayer.

Dinex (DCHP; 2,4-Dinitro-6-cyclohexylphenol)

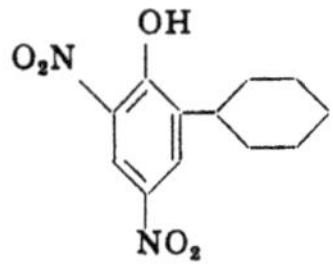

F 105—106 LD_{50}: ca. 65 mg/kg Ratte p. o.
Verwend.: Vielfach als Dicyclohexylaminsalz: Schneckenbekampfung, Insekticid, Acaricid.
Hersteller: z. B. Dow Chem. Corp.

Dowicide 7 (PCP; Pentachlor-phenol)

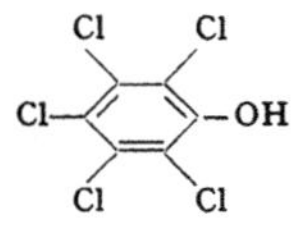

F 190—191 LD_{50}: 210 mg/kg Ratte p. o.
Verwend.: Als Na- oder Cu-Salz zur Schneckenbekämpfung. Besitzt auch insekticide und fungicide Wirkung.
Hersteller: z. B. Dow Chem. Corp.

Isobutyl-triphenyl-methyl-amin

F 69 LD_{50}: > 250 mg/kg Maus p. o.
Verwend.: Zur Bekämpfung von Wasserschnecken.
Hersteller: I. C. I.

I. Sterilantien

Apholate (2,2,4,4,6,6-hexa-(1-aziridinyl)-2,4,6-triphospha-1,3,5-triazin)

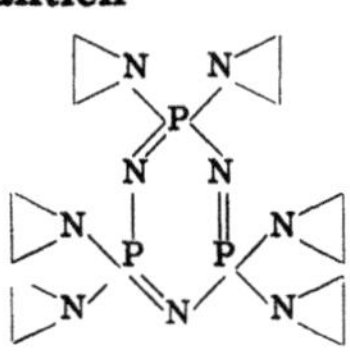

Aphomide (N,N'-Äthylen-bis-[p,p-bis-(1-aziridinyl)-N-methyl-phosphinamid)

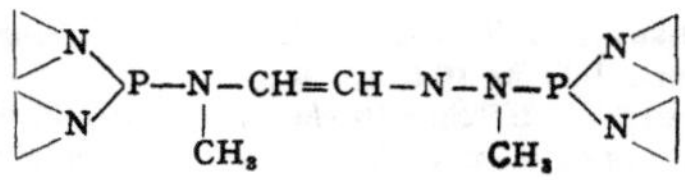

Aphoxide (Tris-(1-aziridinyl)-phosphinoxyd)

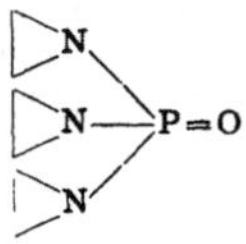

Verwend.: Zur Sterilisation weiblicher und männlicher Hausfliegen [*10*].
Hersteller: Olin Mathieson Chem. Corp.

Methotrexate (Amethopterin; N-[p-[2,4-diamino-6-pteridyl-methyl]-methylamin]-benzoyl-glutaminsäure)

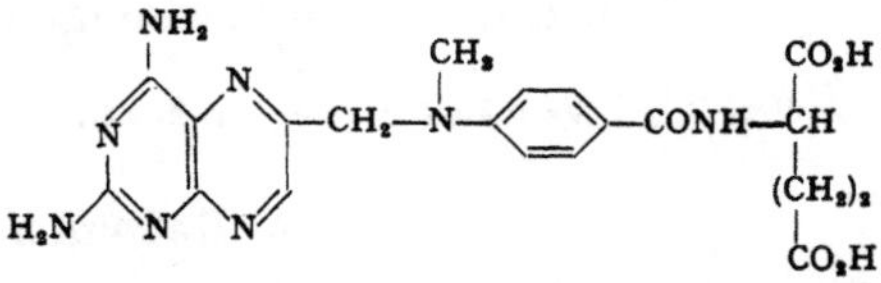

Verwend.: Zur Sterilisation von Insekten. Bei Musca Domestica werden nur die weiblichen Tiere angegriffen [*11*].

K. Repellents

Lange bekannt ist die Abwehr von Insekten durch ätherische Öle wie z. B. Citronellöl, Nelkenöl, Zimtöl und auch durch Campher. In neuerer Zeit haben synthetische Präparate infolge ihrer längeren Wirkungsdauer größere Bedeutung gewonnen.

Dimethyl-carbat (Dimelone, Nisy; cis-Bicyclo-(2,2,1)-5-hepten-2,3-dicarbonsäure-methylester)

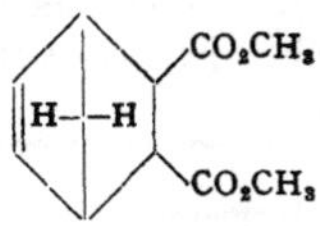

$Kp_{1,5}$ 115 *F* 38
Verwend.: Abwehr von Insekten.

Dimethylphtalat (Phthalsäure-dimethylester)

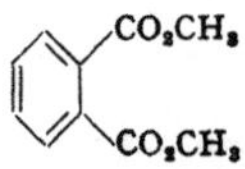

Kp_{760} 282—285 LD_{50}: 6,9 ml/kg Ratte p. o.
Verwend.: Zur Abwehr von stechenden und saugenden Insekten (z. B. von Mosquitos in tropischen Gebieten während des zweiten Weltkrieges).

Indalone (3,4-Dihydro-2,2-dimethyl-4-oxo-2-H-pyran-6-carbonsäure-n-butylester)

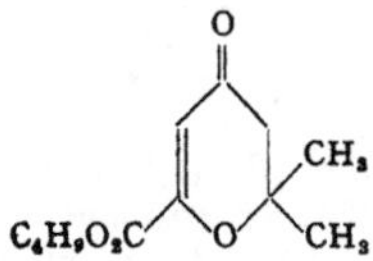

Kp 113 LD_{50}: 7,4 ml/kg Ratte p. o.
Verwend.: Meist in Mischung mit Dimethylphthalat und Rutgers 6—12 zur Abwehr von Insekten.
Hersteller: Kilgore Chem. Co. u. U. S. Industr. Chem. Co.

Rutgers 6—12 (2-Äthyl-hexan-1,3-diol)

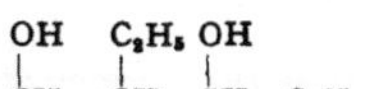

Kp_{760} 244 LD_{50}: 1,4 ml/kg Ratte p. o.
Verwend.: Meist in Mischungen mit Dimethylphthalat und Indalon im Verhältnis 2 : 6 : 2. Zur Abwehr der stechenden und saugenden Insekten (während des zweiten Weltkrieges zum Schutz von Soldaten in tropischen Gebieten).
Hersteller: Rutgers.

Literatur

[*1*] *Frensch, H.:* In *Winnacker-Küchler:* Chem. Technologie, Band 4, Org. Technologie II, S. 1062. München 1960.
[*2*] *Offe, H. A.:* Angew. Chem. **60**, 9 (1948).
[*3*] *Feinstein, L.*, u. *M. Jacobson:* Fortschr. Chemie organ. Naturstoffe **10**, 436. Wien 1953.
[*4*] *Meier-Bode, H.:* Angew. Chem. **71**, 188 (1959).
[*5*] *Fukuto, T. R., E. O. Hornig, R. L. Metcalf* u. *M. Y. Winton:* J. Org. Chem. **26**, 4620 (1961).

[6] *Anliker, R., E. Beriger, M. Geiger* u. *K. Schmid:* Helv. chim. Acta 44, 1623 (1961). Vgl. auch Fußnote 10 in l. c. [6].
[7] *Sasse, K.:* Höfchen Briefe, Jahrg. 1960, S. 197.
[8] *Hermann, G.,* u. *S. Hombrecher:* Pflanzenschutznachrichten Bayer, Heft 2, S. 93 (1962).
[9] *Gönnert, H.:* Pflanzenschutznachrichten Bayer, Heft 1, S. 4 (1962).
[10] *La Brecque, G. C.:* J. of Econ. Entomol. 54, 684 (1961).
[11] *La Brecque, G. C., P. H. Adcock* u. *C. N. Smith:* J. of Econ. Entomol. 53, 802 (1960).

VII. Biologische Wirkungen der Antibiotica

Von **K. H. Wallhäusser**, Hofheim a. Ts., und **G. Huber**, Frankfurt/Main

A. Definition

Nach der von *Waksman* 1942 eingeführten Definition sind Antibiotica von Mikroorganismen gebildete Stoffe, die andere Mikroorganismen abtöten oder in ihrem Wachstum hemmen. Diese Abgrenzung ist heute nicht mehr streng gültig, da nach dem derzeitigen Sprachgebrauch auch die von höheren Pflanzen und Tieren produzierten antimikrobiellen Stoffe als Antibiotica bezeichnet werden. In der Literatur sind nahezu 700 antibiotisch wirksame Substanzen beschrieben, wobei jedoch in vielen Fällen die Charakterisierung und Abgrenzung nicht ausreichend ist, sodaß damit gerechnet werden muß, daß gelegentlich die gleiche Substanz mit verschiedenen Namen belegt wurde. Die nachfolgende Tabelle soll einen Überblick über die Herkunft der publizierten Antibiotica geben.

Antibiotica aus:	Anzahl der beschriebenen Substanzen:	davon in Anwendung:
Bakterien	82	5
Actinomyceten	348	35
Pilzen	152	4
Flechten und Algen	7	—
höheren Pflanzen	88	1
Tieren	14	—
Insgesamt:	691	45

In Anwendung befinden sich also lediglich 45 Antibiotica, wozu noch einige halbsynthetisch gewonnene Produkte (Penicilline, Pyrrolidinomethyltetracyclin) kommen. Über die praktische Anwendung gibt die nachstehende Tabelle Aufschluß.

Anwendungsgebiet	Anzahl der Substanzen	
Klinische Anwendung	40	
davon ausschließlich lokal anwendbar	7	
Konservierung (Fische und Geflügel)	1	(Chlortetracyclin)
Tierernährung	12	(Chlortetracyclin, Oxytetracyclin, Streptomycin, Neomycin, Oleandomycin, Erythromycin, Spiramycin, Tylosin, Hygromycin, Nystatin, Penicillin, Bacitracin)
Pflanzenschutz	2	(Cycloheximid, Antimycin A)

B. Wirkungsspektrum der Antibiotica

Hinsichtlich ihrer biologischen Wirkung kann man die Antibiotica in verschiedene Gruppen einteilen, wobei vor allem die Wirksamkeit gegen Bakterien (Gram-negative, Gram-positive einschließlich säurefester Bakterien), Pilze, Protozoen, Viren und Tumoren in Betracht gezogen werden. Je nachdem, ob sich die Wirkung auf eine oder mehrere dieser Gruppen erstreckt, spricht man von einem „engen" oder „breiten" Wirkungsspektrum. Dies erläutert die nachstehende Tabelle für einige der gebräuchlichsten Antibiotica.

In dem Konzentrationsbereich bis zu 10 γ/ml ergibt sich für die genannten Antibiotica das aus der Tabelle ersichtliche Wirkungsspektrum.

Die Auswertung neuer antibiotischer Substanzen, deren Reinheitsgrad oft noch schwankt und deren Eigenschaften häufig noch nicht genügend bekannt sind (optimaler p_H-Wert des Test-Nährbodens, Inaktivierung durch Serum oder andere Nährbodenbestandteile usw.) bereitet stets Schwierigkeiten. Bedenkt man nun, daß in den Forschungsinstituten fast aller Länder nach neuen Antibiotica gesucht wird, und daß jedes Labor seine eigenen Testnährböden und seine eigenen Teststämme benutzt, so wird man Verständnis dafür haben, daß die in den Publikationen angegebenen minimalen Hemm-Konzentrationen (MHK) nicht zu exakten Vergleichen herangezogen werden können, sondern eben nur Näherungswerte darstellen. Als solche sollten auch die in den nachstehenden Tabellen angegebenen Werte angesehen werden, die aus der Literatur übernommen wurden. Bei der Aufstellung der Tabellen wurde die bereits im Abschnitt Stoffwerte benutzte Einteilung nach biogenetischen Gesichtspunkten beibehalten. Die Angabe der MHK erfolgt in γ/ml. Weiterhin bedeuten: + wirksam, keine genaue Angabe der MHK, ∅ MHK $> 50\,\gamma$/ml.

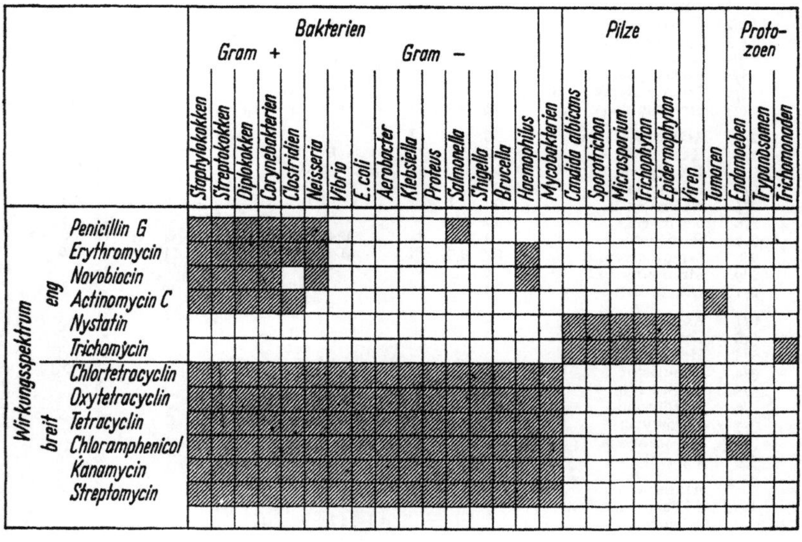

		Bakterien											
		Gram-positiv							Gram-				
		Staphylococcus	Sarcina	Streptococcus	Diplococcus	Corynebacterium	Bacillus subtilis	Clostridium	Neisseria	Pseudomonas	Vibrio	Escherichia coli	Aerobacter
1 a/1	Amphotericin A												
1 a/2	Amphotericin B												
1 a/3	Mycomycin	+					+			Ø			
1 a/4	Nystatin												
1 a/5	Pimaricin												
1 a/6	Trichomycin	+	+				+					+	
1 a/7	Variotin	Ø					Ø					Ø	
1 b/1	Carbomycin A	0,2	0,1	0,1	0,1	0,1		3	0,1	Ø		Ø	Ø
1 b/2	Carbomycin B	0,8	0,2	0,2			0,4					Ø	
1 b/3	Erythromycin	0,1	0,02	0,01	0,02	0,02	0,01	0,05	0,06		0,6	Ø	
1 b/4	Leukomycin	0,4		0,4	0,1	0,1	0,2	2	0,2	Ø	Ø	Ø	Ø
1 b/5	Methymycin	40		10	6	20	Ø	22		Ø		Ø	Ø
1 b/6	Oleandomycin	0,2		0,08	0,2	1,6	0,4	0,8	1,6				Ø
1 b/7	Picromycin	1					0,3			Ø		Ø	Ø
1 b/8	Spiramycin	1,4	0,8	0,6	0,2	3	3		10	Ø		30	31
1 c/1	Brom-Tetracyclin	0,3	0,2	0,3	0,5		0,3	0,3		20		1	
1 c/2	Chlor-Tetracyclin	0,3	0,1	0,3	0,1		0,2	0,08	0,1	6	0,1	1	1
1 c/3	Desmethylchlor-Tc.	0,4					0,1			4		1	
1 c/4	Oxytetracyclin	0,6	0,4	0,2	0,3		0,4	1	0,1	14	0,4	1	2
1 c/5	Pyrrolidinomethyl-T	0,4	0,4	0,2	0,1		0,2	0,2	0,1	10	0,3	1	2
1 c/6	Quatrimycin	10		6			6					20	
1 c/7	Tetracyclin	0,4	0,4	0,2	0,1		0,4	0,3	0,1	25	0,4	1	2
1 c/8	Pyrromycin	2											
1 d/1	Helvolinsaure	0,5		2	6	2		3	25			Ø	
1 d/2	Cephalosporin P 1	+	+	+	+					Ø		Ø	
1 e/1	Actinorhodin	10											
1 e/2	Chartreusin	10	3	1		0,1	10		5	Ø		Ø	Ø
1 e/3	Cycloheximid												
1 e/4	Griseofulvin	Ø		Ø									
1 e/5	Sarkomycin	25					Ø			Ø		Ø	
1 e/6	Streptovitacin A—E												
1 e/7	Streptimidon	25	Ø	25	Ø	Ø			Ø	Ø	Ø	Ø	Ø
2/1	Actinospectacin	3		3	3				8	6		3	6
2/2	Kanamycin A	2	18	25	1	1	1	30		3		2	1
2/3	Kanamycin B	0,6	0,6	12	0,3		0,1			0,3		0,1	0,4
2/4	Neomycin A	0,1										1	
2/5	Neomycin B	0,1	3	1	6	1	0,3	Ø	4	2	0,2	0,1	0,1
2/6	Neomycin C	12	Ø			Ø			1			25	3
2/7	Paromomycin	1		25	Ø	0,4		Ø	1	Ø	25	12	6
2/8	Streptomycin A	0,5	0,3	0,1		0,4	0,1		1	1	5	0,3	0,6
2/9	Streptomycin B	6		Ø								25	
2/10	Dihydrostreptomycin	1		16			0,2					7	3
3/1	Amicetin	2		12			4	1		Ø	2	Ø	
3/2	Cordycepin	Ø	Ø	Ø			10	Ø				Ø	
3/3	Helenin												
3/4	Nebularin	Ø	Ø				Ø					Ø	Ø
3/5	Nucleocidin	2	4	1	1	2	2			4		8	
3/6	Psicofuranin	10		5						Ø		Ø	
3/7	Puromycin	2	2				2			Ø		Ø	
3/8	Toyocamycin												
3/9	Tubercidin												
4 a/1	Azaserin							Ø	Ø		Ø	Ø	
4 a/2	6-Diazo-6-oxo-nor-leucin				12	12	12	12					

Bakterien								Pilze										Viren	Tumoren	Protozoen		
negativ						saure-fest																
Klebsiella	Proteus	Salmonella	Shigella	Brucella	Haemophilus	Mycobact. 607	Mycobact. H 37 Rv	Candida albicans	Saccharomyces	Sporotrichon	Microsporium	Trichophyton	Epidermophyton	Aspergillus	Penicillium	Alternaria	Fusarium	Viren	Tumoren	Entamoeba	Trypanosoma	Trichomonas
								3	2	2	9	4	1	3								
								2	2	0,1	∅	2	0,2	∅								
		+		+			+	+														
								3	3	13	3	6	2	6	3	2	3					
								6	1	12	12	6	12	2	2	3	1					
								5	+					+	+					+		1
						∅		∅	∅	25	1	3	3	10	6	∅	∅					
∅		∅	32	6		1	50											+		+		
	∅	∅				1												+				
∅	∅	∅	12		0,6	0,1		∅	∅									+		+		
12	∅	∅	∅	25	0,1	3		∅	∅			∅		∅	∅			+				
3	∅	∅	∅	22			∅															
∅	∅			6	0,1	2																
∅		∅																				
33	∅				6	23												+	+			
0,3	2	2	3	1		0,3	10											+				
0,3	5	1	3	0,3	0,3	0,1	0,1											+				25
	2	1																				
1	3	2	6	1	0,3	0,1	0,3	∅										+		31		∅
0,5	4	2	3	1	0,3	0,1	0,2	∅										+		+		+
0,6	3	2	3	1	0,3	0,1	0,2	∅	∅	∅	∅	∅	∅	∅	∅	∅	∅	+				
		∅					∅									∅	∅					
		∅				+																
∅	∅	∅	∅	∅	0,3	1	2	∅		∅												
								∅	0,4	∅		∅	∅							0,1		
								∅	∅		0,2	0,4	0,4	20	20		10					
	∅	∅	∅			∅	∅					∅		∅	∅				+			
									5										+			0,1
∅	∅	∅	∅	∅		∅	∅	∅	2	∅		∅	∅	∅	∅	∅	∅			8		12
3	3	3	12		8															∅		∅
1	6	3	1		3	3		∅	∅			∅		∅								
0,2	12	1	2			3		∅	∅													
0,5	0,3	0,2					5															
1	2	0,3	1	2	4	0,3	0,6	∅	∅	∅				∅	∅					42		∅
3	∅	12	25																			
2	3	2	12	3	0,2	0,2	2															+
0,6	0,4	1	3	0,5	1		0,2	∅	∅	∅	∅	∅	∅	∅	∅	∅	∅					
6		12	27	3	9		6															
2		6	9	0,7	2		2															
∅	∅	2	∅		2		0,5	∅	∅	∅	∅			∅	∅	∅						
	∅																					
																		+				
	∅						0,5												+			
8	4	4																		+	+	
∅	∅	10																	+	∅	∅	∅
2	∅	∅	5			40													+		+	
						2	2	2	6			∅	∅	∅				+	+			
							1												+			
					∅	∅	∅	∅	∅	∅				∅		∅		∅	+	∅		∅
									∅										+	∅		

		Bakterien											
		Gram-positiv							Gram-				
		Staphylococcus	Sarcina	Streptococcus	Diplococcus	Corynebacterium	Bacillus subtilis	Clostridium	Neisseria	Pseudomonas	Vibrio	Escherichia coli	Aerobacter
4b/1	Actithiazinsäure	∅		∅			∅					∅	∅
4b/2	Aminobenzylpenicillin	0,1		0,1	0,1	0,1	0,1			∅		4	
4b/3	6-Aminopenicillansäure	∅	∅	∅			∅		25			∅	∅
4b/4	Aureothricin	3		2	2	1	1				1	2	
4b/5	Cephalosporin C	12		25					2		∅	∅	
4b/6	Cephalosporin N	5	5	5	5	5		5			5		
4b/7	Cycloserin	6		∅	∅	6	25			∅		∅	
4b/8	Dihydropenicillin F	0,03					1						
4b/9	2,6-Dimethoxyphenylpenicillin	2	0,1	0,4	0,8	0,2	0,2	25	0,1	∅	25	∅	∅
4b/10	5-Methyl-3-phenyl-4-isoxazolylpenicillin	0,3	0,03	0,06	0,1	0,3	25		0,2	∅	25	∅	∅
4b/11	Penicillin F	0,04					0,05						
4b/12	Penicillin G	0,03		0,01	0,01	0,2	0,03	0,05	0,01	∅	∅	20	∅
4b/13	Penicillin K	0,02					0,06						
4b/14	Penicillin V	0,03		0,01	0,01	0,2	0,03	0,05	0,01	∅	∅	∅	∅
4b/15	Penicillin X	0,06					0,04						
4b/16	Phenoxyäthyl-Pc.	0,05		0,01	0,01	0,1	0,05	0,05	0,01				
4b/17	Thiolutin	5		15			1			∅		5	8
4c/1	Actinomycin C	0,1	0,1				0,2						
4c/2	Actinomycin X	0,1	0,1				0,2						
4c/3	Actinomycin Z	10		10		10							
4c/4	Bacitracin	1		0,1		0,1	∅	0,2	0,1	∅		∅	∅
4c/5	Colistin	∅	11	∅		0,4	33		4	0,1		0,01	0,1
4c/6	Echinomycin	0,1		0,1		0,1						∅	
4c/7	Enniatin	6					3					∅	
4c/8	Etamycin	0,3		0,6	0,3	0,6	3	0,6		∅		∅	
4c/9	Gramicidin J	1											
4c/10	Gramicidin S			5								∅	
4c/11	Mikamycin		0,2	0,2	2	0,2						∅	
4c/12	Nisin A—D	∅		0,2	0,2	4		0,2	2				
4c/13	Polymyxin A—E	∅	33	∅		0,1	4		∅	1	0,3	0,3	0,3
4c/14	Staphylomycin	0,2	0,1	0,1	0,1	0,1	1			∅		∅	
4c/15	Tyrocidin A und B			20					∅				
4c/16	Tyrothricin	1		1		10							
4c/17	Valinomycin	30					50						
4d/1	Ristocetin	4	1	0,5	2	0,1	0,5	0,2		∅		∅	∅
4d/2	Vancomycin	0,8	0,8	0,7			0,4			∅			
4d/3	Viomycin	25		∅		1	20		3	∅	∅	3	25
5/1	Antimycin	∅	∅	∅				∅		∅		∅	
5/2	Carcinophilin A	5	0,5	3	3	3	2			∅	25	∅	
5/3	Cellocidin	∅	∅				20					10	
5/4	Chloramphenicol	2	2	1	1			1	1		1	0,2	1
5/5	Mitomycin C	0,1	0,1	0,1	0,1	0,1	0,3			3		0,2	
5/6	Novobiocin	0,2	0,2	3	0,7	0,4		12	0,4	12		∅	12

C. Toxizität der Antibiotica

Eine der wichtigsten Voraussetzungen für die therapeutische Anwendung der Antibiotica ist eine gute Verträgichkeit. Als Maß gilt die an verschiedenen Versuchstieren (weiße Maus, Ratte, Meerschweinchen, Hamster, Kaninchen, Katze oder Hund) ermittelte mittlere letale Dosis (LD 50). Mitunter wird auch die LD0

Bakterien								Pilze												Protozoen		
negativ						säurefest																
Klebsiella	Proteus	Salmonella	Shigella	Brucella	Haemophilus	Mycobact. 607	Mycobact. H 37 Rv	Candida albicans	Saccharomyces	Sporotrichon	Microsporium	Trichophyton	Epidermophyton	Aspergillus	Penicillium	Alternaria	Fusarium	Viren	Tumoren	Entamoeba	Trypanosoma	Trichomonas
						1	0,2	Ø	Ø													
Ø	Ø	1	1																			
Ø		Ø	Ø																			
Ø		2	2			3			12					Ø								
50		25			2																	
5		5		5	5		Ø															
	Ø	Ø	Ø				5	Ø												+		
Ø	6	Ø	Ø																			
Ø	Ø	Ø																				
Ø	Ø	3	Ø	10		Ø	Ø	Ø	Ø	Ø	Ø	Ø	Ø	Ø	Ø	Ø	Ø	Ø	Ø	Ø	Ø	Ø
Ø	Ø	3																				
10	3	3		Ø		5		Ø			12	12	12							4	4	0,2
																			+			
																			+			
							Ø													Ø		<40
	Ø	Ø	Ø		13																	
0,01	Ø	0,01	0,01 .	Ø				Ø		Ø	Ø	33	Ø	Ø	Ø							
		Ø					Ø											+				1
						3	2															
Ø	Ø	Ø	Ø				4	Ø												+		
	Ø	Ø					Ø															
		Ø				28																
						Ø																
2	Ø	0,3	0,03	0,1	0,2			Ø		Ø	Ø	Ø	Ø	Ø	Ø							
					0,4	7	20	Ø														
							Ø															
								Ø			Ø	Ø										
							1															
Ø	Ø	Ø	Ø			0,5	2		Ø													
Ø	Ø		Ø	Ø		12		Ø	Ø	Ø	Ø	Ø	Ø	Ø	Ø							
1	Ø	3	10	Ø	12	0,8	0,8	Ø	Ø	Ø				Ø						Ø	Ø	
	Ø															Ø	Ø	+	+			
10	Ø	Ø	Ø	3		3		Ø	Ø	Ø	Ø			Ø					+	Ø		Ø
							3												+			
1	2	1	1	3	0,2	15	6					Ø						+		+		
0,01	0,03	0,8	0,8	0,1	0,4	0,2	0,2	Ø	Ø					Ø	Ø			+	+			
10	25	Ø	38	31	0,1	3	10	Ø			Ø	Ø		Ø							Ø	15

oder LD 100 angegeben. Die zu prüfenden Substanzen werden im allgemeinen i.v., i.p., i.m., s.c. oder p.o. appliziert. Bei guter Verträglichkeit ist vor der klinischen Anwendung eine Ermittlung der chronischen Toxizität erforderlich. Ferner müssen Fragen der Resorption, Verweildauer, Lokalisierung und mögliche Inaktivierung im Organismus, sowie der Ausscheidung geklärt werden.

Antibioticum		Verabreichung i.v.	i.p.	s.c.	p.o.
1 a/1	Amphotericin A		450		>80
1 a/2	Amphotericin B	25	280		>600
1 a/3	Mycomycin				
1 a/4	Nystatin		15	>2000	>6000
1 a/5	Pimaricin				1500
1 a/6	Trichomycin		4	160	>160
1 a/7	Variotin		1800	5000	4000
1 b/1	Carbomycin A	550		2950	
1 b/2	Carbomycin B	300			
1 b/3	Erythromycin			1800	>2000
1 b/4	Leucomycin	650		>800	1500
1 b/5	Methymycin	keine Angaben			
1 b/6	Oleandomycin	550			4000
1 b/7	Pikromycin	100		<100	<250
1 b/8	Spiramycin (Sulfat)	200		1500	>5000
1 c/1	Bromtetracyclin	89			
1 c/2	Chlortetracyclin	134	>200	3500	>1500
1 c/3	Desmethylchlor-Tc.				
1 c/4	Oxytetracyclin	178		890	6700
1 c/5	Pyrrolidinomethyl-Tc	120			>2000
1 c/6	Quatrimycin	85			
1 c/7	Tetracyclin	165	200		>2000
1 c/8	Pyrromycin				
1 d/1	Helvolinsäure	>250	400	>250	>1000
1 d/2	Cephalosporin P 1	>500			
1 e/1	Actinorhodin				
1 e/2	Chartreusin	250		>2500	>2500
1 e/3	Cycloheximid	150		150	375
1 e/4	Griseofulvin	280	1150	>12000	>50000
1 e/5	Sarkomycin	>800	>1000	>400	>4800
1 e/6	Streptovitacin				
1 e/7	Streptimidon	192			
2/1	Actinospectacin		3870	>400	>1000
2/2	Kanamycin A	316	168	1650	>10000
2/3	Kanamycin B	100			
2/4	Neomycin A	320		1250	
2/5	Neomycin B	30		220	
2/6	Neomycin C	80		290	
2/7	Paromomycin	90		420	>2275
2/8	Streptomycin A	200		900	9000
2/9	Streptomycin B	250			
2/10	Dihydrostreptomycin	260	>900	1800	
3/1	Amicetin	90		600	
3/2	Cordycepin	geringe Toxizität, keine näheren Angaben			
3/3	Helenin	geringe Toxizität			
3/4	Nebularin			200	
3/5	Nucleocidin		0,2		
3/6	Psicofuranin	1700			
3/7	Puromycin	335	580		720
3/8	Toyocamycin	5		10	
3/9	Tubercidin	45			
4 a/1	Azaserin	>60			
4 a/2	6-Diazo-5-oxo-norleucin	74			
4 b/1	Actithiazinsaure	3500	2500	2000	
4 b/2	Aminobenzylpenicillin	1250	(K-Salz)		
		6000	(Na-Salz)		
4 b/3	6-Aminopenicillansaure				
4 b/4	Aureothricin			300	
4 b/5	Cephalosporin C	>5000			
4 b/6	Cephalosporin N	>2000			
4 b/7	Cycloserin	>1800	2000	>5000	5300
4 b/8	Dihydro-Pc. F				

	Antibioticum	i.v.	Verabreichung i.p.	s.c.	p.o.
4b/9	2,6-Dimethoxyphenyl-Pc.	3900			
4b/10	5-Methyl-3-phenyl-4-oxazolyl-Pc.	1500			
4b/11	Penicillin F				
4b/12	Penicillin G	500	2000	1600	>2000
4b/13	Penicillin K				
4b/14	Penicillin V (K-Salz)	1000			
	(Na-Salz)	2200			
4b/15	Penicillin X				
4b/16	2-Phenoxyäthyl-Pc. (K-Salz)	312	1900		>2000
4b/17	Thiolutin			25	25
4c/1	Actinomycin C	1	0,5–5	0,5–2	20
4c/2	Actinomycin X	1			
4c/3	Actinomycin Z		keine Angaben		
4c/4	Bacitracin	>200			
4c/5	Colistin	5	20	49	720
4c/6	Echinomycin			<1	
4c/7	Enniatin		keine Angaben		
4c/8	Etamycin		274		>3000
4c/9	Gramicidin J		12		
4c/10	Gramicidin S	3	50		1000
4c/11	Mikamycin A		>250		
4c/12	Nisin A–D	>50			
4c/13	Polymyxin A	7	14	88	
	Polymyxin B	5	20	60	790
4c/14	Staphylomycin		>50		
4c/15	Tyrocidin A und B	15	50		1000
4c/16	Tyrothricin	2	>10	<100	
4c/17	Valinomycin		keine Angaben		
4d/1	Ristocetin A	1350		>1000	>5000
	Ristocetin B	645			
4d/2	Vancomycin (Sulfat)	500	1730	5000	5000
4d/3	Viomycin (Sulfat)	240		1381	
	(Base)	165			
5/1	Antimycin A	0,9	7	25	
5/2	Carcinophilin A	0,1			
5/3	Cellocidin	11			
5/4	Chloramphenicol	245	1320	400	2640
5/5	Mitomycin A	1			
	Mitomycin B	5			
	Mitomycin C	5	9		
5/6	Novobiocin	407	260		1000

In der vorstehenden Tabelle sind die aus der Literatur entnommenen Angaben über die akute Toxizität zusammengestellt, wobei ausschließlich die an der weißen Maus ermittelten Werte aufgeführt wurden. Auch hier sind die Angaben wegen der Verschiedenheit des verwendeten Tiermaterials, der Arbeitsmethoden und der Reinheit der geprüften Substanzen nicht ohne weiteres vergleichbar.

Alle Angaben in der Tabelle beziehen sich auf die LD 50 in mg/kg bei der weißen Maus.

D. Klinische Anwendung der Antibiotica

Wie aus Tabelle S. 626 hervorgeht befinden sich zur Zeit etwa 40 Antibiotica in klinischer Verwendung. Im folgenden Abschnitt wird auf die wichtigsten Anwendungsbereiche der gebräuchlichsten Antibiotica kurz eingegangen.

Actinomycin C. Trotz hoher Toxizität mit Erfolg zur Bekämpfung der Lymphogranulomatose im Frühstadium eingesetzt. Günstige Ergebnisse auch bei der Behandlung von Metastasen des Lungencarcinoms.

Amphotericin B. Wirksam gegen Candida albicans-Infektionen im Darmtrakt, wie sie häufig nach Behandlung mit Breitspektrum-Antibiotica auftreten. Zur lokalen Behandlung von Candida albicans-Hautinfektionen bei Kleinkindern in Form von Salben.

Bacitracin. Zur lokalen Wundbehandlung und bei Furunkulose, speziell gegen penicillinresistente Keime. Oral zur Dickdarmsterilisierung vor Operationen. Gute Ergebnisse auch bei Amoeben-Colitis, meist in Kombination mit Penicillin, Chlortetracyclin, Tyrothricin oder Polymyxin.

Carbomycin. Heilerfolge bei Infektionen mit Staphylokokken, Streptokokken und Enterokokken, sowie bei akuter Amoebendysenterie. Wegen der erforderlichen hohen Dosierung heute klinisch kaum noch eingesetzt.

Carcinophilin. Anwendung bei Neoplasmen des Bindegewebes, Sarkomen und Hautkrebs.

Chloramphenicol. Breitbandspektrum-Antibioticum vor allem mit guter Wirksamkeit gegen Typhus abdominalis und Infektionen des Harnweges. Ferner eingesetzt bei Keuchhusten, Fleckfieber, primären atypischen Pneumonien, Lobär- und Bronchopneumonien, akuter Brucellose sowie anderen Infektionskrankheiten.

Colistin. Zur Bekämpfung von bakteriellen Dysenterien und Enterocolitis, besonders bei Säuglingsdyspepsien. Weiterhin zur Sterilisation des Darmtraktes vor Operationen.

Cycloserin. Anwendung bei Lungentuberkulose, meist in Verbindung mit PAS oder INH, da schnelle Resistenzbildung. Auch zur Behandlung anderer bakterieller Infektionen und der Lepra geeignet.

Erythromycin. Gute Wirksamkeit gegen resistente Gram-positive Erreger. Perorale Verabreichung. Häufig gegen Infektionen mit Staphylokokken, Streptokokken und Pneumokokken eingesetzt.

Griseofulvin. Das perorale Antimycoticum wirkt hauptsächlich gegen Trichophytien, Mikrosporien und Onychomykosen, wobei der Erfolg von einer ausreichend langen Behandlungsdauer — etwa 3—7 Monate — abhängt. Auch Epidermophytien und Favus-Infektionen sprechen im allgemeinen gut an, während Candida- und Actinomyces-Infektionen nicht beeinflußt werden.

Kanamycin. Zur Behandlung bakterieller Infektionen der ableitenden Harnwege, der Atemwege, sowie bei Haut-, Knochenhaut- und Knocheninfektionen, bei Septikämie und Bakteriämie.

Leucomycin. Das erst in wenigen Ländern eingesetzte Macrolid-Antibioticum wirkt gegen Infektionen mit Gram-positiven Bakterien.

Mitomycin C. Verwendung zur Therapie von Tumoren bei Leukämie und Hodgkinscher Krankheit.

Neomycin. Nur lokale Anwendung bei Hals- und Naseninfektionen, zur Wundbehandlung und bei Haut- und Augeninfektionen, sowie bei der Operationsvorbereitung zur Darmsterilisation.

Novobiocin. Zur Therapie von Erkrankungen, die durch Proteus, Staphylokokken, Streptokokken, Enterokokken und Corynebakterien hervorgerufen werden, insbesondere bei Infektionen der ableitenden Harnwege, bei Staphylokokken-Enteritis, Osteomyelitis, Bronchopneunomie, Coli-Dyspepsie und Abszessen.

Nystatin. Prophylaktische Anwendung zur Verhütung von Candida-Infektionen während der Behandlung mit antibakteriellen Antibiotica, sowie zur Bekämpfung von Moniliasis, intestinaler Amoebiasis, Trichophytosis und Epidermophytosis.

Oleandomycin. Wirksam bei Infektionen mit Gram-positiven Erregern, besonders gegen antibioticaresistente Staphylokokken, häufig in Kombination mit anderen Antibiotica.

Paromomycin. Peroral zur Bekämpfung von Amoebenruhr, bakterieller Ruhr, sowie zur präoperativen Darmbehandlung.

Penicilline. Die Penicilline haben wegen ihrer geringen Toxizität und der hohen spezifischen Wirksamkeit einen breiten Anwendungsbereich gegen Infektionen, die durch Gram-positive Erreger verursacht werden, so z. B. bei Gonorrhoe, bakteriellen Hautinfektionen, Ulcus molle, Sepsis, Endocarditis lenta, Scharlach, Meningitiden, Wundinfektionen, Panaritien, Phlegmonen, Osteomyelitis, Cystitiden, Pyelitiden, Diphtherie, Blenorrhoe, Otitis media, Angina, Puerperalsepsis und Mastitis. Während Penicillin G durch die Magensäure sehr rasch inaktiviert wird und daher nicht peroral verabreicht werden kann, erreicht man mit Penicillin V und einigen weiteren halbsynthetischen Penicillinen auch peroral ausreichende Blutspiegel. Weitere neue Verbindungen zeichnen sich besonders durch ihre Resistenz gegen Staphylokokken-Penicillinase aus und können daher zur Bekämpfung Penicillin G-resistenter Staphylokokken eingesetzt werden (so z. B. Dimethoxyphenylpenicillin oder 5-Methyl-3-phenyl-4-isoxazolyl-penicillin, wobei nur die letztgenannte Verbindung peroral wirksam ist).

Pimaricin. Zur Bekämpfung von Leukorrhoe, besonders wenn sie durch Candida albicans und Trichomonas vaginalis verursacht wird.

Polymyxin. Wirksam gegen Infektionen mit Klebsiella pneumoniae, Pseudomonas aeruginosa und Shigellen, besonders bei Harnweginfektionen.

Ristocetin. Wird hauptsächlich gegen Infektionen mit Staphylokokken, Streptokokken, Enterokokken und Pneumokokken eingesetzt, besonders, wenn diese bereits gegen andere Antibiotica resistent sind.

Sarkomycin. Anwendung bei verschiedenen Neoplasmen, wobei jedoch häufig Nebenwirkungen wie z. B. Venenirritation oder Nausea auftreten.

Spiramycin. Gute Wirksamkeit besonders gegen resistente Staphylokokken- und Streptokokken-Infektionen, bei Säuglingspneumonien, Staphylokokken-Enterocolitis, sowie Mastitis.

Staphylomycin. Anwendung zur Bekämpfung von Staphylokokken-Infektionen, die gegen die gebräuchlichen Antibiotica resistent sind, sowie zur Wundbehandlung.

Streptomycine. Hauptsächlich angewandt bei verschiedenen tuberkulösen Erkrankungen und bei Infektionen, die durch Gram-negative Mikroorganismen verursacht werden, z. B. Miliartuberkulose, Meningitis tuberculosa, akute Lungentuberkulose, tuberkulöse Erkrankungen des Larynx, Hypopharynx und des Tracheobronchialbaumes, Bakteriämien, Septikämien, Meningitis, Coli-Cystitiden und -Pyelitiden, Tularämie, Pasteurella pestis, Granuloma venereum.

Tetracycline. Die Tetracycline sind Breitbandspektrum-Antibiotica mit entsprechend großem Anwendungsbereich bei guter Verträglichkeit. Sie haben sich bei folgenden Infektionen besonders bewährt: Bakterielle Pneumonie, Pneumokokken-Meningitis, Infektionen der Harnwege, ulceröse Colitis, Brucellose, Mischinfektionen durch E. coli, Gingivitis, Stomatitis, Ulcus molle, Bindehautinfektionen, Viruspneumonien, Fleckfieber, Rickettsiosen, Keuchhusten, Infektionen mit Endamoeba histolytica. Neuerdings gewinnen neben den peroralen Tetracyclinen intravenös applizierbare Präparate immer mehr an Bedeutung, da sie zu besonders hohen Blut- und Gewebespiegeln führen (Pyrrolidinomethyltetracyclin).

Trichomycin. Zur Bekämpfung der Leukorrhoe, besonders bei Candida-albicans- und Trichomonas vaginalis-Infektionen, sowie oral bei Moniliasis und Pilzinfektionen nach Anwendung von Breitband-Antibiotica.

Tyrothricin. Lokal angewandt gegen Infektionen mit Gram-positiven Mikroorganismen, vor allem Pneumokokken, Streptokokken und Staphylokokken,

Infektionen des Hals- und Nasenraumes, Mittelohrentzündung und Augenentzündungen.

Vancomycin. Zur Therapie von Staphylokokken-, Streptokokken- und Enterokokken-Infektionen, die gegen die im Handel befindlichen Antibiotica resistent sind, wie Septikämien, bakterielle Enterocarditis und Staphylokokken-Pneumonie.

Variotin. Lokale Anwendung gegen Pilzinfektionen.

Viomycin. Anwendung meist in Kombination mit Streptomycin gegen tuberkulöse Erkrankungen. Wegen seiner Nebenwirkungen jedoch kaum noch benutzt.

Xanthocillin. Zur lokalen Behandlung von bakteriellen Infektionen, häufig in Kombination mit Tyrothricin.

E. Wirkungsmechanismus der Antibiotica

Actinomycine. Greifen in die Pantothenat-abhängige Biosynthese ein. L-Methionin, Orotsäure oder Adenin heben die Wirkung auf. Vermutlich Störung der Coenzym A-Bildung. Der cytostatische Effekt beruht auf der Komplexbildung des Antibioticums mit DNA.

Actithiazinsäure. Ihre Wirkung beruht auf einer Interferenz mit der Synthese des Biotins in der Bakterienzelle. Eine gewisse strukturelle Beziehung besteht sowohl zum Biotin als auch zum Penicillinmolekül.

Amphotericin B. Verursacht eine Hemmung der Synthesen von Protein, RNA, Kohlenhydraten und organischen Reserve-Polyphosphaten. Mit der Störung des P-Stoffwechsels ist eine Steigerung der endogenen und exogenen Atmung verbunden, sowohl bei wachsenden, als auch bei ruhenden Zellen.

Antimycin A. Hemmt selbst bei einer Konzentration von 0,01 bis 0,02 γ/ml den Sauerstoffverbrauch des Bernsteinsäureoxydase-Systems der Rattenleber, sowie teilweise die O_2-Aufnahme bei der NAD-gekuppelten Oxydation von Maleinsäure und D-Glycerinaldehyd-3-phosphat in verschiedenen Organen. Bei einer Konzentration von 8 γ/ml unterbindet es die aerobe Atmung bei Saccharomyces cerevisiae und hemmt die Bernsteinsäurehydrogenase, sowie das Succinoxydase-System.

Aureothricin. Unterbindet bei Candida albicans die Atmung und adaptive Oxydation von Mannose und Galaktose.

Azaserin. Die antibiotische Wirkung von Azaserin kann durch Zusatz von L-Tryptophan zum Nährboden teilweise aufgehoben werden. In den beeinflußten Bakterienzellen, die häufig als Riesenzellen auftreten, kommt es zur Anhäufung von Metaphosphaten in metachromatischen Körnchen. Die Wirkung des Azaserins auf die Krebszelle wird mit einer Hemmung der Purinsynthesen erklärt. So wird z. B. die Einlagerung von markiertem Glykokoll in säurelösliche Purine und Purine der Nucleinsäuren verhindert, während Adenin in erhöhtem Umfange eingebaut wird. Die Purinsynthese in der Taubenleber aus Glutamin, Asparaginsäure und 3-Phosphoglycerinsäure in Gegenwart von Bicarbonat wird ebenfalls gestört, wobei es zur Anhäufung von Glycinamidribotid und (α-N-Formyl)- glycinamidribotid kommt, ohne daß dabei Nucleotidpurine gebildet werden.

Bacitracin. Wirkt ähnlich wie Penicillin und greift in die bakterielle Zellwandsynthese ein, wobei es zur Akkumulation von Zellwandbausteinen kommt (Uridinnucleotide).

Chloramphenicol. Hemmt die Proteinsynthese bei Ruhezellen und sich vermehrenden Bakterien und verlangsamt die Synthese von Ribonucleinsäure, DNA und Polysacchariden, jedoch bei wesentlich höheren Konzentrationen des Antibioticums. Es unterbindet weiterhin die anaerobe Oxydation von Brenztraubensäure in Ruhezellen von E. coli und Sh. flexneri, sowie Synthese und Abbau von Tryptophan bei Salmonella typhosa, und bei E. coli die Produktion von α-Ketoglutarat aus Glucose. Es wirkt antagonistisch auf andere Antibiotica, die wachsende Bakterienzellen beeinflussen (Penicillin und Streptomycin) und gibt einen additiven Effekt mit den die Proteinsynthese hemmenden Antibiotica.

Cycloheximid. Blockiert die alkoholische Gärung und beeinflußt in geringem Umfange die Atmung. Bei Sacch. carlsbergensis vollständige Unterdrückung der DNA- und Proteinsynthese, während die RNA-Synthese bei niedrigen Konzentrationen des Antibioticums einige Zeit weiterläuft.

Cycloserin. Inhibitor der Zellwandsynthese, hemmt Katalase und Peroxydase von Mycobacterien.

6-Diazo-5-oxo-norleucin (DON). Verhindert den Einbau von Glykokoll und Formiaten, jedoch nicht von Adenin in Nucleinsäuren bei E. coli, wobei in ersterem Falle eine Hemmung der Inosinsäure-Synthese erfolgt.

Erythromycin. Hemmt bei Micrococcus pyogenes var. aureus die Coagulase.

Griseofulvin. Seine cytostatische Wirkung wird durch Purinkörper aufgehoben, was für eine Hemmung der Nucleinsäure-Synthese spricht.

Kanamycin. Hemmt bei Kanamycin-sensiblen Stämmen von Mycobacterium avium den Einbau von ^{32}P in die Nucleinsäure- und Proteinfraktion, sowie den Einbau von ^{35}S in die trichloressigsäurelösliche und unlösliche (Protein-) Fraktion. Bei dem Kanamycin-resistenten Stamm ist, verglichen mit dem sensiblen Stamm, das RNA : DNA-Verhältnis höher.

Mitomycin C. Beeinflußt die Purin-Synthese.

Neomycin. Hemmt bei Staph. aureus die Proteinsynthese, nicht jedoch die Anhäufung von Lysin und Glutaminsäure und die Nucleinsäure-Synthese.

Novobiocin. Verursacht als Inhibitor der Zellwandsynthese in Zellen von Staph. aureus die Anreicherung von Uridinnucleotiden (Zwischenprodukten der Zellwandsynthese). Mg^{2+} hebt die Wirkung gegen Gram-negative Organismen teilweise auf, nicht jedoch die gegen Gram-positive Bakterien, die durch Ca^{2+}, Sr^{2+} und Ba^{2+} herabgesetzt wird.

Nystatin. Blockiert die endogene Atmung und den aeroben und anaeroben Abbau von Glucose und anderen C-Quellen in Hefen und Pilzen. In Gegenwart niederer Konzentrationen dieses Antibioticums steigt der O_2-Verbrauch an, während bei hohen Konzentrationen nach anfänglicher Stimulierung es zu einem Absterben der Zellen kommt.

Puromycin. Bewirkt bei Staph. aureus eine Hemmung der induzierten β-Galaktosidase-Synthese.

Psicofuranin. Inhibitor der Xanthosin-5′-phosphat-Aminase in einem zellfreien Extrakt von E. coli B, unterbindet so die Aminierung von Xanthosin-5′-phosphat zu Guanosin-5′-phosphat.

Penicilline. Greifen bei empfindlichen Bakterien in die Synthese der Zellwand ein, wobei es, unter irreversibler Bindung des Antibioticums, zu einer Anreicherung von verschiedenen Uridinnucleotiden kommt, die als Zwischenprodukte beim Aufbau der Zellwandproteine fungieren. Dadurch wird die Zellwand sehr rasch geschädigt, was schließlich zur Lyse der Zelle führt. Bei längerer Einwirkung von Pc auf Staphylococcen und andere Bakterien kommt es zur induzierten Penicillinasebildung, die durch Aufspaltung des β-Lactamringes zur Inaktivierung des Pc führt (Resistenzbildung!). Andere Mikroorganismen enthalten Enzyme

(Acylasen), die Pc durch Abspaltung der Seitenkette zu der nur schwach wirksamen 6-Aminopenicillansäure abbauen.

Polymyxin. Wirkt bakterizid durch Störung der Permeabilitätseigenschaften der Zellwand, wobei es zu einer adsorptiven Bindung des Polymyxins an Rezeptoren der Zellwand kommt (Phosphatgruppen), was zu einer Veränderung der Zellstruktur und zur Störung des osmotischen Gleichgewichts der Zelle führt.

Ristocetin. Hemmt die Zellwandsynthese bei Bakterien.

Streptomycin. Hemmt bei E. coli die Kondensation von Brenztraubensäure und Oxalessigsäure (Citronensäurecyclus) und verhindert so die vollständige Oxydation der Brenztraubensäure. Während bei wachsenden Zellen der O_2-Verbrauch mit steigender Streptomycin-Konzentration zunimmt, ist bei Ruhezellen eine Atmungshemmung zu beobachten, vermutlich über das Cytochromsystem. Diese Wirkung wird durch von Pseudomonas pyocyaneus gebildete Antagonisten — 2n-Alkyl-4-hydroxychinolin-N-oxyde — aufgehoben. Streptomycin blockiert ferner den Transport von Aminosäuren zwischen RNA und Protein und damit die Proteinsynthese, sowie die Synthese der Bakterienzellwand, was eine Permeabilitätsänderung zur Folge hat. Mit Nucleoprotein- und Phospholipidfraktionen der Zelle bildet Streptomycin schwerlösliche Produkte. Bei Mycobacterien führt es zur Hemmung der Diaminooxydase.

Sarkomycin. Hemmt unter anaeroben Bedingungen bei Ehrlich-Ascites-Zellen die Aufnahme von radioaktivem Glycin-1-^{14}C und seine Einlagerung in das Neoplasma-Protein, sowie den Einbau von ^{32}P in Nucleotide und Nucleinsäuren.

Trichomycin. Unterbindet die Atmung und adaptive Oxydation von Mannose und Galaktose bei Candida albicans.

Tetracycline. Wirken hemmend auf Atmung und Glykolyse bei empfindlichen Bakterien. Bei Brucellen Hemmung der Oxydation von Glucose, Fructose, Xylose und Brenztraubensäure (durch Chlortetracyclin in hohen Dosen), sowie von Zwischenprodukten des Citronensäurecyclus bei E. coli, Ps. aeruginosa und Proteus vulgaris. Die Proteinsynthese der Staphylococcen wird bereits bei niederen Dosen unterdrückt (Einbau von radioaktiver Glutaminsäure). Die durch die Chlortetracycline verursachte Hemmung der RNA- und DNA-Synthese wird bei Lactobacillus casei durch Folsäure und Vitamin B_{12} aufgehoben. Durch starke Komplexbildung mit verschiedenen Metallionen, z. B. Fe^{3+}, Fe^{2+}, Co^{2+}, Ni^{2+}, Zn^{2+}, Mg^{2+}, Ca^{2+} und Mn^{2+}, tritt Interferenz mit einer Reihe enzymatischer Prozesse ein, so z. B. bei der Hemmung des aus chlortetracyclinempfindlichen E. coli isolierten Nitro-Reductase-Systems, einem Mn-Flavoprotein, die durch Zusatz von Mn^{2+} rückgängig gemacht werden kann. Bei Pseudomonas-Arten wird die Oxydation und in geringem Umfange die Desaminierung von Phenylalanin, Tyrosin und Phenylserin gehemmt.

Vancomycin. Unterdrückt die RNA-Synthese bei wachsenden Zellen, jedoch nicht die DNA-Synthese, und blockiert den Einbau von ^{14}C-Aminosäuren in die Bakterienzellwand.

F. Die Bestimmung der antibiotischen Wirksamkeit

Die Bestimmung der Wirksámkeit von Antibiotica erfolgt vorzugsweise nach zwei verschiedenen Testverfahren:

1. dem Agar-Diffusionstest in der Ausführung als
a) Zylindertest, b) Lochtest, c) Papierplättchentest.
2. dem Trübungstest in der Ausführung als
a) Reihenverdünnungstest (Auswertung nach 16 Stunden), b) turbidimetrischer Test (Auswertung nach 4 Std. mit einem Nephelometer).

Die Zuverlässigkeit und Reproduzierbarkeit dieser Teste ist von zahlreichen Faktoren abhängig, die heute bei der Auswertung der im Handel befindlichen Antibiotica weitgehend berücksichtigt werden. Es sind erforderlich:

a) Standardisierte Nährböden, b) genau festgelegte und ständig überwachte Teststämme, c) international festgelegte Standardpräparate für die einzelnen Antibiotica, d) genaue Einhaltung der optimalen Testbedingungen (Verwendung des vorgeschriebenen Puffers zur Verdünnung des Antibioticums, Beachtung der Vorzuchtbedingungen für den Testkeim, genaue Einstellung der Einsaat, plane Testplatten, genormte Testzylinder, Pipetten usw.), e) Ausschaltung der normalen Testschwankungen durch eine ausreichende Zahl von Einzeltesten auf dem statistischen Wege.

Nach der U. S. Pharmacopeia XVI (1960) werden zur Auswertung der gebräuchlichsten Antibiotica folgende Nährböden angegeben:

Nährbodenbestandteile (Angaben in g/Liter)	Nährbodenbezeichnung		
	Pepton-Caseinhydrolysat-Agar (PCA)	Pepton-Agar (PA)	Pepton-Nährlösung (PN)
Pepton	6,0	6,0	5,0
pankreatisch verdautes Casein	4,0	—	—
Hefeextrakt	3,0	3,0	1,5
Fleischextrakt	1,5	1,5	1,5
Dextrose	1,0	—	1,0
NaCl	—	—	3,5
K_2HPO_4	—	—	3,68
KH_2PO_4	—	—	1,32
Agar	15,0	15,0	—
End-p_H	6,55	6,55	7,0

Durchführung der Teste

Für den Zylindertest werden in Petrischalen (Durchmesser 10 cm) 14 ml Basalagar eingefüllt und nach dem Erstarren mit 4 ml Seed-Agar — in den bei 40°C die Suspension des Testkeimes eingetragen wurde (1—2 ml/100 ml Seed-Agar) — überschichtet. Etwa 15—20 Min. später werden dann mit einem „Cupsetter" jeweils 6 Stahlzylinder (∅ außen 8 mm, innen 6 mm, Länge 10 mm) aufgesetzt und die Platten anschließend, bis zum Beschicken der Testzylinder, bei + 5°C aufbewahrt. Danach werden je 3 Zylinder mit der Standardlösung und die restlichen 3 (immer abwechselnd) mit der Lösung des Prüflings gefüllt und dann 16—18 Std. bei 32°C bzw. 37°C bebrütet. Nach Abwerfen der Zylinder erfolgt dann das Ausmessen der Hemmzonen mit einem „Zonenablesegerät" und anschließend die statistische Auswertung. Von jedem zu prüfenden Präparat werden 3 Einwaagen hergestellt und für jede Einwaage 3 Testplatten benutzt. Für die 5 Bezugspunkte der Standardkurve werden ebenfalls je 3 Testplatten benötigt. Der für eine Prüfung ermittelte und korrigierte mittlere Zonendurchmesser führt dann über die Standardkurve zu der gesuchten Konzentrationsangabe (Aktivität).

Stehen keine Stahlzylinder zur Verfügung, so kann man mit einem sterilen Korkbohrer (∅ 10 mm) in die Testplatte Löcher einstanzen, die dann mit der zu testenden Lösung und der Standardlösung gefüllt werden. Dieses Verfahren ist umständlicher und zeitraubender als der Zylindertest.

Bei dem Papierblättchentest werden kleine Filtrierpapierblättchen (∅ 9 mm) mit einer Lösung der zu prüfenden Substanz getränkt und nach dem Trocknen auf die Testplatte aufgelegt. Dieser Test wird häufig zur Sensibilitätsbestimmung benutzt, wo es auf eine größere Genauigkeit nicht ankommt. Da verschiedene Antibiotica durch Cellulose stark adsorbiert werden, sind oft hohe Ausgangskonzentrationen (Beschickungskonzentrationen) notwendig.

Technische Daten für die Wertbestimmung einiger Antibiotica im Zylindertest

Antibioticum	Nährboden Basal-Schicht	Nährboden Seed-Schicht	Teststamm	Verdünnung mit Puffer p_H	Arbeitsstandard E bzw. γ/ml
Penicillin G	PA	PCA	Staph. aureus ATCC 6538 P	6	1 E
Penicillin V	PA	PCA	,,	6	1 E
Dimethoxybenzyl-Pc	PA	PCA	,,	6	10 γ
Aminobenzyl-Pc	PA	PCA	,,	6	10 γ
Isoxazolyl-Pc	PA	PCA	,,	6	5 γ
Erythromycin	PA	PCA 7,8	S. lutea 9341 B. subtilis 6633	7,9	5 γ
Chlortetracyclin	PA	PCA	B. subtilis 6633	6	5 γ
Oxytetracyclin	PA	PCA	,,	6	5 γ
Tetracyclin	PA	PCA	,,	6	5 γ
Pyrrolidinomethyl-tetracyclin	PA	PCA	,,	6	5 γ
Kanamycin	PA 8	PA 8	,,	7,9	5 γ
Neomycin B	PA 8	PA 8	,,	7,9	5 γ
Streptomycin	PA 8	PA 8	,,	7,9	2 γ
Dihydrostreptomycin	PA 8	PA 8	,,	7,9	2 γ
Bacitracin	PA	PCA	Micrococcus flavus 10240	6	1 E
Chloramphenicol	PA	PCA	B. subtilis 6633	6,5	50 γ
Novobiocin	PA	PCA	,,	6	10 γ

Der Nährboden PA 8 besitzt dieselbe Zusammensetzung wie PA, der p_H-Wert wurde jedoch auf p_H 8 gebracht.

Der Trübungstest dient hauptsächlich zur genauen Bestimmung der Sensibilität eines Keimes, also zur Ermittlung der „minimalen Hemmkonzentration" (MHK), häufig auch Grenzkonzentration genannt. Dazu bedient man sich des Reihenverdünnungstestes, bei dem die zu testende, sterilfiltrierte Lösung zu gleichen Teilen mit dem Testnährboden vermischt wird, wobei man dann die Hälfte dieser Mischung zum nächsten Röhrchen überpipettiert, so daß bei jedem Sprung eine Halbierung der Konzentration erfolgt. Anschließend wird jedes Teströhrchen mit einem Tropfen einer Suspension des Teststammes beimpft und dann 16 bis 24 Std. bei 32—37 °C bebrütet. Danach ermittelt man visuell dasjenige Röhrchen, bei dem das Wachstum des eingeimpften Keimes gerade noch gehemmt wird, also keine Trübung zu beobachten ist. Durch Zusatz von Indikatoren (Triphenyltetrazoliumchlorid, Wasserblau usw.) kann die Genauigkeit der Ablesung erhöht werden. Zweckmäßig läßt man hier bei jeder Verdünnungsreihe eine Sterilkontrolle für Nährlösung und die zu testende Lösung, sowie eine Wachstumskontrolle für den Teststamm mitlaufen. Eine Standardreihe sollte stets parallel laufen.

Technische Daten für die Wertbestimmung einiger Antibiotica im turbidimetrischen Test

Antibioticum	Nährboden	Teststamm	Verdünnung mit Puffer p_H	Arbeitsstandard γ/ml
Chlortetracyclin	PN	Staph. aureus ATCC 6538 P	4,5	0,25
Oxytetracyclin	PN	,,	4,5	0,25
Tetracyclin	PN	,,	4,5	0,25
Pyrrolidino-methyltetracyclin	PN	,,	4,5	0,25
Neomycin	PN	Klebsiella pneumoniae ATCC 10031	7,9	10
Streptomycin	PN	,,	Wasser	30

Bei der Durchführung des turbidimetrischen Testes pipettiert man 1 ml der das Antibioticum enthaltenden (Puffer-) Lösung in das Teströhrchen und fügt

9 ml der mit dem Teststamm beimpften Nährlösung (PN) hinzu. Anschließend wird 4 Std. bei 37 °C im Wasserbad bebrütet, danach das Wachstum durch Zusatz von 0,5 ml einer verdünnten Formaldehydlösung gestoppt und dann mit einem Elektrophotometer unter Benutzung eines Filters von 578 mμ ausgewertet. Mit Hilfe der gefundenen Extinktion kann man aus der Standardkurve (5 Bezugspunkte) die dazugehörige Konzentration (γ/ml) ablesen.

VIII. Bakterielle Endotoxine

Von **H. Schmidt**, Wabern-Bern/Schweiz

Literatur S. 643.

Einführung. Außer *Exotoxinen*, die Bakterien bei ihrer Vermehrung in das Milieu als wasserlösliche Stoffe abgeben können, besitzen viele Bakterien noch *Endotoxine* in ihrer Zellmembran. Die Endotoxine werden erst beim Verfall der Bakterien durch Autolyse frei, können aber auch aus den Bakterien extrahiert und gereinigt gewonnen werden. Sie stellen *hochtoxische Symplexe* dar, die nicht nur in biologischer Hinsicht als toxische Reizstoffe sondern auch in immunochemischer Hinsicht als spezifitätsdeterminierende Substanzen eingehend untersucht sind.

Endotoxine werden zwar bevorzugt von gramnegativen Bakterien gebildet, besonders von gramnegativen Enterobakteriaceen, aber Substanzen mit ähnlichen biologischen Wirkungen lassen sich auch aus gramnegativen Meningo- [*1*] und Gonokokken [*3*] sowie auch aus grampositiven Streptokokken [*2*] gewinnen. Die nach Gram färbbare Substanz befindet sich, wie das Endotoxin, in der Zellmembran der Bakterien und ist ein mit dem Mg-salz der Ribonucleinsäure verbundenes Proteid [*4*], das in spezifischer Weise mit einem Polysaccharid (PS) verbunden ist [*5*], und die Gramfärbbarkeit ist weitgehend von der Konzentration des Mg und anderen Elektrolyten abhängig [*6*]. In grampositiven Bakterien ist das PS nicht eng mit einem toxischen Lipoid verbunden [*7*].

Alle Enterobakteriaceen bilden Endotoxine. Dazu gehören u. a. jene, die als E-Escherichia (Coli), S-Salmonella (Typhus, Paratyphus), Sh-Shigella (Ruhr) in serologisch nach Serotypen klassifizierte Species und Gruppen zusammengefaßt und unterteilt wurden. Die serologische Kennzeichnung auf Grund spezifischer, von Kaninchen gewonnenen Immunsera hat sich durch die Forschung der letzten Jahre als chemotypisch bedingt erwiesen. Serologisch typisiert ist besonders die Salmonellagruppe im Kauffmann-White-Schema [*8*]. Das Endotoxin der gramnegativen Enterobakterien befindet sich in der Membran und stellt einen Symplex dar, der auch das als O-Antigen bezeichnete spezifitätsdeterminierende Substrat enthält, so daß *Endotoxin* und *O-Antigen* oft als *synonym* gebraucht werden.

A. Gewinnung des endotoxischen Vollantigens

Um die O-Antigen-haltigen Endotoxine aus gramnegativen Bakterien zu erhalten, sind fast gleichzeitig und unabhängig voneinander mehrere Verfahren entwickelt worden, von denen die folgenden hier kurz erwähnt seien:

1. **Das Trichloressigsäureverfahren** von *Boivin* [*9*]:

Eine dichte Suspension gewaschener Bakterien wird mit dem gleichen Vol. n/2 Trichloressigsäure versetzt und nach 3 Std. Schütteln in der Kälte die Säure abdialysiert und das in der Lösung gebliebene thermostabile O-Antigen mit Aceton oder Alkohol ausgefallt.

2. **Das Trypsinalkoholverfahren** von *Raistrick* und *Topley* [*10*]:

Aus der Lösung von tryptisch verdauten Bakterien wird mit Alkohol bis zu 68 Vol.-% das O-Antigen gefällt.

3. **Das Diäthylenglykolverfahren** von *W. T. J. Morgan* [*11*]:

Extraktion der getrockneten Bakterien mit wasserfreiem Diäthylenglykol. Herabsetzen der Viscosität durch Zusatz von 10 Vol.-% Methylalkohol. Scharf zentrifugieren; Dialyse; aus der Lösung das Ungelöste mit Oxalsäure ausfällen und aus dem Überstand das O-Antigen mit Aceton fällen.

4. **Das Harnstoffverfahren** nach *Walker* [*12*]:

Getrocknete Bakterienmasse mit 2,5 m Harnstofflösung bei 38 °C extrahieren, den klar zentrifugierten Extrakt dialysieren und nach Einengen und Entfernen eines auf Ansäuern bis n/10 Essigsäure gebildeten Niederschlags das O-Antigen mit Alkohol ausfällen.

5. **Das Phenolverfahren** (*Palmer* u. *Gerlough* [*13*], *Westphal*, *Lüderitz* u. *Bister* [*14*]):

Die dichte Bakteriensuspension wird in der Wärme (68 °C) mit homogener Phenolwassermischung extrahiert, dann nach Abkühlen zentrifugiert. Dann finden sich in der Kalte die proteinfreien Lipopolysaccharid-Symplexe neben Nucleinsäuren in der wässerigen Phase. Die Trennung gelingt nach Acetylierung [*15*] und Lösen des acetylierten Komplexes mit Chloroform, welches das endotoxische Lipoid löst, in dem aber die Nucleinsäuren nicht löslich sind [*14*]. Auch durch Zentrifugieren bei hohem g läßt sich die Nucleinsäure entfernen [*15*].

B. Analyse des endotoxischen Vollantigens

Man erhält zunächst das O-Vollantigen als einen Polysaccharid (PS)-Hexosamin-Lipoid A-Aminodicarbonsäure-protein-Lipoid B-Komplex [*16*].

Das Lipoid B (Analyse bei [*19*]) ist löslich in Äther und Benzin. Es ist leicht ohne wesentliche Verluste an Antigenität und Toxizität, z. B. durch Lösen in Formamid [*17*], abspaltbar. Es scheint für die biologische Wirkung des Vollantigens keine wesentliche Funktion zu haben [*18*].

Der nach Abspaltung von Lipoid B verbleibende Symplex besteht aus einem Lipoid A, welches an ein phosphoryliertes PS gebunden und als undegradiertes LPS mit Protein konjugiert ist. Das Ganze ist das endotoxische Vollantigen.

Aus dem verbleibenden Komplex läßt sich z. B. durch Phenol-Wasser [*14*] oder durch alkoholisches Alkali [*19*] das Protein abspalten, wobei die Aminodicarbonsäure am Lipoid A gebunden bleibt, oder durch Erhitzen mit verdünnter Säure läßt sich das PS als degradiertes PS [*20*] abtrennen. Dann enthält das Lipoid B noch festgebundenes Hexosamin. Der Lipoid A-PS(-LPS-)Symplex ist die eigentliche, sowohl die endotoxische als auch die immunologische Wirkung darstellende Substanz. Behandlung wie z. B. durch Acetylierung [*21*] oder durch verd. H_2O_2 [*15*] oder mit Na-Perjodat greift an der PS-Komponente an und läßt den Lipoidanteil intakt, während längeres Erhitzen in Pufferlösung vom pH 7,2 auf 95—100 °C oder Behandlung mit verd. NaOH bei 56 °C uber einige Minuten bis 60 Min. das PS vollständig lassen aber die Lipoidkomponente angreifen [*17*]. In LPS ist das Lipoid A das eigentliche endotoxische Agens. Es ist zum Unterschied vom Lipoid B in Äther und Benzin schwer, aber in Chloroform und Pyridin leicht löslich. Das PS vermittelt dem Lipoid A eine bessere Löslichkeit in Wasser und dadurch erhöhte Toxizität und ist als PS verantwortlich für die immunserologische Eigenschaft und Spezifität des betreffenden Bakteriums. Das Protein, das vom LPS abspaltbar ist, vermittelt dem gesamt LPS-Komplex seine vollantigene Eigenschaft. Es kann durch künstliche Konjugierung des PS an ein anderes Protein, z. B. Casein, ersetzt werden [*22*]. Nach Abspalten von Lipoid A hat das lipoidfreie PS seine Antigenität für Kaninchen verloren, für Maus und Mensch noch erhalten [*23*], ist aber als Toxin und Reizstoff unwirksam. Das lipoidfreie PS ist nicht toxisch, nicht pyrogen, reagiert jedoch mit spezifischen Antikörpern [*17*].

Wird beim LPS durch oxydativen Abbau (z. B. H_2O_2 plus Katalysatoren) nur das PS angegriffen, so kann man zu niedermolekularen Endotoxinen (Reizstoffen) gelangen, die aber wegen des Polysaccharidabbaus ihre Immunspezifität und ihre Antigenität eingebüßt haben. Die antigene Speciesspezifität des LPS als O-Antigen ist durch das PS gegeben [16]. Sie wird durch oxydierende Perjodatbehandlung herabgesetzt, bleibt aber als Zellwandaffinität des LPS bestehen, die eine dem Lipoid A zukommende Eigenschaft ist. Sie kommt erst durch Behandlung des O-Antigen-Symplexes durch Hitze oder Alkali optimal zur Geltung. Längere Behandlung dieser Art setzt aber unter Freisetzung geringer Mengen von Fettsäuren die pyrogene Wirkung (s. weiter unten) herab ohne gleichzeitig die Zellwandaffinität zu beeinträchtigen. Somit vermag die Perjodatbehandlung zwischen der pyrogenen Wirkung und der toxischen Einwirkung auf Zellen zu unterscheiden [21].

Das Lipoid A durch Hydrolyse (5 n HCl, 15 Std. bei 100 °C) aus E. Coli hergestellt, ergab [24] in Ätherlösung: Laurin-Myristin-, Palmitin- und D-(—)-β-Hydroxymyristinsäure und in wäßriger Lösung u. a. D-Glucose, Colamin (Äthanolamin), Phosphor- und Asparaginsäure und Nekrosamin als ein Diaminoderivat einer 20gliedrigen aliphatischen Kohlenwasserstoffkette [24]. Auf Grund stufenförmiger Hydrolyse ist das S. abort. equi-Lipoid A nicht einheitlich. Man erhält zunächst Lipoid A_1 (4,5% von LPS), was noch 9,3% Hexosamin und 3,5% Galaktose hat, und bei weiterer Hydrolyse das Lipoid A (26%), das in Chloroform und Pyridin löslich ist und Galaktose sowie Fettsäuren, Phosphorsäure und N-haltiges Material abgespalten hat. Bei weiterer Hydrolyse, aber in 6 n HCl, erhält man aus dem Lipoid A an wasserlöslichen Bestandteilen: Hexosamin, Aminodicarbonsäure, α,ε-Diaminopimelinsäure, Lysin, Alanin, Serin, Äthanolamin, Phosphorsäure u. a. (aber kein Nekrosamin wie im Coli-Lipoid-A) sowie an lipoidlöslichen Anteilen langkettige Fettsäuren [25] u. a.

Die weitere Analyse bezüglich der toxisch wirksamen Komponenten des anscheinend sehr komplexen Lipoid A steht noch aus.

Wird LPS (S. abort. equi) mit verd. Alkali bei mäßig erhöhter Temperatur oder in Phosphatpuffer p_H 7,2 bei 95—100 °C behandelt, so wird das Teilchengewicht von $10—20 \cdot 10^6$ (S_{20} = ca. 17,5—19,3 S [26] auf ca. 200000 (S_{20} = 10 S) reduziert [27], und ferner erlangt das LPS eine hohe Affinitat zu lipoiden Rezeptoren in Zellgrenzflächen [21] z. B. bei Erythrocyten, die, auf diese Weise sensibilisiert, für Immunsera spezifisch agglutinabel werden.

Die chemisch besonders untersuchten Bakterien-LPS wiesen folgende *Elementaranalysen* auf:

LPS	C	H	N	P	Acetyl
Colipyrogen [15]	48,4	6,8	0,97	2,08	1,8
Ser. marcescens [15]	47,5	7,1	2,2	1,1	2,2
S. abort. equi [28]	48—49	7,0—7,5	1,3—1,6	2,7—3,2	Asche 7—10%

Literatur

[1] *Condie, R. M., S. J. Zack* u. *R. A. Good:* Proc. Soc. exper. Biol. Med. **90**, 355 (1955).
[2] *Tauber, H., W. Garson* u. *H. Russell:* Proc. Soc. exper. Biol. Med. **101**, 405 (1959).
[3] *Stetson, Ch. A.:* J. exper. Med. **104**, 921 (1957).
[4] *Stacey, M.*, u. *H. Henry:* Nature **151**, 671 (1943).
[5] *Jones, A. S., P. W. Muggleton* u. *M. Stacey:* Nature **166**, 650 (1950).
[6] *Bonomi, U.:* Giorn. Microbiol. **3**, 193 (1955).
[7] *Westphal, O.*, u. *O. Lüderitz:* Allergie **2**, 17 (1953) Beilage Dtsch. med. Wschr.
[8] *Kauffmann, F.:* Pathologia et Microbiol. (Basel) **24**, 860 (1961).
[9] *Boivin, A.*, u. *L. Mesrobeanu:* C. r. Soc. Biol. **114**, 307 (1933); Rev. d. Immunol. **4**, 469 (1938).
[10] *Raistrick, H.*, u. *W. W. C. Topley:* Brit. J. exper. Path. **15**, 113 (1934).
[11] *Morgan, W. T. J.*, u. *S. M. Partridge:* Brit. J. exper. Path. **23**, 151 (1942).

[12] *Walker, J.:* Biochem. J. **34**, 325 (1940).
[13] *Palmer, I. W.,* u. *T. D. Gerlough:* Science **92**, 55 (1940).
[14] *Westphal, O., O. Lüderitz* u. *F. Bister:* Z. Naturforsch. **7b**, 148 (1952).
[15] *Westphal, O.,* u. *O. Lüderitz, E. Eichenberger* u. *W. Keiderling:* Z. Naturforsch. **7b**, 536 (1952).
[16] *Westphal, O.,* u. *O. Lüderitz:* Angew. Chem. **66**, 407 (1954).
[17] *Westphal, O., O. Lüderitz, E. Eichenberger* u. *E. Neter:* D. Z. Verdauung-Stoffwechsel Kr. **15**, 170 (1955).
[18] *Cmelik, S.:* Z. physiol. Chem. **293**, 222 (1953).
[19] *Binkley, F., W. F. Goebel* u. *E. Perlman:* J. exper. Med. **81**, 331 (1945).
[20] *Tal, C.,* u. *W. F. Goebel:* J. exper. Med. **92**, 25 (1950).
[21] *Keiderling, W., F. Wöhler* u. *O. Westphal:* Arch. exper. Path. Pharm. (Leipzig) **217**, 293 (1953).
[22] *Lüderitz, O., O. Westphal, A. M. Staub* u. *L. Le Minor:* Nature **188**, 556 (1960).
[23] *Boivon, A.,* u. *A. Delaunay:* Presse méd. **55**, 9 (1947).
[24] *Ikawa, M., J. B. Köepfli, S. G. Mudd* u. *C. Niemann:* J. Amer. chem. Soc. **75**, 1035 (1953).
[25] *Nowotny, A., O. Lüderitz* u. *O. Westphal:* Biochem. Z. **330**, 47 (1958)
[26] *Schramm, G., O. Westphal* u. *O. Lüderitz:* Z. Naturforsch. **7b**, 594 (1952).
[27] *Lüderitz, O., O. Westphal, E. Eichenberger* u. *E. Neter:* Biochem. Z. **320**, 21 (1958).
[28] *Fromme, I., O. Lüderitz, A. Nowotny* u. *O. Westphal:* Pharmaceut. acta helv. **33**, 391 (1958).

C. Biologische Wirkungen der Endotoxine

Diese sind abhängig vom Lipoid A, welches wahrscheinlich in gleicher Form allen Endotoxinen gramnegativer Bakterien gemeinsam ist. Das am besten bearbeitete ist das Endotoxin von S. abortus equi (Pyrexal)-LPS.

Antigenität. Von [*1*] beim 2—3-kg-Kaninchen mit Pyrexal nachgewiesen [*2*]. 4 Wochen 4mal wöchentl. 0,001 γ, 0,01 γ oder 1,0 γ/kg i. v. Mensch bildet nach Inj. von 0,1—1,0 γ Pyrexal i. v. aggl. Antikörper. Auftreten pyrogener Reaktionen ist unabhängig von Immunantikörpern im Blut, aber je stärker immun, desto schnellere Ausscheidung des LPS aus dem Blut [*3*].

Adjuvanswirkung. Zur Steigerung der Antikörperbildung [4].

Toxizität. Injektion von Pyrexal i.v. LD_{50}: für 350—450 g Meerschweinchen 0,75—0,22 mg/kg, für 15—20 g Maus 6,5—1,02 mg/kg, für Ratte (70—100 g) 18,0—2,7 mg/kg. Kaninchen von 2 kg können bis zu 1 mg pro kg überleben, 5 mg/kg sind tödlich innerhalb 24 Std., aber auch nach 10 mg/kg erfolgt Tod erst nach 12—24 Std. *Postmortembefund:* nach letalen Dosen bei [*1*]. Bei chronischen Toxizitätsversuchen ist Gewöhnung zu beachten. — S. c. Injektion von Pyrexal bei Kaninchen von 0,1—0,4 γ/kg (= 100fache der min. i. v. wirksamen pyrogenen Dosis) bewirkt Fieber und Blutbildveränderung. Beim Menschen führt die s. c. Injektion der bei i. v. Injektion min. pyrogenwirksamen Dosis zu 2 bis 3 Std. dauernder lokaler Reaktion (Schwellung, Rötung, Schmerz), die nach 2—3 Tagen abklingt. 5 γ i. m. Injektion erzeugt auch beim Menschen leichtes Fieber [*1*].

Pyrogene Wirkung. (Die jeweils angewendete Dosis ist in je 1 ml/kg pyrogenfreiem aqua dest.). Die pyrog. Schwellendosis [*5*] ist die i. v. Dosis, welche die normale mittlere Temperaturschwankung von 0,6 °C beim Kaninchen gerade überschreitet. Sie beträgt für Kaninchen 0,0035 γ/kg Pyrexal. Für Mensch 0,02—0,003 γ/kg [*1*]. Dabei Latenzzeit von 1—2 Std. wesentlich länger als beim Kaninchen. Fieber nimmt in Höhe und Dauer mit steigender Dosis zu [*6*]. Maximum beim Kaninchen bei ca. 1 γ/kg i. v. Bei noch höheren Dosen evtl. Temperaturabnahme unter allgemein toxischen Symptomen (Diarrhoe). Fieberkurven können mehrgipfelig sein, z. T. verursacht durch Freisetzung einer adrenalinartig wirkenden Substanz [*7*].

Hämatologische Wirkung. Als Folge von Pyrogenen verschiedener Art lange bekannt (Lit. bei I., II S. 646). Bei Mensch, Kaninchen, Ratte, Maus, Hund

u. a. Tieren folgt mittleren Pyrogendosen mäßige Granulocytose, Lymphopenie und Eosinophilie. Nach höheren Dosen erfolgt zunächst, wenn auch nur für einige Stunden, eine Granulocytopenie und erst dann eine starke Granulocytose. Neben der Granulocytopenie geht eine Verarmung an Lymphocyten und eosinophilen-Zellen einher, die länger dauern kann als der Granulocytenmangel. Die Lymphopenie geht nach 8 Std. über in Lymphocytose, s. Abb. 6 bei [*1*]. In diesem Sinne wirkte auch Pyrexal bei Mensch und Kaninchen. Diese hämatologischen Wirkungen entsprechen den Erscheinungen der vegetativen Gesamtumschaltung nach *Hoff* und dem Adaptationssyndrom von *Selye*.

Wirkungen auf die Einzelzelle und deren Funktionen in vivo und in vitro [*1*]. Nach Injektion bakterieller Pyrogene erfolgt bei Leukocyten Abgabe eines lysozymähnlichen Fermentes; Steigerung der Auswanderung von Leukocyten in Zellkulturen; Hemmung der Leukocyten-Bewegung [*1*]. In vivo (nicht in vitro) eine Verminderung der Zelladung von Erythro- und Granulocyten in der Leukopeniephase. Dieser Abfall kann von einer sekundären Erhöhung mit nachmaligem Abfall abgelöst werden [*1*]. — Erhöhung der *Phagocytose:* 0,5 γ i. v. beim Mensch, dann Blut mit Staphylokokken ($9 \cdot 10^7$/ml) in vitro unter langsamer Rotation bei 37 °C inkubieren und die Zahl phagocytierender Granulocyten nach 20 Min. im gefärbten Ausstrich auszählen. Aber bei relativ großer Streuung nur im Mittel eine signifikante Steigerung [*8*]. Ebenso bei Versuchen an Ratten [*1*]. Da das Verhältnis Granulocyten/Staphylokokken pro Zelle nicht konstant blieb, ergaben sich klarere Versuchsergebnisse bei vorher mit Pyrexal 3 Wochen immunisierten Kaninchen nach Abklingen der akuten Wirkungen am Ende der 4. Woche: Dosis $12 \cdot 1{,}0\,\gamma$/kg i. v. Mittlerer Phagocytosegrad 56,8%; $P < 0{,}001$ [*1*].

Wirkung auf Blutgerinnung, Fibrinolysinaktivierung. Werden durch bakt. LPS verzögert; klinisch bedeutungslos, aber Aktivierung des Fibrinolysins, meßbar mit Thromboelastographie [*1*]. Bei Mensch nach Injektion schwach pyrogener Dosis frühestens nach 1 Std. Fibrinolyse, nach $3^1/_2$ Std. wieder verschwunden [*9*]. Mit viel höheren Pyrogendosen bei Kaninchen, Mensch, Ratte gelang es [*1*] nicht, in unverdünntem Blut Fibrinolyse auszulösen wegen hohen Antifibrinolysintiters (?). Narkotisierte Katzen wegen spontaner Lyse ungeeignet. In vitro Pyrexalzusatz zu Citrat- oder Heparinblut ist bezüglich Fibrinolyse unwirksam [*1*].

Gefäßpermeabilität. Albinokaninchen i.v. 5 ml 1% Trypanblaulösung. Dann lokal am Bauch i. c. Pyrexal. Schon bei 0,02—0,1 γ erfolgt Blaufärbung und Einwanderung von Leukocyten [*1*].

Blutdruck. Bei Kaninchen, Meerschweinchen und Mäusen sinkt durch Endotoxin die Herzkraft bei beschleunigtem Puls [*1*]. Wegen Hemmung gewisser Komponenten der Pyrexalreaktion in Narkose, Versuche von [*1*] an nicht narkotisierten Kaninchen: 0,1 γ Pyrexal; nach Latenz von ca. 25 Min. sank Blutdruck für ca. $1^1/_2$ Std. von 60 auf 30 mm Hg; nach 6 Std. wieder auf 70 erhöht. Nach 1—10 γ wurden durch Gefäßspasmen Messungen unmöglich [*1*].

Stoffwechselbeeinflussung. Nach LPS-Wirkung steigt die Ausscheidung von *Uropepsinogen* an, das bei Ansäuerung Pepsin liefert. Letzteres läßt man bei 8 °C für 1 Std. Hämoglobin fermentieren. Zusatz von Trichloressigsäure und Filtrieren liefert nach Folin colorimetrisch meßbares Tyrosin. Die Uropepsineinheit ist die Menge, die 1 mg Tyrosin frei setzt (3,7% mittlerer Fehler [*10*]). Somit erlaubt diese Methode die Reizstärke von LPS und damit die Aktivität des Hypophysennebennierenrindensystems zu messen [*1*]. Im Urin regelmäßig Urokinase, die Plasminogen zu Fibrinolysin aktiviert. Die Urokinase wird durch Pepsin zerstört, das bei saurem Urin (p_H 1,5—3,5) aus Uropepsinogen entsteht. Daher zur Urokinaseherstellung und -messung das Uropepsinogen abzutrennen. Methode dafür bei [*11*]. Bei Mäusen verhindert eine i. p. Injektion von durch Hitze abgetöteten S. typhi murium völlig den Anstieg von Stickstoff im Urin, der sonst nach s. c. Injektion von ACTH stattfindet. Dies wird zur Endotoxinmessung von [*12*] benutzt.

Der *Sauerstoffverbrauch* ist bei 350—550 g Meerschweinchen nach 10 γ/kg i.p. in der ersten halben Stunde, dem Temperaturanstieg vorauseilend, bereits maximal und bleibt anschließend noch über Stunden erhöht [1]. *Der Kohlenhydratstoffwechsel:* Bei Kaninchen nach toxischen Dosen von Typhus-LPS bis 400 mg-% Blutzucker erhöht [15]. Nicht toxische, aber pyrogene Pyrexaldosen i. v. bei Kaninchen ergaben nach $^1/_2$ Std. Blutzuckeranstiege bei 0,1 γ/kg von 90 auf 113 mg-%, bei 1,0 γ/kg von 90 auf 118 mg-% und bei 10 γ Adrenalin von 95 auf 140 mg-% [1]. Wie die Grundumsatzsteigerung eilt auch die Hypoglykämie dem Fieber voraus.

Die durch Ligatur bei Ratten nach *Shay* [14] erhöhte Magensaftsekretion und *Ulcusbildung* können durch pyrogene Pyrexaldosen (auch bei Unterdrückung des Fiebers durch Antipyretica) gehemmt werden [1].

Bakterielle Pyrogene sind wie die Ganzkeime bei normalen [1] nicht aber bei immunisierten [1] Kaninchen Shwartzman-reaktiv, erfordern aber Dosen beim Kaninchen, die weit über der pyrogenen Wirksamkeit liegen. Beim Menschen, gesund oder krank, haben mehrere tausend Pyrexalinjektionen tatsächlich nie zu entsprechenden Reaktionen geführt [1].

Tumornekrotisierende Wirkung. Von *Shear* zuerst nach Injektion von Serr. marcescens-LPS, unter hämorrhagischer Nekrose mit Regression von Tumoren beobachtet. Völlige Regression bei Ratten-Yoshida-Sarkom mit LPS aus E. Coli [16]. Ursache der Regression: Reaktion im Blut und im Gefäßsystem [16]; Herabsetzung der Zellprotoplasmaviscosität und damit im Zusammenhang die Herabsetzung der Mitosen [17]. Umgekehrt wurden Mäuse nach Infektion mit Ehrlichs Ascites-Tumorzellen empfindlicher gegen subletale Dosen von Gonokokken-LPS [18].

Neuroregenerative Wirkung bei degenerierten Nerven: Anatomische und z. T. auch funktionelle Heilungen experimentell bei Rückenmarksläsionen [19], sowie bei sensiblen Nerven der Cornea [20]. Sie erfordert optimale Dosierung [1]. Für Pyrexal 0,05 γ/kg. Fieber ist kein essentieller Heilfaktor für Neuroregenerierung [1].

Resistenzerhöhung gegen Infektion [21]. 0,5 γ i.v. injiziertes Lipoid A schützt Mäuse temporär gegen tödlichen heterologen Infekt, z. B. von S. typhimurium [22]. Aber auch bei bestehender Infektion z. B. Brucellose kann bei Mäusen erhöhte Empfindlichkeit gegenüber bakteriellem LPS bestehen [23]. Bei Mensch und Kaninchen wird die normale Serumbakterizidie durch einmalige bakterielle LPS-Injektion gesteigert, kann aber einen wellenförmigen Anstieg und Abfall der Bakterizidiewerte über Tage hindurch zeigen [24].

Die Gewöhnung. Es gibt keine biologische Wirkung von bakteriellen Endotoxinen, gegen die nicht Gewöhnung auftreten kann. Eine Bildung oder das bereits Vorliegen von Antikörpern im Serum kann aus verschiedenen Gründen nicht als Ursache in Betracht kommen. Durch Blockierung des R.E.S. kann der sich in der Gewöhnung äußernde refraktäre Zustand aufgehoben werden [1]. Nach [25] kann die von Kaninchen erworbene Toleranz gegen endotoxische Wirkung passiv mit dem Serum auf Mäuse übertragen werden. Normales Serum von Mensch und Tieren (Pferd) kann die endotoxische Wirksamkeit bakterieller LPS inaktivieren [26, 27].

Literatur

Zusammenfassende Arbeiten:

I. *Eichenberger, E., M. Schmidhauser-Kopp, H. Hurni, M. Fricsay* u. *O. Westphal:* Schweiz. med. Wschr. **85**, 1190, 1213 (1955).
II. *Göing, H.:* Klin. Wschr. **38**, 1069 (1960).
III. *Hertel, H. W.:* Behring-Werk Mitteil. H. 40 (1961).

[1] I. Zusf. Arbeit.
[2] *Kröger, E.:* Klin. Wschr. **35**, 406 (1957).
[3] *Atkins, E.,* u. *B. W. Wood:* J. exper. Med. **101**, 519 (1955).
[4] *Stevens, K. M.,* u. *J. M. McKenna:* Nature **179**, 870 (1957).

[5] *Dare, J. G.*, u. *G. A. Mogay:* J. Pharm. Pharmacol. **6**, 325 (1954).
[6] *Voit, K.*, u. *W. Tilling:* Ärztl. Wschr. **9**, 730 (1954).
[7] *Yokoi, Y.*, *Ts. Kuwamura* u. *Y. Moto:* Jap. J. Physiol. **11**, 270 (1951).
[8] *Bergmann, H.*, *G. Buschmann*, *P. Doering*, *E. Fritze* u. *F. Wendt:* Klin. Wschr. **32**, 500 (1954).
[9] *Hörder, M. H.*, *B. Kickhöfen* u. *F. Wendt:* Klin. Wschr. **36**, 164 (1958).
[10] *Westphal, O.*, *O. Lüderitz* u. *W. Keiderling:* Z. Naturforsch. **6b**, 309 (1951).
[11] *Kickhöfen, B.*, *F. E. Struwe*, *B. Bramesfeld* u. *O. Westphal:* Biochem. Z. **330**, 467 (1958).
[12] *Berry, L. J.*, *D. S. Smythe* u. *L. G. Young:* J. exper. med. **113**, 83 (1961).
[13] *Boquet, P. A.*, u. *Y. Izard:* C. r. Soc. Biol. **145**, 351 (1951).
[14] *Shay, H.*, *S. A. Komaroo*, *S. S. Fels*, *D. Meranze*, *M. Gruenstein* u. *H. Siplet:* Gastroenterology **5**, 43 (1945).
[15] *Klärner, P.:* Z. Krebsforsch. **62**, 291 (1958).
[16] *Shear, M. J.*, *B. Archinstein* u. *S. M. Pradhan:* J. Nat. Cancer. Inst. **21**, 585 (1958).
[17] *Nishimura, E. T.*, u. *T. H. Baum:* Amer. Arch. Pathol. **63**, 352, 513 (1957).
[18] *Tauber, H.*, *W. Garson* u. *H. Russell:* Proc. Soc. exper. Biol. Med. **101**, 455 (1959).
[19] *Scott, D.*, u. *C. D. Clemente:* Arch. Neurol. Psychiat. (Chicago) **67**, 830 (1952).
[20] *Bammer, H.*, u. *V. Martini:* Pflügers Arch. Physiol. **257**, 308 (1953).
[21] *Hertel, H. W.:* III. Zusf. Arbeit.
[22] *Howard, J. G.*, *D. Rowley* u. *A. C. Warlaw:* Nature **179**, 314 (1957).
[23] *Abernathy, R. S.*, *G. M. Bradley* u. *W. W. Spink:* J. Immunol. **81**, 271 (1958).
[24] *Pulver, G.*, u. *W. Zischka:* Schweiz. Z. Path. Bakt. **20**, 445 (1957).
[25] *Freedmaan, H. H.:* Proc. Soc. exper. Biol. Med. **102**, 504 (1959).
[26] *Westphal, O.*, *D. Hammer*, *O. Lüderitz*, *A. Nowotny*, *E. Eichenberger* u. *F. Goebel:* Z. Naturforsch. **13b**, 572 (1958).
[27] *Hegemann, F.:* VI. Mittl. Z. Immun. Forsch. **117**, 301 (1959).

D. Zur Immunochemie des Endotoxin-O-Antigens

Bei der Herstellung des die Speciesspezifität der gramnegativen Enterobakteriaceen bestimmenden O-Antigens wird der LPS-Symplex isoliert und damit das Endotoxin, wodurch das Endotoxin eine immunochemische Bedeutung hat.

Die Enterobakterien, darunter die besonders gut bekannten Salmonellaarten, können genbedingt in ihren Kulturformen mutieren, so daß man sog. glatt = S (smouth) und rauh = R (rough) Kulturen unterscheidet. Da die S-Formen das volle O-Antigen enthalten, welches der nach Serotypen (bestimmt durch Immunsera von Kaninchen) erfolgten Einteilung (z. B. der Salmonellen) zugrunde liegt, während den Rauhformen dieses O-Antigen in der Regel fehlt, so hat man den Formenwechsel als SO → Ro bezeichnet und betrachtet die Rauhformen als Minusvarianten [*1*]. Zwischen den SO und Ro-Formen kommen noch sog. T-Formen als Zwischenstufen vor.

Die Salmonellabakterien haben zunächst einen basalen PS-Komplex, den auch die Rauhformen haben, und der in seinen Zuckerbausteinen auch mit den basalen PS-Komplexen der Rauhformen anderer Enterobakterienarten gleich oder sehr ähnlich sein dürfte, was die serologischen Kreuzreaktionen zwischen Rauhstämmen der verschiedenen Enterobakterienarten erklärt. Aber auch Rauhformen haben das endotoxische Lipoid A, sind also nur bezüglich des PS-Komplexes Minusvarianten [*1*]. Der basale PS-Komplex kann bestehen aus: Hexosamin (Gluco-, Galakto-, Fucosamin), Heptose (L-Glyko-D-Mannose, L-Glycero-L-Mannose, D-glycero-D-Galaktose), Hexose (Galaktose, Glucose, Mannose), Pentose (Xylose, Ribose), Rhamnose als Methylpentose.

Dieses basale Zellwand-PS von R-Charakter hat bei dem gleichen Genus den gleichen Chemotyp [*1*]. Durch weitere enzymatisch erfolgende Synthese und Anlagerung von Seitenketten, beim gleichen Genus vom gleichen genbedingten [*2*] Chemotypus, kommt es zur Ausbildung der spezifischen O-Antigene, in der Regel verbunden mit S-Kolonieform.

Die Spezifität der PS-Seitenkette für das betreffende Bakterium wird in erster Linie durch den endständigen Zuckerbaustein bestimmt. Dieser gibt die jeweilig größte Antikörperaffinität [*2*]. Aber weiterhin trägt noch das zweite und dritte Glied [*2*] der Oligosaccharidkette zur vollen serologischen O-Spezifität bei. Als

Träger dieser Spezifität fand man [2] besondere 3-Desoxyhexosen und 3,6-Didesoxyhexosen [2], und deren Immunantikörper von Kaninchen sind hochspezifische Reagentien. Aber noch besser erwies sich zur Ermittlung der Struktur determinanter Endgruppen im O-Antigen die Synthese künstlicher Antigene [3] nach *Landsteiner*, wie z. B. ein Immunserum gegen Colitose-phenylazoprotein (Casein) [3].

So finden sich in der PS-Komponente des O-Vollantigens von gramnegativen Enterobakterien charakteristische Zuckerarten besonderer Art, aber niemals Uronsäuren. Von diesen PS und ihrer Bindung an Lipoide und Proteine der Bakterienzelle unterscheiden sich die PS der grampositiven Bakterien. Letztere enthalten vielfach Uronsäuren, sie gehen in der Bakterienzelle keine festen Bindungen mit Lipoiden ein und sind daher auch nicht toxisch. Auch fehlen den PS grampositiver Bakterien die mehr lipophilen Methylpentosen (Rhamnose) und die Desoxyhexosen, und die PS sind nicht phosphoryliert [4].

Weitere Ergebnisse der Immunochemie von Enterobakteriaceen durch die Zuckeranalyse der PS-Bausteine der O-Antigene finden sich in den im Fluß befindlichen Arbeiten von [5, 6, 7].

Literatur

[1] *Westphal, O.*, u. *O. Lüderitz:* Pathologia et Microbiologia (Basel) **24**, 870 (1961).
[2] *Westphal, O.*, u. *O. Lüderitz:* Angew. Chem. **72**, 881 (1960).
[3] *Lüderitz, O., O. Westphal, E. Eichenberger* u. *E. Neter:* Biochem. Z. **330**, 21 (1958).
[4] *Westphal, O.*, u. *O. Lüderitz:* Angew. Chem. **66**, 407 (1954).
[5] *Westphal, O.:* Annal. Inst. Pasteur **89**, 789 (1959).
[6] *Westphal, O.*, u. *O. Lüderitz:* J. Med. and pharmaceut. Chem. **4**, 497 (1961).
[7] *Staub, A. M.:* Pathologia et Microbiologia (Basel) **24**, 890 (1961).

IX. Exotoxins

By **W. E. van Heyningen,** Oxford

A. Introduction

The fundamental difference between exotoxins and endotoxins is concerned not so much with whether they are found outside or inside the bacterial cell, but with their structure. The exotoxins are simple antigenic proteins; the endotoxins are antigenic complexes of protein, polysaccharide and lipid, in which the protein determines the antigenicity, the polysaccharide the immunological specificity, and some of the lipid the toxicity. The exotoxins are neutralised by homologous antibody; but the endotoxins are not neutralised by homologous antibodies since these are not directed against the toxic lipid component, but against the protein and polysaccharide components. These differences in structure are also reflected in other properties of the toxins, viz. the exotoxins are: 1. less stable to heat than the endotoxins; 2. detoxified by agents (see below) which do not affect endotoxins; 3. considerably more toxic than the endotoxins. The exotoxins are generally produced by Gram-positive bacteria, and are generally found in solution in the culture fluid, outside the bacterial cell; but some are produced by Gram-negative organisms, and several may be found within the bacterial cell. Each exotoxin has its particular pharmacology. The endotoxins are all produced by Gram-negative organisms, and constitute part of the cell structure, but may be found in solution in autolysed cultures. The endotoxins all have the same pharmacology.

Several exotoxins (e. g. botulinum toxin type E, *Cl. welchii* epsilon and iota toxins) are produced by the bacterial cells in the first instance as inactive protoxins. These are then converted into active toxins by the action of proteolytic enzymes. Another inactive, but still antigenic, form of exotoxin is toxoid, or anatoxin, which may arise spontaneously, or as a result of a variety of treatments, e. g. treatment with dilute formaldehyde. The process of toxoiding is not reversible [1]. Exotoxins may exist in different stages of aggregation. Thus tetanus toxin in the highly purified state tends to aggregate to form dimers. On the other hand, botulinum toxin tends to dissociate under certain conditions of salt concentration and p_H into smaller units, some of which may be inactive [2].

Animals may be actively immunized against exotoxins by prior injection of toxoid, or sublethal doses of toxin. Passive immunization may be affected by injection of the serum of another actively immunized animal. In a few cases the harmful effects of infectious diseases (e. g. tetanus and diphtheria) are entirely due to the toxins produced by the infecting organism, and all the symptoms of the natural disease can be reproduced by injection of the cell-free sterile toxin. In these cases the diseases are entirely preventable by prophylactic active immunization with the appropriate toxoid. In most infectious diseases the role of the exotoxins is not so clear-cut, and active or passive immunization against the toxins is less effective.

A. References

[1] *van Heyningen, W. E.:* Biochemical Soc. Symposia **10**, 37 (1953).
[2] *van Heyningen, W. E.:* Schweiz. Z. Path. Bact. **18**, 1018 (1955).

B. Properties of Purified Bacterial Toxins

Toxin	Toxic dose (μg)	Isoelectric point (p_H)	Diffusion constant 20° ($cm^2 \cdot 10^7$)/sec	Sedimentation constant $S^w_{20°}$	Frictional coefficient (f/f_0)	Molecular weight
Botulinum A (crystalline)	$2.5 \cdot 10^{-5}$ [1] (lethal, mouse)	5.5 [2]	2.14 [2]	14 5 [1]	1.76 [2]	900,000 [2] —1,130,00
Botulinum B	$2.5 \cdot 10^{-5}$ [3] (lethal, mouse)	—	—	14.9 [3]	—	c 1,000,000?
Botulinum D	$0.8 \cdot 10^{-5}$ [4] (lethal, mouse)	—	—	14.6 [4]	—	c 1,000,000?
Tetanus (crystalline)	$4 \cdot 10^{-5}$ [5] (lethal, mouse)	5.1 [6]	—	4.5 [6]	—	67,000 [6]
Diphtheria (crystalline)	$6 \cdot 10^{-2}$ [7] (lethal, guinea pig)	4.1 [8]	6.0 [8]	4.6 [8]	1.22 [8]	72,000 [8]
Dysentery neurotoxin	$2.3 \cdot 10^{-3}$ [9] (lethal, rabbit)	c 4 [10]	5.7 [10]	4.8 [10]	1.26 [10]	82,000 [10]
Staphylococcal Leucocidin:						
F component (crystalline)	c $4 \cdot 10^{-3}$ [11] ml	—	8.5 [11]	3.05 [12]	—	32,000 [12]
S component (crystalline)	c $4 \cdot 10^{-4}$ (kills macrophages)	—	7.5 [12]	3.3 [12]	—	38,000 [12]
Staphylococcal enterotoxin	c 2.5 (emesis, monkey) [13]	8.6 [14]	—	2.45 [14]	—	24,000 [14]
Streptococcal erythrogenic toxin	$5 \cdot 10^{-6}$ [15] (skin reaction, man)	—	9.5 [15]	2.7 [15]	1.1 [15]	27,000 [15]
Bacillus megatherium megacin	10^{-2}/ml [16] (inhibits bacterial growth)	3—4 [16]	7.57 [16]	4.35 [16]	—	51,000 [16]

B. References

[1] *Duff, J. T., G. G. Wright, J. Klerer, D. E. Moore* u. *R. H. Bibler:* J. Bact. 73, 42 (1957).
[2] *Putnam, F. W., C. Lamanna* u. *D. G. Sharp:* J. biol. Chem. **176**, 401 (1948).
[3] *Duff, J. T., J. Klerer, R. H. Bibler, D. E. Moore, C. Gottfried* u. *G. G. Wright:* J. Bact. 73, 597 (1957).

[4] *Cardella, M. A., J. T. Duff, B. H. Wingfield* u. *C. Gottfried:* J. Bact. **79**, 372 (1960).
[5] *van Heyningen, W. E.:* unpublished.
[6] *Pillemer, L., R. G. Wittler, J. I. Burrell* u. *D. B. Grossberg:* J. exp. Med. **88**, 205 (1948).
[7] *Pappenheimer, A. M.:* J. biol. Chem. **120**, 543 (1937).
[8] *Pappenheimer, A. M., H. P. Lundgren* u. *J. C. Williams:* J. exp. Med. **71**, 247 (1940).
[9] *van Heyningen, W. E.,* u. *G. P. Gladstone:* Brit. J. exp. Path. **34**, 202 (1953).
[10] *Baldwin, R. L.:* Brit. J. exp. Path. **34**, 217 (1953).
[11] *Woodin, A. M.:* Biochem. J. **73**, 225 (1959).
[12] *Woodin, A. M.:* Biochem. J. **75**, 158 (1960).
[13] *Bergdoll, M. S., H. Sugiyama* u. *G. M. Dack:* Arch. Biochem. Biophys. **85**, 62 (1959).
[14] *Hibnick, H. E.,* u. *M. S. Bergdoll:* Arch. Biochem. Biophys. **85**, 70 (1959).
[15] *Krejci, L. E., A. H. Stock, E. B. Sanigar* u. *E. O. Kramer:* J. biol. Chem. **142**, 785 (1942).
[16] *Holland, I. B.:* Biochem. J. **78**, 641 (1961).

C. Neurotoxins

The neurotoxins appear to act exclusively on components of the central or peripheral nervous systems, and do not appear to have any direct action on other tissues of the body. Those of *Clostridium botulinum, Cl. tetani* and *Shigella dysenteriae* are the most powerful toxins known, their toxicity being about a million times as great as that of strychnine, or of such a magnitude that 1 mg. would kill 1,000,000 Kg. of living matter. The enterotoxin of *Staphylococcus pyogenes* is thought to be a neurotoxin, but it does not compare in toxicity with those of the anaerobic clostridia or *Sh. dysenteriae.*

1. Botulinus Toxins

The five types of *Cl. botulinum,* A to E, each produce an immunologically type-speeific neurotoxin. Although these 5 toxins are immunologically distinguishable, they have many properties in common. They all have the same pharmacological action, and are capable of supplementing each other in their action. Thus a lethal dose of toxin may be constituted from the sum of a number of sub-lethal doses of each type of toxin [*1*]. Highly purified, homogenous, preparations of the Type A and B toxins have the same toxicity to mice (260 million LD_{50}/mg. N), but the purified Type D toxin is more toxic (825 million LD_{50}/mg. N), and has been said to have been further potentiated by a factor of about 5000 [*2*]. Only partially purified preparations of Type C (60 million LD_{50}/mg. N) and Type E (19 million LD_{50}/mg. N) have so far been obtained. The purified Types A, B & D toxins all have the same sedimentation constants ($S^{w}_{20^\circ}$ A, 14.5; B, 14.9; C, 14.6), which, in the case of Type A toxin corresponds to a molecular weight of 1,000,000. The molecular weight of the botulinum toxins appear to be variable. Thus under certain conditions of salt concentration and p_H the Type A toxin may dissociate into a number of fragments with a molecular weight of about 70,000. There is evidence that some of these fragments may be inert and others more toxic than the undissociated toxin. Similarly the Type B toxin may vary in molecular weight from 60,000 to 500,000 to 1,000,000 according to the method of preparation [*3*]. All types of botulinum toxin (including crystalline Type A) have closely associated with them a haemagglutinin. This haemagglutinin is a protein which has the property of combining with a wide variety of chemically and biologically unrelated proteins, hence its association with the toxins and its ability to agglutinate red blood cells. It can be separated from the toxin by adsorption on red cells [*4*].

The botulinum toxins are simple proteins, consisting only of polymers of amino acids. The amino acid constitution of the Type A toxin is as follows [*5*]: Ala_{394} Arg_{239} $(Asp\text{-}NH_2)_{1380}$ $CySH_{20}$ $(CyS\text{-})_{40}$ Glu_{953} Gly_{166} His_{60} $Isoleu_{820}$ Leu_{708} Lys_{477} Met_{64} Phe_{64} Pro_{203} Ser_{374} Thr_{642} Try_{82} Tyr_{672} Val_{406}.

The botulinum toxins produce flaccid paralysis in animals by preventing the transmission of nerve impulses from the nervous systems to muscles. They act at the neuro-muscular synapses of the peripheral cholinergic motor nerves by preventing the output of acetylcholine from the demyelinated nerve endings,

The mechanism of this action is not known. There does not appear to be an interference with the enzymes synthesizing or breaking down acetylcholine, i. e. choline acetylase or choline esterase (See [*4*]).

2. Tetanus toxin

Only one tetanus neurotoxin is known, although different samples of toxin have been shown to differ among themselves in ratio of their toxicities to different species of animals [*6*]. The toxin has been purified and crystallised [*7*]. Like botulinum toxin, it produces paralysis, but this is as a result of interference with the central, not the peripheral nervous system, and the paralysis induced is spastic, not flaccid. The toxin acts by suppressing synaptic inhibition, generally in the spinal cord. It does not affect synaptic excitation; consequently the muscles affecting a particular part of the body (e. g. the jaw) continue to receive excitatory impulses, but excitatory impulses to those muscles which oppose them are not inhibited, and so the muscles pull against each other and the jaw is locked [*8*]. The biochemical mode of action of tetanus toxin is not known, but it has been demonstrated that ganglioside acts as a highly specific and avid receptor for the toxin in neural tissue, and this may be relevant to the mechanism of action of the toxin [*9*, *10*].

3. Dysentery Toxin

The gram-negative organism, ***Shigella dysenteriae***, produces, like other organisms in the enteric group, a polymolecular endotoxin, but in addition it produces a highly potent simple-protein exotoxin. This toxin is in fact an intracellular toxin, and is most conveniently prepared by extracting the intact organisms at p_H 11, but may be obtained in solution in the filtrates of autolysed cultures. The toxin has been obtained in a highly purified form and it appears to be a simple protein [*11*]. Its toxicity is as great as that of botulinum and tetanus toxins. It produces a flaccid paralysis and appears to act on the central nervous system, but, strictly speaking, it is a vascular toxin rather than a neurotoxin. It acts specifically on the fine blood vessels of the spinal cord, causing haemorrhages, with consequent oedema and degeneration of neurones. It is probably the pressure in the spinal cord resulting from the oedema which brings about the paralysis [*12*].

4. Staphylococcus enterotoxin

The enterotoxin of the staphylococcus is probably of great clinical importance. It produces nausea, vomiting, retching, abdominal cramping and diarrhoea, and these effects are thought to result from a primary action on the central nervous system [*13*]. There appear to be at least two immunologically specific toxins [*14*]. The purification of the toxin presents considerable problems since there is no accurate quantitative biological assay. The only susceptible animals are man and the Rhesus monkey; in the latter a very crude assay of the dose causing emesis has been used. However, the toxin has been identified with an antigen which gives an easily recognizable precipitin band by the gel diffusion technique with a particular sample of antiserum, and this has proved useful in studies on the isolation of the toxin [*14*, *15*]. The toxin has been obtained in an electrophoretically and ultracentrifugally homogeneous state as a simple trypsin-resistant protein containing the following number of amino acids per molecule: Ala_3 Arg_4 Asp_{33} Glu_{15} Gly_9 His_5 Isoleu/ Leu_{13} Lys_{27} Met_4 Ph-ala_8 Pro_4 Ser_{14} Thr_{10} Try_1 Tyr_{14} Val_{12} [*16*, *17*].

C. References

[*1*] *Prevot, A. R.*, u. *E. R. Brygoo:* Ann. Inst. Pasteur. **85**, 544 (1953).

[*2*] *Wentzel, L. M.*, *M. Sterne* u. *A. Polson:* Nature, Lond. **166**, 739 (1950).

[*3*] *Wagman, J.:* Arch. Biochem. Biophys. **50**, 104 (1953).

[*4*] *Lamanna, C.:* Science **130**, 763 (1959).

[5] *Buehler, H. J., E. J. Schantz* u. *C. Lamanna*· J. biol. Chem. **169**, 295 (1947).
[6] *Llewellyn Smith, M.:* Bull. Health Organ. League of Nations. **10**, 104 (1942/43).
[7] *Pillemer, L., R. G. Wittler, J. I. Burrell* u. *D. B. Grossberg:* J. exper. Med. **88**, 205 (1948).
[8] *Brooks, V. B., D. R. Curtiss* u. *J. C. Eccles:* J. Physiol. (London) **135**, 655 (1957).
[9] *van Heyningen, W. E.:* J. Gen. Microbiol. **20**, 291, 301, 310 (1959).
[10] *van Heyningen, W. E.,* u. *P. M. Miller:* J. Gen. Microbiol. **24**, 107 (1961).
[11] *van Heyningen, W. E.,* u. *G. P. Gladstone:* Brit. J. exper. Path. **34**, 202 (1953).
[12] *Bridgwater, F. A. J., R. S. Morgan, K. E. K. Rowson* u. *G. P. Wright:* Brit. J. exper. Path. **36**, 447 (1955).
[13] *Sugiyama, M., M. S. Bergdoll* u. *G. M. Dack:* Proc. Soc. exper. Biol. Med. **97**, 900 (1958).
[14] *Bergdoll, M. S., M. J. Surgalla* u. *G. M. Dack:* J. Immunol. **83**, 334 (1959).
[15] *Sugiyama, M., M. S. Bergdoll* u. *G. M. Dack:* J. Bact. **80**, 265 (1960).
[16] *Bergdoll, M. S., M. Sugiyama* u. *G. M. Dack:* Arch. Biochem. Biophys. **85**, 62 (1959.)
[17] *Hibnick, H. E.,* u. *M. S. Bergdoll:* Arch. Biochem. Biophys. **85**, 70 (1959).

D. Haemolysins

It is convenient to group together those bacterial toxins that lyse red blood cells, but it is not implied that they all have the same mode of action, or that their lethal action is due to their haemolytic activity, since they attack many tissues of the body. They fall into two groups — those that are stable to mild oxidizing conditions and those that are reversibly inactivated.

1. Oxygen-stable haemolysins. Lecithinases

A number of haemolysins have been shown to be enzymes which split phosphorylcholine from lecithin. These enzymes are activated by calcium ions. The principal bacterial lecithinase is the alpha toxin of *Clostridium perfringens* [1]. The partially purified toxin has a lethal dose for the mouse of about 0.1 μg. [2, 3]. It has a diffusion constant $D_{20^\circ} = 7.41 \cdot 10^{-7}$ cm²/sec, consistent with a molecular weight of about 60,000. Lecithinases are also produced, but not to the same extent, by other anaerobic Clostridia, viz. *Cl. oedematiens, Cl. haemolyticum, Cl. bifermentans, Cl. chauvoei, Cl. sporogenes, Cl. centrosporogenes* and *Cl. tertium* (see p. 649). Lecithinases are also produced by certain aerobic sporing bacilli, viz. *Bacillus cereus, B. anthracis* and *B. mycoides* [5]. When phospholipids are suspended in buffer the *Cl. perfringens* lecithinase attacks only lecithin, and, very slowly, sphingomyelin, and the *B. cereus* lecithinase attacks kephalin as well. But in the red blood cell all major phosphatides are attacked by the *Cl. perfringens* lecithinase, including cephalin, and when an emulsion of pure cephalin is mixed with an emulsion of lecithin it is also attacked [6].

2. Oxygen-stable haemolysins. Staphylococcal and Cl. septicum haemolysins

The staphylococci produce 4 haemolysins, alpha, beta, gamma and epsilon, which can be distinguished immunologically and according to the species of red cells. Very little is known about them. The alpha and gamma-haemolysins attack most tissues of the body, but the beta-haemolysin is known only to attack the red cells. The alpha-toxin has been partially purified [7, 8]. The kinetics of the as yet unpurified haemolysin of *Cl. septicum* suggest that it may be an enzyme [9].

3. Oxygen-labile haemolysins

A number of bacterial haemolysins have the common property of being inactivated under mild oxidizing conditions, such as standing in air, and of being reactivated by mild reducing agents, such as cysteine. These include the theta-toxin of *Cl. perfringens*, the tetanolysin of *Cl. tetani*, the pneumococcal pneumolysin and the streptolysin O of haemolytic streptococci. None of these toxins has been completely purified, but the toxin of *Cl. perfringens* has been obtained in a partially purified condition [3]. These oxygen-labile haemolysins have further common properties: [1] they are immunologically cross-reactive, [2] they are inhibited by cholesterol, [3] they are cardiotoxic (see p. 649).

D. References

[1] *Macfarlane, M. G.*, u. *B. C. J. G. Knight:* Biochem. J. **35**, 884 (1941).
[2] *van Heyningen, W. E.*, u. *E. Bidwell:* Biochem. J. **42**, 130 (1948).
[3] *Roth, F. B.*, u. *L. J. Pillemer:* Immunol. **70**, 533 (1953).
[4] *van Heyningen, W. E.:* Toxic Proteins, in The Proteins. New York 1954.
[5] *Chu, H. P.:* J. Gen. Microbiol. **3**, 255 (1949).
[6] *de Gier, J.*, *G. H. de Haas* u. *L. L. M. van Deenen:* Biochem. J. **81**, 33 P (1961).
[7] *Wittler, R. G.*, u. *L. Pillemer:* J. biol. Chem. **174**, 3 (1948).
[8] *Turpin, A.*, *E. H. Relyveld*, *J. Pillet* u. *M. Raynaud:* Ann. Inst. Pasteur **87**, 185 (1954).

E. Staphylococcal Leucocidin

The Panton-Valentine leucocidin of the staphylococcus has the property of destroying leucocytes [1]. This leucocidin has been purified and shown to consist of two distinct antigenic proteins (see Table p. 649) neither of which is active alone, but which together act synergistically [2, 3]. It is therefore important, in the titration of leucocidin and antileucocidin, that the proportions of these two components be known. When the two components of leucocidin act together on the leucocyte, protein is released from the cell which is not derived from the soluble protein of the cell, and there is an accumulation of inorganic phosphorus and a decrease in ATP [4].

E. References

[1] *Gladstone, G. P.*, u. *W. E. van Heyningen:* Brit. J. exper. Path. **38**, 123 (1957).
[2] *Woodin, A. M.:* Biochem. J. **73**, 225 (1959).
[3] *Woodin, A. M.:* Biochem. J. **75**, 158 (1960).
[4] *Woodin, A. M.:* Biochem. J. **80**, 562 (1961).

F. Diphtheria Toxin

Toxin is produced only by virulent strains of the diphtheria bacillus, and these strains are lysogenic, i. e. they contain a "prophage". The "prophage" results from infection of non-virulent, non-lysogenic, non-toxigenic strains of the bacillus by a temperate bacteriophage, which, unlike a virulent bacteriophage, is incapable of multiplying within the host and destroying it. The temperate phage unites with the genetic material of the host cell to form the "prophage" which confers many new properties on the host, one of which is the ability to produce toxin by a mechanism which is not yet understood [1]. Toxin production is limited by the presence of more than a very small concentration of iron in the culture medium [2].

Although diphtheria toxin was obtained in an electrophoretically and ultracentrifugally homogeneous form in 1937 [3] and crystallised in 1953 [4], it appears that even crystalline preparations may contain several antigens. A desoxyribonuclease was demonstrated in crystalline preparations from cultures grown on tryptic digest media, but not on papain digest media; another trypsin-resistant antigen was present in some crystalline preparations but not in others; a 10-times crystallised preparation that showed one diffusion line in an *Oucherlony* gel-diffusion plate test showed 4 lines after treatment with Na_2SO_3 [5].

At a concentration of about 0.2 μg. (7—15 MLD)/ml. diphtheria toxin inhibits protein synthesis in cultures of HeLa cells within 1 to 2 hours [6], and in cultures of normal human kidney cells under steady-state conditions there is an instantaneous 40% inhibition of incorporation inorganic phosphorus into adenosine triphosphate [7].

F. References

[1] *Barksdale, W. L.*, u. *A. M. Pappenheimer:* J. Bact. **67**, 220 (1954).
[2] *Pappenheimer, A. M.:* J. biol. Chem. **167**, 251 (1942).
[3] *Pappenheimer, A. M.:* J. biol. Chem. **120**, 543 (1937).
[4] *Pope, C. G.*, u. *M. P. Stevens:* Lancet II, 1190 (1953).
[5] *Pope, C. G.*, u. *M. F. Stevens:* Brit. J. exper. Path. **40**, 410 (1959).
[6] *Strauss, N.:* J. exper. Med. **112**, 351 (1960).
[7] *Kato, I.*, u. *A. M. Pappenheimer:* J. exper. Med. **123**, 329 (1960).

G. Scarlet Fever Toxin

The erythrogenic, or scarlet fever, toxin of the haemolytic streptococcus is the only streptococcal toxin to have been obtained in a state of high purity (see Table p. 649). Although the toxin is highly reactive in the skin of susceptible subjects, its lethal potency is very low.

H. Anthrax Toxin

The existence of a lethal and oedema-forming anthrax toxin was first recognised *in vivo*, but recently it has proved possible to produce the toxin *in vitro*. It has now been shown that the toxin consists of three factors which act together synergistically. The labile Factors I and II have been obtained in states of purity [1]. Factor I is a protein with a powerful but indiscriminating chelating action [2]. Factor III has not yet been purified to any extent. None of the factors is active by itself; Factors I + II produce oedema but have only slight lethal action; Factors I + III have no biological activity; Factors II + III are lethal but do not produce oedema; Factors I + II + III produce oedema and are lethal to mice.

H. References

[1] *Stanley, J. L., K. Sargeant* u. *H. Smith:* J. Gen. Microbiol. **22**, 206 (1960).
[2] *Stanley, J. L.*, u. *H. Smith:* J. Gen. Microbiol. **26**, 49 (1961).

J. Megacin

Megacin is a protein produced by *Bacillus megatherium* under the influence of ultraviolet irradiation. The purified protein (see Table p. 649) is acidic since 30% of the dry weight is accounted for by glutamic and aspartic acid. This protein is not known to be toxic to animals, but it is toxic to bacteria. It inhibits the growth of the parent organism and related species.

X. Toxikologische Daten

Von **K. Pfleger**, Homburg/Saar

Literatur:

Daten: *Spector, W. S.* (Ed.)· Handbook of Toxicology Bde. I—V. Philadelphia, London 1956—1959. — *Hartwell, J. L.:* Survey of Compounds which haven been tested for Carcinorgenic Activity. National Cancer Institute of Health, Bethesda, Ma. 1951.

Nachweis, Methoden und Stoffwechsel: *Stewart, C. P.* u. *A. Stolman:* Toxicology I und II, New York and London 1960. — *Williams, R. T.:* Detoxication Mechanismus, London 1959. — *Ther, L.:* Pharmakologische Methoden, Stuttgart 1949.

Klinik: *Lewin, L.:* Gifte und Vergiftungen, Berlin 1929. — *Moeschlin, S.:* Klinik und Therapie der Vergiftungen, Stuttgart 1956.

Angaben in mg/kg bzw. Luft: = mg/Liter Luft.
Wenn nicht anders vermerkt, Eintritt des Todes spätestens nach 24 Std.

M	= Maus	or	= oral
R	= Ratte	ip	= intraperitoneal
MS	= Meerschweinchen	iv	= intravenos
K	= Kaninchen	sc	subcutan
KZ	= Katze	..	ohne Zusatz = LD_{50}
H	= Hund	$\cdot\cdot_l$	= letale Dosis
		$\cdot_m$	= minimale letale Dosis
		$\cdot\cdot_{100}$	= LD_{100}

Acetaldehyd
M sc 560; **R** or 1930, sc 640, ip 500_{100}; **K** sc 1200_l, iv 300_l. Luft: **R** 37; **KZ** 20_l.

p-Acetaminophenol
K iv 3700_m.

Acetanilid
M sc 1300_l; **R** or 800; **MS** or 200_m; **K** or $1500-1600_l$; **KZ** or 250_l, iv $8,5-13,5_l$; **H** or 700_l, iv $175-1200_l$.

Aceton
R or 9750, iv $4750-6330_l$; **K** or 5340, iv 1584_l.
Luft: **R** $76-300_l$; **MS** $23-118_l$, **KZ** 64_l.

Acetonitrile
M sc 650_m; **R** or 3800, sc $500-3900_l$; **MS** sc $180-450_l$; **K** sc $105-130_m$.

Acetophenon
R or 900–3000.

Acetylcholin-HCl
M or 3000, sc 170, iv 20; **R** or 2500, sc 250, iv 22.

Acetylen
Luft: **R** 947_l.

Acetylsalicylsäure
M or 1100, **R** or 1500–2000, ip 500; **K** or 1800, sc 700_m; **H** or $2000-4000_l$.

Aconitin
R ip $0,25_m$; **MS** sc $0,05-0,07_m$; **K** sc $0,131_l$; **KZ** sc $0,4_l$; **H** iv $0,35_l$.

Acridin
R or 2140.

Acrolein
M sc 30; **R** or 46, sc 50; **MS** $178-4280_l$; **K** or 7,1, sc $305-965_l$.

Adenin
M ip 335; **R** or 745, ip 198.

Adenosinmonophosphat
M ip 2000.

Adenosintriphosphat
K iv 3–5 (bei narkotisiertem Tier); **K** sc $> 300_l$.

D-Adrenalin
M sc 22,6; **R** sc 80–120; **K** sc $6,5-7,0_l$.

L-Adrenalin
M sc 1,47; **R** sc $10-20_l$; **MS** sc 1_l; **K** sc $10-20_l$, iv $0,05-0,4_l$; **KZ** iv $0,5-0,8_l$; **H** sc $5-6_l$, iv $1-2_l$.

DL-Adrenalin
M sc $12-16_l$; **K** iv $0,25-0,6_l$.

Äthanol
M or 9488, sc 8285, iv 1973; **R** or 13660, ip 5000; **MS** ip 5560; **K** or 8900, iv 9400_m; **KZ** iv 3945_l; **H** or 6000_l, sc 7000_l, iv 5365_l.
Luft: **M** 55_l; **R** $19-84_l$; **MS** 85.

Äthanolamin-HCl
R iv 880_m.

Äther (Diathylather)
Luft: **M** 127; **R** 194_l; **K** 321_l; **H** $230-583_l$.

Äthylacetat
R or 5620; **MS** sc 4000_l, **KZ** sc 3000_l.
Luft: **M** 44; **R** 58_l; **KZ** 61_l.

Äthylamin
R or 400.

Äthyl-cellosolve
M ip 1710.

Äthylen
Luft: **M** 1087_l.

Äthylenchlorhydrin
R or 95; **MS** or 110.
Luft: **R** 0,1.

Äthylendiamin
M sc 750_l; **R** or 1160; **K** sc $1000-2000_l$, iv 400_l.
Luft: **R** $9,9_l$.

Äthylendichlorid
K sc 3900_l; **H** or 5750_l, iv 225_l.

Äthylenglykol
M or 8348, sc 5008, ip 5620, iv 3339; **R** or 7331, ip 3896_l, iv 2790; **K** or 9000_l, im 6600_l, ip 1008_l, iv 4950_l.

Alloxan
M ip 300–400, iv 200; **R** iv 300_l; **H** iv $75-100_l$.

Allylalkohol
M or 139; **R** or 64; **K** or 52; **H** or 43_l.
Luft: **M** 12_l; **R** 0,6; **K** $1,2-2,4_l$.

Ameisensäure
K iv 239_m; **H** or 4000_m, iv 3000_m.

p-Aminobenzaldehyd
M ip 912.

p-Aminobenzoesäure
M or 2850, iv 4600; **R** or 6000–10000; **K** or 1830; **H** or 1000–3000.

2-Aminoäthanol
R or 2140.

p-Aminophenol
KZ sc 37_l.

Aminophyllin (Euphillin)
M or 540; **K** iv 150; **R** iv 190_m.

Amidopyrin (Pyramidon)
M or 1850, sc 350, iv 184; **R** or 1700, iv 135_m, ip 248; **K** sc 417_l; **H** sc 300_l.

p-Aminosalicylsäure
M or 4000, sc 4500, ip 4500, iv 2500; **R** sc 8000–10000; **K** or 3650.

Ammoniak
M sc $160-500_l$; **K** sc 200_l, iv $3-100_l$; **KZ** or 250_l.
Luft: **M** 7; **MS** $7-9,5_m$; **K** 7; **KZ** $3,5-5,1_m$.

Ammoniumchlorid
M sc 500_l; **R** im 30; **MS** iv 240_l.

Ammoniummolybdat
R ip 203_m; **MS** or 2200_l, sc 1380_l, ip 800_{100}; **K** or 1870_l, sc 1600_l; **KZ** or $1600-3200_l$.

Amylalkohol
M sc 10600_l; ip 610_l, **R** ip 492_l; **K** or 1600 bis 1950_l; **KZ** iv 123_l; **H** or $1390-1560_l$.

Anilin
MS or 2500_l, sc $1000-1500_l$; **K** sc 500_l; **KZ** or $100-200_l$; **H** or 500_l, sc 100_l.
Luft: **M** 1,12; **R** $2,1_l$; **KZ** $0,7_m$.

Antabus (Tetraäthylthiuramdisulfid)
R or 8600; **K** or 1925; **H** or 3500_l.

Antergan
M sc 175, iv 40; **R** or 300, sc 175; **MS** sc 110.

Antimon
R ip 100; **MS** ip 150.

Antipyrin (Phenazon)
M sc 1000_l; **R** or 1800; **MS** or 1400_l, sc 1000_l; **K** sc $1000-1500_l$, iv $600-800_l$; **KZ** sc 700_l; **H** or $500-1000_l$.

Antistin (Antazolin-HCl)
R sc 500_{100}; **H** iv 30.

Apomorphin
H iv $60-100_l$, (or 5–6, im 0,075 Erbrechen); **K** sc $10-20_l$.

Arabinose
H iv 5000_l.

Arecolin
M sc 100_l; **MS** im 6_m; **H** sc 5_l.

Arsenpentoxyd
K iv 8_l.

Arsentrioxyd
M sc 12_l; **R** sc 8_l, or 138; **MS** iv $20-39_l$, sc 13_l, ip 16_l; **K** or $14-30_l$, sc $7-10_l$, iv 6_l; **KZ** sc $4{,}7_l$; **H** or $30-70_l$, sc 6_l, iv $3-5_l$.

Atropin
M or 794, sc 400–900, iv 91, ip 250; **R** or 750, sc 2000, ip 280; **MS** or 1100, ip 400; **K** or 1450_l, sc $250-700_l$, iv 71_l; **KZ** sc 140_l, iv 30_m; **H** sc 225_l, iv 100_l, ip 175_l.

Aureomycin
M iv 134; **R** iv 118.

BAL (2,3-Dimercaptopropanol)
R sc 100, im 105, ip 140; **KZ** iv 30_l.

Bariumchlorid
R or $355-533_l$, sc $45-89_l$, iv 20_m; **MS** sc 55_l; **K** or 170_l, sc $40-113_l$, iv $4-200_l$; **KZ** sc $18-60_l$, iv $40-60_l$; **H** sc $10-25_l$, iv 26_l.

Benemid (Probenecid)
M or 1666, sc 1156, iv 458; **R** or 1604, sc 611, ip 394; **K** iv 304; **H** iv 270.

Benzaldehyd
R sc 5000_l.

Benzedrinsulfat (Amphetamin)
M or 22, sc 270, ip $50-120_l$, iv 15; **R** sc 30–200, ip 23_l; **K** or 85, iv 25_l; **H** or 20_m.

Benzin
Luft: **M** 123_l.

Benzol
R ip $1320-1550_l$, or 5700; **MS** ip 527_l.
Luft: **M** 32; **R** 51; **KZ** 170_l; **H** 146_l.

Benzoesaures Natrium
R iv 1714; **MS** ip 1400_l; **K** or 2000_l, sc 2000_l; **H** or 2000.

Benzylalkohol
M sc 1000_l; **R** or 3100, sc $1000-3000_l$; **MS** sc $1000-2500_l$; **K** sc 2000_l.

Berylliumchlorid
R ip 4,4; **MS** ip 56.

Bleiacetat
R ip 150; **K** sc 300_l, iv $50-400_l$; **KZ** sc 100_l; **H** or 300_l, sc 80_l, iv $9-300_l$.

Borsäure
M or 3450, sc 1740, iv 1780; **R** or 2660–5140, iv 1330; **MS** sc 1200; H or > 1000.

Bromural (Bromisovalerianylharnstoff)
K or 1200_m; **KZ** or 450_m.

Brucin
H iv 8_l.

Buttersäure
R or 2940–8790.

n-Butylalkohol
M or 2835, sc 5022_l; **R** or 4360, ip 972_l; **KZ** iv 243_l; **H** or 1782_l, sc $1944-2268_l$.

Butylalkohol secundär
M sc $3232-4040_l$; **R** or 6480.

Butylalkohol tertiär
R or 3500.

Butylenglykol
R or 18,6 ml; **MS** or 11,5 ml.

1.3-Butylenglykol
M or 23,3 ml_l, sc 16,5 ml_l; **R** or 29,4 ml_l, sc 20,1 ml_l.

1.4-Butylenglykol
M or 2,14 ml.

2.3-Butylenglykol
M or 9,0 ml.

Cadmiumchlorid
M sc 20_l; **R** or 88; **K** or $70-150_l$, sc $25-50_l$, iv 2_l; **KZ** sc $25-40_l$; H iv 5_l.

Caesiumchlorid
M ip 1683; **R** ip 1500.

Calciumchlorid
R or 4000, ip 500, iv 169_m; **K** or 1384_l, sc 472_l, iv 274_l; **KZ** sc 249_l, iv 249_l; **H** sc 274_l, iv 274_l.

Carbamylcholin-HCl (Doryl)
M or 15, sc 3, iv 0,3; **R** or 40, sc 4, iv 0,1; **MS** sc $0{,}075_l$.

Cardiazol (Pentamethylentetrazol)
M sc $75-90_l$, ip 92_l; **R** or 170_l, sc 100, ip $70-80_l$, iv 50_l; **MS** ip 90_l; K sc $75-100_l$, iv 70_m; **KZ** sc 75_l, iv 80_l.

Cerchlorid
M sc $1000-5000_l$; **R** sc 4000_l, iv $88-105_m$; **MS** sc $1000-2000_l$.

Chinidinsulfat
M or 594, ip 189, iv 67–69; **R** ip 200_l.

Chinin
R or > 500_m, sc 790_l, im 300_m, iv > 75_m; **MS** or 300_m, sc 293_l; **K** or $800-1500_l$, sc 231 bis 500_l, iv 70_l; **KZ** sc 100_m; **H** sc 180_l.

Chinolin
R or 460; **K** sc $200-400_l$.

Chlor
Luft: **MS** $0{,}4-0{,}9_l$; **K** $0{,}4-0{,}9_l$; **KZ** 0,4 bis $0{,}9_l$; **H** $1{,}2-1{,}3_l$.

Chloralhydrat
M sc 825_l, ip 650_m; **R** or 500–800, sc 620_l; **K** or 1400_l, sc 1000_l; **KZ** or 440_m; **H** or 1100_l.

Chloralose
R or 400_{100}, sc 200_{100}; **K** sc 80_l; **KZ** or 600_l, ip 150_l; **H** or 600_l, iv 120_l.

Chloressigsäure
M or 255; **R** or 76; **MS** or 80.

Chloroform
M sc 909_l; **R** or 2180; **K** or 9827_l, sc 950; **H** or 2250_m, iv 90.
Luft: **M** 28; **MS** 83_l; **K** $59-71_l$; **H** 100_l.

p-Chlormercuribenzoat
M sc 76.

Chlorpromazin-HCl
M or 90, iv 50; **K** iv 15; **R** iv 25, or 350.

Cholin
M sc 700_l; **K** sc 500_l; **KZ** sc 450_l, iv 35_l.

Chromchlorid
M iv 801_m; **K** iv 288_m.

Cobaltchlorid
M sc $100-120_m$; **K** sc 200_m.

Cocain
M sc $150-189_m$, iv 30_m; **R** sc 250, ip 70, iv 17,5; **MS** sc 50_m, ip 60_m, iv 20_m; **K** sc 126_m, iv 17; **KZ** sc 32_m, iv 15_m; **H** sc 35_m.

Codeinphosphat
K or 100_m, sc 100_l.

Coffein
M sc 185_l, ip $250-500_l$, iv 101; **R** or 200 bis 233, sc $70-250_l$, ip $210-280_m$, iv 105; **MS** sc $200-240_m$, ip $220-250_m$; **K** or 290 bis 350_m, sc $200-300_m$, iv $80-100_l$; **KZ** or $100-150_m$, sc 150_m, ip 190_m, iv $80-100_m$; **H** or 145_m, sc 110_l, iv 175.

Colchicin
M or 67_l, sc 2,3−3,7, ip 3,5; **R** sc 4, iv 1,7; **K** sc $5-10_m$, iv $5-6_m$; **KZ** or $0{,}125_l$, sc 0,57−$1{,}0_l$, iv 0,25; **H** or $0{,}125_l$, sc $0{,}571_l$.

Coniin
M sc 59_l; **MS** or 150_l, sc 45_l; **K** or 56, sc $25-90_l$, iv 9−12; **H** sc 31_l.

Coramin (Nicethamid)
M sc 295_l; **R** sc 240, ip 300; **MS** sc 300_l, ip 250_l; **K** or 650_l, sc 350_l, ip 225, iv 250_l; **H** im $150-200_l$, iv $150-200_l$.

Crotonaldehyd
M sc 160; **R** or 300, sc 140.

Crotonsäure
R or 1000.

Curare (d-Tubocurarin)
M sc 1,25, iv 0,2; **R** sc 20_l; **K** or $266-333_l$, iv 0,16 (head drop: iv 0,15); **H** sc 0,5.

Cyclohexan
K or 5750_m, iv 77_l.
Luft: **M** $60-70_l$; **K** 90_{100}.

Cyclohexanol
R or 2060; **K** or 2400_m, ip 1420_l.

Cyren A (Diaethylstilböstrol)
M or $2500-5000_l$, sc $500-1000_l$; **R** $1500-5000_l$.

Cyren B (Dipropionsaureester des Cyren A)
H im > 100 14 Tage tgl.; **MS** > 500; **M** ip > 500.

Cystamin
M sc 450_l; **R** sc 200_l; **MS** sc 300_l; **KZ** sc 200_l.

DDT (Dichlor-diphenyl-trichlorathan)
M or 190; **R** or 200−800, sc 1500, ip 100 bis 200_l, iv 40−50; **MS** or 400, sc 900; **K** or 250−400, sc > 3200, ip 2100, iv $40-45_l$; **KZ** or 400−500, iv $40-75_l$; **H** iv $60-75_l$.

Desoxycorticosteron
R ip 325_l.

Diäthylamin
R or 540.
Luft: **R** 12.

Diäthylenglykol
M or 26828, sc 5660_l, ip 9737; **R** or 16980, im 7924, ip 12500, iv 6565; **MS** or 13210; **K** im 4528_l, iv 2264_l; **H** or 16980_l.

Diäthylsulfat
R or 880.

Dibenamin (N,N-Dibenzyl-β-chlorathylamin)
M sc 800.

n-Dibutylamin
R or 550.

Dicodid (Hydrocodon)
M sc 9.

Dicumarol
M or 232, ip > 350, iv 64; **R** or 542, iv 52; **MS** iv 59; **H** iv 40_l.

Digitonin
M or 90_l, sc 200_l, iv 10_l.

Dihydroergotamin
M iv 118; **R** iv 110; **K** iv 25; **KZ** sc 68.

Diisopropylfluorophosphat
M or 37, sc 4,67; **R** or ♂ 13,5; **R** or ♀ 7,7; **R** sc 3, im 2; **K** or 4,0−9,78, im 0,75, sc 1, ip 1, iv 0,34; **KZ** iv 1,63; **H** sc 3, iv 3,43.
Luft: **M** 0,185−5,0; **R** 0,18−4,20.

Dilaudid-HCl (Hydromorphon HCl)
M sc 84, iv 80−96.

Dimethylamin
M sc 2000_l; **K** iv $3000-5000_l$.

Dimethylsulfat
R or 440; **K** or 50_l, sc 55_l, iv55_l.

2.4-Dinitrophenol
R or 30, sc 25; **K** or 200, sc 30_l, ip 100_l; **H** or 20−30, sc 22, im 20, iv 30.

1.4-Dioxan
M or 5830, ip 790; **R** or 5325−7120; **MS** or 3150−4017.
Luft: **M** $7{,}5-18_l$; **R** $18-36_l$; **MS** $18-36_l$; **K** 18_l; **KZ** 65_l.

Diphenylhydramin-HCl
(Dimethylamino-äthylbenzhydryläther)
M or 164, sc 127−144, ip 75−85, iv 31−35; **R** or 520, sc 474, ip 61−82, iv 42−46; **MS** ip 75; **K** iv 10; **H** iv 24.

Diphenylhydantoin (Dilantin)
M ip 190−200; **R** or > 2200_m, ip 280, iv 160_m; **K** iv 125; **H** iv 90_m.

Dipropylenglykol
M ip 4600; **R** or 14850, ip 10590, iv 5800; **H** iv 11787_l.

Divinyläther
Luft: **M** 147.

Dromoran-HBr (Levorphanol)
M sc 153, ip 120, iv 41; **R** sc 125; **K** iv 19.

Dulcin (p-Äthoxyphenylharnstoff)
H or 1000_l.

Eisen-II-chlorid ($FeCl_2 \times 4\,H_2O$)
R or 984–986_l; K or 890_l, sc 188_l.

Eisen-III-chlorid ($FeCl_3 \times 6\,H_2O$)
R or 900_l; K iv $7{,}2_l$.

Eosin
M sc 450_l; R ip 500; MS or 5000_l, sc 300_l, ip 250_l; K iv 300.

Ephedrin
M or 400_l, sc 1000_l, ip 400_m, iv 200_l; R or 160_m, ip 800_l, iv 135_m, sc 1500_m; MS sc 400_l; K or 590_m, sc 370_m, ip 355_m, im 340_m, iv 60_m; KZ iv 60_m; H sc 220_m, iv 73_m.

Ergobasin (Ergometrin)
M iv 144; R sc $0{,}5_m$; MS iv 80_m; K iv 1,8 bis $6{,}0_l$.

Ergotamin
M iv 52; R sc 125_m, iv 62; MS iv $> 36_l$; K iv $3{,}0_l$; KZ sc 11.

Ergotoxin
M sc 107_l; iv 33_l; K iv $1{,}5_l$.

Essigsäure
M or 4960; R or 3310–3530.

Essigsäureanhydrid
R or 1780.

Essigsäurebutylester
R or 14130; M 7056.
Luft: R 3; KZ 92_l.

Eugenol
R or 1930, sc 5000_l, ip 800–1000_l.

Eukodal (Oxycodonhydrochlorid)
K sc 80–150_l, iv 40–45_l.

Evipan (Hexobarbital)
M or 468, sc 250_l, ip 280, iv 190_l; R sc 404_l, ip 170–280_m; MS ip 100_l; K or 1200_m, ip 200–250_m, iv 80; KZ or 400_l, iv 100_l; H iv 100_l.

Fluorescein
R ip 600; K or 2000–3000_l, iv 300.

Fluorwasserstoffsäure
Luft: MS 0,04–$0{,}53_l$; K 0,04–$0{,}35_l$.

Formaldehyd 100%ig
R or 800, sc 420; M sc 300; MS or 260; K iv 700_l.
Luft: R 1; KZ 6–$9{,}6_l$.

Furan
Luft: R 85_l.

Gallensäure
Glykocholsaures Na: H iv 800–1000_l; K iv 500_l; Taurocholsaures Na: H iv 600–700_l; K iv 350_l.

Gamexan (γ-Hexachlorcyclohexan)
M or 86; R or 125–200, sc 50, ip 35–85; MS or 100–127, sc 100; K or 60–200, sc 75, iv 4,5–$6{,}0_l$.

Gerbsäure
M or 6000_{100}, sc 200_{100}, iv 80_{100}.

Glucose
K or 20000_l, iv 12000–18000_l; H or 8000 bis 12000_l.

Glucuronsäure-Lacton
M or 10700_l, sc 4700_l, ip 3200_l, iv 940_l, R or 20050, sc 6400, ip 3100; K sc 7100_l, iv 2100_l.

Glycerin
M or 32224, sc 12600, iv 7560; R or 27500, sc 20160, ip 6300–7560_{40}; MS or 7750, sc 15750_{100}; K or 27700_l.

Glyoxal
R or 2020; MS or 760; H sc 28_l.

Goldchlorid
M sc 1000–2000_l; K sc 90_l, iv 15_l; KZ iv $15{,}4_l$.

Gramicidin
M iv 2,5–$5{,}0_{100}$, ip 60_{100}, or > 1000.

Guajacol
R sc 900_l; MS sc 600_l; K iv $3{,}7_l$.

Guanidin
M sc 300_l; R sc 250_m; MS sc 500_l, ip 1500_l; K or 500_l, sc 500_l; KZ sc 200–250_l, ip 100_l; H sc 200–250_l.

Harmalin
R sc 120_m; MS sc 100_m; K sc 100_m; KZ sc 100_m; H sc 33_l.

Harmin
M sc 300_l; R sc 200_m; MS sc 120_m; K sc 100–230_m; KZ sc 200_m.

Harnstoff
MS iv 4800_l; K sc 3000–9000_l; H sc 3000 bis 9000_l, iv 3000_l.

Heparin
M iv 1500–2000.

Heptan
Luft: M 65–75_l.

Heroin (Diacetylmorphin)
K sc 150_l.

Hexan
Luft: M 120–154_l.

Histamin
M sc 2300–2700_{100}, ip 12930; MS or 200 bis 400_l, sc 3,5–$10{,}0_l$, iv 0,18, ip 12–54_l; K sc 12–15_l, iv 0,1–$0{,}6_l$.

Homatropin-methylbromid
M or 1400, sc 650, ip 60; R or 1200, sc 800, ip 82; MS or 1000, ip 120.

Hydrazin
M ip 163; R ip 102; K iv 34.
Luft: R 128–576.

Hydrochinon
M or 400, sc 160–170_l; R or 320, sc 300 bis 350_l, iv 115; MS or 550, sc 300_l, ip 200_l; K or 550_l; KZ or 70; H or 200.

8-Hydroxychinolin
MS or 1200_{80}.

Hydroxylamin
K sc 25_l; H or 200–300_l, iv 60_l.

Hydroxyzin
R iv 45, or 690.

Indiumchlorid
M sc 60_m; R sc $10{,}2_m$; K sc $2{,}35_m$, iv $0{,}64_m$.

Insulin
K $> 1{,}5$.

Iproniazid (Marsilid)
M iv 683; **K** or 125, iv 117; **R** or 383.

Irgapyrin (Phenylbutazon + Amidopyrin)
M iv 155; **R** ip 290.

Isoamylalkohol
M sc 7480_l; **R** ip 813_l; **K** iv 1570_m; **KZ** iv 211_l.

Isobutylalkohol
R or 2460.

Isochinolin
R or 350.

Isonicotinsäurehydrazid
M or 205, ip 159, iv 150; **R** or 650, ip 380; **MS** or 280, ip 200; **H** iv 50.

Isopropylalkohol
M or 4970_l, sc 6000_l; **R** or 5840; **KZ** iv 1962_l.
Luft: **R** 40.

Isopropylamin
R or 820.

Jod
K sc 175_m; **H** iv 40_l.
Luft: **H** $14-18_m$.

Jodoform
K or $440-910_l$, sc $170-830_l$; **KZ** or 7500_l.

Kaliumbichromat
M sc 100_l; **MS** sc 29_l; **K** sc $15-58_l$, iv 28_l; **H** or 2829_l, sc $68-149_l$.

Kaliumchlorid
M ip 670; **R** or 2430_l, sc 1200_m, ip 825_l, iv 90_m; **MS** sc 1140_l, iv $80-87_m$, ip 900_l.

Kaliumcyanid
M sc 2,86–6,02, ip $3-10_m$, iv $2{,}5_l$; **R** or $10-15_m$, sc 17_m, iv $2{,}5_m$; **H** or $1{,}6-5{,}3_l$.
Luft: (als HCN) **KZ** $0{,}2-0{,}35_l$; **H** 0,2 bis $0{,}35_l$; **Affe** $0{,}2-0{,}35_l$.

Kaliumjodid
R iv 285_l.

Kaliumpermanganat
M sc 500_m; **K** iv 70_l.

Kaliumthiocyanat
M or 594, iv 88; **R** or 854, sc 1000_l; **MS** or $600-800_l$, sc $150-750_l$; **K** or $500-1000_l$, sc 550_l, iv $100-180_l$; **H** iv 100_l.

Kohlendioxyd
Luft: **R** $450-900_{100}$; **K** 450–810; **H** 640 bis 820.

Kohlenmonoxyd
Luft: **M** $2{,}3-5{,}7_l$; **MS** $10{,}3-23_l$; **K** 4,5 bis $17{,}2_l$; **KZ** $4{,}6-45{,}8_l$; **H** $34{,}4-45{,}8_l$.

Kongorot
R iv 190; **K** iv 250; **KZ** iv 125.

Kupfersulfat
M iv 50_l; **R** or 300; **MS** iv 2_l; **K** iv $4-5_l$.

m-Kresol
M sc 450_l, ip 168; **R** or 2020, sc 900_l; **MS** sc $300-400_l$, ip 100_l; **K** or 1400_l, sc $500-600_l$, iv 280_l; **KZ** sc 180_l; **H** iv 150_l.

o-Kresol
M sc 350_l; **R** or 1350, sc 650_l; **MS** sc 350 bis 400_l, ip 350_l; **K** or 940_l, iv 180_l, sc 450 bis 500_l; **KZ** sc 55_l; **H** iv 80_l.

p-Kresol
M ip 24,8, sc 150_l; **R** or 1800, sc 500_l; **MS** sc $200-300_l$, ip 100_l; **K** or 620_l, sc 300 bis 400_l, iv 180_l; **KZ** sc 80_l.

Kristallviolett
M ip 20_{100}, iv 20_{75}; **R** ip 15_{75}; **MS** ip 10_{100}.

Lactose
K iv 1500_l.

Lanthanchlorid
M sc 3500_l; **R** or 4200, ip 350; **K** iv 200 bis 250_l.

Laevulose (Fructose)
K iv $14000-18000_l$.

Leukomycin (Chloramphenicol)
M iv 650, sc > 800.

Lithiumchlorid
M ip 1060; **MS** sc 610_l; **K** sc 531_l; **KZ** sc $400-500_l$.

Lobelin
M sc $100-150_l$; **K** sc 7_l; **KZ** sc 10_l; **H** sc 10_l.

Luminal (Phenyläthylbarbitursäure)
M or 325, ip 235–340; **R** or 660, sc 200, ip 190; **K** or 150_m, ip 150_m, iv 185; **KZ** or 175.

Magnesiumchlorid
R sc 900_m, ip 225_l, iv 176_l.

Magnesiumsulfat
MS sc $> 1800_m$; **K** sc $> 1750_m$; **KZ** sc $> 1000_m$; **H** sc $> 1750_l$.

Malachitgrün
K or 75_l.

Malonsäure
M ip 1550; **R** ip 1540; **K** ip 660.

Mandelsäure
R or 3000_m, im 300.

Manganochlorid ($MnCl_2 \times 4\,H_2O$)
M sc $180-250_l$; **MS** sc 180_l; **K** sc 180_l; **H** iv 202; **K** iv 65_m.

Menthol
M sc $1400-1600_l$; **KZ** or $1500-1600_l$, ip $1500-1600_l$.

Mephenesincarbamat
M or 2,77, ip 7,67.

Meprobamat
M or 1280.

Merthiolat (Äthylmercurithiosalicylsäure)
M sc 66, iv 45.

Mesantoin
(3-Methyl-5-äthyl-5-phenylhydantoin)
R ip 270_{100}; **MS** ip 215.

Meskalin
M ip $> 500_l$.

DL-Methadon-HCl (Polamidon)
M or 93,7, sc 48, ip 31, iv 18; **R** or 95,0, sc 12,4–100, ip 23,8, iv 9,2–14,6; **MS** sc 54.

Methanol
M or $7920-9504_l$; **R** or 12880; **K** or 6970 bis 11088_l, iv 4220_l; **KZ** iv 4673_l; **H** or 6336_l.
Luft: **M** $317-475_l$; **R** $84-227_l$; **KZ** 380_l.

Methylamin
M sc 2500_l; **K** sc 2000_l, iv $800-1000_l$.

Methylbromid
Luft: **R** 0,63—50_{100}; **K** 10—50_{100}.

Methylchlorid
Luft: **M** 6,5; **MS** 0,15—51_l.

Methyl-„Cellosolve"
M ip 2150; **R** or 2460; **MS** or 950.

Methylenblau
M sc 150_l, ip 400_{100}, iv 200_{60}; **R** sc 400_{60}, iv 300_l; **MS** sc 300_{60}, ip 250; **K** or 1000_l, ip 400_l, iv 150; **KZ** iv 40_m; **H** or 500_l.

Methyljodid
R or 150—220, sc 150—220.
Luft: **M** 0,4—$4{,}3_l$.

Methylthiouracil
K or 2486_m.

Milchsäure
R or 3730; **MS** or 1810.

Mintacol (Diäthyl-p-nitrophenylphosphat)
M sc 2_m; **R** or 3_m.

Monojodessigsäure
H iv 60_l; **R** or 116, ip 30—50_m.

Morphin-HCl
M sc 531—700, iv 226—318_l; **R** sc 400_l; **MS** sc 500—580_l; **K** sc 266, ip 500; **KZ** sc 40—80_m; **H** sc 210_l.

Muscarin
K or 268_l, sc 30_l; **KZ** or $28{,}6_l$, sc $2{,}8_l$.

Mustin (Methyl-d-(β-chloracetyl)-amin)
M or 20, sc 2,6, iv 2; **R** or 10, sc 1,9, iv 1,1; **K** iv 1,6; **H** iv 1.

Myanesin (Mephenesin)
M or 2,83, ip 10,53.

α-Naphthol
K or 9000_l, sc 3400—4000_l; **KZ** or 100 bis 150_l; **H** sc 330_l.

β-Naphthol
R sc 2940_l; **MS** sc 2670_l; **K** or 3400_l, iv 80 bis 130_l; **KZ** or 100—150_l.

Narcotin
R ip 750; **KZ** or 2000_m, sc 1500—2000_m, iv 40—70_l.

Natriumarsenat
R ip 35—45_m.

Natriumazid
R or 46—60_{100}, sc 38_{100}, ip 37_{100}.

Natriumbenzoat
R or 4070.

Natriumbisulfit
M iv 130; **R** iv 115; **K** iv 65.

Natriumbromid
R or 3500, iv 1800_m; **K** or 3250_m.

Natriumchlorat
R or 12000_l, iv 6000_l; **K** or 8000—12000_l; **KZ** or 1350—1940_l, sc 1000_l; **H** or 700_l, ip 12000_l, iv 1000_l.

Natriumchlorid
M ip 3096; **R** sc 3500_m, ip 5000_l, iv 2500_m; **MS** iv 2910_m.

Natriumcitrat ($Na_3(C_6H_5O_7)\cdot 2H_2O$)
M ip 1615, iv 194; **R** ip 1760; **K** iv 510.

Natriumfluorid
M or 80_l, sc 70_l, ip 125_l; **R** or 200, sc 125_m, ip 28—35_m; **MS** or 250_m, sc 400_m; **K** or 100 bis 200_m, iv 88_l; **KZ** sc 14_l; **H** or 50—100_m, sc 150—160_l, im 31—50_m, iv 80_m.

Natriumfumarat
R or 8000_m; **K** iv 500_m.

Natriumhexametaphosphat
M or $>100_l$; **H** iv 140_l.

Natriumhydroxyd
K or 500—943_l.

Natriumjodat
K iv 75—100_l; **H** iv 200_l.

Natriumjodid
R iv 1300_m.

Natriummalonat
M iv 2100; **R** ip 2500.

Natriummolybdat
R ip 285—292_m.

Natriumnitrat
R ♂ or 1100—2000_m; **R** ♀ or 460—1200_m; **R** ♂ or 190—200_m; **R** ♀ or 57—130_m.

Natriumnitrit
R sc 10—20_m; **K** sc 60_m, iv 80—90_m; **KZ** sc 35_{100}; **H** or 330_m, sc 50—70_m.

Natriumnitroprussid
M sc 9,5—12_m; **MS** iv 100—200_m; **K** or 250_{100}, sc $4{,}8_m$; **KZ** sc 50_{100}, iv 1_{100}; **H** or 200_m, sc 80_{100}, iv 1_{100}.

Natriumorthophosphat
M or $>100_l$; **K** iv 4250_m; **H** iv 240_l.

Natriumoxalat
M sc 100—200_m; **K** im 200_{100}; **KZ** sc 100 bis 300_l.

Natriumpermanganat
K iv 55_l.

Natriumphthalat
M ip 2100.

Natriumpyrophosphat
M or 40_l; **K** iv 70_m; **H** iv 50_m.

Natriumsalicylat
M or 900, sc 520; **R** or 1600, sc 650; **MS** ip 900_l; **K** or 1700; **KZ** sc 800—1000_{100}; **H** or 450—500_l, sc 300—940_l, ip 941_l.

Natriumselenat
R ip 14_m, iv 3—4; **K** or 4_{100}, iv $2{,}5_{100}$.

Natriumsorbat
R or 7160.

Natriumsuccinat
M iv 4500.

Natriumsulfat
M iv 1220_l; **K** iv 4470_l.

Natriumsulfid
K iv 6_l.

Natriumsulfit
M iv 175; **MS** sc 600_l, iv 200_l; **KZ** sc 1300 bis 1600_l, iv 400_l; **H** sc 1300—1600_l.

Natriumtartrat
R or 1290, sc 3500_m; **K** sc 1000_m.

Natriumthiocyanat
M or 598, sc 400–600_l, iv 484; **R** or 765, ip 540; **MS** or 800_l, sc 230_m, ip 210–500_m; **K** or 440_m, sc 300–500_m; **H** sc 160_m, iv 90_m.

Natriumthiosulfat
R iv > 2500_l.

Natriumtrimetaphosphat
M or 100_l; **H** iv240_l.

Natriumvanadat ($NaVO_3$)
K or 100_l, sc 9–15_l, iv 20–30_l.

Natriumwolframat
R sc 223–255; **MS** sc 810_l; **K** sc 78_m; **KZ** or 190_l, sc 2106_m; **H** sc 141_m, sc 125_l.

Neurin (Vinyltrimethylammoniumhydroxyd)
H sc 40–50_l; **K** or 90_l, sc 40–50_l; **MS** ip 15_l.

Neutralrot
M iv 142, **R** iv 112; **K** iv 97.

Nickelsulfat × 6H_2O
MS sc 62_l; **K** sc 500–1000_l; **H** sc 500–1000_l.

Nicotin
M or 24_m, sc 16_m, iv 7,1; **R** sc $33{,}5_{60}$, iv 1_m; **MS** sc 15–40_m, iv $4{,}5_m$; **K** sc 20_l, iv 9,4; **H** iv 5.

Nicotinsäure
R or 7000.

Nicotinsäureamid
R or 6000–7500, sc 5000–7500; **M** sc 5000 bis 7500.

Numal (5-Allyl-5-isopropylbarbitursäure)
R sc 100.

Oxalsäure
H or 1000_l als freie Säure.

Ozon
Luft: **M** 0,001–$0{,}04_l$; **R** $0{,}03_l$; **MS** $0{,}001_l$; **K** $0{,}001_l$.

Palladiumchlorid
K iv $18{,}6_l$.

Pantocain (Tetracain)
M sc 45–53_l, iv 10–12_l; **K** sc 20_l, iv 6–8_l.

Pantothensäure
M or 10000, sc 2700, ip 920, iv 910; **R** or > 10000, sc 3400, ip 820, iv 830.

Papaverin
M or 2500, sc 500_m, iv 33,1; **R** or 746, ip 62–64; **K** sc 250_m.

Paraldehyd
R or 1650, sc 1650_m, ip 1240–1780_m; **MS** ip 1160–1290; **K** or 5000_l, iv 1325_l.

Parpanit (Caramiphen)
M ip 222, iv 45; **R** ip 209; **K** iv 25; **KZ** or 390_l.

Pendiomid (Azamethoniumbromid)
M or 2500, sc 225, iv 65; **K** or 3000, sc 160, iv 75.

Penicillin
M sc 670–1777, iv 1000; **MS** sehr empfindlich.

Pentan
Luft: **M** 377_l.

Pentobarbital-Na
(Äthyl-methylbutyl-barbitursaures Na)
M or 280, ip 123–155, im 124, iv 80; **R** or 175_m, sc 125_l, ip 48–75; **MS** ip 50–60; **K** or 275, ip 65_m, iv 45; **KZ** or 100.

Pervitin (Methamphetamin-HCl)
M ip 70, R or 3–5_l, ip 1,5–$2{,}5_l$.

Phanodorm (Cyclohexanyl-athyl-barbitursäure)
M sc 400_l, iv 200_l; **R** sc 220_l, ip 195_l; **K** or 450_l, sc 300_l, ip 130_l, iv 90_l; **ZK** or 120 bis 200_l; **H** or 200–300_l, sc 100_l.

Phenacetin
R or 1705; **K** or > 1000_m; **H** or 1000_l.

Phenergan-HCl (Promethazin-HCl)
M sc 750; **R** sc 225, iv 50.

Phenol
M sc 125–450_m; **R** or 530–1300, sc 217 bis 600_l; **K** or 420–620_m, sc 620, iv 180; **KZ** sc 80_m.

Phenothiazin
R or 5000; **K** or 4000_m.

Phenylbutazon
M iv 123; **R** ip 215.

p-Phenylendiamin
R sc 170_m; **K** or 250_m, sc 200_m; **KZ** or 100_m; **H** sc 100_m.

Phenylhydrazin
M sc 170_l; **R** sc 40_l; **K** or 500_l, sc 50–80_m; **H** or 200–250_m, iv 120–200_m.

Phenylhydroxylamin
K or 10–20_m, sc 50_m.

Phloroglucin
R sc 1500–1600_m; **MS** sc 1000–1200_m, ip 1000_m; **H** iv 1000–1200_m.

Phosphor gelb
K or 7–10_l, sc 12,5–30_l; **H** sc 2–12_l.

Phosgen ($COCl_2$)
Luft: **R** 0,2–0,3; **KZ** 0,05–$0{,}1_l$; **H** 0,3 bis $0{,}4_l$.

o-Phthalsäure
M ip 550; **R** or 7500–8400.

Physostigmin (Eserin)
M or 3_l, sc $0{,}75_l$, iv $0{,}5_l$; **K** sc 3_l, iv $0{,}4_l$; **KZ** iv $0{,}25_l$.

Pikrinsäure
H sc 60_m.

Pikrotoxin
M sc 2,5–$7{,}0_l$, ip 4,5, iv 4_m; **R** sc 8_{100}, iv 4_m; **MS** sc 8_l; **K** sc $2{,}5_m$, iv $1{,}3_m$; **H** sc $2{,}2_l$.

Pilocarpin
K iv 120–230_l.

Piperidin
M sc 460–760_l; **R** sc 50_l; **K** sc 500_l.

Plasmochin (Pamaquin)
M sc $12{,}5_m$; **K** or 225_m, sc 20_m, iv $3{,}5_m$; **KZ** or $7{,}5_m$, sc 5,0–$7{,}5_m$, iv 5_m; **H** or 20_m, sc 20_m, iv 5–10_m.

Platinchlorid
K iv 125–180_m.

Plutoniumcitrat
H im 0,35–$0{,}68_l$, iv $0{,}3_l$.

Polyäthylenglykol
M ip 2000–9200; **R** or 28900.

Polypropylenglykol 425
R or 2910, ip 460, iv 410.

Polypropylenglykol 1025
R or 2150, ip 230, iv 120.

Polypropylenglykol 2025
R or 9760, ip 4470, iv 710.

Praseodymchlorid × $7H_2O$
M sc 2500; **K** iv 200—250.

Procain (Novocain)
M or 900, sc 800, im 630, ip 124, iv 57; **R** sc 2100, ip 184—269, iv 38—53; **MS** sc 430$_m$, ip 60$_m$, iv 50$_m$; **K** sc 460$_m$, iv 44 bis 57; **KZ** sc 450$_m$, iv 40—45$_m$; **H** sc 250$_m$.

Progesteron (Proluton)
R ip 327$_{100}$.

Prolan
R or 4000.

Promethazin (Atosil)
M or 575.

Propanol
M or 3500—4500$_m$, sc 4985$_m$; **R** or 1870, ip 3216$_m$; **K** iv 4020$_l$; **KZ** iv 1608$_l$; **H** or 2975—3296$_l$, sc 4020—4502$_l$.

Propionaldehyd
M sc 680; **R** or 1410, sc 20.

Propylenglykol
M or 2200, sc 18500, ♀ ip 9730, iv 5000 bis 8000; **R** or 21000—32200, sc 24900 bis 28000, ip 13000, im 13400—20000; **MS** or 18350—18900; **K** or 19200, iv 4100—6200; **H** iv 25000$_l$.

1.3-Propylenglykol
M or 6.

Psicain
M sc 330$_m$; **R** iv 30$_m$; **MS** sc 95$_m$, ip 200$_m$, iv 20$_m$; **KZ** sc 60$_m$, iv 15$_m$; **H** iv 25$_l$.

Pyribenzamin (Tripelenamin-HCl)
M or 44—360, sc 62—75, ip 45—65, iv 12 bis 17; **R** or 515—570, iv 13—20; **K** sc 33, iv 9—13.

Pyridin
M ip 1200$_m$; **R** or 1580, sc 1000; **MS** or 4000$_m$, ip 870$_m$; **K** or 2000$_m$.
Luft: **R** 12,9$_l$.

Pyrogallol
R sc 600—700$_m$; **MS** sc 800—1200$_m$; **K** or 1100$_m$; **H** or 25$_m$, sc 300—400$_m$, iv 80 bis 100$_m$.

Pyrrol
M sc 60500$_m$.

Quecksilberchlorid
M sc 23, iv 7,6; **R** or 37; **K** sc 10$_l$.

Reserpin
Affe or > 400, iv > 4; **R** or > 1000, iv > 8.

Resorcin
M sc 340—360$_m$; **R** sc 400—500$_m$; **MS** sc 400—500$_m$, ip 300$_m$; **H** iv 700—1000$_l$.

Rivanol (Äthacridin)
M sc 75$_l$, ip 42$_l$, iv 46$_l$; **K** sc 100$_l$, iv 50$_l$.

Rubidiumchlorid
M ip 1209.

Rutin (Quercetin-3-rhamnoglucosid)
M iv 950—4000.

Saccharose
H or 8000—12000$_l$.

Salicylamid
M or 1400, iv 313; **R** or 1200—1400, ip 600; **K** or 3000.

Salicylsäure
M sc 520$_{60}$; **R** sc 700$_m$; **MS** sc 850$_m$, ip 900$_m$; **K** or 1100—1600$_l$; **H** or 450—500$_m$, sc 300 bis 400$_l$, ip 991$_l$.

Salyrgan (Mersalyl-theophyllin)
M im 97, iv 73; **R** im 24, iv 18; **K** im 25, iv 7—15$_m$.

Salzsäure
Luft: **MS** 1—6,5$_{100}$; **K** 1—6,5$_{100}$.

Santonin
M sc 250—400$_l$; **K** or 3000$_l$, sc 1000$_l$, iv 200$_l$; **H** sc 100$_m$.

Saponine (Sapindus-Saponine)
M or 3000$_l$, sc 900$_l$, iv 1000$_l$; **K** iv 40$_l$; **KZ** iv 46$_l$.

Schwefelkohlenstoff
K sc 300$_l$.

Schwefelsäure
Luft: **MS** 18—50.

Schwefelwasserstoff
Luft: **M** 1,12$_l$; **R** 1,5$_l$; **K** 1,5$_l$; **KZ** 1,4$_l$; **H** 0,7$_l$.

Scopolamin (Hyoscin)
M sc 1700.

Senfgas (Dichlordiäthylsulfid)
Luft: **H** 0,01—0,5$_l$.

Serotonin (5-Hydroxytryptamin)
M sc > 868, iv 160; **R** sc 117, iv 30.

Silbernitrat
K iv 8—96$_l$.

Spartein
M sc 120$_m$; **K** sc 100$_m$, iv 30$_m$.

Stickstofflost
K iv 2,7—4,5; **H** im 14—20$_l$, iv 11,1$_l$.

Streptomycinsulfat
M sc 970, iv 200.

Strontiumchlorid
R iv 400$_m$.

Strychnin
M sc 0,5—1,25$_m$; **R** or 16, sc 3$_m$; **R** ♀ ip 0,9 bis 1,4; **MS** sc 3,0—3,4$_l$; **K** or 0,6—30$_l$, sc 0,4—1,0$_l$, iv 0,2—0,5$_l$; **KZ** or 0,75$_l$, sc 0,75$_l$, iv 0,3—0,35$_l$; **H** or 0,3—1,2$_l$, sc 0,3 bis 0,4$_l$, iv 0,2—0,3$_l$.

Sulfacetamid (p-Aminobenzolsulfonacetamid)
M or 16500; **K** or 15000; **H** or 8000.

Sulfadiazin
(2-(p-Aminobenzolsulfonamido)-pyrimidin)
M sc 1500—1750.

Sulfaguanidin
M ip 1000$_{100}$.

Sulfanilamid (p-Aminobenzolsulfonamid)
M or 3700—4200, sc 6000—8000$_m$; **R** or 3900—10000, ip 2600; **K** or 3500—5000; **H** or 2000.

Sulfapyridin
M or 15000—27000, sc 1000—1390, iv 960; R or 15800, ip 1500_{100}; K iv 1000_{100}; H iv 500_l.

Sulfathiazol
(2-(p-Aminobenzol-sulfonamido)-thiazol)
M or 4500, sc 1450—1950, iv 990; R ip 1250_{100}.

Sympatol
M sc $2070—3400_m$.

Tantalchlorid
R or 1900, ip 75.

Terramycin-HCl
M or 7200, sc 892, iv 178; R iv 260; K iv 75; H iv 150.

Tetrachlorkohlenstoff
M or 12800, sc 32000_l; R or 7460; K or $6380—9975_l$; KZ sc 4785_{33}; H or 4000 bis 25000_l, iv 125_m.
Luft: M 60; R 150; KZ 90_l.

Tetracyclin
M iv 162—170, ip 190—330, or 2130—3000; R iv 129—220, ip 320, or > 3000.

Tetrahydrofuran
Luft: M 65.

Thalliumsulfat
R or 16—25.

Theobromin
K sc $1000—1500_l$; KZ or $180—200_l$; R sc 900_l.

Theophyllin
MS sc $170—200_l$; K or $300—400_l$, iv 100 bis 130_l; KZ or 100_l.

Thioharnstoff
R or 125—1830, ip 4,0—1830; MS sc 4000_m; K or 6985_m.

Thiopental
(Äthyl-methylbutyl-thiobarbitursaure)
R ip 115—125; MS ip 57,5; K or 600_m, iv 35_m.

2-Thiouracil
K or 3697_m.

Thoriumchlorid
M sc 4000; R iv $24,2—32,2_l$; K iv 50_l.

Thymol
M or 1800; R sc $1600—1700_m$; MS sc 1100_m, ip $300—2000_m$; K or $750—1000_m$, sc > 2000_l, iv 60_m; KZ or 250_m.

Toluidinblau
M iv 28; R iv 29; K iv 13.

Toluol
R sc $4330—8660_l$, ip 1732_l.

Triäthylamin
R or 460.
Luft: R $8,3_l$.

Triäthylenglykol
M or 20913, sc 9844, ip 8150_l, iv 7313; R or 12375—22060, im 8400_m; MS or 14660.

Triäthylenmelamin
M ip 4.

Trichloräthylen
K or 7330_l, sc 1800_m; KZ or 5864_l; H or 5864_l, iv 150_m.
Luft: M 42_m; MS 200_l; K 108_l.

Trichloressigsäure
M or 4970; R or 3320.

Trimethylamin
M sc 1000_l; K sc 800_l, iv $400—500_l$.

Tritiumoxyd
M sc 1 mc/g.

Tyramin
M sc $150—300_l$; K iv $250—300_l$; KZ sc 30_l.

Uranylnitrat ($UO_2(NO_3)_2 \times 6H_2O$)
M ip 42—53, iv $21—42_l$; R ip 135—305; MS iv $6,33_l$; K sc 1,47, iv $0,21—0,8_l$; KZ or 238_l; H or $12,25—1575_l$, sc 4,22, iv $6,75_{100}$.

Urethan (Carbaminsäureäthylester)
M ip $2100—2200_m$; R sc 1800_l; K iv 2000 bis 2800_l; H or 2500_l.

Veratridin
M iv 0,42, ip 1,35; R ip 3,5.

Veronal (Diäthylbarbitursäure)
M or 600_l, sc $280—400_l$, ip 763, iv 440_l; R sc $310—450_l$, ip 300_l; K or $250—275_l$, sc $300—400_l$, ip 225_l, iv 350_l; KZ or 250 bis 300_l, sc 300_l; H or $200—500_l$.

Vitamin A
R or > 40000 E.

Vitamin B_1
H iv 350_l; K iv 80_l; R or 9500, iv 250; M or 3000_l, sc 1000_l, im 310_l, iv 115_l.

Vitamin B_2 (Lactoflavin)
R sc 5000.

Vitamin B_6 (Pyridoxin)
R or 5000, im 658_{90}.

Vitamin B_{12}
M sc 3_{100}, ip 3_{100}.

Vitamin D_2, D_3
H or $4—5_l$.

Vitamin K
M iv 275, sc 300, or 400; K 100; H 100.

Wasserstoffsuperoxyd (als H_2O_2)
R iv 21.

Xylocain
M sc 400, iv 25,0—37,5.

Yohimbin
M or $25—50_{100}$, iv 16_l; K sc 50_l, iv 11_l; H sc 20_l.

Yttriumchlorid
R ip 450.

Zinksulfat ($ZnSO_4 \times 7H_2O$)
R or 2200_l, sc $330—440_l$, iv $49—61_l$; K or $1914—2200_l$, sc $220—440_l$, iv 44_l; H sc 78_l, iv $66—110_l$.

Zinnchlorid
H iv $20—50_l$.

Zirkonylnitrat
R or 2500, ip 1250.

XI. Biologische Einheiten und Standard-Präparate

Von **G. Siebert**, Mainz,
neu bearbeitet von **W. Koll** und **H. Kaller**, Göttingen

A. Standardpräparate und Bezugspräparationen

Das Fehlen internationaler Standardsubstanzen für Wirkstoffe sowie von Übereinkünften über geeignete Testverfahren wirkt sich im allgemeinen sehr ungünstig auf die Zahl der benutzten Einheiten und deren Vergleichbarkeit aus; zusammenfassende Literatur zu diesen Fragen siehe S. 665 [*1*, *2*, *3*].

Statt der ausdrücklichen Angabe „Einheiten" werden in der Literatur oft nur standardisierte Testmethoden beschrieben oder bestimmte Charakteristiken der graphischen Darstellung von Meßergebnissen angegeben; in diesen Fällen ist auf die Wiedergabe einer Einheit verzichtet worden.

Internationale Standardpräparate für Hormone, Vitamine, Antibiotica und Arzneimittel werden beim National Institute for Medical Research, London — Mill Hill, vorrätig gehalten. Antitoxine, Antiseren, Blutgruppen-Testseren, Antigene usw. beim Statens Seruminstitut, Kopenhagen. Die entsprechenden Verteilungsstellen in Deutschland sind die Standard-Abteilung der Med. Forschungsanstalt der Max-Planck-Gesellschaft, Göttingen und das Paul-Ehrlich-Institut, Frankfurt/Main.

Einige Internationale Standard-Präparate wurden nach ihrem Verbrauch nicht mehr ergänzt. Es handelte sich hierbei um Substanzen, die in chemisch reiner Form dargestellt, und deren Eigenschaften mit chemischen und physikalischen Methoden exakt geprüft werden können (Oestron, Progesteron, Vitamin A, Thiamin, Ascorbinsäure, α-Tokopherylacetat, d-Tubocurarin). Obwohl diese Substanzen als Internationale Standards nicht mehr existieren, ist dennoch zur Orientierung der Benutzer älterer Literatur im folgenden die Definition der Internationalen Einheiten angeführt. (Vgl. S. 1, Teil 1. Nomenklaturregeln der IUPAC.)

Für einen Teil der Internationalen Standardpräparate wird eine Einheit nicht definiert. Die Angabe der biologischen Wirksamkeit des geprüften Präparates erfolgt dann in Gewichts-Äquivalenten des Standards.

Die weiter unten aufgeführten, zahlreichen biologischen Einheiten sollen den Gebrauch international eingeführter Einheiten nicht hindern, sondern lediglich dem Benutzer älterer Literatur Vergleichsmöglichkeiten und Hinweise geben. Zu Hormonen des Pflanzenreiches siehe [*5*], Hormone niederer Tiere siehe [*6*]. Gewisse Diskrepanzen zwischen der heute anerkannten Systematik der Hypophysenhormone und der hier angewandten Einteilung ergeben sich zwanglos aus den benutzten Testmethoden; nicht in allen Fällen eignet sich nämlich die „Haupt"wirkung eines Hormons auch am besten zur biologischen Testung.

Tabelle 1. **Verzeichnis der Internationalen biologischen Standardpräparate und Bezugspräparationen** [4]

Hormone	Insulin (kristallin) Choriongonadotropin Serumgonadotropin Thyreotropin Wachstumshormon	Prolactin Corticotropin (ACTH) Hypophysenhinterlappen Heparin
Vitamine	Vitamin D_3	Vitamin B_{12}

Tabelle 1 (Fortsetzung)

Arzneimittel	Digitalis (purpurea) Dimercaptopropanol Protamin	Neoarsphenamin Sulfarsphenamin Oxophenarsin Melaminyl-4-phenylarsenodithio-glycerin (Mel B) p-Melaminylphenylstibonat-Na (MSb)
Enzyme	Hyaluronidase	
Antibiotica	Penicillin (Benzyl-, Na-Salz) Penicillin K (n-Heptyl-, Na-Salz) Streptomycin (als Sulfat) Dihydrostreptomycin Bacitracin	Tetracyclin Chlortetracyclin Oxytetracyclin Polymyxin B Erythromycin
Antitoxine, Antiseren	Diphtherie-Antitoxin (auch für Flockungstest) Tetanus-Antitoxin Gasbrand-Antitoxin (perfringens, vibrio septicus, ödematiens, histolyticus, Sordelli) Staphylococcus α-Antitoxin Scharlach-Streptococcen-Antitoxin	Anti-Ruhr-Serum (Shiga) Anti-Pneumococcus-Serum (Typ I und II) Anti-Typhus-Serum (vorläufig) Anti-Brucella abortus-Serum Schweine-Erysipel-Antiserum Anti-Q-Fieber-Serum Tollwut-Antiserum Cholera-Agglutinin-Serum (Inaba und Ogawa) Antistreptolysin-O
Blutgruppen-Testseren	Anti-A-Serum	Anti-B-Serum
Antigene	Alt-Tuberkulin Säugetier- und Vogel-Tuberkuline (Eiweißderivate) Diphtherie-Toxoid Tetanus-Toxoid	Schick-Test-Toxin Cholera-Antigen Cholera-Vaccine Schweine-Erysipel-Vaccine

Literatur

[*1*] Expert Committee on Biological Standardization. World Hlth. Org. Techn. Rep. Ser. Nr. **2**, 12 (1950).

[*2*] *Siebert, G.:* Analytik der Enzyme. Ullmanns Enzyklopädie. 3. Aufl.

[*3*] *Pincus-Thimann:* Hormones. 2 Bde. New York 1948, 1950. — Vitamins & Hormones, New York 1943ff. — *Emmens, C. W.:* Hormone Assay. New York 1950. — *Somers, G. F.:* J. Pharmacy Pharmacol. **4**, 793 (1952). — World Health Organization Technical Report Series, Genf 1950ff. — *Burn, J. H., D. J. Finney* and *L. G. Goodwin:* Biological Standardization. 2. Aufl. Oxford 1952.

[*4*] World Hlth. Org. techn. Rep. Ser. Nr. **56**, 19 (1952) und Erganzungen in Nr. **68**, 22 (1953), Nr. **86** (1954), Nr. **127** (1957).

[*5*] *Thimann, K. V.:* Pincus-Thimann, Hormones **1**, 5, 76 (1948).

[*6*] *Scharrer, B.:* Pincus-Thimann, Hormones **1**, 121 (1948). — *Brown, F. A.* jr.: Pincus-Thimann, Hormones **1**, 159 (1948).

B. Hormone und hormonähnliche Wirkstoffe

1. Hypophysen-Vorderlappen

Corticotropin (= Adrenocorticotropes Hormon, ACTH) [*1*, *2*]

1 Internationale Einheit = 0,88 mg des Internationalen Standardpräparates [*2a*] = 1 mg Armour-Präparat La-1-A, dargestellt nach [*6*], gemessen mit Ascorbinsäureverarmungstest [*7*, *9*].

1 Einheit = Mindestmenge, die erkennbaren Beginn wieder regelrechter Verteilung der Nebennierenrindenlipide bedingt bei hypophysektomierten Ratten (Reparationstest).

1 Erhaltungseinheit = Menge, die bei 40 Tage alten, hypophysektomierten männlichen Ratten das Gewicht einer Nebenniere bei 26 mg erhält [*3*].

1 Einheit = Menge, die bei 21 Tage alten männlichen Ratten eine 50%ige Zunahme des Nebennierengewichts (berechnet als mg/100 g K.-Gew.) gegenüber Kontrollen (H_2O-Injektion) bewirkt [*4*].

1 Einheit = Menge, die bei 10 zwei Tage alten Kücken eine Zunahme des Nebennierengewichtes über das der Kontrollen von 25% ergibt [*5*].

1 Einheit = Menge, die bei hypophysektomierten Ratten das Gewicht einer Nebenniere zur Norm zurückbringt [*8*].

1 Einheit = Aktivität bei der Corticoidbildung von Nebennieren in vitro im Vergleich mit Standardpräparat (U. S. Pharmacopoeia) [*10*].

Zur Auswertung am Thymusgewicht von Ratten siehe [*11*], zum Chromatophorentest siehe [*12*].

Gonadotropine

(Choriongonadotropin und Serumgonadotropin s. S. 669)

Follikelstimulierendes Hormon (FSH)

1 Ratteneinheit basiert auf Zunahme des Ovargewichtes [*13*] bzw. der 100-prozentigen Zunahme des Gewichts des Uterus infantiler Ratten [*14*].

1 Einheit = 100%ige Wirkungssteigerung eines Standardpräparates Choriongonadotropin bei 24—26 Tage alten weiblichen Ratten [*15*] = 3γ des Standardpräparates [*16*].

1 Ratteneinheit = Minimalmenge, die bei hypophysektomierten, bei Operation 26—28 Tage alten Ratten das Auftreten gesunder, nichtatretischer Follikel mit kleinem Antrum ermöglicht [*15*] = 3γ einer nach [*16*] hergestellten FSH-Präparation [*18*].

Interstitielle Zellen stimulierendes Hormon (ICSH)

Luteinisierendes Hormon (LH) [*17, 18*]

1 Einheit = Menge, die nach 100%iger Steigerung des Ovargewichtes durch FSH bei 35—40 g schweren weiblichen Ratten eine weitere Steigerung um 100% bewirkt unter Ausbildung von Corpora lutea [*19*] = etwa 4 minimalen Ovulationsdosen [*20*].

1 Einheit = Menge, die eine minimale Reaktion an interstitiellen „Mangel"-zellen nach Hypophysektomie bei Ratten gibt [*21*] = 5γ einer nach [*22*] hergestellten ICSH-Präparation [*18*].

1 Einheit = Menge, die bei 22 Tage alten männlichen Ratten das Gewicht von Samenblasen + Koagulationsdrüsen um 100% steigen läßt [*17, 23*].

1 Einheit = Menge, die nach Hypophysektomie bei 23 Tage alten Ratten eine Gewichtszunahme des ventralen Prostatalappens um 100% auslöst [*24*] = 50 — 100γ der nach [*22*] hergestellten ICSH-Präparation [*18*].

1 Einheit = Menge, die bei 33 Tage alten männlichen Tauben das Hodengewicht um 100% ansteigen läßt = 30γ der nach [*22*] hergestellten ICSH-Präparation [*18*].

1 Einheit = Menge, die beim 1. Tag alten Hähnchen das Hodengewicht um 100% steigen läßt = 5 mg der nach [*22*] hergestellten ICSH-Präparation [*18*], (histologische Veränderungen bereits mit 100γ der Präparation).

Mammogenes Hormon [*25*]

1 Mäuseeinheit = Menge, die bei 10—25 g schweren, männlichen Albinomäusen deutliche Zeichen der Entwicklung der Milchgänge auslöst [*26*]; auch als „mammogener Milchgang-Wachstumsfaktor" bezeichnet. 1 Einheit entspricht 0,5 bis 1,8 der nachstehend genannten Mäuseeinheit [*25*].

1 Mäuseeinheit = Menge, die bei kastrierten virginellen Mäusen unter gleichzeitiger Injektion von 75 internationalen Einheiten Oestron nach 10 Tagen Wachstumsreaktion an Lobuli und Alveolen auslöst [*27*]; auch als „mammogener Lobulus-Alveolar-Wachstumsfaktor" bezeichnet.

Prolactin [*28*, *29*]

1 Internationale Einheit = 100γ des internationalen Standardpräparates [*33*].

1 Taubeneinheit = Menge, die zur eben beginnenden Proliferation der Kropfdrüsen bei 50 ± 11% gewöhnlicher, 300—400 g schwerer Tauben nötig ist [*30*]. Die entsprechende Einheit bei intradermaler Injektion über der Kropfdrüse siehe [*31*, *32*].

1 Kanincheneinheit = Mindestmenge, die beim 12—16 Tage lang pseudoträchtigen Kaninchen nach 7 Tagen eine praktisch vollständige Reaktion der Milchdrüsen auslöst [*34*]. Eine Modifikation siehe [*31*].

1 Einheit = Menge, die bei 2—3 Monate alten Tauben in 4 Tagen das Gewicht der Kropfdrüsen steigen läßt; 1150 mg Drüsengewicht entsprechen 10 Einheiten [*35*].

1 Taubeneinheit nach *Voss* und *Rabald* [*36*] entspricht rund 10 internationalen Einheiten.

1 Einheit = Menge, die nach 4 Tagen bei Tauben eine Schleimhautverdickung in der Kropfdrüse erzeugt [*37*].

Eine Aufstellung, die einen Vergleich zwischen 8 verschiedenen Einheiten ermöglicht, siehe bei [*29*].

Zur Testung mit Verschwinden des induzierten Oestrus bei Ratten siehe [*38*].

Antigonadotropin

1 Anti-Prolan-Einheit (PAU = Prolan-Anti-Unit) = Menge, die die durch eine Ratteneinheit Prolan bewirkten Hypophysenvorderlappenreaktionen I, II und III aufhebt [*38a*].

1 Frosch-Antiprolan-Einheit = Menge, die am Frosch die Wirkung von 1 E Choriongonadotropin auf die Spermienauswanderung aufhebt [*38b*].

Thyreotropes Hormon [*39*]

1 Internationale Einheit = 13,5 mg des Internationalen Standard-Präparates [*39a*].

1 USP-Einheit = 1 mg des vorläufigen USP-Standards.

1 *Junkmann-Schöller*-Einheit = Menge, die bei 100—150 g schweren Meerschweinchen (Hälfte der Versuchstiere) nach 3 Tagen eine histologische Reaktion gibt [*40*]. Entsprechend ist die Einheit nach [*41*] sowie die *Heyl-Laqueur*-Einheit; weitere Modifikation siehe [*42*].

1 Meerschweincheneinheit [*43*] = Menge, die die Schilddrüse des 150—300 g schweren Meerschweinchens um 60 mg Gewicht (= Verdoppelung) zunehmen läßt (Versuchsdauer 5 Tage). 4tägige Versuchsdauer mit 50% Gewichtszunahme = Einheit nach *Reece* und *Turner* [*32*]. 50% Zunahme in 5 Tagen siehe [*45*].

1 Meerschweincheneinheit = $^1/_{100}$ der Menge, die in 1—$1^1/_2$ Tagen bei Meerschweinchen von 200 g eine 50—100%ige Gewichtszunahme der Schilddrüse mit den Zeichen der Hypersekretion ergibt [*46*].

1 Einheit = Mindestmenge, die in den Schilddrüsen von vier 225—275 g schweren Meerschweinchen in 3 Tagen den Jodgehalt um 50% abnehmen läßt [*47*].

1 Einheit = $^1/_3$ *Rowlands-Parkes*-Einheit [*43*] = Gewichtsverdopplung der Schilddrüse des 1 Tag alten Kükens [*48*].

1 Einheit = Menge, die nach 5 Tagen das Schilddrüsengewicht des Kükens auf 8 mg bringt [*49*].

1 Einheit = Menge, die in 4 Tagen bei 55 g schweren männlichen Küken eine 50%ige Gewichtszunahme der Schilddrüse bewirkt = 0,25 Meerschweincheneinheiten [*45*].

1 Einheit = 33%ige Gewichtszunahme der Kükenschilddrüse in 6 Tagen [*50*]; diese 33% entsprechen 50% bei männlichen Tieren bzw. 20% bei weiblichen Tieren nach *Bergman* und *Turner* [*45*].

1 Einheit = Menge, die bei 4 Tage alten Küken in 4 Tagen minimale histologische Reaktion ergibt [*51*]; sehr ähnlich ist die Einheit nach *Jorgensen* und *Wade* [*41*] sowie nach *Ciereszko* [*52*].

1 Einheit = Menge, die beim 1 Tag alten Küken nach 24 Stunden eine 100%ige Zunahme der Zellhöhe der Follikel bei mindestens 5 von 10 Tieren erreicht [*53*].

1 Einheit = Mindestmenge, die zum 20%igen Anstieg des Sauerstoffverbrauches innerhalb 96 Stunden nach Injektion bei hypophysektomierten Ratten führt [*54*].

1 Kaulquappeneinheit = Menge, die beim ausgehungerten Tier in 5 Tagen die Schilddrüse stimuliert, die Länge des Hinterbeines zunehmen läßt und einen 50% höheren Gewichtsverlust bewirkt, als ihn die mit H_2O zur Kontrolle injizierten Tiere aufweisen [*55*].

Empfindlichkeit verschiedener Methoden in γ des vorläufigen USP-Standards [*44*].

DeRobertis	0,1	*Overbeek* et. al.	10
D'Angelo et. al.	0,5	*Smelser*	50
Rawson et. al.	10	*Heyl* u. *Laqueur*	100
Borell et al.	10	*Henry*	100
Ghosh et al.	10	*Rowland* et al.	1000

Wachstumshormon [*1, 57*]

1 Internationale Einheit = 1 mg des Internationalen Standard-Präparates [*57a*].

1 Einheit = tägliche Dosis, die in 20 Tagen eine Gewichtszunahme von 40 bis 60 g bei ausgewachsenen, 5—6 Monate alten, 220—280 g schweren weiblichen Ratten bewirkt [*58*].

1 Einheit = tägliche Dosis, die in 10 Tagen bei 21—30 Tage alten weiblichen, hypophysektomierten Ratten einen Gewichtszuwachs von 10 g ergibt [*58*].

1 Zwergmauseinheit = Menge, die bei 6—8 Wochen alten, 4,5—7 g schweren Tieren nach 2 Wochen eine 50%ige Zunahme des Körpergewichtes ermöglicht [*59*].

1 Einheit = Menge, die in 7 Tagen bei hypophysektomierten Ratten von 100 g Körpergew. (bei Operation) eine Zunahme der Schwanzlänge um 6 mm ergibt [*60*].

2. Hypophysen-Mittellappen

Bezugssystem ist Internationale Einheit des Hinterlappen-Standardpulvers [*61*].

1 *Landgrebe-Waring*-Einheit = 2 Internationale Einheiten [*61, 62*].

1 Froscheinheit = Menge, die bei Fröschen die nach Aufenthalt auf weißem Untergrund aufgehellte Rückenhaut eben wahrnehmbar dunkel werden läßt.

1 Phoxinuseinheit = Menge, die bei Elritzen (Phoxinus laevis) nach sc. Injektion an Brust und Bauchflossen-Ansatzstelle usw. eine leuchtend purpurrote Verfärbung hervorruft.

3. Hypophysen-Hinterlappen

1 Internationale Einheit = Wirkungsstärke eines rite [*63*] aus 500γ Standardpulver erhaltenen Extraktes, sowohl für Vasopressin- und Adiuretin- als auch für Oxytocinversuche [*56*]. Der Extrakt enthält 2 Einheiten/ml [*64*]. Die das gleiche bedeutende Bezeichnung ,*Voegtlin*-Einheiten sollte zur Vermeidung von Unklarheiten nicht benutzt werden. Oxytocintestung am Meerschweinchenuterus [*64*], Rattenuterus [*65*], Vogel-Blutdruck [*66*].

Vasopressintestung am Blutdruck der Spinalkatze [*67*], des Hundes [*64*] und der Ratte [*68*].

Antidiuretintestung an der Ratte [*69*]; Modifikationen dazu siehe [*64*], eine ausgezeichnete Übersicht über alle Verfahren siehe [*72*].

Zur Auswertung am isolierten Meerschweinchen-Uterus siehe [*70*].

1 USP-Einheit = die 500 γ Standardpulver entsprechende Wirksamkeit am Hühnerblutdruck [*71*].

4. Placenta

Choriongonadotropin, Serumgonadotropin [*18*, *73*]

1 Internationale Einheit = gonadotrope Aktivität von 100 γ des Internationalen Choriongonadotropin-Standardpräparates [*74*] aus dem Harn schwangerer Frauen. Sie gilt also nicht für andere Gonadotropine.

1 Internationale Einheit = gonadotrope Aktivität von 250 γ des Internationalen Serumgonadotropin-Standardpräparates aus dem Serum trächtiger Stuten [*78*].

1 Ratteneinheit = Menge, die bei 6 Ratten im Mittel 3—10 Follikel reifen läßt = die Hälfte der Menge, die eben einen oestruspositiven Vaginalsmear bei 6 Ratten noch nicht auftreten läßt; Gewinnung des Hormons aus dem Serum trächtiger Stuten [*75*].

1 Einheit = 1 Internationale Einheit Choriongonadotropin bzw. 5 Internationale Einheiten Serumgonadotropin [*77*].

1 Rattenuteruseinheit = etwa 2 Internationale Einheiten [*18*].

Einen Vergleich ermöglicht nachfolgende Aufstellung, angegeben in Internationalen Einheiten von Choriongonadotropin [*79*]:

1 Mäuseeinheit	(männlich, Samenblasengewicht)	=	2	Int. Einheiten
1 „	(weiblich, Oestrus etc.)	=	2,5	„ „
1 Ratteneinheit	(männlich, Samenblasengewicht)	=	2,5	„ „
1 „	(weiblich, Vaginaöffnung)	=	1—2	„ „
1 „	(weiblich, Ovarhyperämie)	=	0,75	„ „
1 „	(weiblich, Ovargewichtsvermehrung)	=	5—10	„ „
1 „	(weiblich, Uterusgewicht)	=	1	„ „
1 Kanincheneinheit		=	6—8	„ „
1 Kröteneinheit	(Bufo bufo, Spermatorrhoe)	=	30—40	„ „
1 Froscheinheit	(Rana esculenta, Spermatorrhoe)	=	4—10	„ „
1 Xenopus-laevis-Einheit		=	40—70	„ „

Reinstes, kristallines Choriongonadotropin nach [*76*] enthält 10000 Internat. Einh./mg.

1 Mäuseeinheit (aus dem Harn kastrierter Frauen) = Menge, die bei mehr als der Hälfte der Tiere 72—100 Stunden nach Injektion im Vaginalsekret Oestrussymptome bewirkt [*80*].

1 Mäuseuteruseinheit = Menge, die bei 21—23 Tage alten Mäusen in 4 Tagen (72 Stunden nach der 1. Injektion) das Uterusgewicht um 100—150% steigen läßt [*81*].

5. Pankreas

Insulin

1 Internationale Einheit = 40,82 γ des 3. Internationalen Insulin-Standards. (1. Internationaler Standard: 1 Int. Einh. = 125 γ; 2. Internationaler Standard: 1 Int. Einh. = 45,5 γ) [*81a*]. Wirksamkeitsvergleich durch

a) Mäusekrampftest: Ermittlung der Menge, die bei der Hälfte von bei 38 °C gehaltenen Mäusen nach i. p. Injektion Krämpfe bewirkt [*82*, *82a*].

b) Blutzuckersenkung beim Kaninchen [*82*, *82a*, *83*]. 1 Internat. Einheit setzt den Blutzucker eines 2 kg schweren, 24 Std. hungernden Kaninchens innerhalb 3 Std. auf etwa 45 mg % herab.

1 Kanincheneinheit etwa = 4 Mäuseeinheiten.

Glucagon

1 Einheit = Menge pro kg Körpergewicht, die bei der 24 Std. hungernden Katze in Barbituratnarkose nach iv. Injektion den Blutzucker innerhalb 25 Min. um 30 mg-% steigen läßt [*83a*]. Kristallisiertes Glucagon [*83b*] gibt mit 0,1 γ/kg bei der Katze 15 Min. nach iv. Injektion 25 mg-% Blutzuckeranstieg, mit 1,5 γ/kg beim Kaninchen 10 Min. nach iv. Injektion 20 mg-% Blutzuckeranstieg.

6. Nebennierenrinde [84, 85]

Offiziell anerkannt sind keine Einheiten; man benutzt das Substanzgewicht.

1 Einheit im Glykogenablagerungstest = Wirkungsstärke von 1 γ Corticosteron bei der hungernden, adrenalektomierten Ratte [84, 86]. Dem entsprechen 1,143 Einheiten/γ 11-Dehydrocorticosteron; 1,335 Einheiten/γ 11-Dehydro-17-hydroxycorticosteron bzw. 1,491 Einheiten/γ 17-Hydroxycorticosteron.

1 Hundeeinheit nach *Pfiffner* und *Swingle* = tägliche minimale kg-Dosis, die beim adrenalektomierten Hund 7—10 Tage Körpergewicht und Harnstoffgehalt im Blut normal erhält [87]. Dagegen: 1 Einheit = 1 γ Desoxycorticosteronacetat = Wirkungsstärke, die beim beidseitig adrenalektomierten Hund Harnstoffanstieg im Blut verhindert [84, 86].

1 *Hartman*-Einheit im Natrium-Retentionstest = 0,7 mg Desoxycorticosteronacetat als Standard [88].

1 Wachstumseinheit = $^1/_{70}$ der Menge, die in 7 Tagen eine Gewichtszunahme von 10 g bei im Alter von 30 Tagen adrenalektomierten Ratten ergibt = 1 γ Desoxycorticosteronacetat [84].

1 Ratteneinheit (Ermüdungstest) = Menge, die die nach Adrenalektomie nachweisbare Steigerung der Muskelermüdbarkeit bei elektrischer Reizung nach 4 Tagen wieder beseitigt. Das sind rund 50—100 Hundeeinheiten. Die doppelte Menge dagegen entspricht etwa 1 Ratteneinheit im Schwimmtest. 1 Einheit nach *Ingle* = Erfolg von 2maliger Gabe von 200 γ 17-Hydroxy-11-dehydrocorticosteron während des Tests [89]. 1 Einheit = Extraktmenge, die nach 2maliger Gabe normale Kontraktionsfähigkeit des Gastrocnemius bei adrenalektomierten Ratten wiederherstellt [90].

1 Ratteneinheit (Überlebenstest) = Menge, die bei täglicher Verabreichung die Hälfte der 4 Wochen alten, adrenalektomierten Tiere 3 Wochen lang am Leben erhält. Dagegen: 20tägiges Überleben von 80% der Tiere bei 20 g Gewichtszunahme (Ausgangsgewicht von 50—60 g) siehe [91].

1 Einheit im Kälteresistenztest = Menge, die 6 von 9 Ratten (adrenalektomiert, 35—50 g schwer, 2—5 °C Temp.) am Leben erhält, während 6 von 9 Tieren ohne Hormongaben sterben [92].

1 cytotoxische Einheit (cytocidal unit) = Menge, die 50% von Kaninchen-Lymphocyten im Vergleich mit einer inkubierten Kontrollsuspension tötet [92a]. Das sind 0,025 γ Hydrocortison, 0,1 γ Corticosteron bzw. 0,1 γ Cortison.

7. Nebenschilddrüse

Parathormon

1 Einheit nach US Pharmacopoeia IV = $^1/_{100}$ des Betrages, der bei 10 Hunden von 8—16 kg innerhalb 16—18 Stunden nach sc. Injektion den Calciumgehalt des Serums um im Mittel 1 mg-% erhöht [93].

1 *Collip*-Einheit = $^1/_{100}$ des Betrages, der eine Erhöhung des Calciumgehaltes im Serum normaler Hunde von 20 kg um 5 mg-% in 15 Stunden nach sc. oder im. Injektion bewirkt [93].

1 *Hanson*-Einheit = $^1/_{100}$ des Betrages, der beim nebenschilddrüsenlosen Hund innerhalb 6 Stunden einen 1 mg-%igen Anstieg des Calciumgehaltes im Serum ergibt [94]. Entspricht etwa der US Pharmacopoeia-Einheit.

8. Schilddrüse [95]

1 Meerschweincheneinheit (Stoffwechseleinheit) = Menge, die bei 300—500 g schweren Tieren (berechnet pro 100 g Körpergew.) 100 Stunden nach erstmaliger Gabe den O_2-Verbrauch um 31%, die CO_2-Abgabe um 29% steigen läßt [96].

1 Meerschweincheneinheit = Menge, die bei 250—300 g schweren Meerschweinchen nach 6 Tagen einen Gewichtsverlust von 10% bei 75% der Tiere verursacht [97]. Das sind 0,25—0,75 γ Thyroxin.

1 Axolotleinheit = tägliche Dosis, die innerhalb 4 Wochen Metamorphose erzeugt.

1 Einheit = Wirksamkeit von 1 γ Thyroxin beim Axolotl.

9. Keimdrüsen

Androgene [*98*]

1 Internationale Einheit = 100 γ Androsteron [*99*]. Standard aufgehoben, danach Bezug auf Substanzgewicht.

1 Kapauneneinheit = etwa 1 Internationale Einheit = Menge, die bei täglicher Injektion 5 Tage lang durchschnittlich 5 mm Zunahme an Länge und Höhe des Kammes ergibt [*100*]. 1 Kapauneneinheit entspricht 200 γ Dehydroandrosteron, 100 γ Androsteron bzw. rund 14 γ Testosteron.

13—16 γ Testosteron entsprechen einer alten Internationalen Einheit.

Androgen-Teste

	γ Substanz			
	Testosteron	Androsteron	Δ^4-Androstendion-(3,17)	Adrenosteron
Kapaunenkammtest (Injektion)	15	100	100	500
Kapaunenkammtest (Auftragung)	1	1	2	3,5
Samenblasentest, Ratte	100	100	500	—

Oestrogene [*101, 102*]

1 Internationale Oestron-Einheit = 0,1 γ Substanz [*103*]. Standard aufgehoben, danach Bezug auf Substanzgewicht.

1 Internationale Oestradiolbenzoat-Einheit = 0,1 γ Substanz [*103*]. Standard aufgehoben, danach Bezug auf Substanzgewicht.

1 Einheit = bei 50% der ovarektomierten Ratten oder Mäuse einen positiven Befund im Vaginalsmear gebende Dosis [*104*]. Die Auswertung hängt von vielen Faktoren ab, die hier nicht besprochen werden können. Eine Übersicht vermittelt folgende Tabelle.

Tabelle 2. Wirkungsstärken von Oestrogenen nach verschiedenen Testmethoden [*105*]

Substanz	Modifizierte *Butenandt*-Einh./mg (Maus)	Modifizierte *Marrian-Parkes*-Einh./mg (Maus)	*Thayer-Doisy*-Einh./mg (Maus)	Modifizierte *Allen-Doisy*-Einh./mg (Ratte)	Modifizierte *Curtis-Doisy*-Einh./mg (Ratte)
β-Oestradiol	700	8000	2000	200	700
α-Oestradiol	35000	70000	40000	17000	5000
Oestron	20000	35000	20000	1700	1000
β-Oestradiolbenzoat	1000	2400	450	200	200
Oestron/β-Oestradiol	28	4,4	10	8,5	1,4
β-Oestradiol-3-benzoat/β-Oestradiol	1,4	0,3	0,22	1,0	0,3

Progesteron [*106*]

1 Internationale Einheit = 1 mg Progesteron. Internationaler Standard aufgehoben, danach Bezug auf Substanzgewicht.

1 Einheit nach *Corner* und *Allen* = etwa 1 mg krist. Progesteron [*107*] bzw. etwa 0,6—0,7 mg krist. Progesteron [*108*].

1 Kaninchen-Einheit nach *Clauberg* = 0,5—0,75 mg Progesteron; weitere Angaben siehe [*108a*].

1 Einheit nach *Van Dyke* und *Chen* = etwa 0,45 mg krist. Progesteron (Kontraktion des Katzenuterus bei 50% der Tiere) [*109*]. Ähnlich der *Astwood*-Einheit (Deciduombildung) [*110*].

Relaxin [*111, 112*]

1 Meerschweincheneinheit = Mindestmenge, die bei 350—800 g schweren kastrierten Meerschweinchen nach Oestradiolvorbehandlung eine Symphysenerweiterung in zwei Drittel der Fälle bewirkt [*113*].

Zum uteruserschlaffenden Faktor siehe [*114*].

Eine röntgenologische Methode der Relaxintestung siehe z. B. [*115*].

1 elektrometrische Einheit bei Meerschweinchen nach Vorbehandlung mit Oestradiolbenzoat = 50%ige Abnahme der Dichte des negativ geladenen Kolloids [*116*]. Siehe dazu auch [*117*].

Relaxationshormon (nicht identisch mit Relaxin)

1 Mäuseeinheit = mittlere, röntgenologisch gemessene Symphysenverbreiterung von 0,65 mm nach einer Injektion und Oestradiolvorbehandlung (1 γ täglich 1 Woche lang) [*117a*].

Andere Wirkstoffe

Hypertensin (Angiotonin)

1 *Goldblatt*-Einheit [*118*] = $^1/_{100}$ der Menge, die bei narkotisierten Ratten den Blutdruck für 1—2 Minuten um 25—50 mm Hg über den Ausgangswert 75 bis 125 mm Hg ansteigen läßt [*119*]. Siehe auch [*120*].

1 Katzeneinheit = Blutdruckanstieg von rund 26 mm Hg bewirkende Menge; diese Einheit entspricht 0,2 Hundeeinheiten nach *Goldblatt* [*120a*].

Eine Methode am Katzenblutdruck siehe [*121*], für vergleichende Teste siehe [*122*].

1 Hundeeinheit = Menge, die bei iv. Zufuhr den Blutdruck trainierter Hunde um 30 mm Hg in der A. Femoralis ansteigen läßt [*122a*].

1 Einheit = $^1/_4$ der Menge, die an operativ vorbereiteten Hunden den arteriellen Blutdruck um 40—60 mm Hg steigen läßt [*122b*].

1 Indianopolis-Einheit = Menge, die den Blutdruck der Spinalkatze um 30 bis 50 mm Hg ansteigen läßt [*122c*].

Hypertensinogen

1 Einheit ist in der Serummenge enthalten, die nach Inkubation mit einem Überschuß von Renin 1 Einheit Hypertensin bildet [*122d*].

Kallikrein

1 Einheit = Menge, die bei iv. Injektion den Carotisblutdruck des Hundes in gleicher Weise senkt wie 5 ml Harn eines gesunden Menschen (einer Sammel-Probe von mindestens 50 l entnommen und gegen fließendes Wasser 24 Stunden dialysiert). Bei reinsten Präparaten sind das etwa 2 γ organischer Substanz [*123*].

1 Inaktivatoreinheit bewirkt bei p_H 8 und 37° innerhalb 2 Stunden einen solchen Kallikreinabbau, daß an dem Carotisblutdruck 1 Kallikreineinheit keine Wirkung mehr hat [*123*].

Kallidin

1 Einheit = Menge, die aus 1 ml Mischserum gesunder Menschen nach Zusatz einer Kallikreineinheit (aus Gl. submaxillaris des Schweins) in 40 sec bei Zimmertemperatur entsteht. Bestimmung der Aktivität am isolierten Meerschweinchendarm [*123*].

Bradykinin

1 Einheit = 1 mg eines rohen Bradykininpräparates, das aus Rinderserumglobulin durch Zusatz von Bothrops jararaca-Gift erhalten und in ein haltbares Trockenpräparat überführt wird; Prüfung am isolierten Meerschweinchendarm [*123, 124*].

Renin

1 Hundeeinheit = Menge, die beim geübten, wachen Hund von 10—20 kg nach iv. Injektion den Blutdruck der A. femoralis um 30 mm Hg hebt [*118*]. Zur Hypertensinbildung siehe [*120a, 125*].

1 Einheit = Menge, die 1 Hypertensin-Indianopolis-Einheit ergibt, wenn ein Hypertensinogen-Überschuß 2 Std. bei 37° und p_H 7,4 inkubiert wird (Hypertensinasefrei) [*122c*].

1 Einheit Antirenin [*125a*] = Menge, die die Blutdruckwirkung von 1 Hundeeinheit Renin vollständig aufhebt [*125b*].

1 Antirenineinheit = Menge, die nach in vitro-Mischung mit 1 Hunde-E von homologem Renin vollstandig die Blutdruckwirkung von Renin nach iv. Injektion des Gemisches aufhebt [*125c*].

Cholecystokinin

1 Einheit = die zur Drucksteigerung in der in situ freigelegten Gallenblase des Hundes entsprechend 1 ml Galle benötigte Menge (bei Fehlen einer Vasodilatation) [*126*]. Eine Methode bei Katzen siehe [*127*].

Enterogastron

1 Einheit = die an der Heidenhain-Tasche nach Histamingaben benötigte Menge Enterogastron, die die Sekretion (in der Kontrolle 40—120 mg HCl/90 min) auf die Hälfte herabsetzt [*128*]. Versuchstier: Hunde. 5 Stunden Abstand zwischen Gabe von Histamin (Kontrolle) und Histamin + Enterogastron. Zur Technik siehe auch [*129*]. Verfahren mit Dauerinfusion von Enterogastron und Histamin siehe [*129, 130*].

Gastrin

1 Einheit = Menge 0,1 n HCl, die nach iv. Injektion pro mg des Testmaterials bei Katzen sezerniert wird [*131*].

Pankreozymin [*132*]

1 Einheit = die zur Erhöhung des Enzymgehaltes des Pankreassekretes (die durch Secretin stimuliert ist) in der zweiten 3-Min.-Sammelperiode auf diejenige der ersten 3-Min.-Sammelperiode benötigte Menge. Versuchstier: Hund [*133*].

Secretin [*132*]

1 Einheit = Schwellendosis, die eine Zunahme von 10 Tropfen (= 0,4 ml) Sekretabgabe aus Pankreasgang in 10 Min. gegenüber der Kontrolle bewirkt [*134*]. Versuchstier: Hund. Eine Modifikation bei Kaninchen siehe [*135*]. Eine als Standardpulver geeignete Präparation siehe [*136*].

1 Einheit = 0,1 ml 0,1 n Säure, die bei Katzen zur Neutralisation des Dünndarmsekrets gegen Methylrot benötigt wird, wenn das Sekret auf Filtrierpapierröllchen aufgesogen wird [*137*]. Sie ist $^1/_{20}$ der Einheit nach *Ivy* [*134*].

Urogastron [*138*]

Einheiten basieren wie bei Enterogastron auf der Hemmung der durch Histamin angeregten Sekretion der Magenschleimhaut.

1 Einheit = 50%ige Hemmung der Magensaftsekretion [*138a, 138b*].

Vagotonin

1 Einheit = Einzeldosis, die bei Kaninchen die Reflexerregbarkeit des Vagus soeben hebt (ca. 10γ/kg K.-Gew.) [*139*].

Substanz P

1 Einheit nach *v. Euler* = Wirkung von 2—4 Schwellendosen des Standardpraparates (Ammoniumsulfatfällung aus Pferdedunndarm) am isolierten Kaninchen-Jejunum in 30 ml Tyrodelösung [*140*].

1 Einheit nach *Pernow* = 7—10 Schwellendosen des obigen Standards am Meerschweinchen-Ileum in 3 ml Tyrodelösung [*141*].

Literatur

[1] *Li, C. H.*, and *H. M. Evans:* Pincus-Thimann, Hormones **1**, 631 (1948).
[2] *Emmens, C. W.:* Hormone Assay. S. 205ff. New York 1950.
[2a] Bull. World Health Org. **14**, 543 (1956). — World Health Org. techn. Rep. Ser. **36**, 7 (1951); **127**, 22 (1957).
[3] *Simpson, M. E., H. M. Evans* and *C. H. Li:* Endocrinology **33**, 261 (1943).
[4] *Moon, D. H.:* Proc. Soc. exp. Biol. Med. **35**, 649 (1937).
[5] *Bates, R. W., O. Riddle* and *R. A. Miller:* Endocrinology **27**, 781 (1940).
[6] *Munson, P. L.:* Fed. Proc. **9**, 208 (1950).
[7] *Sayers, M. A., G. Sayers* and *L. A. Woodbury:* Endocrinology **42** 379 (1948).
[8] *Collip, J. B., E. M. Anderson* and *D. L. Thomson:* Lancet **1933, II**, 347. — *Collip, J. B.:* J. Mt. Sinai Hosp. **1**, 28 (1934).
[9] *Li, C. H., H. M. Evans* and *M. E. Simpson:* J. biol. Ch. **149**, 413 (1943).
[10] *Saffran, M.*, and *M. J. Bayliss:* Endocrinology **52**, 140 (1953).
[11] *Bruce, H. M., A. S. Parkes* and *W. L. M. Perry:* Lancet **1952 I**, 790.
[12] *Sulman, F. G.:* Acta endocrinol., København **11**, 1 (1952).
[13] *Fevold, H. L.:* Cold Spring Harb. Symp. quant. Biol. **5**, 93 (1937). — *Fevold, H. L., M. Lee, F. L. Hisaw* and *E. J. Cohn:* Endocrinology **26**, 999 (1940).
[14] *Salhanick, H. A., F. L. Hisaw* and *M. X. Zarrow:* J. clin. Endocrinol. **12**, 310 (1952).
[15] *Evans, H. M., M. E. Simpson, S. Tolksdorf* and *H. Jensen:* Endocrinology **25**, 529 (1939).
[16] *Li, C. H., M. E. Simpson* and *H. M. Evans:* Science, N. Y. **109**, 445 (1949).
[17] *Li, C. H.*, and *H. M. Evans:* Pincus-Thimann, Hormones **1**, 631 (1948).
[18] *Evans, H. M.*, and *M. E. Simpson:* Pincus-Thimann, Hormones **2**, 351 (1950).
[19] *Fevold, H. L.:* Ann. N. Y. Acad. Sci. **43**, 321 (1943).
[20] *Burdick, H. O., C. A. Rouse* and *M. J. Coats:* Proc. Soc. exp. Biol. Med. **82**, 43 (1953).
[21] *Simpson, M. E., H. M. Evans* and *C. H. Li:* Endocrinology **33**, 261 (1943).
[22] *Li, C. H., M. E. Simpson* and *H. M. Evans:* Endocrinology **27**, 803 (1940).
[23] *Fevold, H. L.:* Endocrinology **24**, 435 (1939).
[24] *Greep, R. O., H. B. van Dyke* and *B. F. Chow:* Proc. Soc. exp. Biol. Med. **46**, 466 (1941). Endocrinology **30**, 635 (1942).
[25] *Turner, C. W.* in *Emmens, C. W.:* Hormone Assay. S. 261ff. New York 1950.
[26] *Lewis, A. A.*, and *C. W. Turner:* Res. Bull. Mo. agric. exp. Stat. Nr. 310 (1939).
[27] *Mixner, J. P.*, and *C. W. Turner:* Res. Bull. Mo. agric. exp. Stat. Nr. 378 (1943).
[28] *Li, C. H.*, and *H. M. Evans:* Pincus-Thimann, Hormones **1**, 631 (1948).
[29] *Emmens, C. W.:* Hormone Assay. S. 237ff. New York 1950.
[30] *McShan, W. H.*, and *C. W. Turner:* Proc. Soc. exp. Biol. Med. **34**, 50 (1936).
[31] *Bergman, A. J., J. Meites* and *C. W. Turner:* Endocrinology **26**, 716 (1940).
[32] *Reece, R. P.*, and *C. W. Turner:* Res. Bull. Mo. agric. exp. Stat. Nr. 266 (1937).
[33] Bull. Health Org. L. o. N. **8**, 901 (1939); **10**, 96 (1942/43); **12**, 62 (1945/46).
[34] *Gardner, W. U.*, and *C. W. Turner:* Res. Bull. Mo. agric. exp. Stat. Nr. 196 (1933).
[35] *Riddle, O., R. W. Bates* and *S. W. Dykshorn:* Amer. J. Physiol. **105**, 191 (1933). — *Riddle, O.*, and *R. W. Bates* in: Sex and Internal Secretions. Kap. 20. 2. Aufl. Baltimore 1939.
[36] *Voss, H. E.:* Ergebn. Physiol. **44**, 96 (1941).
[37] *Lyons, W. R.*, and *H. R. Catchpole:* Proc. Soc. exp. Biol. Med. **31**, 305 (1933).
[38] *Kuy, A. van der, E. M. van Soest* and *A. G. C. van Prooye-Belle:* Proc. ned. Akad. Wet. (C) **56**, 62 (1953).
[38a] *Zondek, B.*, and *F. G. Sulman:* Proc. Soc. exp. Biol. Med. **36**, 712 (1937). — The Antigonadotrophic Factor. Baltimore 1942.
[38b] *Bajusz, E.:* Z. Vit.-, Horm.-, Ferm.-Forsch. **6**, 94, 369 (1954).
[39] *Emmens, C. W.:* Hormone Assay. S. 215ff. New York 1950.
[39a] Bull. World Health Org. **13**, 917 (1955). — World Health. Org. techn. Rep. Ser. **96**, 14 (1955); **127**, 22 (1957).
[40] *Junkmann, K.*, und *W. Schoeller:* Kli. Wo. **1932 II**, 1176.
[41] *Jorgensen, M. N.*, and *N. J. Wade:* Endocrinology **28**, 406 (1941).
[42] *McGinty, D. A.*, and *N. B. McCullough:* Proc. Soc. exp. Biol. Med. **35**, 24 (1936).
[43] *Rowlands, I. W.*, and *A. S. Parkes:* Biochem. J. **28**, 1829 (1934).
[44] *Overbeek, G. A., J. Fokkens, A. Querido, J. de Visser* and *P. Canninga:* Acta endocrinol., København **14**, 285 (1953).
[45] *Bergman, A. J.*, and *C. W. Turner:* Endocrinology **24**, 656 (1939).
[46] *Aron, M.:* C. R. Soc. Biol. **123**, 250 (1936).
[47] *Stimmel, B. F., D. R. McCullagh* and *V. Picha:* J. Pharmacol. exp. Therap. **57**, 49 (1936).

[48] *Cope, C. L.:* J. Physiol., London **94**, 358 (1938).
[49] *Kabac, J. M.*, and *N. I. Liapin:* Bull. Biol. Med. exp. **5**, 334 (1938).
[50] *Fraenkel-Conrat, J., H. Fraenkel-Conrat, M. E. Simpson* and *H. M. Evans:* J. biol. Ch. **135**, 199 (1940).
[51] *Jensen, H.*, and *J. F. Grattan:* Amer. J. Physiol. **128**, 270 (1939).
[52] *Ciereszko, L. S.:* J. biol. Ch. **160**, 585 (1945).
[53] *Adams, A. E.*, and *E. A. Beeman:* Endocrinology **31**, 128 (1942).
[54] *Anderson, E. M.*, and *J. P. Collip:* Proc. Soc. exp. Biol. Med. **30**, 680 (1933). J. Physiol., London **82**, 11 (1934).
[55] *D'Angelo, S. A., A. S. Gordon* and *H. A. Charipper:* Endocrinology **31**, 217 (1942).
[56] *Somers, G. F.:* J. Pharmacy Pharmacol. **4**, 793 (1952).
[57] *Emmens, C. W.:* Hormone Assay. S. 273ff. New York 1950.
[57a] World Health Org. techn. Rep. Ser. **108**, 16 (1956); **127**, 22 (1957).
[58] *Evans, H. M., N. Uyei, Q. R. Bartz* and *M. E. Simpson:* Endocrinology **22**, 483 (1939).
[59] *Fønss-Bech, P.:* Acta pharmacol., København **3**, Suppl. 3 (1947).
[60] *Dingemanse, E., J. Freud* and *I. E. Uyldert:* Acta endocrinol., København **1**, 71 (1948).
[61] *Emmens, C. W.:* Hormone Assay. S. 141 ff. New York 1950. — *Landgrebe, F. W.*, and *G. M. Mitchell:* Quart. J. exp. Physiol. **39**, 11 (1954).
[62] *Landgrebe, F. W.*, and *H. Waring:* Quart. J. exp. Physiol. **33**, 1 (1944).
[63] Bull. Health Org. L. o. N. **5**, 572 (1936); **10**, 89 (1942/43); **12**, 42 (1945/46); Pharmacopoea Internat. Vol. **1**, 191, 342 (1951).
[64] *Emmens, C. W.:* Hormone Assay. S. 109ff. New York 1950.
[65] *Holton, P.:* Brit. J. Pharmacol. **3**, 328 (1948).
[66] *Coon, J. M.:* Arch. int. Pharmacodyn. **62**, 79 (1939).
[67] *Hogben, L. T., W. Schlapp* and *A. D. MacDonald:* Quart. J. exp. Physiol. **14**, 301 (1924).
[68] *Landgrebe, F. W., M. H. E. Macaulay* and *H. Waring:* Proc. R. Soc. Edinburgh (B) **62**, 202 (1946).
[69] *Burn, J. H.:* Quart. J. Pharmacy. **4**, 517 (1931).
[70] *Koll, W.*, u. *H. Kaller:* Arch. exp. Path. Pharmakol. **215**, 133 (1952).
[71] U. S. Pharmacopoeia XIV, S. 474ff.
[72] *Stein, M., R. Jinks* and *I. A. Mirsky:* Endocrinology **51**, 492 (1952).
[73] *Emmens, C. W.:* Hormone Assay. S. 173ff. New York 1950.
[74] Bull. Health Org. L. o. N. **8**, 862, 884 (1939); **12**, 60 (1945/46); Pharmacopoea Internat. Vol. **II**, 98, 261 (1955).
[75] *Cole, H. H., H. R. Guilbert* and *H. Goss:* Amer. J. Physiol. **102**, 227 (1932). — Siehe dazu auch *Hamburger, C.*, und *K. Pedersen-Bjergaard:* Quart. J. Pharmacy **10**, 662 (1937).
[76] *Claesson, L., B. Hogberg, T. Rosenburg* and *A. Westman:* Acta endocrinol., København **1**, 1 (1948).
[77] *Burdick, H. O., C. A. Rouse* and *M. J. Coats:* Proc. Soc. exp. Biol. Med. **82**, 43 (1953).
[78] Bull. Health Org. L. o. N. **8**, 887, 898 (1939); **12**, 60 (1945/46); Pharmacopoea Internat. Vol. **II**, 98, 263 (1955).
[79] *Cheymol, J., R. Henry* and *M. Thevenet:* C. R. Soc. Biol. **146**, 988 (1952).
[80] *Sacon, S.:* Jap. J. Pharmacol. **2**, 82 (1952).
[81] *Levin, L.*, and *H. H. Tyndale:* Endocrinology **21**, 619 (1937).
[81a] Bull. World Health Org. **7**, 445 (1952). — Bull. Health Org. L. o. N. **4**, 525 (1935); **5**, 575 (1936); **12**, 44 (1945/46). — Pharmacopoea Internat. Vol. **II**, 130, 264 (1955).
[82] *Jensen, H.:* Pincus-Thimann, Hormones **1**, 301 (1948).
[82a] *Burn, J. H.*, and *D. J. Finney* and *L. G. Goodwin:* Biological Standardization. 2. Aufl. Oxford 1950.
[83] *Emmens, C. W.:* Hormone Assay. S. 35ff. New York 1950.
[83a] *Kirtley, W. R., S. O. Waife, O. M. Helmer* and *F. B. Peck:* Diabetes, N. Y. **2**, 345 (1953).
[83b] *Staub, A., L. Sinn* and *O. K. Behrens:* Science, N. Y. **117**, 628 (1953).
[84] *Thayer, S. A.:* Vitamins & Hormones **4**, 311 (1946). — *Emmens, C. W.:* Hormone Assay. S. 325ff. New York 1950.
[85] *Hartman, F. A.*, and *K. A. Brownell*· The Adrenal Gland. S. 88ff. Philadelphia 1949. —*Dorfman, R. I.:* Physiol. Rev. **34**, 138 (1954).
[86] *Tolson, R. E., F. A. Jacobs, D. Richert, S. A. Thayer, L. J. Kopp* and *N. J. Wade:* Endocrinology **35**, 464 (1944).
[87] *Pfiffner, J. J., W. W. Swingle* and *H. M. Vars:* J. biol. Ch. **104**, 701 (1934).
[88] *Hartman, F. A., L. A. Lewis* and *J. Thatcher:* Proc. Soc. exp. Biol. Med. **48**, 60 (1941).
[89] *Ingle, D. J.:* Endocrinology **34**, 191 (1944).
[90] *Everse, J. W. R.*, and *P. DeFremery:* Acta brev. neerl. **2**, 152 (1932).

[91] *Cartland, G. F.*, and *M. H. Kuizenga:* Amer. J. Physiol. **117**, 678 (1936).
[92] *Selye, H.*, and *V. Schenker:* Proc. Soc. exp. Biol. Med. **39**, 518 (1938).
[92a] *Schrek, R.:* Endocrinology **45**, 317 (1949). Proc. Soc. exp. Biol. Med. **76**, 557 (1951); **77**, 709 (1951).
[93] *Greep, R. O.:* Pincus-Thimann, Hormones **1**, 255 (1948). — U. S Pharmacopoeia XIV, S. 424f.
[94] *Hanson, A. M.:* J. amer. med. Ass. **90**, 747 (1928).
[95] *Emmens, C. W.:* Hormone Assay. S. 489ff. New York 1950.
[96] *Dressler, E.*, u. *K. Holling:* Arch. exp. Path. Pharmakol. **196**, 266 (1940). — *Reineke, E. P.*, and *C. W. Turner:* Res. Bull. Mo. agric. exp. Stat. Nr. 355 (1942).
[97] *Kreitmair, H.:* Z. ges. exp. Med. **61**, 202 (1928).
[98] *Emmens, C. W.:* Hormone Assay. S. 291ff. New York 1950. — *Dorfman, R. I.:* Physiol. Rev. **34**, 138 (1954).
[99] Lt. Beschluß der Völkerbundskommission 1935. — *Dorfman, R. I.:* Pincus-Thimann, Hormones **1**, 467 (1948).
[100] *Gallagher, T. F.*, and *C. F. Koch:* J. Pharmacol. exp. Therap. **55**, 97 (1935). — *Greenwood, A. W.*, *J. S. S. Blyth* and *R. K. Callow:* Biochem. J. **29**, 1400 (1935). — *McCullagh, D. R.*, and *W. K. Cuyler:* J. Pharmacol. exp. Therap. **66**, 379 (1939).
[101] *Emmens, C. W.:* Hormone Assay. S. 391. New York 1950. — *Dorfman, R. I.:* Physiol. Rev. **34**, 138 (1954).
[102] Ältere Literatur siehe: *Nürnberger, L.:* Zbl. Gynak. **1937**, 2258.
[103] Wieder aufgehoben als Standardsubstanzen 1950: World Hlth. Org. techn. Rep. Ser. Nr. **2**, 9 (1950).
[104] *Pincus, G.:* Pincus-Thimann, Hormones **1**, 333 (1948).
[105] *Thayer, S. A.*, *E. A. Doisy* jr. and *E. A. Doisy:* Yale J. Biol. Med. **17**, 19 (1944).
[106] *Dorfman, R. I.:* Physiol. Rev. **34**, 138 (1954). — Ältere Literatur siehe: *Nurnberger, L.:* Zbl. Gynak. **1937**, 2258.
[107] *Corner, G. W.*, and *W. M. Allen:* Amer. J. Physiol. **88**, 326 (1929).
[108] *Clauberg, C.:* Zbl. Gynak. **54**, 2757 (1930). — *McPhail, M. K.:* J. Physiol., London **83**, 145 (1934).
[108a] *Reuber, R.*, u. *J. Schmidt-Thomé:* Die C_{21}-, C_{19}- und C_{18}-Steroide. In Hoppe-Seyler/Thierfelder, 10. Aufl. Bd. III/2, S. 1451ff.
[109] *Van Dyke, H. B.*, and *J. S. Chen:* Endocrinology **25**, 337 (1939).
[110] *Astwood, E. B.:* J. Endocrinol. **1**, 49 (1939).
[111] *Hisaw, F. L.*, and *M. X. Zarrow:* Vitamins & Hormones **8**, 151 (1950).
[112] *Emmens, C. W.:* Hormone Assay. S. 419ff. New York 1950.
[113] *Abramowitz, A. A.*, *F. L. Hisaw*, *L. H. Kleinholz*, *W. L. Money*, *R. V. N. Talmage* and *M. X. Zarrow:* Anat. Rec. **84**, 6 (1942). — *Abramowitz, A. A.*, *W. L. Money*, *M. X. Zarrow*, *R. V. N. Talmage*, *L. H. Kleinholz* and *F. L. Hisaw:* Endocrinology **34**, 103 (1944).
[114] *Felton, L. C.*, *E. H. Frieden* and *H. M. Bryant:* J. Pharmacol. exp. Therap. **107**, 160 (1953).
[115] *Talmage, R. V.*, and *V. Hurst:* J. Endocrinol. **7**, 24 (1950). — *Hall, K.:* J. Endocrinol. **5**, 314 (1948).
[116] *Catchpole, H. R.*, *N. R. Joseph* and *M. B. Engel:* J. Endocrinol. **8**, 377 (1952).
[117] *Joseph, N. R.*, *M. B. Engel* and *H. R. Catchpole:* Biochim. biophysica Acta, N. Y. **8**, 575 (1952).
[117a] *Kliman, B.*, *H. A. Salhanick* and *M. X. Zarrow:* Endocrinol. **53**, 391 (1953).
[118] *Goldblatt, H.*, *Y. J. Katz*, *H. A. Lewis* and *E. Richardson:* J. exp. Med. **77**, 309 (1943).
[119] *Skeggs, L. T.* jr., *J. R. Kahn* and *W. H. Marsh:* Labor. Invest. **2**, 109 (1953).
[120] *Skeggs, L. T.* jr., *J. R. Kahn* and *N. P. Shumway:* J. exp. Med. **95**, 241 (1952).
[120a] *Clark, L. C.* jr., *C. Winkler*, *F. Gollan* and *R. P. Fox:* J. biol. Ch. **206**, 717 (1954).
[121] *Valle, J. R.*, *E. S. Prado* and *J. L. Prado:* Acta physiol. lat.-amer. **2**, 251 (1952).
[122] *Dexter, L.*, *F. W. Haynes* and *W. C. Bridges:* J. clin. Invest. **24**, 62 (1945).
[122a] *Goldblatt, H.:* Physiol. Rev. **27**, 120 (1947).
[122b] *Green, A. A.*, and *F. M. Bumpus:* J. biol. Ch. **210**, 281 (1954).
[122c] *Dexter, L.*, *F. W. Haynes* and *W. C. Bridges:* J. clin. Invest. **24**, 62 (1945). — *Picarelli, Z. P.*, *R. Kupper*, *E. S. Prado*, *J. L. Prado* and *J. R. Valle:* Circulation Res. **2**, 354 (1954).
[122d] *Goldblatt, H.*, *H. Lamfrom* and *E. Haas:* Amer. J. Physiol. **175**, 75 (1953).
[123] *Werle, E.:* Personliche Mitteilung.
[124] *Rocha e Silva, M.*, *W. T. Beraldo* and *G. Rosenfeld:* Amer. J. Physiol. **156**, 261 (1949). — *Prado, E. S.*, *W. T. Beraldo* and *M. Rocha e Silva:* Arch. Biochem. **27**, 410 (1950). — *Andrade, S. O.*, *C. R. Diniz* and *M. Rocha e Silva:* Arch. int. Pharmacodyn. **95**, 100 (1953).

[125] *Haas, E., H. Lamfrom* and *H. Goldblatt:* Arch. Biochem. **44**, 63 (1953).
[125a] *Zweifach, B. W.*, and *E. Shorr:* Factors Regulating Blood Pressure. S. 152. New York 1947.
[125b] *Sevy, R. W.*, and *E. A. Ohler:* Amer. J. Physiol. **174**, 471 (1953).
[125c] *Lamfrom, H. E., Haas* and *H. Goldblatt:* Amer. J. Physiol. **177**, 55 (1954).
[126] *Ivy, A. C.*, and *E. Oldberg:* J. amer. med. Ass. **90**, 445 (1928).
[127] *Havermark, P. G.*, and *E. H. Hultman:* Acta physiol. scand. **27**, 242 (1953).
[128] *Wells, J. A., J. S. Gray* and *C. A. Dragstedt:* J. Allergy **13**, 77 (1941).
[129] *Millen, H. M., L. L. Gershbein* and *A. C. Ivy:* Arch. Biochem. **35**, 360 (1952).
[130] *Öbrink, K. J.:* Acta physiol. scand **20**, 378 (1950). — *Öbrink, K. J.*, and *H. Winberg:* Acta chem. scand. **4**, 789 (1950).
[131] *Jalling, O.*, and *J. E. Jorpes:* Acta physiol. scand. **13**, 231 (1947). — *Jorpes, J. E., O. Jalling* and *V. Mutt:* Biochem. J. **52**, 327 (1952).
[132] *Burn, J. H., D. J. Finney* and *L. G. Goodwin:* Biological Standardization. 2. Aufl. S. 335ff. Oxford 1952.
[133] *Greengard, H.*, and *A. C. Ivy:* Fed. Proc. **4**, 26 (1945).
[134] *Ivy, A. C., G. Kloster, H. C. Lueth* and *G. E. Drewyer:* Amer. J. Physiol. **91**, 336 (1929).
[135] *Dorchester, J. E. C.*, and *R. E. Haist:* J. Physiol., London **118**, 182 (1952).
[136] *Burn, J. H.*, and *P. Holton:* J. Physiol., London **107**, 449 (1948).
[137] *Wilander, O.*, und *G. Agren:* Biochem. Z. **250**, 489 (1932). — *Jorpes, J. E.*, and *V. Mutt:* Biochem. J. **52**, 328 (1952).
[138] *Friedman, M. H. F.:* Vitamins & Hormones **9**, 313 (1951).
[138a] *Gray, J. S., E. Wieczorowski, J. A. Wells* and *S. C. Harris:* Endocrinology **30**, 129 (1942).
[138b] *Kaulbersz, J., T. L. Patterson, D. J. Sandweiss* and *H. C. Saltzstein:* Amer. J. Physiol. **150**, 373 (1947).
[139] *Corteville, M., W. Ramanamanjary* et *R. Thevenot:* Arch. int. Pharmacodyn. **92**, 213 (1952).
[140] *Euler, U. S. v.:* Acta physiol. scand. **4**, 373 (1942).
[141] *Pernow, B.:* Acta physiol. scand. **29**, Suppl. **105** (1953).

C. Blutgerinnung

Thrombin

1 NIH-Einheit (National Institut of Health) = Menge, die 1 ml standardisierter Fibrinogenlösung in 15 ± 0,5 sec bei 28 ± 1° zur Gerinnung bringt; Einzelheiten siehe im Bericht der Federal Security Agency vom 4. 9. 1946.

1 *Mellanby*-Einheit = Menge, die 1 ml Oxalatplasma bei 37° in 30 sec zur Gerinnung bringt; die *Lenggenhager*-Einheit ist der *Mellanby*-Einheit sehr ähnlich.

1 Iowa-Einheit = Thrombinmenge (in 12 Tropfen enthalten), die bei p_H 7,4 und 28° 3 Tropfen einer 0,08—0,1%igen Fibrinogenlösung in 15 sec zur Gerinnung bringt.

1 *Owren*-Einheit = Menge, die 1 ml 0,1%iger Fibrinogenlösung bei 37° und p_H 7,3 sowie 0,154 mNaCl in 15 sec zur Gerinnung bringt; siehe auch [2].

Prothrombin

1 Einheit nach *Seegers* = Menge, die nach vollstandiger Umwandlung in Thrombin 1 ml Fibrinogenlösung in 15 sec zur Gerinnung bringt (siehe oben die Thrombin-Einheiten), also eine Thrombineinheit zu bilden imstande ist. Man findet rund 23000 E/mg Tyrosin bzw. 1400 E/mg Trockengewicht.

1 Einheit nach *Fantl* = Menge (in 0,2 ml 0,036 m Brenzcatechin enthaltender Lösung), die nach Umwandlung in Thrombin und Zugabe zu einer Mischung von 0,2 ml Ba-Plasma mit 0,05 ml 0,18 m Brenzcatechin in Veronalpuffer von p_H 7,4 bei 28° in 15 sec Gerinnung eintreten läßt.

Thrombokinase

1 Einheit = Menge einer Menschenhirnpräparation, die 0,1 ml eines nüchtern entnommenen, 0,01 m Oxalat enthaltenden Menschenplasmas in 1 Min. zur Gerinnung bringt.

Heparin

1 Internationale Einheit = 7,7 γ des Standardpraparates (1 mg = 130 Internat. Einh.) [3]; siehe hierzu aber [1].

1 Toronto-Einheit = 10 γ des Standard-Heparinbarium von *Murray* und *Best*; 100 Toronto-Einheiten des Bariumsalzes in 1 mg entsprechen demnach 130 Toronto-Einheiten des Natriumsalzes/1 mg bzw. 127 Toronto-Einheiten des Ammoniumsalzes/1 mg bzw. 156 Toronto-Einheiten der freien Säure/1 mg. Demnach entspricht die Toronto-Einheit des Natriumsalzes etwa einer Internationalen Einheit.

1 USP-Einheit = 1 Internationale Einheit.

Literatur

[1] *Blomback, B., M. Blombäck, E. V. Corneliusson* and *J. E. Jorpes:* J. Pharmacy Pharmacol. **5**, 1031 (1953).
[2] *Warner, E. D., K. M. Brinkhous* and *H. P. Smith:* Amer. J. Physiol. **114**, 667 (1936).
[3] Bull. World Health Org. **1**, 9 (1947/48). — Bull. Health Org. L. o. N. **10**, 144, 151 (1942/43); **12**, 46 (1945/46). — Pharmacopoea Internat. Vol. **I**, 104, 341 (1951); Vol. **II**, 126 (1955).

D. Fermente von klinischer Bedeutung[1]

Phosphatasen

Eine Übersicht vermitteln die beiden folgenden Aufstellungen:

Einheiten alkalischer Phosphatase für Serum bzw. Plasma [1]

Benennung der Einheit nach	Definition bei 37—38°
Kay	1 mg P durch 1 ml Plasma in 48 Std.
Jenner und *Kay*	1 mg P durch 100 ml Plasma in 3 Std.
Bodansky	1 mg P durch 100 ml Serum in 1 Std. aus 0,5%iger Na-β-glycerophosphatlösung.
King und *Armstrong*	1 mg Phenol durch 100 ml Serum in 30 Min.; bei Geweben durch 1 g Trockengewicht.
Kirberger und *Martini*	1 mg Phenol durch 100 ml Serum in 15 Min.
King und *Delory*	1 mg p-Nitrophenol durch 100 ml Serum in 1 Min.
Bessey, Lowry und *Brock*	1 mMol p-Nitrophenol durch 1000 ml Serum in 1 Std.
Huggins und *Talalay*	1 mg Phenolphthalein durch 100 ml Serum in 1 Std.
Seligman und Mitarbeiter	10 mg β-Naphthol durch 100 ml Serum in 1 Std.

Vergleich verschiedener Phosphatase-Einheiten [2]

1 *Bodansky*-Einheit gleich 1,8 *Shinowara*-Einheiten,
2,5—3,0 *King*-Einheiten,
0,06 *Kay*-Einheiten,
12—15 *Lundsteen*- und *Vermehren*-Einheiten,
3,5 *Huggins*- und *Talalay*-Einheiten,
0,56 *Bessey*-Einheiten,
1,1—1,2 *Aebi*-Einheiten.

1 Einheit nach *Gomori* = 1 μMol Phenol aus Phenylphosphat bei 37° durch 1 ml Serum in 1 Stunde.

1 Einheit nach *Shinowara* = 1 mg P aus Na-β-glycerophosphat bei 37° in 1 Stunde beim optimalen p_H, wenn die Gesamtspaltung des Substrates 10% nicht übersteigt. Die Einheit gilt für saure und alkalische Phosphatase; in der Arbeit Vergleich verschiedener, dasselbe Substrat benutzender Einheiten [3].

1 Einheit nach *Helferich* = 100 γ P (bzw. 303 γ Phenol) aus 0,05 m Phenylphosphat bei p_H 5,3 und 30° in 1 Stunde; Umrechnungsfaktor für 37° = 1,65.

[1] Vgl. auch S. 1, Teil 1, Nomenklaturregeln der IUPAC.

1 Einheit = 1 mg Phenol aus Dinatrium-phenylphosphat (0,00476 m Endkonzentration bei Inkubation); für alkalische Phosphatase in 15 Min. bei p_H 10,0 und 37°; für saure Phosphatase in 1 Stunde bei p_H 4,9 und 37° [*4*].

Lipase und Esterase

1 Einheit = Fermentmenge im Plasma, die unter standardisierten Bedingungen Tributyrin entsprechend einem Laugenverbrauch von 1 ml 0,1 n NaOH spaltet [*5*]; die gleiche Einheit für Duodenalsaft siehe [*6*]. Die gleiche Einheit für Serum in 1 Stunde bei 37° siehe [*9*].

1 Einheit = ml 0,05 n NaOH, die in 24 Stunden infolge Spaltung von Olivenöl verbraucht werden.

1 Einheit = ml 0,025 n NaOH, die in 30 Min. für die Neutralisation der durch 100 ml Serum aus Tributyrin freigesetzten Fettsäuremengen verbraucht werden [*7*].

1 Einheit = 10 γ β-Naphthol, die unter Standardbedingungen in 5 Stunden bei 37,5° aus β-Naphthyllaurat freigesetzt werden [*8*].

Einzelheiten der Lipase-E nach *Grossberg* et al. siehe [*8a*].

Amylase

1 Einheit = Reduktionsvermögen entsprechend 1 mg Glucose bei Inkubation mit Stärke und 100 ml Serum. Diese Methode wird meist benutzt und häufig nach *Somogyi* benannt. Sie bezieht sich auf 40° und 30 Min. Inkubationszeit [*10, 21*].

1 Stärke-Jod-Einheit entspricht etwa 1 *Somogyi*-Einheit [*12*].

1 Glykogen-Anthron-Einheit: 100 Einheiten in 100 ml Untersuchungslösung liegen vor, wenn in 40 ml mit Anthron reagierende Spaltprodukte entsprechend einer Farbtiefe von 40 γ Glucose vorliegen; 1,62 dieser Einheiten entsprechen 1 *Somogyi*-Einheit [*11*].

1 Einheit = Fermentmenge, deren amylatische Aktivität einem auf 1 γ Protein-N/ml verdünnten Pankreassaft entspricht [*13*].

1 *Wohlgemuth*-Einheit (WE) = Aktivität, die 1 ml einer 1%igen Stärkelösung in 30 Min. bei 38° zu Dextrinen (keine Farbreaktion mit Jod) abbaut [*14*]. Aufgestellt für Serum und Harn.

Zur *Wohlgemuth*-Einheit sowie weitere Methoden zur Amylasetestung siehe [*17*]. 100 WE sind gleich 1 Einheit nach *Tuba* [*15*].

1 Einheit = Abbau von 1 mg Stärke in 1 Std. bei 37° in 0,04 m Phosphatpuffer p_H 7,0 bis zum Negativwerden der Jod-Stärke-Reaktion; aufgestellt für Harn [*16*].

1 Trübungseinheit (Serum und Plasma [*18*] bzw. Harn [*19*]) steht zur *Wohlgemuth*-Einheit in folgender Beziehung: n Trübungseinheiten = 2^n *Wohlgemuth*-Einheiten.

1 *Nörby*-Einheit = 1800 *Wohlgemuth*-Einheiten [*20*].

Trypsin

1 Einheit (für Duodenalsaft) setzt aus denaturiertem Hämoglobin (oder Casein) bei p_H 7,5 und 37° in 1 Min. 1 mÄq. Tyrosin frei.

1 Einheit im Duodenalsaft setzt 1 γ Phenol (*Folin-Ciocalteu*-Reagens) pro ml 50%ige (v/v) Glycerin-Duodenalsaft-Mischung unter Standardbedingungen frei [*22*].

1 *Fuld-Gross*-Einheit = Fermentmenge, die in 1 Stunde bei 38° 1 ml 0,1%ige Caseinlösung vollständig verdaut (Trübungstest).

1 Einheit = Enzymmenge, die in 5 Min. bei 25° aus Carboxyhämoglobin bei p_H 7,5 Abbauprodukte entsprechend einer Extinktion E_{280} = 1,00 liefert. 1 Einheit entspricht 19 γ Trypsin-Protein [*23*].

1 Armour-Einheit = 0,154 γ Trypsin.

1 Einheit = Fermentmenge, die 3 ml 0,1 m Aminosäuren bei 40° pro Stunde aus 1%iger Gelatinelösung bei p_H 8,7 freisetzt [*24*].

1 Viscosimetrische Einheit = Menge, die in 0,2 ml 2,5%iger Gelatinelösung bei 35,5° je Min. die Viscosität um 1% absinken läßt = $^1/_{14}\,\gamma$ Enzym-N (krist. Protein).

Pepsin

1 Einheit (für Magensaft) entspricht der Trypsin-Hämoglobin-Einheit (oben als erste genannt) bei 25°; Korrektur für 37° = Multiplikation mit 2,3 (25 → 37°) bzw. 0,43 (37 → 25°) [*25*].

Kathepsin, Papain

1 *Anson*-Einheit für Proteinasen = 1 mÄq. Tyrosin pro Min. aus Hämoglobin unter Standardbedingungen [*26*]:

bei p_H 1,6—1,8 und 25°: Pepsin-Einheit,
„ p_H 3,5 „ 37°: Kathepsin-Einheit,
„ p_H 3,5 „ 25°: Papain-Einheit.

Entsprechende Einheiten für Pepsin und Kathepsin im Magensaft mit Trockenhämoglobin als Substrat siehe [*27*], mit Trockenserum als Substrat siehe [*28*].

1 Einheit = Enzymmenge, die in 10 ml Trichloressigsäurefiltrat nach 5stündiger Hydrolyse von Hämoglobin eine Zunahme des Rest-N entsprechend 1 ml 0,0714 n Alkali ergibt. Die Einheit ist für zahlreiche Proteinasen anwendbar [*29*].

Plasmin und verwandte Wirkstoffe

Plasmin (Fibrinolysin) und Plasminogen (Profibrinolysin)

1 Einheit = Menge, die in 30 Min. bei 35° ein unter Standardbedingungen gewonnenes Gerinnsel nach Streptokinasezusatz zur Auflösung bringt [*30, 31*]. Auf artspezifische Unterschiede ist zu achten.

1 *Loomis*-Einheit = Menge, die 1 ml eines 0,3%igen Fibringerinnsels (während des Tests aus Fibrinogen + Thrombin hergestellt) in 120 sec bei p_H 7,2 und 45° in isotonischer Salzlösung (Imidazolpuffer) auflöst [*30a*].

1 Einheit nach *Guest* et al. beruht auf 0,1%igem Fibringerinnsel und Messung bei 28°; sie entspricht $^1/_5$ der *Loomis*-Einheit [*30b*].

1 Profibrinolysin-Einheit = Enzymmenge, die in 1 Std. aus 4%iger Caseinlösung 450 γ Tyrosin (trichloressigsäurelöslich) freisetzt [*30d*]; Tyrosinzunahme und Rest-N-Anstieg gehen parallel [*30c*]. Diese Einheit [*30d*] wird auch für andere Proteasen benutzt.

1 *Christensen*-Einheit (30) ist gleich 0,41 mg/ml *Loomis*-Plasmin vom Rind [*30e*].

Plasmin-Inhibitor (Serum-Inhibitor)

Die Wirkungsstärke wird durch Vergleich mit dem Trypsin-Sojabohnen-Inhibitor-System getestet und in γ Trypsin, die durch 1 ml Serum gehemmt werden, ausgedrückt [*30, 31*].

1 Antiplasmin-Einheit = Menge, die die Wirkung von 1 *Christensen*-Einheit Plasmin in 10 Min. bei 35° aufhebt [*30e*].

Plasma-Pepsinogen (entsprechend auch für Plasma-Kathepsin„ogen“)

1 Einheit = 1 mÄq. Tyrosin aus Hämoglobin bei p_H 1,8 in 24 Stunden bei 37° [*32*].

Fibrinolysokinase

1 Einheit wird aus Messungen der Fibrinolysin- und Profibrinolysin-Werte vor und nach Zusatz der Testlösung erhalten [*31*].

Streptokinase

1 Einheit = Menge, die ein unter Standardbedingungen hergestelltes Gerinnsel in 10 Min. bei 35° nach Plasminogenzusatz zur Auflösung bringt [*30, 31*].

Antistreptokinase

1 Einheit = Antikörpermenge, die 1 Einheit Streptokinase so weit hemmt, daß die Lysiszeit (wie oben) über 30 Min. beträgt [*30*].

Uropepsin

1 Einheit = 1 mg freigesetztes Tyrosin aus 100 mg Hämoglobin bei p_H 1,8 und 38° in 60 Min. [*33*].

1 Einheit = ml aktivierter Harn mal 10, die in 100 sec unter Standardbedingungen Casein zur Gerinnung bringen [*34*].

Urokathepsin

1 Einheit ist definiert wie Uropepsin von *Bucher* [*33*]; es wird bei p_H 3,5 inkubiert [*36*].

Desoxyribonuclease (Streptodornase)

1 Einheit = Enzymmenge, die einen Abfall von 1 Viscositätseinheit in 10 Min. bei 30° bewirkt, wenn 2,4 ml 0,15- bis 0,2%ige Desoxyribonucleinsäurelösung mit 0,1 ml Enzymlösung gemischt werden [*35*].

Hyaluronidase

1 Internationale Einheit = 100 γ des Internat. Standardpräparates [*36a*].

1 Viscositäts-Reduktions-Einheit (VRE) = $^1/_{100}$ der Enzymmenge, die die relative Viscosität von 2 ml 1%iger Rinder-Glaskörperlösung bei p_H 4,7 und 25° in 10 Min. auf die Hälfte herabsetzt [*37*].

1 Viscositätseinheit = Menge, die bei p_H 7,0 in einer 0,6- bis 0,8%igen Hyaluronsäurelösung in 20 Min. die relative Viscosität um die Hälfte herabsetzt [*38*].

1 *Schering*-Einheit = Menge, die in 0,5 ml Standard-Hyaluronsäure bei 30° und p_H 4,5 in 10 Min. die relative Viscosität auf die Hälfte herabsetzt [*39*]. 10 *Schering*-Einheiten sind gleich 300 *Benger*-Einheiten.

1 Viscositätseinheit = Menge, die in 30 Min. die relative Viscosität von 5 ml 0,3%iger Kaliumhyaluronatlösung in 0,1 m Acetatpuffer p_H 6,0 (mit 0,15 m NaCl) bei 37° auf die Hälfte senkt [*40*].

1 Einheit = Menge in 1 ml Sperma, die 2,5 mg Hyaluronsäure depolymerisiert.

1 Trübungseinheit = Enzymmenge, die unter den nach [*40*] genannten Bedingungen die Trübung von 0,2 mg Kaliumhyaluronat auf die Hälfte herabsetzt; die Substratendkonzentration beträgt hier während der Inkubation 2 mg/ml. Viscositätseinheit und Trübungseinheit sind dann etwa gleich [*40*].

1 Reduktionseinheit = Menge, die 1 mg reduzierende Zucker bei 37° in 22 Min. freisetzt, indem die Zucker als äquimolares Gemisch von N-Acetylglucosamin und Glucuron berechnet werden [*41*].

Literatur

[*1*] *Hinsberg, K.*: Hoppe-Seyler/Thierfelder, 10. Aufl., Bd. 5, S. 174.
[*2*] *Aebi, H.*: Schweiz. med. Wschr. **1952**, 135.
[*3*] *Shinowara, G. Y., L. M. Jones* and *H. L. Reinhart:* J. biol. Chem. **142**, 921 (1942).
[*4*] *Carr, J. J.*: in Standard Methods of Clinical Chemistry. Bd. 1, S. 75ff. New York 1953.
[*5*] *Srinivasan, P. R.*, and *V. N. Patwardhan:* J. Lab. clin. Med. **40**, 860 (1952).
[*6*] *Balzer, E.*, u. *K. Werner:* Z. klin. Med. **150**, 523 (1953).
[*7*] *Tuba, J.*: Cancer Res. **12**, 113 (1952). — Siehe auch Hoppe-Seyler/Thierfelder, 10. Aufl., Bd. 5, S. 172.
[*8*] *Seligman, A. M.*, and *M. M. Nachlas:* J. clin. Invest. **29**, 31 (1950). — Siehe auch Hoppe-Seyler/Thierfelder, 10. Aufl., Bd. 5, S. 173.
[*8a*] *Grossberg, A., P. Guth, S. Komarov* and *H. Shay:* Rev. canad. Biol. **12**, 495 (1953).
[*9*] *Alper, C.*: in Standards Methods of Clinical Chemistry. Bd. 1, S. 71ff. New York 1953.
[*10*] *Somogyi, M.*: J. biol. Chem. **125**, 399 (1938).
[*11*] *Sobel, H.*, and *C. M. Myers:* J. Lab. clin. Med. **41**, 655 (1953).
[*12*] *Loon, E. J. van, M. R. Likins* and *M. J. Seger:* Amer. J. clin. Path. **22**, 1134 (1952).

[13] *Guth, P., S. A. Komarov* and *H. Shay:* Amer. J. Physiol. **173**, 461 (1953).
[14] *Wohlgemuth, J.:* Biochem. Z. **9**, 1 (1908).
[15] *Tuba, J.,* and *G. S. Wiberg:* Canad. J. med. Sci. **31**, 377 (1953).
[16] *Huggins, C.,* and *P. S. Russell:* Ann. Surg., Philadelphia **128**, 668 (1948).
[17] *Hinsberg, K.:* Hoppe-Seyler/Thierfelder, 10. Aufl., Bd. 5, S. 168, 292.
[18] *Hansen, H.,* and *L. Jacobsson:* Scand. J. clin. Lab. Invest. **4**, 183 (1952).
[19] *Jacobsson, L.,* and *H. Hansen:* Scand. J. clin. Lab. Invest. **4**, 134 (1952).
[20] *Nörby, G.:* Diss. Kopenhagen 1935. — *Lagerlöf, H.:* Acta med. scand. Suppl. **128**, (1942).
[21] *Young, N. F.* in Standards Methods of Clinical Chemistry. Bd. 1, S. 8ff. New York 1953.
[22] *Gowenlock, A. H.:* Biochem. J. **53**, 274 (1953).
[23] *Green, N. M.,* and *E. Work:* Biochem. J. **54**, 257 (1953).
[24] Siehe dazu Hoppe-Seyler/Thierfelder, 10. Aufl., Bd. 5, S. 387.
[25] *Bucher, G. R., M. I. Grossman* and *A. C. Ivy:* Gastroenterology **5**, 501 (1945).
[26] *Anson, M. L.:* J. gen. Physiol. **20**, 565 (1936/37); **22**, 79 (1938). — *Anson, M. L.,* and *A. E. Mirsky:* J. gen. Physiol. **16**, 59 (1932/33); **17**, 151 (1933/34).
[27] *Merten, R.,* und *H. Ratzer:* Dtsch. Z. Verd.-Stoffw.-Krankh. **10**, 87 (1950).
[28] *Hunt, J. N.:* Biochem. J. 42, 104 (1948).
[29] *Miller, B. S.,* and *J. A. Johnson:* Arch. Biochem. **32**, 200 (1951).
[30] *Christensen, L. R.:* J. clin. Invest. **28**, 163 (1949).
[30a] *Loomis, E. C., C George jr.* and *A. Ryder:* Arch. Biochem. **12**, 1 (1947).
[30b] *Guest, M. M., A. G. Ware* and *W. H. Seegers:* Amer. J. Physiol. **150**, 661 (1947).
[30c] *Kline, D. L.:* Yale J. Biol. Med. **26**, 365 (1954).
[30d] *Remmert, L. F.,* and *P. P. Cohen:* J. biol. Chem. **181**, 431 (1949).
[30e] *Fletcher, A. P.:* Biochem. J. **56**, 678 (1954).
[31] *Lewis, J. H.,* and *J. H. Ferguson:* J. clin. Invest. **29**, 1059 (1950).
[32] *Mirsky, I. A., P. Futterman, H. Kaplan* and *R. H. Broh-Kahn:* J. Lab. clin. Med. **40**, 17 (1952).
[33] *Bucher, G. R.:* Gastroenterology **8**, 627 (1947). — *Bucher, G. R.,* and *A. Anderson:* Amer. J. Physiol. **153**, 144 (1948).
[34] *West, P. M., F. D. Ellis* and *B. L. Scott:* J. Lab. clin. Med. **39**, 159 (1952).
[35] *Christensen, L. R.:* J. clin. Invest. **28**, 163 (1949).
[36] *Merten, R.,* und *H. Ratzer:* Dtsch. Z. Verd.-Stoffw.-Krankh. **10**, 87 (1950).
[36a] World Health Org. techn. Rep. Ser. **108**, 18 (1956).
[37] Bayer-Werke, Leverkusen.
[38] Farbwerke Hoechst.
[39] Schering A. G. Berlin.
[40] *Meyer, K.:* Physiol. Rev. **27**, 335 (1947).
[41] *Rogers, H. J.:* Biochem. J. **42**, 633 (1948).

E. Vitamine und Cofermente

Vitamin A

1 Internationale Einheit = 0,344 γ des Internat. Vitamin-A_1-Acetat-Standards.

1 Internationale Einheit = 0,6 γ des Internationalen Provitamin-A-Standards (all-trans-β-Carotin).

Die Internationalen Standards sind aufgehoben, danach Bezug auf Substanzgewicht.

1 Internationale Einheit entspricht (nach *H. H. Baer*)
= 0,3 γ Vitamin A_1-Alkohol,
= 1 USP XIII-Einheit (USP Vitamin A Reference Standard),
= etwa 1 USP-XI-Einheit (Reference-oils Nr. 1, 2, 3),
= 0,033 *Carr-Price*-Einheiten (Blaueinheiten),
= 0,0033 Cod-liver-oil-Einheiten,
= 1,67 Blaueinheiten nach *Moore*,
= 0,152 Lovibond-Blaueinheiten,
= 0,7—2 *Sherman*- bzw. Ratteneinheiten.

Ergocalciferol, Cholecalciferol (Vitamine D_2 und D_3)

1 Internationale Einheit = 0,025 γ Cholecalciferol (vor 1949 = 100 γ Ergocalciferol) [1].

1 USP-Einheit = 25γ Ergocalciferol = Aktivität von 1 mg der internationalen Standardlösung von aktiviertem Ergosterin (*Whittier*-Prozeß).

1 Klinische Einheit = 14 Internationale Einheiten.

Tokopherol

1 Internationale Einheit = 1 mg DL-α-Tokopherylacetat = 1 Internationale Ratteneinheit = Menge, die bei Zufuhr per os bei 50% der Tokopherol-Mangelratten die Fetenresorption verhütet. Internationaler Standard aufgehoben, danach Bezug auf Substanzgewicht.

Vitamin K

Vergleich verschiedener Einheiten nach [2]

Testmethode	Einheiten pro mg	
	Vitamin K_1	2-Methyl-1,4-naphthochinon
Dam	12000	25000
Almquist	63000	217000
Thayer-Doisy	1000	1050
Dann	1000	2500
Ansbacher	1000	2000
Sampson	5000	1350
Emmett	500	1000

Vergleich verschiedener Einheiten nach [3]

Testmethode	Einheiten in γ			
	2-Methyl-1,4-naphthochinon	Vitamin K_1	2-Methyl-1,4-naphthochinon-diacetat	*Dam-Glavind*-Einheiten
Almquist-Klose	4,2	16		100
Ansbacher	0,5			12,5—20
Dam-Glavind	0,04	0,083	0,071	—
Dann	0,4	1		10—25
Schønheyder				1
Thayer	0,95	2 (etwa)	2	24—28

„Vitamin F"

1 Einheit essentieller Fettsäuren („Vitamin F") = Wirkung von 10 mg Linolsäure unter Standardbedingungen [*6*].

Antistiffness-Faktor

Curative Einheit = Menge, die beim Meerschweinchen den Steifheitsgrad 3 heilt [*9*].

Thiamin (Aneurin)

1 Internationale Einheit = 3γ Thiamin = 1 USP-Einheit. Internationaler Standard aufgehoben, danach Bezug auf Substanzgewicht.

1 Taubeneinheit = 2,5 bis 3,5γ Thiaminhydrochlorid.

Ascorbinsäure

1 Internationale Einheit = 50γ L-Ascorbinsäure. Standard aufgehoben, danach Bezug auf Substanzgewicht.

Riboflavin (Lactoflavin)

1 Ratteneinheit = 4γ Riboflavin.

1 *Sherman-Bourquin*-Einheit = 20γ Riboflavin.

Nicotinsäure

Es gilt das Substanzgewicht.

Pyridoxin

Es gilt das Substanzgewicht.

Pantothensäure

1 Hühncheneinheit = 14γ Pantothensäure.

1 *Lipmann*-Einheit von Coenzym A = 2,42γ Reinsubstanz unter der Annahme eines Mol.-Gew. von 767 und eines Pantothensäuregehaltes von 0,7γ/Einheit = Menge, die in einem Taubenleber-Sulfanilamid-Acetylierungssystem halbmaximale Aktivierung bewirkt [7]. 1 Einheit nach *Malmström* und *Glick* enthält 1,4mal mehr gebundene Pantothensäure [8].

Biotin

1 Ratteneinheit = 5γ Biotin.

1 Advidineinheit = Menge, die das durch 1 γ krist. Biotin geförderte Hefewachstum vollständig unterdrückt [4].

myo-Inosit

Es gilt das Substanzgewicht.

p-Aminobenzoesäure

Es gilt das Substanzgewicht.

Pteroylglutaminsäure, Folsäure

Es gilt das Substanzgewicht.

Cobalamin (Vitamin B_{12})

Internationale Bezugssubstanz (1959) für Vitamin B_{12}: Tabletten von 20 mg Gewicht, die 9,3 γ Cyanocobalamin enthalten. Eine Internationale Einheit wird nicht definiert, der Bezug erfolgt auf das Substanzgewicht.

1 γ Cyanocobalamin (Vitamin B_{12}) entspricht 11000 LLD-Einheiten (Lactobacillus-lactis-*Dorner*-Einheiten) bzw. 1 USP-Einheit gleich etwa 11 ml eines gut wirksamen Leberextraktes. 1 USP-Einheit = etwa 1 γ Vitamin B_{12}.

1 Apoerythein-Einheit = Menge, die 1 γ Cyanocobalamin so bindet, daß es im mikrobiologischen Test unwirksam ist.

α-Liponsäure

1 mg Substanz = 125000 Einheiten [5].

Literatur

[1] Bull. World Health Org. **10**, 875 (1954). — World Health Org. techn. Rep. Ser. **3**, 7 (1950). — Bull. Health Org. L. o. N. **9**, 425 (1940/41); **12**, 54 (1945/46). — Pharmacopoea Internat. Vol. **I**, 369 (1951).

[2] ***Riegel**, B.:* Ergebn. Physiol. **43**, 133 (1940).

[3] ***Dam**, H.:* Adv. Enzymol. **2**, 285 (1942).

[4] ***Dhyse**, F. G.:* Proc. Soc. exp. Biol. Med. **85**, 515 (1954).

[5] ***Reed**, L. J., B. G. DeBusk, C. S. Hornberger* and *I. C. Gunsalus:* J. amer. chem. Soc. **75**, 1271 (1953).

[6] ***Thomasson**, H. J.:* Int. Z. Vit.-Forsch. **25**, 62 (1953).

[7] ***Kaplan**, N. O.,* and *F. Lipmann:* J. biol. Chem. **174**, 37 (1948).

[8] ***Malmström**, B. G.,* and *D. Glick:* J. biol. Chem. **211**, 677 (1954).

[9] ***Wagtendonk**, W. J. van,* and *R. Wulzen:* Vitamins and Hormones **8**, 69 (1950).

F. Seren und Impfstoffe

Literatur zu den Internationalen Standard- und Bezugs-Präparationen siehe [1].

Trübung von Bakteriensuspensionen

1 Internationale Einheit ist in 0,1 ml enthalten (Statens Seruminstitut Kopenhagen bzw. National Institute of Health, Bethesda, Md.).

1. Antitoxine und Antiseren

Diphtherie-Antitoxin

1 Internationale Einheit = 62,8 γ. 10 Internationale Einheiten in 1 ml.

Diphtherie-Antitoxin für Flockungstest

1 Internationale Einheit = 0,002 ml. 500 IE in 1 ml.

Tetanus-Antitoxin

1 Internationale Einheit = 309,4 γ. 5 IE in 1 ml.

Scharlach-Streptokokkenantitoxin

1 Internationale Einheit = 49 γ.

Gasbrand-Antitoxin (perfringens)

1 Internationale Einheit (Antitoxin Typ A) = 113,5 γ. 20 IE in 1 ml.
1 Internationale Einheit (Antitoxin Typ B) = 13,7 γ.
1 Internationale Einheit (Antitoxin Typ D) = 65,7 γ.

Gasbrand-Antitoxin (septicus)

1 Internationale Einheit = 97,4 γ. 50 IE in 1 ml.

Gasbrand-Antitoxin (oedematiens)

1 Internationale Einheit = 113,5 γ. 20 IE in 1 ml.

Gasbrand-Antitoxin (histolyticus)

1 Internationale Einheit = 200 γ. 20 IE in 1 ml.

Gasbrand-Antitoxin (Sordelli) (bifermentans)

1 Internationale Einheit = 133,4 γ. 20 IE in 1 ml.

Staphylococcus α-Antitoxin

1 Internationale Einheit = 237,6 γ. 20 IE in 1 ml.

Staphylococcus β-Antitoxin

1 Internationale Einheit = 2,623 mg.

Antidysenterie-Serum (Shiga)

1 Internationale Einheit = 50 γ. 200 IE in 1 ml.

Antipneumoccocus-Serum (Typ I)

1 Internationale Einheit = 88,6 γ. 200 IE in 1 ml.

Antipneumococcus-Serum (Typ II)

1 Internationale Einheit = 89,4 γ. 200 IE in 1 ml.

Schweine-Erysipel-Serum

1 Internationale Einheit = 140 γ.

Anti-Brucella-abortus-Serum

1 Internationale Einheit = 91 γ.

Anti-Q-Fieber-Serum

1 Internationale Einheit = 101,7 γ.

Tollwut-Antiserum

1 Internationale Einheit = 1,0 mg.

Cholera-Agglutinin-Serum

Internationale Bezugs-Präparationen (Inaba und Ogawa). Ampullen mit je 0,6 ml der monospezifischen Seren.

Antistreptolysin-O

1 Internationale Einheit = 10,7 γ.

2. Blutgruppenseren

Anti-Blutgruppe-A-Serum

1 Internationale Einheit = 346,5 γ.

Anti-Blutgruppe-B-Serum

1 Internationale Einheit = 352 γ.

3. Antigene

Alttuberkulin

1 Internationale Einheit = 10 γ. 100000 IE in 1 ml.

Tuberkulin (gereinigtes Proteinderivat von Säugetier-Tuberkulin)

1 Internationale Einheit = 0,028 γ.

Tuberkulin (gereinigtes Proteinderivat von Vogel-Tuberkulin)

1 Internationale Einheit = 0,0726 γ.

Tetanus-Toxoid

1 Internationale Einheit = 30 γ.

Diphtherie-Toxoid (nicht gebunden)

1 Internationale Einheit = 500 γ.

Diphtherie-Toxoid (adsorbiert)

1 Internationale Einheit = 750 γ.

Schick-Test-Diphtherie-Toxin

1 Internationale Einheit = 4,2 γ.

Schweine-Erysipel-Vaccine

1 Internationale Einheit = 500 γ.

Cholera-Antigene

Internationale Bezugs-Präparationen (Inaba und Ogawa). Getrocknete Antigene.

Cholera-Vaccine

Internationale Bezugs-Präparationen (Inaba und Ogawa). Ampullen mit 20 mg getrockneter Vaccine = $1{,}6 \times 10^{10}$ Zellen.

Kardiolipin

Internationale Bezugspräparation. Alkoholische Lösung mit 8,75 mg in 1 ml.

Lecithin (aus Rinderherz)

Internationale Bezugspräparation. Alkoholische Lösung mit 30,3 mg in 1 ml.

Lecithin (Ei)

Internationale Bezugspräparation. Alkoholische Lösung mit 33,7 mg in 1 ml.

Literatur

[1] World Health Org. techn. Rep. Ser. **127**, 22 (1957).

G. Antibiotica

Penicillin

1 Internationale Einheit = 0,5988 γ Na-Benzylpenicillin. 1670 IE/mg [1].

Penicillin K

Internationale Bezugspräparation mit 89,9% Na-n-Heptylpenicillin, 9,6% Penicillin-dihydro-F und 0,5% Penicillin-F [2].

Streptomycin

1 Internationale Einheit = 1,282 γ Streptomycinsulfat. 780 IE/mg [3].

Dihydrostreptomycin

1 Internationale Einheit = 1,316 γ Dihydrostreptomycinsulfat. 760 IE/mg [4].

Bacitracin

1 Internationale Einheit = 18,2 γ Bacitracin. 55 IE/mg [5].

Tetracyclin

1 Internationale Einheit = 1,01 γ Tetracyclinhydrochlorid. 990 IE/mg [6].

Chlortetracyclin

1 Internationale Einheit = 1 γ Chlortetracyclinhydrochlorid. 1000 IE/mg [7].

Oxytetracyclin

1 Internationale Einheit = 1,11 γ Oxytetracyclin-Base (Dihydrat). 900 IE/mg [8].

Polymyxin B

1 Internationale Einheit = 0,127 γ Polymyxin-B-sulfat. 7874 IE/mg [9].

Erythromycin

1 Internationale Einheit = 1,053 γ Eythromycindihydrat. 950 IE/mg [6].

Literatur

[1] Bull. World Health Org. **9**, 15 (1953) Bull. Health Org. L. o. N. **12**, 181 (1945/46). — Pharmacopoea Internat. Vol. **II**, 23, 277 (1955).
[2] Bull. World Health Org. **10**, 895 (1954). — World Health Org. techn. Rep. Ser. **56**, 11 (1952).
[3] World Health Org. techn. Rep. Ser. **36**, 9 (1951). — Pharmacopoea Internat. Vol. **II**, 198, 279 (1955).
[4] Bull. World Health Org. **10**, 901 (1954). — World Health Org. techn. Rep. Ser. **86**, 15 (1954). — Pharmacopoea Internat. Vol. **II**, 89, 277 (1955).
[5] Bull. World Health Org. **9**, 861 (1953). — World Health Org. techn. Rep. Ser. **86**, 15 (1954).
[6] World Health Org. techn. Rep. Ser. **127**, 13 (1957).
[7] Bull. World Health Org. **9**, 851 (1953). — World Health Org. techn. Rep. Ser. **86**, 14 (1954). — Pharmacopoea Internat. Vol. **II**, 37, 276 (1955).
[8] Bull. World Health Org. **13**, 903 (1955). — World Health Org. techn. Rep. Ser. **108**, 14 (1956). — Pharmacopoea Internat. Vol.**II** , 179 (1955).
[9] World Health Org. techn. Rep. Ser. **108**, 14 (1956).

H. Arzneimittel

Digitalis und Digitaloide [1]

1 Internationale Einheit = 76 mg des Internationalen Digitalis-purpurea-Standards [2]. Das Pràparat darf nur fiir die Standardisierung von Digitalispurpurea-Zubereitungen verwendet werden.

Deutsche Digitaloid-Standardpräparate fur:

Convallaria [3],
Bulbus scillae [4],
Adonis vernalis [5],
Digitalis lanata [6].

Österreichische Digitalis- und Digitaloid-Standardpräparate [7] für:

Digitalis purpurea,
Digitalis lanata,
Convallaria,
Bulbus scillae.

Für die Deutschen und Österreichischen nationalen Standardpraparate werden Einheiten nicht definiert. Die Wirksamkeitsangabe der gepruften Präparation erfolgt in Gewichts-Äquivalenten des entsprechenden Standards.

1 Katzen-Einheit (= 1 *Hatcher*-Dosis) = diejenige in mg/kg angegebene Menge einer Digitalis- oder Digitaloid-Praparation, die bei intravenöser Infusion an der narkotisierten Katze innerhalb von 30 bis 50 Min. Herzstillstand herbeiführt [*8*, *9*].

1 Meerschweinchen-Einheit = diejenige in mg/kg angegebene Menge, die bei intravenöser Infusion am Meerschweinchen Herzstillstand herbeiführt [*10*, *11*].

1 Froschdosis = diejenige Menge einer Digitalis oder Digitaloid-Präparation, die 1 g Frosch nach Injektion in den Lymphsack durch systolischen Herzstillstand tötet [*12*, *13*].

Curare [*14*]

1 Internationale Einheit = 1 mg d-Tubocurarinchlorid. Internationaler Standard aufgehoben, danach Bezug auf Substanzgewicht.

1 USP-Einheit = 1 Internationale Einheit.

1 Head-drop-Einheit (H. D.-Einh.) = diejenige in mg/kg angegebene Menge einer Curare-Präparation, die bei intravenöser Infusion am Kaninchen eine Erschlaffung der Nackenmuskulatur (Head drop) bewirkt [*15*]. 1 H.D.-Einh. entspricht etwa 0,15 mg d-Tubocurarin.

Neoarsphenamin

Internationales Bezugspräparat [*16*].

Sulfarsphenamin

Internationales Bezugspraparat [*17*].

Oxophenarsin

Internationales Bezugspräparat [*18*].

Mel B

Internationales Bezugspräparat von Melaminyl-4-phenylarseno-dithioglycerin [*19*].

MSb

Internationales Bezugspräparat von Na-p-Melaminylphenylstibonat-polymer [*19*].

Dimercaprol

Internationales Bezugspräparat von 2,3-Dimercaptopropanol [*20*].

Protamin

Internationales Bezugspräparat [*21*].

Literatur

[*1*] *Lendle, L.:* Handb. exper. Pharmakol. **E. 1**, 33 (1935).
[*2*] Bull. World Health Org. **2**, 655 (1950). — Bull. Health Org. L. o. N. **4**, 522 (1935); **5**, 574 (1936); **12**, 41 (1945/46). — Pharmacopoea Internat. Vol. **I**, 93, 357 (1951).

[3] *Kaller, H.*, u. *W. Koll:* Arzneim.-Forsch. **5**, 211 (1955).
[4] *Kaller, H.*, u. *W. Koll:* Arzneim.-Forsch. **6**, 736 (1956).
[5] *Schütz, R. M.*, *H. Kaller* u. *W. Koll:* Arzneim.-Forsch. **8**, 566 (1957).
[6] *Karımı-nejad, A.*, *H. Kaller* u. *W. Koll:* Arzneim.-Forsch. **10**, 195 (1960).
[7] *Lindner, A.*, u. *E. Soos:* Scientia Pharmaceutica **19**, 1 (1951).
[8] *Hatcher, R.*, u. *I. Brody:* Amer. J. Pharmacy **82**, 360 (1910).
[9] *Lind van Wiyngaarden, C. de:* Arch. exper. Path. Pharmakol. **112**, 253 (1926); **113**, 40 (1926).
[10] *Knaffl-Lenz, E.:* Arch. exper. Path. Pharmakol. **135**, 259 (1928). — J. Pharmacol. exper. Ther. **29**, 407 (1926).
[11] *Trevan, I. W.*, *E. Book*, *I. H. Burn* and *I. H. Gaddum:* Quart. J. Pharmacy and Pharmacol. **1**, 6 (1928).
[12] *Karber, G.:* Arch. exper. Path. Pharmakol. **162**, 480 (1931).
[13] *Behrens, B.*, *O. Gross* u. *Hıldebrandt:* Münch. med. Wschr. **1931**, 2067; Arch. exper. Path. Pharmakol. **167**, 365 (1932).
[14] *Craıg, L. E.* in *Manske:* The Alkaloids, Vol. **V**, 265, New York 1955.
[15] *Varney, R. F.*, *C. R. Lınegar* and *H. A. Holaday:* J. Pharmacol. exper. Ther. **97**, 72 (1949); Fed. Proc. **7**, 261 (1948).
[16] Bull. World Health Org. **1**, 9 (1947/48). — Bull. Health Org. L. o. N. **4**, 528 (1935); **5**, 573 (1936); **12**, 40 (1945/46).— Pharmacopoea Internat. Vol. **I**, 147, 347 (1951).
[17] Bull. World Health Org. **4**, 563 (1951). — World Health Org. techn. Rep. Ser. **56**, 17 (1952). — Bull. Health Org. L. o. N. **4**, 528 (1935); **5**, 573 (1936); **12**, 40 (1945/46). — Pharmacopoea Internat. Vol. **I**, 234, 351 (1951).
[18] World Health Org. techn. Rep. Ser. **56**, 7 (1952). — Pharmacopoea Internat. Vol. **II**, 176 (1955).
[19] World Health Org. techn. Rep. Ser. **96**, 16 (1955).
[20] World Health Org. techn. Rep. Ser. **68**, 18 (1953). — Pharmacopoea Internat. Vol. **II**, 91, 122 (1955).
[21] World Health Org. techn. Rep. Ser. **96**, 14 (1955).

XII. Eigenschaften und Aktivitätsbestimmungen von Enzymen

Von **G. Pfleiderer**, Frankfurt/Main

Literaturverzeichnis S. 720.

Zusammenfassende Literatur. *Sumner, J. B.*, and *K. Myrback:* The Enzymes, 2 Bde. ın 4 Tln. New York 1950—1952. — *Colowıck, S. P.*, u. *N. O. Kaplan:* Methods in Enzymology, 5 Bde. New York, Bd. 1, 1955. — *Sumner, J. B.*, u. *G. F. Somers:* Chemistry and Methods of Enzymes, 3. Aufl. New York 1953. — *Hoffmann-Ostenhof, O.:* Enzymologie. Wien 1954. — *Nord, F. F.:* Adv. in Enzymology. New York, London 1941. — *Bamann, E.*, u. *K. Myrbäck:* Die Methoden der Fermentforschung. Leipzig 1941. — *Tauber, H.:* Chemistry and Technology of Enzymes. New York 1949. — *Bersın, T.:* Kurzes Lehrbuch der Enzymologie, 4. Aufl. Leipzig 1954. — *Northrop, J. H.*, *M. Kunıtz* u. *R. M. Herrıott:* Cristalline Enzymes, 2. Aufl. New York 1948. — *Umbreıt, W. W.*, *R. H. Burris* u. *J. F. Stauffer:* Manometric, Techniques and Tissue Metabolısm, 2. Aufl. Minneapolis 1949. — *Boyer, P. D.*, *H. Lardy* u. *K. Myrbäck:* The Enzymes, Bde. 1—6. New York 1959—1962. — *Long, C.:* Biochemists' Handbook, S. 205—530. London 1961.

A. Vorbemerkungen

Die Auswahl der Enzyme beschränkt sich in der Hauptsache auf solche, die kristallisiert oder hochgereinigt werden konnten. Aus Messungen mit Rohextrakten wurden verschiedentlich bestimmten Enzymen Eigenschaften zugesprochen, die sich in Wirklichkeit aus dem Zusammenwirken mehrerer Enzyme ergeben haben. Da einige Enzyme, die noch nicht rein dargestellt werden konnten, besondere Bedeutung im Stoffwechselgeschehen oder in der medizinischen Forschung besitzen, wurden auch diese mit aufgenommen, z. B. Phosphatasen, Carboanhydratasen, Enzyme der CO_2-Fixierung und der Decarboxylierung, der Aktivierung von Fettsäuren u. a.

Die Nomenklatur und Einteilung der Enzyme erfolgt nach dem Vorbild der oben benannten „Enzymes" von *Sumner-Myrbäck*. Die Veröffentlichungen in den wichtigsten biochemischen Zeitschriften sind bis Ende 1962 berücksichtigt.

Jedes Enzym behält in den Tabellen B—C sowie dem Literaturteil von B die gleiche Laufnummer, so daß sowohl samtliche Daten eines Enzymproteins als auch die Bestimmung seiner enzymatischen Aktivität und die zu B gehörenden Literaturstellen leicht aufzufinden sind.

Prosthet. Gr. = Prosthetische Gruppe des Enzyms,
Reakt. = die durch das Enzym katalysierte Reaktion,
Spez. = Spezifitat,
pH-Opt. = p_H-Optimum,
IP = Isoelektrischer Punkt,
Aktiv. = Aktivatoren,
Hemmst. = Hemmstoffe. Zahlenangaben bedeuten die *Konzentration des Hemmstoffes* in Mol/Liter und die von dieser Konzentration bewirkte Hemmung in Prozenten.

Umsatzz. = *Umsatzzahl.* Da sie vom p_H und der Temperatur des Reaktionsmediums abhängt, sind die bei ihrer Bestimmung eingehaltenen Reaktionsbedingungen angeführt. Wo kein Molekulargewicht des Enzyms angegeben ist, bezieht sich die Zahl der pro Minute umgesetzten Mole Substrat auf 100000 g Eiweiß. Ist das Molekulargewicht jedoch nach der Umsatzzahl angegeben, so gilt die letztere für 1 Mol Enzym.

Temp.-Koeff. = *Temperaturkoeffizient.* Er gilt für den in Klammern angegebenen Temperaturbereich. Fehlt die Temperaturangabe, so gilt die übliche Definition: Verhältnis der Reaktionsgeschwindigkeiten bei +35 °C und bei +25 °C.

Mi.-Konst. = *Michealiskonstante,* d. h. die Konzentration des Substrats in Mol/Liter, bei der das Enzym an Substrat halbgesättigt ist. Ist kein besonderes Substrat aufgefuhrt, so gilt der Wert fur das in der Reaktionsgleichung auf der linken Seite verzeichnete physiologische Substrat.

Testmethoden (Abschn. C): Auf diese Methoden wurde besonderer Wert gelegt, da deren Beherrschung die Voraussetzung fur Isolierung und Untersuchung eines Enzyms ist. Wegen Raumersparnis ist in der Regel nur die neueste Bestimmungsmethode, möglichst eine spektrophotometrische, genau beschrieben. Es sind auch einzelne historisch wichtige Arbeiten im Original zitiert.

Die Literaturangaben beschränken sich auf einige oder wenige prinzipielle Veröffentlichungen aus neuerer Zeit. Vielfach wird auf den Bericht über die erstmalige Kristallisation hingewiesen.

Zu den im Text verwendeten allgemeinen Abkürzungen fur Substrate, Coenzyme und dergl. s. 1. Kapitel im 1. Teil.

B. Eigenschaften von Enzymen

1. Fettsäure-Esterasen

Reakt. $R \cdot CO_2 \cdot R_1 + H_2O \rightarrow R \cdot CO_2H + R_1 \cdot OH$.
Spez. Bevorzugen einfache Ester einwertiger Alkohole mit Fettsauren. Gereinigte Leberesterase spaltet Losungen von n-Fettsauren, am besten Capronsaure, auch von m-Hydroxybenzoesaure, aber auch Monoglyceride von n-Fettsauren. Zunahme der Reaktionsgeschwindigkeit von C_1 bis C_{10}. Triglyceride werden nur in geloster Form angegriffen. — *Hemmst.* Diisopropyl-fluorophosphat und andere Organophosphate hemmen stark, ebenso γ-Hydroxybutyrolacton; Eserin und Prostigmin hemmen, aber sehr viel schwacher als bei Cholin-Esterase, kompetitive Hemmung durch F^-.

Lipasen

Reakt. Wie bei Esterasen.
Spez. Hydrolysieren vor allem unlösliche Ester von Fettsauren. Reaktion mit Tri-, Di- und Mono-glyceriden in absteigender Geschwindigkeit. Suspensionen niedermolekularer Ester wie z. B. Methylbutyrat und Triacetin werden rasch gespalten. — *pH-Opt.* 7—8,8. — *Hemmst.* Relativ unempfindlich gegen Organophosphate. Schwache Hemmung durch p-Nitrophenylphosphat. Hemmung durch Fluorescein, Eosin, Rhodamin, Pyronin. — *IP* 5,2 (Pankreas-Lipase). — *Umsatzz.* 12× Molekulargewicht z. B. fur *MG* 25000 = 300000 bei p_H 9,0 und 27 °C.

2. Acetylcholin-Esterasen

Reakt. $CH_3 \cdot CO_2 \cdot CH_2 \cdot CH_2 \cdot N^+(CH_3)_3Cl^- + H_2O \rightarrow CH_3 \cdot CO_2H + CH_2(OH) \cdot CH_2 \cdot N^+ \cdot (CH_3)_3Cl^-$.

Spez. Echte A. E. (Nerven, Muskel, Erythrocyten) spaltet Acetylcholin selbst in geringer Konzentration sehr rasch, langsam aber Butyrylcholin, nicht Benzoylcholin. — *pH-Opt.* 7,5—8,5. — *IP* 5,0. — *Aktiv.* Na^+, K^+, Ca^{2+}. — *Hemmst.* Maleinsäure; Überschuß von GSSG und Acetylcholin; Chloralkylamine; Alkaloide (Morphin, Papaverin, Strychnin); Organophosphate. — *Umsatzz.* 3×10^5 (Erythrocyten), $9{,}5 \times 10^6$ (elektrisches Organ), bezogen auf aktive Zentren. — *MG* 3×10^6 für elektrisches Organ.

Pseudocholin-Esterase

Reakt. Spaltet normale Ester nicht oder nur sehr schlecht, dagegen Cholinester, aber Acetycholin am langsamsten. Bestes Substrat Butyrylcholin-chlorid. — *Hemmst.* Organophosphate, Sarin (Isopropyl-methylphosphoryl-fluoridat), totale Hemmung mit $7{,}7 \times 10^{-9}$ M, quartare Ammoniumbasen, Physostigmin. — *pH-Opt.* 8,0. — *Umsatzz.* 84000 Mole Acetylcholin bei 25 °C (Pferdeserum).

3. Phosphatasen

a) Phospho-Monoesterasen

Reakt. Hydrolytische Spaltung von o-Phosphorsaure-monoestern.

α) Alkalische Phosphatase (E. coli)

Spez. p-Nitrophenylphosphat, β-Glycerophosphat, Glucose-1-phosphat, Adenosin-3′-phosphat, Adenosin-5′-phosphat, Cytidinphosphat, Guanosinphosphat und Uridinphosphat werden bezogen auf p-Nitrophenylphosphat = 1 mit der Geschwindigkeit 1,0; 0,9; 0,9; 1,0; 0,8; 1,2; 1,0 und 1,3 gespalten. Nicht hydrolysiert werden Kreatinphosphat, ATP und Pyrophosphat. — *pH-Opt.* 8,0. — *IP* 4,5. — *Aktiv.* Mg^{2+}, Zn^{2+}, Co^{2+}. — *Hemmst.* Metallkomplexbildner, Phosphate, Arsenate, Fluorid. — *Umsatzz.* 2700 (25 °C). — *MG* 75—80000; 236000 Mole Phenylphosphat durch Phosphatase der Darmschleimhaut (28 °C). — *MG* 60000. — *Mi. Konst.* $1{,}2 \times 10^{-5}$ M fur Nitrophenylphosphat.

β) Saure Phosphatase (Hefe und E. coli)

pH-Opt. 5—6. — *Spez.* Keine große Spezifitat bezuglich des Esters. — *Hemmst.* Phosphate, Arsenate, Oxalate, Fluorid. — *Umsatzz.* (Hefe) 50000.

b) Phospho-Diesterasen

α) Aus Schlangengift

Reakt. Spaltung von o-Phosphorsäure-diestern in Monoester. RNA und Oligonucleotide werden in die entsprechenden 5′-Nucleotide gespalten, bei schrittweisem Abbau vom freien 3′-Hydroxylende her. — *Spez.* Keine Spezifitat bezuglich der heterocyclischen Base. Spaltung von Nucleosid-triphosphaten in Monophosphate und Pyrophosphat und von Nucleosid-diphosphaten in Monophosphat und anorganisches Phosphat. — *Bestes Substrat* Thymidin-5-p-nitrophenylphosphat. — *pH-Opt.* 8,9—9,8. — *Aktiv.* Bivalente Kationen wie Mg^{2+}. — *Hemmung* durch chelatbildende Substanzen. — *Mi. Konst.* $5{,}0 \times 10^{-4}$ M für Thymidin-nitrophenylphosphat, $7{,}7 \times 10^{-4}$ M fur Di-p-nitrophenylphosphat.

β) Aus Milz

Bildet aus RNA oder Oligonucleotiden die entsprechenden Nucleosid-3-phosphate. — *pH-Opt.* 7,0.

c) Pyrophosphatase (Hefe)

Reakt. Spaltung von anorganischem Pyrophosphat in zwei Molekule o-Phosphat. — *Spez.* In Gegenwart von Zn^{2+} auch Spaltung von ATP und ADP. — *Aktiv.* Mg^{2+}. — *pH-Opt.* 6,8; fur ATPase-Wirkung 6,0. — *IP* 4,75. — *Umsatzz.* 1000 Mole/sec. (40 °C). — *MG* 63000.

d) Adenosin-Triphosphatase (ATPase)

Reakt. $ATP + H_2O \rightarrow ADP + H_3PO_4$.

Spez. Myosin katalysiert Hydrolyse von anorganischem Triphosphat, ITP, UTP, GTP, CTP und Adenosin-tetraphosphat. — *pH-Opt.* 6,4. — *Aktiv.* Ca^{2+} (Opt. 0,04 M), K^+. — *Hemmst.* Cu^{2+} (50% durch 0,04—0,05 M), pClMB, Ag^+. — *Umsatzz.* 15000/37 °C.

4. Invertase (Saccharase)

Reakt. Rohrzucker (Saccharose) + $H_2O \rightarrow$ Fructose + Glucose. Übertragung einer Hexose des Saccharids auf eine andere Hexose unter neuer Glykosidbildung.

Hefe-Invertase (β-Fructofuranosidase)

Spez. Greift das Saccharid von der Fructoseseite an, die nicht substituiert sein darf. β-D-Fructofuranoside werden auch bei betrachtlicher Variation des Aglykonrestes gespalten. — *pH-Opt.* 4,5. — *IP* 5,0. — *Hemmst.* Ag^+, Hg^{2+}; Fructose, Aceton, hohe Konzentration von

Glycerin, aromatische Amine, Phenylhydrazin; Pilocarpin, Atropin, Cocain, Adrenalin, Hg-organische Verbindungen. — *Umsatzz.* 40000. — *Temp. Koeff.* 1,61. — *Mi. Konst.* 0,016 M (Saccharose) und 0,24 M (Raffinose).

5. Maltase

Reakt. Maltose (4-α-D-Glucopyranosyl-D-glucose) + $H_2O \rightarrow$ 2 Glucose.

Spez. Spaltung zahlreicher Maltosederivate und einiger α-Alkyl- und Aryl-D-glucopyranoside. Tabelle aller spaltbaren Substrate s. *Sumner-Myrbäck* Bd. I/1, S. 557. — Auch Spaltung von höheren Sacchariden, z. B. Maltotetraose, Maltopentaose und Amyloheptaose, wobei successiv ein Zuckerrest vom nichtreduzierenden Ende her hydrolysiert wird. — *pH-Opt.* Sehr verschieden, je nach Ursprung 4—4,5. — *Mi. Konst.* 1,6—6,6 × 10^{-3} M (Maltose).

Amylomaltase (E.coli)

Reakt. n-Maltose ⇌ n-Glucose + $(Glucose)_n$.

Spez. Nicht angegriffen werden Trehalose, Cellobiose, Lactose, Saccharose, α- und β-Phenylglucosid. Der Acceptor bei der Rückreaktion kann auch Mannose und β-Methylmaltosid sein. — *Gleichgew. Konst.* ca 1. — *Hemmst.* β-Methylmaltosid, α- und β-Methylglucosid, α- und β-Phenylglucosid kompetitiv; pClMB, Ni^{2+}, Cu^{2+}, Zn^{2+}, Hg^{2+}. — *pH-Opt.* 6,9. — *Umsatzz.* 1160 (28 °C). — *MG* 124000.

6. β-Glucosidase

Reakt. Spaltet β-Glucoside in Hexose und Alkohol. Hohe Spezifität bezüglich des Zuckers und breite Spezifität bezüglich des alkoholischen Restes. — *pH-Opt.* 6,4—6,8 (S. cerevisiae). — *Hemmst.* Schwermetalle, pClMB und etwas durch Jodacetat. — *Mi. Konst.* Für p-Nitrophenylglucosid 8 × 10^{-3} M.

7. β-Galaktosidase (E. coli)

Reakt. Spaltet Lactose und andere β-D-Galaktoside. Kann auch Gruppenübertragung katalysieren. Weiter werden gespalten die isomeren Galaktosido-glucose und α-L-Arabinoside. Hohe Spezifität bezüglich des Zuckerrestes. Große Toleranz für Wechsel des alkoholischen Teils. — *Aktiv.* Alkaliionen. Enzym aus E. coli ML 308 benötigt Mg^{2+} zur Aktivierung. — *Hemmst.* Schwermetalle und pClMB, Berylliumionen, Phenylthiogalaktoside. — *pH-Opt.* 7,2—7,3. — *Umsatzz.* 178 o-Nitro-phenyl-β-D-galaktosid-Reste bei 20 °C/mg Protein gespalten. — *MG* 365000. — *Mi. Konst.* Für o-Nitrophenyl-galaktosid 1,61 × 10^{-4} M; für Lactose 6,8 × 10^{-4} M.

8. β-Glucuronidase

Reakt. Spaltung von Glucuroniden. — *Spez.* Beste Testsubstanzen: L-Menthyl, Phenyl- und Phenolphthaleinglucuronid. — *pH-Opt.* 5,0. — *IP* 5,0—6,0. — *Hemmst.* Kompetitiv durch D-Glucuronsäure und durch D-Galakturonsäure. Starke Hemmung durch Saccharo-1,4-lacton.

9. Amylasen

Reakt. Spaltung von Stärke (Amylose und Amylopektin), Glykogen und deren Abbauprodukte. Gewöhnlich Spaltung der glykosidischen 1,4-Bindung (Maltose-Bindung). Ausnahme: Amylase aus Bacterium macerans. a) Exoamylasen (β-Amylasen): Endprodukte sind in der Hauptsache Disaccharide. *pH-Opt.* 4—5. — *IP* 4,7—4,8. — *Hemmst.* Jodosobenzoat, Ag^+, Cu^{2+} und Hg^{2+}. — *Umsatzz.* 250000 Glucose-Bindungen gespalten. — *MG* 150000 (Kartoffel-Enzym). b) Endoamylasen (α-Amylasen): Endprodukte sind Dextrine, Maltose, Maltotriose und Glucose. — *pH-Opt.* 6,9 (Tier), 4,7—5,4 (Malz). — *IP* 5,2—4,6 (Schweinepankreas), 5,7 (Malz). — *Aktiv.* Cl^- (Tier und Mensch). — *Umsatzz.* 25000 (Schweinepankreas). — *MG* 45000.

10a. Exopeptidasen

α) Carboxypeptidase A (Pankreas)

Reakt. Hydrolytische Spaltung von Oligo- oder Polypeptiden vom freien Carboxylende her.

Spez. Voraussetzung für Spaltung ist L-Konfiguration und freie Carboxylgruppe, nur α-Peptidbindungen werden hydrolisiert. Blockierung der Hydrolyse, wenn Arginin, Lysin oder Prolin am Carboxylende stehen. Schnellste Hydrolyse bei aromatischem Seitenrest; Spaltung von N-Acyl-aminsäuren. *Bestes Substrat* Chloracetyl-L-phenylalanin. — *Prosthet. Gruppe* Zn, das durch Mn^{2+}, Fe^{2+}, Co^{2+} oder Ni^{2+} ersetzt werden kann. — *pH-Opt.* 7,3. — *IP* 6,0. — *Hemmst.* S^-, CN^-, Cystein, 1,10-Phenanthrolin, Oxalat, Citrat, Jodacetat, Benzoat, Butyrat; Cu^{2+}, Pb^{2+}. — *Kompetitive Hemmung* durch γ-Phenyl-buttersäure, Phenyl-essigsäure, p-Nitro-phenylessigsäure. — *MG* 34000.

β) Carboxypeptidase B (Pankreas)

Reakt. Wie bei Carboxypeptidase A, jedoch spezifisch auf basische Aminosäuren am Carboxylende, wie Arginin, Lysin und Ornithin. — *Prosthet. Gruppe* Zn (ca. 1 Mol/Mol Enzym). — *Hemmst.* Metallchelatbildner, wie 1,10-Phenanthrolin, 8-Hydroxychinolin-sulfosäure oder 2,2-Dipyridyl. — *pH-Opt.* 7,9—8,0. — *Temp. Koeff.* 1,5. — *Mi. Konst.* Für Hippuryl-arginin 2,08 × 10^{-3} M. — *MG* 34000.

γ) Leucin-Aminopeptidase (Schweinenieren)

Reakt. Spaltet Oligo- und Polypeptide hydrolytisch vom freien Aminoende her successiv. *Spez.* Spaltet besondes rasch Leucinpeptide, aber auch die meisten anderen Aminosäuren werden mit allerdings unterschiedlicher Geschwindigkeit abgespalten (s. *Smith, E. L.*, u. *D. H. Spackman:* J. biol. Chem. **212**, 271 (1955)). Auch zahlreiche Aminosäure-amide werden gespalten. — *Spez.* Auf L-Konfiguration und α-Peptidbindung. — *Aktiv.* Mg^{2+} oder Mn^{2+} (Optimum 0,005 M Mg^{2+}). — *Hemmst.* Chelatbildner bewirken irreversible Inaktivierung. — *pH-Opt.* 7,8—9,3. — *MG* 300000.

10b. Endopeptidasen

Reakt. Spalten zentrale Peptidbindungen von Proteinen und substituierten Peptiden meist an bestimmten Angriffspunkten.

α) Pepsin (Magensaft)

Spez. Spaltung aller Proteine außer einiger Protamine und Keratine, hydrolysiert auch synthetische Peptide, wie z. B. Cbo-L-Glutamyl-L-tyrosin oder freies Cysteinyl-Tyrosin. Voraussetzung ist L-Konfiguration an beiden Seiten der Spaltstelle. Keine große Spezifität bezüglich der Aminosäurereste, jedoch sind aromatische Reste bevorzugt. — *pH-Opt.* 1,5—2. — *IP* < 1. — *Hemmst.* Natürliche Hemmstoffe, wie z. B. kristalliner Inhibitor aus der Magenschleimhaut von Schweinen. — *MG* 35000.

β) Rennin (Chymosin, Labferment)

Reakt. Läßt Milch gerinnen. — *Spez.* Pepsinähnliche Wirksamkeit. — *pH-Opt.* 3,7. — *IP* 4,45—4,65. — *Aktiv.* Ca^{2+}, trivalente Kationen. — *Hemmst.* Monovalente Kationen; spez. Hemmeffekt durch Mischung von H_2S und $MgCl_2$ (0,0001 M).

γ) Trypsin (Pankreas)

Reakt. Spaltung denaturierter Proteine spezifisch an der Carboxylgruppe von Arginin- und Lysinpeptiden. — *Spez.* Auch Amide und Ester von Arginin und Lysin werden hydrolysiert. Stabilisierung je nach Ursprung des Enzyms durch Ca^{2+} und Mn^{2+}. — *pH-Opt.* 8—10. — *IP* 10,8. — *Hemmst.* Diisopropyl-fluorophosphat, natürliche Inhibitoren aus Pankreas, Sojabohnen, Leguminosen. Aus Hühnereiweiß wurde Hemmstoff Ovomucoid isoliert. *Dissoziationskonst.* der Verbindung von Trypsin mit Pankreas-Inhibitor 2×10^{-10}, mit Leguminosen-Inhibitor 2×10^{-10}, mit Ovomucoid 5×10^{-9}. — *MG* 24000. — *Mi. Konst.* Benzoyl-L-Arginin-amid $2{,}1 \times 10^{-3}$ M, für den Ester $0{,}08 \times 10^{-3}$ M und Casein vom Rind 4×10^{-5} M.

δ) Chymotrypsin

Reakt. Spaltung denaturierter Proteine mit Bevorzugung an der Peptidbindung aromatischer Aminosäuren (Carboxylende), daneben Leucyl-, Methionyl-, Asparaginyl- u. Glutaminylbindungen. — *Spez.* Zahlreiche synthetische Substrate mit aromatischem Aminosäurerest werden gespalten, z. B. L-Phenyl-alanin-äthylester, N-Acetyl-L-phenylalanin-äthylester. — *pH-Opt.* 7,6—8. — *IP* 5,4. — *Hemmst.* Stöchiometrische Reaktion mit Diisopropyl-fluorophosphat zu inaktivem Protein. — *MG* 25000. *Mi. Konst.* Acetyl-L-tyrosin-äthylester $0{,}7 \times 10^{-3}$ M.

ε) Papain (Pflanzenproteinase)

Spez. Breite Spezifität f. synthetische Substrate; Spaltung v. Estern, Amiden. Beisp.: α-Benzoyl-L-argininamid, Tosyl-L-arginin-methylester. — *pH-Opt.* 5,0—5,5. — *IP* 9,0. — *Aktiv.* Glutathion, Cystein, H_2S, CN^-. — *Hemmst.* Inaktivierung durch H_2O_2, J_2, Ferricyanid, Jodacetat.

ζ) Kathepsin

(Gemisch von Proteinasen u. Peptidasen in tierischen Zellen, Leber, Niere, Milz). Substratbeisp. Glycyl-L-phenylalaninamid. *Aktiv.* Cystein.

η) Plasmin (proteolytisches Enzym d. Säugetierplasmas)

pH-Opt. 9,0. — *Mi.-Konst.* 4×10^{-3} M (Toluolsulfonyl-L-argininmethylester).

ϑ) Streptococcenproteinase

Spez. Hydrolysiert neben Proteinen auch Benzoyl-L-argininamid, Cbo-L-Histidinamid, Glycinreste *hemmen* die Hydrolyse.

11. Acylase I

Reakt.
$$CH_3{-}\underset{\underset{O}{\|}}{C}{-}NH{-}\underset{COOH}{\overset{R}{CH}} \xrightarrow{H_2O} CH_3COOH + NH_2{-}\underset{COOH}{\overset{R}{CH}}$$

Spez. Zahlreiche N-Acyl- oder Halogen-acyl-derivate von L-(+)-Aminosäuren (außer Asparaginsäure) und Dipeptiden werden gespalten sowie Hippursäure (identisch mit Hippurikase). Reaktionsgeschw. bei aromatischen N-Acyl-aminosäuren ca. 100000mal langsamer als bei aliphatischen. — *Hemmst.* Hg-organische Verbindungen. — *Gleichgew. Konst.* = $\frac{[\text{Methionin}] \times [\text{Acetat}]}{[\text{N-Acetyl-Methionin}]} = 1{,}6 \times 10^{4}$. — *Umsatzz.* 20000 Mole Acetyl-methionin (37 °C) oder 77 Mole Hippursäure. — *MG* 76500. — *Mi. Konst.* Für Hippursäure $2{,}4 \times 10^{-3}$ M, Acetylglycin $2{,}0 \times 10^{-2}$ M und Acetyl-methion 2×10^{-3} M.

12. Urease

Reakt. $H_2N \cdot CO \cdot NH_2 + H_2O \rightarrow 2NH_3 + CO_2$. (In Abwesenheit eines Puffers entsteht zunächst Ammoniumcarbaminat). *Spez.* Spaltung v. Biuret (?). — *pH-Opt.* 6,4—7,6 (abhängig v. Puffer). — *IP* 5,0—5,1. — *Hemmst.* Inaktivierung durch Ag^{+}, Hg^{2+}, Cu^{2+}, Halogenide, Borat, Formaldehyd, H_2O_2, H_2S, $NaHSO_3$; Ascorbinsäure, Brenzcatechin, Adrenalin, Protocatechusäure, Gallussäure, Pyrogallol; pClMB. Urease enthält essentielle u. nichtessentielle SH-Gruppen. — *Umsatzz.* 460000 Mol/min. (20°). — *Temp.-Koeff.* 1,63 (20—30°). — *Mi.-Konst.* $2{,}5 \times 10^{-2}$ M.

13. Arginase

Reakt. L-Arginin + $H_2O \rightarrow$ Ornithin + Harnstoff.

Spez. Neben Arginin und Argininsäure sehr langsame Spaltung von N-substituierten Verbindungen (Octopin) oder α-N-Benzoyl-arginin und L-Carbamino-arginin; auch Canavanin. — *pH-Opt.* 9,3. — *Aktiv.* Mn^{2+}, Ni^{2+} und Co^{2+} in abnehmender Reihenfolge. — *Hemmst.* Zn^{2+} (0,05 M = 75%), Ag^{+} und Hg^{2+}, Hemmung durch SH-Reagentien; kompetitive Hemmung durch Lysin. — *Umsatzz.* $Q_{Harnstoff}$ 170000. — *MG* 138000.

14. Ribonuclease

Reakt. Spaltung von Ribonucleinsäuren zu Oligo- und Mononucleotiden. Greift an der Pyrimidinseite in der Weise an, daß Pyrimidin-nucleosid-3'-phosphate entstehen. Zwischenprodukte sind cyclische 2', 3'-Pyrimidinphosphate. Spezifische Erfordernis

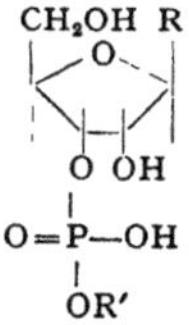

R muß Cytosin oder Uracil sein.

R' kann unspezifisch sein.

pH-Opt. 7,7. — *IP* 7,8. — *Hemmst.* Cu^{2+} oder Zn^{2+}; Heparin. — *MG* 14000.

15. Desoxyribonuclease I (Pankreas)

Reakt. Spaltung von Desoxyribonucleinsäuren in Mono-, Di-, Tri- und Oligo-nucleotide mit endständigem 5'-Phosphat. — *Aktiv.* Mg^{2+} (Optimal 0,025 M), Mn^{2+} (Optimal 0,003 M). — *pH-Opt.* 7—8. — *Hemmst.* Fluorid, Arsenat, Citrat, Selenit und Borat. — *IP* 5,0. — *MG* 60000.

16. Polynucleotid-Phosphorylase (Acotobacter vinelandii)

Reakt. n X-RPP $\rightleftharpoons$ $(XRP)_n$ + n P.

Spez. Zahlreiche Purin- und Pyrimidinnucleotid-diphosphate können einzeln oder im Gemisch polymerisiert werden (X = Adenin, Guanin, Cytosin, Uracil, Hypoxanthin oder Thymin). Polynucleotide entsprechen in ihrem Aufbau den Ribonucleinsäuren mit 3', 5'-Phosphodiesterbrücken. Die Reaktion mit hochgereinigtem Enzym geht nur in Gegenwart von nieder- oder hochmolekularen Startersubstanzen vonstatten (Primer), doch bedingt der Primer nicht unbedingt die Sequenz im Sekundärprodukt. (Statistische Verknüpfung). — *Aktiv.* Mg^{2+}. — *pH-Opt.* 8,1. — *Gleichgew.-Konst.* ca $1{,}5-2\ \frac{P}{XRPP}$. — *Mi.-Konst.* Für Nucleosid-diphosphate ungefähr 3×10^{-3} M.

17. DNA-Polymerase

Reakt.

$$\begin{bmatrix} dTPPP \\ dGPPP \\ dCPPP \\ dAPPP \end{bmatrix} + DNA \overset{Mg^{2+}}{\rightleftharpoons} DNA\text{—}\begin{bmatrix} dTP \\ dGP \\ dCP \\ dAP \end{bmatrix} + 4\,(n)\,PP.$$

Spez. Nur die in vivo eingebauten Nucleosid-triphosphate können durch das Enzym in vitro eingebaut werden. Die Reaktion benötigt eine hochmolekulare Startersubstanz (Primer), die die Basenzusammensetzung der neugebildeten DNA bestimmt (komplementäre Reihenfolge). Fehlen 1-, 2- oder 3-Desoxynucleosidtriphosphate, so werden nur eine oder nur wenige Nucleotidreste an den Primer angehängt. Fehlt jedoch die Primersubstanz, so können nach einer Induktionsperiode dAPPP und dTPPP zu einem dAP-dTP-Polymeren zusammentreten. Entsprechendes geschieht ebenfalls mit dGPPP und dAPPP. — *Aktiv.* Mg^{2+}. — *pH-Opt.* 8,7. Reaktionsprodukte sind Polynucleotide mit 3', 5'-Phosphodiesterbindung. In der Umkehrreaktion kann ^{32}P-Pyrophosphat endständig in Nucleosidtriphosphat eingebaut werden.

18. RNA-Polymerase

Reakt. $\begin{bmatrix} UPPP \\ GPPP \\ CPPP \\ APPP \end{bmatrix} + RNA \overset{Mg^{2+}}{\rightleftharpoons} RNA- \begin{bmatrix} UP \\ GP \\ CP \\ AP \end{bmatrix} + 4\,(n)\,PP.$

Spez. Nur in Gegenwart aller vier Triphosphate und einer DNA als Starter-Substanz geht die Reaktion vonstatten. Die DNA bestimmt die Basenzusammensetzung der neu gebildeten RNA. — *pH-Opt.* 7,2—8,6. — *Aktiv.* Mn^{2+} — *Mi.-Konst.* UTP 6×10^{-6} M, ATP 8×10^{-6} M GTP 6×10^{-6} M und CTP 9×10^{-6} M.

19. Phosphorylase (Kartoffel und Muskel)

Reakt. $(Glucose)_n + H_3PO_4 \rightleftharpoons$ Glucose-1-Phosphat + $(Glucose)_{n-1}$.

Spez. 1—4 (α-D-Glucopyranosyl)-Konstitution notwendig. Bei Synthese Glykogen oder Startersubstanz Voraussetzung. — *Prosthet. Gruppe.* Pyridoxalphosphat. — Es existieren zwei Formen: 1. Phosphorylase a, 2. Phosphorylase b. Letztere benötigt für Aktivität AMP. Der b-Typ kann durch Phosphorylierung mit ATP und einer Phosphorylasekinase in Typ a übergeführt werden. Halbmaximale Konzentration von AMP 3×10^{-5} M. — *Gleichgew.-Konst.* $\frac{\text{P anorg.}}{\text{Glucose-1-P}} = 2{,}4$ (p_H 7,3). *Hemmst.* Glucose (kompetitiv), Phloridzin (nicht kompetitiv). — *Umsatzz.* Fur Katroffelenzym 9400 (30°C). — *MG* 207000. — *pH-Opt.* 6,5. — *Mi.-Konst.* $3{,}5 \times 10^{-3}$ M und $7{,}5 \times 10^{-3}$ M fur Glucose-1-Phosphat bzw. anorganisches Phosphat. Für Muskelenzym (b) *Umsatzz.* 5900. — *IP* 5,8. — *Mi.-Konst.* 5×10^{-3} M Glucose-1-phosphat und 1×10^{4} M für Glykogen, (a) *Umsatzz.* 8100 (100000 g Protein), *Mi-Konst.* wie bei b), *IP* 5,6. *MG* 250000.

20. Uridindiphosphoglucose-Glykogen-Transglykosylase

(betrifft auch Starkebiosynthese)

Reakt. UDPG + Acceptor $\rightleftharpoons$ UDP + α-(1 → 4) Glucosylacceptor.

Entsprechende Reaktion bei der Starkesynthese. — *Spez.* UDPG alleiniger Donator; Acceptor: am besten hochmolekulare Polysaccharide, Glykogen bzw. Stärke, aber auch Oligosaccharide können in höheren Konzentrationen als Acceptoren dienen. — *Hemmst.* 3,3 mM Phloridzin und 0,05 M Glucose hemmen 50%. Weitere Hemmstoffe KCN, UDP, UMP und Trehalosephosphat. — *Aktiv.* Glucose-6-phosphat. — *pH-Opt.* 8,4. — *Mi.-Konst.* UDPG (Muskelenzym) 5×10^{-5} M, fur Glykogen $1{,}8 \times 10^{-4}$ M, fur Stärke UDPG 6×10^{-2} M.

21. Glutaminsäure-Brenztraubensäure-Transaminase

Reakt. L-Glutaminsaure + Brenztraubensäure $\rightleftharpoons$ α-Ketoglutarsäure + L-Alanin.

Prosthet. Gruppe Pyridoxalphosphat. — *Spez.* Ersatz von Brenztraubensäure durch α-Ketobuttersaure oder Mesoxalsaure; Ersatz von Alanin durch L-α-Aminobuttersaure. — *Hemmst.* Keine spezifischen Hemmstoffe; Hemmung durch Hg^{2+}, Cu^{2+}, Zn^{2+}; 0,05 M CN^- (80%), 0,001 M p-Benzochinon (100%), 0,001 M pClMB (50%), Tricarbonsauren. — *Umsatzz.* 8600 (38°C, p_H 7,3).

22. Glutaminsäure-Oxalessigsäure-Transaminase

Reakt. L-Glutaminsaure + Oxalessigsäure $\rightleftharpoons$ α-Ketoglutarsaure + L-Asparaginsaure.

Prosthet. Gruppe Pyridoxalphosphat (2 Mole/Mol Enzym). — *pH-Opt.* 8,0. — *Hemmst.* Dicarbonsäuren und wie bei vorhergehender Transaminase. — *Spez.* Asparaginsaure durch Cysteinsäure, Oxalessigsaure durch Mesoxalsäure ersetzbar. — *MG* 110000 ± 11000.

23. Enolase

Reakt. D(—)-2-Phosphoglycerinsaure $\overset{Mg^{2+}}{\rightleftharpoons}$ Phosphoenolbrenztraubensaure + H_2O.

Spez. Absolut fur 2-Phosphoglycerinsaure obiger Konfiguration. — *Aktiv.* Mg^{2+}, Zn^{2+}, Mn^{2+}, Fe^{2+} in abnehmender Reihenfolge. — *Hemmst.* Fluorid in Gegenwart von Phosphat und Mg^{2+}. — *pH-Opt.* 6,9. — *Umsatzz.* 4840 Mole 2-Phosphoglycerat und 1210 Mole Phosphoenolbrenztraubensaure bei 25°C und p_H 7,3. Die echte *Gleichgewichtskonstante* ist 6,7. — *Mi.-Konst.* Phosphoglycerinsäure 58 μM, Phosphoenolbrenztraubensaure 92 μM und Mg^{2+} 160 μM.

24. Fumarase

Reakt. Fumarsäure + $H_2O \rightleftharpoons$ L-Äpfelsäure.

Spez. Maleinsäure und D-Äpfelsaure werden nicht umgesetzt. — *pH-Opt.* 7,0 (Fumarat), 8,0 (Malat). — *Hemmst.* Jodacetat, SO_4^{2-} und strukturverwandte Säuren (kompetitiv). — *Gleichgew.-Konst.* L-Malat $\rightleftharpoons$ Fumarat = 4,4 (25°C) p_H > 6,5. — *IP* 7,35. — *Umsatzz.* $1{,}2 \times 10^{5}$ (25°C). — *MG* 220000. — *Temp.-Koeff.* 2,0.

25. Aconitase

Reakt. Citronensäure ⇌ cis-Aconitsäure + H_2O ⇌ D-Isocitronensaure.

Spez. trans-Aconitsäure wird nicht umgesetzt (kompetitiver Hemmstoff). — *Aktiv.* Bei Dialyse Aktivitätsverlust, der durch Fe^{2+} und reduzierende Agentien wieder aufgehoben werden kann. — *Hemmst.* Fe-bindende Agentien (o-Phenanthrolin und α,α'-Dipyridyl, CN^-, S^{2-} und Pyrophosphat). pClMB und Fluorocitrat (kompetitiv). — *pH-Opt.* 7,5—8,6. — *Gleichgewicht* 91% Citrat, 3% Aconitat und 6% Isocitrat (p_H 7,4). — *Mi.-Konst.* 1×10^{-3} M Citrat, 1×10^{-4} M Aconitat und $3-5 \times 10^{-4}$ M Isocitrat.

26. Carboanhydratase

Reakt. H_2CO_3 ⇌ CO_2 + H_2O.

Prosthet. Gruppe Zn^{2+} (ca. 1 Atom/Molekül Enzym).

pH-Opt. Aktivitat steigt oberhalb p_H 6 kontinuierlich an bis p_H 10. — *Hemmst.* Thiophen-2-sulfonamid (sehr stark), Sulfid, Sulfanilamid (sehr spezifisch), Schwermetalle, oxydierende Agentien wie $KMnO_4$ und J_2. — *IP* 5,3. — *Temp.-Koeff.* Zwischen 0 und 35°C 1,4. — *Umsatzz.* ca. 10^8 (p_H 7,3, 0°C). — *MG* 30000. — *Mi.-Konst.* 9×10^{-3} M CO_2 (0°C).

27. Hexokinase (Hefe)

Reakt. Hexose + ATP → Hexose-6-Phosphat + ADP.

Spez. Am besten phosphoryliert werden Fructose, Glucose, Mannose, Glucosamin, 2-Desoxyglucose; langsamer Glucoson, Allose, Arabinose und sehr langsam Galaktose. Spezifität des Nucleotids: Am besten reagiert ATP, weniger wirksam Desoxy-ATP und ITP und sehr schlecht UTP, CTP und GTP. — *pH-Opt.* 8—9. — *IP* 4,5—4,8. — *Aktiv.* Mg^{2+}. — *Hemmst.* Völlige Hemmung durch 5×10^{-4} M Sorbose-1-phosphat; auch Glucose-6-phosphat. — *Umsatzz.* 13000 (30°C, p_H 7,5). — *MG* 96000. — *Temp.-Koeff.* 2,0 (0—30°C). — *Mi.-Konst.* Fructose 7×10^{-4} M, Glucose 1×10^{-4} M und Glucosamin $1,5 \times 10^{-3}$ M.

28. 3-Phosphoglycerat-Kinase

Reakt. D-3-Phosphoglycerinsäure + ATP ⇌ 1,3-Diphosphoglycerinsäure + ADP.

Spez. Das Muskelenzym reagiert in abnehmender Reihenfolge mit UTP, ATP, ITP und GTP. Aktiv. Mg^{2+}. — *pH-Opt.* 6,9 (Hefe), 7,4 (Muskel). — *Umsatzz.* 36400 (25°C). Rückreaktion 320000. — *Mi.-Konst.* ADP 2×10^{-4} M, ATP $1,1 \times 10^{-4}$ M, 3-Phosphoglycerinsäure 2×10^{-4} M, 1,3-Diphosphoglycerinsäure $1,8 \times 10^{-8}$ M.

29. Pyruvat-Kinase

Reakt. Phosphoenolbrenztraubensäure + ADP → Brenztraubensäure + ATP.

Enzym identisch mit Fluorokinase, die folgende Reaktion katalysiert: ATP + F^- + HCO_3^- → ADP + PO_3F^{2-} + CO_2.

Spez. Donator nur Phosphoenolbrenztraubensäure; als Acceptoren dienen mit abnehmender Geschwindigkeit ADP, GDP, IDP, UDP und CDP. Geringe Aktivität von 2-Desoxy-ADP. — *Aktiv.* Mg^{2+}, K^+, NH_4^+, Rb^+. — *Hemmst.* Ca^{2+}, Na^+, Li^+, pClMB, N-Äthylmaleinimid, Jodacetamid. — *pH-Opt.* 6,8—8,7. — *IP* 6,6. — *Gleichgew.-Konst.* Bei 30°C und p_H 7,72 für $\frac{[ATP]\,[Pyruvat]}{[ADP]\,[Phosphoenolbrenztraubensäure]} = 2220$. — *Umsatzz.* 10000 (25°C, p_H 6,7, Phosphatpuffer). — *Mi.-Konst.* Phosphoenolbrenztraubensäure $7,8 \times 10^{-5}$ M, ADP $3,6 \times 10^{-4}$M, ATP $8,6 \times 10^{-4}$ M und Pyruvat 1×10^{-2} M (p_H 7,4, 30°C). — *MG* Fluorokinase 237000.

30. Adenylsäure-Kinase

Reakt. 2 ADP ⇌ ATP + AMP.

Spez. Inaktiv mit IDP, GDP und UDP; dagegen aktiv mit CDP; spezifisch auf Basen der Nucleotide wie 6-Aminopurin oder 4-Aminopurin. — *Aktiv.* Mg^{2+}. — *Hemmst.* Fluorid, Komplexbildner. — *pH-Opt.* um 8. — *Umsatzz.* 28000 (p_H 8, 25°C). — *Gleichgew.-Konst.* Je nach Mg-Konz. zwischen 0,322 und 1,06 fur p_H 6, bei p_H 7,2 = 0,7 $\frac{[ATP]\,[AMP]}{[ADP]^2}$. — *MG* 21000. — *IP* 6,1.

31. Kreatin-Kinase

Reakt. Kreatin + ATP ⇌ Kreatinphosphat + ADP.

Spez. Reaktion hochspezifisch, keine Reaktion mit ITP, Kreatinin, Arginin, Histidin, Citrullin u. a. Schwache Reaktion mit N-Äthylglykocyamin. — *Aktiv.* Mg^{2+} (optimal 0,004 M). — *IP* 6,0—6,1. — *Hemmst.* pClMB, Jodacetat, N-Äthylmaleinimid, Cu^{2+}, Ag^{2+}, Hg^{2+} und Zn^{2+}. — *Umsatzz.* 150000 (mμ-Mole bei 38°C) bzw. 30000 für die Rückreaktion, berechnet auf 100000 g Protein. — *MG* 81000.

32. Glycero-Kinase (Taubenleber und Candida mycoderma)

Reakt. Glycerin + ATP → L-α-Glycerophosphat + ADP.

Spez. Neben Glycerin werden auch Dihydroxyaceton und L-Glycerinaldehyd phosphoryliert. Muskelenzym aktiv mit ATP, UTP, CTP, aber nicht ITP. — *pH-Opt.* 9,8. — *Aktiv.* 0,02 M

SH-Verbindungen und 0,002 M $MnCl_2$ oder $MgCl_2$. — *Hemmst.* Jodacetamid, pClM-Sulfonsäure. — *Umsatzz.* 100000 (37°C). — *MG* 25100. — *Mi.-Konst.* ATP 9×10^{-5} M, Glycerin 6×10^{-5} M (Candida mycoderma), Glycerin 3×10^{-5} M, ATP $2{,}8 \times 10^{-5}$ M (Taubenleber). — *IP* 4,6.

33. Phosphofructo-Kinase

Reakt. Fructose-6-phosphat + ATP → Fructose-1,6-diphosphat + ADP.

Spez. Gereinigtes Enzym phosphoryliert nicht D-Fructose-1-phosphat, α-D-Glucose-1-phosphat, D-Glucose-6-phosphat, D-Mannose-6-phosphat und D-Ribose-5-phosphat; dagegen Tagatose-6-phosphat und Seduheptulose-7-phosphat. Neben ATP sind ITP, UTP und CTP fast gleich aktiv. — *Aktiv.* Mg^{2+}, Mn^{2+} und Co^{2+}. — *Hemmst.* Oxydationsmittel für SH-Gruppen wie Adrenochrom, Naphthochinon, Ninhydrin. — *Umsatzz.* 12000 (25°C). — *Mi.-Konst.* ATP 3×10^{-5} M.

34. Phosphoglucomutase

Reakt. Glucose-1-phosphat ⇌ Glucose-6-phosphat. — *Spez.* Sehr unspez. bez. d. Zuckerrestes.

Prosthet. Gruppe Glucose-1,6-diphosphat. — *Aktiv.* Mg^{2+}, Mn^{2+}, Co^{2+}, Cystein. — *Hemmst.* 50% durch 1×10^{-3} M NaF, Schwermetalle wie Cu^{2+}, Hg^{+}, Ag^{+}; Galaktose-1-phosphat und Fructose-1-phosphat. — *Umsatzz.* 12400 (30°C, p_H 7,5). — *MG* 74000. — *Temp.-Koeff.* 2,5. — *Mi.-Konst.* 0,5 μM für Glucose-1,6-diphosphat.

35. Triose-Isomerase

Reakt. Dihydroxyacetonphosphat ⇌ D-Glycerinaldehyd-3-phosphat.

pH-Opt. 7—8. — *Umsatzz.* 550000 (p_H 7,5, 25°C). — *Mi.-Konst.* $3{,}9 \times 10^{-4}$ M Glycerinaldehydphosphat.

35a. Phosphoglyceratmutase (Kaninchenmuskel)

Reakt. D-3-Phosphoglycerat → D-2-Phosphoglycerat. — *Spez.* Im DL-Gemisch ist nur das D-Isomere aktiv, in Gegenwart hoher Enzymkonzentrationen wird die L-Form langsam umgesetzt; Substrat kann auch D-Erythro-dihydroxybuttersäure sein. — *Cofaktor* 2,3-Diphosphoglycerat. — *Hemmst.* Zn^{2+}, Mg^{2+} (Hefe); Hg^{+}, Cu^{2+} und Ag^{+} (Muskel), Jodacetat, pClMB, Pyrophosphat, Oxalat und Citrat (kompetetiv). — *Umsatzz.* 78000/100000 Protein (25°C, p_H 7). — *MG* ca. 60000 (Hefe) und 112000 (Muskel). — *Mi.-Konst.* $1{,}3 \times 10^{-5}$ M für 2-Phosphoglycerinsäure (Hefe). — *IP* 5—5,5. — *pH-Opt.* 5,9.

36. Δ^5-3-Ketosteroid-Isomerase (Pseudomonas testosteroni)

Reakt. Katalysiert Isomerisierung von $\Delta^{5(6)}$- und $\Delta^{5(10)}$-3-Ketosteroiden zu den entsprechenden Δ^4-3-Ketosteroiden. — *Spez.* Isomerisierung von 5-Androstan-3,17-dion in 5-Pregnan-3,2-dion. β,γ-ungesättigtes 17-β-Hydroxy-5(10)-östran-3-on nur mit 0,25% Geschwindigkeit isomerisiert. — *Hemmst.* 17-β-Östradiol (kompetitiv). — *Umsatzz.* $1{,}73 \times 10^7$ (25°C, p_H 7,0). — *MG* 14800. — *Mi.-Konst.* Für 5-Androsten-3,17-dion = $3{,}1$—$3{,}3 \times 10^{-4}$ M.

37. Phosphoglycerinaldehyd-Dehydrogenase

Reakt. D-3-Phosphoglycerinaldehyd + HPO_4^{2-} + NAD^+ ⇌ D-1,3-Diphosphoglycerinsäure + NADH + H^+.

Coenzym NAD. — *Spez.* Mit Arsenat an Stelle Phosphat wird Reaktion irreversibel; D-Glycerinaldehyd wird mit $^1/_{1000}$ Geschwindigkeit umgesetzt; Reaktion auch mit Acetaldehyd und Propionaldehyd sowie D-Threose-2,4-diphosphat. Das Enzym kann mit Glycerol-1,3-diphosphat oder Acetylphosphat Acylübertragung auf Glutathion oder Coenzym A bewirken. Außerdem katalysiert es auch den Austausch zwischen anorganischem Phosphat und Acetylphosphat oder Arsenolyse von Acetylphosphat. — *pH-Opt.* 8,6—9,0 (Kaninchenmuskel). — *IP* Je nach Ionenstärke zwischen 5,9 und 7,2. — *Hemmst.* 95% durch $^1/_{1000}$ M Jodacetat, Schwermetalle, pClMB und Oxydationsprodukt von Threose-diphosphat. — *Umsatzz.* 28500 (p_H 8,45, Hefeenzym); 6700 (27°C, p_H 8,6, Muskelenzym). — *MG* 120000 für beide Enzyme. — *Mi.-Konst.* Glyceraldehydphosphat $5{,}1 \times 10^{-5}$ M, NAD $3{,}9 \times 10^{-5}$ M (Muskelenzym) $3{,}1 \times 10^{-5}$ M (Hefeenzym).

38. Lactat-Dehydrogenase

Reakt. L-Milchsäure + NAD^+ ⇌ Brenztraubensäure + NADH + H^+.

Coenzym NAD. — *Spez.* Zahlreiche α-Hydroxysäuren, α-Ketosäuren sowie α-γ-Diketosäuren werden umgesetzt (neueste Tabelle s. *Czok, R.*, u. *Th. Bücher:* Adv. Protein Chemistry **15**, 364 (1960)). Es gibt zwei charakteristische LDH-Typen aus Herz- bzw. Skeletmuskel mit verschiedenen biochemischen Eigenschaften. — *pH-Opt.* zwischen 7,4 und 8,5. — *IP* 4,5 (Herzmuskel). — *Hemmst.* Kompetitive Hemmung durch Pyruvat und Lactat; Oxalat, Oxalsäurehalbamid, pClMB u. a. SH-Reagentien; kompetitive Hemmung durch Sulfitionen. — *Umsatzz.* 38000 für Herzmuskelenzym und 55—67000 für Skeletmuskelenzyme (p_H 7,2, 25°C für 100000 g Protein). — *MG* Bei niederer Ionenstärke für alle LDHs 115000. — *Mi.-Konst.* NADH 5×10^{-6} M, NAD 10^{-4} M, Pyruvat 9×10^{-5} M.

39. Alkohol-Dehydrogenase (Hefe und Leber)

Reakt. Äthanol + $NAD^+ \rightleftharpoons$ Acetaldehyd + NADH + H^+.

Coenzym NAD. — *Spez.* (Hefe). Nur NAD als Coenzym; neben Äthanol reagieren auch n-Allylalkohol, n-Propanol, n-Butanol, n-Amylalkohol und Isopropanol in absteigender Geschwindigkeit, keine Reaktion mit Methanol. — *Hemmst.* Jodessigsäure u. a. SH-Reagentien hemmen sehr stark Hefe-ADH (92% durch $^1/_{3000}$ M), Pferdeleber-ADH wird dagegen durch Jodessigsäure schwächer gehemmt; Hemmung durch Dithizon, 8-Hydroxychinolin, α-α'-Dipyridyl. — *pH-Opt.* p_H 7,2 (Leber-ADH), 8,6 (Hefe). Beide Enzyme enthalten Zink in der Wirkgruppe. — *Umsatzz.* 17000 (Äthanol zu Acetaldehyd); 28500 Rückreaktion (Hefe); 140 (Leber). — *MG* 150000 (Hefe), 84000 (Leber). — *Mi.-Konst.* NAD $1{,}7 \times 10^{-4}$ M, Äthanol $1{,}8 \times 10^{-2}$ M, NADH $2{,}3 \times 10^{-5}$ M, Acetaldehyd $1{,}1 \times 10^{-4}$ M (Hefe).

40. Aldehyd-Dehydrogenase (Leber)

Reakt. Acetaldehyd + $NAD^+ \rightleftharpoons$ Essigsäure + NADH + H^+. Zahlreiche Aldehyde, darunter auch m- und p-substituierte Benzaldehyde werden oxydiert. *Coenzym* NAD. — *pH-Opt.* 9,3. — *Mi.-Konst.* Propionaldehyd $3{,}84 \times 10^{-6}$ M, NAD $1{,}6 \times 10^{-5}$ M (23 °C).

41. α-Glycerophosphat-Dehydrogenase

Reakt. L-Glycerin-1-phosphat + $NAD^+ \rightleftharpoons$ Dihydroxyacetonphposhat + NADH + H^+.

Coenzym NAD. — *Aktiv.* Äthylendiamintetraessigsäure. — *Hemmst.* Kompetitive Hemmung durch Fructose-1,6-diphosphat oder Acetylphosphat pClMB. — *pH-Opt.* 7,5. — *Gleichgew.-Konst.* p_H 7,0, $5{,}7 \times 10^{-12}$. — *Umsatzz.* 30000/100000 g Protein. — *MG* 78000. — *Mi.-Konst.* Glycerin-1-phosphat $1{,}1 \times 10^{-4}$ M, Dihydroxyacetonphosphat $4{,}6 \times 10^{-4}$ M, NAD $3{,}8 \times 10^{-4}$ M.

42. Glyoxyl-Reduktase (Tabakblätter)

Reakt. $CHO \cdot COO^- + NADH + H^+ \rightleftharpoons CH_2OH \cdot COO^- + NAD^+$.

Spez. Reduziert auch Hydroxypyruvat zu D-Glycerat. — *Hemmst.* α-Ketosauren, Cyanid, Semicarbazid, Oxalat, Mesoxalat, Malonat, Fluoroacetat, Fluorid, Jodacetat, pClMB. — *pH-Opt.* 6,3—6,6. — *Gleichgew.-Konst.* $\frac{[\text{Glykollat}]\,[\text{NAD}]}{[\text{Glyoxylat}][\text{NADH}][\text{H}^+]}$ ca. 6×10^{14}. — *Umsatzz.* 4140. — *Mi.-Konst.* Glyoxylat $9{,}1 \times 10^{-3}$ M.

43. β-Hydroxybutyryl-CoA-Dehydrogenase (Schweineherz)

Reakt. L-(+)-β-Hydroxybutyryl-CoA (oder Pantethein) + $NAD^+ \rightleftharpoons$ Acetacetyl-CoA (oder Pantethein) + NADH + H^+.

Spez. Auch β-Hydroxyhexanoyl- und β-Hydroxy-4-hexenoyl-CoA-Verbindungen werden oxydiert. — *Coenzym* NAD und NADP (10%). An Stelle von CoA können auch Liponsaure oder 6-Äthyl-monothiol-octansäure reagieren. Die Reaktion ist spezifisch für L-(+)-Isomere. — *pH-Opt.* 6—7 für Rückreaktion, p_H 9,6 fur Hinreaktion — *Umsatzz.* 42000 Acetacetyl-CoA werden reduziert pro 100000 g Enzym. — *Gleichgew.-Konst.*

$$\frac{[\text{Acetacetyl-CoA}]\,[\text{NADH}]\,[\text{H}^+]}{[\text{L-(+)-Hydroxy-Butyryl-CoA}][\text{NAD}^+]} = 6{,}3 \times 10^{-11}.$$

44. Malat-Dehydrogenase

Reakt. L-Malat + $NAD^+ \rightleftharpoons$ Oxalacetat + NADH + H^+.

Spez. Nur L-(+)-Malat wird oxydiert, nicht dagegen L-Lactat und D-(—)-Malat. Oxydiert werden auch Mesotartrat, D-(—)-Tartrat und Tartronat. — *Coenzym* NAD. — *pH-Opt.* 6,9. — *Umsatzz.* 41000 (Oxalessigsäure-Reduktion bei p_H 6,7). — *MG* 40—60000, je nach Ursprungsmaterial. — *IP* 6,9. — *Hemmst.* pClMB, Schwermetallionen, Sulfitionen (kompetitiv). — *Mi.-Konst.* L-Malat $5{,}5 \times 10^{-5}$ M.

45. Glutaminsäure-Dehydrogenase

Reakt. L-Glutamat + NAD^+ + $H_2O \rightleftharpoons$ α-Ketoglutarat + NADH + NH_4^+ + H^+.

Coenzym NAD + NADP (Leber-GDH); Hefe und Bakterien-GDH reagieren nur mit NADP, Pflanzenenzyme sind spezifisch für NAD. — *Spez.* Nicht absolute Spezifität auf Glutaminsäure, α-Ketovaleriansäure wird aminiert. — *pH-Opt.* 8,0 für die Hinreaktion und 7,6 für die Rückreaktion. — *Hemmst.* Kompetitiv durch Aspartat, Glutamin und D-Glutamat; Hemmung durch höhere Konzentrationen von Kationen und Anionen, Schwermetalle und pClMB. — *Umsatzz.* 3000 (25 °C, NADH). — *MG* 10^6. — *Mi.-Konst.* Glutamat $1{,}92 \times 10^{-3}$ M, NAD $2{,}74 \times 10^{-5}$ M, α-Ketoglutarat 7×10^{-4} M, NADH $1{,}8 \times 10^{-5}$ M, NH_4^+ $3{,}2 \times 10^{-3}$ M. — *Gleichgew.-Konst.* $1{,}8 \times 10^{-13}$.

46. Glucose-6-phosphat-Dehydrogenase

Reakt. D-Glucose-6-phosphat + $NADP^+ \rightleftharpoons$ 6 Phospho-gluconolacton + NADPH + H^+.

Coenzym NADP. — *Hemmst.* PO_4^{3-}, D-Glucosamin-6-phosphat. — *pH-Opt.* 8,5. — *Temp.-Koeff.* 1,48. — *Spez.* Absolute Spezifität für Glucose-6-phosphat und NADP. — *Umsatzz.* 12000 (p_H 8,25° C). — *Mi.-Konst.* Glucose-6-phosphat $6{,}9 \times 10^{-5}$ M, NADP $3{,}3 \times 10^{-7}$ M. — *Gleichgew.-Konst.* $6{,}0 \times 10^{-6}$ (p_H 6,4, 28 °C).

47. Isocitronensäure-Dehydrogenase

Reakt. D-Isocitronensäure + $NADP^+ \rightleftharpoons$ α-Ketoglutarsäure + CO_2 + NADPH + H^+. *Coenzym* NADP und in einigen Fällen auch NAD (z. B. Hefeenzym). — *Spez.* Katalysiert auch Oxalbernsteinsäuredecarboxylierung und Oxalbernsteinsäurehydrierung. — *pH-Opt.* 7—7,5. — *Aktiv.* Mg^{2+} und Mn^{2+}. — *Hemmst.* Jodacetat. — *IP* 7,4. — *Umsatzz.* 3500. — *MG* 60000.

48. Glutathion-Reduktase (Rattenleber)

Reakt. GSSG + 2NADPH $\rightleftharpoons$ 2GSH + $NADP^+$ + $2H^+$.
Coenzym NADP. — *Spez.* NADH nur 1% der Aktivität von NADPH; Cystin gegenüber GSSG nur 5% aktiv, Liponsäure inaktiv. — *Hemmst.* 5×10^{-5} M Thyroxin, 68%; quecksilberorganische Verbindungen. — *pH-Opt.* 7,0. — *Umsatzz.* 839 μMole NADPH/mg Protein. — *MG* 44000. — *Mi.-Konst.* Für GSSG 5×10^{-5} M und für NADP 3×10^{-6} M.

49. Polyol-Dehydrogenasen (Idit-Dehydrogenase aus Schafsleber)

Reakt.

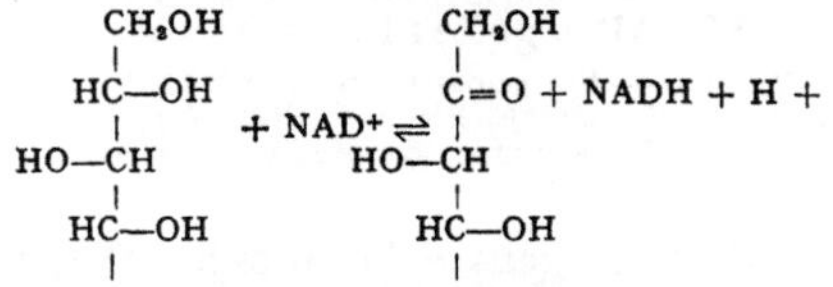

Spez. Reagiert nur mit NAD; oxydiert einige acyclische Polyole zu Ketonen. Vollhydroxylierte Pentite, Hexite und Heptite werden oxydiert, wenn obige Konfiguration bzw. cis-Stellung des 3-Hydroxyls zum 2-Hydroxyl vorhanden. So werden oxydiert Xylit, Ribit, Sorbit, L-Idit, D-Glycero-D-gluco-heptit, L-Arabit. — *Hemmst.* pClMB, 2 mM Cystein und 0,83 mM o-Phenanthrolin hemmen bei p_H 9,6 50%. — *pH-Opt.* 10,0, für die Umkehrreaktion 7,0. — *MG* 115000. — *Mi-Konst.* Sorbit 1,1 mM, Ribit 1,8 mM und NAD 0,6 mM.

50. 20-β-Hydroxysteroid-Dehydrogenase

Reakt.

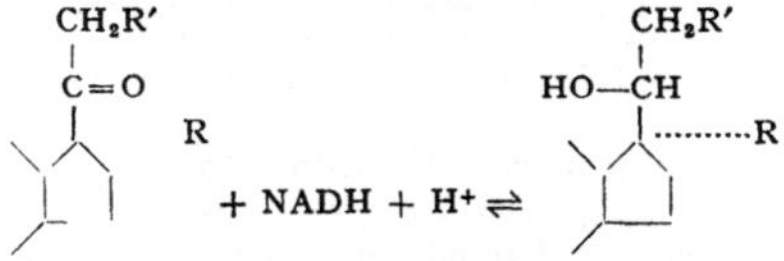

Spez. Ausfuhrliche Tabelle der Steroidspezifität s. bei *Schmidt-Thomé, J., G. Nesemann, H. J. Hübener* u. *J. Alester:* Biochem. Z. **336**, 325 (1962). — *Umsatzz.* 2100 (25°C).

51. Tartronsäuresemialdehyd-Reduktase (Ps. ovalis chester)

Reakt. CHO—CHOH—COOH + NADH + H^+ oder NADPH $\rightleftharpoons$ CH_2OH—CHOH—COOH + NAD^+.
Spez. Glykollat, L-(+)-Lactat, 3-Phospho-glycerinsäure und L-(+)-Malat werden nicht oxydiert. — *pH-Opt.* 8,7. — *Mi.-Konst.* Tartronsäuresemialdehyd 2×10^{-4} M, NADH 2×10^{-5} M und NADPH 6×10^{-5} M.

52. Brenztraubensäure-Oxydase

Reakt. Brenztraubensäure + NAD^+ + CoA → Acetyl-CoA + NADH + H^+ + CO_2.
Coenzyme Diphosphothiamin, CoA, Liponsäure, NAD. — *Spez.* Oxydiert auch Diacetyl, β-Hydroxypyruvat und α-Oxobutyrat. — *pH-Opt.* 6,4 (mit Ferricyanid) und 7,5—8 mit Methylenblau-O_2. — *MG* 4×10^6. — *Mi.-Konst.* 2×10^{-5} M.

53. α-Ketoglutarsäure-Oxydase

Reakt. α-Ketoglutarsäure + NAD^+ + CoA → Succinyl-CoA + CO_2 + NADH + H^+.
Coenzyme Diphosphothiamin, CoA, Liponsäure, NAD. — *Spez.* Absolute Spezifität für α-Ketoglutarsäure. — *Aktiv.* Mg^{2+}. — *Hemmst.* 25% durch 0,03 M Jodacetat, 20—40% durch 0,03 M Arsenat, 100% durch 2×10^{-4} M pClMB. — *Umsatzz.* 6400 (p_H 7, 30°C). — *Mi.-Konst.* $8{,}5 \times 10^{-6}$ M.

54. Malic-Enzyme

Reakt. L-Malat + $NADP^+ \rightleftharpoons$ Pyruvat + NADPH + CO_2.
Coenzym NADP. — *pH-Opt.* 7,5. — *Aktiv.* Mn^{2+}, Mg^{2+} und Co^{2+}. — *Spez.* Decarboxyliert auch Oxalacetat allein. — *Umsatzz.* 350. — *Mi.-Konst.* 5×10^{-5} M für Malat und 10^{-3} M für Oxalacetat.

55. Acyl-CoA-Dehydrogenasen

Reakt. $R \cdot CH_2 \cdot CH_2 \cdot CO \cdot SCoA \rightarrow R \cdot CH:CH \cdot CO \cdot SCoA + 2e^- + 2H^+$.
Prosthet. Gruppe FAD, Cu. — *Spez.* Je nach Ursprungsmaterial verschiedene Spezifität gegenüber der Kettenlänge der Fettsäure-Reste. Auch verzweigte Fettsäuren können dehydriert werden; *Elektronenacceptor* 2,6-Dichlorphenol-Indophenol. — *pH-Opt.* 6,8—8,4. — *Hemmst.* pClMB. — *Umsatzz.* 2000 (22°; p_H 7,4) für *MG* 150000. — *Neuestes MG* durchschnittlich 200000. — *Mi.-Konst.* 1—3 × 10^{-6} M.

56. Bernsteinsäure-Dehydrogenase

Reakt. Bernsteinsäure → Fumarsäure + $2H^+ + 2e^-$.
Spez. Langsam werden Methyl- und Äthylbernsteinsäure, nicht aber Dialkylbernsteinsäure dehydriert. — *pH-Opt.* 7—8. — *Prosthet. Gruppe* 1 Mol FAD, peptidartig gebunden, 4 Atome Nichthämineisen/Mol Enzym. — *Hemmst.* Chinon, Jod, Disulfide, Ferricyanid, Cu^{2+}, Arsenit, SH-Reagentien, kompetitive Hemmung durch Malonat, Oxalacetat, Fumarat; p-Aminophenol, Hydrochinon, p-Phenylendiamin, Cyanid. — *MG* 200000. — *Mi.-Konst.* 1,3 × 10^{-3} M (20°C).

57. Altes gelbes Ferment

Reakt. NADPH (oder NADH) + altes gelbes Ferment → $NADP^+$ (oder NAD^+) + reduziertes altes gelbes Ferment. *Prosthet. Gruppe* FMN. — *Spez.* Wird durch Sauerstoff unter Bildung von H_2O_2, anaerob durch Cytochrom c oder Methylenblau oxydiert. — *IP* 5,22. — *Umsatzz.* 50.

58. Liponsäure-Dehydrogenase (Straubsche Diaphorase)

Reakt. $Lip(SH)_2 + NAD^+ \rightleftharpoons LipS_2 + NADH + H^+$.
Prosthet. Gruppe FAD. — *pH-Opt.* 7,3, für Umkehrreaktion 5,6—6,0. — *Umsatzz.* 230 (Liponsäure) und 80000 (Liponamid). — *MG* 63—67000. — *Mi.-Konst.* NAD 10^{-3} M, NADH 3 × 10^{-6} M; Liponamid 5 × 10^{-3} M.

59. Cytochrom-c-NAD-Reduktase

Reakt. NADH + 2 Cytochrom c (Fe^{3+}) → NAD^+ + 2 Cytochrom c (Fe^{2+}) + H^+
Prosthet. Gruppe Flavin-dinucleotid, aber nicht identisch mit FAD. — *pH-Opt.* 8,5. — *Hemmst.* 75% durch 10^{-2} M Phosphat, Pyrophosphat, Vanadat, Perchlorat; 100% durch 10^{-4} M Hg^{2+} und 10^{-3} M Cu^{2+}, pClMB. Reines Enzym wird gehemmt durch BAL, Antimycin A. — *Umsatzz.* 12000. — *MG* 80000. — *Mi.-Konst.* 1,2 × 10^{-4} M (Cytochrom c), 1,9 × 10^{-5} M NADH.

60. Cytochrom c-NADP-Reduktase

Reakt. NADPH + H^+ + 2 Cytochrom c (Fe^{3+}) → $NADP^+$ + 2 Cytochrom c (Fe^{2+}) + $2H^+$.
Prosthet. Gruppe FAD (1 Mol Flavin/Mol Enzym). Inaktiviertes Enzym kann auch durch FMN reaktiviert werden. — *pH-Opt.* 7,6—8,2. — *Elektronenacceptoren* Ferricyanid, 2,6-Dichlorphenolindophenol, Neotetrazoliumsalz. — *Hemmst.* Atebrin. — *Umsatzz.* 1350 (Cytochrom c). — *MG* 68000. — *Mi.-Konst.* 3,8 × 10^{-6} M für NADPH, 5,4 × 10^{-6} M für Cytochrom c, 1,5 × 10^{-6} M für 2,6-Dichlorphenol-indophenol.

61. Glucoseoxydase (Notatin)

Reakt. β-D-Glucopyranose + H_2O + O_2 → D-Gluconsäure + H_2O_2.
Prosthet. Gruppe FAD (2 Moleküle FAD/Mol Enzym). — *Spez.* 1-D-Glucoson, 2-Desoxy-D-glucose und andere Glucosederivate werden, wenn auch langsamer, oxydiert. D-Mannose und D-Xylose reagieren etwa 100mal langsamer. — *pH-Opt.* 5,6. — *Hemmst.* 8-Hydroxychinolin, Natriumnitrat und Semicarbazid. — *Umsatzz.* 17000 Mole O_2 verbraucht (30°C). — *MG* 154000. — *Mi.-Konst.* 9,6 × 10^{-3} M.

62. L-Aminosäure-Oxydase (Crotalus adamanteus)

Reakt. L-Aminosäuren + O_2 + H_2O → α-Ketosäuren + NH_3 + H_2O_2.
Prosthet. Gruppe FAD (1 Mol/64000 g Protein). Absorptionsmaxima 275, 390 und 462 mμ. — *Spez.* D-Aminosäuren werden nicht oxydiert, ebenso nicht Hydroxyprolin und Methionin; Enzym aus Gift der Vipera aspis oxydiert nicht Alanin, α-Aminobuttersäure, Serin, Cystin, Histidin. — *Hemmst.* Bei manchen Präparaten hemmen 0,04 M Phosphat 50—90%; Benzoesäure, Salicylsäure, Mandelsäure, aromatische Sulfonsäuren, Sulfonamide (kompetitiv), Carbonyl-Reagentien, Riboflavin und Analoga. — *Umsatzz.* 3100 (38°C, p_H 7,4, mit L-Leucin). — *MG* 128—153000.

63. D-Aminosäure-Oxydase (Schweinenieren)

Reakt. D-Aminosäuren + O_2 + H_2O → α-Ketosäuren + NH_3 + H_2O_2.
Prosthet. Gruppe FAD. — *Spez.* Oxydiert D-Aminosäuren mit primärer und sekundärer Aminogruppe (auch substituierte Aminosäuren). — *pH-Opt.* 8—9 (Pyrophosphatpuffer). — *Hemmst.* 2 × 10^{-3} M p-Aminophenylarsinoxyd, Jodosobenzoat, pClMB; kompetitiv durch Benzoat, Chinin, Atebrin; H_2S hemmt irreversibel. — *Umsatzz.* 2000/Mol Flavin (38°C). — *MG* 182000 (4 Mole FAD/Mol Enzym).

64. Xanthin-Oxydase

Reakt. Hypoxanthin + $2O_2 \rightarrow$ Harnsäure + $2H_2O_2$. Als Zwischenprodukt tritt Xanthin auf, das ebenfalls zu Harnsäure oxydiert werden kann. — *Prosthet. Gruppe* Enthält FAD, Fe und Mo. — *Spez.* Mehrere Purine können als Substrat dienen. — *pH-Opt.* 6,2. — *Hemmst.* Cyanid (irreversibel); starke Hemmung durch 0,005—0,02 γ/ml 2-Amino-4-hydroxy-6-pteridylaldehyd, kompetitive Hemmung durch Xanthopterin. — *Mi.-Konst.* $3{,}0 \times 10^{-6}$ M (Xanthin).

65. Aldehyd-Oxydase (Leber)

Reakt. Oxydation von Aldehyden zu den entsprechenden Säuren. — *Spez.* Oxydiert werden Acetaldehyd, Salicylaldehyd, N-Methyl-nicotinamid und Chinin, nicht aber Hypoxanthin und andere Purine. — *Elektronenacceptoren* O_2, Ferricyanid, 2,6-Dichlorphenol-indophenol, Methylenblau, Phenazinmethosulfat, Silicomolybdat und Cytochrom c, wenn Aldehyd Substrat ist. — *Prosthet. Gruppe* FAD, 8 Atome Fe, 2 Atome Mo, 2 Moleküle Flavin/300000 g Protein. — *Absorptionsmaxima* bei 275, 375 und 450 mμ. Enzym enthält mindestens 1 Mol Coenzym Q_{10}/300000 g Protein. — *Hemmst.* 10^{-7} M Menadion hemmt Oxydation durch O_2 85%ig; starke Hemmung durch p-Hydroxymercuribenzoat, Cyanid, Schwermetalle.

66. Vitamin-K-Reduktase

Reakt. Menadion + NADH $\rightarrow$ Menadiol + NAD^+ + H^+.

Prosthet. Gruppe FAD (1 Mol/Mol Enzym). Absorptionsmaxima: 275, 375—380 und 450—455 mμ mit einer Schulter bei 475 mμ. — *Spez.* Reagiert mit NADH und NADPH; geringe Spezifität bezüglich der Wasserstoffakzeptoren. — *Hemmst.* pClMB hemmt als Oberflächen-Wirkstoff, starke Hemmung durch Blutgerinnungsinhibitoren, z. B. 50%ige Hemmung durch 2×10^{-8} M Dicumarol. — *pH-Opt.* Zwischen 5,7 und 8,5. — *IP* 9,2. — *Umsatzz.* 700000. — *MG* 53000. — *Mi.-Konst.* $1{,}4 \times 10^{-4}$ M für NADPH und $4{,}5 \times 10^{-4}$ M für NADH.

67. Cytochrom c

Reakt. Wird von Cytochrom c-Reduktasen reduziert, ebenso von Cytochrom c_1, und von Cytochrom-Oxydase oxydiert. — *Prosthet. Gruppe* Hämin.

68. Cytochrom c_1

Reakt. Wird durch viele Enzyme reduziert und durch Cytochrom c und Cytrochrom-Oxydase oxydiert. Das Enzym bindet kein CO. Eisengehalt 24,8 und 27,4 μg Atome/g Protein. Gleiche Mengen Häm sind gebunden. — *Absorptionsmaxima* nach Reduktion mit Dithionit 554, 524, und 418 mμ. — *MG.* 52000 (Sedimentation), 37000 bezogen auf Eisengehalt.

69. Cytochrom-Oxydase (Atmungsferment von Warburg)

Reakt. Oxydiert reduziertes Cytochrom c durch molekularen O_2. — *Prosthet. Gruppe* Hämin. — *Spez.* Oxydiert auch Hydrochinon, Cystein, p-Phenylendiamin und Ascorbinsäure in Gegenwart von Cytochrom c. — *Hemmst.* CO, Cyanid, H_2S. — *Umsatzz.* 50—66 Elektronen/Mol Oxydase/sec.

70. Katalase

Reakt. $H_2O_2 \rightarrow H_2O + \frac{1}{2} O_2$.

Prosthet. Gruppe Protohämatin IX (in fast allen bisher untersuchten Katalasen) 4 Häminreste/Mol Enzym. — *IP* 5,58. — *Hemmst.* HCN, Fluorid, Azid und Hydroxylamin. — *Temp.-Koeff.* 1,5 (0—10°C). — *Umsatzz.* $2{,}5-5 \times 10^6$ (0°C).

71. Peroxydasen (Pflanzen: Meerrettich; tierische Lactoperoxydase)

Reakt. H_2O_2 + 2AH $\rightarrow$ 2A + $2H_2O$.

Prosthet. Gruppe Hämin. — *Spez.* H_2O_2 kann durch CH_3OOH oder C_2H_5OOH ersetzt werden. — *Substrate* Phenole, Aminophenole, Indophenole, Amine, Harnsäure, NADH,-Cytochrom c u. a. — *pH-Opt.* 7,2 (Lactoperoxydase). — *Umsatzz.* 1500. — *MG* 82000 (Lactoperoxydase); *MG* 40000 (Meerrettichperoxydase). — *Purpurogallinzahl* für Meerrettichperoxydase 1000.

72. Tyrosinase (Phenoloxydase)

Reakt. Oxydiert aerob Monohydroxy- und Dihydroxybenzole. — *Prosthet. Gruppe* Cu. — *Spez.* Oxydiert Tyrosin, Phenol, p-Kresol, Brenzkatechin. Phenol wird erst nach kurzer Induktionsperiode oxydiert. — *pH-Opt.* 6—8. — *Hemmst.* Cyanid, CO (Hemmung ist nicht lichtempfindlich), Azid, Cystein, Glutathion, BAL; kompetitiv durch 4-Nitrophenol oder 4-Nitrokatechol. — *Umsatzz.* 7000 (25°C).

73. Laccase

Reakt. Oxydiert zahlreiche Polyhydroxyphenole wie Guajacol, Hydrochinon, Katechin, p-Phenylendiamin und Nadi-Reagens, nicht Monophenole. — *Prosthet. Gruppe* Cu. — *Hemmst.* Cyanid, Azid, Dithiocarbamat. — *Umsatzz.* 25000.

74. Ascorbinsäure-Oxydase

Reakt.

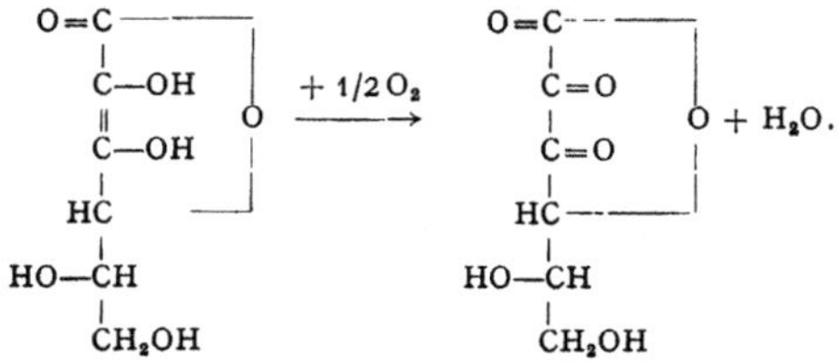

Prosthet. Gruppe Cu. — *Spez.* Oxydiert keine Monohydroxy- und Polyhydroxy-phenole, dagegen andere Dienole von der Konfiguration der L-Ascorbinsäure (Reduktone). — *pH-Opt.* 5,6 (Citrat-Phosphat-Puffer); 5,0—6,6 (Acetat-Puffer). — *Hemmst.* Starke Hemmung durch Cyanid, Natrium-diäthyl-dithiocarbamat, 8-Hydroxychinolin, Na_2S, Kalium-äthylxanthat. — *Umsatzz.* 246000 (25 °C). — *MG* 146000. — *Mi.-Konst.* 2×10^{-6} M.

75. Lipoxydase

Reakt. Oxydation ungesättigter Fettsäuren, unter intermediärer Bildung von Peroxyden. —CH_2—CH—CH=CH—CH=CH—CH— (mit OOH am zweiten C) *IP* 5,4. — *Hemmst.* 100% bei 0,0036 M Linoleat und pH 7 durch 1×10^{-4} M Pyrogallol; 66% durch 2×10^{-3} M Hydrochinon und 39% durch 2×10^{-4} M α-Tokopherol. — *Umsatzz.* 360/sec. — *MG* 102400. — *pH-Opt.* 9,6 (Linoleat). — *Mi.-Konst.* $1{,}35\times10^{-3}$ M für Linoleat.

76. Monoamin-Oxydase (Plasma-Oxydase)

Reakt. $R\cdot CH_2\cdot NH_2 + O_2 + H_2O \rightarrow R\cdot CHO + NH_3 + H_2O_2$.

Spez. Oxydiert Spermin, Spermidin, schwächer Benzylamin, Heptylamin und Amylamin; nicht oxydiert werden Äthylamin, Butylamin, Tyramin und Mescalin. — *Hemmst.* 100%: 10^{-3} M Cyanid, 4×10^{-3} M Hydroxylamin, 4×10^{-3} M Semicarbazid. — *MG* 255000. — *Absorptionsspektrum* zeigt Schulter bei 410 und 480 mμ. — Entfärbung durch Dithionit. — *Mi.-Konst.* $1{,}6\times10^{-3}$ M (Benzylamin).

77. Diamin-Oxydase (Histaminase)

Reakt. Wie bei Monoamin-Oxydase, mit Diaminen als Substrat. Nur *eine* Aminogruppe wird abgespalten. — *Spez.* Oxydationsgeschwindigkeit steigt mit der Kettenlänge bis C^5 an, dann fällt sie wieder ab. Eine Aminogruppe kann durch Amidin oder Pyridin ohne Aktivitätsverlust ersetzt werden. Histamin, Agmatin, 3-Amino-butylpyridin, Triamine und Tetramine werden oxydiert. — *pH-Opt.* 6,8—7,6. — *Aktiv.* Phosphat, Oxalat. — *Hemmst.* Benzoat, Ca^{2+}, Citrat, Amino- und Carbonyl-Reagentien. Kompetitiv durch Guanidine, Imidazole, basische Farbstoffe. Hemmung des Bakterienenzyms durch Streptomycin, Dihydrostreptomycin und Diguanidine.

78. Alanin-aktivierendes Enzym (Schweineleber)

Reakt. Alanin + ATP ⇌ Alanin-AMP + Pyrophosphat; Alanin-AMP + lösliche RNA ⇌ Alanin-RNA + AMP.

Spez. Nur L-Alanin und spezifische Alanin-RNA werden umgesetzt; nur ATP wirksam. — *Aktiv.* Mg^{2+} oder Co^{2+}. — *Hemmst.* 2-Mercapto-äthylamin, pClMB.

79. Tryptophan-aktivierendes Enzym (Rinderpankreas)

Reakt. Tryptophan + ATP ⇌ Tryptophan-AMP + Pyrophosphat,
Tryptophan-AMP + lösliche RNA ⇌ Tryptophan-RNA + AMP.

Spez. Nur L-Tryptophan und DL-Tryptazan und die spezifische lösliche RNA werden umgesetzt. — *pH-Opt.* Für Hydroxamsäure-Bildung und Pyrophosphat-Austausch-Reaktion 7,0. — *Hemmst.* pClMB.

80. Glutamin-Synthetase

Reakt. Glutamat + ATP + NH_4^+ → Glutamin + ADP + H_3PO_4.

Spez. *Acceptoren* neben NH_4^+ Hydroxylamin und Hydrazin. Neben L-Glutamat sind auch D-Glutaminsäure und verschiedene substituierte L-Glutaminsäure-Derivate aktiv (α-Methylglutamat, β-Methylglutamat, γ-Methylglutamat, β-Hydroxyglutamat u. a.), nicht umgesetzt werden Asparaginsäure und Aminomalonsäure; außerdem können als Energiedonatoren neben ATP auch GTP, ITP, CTP und UTP benutzt werden. — *Aktiv.* Mg^{2+} und Mn^{2+}. — *Hemmst.* pClMB, Fluorid, Methioninsulfoxyd.

81. Pantothensäure-Synthetase

Reakt. D-Pantoat + β-Alanin + ATP ⇌ Pantothensäure + AMP + Pyrophosphat.

Spez. Neben D-Pantoylsäure werden auch einige substituierte Derivate mit β-Alanin zur entsprechenden Pantothensäure-Verbindung umgesetzt. β-Alanin kann durch Taurin und Isoserin ersetzt werden. — *Aktiv.* Mg^{2+}, K^{+}. — *pH-Opt.* 8,4. — *Hemmst.* Jod, diazotierte Sulfanilsäure, Essigsäureanhydrid. — *Umsatzz.* 350 (25°C). — *Mi.-Konst.* Für D-Pantoat $0{,}66\times10^{-3}$ M und für β-Alanin $0{,}95\times10^{-3}$ M.

82. Glutathion-Synthetase (Hefe)

Reakt. L-γ-Glutamyl-L-Cystein + Glycin + ATP → Glutathion + ADP + P.

Spez. An Stelle von Glycin reagiert nur noch Aminomethansulfonsäure; anscheinend auch absolut spezifisch auf ATP. Enzym katalysiert Austauschreaktion zwischen ADP[32] und ATP in Gegenwart von Mg^{2+}. Die Reaktion ist reversibel. — *Aktiv.* Mg^{2+} (Optimal 0,005 M), leichte Aktivierung durch K^{+} (Optimal 0,08 M). — *pH-Opt.* Breites Optimum bei 8,3. — *Mi.-Konst.* Für ATP $1{,}1\times10^{-4}$ M, für Glutamyl-Cystein $2{,}9\times10^{-4}$ M und Glycin $5{,}8\times10^{-4}$ M.

83. Luziferase (Leuchtkäferchen)

Reakt. Luziferin + ATP ⇌ PP + Adenyl-Luziferin. Adenyl-Luziferin + O_2 ⇌ Adenyl-Oxy-Luziferin + Licht.

Spez. Absolut auf ATP. Extrem niedere ATP-Konzentrationen können spezifisch mit dem Enzym quantitativ bestimmt werden. — *Aktiv.* Mg^{2+}. — *pH-Opt.* 7,8. — *IP* 6,2—6,3. — *MG* 100000. — *Hemmst.* pClMB.

84. Aldolase (Muskel und Hefe)

Reakt. D-Fructose-1,6-diphosphat ⇌ Dihydroxyacetonphosphat + D-Glycerinaldehyd-3-phosphat.

Spez. Absolut bezüglich Dihydroxyacetonphosphat; dagegen wesentlich unspezifischer gegenüber Aldehyd. So können Formaldehyd, Acetaldehyd, Glykolaldehyd, Propionaldehyd, Lactaldehyd, Methylglyoxal, Butyral und andere Aldehyde kondensiert werden. (Siehe ausführliche Tabelle „The Enzymes", Bd. V, S. 353. New York, London 1961). — *pH-Opt.* 7,0. — *IP* 6,6 (Kaninchen), 5,7 (Ratten). — *Aktiv.* Bivalente Ionen (Hefe). — *Hemmst.* Im Gegensatz zur Hefealdolase wird Muskelaldolase nicht durch Komplexbildner gehemmt. Muskelaldolase völlig gehemmt durch 2×10^{-5} M Cu^{2+} oder Ag^{+}, sowie pClMB. — *Umsatzz.* 7900 für Kaninchenmuskel (30°C); für Hefe 8300. — *MG* Muskelenzym 150000, Hefe 75000. — *Mi.-Konst.* Für Fructose-diphosphat (Muskel) $5-6\times10^{-5}$ M, (Hefe) 4×10^{-3} M; Fructose-1-phosphat (Muskel) $3-4\times10^{-3}$ M. Hefeenzym enthält 1200 μg Zn/g Protein.

85. Transaldolase

Reakt.

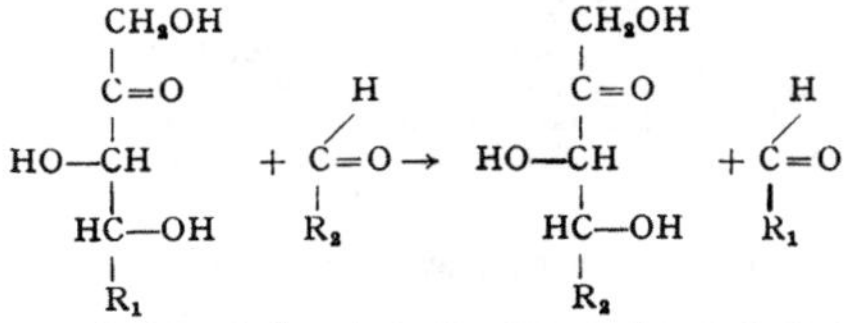

Spez. Donor L-Sorbose-6-phosphat, Fructose-6-phosphat, Seduheptulose-7-phosphat, D-Glyceraldehyd-3-phosphat, D-Erythrose-4-phosphat, Octulose-5-phosphat, freie Fructose. — *Acceptor* Ribose-5-phosphat, Glyceraldehyd, Formaldehyd und Glyceraldehyd-3-phosphat. — *pH-Opt.* 7,4—8,0. — *Hemmst.* Anorganisches Phosphat > 0,1 M. — *Gleichgewichtskonstante*

$$\frac{[\text{Seduheptulose-7-phosphat}]\times[\text{Glyceraldehyd-3-phosphat}]}{[\text{Fructose-6-phosphat}]\times[\text{Erythrose-4-phosphat}]} = 0{,}95.$$

— *Mi.-Konst.* Fructose-6-phosphat $4{,}3\times10^{-7}$ M, Seduheptulose-7-phosphat $1{,}7\times10^{-4}$ M, Glyceraldehyd-3-phosphat $2{,}2\times10^{-4}$ M.

86. Transketolase

Reakt.

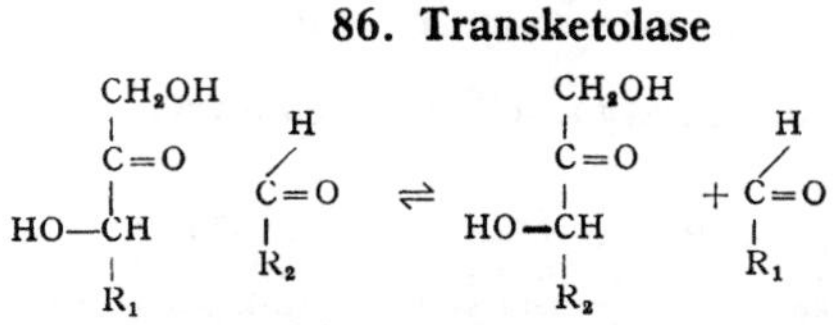

Spez. Ketolgruppen-Donatoren: Xylulose-5-phosphat, Fructose-6-phosphat, Seduheptulose-7-phosphat, Hydroxypyruvat, L-Erythrulose, D-Xylulose, Octulose-8-Phosphat, (Hydroxylgruppe am C 3 und C 4 in Transstellung). — *Acceptorsubstrate* D-Glyceraldehyd-3-phosphat, D-Erythrose-4-phosphat, D-Ribose-5-phosphat, Formaldehyd, Glykolaldehyd, Glycerinaldehyd, D-Desoxyribose-5-phosphat, Allose-6-phosphat, Glucose-6-phosphat und D-Arabinose-5-

phosphat. — *Prosthet. Gruppe* Thiaminpyrophosphat und Mg^{2+}. — *pH-Opt.* 7,6. — *Hemmst.* Sulfat und Phosphationen (0,01 M und mehr). — *Gleichgew.-Konst.*

$$\frac{[\text{Xylulose-5-phosphat}] \times [\text{Ribose-5-phosphat}]}{[\text{Seduheptulose-7-phosphat}] \times [\text{Glyceraldehyd-3-phosphat}]} = 1{,}2.$$ —

Umsatzz. 3400. — *MG* 140000. — *Mi.-Konst.* Fructose-6-phosphat (mit 0,01 M Ribose-5-phosphat). $1{,}8 \times 10^{-3}$ M; Xylulose-5-phosphat (mit 0,005 M Ribose-5-phosphat) $2{,}1 \times 10^{-4}$ M.

87. Brenztraubensäure-Carboxylase

Reakt. Brenztraubensaure → Acetaldehyd + CO_2.

Prosthet. Gruppe Thiaminpyrophosphat. — *Spez.* Decarboxyliert auch α-Ketobuttersaure, α-Ketovaleriansaure und Hydroxybrenztraubensaure. — *Aktiv.* Mg^{2+}, weniger Mn^{2+}, Co^{2+}, Zn^{2+}. — *Hemmst.* Thiolreagentien und Aldehydreagentien, Schwermetallionen, Acetaldehyd, Salicylate, Sulfonamide, Thiazolpyrophosphat. — *Umsatzz.* 1000 (30°C). — *MG* 75—100000. — *pH-Opt.* 6,0. — *Mi.-Konst.* Fur Brenztraubensaure 3×10^{-2} M, Thiaminpyrophosphat $2{,}5 \times 10^{-6}$ M, Mg^{2+} $2{,}5 \times 10^{-5}$ M (Hefe).

88. Phosphoenolpyruvat-Carboxykinase

Reakt. Phosphoenolpyruvat + CO_2 + IDP → Oxalacetat + ITP.

Spez. Inosin und Guanosin-polyphosphate sind aktiv im Gegensatz zu den Adenosin-, Cytosin-, Uridin- und Xanthosinderivaten; Aceton, Pyruvat, α-Oxoglutarat und Acetoacetat sind inaktiv. — *Aktiv.* Mg^{2+}. — *IP* 7,5. — *Hemmst.* 80% durch 1×10^{-4} M pClMB.

89. Thiolase

Reakt. R—CO—SR′ + CH_3CO—SR″ ⇌ $RCOCH_2$—COSR″ + R′SH. Coenzym CoA.

Spez. Keine große Spezifitat bzgl. der Acylgruppe. Langkettige Acylreste werden langsamer gespalten. Verschiedene einfache Thioalkohole sind wirksam, z. B. Glutathion, Cystein (Acceptor), Thioglykol (Acceptor), N-Acetyl-cysteamin(—)-Pantethein, Dephospho-CoA (s. *Lynen, F.*: Proc. 4th Int. Congr. Biochem., Wien 1958, Symposium XI, S. 230. London 1960). — *pH-Opt.* 7,7 (Spaltung), 9,2 (Kondensation). — *Umsatzz.* 6500 Acetoacetyl-CoA-Reste (25°C; pH 8,1). — *Gleichgew.-Konst* pH 6 = $1{,}48 \times 10^{-5}$, pH 9 = $6{,}62 \times 10^{-5}$. — *Mi.-Konst.* Fur Acetoacetyl-CoA = $5{,}5 \times 10^{-5}$ M; CoA = $3{,}0 \times 10^{-5}$ M (Donor) und $5{,}2 \times 10^{-5}$ M (Acceptor).

90. Crotonase

Reakt. R—CH_2—CH=CH—CO—SCoA + H_2O ⇌ RCH_2—CHOH—CH_2—COSCoA.

Spez. Hydratisierung von Acrylyl-CoA, Crotonyl-2-butenoyl-trans-CoA, 2-Pentenoyl-CoA, Trans-2-hexenoyl-CoA.

Mit steigender Kettenlange nimmt die Reaktionsgeschwindigkeit ab. Auch cis-Isomere werden umgesetzt. Die entstehende Hydroxyverbindung hat stets L-(+)-Konfiguration. Außerdem katalysiert das Enzym eine positionelle Isomerisierung, bei der die Doppelbindung von α—β nach β—γ verschoben werden kann. Der SH-Nucleotidteil ist sehr spezifisch. — *pH-Opt.* Kontinuierlich ansteigend von pH 5—9,4. — *Hemmst.* Durch SH-Reagentien. — *Umsatzz.* 1400000 (pH 9,4, 25°C). — *MG* 120—288000 (Lichtstreuung 210000). — *Mi.-Konst.* Für Crotonyl-CoA 2×10^{-5} M. — *Gleichgew.-Konst.* Fur reversible Hydratisierung von Crotonyl-CoA $6{,}18 \times 10^{-2}$.

91. Propionyl-Carboxylase (Mitochondrien)

Reakt. HCO_3^- + ATP + CH_3—CH_2—COSCoA $\xrightarrow{Mg^{2+}}$ OOC—C(H)(CH_3)—COSCoA + ADP + P.

Breite Spezifitat bzgl. des Acylrestes, aber maximale Geschwindigkeit mit Propionyl-CoA. Nicht carboxyliert werden: β-Phenyl-propionyl-, Phenacetyl-, p-Nitrophenacetyl- und p-Hydroxyphenyl-acetyl-CoA. — *Prosthet. Gruppe* Biotin. — *Aktiv.* Mg^{2+}. — *Hemmst.* pClMB, N-Äthylmaleinimid und Jodacetamid. — *Gleichgew.-Konst.* Bei pH 8,15 und 37°C = $8{,}1 \times 10^{-3}$. — *Umsatzz.* 992 mμ Mole Propionyl-CoA/mg Enzym werden in der Std. carboxyliert. — *Mi.-Konst.* Propionyl-CoA $2{,}6 \times 10^{-4}$ M, ATP $5{,}5 \times 10^{-5}$ M und HCO_3 $1{,}9 \times 10^{-3}$ M.

92. Fettsäuresynthetisierendes Enzym

Reakt. CH_3—CO—SCoA + n CH_2(COOH)—CO—SCoA + 2n NADPH + 2n H^+ →
$CH_3[CH_2—CH_2]_n$—COSCoA + n CoASH + n CO_2 + 2n $NADP^+$ + n H_2O.

Spez. NADH ist 25% aktiv. Auch Pantethein dient als SH-Acceptor. Acyl-CoA-primer ist durch andere gesattigte Acyl-CoA-derivate ersetzbar. Hauptprodukte der Reaktion sind Stearin- und Palmitinsaure. — *pH-Opt.* 6,5—7. — *Hemmst.* SH-Reagentien (Reaktivierung durch SH-Verbindung). — *Umsatzz.* 2390 Mole Malonyl-CoA. — *MG* $2{,}1-2{,}5 \times 10^6$. — *Mi.-Konst.* Acetyl-CoA $2{,}85 \times 10^{-5}$ M, Malonyl-CoA $3{,}1 \times 10^{-5}$ M. Enzym enthalt ca. 4 Molekule FMN/Mol Enzym.

93. Homoserin-Dehydrase

Reakt. $CH_2OH—CH_2—CHNH_2—COOH \rightarrow NH_3 + CH_3—CH_2—CO—COOH$.
Spez. Reaktion auch mit L-Serin, L-Djencolsäure, L-Lanthionin, L-Cystein. Bei der Spaltung von L-Cystathionin entsteht neben der Ketosaure und Ammoniak auch Cystein. — *Aktiv.* K, NH_4, Rb, Li, Na. — *Hemmst.* pClMB, N-Maleinimid, Hg, Cd, Cu, und NH_2OH, nicht Jodacetat. — *pH-Opt.* 8,0. — *Mi.-Konst.* 2×10^{-2} M. — *Umsatzz.* 6400. — *MG* 190000. — *Absorbiert* bei 247 mμ. Bindet 4 Mole Pyridoxalphosphat/Mol Enzym.

94. Protein A der Tryptophan-Synthetase (E. coli)

Reakt. (Protein A + B).
Indol + L-Serin → L-Tryptophan
Indolglycerophosphat → Indol + D-Glyceraldehyd-3-phosphat
Indolglycerophosphat + L-Serin → L-Tryptophan + D-Glyceraldehyd-3-phosphat.
Krist. Protein A: *IP* 4,9—5,0. — *MG* 29500.

95. Tryptophan-Pyrrolase

Reakt.

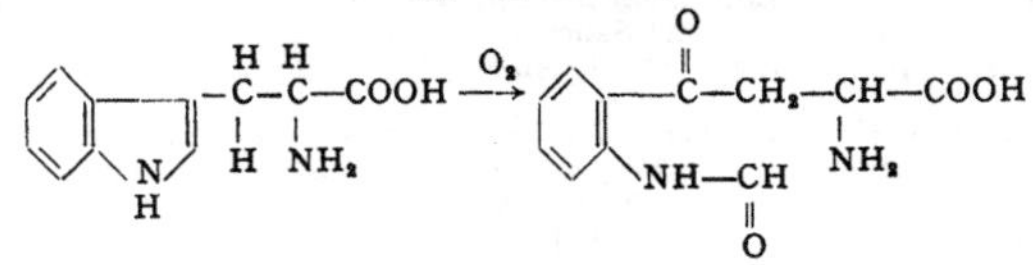

Coenzym = Hamatin. — *Hemmst.* Mesoprotoporphyrin, menschliches Serumalbumin. — *Mi.-Konst.* fur Tryptophan 2,4—1,3 $\times 10^{-4}$ M, fur Hamatin 2,5—1,2 $\times 10^{-8}$ M.

96. NAD-Nucleosidase (aus Schweinehirn)

Reakt. Spaltet durch Hydrolyse die Nicotinamid-Ribose-Bindung in NAD und kann als Transglucosidase ADP-Rest des NAD auf andere Pyridinbasen ubertragen. Wichtiges Hilfsmittel zur Darstellung von NAD-Analogen. — *Spez.* Auch NADP ist reaktiv. — *pH-Opt.* 5—7. — *Hemmst.* Nicotinamid, 3-Formylaminopyridin.

97. Lysozyme

Reakt. Auflosen der Polysaccharidmembran von Bakterien. — *Spez.* Lysozyme verschiedenen Ursprungsmaterials (Milz, Huhnereiweiß u. a.) lösen qualitativ dieselben Bakterien: Micrococcus lysodeikticus, Bac. megatherium, Sarcina flava. — *MG* 15000.

98. Glyoxalase I

Reakt. Methylglyoxal + Glutathion → Lactoylglutathion.
Prosthet. Gruppe Glutathion. — *Spez.* Reagiert mit zahlreichen Ketoaldehyden. — *pH-Opt.* 6—8. — *Umsatzz.* 35000 (p_H 7,4).

99. Condensing enzyme

Reakt. Acetyl-CoA + Oxalacetat → Citrat.
Prosthet. Gruppe CoA. — *Spez.* Propionyl-CoA reagiert mit 0,1% der Geschwindigkeit von Acetyl-CoA. Butyryl-CoA ist inaktiv; Fluoracetyl-CoA bildet Fluorcitrat. — *Gleichgew.-Konst.*

$$\frac{[\text{Citrat}] \times [\text{CoA}]}{[\text{Acetyl-CoA}] \times [\text{Oxalacetat}] \times [\text{Wasser}]} = 8{,}38 \times 10^{-3}. \text{ —}$$

Umsatzz. 4400 (25 °C). — *MG* 56000. — *Mi.-Konst.* Acetyl-CoA $2{,}2 \times 10^{-4}$.

100. Aminosäure-Decarboxylasen

Reakt. Decarboxylierung zahlreicher Aminosäuren.
Prosthet. Gruppe Pyridoxalphosphat. — *Spez.* Decarboxyliert nur L-Aminosäuren, die außer NH_2- und HOOC-Gruppe noch eine dritte polare Gruppe haben (Ausnahme: Phenylalanin). — *pH-Opt.* 4,5—6,0 (Bakterien). — *Hemmst.* CN^-; Aldehyd- und Ketonreagentien.

C. Methoden zur Bestimmung der Fermentaktivitäten

1. Esterasen und Lipasen

Ausführliche Beschreibung der meisten Methoden: *Bamann-Myrback*, S. 1547ff.

a) Titrationsmethode. Sie beruht auf der Titration der durch die Fermentreaktion erzeugten (Ester*spaltung*) oder verbrauchten (Ester*bildung*) Säure. Bei Lipasen verwendet man meistens als Substrat Olivenöl und titriert mit alkolischer KOH. Vielfach läßt man die Ester in Gegenwart eines Indikators verseifen und hält das p_H durch laufende Alkalizugabe konstant. Beispiel fur Lipase-Test: [*Marchis-Mouren, G., L. Sarda* u. *P. Desnuelle:* Arch. Biochem. Biophys. **83**, 109 (1959)]: 10 ml Emulsion aus 165 ml 10%ig. Gummiarabicum, 15 g zerstoßenem Eis und 20 ml neutralem Olivenöl in 50 ml fassendem Gefaß mit 0,3 ml 20%ig. Natriumtaurocholatlosung und Wasser auf 30 ml auffullen. Unter CO_2 Einleiten bei einem p_H von 9,1—9,2 bei 37°C inkubieren. Nach Zugabe des Enzyms p_H konstant auf 9,0 durch Zugabe von 0,1 n NaOH. Lipase-Einheit = Enzymmenge, die in der Minute die Freisetzung von 10 μ Äquivalenten Saure bewirkt.

b) Änderung der Oberflächenspannung. Sie andert sich rasch bei der Verseifung von Tributyrin (Stalagmometrische Methode).

c) Manometrische Methode. Die bei der Verseifung entstehende Säure treibt aus einem Hydrogencarbonatpuffer, in dem die Reaktion ablauft (Warburg-Gefäß), eine aquivalente Menge CO_2 aus, die volumetrisch gemessen wird. Beispiel: Hauptraum 0,45 ml 0,15 m $NaHCO_3$, 0,038 ml reines Methylbutyrat, mit Wasser auf 2,7 ml aufgefullt. Ansatzbirne: 0,1 ml 0,15 m $NaHCO_3$, 0,1—0,4 ml Enzymlosung mit H_2O auf 0,6 ml aufgefullt. Gasraum: 95% N_2 + 5% CO_2. Man laßt vor Versuchsbeginn bei 30°C 4 Min. Gasgemisch durchstromen, schließt die Hahne und liest die Volumenänderung bei verschiedenen Versuchszeiten ab.

d) Spektrophotometrische Methode. Verwendung von Substraten, deren alkoholische Komponente oder Saurekomponente nach der Spaltung im UV oder Sichtbaren eine neue Absorptionsbande zeigt. z. B. absorbiert Salicylsaure bei 290—300 mμ, nicht dagegen, wenn die OH-Gruppe mit Fettsaure verestert ist. Andere Substrate sind p-Nitrophenylester, α-Naphthylester und Phenylester.

Lipase-Einheit nach *Willstatter* = Menge an Lipase, die in 60 Min. bei 30°C von 2,5 g Olivenöl (Verseifungszahl 185,5) 24% verseift. Das Testvolumen muß 13 ml betragen und 2 ml NH_3—NH_4Cl-Puffer vom p_H 8,9 sowie 10 mg $CaCl_2$ und 15 mg Albumin enthalten.

Esterase-Einheit = Enzymmenge, die bei p_H 8,9 25% der vorgelegten Menge Methylbutyrat in 60 Min. spaltet.

2. Acetylcholin- und Cholin-Esterasen

a) Messung der Hydrolysegeschwindigkeit von Acetylcholin. Prinzip: Man bestimmt entweder die entstandene Essigsäure durch Titration oder mißt manometrisch das aus Hydrogencarbonat durch freiwerdende Essigsäure ausgetriebene CO_2 (*Streltiz, F.:* Biochem. J. **38**, 86 (1944)]. Beispiel für die Titrationsmethode: Die Enzymlosung wird gemischt mit 1 ml Substrat (200 mg Acetylcholin-Chlorid auf 5,5 ml H_2O), 0,5 ml 0,01 m Phosphatpuffer vom p_H 7,5, mit H_2O auf 10 ml aufgefullt. Bei 25°C wird das p_H konstant auf 7,5 gehalten durch Zugabe von 0,01 n NaOH (Autotitrator).

Enzymeinheit = Enzymmenge, die die Zugabe von 4 μl 0,01 n NaOH/Std. verursacht.

b) Kolorimetrische Methoden beruhen auf dem Prinzip, daß Acetylcholin in alkalischer Lösung mit Hydroxylamin rasch die Hydroxamsaure der Essigsaure bildet, die sich mit Eisenchlorid rot anfarbt. Gewöhnlich wird die Aktivitat dieser Enzyme in μMolen CO_2 angegeben, die durch 100 mg oder 1 g trockenes Gewebe in 60 Min. entwickelt werden. Optimale Bedingungen: 0,1 m NaCl, 0,04 m $MgCl_2$, 0,004—0,007 m Substrat.

3. Phosphatasen

Man bestimmt das abgespaltene anorganische Phosphat am besten photometrisch nach *Fiske* und *Subbarow*. Andere Methoden verwenden synthetische Phosphorsäureester (z. B. Phenolphthaleinphosphat, Eosinphosphat oder Fluoresceinphosphat), deren Spaltprodukte gefarbt sind (Phenolphthalein) oder fluorescieren (Eosin, Fluorescein). Verwendet man Phenyl-o-phosphat oder -pyrophosphat, so wird das freigesetzte Phenol mit Folin-Reagens bestimmt.

a) Alkalische Phosphatase. Beispiel: 0,2 mg/ml p-Nitrophenylphosphat werden in 1 m Trispuffer p_H 8,0 mit Enzym inkubiert. Man mißt den Anstieg der Absorption bei 410 mμ (Nitrophenol).

b) Saure Phosphatase. Beispiel: In einem Gesamtvolumen von 0,5 ml sollen enthalten sein: 0,1 m Substrat, 0,02 m Mg^{2+} und 0,001 m Versen (p_H 6,5). Die Reaktion wird durch Zugabe von 4,5 ml 0,6 n H_2SO_4 gestoppt und im Testansatz das anorganische Phosphat bestimmt. Enzymeinheit = Enzymmenge, die aus α-Glycerophosphat bei 37°C in einer Std. 1 mMol anorganisches Phosphat freisetzt.

Die absolute Enzymaktivitat Q_P wird vielfach in mm^3 angegeben, wobei man annimmt, daß 1 Mol o-Phosphorsaure im Gaszustand ein Volumen von 22400 ml einnimmt. Q_P ist die Zahl von mm^3 o-Phosphat, die von 1 mg Fermentpraparat in 1 Std. unter Standardbedingungen freigesetzt wird. Bei der Pyrophosphatasebestimmung wird das Molybdatreagens in verdunnter H_2SO_4 gelost, damit unzersetztes Pyrophosphat nicht hydrolysiert wird. Test auf Phosphodiesterase [*Privat de Garilke, M.*, u. *M. Laskowski:* Biochim. Biophys. Acta **18**, 370 (1955)]: Bei einem Gesamtvolumen von 2 ml enthalt die Lösung:

1,8 ml 0,05 m Tris-HCl-Puffer vom p_H 9, der 0,01 m an $MgSO_4$ ist.
0,1 ml = 600 γ Di-p-nitrophenylphosphat.

Man mißt die Extinsktionszunahme bei 436 mμ im Photometer „Eppendorf" bei 37°C.

4. Invertase

Man verfolgt die Änderung der optischen Drehung polarimetrisch. Ausfuhrliche Beschreibung der Methode *Bamann-Myrbäck*, S. 1726. Um die Störung durch etwaige Mutarotation zu vermeiden, wird empfohlen, NH_3, Na_2CO_3, NaOH und $HgCl_2$ zuzugeben. Nach neueren Vorschriften kann man enzymatisch die entstehende Glucose durch Notatin bestimmen.

5. Maltase

Die Testlösung enthalt 2,5 g Maltosehydrat, 30 mg $Na_2HPO_4 + 2H_2O$ und 22,5 mg KH_2PO_4 im Gesamtvolumen von 50 ml. Die Lösung soll p_H 7,2 haben. Nach Zusatz von Maltasepraparat und einigen Tropfen Toluol wird bei 30°C inkubiert. In Zeitintervallen entnimmt man Proben von je 5 ml und versetzt sie mit 2 n Na_2CO_3-Lösung. Im Filtrat bestimmt man entweder die optische Drehung oder die Reduktionswirkung. $[\alpha]_D$ Maltose = +137°. Aus Eichkurven ermittelt man die Hydrolyse in %.

Enzymeinheit = Enzymmenge, die 1 μMol Maltose in 1 Std. bei 37°C in einer Reaktionsmischung von 0,4 m Maltose und 0,04 m Phosphatpuffer vom p_H 6,8 völlig spaltet.

Neuerdings wird auch hier wie bei der Invertase die freigesetzte Glucose enzymatisch bestimmt. Testbeispiel fur die Amylomaltasebestimmung: In einem Endvolumen von 1 ml sollen enthalten sein: 5 μMole Phosphatpuffer vom p_H 7,0, 2 μMole $MgCl_2$, 2 μMole ATP, 0,4 μMole NADP, Hexokinase, Glucose-6-phosphat-Dehydrogenase, Amylomaltase und 2 μMole Maltose. Man mißt bei 28°C die Absorptionszunahme bei 340 mμ.

Enzymeinheit = Enzymmenge, die unter obigen Bedingungen 1 mμMol Glucose/Min. freisetzt.

6. β-Glucosidase

Man verfolgt die Spaltung der Glucoside entweder reduktometrisch (*Bamann-Myrbäck*, S. 1775) oder die enzymatisch mit Glucoseoxydase freigesetzte Glucose manometrisch. Neuerdings benutzt man synthetische β-Glucoside mit Aglykonen, die nach der Spaltung optisch gemessen werden können. z. B. Phenylglucoside, wobei das Phenol nach *Folin* kolorimetrisch ermittelt werden kann. Sehr beliebt ist auch die Verwendung von Salicylsaure-glucosiden, deren Spaltung optisch bei 300 mμ direkt verfolgt werden kann [*Hofstee, B. H.*: Arch. Biochem. Biophys. **59**, 398 (1955)].

7. β-Galaktosidase

Auch hierbei haben sich zwei Bestimmungsmethoden eingebürgert: 1. bei Verwendung von Lactose wird die freigesetzte Glucose enzymatisch bestimmt [*Wallenfels, K., M. L. Zarnitz, G. Laule, H. Bender* u. *M. Keser:* Biochem. Z. **331**, 459 (1959)]; 2. man mißt kolorimetrisch die Spaltung synthetischer β-Galaktoside, wie z. B. das o-Nitrophenyl-β-D-galaktosid. Testbeispiel: 0,125 ml 1 m NaCl in 0,05 m Trispuffer p_H 7,6, 0,5 ml o-Nitrophenyl-β-D-galaktopyranosid (50 mg/10 ml). Die Reaktion wird durch Zugabe von 0,1—0,5 ml Enzymlösung gestartet bei einem Totalvolumen von 2,5 ml. Man mißt die Absorption bei 405 mμ gegen einen Blindwert von H_2O. Nach einer gewissen Anreicherung muß 10^{-5} M Mn^{2+} zugegeben werden.

Enzymeinheit = Enzymmenge, die in 15 Min. die Hydrolyse von 1 μg des Substrats spaltet (4 ml NPG [50 mg/100 ml Phosphatpuffer p_H 6,8], 0,5 ml Mn $(OCOCH_3)_2 \cdot 10^{-4}$ m, 0,1 —0,5 ml Enzym, mit Puffer auf 5 ml).

8. β-Glucuronidase

Substrat: Natriumsalz von Phenolphthalein-glucuronid. Das Enzym wird mit Acetatpuffer der Ionenstarke 0,07 und einem p_H von 5,0 verdünnt; zur Aktivierung setzt man 0,1 ml DNA-Lösung zu (3,1 g DNA in 100 ml, p_H 5,0). Testlösung: 0,1 ml Substratlösung (0,788 g Cinchonidinsalz des Phenolphthaleinglucuronides in das Na-Salz umwandeln und bei p_H 5,0 auf 100 ml verdunnen) und 0,4 ml Acetatpuffer von p_H 5,0 werden in eine Kuvette gebracht und nach Zugabe von 0,5 ml mit DNA-Lösung verdünnter Enzymlosung 60 Min. bei 37°C inkubiert. Die Kontrolle enthalt 0,5 ml Enzymlösung ohne DNA. Man stoppt die Reaktion mit Trichloressigsaure, versetzt mit 2,5 ml Glycinpuffer (32,6 g Glycin, 20,3 g NaCl, 15,3 g NaOH in 2000 ml) und 1,2 ml H_2O, wonach ein p_H von 10,2—10,4 herrschen soll. Dann mißt man die optische Durchlassigkeit gegenüber dem Blindwert bei 522 mμ.

Enzymeinheit = Freisetzung von μg Phenolphthalein in 1 Std. bei 37°C und p_H 5,0, die in 1 ml gebildet wird.

9. Amylasen

Es gibt drei Typen von Bestimmungsmethoden. Die erste beruht auf der Messung der Substratabnahme, wobei die noch vorhandene Stärke durch 55 Vol.-%ig. Äthanol gefällt wird. Die zweite Methode benutzt den Farbwechsel der Jodreaktion. Nach der dritten Methode bestimmt man die Änderung der Viscosität einer Stärkepaste. Werden nur 0,1% der glucosidischen Bindungen gespalten, so sinkt die Viscosität auf die Hälfte des Anfangswertes.

Reduktometrische Bestimmung: 25 ml 1%ige lösliche Starke (Kahlbaum), 10 ml 0,2 m Phosphatpuffer (5,1 ml 0,2 m KH_2PO_4 und 4,9 ml 0,2 m Na_2HPO_4) und 1 ml 0,2 m NaCl werden im Thermostat auf 37°C gebracht. Nach Zugabe von 1 ml Amylase-Lösung wird gemischt und nach 10 Min. Inkubation die Reaktion mit 2 ml n HCl unterbrochen. Die Reaktionslösung wird in einen Erlenmeyer gespült und für jedes erwartete mg Maltose etwa 0,6 ml 0,1 n Jodlösung zugegeben. Man rührt gut um und fügt einen Überschuß an 0,1 n NaOH zu. Nach 15 Min. versetzt man mit einem Überschuß verdünnter H_2SO_4 und titriert das nicht verbrauchte Jod mit 0,1 n Thiosulfat. 1 ml Thiosulfatlösung entspricht 17,15 mg Maltose. Ein Kontrollwert mit dem Enzym allein muß abgezogen werden.

Einheit der Amylase in 1 ml Enzymlösung:

$$k = \frac{1}{t} \log \frac{0{,}1875}{0{,}1875 - x},$$

wobei x = % Hydrolyse bedeutet. Nur 75% der Stärke werden hydrolysierbar angenommen. Eine andere Einheit bezeichnet die Menge an Maltose in mg, die in 3 Min. bei 20°C durch 1 ml Enzymlösung freigesetzt werden.

10. Peptidasen und Proteasen

a) Peptidasen

α) **Carboxypeptidase A.** Da dieses Enzym in verdunnter Salzlösung unlöslich ist, müssen Stammlösungen der Kristalle in 10%ig. Lithiumchlorid angesetzt werden. 3 ml 0,01 m Cbo-Glycyl-L-Phenylalanin in 0,025 m Trispuffer vom p_H 7,65, der 0,1 m an NaCl ist, werden mit Enzym versetzt und in einem Spektralphotometer mit einem Blindwert von 0,01 m Cbo Glycin und L-Phenylalanin unter gleichen Bedingungen verglichen. Man mißt die Absorptionsveranderung bei 232 oder 233 mμ oder Freisetzung von Phe mit Ninhydrin.

β) **Carboxypeptidase B.** Man mißt die Differenzspektren zwischen freier Hippursaure und Hippuryl-arginin. Die Testlösung enthalt 3 ml 0,001 m frisch angesetzter Hippurylargininlösung in 0,025 m Trispuffer vom p_H 7,5, der 0,1 m an NaCl ist. Man stellt die Absorption bei 254 mμ auf 0 ein, gibt das Enzym zu, stellt wieder auf 0 und verfolgt den zeitlichen Anstieg der Absorption gegenuber einer Vergleichslösung von 0,001 m Hippursäure (25°C).

Enzymeinheit = % Hydrolyse/Min. bei 0,001 m Substratkonzentration.

γ) **Leucinaminopeptidase.** Nach *E. L. Smith* und Mitarb. ist die klassische Bestimmungsmethode die Verfolgung der Hydrolyse von L-Leucinamid durch alkalimetrische Titration in Alkohol (Biochemical Preparations, Bd. VI, S. 35. New York-London 1958). Testlösung 0,2 ml 0,025 m $MnCl_2$, 0,5 ml 0,5 m Trispuffer p_H 8,5 und das Enzym werden verdünnt auf 2,5 ml und bei 40°C vorinkubiert zur Aktivierung des Enzyms. Rohpraparate müssen 3 Std. aktiviert werden, reinere nur 30 Min. Nach der Aktivierung werden 0,25 ml zu einer Lösung aus 0,2 ml 0,025 m $MnCl_2$, 0,5 ml 0,5 m Trispuffer p_H 8,5, 1 ml 0,125 m L-Leucinamid und 0,55 ml Wasser zugefügt. Zur Zeit 0 und nach bestimmten Zeitabschnitten werden aliquote Teile abgenommen und in alkoholischer Losung titriert.

Neuerdings hat sich die Verwendung von Leucin-p-Nitranilid als sehr einfach erwiesen, da direkt im Photometer der Anteil an freigesetztem aromatischem Rest ermittelt werden kann. [*Tuppy, H., U. Wiesbauer* u. *F. Winterberger:* Z. physiol. Chem. **329**, 278 (1962)].

b) Proteasen

Ausführliche Beschreibung der Bestimmungsmethoden: *Bamann-Myrbäck,* Vol. 1, S. 1096—1106; *Fruton, I. S.:* Adv. Protein Chem. **5**, 1 (1949).

Viele Methoden beruhen auf der Titration der bei der Spaltung von Peptidbindungen freiwerdenden Amino- oder Carboxylgruppen. Bestimmung der Aminogruppen nach *Van Slyke, D. D.:* J. biol. Chem. **83**, 425 (1929). — Titration der Aminogruppen in Aceton nach *Linderström-Lang, K.:* Z. physiol. Chem. **173**, 32 (1928). — Titration der Carboxylgruppen mit alkoholischer Kalilauge nach *Graßmann, W.*, u. *W. Heyde:* Z. physiol. Chem. **183**, 32 (1929). — Photometrische Bestimmung nach der Ninhydrinmethode: *Schwert, G. W.:* J. biol. Chem. **174**, 411 (1948). — Am bekanntesten ist der sogenannte Kunitz-Test, bei dem das nichtverdaute Protein mit Trichloressigsäure ausgefällt und im Überstand entweder der Gehalt an löslichen Peptiden durch die Absorption bei 280 mμ (Tyrosin, Tryptophan, Phenylalanin) ermittelt wird, oder man bestimmt mit Folinreagens die aromatischen Aminosäuren Tyrosin und Tryptophan.

Auch auf manometrischem Wege kann eine Protease-Aktivitat ermittelt werden, da die meisten Proteasen auch Aminosäureester spalten. Diese esterolytische Aktivitat kann wiederum durch Austreibung von CO_2 aus einem Bicarbonatpuffer verfolgt werden. Beispiel einer manometrischen Bestimmung der Chymotrypsinaktivitat: 2 ml (0,0375 Mol/l) L-Phenylalanin-äthylester-hydrochlorid (auf p_H 6,5 gebracht) und 0,7 ml 0,18 m $NaHCO_3$ werden in den Hauptraum eines Warburg- Gefäßes gebracht. 0,3 ml Enzymlösung fullt man in die Ansatzbirne. Im Gasraum befindet sich 100%ig. CO_2. Nach der Gleichgewichtseinstellung kippt man das Enzym in den Hauptraum und liest alle 10 Min. bei 30°C das entwickelte CO_2 ab.

Manche Proteasen können durch die Spaltung von Saureamidbindungen bestimmt werden. So inkubiert man z. B. Streptococcenprotease mit 0,05 m Benzoyl-L-argininamid und bestimmt den abgespaltenen Ammoniak photometrisch.

11. Acylase I

Prinzip. Nach Hydrolyse der N-Acetylaminosauren wird die gebildete Menge freier α-Aminosäuren mit Hilfe der Ninhydrinmethode von *Stein* und *Moore* gemessen. Testlösung: 0,5 ml 0,1 m Tris-HCl-Puffer vom p_H 7,0, 0,5 ml Enzymlösung und 0,5 ml 0,09 m DL-Acetylmethionin oder 0,045 m Hippursäure (p_H 7,0). Temperatur 37°C, 15 Min. Die Reaktion wird durch Zugabe von 1,5 ml 6%ig. Perchlorsaure gestoppt. 0,5 ml Inkubationsgemisch mit 0,5 ml Stein- und Moore-Reagens 10 Min. schütteln, dann 15 Min. im siedenden Wasserbad und 5 Min. im Eisbad inkubieren. Nach Zugabe von 4 ml 50%ig. Äthanol wird die Farbintensität bei 558 mμ gegen Leerwert bestimmt.

Spez. Aktivität: Die durch 1 mg Protein und in 1 ml Testlösung in einer Std. freigesetzte Aminosäuremenge in mμ-Molen. Extinktion 0,1 entspricht $0{,}03 \times 10^{-6}$ g Atom α-Aminostickstoff.

12. Urease

Man läßt Urease auf Harnstoff in Phosphatpuffer p_H 7,0 einwirken, stoppt die Fermentreaktion durch Säure, destillliert das entwickelte Ammoniak über und titriert oder neßlerisiert. Zum Schutz gegen Inaktivierung des Fermentes fügt man am besten eine 2%ig. neutrale Gummiarabicumlösung oder 5%ig. Eialbuminlösung zu.

Urease-Einheit: Enzymmenge, die bei p_H 7,0 und 20°C in 5 Min. 1 mg NH_3-Stickstoff von im Überschuß vorhandenem Harnstoff freisetzt.

Auch das bei der Reaktion gebildete CO_2 kann manometrisch verfolgt werden.

13. Arginase

Der bei der Hydrolyse von Arginin entstehende Harnstoff wird in der Regel durch Urease gespalten und das freiwerdende Ammoniak nach dem Überdestillieren titriert oder neßlerisiert. Auch hierbei kann das CO_2 manometrisch gemessen werden.

Andere Methoden beruhen auf der direkten Bestimmung des gebildeten Harnstoffs. Er wird mit Xanthydrol gefällt und die Dixanthylharnstoffverbindung entweder gravimetrisch oder durch oxydimetrische Titration oder nach Zufügen von H_2SO_4 photometrisch bestimmt.

Arginase-Einheit: Fermentmenge, die in 1 Min. bei 25°C und p_H 9,5 bei einer Substratkonzentration von 0,285 Mol/Liter 1 μMol Arginin zersetzt.

14. Ribonucleasen

Die Bestimmungen beruhen hauptsächlich auf der Messung des freigesetzten säurelöslichen Phosphates. 1 ml Lösung von Hefenucleinsäuren (0,5 mg Gesamtphosphat) in 0,1 n Acetatpuffer p_H 5,0 wird mit 1 ml Ribonucleaselösung in 0,1 n Acetatpuffer p_H 4,0 (1—10 γ Gesamt-N) vermischt. Man inkubiert 10 Min. bei 25°C und setzt dann 2 ml Reagenslösung (0,25% Uranylacetat in 2,5%ig. Trichloressigsäure) unter Rühren zu. Nach 20 Min. Stehenlassen wird filtriert und im Filtrat das Gesamtphosphat bestimmt.

Enzymeinheit = Enzymmenge/ml Lösung, die unter den genannten Bedingungen 1 γ säurelösliches Phosphat freisetzt.

Bei reineren Enzympräparaten kann die manometrische Bestimmung nach *J. A. Bain* und *H. P. Rusch* angewandt werden [J. biol. Chem. **153**, 659 (1944)].

Zur Aktivitätsbestimmung reiner Ribonucleasepräparate kann auch die spektrophotometrische Methode nach *M. Kunitz* benutzt werden [J. biol. Chem. **164**, 583 (1946)]. Sie beruht darauf, daß die Extinktion von niedermolekularen cyclischen Oligonucleotiden bei 290 mμ kleiner ist als die der hochmolekularen Nucleinsäuren. Die Abnahme an Extinktion ist nahezu proportional der Enzymaktivität.

15. Desoxyribonuclease

Wie bei der Bestimmung der Ribonuclease-Aktivität kann die Bildung von säurelöslichem Phosphat gemessen werden. Man inkubiert bei 37°C und p_H 7,0 60 Min., fällt mit Trichloressigsäure und bestimmt nach dem Zentrifugieren in einem aliquoten Anteil des Überstandes das gesamte Phosphat. — Auch die manometrische und spektrophotometrische Bestimmung nach dem Beispiel der vorher beschriebenen Art kann angewendet werden. — Schließlich kann auch der Reaktionsverlauf der Spaltung von DNA mit viscosimetrischen Methoden verfolgt werden [*Laskowski, M.*, u. *M. K. Seidel:* Arch. Biochem. Biophys. **7**, 465 (1945)]. — Am geeignetsten ist eine kolorimetrische Bestimmung des säurelöslichen Desoxyriboseanteils. Hierzu inkubiert man 1 ml DNA-Na (200 mg in 10 ml H_2O oder 0,05 m $MgSO_4$) und 1 ml 0,2 m Puffer (je nach DNase-Art) bei 35°C. Danach wird 1 ml 3 m Trichloressigsäure zugefügt und nach 15 Min. Stehen in einem Eisbad filtriert. Aliquote Teile des Filtrats werden nach der üblichen Methode auf Desoxypentose geprüft. [*Dische, Z.:* Mikrochemie **8**, 4 (1930)].

Enzymeinheit = Enzymmenge, die die Bildung von 1 γ säurelöslichem Desoxypentosephosphat/Std. katalysiert.

16. Polynucleotid-Phosphorylase

Prinzip. Man mißt die Einbaugeschwindigkeit von $^{32}PO_4^{3-}$ in XRPP oder bestimmt die Menge in Freiheit gesetztes anorganisches Phosphat aus Nucleotiddiphosphaten.

1. Testlösung: 100 μMole Trispuffer p_H 8,1, 5 μMole $MgCl_2$, 2,5 μMole ADP, Kaliumphosphat ^{32}P mit 100—200000 cpm = 3,6 μMole und Enzym in 1 ml Gesamtvolumen. Nach 15 oder 30 Min. wird nach Ausfällen des Proteins und Entfernung des Phosphats als Molybdatkomplex mit Isobutanol die verbleibende Radioaktivität bestimmt.

2. Freisetzen von anorganischem Phosphat. 70—100 μMole Trispuffer p_H 8,1, 5 μMole $MgCl_2$, 10 μMole ADP und Enzym werden in einem Gesamtvolumen von 1 ml bei 30°C inkubiert. Nach 5 und 15 Min. wird anorganisches Phosphat bestimmt.

Enzymeinheit = Enzymmenge, die 1 μMol o-Phosphat in 15 Min. in Freiheit setzt.

17. DNA-Polymerase

Prinzip. Es wird die Umwandlung von säurelöslichem ^{32}P Desoxynucleosid-triphosphat in das säureunlösliche Produkt verfolgt. Testlösung 0,02 ml 1 m Glycinpuffer p_H 9,2; 0,02 ml 0,1 m $MgCl_2$; 0,03 ml 0,01 m Mercaptoäthanol, 0,02 ml Thymus-DNA (0,5 mg/ml); 0,01 ml dAPPP; 0,02 ml dGPPP; 0,01 ml dCPPP und 0,01 ml dT^{32}PPP (je 0,5 mMole/ml;

$1{,}5 \times 10^6$ cpm/mμMol) und 0,005—0,5 Einheiten Enzym; nach 30 Min. Inkubation bei 37 °C wird in Eis gekühlt, dann 0,2 ml Thymus-DNA-Lösung (2,5 mg/ml) als Träger zugesetzt und die Reaktion durch 0,5 ml 1 n $HClO_4$ gestoppt. Der Niederschlag wird in Natronlauge gelöst, umgefällt und schließlich die Radioaktivität gemessen.

18. RNA-Polymerase

Die Bestimmung ist analog der DNA-Polymerase. In einem Gesamtvolumen von 0,5 ml sollen enthalten sein 40 μM markiertes Ribonucleosid-triphosphat (nur ein Vertreter der vier möglichen), 80 μM der anderen drei Triphosphate, 2 mM $MnCl_2$, 8 mM $MgCl_2$, 50 mM Trispuffer p_H 7,2, 40 mμMole Desoxyribonucleotiden entsprechende Kalbsthymus DNA, 2 mM Mercaptoäthanol und das Enzym. Dann wird bei 38 °C 20 Min. inkubiert; nach Zugabe von 0,2 ml 7%ig. $HClO_4$ und 1,5 mg Albumin wird 3 Min. bei 10000 g zentrifugiert und die Fällung 3mal mit 3 ml 10%ig. $HClO_4$ gewaschen. Nach Lösen in 1,5 ml 0,2 n NaOH mißt man die Radioaktivität.

Enzymeinheit = Enzymmenge fur den Einbau von 1 mμMol ATP oder UTP in saureunlösliches Produkt unter obigen Bedingungen.

19. Phosphorylase

Testlösung: In 1 ml Volumen sollen enthalten sein 0,1 m Citratpuffer p_H 6,3, 0,01 m Glucose-1-phosphat und 0,76%ig. Amylopektin. Nach Zugabe des Enzyms wird 5 Min. bei 30 °C inkubiert und die Reaktion durch Zugabe von 0,5 ml 5%ig. Trichloressigsaure zu Ende gebracht. Danach stellt man das p_H auf 4 durch Zugabe von 2 ml 0,1 m Na-Acetat-Lösung und bestimmt das anorganische Phosphat.

20. Uridindiphosphoglucose-Glykogen-Transglykosylase

Das bei der Polymerisation freiwerdende UDP kann mit Pyruvatkinase und Phosphoenolbrenztraubensäure einerseits und NADH und Lactatdehydrogenase andererseits optisch verfolgt werden. Eine andere Methode benutzt die Messung des Einbaus von UDP-^{14}C-Glucose in alkoholfällbare hochmolekulare Substanz.

21. Glutaminsäure-Brenztraubensäure-Transaminase

Im gekoppelten Test kann die aus L-Alanin und α-Ketoglutarsäure durch die Transaminierungsreaktion entstehende Brenztraubensäure mit Hilfe der Lactatdehydrogenase und NADH abgefangen werden. Man bestimmt letztlich die Abnahme von NADH bei 340 mμ spektrophotometrisch. Testlösung: 0,2 ml 0,1 m α-Ketoglutarsäure, 0,2 ml 0,2 m DL-Alanin, 0,02 ml (10 γ) Lactatdehydrogenase, 0,06 ml ($3{,}8 \times 10^{-7}$ Mole) NADH, mit m/15 Phosphatpuffer p_H 7,2 auf 3,98 ml bringen und die Transaminierungsreaktion durch Zufügen von 0,02 ml Transaminaselösung einleiten.

22. Glutaminsäure-Oxalessigsäure-Transaminase

Hier wird die aus Asparaginsäure und α-Ketoglutarsäure bei der Transaminierungsreaktion entstehende Oxalessigsäure durch überschüssige Malat-Dehydrogenase und NADH abgefangen. Testlösung: 2,3 ml 0,1 m Phosphatpuffer p_H 7,4, der $4{,}2 \times 10^{-2}$ m an Asparaginsäure ist, 0,1 ml 0,2 m α-Ketoglutarsäure (Na-Salz), 0,05 ml NADH (10 mg/ml), 0,5 ml H_2O und 0,01 ml Malatdehydrogenase (2 mg/ml). Nach Zugabe einer verdünnten Transaminaselösung (0,01 ml) wird die Extinktionsabnahme bei 340 oder 366 mμ verfolgt.

23. Enolase

Nach *O. Warburg* und *W. Christian* [Biochem. Z. **310**, 384 (1941)] werden 3 ml einer Lösung von DL-2-Phosphoglycerinsäure (6×10^{-3} Mole), 1,72 ml H_2O, 0,6 ml 4,2%ig. $NaHCO_3$-Lösung, 0,6 ml 2%ig. Glycinlösung und 0,08 ml 5%ig. Lösung von $MgSO_4 \times 7\,H_2O$ gemischt und mit 10 Volum-%ig. CO_2 gesättigt. Nach Zufügen der Enzymlösung bestimmt man bei 240 mμ im Spektralphotometer die Zunahme der Extinktion, die auf der Absorption der gebildeten Phosphoenolbrenztraubensäure beruht. Im zusammengesetzten optischen Test kann auch die Bildung von Phosphoenolbrenztraubensäure mittels Pyruvatkinase und Lactatdehydrogenase optisch verfolgt werden.

24. Fumarase

Im Gesamtvolumen von 3 ml sollen enthalten sein: 0,05 m K-Phosphatpuffer p_H 7,4, 0,05 Mole/Liter Na-L-Malat und die zu untersuchende Fermentlösung. Man mißt die Extinktionsänderung bei 240 mμ in Abständen von je 15 Sek. Der molare Extinktionskoeffizient für Fumarsaure bei 240 mμ = $0{,}211 \times 10^7$ cm^2/Mol.

Man kann auch die Fumarasereaktion mit der durch „malic enzyme“ katalysierten Reaktion koppeln und hierbei die Hydrierung von NADP bei 340 mμ verfolgen. In diesem Falle enthält der Testansatz von 3 ml Gesamtvolumen 0,025 m Glycinpuffer p_H 7,4, 3 μMole $MnCl_2$, 0,135 μMole NADP, 3 μMole Fumarat, „malic enzyme“ und Fumarase.

25. Aconitase

Ähnlich dem Fumarasetest verfolgt man unter Verwendung von iso-Citronensaure die Zunahme der Extinktion bei 240 mμ, die in diesem Falle auf die entstehende cis-Aconitsaure zurückzuführen ist. Der Testansatz enthalt in 3 ml Gesamtvolumen 0,05 m K-Phosphatpuffer p_H 7,4 0,03 Mole/Liter Na-Citrat oder 0,01 Mol/Liter Na-DL-iso-Citrat und Ferment. Der molare Extinktionskoeffizient für cis-Aconitsäure bei 240 mμ = $0{,}354 \times 10^7$ cm^2/Mol.

26. Carboanhydratase

Hauptsachlich zwei Methoden werden zur Bestimmung angewandt:
1. **Die manometrische Methode**, bei der aus Bicarbonat-Lösung bei p_H 6,6—6,8 durch das Enzym CO_2 ausgetrieben wird, oder umgekehrt im Veronalpuffer bei p_H 8,0 die Aufnahme von CO_2 durch Hydratisierung gemessen wird.
2. **Die kolorimetrische Methode**, bei der CO_2 mit einem alkalischen Puffer gemischt wird und bei der wahrend der Hydratisierung eine starke p_H-Abnahme eintritt, die mit Hilfe eines Indikators gekennzeichnet wird.

27. Hexokinase

Man kann die Phosphorylierung von Hexosen an der Abnahme des saurelabilen Phosphates erkennen. Beim Erhitzen der Testlösung auf 100°C in 1 n HCl werden praktisch nur die beiden endstandigen Phosphatreste von ATP abgespalten, dagegen wird nicht der Phosphorsäurerest von Hexose-6-phosphat hydrolysiert. Am besten koppelt man die Hexokinasereaktion mit einer Enzymreaktion, bei der NAD oder NADP beteiligt sind, so daß man den optischen Test anwenden kann.

Es kann auch die Säureproduktion photometrisch in Gegenwart eines Indikators verfolgt werden (s. *Darrow, R. A.*, u. *S. P. Colowick:* Methods in Enzymology, Bd. V, S. 226. New York 1962). 7 ml 0,006%ig. Kresolrot und 1,6%ig. $MgCl_2 \times 6H_2O$ werden mit 1,5 ml 0,1 m ATP und 0,1 n NaOH auf Purpurrot eingestellt, dann 3 ml 0,1 m Glycyl-Glycin-Puffer p_H 9,0 zugegeben und mit Wasser auf 30 ml verdünnt. 2,5 ml Stammlösung werden mit 0,1 ml Enzym und 0,4 ml 0,2 m Glucose versetzt. Man mißt die Absorptionsanderung bei 560 mμ.

Enzymeinheit = Enzymmenge, die die Bildung von 1 μMol Säure/Min. und bei 30°C bewirkt.

28. Phosphoglycerinsäure-Kinase

Die Bestimmung beruht auf einem gekoppelten spektrophotometrischen Test mit 3-Phosphoglycerinaldehyd-Dehydrogenase und NAD. Testansatz: 5×10^{-5} Mole/ml K-Na-Phosphat, $8{,}3 \times 10^{-7}$ Mole/ml DL-3-Phosphoglycerinaldehyd, $5{,}15 \times 10^{-7}$ Mole/ml NAD, $2{,}5 \times 10^{-7}$ Mole/ml ADP, 5×10^{-6} Mole/ml $MgSO_4$, 1% Glycin, p_H 6,9. Dazu gibt man 100 γ/ml oxydierendes Ferment, inkubiert bei 25°C und fügt, wenn das Gleichgewicht erreicht ist (d. h. keine Zunahme der Extinktion[1] bei 340 mμ mehr wahrnehmbar ist), Kinaselösung hinzu. Nun mißt man die erneut einsetzende Zunahme der NADH-Extinktion[1]. Rückreaktion: $3{,}0 \times 10^{-7}$ Mole/ml ATP, $5{,}0 \times 10^{-6}$ Mole/ml D-3-Phosphoglycerinsäure, 5×10^{-6} Mole/ml $MgSO_4$, $1{,}3 \times 10^{-7}$ Mole/ml NADH, $1{,}75 \times 10^{-5}$ Mole/ml $NaHCO_3$, 8 mg/ml Glycin, $2{,}2 \times 10^{-5}$ Mole/ml Cystein. Man sättigt die Lösung mit 10% CO_2 in Argon. Nach Zugabe von oxydierendem Ferment und der Kinase wird die Abnahme der NADH-Extinktion bei 340 mμ spektrophotometrisch verfolgt.

29. Pyruvat-Kinase

Testansatz: $0{,}9 \times 10^{-7}$ Mole/ml NADH, $2{,}3 \times 10^{-7}$ Mole/ml ADP, $7{,}8 \times 10^{-7}$ Mole/ml Phosphoenolbrenztraubensaure, $8{,}0 \times 10^{-6}$ Mole/ml $MgSO_4$, $7{,}5 \times 10^{-5}$ Mole/ml KCl, 35 γ/ml Milchsäure-Dehydrogenase. Man füllt mit 0,05 m Triäthanolamin-HCl-Puffer p_H 7,5 auf 3,98 ml auf. Nach Zugabe von 0,02 ml Fermentlösung wird die Abnahme der NADH-Extinktion bei 340 mμ gemessen.

30. Adenylat-Kinase

Man koppelt am besten diese Enzymreaktion mit der unter 29. beschriebenen Reaktion. Als Substrate dienen in diesem Fall AMP und ATP. Testlösung: 2,15 ml Triathanolaminpuffer (p_H 7,6, 0,05 m), 0,2 ml AMP (10 mg/ml), 0,2 ml ATP (10 mg/ml), 0,15 ml $MgSO_4$, 0,5 m in 2 m KCl, 0,1 ml Phosphoenolbrenztraubensäure-cyclohexyl-ammoniumsalz (5 mg/ml), 0,1 ml NADH (10 mg/ml), 0,02 ml Pyruvatkinase (5 mg/ml), 0,02 ml Lactatdehydrogenase (5 mg/ml). Zunächst reagiert eventuell vorhandenes ADP ab. Wenn keine Extinktionsänderung bei 340 oder 366 mμ mehr zu beobachten ist, werden 0,04 ml Enzymlösung zugegeben.

31. Kreatin-Kinase

Auch hier werden der ursprünglichen Enzymreaktion Pyruvatkinase und Lactatdehydrogenase zum gekoppelten Test zugesetzt. Testlösung: 2,52 ml Kreatin-glycin-Puffer (0,1 m, p_H 9,0), 0,1 ml $MgCl_2$ 0,1 m, 0,02 ml ATP (50 mg/ml), 0,2 ml Phosphoenolbrenztraubensäure-

[1] Molare Extinktionskoeffizienten für NAD und NADP: $6{,}22 \times 10^6$ cm^2/Mol bei 340 mμ und $3{,}33 \times 10^6$ cm^2/Mol bei 366 mμ.

cyclohexylammoniumsalz (5 mg/ml), 0,1 ml NADH (10 mg/ml), 0,02 ml Lactatdehydrogenase (2 mg/ml) und 0,02 ml Pyruvatkinase (2 mg/ml). Wenn in der Lösung vorhandenes ADP abreagiert hat, wird die Reaktion durch Zugabe von 0,01 ml verdünnter Enzymlösung gestartet. Man mißt wie üblich bei 340 oder 366 mμ die Extinktionsabnahme.

32. Glycero-Kinase

Testlösung: 1,8 ml einer Lösung von 0,002 m $MgCl_2$ in 1 m Hydrazin-0,2 m Glycinpuffer werden auf p_H 9,8 gebracht. Dazu gibt man 0,05 ml 0,075 m ATP, 0,05 ml 0,02 m NAD, 0,02 ml Glycerophosphat-Dehydrogenase (7 mg/ml) und das zu bestimmende Enzym. Die Verdünnung des Enzyms soll in 0,01%ig. Serumalbumin, das in 0,001 m EDTA 0,01 m Acetatpuffer p_H 5,4 gelöst ist, vorgenommen werden. Dann gibt man 0,05 ml 0,1 m Glycerin zu (Endvolumen 2 ml) und mißt den Anstieg bei 340 oder 366 mμ gegenüber einer Küvette ohne Glycerin.

Enzymeinheit = Enzymmenge, die bei 25°C einen Anstieg von 0,001/Min. bei 366 mμ bewirkt.

33. Phosphofructose-Kinase

Nach der Bildung von Fructose-1,6-diphosphat wird in Gegenwart von Aldolase entweder die Oxydation oder die Reduktion der Triosephosphate mit NAD (NADH) verfolgt. Testlösung: 0,5 ml 0,2 m Trispuffer p_H 8,0, 0,3 ml 0,02 m ATP, 0,02 ml 0,01 m Fructose-6-phosphat, 0,3 ml 0,01 m $MgCl_2$, 0,01 ml 0,2 m Cystein, 0,5 ml 0,006 m NADH, 0,1 ml Aldolase (100 γ), 0,1 ml Glycerophosphat-Dehydrogenase (20 γ) und das Enzym werden mit Wasser auf 3 ml aufgefüllt. Man mißt die Abnahme von NADH bei 340 oder 366 mμ.

34. Phosphoglucomutase

Man kann die Umwandlung von säurelabilem Phosphat (Glucose-1-Phosphat) in säurestabiles Phosphat (Glucose-6-phosphat) verfolgen. Einfacher ist der gekoppelte optische Test, bei dem das entstehende Glucose-6-phosphat durch NADP und die entsprechende Dehydrogenase oxydiert wird. Testlösung: 2,63 ml 0,05 m Triäthanolaminpuffer p_H 7,6, 0,2 ml K-Salz von Glucose-1-phosphat (20 mg/ml), 0,1 ml EDTA (10 mg/ml in Puffer gelöst), 0,01 ml 0,5 m $MgSO_4$, 0,05 ml NADP (10 mg/ml) und 0,01 ml Glucose-6-phosphat-Dehydrogenase (1 mg/ml). Nach Zugabe von 0,01 ml verdünnter Enzymlösung wird die Extinktionszunahme bei 340 oder 366 mμ verfolgt.

35. Triosephosphat-Isomerase

Prinzip: Bei Verwendung von Glyceraldehyd-phosphat als Substrat wird das durch die Isomerase gebildete Dihydroxyacetonphosphat durch überschussige Glycerophosphat-Dehydrogenase und NADH abgefangen. Testlösung: 1×10^{-6} Mole/ml D-3-Phosphoglycerinaldehyd. $0{,}9 \times 10^{-7}$ Mole/ml NADH, 2,2 γ/ml Glycerophosphat-Dehydrogenase sollen in 3,98 ml gepuffertem 0,05 m Triäthanolamin-HCl-Puffer p_H 7,5 enthalten sein. Nach Zugabe von 0,02 ml Isomerase-Lösung verfolgt man die Abnahme der NADH-Extinktion bei 340 oder 366 mμ.

35a. Phosphoglycerat-Mutase

In 3 ml Gesamtvolumen sollen enthalten sein: 50 mμMole 3-Phosphoglycerinsäure, 10 μMole $MgSO_4$, 100 μMole Trispuffer p_H 7,0 und 6 Einheiten Enolase. Nach Zugabe des Enzyms wird bei 30°C der Anstieg der Absorption bei 240 mμ gemessen.

36. Δ^5-3-Ketosteroid-Isomerase

Testlösung: In einem Gesamtvolumen von 3 ml sollen enthalten sein: 100 μMole Na-K-Phosphatpuffer p_H 7,0, 0,175 μMole 5-Androsten-3,17-dion in 0,05 ml Methanol und das Enzym. Eine Kontrollküvette wird ohne das Substrat angesetzt. Man mißt bei 248 mμ die Änderung der Extinktion.

Enzymeinheit = Enzymmenge, die die Isomerisierung von 1 μMol Substrat/Min. bei 25°C bewirkt.

37. 3-Phosphoglycerinaldehyd-Dehydrogenase

Bei verhältnismäßig reinen Präparaten kann die Hinreaktion in Gegenwart von Arsenat verfolgt werden. Testansatz: 1×10^{-7} Mole/ml NAD, $2{,}3 \times 10^{-7}$ Mole/ml Phosphoglycerinaldehyd, 3×10^{-6} Mole/ml Arsenat, $1{,}2 \times 10^{-6}$ Mole/ml Cystein (frisch bereitet). Man füllt mit 0,05 m Triäthanolamin-HCl-Puffer p_H 7,5 auf 3,98 ml auf und mißt nach Zugabe von 0,02 ml Enzymlösung die Zunahme der Extinktion. Bei Rohextrakten stört die Triosephosphat-Isomerase. Hier ist am besten ein gekoppelter Test mit der Phosphoglyceratkinase (Rückreaktion) anzuwenden. Testlösung: 2,53 ml 0,05 m Triäthanolaminpuffer p_H 7,6, 0,1 ml 3-Phosphoglycerinsäure-cyclohexylammoniumsalz (50 mg/ml), 0,2 ml ATP (10 mg/ml), 0,05 ml EDTA (10 mg/ml), 0,04 ml 0,5 n $MgSO_4$, 0,05 ml NADH (10 mg/ml) und 0,01 ml Phosphoglycerat-Kinase (1 mg/ml). Nach Zugabe des Enzyms wird die Extinktionsabnahme bei 340 oder 366 mμ verfolgt.

38. Lactat-Dehydrogenase

Testansatz: $0{,}9 \times 10^{-6}$ Mole/ml NADH, $3{,}8 \times 10^{-7}$ Mole/ml Brenztraubensäure, Phosphatpuffer p_H 7,5, Gesamtvolumen 4 ml. Nach Zugabe der Fermentlösung wird die Abnahme der NADH-Extinktion bei 340 mμ gemessen.

39. Alkohol-Dehydrogenase

Testansatz: Im Gesamtvolumen von 3 ml sind enthalten: 0,1 Mol/Liter Äthanol und $0{,}5 \times 10^{-3}$ Mole/Liter NAD, 10^{-1} Mol/Liter Na-Pyrophosphatpuffer p_H 8,8. Nach Zugabe der Fermentlösung mißt man die Zunahme der Extinktion bei 340 mμ.

40. Aldehyd-Dehydrogenase

Testansatz: Im Gesamtvolumen von 3 ml sind enthalten: 0,1 Mol/Liter Trispuffer p_H 8,0, 0,1 Mol/Liter KCl, $0{,}5 \times 10^{-3}$ Mole/Liter NAD, 0,001 Mol/Liter Cystein, $0{,}17 \times 10^{-3}$ Mole/Liter Acetaldehyd. Man löst die Fermentreaktion durch Zusatz des Acetaldehyds aus und verfolgt die Zunahme der Extinktion bei 340 mμ.

41. Glycerophosphat-Dehydrogenase

Testansatz: $0{,}9 \times 10^{-7}$ Mole/ml NADH, 1×10^{-7} Mol/ml Phospho-dihydroxyaceton, 0,05 m Triäthanolamin-HCl-Puffer p_H 7,5. Man mißt die Abnahme der NADH-Extinktion bei 340 mμ.

42. Glyoxylsäure-Reduktase

100 μMole Kaliumphosphatpuffer p_H 6,4, 495 μMole Natriumglyoxylat; Enzymprobe und H_2O sollen ein Volumen von 3 ml ausmachen. Nach Zugabe von 0,1 – 0,2 μMolen NADH mißt man die Abnahme bei 340 mμ.

Enzymeinheit = Enzymmenge, die eine Abnahme um 0,01/Min. bewirkt.

43. β-Hydroxybutyryl-CoA-Dehydrogenase

Testlösung: 1,85 ml 0,1 m Na-Pyrophosphat-HCl-Puffer p_H 7,3, 0,03 ml NADH (10 mg/ml), 0,1 ml S-Acetacetyl-N-acetylcysteamin (20 mg/ml). Nach Zugabe von 0,02 ml verdünnter Enzymlösung mißt man die NADH-Abnahme bei 340 oder 366 mμ.

44. Malat-Dehydrogenase

Testansatz: Im Gesamtvolumen von 3 ml sind enthalten: 0,025 Mole/Liter Glycyl-Glycin-Puffer p_H 7,4, $1{,}5 \times 10^{-7}$ Mole NADH und $7{,}6 \times 10^{-7}$ Mole Oxalacetat. Man mißt die Abnahme der NADH-Extinktion bei 340 mμ.

45. Glutaminsäure-Dehydrogenase

Testansatz: 1,82 ml 0,005 m Triäthanolaminpuffer p_H 8,0, 0,03 ml NADH (15 mg in 1,5), 0,02 ml 0,26 m EDTA, 0,07 ml 3 m Ammoniumacetat und 0,04 ml 0,4 m α-Ketoglutarat. Nach Zugabe von 0,02 ml Enzymlösung wird die Abnahme der Absorption bei 340 oder 366 mμ gemessen.

46. Glucose-6-phosphat-Dehydrogenase

Testansatz: In den Hauptraum eines Warburg-Gefäßes gibt man 14 mg Hexosemonophosphat (neutralisiert), 0,02 mg NADP, 0,5 mg KCN, das Enzym in 3,45 ml 0,01 Phosphatlösung (8,5 Teile sec. Phosphat und 1,5 Teile prim. Phosphat). In die Ansatzbirne füllt man 1×10^{-8} Mol gelbes Enzym. Gasraum: reines O_2, Temperatur: 38 °C. Man mißt den Sauerstoffverbrauch.

Spektrophotometrische Bestimmung der Hydrierung von NADP bei 340 mμ in folgender Testzusammensetzung: 1,6 ml H_2O, 1 ml 0,19 m Trispuffer p_H 8,0, 0,1 ml 0,3 m $MgCl_2$, 0,1 ml 0,025 m Di-Na-Salz von Glucose-6-phosphorsaure (pH 7,0), 0,2 ml 0,002 m NADP (auf p_H 6,8 eingestellt).

47. Isocitronensäure-Dehydrogenase

In 3 ml Testlösung sind enthalten: 0,025 Mole/Liter Glycylglycinpuffer p_H 7,4, $0{,}6 \times 10^{-3}$ Mole/Liter $MnCl_2$, $0{,}45 \times 10^{-4}$ Mole/Liter NADP, $0{,}175 \times 10^{-3}$ Mole/Liter DL-iso-Citrat. Man mißt nach Zugabe des Enzyms die Zunahme der Extinktion bei 340 mμ.

48. Glutathion-Reduktase

Testlosung: 300 μMole Trispuffer p_H 7,5, 10 μMole EDTA, 1,63 μMole GSSG, 0,1 μMol NADPH, Gesamtvolumen 3 ml. Man mißt nach Zugabe des Enzyms die Abnahme der Absorption bei 340 oder 366 mμ.

Enzymeinheit = Enzymmenge, die 1 μMol NADPH in 1 Min. oxydiert.

49. Polyol-Dehydrogenasen

In 2,4 ml Testlösung sollen enthalten sein: 120 μMole Sorbit, 65 μMole Glycinpuffer p_H 9,6 und das Enzym. Die Reaktion wird ausgelöst durch Zugabe von 1,2 μMole NAD. Man mißt die Absorptionszunahme bei 20°C und 366 bzw. 340 mμ.

50. 20-β-Hydroxysteroid-Dehydrogenase

Testlösung: 1,3 ml Trispuffer p_H 7,3, 0,03 ml NADH (5 mg/ml) und 0,02 ml Cortison (2×10^{-2} m in Äthanol). Man mißt wie üblich die Abnahme der NADH-Absorption bei 340 oder 366 mμ.

51. Tartronsäuresemialdehyd-Reduktase

Genaue Testbedingungen aus Kurzmitteilung nicht zu entnehmen.

52. Brenztraubensäure-Oxydase

Es gibt zahlreiche verschiedene Bestimmungsmethoden, von denen nur eine der wichtigsten wiedergegeben werden kann. Testzusammensetzung: 100 μMole K-Phosphat p_H 7,4, 2,5 μMole $MnCl_2$, 15 μMole Cystein, 0,15 μMole NAD, 50 μMole K-Pyruvat, 0,1 μMol CoA, 0,2 μMole Thiaminpyrophosphat, überschüssige LDH und 15 Einheiten Transacetylase sollen in einem Totalvolumen von 2 ml enthalten sein. Man bestimmt die Bildung von Acetylphosphat als Hydroxamsäure unter N_2 bei 30°C im Verlauf einer Stunde. Man kann auch das entweichende CO_2 manometrisch bestimmen.

53. α-Ketoglutarsäure-Oxydase

Testansatz: Je 0,1 ml 0,0013 m CoA, 1 m Phosphatpuffer p_H 7,4, 0,0027 m NAD, 0,083 m L-Cystein, 0,25 m α-Ketoglutarat, gereinigte Succinyl-CoA-Deacylase und das Enzym werden mit Wasser auf 3 ml aufgefüllt. Man mißt bei 340 oder 366 mμ den Anstieg der Extinktion.

54. Malic enzyme

In einem Gesamtvolumen von 3 ml sollen enthalten sein: 0,024 μMole Glycyl-Glycin-Puffer p_H 7,3, 3 μMole $MnCl_2$, 0,135 μMole NADP, 1,5 μMole L-Malat und das Enzym. Man mißt wie üblich die Bildung von NADPH bei 340 oder 366 mμ.

55. Acyl-CoA-Dehydrogenasen

a) Bestimmung mit Dichlorphenol-indophenol: in 0,95 ml Gesamtvolumen sind enthalten: 10 μMole Histidin-Trispuffer p_H 7,0, 20 γ 2,6-Dichlorphenol-indophenol und 0,1 μMol Acyl-CoA. Nach Zugabe des Ferments mißt man die Abnahme der Extinktion bei 600 mμ.

b) Bestimmung mit TTC-Pyocyanin: in 0,38 ml Gesamtvolumen (10 ml Testgefäß) sind enthalten: 1 μMol Acyl-CoA, 2—200 γ Ferment, 20 μMole Glycyl-Glycin-Puffer p_H 8,2, 80 γ Pyocyanin, 1,2 mg TTC oder Neotetrazoliumsalz, 140 γ Serumalbumin. Zum Versuchsansatz setzt man noch zwei Blindwerte an, einen ohne Substrat und einen ohne Ferment. Man inkubiert im Vakuumexsikkator unter 1 mm Hg und bei 38°C 60 Min. Das gebildete Formazan wird mit organischen Lösungsmitteln extrahiert und seine Extinktion bei 485 mμ bestimmt.

c) Man verwendet den gleichen Ansatz wie unter a), ersetzt jedoch das Dichlorphenol-indophenol durch 1 mg Cytochrom c.

56. Bernsteinsäure-Dehydrogenase

Hier sind zahlreiche Bestimmungsmethoden bekannt. So kann z. B. manometrisch die Sauerstoffaufnahme verfolgt werden oder spektrophotometrisch die Bildung von Fumarsäure oder man mißt die Geschwindigkeit der Reduktion von Ferri-cytochrom c spektrophotometrisch in Gegenwart eines Überschusses von Succinat und Cytochrom c [*Slater, E. C.:* Biochem. J. **46**, 499 (1950)].

Vielfach mißt man auch nach der Thunberg-Technik die Reduktion von Methylenblau im sauerstofffreien Milieu oder die Geschwindigkeit der Reduktion von 2,6-Dichlorphenol-indophenol [*Neufeld, H, A., C. R. Scott* u. *E. Stotz:* J. biol. Chem. **210**, 869 (1954) u. a. mehr].

57. Altes gelbes Ferment

In den Hauptraum eines Warburg-Gefäßes gibt man 2 ml H_2O, 0,2 ml 0,25 m K-Glucose-6-phosphat (p_H 7,6), 0,2 mg Zwischenferment (Glucose-6-phosphat-Dehydrogenase) und 0,1 mg NADP. In die Ansatzbirne fügt man gelbes Ferment, in 0,2 ml 0,05 m KCN gelöst. Gasraum: Reines O_2. Inkubationstemperatur: 38°—. Man mißt den Sauerstoffverbrauch am besten in Gegenwart von Katalase.

58. Liponsäure-Dehydrogenase (Straubsche Diaphorase)

a) Die Diaphorase-Aktivität kann optisch bei 420 mμ gemessen werden durch Verfolgung der Reduktion von Kaliumferricyanid in Gegenwart von NADH und Enzym. Hierzu bringt man die Reaktanten in ein Gesamtvolumen von 3 ml mit einem Gehalt von 500 μMolen Acetatpuffer p_H 4,8, 2 mg Rinderserumalbumin, 2 μMole $K_3Fe(CN)_6$ und 0,6 μMolen NADH.

Enzymeinheit = Enzymmenge, die eine Änderung der Absorption um 1,0/Min. bewirkt.

b) **Lipoyl-Dehydrogenase-Aktivität:** Die Aktivität wird spektrophotometrisch bei 25 °C und 340 mμ verfolgt in einem Testsystem, das in 3 ml Gesamtvolumen 150 μMole Phosphatpuffer, 2 mg Rinderserumalbumin, 0,6 μMole NAD oder NADH und 0,2—5 μMole DL-Liponsaure oder -derivate enthält. Auch hier ist Enzymeinheit = die Enzymmenge, die einen Absorptionswechsel von 1,0/Min. katalysiert.

59. Cytochrom c-NAD-Reduktase

Testansatz: In 3 ml Gesamtvolumen sollen enthalten sein: 0,105 μMole oxydiertes Cytochrom c, 0,6 μMole NADH, 67 μMole 2-Amino-methyl-1,3-propandiol-Puffer p_H 8,5. Man mißt die Extinktionszunahme bei 550 mμ in Abständen von 15—30 Min.

60. Cytochrom c-NADP-Reduktase

In einem Gesamtvolumen von 1,1 ml 0,05 m K-Phosphat-Puffer p_H 7,7, der 10^{-3} m an KCN ist, werden gelöst 100 mμ Mole NADPH, 34 mμMole Cytochrom c und das Enzym. Man mißt die Zunahme der Absorption bei 550 mμ.

Enzymeinheit = Enzymmenge, die eine Absorptionsänderung um 1,0/Min. bewirkt. Man kann auch in Gegenwart von NADPH die Abnahme der Absorption von 2,6-Dichlorphenol-indophenol bei 600 mμ verfolgen.

61. Glucose-Oxydase (Notatin)

Man mißt manometrisch den Sauerstoffverbrauch bei der Oxydation von Glucose. Hierzu bringt man in den Hauptraum eines Warburg-Gefäßes 0,2 ml Enzymlösung, 1,2 ml 0,1 m Na-Acetat-Puffer p_H 5,6 und 0,2 ml Katalase-Lösung. Der Seitenarm enthält 0,2 ml 20%ig. Glucose-Lösung und das Mittelgefäß 0,2 ml 20%ig. KOH.

62. L-Aminosäure-Oxydase

Man verfolgt im Warburg-Manometer die oxydative Desaminierung von Aminosàuren bei 38 °C mit Luft als Gasphase. Das Hauptgefäß enthält 1 ml 2-Amino-2-(hydroxymethyl)-1,3-propandiol-HCl-Puffer (0,2 m p_H 7,8), das Enzym und 1,69 ml 0,1 m Kaliumchlorid in einem Totalvolumen von 2,79 ml, der Seitenarm 0,21 ml 0,1 m L-Leucin. Im Mittelgefäß sind 0,05 ml 6 n NaOH.

Enzymeinheit = Enzymmenge, die bei 23 °C die Aufnahme von 1 μl O_2 in 30 Min. bewirkt.

63. D-Aminosäure-Oxydase

Entspricht der Bestimmung der L-Aminosäure-Oxydase mit D-Aminosàuren als Substrat. Der Hauptraum eines Warburg-Gefäßes enthält 1 ml 0,1 m Pyrophosphatpuffer p_H 8,3, Katalase (entsprechend ungefähr 0,5 γ reiner Katalase), 0,1 ml 10^{-4} M FAD und das Enzym in einem Gesamtvolumen von 2,3 ml. Im Seitenraum befinden sich 0,2 ml 5%ig. DL-Alanin (oder 2,5%ig. D-Alanin) und im Mittelgefäß 0,2 ml 2 n NaOH. Nach Einstellung eines konstanten Wertes (37 °C) wird das Substrat zugekippt und in Intervallen von 5 Min. der Sauerstoffverbrauch verfolgt.

Enzymeinheit = die Enzymmenge, die den Verbauch von 1 μl O_2/Min. bewirkt.

64. Xanthin-Oxydase

Man bestimmt entweder den Sauerstoffverbrauch im Warburg-Manometer oder die Entfarbung von Methylenblau nach der Thunberg-Methode. Außerdem kann bei 550 mμ die Reduktion von Cytochrom c optisch gemessen werden. Schließlich kann optisch die Bildung von Harnsaure bei 290 mμ gemessen werden [*Kalckar, H. M.:* J. biol. Chem. **167**, 429 (1947)].

Um die Xanthin-Oxydase-Aktivität in Geweben zu bestimmen, mißt man die Atmung eines Gewebeschnittes in Gegenwart von Hypoxanthin oder Xanthin, einmal mit dem Hemmstoff 2-Amino-4-hydroxy-6-pteridinaldehyd (30 γ in 3 ml) und dann ohne diesen Hemmstoff und errechnet aus der Differenz den auf die Xanthin-Oxydase entfallenden O_2-Verbrauch.

65. Aldehyd-Oxydase

Man verfolgt spektrophotometrisch bei 300 mμ den Anstieg der Absorption, wenn $1,5 \times 10^{-3}$ M N^1-Methylnicotinamid in 0,05 m Phosphatpuffer vom p_H 7,8, der 0,005% Versen-Fe_3 enthält, inkubiert wird (Bildung des 6-Pyridons).

Enzymeinheit = die Enzymmenge, die bei 25 °C eine Extinktionsänderung um 1 bei 300 mμ bewirkt.

66. Vitamin-K-Reduktase

In 2 ml Testvolumen sollen enthalten sein: 1,9 ml 0,1 m Phosphatpuffer vom p_H 6,0, 0,04 ml 2%ig. Lösung von Serumalbumin in demselben Puffer, 0,03 ml 1,5%ig. NADH, 0,01 ml Vitamin-K-Reduktase (5—20 Einheiten), 0,02 ml 0,0344%ig. Lösung von Menadion in Methylglykol. Man mißt die Extinktionsabnahme zwischen 30 Sek. und $4^1/_2$ Min. nach dem Start bei 366 mμ.

Enzymeinheit = eine Extinktionsabnahme von 0,001/Min.

67. Cytochrom c

Man reduziert am besten auf enzymatischem Wege Cytochrom c (s. Bestimmung Nr. 59 und 60).

68. Cytochrom c_1

Man mißt die Absorptionsänderung während der Reduktion mit Succino-Dehydrogenase, Rinderherz-Mitochondrien u. a. mit Substratüberschuß bei den Wellenlängen 554 und 540 mμ in einem System von 0,1 m Phosphatpuffer, 20 mμMolen oxydiertem Cytochrom c_1 und Triton X-100. Endkonz, 1 %; gesamtvol. 1 ml. Auch die Oxydation von reduziertem Cytochrom c_1 mit Cytochrom c, a und O_2 kann bei 554 mμ zur Aktivitätsbestimmung registriert werden.

69. Cytochrom-Oxydase (Atmungsferment)

Der Sauerstoffverbrauch in Gegenwart eines geeigneten Substrates kann manometrisch im Warburg-Gefäß oder nach der polarographischen Methode von *B. P. Chance* (*Colowick, S. P.*, u. *N. O. Kaplan:* Methods in Enzymology, Bd. IV, S. 273. New York 1957) verfolgt werden. Beispiel für die erste Methode: In den Hauptraum eines Warburg-Gefäßes gibt man 1 mg Cytochrom c, gelöst in 0,25 ml H_2O, 0,3 ml 0,1 m Semicarbazid-HCl (auf p_H 7,1 neutralisiert), 1,45 ml 0,1 m Phosphatpuffer p_H 7,1 und 0,25—0,75 ml Enzymlösung. Man füllt mit H_2O auf 3 ml auf. Die Ansatzbirne enthält 3 mg Hydrochinon, gelöst in 0,25 ml H_2O. Gasraum: Luft, Temperatur: 25 °C.

70. Katalase

Nach *Euler, H.*, u. *K. Josephson:* A. **452**, 158 (1927) wird die Zersetzung von H_2O_2 durch Titration mit $KMnO_4$ verfolgt. Hierzu kühlt man 50 ml 0,01 m H_2O_2 in 0,0067 m Phosphatpuffer p_H 6,8 auf 0 °C, gibt 1 ml Katalaselösung hinzu, mischt rasch um und nimmt sofort 5 ml ab, zu denen man 5 ml 2 n H_2SO_4 zusetzt. Dann titriert man mit m/200 $KMnO_4$ auf rosa (= 0-Wert). Nach 3, 6 und 9 Min. werden neue Proben entnommen und entsprechend behandelt. $K = \frac{1}{t} \log \frac{x_0}{x_t}$, x_0 und x_t sind ml verbrauchter $KMnO_4$-Lösung zur Zeit o und t.

Katalase-Aktivität: K/g Enzym (in der Reaktionsmischung von 51 ml). Verbesserte Titrationstechnik bei *Bonnichsen, R.*, *B. P. Chance* u. *H. Theorell:* Act. Chem. Scand. **1**, 685 (1947).

71. Peroxydasen

Beim Purpurogallin-Test werden 1,25 g Pyrogallol in 500 ml H_2O, 12,5 mg H_2O_2 und das Enzym inkubiert. Nach 5 Min. fügt man 50 ml 10%ig. H_2SO_4 zu und extrahiert das gelbe Purpurogallin mit 3—4 Portionen Äther. Die photometrische Konzentrationsbestimmung erfolgt gegen eine Standardlösung von Purpurogallin.

Purpurogallinzahl: Menge von Purpurogallin, die in 5 Min. entstanden ist, dividiert durch das Gewicht des Peroxydasepräparates.

72. Tyrosinase

In den Hauptraum eines großen Warburg-Gefäßes gibt man 1 ml p-Kresollösung (4 mg), 2 ml 0,1 m Citratpuffer p_H 7,0, 1 ml Gelatinelösung (5 mg) und 1 ml Enzymlösung. Gesamtvolumen 8 ml. Man mißt den Sauerstoffverbrauch und bezeichnet als eine Tyrosinase-Einheit die Enzymmenge, die in der Minute 10 mm³ O_2 verbraucht.

73. Laccase

Prinzip der Bestimmung wie bei 72. Testansatz: In den Hauptraum eines Warburg-Gefäßes mit 30 ml Fassungsvermögen gibt man 3 ml Pufferlösung (0,2 m Citratpuffer und 0,4 m Phosphatpuffer p_H 6,1), 1 ml Gelatinelösung (5 mg) und die Enzymlösung. Gesamtvolumen 8 ml. In die Ansatzbirne bringt man 1 ml Hydrochinonlösung (10 mg).

74. Ascorbinsäure-Oxydase

Testansatz: In den Hauptraum eines Warburg-Gefäßes gibt man 2 ml 0,2 m Phosphat-Citrat-Puffer p_H 5,6, 1 ml Gelatinelösung (5 mg), 1 ml L-Ascorbinsäurelösung (2,5 mg) und die Enzymlösung. Gesamtvolumen 8 ml. Eine Kontrolle ohne Enzym läuft parallel. Man mißt den O_2-Verbrauch bei 25 °C.

75. Lipoxydase

Die Enzymaktivität kann manometrisch und spektrophotometrisch verfolgt werden.

a) Manometrische Methode. Der Hauptraum eines Warburg-Gefäßes enthält 3 ml 1×10^{-4} m Ammoniumlinoleat in 0,1 m Phosphatpuffer p_H 7,0. In den Seitenarm bringt man 0,1—0,5 ml Enzym. Nach Gleichgewichtseinstellung bei 20 °C kippt man die Enzymlösung in den Hauptraum und mißt in 5 Minuten-Intervallen den O_2-Verbrauch.

Enzymeinheit = Enzymmenge, die 1 μMol Linoleat/Min. oxydiert oder die 1 μMol O_2/Min. verbraucht.

b) Spektrophotometrische Methode. 7×10^{-3} m Ammoniumlinoleat in 0,1 m NH_4OH—NH_4Cl-Puffer p_H 9,0 werden mit O_2 belüftet, in Quarzküvette mit 1 mm Lichtweg gebracht. Es wird der Anstieg der Absorption bei 232,5 mμ nach Zugabe des Enzyms gemessen.

Enzymeinheit = Enzymmenge, die 1 μMol Linoleat/Min. oxydiert (ε = 27,4 bis $27,3 \times 10^3$).

76. Monoamin-Oxydase

Hier gibt es eine manometrische und eine spektrophotometrische Aktivitatsbestimmungsmethode.

a) Bei der manometrischenn werden 0,2 ml 0,2 m Phosphatpuffer p_H 7,2 mit 0,05 Einheiten Katalase und dem Enzym in einem Gesamtvolumen von 2,4 ml inkubiert. Nach Gleichgewichtseinstellung kippt man aus dem Seitenarm 6 μM (0,1 ml) neutralisiertes Sperminhydrochlorid zu und mißt den Sauerstoffverbrauch uber 10 Min.

Enzymeinheit = Enzymmenge, die einen Verbrauch von 1 μl O_2/10 Min. bewirkt.

b) Die spektrophotometrische Bestimmung beruht auf der Differenz der molaren Extinktionskoeffizienten von Benzylamin (Substrat) und Benzaldehyd (Oxydationsprodukt) bei 250 mμ. Der Testansatz soll enthalten in einem Gesamtvolumen von 3 ml 200 μMole Phosphatpuffer p_H 7,2, 10 μMole Benzylamin und das Enzym. Man mißt die Absportionszunahme bei 250 mμ. Als Einheit bezeichnet man die Enzymmenge, die einen Anstieg der Absorption um 0,001/Min. katalysiert.

77. Diamin-Oxydase

Die Aktivitatsbestimmung entspricht der manometrischen bei der Monamin-Oxydase mit Kadaverin als Substrat. Es kann auch die NH_3-Bildung oder die Oxydation von Histamin bestimmt werden.

78. Alanin-aktivierendes Enzym

Testlösung: 50 μMole Tris-HCl-Puffer p_H 7,5, 1 μMol L-^{14}C-Alanin (5 Mill. cpm), 1 μMol ATP, 1 μMol $MgSO_4$, 10 mg Schweineleber s-RNA und Enzym in 1 ml Gesamtvolumen 20 Min. auf 38 °C. Dann wird die Temperatur auf 0 °C abgekühlt. Nach Zugabe von 0,5 ml (30 mg) Träger-Hefe RNA wird Gesamt-RNA gefallt mit 3 ml 12%ig. Trichloressigsaure. Entweder wird Radioaktivität im Niederschlag gemessen oder nach Zugabe von zusatzlich 1 m Hydroxylamin die gebildete Hydroxamsauremenge bestimmt. Pyrophosphat-ATP-Austausch: 50 μMole Tris-HCl-Puffer vom p_H 8,5, 5 μMole L-Alanin, 1 μMol ATP, 5 μMole $MgSO_4$ oder $CoCl_2$, 5 μMole ^{32}P-Pyrophosphat (500000 cpm) und Enzym in einem Totalvolumen von 1 ml werden 10 Min. bei 38 °C geschuttelt. Man bestimmt nach *G. C. Webster* die Radioaktivität im ATP.

79. Tryptophan-aktivierendes Enzym

Die Hydroxamsäurebestimmung erfolgt nach *Hoagland, M. B., E. B. Keller* u. *P. C. Zamecnik:* J. biol. Chem. **218**, 345 (1956). Testzusammensetzung: 10 μMole ATP, 10 μMole $MgCl_2$, 10 μMole Aminosäure, 1000 μMole salzfreies Hydroxylamin, 100 μMole Trispuffer p_H 7,8 und 10 μg krist. Pyrophosphatase/ml. Nach Inkubation bei 37 °C wird 1 ml zu 2,3 ml-Lösung von 0,37 m $FeCl_3$, 0,31 m Trichloressigsäure und 0,651 m HCl gegeben und die Hydroxamsäuremenge bestimmt.

1 Enzymeinheit ist die Menge, die die Bildung von 1 μMol Tryptophan-hydroxamsaure/Std. bewirkt.

80. Glutamin-Synthetase

Die Aktivitat kann in Gegenwart hoher Hydroxylaminmengen an Stelle von Ammoniak in Form der gebildeten Hydroxamsaure ermittelt werden. Andererseits kann in etwas gereinigten Enzymfraktionen ein gekoppelter optischer Test angewendet werden, bei dem das in der Reaktion entstehende ADP durch Pyruvatkinase und Lactat-Dehydrogenase verfolgt wird. Testzusammensetzung: Bei einem Gesamtvolumen von 3,5 ml war die Lösung 0,1 m an Trispuffer p_H 7,4 und enthielt $1{,}6\times10^{-6}$ Mole Phosphoenol-brenztraubensaure, 5×10^{-5} Mole Mg^{2+}, 2×10^{-4} Mole K^+, 1×10^{-6} Mole ATP, 3×10^{-5} Mole NH_4^+, $2{,}5\times10^{-5}$ Mole L-Glutaminsäure, 8×10^{-7} Mole NADH, 10 μg LDH, 10 μg Pyruvatkinase. Nach Zugabe aller Komponenten, außer Glutaminsaure, wird der durch ATPase- und Myokinase-Verunreinigungen hervorgerufene Gang kontrolliert und dann die Reaktion durch Zugabe von L-Glutamat ausgelöst. Man verfolgt die Extinktionsabnahme bei 366 mμ.

81. Pantothensäure-Synthetase

In einem mehrfach gekoppelten Test wird die bei der Reaktion entstehende Adenosinmonophosphorsäure mittels Myokinase, Pyruvatkinase und Lactat-Dehydrogenase registriert. Die Testlösung enthalt außer 2,1 ml m/10 Trispuffer p_H 8,6 0,2 ml m/10 Kalium-D-pantoat, 0,1 ml 0,1 m ATP, 0,1 ml 0,5 m $MgSO_4\times7\,H_2O$, 0,1 ml 1 m KCl, 0,08 ml einer 0,03 m Phosphoenolbrenztraubensäure-Lösung, 0,06 ml einer 0,017 m NADH-Losung, 0,02 ml Kristallsuspension-Pyruvatkinase, 0,02 ml Kristallsuspension LDH, 0,02 ml Kristallsuspension Myokinase (alle von der Firma Boehringer, Mannheim). Die Reaktion wird durch Zugabe von 0,2 ml 0,1 m β-Alanin und dem Enzym ausgelöst. Zuerst pipettiert man die Synthetase zu und mißt den Blindwert durch Enzymverunreinigungen. Dann mißt man nach Zugabe des β-Alanins die Extinktionsabnahme bei 366 mμ unter Abzug des vorher ermittelten Blindwertes.

82. Glutathion-Synthetase

Man mißt zur Aktivitätsbestimmung den Einbau von ^{14}C-markiertem Glycin in Glutathion bei Zugabe von Glutamylcystein. Testzusammensetzung: 0,1 m Trispuffer p_H 8,3, 0,1 m KCl, 0,01 m $MgSO_4$, 0,015 m KCN, 0,002 m Glutamylcystein, 0,015 m ^{14}C-Glycin, 0,003 m

ATP und 0,005 m 3-Phosphoglycerinsäure sollen in einem Gesamtvolumen von 1 ml enthalten sein. Dazu gibt man 1 mg Serumalbumin und 1 mg Protein von Kaninchenmuskelextrakt. Nach 30 Min. Inkubation bei 37 °C wird enteiweißt und nach Zugabe von nichtmarkiertem Trägerglutathion dieses als Cu-Salz gefällt und darin die Radioaktivität bestimmt. Bei reineren Präparaten kann die Freisetzung von anorganischem Phosphat aus ATP verfolgt werden.

83. Luciferase

Gewöhnlich sind keine Aktivitätsbestimmungen des Enzyms beschrieben worden, sondern die Bestimmung von ATP. Es kann jedoch der Austausch von radioaktivem Pyrophosphat mit der β-γ-Pyrophosphatgruppe im ATP verfolgt werden. Hierzu ist die Verwendung von kristallisiertem Luciferin notwendig.

84. Aldolase

Am einfachsten läßt sich Aldolase-Aktivität durch einen gekoppelten Test mit Glycerophosphat-Dehydrogenase oder Glyceraldehydphosphat-Dehydrogenase bestimmen. Im ersten Fall ist die Testzusammensetzung $0{,}9 \times 10^{-7}$ Mole/ml NADH, 4×10^{-6} Mole/ml Fructose-1,6-diphosphat, 2 γ/ml Glycerophosphat-Dehydrogenase, mit 0,05 m Triäthanolamin-HCl-Puffer auf 3,98 ml aufgefüllt. Nach Zugabe von 0,02 ml Enzymlösung verfolgt man die Abnahme der NADH-Absorption bei 340 oder 366 mμ.

Ohne Verwendung von Dehydrogenasen und NAD kann die Enzymaktivität an Hand der Bildung von alkalilabilem Phosphat verfolgt werden. Hierzu enteiweißt man nach Inkubation, setzt dann NaOH bis zur Endkonzentration von 1 n zu und hält 15 Min. bei Raumtemperatur. Unter diesen Bedingungen werden die Phosphorsäurereste der Triosen abgespalten und können wie üblich bestimmt werden.

Eine neue optische Methode beschreiben *Vanserheiden, B. S., J. O. Meinhart, R. Gene Dodson* u. *E. G. Krebs:* J. biol. Chem. **237**, 2095 (1962). Der Test enthält dort 0,1 ml 0,07 m frische Hydrazinlösung, 0,3 ml 0,3 m Kaliumphosphatpuffer, 1,3 ml H_2O, 0,6 ml 5×10^{-4} m EDTA, 0,3 ml 1×10^{-3} m $ZnSO_4$ und 0,2 ml 0,04 m Fructose-diphosphat. Nach Zugabe des Enzyms und Inkubation wird in 0,03 m Phosphatpuffer p_H 7,3 verdünnt und die Extinktion bei 240 mμ gemessen.

85. Transaldolase

a) **1. Test:** 1 ml Endvolumen soll enthalten: 25 mμMole Glycyl-Glycin-Puffer p_H 7,4, Xylulose-5-phosphat (0,9 mμMole) und 1,2 mμMole Ribose-5-phosphat, 0,5 mμMole NADP, 0,2 mμMole Thiaminpyrophosphat, 2 mμMole $MgCl_2$, 0,2 Einheiten Transketolase, 0,05 Einheiten Glucose-6-phosphat-Epimerase und 0,1 Einheit Glucose-6-phosphat-Dehydrogenase. Man mißt die Bildung von NADPH bei 340 oder 366 mμ.

b) **2. Test:** In einem Endvolumen von 1 ml sind enthalten: 25 mμMole Glycyl-Glycin-Puffer p_H 7,4, 0,2 mμMole NADP, 0,5 mμMole Seduheptulose-7-phosphat, 1 mμMol Fructose-1,6-diphosphat, 0,05 Einheiten Glucose-6-phosphat-Isomerase, 0,1 Einheit Glucose-6-phosphat-Dehydrogenase, 0,2 Einheiten Aldolase und das Enzym.

Enzymeinheit = Enzymmenge zur Bildung von 1 mμMol Substrat/Min.

86. Transketolase

Testansatz: 0,4 μMole Ribulose-5-phosphat, 0,06 μMole NADH, 140 γ Glycerophosphat-Dehydrogenase, 6 μMole Cystein, 10 μMole Glycyl-Glycin-Puffer p_H 7,5. Gesamtvolumen: 1,03 ml. Nach Zugabe des Fermentes mißt man die Abnahme der Extinktion bei 340 mμ. Die Glycerophosphat-Dehydrogenase muß noch genügend Isomeraseaktivität haben, so daß die beiden Fermente im Überschuß vorhanden sind.

87. Brenztraubensäure-Carboxylase

Man mißt im Warburg-Manometer bei niedrigem p_H das Volumen des bei der Decarboxylierung entstehenden CO_2. Beispiel: Im Gesamtvolumen des Hauptraums von 3,3 ml sind enthalten: 0,51 m Brenztraubensäure und 0,3 ml 0,5 m Citratpuffer p_H 6,0.

Enzymeinheit nach *Green:* Enzymmenge, die bei 30 °C in 3 Min. 100 μl CO_2 entwickelt.

88. Phosphoenolpyruvat-Carboxykinase

Nach *Utter, N. F.,* u. *K. Kurahashi:* J. biol. Chem. **207**, 787 (1954) wird der Einbau von $^{14}CO_2$ in Oxalessigsäure in Gegenwart von ATP oder ITP bestimmt. Man kann auch ausgehend von Phosphoenolbrenztraubensäure, CO_2 und IDP in einem gekoppelten Test die entstehende Oxalessigsäure mit Malatdehydrogenase und NADH abfangen.

89. Thiolase

Man verfolgt die Spaltung des Thioesters an der Abnahme der charakteristischen β-Ketothioesterbande zwischen 300 und 302 mμ.

90. Crotonase

Nach der Methode von *Seubert, W.,* u. *F. Lynen:* J. Amer. chem. Soc. **75**, 2787 (1953) wird das Verschwinden der Bande bei 263 mμ (Doppelbindung) beobachtet, oder es kann durch Kombination mit der α-Hydroxyacyl-CoA-Dehydrogenase die Bildung von NADH bei 340 oder 366 mμ gemessen werden.

91. Propionyl-Carboxylase

Vor allem wahrend der Reinigung des Enzyms bewährt sich die Messung des Einbaus von $^{14}CO_2$. Testlosung: Bei 1,5 ml Endvolumen sollen die Reaktionspartner in folgenden Konzentrationen (mμMole) vorliegen: Trispuffer p_H 8,5 100, Glutathion 5, $MgCl_2$ 4, ATP 4, Propionyl-CoA 1, $KH^{14}CO_3$ 15 (30—50000 cpm/μMol) und das Enzym. Nach 20 Min. Inkubation bei 37 °C wird die Reaktion mit 0,2 ml 20%ig. Trichloressigsaure gestoppt. Zur Reaktionslösung werden je 0,2 ml 10%ig. Saccharose und 0,5%ig. „Sparkleen" gegeben. Nach Zentrifugation trocknet man 0,6 ml der Lösung in einem Aluminiumschalchen ein und mißt die Radioaktivität.

Enzymeinheit = die Menge Enzym, die die Fixierung von 1 μMol $^{14}CO_2$/Std. katalysiert.

92. Fettsäure-synthetisierendes Enzym

Entweder wird der Einbau des radioaktiven 2-^{14}C-Malonyl-CoA in höhere Fettsauren verfolgt oder bei reinen Praparaten der Verbrauch an NADPH optisch gemessen. Der Test für die letztere Bestimmung enthalt 0,1 ml 1 m Kaliumphosphatpuffer vom p_H 6,5; 0,3 ml 0,05 m neutralisiertes Cystein, 0,01 ml 0,02 m NADPH, p_H 8,5. 0,01 ml 0,005 m Acetyl-CoA und 0,01—0,06 ml Enzymlösung mit dest. Wasser auf 1,49 verdunnt. Reaktion wird durch Zugabe von 0,01 ml 0,005 m Malonyl-CoA gestartet. Man mißt die Abnahme der Absorption bei 334 mμ gegen eine Testlösung ohne Malonyl-CoA.

Eine Enzymeinheit oxydiert 1 mμMol NADPH/Min.

93. Homoserin-Dehydrase

Prinzip. Nach der Methode von *Friedemann, T. E.*, u. *G. N. Haugen:* J. biol. Chem. **147**, 415 (1943) wird die gebildete Ketosäure mit Dinitrophenylhydrazin umgesetzt und in alkalischer Lörung die Absorption des Dinitrophenylhydrazons bei 515 mμ gemessen. Testlösung: 1 ml Gesamtvolumen enthält 0,1 ml Enzym, $1{,}6 \times 10^{-5}$ m DL-Homoserin, 5×10^{-2} m BAL und Pyridoxalphosphat in 0,1 m Kaliumphosphatpuffer p_H 7,5. Nach 30 Min. Inkubation bei 37 °C wird die Reaktion durch Zugabe von 2 ml 10%ig. Trichloressigsäure gestoppt und in 1 ml Überstand die Bildung des Dinitrophenylhydrazons gemeessn.

Eine Enzymeinheit ist die Enzymmenge, die 1 μMol α-Ketobuttersaure/Std. bildet.

94. Tryptophan-Synthetase

Prinzip. Man verfolgt optisch das Verschwinden des Indols aus folgendem Reaktionsgemisch: 10 μg Pyridoxalphosphat, 60 μMole DL-Serin, 0,4 μMole Indol, 90 μMole Trispuffer p_H 7,8, 0,03 ml gesattigte NaCl und Überschuß an Protein B in 1 ml Gesamtvolumen.

Enzymeinheit = die Enzymmenge, die in 20 Min. bei 37 °C 0,1 μMol Indol in Tryptophan umwandelt.

95. Tryptophan-Pyrrolase

Prinzip. Man verfolgt spektrophotometrisch die Bildung von Kynurenin und Formylkynurenin bei 365 bzw. 321 mμ. Testzusammensetzung: 1,5 ml 0,1 m Kaliumphosphatpuffer vom p_H 7,0, 0,1 ml μM Hämatin, 0,3 ml 0,03 m L-Tryptophan, das Enzym und Wasser bis zu einem Endvolumen von 2,5 ml.

Enzymeinheit: Entweder die Menge, die die Bildung von 1 μMol Oxydationsprodukt/Zeiteinheit oder einen bestimmten Wechsel der optischen Dichte/Zeiteinheit bewirkt.

96. NAD-Nucleosidase

0,3 ml 0,1 m Phosphatpuffer vom p_H 7,2, 0,5 μMole NAD und Enzym in 0,6 ml Gesamtvolumen werden 8 Min. auf 37 °C gehalten. Nach Zugabe von 3 ml 1 m KCN wird die Absorption bei 325 mμ abgelesen. Bei der zweiten Bestimmungsart wird das nichtzerstörte NAD mit Alkoholdehydrogenase und Äthylalkohol enzymatisch bestimmt.

Enzymeinheit = die Menge an Enzym, die 1 μMol NAD/Std. spaltet.

97. Lysozyme

Es wird die Lyse von Suspensionen an Mikrococcus lysodeikticus Zellen (20 mg in 90 ml m/15 Phosphatpuffer p_H 6,2 + 10 ml 1%ig. NaCl) verfolgt. Zu 5 ml Suspension gibt man 0,5 ml Enzym und beobachtet bei 25 °C den Anstieg der Durchlassigkeit bei der Wellenlänge von 650 mμ. Dieser Anstieg ist proportional der Lysozym-Konzentration.

98. Glyoxalase I

Testansatz: 2,7 ml H_2O, 0,1 ml 0,1 m K-Phosphatpuffer p_H 6,6, 0,05 ml 2%ig. reduziertes Glutathion (p_H 6,6), 0,05 ml 2%ig. Methylglyoxal. Man gibt 0,1 ml Fermentlösung zu und mißt die Zunahme der Extinktion bei 240 mμ. Die Fermentverdünnung nimmt man am besten in 0,01 m K-Phosphatpuffer p_H 7,4 vor. Je ml Verdünnung fugt man 100 γ Rinderserumalbumin zu.

99. Condensing enzyme

a) Spektrophotometrischer Test: Im Gesamtvolumen von 3 ml sind enthalten 75 μMole Phosphatpuffer p_H 7,0, 8 μMole $MgCl_2$, 0,31 μMole NAD, 0,5 μMole K-L-Malat, 0,19 μMole Acetyl-CoA (Reinheit in diesem Versuch 5,8%), 16 γ Äpfelsaure-Dehydrogenase und das Ferment. Man mißt die Extinktionszunahme bei 340 mμ.

b) **Man bestimmt die in folgendem Test gebildete Citronensäure:** 25 μMole K-Phosphatpuffer p_H 7,4, 4 μMole $MgCl_2$, 10 μMole L-Cystein, 20 μMole K-Oxalacetat, 10 μMole Di-Li-acetylphosphat, ferner 20 mg Trockengewicht/ml frischer Extrakt von Escherichia coli (Stamm 4152). Dieser Extrakt enthält genügend CoA und Transacylase. Gesamtvolumen: 1 ml. Man neutralisiert Cystein und Oxalessigsaure mit KOH, nicht mit NaOH, da Na^+ hemmt.

100. Aminosäure-Decarboxylasen

Man verfolgt die CO_2-Entwicklung im Warburg-Manometer. Aktivität: Q_{CO_2} = μLiter CO_2, die bei 30°C in 60 Min. unter optimalen Bedingungen von 1 mg Bakteriensubstanz gebildet werden.

D. Enzym-Vorstufen

1. **Trypsinogen** wird durch Enterokinase zwischen p_H 6—9 in Trypsin umgewandelt. Kristallisiertes Trypsinogen wird auch durch Trypsin selbst umgewandelt (p_H-Optimum 7—8). Autokatalytische Umwandlung durch Ca^{2+} oder andere alkalische Erden: *Tietze, F.*: J. biol. Chem. **204**, 1 (1953).

2. **Pepsinogen** wird durch Ansäuern (p_H 2) und Pepsin selbst in aktives Pepsin umgewandelt. Kristallisiertes Produkt aus Magenschleimhaut hat einen *IP* von 3,7. Unter p_H 6 autokatalytische Umwandlung.

3. **Chymotrypsinogen A** wird durch Trypsin in aktives Chymotrypsin übergeführt (nicht durch Enterokinase). Vorstufe kristallisiert: *Northrop, J. H.*: Cristalline Enzymes S. 135—140, New York 1939. Das gleiche gilt für Chymotrypsinogen B. *MG* (A) 25000, *IP* 9,5 u. 5,0 (B).

4. **Plasminogen** ist die Vorstufe von Plasmin. Die Aktivierung kann durch physikalische Einwirkungen oder eine spezifische Bakterienkinase (Streptokinase) erfolgen.

5. **Prorennin** erfährt bei p_H 5,3 eine langsame, bei p_H 1 eine rasche Umwandlung in Zymogen (wahrscheinlich Komplexbildung eines Inhibitors mit dem Enzym).

6. **Procarboxypeptidase** wird erst beim Stehen im Pankreasextrakt (37°C) langsam in die aktive Form überführt. Beschleunigte Umwandlung durch Trypsin.

7. **Prothrombin** geht in Gegenwart von Ca^{2+}, Thromboplastin und zweier Eiweißkörper (Faktor V und VI) in Thrombin über. Neueste Zusammenfassung des Blutgerinnungsvorgangs s. *Marbet, R.*, u. *A. Winterstein:* Experientia **10**, 273 (1954).

Literatur

[1] *Connors, W. M., A. Pihl, A. L. Dounce* u. *E. Stotz:* J. biol. Chem. **184**, 29 (1950).

[1a] *Marchis-Mouren, G., L. Sarda* u. *P. Desnuelle:* Arch. Biochem. **83**, 309 (1959).

[2] *Warringa, M. G. P. J.*, u. *J. A. Cohen:* Biochim. biophysica Acta **16**, 300 (1955). — *Bergmann, F.*, u. *A. Shimoni:* Biochim. biophysica Acta **8**, 520 (1952).

[2a] *Jansz, H. S.*, u. *J. A. Cohen:* Biochim. biophysica Acta **56**, 531 (1962).

[3aα] *Garen, A.*, u. *C. Levinthal:* Biochim. biophysica Acta **38**, 470 (1960).

[3aβ] *Rogers, D.*, u. *F. J. Reithel:* Arch. Biochem. **89**, 97 (1960). — *Tsuboi, K. K., G. Wiener* u. *P. B. Hudson:* J. biol. Chem. **224**, 621 (1957).

[3b] *Razzell, W. E.*, u. *H. G. Khorana:* J. biol. Chem. **234**, 2105 (1959). — *Heppel, L. A.*, u. *R. J. Hilmoe:* Methods in Enzymology **II**, 565. New York 1955.

[3c] *Kunitz, M.*: J. gen. Physiol. **35**, 423 (1952). — *Schlesinger, M. J.*, u. *M. J. Coon:* Biochim. biophysica Acta **41**, 30 (1960).

[3d] *Mihalyi, E.*, u. *A.G.Szentgyörgyi:* J. biol. Chem. **201**, 211 (1953). — *Kielley, W. W., H. M. Kalckar* u. *L. B. Bradley:* J. biol. Chem. **219**, 95 (1956).

[4] *Fischer, E. H., L. Kohtes* u. *J. Fehlig:* Helv. chim. Acta **34**, 1132 (1951)

[5] *Halvorson, H.*, u. *L. Ellias:* Biochim. biophysica Acta **30**, 28 (1958). — *Dahlquist, A.*: Acta Chem. Scand. **13**, 945, 1817 (1959).

[6] *Helferich, B.*: Ergebn. Enzymforsch. **9**, 70 (1943). — *Veibel, S.*: The Enzymes **I**, Teil 1. New York 1950.

[7] *Hu, A. S. L., R. G. Wolfe* u. *R. J. Reithel:* Arch. Biochem. **81**, 500 (1959). — *Wallenfels, K., M. L. Zarnitz, G. Laule, H. Bender* u. *M. Keser:* Biochem. Z. **331**, 459 (1959).

[8] *Bernfeld, P.*, u. *W. H. Fishman:* J. biol. Chem. **202**, 757 (1953). — *Smith, E. E. B.*: Biochem. J. **50**, **VIII** (1952).

[9] *Fischer, E. H.*, u. *C. H. Hasselbach:* Helv. Chim. Acta **34**, 325 (1951). — *Stein, E. A., J. M. Junge* u. *E. H. Fischer:* J. biol. Chem. **235**, 371 (1960).

[10aα] *Neurath, H.*: Methods in Enzymology **II**, 77 (1955). — *Folk, J. E.*, u. *J. A. Gladner:* J. biol. Chem. **235**, 60 (1960).

[10aβ] *Folk, J. E., K. A. Piez, W. R. Carroll* u. *J. A. Gladner:* J. biol. Chem. **235**, 2272 (1960).

[10aγ] *Hill, R. L., D. H. Spackman, D. M. Brown* u. *E. L. Smith:* Biochem. Preparations **6**, 35 (1958).

[10bα] *Northrop, J. H.*: J. gen. Physiol. **13**, 739 u. 767 (1930); **14**, 713 (1930). — *Norris, E. R.*, u. *J. C. Mathies:* J. biol. Chem. **204**, 673 (1953).

[10bβ] *Berridge, N. J.:* Biochem. J. **39**, 179 (1945).
[10bγ] *Northrop, J. H.*, u. *M. Kunitz:* Science **73**, 262 (1931); J. gen. Physiol. **16**, 267 (1932). — *Buck, F. F., A. J. Vithayathil, M. Bier* u. *F. F. Nord:* Arch. Biochem. **97**, 417 (1962).
[10bδ] *Northrop, J. H.:* J. gen. Physiol. **14**, 713 (1931); **18**, 433 (1935); **19**, 991 (1936). — *Brown, K. D., R. E. Shupe* u. *M. Laskowski:* J. biol. Chem. **173**, 99 (1948). — *Rovery, M., M. Poilroux* u. *P. Desnuelle:* Biochim. biophysica Acta **14**, 145 (1954).
[10bε] *Kimmel, J. R.*, u. *E. L. Smith:* J. biol. Chem. **207**, 515 (1954).
[10bζ] *Tallan, H. H., M. E. Jones* u. *J. S. Fruton:* J. biol. Chem. **194**, 793 (1952).
[10bη] *Troll, W., S. Sherry* u. *J. Wachman:* J. biol. Chem. **208**, 85 (1954).
[10bϑ] *Mycek, M. J., St. D. Elliott* u. *J. S. Fruton:* J. biol. Chem. **197**, 637 (1952).
[11] *Bruns, F. H.*, u. *Ch. Schulze:* Biochem. Z. **336**, 162 (1962).
[12] *Sumner, J. B.:* J. biol. Chem. **69**, 435 (1926). — *Dounce, A. L.:* J. biol. Chem. **140**, 307 (1941).
[13] *Bach, S. J.*, u. *J. D. Killip:* Biochim. biophysica Acta **47**, 336 (1961).
[14] *Roth, J. S.:* J. biol. Chem. **208**, 181 (1954). — *Kunitz, M.:* J. gen. Physiol. **24**, 15 (1940). — *Anfinsen, C. B., S. E. G. Aqvist, J. P. Cooke* u. *B. Jónsson:* J. biol. Chem. **234**, 1118 (1959).
[15] *Kunitz, M.:* Science **108**, 19 (1948).
[16] *Grunberg-Manago, M., P. J. Ortiz* u. *S. Ochoa:* Biochim. biophysica Acta **20**, 269 (1956).
[17] *Lehmann, I. R., M. J. Bessman, E. S. Simms* u. *A. Kornberg:* J. biol. Chem. **233**, 163 (1958). — *Radding, Ch., M.* u. *A. Kornberg:* J. biol. Chem. **237**, 2877, 2869 (1962).
[18] *Furth, J. J., J. Hurwitz* u. *M. Anders:* J. biol. Chem. **237**, 2611 (1962).
[19] *Green, A. A.*, u. *G. T. Cori:* J. biol. Chem. **151**, 21, 31 (1943). — *Ya-Pin-Lee:* Biochim. biophysica Acta **43**, 18 (1960).
[20] *Leloir, L. F.*, u. *S. H. Goldemberg:* J. biol. Chem. **235**, 919 (1960). — *Leloir, L. F., M. A. Rong de Fekete* u. *C. E. Cardini:* J. biol. Chem. **236**, 636 (1961).
[21] *Grein, L.*, u. *G. Pfleiderer:* Biochem. Z. **330**, 433 (1958).
[22] *Jenkins, W. T., D. A. Yphantis* u. *J. W. Sizer:* J. biol. Chem. **234**, 51 (1958).
[23] *Warburg, O.*, u. *W. Christian:* Biochem. Z. **310**, 384 (1941). — *Malmström, B. G.:* Arch. Biochem. **70**, 58 (1957).
[24] *Frieden, C., R. M. Bock* u. *R. A. Alberty:* J. amer. Chem. Soc. **76**, 2482 (1954).
[25] *Buchanan, J. M.*, u. *Ch. B. Anfinsen:* J. biol. Chem. **180**, 47 (1947). — *Morrison, J. F.:* Biochem. J. **58**, 685 (1954).
[26] *Nyman, P. O.:* Biochim. biophysica Acta **52**, 1 (1961).
[27] *Kunitz, M.*, u. *M. R. McDonald:* J. gen. Physiol. **29**, 393 (1946). — *Trayser, K. A.*, u. *S. P. Colowick:* Arch. Biochem. **94**, 177 (1961).
[28] *Bücher, Th.:* Biochim. biophysica Acta **1**, 292 (1947). — *Larsson-Ráznikiewicz, M.*, u. *B. G. Malmström:* Arch. Biochem. **92**, 94 (1961)
[29] *Beisenherz, G., H. J. Boltze, Th. Bücher, R. Czok, K. H. Garbade, E. Meyer-Arendt* u. *G. Pfleiderer:* Z. Naturforsch. **8b**, 555 (1953). — *Tietz, A.*, u. *S. Ochoa:* Arch. Biochem. **78**, 477 (1958).
[30] *Noda, L.*, u. *S. A. Kuby:* J. biol. Chem. **226**, 541 (1957).
[31] *Kuby, S. A., L. Noda* u. *H. A. Lardy:* J. biol. Chem. **209**, 191 (1954).
[32] *Wieland, O.*, u. *M. Suyter:* Biochem. Z. **329**, 320 (1957). — *Bergmeyer, H. U., G. Holz, E. M. Kauder, H. Möllering* u. *O. Wieland:* Biochem Z. **333**, 471 (1961)
[33] *Lardy, H.:* The Enzymes **6**, 70. New York 1962.
[34] *Najjar, V. A.:* J. biol. Chem. **175**, 281 (1948). — *Czok, R.*, u. *Th. Bücher:* Adv. Proteinchem. **15**, 315 (1960).
[35a] *Pizer, L. J.:* J. biol. Chem. **235**, 895 (1960). — *Rodwell, V. W., J. C. Towne* u. *S. Grisolia:* Biochim. biophysica Acta **20**, 394 (1956).
[36] *Kawahara, F. S., Shu-Fang-Wang* u. *P. Talalay:* J. biol. Chem. **237**, 1500 (1962).
[37] *Czok, R.*, u. *Th. Bücher:* Adv. Proteinchem. **15**, 315 (1960).
[38] *Pfleiderer, G.*, u. *D. Jeckel:* Biochem. Z. **329**, 370 (1957).
[39] *Dalziel, K..* Biochem. J. **80**, 440 (1961). — *Wallenfels, K., H. Sund, A. Fessler* u. *W. Burchard:* Biochem. Z. **329**, 31 (1957).
[40] *Deitrich, R. A., L. Hellerman* u. *J. Wein:* J. biol. Chem. **237**, 560 (1962).
[41] *van Eys, J., B. J. Nuenke* u. *M. K. Patterson:* J. biol. Chem. **234**, 2308 (1959). — *Ankel, H., Th. Bücher* u. *R. Czok:* Biochem. Z. **332**, 315 (1960).
[42] *Zelitsch, J.:* J. biol. Chem. **216**, 553 (1955).
[43] *Stern, J. R.:* Biochim. biophysica Acta **26**, 448 (1957).
[44] *Englard, S.*, u. *H. H. Breiger:* Biochim. biophysica Acta **56**, 571 (1962). — *Siegel, L.*, u. *S. Englard:* Biochim. biophysica Acta **54**, 67 (1961).
[45] *Olson, J. A.*, u. *Ch. B. Anfinsen:* J. biol. Chem. **197**, 67 (1952).
[46] *Glaser, L.*, u. *D. H. Brown:* J. biol. Chem. **216**, 67 (1955).
[47] *Siebert, G., J. Dubug, R. G. Warner* u. *G. W. E. Plaut:* J. biol. Chem. **226**, 965 (1957).

[48] *Mize, Ch. E.*, u. *R. G. Langdon:* J. biol. Chem. **237**, 1589 (1962).
[49] *Smith, M. G.:* Biochem. J. **83**, 135 (1962).
[50] *Hübener, H. J.*, u. *F. G. Sahrholz:* Biochem. Z. **333**, 95 (1960).
[51] *Gotto, A. M.*, u. *H. L. Kornberg:* Biochim. biophysica Acta **48**, 604 (1961).
[52] *Schweet, R. S., B. Katchman, R. M. Bock* u. *V. Jagannathan:* J. biol. Chem. **196**, 563 (1952).
[53] *Sanadi, D. R., J. W. Littlefield* u. *R. M. Bock:* J. biol. Chem. **197**, 851 (1952).
[54] *Ochoa, S., A. H. Mehler* u. *A. Kornberg:* J. biol. Chem. **174**, 979 (1948). — *Rutter, W. J.*, u. *H. A. Lardy:* J. biol. Chem. **233**, 374 (1958).
[55] *Hauge, J. G., F. L. Crane* u. *H. Beinert:* J. biol. Chem. **219**, 727 (1956).
[56] *Singer, T. P., E. B. Kearny* u. *P. Bernath:* J. biol. Chem. **223**, 599 (1956).
[57] *Warburg, O.*, u. *W. Christian:* Biochem. Z. **266**, 377 (1933).
[58] *Massey, V.:* Biochim. biophysica Acta **37**, 314 (1960).
[59] *Mahler, H. R., N. K. Sarkar, L. P. Vernon* u. *R. A. Alberty:* J. biol. Chem. **199**, 585 (1952).
[60] *Phillips, A. H.*, u. *R. G. Langdon:* J. biol. Chem. **237**, 2652 (1962). — *Williams* jr., *Ch. H.*, u. *H. Kamin:* J. biol. Chem. **237**, 587 (1962).
[61] *Kusai, K., J. Sekuzu, B. Hagihara, K. Okunuki, S. Yamauchi* u. *M. Nakai:* Biochim. biophysica Acta **40**, 555 (1960). — *Gulyi, M. F.*, u. *R. G. Degtyer:* Ukr. Biochim. Z. **34**, 137 (1962).
[62] *Wellner, D.*, u. *A. Meister:* J. biol. Chem. **235**, 2013 (1960).
[63] *Massey, V., G. Palmer* u. *R. Bennett:* Biochim. biophysica Acta **48** 1 (1961).
[64] *Green, D. E.*, u. *H. Beinert:* Biochim. biophysica Acta **11**, 599 (1953). — *Riechert, D. A.*, u. *W. W. Westerfeld:* J. biol. Chem. **203**, 915 (1953).
[65] *Rajagopalan, K. V., J. Fridovich* u. *P. H. Handler:* J. biol. Chem. **237**, 922 (1962).
[66] *Märki, F.*, u. *C. Martius:* Biochem. Z. **333**, 111 (1960).
[67] *Margoliash, E., L. Smith, G. Kreil* u. *H. Tuppy:* Nature **192**, 1125 (1961). — *Kreil, G.:* Österr. Chem. Ztg. **63**, 292 (1962).
[68] *Bomstein, R., R. Goldberger* u. *H. Tisdale:* Biochim. biophysica Acta **50**, 527 (1961).
[69] *Yonetani, T.:* J. biol. Chem. **237**, 550 (1962).
Chance, B.: J. biol. Chem. **202**, 383, 397, 407 (1953).
Straus, W.: J. biol. Chem. **207**, 733 (1954).
[70] *Tauber, H.:* J. biol. Chem. **205**, 395 (1953). — *Bonnichsen, R. K.:* Acta Chem. Scand. **2**, 561 (1948).
[71] *Polis, B. D.*, u. *H. W. Shmuckler:* J. biol. Chem. **201**, 475 (1953).
[72] *Kubowitz, F.:* Biochem. Z. **299**, 32 (1938). — *Mallette, M. F., S. Lewis, S. R. Ames, J. M. Nelson* u. *C. R. Dawson:* Arch. Biochem. **16**, 283 (1948).
[73] *Keilin, D.*, u. *T. Mann:* Nature **143**, 23 (1939). — *Tissieres, A.:* Nature **162**, 340 (1948).
[74] *Dunn, F. J.*, u. *Ch. R. Dawson:* J. biol. Chem. **189**, 485 (1951).
[75] *Tappel, A. L., P. D. Boyer* u. *W. O. Lundberg:* J. biol. Chem. **199**, 267 (1952).
[76] *Yamada, H.*, u. *K. T. Yasunobu:* J. biol. Chem. **237**, 1511 (1962). — *Tabor, C. W., H. Tabor* u. *S. M. Rosenthal:* J. biol. Chem. **208**, 645 (1954).
[77] *Bonnichsen, R. K.:* Arch. Biochem. **12**, 83 (1947).
[78] *Webster, G. C.:* Biochem. biophysica Acta **49**, 141 (1961)
[79] *Davie, E. W., V. V. Koningsberger* u. *F. Lipmann:* Arch. Biochem. **65**, 21 (1956).
[80] *Elliot, W. H.:* J. biol. Chem. **201**, 661 (1953). — *Pamıhans, V., P. R. Krishnaswamy, G. D. Dumville* u. *A. Meister:* Biochemistry **1**, 153 (1962). — *Wieland, Th., G. Pfleiderer* u. *B. Sandmann:* Biochem. Z. **330**, 198 (1958).
[81] *Pfleiderer, G., A. Kreiling* u. *Th. Wieland:* Biochem. Z. **333**, 302 (1960). — *Kreiling, A., W. Ludwig* u. *G. Pfleiderer:* Biochem. Z. **336**, 241 (1962).
[82] *Snoke. J. E.,:* J. biol. Chem. **213** 813 (1955).
[83] *Shimomura, O., F. H. Johnson* u. *Y. Saıgu:* J. Cell. Comp. Physiol. **58**, 113 (1961).
[84] *Vanderheiden, B. S., J. O. Meinharz, R. Gene Dodson* u. *E. G. Krebs:* J. biol. Chem. **237**, 2095 (1962). — *Beisenherz, G., H. J. Boltze, Th. Bücher, R. Czok, K. H. Garbade, E. Meyer-Arendt* u. *G. Pfleiderer:* Z. Naturforsch. **8b**, 555 (1953).
[85] *Venkataraman, R.*, u. *E. Racker:* J. biol. Chem. **236**, 1876 (1961).
[86] *Srere, P., J. R. Cooper, M. Tabachnic* u. *E. Racker:* Arch. Biochem. **74**, 295 (1958). — *Datta, A. G.*, u. *E. Racker:* J. biol. Chem. **236**, 624 (1961).
[87] *Kubowitz, F.*, u. *W. Lütgens:* Biochem. Z. **307**, 170 (1941). — *Green, D. E., D. Herbert* u. *V. Subrahmanyan:* J. biol. Chem. **138**, 327 (1941).
[88] *Kurahashi, K. R., J. Pennington* u. *M. F. Utter:* J. biol. Chem. **226**, 1059 (1957).
[89] *Stern, J. R.:* Methods in Enzymology Bd. **I**, S. 581 (1955).
[90] *Stern, J. R., A. Del Campillo* u. *I. Raw:* J. biol. Chem. **218**, 971 (1956).
[91] *Halenz, D. H., Jan-Yung-Feng, C. S. Hegre* u. *M. D. Lane:* J. biol. Chem. **237**, 2140 (1962).

[92] *Lynen, F.*, in: *Colowick* und *Kaplan* Methods in Enzymology, Vol. V, S. 443. New York 1962.
[93] *Sayre, F. W.*, u. *D. M. Greenberg:* J. biol. Chem. **220**, 787 (1956). — *Matsuo, Y.*, u. *D. M. Greenberg:* J. biol. Chem. **230**, 545, 561 (1958); **234**, 507, 516 (1959).
[94] *Henning, U.*, *D. R. Helinski*, *F. C. Chao* u. *Ch. Yanofsky:* J. biol. Chem. **237**, 1523 (1962).
[95] *Greengard, O.*, u. *P. Feigelson* J. biol. Chem. **237**, 1903 (1962).
[96] *Windmueller, H. G.*, u. *N. O. Kaplan:* Biochim. biophysica Acta **56**, 388 (1962).
[97] *Jollès, G.*, u. *C. Fromageot:* Biochim. biophysica Acta **11**, 95 (1953); **14**, 219 (1954) und *Jollès, P.*, u. *M. Ledieu:* Biochim. biophysica Acta **31**, 100 (1959).
[98] *Racker, E.:* J. biol. Chem. **190**, 685 (1951).
[99] *Srere, P. A.*, u. *G. W. Kosicki:* J. biol. Chem. **236**, 2557 (1961).
[100] *Werle, E.:* Angew. Chem. **63**, 550 (1951).

XIII. Enzymaktivitätsbestimmungen im Serum für die klinische Diagnostik

Von **W. H. Hauss** und **U. Gerlach**, Münster/Westf.

Abkürzungen

ALD = Fructose-1.6-diphosphat-Aldolase
CHE = Cholinesterase
CPK = Creatin-Phosphokinase
GOT = Glutamat-Oxalacetat-Transaminase
GPT = Glutamat-Pyruvat-Transaminase
GLDH = Glutamat-Dehydrogenase
G-6-PDH = Glucose-6-phosphat-Dehydrogenase
LAP = Leucin-Aminopeptidase
LDH = Lactat-Dehydrogenase
PFA = 1-Phosphofructaldolase
PHI = Phosphohexose-Isomerase
Ph = Phosphatase
SDH = Sorbit-Dehydrogenase

Die Enzymaktivität ist in mU/ml angegeben; 1 U ist definiert als 1 μMol Substratumsatz pro Min. bei +25 °C. Umrechnungsfaktoren s. Tab. 14, S. 744.

Literatur: S. 745.

A. Pathophysiologische Vorbemerkungen

1. Einteilung und Funktion der Plasma- und Zellenzyme

Die Plasmaenzyme können nach funktionellen Gesichtspunkten in drei große Gruppen eingeteilt werden. Die erste Gruppe umfaßt solche Enzyme, die für die Funktion des Plasma von besonderer Bedeutung sind. Hierher gehören z. B. das *Prothrombin* und die *Cholinesterase*. Die zweite Gruppe umfaßt die Sekretenzyme, z. B. die *α-Amylase* oder die *alkalische Phosphatase*. Zu der dritten Gruppe, den *Zellenzymen*, gehören die Hauptkettenenzyme, die organspezifischen und die organellenspezifischen Enzyme (*Bücher*).

Die *Cholinesterase* ist ein Enzym, das in der Leberzelle gebildet und aktiv in das Plasma abgegeben wird, so daß ein hoher Plasmaspiegel resultiert. Verschiedene pathophysiologische Mechanismen verändern den Plasmaspiegel von CHE: Bei Leberkrankheiten, auch im „akuten Syndrom" (*Hauss*), kommt es zu einer verminderten Bildung von CHE, woraus die Verminderung des Plasmaspiegels folgt. Manche Phosphorsäureester (Insektizide) sind Hemmstoffe für das schon gebildete CHE-Molekül. Bei vermehrtem Eiweißumsatz (z. B. bei Nephrose) ist der Blutspiegel an CHE erhöht. Als angeborener Fehler ist eine abnorme Substratspezifität der CHE bekannt.

Die *alkalische Phosphatase* wird vorwiegend in den Osteoblasten gebildet, von dort in das Plasma abgegeben, über die Leberzelle in die Gallekapillaren geleitet und mit der Galle ausgeschieden. Zwei verschiedene pathophysiologische Mechanismen bewirken eine Vermehrung der Plasmaphosphatase. Der erste Mechanismus tritt bei einem Verschlußikterus ein. Durch die Störung des normalen Gallenabflusses kommt es zu einem Rückstau und damit zu einer Vermehrung der alkalischen

Phosphatase im Plasma bzw. Serum. Ein zweiter Mechanismus macht die erhöhte alkalische Phosphatase bei Knochenkrankheiten verständlich: Bei verstärkter Osteoblastentätigkeit wird von den Osteoblasten vermehrt alkalische Phosphatase ausgeschüttet, so daß der Plasmaspiegel steigt. Angeborener Mangel an alkalischer Phosphatase ist als Hypophosphatasie bekannt.

Die *Zellenzyme* wirken innerhalb der Zelle. Die Zellmembranen sind so „dicht", daß man normalerweise kaum Enzyme des Zellstoffwechsels im Plasma antrifft. Im Blutplasma werden keine Enzyme synthetisiert. Findet man aber Zellenzyme unter pathologischen Bedingungen im Blutserum vermehrt, so muß die Blutgewebsschranke, die funktionelle Einheit aus Kapillaren, Bindegewebe, Parenchymzellen und Nerven des Histion, die normalerweise die Zellenzyme von der Blutbahn trennt, „undicht" geworden sein.

Sehr verschiedenartige Krankheitsbilder wie Herzinfarkt, Hepatitis oder Myositis haben die gleiche Folge, nämlich die Vermehrung der Serumaktivität von Enzymen. Das Gemeinsame ist die Permeabilitätssteigerung der Zellmembran, die den Austritt von Zellenzymen und damit den Übertritt der Enzyme in das Serum einleitet. Der Austritt der Zellenzyme kann bis zum Zelltod führen. Möglicherweise tritt dieser jedoch erst dann ein, wenn die Lysosomen zerfallen. Doch kann auf jeder Stufe dieser Entwicklung ein Stillstand eintreten. Wenn wir in der Permeabilitätssteigerung der Zellmembran eine gleichartige Reaktion der Zelle auf heterogene Reize sehen, so ist zu prüfen, auf welchem Wege es zur Permeabilitätssteigerung der Zellmembran kommt. So beruht z. B. der Enzymaustritt aus den Muskelzellen in das Plasma beim Herzinfarkt auf einem *lokalen* Sauerstoffmangel. Sehr häufig aber ist der Infarkt von einer Kreislaufinsuffizienz begleitet. Diese verursacht einen *allgemeinen* Sauerstoffmangel, wie sich in der Erhöhung der leberspezifischen SDH im Serum zeigt. Auch eine Bronchiolitis obliterans verursacht einen allgemeinen Sauerstoffmangel der Körperzellen, was zum Anstieg der muskelspezifischen CPK und der SDH im Serum auf recht hohe Werte führt. Bei der Virushepatitis besteht eine Störung des Energiestoffwechsels in der infizierten Leber. Als Folge wird die Zellmembran durchlässig; leberspezifische Enzyme sind in hoher Konzentration im Serum nachweisbar. Auch Vergiftungen verursachen intrazelluläre Stoffwechselstörungen, deren Folge wiederum eine Hyperenzymämie ist. Das Verbindende ist stets ein gestörter Zellstoffwechsel, d. h. eine Störung im Energiehaushalt der Zellen. Diese Ansicht ist durch experimentelle Untersuchungen weithin belegt. Versuche am Tier mit Sauerstoffmangel, Kollaps oder Infektionen zeigen jeweils einen wesentlichen Anstieg der Enzymaktivität im Serum. Auch wenn Experimente in vitro mit Gewebeproben durchgeführt werden, läßt sich nach Sauerstoff- oder Glucosemangel ein vermehrter Enzymaustritt aus den Gewebezellen nachweisen.

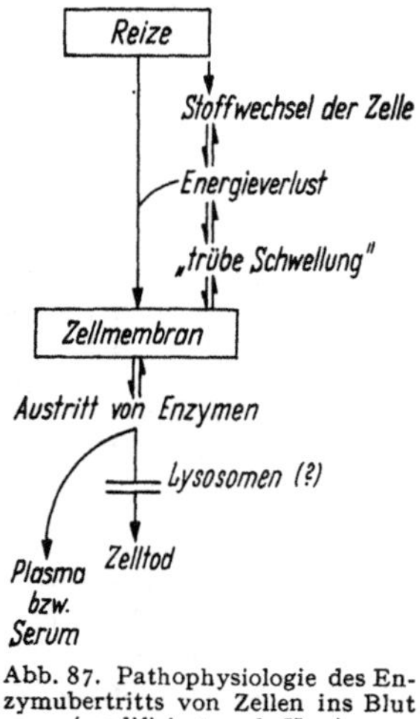

Abb. 87. Pathophysiologie des Enzymubertritts von Zellen ins Blut (modifiziert nach *Hess*)

Die Schlußfolgerung aus solchen Versuchen ist, daß eine gestörte Energieversorgung der Zelle zu einem Enzymverlust führt, weil die Zelle ihre Membranfunktion ohne ausreichende Energie nicht aufrecht erhalten kann. Jede Störung der energiebildenden wie der energieverbrauchenden Reaktionsschritte führt zu einer Permeabilitätsstörung der Zellmembran (Abb. 87). Die vermehrte Aktivitat von Zellenzymen im Blutserum zeigt also generell an, daß eine Zellschadigung mit Permeabilitatsstörung vorliegt.

Die Enzyme verlassen die geschädigte Zelle in verschiedener Reihenfolge: Plasmalösliche Enzyme treten leichter als die strukturgebundenen aus. Findet man z. B. die strukturgebundene GLDH im Serum vermehrt, so zeigt dies eine

Mitochondrienschädigung an. Die in das Blutplasma übergetretenen Enzyme unterliegen einer raschen Inaktivierung, Degradierung bzw. Elimination. Einige experimentell ermittelte Halbwertszeiten sind in Abb. 88 dargestellt. Aus überschlagsmäßigen Berechnungen der extrazellulären Inaktivierung von Enzymen ergeben

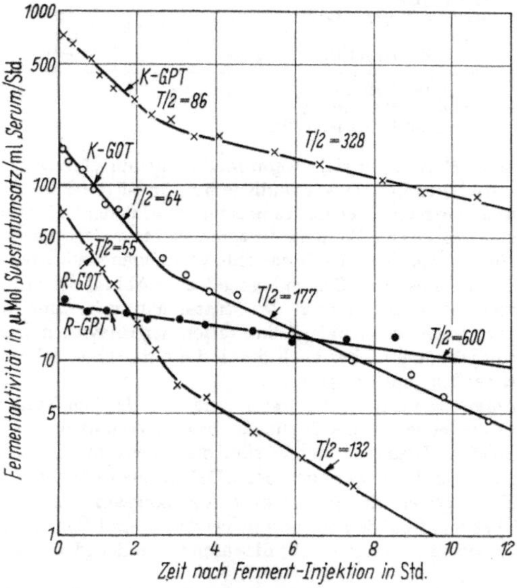

Abb. 88. Blutspiegelkurven nach intravenöser Applikation von GOT und GPT aus Kaninchenleber (K-GOT bzw. K-GPT) und von GOT und GPT aus Schweineherz (R-GOT bzw. R-GPT). Zur ubersichtlicheren Darstellung wurde die Kurve der K-GPT um eine Zehnerpotenz nach oben verschoben. Die Versuche wurden an Kaninchen durchgefuhrt (*Amelung*)

sich beim Menschen die folgenden Halbwertszeiten: LDH 50–60, GOT 50–60, GPT 75–90 und GLDH ca. 85 Stunden. Der Abbau der Enzyme im Blutplasma unterliegt wahrscheinlich den gleichen Gesetzen wie der Abbau des Plasmaproteins. Eine Elimination der Enzyme durch die Niere hat mit Ausnahme der Amylase wegen der relativ hohen Molekulargewichte der Enzyme wenig praktische Bedeutung.

2. Organspezifische Enzymanalysen

Will man feststellen, welches Organ geschädigt ist, bestimmt man *organspezifische Enzyme, Enzymmuster* oder *Isoenzyme.*

Von den *organspezifischen Enzymen* sind Amylase und Prostataphosphatase seit langem bekannt und in der Diagnostik bewährt. Darüber hinaus haben zwei weitere Zellenzyme praktische Bedeutung gewonnen: CPK gilt als muskelspezifisches, SDH als leberspezifisches Enzym. Entsprechend findet man bei Krankheiten des Herzmuskels, etwa bei einem Herzinfarkt u. a., das muskelspezifische Enzym im Serum wieder. Analog ist im Hepatitisserum die leberspezifische SDH vermehrt. Diese scheinbar einfachen Trennmöglichkeiten werden aber unsicher, wenn z. B. der Herzinfarkt mit einem Kollaps einhergeht; denn der allgemeine Sauerstoffmangel führt zu einer Zellschädigung vieler Organe, wenn auch graduelle Unterschiede bestehen. Deshalb kann im Einzelfall die Serumenzymaktivität bei primärem Kreislaufversagen oder bei Herzinfarkt und Lungenembolie mit begleitendem Kollaps gleichartig sein (Tab. 1).

Tabelle 1. **Verteilung organspezifischer Enzyme im Serum bei verschiedenen Erkrankungen**

	CPK	SDH
Herzmuskel	+++	ø
Serum bei Herzinfarkt	++	ø
Leber	ø	+++
Serum bei Hepatitis	ø	++
Serum bei Kollaps	+	+
Serum bei Herzinfarkt	+	+
Serum bei Lungenembolie	+	+

Ein genaueres Bild ergibt sich, wenn man nicht nur einzelne Enzyme sondern ein *Enzymmuster* bestimmt. Die Grundlage hierfür ist die Tatsache, daß die verschiedenen Organe je nach ihrer Leistung einen verschiedenen Enzymbesatz haben. Bei Schädigung des Organs können Enzyme in etwa der gleichen Relation ins Plasma einströmen, wie sie in der Organzelle vorhanden sind. Aber es ist zu beachten, daß das Enzymmuster im Serum kein getreues Abbild der intrazellulären Verhältnisse wiedergibt, vielmehr zeigt das Muster häufig bestimmte Verzerrungen, die sich mit der verschiedenartigen Lokalisation der Enzyme in der Zelle (plasmalöslich, strukturgebunden), aber auch durch die unterschiedliche Degradationsgeschwindigkeit der Enzyme erklären.

Unter *Isoenzymen* versteht man Fermente mit gleichen katalytischen Eigenschaften, die sich jedoch in der Sekundär- bzw. Tertiärstruktur ihres Proteinaufbaus unterscheiden. Besonders genau sind die Isoenzyme der LDH untersucht. Elektrophoretisch sind 5 Fraktionen der LDH im menschlichen Serum zu unterscheiden. Im Lebergewebe dominieren die beiden langsam wandernden Fraktionen, die auch bei Leberzellschäden im Serum vermehrt sind. Dagegen sind im Herzmuskel und im Serum bei Herzinfarkt die rascher wandernden Fraktionen vorherrschend.

Eine *Zusammenfassung* der geschilderten Befunde ergibt, daß die Enzymbestimmungen im Serum einen Einblick in einen dynamischen pathophysiologischen Vorgang erlauben.

Man erhält durch Enzymbestimmungen Hinweise auf die Proteinsynthese in der Leber, auf den Gallenabfluß oder die Osteoblastentätigkeit; vor allem aber erlauben die Fermentmessungen ein Urteil über die Zellpermeabilität und damit über eine Zelleistung. Das Symptom Permeabilitätssteigerung tritt sehr früh ein und reagiert sehr empfindlich, denn es ist energetisch gesteuert. Daraus ergibt sich die klinische Bedeutung der Enzymbestimmungen: Sie erlauben ein Urteil über die akute Situation bei einer Erkrankung, über Diagnose und Prognose. Von besonderem Wert ist das Symptom „Enzymanstieg im Serum" in der Frühdiagnose (Hepatitis, Herzinfarkt, Muskeldystrophie) und bei dem schwierigen Urteil über die Abheilung einer Krankheit (z. B. Hepatitis).

Das Symptom kann aber nicht krankheitsspezifisch sein, wohl ist es oftmals organspezifisch. Man muß nämlich beachten, daß ein pathogener Reiz nicht eine einzelne Zelle, sondern den ganzen Organismus trifft. Zwischen Reiz und Reaktion steht der reagierende Organismus (*Hoff*), dessen Gesamtreaktion bekannt ist als „vegetative Umschaltung" (*Hoff*) oder als „akutes Syndrom" (*Hauss*). Nur bei Berücksichtigung dieses klinischen Gesamtbildes kann das Symptom „Enzymanstieg im Serum" zum Nutzen der Kranken bewertet werden.

B. Enzymaktivität im Serum bei Herzerkrankungen und Lungenembolie

1. Herzerkrankungen

In der Diagnostik des *Herzinfarktes* ist die Bestimmung von GOT, CPK und LDH mit LDH-Isoenzymen von praktischem Interesse. Der Anstieg der Enzymaktivität im Serum beginnt 2—4—6 Stunden nach Eintritt des Myocardinfarktes.

24–48 Stunden später erreicht die Aktivität ihr Maximum. In den folgenden Tagen sinkt die Enzymaktivitat wieder ab und kehrt in der Regel zwischen dem 4. und 6. Tag zur Norm zurück. Dabei fällt die LDH-Aktivität im allgemeinen weniger steil ab als die GOT (Abb. 89). CPK verhält sich ähnlich wie GOT (Abb. 99). Während aber GOT, CPK, LDH, ALD und andere Enzyme nach Infarkt ansteigen, sinkt die Aktivität von CHE im Serum ab.

Das Maximum des Enzymanstiegs beträgt im Durchschnitt etwa das 6fache für CPK, GOT und LDH, doch sind im Einzelfall wesentlich höhere und auch niedrigere Werte zu finden.

Erneuter Anstieg von LDH, GOT oder CPK beruht häufig auf Reinfarzierung. Verzögerter Abfall von LDH und GOT sowie starkerer Anstieg von GPT und SDH weisen auf Leberstauung infolge Herzinsuffizienz hin.

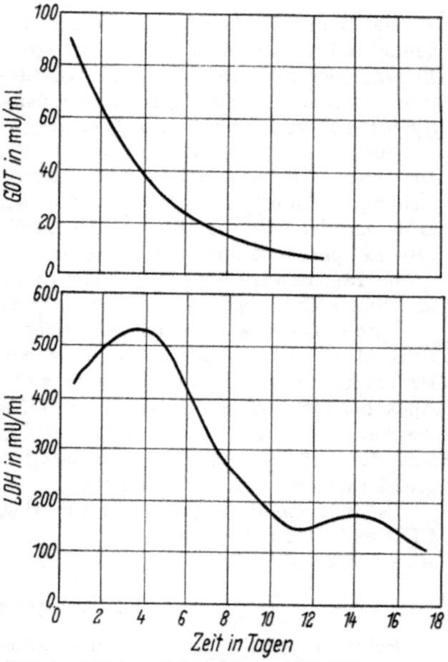

Abb. 89. Mittlere Enzymaktivität im Serum nach Herzinfarkt (*Gerlach*)

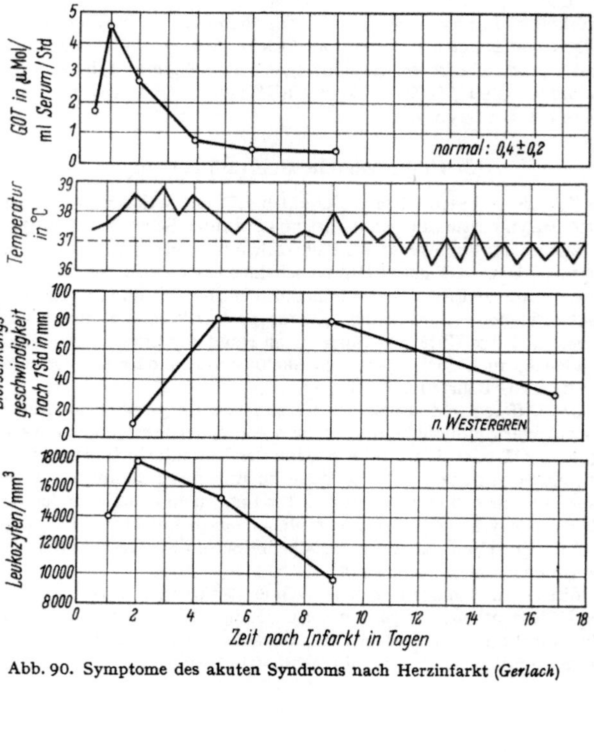

Abb. 90. **Symptome des akuten Syndroms nach Herzinfarkt (*Gerlach*)**

Hat man die Möglichkeit, den einzelnen Patienten mit Myocardinfarkt früh genug und mehrmals zu untersuchen, so sind in ca. 95–99% aller Herzinfarkte Enzymänderungen im Serum nachzuweisen. Abb. 90 zeigt an einem Beispiel, welche zeitliche Korrelation zwischen dem Enzymanstieg im Serum und anderen Symptomen des Herzinfarktes besteht.

Versucht man, aus der sehr unterschiedlichen Höhe des Enzymanstieges nach Infarkt prognostische Schlüsse zu ziehen, so ergibt sich insofern eine lockere Beziehung, als klinisch schwere Herzinfarkte im allgemeinen von größerer Aktivitätserhöhung der LDH, GOT oder CPK gefolgt sind; ein sehr hoher Enzymanstieg bedeutet eher eine ungünstige Prognose. Dabei wird der Anstieg von LDH in den ersten Tagen nach Herzinfarkt größtenteils durch LDH vom Herztyp hervorgerufen, später überwiegen die Isoenzyme vom Lebertyp.

Eine schwere *Myocarditis* verursacht ebenfalls eine Erhöhung der GOT- und CPK-Aktivität im Serum; weiterhin lassen sich Enzymsteigerungen im Serum bei Pericarditis dann nachweisen, wenn eine Mitbeteiligung des Myocard vorliegt. Auch bei Herzrhythmusstörungen mit Kammerfrequenzen über 180/Min. kann die Enzymaktivität im Serum steigen. Bei dekompensierten Herzfehlern finden sich gleichfalls erhöhte Enzymaktivitäten im Serum, die den durch Stauung geschädigten Leberzellen entstammen.

Die funktionelle *Angina pectoris* führt selten zu einer Vermehrung der Enzyme LDH und GOT im Serum. Häufiger, in etwa 20%, findet man einen geringen Anstieg von CPK.

2. Lungenembolie

Bei einem relativ großen Teil der Patienten mit *Lungenembolie* steigt die Aktivität von LDH und GOT an und die der CHE sinkt ab. Weniger oft steigen CPK und LDH-Isoenzyme vom Herztyp an. Zuweilen findet man, wie auch bei Herzinfarkt, LDH vom Lebertyp oder SDH im Serum, was durch einen begleitenden Kreislaufkollaps mit hypoxischer Leberzellschädigung zu erklären ist (jeder Kreislaufkollaps, gleich welcher Genese, verursacht einen Enzymanstieg im Serum. Da hierbei die Leberzelle die vorwiegende Quelle der Enzyme ist, betrifft die Vermehrung besonders LDH, GOT, GPT und SDH; von den Isoenzymen der LDH ist besonders der Lebertyp vermehrt).

3. Diagnostische Schlußfolgerungen

Aus den bisher beschriebenen Befunden läßt sich ableiten, welcher praktische Wert den Enzymbestimmungen im Serum bei akuten Schmerzzuständen des Brustraumes zukommt: Findet man bei mehrfachen Serumenzymbestimmungen keinen Anstieg von LDH, GOT oder CPK, so scheidet ein frischer Herzinfarkt praktisch aus. Damit kann die Enzymbestimmung als wesentliche Hilfe für die oft schwierige Differentialdiagnose „funktionelle Angina pectoris" oder Schmerz bei „Herzinfarkt" gelten. Diese Unterscheidung ist an Hand der Enzymbestimmungen frühzeitig möglich, auch dann, wenn Schenkelblockbilder oder ein vorausgegangener Infarkt die EKG-Beurteilung erschweren.

Bei der Differentialdiagnose des Herzinfarktes gegenüber der Lungenembolie ist die Enzymbestimmung besonders dann von Nutzen, wenn keine Aktivitätssteigerung von GOT oder CPK vorliegt, denn der Herzinfarkt führt in über 95%, die Lungenembolie in nur ca. 50% der Fälle zu Enzymschwankungen. Hohe Enzymwerte sprechen eher für Herzinfarkt als für Lungenembolie, besonders wenn CPK- und LDH-Isoenzyme vom Herztyp gefunden werden, doch ist besonders zu betonen, daß im Einzelfall das Enzymmuster im Serum bei Herzinfarkt und Lungenembolie durchaus gleich sein kann.

Die differentialdiagnostisch bedeutsame Pankreatitis ruft ebenfalls in einem Teil der Fälle deutliche Steigerung der GOT- und LDH-Aktivität hervor, ist aber vom Herzinfarkt deshalb leichter abzugrenzen, weil die akute Pankreaserkrankung mit Vermehrung der Amylase einhergeht (vgl. Abschnitt Pankreatitis).

C. Enzymaktivität im Serum bei Lebererkrankungen

1. Entzündliche Lebererkrankungen

Der große Gehalt der Leber an den verschiedensten Enzymen bewirkt, daß bei Erkrankungen der Leber zahlreiche Fermente in teilweise hoher Konzentration in das Blut einströmen. Für die klinische Diagnostik hat sich besonders die Bestimmung von LDH, GOT, GPT, alkalischer Phosphatase, SDH und GLDH bewährt (Tab. 2). Die Enzymvermehrung im Serum von Leberkranken ist in erster Linie Ausdruck der gestörten Funktion der Parenchymzellen, weniger der Mesenchymzellen in der Leber. Der Enzymanstieg ist um so höher, je diffuser das Parenchym geschädigt ist und je akuter der Prozeß abläuft (Abb. 91).

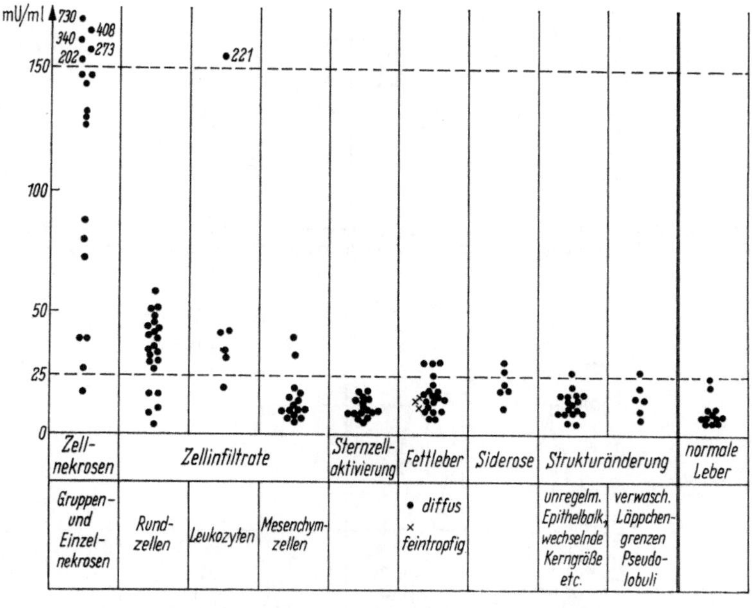

Abb. 91. Vergleich von GPT-Aktivitat und histologischem Leberbefund. Die obere Grenze des Normalbereichs ist durch eine gestrichelte Linie gekennzeichnet (*Wüst* u. *Schön*)

Der Enzymanstieg beginnt bei der *akuten Hepatitis* 5–10 Tage vor der Bilirubinvermehrung. Die Aktivitat von GOT erreicht in der ersten Phase der akuten Hepatitis im Serum das 10–150fache, die Aktivitat der GPT das 20–200fache der Norm. Die Relation von GOT/GPT (De-Ritis-Quotient) verschiebt sich dabei von normalerweise 1,3 in ca. 85% der Fälle auf Zahlen unter 1 (im Mittel 0,6). Gleichfalls ist bei der akuten Hepatitis die Aktivität der weitgehend leberspezifischen SDH, PFA sowie der LDH-Isoenzyme vom Lebertyp im Serum vermehrt. Gegenüber den Transaminasen ist der SDH-Anstieg für Leberzellschäden spezifischer, aber weniger empfindlich. Die alkalische Phosphatase ist zu Beginn der akuten Hepatitis meist normal, später – dem Grad der begleitenden Cholestase entsprechend – wenig bis deutlich erhöht; die Hepatitis mit cholestatischem Einschlag zeichnet sich demgegenüber durch besonders hohe Werte an alkalischer Phosphatase aus. Die Aktivität der CHE ist im Ablauf der akuten Hepatitis vermindert.

Auch *anikterische Formen der Virushepatitis* sind am Anstieg der Serumenzyme kenntlich. In welchem Ausmaß die Enzymaktivitäten bei der Hepatitis (und bei anderen Leberkrankheiten) pathologisch erhöht sind, ist in Abb. 92 u. 93 dargestellt.

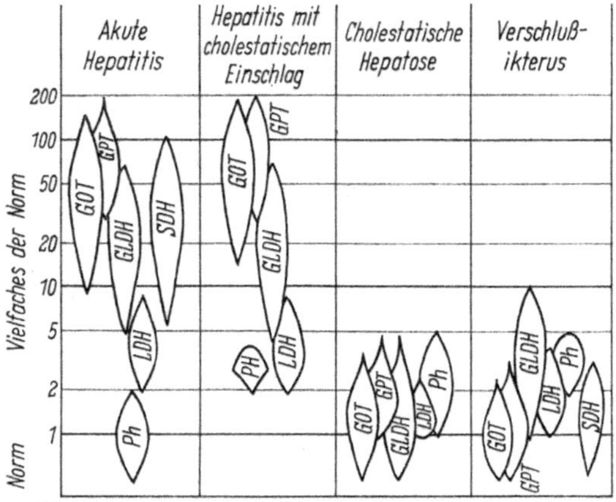

Abb. 92. Enzymaktivität im Serum bei Lebererkrankungen in den ersten 2 Wochen. Ph = alkalische Phosphatase. (Modifiziert nach *Schmidt, Schmidt, Horn* u. *Gerlach*)

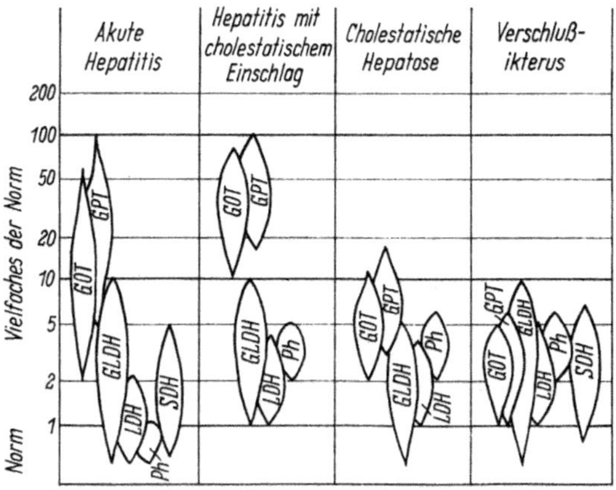

Abb. 93. Enzymaktivität im Serum bei Lebererkrankungen nach ca. 4wöchiger Krankheitsdauer. Ph = alkalische Phosphatase. (Modifiziert nach *Schmidt, Schmidt, Horn* u. *Gerlach*)

Bei der kurzen Halbwertszeit der Transaminasen im Serum zeigen sich interkurrente Verschlechterungen oder *Rezidive* (auch anikterische) der Hepatitis frühzeitig und rasch in einem erneuten Anstieg der Enzymaktivität. Normalisieren sich im Ablauf der akuten Hepatitis die Serumenzyme nicht, ist ein Übergang in eine chronische Verlaufsform anzunehmen.

Als Kriterium der *Ausheilung* einer *Hepatitis* ist daher neben Normalisierung von Bilirubin, Serumeisen, histologischem Bild usw. auch die Normalisierung der Enzymaktivitäten im Serum zu verlangen. Beim stationären Post-Hepatitis-Syndrom sowie bei Ikterus juvenilis intermittens (Meulengracht) ist die Enzymaktivität im Serum gewöhnlich normal (Abb. 94).

Die aktiven, fortschreitenden Formen der *chronischen Hepatitis* und der *Lebercirrhose* bewirken eine Vermehrung der Enzymaktivität im Serum (Abb. 94 u. 95); die Aktivitätsvermehrung ist entsprechend der geringeren Ausdehnung der Parenchymzellstörung weniger ausgeprägt, doch gleichen dystrophische, akute Schübe

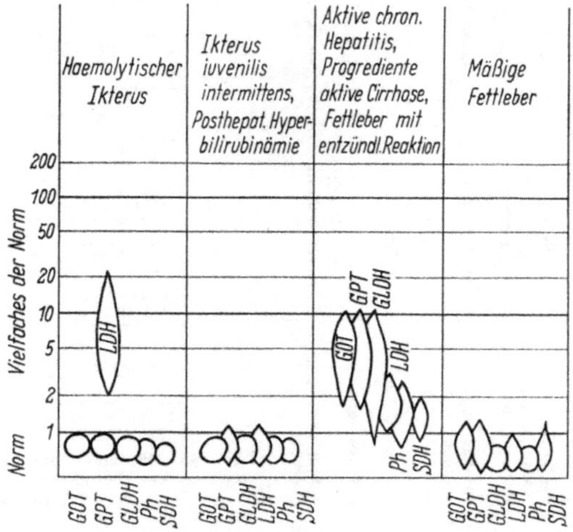

Abb. 94. Enzymaktivität im Serum bei verschiedenen Lebererkrankungen. Ph = alkalische Phosphatase. (Modifiziert nach *Schmidt*, *Schmidt*, *Horn* u. *Gerlach*)

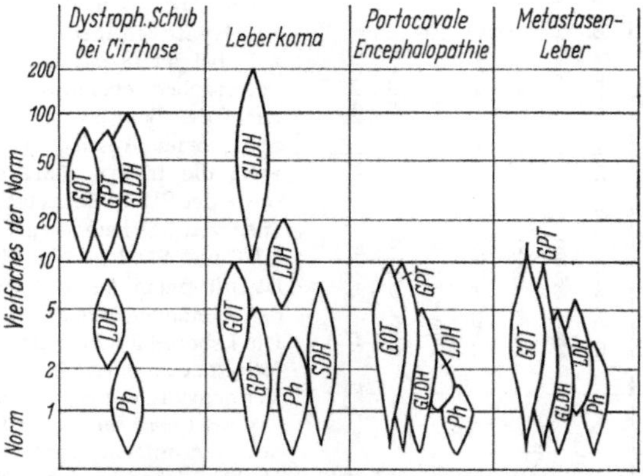

Abb. 95. Enzymaktivität im Serum bei verschiedenen Lebererkrankungen. Ph = alkalische Phosphatase. (Modifiziert nach *Schmidt*, *Schmidt*, *Horn* u. *Gerlach*)

einer chronischen Hepatitis bzw. Cirrhose im Enzymmuster des Serums durchaus einer akuten Hepatitis. Abb. 96 demonstriert an einem Krankengut von 72 Patienten mit kompensierter Lebercirrhose die größere Empfindlichkeit von GOT gegenüber einigen anderen Proben in der Erkennung aktiver Formen der Lebercirrhose. Es ist zu betonen, daß eine normale Aktivität der Transaminasen eine geringfügige chronische Hepatitis oder das Bestehen von Restknötchen nicht ausschließt. Auch die ruhende oder wenig aktive Cirrhosis hepatis hat häufig ein normales Enzymmuster im Serum. Eine zusammenfassende Darstellung des Aus-

Tabelle 2. **Verhalten von Enzymaktivität und Bilirubin im Serum bei Leberkrankheiten** (modifiziert nach *Hartmann*)

	Hepatitis	Hepatitis mit cholestatischem Einschlag	Chronische Hepatitis und aktive Cirrhose	Cholestatische Hepatose	Posthepatozellulärer Ikterus	Prähepatischer Ikterus
Bilirubin	normal bis stark erhöht	meist stark erhöht	normal bis erhöht	maßig bis stark erhöht	mäßig bis stark erhöht	erhöht (indirekt)
alk. Phosphatase	normal bis maßig erhöht	stark erhöht	normal bis erhöht	stark erhöht	stark erhöht	normal
GPT	stark erhöht	stark erhöht	erhöht	anfangs wenig erhöht	mäßig erhöht	normal
GOT	stark erhöht	stark erhöht	erhöht	anfangs wenig erhöht	mäßig erhöht	wenig erhöht
GLDH	gering erhöht	gering erhöht	erhöht	anfangs normal	erhöht	normal
SDH	stark erhoht	stark erhöht	erhöht	anfangs normal	normal bis mäßig erhöht	normal
LDH	stark erhoht	stark erhöht	erhöht	anfangs wenig erhöht	mäßig erhöht	stark erhöht

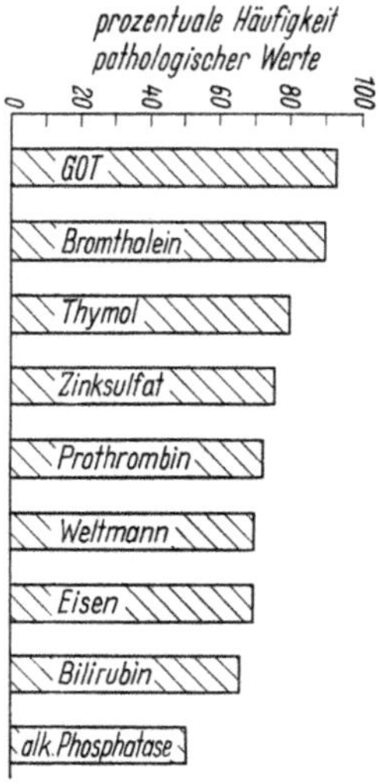

Abb. 96. Häufigkeit pathologischer Serumproben bei kompensierter Leberzirrhose (N = 72) (*Gerlach*)

maßes, in dem bei verschiedenen Cirrhosestadien ein pathologischer Wert der Serumenzyme gefunden wird, geben Abb. 94 u. 95.

Hepatitisformen anderer Genese, z. B. bei der *infektiösen Mononucleose*, verursachen ebenfalls, und zwar je nach der Schwere der Leberbeteiligung, einen Anstieg der Transaminasen, die bis zu 20mal erhöht sind, sowie der SDH. Ein relativ hoher Anstieg von LDH im Vergleich zu GOT, GPT und SDH bei der Mononucleose ist mit einem Austritt von LDH aus den mononucleären Zellen zu erklären. Die Leberschädigung bei *Morbus Weil* führt nur zu einer auffallend geringen Vermehrung der Serumenzyme.

Das *Coma hepaticum* ist die Folge des Zusammenbruchs aller Stoffwechselleistungen der Leberzelle. Resultiert das Coma aus einer rasch verlaufenden, nekrotisierenden Parenchymzerstörung, so findet man im Serum dieser Kranken hohe Aktivitaten an GOT, GPT, GLDH und SDH. Entwickelt sich die Bewußtseinstrübung in Endzuständen progredienter Lebercirrhosen mehr schleichend, werden geringere Enzymänderungen im Serum angetroffen. Besteht ein Coma hepaticum mit hohen Enzymwerten über Tage und entwickelt sich zu einem deletaren Zustand, so sinken die anfangs stark erhöhten Enzymaktivitäten von GOT, GPT, SDH usw. im Serum terminal wieder ab.

2. Hepatosen

Bei den Patienten mit *Fettleber*, der häufigsten Form der Hepatose, ist das Ausmaß der Enzymanderung im Serum vom Grad der Fettinfiltration abhängig. Während bei Patienten mit leichten Fettlebern vielfach noch normale Enzymaktivitaten im Serum gefunden werden, steigt der Prozentsatz an pathologisch ausfallenden Enzymreaktionen mit dem Ausmaß der Verfettung und dem Hinzutreten sekundärer entzündlicher Reaktionen (Abb. 97). Damit gleicht sich das Enzymmuster im Serum bei schwerer Leberverfettung dem Muster bei Patienten mit chronischer Hepatitis an.

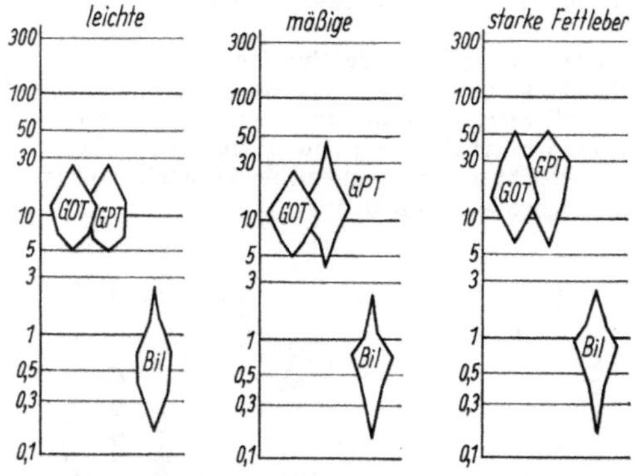

Abb. 97. Enzymaktivitat im Serum (mU/ml) bei Fettleber; histologisch diagnostiziert (N = 242). (*Schmidt* u. *Schmidt*)

Bei der *cholestatischen Hepatose* (durch Chlorpromazin, Marsilid, Marcumar, aber auch durch unbekannte Faktoren ausgelöst) scheint eine primäre zelluläre Störung der Bilirubinexkretion vorzuliegen. Entsprechend sind anfangs die Serumwerte der Transaminasen und anderer Leberzellenzyme niedrig. Die im weiteren Verlauf der cholestatischen Hepatose nur langsam fortschreitende Parenchymzellschädigung führt erst sekundär zu deutlicherem Anstieg der Serumenzyme, besonders zur charakteristischen Vermehrung der alkalischen Phosphatase. Während aber bei akuter Hepatitis (mit oder ohne Cholestase) der Enzymanstieg im Serum der Bilirubinerhöhung vorausgeht, kennzeichnet ein umgekehrtes Verhalten die cholestatische Hepatose.

Toxische Hepatosen, z. B. nach Tetrachlorkohlenstoffvergiftung, rufen besonders hohe Aktivitäten von LDH, GOT, GPT, SDH, GLDH usw. hervor.

3. Sekundäre Lebererkrankungen

Zur *Mitreaktion der Leber* kommt es bei manchen akuten und chronischen Allgemeinkrankheiten; die auch histologisch erkennbare wechselnd starke Reaktion des Leberparenchyms zeigt sich enzymatisch in einem mehr oder weniger ausgeprägten Ansteigen der Serumenzyme. So können schwere Infektionskrankheiten, cardiale Dekompensation ebenso wie jeder akute Kreislaufkollaps den Übertritt von Enzymen aus den sekundär gestörten Leberzellen ins Blut auslösen. Eine beträchtliche Vermehrung der Serumenzyme stellt sich bei allgemeiner Hypoxie infolge CO-Vergiftung ein.

Bei Patienten mit ausgedehnten *Lebermetastasen* (ebenso wie mit *primärem Lebercarcinom*) findet man ein Enzymmuster im Serum, wie es bei diffusen, toxischen Leberzellschäden angetroffen wird. Oft ist neben LDH, GOT, GPT, SDH und GLDH auch die alkalische Phosphatase mäßig erhöht.

4. Posthepatozelluläre Leberkrankheiten

Für das Enzymmuster im Serum bei *Verschlußsyndrom* (*posthepatozellulärer Ikterus*) ist eine wenig erhöhte Aktivität von GOT, GPT und SDH bei stark vermehrter alkalischer Phosphatase, LAP und GLDH typisch (Tab. 2). Gewöhnlich steigen erst bei der sekundären Leberzellschädigung infolge langdauernden Verschlusses GOT, GPT und SDH weiter an; aber bei plötzlich eintretendem Verschluß können schon zu Beginn der Stauung über Stunden bis Tage deutlich vermehrte Serumwerte für GOT und GPT sowie alkalische Phosphatase gemessen werden (Schädigung des Leberparenchyms durch Gallenbestandteile ?) (Abb. 92 u. 93).

Es ist aber zu betonen, daß sich die Enzymmuster im Serum bei Hepatitis jenseits des Initialstadiums und bei beginnendem oder länger währendem Verschlußikterus im Einzelfall weitgehend gleichen können. Für die klinische Beurteilung von Enzymmustern ist deshalb eine genaue Kenntnis des Stadiums der Krankheit Voraussetzung. Vielleicht bietet die unterschiedliche GLDH-Aktivität eine weitere Unterscheidungsmöglichkeit (Abb. 98).

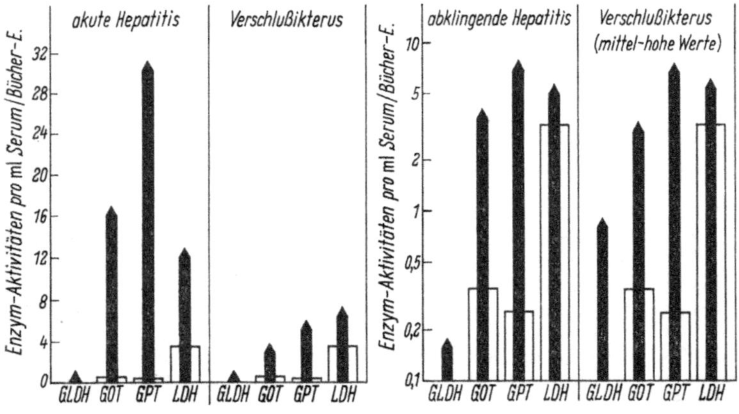

Abb. 98. Mittlere Enzymaktivität im Serum bei verschiedenen Gelbsuchtformen (Mittelwerte von je 25 Patienten). Offene Säulen = Normalwerte (*Hartmann*)

Eine Abgrenzung der *malignen von den benignen Verschlußsyndromen* ist auf Grund derzeitiger Enzymbestimmungen selten möglich. Gelegentlich weist eine besonders hohe LDH-Aktivität auf ein malignes Grundleiden hin.

Ist bei *Cholangitis* bzw. *Cholangiolitis* das Leberparenchym sekundär entzündlich beteiligt, so resultiert ein wechselnd starker Anstieg der hepatozellulären Enzyme und der alkalischen Phosphatase im Serum. Die gleiche Enzymverteilung kennzeichnet den Folgezustand der Cholangitis, die biliäre Cirrhose: LDH, GOT, GPT und SDH sind mäßig erhöht, während alkalische Phosphatase und GLDH relativ stark vermehrt sind.

Cholecystitis und *Cholelithiasis* verändern das normale Serumenzymmuster erst, wenn das Krankheitsbild durch Cholangitis oder Steinverschluß kompliziert ist.

D. Enzymaktivität im Serum bei Krankheiten der quergestreiften Muskulatur

In der Diagnostik der *Muskelkrankheiten* hat sich die Aktivitätsmessung von CPK und ALD im Serum besonders bewährt. CPK gilt als praktisch muskelspezifisches Enzym. (Es entspricht damit der SDH, die als leberspezifisch gelten kann.)

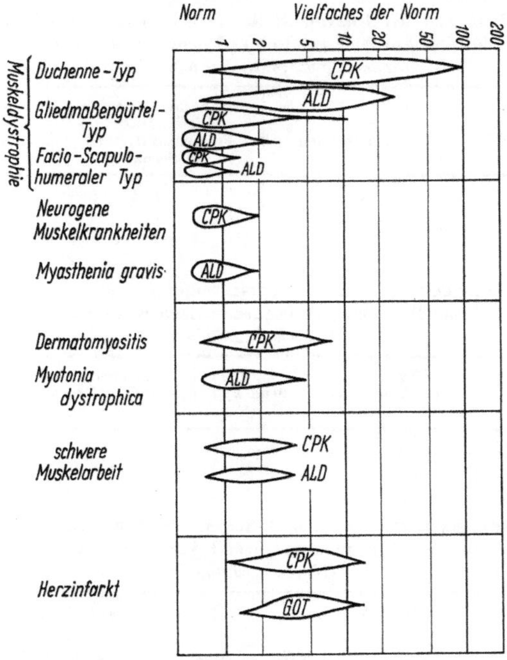

Abb. 99. Enzymaktivität im Serum bei Myopathien und bei Herzinfarkt (*Dreyfus* u. *Schapira; Gerlach*)

Eine stark erhöhte Serumaktivität von CPK und ALD (in geringerem Ausmaß auch von GOT, LDH, PHI) ist charakteristisch für den *Typ Duchenne* der *progressiven Muskeldystrophie*; dagegen findet man beim *Gliedmaßengürtel-Typ* und beim *facio-scapulo-humeralen Typ* der Muskeldystrophie nur mäßig erhöhte oder normale Enzymaktivitäten von CPK und ALD im Serum (Abb. 99).

Da eine Permeabilitätssteigerung der Muskelzelle bei *progressiver Muskeldystrophie* ein Grund für den Übertritt von Muskelzellenzymen in das Blut ist, ist die CPK, die im Skeletmuskel in höherer Aktivität vorkommt als LDH, GOT, ALD und GPT, im Serum von Patienten mit Muskeldystrophie relativ am stärksten erhöht (Abb. 100). Die Häufigkeit, mit der bei Muskeldystrophie-Kranken patholo-

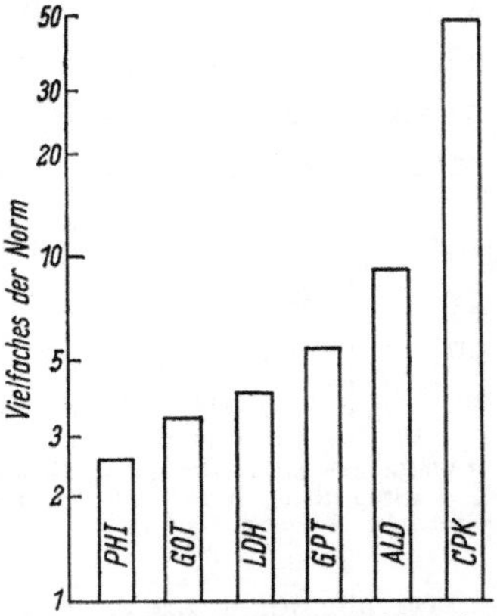

Abb. 100. Mittlere Enzymaktivität im Serum bei progressiver Muskeldystrophie verschiedener Typen (*Dreyfus* u. *Schapira*)

gische Werte für CPK und ALD im Serum gefunden werden, wird in der Literatur verschieden angegeben; der Grund dafür liegt in erster Linie in dem unterschiedlichen Krankengut, das die einzelnen Autoren untersucht haben, insbesondere darin, daß bei entsprechenden Zusammenstellungen die Typen der progressiven Muskeldystrophie nicht immer getrennt wurden (Tab. 3, 4 u. 5).

Tabelle 3. **Häufigkeit der Enzymaktivitätssteigerung im Serum bei progressiver Muskeldystrophie gemischter Typen und Altersgruppen**
(*Schmidt*, *Schmidt*, *Horn* u. *Gerlach*)

Serumenzym	Anzahl der Patienten	Anzahl der Patienten mit erhöhter Fermentaktivität im Serum	Patienten mit erhöhten Werten in % der Gesamtzahl
ALD	319	254	79,6
CPK	81	55	68
GOT	163	95	58,3

Tabelle 4. **Häufigkeit der Enzymaktivitätssteigerung im Serum bei progressiver Muskeldystrophie, aufgegliedert nach Krankheitstypen**
(*Heyck* u. *Laudahn*)

Enzym	Typ *Duchenne* N = 68	Gliedmaßen-gürtel-Typ N = 60	facio-scapulo-humeraler Typ N = 8	Gesamtzahl N = 136
ALD	75%	52%	50%	63%
CPK	62%	32%	13%	46%

Tabelle 5. **Enzymaktivität in mU/ml Serum bei 136 Fällen von progressiver Muskeldystrophie, aufgegliedert nach Krankheitstypen**
(*Heyck* u. *Laudahn*)

Enzym	Gesunde			Progressive Muskeldystrophien ($\bar{x} \pm s$)		
	N	$\bar{x} \pm s$	NB	Typ *Duchenne* N = 68	Gliedmaßen-gürtel-Typ N = 60	facio-scapulo-humeraler Typ
ALD	26	3,3 ± 1,3	0,7–5,9	14,1 ± 14,1 P < 0,001	6,5 ± 4,4 P < 0,001	6,3 ± 5,1
CPK	29	0,52 ± 0,52	0–1,6	8,3 ± 10,9 P < 0,001	1,5 ± 1,9 P < 0,001	0,75 ± 0,83
G-6-PDH	38	0,24 ± 0,29	0–0,8	0,50 ± 0,94	0,54 ± 0,9 P < 0,05	1,3 ± 2,0
GLDH	44	0,29 ± 0,22	0–0,7	0,84 ± 1,02 (N = 21, nur infantile Formen)		–
GOT	159	7,2 ± 2,3	2,6–11,8	48,6 ± 32,7 P < 0,001	21,8 ± 13,6 P < 0,001	34,8 ± 36,6 P < 0,05
GPT	159	5,8 ± 2,2	1,4–10,2	40,9 ± 29,6 P < 0,001	13,8 ± 9,4 P < 0,001	19,9 ± 20,6 P < 0,05
LDH	34	139 ± 19	99–175	439 ± 363 P < 0,001	160 ± 73 P < 0,05	300 ± 299
MDH	21	112 ± 17	78–146	207 ± 129 P < 0,001	106 ± 66	176 ± 215

P-Werte nur bei statistisch signifikanter Abweichung angegeben. N = Zahl der Fälle; $\bar{x}$ = arithmetischer Mittelwert; s = Standardabweichung; NB = Normalbereich der Aktivitäten bei Gesunden (= $\bar{x} \pm 2$ s).

Die Abb. 101 u. 102 zeigen weiter, daß die Enzymaktivität im Serum der Patienten mit Muskeldystrophie vom *Typ Duchenne* mit wachsender Krankheitsdauer abnimmt. Dementsprechend wird man bei jugendlichen Patienten in höherem Prozentsatz pathologische Werte und auch höhere Einzelwerte finden als bei älteren Kranken (Tab. 6).

Im Gegensatz zu dem autosomal dominant vererbten *facio-scapulo-humeralen Typ* und dem autosomal recessiv vererbten *Gliedmaßengürtel-Typ* wird die Duchenne-Form recessiv geschlechtsgebunden vererbt. Konduktorinnen übertragen die Krankheit auf männliche Nachkommen. Durch CPK-Bestimmungen im Serum können oftmals die Frühformen der Krankheit sowie die Konduktorinnen erkannt werden (Abb. 103).

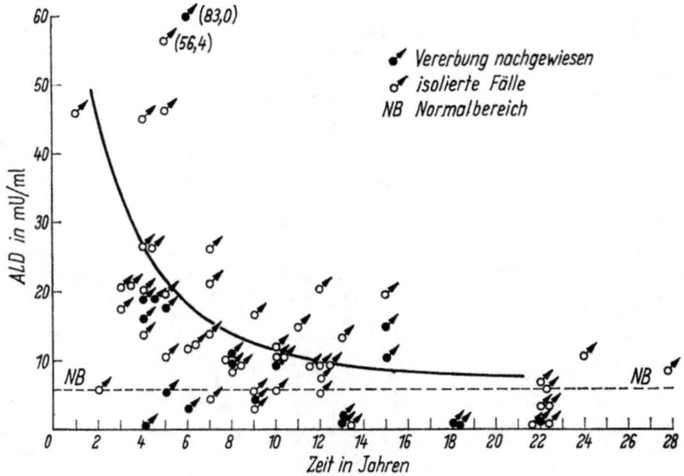

Abb. 101. Progressive Muskeldystrophie, Typ *Duchenne* (N = 68). ALD-Aktivitaten in mU/ml Serum in Beziehung zur Krankheitsdauer (*Heyck* u. *Laudahn*)

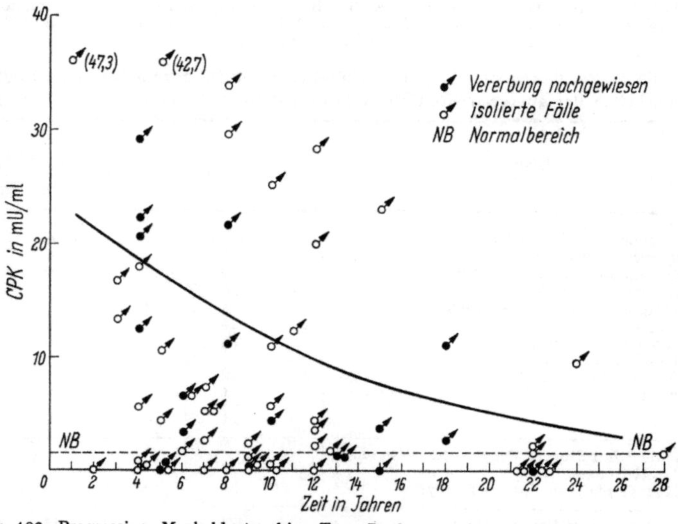

Abb. 102. Progressive Muskeldystrophie, Typ *Duchenne* (N = 68). CPK-Aktivitaten in mU/ml Serum in Beziehung zur Krankheitsdauer (*Heyck* u. *Laudahn*)

Tabelle 6. **Enzyme im Serum bei progressiver Muskeldystrophie gemischter Typen; Abhängigkeit der Enzymaktivität von Alter und Geschlecht der Patienten**
(*Schmidt, Schmidt, Horn* u. *Gerlach*)

Enzym	Geschlecht	Alter	Anzahl der Patienten	Patienten mit erhöhten Werten	Pathologische Werte in % der Gesamtzahl
ALD	♂	< 16 Jahre	79	76	96,2
ALD	♂	> 16 Jahre	17	12	70,6
ALD	♀	< 16 Jahre	10	4	40
ALD	♀	> 16 Jahre	8	1	12,5

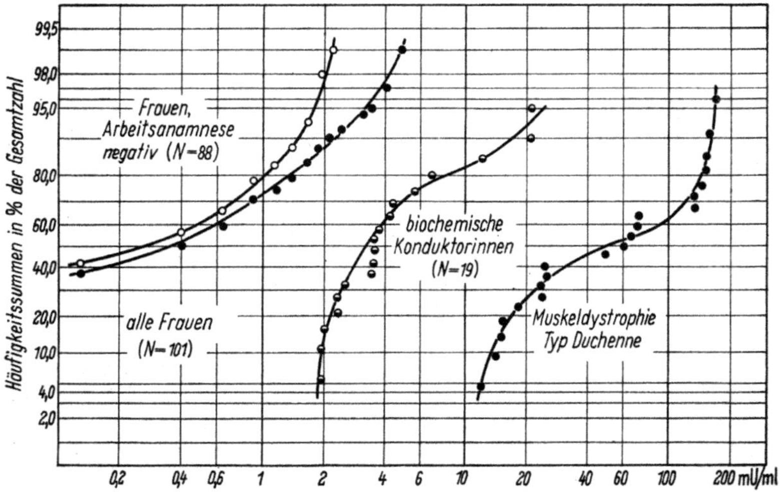

Abb. 103. Haufigkeitsverteilung der CPK-Aktivitat im Serum bei heterozygoten und homozygoten Patienten mit progressiver Muskeldystrophie vom Typ *Duchenne* im Vergleich zu Gesunden (*Richterich* et al.)

Tabelle 7. **Häufigkeit der Enzymaktivitätssteigerung im Serum bei verschiedenen Krankheiten der quergestreiften Muskulatur** (*Schmidt, Schmidt, Horn* u. *Gerlach*)

Diagnose	Anzahl der Patienten	Anzahl der Patienten mit erhöhter ALD-Aktivität im Serum
Neurogene Muskelkrankheiten:		
Progressive spinale Muskelatrophie	5	1
Amyotrophische Lateralsklerose	9	0
Amyotonia congenita	36	3
Disseminierte Myatrophie (Wartenberg)	1	1
Poliomyelitis	24	4
„Neurogene" Muskelatrophien (gemischte Gruppe)	23	0
Neurale Muskelatrophie	12	1
Polyneuritis	11	0
	121	10
Krankheit mit Störung der neuromuskularen Überleitung:		
Myasthenia gravis pseudoparalytica	22	5
Dermatomyositis (Polymyositis)	33	15
Myotonia dystrophica	33	7

Bei den *neurogenen Muskelkrankheiten* ist die Enzymaktivität im Serum meist normal, doch kann bei akut verlaufenden Atrophien (z. B. bei Poliomyelitis) eine kurzfristige, mäßige Vermehrung der Serumenzyme eintreten (Tab. 7).

Entzündliche Muskelerkrankungen (*Dermatomyositis, Polymyositis*), *Muskelnekrosen, traumatische oder hypoxische Muskelstörungen* führen zum Einströmen von Enzymen ins Plasma. Auch bei *Myotonia dystrophica* werden erhöhte Enzymaktivitäten im Serum beobachtet (Tab. 7).

E. Enzymaktivität im Serum bei Pankreatitis

Für die Diagnose einer *Pankreatitis* ist der Nachweis einer „Fermententgleisung" (*Katsch*) von besonderem Wert. Sowohl im Serum als auch im Harn kann der vermehrte Übertritt von Pankreasenzymen festgestellt werden. Von den zahlreichen Enzymen der Bauchspeicheldrüse hat die Bestimmung der *Amylase* (Diastase) das größte klinische Interesse gewonnen (*Wohlgemuth*). Ihre Aktivität wird im Blutserum und Harn (Einzelportion, besser 24-Stunden-Harnmenge) untersucht, denn die Amylase kann als niedermolekulares Enzym mit dem Harn ausgeschieden werden. Daneben hat noch die *Lipase*, deren Aktivität im Blutserum gemessen wird, diagnostische Bedeutung erlangt.

Im Verlauf einer akuten Pankreatitis kann auch die Aktivität von GOT oder ALD im Serum ansteigen. Die *GOT-Vermehrung* im Serum bei einer Pankreatitis mit dem Symptomenbild der „Cardialgia pancreatica" darf deshalb nicht vorschnell als Zeichen eines Herzinfarktes gewertet werden.

Der *Übertritt der Amylase* aus den Pankreaszellen in den extrazellulären Raum und damit ins Blut erfolgt schneller als die Penetration der Lipase. Der Nachweis einer Amylaseerhöhung im Gefolge einer akuten Pankreatitis im Blut gelingt daher rascher, während die später eintretende Lipaseerhöhung bisweilen über einen längeren Zeitraum bestehen bleibt. Der Anstieg der Serumamylase ist bereits wenige Stunden nach Beginn einer akuten Pankreatitis nachweisbar, oft nur für Stunden, bisweilen für einige Tage. Längeres Persistieren der Enzymvermehrung im Blut spricht für ein Fortschreiten des Prozesses, was einen immer erneuten Einstrom der Enzyme ins Blut bewirkt.

Bei rechtzeitiger und wiederholter Bestimmung der Amylase im Serum beobachtet man die Fermententgleisung in der überwiegenden Mehrzahl von Kranken mit *akuter* Pankreatitis, gleichviel, ob diese traumatisch, bakteriell oder toxisch ist. Jedoch kann auch bei fulminantem Verlauf einer Pankreatitis der Anstieg der Serumamylase oder Lipase ausbleiben.

Viel weniger zuverlässige Resultate bringt der Nachweis der Pankreasenzyme im Serum oder im Harn bei der *chronischen* Pankreatitis. Für die Blutbestimmung wird angegeben, daß die Amylasekonzentration in ca. 50%, die Lipasekonzentration in ca. 75% der Fälle von chronischer Pankreatitis erhöht ist; jedoch ist die Vermehrung meist nur geringfügig und fällt oft in den Grenzbereich zwischen normalen und erhöhten Werten.

Schließlich ist zu betonen, daß eine *Vermehrung der Amylase* im Blut und Urin *nicht spezifisch* für eine Pankreatitis ist. So führen auch Bauchtraumen nach anfänglichem Absinken zu einer deutlichen Vermehrung der Amylase im Serum (*Abderhalden*). Auch andere, nicht primär das Pankreas betreffende Krankheiten im Bauchraum, wie Ulcusperforation, Ileus, zeigen bisweilen eine Amylasevermehrung im Serum. Weiterhin verursachen Erkrankungen der Parotis, des zweiten Organs mit großem Gehalt an Amylase, eine typische Vermehrung der Serum- und Harnamylase. Die Unterscheidung, ob ein Amylaseanstieg auf einer Parotis- oder Pankreaserkrankung beruht, wird meist nach klinischen Gesichtspunkten möglich sein; immerhin ist interessant, daß die Speicheldrüsen keine Lipase enthalten, so daß die zusätzliche Messung dieses Enzyms oft die Herkunft der Amylase erkennen läßt. Starke Vagusreize, auch Morphingaben sowie Magen-Darm-Sondierungen,

Gastroskopie oder Sialographie können zur provozierten funktionellen, kurzfristigen „Fermententgleisung" führen. Störungen der Nierenfunktion bewirken nicht selten eine Erhöhung der Amylasekonzentration im Blut, während der Amylasegehalt des Harns charakteristischerweise erniedrigt ist. Damit zeigt sich auch für das Gebiet der Pankreaserkrankungen, daß Enzymbestimmungen erst in Verbindung mit dem klinischen Bild ihren diagnostischen Wert erhalten.

F. Enzymaktivität im Serum bei Nephrose

Das *nephrotische Syndrom* ist neben anderen Symptomen durch eine Verminderung des Serumalbumins gekennzeichnet. Der ständige Albuminverlust durch den Übertritt in den Harn führt zu einer Erhöhung der Albuminsynthese in der Leber. Dabei wird die gleichfalls in der Leber und parallel mit der Albuminsynthese stattfindende Bildung von CHE angeregt. Da aber dieses Enzym kaum mit dem Harn ausgeschieden wird, kann ein Anstieg der Serumaktivität von CHE bei der Nephrose eintreten.

G. Enzymaktivität im Serum bei Krankheiten des Knochensystems

In Tab. 8 wird eine Übersicht über solche Krankheiten gegeben, die zu einer Aktivitätsänderung der alkalischen Phosphatase im Serum führen. Generell kann die Aktivität der alkalischen Phosphatase bei allen osteoblastischen Prozessen erhöht sein.

Tabelle 8. **Differentialdiagnostische Bedeutung der Konzentration der alkalischen Plasmaphosphatase, des Plasma-Calciums und -Phosphates bei Knochenkrankheiten** (*Richterich*)

n = normale Werte, ⬈ = stark erhöhte Werte, ↗ = wenig erhöhte Werte, ⬋ = stark erniedrigte Werte, ↙ = wenig erniedrigte Werte

Knochenerkrankung	Alkalische Phosphatase	Plasma-Calcium	Plasma-Phosphat
I. Entwicklungsstorungen			
Osteogenesis imperfecta	n- ↗	n	n
Hypophosphatasie	⬋	n	n
Dysplasia fibrosa polyostotica	n- ↗	n	n
Marmorknochenkrankheit	n- ↗	n	n
II. Morbus Paget	⬈	n	n
III. Tumoren			
Osteogenes Sarkom	n- ⬈	n	n
Übrige primare Tumoren	n- ↗	n	n
Metastasensyndrom			
Osteolytische Phase	n- ↗	⬈	n
Osteoblastische Phase	⬈	n	n
IV. Endokrinopathien			
Akromegalie	n- ↗	n	n
Osteoporose	n	n	n
Hyperparathyreoidismus	⬈	⬈	⬋
Hyperthyreose	n- ↗	n	n
Hypothyreose	⬋	n	n
V. Hypo- und Hypervitaminosen			
C-Hypovitaminose	⬋	n	n
Rachitis (ebenso: Osteomalacie)	⬈	n- ↙	n- ↙
D-Hypervitaminose	n- ↗	⬈	n
VI. Verschiedene Krankheiten			
Calcinosis universalis	n	n	n
Ektopische Ossifikation	n- ↗	n	n
Entzündungen (Tbk., Sarkoid)	n- ⬈	n- ↗	n
Frakturen	n- ↗	n	n
Immobilisierung	n- ↙	n- ⬋	n

H. Enzymaktivität im Serum bei Krebskranken

Die Bedeutung von Enzymaktivitätsmessungen bei Krebskranken liegt insbesondere in der Diagnostik von Prostatacarcinomen durch Bestimmung von *Prostataphosphatase* im Serum. Mit welcher Häufigkeit das Prostatacarcinom zu einem Anstieg der sauren Serumphosphatase bzw. der spezifischen Prostataphosphatase führt, zeigt die Tab. 9. Bei erfolgreicher Therapie des Prostatacarcinoms sinkt die erhöhte Prostataphosphatase im Serum ab.

Die saure Phosphatase kann auch nach Palpation der Prostata, gelegentlich bei Mammacarcinom mit Knochen- und Lebermetastasen, bei Morbus Paget oder Leukämie erhöht sein. Nicht selten ist die Prostataphosphatase im Serum von Patienten mit Prostatahypertrophie leicht erhöht.

Die ebenso große Bedeutung der *alkalischen Phosphatase* für die Erkennung von Knochentumoren und ossären Metastasen ergibt sich aus Tab. 8.

Tabelle 9. **Zahl der mit Hilfe der sauren Prostataphosphatase erfaßbaren Carcinome bei unbehandelten Patienten.** (Die erste Zahl bezieht sich auf die Zahl der abnormen Werte, diejenige in Klammern auf die Zahl der untersuchten Patienten) (*Richterich* et. al.)

Autor, Jahr	Alle Carcinome	Mit Skeletmetastasen	Ohne Skeletmetastasen
I. Bestimmung der Gesamtphosphatase (verschiedene Methoden)			
Sammelstatistik 1958	924 (2052)	764 (991)	232 (1055)
in Prozent	45	77	22
II. Bestimmung der Prostataphosphatase im Serum mit der *Fishman-Lerner*-Technik			
Bensley et al. 1956	54 (94)	—	—
Mathes et al. 1956	14 (17)	6 (6)	8 (11)
Whitmore et al. 1956	4 (7)	1 (1)	3 (6)
Hill 1956	9 (22)	2 (2)	7 (20)
Fishman et al. 1956	76 (91)	56 (65)	21 (26)
Nobles 1957	14 (48)	11 (15)	3 (33)
Itoi und *Kusunki* 1960	31 (38)	16 (19)	15 (19)
Gesamtzahl	198 (310)	92 (108)	57 (115)
in Prozent	64	85	50
III. Bestimmung der Prostataphosphatase im Plasma mit p-Nitrophenylphosphat als Substrat			
Richterich et al.			
Gesamtzahl	21 (27)	6 (6)	15 (21)
in Prozent	78	100	72

Tabelle 10. **Enzymaktivität im Serum bei manifesten Krebserkrankungen** (Einteilung der Patienten nach der Tumorausbreitung und nach dem Allgemeinzustand) (*Hauss* und *Ritter*)

Patienten-Gruppen	LDH		ALD		GOT		CHE		SDH	
	N	erhöht	N	erhöht	N	erhoht	N	vermindert	N	über 1,0
Krankheit lokalisiert	33	25	32	14	33	4	32	17	23	2
Krankheit generalisiert bzw. metastasiert	53	45	50	38	51	21	46	35	23	5
Allgemeinzustand gut	21	16	20	9	21	5	20	6	7	—
Allgemeinzustand mittel	50	42	49	32	50	17	47	35	36	6
Allgemeinzustand schlecht	15	12	13	11	14	3	11	10	3	1
Gesamtzahl	86	70	82	52	84	25	78	52	46	7
%	100	81	100	63	100	30	100	66	100	15

Die *Aktivität* einiger *anderer Enzyme* im Serum bei 86 Patienten mit verschiedenen Krebserkrankungen gibt die Tab. 10 wieder. Bei Krebskranken übersteigt die Aktivität einzelner Enzyme, insbesondere der LDH, oftmals deutlich die Norm, jedoch sind die resultierenden Enzymmuster im Serum bisher nicht von solchen bei Entzündungen abzugrenzen. Gelegentlich ergibt sich aus der Erhöhung der Transaminase- oder SDH-Aktivität bzw. der alkalischen Phosphatase und der LAP im Serum der Verdacht auf Lebermetastasen. In Ergüssen von Patienten mit malignen Tumoren findet man gewöhnlich höhere Aktivitäten an LDH und alkalischer Phosphatase als im Serum der betreffenden Patienten, wogegen in Transsudaten die Enzymaktivität niedriger als im Serum liegt. Auch andere Fermente sind in malignen Ergüssen in höherer Aktivität (pro Volumeneinheit) enthalten als im Serum. Die Relation der Ergußaktivität zur Serumaktivität erlaubt oft die Abtrennung der malignen Exsudate von den Transsudaten (bei Lebercirrhose oder Herzinsuffizienz); sie ist aber nicht verläßlich bei der Abgrenzung maligner Ergüsse von entzündlichen und haemorrhagischen, die ebenfalls höhere Aktivitätswerte im Erguß als im Serum haben können. Möglicherweise ergibt die Bestimmung von Isoenzymen bessere Resultate.

I. Enzymaktivität im Serum bei Blutkrankheiten

Die Relation LDH/GOT im Serum beträgt bei Gesunden im Mittel 12,5. Da die Erythrocyten einen beträchtlichen Gehalt an LDH haben, aber kaum GOT besitzen, erhöht sich der Quotient LDH/GOT bei congenitalen oder erworbenen hämolytischen Syndromen (Abb. 94). Bei der perniciösen Anämie wird ein vergrößerter LDH/GOT-Quotient gefunden, der sich charakteristisch unter der Vitamin-B_{12}-Therapie normalisiert. Auch bei der akuten und chronischen myeloischen Leukämie ist die Aktivität der LDH im Serum erhöht. Erreicht man unter cytostatischer Therapie eine starke Reduktion der Zellzahl, so folgt oft ein eminenter Anstieg des Quotienten LDH/GOT.

K. Enzymaktivität im Serum bei Vergiftungen

Als *direkte Folge* einer *Vergiftung* kann eine toxische Zellschädigung, z. B. des Leberparenchyms bei Tetrachlorkohlenstoffvergiftung eintreten, so daß Leberzellenzyme in den extrazellulären Raum und später ins Blut übertreten. Neben der Aktivitätsvermehrung mancher Enzyme ist die Aktivitätsverminderung anderer zu erwarten (CHE), wie schon bei den infektiösen Leberkrankheiten beschrieben wurde. Eine CO-Vergiftung wird zu einer allgemeinen Stoffwechselstörung führen, so daß die zellulären Enzyme diesmal als *Folge des hypoxischen Zellschadens* aus den enzymreichen Organen — Leber, Muskulatur — ins Blut einströmen. Andere Gifte bewirken eine intravasale Hämolyse, so daß man im Serum insbesondere die Enzyme der Erythrocyten findet.

Neben diesen unspezifisch-toxischen oder hypoxischen Schäden sind *Pharmaka* bekannt, die die aktiven Gruppen bestimmter *Enzyme blockieren* und dadurch zu einer Verminderung der Serumaktivität führen. So wird die Aktivität der Acetylcholinesterase durch zahlreiche Insektizide (Parathion), manche Kampfgase sowie

Tabelle 11. **Enzymaktivität im Serum bei Parathion-Intoxikation.** Aktivitätsangabe in mU/ml (*Gerlach*)

Enzym Normalwert	GOT 3,3—10	SDH < 1,6	CHE 2834—4268
Patient Nr. 1	8,10	0,909	674
Nr. 2	12,10	0	590
Nr. 3	11,91	0	1091
Nr. 4	10,72	1,45	867

Prostigmin gehemmt. Da in gleicher Weise die Pseudocholinesterase des Serums (CHE) durch diese Stoffe gehemmt wird, ist zum Nachweis einer solchen Vergiftung die Messung der CHE-Aktivität im Serum besonders geeignet. Jedoch hat man stets zu berücksichtigen, daß auch andere Krankheiten, wie z. B. *schwere Leberparenchymerkrankungen*, eine erhebliche *Verminderung der CHE-Aktivität* bewirken. Eine Differenzierung zwischen Antiesterasewirkung und Leberschädigung dürfte aber in Verbindung mit anderen Enzymtests und weiteren Laboratoriumsmethoden meist möglich sein (normale oder gering vermehrte GOT-Aktivität bei sehr stark verminderter CHE-Aktivität im Serum; vgl. Tab. 11). Neben der Erkennung akuter Vergiftungen hat die CHE-Bestimmung noch ihren Platz bei der regelmäßigen Überwachung von Personen, die beruflich mit Insekticiden arbeiten und bei denen Verdacht auf eine chronische Intoxikation besteht.

Von besonderer Wichtigkeit ist die CHE-Bestimmung noch für die *Unterscheidung* einer *myasthenischen* von einer *cholinergischen* Krise während der Therapie einer Myasthenia gravis mit Prostigmin: Die cholinergische Krise ist durch eine stark verminderte CHE-Aktivität des Serums gekennzeichnet.

L. Enzymopathien

Von den genetischen Enzymdefekten sind in Tab. 12 nur solche Krankheiten bzw. Anomalien aufgeführt, bei denen der primäre Enzymdefekt durch Untersuchung von Plasma bzw. Serum oder von zellulären Bestandteilen des Blutes erkannt werden kann. Bei Homozygoten scheint das betroffene Enzym fast völlig zu fehlen, wogegen bei Heterozygoten etwa die Hälfte der normalen Enzymaktivität

Tabelle 12. **Enzymopathien, bei denen der Defekt im Blut nachgewiesen werden kann.**

Krankheit	Enzymdefekt	Nachweismöglichkeit im Blut	Erbgang	Klinisches Bild
Dyscholinesterasämie	Verminderte Substrataffinität der atypischen Pseudocholinesterase	Serum	?	verlängerte Apnoe nach Succinyldicholinchlorid u. ä.
Hypophosphatasie	Alkalische Phosphatase	Serum	autosomal (?) recessiv	Vitamin D-resistente Rachitis
Akatalasie	Katalase	Erythrocyten	recessiv	z. T. symptomlos, z. T. Nekrosen der Mundschleimhaut, da Schutz vor H_2O_2-produzierenden hämolysierenden Streptococcen fehlt.
Galaktosämie	Galaktose-1-phosphat-Uridyl-Transferase	Erythrocyten	autosomal recessiv	Dystrophie, Hepatomegalie, Aminoacidurie
Enzymopenische hämolytische Anämie vom Typ Favismus	Glucose-6-phosphat-Dehydrogenase	Erythrocyten	geschlechtsgebunden dominant	Hämolytische Anämie, induziert durch z. B. Primachin oder Favabohnen
Methämoglobinämie vom Typ *Gibson*	Methämoglobin-Reductase (Diaphorase)	Erythrocyten	recessiv	Zyanose
Argininosuccinurie	Succinoarginase	Erythrocyten	?	Schwachsinn, Krampfanfälle, Ataxie
Thrombasthenie vom Typ *Glanzmann*	Glyceraldehyd-3-phosphat-Dehydrogenase	Erythrocyten Thrombocyten	?	Hämatome, Nasenbluten

gefunden wird. Deshalb gelingt es durch Untersuchung der Enzymaktivität im Blut (oder in anderen Geweben) oftmals, nicht nur die Erkrankten selbst, sondern auch phänotypisch gesunde Träger krankhafter Mutationen zu erkennen (Abb. 103).

M. Anhang: Normalwerte und Umrechnungsfaktoren

Tabelle 13. **Normale Aktivität diagnostisch gebräuchlicher Enzyme im Serum Erwachsener.** (Ausführliche Übersicht bei *Schmidt*, *Schmidt*, *Horn* u. *Gerlach*)

Enzym		Normalwerte im Serum in mU/ml
Fructose-1,6-diphosphat-Aldolase (ALD)		2,7–4,9 (37 °C)
1-Phosphofructaldolase (PFA)		<1
Cholinesterase (CHE)		2834–4268 (38 °C)
Creatin-Phosphokinase (CPK)		<1,8
Glutamat-Dehydrogenase (GLDH)		<1
Glutamat-Oxalacetat-Transaminase (GOT)		3,3–10
Glutamat-Pyruvat-Transaminase (GPT)		2,7–11,9
Glucose-6-phosphat-Dehydrogenase (G-6-PDH)		<1
Hydroxybutyrat-Dehydrogenase (HBDH)		48–168
Lactat-Dehydrogenase (LDH)		40–120
LDH-Isoenzyme in % der Gesamt-LDH		
(Agar-Elektrophorese) LDH_1		43 (39–51)%
LDH_2		41 (35–47)%
LDH_3		12 (9–14)%
LDH_4		3 (2– 5)%
LDH_5		1 (0– 5)%
Malat-Dehydrogenase (MDH)		48–96
Sorbit-Dehydrogenase (SDH)		<1,6
Phosphatase, alkalische		15–69 (37 °C)
Phosphatase, saure (Gesamt)		5,7–10,6 (37 °C)
Prostataphosphatase		0–0,8 (37 °C)
Phosphatase, saure (Gesamt) im Plasma		3,1–9,5 (37 °C)
Prostataphosphatase im Plasma		0–0,8 (37 °C)
α-Amylase		
Zucker-Nachweis (*Somogyi*)	1 E = 1 mg/30 min × 100 ml	80–180 E
Jod-Stärke-Methode (*Huggins*)	1 E = 1 mg/60 min × 1 ml	9– 35 E
Jod-Stärke-Methode (*Smith*)	1 E = 10 mg/30 min × 100 ml	25–136 E

Tabelle 14. **Definitionen und Umrechnungsfaktoren für verschiedene Enzymeinheiten** (vgl. *Bergmayer*)

Zur Umrechnung einer Einheit nach	in eine Einheit nach	multiplizieren mit
mU/ml = Millieinheiten/ml 25 °C; 1 μMol Substratumsatz/min	*Bücher* et al.[1]) *Wróblewski* et al.[2]) *Amelung* u. *Horn*[3]) *Bruns*[4]) *Holzer* et al.; *Gerlach*[5])	0,055 2,074 0,060 1,64 1,099
Bücher et al.[1]) 25 °C, 1 ml, 100 sec $\Delta E^{366} = 0{,}100$	mU/ml *Wróblewski* et al.[2])	18,2 37,7
Wróblewski et al.[2]) 23 °C, 3 ml, 1 min; Meßtemperatur für die Umrechnung nicht berücksichtigt $\Delta E^{340} = 0{,}001$	mU/ml *Bücher* et al.[1])	0,482 0,0265
1 μMol/Std./ml (25 °C)	mU/ml *Bücher* et al.[1]) *Wróblewski* et al.[2]) *Bruns*[4])	16,7 0,92 34,6 54,6

Tabelle 14 (Fortsetzung)

Zur Umrechnung einer Einheit nach	in eine Einheit nach	multiplizieren mit
Bruns[4])	mU/ml	0,61
37 °C	*Bücher* et al.[1])	0,033
1 µl Fructose-1,6-diphosphat	*Wróblewski* et al.[2])	1,26
(2,77 γP)/Std./ml Meßtemperatur	*Amelung* u. *Horn*[3])	0,0183
fur die Umrechnung berucksichtigt		
Holzer et al.; *Gerlach*[5])	mU/ml	0,910
25 °C, 3 ml, 1 min;	*Bucher* et al.[1])	0,05
$\Delta E^{366} = 0{,}001$	*Wróblewski* et al.[2])	1,89
Phosphatase-Einheiten		
Bessey-Lowry[6])	in mU/ml	16,7
mMol P-Nitrophenol/60 min/1000 ml *		
King-Armstrong[7])	in mU/ml	7,1
1 mg Phenol/15 min/100 ml *		
Bodansky[8])	in mU/ml	5,4
1 mg Phosphor/60 min/100 ml *		

* Die Abweichung der Meßtemperatur von +25° C wurde fur die Umrechnung nicht berucksichtigt.

[1]) Z. Naturforsch **8 b**, 555 (1953).
[2]) Science (Washington) **120**, 3117 (1954).
[3]) Dtsch. med. Wschr. **81**, 1701 (1956).
[4]) Biochem. Z. **325**, 156 (1954).
[5]) Biochem. Z. **326**, 451 (1955); Klin. Wschr. **35**, 1145 (1957).
[6]) J. biol. Chem. **164**, 321 (1946).
[7]) Canad. med. Ass. J. **31**, 376 (1934).
[8]) J. biol. Chem. **101**, 93 (1933).

Literatur

(Monographien und zusammenfassende Arbeiten)

Abderhalden, R.: Klinische Enzymologie, Stuttgart 1958.
Amelung, D.: Z. physiol. Chem. **318**, 219 (1960).
Bergmayer, H.-U.: Methoden der enzymatischen Analyse, Weinheim/Bergstr. 1963 u. „Biochemica Boehringer", Mannheim 1963.
Bücher, Th. u. *P. Baum:* Dtsch. Kongr. f. arztl. Fortbildung, Berlin 1958.
Dreyfus, J.-C. u. *G. Schapira:* Klin. Wschr. **40**, 373 (1962).
Gerlach, U. in: Struktur und Stoffwechsel des Herzmuskels. Stuttgart 1959.
Gerlach, U.: Dtsch. Arch. Klin. Med. **207**, 510 (1961).
Hartmann, F.: Klinische Pathologie der enzymatischen Organisation. In: Klinik der Gegenwart Bd. X.
Hauss, W. H., U. Gerlach u. *E. Schurmeyer:* Dtsch. med. Wschr. **83**, 1310 (1958).
Hauss, W. H. u. *S. Ritter:* Mitteil. d. Ges. Bekampfg. Krebskrankh. **3**, 1 (1959).
Hess, B.: Enzyme im Blutplasma, Stuttgart 1962.
Heyck, H. u. *G. Laudahn:* Klin. Wschr. **41**, 905 (1963).
Richterich, R.: Enzymopathologie, Berlin/Göttingen/Heidelberg 1958.
Richterich, R., H. Weber, B. Endtner u. *W. von Niederhäusern:* Dtsch. Med. Wschr. **88**, 1421 (1963).
Richterich, R., S. Rosin, U. Aebi u. *E. Rossi:* Amer. J. Hum. Gen. **15**, 133 (1963).
Schmidt, E. u. *F. W. Schmidt:* Enzymol. biol. clin. **3**, 1 (1963).
Schmidt, E., F. W. Schmidt, H. D. Horn u. *U. Gerlach* in: Methoden der enzymatischen Analyse, Herausg. v. *H.-U. Bergmeyer*, Weinheim/Bergstr. 1963.
Wüst, H. u. *H. Schon:* Symposion Erlangen 1961 (zitiert nach *Hess*).

Ausführliche Literaturangaben bei Prof. Dr. *W. H. Hauss* und Priv. Doz. Dr. *U. Gerlach*, Medizinische Universitatsklinik und Poliklinik in Munster (Westf.).

Elftes Kapitel

Biochemische Arbeitsmethoden

I. Ultrazentrifugation

Von **R. Jaenicke**, Frankfurt/Main

Literatur S. 761.

Vorbemerkungen. Die Ultrazentrifugation [*1*—*10*] dient der Bestimmung der Größe und der Gestalt von Kolloiden und Makromolekülen in Lösung. Ihr Anwendungsbereich erstreckt sich von Partikelgewichten von wenigen Hundert (Oligopeptide, Zucker) bis zu einigen hundert Millionen (Viren) und darüber hinaus in das Gebiet grobdisperser Verteilungen. Die große Bedeutung der Methode für die physikalische Biochemie beruht — abgesehen von der heute erreichten Einfachheit der exakten experimentellen Handhabung — in erster Linie auf theoretischen und vom Meßobjekt her bedingten Gründen: Kurze Experimentierzeit, auch bei tiefer Temperatur; geringer Substanzbedarf von 1—2 mg, unter günstigen Bedingungen, etwa bei Substanzen mit starker Absorption im experimentell zugänglichen Spektralbereich (Hämoglobin, Cytochrom, Nucleinsäuren, Nucleoproteide) oder im Falle biologisch aktiver Systeme (mit empfindlichen spezifischen Nachweismethoden) $\leq 10\,\gamma$/ml. Spezifische Eigenschaften (z. B. Absorption) einzelner Komponenten erlauben auch die Analyse nicht isolierter Substanzen in Gemischen, die ihrerseits bezüglich ihres Dispersitätsgrades definiert werden können; Möglichkeit der präparativen Trennung verschieden schnell wandernder Komponenten; bei Anwendung von tracer-Technik, Farbreaktionen, Fixierung des Sediments etc. auch analytische Aussagen z. B. über die Absorption von Ionen, Farbstoffen oder Coenzymen an Proteinen oder Enzymen u. a.

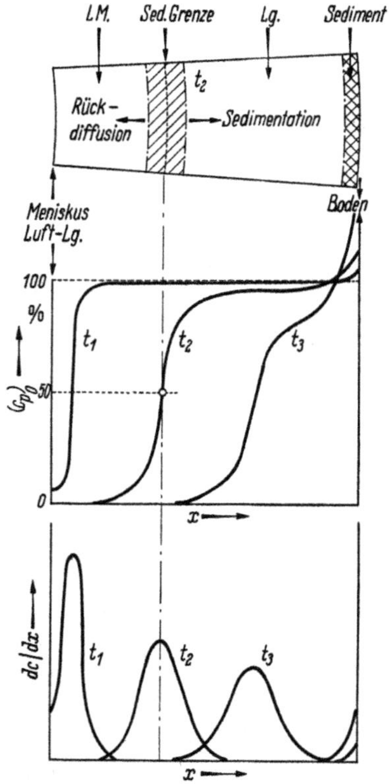

Abb. 104. Schematische Darstellung des Sedimentationsprozesses in der rotierenden Zelle (oben), im c_p *vs* x-Diagramm (integrale Darstellung, Mitte) und im $\frac{dc}{dx}$ *vs* x-Diagramm (Differentialform, unten)

A. Theoretische Grundlagen

Für die folgenden Betrachtungen müssen die makromolekularen Systeme, ebenso wie die ihrer Analyse dienenden Methoden wie folgt aufgegliedert werden:

Systeme: 1. *Monodisperse* (molekulareinheitliche) Systeme. 2. *Paucidisperse* Gemische einiger weniger in sich monodisperser Fraktionen. 3. *Polydisperse*, bzgl. der Molekülgröße statistische Verteilungen.

Methoden: 1. *Sedimentations-Geschwindigkeit*, 2. *Sedimentations-Gleichgewicht*, a) stationäres Sedimentations-Gleichgewicht, b) Annäherung an das Sedimentations-Gleichgewicht, c) Dichtegradienten-Zentrifugation.

Die kinetischen Vorgänge im Verlauf der Zentrifugation lassen sich allgemein als Überlagerung des zentrifugalen (zentripetalen) Sedimentations-(Flotations-)-Effekts[1] mit dem der Komponenten-Trennung entgegenwirkenden Effekt der Rückdiffusion durch die Wärmebewegung verstehen (vgl. Abb. 104).

1. Sedimentations-Geschwindigkeit

a) Monodisperse Systeme. Die Sedimentationskraft

$$k_\sigma = M(1 - V_p\varrho)\omega^2 x \tag{1a}$$

(V_p: partielles spezifisches Volumen; ϱ: Dichte der Lösung; $\omega = 2\pi\nu$: Winkelgeschwindigkeit), die im Radialabstand x vom Rotationszentrum auf 1 Mol einer Substanz ausgeübt wird, ist im stationären Zustand konstanter Sedimentationsgeschwindigkeit $\frac{dx}{dt}$ der Reibungskraft

$$k_\varrho = f_s \frac{dx}{dt} \tag{1b}$$

identisch:

$$f_s \frac{dx}{dt} = M(1 - V_p\varrho)\omega^2 x. \tag{2}$$

Da nach *Einstein* für die freie Diffusion in verdünnter Lösung zugleich

$$f_D = \frac{RT}{D} \tag{3}$$

($R = 8{,}315 \cdot 10^7 \cdot \text{erg} \cdot \text{grad}^{-1} \cdot \text{mol}^{-1}$, allg. Gaskonstante; T: abs. Temperatur; D: Diffusionskonstante) gilt, folgt unter der Annahme $f_s = f_D$ und nach Definition der Größe

$$s \equiv \frac{\frac{dx}{dt}}{\omega^2 x} \tag{4}$$

„Sedimentationskonstante" (Dimension: sec; Einheit 1 S (*Svedberg*) $= 10^{-13}$ sec):

$$M = \frac{RT}{D(1 - V_p\varrho)} \frac{\frac{dx}{dt}}{\omega^2 x} \equiv \frac{RT}{D(1 - V_p\varrho)} \cdot s. \tag{5}$$

Das Molekulargewicht M folgt demnach aus den Parametern s, D, V_p, ϱ und T. Nur für den Grenzfall nicht solvatisierter kompakter kugelförmiger Teilchen kann durch Substitution von f_s in Gl. (2) durch das Stokessche Gesetz $f_k = 6\pi\eta r$ (η: Viscosität der Lösung; r: Molekül-Radius) M ohne Einbeziehung von D allein aus s, η, V_p und ϱ bestimmt werden (s. S. 760).

Wie aus Gl. (2) hervorgeht, ist s auf Grund der Konzentrationsabhängigkeit von ϱ und f_s selbst eine Funktion der Konzentration. Das gleiche gilt in geringerem Ausmaß auch für D, während V_p unabhängig von c_p ist. Für exakte Messungen muß daher auf $c_p \to 0$ extrapoliert und

$$M = \frac{RT}{(1 - V_p\varrho)} \cdot \frac{s_0}{D_0} \tag{6}$$

ermittelt werden.

---

[1] Die im folgenden für den Fall der Sedimentation formulierten Beziehungen lassen sich für $(1 - V_p\varrho) < 0$ (s. u.) in völlig analoger Weise auf den inversen Vorgang der Flotation übertragen; vgl. z. B. *Jahnke-Scholtan* [*11*].

Die c_p-Abhängigkeit von s ist bisher für beliebige Molekülformen nicht allgemeingültig theoretisch formuliert, so daß Messungen bis zu kleinen c_p ausgeführt werden müssen, um auf s_0 extrapolieren zu können. Die Verhältnisse lassen sich für nicht zu große c_p-Intervalle und annähernd kugelförmige Moleküle durch Reihenentwicklung entsprechend

$$s = \frac{s_0}{1 + kc + \cdots} \quad \text{oder} \quad s = s_0(1 - k'c - \cdots) \tag{7}$$

beschreiben (*Burgers* [*12*], *Schachman* [*2*], S. 90ff.). Für die Konstante gilt dabei meist $k > 0$, doch ergibt sich zuweilen, z. B. im Falle schneller Assoziations-Dissoziations-Gleichgewichte, auch Proportionalität von s und c_p ($k < 0$). Für starke Abweichungen von der Kugelgestalt sind die Beziehungen zu modifizieren [*13*].

Im Falle sehr kleiner s, d. h. kleiner M resp. $(1 - V_p \varrho)$ sind die Moleküle des Gelösten auf Grund des Überwiegens der Diffusion gegenüber der Sedimentation nicht in der Lage, den Meniskus zu verlassen. Zur Umgehung der Schwierigkeit bieten sich zwei Möglichkeiten an: Einerseits kann durch Bildung einer künstlichen Grenzschicht (synthetic boundary) im Über- oder Unterschichtungsverfahren in der Zellenmitte ein scharfer Lösungs-Lösungsmittel-Gradient erzeugt werden, dessen Wanderung bei hohen ω^2 gemessen werden kann. Andererseits kann die pro Zeiteinheit durch einen herausgegriffenen Querschnitt der Zentrifugenzelle wandernde Menge des Gelösten zugrunde gelegt werden, wobei für den Radialabstand x_p dieser Fläche vom Rotationszentrum zu gelten hat, daß x in der Umgebung von x_p unabhängig von c nur eine Funktion der Zeit t ist.

Unter dieser Voraussetzung $\left(\text{Existenz einer „Plateauzone" mit } \frac{dc}{dx} = 0\right)$ gilt für s, unabhangig davon, ob sich ein Gradient vom Meniskus abgelöst hat oder nicht (vgl. *Svedberg-Pedersen* [*1*], S. 271):

$$s = -\frac{2{,}303}{2\omega^2 t} \log \left[1 - \frac{\int\limits_{x_m}^{x_p} (x - x_m)^2 \frac{dc}{dx}\, dx + 2x_m \int\limits_{x_m}^{x_p} (x - x_m) \frac{dc}{dx}\, dx}{x_m^2 c_0} \right] \tag{8}$$

mit x_m, Abstand des Meniskus vom Rotationszentrum; x_p beliebiger Abszissenwert innerhalb der Plateauzone; c_0: Anfangskonzentration (*Gutfreund-Ogston* [*14*], *Baldwin* [*15*], *Webber* [*16*])[1].

In formaler Analogie zu Gl. (8) steht das von *Yphantis* u. *Waugh* [*17*] ausgearbeitete Verfahren zur Bestimmung von s und D kleinster Mengen biologisch aktiver bzw. radioaktiver Substanzen in reiner Präparation oder in Gemischen mit großen Mengen inaktiver Lösungspartner mit Hilfe der verschiedenen Fraktionier-Zellentypen (partition cells). Hier resultiert:

$$s = -\frac{2{,}303}{2\omega^2 t} \log \left[\frac{x_0^2}{x_f^2} + \frac{c_t}{c_0} \left(1 - \frac{x_0^2}{x_f^2}\right) \right] \tag{9}$$

mit c_0: Anfangskonzentration; c_t: Endkonzentration der überstehenden Lösung nach beendeter Zentrifugation; x_f: Abszissenabstand des Fraktionierbodens; x_m: Abszissenabstand des Meniskus; t: gesamte Dauer der Zentrifugation, einschließlich Beschleunigung und Bremsvorgang.

b) Paucidisperse Systeme. Für den Fall paucidisperser Systeme aus i-Komponenten komplizieren sich die zuvor für monodisperse Systeme angegebenen Methoden, da die hydrodynamischen Wechselwirkungen der einzelnen hochmolekularen Komponenten zu einer wechselseitigen Konzentrationsabhängigkeit der s_i und überdies zu einer scheinbaren Konzentrationserhöhung der langsamer

---

[1] Gl. (8) ist für $\frac{dx}{dc}$ *vs* x darstellende optische Systeme (Schlieren-Optik) abgeleitet; für die Absorptions- bzw. Interferenz-Optik mit c *vs* x-Darstellung ist entsprechend umzuformen.

wandernden Komponenten gegenüber der tatsächlichen Konzentration führen (Johnston-Ogston-Effekt [*18*]). Eine allgemeine Theorie über die gegenseitige Beeinflussung der Sedimentationsgeschwindigkeit der einzelnen Komponenten konnte bisher nicht entwickelt werden. Zur Bestimmung der Trennbarkeit der einzelnen Komponenten im Zentrifugalfeld („Auflösungsvermögen der Ultrazentrifuge") muß daher die Näherungsgleichung

$$d\bar{x}\omega^2 \geq \frac{16\,[s_1 \cdot D_2 + \sqrt{D_1\,D_2}\,(s_1 - s_2)]}{(s_1 - s_2)^2} \tag{10}$$

(d: Zellhöhe; $\bar{x}$: Radialabstand der Zellmitte = const = 6,5 cm)

hinreichen, die für zwei zu etwa gleichen Anteilen vorliegende Komponenten 1 und 2 mit $s_1 > s_2$ und $D_1 < D_2$ abgeleitet wurde (*Svedberg-Pedersen* [*1*], S. 42[1]).

Nur wenn die $\frac{dc}{dx}$-Maxima jeweils außerhalb des Diffusionsgebietes der anderen Komponente liegen, wird eine Komponententrennung möglich; dies u. U. um so leichter, je kleiner c_p ist, da s im Gegensatz zu D häufig starke Konzentrationsabhängigkeit der Form $s \sim \frac{1}{c_p}$ zeigt (s. S. 748).

Tritt eine Trennung der Komponenten ein, so kann aus dem Verhältnis der Flächen unter den einzelnen Maxima (Abb. 105) auf die relative Menge der einzelnen Komponenten geschlossen werden.

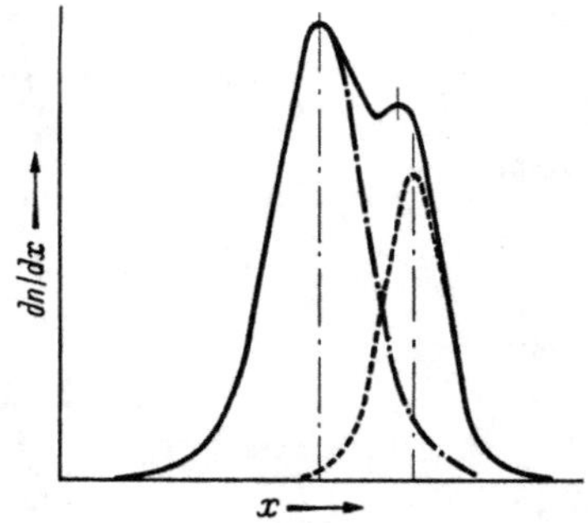

Abb. 105. Komponenten-Trennung paucidisperser Systeme im Zentrifugalfeld: Schlierenoptische Darstellung. Vgl. auch S. 755.

c) Polydisperse Systeme. In polydispersen Systemen ist jeder Teilchengröße eine Sedimentationskonstante zuzuordnen. Hier tritt demnach zu der Verbreiterung der Gradientenkurve infolge der Diffusion der Teilchen noch die durch die unterschiedliche Sedimentations-Geschwindigkeit hinzu, so daß der in erster Näherung Gauss'sche Verlauf der Gradientenkurve im Falle strenger Monodispersität erheblich gestört werden kann. Zur quantitativen Bestimmung der Polydispersität kann unter Vernachlässigung der Verbreiterung der Kurve durch Diffusion entweder eine bestimmte Verteilung der Sedimentations-Koeffizienten angenommen und daraus auf die Heterogenität geschlossen werden (*Gralén* [*19*], *Jullander* [*20*]) oder aber die vollstandige Verteilungskurve berechnet werden (*Baldwin* u. *Williams* [*21*], *Williams* et al. [*22*], s. auch *Baldwin* [*23*]). Dabei muß durch Messung bei niedriger Konzentration der Johnston-Ogston-Effekt [*18*] (s. o.) vernachlässigbar klein gehalten werden (*Baldwin* [*24*]).

Kann bei der Berechnung von s aus der Sedimentations-Geschwindigkeit auf die Verteilungsfunktion verzichtet werden und ein Gewichtsmittelwert s_w ist hinreichend, so gilt nach *Yule* u. *Kendall* [*25*] in erster Naherung

$$s_w = \frac{3s_s - s_m}{2}, \tag{11}$$

mit s_s: Sedimentationskonstante aus flachenhalbierendem x und s_m: s aus maximalem Gradienten (vgl. auch *Kinell* u. *Rånby* [*26*]).

---

[1] Das Auflösungsvermögen gibt ausschließlich die Moglichkeit zur Unterscheidung molekulareinheitlicher *oder* polydisperser Systeme von paucidispersen. Eine Unterscheidung zwischen Monodispersitat und Polydispersitat kann nicht ohne weiteres getroffen werden.

2. Sedimentations-Gleichgewicht

a) Stationäres Sedimentations-Gleichgewicht. Die Überlagerung der Sedimentation mit dem Vorgang der Rückdiffusion führt unter geeigneten experimentellen Bedingungen stationär zu einem Zustand, in dem die Summe des Teilchenflusses durch Sedimentation ($csx\omega^2$) und Diffusion $\left(-D\frac{dc}{dx}\right)$ gleich Null ist. In Verbindung mit Gl. (5) folgt daraus für das Sedimentations-Gleichgewicht (unter idealen Bedingungen)

$$M = \frac{RT\frac{dc}{dx}}{(1 - V_p\varrho)\, cx\omega^2} = \frac{RT \ln\frac{c_2}{c_1}}{\frac{1}{2}(1 - V_p\varrho)\,\omega^2 (x_2^2 - x_1^2)} \tag{12}$$

mit c_1, c_2 als Konzentrationen am Ort x_1, x_2. Zur Bestimmung von M muß hier demnach zu herausgegriffenen Abszissenwerten die zugehörige Konzentration bestimmt werden. Diese ergibt sich durch numerische Integration der $\frac{dc}{dx}$-Kurven zu

$$c(x) = c_m + \int_{x_m}^{x} \frac{dc}{dx}\,dx = c_m + \Delta c(x)$$

resp. (13)

$$c(x) = c_b - \int_{x}^{x_b} \frac{dc}{dx}\,dx = c_b - \Delta c(x)$$

mit

$$c_m = c_0 + \frac{1}{x_b^2 - x_m^2}\left[\int_{x_m}^{x_b} x^2 \frac{dc}{dx}\,dx - x_b^2 \int_{x_m}^{x_b} \frac{dc}{dx}\,dx\right]$$

$$c_b = c_0 - \frac{1}{x_b^2 - x_m^2}\left[\int_{x_b}^{x_m} x^2 \frac{dc}{dx}\,dx - x_m^2 \int_{x_b}^{x_m} \frac{dc}{dx}\,dx\right] \tag{14}$$

(*Ginsburg* et al. [*27*], *Svedberg-Pedersen* [*1*]).

Die anzuwendende Winkelgeschwindigkeit (~Umdrehungszahl) folgt durch Auflösen nach ω aus Gl. (12). Die zur Erreichung des Gleichgewichts nötige Zeit t_∞ erstreckt sich im allgemeinen über mehrere Tage bis Wochen und kann nach ***Weaver*** [*28*], ***van Holde*** et al. [*29*] und ***Pasternak*** et al. [*30*] durch

$$t_\infty \sim (x_b - x_m)^2\, M(1 - V_p\,\varrho)/s \cdot 1800\, RT \ln\frac{c_b}{c_m} \tag{15}$$

abgeschätzt werden. Sie läßt sich entsprechend Gl. (15) reduzieren, wenn hohe c_p und niedrige Füllhöhe der Zelle angewandt werden (*van Holde* et al. [*29*]; vgl. insbesondere das Yphant's-Verfahren [*74*], das in *einem* Versuch 4 Konzentrationen zu messen erlaubt).

b) Annäherung an das Sedimentations-Gleichgewicht. Die Annäherung an das Sedimentations-Gleichgewicht (*Archibald* [*31*]) hat gegenüber der Methode a) den Vorzug kurzer Meßzeiten und erlaubt überdies die Messung kleiner Molekulargewichte (~100 bis 10^6). Sie beruht auf der Tatsache, daß zu jeder beliebigen Zeit am Meniskus wie am Zellenboden die Bedingung des Sedimentations-Gleichgewichts (s. o.) erfüllt sein muß, da der Teilchenfluß hier verschwindet. Es ergibt sich demnach analog Gl. (12)

$$M = \frac{RT}{(1 - V_p \varrho)\omega^2} \cdot \frac{\left(\frac{\partial c}{\partial x}\right)_m}{c_m x_m} = \frac{RT}{(1 - V_p \varrho)\omega^2} \cdot \frac{\left(\frac{\partial c}{\partial x}\right)_b}{c_b x_b} \equiv \frac{RT}{(1 - V_p \varrho)\omega^2} \cdot \delta \tag{16}$$

d. h. M ist im wesentlichen durch

$$\delta \equiv \frac{\left(\frac{dc}{dx}\right)_x}{c_x x} \tag{17}$$

am Ort des Meniskus resp. des Bodens gegeben. Da dieser Wert jedoch nicht unmittelbar bestimmt werden kann, bedient man sich der Extrapolation auf x_m und x_b im δ_x *vs* x-Diagramm. Zur Bestimmung von c_m und c_b können die Gl. (14) dienen, doch vereinfachen sich hier die Beziehungen, solange die Plateau-Zone (x_p) erhalten bleibt, nach *Klainer* u. *Kegeles* [32] zu

$$c_m = c_0 - \frac{1}{x_m^2} \int_{x_m}^{x_p} x^2 \frac{\partial c}{\partial x} dx \quad \text{resp.} \quad c_b = c_0 + \frac{1}{x_b^2} \int_{x_p}^{x_b} x^2 \frac{\partial c}{\partial x} dx. \tag{18}$$

Die Anfangskonzentration c_0 läßt sich mit Hilfe eines Überschichtungsversuchs (unter sonst völlig gleichen Bedingungen wie der Archibald-Versuch) aus der Fläche unter der Gradientenkurve bestimmen (s. S. 756).

Für pauci- und polydisperse Systeme vgl. *Erlander* u. *Foster* [33]; s. auch *Elias* [34].

Eine Modifikation des Archibald-Verfahrens gibt *Trautman* [35].

c) Dichtegradienten-Zentrifugation. Läßt man eine kleine Menge einer hochmolekularen Substanz in der Lösung eines niedermolekularen Partners bis zum Sedimentations-Gleichgewicht sedimentieren, so resultiert stationär in der Zone, in der die Dichte des niedermolekularen Gradienten mit der der hochmolekularen Komponente übereinstimmt, ein Maximum, dessen Verbreiterung Rückschlüsse auf das Molekulargewicht erlaubt (*Meselson*, *Stahl* und *Vinograd* [36].

Für den Fall eines im Bereich des Maximums konstanten Dichtegradienten (lineare $\varrho(x)$-Näherung) gehorcht die Verteilung der gelösten Makromoleküle dem Gauss'schen Fehlerverteilungsgesetz; ihre Konzentration ergibt sich zu

$$c(x) = c(x_0)\, e^{-(x-x_0)^2/2\sigma^2} \tag{19}$$

mit $\sigma^2 = \dfrac{RT}{MV_p(d\varrho/dx)_{x_0}\,\omega^2 x_0}$ und $\left(\dfrac{d\varrho}{dx}\right)_{x_0}$ = Dichtegradient im mittleren Abstand x_0 des Maximums vom Rotationszentrum[1]. Aus der beobachteten c-Verteilung kann über σ^2 M bestimmt werden. Die Methode erlaubt die Trennung von Komponenten verschiedenen Molekulargewichts bei übereinstimmender effektiver Dichte ebenso wie die Trennung von Fraktionen gleichen Molekulargewichts und abweichenden partiellen spezifischen Volumens (vgl. *Buchdahl* et al. [37], *Hermans* u. *Ende* [75]).

Mittelwerte

Der Begriff des Molekulargewichts ist nur für den Fall des monodispersen Systems eine eindeutige Größe; im Fall des polydispersen tritt an seine Stelle ein Molekulargewichts-Mittelwert, der je nachdem Zahl, Gewicht oder andere Eigenschaften der Gesamtheit zugrunde gelegt werden, verschiedene Werte annimmt. Liegen der Mittelwertsbildung dabei verschiedene Parameter zugrunde, die nicht

---

[1] Zur Berechnung von Dichteverteilung und Dichtegradienten binarer Losungen vgl. *Ifft, I. B., D. H. Voet* und *J. Vinograd*: J. phys. Chem. **65**, 1138 (1961), sowie *Trautman, R.*: Arch. Biochem. Biophys. **87**, 289 (1960).

nur vom Molekulargewicht abhängen (wie etwa im Falle der Bestimmung von M aus Sedimentationsgeschwindigkeit und Diffusion), so resultieren gemischte Mittel, die zu den im folgenden definierten einfachen Mittelwerten nur schwer in Beziehung gesetzt werden können. Allgemein gilt für alle Mittelwertsbildungen die Definitionsgleichung (*Meyerhoff* [*38*])

$$M_\beta = \frac{\sum_i c_i M_i^\beta}{\sum_i c_i M_i^{\beta-1}}. \tag{20}$$

Je nachdem die *Anzahl n* ($\beta = 0$), das *Partikel-Gewicht w* ($\beta = 1$) oder andere Parameter der Mittelwertsbildung zugrunde gelegt werden (z. B. „*z-Mittel*" mit $\beta = 2$), resultieren verschiedene Mittelwerte, die, sofern nicht ideal monodisperse Systeme vorliegen, in ihren Beträgen mehr oder weniger stark voneinander abweichen: $M_z \geq M_w \geq M_n$ [1].

Die Ultrazentrifugation liefert für den Fall der Sedimentationsgeschwindigkeit (gemischte) Gewichtsmittelwerte, während das Sedimentationsgleichgewicht zu M_w oder M_z führt. (*Lansing* u. *Kraemer* [*39*], *Svedberg-Pedersen* [*1*], S. 293, *Hengstenberg* [*6*], S. 425.)

B. Methodische Angaben

Zu den apparativen Realisierungsmöglichkeiten extremer Schwerefelder (Luftturbine, Ölturbine, Elektromotor-Übersetzungsgetriebe), wie den Grundlagen der optischen Verfahren zur Abbildung des Konzentrationsverlaufs in der Zentrifugenzelle vgl. die Monographien (loc. cit. [*1*—*10*]) und *Wiedemann* [*40*]. Die optischen Systeme gliedern sich grundsätzlich in zwei Typen:

1. Abbildung der radialen Änderung von c_p (c_p *vs x*: Licht-Absorption, Rayleigh-Interferenz),

2. Abbildung der radialen Änderung des Brechungsindex-Gradienten ($\frac{dn}{dx} \sim \frac{dc}{dx}$ *vs x*: Lammsche Skalenmethode, Schlieren-Methode nach *Philpot* und *Svensson* etc.).

Die Leistungsfähigkeit der Methoden ist von der Problemstellung abhängig (vgl. Schema S. 754). Allgemein dürfte die Lammsche Skalenmethode den anderen Methoden voraus haben, daß sie die exakte Position der „theoretischen" Gradientenkurve zu konstruieren erlaubt, die im Falle der Philpot-Svensson-, wie der Rayleigh-Optik auf Grund von Beugungen, Interferenzen und der endlichen Linienbreite im Photogramm nur mit einer gewissen Unsicherheit festgelegt werden kann.

Wegen der verschiedenen Grundtypen analytischer Zellen vgl. das Schema S. 754.

Die Herstellung der zu untersuchenden Lösungen bedarf nur für den Fall des direkten Lösungs-Lösungsmittel-Vergleichs (Doppelsektor, Schichtungs-Verfahren c_p-Bestimmung, Δn-Bestimmung etc.) größerer Sorgfalt, indem hier für den Fall solvatisierter bzw. Ionen adsorbierender Partikel für völligen Konzentrationsausgleich zwischen Lösung und Lösungsmittel Sorge zu tragen ist (Dialyse). Die Archibald-Methode macht zur Erzeugung der für die exakte Extrapolation auf den Zellboden erforderlichen Krümmung des Bodens die Unterschichtung der Lösung mit einer indifferenten, nicht mischbaren Flüssigkeit (Silikonöl, Mischungen CCl_4-Silikonöl o. ä.) unerlaßlich. Um die Extrapolation zu erleichtern, empfiehlt es sich, den Schlierenwinkel des Diaphragmas (Phasenkante oder dünner Draht

[1] Das Verhältnis der einzelnen Mittelwerte gibt ein qualitatives Maß für die Heterogenitat, da Übereinstimmung $M_z = M_w = M_n$ strenge Monodispersitat und wachsende M_z/M_w-, ... M_w/M_n-... Verhaltnisse zunehmende Verbreiterung der Verteilungskurven anzeigen.

0,08 mm ∅) so zu wählen, daß die Gradienten flach sind und nahezu linear extrapoliert werden können (vgl. Abb. 106, S. 757).

Die Wahl der Umdrehungszahl hängt vom M-Erwartungswert wie von der speziellen Problemstellung ab. Wegen der Korrekturen (s. u.) und der mit steigender Drehzahl verminderten Linienschärfe im Falle der Rayleigh-Interferenzen etc. ist ein Mindestwert nicht zu überschreiten. Archibald-Versuche (Drehzahl-Konstanz!), Bestimmungen der Konzentration resp. des Diffusionskoeffizienten D_{app} sind bei kleinstmöglicher Winkelgeschwindigkeit auszuführen. Als Richtwerte für die Archibald-Methode können dabei dienen:

$$M = 10000 \quad \sim 15000 \text{ UpM}; \qquad M = 200000 \quad \sim 3000 \text{ UpM}.$$

Bei gleichzeitiger Bestimmung von s und D_{app} (Schichtungsverfahren) sind mittlere Drehzahlen anzuwenden, um endliche Radialverschiebungen der Sedimentationsgrenze zu erreichen:

$$M = 10000 \quad \sim 40000 \text{ UpM}; \qquad M = 200000 \quad \sim 10000 \text{ UpM}.$$

C. Auswertung

Die folgenden Angaben können nur Hinweise zur Anwendung der im theoretischen Teil gegebenen Beziehungen sein, soweit diese nicht unmittelbar als Auswertungsformeln verwendet werden können. Grundlage der Auswertung sind die während der Zentrifugation gewonnenen Photogramme, zusammen mit den zugehörigen Werten für die Zeit t, die Winkelgeschwindigkeit ω, die optischen Parameter (Philpot-Winkel φ, Vergrößerungsfaktoren F_x etc.) und die Temperatur T. Mögliche Auswerte-Verfahren sind:

1. Direkte Ausmessung der Gradienten-Beträge Z und der Radial-Abstände x mit Meßmikroskop oder Projektor.
2. Aufzeichnung der Mittelpunkts- oder Tangentenkurven aus Projektionen definierter Linearvergrößerung, ggf. für genaue Kurvenanalysen vergrößerte photographische Abzüge.

In allen Fällen ist auf Konstanz der Meniskus-Linie zu achten, um Lecks der Zelle auszuschließen. Wegen Standardisierung und Korrekturen s. u. Zur Bestimmung von Potenzen und Reziprok-Werten empfiehlt sich die Verwendung mathematischer Funktionstafeln.

a) Sedimentations-Konstante s

numerisch: Gemäß Gl. (4) gilt

$$s = \frac{\ln \frac{x_2}{x_1}}{\omega^2 (t_2 - t_1)} = \frac{2{,}303}{\omega^2} \cdot \frac{\log x_2 - \log x_1}{t_2 - t_1} \tag{21a}$$

resp.

$$s = \frac{\frac{\Delta x}{\Delta t}}{\bar{x}\omega^2} = \frac{x_2 - x_1}{\frac{x_2 + x_1}{2} \cdot \omega^2 (t_2 - t_1)} \tag{21b}$$

mit x_1, x_2 als Radialabstand des Maximalgradienten (in cm) zur Zeit t_1, t_2 (in sec).

Rechenschemata

No.	t'	t''	Abstand ΔR Referenz − Max.	$\frac{\Delta R}{F_x}$	$x = 5{,}7 + \frac{\Delta R}{F_x}$; $x = 7{,}3 - \frac{\Delta R}{F_x}$	$\log x$ (5-stellig)	$\log x_j - \log x_i$	$t_j - t_i$	s

No.	t'	t''	ΔR	$\frac{\Delta R}{F_x}$	x	$x = x_j - x_i$	$\bar{x} = \frac{x_j + x_i}{2}$	$t_j - t_i$	s

Grundtypen analytischer Zellen

Zelltyp		Charakteristik	Optik	Verwendung
1 Normale Sektorzelle		1 Sektor (2—4°) Zellhöhe 0,2—3 cm	Absorptionsoptik Refraktionsoptik	*s*-Bestimmung in weitem c_p-Bereich, bei spezifischer Absorption bis $< 10\,\gamma$, ggf. in Gemischen oder Rohpräparationen, Archibald, Sedimentationsgleichgewicht, Dichtegradienten-Zentrifugation; vgl. ergänzend **Yphantis-Zelle** [*74*].
2 Doppelsektor-Zelle		2 getrennte Sektoren in einer Zelle	Refraktionsoptik	Simultane Aufnahme von Lösung und Lösungsmittel: Festlegung der Basislinie. Analyse paucidisperser Systeme.
			Interferenzoptik	*s*-Bestimmung bei kleinen c_p, Differential-Sedimentation (***Richards*** u. ***Schachman*** [*41*]).
3 Schichtungszellen (synthetic boundary)		Über- oder Unterschichtung von Lsg. u. Lösungsmittel: Maximum in Zellmitte	Refraktionsoptik Interferenzoptik	*s*-Bestimmung bei kleinen c_p bzw. *M*. Analyse paucidisperser Systeme mit sehr schnell u. sehr langsam sedimentierenden Komponenten. Bestimmung von D_{app}, c_i, Δn. Bestimmung der „differential sedimentation rate" (***Hersh*** u ***Schachman*** [*42*]). Untersuchung miteinander reagierender Systeme.
4 Fraktionierzellen (partition)		Feststehende perforierte Trennwand oder bewegl. Boden im Zellinnern	Refraktionsoptik Absorptionsoptik	Trennung von Sediment und Lösungsmittel (*Yphantis* u. ***Waugh*** [*17*]).
5 Standard-Zellen		Zellen mit Referenzmarken resp. Skala u. Prisma als konstantem Gradienten	alle optischen Systeme	Experimentelle Bestimmung der Vergrößerungsfaktoren f_x, f_y und der optischen Konstanten ***d***, *A*, φ.

Resultieren für Zeitintervalle $\Delta t_1, \Delta t_2, \ldots$ verschiedene s_i, so folgt

$$s = \frac{\sum \Delta t_i s_i}{\sum \Delta t_i}. \tag{21c}$$

graphisch:

Nach Gl. (21a) u. (21b) ergibt sich s als Steigung der Geraden a aus einem $\log r$ *vs* t (I) bzw. $\frac{\Delta x}{\bar{x}}$ *vs* t-Diagramm (II):

$$\text{I} \quad s = \frac{2{,}303\,a}{\omega^2}; \qquad \text{II} \quad s = \frac{a^*}{\omega^2}.$$

Die Methode hat den Vorzug, daß zeitliche Änderungen von s und Meßfehler deutlich in Erscheinung treten; andererseits ist die Anbringung von Korrekturen (s.u.) erschwert. Bei paucidispersen Systemen können nur für den Fall der Trennung der Komponenten s_i bestimmt werden. Sind Diffusionsgrenze und Maximum einer Komponente frei, so kann durch Subtraktion der Z-Werte der symmetrisch an Z_{max} gespiegelten freien Komponente vom Gesamt-Z die Gradientenkurve der anderen Komponente und damit s bestimmt werden (Abb. 105). Tritt keine Trennung ein, so folgt der Mittelwert von s; das gleiche gilt für polydisperse Systeme.

b) Diffusionskonstante D. Die Grenzfläche im Falle eines sedimentierenden monodispersen Systems entspricht einer Diffusionsschicht, so daß — insbesondere bei Anwendung von Schichtungsverfahren — aus den Gradientenkurven der Ultrazentrifuge wenigstens approximativ auch D bestimmt werden kann, wobei der meist vernachlässigbar geringe Einfluß des Zentrifugalfeldes durch den Korrekturfaktor $(1 - s\omega^2 t)$ berücksichtigt werden kann.

α) *Flächenmethode:*

$$D_{app} = \frac{1}{4\pi t F_x^2} \cdot \frac{A^2}{Z_{max}^2} \cdot (1 - s\omega^2 t) \cong \frac{A^2}{Z_{max}^2} \cdot \frac{k}{t} \tag{22}$$

(A: Fläche unter der Gradientenkurve (cm²); Z_{max}: Maximalgradient (cm); F_x: Radialvergrößerung; t: wahre Zeit (sec), vgl. S. 759.) $D = \frac{a}{4\pi F_x^2}$ aus der Steigung a der Geraden im $\left(\frac{A^2}{Z_{max}^2}\right)$ · *vs* t-Diagramm. Die meist notwendige „Verdünnungs-Korrektur" $v = \left(\frac{x_t}{x_m}\right)^2$ (vgl. u.) ist als Faktor zu berücksichtigen: $D_{app} \cdot v^2 = D$.

Rechenschema

No.	t'	t'''_{corr}	t''^{-1}_{corr}	$k \cdot t''^{-1}_{corr}$	A	Z_{max}	$\frac{A}{Z_{max}} = \gamma$	γ^2	$\gamma^2 \cdot k \cdot t''^{-1}_{corr} = D_{app}$

β) *Halbwertsmethode:*

$$D = \frac{x_H^2}{4\,t \ln 2 \cdot F_x^2} = \frac{x_H^2}{2{,}77 t \cdot F_x^2} \tag{23a}$$

γ) *Wendepunktsmethode:*

$$D = \frac{x_i^2}{2t F_x^2} \tag{23b}$$

δ) *Maximalgradientenmethode* (*Gehatia* [43]):

$$Z_{max}^2 = \frac{1}{kD} \cdot \frac{1}{t} - \frac{5\omega^2 s}{kD}. \tag{24}$$

$D = \frac{1}{ak}$ aus Steigung a der Geraden in Z^2_{max} vs $\frac{1}{t''}$ -Diagramm mit

$$k = \frac{4\pi \tan^2 \varphi}{(d \cdot L \cdot f_y \cdot \Delta n)^2} = \frac{4\pi F^*}{\Delta n^2}$$

(φ: Philpot-Winkel; d: Zellhöhe; L: optischer Hebelarm; f_y: Vergrößerungsfaktor in der y-Richtung; Δn: Brechungsindexdifferenz Lösung-Lösungsmittel; F^*: Diaphragma-Verschiebung bei Verwendung eines konstanten Gradienten [*47b*]).

Rechenschema

No.	t'	t''_{corr}	t''^{-1}_{corr}	Z_{max}	Z^2_{max}

c) Konzentration. Die Fläche A unter der Gradientenkurve im Falle von Sedimentationsgeschwindigkeits- bzw. Schichtungsversuchen ist ein Maß für die Konzentration c des Gelösten:

$$c = \frac{A_t \tan \varphi}{d \cdot L \cdot f_x f_y E^2 \cdot \frac{dn}{dc}} \tag{25a}$$

(A_t [cm²]: Fläche zur Zeit t; φ: Philpotwinkel; L: optischer Hebelarm; $\frac{dn}{dc}$: Brechungsinkrement; E: Vergrößerung des Projektors; f_x, f_y-Vergrößerungen der Ultrazentrifugenoptik in der x- bzw. y-Richtung). Ihre Abnahme auf Grund der Sektorform der Zelle (Verdünnungseffekt) läßt sich im 2-Komponentensystem nach *Svedberg* und *Rinde* [*44*] durch die Beziehung

$$c_t = c_0 \cdot \left(\frac{x_m}{x_t}\right)^2 \tag{26}$$

c_t: c zur Zeit t; c_0: Anfangskonzentration; x_m: Abstand Meniskus-Rotationszentrum; x_t: Abstand der Sedimentationsgrenze (Maximum) vom Rotationszentrum, bzw. für Schichtungsversuche: Grenzschicht Lösung-Lösungsmittel zum Überschichtungszeitpunkt) beschreiben, so daß für c_0 folgt:

$$c_0 = \frac{\tan \varphi}{d \cdot L \cdot f_x f_y E^2} \cdot \frac{A_t}{\frac{dn}{dc}} \cdot \left(\frac{x_t}{x_m}\right)^2 . \tag{25b}$$

Im Falle paucidisperser Systeme können wie im Falle der s-Bestimmung (S. 755) die Konzentrationen der einzelnen Komponenten abgeschätzt werden. Die Summe der virtuellen Gauss'schen Flächen soll dabei gleich der Gesamtfläche sein und die auf die Basislinie gespiegelten Teile flächengleich (Abb. 105, S. 749). Für die Rayleigh-Interferenz-Optik gilt $J = d \cdot \frac{\Delta n}{y}$ (J: Zahl der Linienversetzungen; d: Zelldicke; Δn: Brechungsindexdifferenz Lösung-Lösungsmittel; λ: Wellenlänge). Durch Abzählung von J folgt Δn oder bei bekanntem Brechungsinkrement die Absolutkonzentration.

d) Sedimentationsgleichgewicht. Die für Gl. (12) erforderliche Bestimmung der radialen Konzentrationsverteilung ist bei Verwendung c vs x aufzeichnender optischer Systeme durch direkte c-Bestimmung resp. Bestimmung der Linienversetzungen entlang der x-Abszisse möglich. Für den Fall der Absorptionsoptik s. *Svedberg-Pedersen* [*1*], S. 273. Bei Verwendung der Rayleigh-Interferenz-Optik erfolgt die Bestimmung in drei Schritten:

α) Bestimmung der Linienversetzung (J_h) auf Grund von Δn;
β) Bestimmung der Linienversetzung (J_r), die in der gesamten Meßzeit die Referenz passieren;

γ) Auftragung der Gesamt-Linienversetzung $(J_n + J_r)$ *vs* Abstand x_s-Rotationszentrum. Da in Gl. (12) ein c-Quotient auftritt, kann auf Umrechnung der J in Konzentrationen verzichtet werden:

$$M = \frac{2RT \ln J_2/J_1}{(1 - V_p \varrho)\omega^2 (x_2^2 - x_1^2)} . \tag{12b}$$

Zur Verminderung des experimentellen Fehlers ist es zweckmäßig, der Berechnung nicht zu eng benachbarte Linien zugrunde zu legen. Für die Auswertung mit der Lammschen Skalenmethode vgl. *Svedberg-Pedersen* [*1*], S. 258 und *Hellmann* [*7*], S. 116; bei geringer Schichttiefe vgl. [*29, 74*].

e) Annäherung an das Sedimentationsgleichgewicht (Archibald-Methode). Ist die Konzentration des Gelösten bekannt, so ist sie entsprechend Gl. (25) auf die Verhältnisse in der Zelle umzurechnen:

$$A'_t = \frac{c_0 \cdot d \cdot L \cdot f_y E \, dn/dc}{\tan \varphi} \tag{25c}$$

Diese Gleichung gilt nur, sofern Gradienten z und Fläche $A' = A \cdot F_x$ bei der gleichen Vergrößerung ausgemessen und Z_n nicht auf Zelldimensionen reduziert wird. Sind Konzentration resp. optische Konstanten nicht bekannt und partielle Sedimentation der Lösungsmittelkomponenten tritt auf, so ist außer dem Archibald-Versuch bei unveränderter Optik eine Konzentrationsbestimmung (→ Fläche A) mit Hilfe eines Schichtungsversuches (S. 756) und ein Referenzlauf des Lösungsmittels (→ Basislinie) auszuführen.

Auswertung von Versuchen mit Erhaltung der Plateauzone:

Mit Vergrößerungsapparat (Vergrößerung $E = 5-10$); Vergrößerungsfaktor $F_x = f_x \cdot E$. Fläche A: planimetriert, ausgezählt, ausgewogen etc.

Mit Meßmikroskop ($E = 1$); Vergrößerungsfaktor f_x, f_y. Fläche A aus trapezoidaler Integration.

Zu äquidistanten Abszissenschritten n (Abstand Δx) im Bereich von Meniskus resp. Boden (Abb. 106) werden mit Hilfe von durchsichtigem mm-Papier auf der vergrößerten Zeichnung (bzw. Kreuztisch-Mikrometer im Falle der Verwendung eines Komparators) die Gradientenbeträge Z_n (cm) ausgemessen. Die Bestimmung der jedem n entsprechenden c_n folgt aus

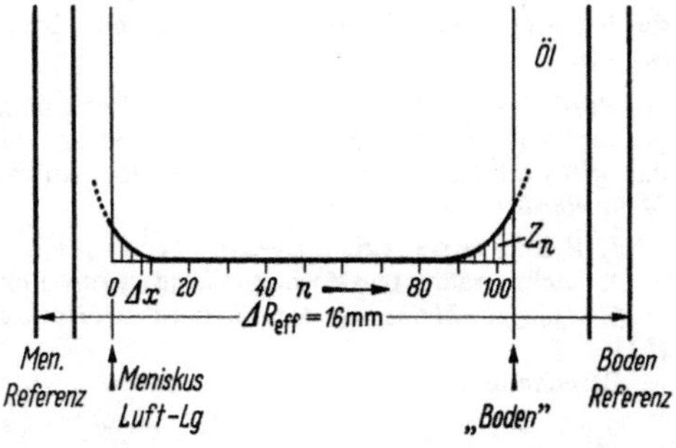

Abb. 106. Archibald-Methode: Auswertung. (Vgl. Text.)

$$c_n = c_m + \frac{\Delta x}{F_x} \cdot \sum Z_n \text{ resp. } c_n = c_b - \frac{\Delta x}{F_x} \cdot \sum Z_n . \tag{27}$$

Darin können c_m, c_b entsprechend Gl. (18) aus

$$c_m = A - \frac{\sum x_n^2 Z_n}{x_m^2} \cdot \frac{\Delta x}{F_x} \quad \text{resp.} \quad c_b = A + \frac{\sum x_n^2 Z_n}{x_b^2} \cdot \frac{\Delta x}{F_x} \tag{28}$$

ermittelt werden. (A in cm²; Z_n in cm.) Aus x_n, c_n, Z_n folgt δ entsprechend $\delta \equiv \frac{Z_n}{c_n \cdot x_n}$ (vgl. S. 751). Auftragung von δ *vs* x für verschiedene Aufnahmen eines Versuchs führt dann zu einem gemeinsamen Schnittpunkt mit der Meniskus- bzw. Boden-Linie (δ_m, δ_b), aus dem M folgt (Gl. (16)).

Wegen der Problematik der Meniskus-Linie vgl. *Trautman* [*45*].

Rechenschema

(s. auch *Schachman* [3], S. 48; Auswertung bei Verlust der Plateauzone, ibid. S. 51)

$F_x =\ ;\ \Delta x =\ ;\ \frac{\Delta x}{F_x} =\ ;\ V_p =\ ;\ T =\ ;\ \omega^2 =\ ;\ A =\ .$

n	ΔR	$\frac{\Delta R}{F_x}$	x_n	$= 5{,}7 + \frac{\Delta R}{F_x}$ $= 7{,}3 - \frac{\Delta R}{F_x}$	x_n^2	Z_n	$x_n^2 Z_n$	ΣZ_n	$\frac{\Delta x}{F_x} \cdot \Sigma Z_n \equiv \Delta A$	$c_n = A \pm \Delta A$	$\frac{1}{c_n x_n}$	δ
							↓ $\Sigma x_n^2 Z_n$			Gl. (27)		

f) Polydispersität. Zur exakten Polydispersitätsbestimmung vgl. *Schachman* [2], S. 131; *Hengstenberg* [6], S. 419ff.; *Kinell* und *Rånby* [26]; *Williams, van Holde, Baldwin* und *Fujita* [46], S. 772.

Als qualitative Kriterien zur Abschatzung der Heterodispersität bzw. zum Nachweis der Monodispersität können dienen:

α) Anschärfung, rasches Verbreitern und Abflachen der Gradientenkurve.

β) Vergleich des scheinbaren Diffusionskoeffizienten D_{app} aus Sedimentationsversuch mit D aus freier Diffusion.

γ) $D_{\text{app}} = D_{\text{app}}(\omega^2)$; $D_{\text{app}} = D_{\text{app}}(t)$.

δ) Archibald-Auswertung für Meniskus und Boden.

ε) Analyse der Gradientenkurve nach *Gehatia* [47].

ς) Für kleine Abweichungen von der Homogenität: Vergleich der beobachteten Gradientenkurve mit der Fujitaschen Lösung [48] der Differentialgleichung der Ultrazentrifuge (*Lamm* [49]). Vgl. auch *Baldwin* [50].

Die Tatsache, daß eine Gradientenkurve nicht aufspaltet, ist kein hinreichendes Kennzeichen für die Monodispersität eines Systems (vgl. Auflösungsvermögen S. 749).

g) Partielles spezifisches Volumen. Alle Beziehungen zur M-Bestimmung setzen genaueste Kenntnis von V_p voraus. V_p ist abhängig von T und Lösungsmittel, dagegen praktisch unabhängig von der Konzentration des gelösten c_p.

Meßmethoden:

1. Pyknometrie (vgl. *Bauer* und *Lewin* [51]).
2. Dichtegradienten-Methode (*Linderstrøm-Lang* et al. [52]).
3. *Auftriebs-Methode* (magnetic float; *McInnes* et al. [53], *Stauff* und *Rümmler* [54]).

Berechnung:

$$V_p = \frac{c_p - (\varrho_{Lg} - \varrho_{LM})}{\varrho_{LM} \cdot c_p} \tag{29}$$

(c_p: Konzentration des Gelösten gr/ml; $\varrho_{LM}, \varrho_{Lg}$: Dichte von Lösungsmittel bzw. Lösung).

Umformung zu

$$\varrho_{Lg} = \varrho_{LM} + (1 - V_p \varrho_{LM}) \cdot c_p \tag{30}$$

liefert bei Auftragung im ϱ_{Lg} *vs* c_p-Diagramm unmittelbar die zur M-Bestimmung erforderliche Größe $(1 - V_p \varrho_{LM})$.

V_p kann auch als Summe der spezifischen Volumina V_i der einzelnen Aminosäure-Reste i

$$V_p = \frac{\sum V_i \cdot W_i}{\sum W_i} \tag{31}$$

(W_i: Gewichtsprozent des Aminosäure-Restes i) approximiert werden (vgl. *McMeekin* u. *Marshall* [55]; s. auch *Cohn-Edsall* [56], S. 371).

D. Standardisierung und Korrekturen

1. Standardbasis

Ein Vergleich von Sedimentationsdaten ist nur bei Konstanz aller äußeren Parameter möglich. Im Bereich der Biochemie ist es daher sinnvoll, s, D und V_p auf Wasser und 20 °C als Standardbasis umzurechnen:

$$s_{20,w} = s_{t,LM}\left(\frac{\eta_{t,w}}{\eta_{20,w}}\right)\left(\frac{\eta_{t,LM}}{\eta_{t,w}}\right)\left(\frac{1 - V_{p_{20\,w}}\,\varrho_{20,w}}{1 - V_{p_{t,LM}}\,\varrho_{t,LM}}\right) \tag{32}$$

$$D_{20\,w} = D_{t,LM}\left(\frac{293}{273+t}\right)\left(\frac{\eta_{t,w}}{\eta_{20,w}}\right)\left(\frac{\eta_{t,LM}}{\eta_{t,w}}\right) \tag{33}$$

($\eta_{t,w}/\eta_{20,w}$: rel. Viscosität von Wasser bei t °C und 20 °C, s. Tab. 2; $\eta_{t,LM}$: Viscosität des Lösungsmittels bei t °C; $\varrho_{20,w}$ ($\varrho_{t,LM}$): Dichte von Wasser (Lösungsmittel) bei 20 °C (t °C)).

Die T-Abhängigkeit von V_p ist verhältnismäßig gering; sie ist an Hand von zwei Beispielen aus Tab. 3 zu entnehmen.

ϱ_{LM} und η_{LM} müssen experimentell bestimmt werden, sofern sie nicht (für verdünnte Lösungen) als Summe der ϱ- bzw. η-Inkremente der einzelnen Lösungsmittel-Komponenten k_i approximiert werden:

$$\varrho_{LM} = \varrho_w + \sum_1^n \Delta\varrho_{ki}, \qquad \frac{\eta_{LM}}{\eta_w} = 1 + \sum_1^n \left(\frac{\eta_{LM}}{\eta_w} - 1\right)_i. \tag{33a}$$

Inkrement-Werte für einige Salzkonzentrationen und Temperaturen gibt Tab. 4; weitere $\varrho(\rightarrow\Delta\varrho)$- bzw. $\frac{\eta}{\eta_w}$-Werte, sowie Daten zur $\varrho(T)$-Umrechnung gibt z. B. *Lange* [57] (vgl. *Svedberg-Pedersen* [1], S. 33f.). Wegen der Dichtekorrektur im Falle hoher Salzkonzentrationen s. *Schachman* und *Lauffer* [58].

Die auf die Viscosität bezogene Umrechnung kann für die unmittelbar s/D liefernden Methoden (*Archibald* [31], *Gehatia* [47]) unterbleiben. Der Extrapolation auf $c_p = 0$ (vgl. S. 747) sind die auf Standardbasis reduzierten s bzw. D zugrunde zu legen.

2. Konzentration und Kompressibilität

Wegen der Konzentrations-Korrektur auf Grund der Sektorform der Zelle („Verdünnungseffekt") vgl. S. 756).

Der Druckgradient innerhalb der Zelle von 1 atm (Meniskus) bis zu $\leq$ 500 atm am Zellboden führt zu einem Anstieg von Dichte und Viscosität und damit zu einer Verminderung der Sedimentation. Diese Korrektur kann für den Fall wäßriger Medien wegen der geringen Kompressibilität des Lösungsmittels vernachlässigt werden, doch erhält sie für den Fall $V_p\,\varrho \approx 1$ großes Gewicht (*Elias* [59]; *Oth* u. *Desreux* [60]).

3. Wechselwirkungskorrekturen

Für die Korrektur des Einflusses des Zentrifugalfeldes im Falle der Bestimmung von D vgl. Gl. (22), S. 755.

Der analoge Einfluß der Rückdiffusion auf die Sedimentation ist durch

$$s_{corr} = s + \frac{D}{\omega^2\,x_t^2} \tag{34}$$

zu korrigieren. (Fehler ~1%.)

4. Wahre Anfangszeit

Die wahre Anfangszeit der Sedimentation kann bei linearer Beschleunigung in der Weise approximiert werden, daß man zum Zeitpunkt t_e, in dem die Endgeschwindigkeit erreicht ist $^1/_3$ der Beschleunigungsdauer hinzuzählt. Exakter folgt sie aus der Extrapolation auf 0 im $(x_t^2 - x_m^2)$ *vs* t_s-Diagramm mit t_s als Zeit seit Erreichen der Höchstgeschwindigkeit (*Elias* [59]).

Für den Fall der D-Bestimmung kann als wahre Anfangszeit in erster Näherung der Überschichtungszeitpunkt angenommen werden, doch täuschen alle Störungen bei Überschichtung und Beschleunigung längere Diffusionszeiten vor, so daß die wahre Anfangszeit meist einige Minuten vor dem Überschichtungszeitpunkt anzunehmen ist.

5. Ladungseffekte

Die elektrische Ladung sedimentierender Partikel führt wegen der Verschiedenheit der Wanderungsgeschwindigkeiten von Ion und Gegenion zu einem Potential, das eine Verzögerung der makromolekularen und eine Beschleunigung der niedermolekularen Komponente bewirkt (*Tiselius* [*61*], *Svedberg-Pedersen* [*1*]). Dieser „primäre Ladungseffekt" ist bei konstanter Konzentration und Nettoladung des Makroions der Leitfähigkeit der Lösung umgekehrt proportional und läßt sich durch Erhöhung der Leitfähigkeit der Lösung (ausreichende Pufferionenstärke μ, Zusatz von KCl o. ä.) eliminieren. Da die Ionenkonzentration dabei hinreichend groß sein muß zur Ausbildung der elektrischen Doppelschicht um das Makroion, muß mit wachsendem c_p auch μ erhöht werden (für 1% Proteinlösungen reicht $\mu = 0{,}2$ im allgemeinen aus, doch spielt auch die Größe der Ionen eine nicht unbeträchtliche Rolle). Der „sekundäre Ladungseffekt" auf Grund der verschiedenen Sedimentationsgeschwindigkeiten von Kation und Anion der Salzkomponente ist gegenüber dem primären im allgemeinen zu vernachlässigen (*Svedberg-Pedersen* [*1*], S. 24). Wegen Kreuzdiffusions-Koeffizienten vgl. *Hooyman* [*62*].

E. Aus Ultrazentrifugen-Daten abgeleitete Größen

Neben der Partikelgröße (M; M-Verteilung) deren Bestimmung Gegenstand der vorigen Abschnitte war, können aus den Daten der Sedimentations-Analyse (in Verbindung mit Messungen der Viscosität) mit Hilfe des „Reibungsverhältnisses" auch Aussagen über Partikelgestalt und Solvatationsgrad gewonnen werden (wegen speziellerer Aussagen: Assoziations-Dissoziations-Gleichgewichte, 2. Virialkoeffizient etc: vgl. Literatur [*2, 6, 8, 46*]).

Der Reibungskoeffizient in Gl. (2) und (3) ist eine Funktion der Solvatation wie der Form der Partikeln im Zentrifugalfeld. Für kugelförmige, nicht solvatisierte Teilchen ergibt sich der Minimalwert (pro Mol, N_L Loschmidtsche Zahl) zu

$$f_0 = 6\pi\eta r_0 N_L = 6\pi\eta N_L \left(\frac{3\,M\,V_p}{4\pi N_L}\right)^{1/3}. \tag{35}$$

Abweichungen von der Kugelgestalt und Solvatation führen zu $f > f_0$, so daß aus der Größe des Reibungsverhältnisses f/f_0 zunächst folgt:

$f/f_0 = 1$	nicht solvatisiert, kugelig
$f/f_0 > 1$	solvatisiert, kugelig oder
	nicht solvatisiert, anisometrisch oder
	solvatisiert, anisometrisch.

Die Berechnung von f/f_0 für den allgemeinen Fall und für Messungen in Salzlösungen nach Reduktion auf Standardbasis geht aus den folgenden Gleichungen hervor:

$$\text{aus } s, M: \quad f/f_0 = \frac{(1 - V_p\varrho)}{\eta\cdot s}\left(\frac{M^2}{162\pi^2\cdot V_p\cdot N_L^2}\right)^{1/3} = 1{,}19\cdot 10^{-15}\,\frac{M^{2/3}(1 - V_p\varrho)}{s\cdot V_p^{1/3}} \tag{36a}$$

$$\text{aus } D, M: \quad f/f_0 = \frac{RT}{6\pi\eta D N_L}\left(\frac{4\pi N_L}{3\,V_p\cdot M}\right)^{1/3} = \frac{2{,}89\cdot 10^{-5}}{D\,(M\cdot V_p)^{1/3}} \tag{36b}$$

$$\text{aus } s, D: \quad f/f_0 = \frac{1}{\eta}\left(\frac{R^2T^2}{N_L^2 D^2}\cdot\frac{(1 - V_p\varrho)}{162\cdot V_p\cdot s}\right)^{1/3} = 10^{-8}\left(\frac{1 - V_p\varrho}{D^2\,s\,V_p}\right)^{1/3}. \tag{36c}$$

Die aus Gl. (36) gewonnenen f/f_0 lassen den Vergleich mit theoretisch für geometrische Modellkörper berechneten f/f_0-Werten zu und erlauben damit unter Verwendung von

$$\frac{M V_p}{N_L} = \frac{4\pi}{3} a \cdot b^2 \tag{37}$$

detailliertere Angaben über die Molekülgestalt: Achsenverhältnis p, Halbachsen a, b des Rotationsellipsoids (*Herzog* et al. [*63*], *Perrin* [*64*]; Tab. 5), doch liegen die gewonnenen Anisotropiefaktoren meist beträchtlich über den auf anderen Wegen bestimmten Werten (Solvatation!). Bezieht man die Viscositatszahl (intrinsic viscosity) $[\eta]$ resp. das Viscositäts-Inkrement ν mit ein (*Scheraga* und *Mandelkern* [*65*]; wegen der Definitionen von $[\eta]$ und ν, vgl. z. B. *Kragh* [*66*]) und berechnet das effektive hydrodynamische Ellipsoid, so folgt als gestaltspezifische Größe β[1] (s. Tab. 5):

$$\beta = \frac{N_L \cdot s\,[\eta]^{1/3}\,\eta_{LM}}{M^{2/3}(1 - V_p\varrho)} = \frac{D\,[\eta]^{1/3} M^{1/3}\,\eta_{LM}}{k T} = \frac{N_L^{1/3}}{(16200\pi^2)^{1/3}} \cdot \frac{f_0}{f}\,\nu^{1/3}. \tag{38}$$

Obgleich hier die Beziehung zwischen effektivem Ellipsoid und tatsächlicher Molekülgestalt nicht eindeutig hergestellt werden kann, scheinen die Resultate den Gegebenheiten wesentlich besser gerecht zu werden, als die auf Gl. (37) basierenden Daten. Eine Prüfung der Ergebnisse und Entscheidung zwischen gestrecktem und abgeplattetem Rotationsellipsoid ist nur mit Hilfe anderer Methoden möglich (Strömungsdoppelbrechung, Röntgenkleinwinkelstreuung etc; *Scheraga-Mandelkern* [*65*], *Sadron* [*67*], *Ogston* [*68*]). Sie können auch Hinweise für den relativen Formanteil $(f/f_0)_{\text{asym}}$ bzw. Solvatationsanteil $(f/f_0)_{\text{solv}}$ liefern, als deren Produkt das aus den Sedimentations-Daten gewonnene f/f_0 angesehen werden kann:

$$f/f_0 = (f/f_0)_{\text{solv}} \cdot (f/f_0)_{\text{asym}} \tag{40}$$

(*Oncley* [*69*], *Edsall* [*9*]; s. Diagramm S. 68. Vgl. auch *Wales* und *Williams* [*70*].) Zur Gestaltsbestimmung nicht kompakter (statistischer) Knäuel aus Sedimentations-, Diffusions- und Viscositatsdaten s. *Hengstenberg* [*6*], *Flory* [*71*].

---

[1] Aus Gl. (38) folgt eine Möglichkeit zur Bestimmung von M aus $[\eta]$ und s (resp. D). Legt man $\langle\beta\rangle = 2 \cdot 16 \cdot 10^6$ zugrunde (~ starre Kugel als 1. Näherung), so folgt:

$$M = \frac{4690\,(s_{20,w})^{3/2}\,[\eta]^{1/2}}{(1 - V_p\,\varrho)^{3/2}} = \frac{6{,}58 \cdot 10^{-16}}{(D_{20,w})^3\,[\eta]} \tag{39}$$

(s in Svedberg-Einheiten; $[\eta]$ (g/100 ml)$^{-1}$).

Literatur[1]

[*1*] *Svedberg, T.*, u. *K. O. Pedersen:* Die Ultrazentrifuge, Hdb. d. Kolloidwissenschaft, Bd. 7, Dresden 1940 (Monographie).

[*2*] *Schachman, H. K.:* Ultracentrifugation in Biochemistry, New York, London 1959 (Monographie).

[*3*] *Schachman, H. K.:* Ultracentrifugation, Diffusion and Viscometry, in Methods in Enzymology, New York 1957, Bd. IV, S. 32ff.

[*4*] *Nichols, J. B.*, u. *E. D. Bailey:* Determinations with the Ultracentrifuge, in Technique of Organic Chemistry, 3. Aufl., Bd. I/2, S. 1007, New York, London 1960.

[*5*] *Claesson, S.*, u. *I. Moring-Claesson:* Ultracentrifugation, in Analytical Methods of Protein Chemistry, Bd. 3, S. 121–171, Oxford, London, New York, Paris 1961.

[*6*] *Hengstenberg, J.:* Sedimentation und Diffusion von Makromolekulen, in Physik der Hochpolymeren, Bd. 2, S. 411–494, Berlin, Göttingen, Heidelberg 1953.

[*7*] *Hellman, E.:* Die Ultrazentrifuge, in Hoppe-Seyler/Thierfelder, 10. Aufl., Bd. I/1, S. 95–121, Berlin, Göttingen, Heidelberg 1953.

[*8*] *Meyerhoff, G.:* Ultrazentrifuge, in Houben-Weyl, Methoden der organischen Chemie, 4. Aufl., Bd. III/1, S. 390–408, Stuttgart 1955.

[*9*] *Edsall, J. T.:* Size, Shape and Hydratation of Protein Molecules, in The Proteins, Bd. I/B, S. 649ff., New York 1953.

[*10a*] *Pickels, E. G.:* Ultracentrifugation, in Biophysical Research Methods, New York, London 1950.

---

[1] Manuskript abgeschlossen im Marz 1962.

[10b] *Williams, J. A.*: Ultrazentrifugal Analysis in Theory and Experiment, New York, London 1963.
[11a] *de Lalla, O. F.*, u. *J. W. Gofman:* Ultracentrifugal Analysis of Serum Lipoproteins, in Methods of Biochem. Analysis, S. 459, New York, London 1957.
[11b] *Jahnke, K.*, u. *W. Scholtan:* Die Bluteiweißkörper in der Ultrazentrifuge, Stuttgart 1960.
[12] *Burgers, J. M.:* Proc. Koninkl. Nederland Akad. Wetenschap. **44**, 1045, 1177 (1941), **45**, 9, 26 (1942).
[13] *Gehatia, M.:* Naturwiss. **48**, 598 (1961).
[14] *Gutfreund, H.*, u. *A. G. Ogston:* Biochem. J. **44**, 163 (1949).
[15] *Baldwin, R. L.:* Biochem. J. **55**, 644 (1953).
[16] *Webber, R. V.*: J. Amer. chem. Soc. **78**, 536 (1956).
[17] *Yphantis, D. A.*, u. *D. F. Waugh:* J. phys. Chem. **60**, 623, 630 (1956).
[18] *Johnston, J. P.*, u. *A. G. Ogston:* Trans. Faraday Soc. **42**, 789 (1946).
[19] *Gralén, N.:* Sedimentation- and Diffusion-Measurements on Cellulose and Cellulose Derivatives, Dissertation Univ. Uppsala/Schweden 1944.
[20] *Jullander, I.:* Arkiv kemi mineral. geol. **21A** (8), 1 (1945).
[21] *Baldwin, R. L.*, u. *J. W. Williams:* J. Amer. chem. Soc. **72**, 4325 (1950).
[22] *Williams, J. W., R. L. Baldwin, W. M. Saunders* u. *P. G. Squire:* J. Amer. chem. Soc. **74**, 1542 (1952).
[23] *Baldwin, R. L.:* Biochem. J. **65**, 490 (1957).
[24] *Baldwin, R. L.:* J. Amer. chem. Soc. **76**, 402 (1954); J. phys. Chem. **58**, 1081 (1954).
[25] *Yule, G. U.*, u. *M. G. Kendall:* Theory of Statistics, London 1940.
[26] *Kinell, P. O.*, u. *B. G. Rånby:* Adv. in Colloid Sci. Bd. III, S. 161, 182 (1950).
[27] *Ginsburg, A., P. Appel* u. *H. K. Schachman:* Arch. Biochem. Biophys. **65**, 545 (1956).
[28] *Weaver, W.:* Phys. Rev. **27**, 499 (1926).
[29] *van Holde, K. E.*, u. *R. L. Baldwin:* J. phys. Chem. **62**, 734 (1958).
[30] *Pasternak, R. A., G. M. Nazarian* u. *J. R. Vinograd:* Nature **179**, 92 (1957).
[31] *Archibald, W. J.:* J. phys. Colloid Chem. **51**, 1204 (1947).
[32] *Klainer, S. M.*, u. *G. Kegeles:* J. phys. Chem. **59**, 952 (1955).
[33] *Erlander, S. R.*, u. *J. F. Foster:* J. Polymer Sci. **37**, 103 (1959).
[34] *Elias, H. G.:* Angew. Chem. **73**, 209 (1961).
[35a] *Trautman, R.:* J. phys. Chem. **60**, 1211 (1956).
[35b] *Trautman, R*, u. *C. F. Crampton:* J. Amer. chem. Soc. **81**, 4036 (1959).
[36] *Meselson, M., F. W. Stahl* u. *J. R. Vinograd:* Proc. nat. Acad. Sci. Wash. **43**, 581 (1957).
[37] *Buchdahl, R., H. A. Ende* u. *L. H. Peebles jr.:* J. phys. Chem. **65**, 1468 (1961).
[38] *Meyerhoff, G.:* Makromol. Chem. **12**, 61 (1954).
[39] *Lansing, W. P.*, u. *E. O. Kraemer:* J. Amer. chem. Soc. **57**, 1369 (1935).
[40] *Wiedemann, E.:* Elektrophorese, in Hoppe-Seyler/Thierfelder, 10. Aufl. Bd. I/1, S. 64ff., Berlin, Göttingen, Heidelberg 1953.
[41] *Richards, E. G.*, u. *H. K. Schachman:* J. Amer. chem. Soc. **79**, 5324 (1957); J. phys. Chem. **63**, 1578 (1959).
[42] *Hersh, R. T.*, u. *H. K. Schachman:* J. Amer. chem. Soc. **77**, 5228 (1955).
[43] *Gehatia, M.:* Naturwiss. **46**, 108 (1959).
[44] *Svedberg, T.*, u. *H. Rinde:* J. Amer. chem. Soc. **45**, 943 (1923); **46**, 2677 (1924).
[45] *Trautman, R.:* Biochim. Biophys. Acta **28**, 417 (1958).
[46] *Williams, J. W., K. E. van Holde, R. L. Baldwin* u. *H. Fujita:* Chem. Revs. **58**, 715 (1958).
[47a] *Gehatia, M.:* Kolloid-Z. **167**, 1 (1959).
[47b] *Jaenicke, R.*, u. *M. Gehatia:* Biochim. Biophys. Acta **45**, 217 (1960).
[48] *Fujita, H.:* J. chem. Phys. **24**, 1084 (1956).
[49] *Lamm, O.:* Arkiv matematik astronomi och fysik **21B** No. 2, 1 (1929).
[50] *Baldwin, R. L.:* Biochem. J. **65**, 490, 503 (1957).
[51] *Bauer, N.*, u. *S. Z. Lewin:* Determination of Density, in Technique of Organ. Chem. 3. Aufl., Bd. I/1, S. 131ff. New York, London 1959.
[52] *Linderstrøm-Lang, K.* u. *H. Lanz jr.:* Compt. rend. trav. lab. Carlsberg (Sér. chim.) **21**, 315 (1936/38); *Hvidt, A., G. Johansen, K. Linderstrøm-Lang* u. *F. Vaslow*, ibid. **29**, No. 9 (1954).
[53a] *MacInnes, D. A., M. O. Dayhoff* u *B. R. Ray:* Rev. Sci. Instr. **22**, 642 (1951).
[53b] *Dayhoff, M. O, G. E. Perlmann* u. *D. A. MacInnes:* J. Amer. chem. Soc. **74**, 2515 (1952).
[54] *Stauff, J.*, u. *G. Rummler:* Kolloid-Z. **166**, 152 (1959).
[55] *McMeekin, T. L.*, u. *K. Marshall:* Science **166**, 142 (1952).
[56] *Cohn, E. J.*, u. *J. T. Edsall:* Proteins, Aminoacids and Peptides, New York 1943, S. 371.
[57] *Lange, N. A.:* Handbook of Chemistry, 10. Aufl., S. 1116—1185, 1665—1667, New York, Toronto, London 1961. S. auch *D'Ans, J.*, u. *E. Lax:* Taschenbuch f. Chemiker und Physiker, S. 768f., Berlin 1943.

[58] *Schachman, H. K.*, u. *M. A. Lauffer:* J. Amer. chem. Soc. **72**, 4266 (1950).
[59] *Elias, H. G.:* Makromol. Chem. **29**, 30 (1959).
[60] *Oth, J.*, u. *V. Desreux:* Bull. Soc. chim. Belges **63**, 133 (1954).
[61] *Tiselius, A.:* Kolloid-Z. **59**, 306 (1932).
[62] *Hooyman, G. J.:* Thermodynamics of irrev. Processes in rotating Systems, Dissertation Univ. Leiden/Holland 1955.
[63] *Herzog, R. O., R. Illig* u. *H. Kudar:* Z. phys. Chem. **A 167**, 329 (1934).
[64] *Perrin, F.:* J. Phys. Radium **7**, 1 (1936).
[65] *Scheraga, H. A.*, u. *L. Mandelkern:* J. Amer. chem. Soc. **75**, 179 (1953)
[66] *Kragh, A. M.:* Viscosity, in Analytical Methods of Protein Chemistry, Bd. 3, S. 176ff. Oxford, London, New York, Paris 1961.
[67] *Sadron, C.:* Progr. in Biophys. and Biophys. Chem. **3**, 237 (1953).
[68] *Ogston, A. G.:* Trans. Faraday Soc. **49**, 1481 (1953).
[69] *Oncley, J. L.:* Ann. N. Y. Acad. Sci. **41**, 121 (1941).
[70] *Wales, M.*, u. *J. W. Williams:* J. Polymer Sci. **8**, 449 (1952); **13**, 460 (1954).
[71] *Flory, P. J.:* Principles of Polymer Chemistry, Ithaka, New York 1953.
[72] *Mehl, J. W., J. L. Oncley* u. *R. Simha:* Science **92**, 132 (1940).
[73] *Wyman, J.* u. *E. N. Ingalls:* J. biol. Chem. **147**, 297 (1943).
[74] *Yphantis, D. A.:* Ann. N. Y. Acad. Sci. **88**, 586 (1960).
[75] *Hermans, J. J.* u. *H. A. Ende:* Densitygradient Centrifugation in Newer Methods of Polymer Charakterisation, London 1964.

F. Tabellen

Nomogramme für s, D, V_p, M, f/f_0, sowie Viscositätsinkrement ν, Achsenverhaltnis p und Hydratation h für 20 °C gibt *Wyman* u. *Ingalls* [73]. Die Reproduktion der Nomogramme in [9] S. 666 ist bzgl. der h-Skala verzeichnet.

Tabelle 1. **Umdrehungsfrequenz-ω^2-Umrechnung**

I		II[1]		III[1]		IV	
UpM	$\omega^2 \cdot 10^{-6}$	UpM	$\omega^2 \cdot 10^{-6}$	UpM	$\omega^2 \cdot 10^{-6}$	UpM	$\omega^2 \cdot 10^{-6}$
3000	0,09869	1968	0,04243	4197	0,1931	12590	1,7381
4500	0,22205	2095	0,04814	4470	0,2191	13410	1,9719
6000	0,39476	2233	0,05467	4763	0,2487	14290	2,2391
7500	0,61681	2378	0,06201	5073	0,2822	15220	2,5400
9000	0,88821	2531	0,07026	5400	0,3197	16200	2,8778
10500	1,2090	2695	0,07966	5750	0,3651	17250	3,2629
12000	1,5790	2809	0,08655	5993	0,3938	17980	3,5449
13500	1,9985	2994	0,09827	6387	0,4472	19160	4,0250
15000	2,4673	3189	0,1152	6803	0,5075	20410	4,5677
16500	2,9854	3397	0,1265	7247	0,5757	21740	5,1820
18000	3,5528	3617	0,1435	7717	0,6529	23150	5,8766
19500	4,1697	3848	0,1624	8210	0,7391	24630	6,6523
21000	4,8358	4059	0,1807	8660	0,8223	25980	7,4013
22500	5,5513	4327	0,2052	9230	0,9341	27690	8,4077
24000	6,3162	4609	0,2330	9833	1,0601	29500	9,5425
25500	7,1304	4908	0,2641	10470	1,2020	31410	10,818
27000	7,9939	5227	0,2995	11150	1,3632	33450	12,269
28500	8,9068	5563	0,3393	11867	1,5440	35600	13,897
30000	9,8690	5784	0,3669	12340	1,6696	37020	15,028
31500	10,8806	6166	0,4168	13153	1,8971	39460	17,074
33000	11,9415	6569	0,4731	14013	2,1532	42040	19,379
34500	13,0518	6995	0,5366	14923	2,4420	44770	21,978
36000	14,211	7447	0,6081	15887	2,7674	47660	24,907
37500	15,420	7928	0,6892	16913	3,1366	50740	28,230
39000	16,679	8225	0,7418	17547	3,3761	52640	30,385
40500	17,986	8766	0,8425	18700	3,8344	56100	34,510
42000	19,343	9341	0,9567	19925	4,3540	59780	39,186
43500	20,750	9945	1,0845	21220	4,9356	63650	44,421
45000	22,205	10590	1,2294	22590	5,5953	67770	50,358
46500	23,710	11575	1,4687	24690	6,6839	74070	60,156
48000	25,265						
49500	26,868						
51000	28,521	1 . 6,4		1 : 3		1 : 1	
52500	30,224						
54000	31,976						
55500	33,777						
57000	35,627						
58500	37,527						
60000	39,476						

[1] Die Spalten II und III geben die fur das Untersetzungsverhaltnis 1 : 6,4 bzw. 1 : 3 aus Spalte IV folgenden UpM- und ω^2-Werte an

Tabelle 2. **Viscositätskorrektur $(\eta_t/\eta_{20})_w$ zur Reduktion von s und D auf Wasser und 20 °C als Standardbasis** (vgl. S. 759)

$t°$	$(\eta_t/\eta_{20})_w$	$t°$	$(\eta_t/\eta_{20})_w$	$t°$	$(\eta_t/\eta_{20})_w$	$t°$	$(\eta_t/\eta_{20})_w$	$t°$	$(\eta_t/\eta_{20})_w$	$t°$	$(\eta_t/\eta_{20})_w$
0,0	1,7832	10,0	1,3013	20,0	1,0000	30,0	0,7969	40,0	0,6528	50,0	0,5467
2	1,7708	2	1,2939	2	0,9952	2	0,7935	2	0,6503	2	0,5449
4	1,7586	4	1,2866	4	0,9903	4	0,7901	4	0,6479	4	0,5431
6	1,7465	6	1,2793	6	0,9856	6	0,7868	6	0,6455	6	0,5413
8	1,7345	8	1,2721	8	0,9808	8	0,7835	8	0,6431	8	0,5395
1,0	1,7227	11,0	1,2650	21,0	0,9761	31,0	0,7802	41,0	0,6407	51,0	0,5377
2	1,7110	2	1,2579	2	0,9715	2	0,7770	2	0,6384	2	0,5359
4	1,6994	4	1,2509	4	0,9668	4	0,7737	4	0,6360	4	0,5342
6	1,6880	6	1,2440	6	0,9622	6	0,7705	6	0,6337	6	0,5324
8	1,6767	8	1,2371	8	0,9577	8	0,7673	8	0,6313	8	0,5307
2,0	1,6655	12,0	1,2303	22,0	0,9532	32,0	0,7642	42,0	0,6290	52,0	0,5289
2	1,6545	2	1,2235	2	0,9487	2	0,7610	2	0,6267	2	0,5272
4	1,6435	4	1,2168	4	0,9442	4	0,7579	4	0,6244	4	0,5255
6	1,6327	6	1,2101	6	0,9398	6	0,7548	6	0,6222	6	0,5238
8	1,6220	8	1,2036	8	0,9354	8	0,7517	8	0,6199	8	0,5220
3,0	1,6114	13,0	1,1970	23,0	0,9310	33,0	0,7486	43,0	0,6177	53,0	0,5204
2	1,6009	2	1,1906	2	0,9267	2	0,7456	2	0,6154	2	0,5187
4	1,5906	4	1,1841	4	0,9224	4	0,7425	4	0,6132	4	0,5170
6	1,5803	6	1,1778	6	0,9182	6	0,7395	6	0,6110	6	0,5153
8	1,5701	8	1,1715	8	0,9139	8	0,7366	8	0,6088	8	0,5137
4,0	1,5601	14,0	1,1652	24,0	0,9097	34,0	0,7336	44,0	0,6066	54,0	0,5120
2	1,5502	2	1,1590	2	0,9056	2	0,7306	2	0,6045	2	0,5104
4	1,5403	4	1,1529	4	0,9014	4	0,7277	4	0,6023	4	0,5088
6	1,5306	6	1,1468	6	0,8973	6	0,7248	6	0,6002	6	0,5071
8	1,5210	8	1,1408	8	0,8932	8	0,7219	8	0,5980	8	0,5055
5,0	1,5114	15,0	1,1348	25,0	0,8892	35,0	0,7190	45,0	0,5959	55,0	0,5039
2	1,5020	2	1,1288	2	0,8852	2	0,7162	2	0,5938	2	0,5023
4	1,4927	4	1,1229	4	0,8812	4	0,7133	4	0,5917	4	0,5007
6	1,4834	6	1,1171	6	0,8772	6	0,7105	6	0,5896	6	0,4992
8	1,4743	8	1,1113	8	0,8733	8	0,7077	8	0,5876	8	0,4976
6,0	1,4652	16,0	1,1056	26,0	0,8694	36,0	0,7049	46,0	0,5855	56,0	0,4960
2	1,4562	2	1,0999	2	0,8655	2	0,7022	2	0,5835	2	0,4945
4	1,4473	4	1,0942	4	0,8617	4	0,6994	4	0,5814	4	0,4929
6	1,4385	6	1,0886	6	0,8579	6	0,6967	6	0,5794	6	0,4914
8	1,4298	8	1,0831	8	0,8541	8	0,6940	8	0,5774	8	0,4898
7,0	1,4212	17,0	1,0775	27,0	0,8503	37,0	0,6913	47,0	0,5754	57,0	0,4883
2	1,4127	2	1,0721	2	0,8466	2	0,6886	2	0,5734	2	0,4868
4	1,4042	4	1,0667	4	0,8428	4	0,6859	4	0,5714	4	0,4853
6	1,3958	6	1,0613	6	0,8392	6	0,6833	6	0,5695	6	0,4838
8	1,3875	8	1,0559	8	0,8355	8	0,6807	8	0,5675	8	0,4823
8,0	1,3793	18,0	1,0507	28,0	0,8319	38,0	0,6780	48,0	0,5656	58,0	0,4808
2	1,3712	2	1,0454	2	0,8282	2	0,6754	2	0,5637	2	0,4794
4	1,3631	4	1,0402	4	0,8247	4	0,6729	4	0,5617	4	0,4779
6	1,3552	6	1,0350	6	0,8211	6	0,6703	6	0,5598	6	0,4764
8	1,3473	8	1,0299	8	0,8176	8	0,6678	8	0,5579	8	0,4750
9,0	1,3394	19,0	1,0248	29,0	0,8140	39,0	0,6652	49,0	0,5560	59,0	0,4735
2	1,3317	2	1,0198	2	0,8106	2	0,6627	2	0,5542	2	0,4721
4	1,3240	4	1,0148	4	0,8071	4	0,6602	4	0,5523	4	0,4706
6	1,3164	6	1,0098	6	0,8037	6	0,6577	6	0,5504	6	0,4692
8	1,3088	8	1,0049	8	0,8002	8	0,6552	8	0,5486	8	0,4678
										60,0	0,4664

Berechnet aus $\eta_t^{-1} = 2 \cdot 1482\,[(t - 8{,}435) + \sqrt{8078{,}4 + (t - 8{,}435)^2}\,] - 120$.

Bingham, E. C. u. *R. F. Jackson:* Bur. Stand. Bull. **14**, 75 (1918); *Bingham, E. C.:* Fluidity and Plasticity, New York 1922, S. 340. ZUSE Z 23.

Tabelle 3. **Temperaturabhängigkeit der Viscosität η_w und der Dichte ϱ_w von Wasser und des partiellen spezifischen Volumens V_p von Rinder-Serumalbumin und α-Chymotrypsinogen** [1]

t°C	$\eta_{t,w}$	$\varrho_{t,w}$	$(V_p)_{RSA}$	$(V_p)_{\alpha-Ch}$
0	1,7918	0,99984		
1	1,7311	0,99990		
2	1,6736	0,99994		
3	1,6192	0,99996		
4	1,5677	0,99997		
5	1,5188	0,99996		
6	1,4723	0,99994		
7	1,4281	0,99990		
8	1,3860	0,99985		
9	1,3459	0,99978		
10	1,3077	0,99970	0,729	
11	1,2712	0,99961		
12	1,2362	0,99950		
13	1,2029	0,99938		
14	1,1709	0,99924		
15	1,1403	0,99910	0,731	
16	1,1109	0,99894		
17	1,0828	0,99877		
18	1,0558	0,99860		
19	1,0298	0,99841		
20	1,0049	0,99820	0,734	0,719
21	0,9809	0,99799		
22	0,9578	0,99777		0,720
23	0,9356	0,99754		
24	0,9142	0,99730	0,736	
25	0,8935	0,99705		
26	0,8736	0,99679		
27	0,8544	0,99651		0,723
28	0,8359	0,99623		
29	0,8180	0,99595		
30	0,8007	0,99565	0,739	
31	0,7840	0,99534		0,726
32	0,7679	0,99502		
33	0,7523	0,99470		
34	0,7372	0,99437		0,730
35	0,7225	0,99403		
36	0,7084	0,99368		
37	0,6946	0,99332		
38	0,6813	0,99269		
39	0,6685	0,99259		
40	0,6560	0,99221		
41	0,6438	0,99183		0,737
42	0,6321	0,99144		
43	0,6207	0,99104		
44	0,6096	0,99063		
45	0,5988	0,99022		
46	0,5884	0,98980		
47	0,5782	0,98937		
48	0,5683	0,98894		
49	0,5587	0,98849		
50	0,5494	0,98805		
51	0,5403	0,98759		
52	0,5315	0,98713		
53	0,5229	0,98666		
54	0,5145	0,98618		
55	0,5064	0,98570		
56	0,4984	0,98521		
57	0,4907	0,98472		
58	0,4832	0,98422		
59	0,4758	0,98372		
60	0,4687	0,98321		

[1] η_w (cP) berechnet nach *Bingham, E. C.* u. *R. F. Jackson:* Bur. Stand. Bull. **14**, 75 (1918) ZUSE Z 23. ϱ_w (g · cm^{-3}) nach *Landolt-Börnstein:* Zahlenwerte und Funktionen, 6. Aufl. (1955), Bd. IV/1, S. 101 ff. $(V_p)_{RSA}$ Rinder-Serumalbumin (Phosphatpuffer p_H 7,0; $\mu = 0,1$. $(V_p)_{\alpha-Ch}$ α-Chymotrypsinogen (HCl p_H 2,4; $\mu = 0,03$).

Tabelle 4. **Dichteänderung Δ_ϱ und relative Viscosität η/η_w wäßriger Lösungen einiger gebräuchlicher Lösungsmittel-Komponenten als Funktion von Temperatur und Konzentration** (vgl. S. 759)

Komponente	mol/L	$\Delta\varrho$ 20°	$\Delta\varrho$ 25°	$\Delta\varrho$ 30°	$\Delta\varrho$ 40°	η/η_w 20°	η/η_w 25°	η/η_w 30°	η/η_w 40°
HCl	0,01	0,0002					1,001		
	0,10	0,0018					1,007		
	1,00	0,0179					1,061		
NaOH	0,10	0,0046				1,023			
	0,20	0,0090				1,045			
NaCl	0,10	0,0041	0,0041	0,0041	0,0040	1,009		1,009	1,010
	0,20	0,0083	0,0082	0,0081	0,0080	1,017		1,019	1,021
	0,50	0,0204	0,0202	0,0200	0,0196	1,042		1,049	1,054
	1,00	0,0403	0,0399	0,0395	0,0389	1,089		1,101	1,111
	2,00	0,0788	0,0780	0,0774	0,0763	1,208		1,225	1,241
	3,00	0,1160	0,1149	0,1140	0,1127	1,366		1,382	1,397
KOH	0,125	0,0064					1,013$_0$		
	0,25	0,0128					1,031$_3$		
	0,50	0,0256					1,063$_7$		
	1,00	0,0513					1,129$_4$		
KCl	0,125	0,0059	0,0060				0,992$_8$		
	0,25	0,0119	0,0119				0,990$_7$		
	0,50	0,0239	0,0238				0,987$_4$		
	1,00	0,0461	0,0459				0,987$_2$		
KH_2PO_4	0,01		0,0010			1,003			
	0,10		0,0098			1,029			
	0,20		0,0193			1,058			
	0,50		0,0469						
Na_2HPO_4	0,01			0,0014				1,007	
	0,10			0,0141				1,066	
	0,20			0,0281				1,132	
NaH_2PO_4	0,01	0,0008				1,003			
	0,10	0,0079				1,030			
	0,20	0,0158				1,061			
	0,50	0,0404				1,182			
	1,00	0,0789				1,409			
Essigsaure	0,01	0,0000				1,001			
	0,10	0,0008		0,0008	0,0005	1,012			
	0,20	0,0018		0,0017	0,0015	1,023			
	0,50	0,0043		0,0040	0,0036	1,057			
	1,00	0,0086		0,0079	0,0071	1,119			
	2,00	0,0168		0,0154	0,0140	1,257			
	3,00					1,418			
Na-Acetat	0,01	0,0004				1,004			
	0,10	0,0043				1,036			
	0,125	0,0052	0,0052				1,043$_9$		
	0,20	0,0086				1,073			
	0,25	0,0103	0,0103				1,088$_9$		
	0,50	0,0205	0,0205				1,180$_6$		
	1,00	0,0404	0,0402				1,391$_5$		
Na_2CO_3	0,01	0,0011				1,005			
	0,10	0,0109		0,0106	0,0106	1,049			
Na-Citrat	0,01	0,0020				1,010			
	0,10	0,0195				1,101			
	0,20	0,0382				1,209			
Harnstoff	0,1	0,0020				1,004			
	0,2	0,0037				1,008			
	1,0	0,0157				1,034$_5$			
	2,0	0,0310				1,060$_9$			
	3,0	0,0469				1,099$_9$			
	4,0	0,0608				1,149$_6$			
	5,0	0,0751				1,207$_6$			
	6,0	0,0895				1,275$_5$			
	7,0	0,1023				1,356$_7$			
	8,0	0,1150				1,446$_9$			
Michaelis-Puffer[1] 1 : 3	0,024	0,0061	0,0061	0,0061	0,0061	1,030		1,018	1,006
1 : 4	0,025	0,0064	0,0064	0,0064	0,0064	1,030		1,018	1,006
1 : 5	0,026	0,0067	0,0067	0,0067	0,0067	1,030		1,018	1,006
1 : 6	0,027	0,0070	0,0070	0,0070	0,0070	1,030		1,018	1,006

[1] *Wiedemann, E.:* Schweiz. Med. Wschr. **12, 241 (1946).**

Tabelle 5. **Viscositätsinkrement ν, Reibungsverhältnis f/f_0 und Parameter β als Funktion des Achsenverhältnisses** (vgl. S. 761)

Achsen-verhältnis	gestreckt			abgeplattet		
	ν*	f/f_0**	β*** ($\times 10^{-6}$)	ν	f/f_0	β ($\times 10^{-6}$)
1	2,50	1,000	2,12	2,50	1,000	2,12
2	2,91	1,044	2,13	2,85	1,042	2,12
3	3,68	1,112	2,16	3,43	1,105	2,13
4	4,66	1,182	2,20	4,06	1,165	2,13
5	5,81	1,255	2,23	4,71	1,224	2,13
6	7,10	1,314	2,28	5,36	1,277	2,14
8	10,10	1,433	2,35	6,70	1,374	2,14
10	13,63	1,543	2,41	8,04	1,458	2,14
12	17,76	1,645	2,47	9,39	1,534	2,14
15	24,8	1,784	2,54	11,42	1,636	2,14
20	38,6	1,996	2,64	14,8	1,782	2,15
25	55,2	2,183	2,72	18,2	1,908	2,15
30	74,5	2,356	2,78	21,6	2,020	2,15
40	120,8	2,668	2,89	28,3	2,212	2,15
50	176,5	2,946	2,97	35,0	2,375	2,15
60	242,0	3,201	3,04	41,7	2,518	2,15
80	400,0	3,658	3,14	55,1	2,765	2,15
100	593,0	4,067	3,22	68,6	2,974	2,15
200	2051,0		3,48	136,2		2,15
300	4278,0		3,60	204,1		2,15

* ν: Viscositätsinkrement: $[\eta]$ mit c_D als Volumfraktion (vgl. *Kragh* [66]).
** f/f_0: Berechnet aus der Perrinschen Gleichung [64] (vgl. *Mehl* et al. [72]).
*** β: nach *Scheraga* und *Mandelkern* [65]; c_p in g/100 ml.

II. Optische Drehung und Rotationsdispersion

Von **R. Jaenicke**, Frankfurt/Main

Monographien: Freudenberg [1], *Kuhn-Freudenberg* [2], *Lowry* [3], *Heller* [4], *Djerassi* [5], *Klyne* [6, 7].

Literatur S. 784.

Vorbemerkungen. Im folgenden wird die optische Drehung und Rotationsdispersion als Methode zur Strukturanalyse natürlich optisch aktiver Moleküle dargestellt. Mit dieser Festlegung sind andere Zielsetzungen bei der Anwendung polarimetrischer Methoden (Stoffcharakteristik, Konzentrations-Bestimmung etc.) ebenso wie die induzierte optische Aktivität (Faraday-Effekt) und der Lineardichroismus [4] von der Betrachtung ausgeschlossen.

Die Anwendungsmöglichkeiten der Methoden gehen aus der folgenden Übersicht hervor. Der Vorzug, der, trotz weitgehender Analogie der Anwendungen, neuerdings meist der Rotationsdispersion gegeben wird, beruht auf ihrer relativ großen Stabilität gegenüber Variationen der äußeren Parameter und auf der Vielfalt ihrer Aussagemöglichkeiten.

1. Optische Drehung bei *einer* Wellenlänge:

a) Stoffcharakteristik, Reinheitskriterium;

b) Konzentrationsbestimmung;

c) Reaktionskinetik (Umlagerungs-Reaktionen, Racemisierung, Konfigurationsänderungen)[1];

d) Konstitutions-Untersuchung[1] (Rotationsbehinderung, Substitutions-Änderung etc.);

e) Lösungsmittel-Einfluß auf intermolekulare und intramolekulare Wechselwirkungen (Bindungsverhältnisse, Theorie der Lösungen).

[1] Zur Definition vgl. Stereochemie, S. 1 ff.

2. Optische Rotationsdispersion im Bereich normaler und anomaler Dispersion (s. u.):

a) Stoffcharakteristik, Reinheitskriterium;

b) Konstitutions-Analyse von Molekülen mit optisch aktiven „chromophoren" Gruppen (C=O, C=S, —NO_2, —NO, —S—S—, —N_3, —Hal, usw.);

c) Bestimmung der relativen Konfiguration optisch aktiver Moleküle durch Vergleich mit Systemen bekannter Konfiguration;

d) Konfiguration von Polypeptiden und Proteinen: Helix-Abschätzung;

e) Helix-Knäuel-Übergang; Lösungsmittel-Einfluß; Entfaltung, Denaturierung.

A. Phänomenologie

(Zur Theorie vgl. *Heller* [*4*], *Partington* [*8*], *Kuhn* [*9*]).

Optische Drehung im hier zugrunde liegenden engeren Bereich der Struktur-Analyse bezeichnet die Änderung der Schwingungsrichtung linear polarisierten Lichtes nach dem Durchgang durch ein optisch anisotropes Medium[1].

Ist die Anisotropie dabei eine durch die chemische Konstitution a priori gegebene Moleküleigenschaft („Asymmetrie"), so ist die betreffende Substanz „optisch aktiv"; ist sie dagegen durch ein magnetisches Feld induziert (Faraday-Effekt [*8*, *10*]), so kann über die Symmetrie von Liganden und Zentralatom keine direkte Aussage gemacht werden.

Optisch aktiv sind:

1. Moleküle mit „asymmetrischen" (d. h. mit durchweg verschiedenen Liganden besetzten) Molekülzentren, die durch Drehungsoperationen nicht mit ihrem Spiegelbild zur Koinzidenz gebracht werden können (*Pasteur* [*11*, *12*]).

2. Moleküle, die weder Symmetriezentren noch Symmetrieebenen besitzen (nicht koplanare Moleküle; *van't Hoff* [*12*]).

3. Moleküle mit spiraliger Konfiguration (*Robinson* und *Bott* [*13*]).

Die unter 1. erwähnte Spiegelbildlichkeit der optisch aktiven Moleküle äußert sich im Auftreten „optischer Antipoden" gleichen Betrages und entgegengesetzten Vorzeichens der optischen Drehung. Die dabei festgelegte Vorzeichen-Konvention geht aus Abb. 107 hervor. Sie steht mit den auf die stereochemischen Verhältnisse bezogenen Symbolen D und L für die Rechts- und Linksform stereoisomerer Moleküle in keiner Beziehung.

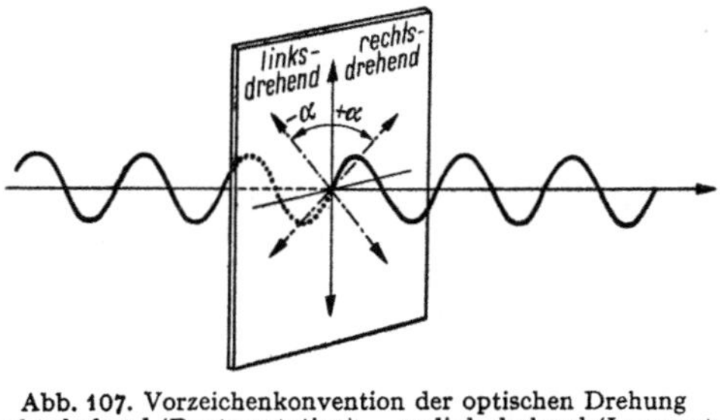

Abb. 107. Vorzeichenkonvention der optischen Drehung
$+\alpha$: rechtsdrehend (Dextrorotation), $-\alpha$: linksdrehend (Laevorotation)

Die bei n strukturell verschiedenen asymmetrischen Zentren möglichen 2^n optisch aktiven Isomeren werden reduziert, sobald Reduplikationen asymmetrischer Zentren und „antagonistische" Gruppierungen auftreten, welche durch innere Kompensation der Asymmetrie die Aktivität herabsetzen oder ganz zum

[1] Die Anisotropie bezieht sich hier auf die Brechung des Mediums; wird der Effekt durch anisotrope Absorption oder Streuung der polarisierten Komponenten hervorgerufen, so liegt „Dichroismus" vor (vgl. *Heller* [*4*], S. 2164; s. u.).

Verschwinden bringen (meso-Verbindungen). Diese Erscheinung ist eine Folge des Axioms der „optischen Superposition" (*van't Hoff* [14]), das unter der Voraussetzung vernachlässigbarer intramolekularer und Lösungs-Lösungsmittel-Wechselwirkungen und bei vergleichbarer Konfiguration die Additivität der Partial-Drehungen der kooperativen und antagonistischen Gruppen postuliert[1].

Die Anzahl der optischen Antipoden wird für den Fall der Rotationsbehinderung von Liganden noch durch das Auftreten von stereoisomeren Formen erhöht, die sich in ihren Drehwerten quantitativ voneinander unterscheiden. Für den Fall nicht koplanarer Moleküle, ebenso wie für Helix-Konfigurationen sind derartige Stereoisomere nicht möglich.

B. Definition der Meßgrößen

Da die optische Drehung einer Substanz von einer Vielzahl äußerer Parameter abhängt (s. u.), müssen die Meßdaten standardisiert werden. Dies geschieht durch folgende Größen:

1. Spezifische Drehung $[\alpha]$[2]:

$$[\alpha]_\lambda^T = [\alpha] = \frac{\alpha}{l \cdot c} = \frac{\alpha}{l \cdot \varrho \cdot m} \quad [\text{grad} \cdot \text{cm}^2 \cdot \text{g}^{-1} \cdot 10] \qquad (1)$$

α: gemessene Drehung in Grad; l: Schichtdicke in dm; c: (für den Fall von Lösungen) Konzentration der optisch aktiven Substanz in der Lösung im $\text{g} \cdot \text{cm}^{-3}$; ϱ: Dichte; m: Gewichtskonzentration der optisch aktiven Substanz in g/g Meßgut.

2. Molekulare (molare) Drehung $[M]$[2]:

$$[M]_\lambda^T = [M] = \frac{M \cdot [\alpha]}{100} \quad [\text{grad} \cdot \text{cm}^2 \cdot 10^{-2}] \qquad (2)$$

M: Molekulargewicht der optisch aktiven Substanz.

3. Restdrehung (residue rotation) $[R]$:

Da Makromoleküle häufig eine große Zahl chemisch identischer oder vergleichbarer asymmetrischer Zentren aufweisen, kann bei hinreichend großer Kettenlange (Vernachlässigung der Wechselwirkungen zwischen Kettenendgruppen und Umgebung) die auf eine Untereinheit (z. B. einen Aminosäure-Rest) bezogene Drehung $[R]$ als unabhängig vom Molekulargewicht angesehen werden:

$$[R]_\lambda^T = [R] = \frac{R\,[\alpha]}{100} \quad [\text{grad} \cdot \text{cm}^2 \cdot 10^{-2}] \qquad (3)$$

R: mittleres Gewicht des „Kettengliedes" (mean residue weight).

4. Effektive Restdrehung (effective residue rotation) $[R_{vac}]$:

Der Einfluß des Lösungsmittels auf die optische Drehung beruht, abgesehen von der Verschiedenheit der Wechselwirkungen zwischen den Lösungspartnern, auf dem Brechungsindex-Unterschied zwischen Lösungsmittel und Gelöstem. Dieser kann durch die Refraktionskorrektur (*Born, Gans* [16]) $\Omega^* = \frac{3}{(n^2 + 2)}$ (n: Brechungsindex des Lösungsmittels) eliminiert werden. Die resultierende, auf Vacuum bezogene Größe („effektive Rest-Drehung", „Monomeren-Drehung") lautet (*Downie* [17], *Moffitt* und *Yang* [18])[3]:

$$[R_{vac}] = [m'] = [R] \cdot \frac{3}{(n^2 + 2)}\,. \qquad (4)$$

[1] Wegen der Einschrankung der Gültigkeit des Prinzips der optischen Superposition vgl. *Kuhn-Freudenberg* [2], *Heller* [4], *Greenstein-Winitz* [15]; s. auch S. 775.

[2] Die Umrechnung von $[\alpha]$ und $[M]$ auf cgs-Einheiten und Drehungen in rad. liefert für $[\alpha]$: $[\varphi] = (\pi/1800)\,[\alpha] = 1{,}74533 \cdot 10^{-3}\,[\alpha]\,\text{cm}^2 \cdot \text{g}^{-1}$ und für $[M]$: $[\mathfrak{M}] = 5{,}72958\,M/[\varphi] = 0{,}174533\,M\,[\alpha]\,\text{cm}^2$.

[3] *Fitts* und *Kirkwood* [19] bezeichnen die effektive Rest-Drehung mit $[M]$; diese ist von der „molekularen Drehung" (s. o.) zu unterscheiden.

C. Parameter

Die optische Drehung optisch aktiver reiner Substanzen hängt ausschließlich von Schichtdicke, Temperatur und Wellenlänge ab. Für den Fall gelöster optisch aktiver Stoffe kommen hinzu: Die Konzentration der Lösung, die dielektrischen Eigenschaften des optisch inaktiven Mediums ggf. mit zusätzlichen Lösungspartnern und schließlich u. U. die zeitliche Veränderung der Drehung durch kinetische Erscheinungen (Racemisierung, Mutarotation, Änderung der Sekundärstruktur: Entfaltung synthetischer Polypeptide, Denaturierung von Proteinen, etc.).

1. Konzentration

Die spezifische Drehung $[\alpha]$ ist, entsprechend der Variation der Lösungs-Lösungsmittel-Wechselwirkungen wie der Wechselwirkungen der gelösten Moleküle untereinander, gemäß

$$[\alpha] = A + Bc + Dc^2 \tag{5}$$

konzentrationsabhängig (mit A, B, D als experimentell zu bestimmenden Konstanten und c als Konzentration des Gelösten); der quadratische Term kann dabei für kleine c-Intervalle unberücksichtigt bleiben und $[\alpha]$ kann linear auf $c = 0$ (Zustand verschwindender Wechselwirkungen des Gelösten) extrapoliert werden. Andererseits kann im Bereich $c \to 100\%$ — unabhängig vom Lösungsmittel — der $[\alpha]$-Grenzwert minimaler Lösungs-Lösungsmittel-Wechselwirkung approximiert oder gemessen werden, der die indirekte Bestimmung begrenzt löslicher oder ungenügend transparenter Systeme ermöglicht.

2. Temperatur

Der Temperatureinfluß auf α beruht auf der thermischen Volumänderung, die durch Einbeziehung des thermischen Ausdehnungskoeffizienten β von Lösung oder Lösungsmittel (1. Näherung) entsprechend

$$\alpha_\lambda^{T_0} = \alpha_\lambda^T [1 + \beta(T - T_0)] \quad (T_0\text{: Bezugstemperatur}) \tag{6}$$

oder durch Übergang zur spezifischen Drehung $[\alpha]$ eliminiert werden kann [*4*].

Die Temperaturabhängigkeit von $[\alpha]$ ist dagegen molekularen Ursprungs und folgt

a) (intramolekular) aus der temperaturbedingten Variation der freien Drehbarkeit oder allgemein der räumlichen Konfiguration eines Moleküls (Denaturierung von Proteinen etc.);

b) (intermolekular) aus der Änderung der Wechselwirkungen zwischen Lösung und Lösungsmittel (Solvatation, Dipol-Dipol-Wechselwirkung in polar-polaren Lösungen, Induktions-Effekt in polar-unpolaren Lösungen) resp. zwischen Molekülen des Gelösten (Assoziation);

c) (molekularkinetisch) aus Gleichgewichts-Änderungen zwischen verschiedenen Konfigurationen oder bei chemischen Reaktionen zwischen optisch aktiven Komponenten.

Eine Entscheidung zwischen den möglichen Ursachen bedarf von Fall zu Fall ergänzender systematischer Untersuchungen; eine allgemeine theoretische oder empirische Interpretation ist nicht möglich.

3. Lösungsmittel

Das Lösungsmittel beeinflußt die optische Drehung auf Grund inter- und intramolekularer Wechselwirkungen stark (vgl. Abb. 111). Bei Änderung der dielektrischen Eigenschaften des Mediums kann Vorzeichen-Umkehr und Inversion des Cotton-Effekts (s. S. 771) auftreten [*3*, *5*, *15*]. Da die gleichen Änderungen auch die Wechselwirkungen zwischen den Molekülen des Gelösten (Assoziation-Dissoziation) beeinflussen, greift der Lösungsmitteleinfluß mittelbar auch auf den T- und c-Einfluß über.

Im Bereich der Biochemie ist Wasser im allgemeinen als Lösungsmittel vorgegeben, doch sind häufig Zusatzkomponenten erforderlich (Salze; denaturierende, lösungshemmende bzw. -fördernde Agentien, DK-variierende Komponenten etc.), deren Wirkung auf die Rotation und Rotationsdispersion nur aus Analogieschlüssen gefolgert werden kann.

4. Wellenlänge (Optische Rotationsdispersion)

Zur Theorie vgl. *Partington* [8], *Heller* (*Fitts*) [4], *Djerassi* (*Moscowitz*) [5]. Die Änderung der optischen Drehung mit der Wellenlänge des eingestrahlten polarisierten Lichtes (Rotationsdispersion) läßt sich in Bereiche normaler und anomaler Dispersion aufgliedern, je nachdem der spektrale Verlauf der spezifischen Drehung monoton oder nicht monoton ist (Abb. 108). Im Bereich der anomalen Dispersion[1] entspricht der Wellenlänge λ_0 des Wendepunkts der $[\alpha]/\lambda$-Kurve das Maximum des Zirkulardichroismus (Anisotropie der Absorption zirkular polarisierten Lichts), das als „optisch aktive Absorptionsbande" bezeichnet wird. Die Überlagerung beider Phänomene (Anisotropie von Brechung und Absorption), stellt den „Cotton-Effekt" dar [20] (vgl. Abb. 109). Die Anzahl anomaler Dispersionsstellen im Rotationsdispersions-Spektrum richtet sich nach der Anzahl „optisch aktiver" Elektronenübergänge (multipler Cotton-Effekt); dabei können durch die Superposition der partiellen Rotation dicht beieinander liegender optisch aktiver Absorptionsbanden die verschiedensten Kurvenbilder im $[\alpha]/\lambda$-Diagramm resultieren (vgl. z. B. *Heller* [4], S. 2310f.). Umgekehrt können kompliziert zusammengesetzte Dispersionskurven durch subtraktive Analyse der sie aufbauenden partiellen Kurven in diskrete Dispersionskurven aufgespalten werden, die eine Strukturanalyse ermöglichen (vgl. *Djerassi* [5], S. 41ff.).

Die quantitative Beziehung zwischen $[\alpha]$ und λ außerhalb des Bereichs optisch aktiver Absorption (λ_0) ist für den Fall „einfacher" Rotationsdispersion

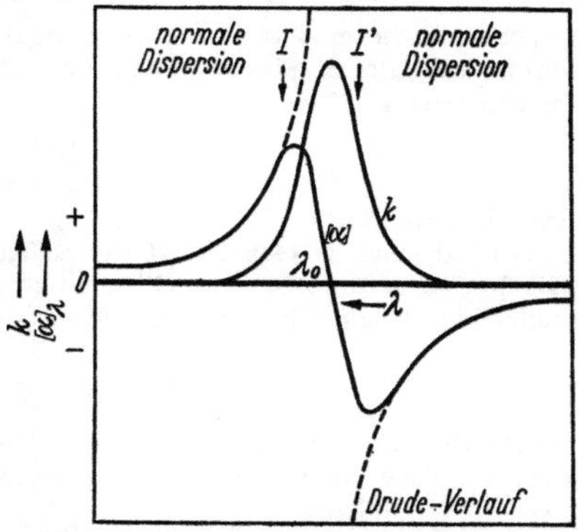

Abb. 108. Dispersion der opt. Drehung $[\alpha]_\lambda$ und Absorptionsverlauf (k) im Bereich normaler und anomaler Dispersion. Gestrichelter Kurventeil im anomalen Dispersionsbereich $I - I'$ $[\alpha]/\lambda$-Verlauf nach Gl. (7). λ_0 Rotationsdispersionskonstante

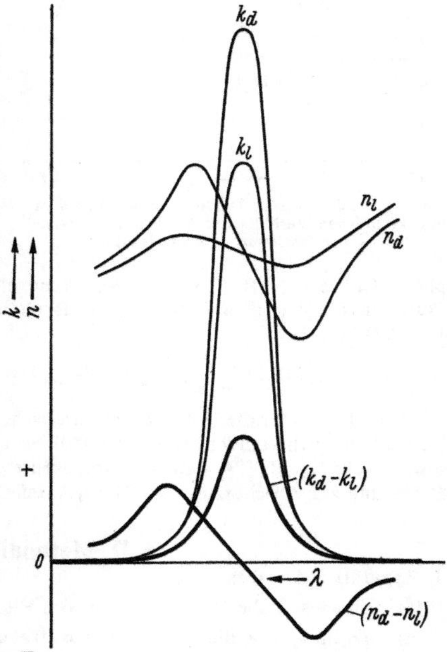

Abb. 109. Cotton-Effekt als Resultierende aus der Überlagerung der Anisotropie der Brechung (n) und Absorption (k) rechts (d)- und links (l)- zirkularpolarisierten Lichtes (aus *Heller* [4])

[1] Diese liegt fur viele Systeme im experimentell nicht zugänglichen UV.

(s. u.) durch die „einfache Drude-Gleichung" (*Drude* [*21*]; vgl. *Partington* [*8*], S. 517)

$$[\alpha] = \frac{K}{\lambda^2 - \lambda_c^2} \tag{7}$$

(mit K, λ_c = const; λ_c: Rotationsdispersionskonstante)

gegeben. Diese muß für i Stellen anomaler Dispersion (Absorptionsmaxima λ_i) unter der gleichen Einschränkung bzgl. der Ungültigkeit im anomalen Dispersionsbereich zur Summe

$$[\alpha] = \sum_i \left[\frac{K_i}{\lambda^2 - \lambda_i^2}\right] \tag{8}$$

erweitert werden[1].

Im allgemeinen rechtfertigt die Meßgenauigkeit nur die Summation zweier Glieder, so daß die höheren Glieder unberücksichtigt bleiben können. Die verbleibende zweigliedrige Gleichung (two-term Drude-equation)

$$[\alpha] = \frac{K_1}{\lambda^2 - \lambda_1^2} \pm \frac{K_2}{\lambda^2 - \lambda_2^2} \tag{9}$$

beschreibt unter der Bedingung, daß beide Glieder das gleiche Vorzeichen haben oder im Falle ungleicher Vorzeichen $K_1 > K_2$ und $\lambda_1 > \lambda_2$, d.h. $K_1/(\lambda^2 - \lambda_1^2) > K_2/(\lambda^2 - \lambda_2^2)$ die „normale komplexe Dispersion" (vgl. Abb. 110). Unter der Bedingung ungleichen Vorzeichens in Verbindung mit $K_1 > K_2$, $\lambda_1 < \lambda_2$ gibt sie die „anomale komplexe Dispersion" wieder (Abb. 110).

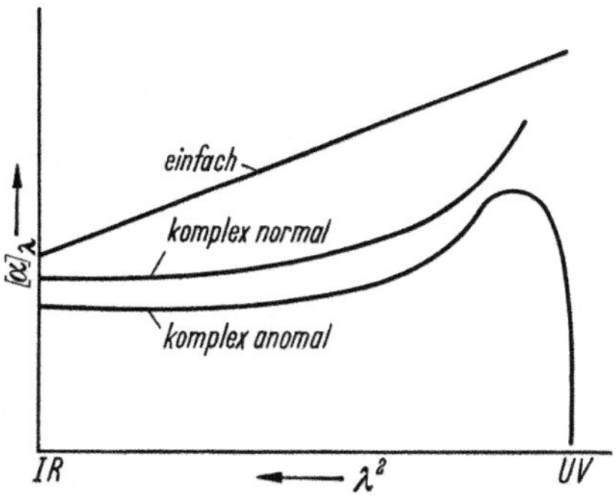

Abb. 110. Schematische Darstellung des einfachen und komplexen Verlaufs der Rotationsdispersion (nach *Patterson* u. *Brode* [*45*])

Zu den Systemen mit komplexer Dispersion gehören u. a. die Moleküle mit spiraler Konfiguration (synth. Polypeptide), die sich dadurch von den statistisch geknäuelten (durch einfache Dispersion gekennzeichneten) Molekülen charakteristisch unterscheiden. Die quantentheoretische Behandlung derartiger Systeme mit einer großen Zahl gleicher chromophorer Gruppen (z. B. Peptidgruppen) kann diesen Unterschied erklären (*Moffitt* [*22*]); die die Verhältnisse beschreibende phänomenologische Beziehung (*Moffitt* [*22, 23*]) lautet:

$$[m']_\lambda = [R]_\lambda \left(\frac{3}{n^2 + 2}\right) = [R_{vac}] = a_0 \frac{\lambda_0^2}{\lambda^2 - \lambda_0^2} + b_0 \frac{\lambda_0^4}{(\lambda^2 - \lambda_0^2)^2} \tag{10}$$

mit b_0 und λ_0 als für die Helix charakteristische Konstanten und a_0 als Helix- und Restanteile enthaltendem Glied. Gl. (10) bedarf nach *Fitts* und *Kirkwood* [*19*], sowie *Moffitt* et al. [*24*] gewisser Korrekturen, doch kommt ihr als empirischer Beziehung zur Abschätzung des Helix-Anteils Bedeutung zu (vgl. S. 777).

D. Methodik

1. Apparative Angaben

Prinzipiell weisen alle Polarimetertypen 5 Elemente auf:

a) *Die Lichtquelle*, die je nach der spektralen Charakteristik monochromatisch bei einer Wellenlänge (Na-Dampflampe) oder diskontinuierlich mit Hilfe von Interferenzfiltern bei diskreten Wellenlängen (Hg-Lampe, Cd-Lampe etc.) oder kon-

[1] Für K wird in Anpassung an die Theorie von *Moffitt* und *Yang* [*18*] haufig $a_0\lambda_0^2$ gesetzt.

tinuierlich über das gesamte zugängliche Spektrum (Monochromator mit Xe- bzw. Zr-Lampe) zu messen erlaubt.

b) *Der Polarisator:* Glan-Thompson- oder Glazebrook-Prisma (Kalkspat) oder für den Fall kontinuierlicher Dispersion bis ins UV: Doppelbild-Prisma aus Quarz [*25*].

c) *Die Polarimeterröhre* mit Einfülltubus, um variable Spannungsdoppelbrechung der Fenster durch Differenzmessung des Lösungsmittels eliminieren zu können.

d) *Der Analysator* mit graduiertem Teilkreis, Nonius und ggf. Doppelablesung (α_x; $\alpha_x + 180°$; zur Reduktion des Asymmetriefehlers) oder synchroner Registrierung von $\alpha vs \lambda$.

e) *Die Kompensationseinrichtung* (Halbschatten, Schwingprisma, Faraday-Effekt-Kompensation) zur optimalen Kreuzstellung von Polarisator und Analysator bzw. bei registrierenden Polarimetern unmittelbar der Empfänger (Photo-Multiplier).

Die Tatsache, daß im Falle des kontinuierlichen Rotationsdispersions-Polarimeters ein durch die Polarisationseinrichtung ergänztes Spektralphotometer vorliegt, hat den Vorzug, daß im Falle anomaler Cotton-Effekt-Kurven unmittelbar die „optisch aktive" und die normale Absorption verglichen werden können, so daß die häufig äußerst aufwendige Berechnung der Konstanten der Drude-Gleichung (8) (s. u.) durch die Näherungsbestimmung im UV-Absorptions-Spektrum umgangen werden kann (vgl. *Djerassi* [*5*], S. 6f.).

Wegen apparativer und konstruktiver Einzelheiten vgl. *Heller* [*4*], S. 2190ff.; ferner *Djerassi* [*5*], S. 18; *Wenking* [*26*].

2. Experimentelle Angaben

Die oben erläuterten Parameter (S. 770) stellen einerseits Fehlermöglichkeiten, andererseits Hilfsmittel zur systematischen Variation der strukturbestimmenden Größen dar.

a) *Lösungsmittel.* Da ein Vergleich experimenteller Daten nur bei Übereinstimmung der äußeren Parameter sinnvoll ist, sollte man sich — sofern nicht durch Fremdkomponenten oder systematische Variation des Lösungsmittels der Einfluß von Ionisation, DK, intermolekularen Wechselwirkungen etc. untersucht werden soll (*Partington* [*8*], S. 365ff.) — mit einer Mindestzahl von Lösungsmitteln begnügen. Neben Wasser werden i. allg. verwendet [*5*]: Methanol (stark polar, durchlässig für den experimentell zugänglichen Spektralbereich), Dioxan (schwach polar, begrenzt durchlässig im UV), Octan (unpolar, durchlässig) (vgl. Abb. 111),

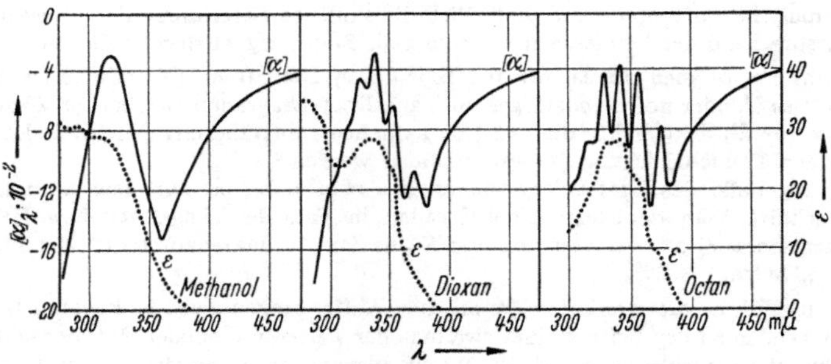

Abb. 111. Einfluß des Lösungsmittels auf Rotationsdispersion und Extinktionsverlauf: trans-10-Methyl-$\Delta^{3,6}$-2-hexalon in Methanol, Dioxan und Octan (nach *Djerassi* [*5*])

Diäthylenglykol-dimethyläther (schwach polar, durchlässig). Die Lösungsmittel sollten von höchster Reinheit sein und jeweils vor der Messung der Lösung im betreffenden Wellenlängenbereich als Referenzwerte gemessen werden, um die effektive Drehung α des Gelösten als Differenz $\alpha = \alpha_{Lg} - \alpha_{LM}$ exakt zu gewinnen.

b) *Herstellung der Lösungen.* Da Verunreinigungen bei der Bestimmung von $[\alpha]$ resp. λ_c sehr große Fehler bewirken können, müssen die Substanz ebenso wie die Lösung zur Messung möglichst rein vorliegen:

α) Beseitigung von Verunreinigungen durch mehrfache Umkristallisation o. dgl.[1].

β) Filtration oder Zentrifugation der Lösung zur Entfernung von Trübungen (Depolarisation, Schwächung der Lichtintensität).

Bei der Messung stark absorbierender Lösungen (visuell nicht exakt möglich) ist bei geringen Schichtdicken höhere Genauigkeit zu erreichen, da die exakte Messung eines kleinen Drehbetrages der Abschätzung eines großen überlegen ist.

c) *Temperatur.* Bei der Bestimmung von $[\alpha]$ kann — sofern nicht reaktionskinetische Messungen ausgeführt werden oder Systeme mit T-abhängigem Gleichgewicht verschiedener Konfiguration vorliegen [*29*] — auf genaue Thermostatierung verzichtet werden. Treten starke Temperatur- oder Konzentrationsänderungen auf (z. B. Hitze- oder Harnstoff-Denaturierung von Proteinen etc.), so ist bis zum Ausgleich der Brechungsindex-Gradienten die Meßempfindlichkeit und -Genauigkeit stark herabgesetzt; der Effekt kann durch Verwendung von 1 cm-Küvetten oder solchen mit Metallwandung eliminiert werden [*5*].

d) *Konzentration.* Der Einfluß der Konzentration (vgl. C 1) kann durch Extrapolation auf $c = 0$ berücksichtigt werden, doch reicht meist zum Vergleich von Messungen an verschiedenen Systemen die Übereinstimmung der Konzentrationen aus. Im Gegensatz zur λ_c-Berechnung erfordert die Ermittlung von $[\alpha]$ die exakte Angabe der Konzentration des Gelösten, die ihrerseits bei bekanntem $[\alpha]$ aus der Drehung gewonnen werden kann.

Wegen der Messung der optischen Drehung fester Filme vgl. *Elliott* et al. [*30*].

3. Auswertung

Die Berechnung der spezifischen Drehung entsprechend Gl. (1) bis (4) bzw. ihrer Konzentrations- und Temperaturabhängigkeit (vgl. Abschn. C) bedarf keiner Erklärung.

Im Falle der Rotationsdispersion sind zunächst die „einfachen" von den „komplexen" Funktionen (s. S. 772) zu trennen. Die Zuordnung eines Systems zu einer der beiden Kategorien kann dabei einerseits experimentell durch Messung des UV-Absorptionsspektrums und des Rotationsdispersions-Verlaufes im gesamten anomalen Bereich erfolgen (s. o.); andererseits kann, insbesondere im Falle von Kurven ohne Cotton-Effekt, im experimentell zugänglichen λ-Bereich die mathematische Umformung bzw. die Linearisierung der Meßwerte durch geeignete graphische Auftragung und schließlich die explicite Berechnung der Konstanten entsprechend der Drudeschen Gleichung als Zugehörigkeitsbeweis dienen:

a) Ergibt sich Linearität im Biot-Lowry-Diagramm [*3*] mit $[\alpha]^{-1}$ bzw. $[\varphi]^{-1}$ *vs* λ^2, oder noch eindeutiger im Yang-Doty-Diagramm [*31*] mit $[\alpha]\lambda^2$ *vs* $[\alpha]$ bzw. $([\alpha]\lambda^2)^{-1}$ *vs* $(\lambda^2)^{-1}$ (*Heller* [*32*]), so kann in erster Näherung Gültigkeit der einfachen Drude-Gleichung (7) angenommen werden.[2]

Im Falle des Biot-Lowry-Diagramms folgt dabei λ_c aus dem Ordinatenabschnitt, K aus der Steigung der Geraden; im Falle des Yang-Doty- bzw. Heller-Diagramms λ_c aus der Steigung und K aus dem Ordinatenabschnitt. Der Fehler in λ_c beträgt $\approx 2\%$.

b) Führen die erwähnten graphischen Auftragungen nicht zu linearen Beziehungen, so ist der Beitrag eines zweiten oder weiterer anomaler Rotationsanteile nicht zu vernachlässigen und Gl. (9) muß zugrundegelegt werden. Zu ihrer zuver-

[1] Fremdkomponenten (stereoisomere Verunreinigungen [*27*], Abbauprodukte, denaturierte Anteile etc.) können z. B. im Fall von Aminosauren, Proteinen oder Enzymen zu $[\alpha]$- bzw. λ_c-Werten fuhren, die um $\geqq 20\%$ von den entsprechenden Werten reiner Praparate abweichen (vgl. *Klyne* [*28*], S. 77; *Greenstein-Winitz* [*15*], S. 80).

[2] Dieses Ergebnis bedarf nach *Lowry* und *Richards* [*33*] der Bestätigung durch eine exakte algebraische Analyse der Daten, etwa mit Hilfe der Methode der kleinsten Quadrate; Anleitung dazu vgl. *Greenstein-Winitz* [*15*], S. 108ff.

lässigen Analyse stehen keine einfachen graphischen Methoden zur Verfügung, und die numerische Lösung ist äußerst aufwendig (vgl. *Lowry* [3]). Eine Vereinfachung bietet die Reduktion von Gl. (9) zur Gleichung mit 3 Konstanten (*Lowry*, loc. cit.)

$$[\alpha] = \frac{K_1}{\lambda^2 - \lambda_1^2} - \frac{K_2}{\lambda^2}, \tag{9a}$$

die sowohl numerisch (elektronische Rechenmaschine) als auch graphisch (im $[\alpha](\lambda^2 - \lambda_1^2)$ *vs* $1/\lambda^2$-Diagramm durch „Trial and Error"-Bestimmung von λ_1) gelöst werden kann (vgl. dazu *Heller* [4] S. 2325f.; *Heller* [32]). In analoger Weise stellen *Moffitt* und *Yang* [18] mit Hilfe von Gl. (10) komplexe Dispersionsdaten im $[R_{vac}](\lambda^2 - \lambda_0^2)$ *vs* $(\lambda^2 - \lambda_0^2)^{-1}$-Diagramm dar, wobei λ_0 so gewählt wird, daß Linearität resultiert. Auf diese Weise kann b_0 unabhängig von a_0 aus der Steigung der Geraden gewonnen werden. Zur allgemeinen Anwendung dieser Methode vgl. *Elliott* [34], *Downie* [35], *Doty* [36], *Blout* [37].

E. Anwendung zur Struktur- und Konfigurations-Analyse

1. Regeln zur Bestimmung der relativen Konfiguration aus der optischen Drehung

(Zusammenfassung der Ergebnisse: *Klyne* [28], S. 73ff.)

Die Analyse der rel. Konfiguration besteht im Vergleich der optischen Drehung von Standardverbindungen, deren rel. Konfiguration (bezogen auf D(+)-Glucose [38] oder D(+)-Glycerinaldehyd [39]) mit Hilfe anderer physikalischer oder chemischer Methoden als gesichert angesehen werden kann. Sie setzt die Identität aller Parameter, welche die optische Drehung beeinflussen, voraus[1].

Sind solche Standardverbindungen mit Hilfe chemischer Methoden nicht zu gewinnen, kann man als erste Näherung versuchen, die rel. Konfiguration aus empirischen Regeln zu deduzieren.

a) *Eine Zuordnung von Absorptionsbanden zu bestimmten Gruppierungen* ist für den Fall einfacher Moleküle nur möglich, wenn die Einführung eines Substituenten eine bestimmte Absorptionsbande hervorruft, die zur Gesamtdrehung einen definierten Beitrag beisteuert (s. *Kuhn-Freudenberg* [2], S. 102f.). Im allgemeinen können bestimmten Substituenten keine festen Beiträge zur optischen Drehung zugeschrieben werden, da der Substituent an der Gesamtdrehung sowohl durch seine charakteristische Absorptionsbande, als auch durch seine „Vicinalwirkung" auf die Anisotropie der Absorption der übrigen am Asymmetriezentrum befindlichen Gruppen beteiligt ist. Immerhin können für einige charakteristische Gruppen (C=C; —OH; —CH_3CO; C=O) in verschiedenen Positionen in Näherung Partialdrehwerte angenommen werden, die den Konfigurationsvergleich ermöglichen (vgl. *Djerassi* [5], *Klyne* [6, 7, 28]).

b) *Vicinalregel.* Die Vicinalwirkung (s. o.) ist im Molekül nur über kleine Distanzen wirksam. Die substitutionsbedingte Anisotropieänderung in den Absorptionsbanden eines Moleküls ist daher um so ausgeprägter, je näher an der betreffenden chromophoren Stelle die chemische Veränderung hervorgerufen wird, d. h. die durch Substitution hervorgerufenen Drehungsänderungen beruhen hauptsächlich auf der Änderung der Banden-Asymmetrie der betreffenden Gruppe und nur zu einem kleinen Teil auf der Änderung ihrer Vicinalwirkung auf die übrigen Substituenten („Vicinalregel", *Kuhn* [41]).

c) *Doppelbindungen oder Substituenten mit starker Absorption im nahen UV* führen i. allg. zu einer Erhöhung der optischen Drehung; dies vor allem, wenn die Doppelbindung in der Nähe des Asymmetrie-Zentrums eingeführt wird (vgl. den Einfluß der Lage der Doppelbindung in 5α- und 5β-Steroiden: *Klyne* [28], S. 111).

---

[1] Die chemischen Methoden zur Konfigurations-Bestimmung sind durch Umlagerungsreaktionen und Waldensche Umkehr in der Sicherheit ihrer Aussagen wesentlich beeinträchtigt (vgl. *Hückel* [40]; s. auch [1, 2, 8]).

d) *Verschiebungssatz*. Analoge Verbindungen erleiden eine gleichsinnige Veränderung ihrer optischen Drehung, wenn einander entsprechende (möglichst im zugänglichen UV absorbierende) Substituenten so abgewandelt werden, daß eine große Drehungsänderung verursacht wird (zur Formulierung vgl. *Freudenberg* [*1*], S. 694; s. auch *Greenstein-Winitz* [*15*], S. 99).

e) *Entfernungssatz*. In homologen Reihen strebt die molekulare Drehung kontinuierlich einem Grenzwert zu (*Tschugaeff* [*75*]; vgl. z. B. homologe Reihen der Aminosäuren: *Greenstein-Winitz* [*15*], S. 102).

2. Bestimmung der relativen Konfiguration aus der Rotationsdispersion

Einen systematischen Überblick über bisher untersuchte Systeme geben *Klyne* [*7*], *Djerassi* [*5, 42*]. *Todd* [*44*].

Die neueren experimentellen Untersuchungen an Systemen mit anomaler Dispersion [(substituierten) aliphatischen und cyclischen Carbonylverbindungen, Steroiden, Terpenoiden, u. a.] lassen die Ableitung allgemeingültiger, über den speziellen Strukturvergleich analoger Verbindungen hinausgehender Regeln für die Konfiguration noch nicht zu.

Als charakteristische Funktion wird wegen der niedrigen Extinktion (hohen Anisotropie) im zur Verfügung stehenden λ-Bereich, sowie wegen der günstigen Lage der optisch aktiven Absorptionsbande und der vielfältigen Möglichkeiten der Umwandlung aus anderen Gruppen in erster Linie die Carbonyl-Gruppe untersucht.

Für den Fall aliphatischer Carbonylverbindungen gilt ein *Entfernungssatz*, insofern, als Amplitude und Gestalt der Cotton-Effekt-Kurve dergestalt von der Kettenlänge abhängen, daß mit zunehmendem Abstand der absorbierenden Gruppe vom Asymmetriezentrum die anomale Dispersion in normale Dispersion übergeht. Ähnlich gilt, daß Substituenten in größerer Entfernung von der absorbierenden C=O-Gruppe die Dispersionskurve nur geringfügig verändern, so daß etwa bei Substitution am C_{17} im Steroidgerüst die Dispersions-Charakteristika der A/B-Ringstruktur unverändert bleiben [*5, 7*].

Für cyclische Verbindungen lassen sich folgende allgemeine Sätze formulieren [*43*]:

a) *Enantiomorphe Strukturen* liefern an der λ-Abszisse gespiegelte Cotton-Effekt-Kurven;

b) *Ähnliche stereochemische Umgebung* im Bereich der C=O-Funktion führen zu analogen Dispersionskurven;

c) *Axiale oder äquatoriale Substitution* o. dgl. in Nachbarschaft einer chromophoren Gruppe führt (in Analogie zum UV- und IR-Spektrum) zur Verschiebung des λ_0-Abzissenwertes der Cotton-Effekt-Kurve[1];

d) *Die Vicinalwirkung* zweier chromophorer Gruppen im gleichen Molekül laßt sich als additive Superposition der Form $\varrho_{AB} = \varrho_A + \varrho_B$ ($\varrho_A, \varrho_B, \varrho_{AB}$: Rotationsdispersion der monofunktionellen Komponenten A resp. B und der bifunktionellen Verbindung AB) formulieren (*Klyne* [*7*], S. 327).

Systeme, die keine im λ-Variationsbereich adsorbierenden chromophoren Gruppen enthalten (Kohlenwasserstoffe, einfache Carbonsäuren, Alkohole, Amine, Kohlenhydrate, Aminosäuren) zeigen im λ-Bereich oberhalb 260 mμ normale Dispersionskurven (plein curves) [*5*].

Diese bieten weniger Anhaltspunkte zur Auffindung struktureller und stereochemischer Korrelationen als die Cotton-Effekt-Kurven, doch liegen für einige Klassen von Verbindungen genügend ergänzende chemische oder physikalische Experimente vor, daß Strukturaussagen möglich sind: vgl. *Klyne* [*7*], *Djerassi* [*5*]; für Aminosäuren s. [*5, 6, 7, 15, 45, 46*]; für Kohlenhydrate s. [*47*].

---

[1] Auf Grund der annahernd ubereinstimmenden Lage der optisch aktiven Absorption mit der entsprechenden UV-Absorption kann die Rotationsdispersion generell als Spektroskopie in einem direkter Messung nicht oder nur schwer zuganglichen Bereich angesehen und entsprechend interpretiert werden (vgl. Abb. 111).

Einen Sonderfall stellen die Polypeptide und die Proteine dar, deren Dispersions-Charakteristik wesentlich von der Sekundärstruktur abhängt: Normale Dispersion deutet auf Knäuel-Konfiguration hin, während spiralig geordnete Konfigurationen (Helices) zu mehr oder weniger ausgeprägter Anomalie der Dispersion führen (s. o.).

3. Konfiguration von Polypeptiden und Proteinen

Zusammenfassende Literatur: [*5, 36, 44, 48–56*]

Die Aminosäuren, aus denen sich Peptide und Proteine aufbauen, sind (außer Glycin) optisch aktiv und besitzen für den Fall natürlicher Herkunft in überwiegendem Maße L-Form. Auf Grund der freien Drehbarkeit um die —CH—C(=O)—, —CH—NH— und (in geringerem Maße) —C(=O)—NH—-Bindung können sie in verschiedenen räumlichen Anordnungen (Konfigurationen und Konformationen) vorliegen, die — abhängig von den äußeren Parametern (p_H, Lösungsmittel etc.) — zu verschiedenem Rotationsverhalten Anlaß geben.

a) *Polypeptide.* In Lösungsmitteln mit starker Tendenz zur Ausbildung von Wasserstoffbrückenbindungen (großer „H-Bindungskapazität") oder — im Falle wasserlöslicher ionischer Polypeptide — bei geeignetem p_H liegen Polypeptide in ungeordneter Konfiguration vor und gehorchen der Gl. (7) (normale Dispersion): z. B. Poly-γ-benzyl-L-glutamat in Dichloressigsäure oder Hydrazin; Poly-L-glutaminsäure in Wasser [NaCl] $p_H > 6$ [*31, 57*].

Geht man zu Lösungsmitteln mit niedriger H-Bindungskapazität über oder ändert man die Ionisation (für Poly-γ-benzyl-L-glutamat: Dimethylformamid, Dioxan, Chloroform, u. ä.; für Poly-L-glutaminsäure: [NaCl] $p_H < 6$), so bilden sich intramolekulare H-Bindungen aus, die spiralige Konfigurationen begünstigen[1]; die Rotationsdispersion wird komplex und erfordert zur mathematischen Formulierung eine Beziehung entsprechend Gl. (10) mit einem Drude-Term (a_0-Koeffizient) und einem Helix-Term (b_0-Koeffizient). Bestimmt man das λ_0 dieser Gleichung (s. S. 775) so ergibt sich nach *Doty* [*36*] für eine große Zahl von Polypep-

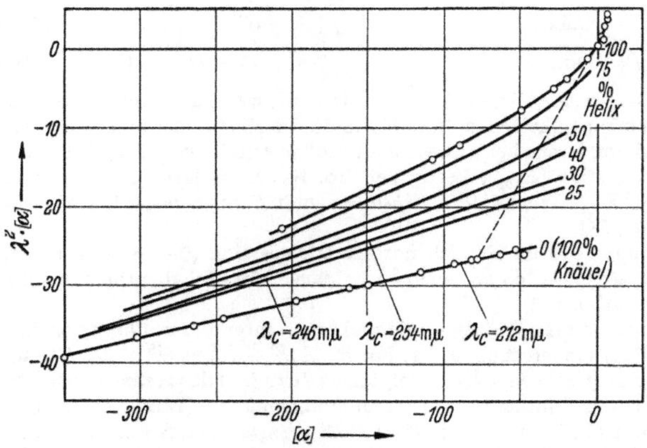

Abb. 112. Rotationsdispersion von Poly-L-glutaminsäure in Helix- und Knauel-Konfiguration (*Yang* u. *Doty* [*31*]). Die gestrichelte Linie gibt $[\alpha]_D$-Abszissenwerte für die als Kurvenparameter angegebenen %-Helix-Werte (vgl. Text S. 778)

[1] Die Helix- bzw. Knauel-Konfiguration in den diskutierten Systemen wurde mit Hilfe anderer physikalischer Methoden gesichert (*Doty* et al. [*57*]).

tiden $\lambda_0 = 212$ mμ und $b_0 \approx -630$ (rechtsläufige Helix) resp. $b_0 \approx +600$ (linksläufige Helix, *Blout* [37, 38]). Für die Knäuel-Konfiguration folgt $b_0 = 0$ und für die möglichen Übergänge entsprechende Zwischenwerte (vgl. Tab. 4).

Da nun nach *Moffitt* und *Yang* [18] b_0 und λ_0 wenigstens für den Modellfall des Poly-γ-benzyl-L-glutamats unabhängig vom Lösungsmittel ist, solange der Helix-Anteil des Moleküls unverändert bleibt, kann b_0 als empirische Größe zur Bestimmung des Helix-Anteils dienen (s. u.; vgl. auch *Cohen* und *Szent-Györgyi* [59]; wegen des Einflusses von Seitenketten am β-C-Atom der Aminosäuren vgl. [37, 56]). In analoger Weise kann, entsprechend dem Abfall von $[\alpha]_\lambda$ beim Helix-Knäuel-Übergang schon aus $[\alpha]_\lambda$ unmittelbar eine grobe Abschätzung des Helix-Gehaltes versucht werden (Abb. 112 gestrichelte Gerade für Na-D) oder es kann λ_c zugrunde gelegt werden, das entsprechend Abb. 112 bis zu einem Helix-Gehalt von ~50% dem Helix-Gehalt proportional gesetzt werden kann (*Yang* und *Doty* [31]). Wegen der Stabilität der Helix-Konfiguration und des Helix-Knäuel-Übergangs vgl. *Schellman* [60, 61], *Doty* [36, 57], *E. Katchalski* [56, 57], *Kauzmann* [54, 62], *Scheraga* [55].

b) *Proteine.* Die Erscheinungen der optischen Drehung und Rotationsdispersion von Proteinen sind denen von synthetischen Polypeptiden bis auf die Beobachtung, daß nahezu alle Proteine der einfachen Drude-Gleichung gehorchen[1], analog. Die $[\alpha]_D$-Werte liegen, weitgehend unabhängig von der speziellen Primärstruktur, im Bereich zwischen -20 und $-80°$ und werden durch Denaturierung (wegen des Begriffs vgl. *Kauzmann* [62]) um 20 bis 60° vermindert: $[\alpha]_D$ (denaturiert) $\approx -60 \div -120°$ [64]. Gleichzeitig sinkt λ_c von $240 \div 270$ mμ auf $210 \div 230$ mμ [50, 52, 63].

Ausnahmen von dieser Regel, bei denen λ_c von einem abnorm niedrigen Ausgangswert des nativen Moleküls im Verlauf der Denaturierung konstant bleibt oder gar ansteigt, geben *Perlmann* [76] und *Jirgensons* [77]; vgl. dazu Tab. 5[2].

Legt man die Analogie zu den Polypeptiden zugrunde, so kann man zur Abschätzung der Konfiguration von Proteinen die oben erwähnten Methoden anwenden (*Yang* und *Doty* [31], *Doty* [36]):

α) Aus $\Delta\,[R_{vac}]$ zwischen Helix und Knäuel-Zustand für Poly-L-glutaminsäure (s. o.) kann nach Umrechnung auf die „mittlere Rest-Drehung" (mean-residue-rotation) von Proteinen approximativ der Helix-Gehalt interpoliert werden (vgl. auch Abb. 112):

100% Helix	$[R_{vac}] = +6°$	0% Knäuel,
0% Helix	$[R_{vac}] = -90 \div -100°$	100% Knäuel.

Abweichungen von diesen Werten treten auf, wenn der Einfluß der Kettenenden bei kurzen Peptidketten (z. B. A-Kette des Insulins), oder spezifische Aminosäure-Effekte dominieren: bei Anwesenheit großer Anteile von Tyr, Phe, Try oder Gly: weniger negative $[R_{vac}]$-Werte; bei Pro, Hypro (Gelatine), CyS und His stärker negative $[R_{vac}]$-Werte. Vgl. *Schellman* und *Schellman* [50], *Leach* [51], S. 54, ferner [66, 67].

β) Analog soll im Bereich normaler Dispersion ($0 \div$ ~40% Helix) entsprechend $\lambda_c = 212 \div 268$ mμ auch λ_c als dem Helix-Gehalt proportional anzusehen sein (vgl. Abb. 112).

γ) Legt man Gl. (10) zugrunde und trägt unter Verwendung von $\lambda_0 = 212$ mμ die in $[R_{vac}]$ umgerechneten $[\alpha]$ im $[R_{vac}]\,(\lambda^2 - \lambda_0^2)$ *vs* $(\lambda^2 - \lambda_0^2)^{-1}$-Diagramm auf (Steigung der Geraden $b_0\lambda_0^4$), so folgt nach *Doty* [36] der Helix-Anteil aus $b_0/-630$.

Wegen des Einflusses von Fremdkomponenten (LiBr, Harnstoff etc.) und Lösungsmittel (Chloräthanol etc). vgl. *Harrington* und *Schellman* [65], *Doty* [36] *Blout* in *Djerassi* [5], S. 271.

---

[1] Diese Einschrankung erlaubt den Schluß, daß der Anteil an Helices im Proteinmolekul ~50% nicht uberschreiten dürfte (s. o.).

[2] Eine einfache Möglichkeit zur Unterscheidung des nativen vom denaturierten Zustand gibt der Temperatur-Koeffizient der opt. Drehung (*Harrington* u. *Schellman* [65]).

Die angegebenen Hilfsmittel zur Konfigurationsanalyse beruhen auf der postulierten Analogie zwischen Protein und Polypeptid und sind, wie insbesondere *Schellmann* und *Schellman* beweisen [*52*], (vgl. Tab. 4) nur als Näherungen endlicher Wahrscheinlichkeit anzusehen, die die realen Verhältnisse mehr oder weniger simplifizieren. Dies insbesondere wegen der nicht berücksichtigten Möglichkeit des Auftretens von Rechts- *und Links*-Helices, sowie von β-Strukturen neben ungeordneten Anteilen. Vgl. dazu: *Scheraga* [*48*], S. 185f.; ferner [*51, 55, 56, 58*].

4. Absolute Konfiguration

Da die willkürliche Fischer-Rosanoff'sche Festlegung der Konfiguration [*38, 39*] durch *Bijvoet* et al. [*69*] verifiziert wurde, sind alle auf Glucose bzw. Glycerinaldehyd bezogenen Konfigurationen als absolute Konfigurationen anzusehen. Für die Anwendung der Rotationsdispersion zur Bestimmung der absoluten Konfiguration spezieller Systeme vgl. *Djerassi* [*5*], S. 132ff., ferner *Klyne* [*6, 7, 28, 70*].

Die rechts- und links-läufige Form der α-Helix ist außer für den Fall des Polyglycins nicht spiegelsymmetrisch und energetisch verschieden (*Huggins* [*71*]). Für L-Aminosäuren ergibt sich die Rechts-Helix als energetisch günstigere Form, für D-Aminosäuren die Links-Helix. Dabei ist allerdings die Natur des Restes *R* für Ausbildung und Drehsinn der Helix von wesentlicher Bedeutung (*Karlson* [*72*], *Bradbury* [*73*], *Blout* [*74*]; vgl. *Downie* [*17*]).

F. Tabellen

Daten zur optischen Drehung finden sich gesammelt in folgenden Tabellenwerken:

1. *Landolt-Börnstein:* Physikalisch-chemische Tabellen, 5. Aufl., Berlin 1923—1936. H 999, E_1 543, E_2 839, E_3 1730.
2. *Landolt-Börnstein:* Zahlenwerte u. Funktionen, 6. Aufl., Berlin, Göttingen, Heidelberg 1951. Bd. I 3/II, S. 369.
3. International Crit. Tables, New York, London 1926—1933. Bd. 2, 334 (Zucker); Bd. 7, 353 (Kristalle, Flüssigkeiten, Lösungen).
4. *Staude, H.:* Physikalisch-chemisches Taschenbuch, Bd. 2. Leipzig 1949, S. 1701.
5. *Hodgman, C. D.:* Handbook of Chemistry and Physics, 42. Aufl. Cleveland 1960, S. 1764 (Aminosäuren), 1784 (Zucker), 3018 (org. Verb.).
6. *Mathieu, J. P.*, u. *A. Petit:* Tables de constantes et données numériques 6. Const. sélectionnées Pouvoir rotatoire naturel I. Stéroides, Paris 1956.
7. *Mathieu, J. P.*, u. *G. Ourisson:* Tables of Constants and Numerical Data (IUPAC) 9. Selected Const. Opt. Rot. Power II. Triterpenoids, London, Paris, New York, Los Angeles, Frankfurt/M. 1958.
8. *Mathieu, J. P.*, *P. Desnuelle* u. *J. Roche:* ibid. 10./III. Amino Acids 1959.
9. *Mathieu, J. P.*, u. *M. M. Janot:* ibid. 11./IV. Alkaloids 1959.

Tabelle 1. **Spezifische Drehung [α] einiger zur Kalibrierung geeigneter Substanzen**

Substanz	Lösungsmittel	*c* Gew.-%	T °C	$[\alpha]_\lambda^0$ bei $\lambda_{m\mu}$					
				600	589	500	400	300	275
Sucrose[1, 2]	aq	5,0	20		66,500				
		20,0	20		66,540				
		3,45	8	62,1		99,8	149,9	297,7	394,4
Glucose[2]	aq	20,0	20		53,083				
Fructose[2]	aq	20,0	20		−93,30				
Maltose[2]	aq	20,0	20		138,11				
Lactose[1 2]	aq	15,81	19	51,9	52,53	64,6	110,1	258,3	310
Weinsaure[1]	aq	28,625		9,4		7,5	−6,0	−166,0	−296,8
KSb-Tartrat[1]	aq	6,635		125		158	281	758	1020
Nicotin[3]	Äthanol	100,00	20		−161,42				
		74,93	20		−110,62				
		45,08	20		−59,49				
		14,96	20		−17,46				

[1] *Nutting, P. G.:* Phys. Rev., **17** 1 (1903).
[2] *Hodgman, C. D.:* loc. cit. (s. o.).
[3] *Landolt, H.:* Ann. **189**, 241 (1877).

Tabelle 2. **Molekulare Drehung von L-α-Aminosäuren**[1]

L-Aminosäure	$[M]_D^{25}$ [2] [aq]	$[M]_D^{25}$ [2] [5 n HCl]	$[M]_D^{25}$ [2] [Eisessig]	$[M]_{HCl}$ minus $[M]_{aq}$	$[M]_{Eisessig}$ minus $[M]_{aq}$
mono-asymmetrisch					
Äthionin	−15,0	+38,7	+29,3	+53,7	+44,3
Alanin	+ 1,6	+13,0	+29,4	+11,4	+27,8
Arginin	+21,8	+48,1	+51,3	+26,3	+29,5
Asparagin	− 7,4	+37,8	—	+45,2	—
Asparaginsaure	+ 6,7	+33,8	—	+27,1	—
α-Aminobuttersäure	+ 9,6	+21,2	+43,3	+11,6	+33,7
Cystein	−20,0	+ 7,9	+15,7	+27,9	+35,7
Glutaminsäure	+17,7	+46,8	—	+29,1	—
Glutamin	+ 9,2	+46,5[3]	—	+36,3	—
Histidin	−59,8	+18,3	+11,6	+78,1	+71,4
Homoserin	−10,5	+21,8	+14,3	+32,3	+24,8
Leucin	−14,4	+21,0	+29,5	+35,4	+43,9
tert-Leucin	−12,7	+ 9,7	+47,2	+22,4	+59,9
Lysin	+19,7	+37,9	—	+18,2	—
Methionin	−14,9	+34,6	+29,8	+49,5	+44,7
Norleucin	+ 6,2	+32,1	+47,9	+25,9	+41,7
Norvalin	+ 8,2	+28,2	+41,0	+20,0	+32,8
Ornithin	+16,0	+37,5	—	+21,5	—
β-Phenylalanin	−57,0	− 7,4	−12,4	+49,6	+44,6
Prolin	−99,2	−69,5	−92,1	+20,7	+ 7,1
Serin	− 7,9	+15,9	—	+23,8	—
Tryptophan	−68,8	+13,0[3]	−69,4	+81,8	− 0,6
Valin	+ 6,6	+33,1	+72,6	+26,5	+66,0
Isovalin	+13,1	+ 7,8	+26,3	− 5,3	+13,2
di-asymmetrisch					
γ-Hydroxyprolin	−99,6	−66,2	−100,9[4]	+33,4	− 1,3
γ-Allohydroxyprolin	−78,0	−24,7	−39,3	+53,3	+38,7
Isoleucin	+16,3	+51,8	+64,2	+35,5	+47,9
Alloisoleucin	+20,8	+51,9	+55,7	+31,1	+34,9
Threonin	−33,9	−17,9	−35,7	+16,0	− 1,8
Allothreonin	+11,9	+37,8	+45,3[4]	+25,9	+33,4

Tabelle 3. **Rotationsdispersion von L-α-Aminosäuren**[1]

L-Aminosäure	$[\alpha]_\lambda^{25}$ in Wasser[2] 365 mμ	405 mμ	435 mμ	546 mμ	578 mμ	589 mμ	λ_0[5]
Alanin	+11,8	+7,22	+5,27	+2,35	+1,98	+1,84	348
Arginin	—	—	—	—	—	—	—
Asparaginsaure	+21,7	—	+11,8	+6,1	—	+5,2	257
α-Aminobuttersäure	+38,0	+25,1	+19,7	+9,6	+8,4	+7,9	282
Cystin	—	—	—	—	—	—	—
Äthionin	−13,0	−11,9	−11,1	−7,7	−7,0	−6,8	Imag.
Glutaminsaure	+44,9	+32,0	+25,9	+14,1	+12,0	+11,9	241
Histidin	−113,0	−89,1	−75,1	−45,2	−39,9	−39,2	151
Homocystin	—	—	—	—	—	—	—
Homoserin	−15,9	−15,8	−14,4	−10,1	−9,2	−8,8	Imag.
Isovalin	+38,6	+28,6	+23,4	+13,2	+11,5	+11,2	218
Leucin	−22,7	—	−18,5	−12,6	—	−10,7	Imag.
tert-Leucin	−24,5	−20,7	−17,9	−11,1	−9,7	−9,1	Imag.
Lysin	—	—	—	—	—	—	—
Methionin	−16,1	−14,8	−13,7	−9,5	−8,6	−8,4	Imag.
Norleucin	+27,6	+18,3	+13,3	+6,0	+5,3	+4,7	307
Norvalin	+36,0	+24,1	+18,1	+8,8	+7,3	+7,0	293

[1] Auszugsweise aus *Greenstein-Winitz* [*15*].
[2] Konzentration 0,5−2%.
[3] In 1 n HCl.
[4] Konzentration 0,25%.
[5] Aminosauren mit $\lambda_0^2 < 0$ (λ_0 imaginär) sind durch „Imag." gekennzeichnet.

Tabelle 3 (Fortsetzung)

L-Aminosäure	$[\alpha]_{\lambda}^{25}$ in Wasser [1]						
Ornithin	—	—	—	—	—	—	—
Phenylalanin	−98,6	−78,3	−66,4	−40,1	−35,6	−34,0	146
Prolin	−265,0	−205,0	−171,0	−101,0	−88,7	−85,1	105
Serin	−9,9	−11,5	−11,5	−8,8	−7,8	−7,8	Imag.
Tryptophan	−68,6	—	−58,1	−38,3	—	−33,3	Imag.
Valin	+31,4	+19,6	+15,1	+6,8	+6,2	+5,6	298
Hydroxyprolin	−245,0	−188,0	−156,0	−90,7	−79,9	−76,7	192
Allohydroxyprolin	−184,0	−144,0	−120,0	−71,0	−62,5	−60,0	181
Isoleucin	+49,2	+34,5	+27,9	+15,0	+13,0	+12,4	248
Alloisoleucin	+70,0	+48,5	+38,1	+19,6	+16,8	+15,9	270
Threonin	−80,9	−62,8	−54,8	−33,6	−29,6	−28,5	126
Allothreonin	+51,5	+34,2	+25,5	+11,9	+10,1	+9,6	299

L-Aminosäure	$[\alpha]_{\lambda}^{25}$ in 5 n HCl [1,2]						
	365 mμ	405 mμ	435 mμ	546 mμ	578 mμ	589 mμ	λ_0 [3]
Alanin	+58,3	+40,3	+31,4	+16,7	+14,2	+14,1	258
Arginin	—	—	+58,2	+32,5	+28,6	+26,9	203
Asparaginsäure	—	—	+52,0	+29,5	+25,8	+24,9	214
α-Aminobuttersaure	+85,0	+58,9	+46,6	+24,4	+20,9	+20,1	261
Cystin	−665,0	−506,0	−418,0	−244,0	—	−212,0	198
Äthionin	+88,5	—	+51,7	+28,5	—	+23,4	240
Glutaminsäure	+114,0	+83,3	+67,9	+38,0	+33,3	+31,5	228
Histidin	+65,1	+44,0	+33,8	+17,0	+14,6	+13,8	270
Homocystin	+272,0	+201,0	+164,0	+92,1	+80,7	+77,1	221
Homoserin	—	—	—	—	—	—	—
Isovalin	—	+16,6	+13,9	+8,0	+7,1	+6,6	204
Leucin	+71,3	+48,3	+37,5	+19,1	+16,6	+15,6	274
tert-Leucin	—	—	+20,2	+9,2	—	+7,4	314
Lysin	+95,6	+69,2	+56,5	+31,3	+27,1	+25,9	231
Methionin	+90,8	+64,7	+52,3	+28,8	+25,1	+23,9	236
Norleucin	+95,3	+68,0	+52,3	+28,8	+25,6	+24,2	244
Norvalin	+96,5	+68,7	+54,2	+29,0	+25,4	+24,1	251
Ornithin	+100,0	+72,4	+59,2	+33,2	+29,0	+27,7	226
Phenylalanin	+9,4	+0,7	−4,2	−6,3	−5,9	−5,9	Anomal
Prolin	−157,0	−125,0	−105,0	−63,5	−56,0	−54,1	151
Serin	+64,4	+44,0	+34,2	+17,5	+15,2	+14,5	271
Tryptophan	+74,6	+40,2	+27,0	+9,7	+6,7	+6,4	Imag.
Valin	+107,0	—	+60,3	+32,2	+27,8	+26,5	253
Hydroxyprolin	−138,0	−109,0	−92,0	−55,3	−47,3	−46,7	167
Allohydroxyprolin	−55,8	−45,9	−39,0	−24,2	−21,6	−20,6	106
Isoleucin	+144,0	+105,0	+84,9	+47,2	+41,3	+39,3	231
Alloisoleucin	+154,0	+110,0	+87,8	+47,3	+40,9	+39,6	246
Threonin	−23,4	−24,3	−22,6	−16,7	−15,2	−14,5	Imag.
Allothreonin	+123,0	+88,8	+70,2	+38,5	+32,9	+31,7	246

Tabelle 4. **Rotationsdispersions-Konstanten von Standard-Polypeptid-Strukturen** [4]

Struktur	Beispiel	λ_c	b_0	λ_0
Statistischer Knäuel	ox. Ribonuclease	224	0	224
α-Helix (rechtslaufig)	Poly-γ-benzyl-L-glutamat	—	−630	212
α-Helix (linkslaufig)	Poly-β-benzyl-L-aspartat	151 [5]	+630	≡212
β-Struktur	Poly-0-acetyl-L-serin	214	0	214
β-Struktur	Poly-benzyl-glutamat (I) [6]	268	+234	≡212
β-Struktur	Poly-benzyl-glutamat (W) [6]	282	+800	≡212

[1] Konzentration 0,5−2%.
[2] 1 n HCl für Cystin, Homocystin und Tryptophan.
[3] Siehe [5], S. 780.
[4] Nach *Schellman* u. *Schellman* [52].
[5] Zurückgerechnet aus Parametern der Moffitt'schen Gl. (10).
[6] Daten von *Imahori* (I) und *Wada* (W): Die β-Struktur ist als kompl. intermolekulare Aggregation nicht exakt reproduzierbar.

Tabelle 5. **Konstanten der optischen Drehung von Proteinen: [α], λ_c, b_0 und % Helix-Abschätzung**[1]

Protein	nativ				denaturiert[4]			~% Helix[6]			
	$[\alpha]_{546}$°	λ_c (mμ)	b_0	Medium [aq][10]	$[\alpha]_D$	λ_c (mμ)	c_H[4] [aq]	Medium[5]	aus $[\alpha]_D$	aus λ_c	aus b_0
Meromyosin-L (I)	−13,0	K[3]	−660		−118	212	9,5 *M*				
Pinna nobilis Tropomyosin	−12	K	−650	p_H 7 μ 0,6	−109	210	8 *M* p_H 7				
Tropomyosin	−16,0	K	−620	μ 0,6	−118	213	9,5 *M*	aq	89		94
								C			100 110
Paramyosin	−11,1	K	−600	μ 0,6	− 63		9,5 *M*	aq			91
Meromyosin-L	−20,4	K	−490	μ 0,6	−107	215	9,5 *M*	aq			74
Myosin	−28,7	K	−370	μ 0,6	−108	218	9,5 *M*	aq			56
Meromyosin-S	−34,5	K	−300	μ 0,6	−103	215	9,5 *M*	aq			45
Aldolase	−33,9	277									
β-Amylase	−31,6	277									
Somatotropin	−34,8	277									
Prolactin	−45,0	276									
Taka-Amylase	−14,7	271									
Carboxypeptidase	−25,2	269									
Serumalbumin (Rind)	−76,6	267		p_H 7 μ 0,1	−109	218	8 *M* p_H 7	aq	48 56	38	
								C			58 75
Insulin	−37,6	267		p_H 1,8	− 88	226	9 *M* p_H 6	aq	50 66	38	
								C			40 45
								D	24	16	
Ovalbumin	−33,6	266		p_H 7	− 98	226	8,6 *M* p_H 9	aq	48 79	39	
								C			78 85
Mercaptalbumin	−79,5	266									
Lactatdehydrogenase[7]	−53,5	264		p_H 7 μ 0,1	−122	216	8 *M* p_H 7				
Alkoholdehydrogenase (Hefe)	−38,4	262		p_H 7,5 μ 0,2	−105	212	8 *M* p_H 7,5				
Bakterien-Amylase	−31,3	261									
Lysozym	−50,5	257						aq	46	30	
								C			63
β-Lactoglobulin	−34,3	245		p_H 5,5 μ 0,1	−117	225	8,5 *M* p_H 9	aq	≡100	28	
α-Amylase (Pankreas)	−45,0	243									
α-Chymotrypsin	−76,6	241									
α-Chymotrypsinogen	−66.0[2]	241		p_H 3 μ 0,1	−112	220	8 *M* p_H 3				
Glycerinaldehyd-phosphat-Dehydrogenase	−71,8	245		p_H 7,5 μ 0,2							

Chymotrypsinogen	−95,0	238		p_H 6,7	−117	224	8 *M* p_H 6	aq	39		19	
γ-Chymotrypsin	−75,6	237										
Trypsin	−48,0	235										
β-Chymotrypsin	−76,0	234										
Trypsinogen	−53,3	232										
Papain	−77,0	231										
Ribonuclease	−87,5	231		p_H 5,5 μ 0,1	−109	220	8 *M* p_H 6	aq	16	39	14	
								A : *E* = 1 : 1	55		44	
								C			66	
Pepsin	−75	216−227		p_H 5	−77	218	8 *M* p_H 5	aq	24			
								C				44
α-Casein	−108	223										
β-Casein	−168	218										
Rennin	− 66	210										
Luteinisierendes Hormon	−105	207										
γ-Globulin (Serum)	∼−58	200−217						aq	47			
Kollagen	−350[2]	205		p_H 3,7 11°C 0,15 *M* Citrat.	−110	205	40°C (Medium unverändert)					
Clupein					−112	201	p_H 6					
Insulin (ox. A-Kette)					−68	228	*C M* p_H 7					
Ribonuclease (oxydiert)					−91	228	p_H 4					
Serumalbumin (oxydiert)					−92	218	p_H 5−9					
Fibrinogen	−58[2]		−210	μ 0,6	−110	213	9,5 *M*	aq				32
Seidenfibroin								*D* (15%)			100	
								D (100%)			20	
								F			0	
Glutaminsäuredehydrogenase	+13	∼316		p_H 7−9	−49[8]	240	p_H 9,5[9]					

[1] Nach *Djerassi* (*Blout*) [5], *Doty* [36], *Scheraga* [48], *Schellman* u. *Schellman* [50, 52], *Leach* [51], *Jirgensons* [64, 77], sowie [49, 53, 76−80].
[2] $[\alpha]_D$.
[3] *K* = komplexe Dispersion.
[4] Harnstoff--Denaturierung; c_H = Harnstoffkonzentration (*M*/*L*).
[5] Abkurzungen: aq = Wasser, A = Ameisensäure, C = 2-Chlorāthanol, D = Dichloressigsaure, E = Dichlorathylen, F = Trifluoressigsaure.
[6] Vgl. S. 777f.
[7] Die differenten und multiplen Formen (Isozyme) stimmen im Bereich der Fehlergrenzen in ihrem Rotationsverhalten überein.
[8] $[\alpha]^{\circ}_{546}$.
[9] Alkalidenaturierung.
[10] μ = Ionenstärke.

Literatur[1]

[1] *Freudenberg, K.:* Stereochemie, Leipzig, Wien 1932/33; Mh. Chem. **85**, 537 (1954).
[2] *Kuhn, W.*, u. *K. Freudenberg:* Hand- u. Jahrb. chem. Phys. Bd. 8/III, Leipzig 1933.
[3] *Lowry, T. M.:* Optical Rotatory Power, London 1935.
[4] *Heller, W.:* in Physical Methods of Organic Chem. Bd. I/3, 3. Aufl., S. 2147ff. New York, London 1960.
[5] *Djerassi, C.:* Optical Rotatory Dispersion, New York, Toronto, London 1960.
[6] *Klyne, W.*, u. *A. C. Parker* in: Physical Methods of Organic Chem. Bd. I/3, 3. Aufl., S. 2335ff., New York, London 1960.
[7] *Klyne, W.:* Adv. Org. Chem. Bd. I, 239ff. (1960).
[8] *Partington, J. R.:* Advanced Treatise on Physical Chemistry, Bd. IV, S. 290f., 513f. 592f., London, New York, Toronto 1953.
[9] *Kuhn, W.:* Ann. Rev. Phys. Chem. **9**, 417 (1958).
[10] *Ladenburg, R.*, in: *Müller-Pouillet:* Lehrbuch der Physik, 11. Aufl., Bd. II/2, S. 2119ff., Braunschweig 1929.
[11] *Pasteur, L.:* Ann. Chim. (Phys.) **24**, 442 (1848).
[12] *van't Hoff, J. H.:* Die Lagerung der Atome im Raume, Braunschweig 1894.
[13] *Robinson, C.*, u. *M. J. Bott:* Nature **168**, 325 (1951).
[14] *van't Hoff, J. H.:* Bull. Soc. chim. 2, **23**, 298 (1875).
[15] *Greenstein, J. P.*, u. *M. Winitz:* Chemistry of the Amino Acids, New York, London 1961.
[16] *Born, M.:* Ann. Phys. **55**, 177 (1918); *Gans, R.:* Z. Phys. **27**, 164 (1924); Ann. Phys. **79**, 547 (1926); *Kauzmann, W.*, *J. E. Walter* u. *H. Eyring:* Chem. Revs. **26**, 339 (1940).
[17] *Downie, A. R.*, *A. Elliott*, *W. E. Hanby* u. *B. R. Malcolm:* Proc. Roy. Soc. **A 242**, 325 (1957).
[18] *Moffitt, W.*, u. *J. T. Yang:* Proc. Nat. Acad. Sci. US. **42**, 596 (1956).
[19] *Fitts, D. D.*, u. *J. G. Kirkwood:* J. Amer. chem. Soc. **78**, 2650 (1956); Proc. Nat. Acad. Sci. US. **42**, 33 (1956).
[20] *Cotton, A.:* Compt. rend. **120**, 989, 1044 (1895); Ann. Chim. (Phys.) **8**, 347 (1896); Z. phys. Chem. **21**, 158 (1896); Compt. rend. **153**, 245 (1911); vgl. auch *Partington* [*8*], S. 381ff.
[21] *Drude, P.:* Lehrbuch der Optik, S. 352, Leipzig 1900.
[22] *Moffitt, W.:* J. chem. Phys. **25**, 467 (1956).
[23] *Moffitt, W.:* Proc. Nat. Acad. Sci. US. **42**, 736 (1956).
[24] *Moffitt, W.*, *D. D. Fitts* u. *J. G. Kirkwood:* Proc. Nat. Acad. Sci. US. **43**, 723 (1957).
[25] *Kuhn, W.:* Ber. dtsch. chem. Ges. **62**, 1727 (1929).
[26] *Wenking, H.:* Z. Instrumkde **66**, 1 (1958).
[27] *Greenstein, J. P.:* Adv. Protein Chemistry **9**, 121 (1954).
[28] *Klyne, W.:* in: Determination of Organic Structures by Physical Methods, S. 73ff., New York 1955.
[29] *Baghenov, N. M.*, u. *M. V. Volkenshtein:* Zhur. fiz. khim **28**, 1299 (1954); *Volkenshtein, M. V.:* Uspekhi khim. **13**, 234 (1944) (zit. nach *Heller* [*4*]); *Cagle jr., F. W.*, u. *H. Eyring:* J. Amer. chem. Soc. **73**, 5628 (1951).
[30] *Elliott, A.*, *W. E. Hanby* u. *B. R. Malcolm:* Disc. Faraday Soc. **25**, 167 (1958).
[31] *Yang, J. T.*, u. *P. Doty:* J. Amer. chem. Soc. **79**, 761 (1957).
[32] *Heller, W.:* J. phys. Chem. **62**, 1569 (1958).
[33] *Lowry, T. M.*, u. *E. M. Richards:* J. chem. Soc. **125**, 2511 (1924).
[34] *Elliott, A.:* in: Recent Adv. in Gelatin and Glue Research, S. 267, London 1957.
[35] *Downie, A. R.:* Unveröffentlicht (vgl. *Todd, A.* [*44*], S. 269).
[36] *Doty, P.:* Proc. IVth Internat. Congr. Biochem. 1958, Bd. **IX**, S. 8ff., London, New York, Paris, Los Angeles 1959.
[37] *Blout, E. R.:* ibid. S. 37f.
[38] *Fischer, E.:* Ber. dtsch. chem. Ges. **24**, 1836, 2683 (1891); **27**, 3222 (1894); **40**, 102 (1907).
[39] *Rosanoff, M. A.:* J. Amer. chem. Soc. **28**, 114 (1906).
[40] *Hückel, E.:* Theoretische Grundlagen der organischen Chem., Bd. I, 8. Aufl., Leipzig 1956.
[41] *Kuhn, W.*, in: *Freudenberg, K.:* [*1*], S. 400f.
[42] *Djerassi, C.* in: The Chemistry of natural Products, IUPAC-Symp. S. 475. Melbourne, Canberra, Sydney (Austr.) 1960, London 1961.
[43] *Thompson, H. W.:* ibid. S. 439, insbesondere S. 463.
[44] *Todd, A.* in: Analytical Methods of Protein Chemistry, Bd. 2, S. 246ff., insbesondere S. 269f., Oxford, London, New York, Paris 1960.
[45] *Patterson, J. W.*, u. *W. R. Brode:* Arch. Biochem. **2**, 247 (1943).
[46] *Neuberger, A.:* Adv. Prot. Chem. **4**, 297 (1948).
[47] *Harris, T. L.*, *E. L. Hirst* u. *C. E. Wood:* J. Chem. Soc. **1937**, 848; *Ott, E.*, *H. M. Spurlin* u. *M. W. Grafflin:* Cellulose and Cellulose Derivatives, Bd. I, S. 71ff., New York, London 1954.

[1] Manuskript abgeschlossen im Mai 1962.

[48] *Scheraga, H. A.:* Proteinstructure, S. 177f., New York, London 1961.
[49] *Shooter, E. M.*, in: Progress in Biophysics, Bd. **10**, 195 (1960).
[50] *Schellman, C.*, u. *J. A. Schellman:* Compt. rend. trav. Lab. Carlsberg, Sér. chim. **30**, 463 (1958).
[51] *Leach, S. J.:* Rev. pure and appl. Chem. **9**, 33 (1959).
[52] *Schellman, J. A.*, u. *C. G. Schellman:* J. Polymer Sci. **49**, 129 (1961).
[53] *Urnes, P.*, u. *P. Doty:* Adv. Protein. Chem. **16**, 401 (1961).
[54] *Kauzmann, W.:* Ann. Rev. Phys. Chem. **8**, 413 (1957).
[55] *Scheraga, H. A.:* Ann. Rev. Phys. Chem. **10**, 191 (1959).
[56] *Katchalski, E.*, u. *I. Z. Steinberg:* Ann. Rev. Phys. Chem. **12**, 433 (1961).
[57] *Doty, P.*, u. *J. T. Yang:* J. Amer. chem. Soc. **78**, 498 (1956); *Doty, P., A. M. Holtzer, J. H. Bradbury* u. *E. R. Blout:* J. Amer. chem. Soc. **76**, 4493 (1954); **78**, 947 (1956); vgl. auch *Katchalski, E.*, bei *Doty, P.* [36].
[58] *Blout, E. R.*, u. *R. H. Karlson:* J. Amer. chem. Soc. **80**, 1259 (1958).
[59] *Cohen, C.*, u. *A. Szent-Györgyi:* J. Amer. chem. Soc. **79**, 248 (1957).
[60] *Schellman, J. A.:* Compt. rend. trav. Lab. Carlsberg, Sér. chim. **29**, 230 (1955).
[61] *Harrington, W. F.*, u. *J. A. Schellman:* Compt. rend. trav. Lab. Carlsberg, Sér. chim. **30**, 21 (1956).
[62] *Kauzmann, W.:* Adv. Protein Chemistry **14**, 1 (1959).
[63] *Linderstrøm-Lang, K. U.*, u. *J. A. Schellman:* Biochim. Biophys. Acta **15**, 156 (1954).
[64] *Jirgensons, B.:* Arch. Biochem. Biophys. **39**, 261 (1952); **41**, 333 (1952); *Simpson, R. B.*, u. *W. Kauzmann:* J. Amer. chem. Soc. **75**, 5139 (1953); *Cohen, C.:* Nature **175**, 129 (1955).
[65] *Harrington, W. F.*, u. *J. A. Schellman:* Compt. rend. trav. Lab. Carlsberg, Sér. chim. **30**, 167 (1957).
[66] *Markus, G.*, u. *F. Karush:* J. Amer. chem. Soc. **79**, 134 (1957).
[67] *Würz, H.*, u. *F. Haurowitz:* J. Amer. chem. Soc. **83**, 280 (1961).
[68] *Imahori, K.:* Biochim. Biophys. Acta **37**, 336 (1960).
[69] *Bijvoet, J. M., A. F. Peerdeman* u. *A. J. van Bommel:* Nature **168**, 271 (1951); **173**, 888 (1954).
[70] *Mills, J. A.*, u. *W. Klyne*, in: *Klyne, W.:* Progress in Stereochemistry, Bd. I, Kap. 5, New York 1954.
[71] *Huggins, M. L.:* J. Amer. chem. Soc. **74**, 3963 (1952).
[72] *Karlson, R. H., K. S. Norland, G. D. Fasman* u. *E. R. Blout:* J. Amer. chem. Soc. **82**, 2268 (1960).
[73] *Bradbury, E. M., A. R. Downie, A. Elliott* u. *W. E. Hanby:* Proc. Roy. Soc. **A 259**, 110 (1960),
[74] *Blout, E. R., C. de Loze, S. M. Bloom* u. *G. D. Fasman:* J. Amer. chem. Soc. **82**, 3787 (1960).
[75] *Tschugaeff, L.:* Ber. dtsch. chem. Ges. **31**, 360 (1898).
[76] *Perlmann, G. E.:* Proc. IVth Internat. Congr. Biochem. 1958, Bd. IX, S. 32, London, New York, Paris, Los Angeles 1959.
[77] *Jirgensons, B.:* Makromol. Chem. **44–46**, 123 (1960), J. Amer. chem. Soc. **83**, 3161 (1961); Tetrahedron **13**, 166 (1961); Arch. Biochem. Biophys. **92**, 216 (1961); Makromol. Chem. **51**, 137 (1962); Molecular Basis of Neoplasia, S. 6237, Univ. of Texas Press, Austin 1962.
[78] *Sund, H.:* Biochem. Z. **333**, 205 (1960).
[79] *Stauff, J.*, u. *R. Jaenicke:* Kolloid-Z. **175**, 1 (1961).
[80] *Jaenicke, R.*, u. *G. Pfleiderer:* Biochim. Biophys. Acta **60**, 615 (1962); **85**, 186 (1964).

III. Multiplikative Verteilung

Von **E. Hecker** und **R. Lattrell**, München und Heidelberg

A. Theoretische Einführung

Literatur S. 786.

Der Nernstsche Verteilungskoeffizient K ist definiert durch das Verhältnis

$$\frac{C_l}{C_s} \equiv K,$$

wobei C_l die Gleichgewichtskonzentration der Substanz in der spezifisch leichteren, C_s ihre Gleichgewichtskonzentration in der spezifisch schwereren Phase

z. B. in Mol/Liter bedeuten. Sein Zahlenwert hängt wesentlich von der Temperatur und der Zusammensetzung des 2-phasigen Systems ab. Oft ist es zweckmäßig, an Stelle des Verteilungskoeffizienten K die Verteilungszahl G und das Volumenverhältnis $V = V_1/V_2$ der beiden Phasen anzugeben.

Die Verteilungszahl ist gegeben durch das Verhältnis der relativen Substanzmengen, die sich im Gleichgewicht in Ober- und Unterphase befinden. Es ist

$$\frac{p}{q} \equiv G$$
$$= K \cdot V$$

p = relative Substanzmenge in der Oberphase, q = relative Substanzmenge in der Unterphase, so daß $p + q = 1$. Für $V = 1$ ist $G = K$.

Der Trennfaktor. Verteilungskoeffizient und Verteilungszahl sind leicht zu bestimmende physikalische Stoffkonstanten, die den Verlauf von Trennungen durch Verteilung zwischen flüssigen Phasen abzuschätzen gestatten. Ein quantitatives Maß für die Trennbarkeit zweier Substanzen A und B ist das Verhältnis ihrer Verteilungskoeffizienten bzw. -zahlen, der Trennfaktor β.

$$\frac{K_A}{K_B} = \frac{G_A}{G_B} \equiv \beta.$$

Er wird stets so angegeben, daß $\beta \geq 1$ ist. Für $\beta = 1$ ist eine Trennung der Substanzen durch Verteilung unmöglich. Bei $\beta = 10000$ genügt schon eine einfache Ausschüttelung im Scheidetrichter, um die beiden Substanzen praktisch quantitativ zu trennen. Für Substanzpaare mit Trennfaktoren zwischen 1 und 10000 werden die multiplikativen Verteilungsverfahren angewandt, bei denen der Trennfaktor einer einzelnen Verteilung systematisch vervielfacht wird. Wegen der Charakteristik der Verfahren (Craig-Verteilung, O'Keeffe-Verteilung u. a. m.) wird auf die einschlägigen Monographien verwiesen (vgl. Literatur s. unten).

Bewährte Lösungsmittelsysteme zur Verteilung verschiedener Substanzklassen sind in den folgenden Tabellen zusammengefaßt. Die Lösungsmittel für die Phasenpaare werden in der Reihenfolge Oberphase/Unterphase angegeben. Besteht ein System aus mehr als 2 Flüssigkeiten, so bedeuten die in Klammern hinter den Lösungsmitteln angegebenen Zahlen die Volumenanteile der reinen Lösungsmittel. Sofern die Zusammensetzung des Systems in % angegeben ist, wurde auf die Angabe des prozentualen Wassergehaltes in den meisten Fällen verzichtet. Wenn keine Temperaturen angegeben sind, kann Raumtemperatur angenommen werden. Für die Auswahl von Lösungsmittelsystemen bestehen gewisse Regeln, die in den entsprechenden Monographien diskutiert werden (vgl. Literatur).

Literatur

Rauen, H. M., u. *W. Stamm:* Gegenstromverteilung. Berlin-Göttingen-Heidelberg 1953; sowie Hoppe-Seyler-Thierfelder, Bd. 1, S. 260. Berlin-Göttingen-Heidelberg 1953. — *Hecker, E.:* Verteilungsverfahren im Laboratorium, Monographie Nr. 67 zu Angewandte Chemie und Chemie-Ingenieur-Technik. Weinheim/Bergstraße 1955. — *Craig, L. C.*, u. *D. Craig:* Laboratory Extraction and Counter Current Distribution in Weißberger, Technique of Organic Chemistry, Second Edition, Vol. III, Part I, S. 419. New York-London 1956. — *Hecker, E.:* Multiplikative Verteilung, in: Handbuch der Pflanzenanalyse, Bd. 1, S. 66. Berlin-Göttingen-Heidelberg 1956. — *Albertsson, P.-A.:* Partition of Cell Particles and Makromolekules. Uppsala 1960. — *Hecker, E.:* Neuere Entwicklungen und Ergebnisse der Substanztrennung durch multiplikative Verteilung. Z. analyt. Chemie **181**, 284 (1961). — *Hecker E.:* Der Mechanismus multiplikativer Verteilungsverfahren, Naturwissenschaften **50**, 165, 290 (1963). — *Diczfalusy, E.*, u. *Ch. Jauritzen:* Oestrogene beim Menschen, S. 43ff. Berlin-Göttingen-Heidelberg 1961.

B. Lösungsmittelsysteme für verschiedene Substanzklassen

1. Aliphatische Alkohole

Einwertige Alkohole. *System* Äthyläther/Wasser.

K: Methanol 0,14; Äthanol 0,26; Propanal 1,90; iso-Propanol 0,64; n-Butanol-1 7,7; iso-Butanol-1 6,9; n-Butanol-2 4,5; tert. Butanol 2,2; iso-Amylalkohol 19,0.

Mehrwertige Alkohole. *System* Äthyläther/Wasser.

K: Äthylenglykol 0,0053; 1,2-Propylenglykol 0,018; Trimethylenglykol 0,01; 2,3-Butylenglykol 0,029; 1,3-Butylenglykol 0,042; Tetramethylenglykol 0,019; Pentamethylenglykol 0,055; Hexamethylenglykol 0,12; Decamethylenglykol 21,0; Glycerin 0,00066; Erythrit 0,00011; Pentaerythrit 0,0003.

2. Kohlenhydrate

System: 50 ml Butyraldehyd/100 ml 1,78 n HCl (für Zucker) bzw. 0,378 n HCl (für Glykole und Zuckeralkohole). Verteilt wurden je 4 g Zucker bei 30 °C. τ ist diejenige Zeit, die verstreicht, bis sich die Halfte der Substanz im Gleichgewicht befindet.

K (τ in Min.): D-Sorbit 788 (6,0); Adonit 461 (11.5); Dulcit 461 (8,0); D-(laevo)-2,3-Butandiol 204 (0,9); D-Mannit 189 (11,0); Glycerin 8,29 (5,0); Glykol 5,89 (4,8); L-Sorbose 22,9 (63); D-Mannose 11,6 (48); L-Arabinose 1,63 (—); D-Glucose 1,27 (125); D-Rhamnose 0,61 (—); D-Galaktose 0,40 (—); D-Fructose 7,0 (49).

3. Natürliche Phosphorsäureverbindungen

System: n-Amylalkohol, Octadecylamin/0,5 g Citronensäure 100 ml H_2O, p_H 7,5.[1]

K: Glucose-1-phosphat 0,1; Glucose-6-phosphat 0,1; Sorbose-1-phosphat 0,04; Sorbose-6-phosphat 0,9; Fructose-6-phosphat 0,2; Hexose-diphosphat 1—2,8; Phospho-glycerinsäure 1,3; β-Glycerin-phosphorsäure 1,1; L-α-Glycerin-phosphorsäure 1,6; Serinphosphat 0,6.

System: n-Butanol, Hexadecylamin/0,5 ml konz. HCl 100 ml H_2O, p_H 7,4.

K: Glucose-1-phosphat 0,0; Glucose-6-phosphat 0.09; Sorbose-1-phosphat 0,5; Sorbose-6-phosphat 0,1; Fructose-6-phosphat 0,03; Hexose-diphosphat 1,0; Phospho-glycerinsaure 0,4; β-Glycerin-phosphorsäure 0,2; L-α-Glycerin-phosphorsäure 0,2.

System: n-Hexanol, Octadecylamin/0,5 ml konz. HCl 100 ml H_2O, p_H 7,05.

K: Glucose-1-phosphat 0,0; Glucose-6-phosphat 0,4; Sorbose-1-phosphat 0,1; Sorbose-6-phosphat 1,8; Fructose-6-phosphat 0,15; Hexose-diphosphat 0,7; Phospho-glycerinsäure 0,3; β-Glycerin-phosphorsäure 0,9; L-α-Glycerin-phosphorsäure 1,5.

System: n-Octanol, Octadecylamin/1,2 ml konz. HCl 100 ml H_2O, p_H 7,2.

K: Glucose-1-phosphat 0,1; Glucose-6-phosphat 0,8; Sorbose-1-phosphat 0,8· Sorbose-6-phosphat 2,4; Fructose-6-phosphat 0,7; β-Glycerin-phosphorsäure 1,9; L-α-Glycerin-phosphorsaure 2,7; Propandiol-phosphat 0,3.

4. Aliphatische Carbonsäuren und ihre Derivate

Gesättigte Monocarbonsäuren

System: Diisopropyläther/2,2 m Phosphatpuffer, p_H 5,17.

K: Essigsäure 0,01; Propionsäure 0,51; Buttersäure 2,33; Valeriansaure 10,0.

System: Diisopropyläther/1 m Phosphatpuffer, p_H 7,7; V = 1,55.

G: Valeriansaure 0,06; Capronsäure 0,24; Önanthsäure 1,08; Caprylsäure 4,77.

System: n-Heptan/0,5 m Phosphatpuffer, p_H 7,7 (Konzentrationsabhängige Verteilung).

K: Caprylsäure 0,03; Pelargonsaure 0,17; Caprinsäure 0,9; Undecylsäure 6.

---

[1] Die Lösungsmittelsysteme werden wie folgt hergestellt: 1proz. wäßrige NaCl-Lösung und das organische Lösungsmittel werden miteinander gesattigt. Dann löst man 5 g Amin unter Erwärmen in 100 ml Oberphase und mischt beide Phasen grundlich. Durch Zusatz von Salzsäure wird der vorgeschriebene p_H-Wert eingestellt.

System: n-Heptan/Methanol (1), Formamid (1), Essigsäure (1).
K: Laurinsäure 0,89; Myristinsäure 2,03; Palmitinsäure 4,37; Stearinsäure 9,1.

System: 2,2,4-Trimethylpentan (1)/Formamid (1), Methanol (1); *V* = 0,515.
G: Myristinsäure 0,45; Palmitinsäure 1,03; Stearinsäure 2,08.

Ester gesättigter Monocarbonsäuren

System: Hexan-Pentan (*Kp* 35—60°)/80%ig. Äthanol.
K: Stearinsäure-methylester 19—20; Dihydroxy-stearinsäure-methylester 0,2; 12-Hydroxy-stearinsäure-methylester 1,0; Keto-stearinsäure-methylester 2,22; Epoxy-stearinsäure-methylester 4,4.

System: Hexan-Pentan (*Kp* 35—60°)/80% Nitroäthan, 20% Nitromethan.
K: Stearinsäure-methylester 2,27; Palmitinsäure-methylester 1,85; Myristinsäure-methylester 1,50; Laurinsäure-methylester 1,30; 12-Hydroxy-stearinsäure-methylester 0,87.

Ungesättigte Monocarbonsäuren

System: n-Heptan (3)/Formamid (1), Methanol (1), Essigsäure (1).
K: Elaidinsäure 5,5; Ölsäure 4,9; Linolsäure 2,9; Linolensäure 1,6.

System: n-Heptan (4)/Acetonitril (1), Methanol (1), Essigsäure (1).
K: Ölsäure 1,9; Linolsäure 0,9; Linolensäure 0,6.

Ester ungesättigter Monocarbonsäuren

System: Hexan-Pentan (*Kp* 35—60°)/80%ig. Äthanol.
K: Ölsäure-methylester 5,15; Hydroperoxyd des Ölsäure-methylesters 0,57; Ricinolsäure-methylester 1,01.

System: Hexan-Pentan (*Kp* 35—60°)/80% Nitroäthan, 20% Nitromethan.
K: Ölsäure-methylester 1,75; Linolsäure-methylester 1,20; Linolensäure-methylester 0,943; β-Eläostearinsäure-methylester 0,747; Hydroperoxyd des Ölsäure-methylesters 0,3; Ricinolsäure-methylester 0,465; Hydroperoxyd des Octadecadiensäure-methylesters 0,218.

Di- und Polycarbonsäuren

System: Butanol/Wasser.
K: Oxalsäure 0,217; Malonsäure 0,67; Bernsteinsäure 1,21; Glutarsaure 1,70; Adipinsäure 3,2; Pimelinsäure 6,7; Korksäure 8,3; Azelainsäure 10; Sebacinsäure 10; β-Carboxyadipinsäure 1,2; β-Phenyladipinsäure 10; Fumarsäure 3,3; Citronensaure 0,28.

System: Essigester/Wasser.
K: Oxalsäure 0,1; Malonsäure 0,25; Bernsteinsaure 0,37; Glutarsäure 0,66; Adipinsäure 1,1; Pimelinsäure 2,63; Korksäure 6,25; Azelainsäure 10; Sebacinsäure 10; β-Carboxyadipinsäure 0,31; β-Phenyladipinsäure 10; Fumarsäure 1,7; Citronensäure 0,1.

5. Glyceride und Phosphatide[1]

Glyceride und Phospholipoide:

aus Baumwollsamenöl (Monoglycerid *K* = 0,28, Diglycerid *K* = 10,76)	Hexan/80%ig. Äthanol
aus Sojabohnenöl	Hexan/Furfurol bzw. Nitroparaffine

[1] In den meisten Fällen können keine *K*-Werte angegeben werden, da nicht mit Sicherheit bekannt ist, ob die entsprechenden Verbindungen reine Substanzen darstellen.

aus Ochsenhirn	Hexan/wäßr. Äthanol
aus menschlichem Gehirn	Methanol (35), Wasser (3,15)/CCl_4 (62)
aus menschlicher Placenta	CH_3OH (35), Wasser (3)/CCl_4 (31), Petroläther (31); CH_3OH (40), Wasser (10)/CH_2Cl_2 (10), $CHCl_3$ (15), CCl_4 (25), verschiedene Volumverhältnisse der Phasen
aus Sojabohnen bzw. Mais	Hexan/95%ig. Methanol
aus Lein	Hexan/90%ig. Äthanol
aus Schellfischmuskeln	Petroläther (2)/wäßr. Aceton (2), wäßr. Äthanol (1)[1]
aus Erdnuß, Sojabohnen	Petroläther (40–60°)/85%ig. Äthanol.

6. Aminosäuren

System: n-Butanol/5%ig. waßr. HCl.
K: Glycin 0,095; Alanin 0,135; α-Aminobuttersäure 0,207; Valin 0,342; Leucin 0,825; Isoleucin 0,740; Phenylalanin 0,99; Tyrosin 0,563; Methionin 0,397; Tryptophan 2,0.

System: tert. Amylalkohol/5%ig. wäßr. HCl.
K: Asparaginsäure 0,215; Glutaminsäure 0,248; Ornithin 0,116.

System: 2%ig. wäßr. HCl/Phenol; $V = 0{,}5$.
G: Phenylalanin 0,476; Cystein 1,58; Cystin 5,25; Ornithin 5,25; Lysin 4,22; Histidin 3,45.

7. Peptide

Pipsylpeptide

System: 0,2 n wäßr. HCl/symm. $C_2H_4Cl_2$.
K: Glycyl-glycin 10; DL-Alanyl-glycin 6,2; Glycyl-DL-alanin 3,22; L-Alanyl-L-alanin 1,7; Glycyl-DL-alanyl-glycin > 10; DL-Alanyl-glycyl-glycin > 100.

System: Äther/0,2 n wäßr. HCl.
K: Glycyl-glycin 1,5; DL-Alanyl-glycin 2,4; Glycyl-DL-alanin 4,2; Glycyl-DL-Serin 0,34; L-Alanyl-L-alanin 4,8; Glycyl-DL-analyl-glycin 0,34; DL-Alanyl-glycyl-glycin 0,20.

Peptidhormone

	K	
Lysin-vasopressin (Schwein)	1,25	n-Butanol/0,09 m p-Toluolsulfonsaure
Arginin-vasopressin (Rind)	0,66	n-Butanol/0,09 m p-Toluolsulfonsaure
Glutaminsäure-melanotropin (Schwein)	0,60	2-Butanol/0,5%ig. wäßr. Trichloressigsäure
Serin-melanotropin (Schwein)	0,52	2-Butanol/0,5%ig. wäßr. Trichloressigsaure
Leucin-corticotropin (A) (Schwein)	1,82	2-Butanol/0,2%ig. waßr. Trichloressigsaure
Serin-corticotropin (a) (Schaf)	0,71	2-Butanol/0,2%ig. waßr. Trichloressigsaure
Leucin-corticotropin (A) (Schwein)	0,95	n-Butanol/6%ig. Eisessig in 3,5%ig. wäßr. NaCl
Serin-corticotropin (a) (Schaf)	0,1	n-Butanol/6%ig. Eisessig in 3,5%ig. wäßr. NaCl
Reinheitsprüfung ACTH	> 10	2,4,6-Collidin/Wasser
Insulin	0,5	Sec.-Butanol/1%ig. wäßr. Dichloressigsäure, pH 2,7 (24°).

[1] Aceton (10) bzw. Äthanol (10), Wasser (1).

8. Proteine

System: Dextran (1,58), Methylcellulose (0,54), Phosphatpuffer (97,88), Proteinkonzentration im Gesamtsystem 0,1 –0,2 Gew.-%.

K: Ribonuclease 0,96; Cytochrom C 0,95; Pepsin 1,4; Ovalbumin 0,82; Hämoglobin (Mensch) 0,79; Enolase 0,76; Serumalbumin (Mensch) 0,81; γ-Globulin (Mensch) 0,6; Fumarase 0,65; Katalase 0,75; Fibrinogen (Mensch) 0,3; Hämocyanin (Helix pomatia) 0,1.

	K	
Ribonuclease	0,8	Alkohol (25,9), Wasser (57,6), $(NH_4)_2SO_4$ (16,5 Gew.-%)
Lysozym	0,63	
Prolactin	1,25	2-Butanol/0,35%ig. wäßr. Dichloressigsäure
Prolactin	0,56	Sucrose (2), Butylcellosolve (3), Wasser (5)
Globin	0,47 3,31	2-Butanol/1%ig. wäßr. Dichloressigsäure
Serumalbumin	0,86	2-Butanol/0,1%ig. wäßr. Trichloressigsäure.

9. Aliphatische Amine

System: Toluol/Wasser.
K (°C): Triäthylamin 8,2 (30°); Trimethylamin 0,36 (20°).

System: Benzol/Wasser: *K* (°C): Trimethylamin 0,5 (25°).

System: Amylalkohol/Wasser.
K (°C): Methylamin 0,36 (25°); Triäthylamin 26,0 (25°).

System Äther/Wasser: *K* (°C): Trimethylamin 0,41 (20°).

10. Einkernig aromatische Verbindungen

Hydroxyverbindungen und ihre Derivate

	K	
2,4-Dichlorphenol	0,16	Tributylphosphat/0,5 m Phosphatpuffer, p_H 7
Phenol; m-Kresol	0,536; 1,63	0,1 m Phosphatpuffer, p_H 5/CCl_4
o,- p-Aminophenol	<1; <1	Paraffin/0,002 m Phosphatpuffer, p_H 7,2
Resorcin	$\sim$35	Methylisobutylketon/Wasser
Hydrochinon	2,83–5,89	Äther/Wasser (Konzentrationsabhängige Verteilung)
Isochlorogensäure	1,25	Butylacetat/2 m Phosphatpuffer, p_H 5,2
Chlorogensäure	1,6	Äthylacetat/2 m Phosphatpuffer, p_H 3,8.

Carbonsäuren

	K	
Benzoesäure	2,38	Benzol/Wasser
Phthalsäure	2,2–2,4	Methylisobutylketon/Wasser
K-Hydrogenphthalat	0,23–0,24	Methylisobutylketon/Wasser
Benzoesäure	0,60	Benzol (1), Hexan (1)/Methanol (1), Wasser (1)
p-Toluylsäure	1,44	
α-Naphtoesäure	0,391	Benzol (5), Hexan (5)/Methanol (8), Wasser (2)
β-Naphtoesäure	0,362	
o-Diphensäure	0,48	20%ig. waßr. Methanol/$CHCl_3$.

Hydrochloride aromatischer Amine

System: Paraffin/0,002 m Phosphatpuffer, p_H 7,2.

K: p-2-Pyridylanilin 0,47; p-Piperidino-anilin 1,28; o-Aminophenol <1, p-Aminophenol <1, p-Toluidin 2,0; p-Chloranilin 3,14; β-Naphthylamin 9,5;

α-Naphthylamin 9,7; 2-Aminofluoren 57; 9-Aminophenanthren 72; 4-Aminochinolin 0,02; 5-Aminoacridin 0,15; 5-Amino-1-methylacridin 0,19; 5-Amino-1,2-Benzacridin 4,9; 9-Amino-phenanthridin 3,1; 9-Amino-3-methyl-phenanthridin 8,3; 9-Amino-1,3-dimethyl-phenanthridin 47,0.

Andere Salze

System: Paraffin/0,002 m Phosphatpuffer, p_H 7,2.

K: N'-4-Diphenylyl-N,N-diäthyläthylen-diammonium-dichlorid 44,7; N'-4-Diphenylyl-N,N-diäthyl-N,N',N'-trimethyläthylendiammonium-dijodid 0,065; N-4'-Diphenylyl-2-morpholinoäthylammonium-dichlorid 74,9; N-4'-Diphenylyl-N-methyl-2-morpholinoäthylamin-dimethyljodid 0,16; 4-2''-Diäthylaminoäthoxydiphenyl-hydrochlorid 104; 4-2''-Diäthylamino-äthoxydiphenyl-methyljodid 0,12; N-4-Diphenylyl-trimethyl-ammonium-jodid 0,04; 4-Benzylamino-4'-dimethylaminodiphenyl-dihydrochlorid 45,0.

11. Mehrkernige aromatische Verbindungen

Azulene

System: Petroläther/H_2SO_4.

H_0 [1] (% Säure): Azulen −3,00 (47,8); 1-Methylazulen −2,96 (47,3); 2-Methylazulen −2,54 (43,0); 4-Methylazulen −2,69 (44,7); 5-Methylazulen −2,30 (40,3); 6-Methylazulen −2,66 (44,3); 2-Äthylazulen −2,73 (45,1); 2-Isopropylazulen −3,07 (48,4); 2-n-Propylazulen −3,14 (49,1); S-Guaj-azulen −2,46 (42,1).

System: Toluol/H_3PO_4.

H_0 (% Säure): Azulen −2,51 (72,0); 1-Methylazulen −2,40 (70,8); 2-Methylazulen −2,20 (68,8); 4-Methylazulen −2,24 (69,2); 5-Methylazulen −2,09 (67,8); 6-Methylazulen −2,34 (70,2); S-Guaj-azulen −2,03 (67,0).

Kohlenwasserstoffe

System: Cyclohexan/80%ig. Äthanol.

K: Diphenyl 4,2; Diphenylen-oxyd 3,1; Naphthalin 3,6; 1-Methylnaphthalin 3,9; 2-Methylnaphthalin 4,8; Acenaphthen 3,7; Anthracen 3,3; Fluoren 3,7; 9-Methyl-fluoren 4,4; Phenanthren 3,3; 9-Methylphenanthren 4,2; 9,10-Dihydrophenanthren 4,6; Carbazol 0,26; 9-Äthylcarbazol 3,0; 9-Butylcarbazol 5,6; Phenanthridin 0,41; Pyren 3,7; 1-Äthylpyren 5,5.

Naphthodianthrone

	K	
Fagopyrin	0,9	Essigester (19), Butanol (1)/50% Glykolmonomethyläther.

12. Steroide

Östrogene

System: 50% wäßr. Methanol/Tetrachlorkohlenstoff.

K: Östron 0,33; 17α-Östradiol 1,64; 17β-Östradiol 2,1; Östriol 16 ± 3; Equilin 0,25; Equilenin 0,55; 17-Dihydroequilenin 2,9; 17α-Äthinyl-östradiol 1,04; 17-Desoxy-16-oxo-östron 0,37; 6-Oxoöstron 1,05; 6-Oxoöstradiol-17β 9,3; 7-Oxoöstron 0,44; 16-Oxoöstron 1,71; 16-Oxo-östradiol 5,9; 17-Desoxoöstron 0,23; 17-Amino-östrol 3.27 (73% Methanol/CCl_4).

	K	
16-Epioestriol	0,41	50% Petroläther, 50% Benzol/2% Äthanol
	1,2	Äther/wäßr. Puffer, p_H 12,4

[1] H_0 = Hammettsche Säurefunktion für $K = 1$.

	K	
16-Epioestriol	1,6	40% Äthylacetat, 60% Cyclohexan/40% Äthanol
	3,4	Benzol/Wasser
17-Epioestriol	0,57	50% Petroläther, 50% Benzol/2% Äthanol
	3,8	Benzol/Wasser
16α-Hydroxy-östron und 16-Keto-17β-östradiol	0,72	80% Benzol, 20% Hexan/50% Äthanol
	1,1	25% Äthylacetat, 75% Hexan/50% Isopropylalkohol
	3,0	25% Methanol/Tetrachlorkohlenstoff
16-Keto-oestron	12,0	50% Äthylacetat, 50% Hexan/33% Methanol
2-Methoxy-oestron	0,12	70% Methanol/40% $CHCl_3$, 60% Tetrachlorkohlenstoff
	0,30	70% Methanol/Tetrachlorkohlenstoff
	1,2	Toluol/1 n NaOH
4-Methoxy-oestron	0,50	70% Methanol/Tetrachlorkohlenstoff
2-Methoxy-17β-östradiol	0,80	70% Methanol/10% Äthylacetat, 90% Tetrachlorkohlenstoff
	2,6	50% Äthylacetat, 50% Cyclohexan/50% Äthanol
2-Methoxy-östriol	0,38	50% Äthylacetat, 50% Cyclohexan/50% Äthanol
	1,1	Benzol/Wasser
Equilenin	1,0	50% Äthylacetat, 50% Hexan/70% Äthanol
	4,2	50% Äthylacetat, 50% Hexan/50% Äthanol
17α-Östradiol	0,74	50% Äthylacetat, 50% Hexan/70% Äthanol
Equilin	3,6	50% Äthylacetat, 50% Hexan/50% Äthanol
17-Dehydro-equilenin	0,71	50% Äthylacetat, 50% Hexan/70% Äthanol
	2,5	50% Äthylacetat, 50% Hexan/50% Äthanol
17-Desoxy-16-oxoöstron	3,0	50% Äthylacetat, 50% Hexan/50% Äthanol
6-Keto-oestron	0,59	50% Äthylacetat, 50% Hexan/70% Äthanol
6-Keto-17β-östradiol	0,42	50% Äthylacetat, 50% Hexan/70% Äthanol
6ε-Hydroxy-17β-oestradiol	0,03	50% Petrolather, 50% Benzol/2% Äthanol
	0,16	80% Benzol, 20% Hexan/50% Äthanol
	0,22	Benzol/Wasser
7-Keto-oestron	1,0	50% Äthylacetat, 50% Hexan/70% Äthanol
1,7-Desoxyoestron	3,1	50% Methanol, 50% Hexan/70% Methanol
Derivate natürlicher Oestrogene		
Oestron-3-methylather	0,30	90% Methanol/Toluol
	4,9	N-Hexan/70% Methanol
Thiosemicarbazon des 3-Methyläthers	0,56	N-Hexan/55% Methanol

	K	
17β-Oestradiol-3-methyläther	0,27	N-Hexan/90% Methanol
	0,92	Petroläther/70% Methanol
17β-Oestradiol-3-methyläther-17-acetat	3,5	N-Hexan/90% Methanol
Oestriol-3-methyläther	0,64	Isooctan/25% Isopropylalkohol
	2,5	70% Methanol/Tetra
Oestriol-3-methyläther-16,17-diacetat	1,0	N-Hexan/90% Methanol
16-Epioestriol-acetonid	0,94	Petroläther/50% Methanol
16-Epioestriol-dimethyläther	1,4	N-Hexan/80% Methanol
16-Epioestriol-acetonid-3-methyläther	5,7	N-Hexan/90% Methanol
17-Epioestriol-acetonid	1,1	Petroläther/50% Methanol
17-Epioestriol-dimethyläther	2,2	N-Hexan/80% Methanol
17-Epioestriol-acetonid-3-methyläther	6,1	N-Hexan/90% Methanol
16-Keto-17β-oestradiol, Acetylierungsprodukt	2,9	N-Hexan/50% Methanol
16α-Hydroxyoestron, Acetylierungsprodukt	4,2	N-Hexan/50% Methanol
2-Methoxy-17β-oestradiol-3-methyläther, Acetylierungsprodukt des 3-Methyläthers	0,28	90% Methanol/Tetra

Konjugierte Oestrogene

Na-Salz von Oestron-Sulfat

K: 75% n-Butanol, 25% tert. Butanol/2 n NH_4OH 9,0; 60% n-Butanol, 40% tert.-Butanol/2 n NH_4OH 3,6; n-Butanol/Wasser 10,1; sec.-Butanol/Wasser 2,5; 65% n-Butanol, 35% n-Hexan/Wasser 1,3; 70% sec.-Butanol, 30% Hexan/Wasser 0,39; Äther/6,7% $(NH_4)_2SO_4$ gelöst in 20% Äthanol 0,95; Äther/9% $(NH_4)_2SO_4$ gelöst in 20% Äthanol 7,0; n-Butanol/1 n NaOH 19,0; 80% Butanol, 20% Hexan/Wasser 4,6.

Na-Salz von Oestriol-glucuronosid

K: 75% n-Butanol, 25% tert.-Butanol/2 n NH_4OH 0,69; 60% n-Butanol, 40% tert.-Butanol/2 n NH_4OH 0,82; n-Butanol/Wasser 2,3; 65% n-Butanol, 35% n-Hexan/Wasser 0,04; 70% sec.-Butanol, 30% Hexan/Wasser $<0,01$; Äther/6,7% $(NH_4)_2SO_4$ gelöst in 20% Äthanol $<0,01$; Äther/9% $(NH_4)_2SO_4$ gelöst in 20% Äthanol 0,09; n-Butanol/1 n NaOH 0,03; 80% Butanol, 20% Hexan/Wasser 0,15; 50% n-Butanol, 50% Äthylacetat/0,2% NH_4OH 1,1; 70% n-Butanol, 30% Äthylacetat/10% NaCl 3,2; Äthylacetat/0,1 n HCl 1,6; 60% n-Butanol, 20% Äthylacetat, 20% Hexan/Wasser 0,69; Wasser/50% Chinolin, 50% Tetrachlorkohlenstoff 3,4.

Weitere Steroide

	K	
3β-Oxy-androstan-17-on	0,08	Benzin (*Kp* 100—120°)/80% Äthanol
3β-Acetoxy-androstan-17-on	0,85	Benzin (*Kp* 100—120°)/80% Äthanol
3β-Acetoxy-13-iso-androstan-17-on	0,96	Benzin (*Kp* 100—120°) (12)/96% Äthanol (10), Wasser (2)

	K	
16-Isonitroso-13-iso-androstan-3β,17-diol	2,56	Methanol (3), Wasser (1)/CCl_4 (2), $CHCl_3$ (2)
	2,47	Methanol (7), Wasser (3)/CCl_4 (6), $CHCl_3$ (4)
16-Isonitroso-13-iso-androstan-3β-ol-17-on	0,725	Methanol (7), Wasser (7)/CCl_4 (6), $CHCl_3$ (4)
	1,37	Methanol (7), Wasser (3)/CCl_4 (6,7), $CHCl_3$ (3,3)
	6,41	73%ig. Methanol/CCl_4
	G	
Δ^5-Androsten-3β,17-diol-16-on	0,64	Methanol (4), Wasser (1)/CCl_4 (3), $CHCl_3$ (3), (V = 0,6)
Cholesterin	1,00	n-Heptan/80% Äthanol (V = 0,2)
Progesteron	1,00	Petroläther (3)/70% Methanol (1) (V = 0,3).

Gallensäuren

System: 85% Isopropyläther, 15% n-Heptan/60% Essigsäure.

K: Litocholsäure 12,4; Desoxycholsäure 2,14; Cholsäure 0,31; Dehydrocholsäure 0,16; Dehydrodesoxycholsäure 1,05; Hyodesoxycholsäure 0,88; α-Dehydrohyodesoxycholsäure 1,05; β-Dehydrohyodesoxycholsäure 1,06; 3-Hydroxy-12-oxocholansäure 1,24; 3,12-Dihydroxy-7-oxocholansäure 0,18; 3,7-Dihydroxy-12-oxocholansäure 0,20; 3-Hydroxy-7,12-dioxocholansäure 0,20.

13. Chinoline

4-Aminochinolin-Antimalariasubstanzen und Abbauprodukte:

	K	
4-(4-Diäthylamino-1-methyl-butylamino)-7-chlorchinolin	0,71	2 m Phosphatpuffer, p_H 6,36/$CHCl_3$
4-(4-Monoäthylamino-1-methyl-butylamino)-7-chlorchinolin	1,7	2 m Phosphatpuffer, p_H 6,95/$CHCl_3$
4-(3-Diäthylamino-2-hydroxy-propylamino)-7-chlorchinolin	0,85	2 m Phosphatpuffer, p_H 6,70/$CHCl_3$
	1,4	Isopropyläther/2 m Phosphatpuffer, p_H 7,45
dessen Glucuronid	0,65	Butanol/3%ig. Ammoniak
	0,11	Butanol/10%ig. Essigsäure
4-(3-Monoäthylamino-2-hydroxy-propylamino)-7-chlorchinolin	10	2 m Phosphatpuffer, p_H 6,70/$CHCl_3$
4-(3-Diäthylamino-propylamino)-7-chlorchinolin	0,22	2 m Phosphatpuffer, p_H 6,70/$CHCl_3$
4-(3-Monoäthylamino-propyl-amino)-7-chlorchinolin	1,8	2 m Phosphatpuffer, p_H 7,09/$CHCl_3$,
	1,2	Butanol/2 m Phosphatpuffer, p_H 6,8
N-(7-Chlorchinolyl-4)-β-alanin	0,9	Butanol/10%ig. Essigsäure
Chinolin	1,6	Heptan/Acetatpuffer, p_H 4,4.

14. Pyrimidine und Purine

Pyrimidin- und Purinbasen

System: n-Butanol/1 m Phosphatpuffer, p_H 6,5 (konzentrationsabhängige Verteilung).

K: Adenin 2,77; Guanin 0,45; Hypoxanthin 0,54; Xanthin 0,46; Isoguanin 0,28; Harnsäure 0,11; 2-Thioadenin 0,48; 2,6-Diaminopurin 1,21; Thymin 1,11; Uracil 0,401; Cytosin 0,207; Uramil 0,029; 4,5,6-Triaminopyrimidin 0,49; 4,6-Diamino-5-formamido-pyrimidin 0,16; 4,6-Diamino-5-thioformamidopyrimidin 0,96; 4,6-Diamino-5-benzolazopyrimidin 6,12; 2,4,5,6-Tetraaminopyrimidin 0,048; 8-Azaguanin 6,1 (p_H des Systems 5,4).

Nucleoside

System: n-Butanol/1 m Phosphatpuffer, p_H 6,5.
K: Adenosin 0,76; Guanosin 0,12; Inosin 0,12; Xanthosin 0,05; Uridin 0,12; Cytidin 0,08.

Nucleotide und (Phosphate)

System: n-Amylalkohol, Octadecylamin/0,5 g Citronensäure, H_2O/100 ml, p_H 7,5.[1]
K: Pyrophosphat 40; Orthophosphat 0,3; Adenosintriphosphat 11; Adenosindiphosphat 7; Adenosin-5-phosphorsäure 0,4; Adenosin-3-phosphorsäure 0,8; Cytidylsäure 2,7; Guanylsäure 0,4; Diphosphopyridinnucleotid 0,0; Triphosphopyridinnucleotid 0,2; Cocarboxylase 0,7.

System: n-Butanol, Hexadecylamin/0,5 ml konz. HCl/100 ml, p_H 7,4.
K: Pyrophosphat 2,0; Orthophosphat 0,1; Adenosintriphosphat 1,4; Adenosindiphosphat 0,3; Adenosin-5-phosphorsäure 0,2; Adenosin-3-phosphorsäure 0,3; Cytidylsäure 0,7; Guanylsäure 0,2; Diphosphopyridinnucleotid 0,1; Triphosphopyridinnucleotid 0,2.

System: n-Octanol, Octadecylamin/1,2 ml konz. HCl/100 ml, p_H 7,2.
K: Adenosin-5-phosphorsäure 2,7; Adenosin-3-phosphorsäure 1,5; Cytidylsäure 2,5; Guanylsäure 4,8; Diphosphopyridin-nucleotid 0,0; Triphosphopyridinnucleotid 0,6.

15. Pterine

System: Butanol/0,02 n HCl.
K: 2-Amino-6-hydroxy-pteridin 0,28; Xanthopterin 0,84; Isoxanthopterin 0,84; 2-Amino-6-hydroxy-pteridin-aldehyd-8 1,52; 2-Amino-6-hydroxy-pteridin-aldehyd-9 0,19; 2-Amino-6-hydroxy-pteridin-carbonsäure-8 1,06.

Flavine

	K	
Riboflavin	3,3	Benzylalkohol/0,008 m Phosphatpuffer, p_H 6,8
	4,1	Benzylalkohol/10% CCl_3COOH (4), 4 m K_2HPO_4; p_H 6,6
	24,0	Benzylalkohol/1,5 m $(NH_4)_2SO_4$ in 2,5% CCl_3COOH + 0,45 m K_2HPO_4, p_H 6,6
Flavinmononucleotid	0,010	Benzylalkohol/0,008 m Phosphatpuffer, p_H 6,8
(FMN)	0,032	Benzylalkohol/10% CCl_3COOH (4), 4 m K_2HPO_4; p_H 6,6
	0,082	Benzylalkohol/1,5 m $(NH_4)_2SO_4$ in 2,5% CCl_3COOH + 0,45 m K_2HPO_4, p_H 6,6
Flavin-adenin-dinucleotid (FAD)	0,004	Benzylalkohol/0,008 m Phosphatpuffer, p_H 6,8
	0,020	Benzylalkohol/10% CCl_3COOH (4), 4 m K_2HPO_4; p_H 6,6
	0,111	Benzylalkohol/1,5 m $(NH_4)_2SO_4$ in 2,5% CCl_3COOH + 0,45 m K_2HPO_4, p_H 6,6

[1] (Vgl. Anmerkung 1, S. 787).

16. Alkaloide

System: tert.-Amylalkohol/0,05 m Citrat- bzw. Phosphatpuffer bei 24 ± 2°, p_H 7,0.

K: N-Methylmyosmin 0,01; 4-Methylamino-1-(3-pyridyl)-1-butanol 0,02; Nornicotin 0,08; Anabasin 0,14; Metanicotin 0,07; Nicotindioxyd 0,04; Nicotinoxyd 0,11; Nicotin 2,05; Dihydronicotyrin 2,99; Myosmin 5,36; Nicotyrin 13,4; Nornicotyrin 14,1; Pyridin 4,03; 2-Methyl-6-(3-pyridyl)-tetrahydro-1,2-oxazin 6,24.

Weitere Alkaloide

	K	
Wilforzin	0,8	40% Hexan, 60% Benzol/2% HCl
Wilforgin	0,68	55% Hexan, 45% Benzol/2% HCl
Wilfortrin	0,91	Benzol/1,8% HCl
Wilfordin	1	Benzol/4% HCl
Wilforin	1	63,3% Hexan, 36,7% Benzol/2% HCl
Protoveratrin B	0,71	1 n Acetatpuffer, p_H 3,25/$CHCl_3$
Germitetrin B	1,95	Essigester/0,5 m Acetatpuffer, p_H 5,0
	0,88	0,5 m Acetatpuffer, p_H 3,9/Äthylenchlorid
Germitrin	1,73	Benzol/2 m Acetatpuffer, p_H 5,5
Germidin	0,35	Benzol/2 m Acetatpuffer, p_H 5,5
Plasmochin	0,031	Isopropyläther/Citratpuffer, p_H 4,3
Isopamaquin	Gemisch	Isopropyläther/1 m Citratpuffer p_H 5,11
Brucin	1,3	n-Butanol/1 m Phosphatpuffer, p_H 6,5
7-Chlor-4-(4-diäthylamino-1-methylbutylamino)-chinolindiphosphat	0,38	2 m Phosphatpuffer, p_H 6,54/$CHCl_3$
4-(4-Diäthylamino-1-methylbutylamino)-7-chloro-3-methoxychinolin	0,42	0,2 m Phosphatpuffer, p_H 6,7/Methylenchlorid.

17. Antibiotica

Antibiotica mit Peptidkette

	K	
Actinomycin C	C_2 0,34 bzw. 0,49 C_3 0,82 bzw. 1,2	Äther/5,6% Salzsäure
	C_1 0,31; C_2 0,62; C_3 1,25	Methylbutyläther (71), Di-n-butyläther (29)/30% Harnstofflösung
	C_2 0,82, C_3 2,04	Methylbutyläther (60), Di-n-butyläther (40)/5% Lsg. v. Na-p-xylolsulfonat
Actinomycin X	X_1 0,44, X_2 1,5	Methyl-butyläther/1,5% Lsg. v. Na-p-xylolsulfonat
Bacitracin B	0,32	Amylalkohol (4), n-Butanol (1)/ 0,05 m Phosphatpuffer, p_H 7,0
A	0,79	
C	1,4	
F_3	15,0	
DNP-Bacitracin A (1—3 DNP-Reste)	1,74; 9; 0,1; 0,62; 2,0	sec.-Butanol/3%ig. Essigsaure Essigsäure (2), Wasser (1), $CHCl_3$ (2)
Gramicidin	0,59	Benzol (15), Chloroform (15), Methanol (23), Wasser (7)
DNP-Gramicidin	0,035 (Mono-DNP)	Benzol (20), Chloroform (10), Methanol (23), 0,01 n HCl (7)

	K	
DNP-Gramicidin	5,3 (Di-DNP)	
Licheniformin A, B, C	G = 2,9; 0,5; 0,06 (V = 0,3)	wäßr. HCl/Phenol
Nisin	A 1,05; B 1,95	n-Butanol/Methanol, Acetatpuffer, p_H 3,0
Penicillin G und F	Gemisch	Isopropyläther bzw. Äther bzw. Essigester bzw. $CHCl_3$ bzw. Furan/Puffer versch. p_H und Molarität
Penicillin K	3,5	Methyl-amylacetat/1 m Phosphatpuffer versch. p_H
Polypeptin	3,65 bzw. 1,75 bzw. 0,9	sec.-Butanol (2), Isopropyläther (1)/n/4 bzw. n/7 bzw. n/10 HCl
DNP-Polypeptin	12	sec.-Butanol (2), Isopropyläther (1)/ n/10 HCl
	1,20; 0,3; 0,03	Benzol (5), Eisessig (5), Wasser (1)
Subtilin	7 bzw. 8,5	n- bzw. sec.-Butanol/Wasser
Tyrocidin A	3,13	Methanol(23) , Benzol (10), Chloroform (20), 0,1 n HCl (7)
DNP-Thyrocidin A	0,19 bzw. 1,9	Methanol (23), Benzol (20), Chloroform (10), 0,01 n HCl (7)
Tyrocidin A-methylester	0,16	Methanol (2), Chloroform (2), 0,1 n HCl (1)
Actithiazic acid	0,85	Butanol/1 m Phosphatpuffer, p_H 6,94
Antimycin	1,22	Petroläther (2), Benzol (3)/80% Äthanol
Cephalosporin	1,0	Hexan (25), Diisopropyläther (8)/ Aceton (25), 0,5 m Phosphatpuffer, p_H 6,0 (25)
Despeptidoactinomycin C	1,7	n-Butanol/Phosphatpuffer, p_H 8,0
Drosophilin D	ca. 1	0,5 m Phosphatpuffer, p_H 7,2/Chloroform
Mycomycin	1,0	2% Phosphatpuffer, p_H 7,0/Chloroform
Neamin	1,78	n-Butanol/5%ig. wäßr. 2-Äthylbuttersäure + NaOH bis p_H 6,9
Neomycin-Komplex	4,10	n-Butanol/5%ig. wäßr. 2-Äthylbuttersäure + NaOH bis p_H 6,9
Neomycin A	2,0	5% Stearinsäure in Pentasol (techn. Amylalkoholgemisch)/Boratpuffer versch. p_H
Rhodomycin A, B	0,22 bzw. 10	n-Butanol/m/10 Phosphatpuffer, p_H 7,2
	0,0; 0,85	35% n-Butanol 65% Äther/wäßr. HCl, p_H 3,0
Rubromycin	$<0,1$	Benzin (3), Dioxan (12), Wasser (2)
Streptomycin	0,51	Butanol/3% p-Toluolsulfonsäure
	0,4–2,5	15% Laurinsäure in Pentasol/Borat- bzw. Phosphatpuffer versch. p_H und Molarität
	0,12–2,05	5% Stearinsäure in Pentasol (techn. Amylalkohol)/Boratpuffer versch. p_H
	6,1	5% Stearinsäure in Pentasol/0,5 m $NaHCO_3$ + 1% NaCl
Streptothricin	1,4	5% Stearinsäure in Pentasol/Boratpuffer, p_H 7,8
Xanthomycin	1,9	0,1 m Phosphatpuffer, p_H 4,4/$CHCl_3$

	K	
Xanthomycinähnliches Antibioticum	1,2	Essigester/1 m Phosphatpuffer, p_H 6,2–6,3
Chloramphenicol	0,85	79% Heptan, 21% Isoamylalkohol/0,2 m Phosphatpuffer, p_H 6,7

18. Biologische Faktoren

	K	
Auxin aus Kohl (3-Indol-essigsäure)	1,2	Äther/1 m Phosphatpuffer, p_H 6
Biocytin	2,0	wäßr. HCl, p_H 3,0/o-Kresol (1), Chloroform (2)
Biotin, Trennung biotinaktiver Komponenten in 2 Fraktionen	0,3; 6,3	n-Butanol/Wasser, p_H 1
Citrovorumfaktor, Vergleich mit Folinsäureaktivität	1,0	n-Butanol/Wasser, p_H 2
α-Liponsäure	3,5	Benzol/50%ig. Essigsäure
	3,7	Äther/0,2 m Phosphatpuffer, p_H 6,5
	0,4	0,5 m Phosphatpuffer, p_H 7,2/Chloroform
Metamorphosehormon der Insekten	1,28	Butanol (4), Cyclohexan (6)/Wasser (10)
Orobranche-Keimfaktor, Anreicherung	0,5	Petroläther (60–80%) (5), tert. Butanol (4), Aceton (4), Wasser (2)
Panthotensäure, Vergleich mit Coenzym-A-Aktivität	2,4	0,05%ig. wäßr. KCl/Phenol
Vitamin B_{12} (Derivate)		Wasser (83)/Phenol (11,2 g)
Sulfato-Cobalamin	2,5	Tetrachlorkohlenstoff (73)
Chloro-Cobalamin	2	
Bromo-Cobalamin	2	
Nitro-Cobalamin	0,15	
Cyanato-Cobalamin	0,8	
Bestrahlungsprodukt des Vitamin B_{12}	1,2	Benzylalkohol/Wasser
Vitamin E und Tokopherylchinon aus Faeces	1,17	Isooctan/Methanol.

IV. Polarographie

Von **H. Berg**, Jena

Literatur: Praktikumsanleitung *Heyrovský, J.*, u. *P. Zuman:* Einführung in die praktische Polarographie, Berlin 1959. Lehrbücher *Kolthoff, J.*, u. *J. Lingane:* Polarography, New York 1952, sowie *Heyrovský, J.*, u. *J. Kuta:* Grundlagen der Polarographie, Berlin 1963. Monographien: *Březina, M.*, u. *P. Zuman:* Die Polarographie in der Medizin, Biochemie und Pharmazie, Leipzig 1956. *Krjukowa, T.*, *S. Sinjakowa* u. *T. Arefewa:* Polarographische Analyse, Leipzig 1964. — *Heyrovský, J.*, u. *R. Kalvoda:* Oszillographische Polarographie mit Wechselstrom. Berlin 1960. — *Schwabe, K.*, *H. Bär*, *G. Dietz* u. *R. Tümmler:* Polarographie und chemische Konstitution organischer Verbindungen (Tabellenband). Berlin 1957. —

Iwanow, I.: Polarographie der Eiweiße, Enzyme und Aminosäuren. Moskau (1961). — *Stradinš, I.*: Polarographie organischer Nitroverbindungen. Riga (1961). — *Doležal, I.* u. *I. Zýka:* Polarometrische Titrationen. Prag (1961). — *Kogan, I.*: Polarographische Analyse in der Pharmazie. Moskau (1961). — *Zuman, P.* u. *I. M. Kolthoff* (Editors): Progress in Polarography I, II, New York (1962). — *Zuman, P.*: Organic Polarographic Analysis, London 1964. — Tagungsberichte: Fortschr. I. Intern. Polarograph. Kongr. (Prag 1951). — Proc. II. Intern. Congr. Polarography (Cambridge 1959): Advances in Polarography, London 1960. — Proc. 1. Intern. Polarograph. Conf., Warsaw 1956. — Fortschr. Intern. Polarograph. Koll., Dresden 1957; Z. phys. Chem. Leipzig 1958, Sonderheft. — Proc. Intern. Symposium on Modern Elektrochemical Methods of Analysis (Paris 1957) Amsterdam 1958. — Fortschr. Intern. Polarograph. Koll. (Bonn 1958). Z. anal. Chem., 173 (1960). — Die Polarographie in der Chemotherapie, Biochemie und Biologie (I. Jenaer Symposium 1962), Berlin 1964.

A. Methodische Angaben

Um als Depolarisator zum Elektronenaustausch mit der Quecksilberelektrode befähigt zu sein, muß sich die Substanz als Ion in Lösung befinden oder als Molekül mindestens eine polarographisch aktive Gruppe enthalten. Dann werden mit der klassischen *Gleichspannungspolarographie* Stromspannungskurven (Polarogramme) registriert. Die darauf erscheinenden Stufen ermöglichen Konzentrationsbestimmungen bis herab zu $\sim 10^{-6}$ m, die entsprechenden Halbstufenpotentiale (HSP, $\pi_{1/2}$) gestatten eine Differenzierung der Depolarisatoren in ähnlicher Weise wie die Absorptionsbanden in der Spektroskopie.

Für die üblichen analytischen Untersuchungen haben sich folgende **Polarographen** bewährt: Galvanometer-Polarograph LP-55 (ČSSR), V-301 (ČSSR) und die direktregistrierenden Polarographen: LP-60 (ČSSR), OH-102 (Ungarn), PO-4 (Radiometer, Dänemark), E-263 R (Metrohm, Schweiz), Modell-XXI (Sargent, USA), Mark III (Mervyn, England), PA-101, PA-201 (Yanagimoto, Japan).

Verschiedene Typen von **Meßzellen** sind in vorgenannten Monographien abgebildet. Sie sollen folgende Voraussetzungen erfüllen: einfache Füllung, Entleerung und Entlüftung; gute Temperierung; möglichst *geringer Widerstand* zwischen Tropfelektrode und getrennter Bezugselektrode.

Als **Bezugselektroden** finden am häufigsten Verwendung: die *Normalkalomelelektrode* (NCE), die *gesättigte Kalomelelektrode* (SCE) und die *gesättigte Merkurosulfatelektrode* (SME). In vorliegender Auswahl beziehen sich die Halbstufenpotentiale auf die Normalkalomelelektrode.

Als **Leitelektrolyten** finden für Untersuchungen anorganischer Depolarisatoren Verwendung: 0,1 n bis 1 n K_2SO_4, LiCl, $CaCl_2$, NH_4Cl, KCN, NaOH, $(C_2H_5)_4NJ$, Nitrilotriessigsäure, möglichst mit einem Gehalt von 0,01% Gelatine oder Dextran. Für organische Depolarisatoren sind Puffer vorzuziehen z. B.: Britton-Robinson-Puffer, Phosphatpuffer, Acetatpuffer sowie H_2SO_4, $HClO_4$, NaOH in einer Konzentration von $\sim 0,1$ n. Zusätze organischer Lösungsmittel [*1*] sind vielfach zur Erzielung einer Depolarisatorkonzentration von $> 10^{-5}$ m sowie zur Verbesserung der Stufen (Verminderung von Adsorptionseffekten) unumgänglich. Bewährt haben sich 20, 40 oder 80 Volumenprozent von Alkoholen (Methanol, Äthanol, Isopropanol), Aceton, Acetonitril, Dimethylsulfoxid, Dioxan oder Dimethylformamid, sowie für nichtwäßrige Systeme auch ein Gemisch Benzol-Methanol (1:1). Die danach resultierende p_H-Verschiebung läßt sich mittels der Glaselektrode bis zu einem Gehalt von 40% Alkohol messen.

B. Halbstufenpotentiale (HSP) biochemisch bedeutsamer Depolarisatoren

Nahezu alle HSP der zumeist p_H-abhängigen organischen Verbindungen sind für p_H 7 (wäßrige Pufferlösung, Zimmertemperatur) interpoliert, wobei in einigen Fällen die Grundlösung organisches Lösungsmittel in der angegebenen Volumenkonzentration enthält. Da im 4. Kapitel (II/3) zahlreiche Redoxpotentiale (unter physiologischen Standardbedingungen gegen NHE) enthalten sind, wurden nur einige reversible Systeme (r) in diese Tabellen aufgenommen.

1. Anorganische Depolarisatoren

Für die Grundlösungen: Standardacetat (p_H 4,7), 0,1 bis 1 n KCl (neutral), 1 n NaOH (basisch), 1 n NH_3/1 n NH_4Cl (Ammoniakate) sind die HSP häufiger Kationen (ausführliche Liste in [5]) im Diagramm 1 enthalten. Bei einer HSP-Differenz von >0,08 V besteht die Möglichkeit zur Analyse eines Ionengemisches ohne vorherige Trennung. Im anderen Fall ermöglicht die Chromato-Polarographie [2] die Trennung potentialgleicher organischer [3, 4] und anorganischer Depolarisatoren.

Diagramm 1: HSP anorganischer Depolarisatoren in verschiedenen Grundlösungen

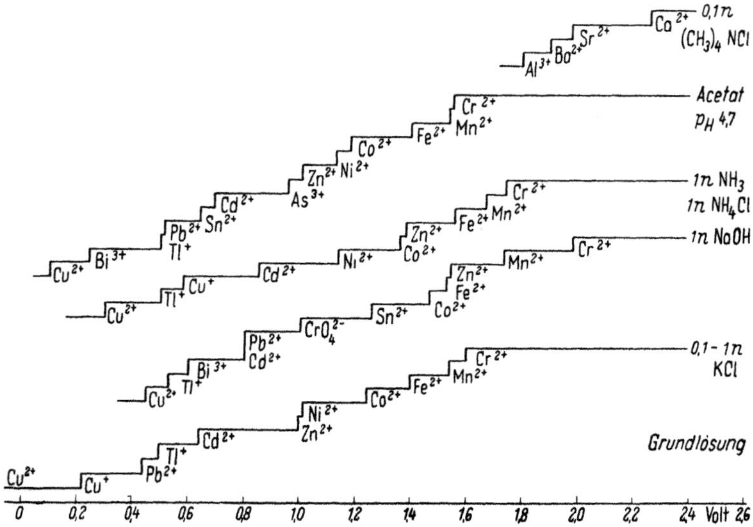

Diagramm 2: HSP-Bereiche organischer Depolarisatoren

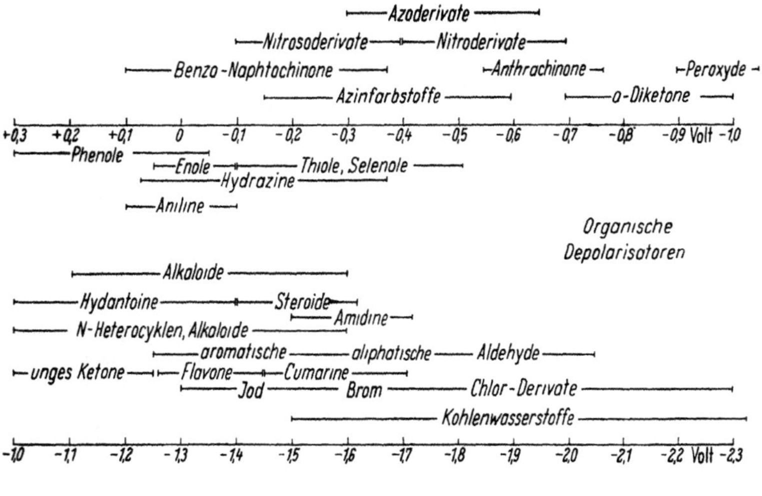

2. Organische Depolarisatoren

Aus den Polarogrammen von mehr als 6000 Depolarisatoren haben sich die HSP-Erwartungsbereiche polarographisch aktiver Verbindungsklassen ergeben. Diagramm 2 bringt davon eine Auswahl. Innerhalb jedes Bereiches kennt man den Substituenteneinfluß [*6*] auf die elektronenaustauschende Gruppe, so daß sich $\pi_{1/2}$ vielfach schon vorausberechnen und auch in Beziehung zu spektroskopischen Daten setzen läßt.

Die HSP-Werte sind in Tab. 1 enthalten, wobei mehrere Werte einen schrittweisen Elektronenaustausch anzeigen. Eingeklammerte HSP-Werte sind weniger genau als $\pm 0{,}01$ V.

Die Meßlösung muß vorher gut entlüftet werden, da sich sonst Sauerstoff durch zwei Stufen bei

$$^{1}\pi_{1/2} = -0{,}05 \text{ V } (p_H\ 1-9) \qquad ^{2}\pi_{1/2} = -0{,}8 \text{ V } (p_H < 6)$$

$$^{1}\pi_{1/2} = -0{,}2 \text{ V } (0{,}1 \text{ nNaOH}) \qquad ^{2}\pi_{1/2} = -1{,}1 \text{ V } (p_H > 7)$$

störend bemerkbar macht.

Tabelle 1. **HSP-Werte organischer Verbindungen**

Sauerstoffverbindungen

1. Chinone

Benzochinon	−0,02 r	[*7*]
Juglon	−0,23 r	[*8*]
3,5-Dimethoxy-tolu-chinon	−0,24[1] r	[*9*]
Fumigatin	−0,25[1] r	[*9*]
Adrenochrom	−0,25 r	[*10*]
Benzochinon-Essigsäure (ox. Homogentisinsäure)	(−0,32) r	[*11*]
Spinulosin	−0,36[1] r	[*9*]
Phthiokol	−0,42 r	[*12*]
Alizarin	−0,65 r	[*13*]
Aloe Emodin	(−0,70) r	[*13*]
Carminsäure	(−0,75) r	[*13*]

2. Ketone

Benzil[2]	−0,67	[*14*]
Diacetyl	(−0,75)	[*15*]
	(−1,9)	
Campherchinon	−0,82	[*16*]
Ninhydrin[2]	−0,86	[*17*]
	−1,26	
Chalkon	−0,92	[*18*]
	−1,12	
Benzalaceton	−1,14	[*14*]
	−1,33	
Benztropolon	−1,14	[*19*]
	−1,37	
Terramycin	−1,14	[*116*]
	−1,4	
Tropon	−1,2	[*20*]
	−1,85[3]	
Tropolon	−1,22	[*21*]
	−1,52	
γ-Thujaplicin	−1,26	[*20*]
	−1,44[4]	
Benzophenon	−1,28	[*14*]
Benzoin	−1,39	[*14*]
α-Ionon	−1,4	[*16*]
	−1,6[3]	
Acetophenon	−1,57	[*14*]
Verbenon	−1,8[3]	[*16*]

[1] 75% Äthanol.
[2] Bilden mit Borsäure Komplexe.
[3] 80% Äthanol.
[4] 50% Äthanol.

3. Aldehyde

Acrolein	−1,05	[*22*]
Anisaldehyd	(−1,25)	[*23*]
Myrtenal	−1,26	[*24*]
Crotonaldehyd	−1,27[5]	[*25*]
Benzaldehyd	−1,3	[*23*]
	−1,4	
Salicylaldehyd	−1,3	[*26*]
Methylglyoxal	−1,36	[*27*]
Glykolaldehyd	−1,44[6]	[*28*]
Vanillin	(−1,45)	[*23*]
Glyoxal	(−1,5)	[*29*]
Furfurol	−1,55	[*30*]
	−1,75	
Citral	−1,60	[*31*]
	−2,26	
Formaldehyd	−1,6[6]	[*32*]
Glycerinaldehyd	−1,17[6]	[*33*]
Acetaldehyd	−1,77[6]	[*32*]
Propionaldehyd	−1,8[6]	[*34*]
Citronellal	−2,27	[*31*]

4. Zucker

D-Lyxose[7]	−1,54	[*35*]
D-Mannose[7]	−1,55	[*35*]
D-Arabinose[7]	−1,58	[*35*]
D-Glucose[7]	−1,58	[*35*]
D-Galaktose[7]	−1,59	[*35*]
Fructose	−1,80	[*36*]
Sorbose	−1,80	[*36*]
D-Ribose	−1,81	[*35*]

5. Säuren

Brenztraubensäure-methylester	−0,91	[*37*]
Phenylglyoxylsäure	−1,0	[*37*]
	−1,29	
Brenztraubensäure	−1,27	[*37*]
	−1,57	
α-Ketoglutarsäure	−1,28	[*38*]
Maleinsäure	−1,31	[*39*]
Fumarsäure	−1,52	[*39*]
Meconsäure	−1,55	[*40*]

[5] 50% Dioxan.
[6] 0,1 n LiOH-Puffer p_H 9: −1,6.
[7] Kinetischer Strom.

Tabelle 1. **HSP-Werte organischer Verbindungen** (Fortsetzung)

Sauerstoffverbindungen

6. O-Heterocyclen		
Rhodamin	−0,83	[41]
Fluorescein	−0,86	[41]
Phenolphthalein	−0,9	[42]
Flavon	−1,30[1]	[43]
	−1,48	
Xanthon	−1,30	[44]
Flavanol	−1,34[1]	[45]
Flavonon	−1,38[1]	[43]
Cumarin	−1,52	[46]
6-Hydroxycumarin	−1,53	[46]
Rutin	−1,54[1]	[47]
Quercitrin	−1,58[1]	[45]
Fraxetin	−1,6	[46]
Santonin	−1,6	[48]
Quercetin	−1,64[1]	[45]
Apigenin	−1,65[1]	[45]
4-Methyl-7-hydroxy-cumarin	−1,82	[49]

Stickstoffverbindungen

1. Nitroverbindungen		
Nitrosobenzol	−0,14	[50]
Nitroanilin	−0,5	[51]
Chloramphenicol	−0,51	[52]
2,4-Dinitrophenol	−0,54	[53]
	−0,84	
m-Nitrobenzaldehyd	−0,58	[54]
	−1,42	
Nitrobenzol	−0,6	[53]
m-Nitrophenol	−0,61	[53]
m-Nitrotoluol	−0,62	[53]
m-Nitroanisol	−0,63	[55]
m-Nitrobenzoesäure	−0,63	[56]
6-Nitro-m-Kresol	−0,68	[57]
2,6-Hexamethylen-4-nitrophenol	−0,8	[58]
2. Azoverbindungen		
Azobenzol	−0,41[2]	[59]
p-Amino-Azobenzol	−0,49	[41]
Azoxybenzol-sulfonamid	−0,49	[60]
Methylorange	−0,51	[41]
Echtrot A	−0,54	[41]
Kongorubin	−0,56	[61]
Chrysoidin	−0,61	[41]
Azosäureblau	−0,65	[41]
3. N-Heterocyclen		
Alloxan	−0,12	[62]
Triphenyltetrazoliumchlorid	−0,22	[63]
	−0,41	
Desamino-Actinomycin C	−0,34[3]	[64]
Hämatin	−0,4	[65]
9-Methyl-isoalloxazin	−0,47	[66]
Lactoflavin	−0,48 r	[67]
Acridin	−0,53	[68]
	−1,28	
2-Amino-4-hydroxy-6-methylpteridin	−0,75	[171]
	−1,38	
1-Amino-Acridin	−0,6	[68]
	−1,2	
Lumichrom	−0,6 r	[69]
Folsäure	(−0,75)	[70]
Xanthopterin	(−0,75)	[70]
Astraphloxin	−1,0	[71]
Cinchoninsäure	−1,02	[72]
Isonicotinsäure-hydrazid	−1,08	[73]
DPN	−0,98[4]	[74]
Percain	−1,1	[75]
Vit. B_{12} (Co^{3+})	−1,1	[76]
Isonicotinsäure	−1,28	[77]
Bilirubin	−1,33	[78]
Picolinsäure	−1,35	[77]
Pyrimidin	−1,35	[79]
Acridon	−1,4	[68]
Trigonellin	(−1,4)	[80]
2-Amino-Pyrimidin	−1,45	[79]
6-Amino-Pyrimidin	−1,53	[79]
Kynurensäure	−1,63	[81]
6-Oxy-Pyrimidin	−1,65	[79]
4-Amino-6-Oxy-Pyrimidin	−1,67	[79]
Xanthurensäure	−1,69	[81]
3,6-Dimethyl-thymin	−1,7	[68]
2,6-Diamino-Pyrimidin	−1,71	[79]
TPN	−1,2[4]	[74]
4. Alkaloide		
Chinotoxin	−0,77	[82]
Berberin	−1,03	[83]
	−1,25	
	−1,50	
Hydrastinin	−1,15	[83]
Cotarnin	−1,18	[83]
Thebainon	−1,25	[84]
Lobelin	(−1,3)	[85]
	(−1,4)	
Chinin	−1,36	[82]
Dihydro-Kodeinon	−1,38	[84]
Colchicin	−1,45[5]	[86]
Narcein	−1,45	[87]
Colchicein	−1,47[5]	[86]
Dihydromorphinon	−1,47	[84]
Papaverin	−1,49	[88]
Piperin	(−1,57)	[84a]
	−1,77	

Schwefelverbindungen

Oxydationsstufen ergeben:		
4-Methyl-Thiouracil	+0,01	[89]
	−0,14	
	−0,2[6]	
Dithiocarbamino-essigsäure	−0,03	[90]
	−0,31[6]	
2-Mercaptobenz-thiazol	−0,04[7]	[91]
	−0,28	
Thioharnstoff	−0,11	[92]
2-Mercaptobenzimid-azol	−0,17	[91]

[1] 50% Isopropanol
[2] 30% Meth. $< 10^5$ m:r
[3] 40% Isopropanol
[4] Tris(hydroxymethyl)aminomethan-Puffer
[5] 25% Äth.
[6] Adsorptionsstufe.
[7] 30% Äth.

Tabelle 1. **HSP-Werte organischer Verbindungen** (Fortsetzung)

Glutathion	−0,38	[*91*]	2,3-Dimercapto-propanol	−0,50	[*96*]
Thioglykolsaure	−0,42	[*95*]		−0,68 [1]	
Cystein	−0,50 r	[*95*]			
Halogenverbindungen					
Limonentetrabromid	−0,25 [2]	[*97*]	α-Bromcampher	−1,05 [2]	[*97*]
	−0,93		γ-Hexachlorcyclohexan	−1,4 [3]	[*99*]
DDT	−0,85 [2]	[*98*]	Bornyljodid	−1,82 [2]	[*97*]
Ungesättigte Kohlenwasserstoffe [4]					
Tropylium-Ion	−0,37	[*100*]	Dibenzanthracen	−2,11	[*102*]
Diphenylfulven	−1,57 [5]	[*101*]		(−2,52) [5]	
1,2-Benzanthracen	−2,03 [5]	[*102*]	3-Methylcholanthren	−2,11	[*102*]
	(−2,54)			−2,51 [5]	
Tetraphenyläthylen	−2,09 [5]	[*103*]	Benzpyren	−2,17 [5]	[*102*]
			Stilben	−2,18 [5]	[*103*]
Steroide					
Desoxycorticosteron	−1,51 [3]	[*104*]	Testosteron	−1,51 [3]	[*104*]
Dimethylglycyl-hydrazon des Dehydro-isoandrosterons	−1.51	[*105*]	Methyltestosteron	−1,52 [3]	[*104*]
			Progesteron	−1,52 [3]	[*104*]

[1] Adsorptionsstufe
[2] 80% Äth.
[3] 50% Äth.
[4] Ausführliche Zusammenstellungen fur spezielle Grundlösungen: [*106*] und [*107*].
[5] 75% Dioxan.

Tabelle 2. **HSP-Werte und Stufeneigenschaften von Antibiotica** [*174*] (Nr. 17—20 ergeben keine Stufen, sondern dämpfen das O_2-Maximum bei der Halbwertskonz.: $c_{1/2}$).

Trivialname	Grundlösung	pH-Wert	HSP/NCE (V)	Bemerkungen
1. Actinomycin	40% Isopr.	7	−0,38	1. Stufe: rev. 2e⁻
			−0,60	2. Stufe: irrev.: 2e⁻
2. KhS₁	40% Methanol	7	−0,27	rev.: 2e⁻
3. Griseorhodin A	40% Difo	7	−0,54	1. Stufe: rev. 2e⁻
			−1,5	2. Stufe irrev.
4. Fervenulin	40% Difo	7	−0,55	1. Stufe rev.: 2e⁻
			−1,64	2. Stufe: irrev. 2e⁻
5. Rifamycin S	50% Methanol	6	−0,01	rev.: 2e⁻
6. Rifamycin B	Wäßr. Lsg.	7,5	−1,29	irrev.: 1e⁻
7. Rifamycin C	75% Methanol	5,5	−0,24	irrev.: 2e⁻
8. Chloramphenicol	10% Äthanol	7	−0,51	irrev.: 4e⁻
9. Terramycin (Oxytetracyclin)	Wäßr. Lsg.	8,3	−1,26	irrev.: 6e⁻
			−1,39	
			−1,64	
10. Aureomycin (Chlortetracyclin)	Waßr. Lsg.	8,3	−1,20	irrev.: 4e⁻
			−1,38	
			−1,48	
11. Griseofulvin	40% Äthanol	7	−1,47	irrev.: 4e⁻
12. Streptomycin	Wäßr. Lsg.	7,1	−1,28	kinet. Stufe 2e⁻
			−1,38	
13. Novobiocin	20% Äthanol	5,9	−1,43	irrev.
			−1,6	
14. Sarkomycin A	methan. Lsg.	2	−0,95	irrev.
			<1,20	
15. Xanthocillin	0,1 m (Äth)₄NOH	—	−1,97	irrev.
			−2,23	
16. Erythromycin	40% Äthanol	7	−1,6	katalyt. Stufe
			$c_{1/2} = 7{,}5 \cdot 10^{-4}\%$	Maximadämpfer
17. Polymyxin B	Wäßr. Lsg. 0,01 m KCl		$c_{1/2} = 4 \cdot 10^{-4}\%$	Maximadämpfer
18. Tyrothricin	1—2% Äthanol 0,01 m KCl		$c_{1/2} = 1 \cdot 10^{-3}\%$	Maximadämpfer
19. Fungicidin	0,15 m (But)₄NOH, 25%		∼ −1,7 V	irrev.
20. Paromomycin	0,01 m KCl, Äth.		$c_{1/2} = 1{,}5 \cdot 10^{-4}\%$	Maximadämpfer

Tabelle 3. **HSP-Werte und Stufeneigenschaften von Cytostatica,** vgl. [*175*]

Name	Grundlösung	pH-Wert	HSP/NCE (V)	Bemerkungen
Nicotinsaure-amid-N-oxyd	0,1 nH_2SO_4	~1	−0,76 −1,03	NO-Gruppe katalyt. Welle
Nitrochinolin-N-oxyd	0,1 nH_2SO_4	~1	−0,87 −1,15	NO-Gruppe
Chinoxalindioxyd	0,1 nH_2SO_4	~1	−0,1 −0,28 −0,6	NO-Gruppe?
Adenin-N-oxyd	0,1 nH_2SO_4	~1	−0,89 −1,04	NO-Gruppe
Mitomen[1] (Nitromin)	0,1 nH_2SO_4	~1	−0,72	NO-Gruppe
Strychnin-N-oxyd	0,1 nH_2SO_4	~1	−0,82	NO-Gruppe
Colchicin	Phosphatp.	7	−1,8	C=O-Gruppe
6-Merkaptopurin	Boratp.	9,3	−0,3 −0,05	Oxydat.
Actinomycin	Phosphatp. 40% Isopr.	7	−0,6	Chromophor
Bayer E-39[2]	Phosphatp. 40% Isopr.	7	−0,235 −1,3	Chinongr. N-Ringe
Trenimon[3]	Phosphatp. 40% Äthan.	7	−0,19 −1,3	Chinongr. N-Ringe
2-Methyl-(β-chlor-athyl) aminobenzo-chinon	Phosphatp. 40% Isopr.	7	−0,19	Chinongr.
Dimitan[4]	Phosphatp.	7	−1,17	Zyklisierungsprodukt
6-Azauracil	Britton Rob. Puffer	7,5	−1,32	
TEM[5]	Britton Rob. Puffer	7	−1,75	N-Ringe
TEPA[6]	Britton Rob. Puffer	5		katalyt. Welle
Tetramin[7]	Britton Rob. Puffer	5		katalyt. Welle

Auswertbare Reduktionsstufen sind zu erwarten beim Azaserin[8] (u. a. Azaverbindungen) und den Zyklisierungsprodukten von Trimitan[9], Sarkolysin[10], nicht dagegen bei Myleran[11], Äthylurethan.

Chemische Bezeichnungen:
[1] Methyl-bis(β-chloräthyl)amin-N-oxyd-hydrochlorid.
[2] 2,5-bis(äthylenimino)3,6-bis(n-propoxy)-benzochinon.
[3] 2,3,4-Tri(äthylenimino)-benzochinon.
[4] Dichlordiäthylmethylamin.
[5] 2,4,6-Triäthylenimino-1,3,5-triazin.
[6] Tri(äthylenimino)-phosphorsäureamid.
[7] 1-Äthylenimino-2-oxybuten.
[8] Diazo-acetylserin.
[9] Trichlortriathylaminchlorhydrat.
[10] Dichlordiäthyl-phenylserin-amin.
[11] 1,4-Dimethansulfonoxybutan.

3. Indirekte Bestimmungen

Wenn keine elektronenaustauschenden Gruppen im Molekül sind, ist eine analytische Bestimmung vielfach auf Grund der Adsorptionseigenschaften oder mit Hilfe von Katalysatoren möglich:

Proteine: katalytische Wellen in Kobaltlösungen [*108*], Maximadämpfung bei O_2, Cu^{2+}-Polarogrammen; Kapazitätseffekte auf Oszillogrammen der Wechselstrompolarographie, Dreieckspannungspolarographie. Farbstoffadsorptionen [*109, 110*].

Polysaccharide: Maximadämpfung, Kapazitätseffekte auf Oszillogrammen der Wechselstrompolarographie, Tensammetrie [*111*].

Nucleinsäuren und ihre Bausteine: Maximadämpfung, Kapazitätseffekte auf Oszillogrammen der Wechselstrompolarographie [*112*] (Proteine in Nucleinsäurepräparaten [*113*]).

Gallensäuren: Maximadämpfung [*114*].

Steroide: Maximadämpfung [*115*] oder Girardverbindung [*172*].

Während die Konzentrationen der Substanzen des Abschnittes „3. Indirekte Bestimmungen" nur mit isolierten Präparaten in reinsten Grundlösungen unter Verwendung von Eichkurven zu ermitteln sind, gelingt die Bestimmung der Depolarisatoren der Tab. 1 vielfach auch in biologischen Körperflüssigkeiten, Geweben, Nährböden, Lebensmitteln, pharmazeutischen Präparaten u. dgl.

C. Biochemische Reaktionen

Außer zusammenfassenden Darstellungen [*116, 117, 118*] von Methoden und Reaktionen sind folgende typische Einzelbeispiele zu nennen:

1. **Hydrolysen (Spaltungen)**: Rohrzuckerinversion [*119*], D-Glucose [*120*], Streptomycin [*121*], Aureomycin [*122*], Penicillin [*123*], Nicotinsäureamid [*124*], Cumarin [*125*], Oxydationsprodukt von Vit. K [*126*], Terramycin [*116*], Actinomycin C [*116*], von Citral zu Acetaldehyd und Methylheptenon [*127*], cytostatische Äthylenimino-Chinone [*129*], Narcotin-Ringspaltung [*130*], Isothioharnstoff [*131*], Dextranspaltung [*132*], Wasserstoffperoxydzerfall [*133, 134*], Peroxydasewirkung [*135*], Pepsinwirkung bei der Proteolyse [*136*], Eiweißdenaturierung [*137, 138, 139, 140*], Phthalylaminosäuren und Phthalylpeptide [*141*], Acethylthiocholin [*128*].

2. **Umlagerungen**: D-Glucose-Mutarotation [*142*], Mandelsäure zu Phenylglyoxal [*143*], Citral-Cyclisierung zu p-Cymol [*127*].

3. **Additionen**: Citral-Kondensation mit Aceton zu Pseudojonon [*127*], Brenztraubensäure-Addition an Histidin und Histamin [*144*], Radikal-Kombination [*145*], Palladiumsolreduktion von Chinonen, Ketonen und Farbstoffen [*146*], Peroxydbildung bei Angelika-Laktonen [*147*], Peroxydbildung bei Terpenkohlenwasserstoffen [*148*], Aldehydoxydase-Wirkung [*149*], Glykol- und Aldehydoxydation durch JO_4^- [*150*].

4. **Photoreaktionen**: (Die polarographische Messung kann wahrend der Bestrahlung oder nach der Blitzeinwirkung [*173*] erfolgen.)

Photoreduktion von Chinonen [*151*] (Photopolarographie [*152*]), Photolyse von Acridinderivaten [*153*], Hydrochinon-Bildung [*154*], cis-trans-Azobenzol-Isomerie [*155*], Pyrimidine, Äthyleniminochinone, Lysozym, Ribonuclease, Dextran, DPN, Actinomycin, H_2O_2, Chlorophyll, Bacteriochlorophyll [*173*].

5. **Sauerstoffverbrauch**: Gegenüber der Warburg-Technik besitzt die direkte Sauerstoffbestimmung [*156*] in der Lösung (in Ringer-Lösung beträgt der O_2-Diffusionskoeffizient $3{,}33 \cdot 10^{-5}$ cm s^{-1} bei 37 °C) Vorteile.

Algen [*157, 158*], Proteus vulg. [*159, 93*], Microc. pyogen. [*159*], Staphylococcus [*160*], Hefe [*161, 162*], Gewebekulturen [*163*], Gewebe [*164, 165, 166*], Nerven [*167*], Blut [*168*], Zwiebelwurzeln [*169*], Hydrochinon (i. G. von Tyrosinase) [*170*].

Literatur

[*1*] *Berg, H.:* Leybold Polarograph. Ber. **2**, 260 (1954).
[*2*] *Kemula, W.:* Proc. internat. Symp. Microchem., Birmingham, 248, 1959.
[*3*] *Zepf, K.*, u. *H. Berg:* Pharmazie **14**, 396 (1959).
[*4*] *Berg, H.*, u. *H. Triebel:* Chem. Tech. Berlin **12**, 429 (1960).
[*5*] *Vlček, A. A.:* Chem. listy **50**, 400 (1956).
[*6*] *Zuman, P.:* Coll. Czech. Chem. Commun. **25**, 3225 (1960).
[*7*] *Müller, O. H.*, u. *J. P. Baumberger:* Trans. Amer. electrochem. Soc. **71**, 169 (1937).
[*8*] *Zuman, P.:* Chem. listy **48**, 524 (1954); Coll. Czech. Chem. Commun. **19**, 1140 (1954).
[*9*] *Page, J. E.*, u. *F. A. Robinson:* J. chem. Soc. 1943, 133; Brit. J. exp. Path. **24**, 89 (1943).
[*10*] *Wiesner, K.:* Biochem. Z. **313**, 48 (1942).
[*11*] *Krejci, E.*, u. *M. Jirka:* Chem. listy **48**, 1411 (1954).

[12] *Poupé, F.:* Coll. Czech. Chem. Commun. **12**, 225 (1947).
[13] *Furman, N. H.,* u. *K. G. Stone:* J. Amer. chem. Soc. **70**, 3055 (1948).
[14] *Pasternak, R.:* Helv. chim. Acta **31**, 753 (1948).
[15] *Pleticha, R.:* Chem. listy **46**, 69 (1951).
[16] *Schwabe, K.,* u. *H. Berg:* Z. Elektrochem. **56**, 952 (1952).
[17] *Vlček, A. K., E. Spalek* u. *L. Kratky:* Techn. hlid. kozel. **24**, 65 (1949).
[18] *Pasternak, R.:* Helv. chim. Acta **31**, 753 (1948).
[19] *Neish, W.,* u. *O. H. Müller:* Rec. Trav. chim. Pays-Bas **72**, 301 (1953).
[20] *Bartek, J., T. Mukai, T. Nozoe* u. *F. Santavy:* Coll. Czech. Chem. Commun. **19**, 885 (1954).
[21] *James, J. C.,* u. *J. C. Speakman:* Trans. Faraday Soc. **48**, 474 (1952).
[22] *Moshier, R. W.:* Ind. Engng. Chem. Anal. Ed. **15**, 107 (1943).
[23] *Brdička, R.:* Čas. čes. lékárn. **58**, 37 (1945).
[24] *Tamamushi, R.,* u. *N. Tanaka:* Rep. Radiat. Chem. Res. Inst. Tokyo **3**, 22 (1948).
[25] *Fields, M.,* u. *E. R. Blout:* J. Amer. chem. Soc. **70**, 930 (1948).
[26] *Šantavý, F.:* Coll. Czech. Chem. Commun. **14**, 145 (1949).
[27] *Dirscherl, W.,* u. *H. U. Bergmeyer:* Ber. dtsch. chem. Ges. **82**, 291 (1949).
[28] *Bieber, R.,* u. *G. Truempler:* Helv. chim. Acta **30**, 706, 971, 1109, 1286, 1534, 2000 (1947); **31**, 5 (1948).
[29] *Winkel, A.,* u. *G. Proske:* Ber. dtsch. chem. Ges. **69**, 1917 (1936).
[30] *Maljugina, N. I.,* u. *I. A. Korschunow:* Shurn. analit. Chim. **2**, 341 (1947); 508.
[31] *Schwabe, K., G. Ohloff* u. *H. Berg:* Z. Elektrochem. **57**, 293 (1953).
[32] *Boyd, M. J.,* u. *K. Bambach:* Ind. Eng.. Chem. Anal. Ed. **15**, 314 (1943).
[33] *Trnka, J.:* Diss. Karlsuniversität, Prag 1950.
[34] *Adkins, H.,* u. *W. F. Cox:* J. Amer. chem. Soc. **60**, 1151 (1938).
[35] *Cantor, S. M.,* u. *P. Q. Peniston:* J. Amer. chem. Soc. **62**, 2113 (1940).
[36] *Heyrovský, J.,* u. *I. Smoler:* Coll. Czech. Chem. Commun. **4**, 521 (1932).
[37] *Brdička, R.:* Chem. listy **39**, 35 (1945).
[38] *Palmer, J. K.,* u. *C. O. Jensen:* Anal. Chem. **26**, 1049 (1954).
[39] *Elving, P. J.,* u. *C. Teitelbaum:* J. Amer. chem. Soc. **71**, 3916 (1949).
[40] *Hobza, J.,* u. *F. Šantavý:* Čas. čes. lékárn. **62**, 86 (1949).
[41] *Berg, H.:* Chem. Tech. Berlin **6**, 585 (1954).
[42] *Kolthoff, I. M.,* u. *D. J. Lehmicke:* J. Amer. chem. Soc. **70**, 1879 (1948).
[43] *Geissman, T. A.,* u. *S. L. Friess:* J. Amer. chem. Soc. **71**, 3893 (1949).
[44] *Day, R.,* u. *R. Biggers:* J. Amer. chem. Soc. **75**, 738 (1953).
[45] *Engelkemeir, D. W.,* u. *T. A. Geissman, W. R. Crowell* u. *S L. Friess* J. Amer. chem. Soc. **69**, 155 (1947).
[46] *Patzak, R.,* u. *L. Neugebauer:* Mh. Chem. **83**, 776 (1952).
[47] *Čapka, P.,* u. *J. Opavský:* Coll. Czech. Chem. Commun. **15**, 433 (1950).
[48] *Šantavý, F.:* Chem. listy **38**, 233 (1944).
[49] *Kovac, J.:* Chem. zvesti **8**, 272 (1954).
[50] *Smith, J. W.,* u. *J. G. Waller:* Trans. Faraday Soc. **46**, 290 (1950).
[51] *Nekvasilova, J.:* Diss. Karlsuniversitat, Prag 1949.
[52] *Knobloch, E.,* u. *E. Svatek:* Chem. listy **49**, 37 (1955); Coll. Czech. Chem. Commun. **20**, 1113 (1955).
[53] *Pearson, J.:* Trans. Faraday Soc. **44**, 683, 692 (1948).
[54] *Korschunow, J.,* u. *Z. Kusnetzowa:* Betriebs.-Lab. (russ.) **16**, 144 (1950).
[55] *Page, J., J. Smith* u. *J. Waller:* J. physic. Colloid Chem. **43**, 545 (1949).
[56] *Dennis, S., A. Powell,* u. *M. Astle:* J. Amer. chem. Soc. **71**, 1484 (1949).
[57] *Astle, M.,* u. *W. Cropper:* J. Amer. chem. Soc. **65**, 2395 (1943).
[58] *Prelog, V., K. Wiesner, W. Ingold* u. *O. Häfliger:* Helv. chim. Acta **31**, 1325 (1948).
[59] *Nygård, B.:* Arkiv Kemi **20**, 163 (1962).
[60] *Levitan, N. I., I. M. Kolthoff, W. G. Clark* u. *D. J. Tenenberg:* J. Amer. chem. Soc. **65**, 2265 (1943).
[61] *Hòrn, G.,* u. *H. Berg:* Kolloid Z. **178**, 38 (1961).
[62] *Hladík, V.:* Diss. Karlsuniversitat, Prag 1948.
[63] *Jambor, B.:* Nature **173**, 774 (1954); Acta chim. Hungar. **4**, 55 (1954).
[64] *Berg, H.:* Naturwiss. **42**, 258 (1955).
[65] *Brdička, R.,* u. *K. Wiesner:* Coll. Czech. Chem. Commun. **12**, 39 (1947).
[66] *Mori, Y.,* u. *K. Murata:* Vitamin (Jap.) **2**, 14 (1949).
[67] *Brdička, R.,* u. *E. Knobloch:* Z. Elektrochem. **47**, 721 (1941).
[68] *Breyer, B., G. S. Buchanan* u. *H. Duewell:* J. chem. Soc. **1944**, 360.
[69] *Brdička, R.:* Chem. listy **36**, 286 (1942).
[70] *Carpenter, K. J.,* u. *E. Kodicek:* Proc. Bioch. Soc. **1948**, May 29.
[71] *Berg, H.,* u. *W. Böckel:* Monatsber. Dtsch. Akad. Wiss. **3**, 32 (1961).

[72] *Casimir, D. J.*, u. *L. E. Lyons:* J. chem. Soc. **1950**, 783.
[73] *Liberti, A., E. Cervone* u. *C. Cattaneo:* Giorn. Biochim. **1**, 440 (1952).
[74] *Carruthers, C.*, u. *J. Tech:* Arch. Biochem. Biophys. **56**, 441 (1955).
[75] *Dušinský, G.:* Čs. farmacie **2**, 77 (1953); Pharmazie **9**, 27 (1954).
[76] *Jaselskis, B.*, u. *H. Diehl:* J. Amer. chem. Soc. **76**, 4354 (1954); *Ender, F.*, u. *H. Steeg:* Biochem. Z. **321**, 426 (1951).
[77] *Volke, J.*, u. *V. Volkova:* Chem. listy **49**, 490 (1955).
[78] *Tachi, I.:* Mem. Coll. Agr. Kyoto **42**, 1 (1938).
[79] *Cavalieri, L. F.*, u. *B. A. Lowy:* Arch. Biochem. Biophys. **35**, 83 (1952).
[80] *Šorm, F.*, u. *Z. Sormova:* Chem. listy **42**, 82 (1948).
[81] *Sensi, P.:* Acta vitaminol. Milano **5**, 105 (1951).
[82] *Bartek, J., M. Cernoch* u. *F. Šantavý:* Chem. listy **47**, 461 (1953); Coll. Czech. Chem. Commun. **19**, 605 (1954).
[83] *Kirkpatrick, H. F. W.:* Quart. J. Pharm. **80**, 245, 338 (1945); **19**, 8, 127, 526 (1946).
[84] *Šantavý, F.*, u. *M. Cernoch:* Chem. listy **46**, 81 (1952).
[84a] *Šantavý, F.*, u. *O. Hanc:* Čas. čes. lékárn. **57**, 75 (1944).
[85] *Šantavý, F.:* Čas. čes. lékárn. **57**, 109 (1944).
[86] *Šantavý, F.:* Coll. Czech. Chem. Commun. **14**, 145 (1949).
[87] *Hobza, J.*, u. *F. Šantavý:* Čas. čes. lékárn. **162**, 86 (1949).
[88] *Kirkpatrick, H.:* Quart. J. Pharmac. Pharmacol. **18**, 338 (1945).
[89] *Manoušek, O.*, u. *P. Zuman:* Chem. listy **49**, 668 (1955); Coll. Czech. Chem. Commun. **20**, 1340 (1955).
[90] *Zahradník, R.*, u. *L. Jenšovsky:* Chem. listy **48**, 11 (1954).
[91] *Fedoroňko, M.*, u. *P. Zuman:* Coll. Czech. Chem. Commun. **21**, 678 (1956).
[92] *Fedoroňko, M., O. Manoušek* u. *P. Zuman:* Chem. listy **49**, 1494 (1955).
[93] *Horn, G., H. E. Jacob* u. *W. Böckel:* Z. allg. Mikrobiol. **4**,1 (1964).
[94] *Stricks, W.* u. *I. M. Kolthoff:* J. Amer. chem. Soc. **75**, 5673 (1953).
[95] *Kaeppel, W.:* Diss. Universität Bonn 1941.
[96] *Zuman, P., R. Zumanová* u. *J. Teisinger:* Chem. listy **48**, 1499 (1954); Coll. Czech. Chem. Commun. **20**, 139 (1955).
[97] *Schwabe, K.*, u. *H. Berg:* Z. Elektrochem. **56**, 952 (1952).
[98] *Keller, H., M. Hochweber* u. *H. v. Halban:* Helv. chim. Acta **29**, 761 (1946).
[99] *Ingram, G.*, u. *H. Southern:* Nature **161**, 437 (1948).
[100] *Zuman, P., J. Chodkowski* u. *F. Šantavý:* Coll. Czech. Chem. Commun. **26**, 380 (1961).
[101] *Wawzonek, S.*, u. *J. Wang-Fan:* J. Amer. chem. Soc. **68**, 2541 (1946).
[102] *Laitinen, H. A.*, u. *S. Wawzonek:* J. Amer. chem. Soc. **64**, 1765, 2365 (1942).
[103] *Goulden, F.*, u. *F. L. Warren:* Biochem. J. **42**, 420 (1948).
[104] *Zuman, P., J. Tenygl* u. *M. Březina:* Chem. listy **47**, 1152 (1953); Coll. Czech. Chem. Commun. **19**, 46 (1954).
[105] *Březina, M., V. Volková* u. *J. Volke:* Chem. listy **48**, 194 (1954); Coll. Czech. Chem. Commun. **19**, 894 (1954).
[106] *Bergmann, J.:* Trans. Faraday Soc. **50**, 829 (1954).
[107] *Chopard-dit-Jean, L.*, u. *E. Heilbronner:* Helv. chim. Acta **36**, 144 (1953).
[108] *Brdička, R.:* Coll. Czech. Chem. Commun. **11**, 614 (1939).
[109] *Breyer, B.*, u. *H. Bauer:* Austr. J. Chem. **6**, 332 (1953).
[110] *Kunal Saha* u. *S. Chandhuri:* Adv. in Polarogr., Pergamon Press (1960) 1032.
[111] *Berg, H.*, u. *D. Tresselt:* Pharmazie **16**, 74 (1961).
[112] *Paleček, E.:* Coll. Czech. Chem. Commun. **25**, 2283 (1960).
[113] *Berg, H.:* Biochem. Z. **329**, 274 (1957).
[114] *Zambotti, V.:* Boll. soc. ital. biol. sper. **17**, 713 (1942).
[115] *Veldstra, H.:* Bull. soc. chim. biol. **31**, 594 (1949).
[116] *Berg, H.:* Ricerca Sci. **27**, 184 (1957), Suppl. 3.
[117] *Nürnberg, H.:* Angew. Chem. **72**, 433 (1960).
[118] *Nürnberg, H.*, u. *M. v. Stackelberg:* J. electroanal. Chem. **2**, 181 (1961).
[119] *Heyrovský, J.*, u. *J. Smoler:* Coll. Czech. Chem. Commun. **4**, 521 (1932).
[120] *Trnka, J.:* Proc. I. Intern. Polarogr. Congr. Prag, Part III, 518 (1951).
[121] *Bricker, C.*, u. *W. Vail:* J. Amer. chem. Soc. **73**, 585 (1951).
[122] *Doskočil, M.:* Coll. Czech. Chem. Commun. **13**, 881 (1953).
[123] *Krejčí, E.:* Coll. Czech. Chem. Commun. **51**, 707 (1956).
[124] *Jellinek, H.*, u. *A. Gordon:* J. physic. Coll. Chem. **53**, 996 (1949).
[125] *Foffani, A.:* Atti Reale Accad. Ital. Rend. **14**, 281, 418 (1953).
[126] *Knobloch, E.:* Proc. I. Intern. Polarogr. Congr. Prag, Part I (1951) 764.
[127] *Schwabe, K.*, u. *H. Berg:* Z. physik. Chem. **203**, 318 (1954).
[128] *Fišerová-Bergerová, V.:* Coll. Czech. Chem. Commun. **28**, 3311 (1963).
[129] *Anhalt, A.*, u. *H. Berg:* J. electroanalyt. Chem. **4**, 218 (1962).

[130] *Molnarova, K.*, u. *L. Molnár:* Acta chim Acta Sci. hungar. **18**, 93 (1959).
[131] *Zuman, P.*, u. *M. Fedoroňko:* Z. physik. Chem. **209**, 376 (1958).
[132] *Berg, H.:* Pharmazie **11**, 239 (1956).
[133] *Walker, B.:* J. Amer. chem. Soc. **63**, 2015 (1941).
[134] *Koutecký, J.*, *R. Brdička* u. *V. Hanuš:* Coll. Czech. Chem. Commun. **18**, 611 (1953).
[135] *Chance, B.:* Arch. Biochem. **24**, 389 (1949).
[136] *Hrdý, O.:* Chem. listy **44**, 109 (1950).
[137] *Brdička, R.:* Mikrochemie **15**, 167 (1934).
[138] *Müller, O. H.:* *L. Gerschenfeld* u. *M. Elwood:* Federation Proc. **11**, 110 (1952).
[139] *Jirovec, O.*, u. *K. Wenig:* Biochem. Z. **314**, 265 (1943); **315**, 69 (1943).
[140] *Fiala, S.:* Biochem. Z. **318**, 67 (1947).
[141] *Rudinger, J.*, *J. Krupička*, *M. Zaoral* u. *V. Cernik:* Coll. Czech. Chem. Commun. **25**, 3338 (1960).
[142] *Los, J.*, u. *K. Wiesner:* J. Amer. chem. Soc. **75**, 6346 (1953).
[143] *Holleck, L.*, *A. Melkonian* u. *B. Kastening:* Z. physik. Chem. (1958) Sonderheft 197.
[144] *Zuman, P.:* Chem. listy **48**, 775 (1954).
[145] *Berg, H.*, u. *H. Schweiß:* Naturwiss. **47**, 513 (1960).
[146] *Berg, H.:* Z. analyt. Chem. **173**, 95 (1960).
[147] *Kirkland, E.*, *C. Reynolds* u. *v. d. Werf:* J. Amer. chem. Soc. **72**, 1764 (1959).
[148] *Schwabe, K.*, u. *H. Berg:* Z. Elektrochem. **56**, 952 (1952).
[149] *Knobloch, E.:* Coll. Czech. Chem. Commun. **12**, 581 (1947).
[150] *Zuman, P.*, u. *J. Krupicka:* Coll. Czech. Chem. Commun. **23**, 598 (1958).
[151] *Berg, H.:* Naturwiss. **47**, 320 (1960).
[152] *Berg, H.:* Coll. Czech. Chem. Commun. **25**, 3404 (1960). Z. Chem. (Leipzig) **2**, 237 (1962).
[153] *Hammik, D.*, *S. Mason* u. *F. Meacock:* J. chem. Soc. [London] (1952) 4745.
[154] *Poupé, F.:* Coll. Czech. Chem. Commun. **12**, 225 (1947).
[155] *Winkel, A.*, u. *M. Siebert:* Ber. dtsch. chem. Ges. **74**, 670 (1941).
[156] *Nagata, Y.:* Rev. of Polarogr. [Japan] **6**, 1 (1958).
[157] *Petering, H.*, *B. Duggar* u. *F. Daniels:* J. Amer. chem. Soc. **61**, 3525 (1939).
[158] *Baumberger, J.:* Cold Spring Harbor. Symp. quant. Biol. **7**, 195 (1939).
[159] *Zeidler, H.*, u. *U. Taubeneck:* Zentralbl. f. Bakt. II. Abt. **109**, 516 (1956).
[160] *Trifonow, A.:* Coll. Czech. Chem. Commun. **13**, 23 (1948).
[161] *Selzer, L.*, u. *J. Baumberger:* J. Cell. Comp. Physiol. **19**, 281 (1942).
[162] *Strohm, J.*, *R. Dale* u. *H. Peppler:* Appl. Microb. **7**, 235 (1959).
[163] *Packer, L.*, *M. Papa*, *J. Rust* u. *S. Ajl:* Biochim. biophys. Acta **35**, 354 (1959).
[164] *Bartels, H.*, u. *K. Brecht:* Pflügers Archiv **254**, 498 (1952).
[165] *Dirscherl, W.*, *H. Bergmeyer* u. *H. Breuer:* Biochem. Z. **322**, 245 (1952).
[166] *Šerak, L.:* Adv. in Polarogr. Pergamon Press (1960) 1057.
[167] *Cornelly, C.:* Federation Proc. **10**, 28 (1951).
[168] *Österlind, S.:* J. polarogr. Soc. [London] (1959) 28.
[169] *Zimmerman, J.*, u. *L. Berry:* Biochim. Biophys. Acta **3**, 615 (1949).
[170] *Doskočil, J.:* Coll. Czech. Chem. Commun. **15**, 614 (1950).
[171] *Asahi, Y.:* I. Jenaer Symp. (1962).: Polarogr. in der Chemotherapie, Biochemie und Biologie, Berlin 1964.
[172] *Illig, M.:* I. Jenaer Symp. (1962): Polarogr. in der Chemotherapie, Biochemie und Biologie, Berlin 1964.
[173] *Berg, H.:* I. Jenaer Symp. (1962): Polarogr. in der Chemotherapie, Biochemie und Biologie, Berlin 1964.
[174] *Kramarczyk, K.* u. *H. Berg:* I. Jenaer Symp. (1962): Polarogr. in der Chemotherapie, Biochemie und Biologie, Berlin 1964.
[175] *Horn, G.:* I. Jenaer Symp. (1962): Polarogr. in der Chemotherapie, Biochemie und Biologie, Berlin 1964.

V. Ionenaustauscher

Von **N. Grubhofer**, Heidelberg

A. Einführung und tabellarische Übersicht der Ionenaustauscher

Definition. Ionenaustauscher sind unlösliche Polyanionen bzw. Polykationen, deren Besonderheit in ihrer porösen Molekularstruktur liegt. Diese Struktur muß dem Lösungsmittel und den darin gelösten Ionen freien Zutritt zu sämtlichen ionisierten Gruppen gewähren, aber andererseits gute mechanische, thermische und chemische Stabilität aufweisen. Am häufigsten wird eine solche Struktur z. Zt. durch ein Kopolymerisat aus Styrol und Divinylbenzol (DVB) verwirklicht. Eine Anzahl neuerdings hergestellter poröser Austauscher basieren auf Modifikationen dieser Struktur.

Vernetzungsgrad. Der Prozentgehalt an DVB in Kopolymeren wird als Vernetzungsgrad bezeichnet. Speziell bei den Dowex-Harzen erscheint der Vernetzungsgrad unter dem Symbol „X" in der Typenkennzeichnung. Höherer Vernetzungsgrad bedingt: höhere chemische und mechanische Stabilität, geringeren Wassergehalt daher höhere Kapazität im feuchten Zustand, geringere Porengröße daher stärkeres Hervortreten sterischer Faktoren bei der Einstellung der Ionengleichgewichte.

Feuchtigkeitsgehalt. Ionenaustauscher sind sehr hygroskopisch und werden erst nach längerem Trocknen bei 120° gewichtskonstant. Zwischen Feuchtigkeitsgehalt und Vernetzungsgrad besteht ein Zusammenhang:

Feuchtigkeit	Vernetzungsgrad
40%	16%
45%	12%
55%	8%
70%	4%
80%	2%

Austauschende Gruppen. Genau so wie die löslichen Kationen und Anionen kann man die Ionenaustauscher von starken und schwachen Säuren, von starken und schwachen Basen abgeleitet betrachten.

Stark saure Kationenaustauscher weisen Sulfonsäuregruppen, selten Phosphinsäuregruppen auf. Die Gruppen sind stets mit der äquivalenten Zahl von Kationen vergesellschaftet, welche bei genügend enger räumlicher Nachbarschaft der Gruppen leicht ihre Plätze wechseln (Selbstdiffusion). Sind gleiche oder verschiedene Kationen in der umgebenden Flüssigkeit so tritt Kationenaustausch ein, wobei sich ein definiertes Gleichgewicht einstellt. Größere und mehrwertige Ionen werden bevorzugt an der Harzphase gebunden, das H_3O^+-Ion nimmt keine bevorzugte Stellung ein, daher sind stark saure Kationenaustauscher im ganzen praktisch vorkommenden p_H-Bereich verwendungsfähig.

Schwach saure Kationenaustauscher mit Carboxylgruppen unterscheiden sich von den stark sauren Kationenaustauschern besonders in ihrem Verhalten gegen das H_3O^+-Ion. Das Proton wird in nichtionischer, kovalenter Form gebunden, bei einem p_H unter 5 sind praktisch keine negativ geladenen, austauschfähigen Gruppen mehr vorhanden. Carboxyl-Austauscher reagieren daher nur im alkalischen Bereich normal als Kationenaustauscher.

Stark basische Anionenaustauscher enthalten quaternäre Ammoniumgruppen, welche sich gegen OH^--Gruppen nicht anders als gegen sonstige Anionen verhalten. Solche Anionenaustauscher sind daher auch im stark alkalischen Bereich verwendbar. Als Typ-II-Harze im Gegensatz zu den Typ-I-Harzen werden quaternäre Anionenaustauscher bezeichnet, welche als einen Rest am quaternären Stickstoff eine Hydroxyäthylgruppe tragen. Man sagt ihnen eine höhere Affinität zum OH^--Ion nach.

Schwach basische Anionenaustauscher besitzen primäre, sekundäre oder, was besonders erwünscht ist, tertiäre Aminogruppen. Als ionisierte, zum Anionenaustausch befähigte positiv geladene Ammoniumgruppen liegen diese nur im sauren p_H-Bereich vor. Im alkalischen Bereich dissoziiert das Proton ab und das Harz hat keine Austauscherwirkung. Solche Harze werden nur im sauren Bereich verwendet, meistens zu Neutralisationszwecken.

Kapazität. Man definiert sie als die Konzentration ionisierbarer Gruppen in Äquivalenten pro Kilogramm trockenes Harz, oder für die Praxis wichtiger in Äquivalenten pro Liter feuchtes Harz. In der Technik spricht man von „Nutzbarer Volum-Kapazität" (NVK). ausgedrückt in Gramm CaO/l (1 g CaO = 34,5 m Vol).

Tabelle 1. **Typische Eigenschaften von Ionenaustauschern**
(Kommerzielle Ionenaustauschharze Standard-Typen)

Charakterisierung	Vernetzungsgrad % DVB	Feuchtigkeit % H_2O	Austauschende Gruppen	Kapazität äq/kg trocken	Kapazität äq/L feucht	Temperatur-maximum °C	Schütt-gewicht kg/L	nutzbarer p_H-Bereich
Stark sauer								
hoch vernetzt	10—12	45—55		4,8	2,0	120	0,85	1—14
normal vernetzt	7— 8	50—60	$—SO_3^-$	4,8	2,0	120	0,85	1—14
niedrig vernetzt	3— 5	60—65		4,5	1,2	100	0,80	1—14
Schwach sauer	3— 5	45—55	$—CO_2^-$	10,0	3,5	120	0,70	7—14
Stark basisch								
Typ I, standard	7— 8	40—50	$—\dot{C}H_2N(CH_3)_3^+$	3,5	1,3	50 OH^-	0,68	1—14
Typ I, porös	3— 5	55—60		4,0	1,2	100 Cl^-	0,68	1—14
Typ II, standard	7— 8	40—50	$—CH_2N(CH_3)_2C_2H_4OH$	3,5	1,3	40 OH^- 60 Cl^-	0,68	1—14
Schwach basisch								
Styrol-DVB-Typ	3— 5	35—45	sec. u. tert. Amin	5,0	2,0	65	0,70	1—7
Amin-Kondensat	—	40—50	prim. sec. u. tert. Amin	10,0	3,0	40	0,65	1—7

Tabelle 2. **Cellulose Ionenaustauscher**

Bezeichnung	Charakterisierung	Austauschende Gruppen	Kapazität mäq/gr	nutzbares p_H-Bereich	Anwendungen
AE-Cellulose	schwach basisch	Aminoäthyl-/mit Äthanolamin verätherte Cellulose	0,3—0,5	1— 7	Chromatographie von Proteinen ähnlich DEAE-Cellulose
CM-Cellulose	schwach sauer	Carboxymethyl-/mit Glykolsäure verätherte Cellulose	0,6—0,8	6—10	Chromatographie neutraler und basischer Proteine
DEAE-Cellulose	schwach basisch	Diäthylaminoäthyl-(tertiär)/mit Diäthylaminoäthanol verätherte Cellulose	0,6—0,9	1— 9	Chromatographie neutraler und saurer Proteine, mono- und Oligonucleotide
ECTEOLA-Cellulose	schwach basisch	Epichlorhydrin-Triäthanolamin-Kondensationsprodukt der Cellulose	0,3—0,5	1— 5	Chromatographie von Nucleinsäuren
GE-Cellulose	stark basisch	Guanidoäthyl-/Veratherungsprodukt der Cellulose mit Hydroxyäthylguanidin	0,3—0,5	1—12	Anionenaustausch im p_H-Bereich von 8—12
P-Cellulose	mittelstark sauer	mit Phosphorsäure veresterte Cellulose	0,7—1,0	3— 9	Starke Bindung polyvalenter Kationen, komplexe Bindung anorganischer Kationen
PAB-Cellulose	sehr schwach basisch	prim. aromat. Amin/mit p-Aminobenzylalkohol veratherte Cellulose	0,3—0,4	1— 5	diazotierbar, kovalente Bindung kupplungsfähiger Molekeln
PEI-Cellulose	mittelstark basisch	sek. Polyamin/Polyäthylenimin, ionogen an Cellulose gebunden	0,6—1,0	4— 9	Adsorption und Chromatographie von Oligonucleotiden
SE-Cellulose	stark sauer	mit Hydroxyathansulfonsaure verätherte Cellulose	0,2—0,4	1— 9	Kationenaustausch im p_H-Gebiet von 1—6
TEAE-Cellulose	schwach basisch	Diathylaminoäthylcellulose, geringfügig quaternisiert	0,6—0,9	1— 9	ahnlich DEAE-Cellulose

Tabelle 3. **Alphabetische Typenübersicht über Ionenaustauscher**

Bezeichnung	Vernetzungsgrad %	Nominelle Siebzahl mesh	Effektive Korngröße mm	Kapazität aq/kg trocken	Kapazität äq/L feucht	Feuchtigkeit	Austauschende Gruppen und Charakterisierung	Hersteller
Allassion AQ 217		20— 50	0,3 —0,8	4,2	1,4	45—55	quat. Amin Typ I/Styrol-DVB-Polymerisat	Dia-Prosim. Vitry
Allassion AQ 227		20— 50	0,3 —0,8	4,2	1,4	45—55	quat. Amin Typ II/Styrol-DVB-Polymerisat	sur Saine, Frankr.
Allassion CS	8	16— 50	0,3 —1,2	5,1	2,2	40—50	—SO_3^-—/Styrol-DVB-Polymerisat	„
Allassion CS AD	5,5	10— 50	0,3 —1,6	5,1	1,7	55—60	—SO_3^-—/Styrol-DVB-Polymerisat	„
Amberlite-200	—	20— 50	0,3 —1,0	4,7	1,75	47—52	—SO_3^-—/Styrol-DVB besondere chem. u. mechan. Stabilität	Rohm & Haas, Philadelphia, USA
Amberlite CG-4 B I	—	100—200	0,08 —0,15	10,0	—	5—10	sec. tert. Amin/Phenol-Aldehyd-Amin	„
Amberlite CG-4 B II	—	200—400	0,04— 0,08	10,0	—	5—10	„ „ „	„
Amberlite CG-45 I	—	100—200	0,08 —0,15	5,0	—	5—10	sec. + tert. Amin/Styrol-DVB	„
Amberlite CG-45 II	—	200—400	0,04 —0,08	5,0	—	5—10	„ „ „	„
Amberlite CG-50 I	5	100—200	0,08 —0,15	10,0	—	5—10	—CO_2^-—/Acrylsäure-DVB	„
Amberlite CG-50 II	5	200—400	0,04 —0,08	10,0	—	5—10	„	„
Amberlite CG-50 III	5	400—600	0,01 —0,04	10,0	—	5—10	„	„
Amberlite CG-50/AS	5	—	0,08 —0,10	10,0	3,5	50—55	„	Serva-Heidelberg
Amberlite CG-120 I	8	100—200	0,08 —0,15	4,3	—	5—10	—SO_3^-—/Styrol-DVB-Polymerisat	Rohm & Haas,
Amberlite CG-120 II	8	200—400	0,04 —0,08	4,3	—	5—10	„	Philadelphia, USA
Amberlite CG-120 III	8	400—600	0,01 —0,04	4,3	—	5—10	„	„
Amberlite CG-120/AS	8	—	0,035—0,045	4,3	2,2	50—55	„	Serva-Heidelberg
Amberlite CG-400 I	8	100—200	0,08 —0,15	3,3	—	5—10	quat. Amin/Styrol-DVB-Polymerisat	Rohm & Haas,
Amberlite CG-400 II	8	200—400	0,04 —0,04	3,3	—	5—10	„	Philadelphia, USA
Amberlite LA-1	—			2,6			flüssiger Anionenaustauscher	„
Amberlite LA-2				2,7			„ „	„
Amberlite IR-4 B	—	16— 50	0,3 —1,0	10,0	2,8	35—50	sec. + tert. Amin/Phenol-Aldehyd-Amin-Kondensat	„
Amberlite IR-45	—	20— 50	0,3 —0,8	5,0	2,0	37—45	sec. + tert. Amin/Styrol-DVB-Polymerisat	„
Amberlite IR-120	8	20— 50	0,3 —1,0	4,3	1,9	44—48	—SO_3^-—Styrol-DVB-Polymerisat,	„
Amberlite IR-120-HP	1	20— 50	0,3 —1,0	5,1	0,3	85—95	„ „ niedrig vernetzt	„
Amberlite IR-122	10	20— 50	0,3 —1,0	5,4	2,1	40—44	„ „ stärker vernetzt	„
Amberlite IR-124	12	20— 50	0,3 —1,0	5,2	2,1	37—41	„ „ stark vernetzt	„
Amberlite IRA-400	8	20— 50	0,3 —1,0	3,3	1,2	42—48	quat. Amin I/Styrol-DVB	„
Amberlite IRA-401	4	20— 50	0,3 —1,0	3,5	1,0	59—65	„ „porös“	„
Amberlite IRA-401 S	4	20— 50	0,3 —1,0	3,5	1,0	59—65	„ für Entfärbung	„
Amberlite IRA-402	6	20— 50	0,3 —1,0	3,3	1,2	53—60	„ „ „	„
Amberlite IRA-405	8	20— 50	0,3 —1,0	4,0	1,6	45—49	„ für Urangewinnung	„
Amberlite IRA-410	8	20— 50	0,3 —1,0	3,3	1,3	40—45	quat. Amin II/Styrol-DVB	„

Amberlite IRA-425	8	16— 20	0,8 —1,5	3,3	1,3	50—53	quat. Amin I/Styrol-DVB für Urangewinnung	Rohm & Haas,
Amberlite IRC-50	5	20— 50	0,3 —1,0	10,0	3,5	43—53	—CO_2^-—Acrylsäure-DVB-Polymerisat	Philadelphia, USA
Amberlite MB-1		20— 50	0,3 —1,0	—	0,5	40—50	Mischharz, IRA-400 + IR-120 1,5 : 1,0	„
Amberlite MB-2		20— 50	0,3 —1,0	—	0,5	40—50	„ IRA-410 + IR-120 1,5 : 1,0	„
Amberlite MB-3		20— 50	0,3 —1,0	—	0,5	40—50	„ wie MB-2, Anionenaustauscher mit Indikator eingefärbt	„
Amberlite MB-6		20— 50	0,3 —1,0	—		50—60	„ XE/168 + IR-150	„
Amberlite XE-58		100—400	0,04 —0,15	10,0	—	5—10	vermahlenes IR-4 B. Pharmazeutische Anwendung	„
Amberlite XE-64	5	100—400	0,04 —0,15	10,0	—	5—10	vermahlenes IRC-50. Für Chromatographie durch CG-50 I oder CG-50 II ersetzt	„
Amberlite XE-67	8	100—400	0,04 —0,15	3,3	—	5—10	vermahlenes IRA-400. Für Chromatographie durch CG-400 I oder CG-400 II ersetzt	„
Amberlite XE-69	8	100—400	0,04 —0,15	4,3	—	5—10	vermahlenes IR-120. Für Chromatographie durch CG-120 I oder CG-120 II ersetzt	„
Amberlite XE-76		20— 50	0,3 —1,0				niedrig vernetztes IR-45	„
Amberlite XE-77	8	20— 50	0,3 —1,0	3,5	1,9	44—48	Amberlite IR-120 hochgereinigt, H^+-Form	„
Amberlite XE-78	8	20— 50	0,3 —1,0	3,5	1,2	42—48	Amberlite IRA-400 hochgereinigt, OH-Form	„
Amberlite XE-88	5	100—400	0,04 —0,15	10,0	—	5—10	vermahlenes Amberlite IRC-50, K^+-Form	„
Amberlite XE-96		100—400	0,04 —0,15			5—10	vermahlener Acrylat-Austauscher	„
Amberlite XE-97	5	100—400	0,04 —0,15	10,0		5—10	vermahlenes IRC-50 nichtpharmazeut. Anwendung	„
Amberlite XE-117	8	40— 80	0,2 —0,4	3,5	1,2	42—48	feinkörniges Amberlite IRA-400	„
Amberlite XE-119	8	100—400	0,04 —0,15	3,5	—	5—10	vermahlenes Amberlite IRA-400	„
Amberlite XE-168		20— 50	0,3 —1,0				tert. Aminogruppen/Styrol-DVB-Struktur, porös	„
Amberlyst 15		16— 50	0,3 —1,2	4,9	2,4	40—45	—SO_3^-— hochporöses Harz für nichtwäßrige Lösungsmittel	„
Amberlyst XN-1001		20— 50	0,3 —1,0	2,7	1,0	42—46	quat. Amin Typ 1, hochporös f. nichtwäßr. Lösungsmittel	„
Amberlyst XN-1002		20— 50	0,3 —1,0	2,7	1,0	42—46	quat. Amin Typ II, hochporös f. nichtwäßr. Lösungsmittel	„
Aminex MS, Blend Q-150		—	—	—	—	—	—SO_3^-—/gemahlener Styrol-DVB-Austauscher für Aminosäureanalyse in 150-cm-Säule	Bio-Rad Laboratories, Richmond
Aminex MS, Blend Q-50		—	—	—	—	—	„ für Aminosäureanalyse in 50-cm-Saule	Calif.
Aminex MS, Fraction C		—	0,033—0,047				„ für Aminosäure Chromatographie	„
Aminex MS, Fraction D			0,047—0,060				„ für Aminosäure Chromatographie	„
Asmit 173 N		16— 50	0,3 —1,2				Entfärbungsharz, Aminkondensationsprodukt für p 0—7	Industrielle Maatschappij
Asmit 224		8— 50	0,3 —1,8				„ „ für p_H 1—10	Activit, Amsterd.
Asmit 259 N		16— 40	0,6 —1,2				„ „ für p_H 3—9	„
Asmit 261		20— 40	0,4 —0,8				„ „ für p_H 3—9	„
Bio-Deminrolit		16— 50	0,3 —1,2	—	0,5	40—50	Mischharz Deacidite FF + Zeo-Karb 225	The Permutit Co
Bio-Deminrolit-Indicator		16— 50	0,3 —1,2	—	0,5	40—50	„ „ „ „ Anionenaustauscher mit Indikator eingefärbt	London „

Tabelle 3 (Fortsetzung)

Bezeichnung	Vernetzungsgrad %	Nominelle Siebzahl mesh	Effektive Korngröße mm	Kapazität äq/kg trocken	Kapazität äq/L feucht	Feuchtigkeit	Austauschende Gruppen und Charakterisierung	Hersteller
Bio-Rad AMP-1			~0,05		1,2	0	Ammoniumphosphomolybdat/Kationenaustauscher	Bio-Rad. Labora-
Bio-Rad HZO-1		50—100	0,15 —0,3		1,5	0	Zirkon-Oxidhydrat/Amphoter, Anionenaustauscher	tories Richmond,
Bio-Rad HZO-1		100—200	0,08 —0,15		1,5	0	im sauren Medium, Kationenaustauscher im alkal. Medium	Calif.
Bio-Rad ZM-1		50—100	0,15 —0,3		0,6	0	Zirkon-Molybdat/Kationenaustauscher	,,
Bio-Rad ZM-1		100—200	0,08 —0,15		0,6	0	,, ,, ,,	,,
Bio-Rad ZP-1		50—100	0,15 —0,3		0,6	0	Zirkon-Phosphat/Kationenaustauscher	,,
Bio-Rad ZP-1		100—200	0,08 —0,15		0,6	0	,, ,, ,,	,,
Bio-Rad ZT-1		50—100	0,15 —0,3		1,9	0	Zirkon-Wolframat/Kationenaustauscher	,,
Bio-Rad ZT-1		100—200	0,08 —0,15		1,9	0	,, ,, ,,	,,
Bio-Rex 5		10— 50	0,3 —1,6	8,7	2,2	5—10	tert. + quat. Typ II Anionenaustauscher	
Bio-Rex 40		10— 50	0,3 —1,6	2,9	1,2	5—10	$—SO_3^-—$ Phenol-Formaldehydkondensat, analysenrein	,,
Bio-Rex 62	6	16— 50	0,3 —1,2	6,0	2,8	5—10	$—PHO_2^-$/Phosphinigsäure-Styrol-DVB, z. Anal.	,,
Bio-Rex 63	6	16— 50	0,3 —1,2	6,6	3,3	5—10	$—PO_3^{--}$/Phosphinsäure-Styrol-DVB, z. Anal.	,,
Bio-Rex 70	10	16— 50	0,3 —1,2	10,2	3,5	45—55	$—CO_2^-$/Acrylsäure-DVB-Polymerisat z. Anal.	,,
Cellex CM			0,02 —0,2	0,7	0,07	5—15	$—CO_2^-$/Carboxymethylcellulose	,,
Cellex D			0,02 —0,2	0,7	0,07	5—15	Diäthylaminoäthylcellulose	,,
Cellex E			0,02 —0,2	0,3	0,03	5—15	Epichlorhydrin-Triäthanolamin-Cellulose	,,
Cellex P			0,02 —0,2	0,9	0,09	5—15	$—OPO_3^{--}$/Phosphorylierte Cellulose	,,
Cellex PAB			0,01 —0,1	0,4	0,04	5—15	p-Aminobenzyl-Cellulose	,,
Cellex T			0,02 —0,2	0,7	0,07	5—15	Triäthylaminoäthyl-Cellulose	,,
Chelex 100		30— 60	0,3 —0,5			70—80	Dowex Chelating Resin A 1, analysenrein	,,
Deacidite E		16— 50	0,3 —1,1	9,0	3,0	35—45	sec. + tert. Amin, Phenol-Aldehydkondensat	The Permutit
Deacidite FF	8	16— 50	0,3 —1,0	3,8	1,5	40—50	quat. Amin Typ I, Styrol-DVB-Polymerisat	Comp. Ltd.
Deacidite FF slightly crosslinked	4	16— 50	0,3 —1,0	3,8	—1,5	40—50	,, ,, ,, ,,	London
Deacidite G	8	16— 50	0,3 —1,0	3,5—1	1,5	40—45	$—N(C_2H_5)_2$ an Styrol-DVB-Polymerisat	,,
Deacidite H	8	16— 50	0,3 —1,0	3,5	1,5	40—45	$—N(CH_3)_2$,, ,, ,, ,,	,,
Decalso		10— 40	0,4 —1,6	1,37	0,53	40—50	Natriumaluminiumsilikat, Kationenaustauscher	Permutit Co,
Decalso Folin		60— 80	0,2 —0,3	1,37	0,53	40—50	,, gereinigt, für NH_3-Adsorption, 10 mg N/g	New York
Decolsa F		60— 90	0,2 —0,3				,, zur Adsorption von Vitaminen	Permutit Co,
Decalso Y		8— 52	0,4 —1,6				,, synthet. Kationenaustauscher	London
Decolorite		16— 50	0,3 —1,0				Entfärbungsharz, Amin-Kondensationsprodukt	,,

Dowex 1	X 1	50—100	0,3 —0,5	3,6	0,4	80—90	quat. Amin Typ I/Styrol-DVB-Polymerisat	Dow Chemical Comp. Midland, Mich. USA
Dowex 1	X 2	50—100	0,25 —0,45	3,6	0,9	70—80	,, ,,	,,
Dowex 1	X 2	100—200	0,10 —0,27	3,6	0,9	70—80	,, ,,	,,
Dowex 1	X 2	200—400	0,07 —0,13	3,6	0,9	70—80	,, ,,	,,
Dowex 1	X 4	20— 50	0,30 —0,84	3,5	1,2	60—65	,, ,,	,,
Dowex 1	X 4	50—100	0,20 —0,40	3,5	1,2	60—65	,, ,,	,,
Dowex 1	X 4	100—200	0,09 —0,23	3,5	1,2	60—65	,, ,,	,,
Dowex 1	X 4	200—400	0,06 —0,11	3,5	1,2	60—65	,, ,,	,,
Dowex 1	X 8	20— 50	0,30 —0,84	3,5	1,4	40—45	,, ,,	,,
Dowex 1	X 8	50—100	0,20 —0,40	3,5	1,4	40—45	,, ,,	,,
Dowex 1	X 8	100—200	0,09 —0,23	3,5	1,4	40—45	,, ,,	,,
Dowex 1	X 8	200—400	0,05 —0,10	3,5	1,4	40—45	,, ,,	,,
Dowex 1	X 8	minus 400	< 0,07	3,5	1,4	40—45	,, ,,	,,
Dowex 1	X 10	50—100	0,20 —0,40	3,3	1,3	35—40	,, ,,	,,
Dowex 1	X 10	100—200	0,09 —0,23	3,3	1,3	35—40	,, ,,	,,
Dowex 1	X 10	200—400	0,05 —0,10	3,3	1,3	35—40	,, ,,	,,
Dowex 1	X 10	minus 400	< 0,06	3,3	1,3	34—40	,, ,,	,,
Dowex 1	X 16	20— 50	0,30 —0,84	2,0	1,2	25—30	,, ,,	,,
Dowex 1	X 16	50—100	0,20 —0,40	2,0	1,2	25—30	,, ,,	,,
Dowex 2	X 4	20— 50	0,30 —0,84	2,0	1,2	55—60	quat. Amin Typ II/Styrol-DVB-Polymerisat	,,
Dowex 2	X 8	20— 50	0,30 —0,84	3,6	1,4	35—40	,, ,,	,,
Dowex 2	X 8	100—200	0,09 —0,23	3,6	1,4	35—40	,, ,,	,,
Dowex 2	X 8	200—400	0,05 —0,10	3,6	1,4	35—40	,, ,,	,,
Dowex 2	X 10	50—100	0,20 —0,40	2,7	1,3	30—35	,, ,,	,,
Dowex 2	X 10	100—200	0,09 —0,23	2,7	1,3	30—35	,, ,,	,,
Dowex 2	X 10	200—400	0,05 —0,10	2,7	1,3	30—35	,, ,,	,,
Dowex 3		20— 50	0,30 —0,84	5,5	2,5	35—40	sec. + tert. Amin/Styrol-DVB-Polymerisat	,,
Dowex 4		20— 50	0,30 —0,84	5,6	1,4	55—60	tert. Amin/NH_3-Epichlorhydrin-Kondensat (weiß)	,,
Dowex 11		20— 50	0,30 —0,84	4,0	1,24	55—60	quat. Amin Typ I/Styrol-DVB-Polymerisat, porös	,,
Dowex 21 K		16— 20	0,84 —1,20	4,5	1,2	55—60	,, ,,	,,
Dowex 21 K		20— 50	0,30 —0,84	4,5	1,2	55—60	,, ,,	,,
Dowex 21 K		50—100	0,20 —0,30	4,5	1,2	55—60	,, ,,	,,
Dowex 50	X 8	20— 50	0,30 —0,84	5,2	1,9	50—60	—SO_3^-—/Styrol-DVB-Polymerisat, dunkelbraun	,,
Dowex 50	X 8	50—100	0,23 —0,45	5,2	1,9	50—60	,, ,, ,,	,,
Dowex 50	X 10	20— 50	0,30 —0,84	5,3	2,0	45—55	,, ,, ,,	,,
Dowex 50	X 12	20— 50	0,30 —0,84	5,1	2,3	40—50	,, ,, ,,	,,
Dowex 50	X 16	20— 50	0,30 —0,84	5,1	2,4	35—45	,, ,, ,,	,,
Dowex 50 W	X 1	50—100	0,35 —0,84	5,4	0,4	85—95	—SO_3^-—/Styrol-DVB-Polymerisat, hellgeb	,,
Dowex 50 W	X 2	50—100	0,30 —0,60	5,3	0,9	80—85	,, ,, ,,	,,
Dowex 50 W	X 2	100—200	0,09 —0,20	5,3	0,9	80—85	,, ,, ,,	,,
Dowex 50 W	X 2	200—400	0,16 —0,35	5,3	0,9	80—85	,, ,, ,,	,,
Dowex 50 W	X 4	20—50	0,30 —0,84	5,2	1,3	65—70	,, ,, ,,	,,
Dowex 50 W	X 4	50—100	0,23 —0,46	5,2	1,3	65—70	,, ,, ,,	,,

Tabelle 3 (Fortsetzung)

Bezeichnung	Vernetzungsgrad %	Nominelle Siebzahl mesh	Effektive Korngröße mm	Kapazität äq/kg trocken	Kapazität äq/L feucht	Feuchtigkeit	Austauschende Gruppen und Charakterisierung	Hersteller
Dowex 50 W	X 4	100—200	0,13 —0,27	5,2	1,3	65—70	$-SO_3^-$—/Styrol-DVB-Polymerisat, hellgelb	Dow Chemical Comp. Midland Mich. USA
Dowex 50 W	X 4	200—400	0,07 —0,16	5,2	1,3	65—70	„ „ „	
Dowex 50 W	X 4	minus 400	< 0,08	5,2	1,3	65—70	„ „ „	
Dowex 50 W	X 5	minus 400	< 0,08	5,2	1,5	62—67	„ „ „	„
Dowex 50 W	X 8	20— 50	0,30 —0,84	5,2	1,9	50—60	„ „ „	„
Dowex 50 W	X 8	50—100	0,23 —0,45	5,2	1,9	50—60	„ „ „	„
Dowex 50 W	X 8	100—200	0,11 —0,27	5,2	1,9	50—60	„ „ „	„
Dowex 50 W	X 8	200—400	0,07 —0,13	5,2	1,9	50—60	„ „ „	„
Dowex 50 W	X 8	minus 400	< 0,08	5,2	1,9	50—60	„ „ „	„
Dowex 50 W	X 10	20— 50	0,30 —0,84	5,3	2,0	45—55	„ „ „	„
Dowex 50 W	X 12	20— 50	0,30 —0,84	5,1	2,3	40—50	„ „ „	„
Dowex 50 W	X 12	50—100	0,20 —0,40	5,1	2,3	40—50	„ „ „	„
Dowex 50 W	X 12	100—200	0,09 —0,23	5,1	2,3	40—50	„ „ „	„
Dowex 50 W	X 12	200—400	0,06 —0,11	5,1	2,3	40—50	„ „ „	„
Dowex 50 W	X 12	minus 400	< 0,07	5,1	2,3	40—50	„ „ „	„
Dowex 50 W	X 16	20— 50	0,30 —0,84	5,1	2,4	35—45	„ „ „	„
Dowex 50 W	X 16	50—100	0,20 —0,40	5,1	2,4	35—45	„ „ „	„
Dowex Chelating resin		30— 60	0,3 —0,5			70—80	Iminodiessigsaure/Styrol-DVB-Polymerisat, Chelatbildner	„
Dowex Retardion 11 A 8		50—100	0,20 —0,40			40—50	quat. Amin-Acrylat, selbstregenerierend, Entsalzen von Aminosäuren und Proteinen	„
Duolite A 2		10— 50	0,3 —1,6	8,4	2,3	5—10	sec. Amin-Phenol-Aldehyd-Kondensat	Diamond Alkali Comp., Redwood City Calif. USA
Duolite A 4		10— 50	0,3 —1,6	7,7	2,0	5—10	tert. Amin-Phenol-Aldehyd-Kondensat	
Duolite A 5		10— 50	0,3 —1,6	8,4	2,2	5—10	ähnlich Duolite A 2	
Duolite A 6		10— 50	0,3 —1,6	7,6	2,4	5—10	ähnlich Duolite A 4, höhere Beständigkeit	
Duolite A 7		10— 50	0,3 —1,6	9,1	2,5	5—10	sec. Amin-Phenol-Aldehyd-Kondensat, hohe Kapazit.	„
Duolite A 30 B		10— 50	0,3 —1,6	8,7	2,6	5—10	tert. + quat. Amin-Kondensat (Kugeln)	„
Duolite A 30 T		10— 50	0,3 —1,6	8,9	2,8		tert. Amin/Kondensat (kugelförmiges Korn)	„
Duolite A 40	7	16— 50	0,3 —1,2	3,5	1,4	35—45	quat. Amin Typ II/Styrol-DVB-Polymerisat	„
Duolite A 42	7	16— 50	0,3 —1,2	3,5	1,3	34—45	quat. Amin Typ I/Styrol-DVB-Polymerisat	„
Duolite A 70		16— 50	0,3 —1,6	7,2	2,1	5—10	sec. + tert. Amin-Kondensat, granulär	„
Duolite A 101 D		20— 50	0,3 —1,2	4,2	1,4	45—55	quat. Amin Typ I/Styrol-DVB-Polymerisat	„

Duolite A 102 D		20— 50	0,3 —1,2	4,2	1,4	45—55	quat. Amin Typ II/Styrol-DVB-Polymerisat	,,
Duolite A 114		16— 20	0,3 —1,6	6,2	2,5		sec. + tert. Amin/Styrol-DVB-Polymerisat	,,
Duolite C-3		10— 50	0,3 —1,6	2,9	1,2	5—10	—SO_3^-—/Phenol-Formaldehyd-Kondensat	,,
Duolite C-10		10— 50	0,3 —1,6	2,9	0,3	5—10	—SO_3^-—/Phenol-Formaldehyd-Kondensat poros	,,
Duolite C-20	8	16— 50	0,3 —1,2	5,1	2,2	40—50	—SO_3^-—/Styrol-DVB-Polymerisat (fruher Chempro C-20)	,,
Duolite C-25	5,5	10— 50	0,3 —1,6	5,1	1,7	55—60	—SO_3^-—/Styrol-DVB-Polymerisat, porös, hellfarbig	,,
Duolite C-27		16— 50	0,3 —1,2	5,0	2,1	50—60	—SO_3^-—/Styrol-DVB-Polymerisat, porös	,,
Duolite C-62	6	16— 50	0,3 —1,2	6,0	2,8	5—10	—PHO_2^-—/Phosphinigsäure/Styrol-DVB-Polymerisat	,,
Duolite C-63	6	16— 50	0,3 —1,2	6,6	3,3	5—10	—PO_3^{--}—/Phosphinsäure/Styrol-DVB-Polymerisat	,,
Duolite CS-101	10	16— 50	0,3 —1,2	10,0	3,5	45—55	—CO_2^-—/Acrylsäure-DVB-Polymerisat	,,
Duolite S-10		10— 50	0,3 —1,6			5—10	Kupfer-Adsorbat komplex an Aminharz, Redoxharz	,,
Duolite S-30		16— 50	0,3 —1,2			5—10	sec. + tert. Amin-Phenol-Aldehyd-Konsensat, Entfärbungsharz	,,
Dusarit S		16— 50	0,3 —1,2		0,7		SO_3^-—/Sulfonierte Kohle	Industrielle Mij
Imac A 17		8— 50	0,3 —2,0		2,2		prim. + sec. + tert. + 10% quat. Amin/Kondensat, kugelförm. Korn	Activit, Amsterd.
Imac A 21		2— 40	0,4 —0,8		2,1		tert. Amin/Styrol-DVB-Polymerisat	,,
Imac A 27		8— 50	0,3 —2,0		3,5		prim. + sec. + tert. + quat. I/Kondensationsprodukt	,,
Imac A 33		10— 50	0,3 —1,3		2,0		prim. + sec. + tert. Amin/Polyxylenol Kondensasationsprodukt	,,
Imac C-12	8	16— 50	0,3 —1,2	5,0	2,1	40—50	SO_3^-—/Styrol-DVB-Polymerisat	,,
Imac C-26	8	16— 50	0,3 —1,2	5,0	2,1	40—50	SO_3^-—/Styrol-DVB-Polymerisat (granulär)	,,
Imac S 5—40		20— 40	0,4 —0,8	3,5	2,0	60—65	quat. Amin Typ I/Styrol-DVB-Polymerisat porös	,,
Imac S 5—50		20— 40	0,4 —0,8		1,4		quat. Amin Typ I/Styrol-DVB-Polymerisation poros	,,
Imac Z 5		16— 50	0,3 —1,2	8,0	3,0		—CO_2^-—/Acrylsaure-DVB-Polymerisat	,,
Ionac A-315		20— 50	0,3 —0,84	4,5	1,3	45—55	tert. Amin/Styrol-DVB-Polymerisat, identisch mit Permutit W	American-Zeolite Corp.
Ionac A-540		20— 50	0,3 —0,84	3,7	1,1	50—60	quat. Amin Typ I/Styrol-DVB-Polymerisat	,,
Ionac A-550		20— 50	0,3 —0,84	3,7	1,1	40—50	quat. Amin Typ II/Styrol-DVB-Polym. = Permutit S 2	
Ionac C-240		20— 50	0,3 —0,84	4,8	2,0	45—55	—SO_3^-—/Styrol-DVB-Polym. = Permutit Q	,,
Ionac C-270		16— 50	0,3 —1,2	7,9	3,6	45—55	—CO_2^-—/Styrol-DVB-Polym. = Permutit H-70	,,
Kastel A-100		16— 50	0,3 —1,1	5,0	2,0	55—60	sec. + tert. Amin/Styrol-DVB-Polymerisat	Montecatini Soc.
Kastel A-300		20— 50	0,3 —0,84	3,5	1,0	45—55	quat. Amin Typ II/Styrol-DVB-Polymerisat	Gen. Milano
Kastel C-100		20— 50	0,3 —0,84		1,5	40—50	—CO_2^-—/Acrylsäure-DVB-Polymerisat	,,
Kastel C-300		20— 50	0,3 —0,84		1,4	40—50	—SO_3^-—/Styrol-DVB-Polymerisat	,,
Lewatit CNO		10— 50	0,3 —1,6	4,0	1,5	5—10	CO_2—/Phenol-Aldehyd-Kondensat, granular	Bayerwerke
Lewatit KSN		10— 50	0,3 —1,6	4,0	1,5	45—50	SO_3—/Phenol-Aledhyd-Kondensat, granular	Leverkusen
Lewatit M-500	8	16— 50	0,3 —1,2	4,0	1,4	40—45	quat. Amin Typ I/Styrol-DVB-Polymerisat	,,

Tabelle 3 (Fortsetzung)

Bezeichnung	Vernetzungsgrad %	Nominelle Siebzahl mesh	Effektive Korngröße mm	Kapazität äq/kg trocken	Kapazität äq/L feucht	Feuchtigkeit	Austauschende Gruppen und Charakterisierung	Hersteller
Lewatit M-600	8	16—50	0,3—1,2	3,7	1,2	40—45	quat. Amin Typ II/Styrol-DVB-Polymerisat	Bayerwerke
Lewatit IH 59		16—50	0,3—1,2	6,0	2,0	40—50	tert. Amin/Kondensat, granulär	Leverkusen
Lewatit MN		8—50	0,3—2,0	2,3	0,9	40—45	quat. Amin Typ I/Kondensat, granulär	,,
Lewatit MP 60	8	10—50	0,3—1,5	6,3	2,5	45—50	tert. Amin/Styrol-DVB-Polymerisat, Kugeln	,,
Lewatit MP 500	8	16—50	0,3—1,5	4,0	1,4	45—50	quat. Amin Typ I/Styrol-DVB-Polymerisat, porös	,,
Lewatit MP 600	8	16—50	0,3—1,5	3,7	1,2	45—50	Amin Typ II/Styrol-DVB-Polymerisat, porös	,,
Lewatit S 100	8,5	20—50	0,3—1,0	4,75	2,5	40—45	$—SO_3^-$—/Styrol-DVB-Polymerisat	National Alumi-
Lewatit S 115	15	20—50	0,3—1,0	4,6	2,4	40—45	$—SO_3^-$—Styrol-DVB-Polymerisat stark vernetzt	nate Corp. Chicago
Nalcite HCR	8	20—50	0,30—0,84	5,2	1,9	50—60	$—SO_3^-$—/Styrol-DVB-Polymerisat = Dowex 50 × 8, 20—50 mesh	,,
Nalcite HDR	12	20—50	0,3—0,84	5,1	2,3	40—50	$—SO_3^-$—/Styrol-DVB-Polymerisat = Dowex 50 × 12, 20—50 mesh	,,
Nalcite HGR	10	20—50	0,3—0,84	5,3	2,0	45—55	$—SO_3^-$—/Styrol-DVB-Polym. = Dowex 50 × 10, 20—50 mesh	,,
Nalcite HCR-W	8	20—50	0,3—0,84	5,2	1,9	50—60	$—SO_3^-$—/Styrol-DVB-Polymerisat = Dowex 50 W	,,
Nalcite MCR	4	20—50	0,3—0,84	5,2	1,3	65—70	$—SO_3^-$— Styrol-DVB-Polym. = Dowex 50 × 4, 20—50 mesh	,,
Nalcite SAR	8	20—50	0,3—0,84	3,6	1,4	35—40	quat. Amin Typ II/Styrol-DVB, = Dowex 2 X 8, 20—50 mesh	,,
Nalcite SBR	8	20—50	0,3—0,84	3,5	1,4	40—45	quat. Amin Typ I/Styrol-DVB, = Dowex 1 × 8, 20—50 mesh	,,
Nalcite SBR-P		20—50	0,3—0,84	4,5	1,2	55—60	quat. Amin Typ I/Styrol-DVB = Dowex 21 K	,,
Nalcite WBR		20—50	0,3—0,84	5,5	2,5	35—40	sec. + tert. Amin/Styrol-DVB, = Dowex 3	,,
Nalcite WGR		20—50	0,3—0,84	5,6	1,4	56—60	prim. + sec. + 90% tert. Amin/NH_3-Epichlorhydrin Kond. = Dowex 4	,,
Permutit A		20—50	0,3—0,84	8,0	2,0	2—5	tert. + quat. Amin I/Phenol-Aldehyd-Kondensat	Permutit Comp., New York, USA
Permutit C		16—50	0,3—1,2	9,0	4,0	45—55	$—CO_2^-$—/Acrylsäure-DVB-Polymerisat	Permutit AG, Berlin
Permutit CCG		20—50	0,3—0,84	6,6	1,9	5—10	sec. + tert. Amin/Phenol Aldehyd-Kondensat	Permutit Comp.,
Permutit DR		20—50	0,3—0,84			60—70	Amin-Kondensationsprodukt, Entfärbungsharz	New York, USA
Permutit E		10—50	0,3—1,6	6,0	2,0	50—60	sec. + tert. Amin/Phenol-Aldehyd-Kondensat	Permutit AG,
Permutit ES	8	16—50	0,3—1,2	3,2	1,3	45—55	quat. Amin Typ II/Styrol-DVB-Polymerisat	Berlin
Permutit ES-26		16—50	0,3—1,2	3,2	1,3	50—60	quat. Amin Typ II/Styrol-DVB-Polymerisat, porös	,,

Permutit ESB	8	16— 50	0,3 —1,2	3,2	1,3	45—55	quat. Amin Typ I/Styrol-DVB-Polymerisat	
Permutit ESB-26		16— 50	0,3 —1,2	3,3	1,4	50—60	quat. Amin Typ I/Styrol-DVB-Polymerisat, porös	„
Permutit Folin		60— 80	0,2 —0,3	1,37	0,53	40—50	Natriumaluminiumsilikat, synthetisch, gereinigt,	„
Permutit G							für NH_3-Adsorption, 10 mg N/g	„
Permutit H-53		20— 50	0,3 —0,84	1,6	0,56	14—18	—SO_3^-—/Sulfonierte Kohle	„
Permutit H-70	2,5	16— 50	0,3 —1,20	7,9	3,6	45—55	—CO_2^-—/Acrylsäure-DVB-Polymerisat	Permutit Comp., New York
Permutit RS	8	20— 50	0,3 —0,84	5,5	2,4	45—55	—SO_3^-—/Styrol-DVB-Polymerisat	Permutit AG,
Permutit RS-120	12	20— 50	0,3 —0,84	5,4	2,1	40—50	—SO_3^-—/Styrol-DVB-Polymerisat stärker vernetzt	Berlin
Permutit RS-150	15	20— 50	0,3 —0,84	5,2	2,1	35—45	„ „ „ „ stark vernetzt	„
Permutit S-1	8	20— 50	0,3 —0,84	3,7	1,1	50—60	quat. Amin Typ II/Styrol-DVB-Polymerisat	Permutit Comp.,
Permutit S-2	8	20— 50	0,3 —0,84	3,7	1,1	40—50	quat. Amin Typ II/Styrol-DVB-Polymerisat	New York
Permutit S-53		16— 20	0,3 —1,2	1,6	0,8		—SO_3^-— und —CO_2^-—/Phenol-Kondensat	Permutit AG, Berlin
Permutit SK		20— 50	0,3 —0,84	4,3	1,4	45—55	quat. Amin/Vinylpyridin-Polymerisat	Permutit Comp.,
Permutit SKB		10— 20	0,84 —1,6	4,3	1,4	45—55	„ „ „	New York
Permutit T		80— 80	0,2 —0,3	1,37	0,53	40—50	Natriumaluminiumsilikat, synth. für Thiamin-adsorption	Permutit AG, Berlin
Permutit W	8	20— 50	0,3 —0,84	4,5	1,3	45—55	tert. Amin/Styrol-DVB-Polymerisat	Permutit Comp., New York
Serdolit	8	16— 50	0,3 —1,2	2,1	0,6	45—55	Mischharz, quat. Amin + Sulfonat, gefärbt, antistatisch	Serva-Heidelberg
Serdoxit	8	20— 50	0,3 —0,84	1,0	0,4	45—55	Indigodisulfonatan quat. Amin Typ I, Redoxharz	„
Wofatit CN		20— 50	0,3 —1,5	2,0	0,7	40—50	—CO_2^-—/Phenolkondensationsprodukt	VEB Farben-
Wofatit CP		16— 50	0,3 —1,0	4,5	1,0	60—70	—CO_2^-—/Acrylsäure-Polymerisat (früher CP 300)	fabrik Wolfen
Wofatit F		10— 50	0,3 —1,5	2,9	1,1	15—25	—SO_3^-—/Phenol-Aldehyd-Kondensat	„
Wofatit KPS	8	10— 50	0,3 —1,2	4,5	2,0	45—55	—SO_3^-—/Styrol-DVB-Polymerisat (früher KPS 200)	„
Wofatit MBJ		16— 50	0,3 —1,3				Mischbettaustauscher niedr. porös, Ionensiebwirkg.	„
Wofatit SBW		16— 50	0,3 —1,2	3,5	1,0		quat. Amin Typ I/Styrol-DVB-Polymerisat	„
Wofatit L-150		16— 50	0,3 —1,5	10,0	2,9		tert. + quat. Amin/Kondensationsprodukt	„
Wofatit L 165		10— 50	0,3 —1,5	8,0	2,6		tert. + quat. Amin/Kondensationsprodukt	„
Wofatit MBW		16— 50	0,3 —1,3		0,3	45—55	Mischharz Wofatit KPS + SBW 1 : 2	„
Wofatit MD		10— 50	0,3 —1,5	5,7	2,0		prim. + sec. Amin/Phenylendiaminkondensat	„
Wofatit N		10— 50	0,3 —1,5	4,3	1,7		sec. + tert. Amin/Styrol-DVB-Polymerisat	„
Wofatit P		10— 50	0,3 —1,5	1,9	0,35		—SO_3^-—/Phenol-Formaldehyd-Kondensat	„
Zeocarb 216		16— 50	0,3 —1,2	2,5	1,1	40—50	—CO_2^-—/Phenolkondensationsprodukt	Permutit Comp.,
Zeocarb 226	2,5	16— 50	0,3 —1,2	10,0	3,5	45—55	—CO_2^-—/Acrylsäure-DVB-Polymerisat	London
Zeocarb 215		16— 50	0,3 —1,2	2,6	0,9	10—20	—SO_3^-—/Phenol-Aldehyd-Kondensat	„
Zeocarb 225	8	16— 50	0,3 —1,2	4,8	2,1	45—55	—SO_3^-—/Styrol-DVB-Polymerisat	„
Zerolite							vgl. entsprechende Zeocarb-Typen	United Water Softeners Ltd., London

Tabelle 4. **Vergleichende Typenübersicht der in der westlichen Hemisphäre gebräuchlichen kommerziellen Ionenaustauscher**

stark sauer Kernsulfonierte Styrol-DVB-Polymerisate			schwach sauer	schwach basisch		stark basisch Styrol-DVB-Polymerisate mit quaternären Ammonium-Gruppen			Hersteller (Vertriebsorganisation)
hoch vernetzt	normal vernetzt	niedrig vernetzt	Polyacrylat-DVB-Polymerisate	Styrol-DVB Polymerisate	Phenol-Formaldehyd-Amin-Kondensate	Typ I standard	Typ I porös	Typ II standard	
	Allassion CS	Allassion CS AD				Allassion Au.-217		Allassion AQ-227	Dia-prosim, Vitry-sur-Seine, Frankreich
Amberlite IR-122 Amberlite IR-124	Amberlite IR-120 Amberlite 200	Amberlite XE-100	Amberlite IRC-50 Amberlite XE-89	Amberlite IR-45	Amberlite IR-4B	Amberlite IRA-400	Amberlite IRA-401 Amberlite IRA-402	Amberlite IRA-410	Rohm & Haas Comp., Philadelphia 5, Pa
Dowex 50 X 10 Dowex 50 X 12	Dowex 50 X 8 Dowex 50 W X 8	Dowex 50 X 4	—	Dowex 3	Dowex 4	Dowex 1	Dowex 1 X 4 Dowex 21 K Dowex 11	Dowex 2	Dow Chemical Comp., Midland Mich.
Nalcite HGR Nalcite HDR	Nalcite HCR Nalcite HCR (White)	Nalcite MCR		Nalcite WBR	Nalcite WGR	Nalcite SBR	Nalcite SBR, porös	Nalcite SAR	Nalco Chemical Comp., Chicago, Ill.
Duolite C-20 X 10 Duolite C-20 X 12	Duolite C-20	Duolite C-25 Duolite C-27	Duolite CS-101	Duolite A-114	Duolite A-4, A-7, Duolite A-70, A-30 T	Duolite A-42	Duolite A-101 D	Duolite A-102 D Duolite A-40	Diamond Alkali Comp., Redwood City, Calif.
	Imac C-12	Imac C-26	Imac Z 5	Imac A 20, 21	Imac A-17		Imac S-5—40	Imac S-5—50	Industrielle Maatschappij Activit, Amsterdam, Holland
	Kastel C-300			Kastel A-100			Kastel A-300		Montecatini Soc. Gen., Milano, Italien
Lewatit S-115	Lewatit S-100	—		Lewatit MP 60	Lewatit MIH	Lewatit M-500	Lewatit MP-500	Lewatit M-600	Farbenfabriken Bayer AG. Leverkusen, B. R. Deutschld.
Permutit RS-120 Permutit RS-150	Permutit RS	—	Permutit C	Permutit EM	Permutit E, E 7 G	Permutit ESB	Permutit ESB-26	Permutit ES-26	Permutit AG., Berlin-Schmargendorf

	Permutit Q	Permutit Q, 4% cross-linked	Permutit H-70	Permutit W	Permutit CCG	Permutit S-1		Permutit S-2	Permutit Comp., New York 36, USA
	Ionac C-240		Ionac C-270	Ionac A-315	Ionac A-260 Ionac A-330	Ionac A-540		Ionac A-550	Ionac Co. Ltd., New York 36
	Relite CF	Relite CFS				Relite 2 A	Relite 2 AS		Resindion s. p. a., Milano, Italien
	Wofatit KPS	—	Wofatit CP	Wofatit N	Wofatit MD	Wofatit SWB			VEB Farbenfabriken Wolfen
Zeocarb-225 X 12	Zeocarb-225 Zerolite-225	Zeocarb-225 X 4 Zerolite-225 X 4	Zeocarb-226 Zerolite 226	Deacidit G, H Zerolite G, H	Deacidite E Zerolite E	Deacidite FF Zerolite FF	Deacidite FF Zerolite FF slight crosslinked		Permutit Comp. Ltd., London W 4, (United Water Softeners Ltd., London W 4) England

B. Hinweise zur Verwendung von Ionenaustauschern im Laboratorium

1. Anwendung im batch-Verfahren

Man gibt den Austauscher unter leichtem Rühren in die zu behandelnde Salzlösung,

a) wenn eine dosierte Umsetzung bezweckt wird. *Beispiel:* Neutralisation eines Proteinhydrolysates bis auf p_H 4 mittels eines schwach basischen Anionenaustauschers.

b) bei Umsetzungen in heterogener Phase oder in hochviskosen Lösungen. *Beispiel:* ATP-Ba-Salz oder Phenolphthaleinglucuronid-Cinchonidin-Salz, welche in Wasser schwer löslich sind, werden durch gelindes Rühren mit der 10fach äquivalenten Menge eines stark sauren Kationenaustauschers in der H^+- oder Na^+-Form in die entsprechenden löslichen freien Säuren oder in die Na-Salze umgewandelt.

2. Umsetzungen an der Säule

Das Haupteinsatzgebiet der Ionenaustauscher überhaupt sind Umsetzungen in stark verdünnten Lösungen an der Säule. Man wählt folgende Bedingungen:

Der Säulendurchmesser soll größer als 50 Harzkörner sein.

Das Verhältnis Säulenlänge zu Säulendurchmesser soll 4 : 1 bis 10 : 1 sein.

Durchlaufgeschwindigkeiten vgl. Tab. 5, S. 823.

Die umzusetzenden Salzlösungen sollen verdünnter als 0,1 m sein.

Die Harze müssen gut gereinigt sein, entweder durch zweimalige Überführung von der OH^-- in die H^--Form und zurück, oder man verwendet analysenreine Harze, welche von mehreren Herstellern geliefert werden.

Beispiele:

a) Umtausch eines schwierig zu bestimmenden Ions in ein leicht zu bestimmendes für analytische Zwecke. — Ein Gemisch von Natriumsalzen wird an einer Säule von stark saurem Kationenaustauscher in der H^--Form in das Gemisch der freien Säuren übergeführt, welche titriert werden.

b) Herstellung CO_2-freier Laugen mit genauem Titer. Eine 0,1 m KCl-Lösung wird durch einen stark basischen Anionenaustauscher Typ II in der OH^--Form in die Lösung des Hydroxydes überführt. Wenn bei der Herstellung der OH^--Form unter Fernhaltung der

Luft gearbeitet wird (Harz stets mit Wasser bedeckt), so enthält die Lauge kein Carbonat, weil Typ II Harze bevorzugt OH^- binden.

c) Herstellung neuer Salze oder schwer zugänglicher Salze. Zum Beispiel Silberperchlorat — nicht UV absorbierend — kann aus stark saurem Kationenaustauscher in der Ag^+-Form durch Austausch mit 0,1 n Na-Perchlorat oder 0,1 n Perchlorsäure erhalten werden.

d) Entsalzen mit Mischbettaustauschern. 1 Volumteil stark saurer Kationenaustauscher H^+-Form und 2 Volumteile stark basischer Anionenaustauscher OH^--Form werden in 2 Säulen hintereinandergeschaltet oder (noch wirksamer) vermischt. Die Kationen werden gegen H^+ ausgetauscht, die Anionen gegen OH^-, welche zu H_2O zusammentreten. Das Wasser entspricht mindestens einem Bidestillat. Es gibt auch Mischbettaustauscher mit Indikatoren (Amberlite MB 1, Serdolit).

e) Entsalzen durch Ionenverzögerung. 30 g Retardion 11 A 8 werden mit 5 ml 5% NaCl, p_H 7 beladen, Aminosäuren, Proteinhydrolysat usw. enthaltend. Die neutralen Bestandteile erscheinen sofort im Eluat, wenn mit Wasser nachgewaschen wird, das NaCl kommt später. Nach gehörigem Waschen mit Wasser ist die Säule wieder verwendungsbereit. Vorteil: die Lösung wird nicht verdünnt.

3. Chromatographie (fraktionierte Umsetzungen) an der Säule

Die Arbeitsbedingungen sind ähnlich wie unter Ziff. 2 genannt; die Säulenlänge geht bis zum 150fachen des Durchmessers, bei entsprechender Herabsetzung der Elutionsgeschwindigkeit.

Es können nur ionisierte Verbindungen chromatographiert werden, oder solche, welche durch einen Kunstgriff ionisiert werden können (Boratkomplexe der Zucker [*1*]).

Die Fraktionierung kann erfolgen:

a) auf Grund sterischer Faktoren, z. B. Ionenradien. Voraussetzung ist eine sterisch geregelte Anordnung im Austauscher („Spezifität"), bei synthetischen Ionenaustauschern mangelhaft, bei anorganischen Austauschern mit Kristallstruktur ausgeprägt, welche z. B. zur Trennung von Alkalimetallen, Erdalkalien usw. hervorragend geeignet sind (Bio-Rad-Austauscher);

b) auf Grund von unterschiedlichen Dissoziationskonstanten schwacher Elektrolyte, Ampholyte und Komplexe (Aminosäuren [*2, 3*], Nucleotide [*4*], Proteine [*3*], seltene Erden [*5*]).

Die Elution kann erfolgen:

a) ohne Ändern der Zusammensetzung des Elutionsmittels. Beispiel: Hämoglobin, Lysozym, Ribonuclease an Amberlite IRC-50 [*3*] (Amberlite XE 64);

b) mit kontinuierlicher Änderung der Zusammensetzung des Eluens, für komplizierte Gemische weit verschiedener Komponenten. *Beispiel:* Nucleotide [*6*] an Dowex 1, Serumproteine an DEAE-Cellulose [*3*];

c) mit diskontinuierlicher Änderung des Elutionsmittels. Das Verfahren hat besondere Vorteile, da die einzelnen Komponenten stets in hoher Konzentration an definierter Stelle im Eluat erscheinen. Es handelt sich oft nicht mehr um eine Chromatographie sensu stricto, sondern um eine fraktionierte Elution; bei dem einen Lösungsmittel ist die Substanz noch praktisch vollständig an den Austauscher gebunden, beim nächsten Elutionsmittel wird sie vollständig abgelöst. *Beispiel:* Elution der Nucleotide von Dowex 1 [*4*], Elution der Serumproteine von DEAE-Cellulose [*3*].

4. Ionenaustausch-Extraktion mit „Flüssigen Ionenaustauschern"

Zur Extraktion von organischen Säuren, welche in großem Überschuß in Lösungen von Neutralsalzen und von nichtionischen oder amphoteren Verbindungen vorhanden sind, eignet sich Amberlite LA 2, 10% in Chloroform oder

Tab. 5. gibt die Bedingungen, unter denen im Labormaßstab Ionenaustauscher von einer Form in die andere übergeführt werden. Da es hier darauf ankommt, nicht die gelösten Ionen, sondern den Ionenaustauscher möglichst quantitativ umzuwandeln, wird mit einem erheblichen Überschuß an betreffendem Reagens gearbeitet.

Tabelle 5. **Umsetzungen der Ionenaustauscher**

Ionenaustauscher	Umsetzung	Reagens	Vol Reagens/ Vol Harz	Durchlauf-geschwindigkeit cm/min[1]	Vol Spülwasser/ Vol Harz	Probe auf Beendigung des Spülens
Stark sauer, Sulfonsäure-Kationen-austauscher	Na^+—H^+ („Regeneration")	2 n HCl	5	2	6	$p_H > 5$
	H^+—Na^+	1 n NaCl, 1 n NaOH	5	2	6	Cl^- negativ
	Ca^{++}—Na^+	2 n NaCl	5	2	6	Cl^- negativ
Schwach sauer, Phosphonsäure-Kationenaustauscher	Na^+—H^+	1 n HCl	3	1	8	$p_H > 5$
	H^+—Na^+	1 n NaOH	3	2	8	$p_H < 9$
Schwach sauer, Carbonsäure-Kationenaustauscher	Ca^{++}—H^+ („Regeneration")	0,5 n HCl	4	1	15	$p_H > 5$
	Ca^{++}—Na^+	1 n NaCl	10	1	15	Cl^- negativ
	H^+—Na^+	2 n NaOH	8	1	15	$p_H < 8$
Schwach basisch, tert. Amin-Anionen-austauscher	Cl^+ — freies Amin	1 n Na_2CO_3, 1 n NH_3	8	1	10	$p_H < 8$
	freies Amin —Cl^-	1 n HCl	3	1	4	$p_H > 6$
Stark basisch, quat. Amin Typ I	Cl^-—OH^- („Regeneration")	2 n NaOH	8	2	8	$p_H < 9$
	OH^-—Formiat$^-$	2 n Ameisensäure[2]	5	2	6	$p_H > 5$, $E_{260} < 0{,}01$ [2]
	Cl^-—Formiat$^-$	über OH^--Form				
Stark basisch, quat. Amin Typ II	Cl^-—OH^-	2 n NaOH	5	2	10	$p_H < 9$
	Cl^-—NO_3^-	1 n $NaNO_3$	4	2	6	Na-Flamme negativ
Dowex Chelating Resin A 1	Cu^{++}—H^+	1 n HCl	4	1	6	$p_H > 5$
Dowex Retardion 11 A 8	Na^+Cl^-— selbstregeneriert	H_2O	20	2		Cl^- negativ
	H^+Cl^-— selbstregeneriert	2 n NaOH, dann H_2O	6	2		
			20	2		$p_H < 9$
Serdoxit Elektronenaustauscher	Oxy-Leuco	5% Natrium-dithionit	5	2	6	Na-Flamme negativ

[1] Durchlaufgeschwindigkeit gilt für feinkörnige Harze (< 0,3 mm). Für Standardkörnung (0,3—1,0 mm) ist 1/4 der Durchlaufgeschwindigkeit empfehlenswert. Spülgeschwindigkeit = Durchlaufgeschwindigkeit des Reagens.

[2] Läßt sich $E_{260} = 0{,}01$ nicht erreichen, dann muß ggf. mit 50—100 Vol Säure bei 0,1 cm/Min. gewaschen werden.

Petroläther gelöst. Als flussiger Kationenaustauscher kommt Di-(Äthylhexyl)-phosphat in Betracht, ebenfalls 10% in Petroläther.

5. Regeneration von Mischbettaustauschern

Der Regeneration muß die Entmischung vorausgehen. Man übergießt dazu das Gemisch mit dem gleichen Volum Wasser und gibt dann langsam 50%ige Natronlauge zu bis der Anionenaustauscher auf der Lauge schwimmt. Man gießt ihn auf eine Nutsche mit Glasfaserpapier ab, wäscht mit 2 Vol 2 n NaOH nach und wäscht mit destilliertem oder entmineralisiertem Wasser neutral. Der Kationenaustauscher wird trockengesaugt, die Lauge fortgewaschen und nach Tab. 5 regeneriert.

[1] *Khym, J. X., P. Zill* u. *W. E. John:* Ion Exchangers in Organic and Biochemistry, S. 392ff. New York 1957.
[2] *Spackman, D. H., W. H. Stein* u. *S. Moore:* Anal. Chem. **30**, 1190 (1958).
[3] *Sober, H. A.,* u. *E. A. Peterson:* Ion Exchangers in Organic and Biochemistry, S. 318ff. New York 1957.
[4] *Cohn, W. E:* Ion Exchangers in Organic and Biochemistry, S. 345ff. New York 1957.
[5] *Spedding, F. H., J. E. Powell* u. *E. J. J. Wheelwright:* J. Amer. chem. Soc. **76**, 2557 (1954).
[6] *Hurlbert, R. B.,* u. *V. R. Potter:* J. Biol. Chem. **203**, 1, 23 (1954).

Tabelle 6. **Umrechnungstabelle verschiedener auf dem Gebiet des Ionenaustausches vorkommender Einheiten**
(Charakterisierung und Betriebsdaten von Ionenaustauschern)

US-Einheiten	Metrische Einheiten Labor	Metrische Einheiten Technik	Bedeutung
1 lb/ft^3 62,5 lb/ft^3	0,016 g/ml 1,0 g/ml	0,016 kg/L 1,0 kg/L	Spez. Gewicht, auch Regeneriermittelbedarf pro Harzvolum
1 gal/ft^3 7,44 gal/ft^3	0,134 ml/ml 1,0 ml/ml	0,134 L/L 1,0 L/L	Spülwasserbedarf pro Harzvolum
1 gal/ft^2/min 0,246 gal/ft^2/min 0,417 gal/ft^2/min	4,07 cm/min 1,0 cm/min 1,7 cm/min	2,4 m/h 0,59 m/h 1,0 m/h	Durchflußgeschwindigkeit
1 Kilograin $CaCO_3/ft^3$ 21,8 Kilograin $CaCO_3/ft^3$ 0,83 Kilograin $CaCO_3/ft^3$	0,046 mval/ml 1,0 mval/ml 0,0345 mval/ml	1,3 g CaO/L 28,0 g CaO/L 1,0 g CaO/L	Austauschkapazität pro Volum feuchtes Harz

Tabelle 7. **Verschiedene Härteeinheiten des Wassers**

	mg CaO/L (ppm)	Deutsche Härtegrade dH°	Grains $CaCO_3$ per US gal	Grains $CaCO_3$ per Brit. Gal (Clark grade)	Französische Härtegrade fH°
1 mg CaO/L (ppm)	–	0,10	0,103	0,138	0,178
1 Deutscher Härtegrad dH°	10,0	–	1,044	1,24	1,78
1 Grain $CaCO_3$ per US gal	9,6	0,958	–	1,20	1,71
1 Grain $CaCO_3$ per Brit. gal (Clark Grad)	7,95	0,80	0,829	–	1,43
1 Französischer Härtegrad fH°	5,6	0,56	0,583	0,70	–

VI. Papierchromatographie

Von **A. Wacker** und **L. Träger**, Frankfurt/Main

Inhalt: A. Register der in den R_f-Wert-Tabellen aufgefuhrten Verbindungen. — B. R_f-Wert-Tabellen S. 842. — C. Solventien zur Papierchromatographie S. 885. — D. Nachweisverfahren S. 890.

Literatur. [*1*] *Cramer, F.*: Papierchromatographie, Weinheim 1954. — *Rauen, H. M.*: Chromatographie. in Hoppe-Seyler/Thierfelder, 1. Teil. S. 245ff., Berlin/Göttingen/Heidelberg 1953. — *Waldi, D.*: Chromatographie, Darmstadt 1958. — *Hais, I. M.*, u. *K. Macek*: Handbuch der Papierchromatographie, VEB Gustav Fischer Verlag Jena 1958. — *Reio, L.*: J. of Chromatography **4**, 458 (1960). — *Edwards, E. H., E. L. Gadsen, L. P. Carter* u. *G. A. Edwards*: J. of Chromatography **2**, 188 (1959). — [*2*] *Neher, R.*: Chromatographie von Sterinen, Steroiden und verwandten Verbindungen, Elsevier Publishing Comp., Amsterdam.

Vorbemerkungen. Jedes Papierchromatogramm wird gekennzeichnet durch Startpunkt, Position des Fleckes (Mittelpunkt) und Solvensfront. Damit der Fleck um *a* wandert, muß das Solvens bis *c* wandern, und es ergibt sich als relative Wanderung auf dem Chromatographiepapier:

$$R_F = a/c.$$

Die in den folgenden Tabellen aufgeführten R_F-Werte stellen nur Richtwerte dar, da die Reproduzierbarkeit von vielen Faktoren abhängt, deren genaue Einhaltung oft schwierig ist (Raumtemperatur für den Verteilungskoeffizienten, Art des Chromatographiepapieres, Laufrichtung und Laufstrecke). Die Werte dienen in erster Linie als Angabe der Trennbarkeit von Substanzgruppen in den betreffenden Lösungsmittelsystemen. Üblicherweise müssen Substanzen mit R_F-Wert-Differenzen kleiner als 0,15 in weiteren Systemen rechromatographiert werden, falls eine Trennung erwünscht ist.

Zum Studium der Theorie der Papierchromatographie, Wahl und Behandlung des Papiers, Abschätzung des R_F-Wertes sowie zur Auswahl der Lösungsmittelsysteme bei Verbindungen mit vorwiegend hydrophilen oder hydrophoben Gruppen usw. sei auf verschiedene Übersichtsarbeiten und Monographien verwiesen ([*1*], s. oben). Für die Chromatographie von Sterinen, Steroiden und verwandten Verbindungen ist es ratsam, spezielle Literatur heranzuziehen. Dafür läßt sich u. a. die gleichnamige Methodensammlung von *R. Neher* ([*2*], s. oben) empfehlen.

A. Register der in den R_F-Wert-Tabellen aufgeführten Verbindungen

Substanz	Lfd. Nr.	Substanz	Lfd. Nr.
Acacetin	1572	N-Acetyl-acetylphospholipid	237
Acacetin-7-rhamnoglucosid	1604	O-Acetyladenin-1-N-oxyd	709c
Acedicon	1471	N-Acetyl-S-benzyl-L-cystein	175
Acetaldehyd	937	3'-O-Acetyl-bromuracildes-	
Acetalphospholipid	232	oxyribosid	629
o-Acetamidophenol	1026	5'-O-Acetyl-bromuracildes-	
m-Acetamidophenol	1023	oxyribosid	630
p-Acetamidophenol	1022	N-Acetyl-S-butyl-L-cystein	170
Aceton	946, 991		
9-Acetonylxanthopterin	1541	Acetylcholin	221
Acetophenon	969	Acetylcholinhydrojodid	225
m-Acetovanillon	1112	Acetyldigitoxin α	1432
Acetoveratron	966	Acetyldigitoxin β	1433
Δ^5-3β-Acetoxy-androsten-16-on	1233	Acetyldigoxin α	1425
1-Acetyl-3-acetonyl-indol	352	Acetyldigoxin β	1427

Substanz	Lfd. Nr.
N-Acetyl-L-α-distearoyl-kephalin	236
Acetylgitoxin α	1428
Acetylgitoxin β	1429
N-Acetyl-glucosamin	429
1-(1-Acetyl-3-indolyl)-buten-1-on-3	353
1-Acetyl-3-indolylessigsäure	357
O-Acetyl-2-methyladenin-1-N-oxyd	709 d
Acetyl-β-methylcholin	226
N-Acetyl-S-(2,3,5,6-tetra-chlorphenyl)-L-cystein	171
3'-O-Acetyl-thymidin	627
5'-O-Acetyl-thymidin	628
Acetyltryptophan	367
Acetylyohimbylalkohol	1317
Aconitin	1329
Aconitsäure	724
Acrolein	938
Adenin	529, 591 a, 601, 709 m, 1858
Adenincyanocobamid	1863
Adenindesoxyribosid	619
Adenindesoxyribosid-5'-monophosphat	664
Adenin-1-N-oxyd	589, 709 a
Adenosin	591 b, 608, 633, 709 m, 1859
Adenosindiphosphat	655
Adenosin-5'-diphosphat-1-N-oxyd	709 k
Adenosin-2'-monophosphat	643
Adenosin-3'-monophosphat	644, 1861
Adenosin-2',3'-cycl.phosphat	645
Adenosin-5'-monophosphat	646, 1860
Adenosin-2'(3')-monophos-phat-1-N-oxyd	709 h
Adenosin-5'-monophosphat-1-N-oxyd	709 i
Adenosin-1-N-oxyd	590, 614, 709 f
Adenosintetraphosphat	659 a
Adenosintriphosphat	659, 1850
Adenylsaure s. Adenosin-monophosphat	
Adipinsäure	717
Adonit	456
Adrenalin	190
Adrenochrom	368
Adrenosteron	1219
Agmatin	193
Ajmalicin	1310
Ajmalin	1304
α-Alanin	1, 756
β-Alanin	2, 761, 1852
Alanylalanin	66
Alanylalanyl-L-cystin	106
L-Alanyl-L-α-aminobutter-säure	72
Alanylglycin	61
D-Alanylglycylglycin	97
L-Alanylglycylglycyl-L-alanylglycylglycin	129
Alanylleucin	119
L-Alanyl-L-norvalin	78
Alanylphenylalanin	85
Aldehyde	936—974
Aldosteron	1209
Alkaloide	1260—1405, 1467—1485
Alkamin	1353
Alkohole	856—917
Allobarbital	393
Allomethylose	435
Allose	433
Allulose	447
Allylalkohol	858
Allylamin	209
5-Allyl-5-phenyl-barbitur-säure	394
Altromethylose	444
Altrose	441
α-Amanitin	176
β-Amanitin	177
Ameisensäure	728
Amicetin	1786
Amine	179—216
α-Amino-adipinsaure	802
Aminoantipyrin	373
Aminoaromaten	1114—1143
o-Aminobenzoesaure	1133
m-Aminobenzoesäure	1134
p-Aminobenzoesäure	1135, 1873
α-Aminobuttersäure	3, 757
β-Aminobuttersäure	768
γ-Aminobuttersäure	4, 762
ε-Aminocapronsäure	763
α-Aminocaprylsäure	5, 57, 760
ω-Aminocaprylsäure	764
2-Amino-6,9-dihydroxy-pteridin-8-aldehyd	1551
Aminofolsaure	1565
α-Amino-n-heptylsäure	56
2-Amino-6-hydroxy-8-(2',3'-dioxypropyl)-pteridin	1560
2-Amino-6-hydroxy-8-oxy-methyl-pteridin	1553
2-Amino-6-hydroxy-pteridin	1554
2-Amino-6-hydroxy-pteridin-8-aldehyd	1557
2-Amino-6-hydroxy-pteridin-8-carbonsaure	1556
2-Amino-6-hydroxy-pteridin-9-carbonsäure	1555
2-Amino-6-hydroxy-8-tetra-oxybutyl-pteridin	1559
2-Amino-6-hydroxy-8-trioxy-propyl-pteridin	1558
α-Amino-iso-buttersaure	6, 765
6-Amino-10-methylpteroin-saure	1566
4-Amino-5-methyl-uracil	540
5-Amino-1-methyl-uracil	538
5-Amino-4-methyl-uracil	539
6-Amino-nicotinsäureamid	293
5-Amino-orotsaure	565
o-Aminophenol	1021, 1127
m-Aminophenol	1020, 1128
p-Aminophenol	1019, 1129
Aminophenole	1019—1027
α-Amino-pimelinsaure	803
1-Aminopropan-2-ol	216 a
Aminopterin	1565
2-Aminopurin	579
6-Aminopurin	529, 601, 1858

Substanz	Lfd. Nr.
2-Bromcapronsäure	787
5-Bromcytosin	553
5-Bromdesoxyuridin	626
5-Bromdesoxyuridin-5'-monophosphat	671
5-Bromdesoxyuridyl-(3'-5')-5 bromuracildesoxyribosid	692
Bromessigsäure	821
4-(oder 5-)Bromimidazol	310
2-Brompropionsaure	784
3-Brompropionsäure	826
3-Bromtyrosin	161
5-Bromuracil	548
5-Bromuracildesoxyribosid	626
5-Bromuridin	615
5-Bromuridin-5'mono-phosphat	672
2-Bromvaleriansaure	786
Brucin	1323
Bulbocapnin	1281
BUpBU	692
1-Butanol	863, 875, 881
2-Butanol	861, 874
Butanolamide von Lyserg-saure	1413—1420
1,2,4-Butan-triol	906
Butazolidin	375
Butein	1706
Butin	1682
Butoform	1466
Buttersaure	731
n-Butylamin	182
S-Butyl-L-cystein	169
t-Butyldiperterephthalat	1505
1,3-Butylenglykol	912
2,3-Butylenglykol	913
t-Butylperbenzoat	1488
t-Butylperoxymaleinsaure	1512
p-Butylphenol	1017
n-Butyraldehyd	941
n-Butyrylcholin	222
Cadaverin	195, 403
Cancerogene	1774—1783
Cannabiscitrin	1649
Caprinsaure	737
Capronsaure	733
Caprylsäure	735
Capsaicin	1264
Carbaminoylcholin	228
Carbazol	1774
2-Carboxy-3-indolylessigsaure	358
β-(2-Carboxy-3-indolyl)-propionsaure	359
Cardenolide	1421—1447
Cardiazol	406
D-Catechin	467, 1050, 1654
Cathin	1263
Cellobiose	423
Cephaelin	1282
Cetylalkohol	901
Cevacin	1354
Cevadin	1328
Cevagenin	1384
Chalcone	1706—1722

Substanz	Lfd. Nr.
Chamazulen	1808
Chelerythrin	1351
Chelilutin	1352
Chelirubin	1348
Chenodesoxycholsaure	1252
Chinidin	1276
Chinin	1277, 1476
Chininsaure	472
Chloramphenicol	1790
Chlorogensaure	1045
Chloromycetin	1790
2-Chlorpropionsaure	824
3-Chlorpropionsäure	825
6-Chlorpurin	599
Chlortetracyclin	1784
Chlorthiamin	1833
Chlorthiochrom	1834
Chlorthion	1813
5-Chloruracil	547
Cholecalciferol	1892
δ^4-Cholesten-3-on	1237
Cholesterin	1238, 1893
Cholesterinacetat	1239, 1258
Cholesterincapronat	1256
Cholesterindibromid	1259
Cholesterinformiat	1257
Cholesterinoleat	1255
Cholesterinpalmitat	1254
Cholesterinstearat	1254
Cholin	214, 217, 398, 1874
Cholin-Derivate	217—231
Cholsaure	1245
Cholsauren	1243—1259
Chondrosaminhydrochlorid	428
Chrysanthemin	1732
Chrysen	1781
Chrysin	1586
Cinchonidin	1278
Cinchonin	1275
Citraconsäure	807
Citronensäure	480, 723, 847
Citrovorum-Faktor	1570
Citrullin	10, 778
Cliradon	1477
Cocain	1451, 1269
Codein	1293, 1473
Codeinphosphat	1356
Coenzym A	1857
Coenzym B_{12}	1870
Coffein	573
Colamin	397
Colchicin	1332
2,4,6-Collidin	282
Conessin	1395
Convallatoxin	1443
Convallatoxol	1444
Convallatoxolosid	1446
Convallosid	1445
Coptisin	1345
Coramin	289, 407
Coreopsin	1707
Corticosteron	1204
Cortison	1197
Cosmetin	1593
Cotarnin	1297
CpCpC	708

Substanz	Lfd. Nr.
Dihydrokämpferol-7-glucosid	1705
Dihydromorphinon	1296
Dihydromorphinonhydrochlorid	1363
Dihydroquercetin	1703
Dihydrostreptomycin	1792
Dihydrothymin	557
Dihydroxyaceton	483, 957
3',4'-Dihydroxyflavon	1583
5,7-Dihydroxyflavon	1586
3',4'-Dihydroxyflavonol	1618
7,4'-Dihydroxyisoflavon	1662
5,7-Dihydroxy-4'-methoxyflavon	1572
2,6-Dihydroxypteridin	1528
2,8-Dihydroxypteridin	1531
2,9-Dihydroxypteridin	1529
6,8-Dihydroxypteridin	1532
6,9-Dihydroxypteridin	1530
8,9-Dihydroxypteridin	1533
6,8-Dihydroxypurin	577
4,6-Dihydroxypyrimidin	559
3,5-Dijod-4-hydroxy-phenylbrenztraubensaure	156
3,5-Dijod-4-hydroxy-phenylmilchsäure	155
Dijodohydrochinon	144
3,3'-Dijodthyronin	151
3,5-Dijodthyronin	152
3',5'-Dijodthyronin	153
3,5-Dijodtyrosin	58, 146
Dilaudid	1469
5,6-Dimethoxy-2-formylbenzoesäure	834
7,4'-Dimethoxy-5-hydroxyflavanon	1686
1,N^6-Dimethyladenosin	635
Dimethylamin	210
2-Dimethylaminoäthanol	210a
2-Dimethylamino-6-hydroxypurin	586
2-Dimethylamino-6-hydroxypurinribosid	617
2,3-Dimethyl-5-amino-indol	363
2,3-Dimethyl-7-amino-indol	364
5-Dimethylaminouracil	537
5,6-Dimethylbenzimidazol	1876
5,6-Dimethylbenzimidazolcyanocobamid	1862
2,2-Dimethylglutarsäure	797
3,3-Dimethylglutarsäure	798
N,N-Dimethylguanidin	255a
N,N-Dimethylharnstoff	253
N,N'-Dimethylharnstoff	254
2,5-Dimethylhexan-2,5-dihydroperoxyd	1511
1,1-Dimethylhydrazinhydrochlorid	244
2,3-Dimethylhydrochinon	1039
Dimethylketon	946, 991
2,3-Dimethyl-5-nitro-indol	361
2,3-Dimethylphenol	1002
2,4-Dimethylphenol	1003
2,5-Dimethylphenol	1004
2,6-Dimethylphenol	1005
3,4-Dimethylphenol	1006
3,5-Dimethylphenol	1007
2,5-Dimethylpyrrol-3,4-dicarbonsäure	816
5,6-Dimethyl-1-D-ribitylbenzimidazol	1877
1,3-Dimethyluracil	541
Dinitroanilin	168
2,4-Dinitrobenzoesäure	1147
2,6-Dinitrobenzoesäure	1148
3,4-Dinitrobenzoesäure	1149
3,5-Dinitrobenzoesäure	1150
2,4-Dinitrophenol	167, 1155
2,6-Dinitrophenol	1156
N-(2,4-Dinitrophenyl)-D-chondrosamin	489
N-(2,4-Dinitrophenyl)-D-glucosamin	487
N-(2,4-Dinitrophenyl)-D-glucosaminsäure	488
2,4-Dinitrophenylhydrazin	960
Dinitrophenylderivate der Aminosäuren	163—168
2,4-Dinitrotoluol	1159
2,6-Dinitrotoluol	1160
3,4-Dinitrotoluol	1161
3,5-Dinitrotoluol	1162
Diocain	1462
1,3-Diolein	935
Dionin	1357
Diosmetin	1574
Diosmetin-glucosid	1598
Diosmin	1598
2,3-Dioxo-3-(3-indolyl)-propanol-1	329
Dioxyaceton	483, 957
δ^5-3β,7β-Dioxycholesten	1236
2,3-Dioxyphenylalanin	14, 137
2,5-Dioxyphenylalanin	138
3,4-Dioxyphenylalanin	139, 1049
1,3-Dipalmitin	934
β,β-Diphenyläthylamin	208
1,2-Diphenyl-3,5-dioxo-4-butylpyrazolidinnatrium	375
Diphenylmethyl-9-xanthenylperoxyd	1506
2,3-Diphosphoglycerinsaure	517
Diphosphomevalonsaure	840
2',4'-Diphosphopantothensäure	1856
Diphosphopyridinnucleotid	669
L-α-Distearoylkephalin	233
L-α-Distearoyllecithin	234, 239
Distearylphosphatidylathanolamin	241
Dodecylaldehyd	945
Dolantin	1482
2,3-DOPA	14, 137
2,5-DOPA	138
3,4-DOPA	139, 1049
Dormiphen	384
Dormiral	376
DPN	669
Dromoran	1483
Dulcit	454
E 605	1810
Eikephalin	240
Eldoral	386
Emetin	1280
Ephedrin	212, 1261
Epiandrosteron	1222

Substanz	Lfd. Nr.
Isowogonin	1588
Isoxanthopterin	1549
Isoxanthopterincarbonsaure	1546
Isozygadenin	1389
Itaconsäure	808
Jervin	1393
Jodaminosäuren	133—162
Jodgorgosäure	58, 146
3-Jod-5-hydroxytyrosin	147
Jodid	160
3-Jodthyronin	148
3'-Jodthyronin	150
3-Jodthyrosin	145
5-Joduracil	549
Kaffeesäure	1098
Kallistephin	1723
Kämpferitrin	1635
Kampferol	1605
Kämpferol-3-diglucosid	1627
Kämpferol-3-dirhamnosid	1635
Kämpferol-3-monoglucosid	1625
Kämpferol-7-monoglucosid	1632
Kämpferol-7-monorhamnosid	1633
Kämpferol-3-rhamnodiglucosid	1629
Kämpferol-3-rhamnogalaktosido-7-rhamnosid	1630
Kämpferol-3-rhamnoglucosid	1626
Kämpferol-3-rhamnoglucosido-7-glucosid	1631
Kämpferol-3-triglucosid	1628
Kämpferol-3-xyloglucosid	1634
Katsuranin	1689
Kephaline	233, 236, 240
11-Ketoandrosteron	1221
11-Ketoätiocholanolon	1220
7-Ketodehydroepiandrosteron	1212
2-Ketogulonsäure	1888
2-Ketogulonsäuremethylester	1887
Ketoheptosen	520—528
Ketone	946—959, 975—997
Khellin	468
Kinetin	591
Kohlenwasserstoffe, cancerogene	1774—1783
Koproporphyrin I, III	1764
Kosmocyanin	1734
Kreatin	215
Kreatinin	216, 400
Kreatinphosphat	518
o-Kresol	999
m-Kresol	1000
p-Kresol	1001
Kryptopin	1327
Kynurenin	24
Kynurensäure	1100
Lactarazulen	1809
Lactoflavin	1838
Lactose	420
Lanatosid A	1440
Lanatosid B	1438
Lanatosid C	1437
Larocain	1449
Laurinsaure	739
Lauroylperoxyd	1489

Substanz	Lfd. Nr.
Laurylalkohol	887, 903
Lecithine	234, 238—239
Leptosidin	1720
Leptosin	1721
Leucamin	180
Leucin	25, 767
Leucovorin	1564
Leucylalanin	123
Leucylalanylalanin	128
Leucylalanylglycin	124
L-Leucyl-L-asparaginsäure	113
Leucylcystin	117
L-Leucylglutaminsäure	115
Leucylglycin	62
Leucylglycylalanin	126
L-Leucylglycyl-L-asparaginsäure	114
D-Leucylglycylglycin	98
L-Leucylglycyl-L-leucin	131
L-Leucylglycylglycylglycin	127
L-Leucylhexaglycin	109
L-Leucyl-L-histidin	130
Leucylleucin	125
Leukopterin	1542
Leukovorin	1564
Linarin	1604
α-Liponsäure	1837
Lipothiamid	1836
Lipothiamidpyrophosphat	1835
Liquiritigenin	1690
Lobelanin	1366
Lobelin	1365
Lokalanästhetica	1448—1466
Lumichrom	1844
Lumiflavin	1843
Luminal	383
Lumisterin	1897
Luteolin	1575
Luteolin-7-apiosidoglucosid	1601
Luteolin-7-diglucosid	1602
Luteolin-5-monoglucosid	1603
Luteolin-7-monoglucosid	1600
2,3-Lutidin	278
2,4-Lutidin	279
2,6-Lutidin	280
3,5-Lutidin	281
Lycoricyanin	1735
D-Lysergsaure	1406
Lysergsaurederivate	1406—1420
Lysergsaurebutanolamide	1413—1414, 1417—1418
Lysergsäurediathylamid, Tartrat	1325
Lysergsaurepropanolamide	1409—1410
Lysin	26, 775
Lysolecithin	242
Lyxoflavin	1842
D-Lyxose	416
Majalosid	1442
Malathion	1811
Maleinsaure	719
Malonsaure	714, 842
Maltose	421
Malvidin	1760
Malvidin-3,5-diglucosid	1752
Malvidin-3-galaktosid	1753

Substanz	Lfd. Nr.	Substanz	Lfd. Nr.
Spermin	198	Tetrahydrocoptisin	1347
Sphingomyelin	235	Tetrahydrofuranhydroperoxyd	1513
Spiraeosid	1647	1,2,3,4-Tetrahydro-1-naphthylhydroperoxyd	1501
Stearinsäure	743	5,7,3',4'-Tetrahydroxyflavanon	1683
Stearoylperoxyd	1520	6,7,3',4'-Tetrahydroxyflavanon	1681
n-Stearylalkohol	900	7,8,3',4'-Tetrahydroxyflavanon	1677
Sterine	1170—1242	3,5,7,4'-Tetrahydroxyflavanonol	1702
Stickstoffverbindungen, einfache	243—255, 396—407	3,5,7,4'-Tetrahydroxyflavon	1605
Stilopsidin	1708	3,7,3',4'-Tetrahydroxyflavon	1608
Stilopsin	1709	5,7,3',4'-Tetrahydroxyflavon	1575
Streptomycin	1788	3,5,7,4'-Tetrahydroxy-3'-methoxyflavon	1607
Streptomycine	1791—1796	3,5,3',4'-Tetrahydroxy-7-methoxyflavon	1609
Streptothricin I	1794	3,7,3',4'-Tetrahydroxy-5-methoxyflavon	1611
Streptothricin II	1795	4,6,8 9-Tetrahydroxypteridin	1538
Streptothricin III	1796	Tetralinhydroperoxyd	1519
Strospesid	1421	6,7,3',4'-Tetramethoxyauron	1722
Strychnin	1321	5,7,8,4'-Tetramethoxyisoflavon	1668
Succinyldicholinhydrojodid	229	Thebain	1288
Succinylperoxyd	1516	Thebainhydrochlorid	1361
Suchtmittel	1467—1485	Theobromin	575
Sucrose	422	Theophyllin	574
Sulfadiazin	258	Thiamin	1826
Sulfadiazin-Na	266	Thiamindiphosphat	1828
Sulfadimidin	262	Thiaminmonophosphat	1830
Sulfaguanidin	259	Thiamintriphosphat	1831
Sulfamerazin	264	Thiochrom	1827
Sulfamerazin-Na	267	Thiochromdiphosphat	1829
Sulfamethazin	265	Thiochrommonophosphat	1832
Sulfamethazin-Na	269	Thioctinsaure	1837
Sulfanilacetamid	257	2-Thiocytosin	554
Sulfanilamid	260	Thioharnstoff	592
Sulfanilcarbamid	256	Thiohistidin	48
Sulfapyridin	263	Thiophen-2-carbonsäure	813
Sulfapyridin-Na	270	Thiphen-2,5-dicarbonsäure	814
Sulfathiazol	261	Thiophosphorsaureester	1810—1817
Sulfathiazol-Na	268	2-Thiothymin	558
Sulfonamide	256—270	2-Thiouracil	542, 593
Sulfurein	1719	Threamin	189
Sulfuretin	1718	Threonin	39
Syringasäure	1096	Thymidin	624, 669a
Systox	1815	Thymidyl-5-bromuracildesoxyribosid	709
Tachysterin	1898	Thymidin-3'-monophosphat Tp	667, 673
Tagatose	439	Thymidin-5'-monophosphat pT	668, 674
Talomethylose	438	Thymidin-3'-diphosphat Tpp	675
Tartronsaure	845	Thymidin-5'-diphosphat ppT	669d
Taurin	38,197, 399	Thymidin-5'-triphosphat pppT	669c
Taurochenodesoxycholsaure	1253	Thymidyl-thymidin TpT	691
Taurocholsaure	1243	Tp	667, 673
Taurodesoxycholsaure	1248	Thymin	533, 669b, 694, 1495
Taxifolin	1704	Thyminoligonucleotide	676—679, 691, 693—697
Tectiridin	1675	Thyminperoxyde	1490—1494
Tectirigenin	1669	Thyroxin	159
Tectirigenin-7-glucosid	1675		
Tectochrysin	1591		
Terephthalsaure	810		
Terramycin	1785		
Testosteron	1177		
2,4,5,6-Tetraaminopyrimidin	569		
S-(2,3,5,6-Tetrachlorophenyl)-L-cystein	172		
2,3,5,6-Tetrachlorthiophenol	173		
Tetracycline	1784—1787		
Tetraglycylglycin	108		
Tetrahydroberberin	1346		

B. R_F-Wert-Tabellen

1. Aminosäuren und Peptide

a) Aminosäuren (mit Nachweis 16)

Lfd. Nr.	Substanz	R_F-Werte in den Solventien										
		22	52	150	219	237	239	244	252	254	261	267
1	Alanin	0,55	0,09	0,59	0,50	0,38	0,24	0,20	0,16	0,13	0,51	0,17
2	β-Alanin	,55				,37			,09			
3	α-Aminobuttersaure	,65			,54	,45	,34	,30	,42	,18	,69	
4	γ-Aminobuttersäure	,78				,50			,11			
5	α-Aminocaprylsaure	,74			,87	,85	,77	,76		,59	,94	
6	α-Aminoisobuttersäure	,68				,48			,44			
7	Arginin	,41	,05	,54	,36	,20	,10	,08	,04	,05	,25	,09
8	Asparagin	,29		,37		,19			,06			,10
9	Asparaginsaure	,07	,01	,13	,19	,24	,16	,09	,04	,02	,31	,07
10	Citrullin	,56				,25	,16		,08			
11	Cystein	,19			,25	,07	,08	,03		,02	,07	
12	Cystin	,08		,22	,19	,08	,05	,03	,02	,00	,07	,03
13	α,γ-Diaminobutter-saure	,25				,12			,05			
14	2,3-Dioxyphenyl-alanin	,30				,24			,15			
15	Glutaminsaure	,16	,01	,29	,25	,30	,17	,17	,04	,03	,42	,07
16	Glutathion	,25				,05						
17	Glycin	,30	,05	,40	,38	,26	,17	,13	,10	,08	,41	,11
18	Hippursäure	,75				,93			,81			
19	Histamin	,52				,22			,18			
20	Histidin	,55	,09	,66	,43	,20	,10	,08	,08	,13	,16	,14
21	Homoserin	,47				,30						
22	Oxyprolin	,59	,05		,42	,30	,19	,13	,09	,08	,39	
23	Isoleucin	,79	,40	,83	,73	,72	,59	,52	,44	,37	,82	,36
24	Kynurenin	,43				,76						
25	Leucin	,79	,46	,82	,74	,73	,61	,59	,42	,41	,78	,37
26	Lysin	,39	,02	,46	,36	,14	,08	,06	,04	,03	,22	,07
27	Methionin	,73	,05	,79	,65	,55	,44	,36	,29	,25	,69	,30
28	Methioninsulfon	,53				,28			,13			
29	Methioninsulfoxyd	,72				,25			,11			

Lfd. Nr.	Substanz	R_F-Werte in den Solventien 22	52	150	219	237	239	244	252	254	261	267
30	Norleucin	0,84	0,51		0,72	0,74	0,63	0,58		0,43	0,87	
31	Norvalin	,73	,31		,64	,65	,49	,44	0,42	,29	,80	
32	Ornithin	,27	,03		,32	,15	,09	,07	,05	,04	,16	
33	Phenylalanin	,78	,46	0,84	,73	,68	,53	,49	,30	,34	,76	0,39
34	Prolin	,85		,88	,53	,43	,30	,23	18	,13	,58	,19
35	4-Methylprolin						,44					
36	4-Hydroxymethyl-prolin						,25					
37	Serin	,24	,05	,31	,39	,27	,16	,12	,10	,08	,37	,12
38	Taurin	,29				,19			,12			
39	Threonin	,39	,08	,49	,47	,35	,17	,15	,14	,13	,44	,16
40	Trimethylalanin (Neoleucin)	,81				,66			,50			
41	Tryptamin	,85				,73			,55			
42	Tryptophan	,66		,75	,64	,50	,43	,35	,29	,17	,59	,40
43	Tyrosin	,52	,14	,58	,56	,45	,24	,30	,19	,24	,59	,36
44	Valin	,64	,22	,79	,67	,60	,45	,37	,29	,24	,73	,27
45	Äthionin								,35			
46	Glutamin					,11						
47	Methylhistidin					,08						
48	Thiohistidin					,11						
49	γ-Hydroxy-α-amino-buttersaure						,23					
50	γ-Hydroxy-β-amino-buttersaure						,28					
51	δ-Hydroxy-α-amino-valeriansaure						,27					
52	δ-Hydroxy-γ-amino-valeriansäure						,35					
53	γ-Hydroxy-β-amino-buttersäurelacton						,33					
54	Sarcosin				,56		,18	,09		,15	,47	
55	δ-Amino-valeriansaure				,47		,46	,35		,11	,65	
56	α-Amino-n-heptyl-saure				,83		,71	,68		,54	,90	
57	α-Amino-n-capryl-saure	,74			,87	,85	,77	,76		,59	,94	
58	Dijodtyrosin				,42		,62	,59		,34	,68	

b) Peptide (mit Nachweis 16)

Lfd. Nr.	Substanz	R_F-Werte in den Solventien 150	219	239	244	254	261	267
59	Glycylglycin		0,41	0,22	0,12	0,05	0,32	
60	Glycylsarcosin		,43	,17	,11	,05	,42	
61	Alanylglycin	0,58	,49	,23	,16	,06	,47	0,12
62	Leucylglycin	,78	,74	,54	,53	,23	,75	,31
63	L-γ-Glutamylglycin		,25	,15	,12	,02	,35	
64	Glycylalanin		,51	,25	,19	,06	,46	
65	Sarcosylalanin		,54	,25	,13	,05	,53	
66	Alanylalanin	,66	,57	,39	,31	,10	,61	,15
67	α-L-Glutamyl-L-alanin		,28	,25	,25	,04	,53	
68	γ-L-Glutamyl-β-alanin		,28	,20	,19	,03	,40	
69	Glycylserin		,41	,11	,08	,03	,27	
70	Glycyl-α-aminoisobuttersäure		,56	,40	,31	,09	,54	
71	Glycyl-α-amino-n-buttersaure		,57	,32	,26	,08	,61	
72	L-Alanyl-L-α-amino-n-butter-säure		,65	,50	,45	,12	,71	
73	Glycyl-L-threonin		,48	,24	,12	,04	,35	
74	Glycyl-D-valin		,58	,43	,41	,13	,63	
75	Glycyl-L-isovalin		,64	,49	,41	,13	,61	
76	Glycyl-α.α-diäthylglycin		,70	,61	,50	,18	,72	
77	Glycyl-D-norvalin		,64	,49	,45	,13	,64	
78	L-Alanyl-L-norvalin		,71	,60	,58	,21	,79	
79	Glycyl-leucin	,72	,72	,61	,56	,19	,72	,29
80	α-Glutamyl-L-leucin		,50	,64	,60	,19	,70	
81	Glycyl-L-isoleucin		,70	,63	,55	,20	,74	
82	Glycyl-L-norleucin		,74	,65	,58	,21	,72	
83	Glycyl-α-amino-n-caprylsaure		,81	,71	,63	,40	,86	

Lfd. Nr.	Substanz	R_F-Werte in den Solventien						
		150	219	239	244	254	261	267
84	Sarcosyl-phenylalanin		0,64	0,50	0,42	0,22	0,70	
85	Alanyl-phenylalanin		,75	,62	,55	,30	,75	
86	α-L-Glutamyl-L-phenylalanin		,43	,62	,56	,09	,73	
87	L-Cystinyl-L-cystin		,56	,32	,21	,18	,38	
88	Glycyl-D-methionin		,64	,41	,31	,12	,64	
89	Glycyl-L-tryptophan	0,70	,65	,52	,42	,19	,57	0,34
90	α-L-Aspartyl-D-histidin		,23	,07	,04	,01	,12	
91	Glycyl-L-lysin, H_2SO_4		,41	,05	,07	,02	,12	
92	Glycyl-L-asparaginsaure	,09	,33	,12	,05	,05	,16	,04
93	Glycyl-L-glutaminsaure		,24	,31	,11	,03	,34	
94	α-L-Glutamyl-L-glutaminsaure		,18	,25	,21	,02	,41	
95	Glycyl-D-tyrosin	,55	,52	,41	,32	,09	,50	,27
96	Glycylglycylglycin	,48	,34	,15	,09	,03	,24	,08
97	D-Alanylglycylglycin	,63	,45	,20	,13	,03	,39	,11
98	D-Leucylglycylglycin		,71	,49	,42	,16	,66	
99	Glycyl-D-alanyl-glycin		,48	,24	,13	,04	,35	
100	Glycylleucylglycin		,73	,58	,47	,17	,65	
101	Glycylphenylalanylglycin		,66	,47	,38	,14	,63	
102	Glycylglycyl-L-alanin		,46	,22	,15	,05	,38	
103	Glycylglycylleucin		,68	,54	,47	,16	,65	
104	Glycylglycylphenylalanin		,64	,49	,41	,11	,65	
105	Glycylglycyl-L-cystin		,22	,08	,07	,01	,07	
106	Alanylalanyl-L-cystin		,34	,08	,08	,01	,16	
107	$(Glycyl)_3$glycin	,57	,32	,12	,06	,02	,18	,07
108	$(Glycyl)_4$glycin		,30	,08	,05	,02	,12	
109	L-Leucyl-hexaglycin							,17
110	Asparagylglycin	,14						,04
111	Glycylasparagyldiglycin	,15						,04
112	L-Seryl-L-serin	,25						,11
113	L-Leucyl-L-asparaginsaure	,37						,11
114	L-Leucylglycyl-L-asparaginsaure	,46						,10
115	L-Leucyl-glutaminsaure	,48						,12
116	Glycyl-L-tyrosyl-glycin	,57						,26
117	Leucyl-cystin	,69						,34
118	Glycyl-L-asparagyl-L-leucin	,73						,19
119	Alanyl-leucin	,76						,34
120	Phenylglycylalanin	,80						,32
121	Glycyl-L-alanyl-glycyl-L-tyrosin	,81						,26
122	Triglycyl-glycinamid	,82						,15
123	Leucyl-alanin	,82						,37
124	Leucyl-alanyl-glycin	,86						,28
125	Leucyl-leucin	,87						,54
126	Leucylglycyl-alanin	,87						,29
127	Leucylglycylglycyl-glycin	,90						,24
128	Leucyl-alanyl-alanin	,94						,34
129	L-Alanyl-glycylglycyl-L-alanyl-glycyl-glycin	,94						,09
130	L-Leucyl-L-histidin	,95						,31
131	L-Leucyl-glycyl-L-leucin	,96						,51
132	L-Prolyl-L-phenylalanin	,97						,39

c) Tyrosin, verwandte Verbindungen und Oxydationsprodukte (mit Nachweis 16 und 32)

Lfd. Nr.	Substanz	R_F-Werte in den Solventien 55	103	106	231	245	249
133	Phenylalanin					0,35	
134	o-Tyrosin					,26	
135	m-Tyrosin				0,30	,20	
136	p-Tyrosin				,30	,18	
137	2,3-Dioxyphenylalanin					,12	
138	2,5-Dioxyphenylalanin					,10	
139	3,4-Dioxyphenylalanin					,08	
140	Hydrochinon					,80	
141	Hydroxyhydrochinon					,65	
142	Thyronin				,62	,68	
143	3'-Hydroxythyronin					,51	
144	Dijodohydrochinon					,94	
145	3-Monojodtyrosin	0,13	0,17	0,54	0,45	,40	0,28
146	3,5-Dijodtyrosin	,08	,05	,84	,55	,55	,16
147	3-Jod-5-hydroxy-tyrosin					,25	
148	3-Jod-thyronin	,60				,64	,79
149	3'-Hdroxy-3-monojodthyronin					,53	
150	3'-Jodthyronin					,68	
151	3,3'-Dijodthyronin	,51				,70	,60
152	3,5-Dijodthyronin	,66	,79			,73	,85
153	3',5'-Dijodthyronin					,80	
154	3'-Hydroxy-3,5-dijodthyronin					,55	
155	3,5-Dijod-4-hydroxy-phenyl-milchsäure		,08	,95			,20
156	3,5-Dijod-4-hydroxy-phenyl-brenztraubensäure			,90			,82
157	3,5,3'-Trijodthyronin	,64	,75			,70	,78
158	3,3',5'-Trijodthyronin	,43				,68	,53
159	Thyroxin	,48	,62		,78	,75	,61
160	Jodid	,31	,29	,15		,19	,41
161	3-Bromtyrosin				,41		
162	3,5-Dibromtyrosin				,50		

d) Dinitrophenyl-Derivate

Lfd. Nr.	Substanz	R_F-Werte in den Solventien 7	19	322
163	DNP-cystin	0,55	0,64	0,50
164	DNP-glycin	,67	,71	,35
165	DNP-phenylalanin	,69	,88	,60
166	DNP-threonin	,78		,30
167	Dinitrophenol		,53	,50
168	Dinitroanilin	,33	,92	,92

e) S-substituierte Cysteine (mit Nachweis 16)

Lfd. Nr.	Substanz	R_F-Wert im Solvens 54
169	S-Butyl-L-cystein	0,35
170	N-Acetyl-S-butyl-L-cystein	,46
171	N-Acetyl-S-(2,3,5,6-tetrachloro-phenyl)-L-cystein	,60
172	S-(2,3,5,6-Tetrachlorophenyl)-L-cystein	,44
173	2,3,5,6-Tetrachlorthiophenol	,75
174	S-Benzyl-L-cystein	,22
175	N-Acetyl-S-benzyl-L-cystein	,41

f) Weitere Peptide (mit Nachweis 52)

Lfd. Nr.	Substanz	R_F-Wert im Solvens 285
176	α-Amanitin	0,41
177	β-Amanitin	,24
178	Phalloidin	,50

2. Einfache Stickstoff-Verbindungen

a) Amine (mit Nachweis 16)

Ldf. Nr.	Substanz	R_F-Werte in den Solventien 237	239	243	281
179	Norleucamin (n-Pentylamin)	0,80	0,77	0,79	0,92
180	Leucamin (Isopentylamin)	,81	,77	,77	,91
181	β-Phenyläthylamin	,69	,72	,79	,88
182	Norvalamin (n-Butylamin)	,77	,70	,71	,87
183	Hordenin	,63		,77	
184	Valamin	,66		,74	,86
185	Tryptamin	,73	,67	,67	,86
186	Tyramin	,58	,62	,59	,77
187	Serotonin (5-Hydroxy-tryptamin)	,38	,44	,41	,64
188	3-Hydroxy-tyramin	,41	,40	,39	,58
189	Threamin	,43		,43	,55
190	Epinephrin (Adrenalin)[1]	,30	,36	,32	,54
191	Norepinephrin (Noradrenalin)[1]	,26	,28	,28	,48
192	Seramin	,34		,34	,46
193	Agmatin	,21	,05	,20	,46
194	Histamin	,22	,19	,20	,43
195	Cadaverin (1,5-Diaminopentan)	,16	,17	,14	,39
196	Putrescin (1,4-Diaminobutan)	,13	,16	,11	,32
197	Taurin	,19			
198	Spermin		,07		,05
198a	Spermidin		,05		
199	Methylamin		,37		
200	Äthylamin		,45		
200a	Diathanolamin		,25		
200b	Diäthylamin		,50		
201	n-Propylamin		,58		
202	n-Heptylamin		,85		
203	Isopropylamin		,57		
204	1,2-Diaminoäthan (Äthylendiamin)		,14		
205	1,3-Diaminopropan		,15		
206	1,6-Diaminohexan		,20		
207	Benzylamin		,68		
208	β,β-Diphenyläthylamin		,72		
209	Allylamin		,50		
210	Dimethylamin		,43		
210a	2-Dimethylaminoäthanol		,32		
211	Äthanolamin (Colamin)		,33		
212	Ephedrin		,75		
213	Glucosamin		,24		
214	Cholin		,29		
215	Kreatin		,37		
216	Kreatinin		,33		
216a	1-Aminopropan-2-ol		,34		
216b	n-Amylamin		,68		

[1] Nachweis auch mit 37

b) Cholin, Cholinester und substituierte Choline (mit Nachweis 10 und 15)

Lfd. Nr.	Substanz	R_F-Werte in den Solventien 51	259	309
217	Cholin	0,08	0,13	0,37
218	Propionylcholin	,22	,27	,57
219	n-Valerylcholin	,31		
220	Palmitoylcholin	,70		
221	Acetylcholin	,10	,17	,47
222	n-Butyrylcholin	,28		,67
223	Hexanoylcholin	,36		
224	Palmitinsäure	1,00		
225	Acetylcholin-HJ			,58
226	Acetyl-β-methylcholin			,55
227	Benzoylcholin			,70
228	Carbaminoylcholin			,30
229	Succinyldicholin-HJ			,18
230	Salicyloylcholin			,64
231	Phosphorylcholin			,19

c) Phosphatide und Phospholipoide (mit Nachweis 25)

Lfd. Nr.	Substanz	R_F-Werte in den Solventien				
		122	140	141	269	280
232	Acetalphospholipid	0,00				
233	L-α-Distearoyl-kephalin	,32				
234	L-α-Distearoyl-lecithin	,44				
235	Sphingomyelin	,50	,44	,38	,35	,35
236	N-Acetyl-L-α-distearoyl-kephalin	,79				
237	N-Acetyl-acetylphospholipid	,90				
238	Hefe-Lecithin		,78	,60	,50	,60
239	Distearyl-Lecithin		,76	,58	,49	,57
240	Ei-Kephalin		,60	,47	,35	,54
241	Distearylphosphatidyl-äthanolamin		,56	,46	,25	,53
242	Lysolecithin		,31	,25	,16	,15

d) Hydrazin, Hydroxylamin, Harnstoff sowie deren Derivate (mit Nachweis 5, 13 und 11b)

Lfd. Nr.	Substanz	R_F-Werte in den Solventien		
		238	239	302
243	Hydrazin-$(HCl)_2$		0,16	0,23
244	1,1-Dimethylhydrazin-HCl		,20	
245	Trimethylhydrazin-HCl		,23	
246	1,2-Diäthylhydrazin-$(HCl)_2$		,25	
247	Semicarbazid-HCl			,22
248	Ammoniumchlorid			,36
249	Hydroxylamin			,42
250	Phenylhydrazin			,65
251	Phenylhydroxylamin			,81 ,95
252	Harnstoff	0,55	,45	
253	N,N-Dimethylharnstoff	,65	,70	
254	N,N'-Dimethylharnstoff	,67	,62	
255	Phenylharnstoff	,90		
255a	N,N-Dimethylguanidin		,46	

e) Sulfonamide (mit Nachweis 11a und 42)

Lfd. Nr.	Substanz	R_F-Werte in den Solventien			
		240	247	301	308
256	Sulfanilcarbamid				0,09
257	Sulfanilacetamid				,23
258	Sulfadiazin	0,83	0,12		,29
259	Sulfaguanidin	,58	,34		,40
260	Sulfanilamid	,69	,36	0,73	,50
261	Sulfathiazol	,80	,29	,78	,59
262	Sulfadimidin				,69
263	Sulfapyridin	,90	,40	,82	,73
264	Sulfamerazin	,83	,19		
265	Sulfamethazin	,87	,34		
266	Sulfadiazin-Na		,13		
267	Sulfamerazin-Na		,20		
268	Sulfathiazol-Na		,34		
269	Sulfamethazin-Na		,30		
270	Sulfapyridin-Na		,49		

f) Piperazine (mit Nachweis 10)

Lfd. Nr.	Substanz	R_F-Wert im Solvens 266
271	Piperazin	0,1
272	Methylpiperazin	,8
273	Diathylcarbamylpiperazin	,6
274	Diäthylcarbamazin	,75

g) Pyridine (mit Nachweis 13 und 38)

Lfd. Nr.	Substanz	R_F-Werte in Solventien					
		51	59	142	143	286	321
275	Pyridin		0,30				
276	α-Picolin		,50				
277	β-Picolin		,50				
278	2,3-Lutidin		,66				
279	2,4-Lutidin		,65				
280	2,6-Lutidin		,71				
281	3,5-Lutidin		,75				
282	2,4,6-Collidin		,85				
283	Nicotinursaure	0 08					
284	Nicotinsaure	,14					
285	Isonicotinsaure	,14		0,16	0,00	0,05	0,46
286	Nicotinsaurehydrazid	,39					
287	Nicotinsäureamid (Niacin)	,61					
288	Isonicotinsäureamid	,61					
289	Diathylnicotinsaureamid (Coramin)	,81					
290	2-Hydroxy-pyridin			,16	,05	,40	,52
291	3-Hydroxy-pyridin			,28	,00	,57	,42
292	4-Hydroxy-pyridin			,01	,00	,08	,23
293	6-Amino-nicotinsaureamid			,00		,28	,04
294	6-Hydroxy-nicotinsaure			,11		,02	,48
295	Trigonellin					,00	,05

h) Mercapto-Derivate verschiedener Heterocyclen (Vulkanisationsbeschleuniger) (mit Nachweis 45)

Lfd. Nr.	Substanz	R_F-Wert im Solvens 51
296	2-Mercapto-imidazol	0,56
297	2-Mercapto-thiazol	,76
298	2-Mercapto-benzimidazol	,85
299	2-Mercapto-benzthiazol	,91

i) Imidazole (mit Nachweis 12a)

Lfd. Nr.	Substanz	R_m-Werte in den Solventien[1]	
		311	320
300	Histidin	0,38	0,05
301	Phthalylhistidin	1,26	0,09
302	Histamin	0,29	0,78
303	Histidin-methylester	0,84	0,89
304	Imidazol	1,00	1,00
305	1-Methyl-imidazol	1,03	1,20
306	Pilocarpin	1,18	1,38
307	Benzimidazol	1,40	1,42
308	Phthalylhistidin-methylester	1,52	1,45
309	Histidin-anhydrid	0,42	
310	4(oder 5)-Bromimidazol	1,56	1,49
311	2,4,5-Tribromimidazol	1,82	0,97

[1] R_m = durchlaufene Strecke im Verhaltnis zur durchlaufenen Strecke von Imidazol.

k) Indolderivate (mit Nachweis 11a, 16 und 43)

Lfd. Nr.	Substanz	R_F-Werte in den Solventien					
		26	139	142	143	286	321
312	Indol		0,88	0,94	0,92	0,90	0,92
313	3-Methylindol (Skatol)		,93	,93		,96	,94
314	3-(2'-Hydroxyathyl)-indol (Tryptophol)	0,92	,19				
315	3-(3-Indolyl)-propanol-1		,35				
316	1-(3-Indolyl)-propanol-2		,53				
317	4-(3-Indolyl)-butanol-1		,55				
318	4-(3-Indolyl)-butanol-2		,60				
319	Indol-3-aldehyd	,93	,10	,93	,50	,88	,90
320	3-Indolylacetaldehyd		,32				
321	3-Indolylaceton		,72				
322	1-(3-Indolyl)-buten-1-on-3		,25				
323	3-(3-Indolyl)-propandiol-1,2	,72	,02				
324	3-Indolylacetonitril		,55				
325	3-Indolylacetamid	,68	,05				
326	γ-(3-Indolyl)-butyramid	,86	,13				
327	3-Indolylacetodiathylamid		,88				
328	1-Diazo-2,3-dioxo-3-(3-indolyl)-propan		,37				
329	2,3-Dioxo-3-(3-indolyl)-propanol-1	,29	,00				
330	2-Hydroxyindol (Oxindol)		,68				
331	5-Hydroxyindol	,92	,03				
332	5-Methoxyindol		,79				
333	Indol-3-carboxylsaure	,90	,13				
334	Indol-3-carboxylsauremethylester		,53				
335	Indol-2-carboxylsaure		,54				
336	Indol-2-carboxylsauremethylester		,98				
337	3-Indolylessigsaure (Heteroauxin)	,92	,25	,90	,23	,14	,87
338	3-Indolyl-essigsauremethylester		,77				
339	β-(3-Indolyl)-propionsaure		,46	,92	,42	,15	,92
340	β-(3-Indolyl)-propionsauremethylester		,85				
341	γ-(3-Indolyl)-buttersaure		,71	,93	,50	,17	,94
342	γ-(3-Indolyl)-buttersauremethylester		,92				
343	3-Indolylbrenztraubensaure		,04				
344	3-Indolylbrenztraubensauremethylester		,79				
345	3-Indolylglyoxylsaure	,35	,00				
346	β-(3-Indolyl)-acrylsaure		,14				
347	β-(3-Indolyl)-milchsaure	,76	,02				
348	β-(3-Indolyl)-milchsauremethylester		,32				
349	β-(3-Indolyl)-milchsaureathylester		,53				
350	N-(3-Indolylacetyl)-asparaginsaure	,13	,00				
351	Tryptophan	,00	,00	,00	,00	,03	,36
352	1-Acetyl-3-acetonyl-indol		,92				
353	1-(1-Acetyl-3-indolyl)-buten-1-on-3		,86				
354	2-Hydroxytryptophan		,00				
355	5-Hydroxy-3-indolylessigsaure	,56	,00				
356	β-(2-Hydroxy-3-indolyl)-propionsaure		,15				
357	1-Acetyl-3-indolylessigsaure		,53				
358	2-Carboxy-3-indolylessigsaure	,73	,03				
359	β-(2-Carboxy-3-indolyl)-propionsaure	,89	,14				
360	5-Hydroxytryptamin (Serotonin)		,00	,00	,00	.64	,38
361	2,3-Dimethyl-5-nitro-indol		,9				
362	2-Methyl-6-nitro-indol-3-carbonsaure	,57	,05				
363	2,3-Dimethyl-5-amino-indol		,00				
364	2,3-Dimethyl-7-amino-indol		,00	,96		,92	,95
366	Isatin			,91	,28	,00	,92
367	Acetyltryptophan			,81	,01	,03	,83
368	Adrenochrom			,07		,12	,28

l) Pyrazolonderivate (mit Nachweis 11b)

Lfd. Nr.	Substanz	R_F-Wert im Solvens 239
369	1-Phenyl-2,3-dimethyl-4-acetoxyacetylamino-pyrazolon-5 (Pidylon)	0,88
370	1-Phenyl-2,3-dimethyl-(diathylaminoacetylamino)-4-pyrazolon-5	,64
371	1-Phenyl-2,3-dimethyl-(diathylaminoacetyl)-4-pyrazolon-5	,67
372	1-Phenyl-2,3-dimethylpyrazolon-5 (Antipyrin)	,93
373	1-Phenyl-2,3-dimethyl-4-aminopyrazolon-5 (Aminoantipyrin)	,58
374	1-Phenyl-2,3-dimethyl-4-dimethylaminopyrazolon-5 (Pyramidon)	,65
375	1,2-Diphenyl-3,5-dioxo-4-n-butylpyrazolidin-natrium (Butazolidin)	,95

m) Barbiturate (mit Nachweis 2 und 40)

Lfd. Nr.	Substituent an 5	Substituent an 5′	1	Substanz	R_F-Werte in den Solventien 56	104	105	228	294
376	Äthyl	Äthyl		Veronal, Barbital, Dormiral	0,47	0,50	0,31	0,37	0,26
377	Äthyl	Äthyl	Methyl	N-Methylveronal				,75	
378	Äthyl	Butyl		5-Äthyl-5-butyl-barbitursaure	,69				
379	Äthyl	1-Methylbutyl		5-Äthyl-5-(1-methyl-butyl)-b.	,73	,79			,74
380	Äthyl	Isoamyl		Amytal	,73				
381	Äthyl	Allyl		5-Äthyl-5-allyl-barbitursaure	,55				
382	Äthyl	Phenyl	Methyl	Prominal		,75	,68	,79	,90
383	Äthyl	Phenyl		Luminal, Phenobarbital	,50	,61	,39	,44	,50
384	Äthyl	Cyclohexenyl		Phanodorm, Dormiphen		,69	,49	,56	,69
385	Äthyl	Cycloheptenyl		Medomin			,64		
386	Äthyl	Piperidinyl		Eldoral			,34		
387	Methyl	Cyclohexenyl	Methyl	Evipan, Evipyn, Hexobarbital	,71	,75	,70	,81	,90
388	Isopropyl	Allyl		Numal		,69	,52	,53	,61
389	Isopropyl	Allyl	Methyl	Narconumal				,90	
390	Isopropyl	Bromallyl		Noctal			,56	,60	
391	Isopropyl	Bromallyl	Methyl	Eunarcon, Narcamon				,86	
392	2-Butyl	Bromallyl		Pernocton			,55	,70	
393	Allyl	Allyl		Dial, Allobarbital		,64		,48	,52
394	Allyl	Phenyl		5-Allyl-5-phenyl-barbitursäure			,50		
395		Äthylmethylbutylthiobarbitursaure, Pentothal						,78	

n) Weitere Stickstoff-Verbindungen

Lfd. Nr.	Nachweis mit	Substanz	R_F-Werte in den Solventien 22	58	237	252
396	43	Guanidin	0,66		0,54	0,25
397	16	Äthanolamin (Colamin)	,65		,44	,24
398	28	Cholin	,97		,45	,27
399	16	Taurin	,29		,19	,12
400	43	Kreatinin				.25
401	16	Histamin	,52		,20	,18
402	16	Tryptamin	,85		,60	,55
403	16	Cadaverin	,55		,17	,09
404	11a	Harnstoff	,78		,55	,52
405	43	Indol	,97		,95	,96
406	9a	Cardiazol		,86		
407	38	Coramin		,32		

3. Zucker

a) Zucker und Zuckeralkohole (mit Nachweis 5 und 26) und weitere

Lfd. Nr.	Substanz	R_F-Werte in den Solventien 21	220	221	239	253	258	272	312
408	D-Glucose	0,39	0,42		0,18		0,28	0,19	
409	D-Galaktose	,44			,16		,27	,17	
410	D-Mannose	,45			,20			,24	
411	L-Sorbose	,42			,20		,25	,24	
412	D-Fructose	,51			,23		,23	,24	
413	D-Xylose	,44			,28		,23	,28	
414	D-Arabinose	,54			,21		,22	,23	
415	D-Ribose	,59			,31			,33	
416	D-Lyxose	,45						,30	
417	L-Rhamnose	.59			,37		,50		
418	D-Desoxyribose	,73							
419	L-Fucose	,63			,27		,40		
420	Lactose	,38			,09				
421	Maltose	,36			,11				
422	Rohrzucker	,39	,36		,14	,03	,42		
423	Cellobiose						,35		
424	Raffinose	,27			,05		,25		
425	D-Galakturonsaure	,13			,14			,13	
426	D-Gluconsäure				,24				,18
427	D-Glucosamin-HCl	,62			,13	,10	,24		
428	Chondrosamin-HCl	,65			,12				
429	N-Acetyl-glucosamin	,69			,26	,24			
430	Ascorbinsaure	,24			,38		,28		
431	Dehydroascorbinsäure	,16			,27				
432	Inosit	,23		,11	,09	0,6	,24		
433	Allose							,22	
434	Gulose							,23	
435	Allomethylose							,36	
436	Gulomethylose							,36	
437	Idomethylose							,51	
438	Talomethylose							,48	
439	Tagatose							,27	
440	Mannuronsäure							,18	
441	Altrose							,27	
442	Idose							,31	
443	Talose							,28	
444	Altromethylose							,45	
445	Mannomethylose							,38	
446	Galaktomethylose							,26	
447	Allulose							,30	
448	Glucuronsäure	,12			,12			,15	
449	Mannit			,34	,21	,20	,30		,26
450	Arabit			,44		,26			
451	Erythrit			,49		,31	,27		
452	Pinit			,36					
453	Sorbit			,31	,19	,16	,29		,25
454	Dulcit			,31		,16			
455	Xylit					,24			
456	Adonit			,40		,28			
457	Volemit			,28					
458	Glycerin			,59	,48	,37			,52
459	2-Desoxyribose	,73				,50			
460	3-Desoxyribose					,60			
461	4-Desoxyribose					,53			
462	Arbutin						,72		
463	Glucuronsäurelacton						,20		
464	Quercetrin						,44		
465	Phlorizin						,79		
466	Rutin						,29		
467	D-Catechin						,45		
468	Khellin						,92		
469	Quercetin						,38		
470	Robinetin						,12		
471	Tricin						,50		
472	Chininsäure						,42		
473	Salicin						,77		

Lfd. Nr.	Substanz	R_F-Werte in den Solventien							
		21	220	221	239	253	258	272	312
474	Shikimisaure						0,27		
475	Trimethylenglykol					0,63			
476	Glykol				0,64	,61			0,69
477	Trehalose								,03
478	Weinsaure								,48
479	Mesoweinsaure								,41
480	Citronensaure								,45
481	Milchsaure								,68
482	Brenztraubensaure								,77
483	Dioxyaceton								,38
484	Oxytetronsaure				,63				
485	Reducton				,63				
486	Glucosaminsaure					,20			
487	N-(2,4-Dinitrophenyl)-D-glucosamin					,75			
488	N-(2,4-Dinitrophenyl)-D-glucosaminsaure					,60			
489	N-(2,4-Dinitrophenyl)-D-chondrosamin					,61			
490	α-Methylgalaktosid		0,54			,18			
491	α-Methylmannosid		,68			,31			
492	β-Methylmannosid					,03			
493	α-Methylglucopyranosid		,58		,34				
494	Methyl-β-D-glucosid		,63						
495	Methyl-β-D-galaktosid		,51						
496	Methyl-α-L-arabinosid		,60						
497	Methyl-β-L-arabinosid		,68						
498	Methyl-α-L-fucosid		,76						
499	Methyl-α-L-rhamnosid		,86						
500	Methyl-α-D-xylosid		,75						
501	Methyl-β-lactosid		,33						
502	Methyl-β-maltosid		,37						

b) Zucker-Phosphorsaureester und verwandte Verbindungen (mit Nachweis 25)

Lfd. Nr.	Substanz	R_F-Werte in den Solventien					
		121	201	202	213	219	262
503	Glucose-1-phosphat	0,42	0,60	0,26			
504	Fructose-6-phosphat	,37	,43	,34	,38	1,3[1]	0,67[1]
505	Glucose-6-phosphat		,48	,38	,35		
506	Fructose-1,6-diphosphat	,31	,24	,40		0,5[1]	,67[1]
507	Phosphoenolbrenztraubensaure		,05	46			
508	2-Phosphoglycerinsaure		,18	,46			
509	3-Phosphoglycerinsaure		,35	,50			
510	Orthophosphat	,31	,28	,63		1,0[1]	1,0[1]
511	Ribose-5-phosphat	,36			,50		
512	Xylose-3-phosphat				,53		
513	Xylose-5-phosphat				,57		
514	Glycerinaldehyd-3-phosphat				,74		
515	6-Phosphogluconsaure				,88		
516	Pyrophosphat	,12				0,6[1]	0,48[1]
517	2,3-Diphosphoglycerinsaure					0,5[1]	0,75[1]
518	Kreatinphosphat					1,5[1]	0,56[1]
519	Äthanolaminphosphat					1,4[1]	0,62[1]

[1] R_{OP} (durchlaufene Strecke im Verhaltnis zur durchlaufenen Strecke Orthophosphat).

c) Ketoheptosen (mit Nachweis 51)

Lfd. Nr.	Substanz	R_F-Wert im Solvens 20	Lfd. Nr.	Substanz	R_F-Wert im Solvens 20
520	D-Glucoheptulose	0,42	525	L-Guloheptulose	,53
521	D-Mannoheptulose	,40	526	Sedoheptulosan	,70
522	L-Galaheptulose	,48	527	D-Idoheptulosan	,64
523	Sedoheptulose	,46	528	L-Guloheptulosan	,6[illegible]
524	D-Idoheptulose	,50			

4. Purine, Pyrimidine und Nucleinsäure-Komponenten

a) Freie Basen (mit Nachweis 2)

Lfd. Nr.	Substanz	R_F-Werte in den Solventien											
		2	23	51	101	135	136	170	222	225	232	241	248
529	Adenin	0,37	0,28	0,28	0 38		0,32	0,38	0,08		0,33		0,29
530	Guanin	,40	,05	,07	,15	,26	,22	,24	,17		,13		,06
531	Uracil	,76	,22	,31	.31	.68	,66	,67	,51	,50	,39	,59	,23
532	Cytosin	,70	,09	,19	,22		,44	,47	,55		,27		,25
533	Thymin	,74	,40	,48	,45		,76	,79	,33	,58	,57	,72	,48
534	5-Nitrouracil								,25				
535	5-Aminouracil				,14			,30	,56				
536	5-Methylaminouracil				,33			,42	,43				
537	5-Dimethylaminouracil								,50				
538	5-Amino-1-methyl-uracil								,50				
539	5-Amino-4-methyl-uracil								,50				
540	4-Amino-5-methyl-uracil								,36				
541	1,3-Dimethyluracil								,39				
542	2-Thiouracil			,50					,44				15
543	Methylthiouracil			,70									
544	Propylthiouracil			,91									
545	Uracil-5-carbonsaure				,09[1]				,58				
546	5-Fluoruracil	,87			,42			,78	,52				,12
547	5-Chloruracil	,77			,50			,79	,31				,20
548	5-Bromuracil	,68			,52				,26	,52		,69	,31
549	5-Joduracil	,62			.55				,20				,24
550	5-Hydroxymethyluracil				,22								
551	5-Methylcytosin	,73			,26		,52	,57	,37				,25
552	5-Hydroxymethyl-cytosin	,75			,13		,44		,55				
553	5-Bromcytosin				,34				,25				
554	2-Thiocytosin								,36				,31
555	Isocytosin				,34				,45				
556	5-Nitrocytosin				,16[1]				,23[1]				
557	Dihydrothymin[2]				,41				,40				
558	2-Thiothymin				,62				,29				,20
559	4,6-Dihydroxypyrimidin								,41				
560	Barbitursaure				,19[1]				23[1]				
561	Isobarbitursaure				,26								
562	Uramil								,74				
563	5-Nitrobarbitursaure				,08[1]								
564	Orotsaure (Uracil-4-carbonsaure)				,01				,31				
565	5-Amino-orotsaure				,02				,24				
566	2-Amino-pyrimidin				,56								
567	2,5-Diamino-pyrimidin				[1]				,25[1]				
568	2,4,6-Triaminopyrimidin				,11				,23				
569	2,4,5,6-Tetraamino-pyrimidin				[1]				,26[1]				
570	Purin				,48				,23				
571	Hypoxanthin	,63	,15	,17	,25		,29	,32	,28		,30		
572	Xanthin	,62	,10	,07	,18		,21	,24			,23		
573	Coffein		,56		,63						,71		
574	Theophyllin		,54		,52						,62		
575	Theobromin		,28		,42						,47		
576	Harnsaure		,00		,01						,15		
577	6,8-Dihydroxypurin										,23		
578	Isoguanin				,05[1]				,28[1]				
579	2-Aminopurin	,45			,31				,12				,29
580	2,6-Diaminopurin	,30			[1]				,05				
581	6-Methylaminopurin								,18				
582	2-Methyladenin								,19				
583	6-Methylpurin								,40				
584	8-Methylpurin								,40				
585	1-Methylguanin					,26					,19		
586	2-Dimethylamino-6-hydroxy-purin					,42					,28		
587	2-Methylamin 6-hydroxy-purin					,50					,25		
588	2-Äthylamino-6-hydr-oxy-purin					,60							

[1] Schwanzbildung — [2] Nachweis durch Radioisotopen.

Nr. Lfd.	Substanz	R_F-Werte in den Solventien		
		62	101	171
589	Adenin-1-N-oxyd		0,16	0,52
590	Adenosin-1-N-oxyd		,14	,46
591	Kinetin (N-Furfuryl-adenin)	0,92	,80	
591a	Adenin	,78	,38	,68
591b	Adenosin		,18	,61

b) Schwefelhaltige Pyrimidine (mit Nachweis 2)

Lfd. Nr.	Substanz	R_F-Werte in den Solventien		
		51	165	166
592	Thioharnstoff	0,36	0,32	0.29
593	2-Thiouracil	,50	,13	
594	Methylthiouracil	,70		
595	Propylthiouracil	,91		
596	6-Amino-2-thio-uracil			,08
597	6-Methyl-2-thio-uracil			,22
598	6-Propyl-2-thio-uracil			,75

d) Nucleoside und Desoxynuc-

Lfd. Nr.	Substanz	R_F-Werte in			
		2	23	51	101
608	Adenosin	0,49	0,11	0,14	0,20
609	Guanosin	,68	,02	,10	,15
610	Uridin	,84	,05	,21	,19
611	Cytidin	,76	,02	,16	,12
612	Inosin	,81			,10
613	Xanthinribosid				
614	Adenosin-1-N-oxyd				,14
615	5-Bromuridin				,33
616	2-Methylamino-6-hydroxy-purin-ribosid				
617	2-Dimethylamino-6-hydroxy-purin-ribosid				
618	1-Methylguanosin				
619	Adenindesoxyribosid	,47		,36	,44
620	Guanindesoxyribosid	,65		,21	,20
621	Uracildesoxyribosid	,83		,39	,38
622	Cytosindesoxyribosid	,80		,23	,23
623	Hypoxanthindesoxyribosid	,80		,23	,23
624	Thymidin	,85		,50	,51
625	5-Methylcytosindesoxyribosid			,25	,25
626	5-Bromuracildesoxyribosid	,88			,51
627	3'-O-Acetyl-thymidin	,85			,71
628	5'-O-Acetyl-thymidin				,68
629	3'-O-Acetyl-bromuracildesoxyribosid	,85			,71
630	5'-O-Acetyl-bromuracildesoxyribosid				,68
631	5'-O-Tritylthymidin	,00			,90
632	5'-O-Tritylbromuracildesoxyribosid	,00			,90

c) 2- und 6-substituierte Purine (mit Nachweis 2 und 34)

Lfd. Nr.	Substanz	R_F-Werte in den Solventien		
		53	227	239
599	6-Chlorpurin	0,43	0,74	0,79
600	6-Hydroxypurin (Hypoxanthin)	,15	,31	,48
601	6-Aminopurin (Adenin)	,40	,53	,55
602	2-Methyl-6-hydroxy-purin	,28	,41	,52
603	6-Cyclohexylaminopurin	, 89	,89	,92
604	6-Mercaptopurin			,49
605	2-Mercapto-6-hydroxy-purin			,43
606	2-Hydroxy-6-mercapto-purin			,45
607	2-Methyl-6-mercapto-purin	,22	,37	,60

leoside (mit Nachweis 2)

den Solventien									
135	136	222	225	232	241	248	297	323	121
	0,34	0,09		0,12			0,55	0,30	0,42
0,37	,30	,29		,16			,49	,10	,40
,70	,64	,58		,25			,64	,25	
	,45	,58		,19			,52	,24	,52
	,30	,08					,49		
							,33		
		,33							
,55				,18					
,49				,23					
,45				,17					
		,05	,62		,65			,39	,45
		,18	,33		,51			,16	
		,42	,46		,60				
	,60	,40	,59		,56			,33	
	,81	,31	,62		,64			,50	,65
		,25	,49		,67				
			,72		,85				
					,78				
			,64		,85				
					,78				
			,92		,95				
			,88		,95				

e) Methylierte Adenosine (mit Nachweis 2 und 34)

Lfd. Nr.	Substanz	R_F-Werte in den Solventien 248	256
633	Adenosin	0,23	0,43
634	1-Methyl-adenosin	,22	,27
635	1,N^6-Dimethyl-adenosin	,32	,29
636	N^6-Methyladenosin	,48	,61
637	1,N^6-Dimethyladenosin, in der Ribose methyliert	,57	
638	Adenosin, in der Ribose methyliert	,61	
639	N^6-Methyladenosin, in der Ribose methyliert	,81	

f) Zwischenverbindungen (mit Nachweis 11a bzw. 25)

Lfd. Nr.	Substanz	R_F-Werte in den Solventien									
		22	101	121	136	142	167	168	169	222	239
640	Harnstoff	0,78	0,23			0,01				0,61	0,43
641	Orthophosphat			,31	,84		,73	,70	,61		
642	Pyrophosphat			,12			,46	,40	,40		

g) Nucleotide und Desoxynucleotide (mit Nachweis 2 und 25)

Lfd. Nr.	Substanz	R_F-Werte in den Solventien								
		9	121	126	136	218	222	282	297	401
643	Adenosin-2'-monophosphat	0,74			0,48			0,56		
644	Adenosin-3'-monophosphat	,67			,48		,15	,56		,45
645	Adenosin-2',3'-cycl. phosphat								,31	
646	Adenosin-5'-monophosphat	,69	,29	,15	,43	,29		,45	,20	,47
647	Guanosin-2'-monophosphat	,79	,28		,43		,45	,21		
648	Guanosin-3'-monophosphat	,79	,28		,43		,36	,21	,42	,36
649	Guanosin-5'-monophosphat			,09		,50	,16	,31		
650	Uridin-3'-monophosphat	,85	,40		,77		,62		,39	,38
651	Uridin-5'-monophosphat			,18		,64		,23		
652	Cytidin-3'-monophosphat	,85	,37		,58		,66		,25	,43
653	Cytidin-5'-monophosphat			,13		,67		,28		
654	Inosinmonophosphat									,33
655	Adenosindiphosphat	,77	,15	,07		,37		,30	,07	,15
656	Guanosindiphosphat			,06		,58		,24		
657	Uridindiphosphat			,09		,71		,13		
657a	Uridindiphosphatglucose			,22						
658	Cytidindiphosphat			,07		,71		,13		
659	Adenosintriphosphat	,83	,11	,04		,48		,20	,70	,08
659a	Adenosintetraphosphat			,02				,24		
660	Guanosintriphosphat			,03		,61		,18		
661	Uridintriphosphat			,04		,77		,08		
662	Cytidintriphosphat			,04		,77		,07		
663	Inosintriphosphat									,05
664	Adenindesoxyribosid-5'-monophosphat						,17			
665	Guanindesoxyribosid-5'-monophosphat						,37			
666	Cytosindesoxyribosid-5'-monophosphat			,25	,64		,58	,60		
667	Thymidin-3'-monophosphat Tp				,81		,50			
668	Thymidin-5'-monophosphat pT			,26				,50		
669	Diphosphopyridinnucleotid DPN			,12						
669a	Thymidin			,76						
669b	Thymin			,70						
669c	Thymidintriphosphat			,11						
669d	Thymidindiphosphat			,20						

h) Weitere Nucleotide, Desoxynucleotide sowie kurzere Oligonucleotide (mit Nachweis 2 und 25)

Lfd. Nr.	Substanz	R_F-Werte in den Solventien 2	101	134	144	224	225	241	263
670	Uracildesoxyribosid-5′-monophosphat (Desoxyuridin-5′-monophosphat)			0,64				0,23	
671	5-Bromdesoxyuridin-5′-monophosphat			,67				,28	
672	5-Bromuridin-5′-phosphat			,65				,22	
673	Thymidin-3′-monophosphat Tp	0,96	0,03			0,18	0,05	,38	
674	Thymidin-5′-monophosphat pT	,93	,03				,11	,36	
675	Tpp-3′					,11			
676	TpTp				0,45	,08			
677	TpTpTp				,35	,04			
678	TpTpTpTp				,29	,02			
679	TpTpTpTpTp				,21	,01			
680	5′-O-Tritylthymidin-3′-monophosphat					,61		,72	
681	Phosphorsaure-monomethylester von Thymidin-5′-monophosphat pT					,48		,31	
682	Phosphorsaure-monomethylester von pTpT					,28		,17	
683	Phosphorsaure-monomethylester von TpTp					,28		,10	
684	Phosphorsaure-monomethylester von pTpTpT					,13		,12	
685	Phosphorsaure-monomethylester von pTpTpTpT					,05		,07	
686	Phosphorsauremonomethylester von pTp(d)A					,24		,16	
687	Phosphorsauremonomethylester von pTp(d)C					,23		,17	
688	Phosphorsauremonomethylester von pA (Adenosin-5-monophosphat)					,39		,23	
689	Phosphorsauremonomethylester von pG (Guanosin-5′-monophosphat)					,27		,15	
690	Phosphorsauremonomethylester von pApA					,15		,11	
691	TpT (Thymidyl-thymidin)	,90	,03				,36	,42	,85
692	BUpBU (5-Bromdesoxyuridyl-(3′-5′)-5-bromuracildesoxyribosid)	,92	,03				,31	,37	
693	TppT (P_1, P_2-Di-(thymidin-3′)-pyrophosphat	,93	,03				,12	,31	
694	T (Thymin)								,92
695	TpTpT								,76
696	TpTpTpT								,65
697	TpTpTpTpT								,50
698	C (Cytosin)								,50
699	CpT								,43
700	TpC								,51
701	CT_2p_2								,41
702	CT_3p_3								,35
703	CT_4p_4								,30
704	CT_5p_5								,24
705	CpC								,22
706	C_2Tp_2								,20
707	$C_2T_2p_3$								,20
708	CpCpC								,11
709	TpBU (Thymidyl-(3′-5′)-5-bromuracildesoxyribosid)	,90	,03				25	,46	

i) N-Oxyde von Adenin-Derivaten (mit Nachweis 2 oder 25)

Lfd. Nr.	Substanz	R_F-Wert im Solvens 134
709 a	Adenin-1-N-oxyd	0,48
709 b	2-Methyladenin-1-N-oxyd	,49
709 c	O-Acetyladenin-1-N-oxyd	,51
709 d	O-Acetyl-2-methyladenin-1-N-oxyd	,70
709 e	8-Hydroxyadenin-1-N-oxyd	,45
709 f	Adenosin-1-N-oxyd	,44
709 g	2′,3′-Isopropylidenadenosin-1-N-oxyd	,79
709 h	Adenosin-2′(3′)-monophosphat-1-N-oxyd	,40
709 i	Adenosin-5′-monophosphat-1-N-oxyd	,25
709 k	Adenosin-5′-diphosphat-1-N-oxyd	,15
709 l	2,6-Diaminopurin-1-N-oxyd	,38
709 m	Adenosin, Adenin	,61

5. Organische Säuren

a) Mit Nachweis 28, 30 und 43; Aminosäuren mit Nachweis 16

Lfd. Nr.	Substanz	R_F-Werte in den Solventien											
		53	130	132	142	143	217	237	252	275	286	310	321
710	Milchsäure		0,77	0,47			0,49	0,85	0,69				
711	Brenztraubensäure							,39					
712	Phenylbrenztrauben-säure							,86	,56				
713	Oxalsäure		,67	,17			,10	,30	,14				
714	Malonsaure		,76	.20			,26	,72	,36				
715	Bernsteinsäure		,79	,23			,29	,83	.68				
716	Glutarsäure		,82	,27			,32						
717	Adipinsäure		,84	,30			,41	,91	,83				
718	Pimelinsaure		,87	,35			,44						
719	Maleinsäure		,78	,25			,31						
720	Fumarsäure		,86	,27				,87					
721	Äpfelsaure		,70	,20			,25	,65	,29				
722	Weinsäure		,56	,18			,19	,25	,15				
723	Citronensäure		,69	,11			,11	,40	,45				
724	Aconitsäure		,86	,14			,16						
725	Benzoesaure		,91	,64			,58					,59	
726	Salicylsäure						,73						
727	Zimtsäure						,68						
728	Ameisensaure	0,10		,47									
729	Essigsaure	,11		,48									
730	Propionsaure	,19		,56									
731	Buttersäure	,29		,62									
732	Valeriansaure	,41		,67						0,84			
733	Capronsaure	,53	,90	,73						,72			
734	Önanthsäure	,62	,91	,76						,64			
735	Caprylsaure	,65	,92	,79						,57			
736	Pelargonsäure	,67	,92	,80						,51			
737	Caprinsäure		,93	,81						,46			
738	Undecylsäure									,40			
739	Laurinsäure		,93	,81						,38			
740	Myristinsäure		,93	,81						,34			
741	Palmitinsaure									,30			
742	Ölsaure									,30			
743	Stearinsäure									,24			
744	Erucasaure									,22			
745	Isobuttersaure			,61									
746	Isovaleriansaure			,66									
747	Glykolsäure		,69	,38									
748	2-Hydroxy-n-butter-saure		,82	,54									
749	2-Hydroxy-n-valerian-saure		,85	,62									
750	2-Hydroxy-capronsäure		,88	,68									
751	2-Hydroxy-caprylsaure		,90	,76									
752	2-Hydroxy-pentadecan-saure		,91	,78									
753	3-Hydroxy-n-buttersaure		,79	,50									
754	Glycerinsaure		,62	,37									
755	Glycin		,42	,31									
756	α-Alanin		,56	39									
757	α-Amino-n-buttersäure		,63	,47									
758	Norvalin		,71	,58									
759	Norleucin		,77	,68									
760	α-Amino-caprylsaure		,82	,75									
761	β-Alanin		,50	,34									
762	γ-Amino-buttersäure		,54	,36									
763	ε-Amino-capronsaure		,65	,46									
764	ω-Amino-caprylsaure		,75	,63									
765	α-Amino-isobuttersaure		65	,46									
766	Valin		,68	,55									
767	Leucin		,76	,65									
768	β-Aminobuttersaure		,60	,43									
769	γ-Aminovaleriansaure		,62	,45									
770	Isoleucin		,74	,64									
771	Asparagin		,30	,28									
772	Glutamin		,34	,29									
773	Serin		,43	,35									

a) Mit Nachweis 28, 30 und 43; Aminosauren mit Nachweis 16 (Fortsetzung)

Lfd. Nr.	Substanz	R_F-Werte in den Solventien 53	130	132	142	143	217	237	252	275	286	310	321
774	Ornithin, HBr		0,28	0,27									
775	Lysin, HCl		,30	,29									
776	Prolin		,55	,45									
777	Hydroxyprolin		,46	,37									
778	Citrullin		,42	,32									
779	Tyrosin		,63	,46									
780	Tryptophan		,68	.58									
781	Phenylalanin		,71	,64									
782	Methionin		,68	,56									
783	Arginin, HCl		,36	,25									
784	2-Brom-propionsaure	0,25	,87	,63									
785	2-Brom-n-buttersaure		,88	,67									
786	2-Brom-n-valeriansaure		,90	,73									
787	2-Brom-capronsaure		,91	,77									
788	Trichloressigsäure	,45	,84	,74									
789	Phenylessigsäure		,91	,66									
790	3-Phenyl-propionsaure		,92	,71									
791	5-Phenyl-n-valeriansäure		,94	,76									
792	Phenylmilchsäure		,91	,68									
793	Azelainsaure		,90	,47									
794	Sebacinsaure		,91	,53	0,91	0,00					0,00		0,90
795	Äthylmalonsaure		,87	,29									
796	3-Methylglutarsaure		,86	,31									
797	2,2-Dimethyl-glutarsaure		,89	,35									
798	3,3-Dimethyl-glutarsäure		.88	,31	,82	,02					,01		,89
799	3-Methyl-3-athyl-glutarsäure		,89	,37									
800	Asparaginsäure		,44	,19									
801	Glutaminsaure		,53	,20									
802	α-Amino-adipinsäure		,57	,21									
803	α-Amino-pimelinsaure		,63	,24									
805	Phthalsaure		,86	,39									
806	Mesaconsaure		,86	,33			0,28						
807	Citraconsäure		,85	,27									
808	Itaconsäure		,84	,28									
809	Trimesinsaure		,84	,29									
810	Terephthalsaure		,87	,12								0,21	
811	Furan-2-carbonsäure				.83	,18					,07	,30	,87
812	Furan-2,5-dicarbonsäure											,06	
813	Thiophen-2-carbonsaure											,46	
814	Thiophen-2,5-dicarbonsaure											,10	
815	Pyrrol-2-carbonsaure											,41	
816	2,5-Dimethylpyrrol-3,4-dicarbonsäure											,17	
817	Anthrachinon-2-carbonsaure						,65						
818	Naphthalin-2,3-dicarbonsaure						,33						
819	Monochloressigsäure	,14											
820	Dichloressigsaure	,27											
821	Bromessigsaure	,02											
822	Dibromessigsäure	,10											
823	Tribromessigsaure	,31											
824	2-Chlorpropionsaure	,23											
825	3-Chlorpropionsaure	,19											
826	3-Brompropionsaure	,20											
827	2,3-Dibrompropionsaure	,27											
828	Prehnitsaure		,77	,04									
829	Pyromellitsaure		,81	,05									
830	Phenacetursaure				,70	,01					,08		,85
831	o-Methoxy-benzoesaure				,85	,78					,07		,87
832	m-Methoxy-benzoesaure				,96	,91					,13		,94
833	5-Formyl-salicylsaure				,93	,08					,34		,90
834	Opiansaure (5,6-Dimethoxy-2-formyl-benzoesaure)				,83	,22					,07		,88
835	Piperonylsäure				,86	,02					,14		,92
836	Homogentisinsäure				,71								,84

b) Mevalonsäure und Derivate (mit Nachweis 25 und 28)

Lfd. Nr.	Substanz	R_F-Wert im Solvens 283
837	Mevalonsaure	0,66
838	Mevalonsaurelacton	,75
839	5-Phospho-mevalonsaure	,37
840	Diphosphomevalonsaure	,20

c) Mit Nachweis 22

Lfd. Nr.	Substanz	R_F-Werte in den Solventien		
		270	271	274
841	Oxalsaure	0,65	0,75	0,30[1]
842	Malonsaure	,77	,86	,67
843	Bernsteinsaure	,78	,85	,78
844	Glutarsaure	,83	,90	,83
845	Tartronsaure	,51	,62	,53
846	Weinsaure	,43	,58	,38[1]
847	Citronensaure	,56	,63	,52
848	Brenztraubensaure	,88	,90	,67
849	Benzoesaure	,98	,98	,98
850	Benzol-1,2,3-tricarbonsaure	,65	,72	,65
851	Benzol-1,3,5-tricarbonsaure	,53	,80	,74
852	Benzol-1,2,3,4-tetracarbonsaure	,38	,54	,50
853	Benzol-1,2,4,5-tetracarbonsaure	,46	,64	,49
854	Benzol-pentacarbonsaure	,32	,45	,20[1]
855	Mellitsaure	,17	,32	,12[1]

[1] Verbindung lauft mit mehreren R_F-Werten

6. Alkohole

a) Nitrophthalate der Alkohole (mit Nachweis 35)

Lfd. Nr.	Substanz	R_F-Wert im Solvens 268
856	Methanol	0,15
857	Äthanol	,25
858	Allylalkohol	,31
859	Isopropanol	,35
860	Propanol	,42
861	2-Butanol	,49
862	2-Methyl-1-propanol	,53
863	1-Butanol	,55
864	2-Amylalkohol	,59
865	2-Methyl-butanol-1	,61
866	3-Methyl-butanol-1	,63
867	Amylalkohol	,65
868	1-Hexanol	,68
869	1-Heptanol	,70

b) Xanthogenate der Alkohole (mit Nachweis 2)

Lfd. Nr.	Substanz	R_F-Wert im Solvens 57
870	Octanol	0,15
871	Methanol	,24
872	Äthanol	,35
873	Isopropanol	,44
874	2-Butanol	,54
875	1-Butanol	,56

c) 3,5-Dinitrobenzoate der Alkohole (mit Nachweis 46)

Lfd. Nr.	Substanz	R_F-Wert im Solvens 46
876	Methanol	0,21
877	Äthanol	,40
878	1-Propanol	,50
879	2-Propanol	,52
880	Sorbit	,55
881	1-Butanol	,64
882	1-Hexen-3-ol	,69
883	1-Pentanol	,72
884	1-Hexen-2-ol	,73
885	1-Hexanol	,79
886	1-Nonanol	,86
887	Laurylalkohol	,92

d) Cyclite (als freie Alkohole) (mit Nachweis 53)

Lfd. Nr.	Substanz	R_F-Werte in den Solventien	
		19	239
888	meso-Inosit	0,23	0,09
889	Scyllit	,18	,09
890	epi-Inosit	,38	,11
891	(−)-Inosit	,20	,12
892	Mytilit		,11
893	Isomytilit	,31	,14
894	Quebrachit	,43	,18
895	Pinit	,39	
896	(−)-Viburnit	,40	,17
897	(+)-Quercit	,45	,20
898	DL-1,2,3,4-Cyclohexantetrol	,66	,37
899	DL-1,2,3-Cyclohexan-triol	,80	,57

e) Freie Alkohole (mit Nachweis 2 bzw. 5)

Lfd. Nr.	Substanz	R_F-Werte in den Solventien						
		15	49	129	142	143	286	321
900	n-Stearylalkohol (n-C_{18})	0,14						
901	Cetylalkohol (n-C_{16})	,23						
902	Myristylalkohol (n-C_{14})	,40						
903	Laurylalkohol (n-C_{12})	,58						
904	n-Decylalkohol (n-C_{10})	,73						
905	Glycerin			,17				
906	1,2,4-Butan-triol			,20				
907	Äthylenglykol			,46				
908	1,3-Propylenglykol		,14	,55				
909	1,2-Propylenglykol		,23	,66				
910	Diäthylenglykol		,08	,71				
911	Triäthylenglykol		,08	,82				
912	1,3-Butylenglykol		,35					
913	2,3-Butylenglykol		,49					
914	o-Methoxybenzylalkohol				,96	,89	,91	,94
915	m-Methoxybenzylalkohol				,93	,91	,86	,94
916	p-Methoxybenzylalkohol				,84	,81	,88	,91
917	Veratrylalkohol				,84	,58	,78	,93

7. Glyceride (mit Nachweis 27)

Lfd. Nr.	Substanz	R_F-Werte in den Solventien 172	173	Lfd. Nr.	Substanz	R_F-Werte in den Solventien 172	173
918	1-Monostearin	0,32		927	Oleodistearin		0,22
919	1-Monoolein	,46		928	Triolein		,24
920	1-Monopalmitin	,49		929	Trimyristin		,29
921	1-Monolinolein	,65		930	Oleodipalmitin		,31
922	1-Monomyristin	,71		931	Trilinolein		,36
923	1-Monolinolenin	,73		932	Trilaurin		,45
924	1-Monolaurin	,85		933	Trilinolenin		,52
925	Tristearin		0,09	934	1,3-Dipalmitin		,71
926	Tripalmitin		,19	935	1,3-Diolein		,73

8. Ketone und Aldehyde

a) 2,4-Dinitrophenylhydrazone von Aldehyden und Ketonen (mit Nachweis 2 und 31)

Lfd. Nr.	Substanz	R_F-Werte in den Solventien 43	119	147	164	203	204	205
936	Formaldehyd	0,20		0,65	0,29			
937	Acetaldehyd	,32		,59	,36			
938	Acrolein	,39						
939	Crotonaldehyd	,47						
940	Propionaldehyd	,50		,49				
941	n-Butyraldehyd	,66		,35				
942	n-Valeraldehyd	,76						
943	n-Hexylaldehyd	,82		,18	,67			
944	2-Äthylhexylaldehyd	,88						
945	Dodecylaldehyd	,91						
946	Aceton	,48		,60	,44			
947	Methyläthylketon	,66						
948	Hexen-1-on-5	,71						
949	Diäthylketon	,81						
950	Methyl-n-butyl-keton	,85						
951	Methyl-isobutyl-keton	,85						
952	Cyclopentanon	,64				0,45	0,53	
953	Cyclohexanon	,77	0,93			,42	,50	0,95
954	2-Methylcyclohexanon	,85						
955	3-Methylcyclohexanon	,85						
956	4-Methyclylcohexanon	,85						
957	Dihydroxyaceton	,00						
958	Diacetyl (als Monohydrazon)	,22			,38			
959	Diacetyl (als Dihydrazon)	,00						
960	2,4-Dinitrophenylhydrazin	,01			,06			
961	Glykolaldehyd				,06			
962	Hexen-2-al-1				,61			
963	p-Hydroxybenzaldehyd				,05			
964	p-Hydroxyacetophenon				,07			
965	Salicylaldehyd				,15			
966	Acetoveratron				,18			
967	Anisaldehyd				,23			
968	Benzaldehyd				,35			
969	Acetophenon				,42			
970	p-Propioanisolaldehyd				,45			
971	3-Phenylpropionaldehyd				,47			
972	1-Phenylbutan-3-on				,65			
973	Menthon				,84			
974	Isobutyraldehyd			,37				
975	2-Methylbutan-2-on			,40				
976	Pentan-3-on			,38				
977	Heptan-4-on			,27				
978	Nonon-2-on			,13				
979	Cycloheptanon		,75			,33	,44	,86
980	Cyclooctanon		,67			,29	,41	,80
981	Cyclononanon		,56			,26	,37	,72
982	Cyclodekanon					,20	,33	
983	Cyclododekanon					,13	,25	

b) Thiosemicarbazone einiger Ketone (mit Nachweis 5)

Lfd. Nr.	Substanz	R_F-Werte in den Solventien							
		28	29	36	37	44	45	115	116
984	Cyclohexanon	0,12	0,42	0,32	0,79	0,12	0,53	0,05	0,14
985	2-Methylcyclohexanon		,51	,60	,84	,30	,66	,13	,22
986	3-Methylcyclohexanon	,30	,51	,57	,83	,29	,62	,11	,20
987	4-Methylcyclohexanon	,28	,50	,55	,83	,27	,60	,10	,19
988	Cyclopentanon	,08	,37	,23	,74	,07	,41	,03	,08
989	2-Methylpentanon	,22	,48	,47	,80	,21	,54	,07	,15
990	3-Methylpentanon	,19	,46	,43	,79	,16	,52	,06	,12
991	Dimethylketon	,02	,26	,08	,59	,03	,21	,01	,04
992	Methylathylketon	,08	,42	,22	,71	,09	,26	,03	,09
993	Diäthylketon	,22	,56	,47	,79				
994	Äthylpropylketon	,37	,59	,70	,84	,40	,73	,21	,30
995	Methylbutylketon	,44	,59	,70	,82	,40	,66	,18	,25
996	Methylisobutylketon	,33	,59	,63	,82	,39	,68	,18	,26
997	Methylamylketon	,61		,84	,85			,32	

9. Phenole und Oxysäuren

a) Phenole und Aminophenole (mit Nachweis 2, 11a und 12b)

Lfd. Nr.	Substanz	R_F-Werte in den Solventien				
		42	151	152	268	291
998	Phenol	0,12	0,32	0,29	0,17	
999	o-Kresol	,30	,58	,53	,33	
1000	m-Kresol	,19	,46	,45	,31	
1001	p-Kresol	,19	,44	,44	,31	
1002	2,3-Dimethylphenol	,40	,68	,66	,44	
1003	2,4-Dimethylphenol	,40	,69	,66	,48	
1004	2,5-Dimethylphenol	,42	,69	,67	,47	
1005	2,6-Dimethylphenol				,51	
1006	3,4-Dimethylphenol	,25	,49	,58	,41	
1007	3,5-Dimethylphenol	,30	,58	,60	,46	
1008	2,3,5-Trimethylphenol				,55	
1009	2,4,6-Trimethylphenol				,63	
1010	o-Äthylphenol	,55	,76	,74	,53	
1011	m-Äthylphenol	,37	,63	,64	,49	
1012	p-Äthylphenol	,35	,61	,64	,49	
1013	2-Methyl-5-athyl-phenol				,66	
1014	2,4,6-Trimethyl-5-äthyl-phenol				,77	
1015	o-Propylphenol				,65	
1016	p-Propylphenol				,62	
1017	p-Butylphenol				,67	
1018	p-Amylphenol				,70	
1019	p-Aminophenol					,02
1020	m-Aminophenol					,04
1021	o-Aminophenol					,05
1022	p-Acetamidophenol					,25
1023	m-Acetamidophenol					,30
1024	o-Oxyphenylharnstoff					,40
1025	o-Formamidophenol					,70
1026	o-Acetamidophenol					,80
1027	o-Benzamidophenol					,90

b) Phenole und Oxysäuren (mit Nachweis 5, 12b, 24, 44)

Lfd. Nr.	Substanz	R_F-Werte in den Solventien													
		3	5	142	143	226	239	253	260	286	292	293	313	314	321
1028	Gallussaure	0,62					0,69	0,58	0,43				0,08		
1029	Phloroglucin	,54					,76	,76	,96				,16		
1030	Oxyhydrochinon										0,01		,25		
1031	Pyrogallol	,63						,77					,47		
1032	Protocatechusaure		0,73			0,06		,82				0,16	,58		
1033	Hydrochinon	,70						,87			,07		,75		
1034	Resorcin	,68					,91	,88	,97				,80		
1035	Brenzcatechin	,73											,87		
1036	2-Naphthol	,40													
1037	1-Naphthol	,45													
1038	Vanillin	,63													
1039	2,3-Dimethylhydrochinon										,00				
1040	Methylhydrochinon										,10				
1041	2-Methoxyhydrochinon										,25				
1042	Äthylhydrochinon										,30				
1043	2-Äthoxyhydrochinon										,55				
1044	Propylhydrochinon										,65				
1045	Chlorogensaure						,61								
1046	Phenol							,94	,97						
1047	Gentisinsaure		,63			,68			,51			,26		0,34	
1048	Cumarin						,92								
1049	3,4-Dihydroxyphenylalanin (3,4-DOPA)							,08							
1050	Catechin							,63							
1051	Quercetin							,14							
1052	Ferulasaure		,35			,27	,84					,80		,63	
1053	2,3,6-Trimethylphenol			0,92	0,92					0,93					0,90
1054	2,4,6-Trimethylphenol (Mesitol)			,89	,92					,91					,95
1055	3,4,5-Trimethylphenol			,93	,87					,92					,92
1056	o-Methoxybenzylalkohol			,96	,89					,91					,94
1057	m-Methoxybenzylalkohol			,93	,91					,86					,94
1058	p-Methoxybenzylalkohol			,84	,81					,88					,91
1059	o-Methoxybenzoesaure			,85	,78					,07					,87
1060	m-Methoxybenzoesaure			,96	,91					,13					,94
1061	5-Formylsalicylsaure			,93	,08					,34					,90
1062	Hordenin			,00						,85					,40
1063	o-Oxy-benzoesaure (Salicylsaure)		,66			,78	,95	,13	,65			,88		,43	
1064	o-Oxy-hippursaure		,68			,22						,43		,30	

b) Phenole und Oxysäuren (mit Nachweis 5, 12b, 24, 44) (Fortsetzung)

Lfd. Nr.	Substanz	R_F-Werte in den Solventien 3	5	142	143	226	239	253	260	286	292	293	313	314	321
1065	o-Oxy-phenylessigsaure		0,86			0,76						0,57		0,49	
1066	o-Oxy-mandelsaure		,82			,58						,13		,30	
1067	o-Oxy-phenylpropionsaure		,77			,70						,74		,72	
1068	o-Oxy-zimtsaure		,44			,35						,70		,75	
1069	o-Oxy-phenylmilchsaure		,84			,59						,29		,28	
1070	o-Oxy-phenylbrenztraubensaure		,85									,21		,43	
1071	m-Oxy-benzoesaure		,70			,39		0,25				,53		,50	
1072	m-Oxy-hippursaure		,75			,33						,09		,19	
1073	m-Oxy-phenylessigsaure		,83			,46						,49		,46	
1074	m-Oxy-mandelsaure		,87			,37						,07		,19	
1075	m-Oxy-phenylpropionsaure		,77			,54						,61		,68	
1076	m-Oxy-zimtsaure		,39			,44						,58		,60	
1077	m-Oxy-phenylmilchsaure		,86			,51						,12		,21	
1078	m-Oxy-phenylbrenztraubensaure											,13			
1079	p-Oxy-benzoesäure		,54			,23		,22				,55		,68	
1080	p-Oxy-hippursäure		,72			,15						,07		,18	
1081	p-Oxy-phenylessigsaure		,82			,42						,49		,50	
1082	p-Oxy-mandelsaure		,87			,33						,07		,16	
1083	p-Oxy-phenylpropionsäure		,73			,51						,61		,69	
1084	p-Oxy-zimtsaure		,31			,28						,58		,67	
1085	p-Oxy-phenylmilchsaure		,85			.45						,13		,19	
1086	p-Oxy-phenylbrenztraubensaure											,15			
1087	3-Methoxy-4-oxy-benzoesäure		,66			,22						,80		,60	
1088	3-Methoxy-4-oxy-hippursaure		,66			,16						,18		,16	
1089	3-Methoxy-4-oxy-phenylessigsäure		,82			,39						,66			
1090	3-Methoxy-4-oxy-mandelsäure		,84			,28						,16		,20	
1091	3-Methoxy-4-oxy-phenylpropionsäure		,74			,43						,81		,65	
1092	3-Methoxy-4-oxy-zimtsäure (Ferulasäure)		,35			,27	0,84					,80		,63	
1093	3-Methoxy-4-oxy-phenylbrenztraubensaure											,25			
1094	Protocatechusäure		,73			,06		,82				,16	0,58		
1095	Gentisinsaure		,63			,68			0,51			,26		,34	
1096	Syringasaure		,57			,18						,79			
1097	Homoprotocatechusaure		,75									,15			
1098	Kaffeesaure		,36				,78	,68				,19		,53	
1099	Homogentisinsaure		,90									,09		,34	
1100	Kynurensaure		,37			,52						,16		,21	
1101	Xanthurensäure		,24			,08						,03		,23	
1102	3-Oxy-anthranilsaure											,38		,65	

c) Vanillin-Derivate (mit Nachweis 1, 2 und 43)

Lfd. Nr.	Substanz	R_F-Werte in den Solventien 142	143	164	286	321
1103	Vanillin			0,06		
1104	p-Hydroxybenzaldehyd			,09		
1105	Äthylvanillin (3-Äthoxy-4-hydroxy-benz-aldehyd)	0,87	0,87	,13	0,62	0,92
1106	Veratraldehyd			,27		
1107	Cumarin			,29		
1108	Dihydrocumarin			,30		
1109	Piperonal (Heliotropin)			,35		
1110	6-Methylcumarin			,39		
1111	Veratrylalkohol	,84	,58		,78	,93
1112	m-Acetovanillon	,85	,69		,88	,86
1113	Vanillylamin	,00	,00		,63	,28

d) Aromatische Amino- und Nitroverbindungen (mit Nachweis 16 bzw. 2 u. 21)

Lfd. Nr.	Substanz	R_F-Werte in den Solventien 24	30	34	39	41	128
1114	o-Aminotoluol						0,84
1115	p-Aminotoluol						,89
1116	2,4-Diaminotoluol						,75
1117	2,6-Diaminotoluol						,66
1118	3,4-Diaminotoluol						,90
1119	3,5-Diaminotoluol						,72
1120	1,2,3-Triaminobenzol						1,00
1121	1,2,4-Triaminobenzol						0,79
1122	1,3,5-Triaminobenzol						,63
1123	2,3,5-Triaminotoluol						,77
1124	2,3,6-Triaminotoluol						,74
1125	2,4,5-Triaminotoluol						,74
1126	2,4,6-Triaminotoluol						,62
1127	o-Aminophenol						,64
1128	m-Aminophenol						,60
1129	p-Aminophenol						,60
1130	2,4-Diaminophenol						,16
1131	2,6-Diaminophenol						,60
1132	2,4,6-Triaminophenol						,60
1133	o-Aminobenzoesäure						,32
1134	m-Aminobenzoesaure						,40
1135	p-Aminobenzoesaure						,46
1136	2,4-Diaminobenzoesaure						,21
1137	2,6-Diaminobenzoesäure						,09
1138	3,4-Diaminobenzoesaure						,36
1139	3,5-Diaminobenzoesaure						,28
1140	2,3,5-Triaminobenzoesaure						,80
1141	2,3,6-Triaminobenzoesaure						,66
1142	2,4,5-Triaminobenzoesaure						,86
1143	2,4,6-Triaminobenzoesaure						,68
1144	o-Nitrobenzoesaure			1,00			
1145	m-Nitrobenzoesaure			0,76			
1146	p-Nitrobenzoesaure	0,10		,67			
1147	2,4-Dinitrobenzoesaure			,59			
1148	2,6-Dinitrobenzoesaure			,84			
1149	3,4-Dinitrobenzoesaure			,83			
1150	3,5-Dinitrobenzoesaure	,19		,48			
1151	2,4,6-Trinitrobenzoesaure	,12					
1152	o-Nitrophenol	,70	0,66	1,00			
1153	m-Nitrophenol	,74	,75	0,89			
1154	p-Nitrophenol	,70	,66	,84			
1155	2,4-Dinitrophenol	,55	,63	,77			
1156	2,6-Dinitrophenol	,60	,52	,55			
1157	o-Nitrotoluol				0,96		
1158	p-Nitrotoluol				,90		
1159	2,4-Dinitrotoluol				,84	0,70	
1160	2,6-Dinitrotoluol				,80	,66	
1161	3,4-Dinitrotoluol					,91	
1162	3,5-Dinitrotoluol				,86	,72	
1163	1,2,3-Trinitrobenzol					1,00	
1164	1,2,4-Trinitrobenzol				,74	0,60	
1165	1,3,5-Trinitrobenzol				,34	,20	
1166	2,3,5-Trinitrotoluol				,69	,68	
1167	2,3,6-Trinitrotoluol				,66	,64	
1168	2,4,5-Trinitrotoluol				,72	,70	
1169	2,4,6-Trinitrotoluol				,32	,31	

10. Sterine und Cholsäuren

a) Sterine (mit Nachweis 17, 18, 19a, 20 und 26)

Lfd. Nr.	Substanz	R_F-Werte in den Solventien 27	38	47	48	120	124	209	210	251	264	318
1170	δ^{4}-Pregnen-3,20-dion-15α-ol							0,01	0,81			
1171	δ^{4}-Pregnen-3,20-dion-11α-ol							,02				
1172	δ^{4}-Pregnen-3,20-dion-15β-ol							,03				
1173	δ^{4}-Pregnen-3,20-dion-14α-ol							,08				
1174	δ^{4}-Pregnen-3,20-dion-6β-ol							,10				
1175	δ^{4}-Pregnen-3,20-dion-11β-ol							,12				
1176	δ^{4}-Pregnen-3,20-dion-17α-ol (17α-Oxyprogesteron)	0,33	0,62					,16			0,77	
1177	Testosteron	,30	,55		0,12		0,87	,22		0,93		
1178	δ^{4}-Pregnen-3,20-dion-21-ol (11-Desoxy-corticosteron)			0,09				,23			,72	0,69
1179	δ^{4}-Pregnen-3,11,20-trion							,24				
1180	$\delta^{1,4}$-Pregnadien-3,20-dion							,55				
1181	$\delta^{5,16}$-Pregnadien-3β-ol-20-on							,61				
1182	δ^{5}-Pregnen-3β-ol-20-on							,63				
1183	$\delta^{1,6}$-Pregnadien-3,20-dion							,68				
1184	$\delta^{4,9}$-Pregnadien-3,20-dion							,68				
1185	Progesteron	,93			82		,55	,76		,79		
1186	δ^{4}-Pregnen-11β,17α,20α,21-tetrol								,09			
1187	δ^{4}-Pregnen-3,20-dion-11α,17α,21-triol								,12			
1188	δ^{4}-Pregnen-3,20-dion-6β,17α,21-triol								,21			
1189	$\delta^{1,4}$-Pregnadien-3,20-dion-11β,17α,21-triol								,27			
1190	δ^{4}-Pregnen-3,20-dion-11β,17α,21-triol (17-Oxy-corticosteron)			,45					,37		,02	,17
1191	δ^{4}-Pregnen-3,20-dion-6β,11α-diol								,39			
1192	11α-Oxytestosteron								,45			
1193	δ^{4}-Pregnen-3,20-dion-15α,21-diol								,53			
1194	$\delta^{1,4}$-Pregnadien-3,11,20-trion-17α,21-diol								,57			
1195	δ^{4}-Pregnen-3,20-dion-11α,21-diol								,61		,18	
1196	δ^{4}-Pregnen-3,20-dion-11α,17α-diol								,61			
1197	δ^{4}-Pregnen-3,11,20-trion-17α,21-diol (11-Dehydro-17-oxycorticosteron, Cortison)	,01	,06	,45					,61		,03	,22
1198	14α-Oxytestosteron								,67			
1199	11β-Oxytestosteron								,74			
1200	δ^{4}-Pregnen-3,20-dion-6β,17α-diol								,76			
1201	δ^{4}-Pregnen-3,20-dion-6β,21-diol								,76			
1202	δ^{4}-Pregnen-3,20-dion-14α,21-diol								,77			
1203	δ^{4}-Pregnen-3,20-dion-11β,17α-diol								,83			
1204	δ^{4}-Pregnen-3,20-dion-11β,21-diol (Corticosteron)	,04	,21	,29					,86			,39

a) Sterine (mit Nachweis 17, 18, 19a, 20 und 26) (Fortsetzung)

Lfd. Nr.	Substanz	R_F-Werte in den Solventien 27	38	47	48	120	124	209	210	251	264	318
1205	δ^{4}-Pregnen-3,20-dion-17α,21-diol (17-Oxy-desoxy-corticosteron)			0,15					0,86		0,31	0,48
1206	δ^{4}-Pregnen-3,11,20-trion-21-ol (11-Dehydro-corticosteron)								,92		,17	,26
1207	Pregnan-3α,17α,20α-triol										,19	
1208	3α,20α-Pregnandiol										,63	
1209	Aldosteron		0,05									,15
1210	11β-Hydroxyatiocholanolon	0,05	,22		0,02							
1211	11β-Hydroxyandrosteron	,11	,27		,03							
1212	7-Ketodehydroepiandrosteron	,12	,33		,03							
1213	Östron	,16	,37		,04	0,39						
1214	Östradiol					,54						
1215	Östriol					,65						
1216	Equilin					,38						
1217	Equilenin					,31						
1218	$\delta^{4,6}$-Androstadien-17β-ol-3-on	,28	,48		,05							
1219	Adrenosteron				,11							
1220	11-Ketoatiocholanolon	,24	,63		,06							
1221	11-Ketoandrosteron	,35			,12							
1222	Epi-androsteron	,62	,68		,31							
1223	Ätiocholanolon	,63	,71		,32							
1224	Androsteron	,68	,74		,41							
1225	Methyltestosteron	,74	,90		,26		0,83			0,93		
1226	$\delta^{1,6}$-Androstadien-3,17-dion	,73	,93		,30							
1227	δ^{4}-Androsten-3,17-dion	,75	,93		,50		,77			,85		
1228	Pregnan-3,20-dion				,90							
1229	δ^{4}-16-Methyl-16β-oxyandrosten-3-on						,86			,94		
1230	δ^{4}-17β-Propionyl-oxyandrosten-3-on						,29			,63		
1231	δ^{1}-17α-Methyl-17β-oxyandrosten-3-on (Methyl-testosteron)	,74	,90		26		,83			,93		
1232	δ^{4}-17α-Äthinyl-17β-oxyandrosten-3-on						,85			,93		
1233	δ^{5}-3β-Acetoxyandrosten-16-on						,24			,49		
1234	δ^{5}-3β-Oxyandrosten-16-on						,80			,89		
1235	δ^{5}-Androsten-3,16-dion						,75			,83		
1236	δ^{1}-3β,7β-Dioxycholesten						,40			,74		
1237	δ^{4}-Cholesten-3-on						,07			,02		
1238	Cholesterin						,08			,08		
1239	Cholesterinacetat						,07			,01		
1240	δ^{5}-3β-Oxy-25-norcholesten-25-on						,43			,67		
1241	δ^{5}-3β-Oxy-pregnen-20-on (Pregnenolon)	,56	,69		,22		,73			,86		
1242	Dehydro-epi-androsteron-acetat						,29			,61		
1242a	Dehydro-epi-androsteron						,85			,92		

b) Cholsäuren (mit Nachweis 19a)

Lfd. Nr.	Substanz	R_F-Werte in den Solventien			
		148	149	279	295
1243	Taurocholsäure	0,20	0,00		0,02
1244	Glykocholsäure		,11		,18
1245	Cholsäure		,41		,58
1246	Dehydrocholsaure				,78
1247	Desoxycholsaure		,69		,83
1248	Taurodesoxycholsäure	,31	,00		
1249	Glykochendesoxycholsäure		,29		
1250	Glykodesoxycholsäure		,32		
1251	Hyodesoxycholsaure		,60		
1252	Chenodesoxycholsäure		,69		
1253	Taurochenodesoxycholsäure	,29	,00		
1254	Cholesterinstearat oder -palmitat			,10	
1255	Cholesterinoleat			,12	
1256	Cholesterincapronat			,20	
1257	Cholesterinformiat			,40	
1258	Cholesterinacetat			,40	
1259	Cholesterindibromid			,65	

11. Alkaloide

a) Alkaloide allgemein (mit Nachweis 1, 9b, 16, 28, 38 und 41)

Lfd. Nr.	Substanz	R_F-Werte in den Solventien 30	31	60	113	117	138	142	160	162	163	242	286	287	321
1260	Amphetamin									0,58	0,47			0,86	
1261	Ephedrin									,47	,26			,76	
1262	Hordenin									,27	,11			,60	
1263	Cathin									,22	,06			,71	
1264	Capsaicin									,10	,04			,77	
1265	Spartein				0,86					1,00	1,00			1,00	
1266	Apoatropin									1,00	0,92			1,00	
1267	Tropacocain									1,00	,81			1,00	
1268	Nicotin			0,75	,06					1,00	,78			1,00	
1269	Cocain				88					0,71	,70			1,00	
1270	Procain									,25	,17			0,67	
1271	Homatropin									,27	,11			,76	
1272	Atropin				,88			0,00		,33	,10		0,91	.78	0,47
1273	Scopolin									,11	,07			,46	
1274	Scopolamin				,66					,12	,03			,54	
1275	Cinchonin						0,42	,00		,51	,23		,76	1,00	,13
1276	Chinidin						,58			,47	,22			,00	
1277	Chinin				,94		,51			,40	,19			,00	
1278	Cinchonidin						,34								
1279	Cuprein									,00	,00			0,12	
1280	Emetin									,37	,25			1,00	
1281	Bulbocapnin									,13	,13			0,76	
1282	Cephaelin									,05	,04			,93	
1283	Apomorphin	0,03								,00	,00			,27	
1284	Berberin									,04	,00	0,62		,13	
1285	Hydrastinin									,01	,00			,12	
1286	Boldin									,00	,00			,08	
1287	Eupaverin									,95	,85			1,00	
1288	Thebain	,85			,86	,40				,35	,31			0,83	
1289	Narcotin	,98			,94	,87				,38	,24			1,00	
1290	Äthylmorphin	,43								,28	,17			0,85	
1291	Eucodal									,23	17			,91	
1292	Dihydrocodein									,20	,09			,65	
1293	Codein	,22			,61	,10				,13	,06			,56	
1294	Papaverin	,98			,94	,77				,09	,07			,89	

a) Alkaloide allgemein (mit Nachweis 1, 9b, 16, 28, 38 und 41) (Fortsetzung)

Lfd. Nr.	Substanz	R_F-Werte in den Solventien 30	31	60	113	117	138	142	160	162	163	242	286	287	321
1295	Dihydrocodeinon	0,60								0,09	0,05			0,54	
1296	Dihydromorphinon	,00								,03	,00			,10	
1297	Cotarnin									,03	,00			,14	
1298	Morphin	,00			0,49	0,04		0,00		,01	,00		0,77	,05	0,12
1299	Narcein					,48				,00	,00			,00	
1300	Raubasin									1,00	,73			1,00	
1301	Reserpinin								0,80	0,95	,72			1,00	
1302	Rauwolscin									,43	,20			0,80	
1303	Reserpin		0,96					,44	,44	,22	,10		,95	1,00	,86
1304	Ajmalin								,10	,21	,09			0,60	
1305	Serpentinin									,00	,00			,37	
1306	Serpentin								,00	,00	,00			,01	
1307	Neoajmalin									,00	,00			,00	
1308	Rescinnamin								,30						
1309	Deserpidin								,60						
1310	Ajmalicin								,78						
1311	Sarpagin									,00	,00			,00	
1312	Aspidospermin									,95	,71			1,00	
1313	Yohimbin		,56					,02		,19	,07		,85	0,56	,57
1314	Yohimbylalkohol		,05												
1315	Yohimbol		,15												
1316	16-Methylyohimbol		,27												
1317	Acetylyohimbylalkohol		,30												
1318	Yohimbon		,81												
1319	16-Methyl-yohimbon		,86												
1320	Diacetylyohimbylalkohol		,90												
1321	Strychnin							,02		,09	,09		,83	,65	,43
1322	Physostigmin							,03		,08	,04		,92	,80	,48
1323	Brucin							,02		,02	,02		,57	,53	,32
1324	Mescalin							,00					,02		,08
1325	Lysergsäurediäthylamid, Tartrat							,07					,88		,71
1326	Gibberellinsäure							,73					,06		,88
1327	Kryptopin					,16									
1328	Cevadin	,10								,84	,64			1,00	
1329	Aconitin									,54	,28			,00	
1330	Gelseminin									,26	,08			0,70	
1331	Veratridin	,25								,03	,02			,19	

a) Alkaloide allgemein (mit Nachweis 1, 9b, 16, 28, 38 und 41) (Fortsetzung)

Lfd. Nr.	Substanz	R_F-Werte in den Solventien													
		30	31	60	113	117	138	142	160	162	163	242	286	287	321
1332	Colchicin									0,00	0,00			0,04	
1333	Pilocarpin				0,44					,00	,00			,02	
1334	Heroin				,84										
1335	Tropin				,32										
1336	Nicotinsäure			0,15											
1337	N-Methylmyosmin			,31											
1338	Oxynicotin			,36											
1339	Nornicotin			,42											
1340	Anabasin			,55											
1341	Oxasin			,90											
1342	Nicotinsäureamid (Niacin)			,65											
1343	Nicotyrin			,93											
1344	Diacetylmorphin	0,92													
1345	Coptisin											0,46			
1346	Tetrahydroberberin											,80			
1347	Tetrahydrocoptisin											,79			
1348	Chelirubin											,53			
1349	Sanguinarin											,43			
1350	Mecarpin											,49			
1351	Chelerythrin											,55			
1352	Chelilutin											,65			
1353	Alkamin	,00													
1354	Cevacin	,03													

b) Alkaloid-Salze (Nachweis wie unter a)

Lfd. Nr.	Substanz	R_F-Wert im Solvens 108
1355	Morphinhydrochlorid	0,72
1356	Codeinphosphat	,82
1357	Dionin	,84
1358	Heroin	,84
1359	Narcotinhydrochlorid	,90
1360	Papaverinhydrochlorid	,88
1361	Thebainhydrochlorid	,89
1362	Dihydrocodeinonditartrat	,78
1363	Dihydromorphinonhydrochlorid	,83
1364	Hydroxydihydrocodeinonhydrochlorid	,77

c) Lobeline und andere (mit Nachweis 9a)

Lfd. Nr.	Substanz	R_F-Werte in den Soiventien		
		114	159	156
1365	Lobelin		0,43	
1366	Lobelanin		,77	
1367	Pilocarpin	0,44		
1368	Isopilocarpin	,47		
1369	Pilosin	,55		
1370	Ergotamin			0,02
1371	Ergosin			,05
1372	Ergotaminin			,16
1373	Ergocristin			,29
1374	Ergocornin			,35
1375	Ergokryptin			,45
1376	Ergocristidin			,56
1377	Ergocorninin			,62
1378	Ergokryptinin			,72

d) Weitere Alkaloidgruppen (Nachweis wie unter a)

Lfd. Nr.	Substanz	R_F-Werte in den Solventien		
		235	239	265
1379	Isoprotoverin		0,30	
1380	Protoverin		,35	
1381	Isogermin		,41	
1382	Dehydroisogermin		,46	
1383	Germin	0,00	,52	
1384	Cevagenin		,57	
1385	Veracevin		,60	
1386	Pseudoprotoverin		,62	
1387	Pseudogermin		,80	
1388	Pseudozygadenin		,91	
1389	Isozygadenin		,51	
1390	Veratridin	,02		
1391	Neogermitrin	,25		
1392	Germitrin	,30		
1393	Jervin	,46		
1394	Veratramin	,65		
1395	Conessin			0,19
1396	Solanin			,48
1397	Solanidin			,97

e) Cytisusalkaloide (mit Nachweis 9b)

Lfd. Nr.	Substanz	R_F-Werte in den Solventien		
		61	257	284
1398	Spartein	0,18		
1399	Genisthein	,35		
1400	Cytisin			0,08
1401	N-Methylcytisin			,31
1402	Anagyrin			,45
1403	Dehydro-α-Matridin		0,67	
1404	Homodehydro-α-matridin		,72	
1405	Nordehydro-α-matridin		,60	

f) Lysergsäurederivate (mit Nachweis 1 oder wie unter a)

Lfd. Nr.	Substanz	R_F-Wert im Solvens 212
1406	D-Lysergsäure	0,00
1407	L-Lysergsäure	,00
1408	D-Isolysergsäure	,01
1409	(+)-Propanolamid-(2) von D-Lysergsaure	,04
1410	(+)-Propanolamid-(2) von L-Lysergsäure	,03
1411	(+)-Propanolamid-(2) von D-Isolysergsaure	,24
1412	(+)-Propanolamid-(2) von L-Isolysergsäure	,36
1413	(+)-Butanolamid-(2) von L-Lysergsäure	,06
1414	(+)-Butanolamid-(2) von D-Lysergsäure	,08
1415	(+)-Butanolamid-(2) von D-Isolysergsäure	,41
1416	(+)-Butanolamid-(2) von L-Isolysergsäure	,54
1417	(−)-Butanolamid-(2) von D-Lysergsäure	,06
1418	(−)-Butanolamid-(2) von L-Lysergsäure	,08
1419	(−)-Butanolamid-(2) von D-Isolysergsäure	,54
1420	(−)-Butanolamid-(2) von L-Isolysergsäure	,41

g) Cardenolide (mit Nachweis 9b und 23)

Lfd. Nr.	Substanz	R_F-Werte in den Solventien			
		137	146	289	319
1421	Strospesid		0,00	0,61	
1422	Digoxin		,03		0,29
1423	Gitoxin		,29		,19
1424	Digoxigenin		,32		
1425	Acetyldigoxin α		,39		
1426	Gitoxigenin		,42		,17
1427	Acetyldigoxin β		,45		
1428	Acetylgitoxin α		,59		,08
1429	Acetylgitoxin β		,64		,08
1430	Digitoxin		,69		,03
1431	Digitoxigenin		,81		
1432	Acetyldigitoxin α		,92		,02
1433	Acetyldigitoxin β		,93		,02
1434	Desacetyllanatosid C			,12	
1435	Digitalinum verum			,16	,97
1436	Desacetyllanatosid B			,19	,72
1437	Lanatosid C			,32	,85
1438	Lanatosid B			,47	,65
1439	Desacetyllanatosid A			,50	,39
1440	Lanatosid A			,85	,27
1441	Vallarotoxin	0,30			
1442	Majalosid	,70			
1443	Convallatoxin	,72			
1444	Convallatoxol	,75			
1445	Convallosid	,86			
1446	Convallatoxolosid	,88			
1447	Glucoconvallosid	93			

12. Lokalanästhetica und Suchtmittel

a) Lokalanästhetica (mit Nachweis 2 und 11a)

Lfd. Nr.	Substanz	R_F-Werte in den Solventien 30	34	246
1448	Novocain	0,06	0,00	0,11
1449	Larocain	,43	,16	,29
1450	Pantocain	,76	,24	,58
1451	Cocain	,88	,35	,74
1452	Anästhesin		,69	,96
1453	Falicain	,81		,96
1454	Holocain	,74	,20	,96
1455	Monocain	,02		
1456	Orthoform	,10	,00	
1457	Tutocain	,12	,00	
1458	Eucain	,42	,03	
1459	Tropacocain	,50	,06	
1460	Panthesin	,65	,33	
1461	Hostocain	,70	,16	
1462	Diocain	,82	,31	
1463	Percain	,94	,42	
1464	Xylocain		,48	
1465	Psicain		,78	
1466	Butoform		,92	

b) Basische Suchtmittel, Alkaloide im Urin (mit Nachweis 9a)

Lfd. Nr.	Substanz	R_F-Wert im Solvens 234
1467	Nicotin	0.23
1468	Morphin	,31
1469	Dilaudid	,32
1470	Eucodal	,34
1471	Acedicon	,37
1472	Dicodid	,39
1473	Codein	,40
1474	Pyramidon	,51
1475	Atropin	,54
1476	Chinin	,57
1477	Cliradon	,61
1478	Preludin	,61
1479	Metrotonin	,61
1480	Pervitin	,65
1481	Ritalin	,69
1482	Dolantin	,70
1483	Dromoran	,71
1484	Ticarda	,74
1485	Polamidon	,80

13. Peroxyde

a) Mit Nachweis 49 und 50

Lfd. Nr.	Substanz	R_F-Werte in den Solventien 131	215	255	273
1486	Wasserstoffperoxyd	0,68	0,84	0,49	0,83
1487	Benzoylperoxyd		,00	,94	,19
1488	tertiär-Butylperbenzoat		,17	,95	
1489	Lauroylperoxyd			,97	,00
1490	cis-4-Hydroxy-5-hydroperoxy-thymin	,51			
1491	trans-4-Hydroxy-5-hydroperoxy-thymin	,33			
1492	cis-4-Hydroperoxy-5-hydroxy-thymin	,62			
1493	trans-4-Hydroperoxy-5-hydroxy-thymin	,43			
1494	trans-4-Hydroperoxy-5-bromthymin	,83			
1495	Thymin	,55			
1496	Pinanhydroperoxyd		,61		
1497	1-Phenyläthyl-hydroperoxyd		,86		
1498	1-Phenylpropyl-hydroperoxyd		,80		
1499	2-Phenyl-2-propyl-hydroperoxyd		,85		
1500	2-Phenyl-2-butyl-hydroperoxyd		,75		
1501	1,2,3,4-Tetrahydro-1-naphthyl-hydroperoxyd		,78		
1502	Dekahydro-9-naphthyl-hydroperoxyd		,50		
1503	Triphenylmethylperoxyd		,19		
1504	Tri-(p-nitrophenyl)-hydroperoxyd		,14		
1505	t-Butyldiperterephthalat		,16		
1506	Diphenylmethyl-9-xanthenylperoxyd		,16		
1507	m-Monocyanobenzoylperoxyd			,97	
1508	m-Monomethoxybenzoylperoyxd			,94	
1509	p,p'-Dichlorbenzoylperoxyd			,94	
1510	2,4-Dichlorbenzoylperoxyd			,94	
1511	2,5-Dimethylhexan-2,5-dihydroperoxyd			,89	
1512	t-Butylperoxymaleinsäure			,38	
1513	Tetrahydrofuranhydroperoxyd				,76
1514	Cyclohexenylhydroperoxyd				,46
1515	Isochromanperoxyd				,22
1516	Succinylperoxyd				,82
1517	Isochromanhydroperoxyd				,50
1518	Cumolhydroperoxyd				,39
1519	Tetralinhydroperoxyd				,36
1520	Stearoylperoxyd				,00
1521	Methylisochromanhydroperoxyd				,51
1522	Isopropylisochromanhydroperoxyd				,36

14. Pteridine

a) Einfache Pteridine (mit Nachweis 1)

Lfd. Nr.	Substanz	R_F-Werte in den Solventien					
		4	107	127	229	230	304
1523	Pteridin		0,25			0,44	
1524	2-Hydroxy-pteridin	0,37	,80	0,23	0,66	,47	
1525	6-Hydroxy-pteridin	,60	,50	,46	,44	.50	0,48
1526	8-Hydroxy-pteridin	,57		,49	,66	,53	,63
1527	9-Hydroxy-pteridin	,58	,75	,49	,49	,57	,64
1528	2,6-Dihydroxy-pteridin	,53	,50	,22	,37	,50	,54
1529	2,9-Dihydroxy-pteridin	,48		,13	,32	,43	,35
1530	6,9-Dihydroxy-pteridin	,52	,30	,24	,24	,21	,35
1531	2,8-Dihydroxy-pteridin			,11		,12	
1532	6,8-Dihydroxy-pteridin		,50	,15	,26	,17	
1533	8,9-Dihydroxy-pteridin	,48	,35	,13	,25	,22	,45
1534	2,6,9-Trihydroxy-pteridin	,45		,13	,30	,32	,20
1535	2,6,8-Trihydroxy-pteridin	,50		,07	,21	,12	,43
1536	6,8,9-Trihydroxy-pteridin	,47	,05	,03	,17	,07	,13
1537	4,8,9-Trihydroxy-pteridin			,03	,10		,17
1538	4,6,8,9-Tetrahydroxy-pteridin	,34	,05	,02	,12	,06	,06

b) Pteridine, Pterine und Folsäurederivate (mit Nachweis 1)

Lfd. Nr.	Substanz	R_F-Werte in den Solventien			
		4	6	8	239
1539	Pterorhodin	0,00			
1540	Methylpterorhodin	,00			
1541	9-Acetonylxanthopterin	,15			
1542	Leukopterin	,26			,12
1543	Urithion	,29			
1544	8-Oxy-9-amino-pteridin	,30			
1545	Xanthopterincarbonsäure	,30			
1546	Isoxanthopterincarbonsaure	,30			
1547	Erythropterin	,33			
1548	9-Methylxanthopterin	,33			
1549	Isoxanthopterin	,37			
1550	Xanthopterin	,39			,38
1551	2-Amino-6,9-dihydroxy-pteridin-8-aldehyd	,40			
1552	9-Äthylxanthopterin	,41			
1553	2-Amino-6-hydroxy-8-oxymethyl-pteridin	,54			
1554	2-Amino-6-hydroxy-pteridin (Pterin)	,55			
1555	2-Amino-6-hydroxy-pteridin-9-carbonsaure	,57			
1556	2-Amino-6-hydroxy-pteridin-8-carbonsäure	,60			
1557	2-Amino-6-hydroxy-pteridin-8-aldehyd	,61			
1558	2-Amino-6-hydroxy-8-trioxypropyl-pteridin	,67			
1559	2-Amino-6-hydroxy-8-tetraoxybutyl-pteridin	,67			
1560	2-Amino-6-hydroxy-8(2′,3′-dioxypropyl)-pteridin (Biopterin)				,31
1561	Pteroinsaure		0,04	0,04	,12
1562	Pteroylglutaminsaure (Folsaure)	19	,37	,37	,28
1563	N_{10}-Formyl-pteroylglutaminsaure		,80	,53	
1564	Leucovorin		,74		,56
1565	Aminopterin (Aminofolsaure)		,16		
1566	6-Amino-10-methylpteroinsaure		,33		
1567	10-Methylpteroinsäure		,54		
1568	10-Methylpteroylglutaminsaure		,75		
1569	Rhizopterin		,62		,56
1570	Citrovorum-Faktor		,74		
1571	Pteridin				,11

15. Anthoxanthine und Anthocyane

a) Flavone (mit Nachweis 1, 5, 21, 43)

Lfd. Nr.	Substanz	R_F-Werte in den Solventien				
		16	19	25	239	277
1572	Acacetin (5,7-Dihydroxy-4'-methoxy-flavon)	0,71	0,88	0,94	0,91	0,91
1573	Apigenin (5,7,4'-Trihydroxy-flavon)	,66	,88	,87	,89	,83
1574	Diosmetin (5,7,3'-Trihydroxy-4'-methoxy-flavon)		,86		,85	,80
1575	Luteolin (5,7,3',4'-Tetrahydroxy-flavon)		,66		,78	,66
1576	Tricin (5,7,4'-Trihydroxy-3',5'-dimethoxy-flavon)		,87		,73	,72
1577	Saponaretin (5,7,4'-Trihydroxy-8-($CHOH)_5CH_2OH$-flavon)		,80		,56	,86
1578	Vitexin (5,7,4'-Trihydroxy-8-(CHOH—CH—$(CHOH)_2$—CH—CH_2OH)-flavon, mit O-Brücke zwischen den beiden CH)		,63		,43	,82
1579	Flavon				,96	
1580	4'-Hydroxy-flavon				,95	
1581	5-Hydroxy-flavon				,96	
1582	7-Hydroxy-flavon				,96	
1583	3',4'-Dihydroxy-flavon				,90	
1584	Auranetin	,90		,92	,92	
1585	Baikalein	,79		,97	,91	
1586	Chrysin (5,7-Dihydroxy-flavon)	,75		,86	,94	
1587	Genkwanin	,72		,93	,92	
1588	Isowogonin	,81		,92	,91	
1589	Norwogonin	,73		,85	,89	
1590	Oroxylin A	,84		,97	,95	
1591	Tectochrysin	,89		,98	,97	
1592	Wogonin	,79		,94	,93	

b) Flavon-glykoside (Nachweis wie bei a)

Lfd. Nr.	Substanz	R_F-Werte in den Solventien						
		1	16	18	19	25	239	296
1593	Apigenin-7-monoglucosid (Cosmetin)	0,04		0,25	0,78		0,65	0 73
1594	Apigenin-7-rhamnoglucosid (Rhoifolin)	,09		,46	,74		,58	,61
1595	Apigenin-7-apiosido-glucosid (Apiin)	,06		,42	,75		,57	
1596	Apigenin-7-glucuronid	,13		,29	,46		,57	
1597	Apigenin-7-glucosid-8-$(CHOH)_5$—CH_2OH (Saponarin)	,31		,64	,65		,42	
1598	Diosmetin-glucosid (Diosmin)					,07	,56	
1599	Rheifolin		,87			,08	,70	
1600	Luteolin-7-monoglucosid	,01		,15	,56		,44	
1601	Luteolin-7-apiosido-glucosid	,03		,23	,50		,42	
1602	Luteolin-7-diglucosid	,05		,29	,54		,40	
1603	Luteolin-5-monoglucosid (Galuteolin)	,00		,07	,65		,82	
1604	Acacetin-7-rhamnoglucosid (Linarin)	,14		,60	,55		,61	

c) Flavonole (Nachweis wie bei a)

Lfd. Nr.	Substanz	R_F-Werte in den Solventien							
		16	18	19	25	62	239	277	296
1605	Kampferol (3,5,7,4'-Tetrahydroxy-flavon)	0,50	0,10	0,58	0,90		0,83	0,55	0,53
1606	Morin (3,5,7,2',4'-Pentahydroxy-flavon)	,68	,27	,34	,71		,79	,73	
1607	Isorhamnetin (3,5,7 4'-Tetrahydroxy-3'-methoxy-flavon)			,66			,74	,53	
1608	Fisetin (3,7,3',4'-Tetrahydroxy-flavon)			,32		0,71	,73	,58	
1609	Rhamnetin (3,5,3',4'-Tetrahydroxy-7-methoxy-flavon)	,60	,08	,66	,92		,72	,53	,69
1610	Quercetin (3,5,7,3',4'-Pentahydroxy-flavon)	,40	,05	,29	,81	,74	,64	,41	,23
1611	Azaleatin (3,7,3',4'-Tetrahydroxy-5-methoxy-flavon)			,50			,48	,49	
1612	Myricetin (3,5,7,3',4',5'-Hexahydroxy-flavon)	,31	,12	,13	,78	,65	,43	,28	

c) Flavonole (Nachweis wie bei a) (Fortsetzung)

Lfd. Nr.	Substanz	R_F-Werte in den Solventien 16	18	19	25	62	239	277	296
1613	Robinetin (3,7,3',4',5'-Pentahydroxy-flavon)	,32	,08	,18	,41	,59	,40	,36	
1614	3,7,8,3',4'-Pentahydroxy-flavon					,41			
1615	Flavonol (3-Hydroxy-flavon)	,86			,98		,96		,99
1616	4'-Methoxy-flavonol						,96		,99
1617	7-Methoxy-flavonol						,96		,99
1618	3',4'-Dihydroxy-flavonol						,84		,80
1619	Galangin (3,5,7-Trihydroxy-flavon)	,75	,15		,98		,97		
1620	Gossypetin (3,5,7,8,3',4'-Hexahydroxy-flavon)	,43	,12		,59		,42		
1621	Hyperin						,70		,38
1622	Nortangeretin	,54	,10		,79		,76		
1623	Patuletin	,50	,10		,81		,78		
1624	Quercetagetin (3,5,6,7,3',4'-Hexa-hydroxy-flavon)	,63	,19		,17		,45		,07

d) Flavonol-glykoside (mit Nachweis wie bei a)

Lfd. Nr.	Substanz	R_F-Werte in den Solventien 1	16	18	19	25	239	296
1625	Kämpferol-3-monoglucosid (Astralagin)	0,13		0,43	0,74		0,70	
1626	-3-rhamnoglucosid (Nicotiflorin)	,23		,54	,64		,54	
1627	-3-diglucosid	,27		,54	,55		,43	
1628	-3-triglucosid	,33		,51	,45		,31	
1629	-3-rhamnodiglucosid	,34		,61	,54		,41	
1630	-3-rhamnogalaktosido-7-rhamnosid (Robinin)	,54	0,84	.75	,73	0,21	,40	0,43
1631	-3-rhamnoglucosido-7-glucosid	,54		,74	,52		,40	
1632	-7-monoglucosid	,02		,17	,62		,54	
1633	-7-monorhamnosid	,02		,18	,76		,75	
1634	-3-xyloglucosid	,29		,65	,68		,55	
1635	-3-dirhamnosid (Kampferitrin)		,86	,77		,26	,79	
1636	Quercetin-3-monoarabinosid (Avicularin)	,07		,31	,61		,70	
1637	-3-monoxylosid (Reynoutrin)	,06		,32			,65	
1638	-3-monoglucosid (Isoquercitrin)	,08	,74	,37	,54	,40	,58	,21
1639	-3-monogalaktosid (Hyperin)	,09		,35	,56		,55	
1640	-3-monorhamnosid (Quercitrin)	,19	,74	,49	,58	,50	,72	,38
1641	-3-rhamnoglucosid (Rutin)	,23	,75	,51	,46	,15	,45	,18
1642	-3-diglucosid	,19		,45	,36		,37	
1643	-3-triglucosid	,18		,41	,26		,23	
1644	-3-rhamnodiglucosid	,26		,54	,35		,36	
1645	-3-rhmanoglucosido-7-glucosid	,46		,71	,31		,36	
1646	-7-monoglucosid (Quercimeritrin)	,00	,73	,47	,40	,50	,37	,19
1647	-4'-monoglucosid (Spiraeosid)	,01		,13	,33		,48	
1648	-3,4'-diglucosid-3'-methyläther (Dactylin)	,27		,62	,63		,38	
1649	Myricetin-3-monoglucosid (Cannabiscitrin)	,05		,25	,32		,47	
1650	-3-monorhamnosid (Myricitrin)	,15	,72	,44	,39	,35	,60	
1651	Gossypin					,02	,87	
1652	Gossypitrin		,44	,14		,11	,59	
1653	Xanthorhamnin		,82	,68		,02	,62	,35

e) Flavane (Nachweis wie bei a)

Lfd. Nr.	Substanz	R_F-Werte in den Solventien 1	17	18	19	109	239
1654	D-Catechin (3,5,7,3',4'-Pentahydroxy-flavan)	0,31	0,64	0,41	0,35	0,69	0,64
1655	L-Gallocatechin (3,5,7,3',4',5'-Hexahydroxy-flavan)						,47
1656	DL-Gallocatechin						,57
1657	L-Epicatechin			,55	,59		,66
1658	Gallussäure						,68
1659	Gallocatechin-α-gallat						,71
1660	L-Epicatechin-gallat						,87
1661	Brenzcatechin						,91

f) Isoflavone (Nachweis wie bei a)

Lfd. Nr.	Substanz	R_F-Werte in den Solventien 1	17	239
1662	7,4'-Dihydroxy-isoflavon (Daidzein)	0,08	0,62	0,92
1663	7-Methoxy-4'-hydroxy-isoflavon (Formononetin)	,07	,67	,94
1664	7-Hydroxy-3',4'-O_2CH_2 (Pseudobaptigenin)	,07	,66	,94
1665	5,7,4'-Trihydroxy-isoflavon (Genistein)	,04	,59	,94
1666	7-Methoxy-5,4'-dihydroxy-isoflavon (Prunetin)	,03	,67	,94
1667	5,7,4'-Trihydroxy-8-methoxy-isoflavon	,11	,70	,91
1668	5,7,8,4'-Tetramethoxy-isoflavon	,29	,84	,93
1669	5,7,4'-Trihydroxy-6-methoxy-isoflavon (Tectirigenin)	,09	,70	,90
1670	5,7,4'-Trihydroxy-6,3',5'-trimethoxy-isoflavon (Irigenin)	,16	,79	,91
1671	5,6,7,3',4',5'-Hexahydroxy-isoflavon (Irigenol)	,02	,33	,54
1672	Pomiferin	,00	,06	,94
1673	Osajin	,00	,00	,95

g) Isoflavon-glykoside (Nachweis wie bei a)

Lfd. Nr.	Substanz	R_F-Werte in den Solventien 1	17	239
1674	Genistein-7-glucosid (Genistin)	0,25	0,75	0,67
1675	Tectirigenin-7-glucosid (Tectiridin)	,38	,83	,67
1676	Irigenin-7-glucosid (Iridin)	,48	,87	,66

h) Flavanone (Nachweis wie bei a)

Lfd. Nr.	Substanz	R_F-Werte in den Solventien 1	16	17	18	25	109	239	296
1677	7,8,3',4'-Tetrahydroxy-flavanon			0,55			0,72		
1678	7-Methoxy-8,3',4'-trihydroxy-flavanon			,63			,76		
1679	8-Methoxy-7,3',4'-Trihydroxy-flavanon			,65			,82		
1680	7,8,4'-Trihydroxy-flavanon			,62			,81		
1681	6,7,3',4'-Tetrahydroxy-flavanon			,46			,72		
1682	7,3',4'-Trihydroxy-flavanon (Butin)	0,20	0,81	,64	0,55	0,98	,84	0,91	0,73
1683	5,7,3',4'-Tetrahydroxy-flavanon (Eriodictyol)			,56			,85	,61	,16
1684	5,7,4'-Trihydroxy-flavanon (Naringenin)	,16		,66			,69	,89	,88
1685	7-Methoxy-5,4'-dihydroxy-flavanon (Sakuranetin)	,09		,65				,90	
1686	7,4' Dimethoxy-5-hydroxy-flavanon	,06		,66				,91	
1687	5,7,3'-Trihydroxy-4'-methoxy-flavanon (Homoeriodictyol)	,14	,80	,67	,55	,97		,88	,96
1688	5,7,4'-Trihydroxy-3'-methoxy-flavanon (Hesperitin, Hesperetin)	,11		,67	,50	,97		,89	,95
1689	Katsuranin		,82		,63	,97		,90	
1690	Liquiritigenin		,86		,62	,97		,95	,90
1691	Pinobanksin		,87		,68	,98		,96	
1692	Pinocembrin		,88		,58	,99		,97	
1693	3,3',4',5,7-Pentahydroxy-flavanon		,73		,13	,79		,78	
1694	7-Hydroxy-flavanon							,95	,99

i) Flavanon-glykoside (Nachweis wie bei a)

Lfd. Nr.	Substanz	R_F-Werte in den Solventien 1	16	17	18	25	239	296
1695	Naringenin-7-rhamnoglucosid (Naringin)	0,62	0,88	0,87	0,80	0,51	0,59	,56
1696	Naringenin-7-glucosid	,44		,80			,64	,72
1697	Sakuranetin-7-glucosid	,48		,81			,69	
1698	Hesperitin-7-rhamnoglucosid	,50		,85			,48	
1699	-7-glucosid	,33		,79			,60	
1700	-7-rutinosid (Hesperidin)		,88		,80	,12	,58	,67
1701	Neohesperidin		,90		,81	.38	,59	,64

k) Flavanonole (Nachweis wie bei a)

Lfd. Nr.	Substanz	R_F-Werte in den Solventien 1	17	239
1702	Dihydrokämpferol (3,5,7,4'-Tetrahydroxy-flavanonol)	0,30	0,72	0,87
1703	Dihydroquercetin (3,5,7,3',4'-Pentahydroxy-flavanonol)	,28	,67	,78
1704	Taxifolin			,86
1705	Dihydrokämpferol-7-glucosid	,64	,84	,57

l) Chalcone und weitere Verbindungen (Nachweis wie bei a)

Lfd. Nr.	Substanz	R_F-Werte in den Solventien					
		1	16	18	25	239	296
1706	Butein					0,83	0,65
1707	Coreopsin					,67	,39
1708	Stilopsidin					,65	,14
1709	Stilopsin					,47	,14
1710	Hesperidin-methylchalcon		0,89	0,98	0,79	,81	
1711	2',3,4-Trihydroxy-chalcon		,68	,19	,93	,85	
1712	Phloretin (β-(p-Oxyphenyl)-phloropropiophenon)		,73	,42		,93	
1713	Phlorizin (Phlorrhizin, Phloretin-2'-β-D-glucosid)				,58	,78	
1714	Pseudobaptisin	0,51			,75	,75	
1715	Dihydroaureusidin	,17			,47	,85	
1716	Benzalcumaranon	,00			,99	,99	
1717	4,4',6-Trihydroxy-benzalcumaranon	,01			,52	,82	
1718	Sulfuretin	,01			,65	,87	
1719	Sulfurein	,03			,48	,60	
1720	Leptosidin	,01			,79	80	
1721	Leptosin	,03			,54	,55	
1722	3',4',6,7-Tetramethoxyauron	,01			,99	,87	

m) Flavyliumfarbstoffe (Nachweis wie bei a)

Lfd. Nr.	Substanz	R_F-Werte in den Solventien					
		10	11	111	239	276	296
1723	Pelargonidin-3-monoglucosid (Kallistephin)	0,14	0,52	0,38	0,44	0,35	0,67
1724	-3-monogalaktosid	,13		,37	,39	,33	
1725	-3-rhamnoglucosid	,22		,30	,37	,44	
1726	-3-diglucosid	,50		,26	,36	,62	
1727	-3-triglucosid	,21		,17	,30	,47	
1728	-3,5-diglucosid (Pelargonin)	,23	,20	,14	,31	,45	,42
1729	-3-rhamnoglucosido-5-glucosid	,40		,13	,29	,58	
1730	-3-diglucosido-5-glucosid	,60		,10	,25	,68	
1731	-3-diglucosido-7(oder 4')-glucosid	,73		,04	,18	,73	
1732	Cyanidin-3-monoglucosid (Chrysanthemin)	,07	,27	,25	,38	,26	
1733	-3-monogalaktosid (Idain)	,07		,24	,37	,26	
1734	-3-rhamnoglucosid (Antirrhinin, Kosmocyanin)	,19	,28	,25	,37	,43	,25
1735	-3-xyloglucosid (Lycoricyanin)	,24		,24	,36	,51	
1736	-3-diglucosid	,34		,22	,33	,61	
1737	-3,5-diglucosid (Cyanin)	,16	,08	,06	,28	,40	,19
1738	-3-rhamnoglucosido-5-glucosid	,36		,08	,25	,59	
1739	-3-gentiobiosid (Mekocyanin)		,22		,29		,18
1740	Paonidin-3-monoglucosid (Cyanidin-3'-methyläther-3-monoglucosid, Oxycoccicyanin)	,09	,31	,30	,41	,33	,72
1741	-3,5-diglucosid (Paonin)	,17	,10	,10	,31	,44	,48
1742	-3-rhamnoglucosido-5-glucosid	,37		,12	,29	,60	
1743	Delphinidin-3-monoglucosid (Hyacin)	,03		,11	,26	,18	
1744	-3-rhamnoglucosid	,11		,15	,30	,37	
1745	-3,5-diglucosid (Delphin)	,08	,06	,03	,15	,32	,03

m) Flavyliumfarbstoffe (Nachweis wie bei a) (Fortsetzung)

Lfd. Nr.	Substanz	R_F-Werte in den Solventien					
		10	11	111	239	276	296
1746	Petunidin-3-monoglucosid (Delphinidin-3'-methoxy-3-glucosid)	,04		,14	,35	,22	
1747	-3-rhamnoglucosid	,13		,16	,35	,42	
1748	-3,5-diglucosid	,08		,04	,24	,32	
1749	-3-rhamnoglucosido-5-glucosid	,37		,06	,23	,61	
1750	Delphinidin-3-galaktosid (Empetrin)				,14		
1751	Malvidin-3-monoglucosid (Delphinidin-3',5'-dimethoxy-3-glucosid, Oenin)	,06	,23	,15	,38	,29	,75
1752	-3,5-diglucosid (Malvin)	,13	,07	,03	,31	,42	,54
1753	-3-galaktosid (Primulin)		,24		,40		,76
1754	-3-rhamnoglucosido-5-glucosid	,40		,05	,30	,63	
1755	Hirsutidin-3-glucosid				,61		
1756	-3,5-diglucosid (Hirsutin, Malvin-7-methylather)		,07		,38		,69
1757	Cyanidin		,69				
1758	Delphinidin		,35				
1759	Hirsutidin		,72				
1760	Malvidin		,53				
1761	Pelargonidin		,80				
1762	Paonidin		,72				

16. Naturstoffe, Vitamine und Antibiotica

a) Porphyrine (mit Nachweis 1)

Lfd. Nr.	Substanz	R_F-Werte in den Solventien		
		33	153	155
1763	Uroporphyrin I, III	0,3	0,06	0,26
1764	Koproporphyrin I, III	,6	,58	,54
1765	Protoporphyrin, Deuteroporphyrin	,8		,84
1766	Mesoporphyrin	,8	,82	,86
1767	Porphyrinester	1,0		
1768	Porphyrin mit 5 Carbonsauregruppen		,42	
1769	Porphyrin mit 3 Carbonsauregruppen		,68	
1770	Phylloerythrin		,90	
1771	Hamin		,70	,70
1772	Hamatoporphyrin			,87
1773	Ätioporphyrin			1,00

b) Aromatische Kohlenwasserstoffe — Cancerogene (mit Nachweis 2)

Lfd. Nr.	Substanz	R_B-Wert im Solvens 206[1]
1774	Carbazol	5,35
1775	Anthracen	4,5
1776	Phenanthren	4,12
1777	Fluoranthen	4,0
1778	Pyren	3,78
1779	Triphenylen	4,2
1780	1,2-Benzanthracen	2,9
1781	Chrysen	1,45
1782	Perylen	3,3
1783	3,4-Benzopyren	1,0

[1] R_B Laufstrecke von der Substanz im Verhaltnis zur durchlaufenen Strecke von 3,4-Benzopyren.

c) Antibiotica (mit Nachweis 1 [Tetracycline], 3 [Penicilline] und 4 [Streptomycine])

Lfd. Nr.	Substanz	R_F-Werte in den Solventien					
		142	143	236	286	305	321
1784	Chlortetracylin (Aureomycin)	0,00	0,00	0,77	0,02		0,04
1785	Oxytetraacyclin (Terramycin)	,07	,00	,70	,02		,39
1786	Amicetin			,23			
1787	Netropsin			,16		0,49	
1788	Streptomycin			,06			
1789	Neomycin A			,01			
1790	Chloromycetin (Chloramphenicol)	,86	,07		,91		,90
1791	Mannosidostreptomycin					,10	
1792	Dihydrostreptomycin						
1793	Oxystreptomycin					,41	
1794	Streptothricin I					,27	
1795	Streptothricin II					,16	
1796	Streptothricin III					,22	
1797	Neomycin B					,41	
1798	Neomycin C					,53	
		R_G-Wert im Solvens 50[1]					
1799	Penicillin X	0,17					
1800	Penicillin G	1,00					
1801	Penicillin F	1,62					
1802	Penicillin D	2,18					
1803	Penicillin K	3,10					

[1] Laufstrecke im Verhaltnis zur durchlaufenen Strecke von Penicillin G.

d) Azulene (mit Nachweis 11c)

Lfd. Nr.	Substanz	R_F-Wert im Solvens 12	Lfd. Nr.	Substanz	R_F-Wert im Solvens 12
1804	S-Guajazulen	0,43	1807	Vetivazulen	0,23
1805	Se-Guajazulen	,80	1808	Chamazulen	,65
1806	Isoguajazulen	,72	1809	Lactarazulen	,08

e) Thiophosphorsäureester [Pflanzenschutzmittel] (mit Nachweis 36)

Lfd. Nr.	Substanz	R_F-Wert im Solvens 216	Lfd. Nr.	Substanz	R_F-Wert im Solvens 216
1810	E 605 (Parathion)	0,52	1815	Systox-Isomere	0,47
1811	Malathion	,93	1816	Isosystox-Isomere	,99
1812	Methylparathion	,85	1817	Äthyl-p-nitro-phenyl-thiobenzo-phosphonat	,35
1813	Chlorthion	,70			
1814	Diazinon	,61			

f) Vitamin A (mit Nachweis 47)

Lfd. Nr.	Substanz	R_F-Wert im Solvens 145	Lfd. Nr.	Substanz	R_F-Wert im Solvens 145
1818	Vitamin A (Axeropthol)	0,96	1819	Vitamin A-acetat	0,72
			1820	Vitamin A-palmitat	,18

g) Vitamin E (mit Nachweis 39)

Lfd. Nr.	Substanz	R_F-Werte in den Solventien		
		13	125	211
1821	α-Tokopherol	0,37	0,50	0,15
1822	α-Tokopherol-azetat	,32		
1823	β-Tokopherol		,72	
1824	γ-Tokopherol		,72	,25
1825	δ-Tokopherol		,84	,45

h) Vitamine der B-Gruppe (mit Nachweis 1 und 2 [allg.], 8 [B_1], 7 [B_6 und Pantothensäure], 6 [B_{12} und Biotin])

Lfd. Nr.	Substanz	R_F-Werte in den Solventien															
		22	32	51	62	63	154	219	237	239	250	252	272	306	315	316	317
1826	Vitamin B_1 (Thiamin, Aneurin)	0,25							0,36	0,15		0,30		0,47		0,49	0,40
1827	Thiochrom									,51						,68	,60
1828	Thiamindiphosphat															,14	,08
1829	Thiochromdiphosphat															,22	,28
1830	Thiaminmonophosphat															,25	,37
1831	Thiamintriphosphat															,09	
1832	Thiochrommonophosphat															,35	
1833	Chlorthiamin															,61	
1834	Chlorthiochrom															80	
1835	Lipothiamidpyrophosphat						0,10										
1836	Lipothiamid						,52										
1837	α-Liponsäure (Thioctinsäure)						,85										
1838	Vitamin B_2 (Riboflavin, Lactoflavin)	,83	0,69						,26	,30	0,79	,15		,40			
1839	Flavinadenindinucleotid		,17							,05	,23						
1840	Riboflavinmonophosphat		,04							,10	,17						
1841	Riboflavinylglucosid		,50							,22	,60						
1842	Lyxoflavin		,66							,32	,77						
1843	Lumiflavin		,68							,48	,94						
1844	Lumichrom		,72							,69	,88						
1845	Vitamin B_6 (Pyridoxin, Pyridoxol)	,32		0,75					,73			,74	0,94	,73			
1846	Pyridoxal			,68									,85				
1847	Pyridoxamin			,18									,65				
1848	4-Pyridoxinsäure												,78				
1849	Pyridoxalphosphat												,56				
1850	Adenosintriphosphat												,37				
1851	Panthothensäure			,57					,81					,36			
1852	β-Alanin			,02													
1853	Pantethein (Pantethin)			,93													
1854	4′-Phosphopantothensäure							0,35									
1855	2′-Phosphopantothensäure							,45									
1856	2′,4′-Diphosphopantothensäure							,13									
1857	Coenzym A							,13									
1858	Adenin							,65									
1859	Adenosin							,73									
1860	Adenosin-5′-monophosphorsäure							,13									
1861	Adenosin-3′-monophosphorsäure							,30									

h) Vitamine der B-Gruppe (mit Nachweis 1 und 2 [allg.], 8 [B_1], 7 [B_6 und Pantothensäure], 6 [B_{12} und Biotin])

(Fortsetzung)

Lfd. Nr.	Substanz	R_F-Werte in den Solventien 22	32	51	62	63	154	219	237	239	250	252	272	306	315	316	317
1862	Vitamin B_{12} (5,6-Dimethylbenzimidazol-cyano-cobamid, Faktor II)				0,19	0,31								0,25	1,00 [1]		
1863	Adenin-cyanocobamid (Pseudovitamin B_{12}, Faktor IV)				,08	,15									0,48 [1]		
1864	2-Methyladenin-cyanocobamid (Faktor A)					,18									0,60 [1]		
1865	Hypoxanthin-cyanocobamid (Faktor G)					,11									0,30 [1]		
1866	2-Methylhypoxanthin-cyano-cobamid (Faktor H)					,13									0,36 [1]		
1867	Ätio-cobalamin (Faktor B)				,26												
1868	5-Hydroxy-benzimidazol-cyano-cobamid (Faktor III)					,24									0,63 [1]		
1869	Hydroxo-cobalamin (Vitamin B_{12a})				,36												
1870	Coenzym Vitamin B_{12}				,11												
1871	Nicotinsäure	0,95							0,79			0,94		,44			
1872	Nicotinsäureamid (Niacin)								,77			,75		,73			
1873	p-Aminobenzoesaure (Vitamin H')	,84							,86	0,85		,82		,80			
1874	Cholin													,34			
1875	Inosit													,14			
1876	5,6-Dimethylbenzimidazol									,77							
1877	5,6-Dimethyl-1-D-ribityl-benzimidazol									,61							
1878	Vitamin H (Biotin)									,83				,64			
1879	Desthiobiotin									,89							
1880	Biotin-D-sulfoxyd									,57							
1881	Biotin-L-sulfoxyd									,46							
1882	Biocytin									,37							
1882a	p-Aminosalicylsaure									,43							

[1] $R_{B_{12}}$ Laufstrecke im Verhaltnis zur Laufstrecke B_{12}.

i) Vitamin C (mit Nachweis 5)

Lfd. Nr.	Substanz	R_F-Werte in den Solventien 22	237	239	252
1883	Ascorbinsaure (Vitamin C)	0,20	0,45	0,42	0,37
1884	Reducton			,63	
1885	Dehydroascorbinsaure			,52	
1886	D-Araboascorbinsaure			,43	
1887	2-Ketogulonsauremethylester			,31	
1888	2-Ketogulonsaure			,09	
1889	Monoaceton-ascorbinsaure			,79	
1890	Ascorbigen			,78	

k) Vitamine D (mit Nachweis 19b)

Lfd. Nr.	Substanz	R_F-Werte in den Solventien 118	207	208	211
1891	Vitamin D_2 (Ergocalciferol)	0,91	0,86	0,80	0,44
1892	Vitamin D_3 (Cholecalciferol)	,91	,88	,76	,46
1893	Cholesterin	,73	,52	,49	,28
1894	7-Dehydrocholesterin	,67	,56	,48	
1895	Ergosterin	,68	,55	,43	,00
1896	Sitosterin	,65	,55	,43	,00
1897	Lumisterin				,27
1898	Tachysterin				,37
1899	Zymosterin				,41

l) Vitamine K (mit Nachweis 1 [UV-Fluorescenz rot, allmählich grun werdend])

Lfd. Nr.	Substanz	R_F-Werte in den Solventien 214	223
1900	Vitamin K_1 (Phyllochinon)	0,11	0,28
1901	Vitamin K_2	,14	,18
1902	Phthiocol	,63	,72
1903	2-Methyl-1,4-naphthochinon	,71	,82

C. Solventien zur Papierchromatographie

Die laufenden Nummern der angegebenen Systeme beziehen sich auf die Spaltenbezeichnung in den R_F-Wert-Tabellen. Soweit notwendig, sind den einzelnen Lösungsmittelsystemen die dafür vorgesehenen Papiere bzw. deren Imprägnierungsangaben zugefügt.

Zum leichteren Auffinden sind die Solventien grob schematisch nach der Anzahl der zu mischenden Komponenten wie folgt unterschieden worden:

1 – 100 „Einkomponenten"-Systeme,
101 – 200 „Zweikomponenten"-Systeme,
201 – 300 „Dreikomponenten"-Systeme,
301 – 400 „Vierkomponenten"-Systeme.

Es sei ausdrucklich darauf hingewiesen, daß die so vorgenommenen Unterscheidungen nicht mit den physikalisch-chemischen Mehrkomponent-Definitionen ubereinstimmen.

Die zur Zusammensetzung der Solventien angegebenen Verhältnisse sind Volumenteile. Bei festen Zusätzen steht hinter der Ziffer ein „g", d. h. Gramm Verbindung.

Wenn nicht anders vermerkt, bedeuten Essigsäure, Salzsäure, Ammoniak usw. die konzentrierten Flüssigkeiten, also Eisessig, 37%ige Salzsäure, 25%ige Ammoniaklösung usw.

System-Nr.	Solventien bzw. Solventiensysteme, sowie Art der Papiere und Herstellung der Papierimprägnierung
1	Wasser
2	Wasser, mit verd. Ammoniak auf p_H 10 eingestellt
3	Wasser, gesättigt mit CO_2 (p_H 4,2; 21°)
4	3%ige wäßrige Ammoniumchlorid-Lösung
5	20%ige wäßrige Kaliumchlorid-Lösung
6	0,1 m Natriumphosphat-Puffer p_H 7
7	Natriumphosphat-Puffer p_H 6
8	15%ige wäßrige Na_2HPO_4-Lösung (0,1 m; p_H 8)
9	5%ige wäßrige Na_2HPO_4-Lösung, gesättigt mit Isoamylalkohol, beide Phasen im Trog
10	0,5 n HCl
11	2 n HCl
12	55%ige wäßrige Phosphorsäure; Papier imprägniert mit 20%iger Lösung von Paraffinöl in Petroläther
13	Essigsäure; Papier imprägniert mit Petroleum
14	90%ige Essigsäure, gesättigt mit Petroleum; Papier imprägniert mit Petroleum (Kp. 190—220°/Petroläther (*Kp* 50°) (4 : 6)
15	85%ige Essigsäure, gesättigt mit Petroleum; Papier imprägniert mit Petroleum (Kp. 190—220°/Petroläther *Kp* 50°) (4 : 6)
16	60%ige Essigsäure
17	30%ige Essigsäure
18	15%ige Essigsäure
19	Phenol, wassergesättigt
20	Phenol, wassergesättigt, auf p_H 5,5 mit Ammoniak eingestellt
21	Phenol, gesättigt mit 1%igem Ammoniak
22	100 g Phenol mit einer Lösung sättigen, die 6,3% Natriumcitrat und 3,7% KH_2PO_4 enthält
23	Amylalkohol, gesättigt mit Wasser
24	Äthylacetat; Papier imprägniert mit 5%igem äthanol. Formamid
25	Äthylacetat, gesättigt mit Wasser
26	Butylacetat, gesättigt mit Wasser
27	Tetrachlorkohlenstoff; Papier imprägniert mit 30%igem methanol. Triäthylenglykol
28	Tetrachlorkohlenstoff; Papier imprägniert mit 30%igem äthanol. Formamid
29	Tetrachlorkohlenstoff; Papier imprägniert mit 30%igem äthanol. Dimethylformamid
30	Chloroform; Papier imprägniert mit 5%igem äthanol. Formamid
31	Chloroform; Papier imprägniert mit 50%igem äthanol. Formamid, das 5% Ammoniumformiat enthält
32	Collidin, gesattigt mit Wasser
33	2,4-Lutidin, gesättigt mit Wasser, Ammoniak-Atmosphäre
34	Benzol; Papier imprägniert mit 5%igem äthanol. Formamid
35	Benzol; Papier imprägniert mit 30%igem methanol. Triäthylenglykol
36	Chlorbenzol; Papier imprägniert mit 30%igem äthanol. Formamid
37	Chlorbenzol; Papier impragniert mit 30%igem äthanol. Dimethyl-formamid
38	Toluol; Papier imprägniert mit 30%igem methanol. Triäthylenglykol
39	n-Hexan; Papier impragniert mit 5%igem äthanol. Formamid
40	Cyclohexan; Papier imprägniert mit 30%igem methanol. Triäthylenglykol
41	Cyclohexan; Papier imprägniert mit 5%igem äthanol. Formamid
42	Cyclohexan; Papier imprägniert mit 20%igem äthanol. Formamid
43	Cyclohexan; Papier imprägniert mit 25%igem äthanol. Dimethylformamid
44	Chlorcyclohexan; Papier imprägniert mit 30%igem äthanol. Formamid
45	Chlorcyclohexan; Papier imprägniert mit 30%igem äthanol. Dimethylformamid
46	Decalin, gesättigt mit Dimethylformamid; Papier impragniert mit 50%iger Lösung von Dimethylformamid in Aceton
47	Heptanol, gesättigt mit Wasser; Papier imprägniert mit 15%iger Lösung von Heptanol in Aceton
48	Petroläther; Papier imprägniert mit 30%igem methanol. Triathylenglykol
49	Diäthyläther, gesättigt mit Wasser
50	Diäthyläther, gesättigt mit Wasser; Papier impragniert mit Kaliumphosphatpuffer p_H 5,6
51	n-Butanol, gesättigt mit Wasser
52	n-Butanol, gesättigt mit 3%igem Ammoniak
53	n-Butanol, gesättigt mit 1,5 n Ammoniak (obere Phase)
54	n-Butanol, gesättigt mit 2 n Ammoniak
55	n-Butanol, gesättigt mit 3 n Ammoniak
56	n-Butanol, gesättigt mit 5 n Ammoniak
57	n-Butanol, gesattigt mit 2%iger Kalilauge
58	n-Butanol, gesättigt mit 0,1 n Salzsäure
59	n-Butanol, gesattigt mit 2 n HCl

System-Nr.	Solventien bzw. Solventiensysteme, sowie Art der Papiere und Herstellung der Papierimprägnierung
60	n-Butanol, gesättigt mit Acetatpuffer p_H 5,6; Papier imprägniert mit Acetatpuffer p_H 5,6 (95 ml 0,2 m Essigsäure + 905 ml 0,2 m Natriumacetat)
61	sec.-Butanol, Papier imprägniert mit 0,5 m Natriumcitrat
62	sec.-Butanol, gesattigt mit Wasser
63	sec.-Butanol, gesättigt mit Wasser, 3% $KClO_4$, Spur KCN
101	n-Butanol/Wasser (43 : 7)
102	n-Butanol/1,5 n Ammoniak (1 : 1)
103	n-Butanol/2 n Ammoniak (1 : 1)
104	n-Butanol/10%igem Ammoniak (20 : 7)
105	n-Butanol/Amylalkohol (1 : 1), gesättigt mit konz. Ammoniak
106	n-Butanol/2 n Essigsäure (1 : 1)
107	n-Butanol/5 n Essigsäure (2 : 1)
108	n-Butanol (wassergesättigt)/Eisessig (10 : 3)
109	n-Butanol/27%ige Essigsäure (1 : 1)
110	n-Butanol/Eisessig (86 : 14), gesättigt mit Wasser
111	n-Butanol/2 n Salzsäure (1 : 1)
112	n-Butanol/konz. Salzsäure (5 : 1), gesättigt mit Wasser
113	n-Butanol/konz. Salzsäure (49 : 1), gesättigt mit Wasser; Papier impragniert mit 0,5 m KCl-Lösung
114	n-Butanol/konz. Salzsäure (50 : 1), gesättigt mit Wasser
115	n-Butanol/Cyclohexan (1 : 25); Papier imprägniert mit 30%igem athanol. Formamid
116	n-Butanol/Cyclohexan (1 : 25); Papier imprägniert mit 30%igem äthanol. Dimethylformamid
117	sec.-Butanol/Toluol (1 : 1), gesättigt mit Wasser; Papier imprägniert mit Puffer p_H 3,5 (0,05 m Borax/0,05 m Bernsteinsäure, 92 : 8)
118	Methanol/Wasser (19 : 1); Papier imprägniert mit 2%iger Quilon-Lösung
119	Methanol/Wasser (4 : 1); Papier impragniert mit einer Lösung von Paraffin (*Kp* 200°) in Petroläther (*Kp* 30—45°)
120	Methanol/Wasser (4 : 1); Papier Schleicher u. Schull Nr. 2043 b acetyliert
121	Methanol/2 n Ammoniak (7 : 3)
122	Methanol/2,5-Lutidin (2 : 3)
123	Äthanol/Wasser (22 : 3); Papier imprägniert mit 40%iger Lösung von Petroleum (*Kp* 200°) in Petroläther (*Kp* 40—60°)
124	Äthanol/Wasser (3 : 2); Papier imprägniert mit 30%iger Lösung von Petroleum (*Kp* 200°) in Petroläther (*Kp* 40—60°)
125	Äthanol/Wasser (3 : 1); Papier imprägniert mit 2,5%iger ätherischer Vaselin-Lösung
126	Äthanol/1 m Ammoniumacetat p_H 7,5 (5 : 2)
127	Äthanol/12,5%iges Ammoniak (4 : 1)
128	Äthanol/Ammoniak (19 : 1)
129	Äthanol/Chloroform (1 : 4)
130	n-Propanol/SO_2-gesattigtes Wasser (7 : 3)
131	n-Propanol/1 n Salzsäure (17 : 3)
132	n-Propanol/2 n Ammoniak (7 : 3)
133	n-Propanol/Ammoniak (7 : 3)
134	Isopropanol/1%ige waßrige Ammoniumsulfat-Losung (2 : 1)
135	Isopropanol/11,6 n Salzsäure (680 : 176), mit Wasser auf 1 l
136	Isopropanol/konz. Salzsäure (170 : 41), mit Wasser auf 250 ml
137	Pentanol/Wasser (1 : 1); Papier imprägniert mit Pentanol
138	Cyclohexanol/8,5 n Salzsaure (3 : 10)
139	Essigsaure/Tetrachlorkohlenstoff (1 : 50), Atmosphäre in Gegenwart von Wasser/Essigsaure/Tetrachlorkohlenstoff (1 : 1 : 1) sättigen
140	Essigsaure/3-Methyl-2-butanon (1 : 10)
141	Essigsäure/2,6-Dimethyl-4-heptanon (1 : 6)
142	4%ige Ameisensäure/Methylisobutylketon (1 : 10)
143	2%ige Ameisensäure/Benzol (1 : 10)
144	Isobuttersäure/1 m Ammoniak (5 : 3)
145	Aceton/Eisessig (3 : 2), gesattigt mit Petroleum (*Kp* 200°); Papier imprägniert mit Petroleum (*Kp* 200°) in Petrolather (*Kp* 40°)
146	Methyläthylketon/Xylol (1 : 1); Papier imprägniert mit 50%igem athanol. Formamid
147	Methylacetat/Wasser (10 : 7); Papier impragniert mit 5%iger Lösung von Olivenöl in Tetrachlorkohlenstoff
148	Amylacetat/Heptan (4 : 1), gesattigt mit 70%iger Essigsäure; Papier imprägniert mit 70%iger Essigsäure
149	Amylacetat/Heptan (3 : 2), gesättigt mit 70%iger Essigsaure; Papier impragniert mit 70%iger Essigsäure
150	Phenol/Wasser (4 g : 1)
151	Pyridin/Cyclohexan (1 : 25); Papier imprägniert mit 20%igem äthanol. Formamid

System-Nr.	Solventien bzw. Solventiensysteme, sowie Art der Papiere und Herstellung der Papierimprägnierung
152	Pyridin/Cyclohexan (2 : 5); Papier impragniert mit 20%igem athanol. Formamid
153	2,5-Lutidin/Wasser (5 : 3), Ammoniak-Atmosphäre
154	2,6-Lutidin-Wasser (13 : 7)
155	2,6-Lutidin/Wasser (1 : 1), Ammoniak-Atmosphare
156	Benzol/Benzin (3 : 2); Papier impragniert mit 20%igem athanol. Formamid
157	Benzol/Cyclohexan (1 : 1), gesattigt mit Propylenglykol; Papier impragniert mit Methanol/Propylenglykol (1 : 1)
158	Benzol/Chloroform (1 : 1); Papier impragniert mit 50%igem athanol. Formamid, das 5% Ammoniumformiat enthalt
159	Benzol/Chloroform (1 : 9); Papier imprägniert mit 20%igem äthanol. Formamid
160	Tetrachlorkohlenstoff/Heptan (2 : 3); Papier impragniert mit 20%igem athanol. Formamid
161	Chloroform/Diäthylamin (9 : 1); Papier impragniert mit Formamid/Aceton (1 : 4)
162	Cyclohexan/Diäthylamin (9 : 1); Papier imprägniert mit Formamid/Aceton (1 : 4)
163	Petroleum/Diäthylamin (9 : 1); Papier imprägniert mit Formamid/Aceton (1 : 4)
164	Cyclohexan/Cyclohexen (5 : 3), gesattigt mit Dimethylformamid; Papier impragniert mit 30%igem athanol. Dimethylformamid
165	n-Butanol/konz. Ammoniak (4 : 1)
166	Äthanol/Benzol (1 : 2), Ammoniak-Atmosphare
167	Aceton/30%ige Essigsäure (1 : 1)
168	Aceton/35%ige Ameisensaure (3 : 2)
169	Aceton/25%ige Trichloressigsäure (3 : 1)
170	Isopropanol/2 n Salzsaure (13 : 7)
171	Isopropanol/$(NH_4)_2HPO_4$ (2 : 3 g)
172	Tetrahydrofuran/Wasser (3 : 2); Papier impragniert mit 5%iger atherischer Silicon-Lösung
173	Methanol/Chloroform (3 : 1); Papier imprägniert mit 5%iger atherischer Siliconlösung
201	Methanol/Ammoniak/Wasser (6 : 1 : 3)
202	Methanol/Ameisensäure/Wasser (16 : 3 : 1)
203	Methanol/Essigsaure/Wasser (90 : 3 : 10); Papier imprägniert mit Paraffin/Petroläther
204	Methanol/Essigsäure/Wasser (95 : 3 : 5); Papier imprägniert mit Paraffin (Kp 220°)/Petrolather (Kp 45°)
205	Methanol/Essigsaure/Wasser (40 : 1 : 10); Papier imprägniert mit Paraffin (Kp 220°)/Petroläther (Kp 45°)
206	Methanol/Äther/Wasser (4 : 4 : 1)
207	Methanol/Äthylenglykolmonomethylather/Wasser (13 : 4 : 2); Papier impragniert mit 2% Quilon, 2 Std. bei 100° trocknen
208	Methanol/Äthylenglykolmonomethylather/Wasser (13 : 4 : 4); Papier impragniert mit 2% Quilon, 2 Std. bei 100° trocknen
209	Methanol/Petrolather (K_p 86—100°)/Wasser (4 : 5 : 1), Kammer vorher mit 50% Methanol sättigen
210	Methanol/Petroläther (K_p 86—100°)/Wasser (1 : 2 : 1), Kammer vorher mit 50%igem Methanol sattigen
211	Methanol/n-Propanol/Äthylcellosolve (6 : 2 : 7); Papier vorher langsam durch 5%iges Paraffinöl in Äther ziehen
212	Methanol/Benzol/Wasser (1 : 2 : 1); Chromatogramm 15 Std. in Atmosphare von 50%igem Methanol sattigen
213	Äthanol/Acetatpuffer p_H 3,5/Wasser (100 : 1 : 24)
214	Äthanol/Essigsaure/Wasser (30 : 1 : 9); Papier impragniert mit 5%iger Silicon-Lösung in Cyclohexan
215	Äthanol/Chloroform/Wasser (5 : 5 : 3); Papier impragniert mit 5%iger Silicon-Lösung in Cyclohexan
216	Äthanol/Aceton/Wasser (1 : 1 : 2); Papier impragniert mit 4%iger atherischer Petroleum-Lösung
217	Äthanol/Ammoniak/Wasser (20 : 1 : 4)
218	n-Propanol/$(NH_4)_2SO_4$/0,1 m Phosphatpuffer p_H 6,8 (1 : 30 g : 50)
219	n-Propanol/Ammoniak/Wasser (6 : 3 : 1)
220	n-Propanol/t-Pentanol/Wasser (2 : 8 : 3)
221	n-Propanol/Äthylacetat/Wasser (7 : 1 : 2)
222	Isopropanol/gesättigte waßrige $(NH_4)_2SO_4$-Losung/1 m Natriumacetat (1 : 40 : 9)
223	Isopropanol/Essigsaure/Wasser (24 : 1 : 15); Papier impragniert mit 5%iger Silicon-Lösung in Cyclohexan
224	Isopropanol/Ammoniak/Wasser (7 : 1 : 2)
225	Isopropanol/Ammoniak/Wasser (7 : 2 : 1)
226	Isopropanol/Ammoniak/Wasser (8 : 1 : 1)
227	Isopropanol/Ammoniak/Wasser (10 : 1 : 1)
228	Isopropanol/Chloroform/Ammoniak (9 : 9 : 2)
229	Isopropanol/Dimethylformamid/Wasser (13 : 5 : 2)

System-Nr.	Solventien bzw. Solventiensysteme, sowie Art der Papiere und Herstellung der Papierimpragnierung
230	Isopropanol/Dimethylformamid/25%iges Ammoniak (13 : 5 : 2)
231	n-Butanol/Ameisensäure/Wasser (15 : 3 : 2)
232	n-Butanol-Ameisensaure/Wasser (77 : 10 : 13)
233	n-Butanol/Ameisensaure/Wasser (4 : 1 : 5)
234	n-Butanol/Ameisensaure/Wasser (12 : 1 : 7)
235	n-Butanol/Ameisensaure/n-Butylacetat (5 : 1 : 25)
236	n-Butanol/Essigsaure/Wasser (2 : 1 : 1)
237	n-Butanol/Essigsaure/Wasser (4 : 1 : 1)
238	n-Butanol/Essigsaure/Wasser (4 : 1 : 2)
239	n-Butanol/Essigsaure/Wasser (4 : 1 : 5), obere Phase
240	n-Butanol/Essigsaure/Wasser (5 : 1 : 4)
241	n-Butanol/Essigsaure/Wasser (5 : 2 : 3)
242	n-Butanol/Essigsaure/Wasser (10 : 1 : 3)
243	n-Butanol/Essigsäure/Wasser (12 : 3 : 4)
244	n-Butanol/Essigsaure/Wasser (13 : 2 : 5)
245	n-Butanol/Essigsaure/Wasser (78 : 5 :17)
246	n-Butanol/25%ige Salzsaure/Wasser (10 : 5 : 9)
347	n-Butanol/Ammoniak/Wasser (4 : 1 : 5)
248	n-Butanol/Ammoniak/Wasser (86 : 1 : 13)
249	n-Butanol/2 n Ammoniak/Dioxan (4 : 5 : 1)
250	n-Butanol/Phenol/Wasser (3 : 16 g : 10)
251	n-Butanol/Methanol/Wasser (1 : 16 : 3); Papier impragniert mit 10%iger Losung von Petroleum (*Kp* 200°) in Petroläther (*Kp* 40—60°)
252	n-Butanol/Äthanol/Wasser (4 : 1 : 1)
253	n-Butanol/Äthanol/Wasser (4 : 1 : 5), obere Phase
254	n-Butanol/Äthanol/Wasser (5 : 1 : 4)
255	n-Butanol/Äthanol/Wasser (9 : 1 : 10)
256	n-Butanol/Äthanol/Wasser (10 : 3 : 7)
257	n-Butanol/Äthanol/0,5 n Essigsaure (6 : 2 · 3)
258	n-Butanol/Äthanol/Borat-Puffer (1 : 1 : 1); Papier impragniert mit gleichem Puffer; 9,54 g Natriumtetraborat/L
259	n-Butanol/n-Propanol/Wasser (4 : 2 : 1)
260	n-Butanol/Pyridin/gesattigte waßrige NaCl-Lösung (5 : 5 . 1)
261	t-Butanol/88%ige Ameisensaure/Wasser (14 : 3 : 3)
262	t-Butanol/Pikrinsaure/Wasser (20 : 1 g : 5)
263	t-Butanol/Salzsaure/Wasser (11 : 1 : 3)
264	t-Butanol/Isopropylather/Wasser (5 : 8 : 6)
265	Amylalkohol/Essigsaure/Wasser (4 : 1 : 5)
266	Amylalkohol/Pyridin/Wasser (7 : 7 : 6)
267	Isoamylalkohol/Pyridin/Wasser (6 : 7 : 6)
268	Isoamylalkohol/Ammoniak/Wasser (6 : 3 : 1)
269	Octanol/Lutidin/Eisessig (18 : 1 : 2)
270	Äthylformiat/98%ige Ameisensaure/Wasser (12 : 5 : 3), 0,05%ig an Natriumformiat, 0,015%ig an Bromphenolblau
271	Äthylformiat/98%ige Ameisensaure/Wasser (2 : 1 : 1), 0,05%ig an Natriumformiat, 0,015%ig an Bromphenolblau
272	Äthylacetat/Pyridin/Wasser (2 : 1 : 2)
273	Äthylacetat/Dioxan/Wasser (20 : 45 : 46)
274	Äthylacetat/Essigsaure/Wasser (2 : 1 : 1), 0,05 %ig an Natriumacetat, 0,015%ig an Bromphenolblau
275	Äthylacetat/Tetrahydrofuran/Wasser (6 : 35 : 47); Celluloseacetat-Papier, Acetyl-Gehalt 22—26%
276	Essigsaure/12 n Salzsaure/Wasser (15 : 3 : 82)
277	Essigsaure/Salzsaure/Wasser (30 : 3 : 10)
278	Essigsaure/Chloroform/Wasser (2 : 2 : 1)
279	Essigsaure/Chloroform/Paraffinöl (13 : 3 : 2); Papier vorher langsam durch 10%iges atherisches Paraffinöl ziehen
280	Essigsaure/Lutidin/Chloroform (1 : 6 : 4)
281	Propionsaure/Butan-2-on/Wasser (5 : 15 : 6)
282	Isobuttersaure/1 m Ammoniak/0,1 m EDTA (125 : 75 : 2)
283	Isobuttersaure/Ammoniak/Wasser (22 : 1 : 10)
284	Pyridin/Methylisobutylketon/Wasser (1 : 2 : 2)
285	Aceton/Äthylmethylketon/Wasser (2 : 20 : 5), obere Phase
286	Äthylmethylketon/Diäthylamin/Wasser (921 : 2 : 77)
287	Cyclohexan/Chloroform/Diathylamin (7 : 2 : 1); Papier impragniert mit Formamid/Aceton (1 : 4)
288	Cyclohexan/Chloroform/Diathylamin (5 : 4 : 1); Papier impragniert mit Formamid/Aceton (1 : 4)
289	Tetrahydrofuran/Chloroform/Formamid (100 : 100 : 13); Papier impragniert mit 50%igem athanol. Formamid
290	Benzol/Ameisensaure/Wasser (1 : 1 : 1)

System-Nr.	Solventien bzw. Solventiensysteme, sowie Art der Papiere und Herstellung der Papierimprägnierung
291	Benzol/Essigsäure/Wasser (2 : 2 : 1)
292	Benzol/Essigsäure/Wasser (8 : 2 : 1)
293	Benzol/Propionsäure/Wasser (2 : 2 : 1)
294	Toluol/Essigsäure/Wasser (10 : 4 : 5)
295	Toluol/Essigsäure/Wasser (5 : 5 : 1), obere Phase
296	m-Kresol/Essigsäure/Wasser (24 : 1 : 25)
297	Isoamylalkohol/Tetrahydrofurfurol/0,08 m K-Citrat p_H 7,9 (1 : 1 : 1)
301	Methanol/Amylalkohol/Benzol/Wasser (14 : 7 : 14 : 5)
302	Methanol/Äther/Wasser/konz. Salzsäure (30 : 50 : 15 : 4)
303	Methanol/Äther/Wasser/konz. Salzsäure (50 : 50 : 15 : 4)
304	Isopropanol/Dimethylformamid/90%ige Ameisensäure/Wasser (26 : 9 : 1 : 4)
305	n-Butanol/Methanol/Wasser/p-Toluolsulfonsäure (10 : 40 : 20 : 1 g)
306	n-Butanol/Methanol/Benzol/Wasser (2 : 1 : 1 : 1)
307	n-Butanol/Äthanol/konz. Ammoniak/Wasser (75 : 15 : 2 : 8)
308	n-Butanol/Äthanol/Diäthylamin/Wasser (90 : 10 : 0,1 : 97)
309	n-Butanol/Äthanol/Essigsäure/Wasser (8 : 2 : 1 : 3)
310	n-Butanol/Äthanol/Pyridin/Wasser (3 : 1 : 1 : 1)
311	n-Butanol/Essigsäure/Äthylacetat/Wasser (1 : 1 : 1 : 1)
312	n-Butanol/Essigsäure/konz. Salzsäure/Wasser (20 : 5 : 1 : 25)
313	n-Butanol/Essigsäure/Benzol/Wasser (2 : 2 : 10 : 1)
314	n-Butanol/Pyridin/Dioxan/Wasser (14 : 4 : 1 : 1)
315	sec.-Butanol/Wasser/25%iges Ammoniak/1% HCN (250 : 90 : 35 : 1,3)
316	sec.-Butanol/Pyridin/Wasser/Essigsäure (30 : 30 : 30 : 1)
317	sec.-Butanol/Methanol/Ameisensäure/Wasser (110 : 80 : 15 : 1)
318	t-Butanol/Methanol/Hexan/Wasser (9 : 9 : 20 : 8)
319	n-Octanol/Pentanol/Wasser/Formamid (3 : 1 : 4 : 1); Papier imprägniert mit n-Octanol/Pentanol (3 : 1)
320	Aceton/Chloroform/Wasser/Ammoniak (150 : 25 : 20 : 1)
321	Aceton/Äthylmethylketon/Ameisensäure/Wasser (2 : 40 : 1 : 6)
322	Toluol/Pyridin/Äthylenchlorhydrin/0,8 n Ammoniak (10 : 10 : 1 : 1)
323	n-Butanol/Aceton/Wasser/konz. Ammoniak (40 : 50 : 15 : 3)
401	n-Butanol/n-Propanol/Aceton/80%ige Ameisensäure/30%ige Trichloressigsäure (8 : 4 : 5 : 5 : 15)

D. Nachweisverfahren

Bei unbekannten Verbindungen bzw. Verbindungsgemischen sind allgemein die nachfolgend beschriebenen Reaktionen 1, 2, 5, 11a, 17, 21, 26, 47, 48 und 53 als Nachweisreaktionen anwendbar.

1. UV-Fluorescenz. Fluorescierende Flecken im Licht einer UV-Lampe von 254 mμ.
2. UV-Löschung. Dunkle Flecken im Licht einer UV-Lampe von 254 mμ.
3. 1 g NaN_3 wird in 100 ml 0,005 n Jodlösung gelöst und damit das Chromatogramm besprüht. Anschließend wird mit Stärkelösung gesprüht.
4. Nachweis nach *Sakaguchi* (modifiziert): Lösung I: 0,02% α-Naphthol in 20%igem Äthanol wird mit Wasser und 10%iger NaOH (1 : 1 : 2) vermischt. Lösung II: aus 2 g Brom in 100 ml 5%iger NaOH. Mit I sprühen, anschließend mit II.
5. Besprühen mit ammoniakalischer Silbersalzlösung: Man mischt gleiche Teile einer 0,1 n Silbernitrat- und 5 n Ammoniaklösung und fügt zu dieser Lösung nochmals das gleiche Volumen 2 n NaOH hinzu. Nach dem Besprühen entwickelt man über einem Dampfbad. Fixierung mit einer frisch bereiteten 10—15%igen Natriumthiosulfatlösung 10 Min., anschließend in destilliertem Wasser spülen.
6. Biologische Wuchsstoffaktivität bei Lactobacillus arabinosus u. a.
7. Biologische Wuchsstoffaktivität bei Saccharomyces cerevisiae u. a.
8. Chromatogramm wird mit einem Gemisch von 2,5%iger Kaliumferricyanid-Lösung und 10%iger NaOH und Äthanol (1 : 2 : 40) besprüht. Im UV werden Fluorescenzen sichtbar.

9a) Nachweis nach *Dragendorff*: Stammlösung aus 850 mg Wismutsubnitrat in 10 ml Eisessig und 40 ml Wasser und 8 g KJ in 20 ml Wasser. Sprühen mit 1 ml Stammlösung + 2 ml Eisessig + 10 ml Wasser.

9b) Nachweis nach *Dragendorff* (modifiziert): Lösung I 17 g basisches Wismutnitrat und 200 g Weinsäure werden in 800 ml Wasser gelöst. Lösung II 160 g Kaliumjodid werden in 400 ml Wasser gelöst. I wird mit II vereinigt, davon 50 ml werden mit 100 g Weinsäure und 500 ml Wasser versetzt. Alkaloide rot auf gelbem Hintergrund.

10. Entwicklung in Jod-Atmosphäre nach dem Trocknen der gelaufenen Chromatogramme.

11a) Sprühen mit 2 g p-Dimethylaminobenzaldehyd in 100 ml 1,2 n HCl.

11b) 1 g p-Dimethylamonibenzaldehyd in 30 ml Alkohol + 30 ml konz. HCl werden auf 180 ml mit n-Butanol verdünnt. Besprühen und erwärmen auf 100°.

11c) 1 g p-Dimethylaminobenzaldehyd wird in 5 g Phosphorsäure und 50 g Eisessig gelöst und mit Wasser auf 100 ml aufgefüllt. Bespruhen und bei 100° trocknen. Blaue Azulene.

12a) Kupplung mit diazotiertem Sulfanilamid nach *Kutacek*: 3 g Sulfanilamid werden in 200 ml Wasser, 6 ml konz. Salzsäure und 14 ml n-Butanol gelöst. Vor dem Sprühen werden zu 20 ml der Stammlösung 0,3 g $NaNO_2$ gegeben. Nach Bespruhen wird 10 Min. an der Luft getrocknet und mit 10%iger Na_2CO_3-Lösung besprüht. Es erscheinen rote Flecken auf gelbem Hintergrund.

12b) *Pauly*-Reagens: Besprühen mit diazotierter Sulfanilsäure (25 ml 0,3%ige Sulfanilsäure in 8%iger HCl + 1,5 ml 5%ige $NaNO_2$). Anschließend besprühen mit 20%iger Na_2CO_3-Lösung.

12c) Diazotiertes p-Nitroanilin in NaOH sprühen.

13. Besprühen mit 1,5%iger äthanolischer Picrylchloridlösung, trocknen und mit Ammoniakdämpfen behandeln.

14. 1% NaOH in Alkohol.

15. Papier wird mit frisch hergestellter Lösung von 1 n Hydroxylaminhydrochlorid in Methanol/1,1 n KOH in Methanol (1 : 1) besprüht. 10 Min. an der Luft trocknen. Dann mit 1—2%iger Lösung von $FeCl_3$ in 1%iger HCl besprühen. Intensiv rote Komplexe..

16. 0,2%ige äthanolische Ninhydrin-Lösung. Reaktion evtl. durch Erhitzen auf 90° beschleunigen.

17. Chromatogramm wird auf eine mit konz. Schwefelsäure bestrichene Glasplatte gelegt und mit einer weiteren Glasplatte bedeckt. Bei Tages- und UV-Licht sichtbare Veränderungen.

18. Chromatogramm wird mit 15%iger Phosphorsäure besprüht und 20 Min. auf 90° gehalten. Fluorescenzen im UV-Licht.

19a) Chromatogramm wird mit 50%iger $SbCl_5$-Lösung in Eisessig besprüht und 5 Min. auf 110° erhitzt. Fleckenfärbung und Fluorescenzen im UV.

19b) Besprühen mit 40%iger Lösung von $SbCl_3$ in Chloroform.

20. Reagens nach *Zimmermann*: Chromatogramm wird mit 10% m-Dinitrobenzol in Benzol gesprüht und 5—10 Min. bei 60° getrocknet. Dann mit 6 g NaOH in 25 ml Wasser und 25 ml Methanol sprühen.

21. Eigenfarbe im sichtbaren Licht.

22. Trocknen des Chromatogramms uber Nacht, Säuren geben gelbe Flecke auf blauem Hintergrund.

23. Sprühen mit 3 Tropfen Anisaldehyd + 6 Tropfen Schwefelsäure in 10 ml Eisessig.

24. Besprühen mit 1% p-Nitrosodimethylanilin in 50%igem Äthanol.

25. 5 ml 60%ige Perchlorsäure, 10 ml n HCl und 25 ml 4%iges Ammoniummolybdat werden mit Wasser auf 100 ml aufgefüllt. Nach dem Besprühen wird bei Raumtemperatur getrocknet und 10 Min. bei 85° belassen. Reduktion im Sonnenlicht oder 1 Min. bei kraftigem UV-Licht.

26. Sprühen mit einer Mischung von 2% Triphenyltetrazoliumchlorid in Wasser mit 1 n NaOH (1 : 1). Im Dunkeln und (oder) bei erhöhter Temperatur kurz stehen lassen. Rote Flecken.

27. Mit 1% Pb-Tetraacetat in wasserfreiem Benzol besprühen. Monoglyceride und nichtreduzierende Kohlenhydrate geben weiße Flecken auf braunem Hintergrund.

28. 0,05%ige Lösung von Bromphenolblau (oder Bromthymolblau, Bromkresolgrün u. a.) in Äthanol. Einstellen mit Lauge auf p_H 7. Gelbe Flecken auf blauem oder grünem Hintergrund.

29. Sprühen mit 10%iger $FeCl_3$-Lösung in Wasser. Rote Flecken.

30. Sprühen mit 2% $FeCl_3$ in Äthanol/n-Butanol (1 : 4).

31. 2,4-Dinitrophenylhydrazone sind selbst farbig. Durch Sprühen mit 10%iger Natronlauge Farbvertiefung.

32. 1% Cersulfat und 5% Natriumarsenit in 1 n Schwefelsäure werden vor Gebrauch gemischt. Sprühen und anschließend noch mit 1% o-Phenylendiamin in Aceton spruhen.

33. Mit 1%iger Kaliumferrocyanid-Lösung, dann mit 0,5%iger $CoCl_2$-Lösung sprühen.

34. Bei alkylierten Purinen Verstärkung der UV-Löschung nach Besprühen mit 0,0025% Fluorescein in 0,5 n Ammoniak.

35. Sprühen mit 0,025%iger wäßrig-alkoholischer Umbelliferon-Lösung. Im UV: Löschung.

36. Fluorescenzflecke im UV-Licht nach Besprühen mit 0,035 g N-Bromsuccinimid in 100 ml Methylchloroform, dann trocknen bei 18°, erneut bespruhen mit 0,33 g Fluorescein in 100 ml 1/10 n NaOH, wobei 3 ml dieser Lösung mit Äthanol auf 100 ml aufgefullt werden.

37. In Ammoniak-Atmosphare stellen. UV-Lampe.

38. Besprühen mit 1%iger alkoholischer p-Aminobenzoesäure und trocknen in BrCN-Atmosphäre.

39. Sprühen mit 0,25%iger athanol. 2,2′-Dipyridyl-Lösung, daran anschließend mit 0,1%iger äthanol. $FeCl_3$-Lösung. Rote Flecken.

40. 30 Min. bei 60° trocknen und anschließend in 1%ige wäßrige $Hg_2(NO_3)_2$-Lösung tauchen. Mehrmals mit Wasser waschen.

41. Unter der UV-Lampe nach Besprühen mit einer methanol. Lösung, die 5% Trichloressigsäure und 0,025% Nitroprussidnatrium enthält.

42. Sprühen mit 5% Phenol in 95% Äthanol. Nach dem Trocknen spruhen mit einer 5,25%igen Natriumhypochlorit-Lösung.

43. 1%ige waßrige $FeCl_3$-Lösung spruhen.

44. Sprühen mit 10%iger waßriger Na_2CO_3-Lösung.

45. Sprühen mit 5% $Bi(NO_3)_3$ in 0,5 n Salpetersaure.

46. Mit 1%iger äthanol. 1-Naphthylamin-Lösung sprühen. Braun- bis Rotfärbung.
47. Organische Substanzen allgemein: Mit 0,1 n $KMnO_4$ in 0,1 n Schwefelsäure sprühen. Helle Flecken auf violettem Hintergrund.
48. Reduzierende Substanzen: Mischung von 1%iger $KMnO_4$-Lösung/2%iger Na_2CO_3-Lösung (1 : 1) sprühen.
49. Nachweis für Peroxyde: Sprühen mit 0,1%iger p-Aminodimethylanilin-Lösung.
50. Nachweis für Peroxyde: Sprühen mit Eisessig/gesättigter KJ-Lösung/Stärkelösung (3 : 2 : 5).
51. n-Butanol, wassergesättigt, versetzen mit Orcin und Trichloressigsäure und sprühen.
52. Mit Zimtaldehyd/Salzsäure-Gas Färbung.
53. Mit 0,1 n $AgNO_3$/5 n Ammoniak/2 n NaOH (1 : 1 : 2) sprühen. Braune Flecken.

VII. Gas-Chromatographie

Von E. **Bayer**, Tübingen

Zusammenfassende Literatur: *Bayer, E.:* Gas-Chromatographie, 2. Aufl. Berlin-Göttingen-Heidelberg 1962. — *Burchfield, H. P.,* u. *E. E. Storrs:* Biochemical Applications of Gas Chromatography. New York 1962. — *Kaiser, R.:* Chromatographie in der Gasphase. Mannheim 1960. — *Keulemans, A. I. M.:* Gas Chromatography. New York 1959.

A. Prinzipielles

Mittels der Gas-Chromatographie lassen sich unzersetzt verdampfbare Substanzen trennen. Prinzipiell sind Verbindungen, welche bei Temperaturen bis zu maximal 500 °C einen Mindestdampfdruck von 1 mm Hg aufweisen, noch zu gaschromatographieren. Die Vorteile der Gas-Chromatographie gegenüber anderen chromatographischen Methoden sind darin zu sehen, daß durch die besondere apparative Anordnung immer eine quantitative Aussage möglich ist. Neben dem außergewöhnlichen Trennvermögen ist besonders die Schnelligkeit einer gaschromatographischen Analyse (mehrere Sekunden bis maximal eine Stunde Analysenzeit) hervorzuheben. Da die meisten in der Biochemie interessierenden Substanzen zu wenig flüchtig sind, werden sie durch einfache, reproduzierbar verlaufende Umsetzungen in flüchtige Derivate umgewandelt. Ein Beispiel hierfür sind die höheren Fettsäuren, welche als Methylester getrennt werden.

Bei folgenden biologisch wichtigen Substanzklassen wird die Gas-Chromatographie eingesetzt: Fettsäuren. Fettsäureester, Terpene, biogene Amine, Alkaloide, Steroide, Aminosäuren, Zucker, Aldehyde, Ketone, Alkohole, Blutgas- und und Blutalkoholanalyse. Experimentelle Daten werden später angegeben.

Über die Theorie, den Aufbau der Apparatur, die Füllung und Optimierung der Säulen und die quantitative Auswertung der Chromatogramme unterrichten die oben genannten zusammenfassenden Werke.

1. Retentionsvolumen

Zur qualitativen Identifizierung wird das Retentionsvolumen benutzt, d. h. das Gasvolumen, welches zur Elution einer Substanz notwendig ist (Strecke *B—D* in Abb. 1). Das von der Apparaturkonstruktion und dem Gasvolumen der Trennsäule herrührende Totvolumen (*AB* in Abb. 1), welches durch Injektion eines nicht von der Säulenfüllung verzögerten Inertgases (z. B. Stickstoff) bestimmt wird, muß in jedem Falle bei der Angabe von Retentionsdaten vorher abgezogen werden. Um zu reproduzierbaren Werten zu gelangen, wird das Retentionsvolumen V_R noch um den Druckabfall längs der Säule korrigiert und dieses korrigierte Retentionsvolumen auf das Gewicht der in der Säule befindlichen Trennflüssigkeit bezogen. Das so erhaltenen spezifische Retentionsvolumen V_g wäre demnach:

$$V_g = \frac{3\left(\frac{p_i}{p_0}\right)^2 - 1}{2\left(\frac{p_i}{p_0}\right)^3 - 1} \cdot \frac{V_R}{\text{g Trennflüssigkeit}}$$

(p_i = Druck am Anfang und p_0 am Ende der Säule).

Da die spezifischen Retentionsvolumina relativ umständlich bestimmt werden müssen, hat sich in der analytischen Praxis die relative Retention (bzw. relatives Retentionsvolumen) eingeführt, bei der das reduzierte Retentionsvolumen der Analysensubstanz auf das reduzierte Retentionsvolumen einer Standardbezugssubstanz bezogen wird. Die relative Retention errechnet sich demnach aus dem Verhältnis der Strecken *BH* : *BD* in Abb. 113. Bei Terpenen haben sich n-Paraffine

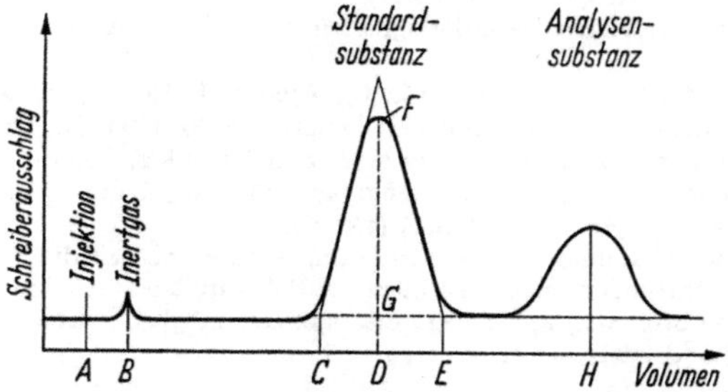

Abb. 113. Gas-Chromatogramm. *AB* Totvolumen, *BD* reduziertes Retentionsvolumen, *CE* Peakbreite, *GF* Peakhöhe

als Bezugssubstanzen eingeführt (Kovâtsscher Retentionsindex). Bei Aminen und höhersiedenden Substanzen wie Steroiden und Fettsäureestern empfiehlt sich jedoch die Wahl einer der zu trennenden Substanzklasse strukturell nahestehenden Verbindung, um Einflüsse des Trägers in die Relativierung einzubeziehen. Wie bei den R_f-Werten der Papierchromatographie besteht auch in der Gas-Chromatographie eine lineare Beziehung zwischen dem Logarithmus des Retentionsvolumens und der Kohlenstoffzahl bei Substanzen aus einer homologen Reihe. Man muß somit aus einer homologen Reihe nur drei Substanzen messen, um die Retentionsvolumina der übrigen Homologen ausrechnen zu können. Dies wird bei der Identifizierung häufig angewandt.

2. Säulenwirksamkeit und Lösungsmittelwirksamkeit

Eine gute Trennwirksamkeit von Säulen kann durch geeignete Wahl der Trennflüssigkeit (Lösungsmittelwirksamkeit oder Selektivität) und durch Konstruktion von Säulen mit einer großen Zahl von Trennstufen (= Säulenwirksamkeit) erzeugt werden. Die Zahl der Trennstufen n wird aus der Bandenbreite und dem nicht um das Totvolumen korrigierten Retentionsvolumen (Strecke *AD*, Abb. 1) nach Gleichung

$$n = 16 \cdot \left(\frac{AD}{CE}\right)^2$$

ermittelt. Durch Anlegen der Tangenten an die Elutionskurve wird die Bandenbreite *CE* erhalten.

Ohne große Schwierigkeiten werden bei analytischen Säulen Trennstufenzahlen von $n = 1000$ je m Säulenlänge erhalten, wenn als Partikeldurchmesser des Trägers 0,1—0,2 mm sowie eine 10—20%ige Imprägnierung des Trägers mit Trennflüssigkeit angewandt werden. Die an Stelle der gepackten Säulen neuerdings häufiger angewandten Kapillarsäulen weisen je Säuleneinheit vergleichbare Trennleistung auf. Da auf Grund der größeren Permeabilität aber wesentlich längere Kapillarsäulen angewandt werden können, sind bei 50—100 m-Kapillaren Trennstufenzahlen von 50—200000 leicht erreichbar. Bei diesem Säulentypus ist die Trennflüssigkeit auf der Innenwand der Kapillare (Druchmesser 0,2—0,5 mm) aus Stahl, Kupfer oder Glas aufgebracht. In den meisten Fällen werden zur sicheren Identifizierung von Substanzen mindestens zwei Chromatogramme notwendig sein, unter Verwendung jeweils einer apolaren und einer polaren Trennflüssigkeit. Als apolare Trennflüssigkeit ohne Selektivität dienen höhere Kohlenwasserstoffe, wie Squalan oder Apiezone. Stark polare Trennflüssigkeiten, wie die Cyanoäthyläther von Glykolen lassen sich nicht bei Temperaturen über 150 °C anwenden. Da aber die meisten biochemisch interessierenden Substanzen Trenntemperaturen über 150 °C erfordern, stehen als polarste Trennflüssigkeiten lediglich noch Polyäthylenglykole und Polyester aus Dicarbonsäuren und Diolen zur Verfügung (z. B. Reoplex, LAC-Ester).

Die gebräuchlichsten Trennflüssigkeiten in der Reihe der zunehmenden Polarität sind:

Squalan (140 °C), Paraffinöl (150 °C), Apiezon L (300 °C), Silikonöl (160 °C), Silikonfett (280 °C), Methylsilikon-Polymere SE-30 (300 °C), Dinonylphthalat (150 °C), Adipat- und Succinatpolyester, z. B. Reoplex, LAC (bis 240 °C), Trikresylphosphat (150 °C), Polyäthylenglykole (220 °C), Dimethylsulfolan (35 °C), Äthylenglykol-bis(propionitriläther) (150 °C).

Die in der Klammer angegebenen Temperaturen deuten die obere maximale Arbeitstemperatur für gepackte Säulen an. Bei Kapillarsäulen und bei der präparativen Gas-Chromatographie liegt die maximal mögliche Arbeitstemperatur in der Regel 30 °C unter diesen Werten.

3. Der Träger

Bei den biochemisch wichtigen Substanzen spielt die Auswahl des geeigneten Trägers, auf den die Trennflüssigkeit aufgebracht wird, eine große Rolle. Bei den *Fettsäureestern* kommt vorwiegend Kieselgur in Frage. Weniger geeignet erscheint das Schamottemehl (Sterchamol, „fire-bricks“), an dem bei der Trennung von Dicarbonsäureestern Schwierigkeiten auftreten können. Auch bei den freien *Fettsäuren* finden die gleichen Träger Verwendung. Jedoch muß zur Erzielung symmetrischer Peaks den Trennflüssigkeiten eine nichtflüchtige Säure, z. B. Behensäure oder Phosphorsäure, zugesetzt werden. Auch Glaskugeln können Verwendung finden, die z. B. mit 1% Polyäthylenglykol-Succinat und 0,4% Phosphorsäure imprägniert sind.

Der Vorteil der Verwendung von Glaskugeln als Träger liegt in der geringen Aufnahmekapazität für die Trennflüssigkeit wegen der geringen inneren Oberfläche. So können nur zwischen 0,1—1% Trennflüssigkeit angewandt werden. Die Analysenzeiten werden dadurch kleiner, und hierdurch können wesentlich niedrigere Arbeitstemperaturen ermöglicht werden. *Steroide* werden z. B. auch an imprägnierten Glaskügelchen getrennt. Als Trägermaterial für *Amine* kommt vorzugsweise Kieselgur in Betracht, welches vor Gebrauch mit 5%iger methanolischer Lauge gewaschen wird oder dem das Wasser durch azeotrope Destillation mit Benzol entzogen wird. Auch bei der Trennung von *Heterocyclen*, *Alkaloiden* und *Aminosäureestern* sei diese Behandlung empfohlen. Bei *Terpenen* ist besondere Vorsicht geboten, da Umlagerungen auftreten können. Auch hier erweist sich Kieselgur geeigneter als Schamottemehl. In vielen Fallen wird Kieselgur sowohl gegen adsorptive als auch katalytische Effekte inerter, wenn es vorher durch Behandeln mit Hexamethyldisilazan silanisiert wird.

4. Detektoren

Über das Bauprinzip und die Wirkungsweise der Detektoren unterrichten die auf S. 892 zitierte Spezialliteratur und die Firmenschriften der Hersteller von

Geräten zur Gas-Chromatographie. Hier können nur spezielle Empfehlungen gegeben werden.

Die *Wärmeleitfähigkeitsmeßzelle* dürfte auch heute noch der gebrauchlichste Detektor in Kombination mit konventionellen Säulen sein. Bei Kapillarsäulen oder bei Verwendung von Glasmehl als Träger muß wegen der kleineren Menge Trennflüssigkeit und damit der geringeren Kapazität jedoch ein empfindlicherer Detektor Verwendung finden. Hier ist besonders auf den *Flammenionisationsdetektor* hinzuweisen, der unbestritten die dominierende Rolle unter den hochempfindlichen Detektoren eingenommen hat. In zweiter Linie sind Argon-β-Strahlendetektoren anzuführen. Für radioaktive Substanzen haben *Durchfluß-Geigerzählrohre* Verwendung gefunden. Da die Geigerzählrohre meist nicht für hohe Temperaturen ausgelegt sind, müssen die aus der Chromatographiesäule tretenden Gase an CuO zu CO_2 verbrannt oder in Methan umgewandelt werden. Für einige Substanzklassen haben spezifische Detektoren Anwendung gefunden. So wird bei der Rückstandsanalyse von halogenhaltigen Schädlingsbekämpfungsmitteln die mikrocoulometrische Titration benutzt. Die Aufarbeitung und Abtrennung der chlorhaltigen Verbindungen entfällt bei dieser Methode weitgehend. Auch der halogenspezifische Elektroneneinfangdetektor sei erwähnt. Als selektiver Detektor, besonders in Kombination mit Kapillarsäulen, sei der Massenspektrograph erwähnt. Besonders bei komplizierten Naturstoffgemischen, wie sie z. B. bei Aromakonzentraten von Früchten vorliegen, erlaubt die zusätzliche Information durch das Massenspektrum eine sichere Identifizierung.

5. Trennung von Fettsäureestern und Fettanalyse

Fettsäuren werden heute ausschließlich gaschromatographisch, vornehmlich als Methylester, analysiert.

a) Darstellung der Methylester durch Umesterung der Fette mit Methanol/Salzsäure. 1—10 mg des zu methylierenden Fettes oder beliebigen anderen Esters werden in 4 ml 5%iger methanolischer Salzsäure gelöst, 0,5 ml Benzol zugefügt und unter Wasserausschluß 2 Std. am Rückfluß gekocht. Danach werden 8 ml Wasser zugegeben, dreimal mit je 3 ml Petroläther extrahiert, die vereinigten Petrolätherlösungen über Natriumbicarbonat und wasserfreiem Natriumsulfat getrocknet und anschließend das Lösungsmittel abgedampft. Der Rückstand wird mit wenig Petroläther aufgenommen und in den Chromatographen injiziert.

b) Chromatographiebedingungen. In Tab. 1 sind die auf Methylpalmitat bezogenen relativen Retentionen von Fettsäureestern an der unpolaren Phase Apiezon M (APM) und dem polaren Polyester Reoplex 400 (REO) aufgezeichnet. Je 25% der beiden genannten Phasen sind auf Kieselgur (100—120 mesh) aufgebracht. Die Säulenlänge beträgt 2 m (0,4 cm ⌀), die Trenntemperatur 197 °C.

Als weitere Hilfsmittel werden bei der Fettsäureesteranalyse die sog. Differenzchromatogramme herangezogen, um z. B. ungesättigte Fettsäuren erkennen zu können. So können die Doppelbindungen hydriert oder bromiert werden. In den Chromatogrammen der so behandelten Fettsäureester fehlen gegenüber dem Ausgangschromatogramm die den ungesättigten Fettsäuren zukommenden „peaks". Andererseits können die ungesättigten Fettsäuren auch als Quecksilberaddukte angereichert und gefällt werden. Hydroxysäuren werden am besten vorher durch Dünnschichtchromatographie abgetrennt.

Sogar Triglyceridmischungen selbst, vom Trioctanin bis zum Tristearin, können gaschromatographisch unter folgenden Bedingungen getrennt werden: Säulenlänge 0,5 m (0,3 cm ⌀); stationäre Phase: 2,25% Silikon SE-30 (General Electrics) auf 60—80 mesh Chromosorb W; Temperatur der Säule: programmierte Temperaturerhöhung von 200 °C bis 300 °C; Trägergasdurchfluß: 100—150 ml N_2/Min.; Temperatur des Einspritzblockes: 325 °C; Detektor: Flammenionisation.

6. Steroide

Auch bei Steroiden scheint die Gas-Chromatographie andere Analysenmethoden zu verdrängen. Als Träger kommen Glasmehl oder säure- und alkaligewaschenes Chromosorb W in Frage. Silikone haben als Trennflüssigkeiten die breiteste Anwendung gefunden. Da die Trenntemperaturen über 200 °C liegen, ist die Auswahl an stärker polaren Trennflüssigkeiten sehr beschränkt. Nur Polyester aus Diolen und Dicarbonsäuren sind noch verwendbar. Die selektivste Phase dürfte der Polyester aus Äthylenglykol und Isophthalsäure sein.

Die relativen, auf Cholesterin bezogenen Retentionsvolumina an einer 1,5-m-Säule (0,8 mm ∅) mit 2,1% Silikongummi SE-30 (General Electric Co., Waterford, N. Y.) auf säure- und alkaligewaschenem Chromosorb W (80—100 mesh) betragen bei einer Trenntemperatur von 240 °C: Androstan 0,08; Cholestan 0,56 3-β-Methoxycholestan 0,92; 3-β-Methoxycholesten(5) 0,91; Koprosterin 0,90; Allopregnan-3β-20β-diol 0,39; Cholestan-3β-ol 1,02; Cholesterin 1,00; Cholesten-(7)-ol-(3β) 1,12; Ergosterin 1,30; Stigmasterin 1,36; Cholestanon(3) 1,09; Pregnandion(3.20) 0,37; Allopregnandion(3.20) 0,41; Allopregnantrion(3.11.20) 0,53; Cholesten(4)-on(3) 1,34; Cholesten(7)-on(3) 1,19; Androsten(4)-dion(3.17) 0,33; Pregnen(4)-dion(3.20) 0,50; Pregnen(5)-ol(3β)-on(20) 0,38; Pregnen(4)-ol(17α)-dion(3.20) 0,71; Pregnen(4)-diol(17.21)-dion(3.20) 0,32; Pregnen(4)-diol(17α.21)-trion(3.11.20) 0,39; Cholestandiol(3β,7α) 1,67; Cholestandiol(3β,7β) 1,67; Cholestantriol(3β,5α,6α) 2,32; Cholesterylacetat 1,42.

Die auf Cholestan bezogenen relativen Retentionen an einer 1,5-m-Säule (3 mm ∅) mit 0,75% der polaren Phase (Polyathylenglykoladipat) auf 140 bis 200 mesh Chrom P (Applied Science Laboratories, State College, Pa. USA) betragen bei einer Trenntemperatur von 215 °C und einem Trägergasdurchfluß von 65 ml/Min.: Androstan 0,175; Cholestan 1,00; 3-β-Methoxycholestan 2,77; Stigmasterin 10,0; Cholesterin 7,20; Cholestanon(3) 8,38; Pregnandion(3.20) 10,8; Allopregnandion(3.20) 12,8; Androstanon(17) 0,88; Androstandion(3.17) 9,45.

Auch von Steroiden abgeleitete Alkaloide, wie Tomatidin, Solanidin lassen sich unter den oben angegebenen Bedingungen mit 0,75% SE-30 als Trennflüssigkeit auf Chromosorb W bei 222 °C trennen. Die relativen auf Cholestan bezogenen Retentionen sind: Tomatidin 4,26; Solasodin 4,10; Solanidanon(3) 2,33; Solanidanol(3) 2,13; Dihydrotomatidin A 7,33; Dihydrotomatidin B 7,65.

Bei den oben angeführten Trennungen muß eine Apparatur mit empfindlichem Ionisationsdetektor benutzt werden.

7. Alkaloide

Wie bei der Trennung von Aminen empfiehlt sich auch bei der Gas-Chromatographie von Alkaloiden die Verwendung von alkaligewaschenem festem Träger. Vor allem bei Verwendung von Schamottemehl ist eine Alkalibehandlung unerläßlich. Ein geeignetes Trägermaterial wird erhalten, wenn man Schamottemehl mit einer 5%igen alkoholischen Kaliumhydroxidlösung eine Stunde schüttelt, danach mit abs. Alkohol alkalifrei wäscht und bei 110 °C trocknet. Der so gewonnene Träger wird mit 20% Polyäthylenglykol (Molekulargewicht 20000) imprägniert und die stationäre Phase in eine 1-m-Säule (6 mm ∅) eingefüllt. Bei einem Trägergasdurchfluß von 50 ml He/Min. und bei 190 °C werden folgende auf Nicotin bezogenen relativen Retentionen erhalten: Nicotin 1,00; Nornicotin 2,37; Myosin 2,54; Anabasin 2,65; Nicotyrin 3,73; Metanicotin 3,17; Anatabin 4,06; 2,3′-Dipyridyl 5,57; N-Methylnicotinamid 12,3; Nornicotyrin 19,45; Cotinin 16,32.

Wenn geringere Mengen Trennflüssigkeit und inertere Trager benutzt werden, können sogar noch schwerer flüchtige Alkaloide wie Chinin, Morphin, Cocain analysiert werden. So erhält man an 1,5-m-Säulen (0,8 mm ∅) mit 1% Silikon-Gummi SE-30 (General Electrics) auf 100—140 mesh Chromosorb W bei einer Säulentemperatur von 185 °C (Einspritzblock 280 °C) folgende auf Codein bezogene relative Retentionen: Desoxycodein 0,64; Isocodein 0,74; Pseudocodeinon 0,80;

Dihydroxycodein 0,96; Neopin 0,97; Codeinmethyläther 0,98; Codein 1,00; Äthylmorphin 1,09; Morphin 1,17; Thebain 1,48; Sinomenin 2,83.

Auch Ephedrin und verwandte Alkaloide vom Typ der Phenyläthylaminderivate lassen sich unter analogen Bedingungen trenner.

8. Stickstoffenthaltende Heterocyclen

Während in der auf S. 892 angeführten zusammenfassenden Literatur die Trennung von aliphatischen und aromatischen Aminen sowie einfacher Derivate des Pyridins, Pyrrols, Pyrrolins und Indols ausführlich beschrieben ist, seien hier einige biochemisch wichtige Substanzen, wie Barbiturate, Nucleoside und Porphyrine angeführt.

Wie weit die Gas-Chromatographie im Extremfall betrieben werden kann, beweisen die Untersuchungen von *Klesper*, *Corwin* und *Turner* (J. Org. Chem. **27**, 700 (1962)), welche sogar Prophyrine, wie die Nickelkomplexe von Äthioporphyrin und Mesoporphyrindimethylester getrennt haben. Allerdings müssen hierzu extreme Bedingungen, wie 128 atm Eingangsdruck und Dichlordifluormethan als Trägergas benutzt werden. Säule (6 m lang), stationare Phase (33% Polyäthylenglykol auf Chromosorb W) und Temperatur (150—170 °C) sind hingegen im Rahmen der üblichen Grenzen.

Barbitursäurederivate sind ursprünglich mittels Reaktions-Gas-Chromatographie nach Pyrolyse bestimmt worden. Es hat sich aber herausgestellt, daß auf diesem Weg eine quantitative Bestimmung unmöglich ist. — Die Trennung der freien Barbitursauren selbst gelingt jedoch, wenn eine 1-m-Säule (5 mm ∅) mit 5% Silikongummi SE-30 auf Schamottemehl (100—120 mesh) bei 180 °C benutzt wird. Auch hier muß ein Ionisationsdetektor verwendet werden.

Nucleoside, wie Methyluridin, Thymidin, Adenosin, 1-Methylinosin sowie deren Glucoside lassen sich als peracetylierte Verbindungen bei 230 °C an 1,5-m-Saulen (4 mm ∅) mit 1% des fluorierten Silikonöls QF-1 (Dow Corning Corp. Midland, Mich.) auf 100—140 mesh silanisiertem Träger Gas Chrom P (Applied Science Lab. State College, Pa.) trennen.

9. Aminosäurederivate

Es ist naturlich verlockend, durch eine schnelle gaschromatographische Methode die Aminosaureanalyse, welche mit den ublichen Ionenaustauschmethoden noch langere Zeit dauert, zu beschleunigen. Da die Aminosäuren selbst kaum unzersetzt verdampfbar sein durften, hat man es mit verschiedenen Derivaten versucht. Ungeeignet hat sich der Abbau zu den um ein Kohlenstoffatom armeren Aldehyden erwiesen. Auch eine einfache Veresterung kann nicht zu guten quantitativen Ergebnissen führen, da unter den Trennbedingungen Polymerisationen auftreten. Qualitative Chromatogramme haben jedoch prinzipiell die Trennleistung der Gas-Chromatographie aufgezeigt. Die besten Aussichten haben bisher die von *Weygand* bearbeiteten N-Trifluoracetylaminosäureester. Obgleich auch bei diesen Verbindungen noch kein zur quantitativen Analyse brauchbarer Weg von Proteinen her angegeben worden ist, erscheint die Methode zur Sequenzanalyse sehr aussichtsreich, da auch die N-Trifluoracetylpeptidester noch getrennt werden können. Die Trenntemperaturen liegen für die N-Trifluoracetylmethylester der Aminosauren bei 190 °C und der Peptide bei 204 °C. Als Phase sei 20% Silikonfett auf Kieselgur empfohlen.

10. Zuckerderivate

Allgemein eingefuhrt hat sich die Gas-Chromatographie bei der Konstitutionsaufklärung von Zuckern. Die nach Methylierung und anschließender Hydrolyse von Sacchariden erhaltenen Zuckermethyläther sind leicht trennbar. Allgemein erscheinen bei Äthern die β- vor den α-Glykosiden. Die relativen Retentionen einiger Zuckermethyläther sind in Tab. 2, S. 899 angeführt. Neben Methyläthern sind Trimethylsilyläther, Acetate und Isopropylidenverbindungen getrennt worden. Außer den Monosacchariden können auch die Äther von Oligosacchariden gaschromatographiert werden. Die besondere Trennleistung der Gas-Chromatographie gibt sich dadurch zu erkennen, daß bei Hexosen neben α- und β-Glykosiden auch die Furanose-, Pyranose- und Septanoseform unterschieden werden können.

11. Verschiedene Verbindungen

Zu erwähnen wäre vor allem die breite Anwendung, welche die Gas-Chromatographie bei den *Aromastoffen* und *ätherischen Ölen* gefunden hat. In Tab. 3, S. 899 sind die relativen Retentionen und die Trennbedingungen für *Terpene* wiedergegeben. Da zahllose Arbeiten über die für Geruch und Geschmack wesentlichen Substanzen in pflanzlichem Material erschienen sind, kann hier wieder nur auf die zusammenfassenden Darstellungen verwiesen werden.

Am Rande sei hier auch erwähnt, daß die Rückstandsanalyse von Schädlingsbekämpfungsmitteln in vielen Fällen gaschromatographisch ausgeführt wird. *Halogenhaltige Schädlingsbekämpfungsmittel* sind besonders einfach, ohne vorherige Abtrennung von Begleitmaterial, zu bestimmen, wenn halogenspezifische Detektoren Verwendung finden. Besonders bewährt hat sich die mikrocoulometrische Titration. Hierbei werden die Substanzen verbrannt und die Halogenwasserstoffsäure quantitativ coulometrisch mit Silbernitrat titriert.

Noch nicht allgemein eingeführt ist die *Blutalkoholbestimmung*, für die verschiedene Verfahren angegeben werden, welche ebenso genau wie die enzymatische Analyse sind. Man kann den Alkohol der Blutprobe direkt in einer vor die Trennsäule geschalteten Reaktionskammer über heißem Silikagel dehydratisieren und das gebildete Äthylen bestimmen. Die störenden Wassermengen können auch umgangen werden, wenn man einen Flammenionisationsdetektor anwendet.

Für die *Blutgasanalyse* stehen heute speziell konstruierte handelsübliche Gas-Chromatographen zur Verfügung (z. B. Fisher Scientific Co., Pittsburgh, USA). Der Sauerstoff- und Kohlendioxidgehalt von Blut kann mindestens ebenso gut wie mit der üblichen van-Slyke-Methode bestimmt werden. Die Analysendauer ist mit drei bis vier Minuten jedoch erheblich kürzer.

Tabelle 1. **Relative Retention von Fettsäuremethylestern** (Trennbedingungen s. Text, S. 895)

Flüssige Phase	REO	APM
Methylester der		
n-Caprinsäure	0,179	0,069
n-Undecylsäure	0,232	0,112
n-Dodecansäure	0,286	0,18
n-Tridecansäure	0,388	0,267
n-Tetradecensäure	0,555	0,416
n-Tetradecansäure	0,634	0,28
n-Pentadecansäure	—	0,65
$\Delta^{6,9,12,15}$-Hexadecatetraensäure	1,97	0,74
$\Delta^{6,9,12}$-Hexadecatriensäure	0,59	0,77
$\Delta^{9,12}$-Hexadecadiensäure	1,39	0,79
$\Delta^{8,9}$-Hexadecadiensäure	1,28	0,86
Δ^{8}-Hexadecensäure	1,13	0,89
n-Hexadecansäure	1,00	1,00
n-Heptadecansäure	1,32	1,55
$\Delta^{6,9,12,15}$-Octadecatetraensäure	3,48	1,72
all-cis-$\Delta^{9,12,15}$-Octadecatriensäure	2,95	1,84
cis-cis-$\Delta^{9,12}$-Octadecadiensäure	2,38	1,81
$\Delta^{6,9}$-Octadecadiensäure	2,56	1,81
cis-Δ^{9}-Octadecensaure	2,02	2,08
n-Octadecansäure	1,79	2,39
$\Delta^{5,8,11,14,17}$-Eicosapentaensäure	6,64	3,48

Tabelle 2. **Relative, auf Bernsteinsäurediäthylester bezogene Retentionen von permethylierten Hexosen**
(Säulenlänge 2 m (8 mm ∅). Je 20% der genannten Trennflüssigkeiten sind auf Kieselgur (0,2—0,3 mm) aufgebracht.)

Trennflüssigkeit:	Reoplex 400	Apiezon M Reoplex 50 : 50	Polyglykol 4000
Trenntemperatur:	180°C	170°C	145°C
1-Methyl-2.3.4.6-tetramethyl-β-D-glucosid	2,55	2,92	3,42
1-Methyl-2.3.4.6-tetramethyl-α-D-glucosid	3,45	3,63	5,25
1-Methyl-2.3.5.6-tetramethyl-β-D-glucosid	3,45	—	5,71
1-Methyl-2.3.5.6-tetramethyl-α-D-glucosid	3,83	—	6,58
1-Methyl-2.3.4.6-tetramethyl-α-D-mannosid	—	3,39	—
1-Methyl-2.3.4.6-tetramethyl-β-D-galaktosid	—	3,97	—

Tabelle 3. **Relative Retentionen von Terpen-Kohlenwasserstoffen relativ zu Limonen**

	Trennflüssigkeit				
	Apiezon-L	Silikonöl	Reoplex 400	Carbowax 4000	β.β'-Oxydipropionitril
Trager (60/100 mesh)	Embacel	Embacel	Embacel	Embacel	Embacel
% Trennflüssigkeit	20	20	20	20	20
Tragergasdurchfluß ml H_2/Min.	75	75	75	75	60
Saulenlange (m)	3	3	3	3	3
Durchmesser (mm)	6	6	6	6	6
Temperatur (°C)	120	100	110	100	70
Myrcen	0,60	0,75	0,72	0,76	0,87
Ocimen X	0,87	1,00	1,08	1,15	1,42
Ocimen Y	0,94	1,08	1,20	1,29	1,67
Cis-4,5, trans-6,7-Alloocimen	1,74	1,82	2,40	2,62	3,74
trans-4,5-trans-6,7-Alloocimen	1,92	1,95	2,67	2,96	4,32
α-Terpinen	0,88	0,93	0,90	0,90	1,00
γ-Terpinen	1,19	1,17	1,24	1,28	1,35
α-Phellandren	0,85	0,86	0,84	0,83	0,83
β-Phellandren	1,04	1,05	1,07	1,07	1,17
Limonen	1,00	1,00	1,00	1,00	1,00
Terpinolen	1,42	1,41	1,48	1,60	1,63
p-Cymen	0,93	0,94	1,30	1,48	2,40
α-Pinen	0,50	0,56	0,41	0,36	0,27
β-Pinen	0,71	0,73	0,64	0,62	0,56
Sabinen	0,61	—	0,66	0,65	0,73
α-Thujen	0,43	0,52	0,40	0,36	0,32
Δ^3-Caren	0,85	0,91	0,77	0,77	0,67
Camphen	0,61	0,62	0,52	0,49	0,45
α-Fenchen	0,59	0,63	0,53	0,49	0,44
β-Fenchen	0,54	0,58	0,46	0,43	0,38
Santen	0,32	0,42	0,29	0,31	0,24
Tricyclen	0,48	0,53	0,38	0,34	0,27

VIII. Dünnschicht-Chromatographie[1]

(Deutsche Abkürzg. DC, engl. TLC.)

Von **E. Stahl**, Saarbrücken

Zusammenfassende Literatur: *Stahl, E.:* Dünnschicht-Chromatographie, ein Laboratoriumshandbuch, Berlin, Göttingen, Heidelberg 1962. — Ferner in Moderne Methoden der Pflanzenanalyse, Bd. VI (1962) und *Randerath, K.*, Dünnschicht-Chromatographie, Weinheim 1962.

[1] Ergebnisse und Stand der technischen Entwicklung bis Ende 1960.

A. Methodik

1. Prinzip

Auf Glasscheiben wird eine dünne, feinkörnige und festhaftende Sorptionsschicht aufgestrichen. Hierauf lassen sich, in der Art der Papierchromatographie, adsorptions- und verteilungschromatographische Trennungen durchführen. Die Trennzeit beträgt 20—60 Min., und die untere Erfassungsgrenze der Substanzen liegt um den Faktor 10—100 unter der Papierchromatographie. Die erforderlichen Geräte (Grundausrüstung) werden von Firma Desaga, Heidelberg, Hauptstr. 60 hergestellt.

2. Standardbedingungen

Trägerscheibenformat 100—400×200 mm (vorzugsweise 200×200 mm). Dicke der Sorptionsschicht für analytische Arbeiten 200—250 μ, für mikropräparative Trennungen 500—1000 μ. Startpunkte 15 mm von der Unterkante, Laufstrecke (Startfront) zumeist 100 mm. Sättigungszustand und Art der Kammer beeinflussen Rf-Werte, Testgemisch zur Festlegung der jeweiligen Trennbedingungen mitchromatographieren und Rf-Werte mitangeben.

3. Sorptionsmittel

(standardisiert zur Dünnschicht-Chromatographie)

Kieselgel G „Merck", Hauptanwendungsgebiet: Trennung sauerer und neutraler Substanzen.

Aluminiumoxid G „Merck", Hauptanwendungsgebiet: Trennung basischer Substanzgemische.

Kieselgur G „Merck", Hauptanwendungsgebiet: Verteilungschromatographie stark hydrophyler und amphoterer Substanzen.

MN-Cellulosepulver 300 G und MN-Cellulosepulver (ohne Gipszusatz) (Macherey, Nagel & Co., Düren) Hauptanwendungsgebiet: Verteilungschromatographische Trennungen (s. Papierchromatographie S. 825).

Außerdem werden verwendet: Calcium- und/oder Magnesiumoxyde, -phosphate, -silikate. Eisenoxydhydrate, Kohle, Polyamid-(Perlon)-Pulver, Ionenaustauscherpulver. Durch Mischen der Sorptionsmittel und Zusatz von Basen, Säuren oder Salzen laßt sich eine weite Variation der Trennbedingungen erreichen.

B. Anwendungsgebiete

1. Alkaloide

[Kieselgel G-Schicht, Kammersättigung, Solvens 34, in () die Rf-Werte für Solvens 33; Nachweis XI; *Waldi, D., K. Schnackerz* u. *F. Munter:* J. Chromatog. **6**, 61 (1961)].

Narcein Rf 0,00 (0,00), Sarpagin Rf 0,04 (0,00), Ergometrin Rf 0,06 (0,00), Morphin Rf 0,08 (0,00), Serpentin Rf 0,15 (0,00), Ergotamin Rf 0,16 (0,00), Ergometrinin Rf 0,25 (0,03), Chinin Rf 0,26 (0,07), Hordenin Rf 0,36 (0,14), Ergocristin Rf 0,38 (0,14), Chinidin Rf 0,40 (0,15), Atropin Rf 0,40 (0,16), Colchicin Rf 0,41 (0,04), Ajmalin Rf 0,42 (0,12), Cinchonin Rf 0,44 (0,17), Ergotaminin Rf 0,51 (0,00), Pilocarpin Rf 0,52 (0,09), Codein Rf 0,53 (0,16), Scopolamin Rf 0,60 (0,19), Yohimbin Rf 0,62 (0,18), Brucin Rf 0,63 (0,18), Cephaelin Rf 0,63 (0,19), Strychnin Rf 0,76 (0,28), Reserpin Rf 0,80 (0,20), Physostigmin Rf $>$0,9 (0,32), Emetin Rf $>$0,9 (0,40), Papaverin Rf 0,9 (0,42), Lobelin Rf $>$0,9 (0,48), $>$Narcotin Rf 0,9 (0,51), Thebain Rf $>$0,9 (0,51), Arecolin Rf $>$0,9 (0,56), Hydrastinin Rf $>$0,9 (0,58), Cocain Rf $>$0,9 (0,65), Spartein Rf $>$0,9 (0,68).

2. Aminosäuren

Siehe Tabelle S. 902.

3. Anthracenderivate

(Kieselgel G-Schicht, Solvens 26; Nachweis: alkoholische Kalilauge aufspruhen, UV-Betrachtung.)

Aloin Rf 0,00; Sennidin A, Rf 0,24; Emodinanthron Rf 0,34; Rhein Rf 0,49; Emodin Rf 0,63; Alizarin Rf 0,83; Test: Indophenol Rf 0,30, Sudanrot G Rf 0,63; Buttergelb Rf 0,71.

4. Cholesterinester

[Kieselgel G-Schicht, Solvens 14, für Solvens 18 Kieselgel G-Schicht mit Paraffin imprägniert, Rf-Werte in ( ) gesetzt. Nachweis IX, I, II, *Kaufmann, H. P., Z. Makus* u. *F. Deicke:* Fette, Seifen, Anstrichmittel **63**, 235 (1961)].

Cholesterin Rf 0,01 (0,57), -Acetat Rf 0,12 (0,52), -Propionat Rf 0,16, -Butyrat Rf 0,21 (0,45), -Linolenat Rf 0,26 (0,33), -Capronat Rf 0,30 (0,39), -Linolat Rf 0,33 (0,27), -Caprylat Rf 0,36 (0,34), -Oleat Rf 0,39 (0,18), -Caprinat Rf 0,40 (0,29), -Laurat Rf 0,40 (0,25), -Myristat Rf 0,44 (0,20), -Palmitat Rf 0,47 (0,16), -Stearat Rf 0,49 (0,13).

5. Fettsäuren (a) und Triglyceride (b)

[Kieselgel G-Schicht mit Undecan imprägniert, Solvens: für a) 30, für b) 17; Nachweis IX, XII, *Kaufmann, H. P.*, u. *Z. Makus:* Fette, Seifen, Anstrichmittel **62**, 1014 (1960).]

a) Behensäure Rf 0,23, Eruca- u. Arachinsäure Rf 0,30, Stearinsäure Rf 0,39, Palmitin- u. Ölsäure Rf 0,50, Myristin- u. Linolsäure Rf 0,60, Laurin- u. Linolensäure Rf 0,70.

b) Tristearin Rf 0,00, Tripalmitin Rf 0,12, Trimyristin Rf 0,20, Trilaurin Rf 0,30, Tricaprin Rf 0,43, Tricapryl Rf 0,59.

6. Flavonglykoside

(Kieselgel G-Schicht, Solvens 28, Nachweis X)

Robinin Rf 0,16, Rutin Rf 0,28, Naringin Rf 0,41, Hyperosid Rf 0,47, Quercitrin Rf 0,63.

7. Flechteninhaltsstoffe

(Trennung auf Kieselgel G-Schichten, die statt mit Wasser mit 0,5 n Oxalsäure hergestellt werden, Solvens 16, Kammersättigung; Nachweis VIII.)

Vulpinsäure (gelb) 0,80, Rf Usninsäure Rf 0,65 (blauviolett), Evernsäure Rf 0,11 (rot), Orcin Rf 0,03 (rot).

8. Gallensäuren und Derivate

[Kieselgel G-Schicht, Solvens 24; Rf-Werte für Solvens 25 in ( ) gesetzt. Nachweis IX; *Gänshirt, H., F. W. Koss* u. *K. Morianz:* Arzneimittel-Forschung **10**, 943 (1960).]

Cholsäure Rf 0,28 (0,67), Desoxycholsäure Rf 0,46 (0,72), Chenodesoxycholsäure Rf 0,46 (0,70), Lithocholsäure Rf 0,78 (0,82), Glykocholsäure Rf 0,05 (0,50), Glykodesoxycholsäure Rf 0,14 (0,62), Glykochendesoxycholsäure Rf 0,13 (0,62), Taurocholsäure Rf 0,00 (0,21), Taurodesoxycholsäure 0,00 (0,35), Taurochendesoxycholsäure 0,00 (0,32).

9. Hydroxycarbonsäuren und Hydrochinonderivate

(Kieselgel G-Schicht, Solvens 23, Nachweis IX.)

Chlorogensäure Rf 0,07, m-Digallussäure Rf 0,27, Gallussäure Rf 0,39, Kaffeesäure Rf 0,47, Gentisinsäure Rf 0,51, Ferulasäure Rf 0,56, Arbutin Rf 0,05, Methylarbutin Rf 0,12, Hydrochinon Rf 0,35, Hydrochinonmonomethyläther Rf 0,46, Hydrochinondimethyläther Rf 0,65, Test: Indophenol Rf 0,06, Sudanrot G Rf 0,69, Buttergelb 0,30.

10. Indolderivate (einfache)

Siehe Tabelle S. 903.

11. Phosphatide und Glykolipide

[Kieselgel G-Schicht, Kammersättigung, Solvens 19, Nachweis XII; *Wagner, H.*, *L. Hörhammer* u. *P. Wolff:* Biochem. Z. **334**, 175 (1961).]

(Aminosäuren Rf 0—0,10) Lysolecithin Rf 0,21, Spingomyelin Rf 0,29, Lecithin Rf 0,39, Colaminkephalin Rf 0,57, Cerebroside Rf 0,78, Cardiolipin Rf 0,92.

12. Pyrethrine und Synergisten

Siehe Tabelle S. 904.

13. Pyronderivate (Cumarine, Flavone)

(auf Kieselgel G-Schicht, Solvens 23, Nachweis: Fluorescenz im UV vor und nach Aufsprühen von 1%ig. Alkalilösungen oder X.)

Aesculin Rf 0,06, Khellol Rf 0,30, Aesculetin Rf 0,42, Visnagin Rf 0,45, Khellin Rf 0,47, Scopoletin Rf 0,49, 4-Methyl-umbelliferon Rf 0,52, Xanthotoxin Rf 0,56, Bergapten Rf 0,61, Imperatorin Rf 0,64, Athamantin Rf 0,68, Robinetin Rf 0,08, Morin Rf 0,12, Taxifolin Rf 0,22, Quercetin Rf 0,28, Kämpferol Rf 0,40, Naringenin Rf 0,46, Chrysin Rf 0,52, Test: Indophenol Rf 0,06, Sudanrot G Rf 0,69, Buttergelb Rf 0,30.

14. Wasserlösliche Vitamine

[Kieselgel G-Schicht und 2%ig. Leuchtstoff ZS-Super, Riedel de Haen, Solvens 27; *Gänshirt, H.*, u. *A. Malzacher:* Naturwiss. **47**, 279 (1960).]

Vitamin B_1 Rf 0,00, Vitamin B_6 Rf 0,15, Vitamin C Rf 0,30, Vitamin B_2 Rf 0,35, Ca-panthotenat Rf 0,57, Nicotinamid Rf 0,65, Biotin Rf 0,80.

15. Zucker

[Kieselgur G-Schicht, Natriumacetat gepuffert (0,02 m) Solvens 20, Nachweis VIII, Auftragemenge 0,1—2 μg; *Stahl, E.*, u. *U. Kaltenbach:* J. Chromatog. **5**, 351 (1961).]

Lactose Rf 0,04, (grünlich), Maltose Rf 0,06 (violett), Saccharose Rf 0,08 (violett), Glucose: Rf 0,17 (hellblau), D(+)-Galaktose Rf 0,18 (grüngrau), D(+)-Mannose Rf 0,23 (grün), Fructose Rf 0,35 (violett), D(—)-Sorbose Rf 0,26 (violett), L(+)-Arabinose Rf 0,28 (gelbgrün), D(+)-Xylose Rf 0,39 (grau), D(—)-Ribose Rf 0,49 (blau), L(+)-Rhamnose Rf 0,62 (grün), D(+)-Digitoxose Rf 0,94 (blau).

16. Aminosäuren

(Kieselgel G-Schicht, Nachweis IV; *Brenner, M.*, u. *A. Niederwieser:* Experientia **16**, 378 (1960).]

Substanz	R_f-Werte in den Solventien					
	22	21	31	32	36	37
α-Aminocaprylsäure	0,66	0,65	0,60	0,69	0,58	0,60
Tryptophan	0,65	0,62	0,56	0,63	0,55	0,58
Phenylalanin	0,63	0,58	0,49	0,55	0,54	0,60
Norleucin	0,61	0,57	0,49	0,52	0,53	0,59
Leucin	0,61	0,55	0,47	0,48	0,53	0,58

Fortsetzung

Substanz	R_f-Werte in den Solventien					
	22	21	31	32	36	37
Isoleucin	0,60	0,53	0,46	0,49	0,52	0,58
Tyrosin	0,65	0,57	0,47	0,47	0,42	0,51
Dioxyphenylalanin	—	—	0,45	0,34	—	—
Methionin	0,59	0,51	0,40	0,49	0,51	0,60
Norvalin	0,56	0,50	0,38	0,42	0,49	0,57
Valin	0,55	0,45	0,35	0,40	0,48	0,56
Alanin	0,47	0,37	0,27	0,29	0,39	0,40
β-Alanin	0,33	0,26	0,27	0,30	0,30	0,29
Threonin	0,50	0,37	0,25	0,26	0,37	0,40
Serin	0,48	0,35	0,22	0,20	0,27	0,31
Glycin	0,43	0,32	0,22	0,24	0,29	0,34
Hydroxyprolin	0,44	0,34	0,20	0,38	0,28	0,31
Prolin	0,35	0,26	0,19	0,50	0,37	0,30
Sarcosin	0,31	0,22	0,17	0,37	0,34	0,31
Cystinsulfosäure	0,69	0,50	0,14	0,04	0,17	0,21
Glutaminsäure	0,63	0,35	0,27	0,10	0,14	0,15
Asparagin	0,55	0,33	0,21	0,06	0,09	0,07
Histidin-HCl	0,33	0,20	0,06	0,32	0,38	0,42
Lysin-HCl	0,03	0,02	0,05	0,09	0,18	0,11
Arginin-HCl	0,04	0,02	0,08	0,19	0,10	0,06
$(CyS)_2$	0,39	0,32	0,16	0,12	0,27	0,22

17. Einfache Indolderivate

[Kieselgel G-Schicht, Kammersättigung; *Stahl, E.*, u. *H. Kaldewy:* Z. physiol. Chem. **323**, 182 (1961).]

Substanz	R_f-Werte im Solvens		Nachweis V	Untere Nachweisgrenze (μg)	Nachweis VI UV-Fluorescenz	Untere Nachweisgrenze (μg)
	35	29				
Indol	0,84	0,73	dunkelrot bis violett	0,1	grün	0,01
Skatol	0,87	0,78	blau	0,1	gelb	0,01
3-Hydroxymethyl-indol	0,84	0,45	rosa	0,1	gelb	0,1
Indol-aldehyd-(3)	0,81	0,20	rosa	1	Nachweis VII	
Indolyl-(3)-acetaldehyd	0,86	0,46	rötlich-braun	1	Nachweis VII	
Indolyl-(3)-essigsäure	0,31	0,28	blau, violettstichig	0,05	gelb mit grünem Rand	0,005
β-[Indolyl-(3)]-propionsäure	0,38	0,34	blau	0,1	gelb	0,01
γ-[Indolyl-(3)]-buttersäure	0,40	0,38	blau	0,1	gelb	0,01
β-[Indolyl-(3)]-acrylsäure	0,33	0,29	rosa	0,5	grün	0,1
[5-Hydroxy-indolyl-(3)]-essigsäure	0,19	0,04	blau bis violett	0,05	tief-violett	0,05
Indolyl-(3)-acetonitril	0,85	0,46	grau	0,1	gelb	0,1
Tryptamin	0,77	0,00	blaugrün	0,1	gelb mit blauem Rand	0,01
Serotonin	0,65	0,00	grau	0,1	braun	0,01
Gramin	0,77	0,00	(gelb bis beige)	(1)	grün	0,5
DL-Tryptophan	0,23	0,00	blaugrün	0,05	gelb mit blauem Rand	0,005
DL-5-Methyl-tryptophan	0,28	0,00	blau	0,05	gelbgrün	0,005
DL-5-Hydroxy-tryptophan	0,14	0,00	blaugrau	0,05	gelb	0,005
Indolyl-(3)-acetamid	0,83	0,12	blau	0,1	gelb	0,01
Anthranilsäure[1]	0,33	0,40	wird intensiv gelb	0,1	blau	0,01

[1] Fluoresciert im UV-Licht intensiv blau.

18. Pyrethrine und Synergisten

[Kieselgel G-Schicht, Kammersättigung; TRT-Technik; *Stahl, E.*: Arch. Pharmaz. **293**, 531 (1960).]

Substanz	R_f-Werte im Solvens 15 Laufrichtung I	R_f-Werte im Solvens 15 Laufrichtung II	Nachweis
Pyrethrin I	0,50	0,62	VII; I + II u. IX
Pyrethrin II	0,30	0,41	VII; I + II u. IX
Isopyrethrin I	0,57	0,72	VII; I + II u. IX
Isopyrethrin II	0,35	0,49	VII; I + II u. IX
Pyrethrin-I-peroxyd	—	0,23	III; VII; I + II u. IX
Pyrethrin-II-peroxyd	—	0,11	III; VII; I + II u. IX
Isopyrethrin-I-peroxyd	—	0,37 (0,23)	III; VII; I + II u. IX
Isopyrethrin-II-peroxyd	—	0,17	III; VII; I + II u. IX
Lumipyrethrin	—	0,00	III; VII; I + II u. IX
Allethrin	0,48	—	I + II u. IX
Piperonylbutoxyd	0,35	—	I + II u. IX
Bucarpolate	0,23	—	I + II u. IX
Buttergelb	0,42	0,53	
Indophenol	0,35	0,45	
Sudanrot G	0,27	0,36	

C. Solventien zur Dünnschicht-Chromatographie

(Fortlaufend numeriert) a) Einfache Lösungsmittel nach steigenden DK-Werten (≈ zunehmende eluierende Wirkung) geordnet.
b) neutrale, c) saure, d) basische Fließmittelsysteme.

Lfd. Nr.	
a) 1—13	1. n-Hexan (ε = 1,890), 2. Cyclohexan (ε = 2,023), 3. Tetrachlorkohlenstoff (ε = 2,238), 4. Benzol (ε = 2,284), 5. Diäthyläther (ε = 4,34), 6. Chloroform (ε = 4,806), 7. Essigsäureäthylester (ε = 6,02), 8. Pyridin (ε = 12,3), 9. Aceton (ε = 20,7), 10. Äthanol (ε = 24,30), 11. Methanol (ε = 33,62), 12. Acetonitril (ε = 37,5), 13. Wasser (ε = 80,37)
b) 14	75 ml Hexan + 25 ml Tetralin
15	75 ml Hexan + 25 ml Essigsäureathylester
16	50 ml Benzol + 50 ml Chloroform
17	70 ml Aceton + 30 ml Acetonitril; 70 ml des Gemisches mit Undecan sattigen, dann restliche 30 ml zugeben
18	70 ml Methyläthylketon + 30 ml Acetonitril; 80 ml mit Paraffinöl sattigen, dann restliche 20 ml zugeben
19	65 ml Chloroform + 25 ml Methanol + 4 ml Wasser
20	65 ml Essigsäureäthylester + 35 ml Isopropanol (65 %ig.)
21	64 g n-Propanol + 36 g Wasser
22	63 g Äthanol (96%ig.) + 37 g Wasser
c) 23	50 ml Toluol + 40 ml Ameisensäureathylester + 10 ml Ameisensaure
24	Oberphase der Mischung 50 ml Toluol + 50 ml Eisessig + 10 ml Wasser
25	40 ml Toluol + 40 ml Eisessig + 4 ml Wasser
26	75 ml Benzol + 24 ml Ameisensäureathylester + 1 ml Ameisensaure
27	70 ml Benzol + 20 ml Methanol + 6 ml Aceton + 5 ml Eisessig
28	50 ml Essigsäureäthylester + 30 ml Äthylmethylketon + 10 ml Ameisensäure + 10 ml Wasser
29	95 ml Chloroform + 5 ml Essigsäure (96%ig.)
30	50 ml Essigsäure + 50 ml Acetonitril; 70 ml des Gemisches mit Undecan sättigen, dann restliche 30 ml zugeben
31	60 g n-Butanol + 20 g Eisessig + 20 g Wasser
32	75 g Phenol + 25 g Wasser
d) 33	50 ml Cyclohexan + 40 ml Chloroform + 10 ml Diäthylamin
34	90 ml Chloroform + 10 ml Diäthylamin
35	45 ml Methylacetat + 35 ml Propanol-(2) + 20 ml Ammoniaklösung (d = 0,910)
36	67 g n-Propanol + 33 g Ammoniaklösung (34%ig.)
37	77 g Äthanol (96%ig.) + 23 g Ammoniaklösung (34%ig.)

D. Nachweisverfahren

I. Gesattigte Losung (25%ig.) von Antimon-III-Chlorid in Alkohol und wasserfreiem Chloroform. 10 ml aufsprühen, 10 Min. 110°C.

II. 20%ig. Lsg. von Antimon-V-Chlorid in Tetrachlorkohlenstoff.

III. 5 ml 4%ig. Kaliumjodidlösung kurz vor dem Aufspruhen mit 20 ml Eisessig p. a. mischen (bei Gelbfarbung Spur Natriumsulfitlsg. zufügen). 2—3 Min. nach dem Aufspruhen 1%ig. waßrige Stärkelösung bis zur Transparenz der Schicht sprühen. Peroxyde erscheinen als blauviolette Zonen.

IV. Lsg. I: 50 ml 0,2%ig. Ninhydrin in abs. Äthanol + 10 ml Essigsäure + 2 ml 2,4,6-Kollidin.

Lsg. II: 1%ig. Kupfernitratlsg. in abs. Äthanol. Kurz vor Gebrauch I und II im Verhältnis 50 : 3 mischen. Aminosaurechromatogramme vor dem Aufspruhen 10 Min. 110°C.

V. 1,0 g p-Dimethylaminobenzaldehyd in 50 ml Äthanol + 50 ml Salzsäure (25%ig.) losen. 10 ml aufsprühen, 20 Min. 50°C. Anschließend Königswasserdämpfe uber die Schicht blasen.

VI. 10 ml Formaldehydlösung (etwa 35%ig.) + 10 ml Salzsaure (25%ig.) + 20 ml Äthanol mischen. 10 ml aufsprühen, 5 Min. 100°C.

VII. 2,4-Dinitrophenylhydrazin 0,5%ig. in Äthanol lösen + 1 %ig. Salzsaure (25%ig.) zufugen. 5—8 ml aufspruhen.

VIII. 9 ml Äthanol + 0,5 ml konz. Schwefelsaure + 0,5 ml Anisaldehyd vor Gebrauch mischen, 10 ml aufspruhen, 5—10 Min. 90—100°C.

IX. 20 g Phosphormolybdansaure (96%ig) in Äthanol lösen. Erhitzen 5—10 Min. 80—100°C. Blaue Zonen auf gelbem Grund. Beim Überleiten von Ammoniakdampf wird der Grund weiß.

X. 0,5 g Diphenylborsaure-β-aminoäthylester (Naturstoffreagens A, Fa. C. Roth, Karlsruhe) lösen in 50 ml Methanol, 10 ml aufsprühen, betrachten im UV.

XI. Gleiche Volumenteile 0,3%ig. waßrige Platinchloridchlorwasserstofflösung und 6%ig. wäßrige Kaliumjodidlösung mischen. Aufsprühen bis Schicht durchgefeuchtet ist.

XII. 50 mg Rhodamin B in 100 ml Äthanol (96%ig.) Lipide auf rosa Grund blauviolette Zonen, im UV rote Fluorescenz.

Weitere Nachweisverfahren s. S. 890.

XI. Gelfiltration

Von **H. Determann**, Frankfurt/Main und

B. Gelotte, Uppsala (Schweden)

Übersichtsliteratur: *Flodin, P.:* Methodological aspects of gel filtration with special reference to desalting operations, J. Chromatogr. **5**, 103 (1961) und Dextrangels and their applications in gel filtration, Dissertation, Uppsala 1962 (erhältlich bei A. B. Pharmacia, Uppsala, Schweden). — *Porath, J.:* Cross linked dextrans as molecular sieves, Advances in protein chemistry, 17, 209 (1962). — *Gelotte, B.:* Fractionation of proteins and amino acids, by gel filtration, in New Biochemical Separations, London 1963.

A. Qualitative Beschreibung

Unter „Gelfiltration" versteht man ein besonderes chromatographisches Verfahren, das sich von allen übrigen dadurch auszeichnet, daß es die Trennung von Molekulen auf Grund von Molekulargewichtsunterschieden erlaubt. Als Trägermaterial benutzt man Partikel aus vernetzten Makromolekulen, die im Lösungsmittel (bisher meist Wasser oder Pufferlösung) gequollen sind und daher Poren verschiedener Größe haben. Befinden sich in dem überstehenden Quellmittel Substanzen, deren Moleküldurchmesser mit der Größe der Poren vergleichbar ist, so werden die kleinsten Moleküle das Lösungsmittel in den Gelpartikeln völlig durchdringen. Den etwas größeren Individuen ist ein Teil der Hohlräume zugänglich, wahrend den größten Molekülen nur das Lösungsmittel außerhalb der Gelpartikel zur Verfügung steht. — Füllt man ein solches gekörntes Gel zusammen mit dem Quellmittel in ein senkrechtes Glasrohr, bringt obenauf ein Substanzgemisch der eben beschriebenen Art und eluiert mit dem gleichen Lösungsmittel, so verlassen die größten Molekule die Säule zuerst, und zwar nach einer dem Lösungsmittelvolumen außerhalb der Gelpartikel entsprechenden Flüssigkeitsmenge. Die kleinsten Moleküle werden erst nach Durchgang einer weitaus größeren, dem äußeren *und* inneren Lösungsmittelvolumen entsprechenden Flüssigkeitsmenge eluiert. Stoffe mit mittleren Molekulargewichten erscheinen in der Reihenfolge abnehmender Molekulargewichte dazwischen. Hier wie im folgenden wird das Molekulargewicht als der Raumerfüllung proportional angesehen. Man kann demnach die Gelfiltration entweder als multiplikative Dialyse oder als Wasser-Wasser—Verteilungschromatographie auffassen. Die poröse Struktur der Gelpartikel ist im ersten Fall gleichzeitig Dialysenmembran und Behälter für das Dialysat, während sie im zweiten Fall dem Wasser im Inneren der Gelkörner die Eigenschaften einer zweiten Phase aufprägt, indem sie es nur für bestimmte Molekülgrößen zugänglich macht.

B. Quantitative Beschreibung

Das Gesamtvolumen (V_t = total volume) einer mit Gelpartikeln im Quellmittel gefüllten Säule setzt sich zusammen aus dem Lösungsmittelvolumen außerhalb der Gelpartikel (V_o = outside volume), dem Lösungsmittelvolumen innerhalb der Gelpartikel (V_i) und dem (vergleichsweise geringen) Volumen der Gelmatrix:

$$V_t = V_o + V_i + V_g$$

V_t ergibt sich aus der Geometrie der Säule;

V_o ist identisch mit dem Elutionsvolumen einer im Verhältnis zur Porengröße makromolekularen Substanz;

V_i hängt mit der Quellbarkeit des gerade verwendeten Gels zusammen.

Für die verschiedenen Typen des käuflichen Dextrangels (SEPHADEX) ist das Quellvermögen (W_r = water regain, d. i. Wasseraufnahme in g/g Trockengel) auf der Packung angegeben. Bei einer Einwaage von a Gramm errechnet sich dann das innere Volumen zu:

$$V_i = a \cdot W_r .$$

Falls jedoch das Trockengewicht der Saulenfüllung nicht bekannt ist, läßt sich das innere Volumen aus der Dichte im nassen Zustand (d, für die verschiedenen Sephadex-Typen ebenfalls eine Materialkonstante) ermitteln:

$$V_i = \frac{W_r \cdot d}{W_r + 1} (V_t - V_o) .$$

Das Elutionsvolumen (V_e) eines Stoffes setzt sich aus dem außeren Volumen und einem von seinem Molekulargewicht abhängigen Bruchteil (K_d) des inneren Volumens zusammen:

$$V_e = V_o + K_d \cdot V_i .$$

Für die beiden Extremfalle (totale Durchdringung der Gelpartikel, $K_d = 1$; totaler Ausschluß, $K_d = 0$) ist dieser K_d-Wert mit einem Verteilungskoeffizient

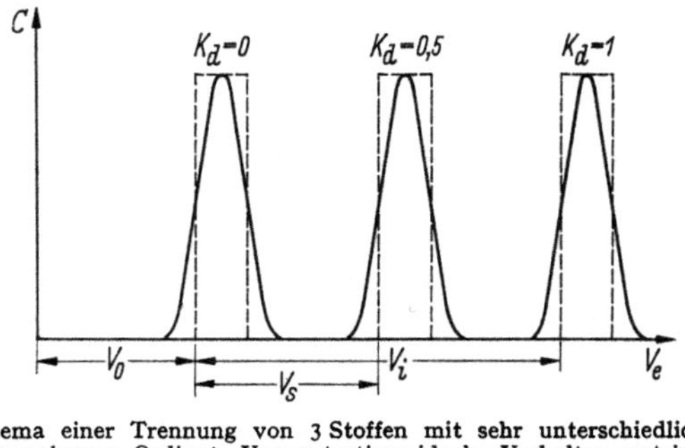

Abb. 114. Schema einer Trennung von 3 Stoffen mit sehr unterschiedlichen K_d-Werten Abszisse Elutionsvolumen, Ordinate Konzentration; ideales Verhalten gestrichelt, reales Verhalten ausgezogen

zwischen beiden Phasen (inneres und äußeres Wasser) identisch. Für Stoffe mit mittlerem Molekulargewicht, denen nur ein Teil des inneren Volumens zur Verfügung steht (K_d zwischen 0 und 1), gilt diese Definition nur dann, wenn man die Konzentration für den ganzen Bereich der inneren Phase betrachtet; in Wirklichkeit gibt es dort jedoch nur Bezirke mit den Konzentrationen null und eins. Der Verteilungskoeffizient läßt sich aus den bekannten Volumina ermitteln:

$$K_d = \frac{V_e - V_o}{V_i}$$

und ist eine von den Volumenverhältnissen der speziellen Säule unabhängige Stoffkonstante, die natürlich vom Vernetzungsgrad des jeweils verwendeten Gels abhängt.

Die Elutionsvolumina für zwei Stoffe mit unterschiedlichen K_d-Werten

$$V'_e = V_o + K_d \cdot V_i \quad \text{und} \quad V''_e = V_o + K''_d \cdot V_i$$

unterscheiden sich um einen von der K_d-Wert-Differenz abhängigen Bruchteil (V_s = Separationsvolumen) des inneren Volumens

$$V_s = (K'_d - K''_d)\, V_i.$$

Aus Abb. 114 erkennt man, daß das Lösungsmittelvolumen, das zwischen zwei zu trennenden Stoffen liegt, wegen der naturgegebenen Verbreiterung der Zonen in Wirklichkeit kleiner als V_s ist.

C. Dextrangele

Eigenschaften. Für die Gelfiltration weitaus am meisten gebräuchlich ist das Dextrangel SEPHADEX (Deutsche Pharmacia GmbH., Frankfurt/Main 1, Inckusstraße 11). Es besteht aus wasserlöslichen Polysaccharidmolekülen, die mit Epichlorhydrin an den Hydroxylgruppen quervernetzt und dadurch unlöslich gemacht sind. Starke Vernetzung liefert ein Gel mit geringem Quellvermögen, geringer Vernetzungsgrad bewirkt hingegen eine starke Quellung in Wasser. Die Eigenschaften der käuflichen Dextrangele sind in Tab. 1 zusammen mit den entsprechenden Volumenwerten aufgeführt. Alle Gele sind unlöslich in Salzlösungen und stabil gegen Laugen und Säuren. Nur starke Mineralsäuren (stärker als 0,1 n) führen mit der Zeit zur Hydrolyse der Glucosidbindungen. Sie sind empfindlich gegen starke Oxydationsmittel. Bakterienwachstum vermeidet man durch Sättigung des Elutionsmittels mit Chloroform oder Toluol oder durch Zugabe von 5% Formaldehyd sowie von Phenol. Sepha-

Tabelle 1. Eigenschaften käuflicher Dextrangele

Typ Sephadex	Ausschlußgrenze (Molekulargewicht)	Quellvermögen (W_r)	Dichte[1]	Korngröße[2] (μ)	Packungsvolumen[3] (ml)	V_o* (ca. ml)	V_i* (ca. ml)	Durchfluß** (ml/Std.)
G-25	5000	2,5 ± 0,2	1,13	20—80; 100—300***	5	2	2,5	200 (fine)
G-50	10000	5,0 ± 0,3	1,07	20—80; 100—300***	10	4	5	150 (fine)
G-75	50000	7,5 ± 0,5	1,05	40—120	13	5	7	75—100
G-100	100000	10 ± 1,0	1,04	40—120	17	6	10	40—50
G-200	200000	20 ± 2,0	1,02	40—120	36	9	20	15—20

[1] Dichte des in Wasser gequollenen Gels. — [2] Größe der getrockneten Perlen. — [3] ml Säulenfüllung aus 1 g Trockengel. — * aus 1 g Trockengel.
** Durchflußgeschwindigkeit bei einer 3 · 30 cm Säule unter einem hydrostatischen Druck von 50 cm.
*** bei den Typen G-25 und G-50 werden zwei Korngrößen, „fine" (für Laboratoriumsgebrauch) und „coarse" (für technischen Gebrauch) geliefert.

dex kann in gequollenem Zustand unbedenklich bei 110° sterilisiert werden. Zum Trocknen bei der Rückgewinnung entquillt man tunlichst vorher mit ansteigenden Äthanol-Zusätzen.

Experimentelle Technik. Um eine befriedigende Durchflußgeschwindigkeit zu erzielen, muß die Chromatographiesäule sorgfaltig gepackt werden. Für die stärker vernetzten Typen G-25 bis G-75 genügt das Eingießen eines dunnen Breis aus dem 2 bis 24 Stunden gequollenen Gel in ein senkrecht montiertes, wie üblich für die Chromatographie ausgerüstetes Glasrohr. Fritten am unteren Ende haben sich nicht bewährt. Für die gering vernetzten Gele (G-100, G-200) ist eine Initialquellung [*1*] mit starker Harnstoff- oder Guanidin-hydrochlorid-Lösung und anschließendes Auswaschen mit dem gewünschten Quellmittel zweckmaßig. Durch Deformierung der empfindlichen Gelpartikel (z. B. unter Druck) nimmt die Durchflußgeschwindigkeit stark ab. Beim Einfüllen in die Säule kann man dies durch einen Druckausgleich, vgl. Lit. [*1*], vermeiden. Die Anwendung von Druck bewirkt hier keine Erhöhung der Durchflußgeschwindigkeit. Für die Handhabung einer Dextrangel-Säule gelten die üblichen Regeln der Säulenchromatographie. Lediglich bezüglich der Kapazität bestehen grundsätzliche Unterschiede. Der Trenneffekt ist hier von der Konzentration weitgehend unabhängig, wenn nicht die Diffusion durch hohe Viskosität behindert wird. Bei der Gelfiltration ist das Probevolumen viel entscheidender. Für die Trennung zweier Stoffe mit sehr großem und sehr kleinem Molekulargewicht ($K_d = 0$ und $K_d = 1$) an Sephadex G-25 kann das Probevolumen 20—30% vom Volumen der Gelpackung ausmachen (vgl. Abb. 116). Dabei wird der zu trennende Stoff kaum verdünnt und es genügt eine Säule, bei der sich der Durchmesser zur Höhe wie 1 : 10 oder 1 : 20 verhalt. — Bei kleinen K_d-Wert-Unterschieden empfiehlt sich eine möglichst lange Saule und ein möglichst kleines Probevolumen, wie auch bei anderen chromatographischen Verfahren. Solche Trennvorgange werden weiter unten unter dem Stichwort „Gelchromatographie" beschrieben. Besonders wirkungsvoll läßt sich bei kleinen K_d-Wert-Unterschieden eine vorgegebene Gelpackung durch cyclische Wiederholung des Trennvorgangs [*2*] ausnutzen. Für kleine Mengen an zu trennenden Stoffen hat sich die einfache Anordnung der Dünnschichtchromatographie fur Proteine [*3*] und Proteinbausteine [*4*] bewahrt.

D. Agargele — Polyacrylamidgele

Neben den oben beschriebenen, teilsynthetischen Dextrangelen haben natürliche und vollsynthetische Materialien vereinzelt für die Gelfiltration Anwendung gefunden. Im Agar [*5*, *6*] und in der aus ihm (durch Entfernen des sauren Bestandteils Agaropektin) bereiteten weniger zur Adsorption neigenden Agarose [*7*] sind die Polysaccharidketten nur durch Wasserstoffbrückenbindungen vernetzt. Das Polysaccharid wird mit dem Elutionsmittel zu einem homogenen Gel angesetzt, dieses wird anschließend mechanisch zu einer Suspension zerkleinert. Je nach der Konzentration des Gelbildners erhalt man Gele verschiedener Porengröße. Konzentrationen zwischen 1 und 3% fuhren hierbei zu besonders großen Poren, die sogar für subzellulare Partikel zugänglich sind. Im vollsynthetischen Polyacrylamidgel [*8*, *9*] wird Poly-

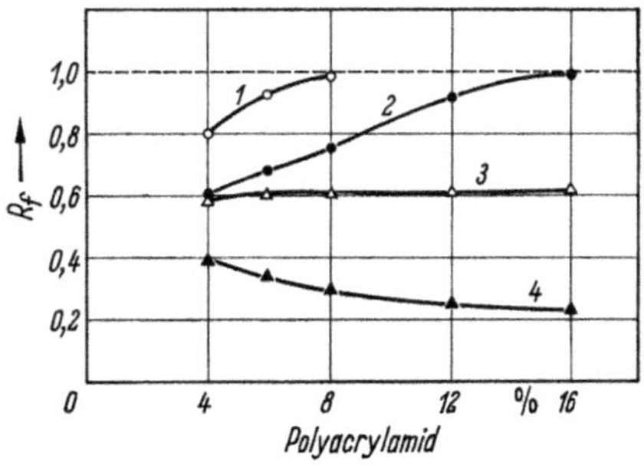

Abb. 115. Beziehung zwischen R_f-Wert und Konzentration des (zu 5%) vernetzten Polyacrylamidgels: 1 = R-Phycoerythrin (*MG* 290000), 2 = Humanhamoglobin (*MG* 68000), 3 = Cytochrom c (*MG* 13000) und 4 = DNP-Serin (*MG* 271). Front: verdünnte Tusche, Elutionsmittel: 0,05 m Phosphatpuffer

merisation und Vernetzung im Elutionsmittel ausgeführt und wieder aus der steifen Masse eine Suspension bereitet. Hierbei läßt sich neben der Konzentration noch der Vernetzungsgrad variieren. Die Abb. 115 zeigt R_f-Werte verschiedener gefärbter Proteine in Abhängigkeit von der Konzentration des Polyacrylamidgels. Ein solches Diagramm kann wie das definierte Wasseraufnahmevermögen (W_r) der Dextrangele zur Charakterisierung von Geltypen dienen.

E. Anwendungen[1]

Unter den vielfaltigen Einsatzmöglichkeiten von Molekularsieben in der Biochemie lassen sich dreiHauptgruppen erkennen. Bei der *Gelfiltration* im eigentlichen Sinn handelt es sich um große Molekulargewichtsunterschiede, während die *Gelchromatographie* auch bei geringen Unterschieden eine Trennung erlaubt. Besondere Wechselwirkungen bestimmter Substanzen mit den Dextrangelen lassen sich zur *Adsorptionschromatographie* ausnutzen.

1. Gelfiltration

Die hier zusammengefaßten Experimente werden ausschließlich an den stark vernetzten Dextrangelen Sephadex G-25 und G-50 ausgeführt. Es handelt sich dabei praktisch um den Ersatz von langwierigen Dialyseverfahren. Hierbei ist natürlich die *Entsalzung* von Kolloidlösungen das wichtigste Problem. Die Abb. 116 zeigt die Elutionskurven von zwei Experimenten zur Trennung von Serumalbumin und Kochsalz an der gleichen 300-ml-Säule von Sephadex G-25. Im Fall A betrug das Probevolumen 10 ml, im Fall B 100 ml. Selbst unter den extremen Bedingungen ist die Trennung noch vollkommen. Eluiert man statt mit Wasser mit einer anderen Salzlösung, so hat für das Protein ein *Pufferaustausch* [*10*] stattgefunden. Die Abb. 116 kann ebenfalls als Illustration für andere Trennprobleme dienen. So liefert bei der Aufarbeitung komplexer Naturstoffgemische eine *Gruppentrennung* das gleiche Bild (z. B. Entfernung der Aminosäuren aus einem Polypeptidgemisch [*11*], ebenso die Ausnutzung reversibler Komplexbildungsvorgänge zwischen Makromolekülen und bestimmten niedermolekularen Substanzen zur Isolierung der letzteren (z. B. Reindarstellung von Hypophysenhormonen [*12*]). Auch bei der Aufarbeitung des Reaktionsgemischs bei der *Modifizierung von Makromolekülen* ergibt sich das gleiche Bild. Das niedermolekulare Reagens wird leicht und quantitativ abgetrennt (z. B. Darstellung fluorescierender Antikörper [*13*]). Spezielle Analysenverfahren machen

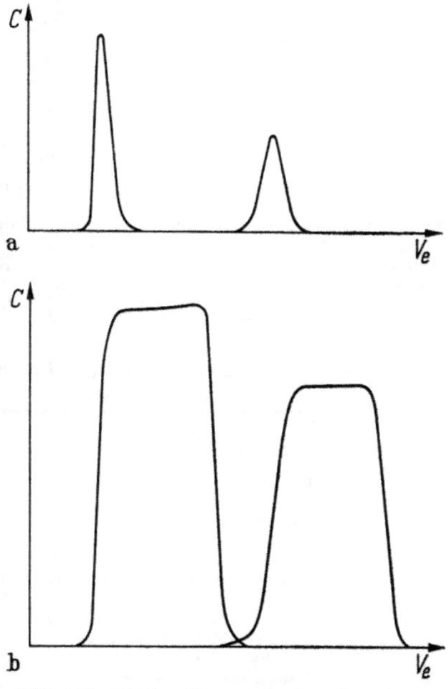

Abb. 116. Elutionsdiagramm eines Entsalzungsexperiments; das Probevolumen betrug bei (a) 3% und bei (b) 30% vom Packungsvolumen

[1] Es können hier nur Beispiele für die verschiedenen Anwendungsgebiete gegeben werden, über wichtige Arbeiten mit den Dextrangelen Sephadex unterrichtet das nach Sachgebieten aufgeschlusselte Literaturverzeichnis der Lieferfirma.

sich das rasche Unterscheidungsvermögen der Dextrangele gegenüber großen und kleineren Molekülen zunutze. Winzige Proteinmengen lösen beim Durchgang durch eine mit radioaktivem Kupfer beladene Sephadex-Säule eine äquivalente Menge Kupfer heraus und lassen sich auf diese Weise genau bestimmen [*14*]. Wird ein Enzym an einer Gelpackung, die im Quell- und Elutionsmittel das niedermolekulare Substrat in gleichmäßiger Konzentration enthält, chromatographiert, dann folgt dem Gipfel für das Enzym ein Tal in der Substratkonzentration, wenn ein Enzym-Substrat-Komplex gebildet wird [*15*]; man kann auf diese Weise auch bequem die Molverhältnisse ermitteln.

2. Gelchromatographie

Die unter diesem Stichwort angeführten Ergebnisse verlangen eine besonders hohe Trennschärfe der Säule, die man durch feine und gleichmäßige Körnung des Gels, geringe Durchflußgeschwindigkeit, große Packungshöhe und ein kleines Probevolumen erreicht. Man erzielt auf diese Weise die *Fraktionierung homologer Polymerer*, z. B. lassen sich die Oligosaccharide der Glucose bis zum Hexameren an Sephadex G-25 leicht voneinander trennen [*16*]. Durch Vergleich der Retention

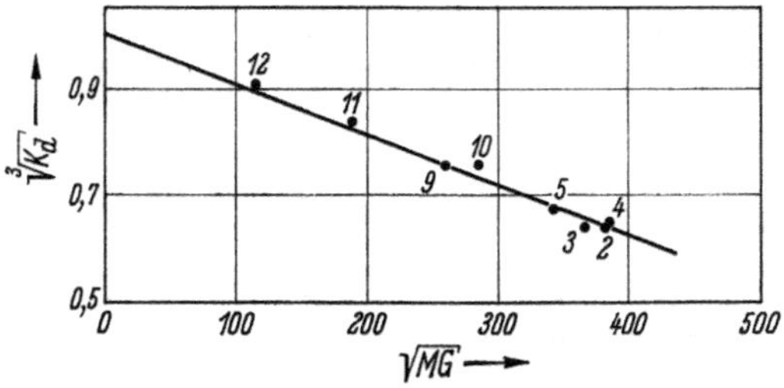

Abb. 117. K_d-Werte und Molekulargewichte einiger Proteine bei der Chromatographie an Sephadex G-200 in 0,1 m Phosphatpuffer (p_H 7,2) in Gegenwart von 1 m Kochsalz. 2 = Human-γ-Globulin (*MG* 140 – 150000), 3 = Rinderserumalbumin, dimer (*MG* 134000), 4 = Hefealdolase (*MG* 147000), 5 = Glycerinaldehydphosphatdehydrogenase (*MG* 117000), 9 = Rinderserumalbumin, monomer (*MG* 67000), 10 = Phosphokreatinkinase (*MG* 81000), 11 = Pepsin (*MG* 35000) und 12 = Ribonuclease (*MG* 13000)

Tabelle 2. **K_d-Werte einiger Proteine bei der Chromatographie an verschiedenen Sephadex-Typen**

Protein[1]	G-75	G-100	G-200
Glutamatdehydrogenase	—	—	0,0
Phycoerythrin	0,0	0,0	0,0
Fibrinogen	0,0	0,0	0,0
Phycocyanin	0,0	0,0	0,2
Human-γ-Globulin	0,0	0,0	0,26
Rinderserumalbumin (dimer)	—	—	0,26
Hefealdolase	—	—	0,27
Transferrin	0,0	0,11	0,32
Glycerinaldehydphosphat-dehydrogenase	—	—	0,31
Lactatdehydrogenase	—	—	0,32
Rinderserumalbumin (monomer)	0,0	0,16	0,43
Eialbumin	0,0	0,2	—
Phosphokreatinkinase	—	—	0,44
Hämoglobin	0,08	0,3	0,52
Pankreas-Lipase	0,1	0,3	0,51
Pepsin (monomer)	0,25	—	0,59
Trypsin	0,28	0,54	0,71
Chymotrypsin	0,28	0,54	0,71
Cytochrom c	0,41	0,70	—
Lysocym	—	0,77	—
Ribonuclease	0,35	—	0,76

[1] Die Molekulargewichte von Proteinen sind in Teil 1, S. 759ff. zusammengestellt.

von Molekülen mit bekanntem und unbekanntem Molekulargewicht kann das Verfahren der Gelfiltration sogar zur *Abschätzung von Molekulargewichten* ausgenutzt werden. An Agar sind für bestimmte Proteine aus den Elutionsvolumina in Übereinstimmung mit anderen Methoden die Molekulargewichte ermittelt worden [*5*]. Für Polysaccharide besteht zwischen der dritten Wurzel aus dem K_d-Wert und der Quadratwurzel aus dem Molekulargewicht für jeden Sephadex-Typ ein linearer Zusammenhang [*17*]; die Abb. 117 zeigt die Verhältnisse für einige Proteine [*1*]. Eine solche Gerade erfüllt die Zwecke einer Eichkurve für den speziellen Geltyp; aus den K_d-Werten unbekannter Stoffe kann man dann direkt auf das Molekulargewicht schließen. In der Tab. 2 sind von einigen Proteinen die K_d-Werte für verschiedene Geltypen zusammengestellt.

Tabelle 3. **K_d-Werte niedermolekularer Stoffe an Sephadex G-25** [*18*]

Substanz	destill. Wasser	0,05 m NaCl
Puffersubstanzen		
Natriumhydroxyd	2,2	—
Kaliumhydroxyd	2,3	—
Ammoniak, Soda, Pottasche	0,8	—
Natriumphosphat, Natriumacetat	0,7	—
Natriumborat	1,7	—
Natriumcitrat	0,5	—
Salzsäure	0,8	—
Ameisensäure, Essigsaure, Citronensäure	0,9	—
Triäthylamin	1,0	—
Diäthylbarbitursäure, Pyridin	1,2	—
γ-Collidin	—	0,9
Aminosäuren		
Alanin, Serin, Glycin, Leucin Methionin, Prolin, Hydroxyprolin	0,8	—
Phenylalanin	1,0	—
Tyrosin	1,1	—
Tryptophan	1,9	—
Asparaginsaure, Glutaminsaure	0,2	0,8
Lysin-hydrochlorid	—	1,0
Arginin-hydrochlorid	—	1,0
Histidin-hydrochlorid	—	0,9
Purin- und Pyrimidinderivate		
Ribonucleinsäure	0,0	—
Diphosphopyridinnucleotid (NAD)	0,0	0,8
Adenosintriphosphat	0,0	0,6
Adenylsaure	0,1	1,2
Guanylsäure	0,4	1,3
Cytidylsäure, Uridylsäure	0,1	0,8
Adenosin	1,7	1,8
Guanosin	1,6	—
Cytidin	1,2	—
Uridin	1,0	—
Inosin	1,2	1,3
Adenin	2,2	2,4
Cytosin	1,6	—
Uracil	1,1	—
Hypoxanthin	1,6	1,6
Xanthin	1,8	—
Dimethylxanthin	1,3	—
Trimethylxanthin	1,1	—
Vitamine und Alkaloide		
Ascorbinsäure	0,9	—
Riboflavin	1,6	—
Nicotinamid	1,4	—
Thiamin-hydrochlorid	—	1,0
Pyridoxin-hydrochlorid	—	1,0
Codein-hydrochlorid	—	1,2
Morphin-hydrochlorid	—	1,3
Chininsulfat	—	1,6

3. Adsorptionserscheinungen an Dextrangelen

Vorwiegend bei niedermolekularen Substanzen findet man im Verhalten an stark vernetzten Dextrangelen gelegentlich ein von der Theorie der Gelfiltration abweichendes Verhalten. Diese Abweichungen lassen sich in zwei Gruppen einteilen.

1. Vom Elutionsmittel unabhängige Verzögerung von Borat- und Hydroxylionen und ganz allgemein von aromatischen und heterocyclischen Verbindungen (K_d größer als erwartet). 2. Adsorption von Basen und Ausschluß von Säuren, wenn diese in sehr geringer Menge aufgebracht und mit destilliertem Wasser eluiert werden. Diese Effekte können durch den sehr geringen Carboxylgruppengehalt (10—20 Mikroäquivalente pro Gramm Trockengel) von Sephadex erklärt werden. Alle diese Vorgänge sind vollkommen reversibel und ermöglichen oft eine Trennung auch niedermolekularer Substanzen an Dextrangel. Die Tab. 3 gibt für verschiedene Stoffe einen Überblick über die hierbei zu erwartenden K_d-Werte [*18*].

Literatur

[*1*] *Wieland, Th., P. Duesberg* u. *H. Determann:* Biochem. Z. **337**, 303 (1963).
[*2*] *Porath, J.,* u. *H. Bennich:* Arch. Biochem. Biophys. Suppl. **1**, 152 (1962).
[*3*] *Johansson, B. G.,* u. *L. Rymo:* Acta Chem. Scand. **16**, 2067 (1962).
[*4*] *Determann, H.:* Experientia **18**, 430 (1962).
[*5*] *Polson, A.:* Biochim. Biophys. Acta **50**, 565 (1961).
[*6*] *Andrews, P.:* Nature **196**, 36 (1962).
[*7*] *Hjertén, S.:* Arch. Biochem. Biophys. **99**, 466 (1962).
[*8*] *Hjertén, S.,* u. *R. Mosbach:* Analytical Biochemistry **3**, 109 (1962).
[*9*] *Hjertén, S.:* Arch. Biochem. Biophys. Suppl. **1**, 147 (1962).
[*10*] *Flodin, P.:* J. Chromatogr. **5**, 103 (1961).
[*11*] *Determann, H.,* u. *O. Zipp:* Liebigs Ann. Chem. **649**, 203 (1961).
[*12*] *Lindner, E. B., A. Elmquist* u. *J. Porath:* Nature **184**, 1565 (1959).
[*13*] *Killander, J., K. Pontén* u. *L. Rodén:* Nature **192**, 182 (1961).
[*14*] *Grasbeck, R.,* u. *R. Karlson:* Acta Chem. Scand. **17**, 1 (1963).
[*15*] *Hummel, J. P.,* u. *W. J. Dreyer:* Biochim. Biophys. Acta **36**, 530 (1962).
[*16*] *Flodin, P.,* u. *K. Aspberg:* Biological Structure and Function. New York, London 1961, Band 1, S. 345.
[*17*] *Porath, J.:* Proc. JUPAC Pharmacological Meeting Florence 1962. London 1963.
[*18*] *Gelotte, B.:* J. Chromatogr. **3**, 330 (1960).

F. Anhang: Ionenaustauscher auf Sephadex-Basis

1. Beschreibung

Durch Verätherung mit polaren Gruppen werden aus den Dextrangelen Ionenaustauscher. Ihre nominelle Kapazität entspricht derjenigen der Kunstharzaustauscher (vgl. S. 808 ff.), während sie mit den Ionenaustauschern auf Cellulose-Basis (S. 808 ff.) die geringe unspezifische Adsorption gemeinsam haben. Die Tab. 4 gibt Aufschluß uber Bau und Eigenschaften der verschiedenen Austauschertypen, aus der Abb. 118 sind die Titrationsergebnisse abzulesen. Die Quellbarkeit hangt

Tabelle 4. **Eigenschaften der Sephadex-Ionenaustauscher**

Bezeichnung	Gel-Typ	Funktionelle Gruppe	nominelle Kapazität (mÄq./g)	Hamoglobin-bindungsvermögen (g/g)	bei p_H
DEAE-Sephadex	A-25	$—CH_2—CH_2—N(C_2H_5)_2$	3—4	0,4	8,8
DEAE-Sephadex	A-50	$—CH_2—CH_2—N(C_2H_5)_2$	3—4	1,4	8,8
CM-Sephadex	C-25	$—CH_2—COOH$	4—5	0,7	6,5
CM-Sephadex	C-50	$—CH_2—COOH$	4—5	4,7	6,5
SE-Sephadex	C-25	$—CH_2—CH_2—SO_3H$	2—2,5	0,7	6,5
SE-Sephadex	C-50	$—CH_2—CH_2—SO_3H$	2—2,5	2,4	6,5

hier sehr von der Ionenstärke ab, d. h. bei zunehmender Ionenstärke schrumpft das Gel. Immerhin gilt als Richtwert, daß bei den von Sephadex G-25 abgeleiteten Ionenaustauschern nur Stoffe mit Molekulargewichten kleiner als 10000 die polaren Gruppen im Inneren erreichen können.

Dies bewirkt die unterschiedliche Kapazität der beiden Typen für Makromoleküle (vgl. Tab. 4), andererseits kommt durch den zusätzlichen Gelfiltrations-Effekt eine Selektivität des Typs 25 gegenüber kleineren Ionen zustande.

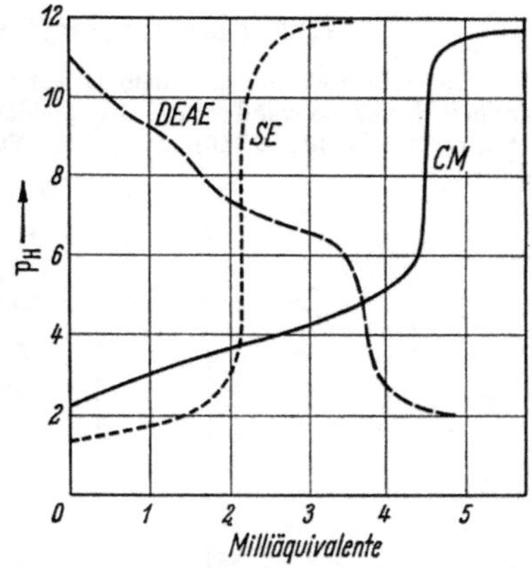

Abb. 118. Titrationskurven von Sephadex-Ionenaustauschern in 1 m KCl-Lösung: — — — DEAE-Sephadex, titriert mit Salzsäure; ——— CM-Sephadex und - - - - - SE-Sephadex, titriert mit Natronlauge

2. Experimentelle Technik

Von allen Austauschern sind drei Korngrößen fine, medium und coarse erhältlich. Sie werden in der Salzform geliefert und wie folgt für Säulen- und Einrührversuche vorbereitet. Auch das Regenerieren kann nach dieser Vorschrift vorgenommen werden.

1. Quellen mit reichlich Wasser (50—100 ml/g.)

2. Behandeln mit 0,5 n HCl (DEAE-Sephadex) bzw. 0,5 n NaOH (CM- und SE-Sephadex) auf einem Faltenfilter oder im Zentrifugenglas, anschließend Waschen mit Wasser.

3. Gleiche Behandlung mit dem entgegengesetzten Elektrolyt und Nachwaschen mit Wasser.

4. Äquilibrieren mit dem für den anschließenden Versuch vorgesehenen Puffer in hoher Ionenstärke (meist sind 3—4 Äquivalente nötig) und Auswaschen der überschüssigen Salze.

Im Bestreben, eine Adsorption der zu trennenden Stoffe zu erreichen, muß ein solcher p_H-Wert gewählt werden, bei welchem genügend funktionelle Gruppen des Austauschers und des zu adsorbierenden Stoffes ionisiert vorliegen. Für ein vorgegebenes Trennproblem kann mit Hilfe der Titrationskurven der Abb. A der geeignete Typ ausgewählt werden. Die Elution erfolgt dann meist durch Erhöhung der Ionenstarke im Elutionsmittel. Um hierbei eine starke Schrumpfung zu vermeiden, soll die anfängliche Ionenstarke nicht unter 0,05—0,1 liegen.

3. Anwendungsbeispiele

Anionenaustauscher: Trennung von niedermolekularen Peptiden und Amino säuren [*Carnegie, P. R.:* Nature **132**, 658 (1959)]; Reinigung von Pantothensaure synthetase [*Kreiling, A., W. Ludwig* u. *G. Pfleiderer:* Biochem. Z. **336**, 241 (1962)]; Dünnschichtchromatographische Trennung von LDH-Isoenzymen und Nucleotiden [*Wieland, Th.,* u. *H. Determann:* Experientia **18**, 431 (1962)]; Fraktionierung saurer Mucopolysaccharide [*Schmidt, U.:* Biochim. Biophys. Acta **63**, 346 (1962)]; Isolierung von Valyl-Ribonucleinsäure [*Stephenson, M. L.,* u. *P. C. Zamecnik:* Biochem. Biophys. Res. Comm. **7**, 91 (1962)].

Kationenaustauscher: Isolierung eines physiologisch wirksamen Peptids aus Rinderhirn [*Zuber, H.,* u. *R. Jaques:* Angew. Chem. **74** 216 (1962)]; Isolierung von Bence-Jones Proteinen [*van Eijk, H. G., C. H. Monfoort, J. J. Witte* u. *H. G. K. Westenbrink:* Biochim. Biophys. Acta **63**, 537 (1962)]; Reinigung einer Phosphatase aus Escherichia coli [*von Hofsten, B.,* u. *J. Porath:* Biochim. Biophys. Acta **64**, 1 (1962)].

X. Freie Elektrophorese

Von **A. Mahling**, Berlin

A. Phänomenologie und Begriffsbildung

Überschichtet man in einem U-Rohr eine gepufferte Proteinlösung mit dem reinen Puffer, so wandern die Grenzschichten bei Stromdurchgang in den reinen Puffer hinein (Abb. 119). Wenn die Proteinlösung mehrere sich durch ihren

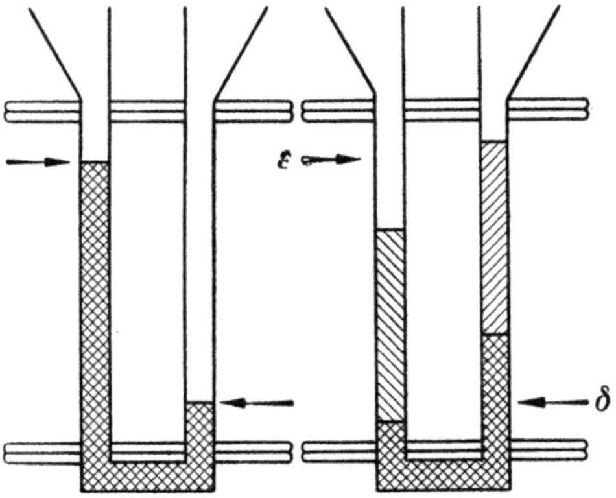

Abb. 119. Elektrophoresezelle mit Zwei-Komponenten-System. Links: Vor Einschalten des Stromes; rechts: Nach Auftrennung. Die Pfeile markieren die Positionen der stationären Fronten

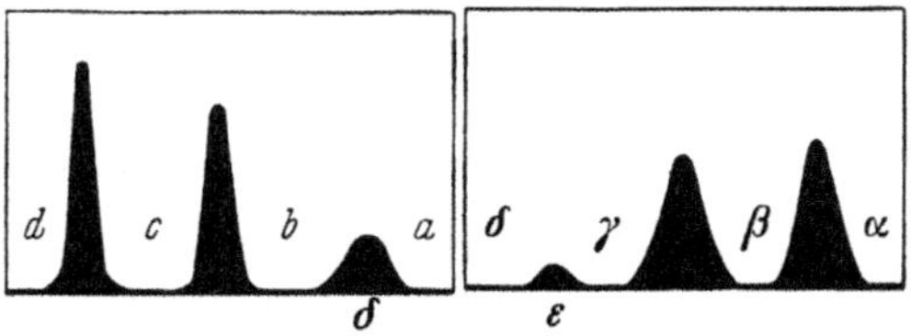

Abb. 120. Schlierenoptisches Bild eines Zwei-Komponenten Systems. Beachte die Verbreitung der Banden jenseits des ε-Gradienten (absteigender Schenkel) und ihre Schärfung im aufsteigenden Ast (links vom δ-Gradienten). Der Flächeninhalt unter dem δ-Gradienten ist größer als unter dem ε-Gradienten

Ladungszustand unterscheidende Komponenten enthält, bilden sich bei währendem Stromfluß mehrere Grenzschichten, an denen Konzentrationssprünge der Komponenten auftreten, die man durch ein geeignetes optisches System sichtbar machen kann (Abb. 120).

Die wandernden Grenzschichten nennt man auch *Fronten*; das Ion, das die Front bildet, heißt *Leition*. An der Stelle, an welcher sich die Grenzschichten vor dem Einschalten des Stromes befanden, beobachtet man stationäre Grenzschichten oder stehende Fronten. In dem Schenkel, in dem die Grenzschichten von oben nach unten wandern, dem absteigenden Schenkel, bezeichnet man die stehende Front als *ε-Gradienten*, im aufsteigenden Schenkel als *δ-Gradienten*. Das zwischen zwei Fronten liegende Volumen nennt man *Phase*. Man pflegt ihnen im absteigenden Ast kleine griechische und im aufsteigenden kleine lateinische Buchstaben, in alphabetischer Reihenfolge von unten beginnend, zuzuordnen. Die beiden Ausgangsphasen heißen auch *Endlösungen*. Man spricht von *enantiographischen Bildern*, wenn sich auf- und absteigender Schenkel genau decken.

B. Theoretische Grundlagen

Die elektrophoretische Theorie der starken Elektrolyte von *Dole* [*1*] gestattet, unter Voraussetzung konstanter elektrophoretischer Beweglichkeiten, aus der Kenntnis der Konzentrationen in den Endlösungen die Konzentrationen aller Ionensorten in jeder beliebigen Phase während des Laufes zu berechnen. Sie fordert eine Konzentrationsänderung aller Ionensorten an jeder Front, also nicht nur des Leitions. Ein aus n Ionensorten bestehendes System kann im allgemeinen n-1 Grenzschichten bilden, sind darunter p Anionen und q Kationen, so wandern p-1 Grenzschichten gegen den Stromfluß, q-1 mit ihm und eine Front bleibt stationär.

Für die j-te Ionensorte in der β-Phase gilt:

$$c_j^\beta = \frac{\varkappa^\beta}{\varkappa^\alpha} \cdot \frac{u_j - u_L}{u_j - \frac{\varkappa^\beta}{\varkappa^\alpha} u_L} c_j^\alpha \tag{1}$$

c_j = Konzentration des j-ten Ions in der α- oder β-Phase;
u_j = elektrophoretische Beweglichkeit des j-ten Ions;
u_L = elektrophoretische Beweglichkeit des Leitions;
$\varkappa$ = elektrische Leitfähigkeiten in der α- oder β-Phase.

Gl. (1) darf auf alle benachbarten Phasen angewandt werden. Infolge der Konzentrationsverschiebungen treten auch Leitfähigkeitsänderungen an allen Grenzschichten auf. Abb. 121 stellt die Konzentrations- und Leitfähigkeitsänderungen längs der linearisierten Zellachse schematisch dar. Die Konzentrationen der Endlösungen im Bodenstück und jenseits des ε-Gradienten bleiben erhalten.

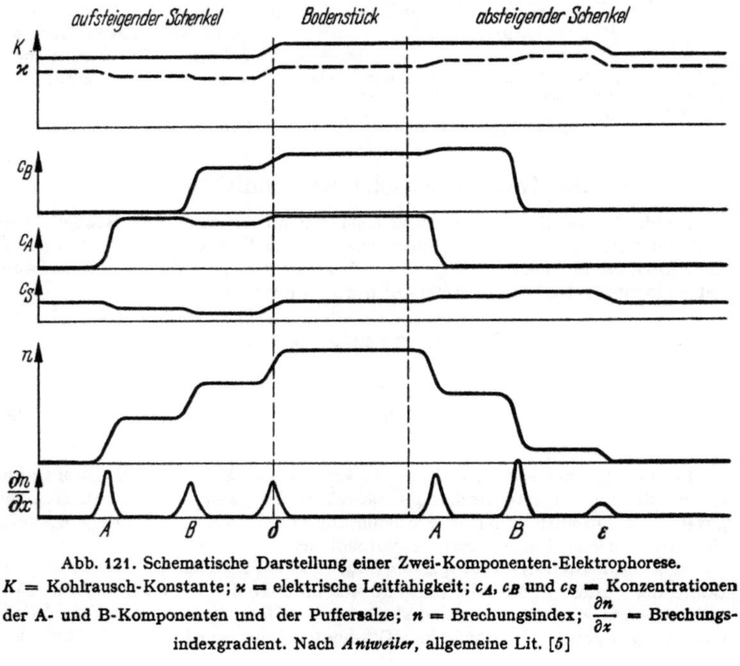

Abb. 121. Schematische Darstellung einer Zwei-Komponenten-Elektrophorese. K = Kohlrausch-Konstante; $\varkappa$ = elektrische Leitfähigkeit; c_A, c_B und c_S = Konzentrationen der A- und B-Komponenten und der Puffersalze; n = Brechungsindex; $\frac{\partial n}{\partial x}$ = Brechungsindexgradient. Nach *Antweiler*, allgemeine Lit. [*5*]

C. Die apparenten Konzentrationen

Die Flächeninhalte unter den Brechungsindexgradientenkurven, die die Fronten sichtbar machen, entsprechen deshalb nicht den wahren Konzentrationen der Leitionen, weil sie die Konzentrationsänderungen aller Ionensorten wiederspiegeln, jedoch ist der Einfluß des Leitions weitaus am stärksten. Bei der Berechnung der prozentualen, *apparenten* Zusammensetzung einer Mischung liefert der absteigende Schenkel bessere Werte, der Flächeninhalt unter der stehenden Front bleibt unberücksichtigt.

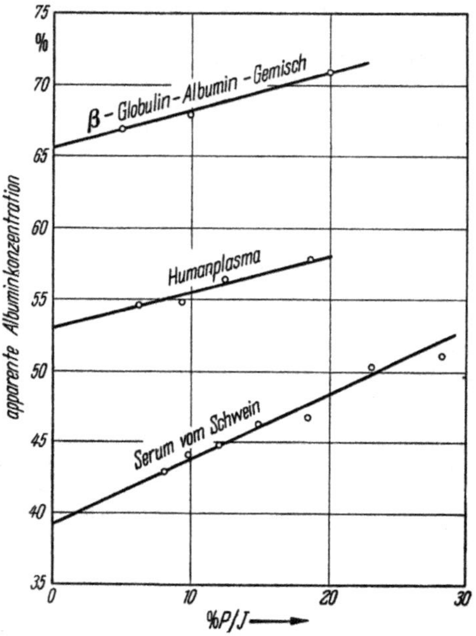

Abb. 122. Apparente Albuminkonzentrationen in Abhängigkeit vom Verhältnis Gesamtproteinkonzentration P (%) zur Ionenstarke J. Nach *Alberty, R. J.*: J. chem. Educ. **25**, 426, 619 (1948)

Apparente Konzentrationen sind miteinander vergleichbar, wenn sie aus Läufen mit ähnlichen Puffergemischen stammen, die nur geringe Unterschiede in der Leitfähigkeit und im p_H-Wert zeigen.

Apparente Konzentrationen variieren mit dem Verhältnis aus Proteinkonzentration und Ionenstärke in der Endlösung und liefern gute Näherungen für die wahren Konzentrationen, wenn man diese Verhältnisse gegen Null streben läßt (Abb. 122).

D. Die Kohlrauschsche Kontinuitätsfunktion

Dividiert man die Konzentration einer Ionensorte durch ihre Beweglichkeit und bildet die Summe über alle Ionensorten in einer Endlösung, so erhält man für die Proteinlösung eine Zahl K_P und für den Puffer K_E, die ihre Werte im Laufe der elektrophoretischen Auftrennung nicht ändern, also:

$$\sum_j \left(\frac{c_j}{u_j}\right) \text{Proteinlösung} = K_P,$$

$$\sum_j \left(\frac{c_j}{u_j}\right) \text{Puffer} = K_E. \qquad (2)$$

Die Gln. (2) heißen die *Kohlrauschschen Kontinuitäts- oder Regulationsfunktionen* [2], die K-Werte werden als *beharrliche Konstanten* bezeichnet. In einer gegen ihren Puffer dialysierten Proteinlösung gilt stets $K_P > K_E$; die stehenden Fronten sind eine Folge dieser Gesetzmäßigkeit.

Im ε-Gradienten des absteigenden Schenkels ändern sich nur die Konzentrationen der Pufferbestandteile, während sich im δ-Gradienten auch noch die Proteinkonzentrationen verändern; deshalb ist der Flächeninhalt unter dem δ-Gradienten stets größer als unter dem ε-Gradienten (*Longsworth* [3]) (vgl. Abb. 120).

Bei der Bestimmung der apparenten Konzentrationen stören die stationären Grenzschichten, besonders dann, wenn eine langsame Komponente sich nur ungenügend von ihnen trennt. Ihre Eliminierung gelingt durch Angleichung der beiden K-Werte, wobei vermieden werden muß, daß $K_P < K_E$ wird, weil in diesem Falle die Dichte der unterschichteten Proteinlösung kleiner wird, als die der überschichteten Pufferlösung. Die Angleichung erreicht man, indem entweder die Proteinlösung im Verhaltnis K_E/K_P mit Wasser verdünnt oder die Pufferlösung im Verhältnis K_P/K_E angereichert wird (*Longsworth* [4], *Wiedemann* [5]).

Die Eliminierung der stehenden Fronten ist bei Elektrophoresen mit Verlängerung der Wanderungsstrecke durch Kompensation unbedingt erforderlich, weil anders Konvektionen durch sie verursacht werden (*Hoch* [6]).

E. Die elektrophoretische Beweglichkeit

Die elektrophoretische Beweglichkeit gibt die Geschwindigkeit an, die eine wandernde Grenzschicht in einem elektrischem Felde der Feldstärke 1 Volt/cm, erhält und errechnet sich nach der Formel:

$$u = \frac{q \cdot x \cdot \varkappa}{i \cdot t} \tag{3}$$

u = elektrophoretische Beweglichkeit in $cm^2/V\,s$;
q = Querschnitt der Zelle in cm^2;
x = Verschiebung der Grenzschicht in cm während der Zeit t;
i = Stromstärke in Ampère;
t = Dauer des Stromflusses in s;
$\varkappa$ = spez. Leitfähigkeit in $(\text{Ohm cm})^{-1}$.

Die Leitfähigkeit wird in der das Leition enthaltenden Lösung bei der Temperatur bestimmt, bei der sich die Elektrophorese abspielt.

F. Die Position der Grenzschicht

Als Wanderungsstrecke x der Grenzschicht gilt bei symmetrischen Gradientenkurven die Position ihres Maximums, das von der Mittellage des Schlierenbandes aus gemessen wird, welches man nach Abschalten der Kompensation und vor Einschalten des Stromes beobachtet. Eine beliebige, fixe Marke, z. B. der Rand der Aufnahme, kann als Bezugsposition dienen.

Wenn eine Grenzschicht unsymmetrisch ist, repräsentiert das Maximum der Gradientenkurve nicht mehr ihre Position, denn die Kurven werden schief, was sich leicht daran erkennen läßt, daß die Mittelpunkte der Kurve nicht mehr auf der Ordinate des Maximums liegen. In solchen Fällen wird die korrekte Position der Grenzschicht durch die Zentroidalordinate gegeben (*Longsworth* [7]):

$$x = \frac{\int_0^\infty h \cdot \partial n/\partial h \cdot dh}{\int_0^\infty \partial n/\partial h \cdot dh} \tag{4}$$

h = Zellkoordinate; $\partial n/\partial h$ = Brechungsindexgradient.

Bei kathodischer Wanderung erhält x ein positives und bei anodischer ein negatives Vorzeichen, so daß die Beweglichkeit u positiv wird, wenn das Leition mit der Stromrichtung, und negativ, wenn es gegen sie wandert.

G. Die Stromstärke

Es muß darauf geachtet werden, daß die Stromstärke i nicht zu groß wird, weil sonst die in der Zelle entstehende Stromwärme nicht mehr konvektionsfrei abgeführt werden kann. Der obere Grenzwert der Stromstärke läßt sich nach folgender

Formel abschätzen:

$$i < \sqrt{0{,}15\, q^2 \cdot \varkappa}\,. \tag{5}$$

Damit das elektrische Feld genügend homogen wird, darf der außerhalb der Zelle in der Flüssigkeit des Temperierbades verlaufende Stromanteil nicht mehr als $1\,^0/_{00}$ vom Gesamtstrom betragen.

H. Abweichungen von der Enantiographie in nicht reagierenden Systemen

Nur unter der Voraussetzung kleiner Proteinkonzentrationen und großer Ionenstärken erhält man enantiographische Bilder der beiden Schenkel, anderenfalls beobachtet man häufiger größere Wanderungsstrecken und schärfere Gradienten im aufsteigenden Schenkel. Hier wandert nämlich die Front aus der Protein- in die Pufferlösung, während sie sich im absteigenden Schenkel in die Proteinlösung hineinbegibt. In der sich an den δ-Gradienten in der Wanderungsrichtung anschließenden Phase ist die Leitfähigkeit im Verhältnis K_E/K_P erniedrigt, wodurch die Feldstärke und damit auch die Wanderungsgeschwindigkeit der Front sich erhöhen müssen; vor dieser Front befindet sich aber eine Phase erhöhter Leitfähigkeit, so daß Teilchen an ihrer Vorderseite in eine Region mit kleinerer Feldstärke geraten, wodurch ihre Bewegung gebremst wird. Die größere Wanderungsgeschwindigkeit an der Rückseite und ihre Verringerung an der Vorderseite der aufsteigenden Front bewirken eine Verschärfung des Gradienten. Dem Leitfähigkeitseffekt überlagert sich eine Verschiebung des p_H-Wertes, weil nach Gl. (1) sich an der Front auch die Konzentrationen der Puffersalze verschieben müssen, während die undissoziierte schwache Säure oder Base keine Konzentrationsänderung erfährt; damit muß sich nach dem Massenwirkungsgesetz auch der p_H-Wert verschieben, was sich natürlich in einer Änderung der Wanderungsgeschwindigkeit bemerkbar macht. Der Einfluß des p_H-Effektes ist meistens kleiner als der des Leitfähigkeitseffektes und kann ihn vermindern oder vergrößern, in Abhängigkeit von der Natur des Puffers und dem Ladungszustand des Proteins (*Longsworth* [*3*]).

Korrekte Werte für die Beweglichkeit erhält man nur aus den Wanderungsstrecken im absteigenden Schenkel und bei mehreren Fronten nur für die schnellste.

I. Ladung und Beweglichkeit

Der Ladungszustand eines Proteinmoleküls und seine elektrophoretische Beweglichkeit sind miteinander eng verknüpft. Für kugelförmige Teilchen wurde im Gültigkeitsbereich der Debye-Hückelschen Theorie von *Henry* [*8*] folgende Gleichung abgeleitet:

$$u = \frac{Q}{6\pi \cdot \eta \cdot a \cdot (1 + K \cdot a)} \cdot f(K \cdot a) \tag{6}$$

Q = Netzladung des Teilchens; a = Radius des Teilchens; η = Viscosität des Mediums.

$1/K$ ist der Radius der Ionenwolke, die das Proteinteilchen umgibt, und der von der Ionenstärke abhängt; es gilt:

$$\frac{1}{K} = 1{,}988 \cdot 10^{-10} \cdot \sqrt{\frac{\varepsilon \cdot T}{J}}\ \text{cm} \tag{7}$$

ε = Dielektrizitätskonstante des Lösungsmittels;
T = absolute Temperatur;
$J = \frac{1}{2} \sum_i c_i n_i^2$ = Ionenstärke;
n_i = Ladung und c_i = Konzentration der Ionensorte i in Mol/l.

Für Wasser von 25 °C ergibt (7) mit $\varepsilon = 78{,}56$:

$$\frac{1}{K} = \frac{3{,}04 \cdot 10^{-8}}{\sqrt{J}}\ \text{cm}. \tag{7a}$$

Bei der Berechnung von J pflegt man den Beitrag der Proteinmoleküle zur Ionenstärke zu vernachlässigen.

$f(K \cdot a)$ ist eine Funktion der Ionenstärke, die von der Gestalt des Proteinmoleküles abhängt; bei hohen Salzkonzentrationen strebt sie gegen 3/2 und bei niedrigen gegen 1; sie wurde von *Henry* [8] tabuliert. *Gorin* [9] gibt einen entsprechenden theoretischen Zusammenhang für zylinderförmige Teilchen.

K. p_H-Wert und Beweglichkeit

Ein Vergleich zwischen der aus Titrationsdaten und der aus der elektrophoretischen Beweglichkeit errechenbaren Netzladung ergibt keine quantitative Übereinstimmung: Man findet, daß die elektrophoretische Ladung nur 60 bis 80% der Titrationsladung beträgt. Durch eine geeignete, dieses Defizit ausgleichende Koordinatentransformation gelingt es jedoch, Titrations- und Beweglichkeitskurven zur Deckung zu bringen (Abb. 123 [10] und Abb. 124 [11]).

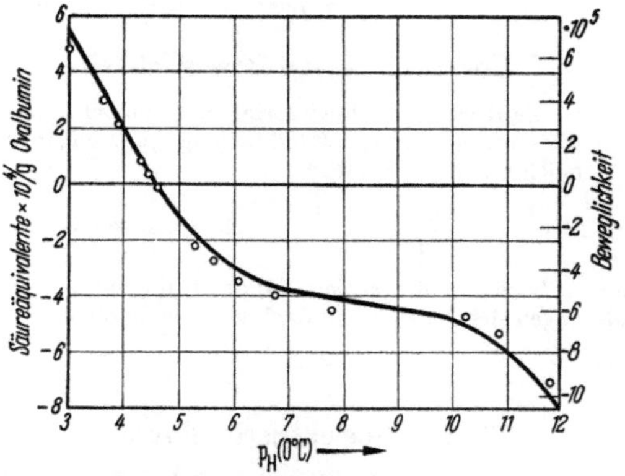

Abb. 123. Die Abhängigkeit der elektrophoretischen Beweglichkeit des Ovalbumins vom p_H (Kreise) im Vergleich zu seiner (passend transformierten) Titrationskurve [10]

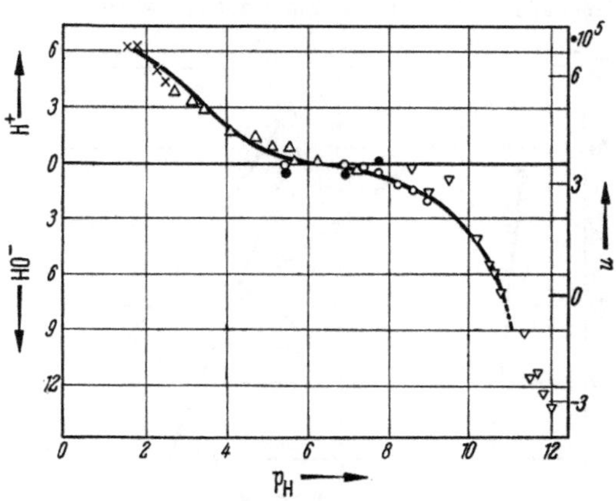

Abb. 124. Die Abhängigkeit der elektrophoretischen Beweglichkeit des Trypsins (Punkte) in verschiedenen Puffern der Ionenstärke 0,13 im Vergleich zu seiner Titrationskurve. × :NaCl—HCl; △ NaAc—HCl; □: $CaCl_2$-Barbiturat; ○: $MgCl_2$-Barbiturat; ▽: $CaCl_2$-Glykokoll [11]

Zur Aufnahme der u-p_H-Kurven bedient man sich einwertiger Puffer, wie sie in der Tab. 1 zusammengestellt sind.

Tabelle 1. **Einwertige Puffersysteme**

Schwache Saure oder Base	$pK'25°$	$u \cdot 10^{+5}$ bei 0,1 N [39] $cm^2/V \cdot s$
Glykokoll	2,3	+15,6
Milchsäure	3,8	−13,1
Essigsaure	4,7	−16,6
Kakodylsäure	6,2	−10,1
Diäthylbarbitursaure	7,9	−10,2
Triäthanolamin	7,9	+9,1
Tris(hydroxymethyl)-aminomethan	8,1	
Diäthanolamin	9,0	+11,4
Glykokoll	9,7	
Natrium		+22,2
Chlorid		−37,0

Diese Puffer sind bequem, weil sich die Ionenstärke leicht durch Zusatz der entsprechenden Menge an HCl (oder NaOH) und der p_H-Wert mit der betreffenden schwachen Base (oder Säure) einstellen lassen. *Barnett* und *Bull* [*12*] verzichteten auf Puffersubstanzen und stellten die gewünschten p_H-Werte ihrer KCl-Proteinlösungen, die 0,12 bis 0,23 g/100 ml Protein enthielten und deren Ionenstärke durch den KCl-Gehalt gegeben war, mit HCl oder KOH ein.

L. Ionenstärke und Beweglichkeit

Nach Gl. (1) ist die Beweglichkeit nur geringfügig von der Ionenstärke abhängig; wenn man aber berücksichtigt, daß die Ladung Q eng mit ihr verknüpft ist, so variiert u ziemlich stark mit J nach:

$$u = A \cdot \frac{f(K \cdot a)}{\sqrt{J}} \qquad A = \text{constans.} \tag{8}$$

Gl. (8) wurde von *Tiselius* und *Svensson* [*13*] an Ovalbumin bestätigt. Für nicht zu große Änderungen der Ionenstärke darf man die Formel

$$u_1 : u_2 \approx J_2^{1/2} : J_1^{1/2} \tag{8a}$$

anwenden.

M. Der isoelektrische Punkt

Der p_H-Wert, an dem die elektrophoretische Beweglichkeit Null wird, der isoelektrische Punkt pI, ist natürlich ebenfalls eine Funktion der Ionenstärke, wobei in vielen Fällen ein linearer Zusammenhang zwischen pI und $\sqrt{J}$ nach-

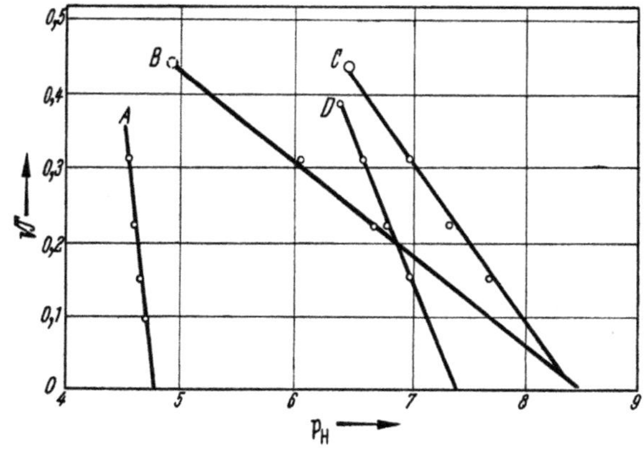

Abb. 125. Elektrophoretisch bestimmte isoelektrische Punkte in Abhangigkeit von der Wurzel aus der Ionenstarke [*14*]. Kurve *A*: Ovalbumin in Acetat; — Kurve *B*: Aldolase in Phosphat; Kurve *C*: Aldolase in Acetat; — Kurve *D*: Carboxyhämoglobin vom Pferd in Phosphat

gewiesen werden konnte (Abb. 125 [*14*]). Gelegentliche Abweichungen konnten auf Bindung der Pufferionen durch das Protein zurückgeführt werden (*Longsworth* und *Jakobsen* [*15*]).

N. Die Auflösung in mehrere Fronten

Das elektrophoretische Auflösungsvermögen wird um so besser, je kleiner die Ionenstärke des Puffers ist, die jedoch nicht zu klein gewählt werden darf, weil sonst die Pufferkapazität ungenügend wird. Als günstigste Verhältnisse der Proteinkonzentration in g/100 ml zur Ionenstärke sind 10 bis 50 festgestellt worden.

Daß man durch Auswahl geeigneter Puffersubstanzen und Ionenstärken mitunter eine beträchtliche Verbesserung der Auflösung erzielen kann, zeigt Abb. 126 [*16*].

Puffer	p_H	J	E [V/cm]	Laufzeit [h]	Hämoglobinkonz. [%]	optische Zelldicke [mm]	aufsteigend ←	Lit.
Kakodylat-Chlorid	6,48	0,10	3,6	15	1,0	25		[16a]
Kakodylat-Chlorid	6,48	0,10	3,6	15	1,0	10		[16a]
Barbiturat	8,76	0,06	7,4	6	1,0	10	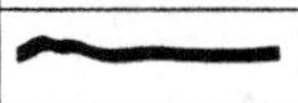	[16b]
Phosphat	6,40	0,04	7,4	5	1,86	10	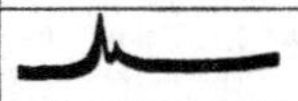	[16c]

Abb. 126. Elektrophoreseaufnahmen von Mischungen aus Hamoglobin A und S in verschiedenen Puffern

Eine Substanz, die unter gewöhnlichen Umständen als eine einheitliche Front wandert, kann bei Verlängerung der Trennstrecke noch aufspalten, die man durch Überlagerung einer der elektrophoretischen Wanderungsrichtung entgegengesetzten Strömung der Flüssigkeit in der Zelle erreichen kann.

Auf diese Art und Weise konnte *Hoch* [*6*] nachweisen, daß Pepsin, welches normalerweise recht einheitlich erscheint, in vier Komponenten aufspaltet, wenn man die Trennstrecke auf 30 cm verlängert.

O. Mikroheterogenität

Auch dann, wenn keine Auflösung in mehrere Fronten beobachtet wird, kann eine Substanz noch heterogen sein; an der reversiblen Verschmälerung der Front bei Stromumkehr ist es erkennbar. Abb. 127 demonstriert dieses Verhalten am Human-γ_2-Globulin [*17*].

Für solche Stoffe ermittelt *Alberty* [*17*] eine Heterogenitätskonstante h aus dem scheinbaren Diffusionskoeffizienten D^*, der aus der Brechungsindexgradientenkurve der Front nach einer der üblichen Methoden berechnet wird. Trägt man D^* gegen die Zeit auf, so erhält man eine Gerade, aus deren Steigung man h, und aus deren Ordinatenabschnitt man den wahren Diffusionskoeffizienten D entnehmen kann, entsprechend der Gleichung:

$$D^* = D + \frac{E^2 \cdot h^2}{2} \cdot t_E \qquad (9)$$

E = Feldstärke; t_E = Elektrophoresedauer.

Wenn man die Mikroheterogenität eines Proteins beschreiben kann, indem man einzelnen Molekülen oder Molekülklassen nur wenig verschiedene Beweglichkeiten zuordnet, deren relative Häufigkeiten einer Gaußschen Normalverteilung folgen, dann bezeichnet h die Standardabweichung dieser Verteilung. Es hat demnach dieselbe Dimension wie eine Beweglichkeit.

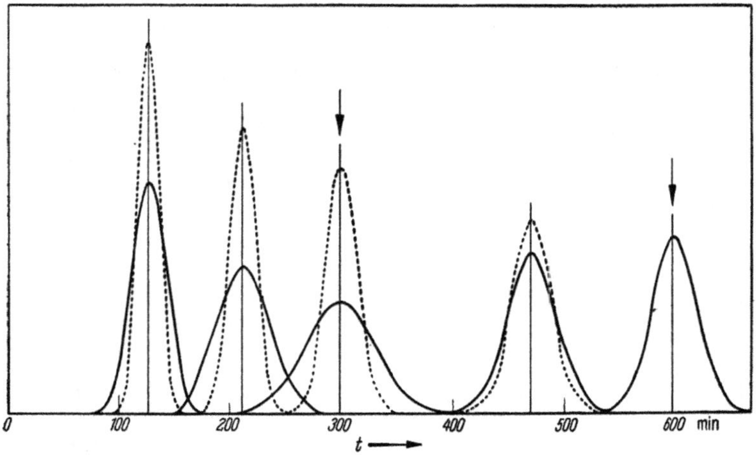

Abb. 127. Reversible elektrophoretische Spreizung von Human-γ_2-Globulin; p_H 7,27, Ionenstärke 0,1, Feldstärke 1,70 Volt/cm. Die punktierten Kurven geben die Spreizung an, welche die Diffusion allein verursacht haben würde. Nach 300 min wurde der Strom umgepolt (Pfeile) [17]

Eine allgemein anwendbare Methode zur Ermittlung der Beweglichkeitsverteilung aus den Brechungsindexgradientenkurven, auch für solche Substanzen, deren Beweglichkeitsspektrum nicht normal verteilt ist, gibt *Alberty* [18] an.

In der nebenstehenden Tab. 2 sind Heterogenitätskonstanten und isoelektrische Punkte für eine Reihe von Proteinen zusammengestellt; es muß vermerkt werden, daß die Messung dieser Größe in der Nähe des isoelektrischen Punktes erfolgen muß, weil sich sonst Leitfähigkeits- und p_H-Effekte störend auswirken. Auf jeden Fall sollte die Reversibilität der Frontspreizung bei Umkehr der Stromrichtung geprüft werden, weil eine Reihe anderer Faktoren die Front ebenfalls verbreitern kann, jedoch ohne daß der Vorgang umkehrbar wäre. Bei einer Ionenstärke von 0,1 lassen sich Heterogenitätskonstanten, die kleiner als 0,1 cm²/V. s. sind, schwer bestimmen.

Tabelle 2. **Elektrophoretische Heterogenitätskonstanten[1] einiger gereinigter Proteine bei der Ionenstärke 0,1**

Protein	pI	$h \cdot 10^{+5}$ cm²/V · s
Chymotrypsin	8,1	0,25
Rinder-γ-Globulin	6,5	0,67
Pferde-γ_2-Hyperimmun-Globulin	7,5	0,56
Human-γ_1-Globulin	5,4	0,26
Human-γ_2-Globulin	7,2	0,55
Immun-Lactoglobulin	5,81	0,66
Rinderserumalbumin (Fraktion V)	4,71	0,29
Rinderserumalbumin, krist.	4,71	0,15
Humanserumalbumin	4,71	0,31
Ovomucoid	3,9	0,53

[1] Nach *Alberty, R. J.*: s. allgemeine Literatur [4] S. 541.

P. Systeme mit Wechselwirkungen

Bildet ein Protein P mit einer anderen Substanz A ein oder eine Reihe von Komplexen $PA_1, PA_2 \ldots PA_i \ldots PA_n$, so pflegen bei genügend schneller Einstellung der Gleichgewichte alle Komplexe in einer Front zu wandern. Die Gesamtheit aller Molekülsorten P und PA_i nennt man den *Konstituenten der Ionensorte P*. In diesem Sinne ist jede Front eines Proteins wegen seiner Wasserstoffionen-Bindungsfähigkeit ein Konstituent.

Die Bindung eines Ions an ein Protein erkennt man daran, daß sich die Beweglichkeit des Proteins ändert, wenn man einen Teil des Puffersalzes bei konstantem p_H und konstanter Ionenstärke durch ein Salz ersetzt, welches das betreffende Ion enthält. Die ***Differenz*** zwischen der ***Beweglichkeit*** des ***Proteins*** u_p und der des ***Konstituenten*** $\bar{u}_p$ ist ein ***Maß für die Bindungsfähigkeit des Proteins.***

Auf diese Art und Weise untersuchten *Alberty* und *Marvine* [*19*] die Bindung von Chloridionen an Rinderserumalbumin. Die Wechselwirkung von Serumalbumin mit Detergentien [*20*], fettsauren Salzen [*21*], Farbstoffen [*22*] und Cd^{++}-Ionen [*23*] und die zwischen Trypsin und Ca^{++}-Ionen [*24*] und zwischen Insulin und Thiocyanationen [*25*] wurden ebenfalls mit Hilfe der Beweglichkeitsänderung von Protein zu Konstituent studiert.

Infolge Ionenbindung verschiebt sich der isoelektrische Punkt eines Proteins: Nach der alkalischen Seite, wenn mehr Kationen, und nach der sauren, wenn mehr Anionen gebunden werden.

Häufig lassen sich Wechselwirkungen zwischen verschiedenen Proteinen oder zwischen Proteinen und anderen makromolekularen Komponenten an Abweichungen von der Enantiographie erkennen. Abb. 128 zeigt ein Gemisch von Ovalbumin (P) und Hefenucleinsäure (N) bei den p_H-Werten 5,3 und 4,6 [*26*]. Bei p_H 5,3 ver-

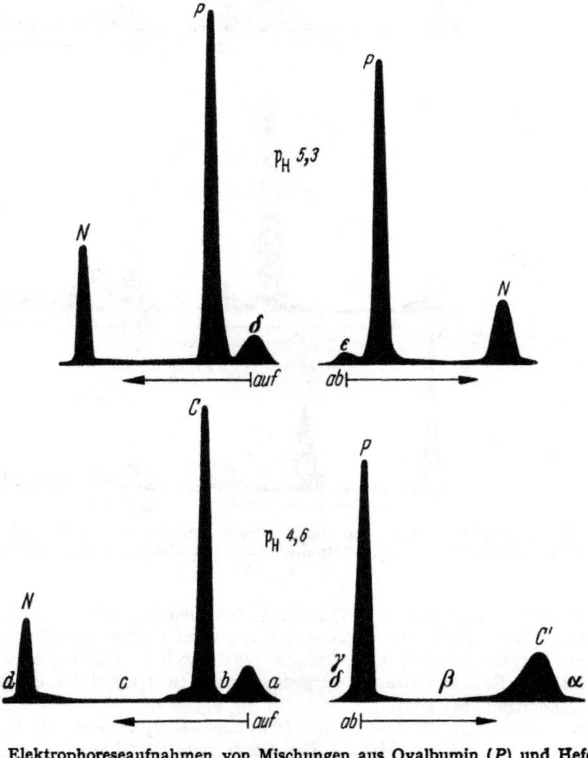

Abb. 128. Elektrophoreseaufnahmen von Mischungen aus Ovalbumin (*P*) und Hefenucleinsäure (*N*) bei verschiedenen p_H-Werten [*26*]

hält sich das System wie eine Mischung der beiden Substanzen, wobei die enantiographischen Unterschiede Leitfähigkeits- und p_H-Effekten zuzuschreiben sind. Bei p_H 4,6 lassen dagegen die Diagramme des auf- und absteigenden Schenkels Abweichungen voneinander erkennen, die als Wechselwirkung zwischen den beiden Komponenten gedeutet werden können. Dazu gehören der Schweif der Komponente C′ und Veränderungen in den Beweglichkeiten der Komponenten C und C′ gegenüber Ovalbumin und Nucleinsäure.

Noch stärkere Abweichungen von der Enantiographie erkennt man auf der Abb. 129 [*26*], auf der Elektrophoreseläufe von Ovomucoid- und Hefenucleinsäure-Mischungen dargestellt sind. Während die Bindung zwischen Ovalbumin

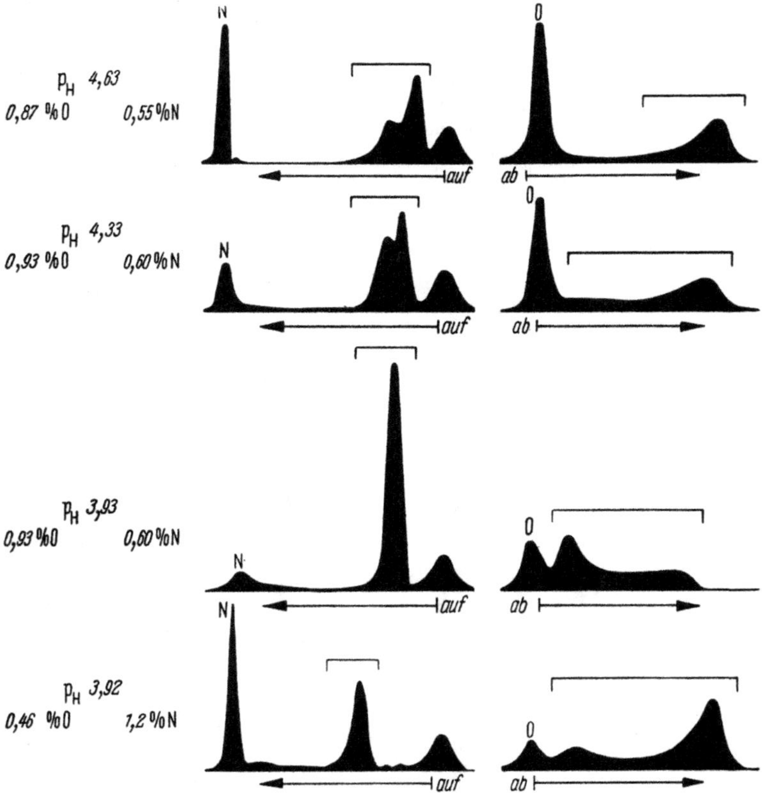

Abb. 129. Elektrophoreseaufnahmen von Mischungen aus Ovomucoid (O) und Hefenucleinsäure (N) in verschiedenen 0,1 n Acetatpuffern [*26*]. Die Klammern kennzeichnen Reaktionsfronten

und Nucleinsäure gemäß Abb. 128 relativ schwach ist, indem die C′-Front nur schief wird und einen Schweif nach sich zieht, ist sie zwischen Ovomucoid und Hefenucleinsäure wesentlich stärker; das wird durch die Bildung bimodaler, d.h. zweigipfliger, Reaktionsfronten ausgedrückt, die in der Abbildung durch Klammern gekennzeichnet sind.

Eine *theoretische Deutung* von *Elektrophoresediagrammen* mit reagierenden Systemen wurde für verschiedene Reaktionstypen von *Gilbert* [*27*] und *Gilbert* u. *Jenkins* [*28*] angegeben. Danach können bimodale Reaktionsfronten dann entstehen, wenn bei einer Polymerisationsreaktion nach $nB \rightleftharpoons B_n$ $n > 2$ wird oder bei einer Reaktion vom Typ $B + C \rightleftharpoons BC$.

Eine interessante theoretische Betrachtung einer Isomerisationsreaktion vom Typ

$$A \underset{k_2}{\overset{k_1}{\rightleftharpoons}} B$$

stammt von *Scholten* [29]. Ausgehend von den Differentialgleichungen

$$\frac{\partial c_1}{\partial t} = D_1 \cdot \frac{\partial^2 c_1}{\partial x^2} - u_1 \cdot E \cdot \frac{\partial c_1}{\partial x} - k_1 \cdot c_1 + k_2 \cdot c_2$$

$$\frac{\partial c_2}{\partial t} = D_2 \cdot \frac{\partial^2 c_2}{\partial x^2} - u_2 \cdot E \, \frac{\partial c_2}{\partial x} - k_2 \cdot c_2 + k_1 \cdot c_1$$

c_i = Konzentration; D_i = Diffusionskoeffizienten; u_i = elektrophoretische Beweglichkeiten für die Molekülsorte i; E = Feldstärke; k_1 und k_2 = Geschwindigkeitskonstanten; t = Laufzeit; x = Zellkoordinate.

erhält er über eine Fourier-Transformation mit Hilfe eines Digitalrechners die Diagramme der Abb. 130, in der $\boldsymbol{D}_i$, $\frac{\partial c}{\partial \boldsymbol{x}}$, $\boldsymbol{t}$ und $\boldsymbol{x}$ dimensionslose Transformationen der entsprechenden Größen bedeuten[1]. Wie aus der Abb. 130 hervorgeht, können sowohl eingipflige wie auch zwei- und andeutungsweise sogar auch dreigipflige Kurvenzüge entstehen.

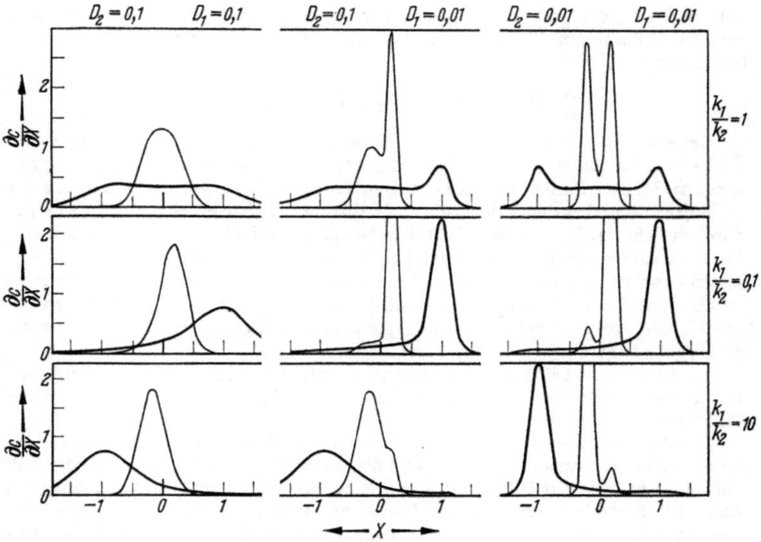

Abb. 130. Berechnete Verteilung des Konzentrationsgradienten bei der Elektrophorese eines Zwei-Komponenten-Systems, dessen Komponenten durch eine Isomerisationsreaktion mit einander verknupft sind [29]. Dunne Linie: $\boldsymbol{t}$ = 0,2; — dicke Linie: $\boldsymbol{t}$ = 1,0

[1] $$\boldsymbol{D}_i = D_i \cdot \frac{2(k_1 + k_2)}{(u_1 - u_2)^2 \cdot E^2}; \quad \frac{\partial c}{\partial \boldsymbol{x}} = \frac{\partial (c_1 + c_2)}{\partial x} \cdot \frac{(u_1 - u_2) \cdot E}{(k_1 + k_2)\,(c_1 + c_2)_{t=0}}$$

$$\boldsymbol{t} = \frac{k_1 + k_2}{2} \cdot t; \quad \boldsymbol{x} = \left(x - \frac{u_1 - u_2}{2} \cdot E \cdot t\right) \cdot \frac{k_1 + k_2}{(u_1 - u_2) \cdot E}$$

Für eine Reaktion des Typs

$$P + n \cdot N \underset{k_2}{\overset{k_1}{\rightleftarrows}} PN_n$$

werden von *Longsworth* und *MacInnes* [26] qualitative Eigenschaften eines Elektrophoresediagrammes diskutiert:

1. Wenn k_1 klein und k_2 groß ist, dissoziiert der Komplex fast vollständig und das System verhält sich wie eine normale Mischung von P und N (vgl. Abb. 128, pH 5,3).

2. Wenn k_1 groß und k_2 klein ist, so verhält sich das System wie eine Mischung des Komplexes mit der überschüssigen Substanz und, falls keine Komponente im Überschuß vorhanden ist, taucht nur eine einzige wandernde Front auf [30, 31].

3. Wenn k_1 und k_2 beide klein und von gleicher Größenordnung sind, existieren im Gleichgewicht endliche Konzentrationen an P, N und PN_n, und das System verhält sich wie eine nicht reagierende Mischung der drei Komponenten.

4. Wenn die Geschwindigkeit der Gleichgewichtseinstellung vergleichbar mit der elektrophoretischen Auftrennungsgeschwindigkeit wird, hängt das Diagramm von der Separationsgeschwindigkeit der Konstituenten ab, unter gleichen Bedingungen des Milieus also von der Feldstärke [32, 33, 34].

5. Wenn k_1 und k_2 groß und von gleicher Größenordnung sind, stellen sich die Gleichgewichte in den Fronten so schnell ein, wie es die elektrophoretische Auftrennung erfordert, so daß höchstens zwei Fronten auftauchen.

In der Literatur findet man zahlreiche Untersuchungen über das elektrophoretische Verhalten reagierender Systeme, von denen hier nur wenige zitiert werden können. *Singer* u. Mitarb. [35] studierten lösliche Antigen-Antikörper-Komplexe; *Černikov* und *Špikiter* [36] untersuchten die Wechselwirkung zwischen Ovomucoid und aktivem und inaktiviertem Trypsin, *Ehrenpreis* und *Werner* [37] das System Conalbumin—Lysozym und *Cann* [38] das Proteinpaar Pepsin und Serumalbumin.

Q. Präparative freie Elektrophorese

Gegenüber anderen Präparationsmethoden hat die freie Elektrophorese eine Reihe von Vorteilen: Die zur Trennung benötigte Energie in Form eines elektrischen Feldes ist kleiner als bei den meisten Darstellungsverfahren, sie ist auch klein gegenüber den durch die Ladung der Proteinteilchen erzeugten lokalen elektrischen Feldern. Ein geringer Energieaufwand garantiert schonende Behandlung. Die Auftrennung spielt sich ganz und gar in wäßriger Phase ab, so daß keine flüssig-festen Grenzflächen auftauchen, an denen irreversible Veränderungen des Proteinmaterials vorkommen können. Während des Trennvorganges wird die Temperatur niedrig und konstant gehalten. Die Separation der Komponenten kann jederzeit optisch verfolgt werden.

Nachteilig wirkt sich aus, daß wegen der Stabilitätsbedingungen an den Fronten keine vollständige Trennung in Zonen erreicht werden kann, und daß die Kapazität der Zellen beschränkt ist.

Zweikomponentensysteme sind zur Auftrennung am besten geeignet; die schnellere gewinnt man im aufsteigenden und die langsamere im absteigenden Schenkel, aus denen man sie mit Hilfe einer langen Kapillare oder Injektionsnadel absaugen kann. Um Störungen durch Konvektion zu vermeiden, muß sehr langsam gesaugt werden; man erreicht das mit Hilfe einer motorgetriebenen Spritze. Bevor man die Nadel in einen Schenkel einführt, verschiebt man das Bodenstück, so daß beide Schenkel voneinander isoliert sind. Die Nadelspitze reicht bis zu der dem Bodenstück nachstgelegenen Front, ohne sie jedoch zu beruhren. Unter ständiger visueller Kontrolle saugt man so lange, bis die obere Front an die Nadelspitze gewandert ist.

In Systemen mit drei Komponenten läßt sich eine kleine Menge der mittleren Fraktion rein gewinnen, wenn man nach Entfernung der schnellsten im aufsteigenden und der langsamsten im absteigenden Schenkel den Strom umpolt. Im allgemeinen kann man aber bei mehr als zwei Fraktionen immer nur die schnellste im aufsteigenden und die langsamste im absteigenden Schenkel in reiner Form isolieren. Der Rest ist ein Gemisch aller vorhandenen Fraktionen.

Die Auswahl geeigneter Milieubedingungen spielt auch bei der präparativen Elektrophorese eine große Rolle. Im allgemeinen werden Beweglichkeitsunterschiede um so größer, je alkalischer der p_H-Wert und je geringer die Ionenstärke werden, wobei die Ausführungen des Abschnittes N beachtet werden müssen. Ein p_H-Wert, der gerade zwischen den isoelektrischen Punkten der einzelnen Komponenten liegt, so daß also die eine anodisch und die andere kathodisch wandert, ist durchaus nicht immer am günstigsten; einmal deshalb weil man mit Wechselwirkungen zwischen den Komponenten rechnen muß und zum anderen, weil die Beweglichkeitsdifferenz bei einem solchen p_H-Wert kein Maximum aufzuweisen braucht.

Wenn die *Wanderungsgeschwindigkeit* der langsameren Komponente merklich von Null verschieden ist, so steht bei gleichsinniger Wanderungsrichtung nicht mehr die gesamte Zellhöhe als Trennstrecke zur Verfügung; das bedeutet eine Ausbeuteverminderung. Eine Gegenkompensation nach *Tiselius* [*40*] kann diesem Übelstande abhelfen. Man läßt die schnelle Fraktion bis dicht unter das Kopfstück der Zelle wandern und schickt dann einen Flüssigkeitsstrom durch die Zelle, dessen Richtung der Wanderungsrichtung der Komponente entgegengesetzt ist und dessen Geschwindigkeit die elektrophoretische Wanderung der schnellen Fraktion gerade kompensiert; infolgedessen bleibt die schnelle Front unterhalb des Kopfstückes stehen, während die langsame auf das Bodenstück zu wandert.

Es existiert eine Reihe bewährter Kompensationsvorrichtungen [*40, 41*]. Der Verfasser hat mit einem Elektrolytkompensator gute Erfahrungen gemacht, der aus einem mit Puffer gefüllten Gefäß besteht, welches über eine Kapillare mit einem der Elektrodengefäße verbunden ist. In dem Gefäß befinden sich zwei Platinelektroden, an denen bei Stromfluß Wasser zersetzt wird. Das entstehende Knallgas drückt Puffer aus dem Zersetzungsgefäß durch die Kapillare in das Elektrodengefäß. Läßt man das andere Elektrodengefäß mit der Atmosphäre kommunizieren, so wird in dem Maße, in dem Knallgas entsteht, Puffer durch die U-förmige Zelle hindurchgedrückt. Durch Variation der Stromstärke im Zersetzungsgefäß kann die Bildungsgeschwindigkeit des Knallgases und damit die Strömungsgeschwindigkeit des Puffers durch die Zelle geregelt werden.

Die stehende Front wandert in das Bodenstück hinein und verursacht dort Konvektionen, die auf den ganzen absteigenden Schenkel übergreifen können. In diesem Falle kann nur die schnelle Komponente in reiner Form gewonnen werden. Durch Angleichung der Kohlrausch-Konstanten kann das vermieden werden (siehe Abschnitt D).

Konvektionen entstehen auch dann, wenn die schnelle Komponente in das Kopfstück hineinwandert. Dadurch kann das Bild im aufsteigenden Schenkel zerstört werden.

Die Elektroden befinden sich gewöhnlich in einer konzentrierten Kaliumchloridlösung, die mit reinem Puffer überschichtet wird. Da praparative Elektrophoresen häufig die Passage relativ großer Strommengen erforderlich machen, muß das Volumen zwischen der Kaliumchloridlösung und der Zelle so groß sein, daß keine Kalium- oder Chloridionen aus der Umgebung der Elektroden in die Zelle hineinwandern können. Bezeichnen $|u_{Cl'}| > |u_{K^\cdot}|$ die Beweglichkeit des Chloridions dem absoluten Betrage nach, u_A und u_B die Beweglichkeiten der zu trennenden Proteine, so gilt für das Puffervolumen V, welches sich zwischen der Kaliumchloridlösung und der Zelle befinden muß, damit die Fronten A und B durch das Volumen v separiert werden können, ohne daß fremde Ionen in die Zelle eindringen [*42*]:

$$V = \frac{|u_{Cl'}|}{|u_A - u_B|} \cdot v. \qquad (10)$$

Gl. (10) setzt konvektionsfreie Wanderung der Kalium- bzw. Chloridionen voraus.

Da solche in den Elektrodengefäßen nicht immer ausgeschlossen werden können [*43*], stellt V in Gl. (10) einen Minimalwert dar. Nach *Tiselius* [*44*] kann man V vergrößern, indem man zwischen Kaliumchloridlösung und Puffer (1) eine Pufferschicht (2) vom Volumen V (2) legt, deren Konzentration C (2) größer als die des Puffers (1) ist. Das effektive Volumen wird dadurch um den Betrag

$$\Delta V = V(2) \cdot \frac{C(2) - C(1)}{C(2)} \tag{11}$$

größer. Eine solche Zwischenschicht hat außerdem noch den Vorteil, daß Konvektionen hauptsächlich in ihr stattfinden.

Mit Hilfe der freien präparativen Elektrophorese gelang es, Pepsin von beachtlichem Reinheitsgrad [*45*] herzustellen; Tuberkulin-Proteine wurden fraktioniert [*46*]; aus einem spezifischen Präzipitat konnten Antikörper isoliert werden [*47*].

Literatur

[*1*] *Tiselius, A.:* Trans. Faraday Soc. **33**, 524 (1937).
[*2*] *Longsworth, L. G.:* Chem. Rev. **24**, 271 (1939); **30**, 323 (1942).
[*3*] *Abramson, H. A., L. S. Moyer* u. *M. H. Gorin:* Electrophoresis of Proteins, New York 1942.
[*4*] *Alberty, A. R.*, in: *Neurath, H.*, u. *K. Bailey:* The Proteins, Bd. I A, New York 1953.
[*5*] *Antweiler, H. J.:* Die quantitative Elektrophorese in der Medizin. Berlin, Göttingen Heidelberg 1957.
[*6*] *Audubert, R.*, u. *S. de Mende:* The Principles of Elektrophoresis, London 1959.
[*7*] *Bier, M.:* Elektrophoresis. Theory, Methods and Applications, New York 1959.
[*8*] *Magdoff, B. S.* in: *Alexander, P.*, u. *R. J. Block:* A Laboratory Manual of Analytical Methods of Protein Chemistry, New York 1960.

Spezielle Literatur

[*1*] *Dole, V. P.:* J. Amer. chem. Soc. **67**, 1119 (1945).
[*2*] *Kohlrausch, F.:* Ann. Physik **62**, 209 (1897); Gött. Nachr. S. 213 (1876).
[*3*] *Longsworth, L. G.* in: *M. Bier:* s. allgemeine Literatur [*7*].
[*4*] *Longsworth, L. G.*, u. *D. A. MacInnes:* J. Amer. chem. Soc. **62**, 705 (1940).
[*5*] *Wiedemann, E.:* Helv. Chim. Acta **30**, 168 (1947).
[*6*] *Hoch, H.:* Nature **165**, 278 (1950); *Hoch-Ligeti, C.*, u. *H. Hoch:* Biochem. J. **43**, 556 (1948).
[*7*] *Longsworth, L. G.:* J. Amer. chem. Soc. **65**, 1755 (1953).
[*8*] *Henry, D. C.:* Proc. Roy. Soc. (London) **133** A, 106 (1931).
[*9*] Siehe allgemeine Literatur [*3*].
[*10*] *Longsworth, L. G.:* Ann. N. Y. Acad. Sci. **41**, 267 (1941); vgl. auch Untersuchungen dieser Art am β-Lactoglobulin; *Cannan, R. K., A. Kibrick* u. *A. H. Palmer:* Ann. N. Y. Acad. Sci. **41**, 243 (1941).
[*11*] *Duke, J. A., M. Bier* u. *F. F. Nord:* Arch. Biochem. Biophys. **40**, 424 (1952).
[*12*] *Barnett, L. B.*, u. *H. B. Bull:* Arch. Biochem. Biophys. **89**, 157 (1960).
[*13*] *Tiselius, A.*, u. *H. Svensson:* Trans. Faraday Soc. **36**, 16 (1940).
[*14*] *Velick, S. F.:* J. phys. Chem. **53**, 135 (1949).
[*15*] *Longsworth, L. G.*, u. *C. F. Jacobsen:* J. phys. Chem. **53**, 126 (1949).
[*16a*] *Pauling, L., H. A. Itano, S. J. Sing* u. *J. C. Wells:* Science **110**, 543 (1949).
[*16b*] *Morrison, D. B., R. P. T. Rudnicki*, u. *W. Diggs:* Federation Proc. **13**, 267 (1954).
[*16c*] *Shooter, E. M.*, u. *E. R. Skinner:* Biochem. J. **60**, XXVIII (1955).
[*17*] *Alberty, R. A.:* J. Amer. chem. Soc. **70**, 1675 (1948).
[*18*] *Baldwin, R. L., P. M. Laughton* u. *R. A. Alberty:* J. Phys. & Colloid Chem. **55**, 111 (1951); vgl. auch *Gosting, L. J.:* J. Amer. chem. Soc. **74**, 1548 (1952) sowie *Brown, R. A.*, u. *J. R. Cann:* J. Phys. & Colloid Chem. **54**, 364 (1950).
[*19*] *Alberty, R. A.*, u. *H. H. Marvin:* J. Amer. chem. Soc. **73**, 3220 (1951).
[*20*] *Lundgren, H. P., D. M. Elam* u. *R. A. O'Connel:* J. biol. Chem. **149**, 183 (1943); *Putnam, F. W.*, u. *H. Neurath:* J. biol. Chem. **159**, 195 (1945); *Putnam, F. W.:* Adv. Protein Chemistry **4**, 80 (1948).
[*21*] *Ballou, G. A., P. D. Boyer*, u. *J. M. Luck:* J. biol. Chem. **159**, 111 (1945).
[*22*] *Smith, R. F.*, u. *D. R. Briggs:* J. Phys. & Colloid Chem. **54**, 33 (1950).
[*23*] *Schilling, K.:* Acta Chem. Scand. **11**, 1103 (1957).
[*24*] *Nord, F. F.*, u. *M. Bier:* Biochim. Biophys. Acta **12**, 56 (1953).

[25] *Volkin, E.:* J. biol. Chem. **175**, 675 (1948).
[26] *Longsworth, L. G.*, u. *D. A. MacInnes:* J. Gen. Physiol. **25**, 507 (1942).
[27] *Gilbert, G. A.:* Disc. Faraday Soc. **13**, 159 (1953); **20**, 68 (1955).
[28] *Gilbert, G. A.*, u. *R. C. Ll. Jenkins:* Nature **177**, 853 (1956).
[29] *Scholten, P. C.:* Arch. Biochem. Biophys. **93**, 568 (1961); vgl. auch: *Cann, J. R., J. G. Kirkwood* u. *R. A. Brown:* Arch. Biochem. Biophys. **72**, 37 (1957); *Cann, J. R.*, u. *H. R. Bailey:* Arch. Biochem. Biophys. **93**, 576 (1961).
[30] *Ram, J. S., L. Terminiello, M. Bier* u. *F. F. Nord:* Arch. Biochem. Biophys. **52**, 451 (1954).
[31] *Stenhagen, E.*, u. *T. Toerell:* Trans. Faraday Soc. **35**, 743 (1939).
[32] *Cann, J. R., J. G. Kirkwood* u. *R. A. Brown:* s. spezielle Literatur [29].
[33] *Ogston, A. G.:* Nature **157**, 193 (1946).
[34] *Field, E. O.*, u. *A. G. Ogston:* Biochem. J. **60**, 661 (1955).
[35] *Singer, S. J.*, u. *D. H. Campbell:* J. Amer. chem. Soc. **74**, 1794 (1952); **75**, 5577 (1953); **77**, 3499, 3504, 4851 (1955); *Singer, S. J., L. Eggman* u. *D. H. Campbell:* J. Amer. chem. Soc. **77**, 4855 (1955); *Baker, M. C., D. H. Campbell, S. J. Epstein* u. *S. J. Singer:* J. Amer. chem. Soc. **78**, 312 (1956); *Pepe, F. A.*, u. *S. J. Singer:* J. Amer. chem. Soc. **78**, 4583 (1956); *Singer, S. J.:* Proc. Nat. Acad. Sci. US. **41**, 1041 (1955); *Epstein, S. I.*, u. *S. J. Singer:* J. Amer. chem. Soc. **80**, 1274 (1958).
[36] *Černikov, M. P.*, u. *V. O. Špikiter:* Dokl. Akad. Nauk SSSR **104**, 750 (1955).
[37] *Ehrenpreis, S.*, u. *R. C. Warner:* Arch. Biochem. Biophys. **61**, 38 (1956).
[38] *Cann, J. R.:* J. biol. Chem. **237**, 707 (1962).
[39] *Nichol, J. C.:* J. Amer. chem. Soc. **72**, 2367 (1950).
[40] *Tiselius, A.:* Kolloid-Z. **85**, 129 (1938).
[41] Siehe *Longsworth*, allgemeine Literatur [2].
[42] Siehe *Tiselius*, allgemeine Literatur [1].
[43] *Brattsten, I.:* Ark. Kemi **4**, 257 (1952).
[44] *Tiselius, A.:* Svensk kem. Tidskr. **50**, 58 (1938).
[45] *Tiselius, A., G. E. Heuschen* u. *H. Svensson:* Biochem. J. **32**, 1814 (1938).
[46] *Seibert, F. B.:* J. biol. Chem. **133**, 593 (1940).
[47] *Svensson, H.:* Ark. Kemi Min. Geol. **17A**, No. 5 (1943).

XI. Träger-Elektrophorese und kontinuierliche Elektrophorese

Von **K. Hannig**, München

Vorbemerkungen. Im vorhergehenden Kapitel wurde die **„Freie Elektrophorese"** im homogenen Medium nach der klassischen U-Rohranordnung von *Tiselius* beschrieben. Darüber hinaus wurden eine Reihe weiterer elektrophoretischer Trenn- und Analysen-Verfahren entwickelt, die alle gemeinsam haben, daß die elektrophoretische Wanderung in einem Trägermedium erfolgt. Dazu werden feste, poröse Materialien verwendet, die sich mit einer Elektrolytlösung tränken lassen, wie u. a. Glasperlen, Glaspulver, Stärke, Baumwollzellulose, Seide, Kunstharz, Asbestfasern, Filterpapier, verschiedene Gele wie Silikagel, Agargel, Stärkegel usw.

Als zweckmäßiges Trägermedium für Routine-Untersuchungen hat sich für analytische Zwecke das Filterpapier bewährt [1]. Das zu trennende Substanzgemisch wird an einer geeigneten engbegrenzten Stelle in Form einer schmalen Zone auf einem mit Pufferlösung getränkten Filterstreifen aufgetragen. Nach Anlegen eines elektrischen Feldes an die beiden Schmalseiten dieses Streifens wandern die einzelnen Komponenten des zu untersuchenden Substanzgemisches entsprechend ihrer Ladung und elektrophoretischen Wanderungsgeschwindigkeit in verschiedene Richtungen unterschiedlich weit und können so vollständig voneinander getrennt werden. Ungefärbte Substanzen werden nach der elektrophoretischen Trennung durch geeignete Anfärbe-Verfahren sichtbar gemacht und können somit photometrisch quantitativ ausgewertet werden.

Es handelt sich um eine ausgesprochene Mikro-Methode, für die je nach Problemstellung eine unterschiedliche, in jedem Fall aber außerordentlich geringe

Substanzmenge benötigt wird. Da das Verfahren nicht nur für hochmolekulare, sondern auch für niedermolekulare Substanzen geeignet ist, bei welchen bisher die klassische U-Rohrmethode gewisse Schwierigkeiten bot, gewinnt die Streifen-Elektrophorese vornehmlich als analytische Methode für Routine- und Forschungsaufgaben zunehmende Bedeutung.

Ein prinzipiell anderer Weg, insbesondere für präparative Aufgabenstellungen, ist bei der als „kontinuierliche" oder „Ablenkungselektrophorese" [2] bekanntgewordenen Arbeitsweise eingeschlagen worden. Eine Elektrolytlösung strömt hierbei quer zu den Kraftlinien eines elektrischen Feldes und das zu trennende Substanzgemisch wird kontinuierlich an einer eng begrenzten Stelle zugeführt. Komponenten verschiedener Beweglichkeit wandern in verschiedener Richtung und können nach Durchwandern der Trennregion kontinuierlich an verschiedenen Stellen entnommen werden.

Ein wesentlicher Vorteil der Elektrophorese in heterogenen Systemen ist, daß sich ihre Durchführung apparativ verhältnismäßig einfach gestaltet. Auf besondere Maßnahmen zur Vermeidung von Turbulenz und Konvektion durch Temperaturunterschiede, Erschütterungen usw., wie sie in der U-Rohranordnung erforderlich sind, kann verzichtet werden. Die auftretende Joule'sche Wärme muß lediglich soweit abgeführt werden, daß sich die Temperaturerhöhung in der durch Hitzebeständigkeit der untersuchten Substanzen gebotenen Grenze hält. Es dürfen indessen eine Reihe von Einschränkungen und methodischen Unterschieden nicht außer acht gelassen werden, denen die Trägerelektrophorese im Gegensatz zur freien Elektrophorese unterliegt. Sie sollen im folgenden kurz erläutert werden.

A. Theoretische Grundlagen der Elektrophorese in heterogenen Systemen

1. Prinzip

Die grundsätzlichen Unterschiede zwischen der klassischen freien Elektrophorese und der Zonenelektrophorese auf Streifen ergeben sich aus folgenden Überlegungen (Abb. 131 a, b):

Während sich bei der U-Rohrmethode in den beiden Schenkeln des U-Rohres ein stufenförmiges Konzentrationsgefälle der verschiedenen Fraktionen bildet, das für analytische Zwecke zur Bestimmung der Anzahl, Lage und Größe der

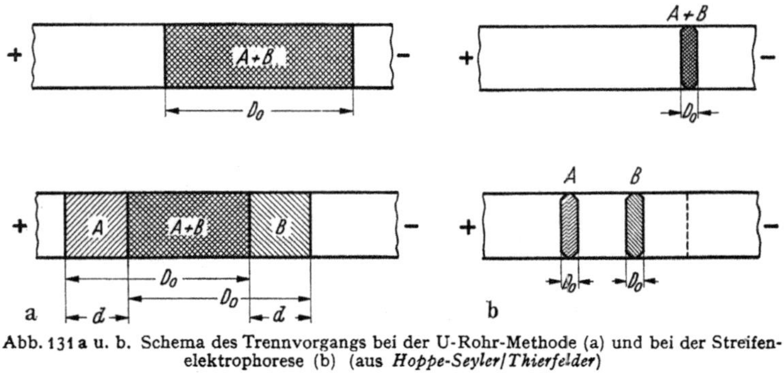

Abb. 131 a u. b. Schema des Trennvorgangs bei der U-Rohr-Methode (a) und bei der Streifenelektrophorese (b) (aus *Hoppe-Seyler/Thierfelder*)

Konzentrationsgradienten mit Hilfe der bekannten optischen Methoden sichtbar gemacht werden kann, werden bei der Streifenelektrophorese die Komponenten vollständig getrennt, so daß sie nach Anfärbung als einzelne Zonen sichtbar werden. Die Streifenelektrophorese kann man sich also als eine Elektrophorese in einem gestreckten U-Rohr vorstellen, wobei die einzelnen Zonen nach Beendigung des Trennvorgangs durch das Trägermedium fixiert sind.

2. Adsorption

Eine optimale Trennung in Trägermedien kann nur dann erfolgen, wenn das Trägermaterial vollkommen indifferent und strukturell so gleichmäßig ist, daß die Ionenwanderung nicht durch sekundäre Faktoren beeinflußt wird.

Im Filterpapier wird, z. B. ähnlich wie bei der Verteilungschromatographie, die Wanderungsgeschwindigkeit durch Adsorption vermindert, da jeweils nur der nichtadsorbierte Anteil der zu trennenden Substanz an der Wanderung teilnimmt.

Die Adsorption bewirkt eine ungleichmäßige Konzentrationsverteilung, wobei die Vorderfront der Zonen steiler ist als die unscharfen, etwas verwaschenen Rückfronten.

Dieses Problem ist von *Weber* [*3*] ausführlich mathematisch behandelt worden.

3. Diffusion

Wenn sich gelöste Stoffe in einem Konzentrations-Gefälle befinden, so zeigen sie auf Grund der Brownschen Molekularbewegung die Tendenz, in benachbarte Räume zu diffundieren. Da außerdem die Wanderungswege der wandernden Teilchen in einer Trägersubstanz, z. B. wegen der Papierfasern, immer gekrümmt sind, wird die Diffusion in die benachbarten Räume mit unterschiedlichem Konzentrationsgefälle verstärkt. Beide Faktoren bewirken, daß die Schärfe der Zonen im Trägermaterial je nach zurückgelegter Wegstrecke unterschiedlich sein kann.

4. Zonenimperfektion

Da geringfügige Inhomogenitäten des Trägers oder ungleiche Feuchtigkeit und Elektrolytkonzentration sowie Temperaturunterschiede im elektrischen Feld niemals vollständig zu vermeiden sind, werden die Trennungen immer etwas ungleichmäßige Zonenfronten aufweisen. Diese Zonenimperfektion ist für die qualitative Erkennung einzelner Fraktionen von untergeordneter Bedeutung, nicht dagegen, wenn eine quantitative Auswertung vorgenommen werden soll.

5. ξ-Potential- und Elektroosmose

Bei der Elektrophorese in heterogenen Medien weist auch die feste Phase (z. B. die Filterpapierfaser) gegenüber den gewählten Pufferlösungen eine eigene, elektrische Aufladung auf, die durch das sogenannte ξ-Potential gekennzeichnet wird. Bei Anlegen eines elektrischen Feldes kommt es deshalb zu Flüssigkeitsströmungen entsprechend der Aufladung des Trägers, zur sogenannten Elektroosmose. Wenn, wie üblich, mit schwach alkalischen Puffern gearbeitet wird, wobei z. B. Proteine allgemein anionisch wandern, sind bei dem herrschenden positiven Potential im Filterpapier die elektroosmotischen Strömungen der elektrophoretischen Wanderung entgegengerichtet. Bei Beobachtungen von Beweglichkeiten muß daher diese elektroosmotische Strömung, sowie durch andere Effekte verursachte Flüssigkeitsbewegungen, die eine Flüssigkeitsströmung im Träger hervorrufen und damit die Trennung beeinflussen, berücksichtigt werden. Dies kann in einfacher Weise geschehen, indem man ungeladene Substanzen hinzufügt, die keine elektrophoretische Eigenwanderung zeigen, wie z. B. Dextran oder nicht ionisierte Farbstoffe.

6. Sogeffekte

Durch ungleichmäßige Verdunstung des Elektrolyten, durch Druck- oder Niveau-Unterschiede in den Vorratsgefäßen und die verschieden starke Kapillarwirkung des Papieres können Docht- oder Sogeffekte auftreten.

Das nachstehende Schema in Abb. 132 zeigt, wie bei der üblichen Anordnung im freigespannten Filterpapierstreifen in einer feuchtigkeitsgesättigten Kammer durch die geringe Wärmeentwicklung (Joule'sche Wärme) aus beiden Puffergefäßen ständig nach der Mitte des Streifens hin Puffer nachgesaugt wird. Dieser

Verdunstungssog überlagert die elektrophoretische Wanderung auf der einen Seite in Richtung der elektroosmotischen Strömung, auf der anderen Streifenseite entgegen der Wanderungsrichtung der Zonen.

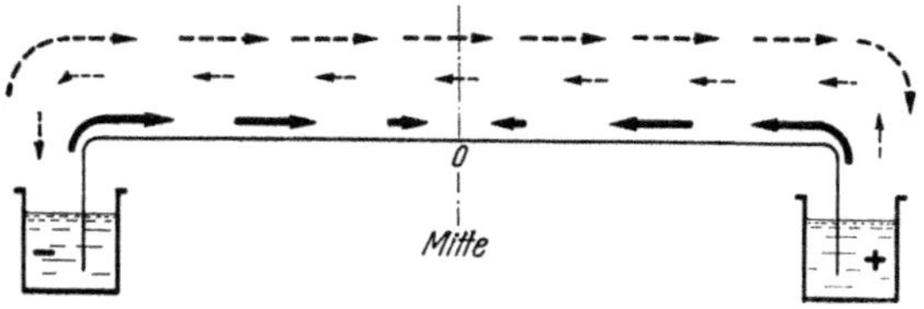

Abb. 132. Die Sogeffekte. ---▸ elektroosmotische Strömung und Heberwirkung; ━▸ Richtung und Größe des „Anfangs" und des „Verdunstungssogs". (Aus *Hoppe-Seyler/Thierfelder*)

Wenn der Filterstreifen zu Beginn der Elektrophorese nicht vollkommen mit Pufferlösung gesättigt ist, entsteht eine Vergrößerung dieser Sogwirkung, der sogenannte Anfangssog. Wenn die Puffervorratsgefäße ungleichmäßig hoch mit Pufferflüssigkeit gefüllt sind, kann diese Sogwirkung einseitig wesentlich verstärkt oder vermindert werden.

Es ist deshalb darauf zu achten, daß die Elektrophoresekammern nicht ungleichmäßig erwärmt werden, daß sie waagrecht stehen und daß die Puffervorratsgefäße immer vollkommen gleichmäßig hoch mit Pufferlösung gefüllt sind.

B. Trägermaterialien

1. Filterpapier

Für elektrophoretische Routineuntersuchungen hat sich das Filterpapier als besonders geeignet erwiesen. Gute Filterpapiere, die für elektrophoretische Aufteilung besonders geeignet sind, weisen sehr geringe Adsorptionserscheinungen auf. Die Zellulose und damit auch das Filterpapier hat anionischen Charakter.

Die aus Linters hergestellten Filterpapiere sind wegen der größeren chemischen Reinheit der Linters-Faser (die kurzen Haare des Baumwollsamens), der geringen oxydativen Schädigung durch Verarbeitungsprozesse und einen höheren Durchschnitts-Polymerisationsgrad für die elektrophoretische Aufteilung besonders geeignet [*4*].

Fur die diskontinuierliche Papierelektrophorese sind die Papiere: Schleicher & Schull 2043a, 2043 mgl, Whatmann 1, Binzer-Ederol und Macherey & Nagel 819, am geeignetsten.

Für die Zwecke der präparativen Elektrophorese auf Filterkartonstreifen wird der Karton S & S 2230 sowie Binzer Nr. 230 empfohlen.

Außerdem sind Versuche auf Kunststoffpapieren (aus Glasfaser usw.) gemacht worden. Diese sind aber wegen der Schwierigkeit der Verfilzung dieser Papiere nur beschränkt verwendungsfähig.

2. Acetatfolie

Als ideales Mittel fur elektrophoretische Trennverfahren haben sich Membranfolien [*5*] bewährt, die durch ihren besonderen Strukturaufbau gegenüber Eiweißstoffen praktisch keine Adsorption aufweisen. Diese Folien sind aus Celluloseacetat hergestellt, besitzen eine schaumartige Struktur und nehmen deshalb bis zu 85% Pufferlösung auf. Durch die gleichmäßige Struktur gelingt es mit diesen Folien, die elektrophoretischen Aufteilungen in wesentlich kurzerer Zeit als im Papier bei vergleichsweise hohen Spannungen durchzuführen. Da die Farbstoffe, wie z. B. Amidoschwarz 10 B nur in geringem Maße adsorbiert werden, lassen sie sich in wenigen Minuten auswaschen. Sie lassen sich vollkommen transparent machen, so daß fur die photometrische Auswertung ideale Bedingungen gegeben sind.

3. Stärkegel

Vor allem zum Nachweis der Haptoglobine hat sich die elektrophoretische Aufteilung von Serum in Stärkegel (Torontostärke) bewährt [*6*] (s. S. 945). Das Stärkegel wird dabei auf Glasplatten oder auf besonderen Stärkeblockbrücken verwendet.

4. Agargel

Elektrophoretische Aufteilungen können auch im Agargelfilm durchgeführt werden [*7*]. Dabei wird eine 2%ige Agarlösung erhitzt und gleichmäßig auf vollkommen waagerecht liegende Glasplatten aufgegossen, so daß sich eine gleichdicke Agargel-Schicht bildet, in der nach Erkalten die elektrophoretische Trennung ähnlich durchgeführt werden kann, wie in Papierstreifen.

Agargel dient ebenfalls als geeignetes Trägermaterial für die Durchführung der sogenannten Immunoelektrophorese (s. S. 940).

5. Acrylamidgel (Cyanogum)

Als ein besonders gut geeignetes Trägermaterial hat sich ein synthetisches, wasserklares Gel eingeführt, welches durch Polymerisation von Acrylamid und N,N-Methylenbisacrylamid mit Ammoniumpersulfat und dem Katalysator Dimethylaminopropionitril erhalten wird [*8*]. Dieses Gel bietet den Vorteil, daß es analysenrein darzustellen ist und man vermeidet so die Nachteile, die sich bei der Verwendung von Stärke- oder Agargel durch unbekannte Beimischungen ergeben können. Darüber hinaus sind besonders scharfe Trennungen im Acrylamidgel erzielt worden. Bei Normalseren konnten 15—20 gut getrennte Proteinbanden zur Darstellung gebracht werden.

C. Anordnungen und Arbeitsweise der diskontinuierlichen Zonenelektrophorese

1. Apparaturen

Als Grundtypen haben sich für die Papierelektrophorese Kammern mit hängender oder mit horizontaler Anordnung der Papierstreifen bewährt.

Bei beiden Anordnungen (Abb. 133a, b) ist dafür Sorge zu tragen, daß der Luftraum über den Streifen so dimensioniert ist, daß eine rasche Feuchtigkeitssättigung in der Kammer erfolgt.

Bei der hängenden Anordnung (*Durrum* [*1*, *9*], *Wunderly* [*10*]) (Abb. 133a) wird ein etwa 40 cm langer, mit Puffer angefeuchteter Filterpapierstreifen so über einen Mittelsteg gehängt, daß die beiden Enden gleichmäßig lang sind und rechts und links von der Aufhängevorrichtung in die Puffergefäße eintauchen.

Bei der horizontalen Anordnung (*Wieland* [*1*], *Graßmann* und *Hannig* [*11*]) (Abb. 133b) wird der mit Puffer angefeuchtete Papierstreifen horizontal über eine Brücke gelegt, wobei der feuchte Streifen durch Adhäsion straff gespannt bleibt.

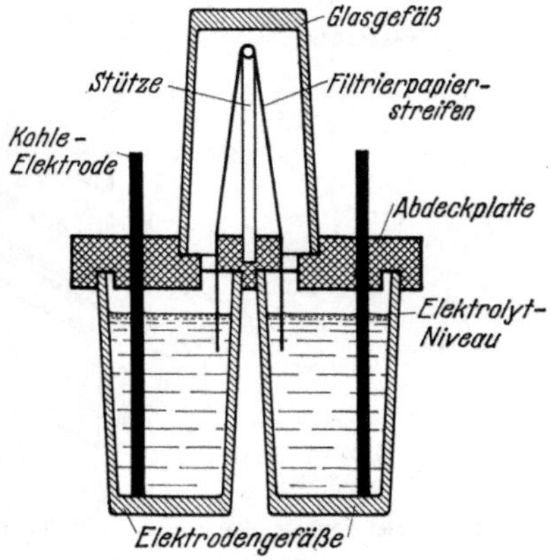

Abb. 133a. Schema der hängenden Anordnung nach *Durrum* [*1*]

Ein Labyrinthsystem verhindert, daß feste und gasförmige Elektrolysenprodukte die elektrophoretische Wanderung beeinflussen. Die horizontalen Kammern eignen sich auch zur Durchführung der Agarelektrophorese, der Immunoelektrophorese und der Stärkeblockelektrophorese auf besonderen Brücken.

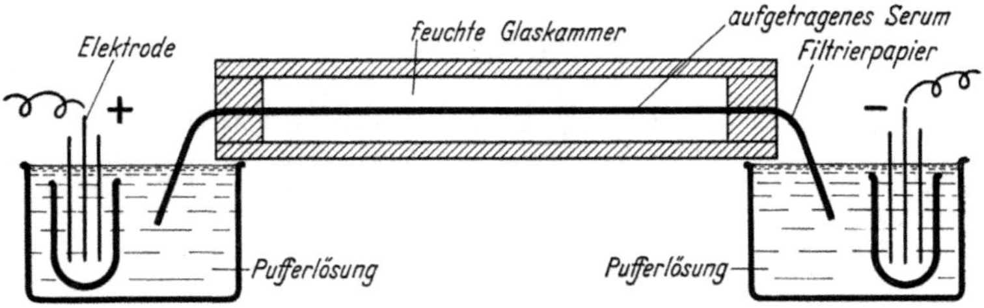

Abb. 133b. Schema der horizontalen Anordnung nach *Wieland* [1]

Zwei bewährte, im Handel befindliche Elektrophoresekammern mit hängender bzw. horizontaler Arbeitsweise sind schematisch in Abb. 134a und b gezeigt.

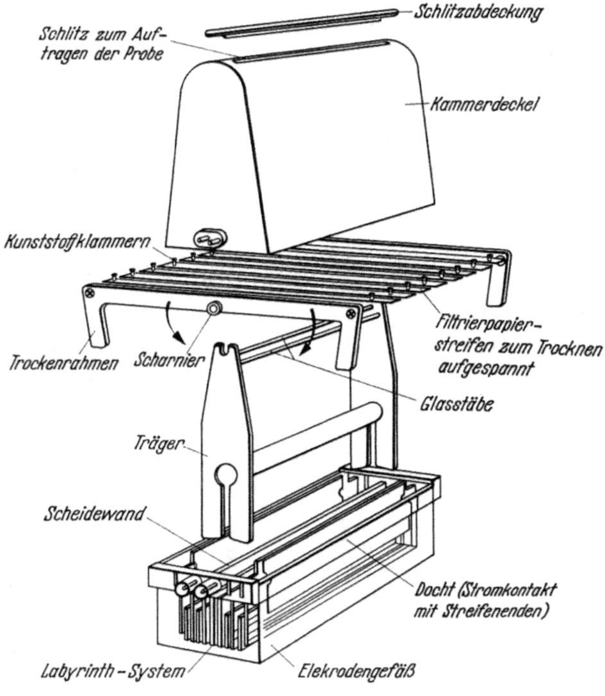

Abb. 134a. Elektrophoresekammer nach *Williams*, *Pickels* und *Durrum* [9] („Modell-R")[1]

[1] Beckman Instruments GmbH., München.

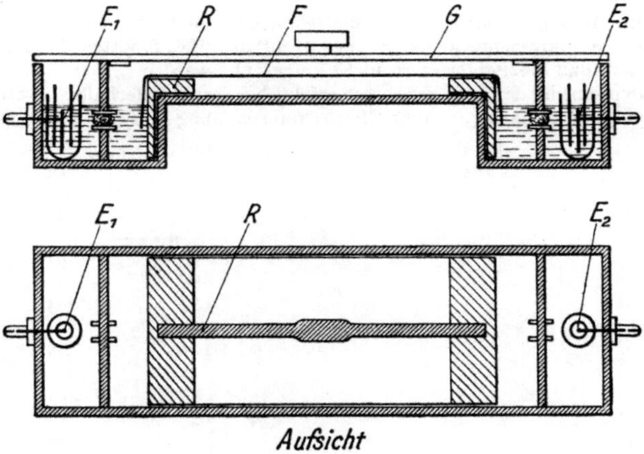

Abb. 134b. Elektrophoresekammer nach *Graßmann* u. *Hannig* [*11*] („Elphor-H")[1] *G* Glasdeckel, E_1, E_2 Elektroden, *F* Filtrierpapierstreifen, *R* Kunststoffrahmen

2. Zur Methodik der Papierelektrophorese

Die Trägermedien sind zunächst mit einer geeigneten Pufferlösung gleichmäßig zu tränken (vgl. Tab. 1). Für Serum-Routineuntersuchungen hat sich der Michaelis-Puffer [*13*] von p_H 8,6, Ionenstärke 0,1 besonders bewährt. Die Filterpapierstreifen werden durch Einlegen in die Pufferlösung getränkt, auf einen Filterpapierbogen gelegt bis sie mattfeucht geworden sind, und dann einzeln in die Elektrophoresekammer eingespannt. Das zu trennende Substanzgenisch, z. B. Blutserum, wird bei den Kammern mit hängender Filterstreifenanordnung am Gipfel aufgetragen, bei den Streifen mit horizontaler Anordnung an der Kathodenseite der Kammer etwa 4 cm von der Auflagestelle entfernt, da die Serumproteine in Richtung Anode wandern.

Tabelle 1. **Einige geeignete Pufferzusammensetzungen für die Papierelektrophorese**

p_H 8,6	45 ml Eisessig + 125 ml Triäthylamin in 6 l Wasser. (Flüchtiger Puffer auch für Serumtrennungen geeignet.)
p_H 8,6	**Für Serumtrennungen üblich:** a) 7,5 g Veronal + 41,2 g Veronal-Natrium in 4 l Wasser (*Dole* [*12*]). b) 29,4 g Veronal-Na + 19,4 g Natriumacetat · $3 H_2O$ + 180 ml n/10 HCl in 3 l Wasser (*Michaelis* [*13*]).
p_H 8,9	c) 121 g Trishydroxymethylaminomethan (Tris) + 12 g Äthylendiaminotetraessigsäure (Edta) + 9,2 g Borsäure in 2 l Wasser (*Aronsson* und *Grönwall* [*14*]).
p_H 6,1	20 ml Eisessig + 300 ml Pyridin in 4 l H_2O.
p_H 4,9	a) 80 ml Eisessig + 100 ml Pyridin in 10 l H_2O b) 135 g Natriumacetat · $3 H_2O$ + 25 ml Eisessig in 10 l Wasser
p_H 3,9	100 ml Eisessig + 30 ml Pyridin in 2,5 l Wasser.
p_H 2,3	1 n Essigsäure
p_H 1,9–2,0	a) Mischung aus 2 n Essigsäure und 0,6 n Ameisensäure (1:1). b) 5 n Essigsäure.

[1] Bender & Hobein, München.

Beim Auftragen des Substanzgemisches, das am besten in einer genau abgemessenen Mikromenge (0,006 ml bis 0,01 ml) mit einer Pipette erfolgt, ist darauf zu achten, daß die Papierfasern nicht aufgerauht werden.

Durchführung der Elektrophorese erfolgt bei Serum innerhalb von etwa 14 bis 16 Stunden unter Anlegen einer Gleichstromspannung von 110 Volt.

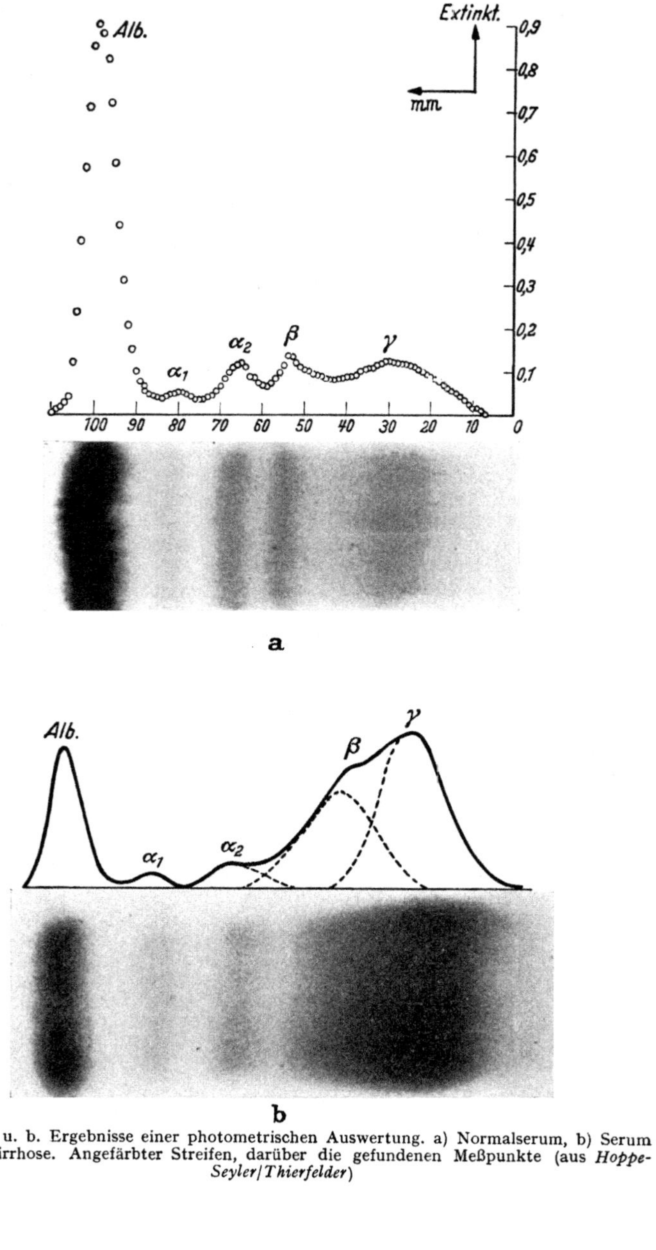

Abb. 135a u. b. Ergebnisse einer photometrischen Auswertung. a) Normalserum, b) Serum bei Lebercirrhose. Angefärbter Streifen, darüber die gefundenen Meßpunkte (aus *Hoppe-Seyler/Thierfelder*)

Nach Beendigung der Elektrophorese läßt man die Streifen in waagerechter Lage im Trockenschrank bei 100 °C trocknen. Das Sichtbarmachen der getrennten Fraktionen kann dann durch geeignete Anfärbeverfahren wie sie z. B. auch in der Papierchromatographie üblich sind, erfolgen. Für die Anfärbung der Serumproteine hat sich allgemein Amidoschwarz 10 B bewährt. Dazu werden die getrockneten Streifen in einer gesättigten Lösung von Amidoschwarz 10 B in Methanol-Eisessig ca. 10 Minuten gefärbt. Das Auswaschen der nicht mit Eiweiß beladenen Teile geschieht in Bädern wie Methanol-Eisessig (9 : 1), bis der Untergrund praktisch farblos geworden ist.

Die quantitative Auswertung der durch Farbreaktionen kenntlich gemachten Fraktionen kann im wesentlichen nach zwei Verfahren erfolgen: entweder durch Kolorimetrie des Farbstoffes in Lösung oder einfacher, indem man den gefärbten Streifen unmittelbar im durchfallenden Licht photometriert. Das Elutionsverfahren liefert im allgemeinen keine Kurven, die vor allem für die Beurteilung von Serumtrennungen notwendig wären, sondern nur Einzelwerte, und diese können nur bei vollständiger Auftrennung der Fraktionen genau sein. Aus diesem Grund wird heute wohl im allgemeinen dem Transparenzmeßverfahren (*Graßmann* und *Hannig* [*1, 11*]) der Vorzug gegeben.

Dazu werden die gefärbten und trockenen Papierstreifen in ein Transparenzöl von geeignetem Brechungsindex eingelegt und dadurch weitgehend durchscheinend gemacht. Die so vorbehandelten Streifen werden nun Millimeter für Millimeter am Lichtspalt eines Photometers vorbeigeführt und die am Meßinstrument abgelesenen Extinktionen auf Millimeterpapier übertragen. Man erhält somit eine Extinktionskurve, die qualitativ und quantitativ die Verteilung der einzelnen Komponenten wiedergibt. Diese können nach Einzeichnen der Gaußschen Verteilungskurven planimetrisch ausgemessen werden (Abb. 135a, b). Aus den Flächenwerten lassen sich die Relativprozente für die einzelnen Fraktionen leicht ermitteln.

Für den Routinebetrieb stehen automatische Auswertgeräte zur Verfügung, die sowohl die Extinktionskurven automatisch aufzeichnen, sowie die Flächenwerte oder auch die Relativwerte angeben.

In manchen Fällen kann es erwünscht sein, die Dauer der elektrophoretischen *Auftrennung abzukürzen.* Dazu eignen sich vor allem *Acetatfolien* als Trägermaterial. Da hier die Trennschärfe besser ist als in Filtrierpapierstreifen, kann die Abmessung der Streifen verkleinert werden (20×70 mm). Bei einer Gleichstromspannung bis zu 220 Volt, wobei verdünntere Pufferlösungen verwendet werden, gelingt z. B. die Auftrennung der Serumproteine in ein bis zwei Stunden.

In Tab. 2 sind die Werte mit Schwankungsbreiten für Normalserum bei der Untersuchung in der Papierelektrophorese zusammengestellt (*Wunderly*, 1954).

Die aus nebenstehender Tab. 2 zu entnehmenden Schwankungsbreiten sind verhältnismäßig hoch. Sie setzen sich aus den gefundenen Normalwerten verschiedener Bearbeiter zusammen. Da in jedem Fall die Technik in den einzelnen Untersuchungsstellen eine unterschiedliche ist, empfiehlt es sich, einen häufig kontrollierten „*Hauswert*“ zu ermitteln, der den zuverlässigsten Standard darstellt.

Tabelle 2

	rel. %
Albumin	55,7–65,0
α_1-Globulin	3,0– 5,8
α_2-Globulin	5,8– 9,1
β-Globulin	9,3–12,0
γ-Globulin	15,0–19,5

3. Präparative Trennung im Filterkarton

Die guten Ergebnisse der elektrophoretischen Aufteilungen im Papierstreifen führten zu Versuchen, auch größere Mengen Substanz mit Hilfe dieses bewährten Verfahrens zu trennen. In besonderen Präparativkammern können auf Filterkartonstreifen bis zu 2 mm Dicke und 10 cm Breite in eine in diesem Filterkarton gepreßte Rinne bis zu 1 ml Serum aufgetragen werden. Nach der elektrophoretischen Trennung wird durch einen Abklatsch mit Filterpapier, der angefärbt wird, festgestellt, wo die einzelnen Fraktionen liegen. Daraufhin kann der Filterkarton zwischen den Fraktionen zerschnitten und die einzelnen Fraktionen eluiert oder mit Hilfe einer Spezialpresse aus den Kartonteilstreifen ausgepreßt werden [*15*].

Als geeignete Filtrierkartone erwiesen sich für diese Arbeitsweise folgende Sorten:

Whatman Nr. 31; Munktel 20/350; Schleicher & Schüll Nr. 2230; Macherey & Nagel Nr. 826; Binzer Nr. 230.

Wegen des erhöhten Stromdurchganges durch derartige dicke Trägermaterialien sind Maßnahmen zur Abführung der Joule'schen Wärme unerläßlich.

4. Hochspannungselektrophorese

Durch Erhöhung der Feldstärke wird die Beweglichkeit der zu trennenden Komponenten vergrößert, die Laufzeiten verkürzt und somit auch der Diffusionseffekt verringert.

Elektrophoreseanordnungen, die Trennungen unter hohen Spannungen ermöglichen, erfordern ebenso wie bei der präparativen Elektrophorese auf dicken Trägern besondere Maßnahmen zur Abführung der Joule'schen Wärme und Vermeidung von Verdunstung. Zwei Möglichkeiten dazu, wie Einbetten der Elektrophoresestreifen in gekühlte organische, indifferente Lösungsmittel, oder Auflegen bzw. Einbetten zwischen elektrisch isolierte, gekühlte Flächen, werden von verschiedenen Seiten aufgegriffen.

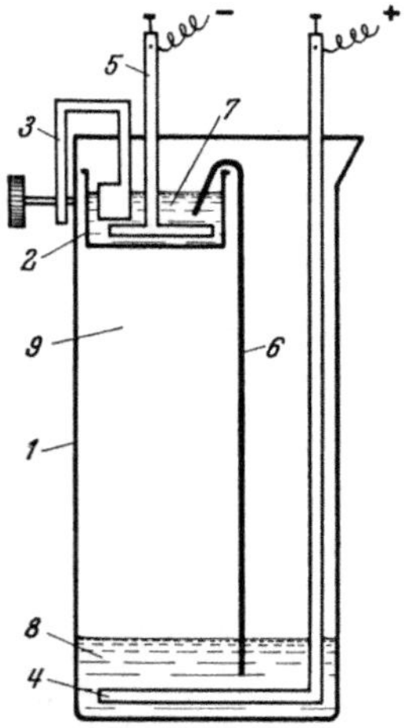

Abb. 136. Anordnung zur Hochspannungselektrophorese nach *Michl* [*16*]. *1* Filtrierstutzen, *2* Schale, *3* Klammer, *4*, *5* Zinnelektroden, *6* Filtrierpapierstreifen, *7*, *8* Elektrolytlösung, *9* Toluolfüllung (aus *Hoppe-Seyler/Thierfelder*)

Die erste Anordnung zur Hochspannungselektrophorese auf Filtrierpapier, die Feldstärken bis zu 50 Volt/cm zuließ, beschrieb *Michl* 1951 [*16*] (Abb. 136). Sie ist einfach und leicht mit den Mitteln des Laboratoriums selbst herzustellen. *Michl* benützte diese Anordnung u. a. zur Auftrennung der Aminosäuren eines Eiweißhydrolysates, sowie zur Trennung von Peptidfraktionen.

Ähnliche Anordnungen mit organischen Flüssigkeiten als Kühlmedium wie Hexan, Heptan, sowie Tetrachlorkohlenstoff, wurden in der Folge von zahlreichen weiteren Autoren beschrieben [*17*], wobei teilweise zusätzliche Kühlung des organischen Lösungsmittels von außen erfolgte.

Als Beispiel für die ausgezeichneten Trennergebnisse, die mit dieser Arbeitsweise erreicht werden können, ist in Abb. 137 die Auftrennung der ninhydrinpositiven Komponenten des Serumreststickstoffes gezeigt.

Das Einbetten der Elektrophoresestreifen in organische Lösungsmittel bringt neben dem Vorteil der intensiven Kühlung auch gewisse Nachteile mit sich. Es ist nämlich an die Voraussetzung gebunden, daß die zu trennenden Stoffe gegenüber dem ungebundenen Kühlmedium indifferent und nicht löslich oder emulgierbar sind. Bei Proteinen tritt häufig als störender Faktor eine Denaturierung an den Grenzflächen auf. Diese Nachteile werden in den Anordnungen, bei denen der Elektrophoresestreifen auf gekühlten Flächen aufliegt, vermieden. Apparativ gesehen sind sie jedoch komplizierter. Oft ist es auch nicht leicht, einen guten und gleichmäßigen Kontakt zwischen Kühlfläche und Trägerstreifen zu verwirklichen, was zu Unschärfen (Zonenimperfektionen) führt. Von solchen Anordnungen, bei denen der Papierstreifen waagerecht liegt, ist neben anderen [*18*] diejenige von *Wieland* und *Pfleiderer* [*19*] am bekanntesten geworden (Abb. 138).

Die Kammer kann außer mit Filtrierpapierkarton auch mit anderen Trägern wie Stärkebrei, Cellulosepulver u. a. oder Gelen beschickt werden (Präparative Gewinnung von Fraktionen).

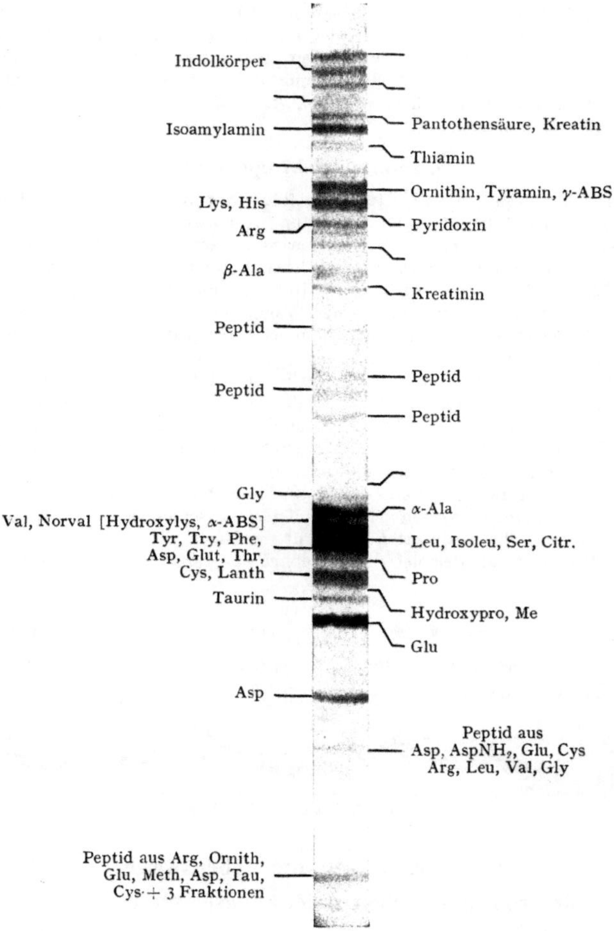

Abb. 137. Hochspannungselektrophorese von Substanzen des Serumreststickstoffs (*Heilmeyer* u. Mitarbeiter [*17*]). 60 Volt/cm; Pyridin-Essigsäure-Puffer p_H 3,6; 45 Min.

Abb. 138. Querschnitt durch einen Teil der Hochspannungselektrophoresekammer nach *Wieland* u. *Pfleiderer* [*19*] („Pherograph")[1]

[1] L. Hormuth, Heidelberg-Wiesloch.

Im allgemeinen hat sich die Hochspannungselektrophorese für die Trennung niedermolekularer Substanzgemische als brauchbare analytische und kleinpräparative Methode bewährt; die Trennung von hochmolekularen Stoffen wie Proteinen u. a. stößt bei extrem hohen Feldstärken auf Schwierigkeiten, da die einzelnen Komponenten durch Adsorptionseffekte der raschen elektrophoretischen Wanderung nicht mehr folgen können, was zu „Schwanzbildungen" („tailing"-Effekt) und damit zu unscharfen Trennungen führt. (Eine ausführliche Behandlung der Technik und Anwendung der Hochspannungselektrophorese findet sich in dem Handbuch von *Clotten, R.*, u. *A. Clotten*, 1962, s. auch „Spezielle Literatur", S. 945.)

5. Immunoelektrophorese

Dieses Verfahren von *Grabar* [*20*] eingeführt, hat wegen seiner Bedeutung für immunchemische Arbeiten große Anwendung gefunden [*21*].

Innerhalb eines Agargels als Träger wird zunächst eine elektrophoretische Trennung des punktförmig aufgetragenen Eiweißpräparates durchgeführt. Danach wird seitlich in Form eines Striches ein Immunserum aufgetragen, dessen Antikörper senkrecht zur elektrophoretischen Wanderungsrichtung diffundieren. Vorhandene Antigene reagieren mit den entsprechenden Antikörpern und rufen eine Präcipitationsreaktion hervor. Nach einer gewissen Zeit beobachtet man Präcipitationszonen, deren Ort durch die Beweglichkeit des betreffenden Bestandteils im elektrischen Feld definiert ist. Da in der Zeit, in der die Antikörper diffundieren, auch das Antigen ringsherum diffundieren kann, sind die Präcipitationszonen Ellipsoide. Wenn eine regelmäßige Bogenlinie entsteht, liegt eine einheitliche Substanz vor; wenn dagegen die Präcipitationslinie in die Länge gezogen ist, ist dies ein Hinweis, daß eine heterogene Substanz vorliegt.

Mit dieser Methode können sehr komplizierte Mischungen getrennt, definiert und auch biologische Aktivitäten bestimmt werden.

Abb. 139 zeigt als Beispiel das Ergebnis der Immunoelektrophorese eines Normalserums.

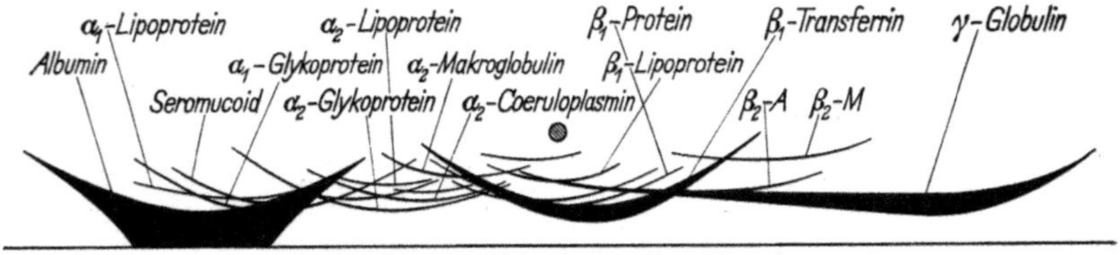

Abb. 139. Immunoelektrophorese eines Normalserums

D. Anordnungen und Arbeitsweise der kontinuierlichen Ablenkungselektrophorese

Bei dieser Arbeitsweise strömt eine Elektrolytlösung quer zu den Kraftlinien eines elektrischen Feldes und das zu trennende Gemisch wird kontinuierlich an einer eng begrenzten Stelle dem strömenden Medium zugeführt (s. Schema in Abb. 140). Komponenten verschiedener Beweglichkeit wandern in verschiedener Richtung und können nach Durchwandern der Anordnung kontinuierlich an den betreffenden Stellen entnommen werden. Gegenüber der diskontinuierlichen Zonenelektrophorese bietet diese Methode den Vorteil, daß eine kontinuierliche, präparative Auftrennung über praktisch beliebig lange Zeit möglich ist, ohne daß dabei die Streifen zerschnitten und gesondert eluiert werden müssen.

Die Durchführung dieses Trennprinzips ist grundsätzlich innerhalb heterogener Systeme, aber auch in homogener Lösung ohne Verwendung eines Trägermaterials möglich. Während Anordnungen mit Trägern, Filtrierpapier oder Filtrierkarton noch verhaltnismäßig einfach gestaltet werden können, erfordert die Durchführung dieses Verfahrens im homogenen Medium größeren apparativen Aufwand, der jedoch wegen der vielseitigeren Anwendbarkeit auf fast alle Stoffgemische — bis zu Viren oder Zellen — in Kauf genommen wird.

1. Anordnungen in heterogenen Systemen

Die Durchführung der kontinuierlichen Elektrophorese in Filtrierpapier [*22*] stellt die einfachste Anordnung dar[1].

Sie bietet den Vorteil, daß auf besondere Maßnahmen zur Kühlung, zur Vermeidung von Turbulenz und Konvektion verzichtet werden kann. Es liegt übrigens im Prinzip dieser Arbeitsweise, daß sich Adsorptionseffekte auf die Trennschärfe nicht oder nur sehr viel weniger störend auswirken als bei der diskontinuierlichen Zonenelektrophorese [*3*]. Nur dann, wenn die Adsorption irreversibel ist, oder wenn Substanzgemische mit extrem hohen Teilchengrößen, also etwa Viren, gelöste Faserproteine, Suspensionen von Bakterien oder Zellen getrennt werden sollen, ist die Anwendung poröser Träger nicht oder zumindest nur begrenzt möglich. Bei Durchsatzleistungen bis zu 500 mg Substanzgemisch pro Tag sind Trennungen von Serumproteinen und anderen Proteingemischen, Eiweißprodukten, Aminosauren, Viren, Vitaminen, anorganischen Ionen u. a. beschrieben worden.

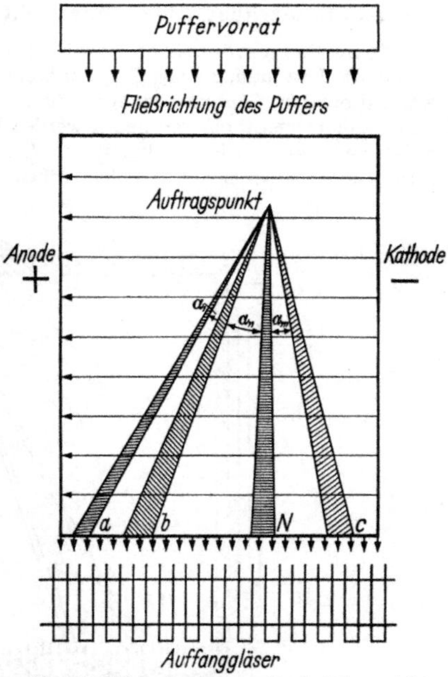

Abb. 140. Prinzip der kontinuierlichen elektrophoretischen Arbeitsweise

Als Filtrierpapiersorten haben sich dabei u. a. die Papiere Schleicher und Schüll Nr. 2040a, 2040b und 609L sowie Binzer 201 und 202 bewahrt.

Um die elektrophoretische Trennung nach diesem Prinzip auch für größere Mengenleistungen möglich zu machen, wurden Apparaturen fur Verwendung dickerer Trägermaterialien entwickelt, wobei sich vor allem solche mit Filtrierkarton durchgesetzt haben [*23*]. Auch die Anordnungen, die als poröse Träger mit Fullmaterialien gefüllte flache Küvetten benutzen [*2*], ermöglichen größere Trennleistungen. In beiden Fällen tritt das Problem der Abführung der Joule'schen Warme in den Vordergrund und besondere Kuhlmaßnahmen und Vorkehrungen zur Vermeidung starker Verdunstungsverluste sind unerlaßlich.

In der Anordnung des Autors wird der freihangende Filtrierkarton, der als Trennfläche dient, durch einen auf $-10\,^{\circ}C$ bis $-20\,^{\circ}C$ gekühlten Luftstrom von der einen Seite her gekühlt. Da durch diese Maßnahme allein Flüssigkeit vom Trennkarton durch Verdunstung abgefuhrt würde, wird gleichzeitig Wasser von der anderen Seite des Trennkartons aufkondensiert. Durch geeignete Wahl der Kühltemperatur und dem Grad der Aufdampfung hat man es in der Hand, den Elektrophoresetrager in seiner ganzen Ausdehnung feucht zu halten. Durch diese Maßnahmen konnte die Durchsatzleistung der kontinuierlichen Ablenkungs-

[1] Hierfür geeignete Apparaturen sind im Handel erhältlich z. B. „Elphor-Va" Bender & Hobein, München und „Spinco-Modell CP" Beckman Instruments GmbH, München.

elektrophorese in feuchter Kammer um etwa das Zwanzigfache gesteigert werden, so daß man in der Lage ist, etwa 6—8 g z. B. eines Eiweißabbaugemisches pro Tag aufzutrennen.

2. Kontinuierliche Ablenkungselektrophorese im freien Pufferfilm

Die Durchführung der kontinuierlichen Elektrophorese im homogenen Medium, also ohne Verwendung eines Trägers, bietet den Vorteil, daß störende Faktoren wie Adsorption, Verunreinigungen durch das Trägermaterial oder Störungen durch Inhomogenitäten vermieden werden können. So können in dieser Arbeitsweise gleich gut niedermolekulare wie hochmolekulare Substanzgemische, auch solche mit extrem hohen Teilchengrößen (Suspensionen), mit besonders guter

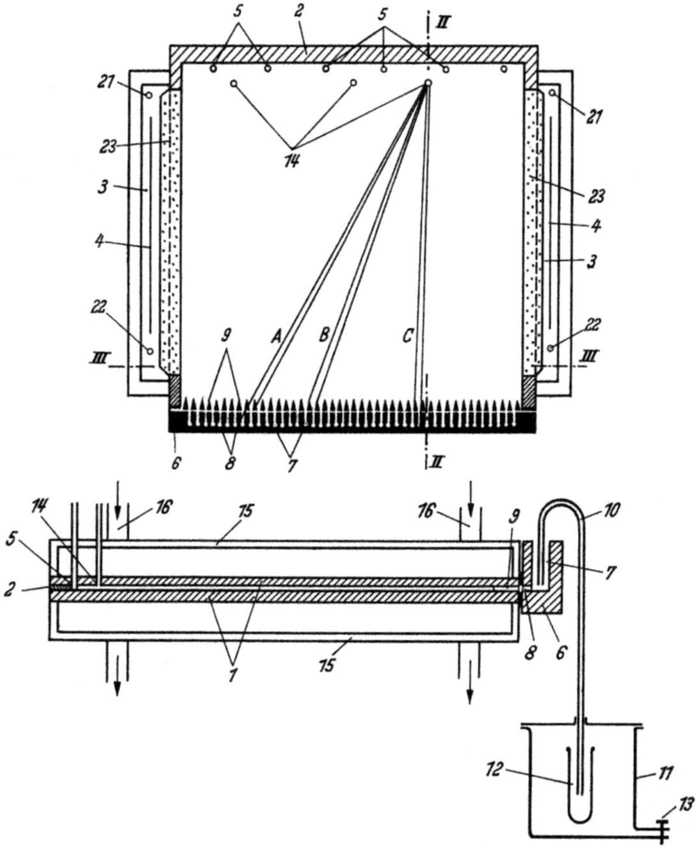

Abb. 141. Schema der Trennkammer für freie, kontinuierliche Elektrophorese nach *Hannig* [25] („Elphor-VaP")[1] (Ansicht von oben und Schnitt II—II).
1 Glasplatten 50×50 cm, *2* U-förmiger Plexiglasstreifen (0,5 mm), *3* Elektrodenräume, *4* Platinelektroden, *5* Pufferzuführung, *6* Entnahmevorrichtung, *7* Bohrungen (8 mm ∅, 30 mm tief, *8* Bohrungen senkrecht zu *7*, *9* Stege (0,5 mm), *10* Absaugröhrchen, *11* Doppelwandige Reagensglasvakuumkammer, *12* Gestell mit 48 Gläsern, *13* Magnetventil, *14* Zuführung der Trennlösung, *15* Kühlmäntel, *16* Kuhlluftzuführung, *21* Zu- und, *22* Ableitung der Elektroden-Spülflüssigkeit, *23* Membranen. *A*, *B*, *C* 3 getrennte Komponenten

[1] Bender & Hobein, München; Brinkmann Instr.; Westbury N. Y. (Modell F.F).

Trennschärfe präparativ aufgetrennt werden [*24*, *25*]. Wegen des Fehlens eines Trägermaterials können auch bei hochmolekularen Stoffen, wie Proteinen, hohe Feldstärken (bis 50 Volt/cm) angewendet werden, so daß große Durchsatzleistungen zu erzielen sind. Die Temperaturen bei der Trennung können durch wirksame Kühlmaßnahmen niedrig gehalten werden.

Abb. 141 zeigt schematisch den Aufbau einer geeigneten Trennkammer.

Zwischen zwei mit gekühlter Luft gekühlten Glasplatten (50×50 cm), die in einem Abstand von 0,5–0,6 mm angeordnet sind, wird — durch sechs Kapillaren am oberen Rand der Kammer zugeführt — eine geeignete Pufferlösung in Form eines 0,5–0,6 mm dicken Filmes bewegt. Seitlich angebrachte Elektroden, die ständig mit Pufferlösung umspült werden, vermitteln über Membranstreifen

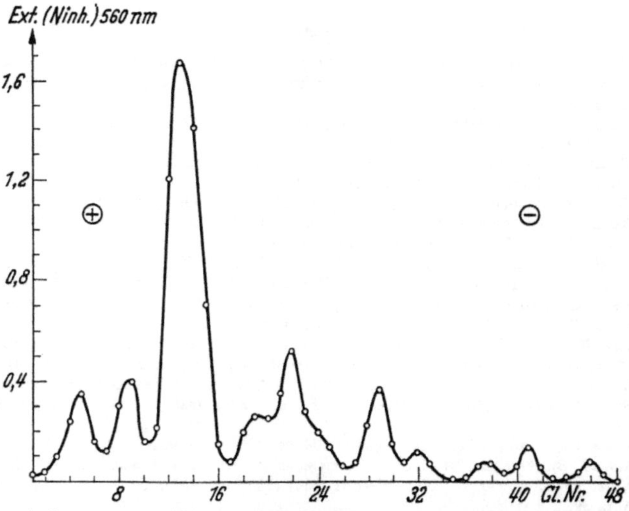

Abb. 142. Auftrennung von Abbaupeptiden. Verteilungskurve nach Ninhydrinfarbung (Pyridin-Essigsaurepuffer p_H 4,9; 1800 Volt, 130 mA)

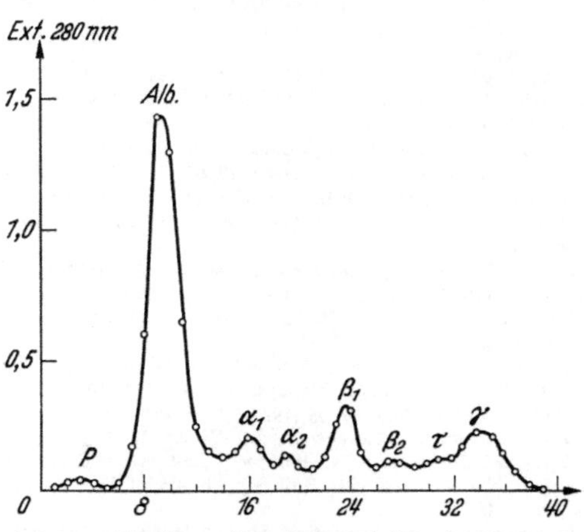

Abb. 143. Serumtrennung. Eiweißverteilungskurve erhalten durch Messung der Extinktion bei 280 nm. (Veronalpuffer p_H 8,6; 1500 V, 150 mA)

elektrischen Kontakt mit dem Pufferfilm, so daß quer zur Strömung der Pufferlösung ein elektrisches Feld liegt. Das Substanzgemisch wird an einer geeigneten Stelle mittels eines Kapillarschlauchs kontinuierlich zugefuhrt. Die Entnahme der Fraktionen erfolgt durch eine Entnahmevorrichtung, die im Prinzip eine Vielzahl kleiner kommunizierender Gefäße darstellt. Sie werden in geeigneten Zeitabständen durch kurzfristiges Anlegen eines Unterdruckes in einer Kammer, in der sich größere Vorratsgefäße befinden, automatisch in diese abgesaugt. Die zu erzielenden Durchsatzleistungen bewegen sich zwischen 2—10 g Substanzgemisch pro Tag.

In Abb. 142 und 143 wird das Ergebnis von Trennungen am Beispiel eines Eiweißabbauproduktes und eines Normalserums gezeigt.

Literatur

[1] *Wieland, T.:* Angew. Chem. **60**, 313 (1948). — *Turba, F.,* u. *H. J. Enenkel:* Naturwiss. **37**, 93 (1950). — *Durrum, E. L.:* Amer. chem. Soc. **72**, 2943 (1950). — *Graßmann, W.,* u. *K. Hannig:* Naturwiss. **37**, 496 (1950).

[2] *Graßmann, W.:* DBP 805399 vom 24. 5. 1949; Angew. Chem. **62**, 170 (1950); Ber. Physiol. **139**, 220 (1950); Naturwiss. **38**, 200 (1951). — *Svensson, H.,* u. *I. Brattsten:* Ark. Kemi **1**, 401 (1949). — *Graßmann, W.,* u. *K. Hannig.* Naturwiss. **37**, 397 (1950).

[3] *Weber, R.:* Helv. chim. Acta **36**, 424 (1953).

[4] *Grune, A.:* Arzneim.-Forsch. **4**, 347 (1954); Chimia Zurich **11**, 173, 213 (1957).

[5] *Kohn, J.:* Biochem. J. **65**, 9 (1957); Clin. chim. Acta **2**, 297 (1957); **3**, 450 (1958). — *Heide, K.,* u. *H. Biel:* Behringwerke-Mitt., Heft 35. — *Maier, K. H.,* u. *H. Beutelspacher:* Koll. Z. **135**, 10 (1954). — *Maier, K. H.,* u. *K. Voggel:* Z. anal. Chem. **186**, 257 (1961). — *Wieland, T., G. Pfleiderer, J. Haupt* u. *W. Worner:* Biochem. Z. **332**, 1 (1959).

[6] *Smithis, O.:* Biochem. J. **61**, 629 (1955); **71**, 585 (1959); **72**, 121 (1959). — *Wintersberger, E.,* u. *H. Tuppy:* Monatsh. Chem. **91**, 406 (1960).

[7] *Giri, K. U.:* J. Indian Inst. Sci. **38**, 190 (1956). — *Wieme, R. J.:* Behringwerke Mitt. **34**, 27 (1957). — *Pezold, F. A.,* u. *H. Thomas:* Z. ges. exper. Med. **129**, 412 (1957). — *Ressler, N.,* u. *T. Moy:* Clin. chim. Acta **4**, 901 (1959). — *Van Der Helm, H. J.:* Clin. chim. Acta **7**, 124 (1962). — *Cawley, L. P.,* u. *L. Eberhardt:* J. Clin. Phathology **38**, 539 (1962).

[8] *Raymond, S.,* u. *L. Weintraub:* Science **130**, 711 (1959). — *Raymond, S.,* u. *Yi-Ju Wang:* Analyt. Biochem. **1**, 391 (1960). — *Raymond, S.,* u. *M. Nakamichi:* Analyt. Biochem. **3**, 23 (1962). — *Ott, H.:* Med. Welt **51**, 2697 (1960). — *Murray, K.:* Biochim. biophys. Acta **59**, 211 (1962).

[9] *Williams, F., E. Pickels* u. *E. L. Durrum:* Science **121**, 829 (1955).

[10] *Wunderly, C.:* Minerva med., Roma **45**, 42 (1954).

[11] *Graßmann, W.,* u. *K. Hannig:* Z. physiol. Chem. **290**, 1 (1952); Kli. Wo. **1954**, 838.

[12] *Dole, V.:* J. Clin. Invest. **23**, 708 (1944).

[13] *Michaelis, L.:* Biochem. Z. **234**, 139 (1931).

[14] *Aronsson, T.,* u. *A. Gronwall:* Scand. J. Clin. Lab. Invest. **9**, 338 (1957).

[15] *Knedel, M.:* Verh. dtsch. Ges. inn. Med. **61**, 277 (1955). — *Schultze, H. E.,* u. *H. Biel:* Behringwerke-Mitt. **30**, 72 (1955).

[16] *Michl, H.:* Mh. Chem. **82**, 489 (1951); J. Chromatogr. **1**, 93 (1958).

[17] *Kickhöfen, B.,* u. *O. Westphal:* Z. Naturforsch. **7b**, 655 (1952). — *Markham, R.,* u. *J. D. Smith:* Biochem. J. **52**, 552, 558 (1952). — *Heilmeyer, L., R. Clotten, I. Sano, A. Sturm* u. *A. Lipp:* Kli. Wo. **32**, 831 (1954). — *Turba, F., H. Pelzer* u. *H. Schuster:* Z. physiol. Chem. **296**, 97 (1954).

[18] *Kraus, K. A.,* u. *G. W. Smith:* J. Amer. chem. Soc. **72**, 4329 (1950). — *Consden, R.,* u. *W. Stanier:* Nature **170**, 1069 (1952). — *Michl, H.:* Monatsh. Chem. **83**, 737 (1952). — *Gross, D.:* Nature **172**, 908 (1953); **176**, 72 (1955); **178**, 29 (1956). — *Werner, G.,* u. *O. Westphahl:* Angew. Chem. **67**, 251 (1955).

[19] *Wieland, T.,* u. *G. Pfleiderer:* Angew. Chem. **67**, 257 (1955).

[20] *Grabar, P.,* u. *C. Williams:* Biochim. biophys. Acta **10**, 193 (1953).
Grabar, P.: Bull. Soc. Chim. biol. **36**, 65 (1954); Adv. Protein Chem. **13**, 1 (1958).

[21] *Scheiffarth, F., H. G. Götz* u. *W. Frenger:* Ärztl. Wschr. **11**, 573 (1956). — *Martin, E., J. H. Scheidegger, P. Grabar* u. *C. A. Williams:* Bull. Acad. Suisse Sci. Med. **10**, 193 (1954). — *Uriel, J.,* u. *J. J. Scheidegger:* Bull. Soc. Chim. biol. **37**, 165 (1955). — *Wunderly, C.:* Kli. Wo. **1957**, 758.

[22] *Graßmann, W.,* u. *K. Hannig:* Naturwiss. **37**, 397 (1950); Z. physiol. Chem. **292**, 32 (1953). — *Durrum, E. L.:* Amer. chem. Soc. **73**, 4875 (1951). — *Strain, H. H.,* u. *J. C.*

Sullivan: Analyt. Chem. **23**, 816 (1951); **27**, 776 (1952). — *Pučar, Z.:* Croatica chem. Acta **28**, 195 (1956). — *Dicastro, G.:* Experientia **10**, 27 (1954). — *Peeters, H., P. Vulsteke* u. *R. Noe:* Protides of the Biological Fluid, S. 164, 1954. — *Holdsworth, E. S.:* Biochem. J. **59**, 340 (1955). — *Zaitlin, M.:* Biochim. biophys. Acta **20**, 556 (1956).

[*23*] *Brattsten, I.*, u. *A. Nilsson:* Ark. Kemi **3**, 337 (1951). — *Hannig, K.:* Z. physiol. Chem. **311**, 63 (1958).

[*24*] *Barrollier, J., E. Watzke* u. *H. Gibian:* Z. Naturforsch. **13b**, 754 (1958).

[*25*] *Hannig, K.:* Z. analyt. Chem. **181**, 244 (1961).

Spezielle Literatur (Übersichtsarbeiten)

1. *Wuhrmann, F.*, u. *C. Wunderly:* Die Bluteiweißkörper des Menschen. 2. Aufl., Basel 1952.
2. *Tiselius, A.*, u. *P. Flodin:* Adv. Protein Chem. **8**, 461 (1953). — *Wunderly, C.:* Die Papierelektrophorese. Aarau, Frankfurt, 2. Aufl. 1959.
3. *Block, J. E., R. L. Durrum* u. *G. Zweig:* A Manual of Paper Chromatography and Paper Electrophoresis. New York 1955.
4. *McDonald, H. J.:* Ionography; Electrophoresis in Stabilized Media. Chicago 1955.
5. *Graßmann, W.:* General Methods of Paper Electrophoresis; Ciba Found. Symp. on Paper Electrophoresis. London 1956.
6. *Lederer, M.:* Introduction to Paper Electrophoresis and related Methods, 2. Aufl. New York 1957.
7. *Riva, G.:* Das Serumeiweißbild. Bern 1957.
8. *Graßmann, W.*, u. *K. Hannig:* Praparative Elektrophorese, in: Houben-Weyl, 4. Aufl. Bd. I, S. 684. Stuttgart 1958.
9. *Bier, M.:* Electrophoresis. New York 1959.
10. *Hannig, K.:* Die Papierelektrophorese in der Eiweißchemie; in *Hoppe-Seyler/Thierfelder*, Handbuch der physiologisch- und pathologisch-chemischen Analyse, 10. Aufl., Bd. IV. Berlin-Göttingen-Heidelberg 1960.
11. *Dittmer, A.:* Papierelektrophorese, Grundlagen, Methodik, Klinische Betrachtungen, 2. Aufl. Jena 1961.
12. *Scheiffarth, F., G. Berg* u. *H. Götz:* Papierelektrophorese in Klinik und Praxis. München 1962.
13. *Clotten, R.*, u. *A. Clotten:* Hochspannungselektrophorese. Stuttgart 1962.

XII. Stärkegel-Elektrophorese

Von **K. Heide**, Marburg/Lahn

A. Allgemeine Angaben

Die von *Smithies* [*33*] eingeführte Stärkegel-Elektrophorese ermöglicht den Nachweis von mehr als 20 verschiedenen Proteinen im Humanserum. Ihr gegenüber anderen Elektrophoresemethoden erhöhtes Auflösungsvermögen beruht auf dem Zusammenwirken von elektrischem Feld mit Siebeffekt des Stärkegels [*22, 38a*], durch den größere und asymmetrische Moleküle in ihrer Beweglichkeit mehr behindert werden als kleinere und kugelige Teilchen. Die Methodik der Stärkegel-Elektrophorese und die erforderliche Apparatur sind von *Smithies* [*33, 34, 35*] und *Bloemendahl* [*4, 4a*] beschrieben. Zur Bestimmung der Haptoglobingruppen genügt im allgemeinen die horizontale Anordnung [*33*], für die Analyse von Seren wird jedoch neuerdings vielfach die vertikale Stärkegel-Elektrophorese [*34*] herangezogen, die eine besonders gleichmäßige Auftrennung ermöglicht.

B. Beschreibung der Methode

Zubereitung der Stärke. Das Gelingen der Stärkegel-Elektrophorese hängt in hohem Maße von einem geeigneten Stärkegel ab. Die hierzu erforderliche Stärke stellte sich *Smithies* durch Hydrolyse von Stärke mit Aceton-Salzsäure selbst her [*33*]. Da es jedoch schwierig ist, eine gut reproduzierbare Stärke zu erhalten, wird im allgemeinen das käufliche Präparat der *Connaught Medical Research Laboratories, Toronto, Canada*, benutzt. Diese Stärke wird etwa 12%ig in einem Boratpuffer (0,03 m H_3BO_3; 0,012 m NaOH) gerade eben aufgekocht. Nach Entfernen der Luftblasen im Vakuum wird die Stärke noch heiß in die Plastikapparatur eingegossen. Nach Abkühlen und nach einer kurzen Alterungszeit von Stunden oder auch über Nacht werden die Serumproben eingetragen.

Applikation der Serumproben. Dies kann mit Hilfe eines mit Serum getränkten Filtrierpapierstreifchens oder durch Eintragen einer mit Stärke angeteigten Serumprobe in einem ca. 2 mm breiten Spalt im Stärkegel erfolgen [*33*]. Um eine Veränderung der Gelstruktur durch Verdunstung zu vermeiden, wird das Gel mit einem Plastik-Deckel oder mit Paraffin-Öl abgedeckt. Der Kontakt mit dem Elektrodenpuffer (0,3 m H_3BO_3; 0,06 m NaOH) wird mit Hilfe von Filtrierpapierbrücken bewirkt.

Die Puffer. Besonders gute Auftrennungen von Serumproteinen und Toxinen soll ein diskontinuierlicher Puffer (Tris-Citrat/Borsäure; p_H 8,6) liefern [*26*]. Für bestimmte Problemstellungen wurden auch Acetatpuffer, p_H 5,4 [*28*], Formiatpuffer [*19, 38a*] und Glykokoll-Puffer, p_H 2,1 [*32a*] angewandt.

Die Feldstärke beträgt im allgemeinen 6 V/cm [*33*]. Zur Erzielung schärferer Banden wurde jedoch auch bei größeren Feldstärken (15—22 V/cm) und kürzeren Laufzeiten gearbeitet [*17*].

Färbemethoden. Nach beendeter Elektrophorese wird das Gel horizontal der Länge nach mit einem dünnen Messer oder Draht [*27*] aufgeschnitten. Die Schnittfläche wird angefärbt. Dies erfolgt im allgemeinen mit Amidoschwarz [*33*]. Zur besseren Darstellung der Präalbumine soll sich Nigrosin [*19, 20*] eignen. Die Lipoproteine werden mit Ölrot bzw. Sudanschwarz angefärbt [*4*]. Haptoglobin läßt sich nach Zusatz von Hämoglobin mit Benzidin [*33*] bzw. o-Dianisidin [*23*] darstellen. Coeruloplasmin kann ebenfalls mit o-Dianisidin [*24*], p-Phenylendiamin [*18*] oder Dithiooximid [*4*] sichtbar gemacht werden.

Auswertungsmethoden. Zur Dokumentation der Versuchsergebnisse werden die angefärbten Gele photographiert [*13, 16*] oder, nachdem sie transparent gemacht wurden [*9, 11, 12, 39*] quantitativ ausgewertet [*25, 30*]. Die Lokalisation bestimmter Serumproteine im Stärkegel-Elektrophoresebild kann mit Hilfe der Autoradiographie [*5, 31, 38*] oder durch Kombination der Stärkegel- mit der Immunoelektrophorese [*27*] erfolgen. Auch die zweidimensionale Elektrophorese [*36, 37*], bei der die Serumproteine zunächst mit Hilfe der Papierelektrophorese aufgetrennt und dann im Stärkegel nochmals senkrecht dazu analysiert werden, hat wesentlich zur Aufklärung des Stärkegel-Elektrophoresebildes des menschlichen Serums beigetragen.

Verschiedene Anwendungen. Für die Untersuchung unlöslicher, denaturierter Proteine hat sich ein Zusatz von Harnstoff zum Stärkegel bewährt [*8, 40*]. Neuerdings wird ein synthetisches Acrylamid-Gel [*6, 21, 29, 41*] an Stelle des Stärkegels empfohlen. Es ist vollkommen transparent. Versuche, die Stärkegel-Elektrophorese für präparative Zwecke heranzuziehen, wurden von verschiedenen Autoren unternommen [*2, 3, 14, 15, 20*]. Da die Stärkegel-Elektrophorese die zur Zeit empfindlichste Methode zum Nachweis isomorpher Proteine ist, hat sie auch in der Humangenetik [*2a*] Bedeutung erlangt.

Literatur

[*1*] *Allison, A. G.:* Experientia **15**, 281 (1959).
[*2*] *Altauer, C.*, u. *V. Gregusová:* Coll. Czech. Chem. Commun. **26**, 1727 (1961).
[*2a*] *Baitsch, H.*, u. *K. G. Liebrich:* Blut **7**, 27, 69 (1961).
[*3*] *Bernfeld, P.*, u. *J. S. Nisselbaum:* J. biol. Chem. **220**, 851 (1956).
[*4*] *Bloemendahl, H.:* J. Chromatography **3**, 509 (1960).
[*4a*] *Bloemendahl, H.:* Zone Electrophoresis in Blocks and Columns. Amsterdam, London, New York (1963).
[*5*] *Blumberg, B. S.*, u. *L. Warren:* Biochim. biophys. Acta **50**, 90 (1961).
[*6*] *Chang, L. O.*, u. *F. C. Steward:* Nature **193**, 756 (1962).

[7] *Debray-Sachs, M., B. Antoine* u. *J. M. Fine:* Rev. franz. Et. clin. biol. **6**, 435 (1961).
[8] *Edelman, G. M.:* J. exp. Med. **113**, 861 (1961).
[9] *Fine, J. M.*, u. *E. Waszczenko:* Nature **181**, 269 (1958).
[10] *Gordon, A. H.:* Biochim. biophys. Acta **42**, 23 (1960).
[11] *Gratzer, W. B.*, u. *G. H. Beaven:* Clin. Chim. Acta **5**, 577 (1960).
[12] *Groulade, J., J. M. Fine* u. *C. Olliver:* Nature **191**, 72 (1961).
[13] *Jacobs, R.:* Biochem. J. **74**, 45 P (1960).
[14] *Jarrige, P.*, u. *G. Lafoscade:* Bull. Soc. chim. biol. **41**, 1197 (1959).
[15] *Paillerets, C. H. De, J. Moretti* u. *M. F. Jayle:* Bull. Soc. chim. biol. **41**, 1285 (1959).
[16] *Jones, E. W.:* J. Chromatography **5**, 91 (1961).
[17] *Lange, V.:* Biochem. Z. **333**, 503 (1961).
[18] *Morell, A. G.*, u. *J. H. Scheinberg:* Science **131**, 930 (1960).
[19] *Neelin, J. M.*, u. *G. E. Connell:* Biochim. biophys. Acta **31**, 539 (1959).
[20] *Ortega, M.:* Nature **179**, 1086 (1957).
[21] *Ott, H.:* Die Medizinische 2697 (1960).
[22] *Owen, J. A.*, u. *C. Got:* Clin. Chim. Acta **2**, 588 (1957).
[23] *Owen, J. A., H. J. Silberman* u. *C. Got:* Nature **182**, 1373 (1958).
[24] *Owen, J. A.* u. *H. Smith:* Clin. Chim. Acta **6**, 441 (1961).
[25] *Pert, J. H., R. E. Engle, K. R. Woods* u. *E. R. Sleisenger:* J. Lab. Clin. Med. **54**, 572 (1959).
[26] *Poulik, M. D.:* Nature **180**, 1477 (1957).
[27] *Poulik, M. D.:* J. Immunology **82**, 502 (1959).
[28] *Putnam, F. W.:* J. biol. Chem. **236**, 122 (1961).
[29] *Raymond, S.*, u. *Yi-Ju Wang:* Science **136**, 711 (1959).
Raymond, S., u. *Yi-Ju Wang:* Analyt. Biochem. **1**, 391 (1960).
[30] *Rubinstein, H. J., J. A. Owen* u. *W. Larsen:* Clin. Chim. Acta **5**, 583 (1960).
[31] *Saifer, A., M. Robin* u. *M. Ventrice:* Arch. Biochem. Biophys. **92**, 409 (1961).
[32] *Scheurlen, P. G.*, u. *R. Goll:* Klin. Wschr. **39**, 696 (1961).
[32a] *Sgouris, J. T., J. K. Inman* u. *K. B. McCall:* Biochem. biophys. Res. Comm. **2**, 40 (1960).
[33] *Smithies, O.:* Biochem. J. **61**, 629 (1955).
[34] *Smithies, O.:* Biochem. J. **71**, 585 (1959).
[35] *Smithies, O.:* Adv. Protein Chemistry **14**, 65 (1959).
[36] *Smithies, O.*, u. *M. D. Poulik:* Nature **177**, 1033 (1956).
[37] *Smithies, O.*, u. *M. D. Poulik:* Biochem. J. **68**, 636 (1958).
[38] *Giblett, E. R., C. G. Hickman* u. *O. Smithies:* Nature **183**, 1589 (1959).
[38a] *Smithies, O.:* Arch. biochem. biophys. Suppl. **1**, 125 (1962).
[39] *Vesselinovitsch, S. D.:* Nature **182**, 665 (1958).
[40] *Wake, R. G.*, u. *R. L. Baldwin:* Biochim. biophys. Acta **47**, 225 (1961).
[41] Berichte über Disc Electrophorese der Canalco, 4935 Cordell Avenue, Bethesda 14, Maryland.

XIII. Agar Gel Electrophoresis

By **R. J. Wieme**, Ghent (Belgium)

General references. *Crowle, A. J.:* Immunodiffusion, New York (1961). — *Grabar, P.*, et *P. Burtin:* Analyse Immuno-électrophorétique, Paris (1960). — *Wieme, R. J.:* Studies on Agar Gel Electrophoresis, Brussels (1959). — *Wieme, R. J.:* Agar Gel Electrophoresis, Theoretical and Applied, Amsterdam, in the press.

A. Field of application

Agar gel constitutes a method of choice for electrophoretic separation of nearly all proteins. It is conceded that more fractions are often demonstrated by electrophoresis in starch gel or in acrylamide gel, but separation here rests as much on differences in molecular dimensions as on differences in electric charge. Agar gel then remains a useful reference while giving purely electrophoretic separations.

The medium is eminently suited for analysis of very complex mixtures (cellular proteins, animal sera). When applied to insect haemolymph it was found very useful as an aid in taxonomy. A major asset is the fact that under conditions further specified, relative electrophoretic mobilities (m_r) can easily and precisely be calculated so that the fractions can be designated by their m_r values, doing away with the $\alpha/\beta/\gamma$ nomenclature.

The gel, and even more the dry film, offers good transparency so that characterizing reactions can easily be applied to the medium. The formation of immunoprecipitation lines can directly be followed and thus immunoelectrophoresis was developed (see p. 952). Enzymes can be revealed in a similar way by introducing appropriate substrates by diffusion from a second agar layer (enzymoelectrophoresis) or, more conventionally, by placing the gel in a fluid substrate solution; the development of coloured reaction products is then watched for. Actually, most histochemical staining reaction can be applied to the dry agar film.

Since irreversible adsorption phenomena are absent, the gel can further be used for separation of very small amounts of protein (ultramicro-electrophoresis, e. g. 1/35 λ of human serum).

The medium can heavily be loaded due to its high water contents so that the range of concentrations that can be detected on a given pherogram is high. Traces of contamination can thus be demonstrated.

B. Disadvantages

Agar is an acid polysaccharide that precipitates certain proteins (especially lipoproteins) and also affects migration rate of glucoproteins. When a protein tends to become insoluble the migration zone acquires typical features: it becomes striated, takes a crescent shape and is little affected by changes in electro-osmotic water flow. Glucoproteins on the other hand tend to migrate at a higher relative rate than in free medium; their m_r value is somewhat dependent on the type of agar used.

Since commercial agar contains sulphate groups, it is negatively charged within all p_H ranges compatible with a stiff gel. One has thus to take into account a strong electro-osmotic water flow that is directed towards the cathode: uncharged molecules are shifted towards the negative end of the field. It is extremely important to clearly realize this point. Actually part of the literature on the migration of haemoglobins at p_H 6.9, contains erroneous statements concerning "rapid" and "slow" fractions, simply while the electro-osmotic shift was not taken into account. This is yet easily effected by using an uncharged molecule (e. g. dextran) as a marker for the true point of zero mobility.

Agar is chemically ill-defined. It contains varying amounts of cations (Ca^{2+} and Mg^{2+}) that can rather easily be removed by desionizing procedures. The sulphate groups are much more difficultly eliminated. A chemical purification procedure has yet been described [*1*] which yields a pure carbohydrate (***agarose***) that is free from sulphate and behaves as a typical ***agar***.

For most applications good results are obtained with a not too pure agar such as Difco's Noble agar. The differences between agar sorts mainly reside in differences in the electro-osmotic flow which is lowered as purification proceeds. One should always include precise statements on the origin of the agar used and on possible purification steps.

C. Basic electrophoretic procedures

If we restrict ourselves to the plate methods, we may distinguish two basic types:

1. A minimal procedure

Is illustrated by Fig. 144a. It has been used at a large scale for immunoelectrophoresis. Indeed, due to the inherent features of this two-stage technique, good results are obtained even if the electrophoretic step is far from optimal. In the macroprocedure by *Grabar*, the dimensions of the glass plate that support the gel (thickness 4 mm) are 18×13 cm and the agar gel dips directly into the electrode buffer. In the micromethod by *Scheidegger*, the gel (1 mm thick) is supported by ordinary microscope slides; contact with the electrode vessels is given by paper wicks. Generally no special protection against evaporation is taken, but some authors enclose the gel in a small humid chamber (LKB apparatus, D. 2. p. 950).

The chief objection against these simple procedures is the fact that m_r values cannot validly be measured since the electrophoresis field does not remain homogeneous, except if one restricts one-self to low field strengths (5 V/cm) and uses only the very middle of the plate.

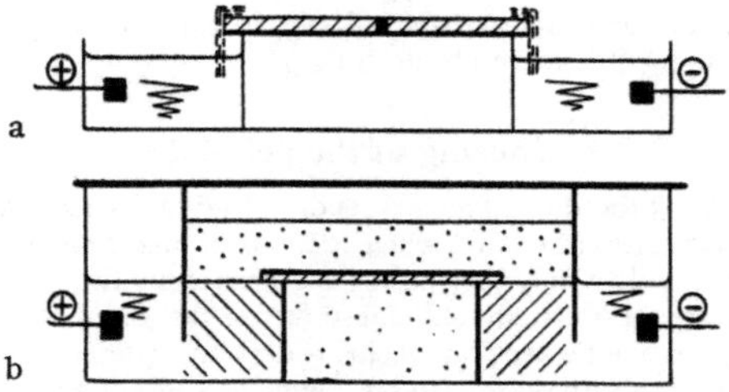

Fig. 144a and b. Two basic set-ups used in agar gel electrophoresis. In b the plate is sealed with petroleum ether (central room) and the gel in direct contact with large agar blocks (inner side vessels)

2. An optimal procedure

Is illustrated by Fig. 144b. The gel (thickness 1.7 mm) is supported by microscope slides (76×25 mm; thin type) and is laid upside down on large agar blocks acting as junctions with the electrode buffer. The central room is filled with petroleum ether (b. p. 30 °C to 50 °C) and a glass lid is placed on top. The electrophoresis tank is made of perspex. No dimensions are critical; they can be deduced from the figure (width of the tank ca. 8 cm).

The petroleum ether not only acts as sealing fluid but also as cooling agent. Field strengths of 20 V/cm are thus easily accomodated (even more if buffer ionicity is inferior to 0.05). Separation is completed in less than 30 min. The purpose of the agar blocks is less obvious; they counteract the electro-osmotic discontinuity that exists at the junction gel/fluid buffer.

The tanks are prepared beforehand by filling the inner side-rooms with a gel of a composition identical to that of the electrophoresis plate. They are used 24 hours after pouring and can be re-used for at least two weeks if polarity is reversed after each run. With this procedure the entire electrophoretic field remains homogeneous so that m_r values can validly be calculated.

The procedure was further developed [2] so that the run can be effected at any temperature chosen between room temperature and +4 °C. The measurement of absolute electrophoretic mobilities thus becomes practicable, and, even more important, separations are crisper since diffusion is strongly checked at low temperature. Furthermore the front of the most rapidly migrating fractions remains rigorously straight, which is not easily realized with the older set-up.

D. Practical hints

1. Commercially available agar sorts

a) For most experiments Difco Special Agar-Noble (Difco, Detroit, USA) can be used.

b) If a product of lower cation contents is desired, Behring Rein-Agar (Behringwerke, Marburg/Lahn, Germany) or Ionagar (Oxo, London E.C. 4, England) can be employed.

2. Commercially available electrophoretic equipment

a) For Scheidegger's micro-immunoelectrophoresis: LKB apparatus (Stockholm 12, Sweden) or Egaton's equipment (Bern, Switserland).

b) For the sealed and cooled electrophoretic procedure (both types): Vitatron (Amsterdam-Z, The Netherlands).

3. Buffers

The medium accomodates most types. The simple barbital buffer proposed by *Grabar* gives very good results (barbital sodium 8.5 g, 1 n HCl 11.7 ml, distilled water to 1,000 ml; p_H 8.4, ionic strength 0.05).

4. Pouring of the gel plates

Follows a typical procedure. The agar is dissolved in distilled water by boiling on a water-bath for ca. 30 min. and, when still warm, mixed with an equal volume of double concentrated buffer. The plates are poured in two stages as indicated on Fig. 145. At least 24 hours should elapse before the slides are used. The Petri dishes with the slides can be kept for weeks. If desired a preservative can be added to the agar solution (Merthiolate 1/10,000, w/v, or sodium azide 1/10,000, w/v).

Fig. 145. Pouring of the electrophoresis plate. In a Petri dish layer A is poured and left for setting. Then slides *B* are placed on top and a fixed amount of agar solution poured so as to cover the glass slides with a gel of the thickness required (C)

5. Sample application

a) According to *Grabar*. The fluid sample is mixed with an equal volume of double concentrated agar solution at ca. 43 °C and poured into an oval slot that was punched out (15×4 mm).

b) According to *Scheidegger*. The fluid sample is pipetted into a hole (1 mm ⌀), punched out in the gel with the aid of a needle. This assures optimal curvature to the precipitation lines in immunoelectrophoresis. But the shape of the zones is less suited for quantitation unless a scanning-integrating type of densitometer [*3*] is available.

c) According to *Wieme* and *Rabaey*. First a cut is made in the gel by pushing the short side of a rectangular piece (4×8 mm) of stiff filter paper (Whatman No. 3 MM) vertically into the gel. The paper is left to aspire buffer; then the fluid sample is immediately applied with a pipette (0.4 λ for each mm on the slit). This confers maximal narrowness to the starting zone.

Note. Small pieces of tissue — ca. 1 mg fresh weight and as far as possible in the shape of a narrow cylinder — can be pushed into the gel and submitted to electrophoresis (direct tissue electrophoresis [*4*]). Results are only slightly inferior to what can be obtained by extraction/homogenization in the electrophoresis buffer.

6. Fixing and drying of the plate

Proteins are first fixed for ca. 3 hours in a bath containing 2% acetic acid in 70% ethanol. The dextran of the reference mixture becomes visible as a white band and is marked by giving a cut in the gel.

A sheet of filter paper (SS 2043 a Mgl) is then placed with its smooth side onto the gel and the whole is placed with the paper facing downwards in an incubator or on a hot plate. The agar film should be entirely dry before further manipulation is attempted.

7. Calculation of m_r values

To this end a reference mixture containing 1% human serum albumin (Human Albumin Reinst, Behringwerke, Marburg/Lahn) and 1% dextran (M.W. ca. 100,000) was electrophorised on the same slide. Distances are determined as indicated on Fig. 146. Values are negative if reference albumin and substance x move in opposite direction.

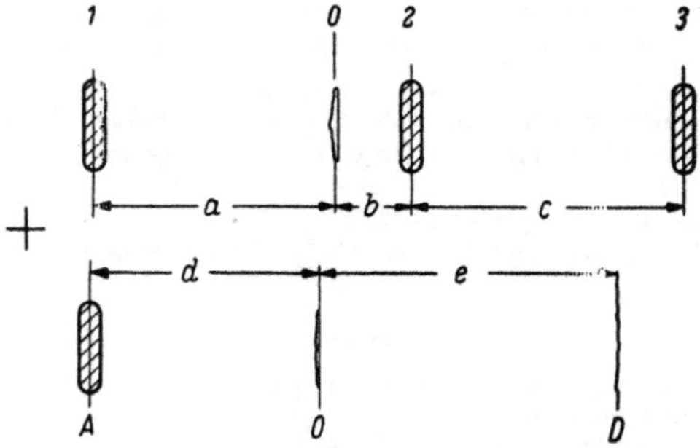

Fig. 146. Calculation of m_r values. Relative electrophoretic mobilities (m_r values) are calculated for the zones 1, 2 and 3 by measuring the distances as indicated, which are then referred to the distances covered by the reference substance A (albumin) and D (dextran, indicated by a cut in the gel). In O: application line. We have for zone 1 $m_r = \frac{a+e}{d+e}$; zone 2 $m_r = \frac{e-b}{d+e}$; zone 3 $m_r = \frac{e-(b+c)}{d+e}$

E. Characterizing reactions applied to the wet gel or dry film

1. Immunoelectrophoresis

Has developed into an independent method and is treated in detail in p. 952.

2. Staining reactions

As an important example follows protein staining. The dry film is placed for 30 min. in a bath of following composition:

Amidoblack 10 B	0.5 g
Mercurichloride	5.0 g
2% Acetic acid to	100 ml
(Filter before use)	

The film is decolorized within a few minutes in 3 short baths of 2% acetic acid, blotted with filter paper, rinsed once more and dried in a warm air stream. It can then be mounted like a microscope slide in Canada balsam.

3. Demonstration of enzyme activities

These reactions are generally applied to the gel with the proteins kept in their native state. To minimize elution it is recommended to enclose the substrates in a second layer poured on top of the electrophoresis plate (*enzymoelectrophoresis*).

As an example follows the detection of LDH isoenzymes by a simple histochemistry procedure. After electrophoresis this plate is overlayered with the substrate solution obtained by adding to 2 ml of a 1.5% agar solution in barbital buffer (p_H 8.4, $\mu = 0.1$): 0.150 ml of 1 M sodium lactate, 0.150 ml of NAD (10 mg/ml), 0.400 ml of Nitro-blue tetrazolium (Sigma) (1 mg/ml) and 0.040 ml of phenazinemethosulphate (NBCo) (1 mg/ml). Use water of redistilled quality. Upon setting of the substrate layer, the double plate is incubated (for 1 hour at 37 °C). Zones of LDH activity become visible as purple spots.

F. Examples of application

a) Analysis of human serum for: mobility of γ-globulin (decreased in chronic hepatitis), fractions appearing in the γ-globulins (paraproteins or proteins of ill-defined nature), increase of γ_{1A}-globulin (cirrhosis), distinction between α_2-macroglobulin and haptoglobin in the α_2-zone [*4, 5*].

b) Study of arthropod haemolymph as an aid in taxonomy [*6, 7*].

c) Analysis of LDH multiplicity in serum [*8, 9*], tissues [*10*] and cells kept in tissue culture [*11*].

d) Separation of tissue proteins [*12, 13*].

e) Separation of haemoglobins, especially of haemoglobin A and F at p_H 6.9 [*14*].

References

[*1*] *Hjertén, S.:* Biochem. biophys. Acta **53**, 514 (1961).
[*2*] *Wieme, R. J.:* Nature **190**, 806 (1961).
[*3*] *Wieme, R. J.:* J. Chromatogr. **1**, 166 (1958).
[*4*] *Wieme, R. J.:* Studies on agar gel electrophoresis, techniques, applications, Brussels 1959.
[*5*] *Wieme, R. J.*, and *L. Demeulenaere:* Amer. J. digest. Dis. **6**, 661 (1961).
[*6*] *Rabaey, M.*, and *G. Verriest:* Ann. Soc. Royale Zoologique de Belgique **88**, 373 (1957–1958).
[*7*] *van Sande, M.*, and *D. Karcher:* Science **131**, 1103 (1960).
[*8*] *Wieme, R. J.:* Clin. Chim. Acta **4**, 46 (1959).
[*9*] *Van der Helm, H. J.:* Clin. Chim. Acta **7**, 124 (1962).
[*10*] *Wieme, R. J.*, and *Y. Van Maercke:* Ann. New York Acad. Sci. **94**, 898 (1961).
[*11*] *Regniers, P.*, and *R. J. Wieme:* Arch. intern. Pharmacodyn. et Therapie **140**, 409 (1962).
[*12*] *Kessel, M.:* Clin. Chim. Acta **4**, 142 (1959).
[*13*] *Nachkov, D.*, and *O. Nachkova:* Bull. Soc. Chim. Biol. **41**, 159 (1959).
[*14*] *Robinson, A. R., M. Robson, A. P. Harrison* and *W. W. Zuelzer:* J. Lab. Clin. Med. **50**, 745 (1957).

XIV. Immunoelektrophorese

Von **A. Mahling**, Berlin

Literatur: S. 957.

A. Grundlagen

Die erstmalig von *Grabar* und *Williams* [*1*] konzipierte Methode der Immunoelektrophorese verwendet zwei physikalisch-chemische Phänomene zur Differenzierung von gewissen, hochmolekularen und ionisierbaren Substanzgemischen: die Wanderung im elektrischen Feld und die Diffusion. Erstere wird im wesentlichen von der elektrischen Ladung der Molekule und letztere durch Molekulargewicht und Molekülgestalt bestimmt. Das bewirkt naturgemäß eine besonders ausgeprägte Differenzierung verschiedener Individuen, denn die Wahrscheinlichkeit, daß beispielsweise zwei sich in der Aminosaurezusammensetzung unterscheidende Proteine gleiche Ladung und gleiches Molekulargewicht und gleiche Molekülgestalt besitzen, ist gering.

Als Indikator für die Position eines Individuums dient die Antigen-Antikörper-Reaktion, die von *Heidelberger* [*2*], *Landsteiner* [*3*], *Pauling* [*4*] u. a. als hochspezifisch erkannt wurde. Darin mag eine weitere Ursache der starken Differenzierungspotenz liegen, gleichzeitig schränkt sie aber die Methode ein, weil nicht alle Naturstoffe hohen Molekulargewichts antigen wirken. Diese Reaktion wurde schon von *Oudin* [5] im Ringpräzipitationstest und in einer Weiterentwicklung von *Ouchterlony* [6] in der zweidimensionalen Agardiffusion von Antigengemischen herangezogen. Beide Methoden dürfen deshalb als Vorläufer der Immunoelektrophorese betrachtet werden.

Die Antigen-Antikörper-Reaktion zeichnet sich durch ein Präzipitationsoptimum aus: Sowohl im Überschuß des Antigens wie auch in dem des Antikörpers löst sich das Präzipitat wieder auf (Abb. 147). Vom physikalisch-chemischen

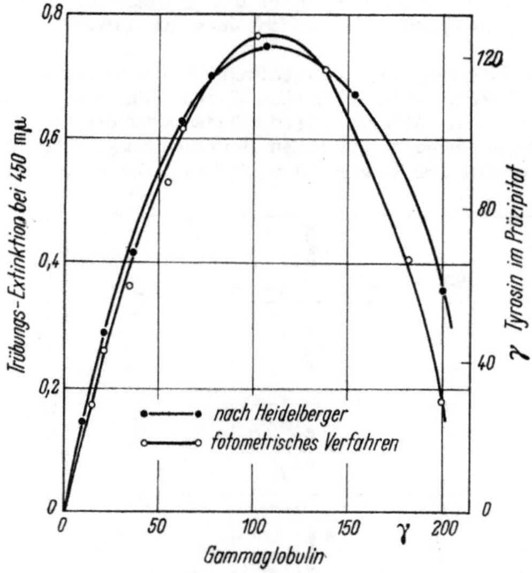

Abb. 147. **Präzipitationsoptimum der Antigen-Antikörper-Reaktion nach *Schultze* und *Schwick* [7]**

Standpunkt ist sie unübersichtlich, und daher ist es schwierig, allgemeingültige Gesetzmäßigkeiten zur quantitativen Interpretation von Immunoelektropherogrammen heranzuziehen. Die Immunoelektrophorese bedarf ergänzender Methoden, wie der Papier- oder Agarelektrophorese, wenn man zu quantitativen Schlüssen gelangen will.

B. Methode

1. Anti- oder Immunseren

Die Herstellung brauchbarer Antiseren ist der schwierigste Teil der Methodik. Sie können von Pferden, Ziegen, Kaninchen, Hühnern und anderen Tieren durch mehrmalige intravenöse oder subkutane Applikation der Antigene gewonnen werden. Ein allgemeingültiges Immunisierungsschema läßt sich nicht angeben; je nach Tierart und Antigen muß ein gesonderter Immunisierungsgang ausgearbeitet werden. Ein Erfolg wird um so wahrscheinlicher, je größer das eingesetzte Tierkollektiv ist, denn die Antikörperbildung ist natürlicherweise bei verschiedenen Individuen unterschiedlich.

Schultze und *Schwick* [7] verwenden 2—3 kg schwere Kaninchen verschiedener Rassen, denen innerhalb von 8—10 Tagen kleine Antigendosen intravenös injiziert werden; später werden größere Antigenmengen zusammen mit $Al(OH)_3$-Gel als Adjuvans im Abstande von mehreren Tagen subcutan gespritzt, um einen Booster-Effekt zu erzielen.

Ausführliche Angaben findet man bei *Schmidt* [8].

Man unterscheidet monovalente und multivalente Antiseren je nachdem, ob sie Antikörper gegen nur ein oder mehrere Antigene enthalten.

2. Elektrophorese

Das Antigengemisch wird in einem Agargel als Trägermedium elektrophoretisch aufgetrennt. Hierfür verwendet man die Methoden der Agargelelektrophorese (s. *Wieme*, S. 949). Man muß jedoch auf den Agarplättchen Rillen vorsehen, in die nach der elektrophoretischen Auftrennung die Antiseren eingefüllt werden können.

Die Immunoelektrophorese kann entweder in der ursprünglichen Makroform von *Grabar* und *Williams* [1] oder in einer Mikromodifikation nach *Scheidegger* [9] vorgenommen werden. Abb. 148 zeigt die Dimensionen der Agarplatten für beide Formen. Auftragsstellen A und Rillen B werden ausgestanzt, wozu man sich kommerziell erhältlicher Stanzen bedienen kann. Die Rillen werden erst nach

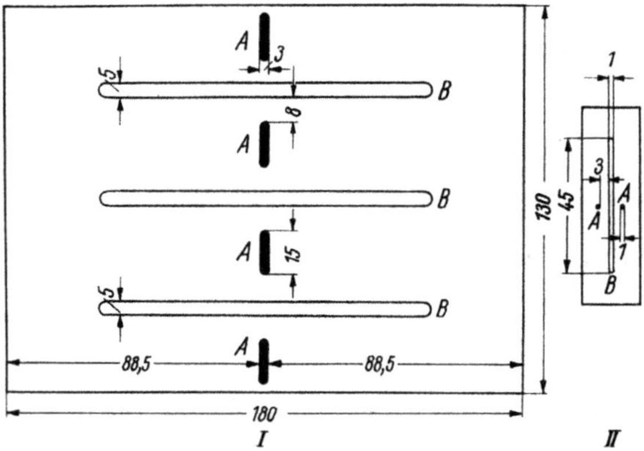

Abb. 148. Anordnung der Auftragsstellen *A* und Diffusionsrillen *B* für die Makro- (I) und Mikromethode (II). Die Maßzahlen bedeuten Millimeter

Beendigung der Elektrophorese ausgehoben, um Verzerrungen des elektrischen Feldes zu vermeiden. Die angegebenen Maße, insbesondere die Abstände zwischen Auftragsstelle und Rille sollten möglichst genau eingehalten werden. Entstehen beim Stanzen oder Ausheben Verletzungen der Ränder, so müssen sie sorgfältig ausgebessert werden, andernfalls muß man mit Verzerrungen der Präzipitatbanden rechnen.

Außer dem von *Grabar* empfohlenen Barbitursäure-Puffer (s. *Wieme* S. 950) wurden von *Wieme* [10] folgende Puffersysteme empfohlen:

TRA-Puffer, p_H 7,6	
Triäthanolaminhydrochlorid	11,9 g
1 n Natriumhydroxid	26,0 ml
Boratpuffer, p_H 9,0	
Borsäure	11,1 g
1 n Natriumhydroxid	93,0 ml
Phosphatpuffer, p_H 7,5	
sec. Natriumphosphat ($Na_2HPO_4 \cdot 2H_2O$)	6,8 g
prim. Kaliumphosphat (KH_2PO_4)	0,68 g

Allen Puffern setzt man 0,5 g Natriumazid als Konservierungsmittel zu. Wenn die angegebenen Mengen mit destilliertem Wasser auf 1 Liter aufgefüllt werden, besitzen alle Puffer die Ionenstärke 0,1.

3. Diffusion

Nach der Elektrophorese werden die Diffusionsrillen ausgehoben und mit 0,05—0,07 ml Antiserum bei der Makromethode und mit 0,005 ml bei der Mikromethode gefüllt. Um Evaporation während der Diffusion zu vermeiden, werden die Agarplättchen in einer feuchten Kammer aufbewahrt. Als solche kann ein Exsiccator dienen, in den man eine Schale mit Wasser und eine mit Toluol stellt. Die Toluoldämpfe sollen das Wachstum von Mikroorganismen hemmen. Die Aufbewahrung der feuchten Kammer kann bei Zimmertemperatur erfolgen. Die Raumtemperatur sollte jedoch keinen allzu großen Schwankungen unterliegen, weil Diffusionskoeffizienten sich mit der Temperatur ändern. Die Diffusionsdauer beträgt bei der Makromethode 2—3 Tage und bei der Mikromethode bis zu 24 Std.

Wegen des Präzipitationsoptimums empfiehlt es sich, Antiserum oder Antigenlösung nicht nur in einer Verdünnung anzusetzen. Als Verdünnungsmittel kommt physiologische Kochsalz- oder Pufferlösung in Frage.

Die folgende Tabelle nach *Wunderly* [*11*] gibt einen Überblick über die Versuchsbedingungen der Immunoelektrophorese:

Technik	Serummenge (ml)	Antiserum (ml)	Versuchsdauer Elektrophorese	Diffusion
Makrom.	0,05—0,20	0,05—0,07	4—5 Std.; 3,5 V/cm	2—3 Tage
Mikrom.	0,001	0,005	45 Min.; 6 V/cm	$^1/_2$—24 Std.

0,05—0,20 ml eines normalen Serums entsprechen etwa 35—140 μg Antigen und 0,001 ml 0,7 μg.

4. Photographie

Die Immunpräzipitate lassen sich photographisch aufnehmen, wenn man zuvor die Agarplättchen unter fließendem Leitungswasser abspült, um Verunreinigungen der Oberfläche zu entfernen. Die Plättchen werden in eine Petrischale mit physiologischer Kochsalzlösung gelegt. Die Schale wird auf einer Maske in den Zwischenraum eines Vergrößerungsapparates gestellt, der normalerweise den Negativhalter aufnimmt. Die Kochsalzlösung dient zur Vermeidung von unregelmäßigen Reflexionen. Auf diese Art und Weise kann jede beliebige Vergrößerung des Immunoelektropherogrammes aufgenommen werden.

5. Färbung

Die Präzipitatbanden der Immunoelektropherogramme lassen sich leicht anfärben [*12*]. Um alles nicht präzipitierte Eiweiß aus den Agarplättchen zu entfernen, legt man sie in eine Schale mit physiologischer Kochsalzlösung. Nach 2 bis 12 Std. ist der Waschvorgang beendet, wobei es sich als zweckmäßig erwiesen hat, die Kochsalzlösung mehrmals zu erneuern. Zum Trocknen bedeckt man die gewaschenen Agarplättchen mit Filterpapier und läßt sie entweder an der Luft oder in einem Trockenschrank bei + 37 °C stehen. Das möglichst feinporige Filterpapier gewährleistet eine gleichmäßige Verdunstung und verhindert so ein Aufreißen der Agarschicht. Die getrockneten Plättchen legt man etwa 5 Min. lang in 2%ige Essigsäurelösung, in der die Agarschicht etwas quillt, so daß die Farbstoffaufnahme erleichtert wird; außerdem werden die Präzipitatlinien dadurch fixiert.

Die eiweißhaltigen Komponenten der Präzipitate lassen sich mit folgenden Farbstofflösungen anfärben [*13*]:

1. 0,5 g Azocarmin löst man in einem Gemisch aus 90 ml Methanol und 10 ml Eisessig. Die Plättchen werden 15 Min. lang in die Farbstofflösung gelegt. Zum Auswaschen des überschüssigen Farbstoffes dient das Lösungsmittelgemisch.

2. 0,5 g Lichtgrün und 5 g Trichloressigsäure werden mit Wasser auf 100 ml aufgefüllt. Dauer der Färbung: 1 Std.; Auswaschen mit Trichloressigsäure (5 g/dl).

3. 0,5 g Amidoschwarz löst man in einem Gemisch aus 90 ml Methanol und 10 ml Eisessig. Dauer der Färbung: 1 Std.; Auswaschen mit dem Lösungsmittelgemisch.

4. 0,1 g Bromphenolblau werden in 100 ml mit $HgCl_2$ gesättigtem Methanol gelöst. Dauer der Färbung: 1 Std.; Auswaschen mit Methanol. Die Farbe des Bromphenolblaus hängt vom p_H-Wert ab: im Sauren ist sie grün, im Alkalischen blau.

Lipoidhaltige Komponenten der Präzipitate werden folgendermaßen angefärbt:

1. 0,5 g Ölrot werden in einem Gemisch aus 50 ml Äthanol und 50 ml Wasser gelöst. Dauer der Färbung: 2 Std.; Auswaschen mit dem Lösungsmittelgemisch.

2. 0,5 g Sudanschwarz werden in einem Gemisch aus 60 ml Äthanol und 40 ml Wasser gelöst. Die Lösung läßt man einige Stunden stehen und versetzt sie hernach mit 100 ml Glycerin. Dauer der Färbung: 15—20 Min.; Auswaschen mit 60%igem Äthanol in Wasser. Die Entfärbung des Agars bereitet manchmal Schwierigkeiten.

Nach dem Auswaschen können die Agarplättchen wieder getrocknet werden. Die Färbung hält über einen Zeitraum von mehreren Jahren.

6. Identifizierung der Präzipitatlinien

Wenn sich in einem Immunoelektropherogramm nicht zu viele Linien überlagern, gelingt die Identifizierung einer Bande häufig durch einen Referenzlauf mit bekannten Antigenen (Abb. 149).

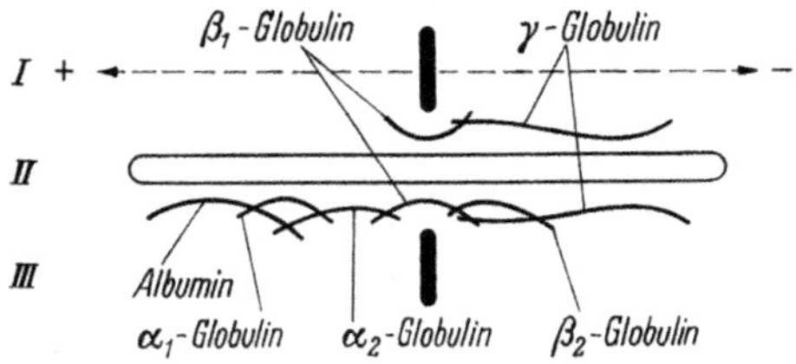

Abb. 149. Identifizierung der Linien einer Humanserum-Fraktion (β_1- + γ-Globulin) als Antigen (I), mit einem multivalenten Antihumanserum (II) und einem Referenzlauf des Vollserums (III)

Das verwendete multivalente Antiserum kann mit einer bestimmten Menge reinen Antigens versetzt werden, so daß nach einer mehrstündigen Inkubationszeit bei +37 °C der ausgefallene Antigen-Antikörper-Komplex abzentrifugiert werden kann. Hat man die Konzentration des Antigens richtig gewählt, d. h.

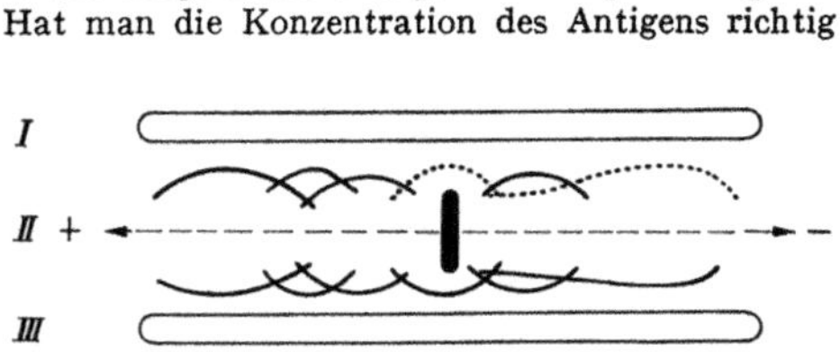

Abb. 150. Identifizierung der Linien eines Antigengemisches (II) mit Hilfe eines „adsorbierten" Antiserums (I). Aus dem Antiserum (III) wurden die Antikörper gegen β_1- und γ-Globulin spezifisch herausadsorbiert

entsprechend dem auf Abb. 147 dargestellten Optimum der Präzipitation, dann ist das Antiserum praktisch frei von Antikörpern gegen das betreffende Antigen. Im Immunoelektropherogramm verschwinden dann die diesem Antigen entsprechenden Linien (Abb. 150). Mit einer derartig gezielten Adsorption lassen sich übrigens aus multivalenten mono- bzw. paucivalente Antiseren herstellen.

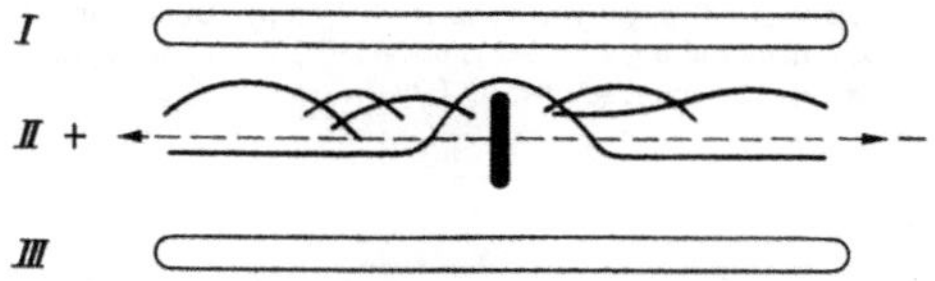

Abb. 151. Identifizierung einer Linie mittels der Ossermann-Technik [14]. (I) multivalentes Antiserum, (II) Antigengemisch (Humanserum), (III) gereinigtes Antigen (β_1-Globulin)

Ein elegantes Verfahren zur Identifizierung der Präzipitatlinien stammt von *Ossermann* [14]. Nach der elektrophoretischen Auftrennung des Antigengemisches läßt er von der einen Seite ein multivalentes Antiserum und von der anderen ein bekanntes Antigen gegen das aufgetrennte Antigengemisch diffundieren. Wie Abb. 151 zeigt, entsteht eine den Diffusionsrillen parallele Präzipitatlinie, die mit dem Bogen des entsprechenden Antigens aus der Mischung kommuniziert.

Literatur

Zusammenfassende Darstellungen

[1] *Schwick, G.:* Die Technik der Immunoelektrophorese. Laboratoriumsblätter **8**, 1 S. 11 (1958). Marburg/Lahn.
[2] *Wunderly, Ch.:* Immunoelectrophoresis: Methods, Interpretation, Results, in: *Sobotka, H.*, u. *C. P. Stewart:* Advances in Clinical Chemistry **4**, New York, London 1961.
[3] *Wunderly, Ch.:* The Technic of Immunoelectrophoresis in Agar Gel, in *Alexander, P.*, u. *R. J. Block:* A Laboratory Manual of Analytical Methods in Protein Chemistry. Oxford, London, New York, Paris 1960.
[4] *Keutel, H. J.:* Immunoelektrophorese in der Klinik, in *Büchner, M.*, u. *H. Ch. Gabsch:* Moderne chemische Methoden in der Klinik. Leipzig 1961.
[5] *Grabar. P.*, u. *P. Burtin:* Analyse Immuno-électrophorétique. Paris 1960.

Spezielle Literatur

[1] *Grabar, P.*, u. *C. A. Williams:* Biochim. biophys. Acta **10**, 193 (1953).
Grabar, P.: Bull. Soc. Chim. Biol. **36**, 65 (1954).
Grabar, P., u. *C. A. Williams:* Biochim. biophys. Acta **17**, 67 (1955).
[2] *Heidelberger, M.*, u. *F. E. Kendall:* J. Exper. Med. **61**, 559, 563 (1935); **62**, 467, 697 (1935).
Kabat, E. A., u. *M. Heidelberger:* J. Exper. Med. **66**, 229 (1937).
Stockinger, H. E., u. *M. Heidelberger:* J. Exper. Med. **66**, 251 (1937).
Heidelberger, M.: Lectures in Immunochemistry. New York 1956.
[3] *Landsteiner, K.:* The Spezifity of Serological Reaktions. Cambridge, Mass. 1945.
[4] *Pauling, L., D. Pressman, D. H. Campbell, C. Ikeda* u. *M. Ikawa:* J. Amer. chem. Soc **64**, 2994 (1942).
Pauling, L., D. Pressman, D. H. Campbell u. *C. Ikeda:* J. Amer. chem. Soc. **64**, 3003 (1942).
Pauling, L., D. Pressman u. *C. Ikeda:* J. Amer. chem. Soc. **64**, 3010 (1942).
Pressman, D., D. H. Brown u. *L. Pauling:* J. Amer. chem. Soc. **64**, 3015 (1942).
Pauling, L., D. H. Pressman u. *A. L. Grossberg:* J. Amer. chem. Soc. **66**, 784 (1944).
Pressman, D., u. *L. Pauling:* J. Amer. chem. Soc. **71**, 2893 (1949).
[5] *Oudin, J.:* C. R. Acad. Sci. Paris **222**, 115 (1946); **228**, 1890 (1949); Methods med. Res. **5**, 335 (1952).
[6] *Ouchterlony, O.:* Acta path. microbiol. scand. **26**, 507, 516 (1949); Ark. Kemi **26 B**, 1, 43, 55 (1949).
Ouchterlony, O., H. Ericsson u. *C. Neumüller:* Acta med. scand. **138**, 76 (1950).

[7] *Schultze, H. E.*, u. *G. Schwick:* Clin. Chim. Acta **4**, 15 (1959).
[8] *Schmidt, H.:* Fortschritte der Serologie. Darmstadt 1955.
[9] *Scheidegger, J. J.:* Int. Arch. Allergy **7**, 103 (1955).
[10] *Wieme, R. J.:* Studies on Agar-Gel Electrophoresis, S. 75. N. V. Brussels, 1959.
[11] *Wunderly, Ch.:* Experientia **13**, 421 (1957).
[12] *Uriel, J.*, u. *P. Grabar:* Ann. Inst. Pasteur **90**, 427 (1956).
Uriel, J., P. Grabar u. *Ch. Wunderly:* Clin. Chim. Acta **2**, 35 (1957).
Uriel, J., H. Götz u. *P. Grabar:* Schweiz. med. Wschr. Beih. zur Nr. 14, S. 413 (1957).
[13] Nach einer Zusammenstellung der Behringwerke AG., Marburg/Lahn.
[14] *Ossermann, E. F.:* J. Immunology **84**, 93 (1960).

Zwölftes Kapitel

Statistische Auswertungsmethoden

Von **S. Koller**, Mainz

I. Einleitung

Biologische Versuchs- und Beobachtungsreihen sind durch die Variabilität der Ergebnisse gekennzeichnet, indem Wiederholungen an verschiedenen Individuen oder am gleichen Individuum zu verschiedenen Zeiten im allgemeinen voneinander mehr oder weniger abweichen. Diese Streuung der Versuchsergebnisse zwingt zur Anwendung statistischer Bearbeitungsmethoden, um zahlenkritisch die Grenzen abzuschätzen, innerhalb deren die Werte bei Wiederholungen der gleichen Versuche zu erwarten sind. Erst diese Grenzbestimmung gibt den Weg für eine Verallgemeinerung der Befunde frei.

Die mathematisch-statistische Methodik hat sich zu einem so umfangreichen Gebiet entwickelt, daß im folgenden nur ein stichwortartiger Überblick über die wichtigsten Rechen- und Prüfverfahren gegeben werden kann. Dabei sind die grundlegenden logischen Ansätze, die Formeln und schematische Rechenbeispiele mit den wichtigsten Nachschlagetabellen dargestellt; auf Beispielsammlungen aus den verschiedenen biochemischen Arbeitsgebieten mußte aus räumlichen Gründen verzichtet werden. — Die Versuchsplanung wurde in einem kurzen Abschnitt erwähnt. Eine eingehendere Beschäftigung mit diesem Gebiet wird dringend empfohlen.

Technische Hilfsmittel. Für die Statistik sind Rechenmaschinen sehr vorteilhaft, aber nicht Voraussetzung; viele Rechnungen können unter Benutzung von Vereinfachungsmethoden mit Rechenschiebergenauigkeit durchgeführt werden. — Bei sehr umfangreichen Berechnungen, insbesondere mit einer größeren Zahl von Variablen, lohnt die Inanspruchnahme von elektronischen Datenverarbeitungsanlagen. Für viele Verfahren liegen bereits fertige Programme vor.

Für die statistische Arbeitstechnik ist es zweckmäßig, für jeden Beobachtungsfall eine Karteikarte (oder ein Blatt) mit allen wichtigen Eintragungen anzulegen, damit die verschiedenen Aufgliederungen des Materials durch Sortierung der Karten vorgenommen werden können. Bei größerem Material können Randlochkarten eine einfache mechanische Sortierung ermöglichen. Nur mit Listen der Befunde zu arbeiten, ist unvorteilhaft.

A. Häufigkeit, Häufigkeitstabellen

In einer Beobachtungsreihe vom Umfang n seien n_1 Merkmalsträger und n_2 Nicht-Merkmalsträger aufgetreten $(n_1 + n_2 = n)$. Dann ist die Häufigkeit des Merkmals in der Beobachtungsreihe

$$p_1 = \frac{n_1}{n} \quad \text{und} \quad p_2 = \frac{n_2}{n}; \quad p_1 + p_2 = 1. \tag{1}$$

Häufigkeiten sind Zahlen zwischen 0 und 1. Sie können als Prozentzahlen geschrieben werden: $p_1\% = \frac{100 n_1}{n}\%$. Die Größenordnung des Nenners n bestimmt die Zahl der Dezimalstellen. Bis $n \sim 300$ schreibe man Prozentzahlen ohne Kommastelle, bei größerem n mit einer Stelle, erst etwa ab $n > 3000$ mit 2 Stellen hinter dem Komma. Für $n < 30$ vermeide man Prozentzahlen überhaupt. Man gebe nie Relativzahlen ohne Hinzufügung der Beobachtungszahl n an.

Gliederungstabellen nach 2 und mehr Merkmalen dienen zu Vergleichen von Untergruppen des Materials (Tab. 1). Die Häufigkeiten können horizontal oder vertikal berechnet werden; es ist oft zweckmäßig, beides durchzuführen.

Tabelle 1. **Schema einer Gliederungstabelle mit Häufigkeitsangaben**
(Steil: Beobachtungszahlen, kursiv: Prozentzahlen)

	Merkmal		Insgesamt
	A	Nicht-A	
Männlich	131 *46,1* *37,6*	217 *47,1* *62,4*	348 *46,7* *100,0*
Weiblich	153 *53,9* *38,5*	244 *52,9* *61,5*	397 *53,3* *100,0*
Insgesamt	284 *100,0* *38,1*	461 *100,0* *61,9*	745 *100,0* *100,0*

Kombinationstabellen für mehr als 2 Merkmale enthalten am besten Schachtelungen wie Tab. 2. Hinter jeder Aufgliederung nach einer Merkmalsart ist eine Summenspalte (in der Tabelle schraffiert) einzusetzen, um alle Stufen der Teilsummen zu erhalten.

Die Berechnung der Häufigkeiten erfolgt für jedes Merkmal in Abhängigkeit von jeder Kombination der anderen Merkmale. In Tab. 2 deutet × z. B. die B-Häufigkeiten bei Vorliegen von C_3 und Vernachlässigung der A-D-Werte an, × × die B-Häufigkeiten bei A_1C_3 und Vernachlässigung von D, × × × die B-Häufigkeit bei $A_1C_3D_2$. Die B-Häufigkeiten aller Stufen füllen alle Tabellenfelder. Entsprechendes gilt für das System der A-, C-, D-Häufigkeiten, wie die Kreise für eine C-Häufigkeit andeuten. Die vollständige Durcharbeitung kann Einseitigkeiten der Deutung der Beobachtungen verhüten und Hinweise auf Fehlerquellen in der Materialstruktur geben.

Tabelle 2. **Schema einer Kombinationstabelle**
(2 × 3 × 4 × 2-Schema) für absolute Zahlen und Häufigkeiten

		A_1				A_2				Zus.			
		B_1	B_2	B_3	Zus.	B_1	B_2	B_3	Zus.	B_1	B_2	B_3	Zus.
C_1	D_1						o						
	D_2												
	Zus.												
C_2	D_1						o						
	D_2												
	Zus.												
C_3	D_1						o						
	D_2	×××	×××	×××	100%								
	Zus.	××	××	××	100%					×	×	×	100%
C_4	D_1						o						
	D_2												
	Zus.												
Zus.	D_1						100%						
	D_2												
	Zus.												

B. Messungsreihen. Mittelwert und Streuung

Für Beobachtungsreihen von Meßwerten sind etwa vom Umfang 100 ab (u. U. auch 50) *Häufigkeitsverteilungen* aufzustellen (Tab. 3, graphische Darstellung in Abb. 152). Die Klassengrenzen sind – abgesehen von Extremklassen – in gleichmäßigen Abständen zu wählen, evtl. nach vorheriger Transformation. Jeder Beobachtungswert muß eindeutig erkennbar einer Klasse zugeordnet sein (nicht „20 bis 30", „30 bis 40", sondern „20 bis unter 30", „30 bis unter 40"). Die Messungsgenauigkeit der Beobachtungswerte ist anzugeben.

Mittelwert. Aus n Einzelwerten ergibt sich der Mittelwert $\bar{x}$ (arithmetisches Mittel) als

$$\bar{x} = \frac{x_1 + x_2 + \cdots + x_n}{n} = \frac{1}{n} \sum_{i=1}^{n} x_i. \tag{2}$$

Standardabweichung. Die Streuungsbreite der Verteilung wird durch die *„Standardabweichung s"* gekennzeichnet. Es ist

$$s = \sqrt{\frac{(x_1 - \bar{x})^2 + (x_2 - \bar{x})^2 + \cdots + (x_n - \bar{x})^2}{n-1}} = \frac{1}{\sqrt{n-1}} \sqrt{\sum_{i=1}^{n} (x_i - \bar{x})^2}. \tag{3}$$

Die dabei auftretende Summe der Abweichungsquadrate wird auch abgekürzt:

$$S_{xx} = \sum_{i=1}^{n} (x_i - \bar{x})^2, \quad \text{also} \quad s^2 = \frac{S_{xx}}{n-1}. \tag{4}$$

Die Standardabweichung ist bisher meist mit σ (Sigma) bezeichnet worden. Die jetzt übliche Bezeichnungsweise behält das Symbol σ für die Standardabweichung in Kollektiven oder bei theoretischer Berechnung vor, während die aus

Beobachtungsreihen (Stichproben) gewonnene Standardabweichung mit s bezeichnet wird. Von den n Differenzen vom Mittelwert sind nur $(n-1)$ voneinander unabhängig [„$(n-1)$ Freiheitsgrade"].

s^2 wird als „Varianz" bezeichnet. „Streuung" wird nicht speziell für s oder s^2 gebraucht, sondern ist beschreibender Oberbegriff.

Beispiel. 6 Beobachtungswerte: 3,4; 1,7; 2,8; 2,4; 2,1; 2,7.

Summe 15,1, Mittelwert $\bar{x} = \frac{1}{6} \cdot 15{,}1 = 2{,}52$.

Summe der Abweichungsquadrate $S_{xx} = 0{,}88^2 + (-0{,}82)^2 + 0{,}28^2 + (-0{,}12)^2 + (-0{,}42)^2 + 0{,}18^2 = 1{,}7484$.

Varianz $s^2 = \frac{1}{5} \cdot 1{,}7484 = 0{,}3497$. Standardabweichung $s = 0{,}59$.

Rundung auf $\bar{x} = 2{,}5$ und $s = 0{,}6$.

Vereinfachte Berechnung von s. Es ist

$$S_{xx} = \sum_i (x_i - \bar{x})^2 = \sum_i x_i^2 - n \cdot \bar{x}^2 = \sum_i x_i^2 - \frac{1}{n} \cdot \left(\sum_i x_i\right)^2. \tag{5}$$

Ist a ein Hilfswert, der eine bequeme Differenzenbildung ermöglicht, berechnet man

$$S_{xx} = \sum_i (x_i - \bar{x})^2 = \sum_i (x_i - a)^2 - n \cdot (\bar{x} - a)^2$$

$$= \sum_i (x_i - a)^2 - \frac{1}{n}\left[\sum_i (x_i - a)\right]^2. \tag{6}$$

Im Beispiel kann man $a = 2{,}0$ setzen und erhält nach der letzten Formel

$$S_{xx} = 1{,}4^2 + (-0{,}3)^2 + 0{,}8^2 + 0{,}4^2 + 0{,}1^2 + 0{,}7^2 - \frac{1}{6} \cdot 3{,}1^2$$

$$= 3{,}35 - 1{,}6017 = 1{,}7483.$$

Berechnung aus Häufigkeitsverteilung. Man benutzt eine Hilfsskala ξ (griech. xi), indem man eine in der Mitte der Verteilung gelegene Klassenmitte = 0 setzt und die folgenden Klassenmitten mit 1, 2, ... bezeichnet wie in Tab. 3

Tabelle 3. **Berechnung von $\bar{x}$ und s in einer Häufigkeitstabelle. Systolischer Blutdruck von Kaninchen.** (Nach *Koch* und *Koller*)

Messungswerte	Hilfsskala ξ_i	Anzahl n_i	$n_i \cdot \xi_i$ +	$n_i \cdot \xi_i$ −	$n_i \cdot \xi_i^2$
unter 70 mm Hg	−5	1		−5	25
70 bis unter 75	−4	2		−8	32
75 „ „ 80	−3	3		−9	27
80 „ „ 85	−2	6		−12	24
85 „ „ 90	−1	8		−8	8
90 „ „ 95	0	10	—	—	—
95 „ „ 100	+1	10	+10		10
100 „ „ 105	+2	9	+18		36
105 „ „ 110	+3	6	+18		54
110 „ „ 115	+4	5	+20		80
115 „ „ 120	+5	2	+10		50
120 und mehr	+6	1	+6		36
Summe		63	+82		382
			−42	−42	
			+40		

Ist a der Ausgangswert für die Hilfsskala und b die Klassenbreite, so ist

$$\xi_i = \frac{x_i - a}{b}. \tag{7}$$

Die Ablesung ist auf ganze mm vorgenommen. Die mittlere Klasse umfaßt die Ablesungswerte 90—94 mit dem wahren Wertebereich 89,5—94,5; die Klassenmitte ist $a = 92{,}0$ (nicht 92,5). Klassenbreite $b = 5$.

Man rechnet zunächst in der Hilfsskala:

$$\text{Mittelwert } \bar{\xi} = \frac{1}{n} \sum_i n_i \xi_i = \frac{40}{63} = 0{,}63.$$

Summe der Abweichungsquadrate:

$$S_{\xi\xi} = \sum n_i (\xi_i - \bar{\xi})^2 = \sum_i n_i \xi_i^2 - \frac{1}{n} \cdot \left(\sum_i \xi_i\right)^2 = 382 - \frac{40^2}{63} = 382 - 25{,}4 = 356{,}6.$$

Die Berechnung von s^2 kann bei Benutzung einer Klasseneinteilung durch die „Sheppardsche Korrektur" verbessert werden, die in der Subtraktion von $\frac{b^2}{12}$ besteht und für die Hilfsskala mit der Klassenbreite 1 in $\frac{1}{12}$ übergeht. Die Sheppardsche Korrektur ist nicht anwendbar, wenn s in einem Prüfverfahren verwendet wird.

Es wird

$$s_\xi^2 = \frac{1}{n-1} \cdot S_{\xi\xi} - \frac{1}{12} = \frac{356{,}6}{62} - \frac{1}{12} = 5{,}75 - 0{,}08 = 5{,}67.$$

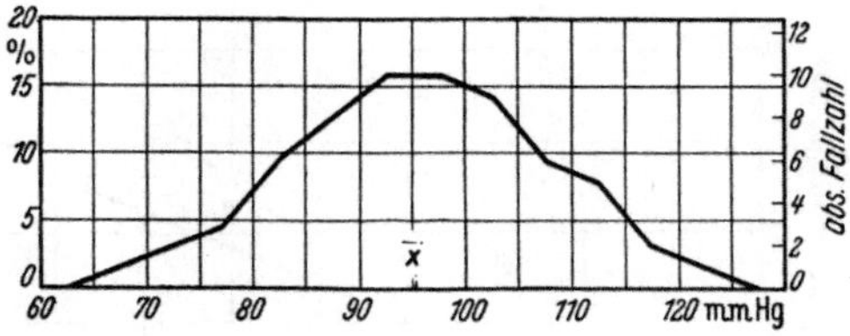

Abb. 152. Häufigkeitsverteilung, Systolischer Blutdruck von Kaninchen. Material von *Koch* und *Koller*

Daraus wird für die Originalskala:

$$\bar{x} = a + b \cdot \bar{\xi} = 92{,}0 + 5 \cdot 0{,}63 = 95{,}2 \text{ mm Hg},$$

$$s_x = b \cdot s_\xi = 5 \cdot \sqrt{5{,}67} = 5 \cdot 2{,}38 = 11{,}9 \text{ mm Hg}.$$

Andere Streuungsmaße. Die Angabe des höchsten und niedrigsten Wertes einer Reihe zur genaueren Kennzeichnung der Streuung ist unzureichend (vgl. S. 982). Die Berechnung der „durchschnittlichen Abweichung" e ist nicht zu empfehlen, da die gesamte statistische Methodik auf s aufgebaut ist (Vergleichswerte für e und s auf S. 974).

Zur Messung der relativen Streuung im Verhältnis zum Mittelwert dient der „Variationskoeffizient" $\frac{s}{\bar{x}}$.

C. Korrelationsbild, Korrelationskoeffizient

Bei der Betrachtung zweier quantitativer Merkmale (Meßwerte x und y) gehört je ein Wertepaar zusammen und wird durch einen Punkt im Koordinatennetz dargestellt (Abb. 153). Bei größerem Material führt man für beide Merkmale eine Klassenzusammenfassung durch und erhält Korrelationstabellen wie Tab. 5 (steile Zahlen). Zur statistischen Kennzeichnung dient außer $\bar{x}$, $\bar{y}$, s_x, s_y der Korrelationskoeffizient r_{xy}, der die gemeinsame Variation von x und y bzw. die Strammheit eines linearen Zusammenhanges zwischen x und y mißt. Man berechnet — analog zu den Abweichungsquadraten — die Summe der Abweichungsprodukte

$$S_{xy} = \sum_{i=1}^{n} (x_i - \bar{x}) \cdot (y_i - \bar{y}). \tag{8}$$

Im englischen Schrifttum wird $\frac{1}{n-1} \cdot S_{xy}$ als „covariance“ bezeichnet. Nach Normierung durch Division durch $s_x \cdot s_y$ erhält man den Korrelationskoeffizienten

$$r_{xy} = \frac{S_{xy}}{(n-1) \cdot s_x \cdot s_y} = \frac{S_{xy}}{\sqrt{S_{xx} \cdot S_{yy}}}. \tag{9}$$

r liegt zwischen -1 und $+1$. Bei Fehlen eines Zusammenhanges ist $r = 0$ (vgl. 28). Umgekehrt kann aus $r = 0$ nicht zwingend auf Fehlen eines Zusammenhanges geschlossen werden.

Linder bezeichnet $r^2 = B$ als Bestimmtheitsmaß.

Zur Vereinfachung der Berechnung von S_{xy} gilt

$$S_{xy} = \sum (x_i - \bar{x}) \cdot (y_i - \bar{y}) = \sum x_i \cdot y_i - n \cdot \bar{x} \cdot \bar{y} = \sum x_i \cdot y_i - \frac{\sum x_i \cdot \sum y_i}{n} \tag{10}$$

und bei Nullpunktsverschiebung durch die Hilfswerte a_x und a_y

$$S_{xy} = \sum_i (x_i - a_x) \cdot (y_i - a_y) - \frac{\sum_i (x_i - a_x) \cdot \sum_i (y_i - a_y)}{n}. \tag{11}$$

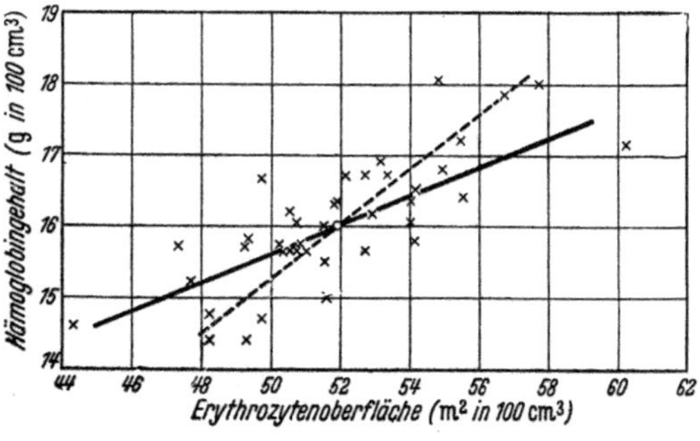

Abb. 153. Korrelationsbild. Korrelation zwischen der Erythrocytenoberfläche (in 100 ml Blut) und dem Hämoglobingehalt bei Männern. Material von *Horneffer*

Erklärung der eingezeichneten Regressionslinien S. 1009.

Berechnung. Geht man von den in Listenform untereinander geschriebenen Originalwerten aus, kann man Schema 4 benutzen.

Tabelle 4. **Korrelationsberechnung an Einzelwerten**
(6 zufällig herausgegriffene Werte aus Abb. 153)

Beob.-Nr.	Beobachtungswerte		Vereinfachte Beob.-Werte		$(x_i-52)^2$	$(x_i-52)\cdot(y_i-16)$		$(y_i-16)^2$
	x_i	y_i	x_i-52	y_i-16		+	−	
1	47,4	15,7	−4,6	−0,3	21,16	1,38		0,09
2	51,6	15,0	−0,4	−1,0	0,16	0,40		1,00
3	54,1	16,5	+2,1	+0,5	4,41	1,05		0,25
4	51,8	16,3	−0,2	+0,3	0,04		−0,06	0,09
5	56,7	17,4	+4,7	+1,4	22,09	6,58		1,96
6	50,2	15,7	−1,8	−0,3	3,24	0,54		0,09
Zus.			−0,2	+0,6	51,10	+9,95 +9,89	−0,06	3,48

Es ist

$$\bar{x} = 52{,}0 - \frac{0{,}2}{6} = 52{,}0; \quad \bar{y} = 16{,}0 + \frac{0{,}6}{6} = 16{,}1$$

$$S_{xx} = 51{,}10 - \frac{0{,}2^2}{6} = 51{,}09; \quad S_{yy} = 3{,}48 - \frac{0{,}6^2}{6} = 3{,}42$$

$$s_x = \sqrt{\frac{51{,}09}{5}} = 3{,}2; \quad s_y = \sqrt{\frac{3{,}42}{5}} = 0{,}83$$

$$S_{xy} = +9{,}89 - \frac{(-0{,}2)\cdot(+0{,}6)}{6} = +9{,}91; \quad r_{xy} = \frac{+9{,}91}{\sqrt{51{,}09\cdot 3{,}42}} = +0{,}75.$$

Bei Klasseneinteilung und Einführung einer Hilfsskala ξ für x und η (griech. eta) für y ist

$$\xi_i = \frac{x_i - a_x}{b_x}, \qquad \eta_i = \frac{y_i - a_y}{b_y}. \tag{12}$$

Dabei ist jeweils a der Anfangspunkt und b die Breite der Klasse in der Hilfsskala. Für die Gewinnung von S_{xy} muß das Produkt der Skalenwerte mit den Besetzungszahlen jedes Feldes multipliziert werden. Diese Zahlen sind in Kursivdruck in jedem Feld angegeben. Dieses Verfahren empfiehlt sich fur großes n.

Tabelle 5. **Korrelationstabelle und Rechnungsschema für den Korrelationskoeffizienten. Hämoglobingehalt (g pro 100 ml) und Erythrocytenoberfläche (qm pro 100 ml) bei 40 jungen Männern** (Werte nach *Horneffer*)

Erythrocyten-oberfläche / Hämoglobingehalt		unt. 47	47 bis unt. 49	49 bis unt. 51	51 bis unt. 53	53 bis unt. 55	55 bis unt. 57	57 bis unt. 59	59 und mehr	Summe	$n_j \cdot \eta_j$	$n_j \cdot \eta_j^2$
	η_i / ξ_i	−3	−2	−1	0	+1	+2	+3	+4			
unter 15	−2	1 *+6*	2 *+8*	2 *+4*	1					6 *+18*	−12	24
15 bis unter 16	−1		2 *+4*	7 *+7*	3	1 *−1*				13 *+10*	−13	13
16 bis unter 17	0			3	6	6	1			16	0	0
17 bis unter 18	+1						2 *+4*	1 *+3*	1 *+4*	4 *+11*	+4	4
18 und mehr	+2					1 *+2*				1 *+2*	+2	4
Summe		1 *+6*	4 *+12*	12 *+11*	10	8 *+1*	3 *+4*	1 *+3*	1 *+4*	40 *+41*	−19	45
$n_i \cdot \xi_i$		−3	−8	−12	0	+8	+6	+3	+4	−2		
$n_i \cdot \xi_i^2$		9	16	12	0	8	12	9	16	82		

Die Berechnung gestaltet sich:

$$\bar{\xi} = \frac{1}{n} \cdot \sum_i n_i \cdot \xi_i = \frac{-2}{40} = -0{,}05 \qquad \bar{\eta} = \frac{1}{n} \cdot \sum_j n_j \cdot \eta_j = \frac{-19}{40} = -0{,}48$$

$$S_{\xi\xi} = \sum_i \xi_i^2 - \frac{1}{n} \cdot \left(\sum_i \xi_i\right)^2 = 82 - \frac{(-2)^2}{40} = 81{,}9$$

$$S_{\eta\eta} = \sum_j \eta_j^2 - \frac{1}{n} \cdot \left(\sum_j \eta_j\right)^2 = 45 - \frac{(-19)^2}{40} = 36{,}0$$

$$s_\xi^2 = \frac{81{,}9}{39} = 2{,}10 \qquad s_\eta^2 = \frac{36{,}0}{39} = 0{,}92$$

$$S_{\xi\eta} = \sum \xi_i \; \eta_i - \frac{1}{n} \cdot \sum \xi_i \cdot \sum \eta_i = +41 - \frac{(-2)\cdot(-19)}{40} = 40{,}1$$

$$r_{xy} = r_{\xi\eta} = \frac{S_{\xi\eta}}{\sqrt{S_{\xi\xi} \cdot S_{\eta\eta}}} = \frac{+40{,}1}{\sqrt{81{,}9 \cdot 36{,}0}} = \frac{+40{,}1}{54{,}4} = +0{,}74.$$

Der Korrelationskoeffizient r_{xy} ist gleich $r_{\xi\eta}$. Bei zu grober Klasseneinteilung bewirkt die Hinzufügung der Sheppardschen Korrektur im Nenner eine merkliche Änderung der Werte. Im Beispiel sinkt s_η^2 von 0,92 auf 0,84. Die Einteilung ist also zu grob; die Berechnung muß besser an den 40 Einzelwerten nach dem Schema der Tab. 4 erfolgen.

D. Die statistischen Schlußweisen

Beobachtungsreihen als Stichproben. Jede Beobachtungsreihe wird in der statistischen Methodik als eine Zufallsstichprobe aus der Gesamtheit (Kollektiv) aller der Werte aufgefaßt, die statt der tatsächlich beobachteten auch hatten auftreten können, z. B. bei anderen Versuchstieren, anderer Witterung, anderer Fütterung, anderen Experimentatoren usw. Die bei den einzelnen Beobachtungswerten auftretenden Schwankungen geben einen Anhaltspunkt für die in der hypothetischen Gesamtheit mögliche Variabilität der Werte.

Standardfehler. In diesem Sinne ist jede aus der Beobachtungsreihe abgeleitete Maßzahl (z. B. Mittelwert, Häufigkeit, Standardabweichung, Korrelationskoeffizient) ein Schätzungswert der entsprechenden Maßzahl (Parameter) in der Gesamtheit. Die Genauigkeit der Schätzung hängt von der Größe der Reihe ab; die möglichen Abweichungen zwischen wahrem Wert und Schatzwert werden durch den Standardfehler gemessen (Formeln s. S. 984).

Verallgemeinerung. Die oben genannte „Gesamtheit aller auch möglichen Ergebnisse" stellt die zum Versuch gehörenden Ergebnisse in der allgemeinsten Form dar. Die Verallgemeinerung einer Beobachtungsreihe besteht methodisch in einer Kennzeichnung des Kollektivs und der Merkmalsverteilungen in dem Kollektiv, aus dem die beobachtete Reihe eine Zufallsstichprobe sein kann.

„Direkter Schluß" von der Grundgesamtheit auf die Stichprobe. Aus der Grundgesamtheit, deren Eigenschaften auf Grund früherer Beobachtungen oder theoretischer Annahmen gegeben sind, wird ein Kollektiv aller Stichproben der Größe n abgeleitet. Für dieses Kollektiv wird die Verteilung der Maßzahl z berechnet. Es werden Grenzen z_0 und z_u angegeben, bis zu denen man Zufallsschwankungen von z in Stichproben anerkennt. Die Überschreitungswahrscheinlichkeit dieser Grenzen für echte Stichproben sei α; α ist das Risiko, daß eine wahre Stichprobe fälschlicherweise als nicht aus dem Kollektiv hervorgegangen betrachtet wird („Fehler 1. Art").

$(1-\alpha)$ wird als „statistische Sicherheit“ bezeichnet; bestimmte Werte (vgl. S. 968) von α sind die „Sicherheitsstufen“ oder „Sicherheitsschwellen“ einer statistischen Aussage

Abb. 154. Veranschaulichung des direkten Schlusses

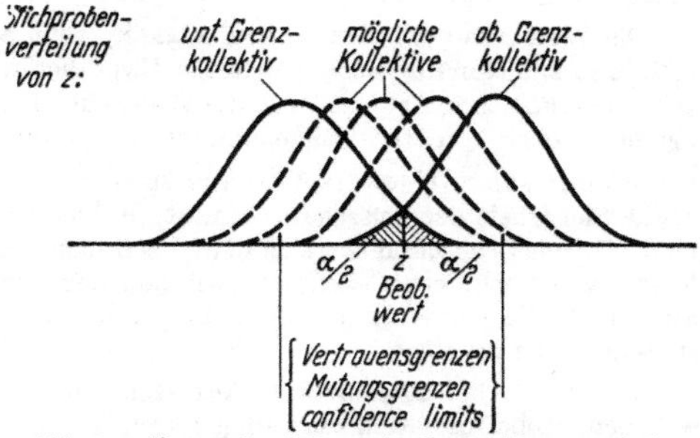

Abb. 155. Veranschaulichung des Ruckschlusses auf die Grundgesamtheit (Vertrauensgrenzen)

„Rückschluß“ von einer Stichprobe auf die Grundgesamtheit. Die Stichprobe ist gegeben. Unter den möglichen Kollektiven werden die Grenzkollektive gesucht, für die die Stichprobenverteilung von z so liegt, daß das beobachtete z gerade den Teil $\frac{\alpha}{2}$ aus jeder Verteilung abschneidet. Bei dieser Schlußweise wird keine Annahme über die Wahrscheinlichkeiten der einzelnen Kollektive (bzw. Hypothesen) gemacht (Vertrauensgrenzen). In anderen Verfahren werden derartige Annahmen gemacht (z. B. Bayes-Hypothese der Gleichwahrscheinlichkeit). Praktisch unterscheiden sich die zahlenmaßigen Ergebnisse der verschiedenen Verfahren im allgemeinen nicht wesentlich.

Die Prüfverfahren (*Testverfahren*) dienen zur Prufung von Hypothesen („2 Beobachtungsreihen können als Stichproben aus demselben Kollektiv aufgefaßt werden, weisen also keine wesentlichen Unterschiede auf“, oder „2 Merkmale sind voneinander unabhängig“ oder andere). Aus der zu prüfenden Hypothese wird für das Prüfmaß z die Verteilung in Stichproben vom Umfang n abgeleitet. Dann wird geprüft, ob das aus der Beobachtung gewonnene z als zur Stichprobenverteilung gehörig angesehen werden kann (Annahme der Hypothese) oder nicht (Ablehnung der Hypothese).

Wenn die Aufstellung der Stichprobenverteilung von z ohne Benutzung der zur Prüfung vorliegenden Beobachtungswerte erfolgen kann, handelt es sich um Anwendung des direkten Schlusses. Meist müssen die Berechnungen aber von den Beobachtungswerten ausgehen und z. B. den Mittelwert oder die mittlere Abweichung der Beobachtungsreihe heranziehen. Dann müssen Rückschlußverfahren herangezogen werden („t-Verteilung“ usw.; s. u.).

Nichtparametrische Verfahren verwenden nur die Vorzeichen oder die Anordnung von Beobachtungsgrößen, nicht ihre Werte selbst. Dadurch sind die Verfahren rechnerisch einfach, frei von Voraussetzungen über die Grundverteilung, bringen aber den Verzicht auf einen Teil der Information mit sich.

Folgeprüfungen (sequential analysis). Die üblichen Testverfahren gehen von der in der Beobachtungsreihe vorliegenden Beobachtungszahl n als einer festen Größe aus. Man führt im allgemeinen diese Versuchszahl erst durch und prüft dann die statistischen Ergebnisse. *A. Wald* hat darauf hingewiesen, daß dies durchaus unzweckmäßig ist, weil in vielen Fällen, in denen echte Unterschiede vorliegen, sich bei der Analyse der n Beobachtungen herausstellt, daß die statistischen Sicherungsgrenzen bereits weit überschritten sind. In diesen Fallen hätte man die Versuche schon früher abbrechen können, nämlich dann, wenn die Sicherungsgrenzen gerade erreicht waren. Die statistische Auswertung muß den

Versuchen laufend folgen (Folgeprüfungen), damit bei vorgegebener statistischer Sicherheit keine überzähligen Versuche gemacht werden[1].

Die Verfahren gewinnen an Ergiebigkeit, wenn eine Unterscheidung zwischen mehreren zahlenmäßig ausgearbeiteten Hypothesen getroffen werden soll. Dann tritt der „Fehler 2. Art" auf, der die Wahrscheinlichkeit für die Fälle betrifft, in denen die erste Hypothese angenommen wird, obwohl die zweite richtig ist.

In einer statistischen Aussage spielt α eine entscheidende Rolle, indem es die Sicherheit der Aussage bestimmt. Je kleiner man α wählt, um so breiter ist der zugelassene Zufallsbereich bzw. Vertrauensbereich und umgekehrt. Daraus folgt: Es besteht ein Gegensatz zwischen der Schärfe einer Aussage und der Sicherheit, die der Aussage zukommt. *Sichere Aussagen sind unscharf; scharfe Aussagen sind unsicher.*

Es genügt, bei statistischen Aussagen wenige Sicherheitsstufen zu unterscheiden, wobei die Kennzeichnung durch α oder $(1-\alpha)$ gleichbedeutend gebraucht wird. Zu jedem α gehören Grenzen z_α der betrachteten Maßzahl z.

1. $\alpha = 5\%$ („Warngrenze" $z_{5\%}$), statistische Sicherheit 95%. Liegt die geprüfte Maßzahl der Beobachtungsreihe *innerhalb des 95%-Bereiches*, so ist die *Hypothese mit der Beobachtung vereinbar* (*nicht:* „die Hypothese ist bewiesen"!). Es besteht keine Veranlassung, einen etwaigen Unterschied zu diskutieren.

2. $\alpha \begin{cases} = 1\ \% \\ = 0{,}27\% \\ = 0{,}1\ \% \end{cases}$ „Sicherungsgrenzen" „Widerspruchsgrenzen" $z_{1\%}, z_{0,27\%}, z_{0,1\%}$ Statistische Sicherheit: $\begin{cases} 99\ \% \\ 99{,}73\% \\ 99{,}9\ \% \end{cases}$

Liegt die geprüfte statistische Maßzahl der Beobachtungsreihe *außerhalb des 99,9%-Bereiches*, so besteht ein *Widerspruch zwischen Hypothese und Beobachtung*; die Hypothese ist abzulehnen.

Die Festlegung dieser Sicherungsgrenzen ist nicht einheitlich und kann sich nach der sachlichen Bedeutung der zu treffenden Entscheidung richten, indem bei besonderer Bedeutung die Grenzen schärfer, bei geringerer Bedeutung weniger scharf gelegt werden. Im englischen Schrifttum wird im allgemeinen die 1%-Grenze gewählt, in Deutschland und z. T. in den USA ist die 0,27%-Grenze (3 Sigma-Äquivalente; Übernahme einer im Falle der Normalverteilung historisch eingebürgerten Abgrenzung) verbreitet (z. B. in den „Graphischen Tafeln" von *Koller*); in den Tabellenwerken von *Fisher-Yates*, *Hald* und *Graf-Henning* finden sich auch die 0,1%-Grenzen. Die geplante Neuauflage der „Graphischen Tafeln" von *Koller* wird die angegebenen Grenzen nebeneinander enthalten.

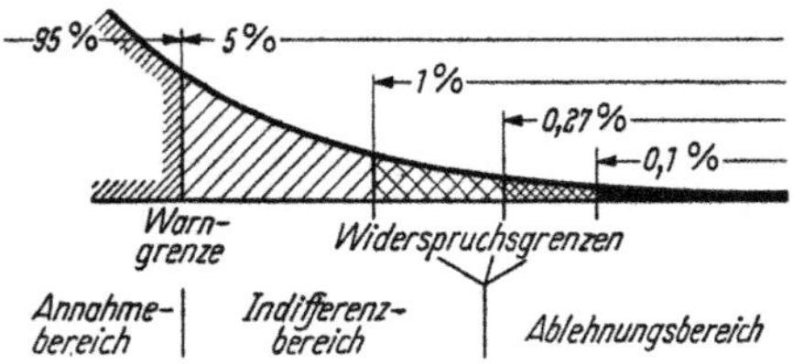

Abb. 156. Die Sicherheitsstufen (Signifikanzstufen) statistischer Aussagen bei Annahme und Ablehnung einer Hypothese (Zusammenfassung auf einer Seite der Häufigkeitsverteilung)

3. Liegt die geprüfte statistische Maßzahl der Beobachtungsreihe *zwischen der Warngrenze und der Sicherungsgrenze*, so kann man die Gültigkeit der Hypothese als fraglich bezeichnen, den gefundenen Unterschied als „bemerkenswert" oder als „auffällig". Ein Gegensatz ist jedoch nicht sicher festgestellt. Im älteren englischen Schrifttum wurde ein Unterschied als „significant" bezeichnet, wenn die 5%- oder die 1%-Grenze überschritten war. Wegen der Uneinheitlichkeit der Grenzziehung werden die Bezeichnungen „significant at the 5%-level" oder „significant at the 1%-level"

[1] Literatur zu den hier nicht dargestellten Folgeprufungen: *Wald, A.*: Sequential Analysis. 2. Aufl., New York 1948. Kurze Darstellung bei *Graf-Henning, Koller* (55), *Armitage, P.*

gebraucht. In der deutschen Terminologie hat sich „signifikant" gleichbedeutend mit „statistisch gesichert" eingebürgert.

Man soll weniger versuchen, Hypothesen zu beweisen, als vielmehr, Gegenhypothesen zu widerlegen.

II. Theoretische Häufigkeitsverteilungen

A. Binomische Verteilung

Die binomische Verteilung betrifft zwei sich ausschließende Merkmale A und B. Die Wahrscheinlichkeit für das Eintreffen von A sei P, die für B sei $Q = 1 - P$. Dann sind bei $n = 2$ Beobachtungen die Wahrscheinlichkeiten für

Zahl der A:	2	1	0
„ „ B:	0	1	2
	P^2	$2PQ$	Q^2

Für $n = 3$: Zahl der A:	3	2	1	0
„ „ B:	0	1	2	3
Wahrscheinl.:	P^3	$3P^2Q$	$3PQ^2$	Q^3

Allgemeine Verteilung:

Zahl der A:	n	$(n-1)\ldots$	i $\ldots$		1	0
„ „ B:	0	1	$(n-i)\ldots$		$(n-1)$	n
Wahrscheinl.:	P^n	$nP^{n-1}Q\ldots$	$\binom{n}{i}P^iQ^{n-i}\ldots$		nPQ^{n-1}	Q^n. (13)

Die Summe aller Wahrscheinlichkeiten ist $(P+Q)^n = 1$.

Die Binomialkoeffizienten $\binom{n}{i}$ sind durch folgende Formel definiert:

$$\binom{n}{i} = \frac{n!}{i!\,(n-i)!}\,, \quad \text{wobei} \quad n! = 1 \cdot 2 \cdot 3 \cdot \cdots n \tag{14}$$

ist. Die Binomialkoeffizienten ergeben sich bequem aus dem Pascalschen Dreieck, indem man jeweils zwei Zahlen der oberen Zeile addiert:

$$\begin{array}{ccccccccccc} & & & & 1 & & 1 & & & & \\ & & & 1 & & 2 & & 1 & & & \\ & & 1 & & 3 & & 3 & & 1 & & \\ & 1 & & 4 & & 6 & & 4 & & 1 & \\ 1 & & 5 & & 10 & & 10 & & 5 & & 1 \\ \cdot & \cdot & \cdot & \cdot & \cdot & \cdot & \cdot & \cdot & \cdot & \cdot & \cdot \end{array}$$

Mittelwert und „Erwartungswert" in einer Stichprobe von n Fällen ist

$$M = E = n \cdot P, \tag{15}$$

der Standardfehler der Merkmalszahl i $\sigma_i = \sqrt{n \cdot P \cdot Q}$ (mittlerer Fehler). (16)

Betrachtet man nicht die Anzahlen i, sondern die relativen Häufigkeiten $\frac{i}{n}$, so ist der Erwartungswert $E = P$

und der Standardfehler der Merkmalshäufigkeit $\sigma_P = \sqrt{\frac{P \cdot Q}{n}}$. (17)

Der Quotient zwischen 2 aufeinanderfolgenden Gliedern G_{i-1} und G_i (gezählt nach der A-Zahl) ist

$$G_i : G_{i-1} = \frac{n-i+1}{i} \cdot \frac{P}{Q} = \frac{n-i+1}{i} \cdot K. \tag{18}$$

Stellt man die binomische Verteilung als Funktion von $K = \frac{P}{Q}$ dar, so ergibt sich:

Zahl der A:	n	...	i	$(i-1)$	...	2	1	0
„ „ B:	0	...	$(n-i)$	$(n-i+1)$	...	$(n-2)$	$(n-1)$	n
Nr. des Gliedes:	G_n	...	G_i	G_{i-1}	...	G_2	G_1	G_0
Wahrscheinl.:	$\frac{K^n}{(1+K)^n}$	...	$\binom{n}{i}\frac{K^i}{(1+K)^n}$	$\binom{n}{i-1}\frac{K^{i-1}}{(1+K)^n}$	...	$\binom{n}{2}\frac{K^2}{(1+K)^n}$	$n\frac{K}{(1+K)^n}$	$\frac{1}{(1+K)^n}$

(19)

oder bei gliedweiser Berechnung der in (19) angefuhrten Glieder von rechts nach links

$$\ldots \frac{n-1}{2} \cdot K \cdot G_1 \qquad n \cdot K \cdot G_0 \qquad \frac{1}{(1+K)^n}.$$

$$\frac{1}{n} K \cdot G_{n-1} \cdots \frac{n-i+1}{i} K \cdot G_{i-1} \qquad \frac{n-i+2}{i-1} K \cdot G_{i-2} \tag{20}$$

Die Verteilungskurve ist im allgemeinen asymmetrisch. Symmetrische Kurven finden sich fur $P = Q = \frac{1}{2}$ bzw. $K = 1$ und in der Nahe dieser Werte bei großem n.

Tafeln der Binomialverteilung siehe S. 1046. Tafeln der Binomialkoeffizienten in den *Geigy*-Tabellen.

Bei der *Gegenstromverteilung* einer einheitlichen Substanz ist eine binomische Verteilung bei n Verteilungsschritten experimentell gegeben. Da die Messungswerte keine Häufigkeiten sind, ist jeder Wert durch die Gesamtsumme aller Messungswerte zu dividieren. Die Verteilungszahl K laßt sich z. B. aus der Lage (Fraktionsnummer i_m) des Maximums schätzen.

$$K \sim \frac{i_m + \frac{1}{2}}{n - i_m + \frac{1}{2}}; \quad \text{entsprechend ist} \quad i_m \sim \frac{(n+1)\,K}{1+K} - \frac{1}{2}. \tag{21}$$

Kann man die ganze Verteilungskurve zur Schätzung von K benutzen, läßt sich K aus dem Mittelwert M errechnen:

$$M = \frac{\sum i \cdot G_i}{\sum G_i} \quad \text{und} \quad K = \frac{M}{n - M}. \tag{22}$$

Die Berechnung der theoretischen Werte erfolgt nach (20) unter Benutzung von Logarithmen. – *Substanzgemische* ergeben eine Überlagerung mehrerer binomischer Verteilungen. Zur rechnerischen Zerlegung kann man die K-Werte nach den Rekursionsformeln aus aufeinanderfolgenden Fraktionen an den äußeren Kurvenästen berechnen, die durch die Überlagerung wenig verzerrt sind.

B. Polynomische, hypergeometrische, Poissonsche und Besetzungsverteilung

1. Polynomische Verteilung

Ist P_1 die Wahrscheinlichkeit für Merkmal A_1, P_2 für Merkmal $A_2, \ldots, P_r$ für A_r, so ist die Wahrscheinlichkeit unter n Fällen i_1-mal A_1, i_2-mal $A_2, \ldots, i_r$-mal A_r zu beobachten:

$$\frac{n!}{i_1!\, i_2! \ldots i_r!} \cdot P_1^{i_1} \cdot P_2^{i_2} \cdots P_r^{i_r}. \tag{23}$$

2. Hypergeometrische Verteilung

Die binomische und die polynomische Verteilung setzen voraus, daß bei allen Beobachtungen die gleichen Wahrscheinlichkeiten gelten. Bei endlichem Kollektivumfang (Modellbeispiel: Losziehungen aus einer Urne mit N Losen) trifft dies nur dann zu, wenn nach jeder Ziehung das gezogene Los zurückgelegt wird. Ist dies nicht der Fall, so beeinflußt das Ergebnis jeder Ziehung die Wahrscheinlichkeiten für die weiteren. Sind im Kollektiv unter N Losen N_1 mit dem Merkmal A und $(N - N_1)$ mit dem Merkmal B vorhanden, so ist die Wahrscheinlichkeit, in einer Stichprobe „ohne Zurücklegen" i Fälle A und $(n - i)$ Fälle B zu erhalten,

$$\frac{\binom{N_1}{i} \cdot \binom{N - N_1}{n - i}}{\binom{N}{n}}. \tag{24}$$

3. Poissonverteilung

Die binomische Verteilung geht für kleine Wahrscheinlichkeiten P und großes n in die Poissonverteilung über, die nur vom Erwartungswert $E = n \cdot P$, aber nicht von n und P einzeln abhängt. Die Wahrscheinlichkeit für i Fälle mit dem

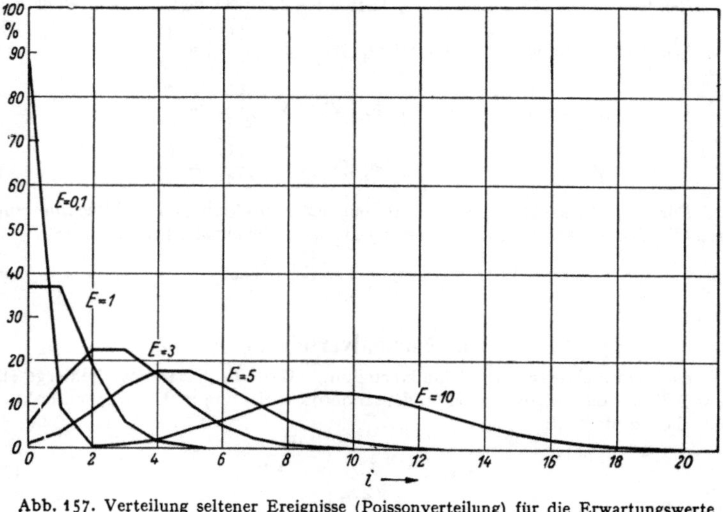

Abb. 157. Verteilung seltener Ereignisse (Poissonverteilung) für die Erwartungswerte $E = 0{,}1;\ 1;\ 3;\ 5;\ 10$

Merkmal A ist

$$\frac{E^i \cdot e^{-E}}{i!}. \tag{25}$$

Liegt E in der Nähe von 0, ist die Verteilung stark asymmetrisch und nähert sich für wachsendes E der Normalverteilung (etwa ab $E \sim 30$). Die Standardabweichung ist

$$\sigma = \sqrt{E}. \tag{26}$$

Die Poissonverteilung gilt für seltene Ereignisse, z. B. Trefferverteilungen bei Strahlungsuntersuchungen. Tabellen bis $E = 100$ bei *Molina*.

4. Besetzungsverteilung

Es seien k Elemente gegeben, die sich auf n Plätze verteilen können. Eine Mehrfachbesetzung eines Platzes durch mehrere Elemente wird von der Besetzung durch ein Element nicht unterschieden. (Beispiel: Wie können sich k Keime in einer Suspension auf n Kulturröhrchen verteilen?) Die Wahrscheinlichkeit, daß gerade i Plätze (Röhrchen) besetzt sind, ist

$$w_{n,k}(i) = c_{k,i} \cdot \frac{n!}{(n-i)!\, n^k}, \tag{27}$$

wobei die Koeffizienten $c_{k,i}$ nach der Rekursionsformel

$$c_{k,i} = s \cdot c_{(k-1),i} + c_{(k-1),(i-1)} \tag{28}$$

berechnet werden. Die Koeffizienten („Stirlingsche Zahlen 2. Ordnung") ergeben sich in folgender Tabelle[1] nach (28):

$k =$	1	2	3	4	5	6	.
$i = 1$	1	1	1	1	1	1	.
2		1	3	7	15	31	.
3			1	6	25	90	.
4				1	10	65	.
5					1	15	.
6						1	.

Beispiel. $n = 4$ Röhrchen, $k = 3$ Keime. i = Zahl der keimhaltigen Röhrchen.

Wahrscheinlichkeit fur $i = 1$ ist $w_{4,3}(1) = 1 \cdot \frac{4!}{3! \cdot 4^3} = \frac{1}{16}$

„ „ $i = 2$ „ $w_{4,3}(2) = 3 \cdot \frac{4!}{2! 4^3} = \frac{9}{16}$

„ „ $i = 3$ „ $w_{4,3}(3) = 1 \cdot \frac{4!}{1! 4^3} = \frac{6}{16}$.

Für den Rückschluß auf k, z. B. bei der indirekten Keimzahlbestimmung, gibt *W. Schäfer* eine in guter Näherung gültige „Mutungsfunktion" an:

$$W'_{n,i}(h) = c_{k,i} \frac{(n-1)!}{(n-i-1)! \cdot n^k}. \tag{29}$$

C. Normalverteilung

Die Normalverteilung (Gaußverteilung, Gauß-Laplacesches Fehlergesetz) hat 2 Paramter: Mittelwert M und Standardabweichung σ. Die Normalfunktion hat die Form

$$\varphi(x) = \frac{1}{\sigma\sqrt{2\pi}} \cdot e^{-\frac{(x-M)^2}{2\sigma^2}}. \tag{30}$$

[1] Ausfuhrliche Tabelle bis $k = 100$ und $i = 32$ bei *W. Schäfer*.

Normiert man die Variable, indem man $u = \frac{x - M}{\sigma}$ setzt, also eine Normalverteilung um den Mittelwert 0 und mit der Standardabweichung 1 betrachtet, so ist

$$\varphi(u) = \frac{1}{\sqrt{2\pi}} \cdot e^{-\frac{1}{2}u^2}. \tag{31}$$

Die Wahrscheinlichkeit, daß ein Wert im Intervall u_1 bis u_2 liegt, wird durch das Integral

$$\Phi(u_1, u_2) = \int_{u_1}^{u_2} \varphi(u)\, du \tag{32}$$

gegeben. Die Werte von $\varphi(u)$ und $\Phi(0, u)$ sind in Tab. 6 und 7 enthalten. Zum Zeichnen der Normalkurve benutzt man $\varphi(u)$. Zur Anpassung der Normalkurve an eine gegebene empirische Verteilung mit der Klassenbreite b und der mittleren Abweichung s rechnet man die Beobachtungswerte x (insbesondere die Klassengrenzen) in die normierte Variable u um:

$$u = \frac{x - \bar{x}}{s}. \tag{33}$$

Als Ordinaten y sind fur die Zeichnung zu verwenden

$$y = \frac{b}{s}\, \varphi(u). \tag{34}$$

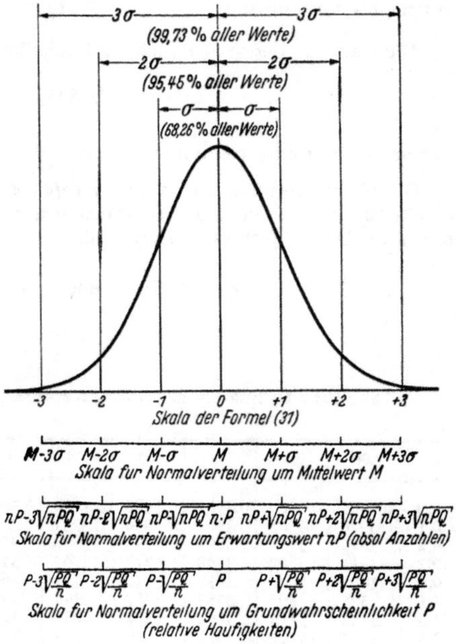

Abb. 158. Normalverteilung

Für die Inhalte der Klassen, d. h. zur Berechnung der Häufigkeiten ist die Fläche als Differenz zwischen den Φ-Werten für die Klassengrenzen zu ermitteln. Bei der Berechnung der Flächen ist bei Anzahlen und Häufigkeiten zu beachten, daß die Beobachtungszahl i dem Bereich zwischen $\left(i - \frac{1}{2}\right)$ und $\left(i + \frac{1}{2}\right)$ entspricht.

Bei der Normalverteilung liegen

50%[1]	der Werte	innerhalb	$u = -0{,}674$	und	$u = +0{,}674$
90%	,,	,,	$u = -1{,}645$	,,	$u = +1{,}645$
95%	,,	,,	$u = -1{,}960$	,,	$u = +1{,}960$
99%	,,	,,	$u = -2{,}576$	,,	$u = +2{,}576$
99,73%	,,	,,	$u = -3{,}000$	,,	$u = +3{,}000$
99,9%	,,	,,	$u = -3{,}291$	,,	$u = +3{,}291$
99,99%	,,	,,	$u = -3{,}891$	,,	$u = +3{,}891$.

[1] Wegen der Halbierung der Werte wurde $0{,}674\,\sigma$ auch als „wahrscheinliche Abweichung" bzw. „wahrscheinlicher Fehler" bezeichnet.

Den 4 in Abschn. I D genannten Sicherheitsstufen entsprechen folgende u-Werte, wobei sowohl einseitige als auch doppelseitige Fragestellungen berücksichtigt sind:

	Warngrenze	Sicherungsgrenzen		
Überschreitungswahrscheinlichkeit α	5%	1%	0,27%	0,1%
Statistische Sicherheit $(1-\alpha)$	95%	99%	99,73%	99,9%
u bei zweiseitiger Prüfung	1,96	2,58	3,00	3,29
u bei einseitiger Prüfung	1,64	2,33	2,78	3,09

Die manchmal noch gebrauchte „durchschnittliche Abweichung"

$$e = \frac{1}{n} \sum |x_i - \bar{x}| \tag{35}$$

hat bei der Normalverteilung den Wert $e = 0{,}798\,\sigma$.

Die Normalverteilung tritt als *Grenzfall der binomischen Verteilung* auf und ist dort brauchbar, wenn der 4—5fache σ-Bereich sich nicht unter 0 oder über n erstreckt. Die Umrechnung erfolgt mit

$$\sigma = \sqrt{nPQ} \quad \text{und} \quad u = \frac{i - nP}{\sqrt{nPQ}}. \tag{36}$$

Tabelle 6. **Ordinaten der Normalverteilung** $\varphi(u) = \frac{1}{\sqrt{2\pi}} \cdot e^{-\frac{1}{2}u^2}$

	,00	,01	,02	,03	,04	,05	,06	,07	,08	,09
0,0	0,3989	0,3989	0,3989	0,3988	0,3986	0,3984	0,3982	0,3980	0,3977	0,3973
0,1	3970	3965	3961	3956	3951	3945	3939	3932	3925	3918
0,2	3910	3902	3894	3885	3876	3867	3857	3847	3836	3825
0,3	3814	3802	3790	3778	3765	3752	3739	3726	3712	3697
0,4	3683	3668	3653	3637	3621	3605	3589	3572	3555	3538
0,5	3521	3503	3485	3467	3448	3429	3410	3391	3372	3352
0,6	3332	3312	3292	3271	3251	3230	3209	3187	3166	3144
0,7	3123	3101	3079	3056	3034	3011	2989	2966	2943	2920
0,8	2897	2874	2850	2827	2803	2780	2756	2732	2709	2685
0,9	2661	2637	2613	2589	2565	2541	2516	2492	2468	2444
1,0	2420	2396	2371	2347	2323	2299	2275	2251	2227	2203
1,1	2179	2155	2131	2107	2083	2059	2036	2012	1989	1965
1,2	1942	1919	1895	1872	1849	1826	1804	1781	1758	1736
1,3	1714	1691	1669	1647	1626	1604	1582	1561	1539	1518
1,4	1497	1476	1456	1435	1415	1394	1374	1354	1334	1315
1,5	1295	1276	1257	1238	1219	1200	1182	1163	1145	1127
1,6	1109	1092	1074	1057	1040	1023	1006	0989	0973	0957
1,7	0940	0925	0909	0893	0878	0863	0848	0833	0818	0804
1,8	0790	0775	0761	0748	0734	0721	0707	0694	0681	0669
1,9	0656	0644	0632	0620	0608	0596	0584	0573	0562	0551
2,0	0540	0529	0519	0508	0498	0488	0478	0468	0459	0449
2,1	0440	0431	0422	0413	0404	0396	0387	0379	0371	0363
2,2	0355	0347	0339	0332	0325	0317	0310	0303	0297	0290
2,3	0283	0277	0271	0264	0258	0252	0246	0241	0235	0229
2,4	0224	0219	0213	0208	0203	0198	0194	0189	0184	0180
2,5	0175	0171	0167	0163	0159	0155	0151	0147	0143	0139
2,6	0136	0132	0129	0126	0122	0119	0116	0113	0110	0107
2,7	0104	0101	0099	0096	0093	0091	0088	0086	0084	0081
2,8	0079	0077	0075	0073	0071	0069	0067	0065	0063	0061
2,9	0060	0058	0056	0055	0053	0051	0050	0048	0047	0046

	,0	,1	,2	,3	,4	,5	,6	,7	,8	,9
3,0	0,00443	0,00327	0,00238	0,00172	0,00123	0,00087	0,00061	0,00042	0,00029	0,00020
4,0	00013	00009	00006	00004	00002	00002	00001	00001	00000	00000

Tabelle 7. **Flächenwerte der Normalverteilung** $\Phi(u) = \frac{1}{\sqrt{2\pi}} \int_0^u e^{-\frac{1}{2}t^2}\, dt$ **von der Mitte bis** u **(einseitig)**

	,00	,01	,02	,03	,04	,05	,06	,07	,08	,09
0,0	0,0000	0,0040	0,0080	0,0120	0,0160	0,0199	0,0239	0,0279	0,0319	0,0359
0,1	0398	0438	0478	0517	0557	0596	0636	0675	0714	0753
0,2	0793	0832	0871	0910	0948	0987	1026	1064	1103	1141
0,3	1179	1217	1255	1293	1331	1368	1406	1443	1480	1517
0,4	1554	1591	1628	1664	1700	1736	1772	1808	1844	1879
0,5	1915	1950	1985	2019	2054	2088	2123	2157	2190	2224
0,6	2257	2291	2324	2357	2389	2422	2454	2486	2517	2549
0,7	2580	2611	2642	2673	2703	2734	2764	2794	2823	2852
0,8	2881	2910	2939	2967	2995	3023	3051	3078	3106	3133
0,9	3159	3186	3212	3238	3264	3289	3315	3340	3365	3389
1,0	3413	3438	3461	3485	3508	3531	3554	3577	3599	3621
1,1	3643	3665	3686	3708	3729	3749	3770	3790	3810	3830
1,2	3849	3869	3888	3907	3925	3944	3962	3980	3997	4015
1,3	4032	4049	4066	4082	4099	4115	4131	4147	4162	4177
1,4	4192	4207	4222	4236	4251	4265	4279	4292	4306	4319
1,5	4332	4345	4357	4370	4382	4394	4406	4418	4430	4441
1,6	4452	4463	4474	4485	4495	4505	4515	4525	4535	4545
1,7	4554	4564	4573	4582	4591	4599	4608	4616	4625	4633
1,8	4641	4649	4656	4664	4617	4678	4686	4693	4700	4706
1,9	4713	4719	4726	4732	4738	4744	4750	4756	4762	4767
2,0	47725	47778	47831	47882	47932	47982	48030	48077	48124	48169
2,1	48214	48257	48300	48341	48382	48422	48461	48500	48537	48574
2,2	48610	48645	48679	48713	48745	48778	48809	48840	48870	48899
2,3	48928	48956	48983	49010	49036	49061	49086	49111	49134	49158
2,4	49180	49202	49224	49245	49266	49286	49305	49324	49343	49361
2,5	49379	49396	49413	49430	49446	49461	49477	49492	49506	49520
2,6	49534	49547	49560	49573	49586	49598	49609	49621	49632	49643
2,7	49653	49664	49674	49683	49693	49702	49711	49720	49728	49737
2,8	49745	49752	49760	49767	49774	49781	49788	49795	49801	49807
2,9	49813	49819	49825	49831	49836	49841	49846	49851	49856	49861
	,0	1	,2	,3	,4	,5	,6	,7	,8	,9
3,0	0,49865	0,49903	0,49931	0,49952	0,49966	0,49977	0,49984	0,49989	0,49993	0,49995
4,0	499968	499979	499987	499991	499994	499997	499998	499999	499999_2	499999_5

Die Normalverteilung ist aus der *Fehlertheorie* entwickelt worden (Gauß 1794). Entstehen „zufällige" Messungsfehler aus dem Zusammentreffen vieler kleiner, weitgehend voneinander unabhängiger „Elementarfehler", so verteilen sich Messungsfehler bei wiederholten Messungen einer festen Größe nach dem Gesetz (31).

Die Verteilung von Summen oder Differenzen von normal verteilten Variablen ist wieder eine Normalverteilung. Führt man z. B. unabhängige Parallelbestimmungen serienmäßig durch, so ergibt sich auch für die Differenzen eine Normalverteilung, wenn die Fehlerverteilung jeder Messungsreihe normal war. Dabei ist $s_{\text{Diff.}} = s_x \cdot \sqrt{2}$.

Die Verteilung von Summen oder Mittelwerten in Stichproben folgt bei größerem n stets der Normalfunktion ohne Rücksicht auf das Verteilungsgesetz im Kollektiv (zentraler Grenzwertsatz). Die Annäherung an die Normalverteilung ist bereits bei kleinem n recht gut, wenn die Ausgangsverteilung nicht gerade extreme Besonderheiten aufweist. Die mittlere Abweichung der Verteilung der Mittelwerte in Stichproben mit je n unabhängigen Beobachtungen ist $\frac{\sigma}{\sqrt{n}}$.

Kumulierte Normalverteilung (Summenkurve). Bei schrittweiser Summierung der Häufigkeiten entsteht eine S-förmig gekrümmte Kurve. Transformiert man den Maßstab der Y-Achse, indem die kumulierten Häufigkeiten entsprechend dem Integral der Normalverteilung als Skala benutzt werden, geht die kumulierte Normalverteilung in eine Gerade über (Abb. 164).

Dieses Verfahren erlaubt eine mühelose graphische Kontrolle, ob eine Normalverteilung in einem gegebenen Falle vorliegt. Das Papier ist als Wahrscheinlichkeitsnetz im Handel[1].

Logarithmische Normalverteilung. Vielfach sind nicht die Messungswerte selbst, sondern Funktionen der Messungswerte, z. B. Potenzen, Logarithmen oder anderes normal verteilt. Dann verwendet man am besten die umgerechneten Funktionswerte zur Rechnung und Darstellung. Papier mit kumulierter Normalverteilung als Y-Skala und Logarithmen als X-Skala ist im Handel[1]. Ausführliche Darstellungen der log-normalen Verteilung bei *Gebelein-Heite* (dort als Normalverteilung zweiter Art bezeichnet) und bei *Hald.*

D. t-Verteilung

Die Verteilung von Mittelwerten $\bar{x}$ in Stichproben aus einer Normalverteilung folgt einer Normalverteilung, wenn σ aus den Abweichungen der Einzelwerte vom wahren Mittelwert M im Kollektiv selbst berechnet werden kann. Sind die Kollektivwerte unbekannt, so muß man s als Schätzung von σ verwenden. Die Maßzahl für die Abweichungen

$$t = \frac{\bar{x} - M}{s_{\bar{x}}} \tag{37}$$

ist nach dem Gesetz („Student"-Verteilung)

$$\varphi(t) = \frac{\frac{f-1}{2}\,!}{\frac{f-2}{2}\,!\,\sqrt{\pi f}} \left(1 + \frac{t^2}{f}\right)^{-\frac{f+1}{2}} \tag{38}$$

verteilt[2]. Beim Stichprobenumfang n ist $s_{\bar{x}}$ der Standardfehler des Mittelwertes

$$s_{\bar{x}} = \frac{s_x}{\sqrt{n}} \tag{39}$$

[1] Fa. Schleicher u. Schüll, Einbeck.

[2] In Verbindung mit der „Gammafunktion" ist definiert

$$0! = 1;\ \left(-\frac{1}{2}\right)! = \sqrt{\pi};\ \left(n - \frac{1}{2}\right)! = \sqrt{\pi} \cdot \frac{1}{2} \cdot \frac{3}{2} \cdot \frac{5}{2} \cdots \frac{2n-1}{2}$$

und f die Anzahl der Freiheitsgrade (Beobachtungszahl abzüglich Zahl der bei der Rechnung gebrauchten, aus der Beobachtungsreihe abgeleiteten statistischen Maßzahlen). Das Verteilungsgesetz (38) gilt exakt, wenn die Grundgesamtheit eine Normalverteilung aufweist, gilt aber in ausreichender Näherung auch für andere Fälle. Anwendungen s. S. 995–997.

Die Verteilung unterscheidet sich von der Normalverteilung durch größere Häufigkeiten bei den extremen Werten. Bei den auf S. 968 hervorgehobenen Sicherheitsstufen nimmt t folgende Werte an, wobei die Überschreitungswahrscheinlichkeiten nach oben und unten je mit $\frac{\alpha}{2}$ in Rechnung gestellt sind:

Tabelle 8. **Sicherheitsstufen der *t*-Verteilung**

Freiheitsgrade f	Statistische Sicherheit			
	95%	99%	99,73% (3σ-Äquivalent)	99,9%
	Warngrenze für	Sicherungsgrenze fur		
	$\alpha = 5\%$	$\alpha = 1\%$	$\alpha = 0{,}27\%$	$\alpha = 0{,}1\%$
1	12,7	63,7	235,8	636,6
2	4,3	9,9	19,2	31,6
3	3,2	5,8	9,2	12,9
4	2,8	4,6	6,6	8,6
5	2,57	4,03	5,51	6,86
6	2,45	3,71	4,90	5,96
7	2,37	3,50	4,53	5,41
8	2,31	3,36	4,27	5,04
9	2,26	3,25	4,09	4,78
10	2,23	3,17	3,96	4,59
12	2,18	3,06	3,76	4,32
14	2,15	2,98	3,63	4,14
16	2,12	2,92	3,54	4,02
18	2,10	2,88	3,47	3,92
20	2,09	2,85	3,42	3,85
25	2,06	2,79	3,33	3,72
30	2,04	2,75	3,27	3,65
50	2,01	2,68	3,16	3,50
100	1,98	2,63	3,08	3,39
∞ *(Normalverteilung)*	*1,960*	*2,576*	*3,000*	*3,291*

E. χ^2-Verteilung

u_i seien f normal verteilte unabhängige Variable ($i = 1$ bis f), die so normiert sind, daß der Mittelwert 0 und die Standardabweichung 1 ist. Bezeichnet man die Summe der Quadrate mit χ^2 (griech. χ, chi):

$$\chi^2 = \sum_{i=1}^{f} u_i^2, \tag{40}$$

dann ist die Verteilungsfunktion von χ^2

$$\varphi(\chi^2) = \frac{1}{2^{\frac{f}{2}} \cdot \frac{f-2}{2}!} \cdot (\chi^2)^{\frac{f-2}{2}} \cdot e^{-\frac{1}{2}\chi^2}. \tag{41}$$

Aus dem Integral dieser Funktion ergeben sich die Wahrscheinlichkeiten dafür, daß ein aus Stichproben unter Benutzung von f Freiheitsgraden erhaltenes χ^2 größer als ein vorgegebener Wert ist (einseitige Prüfung des χ^2-Wertes).

Näherungsformeln:

$$\sqrt[3]{\frac{\chi^2}{f}} \text{ ist normal verteilt um } \left(1 - \frac{2}{9f}\right) \text{ mit } \sigma = \sqrt{\frac{2}{9f}} \tag{42}$$

(*Wilson* und *Hilferty*). Bei großem $f\,(> 30)$ gilt nach *R. A. Fisher:*

$$\sqrt{2\chi^2} \text{ ist normal verteilt um } \sqrt{2f-1} \text{ mit } \sigma = 1. \tag{43}$$

In Tab. 9 ist der den auf S. 968 erörterten Sicherheitsstufen entsprechende χ^2-Wert in Abhängigkeit von der Zahl f der Freiheitsgrade angegeben.

Tabelle 9. **Sicherheitsstufen der Verteilung von $\chi^2 : f$**

Zahl der Freiheitsgrade f	Statistische Sicherheit 95%	99%	99,73% (3σ-Äquivalent)	99,9%
	Warngrenze für	Sicherungsgrenze fur		
	$\alpha = 5\%$	$\alpha = 1\%$	$\alpha = 0{,}27\%$	$\alpha = 0{,}1\%$
1	3,84	6,64	9,00	10,83
2	3,00	4,60	5,92	6,91
3	2,60	3,78	4,72	5,42
4	2,37	3,32	4,06	4,62
5	2,21	3,02	3,64	4,10
6	2,10	2,80	3,34	3,74
7	2,01	2,64	3,12	3,47
8	1,94	2,51	2,95	3,27
9	1,88	2,41	2,81	3,10
10	1,83	2,32	2,69	2,96
12	1,75	2,18	2,51	2,74
14	1,69	2,08	2,37	2,58
16	1,64	2,00	2,26	2,45
18	1,60	1,93	2,18	2,35
20	1,57	1,88	2,10	2,27
22	1,54	1,83	2,04	2,19
24	1,52	1,79	1,99	2,13
26	1,50	1,76	1,94	2,08
28	1,48	1,72	1,90	2,03
30	1,46	1,70	1,87	1,99
35	1,42	1,64	1,79	1,90
40	1,39	1,59	1,73	1,83
45	1,37	1,55	1,69	1,78
50	1,35	1,52	1,65	1,73
60	1,32	1,47	1,58	1,66
80	1,27	1,40	1,50	1,56
100	1,24	1,36	1,44	1,49
200	1,17	1,25	1,30	1,34
500	1,11	1,15	1,18	1,21
∞	1,00	1,00	1,00	1,00

Die χ^2-Verteilung ist vielseitig verwendbar und wird besonders zur Prüfung der Übereinstimmung von Verteilungen (S. 991—995; 1026) und zur Untersuchung der Verteilung von Varianzen s^2 benutzt (S. 998—999).

F. F-Verteilung

Sind s^2_1 und s^2_2 zwei aus Stichproben mit f_1 und f_2 Freiheitsgraden ermittelte Varianzen und entstammen die Stichproben Kollektiven mit Normalverteilung und demselben σ^2, so verteilt sich der Quotient $F = \frac{s_1^2}{s_2^2}$ nach dem Gesetz

$$\varphi(F) = \frac{\frac{f_1 + f_2 - 2}{2}\,!}{\frac{f_1 - 2}{2}\,! \cdot \frac{f_2 - 2}{2}\,!} \cdot f_1^{\frac{f_1}{2}} \cdot f_2^{\frac{f_2}{2}} \cdot \frac{F^{\frac{f_1}{2} - 1}}{(f_2 + f_1 F)^{\frac{f_1 + f_2}{2}}}\,. \tag{44}$$

Aus dem Integral werden Überschreitungswahrscheinlichkeiten fur F errechnet. Die Anwendung erfolgt in dem Sinne einseitig, daß stets $s_1^2 > s_2^2$ geprüft wird.

Für die 4 erörterten Sicherheitsstufen ist in Tab. 10 für eine Auswahl von f_1- und f_2-Werten das zugehörige F angegeben. Umfangreiche Tafeln bei *Fisher-Yates*, *Hald*, *Linder* und *Graf-Henning*; 3-Sigma-Äquivalente bei *Koller*.

Die von *R. A. Fisher* entwickelte F-Verteilung ist grundlegend für die bei der Versuchsauswertung besonders wichtige Methode der Varianzanalyse (Streuungszerlegung). Sie ist die umfassendste der gebräuchlichen mathematisch-statistischen Funktionen und enthält die wichtigsten anderen als Spezialfälle. Für $f_1 = 1$ geht sie in die t-Verteilung über, für $f_2 = \infty$ in die χ^2-Verteilung und für $f_1 = 1$ und $f_2 = \infty$ in die Normalverteilung.

Die F-Verteilung beruht auf der Annahme der Normalverteilung im Grundkollektiv. In der Anwendung pflegt man darüber hinauszugehen, ohne bisher den Gültigkeitsbereich genauer abgrenzen zu können.

Tabelle 10*a*—*d*. **Sicherheitsstufen der *F*-Verteilung**

f_2 = Zahl der Freiheitsgrade im Nenner	f_1 = Zahl der Freiheitsgrade im Zahler												
	1	2	3	4	5	6	8	10	15	20	30	50	∞
	a) Statistische Sicherheit 95%. Warngrenze fur $\alpha = 5\%$												
1	161	200	216	225	230	234	239	242	246	248	250	252	254
2	19	19	19	19	19	19	19	19	19	19	20	20	20
3	10,1	9,6	9,3	9,1	9,0	8,9	8,8	8,8	8,7	8,7	8,6	8,6	8,5
4	7,7	6,9	6,6	6,4	6,3	6,2	6,0	6,0	5,9	5,8	5,8	5,7	5,6
5	6,6	5,8	5,4	5,2	5,1	5,0	4,8	4,7	4,6	4,6	4,5	4,4	4.4
6	6,0	5,1	4,8	4,5	4,4	4,3	4,2	4,1	3,9	3,9	3,8	3,8	3,7
7	5,6	4,7	4,4	4,1	4,0	3,9	3,7	3,6	3,5	3,4	3,4	3,3	3,2
8	5,3	4,5	4,1	3,8	3,7	3,6	3,4	3,4	3,2	3,2	3,1	3,0	2,9
9	5,1	4,3	3,9	3,6	3,5	3,4	3,2	3,1	3,0	2,9	2,9	2,8	2,7
10	5,0	4,1	3,7	3,5	3,3	3,2	3,1	3,0	2,9	2,8	2,7	2,6	2.5
12	4,8	3,9	3,5	3,3	3,1	3,0	2,9	2,8	2,6	2,5	2,5	2,4	2,3
14	4,6	3,7	3,3	3,1	3,0	2,9	2,7	2,6	2,5	2,4	2,3	2,2	2,1
16	4,5	3,6	3,2	3,0	2,9	2,7	2,6	2,5	2,4	2,3	2,2	2,1	2,0
18	4,4	3,6	3,2	2,9	2,8	2,7	2,5	2,4	2,3	2,2	2,1	2,0	1,9
20	4,4	3,5	3,1	2,9	2,7	2,6	2,5	2,4	2,2	2,1	2,0	2,0	1,8
25	4,2	3,4	3,0	2,8	2,6	2,5	2,3	2,2	2,1	2,0	1,9	1,8	1,7
30	4,2	3,3	2,9	2,7	2,5	2,4	2,3	2,2	2,0	1,9	1,8	1,8	1,6
40	4,1	3,2	2,8	2,6	2,5	2,3	2,2	2,1	1,9	1,8	1,7	1,7	1,5
50	4,0	3,2	2,8	2,6	2.4	2,3	2,1	2,0	1,9	1,8	1,7	1,6	1,4
60	4,0	3,2	2,8	2,5	2,4	2,3	2,1	2,0	1,8	1,8	1,7	1,6	1,4
80	4,0	3,1	2,7	2,5	2,3	2,2	2,1	2,0	1,8	1,7	1,6	1,5	1,3
100	3,9	3,1	2,7	2,5	2,3	2,2	2,0	1,9	1,8	1,7	1,6	1,5	1,3
∞	*3,84*	*3,00*	*2,60*	*2,37*	*2,21*	*2,10*	*1,94*	*1,83*	*1,67*	*1,57*	*1,46*	*1,35*	*1,00*

f_2 = Zahl der Freiheitsgrade im Nenner	f_1 = Zahl der Freiheitsgrade im Zähler												
	1	2	3	4	5	6	8	10	15	20	30	50	∞
	b) Statistische Sicherheit 99%. Sicherungsgrenze für $\alpha = 1\%$												
1	4100	5000	5400	5600	5800	5900	6000	6000	6200	6200	6200	6300	6400
2	98	99	99	99	99	99	99	99	99	99	99	100	100
3	34	31	29	29	28	28	27	27	27	27	27	26	26
4	21	18	17	16	16	15	15	15	14	14	14	14	13
5	16	13	12	11	11	11	10	10	9,7	9,6	9,4	9,2	9,0
6	14	11	9,8	9,2	8,8	8,5	8,1	7,9	7,6	7,4	7,2	7,1	6,9
7	12	9,6	8,5	7,8	7 5	7,2	6,8	6,6	6,3	6,2	6,0	5,9	5,7
8	11	8,7	7,6	7,0	6,6	6,4	6,0	5,8	5,5	5,4	5,2	5,1	4,9
9	11	8,0	7,0	6,4	6,1	5,8	5,5	5,3	5,0	4,8	4,7	5,5	4,3
10	10	7,6	6,6	6,0	5,6	5,4	5,1	4,9	4,7	4,4	4,3	4,1	3,9
12	9,3	6,9	6,0	5,4	5,1	4,8	4,5	4,3	4,0	3,9	3,7	3,6	3,4
14	8,9	6,5	5,6	5,0	4,7	4,5	4,1	3,9	3,7	3,5	3,4	3,2	3,0
16	8,5	6,2	5,3	4,8	4,4	4,2	3,9	3,7	3,4	3,3	3,1	3,0	2,8
18	8,3	6,0	5,1	4,6	4,3	4,0	3,7	3,5	3,2	3,1	2,9	2,8	2,6
20	8,1	5,9	4,9	4,4	4,1	3,9	3,6	3,4	3,1	2,9	2,8	2,6	2,4
25	7,8	5,6	4,7	4,2	3,9	3,6	3,3	3,1	2,9	2,7	2,5	2,4	2,2
30	7,6	5,4	4,5	4,0	3,7	3,5	3,2	3,0	2,7	2,6	2,4	2,3	2,0
40	7,3	5,2	4,3	3,8	3,5	3,3	3,0	2,8	2,5	2,4	2,2	2,1	1,8
50	7,2	5,1	4,2	3,7	3,4	3,2	2,9	2,7	2,4	2,3	2,1	2,0	1,7
60	7,1	5,0	4,1	3,7	3,3	3,1	2,8	2,6	2,4	2,2	2,0	1,9	1,6
80	7,0	4,9	4,0	3,6	3,3	3,0	2,7	2,6	2,3	2,1	1,9	1,8	1,5
100	6,9	4,8	4,0	3,5	3,2	3,0	2,7	2,5	2,2	2,1	1,9	1,7	1,4
∞	*6,64*	*4,60*	*3,78*	*3,32*	*3,02*	*2,80*	*2,51*	*2,32*	*2,04*	*1,88*	*1,70*	*1,52*	*1,00*
	c) Statistische Sicherheit 99,73%. Sicherungsgrenze für $\alpha = 0,27\%$ (3-Sigma-Äquivalent)												
1	55000	68000	74000	77000	78000	79000	80000	81000	82000	83000	84000	85000	88000
2	369	370	370	370	370	370	370	370	370	370	370	370	370
3	85	76	72	70	69	68	68	67	66	65	64	64	63
4	44	36	34	32	31	30	29	29	28	28	27	27	27
5	30	24	22	21	20	19	18	18	17	17	16	16	16
6	24	19	16	15	14	14	13	13	12	12	12	12	11
7	21	15	13	12	12	11	11	10	9,8	9,5	9,2	9,0	8,6
8	18	14	12	11	10	9,6	9,1	8,7	8,2	7,9	7,7	7,5	7,1
9	17	12	11	9,5	8,9	8,5	8,0	7,6	7,1	6,8	6,6	6,4	6,1
10	16	11	9,7	8,7	8,1	7,7	7,2	6,9	6,4	6,2	5,9	5,7	5,4
12	14	10	8,5	7,6	7,1	6,7	6,2	5,9	5,4	5,2	4,9	4,7	4,4

f_2 = Zahl der Freiheitsgrade im Nenner	f_1 = Zahl der Freiheitsgrade im Zähler												
	1	2	3	4	5	6	8	10	15	20	30	50	∞
	c) Statistische Sicherheit 99,73%. Sicherungsgrenze für $\alpha = 0{,}27\%$ (3-Sigma-Äquivalent) (Fortsetzung)												
14	13	9,3	7,8	6,9	6,4	6,0	5,5	5,2	4,8	4,6	4,3	4,2	3,9
16	13	8,7	7,3	6,5	6,0	5,6	5,1	4,8	4,4	4,2	3,9	3,8	3,5
18	12	8,3	6,9	6,1	5,6	5,3	4,8	4,5	4,1	3,9	3,6	3,5	3,2
20	12	8,1	6,7	5,9	5,4	5,0	4,6	4,3	3,9	3,7	3,4	3,3	2,9
25	11	7,6	6,2	5,4	5,0	4,6	4,2	3,9	3,5	3,3	3,0	2,9	2,5
30	11	7,3	5,9	5,2	4,7	4,4	4,0	3,7	3,3	3,1	2,8	2,7	2,3
40	10	6,9	5,6	4,9	4,4	4,1	3,7	3,4	3,0	2,8	2,6	2,4	2,1
50	10	6,7	5,4	4,7	4,2	3,9	3,5	3,2	2,9	2,7	2,4	2,2	1,9
60	9,8	6,5	5,3	4,6	4,1	3,8	3,4	3,1	2,8	2,6	2,3	2,1	1,8
80	9,6	6,4	5,2	4,5	4,0	3,7	3,3	3,0	2,7	2,5	2,2	2,0	1,6
100	9,5	6,3	5,1	4,4	3,9	3,6	3,2	2,9	2,6	2,4	2,1	1,9	1,5
∞	*9,00*	*5,92*	*4,72*	*4,06*	*3,64*	*3,34*	*2,95*	*2,69*	*2,31*	*2,10*	*1,87*	*1,65*	*1,00*
	d) Statistische Sicherheit 99,9%. Sicherungsgrenze für $\alpha = 0{,}1\%$												
1	410000	500000	540000	560000	580000	590000	600000	610000	620000	620000	630000	630000	640000
2	1000	1000	1000	1000	1000	1000	1000	1000	1000	1000	1000	1000	1000
3	168	148	141	137	135	133	131	129	127	126	125	125	124
4	74	61	56	53	52	51	49	48	47	46	45	45	44
5	47	37	33	31	30	29	28	27	26	25	25	24	24
6	36	27	24	22	21	20	19	18	18	17	17	16	16
7	29	22	19	17	16	16	15	14	13	13	13	12	12
8	25	18	16	14	13	13	12	12	11	11	10	9,8	9,3
9	23	16	14	13	12	11	10	9,9	9,2	8,9	8,5	8,3	7,8
10	21	15	13	10	10	9,9	9,2	8,8	8,1	7,8	7,5	7,2	6,8
12	19	13	11	9,6	8,9	8,4	7,7	7,3	6,7	6,4	6,1	5,8	5,4
14	17	12	9,7	8,6	7,9	7,4	6,8	6,4	5,9	5,6	5,3	5,0	4,6
16	16	11	9,0	7,9	7,3	6,8	6,2	5,8	5,3	5,0	4,7	4,5	4,1
18	15	10	8,5	7,5	6,8	6,4	5,8	5,4	4,9	4,6	4,3	4,1	3,7
20	15	9,9	8,1	7,1	6,5	6,0	5,4	5,1	4,6	4,3	4,0	3,8	3,4
25	14	9,2	7,5	6,5	5,9	5,5	4,9	4,6	4,1	3,8	3,5	3,3	2,9
30	13	8,8	7,1	6,1	5,5	5,1	4,6	4,2	3,8	3,5	3,2	3,0	2,6
40	13	8,3	6,6	5,7	5,1	4,7	4,2	3,9	3,4	3,2	2,9	2,6	2,2
50	12	8,0	6,3	5,5	4,9	4,5	4,0	3,7	3,2	3,0	2,7	2,4	2,0
60	12	7,8	6,2	5,3	4,8	4,4	3,9	3,5	3,1	2,8	2,6	2,3	1,9
80	12	7,5	6,0	5,1	4,6	4,2	3,7	3,4	2,9	2,7	2,4	2,2	1,7
100	12	7,4	5,9	5,0	4,5	4,1	3,6	3,3	2,9	2,6	2,3	2,1	1,6
∞	*10,83*	*6,91*	*5,42*	*4,62*	*4,10*	*3,74*	*3,27*	*2,96*	*2,51*	*2,27*	*1,99*	*1,73*	*1,00*

G. Verteilung extremer Varianten

Bei Vorliegen einer Normalverteilung läßt sich die Verteilung der Extremwerte berechnen. Die Differenz zwischen höchstem und niedrigstem Wert (Spannweite) in Stichproben vom Umfang n hat durchschnittlich folgende Werte:

$n =$	2	5	10	20	50	100	500	1000	10000	100000	1000000
Durchschnittl. Spannweite (in Vielfachen von σ)	1,1	2,3	3,1	3,7	4,5	5,0	6,1	6,5	7,7	8,8	9,8

Mit der Wahrscheinlichkeit von 99% sind folgende Grenzen eingehalten:

$n =$	2	5	10	20
99%-Grenzen der Spannweite	3,6	4,6	5,2	5,7

Je größer die Stichprobe ist, um so weiter liegen die Extreme. — Die Schwankungen der Spannweite sind erheblich, so daß sie zur Charakterisierung der Streuungsbreite ungeeignet ist.

Für n zwischen 3 und 15 kann man $s_{\bar{x}}$ überschlagsweise als $\frac{1}{n}$ der Spannweite schätzen.

Ausreißerproblem. Wenn in einer Beobachtungsreihe ein auffallig hoher oder niedriger Wert vorliegt, wird oft die Frage gestellt, ob ein solcher Ausreißer aus der Reihe gestrichen werden darf, weil man vermutet, daß es sich um einen Ablesungsfehler, Schreibfehler oder einen pathologischen Fall oder anderes handelt, der nicht in die Beobachtungsreihe gehört. Von den verschiedenen Kriterien sei nach *Graf* und *Henning* eine auf der Warngrenze 95% beruhende Faustregel für $n > 10$ genannt: Man berechne s ohne den Ausreißer und verwerfe ihn nur, wenn seine Abweichung vom Mittelwert mindestens $4s$ beträgt. Für die 3-Sigma-Äquivalentgrenze ist der Ausreißer bei Überschreitung von $6s$ zu verwerfen (gültig für $n > 25$. Bei kleinerem n ist die Überschreitungsforderung wesentlich größer).

III. Empirische Häufigkeitsverteilungen

A. Kurventypen

Empirische Häufigkeitsverteilungen können eine Reihe von Besonderheiten aufweisen, die durch verschiedene Typenbezeichnungen und Maßzahlen gekennzeichnet werden.

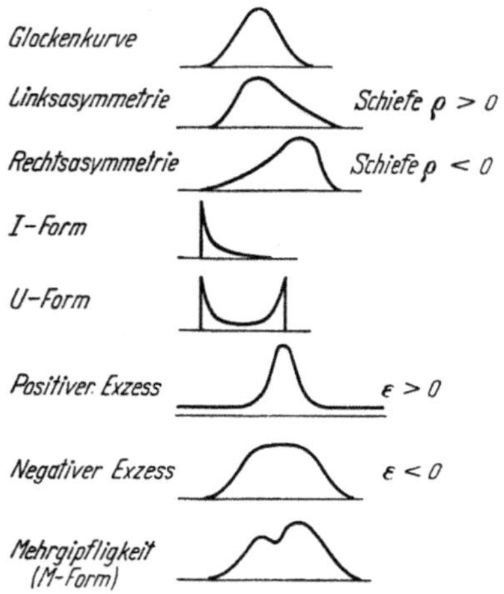

Maß der Schiefe:

$$\varrho = \frac{1}{\sigma^3} \cdot \frac{1}{n} \cdot \sum_i n_i \cdot (x_i - \bar{x})^3. \quad (45)$$

Exzeßmaß (Überschuß von extremen Varianten):

$$\varepsilon = \frac{1}{\sigma^4} \cdot \frac{1}{n} \sum_i n_i (x_i - \bar{x})^4 - 3. \quad (46)$$

Bei linksasymmetrischen Kurven liegt die Maximumabszisse (engl. mode) links vom 50%-Wert der Summenkurve (Zentralwert, engl. median) und dieser links vom Mittelwert (Schwerpunkt).

K. Pearson hat ein Formelsystem zur Darstellung von Haufigkeitsverteilungen entwickelt (Pearson-Typen); auch durch Reihenentwicklungen kann eine gute Annäherung an empirische Verteilungen erreicht werden. Beide Verfahren spielen praktisch keine Rolle.

B. Normalverteilung in Messungsreihen

Das Auftreten der Normalverteilung als Fehlerkurve bei wiederholten Messungen derselben Größe ist auf S. 976 erwähnt. Auch bei der Untersuchung der *biologischen Variabilität* der verschiedensten Messungsgrößen treten oft Kurven auf, die einer Normalverteilung ähnlich sind. Hier wird die Entstehung der Variabilität aus dem Zusammenwirken vieler kleiner, z. T. unabhängiger elementarer Variationsfaktoren gedeutet werden können.

Andere Verteilungskurven lassen sich durch Transformation der Variablen in Normalverteilungen überführen. Es liegt nahe, in den normal verteilten Größen eine Art „natürlicher Variablen" zu sehen, während die anderen beobachteten Größen eine funktionale Verzerrung dieser Variationen aufweisen (z. B. Länge — Oberfläche — Volumen bzw. Gewicht).

Wenn die zusammenwirkenden elementaren Variationskomponenten von der Größe des beeinflußten Merkmals zur Zeit der Wirkung unabhängig sind, entsteht eine Normalverteilung. Wenn die Variationsausschläge dagegen proportional zur Größe der Merkmale sind, entsteht eine logarithmische Normalverteilung (*Kapeyn, Gebelein-Heite, Wachholder*).

C. Einheitlichkeit einer Merkmalsverteilung

Ist ein Material aus mehreren Bestandteilen zusammengesetzt, die in bezug auf die Merkmalsverteilung wesentliche Unterschiede aufweisen, so kann sich im ganzen Material eine mehrgipflige Verteilungskurve ergeben. Man kann aus einer mehrgipfligen Kurve, bei der die Gipfel nicht nur Zufallszacken sind, im allgemeinen auf *Uneinheitlichkeit des Materials oder des Merkmals oder der Reaktion* schließen.

Umgekehrt bedeutet eine eingipflige Kurve und auch der Befund einer Normalverteilung *nicht* gesicherte Einheitlichkeit. Es ist nicht selten, daß eine gefundene Normalverteilung sich später als zusammengesetzt erweist.

Die Zerlegung einer zusammengesetzten Verteilungskurve in Einzelkomponenten ist nur dann durchführbar, wenn das Verteilungsgesetz der Teilkurven bekannt ist. Im Falle von Normalverteilungen empfehlen *Daeves* und *Beckel* eine graphische Methode mit Hilfe des Wahrscheinlichkeitsnetzes. Es können auch rechnerische Methoden angewandt werden, die die Rekonstruktion einer Normalverteilung aus einem Teilstück erlauben (Tabelle bei *Hald*).

Bei übersichtlichen Kurvenverhältnissen und Routinebedarf, z. B. bei der Auswertung von Elektrophoresekurven, kann man vorbereitete Serien von Normalkurven verschiedener Höhe und Breite zur graphischen Zerlegung benutzen (*Wiedemann*).

D. Beobachtungen verschiedener Genauigkeit

Wenn Beobachtungen verschiedener Genauigkeit in einer Statistik gemeinsam verarbeitet werden müssen, so ist jede Beobachtung entsprechend dem ihr zukommenden Gewicht in der Rechnung zu berücksichtigen. Entsprechend den Grundsätzen der Ausgleichungsrechnung ist das Gewicht umgekehrt proportional der Varianz. Ist g_i das Gewicht der i-ten Beobachtung x_i, so ist

$$\bar{x} = \frac{\sum g_i x_i}{\sum g_i} \quad \text{und} \quad s^2 = \frac{\sum g_i (x_i - \bar{x})^2}{\sum g_i} . \tag{47}$$

Ist von 2 Beobachtungsreihen derselben Größe die eine mit einem genauen Verfahren oder von einem guten Beobachter durchgeführt, die zweite dagegen schlechter mit einer größeren Streuung s_2, ist nach (47) zu rechnen, wobei jede

Beobachtung der einen Reihe das Gewicht

$$g_1 = \frac{1}{s_1^2} \quad \text{und jede der zweiten Reihe} \quad g_2 = \frac{1}{s_2^2}$$

erhält.

Sollen die Ergebnisse aus zwei Zahlenreihen verschiedenen Umfangs mit den Mittelwerten $\bar{x}_1$ und $\bar{x}_2$ und der einheitlichen mittleren Abweichung s zu einem Gesamtergebnis vereinigt werden, so ist die Fehlervarianz von $\bar{x}_1$

$$s_{\bar{x}_1}^2 = \frac{s^2}{n_1} \text{ und die Fehlervarianz von } \bar{x}_2 : s_{\bar{x}_2}^2 = \frac{s^2}{n_2}.$$

Nach (47) ergibt sich

$$\bar{x} = \frac{n_1 \bar{x}_1 + n_2 \bar{x}_2}{n_1 + n_2} = \frac{\sum_i x_{1i} + \sum_i x_{2i}}{n_1 + n_2}, \tag{48}$$

wobei mit x_{1i} die Glieder der ersten Reihe und x_{2i} die der zweiten bezeichnet sind.

Ist die als einheitlich vermutete Standardabweichung s aus s_1 und s_2 zweier Zahlenreihen mit n_1 und n_2 Beobachtungen, also $(n_1 - 1)$ und $(n_2 - 1)$ Freiheitsgraden, zu schätzen, so ist

$$s^2 = \frac{(n_1 - 1) s_1^2 + (n_2 - 1) s_2^2}{n_1 + n_2 - 2} = \frac{\sum (x_{1i} - \bar{x}_1)^2 + \sum (x_{2i} - \bar{x}_2)^2}{n_1 + n_2 - 2}. \tag{49}$$

E. Standardfehler

Die statistischen Maßzahlen haben — als Schätzungen der entsprechenden Parameter des Kollektivs — Standardfehler (vgl. S. 966). Die nachfolgende Zusammenstellung enthält einige wichtige Fehlerformeln:

Maßzahl in der Stichprobe	Aus dem Kollektiv abgeleiteter Erwartungswert	Quadrat des Standardfehlers (Fehlervarianz)	
Häufigkeit $p = \frac{n_1}{n}$	P	$\frac{P(1-P)}{n}$	
Anzahl n_1	$n \cdot P$	$nP(1-P)$	
Mittelwert $\bar{x}$	M	$\frac{\sigma^2}{n}$	
Standardabweichung s	σ	$\frac{\sigma^2}{2n}$ (bei Normalverteilung)	(50)
Varianz s^2	σ^2	$\frac{2\sigma^4}{n}$,,	
Variationskoeffizient $\frac{s}{\bar{x}}$	$\gamma = \frac{\sigma}{M}$	$\gamma^2 \frac{1+2\gamma^2}{2n}$,,	
Durchschnittliche Abweichung e	$\sigma\sqrt{\frac{2}{\pi}}$ (bei Normalverteilung)	$\frac{\sigma^2}{n}\left(1-\frac{2}{\pi}\right)$,,	
Korrelationskoeffizient r	0?	$\frac{(1-r^2)^2}{n-1}$,,	
Regressionskoeffizient b	0?	$\frac{s_y^2}{s_x^2} \frac{1-r^2}{n-2}$,,	
Schiefe ϱ	0 ,,	$\frac{6}{n+3}$,,	
Exzess ε	0 ,,	$\frac{24}{n+5}$,,	

F. Fehler- und Streuungsfortpflanzung

Maximalfehler. Zu Messungen werden vielfach Maximalfehler angegeben, die apparatetechnisch unter Berücksichtigung der Ablesung möglich sind. Die Grenzen des Maximalfehlers werden absolut oder relativ zum Meßwert dargestellt und oft durch $\pm$ gekennzeichnet, z. B. 20,0 kg $\pm$ 0,2 kg oder 20,0 ($\pm$ 1 %) kg. Ist a der absolute und r der relative Maximalfehler von Größen x und y, so gilt für die Fehlerfortpflanzung:

Abs. Maximalfehler von $(x + y)$:	$a_{x+y} = a_x + a_y$	
,, ,, ,, $(x - y)$:	$a_{x-y} = a_x + a_y$	
Rel. ,, ,, $(x \cdot y)$:	$r_{x \cdot y} = r_x + r_y$	(näherungsweise)
,, ,, ,, $x:y$:	$r_{\frac{x}{y}} = r_x + r_y$	,,

Die tatsächlichen Beobachtungsfehler sind in der Regel kleiner als der Maximalfehler; dies gilt um so mehr, je mehr unabhängige Beobachtungen man rechnerisch zusammenfaßt. Für tatsächliche Beobachtungsfehler, Rundungsfehler usw. gelten die folgenden Formeln für die Streuungsfortpflanzung von Zufallsvariablen.

Streuung von Stichprobenwerten. Betrachtet man eine Funktion $f(x)$ der Zufallsvariablen x, deren Mittelwert $\bar{x}$ und deren Standardabweichung σ bekannt sind, so gilt näherungsweise für Mittelwert (M) und Standardabweichung der Funktionswerte

$$M_{f(x)} \sim f(\bar{x}) + \frac{1}{2} f''_{(\bar{x})} \cdot \sigma_x^2 \qquad (51)$$

$$\sigma^2_{f(x)} \sim f'^2_{(\bar{x})} \cdot \sigma_x^2 \,, \qquad (52)$$

wobei f' und f'' die ersten und zweiten Differentialquotienten von $f(x)$ sind und an der Stelle $\bar{x}$ genommen werden.

Im einzelnen gilt:

Funktion $f(x)$	Mittelwert $M_{f(x)}$	Varianz $\sigma^2_{f(x)}$	
$x \pm c$	$\bar{x} \pm c$	σ_x^2	
$c\,x$	$c \cdot \bar{x}$	$c^2\sigma_x^2$	
x^2	$\bar{x}^2 + \sigma_x^2$	$4\bar{x}^2\sigma_x^2$	
$\sqrt{x}$	$\sqrt{\bar{x}}\left(1 - \frac{\sigma_x^2}{8\bar{x}^2}\right)$	$\frac{1}{4\bar{x}}\sigma_x^2$	(53)
$\frac{1}{x}$	$\frac{1}{\bar{x}}\left(1 + \frac{\sigma_x^2}{\bar{x}^2}\right)$	$\frac{1}{\bar{x}^4} \cdot \sigma_x^2$	
$\log x$	$\log \bar{x} - \frac{\sigma^2}{2\bar{x}^2} \log e$	$\frac{\sigma_x^2}{\bar{x}^2}(\log e)^2.$	

Es gilt ferner für eine Summe oder Differenz:

$x + y$	$\bar{x} + \bar{y}$	$\sigma_x^2 + \sigma_y^2 + 2r_{xy}\sigma_x\sigma_y$	
$x - y$	$\bar{x} - \bar{y}$	$\sigma_x^2 + \sigma_y^2 - 2r_{xy}\sigma_x\sigma_y$	(54)
$x \pm y \pm z \pm \cdots$	$\bar{x} \pm \bar{y} \pm \bar{z} + \cdots$	$\sigma_x^2 + \sigma_y^2 + \sigma_z^2 + \cdots$ $\pm 2r_{xy}\sigma_x\sigma_y \pm 2r_{xz}\sigma_x\sigma_z \pm \cdots$	

Die folgende Formel für den Quotienten ist nur brauchbar, wenn die Einzelwerte des Nenners nicht in die Nähe von 0 kommen.

Funktion	Mittelwert	Varianz
$\frac{x}{y}$	$\frac{\bar{x}}{\bar{y}}\left(1 + \frac{\sigma_x^2}{\bar{y}^2} - r_{xy}\frac{\sigma_x\sigma_y}{\bar{x}\,\bar{y}}\right)$	$\frac{\bar{x}^2}{\bar{y}^2}\left(\frac{\sigma_x^2}{\bar{x}^2} + \frac{\sigma_y^2}{\bar{y}^2} - 2r_{xy}\frac{\sigma_x\sigma_y}{\bar{x}\,\bar{y}}\right).$

Als allgemeine Näherungsformel kann man gelegentlich benutzen:

$$M_{f(x,y,z\ldots)} = f(\bar{x},\bar{y},\bar{z}\ldots) + \frac{1}{2}\left(f_{\bar{x}\bar{x}}\,\sigma_x^2 + f_{\bar{y}\bar{y}}\,\sigma_y^2 + f_{\bar{z}\bar{z}}\,\sigma_z^2 + \cdots\right) + f_{\bar{x}\bar{y}}\sigma_x\sigma_y r_{xy} + f_{\bar{y}\bar{z}}\sigma_y\sigma_z r_{yz} + f_{\bar{x}\bar{z}}\sigma_x\sigma_z r_{xz} + \cdots \tag{55}$$

$$\sigma^2_{(x,y,z\ldots)} = f_{\bar{x}}^2\sigma_x^2 + f_{\bar{y}}^2\sigma_y^2 + f_{\bar{z}}^2\sigma_z^2 + \cdots + 2\left(f_{\bar{x}}f_{\bar{y}}\sigma_x\sigma_y r_{xy} + f_{\bar{x}}f_{\bar{z}}\sigma_x\sigma_z r_{xz} + f_{\bar{y}}f_{\bar{z}}\sigma_y\,\sigma_z\,r_{yz} + \cdots\right).$$

Hierbei bedeuten $f_{\bar{x}}, f_{\bar{y}}, \ldots$ die ersten und $f_{\bar{x}\bar{x}}, f_{\bar{y}\bar{y}}, \ldots, f_{\bar{x}\bar{y}}, f_{\bar{x}\bar{z}}, \ldots$ die zweiten partiellen Differentialquotienten von f nach $x, y, z, \ldots$ an den Stellen $\bar{x}, \bar{y}, \bar{z}, \ldots$ Die Näherungsformeln sind allerdings oft nicht ausreichend, da die hier vernachlässigte Form der Ausgangsverteilung von Einfluß sein kann. Es ist günstiger, mit den transformierten Einzelwerten zu arbeiten.

G. Überlagerung verschiedenartiger Streuungskomponenten

Zusammenwirken der Streuung zwischen Versuchstieren und der Streuung bei Mehrfachbestimmung an demselben Tier. Bei der Streuung zwischen den Beobachtungswerten an Individuengruppen, z. B. Versuchstieren, sind folgende Streuungskomponenten zu unterscheiden:

1. Individuelle Unterschiede zwischen den Versuchstieren (interindividuelle Variabilität).

a) Unterschiede mit erkennbaren Ursachen (Geschlecht, Alter, Erbfaktoren usw.).

b) Unterschiede ohne erkennbare Ursachen.

2. Unterschiede zwischen verschiedenen Beobachtungen an demselben Tier (intraindividuelle Variabilität).

a) Unterschiede mit erkennbaren Ursachen (Tageszeit, Futterung usw.)

b) Unterschiede ohne erkennbare Ursachen.

3. Unterschiede zwischen verschiedenen Bestimmungen desselben Meßwertes (Beobachtungsungenauigkeit, Meßfehler).

a) Mehrfache Entnahmen von Untersuchungsproben.

b) Mehrfachbestimmungen des Meßwertes an derselben Probe.

Je nach der Anlage der Beobachtungsreihe, ob mit oder ohne Wiederholungen am selben Tier und Mehrfachbestimmungen, überlagern sich die verschiedenen Streuungskomponenten beim Zustandekommen der Gesamtstreuung.

Zunächst seien nur zwei Komponenten, nämlich die Unterschiede zwischen den Tieren und zwischen Wiederholungen an demselben Tier, unterschieden. Ist s_1 die Standardabweichung für ein untersuchtes Merkmal zwischen den Versuchstieren und s_2 die als einheitlich angenommene Standardabweichung zwischen den Wiederholungen am selben Tier, so ist fur die Gesamtstreuung zwischen den beobachteten Tier-Mittelwerten die Standardabweichung (je k Wiederholungen):

$$s = \sqrt{s_1^2 + \frac{s_2^2}{k}}\,. \tag{56}$$

Wenn bei jeder Beobachtung l Parallelbestimmungen vorgenommen werden und s_3 die — als einheitlich angenommene — Standardabweichung zwischen den Parallelbestimmungen ist, so wird

$$s = \sqrt{s_1^2 + \frac{s_2^2}{k} + \frac{s_3^2}{k \cdot l}}\,. \tag{57}$$

Wird nur je eine Beobachtung mit einer Messung am Tier durchgeführt, so setzt sich die beobachtete Standardabweichung s aus den drei stets vorhandenen Komponenten nach

$$s = \sqrt{s_1^2 + s_2^2 + s_3^2} \tag{57a}$$

zusammen. Bei diesem — häufig durchgeführten — Verfahren treten die Streuungskomponenten 2 und 3 nicht unmittelbar in Erscheinung; man übersieht daher ihre Einwirkung leicht.

Methodisch handelt es sich um mehrstufig durchgeführte Stichproben. Sie werden bei der Bestimmung vieler biochemischer und anderer Größen ar gewandt. Dabei kann stets die Frage nach einem optimalen Verhältnis der Beobachtungszahlen in den verschiedenen Stufen gestellt werden, wie folgendes Beispiel zeigt.

Optimale Zahl von Wiederholungen (Mehrfachbestimmungen). Unterscheidet man — wie bei (56) — nur Unterschiede zwischen Tieren (s_1) und zwischen Wiederholungen (s_2), so läßt sich diejenige Zahl k_{opt} der Wiederholungen bestimmen, die bei vorgegebenem Kostenaufwand für die Beobachtungen die kleinste Standardabweichung nach (56) ergibt. Sind die Kosten für ein Versuchstier c_1, die Kosten für eine Bestimmung der jeweiligen Meßgrößen dagegen c_2, so ist

$$k_{\mathrm{opt}} = \frac{s_2}{s_1}\sqrt{\frac{c_1}{c_2}}\,. \tag{58}$$

Eine Übersicht gibt die Zusammenstellung, in der die optimale Zahl der Wiederholungen angegeben ist.

Kostenverhaltnis $\frac{c_2}{c_1} = \frac{\text{Kosten einer Bestimmung}}{\text{Kosten eines Tiers}}$	$\frac{s_2}{s_1} = \frac{\text{Standardabweichung zwischen Wiederholungen am selben Tier}}{\text{Standardabweichung zwischen Tieren}}$: $\frac{1}{10}$	$\frac{3}{10}$	$\frac{1}{1}$	$\frac{3}{1}$	$\frac{10}{1}$
1 : 100	1	3	10	30	100
1 : 30	1	2	5	16	55
1 : 10	1	1	3	9	32
1 : 3	1	1	2	5	17
1 : 1	1	1	1	3	10
3 : 1	1	1	1	2	5
10 : 1	1	1	1	1	3

Mehrfachbestimmungen (Wiederholungen) lohnen nicht, wenn die Streuung zwischen den Wiederholungen klein gegenüber der Tiervariabilität ist; sie ist um so mehr gerechtfertigt, je starker die Wiederholungen streuen und je billiger diese sind. Näheres bei *Linder* (1960).

IV. Beurteilung von Häufigkeiten

A. Vertrauensbereich einer Häufigkeit

Unter n Fallen seien n_1 Merkmale A beobachtet; Häufigkeit $p = \frac{n_1}{n}$. Der Rückschluß auf die Merkmalshäufigkeit im Kollektiv („Merkmalswahrscheinlichkeit"; Kollektivumfang N sei als sehr groß angenommen) ergibt die folgenden Vertrauensgrenzen (vgl. S. 967): Obere (bzw. untere) Vertrauensgrenze ist diejenige Wahrscheinlichkeit P_0 (bzw. P_u), die die beobachtete Häufigkeit p und noch geringere (bzw. höhere) Werte mit der Überschreitungswahrscheinlichkeit $\frac{\alpha}{2}$ zuläßt (*Clopper* u. *Pearson*). Bei größeren Zahlen folgt aus der Anwendung der Normalverteilung

$$\left.\begin{matrix} P_0 \\ P_u \end{matrix}\right\} = \frac{1}{n + u_\alpha^2}\left[n_1 \pm \frac{1}{2} + \frac{u_\alpha^2}{2} \pm u_\alpha \sqrt{\frac{\left(n_1 \pm \frac{1}{2}\right)\left(n - n_1 \mp \frac{1}{2}\right)}{n} + \frac{u_\alpha^2}{4}}\right]. \tag{59}$$

Dabei ist u_α die den Sicherheitsstufen α entsprechende Abszisse der Normalverteilung. Bei kleineren Zahlen ist die Binomialverteilung unmittelbar heranzuziehen. In Abb. 159—161 sind für die Sicherheitsstufen 95%, 99% und 99,73% (3σ-Grenze) die Vertrauensgrenzen angegeben. Zahlenwerte für die beiden ersten Grenzen auch in den *Geigy*-Tabellen.

Beispiel. Von 90 Tieren sind 40 Träger eines Merkmals A ($p = 44\%$). Wenn diese Tiere zufällig aus einer größeren Gruppe herausgegriffen wurden, innerhalb welcher Grenzen ist die A-Häufigkeit in dieser Gruppe zu vermuten? Legt man als Sicherheitsstufe die 3σ-Grenze zugrunde ($u_\alpha = 3{,}0$ und $\alpha = 0{,}27\%$), so ist $P_0 = 61\%$ und $P_u = 29\%$.

Aus den Tafeln läßt sich auch die **zur Erreichung einer bestimmten Genauigkeit notwendige Beobachtungszahl n** ablesen.

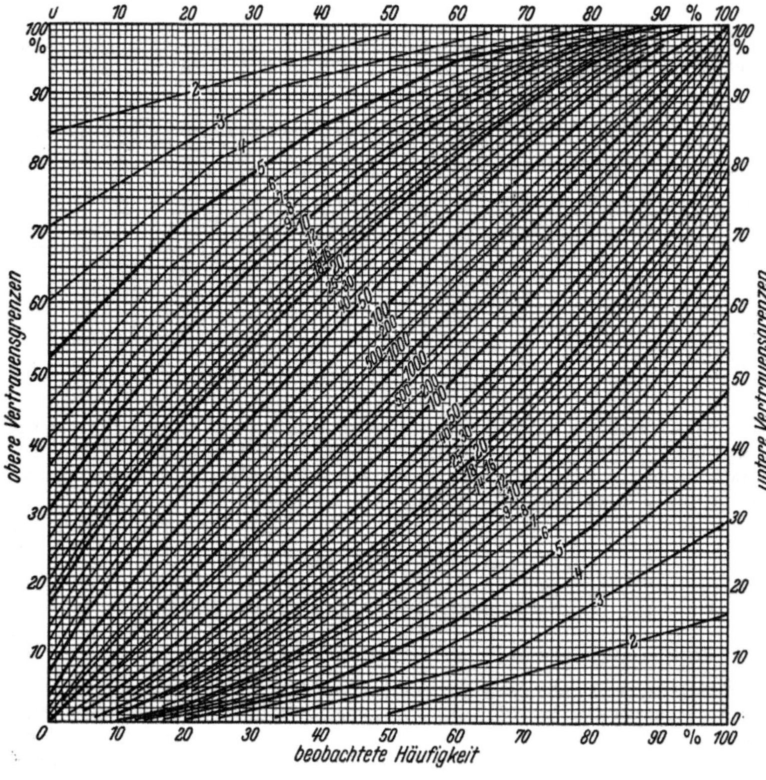

Abb. 159. Vertrauensgrenzen einer beobachteten Haufigkeit. Warngrenze fur $\alpha = 5\%$; statistische Sicherheit 95%

Beispiel. Eine in der Nähe von 20% liegende Häufigkeit soll so bestimmt werden, daß der Vertrauensbereich $P_0 - P_u = 8\%$ ist; Sicherheitsstufe 95%. Man liest aus der Abb. 159 ab, daß diese Bedingung etwa bei $n \sim 400$ erfüllt ist.

Ist d die nach oben und unten zugelassene Spanne $\left(d = \frac{1}{2}(P_0 - P_u)\right)$, so kann man n abschätzen nach

$$n \sim \frac{u_\alpha^2 \cdot p(1-p)}{d^2}. \tag{60}$$

Direkter Schluß. Ist eine Grundwahrscheinlichkeit P gegeben und soll geprüft werden, ob die beobachtete Häufigkeit p mit P vereinbar ist, so wird nach Abb. 159—161 festgestellt, ob P im Vertrauensbereich liegt.

Beispiel. Von 18 Tieren sind 6 gestorben. Ist dies mit der für die gleiche Beobachtungssituation bekannten Sterblichkeit von 60% vereinbar? Die Warngrenze liegt bei 59%, ist also gerade überschritten. Die Widerspruchsgrenzen sind noch nicht erreicht. Der Befund ist nur als „auffällig" zu bezeichnen.

Warnung. Nicht jede Prozentzahl ist eine Häufigkeit (z. B. Fettanteil). Dann gelten nicht die Methoden von Abschn. IV, sondern von V.

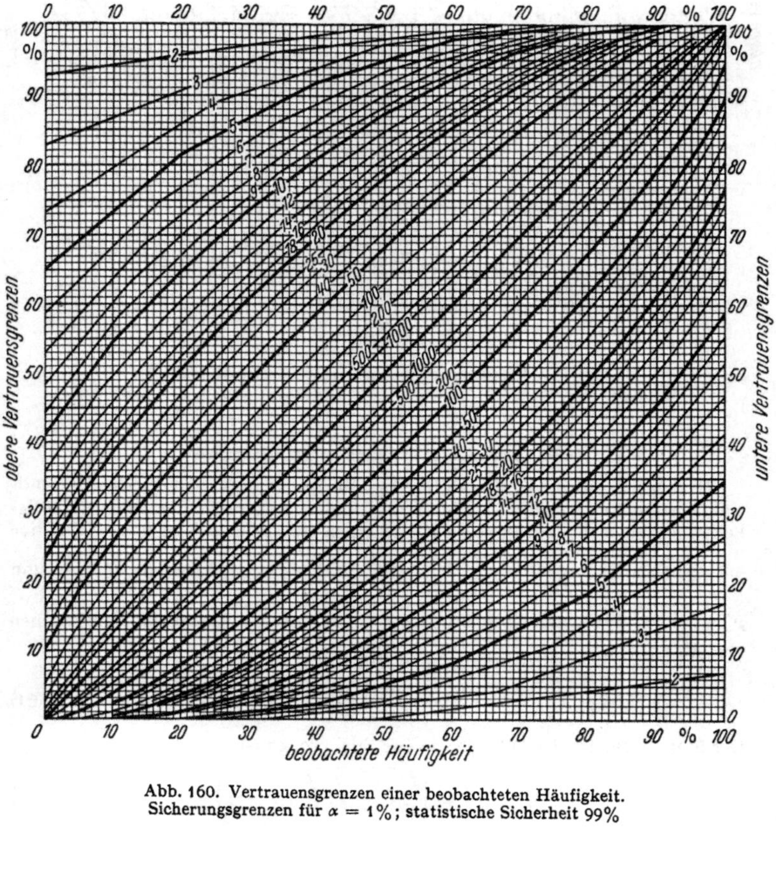

Abb. 160. Vertrauensgrenzen einer beobachteten Häufigkeit. Sicherungsgrenzen für $\alpha = 1\%$; statistische Sicherheit 99%

Auch bei wirklichen Häufigkeiten liegt nicht immer eine Binomialverteilung vor, z. B. bei Inhomogenität im Material. Auch dann ist die Standardabweichung nach [3] zu berechnen.

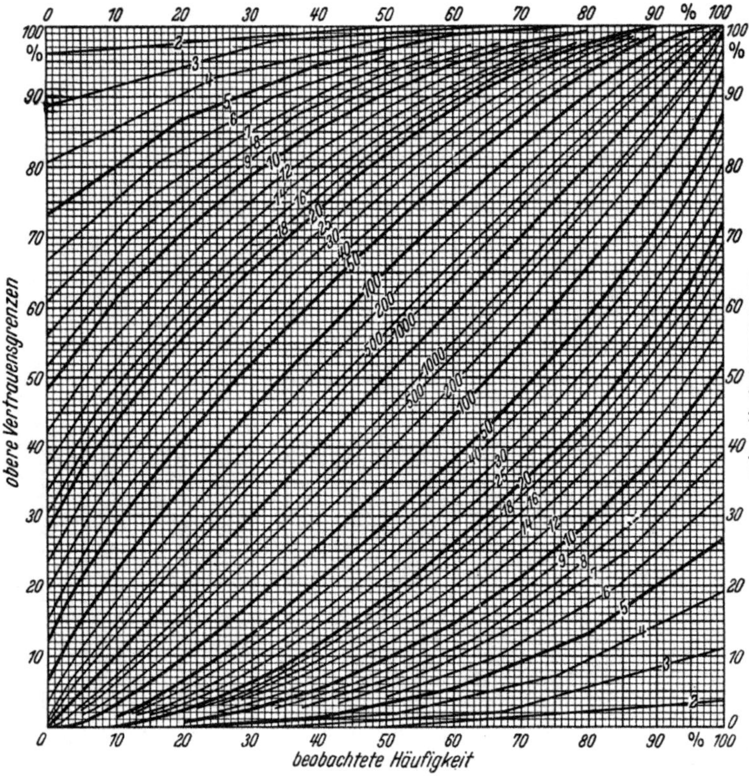

Abb. 161. Vetrauensgrenzen einer beobachteten Haufigkeit.
Sicherungsgrenze fur $\alpha = 0{,}27\%$; statistische Sicherheit 99,73% (3σ-Äquivalente)

B. Vergleich zweier Häufigkeiten

Man prüft, ob die Häufigkeiten aus Kollektiven mit der gleichen Grundwahrscheinlichkeit stammen können und die Unterschiede der beiden Häufigkeiten nur so groß sind, wie sie auch zwischen zwei Stichproben eines Kollektivs auftreten können (Nullhypothese). Sind die beiden Haufigkeiten $p_1 = \frac{n_1}{n}$ und $p_1' = \frac{n_1'}{n'}$, so kann man als Schätzung p der Wahrscheinlichkeit im gemeinsamen Kollektiv die Zusammenfassung beider Reihen ansehen:

$$p = \frac{n_1 + n_1'}{n + n'}\,. \tag{61}$$

Der Standardfehler der Differenz zweier Stichproben ist

$$s_{(p_1 - p_1')} = \sqrt{p(1-p)\left(\frac{1}{n} + \frac{1}{n'}\right)}\,. \tag{62}$$

Ein Unterschied zwischen p_1 und p_1' erreicht die Sicherheitsstufe $(1 - \alpha)$, wenn

$$|p_1 - p_1'| = u_\alpha \cdot \sqrt{p(1-p)\left(\frac{1}{n} + \frac{1}{n'}\right)}. \tag{63}$$

Koller hat graphische Tafeln angegeben, an denen der Häufigkeitsvergleich unmittelbar durchgeführt werden kann und die näherungsweise auch für kleine Zahlen Gültigkeit haben.

Für $n = n'$ vereinfacht sich die Formel (63) zu

$$|p_1 - p_1'| = u_\alpha \cdot \sqrt{2} \cdot \sqrt{\frac{p(1-p)}{n}}, \tag{64}$$

wobei $p = \frac{1}{2}(p_1 + p_1')$ ist.

Die Prüfung des Unterschiedes zweier Differenzen kann unter Verwendung der Abb. 159–161 in guter Näherung erfolgen, indem man für jede Häufigkeit die Vertrauensgrenzen ermittelt. Bezeichnet man mit d und d' die Differenzen der Vertrauensgrenzen von den beobachteten Häufigkeiten ($p_1 < p_1'$), und zwar mit

$P_0 - p_1 = d$ (P_0 ist obere Vertrauensgrenze der kleineren Häufigkeit p_1)

und $P_u' - p_1' = d'$ (P_u' ist untere Vertrauensgrenze der größeren Häufigkeit p_1'),

so ist die Grenzdifferenz näherungsweise

$$\text{Grenzdifferenz} = \sqrt{d^2 + d'^2}. \tag{65}$$

Beispiel. $n = 50$, $n_1 = 25$, $p_1 = 50\%$; $n' = 20$, $n_1' = 18$, $p_1' = 90\%$. Sicherheitsstufe: 99,73% (3σ-Äquivalente). Man liest für die erste Reihe die obere Vertrauensgrenze $P_0 = 71\%$ ab und für die zweite die untere Grenze $P_u' = 57\%$. Daraus wird $d = 21\%$ und $d' = 33\%$ und die Grenzdifferenz $= \sqrt{0{,}21^2 + 0{,}33^2} = 0{,}391$. Die beobachtete Differenz von 40% überschreitet gerade die 3σ-Grenzdifferenz 39%. Die „Nullhypothese", daß beide Reihen nur Zufallsabweichungen von einer gemeinsamen Grundwahrscheinlichkeit aufweisen, wird abgelehnt. Es ist ein „echter" Unterschied vorhanden, über dessen wahre Größe jedoch keine Aussagen gemacht werden können.

Prüfung der Differenz zweier Häufigkeiten im Vierfelderschema. Man kann einen Vergleich zweier Häufigkeiten in die Form einer 2 × 2-Gliederungstabelle bringen und darin eine Unabhängigkeitsprüfung vornehmen (vgl. 20). In der Bezeichnungsweise der nebenstehenden Tabelle prüft man die Unabhängigkeit durch Berechnung der Prüffunktion χ^2:

n_{11}	n_{12}	$n_{1\cdot}$
n_{21}	n_{22}	$n_{2\cdot}$
$n_{\cdot 1}$	$n_{\cdot 2}$	n

$$\chi^2 = \frac{\left(|n_{11}\cdot n_{22} - n_{12}\cdot n_{21}| - \frac{n}{2}\right)^2 \cdot n}{n_{1\cdot}\cdot n_{2\cdot}\cdot n_{\cdot 1}\cdot n_{\cdot 2}}. \tag{66}$$

Die Sicherheitsstufen sind aus Tab. 9 für $f = 1$ Freiheitsgrad zu entnehmen

Beispiel. Mit den Zahlen des vorigen Beispiels wird aus der 2 × 2-Tabelle χ^2 abgeleitet:

25	25	50
18	2	20
43	27	70

$$\chi^2 = \frac{(|25\cdot 2 - 25\cdot 18| - 35)^2 \cdot 70}{50\cdot 20\cdot 43\cdot 27} = 8{,}0.$$

Der Wert erreicht das der 3σ-Grenze entsprechende χ^2 von 9,0 nicht, sondern liegt zwischen den Stufen 99% und 99,73%.

Bei kleinen Zahlen ist ein Verfahren von *Fisher* vorzuziehen: Man geht von dem am schwächsten besetzten Feld aus und stellt unter Festhaltung der Randsummen alle 2×2-Tafeln auf, die noch weniger Fälle in dem Feld haben. In der Gesamtheit aller 2×2-Tafeln, die man aus den gegebenen Randsummen zusammensetzen könnte, haben diejenigen mit der beobachteten oder einer noch geringeren Besetzung des schwächsten Feldes die Wahrscheinlichkeit α:

$$\alpha = \frac{n_{1\cdot}!\,n_{2\cdot}!\,n_{\cdot 1}!\,n_{\cdot 2}!}{n!} \cdot \sum_i \frac{1}{n_{11}^{(i)}!\,n_{12}^{(i)}!\,n_{21}^{(i)}!\,n_{22}^{(i)}!}\,. \tag{67}$$

Der Zusatz (i) bedeutet, daß für jede der aufgestellten Extremtafeln der hinter dem Summenzeichen stehende Ausdruck zu berechnen und dann in der Summe zusammenzufassen ist. Logarithmen der Fakultäten bei *Graf-Henning* und *Hald*. Signifikanztafeln nach (67) sind bei *Finney*, *Latscha-Bennett*, *Hsu* und in den *Geigy*-Tabellen enthalten.

Beispiel. Für die vorigen Zahlen sind drei Tafeln durchzurechnen:

25	25		24	26		23	27
18	2		19	1		20	0

Die Wahrscheinlichkeit wird

$$\alpha = \frac{50!\,20!\,43!\,27!}{70!}\left(\frac{1}{25!\,25!\,18!\,2!} + \frac{1}{24!\,26!\,19!\,1!} + \frac{1}{23!\,27!\,20!\,0!}\right) = 0{,}15\%.$$

Bei dieser Berechnung liegt das Ergebnis zwischen den Sicherheitsstufen $1 - \alpha = 99{,}73\%$ und $1 - \alpha = 99{,}9\%$.

C. Unabhängigkeitsprüfung im $k \times l$-Schema (χ^2-Verfahren)

Gliedert man ein Material doppelt nach zwei Merkmalsarten mit k bzw. l Klassen, so sind die beiden Merkmalsarten unabhängig voneinander verteilt, wenn die Häufigkeitsverteilung in allen Spalten die gleiche ist und ebenso in allen Zeilen die gleiche. Der Unabhängigkeitsprüfung liegt die Nullhypothese zugrunde, daß alle tatsächlich beobachteten Besetzungszahlen der Felder nur Zufallsabweichungen von dieser gleichmäßigen Unabhängigkeitsverteilung sind. Mit den Bezeichnungen der nebenstehenden Tabelle für die Beobachtungswerte errechnen sich die Erwartungswerte E_{ij} für die Unabhängigkeitshypothese

$$E_{ij} = \frac{n_{i\cdot} \cdot n_{\cdot j}}{n}\,. \tag{68}$$

Mit diesen Werten stellt man die Tabelle der Erwartungswerte bei Unabhängigkeit auf.

$n_{11} n_{12} \cdots n_{1j} \cdots n_{1k}$	$n_{1\cdot}$
$n_{21} n_{22} \cdots n_{2j} \cdots n_{2k}$	$n_{2\cdot}$
$\vdots$	$\vdots$
$n_{i1} n_{i2} \cdots n_{ij} \cdots n_{ik}$	$n_{i\cdot}$
$\vdots$	$\vdots$
$n_{l1} n_{l2} \cdots n_{lj} \cdots n_{lk}$	$n_{l\cdot}$
$n_{\cdot 1} n_{\cdot 2} \cdots n_{\cdot j} \cdots n_{\cdot k}$	n

Prüffunktion für Unabhangigkeit ist

$$\chi^2 = \sum_{i,j} \frac{(n_{ij} - E_{ij})^2}{E_{ij}}\,. \tag{69}$$

Zur Benutzung der χ^2-Tafeln ist die Zahl der Freiheitsgrade $f = (k - 1)(l - 1)$ anzuwenden.

Beispiel. Tab. 11 gibt eine nach dem Merkmal A ($k = 5$ Klassen) und B ($l = 3$ Klassen) aufgegliederte Beobachtungsreihe. In Tab. 12 ist die Berechnung der Erwartungswerte und die von χ^2 durchgeführt. Es ergibt sich $\chi^2 = 6{,}88$; die Zahl der Freiheitsgrade ist $f = 4 \cdot 2 = 8$, also $\frac{\chi^2}{f} = 0{,}86$. Tab. 9 zeigt, daß die Warngrenze fur $f = 8$ bei $\frac{\chi^2}{f} = 1{,}94$ liegt. Die beobachteten Werte liegen also völlig im Zufallsbereich; kein Widerspruch zur Unabhängigkeitshypothese.

Tabelle 11. **3 × 5-Gliederungsschema für Unabhängigkeitsprüfung**

		Merkmal A					Zus.
		A_1	A_2	A_3	A_4	A_5	
Merkmal B	B_1	12	25	28	14	17	96
	B_2	19	22	23	18	20	102
	B_3	31	28	27	25	23	134
Zus.		62	75	78	57	60	332

Tabelle 12. **Rechenschema für χ^2 zur Unabhängigkeitsprüfung**

In jedem Feld steht links oben Erwartungswert E_{ij}, darunter $(n_{ij} - E_{ij})$ und daneben $(n_{ij} - E_{ij})^2 : E_{ij}$

	A_1	A_2	A_3	A_4	A_5	Zus.
B_1	17,9 −5,9 *1,95*	21,7 +3,3 *0,50*	22,5 +5,5 *1,35*	16,5 −2,5 *0,38*	17,4 −0,4 *0,01*	96,0
B_2	19,2 −0,2 *0,00*	23,0 −1,0 *0,04*	23,9 −0,9 *0,03*	17,5 +0,5 *0,01*	18,4 +1,6 *0,14*	102,0
B_3	25,0 +6,0 *1,44*	30,3 −2,3 *0,17*	31,5 −4,5 *0,64*	23,0 +2,0 *0,17*	24,2 −1,2 *0,05*	134,0
Summe χ^2	*3,39*	*0,71*	*2,02*	*0,56*	*0,20*	$\chi^2 = 6{,}88$

Vergleich von zwei Häufigkeitsverteilungen. Auch der Vergleich von 2 Häufigkeitsverteilungen erfolgt nach dem gleichen Schema, nur ist $l = 2$.

Man kann hier die χ^2-Rechnung zur Vereinfachung auch so vornehmen, daß man die Rechnung auf die B_1-Reihe beschränkt. Man bestimmt

$$\chi^2 = \frac{1}{q} \sum_j \frac{(n_{1j} - E_{1j})^2}{E_{1j}} \tag{70}$$

Beispiel

	A_1	A_2	A_3	Zus.	
B_1	12	45	20	77	*42,8%* $= p$
B_2	27	51	25	103	*57,2%* $= q$
Zus.	39	96	45	180	*100,0%*

In der nebenstehenden Tabelle sind die drei Erwartungswerte

$E_{11} = 39 \cdot 0{,}428 = 16{,}7$;

$E_{12} = 96 \cdot 0{,}428 = 41{,}0$;

$E_{13} = 45 \cdot 0{,}428 = 19{,}3$.

Daraus ergibt sich

$$\chi^2 = \frac{1}{0{,}572}\left(\frac{4{,}7^2}{16{,}7} + \frac{4{,}0^2}{41{,}0} + \frac{0{,}7^2}{19{,}3}\right) = 3{,}03.$$

Die Zahl der Freiheitsgrade ist $f = 2$.

Die Anwendung der χ^2-Verteilung erfordert, daß der Erwartungswert möglichst in keiner Klasse unter 5, keinesfalls aber unter 1, liegt. In II E war darauf hingewiesen worden, daß der Ableitung der χ^2-Verteilung die Annahme einer Normalverteilung zugrunde liegt. Bei der hier geschilderten Anwendung ist diese Voraussetzung durch die Klasseneinteilung weitgehend erfüllt. Die in jedem Feld anzunehmenden Zufallsschwankungen dürften im allgemeinen der binomischen und damit in ausreichender Näherung der Normalverteilung folgen. Nur bei Vorliegen wesentlicher Inhomogenitaten *innerhalb* eines Feldes trifft die Voraussetzung nicht zu.

Eine weitere Voraussetzung ist die Unabhängigkeit der Zufallsschwankungen zwischen den einzelnen Feldern. Diese Annahme kann in Frage gestellt sein, wenn z. T. dieselben Versuchsobjekte in mehreren Feldern auftreten.

D. Vergleich mit einer theoretischen Häufigkeitsverteilung (χ^2-Verfahren)

Der Vergleich einer theoretischen Häufigkeitsverteilung mit empirischen Zahlen erfolgt ebenfalls nach dem χ^2-Verfahren gemäß II E. Die Zahl f der Freiheitsgrade richtet sich nach der Anzahl der Werte, die zur Berechnung der theoretischen Erwartungswerte aus der Beobachtungsreihe übernommen wurden. Die Zahl der Fächer $k \cdot l$, vermindert um diese Anzahl, ergibt f.

Beispiele. Vergleicht man eine empirische Verteilung mit einer Normalverteilung, für deren Berechnung man n, $\bar{x}$ und s der Reihe benutzt, so ist bei k Klassen $f = k - 3$.

In Tab. 13 sei die Hypothese der Gleichverteilung für die Zahlen der Tab. 11 geprüft. Dann ist für alle Fächer $E_{ij} = \frac{332}{15} = 22{,}1$. Für die Berechnung der Erwartungswerte wurde nur der Mittelwert benutzt. Daher ist $f = 15 - 1 = 14$. Es ergibt sich $\frac{\chi^2}{f} = \frac{22{,}78}{14} = 1{,}63$. Nach Tab. 9 liegt für $f = 14$ Freiheitsgrade die 95%-Warngrenze bei 1,69. Da diese nicht erreicht ist, besteht kein Widerspruch zur Annahme, daß in Tab. 11 nur Zufallsabweichungen von einer zugrunde liegenden Gleichverteilung vorliegen.

Tabelle 13. **Rechenschema für χ^2 zur Prüfung der Gleichverteilung in Tab. 11**
Erwartungswert in jedem Feld 22,1. Obere Zahl $(n_{ij} - E_{ij})$, darunter $(n_{ij} - E_{ij})^2 : E_{ij}$

	A_1	A_2	A_3	A_4	A_5	Summe χ^2
B_1	−10,1 *4,67*	+2,9 *0,38*	+5,9 *1,57*	−8,1 *2,98*	−5,1 *1,17*	*10,77*
B_2	−3,1 *4,35*	−0,1 *0,00*	+0,9 *0,04*	−4,1 *0,76*	−2,1 *0,20*	*5,35*
B_3	+8,9 *3,58*	+5,9 *1,57*	+4,9 *1,09*	+2,9 *0,38*	+0,9 *0,04*	*6,66*
Summe χ^2	*12,60*	*1,95*	*2,70*	*4,12*	*1,41*	*22,78* = χ^2

Die bei chemischen Untersuchungen erhaltenen Verteilungskurven bei der Elektrophorese, Gegenstromverteilung, Diffusionsgradientenkurven usw. sind auf ihre Übereinstimmung mit den zugrunde liegenden theoretischen Verteilungen nicht mittels des χ^2-Verfahrens zu prüfen, weil es sich nicht um die Beobachtung von Haufigkeiten handelt, die zufällig um die Erwartungswerte gemäß (15) schwanken. Ein Maß für die Zulässigkeit von Abweichungen liegt für diese Methoden noch nicht vor.

V. Beurteilung von Mittelwerten und Streuungen

A. Vertrauensbereich eines Mittelwertes

In Abschn. II C war festgestellt worden, daß die Verteilung von Mittelwerten größerer Stichproben grundsätzlich der Normalfunktion folgt. Ist Mittelwert M und Standardabweichung σ im Grundkollektiv bekannt, so verteilen sich die Abweichungen der Stichprobenmittel $\bar{x}$ um M normal mit der Standardabweichung $\frac{\sigma}{\sqrt{n}}$ (Standardfehler des Mittelwertes). Die Prüfung auf Übereinstimmung zwischen Kollektiv und Stichprobe wird nach den Sicherheitsstufen u_α der Normalverteilung (s. S. 974) vorgenommen.

Beispiel. Aus früheren Beobachtungsreihen sei der Mittelwert $M = 76{,}5$ und die Standardabweichung $\sigma = 8{,}3$ für ein Merkmal bekannt. Bei zehn neuen Beobachtungen fand sich $\bar{x} = 82{,}7$. *Erste Prüfung:* Ist der Mittelwert der neuen Reihe sicher vom früheren verschieden? (Zweiseitige Fragestellung.) Die Differenz 6,2 wird am Standardfehler $8{,}3 : \sqrt{10} = 2{,}6$ gemessen und beträgt das 2,4fache. Mit $u = 2{,}4$ ist die 95%-Warngrenze ($u_{5\%} = 2{,}0$) überschritten; die Abweichung ist „auffällig", ein Unterschied ist nicht gesichert, da die Widerspruchsgrenzen noch nicht erreicht sind. — *Zweite Prüfung:* Ist der neue Mittelwert sicher *größer* als der frühere? (Einseitige Fragestellung.) Die 99%-Grenze liegt für die einseitige Fragestellung bereits bei $u = 2{,}3$, ist also hier überschritten, die schärferen Grenzen sind allerdings nicht erreicht.

Warnung. Die schärfere Prüfung auf Grund der einseitigen Abgrenzung ist nur dann zulässig, wenn man bereits *vor* dem Vorliegen der Ergebnisse die einseitige Fragestellung geplant hatte.

Vertrauensbereich. M und σ der Grundverteilung sind nicht bekannt, sondern werden durch $\bar{x}$ und s der Beobachtungsreihe geschätzt. Die Verteilung der Stichprobenmittel folgt nicht der Normalverteilung, sondern der „Student"schen t-Verteilung (vgl. S. 976/977).

Beispiel. Es sind 6 Werte beobachtet: 3,4; 1,7; 2,8; 2,4; 2,1; 2,7. Es ist $\bar{x} = 2{,}5$, $S_{xx} = 1{,}7484$ und $s = 0{,}6$. Der Standardfehler des Mittelwertes ist $s_{\bar{x}} = 0{,}6 : \sqrt{6} = 0{,}25$. In welchen Grenzen ist der Mittelwert des zugrunde liegenden Kollektivs zu vermuten? Dabei sind $f = 5$ Freiheitsgrade in Rechnung zu stellen.

Sicherheitsstufe				
95%:	$t = 2{,}57$;	$t \cdot s_{\bar{x}} = 0{,}63$;	untere Grenze $M_u = 1{,}9$	obere Grenze $M_0 = 3{,}1$.
99%:	4,03	0,99	1,5	3,3
99,73%: (3σ-Äquivalent)	5,51	1,35	1,2	3,8
99,9%:	6,86	1,68	0,8	4,2.

Rechenblätter bei *Heite.*

Die zur Erreichung einer bestimmten Genauigkeit eines Mittelwertes durchschnittlich *erforderliche Beobachtungszahl* ergibt sich nach

$$n \sim t^2 \cdot \frac{\sigma^2}{d^2}, \tag{71}$$

wobei t gemäß der gewünschten Sicherheitsstufe einzusetzen ist.

Ist z. B. $\sigma = 10\%$ des Mittelwertes und soll in einer Beobachtungsreihe der Mittelwert im 3σ-Bereich auf $\pm 5\%$ genau bestimmt werden, so sind dazu $n = \frac{3^2 \cdot 0{,}1^2}{0{,}05^2} = 36$ Beobachtungen anzusetzen; genauer ist nach Tab. 8 $t = 3{,}2$ zu setzen, was auf $n = 41$ führt.

Statt des durchschnittlich erforderlichen n kann man auch das wesentlich größere n bestimmen, das erforderlich ist, um mit einer bestimmten statistischen Sicherheit, z. B. 95%, den vorgegebenen Bereich zu erreichen. Tafeln hierfür, denen die sogenannten Toleranzgrenzen zugrunde liegen, bei *Bowker*[1]).

Beispiel. Bei $n = 76$ ist die statistische Sicherheit 95%, daß 99% der Mittelwerte solcher Reihen im Bereich $\pm 3{,}0 \cdot s_{\bar{x}}$ liegen.

B. Vergleich zweier Mittelwerte

Die Beobachtungsreihen sind voneinander unabhängig. Ist nichts über das Grundkollektiv bekannt, so können 2 Hypothesen geprüft werden: 1. Die beiden Reihen können Stichproben aus demselben Kollektiv sein (bzw. aus 2 Kollektiven mit demselben Mittelwert und derselben Streuung). 2. Die beiden Reihen können Stichproben aus Kollektiven mit demselben Mittelwert, aber möglicherweise verschiedener Streuung sein.

1. Die der Hypothese zugrunde liegende einheitliche Standardabweichung wird aus den Abweichungen der Einzelwerte von ihren beiden Mittelwerten geschätzt:

$$s^2 = \frac{S_{x_1 x_1} + S_{x_2 x_2}}{n_1 + n_2 - 2} = \frac{1}{n_1 + n_2 - 2}\,[(n_1 - 1)\,s_1^2 + (n_2 - 1)\,s_2^2]. \qquad (72)$$

Dabei sind wegen der Benutzung von 2 Mittelwerten nur $f = n_1 + n_2 - 2$ Freiheitsgrade zu berücksichtigen. Der Standardfehler der Differenz der Mittelwerte ist

$$s_{\mathrm{Diff}} = s\sqrt{\frac{1}{n_1} + \frac{1}{n_2}}. \qquad (73)$$

Die Prufung erfolgt nach der t-Verteilung mit f Freiheitsgraden.

Beispiel. Die 6 Werte des Beispiels auf S. 995 seien mit 10 Werten einer anderen Reihe verglichen: 4,4; 1,8; 3,5; 2,9; 2,1; 3,0; 4,6; 2,5; 3,2; 1,7. In dieser Reihe ist $\bar{x}_2 = 3{,}0$, ferner ist $S_{x_2 x_2} = 8{,}95$, dann $s_2^2 = 1{,}0$ und $s_2 = 1{,}0$. Das gemeinsame s wird geschatzt als

$$s^2 = (1{,}75 + 8{,}95) : 14 = 0{,}764.$$
$$s = 0{,}87.$$

Der Standardfehler der Differenz der Mittelwerte ist

$$s_{\mathrm{Diff}} = 0{,}87 \cdot \sqrt{\left(\frac{1}{6} + \frac{1}{10}\right)} = 0{,}45.$$

Der beobachtete Unterschied von 0,5 überschreitet nur den einfachen Standardfehler und ist nicht gesichert.

Die zur Sicherung einer Mittelwertsdifferenz durchschnittlich erforderliche Beobachtungszahl jeder Reihe ($n = n_1 = n_2$) ist

$$n \sim 2t^2 \frac{\sigma^2}{d^2}, \qquad (74)$$

wobei d die vermutete Differenz und σ die Standardabweichung der Einzelwerte im Kollektiv ist.

Beispiel. Ist $\sigma = 10\%$ des Mittelwertes und soll eine Differenz in der erwarteten Größenordnung von 5% nach den 99,9%-Grenzen gesichert werden,

[1] In: *Eisenhart—Hastay—Wallis.*

so ist

$$n \sim 2 \cdot 3{,}29^2 \cdot \frac{0{,}1^2}{0{,}05^2} = 87$$

in jeder Reihe die notwendige Beobachtungszahl.

Soll die Sicherung mit einer vorgegebenen statistischen Sicherheit erfolgen, so ergibt sich ein größeres n. Tabellen z. B. bei *Cochran-Cox*.

2. Prüft man nur die Übereinstimmung der Mittelwerte, ohne die Gleichheit der Standardabweichungen vorauszusetzen, so ist der Standardfehler der Mittelwertsdifferenz

$$s_{\mathrm{Diff}} = \sqrt{\frac{s_1^2}{n_1} + \frac{s_2^2}{n_2}} = \sqrt{s_{\bar{x}_1}^2 + s_{\bar{x}_2}^2}\,. \tag{75}$$

Zur Beurteilung der Differenz ist bei kleineren n_1 und n_2 die t-Verteilung heranzuziehen. Die Zahl f der Freiheitsgrade ergibt sich aus den Freiheitsgraden f_1 und f_2 der beiden Reihen

$$\frac{1}{f} = \frac{c^2}{f_1} + \frac{(1-c)^2}{f_2}, \quad \text{wobei} \quad c = \frac{\dfrac{s_1^2}{n_1}}{\dfrac{s_1^2}{n_1} + \dfrac{s_2^2}{n_2}} \tag{76}$$

ist. c und $(1 - c)$ sind die relativen Anteile der Fehlervarianzen der beiden Mittelwerte an der Fehlervarianz der Mittelwertsdifferenz.

Das Verfahren 2 *kann* stets angewandt werden, wenn es der Fragestellung entspricht; es *muß* angewandt werden, wenn sich aus einer nach V C. anzustellenden Prufung ergibt, daß s_1 und s_2 sicher voneinander verschieden sind.

Beispiel. Prüft man an den Zahlen des vorigen Beispiels die Hypothese 2, so ergibt sich

$$s_{\mathrm{Diff}} = \sqrt{\frac{0{,}35}{6} + \frac{1{,}0}{10}} = \sqrt{0{,}0583 + 0{,}100} = 0{,}4\,.$$

Die Zahl der Freiheitsgrade ergibt sich aus

$$c = \frac{0{,}0583}{0{,}1583} = 0{,}37; \quad \frac{1}{f} = \frac{0{,}37^2}{5} + \frac{0{,}63^2}{9} = 0{,}714; \quad f = 14{,}0.$$

Die Differenz zwischen den Mittelwerten (0,5) ist auch nach dem zweiten Verfahren mit $t = 1{,}25$ völlig im Zufallsbereich. (Welches der beiden Verfahren ein kleineres s_{Diff} liefert, hängt von den Zahlenverhaltnissen ab und ist nicht einheitlich.)

Die beiden Beobachtungsreihen sind paarweise einander zugeordnet, z. B. mögen sich die ersten 6 Werte der zweiten Reihe des vorigen Beispiels auf die gleichen Personen beziehen wie in der ersten Reihe. Man bildet dann die Differenzen $(x_{2i} - x_{1i})$: $+1{,}0$; $+0{,}1$; $+0{,}7$; $+0{,}5$; 0; $+0{,}3$ und prüft an dieser Reihe von Differenzen, ob der Mittelwert der Differenzen gemaß seinem unmittelbar errechneten Standardfehler sicher von 0 verschieden ist.

Es ergibt sich für die mit d_i bezeichneten Differenzen

$$\bar{d} = +\frac{2{,}6}{6} = +0{,}43; \quad S_{dd} = 1{,}84 - \frac{2{,}6^2}{6} = 0{,}72; \quad s_d^2 = \frac{0{,}72}{5} = 0{,}144;$$

$$s_d = 0{,}38; \quad s_{\bar{d}} = \frac{0{,}38}{\sqrt{6}} = 0{,}155.$$

Mit $\bar{d} : s_{\bar{d}} = 0{,}43 : 0{,}155 = 2{,}8$ ist bei zweiseitiger Fragestellung („Liegt überhaupt ein Unterschied vor?") bei $f = 5$ Freiheitsgraden die Warngrenze, die bei 2,6 liegt, gerade überschritten. — Rechenblätter für den Mittelwertvergleich bei *Heite.*

Der *Vergleich von mehr als 2 Mittelwerten* wird nach der Methode der Streuungszerlegung (vgl. S. 999ff.) durchgeführt.

Quotient zweier Mittelwerte. Bei Unabhängigkeit zweier Reihen wird der Quotient $Q = \bar{x}_1 : \bar{x}_2$ bei Annahme eines einheitlichen s näherungsweise nach dem Standardfehler

$$s_Q = \frac{s}{\bar{x}_2}\sqrt{\frac{1}{n_1} + \frac{Q^2}{n_2}} \tag{77}$$

beurteilt. Als Voraussetzung für die Anwendbarkeit gilt:

$$g = \frac{s^2 t^2}{n_2 \cdot \bar{x}_2^2} < 0{,}1\,. \tag{77a}$$

Nichtparametrische Tests. Der Mittelwertsvergleich kann für die Gewinnung einer schnellen Übersicht durch folgende nichtparametrische Tests ergänzt oder ersetzt werden:

Bei paarigen Beobachtungsreihen verwendet man den „Vorzeichentest", indem man lediglich prüft, ob die Verteilung der Vorzeichen eine Zufallsabweichung von der 1 : 1-Verteilung sein kann. Im Beispiel sind alle Vorzeichen positiv; die Wahrscheinlichkeit, daß dies zufällig vorkommt, ist nach der binomischen Verteilung $\left(\frac{1}{2}\right)^5 = 3\%$. Die Sicherungsstufe 5% ist unterschritten.

Beim „Maximumstest" prüft man nur, wieviele der größten Differenzen gleiches Vorzeichen haben. Sind es 6 (8, 11), so kann man mit 3% (1%, 0,1%) Irrtumswahrscheinlichkeit einen Unterschied annehmen. Der Test gilt für beliebig großes n (*Walther*).

Für den Vergleich unabhängiger Gruppen eignet sich der Wilcoxon-Test. Man ordnet beide Reihen der Größe nach und stellt für jedes Glied der einen Reihe fest, wieviel Glieder der anderen Reihe kleiner sind („Inversionen"). Für das Beispiel auf S. 996 ergibt sich von links nach rechts die Anordnung beider Reihen:

Reihe 1:	1,7		2,1	2,4		2,7	2,8				3,4			
Reihe 2:	1,7	1,8	2,1		2,5			2,9	3,0	3,2		3,5	4,4	4,6
Inversionen zu Reihe 1:														
	0		2	3		4	4				7			

An den beiden ersten Zeilen läßt sich schnell abzählen, wieviele Werte der zweiten Reihe kleiner als die einzelnen Glieder der ersten Reihe sind. Die Werte sind in der Reihe Inversionen angegeben.

Die Summe der Inversionen ist $U = 20$. Der Erwartungswert ist

$$E(U) = \frac{1}{2} \cdot n_1 \cdot n_2 = 30\,. \tag{78}$$

Die Signifikanz der Differenz ist unter Heranziehung von

$$\sigma^2(U) = \frac{1}{12} n_1 \cdot n_2 (n_1 + n_2 + 1) \tag{78a}$$

nach der Normalverteilung zu beurteilen, was allerdings erst bei größerem Reihenumfang ($n_2 > 20$) genau ist. Im Beispiel ist $\sigma = 9{,}2$; die Differenz ist knapp größer als der einfache Standardfehler und ist nicht gesichert, wie es sich auch beim Mittelwertsvergleich ergeben hatte.

Das Verfahren stimmt mit dem „Rangsummentest" bis auf ein konstantes Glied überein; dabei werden die Reihenglieder durchnumeriert; die Nummernsumme ist $U + \frac{1}{2} n_1(n_1 + 1)$. Übereinstimmende Werte in beiden Reihen („ties") werden mit dem Durchschnitt der auf sie entfallenden Rangzahlen bewertet. Die Signifikanzprüfung erfolgt nach (*78a*).

C. Beurteilung von Streuungen

Liegt in einem Kollektiv Normalverteilung mit M und σ vor, so verteilen sich dei Varianzen s^2 in Stichproben nach der χ^2-Verteilung.

Beispiel. Die 10 Beobachtungen des Beispiels auf S. 996 mögen sich auf routinemäßige Kontrollbestimmungen beziehen, die ein neuer Untersucher durchführt; die alten Erfahrungswerte seien $M = 3{,}0$ und $\sigma = 0{,}5$. Hat der neue Untersucher mit $s = 1{,}0$ eine größere Streuung in seinen Ergebnissen? Man berechnet

$$\frac{\chi^2}{f} = \frac{s^2}{\sigma^2} \tag{79}$$

und beurteilt den Quotienten der Varianzen nach Tab. 9. Im Beispiel ergibt sich $\chi^2 : 9 = 1{,}00 : 0{,}25 = 4{,}0$. Die äußerste Sicherungsgrenze (99,9%) liegt für $f = 9$ bei 3,1. Die Vergrößerung der Streuung ist aus den 10 Beobachtungen sicher feststellbar.

Vergleich zweier Streuungen. Der Vergleich der Streuungen in zwei Beobachtungsreihen kann für die Beurteilung zweier Meßmethoden und den Vergleich der Beobachtungsgenauigkeit zweier Untersucher wichtig sein. Hier ist nicht mehr die χ^2-Verteilung anzuwenden, für die die theoretische Kenntnis einer Varianz erforderlich ist, sondern die F-Verteilung, bei der beide s^2-Werte empirisch gewonnen sind. Der Vergleich findet durch Berechnung von

$$F = \frac{s_1^2}{s_2^2} \tag{80}$$

statt und wird unter Berücksichtigung der Freiheitsgrade f_1 und f_2 nach Tab. 10 durchgeführt. Dabei wird stets die kleinere Varianz als s_2^2 in den Nennern von F genommen. Bei sehr großem Umfang der 2. Reihe ($f_2 \to \infty$) geht die F-Verteilung in die Verteilung von $\frac{\chi^2}{f}$ über.

Beispiel. Die 10 Beobachtungen mögen wie beim Mittelwertvergleich auf S. 996 den 6 Beobachtungen des Beispiels gegenubergestellt werden, für die sich $\bar{x}_2 = 2{,}5$ und $s_2^2 = 0{,}35$ bei $f_2 = 5$ ergeben hatte. Man berechnet

$$F = \frac{1{,}00}{0{,}35} = 2{,}8.$$

Aus Tab. 10 ergibt sich für $f_1 = 9$ und $f_2 = 5$ die 95%-Warngrenze bei $F = 4{,}8$. Die Grenze ist nicht erreicht; die unterschiedlichen Schwankungen bei beiden Beobachtern liegen durchaus im Zufallsbereich.

Nichtparametrischer Vergleich von Streuungen. Man kann die absoluten Werte $|x_i - \bar{x}| = \xi_i$ in den zu vergleichenden Reihen bilden und einen Rangsummentest vornehmen, der bei zwei Reihen als *Wilcoxon*-Test, bei mehr als zwei Reihen als *Kruskal-Wallis*-Test durchgeführt wird (vgl. S. 998 und 1003). Vorteile dieses Verfahrens vgl. *Pfanzagl.*

D. Vergleich mehrerer Mittelwerte. Grundschema der Varianzanalyse (Streuungszerlegung)

Es seien l Stichproben mit je k Werten aus einem einheitlichen Kollektiv mit Mittelwert M und Standardabweichung σ gegeben.

		Summe	Mittelwert
	$x_{11}\ x_{12} \cdots x_{1j} \cdots x_{1k}$	$X_{1\cdot}$	$\bar{x}_{1\cdot}$
	$x_{21}\ x_{22} \cdots x_{2j} \cdots x_{2k}$	$X_{2\cdot}$	$\bar{x}_{2\cdot}$
	$\cdot\ \cdot\ \cdot\ \cdot\ \cdot\ \cdot\ \cdot$		
	$x_{i1}\ x_{i2} \cdots x_{ij} \cdots x_{ik}$	$X_{i\cdot}$	$\bar{x}_{i\cdot}$
	$\cdot\ \cdot\ \cdot\ \cdot\ \cdot\ \cdot\ \cdot$		
	$x_{l1}\ x_{l2} \cdots x_{lj} \cdots x_{lk}$	$X_{l\cdot}$	$\bar{x}_{l\cdot}$
Summe	$X_{\cdot 1} X_{\cdot 2} \cdots X_{\cdot j} \cdots X_{\cdot k}$	X	
Mittelwert	$x_{\cdot 1}\ x_{\cdot 2} \cdots x_{\cdot j} \cdots x_{\cdot k}$		x

Die Einheitlichkeit von M und σ führt zu folgenden Beziehungen zwischen den verschiedenen Arten der Streuungsberechnung:

Art der Streuung	Summe der Abweichungsquadrate SAQ	Freiheitsgrade f	Erwartungswert für $\frac{SAQ}{f}$
(1) Abweichungen aller Einzelwerte x_{ij} vom Gesamtmittel $\bar{x}$	$\sum_{i,j} (x_{ij} - \bar{x})^2$	$(k \cdot l - 1)$	σ^2
(2) Abweichungen der Einzelwerte x_{ij} der i-ten Reihe vom Reihenmittel $\bar{x}_{i\cdot}$	$\sum_j (x_{ij} - \bar{x}_{i\cdot})^2$	$(k - 1)$	σ^2
(3) Summe nach (2) fur alle Reihen	$\sum_{i,j} (x_{ij} - x_{i\cdot})^2$	$l \cdot (k - 1)$	σ^2
(4) Abweichungen der Reihenmittel $\bar{x}_{i\cdot}$ vom Gesamtmittel x	$\sum_i (\bar{x}_{i\cdot} - x)^2$	$(l - 1)$	$\frac{\sigma^2}{k}$

Für die i-te Zeile gilt

$$\sum_j (x_{ij} - \bar{x})^2 = \sum_j (x_{ij} - \bar{x}_{i\cdot})^2 + k(\bar{x}_{i\cdot} - \bar{x})^2$$

und für alle Zeilen

$$\sum_{i,j} (x_{ij} - \bar{x})^2 = \sum_{i,j} (x_{ij} - \bar{x}_{i\cdot})^2 + k \cdot \sum_i (\bar{x}_{i\cdot} - \bar{x})^2. \qquad (81)$$

Abweichungsquadrate:	insgesamt	innerhalb der Reihen	zwischen den Reihenmitteln

Für die Beurteilung der zwischen den Reihenmitteln vorliegenden Streuung, in der die Unterschiede zwischen irgendwelchen Gruppen des Materials zum Ausdruck kommen, ist folgendes Darstellungsschema üblich:

Tabelle 14. Schema der einfachen Varianzanalyse (Streuungszerlegung) in l Gruppen zu je k Werten

Art der Streuung	Summe der Abweichungsquadrate SAQ	Zahl der Freiheitsgrade f	Mittelwert der Abweichungsquadrate $MAQ = \frac{SAQ}{f}$	F
Zwischen den Gruppen (Reihen, Personen, Behandlungen usw.)	$k \cdot \sum_i (\bar{x}_{i\cdot} - x)^2 = S_1$	$(l - 1) = f_1$	$\frac{S_1}{f_1} = s_1^2$	$\frac{s_1^2}{s_2^2}$
Innerhalb der Gruppen	$\sum_{i,j} (x_{ij} - \bar{x}_{i\cdot})^2 = S_2$	$l \cdot (k - 1) = f_2$	$\frac{S_2}{f_2} = s_2^2$	
Insgesamt	$\sum_{i,j} (x_{ij} - x)^2 = S_G$	$(l \cdot k - 1)$		

Alle Vergleiche zwischen den verschiedenen MAQ werden grundsätzlich auf Einzelwertbasis durchgeführt; auch die aus Mittelwertsstreuungen erhaltenen Werte werden auf Einzelwertbasis umgerechnet.

Bei der praktischen Berechnung empfiehlt es sich, mit den Summen zu arbeiten; dann ergibt sich

$$S_1 = \frac{1}{k} \sum_i X_{i\cdot}^2 - \frac{1}{k\,l} X^2; \quad S_2 = \sum_{i,j} x_{ij}^2 - \frac{1}{k} \sum_i X_{i\cdot}^2; \quad S_G = \sum_{i,j} x_{ij}^2 - \frac{1}{k\,l} X^2. \tag{82}$$

Homogenitätsprüfung für eine Gruppierung

Man prüft, ob die Streuung *zwischen* den Gruppen größer als die *innerhalb* der Gruppen beobachtete Streuung ist. Entsprechend Abschn. II F wird die F-Verteilung zugrunde gelegt. Die Berechnung wird für S_1 und S_G durchgeführt; S_2 ergibt sich als Differenz.

Beispiel. 3 Behandlungsarten seien an je 5 Tieren durchgeführt (schematische Beobachtungswerte in Tab. 15). Kann die Hypothese widerlegt werden, daß die Unterschiede zwischen den Behandlungen nur Zufallsschwankungen sind und kein echter Unterschied vorliegt? (Nullhypothese.)

Tabelle 15. **Beobachtungsschema für Vergleich mehrerer Behandlungsarten**

		Tier Nr.					Summe
		1	2	3	4	5	
Behandlung	1	5	0	4	2	5	16
	2	7	3	5	5	5	25
	3	7	4	9	5	9	34
Summe		19	7	18	12	19	75

Tab. 16 enthält die Quadrate des Beobachtungsschemas von Tab. 15 (steile Zahlen); die kursiv gedruckten Zahlen sind die Summen von Quadraten. Die unterhalb des fetten Striches stehenden Zahlen werden für den einfachen Mittelwertsvergleich nicht gebraucht (vgl. S. 1005).

Tabelle 16. **Rechenschema für Varianzanalyse (Vergleich von 3 Mittelwerten)**

	T_1	T_2	T_3	T_4	T_5	Zus.	Summen-quadrate
B_1	25	0	16	4	25	*70*	256
B_2	49	9	25	25	25	*133*	625
B_3	49	16	81	25	81	*252*	1156
Zus.	*123*	*25*	*122*	*54*	*131*	*455*	*2037*
Summen-quadrate	361	49	324	144	361	*1239*	5625

Es ist

$$S_1 = \frac{2037}{5} - \frac{5625}{15} = 32{,}4; \quad S_G = 455 - \frac{5625}{15} = 80{,}0.$$

Tab. 17 enthält die Varianzanalyse.

Tabelle 17. **Varianzanalyse zu Tabelle 15**

Art der Streuung	Summe der Abweichungsquadrate SAQ	Freiheitsgrade f	Mittelwert der Abweichungsquadrate $MAQ = \frac{SAQ}{f}$	F
Zwischen den Behandlungsarten	32,4	$2 = f_1$	16,2	4,1
Innerhalb der Behandlungsarten	47,6	$12 = f_2$	4,0	
Insgesamt	80,0	14		

Die Streuung zwischen den Behandlungsarten ist größer als die innerhalb jeder Behandlungsreihe beobachtete. Die Prüfung nach Tab. 10 ergibt, daß der F-Wert 4,1 bei $f_1 = 2$ und $f_2 = 12$ Freiheitsgraden außerhalb der 5%-Grenze 3,9 liegt. Die Unterschiede zwischen den Behandlungsarten sind also „auffällig" groß gegenüber dem Variationsbereich der Unterschiede von Tier zu Tier. (Über die Ausschaltung dieser Unterschiede vgl. S. 1004ff.)

Beim Vergleich zweier Mittelwerte wird $f_1 = 1$, und die Methode geht in die auf S. 996 angegebene Anwendung der t-Verteilung über.

Bei *ungleichen Gruppenumfängen* liegt nicht ein einheitliches k vor, sondern $k_1, k_2, \ldots, k_l$. Das Schema der Varianzanalyse wird:

Tabelle 18. **Schema der einfachen Varianzanalyse in l Gruppen bei ungleichem Gruppenumfang**

Art der Streuung	SAQ	f	MAQ	F
Zwischen den Gruppen	$\sum_i k_i(x_{i\cdot} - x)^2 = S_1$	$l - 1 = f_1$	$\frac{S_1}{f_1} = s_1^2$	$\frac{s_1^2}{s_2^2}$
Innerhalb der Gruppen	$\sum_{i,j} (x_{ij} - x_{i\cdot})^2 = S_2$	$n - l - f_2$	$\frac{S_2}{f_2} = s_2^2$	
Insgesamt	$\sum_{i,j} (x_{ij} - x)^2 = S_G$	$n - 1$		

Man kann die Rechnung auch hier bequem mit den Summen statt mit den Mittelwerten durchführen und bestimmt

$$S_1 = \sum_i \frac{1}{k_i} X_{i\cdot}^2 - \frac{1}{n} X^2; \quad S_G = \sum_{i,j} x_{ij}^2 - \frac{1}{n} X^2; \quad S_2 = S_G - S_1. \tag{83}$$

Beispiel. Tab. 19 gibt ein Beobachtungsschema, Tab. 20 das zugehörige Rechenschema für die Quadrate.

Tabelle 19. **Schema der Beobachtungswerte für Vergleich mehrerer Behandlungsarten bei ungleichem Reihenumfang**

Behandlung	Beobachtungswerte							Summe
1	5	0	4	2	5	2	1	19
2	8	3	5	5				21
3	6	4	9	5	10			34
Summe								74

Tabelle 20. **Rechenschema für Varianzanalyse (Vergleich von 3 Mittelwerten bei ungleichem Reihenumfang)**

	Quadrate der Einzelwerte							Zus.	Summen-quadrate
B 1	25	0	16	4	25	4	1	*75*	361
B 2	64	9	25	25				*123*	441
B 3	36	16	81	25	100			*258*	1156
Zus.								*456*	
Summen-quadrat									5476

Es ergibt sich

$$S_1 = \frac{361}{7} + \frac{441}{4} + \frac{1156}{5} - \frac{5476}{16} = 50{,}77$$

$$S_G = 456 - \frac{5476}{16} = 113{,}75.$$

Das Schema der Varianzanalyse wird, wenn man die zweite Zeile als Differenz bildet:

Tabelle 21. **Varianzanalyse zu Tabelle 20**

Art der Streuung	*SAQ*	*f*	*MAQ*	*F*
Zwischen den Behandlungsarten	50,77	$2 = f_1$	25,39	5,3
Innerhalb der Behandlungsarten	62,98	$13 = f_2$	4,84	
Insgesamt	113,75	15		

Aus Tab. 10 ergibt sich, daß $F = 5{,}3$ für $f_1 = 2$ und $f_2 = 13$ Freiheitsgrade über der 95%-Stufe liegt aber die 99%-Stufe nicht erreicht, daß also „auffallige" Unterschiede zwischen den Behandlungsarten bestehen.

Nichtparametrischer Test für den Mehr-Gruppen-Vergleich

Wenn die auf S. 1007 angegebenen Voraussetzungen fur die Varianzanalyse nicht erfüllt sind oder eine einfachere Überschlagsrechnung durchgeführt werden soll, kann man den Vergleich mehrerer Gruppen nach dem Test von *Kruskal* und *Wallis* durchführen, der als eine Verallgemeinerung des *Wilcoxon*-Tests fur den 2-Gruppen-Vergleich aufgefaßt werden kann.

Man numeriert die Werte aller Gruppen der Größe nach durch und bildet für jede Gruppe die Summe R_i der Rangnummern. Für das Beispiel der Tab. 19 ergibt sich die folgende Rangordnung der Bearbeitungswerte:

Behandlung 1:	0;	1;	2;2		4;	5;5				
Behandlung 2:				3;		5;5;		8;		
Behandlung 3:					4;	5;	6;		9;	10;

Daraus ergeben sich die folgenden Rangnummern, wobei gleichen Werten in verschiedenen Gruppen der Durchschnitt der auf sie entfallenden Rangzahlen zugeordnet wird; z. B. kommt der Beobachtungswert 4 zweimal in verschiedenen Gruppen vor und liegt auf den Rangplatzen 6 und 7; stattdessen wird beidemal der Durchschnitt 6,5 zugeteilt.

Rangnummern									*Rangsummen*
Behandlung 1:	1; 2; 3;4;		6,5;	10;10;					$R_1 = 36,5$
Behandlung 2:		5;		10;10;		14;			$R_2 = 39,0$
Behandlung 3:			6,5;	10;	13;		15;	16;	$R_3 = 60,5$

Rechenkontrolle: Die Summe der Rangsummen muß $\frac{1}{2} n(n+1)$ ergeben, im Beispiel $\frac{1}{2} \cdot 16 \cdot 17 = 136$.

Die Testgröße ist

$$T = \frac{12}{n(n+1)} \sum_{i=1}^{k} \frac{R_i^2}{n_i} - 3(n+1)$$

und ist naherungsweise nach χ^2 mit $(k-1)$ Freiheitsgraden verteilt. Für $k = 3$ und kleine n_i gelten besondere Grenzen (vgl. Tabelle bei *Lienert*). Im Beispiel ist $T = \frac{12}{16 \cdot 17}\left(\frac{36,5^2}{7} + \frac{39^2}{4} + \frac{60,5^2}{5}\right) - 3 \cdot 17 = 6,5$. Nach der χ^2-Verteilung mit $f = 2$ Freiheitsgraden, die hier allerdings nur in grober Näherung gilt, ist die 5%-Grenze überschritten $\left(\chi^2_{5\%} = 6,0\right)$. Das Ergebnis stimmt mit dem der Varianzanalyse überein.

E. Varianzanalyse für mehrfache Gliederungen

Im Beobachtungsschema der Tab. 15 waren 3 Behandlungsarten an je 5 Tieren verglichen. Ein wesentlicher Auswertungsvorteil liegt vor, wenn es sich um dieselben Tiere handelt und die individuelle Reaktion der Tiere in Rechnung gestellt werden kann. — Handelt es sich um verschiedene Tiere, so könnte z. B. der Versuchstag von Bedeutung sein, indem an einem Tag alle Behandlungen höhere Werte ergeben als an anderen.

Der Mittelwertsvergleich, der in Tab. 17 fur die Reihen vorgenommen wurde, könnte auch für die Spalten durchgefuhrt werden. Überträgt man die Unterschiede der Spaltenmittel — als Maß der Reaktionsunterschiede zwischen den Tieren bzw. zwischen den Tagen — auf die einzelnen Zeilen, so ist die noch verbleibende Differenz zwischen den einzelnen Beobachtungswerten und den so gewonnenen „Erwartungswerten" ein Maß für die eigentliche Versuchsstreuung und kann der Signifikanzprüfung der Mittelwertsunterschiede zugrunde gelegt werden.

Die Modellgleichung für die Varianzanalyse ist hier:

Beobachtungswert = Gesamtmittel + Behandlungseffekt + individuelle Tierkonstante + Versuchsfehler (84)

Tabelle 22. **Schema der doppelten Varianzanalyse in l Reihen und k Spalten**

Art der Streuung	*SAQ*	*f*	*MAQ*	*F*
Zwischen den Reihen	$k \cdot \sum_i (\bar{x}_{i\cdot} - \bar{x})^2 = S_1$	$(l-1) = f_1$	$\frac{S_1}{f_1} = s_1^2$	$\frac{s_1^2}{s_3^2}$
Zwischen den Spalten	$l \cdot \sum_j (\bar{x}_{\cdot j} - \bar{x})^2 = S_2$	$(k-1) = f_2$	$\frac{S_2}{f_2} = s_2^2$	$\frac{s_2^2}{s_3^2}$
Rest	$\sum_{i,j} (x_{ij} - \bar{x}_{i\cdot} - \bar{x}_{\cdot j} + \bar{x})^2 = S_3$	$(k-1)(l-1) = f_3$	$\frac{S_3}{f_3} = s_3^2$	
Insgesamt	$\sum_{i,j} (x_{ij} - \bar{x})^2 = S_G$	$kl-1$		

Die Berechnung erfolgt für S_1, S_2 und S_G; S_3 ergibt sich als Differenz. S_2 wird unter Benutzung der Summen berechnet als $S_2 = \frac{1}{l} \sum_j X_{.j}^2 - \frac{1}{k\,l} X^2$. (Nicht mit dem S_2 der Tab. 14 und 18 verwechseln!)

Beispiel. Im Beispiel Tab. 16 ist das Rechenschema bereits für die doppelte Aufteilung durchgerechnet.

Es ergibt sich hier

$$S_2 = \frac{1239}{3} - \frac{5625}{15} = 38{,}0$$

und das ganze Schema:

Tabelle 23. **Doppelte Varianzanalyse zu Tabelle 15**

Art der Streuung	*SAQ*	*f*	*MAQ*	*F*
Zwischen den Behandlungsarten (Zeilen)	32,4	$2 = f_1$	16,2	$\frac{16{,}2\cdot}{1{,}2} = 13{,}5$
Zwischen den Tieren (Spalten)	38,0	$4 = f_2$	9,5	$\frac{9{,}5}{1{,}2} = 7{,}9$
Rest	9,6	$8 = f_3$	1,2	
Insgeasmt	80,0	14		

Durch die Ausschaltung der individuellen Unterschiede zwischen den Tieren als Variationsfaktor ist die zur Streuungsmessung zu benutzende Standardabweichung von 4,0 in Tab. 17 auf 1,2 zurückgegangen. Durch die Anordnung von Versuch und Auswertung, die die Ausschaltung von Variationsfaktoren zulassen, ist das gleiche erreicht worden, als wäre der Versuchsumfang um etwa das Dreifache (4,0 : 1,2) erhöht worden.

Die Unterschiede zwischen den Behandlungsarten liegen nach Tab. 10 fur $f_1 = 2$ und $f_3 = 8$ Freiheitsgrade mit $F = 13{,}5$ außerhalb der 99%-Grenze ($F_{1\%} = 8{,}7$), haben jedoch das 3σ-Äquivalent ($F_{0{,}27\%} = 14$) noch nicht ganz erreicht.

1. Zweifache Gliederung mit Wiederholungen

Bei mehrfacher Gliederung besteht das Prinzip der Varianzanalyse darin, zunächst paarweise für je zwei Gliederungen im Sinne der Tab. 22 die Streuungen zu zerlegen. Dabei werden die anderen vorhandenen Gliederungen durch Summenbildung ausgeschaltet. Die „Rest"streuungen in diesen Summentabellen sind als Maß der Wechselwirkung der Gliederungsmerkmale aufeinander aufzufassen.

Beispiel. 3 Behandlungsarten seien an 5 Versuchstagen an je 3 Versuchstieren durchgeführt; alle Versuchstiere seien verschieden. Tab. 24 gibt schematische Beobachtungswerte eines gemessenen Merkmals.

Die *kursiv gedruckten Zahlen* stellen die Summentabelle für die 3×5 Kombinationen Behandlungen – Tage dar, wobei die individuellen Unterschiede durch Summation fortgefallen sind. (Durch Division durch 3 könnte man die Mittelwerte für jede Kombination erhalten, die aber zur Rechnung nicht benötigt werden.)

Für diese Summentabelle wird das Rechenschema der Varianzanalyse durchgeführt (Tab. 25). Daraus ergibt sich der erste Schritt der Varianzanalyse, wobei gleich alle Werte durch 3 geteilt wurden, um den Streuungsvergleich auf die 45 Einzelwerte statt 15 Kombinationen umzurechnen.

Tabelle 24. **Schema der Beobachtungswerte bei zweifacher Gliederung mit Wiederholungen. Summen der 3 Wiederholungen kursiv**

Behandlungsart (*B*)	Versuchstage (*T*) 1	2	3	4	5	Summe
1	5	0	4	2	5	16
	7	1	6	0	4	18
	3	3	3	3	6	18
	15	*4*	*13*	*5*	*15*	*52*
2	8	3	5	5	4	25
	8	2	6	4	4	24
	10	2	8	4	6	30
	26	*7*	*19*	*13*	*14*	*79*
3	6	4	9	5	10	34
	7	5	6	3	8	29
	8	3	10	3	9	33
	21	*12*	*25*	*11*	*27*	*96*
	62	*23*	*57*	*29*	*56*	*227*

Tabelle 25. **Rechenschema für die Varianzanalyse der Wiederholungssummen (kursiv) der Tabelle 24**

	T_1	T_2	T_3	T_4	T_5	Zus.	Summen-quadrat
B_1	225	16	169	25	225	660	2704
B_2	676	49	361	169	196	1451	6241
B_3	441	144	625	121	729	2060	9216
Zus.	1342	209	1155	315	1150	4171	18161
Summen-quadrat	3844	529	3249	841	3136	11599	51529

Tabelle 25a. **Varianzanalyse zu Tabelle 24**

	SAQ	*f*
Zwischen den Behandlungen	$\frac{18161}{15} - \frac{51529}{45} = 65{,}6$	2
Zwischen den Tagen	$\frac{11599}{9} - \frac{51529}{45} = 143{,}7$	4
„Rest"	(Differenz) 35,9	8
Insgesamt	$\frac{4171}{3} - \frac{51529}{45} = 245{,}2$	14

Die „Rest"streuung schließt die Unterschiede ein, die an den verschiedenen Versuchstagen zwischen den 3 Behandlungsarten in ungleichem Maße bestehen („Wechselwirkung *BT*"). Die Analyse der Streuung innerhalb jeder der 15 Wiederholungsgruppen gibt erst das endgültige Maß für die wirkliche Versuchsstreuung, an dem alle anderen beobachteten Unterschiede zu messen sind.

Die Summe der Quadrate aller 45 Einzelwerte ist 1453. Daraus ergibt sich die Summe aller Abweichungsquadrate vom Gesamtmittel $S_G = 1453 - \frac{51529}{45} = 307{,}9$ und das endgültige Zerlegungsschema:

Tabelle 26. **Varianzanalyse zu Tabelle 24**

Art der Streuung	*SAQ*	*f*	*MAQ*	*F*
Zwischen den Behandlungen (*B*)	65,6	2	32,8	$\frac{32{,}8}{2{,}1} = 15{,}6$
Zwischen den Tagen (*T*)	143,7	4	35,9	$\frac{35{,}9}{2{,}1} = 17{,}1$
Wechselwirkung *BT*	35,9	8	4,5	$\frac{4{,}5}{2{,}1} = 2{,}1$
Rest (innerhalb der Wiederholungsgruppen)	62,7	30	2,1	
Insgesamt	307,9	44		

Der Unterschied zwischen den Behandlungen ist mit $F = 15{,}6$ bei $f_1 = 2$ und $f_2 = 30$ nach Tab. 10 völlig gesichert (99,9%-Grenze bei $F = 8{,}8$), ebenso der zwischen den Tagen (99,9%-Grenze bei 6,1). Eine Wechselwirkung *BT* liegt noch im Zufallsbereich (95%-Grenze für $f_1 = 8$ und $f_2 = 30$ bei 2,3).

Bei der Gliederung nach *mehr als 2 Faktoren* treten bei der Streuungszerlegung außer den Streuungstypen „zwischen" zahlreiche Wechselwirkungspositionen von 2, 3, ... Faktoren auf. Hier muß auf Beispiele bei *Koller* (1955) und die ausführliche Darstellung bei *Linder* (zit. S. 1045) verwiesen werden.

Fehlende Werte. Wenn durch technisches Mißgeschick ein fur die Streuungsanalyse unentbehrlicher Wert fehlt, kann er durch einen Hilfswert ersetzt werden. Fehlt der Wert x_{ij}, so ist

$$\text{Ersatzwert fur } x_{ij} = \frac{l \cdot X_{i.} + k \cdot X_{.j} - X}{(k-1)(l-1)} .$$

Damit verringert sich f um 1. Naheres bei *Linder* (1953).

Die *Voraussetzungen* der Methode der Varianzanalyse bestehen zunächst in der Annahme additiver Zusammensetzung der von den betrachteten Faktoren herrührenden Einflußkomponenten. Bei multiplikativen Wirkungen kann durch Rechnen mit den Logarithmen die Voraussetzung erfüllt werden. Weiterhin liegt der F-Verteilung die Annahme einer Normalverteilung mit einheitlicher Streuung im Grundkollektiv zugrunde. Andererseits tritt die Bedeutung dieser Annahme dadurch zurück, daß die entscheidenden Vergleiche sich auf die Prüfung der Homogenitätshypothese beziehen, daß alle Materialteile Stichproben eines durch die Versuchsstreuung definierten Grundkollektivs sind; hier ist die Annahme einer angenäherten Normalverteilung meist sinnvoll. Ferner handelt es sich um die Beurteilung der Streuung von Mittelwerten, die auch bei anderen Grundkollektiven der Normalverteilung zustreben. Zuverlässige Gültigkeitsgrenzen für die Anwendung der Methode liegen noch nicht vor.

Für die praktische Rechnung sei noch darauf hingewiesen, daß es meist sehr vorteilhaft ist, nicht mit den wirklichen Messungswerten zu arbeiten, sondern eine Hilfsskala einzuführen, die die Messungswerte auf kleine und möglichst auf ganze Zahlen umformt. Sehr oft reicht es aus, den kleinsten Wert 0 zu setzen, den Beobachtungsbereich bis zum höchsten Wert in 50 oder 100 bequem definierte Teile zu teilen und nur mit den so erhaltenen ganzen Zahlen zu arbeiten.

Streuungszerlegung bei zwei Merkmalen (analysis of covariance) wird im Abschn. VI E behandelt. Mit dieser Methodik ist es möglich, durch Berücksichtigung einer *Begleitvariablen* die Reststreuung noch weiter zu verringern und damit die Ergiebigkeit der Versuchsauswertung zu erhöhen.

VI. Beurteilung von Zusammenhängen und Verläufen

A. Lineare Korrelations- und Regressionskoeffizienten

Korrelation. Der *Korrelationskoeffizient* r (Berechnung s. Abschn. 1 C) folgt nicht der Normalverteilung, bei höheren Korrelationen ist das Verteilungsgesetz in Stichproben asymmetrisch. Nur bei der Prüfung eines in der Nähe von Null liegenden theoretischen Wertes kann die Normal- bzw. die t-Verteilung benutzt werden. Man prüft das *Vorhandensein einer Korrelation*, d. h. die Hypothese, ob der in einer Stichprobe gefundene Korrelationskoeffizient eine Zufallsabweichung von der Korrelation Null im zugrunde liegenden Kollektiv sein kann, an

$$t = \frac{r\sqrt{n-2}}{\sqrt{1-r^2}} = \frac{r}{s_r} \tag{85}$$

nach der t-Verteilung mit $n - 2$ Freiheitsgraden. Tab. 27 gibt eine Übersicht über die Werte der Korrelationskoeffizienten, die bei $n - 2$ Freiheitsgraden die verschiedenen Sicherungsstufen erreichen.

R. A. Fisher hat eine Transformation von r in die Korrelationsziffer z angegeben, durch die das Verteilungsgesetz in Stichproben in die Normalfunktion übergeführt wird:

$$z = \frac{1}{2} \lg \text{nat} \frac{1+r}{1-r} \quad \text{mit} \quad = s_z \frac{1}{\sqrt{n-3}}. \tag{86}$$

Die Transformation kann in den „Graphischen Tafeln" von *Koller* unmittelbar abgelesen werden.

Ein *Vergleich zweier Korrelationskoeffizienten* wird in der z-Skala vorgenommen; die Differenz $z_1 - z_2$ wird am Standardfehler der Differenz $\sqrt{\frac{1}{n_1-3} + \frac{1}{n_2-3}}$ nach den Sicherungsgrenzen der Normalverteilung geprüft.

Tabelle 27. **Sicherungsgrenzen für die Existenzprüfung einer Korrelation (Korrelationskoeffizient $r \neq 0$?)**

Zahl der Freiheitsgrade	Statistische Sicherheit 95% Warngrenze fur $\alpha = 5\%$	99% Sicherungsgrenze fur $\alpha = 1\%$	99,73% (3σ-Äquivalent) $\alpha = 0{,}27\%$	99,9% $\alpha = 0{,}1\%$
5	0,75	0,87	0,93	0,95
10	0,58	0,71	0,78	0,83
15	0,48	0,61	0,68	0,73
20	0,43	0,54	0,61	0,66
25	0,38	0,49	0,55	0,60
30	0,35	0,45	0,51	0,55
35	0,33	0,42	0,48	0,52
40	0,30	0,39	0,45	0,49
50	0.27	0,35	0,41	0,44
60	0,25	0,32	0,38	0,41
80	0,22	0,28	0,33	0,36
100	0,19	0,25	0,29	0,32
150	0,16	0,21	0,24	0,26
200	0,14	0,18	0,21	0,23
500	0,09	0,11	0,13	0,15
1000	0,06	0,08	0,09	0,10

Regression. Die Regressionsgerade gibt zu jedem Wert der einen Variablen den zugehörigen Durchschnittswert der anderen Variablen an. Die Berechnung erfolgt nach der „Methode der kleinsten Quadrate" so, daß die Summe der Abweichungsquadrate zwischen den einzelnen Beobachtungswerten und den entsprechenden Werten auf der Geraden ein Minimum wird.

Geht man von den x-Werten aus und berechnet die Regressionsgerade der zu jedem x durchschnittlich zugehörigen y_R-Werte, so lautet die Gleichung der Geraden

$$y_R = \bar{y} + b(x - \bar{x}). \tag{87}$$

Die Gerade geht durch den Mittelpunkt mit den Koordinaten $\bar{x}$, $\bar{y}$ und hat den Richtungskoeffizienten

$$b = \frac{s_y}{s_x} \cdot r = \frac{\sum_i (x_i - \bar{x})(y_i - \bar{y})}{\sum_i (x_i - \bar{x})^2} = \frac{S_{xy}}{S_{xx}}. \tag{88}$$

Bei dieser Regressionsgeraden ist die „Denkrichtung" von x nach y. Sie ist *nicht* zu verwenden, wenn man von y ausgeht und die zu y gehörigen Regressionswerte x_R ermitteln will. Bei der Denkrichtung von y nach x gilt:

$$x_R = \bar{x} + b'(y - \bar{y}) \quad \text{mit} \quad b' = \frac{s_x}{s_y} r = \frac{S_{xy}}{S_{yy}}. \tag{89}$$

Beispiel. Für die Korrelationstabelle 5 zwischen Hämoglobingehalt und Erythrocytenoberfläche sind in Abb. 153 die Regressionsgeraden eingezeichnet. Stets gilt die *flache* Regressionsgerade für y_R und die *steile* für x_R. (Für die steile Gerade, die die Aufgabe der Schätzung von x_R aus gegebenem y löst, dreht man zweckmäßig das Diagramm um 90°.) — Für die Rechnung seien die mit den Einzelwerten berechneten Grundwerte angegeben:

$$n = 40;\ \bar{x} = 51{,}9;\ \bar{y} = 16{,}0;\quad S_{xx} = 362{,}5;\quad S_{yy} = 28{,}0;\quad S_{xy} = 78{,}2;$$
$$s_x = 3{,}05;\quad s_y = 0{,}85;\quad r_{xy} = +0{,}78.$$

Die Regressionskoeffizienten werden $b = \frac{78{,}2}{362{,}5} = 0{,}216$ und $b' = \frac{78{,}2}{28{,}0} = 2{,}79$.

Die Regressionsgleichungen sind

$$y_R = 0{,}216\,x + 4{,}8$$
$$x_R = 2{,}79\ y + 7{,}1.$$

Der Standardfehler von b ist

$$s_b = \sqrt{\frac{S_{yy} - bS_{xy}}{(n-2)\,S_{xx}}} = \frac{s_y}{s_x}\sqrt{\frac{1 - r^2}{n - 2}}. \tag{90}$$

Die Vertrauensgrenzen eines Regressionskoeffizienten können nach der t-Verteilung mit $f = n - 2$ Freiheitsgraden beurteilt werden. Als Prüfgröße dient der Quotient $b : s_b$, der gleich dem Quotienten $r : s_r$ ist (85):

$$t = \frac{b}{s_b} = \frac{b \cdot s_x \sqrt{n-2}}{s_y \sqrt{1 - r^2}} = \frac{r\sqrt{n-2}}{\sqrt{1 - r^2}} = \frac{r}{s_r}. \tag{91}$$

Die Prufung, ob ein Regressionskoeffizient von Null verschieden ist, ist also identisch mit der Existenzprüfung des Korrelationskoeffizienten nach Tab. 27.

Die verbleibende Standardabweichung der y_i von der Regressionslinie (gemessen parallel zur Y-Achse) ist

$$s'_y = s_y \sqrt{1 - r^2}. \tag{92}$$

Der Standardfehler eines zu einem gegebenen x gehörenden Schätzwertes y_R auf der Regressionsgeraden ist

$$s_{yR} = s_b \cdot \sqrt{\frac{S_{xx}}{n} + (x - \bar{x})^2}\,. \tag{93}$$

Beispiel. Der Standardfehler von b im vorigen Beispiel ist

$$s_b^2 = \frac{28{,}0 - 0{,}216 \cdot 78{,}2}{38 \cdot 362{,}5} = 0{,}00081\,; \quad s_b = 0{,}028\,.$$

Die Vertrauensgrenzen sind (bei Wahl der 3σ-Sicherheitsstufe mit 38 Freiheitsgraden nach Tab. 8: 3,2facher s-Wert) $\pm 3{,}2 \cdot 0{,}028 = 0{,}090$ um b, liegen also bei 0,126 und 0,306. Die Streuung der y-Werte verringert sich bei Betrachtung der Abweichungen von der Regressionsgeraden auf $s_y' = 0{,}85 \cdot \sqrt{1 - 0{,}78^2} = 0{,}52$. Errechnet man nach der Regressionsgleichung z. B. den zu $x = 48$ gehörenden y_R-Wert, so ergibt sich $y_R = 15{,}2$ mit einem Standardfehler von

$$0{,}028 \cdot \sqrt{\frac{362{,}5}{40} + 3{,}9^2} = 0{,}14\,.$$

Die Fehlerrechnung für b' und die daraus abgeleiteten Werte sind der fur b analog, nur mit Vertauschung von x und y. Die Werte sind in der x-Skala gemessen.

Der Vergleich zweier Regressionskoeffizienten erfolgt am besten in einem Schema der Streuungszerlegung mit zwei Variablen.

Bedeutung einer Korrelation. Eine Korrelation kann durch direkte kausale Zusammenhänge zwischen x und y, durch eine gemeinsame Abhängigkeit von dritten Größen oder durch Heterogenität des Materials (*Koller* 1963) bedingt sein. Die beeinflussende dritte Größe kann auch in Allgemeinvorgängen, z. B. bei Zeitreihen, oder in der Rechentechnik liegen (Scheinkorrelation). Setzt man z. B. zwei Prozentzahlen, die auf dieselbe Gesamtzahl bezogen sind, in Korrelation (Fett- und Eiweißanteil; Eiweißfraktionen usw.), so entsteht durch die rechnerische Verknüpfung eine formale negative Korrelation. Korrelationen zwischen zwei rechnerisch zusammenhängenden Größen können durchaus sinnvoll untersucht werden, nur bedeutet hier die sachliche Nullhypothese nicht $r = 0$ (vgl. *Koller* 1955).

B. Partielle und multiple Korrelationen und Regressionen

Partielle Korrelationen. Bei der Behandlung von drei und mehr Variablen kombinieren sich die gegenseitigen Zusammenhange so, daß man die Wirkungen der Variablen aufeinander entflechten muß. Liegen lineare Korrelationen von x, y und z vor und sind r_{xy}, r_{xz} und r_{yz} die drei paarweise berechneten Korrelationskoeffizienten, so ist $r_{xy\cdot z}$ der „partielle" Korrelationskoeffizient zwischen x und y, der sich bei Konstanthaltung von z ergibt:

$$r_{xy\cdot z} = \frac{r_{xy} - r_{xz} \cdot r_{yz}}{\sqrt{(1 - r_{xz}^2)\,(1 - r_{yz}^2)}}\,. \tag{94}$$

Analoge Formeln gelten für $r_{xz\cdot y}$ und $r_{yz\cdot x}$. Ein Nomogramm fur (94) ist in *Kollers* „Graphischen Tafeln" enthalten. Die Berechnung der partiellen Korrelationen kann bei unübersichtlichen Abhangigkeitsverhältnissen Klarheit über die gegenseitige Bedeutung der Variablen bringen. Wenn z. B. die Korrelation zwischen x und y nur auf einer gemeinsamen Beeinflussung durch z beruht, so wird $r_{xy\cdot z} \sim 0$ werden. Es kann auch vorkommen, daß eine Korrelation durch die Ausschaltung einer Störvariablen erst hervortritt.

Mehrfach-Regression. Diejenige lineare Funktion von y und z, die eine möglichst gute Schätzung von x ergibt, hat die Gleichung

$$x_R = \bar{x} + b_{xy\cdot z}(y - \bar{y}) + b_{xz\cdot y}(z - \bar{z}). \tag{95}$$

Dabei sind die partiellen Regressionskoeffizienten

$$\begin{aligned} b_{xy\cdot z} &= \frac{s_x}{s_y}\cdot\frac{r_{xy} - r_{xz}\cdot r_{yz}}{1 - r_{yz}^2} = r_{xy\cdot z}\cdot\frac{s_x\sqrt{1 - r_{xz}^2}}{s_y\sqrt{1 - r_{yz}^2}} \\ b_{xz\cdot y} &= \frac{s_x}{s_z}\cdot\frac{r_{xx} - r_{xz}\cdot r_{yz}}{1 - r_{yz}^2} = r_{xz\cdot y}\cdot\frac{s_x\sqrt{1 - r_{xy}^2}}{s_z\sqrt{1 - r_{yz}^2}}\,. \end{aligned} \tag{96}$$

Der Grad der Annaherung an x, der durch die Berechnung der multiplen Regression x_R erreicht wird, wird durch die Mehrfach-Korrelation R ausgedrückt:

$$R_{x\cdot yz} = \sqrt{1 - (1 - r_{xy}^2)\,(1 - r_{xz\cdot y}^2)}\,. \tag{97}$$

Diese Methodik erlaubt es, unter anderem die Möglichkeit der Ersetzung von komplizierten und kostspieligen Untersuchungsmethoden durch die statistische Kombination mehrerer einfacherer Methoden zu prüfen. Es ist durchaus nicht gerechtfertigt, einfache Untersuchungsmethoden, die eine relativ hohe Unsicherheitsquote haben, als praktisch wertlos abzutun. Durch statistische Kombination mit einem oder mit mehreren anderen Verfahren, die auf anderen Prinzipien beruhen und fur sich allein auch nicht sicher sind, kann eine zusammenfassende Meßziffer gewonnen werden, die praktisch die gleichen Ergebnisse liefert wie die komplizierte Untersuchungsmethode.

Beispiel. An denselben 8 Personen seien eine komplizierte Messung x und zwei einfache Messungen y und z vorgenommen, die auch in anderer Skala gemessen sein können. Wie kann man durch eine lineare Kombination von y und z eine möglichst gute Annaherung an die x-Werte erhalten? Tab. 28 enthalt ein Schema von Beobachtungswerten sowie die Quadrate und Produkte.

Tabelle 28. **Rechenschema für Korrelation und Regression mit 3 Variablen**

Nr.	x	y	z	x^2	y^2	z^2	xy	xz	yz	x_R
1	3	6	8	9	36	64	18	24	48	3,0
2	10	12	9	100	144	81	120	90	108	9,1
3	7	11	7	49	121	49	77	49	77	7,0
4	22	29	2	484	841	4	638	44	58	20,7
5	18	26	5	324	676	25	468	90	130	19,6
6	19	20	12	361	400	144	380	228	240	18,2
7	11	17	6	121	289	36	187	66	102	11,9
8	14	14	15	196	196	225	196	210	210	14,4
Zus.	104	135	64	1644	2703	628	2084	801	973	
Mittel:	13,0	16,9	8,0							
$-\frac{1}{8}$ Summenquadrat bzw. -produkt				1352	2278	512	1755	832	1080	
				292	425	116	+329	−31	−107	

Es ergibt sich

$$s_x = \sqrt{\frac{292}{7}} = 6{,}46; \quad s_y = \sqrt{\frac{425}{7}} = 7{,}79; \quad s_z = \sqrt{\frac{116}{7}} = 4{,}070;$$

$$r_{xy} = \frac{+329}{\sqrt{292\cdot 425}} = +0{,}934; \quad r_{xz} = \frac{-31}{\sqrt{292\cdot 116}} = -0{,}168;$$

$$r_{yz} = \frac{-107}{\sqrt{425\cdot 116}} = -0{,}482.$$

Die partiellen Korrelationskoeffizienten werden:

$$r_{xy\cdot z} = \frac{0{,}934 - 0{,}168 \cdot 0{,}482}{\sqrt{(1 - 0{,}168^2)\,(1 - 0{,}482^2)}} = +0{,}987;$$

$$r_{xz\cdot y} = \frac{-0{,}168 + 0{,}482 \cdot 0{,}934}{\sqrt{(1 - 0{,}482^2)\,(1 - 0{,}934^2)}} = +0{,}898;$$

$$r_{yz\cdot x} = \frac{-0{,}482 + 0{,}934 \cdot 0{,}168}{\sqrt{(1 - 0{,}934^2)\,(1 - 0{,}168^2)}} = -0{,}923.$$

Nach Ausschaltung der jeweils dritten Variablen steigt die Korrelation xy noch weiter an, während die zwischen x und z stark positiv, die zwischen y und z stark negativ geworden ist. Die gesuchten partiellen Regressionskoeffizienten sind nach (96)

$$b_{xy\cdot z} = 0{,}987 \cdot \frac{6{,}46\,\sqrt{1 - 0{,}168^2}}{7{,}79\,\sqrt{1 - 0{,}482^2}} = +0{,}921;$$

$$b_{xz\cdot y} = 0{,}898 \cdot \frac{6{,}46\,\sqrt{1 - 0{,}934^2}}{4{,}071\,\sqrt{1 - 0{,}482^2}} = +0{,}581.$$

Die gesuchte Gleichung der multiplen Regression ist

$$x_R = 0{,}921\,y + 0{,}581\,z - 7{,}213.$$

Setzt man die y- und z-Werte der Tab. 29 in die Gleichung ein, so ergibt sich mit x gegenübergestellt:

x:	3	10	7	22	18	19	11	14	(gegeben)
x_R:	3,0	9,1	7,0	20,7	19,6	19,2	11,9	14,7	(errechnet).

Der hohe Grad der Übereinstimmung zeigt sich an dem multiplen Korrelationskoeffizienten R zwischen x und x_R, der nach (97) den Wert 0,987 hat und bei direkter Berechnung 0,989 (Unterschied durch Rundung bedingt).

Bei **4** *Variablen* wird der partielle Korrelationskoeffizient zwischen x und y unter Ausschaltung von z und u aus den partiellen Korrelationskoeffizienten ersten Grades berechnet:

$$r_{xy\cdot zu} = \frac{r_{xy\cdot u} - r_{xz\cdot u} \cdot r_{yz\cdot u}}{\sqrt{(1 - r^2_{xz\cdot u})\,(1 - r^2_{yz\cdot u})}}\,. \tag{98}$$

Die Regressionsgerade für die Schätzung von x aus y, z und u wird

$$x_R = \bar{x} + b_{xy\cdot zu}\,(y - \bar{y}) + b_{xz\cdot yu}(z - \bar{z}) + b_{xu\cdot yz} \cdot (u - \bar{u}). \tag{99}$$

Die partiellen Regressionskoeffizienten ergeben sich aus dem linearen Gleichungssystem, in dem die b-Werte der Reihe nach mit b_1, b_2, b_3 bezeichnet sind:

$$\begin{aligned} b_1 S_{yy} + b_2 S_{yz} + b_3 S_{yu} &= S_{xy} \\ b_1 S_{yz} + b_2 S_{zz} + b_3 S_{zu} &= S_{xz} \\ b_1 S_{yu} + b_2 S_{zu} + b_3 S_{uu} &= S_{xu}. \end{aligned} \tag{100}$$

Die *Fehlerrechnung* wird bei partiellen und multiplen Korrelationen nach (85) oder (86) vorgenommen, nur ist fur jede ausgeschaltete Variable ein Freiheitsgrad abzuziehen.

Die angegebenen Formeln sind nur dann fur ein Problem geeignet, wenn es sich um *lineare* Beziehungen handelt. Andernfalls versucht man, durch Benutzung von Logarithmen oder anderen Funktionen der Beobachtungsgrößen die Korrelation zu linearisieren. (Nichtlineare Korrelationen vgl. S. 1016.)

C. Trennverfahren (Diskriminanzanalyse)

Es seien zwei Gruppen gegeben, die auf Grund ihrer Merkmalswerte möglichst sicher unterschieden werden sollen. Die Verteilungskurven jedes einzelnen Merkmals überschneiden sich, so daß kein Merkmal allein zur Unterscheidung ausreicht. Um die Unterscheidung durch eine lineare Kombination der Merkmalswerte durchzuführen, bestimmt man nach *R. A. Fisher* die Gleichung der Trennfunktion

$$T = d_1 x + d_2 y + d_3 z + \cdots. \tag{101}$$

Die Koeffizienten d_1, d_2, d_3, ... sind in einem System linearer Gleichungen durch die Summen der Abweichungsquadrate und -produkte bestimmt. Sind $\bar{x}, \bar{y}, \bar{z}, \ldots$ die Mittelwerte in der ersten Gruppe und $\bar{x}', \bar{y}', \bar{z}', \ldots$ die der zweiten Gruppe, so lauten die Gleichungen

$$\begin{aligned} d_1 S_{xx} + d_2 S_{xy} + d_3 S_{xz} + \cdots &= \bar{x} - \bar{x}' \\ d_1 S_{xy} + d_2 S_{yy} + d_3 S_{yz} + \cdots &= \bar{y} - \bar{y}' \\ d_1 S_{xz} + d_2 S_{yz} + d_3 S_{zz} + \cdots &= \bar{z} - \bar{z}'. \\ \cdots\cdots\cdots\cdots\cdots\cdots \end{aligned} \tag{102}$$

Bei mehr als 3 Variablen sind an Stelle der Punkte weitere Glieder bzw. weitere Gleichungen hinzuzufügen. Die Quadrat- und Produktsummen sind aus beiden Gruppen zusammenzufassen; es bedeutet hier:

$$\begin{aligned} S_{xx} &= \sum_i (x_i - \bar{x})^2 + \sum_j (x'_j - \bar{x}')^2; \\ S_{xy} &= \sum_i (x_i - \bar{x})(y_i - \bar{y}) + \sum_j (x'_j - \bar{x}')(y'_j - \bar{y}') \end{aligned} \tag{103}$$

usw.

Beispiel. Es seien 2 Merkmale an 6 Personen mit bestimmtem pathologischem Befund und an sechs gesunden Vergleichspersonen untersucht. Läßt sich auf Grund der Merkmale die Diagnose der Krankheit durchführen, d. h. läßt sich eine Meßziffer so konstruieren, daß die beiden Personengruppen in der Skala des Index klar getrennt sind?

Die 2 × 6 Wertepaare sowie ihre Quadrate und Produkte seien:

Tabelle 29. **Rechenbeispiel zum Trennverfahren**

Nr.	Patholog. Falle		Vergleichs-fälle		x_i^2	y_i^2	$x_i y_i$	$x_j'^2$	$y_j'^2$	$x'_j \cdot y'_j$
	x_i	y_i	x'_j	y'_j						
1	8	6	12	2	64	36	48	144	4	24
2	2	3	19	5	4	9	6	361	25	95
3	17	6	14	2	289	36	102	529	4	92
4	5	5	23	4	25	25	25	196	16	28
5	10	8	20	5	100	64	80	400	25	100
6	12	7	10	3	144	49	84	100	9	30
Zus.	54	35	98	21	626	219	345	1730	83	369
Mittelwerte	9,0	5,8	16,3	3,5						
$\frac{1}{6}$ · Summenquadrat bzw. -produkt					486,0	204,2	315,0	1600,7	73,5	343,0
					140,0	14,8	+30,0	129,3	9,5	+26,0

Die Zusammenfassung beider Gruppen ergibt

$$S_{xx} = 269{,}3; \qquad S_{yy} = 24{,}3; \qquad S_{xy} = +56{,}0.$$

Die beiden Bestimmungsgleichungen für d_1 und d_2 sind

$$269{,}3\,d_1 + 56{,}0\,d_2 = -7{,}3$$
$$56{,}0\,d_1 + 24{,}3\,d_2 = +2{,}3.$$

Die Auflösung ergibt

$$d_1 = \frac{(\bar{x} - \bar{x}')S_{yy} - (\bar{y} - \bar{y}')S_{xy}}{S_{xx}S_{yy} - S_{xy}^2}; \qquad d_2 = \frac{(\bar{y} - \bar{y}')S_{xx} - (\bar{x} - \bar{x}')S_{xy}}{S_{xx}S_{yy} - S_{xy}^2} \tag{104}$$

und in den Zahlen des Beispiels

$$d_1 = \frac{-7{,}3 \cdot 24{,}3 - 2{,}3 \cdot 56{,}0}{269{,}3 \cdot 24{,}3 - 56{,}0^2} = -0{,}09; \quad d_2 = \frac{2{,}3 \cdot 269{,}3 - 7{,}3 \cdot 56{,}0}{269{,}3 \cdot 24{,}3 - 56{,}0^2} = +0{,}30.$$

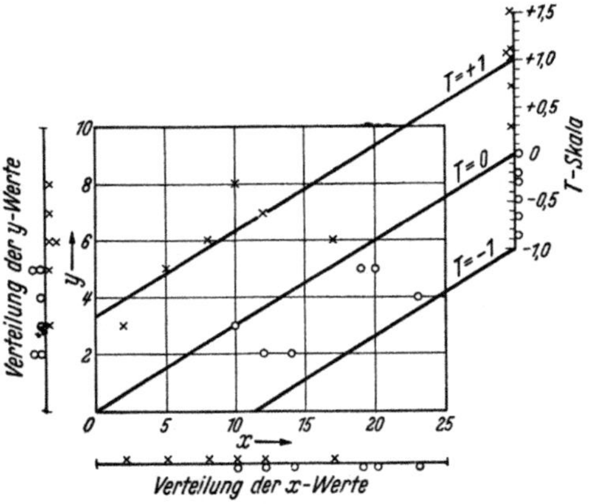

Abb. 162. Trennverfahren für zwei Gruppen (Kranke × und Gesunde ○) nach zwei Merkmalen. Schematisches Beispiel

Die Trennfunktion lautet

$$T = -0{,}09x + 0{,}30y.$$

Der Inhalt des Verfahrens geht aus Abb. 162 hervor. Sowohl in x als auch in y überschneiden sich die Verteilungen der beiden Gruppen, wie die links und unten am Rand dargestellte lineare Aufreihung der Werte zeigt. An dem Korrelationsdiagramm sieht man, daß bei einer flächenhaften Darstellung die beiden Gruppen getrennt liegen. Die neue T-Skala, deren Ausgangsgerade $T = 0$ gezeichnet ist, erfüllt die Anforderungen der Trennung völlig; in der T-Skala (rechts oben im Bild) überschneiden sich die beiden Verteilungen nicht mehr. — Weitere Beispiele im englischen Schrifttum sowie bei *Linder*.

D. Nichtlineare und Rangkorrelationen

Linearitätsprüfung. Ob die Untersuchung eines Zusammenhanges mit den für Linearität geltenden Formeln erfolgen kann, läßt sich an der Größe der Reststreuung feststellen, die für die Abstände der einzelnen Klassenmittelwerte von der Regressionsgeraden übrigbleibt. Als Maß dafür dient die Reststreuung „innerhalb der Klassen", also das Abweichungsmaß der Einzelwerte von den Klassenmitteln. Nach Klasseneinteilung der x-Werte und der dazugehörigen y wird analog (82) und Tab. 14 zunächst eine Streuungszerlegung durchgeführt, die sich aber nicht auf x, sondern auf y bezieht. Dann werden die Abweichungen der Spaltenmittel vom Gesamtmittel $(\bar{y}_{\cdot j} - \bar{y})$ weiter aufgeteilt, und zwar in eine Komponente, die die Abweichungen der zu den Spaltenmitteln $\bar{y}_{\cdot j}$ gehörenden Regressionswerte $\bar{y}_{\cdot j(R)}$ vom Gesamtmittel angibt (Streuungskomponente „Regressionsgerade") und die restlichen Abweichungen der Mittelwerte von der Geraden. Tab. 30 gibt die Formeln der Streuungszerlegung und die Zahlen eines Beispiels. Dabei wird über alle k Spalten summiert ($j = 1, 2, \ldots, k$), die Beobachtungszahl der Spalte j sei n_j, die Gesamtzahl n.

Tabelle 30. **Linearitätsprüfung einer Regression**

Art der Streuung	Summe der Abweichungsquadrate SAQ	Freiheitsgrade f	Beispiel, lineare Rechnung			Beispiel, logarithmische Rechnung		
			SAQ	f	MAQ	SAQ	f	MAQ
Regressionsgerade	$\sum_j n_j(\bar{y}_{\cdot j(R)} - \bar{y})^2$	1	360,18	1		390,15	1	
Abweichungen der Mittelwerte von der Regressionsgeraden	$\sum_j n_j(\bar{y}_{\cdot j} - \bar{y}_{\cdot j(R)})^2$	$k-2$	56,07	2	28,0	26,10	2	13,1
Zwischen den Spalten(Dosis-) Mittelwerten	$\sum_j n_j(\bar{y}_{\cdot j} - \bar{y})^2$	$k-1$	416,25	3		416,25	3	
Innerhalb der Spalten	$\sum_{j,i}(y_{ij} - \bar{y}_{\cdot j})^2$	$n-k$	50,00	8	6,3	50,00	8	6,3
Insgesamt	$\sum_{j,i}(y_{ij} - \bar{y})^2$	$n-1$	466,25	11		466,25	11	

Beispiel. Für verschiedene Dosierungen einer Substanz wird eine Wirkung gemessen (Abb. 163):

	Dosis x_j			
	3	6	12	24
Wirkung y_{ij}	8	8	21	18
	9	13	19	25
	7	9	17	23
Summe Y_j	24	30	57	66
Mittelwert $\bar{y}_j$	8	10	19	22

Das Gesamtmittel $\bar{y}$ ist 14,75. Ferner ist $\bar{x} = 11{,}25$. Die Rechnung ist dadurch einfach, daß nur 4 feste x-Werte vorliegen und alle $n_j = 3$ sind. Man berechnet die Regressionsgerade aus den 4 Mittelwerten, für die $S_{\overline{xx}} = 258{,}75$, $S_{\overline{yy}} = 138{,}75$ und $S_{\overline{xy}} = 176{,}25$ ist. Es wird $b = \frac{176{,}25}{258{,}75} = 0{,}68$ und die Regressionsgleichung

$$y_R = 0{,}68x + 7{,}09.$$

Für die 4 Dosen ergeben sich die Regressionsschätzungen 9,13; 11,17; 15,26; 23,44. Aus diesen Werten $y_{\cdot j(R)}$ läßt sich der obere Teil von Tab. 30 aufstellen, der untere Teil ist die übliche Streuungszerlegung. Die oberste Zeile läßt sich auch einfacher berechnen; es ist hier

$$\sum_j n_j(\bar{y}_{\cdot j(R)} - \bar{y})^2 = n_j \frac{S^2_{\overline{xy}}}{S_{\overline{xx}}} = \frac{3 \cdot 176{,}25^2}{258{,}75} = 360{,}18. \tag{105}$$

Man prüft, ob die Varianz um die Regressionsgerade (28,0) größer als der aus der Reststreuung abgeleitete Wert (6,3) ist. Der Quotient $F = \frac{28{,}0}{6{,}3} = 4{,}5$ ist bei $f_1 = 2$ und $f_2 = 8$ Freiheitsgraden eben größer als die 95%-Grenze 4,5. Die Hypothese der Linearität ist zweifelhaft, aber noch nicht widerlegt.

Führt man die Logarithmen der Dosen (Abb. 163b) ein, so erhält man gleiche Abstände, die man für die Rechnung als $x = 1, 2, 3, 4$ bezeichnet. Mit diesen Werten ergibt sich $\bar{x} = 2{,}5$; $S_{\overline{xx}} = 5$; $S_{\overline{xy}} = 25{,}5$ und

$$y_R = 5{,}1x + 2{,}0.$$

Abb. 163b zeigt eine bessere Übereinstimmung, was im rechten Teil des Rechenschemas bestätigt wird.

Vereinfachungen. Legt man eine gerade Linie durch *n äquidistante Punkte*, so bezeichnet man die Abszissen mit $1, 2, 3, \ldots, n$. Dann ist

$$\bar{x} = \frac{n+1}{2}\,; \qquad S_{xx} = \frac{n(n^2-1)}{12}\,. \tag{106}$$

Sind für jeden x-Wert 2 Beobachtungen vorhanden, so berechnet man die Summe der Abweichungsquadrate „innerhalb" nach

$$\sum_{i,j} (y_{ij} - \bar{y}_{\cdot j})^2 = \frac{1}{2} \sum_{j} (y_{1j} - y_{2j})^2 \tag{107}$$

aus den Differenzen der Beobachtungspaare. Wären z. B. im Beispiel nur die zwei ersten Werte jeder Dosis gegeben, so erhielte man $\frac{1}{2}(1^2 + 5^2 + 2^2 + 7^2) = 39{,}5$ in Übereinstimmung mit $2 \cdot 0{,}5^2 + 2 \cdot 2{,}5^2 + 2 \cdot 1{,}0^2 + 2 \cdot 3{,}5^2$.

Korrelationsverhältnis. Zur allgemeinen Messung einer nichtlinearen Korrelation dient das Korrelationsverhältnis

$$\eta^2 = \frac{\sum_{j} (\bar{y}_{\cdot j} - \bar{y})^2 \cdot n_j}{\sum_{ij} (y_{ij} - \bar{y})^2}\,. \tag{108}$$

Bei linearer Korrelation ist $\eta^2 = r^2$.

Nichtlineare Regression. Wenn die Linearitätsprüfung signifikante Abweichungen von der Linearität ergibt, ist es am zweckmäßigsten, durch Transformation der Variablen Linearität zu erreichen (Logarithmen, Reziproke, Potenzen, Wurzeln).

Gelingt dies nicht, so kann man statt einer linearen Funktion eine solche 2., 3. Grades usw. durch die Beobachtungswerte legen. Günstig ist das Arbeiten mit „orthogonalen Polynomen". Man bildet aus den Wirkungssummen der einzelnen Dosen polynomische Ausdrücke, die mit den Koeffizienten der Tab. 31 gebildet werden und die unmittelbare Prüfung der linearen, quadratischen, kubischen usw. Komponente der Dosis-Wirkungsbeziehung erlauben. Dabei bedeutet n die Beobachtungszahl in jeder Klasse; die Klassenabstände sind gleich.

Tabelle 31. **Koeffizienten P_i der orthogonalen Polynome**

	Lineare Komponente P_1					
Zahl der Werte	3	4	5	6	7	8
1. Glied	−1	−3	−2	−5	−3	−7
2. „	0	−1	−1	−3	−2	−5
3. „	+1	+1	0	−1	−1	−3
4. „		+3	+1	+1	0	−1
5. „			+2	+3	+1	+1
6. „				+5	+2	+3
7. „					+3	+5
8. „						+7
Nenner $n \cdot \Sigma P_i^2$	$2n$	$20n$	$10n$	$70n$	$28n$	$168n$

Tabelle 31 (Fortsetzung)

	Quadratische Komponente P_2					
Zahl der Werte	3	4	5	6	7	8
1. Glied	+1	+1	+2	+5	+5	+7
2. „	−2	−1	−1	−1	0	+1
3. „	+1	−1	−2	−4	−3	−3
4. „		+1	−1	−4	−4	−5
5. „			+2	−1	−3	−5
6. „				+5	0	−3
7. „					+5	+1
8. „						+7
Nenner $n \cdot \Sigma P_i^2$	$6n$	$4n$	$14n$	$84n$	$84n$	$168n$
	Kubische Komponente P_3					
1. Glied		−1	−1	−5	−1	−7
2. „		+3	+2	+7	+1	+5
3. „		−3	0	+4	+1	+7
4. „		+1	−2	−4	0	+3
5. „			+1	−7	−1	−3
6. „				+5	−1	−7
7. „					+1	−5
8. „						+7
Nenner $n \cdot \Sigma P_i^2$		$20n$	$10n$	$180n$	$6n$	$264n$

Beispiel. Bei den Zahlen des vorigen Beispiels sind 4 Wirkungssummen (24, 30, 57, 66) gegeben, für die die Signifikanz der Koeffizienten eines linearen, quadratischen und kubischen Gliedes einer Regressionsgleichung geprüft werden soll. Man bildet als Prüffunktion die

lineare Komponente

$$K_1 = \frac{[(-3)\cdot 24 + (-1)\cdot 30 + 1\cdot 57 + 3\cdot 66]^2}{20\cdot 3} = \frac{153^2}{60} = 390{,}15,$$

quadratische Komponente

$$K_2 = \frac{[1\cdot 24 + (-1)\cdot 30 + (-1)\cdot 57 + 1\cdot 66]^2}{4\cdot 3} = \frac{3^2}{12} = \quad 0{,}75,$$

kubische Komponente

$$K_3 = \frac{[(-1)\cdot 24 + 3\cdot 30 + (-3)\, 57 + 1\cdot 66]^2}{20\cdot 3} = \frac{(-39)^2}{60} = 25{,}35.$$

$$\overline{416{,}25}$$

Die Komponenten jeden Grades sind unabhängig voneinander bestimmt, jedem kommt ein Freiheitsgrad zu. Die Signifikanz jeder Komponente kann man durch Vergleich mit der Reststreuung „innerhalb der Gruppen" prüfen, die den Wert 6,25

Tabelle 32. **Prüfung der linearen, quadratischen und kubischen Komponente der Regressionsgleichung zu Abb. 163**

	SAQ	*f*	*MAQ*	*F*
Lineare Komponente	390,15	1	390,15	62,4
Quadratische Komponente	0,75	1	0,75	0,1
Kubische Komponente	25,35	1	25,35	4,1
Zwischen den Spalten	416,25	3		
Innerhalb der Spalten	50,00	8	6,25	
Insgesamt	466,25	11		

hatte. Man prüft an der F-Verteilung die drei Quotienten, von denen nur die lineare Komponente gesichert ist (95%-Grenze: 5,3; 99,9%-Grenze: 25,4). Die Tabellenform der Streuungszerlegung gibt die Übersicht (Tab. 32).

Für die Berechnung der Regressionskurve

$$y_R = \bar{y} + b_1 P_1 + b_2 P_2 + b_3 P_3 + \cdots \qquad (109)$$

ergeben sich die Koeffizienten aus

$$b_i = \frac{\sum P_i Y_i}{n \sum P_i^2}. \qquad (110)$$

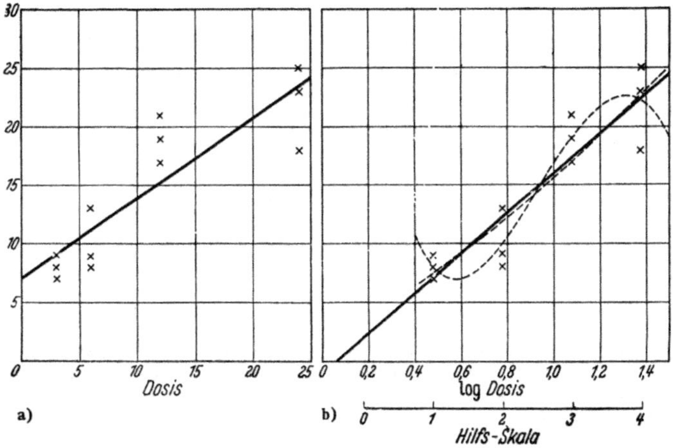

Abb. 163 Regressionslinien bei Dosis-Wirkungs-Versuchen
a) Lineare Regression
b) **Lineare**, quadratische, kubische Regression unter Verwendung der Dosenlogarithmen.
Warnung: Die unberechtigte kubische Kurve ist ein Beispiel für falsche Ausgleichung!

Die Anwendung der orthogonalen Polynome hat den Vorteil, daß die Koeffizienten $b_1, b_2, \ldots$ auch bei Weiterfuhrung auf höhere Grade erhalten bleiben. Die Komponentenprüfung nach Tab. 32 zeigt bei Abbruch beim linearen, quadratischen, ... Glied durch den dann verbleibenden Rest an, ob aus höheren Gliedern noch eine signifikante Verbesserung zu erwarten ist.

Im Beispiel ergibt sich $b_1 = \frac{153}{60} = 2{,}55$; $b_2 = \frac{3}{12} = 0{,}25$; $b_3 = \frac{-39}{60} = -0{,}65$. Die Rückrechnung der Regressionswerte nach (109) führt bei $x = 2$ auf

$y_R = 14{,}75$	$+2{,}55 \cdot (-1)$	$+0{,}25 \cdot (-1)$	$-0{,}65 \cdot 3$
$14{,}75$	$-2{,}55$	$-0{,}25$	$-1{,}95$
Mittelwert	lineare Komp.	quadrat. Komp.	kubische Komp.

Nach Tab. 32 ist nur die lineare Komponente von Bedeutung, die anderen Glieder sind nur der Rechentechnik wegen angeführt. In Abb. 163b ist außer der linearen Regressionslinie auch die quadratische und kubische Kurve eingezeichnet. Die letztere zeigt offensichtlich, daß es unzulässig ist, Kurven höheren Grades durch wenige Beobachtungspunkte zu legen. Die 4 Mittelwerte bestimmen zwar eine Kurve 3. Grades, die aber keinesfalls als Repräsentation der Beobachtungen angesehen werden kann. Sie diene insbesondere als Warnung vor Extrapolationen!

Ausführliche Behandlung der Kurvenausgleichung z. B. bei *Lorenz*, *Gebelein*, *Fisher-Yates*.

Rangkorrelation. Wenn von den Merkmalen, deren Korrelation untersucht werden soll, eines oder beide keine meßbaren Größen sind, so kann man oft durch Aufstellung einer *Reihenfolge* der Werte eine künstliche Skala schaffen (Geschmacksvergleiche oder anderes). Sind v_x die Nummern des ersten und v_y die des zweiten Merkmals, so bildet man nach *Spearman* den Rangkorrelationskoeffizienten

$$\varrho = 1 - \frac{6\sum(v_x - v_y)^2}{n(n^2-1)}\,. \tag{111}$$

Ist $n > 10$, so kann das Vorhandensein einer Korrelation am mittleren Fehler $s_\varrho = \sqrt{\frac{1-\varrho^2}{n-2}}$ nach der t-Verteilung mit $n-2$ Freiheitsgraden (genau wie bei r) geprüft werden. Genauere Prufwerte bei *Graf-Henning* (1953).

Beispiel. 1. Reihe: 1 2 3 4 5 6 7 8

2. Reihe: 2 1 4 6 3 5 8 7

$$\varrho = 1 - \frac{6}{8\cdot 63}(1^2+1^2+1^2+2^2+2^2+1^2+1^2+1^2) = 1 - \frac{6\cdot 14}{8\cdot 63} = 0{,}83\,.$$

Der Wert liegt bei 6 Freiheitsgraden etwa bei der 99%-Sicherungsgrenze (Tab. 27).

E. Kovarianzanalyse (Streuungszerlegung mit zwei Variablen)

Die Regressionsuntersuchungen können zweckmäßig im Rahmen einer auf 2 Variable erweiterten Streuungszerlegung durchgeführt werden. Dabei wird das Rechenschema der Zerlegung der Summe der Abweichungsquadrate analog für die Summe der Abweichungsprodukte S durchgeführt. Es ist entsprechend (81) auch für die Produkte

$$\sum_{i,j}(x_{ij}-\bar{x})(y_{ij}-\bar{y}) = \sum_{i,j}(x_{ij}-\bar{x}_{i\cdot})(y_{ij}-\bar{y}_{i\cdot}) + k\cdot\sum_i(\bar{x}_{i\cdot}-\bar{x})(\bar{y}_i-\bar{v})\,, \tag{112}$$

wobei $\bar{x}_{i\cdot}$ und $\bar{y}_{i\cdot}$ die Mittelwerte der i-ten Zeile bedeuten. Man erhalt im Zerlegungsschema die Quadrat- und die Produktsummen fur die verschiedenen Materialteile, also im einfachsten Fall für das Gesamtmaterial, für die Gruppenmittel und fur die restliche Variation innerhalb der Gruppen. Aus jedem Materialteil kann man mit $b = S_{xy}:S_{xx}$ einen Regressionskoeffizienten und eine Regressionsgerade errechnen sowie die Abweichungen der Beobachtungswerte von dieser Regressionsgeraden feststellen. Man kann dieses Grundprinzip zu verschiedenen Fragestellungen verwenden, von denen zwei hervorgehoben seien:

1. Man hat eine *Begleitvariable* beobachtet, die mit der eigentlich interessierenden Messungsvariablen in Korrelation steht (Ausgangswert vor dem Versuch, Körpergewicht oder anderes). Man untersucht den Zusammenhang zwischen beiden Variablen in der Reststreuung innerhalb der Gruppen und kann die Abweichungen der Versuchswerte von der Regressionsgeraden als Maß der Versuchsstreuung — bei Konstanthaltung der Begleitvariablen — ansehen. Hieran beurteilt man die Unterschiede der Mittelwerte, bei denen man vorher auch den Einfluß der Begleitvariablen berücksichtigt hat.

2. Man vergleicht die in den Materialteilen errechneten Regressionskoeffizienten und prüft sie auf Übereinstimmung, z. B. bei Untersuchung der Einheitlichkeit des den Materialgruppen zugrunde liegenden Gesetzes. — Auch die Prüfung der Linearität der Regressionslinie kann einfach vorgenommen werden.

Beispiel. In Tab. 15, 16 und 23 ist der Unterschied zwischen 3 Behandlungsarten analysiert worden. Jetzt sei noch eine Begleitvariable herangezogen, die bei allen 3 × 5 Versuchen bestimmt sei, z. B. als Anfangswert. Das Ziel ist, durch Einbeziehung der Begleitvariablen in die Analyse das Versuchsergebnis noch klarer herauszuarbeiten. — Die Versuchsvariable der Tab. 15 sei jetzt mit y bezeichnet, die Begleitvariable mit x. Tab. 33 gibt schematische Werte für x. In Tab. 34 ist das Rechenschema für die Quadrate x^2 und in Tab. 35 das für die Produkte xy enthalten.

Tabelle 33. **Werteschema der Begleitvariablen x zu Tab. 15 (y)**

	T_1	T_2	T_3	T_4	T_5	Summe
B_1	4	0	3	1	3	11
B_2	3	1	2	2	2	10
B_3	3	2	4	1	3	13
Summe	10	3	9	4	8	34

Tabelle 34. **Quadratschema für x^2**

	T_1	T_2	T_3	T_4	T_5	Zus.	Summen-quadrate
B_1	16	0	9	1	9	35	121
B_2	9	1	4	4	4	22	100
B_3	9	4	16	1	9	39	169
Zus.	34	5	29	6	22	96	390
Summen-quadrate	100	9	81	16	64	270	1156

Tabelle 35. **Produktschema für xy**

	T_1	T_2	T_3	T_4	T_5	Zus.	Summen-produkte
B_1	20	0	12	2	15	49	176
B_2	21	3	10	10	10	54	250
B_3	21	8	36	5	27	97	442
Zus.	62	11	58	17	52	200	868
Summen-produkte	190	21	162	48	152	573	2550

Man erhält die Summen der Abweichungsquadrate und -produkte in der folgenden Aufstellung:

	Abweichungsquadrate x^2	Abweichungsprodukte xy
Zwischen den Zeilen	$\frac{390}{5} - \frac{1156}{15} = 1{,}0$	$\frac{868}{5} - \frac{2550}{15} = 3{,}6$
Zwischen den Spalten	$\frac{270}{3} - \frac{1156}{15} = 13{,}0$	$\frac{573}{5} - \frac{2550}{15} = 21{,}0$
Rest	(Differenz) 5,0	(Differenz) 5,4
Insgesamt	$96 - \frac{1156}{15} = 19{,}0$	$200 - \frac{2550}{15} = 30{,}0.$

Daraus ergibt sich folgendes Schema der Streuungszerlegung, bei dem die vier verschiedenen Regressionskoeffizienten in jeder Zeile als $b = S_{xy} : S_{xx}$ bestimmt sind (für die hier behandelte Aufgabe 1 nicht notwendig).

Art der Streuung	S_{xx}	S_{xy}	S_{yy}	b
Zwischen den Behandlungsarten	1,0	3,6	32,4	3,6
Zwischen den Tieren	13,0	21,0	38,0	1,61
Rest	5,0	5,4	9,6	1,08
Insgesamt	19,0	30,0	80,0	1,58

Die Abweichungen von der Regressionsgeraden werden bestimmt, indem man nach (92)

$$S_{yy}(1 - r^2) = S_{yy} - b_{xy} \cdot S_{xy} = \sum d^2 \tag{113}$$

bildet. Fur die Aufgabe der Ausschaltung des Einflusses der Begleitvariablen auf die Signifikanzprüfung der Mittelwerte zwischen den Behandlungsarten beschränkt man sich auf die Tabellenzeile „zwischen den Behandlungsarten" und „Rest" und bildet aus diesen eine Summe. Dann errechnet man b und $\sum d^2$ für den „Rest" und die neue Summe (Tab. 36), wobei je ein Freiheitsgrad verlorengeht. $\sum d^2$ gewinnt man für „zwischen" durch Subtraktion. Dieser Operation liegt eine Korrektur der Behandlungsmittelwerte entsprechend der Rest-Regression zugrunde.

Tabelle 36. **Streuungszerlegung für 2 Variable**

Art der Streuung	S_{xx}	S_{xy}	S_{yy}	f	b_{xy}	$b_{xy} \cdot S_{xy}$	Σd^2	f	$\frac{\Sigma d^2}{f}$	F
Zwischen den Behandlungsarten	1,0	3,6	32,4	2			24,7	2	12,35	22,9
Rest	5,0	5,4	9,6	8	1,08	5,8	3,8	7	0,54	
Summe	6,0	9,0	42,0	10	1,50	13,5	28,5	9	?	

In einer Zwischenprüfung kann man feststellen, ob die Regression in der Restzeile selbst signifikant ist. Man prüft an der Streuungszerlegung:

Art der Streuung	SAQ	f	MAQ	F	$F_{1\%}$
Regressionsgerade	5,8	1	5,8	11	12
Abweichungen von der Regressionsgeraden	3,8	7	0,54		
Rest insgesamt	9,6	8			

Die 99%-Grenze ist nicht ganz erreicht.

Die endgültige Streuungsprüfung in Tab. 36 nach Ausschaltung des Einflusses der Hilfsvariablen ergibt $F = 22{,}9$, das bei $f_1 = 2$ und $f_2 = 7$ knapp größer als die 99,9%-Grenze 22 ist, während ohne die Begleitvariable F nur 13,5 war und die 99,7%-Grenze nicht ganz erreicht wurde.

F. Beurteilung von Verläufen

Vielfach sind Experimente auf die Gewinnung von *Verlaufskurven* ausgerichtet (Reaktionsverläufe, Wachstumskurven usw.). Das Ziel der statistischen Bearbeitung kann liegen

1. a) in der Ermittlung einer allgemeinen Verlaufsfunktion, b) in der Ermittlung der Funktionskonstanten für einzelne Versuchsobjekte und dem Vergleich dieser Werte,

2. in dem Vergleich von beobachteten Verläufen ohne Zugrundelegung eines Verlaufstyps.

1. Der Weg (1) ist nach Möglichkeit vorzuziehen. Man versucht, durch Transformation der Variablen einen möglichst einfachen Verlaufstyp zu erhalten und

stellt dann eine lineare oder nichtlineare Regressionsgleichung auf (vgl. VI D). Nach diesem Verlaufstyp kennzeichnet man dann jede individuelle Beobachtungsfolge durch wenige abgeleitete Größen, die für die weitere Bearbeitung an die Stelle der Beobachtungswerte des einzelnen Versuchsobjektes treten (z. B. logarithmische Wachstumsgeschwindigkeit, Halbwertszeit oder andere). Beim Vergleich verschiedener Tiere oder Behandlungsarten können dann Mittelwerte, mittlere Abweichungen, Korrelationen usw. dieser individuellen Verlaufskennwerte in üblicher Weise untersucht werden.

Der zugrunde gelegte Kurventyp soll möglichst sachlich begründet sein. Man hüte sich jedoch davor, umgekehrt einen passenden Kurventyp gleich als mathematische Formulierung eines zugrunde liegenden Gesetzes aufzufassen. Oft gibt es noch andere Kurventypen, die auch gut passen! Eine empirisch gewonnene Verlaufsformel hat zunachst den Charakter einer im beobachteten Wertebereich brauchbaren Interpolation, ohne daß dem Formelansatz ein sachlicher Erklärungswert zuzukommen braucht.

2. Kann man nicht von einem Verlaufstyp ausgehen, so kann man nur fur die einzelnen Beobachtungszeiten die Mittelwerte und Standardabweichungen der Fälle errechnen und einen mittleren Verlauf feststellen. Die häufigste Aufgabe besteht dann in dem Vergleich der Verläufe in mehreren Beobachtungsgruppen (Behandlungsarten). Man vergleicht zu gleichen Zeiten beobachtete Mittelwerte. Es ist unbefriedigend, die Vergleiche für jede Beobachtungszeit für sich durchzuführen. Eine Zusammenfassung der verschiedenen Mittelwertsvergleiche erfordert jedoch die Hypothese, daß die Werte der einzelnen Beobachtungszeiten voneinander unabhängig sind. Diese Hypothese dürfte oft nicht erfüllt sein, insbesondere wenn im ganzen Verlauf bei einem Tier ein individueller Allgemeinfaktor zum Ausdruck kommt, indem z. B. bei einem Tier die Werte in aufeinanderfolgenden Zeiten gleichmäßig hoch und bei einem anderen gleichmaßig niedrig liegen. Man kann versuchen, diese Schwierigkeiten durch geeignete Transformation (z. B. Beziehung auf einen Gesamtwert oder Anfangswert bei einem Tier, Betrachtung von Differenzen aufeinanderfolgender Werte oder anderes) auszuschalten. Damit nähert man sich dem Prinzip von (1), die verschiedenen Verlaufscharakteristika (Endwert, Steigung, Krümmung usw.) getrennt zu betrachten und zu analysieren.

Die Arbeitsmethode besteht darin, die an jeder der verschiedenen Beobachtungszeiten innerhalb einer Behandlungsart zwischen den Tieren beobachteten Schwankungen als Streuungsmaß fur die Beurteilung aller anderen Unterschiede im Material zu verwenden. *Koller* (1955) hat eine spezielle Form der Streuungszerlegung empfohlen, bei der auch eine Formänderung der Verlaufskurve in die Prüfung einbezogen wird. Man geht nach dem in Tab. 26 zusammengefaßten Verfahren vor und kommt zu folgendem Schema:

Art der Streuung:	Zwischen den Beobachtungszeiten (Z)
	Zwischen den Behandlungsarten (B)
	Zwischen den Tieren innerhalb jeder Behandlungsart (T)
	Wechselwirkung $B\ Z$
	Rest innerhalb der Zeitgruppen zwischen den Tieren jeder Behandlungsart
	Insgesamt

Eine signifikante Vergrößerung der B-Streuung gegenüber der Reststreuung bedeutet einen Unterschied in der Gesamthöhe bzw. Durchschnittshöhe der Werte, eine signifikante Wechselwirkung BZ bedeutet einen Unterschied in der Verlaufsform bei den verschiedenen Behandlungsarten.

Gegebenenfalls kann durch Mitführung einer Begleitvariablen und Erweiterung zur Covarianzanalyse die Ergiebigkeit des Verfahrens erhöht werden.

G. Dosis-Wirkungs-Kurven

Die umfassende Darstellung der Wirkung eines Mittels erfordert ein dreidimensionales System: Dosis-Zeit-Wirkung. Man beschränkt sich jedoch meist auf eine zweidimensionale Betrachtung und untersucht (a) Zeit-Wirkungs-Kurven bei fester Dosis, (b) Dosis-Wirkungs-Kurven, bei denen die Wirkung zu einer festen Zeit oder die zu beliebiger Zeit beobachtete Maximalwirkung gemessen wird, (c) Dosis-Zeit-Kurven, in denen die Eintrittszeit einer bestimmten Wirkung, z. B. Schwellenwert oder Maximalwirkung, festgestellt wird. Dabei sind die Anordnungen zu empfehlen, die einen Schnitt durch das Dosis-Zeit-Wirkungs-System darstellen und damit die Konstruktion des Systems ermöglichen.

Die Verlaufskurven können ganz verschiedene Form haben. Zur Vereinfachung der Bearbeitung strebt man nach Linearität durch Transformation der Variablen und gleichen Abständen der unabhängigen Variablen (Zeit, Dosis bzw. der transformierten Werte wie log Dosis usw.). Wenn die Wirkung quantitativ gemessen wird, sind die Methoden von Abschn. VI A, B, D anzuwenden.

Bei *Alternativ-Merkmalen*, z. B. Tod-Überleben, ergeben sich Dosis-Wirkungs-Kurven nicht für Einzeltiere, sondern für Tiergruppen im Hinblick auf die bei höherer Dosis zunehmende Sterblichkeit. Die Dosis-Sterblichkeitskurven sind meist S-förmig und werden oft im logarithmischen Wahrscheinlichkeitsnetz geradlinig. Die einzelnen Beobachtungspunkte sind mit verschiedener Genauigkeit bestimmt, so daß die Berechnungen unter Benutzung von Gewichten (vgl. Abschn. III D) durchgeführt werden müssen. Die in der Mitte liegenden Beobachtungen (etwa zwischen 30% und 70%) haben größeres Gewicht als die extrem gelegenen. Das Bearbeitungsverfahren hat das Ziel, die Verlaufsgerade und Einzelwerte der Geraden, z. B. die Dosis, bei der 50% oder 95% der Tiere sterben (LD_{50}, LD_{95}), zu ermitteln. — Man pflegt anzunehmen, daß die Zufallsschwankungen der Sterblichkeit um eine Grundwahrscheinlichkeit nach der binomischen Verteilung erfolgen.

Graphisches Verfahren. Man zeichnet die Punkte in ein (logarithmisches) Wahrscheinlichkeitsnetz und paßt nach Augenmaß eine gerade Linie möglichst gut ein, wobei die Anpassung im 30%—70%-Bereich besonders wichtig ist. Dazu zeichnet man am besten zu jedem Beobachtungspunkt die zugehörigen Mutungs-(Vertrauens-)grenzen nach Abb. 165 ein. Die hindurchzulegende Gerade soll alle Bereiche schneiden. *Prigge* und *Schäfer* sowie *v. Schelling* arbeiten mit den Näherungswerten nach (59) und benutzen den einfachen Fehlerbereich. Man benutzt zweckmäßig die Werte der Abb. 159, und kann die halben Werte besonders hervorheben, von denen $^2/_3$ durch die Ausgleichsgerade geschnitten werden sollen. Die Ungenauigkeit der Ablesung von Werten in der Nähe von 0% oder 100% ist für die Zeichnung nicht wichtig. *Litchfield* und *Wilcoxon* haben graphische Hilfstafeln angegeben, um die Rechenverfahren zu vereinfachen.

Rechnerische Verfahren

Probit-Methode

Die Regressionsgerade

$$y_R = \bar{y} + b(x - \bar{x}) = a + bx \tag{114}$$

ergibt sich aus den Beobachtungspunkten (x_i, y_i) mit den Gewichten G_i mittels

$$\bar{x} = \frac{\sum G_i x_i}{\sum G_i}; \quad \bar{y} = \frac{\sum G_i y_i}{\sum G_i}; \quad b = \frac{\sum G_i (x_i - \bar{x})(y_i - \bar{y})}{\sum G_i (x_i - \bar{x})^2} = \frac{S_{xy}}{S_{xx}}$$

$$a = \frac{\sum G_i y_i - b \cdot \sum G_i x_i}{\sum G_i}. \tag{115}$$

Zur Berechnung der Gewichte G_i muß man von den unbekannten Grundwahrscheinlichkeiten P_i ausgehen. Die Fehlervarianz von P_i ist unter der Annahme binomischer Verteilung bei n_i Beobachtungen $\sigma^2_{P_i} = \frac{P_i(1 - P_i)}{n_i}$. Entsprechend der Transformation von P_i in y_i gemäß dem Integral der Normalverteilung ist die Fehlervarianz von y_i nach (52) zu berechnen. Da der Differentialquotient der kumulierten Normalverteilung der Ordinatenwert φ der Normalverteilung

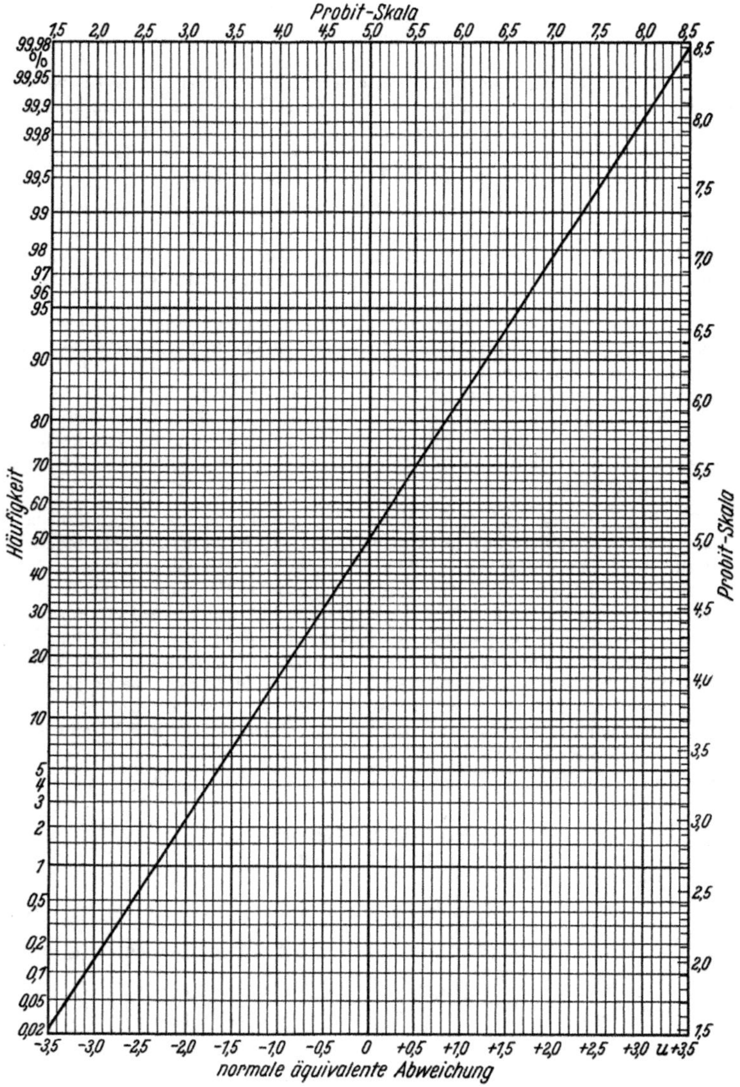

Abb. 164. Kumulierte Normalverteilung und „Probit"-Skala

selbst ist, wird

$$\sigma_{y_i}^2 = \frac{P_i(1 - P_i)}{n_i \varphi_i^2} \tag{116}$$

und das Gewicht von y_i

$$G_2 = \frac{1}{\sigma_{y_i}^2} = \frac{n_i \cdot \varphi_i^2}{P_i(1 - P_i)} = n_i \cdot g_i, \tag{117}$$

wobei

$$g_i = \frac{\varphi_i^2}{P_i(1 - P_i)} \tag{118}$$

die Gewichte der Einzelbeobachtungen sind, denen eine Wahrscheinlichkeit P_i zugrunde liegt. Da P_i nicht durch die beobachteten Häufigkeiten p_i ersetzt werden darf (vgl. *Prigge* u. a.), legt man nach *Bliss, Finney* u. a. zunächst nach Augenmaß graphisch eine provisorische Gerade durch die Beobachtungspunkte und benutzt die Werte dieser Geraden an den gegebenen Abszissen zur Bestimmung der g_i. Mit diesen g_i berechnet man eine verbesserte Gerade. Gegebenenfalls müssen hieraus iterativ noch weitere Korrekturen berechnet werden, um die Anpassung zu verbessern.

„Probit"-Skala. Zu jeder Häufigkeit P wird derjenige Abszissenwert u der Normalverteilung gesucht, für den die Fläche unter der Normalverteilung von $-\infty$ bis u gerade den Wert P hat:

$$\Phi(-\infty, u) = P. \tag{119}$$

u ist als „normal equivalent deviation", also „normale äquivalente Abweichung", auch „Normalfraktil" bezeichnet worden. *Bliss* hat die Werte um 5 verschoben, um immer positive Werte zu erhalten (probit = probability unit):

$$\text{Probit-Skala: } y = u + 5. \tag{120}$$

Zur Umrechnung kann man Tab. 7 benutzen, in der $\Phi(o, u)$ tabuliert ist. Man erhält für die Häufigkeiten $P = 0{,}50 \pm \Phi(o, u)$ durch Ablesung bei $\Phi(o, u)$ den Wert $y = 5 \pm u$ (graphische Ablesung auch in Abb. 164).

Die Gewichte ergeben sich aus folgender Tabelle (nach *Finney*), wobei die aus der Zeichnung entnommenen provisorischen Probits zu verwenden sind.

Tabelle 37. **Gewichte g_i für die Probitanalyse**

Provisor. Probit	,0	,1	,2	,3	,4	,5	,6	,7	,8	,9
1,0	0,001	0,001	0,001	0,002	0,002	0,003	0,005	0,006	0,008	0,011
2,0	015	019	025	031	040	050	062	076	092	110
3,0	131	154	180	208	238	269	302	336	370	405
4,0	439	471	503	532	558	581	601	616	627	634
5,0	637	634	627	616	601	581	558	532	503	471
6,0	439	405	370	336	302	269	238	208	180	154
7,0	131	110	092	076	062	050	040	031	025	019
8,0	015	011	008	006	005	003	002	002	001	001

Die beste Ausnutzung des Materials erfolgt, wenn man nicht die aus den Beobachtungswerten unmittelbar umgerechneten Probits verwendet, sondern besondere Rechenprobits (engl. working probits) einführt, durch die auch die 0%- und die 100%-Beobachtungen in die Rechnung einbezogen werden. Sind p_i die beobachteten Häufigkeiten, P_i die graphischen Schätzungswerte, y_i' die zugehörigen Probits und φ_i die zugehörigen Ordinaten der Normalverteilung, so ist nach der „method of maximum likelihood" (*R. A. Fisher*) die Rechenprobit

$$y_i = y_i' - \frac{P_i - p_i}{\varphi_i}. \tag{121}$$

Zahlentafeln hierfür bei *Finney*.

Man bildet die Werte

$$S_{xx} = \sum n_i g_i x_i^2 - \frac{(\sum n_i g_i x_i)^2}{\sum n_i g_i}; \quad S_{xy} = \sum n_i g_i x_i y_i - \frac{\sum n_i g_i x_i \cdot \sum n_i g_i y_i}{\sum n_i g_i};$$

$$S_{yy} = \sum n_i g_i y_i^2 - \frac{(\sum n_i g_i y_i)^2}{\sum n_i g_i} \tag{122}$$

und setzt in (115) ein.

Linearitätsprüfung. Die Prüfung, ob die angewandte Ausgleichungsfunktion in dem Sinne berechtigt ist, daß die Abweichungen im Rahmen der Zufallsschwankungen liegen, kann nach dem χ^2-Verfahren erfolgen. Sind z_i die absoluten Beobachtungszahlen der Gestorbenen und P_{R_i} die aus der Regression gewonnenen Schätzungen der Sterbewahrscheinlichkeiten, so ist χ^2 gemäß (70)

$$\chi^2 = \sum \frac{(z_i - n_i P_{R_i})^2}{n P_{R_i}(1 - P_{R_i})}. \tag{123}$$

Die Zahl der Freiheitsgrade ist um zwei kleiner als die Klassenzahl.

Die Linearitätsprüfung kann auch analog zu Tab. 30 im Probit-Maßstab erfolgen. Dabei ist die Summe der Abweichungsquadrate von der Geraden

$$SAQ = S_{yy} - \frac{S_{xy}^2}{S_{xx}}. \tag{124}$$

Die Varianz innerhalb der Spalten ist durch die Voraussetzung der binomischen Verteilung theoretisch gegeben und beträgt gemäß der Normierung und Gewichtung 1. Die Zahl der Freiheitsgrade f_2 ist unendlich groß, so daß die F-Verteilung von $\frac{SAQ}{f_1}$ in die Verteilung von $\frac{\chi^2}{f_1}$ übergeht.

$$\chi^2 = S_{yy} - \frac{S_{xy}^2}{S_{xx}}. \tag{125}$$

Die *Vertrauensgrenzen von b* ergeben sich unter Verwendung der abgeleiteten Fehlervarianz aus (90)

$$s_b^2 = \frac{\chi^2}{(k-2) S_{xx}}. \tag{126}$$

Wenn die Linearitätsannahme durch die obige Prufung nicht widerlegt ist, kann man den Stichprobenwert von χ^2 vernachlässigen und für $\frac{\chi^2}{k-2}$ den theoretischen Wert 1 einsetzen. Dann ist

$$s_b^2 = \frac{1}{S_{xx}}. \tag{127}$$

Als Vertrauensgrenzen sind die Sicherungsgrenzen entsprechend der Normalverteilung zu nehmen.

Der der D_{50} entsprechende Wert x_{50} ergibt sich aus der Regressionsformel

$$x_{50} = \bar{x} + \frac{5 - \bar{y}}{b}. \tag{128}$$

Die Fehlervarianz dieses Wertes ist

$$s_{(x_{50})}^2 = \frac{1}{b^2}\left(\frac{1}{\sum n_i g_i} + \frac{(x_{50} - \bar{x})^2}{S_{xx}}\right). \tag{129}$$

Die Vertrauensgrenzen werden nach der Normalverteilung bestimmt und in die Originalskala übertragen.

Beispiel. Prüfung eines Diphtherie-Impfstoffes (Material von *R. Prigge*[1]). Beobachtungsmerkmal ist die Zahl der geschützten Tiere.

Tabelle 38. **Beispiel zum Probit-Verfahren**

Antigen-Dosis (cm³)	log 1000·Dosis $= x_i$	Zahl der Tiere n_i	Davon geschützt z_i	p_i (%)	Probit beobachtet	Zeichnungs-Probit y_i'	Gewichte g_i	Graphisch ausgeglichene Häufigkeiten P_i (%)	$P_i - p_i$ (%)	$100\varphi_i$	$\frac{P_i - p_i}{\varphi_i}$	Rechen-Probit y_i
0,004	0,6	24	0	0	.	2,1	0,019	0,2	+0,2	0,6	+0,33	1,77
0,01	1,0	23	0	0	.	3,3	0,208	4,5	+4,5	9,4	+0,47	2,83
0,02	1,3	24	3	12,5	3,85	4,2	0,503	21,0	+8,5	29,0	+0,29	3,91
0,04	1,6	25	12	48,0	4,95	5,1	0,634	54	+6,0	39,7	+0,15	4,95
0,10	2,0	24	23	95,8	6,73	6,3	0,336	90	−5,8	17,1	−0,34	6,64
0,20	2,3	25	24	96,0	6,75	7,1	0,110	98,3	+2,3	4,4	+0,52	6,58
0,40	2,6	24	24	100,0	.	8,1	0,011	99,9	−0,1	0,3	−0,30	8,40

In den Tafeln von *Fisher-Yates* oder *Finney* kann y als Funktion von y' und p unmittelbar abgelesen werden. Die weitere Rechnung erfolgt mit y.

Tabelle 39. **Beispiel zum Probit-Verfahren**

$n_i g_i$	$n_i g_i x_i$	$n_i g_i y_i$	$n_i g_i x_i^2$	$n_i g_i y_i^2$	$n_i g_i x_i y_i$	y_R	P_R (%)
0,456	0,274	0,807	0,164	1,429	0,485	1,57	0,03
4,784	4,784	13,539	4,784	38,314	13,539	2,92	1,9
12,072	15,694	47,202	20,402	184,557	61,363	3,93	14,2
15,925	25,480	78,829	40,768	390,210	126,126	4,95	48,0
8,064	16,128	53,545	32,256	355,542	107,090	6,30	90,3
2,750	6,325	18,095	14,548	119,064	41,619	7,31	98,9
0,264	0,686	2,218	1,785	18,628	5,766	8,32	99,95
44,315	69,371	214,235	114,707	1107,744	355,988		
			−108,594	−1035,681	−335,363		
			$S_{xx} = 6{,}113$	$S_{yy} = 72{,}063$	$S_{xy} = 20{,}625$		

Es ergibt sich

$$b = \frac{20{,}625}{6{,}113} = 3{,}374; \qquad a = \frac{214{,}234 - 3{,}374 \cdot 69{,}371}{44{,}315} = -0{,}448$$

und die Gleichung der Regressionsgeraden

$$y_R = -0{,}448 + 3{,}374\,x.$$

Zur Linearitätsprufung kann man χ^2 hier nicht unmittelbar berechnen, weil auch bei Zusammenfassung der drei oberen und der drei unteren Klassen die Erwartungszahlen der geschützten bzw. der ungeschützten Tiere zu klein sind. – Prüft man nach (125), so ergibt sich

$$\chi^2 = 72{,}063 - \frac{20{,}625^2}{6{,}113} = 2{,}5$$

mit $(k-2) = 5$ Freiheitsgraden. χ^2 liegt weit im Zufallsbereich (vgl. Tab. 9).

Für die Dosis, bei der 50% der Tiere sterben, ergibt sich aus (128) und (129)

$$x_{50} = 1{,}565 + \frac{0{,}166}{3{,}374} = 1{,}614 \quad \text{mit} \quad s^2_{(x_{50})} = \frac{1}{3{,}374^2}\left(\frac{1}{44{,}315} + \frac{0{,}049^2}{6{,}112}\right)$$

$$= 0{,}0020; \quad s_{(x_{50})} = 0{,}045.$$

[1] *Prigge, R.:* Arbeiten aus dem Paul-Ehrlich-Inst., H. **51**, S. 38 (1954).

Nach Rückübertragung auf die Originalskala ergibt sich

$$D_{50} = 0{,}0411\,.$$

Legt man die Vertrauensgrenzen von 99% zugrunde, so ergibt sich durch Multiplikation mit 2,576 der Vertrauensbereich der 50%-Dosis:

$$\text{fur } x_{50} \text{ von } 1{,}50 \text{ bis } 1{,}73\,,$$

$$\text{für } D_{50} \text{ von } 0{,}032 \text{ bis } 0{,}054\,.$$

Da die Rechnung eine deutliche Abänderung der provisorischen graphischen Schätzung ergeben hatte, muß die Rechnung in einem zweiten Arbeitsgang

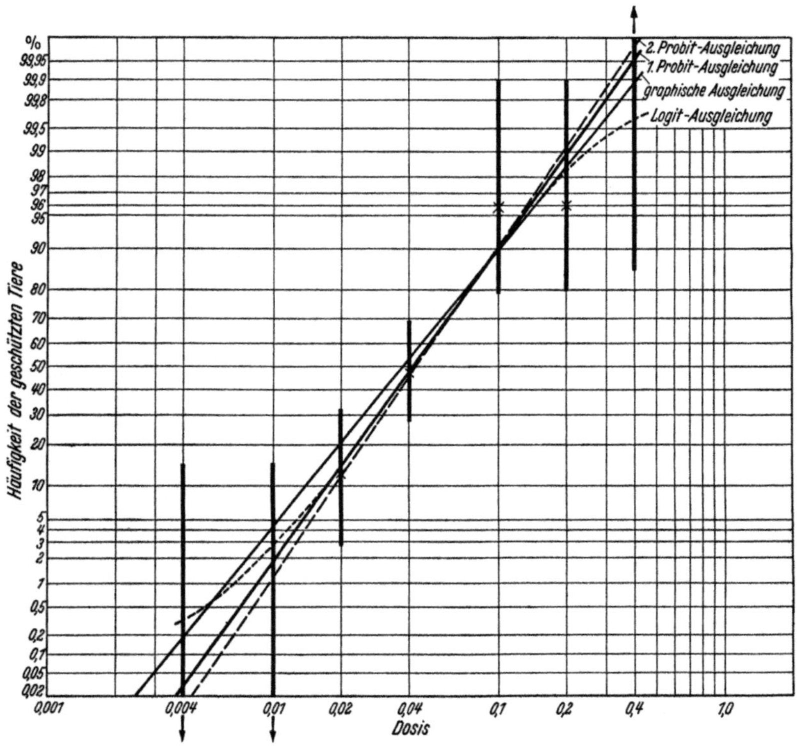

Abb. 165. Dosis-Wirkungs-Kurve
Schutzwirkung eines Diphtherie-Impfstoffes. Material von *R. Prigge*

wiederholt werden, bei dem die neuen y_R an die Stelle von y' treten. Gewichte und Rechenprobits sind neu zu ermitteln. Dieser Rechengang ergibt

$$b = 3{,}517 \qquad a = -0{,}714 \qquad x_{50} = 1{,}624 \qquad D_{50} = 0{,}0421\,.$$

Logit-Verfahren. Die logistische Funktion

$$(\mathrm{P} =)\quad y = \frac{1}{1 + e^{-(\alpha + \beta x)}} \tag{130}$$

unterscheidet sich von der kumulierten Normalverteilung relativ wenig. Die Transformation

$$l = \log \frac{P}{1-P} \tag{131}$$

begradigt die S-förmige logistische Kurve. Die Regressionsgleichung für l ist

$$l_R = a + b\,x,$$

wobei zur Vermeidung der natürlichen Logarithmen α und β durch $a \cdot \ln 10$ und $b \cdot \ln 10$ ersetzt sind. Als x sind die Dosenlogarithmen zu benutzen. Die von *Berkson* befürwortete Bearbeitung erreicht eine optimale Anpassung an die Beobachtungswerte dadurch, daß χ^2 zum Minimum gemacht wird. – Die Gewichte ergeben sich nach (52) aus

$$\sigma_l^2 = \sigma_P^2 \cdot \left(\frac{dl}{dP}\right)^2 = \frac{1}{PQ(\ln 10)^2}.$$

Man setzt

$$n_i g_i = n_i p_i(1-p_i) \cdot (\ln 10)^2 = 5{,}3 \cdot z_i q_i. \tag{132}$$

Man berechnet

$$\frac{1}{5{,}3} \cdot S_{xx} = \sum z_i q_i x_i^2 - \frac{(\sum z_i q_i d_i)^2}{\sum z_i q_i}; \quad \frac{1}{5{,}3} \cdot S_{xl} = \sum z_i q_i x_i l_i - \frac{\sum z_i q_i x_i \cdot \sum z_i q_i l_i}{\sum z_i q_i};$$

$$b = \frac{S_{xl}}{S_{xx}}; \quad a = \frac{\sum z_i q_i l_i - b \cdot z_i q_i x_i}{\sum z_i q_i}; \quad \frac{1}{5{,}3} \cdot S_{ll} = z_i q_i l_i^2 - \frac{(\sum z_i q_i l_i)^2}{\sum z_i q_i}. \tag{133}$$

Ferner ist die Schätzung von x_{50}

$$x_{50} = -\frac{a}{b}. \tag{134}$$

Die Fehlervarianzen sind analog zu den Probit-Formeln

$$s_b^2 = \frac{1}{S_{xx}} \quad \text{und} \quad s_{(x_{50})}^2 = \frac{1}{b^2}\left(\frac{1}{5{,}3 \cdot \sum z_i q_i} + \frac{(x_{50} - \bar{x})^2}{S_{xx}}\right). \tag{135}$$

Die χ^2-Prüfung auf Linearität kann wie bei den Probits unmittelbar oder als

$$\chi^2 = \sum z_i q_i (l_{i_R} - l_i)^2 = S_{ll} - \frac{S_{xl}^2}{S_{xx}} \tag{136}$$

mit $(k-2)$ Freiheitsgraden durchgeführt werden.

Beispiel. Das oben nach dem Probit-Verfahren berechnete Beispiel von *Prigge* ergibt folgende Auswertung nach dem Logit-Verfahren (mit gewöhnlichen Logarithmen):

Es ergibt sich

$$b = \frac{2{,}1174}{0{,}8555} = 2{,}475; \qquad a = \frac{0{,}2051 - b \cdot 17{,}551}{10{,}8} = -4{,}00.$$

Die Regressionsgleichung wird

$$y_R = -4{,}00 + 2{,}475\,x.$$

Die 50%-Dosis bestimmt sich aus

$$x_{50} = -\frac{a}{b} = \frac{4{,}00}{2{,}475} = 1{,}617 \quad \text{mit} \quad s_{(x_{50})}^2 = \frac{1}{2{,}475^2}\left(\frac{1}{10{,}8 \cdot 5{,}3} + \frac{0{,}008^2}{0{,}8555 \cdot 5{,}3}\right)$$

$$= 0{,}0028\, s_{(x_{50})} = 0{,}053.$$

Tabelle 40. **Beispiel zum Logit-Verfahren**

x_i	n_i	z_i	p_i (%)	$\frac{p_i}{q}$	$l_i = \log \frac{p_i}{q}$	$z_i q_i$	$z_i q_i x_i$	$x_i^2 q_i l_i$	$x_i q_i x_i^2$	$z_i q_i l_i^2$	$z_i q_i x_i l_i$	l_R	P_R (%)
0,6	24	0	0	.		0	.					−2,515	0,3
1,0	23	0	0	.		0	.					−1,525	2,9
1,3	24	3	12,5	0,143	−0,845	2,63	3,419	−2,2224	4,4447	1,8779	−2,8891	−0,783	13,9
1,6	25	12	48,0	0,923	−0,035	6,24	9,984	−0,2184	15,9744	0,0076	−0,3494	−0,040	47,7
2,0	24	23	95,8	23,0	1,362	0,97	1,940	1,3211	3,8800	1,7994	2,6422	0,950	89,9
2,3	25	24	96,0	24,0	1,380	0,96	2,208	1,3248	5,0784	1,8282	3,0470	1,693	98,8
2,6	24	24	100,0	.		0						2,435	99,6
						10,80	17,551	0,2051	29,3775 −28,5220	5,5131 −0,0039	+2,4507 −0,3333		
									$\frac{1}{5,3} \cdot S_{xx} = 0,8555$	$\frac{1}{5,3} \cdot S_{ll} = 5,5092$	$\frac{1}{5,3} \cdot S_{xl} = 2,1174$		

Tabelle 41. **Beispiel zum Parallelgeradenvergleich**

Dosis cm³	log 1000 · Dos. x	n_i	z_i	p_i	$\frac{p_i}{q_i}$	$l_i = \log \frac{p_i}{q_i}$	$z_i q_i$	$z_i q_i x_i$	$z_i q_i l_i$	$z_i q_i x_i^2$	$z_i q_i l_i^2$	$z_i q_i x_i l_i$
0,5	2,7	24	3	12,5	0,143	−0,845	2,63	7,101	−2,2224	19,1727	1,7790	−6,0005
2,0	3,3	23	15	65,2	1,874	0,273	5,22	17,226	1,4251	56,8458	0,3890	4,7028
							7,85	24,327	−0,7973	76,0185 −75,3889	2,2690 −0,0810	−1,2977 +2,4708
										$\frac{1}{5,3} \cdot S_{xx} = 0,6296$	$\frac{1}{5,3} \cdot S_{ll} = 2,1855$	$\frac{1}{5,3} \cdot S_{xl} = 1,1731$

x_{50} stimmt mit dem beim Probit-Verfahren erhaltenen Wert überein, der Fehlerbereich ist etwas größer. Das Logit χ^2 wird nach (136) 1,4.

Die logistische Kurve ist zum Vergleich in Abb. 165 in das Wahrscheinlichkeitsnetz eingezeichnet worden; sie weist in diesem Netz eine leichte S-Form auf. Bei Verwendung der Dosenlogarithmen als x läßt sich die Dosis-Sterblichkeits-Kurve auf doppelt-logarithmischem Papier als Gerade auch graphisch erhalten, wenn man als Ordinate $p : q$ logarithmisch darstellt.

Vergleich des Probit- und Logit-Verfahrens. Die Verfahren unterscheiden sich vor allem im theoretischen Ansatz. Das Probit-Verfahren setzt eine lognormale Verteilung der Empfindlichkeit von Tier zu Tier voraus. Das Logit-Verfahren gilt nach der umfassenden Begrundung der Formel (130) von *Druckrey* für die elementaren treffertheoretisch deutbaren Vorgänge bei den Dosis-Wirkungsbeziehungen am Einzeltier. Dies trifft allerdings nicht auch für abgeleitete sekundäre Wirkungen zu, z. B. Tod, weil hier als Bindeglied die unbekannte Abhängigkeitsfunktion der Sterbewahrscheinlichkeit von der primaren Wirkung auf die Rezeptoren im Einzeltier hinzukommt. Eine einheitliche mathematische Kurvenform kann deshalb für abgeleitete Wirkungen nicht erwartet werden.

Das Probit-Verfahren ist bisher mathematisch-statistisch am grundlichsten durchgearbeitet (*Bliss*, *Finney*, *Fisher*). Die oben wiedergegebene Maximum-Likelihood-Lösung hat den Vorteil, daß sie auf einwandfreie Weise auch die 0%- und 100%-Beobachtungen einbezieht. Alle anderen Verfahren müssen auf diese Werte rechnerisch verzichten[1]. — Auch Untersuchungen über die Berücksichtigung der Allgemeinsterblichkeit außerhalb der Versuchseffekte liegen vor (*Finney*, *Fisher-Yates*-Tafeln). Der praktische Nachteil der theoretischen optimalen Form der Probit-Methode liegt darin, daß zur vollständigen Lösung das ganze Rechenverfahren mehrmals durchgeführt werden muß; wenn man sich nur auf einen Gang des Iterativverfahrens beschränkt, erhält man nicht die optimale Ausgleichsgerade. Gelegentlich kommt es jedoch nach Angaben von *Berkson* vor, daß die Reihe der Näherungslösungen nicht konvergiert. — Ein weiterer Vorteil liegt in der unmittelbaren Beziehung zu dem gebräuchlichen graphischen Verfahren mittels des Wahrscheinlichkeitsnetzes.

Das Logit-Verfahren erfordert nur einen Rechengang, der auch ohne spezielle Tafeln wenig Zeit braucht. Für die elementaren Dosis-Wirkungs-Kurven ist es nach *Druckrey* die sachlich adaquate Darstellungsform.

Bei beiden Methoden wird vorausgesetzt, daß die Streuung der Sterbeziffern der binomischen Verteilung folgt.

Ältere Näherungslösungen zur D_{50}-Berechnung liegen von *Behrens*, *Kärber* vor (vgl. *Burn*, 1. Aufl.).

Vergleich zweier Dosis-Wirkungskurven (parallele Wirkungskurven)

Eine Lösung unbekannter Wirksamkeit soll mit einem Standard verglichen werden. Nach Transformation sind die beiden Wirkungsgeraden — bis auf Zufallsabweichungen — stets parallel, wenn es sich um völlig vergleichbare Wirkungen handelt. Die graphische Schätzung einer gemeinsamen Richtung erfordert viel Übung; hier sind Rechenverfahren unbedingt vorzuziehen, weil auch die Fehlerbereiche besonders wichtig sind.

Der gemeinsame Richtungskoeffizient wird durch Zusammensetzung von S_{xx} und S_{xy} aus den Abweichungsquadraten und -produkten beider Reihen gewonnen, wie es dem Vorgehen bei der Kovarianzanalyse entspricht. Die Bearbeitung kann unter Benutzung der Probit- oder der Logit-Transformation durchgeführt werden; als Beispiel sei eine Logitberechnung angegeben.

---

[1] Die bei der praktischen Anwendung haufig gewahlte Notlösung, das letzte Null-Ergebni durch $\frac{1}{4}$ und das erste n-Ergebnis durch $\left(n - \frac{1}{4}\right)$ zu ersetzen, bringt methodisch keinen sicheren Vorteil.

Beispiel. Die bereits behandelte Beobachtungsreihe von *Prigge* über die Schutzwirkung eines Di-Impfstoffes entstammt einem Vergleich mit einem Standard, für den 2 Punkte beobachtet sind. Die Berechnungen am Standard sind in Tab. 41 zusammengestellt.

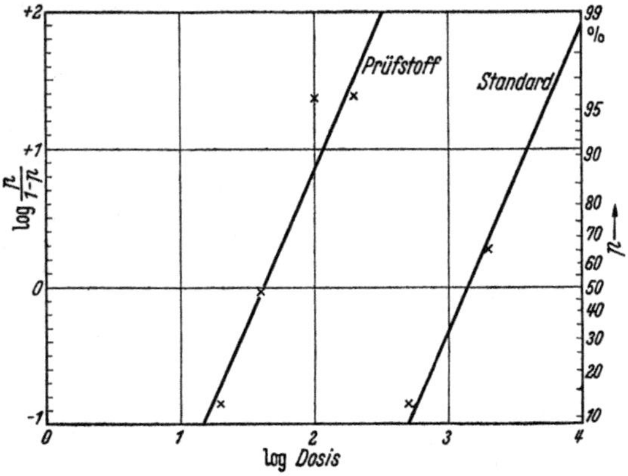

Abb. 166. Parallele Dosis-Wirkungs-Kurven. Wirksamkeitsprufung eines Diphtherie-Impfstoffes. Material von *R. Prigge*

Zu den aus der Standardreihe gewonnenen Werten von S_{xx} und S_{xl} werden zur Berechnung des gemeinsamen Richtungskoeffizienten die der Prüfreihe aus Tab. 40 hinzugefügt, dann ist

$$\frac{1}{5,3} \cdot S_{xx} = 0,8555 + 0,6296 = 1,4851$$

$$\frac{1}{5,3} \cdot S_{xl} = 2,1174 + 1,1731 = 3,2905.$$

Die gemeinsame Richtung ist $b = \frac{3,2905}{1,4851} = 2,216$. Mit diesem b erhält man für die erste Reihe die Regressionsgleichung

$$l_R = -3,58 + 2,216x$$

und für die Standardreihe

$$l_R = -6,97 + 2,216x.$$

Ferner wird für die Prüfreihe $x_{50} = 1,616$ mit $s^2_{(x_{50})} = 0,0036$

und für den Standard $x_{50} = 3,145$ mit $s^2_{(x_{50})} = 0,0050.$

Der Wirkungsquotient der beiden Impfstoffe ergibt sich aus der Differenz der x_{50}-Werte von 1,529. Die Fehlervarianz der Differenz ergibt sich als Summe der Fehlervarianzen der beiden x_{50}.

$$s^2_{(\text{Diff}\, x_{50})} = 0,0086; \qquad s_{(\text{Diff}\, x_{50})} = 0,093.$$

Die Existenz eines Wirkungsunterschiedes zwischen Prüfstoff und Standard ist weit gesichert. Legt man zur Schätzung des wahren Wirkungsunterschiedes z. B. die 99%-Grenze zugrunde, so ist die wahre Differenz der x_{50}-Werte im Bereich von

$$3,145 - 1,616 = 1,529 \pm 2,576 \cdot 0,093,$$

also zwischen 1,29 und 1,77 zu vermuten.

Der Wirkungsquotient ergibt sich durch Rückrechnung der logarithmischen Transformation der Dosen: Der Prüfstoff ist 34mal so wirksam gewesen wie der Standard. Der wahre Wirkungsquotient liegt zwischen dem 20fachen und dem 59fachen.

Wenn bestimmte Versuchsanordnungen häufig wiederkehren, z. B. der Vergleich mit einem Standard bei je 2 oder je 3 Punkten, so läßt sich die Rechentechnik weiter vereinfachen, z. B. indem man den Logarithmus der ersten Dosis 0 und den der zweiten Dosis 1 setzt.

VII. Versuchsplanung

A. Prinzipien der Versuchsplanung

Versuchsplanung im statistischen Sinne ist die Planung und technische Sicherstellung der nach Abschluß der Versuche durchzuführenden Vergleiche. Die Vergleiche können sich auf Gegenüberstellungen der verschiedensten Art beziehen, für die im folgenden allgemein der Ausdruck „Verfahren“ oder „Behandlungsart“ (englisch: treatment) gebraucht werden soll. Den einfachen Vergleichen von Verfahren stehen die Vergleiche gegenüber, bei denen auch Kombinationen von Verfahren vorkommen. Die statistische Auswertung bezieht sich im allgemeinen auf eine für alle Verfahren benutzte Messungsgröße und erfolgt am zweckmäßigsten nach den Methoden der Varianzanalyse. Sollen mehrere Messungsgrößen und ihre Zusammenhänge gleichzeitig betrachtet werden, ist die Covarianzanalyse heranzuziehen.

Bei der Versuchsplanung sind zwei entgegengesetzte Gesichtspunkte miteinander abzustimmen: a) das Prinzip der *Vergleichbarkeit*, b) das Prinzip der *Verallgemeinerungsfähigkeit.*

a) Zwei Versuche, bei denen die Wirkungen zweier Behandlungsarten verglichen werden sollen, sind miteinander vergleichbar, wenn sie sich nur in den Behandlungsarten unterscheiden, aber sonst in jeder Hinsicht übereinstimmen. Die Übereinstimmung betrifft die folgenden Versuchsbedingungen und Variationsfaktoren:

1. die Beobachtungs- und Messungsverfahren,
2. die Versuchsausführung,
3. die individuellen Besonderheiten der Versuchsobjekte,
4. die zeitlich-örtlich-persönlichen Besonderheiten der Versuche.

Eine volle Vergleichbarkeit von Einzelversuchen (Maximalforderung) ist kaum erreichbar, wohl aber eine solche für Versuchsgruppen. In den zu vergleichenden Versuchsgruppen müssen die einzelnen Variationsfaktoren die gleiche Häufigkeitsverteilung haben (Minimalforderung). Es ist günstig, wenn „Blöcke“ von zu vergleichenden Einzelversuchen untereinander in möglichst vielen Variationsfaktoren übereinstimmen (Optimalforderung).

b) Wenn man jedoch zur Erzielung einer guten Vergleichbarkeit z. B. nur junge männliche Tiere aus einer bestimmten Zucht mit bestimmtem Gewicht usw. zum Versuch benutzt, so ist zwar die Vergleichbarkeit gesichert, aber die *Verallgemeinerungsfähigkeit* beeinträchtigt, denn aus den Versuchen geht nicht hervor, wie sich ältere oder weibliche Tiere oder solche anderer Zucht verhalten würden. Diese Versuchsreihe hätte nur eine schmale induktive Basis.

Verallgemeinerung bedeutet die Erkennung und Beschreibung derjenigen Kollektive und ihrer Merkmalsverteilungen, aus denen die vorliegenden Beobachtungswerte als repräsentative Stichproben angesehen werden können. Erst durch Einblick in Variationskollektive mit verschiedenen Tieren (Alter, Geschlecht, Erbfaktoren, Disposition), verschiedenen Untersuchungszeiten (Tageszeit, Jahreszeit, Witterung), verschiedenen Versuchsarten, verschiedenen Experimentatoren, durch verschiedene Versuchstechnik, Messungstechnik usw. kann beurteilt werden, inwieweit die Ergebnisse von diesen Variations- und Störfaktoren unabhängig sind, d. h. in dieser Hinsicht verallgemeinert werden dürfen.

Vergleichbarkeit und Verallgemeinerungsfähigkeit sind versuchstechnisch Gegensätze, indem Vergleichbarkeit homogenes Material erfordert, Verallgemeinerungsfähigkeit dagegen Heterogenität zur Gewinnung einer breiten induktiven Basis. Beide Prinzipien müssen in der Versuchsplanung ineinandergreifen. Besonders günstig sind hierbei Vergleiche von verschiedenen Verfahren an demselben Tier. Dabei ist die Vergleichbarkeit optimal, gleichzeitig ist das Variationskollektiv der Individuen beliebig weit ausdehnbar.

Die technischen Grundsätze der Versuchsplanung sind:

1. Wiederholung, 2. Zufallszuteilung, 3. Blockbildung.

Als Block wird eine Gruppe von Versuchen mit verschiedenen Verfahren bezeichnet, die unter besonders gleichartigen Versuchsbedingungen durchgeführt werden, z. B. Versuche an demselben Tier oder bei Wurfgeschwistern oder an demselben Tag o. a. Die für das Versuchsziel wichtigen Vergleiche müssen möglichst „innerhalb der Blöcke" vorgenommen werden. Bei der Auswertung ist die — kleinere — Versuchsstreuung „innerhalb der Blöcke" von der größeren „zwischen den Blöcken" zu unterscheiden.

Die Ausschaltung von *Störfaktoren*, die die Vergleichbarkeit beeinträchtigen, erfolgt

a) bei bekannten quantitativ meßbaren Störfaktoren durch die statistische Bearbeitung (z. B. Kovarianzanalyse);

b) bei bekannten nicht meßbaren Störfaktoren durch Blockbildung (Gruppen von im Störfaktor möglichst übereinstimmenden Versuchen);

c) bei unbekannten Störfaktoren durch Zufallszuteilung der Versuchsobjekte zu Verfahren und Versuchsbedingungen.

B. Hauptschemata der Versuchsplanung

1. Einfache Vergleiche

Versuche ohne Blöcke. Es findet keine Ausschaltung von Störfaktoren statt. Jedes Verfahren wird an einer beliebigen Zahl von Objekten beobachtet, die untereinander auch versuchstechnisch keine Beziehungen haben. Zufallszuteilung ist entscheidende Voraussetzung. Schlechte Vergleichbarkeit, daher großes Beobachtungsmaterial.

Versuche mit vollständigen Blöcken. Die Blockbildung erfolgt gemäß den auszuschaltenden Störfaktoren. Jedes Verfahren kommt in jedem Block vor. Die Beobachtungsreihe enthält insgesamt:

v Verfahren
k Versuche im Block
b Blöcke
r Wiederholungen jedes Verfahrens

} Gesamtversuchszahl $n = v \cdot r = k \cdot b$

Ausschaltung eines Störfaktors. Es ist $k = v$ oder $2v$, $3v$ ... Beispiele: Vergleich von v Verfahren an jedem von b Individuen. 4 Verfahren bei 4 Wurfgeschwistern in b Würfeln (Zufallszuteilung von Verfahren zu Wurfgeschwistern notwendig). Auswertung nach Abschn. V E.

Ausschaltung zweier Störfaktoren (lateinische Quadrate). Man faßt $b (= k = v)$ Blöcke zu einem quadratischen Schema zusammen, bei dem die Versuche einer Zeile im ersten Störfaktor übereinstimmen, die Versuche einer Spalte im zweiten Störfaktor. Die Behandlungsarten werden durch lateinische Buchstaben gekennzeichnet. Jeder Buchstabe kommt in jeder Zeile und in jeder Spalte genau einmal vor. Für $b = k = v = 5$ ist ein lateinisches Quadrat:

		Zweiter Störfaktor				
		1	2	3	4	5
Erster Störfaktor	1	a	d	b	e	c
	2	b	e	c	a	d
	3	c	a	d	b	e
	4	d	b	e	c	a
	5	e	c	a	d	b

Kombinationseffekte der beiden Störfaktoren können nicht erkannt und eliminiert werden. Die Auswertung erfolgt durch Streuungsanalyse nach Abschn. V E in folgendem Auswertungsschema:

Tabelle 42. **Schema der Streuungszerlegung im lateinischen Quadrat**

Art der Streuung	Freiheitsgrade allgemein	Freiheitsgrade im Beispiel mit $v = 5$
Zwischen den Behandlungsverfahren	$v - 1$	4
Zwischen den Zeilen (erster Störfaktor)	$v - 1$	4
Zwischen den Spalten (zweiter Störfaktor)	$v - 1$	4
Rest (Versuchsstreuung)	$v^2 - 3v + 2$	12
Insgesamt	$v^2 - 1$	24

Zeilen für Wechselwirkungen treten nicht auf.

Der nach S. 1004 ff. erhaltene *MAQ* der ersten Zeile wird durch den *MAQ* der vierten Zeile dividiert. Der Quotient wird nach der *F*-Verteilung (Tab. 10) geprüft. — Lateinische Quadrate mit $v = 3$ oder 4 sind ungunstig, weil hier nur wenige Freiheitsgrade für die Ermittlung der Versuchsstreuung verfügbar sind. Schemata der lateinischen Quadrate bei *Fisher-Yates.*

Versuche mit unvollständigen Blöcken. Die Zahl der Verfahren ist größer als der Blockumfang ($v > k$), so daß nicht alle Verfahren in jedem Block auftreten können. Kleine Blöcke haben jedoch oft den Vorzug besonders guter Vergleichbarkeit, z. B. Versuche am rechten und linken Auge desselben Individuums zur gleichen Zeit ($k = 2$).

Die Mittelwerte für die Verfahren im Gesamtmaterial sind nicht miteinander vergleichbar, sondern es müssen bereinigte Mittelwerte berechnet werden, in denen die unterschiedliche Verteilung der Verfahren auf die einzelnen Blöcke berücksichtigt ist.

Ausgewogene unvollständige Blöcke. Es wird gefordert: jedes Verfahren kommt gleich oft vor; jedes Vergleichspaar zweier Verfahren kommt gleich oft in demselben Block vor. Höhere Kombinationen sind nicht mehr ausgewogen. Beispiel für $v = 7$ und $k = 4$

$$abcd - abef - aceg - adfg - bcfg - bdeg - cdef$$

Die vollständige Zahl der Kombinationen zu 4 bei 7 Buchstaben wäre 35; die obigen Forderungen können jedoch bereits mit 7 Blöcken erfüllt werden. Übersichten über Schemata mit unvollständigen Blöcken bei *Cochran-Cox* und *Quenouille.*

Mittelwertsbereinigung: Ist A die Ergebnissumme aller a-Versuche, B_a die Summe aller Ergebnisse in den Blöcken, in denen a vorkommt und G die Gesamtsumme aller Versuche überhaupt, so ist der bereinigte Mittelwert $\bar{a}'$ für Verfahren a.

$$\bar{a}' = \frac{G}{v \cdot r} + \frac{v - 1}{v \cdot r(k - 1)}(kA - B_a) \tag{137}$$

Setzt man
$$Q_a = kA - B_a$$

und analog $Q_b, Q_c \ldots$ für die entsprechenden Werte bei den Verfahren $b, c, \ldots$, so ist bei der Streuungszerlegung die Summe der Abweichungsquadrate zwischen den bereinigten Behandlungsergebnissen

$$SAQ = \frac{v - 1}{v \cdot r \cdot k(k - 1)}(Q_a^2 + Q_b^2 + Q_c^2 + \cdots) \tag{138}$$

Bei den ausgewogenen Gitterplänen ist $v = k^2$. Hier ist es möglich, aus k Blöcken ein quadratisches Schema zu bilden, in dem jedes Verfahren gerade einmal vorkommt. Beispiel:

abc	*adg*	*afh*	*aie*
def	*beh*	*ibd*	*fbg*
ghi	*cfi*	*egc*	*hdc*

Hier können auch Unterschiede (Störfaktoren) zwischen den Quadraten eliminiert werden.

2. Versuchspläne mit Kombinationsvergleichen (Faktorielle Versuchspläne)

Die zu vergleichenden Verfahren unterscheiden sich in n Faktoren, die je in 2 oder 3 Stufen untersucht werden; alle Kombinationen werden gleichzeitig verglichen (2^n- und 3^n-Pläne). Das Schema enthält für ein 2^3-Schema die üblichen Bezeichnungen, bei denen jeweils nur die höhere Stufe durch einen Buchstaben gekennzeichnet ist:

Verfahrensfaktor *a*	Verfahrensfaktor *b*	Verfahrensfaktor *c* niedrig	Verfahrensfaktor *c* hoch
niedrig	niedrig	1	*c*
	hoch	*b*	*bc*
hoch	niedrig	*a*	*ac*
	hoch	*ab*	*abc*

Bei diesem System der vollständigen Kombinationen hat jeder Versuch 3 Vergleichsversuche, die sich von ihm nur in je einem der Faktoren unterscheiden, in den beiden anderen aber übereinstimmen.

Die Auswertung erfolgt durch Varianzanalyse mit Zerlegung in orthogonale Einzelvergleiche mit je einem Freiheitsgrad. Die „Hauptwirkung" A ist die Differenz der Versuche mit a von denen ohne a; die Hauptwirkungen B und C ergeben sich durch die entsprechenden Differenzen mit und ohne b (bzw. c). Die Wechselwirkung „AB" bedeutet, daß die Wirkung B bei Vorhandensein der höheren Stufe von a anders ist als bei der niedrigeren, wird also durch den Prüfwert

$$P = [(abc) - (ac) + (ab) - (\mathrm{a})] - [(bc) - (c) + (b) - (1)]$$

gemessen.

Das Auswertungssystem der Vergleiche ist in Tab. 43 angegeben, wobei fur jedes Verfahren die Beobachtungssumme von r Wiederholungen zugrunde liegt:

Tabelle 43. **Auswertungsschema für 2^3-Versuchsplan**

Wirkung	Verfahren (Beobachtungssumme) 1	*a*	*b*	*c*	*ab*	*ac*	*bc*	*abc*	Prüfwert P_i	Streuungszerlegung SAQ	f
A	−	+	−	−	+	+	−	+	(Zusammenfassung der Beobachtungssummen nach den vorstehenden Vorzeichen)	(in jeder Zeile $P_i : 8r$)	1
B	−	−	+	−	+	−	+	+			1
C	−	−	−	+	−	+	+	+			1
AB	+	−	−	+	+	−	−	+			1
AC	+	−	+	−	−	+	−	+			1
BC	+	+	−	−	−	−	+	+			1
ABC	−	+	+	+	−	−	−	+			1
	Versuchsstreuung zwischen den Wiederholungen									. . .	$8(r-1)$
	Insgesamt									. . .	$8r-1$

Die Ausschaltung von weiteren Störfaktoren erfolgt durch Blockbildung, wobei ein Block das ganze 2^n System umfassen soll. Da die Blockgröße aber meist klein sein muß, kann man kleine Blöcke nur durch Verzicht auf einen oder mehrere Vergleiche erreichen. Man verzichtet meist auf die höheren Wechselwirkungen. Ein Verzicht auf die ABC-Wirkung geschieht nach dem obigen Vorzeichenschema derart, daß man die 4 +-Verfahren (*a*, *b*, *c*, *abc*) in einem Block und die 4 —-Verfahren (1, *ab*, *ac*, *bc*) im anderen Block zusammenfaßt. Damit ist die Wechselwirkung *ABC* mit den Unterschieden zwischen den Blöcken „vermengt" (Prinzip des „Confounding"), also nicht feststellbar, aber durch diesen Verzicht auf *ABC* kann die Blockbildungsgröße von 8 auf 4 reduziert werden.

In diesem System werden alle Vergleiche mit derselben Genauigkeit durchgeführt. Eine weitere Reduktion des Beobachtungsumfanges ist durch Verzicht auf Vergleiche oder Verzicht auf gleiche Genauigkeit möglich. Zahlreiche derartige Versuchspläne finden sich im Schrifttum.

VIII. Benutzte Symbole

	In Beobachtungsreihe (Stichprobe)	In Grundgesamtheit (Kollektiv, Population)
Gesamtzahl der Fälle	n	N
Anzahl der Fälle in der i-ten Merkmalsklasse (Besetzungszahl)	n_i, z_i	N_i
Häufigkeit (relative Häufigkeit) der i-ten Merkmalsklasse	$p_i = \frac{n_i}{n}$	$P_i = \frac{N_i}{N}$
Wahrscheinlichkeit für ein Merkmal der i-ten Merkmalsklasse		$P_i = \frac{N_i}{N}$
Wahrscheinlichkeit für das Eintreffen eines Ereignisses ($i = 2$; Alternativmerkmale)		$P = \frac{N_1}{N}$
Wahrscheinlichkeit für das Nichteintreffen eines Ereignisses (Gegenwahrscheinlichkeit)		$Q = 1 - P$
Verteilungszahl		$K = P:Q$
Erwartungswert für die Besetzungszahl der i-ten Merkmalsklasse	$E_i = n \cdot P_i$	
Merkmalswert des i-ten Falles	x_i	
Mittelwert	$\bar{x}$	M
Standardabweichung	s	σ
Varianz	s^2	σ^2
Summe der Abweichungsquadrate (*SAQ*)	S_{xx}	
Hilfsvariable zur Rechenvereinfachung $\xi = \frac{x-a}{b}$	ξ_i, $\bar{\xi}$, s_ξ, $S_{\xi\xi}$	
Standardfehler des Mittelwertes	$\sigma_{\bar{x}}$, $s_{\bar{x}}$	
Gewicht eines Beobachtungswertes	G_i (g_i)	
Ordinaten der normierten Normalverteilung		$\varphi(u)$
Flächen unter der Normalkurve		$\Phi(u_1, u_2)$
Ordinaten der kumulierten Normalverteilung		$\Phi(-\infty, u)$
Zahl der Freiheitsgrade	f	
Überschreitungswahrscheinlichkeit für Grenzwerte einer Maßzahl (Fehler 1. Art)		α
Statistische Sicherheit		$1 - \alpha$
Sicherheitsstufe einer statistischen Aussage		α bzw. $(1 - \alpha)$
Wahrscheinlichkeit für Fehler 2. Art		β
Prüfzahlen mit theoretisch bekannten Verteilungen	t, χ^2, F	
Grenzwerte der Prüfzahlen u, t, χ^2, F mit der Überschreitungswahrscheinlichkeit $\alpha = 1\%$; entsprechend mit anderen α-Werten (Sicherungsgrenzen, Signifikanzpunkte)		$u_{1\%}$, $t_{1\%}$, $\chi^2_{1\%}$, $F_{1\%}$ (auch mit Index 99%)

	In Beobachtungsreihe (Stichprobe)
Merkmalswerte des i-ten Falles im Korrelationsfeld	x_i, y_i
Summe der Abweichungsprodukte (*SAP*)	S_{xy}
Korrelationskoeffizient	r, r_{xy}
Korrelationsziffer	z
Regressionskoeffizient	b, b'
Korrelationsverhältnis	η^2
Rangkorrelation	ϱ
Merkmalswert im Feld (Fach) in der i-ten Zeile und j-ten Spalte	x_{ij}
Mittelwert der i-ten Zeile	$\bar{x}_{i\cdot}$
Summe der i-ten Zeile	$X_{i\cdot}$
Summe der j-ten Spalte	$X_{\cdot j}$
Mittelwert der j-ten Spalte	$\bar{x}_{\cdot j}$
Gesamtsumme	X
Besetzungszahl des Feldes in der i-ten Zeile und j-ten Spalte	n_{ij}
Erwartete Besetzungszahl	E_{ij}
Summe der Besetzungszahlen der i-ten Zeile	$n_{i\cdot}$
Summe der Besetzungszahlen der j-ten Spalte	$n_{\cdot j}$
Zahl der Spalten	k
Zahl der Zeilen	l
Aus Regressionslinie berechnete y-Werte	y_R
Trennfunktion	T
Koeffizienten der Trennfunktion	d_i
Probit-Skala	$y = u + 5$
Logit-Skala	$l = \log \frac{p}{1-p}$
Ordinate des 50%-Wertes	x_{50}
Dosis, die 50% Sterblichkeit oder Krankheitsschutz bewirkt	D_{50}
Summenzeichen	$\sum_i x_i = \sum_{i=1}^{n} x_i = x_1 + x_2 + \cdots + x_n$
Doppelsumme	$\sum_{i,j} x_{ij} = \sum_{i=1}^{n} \sum_{j=1}^{m} x_{ij} = x_{11} + x_{12} + \cdots + x_{1m} + x_{21} + x_{22} + \cdots + x_{2m} + \cdots + x_{n1} + x_{n2} + \cdots + x_{nm}$

Terminologie nach der im Ausschuß Statistik des Deutschen Normenausschusses für die deutschen Ausdrücke in *Kendall-Buckland's* „Dictionary of Statistical Terms" geschaffenen Vereinbarung.

Tabelle 44. **Quadrate der Zahlen von 1 bis 999**

	0	1	2	3	4	5	6	7	8	9
00	0	1	4	9	16	25	36	49	64	81
10	100	121	144	169	196	225	256	289	324	361
20	400	441	484	529	576	625	676	729	784	841
30	900	961	1024	1089	1156	1225	1296	1369	1444	1521
40	1600	1681	1764	1849	1936	2025	2116	2209	2304	2401
50	2500	2601	2704	2809	2916	3025	3136	3249	3364	3481
60	3600	3721	3844	3969	4096	4225	4356	4489	4624	4761
70	4900	5041	5184	5329	5476	5625	5776	5929	6084	6241
80	6400	6561	6724	6889	7056	7225	7396	7569	7744	7921
90	8100	8281	8464	8649	8836	9025	9216	9409	9604	9801
100	10000	10201	10404	10609	10816	11025	11236	11449	11664	11881
110	12100	12321	12544	12769	12996	13225	13456	13689	13924	14161
120	14400	14641	14884	15129	15376	15625	15876	16129	16384	16641
130	16900	17161	17424	17689	17956	18225	18496	18769	19044	19321
140	19600	19881	20164	20449	20736	21025	21316	21609	21904	22201
150	22500	22801	23104	23409	23716	24025	24336	24649	24964	25281
160	25600	25921	26244	26569	26896	27225	27556	27889	28224	28561
170	28900	29241	29584	29929	30276	30625	30976	31329	31684	32041
180	32400	32761	33124	33489	33856	34225	34596	34969	35344	35721
190	36100	36481	36864	37249	37636	38025	38416	38809	39204	39601
200	40000	40401	40804	41209	41616	42025	42436	42849	43264	43681
210	44100	44521	44944	45369	45796	46225	46656	47089	47524	47961
220	48400	48841	49284	49729	50176	50625	51076	51529	51984	52441
230	52900	53361	53824	54289	54756	55225	55696	56169	56644	57121
240	57600	58081	58564	59049	59536	60025	60516	61009	61504	62001
250	62500	63001	63504	64009	64516	65025	65536	66049	66564	67081
260	67600	68121	68644	69169	69696	70225	70756	71298	71824	72361
270	72900	73441	73984	74529	75076	75625	76176	76729	77284	77841
280	78400	78961	79524	80089	80656	81225	81796	82369	82944	83521
290	84100	84681	85264	85849	86436	87025	87616	88209	88804	89401
300	90000	90601	91204	91809	92416	93025	93636	94249	94864	95481
310	96100	96721	97344	97969	98596	99225	99856	100489	101124	101761
320	102400	103041	103684	104329	104976	105625	106276	106929	107584	108241
330	108900	109561	110224	110889	111556	112225	112896	113569	114244	114921
340	115600	116281	116964	117649	118336	119025	119716	120409	121104	121801
350	122500	123201	123904	124609	125316	126025	126736	127449	128164	128881
360	129600	130321	131044	131769	132496	133225	133956	134689	135424	136161
370	136900	137641	138384	139129	139876	140625	141376	142129	142884	143641
380	144400	145161	145924	146689	147456	148225	148996	149769	150544	151321
390	152100	152881	153664	154449	155236	156025	156816	157609	158404	159201
400	160000	160801	161604	162409	163216	164025	164836	165649	166464	167281
410	168100	168921	169744	170569	171396	172225	173056	173889	174724	175561
420	176400	177241	178084	178929	179776	180625	181476	182329	183184	184041
430	184900	185761	186624	187489	188356	189225	190096	190969	191844	192721
440	193600	194481	195364	196249	197136	198025	198916	199809	200704	201601
450	202500	203401	204304	205209	206116	207025	207936	208849	209764	210681
460	211600	212512	213444	214369	215296	216225	217156	218089	219024	219961
470	220900	221841	222784	223729	224676	225625	226576	227529	228484	229441
480	230400	231361	232324	233289	234256	235225	236196	237169	238144	239121
490	240100	241081	242064	243049	244036	245025	246016	247009	248004	249001

Quadrate der Zahlen von 1 bis 999 (Fortsetzung)

	0	1	2	3	4	5	6	7	8	9
500	250000	251001	252004	253009	254016	255025	256036	257049	258064	259081
510	260100	261121	262144	263169	264196	265225	266256	267289	268324	269361
520	270400	271441	272484	273529	274576	275625	276676	277729	278784	279841
530	280900	281961	283024	284089	285156	286225	287296	288369	289444	290521
540	291600	292681	293764	294849	295936	297025	298116	299209	300304	301401
550	302500	303601	304704	305809	306916	308025	309136	310249	311364	312481
560	313600	314721	315844	316969	318096	319225	320356	321489	322624	323761
570	324900	326041	327184	328329	329476	330625	331776	332929	334084	335241
580	336400	337561	338724	339889	341056	342225	343396	344569	345744	346921
590	348100	349281	350464	351649	352836	354025	355216	356409	357604	358801
600	360000	361201	362404	363609	364816	366025	367236	368449	369664	370881
610	372100	373321	374544	375769	376996	378225	379456	380689	381924	383161
620	384400	385641	386884	388129	389376	390625	391876	393129	394384	395641
630	396900	398161	399424	400689	401956	403225	404496	405769	407044	408321
640	409600	410881	412164	413449	414736	416025	417316	418609	419904	421201
650	422500	423801	425104	426409	427716	429025	430336	431649	432964	434281
660	435600	436921	438244	439569	440896	442225	443556	444889	446224	447561
670	448900	450241	451584	452929	454276	455625	456976	458329	459684	461041
680	462400	463761	465124	466489	467856	469225	470596	471969	473344	474721
690	476100	477481	478864	480249	481636	483025	484416	485809	487204	488601
700	490000	491401	492804	494209	495616	497025	498436	499849	501264	502681
710	504100	505521	506944	508369	509796	511225	512656	514089	515524	516961
720	518400	519841	521284	522729	524176	525625	527076	528529	529984	531441
730	532900	534361	535824	537289	538756	540225	541696	543169	544644	546121
740	547600	549081	550564	552049	553536	555025	556516	558009	559504	561001
750	562500	564001	565504	567009	568516	570025	571536	573049	574564	576081
760	577600	579121	580644	582169	583696	585225	586756	588289	589824	591361
770	592900	594441	595984	597529	599076	600625	602176	603729	605284	606841
780	608400	609961	611524	613089	614656	616225	617796	619369	620944	622521
790	624100	625681	627264	628849	630436	632025	633616	635209	636804	638401
800	640000	641601	643204	644809	646416	648025	649636	651249	652864	654481
810	656100	657721	659344	660969	662596	664225	665856	667489	669124	670761
820	672400	674041	675684	677329	678976	680625	682276	683929	685584	687241
830	688900	690561	692224	693889	695556	697225	698896	700569	702244	703921
840	705600	707281	708964	710649	712336	714025	715716	717409	719104	720801
850	722500	724201	725904	727609	729316	731025	732736	734449	736164	737881
860	739600	741321	743044	744769	746496	748225	749956	751689	753424	755161
870	756900	758641	760384	762129	763876	765625	767376	769129	770884	772641
880	774400	776161	777924	779689	781456	783225	784996	786769	788544	790321
890	792100	793881	795664	797449	799236	801025	802816	804609	806404	808201
900	810000	811801	813604	815409	817216	819025	820836	822649	824464	826281
910	828100	829921	831744	833569	835396	837225	839056	840889	842724	844561
920	846400	848241	850084	851929	853776	855625	857476	859329	861184	863041
930	864900	866761	868624	870489	872356	874225	876096	877969	879844	881721
940	883600	885481	887364	889249	891136	893025	894916	896809	898704	900601
950	902500	904401	906304	908209	910116	912025	913396	915849	917764	919681
960	921600	923521	925444	927369	929296	931225	933156	935089	937024	938961
970	940900	942841	944784	946729	948676	950625	952576	954529	956484	958441
980	960400	962361	964324	966289	968256	970225	972196	974169	976144	978121
990	980100	982081	984064	986049	988036	990025	992016	994009	996004	998001

Tabelle 45. **Zehnerlogarithmen**

Zahl x	lg x										Zuschläge für Zehntel der Spanne								
	0	1	2	3	4	5	6	7	8	9	1	2	3	4	5	6	7	8	9
100	0000	0004	0009	0013	0017	0022	0026	0030	0035	0039	0	1	1	2	2	3	3	3	4
101	0043	0048	0052	0056	0060	0065	0069	0073	0077	0082	0	1	1	2	2	3	3	3	4
102	0086	0090	0095	0099	0103	0107	0111	0116	0120	0124	0	1	1	2	2	3	3	3	4
103	0128	0133	0137	0141	0145	0149	0154	0158	0162	0166	0	1	1	2	2	3	3	3	4
104	0170	0175	0179	0183	0187	0191	0195	0199	0204	0208	0	1	1	2	2	2	3	3	4
105	0212	0216	0220	0224	0228	0233	0237	0241	0245	0249	0	1	1	2	2	2	3	3	4
106	0253	0257	0261	0265	0269	0273	0278	0282	0286	0290	0	1	1	2	2	2	3	3	4
107	0294	0298	0302	0306	0310	0314	0318	0322	0326	0330	0	1	1	2	2	2	3	3	4
108	0334	0338	0342	0346	0350	0354	0358	0362	0366	0370	0	1	1	2	2	2	3	3	4
109	0374	0378	0382	0386	0390	0394	0398	0402	0406	0410	0	1	1	2	2	2	3	3	4
10	0000	0043	0086	0128	0170	0212	0253	0294	0334	0374	4	8	12	17	21	25	29	33	37
11	0414	0453	0492	0531	0569	0607	0645	0682	0719	0755	4	8	11	15	19	23	26	30	34
12	0792	0828	0864	0899	0934	0969	1004	1038	1072	1106	3	7	10	14	17	21	24	28	31
13	1139	1173	1206	1239	1271	1303	1335	1367	1399	1430	3	6	10	13	16	19	23	26	29
14	1461	1492	1523	1553	1584	1614	1644	1673	1703	1732	3	6	9	12	15	18	21	24	27
15	1761	1790	1818	1847	1875	1903	1931	1959	1987	2014	3	6	8	11	14	17	20	22	25
16	2041	2068	2095	2122	2148	2175	2201	2227	2253	2279	3	5	8	11	13	16	18	21	24
17	2304	2330	2355	2380	2405	2430	2455	2480	2504	2529	2	5	7	10	12	15	17	20	22
18	2553	2577	2601	2625	2648	2672	2695	2718	2742	2765	2	5	7	9	12	14	16	19	21
19	2788	2810	2833	2856	2878	2900	2923	2945	2967	2989	2	4	7	9	11	13	16	18	20
20	3010	3032	3054	3075	3096	3118	3139	3160	3181	3201	2	4	6	8	11	13	15	17	19
21	3222	3243	3263	3284	3304	3324	3345	3365	3385	3404	2	4	6	8	10	12	14	16	18
22	3424	3444	3464	3483	3502	3522	3541	3560	3579	3598	2	4	6	8	10	12	14	15	17
23	3617	3636	3655	3674	3692	3711	3729	3747	3766	3784	2	4	6	7	9	11	13	15	17
24	3802	3820	3838	3856	3874	3892	3909	3927	3945	3962	2	4	5	7	9	11	12	14	16
25	3979	3997	4014	4031	4048	4065	4082	4009	4116	4133	2	3	5	7	9	10	12	14	15
26	4150	4166	4183	4200	4216	4232	4249	4265	4281	4298	2	3	5	7	8	10	11	13	15
27	4314	4330	4346	4362	4378	4393	4409	4425	4440	4456	2	3	5	6	8	9	11	13	14
28	4472	4487	4502	4518	4533	4548	4564	4579	4594	4609	2	3	5	6	8	9	11	12	14
29	4624	4639	4654	4669	4683	4698	4713	4728	4742	4757	1	3	4	6	7	9	10	12	13
30	4771	4786	4800	4814	4829	4843	4857	4871	4886	4900	1	3	4	6	7	9	10	11	13
31	4914	4928	4942	4955	4969	4983	4997	5011	5024	5038	1	3	4	6	7	8	10	11	12
32	5051	5065	5079	5092	5105	5119	5132	5145	5159	5172	1	3	4	5	7	8	9	11	12
33	5185	5198	5211	5224	5237	5250	5263	5276	5289	5302	1	3	4	5	6	8	9	10	12
34	5315	5328	5340	5353	5366	5378	5391	5403	5416	5428	1	3	4	5	6	8	9	10	11
35	5441	5453	5465	5478	5490	5502	5514	5527	5539	5551	1	2	4	5	6	7	9	10	11
36	5563	5575	5587	5599	5611	5623	5635	5647	5658	5670	1	2	4	5	6	7	8	10	11
37	5682	5694	5705	5717	5729	5740	5752	5763	5775	5786	1	2	3	5	6	7	8	9	10
38	5798	5809	5821	5832	5843	5855	5866	5877	5888	5899	1	2	3	5	6	7	8	9	10
39	5911	5922	5933	5944	5955	5966	5977	5988	5999	6010	1	2	3	4	5	7	8	9	10
40	6021	6031	6042	6053	6064	6075	6085	6096	6107	6117	1	2	3	4	5	6	8	9	10
41	6128	6138	6149	6160	6170	6180	6191	6201	6212	6222	1	2	3	4	5	6	7	8	9
42	6232	6243	6253	6263	6274	6284	6294	6304	6314	6325	1	2	3	4	5	6	7	8	9
43	6335	6345	6355	6365	6375	6385	6395	6405	6415	6425	1	2	3	4	5	6	7	8	9
44	6435	6444	6454	6464	6474	6484	6493	6503	6513	6522	1	2	3	4	5	6	7	8	9
45	6532	6542	6551	6561	6571	6580	6590	6599	6609	6618	1	2	3	4	5	6	7	8	9
46	6628	6637	6646	6656	6665	6675	6684	6693	6702	6712	1	2	3	4	5	6	7	7	8
47	6721	6730	6739	6749	6758	6767	6776	6785	6794	6803	1	2	3	4	5	5	6	7	8
48	6812	6821	6830	6839	6848	6857	6866	6875	6884	6893	1	2	3	4	4	5	6	7	8
49	6902	6911	6920	6928	6937	6946	6955	6964	6972	6981	1	2	3	4	4	5	6	7	8
x	0	1	2	3	4	5	6	7	8	9	1	2	3	4	5	6	7	8	9

Beispiel. $x = 247{,}7 = 2{,}477 \cdot 10^2$. Man liest ohne Berücksichtigung des Kommas bei x aus der Zahl 2477 die hinter dem Komma stehenden Stellen des Logarithmus ab: 3927 + 12. Daraus ergibt sich $\lg x = 2{,}3939$.

Zehnerlogarithmen (Fortsetzung)

Zahl x	lg x										Zuschlage fur Zehntel der Spanne								
	0	1	2	3	4	5	6	7	8	9	1	2	3	4	5	6	7	8	9
50	6990	6998	7007	7016	7024	7033	7042	7050	7059	7067	1	2	3	3	4	5	6	7	8
51	7076	7084	7093	7101	7110	7118	7126	7135	7143	7152	1	2	3	3	4	5	6	7	8
52	7160	7168	7177	7185	7193	7202	7210	7218	7226	7235	1	2	2	3	4	5	6	7	7
53	7243	7251	7259	7267	7275	7284	7292	7300	7308	7316	1	2	2	3	4	5	6	6	7
54	7324	7332	7340	7348	7356	7364	7372	7380	7388	7396	1	2	2	3	4	5	6	6	7
55	7404	7412	7419	7427	7435	7443	7451	7459	7466	7474	1	2	2	3	4	5	5	6	7
56	7482	7490	7497	7505	7513	7520	7528	7536	7543	7551	1	2	2	3	4	5	5	6	7
57	7559	7566	7574	7582	7589	7597	7604	7612	7619	7627	1	2	2	3	4	5	5	6	7
58	7634	7642	7649	7657	7664	7672	7679	7686	7694	7701	1	1	2	3	4	4	5	6	7
59	7709	7716	7723	7731	7738	7745	7752	7760	7767	7774	1	1	2	3	4	4	5	6	7
60	7782	7789	7796	7803	7810	7818	7825	7832	7839	7846	1	1	2	3	4	4	5	6	6
61	7853	7860	7868	7875	7882	7889	7896	7903	7910	7917	1	1	2	3	4	4	5	6	6
62	7924	7931	7938	7945	7952	7959	7966	7973	7980	7987	1	1	2	3	3	4	5	6	6
63	7993	8000	8007	8014	8021	8028	8035	8041	8048	8055	1	1	2	3	3	4	5	5	6
64	8062	8069	8075	8082	8089	8096	8102	8109	8116	8122	1	1	2	3	3	4	5	5	6
65	8129	8136	8142	8149	8156	8162	8169	8176	8182	8189	1	1	2	3	3	4	5	5	6
66	8195	8202	8209	8215	8222	8228	8235	8241	8248	8254	1	1	2	3	3	4	5	5	6
67	8261	8267	8274	8280	8287	8293	8299	8306	8312	8319	1	1	2	3	3	4	5	5	6
68	8325	8331	8338	8344	8351	8357	8363	8370	8376	8382	1	1	2	3	3	4	4	5	6
69	8388	8395	8401	8407	8414	8420	8426	8432	8439	8445	1	1	2	2	3	4	4	5	6
70	8451	8457	8463	8470	8476	8482	8488	8494	8500	8506	1	1	2	2	3	4	4	5	6
71	8513	8519	8525	8531	8537	8543	8549	8555	8561	8567	1	1	2	2	3	4	4	5	5
72	8573	8579	8585	8591	8597	8603	8609	8615	8621	8627	1	1	2	2	3	4	4	5	5
73	8633	8639	8645	8651	8657	8663	8669	8675	8681	8686	1	1	2	2	3	4	4	5	5
74	8692	8698	8704	8710	8716	8722	8727	8733	8739	8745	1	1	2	2	3	3	4	5	5
75	8751	8756	8762	8768	8774	8779	8785	8791	8797	8802	1	1	2	2	3	3	4	5	5
76	8808	8814	8820	8825	8831	8837	8842	8848	8854	8859	1	1	2	2	3	3	4	5	5
77	8865	8871	8876	8882	8887	8893	8899	8904	8910	8915	1	1	2	2	3	3	4	4	5
78	8921	8927	8932	8938	8943	8949	8954	8960	8965	8971	1	1	2	2	3	3	4	4	5
79	8976	8982	8987	8993	8998	9004	9009	9015	9020	9025	1	1	2	2	3	3	4	4	5
80	9031	9036	9042	9047	9053	9058	9063	9069	9074	9079	1	1	2	2	3	3	4	4	5
81	9085	9090	9096	9101	9106	9112	9117	9122	9128	9133	1	1	2	2	3	3	4	4	5
82	9138	9143	9149	9154	9159	9165	9170	9175	9180	9186	1	1	2	2	3	3	4	4	5
83	9191	9196	9201	9206	9212	9217	9222	9227	9232	9238	1	1	2	2	3	3	4	4	5
84	9243	9248	9253	9258	9263	9269	9274	9279	9284	9289	1	1	2	2	3	3	4	4	5
85	9294	9299	9304	9309	9315	9320	9325	9330	9335	9340	1	1	2	2	3	3	4	4	5
86	9345	9350	9355	9360	9365	9370	9375	9380	9385	9390	1	1	2	2	3	3	4	4	5
87	9395	9400	9405	9410	9415	9420	9425	9430	9435	9440	0	1	1	2	2	3	3	4	4
88	9445	9450	9455	9460	9465	9469	9474	9479	9484	9489	0	1	1	2	2	3	3	4	4
89	9494	9499	9504	9509	9513	9518	9523	9528	9533	9538	0	1	1	2	2	3	3	4	4
90	9542	9547	9552	9557	9562	9566	9571	9576	9581	9586	0	1	1	2	2	3	3	4	4
91	9590	9595	9600	9605	9609	9614	9619	9624	9628	9633	0	1	1	2	2	3	3	4	4
92	9638	9643	9647	9652	9657	9661	9666	9671	9675	9680	0	1	1	2	2	3	3	4	4
93	9685	9689	9694	9699	9703	9708	9713	9717	9722	9727	0	1	1	2	2	3	3	4	4
94	9731	9736	9741	9745	9750	9754	9759	9763	9768	9773	0	1	1	2	2	3	3	4	4
95	9777	9782	9786	9791	9795	9800	9805	9809	9814	9818	0	1	1	2	2	3	3	4	4
96	9823	9827	9832	9836	9841	9845	9850	9854	9859	9863	0	1	1	2	2	3	3	4	4
97	9868	9872	9877	9881	9886	9890	9894	9899	9903	9908	0	1	1	2	2	3	3	4	4
98	9912	9917	9921	9926	9930	9934	9939	9943	9948	9952	0	1	1	2	2	3	3	4	4
99	9956	9961	9965	9969	9974	9978	9983	9987	9991	9996	0	1	1	2	2	3	3	3	4
x	0	1	2	3	4	5	6	7	8	9	1	2	3	4	5	6	7	8	9

Naturliche Logarithmen ergeben sich aus $\ln x = 2{,}30259 \cdot \lg x$. Fur $x = 16{,}75$ ist $\ln 16{,}75 = 2{,}30259 \cdot 1{,}2240 = 2{,}82$.

Tabelle 46. **Antilogarithmen**

Zahl x	10 x										Zuschlage fur Zehntel der Spanne								
	0	1	2	3	4	5	6	7	8	9	1	2	3	4	5	6	7	8	9
,00	1000	1002	1005	1007	1009	1012	1014	1016	1019	1021	0	0	1	1	1	1	2	2	2
,01	1023	1026	1028	1030	1033	1035	1038	1040	1042	1045	0	0	1	1	1	1	2	2	2
,02	1047	1050	1052	1054	1057	1059	1062	1064	1067	1069	0	0	1	1	1	1	2	2	2
,03	1072	1074	1076	1079	1081	1084	1086	1089	1091	1094	0	0	1	1	1	1	2	2	2
,04	1096	1099	1102	1104	1107	1109	1112	1114	1117	1119	0	1	1	1	1	2	2	2	2
,05	1122	1125	1127	1130	1132	1135	1138	1140	1143	1146	0	1	1	1	1	2	2	2	2
,06	1148	1151	1153	1156	1159	1161	1164	1167	1169	1172	0	1	1	1	1	2	2	2	2
,07	1175	1178	1180	1183	1186	1189	1191	1194	1197	1199	0	1	1	1	1	2	2	2	2
,08	1202	1205	1208	1211	1213	1216	1219	1222	1225	1227	0	1	1	1	1	2	2	2	3
,09	1230	1233	1236	1239	1242	1245	1247	1250	1253	1256	0	1	1	1	1	2	2	2	3
,10	1259	1262	1265	1268	1271	1274	1276	1279	1282	1285	0	1	1	1	1	2	2	2	3
,11	1288	1291	1294	1297	1300	1303	1306	1309	1312	1315	0	1	1	1	2	2	2	2	3
,12	1318	1321	1324	1327	1330	1334	1337	1340	1343	1346	0	1	1	1	2	2	2	2	3
,13	1349	1352	1355	1358	1361	1365	1368	1371	1374	1377	0	1	1	1	2	2	2	3	3
,14	1380	1384	1387	1390	1393	1396	1400	1403	1406	1409	0	1	1	1	2	2	2	3	3
,15	1413	1416	1419	1422	1426	1429	1432	1435	1439	1442	0	1	1	1	2	2	2	3	3
,16	1445	1449	1452	1455	1459	1462	1466	1469	1472	1476	0	1	1	1	2	2	2	3	3
,17	1479	1483	1486	1489	1493	1496	1500	1503	1507	1510	0	1	1	1	2	2	2	3	3
,18	1514	1517	1521	1524	1528	1531	1535	1538	1542	1545	0	1	1	1	2	2	2	3	3
,19	1549	1552	1556	1560	1563	1567	1570	1574	1578	1581	0	1	1	1	2	2	3	3	3
,20	1585	1589	1592	1596	1600	1603	1607	1611	1614	1618	0	1	1	1	2	2	3	3	3
,21	1622	1626	1629	1633	1637	1641	1644	1648	1652	1656	0	1	1	2	2	2	3	3	3
,22	1660	1663	1667	1671	1675	1679	1683	1687	1690	1694	0	1	1	2	2	2	3	3	3
,23	1698	1702	1706	1710	1714	1718	1722	1726	1730	1734	0	1	1	2	2	2	3	3	4
,24	1738	1742	1746	1750	1754	1758	1762	1766	1770	1774	0	1	1	2	2	2	3	3	4
,25	1778	1782	1786	1791	1795	1799	1803	1807	1811	1816	0	1	1	2	2	2	3	3	4
,26	1820	1824	1828	1832	1837	1841	1845	1849	1854	1858	0	1	1	2	2	3	3	3	4
,27	1862	1866	1871	1875	1879	1884	1888	1892	1897	1901	0	1	1	2	2	3	3	3	4
,28	1905	1910	1914	1919	1923	1928	1932	1936	1941	1945	0	1	1	2	2	3	3	4	4
,29	1950	1954	1959	1963	1968	1972	1977	1982	1986	1991	0	1	1	2	2	3	3	4	4
,30	1995	2000	2004	2009	2014	2018	2023	2028	2032	2037	0	1	1	2	2	3	3	4	4
,31	2042	2046	2051	2056	2061	2065	2070	2075	2080	2084	0	1	1	2	2	3	3	4	4
,32	2089	2094	2099	2104	2109	2113	2118	2123	2128	2133	0	1	1	2	2	3	3	4	4
,33	2138	2143	2148	2153	2158	2163	2168	2173	2178	2183	0	1	1	2	2	3	3	4	4
,34	2188	2193	2198	2203	2208	2213	2218	2223	2228	2234	1	1	2	2	3	3	4	4	5
,35	2239	2244	2249	2254	2259	2265	2270	2275	2280	2286	1	1	2	2	3	3	4	4	5
,36	2291	2296	2301	2307	2312	2317	2323	2328	2333	2339	1	1	2	2	3	3	4	4	5
,37	2344	2350	2355	2360	2366	2371	2377	2382	2388	2393	1	1	2	2	3	3	4	4	5
,38	2399	2404	2410	2415	2421	2427	2432	2438	2443	2449	1	1	2	2	3	3	4	4	5
,39	2455	2460	2466	2472	2477	2483	2489	2495	2500	2506	1	1	2	2	3	3	4	5	5
,40	2512	2518	2523	2529	2535	2541	2547	2553	2559	2564	1	1	2	2	3	4	4	5	5
,41	2570	2576	2582	2588	2594	2600	2606	2612	2618	2624	1	1	2	2	3	4	4	5	5
,42	2630	2636	2642	2649	2655	2661	2667	2673	2679	2685	1	1	2	2	3	4	4	5	6
,43	2692	2698	2704	2710	2716	2723	2729	2735	2742	2748	1	1	2	3	3	4	4	5	6
,44	2754	2761	2767	2773	2780	2786	2793	2799	2805	2812	1	1	2	3	3	4	4	5	6
,45	2818	2825	2831	2838	2844	2851	2858	2864	2871	2877	1	1	2	3	3	4	5	5	6
,46	2884	2891	2897	2904	2911	2917	2924	2931	2938	2944	1	1	2	3	3	4	5	5	6
,47	2951	2958	2965	2972	2997	2985	2992	2999	3006	3013	1	1	2	3	3	4	5	5	6
,48	3020	3027	3034	3041	3048	3055	3062	3069	3076	3083	1	1	2	3	4	4	5	6	6
,49	3090	3097	3105	3112	3119	3126	3133	3141	3148	3155	1	1	2	3	4	4	5	6	6
x	0	1	2	3	4	5	6	7	8	9	1	2	3	4	5	6	7	8	9

Beispiel. lg $x = 2{,}3939$. Man liest fur die Stellen hinter dem Komma ab: 2472 + 5. Daraus ergibt sich $x = 247{,}7$.

Antilogarithmen (Fortsetzung)

Zahl x	10 x										Zuschlage für Zehntel der Spanne								
	0	1	2	3	4	5	6	7	8	9	1	2	3	4	5	6	7	8	9
,50	3162	3170	3177	3184	3192	3199	3206	3214	3221	3228	1	1	2	3	4	4	5	6	7
,51	3236	3243	3251	3258	3266	3273	3281	3289	3296	3304	1	2	2	3	4	5	5	6	7
,52	3311	3319	3327	3334	3342	3350	3357	3365	3373	3381	1	2	2	3	4	5	5	6	7
,53	3388	3396	3404	3412	3420	3428	3436	3443	3451	3459	1	2	2	3	4	5	6	6	7
,54	3467	3475	3483	3491	3499	3508	3516	3524	3532	3540	1	2	2	3	4	5	6	6	7
,55	3548	3556	3565	3573	3581	3589	3597	3606	3614	3622	1	2	2	3	4	5	6	7	7
,56	3631	3639	3648	3656	3664	3673	3681	3690	3698	3707	1	2	3	3	4	5	6	7	8
,57	3715	3724	3733	3741	3750	3758	3767	3776	3784	3793	1	2	3	3	4	5	6	7	8
,58	3802	3811	3819	3828	3837	3846	3855	3864	3873	3882	1	2	3	4	4	5	6	7	8
,59	3890	3899	3908	3917	3926	3936	3945	3954	3963	3972	1	2	3	4	5	5	6	7	8
,60	3981	3990	3999	4009	4018	4027	4036	4046	4055	4064	1	2	3	4	5	6	6	7	8
,61	4074	4083	4093	4102	4111	4121	4130	4140	4150	4159	1	2	3	4	5	6	7	8	9
,62	4169	4178	4188	4198	4207	4217	4227	4236	4246	4256	1	2	3	4	5	6	7	8	9
,63	4266	4276	4285	4295	4305	4315	4325	4335	4345	4355	1	2	3	4	5	6	7	8	9
,64	4365	4375	4385	4395	4406	4416	4426	4436	4446	4457	1	2	3	4	5	6	7	8	9
,65	4467	4477	4487	4498	4508	4519	4529	4539	4550	4560	1	2	3	4	5	6	7	8	9
,66	4571	4581	4592	4603	4613	4624	4634	4645	4656	4667	1	2	3	4	5	6	7	9	10
,67	4677	4688	4699	4710	4721	4732	4742	4753	4764	4775	1	2	3	4	5	7	8	9	10
,68	4786	4797	4808	4819	4831	4842	4853	4864	4875	4887	1	2	3	4	6	7	8	9	10
,69	4898	4909	4920	4932	4943	4955	4966	4977	4989	5000	1	2	3	5	6	7	8	9	10
,70	5012	5023	5035	5047	5058	5070	5082	5093	5105	5117	1	2	4	5	6	7	8	9	11
,71	5129	5140	5152	5164	5176	5188	5200	5212	5224	5236	1	2	4	5	6	7	8	10	11
,72	5248	5260	5272	5284	5297	5309	5321	5333	5346	5358	1	2	4	5	6	7	9	10	11
,73	5370	5383	5395	5408	5420	5433	5445	5458	5470	5483	1	3	4	5	6	8	9	10	11
,74	5495	5508	5521	5534	5546	5559	5572	5585	5598	5610	1	3	4	5	6	8	9	10	12
,75	5623	5636	5649	5662	5675	5689	5702	5715	5728	5741	1	3	4	5	7	8	9	10	12
,76	5754	5768	5781	5794	5808	5821	5834	5848	5861	5875	1	3	4	5	7	8	9	11	12
,77	5888	5902	5916	5929	5943	5957	5970	5984	5998	6012	1	3	4	5	7	8	10	11	12
,78	6026	6039	6053	6067	6081	6095	6109	6124	6138	6152	1	3	4	6	7	8	10	11	13
,79	6166	6180	6194	6209	6223	6237	6252	6266	6281	6295	1	3	4	6	7	9	10	11	13
,80	6310	6324	6339	6353	6368	6383	6397	6412	6427	6442	1	3	4	6	7	9	10	12	13
,81	6457	6471	6486	6501	6516	6531	6546	6561	6577	6592	2	3	5	6	8	9	11	12	14
,82	6607	6622	6637	6653	6668	6683	6699	6714	6730	6745	2	3	5	6	8	9	11	13	14
,83	6761	6776	6792	6808	6823	6839	6855	6871	6887	6902	2	3	5	6	8	9	11	13	14
,84	6918	6934	6950	6966	6982	6998	7015	7031	7047	7063	2	3	5	6	8	10	11	13	15
,85	7079	7096	7112	7129	7145	7161	7178	7194	7211	7228	2	3	5	7	8	10	12	13	15
,86	7244	7261	7278	7295	7311	7328	7345	7362	7379	7396	2	3	5	7	8	10	12	13	15
,87	7413	7430	7447	7464	7482	7499	7516	7534	7551	7568	2	3	5	7	9	10	12	14	16
,88	7586	7603	7621	7638	7656	7674	7691	7709	7727	7745	2	4	5	7	9	11	12	14	16
,89	7762	7780	7798	7816	7834	7852	7870	7889	7907	7925	2	4	5	7	9	11	13	14	16
,90	7943	7962	7980	7998	8017	8035	8054	8072	8091	8110	2	4	6	7	9	11	13	15	17
,91	8128	8147	8166	8185	8204	8222	8241	8260	8279	8299	2	4	6	8	9	11	13	15	17
,92	8318	8337	8356	8375	8395	8414	8433	8453	8472	8492	2	4	6	8	10	12	14	15	17
,93	8511	8531	8551	8570	8590	8610	8630	8650	8670	8690	2	4	6	8	10	12	14	16	18
,94	8710	8730	8750	8770	8790	8810	8831	8851	8872	8892	2	4	6	8	10	12	14	16	18
,95	8913	8933	8954	8974	8995	9016	9036	9057	9078	9099	2	4	6	8	10	12	15	17	19
,96	9120	9141	9162	9183	9204	9226	9247	9268	9290	9311	2	4	6	8	11	13	15	17	19
,97	9333	9354	9376	9397	9419	9441	9462	9484	9506	9528	2	4	7	9	11	13	15	17	20
,98	9550	9572	9594	9616	9638	9661	9683	9705	9727	9750	2	4	7	9	11	13	16	18	20
,99	9772	9795	9817	9840	9863	9886	9908	9931	9954	9977	2	5	7	9	11	14	16	18	20
x	0	1	2	3	4	5	6	7	8	9	1	2	3	4	5	6	7	8	9

e^x ergibt sich aus $e^x = 10^{x \cdot \lg e} = 10^{0,4343\,x}$. Fur $x = 2,82$ ist $e^{2,82} = 10^{0,4343 \cdot 2,82} = 10^{1,224} = 16,75$.

Literatur

Anderson, O.: Einführung in die mathematische Statistik. Wien 1935.

Anderson, O.: Probleme der statistischen Methodenlehre. 2. Aufl. Würzburg 1957.

Armitage, P.: Sequential Medical Trials. Oxford 1960.

Berkson, J.: A statistically precise and relatively simple method of estimating the bioassay with quantal response, based on the logistic function. J. Am. Stat. Ass. **48**, 565 (1953).

Bliss, C. I.: The statistics of bioassay. New York 1952.

Brock, N., u. *F. J. Geks:* Die Bestimmung der therapeutischen Breite von Arzneimitteln. Arzneimittelforschg. **1**, 63 (1951).

Burn, J. H.: Biological standardization. Oxford Univ. Press, 1. Aufl. 1937. Deutsche Ausgabe: Biologische Auswertungsmethoden. Berlin 1937.

Burn, J. H., D. J. Finney and *L. G. Goodwin:* Biological standardization. Oxford Univ. Press. 2. Aufl. 1950.

Clopper, C. J., and *E. S. Pearson:* The use of confidence or fiducial limits illustrated in the case of the binomial. Biometrics **26**, 404 (1934).

Cochran, W. G., and *G. Cox:* Experimental designs. New York 1950.

Daeves, K.: Rationalisierung durch Großzahlforschung. Düsseldorf 1952.

Dixon, W. J., and *Massey, F. J.*, jr.: Introduction to Statistical Analysis. New York 1957.

Druckrey, H., u. *K. Küpfmüller:* Dosis und Wirkung. In „Pharmazie", Beih. 8. Berlin 1949.

Druckrey, H.: Dosis und Wirkung (im „Wahrscheinlichkeitsnetz"). Arzneimittelforschg. **3**, 394 (1953).

Eisenhart, Ch., M. W. Hastay and *A. Wallis:* Selected techniques of statistical analyses. New York 1947.

Finney, D. J.: Probit analysis. 2. Aufl. Cambridge Univ. Press 1962.

Finney, D. J.: Statistical method in biological assay. London 1952.

Fisher, R. A.: Statistical methods for research workers. 12. Aufl. Edinburgh 1954.

Fisher, R. A.: The design of experiments. 5. Aufl. Edinburgh 1949.

Freudenberg, K.: Grundriß der medizinischen Statistik. Stuttgart 1962.

Gebelein, H.: Zahl und Wirklichkeit. Leipzig 1943.

Gebelein, H., u. *H. J. Heite:* Statistische Urteilsbildung. Berlin-Göttingen-Heidelberg 1951.

Gebelein, H., u. *G. Ruhenstroth-Bauer:* Über den statistischen Vergleich einer Normalkurve und einer Prüfkurve. Naturwiss. **39**, 457 (1952).

Geppert, M. P.: Über den Vergleich zweier beobachteter Häufigkeiten. Dt. Math. **7**, 553 (1943).

Geppert, M. P.: Zur statistischen Methodik der bioklimatischen Forschung. Mediz.-meteorol. Hefte **9**, 21 (1954).

Goulden, C. H.: Methods of statistical analysis. 2. Aufl. New York 1952.

Graf, U., u. *H. J. Henning:* Statistische Methoden bei textilen Untersuchungen. Berlin-Göttingen-Heidelberg 1952.

Hald, A.: Statistical theory with engineering applications. New York 1952.

Henrysson, St., O. W. Haseloff u. *H. J. Hoffmann:* Kleines Lehrbuch der Statistik. Berlin 1960.

Herdan, A.: Statistics of therapeutic trials. Amsterdam-Houston-London-New York 1955.

Hosemann, H.: Die Grundlagen der statistischen Methoden für Mediziner und Biologen. Stuttgart 1949.

Kempthorne, O.: The design and analysis of experiments. New York 1952.

Kendall, M. G.: The advanced theory of statistics. 2 Bde. London 1948.

Koller, S.: Allgemeine statistische Methoden. In: Handb. d. Erbbiol. d. Menschen, herausgegeben von *G. Just*. Bd. II, 112. Berlin 1940.

Koller, S.: Statistische Auswertung der Versuchsergebnisse. In: *Hoppe-Seyler/Thierfelder:* Handb. d. physiologisch- und pathologisch-chemischen Analyse. 10. Aufl. Bd. II, Berlin-Göttingen-Heidelberg 1955.

Koller, S.: Typisierung korrelativer Zusammenhänge Metrika **6**, 65—75 (1963).

Kruskal, W. H.: A nonparametric test for the several sample problem. AMSt **23**, 525—540 (1952).

Lienert, G. A.: Verteilung freier Methoden in der Biostatistik, Meisenheim 1962.

Linder, A.: Statistische Methoden für Naturwissenschaftler, Mediziner und Ingenieure. 3. Aufl. Basel 1960.

Linder, A.: Planen und Auswerten von Versuchen. 2. Aufl. Basel 1959.

Litchfield, J. T., and *F. Wilcoxon:* A simplified method of evaluating dose effect experiments. J. Pharmac. **96**, 99 (1949).

Mittenecker, E.: Planung und statistische Auswertung von Experimenten. Wien 1952.

Münzner, H.: Die typischen Schlußweisen der mathematischen Statistik. Mitteilungsbl. f. mathem. Statistik **2**, 5ff., 69ff., 185ff.; **3**, 17ff. (1950).

Pfanzagl, J.: Allgemeine Methodenlehre der Statistik I u. II, Sammlg. Göschen, Bd. 746/746a und 747/747a (1962).

Prigge, R.: Die Anwendung der „Mutungsbereiche" in der Immunitatsforschung. Arb. a. d. Paul-Ehrlich-Inst. H. **51**, 29 (1954).
Prigge, R., u. *W. Schäfer:* Methoden der Wertbemessung biologisch wirksamer Substanzen. Naunyn-Schmiedebergs Arch. f. exp. Path. **191**, 281 (1939).
Quenouille, M. H.: The design and analysis of experiment. London 1953.
Quenouille, M. H.: Rapid statistical calculations. London 1959.
Schäfer, W.: Das Mutungsproblem der Besetzungsverteilung. Mitteilungsbl. f. math. Stat. **6**, 1 (1954).
Schelling, H. v.: Die Bedeutung der statistischen Methodik fur die Biologie. Ergebn. d. Hygiene, Bakteriologie usw. **24**, 88 (1941).
Schmidt, W.: Anlage und statistische Auswertung von Untersuchungen. Hannover 1961.
Siegel, S.: Nonparametric Statistics for the Behavioral Sciences. New York 1956.
Snedecor, G. W.: Statistical methods. Iowa State College Press. 5. Aufl. 1956.
Weber, E.: Grundriß der biologischen Statistik. 4. Aufl. Jena 1961.
Youden, W. J.: Statistical methods for chemists. New York 1951.

Hilfsmittel

Finney, D. J., R. Latscha, B. M. Bennett u. *P. Hsu:* Tables for Testing Significance in a 2×2 Contingency Table. Cambridge 1963.
Fisher, R. A., and *F. Yates:* Statistical tables for biological, agricultural and medical research. Edinburgh 1949.
Graf, U., u. *H.-J. Henning:* Formeln und Tabellen der mathematischen Statistik. Berlin-Göttingen-Heidelberg 1953.
Hald, A.: Statistical tables and formulas. New York 1952.
Heite, H.-J.: Statistische Rechenblätter. Zu beziehen durch: Lochkarten-Werk Schlitz (Oberhessen).
Koller, S.: Graphische Tafeln zur Beurteilung statistischer Zahlen. 4. Aufl. in Vorbereitung.
Molina, E. C.: Poisson's exponential binomial limit. New York 1945.
Pearson, K.: Tables for statisticians and biometricians. 2 Bde. London 1930/31.
Pearson, E. S., and *H. O. Hartley:* The Biometrica tables of statisticians. Bd. I. Cambridge Univ. Press 1953.
Romig, H. G.: 50–100 binomial tables. New York 1953.

Documenta Geigy: Wissenschaftliche Tabellen, 6. Aufl., 1960.
Tables of the cumulative binomial probability distribution. Cambridge 1955.

Sachverzeichnis

Die Kennzeichnung geschützter Namen durch ® = registered, international übliche Bezeichnung für geschützte Warenzeichen, ist nach sorgfältiger Prüfung vorgenommen worden. Wenn in Einzelfällen Warenzeichen versehentlich nicht gekennzeichnet sein sollten, so berechtigt dies nicht zu der Annahme, daß es sich um einen freien Handelsnamen (Freizeichen, Trivialnamen usw.) handelt. Verfasser und Verlag verwahren sich dagegen, daß das vorliegende Werk hierfür als Beweis herangezogen wird.

721/14/62